Basisgrößen des SI-Systems[1] nach DIN 1301 (12.85) [2]

Physikalische Größe	Einheit	
	Name	Kurzzeichen
Länge	Meter	m
Masse	Kilogramm	kg
Zeit	Sekunde	s
Elektrische Stromstärke	Ampere	A
Temperatur	Kelvin	K
Lichtstärke	Candela	cd
Stoffmenge	Mol	mol

Wichtige Physikalische Größen und deren Beziehung zu den Basisgrößen des SI-Systems

Physikalische Größe	Definition	Kurzzeichen	Beziehung zu den Basisgrößen des SI-Systems
Kraft	Masse · Beschleunigung	N	$N = \frac{kg \cdot m}{s^2}$ (Newton)
Druck	$\frac{\text{Kraft}}{\text{Fläche}}$	Pa $\frac{N}{mm^2}$	$Pa = \frac{N}{m^2} = \frac{kg \cdot m}{s^2 \cdot m^2}$ (Pascal) $\frac{N}{mm^2} = \frac{kg \cdot m}{s^2 \cdot 10^{-6} m^2}$
Arbeit	Kraft · Weg	J	$J = N \cdot m = \frac{kg \cdot m^2}{s^2}$ (Joule)
Leistung	$\frac{\text{Arbeit}}{\text{Zeit}}$	W	$W = \frac{J}{s} = \frac{N \cdot m}{s} = \frac{kg \cdot m^2}{s^3}$ (Watt)
Wärme	Energie	J	$J = N \cdot m = \frac{kg \cdot m^2}{s^2}$ (Joule)
Wärmeleitfähigkeit	$\frac{\text{Leistung}}{\text{Weg} \cdot \text{Temperaturintervall}}$	$\frac{W}{m \cdot K}$	$\frac{W}{m \cdot K} = \frac{kg \cdot m^2}{s^3 \cdot m \cdot K}$
Spezifische Wärmekapazität	$\frac{\text{Energie}}{\text{Masse} \cdot \text{Temperaturintervall}}$	$\frac{J}{kg \cdot K}$	$\frac{J}{kg \cdot K} = \frac{kg \cdot m^2}{s^2 \cdot kg \cdot K}$
Elektrische Ladung	Elektrische Stromstärke · Zeit	C	$C = A \cdot s$ (Coulomb)
Elektrische Spannung	$\frac{\text{Elektrische Arbeit}}{\text{Elektrische Ladung}}$	V	$V = \frac{W}{A} = \frac{kg \cdot m^2}{A \cdot s^3}$ (Volt)
Elektrischer Widerstand	$\frac{\text{Elektrische Spannung}}{\text{Elektrischer Strom}}$	Ω	$\Omega = \frac{V}{A} = \frac{kg \cdot m^2}{A^2 \cdot s^3}$ (Ohm)
Raumwinkel	$\frac{\text{Fläche des Kugelabschnitts}}{\text{Quadrat des Kugelradius}}$	sr	$sr = \frac{m^2}{m^2}$ (Steradiant)
Beleuchtungsstärke	$\frac{\text{Lichtstärke} \cdot \text{Raumwinkel}}{\text{Empfängerfläche}}$	lx	$lx = \frac{cd \cdot sr}{m^2}$ (Lux)

Griechisches Alphabet

groß / klein	deutsch	gesprochen	groß / klein	deutsch	gesprochen	groß / klein	deutsch	gesprochen
Α α	a	Alpha	Ι ι	i	Iota	Ρ ρ	r	Rho
Β β	b	Beta	Κ κ	k	Kappa	Σ σ	s	Sigma
Γ γ	g	Gamma	Λ λ	l	Lambda	Τ τ	t	Tau
Δ δ	d	Delta	Μ μ	m	Mü	Υ υ	y	Ypsilon
Ε ε	e (kurz)	Epsilon	Ν ν	n	Nü	Φ φ	ph	Phi
Ζ ζ	(z)	Zeta	Ξ ξ	(x)	Xi	Χ χ	ch	Chi
Η η	e (lang)	Eta	Ο ο	o (kurz)	Omikron	Ψ ψ	ps	Psi
Θ ϑ	th	Theta	Π π	p	Pi	Ω ω	o (lang)	Omega

1) SI: Système International
2) weitere Einheiten und Formelzeichen s. Abschnitt 6.7

Oldenbourg

Chronik des „Recknagel“, des Taschenbuches für Heizung und Klimatechnik

1897 veröffentlichte **Dipl.-Ing. Hermann Recknagel** erstmalig den „Kalender für Gesundheitstechniker“ mit einem Umfang von 173 Seiten. Das jährlich erscheinende Buch war in seinem Todesjahr 1919 bereits 360 Seiten stark.

In den folgenden Jahren wurde der Kalender zunächst von **Dipl.-Ing. Otto Ginsberg** und ab 1938 von **Dipl.-Ing. Kurt Gehrenbeck** herausgegeben. 1944 (46. Auflage) erschien er zum letztenmal in der früheren Form als „Recknagels Kalender für Gesundheits- und Wärmetechnik“. Hier wird ebenso wie in der Vorausgabe **Dipl.-Ing. Eberhard Sprenger** als Mitarbeiter und für den Abschnitt Lüftung verantwortlich benannt.

1952 war es Verdienst von **Dipl.-Ing. Eberhard Sprenger,** daß die (irrtümlich nochmals) 46. Auflage des „Recknagel“ in neuer Form und gegenüber der letzten Ausgabe 1944 grundlegend überarbeitet unter dem Titel „Taschenbuch für Heizung und Lüftung“ nun als „Recknagel-Sprenger“ in ungefähr zweijährigen Abständen erscheinen konnte.

Für die 62. Auflage (83/84) wurde **Dr.-Ing. Winfried Hönmann** als Mitherausgeber gewonnen, nachdem er bereits seit der 59. Auflage (77/78) Abschnitte bearbeitet hatte. Ab 1988 war er allein für die Herausgabe der 64. und 65. Auflage verantwortlich.

Während der Vorbereitungsarbeiten für die 66. Auflage (92/93) übernahm **Dr.-Ing. Ernst-Rudolf Schramek** Anfang 1991 die Herausgebernachfolge und damit die Verantwortung für diese und die Folgeauflagen; er hatte bereits zu speziellen Fragen bei der 60. bis zur 62. Auflage (79/80, 81/82 und 83/84) mitgewirkt.

Zu den Herausgebern:

Dipl.-Ing. Hermann Recknagel wurde am 30. Januar 1869 in München als Sohn des in Fachkreisen bekannten Studienprofessors Georg Recknagel geboren. Nach dem Studium des Maschinenbaus an der Technischen Hochschule München begann er seine berufliche Laufbahn bei der Fa. Sulzer in Winterthur.

Sein Hauptinteresse galt damals lufttechnischen Problemen (wie z. B. bei den Vorarbeiten für die Lüftung des Simplon-Tunnels) sowie Entstaubungsproblemen (z. B. in Gießereien und Putzereien). 1893 erhielt er deutsche und österreichische Patente über Vorrichtungen zur Kontrolle des Zuges in Lüftungskanälen.

Etwa zwei Jahre lang war er auf Einladung von Hermann Rietschel Mitarbeiter der Firma Rietschel und Henneberg in Berlin. 1898 gründete er einen eigenen Betrieb in München, der Heizungs- und Lüftungsanlagen auch größten Ausmaßes installierte.1909 schied er aus dieser Firma aus und ließ sich in Berlin als beratender Ingenieur nieder. Nach schwerer Krankheit starb er am 17. Mai 1919 in München, erst 50 Jahre alt.

Neben dem Kalender für Gesundheitstechniker wurden von ihm u.a. ca. 50 Fachaufsätze veröffentlicht.

Dipl.-Ing. Otto Ginsberg, in Berlin Assistent von Prof. Hermann Rietschel, ist bekannt durch Veröffentlichungen zur Heizungstechnik. So gab er 1911 bis 1915 die Bücher „Vorträge und Aussprachen der Freien Vereinigung Berliner Heizungs-Ingenieure“ heraus und veröffentlichte weitere in den Jahren 1923 bis 1934. Sein Buch „Die Heizungsmontage“ wurde 1928 in russischer Sprache in Moskau aufgelegt. Als seine Aufenthaltsorte werden in seinen Veröffentlichungen Berlin, Heidelberg und schließlich Hannover – dort als beratender Ingenieur – genannt.

Dipl.-Ing. Kurt Gehrenbeck gibt in den Ausgaben 1943 und 1944 „Recknagels Kalender für Gesundheits- und Wärmetechnik“ als eigene Anschrift das Rud.-Virchow-Krankenhaus in Berlin an. Vermutlich war er technischer Leiter des heutigen Virchow-Klinikums.

Dipl.-Ing. Eberhard Sprenger wurde am 8. November 1904 in Friedersdorf, Mark Brandenburg, geboren. Er studierte an der Technischen Hochschule Berlin-Charlottenburg.

Die Grundlage für seine umfassenden Kenntnisse auf dem Gebiet der Heizungs- und Klimatechnik erwarb er in den USA. Von dort zurückgekehrt, war er bei mehreren Lüftungsfirmen tätig. Nach dem Krieg gründete er in Berlin die Lüftungsfirma Karl Früh, deren Geschäftsführer und Hauptgesellschafter er bis zu seinem Ausscheiden 1980 war.

Zahlreiche fachliche Veröffentlichungen stammen aus seiner Feder. Außerdem hat er an der Bearbeitung vieler Normen und Richtlinien auf dem lüftungstechnischen Gebiet maßgeblich mitgewirkt. Er war bis zur 63. Ausgabe (1986/87) Herausgeber des Taschenbuchs. Am 24. Dezember 1989 verstarb er in Berlin, nachdem er mehr als 40 Jahre dem Taschenbuch seine persönliche Note gegeben hatte.

Dr.-Ing. Winfried Hönmann wurde am 1. Dezember 1931 in Berlin geboren. Er studierte an der Technischen Universität Berlin und promovierte dort am Hermann-Föttinger-Institut für Strömungstechnik auf dem Gebiet der Radialventilatoren. Seine berufliche Laufbahn begann bei der Turbon GmbH, Berlin, wo er die Entwicklung speziell im Bereich Ventilatoren und Staubtechnik und später den Bereich Lüftungs- und Entstaubungsanlagen leitete.

Von 1966 bis 1989 war er bei der LTG Lufttechnische GmbH, Stuttgart, tätig, zunächst als Leiter der Forschung und Entwicklung, ab 1972 als Geschäftsführer. Bekannt als Verfasser zahlreicher Fachartikel und als Erfinder zum Teil richtungweisender Verfahren, war er viele Jahre stellvertretender Vorsitzender der Fachgemeinschaft ALT im VDMA, Vorsitzender der Forschungsvereinigung Luft- und Trocknungstechnik, Mitglied des Beirats der VDI-Gesellschaft Technische Gebäudeausrüstung sowie Beauftragter des BHKS in den europäischen Normungsgremien der TGA. Seit 1983 Mit- und seit 1988 (64. Auflage) allein verantwortlicher Herausgeber des Taschenbuches, verstarb er am 31. August 1990 während der Vorbereitungsarbeiten zur 66. Auflage.

Prof. Dr.-Ing. Ernst-Rudolf Schramek wurde am 27. Mai 1937 in Schwerin geboren. Er studierte an der Technischen Hochschule München Elektrotechnik. Nach mehrjähriger Tätigkeit als Projektingenieur bei der AEG wurde er innerhalb der Konzern-Bauabteilung der Karstadt AG mit dem Aufbau und der Leitung der Projektabteilung für Technische Gebäudeausrüstung betraut. 1980 promovierte er nebenberuflich an der Universität Essen bei Prof. Dr.-Ing. F. Steimle und Prof. Dr.-Ing. K. Gertis im Themenbereich der Klimatechnik und Bauphysik. 1981 war er Mitbegründer und erster Geschäftsführer der GERTEC GmbH – Ingenieurgesellschaft, Essen. Anfang 1991 übernahm er die Herausgabe des Taschenbuchs. Zu Beginn 1992 nahm er den Ruf auf den Lehrstuhl für Technische Gebäudeausrüstung der Fakultät Bauwesen an der Universität Dortmund an, den er bis zum 31. Juli 2002 innehatte.

Seit 1975 gibt es von ihm mehr als 50 Veröffentlichungen zu Themen der Technischen Gebäudeausrüstung, des rationellen Energieeinsatzes und des Umweltschutzes in Büchern, Zeitschriften und auf Kongressen; im gleichen Zeitraum war er Mitglied in mehr als zehn Ausschüssen und Expertengruppen bei VDI, DIN, Argebau, BDI (Bundesverband der deutschen Industrie) und verschiedenen Bundes- und Landesministerien.

Taschenbuch für Heizung und Klimatechnik

einschließlich Warmwasser- und Kältetechnik

Herausgegeben von
Prof. Dr.-Ing. Ernst-Rudolf Schramek
Universität Dortmund

71. Auflage

Mit über 2100 Abbildungen und über 350 Tafeln sowie 4 Einschlagtafeln

Oldenbourg Industrieverlag München

Zuschriften bezüglich des Textteils sowie Mitteilungen über neue oder verbesserte Erzeugnisse und Verfahren werden erbeten an:

Prof. Dr.-Ing. Ernst-Rudolf Schramek
www.ernst-rudolf.schramek@uni-dortmund.de

Zuschriften bezüglich des Anzeigenteils werden erbeten an:
Oldenbourg Industrieverlag GmbH, Rosenheimer Straße 145, 81671 München

Rosenheimer Straße 145, D-81671 München
Telefon: (089) 45051-0, Internet: http://www.oldenbourg.de

Gedruckt auf säure- und chlorfreiem Papier
Druck: R. Oldenbourg, Graphische Betriebe Druckerei GmbH
Printed in Germany

ISBN 3-486-26534-2

Vorwort zur 1. Auflage.

Der Kalender für Gesundheitstechniker verfolgt den Zweck, in erster Linie dem Fachmanne auf Reisen und im Bureau als kurz gefaßtes Nachschlagebuch für Formeln, Koëffizienten und Tabellenwerte zu dienen.

Dementsprechend fanden besonders auch Angaben für Überschlagsrechnungen an Ort und Stelle Berücksichtigung.

Der Kalender soll außerdem Nichtfachleuten, welche Erfahrungswerte aus dem Heizungs- und Lüftungsfache suchen und kürzere einschlägige Berechnungen selbst durchführen wollen, die nötigen Mittel an die Hand geben.

In einigen Abschnitten wurde den besonderen Interessen des Architekten Rechnung getragen (Grundlagen für die Ausarbeitung von Projekten, Wahl des Heizungssystems, Bautechnische Notizen, Erstellungskosten).

In der Bearbeitung des Stoffes ist, soweit möglich, die streng wissenschaftliche Behandlung, außerdem die Fassung in Näherungsformeln und Tabellen durchgeführt.

Bei den einzelnen Tabellen wurde darauf Bedacht genommen, die Grundlagen, welche zur Berechnung gedient haben, anzugeben, damit darüber Klarheit herrscht, ob für einen gegebenen Fall der Anwendung auch angenähert die gleichen Vorbedingungen bestehen, bezw. die Größe eventuell notwendiger Zuschläge etc. bemessen werden kann.

Numerisch durchgeführte Beispiele sollen die Anwendung der einzelnen Formeln erleichtern.

Für die folgenden Jahrgänge ist eine Beilage beabsichtigt, welche in jährlichem Wechsel einen Teil des gesundheitstechnischen Gebietes bildlich darstellt. – 1. Heizkessel, Regulatoren etc. – 2. Heizkörper, Verkleidungen, Heizsysteme. – 3. Ventile, Niederschlagswasserableiter, Rohrleitungen etc. – 4. Ventilationsapparate und Meßinstrumente. – 5. Badeeinrichtungen, Waschanstalten, Desinfektionsapparate etc. –

Die Einzelheiten dieses Sammelwerkchens, nebst einer Einladung an Fabrikanten um gefl. Unterstützung, beliebe man aus der Anlage zu entnehmen.

Die Aufnahme eines Verzeichnisses der Firmen, welche Centralheizungen bauen, soll die Verbreitung von Fragen gestatten, welche die Fachwelt interessieren und die Offerte heiztechnischer Artikel ermöglichen.

Allen Herren, welche mich in der Aufstellung dieses Verzeichnisses unterstützt haben, auch an dieser Stelle besten Dank, und an die Herren Fachgenossen die Bitte um nachsichtige Beurteilung. Angeregte Verbesserungen werden gerne berücksichtigt; geeignete Beiträge finden unter Quellenangabe Verwendung.

Winterthur, August 1896. Hermann Recknagel.

Vorwort zur 71. Auflage

Auch heute noch, mehr als 100 Jahre nach dem Ersterscheinen des *Kalenders für Gesundheits-Techniker,* ist das 1896 von *Hermann Recknagel* verfaßte Vorwort zur Erstauflage aktuell. Es könnte auch für die vorliegende 71. Auflage des nunmehr zum Standardwerk gewordenen *Recknagel, Taschenbuch für Heizung + Klimatechnik* geschrieben sein. Allerdings hat der technische Fortschritt bei der Heizungs-, Lüftungs- und Klimatechnik sowie

Warmwasserversorgung und Kältetechnik es erforderlich gemacht, von Auflage zu Auflage ständig Anpassungen an den Stand der Technik vorzunehmen, so daß sich der Umfang des Buches gegenüber der Erstausgabe erheblich verändert hat.

Ein besonderes Problem bei der Aktualisierung des *Recknagel* stellen weiterhin die z.Z. erfolgenden europäischen und internationalen Normanpassungen dar, da zwangsläufig in den internationalen Normen (ISO) und in den europäischen Normen (EN) nicht nur Standards bisheriger DIN-Normen oder anderer deutscher Regeln der Technik Verwendung finden. Beispielsweise werden der Wärmedurchgangskoeffizient (bisher k) mit U, der Wärmeübergangskoeffizient (bisher α) mit h, der Index für außen (bisher a) mit e, die Temperatur (bisher mit ϑ) mit Θ und der Wärmestrom $\dot{Q}$ mit Φ bezeichnet. Weiterhin bereitet es nach wie vor Schwierigkeiten, daß verschiedene DIN-Normen und deutsche Regeln der Technik (z.B. VDI-Richtlinien) zurückgezogen werden, obwohl noch keine entsprechenden internationalen oder europäischen Normen vorliegen. (Bekanntlich ist jedes Mitglied der EU verpflichtet, eine vorhandene nationale Norm zurückzuziehen, die dasselbe Therma wie eine europäische Norm (EN) hat. Auch bei Harmonisierungsdokumenten (HD) müssen entgegenstehende Normen zurückgezogen werden.) **Da der Prozeß der deutschen, europäischen und internationalen Normanpassung noch nicht abgeschlossen ist** und damit für ein Fachbuch wie den *Recknagel* z.Z. Planungssicherheit nicht besteht, **werden insbesondere bei Formelzeichen und Indizes in Erwartung künftiger abschließender Regelungen bis auf wenige Ausnahmen bisherige Standards weiter verwendet**.

In der vorliegenden Auflage des Fachbuchs wurden wieder Anpassungen, Streichungen und die Behandlung neuer Themen erforderlich. Neben den üblichen Aktualisierungen in nahezu allen Abschnitten wurden folgende wesentliche Änderungen und Ergänzungen vorgenommen:

Grundlagen:
Die Abschnitte *Raumluftqualität, Hygienische Anforderungern an RLT-Anlagen nach VDI 6022, Regenerative Brennstoffe, Schalltechnische Grundlagen, Regelungstechnische Grundlagen, Energiewirtschaftliche Grundlagen, Umweltschutz und Luftreinhaltung* sowie *Verordnung über kleine und mittlere Feuerungsanlagen* wurden z.T. grundlegend überarbeitet bzw. neu geschrieben. Im Abschnitt *Bauphysikalische Grundlagen* wird auf den neuesten Stand der Normung zum Thema *Jahresheizwärme- und -energiebedarfsberechnung* eingegangen.

Heizung:
Zu erwähnen sind die z.T. erheblichen Überarbeitungen der Abschnitte *Abgasanlagen, Kunststoffrohre, Krankenhäuser/Kliniken, Meß-, Steuerungs- und Regelanlagen, Dehnungsausgleicher/Kompensatoren* sowie *Dampf- und Kondensatleitungen.*

Lüftung und Klimatisierung:
Grundlegend überarbeitet wurden die Abschnitte *Thermische Raumflächen, Geräuschminderung* und *Industrielle Absaugungen.*

Warmwasserversorgung und Kältetechnik:
In den verschiedenen Abschnittsbereichen erfolgten die erforderlichen Anpassungen an den aktuellen Stand der Technik.

Anhang:
Neben Aktualisierungen in nahezu allen Abschnitten wird die *Energieeinsparverordnung* (in Kraft seit 1. Februar 2002) ausführlich dargestellt und kommentiert..

In bewährter Weise haben sich wieder Fachkollegen bei der Durchsicht, der Überarbeitung oder der völligen Neugestaltung einzelner Abschnitte (wie bei allen vorhergehenden Ausgaben) engagiert. Die Übersicht „Nomina nominanda" gibt Aufschluß über die den *Recknagel* beeinflussenden Persönlichkeiten der Branche.

Bei der vorliegenden Ausgabe haben durch unmittelbare textliche Beiträge mitgewirkt:

Prof. Dr.-Ing. K.-J. Albers, Esslingen:	Schalltechnische Grundlagen (Abschn. 1.5) Schallschutz (Abschn. 2.3.11) Geräuschminderung (Abschn. 3.3.6) Lüftungstechnische Geräte (Abschn. 3.4)
Dr.-Ing. H.-U. Amberg, Köln:	Kältespeicher (Abschn. 5.6.4)
Dipl.-Ing. G. Arends, Stuttgart:	Brennstoffzellen (Abschn. 1.3.9)
Dr.-Ing. Udo Peter Banck, Darmstadt:	Wohnungen (Abschn. 3.6.2-1) Laboratorien (Abschn. 3.6.8-2)

Dipl.-Ing. G. Böhm, Frankenberg:	Wärmeerzeuger (Abschn. 2.3.1) (gemeinsam mit Ing. G. Wagner)
Dipl.-Ing. Claus Decker, Emmerich:	Adsorptionskälteprozeß (Abschn. 5.2.4)
Dipl.-Ing. F. Dehli, Heidelberg:	Wärmerückgewinnung (Abschn. 3.3.8)
Dipl.-Ing., Dipl.-Wirtsch.-Ing. J. Eberhardt, Erlangen:	Luftheizungen (Abschn. 2.2.2-3)
Dipl.-Ing. S. Evert, Bremen:	Dampf- und Kondensatleitungen (Abschn. 2.4.3-2)
Prof. Dr.-Ing. K. Fitzner, Berlin:	Krankenhäuser (Abschn. 3.6.5)
Dipl.-Ing. U. Flohren, Köln:	Gas-Infrarotstrahler (Abschn. 2.2.1-6.2.2 u. -6.6b)
Prof. Dr.-Ing. habil. B. Glück, Jößnitz:	Wärmetechnische Grundlagen (Abschn. 1.3) Thermisch aktive Raumflächen (Abschn. 3.2.8)
Dr.-Ing. M. Görres, Dortmund:	Energiewirtschaftliche Grundlagen (Abschn. 1.8)
Dipl.-Ing. V. Gräff, Essen:	Heizsysteme mit Wärmepumpen (Abschn. 2.2.2-4)
Dr.-Ing. habil. J. Guntermann, Neukirchen-Vluyn:	Luftauslässe/Zuluft-Durchlässe (Abschn. 3.3.5-4)
Prof. Dr.-Ing. G. Hauser, Kassel:	Bauphysikalische Grundlagen (Abschn. 1.12) Kommentar zur Energieeinsparverordnung (Abschn. 6.1.5-2) (gemeinsam mit Dr.-Ing. A. Maas und Dipl.-Ing. K. Höttges)
Dipl.-Ing., Dr.-Ing. M. Heimann, Dortmund:	Heizsysteme mit Sonnenkollektoren und sonstigen Absorbern (Abschn. 2.2.2-5)
Dr.-Ing. St. Herrmann, Waiblingen:	Brenner (Abschn. 2.3.3)
Dipl.-Ing. St. Hofmann, Wuppertal:	Regenerative Brennstoffe (Abschn. 1.3.6-4)
Dipl.-Ing. K. Höttges, Kassel:	Kommentar zur Energieeinsparverordnung (Abschn. 6.1.5-2) (gemeinsam mit Dr.-Ing. A. Maas und Prof. Dr.-Ing. G. Hauser)
Dipl.-Ing. G. Hunnekuhl, Dortmund:	Pumpen (Abschn. 2.3.6-1)
Dipl.-Ing. K. Jagnow, Wolfenbüttel:	Heizkosten (Abschn. 2.6) (gemeinsam mit Prof. Dr.-Ing. D. Wolff)
Dr.-Ing. A. Keune, Hamburg:	Hygienische Anforderungen an RLT-Anlagen nach VDI 6022 (Abschn. 1.2.5-5)
Dr. rer. nat. C.-L. Kruse, Dortmund:	Korrosions- und Steinschutz (Abschn. 1.10)
Dipl.-Ing. W. Lang, Hamburg:	Dehnungsausgleicher (Abschn. 2.3.5-3)
Prof. Dr.-Ing. H. Loewer, Hamburg:	Raumluftqualität (Abschn. 1.2.4-2)
Dr.-Ing. A. Maas, Kassel:	Konzept der Energieeinsparverordnung (Abschn. 6.1.5-2) (gemeinsam mit Prof. Dr.-Ing. G. Hauser und Dipl.-Ing. K. Höttges)
Dr.-Ing. J. Masuch, Benningen:	Meteorologische Grundlagen (Abschn. 1.1)
Dr. rer. nat. E. Mayer, Holzkirchen:	Hygienische Grundlagen (Abschn. 1.2)
Dr.-Ing. D. Pfannstiel, Breitenbach a. H.:	Regelungstechnische Grundlagen (Abschn. 1.7) MSR-Anlagen Heizung (Abschn. 2.3.7) MSR-Anlagen Klimatechnik (Abschn. 3.3.7)
Prof. Dr.-Ing. T. Rákóczy, Köln:	Einteilung der RLT (Abschn. 3.1.2) Gütegrade der Lüftung (Abschn. 3.5.1-1.5) Wärmespeicherung (Abschn. 3.5.1-6)
Prof. Dr. sc. techn. A. Reinhart, Lindau:	Kältetechnik (Abschn. 5)
P. Rohne, München:	Elektrische Raumheizung (Abschn. 2.2.1-7) Zentrale elektrische Wärmeerzeuger (Abschn. 2.3.1-2.6)
Prof. Dipl.-Ing. K. Rudat, Berlin:	Warmwasserversorgung (Abschn. 4)
Prof. Dr.-Ing. M. Schulz, Weimar:	Bauherr, Architekt, Fachingenieur – Planung bis Instandhaltung (Abschn. 1.13)
Dr.-Ing. F. Sodec, Bergisch Gladbach:	Meßtechn. Grundlagen (Abschn. 1.6) z. T. Luftverteilung (z. T. Abschn. 3.3.5)

Dr.-Ing. D. Stehmeier, Langenhagen:	Verordnung über kleine und mittlere Feuerungsanlagen (Abschn. 1.9.4-2) Abgasführung (Abschn. 2.2.1-6.9) Abgasanlagen für Gasheizkessel (Abschn. 2.3.1-2.2.6)
R. Steiner, Offenbach:	Luftbefeuchter (Abschn. 3.3.4-1)
Dipl.-Ing. T. Tech, Essen:	Krankenhäuser/Kliniken (Abschn. 2.5.5)
U. Tomaschek, Düsseldorf:	Kupferrohre (Abschn. 2.3.4-2)
Dr.-Ing. P. Vogel, Dresden:	Umweltschutz, Luftreinhaltung (Abschn. 1.9) Industrielle Absaugungen (Abschn. 3.7)
Prof. Dipl.-Ing. W. A. Voltz, Hamburg:	Brandschutz (Abschn. 3.3.9)
Ing. G. Wagner, Frankenberg:	Wärmeerzeuger (Abschn. 2.3.1) (gemeinsam mit Dipl.-Ing. G. Böhm)
Dipl.-Ing. P. Wegwerth, Norderstedt:	Kunststoffrohre (Abschn. 2.3.4-3)
Prof. Dr.-Ing. H. Werner, München:	DIN EN 832 (Abschn. 6.1.7)
Prof. Dr.-Ing. D. Wolff, Wolfenbüttel:	Heizungs- und Warmwasserkosten (Abschn. 2.6) (gemeinsam mit Dipl.-Ing. K. Jagnow)

Ihnen, den zahllosen Lesern, die durch die Eingabe von Verbesserungsvorschlägen mitgewirkt haben, und den Firmen, die Bildunterlagen zur Verfügung gestellt haben, sei herzlich gedankt. Weiterer Dank gilt den Mitarbeitern des Lehrstuhls TGA der Universität Dortmund und der GERTEC GmbH – Ingenieurgesellschaft, Essen, für fachbezogene Diskussionen und für die Bearbeitung verschiedener Abschnitte. Der Architekturstudentin *Jasmin König* gilt besonderer Dank für organisatorische Unterstützung.

Gleicher Dank gilt den Mitgliedern des Beirats *Prof. Dipl.-Ing. W. Burkhardt*, Gröbenzell, *Dr.-Ing. H. Feurich*, Berlin, *Prof. Dr.-Ing. F. Steimle*, Essen, für ihre Mithilfe bei redaktionellen und fachlichen Fragen.

Der *Recknagel*, der bei früheren Auflagen z. T. mehrmals in die sieben Sprachen Französisch, Griechisch, Serbokroatisch, Polnisch, Slowakisch, Spanisch, Ungarisch übersetzt wurde (zuletzt die 65. Ausgabe ins Spanische, die 66. Ausgabe ins Polnische, Teile der 66. Ausgabe ins Französische, die 67. Ausgabe ins Serbokroatische, die 69. Ausgabe ins Ungarische, in Vorbereitung die 70. Ausgabe ins Polnische und ins Türkische), soll weiterhin angehenden und tätigen Ingenieuren als aktuelles Hilfsmittel zur Verfügung stehen. Hierzu werden Anregungen gern entgegengenommen. Aus diesem Grund liegt dem Taschenbuch eine Postkarte bei, um es der Leserschaft zu erleichtern, den Herausgeber auf Fehler, erforderliche Verbesserungen oder Ergänzungen aufmerksam zu machen. Schon im voraus sei allen Einsendern gedankt.

Dorsten, Oktober 2002

Ernst-Rudolf Schramek

Nomina nominanda

Wer? Was? Wann?

Bei der Bearbeitung der verschiedenen Auflagen des „Recknagel" waren im Laufe der Jahre folgende Fachkollegen den Herausgebern durch Neubearbeitung, Überarbeitung, Korrektur oder fachliche Ratschläge bei den genannten Themen behilflich (die Vielzahl der in den verschiedenen Auflagen bei den Quellenangaben genannten Fachleute kann hier nicht aufgeführt werden):

Dr.-Ing. M. **Adam,** Remscheid, *Gasheizgeräte,* 68.; W. **Adam,** Gießen, *Lüftung verschiedener Gebäude,* 59. und 60.; Prof. Dr.-Ing Karl-Josef **Albers,** Esslingen, *Schalltechnik, Lüftungstechnische Geräte,* seit 68.; Dr.-Ing. Hans-Ulrich **Amberg,** Köln, *Kältespeicher,* seit 69.; Dipl.-Ing. Udo O. **Andreas,** Allendorf, *Heizungsregelung,* 63. bis 69.; Dipl.-Ing. Gesine **Arends**, Stuttgart, *Brennstoffzellen,* seit 70.; Dr.-Ing. Udo Peter **Banck,** Darmstadt, *Wohnungslüftung,* seit 68.; *Laboratorien,* seit 71.; Dipl.-Ing. Ewald **Baron,** Köln, *Architekt, Bauherr und Lüftung,* 67. bis 69.; *Architekt, Bauherr und Heizung,* 68. und 69.; Dipl.-Ing. Dietmar **Bartsch,** Dinslaken, *Fernheizungen,* seit 67.; Dipl.-Ing. Dietrich **Beitzke,** Aachen, *Meßwerterfassung,* 68.; Dipl.-Ing. Horst **Biniek,** Ebersbach, *Öfen,* 68.; Dipl.-Ing. Gerd **Böhm,** Wetzlar, *Wärmererzeuger,* seit 63.; D. **Bombis,** CH-Vilters, *Öl- und Gasbrenner,* 63. und 64.; Dipl.-Ing. Hans-M. **Breiden**, Dossenheim, *Kirchenheizung*, seit 70.; Dr.-Ing. Heinz **Brockmeyer,** München, *Schalltechnik,* 59. bis 70.; *Lüftungstechnische Geräte,* 62. bis 70; Dipl.-Ing. D. **Bublitz,** Berlin, *Fernheizung, Heizkraftwirtschaft,* 62. bis 65.; Ing. Jürgen **Burger,** Essen, *Klimatechnik Warenhäuser,* 67. bis 69.; Prof. Dipl.-Ing. Wolfgang **Burkhardt,** Gröbenzell, *Beirat,* seit 66.; Prof. Dr.-Ing. Ulrich **Busweiler,** Darmstadt, *Sorptionsgestützte Klimatisierung, Entfeuchtung,* seit 67.; Prof. Dipl.-Ing. K. **Daniels,** München, *Architekt, Bauherr und Lüftung,* 63.; Dipl.-Ing. Claus **Decker**, Emmerich, *Adsorptionskälteprozeß,* seit 70.; Dipl.-Ing. Frank **Dehli,** Heidelberg, *Wärmerückgewinnung,* seit 67.; Prof. Dr.-Ing. Rüdiger **Detzer,** Hamburg, *Klimatechnik in Fertigungsstätten, Küchen,* seit 69.; Dr.-Ing. A. **Dittrich,** Hilden, *Warmwasserversorgung,* 62. und 63.; Dipl.-Ing., Dipl.-Wirtsch.-Ing. Jörg **Eberhardt,** Erlangen, *Warmluftheizungen,* seit 68.; Dipl.-Ing. Heinz **Eickenhorst,** Essen, *Energiewirtschaft,* 65. bis 68.; Dipl.-Ing. Gerhard **Eisenhauer,** Leimen, *Fernheizungen,* seit 69.; Dipl.-Ing. Sven **Evert,** Bremen, *Dampf- und Kondensatleitungen, Rohrleitungszubehör,* seit 69.; Dr.-Ing. Hugo **Feurich,** Berlin, *Warmwasserversorgung,* 60., 61. und 66.; *Beirat,* seit 66.; Dr.-Ing. Eckehard **Fiedler,** Aachen, *Luftschleier,* seit 68.; Prof. Dr.-Ing. Klaus **Fitzner,** Berlin, *Klimatechnik Krankenhäuser,* seit 66.; Dipl.-Ing. Uwe **Flohren,** Köln, *Gas-Infrarotstrahler,* seit 68.; Rechtsanwalt Volker **Gasser,** Köln, *Umweltschutz,* 67. bis 69.; Dipl.-Ing. Kurt **Gehrenbeck,** Berlin, *Herausgeber,* 40.(?) bis 46.; Obering. W. **Geldner,** Gerlingen, *Heizungstechnik,* 65.; Dipl.-Ing. Lothar **Gerke-Reinecke,** Leimen, *Fernheizung,* 67.; Dipl.-Ing. Otto **Ginsberg,** Hannover, *Herausgeber,* 24. bis 39.(?); Prof. Dr.-Ing. habil. Bernd **Glück,** Jößnitz, *Wärmeübertragung, Thermisch aktive Raumflächen,* seit 67.; *Wärmetechnische Grundlagen,* seit 68.; Dr.-Ing. Markus **Görres,** Dortmund, *Energiewirtschaftliche Grundlagen,* seit 69.; Dipl.Ing Vera **Gräff,** Essen, *Heizsysteme mit Wärmepumpen,* seit 71.; Dr.-Ing. habil. Klaus J. **Guntermann,** Neukirchen - Vluyn, *Luftauslässe,* seit 67.; Dipl.-Ing. Klaus **Hain,** Dortmund, *Wärmebedarf, Auslegung der Wärmeerzeuger,* seit 68.; Dr.-Ing. Johann **Halupczok,** Aachen, *Reinraumtechnik,* seit 69.; Prof. Dr.-Ing. Gerd **Hauser**, Kassel, *Bauphysik, Energieeinsparverordnung,* seit 70.; Dr.-Ing. P. **Hayn,** Berlin, *Luftfilter,* 62.; Dipl.-Ing., Dipl.-Ing. Manfred **Heimann,** Dortmund, *Sonnenenergienutzung,* seit 67.; Dipl.-Ing. Stephan **Herrmann,** Waiblingen, *Öl- und Gasbrenner, Brennstofflagerung,* seit 68.; Dipl.-Ing. Günter S. **Hilbert,** Berlin, *Kältetechnik,* 56. und 57.; Dipl.-Ing. Steffen **Hofmann,** Wuppertal, *Regenerative Brennstoffe,* seit 71.; Dr.-Ing. Winfried **Hönmann,** Stuttgart, *Lüftungs-und Klimatechnik,* 59. bis 61.; *Herausgeber,* 62. bis 65.; Dr.-Ing. Frank **Höper,** Frankfurt/M., *Brennstoffzellen,* 68. und 69., *Meßtechnik,* 68. bis 70.; Dipl.-Ing. Gerhard **Hunnekuhl,** Dortmund, *Pumpen,* seit 67.; Dipl.-Ing. Kati **Jagnow**, Wolfenbüttel, *Heizungs- und Warmwasserkosten,* seit 70.; Dipl.-Ing. G. **Jämmrich,** Berlin, *Fernheizung, Heizkraftwirtschaft,* 62. bis 65.; Dr.-Ing. Franz Josef **Josfeld,** Essen, *Brennstoffe, Verbrennung, Wärmekraftmaschinen, Heizkraftwirtschaft,* seit 67.; Dipl.-Ing. B. **Junker,** Basel, *Regelungstechnik,* 59. bis 62.; Dr.-Ing. Herbert **Jüttemann,** Karlsruhe, *Elektr. Raumheizgeräte, Wärmepumpen, Wärmerückgewinnung,* 60. bis 66.; Dr.-Ing. Achim **Keune,** Hamburg, *VDI 6022 (Hygiene bei RLT-Anlagen),* seit 71.; Dipl.-Ing. H.-G. **Kind,** Berlin, *Grundlagen der Heizungs- und Klimatechnik,* 56.; Dr.-Ing. A. **Kollmar,** Berlin, *Strahlungsheizung,* 59. und 60.; Prof. Dr. med. habil. Peter **Kröling,** München, *Gesundheit, Befindlichkeit,* seit 67.; Dr. rer. nat. Carl Ludwig **Kruse,** Dortmund, *Korrosions- u. Steinschutz,* seit 67.; Dipl.-Ing. Werner **Lang**, Hamburg, *Dehnungsausgleicher,* seit 70.; Prof. Dr.-Ing. J. **Lehmann,** Braunschweig, *Heizungstechnik,* 59. bis 62.; Dipl.-Ing. Hubert **Lenz,** Frechen, *Heizungstechnik,* 59. und 60.; Prof. W. **Liese,** Berlin, *Hygienische Grundlagen,* 59.; Prof. R. **Lochau,** Berlin, *Lüftungs-und Klimatechnik,* 59.; Prof. Dr.-Ing. Harald **Loewer,** Hamburg, *Raumluftqualität,* seit 68.; Dipl.-Ing. Horst **Lutz,** Hamburg, *Wärmemengenmessung,* 65. und 66.; Dr.-Ing. Anton **Maas**, Kassel, *Energieeinsparverordnung,* seit 70.; Dr.-Ing. Jürgen **Masuch,** Benningen, *Meteorologische Grundlagen,* seit 68.; Dr.rer.nat. Erhard **Mayer,** Holzkirchen, *Hygienische Grundlagen,* seit 67.; Dr.-Ing. Ronald **Miller**, Mülheim a.d.R., *Klimatechnik Verkaufsstätten,* seit 70.; Dipl.-Ing. H. **Mürmann,** Sennestadt, *Industrielle Absaugung,* 60.; Dr.-Ing. Gerhard **Nehring,** Tamm, *Heizungstechnik,* 62. bis 65.; Dr.-Ing. Jürgen **Nickel,** Aachen, *Volumenstromregler,* seit 68.; Dipl.-Ing. Leo **Nitsch,** Essen, *Museumslüftung,* seit 67.; Prof. **Oezvegyi,** CH-

Kriens, *Heizungstechnik,* 65.; Dr.-Ing. Paul **Paikert,** Herne, *Lufterwärmer, Luftkühler,* 60. bis 65.; *Plattenwärmeaustauscher,* 65.; Dipl-Ing. R.-D. **Paulmann,** Alzenau, *Warmwassererzeugung (Fernwärme),* 64. und 65.; Prof. em. Dr.-Ing. habil. Karl **Petzold,** Dresden, *Wärme- und Schallschutz,* 67. bis 69.; Dr.-Ing. Dieter **Pfannstiel,** Breitenbach a. Herzberg, *Regelungstechnik,* seit 70.; Dipl.-Ing. Joachim **Plate,** Wetzlar, *Wärmeerzeuger,* 68. und 69.; Dipl-Ing. E. **Prochaska,** Vaihingen/Enz, *Regelung Klimatechnik,* 62. bis 65.; Prof.Dr.-Ing. Tibor **Rákóczy,** Köln, *Lüftungs-und Klimatechnik,* seit 59.; Dipl.-Ing. Hermann **Recknagel,** München, Berlin, *Herausgeber,* 1. bis 23.; Prof. Dr. sc.techn. Anton **Reinhart,** Lindau, *Kältetechnik,* seit 69.; Oberingenieur Bruno **Regenscheit,** Aachen, *Luftverteilung, Luftauslässe,* 62. bis 65.; Dr.-Ing. Manfred **Riedel,** Berlin, *Heizkostenverteiler,* seit 67.; Dr.-Ing. Seonhi **Ro,** Remscheid, *Katalytische Verbrennung, Gasbrenner,* 68.; Prof. Dipl.-Ing. Arch. Armin **Rogall,** Bochum, *Architekt, Bauherr und Lüftung,* 67. bis 69.; *Architekt, Bauherr und Heizung,* 68. und 69.; Peter **Rohne,** München, *Elektrische Heizeinrichtungen,* seit 67.; Prof. Dipl.-Ing. Klaus **Rudat,** Berlin, *Warmwasserversorgung,* seit 67.; Dipl.-Ing. W. **Salzwedel,** Berlin, *Lüftungstechnische Geräte,* 59. und 60.; *Architekt, Bauherr und Lüftung,* 61. und 62.; Dipl.-Ing. Rolf **Scharmann,** Marbach, *Korrosions- und Versteinungsschutz,* 62. und 65.; Prof. Dr. med. Martin **Schata,** Düsseldorf, *Gesundheit, Befindlichkeit,* seit 67.; Dipl-Ing. Winfried **Scheller,** Dortmund, *Heizwasserleitungen,* seit 67.; Dr.-Ing. Dietrich **Schlapmann,** Lollar, *Heizungstechnik,* seit 65.; Dipl.-Ing. Kurt **Schloz,** Liebenzell, *Lüftungs- und Klimatechnik,* 64. bis 67.; *Beirat,* 66. ; Dr.-Ing. Horst-Georg **Schmalfuß,** Dortmund, *Strömungstechnik, Pumpen,* 67. bis 69.; Dipl.-Ing. Heribert **Schmitz,** Braunfels, *Wärmeerzeuger,* 62.; *Warmwasserversorgung,* 64. und 65.; Prof. Dr.-Ing. Ernst-Rudolf **Schramek,** Dorsten, *Klimatechnik Warenhäuser,* 60. bis 62.; *Herausgeber,* seit 66.; Prof. Dr.-Ing. Marina **Schulz,** Weimar, *Bauherr, Architekt, Fachingenieur – Planung bis Instandhaltung,* seit 70.; Dr.-Ing. Franc **Sodec,** Bergisch Gladbach, *Meßtechnik, Luftverteilung,* seit 68.; Dipl.-Ing., Dipl.-Wirtsch.-Ing. Werner **Solfrian,** Essen, *Kosten und Wirtschaftlichkeit,* seit 68.; Dipl.-Ing. Eberhard **Sprenger,** Berlin, *Lüftung,* 45. und 46.; *Herausgeber,* 46. bis 63.; Dr.-Ing. Dieter **Stehmeier,** Langenhagen, *Schornsteintechnik,* seit 68.; Prof.Dr.-Ing. Fritz **Steimle,** Essen, *Beirat,* seit 66.; Reinhard **Steiner,** Offenbach, *Luftbefeuchtung,* seit 68.; Dr.rer.nat. H.-J. **Strauß,** Dortmund, *Luftfilter,* 59. bis 61.; Dipl.-Ing. Thomas **Tech,** Essen, *Heizkraftwirtschaft,* seit 67.; *Heizung in Krankenhäusern/Kliniken,* seit 71.;Uwe **Tomaschek,** Düsseldorf, *Kupferrohre,* seit 70.; Dipl.-Ing. Gerhard **Trenkowitz,** Gorxheimertal, *Kältetechnik,* 59. bis 68. ; *Wärmepumpen,* 67. und 68.; Prof. Dipl.-Ing. Heinrich **Trümper,** Aachen, *Warmwasserversorgung,* 59.; Dr.-Ing. Helmut **Ulmer,** Berlin, *Grundlagen der Heizungs- und Klimatechnik,* 60. und 61.; Dr.-Ing. Peter **Vogel,** Dresden, *Industrielle Absaugungen,* seit 66.; *Umweltschutz,* seit 67.; Prof. Dipl.-Ing. Wolfgang A. **Voltz,** Hamburg, *Brandschutztechnik,* seit 67.; Ing. Günther **Wagner,** Allendorf, *Wärmeerzeuger,* seit 67.; Walter **Wagner,** St. Leon - Rot, *Rohrleitungen,* seit 69.; Dipl.-Ing. Peter **Wegwerth,** Norderstedt, *Kunststoffrohre,* seit 71.; Prof. Dr.-Ing. Hans **Werner,** München, *DIN EN 832 (Heizenergiebedarf),* seit 68.; Dr.-Ing. Stefan **Wirth,** Dortmund, *Wohnungslüftung,* 67.; Prof. Dr.-Ing. Dieter **Wolff,** Liebenburg, *Regelungstechnik,* 63. bis 70.; *Heizungskosten,* seit 63.; Dr.-Ing. Frank-Hendrik **Wurm,** Dortmund, *Strömungstechnik, Pumpen,* seit 70.; Dr.-Ing. Wolf **Ziemer,** Nürnberg, *Reinraumtechnik,* 65.

Bisherige Auflagen:

1. bis 30. Auflage jährlich 1897 bis 1926; 31. bis 44. Auflage nahezu jährlich 1927 bis 1942 (unbekannt, in welchen zwei Jahren keine Neuauflage); 45. und 46. Auflage 1943 und 1944.

Weiterhin nahezu im Zweijahresrhythmus: 46.(!!) 1952, 47. 1953, 48. 1955, 49. 1956, 50. 1959, 51. 1960, 52. 1962, 53. 1964, 54. 1966, 55. 1968, 56. 1970, 57. 1972, 58. 74/75, 59. 77/78, 60. 79/80, 61. 81/82, 62.83/84, 63. 86/87, 64. 88/89, 65. 90/91, 66. 92/93, 67. 94/95, 68. 97/98, 69. 99/00, 70. 01/02, 71. 03/04

Lizenzausgaben:

Deutschsprachig: DDR 1964 von 53.; *Fremdsprachig:* Slowakisch 1962 von 52.; 1. Spanisch 1972 von 57.; Griechisch 1. Teil 1978 und 2. Teil 1980 von 59.; 1. Französisch 1980 von 60.; 1. Serbokroatisch 1982 von 61.; 2. Serbokroatisch 1984 von 62.; 2. Französisch 1986 von 63.; 3. Serbokroatisch 1987 von 63.; 2. Spanisch 1993 von 65.; 1. Polnisch 1994 von 66.; 3. Französisch 1. Teil 1995 von 66.; 4. Serbokroatisch 1995 von 67.; 1. Ungarisch 2000 von 69.; 2. Polnisch in Vorbereitung von 70.; Türkisch in Vorbereitung von 70.

XII b

Inhaltsverzeichnis

Abkürzungen

(Abkürzungen physikalischer Größen s. Abschn. 6.7, S. 2036)

AD	Arbeitsgemeinschaft Druckbehälter im DDA
AMEV	Arbeitskreis Maschinen- und Elektrotechnik staatlicher und kommunaler Verwaltungen
Argebau	Arbeitsgemeinschaft der für das Bauwesen zuständigen Minister, Bonn
ASR	Arbeitstätten-Richtlinien
ASHRAE	American Society of Heating, Refrigeration and Air-Conditioning Engeneers, Inc.
AGFW	Arbeitsgemeinschaft Fernwärme, Frankfurt a. M.
ATV	Abwassertechnische Vereinigung, St. Augustin
BAM	Bundesanstalt für Materialprüfung, Berlin
BDA	Bund Deutscher Architekten, Bonn
BDI	Bundesverband der Deutschen Industrie, Köln
BGA	Bundesgesundheitsamt, Berlin
BGBl	Bundesgesetzblatt
BGV	Berufsgenossenschaftliche Vorschriften
BHKS	Bundesverband Heizung – Klima – Sanitär, Bonn
BHKW	Blockheizkraftwerk
BImSchG	Bundesimmissionsschutz-Gesetz
BMA	Bundesministerium für Arbeit und Sozialordnung
BMBF	Bundesministerium für Bildung, Wissenschaft, Forschung und Technologie
BMFT	Bundesministerium für Forschung und Technologie (jetzt BMBF)
BMU	Bundesministerium für Umwelt, Naturschutz und Reaktorsicherheit
BMWi	Bundesministerium für Wirtschaft
BSE	Bundesverband Solarenergie, Essen
BVOG	Bundesverband Öl- und Gasfeuerung (Energie – Umwelt – Feuerungen)
BWK	Brennstoff – Wärme – Kraft (Zeitschrift)
CCI	Clima – Commerce – International (Zeitung)
CEN	Europäisches Komitee für Normung
CENELEC	Europäisches Komitee für Elektrotechnische Normung
DAI	Deutscher Ingenieur- und Architektenverband, Bonn
DDA	Deutscher Dampfkesselausschuß, Essen
DDC	Direct Digital Control (Mikroelektronische digitale Regelung)
DEK	Deutsche Elektrotechnische Komission im DIN und VDE
DGS	Deutsche Gesellschaft für Sonnenenergie, München
DIN	Deutsches Institut für Normung
DK	Dezimal-Klassifikation
DKV	Deutscher Kälte- und Klimatechnischer Verein, Stuttgart
DVGW	Deutscher Verein des Gas- und Wasserfaches, Eschborn
EDV	Elektronische Datenverarbeitung
EFTA	Europäische Freihandelszone
EG	Europäische Gemeinschaft(en)
EN	Europäische Norm
EnEG	Energieeinsparungsgesetz
ETA	Elektrowärme im Technischen Ausbau (Zeitschrift)
EVU	Elektrizitäts-Versorgungsunternehmen

FGK	Fachinstitut Gebäude-Klima, Stuttgart
FLT	Forschungsvereinigung für Luft- und Trocknungstechnik, Frankfurt a. M.
FNHL	Fachnormenausschuß Heizung und Lüftung
FT	Feuerungstechnik (Zeitschrift)
FTA	Förderungsgemeinschaft Technischer Ausbau – Autorengemeinschaft, Bonn
FWI	Fernwärme International (Zeitschrift)
GET	VDI-Gesellschaft Energietechnik
GFHK	Gesellschaft zur Förderung der Heizungs- und Klimatechnik, Hilden
GI	Gesundheits-Ingenieur (Zeitschrift)
GWF	Gas- und Wasserfach (Zeitschrift)
HBR	Heizölbehälter-Richtlinien
HEA	Hauptberatungsstelle für Elektrizitätsanwendungen, Frankfurt a. M.
HKI	Heiz- und Kochgeräte-Industrie, Frankfurt a. M.
HKW	Heizkraftwerk
HLH	Heizung – Lüftung – Haustechnik (Zeitschrift)
HLK	Heizung – Lüftung – Klimatechnik
HOAI	Honorarordnung für Architekten und Ingenieure
HR	Haustechnische Rundschau (Zeitschrift)
HVBG	Hauptverband der gewerblichen Berufsgenossenschaften, Bonn
IEA	International Energie Agentur (Paris)
IEC	Internationale Elektrotechnische Kommission
IKZ	Zeitschrift für Sanitär – Heizung – Klima (Zeitschrift)
ISO	Internationale Normenorganisation
Ki	Klima – Kälte – Heizung (Zeitschrift)
KKT	Kälte- und Klimatechnik (Zeitschrift)
LKT	Luft- und Kältetechnik (Zeitschrift)
MPA	Material-Prüfungsanstalt
MSR	Meß-, Steuer-, Regeltechnik
NA	Normen-Ausschuß
NHRS	Normenausschuß Heizung- und Raumlufttechnik
PTB	Physikalisch-Technische Bundesanstalt, Braunschweig
RAL	Ausschuß für Lieferbedingungen und Gütesicherung früher: Reichsausschuß für Lieferbedingungen
RKW	Rationalisierungskuratorium der Deutschen Wirtschaft, Frankfurt a. M.
RLT	Raumlufttechnische Anlage
RWA	Rauch- und Wärmeabzugsanlagen
SBZ	Sanitär-, Heizungs- und Klimatechnik (Zeitschrift)
SHT	Sanitär- und Heizungstechnik (Zeitschrift)
SKE	Steinkohlen-Einheit
StLB	Standard-Leistungsbuch
TAB	Technik am Bau (Zeitschrift)
TA-Luft	Technische Anleitung zur Reinhaltung der Luft
TGA	Technische Gebäudeausrüstung
TRD	Technische Regeln für Dampfkessel
TRF	Technische Regeln für Flüssiggas
TRGI	Technische Regeln für Gasinstallationen
TÜV	Technischer Überwachungsverein
UVV	Unfallverhütungsvorschriften
VbF	Verordnung über brennbare Flüssigkeiten
VDE	Verband Deutscher Elektrotechniker, Frankfurt a. M.
VDEW	Vereinigung Deutscher Elektrizitätswerke, Frankfurt a. M.

VDI	Verband Deutscher Ingenieure, Düsseldorf
VDKF	Verband Deutscher Kälte-Klima-Fachleute (Fellbach)
VDMA	Verband Deutscher Maschinen- und Anlagenbau, Frankfurt a. M.
VdTÜV	Vereinigung der technischen Überwachungsvereine, Essen
VDZ	Vereinigung der Deutschen Zentralheizungswirtschaft, Hagen
VO	Verordnung
VOB	Verdingungsordnung für Bauleistungen
VVS	Variables Volumen System
WHG	Wasserhaushaltungsgesetz
WP	Wärmepumpe
WRG	Wärmerückgewinnung
WSVO	Wärmeschutzverordnung
WWE	Warmwassererwärmer
WWV	Warmwasser-Versorgung
ZDH	Zentralverband des Deutschen Handwerks, Bonn
ZfG	Zentrale für Gasverwendung, Frankfurt a. M.
ZLT	Zentrale Leittechnik
ZTA	Zusammenstellung Technischer Anforderungen
ZVH	Zentralverband Heizungskomponenten, Ennepetal-Voerde
ZVSHK	Zentralverband Sanitär – Heizung – Klima, St. Augustin

1. GRUNDLAGEN

1.1 Meteorologische Grundlagen

Ergänzungen von Dr.-Ing. Jürgen Masuch, Benningen

1.1.1 Luft

-1 Reine Luft

Die Luft umgibt die Erdkugel allseitig in Form einer Hülle. Die untere der Erdoberfläche anliegende Schicht nennt man *Troposphäre,* die in unseren Breiten bis etwa 11 km reicht. Darauf folgen die *Stratosphäre* (11 bis 75 km) und *Ionosphäre* (75 bis 600 km).

Der durch das Gewicht der Luft verursachte Druck an der Erdoberfläche beträgt im Mittel $p = 1{,}013$ bar. Bei gleichmäßiger Dichte der Luft würde sich hieraus rechnerisch eine Höhe der Atmosphäre von

$$h = \frac{p}{\varrho g} = \frac{1{,}013 \cdot 10^5}{1{,}293 \cdot 9{,}81} = 7990 \text{ m}$$

ergeben, wobei $\varrho = 1{,}293$ die Dichte der trockenen Luft bei 0 °C in kg/m³ und $g = 9{,}81$ m/s² die Fallbeschleunigung ist. In Wirklichkeit nimmt jedoch die Dichte und die Temperatur der Luft mit der Höhe ab (Tafel 1.1.1-1), vgl. auch DIN ISO 2533 (12.79).

Tafel 1.1.1-1 Abnahme des Luftdrucks und der Temperatur mit der Höhe (Norm-Atmosphäre, DIN ISO 2533 [12.79])

Höhe km	0	0,5	1,0	2	3	4	6	8	10	15	20
Luftdruck mbar	1013	955	899	795	701	616	472	356	264	120	55
Temperatur °C	15	11,8	8,5	2,04	−4,5	−11	−24	−37	−50	−55	−55

Abnahme der Temperatur mit der Höhe: 6,5 K je km bis 11 km Höhe. Von 11 km bis etwa 20 km Temperatur annähernd gleichbleibend bei etwa –55 °C. In 20 bis 47 km Höhe Temperaturanstieg durch Ozonbildung bis etwa 0 °C, dann wieder Temperaturabfall.

Tafel 1.1.1-2 Zusammensetzung trockener reiner Luft

Gas	Formel	Gew.-%	Vol.-%
Sauerstoff	O_2	23,01	20,93
Stickstoff	N_2	75,51	78,10
Argon	Ar	1,286	0,9325
Kohlendioxid	CO_2	0,04	0,03
Wasserstoff	H_2	0,001	0,01
Neon	Ne	0,0012	0,0018
Helium	He	0,00007	0,0005
Krypton	Kr	0,0003	0,0001
Xenon	Xe	0,00004	0,000009

Chemisch gesehen ist die Luft ein *Gemisch* verschiedener im normalen Temperaturbereich permanenter Gase, unter denen Stickstoff, Sauerstoff, Argon und CO_2 überwiegen, die zusammen ungefähr 99,99% des Gewichts ausmachen (Tafel 1.1.1-2). Die *Zusammensetzung* ändert sich an der Erdoberfläche örtlich und zeitlich nur sehr wenig, während in großen Höhen die leichten Gase Wasserstoff und Helium überwiegen. Anteilige Sauerstoffabnahme 0,3% je km. Außer den permanenten Gasen ist in der Luft noch Wasserdampf in wechselnden Mengen vorhanden. Geringster Anteil fast 0% (bei tiefen Temperaturen), höchster Anteil etwa 3 Gew.-% ≈ 4 Vol.-%.

-2 Verunreinigungen

Siehe auch Abschnitt 1.9: Umweltschutz

-2.1 Gase und Dämpfe[1]

In gewissen Mengen finden sich in der freien Luft abhängig von Gegend, Klima, Jahreszeit, Wetter und anderen Faktoren noch eine Anzahl weiterer Gase und Dämpfe, deren Quellen in der Hauptsache Industrie, Kraftwerke, Haushalt und Verkehr sind und von denen die wichtigsten folgende sind:

Ozon – O_3 – entsteht bei elektrischen Entladungen, Oxidations- und Verdunstungsvorgängen, in sehr geringen Mengen in der Atmosphäre nachweisbar, etwa 0,02 bis 0,1 mg/m³. Stechender Geruch. Bei Konzentration > 0,2 mg/m³ bereits Reizungen. Ozonreiche See- oder Bergluft ist ein Indikator für hohen Reinheitsgrad der Luft, da Ozon schnell mit Luftverschmutzungen reagiert. Ozonmangel in der Atmosphäre – vor allem über der Antarktis, neuerdings auch über der Arktis – wird auf Fluorchlorkohlenwasserstoff (FCKW) aus Spraydosen und Kältemitteln zurückgeführt (siehe auch Abschnitt 5.3.1). Dadurch dringt UV-Strahlung der Sonne in stärkerem Maße bis zur Erdoberfläche durch mit Auswirkungen auf das Klima. Gefahr von Hautkrebs.

Wasserstoffsuperoxid – H_2O_2 – entsteht wie Ozon, jedoch in größeren Mengen, in Niederschlägen nachweisbar, etwa 200 mg/m³.

Kohlenmonoxid – CO – entsteht durch unvollkommene Verbrennung bei Feuerungen und anderen Verbrennungsvorgängen, daher namentlich in Städten und Industriegegenden nachweisbar, geruchlos, sehr giftig. Hauptquellen Kraftfahrzeuge und Hausbrand. In Abgasen von Otto-Motoren bis 8 Vol.-% nachweisbar, zulässig im Leerlauf 3,5 Vol.-%. Auch im Tabakrauch enthalten. Besonders gefährlich, da nicht wahrnehmbar.

Vorkommen in Straßen mit normalem Verkehr	25 ppm	=	30 mg/m³
Vorkommen in Straßen mit starkem Autoverkehr	50 ppm	=	60 mg/m³
Vorkommen in Abgasen und Brandgasen bis	3,0 Vol.-%	=	36 000 mg/m³

Auch in Wohnungen können, namentlich wenn geraucht wird, Konzentrationen von 50 und mehr mg/m³ vorkommen.

Kohlendioxid – CO_2. Sein an sich geringer Anteil in der Luft erhöht sich langsam durch Verbrennungsprozesse fossiler Brennstoffe, jährlich um etwa 1 ppm. Gegenwärtiger Gehalt rd. 340 ppm. Einfluß auf das Klima wird befürchtet. Anstieg der Lufttemperatur *(Treibhauseffekt)* durch Verhinderung der Wärmeabstrahlung der Erdoberfläche infolge CO_2-Zunahme in der Atmosphäre (verstärkte Absorption von Wärmestrahlung). Mögliche Abhilfe: Reduzierung des Verbrauchs fossiler Brennstoffe durch Energie-Einsparung (Wärmerückgewinnung), Substitution durch Kernenergie oder Wasserstoff-Verbrennung.

Bei Smogwetterlagen (Smog aus dem Englischen: Zusammensetzung aus *Sm*oke und f*og*) Anstieg bis auf 450 ppm im Tagesmittel[2].

Schwefeldioxid – SO_2 – entsteht bei Verbrennung von Kohle und Heizöl, daher ebenfalls namentlich in Industriegegenden nachweisbar. Durchschnittlicher Schwefeldioxidgehalt bei Feuerungen siehe Tafel 1.9.1-2.

Stadt- und Ferngase sowie Erdgase enthalten praktisch keinen Schwefel und sind daher die

---

[1]) VDI-Handbuch: Reinhaltung der Luft. Düsseldorf, VDI-Verlag 1959/2000. 6 Bände (Mehr als 200 Richtlinien), Met. Grundlagen in Band 1, Umweltmeteorologie.
Lahmann, E.: Ges.-Ing. 5/75. S. 121/6 und 1/2-79. S. 17/22.
Fanger, P. O.: Ki 2/82. S. 437/8.
Baumüller, J., u. U. Reuter: Wärmetechn. 5/82. S. 185/8 und KKT 11/82. S. 486.
Kremer, H.: VDI-Bericht 486. S. 25/9 (1983).

[2]) Lahmann, E.: SchrReihe Verein WaBoLu 52, 1981. S. 251 ff.

saubersten Brennstoffe. Sie erzeugen bei der Verbrennung wegen des hohen Wasserstoffanteils auch relativ wenig CO_2. Bei den Heizölen werden mehr und mehr schwefelarme Rohöle verarbeitet. Bei der Verbrennung von Heizöl El mit 0,3% Schwefel enthalten die Abgase ca. 0,5 g SO_2 je m^3, Kohlekraftwerk ohne Entschwefelung 1…3 g SO_2 je m^3.

SO_2 wird in der Luft allmählich zu SO_3 oxidiert, das sich mit der Luftfeuchte zu Schwefelsäure (H_2SO_4) umsetzt.

Vorkommen in der Luft etwa 0,1 bis 1 mg/m^3 (0,04…0,4 ppm), räumlich und zeitlich sehr unterschiedlich, im Winter wesentlich höher als im Sommer. Schädlich für Pflanzenwelt bereits bei 0,5 mg/m^3, bei manchen Pflanzen auch noch weniger. Wirkung auf Menschen bereits ab 0,5 mg/m^3 (Vgl. VDI-Richtlinie 2310)[1)]. Unangenehmer Geruch, Reizung der Schleimhaut, gesundheitsschädlich.

Ammoniak – NH_3 – entsteht bei Fäulnis- und Zersetzungsvorgängen sowie Verschwelungen. Leichter als Luft, steigt bei Freiwerden sofort nach oben.

Vorkommen in freier Luft etwa 0,02 bis 0,05 mg/m^3.

Nitrose Gase – NO_x (N_2O, NO, NO_2) – entstehen durch Kraftverkehr und Feuerungsanlagen mit hohen Verbrennungstemperaturen über 1300 °C. Gelblich-rotbraune Farbe, stechender Geruch. Vorkommen in freier Luft 0,1…0,5 mg/m^3 (NO_2). Giftig, mit Wirkung ähnlich wie SO_2.

Blei als Aerosol in der Atmosphäre stammt überwiegend aus den Abgasen der Kraftfahrzeuge. Als Antiklopfmittel früher im Benzin enthalten. Mittlere Konzentration in der Luft entsprechend hoch: 1…3 μg/m^3, in Hauptverkehrszeiten 25…30 μg/m^3, sehr giftig. Begrenzung durch das Benzinbleigesetz. Nach Reduzierung des zulässigen Bleigehaltes nach TA Luft $\leq$ 2 μg/m^3 sofort entsprechende Reduzierung der Konzentration in der Luft. (Luftreinhaltung '88. Umweltbundesamt.) E. Schmidt, Berlin (1989). Benzinbleigesetz, Änderung vom 18. 12. 87. Nationales Verbot bleihaltigen Normalbenzins. WHO-Empfehlung: $\leq$ 0,5–1 μg/m^3. Nach neuer TA Luft (2001): $\leq$ 0,5 μg/m^3.

Weitere nicht regelmäßig in der Luft nachweisbare Gase und Dämpfe entstehen durch Ausdünstungen und Riechstoffe der Tiere und Pflanzen sowie durch Arbeitsvorgänge in Fabriken, namentlich chemischen Fabriken, Gießereien u. a.

Bei *Smog-Wetterlagen* hat man Konzentrationen von mehr als 4 mg/m^3 an Staub und SO_2 gemessen.

Beim Vergleich von Umweltverschmutzungen müssen sowohl die verschiedenen Quellen wie CO, SO_2, NO_x usw. als auch die verschiedenen Gebiete wie Stadtkern, Industriegegend u. a. in Betracht gezogen werden. Allerdings zeigen sich in den letzten Jahrzehnten deutliche Veränderungen im Hinblick einer lokalen Vergleichmäßigung in der Ausbreitung der Verunreinigungen. Die Industriegebiete sind entscheidend besser in der atmosphärischen Qualität geworden (Staubfilter, Entschwefelungs- und Entstickungsanlagen bei Kraftwerken, sehr hohe Schornsteine verteilen die Restemissionen weiter). An sich emissionsärmere ländliche Gebiete haben sich verschlechtert.[2) 3)]

In der Regel zeigt die Schadstoffbelastung der Luft einen tages- und jahreszeitlichen Verlauf. So wird SO_2 aus Heizungen hauptsächlich im Winter emittiert. Im Laufe der Zeit kann eine *Absorption* der Schadstoffe durch Regen, Schnee, Ozon und Filterwirkung der Vegetation u. a. erfolgen.

In *Wohnräumen* lassen sich außer den erwähnten Bestandteilen gelegentlich noch andere Beimengungen der Luft nachweisen. Aus Spanplatten und Aminoplast-Ortsschäumen kann Formaldehyd austreten. In Wohnungen tolerierbar 0,12 mg/m^3 = 0,1 ppm. Messungen[4)] ergaben bis 0,6 mg/m^3. Ferner wird aus Holzfarben herrührend Pentachlorphenol (PCP) gefunden.

In mehreren Ländern wurden in Häusern radioaktive Teilchen in der Luft nachgewiesen. Quellen sind die radioaktiven Edelgase *Radon* und *Thoron,* die als Zerfallsprodukte aus Uran/Radium bzw. Thorium entstehen und überall in der Natur vorkommen. Radon und Thoron gelangen aus dem Boden, Baustoffen oder Wasser in die Luft, zerfallen weiter in

---

[1)] VDI 2310. Maximale Immissionswerte. Detaillierte Zuammenstellung, ständig aktualisiert und ergänzt. Bl. 1 bis Bl. 37. Neuere Ausgaben: Bl. 26 E, 10. 99 (Fluoride) Bl. 27, 9. 98 (Blei), Bl. 28, 3. 96 (Cd), Bl. 29, 10. 98 (Thallium), Bl. 37, 4. 98 (Mo), alle diese Blätter vor allem zum Schutz landwitschaflicher Nutztiere.

[2)] Kasten, F., u. a.: BMFT – Forsch.ber. T 84–125.

[3)] VDI 2078, (07.96).

[4)] Wanner, H. U.: TAB 8/83. S. 645/8.

Blei und Pollonium, die sich an Staubpartikel in der Luft anlagern und durch Inhalation lungengängig sind. Dadurch kann Lungenkrebs auftreten, wie an besonders exponierten Bergarbeitern nachgewiesen wurde. Neuerdings liegen besonders aus den USA Erkenntnisse vor, daß der Grad der Gefährdung durch Radon erheblich größer ist als früher angenommen. Zweitstärkste Ursache für Lungenkrebs nach dem Rauchen.

Gemessene Mittelwerte für Radon-Konzentration in der Raumluft von Wohnungen 50 Bq/m^3, jedoch mit breiter Streuung. Als kritischer Wert wird derzeit 500 Bq/m^3 angesehen. Hauptquelle der Radonzufuhr aus dem Boden. Beseitigung durch Lüften vorzugsweise im Bodenbereich (Keller).[1)]

In gewerblichen Betrieben treten je nach der Art des Arbeitsprozesses häufig weitere Gase und Dämpfe, manchmal in gefährlicher Menge auf, so daß die in solchen Räumen arbeitenden Personen durch besondere gewerbehygienische Vorschriften geschützt werden. Siehe auch Tafel 1.2.3-3.

Außerdem existieren für Anlagen eines Gewerbebetriebs die *Arbeitsstättenverordnung* und die *Arbeitsstättenrichtlinien* (ASR), die Anforderungen an die einzuhaltenden Bedingungen am Arbeitsplatz enthalten (s. Abschn. 6.1.1-3). Das Berufsgenossenschaftliche Institut für Arbeitssicherheit (BIA) hat in der „Grenzwerteliste 2000"[2)] die wichtigsten Grenzwerte zu chemischen, biologischen und physikalischen Einwirkungen zusammengestellt, die für die Sicherheit der Gesundheit am Arbeitsplatz von Bedeutung sind.

TRGS 900 „Grenzwerte in der Luft am Arbeitsplatz"
TRGS 903 „Biologische Arbeitsplatztoleranzwerte"
TRGS 905 „Verzeichnis krebserzeugender, erbgutverändernder oder fortpflanzungsgefährdender Stoffe"

sowie Grenzwerte für sämtliche heute bekannte Belastungen in Innenräumen (Lärm, Vibration, therm. Belastungen, Strahlung, Elektrizität, biomechan. Belastungen und Hinweise zu biologischen Einwirkungen).

Dieser umfassende Katalog wird bereits hier angesprochen, obwohl nicht alle dieser inzwischen erforschten Problempunkte über die Außenluft und daher meteorologisch einwirken.

Meßgeräte siehe Abschnitt 1.6.9-6 u. -7.

Gerüche s. Abschn. 1.2.3-5.2.

Die wesentlichen gesetzlichen Vorschriften sind in der TA Luft zusammengefaßt.[3)]

-2.2 Staub[3)]

Definition

Unter Staub versteht man in der Luft verteilte, disperse Feststoffe beliebiger Form, Struktur und Dichte, die nach Feinheit unterteilt werden können (Grobstaub > 10 μm, Feinstaub 1…10 μm, Feinststaub < 1 μm). Teilchengrößen meßbar etwa zwischen 0,02 und 1000 μm. Feinstaub folgt bei der Bewegung in ruhender Luft nicht den Fallgesetzen (Schwebstoff), sondern setzt sich mehr oder weniger langsam ab. Seine Fallgeschwindigkeit in ruhender Luft von 20 °C wird nach dem Gesetz von Stokes ermittelt (Tafel 1.1.1-3):

Tafel 1.1.1-3 Fallgeschwindigkeiten von Staubteilchen in Luft von 20 °C nach dem Gesetz von Stokes

Äquivalenter Ø in μm	Fallgeschwindigkeit in cm/s		Fallweg je Stunde in m	
	ϱ = 1000 kg/m^3	ϱ = 2000 kg/m^3	ϱ = 1000 kg/m^3	ϱ = 2000 kg/m^3
10	0,3	0,6	10,8	21,6
1	0,003	0,006	0,108	0,216
0,1	0,00003	0,00006	0,00108	0,00216

[1)] Urban, M.: Ki 12/84. S. 507/512.
Empfehlung der Strahlenschutzkommission, Bundesanzeiger vom 8. 1. 86 und CCI 2/86.
Indoor Air. An Integrated Approach. Elsevier London (1995), dort u. a.: S. 123: Atzmüller, Steinhäusler: Radon … in Indoor Environments. S. 178: Steinhäusler: Radon.

[2)] BIA-Report 4/2001: Grenzwerteliste 2000.
Hauptverband der Berufsgenossenschaften (Apr. 2001). Dort detaillierte weitere Literaturstellen.

[3)] Erste Allgemeine Verwaltungsvorschrift zum Bundes-Imissionsschutzgesetz (Technische Anleitung zur Reinhaltung der Luft – TA Luft) Kabinettsbeschluß 12. 12. 2001.

$v = 3 \cdot 10^4 \cdot \varrho \cdot d^2$

v = Fallgeschwindigkeit	m/s
ϱ = Dichte	kg/m³
d = Äquivalenter Durchmesser	m

Teilchen unter 0,1 μm werden als Kolloidstaub bezeichnet, ihre Bewegung ist ähnlich derjenigen von Molekülen (Brownsche Bewegung), sie gehorcht nicht dem Gesetz von Stokes. Sichtbar sind nur Teilchen > 20…30 μm.

Weitere Definitionen

Ruß: Fein verteilter, meist geflockter fast reiner Kohlenstoff, der bei unvollkommener Verbrennung entsteht; lästig durch Schmutzbildung. Korrosiv, Größe etwa 1 μm und mehr.

Rauch: Aus Verbrennungen herrührende luftfremde Stoffe, enthaltend Asche, Ruß, teerige und flüssige Bestandteile, Metallverbindungen, Wasser, Gase und Dämpfe. Durchmesser der Teilchen 0,01…1,0 μm (Charakteristikum: *Rück*kondensation aus der Gasphase und nachträgliche Agglomeration).

Aerosole: Feste oder flüssige Stoffe in feinster Verteilung (dispers) in einem Gas, Größe 10^{-4} bis 10^2 μm[1]. (Von Kleinionen bis Pflanzenpollen).

Dunst: Sichtvermindernde Anhäufung feinster Teilchen in der Luft.
Sichtweite < 1 km. Korngröße meist < 1 μm.

Flugstaub: Feste Bestandteile des Auswurfs aus Schornsteinen (sollten heute praktisch nur noch bei Einzelfeuerstellen mit festen Brennstoffen zeitweise auftreten).

Nebel: Fein verteilte Wassertröpfchen in der Luft, Größe ca. 1 bis 50 μm. Sichtweite < 1 km.

Emission: Austritt von Verunreinigungen in die Luft; fest, flüssig oder gasförmig; angegeben in g/m³ oder g/Nm³ (z. B. bei einem Schornstein).

Auswurf: Emission bei Schornsteinen, Fortluftkanälen usw.; angegeben in g/m³ oder g/m² h u. a.

Immission: Einfallen von Luftverunreinigungen in Bodennähe.

MIK-Wert: Maximal zulässige Immissions-Konzentration luftfremder Stoffe in Bodennähe bei Staub-Niederschlag. Als Grenzwert bei Kurzeinwirkung gilt die höchstzulässige Durchschnittskonzentration innerhalb einer Halbstunde. Zulässige Kurzzeitkonzentration
z. B. bei SO_2: 0,40 mg/m³, Langzeitkonzentration 0,14 mg/m³ (Immissionsschutzgesetz)
NO_2: 0,30 mg/m³, Langzeitkonzentration 0,10 mg/m³
Formaldehyd: 0,07 mg/m³, Langzeitkonzentration 0,03 mg/m³.

Zusammensetzung des Staubes

Anorganische Bestandteile wie Sand, Ruß, Kohle, Asche, Kalk, Metalle, Steinstäube, Zement u. a.

Organische Bestandteile wie Pflanzenteilchen, Samen, Pollen, Sporen, Härchen, Textilfasern, Mehl u. a.

Entstehung

Auf natürliche Weise durch Verwitterung und Zerfall, Meteore, Winde und Stürme, Brände, Vulkanausbrüche, Fäulnis usw. Durch menschliche Tätigkeit wie Heizungen, Verbrennungen, mechanische und chemische Arbeitsvorgänge, Straßen- und Eisenbahnverkehr, Verschleiß von Kleidung und Geräten usw. Große Staubmengen insbesondere bei bestimmten Arbeitsprozessen in der Industrie wie Zement- und Textilfabriken, Gießereien, Putzereien, Sandstrahlbläsereien u. a. (gewerblicher Staub).

Konzentration

Der Gehalt der freien atmosphärischen Luft an Staubteilchen ist außerordentlich veränderlich und stark abhängig vom Wetter, namentlich Wind und Regen, sowie der Tages- und Jahreszeit, im Jahresmittel 0…0,2 mg/m³. In Städten höher als auf dem Lande.

Es gibt zahlreiche verschiedene Methoden zur Messung der Staubmengen. Messungen untereinander jedoch nicht vergleichbar. Angaben über den Staubgehalt der Luft in Tafel 1.1.1-4. Zahl der Staubteilchen < 1 μm größenordnungsmäßig auf dem Lande etwa 10 Mio.

---

[1]) Rietschel, H., Esdorn, H. (Hrsg.): Raumklimatechnik, 1. Bd., Abschn. N, S. 690, 1995 Springerverlag.

Tafel 1.1.1-4 Mittlerer Staubgehalt der Luft*)

Gebiet	Mittlere Konzentration mg/m³	Max. Korn-häufigkeit μm	Größtes Korn etwa in μm
Landgegend			
bei Regen	0,05	0,8	4
bei Trockenheit	0,10	2,0	25
Großstadtgebiet			
Wohngegend	0,10	7,0	60
Industriegegend	0,30···0,5	20	100
Industriegebiete	1,0···3,0	60	1000
Wohnräume	1···2	–	–
Warenhäuser	2···5	–	–
Werkstätten	1···10	–	–
Zementfabriken	100···200	–	–
Grubenluft	100···300	–	–
Abgase von Kokskesseln			
handbeschickt	10···50	–	–
mechanisch	100···200	–	–
Abgase techn. Feuerungen	1000···15 000	–	–

*) Siehe auch VDI-Handbuch: Reinerhaltung der Luft. 6 Bände mit über 200 Richtlinien. 1959 bis 2000.

je m³ (10^7/m³), in Städten etwa das 10fache. In Raucherräumen hat man Staubteilchen von etwa 1000 Mio. je m³ (10^9/m³) ermittelt.

Staubgehalt der Luft im Winter im allgemeinen höher als im Sommer (Einfluß der Heizungen), im Sommer Verkehrsstaub vorherrschend (Straßendeckenverschleiß). Durch Regen wird die Luft gereinigt, daher nach Regenfällen Luft am reinsten. In Städten hat man bei Prüfung der Staubverteilung in senkrechter Richtung gefunden, daß eine Staubschicht sich etwa bis 3 m oder 4 m über der Erdoberfläche (Verkehrsstaub), eine zweite Schicht über den Dächern erstreckt (Heizungsstaub). Staubgehalt in etwa proportional der Zahl der Stadtbewohner.

Obere zumutbare Grenzwerte für *Staubniederschlag*, insbesondere Ruß[1])

im allgemeinen	10…15 g/m² und Monat
in Industriegegenden	20…30 g/m² und Monat
in Kurgebieten	2…10 g/m² und Monat

Größe und Zahl der Staubteilchen

siehe Bild 1.1.1-1 u. Bild 1.1.1-2. Partikel unter 1 μm umfassen etwa

30% des Gewichtes aller Partikel,
70% der Oberfläche aller Partikel,
99,9% der Zahl aller Partikel.

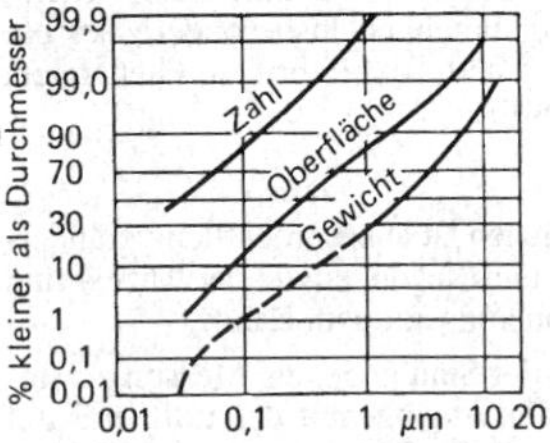

Bild 1.1.1-1. Größenverteilung des atmosphärischen Staubes (nach Camfil).

[1]) Lahmann, E., u. W. Fett: Ges.-Ing. 5/80. S. 149/55.
MAK-Werte siehe Tafel 1.2.3-3.

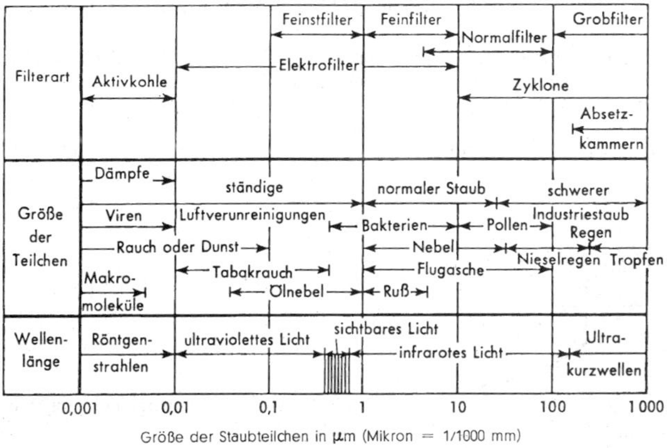

Bild 1.1.1-2. Partikelgrößen einiger Staubarten in der Luft.

Tafel 1.1.1-5 Mittlere Korngrößenverteilung von Staub in Großstadtluft bei einer Menge von 0,75 mg/m³ (ϱ = 1000 kg/m³)

Größen-bereich μm	Mittlere Größe μm	Teilchenzahl je m³ in 1000	Volumen-% = Gewichts-% ≈
10…30	20	50	28
5…10	7,5	1750	52
3…5	4	2500	11
1…3	2	10700	6
0,5…1	0,75	67000	2
0…0,5	0,25	910000	1
			100

Korngrößenverteilung in Großstadtluft siehe Tafel 1.1.1-5.

Bedeutung

Der normal in der Luft enthaltene Staub bedeutet außer einer gewissen Beeinträchtigung der Atmung keine gesundheitliche Schädigung, da sich der Körper in den Atmungswegen Schutzmittel geschaffen hat (Schleimhäute). Gewerblicher Staub dagegen unter Umständen sehr nachteilig oder gefährlich (Staublunge), z.B. Silikose im Bergbau, Byssinose bei Baumwoll-Verarbeitung in Textilindustrie, Asbestose bei Asbestverarbeitung.

Daher gewerbepolizeiliche Überwachung. Staubbekämpfung erforderlich, da durch Staub

1. Beeinträchtigung der Atmung;
2. Beeinträchtigung der Sauberkeit und (beim Gewerbestaub) der Gesundheit;
3. Begünstigung der Nebelbildung durch Kondensationskerne (Dunstschleier über Städten) und dadurch Verringerung der Sonnenstrahlung, namentlich im Winter;
4. Schädigung von Bauwerken und Maschinen;
5. bei manchen Personen allergische Reaktionen (Heuschnupfen, der durch Pollen verursacht wird).

Feinstaub, der bis in die menschliche Lunge eindringt und dort abgelagert wird, ist gesundheitsschädlich. Das Ablagerungsverhalten in den Lungenbläschen (Alveolen) zeigt Bild 1.1.1-3. *Feinstaubmeßgeräte* sollten eine Abscheidecharakteristik entsprechend der Alveolar-Depositionskurve haben. 1959 wurde mit der Johannesburger Konvention international eine Trennfunktion für Staubmeßgeräte festgelegt, die der Lungenfunktion nahekommt:

kleinste Teilchen sollen zu 100%, Teilchen mit 5 μm zu 50%, Staub über 7 μm nicht mehr erfaßt werden.

In Textilindustrie USA für *Baumwollstaub* durch Gesundheitsbehörde (OSHA) scharfe Begrenzung auf lungengängigen Staubgehalt am Arbeitsplatz: 0,2 mg/m^3 Luft für Feinstaub unter 15 μm. Starke Auswirkung auf lufttechnische Anlagen. In Deutschland in Textilbetrieben Grenzwert 1,5 mg/m^3 *Gesamt*staubgehalt als MAK-Wert. Gesundheit wird aber nur durch Feinstaub beeinträchtigt (Bild 1.1.1-3). Neuerdings Richtwertkonzentration 0,05 mg/m^3[1])

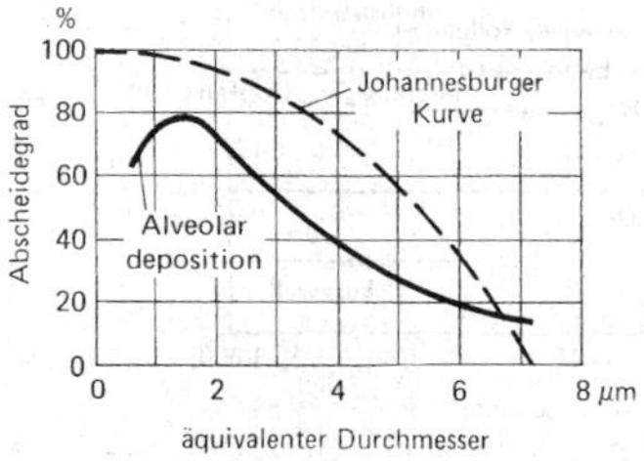

Bild 1.1.1-3. Lungengängigkeit von Feinstaub.

-2.3 Keime[2])

Keime sind *Kleinlebewesen* (Mikroorganismen, Mikroben, Bakterien) pflanzlicher oder tierischer Herkunft. Sie haben kugelige, zylindrische, spiralige, fadenförmige oder andere Formen und vermehren sich durch Teilung außerordentlich schnell *(Spaltpilze).* Dicke ≈ 0,5…1,0 μm, Länge 1…5 μm.

Die Menge der in der Luft enthaltenen Keime ist außerordentlich schwankend. In der Mehrzahl haften sie an Staubteilchen >2 μm, so daß im allgemeinen mit der Zunahme des Staubgehaltes der Luft auch eine Zunahme des Keimgehaltes festgestellt wird. Als Richtwert für das Verhältnis Keimzahl/Partikelzahl kann der Wert 1:100 gelten. Im Mittel hat man in der Außenluft auf dem Lande 100 bis 300, in Straßen 1000 bis 5000 Keime je m^3 gefunden. In geschlossenen Räumen ist der Keimgehalt häufig noch größer, namentlich bei großer Wohndichte.

Krankheitserregend ist nur ein sehr geringer Teil der Keime, die meisten gehen beim Eintrocknen schnell zugrunde. *Krankheitsübertragung* durch die Luft daher verhältnismäßig selten, insbesondere aber Gefahr durch Tröpfchen, die beim Husten und Niesen erzeugt werden. Die *pathogenen* (krankheitsübertragenden) *Bakterien* sind die Ursachen vieler Infektionskrankheiten wie Pest, Cholera, Diphtheritis, Tuberkulose u.a. *Viren* sind krankheitserregende Keime von sehr geringer Größe, etwa 0,01…0,1 μm. Sie erzeugen im menschlichen Körper Krankheiten wie Grippe, Masern u.a.

Blütenstaub, Pollen führen bei manchen Menschen zu Allergien. Solche Menschen werden in klimatisierten Räumen durch Filtern der Außenluft geschützt und fühlen sich dann wohler. Anderseits wird vermutet, daß in Filtern in Verbindung mit erhöhter Luftfeuchte und auch aus der Erde von Grünpflanzen Schimmelpilze austreten, die Allergien hervorrufen

Tafel 1.1.1-6 Übersicht über Keimzahlen

Keimzahl je ml Wasser	Klassifizierung	Bemerkung
0…100 Keime/ml	steril	Trinkwasserqualität
<100	keimarm	anzustrebende Qualität in Wäschern, Kühltürmen
1000…10000	normales Wachstum	Reinigung oder Desinfektion erforderlich
>100000	verstärkter Befall	Hohes Infektionsrisiko

[1]) BIA-Report, Grenzwertliste 2000, S. 174.
[2]) Schütz, H.: Klimatechn. 1970. Heft 4. S. 12/29.
Wanner, H. U.: CCI Nr. 9. 1971.
Indoor Air. An Integrated Approach. Elsevier London (1995).

können[1]. Filterstandzeiten sind daher nicht nur nach der Staubbelastung zu bemessen, sondern die Filter sollten grundsätzlich nach maximal 1–2 Jahren getauscht werden.

Auch in den Räumen selbst können Schimmelpilze und Hausstaubmilben entstehen, wobei Feuchtigkeit das Wachstum hemmt oder fördert[2].

Durch Klimaanlagen wurden bakterielle Erreger der *Legionärskrankheit* aerogen übertragen[3]. Die Krankheit kann tödlich verlaufen. Die Erreger (Legionellen) haben ihr Wachstumsoptimum zwischen 32…42 °C. Bei 65 °C werden sie inaktiviert. Sie werden mit Aerosolen von Kühltürmen, Luftwaschern weitertransportiert und können so bei fehlender Kontrolle und mangelhafter Hygiene mit der Anlagenzuluft in Nutzräume gelangen.

Sie vermehren sich auch in Brauchwasseranlagen bei niedrigen Temperaturen (s. Abschn. 4.3.8). Abhilfe: Sorgfältige Auswahl des Ortes der Außenluftansaugung, Reinigung und Desinfektion des Luftwaschers bzw. Kühlturms (UV-Desinfektion), Vermeiden von Wasserlachen im Kanalsystem. Filterung der Luft nur mit Schwebstoffiltern wirksam. Regelmäßige Reinigung von Luftwäschern, Kanalstrecken hinter Dampfbefeuchtern, Kühler und Kühltürmen mit Dampf oder Desinfektionsmitteln. Diese können als mikro-biocider Wirkstoff bei Wäschern und Kühltürmen auch ständig beidosiert werden. Bei Wäschern dann allerdings Abschlämmrate begrenzen, damit sich ausreichende Wirkstoff-Konzentration einstellen kann. UV-C-Strahler (Wellenlänge 253,7 nm) töten die Keime wirksam ab, wenn Trübung des Wassers begrenzt bleibt (ausreichende Eindringtiefe für die Strahlung). Auch bei hoher Ausgangskeimzahl ($10^4…5 \cdot 10^4$ Keime je ml) werden sowohl bei warmem (34…47 °C) wie bei kaltem Wasser Reduktionsfaktoren > 6 Zehnerpotenzen mit UV-Dosen von 13…16 mJ/m² erreicht[4].

Bekämpfung der Staubkeime durch

1. UV-Strahler, z. B. Lüftungsgeräte mit eingebauten Strahlern, oder direkte Anordnung der Strahler im Raum; Strahlenschäden möglich, daher letzte Lösung vermeiden.
2. Vernebelung oder Verdampfung von Chemikalien wie Triaethylenglykol (TAG).
3. Hochwirksame Schwebstoffilter bei der Luftzuführung, evtl. in Verbindung mit Elektrofiltern. Verwendung jedoch nur in Sonderfällen wie Operationssälen, sterilen Laboratorien u. a.

-2.4 Kondensationskerne

Unter Kondensationskernen versteht man kleine in der Luft enthaltene Teilchen mit einem Durchmesser von etwa 0,01…0,1 μm, an denen sich der Wasserdampf bei Übersättigung der Luft niederschlägt. Diese Kerne gehorchen infolge ihrer Kleinheit nicht mehr dem Stokesschen Fallgesetz. Man faßt sie als in der Luft gelöste oder suspendierte Körper auf und bezeichnet das Ganze als ein *kolloidales System.* Entstehung der Kondensationskerne nicht mehr durch mechanische Zerkleinerung, sondern durch chemische oder physikalische Vorgänge: Kondensation und Sublimation. Rauch und Nebel sind solche kolloidale Systeme. Man erklärt den *Rauch* als eine kolloidartige Verteilung von festen Körpern und den *Nebel* als eine ebensolche Verteilung von flüssigen Körpern in der Luft. Manchmal sind auch in der Luft Salzkerne aus dem Salz des Meerwassers enthalten, namentlich Kochsalz.

Zahl der Kerne außerordentlich groß und veränderlich, größenordnungsmäßig etwa bei reiner Luft 100 Mio. je m³ (10^8/m³), bei Stadtluft das Mehrfache.

Häufig sind die Kondensationskerne elektrisch positiv oder negativ geladen. Man spricht dann von *Ionen* und unterscheidet der Größe nach Klein-, Mittel- und Großionen. Kleinionen entsprechen in ihrer Größe den Molekülen (etwa 0,1 nm = 10^{-8} cm), während die Großionen bereits unter den Begriff des Staubes (etwa 1 μm = 10^{-4} cm) fallen, von dem sie sich jedoch durch ihre *elektrische Ladung* unterscheiden.

---

[1]) GB-Report 11/87. S. 7/8.
Elixmann, J. H.: CCI 4/89. S. 18/25.

[2]) N.N.: HLH 11/88. S. 525/6.

[3]) Schulze-Röbbecke u. a.: CCI 12/86. S. 4/5.
N.N.: CCI 10/85. S. 17/8 und 3/88. S. 31.
Scharmann, R.: Ration. Energieverwendung 4/87. S. 14/15.
Bahmann: GB-Report 3/88. S. 14.
Seidel, K., u. a.: Legionellen. Schriftreihe d. Vereinsf. Wasser-Boden-Lufthygiene. Verlag Gustav Fischer, Stuttgart, 1987.
FLT-Stellungnahme 1989 (FLT, Ffm.).

[4]) Martiny, H., u. a.: Zentralblatt für Hygiene 188 (1989). S. 35/46. Verl. G. Fischer, Stuttg.
Kryschi, R.: Ges.-Ing. 4. 88. S. 190/195.

1.1.2 Lufttemperatur

Durch das Zusammenwirken der verschiedenen klimatischen Elemente wie Lufttemperatur, Feuchte, Niederschläge, Sonnenstrahlung, Wind usw. entsteht das *„Wetter"*. Über einen längeren Zeitraum betrachtet, nennt man es *„Klima"*.

-1 Mittelwerte der Temperatur

Die an einem Ort herrschende Temperatur zeigt über der Zeit als Maßstab aufgetragen einen täglichen und jährlichen wellenförmigen Gang, der durch den wechselnden Sonnenstand verursacht ist[1].

Um die Temperaturen miteinander zu vergleichen, bildet man Temperaturmittel und unterscheidet dabei:

11. *die mittlere Tagestemperatur,* die aus stündlichen Ablesungen der Temperatur zu ermitteln ist. Praktisch ermittelt man allerdings das Mittel t_m häufig durch drei Ablesungen um 7, 14 und 21 Uhr nach der empirischen Formel

$$t_m = \frac{t_7 + t_{14} + 2 \cdot t_{21}}{4}.$$

Der tageszeitliche Verlauf ist hauptsächlich durch die Bewölkung beeinflußt. Bild 1.1.2-1 zeigt den Verlauf an heiteren, bewölkten und bedeckten (frühere Bezeichnung: trüb)[2] Tagen sowie den Mittelwert über alle Tage, der etwa zwischen bedeckt und bewölkt liegt. An heiteren Tagen liegen die Temperaturen im Sommer höher, im Winter tiefer. Die Werte in Bild 1.1.2-4 beziehen sich auf alle Tage unabhängig von der Bewölkung. DIN 4710 (11.82) gibt die Daten als Mittelwerte 1951–1970 an, die in Vorbereitung befindliche neue Fassung wird die Jahre 1961–1990 zugrunde legen.

Abnahme der Temperatur mit der Höhe ≈ 6,5 K je 1000 m (s. Abschn. 1.1.1-1). Genauere Werte für Österreich siehe Bild 1.1.2-3.

Beispiel:

Ende August liegt in 500 m üM die Temperatur bei 15 °C, in 1500 m Höhe bei 10 °C.

12. *die mittlere Monatstemperatur,* die sich als Mittelwert für alle Tage abhängig von der Bewölkung errechnet (Bild 1.1.2-2 mit Beispiel Berlin) sowie die mittlere Monatstemperatur für verschiedene Städte (Bild 1.1.2-5), (Tafel 1.1.2-1).

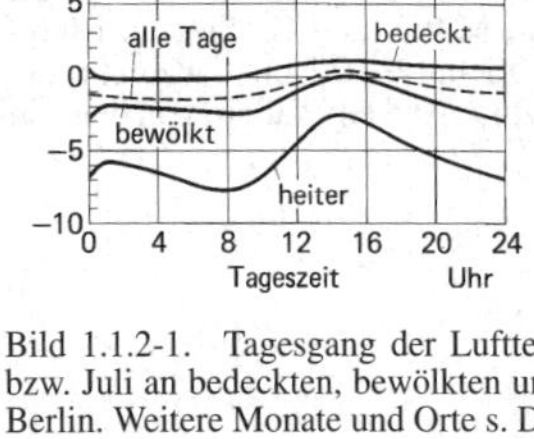

Bild 1.1.2-1. Tagesgang der Lufttemperatur im Januar bzw. Juli an bedeckten, bewölkten und heiteren Tagen in Berlin. Weitere Monate und Orte s. DIN 4710 (11.82)

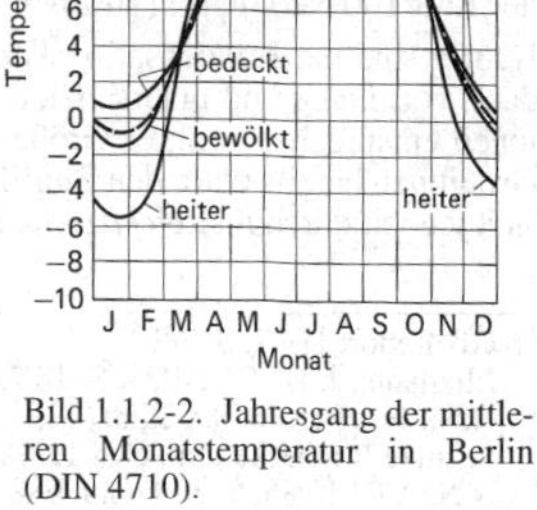

Bild 1.1.2-2. Jahresgang der mittleren Monatstemperatur in Berlin (DIN 4710).

[1]) Jurksch, G.: HLH 1/76. S. 5/9.
DIN 4710 (11.82). Meteorologische Daten für Klimaanlagen.

[2]) Neue Bezeichnung „bedeckt" für mittleren täglichen Bedeckungsgrad des Himmels > 7/8 gemäß DIN 4710 (Vorentwurf) der in Neubearbeitung befindlichen Norm.

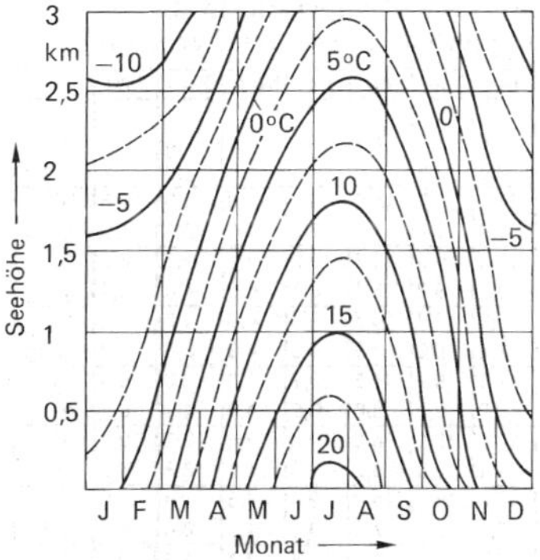

Bild 1.1.2-3. Mittlere Temperaturverteilung für verschiedene Höhenlagen. 100jähriges Mittel für Österreich.
(Quelle: H. Felkel u. H. Herbsthofer)

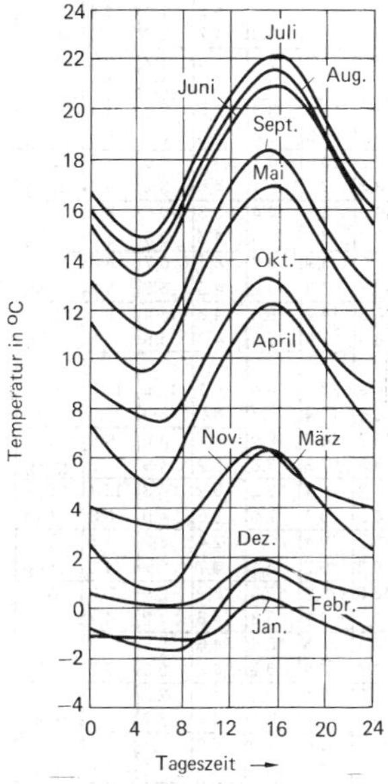

Bild 1.1.2-4. Mittlerer täglicher Temperaturverlauf in Berlin-Tempelhof (aus DIN 4710).

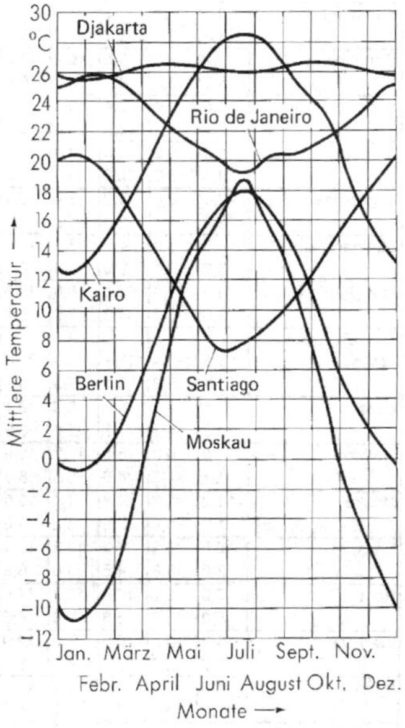

Bild 1.1.2-5. Jährlicher Gang der mittleren Monatstemperatur in verschiedenen Städten.

13. *die Jahrestemperatur* als Mittelwert der zwölf mittleren Monatstemperaturen (Tafel 1.1.2-1).

14. Für manche Berechnungen ist die Frage wichtig, an wieviel Tagen oder Stunden im Jahr die Tagestemperatur über oder unter einem bestimmten Wert liegt. Hierzu werden die *Summenhäufigkeitskurven* (oder Jahresdauerlinien)[1] verwendet, Beispiel Bild 1.1.2-6. Das Bild enthält auch die Häufigkeit bezogen auf die Tageszeit von 7 bis 18 Uhr. Dieser Verlauf ist wichtig bei zeitlich eingeschränkter Betriebsdauer von Heizungs- oder Klimaanlagen.

---

[1]) DIN 4710 (11.82). Meteorologische Daten für Klimaanlagen.
Siehe auch: H. Felkel und H. Herbsthofer; Klimadaten für Österreich, Herausgeber siehe Abschnitt 6.5.1-1.

Tafel 1.1.2-1 Mittlere Monats- und Jahreswerte der Temperatur in °C sowie der Feuchte (Wasserdampfgehalt) in g/kg trockener Luft

Ort	Jan	Feb	Mär	Apr	Mai	Jun	Jul	Aug	Sep	Okt	Nov	Dez	Jahr	
Deutschland*)														
Berlin-Tempelhof	-0,7	-0,3	3,3	8,6	13,3	17,5	18,5	17,9	14,7	10,1	4,6	0,9	9,1	°C
	3,2	3,2	3,6	4,6	6,0	7,7	8,6	8,5	7,5	6,1	4,5	3,6	5,6	g/ kg
Braunschweig	-0,2	0,0	3,3	8,0	12,2	15,9	17,0	16,7	14,0	9,8	4,8	1,3	8,6	°C
	3,3	3,4	3,8	4,9	6,3	8,0	9,0	8,9	7,8	6,3	4,6	3,7	5,9	g/ kg
Bremerhaven	0,9	0,9	3,4	7,4	11,7	15,3	16,5	16,5	14,3	10,2	5,4	2,2	8,8	°C
	3,6	3,5	4,0	5,0	6,4	8,1	9,2	9,2	8,1	6,7	4,9	4,0	6,1	g/ kg
Dresden	0,3	1,0	4,5	8,6	14,0	17,0	18,6	17,8	14,5	9,5	4,6	1,5	9,3	°C
	3,2	3,3	3,8	4,8	6,7	8,0	9,2	9,6	7,6	6,0	4,3	3,5	5,8	g/ kg
Essen	1,6	2,2	5,1	8,8	12,6	15,7	17,0	16,7	14,6	10,7	5,8	2,8	9,5	°C
	3,7	3,7	4,2	5,0	6,4	8,0	9,0	9,0	8,0	6,6	4,9	4,1	6,1	g/ kg
Frankfurt/ M.	1,1	2,0	5,7	10,1	14,1	17,5	18,9	18,1	15,1	10,3	5,4	2,2	10,1	°C
	3,4	3,5	4,1	5,1	6,5	8,3	9,1	9,0	8,0	6,3	4,6	3,8	6,0	g/ kg
Gießen	0,2	1,0	4,4	8,8	12,7	16,3	17,6	16,9	14,0	9,4	4,6	1,4	9,0	°C
	3,3	3,4	3,9	4,8	6,2	7,8	8,7	8,6	7,6	6,1	4,5	3,6	5,7	g/ kg
Halle	0,0	1,1	4,3	8,4	13,7	16,7	18,4	17,4	14,1	9,1	4,1	1,4	9,1	°C
	3,3	3,5	4,0	4,7	6,5	8,0	9,2	8,8	7,5	5,8	4,3	3,7	5,8	g/ kg
Hamburg/ Fuhlsb.	0,5	0,4	3,2	7,3	11,6	15,3	16,4	16,1	13,6	9,6	4,9	1,8	8,4	°C
	3,4	3,3	3,7	4,7	6,1	7,8	8,8	8,8	7,8	6,3	4,7	3,8	5,8	g/ kg
Mannheim	1,2	2,1	5,8	10,2	14,3	17,6	19,2	18,3	15,3	10,3	5,4	2,2	10,2	°C
	3,5	3,6	4,1	5,1	6,6	8,4	9,2	9,2	8,2	6,4	4,7	3,8	6,1	g/ kg
München-Riem	-1,5	-0,4	3,4	8,1	11,9	15,6	17,5	16,7	13,9	8,8	3,6	-0,2	8,1	°C
	3,0	3,2	3,9	5,0	6,6	8,5	9,2	9,0	7,9	6,0	4,3	3,4	5,8	g/ kg
Nürnberg	-1,0	0,2	3,6	8,4	12,6	16,4	17,8	16,7	13,8	9,1	4,1	0,0	8,5	°C
	3,1	3,3	3,8	5,0	6,4	8,1	8,8	8,8	7,7	6,1	4,5	3,4	5,8	g/ kg
Regensburg	-2,1	-0,8	3,2	8,4	12,4	16,2	17,7	16,8	13,7	8,4	3,3	-0,5	8,1	°C
	2,9	3,1	3,8	5,0	6,5	8,4	9,1	9,0	7,7	5,9	4,3	3,3	5,8	g/ kg
Stuttgart-Hohenh.	-0,3	0,8	4,3	8,5	12,2	15,6	17,3	16,6	13,9	9,2	4,1	0,7	8,6	°C
	3,2	3,4	3,9	4,9	6,4	8,3	8,9	8,8	7,9	6,2	4,5	3,6	5,8	g/ kg
Trier-Petrisberg	0,9	1,8	5,0	8,6	12,5	15,8	17,2	16,3	14,2	9,8	4,8	1,4	9,1	°C
	3,6	3,7	4,2	5,0	6,4	8,0	8,8	8,9	8,0	6,5	4,8	3,8	6,0	g/ kg
Europa														
Athen	8,6	9,4	11,9	15,3	20,0	24,4	27,3	26,9	23,5	19,4	14,1	10,5	17,6	°C
	5,2	5,3	6,1	7,3	9,3	10,9	11,1	10,6	10,4	9,3	8,0	6,0	10,0	g/ kg
London	3,4	4,3	5,6	8,9	12,1	15,7	17,3	16,7	14,2	9,9	6,1	4,0	9,9	°C
	4,5	4,2	4,7	5,1	6,3	7,5	8,3	8,5	7,8	6,8	5,2	4,5	6,2	g/ kg
Madrid	4,5	6,3	8,5	11,7	15,9	20,4	24,7	24,2	19,1	13,2	8,2	4,3	13,4	°C
	4,7	4,5	4,6	5,8	6,8	7,7	8,3	8,6	8,2	7,0	5,5	4,6	6,3	g/ kg
Moskau	-11,0	-9,6	-4,8	3,4	12,0	15,2	18,6	15,7	10,4	3,6	-2,4	-8,2	3,6	°C
	1,2	1,4	2,0	3,5	5,8	7,5	9,3	8,5	6,2	4,1	2,7	1,7	4,5	g/ kg
Paris	2,5	3,9	6,2	10,3	13,4	16,9	18,6	18,0	15,0	10,3	6,0	2,9	10,3	°C
	3,8	3,8	4,5	5,0	6,8	7,8	9,3	9,1	8,2	6,8	4,8	4,2	4,7	g/ kg
Rom	7,0	8,2	10,4	13,7	17,9	21,8	24,5	24,1	20,8	16,6	11,6	8,1	15,4	°C
	5,0	5,3	5,6	7,0	8,5	10,5	11,6	11,8	10,8	8,7	6,5	5,3	7,7	g/ kg
Warschau	-4,2	-2,8	0,8	7,0	12,9	16,9	18,4	17,5	13,4	7,9	-1,6	-2,3	7,3	°C
	2,7	2,7	3,0	4,7	6,3	8,8	9,7	9,8	7,5	6,2	4,5	3,7	5,8	g/ kg
Wien	-1,0	1,0	5,1	9,9	14,5	18,0	19,6	18,9	15,4	9,9	4,9	1,1	9,8	°C
	2,8	3,1	3,8	4,8	6,8	8,5	9,3	9,3	7,8	6,0	4,1	3,3	5,8	g/ kg
Übrige Welt														
Buenos Aires	23,1	22,5	20,4	16,3	12,8	9,8	9,4	10,6	12,8	15,5	18,8	21,6	16,1	°C
	13,2	12,6	12,1	9,6	8,0	6,8	6,8	7,1	7,6	8,8	10,5	12,2	9,6	g/ kg
Djakarta	25,4	25,4	25,8	26,2	26,4	26,0	25,8	25,9	26,2	26,3	26,0	25,7	25,9	°C
	17,6	17,8	18,1	18,5	18,1	17,7	17,1	16,3	16,8	17,2	17,3	17,3	17,6	g/ kg
Havanna	22,0	22,5	23,5	24,9	26,0	27,5	28,0	27,9	27,3	26,1	24,2	22,5	25,2	°C
	12,3	12,3	12,7	14,2	15,8	17,6	18,3	18,5	18,1	16,5	14,2	12,5	15,2	g/ kg
New York	-0,8	-0,5	2,9	9,4	15,5	20,1	22,8	22,5	19,1	13,3	6,7	1,5	11,1	°C
	2,2	3,0	4,3	4,5	6,8	9,9	11,9	11,4	9,8	6,8	4,6	3,0	6,5	g/ kg
Rio de Janeiro	25,2	25,7	24,9	23,2	21,6	20,4	19,2	20,4	20,5	21,5	22,8	24,8	22,7	°C
	15,5	15,7	15,5	14,0	12,7	11,8	11,3	11,3	11,9	12,5	13,6	14,6	13,4	g/ kg
San Francisco	9,7	10,8	11,8	12,2	13,3	14,1	14,0	14,4	15,3	15,1	13,0	10,5	12,8	°C
	6,0	6,2	6,6	7,2	7,3	8,3	9,0	9,2	9,3	8,3	7,3	5,8	7,6	g/ kg
Santiago	20,4	19,5	16,9	13,7	10,6	7,6	7,9	9,2	11,0	13,8	16,8	19,2	13,9	°C
	8,2	8,0	7,5	6,7	6,1	5,2	5,2	5,5	5,8	6,7	7,0	7,5	6,6	g/ kg
Sydney	22,0	21,8	20,7	18,2	14,8	12,6	11,5	12,8	15,1	17,6	19,4	21,1	17,3	°C
	11,3	11,4	11,1	10,0	8,1	7,0	5,8	6,7	7,2	8,0	9,0	10,3	8,8	g/ kg
Tokio	3,0	3,8	6,9	12,5	16,6	20,5	24,2	25,4	21,9	16,8	10,3	5,2	13,8	°C
	3,0	3,1	4,0	6,5	8,8	12,0	15,3	16,3	13,5	9,0	5,8	3,7	8,3	g/ kg

*) Aus DIN 4710 (11.82), Tab. 4d+5d und anderen Quellen

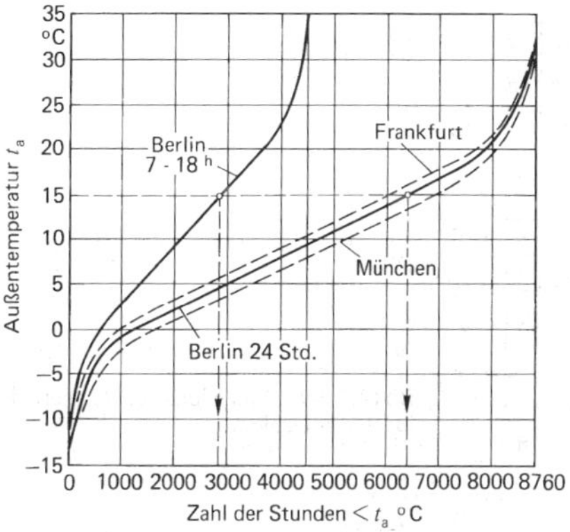

Bild 1.1.2-6. Summenhäufigkeit der Außentemperaturen in Berlin.
Beispiel:
Zahl der Stunden unter 15 °C
bezogen auf 24 h: 6400 h
bezogen auf 7…18 h: 2900 h.

-2 Extremwerte der Temperatur

Man unterscheidet die absoluten und die mittleren Extremwerte der Temperatur. *Absolutes Temperatur-Maximum* bzw. *-Minimum* ist die höchste bzw. geringste jemals gemessene Temperatur eines Ortes. *Mittleres Maximum* bzw. *Minimum* ist der Mittelwert der Maxima oder Minima in einer längeren Reihe von Jahren. *Extremwerte* im Stadtkern von Großstädten infolge Dunsthaube im Winter 2…4 K höher als am Stadtrand, im Sommer 1…2 K. Mittelwerte etwa die Hälfte. Außerdem je nach Bebauung erhebliche *Temperaturunterschiede.* Über Straßen kann die Lufttemperatur in 2,5 m Höhe bei Sonnenstrahlung durchaus um 8 bis 10 K höher liegen als über Grasflächen *(Mikroklima)* [1]. Bei den Angaben der Wetterstationen ist auch deren Höhenlage zu berücksichtigen.

In USA werden durch ASHRAE[2] *Prozentwerte der Häufigkeit* angegeben. Eingebürgert haben sich Meßpunkte auf der Summenhäufigkeitslinie, die zu 99%, 97,5% oder 95% der Zeit (Winter) bzw. 5%, 2,5% oder 1% der Zeit (Sommer) überschritten werden.

Während die mittleren Temperaturen in der Heizungs- und Klimatechnik für den Wärme- und Kälteverbrauch bestimmend sind, sind die mittleren Extremwerte für die Bemessung der Apparate wie Heizkörper, Kühler usw. maßgebend (Tafel 1.1.3-3). Für manche Zwekke sind auch Angaben über Zahl der warmen und kalten Tage (Über- bzw. Unterschreitung von Grenzwerten) erwünscht (Tafel 1.1.2-5 und Tafel 1.1.2-6) sowie der stündliche Verlauf der Temperatur (Tafel 1.1.2-7).

-3 Heizgradtage (Gradtagzahl *Gt*)[3]

Um den Wärmeverbrauch in einer Heizperiode zu ermitteln, zu kontrollieren und zu vergleichen, hat man in der Heizungstechnik den Begriff der *Gradtagzahl Gt* eingeführt. Diese ist das Produkt aus der Zahl der Heiztage und dem Unterschied zwischen der mittleren Raumtemperatur und der mittleren Außentemperatur, also

$$Gt = \sum_{1}^{z} (t_i - t_{am})$$

worin Gt = Gradtagzahl der Heizperiode in Kd/a
z = Zahl der Heiztage in der Heizperiode vom 1.9. bis 31.5.
t_i = mittlere Raumtemperatur = 20 °C
t_{am} = mittlere Außentemperatur eines Heiztages

Heiztage sind Tage, an denen das Tagesmittel der Außentemperatur unter 15 °C liegt.

[1] Gertis, K., u. U. Wolfseher: Ges.-Ing. 1/2-1977. S. 1/10.
[2] ASHRAE-Fundamentals 1997.
[3] Jurksch, G.: HLH 2/75. S. 63/5 und 1/76. S. 5/9.

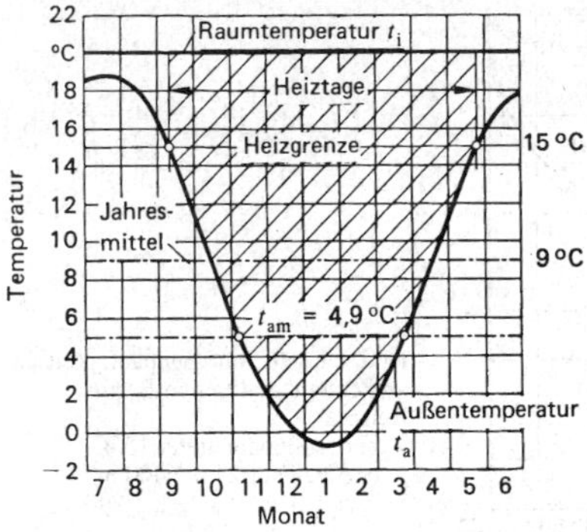

Bild 1.1.2-7. Darstellung der Heizperiode für Berlin-Dahlem.

Graphisch wird die Heizperiode eines Jahres durch die schraffierte Fläche in Bild 1.1.2-7 dargestellt, wobei als mittlere Raumtemperatur t_i = 20 °C (früher 19 °C) und als Grenztemperatur für Beginn und Ende der Heizung t_{am} = 15 °C (früher 12 °C) angenommen sind. Bei neuen Gebäuden mit Vollwärmeschutz wird die Tendenz wieder umkehren. Die Heizgrenze kann wegen der niedrigen spezifischen Bedarfswerte auf 12 oder sogar 10°C sinken. Entsprechende Überlegungen sind in Vorbereitung, aber noch nicht verabschiedet.

In Tafel 1.1.2-2 sind auch die Heiztage eingetragen. Anwendung zur Berechnung des Wärmeverbrauchs von Heizungsanlagen. Die niedrigsten Gradtagzahlen unter 3400 treten am Nieder- und Oberrhein auf, die höchsten (> 4500) auf Berghöhen.

Tafel 1.1.2-2 Heiztage und Gradtagzahlen für deutsche Städte

Ort	September bis Mai			Juni bis Aug.		Jahresminimum*)	
	Heizt. z	Mittl. Temp. °C	Gradt. G_t	Heizt. z	Gradt. G_t	t_{20} °C	t_{10} °C
Berlin-Dahlem	252	4,9	3809	23	155	−12	−12
Bremen-Flughafen	256	5,6	3703	30	205	−10	−12
Düsseldorf	245	6,5	3300	22	139	− 8	−10
Essen	249	6,1	3470	32	216	− 9	−10
Frankfurt (Stadt)	242	6,0	3387	14	91	−10	−10
Hamburg-Flughafen	259	5,2	3837	35	241	−10	−12
Hannover-Flughafen	257	5,3	3782	32	216	−11	−14
Karlsruhe	242	5,9	3409	14	88	−10	−12
Stuttgart (Stadt)	244	6,0	3434	18	121	−11	−12
Kiel	262	5,5	3813	36	234	− 8	−10
München-Flughafen	255	4,1	4046	30	219	−15	−16

*) t_{20} = 20mal in 20 Jahren, t_{10} = 10mal in 20 Jahren.

Tafel 1.1.2-3 Heiztage und Gradtagzahlen für Österreich, Heizgrenz-/Raum-Temperatur 16/22 °C

Ort	Oktober bis April			Mai bis Sept.		Jahres-minimum
	Heiz-tage	Mittl. Temp. °C	Grad-tage	Heiz-tage	Grad-tage	°C
Innsbruck	212	3,2	4010	69	540	−18
Salzburg	212	3,1	3985	75	565	−18
Wien	212	3,4	3720	51	415	−15

Tafel 1.1.2-4 Mittlere Jahrestemperatur t_m, Jahresmaxima t_{max} und -minima t_{min} für außerdeutsche Städte

Ort	t_m °C	t_{max} °C	t_{min} °C	Ort	t_m °C	t_{max} °C	t_{min} °C
Djakarta	25,9	33,7	20	Paris	10,3	34	−11
Havanna	25,2	35,3	12,8	Rio de Janeiro	22,7	36	+13
Kairo	21,1	43	2	Rom	15,4	35	− 3
London	9,9	31	− 8	Santiago	13,9	34,8	− 2,7
Los Angeles	16,7	38	1,0	San Francisco	12,8	32,6	2,8
Madrid	13,4	40	− 8	Sydney	17,3	38	4
Moskau	3,6	31	−31	Warschau	7,3	32	−18
New York	11,1	35	−17	Wien	9,5	33	−15

Tafel 1.1.2-5 Zahl der warmen und kalten Tage im Jahr

Ort	Mittlere Zahl der Tage mit t_{max}			
	≧ 30 °C	≧ 25 °C	≦ 0 °C	≦ −10 °C
Berlin-Dahlem	5,7	30,5	23,2	0,3
Bremen	1,9	17,1	17,9	0,4
Dresden	6,5	35,8	19,1	0,5
Essen-Mülheim	3,1	21,9	10,3	0,1
Frankfurt a. M.	7,2	38,7	16,5	0,2
Halle a. d. S.	5,9	33,9	20,6	0,5
Hamburg	1,4	13,3	20,3	0,1
Hannover	2,6	21,9	19,6	0,3
Karlsruhe	8,1	40,7	17,1	0,4
Kiel-Holtenau	0,0	5,0	22,8	0,0
Köln-Leverkusen	3,8	27,0	7,9	0,1
Magdeburg	8,4	37,9	21,3	0,6
München	2,5	20,5	38,8	2,2

Tafel 1.1.2-6 Zahl der jährlichen Stunden mit einer Temperatur über t in °C*)

Ort t °C	22	24	26	28	30	32	34
Berlin-Tempelhof	512	284	139	61	22	7,5	1,5
Braunschweig	349	186	86	36	13	4	0,9
Essen	321	166	72	28	8,5	1,9	0,1
Frankfurt/M.	577	336	180	87	38	13	4,7
Hamburg-Flugh.	261	127	56	21	7,5	1,8	0,5
Mannheim	637	382	210	103	44	15	4,8
München-Flugh.	435	244	112	46	15	3,4	0,3
Nürnberg	499	300	165	76	32	11	3,2
Stuttgart	370	211	102	39	14	3,6	0,3
Trier	302	164	81	37	14	4,5	1,1

*) berechnet nach DIN 4710 (11.82)

-4 Lüftungsgradstunden G_L

Bei der Ermittlung des Wärmebedarfes von Lüftungsanlagen kann man ebenfalls den Begriff der Gradtage verwenden. Um die Betriebszeiten einer Lüftungsanlage (z.B. Theaterlüftung in den Abendstunden) korrekt mit der zugeordneten Außentemperatur in Beziehung zu setzen, sollte man aber besser Lüftungsgradstunden einführen.

Lüftungsgradstunden G_L sind das Produkt der Lüftungsstunden mit der Differenz von Zulufttemperatur zur zugehörigen momentanen Außenlufttemperatur.

Tafel 1.1.2-7 Mittlere stündliche Temperaturen im Jahresverlauf in °C

Ort Uhrzeit	0	2	4	6	8	10	12	14	16	18	20	22	Mittel
Berlin-Tempelhof	7,8	7,1	6,6	6,6	7,7	9,3	10,8	11,8	11,8	10,9	9,7	8,6	9,1
Braunschweig	7,3	6,8	6,4	6,6	7,7	9,4	10,7	11,5	11,3	10,3	8,9	7,9	8,7
Essen	8,3	7,8	7,5	7,5	8,5	9,9	11,2	11,9	11,8	10,8	9,8	8,9	9,5
Frankfurt/M.	8,6	7,9	7,5	7,4	8,6	10,4	12,1	13,3	13,2	12,1	10,5	9,3	10,1
Hamburg-Flugh.	6,8	6,3	6,0	6,4	7,7	9,4	10,7	11,2	10,9	9,8	8,4	7,4	8,4
Mannheim	8,4	7,8	7,3	7,4	8,8	10,9	12,7	13,6	13,5	12,2	10,5	9,2	10,2
München-Flugh.	6,3	5,7	5,3	5,6	7,4	9,5	10,8	11,5	11,0	9,6	8,0	7,0	8,1
Nürnberg	6,5	5,9	5,4	5,4	7,1	9,3	11,1	12,1	12,1	10,8	8,9	7,5	8,5
Stuttgart	7,1	6,5	5,9	5,8	7,1	9,2	10,9	11,8	11,7	10,5	9,0	7,9	8,6
Trier	7,8	7,1	6,6	6,4	7,4	9,3	11,1	12,1	12,0	10,9	9,5	8,5	9,1

Aus DIN 4710 (11.82)

$$G_L = \sum_{1}^{z_{hH}} (t_{zu} - t_a)$$

mit

G_L = Lüftungsgradstunden in Kh/a
z_{hH} = Zahl der Lüftungsstunden im Heizfall
t_{zu} = Zulufttemperatur
t_a = *momentane* Außentemperatur für alle Lüftungsstunden mit $t_{zu} > t_a$.

Die für die Heizung vorgesehene Grenztemperatur (z. B. 15 °C) kommt hier nicht zum Tragen, da eine Lufterwärmung stets auf die gewünschte Zulufttemperatur (oder Raumtemperatur) erforderlich ist.

Aus Tafel 1.1.2-8 können für Berlin die jährlichen Lüftungsgradstunden bei beliebigen Tageszeiten entnommen werden.

Die Werte wurden aus der in DIN 4710 gegebenen Definition für drei Tagesgänge ermittelt. Bedingt durch die Mittelwertbildung in DIN 4710 ergeben sich insbesondere bei kleinen Zulufttemperaturen geringe Fehler (< 5%)[1)].

Für die Betriebszeit 7–18 Uhr oder durchgehend können die Lüftungsgradstunden auch direkt über die Temperatur-Einzelhäufigkeitsdarstellung in DIN 4710 ermittelt werden. Bei durchgehendem 24stündigem Betrieb können monatsweise Analysen mittels des Beiblatts 1 aus DIN 4710 erfolgen[2)].

Multipliziert man G_L mit der spez. Wärmekapazität der Luft c_p = 1,0 kJ/kg K, so erhält man den zur Erwärmung von 1 kg/h Luft erforderlichen jährlichen *Wärmebedarf Q*:

$$Q = G_L \cdot c_p \text{ in kJ/a} = G_L \cdot c_p/3600 \text{ in kWh/a}.$$

Auf 1 kg/s Luft bezogen lautet die Formel

$$Q_s = G_L \cdot c_p \approx G_L \text{ in kWh/a}.$$

Beispiel:

Die Zahl der jährlichen Lüftungsgradstunden für eine täglich von 8 bis 18 Uhr in Betrieb befindliche Lüftungsanlage mit einer Zulufttemperatur von 22 °C ist nach Tafel 1.1.2-8:

$$G_L = 84149 - 43516 = 40\,633 \text{ Kh/a}.$$

Jährlicher Wärmebedarf je kg/s:

$$Q_s = 40\,633 \text{ kWh/a}.$$

1) Weitere Werte sind in VDI 2067 Bl. 3 (12.83) zu finden.
2) Beiblatt 1 zu DIN 4710 (09.79) E
(Korrelation Lufttemperatur – Luftfeuchte nach Monatssummen).

Tafel 1.1.2-8 Jährliche Lüftungsgradstunden G_L in Kh/a für Berlin in Abhängigkeit von der Betriebszeit und der Zulufttemperatur*)

Betriebszeit von 0.00 bis ...	Zulufttemperatur in °C 18	19	20	21	22	23
1.00	3810	4174	4539	4904	5269	5634
2.00	7736	8465	9195	9925	10655	11385
3.00	11772	12865	13960	15055	16150	17245
4.00	15897	17356	18816	20276	21736	23196
5.00	20067	21891	23716	25541	27366	29191
6.00	24185	26374	28564	30754	32944	35134
7.00	28111	30663	33216	35771	38326	40881
8.00	31850	34763	37679	40597	43516	46436
9.00	35324	38581	41854	45134	48417	51700
10.00	38552	42110	45725	49362	53005	56651
11.00	41556	45402	49318	53301	57301	61306
12.00	44373	48495	52700	56993	61342	65705
13.00	47037	51432	55922	60504	65182	69900
14.00	49606	54268	59042	63913	68892	73961
15.00	52154	57081	62135	67293	72561	77972
16.00	54741	59935	65270	70716	76275	82025
17.00	57430	62897	68517	74252	80118	86215
18.00	60260	66007	71915	77944	84149	90602
19.00	63234	69270	75473	81832	88391	95202
20.00	66353	72685	79220	85936	92852	100023
21.00	69624	76294	83186	90260	97538	105071
22.00	73025	80049	87299	94735	102376	110272
23.00	76571	83953	91564	99363	107367	115628
24.00	80257	88000	95974	104135	112505	121130

*) berechnet nach DIN 4710 (11.82)

-5 Kühlgradstunden G_K

Lüftungsgradstunden für höhere Außentemperaturen (Kühlfall) werden *Kühlgradstunden* genannt.

Unter *Kühlgradstunden* G_K versteht man das Produkt aus der Zahl der Kühlstunden und der Temperaturdifferenz zwischen der mittleren Außentemperatur und einer bestimmten Zulufttemperatur.

Auch hier ist es zweckmäßig, die Kühlgradstunden auf bestimmte Tageszeiten zu beziehen. Man erhält dann die Werte von Tafel 1.1.2-9. Es handelt sich nur um die **sensible** Luftkühlung. Mit Rücksicht auf die Mittelwertbildung der Temperaturen pro Stunde über 20 Jahre in DIN 4710 ergibt sich durch das Tagesgangverfahren ein Fehler, der mit höherer Zulufttemperatur in Tafel 1.1.2-9 ansteigt. Der Fehler für G_K ist bei $t_{zu} \leqq 16\,°C$ kleiner als 10%, bei $t_{zu} = 18\,°C$ etwa 20%. Die tatsächlichen Werte sind entsprechend größer. Es sei darauf hingewiesen, daß auch hier für 24stündigen Betrieb der Anlagen das Beiblatt 1 der DIN 4710 die monatsweisen Angaben enthält und daß für Betrieb von 7–18 Uhr und 24stündigen Betrieb die Jahreswerte in den Einzelhäufigkeitsdarstellungen der DIN 4710 vorliegen (dort Tab. 3a und b).

Die **latent**e Last ergibt sich aus den Entfeuchtungs- und Befeuchtungs-Grammstunden. Vorteilhafter und in der Praxis eingebürgert hat sich allerdings für energetische Berechnungen die Verwendung von Enthalpiedifferenzen. Auf Wunsch stellen die Meteorologen die entsprechenden Auswertungen zur Verfügung. Grundsätzlich lassen sie sich aus den Einzelhäufigkeiten der DIN 4710 berechnen.

1.1.3 Luftfeuchte

Während der in der Luft enthaltene Wasserdampf in der Heizungstechnik kaum eine Rolle spielt, hat er desto größere Bedeutung in der Klimatechnik.

Tafel 1.1.2-9 Jährliche Kühlgradstunden G_K in Kh/a für Berlin in Abhängigkeit von der Betriebszeit und der Zulufttemperatur*)

Betriebszeit 0.00 bis···	Zulufttemperatur in °C 14	16	18
1.00	142	10	0
2.00	239	14	0
3.00	300	17	0
4.00	337	19	0
5.00	368	20	0
6.00	429	24	0
7.00	593	47	5
8.00	844	125	13
9.00	1212	300	48
10.00	1729	576	153
11.00	2381	955	333
12.00	3148	1432	586
13.00	4011	1993	898
14.00	4938	2613	1255
15.00	5904	3272	1644
16.00	6868	3930	2032
17.00	7771	4535	2383
18.00	8568	5045	2673
19.00	9239	5446	2887
20.00	9774	5749	3015
21.00	10172	5951	3065
22.00	10502	6093	3091
23.00	10764	6176	3106
24.00	10964	6217	3114

*) berechnet nach DIN 4710 (11.82)

-1 Bezeichnungen

Die Größe des *Wasserdampfgehaltes* der Luft kann man auf vier verschiedene Arten angeben, nämlich

a) durch die *relative Luftfeuchte* φ (%)

b) durch die *Feuchtkugeltemperatur* t_f (°C)

c) durch den *Teildruck* p_D *des Wasserdampfes in der Luft* (mbar)

d) durch den *Wassergehalt* x bezogen auf 1 kg trockener Luft (kg/kg tr. L. oder g/kg tr. L.).

Angaben über den Wasserdampfgehalt nach a) oder b) sind für viele Anwendungen unzweckmäßig, da ohne Angabe der dazugehörigen Lufttemperatur die Zahlen wenig sagen. φ und t_f ändern sich mit der Lufttemperatur, auch wenn der absolute Wassergehalt der Luft gleich bleibt. Besser ist es, den Feuchtegehalt nach c) oder d) anzugeben. Allerdings gibt es eine Reihe von Fällen (z. B. Bearbeitung von organischen Materialien wie Textilien, Holz, Papier, Tabak), in denen die Einhaltung einer bestimmten *relativen* Feuchte gefordert wird. In den meteorologischen Tafeln wird meist der *Dampfdruck* angegeben, während in den Rechnungen der Klimatechnik am besten der Wert von x (meteorologisch: Mischungsverhältnis) zu verwenden ist. Beide Werte sind leicht nach den in Abschnitt 1.3.4 gemachten Angaben miteinander zu überführen. Im Bereich von 0 bis 40 °C ist dem Zahlenwert nach: Wasserdampfgehalt $x \approx 0{,}62\, p_D$.

-2 Mittlere Feuchte

Ebenso wie die Außentemperatur unterliegt auch die *absolute Feuchte* der Außenluft einer jährlichen und, wenn auch geringen, täglichen Periode.

Die Schwankung im Tagesdurchschnitt ist so gering, daß man praktisch den mittleren täglichen Dampfdruck als konstant während des ganzen Tages annehmen kann, wenn sich

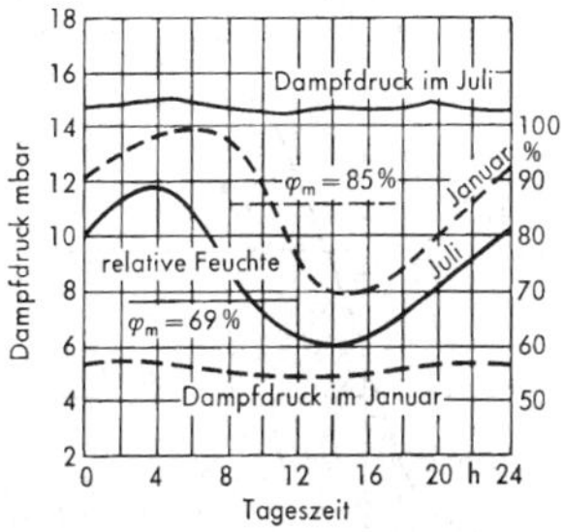

Bild 1.1.3-1. Mittlerer Tagesgang der Feuchte im Januar und Juli in Berlin-Dahlem.

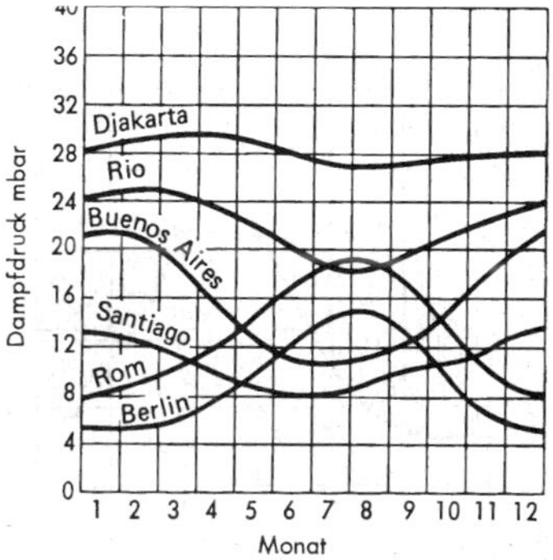

Bild 1.1.3-2. Jährlicher Gang des Dampfdruckes der Luft in verschiedenen Städten.

nicht gerade das Wetter (die Luftmasse) ändert. Die *relative Feuchte* zeigt natürlich eine Periode, da sie von der Lufttemperatur abhängig ist (Bild 1.1.3-1).

Im jährlichen Verlauf zeigen sowohl der Dampfdruck und Wassergehalt der Luft wie die relative Feuchte deutliche Schwankungen, ähnlich denen der Temperatur. Dabei erscheint das *mittlere Maximum* des Dampfdruckes im Gebiet von ganz Deutschland im Juli mit etwa 14 bis 16 mbar (8,7…9,9 g/kg tr. L.), das mittlere Minimum im Januar mit etwa 4 bis 5 mbar (2,5…3,1 g/kg), siehe Bild 1.1.3-1 und Bild 1.1.3-2 sowie Tafel 1.1.2-1.

Aus Bild 1.1.3-3 ersieht man, daß der Mittelwert des Wassergehaltes der Luft 5,6 g/kg Luft beträgt. Dieser Wert gilt annähernd für ganz Deutschland.

Nimmt man an, daß ein Wassergehalt von 8 g/kg entsprechend etwa 22°/50% rel. F. für die Behaglichkeit am günstigsten ist, so muß also in Klimaanlagen die Luft an 71 Tagen des Jahres entfeuchtet und an 294 Tagen befeuchtet werden, sofern in den Räumen selbst keine Feuchtequellen vorhanden sind. Allerdings reduziert man in der Praxis diesen Aufwand durch Ausnutzung eines relativ breiten Toleranzbandes zwischen etwa 5 und 10 g/kg tr. L.

-3 Entfeuchtungs- und Befeuchtungsgrammstunden

Wie bei der Heizung und Kühlung die Begriffe Heiz- und Kühlgradtage bzw. -stunden verwendet werden, kann man sinngemäß bezüglich des Wassergehaltes der Luft die folgenden Ausdrücke verwenden:

Befeuchtungsgrammtage sind das Produkt aus der Zahl der Befeuchtungstage und dem Unterschied zwischen einem Wassergehalt der Raumluft von x = 8 g/kg und dem mittleren Wassergehalt der Außenluft. Sinngemäß sind die *Befeuchtungsgrammstunden* definiert.

Aus Bild 1.1.3-4 ergeben sich durch Planimetrieren die Befeuchtungsgrammstunden zu angenähert

G_f = 23000 h/a · g/kg = 23000/24 = 958 Befeuchtungsgrammtage pro Jahr.

Entfeuchtungsgrammtage sind sinngemäß das Produkt aus der Zahl der Entfeuchtungstage und dem Unterschied zwischen dem Wassergehalt der Raumluft von x = 8 g/kg und dem mittleren Wassergehalt der Außenluft. Aus Bild 1.1.3-4 ergeben sich die Entfeuchtungsgrammstunden:

G_{tr} = 2900 h/a · g/kg = 2900/24 = 121 Entfeuchtungsgrammtage pro Jahr.

Diese Werte gelten mit guter Annäherung für ganz Deutschland.

Beispiel:

Sollwert für Feuchtegehalt x = 8 g/kg gemäß Tafel 1.1.3-1

Entfeuchtungsgrammstunden G_{tr} = 2900 h/a · g/kg
Befeuchtungsgrammstunden G_f = 23000 h/a · g/kg

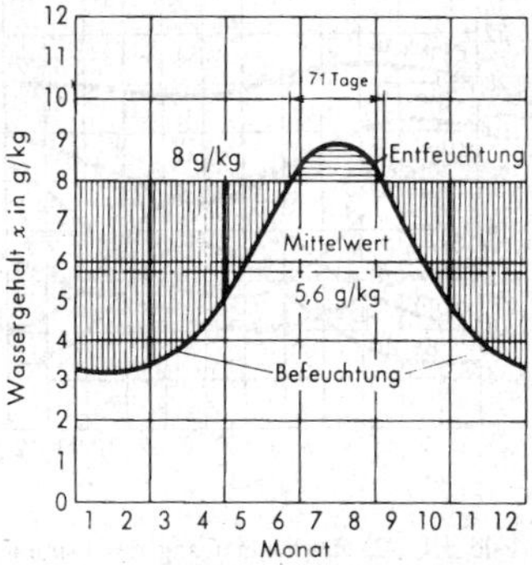

Bild 1.1.3-3. Mittlerer Wassergehalt der Luft in Berlin. Der Wert 8 g/kg entspricht dem Luftzustand 22 °C/50% rel. Feuchte.

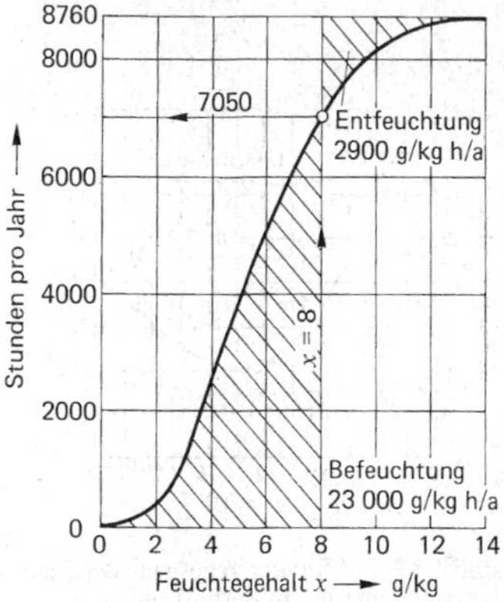

Bild 1.1.3-4. Häufigkeitskurve des Feuchtegehalts der Luft in Berlin (DIN 4710) [11.82]).

Bei 10 h Betrieb pro Tag an 250 Tagen im Jahr

$$G_{tr} = 2900 \cdot \frac{10}{24} \cdot \frac{250}{365} = 2900 \cdot 0{,}285 = 826 \text{ h/a} \cdot \text{g/kg}$$

$$G_f = 23000 \cdot \frac{10}{24} \cdot \frac{250}{365} = 23000 \cdot 0{,}285 = 6555 \text{ h/a} \cdot \text{g/kg}$$

Mit der Verdampfungswärme von $h_D = 2500$ kJ/kg Wasser $= \frac{2500}{3600} = 0{,}7$ kWh/kg wird je kg/h Luft die jährliche

Entfeuchtungsleistung (latente Kühlleistung)
$Q = 826 \cdot 0{,}7/1000 = 0{,}578$ kWh/kg, a

Befeuchtungsleistung (latente Heizleistung)
$Q = 6555 \cdot 0{,}7/1000 = 4{,}59$ kWh/kg, a

Für anderen Feuchtegehalt können die Werte für G_{tr} und G_f aus Tafel 1.1.3-1 entnommen werden.

Tafel 1.1.3-1 Entfeuchtungsgrammstunden G_{tr} und Befeuchtungsgrammstunden G_f in h/a · g/kg für Berlin in Abhängigkeit vom Zuluftfeuchtegehalt bei 24-h-Betrieb nach DIN 4710 (11.82)

24 h	Zuluftfeuchtegehalt x in g/kg							
	5	6	7	8	9	10	11	12
G_{tr}	–	–	5080	2900	1520	710	285	96
G_f	6160	10700	16300	23000	30300	38250	–	–

-4 Extremwerte der Feuchte

Die *Minimalwerte* des Dampfdruckes treten an besonders kalten Tagen auf. Bei einer Außentemperatur von –20 °C stellt sich der Dampfdruck, selbst wenn die Luft voll gesättigt ist, nur auf etwa 0,6 mbar ein.

Demgegenüber treten die *Maximalwerte* der Feuchte an regnerischen Tagen im Sommer auf, namentlich an Tagen mit Gewitterregen. Zahlenmäßig erreicht bei uns der Dampfdruck dabei Werte bis etwa 23 mbar.

In tropischen Gegenden treten Werte von etwa 35 bis 40 mbar auf.

-5 Temperatur und Feuchte[1)]

Wesentlich für die Lufthygiene und Klimatechnik ist die bei einer bestimmten Temperatur *gleichzeitig auftretende Feuchte* (s. Tafel 1.1.3-2 auf Seite 24/25). Genaue Korrelationen zwischen Luftfeuchte und Temperatur für 13 deutsche Städte gibt DIN 4710 (11.82) Tab. 3 (s. Tafel 1.1.3-3 auf Seite 26/27). Man benötigt diese Angaben, wenn die Luft infolge zu hoher Feuchte getrocknet werden soll oder auch bei der Errechnung der Verdunstungskühlung. Prüft man nun daraufhin die gleichzeitig gemessenen Werte der Temperatur und Feuchte nach, so zeigt sich, daß an den Tagen maximaler Temperatur die Feuchte sich meist in normalen Grenzen hält, während die Maximalwerte der Feuchte an solchen Tagen auftreten, an denen sich die Temperatur in normalen Grenzen hält. Der maximale Wärmeinhalt der Luft *(Enthalpie)*, d.h. die Summe der trockenen und feuchten Anteile, ist in beiden Fällen annähernd gleich. Es ist also nicht unbedingt zutreffend, daß an besonders heißen Tagen die Luft auch einen besonders hohen Feuchtegehalt hat.

Für Deutschland mit Ausnahme der Küstengegend ergibt sich, daß im Mittel mit folgenden maximalen Werten zu rechnen ist:

t_{max} = 32 °C	mittlere maximale Temperatur,
h_{max} = 63 kJ/kg	mittlerer maximaler Wärmeinhalt (Enthalpie)
x = 12,1 g/kg	dazugehöriger Wassergehalt und
φ = 40%	dazugehörige relative Feuchte,
t_{fmax} = 21,7 °C	mittlere maximale Feuchttemperatur.

In den Küstengegenden liegen die maximalen Temperaturen etwa um 3 °C niedriger, also bei etwa 29 °C, die absolute Feuchte dagegen geringfügig höher.

Berechnungswerte in der Küstengegend:

t_{max} = 29 °C
h_{max} = 61,4 kJ/kg
x = 12,7 g/kg
φ = 50%
t_{fmax} = 21,3 °C

Für die Prüfung von Werkstoffen und Geräten in verschiedenen Gebieten der Erde unterscheidet man nach DIN 50019 (11/79) 4 *Freiluftklimate:*

Kaltes Klima	Niedrigstes Monatsmittel unter – 15 °C	Grönland, Sibirien
Gemäßigtes Klima	Monatsmittel zwischen – 15 °C und + 25 °C	Nord- und Mitteleuropa, Nordstaaten der USA
Trockenes Klima	höchstes Monatsmittel über 25 °C	Nordafrika, Arabien, Südstaaten der USA
Feuchtwarmes Klima	mindestens 1 Monatsmittel über 20 °C und 80% rel. F.	Indien, Mittelafrika, Amazonas-Gebiet

Ausländische Klimabeispiele siehe Bild 1.1.3-5.

Für *Wirtschaftlichkeitsrechnungen* in der Klimatechnik ist die Häufigkeit der Enthalpiewerte im Jahresverlauf wichtig. Bild 1.1.3-6 zeigt die Summenhäufigkeitskurve für Deutschland, Bild 1.1.3-7 den Jahresgang der *mittleren Monatsenthalpie.*

Bild 1.1.3-8 zeigt weitere zeitlich detaillierte Angaben, wie sie zur Energieverbrauchsberechnung bei der Luftbehandlung benötigt werden.

Beispiel:

Die Enthalpie h = 33 kJ/kg entsprechend einem Taupunkt von 11,5 °C von Raumluft bei 22 °C/50% rel. Feuchte wird bei 24-h-Betrieb der Anlage an 6300 Stunden im Jahr unterschritten und an 2460 Stunden überschritten (Bild 1.1.3-6).

Ähnlich wie bei der Temperatur und der Feuchte ist bei der Enthalpie der Begriff der *Enthalpiestunden* eingeführt worden. Enthalpiestunden sind das Produkt aus der Zahl der jährlichen Stunden und der Enthalpiedifferenz zwischen der Außenluft und einem angenommenen Grenzwert für die Zuluft h_{fin} (Bild 1.1.3-8).

Beispiel:

Bei h_{fin} = 33 kJ/kg und 24-h-Betrieb sind die Enthalpiestunden in Berlin (Bild 1.1.3-8)

[1)] Jüttemann, H., u. G. Schaal: HLH 10/82. S. 355/60.
Masuch, J.: HLH 11/82. S. 387/93.

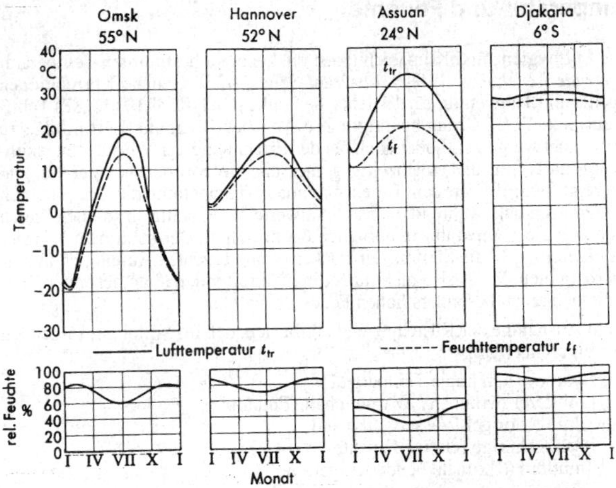

Bild 1.1.3-5. Beispiele von Klimatypen.

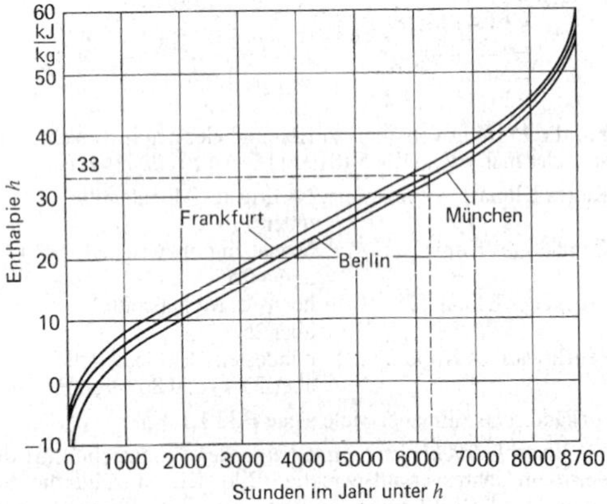

Bild 1.1.3-6. Summenhäufigkeit (Jahresdauerlinie) der Enthalpie in Deutschland.

$$105\,000\ \frac{\text{kJ}}{\text{kg}} \cdot \frac{\text{h}}{\text{a}} = 105\ \frac{\text{MWh}}{\text{a} \cdot \text{kg/s}}.$$

Bei einem Luftmassenstrom von 1 kg/s ist demnach die jährliche Energie zur Erwärmung und Befeuchtung der Außenluft auf h_{fin} = 33 kJ/kg

Q = 105 MWh/a.

Das Bild 1.1.3-8 kann auch durch Planimetrieren der Fläche zwischen der Kurve in Bild 1.1.3-7 und h_{fin} ermittelt werden. Anwendung auch bei der Wärmerückgewinnung (Bild 3.3.8-8) und Beispiel zu Bild 1.1.3-9.

Für die Berechnung der *Jahresenergiekosten* der Luftaufbereitung in Klimaanlagen sind in VDI 2067 Bl. 3 (12.83) jährliche Stunden sowie Mittelwerte für Enthalpie- und Temperaturdifferenzen für 13 deutsche Städte angegeben. Damit kann man die Gradtagzahl oder Enthalpiestunden für die verschiedenen Arten der Luftaufbereitung berechnen. Ein Beispiel für Berlin zeigt Bild 1.1.3-9.

Je nach Art der Luftbehandlungsfunktionen der Klimazentrale unterscheidet man sieben verschiedene Ausgangsfelder im h, x-Diagramm für die Außenluftzustände entsprechend

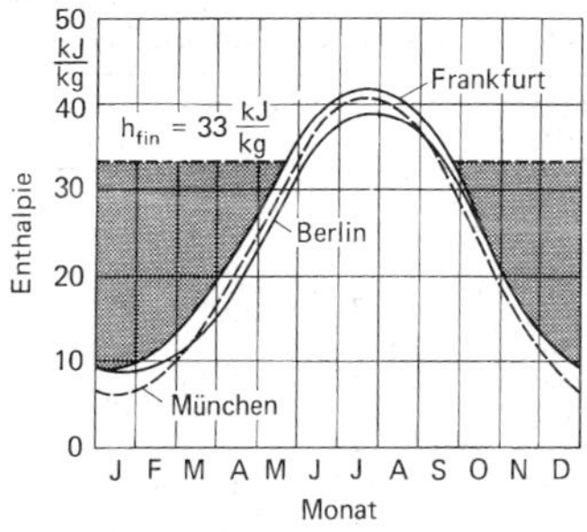

Bild 1.1.3-7. Jahresgang der mittleren Monatsenthalpie für Deutschland*).

*) aus VDI 2071, Bl. 2 (03.83).
Hinweis: Neuauflage der VDI 2071 (12.97) enthält graphisches Näherungsverfahren.

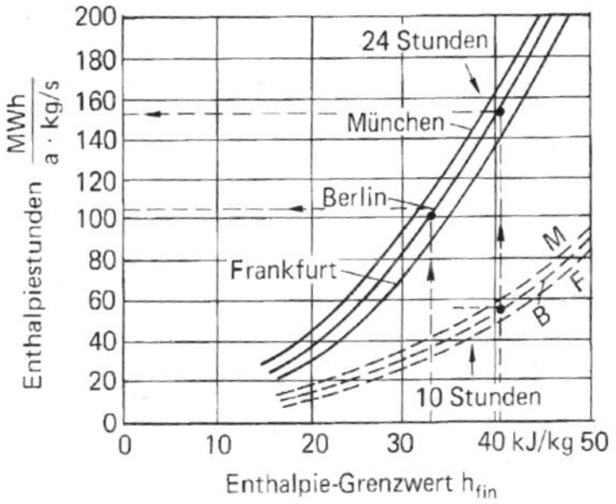

Bild 1.1.3-8. Jahres-Enthalpiestunden für Heizung und Befeuchtung bei 24-h- und 10-h-Betrieb (7 bis 17 Uhr) abhängig vom Grenzwert h_{fin}*).

*) aus VDI 2071, Bl. 2 (03.83).

den von dort aus unterschiedlich erforderlichen Luftbehandlungsarten. Hierfür werden angegeben:

$Z_{(n)}$ = jährliche Häufigkeit des Außenluftzustandes in *h/a* bei 24-h-Betrieb
$t_{a(n)}$ = mittlere Außenluft-Temperatur in °C
$h_{a(n)}$ = mittlere Außenluft-Enthalpie in kJ/kg
$x_{a(n)}$ = mittlere Außenluft-Feuchtegehalt in g/kg

Als *Grenzwert* sollen durch die Luftbehandlung folgende Zuluftzustände erreicht werden:

$t_{fin} = t_i$ = Zulufttemperatur in °C, z. B. 22 °C
$h_{fin} = h_{TP}$ = Zuluftenthalpie (Taupunktenthalpie) in kJ/kg
z. B. 33 kJ/kg entsprechend x_{TP} = 8,54 g/kg.

In Bild 1.1.3-9 sind folgende Felder für verschiedene Luftaufbereitungsfunktionen angegeben (Bezeichnungen entsprechend Tafel 3.1.2-1, d. h. H = Heizen, K = Kühlen usw.)

- Feld 1: Lufterwärmung H von $t_a < t_i$ auf t_i
- Feld 2: Luftkühlung K von $t_a > t_i$ auf t_i
- Feld 3: Lufterwärmung und Befeuchtung HB von $h_a < h_{TP}$ auf h_{TP}
- Feld 4: Luftkühlung und Entfeuchtung KE von $h_a > h_{TP}$ auf h_{TP}
- Feld 5: Lufterwärmung und Befeuchtung HB von $x_a < x_{TP}$ und $t_a < t_i$ auf x_{TP} und t_i oder direkt über x-Regler auf t_i
- Feld 6: Luftkühlung und Entfeuchtung KE von $x_a > x_{TP}$ und $t_a > t_i$ auf x_{tp} und t_i
- Feld 7: Luftkühlung und Entfeuchtung KE von $h_a > h_{TP}$ und $t_a < t_i$ auf h_{TP} und t_i

Beispiel:

Heizen und Befeuchten aus Feld 3 HB (24-h-Betrieb, Winter).
Gewünschte Grenzenthalpie (Taupunktregelung) $h_{fin} = h_{TP}$ = 33 kJ/kg
Mittlere Jahresenthalpie entsprechend Bild 1.1.3-9, Feld 3 h_{a3} = 16,4 kJ/kg
Enthalpiedifferenz $\Delta h = h_{fin} - h_{a3} = 33 - 16{,}4$ = 16,6 kJ/kg
Jährliche Stunden Z_3 = 6327 h/a

Jährl. Enthalpiestunden $Z_3 \cdot \Delta h = 16{,}6 \cdot 6327 = 105\,000$ kJ/kg · h/a = $105 \dfrac{\text{MWh}}{\text{a} \cdot \text{kg/s}}$

Beim Luftmassenstrom $\dot{m}$ = 10 000 kg/h

Jahresenergie $Q_{HB} = \dfrac{10\,000}{3600} \cdot 105$ = 292 MWh/a

(vgl. Bild 1.1.3-8)

Dieser Wert gilt für ständigen Betrieb mit Außenluft. *Reduktionsfaktoren* für tatsächliche tägliche und wöchentliche Betriebszeit sowie zeitweisen Umluftbetrieb oder variablen Volumenstrom sind in VDI 2067 Bl. 3 gegeben.

Tafel 1.1.3-2 Auslegedaten Temperatur und Feuchte für verschiedene Orte der Erde*) (t_r = Trockenkugeltemperatur, t_f = Feuchtekugeltemperatur)

Ort	Seehöhe m	Winter t_{tr} in °C	Sommer t_{tr} in °C	Sommer t_f in °C
Europa				
Athen	107	− 2	36	22
Berlin	40	−15	32	21
Brüssel	100	−10	30	21
Budapest	150	−12	33	21
Bukarest	80	−20	32	22
Hamburg	30	−15	28	19
Helsinki	10	−24	27	19
Istanbul	70	− 4	34	23
Kopenhagen	10	−13	28	20
Lissabon	100	+ 3	34	22
London	40	− 1	28	19
Madrid	650	− 4	36	22
Marseille	70	− 6	33	22
Moskau	140	−30	31	21
Neapel	60	− 2	35	24
Nizza	12	0	30	23
Oslo	30	−17	27	19
Paris	50	−10	32	21
Prag	200	−16	32	19
Rom	50	− 1	36	23
Sevilla	30	–	40	27
Sewastopol	20	−12	34	–
Stockholm	50	−19	27	19
Valencia	25	− 1	33	24
Wien	200	−15	33	21
Zürich	490	−16	29	20
Afrika				
Accra (Ghana)	27	19	33	27
Addis Abeba	2450	− 3	27	19
Alexandria	30	5	38	24
Algier	60	+ 3	37	26
Casablanca	230	+ 2	33	25
Dakar	20	15	36	23
Daressalam	15	17	33	28
Durban	5	10	35	24
Elisabethville	1230	2	35	21
Freetown	10	18	33	27
Johannesburg	1750	− 3	30	21
Kairo	110	4	40	22
Kapstadt	10	4	34	22
Lagos (Nigeria)	3	20	33	28
Léopoldville	320	16	35	28
Marrakesch	470	3	41	–
Mombassa	15	–	33	26
Nairobi	1800	7	28	18
Oran	100	–	35	26
Tanger	70	–	33	24
Teneriffa	60	10	31	–
Timbuktu	250	8	47	–
Tunis	65	+ 2	39	25
Tripolis	20	4	39	27
Windhuk	1700	0	33	19
Asien				
Aden	7	17	39	29
Ankara	850	−14	35	20
Bagdad	60	4	45	23

*) ASHRAE Fundamentals 2001.
Köppen: Grundriß der Klimakunde, Berlin 1931. IHVE-Guide 1970/72.
DKV-Arbeitsblatt 0-20 und 0-21 (Deutscher Kältetechn. Verein).
Quenzel: Meteorologische Daten. 1969.
Verschiedene andere Quellen.

Ort	Seehöhe m	Winter t_{tr} in °C	Sommer t_{tr} in °C	Sommer t_f in °C
Bangkok	10	16	36	28
Basra		4	33	28
Djakarta	10	20	33	26
Beirut	30	4	33	26
Bombay	10	16	34	28
Chungching	230	3	36	27
Delhi	220	4	40	24
Hanoi	15	8	36	30
Hongkong	30	6	33	28
Jerusalem	750	− 2	35	21
Kalkutta	10	10	38	28
Kanton	–	15	35	28
Kuwait	5	4	45	31
Manila	10	17	35	28
Mukden	70	–	35	26
Saigon	10	20	33	28
Seoul	87	−14	32	26
Shanghai	10	− 1	36	28
Singapore	0	18	32	28
Teheran	1200	− 5	35	22
Tokio	20	− 3	33	26
Wladiwostok	20	−25	30	22
Australien				
Brisbane	40	+ 4	32	25
Melbourne	30	0	35	21
Sydney	40	5	35	23
Amerika – Nord				
Bermuda	10	15	31	24
Boston	15	−18	33	24
Cleveland	205	−20	35	24
Chicago	190	−23	35	24
Dallas	225	−12	38	26
Detroit	195	−23	35	24
Honolulu	5	15	28	23
Houston	60	− 7	35	26
Los Angeles	165	2	32	21
Miami	5	2	33	26
Montreal	55	−23	30	23
New Orleans	5	− 7	35	26
New York	130	−18	35	24
Ottawa	105	−23	31	23
Pittsburgh	280	−20	35	24
Quebec	90	−26	30	23
San Francisco	50	2	29	18
Toronto	100	−23	31	26
Washington	40	−18	35	26
Mittel- u. Südamerika				
Bogota	2650	− 1	21	18
Buenos Aires	20	− 1	35	24
Guatemala	1500	7	31	23
Havanna (Cuba)	25	15	32	26
La Paz	3600	− 2	23	14
Lima	120	15	31	24
Manaos	40	20	35	27
Maracaibo	5	21	35	28
Mexico City	2300	2	26	16
Montevideo	10	2	33	23
Nassau	5	13	32	27
Panama	5	21	31	26
Rio de Janeiro	60	13	32	26
Santiago de Chile	520	2	32	20
San Juan, P. R.	10	20	32	26
São Paulo	780	4	31	24
Valparaiso	40	8	27	20

Tafel 1.1.3-3 Korrelation Lufttemperatur *t* / Wasserdampfgehalt *x* für das Jahr; Berlin-Tempelhof; Meßwerte: 24 Stunden/Tag. Mittlere jährliche Anzahl der Fälle (in Zehntel); stündliche Messungen des Zeitraumes 1951 bis 1970 (Tabelle 3.1a aus DIN 4710 [11.82])

t \ *x*	0	1	2	3	4	5	6	7	8	9
38							1			
37							1	1		
36							1	1	1	1
35								1	1	
34							2	1	3	2
33								2	4	2
32						1	3	2	8	8
31						1	4	3	7	14
30						3	6	10	14	22
29					2	2	8	13	30	35
28				1	6	6	15	32	43	38
27				1	5	9	30	40	49	49
26				2	4	18	39	62	65	91
25				2	11	25	55	86	98	114
24				1	13	37	93	115	151	114
23				2	21	50	120	162	185	147
22				7	23	83	155	213	197	205
21				9	36	104	194	253	280	232
20				16	48	153	262	316	324	266
19			2	18	61	178	331	375	388	304
18			7	28	75	215	340	495	432	387
17			7	40	104	236	428	564	544	463
16			7	64	131	275	474	649	645	580
15		2	13	71	171	329	537	732	762	704
14		3	13	77	212	386	601	858	884	677
13		1	16	106	241	451	747	1062	959	187
12		3	17	122	284	523	851	1167	569	6
11		8	23	155	330	566	987	1150	109	
10		2	35	168	362	770	1253	657	1	
9		6	57	201	444	943	1440	170		
8		8	68	246	616	1253	1049	1		
7		10	78	271	906	1698	334			
6		7	95	340	1343	1497	15			
5	1	12	121	495	1794	892				
4		16	144	783	2325	269				
3		17	190	1221	2193	1				
2		27	240	1747	1423					
1		33	344	2639	523					
0		41	550	2736	17					
−0		41	691	1541						
−1	1	85	1232	950						
−2	1	78	1424	244						
−3		110	1314	5						
−4		150	891							
−5		200	643							
−6		302	386							
−7		498	98							
−8	1	379	2							
−9	2	289								
−10	3	252								
−11	4	175								
−12	10	163								
−13	16	88								
−14	29	50								
−15	45	13								
−16	32									
−17	20									
−18	13									
−19	6									
−20	4									
−21	4									
−22	1									
Summe	188	3062	8702	14302	13716	10967	10372	9186	6745	4642

Beispiel: $t = 6\,°C$; $x = 5$ g Wasserdampf (WD)/kg trockener Luft (tr L)
Der Zustand 6 bis 6,9 °C Lufttemperatur und $x = 5$ bis 5,9 g WD/kg tr L tritt im Mittel 1497 Zehntel Stunden oder 149,7 Stunden/Jahr auf.

10	11	12	13	14	15	16	17	18	19	Summe
										1
										2
	1									3
										1
	1	1								8
4	4	4	3	1						21
8	4	3	4	1	1					40
8	7	6	2	1						51
14	13	10		1	1				1	92
33	29	7	5	2	1					164
31	28	16	7	4	1				1	226
53	40	27	14	2	1	1		1	1	318
71	51	37	15	5	3	1	1			462
87	71	48	15	5	2	1				615
125	91	60	25	9	3	1				835
129	105	64	22	4	2		1			1012
179	112	63	23	11	2					1269
189	151	82	27	7	1					1562
234	174	97	33	4						1926
275	195	130	27							2281
358	272	106	6							2718
452	224	14								3073
509	83									3415
267	3									3589
37										3746
										3767
										3542
										3326
										3246
										3261
										3241
										3296
										3297
										3313
										3536
										3620
										3436
										3538
										3344
										2273
										2268
										1746
										1428
										1041
										843
										688
										595
										382
										291
										254
										179
										173
										104
										79
										58
										32
										20
										13
										6
										4
										4
										1
3059	1654	770	223	54	16	3	2	1	2	87659

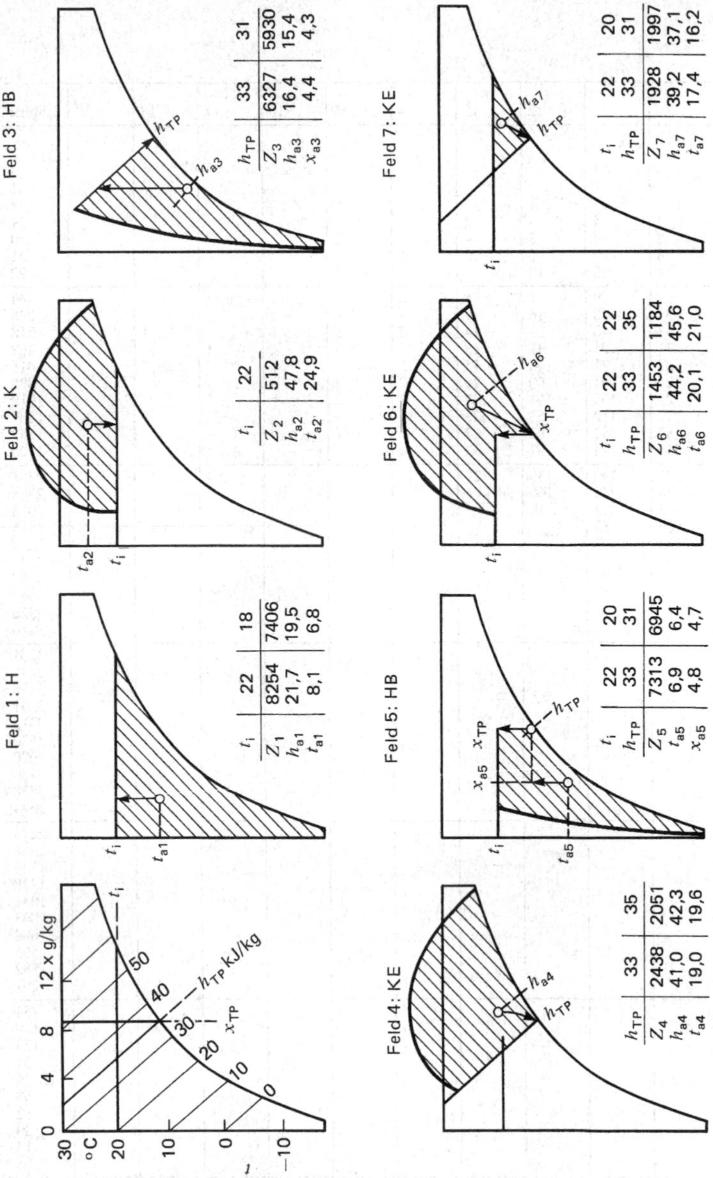

Bild 1.1.3-9. Mittelwerte und Häufigkeit der Außenluftzustände von Berlin, bezogen auf 24-h-Betrieb. Andere Städte s. VDI 2067 Bl. 3 (12. 83).

Hinweis: Vermehrt wird durch die Entwicklung der Rechentechnik auf die hier vorbereiteten zusammengefaßten Ergebnisse verzichtet und eine energetische Jahresanalyse direkt unter Einsatz von Test-Referenzjahresdaten (TRY) genau nach der vorgesehenen Anlagenstrategie durchgeführt. Die in Deutschland neu erarbeiteten Testreferenzjahre für 15 Regionen werden voraussichtlich noch im Jahr 2000 zusammen mit der Überarbeitung der DIN 4710 publiziert. Basierend auf diesen Berechnungsmöglichkeiten wurde auch die VDI 2067 konzipiert. In den neuen Blättern VDI 2067–10, 11, 20, 21 ... werden Berechnungsverfahren beschrieben, die die Testreferenzjahresbedingungen nutzen und sowohl für die Heiz- als auch für die Klimatechnik Energiebedarfswerte unter Standardbedingungen zu ermitteln gestatten. DIN 4710 wird in neuer Fassung neben den energietreuen Testreferenzjahren für 15 Stationen auch Extremdatensätze beschreiben, die sowohl für winterliche als auch für sommerliche Bedingungen in Simulationsprogrammen verwendbar sind. Dennoch bieten die hier noch beschriebenen klassischen Verfahren einen guten Überblick und können nach wie vor zu einer Basisabschätzung herangezogen werden.

Die t,x-Korrelationen der DIN 4710 erlauben eine sehr viel sicherere Auslegung als die statistischen Grenzwerte t_{tr} und t_f z. B. entsprechend Tafel 1.1.3-2, da man nach *allen* Kriterien (Temperatur, Feuchte, Enthalpie) ein genau definiertes Risiko der Überschreitung festlegen kann.

Da diese Präzision für industrielle Auslegungen (z. B. in Textilfabriken) von besonderer Bedeutung ist, haben der Deutsche Wetterdienst Hamburg und der VDI beschlossen, auch für einige außereuropäische Orte analoge Statistiken aufzubereiten, die dann eine nahezu vergleichbare Präzision bei der Auslegung ermöglichen sollen. Gleichzeitig wird dann auf die Möglichkeit verwiesen, über den Deutschen Wetterdienst Hamburg gleichartige Datensätze für weitere verfügbare Stationen zu erhalten.[1)]

-6 Feuchte-Gleichgewicht

Ein großer Teil aller Materialien unserer Umgebung enthält Wasser in mehr oder weniger großer Menge. Der Wassergehalt ist abhängig von der rel. Luftfeuchte. Man nennt diese Stoffe *hygroskopisch.* Bei bestimmter längere Zeit andauernder Feuchte der umgebenden Luft stellt sich ein Gleichgewichtszustand ein, bei dem der betreffende Stoff Wasser weder aufnimmt noch abgibt. Beispiel Bild 1.1.3-10, das die *Sorptionskurven* verschiedener Stoffe zeigt.

1.1.4 Sonnenstrahlung[2)]

Die Sonnenstrahlung ist auch in der Heizungstechnik von Bedeutung, da sie eine zusätzliche, allerdings sehr unbeständige *Wärmequelle* darstellt. Im Winter ist infolge des niedrigen Sonnenstandes trotz kurzer Sonnenscheindauer der Wärmegewinn durch Fenster erheblich; vor allem bei Neubauten mit Vollwärmeschutz und Wärmeschutzgläsern wird die Heizlast während der Zustrahlungszeit dadurch bequem gedeckt, und man muß eher an Maßnahmen gegen Überwärmung denken. Aber auch in Altbauten mit großen Fenstern kann bereits im März oder April die Sonnenstrahlung den Wärmebedarf eines Raumes dekken. In der Lüftungs- und Klimatechnik dominiert die Sonnenstrahlung, da sie bei der Küh-

---

1) VDI 4710. Wetterstatistiken außereuropäischer Stationen. In Vorbereitung.
2) Nehring, G.: Ges.-Ing. 1962. S. 230/42.
Güttler, G.: HLH 1971. S. 99/104.
Aydinli, S.: Diss. TU Berlin 1981.
Krochmann, J., u. a.: FLT-Ber. 3/1/4/82, KI 20/92, S. 247/51.
Schneider, W.: Ki 3/76. S. 119/22.
Kasten, F., u. a.: BMFT-Ber. T 84–125/1984.
Müller, H.: HLH 1/82. S. 15/25.

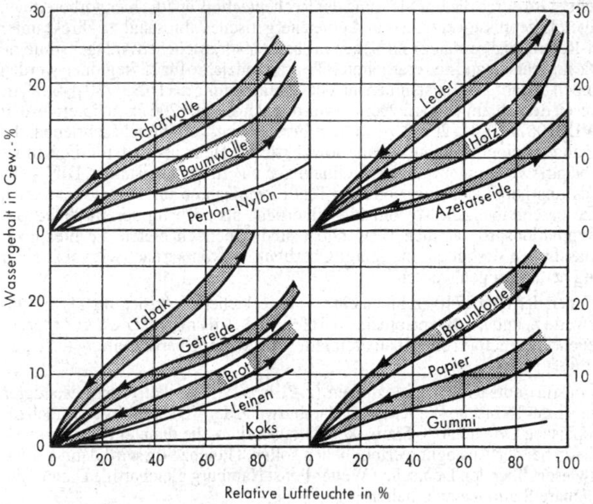

Bild 1.1.3-10. Gleichgewichts-Wassergehalt verschiedener Stoffe bei 20–30 °C. Adsorptions- und Desorptionskurven*).

*) Berichtsheft 6 der Fachgemeinschaft Lufttechn.- und Trocknungsanlagen des VDMA. 1964.

lung von Räumen meist den wesentlichen Teil des Kühlbedarfes ausmacht. Beweglicher Sonnenschutz ist daher anzustreben, um im Winter die Sonnenenergie in die Räume zu lassen (passive Solarenergienutzung) und um bei Gefahr von Überwärmung die Räume dosiert abzuschirmen.

Im Rahmen der Bestrebungen zur *Energieeinsparung* gewinnt die Sonnenenergie gegenwärtig größere Bedeutung (siehe Abschn. 2.2.2-5).

-1 Solarkonstante

Hätte die Erde keine Lufthülle, so würde auf eine Fläche senkrecht zur Sonnenstrahlung eine Wärmemenge von etwa 1,37 kW/m² bei mittlerem Sonnenabstand eingestrahlt werden. Diese Zahl nennt man *Solarkonstante.* Ihr Wert schwankt mit dem Erdabstand zur Sonne zwischen 1,33 und 1,42 kW/m². Die Gesamtstrahlung verteilt sich gemäß der Strahlungstemperatur der Sonne (ca. 6000 K) auf einen größeren Wellenlängenbereich entsprechend Bild 1.1.4-1. Das Maximum der Strahlung liegt im Bereich der für das Auge sichtbaren Strahlen, etwa bei $\mu = 0{,}5\ \mu$m. Die Gesamtenergie wird praktisch in dem Wellenbereich von 0,2 bis 3,0 μm übertragen. Die Fläche unterhalb der oberen Kurve stellt die Solarkonstante dar.

Der Strahlungsdurchgang durch die Atmosphäre bewirkt Abschwächungen des Sonnenlichts aufgrund verschiedenartiger Phänomene: Streuung an Luftmolekülen und anderen Luftbestandteilen (Staub, Dunst). Stärkere Streuung der kurzwelligen Anteile, daher Himmelsblau. Absorption – spektral unterschiedlich – an mehratomigen Gasen, insbesondere O_3, H_2O, CO_2 (s. Bild 1.1.4-1). (2atomige Gase N_2, O_2 lassen die Strahlung fast ungehindert hindurch.)

Energieverteilung an der Erdoberfläche:

ultraviolette Strahlen ≈ 6%
sichtbare Strahlen ≈ 50%
infrarote Strahlen ≈ 44%.

Das in etwa 20 bis 50 km Höhe befindliche *Ozon* absorbiert besonders die ultravioletten Strahlen, so daß Strahlen mit Wellenlängen unter 0,29 μm nicht mehr die Erde erreichen. Der Gehalt der Luft an Ozon ist an sich sehr gering; bei Normaldruck entspricht er einer Schichtdicke von nur 2 bis 3 mm.

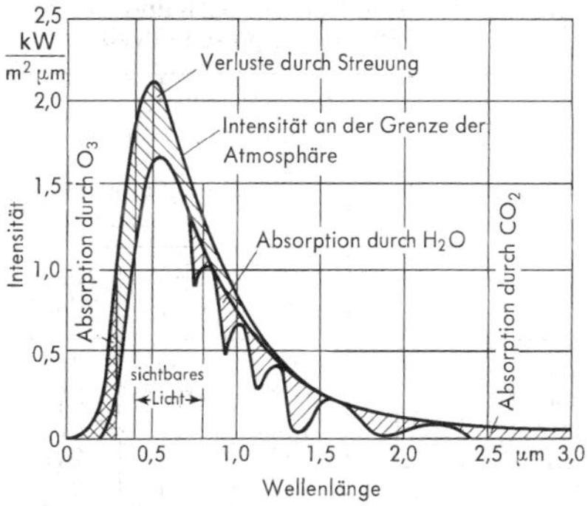

Bild 1.1.4-1. Intensität der Sonnenstrahlung.

Das *Kohlendioxid* absorbiert insbesondere Strahlen bei den Wellenlängen 2 bis 2,8 μm; 4,2 bis 4,4 μm und 13 bis 17 μm.

Der *Wasserdampf* absorbiert namentlich in folgenden Wellenbereichen: 0,72; 0,93; 1,1; 1,4; 1,8; 2,3 bis 2,5; 4,4 bis 8,5; 12 bis 60 μm. Menge des Wasserdampfes in der Atmosphäre veränderlich, daher Absorption starken Schwankungen unterworfen. Bei einem mittleren Dampfdruck von 13 mbar beträgt die gesamte vom Wasserdampf absorbierte Energie etwa 10% der Sonnenstrahlung.

Dunst- und Staubschichten sind hauptsächlich in der Luft über Großstädten und Industriezonen enthalten und bewirken hier eine zusätzliche Schwächung der Strahlung, namentlich bei niedrigem Sonnenstand. Allerdings haben die in den letzten 20 Jahren durchgesetzten Maßnahmen zur Luftreinhaltung bereits zu guten Erfolgen, d.h. deutlicher Verbesserung geführt.

In allen Fällen ist die Schwächung der Sonnenstrahlung um so größer, je länger der von den Strahlen durchlaufene Luftweg ist, so daß sich ebenso wie bei der Temperatur ein täglicher und jährlicher Gang der Strahlungsintensität ergibt.

-2 Linkescher Trübungsfaktor T_L

Es gibt verschiedene Maße zur Beschreibung der Strahlungsreduktion in der Atmosphäre[1]. Durchgesetzt hat sich in der Klimatechnik in Deutschland der Trübungsfaktor T_L nach Linke[2], der von einer ideal reinen und trockenen Atmosphäre ausgeht (T_L = 1). Der reale Trübungsfaktor (z. B. T_L = 4) bedeutet die gedachte Zahl reiner Atmosphären, die die gleiche Trübung wie die wirkliche Atmosphäre hervorrufen.

Noch vor wenigen Jahrzehnten hat man örtlich erhebliche Trübungsunterschiede festgestellt (im Juli z. B. zwischen T_L = 3 und 5). In einschlägigen Richtlinien wurden demgemäß reine Atmosphäre, Großstadt- und Industrieatmosphäre unterschieden[3]. Aus Sonderuntersuchungen fand man im Winter in Großstadtzentren mit vielen Einzelfeuerungen sogar Werte > 10. Durch statistische Strahlungsauswertungen von Kasten et al.[4] wurde erkannt, daß sich durch Verbesserung der Feuerungsemissionen im Winter (Trend zu öl- und gasbefeuerten Zentralheizungen mit Emissionsüberwachung) und generell ganzjährig durch Verringerung der Emissionen in den Ballungsgebieten (Entstaubung, Entschwefelung, Entstickung bei Kraftwerken) sowie durch weiträumigere Verteilung der Emissionen (hohe Schornsteine) eine völlig andere Trübungsverteilung zeigt. Es gibt generell nur noch *eine* Strahlungszone für Deutschland (an wolkenlosen Tagen). Der Trübungsfaktor hat – wie bisher auch – einen ausgeprägten Jahresgang, bedingt durch den jahreszeitlich schwankenden Wasserdampfgehalt der Atmosphäre. Der Mittelwert im Juli ist von T_L = 4 (seinerzeit „Großstadttrübung") auf T_L = 6 angestiegen. Die Schwankung der Trübung ist erheb-

[1]) Foitzik, L., u. H. Hinzpeter. Sonnenstrahlung und Lufttrübung. Geest u. Portig 1958.
[2]) Linke, F., u. K. Boda. Vorschläge zur Berechnung des Trübungsgrades der Atmosphäre. Meteorol. Zschr. 39 (1922), S. 161 ff.
[3]) nach DIN 4710 (11.82)
[4]) Kasten et al.: Räuml. u. zeitl. Verteilung der Sonnenstrahlung in der Bundesrepublik Deutschland. BMFT-Forschungsbericht T 84–125 (1984).

Tafel 1.1.4-1 Trübungsfaktoren und Zustrahlung an wolkenlosen Tagen (50° geographische Breite)

Monat	Mittlere Trübung (hohe Diffusstrahlung) T_L	Max. Strahlung auf Normalfläche I_{dir} W/m²	I_{dif} W/m²	I_{ges} W/m²	Geringe Trübung (hohe Gesamtstrahlung) T_L	Max. Strahlung auf Normalfläche I_{dir} W/m²	I_{dif} W/m²	I_{ges} W/m²
Januar	3,7	591	157	748	2,7	748	123	871
Febraur	4,1	663	188	851	3,1	795	152	947
März	4,6	714	209	923	3,3	860	164	1024
April	5,1	725	216	941	3,5	883	164	1047
Mai	5,3	738	211	949	3,7	883	162	1045
Juni	6,1	682	223	905	4,3	830	176	1006
Juli	6,1	670	228	898	4,3	820	180	1000
August	5,9	649	233	882	4,1	810	183	993
September	5,4	629	228	857	3,9	779	183	962
Oktober	4,2	643	189	832	3,0	800	146	946
November	3,6	598	152	750	2,9	706	129	835
Dezember	3,5	538	137	675	2,7	671	113	784

lich. Für Extremuntersuchungen (Auslegungsrechnungen, Kühllast[1]) wird „Mittelwert minus Standardabweichung" eingesetzt, bei der sich die höchste statistich zu erwartende Gesamtzustrahlung ergibt. Tafel 1.1.4-1 gibt einen Überblick über die Jahresverläufe der Trübung (mittel, extrem) und die zugeordnete maximale Zustrahlung auf eine Normalfläche (jeweils um 12 Uhr Sonnenzeit).

Maximale Zustrahlung an wolkenlosen Tagen rechnerisch nach Tafel 1.1.4-1 im April mit I_{ges} = 1047 W/m², Diffusstrahlung dann 164 W/m².

Bei mittlerer Trübung maximale Gesamtstrahlung 949 W/m² im Mai, maximale Diffusstrahlung im August 233 W/m².

Hinweis: Bei dünner hoher Bewölkung (Zirrostratus) kann die Diffusstrahlung noch erheblich weiter ansteigen – bis zu ca. 350 W/m². Wichtig für die Bewertung von Sonnenschutzmaßnahmen an nordorientierten Flächen.

Bild 1.1.4-2 zeigt den Tagesgang der direkten Sonnenstrahlung auf Wände verschiedener Richtung im Juli bei extremer Gesamtstrahlung (Trübungsfaktor T_L = 4,3).

Tafel 1.1.4-2 gibt die Tagesgänge der direkten und diffusen Sonnenstrahlung für die beiden charakteristischen Juli-Trübungen T_L = 6,1 (Mittelwert) und T_L = 4,3 (Extremsituation Mittelwert minus Standardabweichung) gemäß Tafel 1.1.4-1 wieder. Die Extremwerte sind für Auslegungsrechnungen von Bedeutung, für energetische Untersuchungen können neben

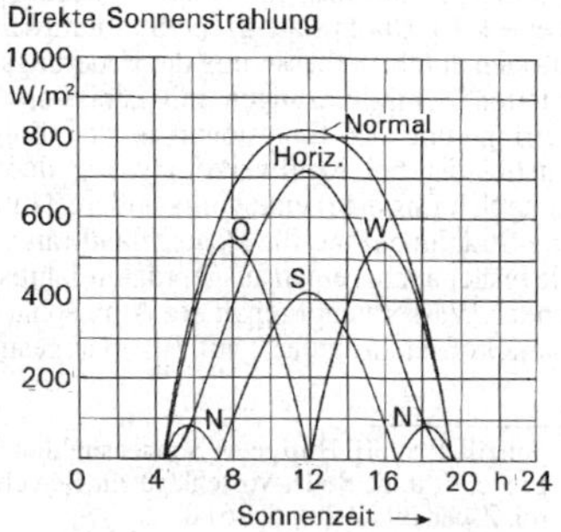

Bild 1.1.4-2. Direkte Sonnenstrahlung auf Wände verschiedener Richtung im Juli für 50° nördlicher Breite bei Trübungsfaktor T_L = 4,3 (geringe Trübung).

[1]) VDI 2078 (07.96).

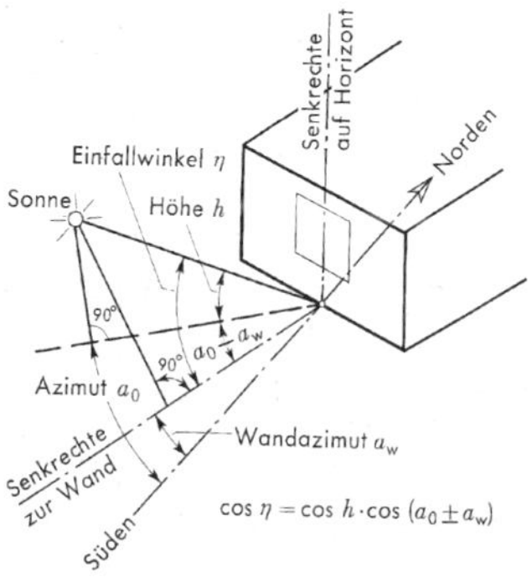

Bild 1.1.4-3. Sonnenhöhe, Azimut und Einfallswinkel.

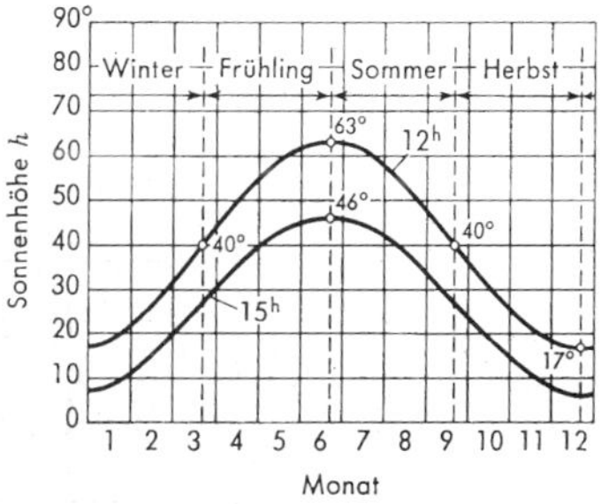

Bild 1.1.4-4. Sonnenhöhe h um 12 h und 15 h für 50° nördliche Breite.

den heute bereits gegenüber vor wenigen Jahren wesentlich umfassenderen direkten Meßwerten auch diese rechnerischen Mittelwerte Anwendung finden. Meßwerte der Globalstrahlung G (Summe aus direkter und diffuser Strahlung, empfangen auf horizontaler Ebene) liegen derzeit von 42 Stationen des Meßnetzes des Deutschen Wetterdienstes (DWD) vor.[1]

-3 Direkte Sonnenstrahlung auf beliebige Flächen

Aus den Zahlenwerten der Tafel 1.1.4-2 auf die Normalfläche läßt sich mittels bekannter trigonometrischer Funktionen (cos-Gesetz) leicht die direkte Sonnenstrahlung auf beliebige Flächen ermitteln.[2] Aus $I_{\text{dir norm}}$ ergibt sich generell die Strahlung auf eine allgemeine unter dem Winkel α zur Vertikalen geneigte Fläche

$$I_a = I_{\text{dir norm}} \cdot \cos \eta$$

mit η = Winkel zwischen Flächennormale und Sonnenstrahlungsrichtung (Bild 1.1.4-3).

Es gilt weiter

$$\cos \eta = \cos h \cos \alpha \cos \beta + \sin h \sin \alpha$$

mit h = Sonnenhöhe
$\beta = a_0 \pm a_w$ = horizontaler Eintrittswinkel
a_0 = Sonnenazimut
a_w = Wandazimut
α = Neigungswinkel der Fläche gegen die Vertikale.

Für senkrechte Flächen ($\alpha = 0$) ist daher

$$\cos \eta = \cos h \cos \beta.$$

Die Werte von h, a_0 und a_w lassen sich für jede geographische Breite und Länge sowie für jede Zeit berechnen oder aus astronomischen Tafeln entnehmen. Sonnenhöhe in Abhängigkeit von der Jahreszeit in Bild 1.1.4-4.

-4 Diffuse Strahlung[3]

Der beim Durchgang durch die Erdatmosphäre an den Luftmolekülen gestreute Strahlungsanteil gelangt als sogenannte diffuse kurzwellige Sonnenstrahlung an die Erdoberfläche. Trübung der Atmosphäre bedeutet Schwächung der direkten Sonnenstrahlung, aber Erhöhung der diffusen Strahlung (vgl. Tafel 1.1.4-1). Zu dieser diffusen Strahlung gehört auch die Strahlung, die von der Umgebung (Häuser, Wände, Berge, Straßen usw.) auf die

[1]) DIN 4710 (Neuauflage, in Vorbereitung).
[2]) VDI 2078, (07.96), S. 28.
[3]) Puškaš, J.: HLH 6/74, S. 179/81.

Tafel 1.1.4-2 Tagesgänge der direkten und diffusen Sonnenstrahlung auf Außenflächen in W/m². 23. Juli, 50° nördl. Breite (gemäß Neuauflage DIN 4710 (in Vorbereitung)).

a) Trübung: Mittelwert $T_L = 6{,}1$ (bevorzugt für energetische Analysen).

		Wahre Ortszeit in h																
(0-Orientierung)		4 (20	5 19	6 18	7 17	8 16	9 15	10 14	11 13	12 12	13 11	14 10	15 9	16 8	17 7	18 6	19 5	20 4)
normal	dir.	0	65	224	382	500	580	631	660	670	660	631	580	500	382	224	65	0
	dif.	0	70	163	212	235	240	235	230	228	230	235	240	235	212	163	70	0
horiz.	dir.	0	7	59	161	283	401	496	559	581	559	496	401	283	161	59	7	0
	dif.	0	42	93	129	155	173	185	191	193	191	185	173	155	129	93	42	0
S	dir.	0	0	0	0	69	166	252	312	333	312	252	166	69	0	0	0	0
	dif.	0	28	66	103	140	173	200	215	220	215	200	173	140	103	66	28	0
SW (SO)	dir.	0	0	0	0	0	0	0	107	235	334	388	389	336	235	113	23	0
	dif.	0	27	59	85	108	131	156	181	203	219	227	221	200	164	110	43	0
W (O)	dir.	0	0	0	0	0	0	0	0	0	160	296	385	407	346	210	59	0
	dif.	0	27	59	84	104	120	136	151	168	189	208	219	220	199	150	64	0
NW (NO)	dir.	0	0	0	0	0	0	0	0	0	0	31	155	239	254	184	60	0
	dif.	0	29	61	85	104	120	134	143	149	155	163	171	176	169	139	65	0
N	dir.	0	26	50	14	0	0	0	0	0	0	0	0	0	14	50	26	0
	dif.	0	45	88	107	120	130	138	144	145	144	138	130	120	107	88	45	0

b) Trübung: Mittelwert minus Standardabweichung $T_L = 4{,}3$ (für Extremwertbetrachtungen, Kühllast (vgl. Abschn. 3.5.3-8)).

		Wahre Ortszeit in h																
(0-Orientierung)		4 (20	5 19	6 18	7 17	8 16	9 15	10 14	11 13	12 12	13 11	14 10	15 9	16 8	17 7	18 6	19 5	20 4)
normal	dir.	0	158	379	551	667	740	785	811	820	811	785	740	667	551	379	158	0
	dif.	0	65	140	175	190	192	187	182	180	182	187	192	190	175	140	65	0
horiz.	dir.	0	17	100	232	378	512	618	687	711	687	618	512	378	232	100	17	0
	dif.	0	39	78	103	120	134	143	148	150	148	143	134	120	103	78	39	0
S	dir.	0	0	0	0	92	212	314	383	407	383	314	212	92	0	0	0	0
	dif.	0	27	60	92	125	154	178	192	197	192	178	154	125	92	60	27	0
SW (SO)	dir.	0	0	0	0	0	0	0	132	288	410	483	497	448	339	192	56	0
	dif.	0	26	54	78	100	121	144	165	183	195	199	191	172	141	97	41	0
W (O)	dir.	0	0	0	0	0	0	0	0	0	197	369	491	542	500	355	143	0
	dif.	0	26	54	77	97	113	129	142	156	171	184	190	187	169	131	60	0
NW (NO)	dir.	0	0	0	0	0	0	0	0	0	0	38	197	319	367	311	147	0
	dif.	0	27	56	78	97	113	127	136	142	145	150	152	153	145	121	61	0
N	dir.	0	65	84	20	0	0	0	0	0	0	0	0	0	20	84	65	0
	dif.	0	42	79	96	109	121	130	137	139	137	130	121	109	96	79	42	0

Bild 1.1.4-5. Diffuse Sonnenstrahlung im Januar und Juli auf 50° nördl. Breite für mittlere und geringe Trübung gemäß Tafel 1.1.4-1.

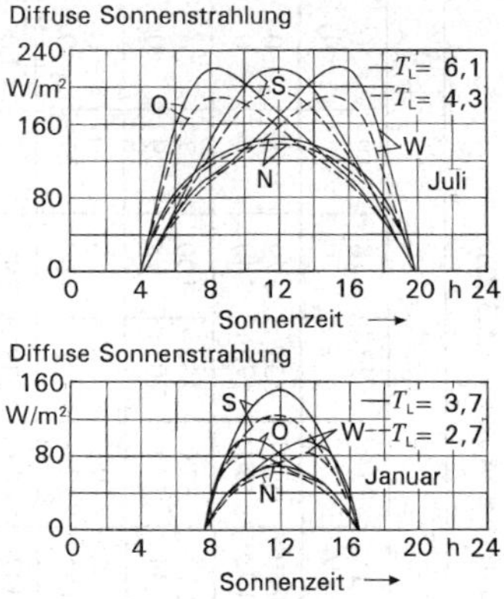

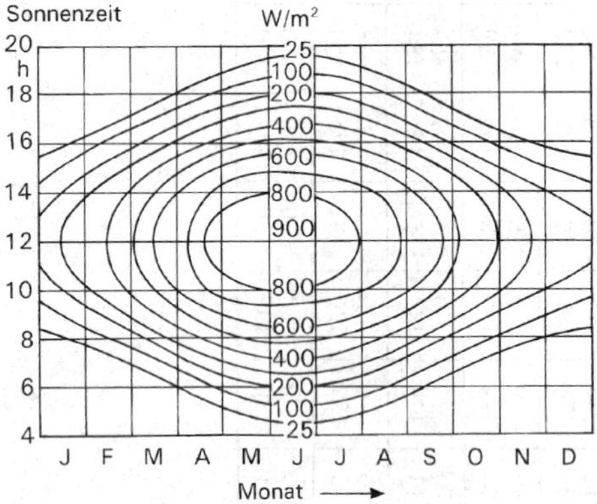

Bild 1.1.4-6. Globalstrahlung in W/m² an wolkenlosen Tagen (Einwirkung auf Horizontalfläche) (Bezug: Geringe Trübung entsprechend Tafel 1.1.4-1).

betrachtete Fläche reflektiert wird, so daß wegen der mannigfaltigen Möglichkeiten eine Berechnung nur annähernde Ergebnisse zeigen kann. Bei den Umrechnungen der Strahlung auf vertikale Flächen gemäß Tafel 1.1.4-2 wurde mit freiem Horizont und einem Reflexionsfaktor (Albedo) des umgebenden Bodens von $r = 0{,}2$ gerechnet.

Bild 1.1.4-5 verdeutlicht die Diffusstrahlung auf vertikale Flächen für die Trübungen gemäß Tafel 1.1.4-1 im Juli und Januar.

Zu bemerken ist, daß die diffuse Sonnenstrahlung auf allen Himmelsrichtungen wirksam ist. Sie ist auch bei beschatteten Flächen und auf der Nordseite von Gebäuden vorhanden.

-5 Gegenstrahlung der Atmosphäre

Die durch die Sonnenstrahlung erwärmte Atmosphäre sendet namentlich wegen ihres Gehaltes an Wasserdampf eine eigene langwellige Strahlung auf die Erde (atmosphärische Gegenstrahlung), die jedoch durch die größere Ausstrahlung der Erdoberfläche kompensiert wird. Die Differenz zwischen Zustrahlung und Abstrahlung ergibt je nach Feuchte der Luft und Temperatur der Erdoberfläche einen Strahlungsverlust von etwa 80…100 W/m². Daraus erklärt sich die besonders im Winter in klaren Nächten zu beobachtende Temperaturabsenkung von horizontalen Flächen gegenüber der Umgebung (Bereifung von Autodächern).

Bei Glasdächern ist dieses Phänomen unbedingt zu beachten (Kontrolle von Kondensationspunkten)!

-6 Gesamtstrahlung[1)]

Die Summe aus direkter und diffuser Strahlung wird Gesamtstrahlung genannt, bei einer horizontalen Empfangsfläche (ohne Umgebungseinflüsse) auch *Globalstrahlung*. Werte sind bei verschiedenen Trübungsfaktoren aus Tafel 1.1.4-2 und Bild 1.1.4-7 für Monat Juli zu entnehmen. Bild 1.1.4-6 zeigt für die verschiedenen Monate und für Strahlungstage die mittlere Globalstrahlung auf eine Horizontal-Fläche abhängig von der Tageszeit.

Weitere Daten für Kühllastberechnung s. VDI 2078 (07.96), für Energieberechnungen DIN 4710 (11.82) u. VDI 2067 Bl. 3 (12.83). Sonnenscheinstunden Tafel 1.1.4-4.

Neuere Verfahren: DIN EN 832, VDI 2067 T 10/11 u. 20/21, z.T. noch in Vorbereitung.

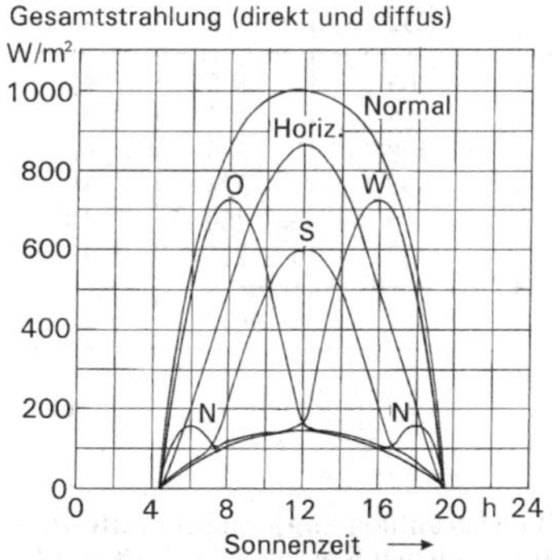

Bild 1.1.4-7. Gesamtstrahlung auf Wände verschiedener Richtung im Juli für 50° nördlicher Breite beim Trübungsfaktor T_L = 4,3 (geringe Trübung) (s. auch VDI 2078 [07.96] Tab. A 9).

Die Tagessumme für Global- und Diffusstrahlung an wolkenlosen Tagen kann aus Tafel 1.1.4-3 entnommen werden. Durchschnittswerte für alle Tage s. Tafel 1.1.4-5.

Die jährliche *Globalstrahlungssumme* ist je nach Lage und Wetter sowie Luftverschmutzung unterschiedlich und schwankt in Deutschland zwischen 850 und 1150 kWh/m². Einige Meßwerte (Tafel 1.1.4-5):

Berlin ≈ 1000 kWh/(m²a) Hamburg ≈ 980 kWh/(m²a) München ≈ 1090 kWh/(m²a)

Tafel 1.1.4-3 Tagessummen der Direktstrahlung D, der diffusen Himmelsstrahlung H sowie der Globalstrahlung G auf horizontale Flächen an wolkenlosen Tagen.
(Rechenwerte für 50° geographischer Breite und verschiedene Monate) in Wh/(m²d) (DIN 4710, in Vorbereitung)

Monat	Wh/(m²d) Mittlere Trübung			Wh/(m²d) Geringe Trübung		
	D	H	G	D	H	G
Januar	979	562	1541	1295	429	1724
Februar	1748	834	2582	2179	659	2838
März	2971	1240	4211	3733	943	4676
April	4095	1659	5754	5226	1235	6461
Mai	5056	1962	7018	6335	1496	7831
Juni	4898	2235	7133	6258	1762	8020
Juli	4514	2131	6645	5800	1681	7481
August	3594	1798	5392	4715	1395	6110
September	2577	1370	3947	3342	1083	4425
Oktober	1691	839	2530	2202	631	2833
November	983	542	1525	1196	452	1648
Dezember	658	420	1078	851	338	1189

[1)] Aydinli, S.: Fortschrittsberichte der VDI-Zeitschriften 1981, Reihe 6 Nr. 79. VDI-Verlag.

Tafel 1.1.4-4 Globalstrahlung auf Horizontalflächen und Sonnenscheindauer in Hamburg. DIN 4710 (11.82)

Monat	Strahlung mögliche kWh/(m²d)	Strahlung gemessene kWh/(m²d)	Sonnenscheindauer mittlere h	Sonnenscheindauer mögliche h	Sonnenscheindauer mögliche %
Januar	1,7	0,55	47	251	19
Februar	2,8	1,11	61	273	22
März	4,68	2,10	116	365	32
April	6,4	3,37	169	416	41
Mai	7,66	4,47	210	488	43
Juni	8,17	5,3	232	503	46
Juli	7,66	4,45	205	505	41
August	6,19	4,00	185	455	41
September	4,44	2,68	158	380	42
Oktober	2,24	1,52	98	328	30
November	1,70	0,70	46	260	18
Dezember	1,20	0,42	32	235	14
Jahr	4,57	2,54	1559	4459	35

Tafel 1.1.4-5 Tägliche und monatliche Globalstrahlung sowie Jahresmittelwerte auf horizontale Flächen in verschiedenen Städten. DIN 4710 (11.82).

Monat	Berlin Wh/(m²d)	Berlin kWh/(m²mon)	Hamburg Wh/(m²d)	Hamburg kWh/(m²mon)	München Wh/(m²d)	München kWh/(m²mon)
Januar	607	18,82	521	16,15	918	28,46
Februar	1135	31,78	1132	31,70	1594	44,62
März	2435	75,49	2231	69,16	2665	82,63
April	3487	104,61	3553	106,59	3735	112,04
Mai	4765	147,72	4688	145,33	4542	140,80
Juni	5436	163,08	5437	163,11	5228	156,83
Juli	5257	162,97	4820	149,42	5365	166,31
August	4580	141,98	4340	134,54	4333	134,31
September	3048	91,44	2786	83,58	3400	102,00
Oktober	1592	49,35	1489	46,16	2136	66,21
November	760	22,80	671	20,13	1035	31,05
Dezember	458	14,20	401	12,43	741	22,96
	Wh/(m²d)	kWh/(m²a)	Wh/(m²d)	kWh/(m²a)	Wh/(m²d)	kWh/(m²a)
Jahr	2806	1024,24	2680	978,30	2974	1088,22

Tafel 1.1.4-6 Jahressummen der Globalstrahlung für verschiedene Orte in kWh/m²a

Berlin	1024	Zürich	1000	Marseille	1860
Hamburg	978	Wien	1120	Florida	1800
München	1088	Paris	1500	Sahara	2500

Aus DIN 4710 (11.82) u.a.

Tafel 1.1.4-7 Tagessummen der Gesamtstrahlung auf unterschiedlich orientierte Flächen in verschiedenen Monaten (nach Neuentwurf DIN 4710) (in Vorbereitung)) (50° geographische Breite) (geringe Trübung).

Monat	Normal	Horiz.	N	O/W	S	
Januar	5,756	1,724	0,375	1,485	4,838	kWh/(m²d)
März	9,339	4,676	0,875	3,241	5,748	kWh/(m²d)
Mai	12,217	7,831	1,924	4,733	4,398	kWh/(m²d)
Juli	11,446	7,481	1,903	4,485	4,261	kWh/(m²d)
September	8,556	4,425	0,910	3,012	5,354	kWh/(m²d)
November	5,409	1,648	0,283	1,017	4,149	kWh/(m²d)

-7 Sonnenstrahlung und Fenster[1)]

Die Fensterflächen sind unter dem Einfluß der modernen Architektur in den letzten Jahren gegenüber früher immer größer geworden. Früher etwa 20% Fensteranteil der Außenwand, heute insbesondere z.B. bei Bürobauten bis zu 50%, vereinzelt auch mehr. Dennoch: Durch große Glasflächen steigt einerseits der Wärmeverlust im Winter, andererseits die Sonneneinstrahlung im Winter und im Sommer. Durch Wärmeschutzverglasung (k_{Fe} = 1,5 W/m²K und kleiner) läßt sich heute auch bei größeren Glasflächen die Anforderung der Wärmeschutzverordnung 1/95 und in Grenzen auch die der neuen Energiesparverordnung ESV 2000 erfüllen.

Im Winter und der Übergangszeit wird die meiste Wärme auf der Südseite eingestrahlt, im Sommer dagegen auf der Ost- und Westseite (vgl. Bild 1.1.4-8 gegenüber Bild 1.1.4-7). Das Maximum der integrierten Tagessumme an wolkenlosen Tagen liegt auf der Südseite mit etwa 5,7 kWh/m² je Tag im März und ähnlich hoch im September (vgl. Tafel 1.1.4-7).

Die Innenlufttemperaturen sind auf der Westseite immer am höchsten, während sie auf der Ostseite infolge der Wärmespeicherung und der geringeren morgendlichen Außentemperaturen merklich geringer sind.

Zur Abführung der sehr erheblichen Sonnenwärme im Sommer sind bei Gebäuden mit großen Fenstern Klimaanlagen häufig unentbehrlich, namentlich wenn keine geeigneten Sonnenschutzvorrichtungen vorhanden sind und die Wärmespeicherung infolge leichter Bauweise gering ist[2)]. Räume mit dicken Wänden aus schweren Baustoffen erwärmen sich wesentlich weniger, da sie eine große Wärmekapazität haben. Erhöhung der Innentemperatur normaler Räume mit großen ungeschützten Fenstern ohne Kühlung siehe Bild 1.1.4-10 und Bild 1.1.4-11, die natürlich nur eine ungefähre Vorstellung vermitteln sollen. Möblierung, Teppiche, Wand- und Decken-Verkleidungen verringern die Speicherung. Sonnenschutzmöglichkeiten durch Sonnenschutzgläser, Vorhänge, Jalousien, Markisen, überstehende Balkone oder Dächer usw. siehe Abschn. 1.12.2.

Die *Oberflächentemperatur* von Wänden und Dächern wird durch die Sonnenstrahlung sehr hoch (Bild 1.1.4-12)[3)].

Im Winter verringert Sonnenstrahlung durch Fenster den Wärmeverlust. Südorientierte Fensterflächen können gegenüber fensterlosen Fassaden eine Energieersparnis am jährlichen Wärmeverbrauch in der Größenordnung von ca. 15% erbringen[4)]. Zur passiven Solarwärmenutzung siehe auch Abschnitt 1.12.1-4.

[1)] Künzel, H., u. W. Frank: Ges.-Ing. 1/2–79. S. 85/92.
Hauser, G.: Bauphysik 1/79. S. 12/17 u. TAB 12/79. S. 1015/9.
Müller, H.: HLH 12/79. S. 467/72.
Aydinli, S., u. J. Krochmann: TAB 7/8-84. S. 563/7.

[2)] Hauser, G., u. K. Gertis: Ki 2/80. S. 71/82.
Holz, D., u. H. Künzel: Ges.-Ing. 3/80. S. 49/56.
Rouvel, L.: Kongreßbericht Berlin 1980. S. 169/72.

[3)] Reinhard, K.: Ki 6/78. S. 235/40.

[4)] Gertis, K., u. G. Hauser; Ki 3/79. S. 283/7.
Rouvel, L., u. B. Wenzel: HLH 8/79. S. 285/91.
Werner, H.: Ges.-Ing. 3/80. S. 63/8 und 3/81. S. 121/6.
Hauser, G.: HLH Heft 4, 5 u. 6/1983.
Hönmann, W.: LTG, TI Nr. 61/1984 u. CCI 12/83. S. 16/26.
Kast, W., u. Otten: HLH 12/88. S. 558/561.

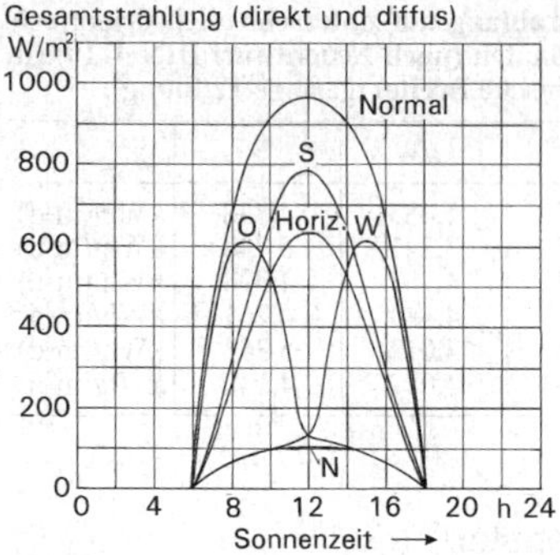

Bild 1.1.4-8. Gesamtstrahlung auf Wände verschiedener Richtungen im September für 50° nördlicher Breite bei Trübungsfaktor $T_L = 3{,}9$ (geringe Trübung) (s. auch VDI 2078 [07.96] Tab. A9).

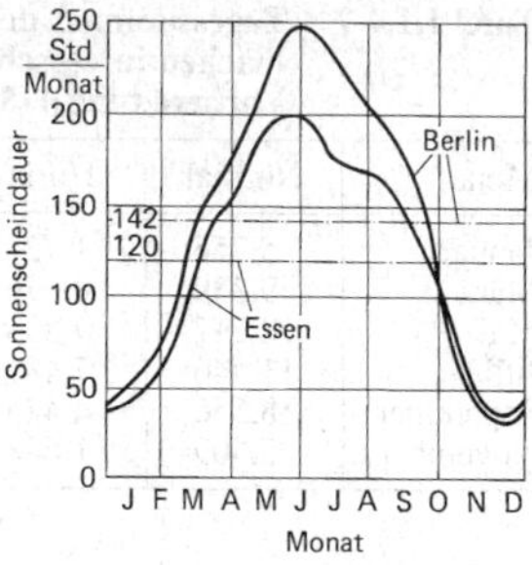

Bild 1.1.4-9. Jahresgang der Sonnenscheindauer in Berlin und Essen.

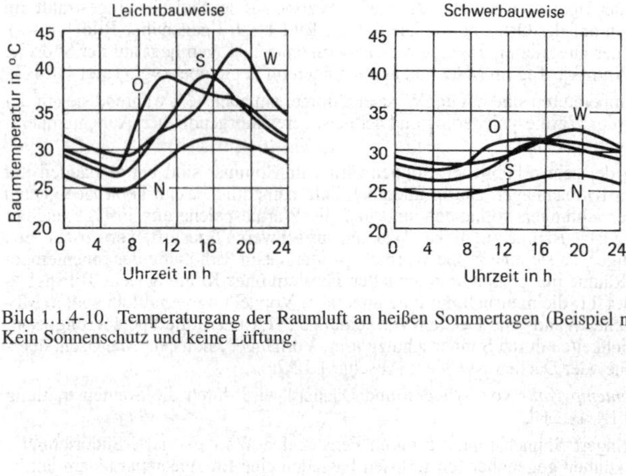

Bild 1.1.4-10. Temperaturgang der Raumluft an heißen Sommertagen (Beispiel nach Rouvel). Kein Sonnenschutz und keine Lüftung.

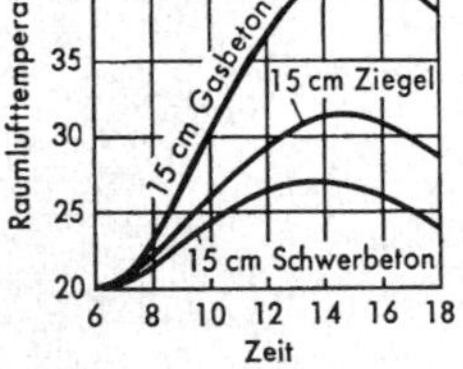

Bild 1.1.4-11. Raumlufttemperatur infolge Sonnenstrahlung durch Fenster auf Südseite. Mitte Juni, 40% Fensteranteil.

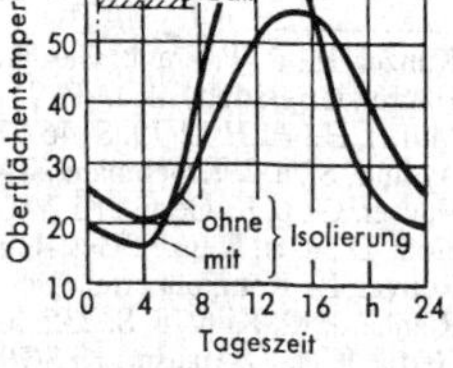

Bild 1.1.4-12. Oberflächentemperaturen von sonnenbestrahlten Dächern.

-8 Besonnung im Jahresablauf[1)]

Bei allen vorhergehenden Angaben war vorausgesetzt, daß der Himmel unbedeckt ist und die Sonne ungestört strahlt. Die sich dabei ergebenden Strahlungswerte sind maßgebend für die Bemessung der Kühler in den Klimaanlagen.

Für die Ermittlung der *Betriebskosten* dagegen muß man die tatsächlich vorhandene Sonnenscheindauer und die tatsächliche Einstrahlung im Laufe eines Jahres kennen. Diese sind

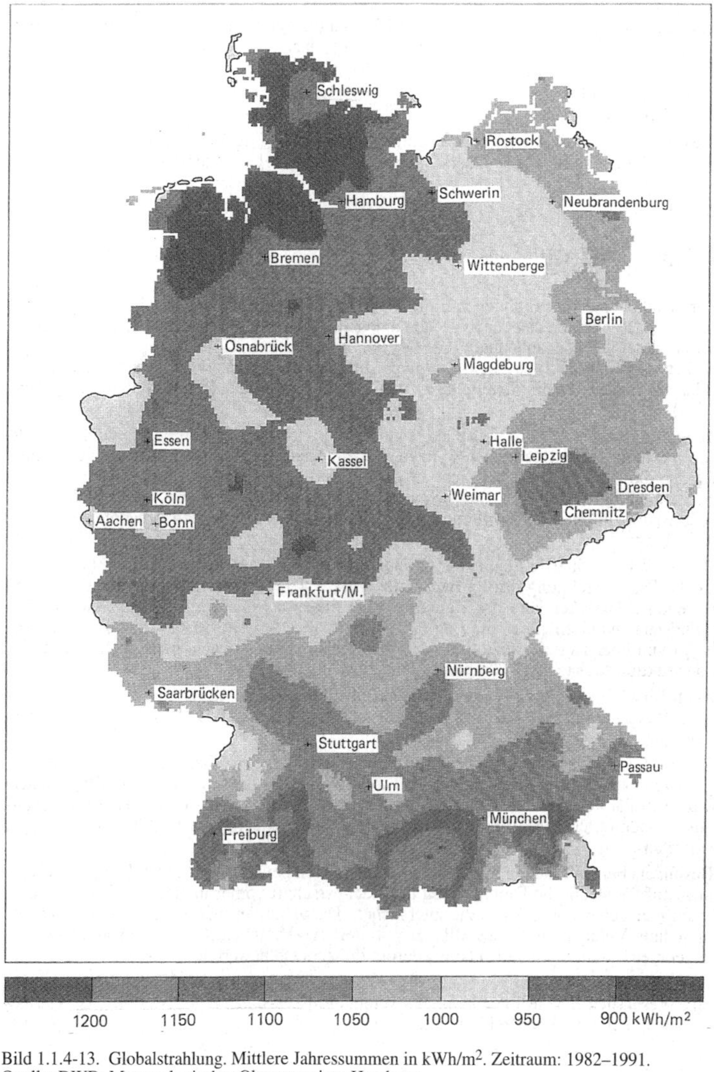

Bild 1.1.4-13. Globalstrahlung. Mittlere Jahressummen in kWh/m². Zeitraum: 1982–1991. Quelle: DWD, Meteorologisches Observatorium Hamburg.

[1)] Krochmann, J.: Lichttechn. 74 S. 428/9 u. 466/8 u. TAB 4/77. S. 405/8.

jedoch sowohl zeitlich wie örtlich großen Schwankungen unterworfen. Tafel 1.1.4-4 bis Tafel 1.1.4-6 und Bild 1.1.4-9. Die jährliche Sonnenscheindauer schwankt zwischen 1440 h in Essen und 1760 h in Stuttgart.

Das Verhältnis

$$\frac{\text{tatsächliche Sonnenscheindauer}}{\text{mögliche Sonnenscheindauer}}$$

liegt im Jahres-Mittel bei etwa 0,35 (Sonnenscheinwahrscheinlichkeit SSW). S. Tafel 1.1.4-4.

Das gemessene Tagesmittel der *Globalstrahlung* (auf Horizontalflächen) schwankt zwischen 0,5 kWh/(m^{2}d) im Januar bis etwa 5,5 kWh/(m^{2}d) im Juni. Das Verhältnis zwischen gemessener und möglicher Strahlung beträgt ungefähr

auf Horizontal-, Ost- und Westflächen	0,55…0,60
auf Südflächen	0,45…0,50
auf Nordflächen	0,90

Die mittleren jährlich durch Globalstrahlung auftretenden Energiemengen in kWh/(m^{2}d) in den verschiedenen Regionen Deutschlands sind in Bild 1.1.4-13 dargestellt.

1.1.5 Wind[1)]

Der Wind kann einen erheblichen Einfluß auf den *Wärmebedarf* von Räumen haben, da infolge von Druckunterschieden zwischen innen und außen kalte Außenluft durch Undichtigkeiten in der Gebäudeaußenhaut (Fenster, Türen, Jalousiedurchführungen usw.) eindringt. Es kann dadurch auch zu *Zugbelästigung* kommen. In der Energieeinsparverordnung ist daher für Neubauten die *Fugendurchlässigkeit* für Fenster und Türen limitiert (s. Abschn. 6.1.5).

Der mittlere *Luftwechsel n* je Stunde erreicht bei alten Fenstern durchschnittliche Werte von $n = 0{,}5\ldots1{,}0$ mit zeitlichen Spitzen, die ein Vielfaches davon betragen. Neuerdings werden die Fenster besonders dicht ausgeführt und begrenzen die Fugenlüftung auf etwa ein Zehntel dieses Betrages. Dadurch wird heute oft der hygienisch erforderliche Mindestbedarf zur Lüftung unterschritten, der für Wohnungen bei dem oben genannten Wert $n = 0{,}5\ldots1{,}0\ h^{-1}$ liegt.

Die *Heizleistung* hierfür liegt in der Größenordnung der Transmissionsverluste (s. Abschn. 2.4.1). Die Berechnung erfolgt nach DIN 4701 T 1 u. T 2 (03.83) T 3 (08/89) aus der Fugendurchlässigkeit und der Hauskenngröße. Diese Größe berücksichtigt die Gegend (windstark, windschwach), die Lage (freie, normale), den Grundrißtyp (Einzel-, Reihenhaus) und über Korrekturfaktoren auch die Gebäudehöhe je nach Struktur der Gebäudekonstruktion (Schachttyp, Geschoßtyp) (s. Abschn. 2.4.1).

Auch bei *Lüftungsanlagen* ist der Windeinfluß zu beachten. Auf der dem Wind zugekehrten Seite eines Gebäudes (der Luvseite) entsteht Überdruck, auf der dem Wind abgekehrten Seite (der Leeseite) Unterdruck. Bild 1.1.5-1.

Ein Fortluftventilator, der auf der Luvseite ausbläst, wird also bei Windanfall wegen des größeren Luftwiderstandes weniger Luft fördern, auf der Leeseite dagegen mehr. Niederdruckventilatoren werden stärker beeinflußt als Hochdruckventilatoren. Bei enger Bebauung können durch gegenseitige Beeinflussung Veränderungen der Luftdruckverteilungen auftreten.

Besonders bei Großbauten in Stadtzentren hat es sich bewährt, die Auswirkung eines Neubaus auf die städtische Durchlüftung der Nachbarschaft vorher in einem Gebäudeumströmungsversuch im Windkanal zu untersuchen. Daraus erhält man u.U. wichtige Erkenntnisse über Veränderungen des Mikroklimas dort und kann ggf. Korrekturen an der Gebäudegeometrie anbringen und auch wiederum im Versuch bewerten.

Auch bei der Aufstellung von Rückkühlwerken auf Dächern ist der Windeinfluß zu beachten. Wesentlich für die Bedeutung des Windeinflusses sind zwei Faktoren: Die Windgeschwindigkeit und die Windrichtung.

1) Mattendorf, E.: HLH 3/76. S. 93/6.
Frank, W.: Ges.-Ing. 1/2 (78). S. 3/7.
Wolfseher, U., u. K. Gertis: Ges.-Ing. 9/78. 8 S.
Hausladen, G.: HLH 1/78. S. 21/8.

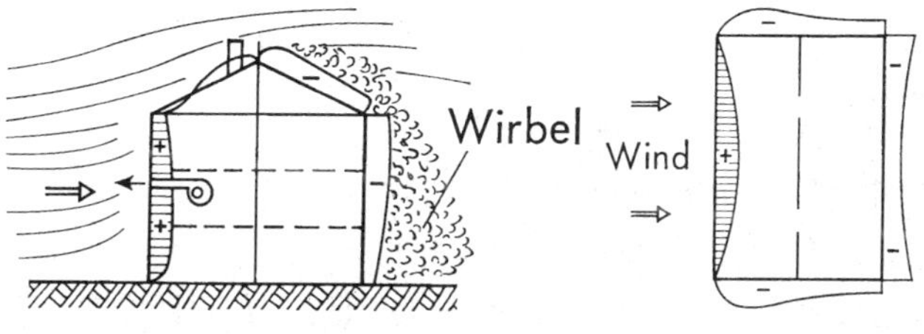

Bild 1.1.5-1. Windanfall auf ein Gebäude.

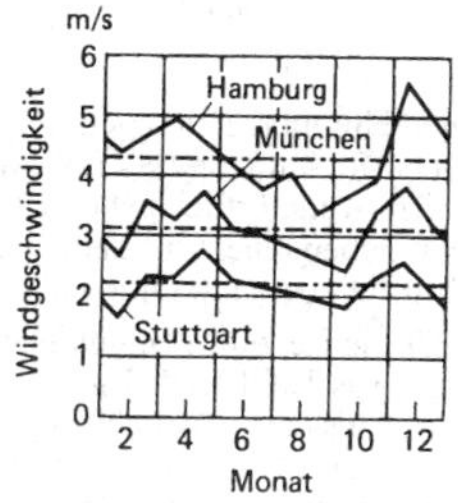

Bild 1.1.5-2. Mittlere monatliche Windgeschwindigkeiten in verschiedenen Städten. DIN 4710 (11.82)

Windgeschwindigkeit. Die mittlere Windgeschwindigkeit wird auf den meteorologischen Stationen mit dem bekannten Schalenkreuzanemometer gemessen, meist jedoch in größerer Höhe, etwa 20 bis 30 m. Man unterscheidet einen täglichen und einen jährlichen Gang. Die Unterschiede im täglichen Gang sind gering und können für heizungstechnische Untersuchungen vernachlässigt werden. Beim jährlichen Gang zeigt sich (Bild 1.1.5-2), daß die mittlere Windgeschwindigkeit überall in Deutschland im Winter größer ist als im Sommer, ferner, daß sie in Küstennähe größer ist als im Binnenland. Neuere Untersuchungen von Heizwärmeverbräuchen, veranlaßt vom Bundesbauministerium, zeigen genau aus diesem Grunde signifikant höhere Verbrauchsergebnisse bei Bauten in Küstennähe.

Bemerkenswert sind die geringen Windgeschwindigkeiten in Süddeutschland (Bild 1.1.5-2). In manchen Gegenden haben sich für besondere Winde besondere Namen ergeben, wie Föhn (Alpen-Nordseite) und Mistral (Südfrankreich).

Wie aus Bild 1.1.5-3 hervorgeht, ist die Windstärke bei sehr hohen Temperaturen meist geringer als bei mittleren Temperaturen.

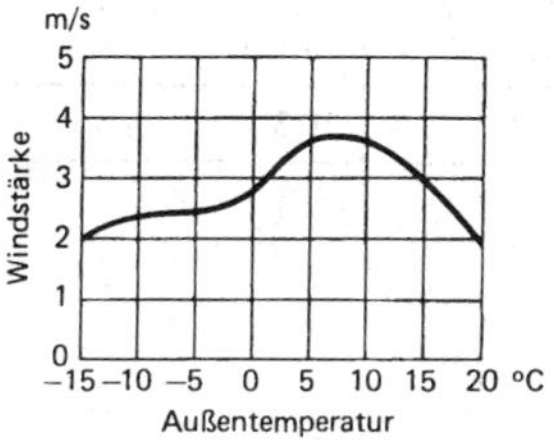

Bild 1.1.5-3. Mittlere Windstärke in Abhängigkeit von der Außentemperatur in Hamburg.

Die Windgeschwindigkeit nimmt mit der Höhe zu. In 100 m Höhe ist sie um etwa 50% größer als in 10 m Höhe. Das Maximum wird gegen Mittag erreicht. Die *Beaufort-Skala B* zur Messung der Windstärke hat 12 Windstärkestufen.

Umrechnung auf die Luftgeschwindigkeit v (angenähert):

$$v = 2\,B - 1 \text{ in m/s}$$

Windrichtung. Die Windrichtung wird in den meteorologischen Tafeln nach der achtteiligen Windrose und in Prozent der Beobachtungszahlen angegeben. Bild 1.1.5-4 zeigt für Berlin und München die mittleren jährlichen Windgeschwindigkeiten in den verschiede-

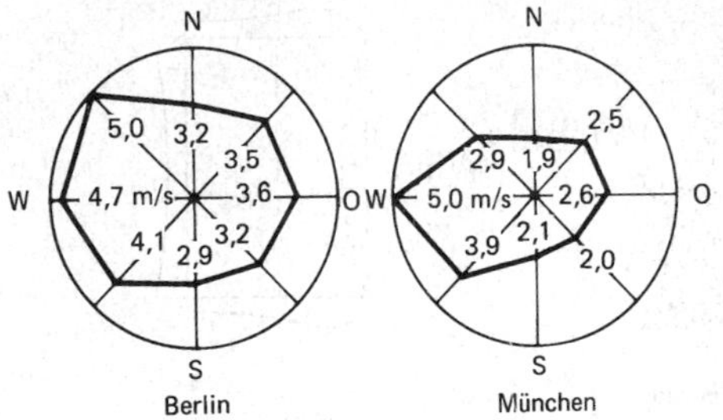

Bild 1.1.5-4. Mittlere jährliche Windgeschwindigkeit und Windrichtung. DIN 4710 (11.82).

nen Himmelsrichtungen. Es zeigt sich, daß die häufigsten und stärksten Winde aus westlichen Richtungen (W, NW, SW) wehen, eine Tatsache, die fast auf ganz Deutschland zutrifft, wenn örtlich auch fast stets Besonderheiten zu beachten sind. Beispiel: Frankfurt/M hat neben einem ausgeprägten SW-Wind-Einfluß einen nahezu gleich starken NO-Wind-Einfluß, bedingt durch Fallwinde vom nahen Taunus.

Für die Heizungstechnik wichtig sind besonders die größeren Geschwindigkeiten im Winter. Aus Tafel 1.1.5-1 geht hervor, daß die Winde über 5 m/s mit einer Häufigkeit von rund 70% aus dem westlichen Quadranten wehen. Da außerdem Häufigkeits- und Geschwindigkeitskurve annähernd gleichlaufend sind, haben demnach insbesondere die nach westlichen Richtungen gelegenen Räume einen durch den Wind bedingten zusätzlichen Wärmebedarf. Im Jahresverlauf werden die höchsten Geschwindigkeiten im November, die geringsten im August/September gemessen.

Tafel 1.1.5-1 Häufigkeit der Winde über 5 m/s Geschwindigkeit im Winter

Ort	Häufigkeit in %								Häufigkeit der Winde >5 m/s
	N	NO	O	SO	S	SW	W	NW	%
Kiel	5,5	5,2	5,2	4,9	16,3	28,8	26,7	7,4	32,6
Hamburg	2,6	3,3	8,1	7,0	8,1	37,1	25,0	8,8	27,2
Aachen	1,7	5,0	3,9	2,5	11,9	45,7	22,1	6,2	35,7
Memel	5,1	3,3	3,8	11,9	15,7	24,7	22,8	12,7	36,9
Breslau	3,7	1,2	2,4	10,9	10,6	15,9	37,8	18,3	24,6
Berlin	1,6	3,3	12,3	7,0	4,5	15,2	38,1	18,3	24,4
Leipzig	2,6	9,7	7,0	1,8	14,0	35,1	21,9	7,9	12,4
München	0,8	7,0	7,0	0,8	0,8	47,7	32,8	3,1	12,8
Mittel	3,0	4,8	6,2	5,8	10,2	31,3	28,8	10,3	25,8

1.2 Hygienische Grundlagen

Ergänzungen von Dr. rer. nat. Erhard Mayer, Holzkirchen (ausgenommen Abschnitte 1.2.4-2 und 1.2.5)

Da Heizungs- und Klimaanlagen in der Hauptsache eine hygienische Aufgabe haben, nämlich das Wohlbefinden und die Gesundheit der Menschen sowie ihre Arbeitsfreude und Leistungsfähigkeit in den Räumen zu erhalten, ist es für den Heizungs- und Klimatechniker unerläßlich, die wesentlichen Grundlagen der Hygiene der Heizung und Klimatechnik, d. h. ihren gesundheitlichen Einfluß auf den Menschen zu kennen. Die Heizungs- und Klimatechnik hieß daher früher auch *Gesundheitstechnik.*

1.2.1 Wärmehaushalt des Menschen[1)]

Während manche Lebewesen, die Kaltblüter, sich mit ihrer Körpertemperatur der Temperatur der Umgebung anpassen, wie z. B. Fische und Würmer, hat der menschliche Körper wie der der Vögel und Säugetiere die Eigenschaft, bei allen äußeren Luftzuständen und beliebig schwacher oder starker Muskeltätigkeit eine annähernd *konstante Temperatur* aufrechtzuerhalten. Bei völliger Ruhe im Behaglichkeitszustand beträgt die zur Aufrechterhaltung des Lebens erforderliche Mindestwärmebildung im Körper – der sogenannte *„Grundumsatz“* – rund 80 W bzw. 45 W/m², beim Sitzen ≈ 60 W/m². Nach den Grundsätzen der Wärmelehre muß dabei ein gewisses Gleichgewicht zwischen der im Körper erzeugten und der von ihm abgegebenen bzw. gespeicherten Wärme bestehen. Herbeigeführt wird diese gleichmäßige Körpertemperatur von 37 ± 0,8 °C durch das Blut, das in seinem Kreislauf zu allen Körperteilen gefördert wird, ähnlich dem Wasser in einer Warmwasserpumpenheizung. Während des Kreislaufes kühlt sich das Blut ab, und zwar desto mehr, je weiter es in die äußeren Glieder wie Finger, Zehen und in die Haut strömt. Die Wiedererwärmung erfolgt dann in den inneren Organen und Geweben (Herz, Leber, Nieren, Muskeln, Darm u. a.) durch die langsame Verbrennung von Eiweiß, Fett und Kohlehydraten, die durch die Einatmung des Luftsauerstoffes ermöglicht wird.

Die eingeatmete Luft eines erwachsenen Menschen ohne körperliche Tätigkeit beträgt etwa 0,5 m³/h (maximal 8…9 m³/h), die ausgeatmete Luft von etwa 35 °C und 95% Feuchte enthält im Mittel 17% O_2, 4% CO_2 und 79% N.

Sonstige biophysikalische Daten siehe Tafel 1.2.1-1.

Tafel 1.2.1-1 Mittlere biophysikalische Daten des Menschen

Masse m	60···70 kg	Grundumsatz (ruhend)	70···80 W
Rauminhalt	60 l	Zahl der Atemzüge	16/min
Oberfläche A, nackt*)	≈ 1,7···1,9 m²	Atemluftmenge	0,5 m³/h
Körpertemperatur	37 °C	Mittlere Hauttemperatur	32···33 °C
Pulsschläge	70···80/min	Dauerleistung	85 W
		CO_2-Ausatmung (ruhend)	10···20 l/h

*) Genauere Berechnung nach Du Bois: $A = 0{,}204 \cdot H^{0{,}725} \cdot m^{0{,}425}$ in m². Gilt für beide Geschlechter. H = Größe in m; m = Masse in kg; z. B. H = 1,7 m, m = 70 kg ergibt A = 1,82 m².

Um die Körpertemperatur jederzeit bei allen äußeren oder inneren Verhältnissen konstant zu halten, ist eine äußerst feine selbsttätige *Temperaturregelung* erforderlich, die vom *„Wärmezentrum“* im Zwischengehirn gesteuert wird. Fühlorgane dieser Regelung sind in der Haut und im Wärmezentrum liegende Nervenendorgane (Thermoreceptoren), die teils die innere Wärmeerzeugung, teils die äußere Wärmeabgabe des Körpers beeinflussen. Den erstgenannten Prozeß nennt man auch chemische Temperaturregelung, weil chemische

---

[1)] ASHRAE Fundamentals 1997.
Wiedenhoff, R.: HLH 12/77. S. 439/44.
DIN 1946 T2 (01.94).
DIN 33403 T1 u. T2 (04.84) T3 (06.88): Klima am Arbeitsplatz.

Vorgänge im Körper die Hauptrolle spielen, den letztgenannten Prozeß physikalische Temperaturregelung.

Bei der *chemischen Temperaturregelung* werden, nach unseren heutigen noch sehr lückenhaften Kenntnissen, die Verbrennungsprozesse in den Organen so gesteuert, daß die Wärmebildung je nach der Bluttemperatur sich ändert, ohne daß jedoch ein Grundumsatz von etwa 1,2 W je kg Körpergewicht unterschritten wird. Ferner wird, je nach der Temperaturempfindung, ein Drang nach mehr oder weniger körperlicher Tätigkeit und Muskelbewegung (Händereiben bei Kältegefühl) erzeugt. Auch das Hunger- und Sättigungsgefühl, das ja für die Nahrungsaufnahme maßgebend ist, spielt in diesem Zusammenhang eine Rolle.

Bei der *physikalischen Temperaturregelung* andererseits wirken eine Anzahl Faktoren zusammen, um die äußere Wärmeabgabe des Körpers der Körpertemperatur anzupassen. Die Wärmeabgabe erfolgt dabei auf mehrfache Weise:

1. durch *Konvektion* der Wärme von der Körperoberfläche an die Luft;
2. durch *Wärmeleitung* an berührenden Flächen, z.B. bei den Füßen, am Gesäß;
3. durch *Wärmestrahlung* von der Körperoberfläche an die umgebenden Flächen;
4. durch *Verdunstung* von Wasser an der Haut;
5. durch *Atmung*;
6. durch Ausscheidungen, Einnahme von Speisen, Diffusion u.a.

Die unter 6. genannten Einflüsse sind meist so gering, etwa 2…3%, daß sie gegenüber den anderen vernachlässigt werden können, so daß nur die fünf Wärmeverlustquellen Konvektion, Wärmeleitung, Strahlung, Verdunstung und Atmung eine Rolle spielen.

Sinkt die Raumtemperatur unter die Behaglichkeitsgrenze, wird es also zu kalt, so verengen sich die Blutgefäße unter der Haut, die Haut wird blaß und trocken, die Hautoberflächentemperatur verringert sich. Dabei steigt aber die Wärmeabgabe an die Luft sowohl durch Konvektion wie Strahlung und Verdunstung (Gänsehaut, Frösteln). Bei noch mehr fallender Außentemperatur stellt sich starkes *Kältegefühl* ein, das bei lang andauernden tiefen Temperaturen schließlich zum Erfrieren führt.

Die verschiedenen Teile des Körpers (Kopf, Hände, Füße usw.) nehmen dabei unterschiedliche Temperaturen an, siehe Bild 1.2.1-1. Kopftemperatur wenig, Hand- und Fußtemperatur stark veränderlich.

Die mittlere Hauttemperatur des bekleideten Körpers beträgt (nach Fanger)[1]

$t_m = 35{,}7 - 0{,}0275\ \dot{Q}/A$ in °C
$\dot{Q}$ = Wärmeerzeugung in W
A = Oberfläche m^2

Der ruhende Körper hat die *höchste Hauttemperatur*. Bei steigender Tätigkeit nimmt die Temperatur ab, so daß die Wärme schneller abgeführt wird. Steigt andererseits die Lufttemperatur über die Behaglichkeitsgrenze, so strömt mehr Blut in die äußeren Blutgefäße, die Haut rötet sich, die Temperatur der Hautoberfläche steigt und damit auch die Wärmeabgabe durch Verdunstung und Konvektion an die umgebende Luft. Genügt diese Wärmeentlastung noch nicht, um den Körper genügend zu entwärmen, treten in der Haut liegende *Schweißdrüsen* in Tätigkeit, der Körper beginnt zu schwitzen, d.h. Wasser abzu-

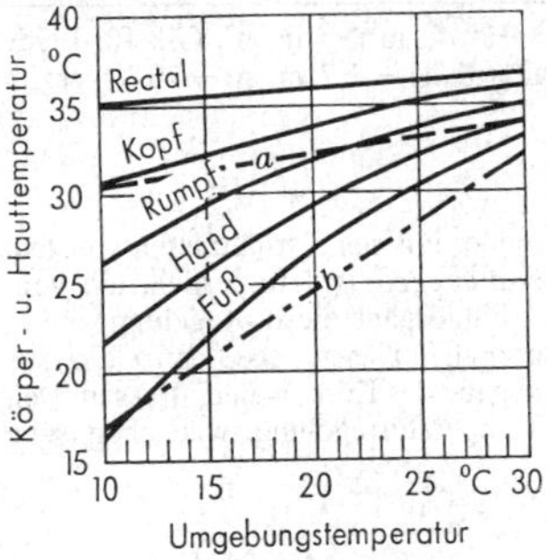

Bild 1.2.1-1. Haut- und Oberflächentemperatur des ruhenden Menschen in Abhängigkeit von der Umgebungstemperatur*).
a = mittlere Hauttemperatur bekleidet
b = mittlere Oberflächentemperatur unbekleidet

*) Precht u.a.: Temperatur und Leben, Springer-Verlag 1955.

[1]) Fanger, P. O.: Thermal Comfort. Copenhagen 1970.

scheiden, durch dessen Verdunstung eine starke Kühlwirkung erfolgt. Durch die Verdunstung von 1 l Wasser verliert der Körper rund 2400 kJ. Da die Verdunstungsstärke vom Dampfdruckunterschied des Wassers auf der Haut und des Wasserdampfes in der Luft abhängt, tritt der Zeitpunkt des Schwitzens bei gleicher Temperatur desto eher ein, je feuchter die Luft ist. Ebenso bewirkt natürlich körperliche Tätigkeit eine Erniedrigung des Schwitzpunktes.

Ist die Entwärmung auch trotz starken Schwitzens noch nicht ausreichend, so tritt der Zustand des *Wärmestaues* ein, der zu Unbehagen, Kopfschmerzen, Mattigkeit und schließlich ausgesprochenen Hitzeschäden (Kreislaufzusammenbruch, Hitzekrampf) führt, wie man häufig in überfüllten, ungelüfteten Versammlungsräumen beobachten kann.

In manchen Industrien (Hüttenwerken, Glasindustrie) läßt sich die Arbeit bei sehr hohen Umgebungstemperaturen nicht vermeiden. Wenn auch durch leichte Kleidung und Gewöhnung (Akklimatisation) eine höhere Temperatur lange Zeit ohne Schaden ertragen werden kann, so nimmt doch die Leistungsfähigkeit bei steigender Temperatur sowohl für geistig wie körperlich arbeitende Personen stark ab. Es ist nur eine zeitlich begrenzte Arbeit möglich. Wärmezufuhr > 1 kW/m^2 verursacht bereits Schmerzen.

1.2.2 Wärmeabgabe des Menschen

Über die Höhe der gesamten äußeren Wärmeabgabe des menschlichen Körpers lagen früher weit voneinander abweichende Werte vor. Auch die in neuerer Zeit durchgeführten Messungen ergaben sehr unterschiedliche Zahlen. Mittlere Ergebnisse sind die in Bild 1.2.2-1 und Tafel 1.2.2-1 dargestellten Werte, die sich auf den normal bekleideten, sitzenden Menschen ohne körperliche Anstrengung und auf praktisch ruhige Luft beziehen, also Verhältnisse, wie sie in Versammlungsräumen, Theatern usw. allgemein vorhanden sind.

Für die klimatechnischen Rechnungen genügt es, die in Tafel 1.2.2-1 angegebenen Werte der VDI-Kühllastregeln 2078 (07.96) zu verwenden.

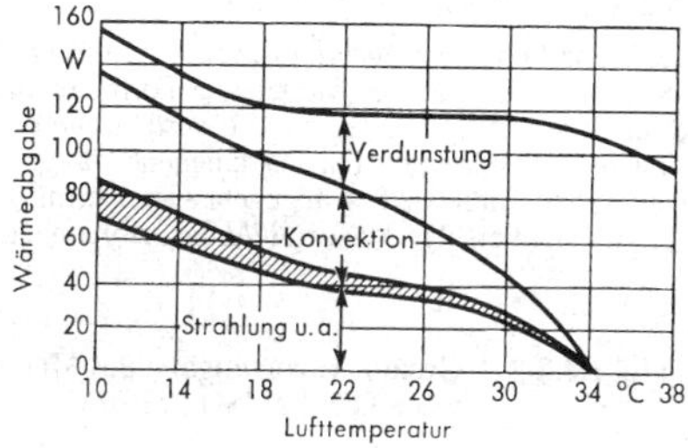

Bild 1.2.2-1. Wärmeabgabe des normal bekleideten Menschen ohne körperliche Tätigkeit bei ruhender Luft.

Es zeigt sich als besonders bemerkenswert, daß von etwa 18 °C an die *Gesamtwärmeabgabe* nahezu unveränderlich rund 118 W beträgt, während der Wert bei niederen Temperaturen ansteigt. Der Anteil der fühlbaren, durch Konvektion und Strahlung abgeführten und der latenten, durch Verdunstung abgeführten Wärme an der Gesamtwärme ist jedoch wesentlichen Änderungen unterworfen, indem von etwa 10 °C an der Verlust durch Feuchtigkeitsabgabe ziemlich gleichmäßig ansteigt, um bei einer der Körpertemperatur entsprechenden Raumtemperatur den Maximalwert von etwa 160 g/h zu erreichen. Bei dieser Temperatur findet also Wärmeabgabe nur noch durch Verdunstung statt.

Demgegenüber wird der Anteil der *fühlbaren Wärme* mit steigender Temperatur immer geringer, da ja die Gesamtwärmeabgabe konstant bleibt. Auch innerhalb des Betrages der fühlbaren Wärme ist das Verhältnis der durch Konvektion zu der durch Strahlung abgeführten Wärme veränderlich. Je nach Wandtemperatur, Lufttemperatur und Luftbewegung kann der Anteil der Konvektionswärme $\dot{Q}_k$ an der gesamten fühlbaren Wärme 40 bis 60%, der Anteil der Strahlungswärme demnach 60 bis 40% betragen. Größenordnungsmäßig sind beide Beträge einander gleich, im Einzelfall können jedoch wesentliche Unterschiede auftreten. Die *spezifische Wärmeabgabe* der verschiedenen Körperteile, die sich durch Wärmestrom-Meßfolien ermitteln läßt, ist dabei sehr unterschiedlich. Während der bekleidete Mensch im Durchschnitt 60 W/m^2 abgibt, ist der Wärmestrom

Tafel 1.2.2-1 Wärme- und Wasserdampfabgabe des Menschen
(nach VDI 2078 [07.96] – Kühllastregeln)*)

Tätigkeit	Lufttemperatur	°C	18	20	22	23	24	25	26
körperlich nicht tätig bis leichte Arbeit im Stehen	$\dot{Q}_{tr}$ (trocken)	W	100	95	90	85	75	75	70
	$\dot{Q}_f$ (feucht)	W	25	25	30	35	40	40	45
	$\dot{Q}_{ges}$	W	125	120	120	120	115	115	115
	Wasserdampfabgabe G_D	g/h	35	35	40	50	60	60	65
schwere körperliche Tätigkeit	$\dot{Q}_{ges}$	W	270	270	270	270	270	270	270
	$\dot{Q}_{tr}$	W	155	140	120	115	110	105	95

*) s. auch DIN 33403 T3 (06.88).
DIN EN ISO 7730 (09.95): Bedingungen für thermischen Komfort.

am Kopf etwa 115 W/m² bei 33 °C Hauttemperatur
an den Händen etwa 75 W/m² bei 28 °C
an den Fußsohlen etwa 145 W/m² bei 29 °C.

Die Füße sind also am höchsten belastet, vorwiegend durch Wärmeleitung.

Die für die Wärmeabgabe oben angegebenen Zahlen erheben nicht Anspruch auf absolute Genauigkeit, zumal ja auch die Unterschiede der Menschen untereinander bezüglich Größe, Geschlecht, Rasse, Kleidung usw. *wesentliche Differenzen* bedingen. Auch hat es der Mensch durch Wahl einer mehr oder weniger warmen Kleidung in der Hand, sich der Raumtemperatur anzupassen. Andererseits ist die Wärmeabgabe nach Einnahme von Mahlzeiten infolge des höheren Energieumsatzes wesentlich größer. Immerhin geben die ermittelten Werte ein deutliches Bild darüber, wie der Körper sich wechselnden Temperatureinflüssen gegenüber verhält, und sind jedenfalls für klimatechnische Berechnungen zunächst ausreichend.

Bei körperlich *anstrengender Arbeit* ist natürlich die Wärmeabgabe infolge der Muskelarbeit sowohl in fühlbarer wie latenter Form erheblich höher. Bei sehr starker Anstrengung können kurzzeitig Werte erreicht werden, die die normale Wärmeabgabe um das 5- bis 10fache überschreiten. Für verschiedene Tätigkeiten erwachsener Personen hat man die Zahlen der Tafel 1.2.2-2 angegeben, wobei die Hauptwärmeabgabe durch Verdunstung von der Haut erfolgt. *Schweißbildung* erfolgt nach der Gleichung

Tafel 1.2.2-2 Gesamtwärmeabgabe des Menschen bei verschiedener Tätigkeit
(nach DIN EN ISO 7730)*)

Tätigkeit	Aktivitätsgrad DIN 1946 T. 2	Metabolic Rate = Wärmeabgabe W/m²	met**)	≈ W
ruhend		46	0,8	80
sitzend, entspannt	I	58	1,0	100
stehend, entspannt		70	1,2	125
sitzend, leichte Tätigkeit (Büro, Wohnung, Schule, Labor)		70	1,2	125
stehend, leichte Tätigkeit (Zeichenbrett-Tätigkeit)		81	1,4	145
(Shopping, Labor, leichte Industrie)	II	93	1,6	170
mäßige körperliche Tätigkeit (Haus-, Maschinen-Arbeit)	III	116	2,0	200
schwere körperliche Tätigkeit (schwere Maschinenarbeit)	IV	165	2,8	300

*) s. auch DIN 33403 T3 (06.88).
DIN EN ISO 7730 (09.95): Bedingungen für thermischen Komfort.
**) 1 met = 58 W/m²

$S = 0{,}42\ A\ [(\dot{Q}/A) \cdot (1 - \eta) - 58]$ in W (nach Fanger)

η = Wirkungsgrad, $(\dot{Q}/A > 58\ W/m^2)$.

Beim ruhenden Menschen ist im Behaglichkeitszustand $S = 0$.

Die hier angegebenen Werte hängen im Einzelfall natürlich von zahllosen Umständen ab und sind daher nur als Beispiel zu bewerten.

Der *Wirkungsgrad* η der menschlichen Arbeit bezogen auf die Gesamtwärmeabgabe errechnet sich aus obigen Zahlen auf etwa 0...20%. Für die meisten Tätigkeiten ist η nahezu = 0, falls keine körperliche Arbeit verrichtet wird wie Treppensteigen, Radfahren u.a. (DIN 33403 T3 [06.88]).

Wärmeabgabe von Tieren s. Abschn. 3.6.10-3.

1.2.3 Behaglichkeit[1)]

Obwohl der Mensch sich wechselnden äußeren Luftzuständen anpassen (akklimatisieren) kann, gibt es doch einen deutlichen Bereich, den *Behaglichkeitsbereich,* innerhalb dessen er sich am wohlsten fühlt. Strenge Grenzen für diesen Bereich kann man allerdings nicht angeben, da eine große Anzahl anderer Faktoren als die Luft ebenfalls die Behaglichkeit beeinflussen wie z.B. Umschließungsflächentemperatur, Kleidung, Geschlecht, Konstitution, Gesundheit, Nahrungsaufnahme, Alter, Jahreszeit, Art der Arbeit, Beleuchtung, Geräusche, Gerüche, Kontakt zur Umwelt usw. Auch psychische Elemente finden stärkere Beachtung. Immerhin ist es möglich, unter bestimmten Umständen gewisse durchschnittliche Werte des Luftzustandes und der Umschließungsflächentemperatur anzugeben, bei denen sich der Mensch *thermisch* am behaglichsten fühlt. Dabei sind es außer der Kleidung und der Aktivität im wesentlichen vier Elemente des Luftzustandes und des Umfeldes, die für die thermische Behaglichkeit von Bedeutung sind: die Lufttemperatur sowie die Gleichmäßigkeit derselben, die Luftfeuchte, die Luftbewegung sowie die Temperaturen der Umschließungsflächen. Daneben gibt es andere, ebenfalls den Luftzustand charakterisierende Faktoren wie Reinheit der Luft, Geruchsfreiheit, elektrischer Zustand usw.

Die thermische Behaglichkeit wird bestimmt durch Kälterezeptoren in der gesamten Haut und durch Warmrezeptoren im vorderen Stammhirn des Menschen[2)]. Diese Thermorezeptoren steuern den Wärmehaushalt:

Wenn die *Hauttemperatur* unter ca. 34 °C sinkt, friert man. Wenn die Stammhirntemperatur, die praktisch gleich der Trommelfelltemperatur ist, ca. 37 °C überschreitet, setzt Schwitzen ein. Thermische Behaglichkeit liegt vor, wenn vorgenannte Schwellenwerte nicht unter- bzw. überschritten werden. Augrund interindividuell unterschiedlicher Schwellenwerte ist das subjektive thermische Behaglichkeitsempfinden bei gleichen Umgebungsbedingungen verschieden. Da die Kälterezeptoren an der Hautoberfläche angeordnet sind, besteht Richtungsempfindlichkeit z.B. gegenüber Zugluft oder kalter Wand.

Eine Zusammenfassung von Auslegungskriterien zur Lüftung von Gebäuden ist im CEN-Bericht CR 1752 (12.98) wiedergegeben. Dieser beinhaltet Anforderungen an die thermische Behaglichkeit, die akustischen Verhältnisse sowie die Luftqualität (einschließlich Geruch). Hervorzuheben ist die Unterteilung dieser Anforderungen in drei Qualitätskategorien: Kategorie A entspricht einem hohen, Kategorie B einem mittleren und Kategorie C einem mäßigen Erwartungsniveau.

---

1) DIN 33403 T1 u. T2 (04.84), T3 (06.88).
DIN ISO EN 7730 (09.95): Bedingungen für thermischen Komfort.
DIN 1946 T2 (01.94).
Fanger, P. O.: Thermal Comfort, Kopenhagen, Danish Techn. Press 1970.
Eissing, G.: Ki 3/80. S. 113/7.
Rüden, H., u. W. Münch: Ges.-Ing. 4/82. S. 195/200.
Wanner, H. U.: TAB 8/84. S. 559/61 u. Heizung u. Lüftung 3/88. S. 6/9.
Kröling, P.: Forschungsbericht 01 VD 132 des BMFT (1985).
Esdorn, E., u. G. Keller: CCI 4/86. S. 49ff.

2) Benzinger, T. H., u. E. Mayer: CCI 12/86. S. 41/2.

-1 Temperaturen

-1.1 Raumlufttemperatur

Für unser mitteleuropäisches Klima nehmen die Hygieniker bei normal gekleideten, sitzenden Menschen ohne körperliche Arbeit im Winter allgemein eine Lufttemperatur von 22 °C, im Sommer bei mittleren Außenlufttemperaturen eine solche von 22 bis 24 °C als am günstigsten an, während früher 18 bis 20 °C als behaglich angesehen wurden. Die höhere Temperatur im Sommer ist dadurch bedingt, daß der Mensch im Sommer im allgemeinen leichter gekleidet ist und daher bei gleicher Wärmeproduktion (Stoffwechsel) eine höhere Umgebungstemperatur benötigt, um dieselbe Körperoberflächentemperatur aufrechtzuerhalten. Für den unbekleideten Menschen wird 28 °C als optimale Temperatur angegeben.

Diese Temperaturabgabe ist jedoch nur als *Mittelwert* zu betrachten, der in jedem Einzelfall der Berichtigung bedarf. Im Sommer ist insbesondere zu berücksichtigen, daß die Temperatur von 21 bis 22 °C sich nur auf normale mittlere Außentemperaturen bezieht. An besonders heißen Tagen, an denen die Lufttemperatur im Freien auf hohe Werte von etwa 28 °C oder 30 °C steigt und sich der Mensch dementsprechend leicht kleidet, wird er eine Raumtemperatur von 21 °C als zu kalt empfinden, namentlich, wenn er sich nur kurzzeitig in derartig gekühlten Räumen, z.B. Warenhäusern, Theatern usw., aufhält. Nur wenn er den ganzen Tag über in geschlossenen Räumen verbleibt, wird er bei entsprechender Kleidung und Tätigkeit die gleichbleibende Temperatur von 21 °C als angenehm empfinden.

Für *kurzzeitigen Aufenthalt* in gekühlten Räumen empfiehlt es sich, an heißen Sommertagen eine Temperatur zu halten, die etwa in der Mitte zwischen 20 °C und der jeweiligen Außentemperatur liegt.

Es hat sich auch erwiesen, daß Räume, in denen sich Frauen aufhalten, auf höheren Temperaturen zu halten sind, häufig 23 bis 24 °C. Offenbar spielt hier die Kleidung eine Rolle.

Bei leichter Kleidung ist die Tendenz nach höherer Raumlufttemperatur eindeutig vorhanden.

Ebenso sind Räume, in denen sich ältere Leute aufhalten, etwas wärmer zu halten, während jüngeren Leuten eine geringere Temperatur genügt.

Schlafräume werden ebenfalls meist auf geringerer Temperatur gehalten, etwa 15…18 °C.

Nach *Arbeitsstättenrichtlinie*[1)] ASR 6 (05.01) werden die in Tafel 1.2.3-1 wiedergegebenen Lufttemperatur-Mindestwerte gefordert.

Tafel 1.2.3-1 Lufttemperatur in Arbeitsräumen in Abhängigkeit von der Arbeitshaltung und der Arbeitsschwere nach ASR 6

Überwiegende Arbeitshaltung	Arbeitsschwere		
	Leicht	Mittel	Schwer
Sitzen	+20 °C	+19 °C	–
Stehen und/oder Gehen	194 °C	+17 °C	+12 °C

Nach ASR 6 soll die Lufttemperatur in Arbeitsräumen 26 °C nicht überschreiten. Bei darüberliegenden Außentemperaturen darf in Ausnahmefälen die Lufttemperatur höher sein.

Nach Einnahme schwerer fettreicher Nahrung sinkt infolge Erhöhung des Energieumsatzes die optimale Temperatur.

Wesentlich ist *Gleichmäßigkeit der Temperatur* im Raum. In allen geheizten Räumen bestehen je nach Art der Heizung, Lage, Größe und Temperatur der Heizkörper sowie Außentemperatur Temperaturunterschiede sowohl in senkrechter wie waagrechter Richtung. Diese Temperaturunterschiede sinken mit verbesserter Wärmedämmung der Gebäudehülle und Dichtheit der Fenster. Auch die Position im Raum und Entfernung vom Fenster sind von Bedeutung. Mittelwerte bei verschiedenen Heizarten siehe Bild 1.2.3-1, das sich auf mittlere Heizmitteltemperaturen bezieht. Bei hohen Temperaturen sind die Gradienten we-

1) Schriftenreihe der Bundesanstalt für Arbeitsschutz (1991).

sentlich ungünstiger, ebenso bei im Vergleich zum Fenster kurzen Heizkörpern. Dicht über dem Fußboden besteht immer ein etwas kälterer Bereich, besonders bei undichtem Fenster[1]. Im *Anheizzustand* und vor Fenstern sind die Unterschiede wesentlich größer als im Beharrungszustand.

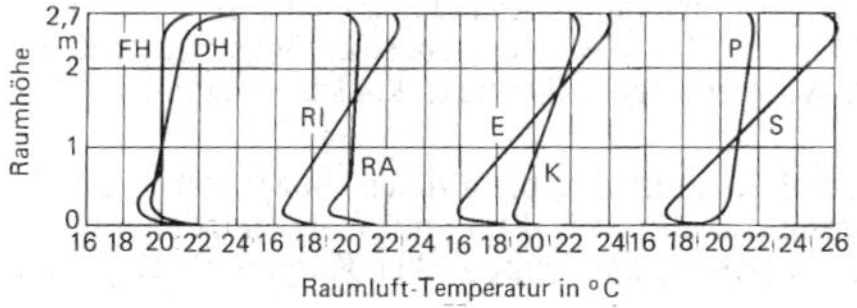

Bild 1.2.3-1. Charakteristische Lufttemperatur in Raummitte im Beharrungszustand, bei verschiedenen Heizungen und bei geringen Außentemperaturen.
FH= Fußbodenheizung
DH= Deckenheizung
RA= Radiator-Heizkörper an Außenwand unter Fenster
RI= Radiator-Heizkörper an Innenwand
K= Kachelofenheizung
E= Eiserner Ofen
S= Schwerkraftluftheizung mit Auslaß an Innenwand
P= Perimeterheizung

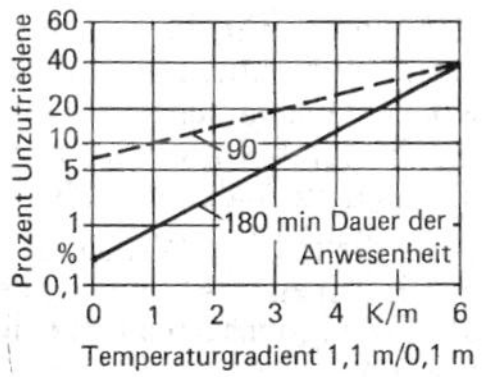

Bild 1.2.3-2. Zahl der Unzufriedenen abhängig von der Temperaturschichtung, dargestellt als Temperaturdifferenz zwischen Kopf (1,1 m) und Fußknöchel (0,1 m) einer sitzenden Person. Raumtemperatur in 0,6 m Höhe 24 °C.*)
Beispiel: Bei 2,8 K/m 5%, bei 3,6 K/m 10% Unzufriedene.

*) Olesen, B. W., M. Schøler u. P. O. Fanger. Indoor Climate 36. S. 561/579 (1979).

Gleichmäßigkeit der Temperatur wird gefördert durch
gute Bauweise, insbesondere dichte Fenster,
sowie dauernd gleichmäßigen Heizbetrieb.

Neuere Fenster sind infolge der Wärmeschutz-VO wesentlich dichter als früher. Auch gibt es heute 2-Scheiben-Isolierglas mit $k = 1{,}1 \ldots 1{,}3$ W/m²K. Dadurch hat sich das Problem entschärft.

Die *Temperaturschichtung* über der Raumhöhe *(Temperaturgradient)* soll nach Untersuchungen gem. Bild 1.2.3-2 etwa 3 K/m im Aufenthaltsbereich nicht überschreiten bei einer Raumtemperatur in 0,6 m Höhe von 24 °C, also am Fußboden ≧ 21 °C.[2]

-1.2 Umschließungsflächentemperatur[3]

Die mittlere Temperatur der umgebenden Flächen einschließlich der Heizflächen in einem Raum, die sogenannte *mittlere Strahlungstemperatur* t_r, ist sehr wesentlich für die Entwärmung des menschlichen Körpers und damit seine Behaglichkeit. Der Wert von t_r wird errechnet aus

$$t_r = \frac{\Sigma (A \cdot t)}{\Sigma A}$$

worin A die einzelnen Flächen (Wände, Heizkörper, Fenster usw.) sind und t deren Temperaturen. Um den physikalischen Einfluß der Wandtemperatur wenigstens größenordnungsmäßig zu erfassen, sei folgende Rechnung aufgestellt:

Die gesamte vom menschlichen Körper abgegebene Wärme ist

$$\dot{Q} = (\alpha_k + \alpha_s) \cdot A \cdot (t_o - t_L) \text{ in W}$$

[1]) Mayer, E., u. H. Künzel: Ges.-Ing. 4/79. S. 106/10.
Zöllner, G.: HLH 1/79. S. 13/22.
Hesslinger, S.: SBZ 8/80. S. 733/40.
[2]) Olesen, B. W., M. Schøler u. P. O. Fanger. Indoor Climate 36. S. 561/579 (1979).
[3]) Esdorn, H., u. P. Schmidt: HLH 7/80. S. 235/43.
Gehlisch, K., u. A. Sachs: Ges.-Ing. 5/82. S. 236.

α_k = konvektiver Wärmeübergangskoeffizient
α_s = Strahlungsübergangskoeffizient (s. Abschn. 1.3.5-3)
t_o = mittlere Oberflächentemperatur des normal bekleideten Menschen ≈ 26 °C
t_L = Lufttemperatur

Der Wert von α_k liegt in derselben Größenordnung wie α_s, d.h., bei übereinstimmender Wand- und Lufttemperatur ist die Wärmeabgabe durch Strahlung gleich derjenigen durch Konvektion, vorausgesetzt, daß der Mensch ruht. Bewegt er sich, so erhöht sich α_k und damit die durch Konvektion abgeführte Wärmemenge, während α_s konstant bleibt. Das Verhältnis α_k/α_s ändert sich also.

Sinkt die mittlere Wandtemperatur um 1 K, so ist dies beim ruhenden Menschen gleichwertig mit einer Absenkung der Lufttemperatur um 1 K. Luft- und Wandtemperatur haben also, wenigstens annähernd, auf die Entwärmung des menschlichen Körpers gleich großen Einfluß.

Wenn daher die Temperatur von 20 bis 22 °C als im allgemeinen günstigste angegeben wird, so ist das so zu verstehen, daß dabei die mittlere Wandtemperatur gleich oder wenigstens annähernd gleich der Lufttemperatur ist. Ist die Wandtemperatur erheblich niedriger als die Lufttemperatur, wie es im Winter beim Aufheizen eines Raumes der Fall ist, so wird eine Raumlufttemperatur von 20 °C durchaus als zu kalt empfunden und muß erhöht werden, um gleiche Behaglichkeit zu erhalten.

Innere Oberflächentemperatur bei verschiedenen Außentemperaturen siehe Bild 1.2.3-3. Bei tiefster Außentemperatur sollte eine Wandtemperatur von ≈16 °C nicht unterschritten werden. Aus Bild 1.2.3-4 geht die besonders günstige Wirkung von modernem 2-Scheiben-Isolierglas (k = 1,1…1,3 W/m²K) und *Abluftfenstern* hervor (s. Abschn. 3.6.3-1).

Von großer Bedeutung für den Einfluß der Wandtemperatur ist bei schlechter Wärmedämmung die *Lage der Heizkörper* und der Standort des Menschen im Raum. Befindet sich z.B. der Heizkörper an der Innenwand und der Mensch dicht vor dem Fenster an der Außenwand, so wird die Wärmeabstrahlung nach außen immer ein Gefühl der Unbehaglichkeit verursachen *(Strahlungszug)*. Außerdem verursacht die am Fenster herabfallende Kaltluft *Zugerscheinungen*. Wird dagegen die Raumwärme durch Radiatoren unterhalb der gesamten Fensterfront geliefert, so wird der Einfluß der kalten Außenwand- und Fensterfläche durch die Wärmeausstrahlung vom Heizkörper kompensiert (Bild 1.2.3-5). Bei der heute verlangten verbesserten Wärmedämmung der Wände und bei dichten Fenstern ist auch Aufstellung der Heizkörper an den Innenwänden möglich[1)].

Die zugestrahlte Wärme kann unter Umständen auch zu groß sein und ebenfalls zu Unbehaglichkeitsgefühlen führen; dann wird der Mensch vom Heizkörper mehr abrücken. In beiden Fällen ist eine *unsymmetrische thermische Belastung* des Körpers vorhanden, die ungünstig ist. Unterschiede von 20…30 W/m² sind bereits deutlich spürbar; eine unsymmetrische Entwärmung eines Körpers, z.B. des Kopfes, um mehr als 40 W/m² bewirkt Unbehaglichkeit.

Fanger[2)] hat den Begriff *Asymmetrie der Strahlungstemperatur Δt_R* eingeführt. Es ist dies die Differenz zwischen der *ebenen Strahlungstemperatur* der beiden gegenüberliegenden Seiten eines kleinen ebenen Flächenelements. Dabei ist die ebene Strahlungstemperatur die gleichmäßige Temperatur einer schwarz strahlenden Raumumschließung, die auf einer Seite der kleinen schwarzen Fläche die gleiche Einstrahlung wie die nicht gleichmäßige Wandtemperaturverteilung ergibt.

Der sitzende Mensch wird durch ein kleines Flächenelement in 0,6 m Höhe (stehend 1 m) über dem Fußboden angenommen.

Liegt die Asymmetrie in der Decke, liegt die Fläche waagerecht und teilt so den Raum in zwei Halbräume. Asymmetrie in der Wand bedeutet dagegen senkrechte Trennfläche.

Für diese Asymmetrie der Strahlungstemperatur wurde die Zahl der Unzufriedenen ermittelt, bei warmen und kalten Decken und Wänden (Bild 1.2.3-6). Kritisch sind insbesondere warme Decke und kalte Wand.

Die Berechnung von Δt_R ist kompliziert, da die Einstrahlzahl φ nach Abschnitt 1.3.5-3.6 für die strahlenden Umschließungsflächen eingeht. Eine gewisse Vereinfachung ergibt sich, wenn, wie in Bild 1.2.3-6 angenommen wird, die Temperatur der nicht aktiven Flä-

---

1) Künzel, H., u. E. Mayer: Ges.-Ing. 7/8-1977. S. 199/200 u. 4/79. S. 106/10.
Erhorn, H., u.a.: Bauphysik 5/86. S. 146/53 u. CCI 2/87. S. 46.
Müller, F.: HLH 11/87. S. 515/9.

2) Fanger, P. O., u.a.: Energy and Building 8, S. 225/236 (1985).
Fanger, P. O., u.a.: ASHRAE Trans. 86/2. S. 141/156 (1980) und 76/2, S. 338/373 (1970).

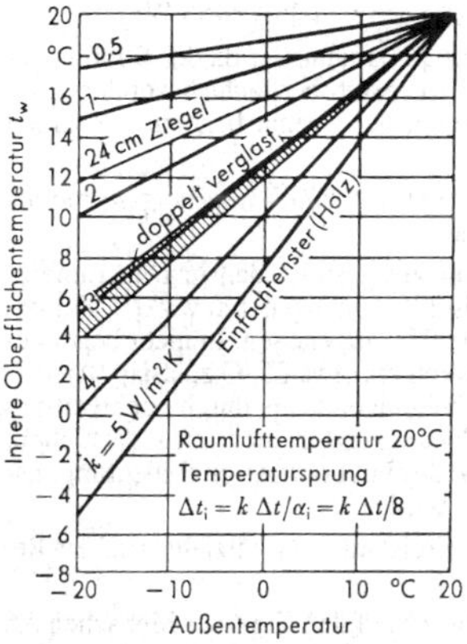

Bild 1.2.3-3. Innere Oberflächentemperaturen von Fenstern und Wänden.

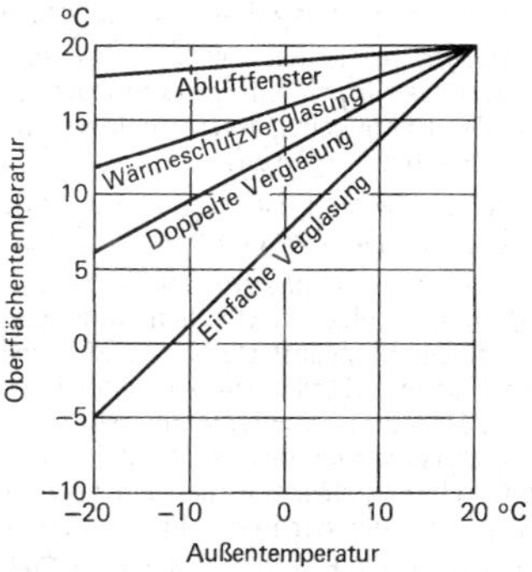

Bild 1.2.3-4. Innere Oberflächentemperatur von Abluft- und Normalfenstern.

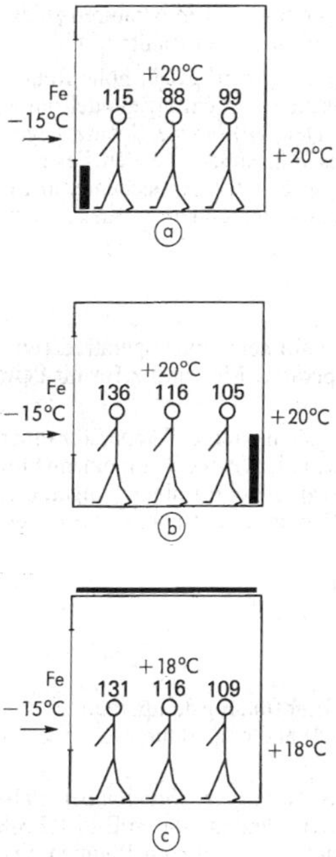

Bild 1.2.3-5. Darstellung der menschlichen Wärmeabgabe in verschieden beheizten Räumen bei Doppelverglasung (nach Kollmar). (Die Zahlen über den Köpfen der Personen sind die Werte der menschlichen Wärmeabgabe in W für den betreffenden Standort.)

a = Radiator unter Fenster b = Radiator an Innenwand c = Deckenheizung

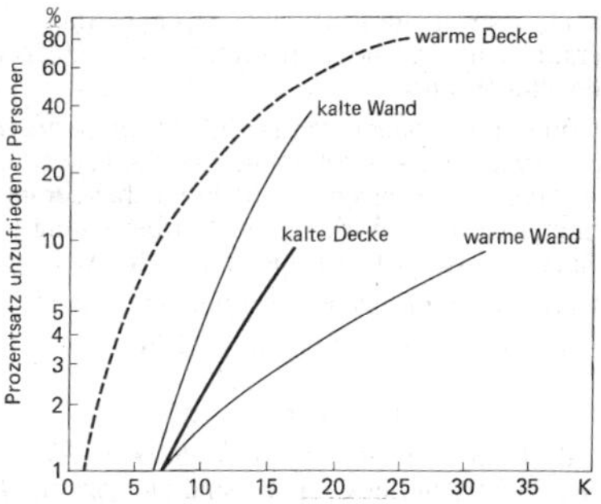

Bild 1.2.3-6. Zahl der Unzufriedenen bei Asymmetrie der Wand- bzw. Deckentemperaturen nach Fanger. Operative Temperatur 22…23 °C.

chen gleich der Lufttemperatur ist. Unter Heiz- oder Kühldecken ist dann mit steigender Raumgröße φ_{P-De} im Bereich 0,3…0,7.

Wenn die Temperaturunterschiede nicht allzu groß sind, kann vereinfacht auch mit den über die Flächengröße gewichteten Temperaturen gerechnet werden.

Bei manchen Arbeitsplätzen (Küchen, Öfen) ist die Belastung durch *Wärmestrahlung* besonders groß. Bei Wärmestrahlung > 300 W/m² auf mehr als die Hälfte des Körpers sind Schutzvorrichtungen zu verwenden *(Schutzkleidung).*

Bei Sonnenstrahlung durch Fenster ergeben sich Belastungen von 350…450 W/m².

Einfachfenster sind auf unseren Breitegraden auf alle Fälle ungünstig, da der Strahlungsverlust des Körpers infolge der niederen Temperatur der Fensteroberfläche besonders groß ist. Die Energieeinsparverordnung (EnEV 2002) verlangt bei normal beheizten Räumen Wärmeschutzverglasung.

Besonders wichtig ist die Frage der Wandtemperatur bei den *Flächenheizungen,* die als Fußboden-, Decken- und Wandheizungen bekannt sind.

Bei den *Fußbodenheizungen* hat man durch Erfahrung festgestellt, daß in Daueraufenthaltsräumen eine Oberflächentemperatur von mehr als 27 °C unangenehm wirkt[1)]. Für die nur gelegentlich auftretende Auslegungsleistung wird 29 °C zugelassen. In nicht begangenen Flächen (Randzonen) sind auch höhere Temperaturen bis etwa 35 °C zulässig. An den Fenstern sind bei reinen Fußbodenheizungen Zugerscheinungen heute durch hochwertiges Isolierglas vermeidbar. Andererseits soll die Fußbodentemperatur auch etwa 17 °C nicht unterschreiten. Dabei ist der *Wärmeeindringkoeffizient* des Fußbodens von Bedeutung, namentlich, wenn der Boden mit nacktem Fuß begangen wird.

Mediziner glauben, daß Wärme im Fußbereich dem Kreislauf Blut entzieht, was zu Benommenheit führt[2)].

Bei den *Deckenheizungen* soll die Zustrahlung von Wärme auf den Kopf des Menschen bei 20 °C Raumlufttemperatur einen Betrag von etwa 12 W/m² nicht überschreiten, da andernfalls der Kopf sich nicht genügend entwärmt und bei manchen Menschen Unbehaglichkeit erzeugt wird[3)]. Je niedriger der Raum, desto geringer muß auch die mittlere Deckentemperatur sein, bei 3 m Raumhöhe max. 35 °C (s. auch Abschn. 2.4.4).

Bei der *Wandheizung* mit Heizflächen unter den Fenstern sind höhere Temperaturen zulässig, da der Körper gleichzeitig Wärme durch das Fenster nach außen abstrahlt.

Im *Sommer* bewirken große Fenster infolge der Sonnenstrahlung häufig sehr hohe Raumtemperaturen, gegen die man sich durch geeignete Sonnenschutzvorrichtungen oder durch Klimaanlagen schützen kann (s. auch Abschn. 1.1.4-7). Der wirksamste Schutz gegen Sonnenstrahlung in Gebäuden wird durch Lamellenstores o.ä. außen vor den Fenstern erreicht. Außer der Lufttemperatur bewirkt auch eine hohe Fensteroberflächentemperatur eine Beeinträchtigung der Behaglichkeit, z.B. bei stark absorbierendem Sonnenschutzglas.

-1.3 Raumtemperatur

Den Mittelwert aus Luft- und Umschließungsflächentemperatur nennt man operative Temperatur, empfundene Temperatur oder einfach Raumtemperatur; Messung z.B. mit dem Globethermometer.

Definition der operativen *empfundenen Temperatur:* Die gleichmäßige Temperatur einer schwarz strahlenden Raumumschließung, bei der der Mensch die gleiche Wärmemenge für *Strahlung und Konvektion* abgibt wie bei der gegebenen nicht gleichförmigen Umgebung. Hierbei wird die Wirkung der Luftbewegung nicht vollständig berücksichtigt, im Unterschied zur Äquivalenttemperatur (siehe Abschnitt 1.2.4-1b).

Operative (empfundene) Temperatur $t_e = a \cdot t_L + (1 - a) \cdot t_r$

wobei $a = 0{,}5$ für Luftgeschwindigkeiten v < 0,2 m/s,
$a = 0{,}6$ für v = 0,2…0,6 m/s,
$a = 0{,}7$ für v = 0,6…1,0 m/s.

Bild 1.2.3-7 zeigt ein *Behaglichkeitsfeld* mit den Empfindungstemperaturen t_e = 19…23 °C. Auf der Ordinate sind gleichzeitig die inneren Wandtemperaturen t_w bei einer Außentemperatur von $t_a = -10$ °C abzulesen.

Die VDI-Lüftungsregeln (DIN 1946 T2 [01.94]) geben als *Zulässigkeitsbereich* bei leichter Tätigkeit im Stehen oder Sitzen und leichter bis mittlerer Kleidung die in Bild 1.2.3-8 aufgeführten Werte an. Zu beachten ist, daß auch im Winter in gelüfteten Räumen eine Temperatur von 22 °C empfohlen wird. Dies ist darauf zurückzuführen, daß durch die unvermeidliche Luftbewegung in gelüfteten Räumen immer eine gewisse zusätzliche Kühlung erfolgt, die durch eine höhere Raumtemperatur ausgeglichen werden muß.

---

1) Fanger, P. O., u.a.: VDI-Bericht 317 (1978). S. 37/41.
DIN 4725 T4 (09.92).
2) Kröling, P.: CCI 3/86. S. 4 u. Ges.-Ing. 3/87. S. 1231/9.
3) Kollmar, A.: Ges.-Ing. 1960. S. 65/84.
Fanger, O. P., u.a.: Energy and Building 8, S. 225/236 (1985).

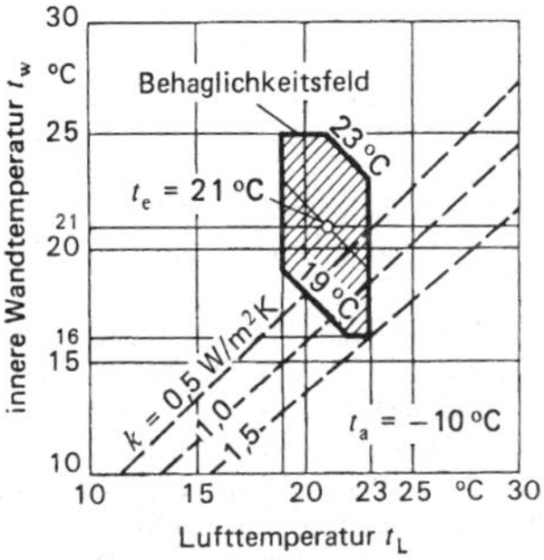

Bild 1.2.3-7. Behaglichkeitsfeld mit Wandtemperaturen.
te = Empfindungstemperatur
k = Wärmedurchgangskoeffizient der Wände

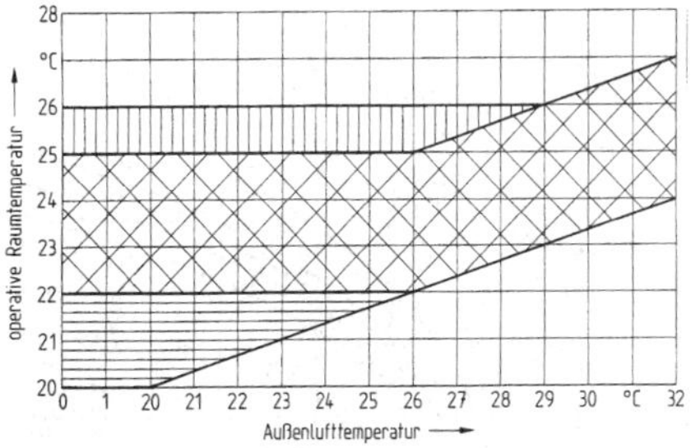

Bild 1.2.3-8. Zulässigkeitsbereich der operativen Raumtemperatur nach DIN 1946 T2 (01.94).

Der Bereich empfohlener operativer Raumtemperaturen ist kreuzschraffiert dargestellt. Bei hohen Außenlufttemperaturen im Sommerbetrieb und bei kurzzeitig auftretenden thermischen Lasten wird ein Anstieg der operativen Raumtemperatur zugelassen. Häufig wird die Kühllast von Räumen nicht von den Außen-, sondern von den thermischen Innenlasten (z. B.Maschinenwärme) bestimmt. Treten diese Lasten nur kurzzeitig auf, so darf die operative Raumtemperatur unterhalb einer Außentemperatur von 29 °C (d. h. auch im Winterbetrieb) bis 26 °C ansteigen (senkrecht schraffierter Bereich). Bei bestimmten Lüftungssystemen (z. B. Quellüftung) können operative Raumtemperaturen im waagerecht schraffierten Bereich zwischen 20 und 22 °C zugelassen werden.

Optimale operative Temperaturen nach ISO 7730 sind in Bild 1.2.4-2 angegeben.

Zusammenfassung: Maßgebend für die Behaglichkeit ist, soweit Temperatureinflüsse in Frage kommen, das Mittel aus Lufttemperatur und mittlerer Temperatur aller Umgebungsflächen. Je weniger diese beiden Temperaturen voneinander abweichen und je mehr sie sich dem Mittelwert von 20 bis 22 °C nähern, desto gleichmäßiger ist die Entwärmung des Menschen. Der Unterschied sollte nicht mehr als etwa 3 K betragen. Außerdem sollten keine zu großen Unterschiede bei den Temperaturen der einzelnen Umgebungsflächen bestehen, damit der Körper allseitig sich gleichmäßig entwärmt. Dabei sind kühle Decken oder warme Wände behaglicher als Heizdecke oder kalte Wände.

Beim Heizen hat die *Art* der Heizflächen nur geringen Einfluß auf die Behaglichkeit, obwohl die Anteile für Konvektion und Strahlung sehr unterschiedlich sind[1]; nicht jedoch beim Kühlen, da konvektive Kühlung zu Zugluft und Temperaturschichtung führen kann.

[1]) Kast, W., u. H. Klan: Kongreßbericht Berlin 1980. S. 97/100.

-2 Luftfeuchte[1)]

Da ja die Entwärmung des menschlichen Körpers zum Teil auch durch Verdunstung von der Haut erfolgt, hat auch die Luftfeuchte einen gewissen Einfluß auf die Behaglichkeit. Denn die Stärke der *Verdunstung* hängt ja bei sonst gleichen Verhältnissen von dem Dampfdruckunterschied des Wassers an der Hautoberfläche und des Wasserdampfes in der Luft ab. Kennzeichnung der Luftfeuchte durch die Begriffe relative Feuchte oder Taupunkt oder Feuchtkugeltemperatur (siehe Abschnitt 1.3.4).

Bei der normalen Raumtemperatur von 20 °C spielt allerdings die Wärmeabgabe durch Verdunstung nur eine geringe Rolle. Es ist daher anzunehmen, daß auch die Luftfeuchte in diesem Bereich keinen großen Einfluß hat. Dies ist in der Tat auch der Fall, siehe Bild 1.2.3-9. Aber auch bei höheren Temperaturen besitzt der Mensch kein Gefühl für die Feuchte der Luft. Bei steigender Temp. und Feuchte wird der Wasserdampfgehalt der Luft zugleich mit dem Wärmegefühl erfaßt. Trotzdem nimmt man in der Klimatechnik 35% als untere und 70% als obere Grenze der zulässigen Feuchte an. (DIN 1946 T2 (01.94) empfiehlt als untere Grenze 30%, obwohl dafür keine sicheren Erkenntnisse vorliegen.)

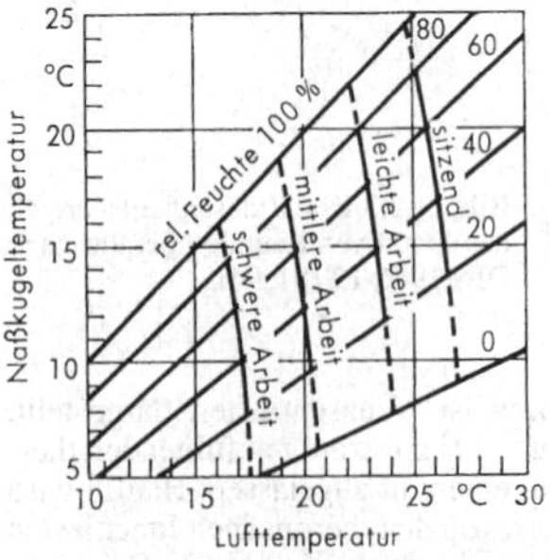

Bild 1.2.3-9. Einfluß der Luftfeuchte auf die Behaglichkeit (nach Fanger).

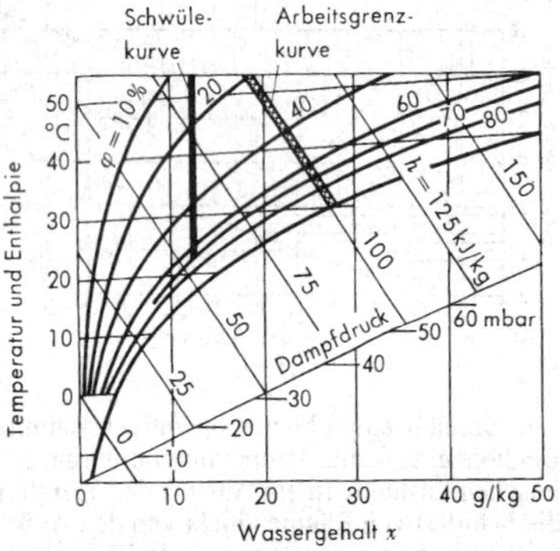

Bild 1.2.3-10 Die Schwülekurve und Arbeitsgrenzkurve im h, x-Diagramm beim Aktivitätsgrad I (100 W).

Bei Feuchtigkeit unter etwa 35%, die ja im Winter in geheizten Räumen leicht auftreten kann, hat sich gezeigt, daß durch Austrocknung der Kleidung, Teppiche, Möbel usw. die *Staubbildung* erleichtert wird und durch Verschwelung dieses Staubes auf den Heizkörpern Ammoniak und andere Gase entstehen, die die Atmungsorgane reizen. Kunststoffe aller Art werden bei trockener Luft *elektrisch aufgeladen* und sammeln zusätzlich Staubteilchen. Außerdem erfolgt eine Austrocknung der Schleimhäute der oberen Luftwege, die dadurch in ihrer Funktion beeinträchtigt werden. Aus diesem Grund ist bei empfindlichen Personen eine Befeuchtung der Raumluft im Winter auf den Minimalwert von 35% zu empfehlen, falls dieser Betrag bei sehr kaltem Wetter unterschritten werden sollte[2)]. Andere Untersuchungen zeigen, daß höhere Luftfeuchte die Erkältungsgefahr reduziert[3)]. (Daß in zentralgeheizten Räumen die Luft trockener sei als bei Kachelofenheizung, ist *Aberglaube.*)

Ähnlich liegen die Verhältnisse bei hohen Feuchtigkeitsgraden über 70%, indem sich leicht an kalten Stellen Feuchtigkeit niederschlagen kann, wobei die organische Stoffe enthalten-

[1)] Rasmussen, O. B.: 5. Int. Kongreß für Heizg.-Lüftg. Klimatechn. 1971. S. 79/86.
Green, G. H.: Ki 2/75. S. 51/6 u. CCI 12/85. S. 26/30.
Ki-Forum 12/81 u. i-Thema, CCI 12/85.

[2)] Diebschlag, W.: Ki 9/86. S. 346/8.

[3)] Green, G. H.: CCI 12/85. S. 26/30.

den Teile der Raumausstattung durch Schimmelbildung und Moder *Gerüche* abgeben, die ebenfalls die Geruchsorgane empfindlicher Menschen belästigen. Außerdem können Bau- und Materialschäden entstehen.

Bei hohen Raumtemperaturen dagegen beginnt die Raumfeuchte bereits eine dominierende Rolle zu spielen, da jetzt der Einfluß der Hautverdunstung stark ansteigt. Dies ist sehr deutlich dann zu erkennen, wenn man die obere Grenze der Behaglichkeit betrachtet, wo der Körper zu schwitzen anfängt. Durch Versuche hat man festgestellt, daß die sogenannte *Schwülekurve* für einen normal gekleideten ruhenden Menschen in unseren Breiten bei der Darstellung im *h, x*-Diagramm etwa bei einem Wassergehalt der Luft von 12 g/kg liegt (Bild 1.2.3-10).

Man sieht, daß z. B. bei einer Luftfeuchte von 60% die Schweißbildung bei 25 °C, bei einer Luftfeuchte von 50% erst bei 28 °C beginnt. Bei Festlegung der *oberen Behaglichkeitsgrenze* hat man also die relative Feuchte desto geringer anzusetzen, je höher die Lufttemperatur ist. Bei körperlicher Tätigkeit muß die Kurve natürlich einen niedrigeren Taupunkt haben. Der Grenzwert von Raumtemperatur und Feuchte, oberhalb dessen der Aufenthalt einer ruhenden Person für längere Zeit nicht mehr möglich ist, ist etwa durch eine Feuchtkugeltemperatur von 30 bis 32 °C gegeben (Bild 1.2.3-10). Mit steigender Aktivität wird der Grenzbereich wesentlich herabgesetzt[1)].

Bei *kurzzeitiger Exposition* liegen die Grenzwerte, nach denen jeweils eine Entwärmungspause notwendig ist, höher (Bild 1.2.3-11).

Zusammenfassend läßt sich über den Einfluß der Feuchte auf das menschliche Wohlbefinden sagen, daß bei der Normaltemperatur von 20 bis 22 °C die Feuchte in den Grenzen von 35 bis 65% zu halten ist, während bei höheren Raumtemperaturen bis zu 26 °C die Feuchte auf 55% abnehmen soll, entsprechend einem Feuchtegehalt von 11,5 g/kg trockene Luft.

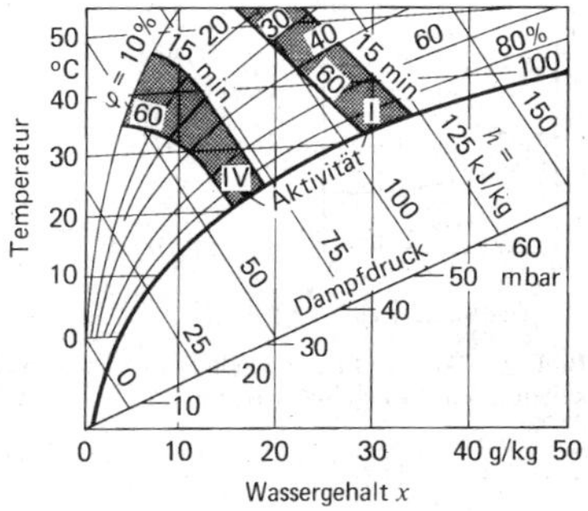

Bild 1.2.3-11. Höchstzulässige Temperatur und Feuchte bei kurzzeitigem Aufenthalt (15 bzw. 60 min) bei Aktivitätsgraden I (100 W) und IV (300 W), q = 0,5 m/s, Kleidung 0,9 clo, nach DIN 33403 T3 (06.88).

-3 Luftbewegung[2)]

Die Luftbewegung hat einen ganz erheblichen Einfluß auf die Behaglichkeit. Während der Mensch im Freien eine mäßige Luftbewegung durchaus nicht unangenehm empfindet, manchmal sogar begrüßt, ist er in geschlossenen Räumen desto empfindlicher gegen jede Art von Luftbewegung. Am meisten wird das Wohlbefinden gestört, wenn die bewegte Luft eine geringere Temperatur als die Raumluft hat und vorwiegend aus bestimmter Rich-

1) DIN 33403 T3 (06. 88).
2) Finkelstein, Fitzner u. Moog: HLH 1973. S. 37/40 u. 59/65.
Ostergaard, Fanger u. a.: Ki 3/75. S. 83/8.
Leserforum Ki 8/77. S. 249/51, ferner 5/79. S. 219/22 u. 6/79. S. 264/7.
Pedersen, J. K.: Diss. T.U. Dänemark 1977.
Laabs, K.-D.: VDI-Bericht 353 (1980). S. 5/13.
Rollows, M.: Ki 9/80. S. 335/41.
Mayer, E.: Ges.-Ing. 2/85. S. 65/73 u. 1/89. S. 35/43 u. 1.90. S. 17/30.

tung einen Körperteil trifft. Man spricht in diesem Fall von *Zugluft.* Sie ist neben den Geräuschen die häufigste Ursache zur Unzufriedenheit mit Lüftungs- und Klimaanlagen. Manche Menschen, wie z. B. Musiker, empfinden schon den geringsten Zug als störend, den andere noch gar nicht bemerken. Ältere Leute sind ganz allgemein gegen Zug mehr empfindlich als jüngere. Eine Mindestluftbewegung ist für den Wärme- und Stofftransport aber immer erforderlich und i. a. heute bei guter Technik problemlos realisierbar. Bei Einsatz einer Kühldecke (s. Abschnitt 3.2.8-2) und Quellüftung (s. Abschnnitt 3.3.5-4.6) kann auf eine erzwungene Luftbewegung praktisch ganz verzichtet werden.

Es stellt sich die Frage, wie groß die Luftbewegung sein darf, ohne die Behaglichkeit zu stören. Es ist einleuchtend, daß die Beantwortung dieser Frage auch nur für durchschnittliche oder normale Verhältnisse erfolgen kann, da ähnlich wie bei der Temperatur und Feuchte andere Umstände wie Geschlecht, Alter, Kleidung, Rasse, interindividuelle Unterschiede usw. auch hier von gewissem Einfluß sind.

Eine Schwierigkeit besteht darin, daß es in einem geheizten oder gelüfteten Raum entgegen üblichen Vorstellungen meistens keine stabile Luftströmung gibt. An jeder Stelle des Raumes bestehen unter dem Einfluß von Temperaturunterschieden und Trägheitskräften dauernde Richtungs- und Geschwindigkeitsänderungen der Luftmasseteilchen (Bild 1.2.3-12). Schon über dem Kopf einer ruhig sitzenden Person entsteht durch thermischen Auftrieb ein Volumenstrom von 100…150 m³/h mit Geschwindigkeiten bis 0,2 m/s.

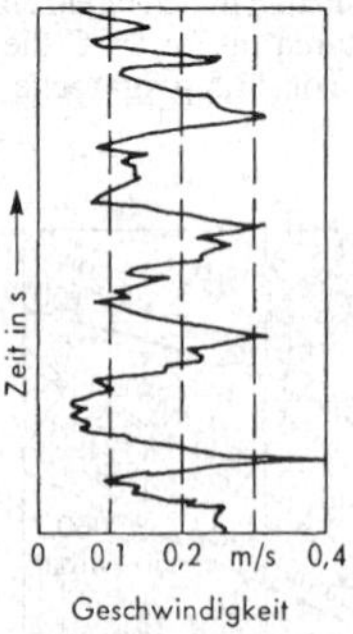

Bild 1.2.3-12. Luftgeschwindigkeiten in einem gelüfteten Raum.

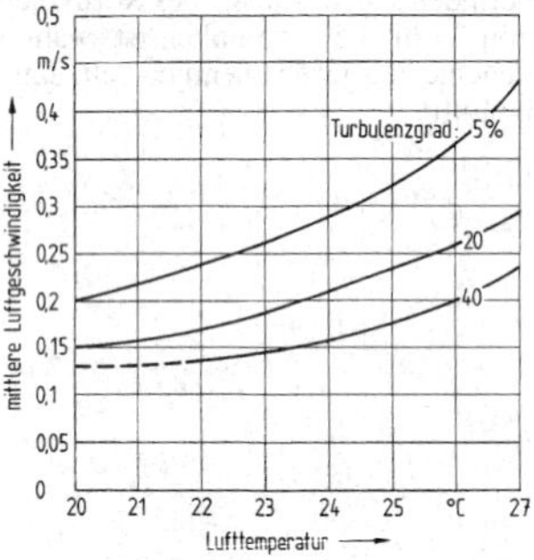

Bild 1.2.3-13. Werte von mittleren Luftgeschwindigkeiten als Funktion von Temperatur und Turbulenzgrad der Luft im Behaglichkeitsbereich
Die Werte gelten für statische Tätigkeit im Sitzen und mittlere Kleidung. Bei höheren Aktivitätsstufen und Wärmedurchlaßwiderständen können die Grenzkurven z. B. VDI 2083 Bl 5 (02.96) entnommen werden. Die Kurve für 40% gilt auch für Turbulenzgrade > 40%.

Es ist inzwischen bekannt, daß auch der *Turbulenzgrad* der Geschwindigkeit (s. Bild 1.6.4-6) einen erheblichen Einfluß auf das Komfortgefühl des Menschen hat.

Fanger hat eine praktisch gut anwendbare Komfort-Formel entwickelt, die in Abschnitt 1.2.4-1, Punkt f, angegeben ist.

Bei den Normaltemperaturen von 20 bis 22 °C geben die Hygieniker die zulässige Geschwindigkeit mit etwa 0,15 bis 0,20 m/s an. Nach DIN 1946 T2 (01.94) gelten als Kriterium für die *Zugfreiheit* in gelüfteten Räumen die Grenzwerte in Bild 1.2.3-13

Bei stärkerer Aktivität (s. Tafel 1.2.2-2) und größerem Wärmeleitwiderstand der Kleidung (s. Tafel 1.2.3-2) sind niedere Raumtemperaturen und höhere Werte der Luftgeschwindigkeit zulässig.

Zur Messung der Luftgeschwindigkeit sind heute Hitzdraht- und Thermistor-Anemometer in Gebrauch, z. T. mit Schnittstelle für Computerauswertung. S. Abschn. 1.6.4-2 und -5 und VDI 2080 (04.94): Meßverfahren und Geräte für RLT-Anlagen.

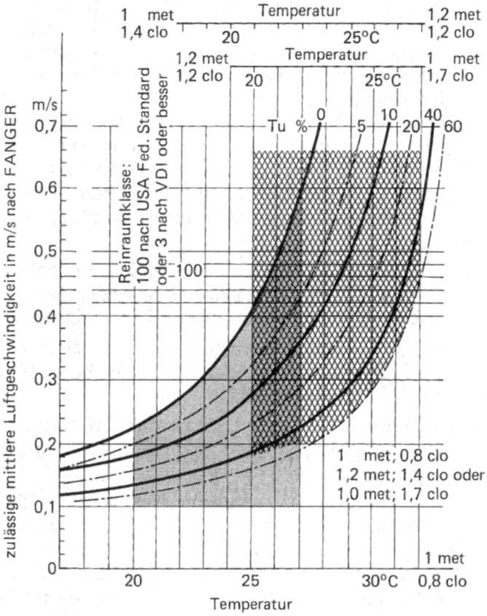

Bild 1.2.3-14. Zulässige Luftgeschwindigkeit v_{50} abhängig von der Lufttemperatur und dem Turbulenzgrad. 15% Unzufriedene*).

*) VDI 2083, Bl 5.

Tafel 1.2.3-2 Dämmwert von Kleidung

Kleidung	m²K/kW	clo
nackt	0	0
leichte Kleidung (Shorts, Hemd)	80	0,5
Kleidung mit Hemd, Hose, Socken, Schuhen	100	0,65
normale Arbeitskleidung	125…160	0,8…1
leichte Sportkleidung mit Jacke	160	1
starke winterliche Innenbekleidung, dicker Pullover	200	1,25
schwere Arbeitskleidung mit Unterwäsche, Socken, Schuhen, Weste, Jacke	210	1,3
Kleidung für kaltes Wetter mit Mantel	250…300	1,6…2
Kleidung für kältestes Wetter	450…600	3…4

-4 Kleidung

Von großem Einfluß auf die Behaglichkeit ist die Kleidung. In einem zu kalten Raum kann man sich sehr schnell durch wärmere Kleidung Behaglichkeit verschaffen, ebenso in einem zu warmen Raum durch leichtere Kleidung.

Der Dämmwert einer Kleidung ist in DIN 33403 T3 und DIN ISO 7730 angegeben. Als physikalische Einheit für den Wärmeleitwiderstand gilt:

1 clo (von clothing value) = 0,155 m² K/W

Der Wunsch nach höheren Temperaturen ist zum Teil darin begründet, daß die Wärmeleitkoeffizienten der heute verwendeten Textilien wesentlich höher sind als früher (Wolle, Baumwolle: $\lambda \approx 0{,}05$ W/mK, synthetische Stoffe: $\lambda = 0{,}20$ W/mK).

Zusammenfassung

Faßt man die Ergebnisse der Abschnitte 1.2.3-1 bis -4 zusammen, so können für normal gekleidete, sitzende Personen ohne körperliche oder mit nur leichter Tätigkeit die *Grenzen der thermischen Behaglichkeit* etwa folgendermaßen festgesetzt werden:

Die *Raumlufttemperatur,* gemessen in Kopfhöhe und mindestens 1 m Entfernung von den Wänden, soll in geschlossenen Räumen örtlich und zeitlich möglichst gleichmäßig 20 bis 22 °C betragen. Die mittlere Wandtemperatur soll ebenfalls möglichst nahe diesem Wert liegen. Bei höheren Außentemperaturen im Sommer soll die Raumtemperatur desto höher gewählt werden, je kürzer der Aufenthalt in den gekühlten Räumen ist. Bei etwa ein- bis zweistündigem Aufenthalt (Kino, Warenhäuser) empfiehlt es sich, in den Räumen eine Temperatur etwa in der Mitte zwischen der jeweiligen Außentemperatur und 20°C, also z. B. bei 30 °C Außentemperatur im Inneren 25 °C, zu halten. Bei von der Lufttemperatur abweichenden Wandoberflächentemperaturen ist für je 1 °C Verringerung oder Erhöhung der mittleren Wandtemperatur die Raumlufttemperatur um 1 °C höher oder tiefer zu wählen.

Die *Luftfeuchte* soll Winter und Sommer innerhalb der Grenzen von x = 5 bis 12 g/kg (8…19 mbar) liegen. Der unteren Grenze entspricht bei 20 °C Raumtemperatur eine relative Luftfeuchte von 35%, der oberen Grenze eine relative Feuchte von etwa

80% bei 20 °C Raumtemperatur
70% bei 22 °C Raumtemperatur
65% bei 24 °C Raumtemperatur
55% bei 26 °C Raumtemperatur
50% bei 28 °C Raumtemperatur.

Nach DIN EN ISO 7730 (09.95) werden z. B. folgende Empfehlungen gegeben:

a) Leichte sitzende Tätigkeit in der Heizperiode (Winter)
Raumtemperatur 22 °C ± 2 K.
Temperaturdifferenz zwischen 1,1 m und 0,1 m über Boden < 3 K.
Fußbodentemperatur normal 19…26 °C, bei Fußbodenheizung max. 29 °C.
Mittlere Luftgeschwindigkeit unter 0,15 m/s.
Asymmetrie der Strahlungstemperatur kalter Fensterflächen oder dgl. weniger als 10 K in bezug auf eine kleine vertikale Referenzfläche 0,6 m über Boden.
Asymmetrie der Strahlungstemperatur einer Heizdeckenfläche weniger als 5 K in bezug auf eine kleine horizontale Referenzfläche 0,6 m über Fußboden.

b) Leichte sitzende Tätigkeit in der Kühlperiode (Sommer)
Raumtemperatur 23…26 °C.
Temperaturdifferenz zwischen 1,1 m und 0,1 m über Boden <3 K.
Mittlere Luftgeschwindigkeit unter 0,25 m/s.
Bei Kühldecke < 14 K (s. auch Bild 1.2.3-6).

Nach dieser Empfehlung kann mit mindestens 80% zufriedenen Rauminsassen gerechnet werden.

Behaglichkeitsmaßstab nach DIN EN ISO 7730 (09.95) s. auch Abschnitt 1.2.4

Zur *Energieeinsparung* werden heute für die Heizperiode auch tiefere Temperaturen und Feuchte und im Kühlbetrieb höhere Werte zugelassen. Dazwischen *tote Zone* (dead band). Ausgleich durch entsprechende Anpassung der Kleidung (Bild 1.2.3-13 und Bild 1.2.4-2 u. Bild 1.2.4-3).

Die *Luftbewegung* soll in besetzten Räumen die Werte nach Bild 1.2.3-13 nicht überschreiten. Erträglichkeitsbereich bei muskulärer Arbeit[1].

Von manchen Seiten wird ein konstantes Klima in Räumen *(Klimamonotonie)* nicht für optimal gehalten, sondern eine gewisse Schwankung der Temperatur und Luftbewegung empfohlen. Über Dauer, Frequenz und Amplituden bestehen allerdings noch keine Klarheiten.

-5 Sonstige Einflüsse[2]

Wie schon erwähnt, sind außer den sechs Hauptfaktoren Lufttemperatur, Wandtemperatur, Luftfeuchte, Luftbewegung, Kleidung sowie körperliche Aktivität, welche die thermische Behaglichkeit bestimmen, auch noch andere Faktoren bekannt, die einen gewissen mehr oder weniger großen Einfluß auf die Behaglichkeit durch Verbesserung der *Luftqualität* ausüben. Soweit gesundheitliche Bewertungen anstehen sei auf die Veröffentlichungen der Berufsgenossenschaften verwiesen.[3] So gibt z. B. der Report des BIA (Berufsgenossen-

---

[1]) DIN 33403, T3 (06.88).
[2]) Breedgen, O.: San. u. Heizgstechn. 1971. S. 743/52.
Kettner, H.: Ki 3/74. S. 103/6.
Wanner, H. U.: Kongreßbericht Berlin 1980. S. 115/8.
[3]) BIA-Handbuch, ISBN 5-503-02030-6

schaftliches Institut für Arbeitssicherheit) Grenzwerte in einer Tabelle an, die aus den Gefahrenstoffgrenzwerten der TRGS 900 (Grenzwerte in der Luft am Arbeitsplatz), TRGS 903 (Biologische Arbeitsplatztoleranzwerte) und TRGS 905 (Verzeichnis krebserregender, erbgutverändernder oder fortpflanzungsgefährdender Stoffe) gebildet ist.

-5.1 Staubgehalt der Luft

Normalerweise ist dieser in sauber gehaltenen Wohn- und Büroräumen so gering, daß er das Wohlbefinden nicht beeinträchtigt[1]. Lediglich bei trockener Raumluft, wie sie im Winter in geheizten Räumen bei kalter Außentemperatur häufig auftritt, ist der Staubgehalt der Luft insofern bemerkbar, als – wie schon erwähnt – durch *Verschwelung des Staubes* an den Heizkörpern sowie stärkere Staubbildung die Geruchsorgane empfindlicher Personen beeinträchtigt werden. In staubigen, schlecht gereinigten Versammlungsräumen dagegen kann der Staubgehalt der Luft unter Umständen so groß werden, daß er die Schleimhäute in Nase und Rachen des Menschen mehr oder weniger stark reizt. Noch mehr trifft dies auf gewisse gewerbliche Betriebe wie Schleifereien, Putzereien, Zementfabriken zu, wo der gesundheitliche Schaden durch den Staub erheblich sein kann, so daß für diese Art von Betrieben durch die Gewerbehygiene besondere Staubschutzmaßnahmen vorgesehen werden (s. Abschnitt 1.9: Umweltschutz, Luftreinhaltung).

Mikroorganismen (Bakterien) siehe Abschn. 1.1.1-2.3 und Abschn. 1.2.5

-5.2 Gase und Dämpfe, Gerüche[2]

Sie entstehen in normalen Aufenthaltsräumen durch die Ausdünstungen der Menschen (Ammoniak, Methan, Fettsäuren usw.), Möbel, Teppiche, Tapeten, Farbanstriche und andere Baustoffe (Formaldehyd u. a.), durch Verbrennungs- und Heizvorgänge (Kohlenoxyd, Öldämpfe = unverbranntes Heizöl), Reinigungsarbeiten, Autoabgase, durch Eindringen verunreinigter Außemluft, namentlich in Industriegebieten und verkehrsreichen Straßen, ferner durch Speisenzubereitung in den Küchen, Aborte, Fäulnis und vermoderung, Verschwelung und ähnliche Vorgänge. Bei den meisten dieser Riech- und Ekelstofe handelt es sich um komplizierte organische Verbindungen. Diesem Komplex der Luftverunreinigungen mißt man seit Mitte der 80er Jahre wieder gesteigerte Bedeutung bei, weil durch Reduktion der Lüftungsrate infolge der Energiekrise schlechte Erfahrung gemacht wurden (building illness syndrome).

Auch *Nachbarschaftsbeschwerden* richten sich häufig gegen die Emissionen von Lackiereien, chemischen Reinigungsanstalten, Geflügelställen u. a. Es ist kein Zweifel, daß alle diese Beimengungen einen ungünstigen Einfluß auf das Wohlbefinden und die Gesundheit des Menschen ausüben *(Ekelgefühl),* so daß in allen Fällen, in denen die Entstehung dieser Beimengungen der Luft nicht verhindert werden kann, eine Lüftung bzw. Geruchsbeseitigung an der Quelle zweckmäßig ist. In Wohnräumen genügt meist die natürliche Lüftung und regelmäßiges Fensteröffnen.

Ein sehr bedeutender Luftverschlechterer ist der *Tabakrauch,* der eine große Zahl gas- und dampfförmiger Bestandteile sowie auch flüssige und feste Partikel enthält[3]. Passives Rauchen am Arbeitsplatz gilt nach der MAK-Wert-Liste seit 1985 als krebserregend (Bronchialkrebs). Aus 1 g Tabak entstehen 0,5 bis 1,0 l Rauchgas. Eine Zigarette entwickelt 70 mg CO. Um den Grenzwert von 5 ppm CO nicht zu überschreiten, sind je Zigarette $70 \cdot 0{,}9/5 = 12{,}5$ m^3/h Außenluft erforderlich (1 mg/m^3 CO = 0,9 ppm). Dies entspricht bei 30 m^3 Raumvolumen je Person einem Luftwechsel $n = 12{,}6/30 = 0{,}42$ h^{-1}. Nichtraucher leiden durch die Reizwirkung des Tabakrauches auf die Schleimhäute und Atemwege. Bei Kindern und Kranken Beeinträchtigung der Atemfunktion. Besonders schädlich ist das Kohlenoxyd und das Nikotin, die auch schon bei geringerer Konzentration bei empfindlichen

BIA-Arbeitsmappe, ISBN 5-503-02085-3
BIA-Report, Grenzwertliste 1999, ISBN 5-88383-546-3

[1]) VDI 2262 Bl 1 (04.93) Bl 2 (12.98) u. Bl 3 (05.94): Staubbekämpfung am Arbeitsplatz.

[2]) VDI-Bericht 124. Gerüche und ihre Beseitigung. 1968.

[3]) Wanner, H. U.: 21. Kongreßbericht Berlin 1980. S. 115/8 u. TAB 8/83. S. 645/8.
Huber, G., u. H. U. Wanner: Ges.-Ing. 4/82. S. 207/10.
Weber, A.: Ges.-Ing. 1/83. S. 37/42.
Wegner, J.: Ges.-Ing. 3/84. S. 117/23.
Schlatter, J.: Ki 5/86. S. 193/6 und TAB 8/86. S. 547/8.

Tafel 1.2.3-3 MAK-Werte 2001 (Maximale Arbeitsplatzkonzentration gesundheitsschädlicher Stoffe, Auswahl)*)

Umrechnung für 1 ppm (parts per million): 1 cm³⁾/m³ ≙ $\frac{\text{Molare Masse}}{\text{Molvolumen}}$ mg/m³

Stoff	Formel	MAK	
		ppm	mg/m³
Aceton	$CH_3 \cdot CO \cdot CH_3$	500	1200
Ameisensäure	HCOOH	5	9,5
Ammoniak	NH_3	50	35
Benzol	C_6H_6	1	3,2
Blei	Pb		0,1
Brom	Br_2	0,1	0,66
Butan	C_4H_{10}	1000	2400
Chlor	Cl_2	0,5	1,5
Chlorbenzol	$C_6H_5 \cdot Cl$	10	47
Chlordioxid	ClO_2	0,1	0,28
Chlormethan	$CH_3 \cdot Cl$	50	100
DDT	$C_6H_4Cl_2CH \cdot CCl_3$		1
Dichlordifluormethan (R 12)	CF_2Cl_2	1000	5000
Dichlormethan	CH_2Cl_2	100	350
Dichlorfluormethan (R 21)	$CHFCl_2$	10	43
Diethylether	$C_2H_5 \cdot O \cdot C_2H_5$	400	1200
Ethanol	$C_2H_5 \cdot OH$	1000	1900
Essigsäure	$CH_3 \cdot COOH$	10	25
Fluor	F_2	0,1	0,16
Fluorwasserstoff	HF	3	2,5
Formaldehyd	HCHO	0,5	0,62
Hexan	C_6H_{14}	50	180
Hydrazin	$NH_2 \cdot NH_2$	0,1	0,13
Jod	J_2	0,1	1,1
Kohlendioxid	CO_2	5000	9100
Kohlenmonoxid	CO	30	35
Kupfer (Rauch)	Cu		0,1
Kupfer (Staub)	Cu		1
Methanol	$CH_3 \cdot OH$	200	270
Nicotin (ISO)		0,07	0,47
Phosgen	$COCl_2$	0,02	0,082
Phosphorpentachlorid	PCl_5		1
Propan	C_3H_8	1000	1800
Quecksilber	Hg		0,1
Salpetersäure	HNO_3	2	5,2
Schwefeldioxid	SO_2	2	5
Schwefelsäure	H_2SO_4		1
Stickstoffoxid	NO_2	5	9,5
Styrol	$C_6H_5 \cdot CH{=}CH_2$	20	86
Terpentin, Öl		100	560
Toluol	$C_6H_5 \cdot CH_3$	50	190
Trichlorfluormethan (R 11)	$CFCl_3$	1000	5700
Trichlormethan	$CHCl_3$	10	50
Wasserstoffperoxid	H_2O_2	1	1,4
Zinkoxid (Rauch)	ZnO		5

*) aus Technische Regeln für Gefahrstoffe, TRGS 900, Okt. 2000, zuletzt geändert BArbBl. Heft 9/2001).

Personen Übelkeit und Vergiftungserscheinungen verursachen können. In stark verqualmten Räumen ist die Konzentration etwa

CO	≈ 0,01 Vol.-% = 100 ppm (MAK-Wert = 30 ppm)
Nikotin	≈ 5 mg/m^3
Staubteilchen	≈ 300 000 je l
Kondensationskerne	≈ 500 · 10^7 je l

Für das Personal in Gaststätten ist dauernd vorhandener Tabakrauch zweifellos schädlich. Kohlendioxyd siehe Abschn. 1.2.4-2.

Die Konzentrationsgrenze, von der ab Gerüche wahrnehmbar sind, der sogenannte *Schwellwert,* ist allerdings unterschiedlich. Objektive Sauerstoffverringerung in der Luft bis herab zu 16% beeinflußt nicht das Wohlbefinden. Es gibt also, abgesehen von Sonderfällen, keine berechtigten Beschwerden über *„Sauerstoffmangel“.*

In verkehrsreichen Straßen entstehen durch Autoabgase sehr erhebliche *CO-Konzentrationen,* die sich auch in den anliegenden Wohnungen und Geschäftsräumen bemerkbar machen und die in den Normen angegebenen zulässigen Werte häufig überschreiten.

Technische Methoden für *Geruchsbeseitigung* sind: Kondensation (Abkühlung unter Taupunkt), Absorption durch geeignete Lösungen, Adsorption durch Aktivkohle, thermische oder katalytische Verbrennung (Oxydation).

Die Geruchsempfindung wird durch die *Luftfeuchte* verschieden beeinflußt. Bei Tabak- und Küchengerüchen wird die Empfindung mit steigender Feuchte geringer, bei Gummi-, Farb-, Linoleumgerüchen größer. Auch die Absorption von Gerüchen durch Stoffe, Möbel usw. ist sehr unterschiedlich. Nach längerer Einwirkung eines Geruchsstoffes erfolgt Abstumpfung. Unangenehme Gerüche lassen sich durch angenehme aromatische Riechstoffe überdecken.

Die *Außenluftmenge,* die zur Verdünnung und Abführung der von Menschen erzeugten Gerüche erforderlich ist, hängt einerseits vom Raumvolumen je Person, andererseits von deren Sauberkeit ab und schwankt daher in weiten Grenzen zwischen etwa 10 bis 50 m^3/h je Kopf. In schwach besetzten Räumen (Wohnräumen, Büroräumen) wurde vor Einführung der WSVO diese Luftmenge leicht durch den *natürlichen Luftwechsel* infolge Undichtheit der Fenster und Türen in den Raum eingeführt.

Im Bestreben nach Energieeinsparung wurden dichtere Fenster für Neubauten vorgeschrieben, wodurch in der Praxis der natürliche Luftwechsel um etwa eine 10er-Potenz zurückging[1)]. Zur Vermeidung hygienischer und bauphysikalischer Nachteile ist häufigere Fensterstoßlüftung oder mechanische Lüftung notwendig.

In stark besetzten Räumen (Theater, Versammlungsräume) sowie in Raucherräumen ist dagegen eine *künstliche Lüftung* meist unerläßlich. Bei gewerblichen Räumen, in denen durch den Arbeitsprozeß schädliche Gase oder Dämpfe erzeugt werden, läßt sich ein befriedigender Luftzustand durch Einbau geeigneter *Absaugungsanlagen* oder Raumlüftungsanlagen erreichen. Tafel 1.2.3-3 verzeichnet die höchstzulässige Konzentration von Gasen, Dämpfen und Stäuben in Arbeitsräumen, den sogenannten MAK-Wert *(Maximale Arbeitsplatz-Konzentration).* Die angegebenen Werte werden von Zeit zu Zeit überprüft und gegebenenfalls geändert. *Außenluftanteile* bei Lüftungsanlagen siehe Abschn. 3.5.1-1.

Die MAK-Wert-Liste ist im Regelfall für eine Exposition von 8 h je Tag erstellt. Sie gilt für Arbeitsplätze. Für Wohnräume empfiehlt es sich, wesentlich kleinere Werte anzustreben. So schreibt die österreichische Norm ÖNORM H 6000 T 3 (Jan. 89) „Grundregeln für RLT-Anlagen“ z. B. vor, in Wohnräumen nur 10% der MAK-Werte zuzulassen. Die Liste enthält auch eine Einreihung von Arbeitsstoffen nach bewiesener oder vermuteter *Krebserzeugung.* Für krebserzeugende Stoffe werden „Technische Richtkonzentrationen (TRK-Werte)“ angegeben.

Diese betragen z. B. bei

Arsen	0,1 mg/m^3	Hydrazin	0,13 mg/m^3
Asbeststaub	–	Nickelrauch	0,5 mg/m^3
Benzol	8 mg/m^3	Vinylchlorid	5,0 mg/m^3

Alle vorgenannten zulässigen oder empfohlenen max. Konzentrationen von Schadstoffen wurden ermittelt bei Vorhandensein nur dieses einen Stoffs. Das Zusammenwirken mehrerer Stoffe gleichzeitig auf den Menschen ist weitestgehend unbekannt. Man versucht daher

1) Wegner, J.: Ges.-Ing. 1/83. S. 1/5.

neuerdings mit einer globalen Methode über den Geruch der Luft die Behaglichkeit zu quantifizieren[1]. Siehe hierzu auch Abschnitt 1.2.4-2.

Ob es auch Beimengungen in der Raumluft gibt, die einen günstigen Einfluß ausüben können, ist noch nicht festgestellt. Im Freien spricht man den von Bäumen und Pflanzen ausgehenden Geruchsstoffen eine derartige Wirkung zu, ohne bisher jedoch hieraus eine Nutzanwendung auf die Verbesserung der Raumluft gezogen zu haben. Max. *Immissionswerte* im Freien siehe VDI-Richtlinien 2310.

-5.3 Luftelektrische Einflüsse[2]

Statische Felder

Zwischen der Erdoberfläche und der bei etwa 60...80 km Höhe beginnenden Ionosphäre besteht im Freien ein *elektrostatisches Gleichstromfeld,* dessen Feldstärke in Bodennähe 100...150 Volt/m beträgt, jedoch je nach Wetterlage und Jahreszeit (Kaltfront, Warmfront, Föhn, Gewitter, Leitfähigkeit der Luft u. a.) sich stark ändert. Der gegen die negativ geladene Erde gerichtete *Stromfluß* ist dabei ebenfalls sehr starken Schwankungen unterworfen, bei normaler Wetterlage $\approx 2...6 \cdot 10^{-16}$ A/cm^2. Eine biologische Wirkung des luftelektrischen Feldes ist nicht nachweisbar.

In geschlossenen Räumen ist das elektrische Gleichstromfeld nicht wirksam, da es durch die Wände abgeleitet wird. Dagegen entstehen in Räumen stark schwankende elektrische *Feldstärken* durch Bewegung von Personen, Verwendung von Kunststoffen, Reibung an Bezügen usw. Messungen ergaben Werte bis 10 kV/m, besonders bei trockener Luft. Sie verschwinden mit der Zeit durch Entladung über Luft oder Materialien, so daß in unbenutzten Räumen keine statischen Felder nachweisbar sind.

Künstlich erzeugte statische Felder von 0,1...0,2 kV/m zwischen Decke und Fußboden sind demgegenüber wegen ihrer geringen Stärke illusorisch.

Ionengehalt

Der Stromfluß beruht auf der Bewegung von Ionen, die dauernd neu gebildet werden.

Sie entstehen durch Strahlung natürlicher, radioaktiver Materialien in der Erde und Luft sowie hauptsächlich durch kosmische Strahlung und Gewitter. Dabei werden Elektronen aus Molekülen der Luft, namentlich O_2, gelöst, wobei positiv geladene Ionen zurückbleiben. Die freigewordenen Elektronen können sich an andere Moleküle, namentlich CO_2, anlegen und bilden negative Ionen. Ihre Menge, Größe und auch Lebensdauer ist örtlich und zeitlich stark veränderlich und von zahllosen Faktoren abhängig, besonders auch vom Staubgehalt der Luft.

Im *Rauminnern* ist der Ionengehalt wesentlich höher als im Freien, jedoch ebenfalls je nach Lüftung, Staubgehalt, Baumaterialien, Kunststoffen usw. stark variabel. Bekannt ist es, daß beim Berühren von Metallen mit den Händen aus diesem Grund elektrische Entladungen auftreten.

Man hat schon seit langer Zeit vermutet, daß der Ionengehalt der Luft einen gewissen Einfluß auf den Menschen ausübt. Insbesondere hat man dies aus der Wirkung von *Föhnen* geschlossen, bei denen es sich um warme, trockene Winde handelt, und die bei manchen Menschen Beschwerden verursachen. Trotz systematischer Versuche mit *Ionisierungskammern* und Ionisierungsbereichen bis 100000 Ionen je cm^3 ist bis heute jedoch kein einwandfreier Beweis dafür erbracht worden, daß der Ionengehalt der Luft einen günstigen oder ungünstigen Einfluß auf den gesunden Menschen ausübt. Ob weitere Untersuchungen ein anderes Ergebnis zeitigen werden, ist abzuwarten.

Manche Forschungen scheinen darauf hinzuweisen, daß negative Ionen einen günstigen Einfluß auf den Menschen haben (stimulierende Wirkung), während positive Ionen ohne Effekte sind. Erzeugung von Staub oder Rauch senkt die Ionenbildung drastisch.

---

[1]) Fanger, O.: Bericht XII. Intern. Kongreß für TGA, Berlin, 1988. S. 22/27.
[2]) Reiter, R.: Ki 3/74. S. 109/12 u. SHT 4/79. S. 383/7 u. CCI 3/87. S. 86/91.
Furchner, H.: TAB 5/74. S. 363/6 u. TAB 10/83. S. 791/4.
Lang, S., u. Lehmair, M.: Ki 2/77. S. 61/6.
Leserforum Ki 11/76. S. 395/8.
Godel: TAB 1/78. S. 43/4.
Ki 12/79, Diskussion.
Varga, A.: HLH 12/82. S. 433/4.
Furchner, H.: TAB 10/83. S. 791/4.

rung gilt max. 0,15 rem oder 15 mSv jährlich. Ab etwa 500 rem ist die radioaktive Strahlung tödlich. Anstatt rem verwendet man für die Strahlendosis auch die Einheit *Sievert* (Sv). 1 Sv = 100 rem.

Alpha-Strahlen (Heliumkerne) sind relativ schwere Korpuskularstrahlen. Energie 4…9 MeV, ≈ 0,07fache Lichtgeschwindigkeit. Absorption bereits durch geringe Metallschichten.

Beta-Strahlen (Elektronen) sind leichte Korpuskularstrahlen. Energie ≈ 2,5 MeV, fast Lichtgeschwindigkeit. Absorption ebenfalls durch dünne Metallschichten.

Gamma-Strahlen sind elektro-magnetische Strahlen großer Energie. Tödliche Dosis ≈ 400 r. Für Strahlenschutz dicke Wände erforderlich.

Auswirkungen des Reaktorunfalls Tschernobyl siehe[1)].

-5.5 Radon[2)]

Die Gesteine und Böden der Erdkruste weisen einen natürlichen Gehalt an Uran und Radium auf, der in Abhängigkeit von der Gesteins- oder Bodenart sehr unterschiedlich sein kann. Uran wandelt sich durch radioaktiven Zerfall in Radium um, das weiter zu Radon zerfällt. Radon ist ein radioaktives Edelgas, das aufgrund seiner Mobilität durch Spalten, Risse und durchlässigen Untergrund in die freie Atmosphäre oder über Undichtigkeiten im Fundamentbereich von Bauwerken in Häuser gelangt.

Für die Strahlenexposition des Menschen ist nicht so sehr das Radon selbst von Bedeutung, vielmehr sind es die kurzlebigen Zerfallsprodukte. Diese gelangen mit der Atemluft in den Atemtrakt, wo ihre energiereiche Alphastrahlung strahlenempfindliche Zellen erreichen kann. Die kurzlebigen Zerfallsprodukte des Radons verursachen etwa die Hälfte der gesamten effektiven Dosis durch natürliche Strahlenquellen.

In der bodennahen Atmosphäre beträgt die Radonkonzentration 10 bis 20 Bq/m^3.

Die meisten Häuser in Deutschland sind in kompakter Bauweise bei überwiegender Verwendung mineralischer Baustoffe errichtet. In den Baustoffen wird, wie im Boden, in Abhängigkeit von deren Radiumgehalt Radon gebildet, das in die Innenräume austreten kann. Werden Baustoffe mit erhöhter Radonfreisetzung verwendet, kann sich das Radon in der Gebäudeinnenluft zu höheren Konzentrationen anreichern.

Die Radonkonzentration beträgt im Mittel für die Wohnungen der Bundesrepublik 50 Bq/m^3. Begrenzte Gebiete der Bundesrepublik weisen besondere geologische Bedingungen auf, die zu einem im Vergleich zum Landesdurchschnitt häufigeren Auftreten erhöhter Radonkonzentrationen in Häusern führen.

Die deutsche Strahlenschutzkommission (SSK), ein unabhängiges Beratungsgremium des Bundesumweltministeriums, hat sich mit der Problematik der Radonexposition in Wohnungen befaßt und folgende Empfehlung gegeben:

Für Wohnräume gelten Jahresmittelwerte der Radonkonzentration bis zu 250 Bq/m^3 als Normalbereich.

Bei Radonkonzentrationen zwischen 250 Bq/m^3 und 1000 Bq/m^3 wird empfohlen zu prüfen, ob durch einfache Maßnahmen, wie z.B. Änderung der Raumnutzung, Lüften oder Abdichten offensichtlicher Radon-Eintrittspfade eine Reduzierung der Radonkonzentration herbeigeführt werden kann.

Bei höheren Radonkonzentrationen werden in einem dem Konzentrationsniveau angemessenen Zeitraum (oberhalb 15000 Bq/m^3 innerhalb eines Jahres) Sanierungsmaßnahmen empfohlen.

Bei der Bewertung von Arbeitsplätzen sollten die im Vergleich zu Wohnungen geringeren Aufenthaltszeiten berücksichtigt werden.

In Gebieten mit erhöhten Radon-Vorkommen empfiehlt die SSK, neue Häuser radongeschützt zu bauen.

---

1) Ges.-Ing. 5/86. S. 257/308: Symposium über Auswirkungen des Reaktorunfalls Tschernobyl. München, Juni 1986.

2) Bundesanstalt für Strahlenschutz 1/96 und 2/96.

Mittlerer Ionengehalt der Luft

Höhenlagen	500... 1000 je cm^3
Ebene	1000... 5000 je cm^3
Städte	5000... 50000 je cm^3
Geschlossene Räume	50000...100000 je cm^3

Wechselfelder

Außer dem Gleichstromfeld gibt es an der Erdoberfläche auch noch ein *Wechselfeld* mit einer zeitlich und örtlich wechselnden Frequenz von 2...12 Hz, das durch Vorgänge in der Atmosphäre (Winde, Gewitter) verursacht wird (sog. *Impulsstrahlung* oder *Sferics*). Eine biologische Wirkung ist jedoch auch hier nicht festgestellt worden. Es ist auch in Gebäuden vorhanden.

Weitgehend ungeklärt sind auch noch die Auswirkungen elektromagnetischer Felder in den technischen Frequenzbereichen von ≈50 Hz...100 MHz. Die durch el. Installationen, Telefon, Radiogeräte usw. entstehenden elektrischen Feldstärken sind äußerst ungleichmäßig verteilt. Ein möglicher Einfluß besteht lediglich im *Zentimeterwellenbereich* (Mikrowellen, Radarbereich, Infrarotwellen).

Allgemein kann wohl gesagt werden, daß nach dem jetzigen Stand unserer Kenntnisse die sog. *Elektroklimatisation* keinen meßbaren Wert hat.

-5.4 Radioaktive Strahlung[1)]

Radioaktive Stoffe enthalten Atome, die ohne äußere Einwirkung zerfallen und dabei Strahlen aussenden (α-, β-, γ-Strahlen), ferner Neutronen, Protonen und andere Teilchen. Es gibt gegenwärtig etwa 40 natürliche radioaktive und ca. 700 künstliche Isotopen.

Seit der Herstellung von Atombomben und dem Bau von Atomkraftwerken sind in Luft, Wasser und Boden mehr radioaktive Elemente als früher enthalten. Wirkung auf alle Lebewesen schädlich. Strahlen zerstören die Moleküle in den Geweben des Körpers, verändern die Zellkerne und bringen sie zum Absterben. Gewisse Organe sind besonders anfällig wie Milz, Blut oder Schilddrüse, diese besonders auf Jod.

Häufigste Verseuchungsform sind staubgebundene, radioaktive Stoffe in der Luft *(radioaktive Aerosole)*, die von der Lunge aufgenommen werden. Sofern *Nuklide* (radioaktive Spaltprodukte oder neutronenaktivierte Isotope) als Aerosol auftreten, sind sie durch Schwebstoffilter abscheidbar. Gasförmige Nuklide können nicht durch Gewebefilter, sondern nur durch Adsorption (z.B. Aktivkohle) oder Absorption abgeschieden werden. Stoffe mit genügend kleinen Halbwertzeiten werden durch Verzögerungsstrecken geführt, in denen sie bis zu 100 h verweilen und an Radioaktivität verlieren. Vorkommen in kerntechnischen Instituten und Laboratorien, Reaktorstationen, Isotopenstationen von Krankenhäusern usw. Daher Messung und Überwachung erforderlich.

Strahlungseinheiten

Ein *Curie* (Ci) ist die Einheit der radioaktiven Strahlung entsprechend der Strahlung von 1 g Radium. Oder: Die Stoffmenge strahlt 1 Ci aus, wenn $3{,}7 \times 10^{10}$ Zerfallsteile je Sek. ausgehen. Neue SI-Einheit: 1 *Becquerel.* 1 Bq = $1 \cdot s^{-1}$. 1 Curie = $3{,}7 \cdot 10^{10}$ Bq.

Ein *rad* (Abkürzung von *r*adiation *a*bsorbed *d*ose) ist die Menge einer beliebigen Kernstrahlung, bei deren Absorption durch ein Gramm irgendeines Stoffes eine Energie von 100 erg frei wird. Einheit der absorbierten Strahlungsdosis. 1 rad = 0,01 Joule/kg. Neue SI-Einheit: 1 Joule/kg = 1 Gray (Gy). 1 Gy = 100 rad.

Ein *Röntgen* (r) ist die Menge Gamma- oder Röntgenstrahlung, die bei Absorption in einem Gramm Luft eine Energie von 87 erg liefert. Es entstehen dabei $1{,}61 \times 10^{12}$ Ionenpaare. Einheit der Bestrahlungsdosis: 1 r = $2{,}58 \cdot 10^{-4}$ Coulomb/kg. Neue SI-Einheit: 1 Coulomb/kg.

Das *rem* (Röntgen equivalent man) ist die Dosis einer beliebigen Strahlung, die in einem Gramm eines biologischen Gewebes dieselbe Wirkung zeigt wie ein rad Röntgenstrahlen. Einheit der biologischen Wirksamkeit radioaktiver Strahlung auf Menschen und Säugetiere. Zulässige Bestrahlungsdosis ist in der *Strahlungsschutzverordnung* (1960 novelliert 1976) angegeben, wobei zwischen beruflich strahlungsexponierten Personen und anderen unterschieden ist. Zum Beispiel beträgt die zulässige Jahresdosis für die beruflich exponierten Personen für den ganzen Körper jährlich max. 5 rem. Für die allgemeine Bevölke-

---

[1)] Ludwieg, F.: VDI-Bericht 147. 1970. S. 63/8.

-5.6 Lärm[1)]

Lärm, d. h. Schallquellen verschiedener Frequenzen und Amplituden, ist, wenn er gewisse Werte überschreitet, zweifellos für Menschen schädlich. Er hat bei großen Stärken Auswirkungen auf die Konzentration, Schlaf, Atmung und Stoffwechsel, namentlich bei geistiger Tätigkeit. Wichtigste Quellen des Innenlärms sind Trittschall, Wasserleitungen, Fernseher, Radio. Dabei sind jedoch außer der Geräuschstärke besonders die *Frequenzzusammensetzung,* Dauer und Häufigkeit des Lärms, die Geräuschempfindlichkeit und die Tageszeit (Wohn-, Schlaf- und Geschäftsräume) von Einfluß, Einheit der Lautstärke ist das dB (A), d. i. das *Schallpegelmaß* mit der Bewertungskurve A, das an die Stelle des früher üblichen DIN-phons trat. Weiteres siehe Abschnitte 1.5 und 3.3.6.

Richtwerte für den zulässigen Arbeitslärm in der *Nachbarschaft* enthält VDI 2058, worin auch genaue Angaben über die Methoden der Geräuschmessung und die Beurteilung der Meßwerte enthalten sind (Tafel 3.3.6-2).

Für durch *Lüftungs- oder Klimaanlagen* verursachte Geräusche sind in DIN 1946 Grenzwerte angegeben sowie auch in der VDI 2081 ([01.00], s. a. Abschn. 3.3.6-3). Die Schalldruckpegel *haustechnischer Anlagen* dürfen nach DIN 4109 (11.89) (Schallschutz im Hochbau) in benachbarten Wohnräumen nachts 30 dB (A), tags 35 dB (A) nicht überschreiten, bei Maschinenbetrieb 40 dB (A). Für Unterrichtsräume gelten 35 dB (A).

Das Bundesgesetz zum Schutz gegen den *Baulärm* vom 9. Sept. 1965 gilt als Grundlage zur Bekämpfung des Lärms von Baumaschinen (BGBl. I, S. 1214). Hierzu „Allgemeine Verwaltungsvorschrift" vom 22.10.1970. Der VDI (Verein Deutscher Ingenieure) hat eine VDI-Kommission *„Lärmminderung"* gebildet, die technische Richtlinien zur Lärmbekämpfung aufstellen soll. Die Bundesregierung hat auf Grund des § 16 der Gewerbeordnung am 16.7.1968 die *„Technische Anleitung zum Schutz gegen Lärm"* erlassen, in der die zulässigen Geräuschpegel außerhalb von Werkgrundstücken angegeben sind.

In der *Arbeitsstättenverordnung* § 15 vom 20. 3. 1975 sind als Grenzwerte angegeben:
bei geistiger Tätigkeit $\leqq$ 55 dBA
bei Bürotätigkeit $\leqq$ 70 dBA.

-5.7 Beleuchtung[2)]

Zur Behaglichkeit und Gesunderhaltung der Augen gehört auch gute Beleuchtung. Die erforderliche *Beleuchtungsstärke* (in Lux gemessen) ist abhängig von der Art der Tätigkeit und dem Raumzweck. Außerdem sollen die *Helligkeit* sowie *Lichtfarbe* im Raum gut abgestimmt sein und Blendung vermieden werden.

Allgemeine Richtlinien in DIN 5035 T1 (06/90): „Innenraumbeleuchtung mit künstlichem Licht". T2 (09/90) gibt Richtwerte für Arbeitsstätten. Siehe Tafel 3.5.3-12.

Ansprüche an Beleuchtung nicht mehr steigend wegen Energiekosten. Früher 1000 bis 2000 lx. Heute z. B. im Großraum 750 lx. Dafür elektrische Anschlußleistung 1975 noch 35 W/m^2, heute etwa 20 W/m^2 pro klx (Bild 3.5.3-8) durch verbesserte Leuchten und Vorschaltgeräte. Belästigung durch Wärmestrahlung von oben beginnt bei etwa 30…35 W/m^2. Verringerung der Wärmebelastung durch *Abluftleuchten* (siehe Abschn. 3.5.3-5), bei denen die fühlbare Wärme abgesaugt wird. Siehe auch Abschnitt 3.5.3-5.

-5.8 Weitere Einflüsse

Außer den genannten Faktoren gibt es zweifellos noch weitere Umstände, die die Behaglichkeit in einem Raum beeinflussen, z. B. Farbe der Wände, Decken, Vorhänge, die Art der Möbel und Stühle, Blumen am Fenster und vieles andere. Alle diese Faktoren lassen sich jedoch bezüglich ihres Einflusses nicht genau erfassen.

[1)] Klosterkötter, W.: VDI-Bericht 147. 1970. S. 29/32.
DIN 4109 (11.89): Schallschutz im Hochbau.

[2)] Söllner, G.: VDI-Bericht 147. 1970 und Kälte 1970. S. 463/7.
Wegner, J.: Ges.-Ing. 4/73. S. 118/21.
Hentschel, H., u. G. Klein: TAB 4/81. S. 11/16.

1.2.4 Behaglichkeitsmaßstäbe[1)]

-1 Thermische Behaglichkeit

Wie aus den bisherigen Darlegungen hervorgeht, sind zur Festlegung eines bestimmten Luftzustandes mindestens vier Daten erforderlich, nämlich die Lufttemperatur, die mittlere Wandoberflächentemperatur, die Luftfeuchte und die Luftgeschwindigkeit.

Schon früh haben die Hygieniker versucht, diese vier Größen durch eine einzige zu ersetzen, aus deren Wert dann auf die mehr oder weniger große Behaglichkeit eines Luftzustandes geschlossen werden könnte, oder auf andere Weise einen Maßstab für thermische Behaglichkeit zu konstruieren. Die wichtigsten dieser Versuche einer *Klimasummenmessung* sind folgende:

a) Hauttemperatur

Da die Haut das Hauptorgan für den Wärme- und Wasseraustausch mit der Luft ist, wurde ihre Temperatur und deren Abhängigkeit von verschiedenen Luftzuständen bereits häufig untersucht. Die Temperaturen an den einzelnen Körperteilen sind voneinander verschieden. Als für Vergleiche am geeignetsten hat sich die *Stirntemperatur* gezeigt, die etwa der mittleren Körpertemperatur entspricht. Der Raumtemperatur von 19 bis 21 °C entsprechen bei ruhiger Luft Stirntemperaturen von etwa 31 bis 32 °C. Im Gebrauch ist der Maßstab unpraktisch, daher in der Lüftungstechnik auch nicht verwendet. Siehe auch Bild 1.2.1-1. Allgemein gilt die *mittlere Hauttemperatur* einer bestimmten Person neben der Schweißabgabe als Index für die Behaglichkeit (siehe Behaglichkeitsdefinition am Ende der Einführung von Abschnitt 1.2.3).

b) Äquivalenttemperatur

Im Unterschied zur operativen Temperatur berücksichtigt die Äquivalenttemperatur neben der Wirkung der Lufttemperatur und der Umschließungsflächentemperatur auch die Wirkung der Luftbewegung auf die Wärmebilanz eines beheizten Körpers (Mensch). Bezogen auf die Messung der Äquivalenttemperatur kann man diese so definieren: „Äquivalenttemperatur ist die Innenoberflächentemperatur eines gedachten Raumes mit gleichen Innenoberflächen- und Lufttemperaturen und ruhender Luft, mit dem ein zum Beispiel auf 34 °C beheizter Körper dieselbe Wärmemenge durch Strahlung und Konvektion austauscht wie mit dem tatsächlichen Raum.“ Im Fall der Übereinstimmung von Luft- und Umschließungsflächentemperatur im tatsächlichen Raum hängt somit der Wert der Äquivalenttemperatur von der Stärke der Luftbewegung ab. Gemessen werden kann die Äquivalenttemperatur also nur mit einem beheizten Fühler. Ein solcher Fühler, der auch in der Lage ist, die Richtung von Luftbewegung und Abstrahlung zu erfassen, ist in Abschnitt 1.2.4-1e) beschrieben. Bei ruhender Luft sind operative Temperatur und Äquivalenttemperatur gleich.

c) Effektive Temperatur

wurde ursprünglich 1923 von den Amerikanern eingeführt und ist ein Versuch, die Behaglichkeit durch eine einzige Zahl zu kennzeichnen. Mit effektiver oder wirksamer Temperatur bezeichnet man eine fiktive, tatsächlich nicht vorhandene Temperatur, der solche Kombinationen von Lufttemperatur, Feuchte und Luftbewegung entsprechen, die das gleiche Behaglichkeitsgefühl hervorrufen. Die *Kurven gleicher effektiver Temperaturen* wurden durch Massenversuche an Menschen festgestellt und sind in Kurvenblättern dargestellt. Bild 1.2.4-1 zeigt ein inzwischen von ASHRAE überarbeitetes Kurvenblatt. Es zeigt für leicht bekleidete Personen (0,5…0,6 clo) bei sitzender leichter Bürotätigkeit und Luftgeschwindigkeit unter 0,2 m/s den Komfort-Bereich[2)]. Für verschiedene Luftgeschwindigkeiten werden verschiedene Kurvenblätter verwendet. Die effektive Temperatur läßt sich nicht direkt messen, sondern muß aus den Meßwerten der Lufttemperatur, Feuchte und Luftgeschwindigkeit errechnet werden. Die Temperaturskala wird dabei auf der Kurve mit 50% rel. Feuchte abgelesen. (Früher waren es 100%.) Die Linien konstanter effektiver Temp. zeigen einen geringen Einfluß der Luftfeuchte, der mit steigender Temperatur größer wird.

[1)] Marx, P., u. G. Schlüter: HLH 9/75. S. 317/21.
Loewer, H.: Ki 5/83. S. 223/7.
Katz, Ph.: TAB/7/89. S. 543/8.

[2)] ASHRAE Fundamentals 1993.
Rohler, F. H., u. R. G. Nevins: Ki 6/75. S. 205/12.

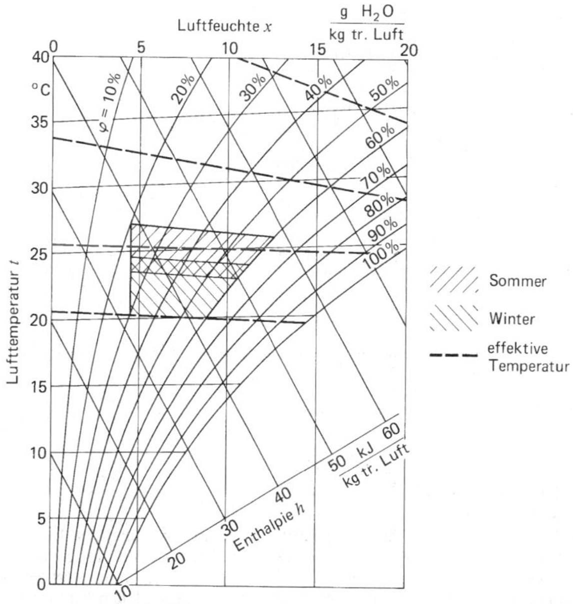

Bild 1.2.4-1. Neue Komfort-Tafel mit Linien „effektiver Temperatur" nach ASHRAE.

Dieser Behaglichkeitsmaßstab hat sich in Amerika weitgehendst eingebürgert, ohne jedoch in Europa Fuß fassen zu können.

d) Bedingungen für thermischen Komfort nach DIN EN ISO 7730 (09.95).

Nach DIN EN ISO 7730 läßt sich die Behaglichkeit aus einer statistisch an über 1000 Personen ermittelten Formel berechnen, in die eingehen:

Aktivitätsgrad (metabolic rate) M
Wärmeleitwiderstand der Kleidung
Raumlufttemperatur t_L
mittlere Strahlungstemperatur der Raumumschließungswände t_r
Luftgeschwindigkeit v
Luftfeuchte φ

Für die recht komplizierte Formel wird in DIN EN ISO 7730 ein Fortran-Programm angegeben. Zunächst wird aus den vorgenannten Einflußgrößen ein PMV-Index berechnet (PMV = predicted mean vote). Das ist eine 7-Punkte-Wertung für nachstehende thermische Empfindungsskala mit dazugehörigem PPD-Index (predicted percentage of dissatisfied), der die Prozentzahl unzufriedener Personen angibt.

PMV = Empfinden:	+3 heiß	+2 warm	+1 leicht warm	+0,5	0 neutral	−0,5	−1 leicht kühl	−2 kühl	−3 kalt
PPD =	90%	75%	25%	10%	5%	10%	25%	75%	90%

Man sieht, daß bei besten Verhältnissen immer noch 5% Unzufriedene bestehen bleiben.

In Bild 1.2.4-2 ist für 50% rel. Luftfeuchte die optimale Raumtemperatur (operative Temperatur) abhängig von Kleidung und Aktivität dargestellt.

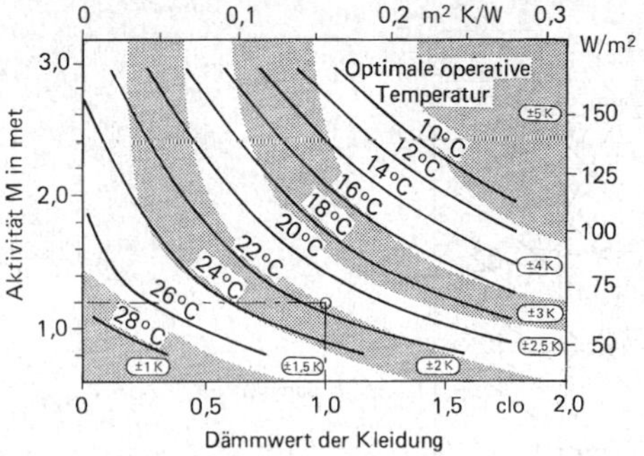

Bild 1.2.4-2. Optimale operative Temperatur für PMV=0 abhängig von Aktivität und Kleidung (nach DIN EN ISO 7730). Luftfeuchte 50%.
Ausgezogene Linien PMV = 0, d. h. 5% unzufrieden.
Schraffierter Bereich PMV = ± 0,5, d. h. 10% unzufrieden.

Dabei ist für die Luftgeschwindigkeit angenommen

v = 0 m/s bei Aktivität M < 1 met und
v = 0,3 (M – 1) bei M > 1 met.

Die ausgezogenen Kurven ergeben PMV = 0 (neutral), die Schraffur deutet den Bereich –0,5 < PMV < + 0,5 an, was PPD = 10% Unzufriedene ergibt. Die dazugehörige Schwankungsbreite der Temperatur ist ebenfalls angegeben. Die operative Temperatur ist angenähert gleich dem Mittelwert von t_L und t_r. Sie ist identisch mit der empfundenen Temperatur t_e gemäß Abschn. 1.2.3-1.2, wo auch die genauere Berechnung aus t_L und t_r erfolgt.

Beispiel:

Tätigkeit: sitzend im Büro, d.h. M = 1,2 met (nach Tafel 1.2.2-2).
Kleidung: leichte Sportkleidung mit Jacke, d.h. 1 clo (nach Tafel 1.2.3-2).
Optimale operative Temperatur 21,5 °C.

Eine einfachere Komfort-Formel von Fanger, die den Einfluß von Luftgeschwindigkeit und Turbulenzgrad angibt, ist nachfolgend unter *f)* gegeben.

e) Der „künstliche Kopf“

nach Lutz[1] ist ein richtungsempfindliches Wärmestrom-Meßgerät, wobei eine aus 4 unabhängigen Segmenten bestehende Kugel mit dünner Wärmedämmschicht durch el. Heizwiderstände so aufgeheizt wird, daß die Oberflächentemperatur konstant bleibt. Das Segment, das z. B. einer kalten Fensterfront zugewandt ist, muß stärker aufgeheizt werden, als dasjenige, das auf eine Innenwand gerichtet ist.

Der Behaglichkeitsbereich liegt bei einer Wärmeabgabe von 100…130 W/m². Bei davon abweichenden Werten fühlt sich der Mensch entweder zu warm oder zu kalt. Auf diese Weise sind die Meßwerte des Gerätes besonders geeignet, verschiedene Heizungs- und Lüftungsanlagen in ihrer Wirkung auf die Behaglichkeit zu beurteilen, da sowohl Lufttemperatur wie Wandtemperatur und Luftbewegung richtungsabhängig erfaßt werden.

f) Einige weitere in der medizinischen und klimatologischen Wissenschaft eingeführte, in der Praxis der Klimatechnik jedoch z. T. erst zögernd benutzte Maßstäbe[2] sind folgende:

- Die *resultierende Temperatur* nach Missenard, die mit dem „resultierenden Thermometer“ gemessen wird. Geschwärzte Kupferkugel mit befeuchteten Mullstreifen und mit Quecksilberthermometer in der Mitte.
- Die *gleichwertige Temperatur* (äquivalente Temperatur), gemessen mit dem *Eupatheoskop* nach Dufton. Elektrisch beheizter geschwärzter Zylinder, dessen Stromaufnahme gemessen wird. Dieser Meßwert hat trotz der gleichen Bezeichnung nichts mit der äquivalenten Temperatur nach Prött zu tun.

[1]) Lutz, H.: Ges.-Ing. 1970. S. 338/50.
[2]) Schüle u. Lutz: Ges.-Ing. 1964. S. 266/71.
Institut für Bauforschung: Forschungsbericht 1237 (1974).

- Das *Davoser Frigorimeter* nach Thilenius und Dorno benutzt als Meßgröße elektrische Heizenergie, die einer auf konstanter Temperatur gehaltenen geschwärzten Kugel von 7,5 cm Durchmesser zugeführt wird. Eine Verbesserung ist das richtungsempfindliche Frigorimeter von W. Frank[1].
- Der *Frigorigraph* nach Pfleiderer und Büttner, namentlich für Messungen im Freien.
- Das *Globusthermometer* zur Anzeige der „Empfindungstemperatur" nach Vernon. Mattschwarz gestrichene, kupferne Hohlkugel, 152 mm Durchmesser, in der Mitte ein gewöhnliches Quecksilberthermometer. Sehr träge, etwa 15 Minuten bis zum Gleichgewicht. Schneller wirksam das „Ballonthermometer"[2].
- Die *Behaglichkeitsformel* von van Zuilen.
- *Komfort-Formel nach Fanger.* Eine von Fanger[3] entwickelte und verstärkt auch in der Praxis schon angewandte Formel erlaubt, folgende Einflüsse auf die Behaglichkeit *(Akzeptanzquote)* zu berechnen: Trockenkugeltemperatur der Raumluft, mittlere Strahlungstemperatur, Luftgeschwindigkeit, Turbulenzgrad, Tätigkeit, Kleidung. Die Formel ermöglicht eine Computerberechnung.

Komfortformel: $100 \cdot PD = (34 - t_L) \cdot (v - 0{,}05)^{0{,}6223} \cdot \{3{,}143 + 0{,}369 \cdot v \cdot 100 \cdot Tu\,\%\}$

Dabei bedeuten:
PD = Unzufriedene in %
t_L = Lufttemperatur in °C (gegebenenfalls empfundene Temperatur)
v = v_{50} = mittlere Luftgeschwindigkeit in m/s
Tu = Turbulenzgrad in %

Die vorstehende Formel mit der Zahl $34 = t_s$ = Hauttemperatur gilt für 1 met und 0,8 clo. Für 1 met mit 1,4 clo oder 1,2 met mit 1,2 clo gilt $t_s = 30$ °C. Für 1,2 met mit 1,4 clo oder 1 met mit 1,7 clo ist $t_s = 29$ °C. Mit dieser Formel wurde Bild 1.2.3-13 berechnet.

- Das *Wärmekomfort-Meßgerät* nach Fanger/Madsen hat einen Sensor, der das menschliche Empfinden nachbildet, und einen Rechner, der die Sensorsignale nach der *Komfortformel* auswertet.

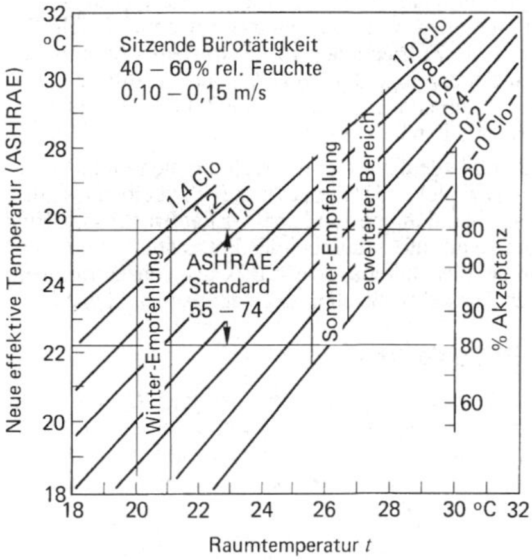

Bild 1.2.4-3. Effektive Temperatur (ASHRAE), Akzeptanz nach Fanger in Abhängigkeit von der Kleidung und Empfehlung der amerikanischen Energiebehörde (FEA) für Sommer und Winter.

[1] Frank, W.: Ges.-Ing. 1968. S. 301/8.
[2] Eissing, G., u. I. Steinhaus: Ki 3/82. S. 103/5.
[3] Fanger, P. O.: Thermal Comfort. Copenhagen 1970 u. Ki 11/73. 4 S. u. Energy and Buildings 12 (1988). S. 21/39.
ASHRAE Fundamentals 1985.

- Der *„Raumklima-Analysator“* von Schlüter mißt mit einem Gerät die Lufttemp. und Luftfeuchte, die Wandtemperatur und die Luftbewegung[1].
- Das *Raumklima-Meßgerät* nach E. Mayer[2].

Das Gerät ermöglicht die Ermittlung des *Zukalt-Empfindens,* welches durch die Kälterezeptoren unter der Haut wahrgenommen wird. Die Temperatur der Haut wird meßtechnisch simuliert, wobei die Stirn als repräsentativ für das thermische Empfinden angenommen wird („künstliche Haut“).

Die Wärmeabgabe der „künstlichen“ Haut erfolgt konvektiv und durch Strahlung. Das Meßgerät hat für beide Komponenten je einen Fühler, ferner zusätzlich je einen für Lufttemperatur und -Feuchte.

Über Mikroprozessoren können folgende Werte richtungsabhängig bestimmt werden:

Oberflächentemperatur der Haut,
Wärmestromdichte durch Abstrahlung,
Strahlungs-Wärmeübergangskoeffizient,
Konvektions-Wärmeübergangskoeffizient,
Umschließungsflächen-Temperatur,
Äquivalenttemperatur.

-2 Raumluftqualität[3]

Überarbeitung von Prof. Dr.-Ing. Harald Loewer, Hamburg

-2.1 Definition

Die *Raumluftqualität* umfaßt alle nichtthermischen Wirkungen der Raumluft, die Einfluß auf Wohlbefinden und Gesundheit des Menschen haben. Die Luft wirkt auf den Menschen in erster Linie über die Atmung (Respiration), deren Zweck es ist, dem Körper den für den Stoffwechsel notwendigen Sauerstoff zu- und entstehendes Kohlendioxid abzuführen.

Die Raumnutzer haben zwei Forderungen an die Raumluft: Erstens soll die Luft als frisch und angenehm und nicht als abgestanden und muffig empfunden werden, und zum anderen darf das Einatmen der Luft kein Gesundheitsrisiko darstellen. Dabei gibt es Unterschiede in den individuellen Forderungen. Einige Menschen sind außerordentlich sensibel und stellen hohe Anforderungen an ihre Atemluft, andere wiederum sind wenig empfindlich. Die *Raumluftqualität* kann daher auch durch die Zufriedenheit der Betroffenen beschrieben werden. Die Qualität ist hoch, wenn nur eine geringe Zahl von Personen unzufrieden und ein Gesundheitsrisiko vernachlässigbar ist; sie ist niedrig, wenn die Zahl der Unzufriedenen groß und/oder ein signifikantes Gesundheitsrisiko besteht.

In diesem Sinne kann man sagen: „Qualität bedeutet die gute Erfüllung menschlicher Bedürfnisse.“ Der Qualitätsbegriff ist (zum Beispiel in der Phonetik) zu beschreiben als „das, was man (an Sprachlauten) wahrnehmen, aber nicht messen kann“ (Zitat Brockhaus). Eine ähnliche Situation stellt sich auch in der Raumlufttechnik bei der Betrachtung der *Raumluftqualität* dar, bei der allerdings einige Bestandteile, wie z.B. CO_2-Konzentrationen, flüchtige organische Verbindungen oder Partikel meßtechnisch erfaßt werden können.

-2.2 CO_2-Maßstab nach Pettenkofer

Am Beginn der modernen „Lüftungs- und Klimatechnik“, unserer heutigen Raumlufttechnik, stand die Begründung der wissenschaftlichen Hygiene in der zweiten Hälfte des 19. Jahrhunderts mit *Max von Pettenkofer*[4] und seinen Untersuchungen über Luftwechsel, Luftreinigung, Schadstoffgehalt der Luft und Kohlensäuremaßstab. Der Schwerpunkt der Raumlufttechnik lag dabei eindeutig bei der Lüftung.

---

[1]) Schlüter, G.: Ges.-Ing. 10/72. S. 289/93.

[2]) Mayer, E.: Ges.-Ing. 4/85. S. 175/92 u. 191/2 u. 1/89. S. 35/43 u. 1/90, S. 17/30 u. FLT-Bericht 3/1/24/88. 7. 88.

[3]) Erstbearbeitung erfolgte durch Prof. Dr.-Ing. Harald Loewer, Hamburg, für die 68. und 69. Auflage.

[4]) Pettenkofer, Max v.: Über den Luftwechsel in Wohngebäuden; Literarisch-Artistische Anstalt der J. G. Cotta'schen Buchhandlung, München, 1858, 125 Seiten.
Pettenkofer, Max v.: Über das Verhalten der Luft zum Wohnhause des Menschen; aus Populäre Vorträge von M. v. Pettenkofer, I. Heft, Verlag von T. Vieweg und Sohn, Braunschweig (1877).
Liese, W.: Nachdenkliches zur „Pettenkoferzahl“; Ges.-Ing. 101 (1980) Nr. 11, S. 319/320.

Die gebräuchlichsten Parameter zur Beurteilung der durch den Menschen verursachten Belastungen der Raumluft sind das Kohlendioxid aus der Atemluft sowie die Gerüche, die sogenannten Bioeffluenzen. Zahlreiche Untersuchungen haben den zeitlich gleichförmigen Verlauf von CO_2-Konzentration und Geruchsintensität in Aufenthaltsräumen bestätigt.

Pettenkofer hat seinerzeit den CO_2-Gehalt der Raumluft als Maßstab für die gasförmigen Luftverunreinigungen eingeführt („Pilotstoff") und aus umfangreichen Untersuchungen des CO_2-Pegels in verschiedenen Raum- und Gebäudearten im Verhältnis zur atmosphärischen Luft (Stand etwa 1870) den Schluß gezogen, daß 0,1 Vol.-Prozent Kohlendioxid das brauchbare Kriterium für gute Raumluft sei. Dieser Wert von 0,1 Vol.-Prozent oder 1000 ppm CO_2 ist noch heute als „Pettenkofer-Zahl" bekannt.

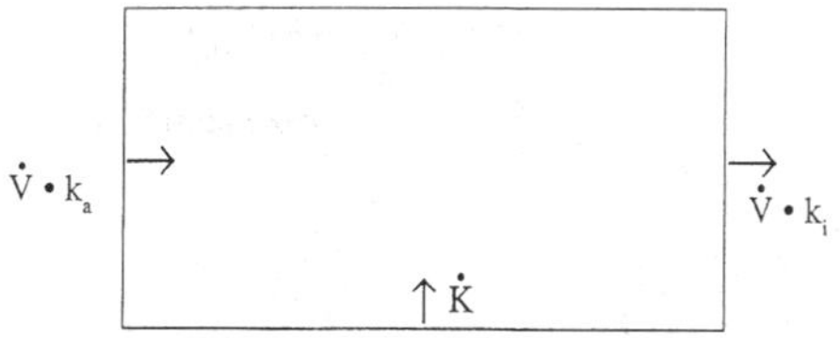

Bild 1.2.4-4. Schadstoffbilanz eines zu lüftenden Raums.

Wenn man davon ausgeht, daß die vom Menschen abgegebene CO_2-Menge zwangsläufig von seinem Wärmeumsatz, angegeben in der Einheit met (1 met = 58 W pro m^2 Körperoberfläche), abhängt, so läßt sich für jede Aktivität (1,2 met entspricht leichter, vorwiegend sitzender Tätigkeit einer Normalperson) und für jeden Außenluftzustand der erforderliche Luftstrom pro Person mit Hilfe einer Bilanzgleichung bestimmen. Dabei ist die Menge des im Raum in der Zeiteinheit anfallenden schädlichen Stoffes $\dot{K}$ zuzüglich der mit der Außenluft zugeführten Schadstoffmenge dem Schadstoffgehalt der Abluft bzw. der Raumluft gleichzusetzen:

$$\dot{K} + \dot{V} \cdot k_a = \dot{V} \cdot k_i$$

k_a = Schadstoffkonzentration der Außenluft in cm^3/m^3 oder mg/m^3,
k_i = erwünschte oder zulässige Schadstoffkonzentration im Raum.

Damit errechnet sich der erforderliche Außenluftstrom zu

$$\dot{V} = \frac{\dot{K}}{k_i - k_a} \quad \text{in } m^3/h \text{ (oder besser in l/s).}$$

Daraus leitet sich die Außenluftrate ab, die jeder Person mindestens zur Verfügung stehen sollte, wobei der ruhende bzw. mit normaler Tätigkeit beschäftigte Mensch in der Stunde etwa 0,5 m^3 Luft veratmet mit 4 Vol.-Prozent CO_2 in der ausgeatmeten Luft:

$$\dot{K} = 0{,}5\ m^3/h \cdot 0{,}04$$
$$= 0{,}02\ m^3/h \text{ oder } 20\ l/h\ CO_2.$$

Mit einer erwünschten oberen Grenze der CO_2-Konzentration im Raum von 0,1 Vol.-Prozent ($k_i = 0{,}001$) entsprechend der Pettenkofer-Zahl und einer angenommenen CO_2-Konzentration der Außenluft von 0,035 Vol.-Prozent ($k_a = 0{,}00035$) berechnet sich der Außenluftstrom je Person zu

$$\dot{V} = \frac{0{,}02}{0{,}001 - 0{,}00035} = 30{,}8 \text{ (gerundet } 30\ m^3/h).$$

Die Luftrate von 30 m^3/h je Person wird für viele Anwendungsfälle in unterschiedlichen Raum- und Gebäudearten in Ansatz gebracht.

Bei der hier durchgeführten Berechnung der Außenluftrate wird die CO_2-Konzentration der Außenluft mit 0,035 Vol.-Prozent angenommen, einem Wert, der heute nicht mehr für alle Außenluftverhältnisse gilt. Bekanntlich zeigt der CO_2-Gehalt der Außenluft steigende Tendenz, wobei durchaus in Industriegebieten und verkehrsreichen Ballungszentren Konzentrationen bis zu 0,05 Vol.-Prozent und höher erreicht werden können.

In diesem Zusammenhang erscheint ein Hinweis wichtig: Es ist ein weitverbreiteter Irrtum, daß die Atmung des Menschen zu Sauerstoffmangel in Aufenthaltsräumen führt. Der Mensch ist ziemlich unempfindlich gegenüber O_2-Konzentrationsschwankungen in der Luft. Eine Verringerung des Sauerstoffpartialdruckes um 25 Prozent, was etwa einer Höhe von 2400 m über NN entspricht, wird kaum empfunden. Eine geringe Außenluftrate von 0,1 l/s · Person reicht aus, um den Sauerstoffbedarf zu decken. Mit Ausnahme von extre-

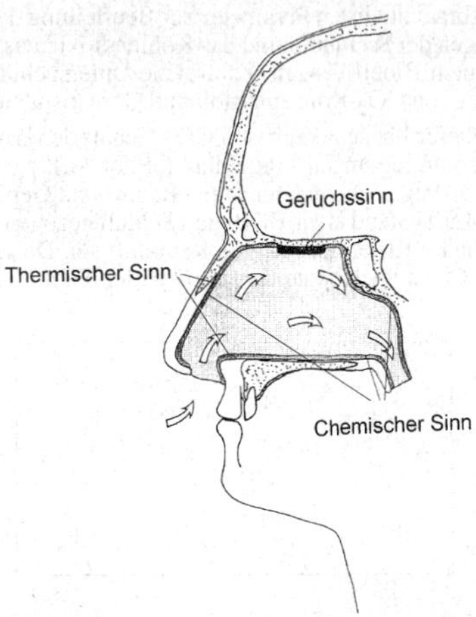

Bild 1.2.4-5. Die menschliche Nase.

men Fällen, wie in Raumschiffen, Unterseebooten u.ä., ist der Sauerstoffgehalt kein Raumluftproblem.

-2.3 Anforderungen an den Luftzustand in Aufenthaltsräumen

Die Zusammensetzung der Raumluft wird – abweichend von der Außenluft – bestimmt durch die möglichen Luftverunreinigungen, die in Aufenthaltsräumen durch Ausdünstungen und durch die Atemluft der anwesenden Personen hervorgerufen werden. Daneben kann es hier auch eine Anzahl von Verunreinigungsquellen geben, die nicht von den Raumnutzern verursacht werden.

Ein Gesundheitsrisiko durch eingeatmete Luft ist in der Regel lediglich dann zu erwarten, wenn bestimmte Luftverunreinigungen im allgemeinen einzeln und in hohen Konzentrationen als Schadstoffe auftreten. Dies bedarf einer besonderen Betrachtungsweise und muß deshalb im Zusammenhang mit der Luftqualität und ihrer Bewertung unberücksichtigt bleiben. Hier geht es um Verunreinigungen der Raumluft, die **nicht** die Gesundheit des Menschen beeinträchtigen und die deshalb lediglich als unbehaglich, unangenehm oder irritierend zu bezeichnen sind. In der weiteren Betrachtung dieser Zusammenhänge wird deshalb auch der Begriff „Empfundene Luftqualität" auftreten.

Der Mensch empfindet dabei die Luft durch zwei seiner Sinne. Der Geruchssinn befindet sich in der Nasenhöhle (Bild 1.2.4-5) und ist empfindlich gegenüber einer großen Zahl von Geruchsstoffen. Der chemische Sinn wird durch freie Nervenenden vermittelt, die sich in den Schleimhäuten von Auge, Nase, Mund und Rachen befinden, und ist für eine ähnlich große Zahl von Reizstoffen empfindlich. Es ist immer die Kombination dieser beiden Sinne, die den Menschen die Luft als frisch und angenehm oder abgestanden und muffig empfinden läßt, möglicherweise mit Reizwirkungen auf die Schleimhäute. Eine herausragende Eigenschaft der menschlichen Nase ist dabei, verglichen mit der Empfindlichkeit chemischer Meßverfahren, ihre extrem hohe Empfindlichkeit für niedrige Konzentrationen chemischer Substanzen.

-2.4 Rate der Unzufriedenen und ihre Bedeutung in der Raumlufttechnik

Wird somit das menschliche Empfinden als wesentlicher Maßstab für die Bewertung der Raumluftqualität definiert in Anlehnung an die Definition des Qualitätsbegriffes, dann läßt sich daraus ableiten, daß der Anteil der Unzufriedenen in einem Kollektiv von Raumnutzern ein Maß darstellt für die Qualität der Raumluft. Als Kurzbezeichnung (oder Formelzeichen) für den Anteil Unzufriedener wurde international *PD* eingeführt als Abkürzung für Percentage Dissatisfied (deutsch: Prozentzahl Unzufriedener).

Als Unzufriedene gelten dabei diejenigen Personen, die bei Betreten eines Raumes die Luft als nicht akzeptabel empfinden. Diese Festlegung ist deshalb wichtig, weil – wie zahlreiche

Untersuchungen ergeben haben – es beim Menschen zu unterschiedlicher Adaption verschiedener Gerüche kommt[1]: Bestimmte Gerüche werden relativ schnell akzeptiert, andere wiederum bleiben über einen längeren Zeitraum als „fremd" bestehen, werden nicht akzeptiert, adaptieren sich also langsam. Typische Extreme sind der Körpergeruch auf der einen Seite und der Geruch von Zigarettenrauch auf der anderen Seite. An Körpergerüche können sich die menschlichen Sensoren in kurzer Zeit anpassen, während sie den Zigarettenrauch lange nicht akzeptieren. Untersuchungen von Fanger[2] über die Abhängigkeit der Prozentzahl Unzufriedener von der personenbezogenen Außenluftrate hat zu dem in Bild 1.2.4-6 dargestellten Zusammenhang geführt.

Der Kurvenverlauf läßt erkennen, daß die nach DIN 1946 Teil 2 für einige Raumarten vorgesehene Luftrate von 30 $m^3/h \cdot$ Pers. einen *PD*-Wert von etwa 20 Prozent ergibt. Dieser Wert entspricht als Ergebnis zahlreicher Untersuchungen einem tolerierbaren Grenzwert für die Luftqualität in Innenräumen.

Die in Bild 1.2.4-6 dargestellte Kurve ist die Abbildung der Funktion:

$$PD = 395 \cdot e^{-1{,}83 \cdot \dot{q}^{0{,}25}}$$

mit der personenbezogenen Luftrate $\dot{q}$ in l/s · Pers.

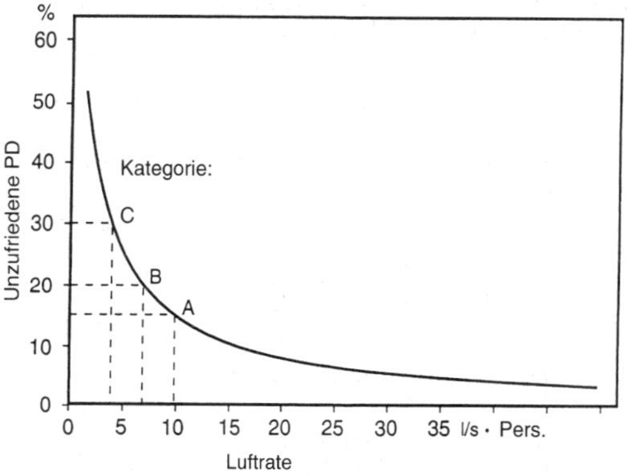

Bild 1.2.4-6. Abhängigkeit der Prozentzahl Unzufriedener von der personenbezogenen Außenluftrate. Die verschiedenen Kategorien der Luftqualität entsprechend Tafel 1.2.4-2.

-2.5 Quellen der Luftverunreinigung

Der Mensch als alleinige Quelle der Luftverunreinigung in Aufenthaltsräumen war Grundlage für die Einführung des CO_2-Maßstabes zur Bewertung der Raumluftqualität durch *Pettenkofer* und ging in dieser Form weltweit in Normen und Richtlinien ein bei der Bestimmung der Luftleistung nach der Zahl der im Raum anwesenden Personen.

Obwohl die Forderungen dieser Richtlinien erfüllt waren, wurden in vielen Gebäuden Beschwerden registriert von den Personen im Raum über als unangenehm empfundene Luftzustände, für die es zunächst keine Erklärungen gab. Spezielle Verunreinigungen konnten meßtechnisch nicht nachgewiesen werden. Diese Erscheinungen wurden bekannt unter dem Begriff „Sick Building Syndrom" (Syndrom des „krankmachenden" Gebäudes).

Intensive Untersuchungen zur Ursachenforschung brachten dann außer den Personen noch andere Quellen der Luftverunreinigung zum Vorschein. Zahlreiche Feldstudien u.a. von

---

[1] Gunnarsen, L., and Fanger, P.O. (1992): Adaptation to indoor air pollution; Energy and Buildings 18, page 43–54.

[2] Berg-Munch, B., Clausen, G., und Fanger, P. O.: Ventilation requirements for the control of body odor in spaces occupied by women; Environment International (1986), 12. Seite 195–199.
Fanger, P. O., und Berg-Munch, B.: Ventilation and body odor; Proc. of An Engineering Foundation Conference on Management of Atmospheres in Tightly Enclosed Spaces. ASHRAE, Atlanta 1983, Seite 45–50.
Fanger, P. O., Lauridsen, J., Bluyssen, P., und Clausen, G.: Air Pollution Sources in Offices and Assembly Halls; Quantified by the olf Unit. Energy and Buildings 12 (1988), Seite 7–9.
Fanger, P. O.: Hidden olfs in sick buildings. ASHRAE-Journal, November 1988.

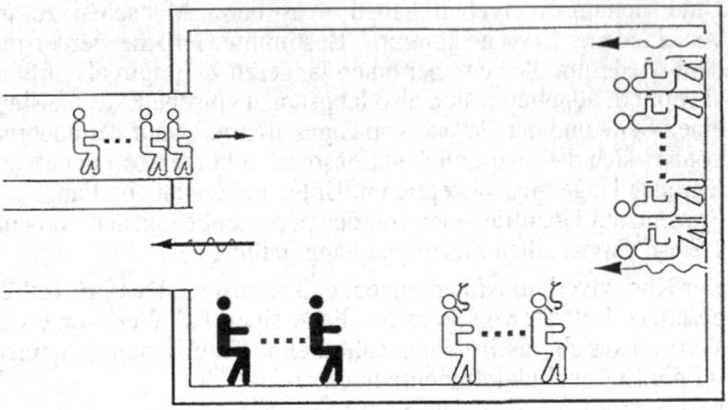

Bild 1.2.4-7. Quellen der Luftverunreinigung.

Fanger[1] und Bischof[2] führten zu dem Ergebnis, daß wesentliche Quellen der Luftverunreinigung im Raum selbst und seiner Ausstattung (Möblierung, Bodenbeläge etc.) und auch in RLT-Anlagen zu suchen sind (Bild 1.2.4-7). In vielen Fällen war dabei die von Personen ausgehende Raumluftbelastung sogar vergleichsweise gering.

Bild 1.2.4-8. Verunreinigungslast 1 olf.

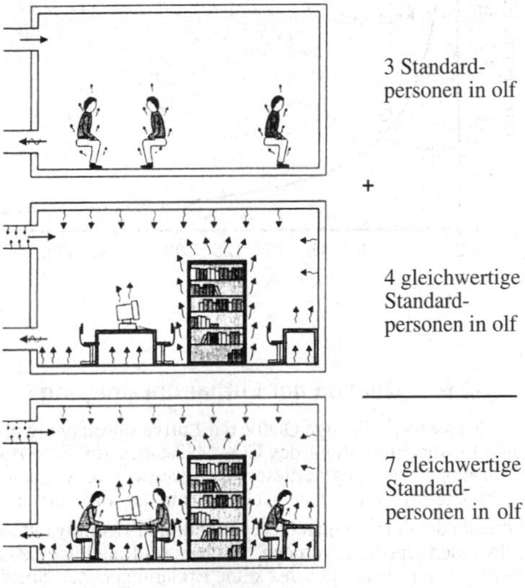

Bild 1.2.4-9. Die Verunreinigungslast in einem Büro dargestellt in Personen-Gleichwerten (Beispiel).

Für die Auslegung von Raumlufttechnischen Anlagen bedeutet das, daß die personenbezogenen Luftraten bei der Festlegung der Luftleistung oft nicht ausreichen. Um zu einer vergleichbaren Beurteilung unterschiedlicher Verunreinigungsquellen zu kommen, werden alle Verunreinigungen den von Personen hervorgerufenen gleichgesetzt, sofern sie eine gleichwertige Belastung darstellen. Dazu wird ein sogenannter „Personen-Gleichwert" *Verunreinigungslast G* mit der Einheit olf (lat. olfactus = Geruchssinn) eingeführt. Die

[1]) siehe Fußnote [2]) auf Seite 75.

[2]) Bischof, W., Bullinger, M., Kruppa, B., Schwab, R., Müller, BH.: „Expositionen und gesundheitliche Beeinträchtigungen in Bürogebäuden – Ergebnisse des ProKlimA-Projektes", Fraunhofer IRB Verlag, Stuttgart, 2002 (in Vorbereitung).

Verunreinigungslast 1 olf wird von einer Standardperson verursacht (Bild 1.2.4-8), das heißt einer erwachsenen Person in sitzender Tätigkeit mit einem Hygienezustand von 0,7 Bädern pro Tag. Dieses Konzept ist dargestellt in Bild 1.2.4-9. Ein unbesetzter Raum verursacht eine Belastung von 4 olf, wenn die Verunreinigung durch den Raum selbst als der von 4 Standardpersonen empfunden wird (d.h. er verursacht gleiche Unzufriedenheit). Wenn dieser Raum mit 3 Personen besetzt ist, beträgt die gesamte Luftbelastung 7 olf, sodaß die Lüftung auf diese Gesamtbelastung ausgelegt werden muß.

-2.6 Bewertung der Luftqualität

Die unterschiedlichen, nicht mehr nur an Personen gebundenen Belastungen der Raumluft machen die Einführung eines Bewertungsmaßstabes für die Luftqualität erforderlich, der – anders als der CO_2-Maßstab nach Pettenkofer – zwei wesentliche Aufgaben zu erfüllen hat:

- Berücksichtigung aller im Aufenthaltsraum auftretenden oder auf diesen wirkenden Verunreinigungsquellen,
- angemessene Wiedergabe des menschlichen Empfindens der Raumluftqualität im Sinne der Definition von Qualität als Erfüllung menschlicher Bedürfnisse.

Die dafür geeignete Größe ist die *Empfundene Luftqualität C* in dezipol.

Die Einheit 1 Pol (lat. pollutio = Verschmutzung) ist dabei definiert als die Empfundene Luftqualität in einem Raum mit einer Verunreinigungslast von 1 olf und einer Lüftung mit einem Volumenstrom von 1 l/s (Beharrungszustand und vollständige Durchmischung der Raumluft vorausgesetzt).

Da 1 Pol = 10 dezipol einer sehr schlechten Luftqualität entspricht, wird hier die mehr praxisbezogene Einheit dezipol eingeführt, entsprechend einer auf die Person oder einen Personengleichwert (olf) bezogenen Luftrate von 10 l/s = 36 m^3/h (Bild 1.2.4-10).

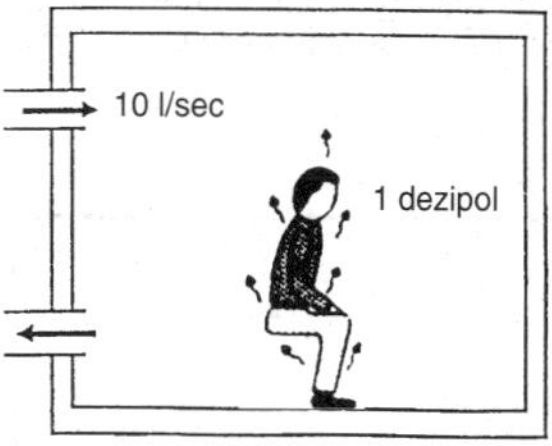

Bild 1.2.4-10. Empfundene Luftqualität 1 dezipol.

Zwischen der Empfundenen Luftqualität C in dezipol, der in einem Raum auftretenden Verunreinigungslast G in olf und dem Volumenstrom $\dot{V}$ der den Raum durchströmenden Luft in l/s besteht somit folgender mathematischer Zusammenhang:

$$C = 10 \frac{G}{\dot{V}} \text{ in dezipol}$$

Dabei ist eine Erkenntnis von besonderer Bedeutung: Die Verunreinigungslast in olf ist als Größe direkt nicht meßbar. Hierzu bedarf es zunächst der Bestimmung der Empfundenen Luftqualität und einer Berechnung der Verunreinigungslast mit Hilfe der o.a. Gleichung.

Für die Luftqualität mit den Einheiten olf und dezipol läßt sich durchaus eine Analogie herstellen zu den entsprechenden Einheiten für Licht und Geräusch. Aus Tafel 1.2.4-1 ist erkennbar, daß Lumen, Watt und olf jeweils die Quellenstärke, Lux, dezibel (A) und dezipol die Empfindung des jeweiligen Sinnesorganes (Auge, Ohr, Nase) beschreiben.

Tafel 1.2.4-1 Vergleich zwischen den Einheiten der Luftqualität und den analogen Einheiten für Licht und Geräusch

	Licht	Geräusch	Luftqualität
Quellenstärke	Lumen	Watt	olf
Wahrgenommener Pegel	Lux	dB (A)	dezipol

-2.7 Behaglichkeitsgleichung der Raumluftqualität

In Bild 1.2.4-6 ist die Abhängigkeit der Prozentzahl Unzufriedener (*PD*-Wert) von der personenbezogenen Außenluftrate dargestellt. Nach Einführung der Verunreinigungslast in olf kann diese Darstellung unmittelbar auf die „olf-bezogene" Außenluftrate übertragen werden. Dann ist in der Gleichung in Abschn. 1.2.4-2.4

$$PD = 395 \cdot e^{-1{,}83 \cdot \dot{q}^{0{,}25}}$$

als Wert für $\dot{q}$ die auf die Einheit der Verunreinigungslast olf bezogene Luftrate einzusetzen:

$$\dot{q} = \frac{\dot{V}}{G} \text{ in l/(s} \cdot \text{olf)}$$

Die Empfundene Luftqualität *C* wurde definiert

$$C = 10 \frac{1}{\dot{q}} \text{ in dezipol}$$

oder nach $\dot{q}$ aufgelöst

$$\dot{q} = \frac{10}{C}$$

Wird dieser Quotient 10/*C* für $\dot{q}$ oben eingesetzt, ergibt sich ein mathematischer Zusammenhang zwischen dem *PD*-Wert und der Empfundenen Luftqualität *C:*

$$PD = 395 \cdot e^{-3{,}25 \cdot C^{-0{,}25}}$$

und nach *C* aufgelöst

$$C = 112 \cdot (\ln PD - 5{,}98)^{-4}$$

Diese Gleichung ist in Bild 1.2.4-11 dargestellt und wird als die „Behaglichkeitsgleichung für die Raumluft-Qualität" bezeichnet. Mit ihr läßt sich für jeden gewünschten Raumluftzustand – ausgedrückt in dem Prozentsatz Unzufriedener *PD* – die erforderliche Luftleistung ermitteln.

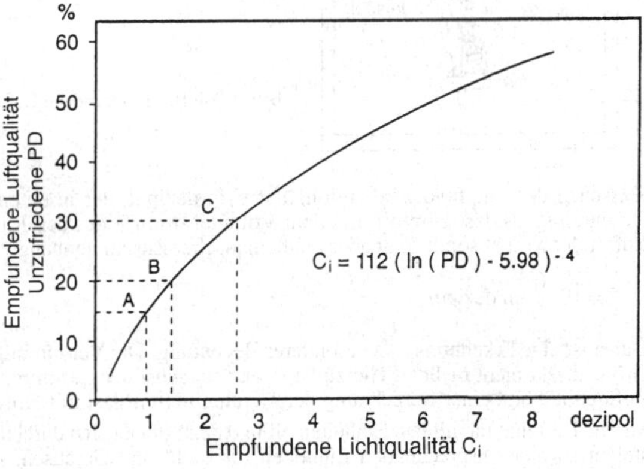

Bild 1.2.4-11. Anteil Unzufriedener als Funktion der Empfundenen Luftqualität. Die verschiedenen Kategorien der Luftqualität entsprechend Tafel 1.2.4-2.

In vielen gut gelüfteten Gebäuden mit geringer Verunreinigungslast liegt die Empfundene Luftqualität unter 1 dezipol oder 15 Prozent Unzufriedener („gesunde" Gebäude). Räume mit schlechter Lüftung und großen Verunreinigungslasten können eine Empfundene Luftqualität bis zu 10 dezipol oder 60 Prozent Unzufriedene aufweisen. Eine Empfundene Luftqualität kleiner als 0,6 dezipol (10% Unzufriedene) ist ziemlich schwer in geschlossenen Räumen zu verwirklichen.

-2.8 Bestimmung der der Raumluftqualität

Für die Bestimmung der Empfundenen Luftqualität in dezipol gibt es derzeit noch kein Meßgerät. Es wird deshalb empfohlen, hierfür die menschlichen Sinnesorgane – hier die Nase mit ihren beiden Sinnen, dem Geruchssinn und dem chemischen Sinn (vgl. Bild 1.2.4-5) – einzusetzen. Dieses Verfahren ist nicht neu und wird seit langem zum Beispiel in der Lebensmittel- und Parfumindustrie zur Produktentwicklung oder unter gleichzeitigem Einsatz der Geschmacksnerven bei der Beurteilung von Getränken angewendet.

Zwei Verfahren zur Bestimmung der Empfundenen Luftqualität werden derzeit eingesetzt[1]. Und zwar erfolgt die Bewertung der Luftqualität durch Probanden-Gruppen unmittelbar nach Betreten eines Raumes seit den klassischen Untersuchungen von Yaglou et al[2].

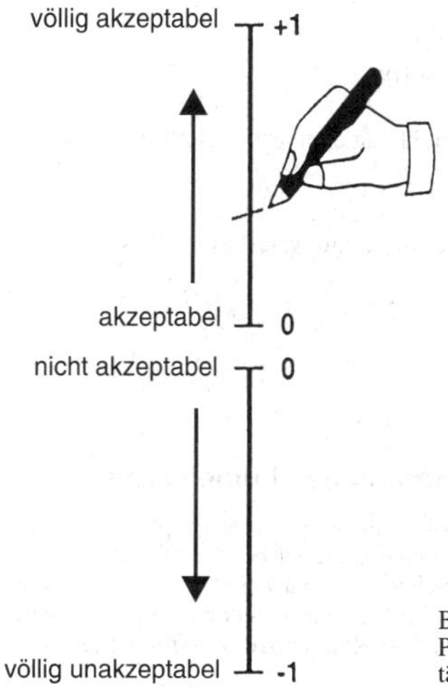

Bild 1.2.4-12. Ein von einer untrainierten Personengruppe verwendeter Akzeptabilitätsmaßstab.

Bei dem ersten Verfahren[3] betritt eine untrainierte Gruppe unvoreingenommener Probanden den Raum und urteilt, in welchem Maße die Luftqualität akzeptabel ist oder nicht. Der dabei verwendete Akzeptabilitätsmaßstab ist in Bild 1.2.4-12 dargestellt. Basierend auf einer durchschnittlichen Gruppen-Bewertung (ACC) kann der prozentuale Anteil der mit der Luftqualität unzufriedenen Personenzahl (PD) nach der folgenden Gleichung berechnet werden:

$$\mathrm{PD} = \frac{exp\,(-0{,}18 - 5{,}28 \cdot ACC)}{1 + exp\,(-0{,}18 - 5{,}28 \cdot ACC)} \cdot 100$$

Die Empfundene Luftqualität in dezipol läßt sich daraus mit der in Abschn. 1.2.4-2.7 entwickelten Gleichung ermitteln.

Bei dem zweiten Verfahren[4] bewertet eine Gruppe von 10 bis 15 trainierten Probanden die Luftqualität direkt in dezipol, indem sie den Grad der Belästigung durch die Luftqualität –

---

[1]) Fitzner, K. 1998. Sensorische Bestimmung der Luftqualität in Innenräumen und der Emission von Verunreinigungsquellen. DKV-Tagungsbericht Würzburg, Band 4, 43–55.

[2]) Yaglou, C. P., Riley, E. C., Coggins, D. J.: Ventilation Requirements. ASHVE Trans. 42 (1936), S. 133–162.
Yaglou, C. P., Witheridge, W. N..: Ventilation Requirements, Part 2. ASHVE Trans. 43 (1937), S. 423–436.

[3]) ASHRAE. 1989. Standard 62–89. Ventilation for Acceptable Indoor Air Quality, Atlanta: American Society of Heating and Air-Conditioning Engineers Inc.

[4]) Bluyssen, P.M., Kondo, H., Pejtersen, J., et al. 1989. A trained panel to evaluate perceived air quality, Proceedings of CLIMA 2000, Vol. 3, pp 25–30.

verursacht durch wahrgenommene Gerüche und Sinnesirritationen – im Vergleich zu einem genau definierten Bezugswert von Azeton benennt. Es konnte nachgewiesen werden[1)], daß sich die Bewertung der Empfundenen Luftqualität durch die trainierte Gruppe von der Sinnesbewertung durch eine untrainierte Gruppe signifikant unterscheidet. Die Bewertung durch die trainierte Gruppe läßt sich übertragen auf die Ergebnisse der untrainierten Gruppe, indem ein hierfür entwickeltes Übertragungsmodell[1)] eingesetzt wird.

Beispiel:

Mit Hilfe der Sinnesbewertung der Empfundenen Luftqualität und dem Außenluftstrom läßt sich die Verunreinigungslast berechnen. Zum Beispiel bewertet in einem unbesetzten Konferenzraum mit einer Grundfläche von 60 m² und gelüftet mit einer Außenluftrate von 100 l/s eine Gruppe von 20 untrainierten Probanden die Luftqualität unmittelbar nach Betreten des Raumes anhand des Akzeptabilitätsmaßstabes (Bild 1.2.4-12) mit dem Durchschnittswert +0,3. Die Prozentzahl der Unzufriedenen läßt sich daraus berechnen

$$\mathrm{PD} = \frac{exp\,(-0{,}18 - 5{,}28 \times 0{,}3)}{1 + exp\,(-0{,}18 - 5{,}28 \times 0{,}3)} \times 100 = 15\%$$

Die Empfundene Luftqualität in dezipol kann dann aus dieser Prozentzahl der Unzufriedenen wie folgt ermittelt werden

$$C = 112 \times [\ln(12) - 5{,}98]^{-4} = 1{,}0 \text{ dp}.$$

Daraus ergibt sich die spezifische Verunreinigungslast des unbesetzten Konferenzraumes zu

$$G = 1{,}0 \times \frac{100}{100} \times \frac{1}{60} = 0{,}17 \text{ olf/m}^2$$

-2.9 Berechnung der erforderlichen Luftleistung

Die Einführung der Verunreinigungslast G in olf und der Empfundenen Luftqualität C in dezipol ermöglicht es, für einen Raum analog zu der bei der CO_2-Bewertung der Raumqualität nach Pettenkofer aufgestellten Schadstoffbilanz (vgl. Bild 1.2.4-4) eine Bilanz der Luftverunreinigung aufzustellen, die die im Raum anfallende zuzüglich der mit der Zuluft zugeführten Verunreinigungslast der aus dem Raum abgeführten Last gleichsetzt:

$$G + \dot{V} \cdot C_a / 10 = \dot{V} \cdot C_i / 10 \text{ in olf}$$

mit der Empfundenen Außenluftqualität C_a und der Empfundenen Raumluftqualität C_i jeweils in dezipol.

Durch Auflösung dieser Gleichung nach $\dot{V}$ läßt sich der für die Auslegung von Lüftungsanlagen notwendige Außenluftstrom berechnen zu

$$\dot{V} = 10 \cdot \frac{G}{C_i - C_a} \text{ in l/s.}$$

Die Behaglichkeitsgleichung der Raumluftqualität $C_i = 112 \cdot (\ln \mathrm{PD} - 5{,}98)^{-4}$ bietet nun die Möglichkeit zur rechnerischen Erfassung der Luftleistung mit der Festlegung bestimmter Anforderungen an die Raumluftqualität (hoch, Standard, Minimum) und damit der Wahl zwischen 3 verschiedenen Pegeln der Empfundenen Luftqualität (Tafel 1.2.4-2).

Die Empfundene Außenluftqualität C_a ist entsprechend DIN 1946 Teil 2 Anhang A nach der Lage des Gebäudes abzuschätzen zwischen 0 dezipol (Gebirge, Meer) und 0,5 dezipol (Innenstadt mit schlechter Luftqualität).

Die gesamte Verunreinigungslast G eines Raumes ist nur in seltenen Fällen mit guter Genauigkeit zu erfassen. Am ehesten gelingt dies noch für die im Raum anwesenden Personen (Tafel 1.2.4-3). Es muß darauf hingeweiesen werden, daß die sicher nachgewiesene negative Wirkung von Tabakrauch auf die menschliche Gesundheit in Zusammenhang mit der

[1)] Spiess, T., and Fitzner, K. 1998. Verschiedene Einflüsse auf Bestimmung der Empfundenen Luftqualität. DKV-Tagungsbericht Würzburg, Band 4, 57–68.
Wargocki, P., and Fanger, P. O. 1999. A transfer model between perceived air quality judged by a trained panel and by an untrained panel, Proceedings of the 8th International Conference on Indoor Air Quality and Climate-Indoor Air '99, Vol. 2, pp 594-599. Edinburgh, Indoor Air '99

Tafel 1.2.4-2 Richtwerte für die Empfundene Raumluftqualität

Raumluftqualität	Unzufriedene Prozent	Empfundene Luftqualität dezipol	Erforderliche Luftrate*) l/s · olf
hoch (A)	15	1,0	10
Standard (B)	20	1,4	7
Minimum (C)	30	2,5	4

*) Annahme: Reine Außenluft und eine Lüftungseffektivität von 1

Tafel 1.2.4-3 Vom Raumnutzer verursachte Verunreinigungslasten*)

	Verunreinigungslast
Erwachsene mit sitzender Tätigkeit (1 … 1,2 met)	olf/Person
0% Raucher**)	1
20% Raucher	2
40% Raucher	3
Erwachsene mit erhöhtem Aktivitätsgrad	
niedrig (3 met)	4
mittel (6 met)	10
hoch (10 met, Sportler)	20
Kinder	
Kindergarten, 3–6 Jahre (2,7met)	1,2
Schule, 14–16 Jahre (1 … 1,2 met)	1,3
Gebäude	olf/m^2 Bodenfläche
gering verunreinigend	0,1
stark verunreinigend	0,2

*) s. a. Rietschel: Raumklimatechnik, 16. Aufl., Bd. 1, Springer 1994, S. 160.
**) durchschnittlicher Zigarettenverbrauch: 1,2 Zigaretten/h je Raucher
CEN. 1998. Technical Report CR 1752, Ventilation for Buildings: Design Criteria for the Indoor Environment, Brüssel: European Committee for Standardization.

Sinnesempfindung der Luftqualität zu berücksichtigen ist. Tafel 1.2.4-3 zeigt außerdem die sensorische Verunreinigungslast eines Gebäudes (einschließlich seiner Einrichtung und des Lüftungsanlagensystems). Für gering verunreinigte Gebäude mit sorgfältig ausgewählten Materialien kann die spezifische Verunreinigungslast mit 0,1 olf/m^2 Bodenfläche angenommen werden. Bei stärkerer Verunreinigung eines Gebäudes wird die Annahme einer Verunreinigungslast von 0,2 olf/m^2 Bodenfläche empfohlen. Die Belastung kann durchaus höher sein, wenn die in dem Gebäude verwendeten Materialien ohne ausreichende Berücksichtigung der Abgabe von verunreinigenden Stoffen ausgewählt wurden.

Beispiel:

1. Um die Lüftungsleistung für einen Luftqualitätsstandard c (30% Unzufriedene, Tafel 1.2.4-2) für ein Bürogebäude mit einer erhöhten verunreinigungslast und einer Belegungsdichte von 0,07 Personen/m^2 Grundfläche muß zunächst die gesamte Verunreinigungslast errechnet werden (Tafel 1.2.4-3):

Personen	0,07 olf/m^2 Bodenfläche
Gebäude	0,2 olf/m^2 Bodenfläche
gesamt	0,27 olf/m^2 Bodenfläche

Aus Tafel 1.2.4-2 kann dann die Lüftungsleistung für den Standard C der Empfundenen luftqualität abgelesen werden bei 4 l/s · Standard-Person (olf) zu $0{,}27 * 4 = 1{,}1$ ls m^2. Wenn Raucherlaubnis besteht mit einem durchschnittlichen Anteil von 20% Rauchern, wird die Belastung um 0,07 olf/m^2 erhöht (Tafel 1.2.4-3), und die zusätzlich erforderliche Luftleistung beträgt $0{,}07 * 4 = 0{,}3$ l/s m^2.

2. Die Lüftungsleistung für einen Konferenzraum mit einer Belegung von 0,5 Personen/m^2 Bodenfläche in einem gering verunreinigten Gebäude mit einem gewünschten Luft-

qualitätsstandard A (15% Unzufriedene, Tafel 1.2.4-2) wird nach dem gleichen Berechnungsschema wie oben ermittelt. Die Verunrreinigungslast beträgt dabei

Personen	0,5 olf/m² Bodenfläche
Gebäude	0,1 olf/m² Bodenfläche
gesamt	0,6 olf/m² Bodenfläche

Nach Tafel 1.2.4-2 erfordert der Luftqualitätsstandard A 10 l/s Standard-Person (olf), sodaß die Luftleistung $0{,}6 * 10 = 6{,}0$ l/(s m²) beträgt.

Es muß darauf hingewiesen werden, daß trotz der Additionsmöglichkeit von Verunreinigungslasten in Räumen und Gebäuden – wie in den o.a. Beispielen – die Prozentzahlen der Unzufriedenen nicht addiert werden können.

-2.10 Der Einfluß von Temperatur und relativer Feuchte auf die Luftqualität

Alle bestehenden Lüftungsnormen und Richtlinien gehen von der Annahme aus, daß eine Raumlüftung erforderlich ist, um die durch Verunreinigungsquellen freigesetzten Verunreinigungen auf ein Niveau zu verdünnen, bei dem sie von Personen als akzeptabel empfunden werden. Dies führt dazu, daß die Luft ausschließlich durch den Geruchssinn und den chemischen Sinn empfunden wird (vgl. Bild 1.2.4-5) und daß sich die Wahrnehmung ausschließlich auf die chemische Zusammensetzung der Luft konzentriert. Neuere Untersuchungen[1)] haben gezeigt, daß die Empfundene Luftqualität stark beeinflußt wird durch Temperatur und Feuchte der eingeatmeten Luft, und zwar auch dann, wenn die chemische Zusammensetzung der Luft unverändert bleibt und das thermische Empfinden über den ganzen Körper neutral ist (Bild 1.2.4-13).

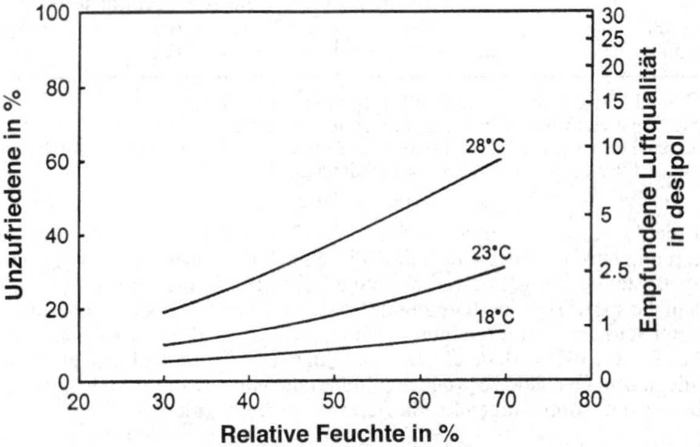

Bild 1.2.4-13. Der Einfluß von Temperatur und Feuchte auf die empfundene Qualität reiner Luft.

Bild 1.2.4-13 zeigt,daß Personen eher trockene und kühle Luft bevorzugen, die ihnen im Respirationsbereich bei jedem Einantmungsvorgang ein Gefühl der Abkühlung vermitteln. Dieses Phänomen kann in Analogie gesehen werden zu dem bekannten Temperatureinfluß auf das menschliche Qualitätsempfinden beim Genuß von Getränken, z.B. Wasser und Wein. – Der durch die Atmung hervorgerufene Wärmeverlust beträgt nur etwa 10% der ge-

1) Fang, L., Clausen, G., Fanger, P. O.: Temperture and humidity: important factors for perception of air quality and for ventilation requirements. ASHRAE Transactions (2000), 106, pt. 2, 503–510
Fanger, P. O.: Enthalpy and perceived air quality – a paradigm shift. HLH Heizung–Lüftung/Klima–Haustechnik 48 (1997), Nr. 11, S. 8/9.

samten Wärmeabgabe des menschlichen Körpers. Temperatur und Feuchte haben deshalb nur einen geringen Einfluß auf das gesamte thermische Empfinden von Persaonen. Vermutlich ist das der Grund dafür, daß die Feuchte in dieser Betrachtung bislang unberücksichtigt blieb.

Es ist zu vermuten, daß eine mäßig niedrige Feuchte und eine Temperatur im unteren Bereich thermischer Neutralität des ganzen Körpers nicht nur die Empfundene Luftqualität verbessert, sondern auch die erforderliche Lüftungsleistung[1)] reduziert und SBS-Syndrome vermindert[2)]. Entsperechende Untersuchungen bei geringen Luftfeuchten befinden sich derzeit in Vorbereitung.

-2.11 Luftqualität und menschliche Leistungsfähigkeit

Drei unabhängig voneinander durchgeführte Untersuchungen[3)] haben gezeigt, daß die Verbesserung der Luftqualität (durch Beseitigung einer Verunreinigungsquelle oder durch Vergrößerung der Luftrate) die Wirkung verschiedener Symptome des Sick Building Syndroms (SBS) vermindert und die Leistungsfähigkeit von mit Bürotätigkeit beschäftigten Personen erhöht. In diesen Untersuchungen verbesserte sich die Leistung bei typischer Bürotätigkeit (Schreiben von Texten, Rechnen und Korrekturlesen) im gleichen Verhältnis wie die Zahl der mit der Luftqualität unzufriedenen Personen reduziert wurde. Dies ist dargestellt in Bild 1.2.4-14, in dem die Verminderung der Zahl unzufriedener Personen um 10% einer Erhöhung der Leistungsfähigkeit von etwa einem Prozent entspricht.

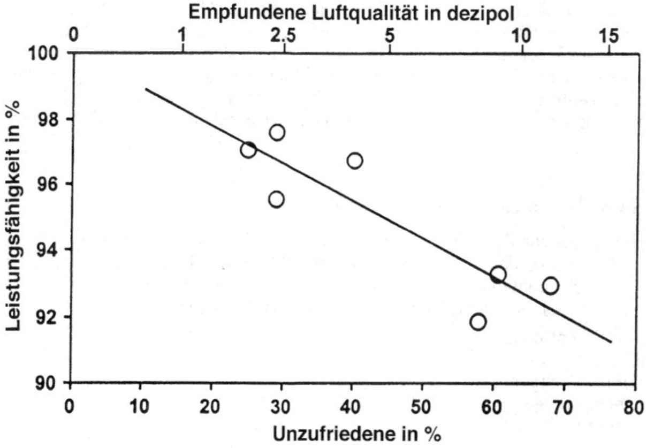

Bild 1.2.4-14. Die Leistungsfähigkeit (in Prozent) bei Büroarbeit in Abhängigkeit von der Unzufriedenheit mit der Raumluftqualität.

Verbesserte Leistungsfähigkeit sollte die Nutzer von Gebäuden, Investoren und Beschäftigte anregen, die Raumluft-Qualität zu verbessern. Vergleicht man den Vertlust an Produktivität bei mäßiger Luftqualität, wie sie häufig in der Praxis anzutreffen ist, mit der bei

---

1) siehe vorhergehende Seite

2) Andersson, N. H., Frisk, P., Löfstedt, B., Wyon, D. P.: Human Responses to Dry, Humidified and Intermittently Humidified Air in Large Office Buildings. Gävle, Swedish Building Research (D11), 1975
Krogstad, A. L., Swanbeck, G., Barregård, L., et al.: A prospective study of indoor climate problems at different temperatures in offices, Göteborg, Volvo Truck Corp., 1991.

3) Wargocki, P., Wyon, D. P., Fanger, P. O.: Pollution source control and ventilation improve health, comfort and productivity. DKV Tagung 2000 (Bremen), Band 4, S. 47–54.

sehr guter Luftqualität, so liegt der Unterschied bei etwa 5% (Bild 1.2.4-14). Ein derartiger jährlicher Produktionsverlust fällt bei der Analyse der Kosten über die gesamte Lebensdauer eines Gebäudes auf und macht deutlich, daß Luft von nur mäßiger Qualität vermieden werden sollte. Gleichzeitig vermindert die verbesserte Raumluftqualität SBS-Symptome, sie wird als angenehmer empfunden und trägt dazu bei, den Arbeitsplatz attraktiver zu gestalten. Sie reduziert die Fehlzeiten, wie eine erst kürzlich durchgeführte Untersuchung[1]) belegt, in der die einer Standard-Luftrate von 12 l/s Pers. ausgesetzten Büroangestellten, bedingt durch kurzfristige Erkrankung der Atemwege, jährlich 1,5 Tage länger abwesend waren als diejenigen, die in Büros mit einer erhöhten Luftrate von 24 l/s Pers. arbeiteten. Verbesserte Luftqualität vermindert offensichtlich das Risiko der Infektionen im Bereich der Atemwege.

1.2.5 Gesundheitliche Maßstäbe[2])

-1 Einführung in das Sick-Building-Syndrom

In modernen Büro- und Verwaltungsgebäuden wird im Vergleich zu klassischen Bauformen ein bedeutend höherer Aufwand betrieben, um Wohlbefinden und Leistungsfähigkeit der Mitarbeiter zu sichern. Gerade hier wird jedoch bemerkenswert häufig über Störungen der Behaglichkeit, des Wohlbefindens oder gar der Gesundheit geklagt.

Zunächst wurde vielfach angenommen, daß es sich hierbei vorwiegend um die Projektion psychologischer Probleme (Technikfeindlichkeit, Arbeitsbelastung etc.) handelt. Zahlreiche Untersuchungen haben es jedoch in den vergangenen Jahren zur Gewißheit werden lassen, daß hinter diesem Phänomen eine Reihe konkreter physikalischer, luftchemischer und mikrobiologischer Ursachen verborgen ist. Allerdings bestehen immer noch erhebliche Unsicherheiten bezüglich des Stellenwertes einzelner Parameter und synergistischer Effekte. In diesem Beitrag sollen die wesentlichen bisher bekannten Beschwerdeformen, ihre möglichen Ursachen und Ansätze zur Prophylaxe beschrieben werden (siehe hierzu auch[3])).

-1.1 Sick Building Syndrom (SBS)

Die Beschwerden treten vor allem in modernen Büro- und Verwaltungsgebäuden auf. Sie sind überwiegend unspezifisch, d.h. sie sind bei vielen Menschen in den verschiedensten Lebenssituationen auch spontan zu beobachten und haben wegen ihres passageren Charakters meist keinen unmittelbaren Krankheitswert. Zu den wichtigsten zählen:

- Zentralnervöse Symptome:
  Müdigkeit
  Konzentrationsstörungen,
  Benommenheit
  Kopfschmerzen
- Schleimhautirritationen :
  Jucken oder Brennen der Augen
  Augenreizungen bei Kontaktlinsenträgern
  verstopfte und/oder laufende Nase
  trockener Hals, Hustenreiz, Heiserkeit

Gelegentlich wird auch über trockene, juckende Haut und asthmoide Beschwerden berichtet. Im Zusammenhang mit den genannten Befindensstörungen wird darüberhinaus oft über Beeinträchtigungen der Behaglichkeit und des Befindens durch diverse, meist konkret benannte raumklimatische Faktoren geklagt. Hierzu gehören vor allem:

- Zugerscheinungen (rheumatoide Beschwerden im Nacken/Schulter-Bereich; Neigung zu Erkältungen)

---

[1]) Milton, D.K., Glencross, P.M., Walters, M.D.: Risk of sick leave associated with outdoor air supply rate, humidification and occupant complaints. Indoor Air 1999, Vol. 10, S. 212–221.

[2]) Erst- und Neubearbeitungen erfolgten durch Prof. Dr. med. Peter Kröling, München, und Prof. Dr. med. Martin Schata, Düsseldorf, für die 67. und 69. Auflage.

[3]) Kröling P.: Sick Building Syndrom: Symptome, Ursachen und Prophylaxe gebäudebedingter Gesundheitsstörungen. Allergologie 21, Heft 5 (1998) S. 180–191.

- thermischer Discomfort (zu warme oder kalte bzw. zu wechselhafte Temperaturen im Tagesverlauf)
- mangelhafte Luftqualität (stickige, geruchsbelastete Luft ; Klagen über fehlende Fensterlüftung)

Aus den Beschwerden einzelner Personen läßt sich in der Regel keine gebäudebedingte Problematik ableiten. Sie gewinnt jedoch stark an Wahrscheinlichkeit, wenn:

- mehr Personen als üblich betroffen sind
- die Beschwerden stärker als üblich sind
- eine Normalisierung nach Verlassen des Gebäudes eintritt

Es handelt es sich also im wesentlichen um ein kollektives Phänomen und ist auch nur als solches zu quantifizieren. Als Beschreibung hierfür hat sich international der Begriff Sick *Building Syndrom* (SBS) durchgesetzt; er ist zwar griffig, jedoch nicht unumstritten, da ja die Betroffenen meist eben nicht im engeren Sinne „sick" sind, geschweige denn die Gebäude selbst. Verdacht auf ein SBS besteht, wenn mehr als 20% über Schleimhautbeschwerden, und/oder mehr als 30% der Beschäftigten über zentralnervöse Beschwerden klagen.

Die Beschwerden führen nach Schätzungen in der internationalen Literatur zu einer ca. 1%igen Erhöhung der Abwesenheitsrate, können allerdings die durchschnittliche Leitungsfähigkeit der Mitarbeiter um ca. 2-8% vermindern [Exner in[1]]. Die negativen wirt-

Tafel 1.2.5-1 Typische SBS-Beschwerden und mögliche Ursachen

SBS-Beschwerden	Mögliche Ursachen
„unangenehm trocken" Schleimhautreizungen der Atemwege und Augen trockene Haut	mikrobielle Allergene aus RLT-Anlage: verkeimtes Befeuchterwasser verschmutze Filter verschmutztes Zuluft-System Strömungsgeschwindigkeit > 0,15m/s erhöhte Luftturbulenz und Staubpartikel
„muffige Luft" Klagen über Luftqualität	Gerüche aus verkeimten RLT-Komponenten Geruchsquellen in der Zuluft (z.B. Abgase) mangelhaftes Umluftsystem Raumtemperaturen > 23 °C fehlende Fensterlüftung
„abgeschlafft" Müdigkeit Konzentrationsstörungen Benommenheit Kopfschmerzen	Störungen der Thermoregulation (s.u.) mikrobielle Allergene/Antigene/Toxine Begleitsymptome allergischer Reaktionen niederfrequenter Schall (< 100 Hz; > 50 dB-C)
„zu warm" thermischer Diskomfort	Störungen der Thermoregulation durch: Temperaturen >23 °C unphysiol. Tagesgang der Temperatur Befeuchtung (erschwerte Wärmeabgabe) Insuffizienz von: Sonnenschutz Fensterflächen (zu groß) Speichermasse (zu klein) RLT-Leistung/-Regelung
„es zieht" Kältegefühl Erkältungsneigung Rheumaschmerzen	Strömungsgeschwindigkeit > 0,15 m/s Luftturbulenz; mangelhafte Luftführung kalte seitliche Flächen/Fenster

[1]) BIA-Report 2/1995: Innenraumluftqualität. Hrsg: Berufsgenossenschaftl. Institut für Arbeitssicherheit. Sankt Augustin (1995).

schaftlichen Auswirkungen einer insuffizienten Klimatisierung sind daher kaum zu unterschätzen. Die Unzufriedenheit kann aufgrund der Beeinträchtigungen mitunter so groß werden, daß es zu kollektiven Beschwerden, Arbeitsplatzwechsel oder gar Kündigungen kommt.

Die betroffenen Gebäude sind meist voll- oder teilklimatisiert (zentrale Luftaufbereitung durch Filtern, Heizen, Kühlen, Be- und Entfeuchten) und besitzen eine wesentlich höhere Luftwechselrate (> 2 $^1/_h$) als konventionelle Gebäude mit Zentralheizung und Spaltlüftung (ca. 0,5–1 $^1/_h$).

-1.2 Tight Building Syndrom (TBS)

Auch in modernen Gebäuden ohne raumlufttechnische (RLT-) Anlagen werden nicht selten erhöhte Beschwerderaten beobachtet. Ursache ist hier vor allem die mangelhafte Spaltlüftungsrate (< 0,5–1 $^1/_h$; Energiesparmaßnahmen!), die zu einer erhöhten Konzentration verschiedenster Schadstoffe sowie von Allergenen führen kann. Neben unangenehmen Gerüchen, erhöhter Feuchtigkeit und CO_2-Anreicherung gehören zu den Belastungsfaktoren Formaldehyd, Tabakrauch, Biozide und weitere flüchtige organische Schadstoffe, die unter dem Begriff VOC (Volatile Organic Compounds) zusammengefaßt werden. Die hiermit im Zusammenhang stehenden Beschwerden sind vor allem chronisch-toxischer Natur.

Im Gegensatz zu toxischen Belastungen in Innenräumen ist für die allergene Belastung in Innenräumen kennzeichend, daß nur entsprechend sensibilisierte Menschen erkranken. Untersuchungen in Europa und den USA zeigen allerdings, daß mittlerweile bereits bis zu 30% der Bevölkerung unter allergischen Symptomen bzw. Krankheiten vor allem der Atemwege und der Haut leiden.

Neben typischen *Außenluft-Allergenträgern* wie Pollen und saisonal auftretender Schimmelpilzsporen, kommen den innenraumbezogenen Allergenproduzenten und -trägern wie Haustieren, Milben (Staub- und Vorratsmilben), Schimmelpilzen und weiteren biologischen Materialien eine zunehmende Bedeutung als Auslöser allergischer Erkrankungen zu.

Die wichtigsten Voraussetzungen für Milben- und Schimmelpilzwachstum sind eine Umgebungsfeuchtigkeit von ≥ 60% und eine Umgebungstemperatur von 18–25 °C. Milbenallergene werden, insbesondere während der Heizperiode, gebunden im Feinstaub in die Innenraumluft abgegeben. Schimmelpilzwachstum tritt in feuchtigkeitsbelasteten textilen Materialien (z.B. Matratzen), in Feuchträumen (z.B. Bad, insbesondere bei Verwendung von Holzverkleidungen), in Vorratsräumen (z.B. Keller), bei Feuchtigkeitsschäden im Mauerwerk oder unzureichender Lüftung auf.

Vor allem die weitverbreitete Haustierhaltung belastet, in Abhängigkeit von weiteren Bedingungen (Größe der Wohnung, Luftwechselrate, Luftfeuchtigkeit, textile Ausstattung) in verstärktem Maße die Innenraumluft mit den jeweiligen Allergenen. Insbesondere die Allergene aus Hautschuppen und Speichel von Katzen binden sich an den Feinstaub in Innenräumen (< 3 µm) und verbleiben über lange Zeiträume in der Luft. Sie werden von den Tierhaltern mit ihrer Bekleidung in Büros transportiert und können dort bei katzenallergischen Menschen Symptome auslösen.

Außer den Allergenen mikrobiellen Ursprungs kommen eine Vielzahl weiterer Substanzen biologischen Ursprungs als Allergieauslöser in Betracht. Als Beispiele seien hier angeführt: an feinste Staubpartikel gebundene Eiweißstoffe aus Pflanzen, z.B. Ficus benjaminii, textile Rohsubstanzen wie Baumwolle, Schafwolle und Seide, sowie Bestandteile aus Biolacken, -klebern und Naturharzen.

Formal läßt sich die Problematik in Gebäuden mit zu niedriger Lüftungsrate als *Tight Building Syndrom* (TBS) abgrenzen, wird aber meist ebenfalls unter dem Begriff SBS subsummiert. Es sei darauf hingewiesen, daß die Beschwerden in „tight buildings" aufgrund des geringen Luftwechsels ein deutlich anderes Spektrum als in klimatisierten Gebäuden haben. Im Folgenden wird daher nur ein Überblick über die SBS-Problematik in Gebäuden mit zentraler Luftaufbereitung (siehe auch Bild 1.2.4-13) gegeben.

-2 Physikalische Einflußfaktoren

-2.1 Zugerscheinungen

Luftgeschwindigkeiten und Luftturbulenzen sind vor allem in älteren klimatisierten Gebäuden oft erheblich gesteigert. Bei Werten von ca. 0,2 m/s wird häufig über Zugerscheinungen und ihre Begleitsymptome (rheumatoide Beschwerden, vermeintliche Lufttrockenheit, thermischer Diskomfort) geklagt. Nach DIN 1946 T2 (01/94)[1] soll daher der Grenzwert von ca. 0,15 m/s unter Berücksichtigung des Turbulenzgrades nicht überschritten werden. Grundsätzlich sollte der Klage *„es zieht"* in jedem Einzelfall sorgfältig nachgegangen werden, da die Strömungsbedingungen örtlich und zeitlich stark variieren können.

-2.2 Thermischer Diskomfort

Verschiedentlich wurde diskutiert, daß eine zu gleichförmige Temperatur in klimatisierten Gebäuden - die sogenannte *Klimamonotonie* – für einen Teil der SBS-Beschwerden verantwortlich ist. Im Widerspruch hierzu finden sich – vor allem in klimatisierten Gebäuden in Leichtbauweise mit großen Fensterfronten – oft erheblich ausgeprägtere Temperaturschwankungen und Abweichungen vom Idealwert (ca. 22 ± 1 °C) als in konventionellen Gebäuden. Die Abweichungen zeigen darüberhinaus nicht selten eine dem physiologischen Bedürfnis entgegengerichtete zeitliche Struktur (morgens zu kühl, nachmittags zu warm). Die resultierende, meist unterschwellig wirksame Wärmebelastung dürfte mitverantwortlich für kreislaufabhängige Beschwerden sein. Hinzu kommt eine Erschwerung der Wärmeabgabe durch künstliche Anhebung der rel. Feuchte und durch die Aufhebung der natürlichen Temperaturschichtung (erschwerte Wärmeabgabe im Beinbereich). Reaktiv werden die kapazitiven Gefäße der Beine und Arme weitgestellt, sodaß ein Teil des Blutvolumens in der Peripherie „versackt". Typische Beschwerden durch latente Überwärmung sind Schwindel, Müdigkeit, Konzentrationsstörungen und Kopfschmerzen. Bei einem Anstieg der Temperaturen über 22°C muß bereits mit einem Abfall der geistigen Leistungsfähigkeit um ca 5 % /1 K gerechnet werden.[2][3]

-2.3 Luftbefeuchtung

Paradoxerweise wird bei Untersuchungen der Autoren wie auch in internationalen Untersuchungen die Luft in Gebäuden mit zentraler Luftbefeuchtung (ca. 40–50% rel. Feuchte) oft als unangenehm trocken beklagt. Zu den Hauptursachen gehören wahrscheinlich überhöhte Lufttemperaturen mit Werten über 23 °C. Allein die Senkung der Temperatur auf ca. 21 °C führte bereits zu einer dramatischen Besserung der Beschwerden.[4] Überhöhte Luftgeschwindigkeiten führen darüberhinaus ebenfalls zu einem Austrocknungseffekt, der sich unangenehm an den Augenschleimhäuten, insbesondere bei Kontaktlinsenträgern, bemerkbar macht. Eine weitere Ursache für das paradoxe Trockenheitsgefühl sehen wir in einer erhöhten Belastung mit schleimhautreizenden bzw. allergogenen Partikeln aus der RLT-Anlage. Aus medizinischer Sicht besteht in üblichen Wohn-und Arbeitsbereichen keine Notwendigkeit für eine künstliche Luftbefeuchtung, zumal sie eine bedeutende Quelle von SBS-Problemen sein kann. Beschwerden über Lufttrockenheit lassen sich demnach am besten durch eine Vermeidung allergener, schleimhautreizender Staubquellen, Temperaturen unterhalb 23 °C und optimale Luftführung minimieren.

-2.4 Tieffrequenter Schall

Eine weitere physikalische Problemquelle stellt der tieffrequente Dauerschallpegel (ca. 10 bis lOO Hz) dar. Er wird durch den Betrieb einer Klimaanlage im Nutzungsbereich häufig um ca.10-15 dB (unbew.) angehoben. Ursache ist vor allem der Betrieb starker Ventilatoren und weiterer RLT-Geräte mit mangelhafter Vibrationsdämpfung. Die Ausbreitung wird einerseits über die luftführenden Wege vermittelt, andererseits auch als Körperschall über mitschwingende Bauelemente. Zu einer nennenswerten Lärmbelästigung kommt

---

[1]) DIN 1946 T2 (01.94) Raumlufttechnik; Gesundheitstechnische Anforderungen. Beuth Verlag Berlin.

[2]) Palonen J., Reinikainen L. M., Jaakkola J. K.: The effect of air temperature and relative humidity on thermal comfort in the office environment.
INDOOR AIR '93. Proceedings of the 6th int. conference on indoor air quality and climate. Volume 6, Helsinki (1993) 43-48.

[3]) Wyon D: Healthy buildings and their impact on productivity.
In: INDOOR AIR '93. Proceedings of the 6th int. conference on indoor air quality and climate. Volume 6, Helsinki (1993) 3-13.

[4]) Wyon D: Healthy buildings and their impact on productivity.
In: INDOOR AIR '93. Proceedings of the 6th int. conference on indoor air quality and climate. Volume 6, Helsinki (1993) 3-13.

es dabei selten. Zahlreiche Verdachtsmomente in der einschlägigen Literatur weisen jedoch darauf hin, daß die Langzeitbelastung (ca. 3–8 Std.) mit tieffrequentem Dauerschall bereits knapp oberhalb der Wahrnehmungsschwelle unspezifische Befindensstörungen wie Ermüdung, Konzentrationsstörungen, Benommenheit und Kopfschmerzen hervorrufen.[1)]

-3 Hygienische Faktoren

-3.1 Aerogene Infektionen

Die Achillesferse zentraler RLT-Anlagen ist zweifelsohne die Luftbefeuchtung. Die in der Praxis regelmäßig nachzuweisende mikrobielle Kontamination entsprechender Komponenten (Umlaufsprühbefeuchter; Dampfbefeuchter; Ultraschallvernebler) einschließlich der nachgeschalteten feuchten Luftführungswege ist durch zahlreiche Untersuchungen belegt. Nicht selten werden im Befeuchterwasser 10^5–10^6 Keime/ml festgestellt. Aus dem Keimbefall ergeben sich besonders im Krankenhauswesen erhebliche hygienische Probleme durch das aerogene Infektionsrisiko. Aber auch in den übrigen klimatisierten Bereichen ist eine gewisse Gefahr durch Verbreitung pathogener Keime nicht auszuschließen. Bezüglich seiner Bedeutung für das SBS wird das Infektionsproblem in klimatisierten Gebäuden allerdings häufig überbewertet; gerade hier stehen die unspezifischen Beschwerden im Vordergrund, bei denen ein primärer Zusammenhang mit Infektionserregern recht unwahrscheinlich ist. Sekundär ist eine erhöhte Anfälligkeit vor allem durch Zugerscheinungen möglich; Ursache ist bei lokaler Abkühlung der Haut eine reflektorische Verminderung der Schleimhautdurchblutung der oberen Luftwege, die ihrerseits das Wachstum vorhandener pathogener Keime begünstigt und so zu *Erkältungen* führen kann.

-3.2 Mikrobielle Allergene

Kaum zu unterschätzen ist dagegen die allergologische Bedeutung der Keimbesiedelung von Klimaanlagen. Sporen von Pilzen und pilzähnlichen Bakterien sind bedeutsame Faktoren für die Entstehung von chronischer Bronchitis, Asthma, Sinusitis, sowie für allergische Reaktionen der Schleimhäute der Augen und Atemwege. Nach kurzer Betriebsdauer siedeln sich bevorzugt Schimmelpilze in den Systemkomponenten von Klimaanlagen an, die kontinuierlich allergenes Material an den vorbeistreichenden Luftstrom abgeben. Dieses und weitere organische Substanzen mikrobiologischen Ursprungs können bei ca. 10–30% dauerhaft exponierter Personen zu allergischen Reaktionen führen, wenn sie in die Atemluft gelangen. Als Begleit- oder unterschwellige Reaktionen auf Allergene können im übrigen auch unspezifische Beschwerden wie Abgeschlagenheit und Kopfschmerzen auftreten. Die durch Filter zurückgehaltenen Pilze und sonstigen Mikroorganismen sind selbst nur Träger sehr viel kleinerer Allergene. Sie werden in großer Zahl erst dann frei, wenn die Keime absterben und zerfallen. Das Molekulargewicht der freien Allergene ist so niedrig, daß sie die üblichen Filterklassen durchdringen können.[2)]

-3.3 Mikrobielle Schadstoffe

Wenn Keime absterben, setzen sie nicht nur Allergene frei, sondern zerfallen darüberhinaus in eine Vielzahl weiterer schädlicher Substanzen. Eine der meistuntersuchten hiervon sind die sog. Endotoxine. Diese sind an den Zellwänden gramnegativer Keime lokalisiert und bestehen aus wasserlöslichen Lipopolysacchariden, die sich im verkeimten Befeuchterwasser und im Staubkuchen von Filtern anreichern. *Endotoxine* sind keine Giftstoffe im herkömmlichen Sinne, wie der historisch bedingte Name vermuten läßt. Sie sind jedoch extrem wirksame Stimulatoren für die immunologische Kaskade zur Abwehr von Infektionen und wirken daher u.a. auch fiebererzeugend. Es wurde experimentell gezeigt, daß eine Einschränkung verschiedener Lungenfunktionsparameter bereits nach Inhalation von ca. 50 ng/m3 Endotoxin auftreten kann. Auch grippeähnliche Beschwerden wurden bei höheren Endotoxinbelastungen mit einer Zeitverzögerung von einigen Stunden beobachtet. Umfangreiche Untersuchungen[3)] an holländischen Verwaltungsgebäuden mit und ohne

---

1) DIN 45 680 (03.97) Messung und Bewertung tieffrequenter Geräuschimmisionen. Beuth Verlag Berlin.

2) Schata M., Jorde W., Elixmann J. H., Linskens H. F.: Allergies to moulds by fungal spores in air-conditioning plants. In: INDOOR AIR, '87. Proceedings of the 4th int. conference on indoor air quality and climate. Volume 2, Berlin (1987) 777–780.

3) Teeuw KB: Airborne gramnegative bacteria and endotoxin in sick building syndrome. A study in

RLT-Anlage lassen darüberhinaus vermuten, daß erhöhte Konzentrationen von Endotoxinen in der Atemluft auch für das Auftreten unspezifischer Befindensstörungen in klimatisierten Gebäuden mitverantwortlich sind. In den *„sick buildings"* waren die Aerosolkonzentrationen bis zu 8fach höher als in klimatisierten und konventionellen *„healthy buildings"*. Möglicherweise sind die Endotoxine jedoch auch nur ein Indikator für das Vorhandensein weiterer Schadstoffgruppen wie z.B. mikrobieller Antigene. Letztere rufen sowohl bei Allergikern wie bei Gesunden eine Antwort des Immunsystems hervor und sind damit für jedermann potentiell schädlich. Weiterhin besitzen viele Keime auch Substanzen, die nicht nur die genannten antigenetischen bzw. allergisierenden Eigenschaften haben, sondern auch toxisch wirken können. Stellvertretend seien die Exotoxine und Enterotoxine grampositiver Bakterien genannt, sowie die Mycotoxine, die in zahlreichen Pilzarten enthalten sind. Für zahlreiche Substanzen dieser Art gilt, daß ihre akuten und chronischen Wirkungen im Aerosol noch weitgehend unaufgeklärt sind. Die Gesamtheit der Aerosolkomponenten mikrobiologischer Herkunft wird auch als MOD (Macromolecular Organic Dust) bzw. als *MVOC* (Microbial Volatile Organic Compounds) bezeichnet .

-3.4 Geruchsbelastungen

Die häufige Klage der „Klimaverbraucher" über mangelhafte Luftqualität ist auf den ersten Blick schwer verständlich, denn theoretisch sollte die durch RLT-Anlagen aufbereitete und gereinigte Luft ja eher höherwertiger sein als gewöhnliche, oft belastete Außenluft, zumal sie bis zu 10mal rascher als in konventionellen Gebäuden ausgetauscht wird. In der klimatechnischen Praxis zeigt sich jedoch, daß sie intern einer Reihe von Geruchsquellen ausgesetzt ist. Hierzu gehören wartungsbedingte Probleme wie z.B.: verstaubte und verpilzte mechanische Filter mit (zu) langen Standzeiten, verkeimte Befeuchtungsanlagen, verölte und verdreckte Zuluftleitungen, Schalldämpfer und Induktionsgeräte, sowie geruchsaktive Verkalkungs-, Korrosionschutz- und Desinfektionsmittel. Diese Quellen können nach neuen Erkenntnissen ein Vielfaches der anthropogenen Belastung verursachen, was die zahlreichen Klagen über schlechte Luftqualität völlig plausibel macht[1)]. Als weitere potentielle Ursache kommt bei zentraler Klimatisierung hinzu, daß der in der „frischen" Außenluft vorhandene natürliche Ozonanteil (ca. 0,01–0,03 ppm) schon zu Beginn des Aufbereitungsprozesses an den Filtern weitgehend inaktiviert wird (Reaktion mit Filtermedium). Es steht somit anschließend nicht – wie bei Spalt- und Fensterlüftung – für die oxydative Vernichtung geruchsaktiver Stoffe im zur Verfügung. Sehr wahrscheinlich sind minimale natürliche Ozonkonzentrationen auch maßgeblich an der Frischluftwahrnehmung beteiligt. Diese Hypothese ist allerdings wissenschaftlich noch nicht ausreichend gestützt. Sie läßt jedoch bereits heute den Einsatz von Elektrofiltern im Humanbereich als sinnvoll erscheinen, welche den Ozonanteil nicht vernichten, sondern kurzfristig leicht erhöhen. Eine Gefährdung für den „Klimaverbraucher" ist aufgrund des raschen Abbaus in der RLT-Anlage aus ärztlicher Sicht nicht gegeben.

-4 Maßnahmen zur Prophylaxe und Sanierung

Wie aus den obigen Ausführungen hervorgeht, sind zahlreiche, zum Teil synergistisch wirksame Einzelfaktoren für die Gesamtproblematik des SBS verantwortlich. Abhängig vom Gebäude- und Anlagentypus sowie von funktionellen Kriterien können die Beschwerden in unterschiedlichen Kombinationen und Ausprägungen auftreten, so daß pauschale Aussagen und Durchschnittswerte mit Vorbehalt zu betrachten sind. Die Schwierigkeiten sind aus ärztlicher Sicht keineswegs als schiksalhaft zu betrachten, sondern durch geeignete Systemlösungen und sorgfältige Wartung durchaus zu bewältigen.

In den letzten Jahren ist eine Reihe von Alternativen zu den klassischen Systemen entwikkelt worden. Vielversprechend sind vor allem Quelluftsysteme, die eine zugfreie, laminare Einschichtung der Zuluft in Bodenhöhe ermöglichen und damit dem Ideal einer Spalt- oder Kippfensterlüftung recht nahekommen. Zur Bewältigung größerer Wärmelasten werden sie mit wasser- oder luftführenden Deckenelementen zur Strahlungskühlung kombiniert. Die Luftzufuhr beschränkt sich dabei weitgehend auf die Deckung des Frischluftbedarfs. In den skandinavischen Ländern und in der Schweiz hat sich diese Kombination bereits in zahlreichen Gebäuden bewährt. Auch in Deutschland ist nach längerer, kontrovers geführ-

---

dutch governmental office buildings. Arch Intern Med 154 (1994) 2339-45.

[1)] Loewer H., Clausen G.: Die Raumlufttechnische Anlage als Verunreinigungsquelle. TAB 9 (1993) 755-767.

ter Diskussion in Fachkreisen eine hohe Akzeptanz von Quelluftsystemen zu beobachten. Die bisherigen Erfahrungen sind durchweg positiv, bedürfen aber noch einer ausreichenden wissenschaftlichen Bestätigung.

Zur Vermeidung des SBS sei als wichtigste Maßnahme nochmals empfohlen, in RLT-Zentralen die Entstehung und aerogene Verbreitung organischen Materials (vorwiegend mikrobiellen Ursprungs) so gut wie eben möglich zu verhindern. Ähnlich wie in anderen Bereichen des täglichen Lebens und unserer Umwelt bedeutet das keineswegs Sterilität, jedoch maximale Sauberkeit und Hygiene. Voraussetzung hierzu ist für alle Komponenten, die mit der Zuluft in Berührung stehen:

- leichte Zugänglichkeit für Inspektion und Reinigung
- regelmäßige Inspektion durch neutrale Sachverständige
- Reinigung durch spezialisierte Unternehmen im Bedarfsfall

Der gesamte Bereich der zuluftführenden Komponenten muß unter dem Aspekt betrachtet werden, daß die aufbereitete Luft für den Menschen ebenso ein Lebensmittel ist wie z.B. *Trinkwasser;* daher müssen auch analoge hygienische Anforderungen an RLT-Anlagen und deren Produkt „Atemluft" gestellt werden. Ein bedeutsamer Fortschritt stellt die neue VDI-Richtlinie 6022[1)] „Hygienebewußte Planung, Ausführung, Betrieb und Instandhaltung raumlufttechnischer Anlagen" dar, die in einer erfreulichen Kooperation zwischen RLT-Fachleuten und Medizinern erarbeitet wurde.

Anhand von Untersuchungsergebnissen der Autoren und unter Berücksichtigung der einschlägigen Literatur werden die in Tafel 1.2.5-2 zusammengefaßten, allgemeinen Maßnah-

Tafel 1.2.5-2 Empfehlungen aus medizinischer Sicht zur Vorbeugung des SBS bzw. zur Sanierung von „Sick Buildings" mit RLT-Anlagen.

Gebäude	Benutzbarkeit auch ohne RLT-Betrieb ermöglichen: öffnungsfähige Fenster (minimal 1/Raum) keine fensterlosen Räume großzügige Raumhöhe Fensterflächenanteil/Fassade <50% außenliegender Sonnenschutz/Brüstungen große Speichermassen Himmelsrichtung berücksichtigen toxisch belastenden Materialien vermeiden allergene Staubquellen vermeiden
RLT-Anlagen	Temperaturkonstanz (22 ± 1° C) Luftgeschwindigkeit < 0,15 m/sec; tubulenzarm Elektrofilter bevorzugen wenn Taschen-/Tuchfilter: kurze Standzeiten „Trinkwasser"-qualität im Befeuchter: physikalische Entkeimung des Wassers und der Feuchtbereiche durch UVC-Strahler NF-Schallanteil (10-100Hz) < 50 dB (C) RLT-Anlagen extern oder im Kellergeschoß; NF-Schalldämpfung berücksichtigen Reinigungszugänge zu allen Zuluftkomponenten
RLT-Anlagen-Betrieb	Grundtemperatur bei 22 ± 1 °C individuelle Temperaturregelung Vermeidung aller Zugerscheinungen Befeuchtung nur, wenn technisch erforderlich
Wartung, Kontrolle	regelmäßige Inspektions- und Reinigungsintervalle aller Zuluftkomponenten (siehe VDI-6022) bei SBS-Verdacht: Beschwerdestand des Kollektivs ermitteln (Fragebogen) Wartungsvertrag, möglichst mit Hersteller

1) VDI-Richtlinie 6022, Bl. 1 (07.98): Hygienebewußte Planung, Ausführung, Betrieb und Instandhaltung raumlufttechnischer Anlagen. Beuth Verlag Berlin.

men zur Prophylaxe des SBS bzw. zur Sanierung bestehender Gebäude vorgeschlagen. Entscheidende Kriterien für eine gute Klimatisierung – und zugleich auch wichtigste Voraussetzung für Gesundheit und Leistungsfähigkeit – sind neutrale Behaglichkeit und Befindlichkeit, wie sie bereits in zahllosen „konventionellen" Gebäuden selbstverständlich sind. Sie sind gewissermaßen das Produkt, das der Klimaverbraucher vom Klimaerzeuger erwarten kann. Daher ist es notwendig, neben den meßtechnisch erfaßbaren Faktoren auch diese subjektiven Kriterien mittels geeigneter Befragungstechniken in Verbesserungsmaßnahmen und Erfolgskontrollen einzubinden.

-5 Hygienische Anforderungen an Raumlufttechnische Anlagen nach VDI 6022[1)]

Von Dr.-Ing. Achim Keune, Bargteheide

Die Einhaltung der hygienischen Anforderungen[2)] an Raumlufttechnische Anlagen (RLT-Anlagen) erfordert hygienebewußte Planung, Errichtung und Betrieb dieser Anlagen. Die neuesten Erkenntnisse sind als Forderungen in dieser Richtlinie getrennt nach Bauteilen teilweise detailliert niedergeschrieben und zwischenzeitlich zum anerkannten Stand der Technik geworden. Das Hygienemanagement in der Gebäudetechnik ist ebenso wie das schon länger bekannte Energiemanagement ein kontinuierlicher Prozeß und verlangt in der Betreiberphase ein Monitoring aller gesundheitlich relevanter Keime in der Zu- und Raumluft.

In der Planung muß darauf geachtet werden, daß nur Verfahren und Anordnungen gewählt werden, die später, ggf. im Zusammenhang mit den zu wählenden Wartungs- bzw. Reinigungsverfahren, eine kontinuierliche hygienische Nutzung der RLT-Anlage ermöglichen. Hygienische Nutzung bedeutet, daß keine Gesundheitsgefährdungen von der RLT-Anlage ausgehen. Die Beachtung beginnt bei der richtigen Anordnung und Dimensionierung der Außenluftansaugung und des Fortluftauslasses und reicht bis zur Festlegung der Wartungs- bzw. Reinigungsverfahren. Die Bedeutung einer zweckmäßig angeordneten Luftfilterung, die Auswahl und Anordnung einer geeigneten Luftbefeuchtung sowie die Zugänglichkeit aller luftführenden Flächen muß den richtigen Stellenwert schon in der Planungsphase erhalten. Die Überlegungen in der Planung, warum aus hygienischer Sicht diese oder jene Festlegung getroffen wurde, ist in jedem Fall zu dokumentieren, damit diese später nicht leichtsinnig und negativ verändert werden können.

Bei der Konstruktion und Herstellung der Bauteile einer RLT-Anlage ist schwerpunktmäßig auf die Verwendung von Materialien und Strömungsprofilen zu achten, welche die Ansiedelung von Keimen vermeiden und nicht selbst Quelle einer Luftverschlechterung werden können. Die Zugänglichkeit der Einbauteile der einzelnen Komponenten muß leicht möglich sein.

In der Ausführungs- bzw. Errichterphase beginnt das Hygienemanagement der Gebäudetechnik mit einem hygienegerechten Baustellenmanagement und endet mit der Abnahme unter Einschluß der Forderungen der VDI 6022. Die Anlieferung und Lagerung aller Komponenten einer RLT-Anlage (hier sollen beispielhaft die Luftleitungen genannt werden) muß so erfolgen, daß die luftführenden Oberflächen nicht verschmutzen, andernfalls müssen sie vor der Einbringung gründlichst gereinigt werden.

Die Ausführungen der VDI 6022 zur Planung und Errichtung gelten als Orientierung für Anlagen im Bestand (Altanlagen). Häufig lassen sich alle Forderungen nachträglich nicht mehr realisieren. In solchen Fällen sind die Maßstäbe für die Betreiber-/Wartungsphase zu verschärfen, um trotz der vorhandenen Mängel für eine hygienische Nutzung Vorsorge treffen zu können.

Für die Betreiber-/Wartungsphase enthält die VDI 6022 eine umfangreiche Checkliste mit den wichtigsten durchzuführenden Kontroll-, Inspektions- und Wartungsarbeiten und deren Zyklen. Dabei unterscheidet man zwischen in kurzen Zeitabständen durchzuführenden Hygienekontrollen und den Hygieneinspektionen. Die Hygiene-Erstinspektion ist fällig mit der Abnahme und wird von gewissenhaften Gebäudemanagementfirmen spätestens bei

---

1) VDI-Richtlinie 6022, Bl. 1 (07.98): Hygienebewußte Planung, Ausführung, Betrieb und Instandhaltung Raumlufttechnischer Anlagen.
Bl. 2 (12.99): Anforderungen an die Hygieneschulung
Bl. 3 (Gründruck): Hygiene-Anforderungen an RLT-Anlagen Produktionsbetriebe

2) Keune, A.: Raumlufthygiene – Die VDI 6022 und ihre Beachtung in der Praxis; TAB 12/1999, s. 57–60.

Auftragsbeginn durchgeführt. Die Wiederholungs-Hygieneinspektionen werden in 2- bis 3-jährigem Abstand durchgeführt. Der 2-jährige Zyklus gilt dabei für RLT-Anlagen mit Luftbefeuchtung. Ein sehr großer Fortschritt konnte erreicht werden, da erstmals für das Betreiber-, Inspektions- und Kontrollpersonal eine Qualifikation hinsichtlich der Kenntnisse im Hygienemanagement gefordert werden. Dazu sind im Blatt 2 der VDI 6022 genaue Festlegungen getroffen, welche Qualifikation die Lehrenden und der zu Schulende haben muß sowie welche Themen mit welchem Inhalt und Zeitumfang abzuhandeln sind. Dabei unterscheidet man je nach Einsatz des Personals zwei verschiedene Qualifikationsarten (A- bzw. B-Schulung). Die Schulung nach VDI 6022 endet mit einer schriftlichen Prüfung und wird durch ein Zertifikat bestätigt. Die Landesämter für Arbeits- und Gesundheitsschutz kontrollieren zunehmend die Einhaltung der VDI 6022.

Das Landesamt für Arbeitsschutz, Gesundheitsschutz und technische Sicherheit Berlin hat in Zusammenarbeit mit dem ILH in Berlin in den Jahren 1999 und 2000 insgesamt 2120 RLT-Anlagen untersucht. Ein Teil der Ergebnisse ist in Tafel 1.2.5-3 wiedergegeben. Man erkennt daraus, wie wichtig die Einhaltung der VDI 6022 geworden ist.

Befund	Häufigkeit %	Befund	Häufigkeit %
Ungenügendes Gefälle der Kondensatorwanne	95	Keimwachstum im Kühlerkondensat	35
Schmutz-, Kalk- und Rostbildung im Befeuchter	90	Eintrag von Regenwasser über Luftansaugung	30
Schmutz-, Kalk- und Rostbildung im Kühler	85	Keimwachstum auf Luftfiltern	15
Keimwachstum im Befeuchterwasser	55	mikrobielle Besiedelung	5
Faserabgabe durch schadhafte Innenisolierung	70	akuter hygienischer Handlungsbedarf	20
Faserabgabe aus beschädigten Schalldämpfern	55	RLT-Anlage ohne Hygienemängel	25

1.3 Wärmetechnische Grundlagen[1)]

Ergänzungen der Abschnitte 1.3.1 bis 1.3.5
von Prof. Dr.-Ing. habil. Bernd Glück, Jößnitz

1.3.1 Thermisch-mechanische Grundgrößen

-1 Einheitensysteme[2)]

In den meisten Ländern ist das *Internationale Einheitensystem* (SI: Système International d'Unités) rechtsverbindlich eingeführt. In Deutschland bildet das *„Gesetz über Einheiten im Meßwesen“* vom 2.7.1969, die dazugehörende „Ausführungsverordnung“ vom 26.6.1970 sowie das „Änderungsgesetz“ vom 6.7.1973 die Grundlage. Seit 1.1.1978 dürfen nur noch diese gesetzlichen Einheiten verwendet werden. Das SI basiert auf den sieben Grundeinheiten:

Meter, Kilogramm, Sekunde, Kelvin, Mol, Ampere, Candela.

Für die in der Wärmetechnik benötigten Einheiten gelten nachfolgende Festlegungen.

Internationales Einheitensystem (SI) (Système International d'Unités)

Größenart	Einheit	Zeichen	Definition der Einheit mit dem Zahlenwert Eins
Länge	Meter	m	Weglänge, die das Licht im Vakuum in 1/299 792 458 Sekunden durchläuft
Masse	Kilogramm	kg	Masse des Internationalen Kilogramm-Prototyps in Paris
Zeit	Sekunde	s	9 192 631 770fache der Periodendauer der Strahlung von Cäsium-Atomen (Nuklid ^{133}Cs)
Stoffmenge	Mol	mol	Stoffmenge, das aus ebenso vielen Teilchen besteht, wie Atome in 0,012 kg Kohlenstoff (Nuklid ^{12}C) enthalten sind
Temperatur	Kelvin	K	273,16te Teil der thermodynamischen (absoluten) Temperatur des Tripelpunktes des Wassers

Aus diesen *Grundeinheiten* entstehen durch Produkt- oder Quotientenbildung *abgeleitete Einheiten*. Ist der Zahlenfaktor dabei *Eins*, dann handelt es sich um ein *kohärentes Einheitensystem*, z. B. Einheit der Kraft 1 Newton = 1 N = 1 kg m/s^2.

Zusammenstellung *wichtiger abgeleiteter Einheiten*: Tafel 6.7-1, DIN 1301; *Größengleichungen*: DIN 1313; *Umrechnungen* und *Vorsätze* zur Bezeichnung von Vielfachen und Teilen der Einheiten nach DIN 1301: siehe hintere Vorsatzseite.

Eine *physikalische Größe* beinhaltet eine *qualitative* Aussage über die Art der Größe – es ist die *Dimension* z. B. die Länge oder bei der Geschwindigkeit Länge/Zeit - und eine *quantitative* Größe - es ist der *Zahlenwert*. Die Dimension wird durch die *Einheit* z. B. m oder m/s repräsentiert, ist aber *nicht identisch* mit dieser!

Im früher gebräuchlichen Technischen Maßsystem gab es die drei Grundeinheiten: Meter m, Sekunde s, Kilopond kp, von denen alle übrigen Einheiten abgeleitet waren. Die Einheit der Kraft 1 kp war definiert als diejenige Kraft, die der Masse des in Paris aufbewahrten Kilogramm-Prototyps von 1 kg die Normalbeschleunigung g = 9,81 m/s^2 erteilt. Die Masse war in diesem System eine abgeleitete Größe 1 kg = 1/9,81 kp s^2/m.

Wegen vielfacher Mängel dieses Systems ist ab 1978 das von der ISO empfohlene Internationale Einheitensystem eingeführt worden.

---

1) Neubearbeitungen erfolgten durch Prof. Dr.-Ing. habil. Bernd Glück, Jößnitz, für die 67. (Abschnitt 1.3.5) und für die 68. Auflage (Abschnitte 1.3.1 bis 1.3.4).

2) DIN 1301 T1 (12.93) (Einheiten), Tafel 6.7-1.
DIN 1313 (12.98) (Physikalische Größen).

-2 Masse, Kraft und Gewicht[1)]

Die *Masse m* eines Körpers ist bei Geschwindigkeiten, die klein gegenüber der Lichtgeschwindigkeit sind, eine *konstante Größe* unabhängig von Ort, Zeit und Materiezustand. Bei Einwirkung einer Kraft setzt sie einer Bewegungsänderung einen Widerstand (Trägheit) entgegen (Grundgleichung der Dynamik). Einheit der Masse ist das *Kilogramm* (kg). Es ist gleich der Masse des Internationalen Kilogramm-Prototyps, das aus Platin-Iridium besteht und in Sèvres bei Paris aufbewahrt wird.

Einheit der *Kraft F* ist im Internationalen System das Newton (N). Ein Newton ist die Kraft, die der Masse von 1 kg die Beschleunigung von 1 m/s² erteilt:

$1\ N = 1\ kg \cdot 1\ m/s^2$

Das *Gewicht G* ist ebenfalls eine Kraft, bestimmt durch das Produkt aus Masse und örtlicher Fall-Beschleunigung. Einheit dieser *Gewichtskraft* ist gleichfalls das Newton (N), wobei gegenüber der alten Einheit kp die Beziehung besteht:

$1\ kp = 9{,}81\ kg\ m/s^2 = 9{,}81\ N.$

Das Gewicht ist keine Eigenschaft eines Körpers, sondern ändert sich je nach dem Ort, an dem es sich befindet. Beispielsweise ist die irdische Gewichtskraft von 9,81 N auf dem Mond nur noch etwa 1,6 N.

-3 Druck[2)]

Druck p ist die auf die Flächeneinheit *A* wirkende Normalkraft *F*. Im Internationalen Einheitensystem sind die Druckeinheiten:

$1\ N/m^2 = 1\ kg/(m\ s^2) = 1\ Pa$ (Pascal)
$1\ bar = 10^5\ N/m^2 = 10^5\ Pa = 1000\ hPa$ (Hekto-Pascal).

Gemäß der international vereinbarten Vorsätze ist die Verwendung von kPa bzw. MPa korrekter als bar und in vielen Ländern üblich.

Im Technischen Einheitensystem war die Druckeinheit:

$1\ kp/cm^2 = 1\ at$ (Atmosphäre) $= 0{,}981\ bar$.

Unterdrücke und *Überdrücke* beziehen sich auf einen *Bezugsdruck*, meist Atmosphärendruck. Sie sind als solche immer anzugeben; z. B.: Überdruck $p_ü$, absoluter Druck p_a, Unterdruck p_u.

Bei luft- und wärmetechnischen Rechnungen wird der Druck manchmal durch die Druckhöhe von Flüssigkeitssäulen angegeben, z. B. Wasser oder Quecksilber:

1 mm Wassersäule (WS) = 9,81 Pa
1 mm Quecksilber (Hg) = 133,32 Pa.

Zwischen Druck *p* und Druckhöhe *h* einer Flüssigkeit besteht die Beziehung $p = h\ \varrho\ g$ (ϱ Dichte in kg/m³). Bei Wasser ist $\varrho\ g \approx 1000 \cdot 9{,}81 = 9{,}81$ kPa/m.

Luftdruck der *Norm-Atmosphäre* in Meereshöhe 101,325 kPa ≈ 1,013 bar = 1013 hPa.

-4 Dichte[3)] und spezifisches Volumen

Dichte ϱ eines Stoffes ist der Quotient aus Masse und Volumen in kg/m³.

Bei porigen Stoffen ist außerdem die *Rohdichte* (einschl. Porenvolumen) und bei geschütteten Stoffen die *Schüttdichte* (einschl. Hohlräumen) zu unterscheiden.

Die früher verwendete *Wichte* γ (oder das spez. Gewicht) ist der Quotient aus der Gewichtskraft und dem Volumen in N/m³. Die Größe Wichte soll nach Möglichkeit nicht verwendet werden, sondern durch das Produkt Dichte × Fallbeschleunigung $\varrho\ g$ ersetzt werden.

Dichten verschiedener Stoffe siehe Tafel 1.3.1-1 bis Tafel 1.3.1-6, Tafel 1.3.5-3, Tafel 1.3.5-5 und Tafel 1.3.5-6, Bild 1.3.5-4 und Abschnitte 1.3.6 und 1.3.7.

Spezifisches Volumen ist der Kehrwert der Dichte $\upsilon = 1/\varrho$.

[1)] DIN 1305 (01.88) (Masse, Kraft, Gewicht).
[2)] DIN 1314 (02.77) (Druck).
Umrechnungen der Einheiten: siehe Tafel 6.8-1 und hintere Vorsatzseite.
[3)] DIN 1306 (06. 84) (Dichte).

Tafel 1.3.1-1 Dichte ϱ fester Körper bei 20 °C (siehe auch Abschnitt 1.3.5)

Körper	ϱ kg/dm³	Körper	ϱ kg/dm³
Metalle			
Aluminium	2,70	Messing, gegossen u. gez.	8,4 ···8,7
Aluminium, Dur-	2,75···2,87	Messing, gewalzt	8,5 ···8,6
Antimon	6,69	Molybdän	10,2
Beryllium	1,85	Natrium	0,97
Blei	11,34	Neusilber	8,4 ···8,7
Bronze, 6···20% Sn	8,7 ···8,9	Nickel	8,9
Bronze, Aluminium-	7,75···8,35	Nickel, gegossen	8,35
Bronze, Nickel-	8,5	Nickelstahl (36% Ni)	8,13
Eisen, chem. rein	7,87	Platin	21,45
Eisen, Roheisen, weiß	7,0···7,8	Rotguß	8,5 ···8,9
Eisen, Roheisen, grau	6,7···7,6	Silber	10,5···10,6
Eisen, Flußstahl	7,85	Silizium	2,33
Eisen, Gußeisen	7,25	Titan	4,5
Gold	19,30	Uran	19,1
Kupfer, rein	8,96	Vanadium	6,12
Kupfer, gegossen	8,30···8,92	Wismut	9,8
Kupfer, gehämmert	8,9 ···9,0	Wolfram	19,3
Lithium	0,53	Zink, gegossen	6,86
		Zink, gewalzt	7,13···7,20
Magnesium	1,74	Zinn, gegossen	7,2
Mangan	7,3	Zinn, gewalzt	7,3···7,5
Andere Körper			
Asbest	2,1 ···2,8	Holzfaserplatten, hart	≈ 1,0
Asbestpappe	1,2	Iporka	0,014
Asbest-Zement	1,8 ···2,2		
Asphalt	1,1 ···2,8	Kalk, gebrannt	0,9 ···1,3
		Kalk, gelöscht	1,15···1,25
Beton, Bims-	0,8 ···1,2	Kesselstein	2,4 ···2,6
Beton, Stahl-	2,4	Klinker	2,6 ···2,7
Beton, Kies-	1,8 ···2,4	Koks (Rohdichte)	0,7 ···0,9
Beton, Leicht-	0,7 ···1,5	Koks (Feststoffdichte)	1,8 ···2,0
Braunkohle, lufttrocken	1,05···1,25	Kork	0,2 ···0,35
Braunkohle, grubenfeucht	1,20	Kreide	1,8 ···2,6
Cellon	1,3	Leder	0,8 ···1,0
Celluloid	1,38	Lehm, trocken	1,5 ···1,6
Eis	0,88···0,92	Magnesit	2,5 ···3,0
		Marmor	2,5 ···2,8
Gips (Stein)	2,3		
Gips (gegossen)	1,0	Papier, Buchdruck-	0,97
Glas	2,4 ···3,0	Polyethylen	0,92
Glimmer	2,6 ···3,2	Polyamid	1,13
Graphit	2,25	Polyesterharz	1,44
Granit	2,3 ···3,0	Porzellan	2,3 ···2,5
Gummi, roh	0,90···0,95	PVC	1,35
Gummi, vulkanisiert	1,0 ···2,0	Sandstein	2,2 ···2,7
Holz, lufttr., Eiche	0,7 ···0,9	Schiefer	2,65···2,70
Holz, lufttr., Rotbuche	0,6 ···0,8	Schlacke	2,4 ···2,6
Holz, lufttr., Kiefer/Fichte	0,4 ···0,7	Steinkohle	1,25···1,40
Holz, frisch, Eiche	0,9 ···1,2	Steinzeug	2,5 ···2,6
Holz, frisch, Rotbuche	0,85···1,1	Ton	1,6 ···2,6
Holz, frisch, Kiefer/Fichte	0,5 ···1,0		
Holzkohle, lufterfüllt	0,3 ···0,4	Vulkanfiber	1,10···1,45
Holzkohle, luftfrei	1,4 ···1,5	Zement, erhärtet	2,3
Holzfaserplatten, weich	0,25···0,50	Ziegelmauer	1,5 ···2,0

Tafel 1.3.1-2 Rohdichte ϱ_{roh} geschichteter Körper bzw. Schüttdichte
(siehe auch Tafel 1.3.6-2)

Körper	ϱ_{roh} kg/m³	Körper	ϱ_{roh} kg/m³
Asbestpappe	1200	Mörtel, Kalk-	1600···1800
Asbestzement	1800···2200	Mörtel, Gips-	1200
Asche	700··· 900		
Braunkohle		Papier	1200
grubenfeucht,	750	Ruß	70··· 200
stückig, lufttrocken	600···800		
Briketts, Salonform		Sägespäne, trocken	150··· 170
geschüttet	700···750	Sand, trocken	1500···1700
gesetzt	1030	Sand, feucht	1700···2000
Erde, gestampft, trocken	1400···1600	Schamottesteine	1700···1900
Erde, gestampft, feucht	1600···2000	Schaumgummi	60··· 90
		Schlacke, Kessel-	1100
Holz in Scheiten		Schlacke, Hochofen-Stück	1500
Buche	400	Schlackenwolle	50···400
Eiche	420	Schnee, frisch gefallen	80···200
Nadelholz	320···340	Schnee, feucht u. wäßrig	200···800
Holzkohle	200···400	Schwemmsteine	~850
Kalkmörtel	1600···1800	Steinkohlen,	
Kies, trocken	1500···1700	je nach Körnung	700···900
Kies, naß	2100	Steinkohlen, Eierbriketts	740···780
Kieselgur, pulvrig	100···350	Stroh	40··· 70
Kohlenstaub	400···500		
Koks 1 u. 2	450···560	Ton, erdfeucht	1600···2000
Koks 3 u. 4	500···680	Torf, feucht	550··· 650
Koksgrus	1000	Torf, lufttrocken	320··· 400
Korkplatten	100···300	Torf, Mull	180··· 200
Leder, trocken	680	Zement, lose	1200···1400
Lehm	1500···1800	Ziegelmauer	1600···1800
Linoleum	~1100	Zucker	750

Tafel 1.3.1-3 Dichte ϱ von trockener Luft bei 1 bar
(Gesättigte Luft s. Tafel 1.3.4-1)

t °C	ϱ kg/m³	t °C	ϱ kg/m³	t °C	ϱ kg/m³
0	1,275	100	0,933	200	0,736
20	1,188	120	0,885	300	0,607
40	1,112	140	0,843	400	0,517
60	1,045	160	0,804	500	0,450
80	0,986	180	0,768	1000	0,273

Berechnungsgleichung: $\varrho = 1{,}275 \cdot 273/(273 + t)$

-5 Temperatur[1)]

Eine internationale Vereinbarung legte 1954 den *Tripelpunkt des Wassers* (feste, flüssige und dampfförmige Phase stehen unabhängig von den Masseanteilen bei einem Druck von 611 Pa und einer Temperatur von 273,16 K im Gleichgewicht) als Temperaturfixpunkt

[1)] DIN 1345 (12.93) (Thermodynamik, Temperatur).

Tafel 1.3.1-4 Dichte ϱ_o von Gasen u. Dämpfen bei Normzustand (0 °C; 1,013 bar) (siehe auch Tafel 1.3.2-1)

Gas	Symbol	ϱ_O kg/m³	Gas	Symbol	ϱ_O kg/m³
Ammoniak	NH_3	0,771	Kohlendioxid	CO_2	1,977
Acetylen	C_2H_2	1,171	Luft, trocken	–	1,292
Chlor	Cl_2	3,22	Methan	CH_4	0,717
Chlorwasserstoff	HCl	1,64	Sauerstoff	O_2	1,429
Ethan	C_2H_6	1,356	Schwefeldioxid	SO_2	2,92
Etylen	C_2H_4	1,260	Stickstoff	N_2	1,250
Helium	He	0,179	Stickstoffdioxid	NO_2	2,05
Kohlenoxid	CO	1,250	Wasserstoff	H_2	0,090

Tafel 1.3.1-5 Dichte ϱ von Flüssigkeiten bei 20 °C

Flüssigkeit	ϱ kg/dm³	Flüssigkeit	ϱ kg/dm³
Anilin	1,022	Petroleum	0,76···0,86
Aceton	0,79	Propan	0,50
Benzin, Leicht-	0,68···0,72	Propylenglykol	1,05
Benzin, Schwer-	0,72···0,78	Quecksilber	13,55
Benzol	0,88	Salpetersäure HNO_3	1,51
Bier	1,03	Salzsäure, 10% HCl	1,05
Butan	0,60	Salzsäure, 40% HCl	1,20
Chloroform (Trichlormethan)	1,49	Schmieröl	0,89
Dieselöl aus Braunkohle	0,88···0,90	Schwefelsäure	
Dieselöl aus Steinkohle	1,02···1,08	10% H_2SO_4	1,07
Diethylether	0,71	50% H_2SO_4	1,40
Dowtherm G	1,11	100% H_2SO_4	1,84
		Seewasser	1,02···1,03
Ethanol	0,79	Teer	
Ethylenglykol	1,14	Braunkohlenschwel-	0,85···0,91
Glycerin	1,26	Steinkohlenschwel-	0,96···1,05
Heizöl EL	0,80···0,86	Steinkohlen-	1,1 ···1,2
Heizöl S	0,95···0,97	Straßen-	1,22···1,24
		Terpentinöl	0,86
Leinöl	0,93	Toluol	0,87
Methanol	0,79	Wasser bei 4 °C	1,00
Mineralschmieröle	0,89···0,96	Eis bei 0°C	0,916
Nitrobenzol	1,20	Wasser, schweres	1,11
		Xylol	0,86···0,88

T_0 = 273,16 K fest. Die so definierte *Kelvin-Skala* wird auch *absolute Temperaturskala* (thermodynamische Temperaturskala) genannt (0 K *absoluter Nullpunkt*). Die Wahl der Fixpunkttemperatur erfolgte so, daß die *Temperatureinheit* mit der empirisch definierten *Celsius-Skala* übereinstimmt:

$$1\,\text{K} \triangleq 1\,°\text{C}.$$

Die Temperaturen werden bei Verwenden der Kelvin-Skala mit T (oder Θ) bzw. der Celsius-Skala mit t (oder ϑ) bezeichnet. Es gilt für die Umrechnung:

$$t = T - 273{,}15\,\text{K}.$$

Temperaturdifferenzen beider Skalen sind gleich $\Delta t = \Delta T$, sie sind in K anzugeben.

Siedepunkt des Wassers bei 1,013 bar	T = 373,15 K	t = 100 °C
Eispunkt des Wassers bei 1,013 bar	T = 273,15 K	t = 0 °C
absoluter Nullpunkt	T = 0 K	t = –273,15 °C

In den angelsächsischen Ländern benutzt man die *Fahrenheit* (°F)-*Temperatur*: Siedepunkt 212 °F, Eispunkt 32 °F, absoluter Nullpunkt –459,67 °F, Intervall Siedepunkt bis Eispunkt 180 °F.

Umrechnung (siehe auch Tafel 6.8-2):

$$t_F = 32 + \frac{9}{5}\, t_C$$

$$t_C = \frac{5}{9}\, (t_F - 32).$$

Tafel 1.3.1-6 Dichte des Wassers ϱ' bei Sättigung und ϱ bei verschiedenen Drücken*)

t °C	ϱ'	$\varrho_{5\,\text{bar}}$	$\varrho_{10\,\text{bar}}$	$\varrho_{20\,\text{bar}}$
	kg/m³			
10	999,7	1000,0	1000,2	1000,7
20	998,3	998,5	998,7	999,2
30	995,7	995,9	996,1	996,6
40	992,3	992,5	992,7	993,1
50	988,0	988,2	988,4	988,9
60	983,2	983,4	983,6	984,1
70	977,7	977,9	978,1	978,6
80	971,6	971,8	972,1	972,6
90	965,2	965,3	965,5	966,0
100	958,1	958,3	958,6	959,0
110	950,7	950,8	951,1	951,7
120	942,9	943,0	943,2	943,8
130	934,6	934,7	934,9	935,5
140	925,8	925,9	926,3	926,8
150	916,8	916,8	917,1	917,7
160	907,3	–	907,5	908,1
170	897,3	–	897,4	898,1
180	886,9	–	–	887,5
190	876,0	–	–	876,6
200	864,7	–	–	865,1

Approximationen nach Glück

$\varrho = 1{,}002045 \cdot 10^3 - 1{,}029905 \cdot 10^{-1} t - 3{,}698162 \cdot 10^{-3} t^2 + 3{,}991053 \cdot 10^{-6} t^3$ in kg/m³

Bereich t = 10 °C ≤ t ≤ t_s(p) oder 200 °C; Fehler <0,09%

$\varrho = 1006 - 0{,}26\, t - 0{,}0022\, t^2$ in kg/m³

Bereich t = 20 °C ≤ t ≤ t_s(p) oder 200 °C; Fehler <0,16%

*) ermittelt aus: Elsner, Fischer, Klinger: Thermophysikalische Stoffeigenschaften von Wasser. Leipzig Deutscher Verlag für Grundstoffindustrie, 1982

-6 Energiearten und Leistung

Energie E, Arbeit W und *Wärme Q* sind Größen gleicher Art und haben als Einheit Joule (J). Ein Joule ist die Arbeit, die verrichtet wird, wenn eine Kraft von 1 N in Richtung der Kraft um 1 m verschoben wird:

1 J = 1 N m = 1 *W* s = 1 kg m²/s².

Energie ist eine extensive Zustandsgröße, für die ein Erhaltungssatz gilt.

Tafel 1.3.1-7 Spezifische Wärmekapazität *c* fester Körper bei 20 °C

Körper	*c* kJ/(kg K)	Körper	*c* kJ/(kg K)
Metalle			
Aluminium	0,942	Mangan	0,460
Antimon	0,209	Messing	0,381
Beryllium	1,750	Molybdän	0,272
Blei	0,130	Natrium	1,206
Bronze (20% Sn)	0,352	Neusilber (15% Ni, 22% Zn)	0,393
Chrom	0,500	Nickel	0,460
Duraluminium	0,912	Phosphorbronze (12% Sn)	0,360
Eisen, rein	0,452	Platin	0,132
Stahl, 1,3% C	0,477	Quecksilber	0,138
V_2A-Stahl	0,477	Rotguß	0,377
Gußeisen 4% C	0,540	Selen	0,335
Transformatoreisen	0,456	Silber	0,234
Eisen, 0…1000 °C	0,71	Silizium	0,703
Gold	0,125	Tantal	0,138
Iridium	0,134	Titan	0,573
Kadmium	0,230	Uran	0,113
Kalium	0,741	Wismut	0,126
Kalzium	0,649	Wolfram	0,142
Kobalt	0,427	Woods Metall	1,465
Konstantan	0,410	Zink	0,385
Kupfer	0,385	Zinn	0,226
Magnesium	1,017		
Andere feste Körper			
Asbest	0,80	Koks (0…1000 °C)	1,15
Asbestzementplatten	0,96	Kork	1,26…2,51
Asche	0,80	Korkstein, pechgebunden	1,38
Asphalt	0,92	Kunststoffe, org.	1,67…2,09
Bakelit	1,59	Lehmboden	1,0 …3,0
Baumwolle	1,30	Leichtbauplatten	1,47…1,88
Beton	1,0	Magnesit 20 °C	0,92
Braunkohle (0…100 °C)		Magnesit 600 °C	1,21
60% Wasser	3,14	Margarine	1,50
20% Wasser	2,09	Marmor	0,80
Briketts	1,51	Obst	3,64…3,89
Erde, feucht	≈2,0	Pappe, Papier (trocken)	1,34
Erde, trocken	0,84	Porzellan	0,80
Eis (bei 0 °C)	2,05	PVC	1,00
Felsboden	2,1…3,0	Quarz	0,75
Fette	2,51	Sandboden	1,1…3,2
Fleisch, mager	2,93…3,35	Sandstein	0,71
Gesteine	0,75…1,00	Schamotte, Silica	0,84
Gips	1,09	Schamotte bei 500 °C	1,13
Glas	0,75	Schiefer	0,75
Glaswolle	0,84	Schlacke	0,84
Glimmer	0,84	Schwefel (rhomb.)	0,71
Granit	0,75	Steinkohle (0…100 °C)	1,17…1,26
Graphit	0,84	Steinsalz	0,92
Gußeisen	0,55	Steinwolle	0,84
Hartgummi	1,42	Steinzeug	0,75…0,84
Holz, Eiche	≈2,40	Styropor	1,38
Holz, Fichte	≈2,70	Ton	0,88
Holzfaserplatten	2,30	Torf	1,67…2,09
Holzkohle	0,75…1,17	Wolle	1,88
Kalkspat	0,80	Zellenbeton	0,80
Kalkstein	0,84	Zellulose	1,55
Kartoffeln	3,35	Zement	0,80
Kiesboden	1,5…3,7	Ziegelstein	0,84
Kieselgur	0,84	Ziegelmauerwerk	0,84…1,26
Koks (0…100 °C)	0,84	Zucker	1,26

Tafel 1.3.1-8 Spezifische Wärmekapazität *c* von verschiedenen Stoffen (Rechenwerte nach DIN V 4108 T4 [10.98])

Stoff	*c* kJ/(kg K)
Anorganische Bau- und Dämmstoffe	1,0
Holz und Holzwerkstoffe einschließlich Holzwolle-Leichtbauplatten	2,1
Pflanzliche Fasern und Textilfasern	1,3
Schaumkunststoffe und Kunststoffe	1,5
Aluminium	0,8
sonstige Metalle	0,4
Luft ($\varrho = 1{,}25$ kg/m³)	1,0
Wasser	4,2

Arbeit und Wärme sind vom Verlauf des Prozesses abhängig *(Prozeßgrößen).* Sie stellen mögliche Formen des Energietransports über Systemgrenzen dar.

Innere Energie U ist eine kalorische Zustandsgröße, die den „Energievorrat" des thermodynamischen Systems kennzeichnet.

Enthalpie H ist eine kalorische Zustandsgröße, die durch $H = U + p\,V$ definiert wird. Ihre Verwendung ist bei offenen (stoffdurchlässigen) Systemen vorteilhaft.

Die Energie unterteilt man in *Exergie* und *Anergie.* Exergie ist der Teil, der sich in einer vorgegebenen Umgebung in jede Energieform umwandeln läßt (technische Arbeitsfähigkeit). Anergie ist bei einer bestimmten Umgebung der nicht in Exergie umwandelbare Teil der Energie.

Die bei einem irreversiblen Prozeß aus Exergie entstandene Anergie bezeichnet man als *Exergieverlust.*

Alle *spezifischen* Zustands- oder Prozeßgrößen sind *massebezogen.*

Tafel 1.3.1-9 Spezifische Wärmekapazität *c* von Flüssigkeiten bei 20 °C

reine Flüssigkeiten		*c* kJ/(kg K)	Flüssigkeits-gemische	*c* kJ/(kg K)
Ammoniak	NH_3	4,74	Benzin	2
Aceton	C_3H_6O	2,156	Bier	3,77
Benzol	C_6H_6	1,729	Erdöl	1,91
Chlordifluormethan (R22)	$CHClF_2$	1,306	Heizöl EL bei 20 °C	1,99
Chlormethan	CH_3Cl	1,591	bei 100 °C	2,32
Diethylether	$C_4H_{10}O$	2,336	HT-Öl C Kieselsäureester	1,47
Difluordichlormethan (R12)	CCl_2F_2	0,967	Maschinenöl	1,67
Ethanol	C_2H_6O	2,395	Mineralöl	1,67...2,01
Ethylenglykol	$C_2H_6O_2$	2,357	Olivenöl	1,63
Glycerin	$C_3H_8O_3$	2,366	Paraffinöl	2,13
Methanol	CH_4O	2,495	Petroleum	2,09
Nitrobenzol	$C_6H_5NO_2$	1,465	Rizinusöl	1,92
Propanol	C_3H_8O	2,345	Salzsäure HCl (17%)	1,93
Quecksilber	Hg	0,138	Schmieröl	1,67
Schwefelkohlenstoff	CS_2	1,00	Schweröl	1,85
Toluol	C_7H_8	1,717	Teer (Steinkohle)	2,09
Wasser	H_2O	4,182	Terpentinöl	1,8
Xylol	C_8H_{10}	1,7...1,733		

Die *spezifische Wärmekapazität* c eines Stoffes ist die Wärme, um 1 kg Masse um 1 K zu erwärmen. Einheit: J/(kg K). Bei realen Stoffen ist c eine Funktion von Temperatur und Druck. Im allgemeinen wächst c mit zunehmender Temperatur. Betrachtet man nur die Temperaturabhängigkeit, so bezieht sich die *wahre spezifische Wärmekapazität* c auf eine bestimmte Temperatur t, die *mittlere spezifische Wärmekapazität* c_m gilt für einen Temperaturbereich t_1 bis t_2:

$$c_m = \frac{\int_{t_1}^{t_2} c\,dt}{t_2 - t_1} \quad \text{oder angenähert} \quad c_m = \frac{c_{t1} + c_{t2}}{2}.$$

Spezifische Wärmekapazität für feste und flüssige Körper siehe Tafel 1.3.1-7 bis Tafel 1.3.1-10, für gasförmige Körper Tafel 1.3.2-1 und Tafel 1.3.1-17.

Die *Leistung* ist der Quotient aus Energie, Arbeit oder Wärme und Zeit, z. B. die in einer Zeit geleistete Arbeit. Einheit: Watt (W).

1 W = 1 J/s = 1 N m/s.

Im Technischen Einheitensystem galt für die Wärme die Einheit Kalorie (cal). Es gelten

1 kcal = 4,187 kJ = 1,163 Wh = 427 kp m
1 kcal/h = 1,163 W
1 kcal/(kg grd) = 4,187 kJ/(kg K).

Tafel 1.3.1-10 Spezifische Wärmekapazität c_p' von Wasser und c_p'' von Wasserdampf bei Sättigung*)

t °C	p bar	c_p' kJ/(kg K)	c_p'' kJ/(kg K)	t °C	p bar	c_p' kJ/(kg K)	c_p'' kJ/(kg K)
0	0,006	4,217	1,854	120	1,99	4,245	2,120
20	0,024	4,182	1,866	140	3,61	4,285	2,241
40	0,074	4,179	1,885	160	6,18	4,339	2,398
60	0,199	4,185	1,916	180	10,03	4,408	2,596
80	0,474	4,197	1,962	200	15,55	4,497	2,843
100	1,013	4,216	2,028	300	85,93	5,762	5,863

Die spez. Wärmekapazität je m³ erhält man aus $C_p = \varrho\, c_p$ mit ϱ Dichte in kg/m³.
Approximationen nach **). Werte in kJ / (kg K) im Bereich t = 10 °C…200 °C:
$c_p' = 4{,}177\,375 - 2{,}144\,614 \cdot 10^{-6}t - 3{,}165\,823 \cdot 10^{-7}t^2 + 4{,}134\,309 \cdot 10^{-8}t^3$ (Fehler <0,02%)
$c_p'' = 1{,}854\,283 + 1{,}126\,74 \cdot 10^{-3}t - 6{,}939\,165 \cdot 10^{-6}t^2 + 1{,}344\,783 \cdot 10^{-7}t^3$ (Fehler <0,16%)

*) Zustandsgrößen von Wasser und Wasserdampf in SI-Einheiten. Berlin: Springer-Verlag und München: R. Oldenbourg, 1989.

**) Glück, B: Zustands- und Stoffwerte (Wasser, Dampf, Luft), Verbrennungsrechnung. Berlin: Verlag für Bauwesen, 2. erw. Aufl. 1991.

-7 Zustandsformen

Schmelzpunkt oder Schmelztemperatur ist die Temperatur, bei der ein fester Körper unter weiterer Wärmezufuhr, jedoch ohne Temperaturänderung von dem festen in den flüssigen Zustand übergeht (Tafel 1.3.1-11).

Spezifische Schmelzenthalpie (Schmelzwärme) r_{Sch} in kJ/kg ist die Wärme in kJ, die zur Verflüssigung von 1 kg eines festen Stoffes bei konstantem Druck und konstanter Temperatur erforderlich ist (Tafel 1.3.1-12).

Siedepunkt oder Siedetemperatur ist die Temperatur, bei der ein flüssiger Körper unter weiterer Wärmezufuhr, jedoch bei konstantem Druck und konstanter Temperatur vom flüssigen in den gasförmigen Zustand übergeht (Tafel 1.3.1-13).

Spezifische Verdampfungsenthalpie (Verdampfungswärme) r in kJ/kg ist die Wärme in kJ, die zur Verdampfung von 1 kg Masse eines flüssigen Stoffes bei konstantem Druck und konstanter Temperatur erforderlich ist (Tafel 1.3.1-14).

Tafel 1.3.1-11 Schmelzpunkte t_{Sch} verschiedener Stoffe

Stoff	t_{Sch} in °C	Stoff	t_{Sch} in °C
Metalle		Mangan	1250
Aluminium	658	Messing	≈900
Antimon	631	Molybdän	2600
Beryllium	1278	Natrium	98
Blei	327	Nickel	1455
Bronze	≈900	Platin	1773
Chrom	1845	Quecksilber	−39
Eisen, rein	1530	Selen	220
Eisen, Flußstahl	1350…1450	Silber	960
Eisen, Gußeisen, grau	1200	Silberlote	720…855
Eisen, Gußeisen, weiß	1130	Silizium	1410
Gold	1063	Tantal	3000
Kadmium	321	Titan	1690
Kalium	63	Weichlote	135…210
Kalzium	851	Wismut	271
Kobalt	1490	Wismutlote	70…128
Kupfer	1083	Zink	419
Lithium	180	Zinn	232
Lötzinn	181…271	Wolfram	3380
Magnesium	650	Woods Metall	60
Andere feste Körper		Kalziumdioxyd	2572
Ätzkali	360	Kautschuk	125
Ätznatron	328	Kohlenstoff (Diamant,	
Asche aus Steinkohle	1200…1400	Graphit, Kohle)	≈3540
Butter	31	Naphthalin	80
Eis (Wasser)	0	Natriumchlorid	802
Eisenoxyd	1370	Paraffin	54
Hämatit	1560	Schellack	≈150
Magnesit	1550	Schlacke (Hochofen)	1300…1430
Emailfarben	≈960	Schwefel (rhomb.)	113
Glas, bleifrei	1200	Soda	34
Glas, bleihaltig	1100	Stearin	50
Glaubersalz	884	Wachs	64
Kalisalpeter	337	Zucker (Rohr-)	160
Kalziumchlor	772		

Tafel 1.3.1-12 Spezif. Schmelzenthalpie r_{Sch} verschiedener Stoffe

Stoff	r_{Sch} kJ/kg	Stoff	r_{Sch} kJ/kg
Aluminium	356	Natriumhydroxyd	167
Ammoniak	339	Natrium	113
Aceton	96	Natriumchlorid	52
Benzol	128	Nickel	293
Blei	24	Platin	113
Chlor	90	Quecksilber	12
Diethylether	100	Sauerstoff	14
Eis (Wasser)	334	Salpetersäure	40
Eisen	272	Schwefel (rhomb.)	39
Ethanol	108	Schwefelkohlenstoff	58
Glycerin	201	Schwefelsäure	109
Gold	67	Schwefeldioxyd	117
Helium	4	Schwefelwasserstoff	69
Kadmium	54	Selen	69
Kalium	54	Silber	105
Kohlenoxyd	30	Stickstoff	26
Kohlendioxyd	205	Toluol	72
Kupfer	209	Wismut	54
Lithium	138	Wolfram	192
Magnesium	368	Zink	112
Mangan	251	Zinn	59
Methanol	103	Zucker (Rohr-)	56
Naphthalin	151		

Tafel 1.3.1-13 Siedepunkttemperatur t_S verschiedener Stoffe bei 1013 mbar

Stoff	t_s in °C	Stoff	t_s in °C
Aluminium	2270	Leinöl	316
Ammoniak	−33,4	Luft	−192,3
Anilin	184	Magnesium	1110
Aceton	56,1	Maschinenöl	≈380
Acetylen	−84	Methan	−162
Benzin	90···100	Methanol	64,7
Benzol	80,1	Methyljodid	180
Beryllium	3000	Naphthalin	218
Butan	−0,7	Natriumchlorid	1440
Chlor	−34	Nickel	3000
Chlorkalziumlösung (ges.)	180	Nitrobenzol	211
Chlormethan	−24	Paraffin	300
Chloroform (Trichlormethan)	61	Petroleum	150
Dichlormethan	40	Phosphor (weiß)	280
Diethylamin	56	Propan	−43
Diethylether	34,5	Quecksilber	357
Difluordichlormethan	−29,8	Salzsäure	−85
Dimethylamin	7	Salpetersäure	86
Eisen	2500	Sauerstoff	−183
Ethanol	78,3	Schwefel (rhomb.)	445
Ethylchlorid	12,2	Schwefelkohlenstoff	46
Ethylen	−104	Schwefelsäure	325
Fette	300···325	Schwefeldioxyd	−10
Glycerin	290	Stickstoff	−196
Gold	2700	Terpentinöl	160
Helium	−268,9	Tetralin	207
HT-Öl C	430	Toluol	111
Kochsalzlösung (ges.)	108	Wasserstoff	−253
Kohlendioxyd	−78,5	Wasser	100
Kohlenoxyd	−192	Wolfram	5000
Kupfer	2330		

Tafel 1.3.1-14 Spezif. Verdampfungsenthalpie r verschiedener Stoffe bei 1,013 bar

Stoff	r kJ/kg	Stoff	r kJ/kg
Ätzkali	2302	Luft (trocken)	197
Ätznatron	3307	Magnesium	5651
Aluminium	11721	Mangan	4185
Ammoniak	1369	Methan	511
Anilin	448	Methanol	1101
Aceton	523	Methylchlorid	419
Benzol	396	Methylenchlorid	331
Blei	921	Natrium	4186
Butan	402	Natriumchlorid	2846
Chlor	260	Nickel	6195
Chlordifluormethan	235	Propan	448
Chloroform (Trichlormethan)	255	Quecksilber	301
Diethylether	360	Salpetersäure	481
Eisen	6363	Salzsäure	444
Ethan	490	Sauerstoff	213
Ethanol	846	Silber	2177
Ethylchlorid	387	Schwefel (rhomb.)	293
Difluordichlormethan	167	Schwefelkohlenstoff	352
Gold	1758	Schwefeldioxyd	402
Heizöl EL bei 100 °C	260	Stickstoff	201
Helium	21	Terpentinöl	293
Kadmium	1005	Toluol	356
Kohlendioxyd (Subl.)	573	Wasser	2256
Kohlenoxyd	218	Wasserstoff	460
Kohlenstoff	50232	Zink	1800
Kupfer	4646	Zinn	2595

-8 Ausdehnung durch Temperaturerhöhung

Die meisten Körper dehnen sich bei Erwärmung aus (Ausnahmen: Eis, Gummi unter Last). Der *Ausdehnungskoeffizient* α steigt in der Regel mit zunehmender Temperatur. Bei praktischen Berechnungen kann mit konstanten Mittelwerten gerechnet werden.

Längenausdehnung von festen Körpern

$l_{t+\Delta t} = l_t\,(1 + \alpha\,\Delta t)$

l_t	m	Länge bei Temperatur t
$l_{t+\Delta t}$	m	Länge bei Temperatur $t + \Delta t$
Δt	K	Temperaturzunahme
α	1/K	Linearer Ausdehnungskoeffizient nach Tafel 1.3.1-15.

Näherungsweise gilt analog für

Flächenausdehnung $A_{t+\Delta t} = A_t\,(1 + 2\,\alpha\,\Delta t)$

Raumausdehnung $V_{t+\Delta t} = V_t\,(1 + 3\,\alpha\Delta t)$.

Raumausdehnung von Flüssigkeiten und Gasen

Mit dem *Raumausdehnungskoeffizienten* β

$$\beta = \frac{1}{v}\left(\frac{dv}{dt}\right)_{p\,=\,\mathrm{const}} \quad \text{in 1/K}$$

gilt bei konstantem Druck

$V_{t+\Delta t} = V_t(1 + \beta\,\Delta t)$

V_t	m^3	Volumen bei Temperatur t
$V_{t+\Delta t}$	m^3	Volumen bei Temperatur $t + \Delta t$
Δt	K	Temperaturzunahme
β	1/K	Raumausdehnungskoeffizient nach Tafel 1.3.1-16.

Tafel 1.3.1-15 Ausdehnung fester Körper
Ist bei 0 °C die Länge = 1 m, so wird sie bei 100 °C um *a* mm größer.

Körper	α ≙ a 10^{-5}/K mm	Körper	α ≙ a 10^{-5}/K mm
Aluminium	2,38	Magnesium	2,60
Beton, Schüttbeton	1,1 ···1,2	Manganin	1,75
Hochofenschlackenbeton	0,58···0,66	Marmor	0,2 ···2,0
Blei	2,90	Messing	1,84
Bakelit	2,1 ···3,6	Mörtel, Kalk-	0,73···0,89
Bronze	1,75	Mörtel, Zement-	0,85···1,35
Chrom	0,70	Neusilber	1,8
Chromstahl	1,0 ···1,4	Nickel	1,30
Duraluminium	2,35	Platin	0,90
Eisen, rein	1,23	Platin-Iridium	0,83
Eisen, Guß-	1,04	PUR-Hartschaum	7,0
Gips	2,5	PVC hart	7,0
Glas, Jenaer 16 III	0,81	Polyethylen	15···23
Glas, Jenaer 59 III	0,59	Quarzglas	0,051
Glas, Jenaer 1565 III	0,35	Sandstein	0,5 ···1,2
Glimmer	1,35	Silber	1,90
Gold	1,42	Stahl, unlegiert	1,15
Granit	0,80···1,18	Chromstahl 13 Cr	1,1
Hartgummi	1,70···2,80	Nickelstahl 20 Ni	1,95
Holz, Eiche ∥	0,76	Nickelstahl 36 Ni	0,15
Holz, Eiche ⊥	5,44	(Invar)	
Holz, Tanne ∥	0,30	Steinholz	1,70
Holz, Tanne ⊥	5,80	Styropor	8,5
Iridium	0,65	Titan	0,94
Kalkstein	0,7	Wolfram	0,45
Kalksandstein	0,78	Zement, Portland-	1,40
Konstantan	1,52	Ziegelstein	0,36···0,58
Klinker	0,28···0,48	Zink	2,90
Kupfer	1,65	Zinn	2,67

Tafel 1.3.1-16 Raumausdehnungskoeffizient β flüssiger Körper bei 1 bar
Ist bei 20 °C das Volumen einer Flüssigkeit = 1 m^3, so dehnt sie sich je K um β m^3 aus.

Flüssigkeit	β 10^{-3}/K	Flüssigkeit	β 10^{-3}/K
Aceton	1,49	Mineralöle	0,75...0,95
Benzin	1,20	Paraffinöl	0,97
Benzol	1,23	Olivenöl	0,75
Dichlordifluormethan (R12)	2,59	Petroleum	0,92...1,00
Dichlortetrafluorethan (R114)	2,01	Quecksilber	0,1819
Diethylether	1,62	Schwefelsäure 100%	0,57
Ethanol	1,10	Terpentinöl	0,97
Glycerin	0,47	Toluol	1,11
Heizöl EL	0,70	Wasser 20...70 °C	0,21...0,58
Methanol	1,20	Eis –5...–20 °C	–0,17...–0,66

Weitere Werte für Wasser und Wasserdampf siehe Tafel 1.3.1-6 und Tafel 1.3.3-5.

Bei *Gasen* ist $\beta = 1/T$ mit $T = t + 273{,}15$ K und t in °C. Ändern sich bei Gasen Temperatur T und Druck p gleichzeitig, so folgt aus der allgemeinen Gasgleichung für den Endzustand 2 bezogen auf den Anfangszustand 1

$$V_2 = V_1 \frac{T_2}{T_1} \frac{p_1}{p_2}$$

V Volumen
T absolute Temperatur
p absoluter Druck.

-9 Hauptsätze der Thermodynamik

Erster Hauptsatz der Thermodynamik *(Energieerhaltungssatz)*:
In einem abgeschlossenen System ist die Summe aller Energien konstant. (R. Mayer und J. P. Joule 1842, H. v. Helmholtz 1847)

Zweiter Hauptsatz der Thermodynamik (Aussage über die *Ablaufrichtung* natürlicher Prozesse. Während die Umwandlung von Arbeit in Wärme restlos vor sich gehen kann, ist der umgekehrte Vorgang, die Verwandlung von Wärme in Arbeit, nur begrenzt möglich.) in verschiedenen Formulierungen:

a) Wärme kann nie von selbst von einem kalten auf einen warmen Körper übergehen. (R. Clausius 1850)
b) Es ist keine Kraftmaschine möglich, die einem Wärmebehälter Wärme entzieht und in Arbeit verwandelt, ohne daß mit den beteiligten Körpern noch weitere Veränderungen vor sich gehen. (W. Thomson 1851)
c) Zur Gewinnung von Arbeit aus Wärme ist immer ein Temperaturunterschied erforderlich, und nur ein Teil der Wärme kann in Arbeit verwandelt werden.
d) Aus *Anergie* (z. B. Umgebungsenthalpie) läßt sich nicht Exergie (technisch verwertbare Arbeit) gewinnen.

1.3.2 Gase

-1 Gasgesetze

Für *ideale Gase* gelten die nachstehend aufgeführten Gesetze.

Gesetz von *Boyle-Mariotte* (1662 und 1679):

Bei gleichbleibender Temperatur verhalten sich die Dichten eines Gases wie die dazugehörigen absoluten Drücke:

$$\frac{\varrho_1}{\varrho_2} = \frac{v_2}{v_1} = \frac{p_1}{p_2} \quad \text{oder } p\,v = \text{const}$$

ϱ Dichte
v spezifisches Volumren
p absoluter Druck.

Gesetz von Gay-Lussac (1802):

Bei gleichbleibendem Druck verhalten sich die Dichten eines Gases umgekehrt wie die absoluten Temperaturen:

$$\frac{\varrho_1}{\varrho_2} = \frac{v_2}{v_1} = \frac{T_2}{T_1} \quad \text{oder } v/T = \text{const}$$

T absolute Temperatur.

Vereinigtes *Boyle-Mariotte-Gay-Lussacsches Gesetz*:

Ändern sich Druck und Temperatur eines Gases gleichzeitig, so gilt:

$$\frac{\varrho_1}{\varrho_2} = \frac{v_2}{v_1} = \frac{p_1 T_2}{p_2 T_1} \quad \text{oder } \frac{v\,p}{T} = \text{const}$$

Gesetz von Avogadro (1811):

Bei gleichem Druck und gleicher Temperatur enthalten die Gase in gleichen Räumen gleichviel Moleküle, nämlich $2{,}69 \cdot 10^{19}$ Moleküle/cm³ *(Avogadrosche Zahl)*.

Die Dichten ϱ verhalten sich wie die molekularen Massen M. Eine Menge von M kg nennt man 1 kmol (Kilomol). 1 kmol eines jeden Gases enthält die gleiche Anzahl von Molekülen, nämlich

$N_L = 6{,}022 \cdot 10^{26}$ kmol^{-1} *(Loschmidtsche Zahl).*

Das von 1 kmol Gas eingenommene Volumen beträgt im *physikalischen Normzustand* (0 °C; 1,01325 bar) $\bar{v}_0 = 22{,}414$ m^3/kmol *(Molvolumen).*

Die *Dichte* im Normzustand folgt aus

$$\varrho_0 = \frac{M}{\bar{v}_0}$$

M molare Masse
$\bar{v}_0$ Molvolumen.

Beispiel

Wie groß ist die Normdichte von Sauerstoff bei 0 °C und 1,013 bar?

$\varrho_0 = M/22{,}414 = 32/22{,}414 = 1{,}43$ kg/m^3.

-2 Zustandsgleichung

Aus den Gasgesetzen folgt die *allgemeine Zustandsgleichung für ideale Gase* in verschiedenen Darstellungen

$p\,v = R\,T$	p	Pa	absoluter Druck
$p\,V = m\,R\,T$	v	m^3/kg	spezifisches Volumen $v = V/m$
	V	m^3	Volumen
	m	kg	Masse
	T	K	absolute Temperatur
	R	J/(kg K)	Gaskonstante nach Tafel 1.3.2-1.

Die auf die Substanzmenge von n kmol bezogene Darstellung lautet:

$p\,V = n\,\bar{R}\,T$ $\quad n \quad$ kmol $\quad$ Gasmenge

$\bar{R}$ stellt dabei die *stoffunabhängige allgemeine Gaskonstante* dar

$\bar{R} = 8{,}31447$ kJ/(kmol K).

Nach Division durch n folgt mit dem molaren Volumen:

$p\,\bar{v} = \bar{R}\,T$ $\quad \bar{v} \quad$ m^3/kmol $\quad$ molares Volumen $\bar{v} = V/n$.

Für den *physikalischen Normzustand* gilt für $\bar{v}$ das bereits definierte Molvolumen $\bar{v}_0$, woraus folgen:

$p_0 = \bar{v}_0 = \bar{R}\,T_0$

$$\bar{R} = \frac{101325 \text{ Pa} \cdot 22{,}414 \text{ m}^3/\text{kmol}}{273{,}15 \text{ K}} = 8314 \text{ J/(kmol K).}$$

Für die Umrechnung gelten:

$m = n\,M$ $\quad M \quad$ kg/kmol $\quad$ molare Masse

$R = \bar{R}\,/\,M.$

Beispiel 1

Luft hat bei 0 °C und Atmosphärendruck (1,01325 bar) eine Dichte von 1,292 kg/m^3. Daraus errechnet sich die Gaskonstante zu

$$R = \frac{p\,v}{T} = \frac{101\,325}{1{,}292 \cdot 273{,}15} = 287{,}1 \text{ J/(kg K).}$$

Beispiel 2

Wie groß ist die Gaskonstante von Sauerstoff?

$R = 8314/M = 8314/32 = 259{,}8$ J/(kg K).

Beispiel 3

Wieviel Kohlendioxid befindet sich in einer 10-l-Flasche bei 20 °C und 75 bar?

Tafel 1.3.2-1 Molare Masse, Normdichte, spezifische Wärmekapazitäten und weitere Größen von Gasen*)

Gas	Symbol	molare Masse M kg/kmol	molares Normvolumen v_0 m³/kmol	Gaskonstante R J/(kg K)	Normdichte ϱ_0 kg/m³	Dichteverhältnis $\varrho_0/\varrho_{0,\text{Luft}}$ –	spez. Wärmekapazität bei 0 °C c_p kJ/(kg K)	spez. Wärmekapazität bei 0 °C c_v kJ/(kg K)	Isentropenexp. $\varkappa = c_p/c_v$
Acetylen	C_2H_2	26,04	22,26	319,30	1,17	0,91	1,62	1,30	1,25
Ammoniak	NH_3	17,03	22,12	488,22	0,77	0,60	2,18	1,69	1,29
Argon	Ar	39,95	22,44	208,12	1,78	1,38	0,52	0,31	1,67
Chlorethan**)	C_2H_5Cl	64,51	22,41	128,89	2,88	2,23	0,91	0,78	1,17
Chlormethan	CH_3Cl	50,49	21,86	164,68	2,31	1,79	0,78	0,62	1,27
Chlorwasserstoff	HCl	36,46	22,37	228,04	1,63	1,26	0,80	0,57	1,40
Distickstoffmonoxid	N_2O	44,01	22,34	188,92	1,97	1,53	0,86	0,67	1,28
Ethan	C_2H_6	30,07	22,27	276,50	1,35	1,05	1,65	1,37	1,20
Ethylen	C_2H_4	28,05	22,26	296,42	1,26	0,98	1,46	1,16	1,25
Helium	He	4,00	22,22	2078,62	0,18	0,14	5,20	3,12	1,67
Kohlendioxyd	CO_2	44,01	22,23	188,92	1,98	1,53	0,83	0,64	1,30
Luft, trocken	–	28,96	22,40	287,10	1,29	1,00	1,01	0,72	1,40
Methan	CH_4	16,04	22,28	518,36	0,72	0,56	2,17	1,65	1,31
Sauerstoff	O_2	32,00	22,38	259,83	1,43	1,11	0,91	0,65	1,40
Schwefeldioxid	SO_2	64,06	21,94	129,79	2,92	2,26	0,59	0,46	1,28
Stickstoff	N_2	28,01	22,41	296,84	1,25	0,97	1,04	0,74	1,40
Stickstoffmonoxyd	NO	30,01	22,40	277,06	1,34	1,04	0,97	0,69	1,40
Wasser**)	H_2O	18,02	22,41	461,40	0,80	0,62	1,86	1,40	1,33
Wasserstoff	H_2	2,02	22,44	4116,07	0,09	0,07	14,05	9,93	1,41

Normzustand: 0 °C; 1,013 bar

*) Basiswerte nach VDI-Wärmeatlas 1994, Kapitel Dc. **) Hypothetisches Gas beim Normzustand.

Betr.: Recknagel / Sprenger / Schramek   Taschenbuch 2003/2004

Ich weise auf folgende Fehler hin bzw. mache folgende Vorschläge:

Absender:

Postkarte

Herrn
Prof. Dr.-Ing. Ernst-Rudolf Schramek
Clemens-August-Straße 61

46282 Dorsten

$$m = \frac{p\ V}{R\ T} = \frac{75 \cdot 10^5 \cdot 0{,}01}{188{,}9 \cdot 293{,}15} = 1{,}35 \text{ kg.}$$

Gase, die den obigen Gesetzen genau folgen, nennt man *vollkommene* oder *ideale Gase*. Die *realen Gase* folgen den Gesetzen nur angenähert, und zwar desto genauer, je geringer die Drücke sind. Bei Luft, Wasserstoff und anderen Gasen ist für Drücke bis 20 bar die Abweichung < 1 %, für Drücke in der Nähe der Verflüssigung sind die Abweichungen größer. Für praktische Berechnungen wird die Gasgleichung um den *Realgasfaktor* Z ergänzt: $p\,v = Z\,R\,T$.

-3 Normzustand[1)]

Ein Gas befindet sich im *Normzustand*, wenn es die Temperatur 0°C und den Druck 1,01325 bar hat. Das Normvolumen V_n ist das Volumen eines Gases im Normzustand:

$$V_n = \frac{273{,}15}{273{,}15 + t}\ \frac{p}{1{,}01325}\ V = 269{,}6\ \frac{p\ V}{T}$$

p	bar	absoluter Druck
t	°C	Temperatur
T	K	absolute Temperatur.

Durch die Umrechnung auf Normvolumen werden volumenmäßige Mengenangaben von Gasen und Dämpfen untereinander vergleichbar.

Normdichte ϱ_0 verschiedener Gase siehe Tafel 1.3.2-1.

-4 Gasmischungen

Das *Daltonsche Gesetz* besagt:

Jeder Gemischpartner i nimmt das gesamte verfügbare Volumen V so ein, als ob die anderen Partner nicht vorhanden wären.

Das Einzelgas i steht unter dem *Teildruck (Partialdruck)* p_i. Die Summe der Teildrücke ergibt den *Gesamtdruck* p.

$$p = \sum_i p_i, \text{ d. h. } p = p_1 + p_2 + \dots$$

Für jedes Einzelgas gilt die Zustandsgleichung:

$p\,V_i = m_i\,R_i\,T$ (vor der Mischung)

$p_i\,V = m_i\,R_i\,T$ (nach der Mischung).

Definitionen:

$V = \sum_i V_i$ Gesamtvolumen gleich Summe oder Einzelvolumen vor der Mischung

$r_i = \frac{V_i}{V} = \frac{p_i}{p}$ Raumanteil (≡ Molanteile) $\rightarrow \sum_i r_i = 1$

$m = \sum_i m_i$ Gesamtmasse gleich Summe der Einzelmassen

$\xi = \frac{m_i}{m}$ Masseanteil $\rightarrow \sum_i \xi_i = 1.$

Umrechnungen:

$R_m = \sum_i \xi_i R_i$ Gaskonstante des Gemisches

$\varrho_m = \sum_i r_i \varrho_i$ Dichte des Gemisches mit $\varrho_i = m_i / V_i$.

1) DIN 1343 (01.90) (Normzustand).
DIN 1871 (05.99) (Gasförmige Brennstoffe).

$M_m = \sum_i r_i M_i$ scheinbare molare Masse

$$\xi_i = r_i \frac{\varrho_i}{\varrho_m} = \frac{r_i\ M_i}{\sum_i r_i\ M_i}; \quad r_i = \xi_i \frac{\varrho_m}{\varrho_i} = \frac{\xi_i / M_i}{\sum_i \xi_i / M_i}; \quad \frac{\varrho_i}{\varrho_m} = \frac{R_m}{R_i} = \frac{M_i}{M_m}$$

Beispiel

Der Raumanteil r_1 des Sauerstoffes in der Luft ist 21 Vol.-%. Wie groß ist der Masseanteil?

Sauerstoff $M_1 = 32$ kg/kmol; Stickstoff $M_2 = 28$ kg/kmol

$$\xi_1 = \frac{0{,}21 \cdot 32}{0{,}21 \cdot 32 + 0{,}79 \cdot 28} = 0{,}233$$

oder

Sauerstoff $R_1 = 259{,}8$ J/(kg K)

Luft $R_m = 287{,}1$ J/(kg K)

$$\xi_1 = 0{,}21 \frac{287{,}1}{259{,}8} = 0{,}232.$$

-5 Spezifische Wärmekapazität

Man unterscheidet bei Gasen folgende spezifische Wärmekapazitäten:

c_p kJ/(kg K) spez. Wärmekap. bei konst. Druck, massebezogen

c_v kJ/(kg K) spez. Wärmekap. bei konst. Volumen, massebezogen

C_p kJ/(m³ K) spez. Wärmekap. bei konst. Druck, volumenbezogen

C_v kJ/(m³ K) spez. Wärmekap. bei konst. Volumen, volumenbezogen.

Bei der Berechnung von Zustandsänderungen ist das Verhältnis $\varkappa = c_p/c_v = C_p/C_v$ bedeutungsvoll. Aus Versuchswerten und aus der kinetischen Gastheorie folgen für

einatomige Gase $\varkappa = 1{,}67 = 5/3$

zweiatomige Gase $\varkappa = 1{,}40 = 7/5$

dreiatomige Gase $\varkappa = 1{,}33 = 8/6$.

Zwischen c_p und c_v besteht ein fester Zusammenhang. Aus $H = U + pV$ (Abschnitt 1.3.1-6) bzw. $h = u + pv$ folgt für ideale Gase $h = u + RT$ und nach weiteren Zwischenschritten $dh/dT - du/dT = R$. Mit $c_p = dh/dT$ und $c_v = du/dT$ ergibt sich

$$c_p - c_v = R. \qquad (*)$$

Hieraus folgen mit $\varkappa = c_p/c_v$:

$$c_p = \frac{\varkappa}{\varkappa - 1} R; \quad c_v = \frac{1}{\varkappa - 1} R.$$

Gleichung (*) ergibt für ein Kilomol:

$M (c_p - c_v) = M R = \bar{R}$ und $M c = \bar{v}_0 C$

$\bar{v}_0 (C_p - C_v) = \bar{R}$

$$C_p - C_v = \frac{\bar{R}}{\bar{v}_0} = \frac{8{,}314}{22{,}414} = 0{,}37 \text{ kJ/(m}^3\text{K)}.$$

Die Differenz der auf 1 m³ bezogenen spezifischen Wärmekapazitäten bei konstantem Druck und Volumen ist eine Konstante.

Bei einatomigen idealen Gasen ist unter Verwendung der obigen $\varkappa$-Werte

$$C_p = \frac{5\bar{R}}{2\ \bar{v}_0} = 0{,}93 \text{ kJ/(m}^3\text{K)}, \qquad C_v = 0{,}56 \text{ kJ/(m}^3\text{K)}$$

bei zweiatomigen

$$C_p = \frac{7\bar{R}}{2\bar{v}_0} = 1{,}30 \text{ kJ/(m}^3\text{K)}, \qquad C_v = 0{,}93 \text{ kJ/(m}^3\text{K)}.$$

Die spezifischen Wärmen der *wirklichen Gase* weichen von denen der idealen Gase um so mehr ab, je höher die Atomzahl ist. Ferner nehmen die spezifischen Wärmen entgegen dem Verhalten der idealen Gase mit der Temperatur zu (Tafel 1.3.1-17), ebenso mit dem Druck. Bei Rechnungen über einen größeren Temperaturbereich ist deshalb statt der wahren spezifischen Wärme die mittlere spezifische Wärme c_m oder C_m zu benutzen (siehe z. B. Abschn. 1.3.7-3.5):

$$c_m = \frac{1}{t_2 - t_1} \int_{t_1}^{t_2} c \; dt \qquad \text{oder} \qquad C_m = \frac{1}{t_2 - t_1} \int_{t_1}^{t_2} C \; dt$$

Abhängigkeit c vom Druck ist erst bei hohen Drücken von Bedeutung.

Tafel 1.3.1-17 Wahre spezifische Wärmekapazität c_p von Gasen bei 0…1 bar*) und überhitztem Wasserdampf bei 0,01…0,1 bar)**

t °C	c_p in kJ/(kg K)					
	O_2	H_2	N_2	H_2O	CO_2	Luft
0	0,909	14,05	1,038	(1,865)	0,827	1,006
25	0,913	14,34	1,038	1,870	0,851	1,007
100	0,934	14,41	1,038	1,897	0,919	1,012
200	0,963	14,41	1,047	1,941	0,997	1,026
500	1,051	14,55	1,114	2,129	1,159	1,093
1000	1,122	15,51	1,223		1,294	1,185

Volumetrische Wärmekapazität $C_p = c_p \varrho$ in kJ/(m³ K) mit c_p in kJ/(kg K); ϱ in kg/m³

Approximationen nach Glück***) für c_p in kJ/(kg K) im Bereich t = + 25 °C…400 °C,
für Luft t = – 20 °C…200 °C:

Gas	Approximationsgleichung	max. Fehler
O_2	$9{,}055 \cdot 10^{-1} + 3{,}002161 \cdot 10^{-4}t - 1{,}508163 \cdot 10^{-7}t^2 + 3{,}829516 \cdot 10^{-10}t^3$	0,04%
N_2	$1{,}0407 - 1{,}291616 \cdot 10^{-4}t + 1{,}024755 \cdot 10^{-6}t^2 - 1{,}000098 \cdot 10^{-9}t^3$	0,09%
H_2O	$1{,}863 + 2{,}680862 \cdot 10^{-4}t + 6{,}794704 \cdot 10^{-7}t^2 - 2{,}641422 \cdot 10^{-10}t^3$	0,04%
CO_2	$8{,}267 \cdot 10^{-1} + 1{,}000757 \cdot 10^{-3}t - 8{,}024679 \cdot 10^{-7}t^2 + 2{,}385428 \cdot 10^{-10}t^3$	0,03%
SO_2	$5{,}862 \cdot 10^{-1} + 8{,}802163 \cdot 10^{-4}t - 1{,}494148 \cdot 10^{-6}t^2 + 1{,}373549 \cdot 10^{-9}t^3$	0,21%
CO	$1{,}041 - 1{,}549191 \cdot 10^{-4}t + 1{,}449734 \cdot 10^{-6}t^2 - 1{,}655445 \cdot 10^{-9}t^3$	0,03%
Luft	$1{,}0065 + 5{,}309587 \cdot 10^{-6}t + 4{,}758596 \cdot 10^{-7}t^2 - 1{,}136145 \cdot 10^{-10}t^3$	0,05%

*) VDI-Wärmeatlas, 1994 (Kapitel Db16, Dc19).

**) ermittelt aus: Elsner, Fischer, Klinger: Thermophysikalische Stoffeigenschaften von Wasser. Leipzig: Deutscher Verlag für Grundstoffindustrie, 1982.

***) Glück, B: Zustands- und Stoffwerte (Wasser, Dampf, Luft), Verbrennungsrechnung. Berlin: Verlag für Bauwesen, 2. erw. Aufl. 1991.

-6 Innere Energie, Enthalpie und Arbeit

Die Energiebilanzgleichung für ein stoffdichtes System beim Übergang vom Zustand 1 in Zustand 2 lautet

$$W_{V,12} + W_{R,12} + Q_{12} = U_2 - U_1$$

$W_{V,12} = -\mathrm{m} \int_1^2 p \, dv$ Volumenänderungsarbeit (bei Zufuhr > 0)

$W_{R,12} = \mathrm{m}\, \mathrm{w}_{R,12}$ Reibungsarbeit (stets > 0)

$Q_{12} = \mathrm{m}\, \mathrm{q}_{12}$ Wärme (bei Zufuhr > 0)

$U = \mathrm{m}\, \mathrm{u}$ innere Energie.

In differentieller Form ergibt sich die Energiebilanzgleichung zu

$$-p\,dv + dw_R + dq = du. \qquad (*)$$

Führt man einem System *Wärme* bei *konstantem Volumen* zu, dann steigt die innere Energie an. Für das ideale Gas gilt

$$dq = du = c_v\,dt \quad \text{bzw.} \quad u_2 - u_1 = c_v\,(t_2 - t_1).$$

Die *innere Energie* ist eine *Zustandsgröße* und nur von der Temperatur abhängig.

Das Einführen der *Enthalpie* bzw. *spezifischen Enthalpie*

$$H = U + pV \quad \text{bzw.} \quad h = u + p\,v$$

ermöglicht eine neue Darstellung der Energiebilanzgleichung.

Setzt man das Differential

$$dh = du + p\,dv + v\,dp$$

in die Gl. (*) ein, ergibt sich

$$v\,dp + dw_{R,12} + dq = dh. \qquad (**)$$

Wird dem System *Wärme* bei verschiebbarer Systemgrenze (Zylinder mit Kolben und Gegenkraft) zugeführt, ändert sich nach Gl. (*) die innere Energie und es wird *Volumenänderungsarbeit* $W_{V,12} < 0$ geleistet (Bild 1.3.2-1). Ist die auf den Kolben wirkende Kraft konstant ($dp = 0$) und gleitet der Kolben reibungsfrei, folgt nach Gl. (**) für das ideale Gas

$$dq = dh = c_p\,dt \quad \text{bzw.} \quad h_2 - h_1 = c_p\,(t_2 - t_1).$$

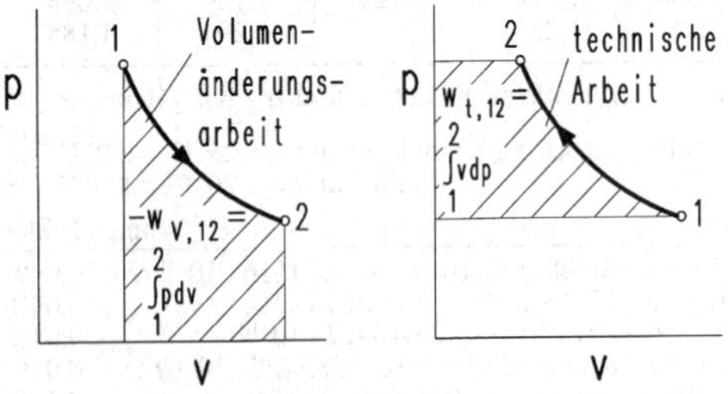

Bild 1.3.2-1. *p, v*-Diagramm links: Volumenänderungsarbeit bei einer Volumenexpansion $W_{V,12} < 0$; rechts: technische Arbeit bei einer Volumenkompression $W_{t,12} > 0$.

Die *Enthalpie* ist ebenfalls eine *Zustandsgröße* und nur von der Temperatur abhängig. Für technische Rechnungen werden immer Enthalpiedifferenzen benötigt. Man setzt daher die Enthalpie bei 0 °C gleich Null und kann dann die Werte der Enthalpie bei beliebigen Temperaturen aus Tafeln oder Diagrammen entnehmen.

Die Enthalpiedarstellung – Gl. (**) – ist bei offenen Systemen – z. B. bei Erwärmungs- und Abkühlungsvorgängen bei konstantem Druck ($dp = 0$) – vorteilhaft anzuwenden. In offenen Systemen ist die *technische Arbeit* $W_{t,12}$ bzw. ihre spezifische Größe $w_{t,12}$ bedeutungsvoll. Sie ist als

$$dw_t = v\,dp + c\,dc + g\,dz + dw_R \qquad (***)$$

definiert, wobei *c dc* (*c* Geschwindigkeit) und *g dz* (*z* Höhenkoordinate) den *kinetischen* und *potentiellen* Energieanteil der Strömung verkörpern. Bild 1.3.2-1 zeigt einen Verdichtungsvorgang mit $W_{t,12} > 0$.

Setzt man Gl. (***) in (**) ein, folgt die neue Bilanzgleichung

$$dw_t + dq = dh + c\,dc + g\,dz.$$

Wird einem offenen, wärmedichten System technische Arbeit $w_{t,12}$ bei $c_2 = c_1$ und $z_2 = z_1$ zugeführt, so erhöht sich die Enthalpie $h_2 - h_1 = w_{t,12} > 0$.

Bei *Drosselung* idealer Gase (Ausdehnung ohne Arbeitsleistung) bleibt die Enthalpie konstant (siehe Abschn. 1.4.6).

-7 Entropie

Die *Entropie S* bzw. ihre spezifische Größe s ist eine *Zustandsgröße* thermodynamischer Systeme. Die Änderung der Entropie in einem ablaufenden Prozeß kennzeichnet die Irreversibilität und damit die Energieentwertung. Definition nach Clausius:

$$ds = \frac{du + p\ dv}{T} . \qquad (*)$$

Nach 1.3.2-6 Gl. (*) gilt für ein geschlossenes (stoffdichtes System)

$$ds = \frac{dq}{T} + \frac{dw_R}{T} .$$

Der erste Summand ist bei Wärmezufuhr > 0, bei adiabaten Prozessen = 0 und bei Wärmeabfuhr < 0.

Der zweite Summand ist bei irreversiblen Prozessen > 0, bei reversiblen Prozessen = 0, *niemals* < 0!

In einem abgeschlossenen System ohne Energieaustausch nach außen kann die Entropie nur zunehmen, im reversiblen Fall konstant bleiben. In offenen Systemen ist der an die Stoffströme gebundene Entropietransport zu berücksichtigen.

Bei reversiblen Prozessen in geschlossenen Systemen ist die Wärme als Fläche

$$q_{12} = \int_1^2 T\ ds \qquad \text{bzw.} \qquad Q_{12} = m \int_1^2 T\ ds = \int_1^2 T\ dS$$

darstellbar, wie im Bild 1.3.2-2 gezeigt.

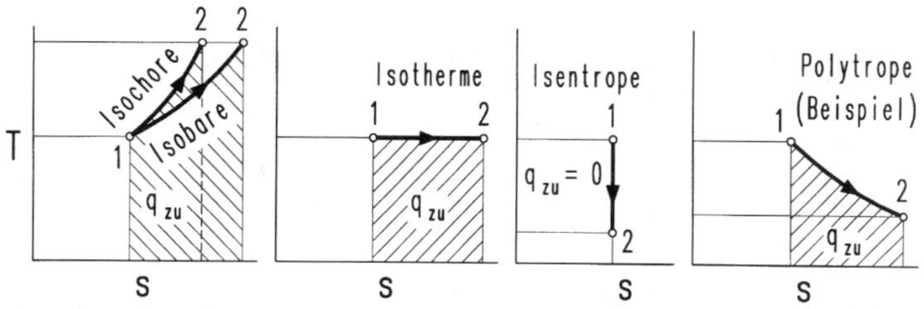

Bild 1.3.2-2. Zustandsänderungen im *T,s*-Diagramm bei Wärmezufuhr (Ausnahme: Isentrope $dq = 0$) und gleichzeitiger Volumenzunahme (Ausnahme: Isochore $dv = 0$). Die schraffierten Flächen stellen die jeweils zugeführte Wärme dar.

Für das *ideale Gas* folgen aus Gl. (*) nach entsprechender Substitution und Integration für die Entropieänderung

$$s_2 - s_1 = c_v \ln \frac{T_2}{T_1} + R \ln \frac{v_2}{v_1}$$

$$s_2 - s_1 = c_p \ln \frac{T_2}{T_1} - R \ln \frac{p_2}{p_1} .$$

Die Zustandsgröße Entropie ist somit von der Temperatur und dem Volumen oder Druck abhängig. Als Bezugszustand wird meistens der Normzustand gewählt.

Beispiel

Wie groß ist die spezifische Entropie s_2 von Luft bei 100 °C und Atmosphärendruck, wenn $s_1 = 0$ beim physikalischen Normzustand gilt ($c_p = 1{,}01$ kJ/(kg K)?

Da $p_2 = p_1$ gilt:

$$s_2 = s_1 + c_p\ ln \frac{T_2}{T_1} = 1{,}01 \ln \frac{373{,}15}{273{,}15} = 0{,}315 \text{ kJ/(kg K)}.$$

-8 Zustandsänderungen

Gemäß der allgemeinen Zustandsgleichung für ideale Gase $pv = RT$ (Abschnitt 1.3.2-2) ist der Zustand durch zwei der drei Größen p, v, T eindeutig fixiert. Ändert sich eine dieser Größen, muß sich auch eine andere ändern. In welcher Weise diese Änderung vor sich geht, hängt von der Art der Zustandsänderung ab. Nachfolgend sind die Zustandsänderungen und übertragenen Energien dargestellt.

Isochore (*Volumen bleibt konstant:* $v_2 = v_1$)

$$\frac{T_1}{T_2} = \frac{p_1}{p_2};\; q_{12} = c_v(T_2 - T_1);\; w_{V,12} = 0;\; w_{t,12} = v_1(p_2 - p_1);\; s_2 - s_1 = c_v \ln \frac{T_2}{T_1}$$

Isobare (*Druck bleibt konstant*: $p_2 = p_1$)

$$\frac{T_1}{T_2} = \frac{v_1}{v_2};\; q_{12} = c_p(T_2 - T_1);\; w_{V,12} = -p_1(v_2 - v_1);\; w_{t,12} = 0;\; s_2 - s_1 = c_p \ln \frac{T_2}{T_1}$$

Isotherme (*Temperatur bleibt konstant*: $T_2 = T_1$)

$$\frac{v_1}{v_2} = \frac{p_2}{p_1};\; q_{12} = -R\,T_1 \ln \frac{p_2}{p_1};\; w_{V,12} = -q_{12};\; w_{t,12} = -q_{12};\; s_2 - s_1 = -R \ln \frac{p_2}{p_1}$$

Isentrope (*Entropie bleibt konstant*: $s_2 = s_1$ $\varkappa = c_p/c_v$ s. Tafel 1.3.2-1)

$$\frac{v_1}{v_2} = \left(\frac{p_2}{p_1}\right)^{\frac{1}{\varkappa}} = \left(\frac{T_2}{T_1}\right)^{\frac{1}{\varkappa - 1}};\; \frac{T_1}{T_2} = \left(\frac{p_1}{p_2}\right)^{\frac{\varkappa - 1}{\varkappa}} = \left(\frac{v_2}{v_1}\right)^{\varkappa - 1};$$

$$\frac{p_1}{p_2} = \left(\frac{v_2}{v_1}\right)^{\varkappa} = \left(\frac{T_1}{T_2}\right)^{\frac{\varkappa}{\varkappa - 1}}$$

$$q_{12} = 0;\; w_{V,12} = c_v(T_2 - T_1);\; w_{t,12} = c_p(T_2 - T_1)$$

Ein isentroper Prozeß verläuft ohne Wärmeaustausch *(adibat)* und reibungsfrei *(reversibel)*. Eine Isentrope ist eine „reibungsfreie Adiabate"!

Die vorgestellten vier Zustandsänderungen können bei reversiblem Ablauf für ideales Gas allgemeingültig durch eine *polytrope Zustandsänderung*

$$p\,v^n = \text{const}$$

dargestellt werden. Es gelten:

$n = 0$	Isobare	$p\,v^0$	$= p =$ const
$n = 1$	Isotherme	$p\,v$	= const
$n = \varkappa$	Isentrope	$p\,v^{\varkappa}$	= const
$n = \pm\infty$	Isochore	$p^{1/\infty}\,v$	$= v =$ const.

Polytrope

$$\frac{T_1}{T_2} = \left(\frac{p_1}{p_2}\right)^{\frac{n-1}{n}} = \left(\frac{v_2}{v_1}\right)^{n-1}$$ weitere Zusammenhänge siehe Isentrope mit n statt $\varkappa$

$$q_{12} = c_v \frac{n - \varkappa}{n - 1}(T_2 - T_1);\; w_{V,12} = \frac{R}{n - 1}(T_2 - T_1);\; w_{t,12} = n\,w_{V12}$$

$$s_2 - s_1 = c_v \frac{n - \varkappa}{n - 1} \ln \frac{T_2}{T_1}$$

-9 Kreisprozesse

Ändert ein Gas seinen Zustand so, daß der Zustandspunkt bei der Darstellung im p,v-Diagramm eine geschlossene Kurve durchläuft, so daß also das Gas unter Wärmezufuhr und Arbeitsabgabe wieder in seinen Anfangszustand zurückkehrt, so spricht man von einem *rechtslaufenden Kreisprozeß*. Ein Teil der Wärme verwandelt sich in mechanische Arbeit, ein Teil wird bei niedriger Temperatur abgegeben.

Der bekannteste Kreisprozeß ist der Carnot-Prozeß (Carnot 1824), bestehend aus (siehe auch Bild 1.3.2-3 und Bild 1.3.2-4)

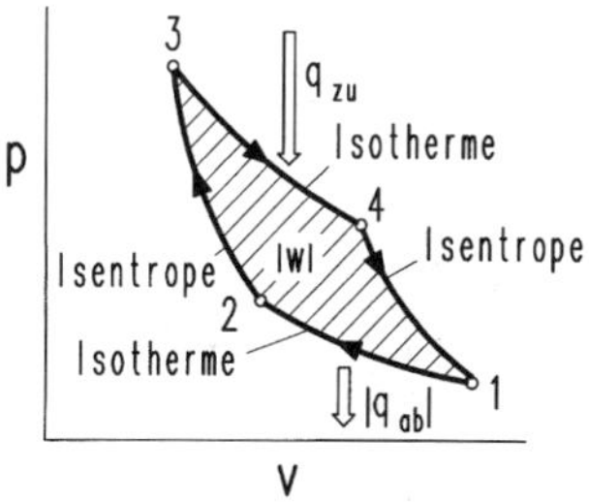

Bild 1.3.2-3. Carnotscher Kreisprozeß, dargestellt im p, v-Diagramm.

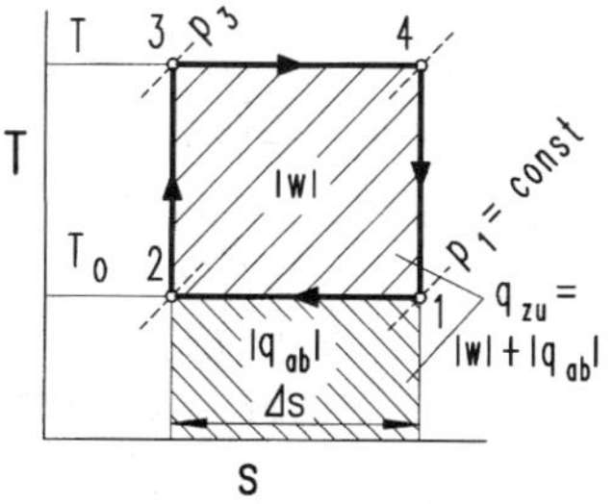

Bild 1.3.2-4. Carnotscher Kreisprozeß, dargestellt im T, s-Diagramm.

1 - 2 isotherme Verdichtung
2 - 3 isentrope Verdichtung
3 - 4 isotherme Entspannung
4 - 1 isentrope Entspannung.

Während der isothermen Expansion bei der Temperatur T wird die Wärme q_{zu} zugeführt, während der isothermen Kompression bei der Temperatur T_0 die Wärme $|q_{ab}|$ abgeführt (rechtslaufender Prozeß). Die von der Kurve eingeschlossene Fläche stellt die gewonnene Arbeit

$$w = q_{zu} - |q_{ab}|$$

dar. Im T,s-Diagramm stellt sich der Carnot-Prozeß als Rechteck dar (Bild 1.3.2-4).

Das Verhältnis der *gewonnenen Arbeit* zur *zugeführten Wärme* nennt man den *thermischen Wirkungsgrad*:

$$\eta_{th} = \frac{|w|}{q_{zu}} = \frac{q_{zu} - |q_{ab}|}{q_{zu}}.$$

Der Carnot-Prozeß hat den theoretisch höchsten thermischen Wirkungsgrad aller Kreisprozesse zwischen zwei vorgegebenen Temperaturen. Er beträgt:

$$\eta_C = \frac{q_{zu} - |q_{ab}|}{q_{zu}} = \frac{T\,\Delta s - T_0\,\Delta s}{T\,\Delta s} = \frac{T - T_0}{T} = 1 - \frac{T_0}{T}.$$

Nichtthermische Energieumwandlungsprozesse – z. B. in Brennstoffzellen – unterliegen nicht der Begrenzung durch den Carnot-Wirkungsgrad.

Beispiel

Wie groß ist der maximal mögliche Wirkungsgrad, wenn in einem Dampferzeuger die Wärmezufuhr bei der mittleren Temperatur von $T = 600$ K erfolgt, und die Kondensationstemperatur bei $T_0 = 300$ K liegt?

$$\eta_C = 1 - \frac{300}{600} = 0{,}5.$$

Reale Prozeßverläufe erreichen diesen Wert nicht, speziell bereitet die technische Verwirklichung der isothermen Zustandsänderung Probleme. Durch mehrstufige Aggregateanordnungen versucht man sich dem Idealprozeß anzunähern. Für Prozesse in Dampfkraftanlagen, Verbrennungsmotoren und Gasturbinen sind speziell den Aggregaten angepaßte Vergleichsprozesse definiert worden, um einen Vergleich zwischen ausgeführten und idealen Maschinen zu haben (Abschnitt 1.3.8). Diese Vergleichsprozesse stehen hierarchisch unterhalb des Carnot-Prozesses.

Verläuft der Kreisprozeß in umgekehrter Richtung, indem bei der niederen Temperatur T_0 die Wärme q_{zu} zugeführt und bei der höheren Temperatur T die Wärme $|q_{ab}|$ abgegeben wird, so spricht man von einem *linkslaufenden* Prozeß. Verläuft der Kreisprozeß *oberhalb der Umgebungstemperatur*, dann handelt es sich um einen *Wärmepumpenprozeß*, *unterhalb der Umgebungstemperatur* um einen *Kältemaschinenprozeß*. Zur Bewertung der Linksprozesse führt man sogenannte *Leistungszahlen* ε ein.

Wärmepumpe:

$$\varepsilon_W = \frac{|q_{ab}|}{w} = \frac{|q_{ab}|}{|q_{ab}| - q_{zu}}$$

Kältemaschine:

$$\varepsilon_K = \frac{q_{zu}}{w} = \frac{q_{zu}}{|q_{ab}| - q_{zu}} .$$

Würde jeweils ein Carnot-Prozeß geführt, gelten:

$$\varepsilon_{W,C} = \frac{T}{T - T_0}; \quad \varepsilon_{K,C} = \frac{T_0}{T - T_0} .$$

Weiteres siehe Abschnitt 5.2.1-4.

1.3.3 Dämpfe

-1 Verdampfungsvorgang

Der isobare Verdampfungsvorgang (p = const) erfolgt in drei qualitativ unterschiedlichen Stufen, der sich im T,s-Diagramm (Bild 1.3.3-1) anschaulich darstellt. Die Bezeichnungen gelten grundsätzlich für Verdampfungsvorgänge, wurden aber von der Wasserverdampfung geprägt (siehe Abschn. 1.3.3-2). Flüssigkeit vom Zustand 1 wird längs der Isobaren p erwärmt. Dabei steigt die Temperatur t und damit die spezifische Enthalpie h an. Am Punkt 2 ist gerade die *Siedetemperatur (Sättigungstemperatur)* der Flüssigkeit erreicht. Sie ist druckabhängig. Die *Dampfdruckkurve* gibt den Zusammenhang zwischen $t_S = f_1(p)$ bzw. $p_S = f_2(t)$ an. Für Wasser gelten z. B. p = 1,013 bar, t_S = 100 °C; t = 180 °C, p_S = 10,027 bar (siehe auch Tafel 1.3.3-2 und Tafel 1.3.3-3). Die zwischen 1 und 2 zugeführte Wärme *(Flüssigkeitswärme)* wird im T,s-Diagramm als Fläche

$$q_{Fl} = \int_{T_1}^{T_2} T\, ds = \int_{t_1}^{t_2} c_{p,\,Fl}\, dt = c_{p,\,Fl,\,m} (t_2 - t_1)$$

dargestellt.

Am Punkt 2 beginnt die Verdampfung; Druck und Temperatur (p_S, t_S) bleiben konstant. Am Punkt 3 ist die Verdampfung abgeschlossen; es gibt keine flüssige Phase mehr. Die zwischen 2 und 3 zugeführte *Verdampfungswärme*

$$q_V = T\,(s_3 - s_2) = r \equiv \Delta h_V$$

wird durch eine Rechteckfläche im Bild 1.3.3-1 verkörpert. r ist die auf 1 kg Wasser bezogene *spezifische Verdampfungswärme*, die auch als *spezifische Verdampfungsenthalpie* Δh_V bezeichnet wird.

Wird dem *Sattdampf* (Punkt 3) weiter Wärme zugeführt, dann wird der Dampf überhitzt. Die Temperatur steigt bei gleichem Druck weiter an, z. B. bis Punkt 4. Die dabei zugeführte *Überhitzungswärme* berechnet sich zu

Bild 1.3.3-1. Verdampfungsvorgang längs einer Isobaren (p = const) im T,s-Diagramm.

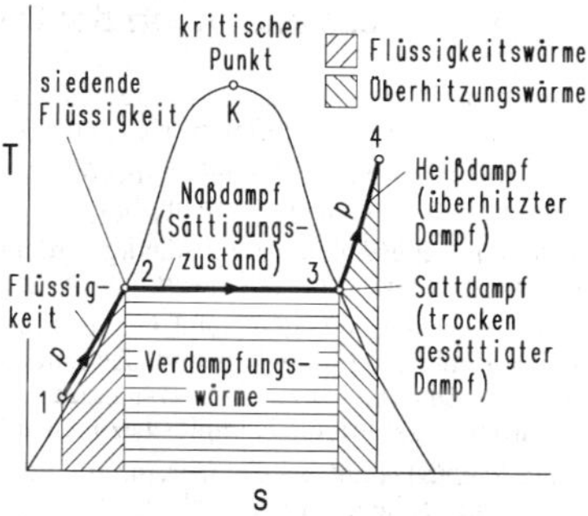

$$q_Ü = \int_{T_3}^{T_4} T\, ds = \int_{t_3}^{t_4} c_{p,D}\, dt = c_{p,D,m}(t_4 - t_3).$$

Wie aus dem T,s-Diagramm ersichtlich, wird die Verdampfungswärme mit steigendem Druck und steigender Temperatur immer geringer, um schließlich bei einem bestimmten Zustand des Dampfes ganz zu verschwinden. Man nennt diesen Zustand, bei dem kein Unterschied mehr zwischen Flüssigkeit und Dampf besteht, den *kritischen Zustand* (Tafel 1.3.3-1). Für Wasser beträgt der kritische Druck 221 bar, die kritische Temperatur 374 °C, das kritische spezifische Volumen 3,11 dm^3/kg. Moderne Kraftwerkskessel arbeiten in der Nähe oder auch oberhalb des kritischen Punktes.

Der beschriebene *Verdampfungsvorgang* ist *allgemeingültig* und bezieht sich nicht nur auf Wasserdampf. Alle realen Gase lassen sich verflüssigen und sind im Übergangsbereich Dämpfe. Ihre Zustandsänderungen entsprechen denen des Wasserdampfes, wenn auch die Werte der einzelnen Zustandsgrößen in weiten Grenzen schwanken. Überhitzter Dampf ähnelt in seinem Verhalten den Gasen.

Für die Klimatechnik sind insbesondere die Arbeitsstoffe in den Kältemaschinen und Wärmepumpen bedeutungsvoll.

Tafel 1.3.3-1 Kritischer Druck p_k, kritische Temperatur t_k und kritische Dichte ϱ_k von Gasen und Dämpfen*)

Stoff	Symbol	p_k bar	t_k °C	ϱ_k kg/m^3
Aceton	C_3H_6O	47	234,95	278
Acetylen	C_2H_2	61,4	35,15	231
Ammoniak	NH_3	113,53	132,35	234,7
Benzol	C_6H_6	48,9	288,95	302
Bromethan	C_2H_5Br	62,3	230,65	507
Chlordifluormethan (R22)	$CHClF_2$	49,9	96,2	513
Chlormethan	CH_3Cl	66,8	143,15	363
Chlorethan	C_2H_5Cl	52,7	187,25	324
Dichlormethan	CH_2Cl_2	60,8	236,85	440
Diethylamin	$C_4H_{11}N$	37,1	223,45	243
Difluordichlormethan (R12)	CCl_2F_2	41,6	112	558
Dimethylamin	C_2H_7N	53,1	164,45	241
Ethanol	C_2H_6O	63,8	243,05	276
Helium	He	2,275	−267,95	69,6
Luft	–	37,66	−140,63	313
Kohlendioxyd	CO_2	73,77	30,98	467,6
Sauerstoff	O_2	50,8	−118,38	426,7
Schwefeldioxid	SO_2	78,84	157,6	525
Stickstoff	N_2	34	−146,95	314
Toluol	C_7H_8	41,1	318,55	292
Wasser	H_2O	220,64	374	322
Wasserstoff	H_2	13	−239,95	31,6

*) Werte nach VDI-Wärmeatlas 1994, Kapitel Dc.

-2 Bezeichnungen der Dampfzustände

Die historisch gewachsenen, von Beginn an auf Wasserdampf bezogenen Fachbezeichnungen sind nachfolgend definiert (siehe auch Bild 1.3.3-1):

Siedende Flüssigkeit: Flüssigkeit im *Sättigungszustand* (p_S *Sättigungsdruck*, t_S *Sättigungstemperatur*), Beginn der Verdampfung.

Sattdampf: Flüssigkeit ist vollständig verdampft, wobei der Sättigungszustand (p_S, t_S) weiterhin gilt; es liegt *trocken gesättigter Dampf* vor.

Naßdampf: Flüssigkeits-Dampf-Gemisch bei Sättigungszustand (p_S, t_S) im Bereich zwischen siedender Flüssigkeit und Sattdampf. Zur Kennzeichnung des Gemischzustandes wird der *Dampfgehalt* x als unabhängige Zustandsgröße eingeführt. x ist der Masseanteil des trocken gesättigten Dampfes bezogen auf das Naßdampfgemisch.

Heißdampf: Dampf bei Temperaturen t, die über der zum Druck p gehörigen Sättigungstemperatur t_S liegen. Es handelt sich um sogenannten *überhitzten Dampf.*

-3 Zustandsgrößen des Wasserdampfes (Naßdampf)

Nachfolgende *spezifische Zustandsgrößen* sind im Hinblick auf Verdampfungsvorgänge in offenen Prozessen mit den üblicherweise verwendeten Einheiten bedeutungsvoll.

h'	kJ/kg	spez. Enthalpie des flüssigen Wassers im Sättigungszustand
h''	kJ/kg	spez. Enthalpie des Dampfes im Sättigungszustand (Sattdampfenthalpie)
υ'	m³/kg	spez. Volumen des flüssigen Wassers im Sättigungszustand
υ''	m³/kg	spez. Volumen des Dampfes im Sättigungszustand (Sattdampfvolumen)
ϱ''	kg/m³	Dichte des Sattdampfes $\varrho'' = 1/\upsilon''$
s'	kJ/(kg K)	spez. Entropie des flüssigen Wassers im Sättigungszustand
s''	kJ/(kg K)	spez. Entropie des Dampfes im Sättigungszustand (Sattdampfentropie)
$r \equiv \Delta h_V$	kJ/kg	spez. Verdampfungswärme ≡ spez. Verdampfungsenthalpie
x	–	Dampfgehalt (Masseanteil in kg Dampf/kg Gemisch).

Für *Naßdampf* gelten damit:

$$h = h' + x\,(h'' - h') = h' + x\,r$$
$$\upsilon = \upsilon' + x\,(\upsilon'' - \upsilon')$$
$$s = s' + x\,(s'' - s').$$

Wegen der großen Bedeutung des Wasserdampfes sind über Jahrzehnte die Zustandsgrößen experimentell bestimmt und mittels international abgestimmter, sehr komplizierter Zustandsgleichungen fehlende Bereiche interpoliert worden. Es entstanden daraus die bekannten Wasserdampftafeln[1]. Ein Auszug ist in Tafel 1.3.3-2 und Tafel 1.3.3-3 gegeben. Die Grundgleichungen beziehen sich auf die Industrie-Formulation von 1967 (IFC-67). 1997 erschien die IAPWS-IF97 „Industrial Formulation 1997 for the Thermodynamic Properties of Water and Steam". Sie ist für Garantie- und Abnahmerechnungen von Anlagen mit dem Arbeitsfluid Wasser (Energiemaschinen) zur Ermittlung der thermodynamischen Eigenschaften international verbindlich. Die IAPWS-IF97 ist an die wissenschaftliche Formulation (IAPWS Formulation 1995) gekoppelt, die alle Zustands- und Transportgrößen über den gesamten Bereich enthält.

Als *Bezugsgrößen* für die spezifische Enthalpie und Entropie gelten am Tripelpunkt des Wassers (0,01 °C; 611 Pa): $h_0 = 0$; $s_0 = 0$.

---

[1]) Zustandsgrößen von Wasser und Wasserdampf in SI-Einheiten. Berlin: Springer-Verlag und München: R. Oldenbourg, 1989.

Für die Aufgaben in der Heizungs- und Klimatechnik kann mit *vereinfachten Approximationen* nach Glück[1)] gerechnet werden (Fehlerangaben beziehen sich auf die Werte nach IFC-68):

$p_S = 611 \exp(-1{,}91275 \cdot 10^{-4} + 7{,}258 \cdot 10^{-2}\, t - 2{,}939 \cdot 10^{-4}\, t^2 + 9{,}841 \cdot 10^{-7}\, t^3$
$-1{,}92 \cdot 10^{-9}\, t^4)$ in Pa

Bereich: 0 °C $\leq t \leq$ 100 °C; Fehler: < 0,02% ≙ 11 Pa

$p_S = 611 \exp(6 \cdot 10^{-5} + 7{,}13274 \cdot 10^{-2}\, t - 2{,}581631 \cdot 10^{-4}\, t^2 + 6{,}311955 \cdot 10^{-7}\, t^3$
$-7{,}167112 \cdot 10^{-10}\, t^4)$ in Pa

Bereich: 100 °C $\leq t \leq$ 200 °C; Fehler: < 0,02% ≙269 *Pa*

$h' = -2{,}25 \cdot 10^{-2} + 4{,}2063437\, t - 6{,}014696 \cdot 10^{-4}\, t^2 + 4{,}381537 \cdot 10^{-6}\, t^3$ in kJ/kg

Bereich: 10 °C $\leq t \leq$ 200 °C; Fehler: < 0,04%

$h'' = 2{,}501482 \cdot 10^3 + 1{,}789736\, t + 8{,}957546 \cdot 10^{-4}\, t^2 - 1{,}300254 \cdot 10^{-5}\, t^3$ in kJ/kg

Bereich: 10 °C $\leq t \leq$ 200 °C; Fehler: < 0,02%

$v' = 9{,}976577 \cdot 10^{-4} + 1{,}280991 \cdot 10^{-7}\, t + 3{,}191465 \cdot 10^{-9}\, t^2 + 5{,}894941 \cdot 10^{-13}\, t^3$ in m³/kg

Bereich: 10 °C $\leq t \leq$ 200 °C; Fehler: < 0,10%

$v'' = \exp(5{,}322289 - 6{,}80891 \cdot 10^{-2}\, t + 2{,}561151 \cdot 10^{-4}\, t^2 - 5{,}602153 \cdot 10^{-7}\, t^3)$ in m³/kg

Bereich: 10 °C $\leq t \leq$ 100 °C; Fehler: < 0,10%

$v'' = \exp(5{,}01069 - 5{,}8737 \cdot 10^{-2}\, t + 1{,}5874 \cdot 10^{-4}\, t^2 - 2{,}095037 \cdot 10^{-7}\, t^3)$ in m³/kg

Bereich: 100 °C $\leq t \leq$ 200 °C; Fehler: < 0,04%

$r \equiv \Delta h_V = 2{,}501488 \cdot 10^3 - 2{,}404164\, t + 1{,}326154 \cdot 10^{-3}\, t^2 - 1{,}680282 \cdot 10^{-5}\, t^3$ in kJ/kg

Bereich: 10 °C $\leq t \leq$ 200 °C; Fehler: < 0,03%.

Faustformeln für Überschlagsrechnungen mit Wasserdampf bei Sättigung:

Sättigungstemperatur	$t_s \approx 100 \sqrt[4]{p}$	in °C
Sättigungsdruck	$p_s \approx \left(\frac{t}{100}\right)^4$	in bar (absolut)
Sattdampfdichte	$\varrho'' \approx \frac{p}{2} + 0{,}1$	in kg/m³.

-4 Zustandsgrößen des Wasserdampfes (Heißdampf)

Von besonderem Interesse sind

h	kJ/kg	spez. Enthalpie des Heißdampfes
v	m³/kg	spez. Volumen des Heißdampfes
s	kJ/(kg K)	spez. Entropie des Heißdampfes.

Die Werte sind den Wasserdampftafeln (Auszüge in Tafel 1.3.3-4 und Tafel 1.3.3-5) oder einfachen Approximationen[1)] zu entnehmen.

Außerdem gilt:

$h = h'' + c_{p,m}\,(t - t_S)$

h''	kJ/kg	spezifische Enthalpie des Sattdampfes bei Sättigungstemperatur t_S
t	°C	Heißdampftemperatur
$c_{p,m}$	kJ/(kgK)	mittlere spezifische Wärmekapazität des Heißdampfes (Mittelwert zwischen t_S und t nach Bild 1.3.3-2).

[1)] Glück, B.: Zustands- und Stoffwerte (Wasser, Dampf, Luft), Verbrennungsrechnung. Berlin: Verlag für Bauwesen, 2. erw. Auflage 1991.

Tafel 1.3.3-2 Zustandsgrößen von Wasser und Dampf bei Sättigung in Abhängigkeit von der Temperatur*)

t °C	p bar	v' dm³/kg	v'' m³/kg	ϱ'' kg/m³	h' kJ/kg	h'' kJ/kg	r kJ/kg	s' kJ/(kg K)	s'' kJ/(kg K)	t °C
0	0,006108	1,0002	206,3	0,004847	−0,04	2501,6	2501,6	−0,0002	9,1577	0
2	0,007055	1,0001	179,9	0,005558	8,39	2505,2	2496,8	0,0306	9,1047	2
4	0,008129	1,0000	157,3	0,006358	16,80	2508,9	2492,1	0,0611	9,0526	4
6	0,009345	1,0000	137,8	0,007258	25,21	2512,6	2487,4	0,0913	9,0015	6
8	0,010720	1,0001	121,0	0,008267	33,60	2516,2	2482,6	0,1213	8,9513	8
10	0,012270	1,0003	106,4	0,009396	41,99	2519,9	2477,9	0,1510	8,9020	10
12	0,014014	1,0004	93,84	0,01066	50,38	2523,6	2473,2	0,1805	8,8536	12
14	0,015973	1,0007	82,90	0,01206	58,75	2527,2	2468,5	0,2098	8,8060	14
16	0,018168	1,0010	73,38	0,01363	67,13	2530,9	2463,8	0,2388	8,7593	16
18	0,02062	1,0013	65,09	0,01536	75,50	2534,5	2459,0	0,2677	8,7135	18
20	0,02337	1,0017	57,84	0,01729	83,86	2538,2	2454,3	0,2963	8,6684	20
22	0,02642	1,0022	51,49	0,01942	92,23	2541,8	2449,6	0,3247	8,6241	22
24	0,02982	1,0026	45,93	0,02177	100,59	2545,5	2444,9	0,3530	8,5806	24
26	0,03360	1,0032	41,03	0,02437	108,95	2549,1	2440,2	0,3810	8,5379	26
28	0,03778	1,0037	36,73	0,02723	117,31	2552,7	2435,4	0,4088	8,4959	28
30	0,04241	1,0043	32,93	0,03037	125,66	2556,4	2430,7	0,4365	8,4546	30
32	0,04753	1,0049	29,57	0,03382	134,02	2560,0	2425,9	0,4640	8,4140	32
34	0,05318	1,0056	26,60	0,03759	142,38	2563,6	2421,2	0,4913	8,3740	34
36	0,05940	1,0063	23,97	0,04172	150,74	2567,2	2416,4	0,5184	8,3348	36
38	0,06624	1,0070	21,63	0,04624	159,09	2570,8	2411,7	0,5453	8,2962	38
40	0,07375	1,0078	19,55	0,05116	167,45	2574,4	2406,9	0,5721	8,2583	40
42	0,08198	1,0086	17,69	0,05652	175,81	2577,9	2402,1	0,5987	8,2209	42
44	0,09100	1,0094	16,04	0,06236	184,17	2581,5	2397,3	0,6252	8,1842	44
46	0,10086	1,0103	14,56	0,06869	192,53	2585,1	2392,5	0,6514	8,1481	46
48	0,11162	1,0112	13,23	0,07557	200,89	2588,6	2387,7	0,6776	8,1125	48
50	0,12335	1,0121	12,05	0,08302	209,26	2592,2	2382,9	0,7035	8,0776	50
52	0,13613	1,0131	10,98	0,09108	217,62	2595,7	2378,1	0,7293	8,0432	52
54	0,15002	1,0140	10,02	0,09979	225,98	2599,2	2373,2	0,7550	8,0093	54
56	0,16511	1,0150	9,159	0,1092	234,35	2602,7	2368,4	0,7804	7,9759	56
58	0,18147	1,0161	8,381	0,1193	242,72	2606,2	2363,5	0,8058	7,9431	58

*) Zustandsgrößen von Wasser und Wasserdampf in SI-Einheiten. Berlin: Springer-Verlag und München: R. Oldenbourg, 1989.

Fortsetzung der Tafel: Zustandsgrößen von Wasser und Dampf bei Sättigung in Abhängigkeit von der Temperatur)

t °C	p bar	v' dm³/kg	v'' m³/kg	ϱ'' kg/m³	h' kJ/kg	h''	r kJ/kg	s' kJ/(kg K)	s''	t °C
60	0,19920	1,0171	7,679	0,1302	251,09	2609,7	2358,6	0,8310	7,9108	60
70	0,3116	1,0228	5,046	0,1982	292,97	2626,9	2334,0	0,9548	7,7565	70
80	0,4736	1,0292	3,409	0,2933	334,92	2643,8	2308,8	1,0753	7,6132	80
90	0,7011	1,0361	2,361	0,4235	376,94	2660,1	2283,2	1,1925	7,4799	90
100	1,0133	1,0437	1,673	0,5977	419,06	2676,0	2256,9	1,3069	7,3554	100
105	1,2080	1,0477	1,419	0,7046	440,17	2683,7	2243,6	1,3630	7,2962	105
110	1,4327	1,0519	1,210	0,8265	461,32	2691,3	2230,6	1,4185	7,2388	110
115	1,6906	1,0562	1,036	0,9650	482,50	2698,7	2216,2	1,4733	7,1832	115
120	1,9854	1,0606	0,8915	1,122	503,72	2706,0	2202,2	1,5276	7,1293	120
125	2,3210	1,0652	0,7702	1,298	524,99	2713,0	2188,0	1,5813	7,0769	125
130	2,7013	1,0700	0,6681	1,497	546,31	2719,9	2173,6	1,6344	7,0261	130
135	3,131	1,0750	0,5818	1,719	567,68	2726,6	2158,9	1,6869	6,9766	135
140	3,614	1,0801	0,5085	1,967	589,10	2733,1	2144,0	1,7390	6,9284	140
145	4,155	1,0853	0,4460	2,242	610,60	2739,3	2128,7	1,7906	6,8815	145
150	4,760	1,0908	0,3924	2,548	632,15	2745,4	2113,2	1,8416	6,8358	150
155	5,433	1,0964	0,3464	2,886	653,78	2751,2	2097,4	1,8923	6,7911	155
160	6,181	1,1022	0,3068	3,260	675,47	2756,7	2081,3	1,9425	6,7475	160
165	7,008	1,1082	0,2724	3,671	697,25	2762,0	2064,8	1,9923	6,7048	165
170	7,920	1,1145	0,2426	4,123	719,12	2767,1	2047,9	2,0416	6,6630	170
180	10,027	1,1275	0,1938	5,160	763,12	2776,3	2013,1	2,1393	6,5819	180
190	12,551	1,1415	0,1563	6,397	807,52	2784,3	1976,7	2,2356	6,5036	190
200	15,549	1,1565	0,1272	7,864	852,37	2790,9	1938,6	2,3307	6,4278	200
210	19,077	1,1726	0,1042	9,593	897,74	2796,2	1898,5	2,4247	6,3539	210
220	23,198	1,1900	0,08604	11,62	943,67	2799,9	1856,2	2,5178	6,2817	220
250	39,776	1,2513	0,05004	19,99	1085,8	2800,4	1714,6	2,7935	6,0708	250
300	85,927	1,4041	0,02165	46,19	1345,0	2751,0	1406,0	3,2552	5,7081	300
325	120,56	1,5289	0,01419	70,45	1494,0	2688,0	1194,0	3,5008	5,4969	325
350	165,35	1,7411	0,008799	113,6	1671,9	2567,7	895,7	3,7800	5,2177	350
374,15	221,20	3,1700	0,003170	315,5	2107,4		0,0	4,4429		374,15

Tafel 1.3.3-3 Zustandsgrößen von Wasser und Dampf bei Sättigung in Abhängigkeit vom Druck*)

p bar	t °C	v' dm³/kg	v'' m³/kg	ϱ'' kg/m³	h' kJ/kg	h'' kJ/kg	r kJ/kg	s' kJ/(kg K)	s'' kJ/(kg K)
0,010	6,9828	1,0001	129,20	0,007739	29,34	2514,4	2485,0	0,1060	8,9767
0,020	17,513	1,0012	67,01	0,01492	73,46	2533,6	2460,2	0,2607	8,7246
0,030	24,100	1,0027	45,67	0,02190	101,00	2545,6	2444,6	0,3544	8,5785
0,040	28,983	1,0040	34,80	0,02873	121,41	2554,5	2433,1	0,4225	8,4755
0,050	32,898	1,0052	28,19	0,03547	137,77	2561,6	2423,8	0,4763	8,3960
0,060	36,183	1,0064	23,74	0,04212	151,50	2567,5	2416,0	0,5209	8,3312
0,070	39,025	1,0074	20,53	0,04871	163,38	2572,6	2409,2	0,5591	8,2767
0,080	41,534	1,0084	18,10	0,05523	173,86	2577,1	2403,2	0,5925	8,2296
0,090	43,787	1,0094	16,20	0,06171	183,28	2581,1	2397,9	0,6224	8,1881
0,10	45,833	1,0102	14,67	0,06814	191,83	2584,8	2392,9	0,6493	8,1511
0,20	60,086	1,0172	7,650	0,1307	251,45	2609,9	2358,4	0,8321	7,9094
0,30	69,124	1,0223	5,229	0,1912	289,30	2625,4	2336,1	0,9441	7,7695
0,40	75,886	1,0265	3,993	0,2504	317,65	2636,9	2319,2	1,0261	7,6709
0,50	81,345	1,0301	3,240	0,3086	340,56	2646,0	2305,4	1,0912	7,5947
0,60	85,954	1,0333	2,732	0,3661	359,93	2653,6	2293,6	1,1454	7,5327
0,70	89,959	1,0361	2,365	0,4229	376,77	2660,1	2283,3	1,1921	7,4804
0,80	93,512	1,0387	2,087	0,4792	391,72	2665,8	2274,0	1,2330	7,4352
0,90	96,713	1,0412	1,869	0,5350	405,21	2670,9	2265,6	1,2696	7,3954
1,0	99,632	1,0434	1,694	0,5904	417,51	2675,4	2257,9	1,3027	7,3598
1,5	111,37	1,0530	1,159	0,8628	467,13	2693,4	2226,2	1,4336	7,2234
2,0	120,23	1,0608	0,8854	1,129	504,70	2706,3	2201,6	1,5301	7,1268
2,5	127,43	1,0675	0,7184	1,392	535,34	2716,4	2181,0	1,6071	7,0520
3,0	133,54	1,0735	0,6056	1,651	561,43	2724,7	2163,2	1,6716	6,9909
3,5	138,87	1,0789	0,5240	1,908	584,27	2731,6	2147,4	1,7273	6,9392
4,0	143,62	1,0839	0,4622	2,163	604,67	2737,6	2133,0	1,7764	6,8943
4,5	147,92	1,0885	0,4138	2,417	623,16	2742,9	2119,7	1,8204	6,8547
5,0	151,84	1,0928	0,3747	2,669	640,12	2747,5	2107,4	1,8604	6,8192
6,0	158,84	1,1009	0,3155	3,170	670,42	2755,5	2085,0	1,9308	6,7575
7,0	164,96	1,1082	0,2727	3,667	697,06	2762,0	2064,9	1,9918	6,7052

*) Zustandsgrößen von Wasser und Wasserdampf in SI-Einheiten. Berlin: Springer-Verlag und München: R. Oldenbourg, 1989.

(Fortsetzung der Tafel: Zustandsgrößen von Wasser und Dampf bei Sättigung in Abhängigkeit vom Druck)

p bar	t °C	v' dm^3/kg	v'' m^3/kg	ϱ'' kg/m^3	h' kJ/kg	h''	r kJ/kg	s' kJ/(kg K)	s''
8,0	170,41	1,1150	0,2403	4,162	720,94	2767,5	2046,5	2,0457	6,6596
9,0	175,36	1,1213	0,2148	4,655	742,64	2772,1	2029,5	2,0941	6,6192
10,0	179,88	1,1274	0,1943	5,147	762,61	2776,2	2013,6	2,1382	6,5828
11	184,07	1,1331	0,1774	5,637	781,13	2779,7	1998,5	2,1786	6,5497
12	187,96	1,1386	0,1632	6,127	798,43	2782,7	1984,3	2,2161	6,5194
13	191,61	1,1438	0,1511	6,617	814,70	2785,4	1970,7	2,2510	6,4913
14	195,04	1,1489	0,1407	7,106	830,08	2787,8	1957,7	2,2837	6,4651
15	198,29	1,1539	0,1317	7,596	844,67	2789,9	1945,2	2,3145	6,4406
16	201,37	1,1586	0,1237	8,085	858,56	2791,7	1933,2	2,3436	6,4175
17	204,31	1,1633	0,1166	8,575	871,84	2793,4	1921,5	2,3713	6,3957
18	207,11	1,1678	0,1103	9,065	884,58	2794,8	1910,3	2,3976	6,3751
19	209,80	1,1723	0,1047	9,555	896,81	2796,1	1899,3	2,4228	6,3554
20	212,37	1,1766	0,09954	10,05	908,59	2792,2	1888,6	2,4469	6,3367
25	223,94	1,1972	0,07991	12,51	961,96	2800,9	1839,0	2,5543	6,2536
30	233,84	1,2163	0,06663	15,01	1008,4	2802,3	1793,9	2,6455	6,1837
40	250,33	1,2521	0,04975	20,10	1087,4	2800,3	1712,9	2,7965	6,0685
50	263,91	1,2858	0,03943	25,36	1154,5	2794,2	1639,7	2,9206	5,9735
60	275,55	1,3187	0,03244	30,83	1213,7	2785,0	1571,3	3,0273	5,8908
70	285,79	1,3513	0,02737	36,53	1267,4	2773,5	1506,0	3,1219	5,8162
80	294,97	1,3842	0,02353	42,51	1317,1	2759,9	1442,8	3,2076	5,7471
90	303,31	1,4179	0,02050	48,79	1363,7	2744,6	1380,9	3,2867	5,6820
100	310,96	1,4526	0,01804	55,43	1408,0	2727,7	1319,7	3,3605	5,6198
110	318,05	1,4887	0,01601	62,48	1450,6	2709,3	1258,7	3,4304	5,5595
120	324,65	1,5268	0,01428	70,01	1491,8	2689,2	1197,4	3,4972	5,5002
130	330,83	1,5672	0,01280	78,14	1532,0	2667,0	1135,0	3,5616	5,4408
140	336,64	1,6106	0,01150	86,99	1571,6	2642,4	1070,7	3,6242	5,3803
150	342,13	1,6579	0,01034	96,71	1611,0	2615,0	1004,0	3,6859	5,3178
200	365,70	2,0370	0,005877	170,2	1826,5	2418,4	591,9	4,0149	4,9412
220	373,69	2,6714	0,003728	268,3	2011,1	2195,6	184,5	4,2947	4,5799
221,2	374,15	3,17	0,00317	315,5	2107,4		0	4,4429	

Tafel 1.3.3-4 Spez. Enthalpie von Wasserdampf*)

p bar	h″ kJ/kg	h kJ/kg Dampftemperatur °C							
		150	200	250	300	350	400	450	500
1	2675	2776	2875	2975	3075	3176	3278	3382	3488
2	2706	2769	2871	2971	3072	3174	3277	3381	3487
3	2725	2760	2866	2968	3070	3172	3275	3380	3486
4	2738	2752	2860	2965	3067	3170	3274	3379	3485
5	2748	–	2855	2961	3065	3168	3272	3377	3484
6	2756	–	2850	2958	3062	3166	3271	3376	3483
7	2762	–	2844	2954	3060	3164	3269	3375	3482
8	2768	–	2839	2950	3057	3162	3268	3373	3481
9	2772	–	2833	2947	3055	3161	3266	3372	3479
10	2776	–	2827	2943	3052	3159	3264	3371	3478
11	2780	–	2821	2939	3050	3157	3263	3370	3477
12	2783	–	2814	2935	3047	3155	3261	3368	3476
13	2785	–	2808	2932	3044	3153	3260	3367	3475
14	2788	–	2801	2928	3042	3151	3258	3366	3474
15	2790	–	2795	2924	3039	3149	3257	3364	3473
16	2792	–	–	2919	3036	3147	3255	3363	3472
18	2795	–	–	2911	3031	3143	3252	3360	3470
20	2797	–	–	2902	3025	3139	3249	3358	3467
22	2799	–	–	2893	3019	3135	3246	3355	3465
24	2800	–	–	2884	3013	3130	3242	3353	3463
26	2801	–	–	2875	3007	3126	3239	3350	3461
28	2802	–	–	2865	3001	3122	3236	3347	3458
30	2802	–	–	2855	2995	3118	3233	3345	3456
32	2802	–	–	2844	2989	3113	3229	3342	3454
34	2802	–	–	2834	2982	3109	3226	3339	3452
36	2802	–	–	2823	2976	3104	3223	3337	3450
38	2801	–	–	2811	2969	3100	3219	3334	3447
40	2800	–	–	–	2962	3095	3216	3331	3445
42	2799	–	–	–	2955	3090	3212	3329	3443
44	2798	–	–	–	2948	3086	3209	3326	3441
46	2797	–	–	–	2941	3081	3205	3323	3438
48	2796	–	–	–	2933	3076	3202	3320	3436
50	2794	–	–	–	2926	3071	3198	3318	3434
60	2785	–	–	–	2885	3046	3180	3304	3422
70	2774	–	–	–	2839	3019	3161	3289	3411
80	2760	–	–	–	2787	2990	3142	3274	3399
90	2745	–	–	–	–	2959	3121	3259	3387
100	2728	–	–	–	–	2926	3100	3244	3375
125	2678	–	–	–	–	2828	3043	3203	3343
150	2615	–	–	–	–	2695	2979	3160	3311
175	2533	–	—	–	–	–	2906	3114	3277
200	2418	–	–	–	–	–	2821	3064	3241
250	–	648	863	1088	1331	1625	2582	2954	3166
300	–	651	865	1088	1329	1610	2162	2826	3085
350	–	654	868	1090	1327	1599	1993	2676	2998
400	–	657	870	1091	1325	1590	1934	2516	2907
500	–	664	875	1094	1324	1576	1878	2293	2723
600	–	671	881	1097	1323	1567	1847	2187	2571
700	–	678	886	1100	1324	1561	1828	2130	2467
800	–	684	892	1104	1325	1556	1814	2094	2397

*) Zustandsgrößen von Wasser und Wasserdampf in SI-Einheiten. Berlin: Springer-Verlag und München: R. Oldenbourg, 1989.

Tafel 1.3.3-5 Spez. Volumen υ von Wasserdampf*)

p bar	υ'' m³/kg	υ m³/kg, unterhalb der stark ausgezogenen Linie in dm³/kg Dampftemperatur °C							
		150	200	250	300	350	400	450	500
1	1,694	1,936	2,172	2,406	2,639	2,871	3,102	3,334	3,565
2	0,885	0,959	1,080	1,199	1,316	1,433	1,550	1,665	1,781
3	0,606	0,634	0,716	0,796	0,875	0,954	1,031	1,109	1,187
4	0,462	0,471	0,534	0,595	0,655	0,714	0,773	0,831	0,889
5	0,375	–	0,425	0,474	0,523	0,570	0,617	0,664	0,711
6	0,316	–	0,352	0,394	0,434	0,474	0,514	0,553	0,592
7	0,273	–	0,300	0,336	0,371	0,406	0,440	0,473	0,507
8	0,240	–	0,261	0,293	0,324	0,354	0,384	0,414	0,443
9	0,215	–	0,230	0,260	0,287	0,314	0,341	0,367	0,394
10	0,194	–	0,206	0,233	0,258	0,282	0,307	0,330	0,354
11	0,177	–	0,186	0,211	0,234	0,256	0,278	0,300	0,322
12	0,163	–	0,169	0,192	0,214	0,235	0,255	0,275	0,295
13	0,151	–	0,155	0,177	0,197	0,216	0,235	0,253	0,272
14	0,141	–	0,143	0,164	0,182	0,200	0,218	0,235	0,252
15	0,132	–	0,132	0,152	0,170	0,187	0,203	0,219	0,235
16	0,124	–	–	0,142	0,159	0,175	0,190	0,205	0,220
18	0,110	–	–	0,125	0,140	0,155	0,168	0,182	0,195
20	0,100	–	–	0,111	0,126	0,139	0,151	0,163	0,176
22	0,091	–	–	0,100	0,113	0,125	0,137	0,148	0,159
24	0,083	–	–	0,091	0,103	0,115	0,125	0,136	0,146
26	0,077	–	–	0,083	0,095	0,105	0,115	0,125	0,134
28	0,071	–	–	0,076	0,088	0,097	0,107	0,116	0,125
30	0,067	–	–	0,071	0,081	0,091	0,099	0,108	0,116
32	0,062	–	–	0,065	0,076	0,085	0,093	0,101	0,109
34	0,059	–	–	0,061	0,071	0,079	0,087	0,095	0,102
36	0,055	–	–	0,057	0,066	0,074	0,082	0,089	0,096
38	0,052	–	–	0,053	0,062	0,070	0,077	0,084	0,091
40	0,050	–	–	–	0,059	0,066	0,073	0,080	0,086
42	0,047	–	–	–	0,056	0,063	0,070	0,076	0,082
44	0,045	–	–	–	0,053	0,060	0,066	0,072	0,078
46	0,043	–	–	–	0,050	0,057	0,063	0,069	0,075
48	0,041	–	–	–	0,048	0,054	0,060	0,066	0,071
50	0,039	–	–	–	0,045	0,052	0,058	0,063	0,068
60	0,032	–	–	–	0,036	0,042	0,047	0,052	0,057
70	0,027	–	–	–	0,029	0,035	0,040	0,044	0,048
80	0,024	–	–	–	0,024	0,030	0,034	0,038	0,042
90	0,021	–	–	–	–	0,026	0,030	0,033	0,037
100	0,018	–	–	–	–	0,022	0,026	0,030	0,033
125	0,014	–	–	–	–	0,016	0,020	0,023	0,026
150	0,010	–	–	–	–	0,011	0,016	0,018	0,021
175	0,008	–	–	–	–	–	12,5	15,2	17,4
200	0,006	–	–	–	–	–	9,95	12,7	14,8
250	–	1,07	1,13	1,22	1,35	1,60	6,01	9,17	11,1
300	–	1,07	1,13	1,21	1,33	1,55	2,83	6,74	8,68
350	–	1,07	1,13	1,20	1,32	1,52	2,11	4,96	6,93
400	–	1,07	1,12	1,20	1,31	1,49	1,91	3,68	5,62
500	–	1,06	1,11	1,19	1,29	1,44	1,73	2,49	3,88
600	–	1,06	1,11	1,18	1,27	1,41	1,63	2,08	2,95
700	–	1,05	1,10	1,17	1,26	1,38	1,58	1,89	2,47
800	–	1,05	1,09	1,16	1,24	1,35	1,52	1,77	2,19

*) Zustandsgrößen von Wasser und Wasserdampf in SI-Einheiten. Berlin: Springer-Verlag und München: R. Oldenbourg, 1989.

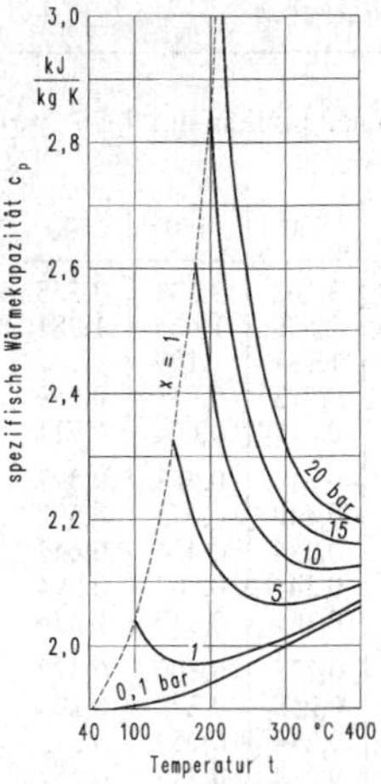

Bild 1.3.3-2. Spezifische Wärme c_p des Wasserdampfes.

Bild 1.3.3-3. *T, s*-Diagramm des Wasserdampfes mit Isobaren (ausgezogen) und Isochoren (gestrichelt).

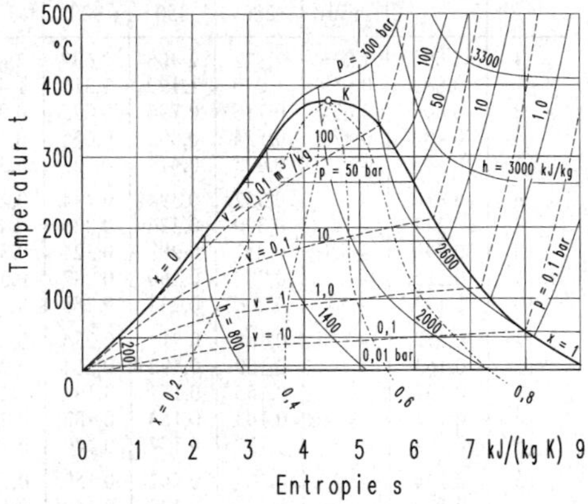

-5 Diagramme für Wasserdampf

Übliche Darstellungen der Zustandsgrößen des Wasserdampfes sind das *T,s*-Diagramm (Bild 1.3.3-3) und das Mollier-*h,s*-Diagramm (Bild 1.3.3-4 und Falttafel am Buchende).

Im *T,s*-Diagramm stellen die *Flächen* unter den Kurven die *getauschten Wärmen* dar ($dq = T\,ds$).

Im *h,s*-Diagramm können die für wärmetechnische Berechnungen wichtigen *Enthalpiedifferenzen* als *senkrechte Strecken* abgegriffen werden.

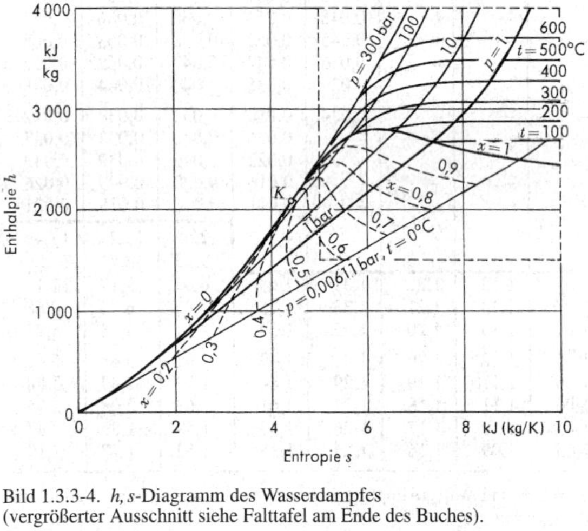

Bild 1.3.3-4. *h, s*-Diagramm des Wasserdampfes (vergrößerter Ausschnitt siehe Falttafel am Ende des Buches).

-6 Zustandsänderungen mit Wasserdampf

An Hand von Beispielen werden typische Zustandsänderungen betrachtet.

Beispiel 1

Es sollen 1000 kg Wasser von 30 °C und 6 bar (absolut) in Dampf von 200 °C und 6 bar überführt werden. Welche Energieaufwendungen sind detailliert notwendig, und welche Zustandsgrößen h und s treten auf?

Aus Tafel 1.3.3-3 folgen für den Sättigungs- und Sattdampfzustand:
$p = 6$ bar $t_S = 158{,}84$ °C;
$h' = 670{,}42$ kJ/kg; $h'' = 2755{,}5$ kJ/kg; $r = 2085$ kJ/kg; $s' = 1{,}9308$ kJ/(kg K);
$s'' = 6{,}7575$ kJ/(kg K).

Wärme zur Verdampfung

$$Q_V = m\,(h'' - h') = m\,r = 1000 \cdot 2085 = 2{,}085 \cdot 10^6 \text{ kJ}$$

Entropiezunahme bei der Verdampfung

$$\Delta S_V = m\,(s'' - s') = 1000\,(6{,}7575 - 1{,}9308) = 4{,}8267 \cdot 10^3 \text{ kJ/K}$$

Probe: $Q_V = T\,\Delta S_V = (158{,}84 + 273{,}15) \cdot 4{,}8267 \cdot 10^3 = 2{,}085 \cdot 10^6$ kJ

Enthalpie des Wassers (Näherung)

$h_W = c_p\,t = 4{,}18 \cdot 30 = 125{,}4$ kJ/kg (c_p aus Tafel 1.3.1-9)
(genauer Wert aus Wasserdampftafel: 126,2 kJ/kg)

Wärme zur Wasseraufheizung

$$Q_W = m\,(h' - h) = 1000\,(670{,}42 - 125{,}4) = 0{,}545 \cdot 10^6 \text{ kJ}$$

Entropiezunahme bei der Wasseraufheizung (Näherung)

$$\Delta S_W = \frac{Q_W}{T_{W,\,\text{mittel}}} = \frac{0{,}545 \cdot 10^6}{(158{,}84 + 30)/2 + 273{,}15} = 1{,}4828 \cdot 10^3 \text{ kJ/K}$$

$$s_W = s' - \frac{\Delta S_W}{m} = 1{,}9308 - \frac{1{,}4828 \cdot 10^3}{1000} = 0{,}4480 \text{ kJ/(kg K)}$$

(genauer Wert aus Wasserdampftafel: 0,4363 kJ/(kg K))

Enthalpie des Heißdampfes

$h_D = h'' + c_{p,m}\,(t_D - t_S) = 2755{,}5 + 2{,}3\,(200 - 158{,}84) = 2850$ kJ/kg
($c_{p,m}$ aus Bild 1.3.3-2)
(genauer Wert aus Wasserdampftafel: 2849,7 kJ/kg)

Wärme zur Dampfüberhitzung

$$Q_D = m\,(h_D - h'') = 1000\,(2850 - 2755{,}5) = 94{,}5 \cdot 10^3 \text{ kJ}$$

Entropiezunahme bei der Dampfüberhitzung

$$\Delta S_D = \frac{Q_D}{T_{D,\,\text{mittel}}} = \frac{94{,}5 \cdot 10^3}{(200 + 158{,}84)/2 + 273{,}15} = 208{,}8 \text{ kJ/K}$$

$$s_D = s'' - \frac{\Delta S_D}{m} = 6{,}7575 + \frac{208{,}8}{1000} = 6{,}966 \text{ kJ/(kg K)}$$

(genauer Wert aus Wasserdampftafel: 6,966 kJ/(kg K))

Gesamtwärme

$$Q = Q_W + Q_V + Q_D = 2{,}725 \cdot 10^6 \text{ kJ}$$

Gesamtentropiezunahme

$$\Delta S = \Delta S_W + \Delta S_V + \Delta S_D = 6518 \text{ kJ/K.}$$

Bei Verwendung einer kompletten Wasserdampftafel wäre man schneller ans Ziel gekommen:

$$Q = m\,(h_D - h_W) = 1000\,(2849{,}7 - 126{,}2) = 2{,}724 \cdot 10^6 \text{ kJ}$$

$$\Delta S = m\,(s_D - s_W) = 1000\,(6{,}966 - 0{,}4363) = 6530 \text{ kJ/K.}$$

Beispiel 2

Sattdampf von 6 bar (absolut) wird auf 3 bar (absolut) isentrop entspannt.

Welches spezifische Volumen hat der austretende Dampf?

Aus Tafel 1.3.3-3 folgt:

6 bar; $s''_6 = 6{,}7575$ kJ/(kg K)

3 bar; $s'_3 = 1{,}6716$ kJ/(kg K); $s''_3 = 6{,}9909$ kJ/(kg K)

$v'_3 = 1{,}0735 \cdot 10^{-3}$ m³/kg; $v''_3 = 0{,}6056$ m³/kg.

Die Entspannung endet im Naßdampfgebiet, wie aus Bild 1.3.3-4 zu entnehmen ist. Damit gilt für den Endzustand: $s_3 = s'_3 + x_3\,(s''_3 - s'_3)$. Für die isentrope Entspannung gilt $s_6 = s_3$, woraus der Dampfanteil bei 3 bar Enddruck folgt

$$x_3 = \frac{s_6 - s'_3}{s''_3 - s'_3} = \frac{6{,}7575 - 1{,}6716}{6{,}9909 - 1{,}6716} = 0{,}956.$$

Damit ergibt sich das spezifische Naßdampfvolumen

$$v_3 = v'_3 + x\,(v''_3 - v'_3) = 1{,}0735 \cdot 10^{-3} + 0{,}956\,(0{,}6056 - 1{,}0735 \cdot 10^{-3})$$
$$= 0{,}5790 \text{ m}^3/\text{kg}.$$

Aus einem *T,s*- oder *h,s*-Diagramm mit eingetragenen Isochoren könnte dieses Ergebnis sofort abgelesen werden.

-7 Zustandsgleichung

Da die thermische Zustandsgleichung der idealen Gase $p\,v = R\,T$ für wirkliche Gase und Dämpfe nur angenähert gilt, hat man sich bemüht, genauere Gleichungen aufzustellen. Die bekannteste ist die *van-der-Waalsche-Zustandsgleichung*, die gegenüber der Gasgleichung eine Druck- und Volumenkorrektur enthält (Konstanten a und b)

$$\left(p + \frac{a}{v^2}\right)(v - b) = R\,T.$$

Diese und weit kompliziertere Gleichungen gaben das Verhalten der Dämpfe aber nur unbefriedigend wieder. Für praktische Rechnungen werden ausschließlich Tafeln verwendet, in denen alle Zustandsgrößen berechnet sind (Tafel 1.3.3-2 bis Tafel 1.3.3-5). Sie werden auf Grund internationaler Vereinbarungen aufgestellt und ständig verbessert (siehe Hinweis im Abschnitt 1.3.3-3).

1.3.4 Feuchte Luft

-1 Allgemeines

Normale Luft enthält immer eine mehr oder weniger große Wasserdampfmenge in unsichtbarer Form, die einen bestimmten Dampfdruck ausübt. Die Dampfmenge, die die Luft aufnehmen kann, ist von der Temperatur abhängig. Je höher die Temperatur, desto größer die Dampfmenge, die aufgenommen werden kann. Bei der größtmöglichen Dampfmenge ist der Wasserdampfdruck gleich dem Siededruck bei der entsprechenden Temperatur. Wird mehr Wasserdampf zugeführt, als diesem Sättigungsdruck entspricht, schlägt sich der überschüssige Dampf in Form von *Nebel* (kleinste Wassertröpfchen) nieder.

Die reine Luft (ohne Wasserdampf) besteht aus zahlreichen Gemischpartnern (siehe Tafel 1.1.1-2). In thermodynamischen Berechnungen kann im Temperatur- und Druckbereich der Klimatechnik die reine Luft vereinfachend als *ein* homogenes Gas (trockene Luft) *L* aufgefaßt werden, das mit Wasserdampf *D* ein Zweistoffgemisch idealer Gase bildet. Es gelten:

p_L Partialdruck der trockenen Luft (absolut)

p_D Partialdruck des Wasserdampfes (absolut)

Gesamtdruck der Luft (Barometerstand): $p = p_L + p_D$

Zustandsgleichung für trockene Luft: $p_L V = m_L\,R_L\,T$

Zustandsgleichung für Wasserdampf: $p_D V = m_D\,R_D\,T$

Wassergehalt x (Definition): $$x = \frac{m_D}{m_L} = \frac{p_D}{p_L}\,\frac{R_L}{R_D} \qquad (*)$$

Stoff	Symbol	molare Masse M kg/kmol	Gaskonstante R J/(kg K)
trockene Luft	L	28,96	287,1
Wasserdampf	D	18,02	461,40

Es folgen die bekannten Zusammenhänge:

$$x = 0{,}6222\,\frac{p_D}{p_L};\qquad p_D = \frac{x}{0{,}6222 + x}\,p;\qquad p_L = \frac{0{,}6222}{0{,}6222 + x}\,p.$$

-2 Relative Feuchte und Taupunkt

Unter *relativer Feuchte* versteht man das Verhältnis

$$\varphi = \frac{\text{Partialdruck des Wasserdampfes}}{\text{Sättigungsdruck des Wasserdampfes bei } t} = \frac{p_D}{p_S\,(t)}.$$

Definitionsgemäß liegen die Werte zwischen 0 und 1; Angaben erfolgen häufig in Prozent.

Der *Sättigungsdruck* p_S folgt aus Tafel 1.3.4-1 oder aus den im Abschnitt 1.3.3-3 gegebenen Approximationen $p_S(t)$.

Taupunkt ist diejenige Temperatur, bis zu der man feuchte Luft abkühlen muß, bis sie gesättigt ist; unterhalb tritt Kondensation des Wasserdampfes ein.

Taupunktdifferenz ist die Differenz zwischen Lufttemperatur und Taupunkt.

Sättigungsdefizit ist die Differenz zwischen Sättigungsdruck und Partialdruck des Wasserdampfes.

-3 Absolute Feuchte

Der im Abschnitt 1.3.4-1, Gl. (*) eingeführte Wassergehalt x wird meist als *absolute Feuchte* x der Luft bezeichnet. Sind je kg trockener Luft x kg Dampf beigemischt, so ist die Masse der Mischung $(1 + x)$ kg. Man sagt, daß die absolute Feuchte der Luft x kg Wasser je kg trockener Luft beträgt (Angabe meistens in $g_W/kg_{t.L.}$).

Bei Rechnungen mit feuchter Luft wird als Bezugsgröße die Masse von 1 kg trockener Luft verwendet, der je nach Zustand eine wechselnde Wasserdampfmasse beigemischt ist.

Die absolute Feuchte gesättigter Luft ($\varphi = 1$ bzw. 100%) wird mit x_S bezeichnet. Eine selten verwendete Größe ist der *Sättigungsgrad* $\psi = x/x_S$.

Bereiche und Grenzwerte:

trockene Luft	$x = 0$	$\varphi = 0$
feuchte Luft		
– ungesättigt	$0 < x < x_S$	$0 < \varphi < 1$
– gesättigt	$x = x_S$	$\varphi = 1$
– übersättigt	$x > x_S$	–

Bei $x > x_S$ liegt der Anteil x_S in dampfförmiger Phase, der Anteil $x - x_S$ in flüssiger Phase (Nebel) oder bei $t < 0$ °C als feste Phase (Reif, Schnee) vor.

Werte x_S sind aus Tafel 1.3.4-1, Werte p_D und x aus Tafel 1.3.4-2 zu entnehmen.

Tafel 1.3.4-1 Dampfdruck p_s, Wassergehalt x_s, spez. Enthalpie h_s, Dichte ϱ_s und spez. Volumen v_s gesättigter Luft bei p = 1000 hPa
(berechnet mit Approximationsgleichungen für $p_s(t)$ nach*))

t °C	p_s hPa	x_s g_w/kg$_{t.L.}$	h_s kJ/kg$_{t.L.}$	ϱ_s kg$_{f.L.}$/m³	v_s m³/kg$_{t.L.}$
–20	1,03	0,64	–18,6	1,38	0,728
–19	1,13	0,71	–17,4	1,37	0,730
–18	1,25	0,78	–16,3	1,36	0,733
–17	1,37	0,85	–15,1	1,36	0,736
–16	1,50	0,94	–13,8	1,35	0,739
–15	1,65	1,03	–12,6	1,35	0,742
–14	1,81	1,13	–11,4	1,34	0,745
–13	1,98	1,23	–10,1	1,34	0,748
–12	2,17	1,35	– 8,8	1,33	0,751
–11	2,37	1,48	– 7,4	1,33	0,754
–10	2,59	1,62	– 6,1	1,32	0,757
– 9	2,83	1,77	– 4,7	1,32	0,761
– 8	3,09	1,93	– 3,3	1,31	0,764
– 7	3,37	2,11	– 1,8	1,31	0,767
– 6	3,68	2,30	– 0,3	1,30	0,770
– 5	4,01	2,51	1,2	1,30	0,773
– 4	4,37	2,73	2,8	1,29	0,776
– 3	4,76	2,97	4,4	1,29	0,779
– 2	5,17	3,24	6,1	1,28	0,783
– 1	5,62	3,52	7,8	1,28	0,786
0	6,11	3,82	9,6	1,27	0,789
1	6,57	4,11	11,3	1,27	0,792
2	7,05	4,42	13,1	1,26	0,796
3	7,58	4,75	14,9	1,26	0,799
4	8,13	5,10	16,8	1,25	0,802
5	8,72	5,47	18,8	1,25	0,806
6	9,35	5,87	20,8	1,24	0,809
7	10,01	6,29	22,9	1,24	0,812
8	10,72	6,74	25,0	1,23	0,816
9	11,47	7,22	27,3	1,23	0,819
10	12,27	7,73	29,6	1,22	0,823
11	13,12	8,27	32,0	1,22	0,827
12	14,01	8,84	34,4	1,22	0,830
13	14,96	9,45	37,0	1,21	0,834
14	15,97	10,10	39,7	1,21	0,838
15	17,04	10,79	42,4	1,20	0,842
16	18,17	11,51	45,3	1,20	0,846
17	19,36	12,29	48,3	1,19	0,849
18	20,62	13,10	51,4	1,19	0,853
19	21,96	13,97	54,6	1,18	0,858
20	23,37	14,89	58,0	1,18	0,862
21	24,85	15,86	61,5	1,17	0,866
22	26,42	16,89	65,1	1,17	0,870
23	28,08	17,98	69,0	1,16	0,875
24	29,82	19,13	72,9	1,16	0,879
25	31,66	20,35	77,1	1,15	0,884
26	33,60	21,63	81,4	1,15	0,889
27	35,64	23,00	85,9	1,14	0,894
28	37,79	24,43	90,7	1,14	0,899
29	40,05	25,96	95,6	1,14	0,904

*) Glück, B.: Zustands- und Stoffwerte (Wasser, Dampf, Luft), Verbrennungsrechnung. Berlin: Verlag für Bauwesen, 2. erw. Auflage 1991.

(Forts. der Tafel: Dampfdruck p_s,Wassergehalt x_s, spez. Enthalpie h_s, Dichte ϱ_s und spez. Volumen υ_s gesättigter Luft bei p = 1000 hPa (berechnet mit Approximationsgleichungen für $p_s(t)$ nach)*)

t °C	p_s hPa	x_s $g_w/kg_{t.L.}$	h_s $kJ/kg_{t.L.}$	ϱ_s $kg_{f.L.}/m^3$	υ_s $m^3/kg_{t.L.}$
30	42,42	27,56	100,8	1,13	0,909
31	44,92	29,26	106,2	1,13	0,914
32	47,54	31,06	111,8	1,12	0,920
33	50,30	32,95	117,8	1,12	0,926
34	53,19	34,95	124,0	1,11	0,931
35	56,22	37,07	130,5	1,11	0,937
36	59,41	39,30	137,3	1,10	0,944
37	62,75	41,65	144,4	1,10	0,950
38	66,25	44,14	151,9	1,09	0,957
39	69,91	46,77	159,8	1,09	0,964
40	73,76	49,55	168,0	1,08	0,971
41	77,78	52,48	176,7	1,08	0,978
42	81,99	55,57	185,7	1,07	0,986
43	86,40	58,84	195,3	1,07	0,994
44	91,00	62,29	205,3	1,06	1,002
45	95,82	65,94	215,9	1,06	1,010
46	100,86	69,79	227,0	1,05	1,019
47	106,12	73,87	238,7	1,04	1,028
48	111,62	78,17	251,0	1,04	1,038
49	117,36	82,73	263,9	1,03	1,048
50	123,35	87,54	277,6	1,03	1,058
51	129,60	92,64	292,0	1,02	1,069
52	136,12	98,04	307,2	1,02	1,081
53	142,92	103,75	323,2	1,01	1,093
54	150,01	109,81	340,2	1,00	1,105
55	157,4	116,22	358,1	1,00	1,118
56	165,1	123,03	377,1	0,99	1,132
57	173,1	130,25	397,1	0,99	1,146
58	181,4	137,92	418,4	0,98	1,161
59	190,1	146,08	441,0	0,97	1,177
60	199,2	154,75	464,9	0,97	1,194
61	208,6	163,98	490,3	0,96	1,212
62	218,4	173,81	517,4	0,95	1,231
63	228,5	184,30	546,2	0,95	1,251
64	239,1	195,50	576,8	0,94	1,272
65	250,1	207,46	609,6	0,93	1,295
66	261,5	220,27	644,6	0,93	1,318
67	273,3	234,00	682,1	0,92	1,344
68	285,6	248,73	722,2	0,91	1,371
69	298,3	264,57	765,3	0,90	1,400
70	311,6	281,62	811,7	0,90	1,431
71	325,3	300,01	861,7	0,89	1,464
72	339,6	319,89	915,6	0,88	1,500
73	354,3	341,43	974,0	0,87	1,539
74	369,6	364,82	1037,4	0,86	1,581
75	385,5	390,28	1106,3	0,85	1,627
80	473,6	559,82	1564,2	0,81	1,926
85	578,1	852,55	2352,9	0,76	2,437
90	701,2	1460,08	3987,0	0,71	3,489
95	845,3	3400,97	9202,7	0,64	6,834

*) Glück, B.: Zustands- und Stoffwerte (Wasser, Dampf, Luft), Verbrennungsrechnung. Berlin: Verlag für Bauwesen, 2. erw. Auflage 1991.

Tafel 1.3.4-2 **Zustandsdaten feuchter Luft bei 1000 hPa: Dampfdruck p_D in hPa, Wassergehalt x in $g_w/kg_{t.L.}$, spez. Enthalpie h in $kJ/kg_{t.L.}$** (Berechnungsgrundlagen wie Tafel 1.3.4-1)

t °C		relative Feuchte φ in %									
		10	20	30	40	50	60	70	80	90	100
0	p_D	0,61	1,22	1,83	2,44	3,05	3,66	4,27	4,89	5,50	6,11
	x	0,38	0,76	1,14	1,52	1,91	2,29	2,67	3,05	3,44	3,82
	h	0,95	1,90	2,86	3,81	4,77	5,72	6,68	7,64	8,60	9,56
1	p_D	0,66	1,31	1,97	2,63	3,28	3,94	4,60	5,25	5,91	6,57
	x	0,41	0,82	1,23	1,64	2,05	2,46	2,87	3,29	3,70	4,11
	h	2,03	3,06	4,08	5,11	6,14	7,17	8,20	9,23	10,3	11,3
2	p_D	0,71	1,41	2,12	2,82	3,53	4,23	4,94	5,64	6,35	7,05
	x	0,44	0,88	1,32	1,76	2,20	2,64	3,09	3,53	3,98	4,42
	h	3,12	4,22	5,33	6,43	7,54	8,64	9,75	10,9	12,0	13,1
3	p_D	0,76	1,52	2,27	3,03	3,79	4,55	5,30	6,06	6,82	7,58
	x	0,47	0,94	1,42	1,89	2,37	2,84	3,32	3,79	4,27	4,75
	h	4,21	5,40	6,58	7,77	8,96	10,2	11,3	12,5	13,7	14,9
4	p_D	0,81	1,63	2,44	3,25	4,06	4,88	5,69	6,50	7,32	8,13
	x	0,51	1,01	1,52	2,03	2,54	3,05	3,56	4,07	4,59	5,10
	h	5,31	6,58	7,86	9,13	10,4	11,7	13,0	14,3	15,5	16,8
5	p_D	0,87	1,74	2.62	3,49	4,36	5,23	6,10	6,97	7,85	8,72
	x	0,54	1,09	1,63	2,18	2,72	3,27	3,82	4,37	4,92	5,47
	h	6,41	7,78	9,15	10,5	11,9	13,3	14,6	16,0	17,4	18,8
6	p_D	0,93	1,87	2,80	3,74	4,67	5,61	6,54	7,48	8,41	9,35
	x	0,58	1,17	1,75	2,33	2,92	3,51	4,10	4,69	5,28	5,87
	h	7,52	8,99	10,5	11,9	13,4	14,9	16,4	17,8	19,3	20,8
7	p_D	1,00	2,00	3,00	4,00	5,01	6,01	7,01	8,01	9,01	10,0
	x	0,62	1,25	1,87	2,50	3,13	3,76	4,39	5,02	5,66	6,29
	h	8,64	10,2	11,8	13,4	14,9	16,5	18,1	19,7	21,3	22,9
8	p_D	1,07	2,14	3,22	4,29	5,36	6,43	7,50	8,58	9,65	10,7
	x	0,67	1,34	2,01	2,68	3,35	4,03	4,70	5,38	6,06	6,74
	h	9,76	11,4	13,1	14,8	16,5	18,2	19,9	21,6	23,3	25,0
9	p_D	1,15	2,29	3,44	4,59	5,74	6,88	8,03	9,18	10,3	11,5
	x	0,71	1,43	2,15	2,87	3,59	4,31	5,04	5,76	6,49	7,22
	h	10,9	12,7	14,5	16,3	18,1	19,9	21,8	23,6	25,4	27,3
10	p_D	1,23	2,45	3,68	4,91	6,13	7,36	8,59	9,82	11,0	12,3
	x	0,76	1,53	2,30	3,07	3,84	4,61	5,39	6,17	6,95	7,73
	h	12,0	14,0	15,9	17,8	19,8	21,7	23,7	25,6	27,6	29,6
11	p_D	1,31	2,62	3,93	5,25	6,56	7,87	9,18	10,5	11,8	13,1
	x	0,82	1,64	2,46	3,28	4,11	4,94	5,77	6,60	7,43	8,27
	h	13,2	15,2	17,3	19,4	21,5	23,6	25,6	27,7	29,9	32,0
12	p_D	1,40	2,80	4,20	5,61	7,01	8,41	9,81	11,2	12,6	14,0
	x	0,87	1,75	2,63	3,51	4,39	5,28	6,16	7,05	7,95	8,84
	h	14,3	16,5	18,7	21,0	23,2	25,4	27,7	29,9	32,2	34,4
13	p_D	1,50	2,99	4,49	5,99	7,48	8,98	10,5	12,0	13,5	15,0
	x	0,93	1,87	2,81	3,75	4,69	5,64	6,59	7,54	8,49	9,45
	h	15,5	17,8	20,2	22,6	25,0	27,4	29,8	32,2	34,6	37,0
14	p_D	1,60	3,19	4,79	6,39	7,99	9,58	11,2	12,8	14,4	16,0
	x	1,00	1,99	3,00	4,00	5,01	6,02	7,04	8,05	9,07	10,1
	h	16,7	19,2	21,7	24,3	26,8	29,4	31,9	34,5	37,1	39,7
15	p_D	1,70	3,41	5,11	6,82	8,52	10,2	11,9	13,6	15,3	17,0
	x	1,06	2,13	3,20	4,27	5,35	6,43	7,51	8,60	9,69	10,8
	h	17,8	20,5	23,2	25,9	28,7	31,4	34,1	36,9	39,7	42,4
16	p_D	1,82	3,63	5,45	7,27	9,08	10,9	12,7	14,5	16,4	18,2
	x	1,13	2,27	3,41	4,55	5,70	6,86	8,01	9,18	10,3	11,5
	h	19,0	21,9	24,8	27,7	30,6	33,5	36,4	39,4	42,3	45,3

(Forts. der Tafel: Zustandsdaten feuchter Luft bei 1000 hPa: Dampfdruck p_D in hPa, Wassergehalt x in g_w/kg$_{t.L.}$, spez. Enthalpie h in kJ/kg$_{t.L.}$ (Berechnungsgrundlagen wie Tafel 1.3.4-1)

t °C		relative Feuchte φ in %									
		10	20	30	40	50	60	70	80	90	100
17	p_D	1,94	3,87	5,81	7.74	9,68	11,6	13,6	15,5	17,4	19,4
	x	1,21	2,42	3,64	4,86	6,08	7,31	8,55	9,79	11,0	12,3
	h	20,2	23,3	26,4	29,5	32,6	35,7	38,8	42,0	45,1	48,3
18	p_D	2,06	4,12	6,19	8,25	10,3	12,4	14,4	16,5	18,6	20,6
	x	1,29	2,58	3,87	5,18	6,48	7,80	9,11	10,4	11,8	13,1
	h	21,4	24,7	28,0	31,3	34,6	37,9	41,3	44,6	48,0	51,4
19	p_D	2.20	4,39	6,59	8,78	11,0	13,2	15,4	17,6	19,8	22,0
	x	1,37	2,74	4,13	5,51	6,91	8,31	9,71	11,1	12,5	14,0
	h	22,7	26,2	29,7	33,2	36,7	40,3	43,8	47,4	51,0	54,6
20	p_D	2,34	4,67	7,01	9,35	11,7	14,0	16,4	18,7	21,0	23,4
	x	1,46	2,92	4,39	5,87	7,36	8,85	10,3	11,9	13,4	14,9
	h	23,9	27,6	31,3	35,1	38,9	42,7	46,5	50,3	54,1	58,0
21	p_D	2,49	4,97	7,46	9,94	12,4	14,9	17,4	19,9	22,4	24,9
	x	1,55	3,11	4,67	6,25	7,83	9,42	11,0	12,6	14,2	15,9
	h	25,1	29,1	33,1	37,1	41,1	45,1	49,2	53,3	57,4	61,5
22	p_D	2,64	5,28	7,93	10,6	13,2	15,9	18,5	21,1	23,8	26,4
	x	1,65	3,31	4,97	6,65	8,33	10,0	11,7	13,4	15,2	16,9
	h	26,4	30,6	34,9	39,1	43,4	47,7	52,0	56,4	60,7	65,1
23	p_D	2,81	5,62	8,42	11,2	14,0	16,8	19,7	22,5	25,3	28,1
	x	1,75	3,51	5,29	7,07	8,86	10,7	12,5	14,3	16,1	18,0
	h	27,7	32,2	36,7	41,2	45,8	50,4	55,0	59,6	64,3	69,0
24	p_D	2,98	5,96	8,95	11,9	14,9	17,9	20,9	23,9	26,8	29,8
	x	1,86	3,73	5,62	7,51	9,42	11,3	13,3	15,2	17,2	19,1
	h	29,0	33,7	38,5	43.4	48,2	53,1	58,0	63,0	67,9	72,9
25	p_D	3,17	6,33	9,50	12,7	15,8	19,0	22,2	25,3	28,5	31,7
	x	1,98	3,97	5,97	7,98	10,0	12,0	14,1	16,2	18,3	20,3
	h	30,3	35,4	40,5	45,6	50,7	55,9	61,2	66,4	71,7	77,1
26	p_D	3,36	6,72	10,1	13,4	16,8	20,2	23,5	26,9	30,2	33,6
	x	2,10	4,21	6,34	8,48	10,6	12,8	15,0	17,2	19,4	21,6
	h	31,6	37,0	42,4	47,9	53,4	58,9	64,5	70,1	75,7	81,4
27	p_D	3,56	7,13	10,7	14,3	17,8	21,4	24,9	28,5	32,1	35,6
	x	2,23	4,47	6,72	9,00	11,3	13,6	15,9	18,3	20,6	23,0
	h	32,9	38,7	44,4	50,2	56,1	62,0	67,9	73,9	79,9	85,9
28	p_D	3,78	7,56	11,3	15,1	18,9	22,7	26,5	30,2	34,0	37,8
	x	2,36	4,74	7,13	9,55	12,0	14,4	16,9	19,4	21,9	24,4
	h	34,3	40,4	46,5	52,7	58,9	65,1	71,4	77,8	84,2	90,7
29	p_D	4,00	8,01	12,0	16,0	20,0	24,0	28,0	32,0	36,0	40,0
	x	2,50	5,02	7,57	10,1	12,7	15,3	17,9	20,6	23,3	26,0
	h	35,7	42,1	48,6	55,2	61,8	68,4	75,1	81,9	88,7	95,6
30	p_D	4,24	8,48	12,7	17,0	21,2	25,5	29,7	33,9	38,2	42,4
	x	2,65	5,32	8,02	10,7	13,5	16,3	19,0	21,9	24,7	27,6
	h	37,1	43,9	50,8	57,8	64,8	71,8	79,0	86,2	93,4	100,8
31	p_D	4,49	8,98	13,5	18,0	22,5	27,0	31,4	35,9	40,4	44,9
	x	2,81	5,64	8,50	11,4	14,3	17,2	20,2	23,2	26,2	29,3
	h	38,5	45,7	53,1	60,4	67,9	75,4	83,0	90,6	98,4	106,2
32	p_D	4,75	9,51	14,3	19,0	23,8	28,5	33,3	38,0	42,8	47,5
	x	2,97	5,97	9,00	12,1	15,1	18,3	21,4	24,6	27,8	31,1
	h	39,9	47,6	55,4	63,2	71,1	79,1	87,2	95.3	103,5	111,8
33	p_D	5,03	10,1	15,1	20,1	25,1	30,2	35,2	40,2	45,3	50,3
	x	3,15	6,32	9,53	12,8	16,1	19,4	22,7	26,1	29,5	33,0
	h	41,4	49,5	57,8	66,1	74,5	82,9	91,5	100,2	108,9	117,8

(Forts. der Tafel: Zustandsdaten feuchter Luft bei 1000 hPa: Dampfdruck p_D in hPa, Wassergehalt x in $g_w/kg_{t.L.}$, spez. Enthalpie h in $kJ/kg_{t.L.}$ (Berechnungsgrundlagen wie Tafel 1.3.4-1)

t °C		relative Feuchte φ in %									
		10	20	30	40	50	60	70	80	90	100
	p_D	5,32	10,6	16,0	21,3	26,6	31,9	37,2	42,5	47,9	53,2
34	x	3,33	6,69	10,1	13,5	17,0	20,5	24,1	27,7	31,3	35,0
	h	42,9	51,5	60,2	69,0	77,9	86,9	96,0	105,2	114,6	124,0
	p_D	5,62	11,2	16,9	22,5	28,1	33,7	39,4	45,0	50,6	56,2
35	x	3,52	7,08	10,7	14,3	18,0	21,7	25,5	29,3	33,2	37,1
	h	44,4	53,5	62,7	72,1	81,5	91,1	100,8	110,5	120,4	130,5
	p_D	5,94	11,9	17,8	23,8	29,7	35,6	41,6	47,5	53,5	59,4
36	x	3,72	7,48	11,3	15,1	19,0	23,0	27,0	31,0	35,1	39,3
	h	45,9	55,6	65,4	75,3	85,3	95,4	105,7	116,1	126,6	137,3
	p_D	6,27	12,5	18,8	25,1	31,4	37,6	43,9	50,2	56,5	62,7
37	x	3,93	7,91	11,9	16,0	20,2	24,3	28,6	32,9	37,2	41,7
	h	47,5	57,7	68,0	78,5	89,2	99,9	110,8	121,9	133,1	144,4
	p_D	6,62	13,2	19,9	26,5	33,1	39,7	46,4	53,0	59,6	66,2
38	x	4,15	8,35	12,6	16,9	21,3	25,8	30,3	34,8	39,4	44,1
	h	49,1	59,9	70,8	81,9	93,2	104,6	116,2	127,9	139,8	151,9
	p_D	6,99	14,0	21,0	28,0	35,0	41,9	48,9	55,9	62,9	69,9
39	x	4,38	8,82	13,3	17,9	22,5	27,2	32,0	36,9	41,8	46,8
	h	50,7	62,1	73,7	85,5	97,4	109,5	121,8	134,3	146,9	159,8
	p_D	7,38	14,8	22,1	29,5	36,9	44,3	51,6	59,0	66,4	73,8
40	x	4,62	9,32	14,1	18,9	23,8	28,8	33,9	39,0	44,2	49,5
	h	52,3	64,4	76,7	89,1	101,8	114,6	127,6	140,9	154,3	168,0
	p_D	7,78	15,6	23,3	31,1	38,9	46,7	54,4	62,2	70,0	77,8
41	x	4,88	9,83	14,9	20,0	25,2	30,5	35,8	41,3	46,8	52,5
	h	54,0	66,7	79,7	92,9	106,3	119,9	133,7	147,8	162,1	176,7
	p_D	8,20	16,4	24,6	32,8	41,0	49,2	57,4	65,6	73,8	82,0
42	x	5,14	10,4	15,7	21,1	26,6	32,2	37,9	43,7	49,6	55,6
	h	55,7	69,2	82,9	96,8	111,0	125,4	140,1	155,1	170,3	185,7
	p_D	8,64	17,3	25,9	34,6	43,2	51,8	60,5	69,1	77,8	86,4
43	x	5,42	10,9	16,6	22,3	28,1	34,0	40,1	46,2	52,5	58,8
	h	57,4	71,7	86,2	100,9	115,9	131,2	146,8	162,7	178,8	195,3
	p_D	9,10	18,2	27,3	36,4	45,5	54,6	63,7	72,8	81,9	91,0
44	x	5,71	11,5	17,5	23,5	29,7	35,9	42,3	48,9	55,5	62,3
	h	59,2	74,2	89,5	105,1	121,0	137,3	153,8	170,6	187,8	205,3
	p_D	9,58	19,2	28,7	38,3	47,9	57,5	67,1	76,7	86,2	95,8
45	x	6,02	12,2	18,4	24,8	31,3	38,0	44,7	51,7	58,7	65,9
	h	61,0	76,9	93,0	109,5	126,4	143,6	161,1	179,0	197,2	215,9
	p_D	10,1	20,2	30,3	40,3	50,4	60,5	70,6	80,7	90,8	100,9
46	x	6,34	12,8	19,4	26,2	33,0	40,1	47,3	54,6	62,1	69,8
	h	62,9	79,6	96,7	114,1	131,9	150,1	168,7	187,7	207,1	227,0
	p_D	10,6	21,2	31,8	42,4	53,1	63,7	74,3	84,9	95,5	106,1
47	x	6,67	13,5	20,5	27,6	34,9	42,3	49,9	57,7	65,7	73,9
	h	64,7	82,4	100,4	118,9	137,7	157,0	176,7	196,9	217,5	238,7
	p_D	11,2	22,3	33,5	44,6	55,8	67,0	78,1	89,3	100,5	111,6
48	x	7,02	14,2	21,6	29,1	36,8	44,7	52,7	61,0	69,5	78,2
	h	66,7	85,3	104,3	123,8	143,7	164,2	185,1	206,5	228,5	251,0
	p_D	11,7	23,5	35,2	46,9	58,7	70,4	82,1	93,9	105,6	117,4
49	x	7,39	15,0	22,7	30,6	38,8	47,1	55,7	64,5	73,5	82,7
	h	68,6	88,3	108,3	128,9	150,0	171,7	193,8	216,6	240,0	263,9
	p_D	12,3	24,7	37,0	49,3	61,7	74,0	86,3	98,7	111.0	123,3
50	x	7,77	15,7	23,9	32,3	40,9	49,7	58,8	68,1	77,7	87,5
	h	70,7	91,3	112,5	134,3	156,6	179,5	203,0	227,2	252,0	277,6

-4 Dichte und spezifisches Volumen

Die *Dichte feuchter Luft* gibt die Gemischmasse bezogen auf das Volumen an (*Einheit* kg *Gemisch*/m³):

$$\varrho = \frac{m_L + m_D}{V} = \varrho_L + \varrho_D = \frac{p_L}{R_L\ T} + \frac{p_D}{R_D\ T}$$

$$\varrho = 0{,}00348\ \frac{p_L}{T} + 0{,}00217\ \frac{p_D}{T} \qquad \text{in } kg_{Gemisch}/m^3 \quad \text{mit } p_L, p_D \text{ in Pa}$$

$$\varrho = 0{,}348\ \frac{p_L}{T} + 0{,}217\ \frac{p_D}{T} \qquad \text{in } kg_{Gemisch}/m^3 \quad \text{mit } p_L, p_D \text{ in hPa } (\equiv \text{mbar})$$

$$\varrho = 0{,}348\ \frac{p}{T} - 0{,}132\ \frac{p_D}{T} \qquad \text{in } kg_{Gemisch}/m^3 \quad \text{mit } p, p_D \text{ in hPa.}$$

Feuchte Luft ist leichter als trockene Luft. Zustandsgrößen feuchter Luft siehe Tafel 1.3.4-1 und Tafel 1.3.4-2.

Für das spezifische Volumen gilt normalerweise $\upsilon = 1/\varrho$, wobei hierunter m³/kg Gemisch zu verstehen wären. Im Mollier-Diagramm wird jedoch das *spezifische Volumen* auf 1 kg trockene Luft bezogen (*Einheit* m³/kg *trockene Luft*). Es gilt

$$\upsilon = \frac{V}{m_L} = \frac{1}{\varrho_L} = \left(\frac{x}{0{,}6222} + 1\right) R_L\ \frac{T}{p}$$

$$\upsilon = 287{,}1 \left(\frac{x}{0{,}6222} + 1\right) \frac{T}{p} \qquad \text{in } m^3/kg_{t.L.} \quad \text{mit } p \text{ in Pa.}$$

Im übersättigten Gebiet ist $x = x_S$ zu setzen, da das Volumen von Flüssigkeitstropfen oder Eiskristallen vernachlässigbar ist. Die unterschiedliche Definition von ϱ und υ kann vorteilhaft genutzt werden. Wurde beispielsweise der Volumenstrom gemessen, und der Massestrom des Luft-Dampf-Gemisches ist gesucht, so verwendet man ϱ ($\dot{m}_G = \dot{V}\,\varrho$). Wurde dagegen eine Zustandsänderung der feuchten Luft rechnerisch verfolgt, und man möchte vom Massestrom der trockenen Luft auf den Volumenstrom $\dot{V}$ schließen, arbeitet man mit υ ($\dot{V} = \dot{m}\,\upsilon$).

Beispiel

Dichte und spezifisches Volumen sind für Luft (20 °C; 67,7%) zu bestimmen. Der barometrische Luftdruck beträgt 1 bar = 1000 hPa = 10^5 Pa.

$p_S\,(t = 20\ °C) = 23{,}37$ hPa (Tafel 1.3.4-1)

$p_D = \varphi\, p_S = 0{,}677 \cdot 23{,}37 = 15{,}82$ hPa

$$\varrho = 0{,}348\ \frac{1000}{293{,}15} - 0{,}132\ \frac{15{,}82}{293{,}15} = 1{,}18\ kg_{Gemisch}/m^3$$

$$x = 0{,}6222\ \frac{15{,}82}{1000 - 15{,}82} = 0{,}010\ kg_W/kg_{t.L.}$$

$$\upsilon = 287{,}1 \left(\frac{0{,}010}{0{,}6222} + 1\right) \frac{293{,}15}{10^5} = 0{,}855\ m^3/kg_{t.L.}.$$

-5 Enthalpie

Die *Enthalpie h* der Luft-Wasserdampf-Mischung ist gleich der *Summe der Einzelenthalpien, die auf 1* kg *trockener Luft bezogen wird:*

$h = h_L + x\,h_D$ in kJ/kg

h_L	kJ/kg	Enthalpie der Luft
h_D	kJ/kg	Enthalpie des Wasserdampfes

(Definition: $h_L = h_D = 0$ bei 0 °C).

Einzelwerte:

$h_L = c_{p,L}\, t = 1{,}01\, t$	in kJ/kg	t	°C	Lufttemperatur
		$c_{p,L}$	kJ/(kg K)	spez. Wärmekapazität trockener Luft
$h_D = r_0 + c_{p,D}\, t$ $= 2501 + 1{,}86\, t$	in kJ/kg	r_0	kJ/kg	spez. Verdampfungswärme am Tripelpunkt
		$c_{p,D}$	kJ/(kg K)	spez. Wärmekapazität des Wasserdampfes

Enthalpie des Gemisches (bezogen auf 1 kg trockene Luft):

ungesättigte und gesättigte Luft ($0 \le x \le x_S$)

$h = h_L + x\, h_D = 1{,}01\, t + x\,(2501 + 1{,}86\, t)$ in $\text{kJ/kg}_{\text{t.L.}}$.

Zahlenwerte siehe Tafel 1.3.4-2.

übersättigte Luft ($x > x_S$ und $t > 0$ °C) mit *Flüssigkeitsnebel*

$h = 1{,}01\, t + x_S\,(2501 + 1{,}86\, t) + (x - x_S)\, 4{,}19\, t$ in $\text{kJ/kg}_{\text{t.L.}}$

Flüssigkeitsnebel: Masse $x - x_S$; Enthalpieanteil $h_W = (x - x_S)\, c_W\, t = (x - x_S) \cdot 4{,}19 \cdot t$

übersättigte Luft ($x > x_S$ und $t < 0$ °C) mit *Eisnebel*

$h = 1{,}01\, t + x_S\,(2501 + 1{,}86\, t) + (x - x_S)\,(-\,344 + 2{,}09\,\text{t})$ in $\text{kJ/kg}_{\text{t.L.}}$

Eisnebel: Enthalpieanteil $h_{\text{Eis}} = (x - x_S)\,(-\,r_{\text{Schm}} + c_{\text{Eis}}\, t) = (x - x_S)\,(-\,344 + 2{,}09\,\text{t})$

-6 h,x-Diagramm von Mollier [1]

Zur Erleichterung der Rechnungen mit feuchter Luft und zur übersichtlichen Darstellung der Zustandsänderungen dient das *h,x*-Diagramm von Mollier (Bild 1.3.4-1 und Bild 1.3.4-2 sowie Falttafel am Ende des Buches). Es ist ein schiefwinkliges Koordinatensystem, das auf der schräg nach rechts unten laufenden Abszissenachse die *x*-Werte, auf der Ordinatenachse die *h*-Werte enthält. Zum leichteren Ablesen der *x*-Werte ist außerdem eine waagerechte Hilfsachse vorhanden. In das Diagramm ist die *Sättigungskurve* ($\varphi = 1$ bzw. 100 %) eingetragen, die das Gebiet ungesättigte Luft (oberhalb der Kurve) von dem Gebiet übersättigter Luft (Nebelgebiet, unterhalb der Kurve) trennt. Die *Isothermen* (Linien konstanter Temperaturen) sind im ungesättigten Gebiet und $t > 0$ °C schwach ansteigende Geraden, die an der Sättigungskurve nach rechts unten abknicken (*Nebelisothermen*), wobei sie den Geraden konstanter Enthalpie gegenüber leicht steigend verlaufen. Weiter sind die Kurven gleicher *relativer Luftfeuchte* φ, gleicher *Dichte* ϱ oder/und gleichen *spezifischen Volumens* v eingetragen. ϱ und v entsprechen den Definitionen des Abschnittes 1.3.4-4

Die Sättigungskurve, die φ-, ϱ- und v-Linien sind in ihrer Lage vom *Gesamtdruck p*, für den das *h,x*-Diagramm aufgestellt ist, abhängig (üblich sind 1,013 bar oder 1 bar). Das Mollier-*h,x*-Diagramm ist wegen der Anschaulichkeit nach wie vor sehr bedeutungsvoll, die Berechnung der Zustandspunkte erfolgt aber heute meist mittels Rechenprogrammen (eine ausführliche Darstellung einschließlich der Berechnung der Stoffwerte für feuchte Luft findet sich in[2]. Auf Grundlage dieser Rechenprogramme lassen sich *h,x*-Diagramme für beliebige Gesamtdrücke *p* automatisch erzeugen.

In englisch sprechenden Ländern sind andere Diagramme (Psychrometric Charts) in Benutzung, die ebenfalls das *h,x*-Diagramm von Mollier als Grundlage haben, jedoch mit vertauschten Achsen.

---

[1]) Mollier, R.: Ein neues Diagramm für Dampfluftgemische. ZVDI 67 (1923), S. 869 bis 872. Das *i,x*-Diagramm für Dampfluftgemische. ZVDI 73 (1929), S. 1009 bis 1013.

[2]) Glück, B.: Zustands- und Stoffwerte (Wasser, Dampf, Luft), Verbrennungsrechnung. Berlin: Verlag für Bauwesen, 2. erw. Auflage 1991.

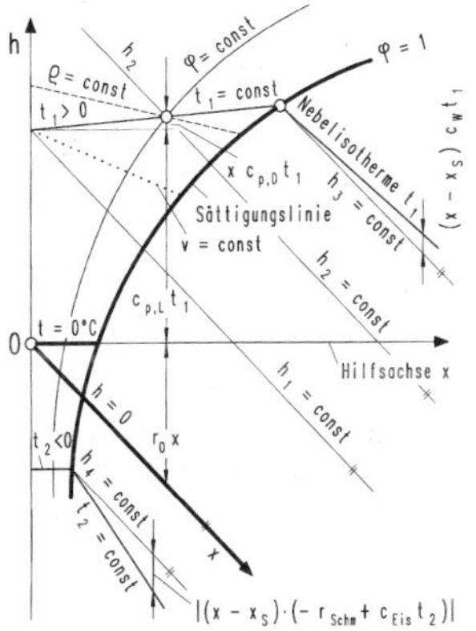

Bild 1.3.4-1. Konstruktion des h, x-Diagramms für feuchte Luft nach Mollier.

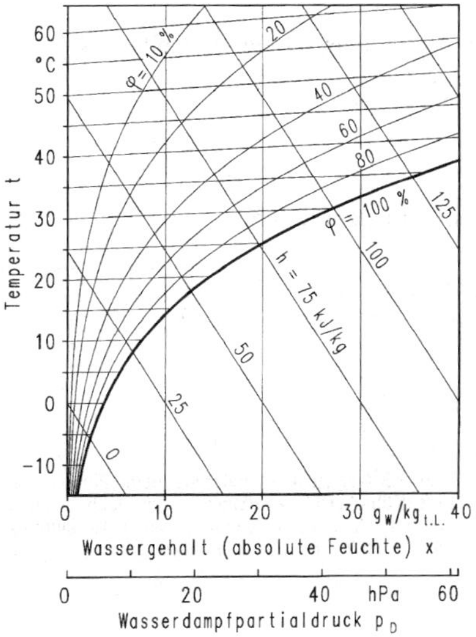

Bild 1.3.4-2. h, x-Diagramm für feuchte Luft nach Mollier (Luftdruck: 1,013 bar = 1013 hPa).

-7 Zustandsänderungen feuchter Luft

-7.1 Mischung

Bei Mischung zweier Luftmengen m_1 und m_2 vom Zustand 1 und 2 liegt der Zustandspunkt der Mischung M auf der geraden Verbindungslinie der Punkte 1 und 2 (Bild 1.3.4-3):

$$h_M = \frac{m_1\ h_1 + m_2\ h_2}{m_1 + m_2}; \qquad x_M = \frac{m_1\ x_1 + m_2\ x_2}{m_1 + m_2}$$

Streckenverhältnis: $\dfrac{\overline{1M}}{\overline{2M}} = \dfrac{m_2}{m_1}$.

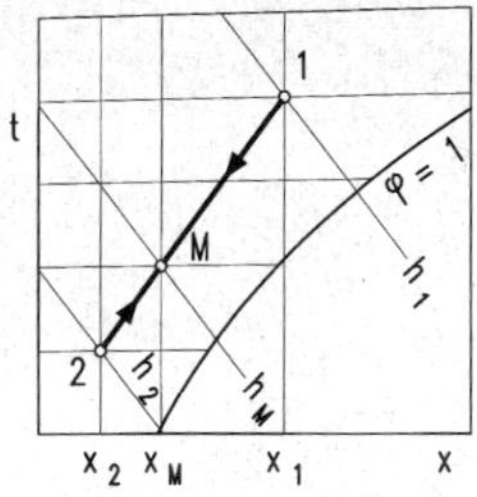

Bild 1.3.4-3. Zustandsänderung beim Mischen von zwei Luftmassen m_1 (Zustand 1) und m_2 (Zustand 2) zum Zustand M (Mischpunkt).

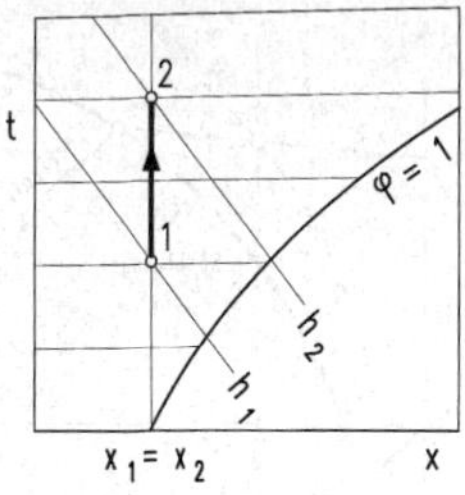

Bild 1.3.4-4. Zustandsänderung beim Erwärmen von Luft von 1 nach 2.

-7.2 Erwärmung

Zustandsänderung erfolgt auf der Linie x = const (Isohygre) nach oben (Bild 1.3.4-4):

$h_2 = h_1 + q_{zu}; \quad x_2 = x_1.$

-7.3 Kühlung

Bei der Kühlung sind zwei Fälle zu unterscheiden (Bild 1.3.4-5):

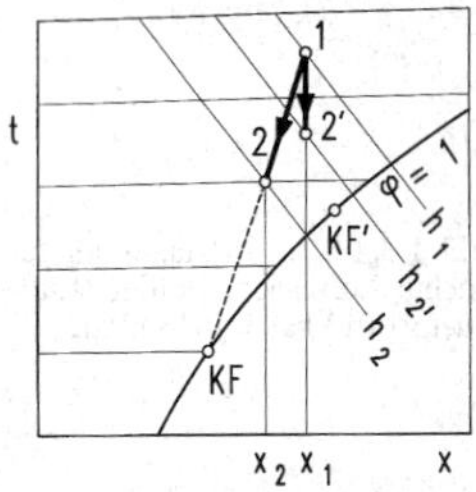

Bild 1.3.4-5. Zustandsänderung beim Kühlen von Luft: Kühloberflächentemperatur unterhalb Taupunkt von 1 nach 2 (nasse Kühlung), oberhalb Taupunkt von 1 nach 2′ (trockene Kühlung).

a) Kühlflächentemperatur liegt *unterhalb des Taupunktes* der Luft bei Punkt KF. Die Zustandsänderung der Luft kann man sich idealisiert als Mischung der zu kühlenden Luft (Punkt 1) mit der an der Kühloberfläche haftenden Grenzschicht (Punkt KF) vorstellen, wobei die Grenzschicht gesättigte Luft von der Kühlflächentemperatur enthält, die als konstant angenommen ist. Der Mischpunkt liegt daher auf der geraden Verbindungslinie beider Zustandspunkte. Er stellt den Endpunkt 2 der Zustandsänderung dar. Tatsächlich wird sich aufgrund örtlich unterschiedlicher Oberflächentemperaturen am Luftkühler die Zustandsänderung der Luft entsprechend Bild 3.3.2-14 (s. Abschn. 3.3.2-3) ergeben. Man spricht von *nasser Kühlung*. Für den Kühl- und Entfeuchtungsvorgang ist es gleichgültig, ob es sich um Oberflächenkühler oder Naßluftkühler (Wäscher mit gekühltem Wasser) handelt.

$h_2 \approx h_1 - |q_{ab}|; \quad \Delta x = x_1 - x_2.$

b) Kühlflächentemperatur des Oberflächenkühlers liegt *oberhalb des Taupunktes* der Luft (Punkt KF′). Es erfolgt eine *trockene Kühlung* längs der Isohygren (x = const), ohne den Taupunkt erreichen zu können, bis zum Endpunkt 2′.

$h_2 = h_1 - |q_{ab}|; \quad x_2 = x_1.$

-7.4 Befeuchtung

Die Befeuchtung der Luft erfolgt in zwei prinzipiell unterschiedlichen Varianten (Bild 1.3.4-6):

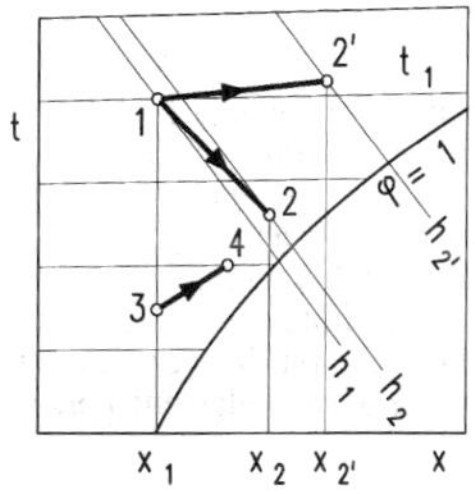

Bild 1.3.4-6. Zustandsänderung beim Befeuchten von Luft: Wasserbefeuchtung von 1 nach 2, Dampfbefeuchtung von 1 nach 2′, Sonderfall Heizwäscher von 3 nach 4.

a) *Wasser* wird in fein zerstäubter Form (z. B. durch Düsen) in die Luft (Luftstrom) eingebracht und durch Verdunstung in die dampfförmige Phase überführt. Die Energie zum Phasenwechsel kommt aus der Luft, wodurch sich diese fühlbar abkühlt. In den Bilanzraum wird nur die Enthalpie des flüssigen Wassers $h_W = c_W\, t_W$ eingebracht. (Würde versprühtes, nicht verdunstetes Wasser mit niedrigerer Temperatur als am Eintritt aus dem Bilanzgebiet abfließen, wäre der Wärmestrom vom sich abkühlenden Wasser zu berücksichtigen.) In Abhängigkeit der Verdunstungsmenge dx ändert sich die Enthalpie der Luft

$$dh = h_W\, dx = c_W\, t_W\, dx$$

$$dh/dx = h_W = c_W\, t_W = 4{,}19\ t_W \quad \text{in kJ/kg}_{\text{Wasser}}.$$

Da $t_W > 0\ °C$ ist, verläuft die Zustandsänderung schwach steigend über der Isenthalpen h_1 vom Zustandspunkt 1 zum Punkt 2. Die Richtung der Zustandsänderung dh/dx bzw. $\Delta h/\Delta x$ kann dem Randmaßstab üblicher h,x-Diagramme (siehe Einschlagtafel) entnommen werden.

Der reale Verlauf der Zustandsänderung ist stark von der Konstruktion des Wäschers (Düsenart, Sprührichtung, Wasser-Luft-Zahl usw.) abhängig (siehe auch Abschnitte 3.3.4 und 3.5.4).

Hinweis: Beim *Heizwäscher* (nur noch selten gebräuchlich), der gleichzeitig auch befeuchtet, ist die Wärmezufuhr q_{zu} pro $kg_{t.L.}$ zusätzlich zu berücksichtigen:

$$dh = h_W\, dx + dq_{zu}.$$

Die Zustandsänderung führt dann auch zu einer Temperaturzunahme der Luft, gemäß Bild 1.3.4-6 z. B. von 3 nach 4 (vgl. auch Bild 3.3.4-1).

b) *Wasserdampf* wird direkt in die Luft eingeblasen. In der Regel handelt es sich um Sattdampf mit der Enthalpie h'', die die Zustandsänderung

$$dh/dx = h''$$

bewirkt. Wegen der Größe von h'' verläuft die Zustandsänderung von 1 nach 2′ meistens mit sehr geringer Steigung gegenüber der Isothermen t_1.

Beispiel

Um welche spezifische Enthalpie nimmt die Luft zu, wenn pro kg Luft

a) 4 g Wasser mit 20 °C

b) 4 g Sattdampf von 1,5 bar (eine geringe Überhitzung wird vernachlässigt) von der Luft aufgenommen werden?

a) $\Delta h = 4{,}19 \cdot 20 \cdot 0{,}004 = 0{,}34$ kJ/kg$_{t.L.}$

b) $h'' = 2693{,}4$ kJ/kg$_{\text{Wasserdampf}}$ (nach Tafel 1.3.3-3)

$\Delta h = 2693{,}4 \cdot 0{,}004 = 10{,}77$ kJ/kg$_{t.L.}$

Dabei tritt eine Temperaturerhöhung

$$t_{2'} - t_1 \approx \frac{h'' - 2501 - 1{,}86\ t_1}{1{,}01 + 1{,}86\ x_1} \cdot \Delta x \text{ auf.}$$

Wenn $t_1 = 10\ °C$ und $x_1 = 0{,}002$ kg$_W$/kg$_{t.L.}$ gilt, dann $t_{2'} - t_1 \approx 0{,}7$ K.

-7.5 Adiabate Befeuchtung

Diese Zustandsänderung entspricht der Befeuchtung mit Wasser, wobei die zur Verdunstung erforderliche Wärme ausschließlich von der Luft stammt. Dies ist z. B. der Fall bei einem Luftwäscher, in dem umlaufendes Wasser zerstäubt und keine Wärme mit der Umgebung getauscht wird. Für die Zustandsänderung gilt wiederum

$$dh/dx = c_W\, t_W = 4{,}19\; t_W \quad \text{in kJ/kg}_{\text{Wasser}}.$$

Die sich bei diesem Vorgang einstellende Wassertemperatur nennt man die *Feuchtkugeltemperatur*, weil sie mit großer Annäherung durch ein in der Luft bewegtes befeuchtetes Thermometer angezeigt wird. Man nennt sie auch *Kühlgrenztemperatur*, da sie die tiefste Temperatur ist, bis zu der Wasser mit nicht gesättigter Luft abgekühlt werden kann. Zu einem gegebenen Luftzustand findet man die Feuchtkugeltemperatur t_f, indem man diejenige Nebelisotherme rückwärts über die Sättigungskurve hinaus verlängert, die durch den Luftzustandspunkt 1 geht (Bild 1.3.4-7). Da die Steigung dh/dx bei niedrigen Wassertemperaturen sehr klein ist, liegen Feuchtkugelisotherme und Isenthalpe eng beieinander.

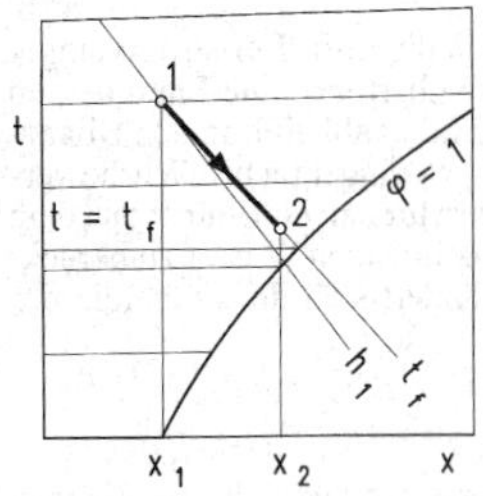

Bild 1.3.4-7. Zustandsänderung beim adiabaten Befeuchten der Luft.

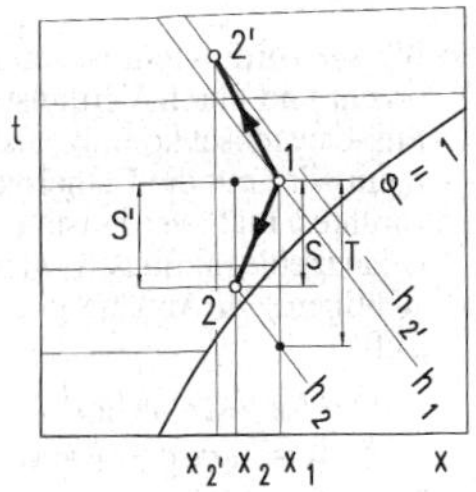

Bild 1.3.4-8. Zustandsänderung beim Entfeuchten der Luft durch: Kühlung von 1 nach 2, durch Adsorption von 1 nach 2′.

-7.6 Entfeuchtung

Zur Entfeuchtung der Luft gibt es qualitativ sehr unterschiedliche Verfahren (Bild 1.3.4-8):

a) *Kühlung der Luft* mit Kühlflächentemperaturen, die *unter* dem *Taupunkt* liegen. Dieses konventionelle Verfahren wurde bereits unter Abschn. 1.3.4-7.3 beschrieben. (Wie Bild 1.3.4-5 zeigt, ist die Austrittstemperatur der Luft (Punkt 2) in keiner Weise an den zum Zustand 1 gehörigen Taupunkt geknüpft.)

   Im Ausland benutzt man den *S/T-Faktor* zur Kennzeichnung des Entfeuchtungsablaufes

   S/T = Sensible Wärme / Totale Wärme.

   Er wird im *h,x*-Diagramm durch das Verhältnis der Strecken S und T dargestellt (Bild 1.3.4-8). Genaugenommen ist die sensible Wärme nur auf die Temperaturänderung zu beziehen, d. h., es müßte das Streckenverhältnis S'/T verwendet werden.

   Nachteilig bei diesem Entfeuchtungsverfahren ist, daß der Kühlerbetrieb niedrige Temperaturen erfordert und die Luft in der Regel nachgewärmt werden muß.

b) *Sorptive Verfahren* (siehe auch Abschnitt 3.3.5) binden einen Teil der Luftfeuchte z. B. an der festen Oberfläche des Adsorbens (beispielsweise Silicagel) in flüssiger Phase (Wasser). Dadurch wird die Enthalpie des Wasserdampfes in der Luft $|h_D\,dx|$ – die hauptsächlich aus der Kondensationswärme (spez. Verdampfungsenthalpie) $|r\;dx| \equiv |\Delta h_v\,dx|$ besteht – und die Bindungswärme $|\Delta h_B\,dx|$ im Festkörper frei. Wird dieser durch die Luft gekühlt (übliche Konstruktion), erfährt die Luft eine Temperaturerhöhung. Es gilt für den *nichtisothermen* Vorgang *näherungsweise* (Enthalpie $|h_D\,dx|$ kehrt in die Luft zurück)

   $$dh \approx -\Delta h_B\, dx,$$

   woraus sich wegen $dx < 0$ (Entfeuchtung) die im Bild 1.3.4-8 gezeigte Zustandsänderung von 1 nach 2′ ergibt. Die Bindungswärme muß dem Adsorbens natürlich bei der Desorption wieder zugeführt werden. Nachteil der sorptiven Entfeuchtung ist die in der Regel erforderliche Kühlung der Luft.

1.3.5 Wärmeübertragung[1)]

Wärmeübertragung ist der gemeinsame Begriff für den Transport von Wärme durch Leitung, Konvektion und Strahlung.

Wärmeleitung: Die Wärme wird innerhalb eines Körpers von Teilchen zu Teilchen durch intermolekulare Wechselwirkungen weitergeleitet. Die Teilchen befinden sich zueinander in Ruhe.

Konvektion (Wärmemitführung): Die Wärme fließt von einem bewegten Medium (Flüssigkeit oder Gas) an einen festen Körper oder umgekehrt, z.B. von Luft an eine Wand. Die Teilchen befinden sich zueinander in Bewegung.

Strahlung: Die Wärmestrahlung stellt einen Energietransport durch elektromagnetische Wellen dar. Die Wärmeübertragung erfolgt von einem Körper zum anderen ohne materielle Träger.

Im technischen Wärmeprozeß überlagern sich die drei Arten der Wärmeübertragung in vielfältigen Formen. Diese Vorgänge können stationär oder instationär verlaufen. Nachstehend sind die wichtigsten Beziehungen für stationäre Wärmeübertragung zusammengestellt.

Ausführliche Berechnungsblätter: VDI-Wärmeatlas, VDI-Verlag Düsseldorf, 1994; Begriffe und Kenngrößen DIN 1341 (10.86); Formelzeichen und Einheiten DIN 1345 (12.93); VDI 2055 (07.94).

-1 Wärmeleitung

-1.1 Ebene Wand

Wärmestrom bzw. Wärmestromdichte durch eine ebene, einschichtige Wand (Bild 1.3.5-1)

$$\dot{Q} = \frac{\lambda}{s} A \,\Delta t = \frac{A\,\Delta t}{R_\lambda} = A\,\Lambda\,\Delta t \text{ in W} \quad \text{bzw.} \quad \dot{q} = \frac{\dot{Q}}{A} = \frac{\lambda}{s}\,\Delta t \text{ in W/m}^2$$

$\dot{Q}$	W	Wärmestrom
$\dot{q}$	W/m²	Wärmestromdichte
λ	W/(m K)	Wärmeleitfähigkeit
s	m	Schichtdicke
A	m²	Fläche
Δt	K	Temperaturdifferenz
R_λ	m²K/W	Wärmeleitwiderstand $R_\lambda = s/\lambda$
Λ	W/(m² K)	Wärmedurchlaßkoeffizient $\Lambda = \lambda/s$.

Wärmestrom durch eine ebene, mehrschichtige Wand (Bild 1.3.5-2)

$$\dot{q} = \frac{\dot{Q}}{A} = \frac{\Delta t_1}{\frac{s_1}{\lambda_1}} = \frac{\Delta t_k}{\frac{s_k}{\lambda_k}} = \frac{\Delta t_n}{\frac{s_n}{\lambda_n}} = \frac{\Delta t}{\left(\frac{s_1}{\lambda_1} + \frac{s_2}{\lambda_2} + \ldots + \frac{s_n}{\lambda_n}\right)} \text{ in W/m}^2.$$

Temperaturverlauf in einer ebenen, mehrschichtigen Wand (Bild 1.3.5-2)

Der Temperaturverlauf ist für jede Schicht separat zu berechnen

$$\Delta t_k = t_k - t_{k+1} = \dot{q}\,\frac{s_k}{\lambda_k} \text{ in K}, \quad \text{z.B. } \Delta t_1 = t_1 - t_2 = \dot{q}\,\frac{s_1}{\lambda_1}.$$

---

1) Neubearbeitung erfolgte durch Dr.-Ing. habil. Bernd Glück, Jößnitz, für die 67. Auflage, angelehnt an:
Glück, B.: Wärmeübertragung, Wärmeabgabe von Raumheizflächen und Rohren (2. Auflage). Berlin: Verlag für Bauwesen 1990.
Glück, B.; Nebeck, A.: Arbeitsmappe Heizung der Fa. ROM, Hamburg 1992.

Die Temperaturen an den Schichtgrenzen ergeben sich schrittweise zu

$$t_{k+1} = t_k - \dot{q}\,\frac{s_k}{\lambda_k} \text{ in °C,} \quad \text{z.B. } t_2 = t_1 - \dot{q}\,\frac{s_1}{\lambda_1}.$$

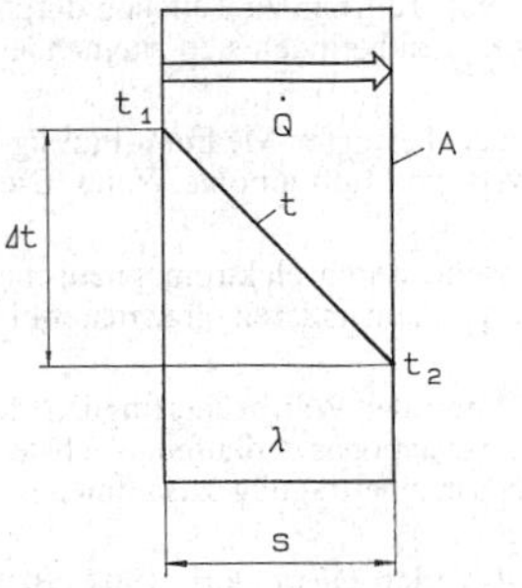

Bild 1.3.5-1. Temperaturverlauf in einer ebenen, einschichtigen Wand

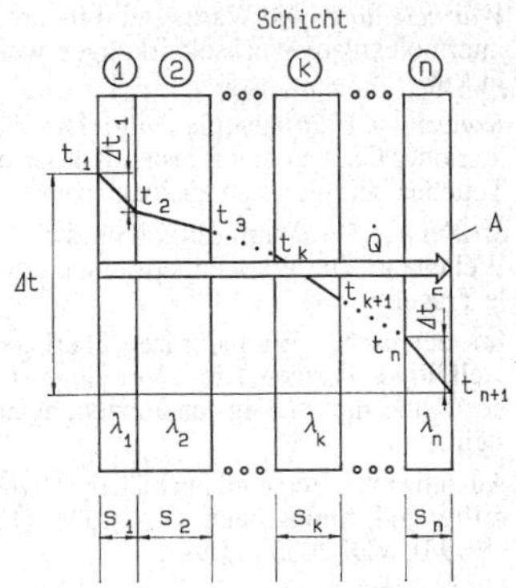

Bild 1.3.5-2. Temperaturverlauf in einer ebenen, mehrschichtigen Wand

-1.2 Zylinderwand

Wärmestrom durch eine mehrschichtige Zylinderwand (Bild 1.3.5-3)

$$\dot{Q} = \frac{2\,\pi\,L\,\Delta t}{\left(\frac{1}{\lambda_1}\ln\frac{d_2}{d_1} + \frac{1}{\lambda_2}\ln\frac{d_3}{d_2} + \cdots + \frac{1}{\lambda_n}\ln\frac{d_{n+1}}{d_n}\right)} \text{ in W}$$

$\dot{Q}$	W	Wärmestrom
L	m	Zylinderlänge
d	m	Durchmesser
Δt	K	Temperaturdifferenz $\Delta t = t_1 - t_{n+1}$
λ	W/(m K)	Wärmeleitfähigkeit.

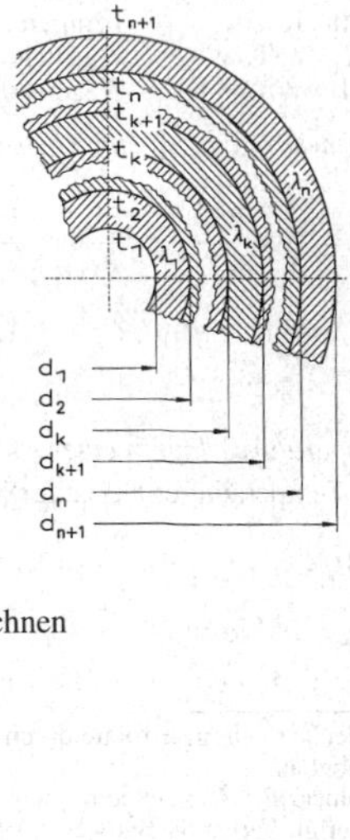

Bild 1.3.5-3. Aufbau einer mehrschaligen Zylinderwand

Temperaturverlauf in einer mehrschichtigen Zylinderwand

Der Temperaturverlauf ist für jede Schicht separat zu berechnen

$$\Delta t_k = \frac{\dot{Q}}{2\,\pi\,L\,\lambda_k}\ln\frac{d_{k+1}}{d_k} \text{ in K,}$$

$$\text{z.B. } \Delta t_1 = \frac{\dot{Q}}{2\,\pi\,L\,\lambda_1}\ln\frac{d_2}{d_1}.$$

Die Temperaturen an den Schichtgrenzen ergeben sich schrittweise zu

$$t_{k+1} = t_k - \frac{\dot{Q}}{2\pi L \lambda_k} \ln \frac{d_{k+1}}{d_k} \text{ in °C},$$

$$\text{z.B.} \quad t_2 = t_1 - \frac{\dot{Q}}{2\pi L \lambda_1} \ln \frac{d_2}{d_1}.$$

Beispiel

Ein Rohr mit einem Außendurchmesser von $d_1 = 0{,}030$ m und einer Oberflächentemperatur von $t_1 = 500$ °C ist zweischalig wärmegedämmt: Kieselgursteine $s_1 = 30$ mm ($d_2 = 0{,}090$ m), $\lambda_1 = 0{,}17$ W/(m K) und Glaswollematten $s_2 = 30$ mm ($d_3 = 0{,}150$ m), $\lambda_2 = 0{,}07$ W/(m K). Die äußere Blechmantelumhüllung hat eine Temperatur von $t_3 = 30$ °C.

Wie groß ist der Wärmestrom je 1 m Länge, und welcher maximalen Temperatur ist die Glaswolle ausgesetzt?

$$\dot{Q} = \frac{2\pi \cdot 1 \cdot (500-30)}{\left(\frac{1}{0{,}17} \ln \frac{0{,}09}{0{,}03} + \frac{1}{0{,}07} \ln \frac{0{,}15}{0{,}09}\right)} = 214{,}6 \text{ W}$$

$$t_2 = 500 - \frac{214{,}6}{2\pi \cdot 1 \cdot 0{,}17} \ln \frac{0{,}09}{0{,}03} = 279{,}3 \text{ °C} \quad \text{oder}$$

$$t_2 = 30 + \frac{214{,}6}{2\pi \cdot 1 \cdot 0{,}07} \ln \frac{0{,}15}{0{,}09} = 279{,}2 \text{ °C}.$$

-1.3 Wärmeleitfähigkeit

Die Werte sind aus Tafel 1.3.5-1 bis Tafel 1.3.5-9 und aus Bild 1.3.5-4 bis Bild 1.3.5-6 entnehmbar. Die Wärmeleitfähigkeit ist von der Materialstruktur (Tafel 1.3.5-1), von der Dichte (Bild 1.3.5-4), der Temperatur (siehe Aluminium, Tafel 1.3.5-2; Polyurethan-Hartschaum, Tafel 1.3.5-6 sowie Bild 1.3.5-5 und Bild 1.3.5-6), der Feuchte (siehe Sand, Tafel 1.3.5-3) und vom Druck (Bild 1.3.5-6) abhängig. Es sind einsatzbezogene Mittelwerte zu verwenden.

Tafel 1.3.5-1 Wärmeleitfähigkeiten λ verschiedener Stoffgruppen

Stoff	λ in W/(m K)
Metalle, rein	10 ... 458
Legierungen	13 ... 113
Natürliche Steine	1,5 ... 3,5
Baustoffe	0,2 ... 3,5
Dämmstoffe, organisch	0,02 ... 0,07
Dämmstoffe, anorganisch	0,03 ... 0,11
Gase	0,01 ... 0,2
Luft bei 0°C	0,024
Flüssigkeiten	0,13 ... 0,68

Approximationsgleichungen für die Wärmeleitfähigkeit von Luft und Wasser umseitig.

Approximation für trockene Luft nach [1]
in W/(m K) im Bereich t = –20 °C…200 °C, p = 1 bar:

$$\lambda = 2{,}4178 \cdot 10^{-2} + 7{,}634878 \cdot 10^{-5}\, t - 4{,}663859 \cdot 10^{-8}\, t^2 + 4{,}612639 \cdot 10^{-11}\, t^3$$

(Fehler <0,01%)

Approximation für Wasser nach [1]
in W/(m K) im Bereich t = 10 °C…200 °C:

$$\lambda = 5{,}587913 \cdot 10^{-1} + 2{,}268458 \cdot 10^{-3}\, t - 1{,}248304 \cdot 10^{-5}\, t^2 + 1{,}890318 \cdot 10^{-8}\, t^3$$

(Fehler <0,22%)

Tafel 1.3.5-2 Wärmeleitfähigkeit λ von Metallen bei t = 20 °C bzw. gemäß Angabe

Stoff	λ in W/(m K)	Stoff	λ in W/(m K)
Metalle			
Aluminium		Gold (rein)	295
-100 °C	230	Kupfer, rein	393
0 °C	220	Handelskupfer	372
200 °C	205	Magnesium	159
400 °C	193	Nickel	59
Duraluminium	165	Platin	71
Antimon	21	Quecksilber	10
Blei	35	Silber	458
Chrom	86	Wismut	10
Eisen	67	Wolfram	197
Grauguß	42 ... 63	Zink	109
Stahl 0,2 % C	50	Zinn	63
Stahl 0,6 % C	46		
V2A 18 Cr; 8 % Ni	21		
Legierungen			
Chromnickelstahl	15	Messing (MS 58; MS 60)	113
Invarstahl 36 % Ni	16	Monel 505 (60 °C)	20
Konstantan (60% Cu; 40% Ni)	23	Titan	16
Manganin	22	Woods Metall	13

[1]) Glück, B.: Zustandsgrößen und Stoffwerte (Wasser, Dampf, Luft), Verbrennungsrechnung. Berlin: Verlag für Bauwesen, 2., erw. Auflage 1991 (ISBN 3-345-00487-9).

Tafel 1.3.5-3 Wärmeleitfähigkeit λ von Baustoffen unter Einsatzbedingungen bei t = 20 °C (siehe auch Tafel 2.4.1-19 und DIN V 4108 T4 [03.98])

Baustoff	Dichte in kg/m³	λ in W/(m K)
Asbestzementplatten	2000	0,58
Asphalt	2000 ... 2300	0,70 ... 0,9
Beton		
Kies- oder Splittbeton mit geschlossenem Gefüge	2400	2,1
Leichtbeton haufwerkporig mit nichtporigen Zuschlägen	1600 1800 2000	0,81 1,1 1,4
Leichtbeton haufwerkporig mit porigen Zuschlägen	600 1400 2000	0,22 0,57 1,2
Bimskies als Füllstoff (Schüttdichte)	1000	0,19
Bitumen	1100	0,17
Dachpappe	1000 ... 1200	0,14 ... 0,23
Erdreich, trocken	1000 ... 2000	0,15 ... 0,6
Erdreich, 10 % Feuchte	1000 ... 2000	0,50 ... 2,00
Erdreich, 20 % Feuchte	1000 ... 2000	0,75 ... 2,7
Fliesen	2000	1,0
Gips Putz ohne Zuschlag Wandbauplatten aus Gips DIN 18 163, auch mit Poren, Hohlräumen, Füllstoffen oder Zuschlägen Gipskartonplatten	1200 600 750 900 1000 1200 900	0,35 0,29 0,35 0,41 0,47 0,58 0,21
Glas (Fensterglas)	2500	0,8 ... 1,1
Granit	2800	3,5
Gummi (weich)	1100	0,16 ... 0,23
Hartgummi	1150	0,16
Hartpappe	790	0,15
Holz		
Balsa	≈ 200	0,06 ... 0,075
Zeder	300 ... 400	0,075 ... 0,12
Pappel, Linde	400 ... 500	0,08 ... 0,14
Kiefer, Tanne	500 ... 600	0,11 ... 0,165
Ulme, Ahorn	600 ... 700	0,125 ... 0,185
Birke, Buche	700 ... 800	0,145 ... 0,21
Esche, Eiche	800 ... 900	0,17 ... 0,23
Buchsbaum	900 ... 1000	0,185 ... 0,25
Harte Holzfaserplatten nach DIN 68 750	1000	0,17
Poröse Holzfaserplatten nach DIN 68 750 und Bitumen-Holzfaserplatten nach DIN 68 752	≤ 200 ≤ 300	0,045 0,056
Holzspanplatten	700	0,13 ... 0,17
Hochofenschlacke Schüttfüllung	2500 ... 3000 300 ... 400	0,57 0,22
Kalkstein (Kreide)	2000 ... 3000	2,2
Kies (Schüttung, trocken)	1800	0,70
Korklinoleum	700	0,081
Kunststoffbelag (z.B. PVC)	1500	0,23

(Fortsetzung der Tafel Wärmeleitfähigkeit λ von Baustoffen ...)

Baustoff	Dichte in kg/m³	λ in W/(m K)
Linoleum nach DIN 18 171	1000	0,17
Marmor	2500 ... 2800	2,8 ... 3,5
Mauerwerk (einschl. Mörtelfugen)		
Klinker	1800 ... 2200	0,8 ... 1,2
Hochlochziegel	1200 ... 2000	0,5 ... 1,0
Leichtlochziegel	700 ... 1000	0,3 ... 0,4
Kalksandsteine	1000 ... 2200	0,5 ... 1,3
Gasbetonsteine	500 ... 800	0,2 ... 0,3
Mörtelschichten und Putze		
Kalkmörtel, Kalkzementmörtel	1800	0,87
Zementmörtel	2000	1,4
Zementestrich	2000	1,4
Kalkgips, Gips-, Anhydrit-, Kalkanhydritmörtel	1400	0,70
Gipsputz ohne Zuschlag	1200	0,35
Anhydritestrich	2100	1,2
Kunstharzputz	1100	0,70
Wärmedämmputz	600	0,20
Muschelkalk	2600	2,3
Sand	1600 ... 1800	0,90
Sand, 1 % Feuchte		0,32
Sand, 10 % Feuchte		0,90
Sand, 20 % Feuchte		1,25
Sägemehl	215	0,06 ... 0,07
Sandstein	2150 ... 2600	1,60 ... 2,3
Schamottesteine (400 °C ... 1000 °C)	1000	0,30 ... 0,48
Schamottesteine (400 °C ... 1000 °C)	1850	1,04 ... 1,10
Schiefer (senkrecht/parallel zur Schichtung)	2700	1,8/2,9
Sperrholz	800	0,15
Ziegelstein, trocken	1600 ... 1800	0,38 ... 0,52

Tafel 1.3.5-4 Durchschnittlicher Feuchtegehalt von Bau- und Dämmstoffen [nach J. S. Cammerer und DIN 1052 T1 (10.96)] [siehe auch DIN V 4108 T4 (03.98)]

Stoff	Feuchte in Vol - %	Stoff	Feuchte in Masse - %
Anorganische Stoffe und Erdreich		Organische Stoffe	
Vollziegel	1,0 ... 2,5	Korkplatten (100 kg/m³)	1,5 ... 10,5
Hohlziegel	1,5 ... 4,0	Holzwolle -Leichtbauplatten	15 ... 30
Gasbeton, Kalksandsteine	3,5 ... 13	Holz bei allseitig geschlossenen Bauwerken	
Kies- und Splittbeton	3,5 ... 13	mit Heizung	6 ... 12
Innenputz	1 ... 10	ohne Heizung	9 ... 15
Außenputz (Kalk)	1 ... 7	Holz bei überdeckten offenen Bauwerken	12 ... 18
Erdreich, sandig	4 ... 14	Holz im Freien	15 ... 21
Erdreich, tonig; Humus	10 ... 28	Verkleidungsplatten aus organischen Fasern	15 ... 30

Der Feuchtegehalt hängt vom Stoff, der Lufttemperatur und der relativen Feuchte ab. Je größer der Wassergehalt, umso größer die Wärmeleitfähigkeit.

Tafel 1.3.5-5 Wärmeleitfähigkeit λ verschiedener fester Stoffe bei t = 20 °C
(siehe auch Tafel 2.4.1-19)

Stoff	Dichte in kg/m³	λ in W/(m K)
Bakelit	1270	0,23
Baumwolle (30 °C)	81	0,06
Eis bei 0 °C	920	2,2
Erdreich lehmig, tonig	1500 ... 2000	1,0 ... 2,6
Erdreich sandig, locker	1300 ... 2000	0,8 ... 1,8
Fett	910	0,17
Glas		
Bleiglas	2890	0,70 ... 0,93
Spiegelglas	2700	0,76
Fensterglas	2500	0,8 ... 1,1
Glimmer	2600 ... 3200	0,5 ... 0,6
Graphit (fest, Natur)	2000 ... 2500	155
Gummi vulk., weich mit 40 % Kautschuk		0,237
mit 80 % Kautschuk		0,157
mit 100 % Kautschuk	910 ... 960	0,13
Schaumgummi	400 ... 500	0,07 ... 0,092
Hartgummi	1150	0,16
Hartpapier	790	0,15
Kesselstein (100 °C)	300 ... 2700	0,08 ... 2,0
Kohlenstaub (30 °C)	730	0,12
Leder	860	0,12 ... 0,15
Papier	700	0,12
Plexiglas	1180	0,184
Polyethylen, - urethan,- amid	920 ... 1200	0,28 ... 0,35
Porzellan (95 °C)	2400	1,03
Preßspan	1350	0,24 ... 0,28
PVC	1380	0,15
Schnee (fest, 0 °C)	200 ... 500	0,12 ... 0,62
Schwefel	2070	0,27
Steinkohle	1200 ... 1500	0,26
Steinsalz (0 °C)	2100 ... 2500	7,0
Teflon	2200	0,23
Vulkanfiber	1100 ... 1450	0,33 ... 0,35
Wolle	100	0,036
Zelluloid	1380	0,23
Zucker	1600	0,6

Tafel 1.3.5-6 Wärmeleitfähigkeit λ von Dämmstoffen bei t = 20 °C bzw. gemäß Angabe (siehe auch Tafel 2.4.1-19)

Stoff	Dichte in kg/m³	λ in W/(m K)
Alfol - Knitterdämmung (0 °C ... 200 °C)	3	0,046 ... 0,070
Asbestwatte (25 °C)	140	0,05
Baumwolle, lose (30 °C)/Watte (25 °C)	81/10	0,059/0,04
Bimskies	1000	0,19
Blähperlit	< 100	0,052
Glaswolle (25 °C)	120	0,046
Haarfilz	270	0,03 ... 0,08
Hobelspäne als Füllstoff (25 °C)	150	0,058
Holzwolle - Leichtbauplatten	400	0,093
Korkplatten	80 ... 120	0,045 ... 0,055
Korkschrot, expandiert	200	0,05
Kieselgursteine (100 °C ... 800 °C)	300	0,086 ... 0,19
Kieselgursteine (100 °C ... 800 °C)	500	0,11 ... 0,22
Kies	1800	0,7
Mikroporöse Dämmstoffe (100 °C) (600 °C)	180 ... 400	0,022 0,040
Mineralwolle, Glaswolle, Schlackenwolle	100 ... 150	0,035 ... 0,050
Polyurethan - Hartschaum 0 °C 50 °C 100 °C 150 °C	40	0,029 0,038 0,047 0,056
Polystyrol - Hartschaum	20 ... 30	0,025 ... 0,040
Polyurethan, R 11 - getrieben	40 ... 70	0,026
Schaumglas	100 ... 160	0,045 ... 0,060
Vinylkautschuk		0,043

Tafel 1.3.5-7 Wärmeleitfähigkeit λ von Fußbodenbelägen (siehe auch Tafel 2.4.4-5)

Belag	λ in W/(m K)	Belag	λ in W/(m K)
Estrich (Zement)	1,4	Teppichboden	
Fliesen	1,0	Polgewicht 335 g/m²	0,08
Stabparkett	0,20	Polgewicht 780 g/m²	0,06
Kunststoffbelag	0,23	Schnittpol	0,05
PVC - Platten	0,19	Korklinoleum	0,08
Keramikplatten	1,20	Linoleum	0,17
Marmorplatten	2,50 ... 3,50		

Tafel 1.3.5-8 Wärmeleitfähigkeit λ von Flüssigkeiten bei t = 20 °C

Flüssigkeit	λ in W/(m K)	Flüssigkeit	λ in W/(m K)
Ether (Diethylether)	0,132	Quecksilber	10,5
Alkohol (Ethanol)	0,173	Wärmeträger auf Mineralölbasis	0,11 ... 0,135
Ammoniak	0,521	Schwefelsäure	0,544
Anilin	0,169	Toluol	0,141
Aceton	0,160	Transformatoröl (60 °C)	0,122
Benzol	0,144	Wasser bei 0 °C	0,561
Chloroform	0,128	Wasser bei 10 °C	0,580
Diphil	0,138	Wasser bei 50 °C	0,644
Ethylenglykol	0,256	Wasser bei 100 °C (gesättigte Flüssigkeit)	0,679
Glyzerin	0,286	Wasser bei 150 °C (gesättigte Flüssigkeit)	0,682
Heizöl EL	≈ 0,140	Wasser bei 200 °C (gesättigte Flüssigkeit)	0,663
Heizöl S	≈ 0,125	Wasser bei 250 °C (gesättigte Flüssigkeit)	0,621
Kohlendioxyd	0,076	R 11	0,089
Methylchlorid (gesättigte Flüssigkeit)	0,157	R 12	0,071
Olivenöl (60 °C)	0,160	R 22	0,090
Paraffin (30 °C)	0,260	R 123	0,079
Benzine nach DIN 51 630	0,140	R 134 a	0,084

Tafel 1.3.5-9 Wärmeleitfähigkeit λ von Gasen und Dämpfen
(siehe auch Bild 1.3.5-6)

Stoff	λ in 10^{-3} W/(m K) bei t in °C							
	- 150	-100	-50	0	25	100	200	300
Alkohol (Ethanol)				13,0	15,0	23,0	39,0	
Ammoniak			17,0	22,0	24,0	33,0	47,0	55,0
Benzol				9,0	11,0	17,0	27,0	38,0
Chlor	2,3	4,6	5,8	8,1	9,3	12,0	15,0	17,0
Chloroform				6,2	7,0	10,0	14,0	
Dichlordifluormethan				8,5	9,8	13,6	18,7	23,8
Ether (Diethylether)				13,0	15,0	25,0	33,0	
Helium	83,0	104,0	124,0	143,0	150,0	174,0	205,0	237,0
Kohlendioxid		8,1	11,0	15,0	16,0	22,0	31,0	39,0
Kohlenoxid	11,0	15,0	19,0	23,0	25,0	30,0	37,0	43,0
Luft	11,0	16,0	20,0	24,0	26,0	31,0	39,0	44,0
Methan	13,0	19,0	24,0	30,0	34,0	44,0	61,0	79,0
Rauchgas trocken, Verbrennung von Heizöl EL mit Luftverhältnis 1,1				23,0	25,0	30,0	36,0	40,0
Sauerstoff	11,0	16,0	20,0	24,0	26,0	32,0	39,0	45,0
Schwefeldioxid				8,6	9,9	14,0	19,0	24,0
Stickstoff	12,0	17,0	21,0	24,0	26,0	31,0	37,0	42,0
Wasserdampf (Sättigungszustand)				17,1	18,6	25,1	40,1	69,6
Wasserstoff	73,0	113,0	141,0	171,0	181,0	211,0	249,0	285,0

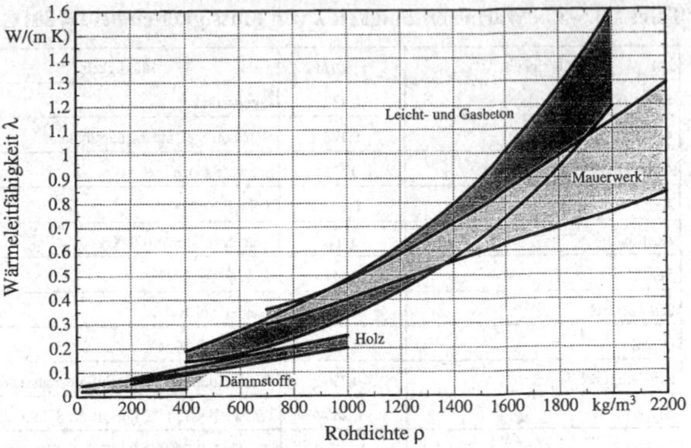

Bild 1.3.5-4. Wärmeleitfähigkeitsbereiche wichtiger Baustoffe unter praktischen Einsatzbedingungen

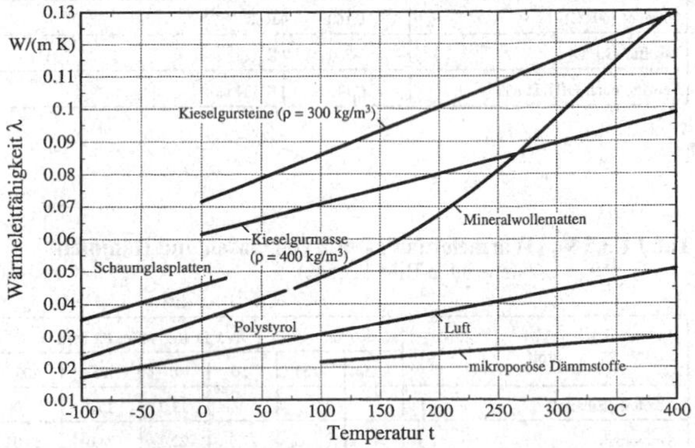

Bild 1.3.5-5. Wärmeleitfähigkeitsbereiche wichtiger Dämmstoffe unter praktischen Einsatzbedingungen

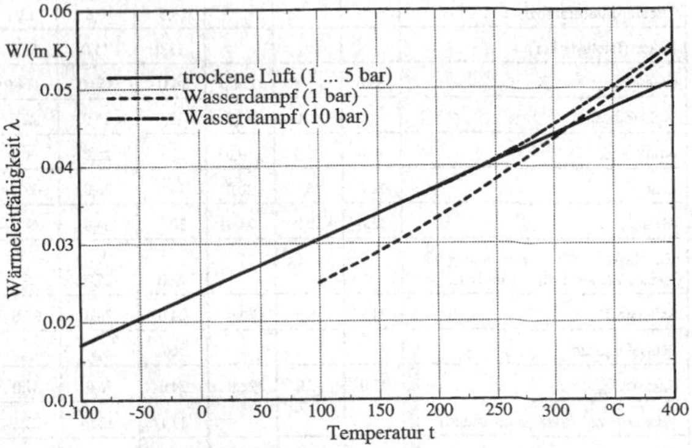

Bild 1.3.5-6. Wärmeleitfähigkeit von Luft und Wasserdampf

-1.4 Kontakttemperatur

Werden zwei unterschiedlich temperierte Körper in Kontakt gebracht, so stellt sich an der Berührungsfläche die Kontakttemperatur ein. Sie ist abhängig von den *Wärmeeindringkoeffizienten* beider Stoffe

$$b = \sqrt{\lambda \rho c} = \frac{\lambda}{\sqrt{a}} \text{ in Ws}^{0,5}\text{ m}^{-2}\text{ K}^{-1}$$

λ	W/(m K)	Wärmeleitfähigkeit
c	J/(kg K)	spezifische Wärmekapazität
ρ	kg/m³	Dichte
a	m²/s	Temperaturleitfähigkeit $a = \lambda/(c\,\rho)$.

Tafel 1.3.5-10 Wärmeeindringkoeffizient *b* verschiedener Stoffe

Stoff	b in $kWs^{0,5}$ m^{-2} K^{-1}
Glaswolle	0,06
Kork	0,10
Holz (Fichte)	0,4 ... 0,5
Gummi	0,6
Marmor	2,5
menschl. Haut	1,0 ... 1,3
Beton	1,8 ... 2,2
Glas	1,3 ... 1,5
Estrich	1,7
Ziegelmauer	1,1 ... 1,4
Stahl, Eisen, Grauguß	14,0
Kupfer	36,0

Kontakttemperatur:

$$t_K = \frac{b_1\, t_1 + b_2\, t_2}{b_1 + b_2}$$

Werte für b siehe Tafel 1.3.5-10.

Beispiel

Ein Mensch berührt mit seiner Hand (t_1 = 30 °C; b_1 = 1,1 kWs^{0,5} m^{-2} K^{-1}) a) eine Eisenplatte (b_2 = 14,0 kWs^{0,5} m^{-2} K^{-1}) und b) eine Korkplatte (b_2 = 0,10 kWs^{0,5} m^{-2} K^{-1}) mit der Temperatur t_2 = 5 °C.

Welche Kontakttemperaturen stellen sich im ersten Moment ein?

a) $t_K = \frac{1,1 \cdot 30 + 14,0 \cdot 5}{1,1 + 14,0} = 6,8\ °C$ b) $t_K = \frac{1,1 \cdot 30 + 0,10 \cdot 5}{1,1 + 0,10} = 27,9\ °C$.

Das Ergebnis a) bestätigt anschaulich die bekannte Empfindung, daß sich Körper mit hohen Wärmeeindringkoeffizienten besonders „kalt" („heiß") anfühlen, wenn ihre Temperatur unter (über) der Hauttemperatur liegt.

-2 Konvektion[1)]

Wärmestrom bzw. Wärmestromdichte von einer Wand an ein Fluid

$$\dot{Q} = \alpha_K A\,(t_W - t_F) \text{ in W} \quad \text{bzw.} \quad \dot{q} = \frac{\dot{Q}}{A} = \alpha_K\,(t_W - t_F) \text{ in W/m}^2$$

$\dot{Q}$	W	Wärmestrom
$\dot{q}$	W/m²	Wärmestromdichte
t_W	°C	Temperatur der Wand (Heizfläche)
t_F	°C	Temperatur des Fluids (Gas, Flüssigkeit)
α_K	W/(m² K)	Wärmeübergangskoeffizient (Konvektion)
$1/\alpha_K$	m² K/W	Wärmeübergangswiderstand
A	m²	Fläche.

α ist eine Funktion zahlreicher Veränderlicher, z. B. Temperatur, Geschwindigkeit, Viskosität, Wärmeleitfähigkeit, Strömungsform ($\alpha_{\text{laminar}} < \alpha_{\text{turbulent}}$), Geometrie der Wand, Heiz- oder Kühlfläche. Große Unterschiede existieren zwischen dem konvektiven Wärmeübergang bei erzwungener und freier Strömung, da letztere nur durch Dichteunterschiede infolge von Temperaturunterschieden des Fluids (Gas oder Flüssigkeit) erzeugt wird. Die konvektiven Wärmeübergänge werden üblicherweise experimentell ermittelt und mit Hilfe der Ähnlichkeitstheorie (Nußeltgleichungen) verallgemeinert.

Ähnlichkeitszahlen

NUSSELT-Zahl

$$\text{Nu} = \frac{\alpha_K\, l}{\lambda}$$

REYNOLDS-Zahl

$$\text{Re} = \frac{w\,l}{\nu} = \frac{w\,l\,\varrho}{\eta}$$

GRASHOF-Zahl

$$\text{Gr} = \frac{g\,l^3}{\nu^2}\,\frac{|\varrho_w - \varrho_\infty|}{\varrho_w} = \frac{g\,l^3}{\nu^2}\,\beta\,\Delta t$$

PRANDTL-Zahl (Tafel 1.3.5-11)

$$\text{Pr} = \frac{\nu}{a} = \frac{\nu}{\lambda}\varrho\, c_p = \frac{\eta\, c_p}{\lambda}$$

RAYLEIGH-Zahl

$$\text{Ra} = \text{Gr Pr} = \frac{\beta\, g\, \Delta t\, l^3}{\nu\, a}$$

Der *Wärmeübergangskoeffizient* berechnet sich zu

$$\alpha_K = \frac{\text{Nu}\,\lambda}{l}\,.$$

α_K	W/(m² K)	Wärmeübergangskoeffizient
l	m	charakteristische Länge (Bild 1.3.5-7; Bild 1.3.5-15; Bild 1.3.5-18)
w	m/s	Geschwindigkeit
λ	W/(m K)	Wärmeleitfähigkeit
ν	m²/s	kinematische Viskosität
η	Pa s	dynamische Viskosität
a	m²/s	Temperaturleitfähigkeit $a = \lambda/(c_p\,\varrho)$
c_p	J/(kg K)	spezifische Wärmekapazität
Δt	K	Temperaturdifferenz
g	m/s²	Erdbeschleunigung
β	1/K	thermischer Ausdehnungskoeffizient (für ideales Gas: $\beta = 1/(t_\infty + 273)$)
t_W	K	Temperatur der Wandoberfläche
t_∞	K	Temperatur des Fluids in der unbeeinflußten Umgebung (z. B. im Anströmquerschnitt)

[1)] Nußeltgleichungen nach:
VDI-Wärmeatlas (7. Auflage). Düsseldorf: VDI-Verlag 1994; Umformungen, Approximationen (Formeln, Diagramme) und Beispiele nach:
Glück, B.: Wärmeübertragung, Wärmeabgabe von Raumheizflächen und Rohren (2. Auflage). Berlin: Verlag für Bauwesen 1990.
Glück, B.; Nebeck, A.: Arbeitsmappe Heizung der Fa. ROM, Hamburg 1992.

ϱ_W kg/m³ Dichte des Fluids bei t_W
ϱ_∞ kg/m³ Dichte des Fluids bei t_∞

Für l ist stets die gleiche charakteristische Länge einzusetzen, die auch zur Bildung der zugehörigen Re- oder Gr-Zahl benutzt wird. Die Wärmeleitfähigkeit λ ist für die jeweils gültige Bezugstemperatur zu bestimmen. *Stoffwerte für Wasser und Luft* nach Tafel 1.3.5-11.

Gleichungen, die α direkt angeben, haben teilweise sehr beschränkte Gültigkeitsbereiche.

Ausführliche Berechnungsblätter: VDI-Wärmeatlas, VDI-Verlag Düsseldorf 1994.

Tafel 1.3.5-11 Stoffwerte zur Ermittlung der Wärmeübergangskoeffizienten

Luft p = 1 bar

t °C	λ W/(m K)	ν 10^{-6} m²/s	Pr
- 20	0,0226	11,78	0,72
0	0,0242	13,52	0,72
20	0,0257	15,35	0,71
40	0,0272	17,26	0,71
60	0,0286	19,27	0,71
80	0,0300	21,35	0,71
100	0,0314	23,51	0,71
120	0,0328	25,75	0,71
140	0,0341	28,07	0,71
160	0,0354	30,46	0,71
180	0,0367	32,93	0,70
200	0,0380	35,47	0,71

Wasser p = 1 ... 20 bar

t °C	λ W/(m K)	ν 10^{-6} m²/s	Pr
10	0,581	1,305	9,40
20	0,599	1,003	6,98
40	0,632	0,658	4,32
60	0,655	0,475	2,98
80	0,671	0,366	2,22
100	0,680	0,295	1,75
120	0,684	0,246	1,44
140	0,684	0,212	1,23
160	0,681	0,187	1,08
180	0,674	0,169	0,98
200	0,664	0,155	0,91

-2.1 Erzwungene Flüssigkeits- oder Gasströmung im Rohr oder Kanal

d_h m hydraulischer Durchmesser nach Bild 1.3.5-7
w m/s mittlere Geschwindigkeit nach Bild 1.3.5-7
L m Rohrlänge
t_F °C Fluidtemperatur nach Bild 1.3.5-7

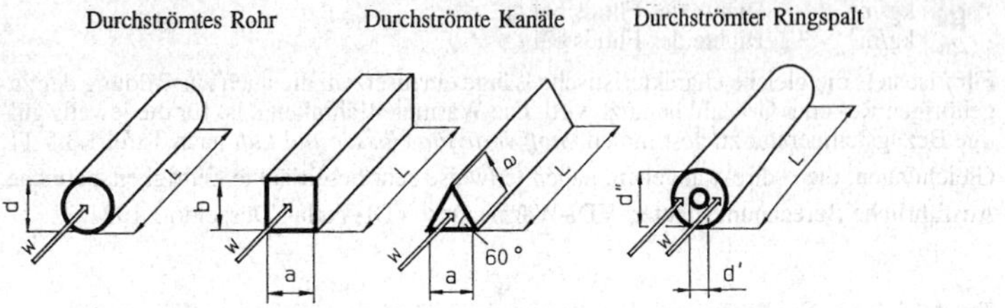

charakteristische Länge: l = d_h (hydraulischer Durchmesser) = $\dfrac{4\,A}{U}$ = $\dfrac{4 \text{ x Strömungsquerschnitt}}{\text{benetzter Umfang}}$

$d_h = d$ $\qquad d_h = \dfrac{2\,a\,b}{a+b}$ $\qquad d_h = \dfrac{a}{\sqrt{3}}$ $\qquad d_h = d'' - d'$

Geschwindigkeit: $w = \dfrac{\dot{V}}{A}$ $\qquad$ *mittlere Fluidtemperatur:* $t_F = \dfrac{t_{F,\,\text{Eintritt}} + t_{F,\,\text{Austritt}}}{2}$

mittlere Wandtemperatur: $t_W = \dfrac{t_{W,\,\text{Eintritt}} + t_{W,\,\text{Austritt}}}{2}$

Bild 1.3.5-7. Charakteristische Parameter bei durchströmten Teilen

-2.1.1 Laminare Strömung im geraden Rohr oder Kanal (Re < 2320)

$$\alpha_K = \frac{Nu\,\lambda}{d_h} \text{ mit } Nu = \left[49{,}028 + 4{,}173 \, Re \, Pr \, \frac{d_h}{L}\right]^{0{,}333}; \; Re = \frac{w\, d_h}{\nu}; \; Pr, \lambda, \nu \text{ bei } t_F$$

Gültigkeitsbereich: Re < 2320; 0,1 < (Re Pr d_h/L) < 10^4.

Für nicht kreisförmige Kanalquerschnitte gilt d_h nur näherungsweise (siehe Spezialliteratur)!

-2.1.2 Turbulente Strömung im geraden Rohr oder Kanal (Re > 2320)

$$\alpha_K = \frac{Nu\,\lambda}{d_h} \text{ mit } Nu = \frac{B\,(Re - 1000)\,Pr}{1 + 12{,}7\,B^{0{,}5}\,(Pr^{0{,}667} - 1)} \cdot K_L$$

$$K_L = \left[1 + \left(\frac{d_h}{L}\right)^{0{,}667}\right] \text{ oder Bild 1.3.5-8}$$

$$B = \frac{1}{(5{,}15 \lg(Re) - 4{,}64)^2}; \; Re = \frac{w\, d_h}{\nu}; \; Pr, \lambda, \nu \text{ bei } t_F$$

Gültigkeitsbereich: 2320 < Re < 10^6; $d_h/L < 1$

Auswertung der Gleichung für Wasser und Luft in Bild 1.3.5-9 bis Bild 1.3.5-12.

Weitere Näherungsgleichungen

Wasser (nach Stender und Merkel)

$$\alpha_K = 2040\,(1 + 0{,}015\, t_F)\, \frac{w^{0{,}87}}{d_h^{0{,}13}} \text{ in W/(m}^2\text{K)} \qquad t_F < 100\,°C$$

Wasser (nach Schack)

$$\alpha_K = 3370\,(1 + 0{,}014\, t_F)\, w^{0{,}85} \text{ in W/(m}^2\text{K)} \qquad d_h = (15 \ldots 100) \text{ mm}$$

Luft (nach Schack)

$$\alpha_K = \left[4{,}13 + 0{,}23\ \frac{t_F}{100} - 0{,}0077 \left(\frac{t_F}{100}\right)^2\right] \frac{w_0^{0,75}}{d_h^{0,25}} \text{ in W/(m}^2\text{K)}$$

w_0 m/s Luftgeschwindigkeit des Normvolumens (0 °C; 1,013 bar)

$L > 100\ d_h$; bei kurzen Rohren ist α größer, z. B. bei $L/d_h = 1$ um etwa 100%, bei sehr langen kleiner (etwa 10 bis 20%)

Luft und Rauchgas

$$\alpha_K = 4{,}4\ \frac{w_0^{0,75}}{d_h^{0,25}} \text{ in W/(m}^2\text{K)}$$

Überhitzter Dampf

$$\alpha_K = \left(4{,}4 + 0{,}3\ \frac{t_F}{100}\right) \frac{w_0^{0,75}}{d^{0,25}} \text{ in W/(m}^2\text{K).}$$

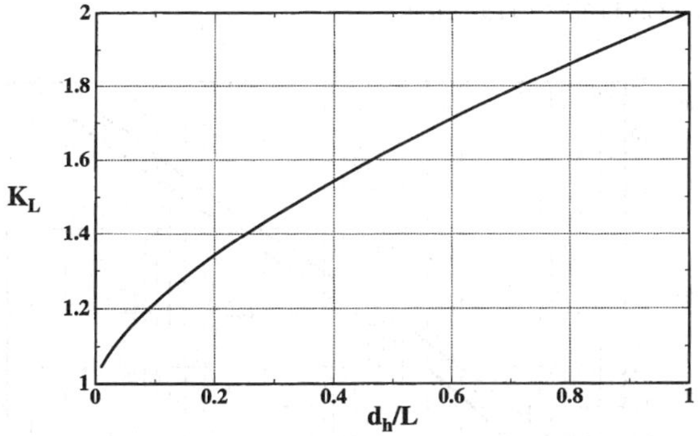

Bild 1.3.5-8. Korrekturfaktor K_L des Längeneinflusses bei turbulenter Rohrströmung.

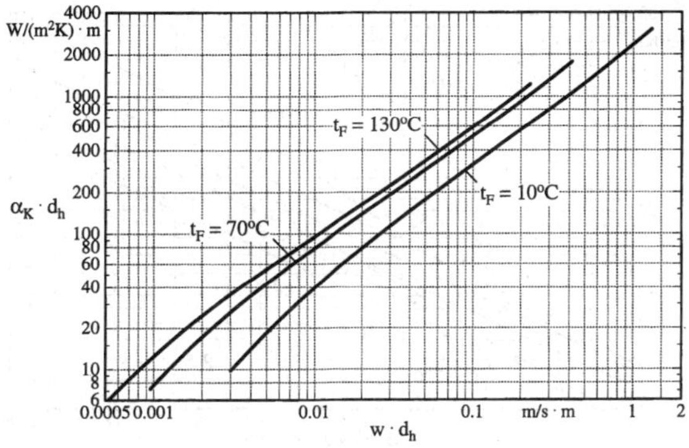

Bild 1.3.5-9. Wärmeübergangskoeffizienten in turbulent-wasserdurchströmten Rohren und Kanälen (Ergebnis mit K_L nach Bild 1.3.5-8 multiplizieren!)

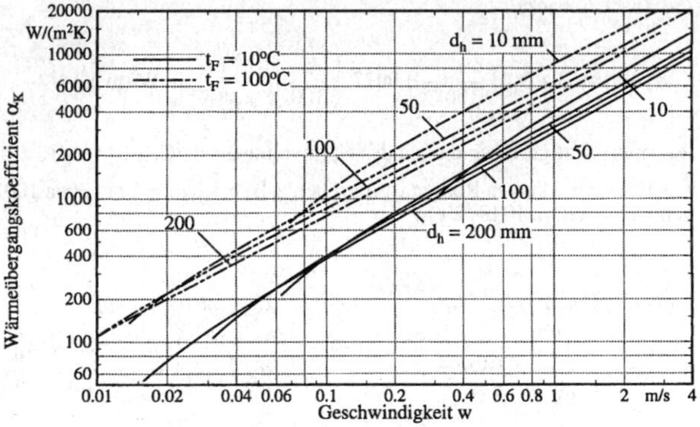

Bild 1.3.5-10. Wärmeübergangskoeffizienten in turbulent-wasserdurchströmten Rohren und Kanälen (Ergebnis mit K_L nach Bild 1.3.5-8 multiplizieren!).

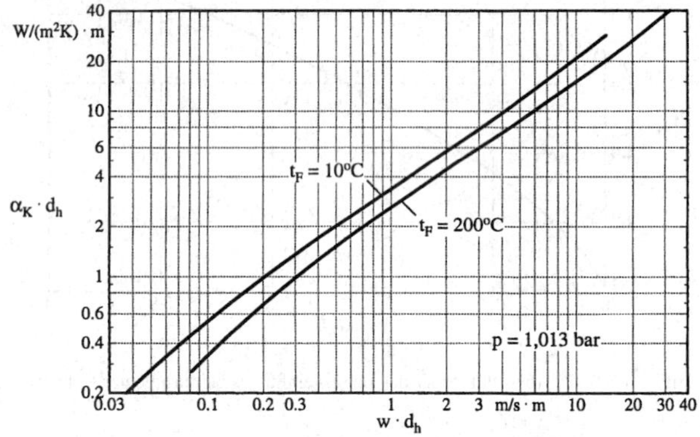

Bild 1.3.5-11. Wärmeübergangskoeffizienten in turbulent-luftdurchströmten Rohren und Kanälen (Ergebnis mit K_L nach Bild 1.3.5-8 multiplizieren!)

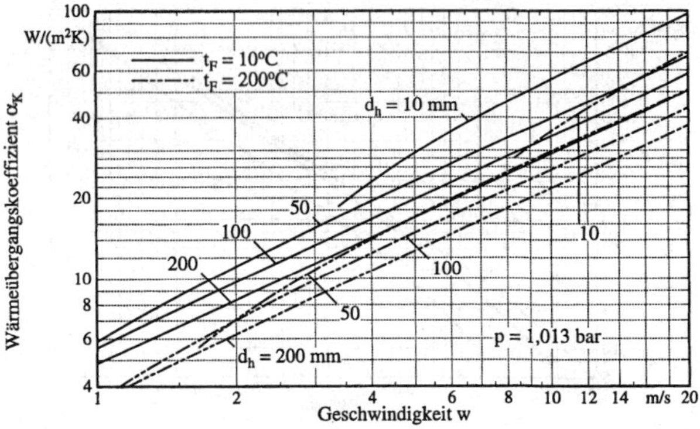

Bild 1.3.5-12. Wärmeübergangskoeffizienten in turbulent-luftdurchströmten Rohren und Kanälen (Ergebnis mit K_L nach Bild 1.3.5-8 multiplizieren!)

Beispiel 1

In einem Rohr der Länge $L = 10$ m und des Innendurchmessers $d = 0{,}1$ m strömt Wasser ($\dot{V} = 0{,}01$ m³/s) mit der mittleren Temperatur $t_F = 100$ °C. Der Wärmeübergangskoeffizient ist zu bestimmen.

Berechnung nach Nußeltgleichung:

$$w = \frac{0{,}01}{\frac{\pi}{4}\, 0{,}1^2} = 1{,}27 \text{ m/s} \quad \text{(nach Bild 1.3.5-7)}$$

$$\mathrm{Re} = \frac{1{,}27 \cdot 0{,}1}{0{,}295 \cdot 10^{-6}} = 430\,508 \text{ (mit } \nu \text{ nach Tafel 1.3.5-11); Pr} = 1{,}75 \text{ (nach Tafel 1.3.5-11)}$$

$$B = \frac{1}{(5{,}15 \lg (430\,508) - 4{,}64)^2} = 0{,}001683$$

$$\mathrm{Nu} = \frac{0{,}001683\,(430\,508 - 1000)\,1{,}75}{1 + 12{,}7 \cdot 0{,}001683^{0,5}\,(1{,}75^{0{,}667} - 1)} \left[1 + \left(\frac{0{,}1}{10}\right)^{0{,}667}\right] = 1071$$

$$\alpha_K = \frac{1071 \cdot 0{,}680}{0{,}1} = 7283 \text{ W/(m}^2\text{K) (mit } \lambda \text{ nach Tafel 1.3.5-11).}$$

Berechnung nach Bild 1.3.5-9:

mit $d/L = 0{,}01 \rightarrow$ Bild 1.3.5-8: $K_L = 1{,}05$

$w \cdot d = 1{,}27 \cdot 0{,}1 = 0{,}127$ m²/s $\rightarrow$ Bild 1.3.5-9: $\alpha_K \cdot d \approx 680$ W/(m²K) m

$$\alpha_K = \frac{680}{0{,}1} \cdot 1{,}05 = 7140 \text{ W/(m}^2\text{K).}$$

Berechnung nach Näherungsgleichungen:

$$\alpha_K = 2040\,(1 + 0{,}015 \cdot 100)\,\frac{1{,}27^{0{,}87}}{0{,}1^{0{,}13}} = 8470 \text{ W/(m}^2\text{K)}$$

$$\alpha_K = 3370\,(1 + 0{,}014 \cdot 100)\,1{,}27^{0{,}85} = 9910 \text{ W/(m}^2\text{K).}$$

Beispiel 2

Luft strömt mit $w = 10$ m/s, $p = 1$ bar und $t_F = 100$ °C durch ein Rohr (Innendurchmesser 50 mm). Wie groß ist der Wärmeübergangskoeffizient?

Berechnung nach Nußeltgleichung:

$$\mathrm{Re} = \frac{10 \cdot 0{,}05}{23{,}5 \cdot 10^{-6}} = 21\,277 \text{ (mit } \nu \text{ nach Tafel 1.3.5-11); Pr} = 0{,}71 \text{ (nach Tafel 1.3.5-11)}$$

$$\mathrm{B} = \frac{1}{(5{,}15 \lg (21277) - 4{,}64)^2} = 0{,}00321$$

$$\mathrm{Nu} = \frac{0{,}00321\,(21277 - 1000)\,0{,}71}{1 + 12{,}7 \cdot 0{,}00321^{0{,}5}\,(0{,}71^{0{,}667} - 1)} = 54{,}2$$

$$\alpha_K = \frac{54{,}2 \cdot 0{,}0314}{0{,}05} = 34 \text{ W/(m}^2\text{K) (mit } \lambda \text{ nach Tafel 1.3.5-11).}$$

Der Längeneinfluß bleibt unberücksichtigt ($K_L = 1$).

Berechnung nach Bild 1.3.5-11:

$w \cdot d = 10 \cdot 0{,}05$ m²/s $= 0{,}5$ m²/s $\rightarrow$ Bild 1.3.5-11: $\alpha_K \cdot d \approx 1{,}7$ W/(m²K) m

$$\alpha_K = \frac{1{,}7}{0{,}050} = 34 \text{ W/(m}^2\text{K).}$$

Berechnung nach Näherungsgleichungen:

$$w_0 = 10 \frac{273}{273+100} = 7{,}3 \text{ m/s}$$

$$\alpha_K = \left[4{,}13 + 0{,}23 \frac{100}{100} - 0{,}0077\left(\frac{100}{100}\right)^2\right] \frac{7{,}3^{0{,}75}}{0{,}050^{0{,}25}} = 41 \text{ W/(m}^2\text{K)}$$

$$\alpha_K = 4{,}4 \frac{7{,}3^{0{,}75}}{0{,}050^{0{,}25}} = 41 \text{ W/(m}^2\text{K)}.$$

-2.1.3 Turbulente Strömung von Flüssigkeiten und Gasen in Rohrwendeln

$$\alpha_K = \frac{\text{Nu}\,\lambda}{d} \text{ mit Nu } = \frac{\text{C Re Pr}}{1+12{,}7\text{C}^{0,5}(\text{Pr}^{0{,}667}-1)}; \text{C } = \frac{0{,}0396}{\text{Re}^{0{,}25}} + 0{,}0038\left(\frac{d}{D}\right)^{0{,}5}$$

$$\text{Re} = \frac{wd}{\nu}; D \text{ nach Bild 1.3.5-13; Pr}, \lambda, \nu \text{ bei } t_F$$

Gültigkeitsbereich: $\text{Re} > 2{,}2 \cdot 10^4$; $2 < \text{Pr} < 5$ für Wasser; $\text{Pr} \approx 0{,}7$ für Luft
Auswertung der Gleichungen für Wasser imBild 1.3.5-14.

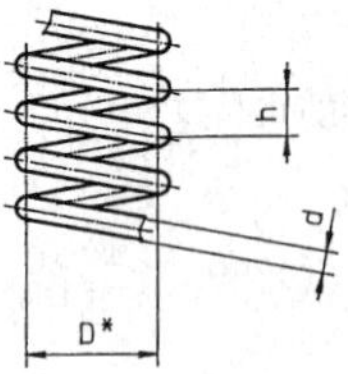

$$\text{D} = \text{D*} + \left(\frac{h}{\pi}\right)^2 \frac{1}{\text{D*}}$$

D ist eine reine Rechengröße zur Bestimmung von C.

Bild 1.3.5-13. Charakteristische Abmessungen einer Rohrwendel

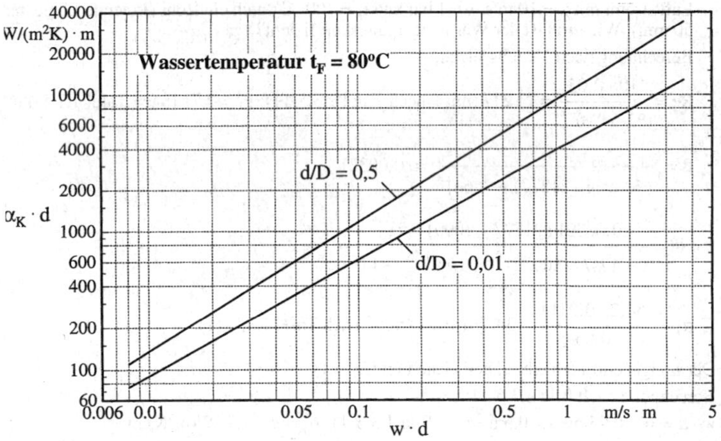

Bild 1.3.5-14. Wärmeübergangskoeffizienten in einer turbulent-wasserdurchströmten Rohrwendel

-2.2 Erzwungene Flüssigkeits- oder Gasströmung um Platten und Rohre

-2.2.1 Längsangeströmte Platten und Rohre

$l_Ü$	m	Überströmlänge nach Bild 1.3.5-15
w_∞	m/s	Geschwindigkeit der unbeeinflußten Umgebung nach Bild 1.3.5-15
t_∞	°C	Fluidtemperatur außerhalb Grenzschicht nach Bild 1.3.5-15

$$\alpha_K = \frac{\mathrm{Nu}\,\lambda}{l_Ü}$$

$$\text{mit Nu} = \left[0{,}441\ \mathrm{Re}\,\mathrm{Pr}^{0,667} + \frac{\mathrm{Re}^{1,6}\,\mathrm{Pr}^2}{[27{,}027 + 66{,}027\ \mathrm{Re}^{-0,1}\,(\mathrm{Pr}^{0,667} - 1)]^2}\right]^{0,5}$$

$$\mathrm{Re} = \frac{w_\infty\, l_Ü}{\nu}\ ;\ \mathrm{Pr},\ \lambda,\ \nu \text{ bei } t_\infty$$

Gültigkeitsbereich: $10 < \mathrm{Re} < 10^7$; $0{,}6 < \mathrm{Pr} < 2000$
Auswertung der Gleichung in Bild 1.3.5-16 und Bild 1.3.5-17.

Weitere Näherungsgleichungen für Luft

$\alpha_K = 6{,}2 + 4{,}2\ w$ in W/(m²K) für $w < 5$ m/s

$\alpha_K = 7{,}15\ w^{0,78}$ in W/(m²K) für $w > 5$ m/s

nach Jürges:

$$\alpha_K = 6{,}4\,\frac{w^{0,8}}{l_Ü^{0,2}} \quad \text{in W/(m}^2\text{K) für Re} > 5 \cdot 10^5,\ t_\infty = 0 \ldots 50\,°\text{C}$$

nach Glück:

$$\alpha_K = 6{,}9\,\frac{w^{0,72}}{l_Ü^{0,26}} \quad \text{in W/(m}^2\text{K) für } w_\infty = 1 \ldots 3 \text{ m/s},\ t_\infty = 20\,°\text{C};\ l_Ü = L = 1 \ldots 10 \text{ m.}$$

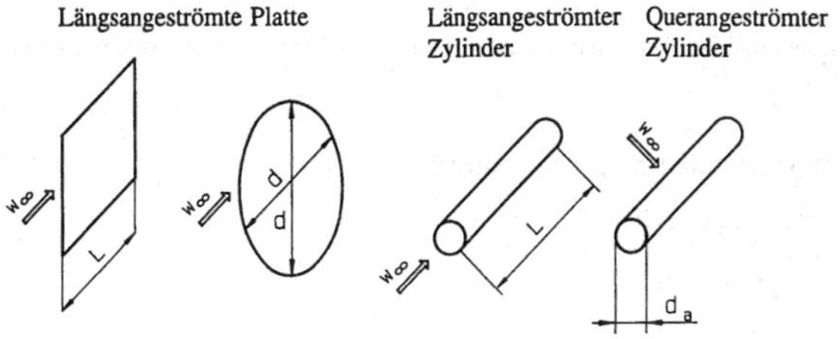

charakteristische Länge: $l = l_Ü$ (Überströmlänge)

$l_Ü = L$ $\quad l_Ü = \frac{\pi}{4}\, d$ $\quad l_Ü = L$ $\quad l_Ü = \frac{\pi}{2}\, d_a$

Geschwindigkeit der unbeeinflußten Umgebung: w_∞

Fluidtemperatur der unbeeinflußten Umgebung: $t_F = t_\infty$

mittlere Wandtemperatur: $t_W = \frac{t_{W,\,Anfang} + t_{W,\,Ende}}{2}$

Bild 1.3.5-15. Charakteristische Parameter für überströmte Teile

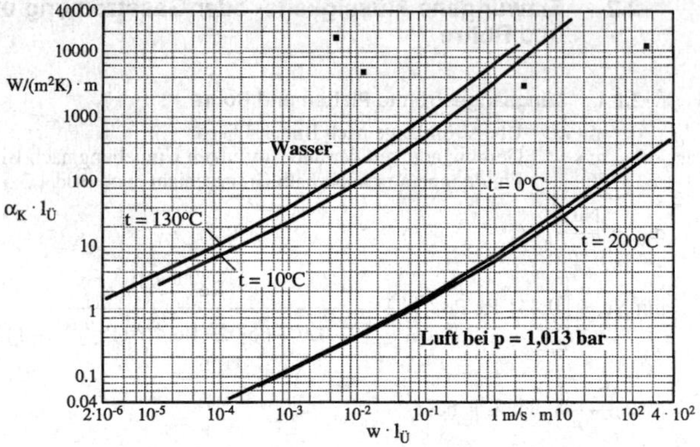

Bild 1.3.5-16. Wärmeübergangskoeffizienten an längsangeströmten Platten und Rohren

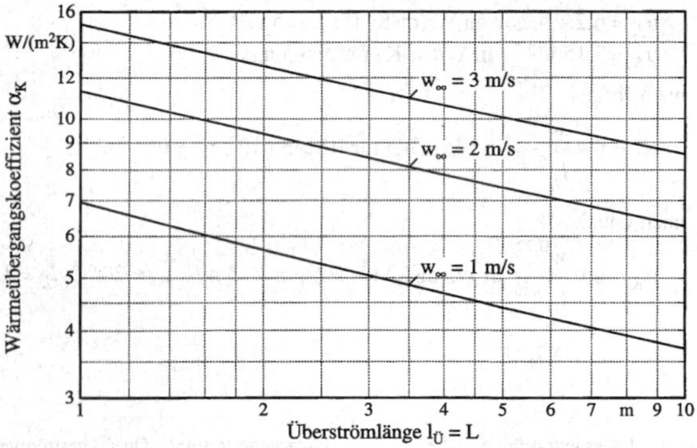

Bild 1.3.5-17. Wärmeübergangskoeffizienten an längsangeströmten Platten und Rohren für Luft bei $p \approx 1$ bar und $t_\infty = 20\,°C$

-2.2.2 Querangeströmte Rohre und Rohrbündel

$l_Ü$	m	Überströmlänge nach Bild 1.3.5-18
w	m/s	Geschwindigkeit nach Bild 1.3.5-18
t	°C	Fluidtemperatur nach Bild 1.3.5-18

Einzelrohr und eine einzelne Rohrreihe (Bild 1.3.5-18)

$$\alpha_K = \frac{\mathrm{Nu}\,\lambda}{l_Ü} \quad \text{mit}$$

$$\mathrm{Nu} = 0{,}3 + \left[0{,}441\,\mathrm{Re}\,\mathrm{Pr}^{0{,}667} + \frac{\mathrm{Re}^{1{,}6}\,\mathrm{Pr}^2}{[27{,}027 + 66{,}027\,\mathrm{Re}^{-0{,}1}\,(\mathrm{Pr}^{0{,}667} - 1)\,]^2}\right]^{0{,}5}$$

$$\mathrm{Re} = \frac{w\,l_Ü}{\nu}\,;\ \mathrm{Pr},\ \lambda,\ \nu \text{ bei } t$$

Gültigkeitsbereich: $10 < \mathrm{Re} < 10^6$; $0{,}6 < \mathrm{Pr} < 1000$

Näherungsweise kann der Wärmeübergangskoeffizient nach Bild 1.3.5-16 bestimmt werden.

Weitere Näherungsgleichungen für Luft gegen Einzelrohr (nach Schack)

$$\alpha_K = \left(4{,}65 + 0{,}35\ \frac{t}{100}\right)\frac{w_0^{0{,}61}}{d^{0{,}39}} \quad \text{in W/(m}^2\text{K)}$$

w_0 m/s Luftgeschwindigkeit des Normvolumens (0 °C, 1,013 bar)

$$\alpha_K = 4{,}8\ \frac{w_0^{0{,}61}}{d^{0{,}39}} \quad \text{in W/(m}^2\text{K)} \quad \text{für } t < 100\,°\text{C}.$$

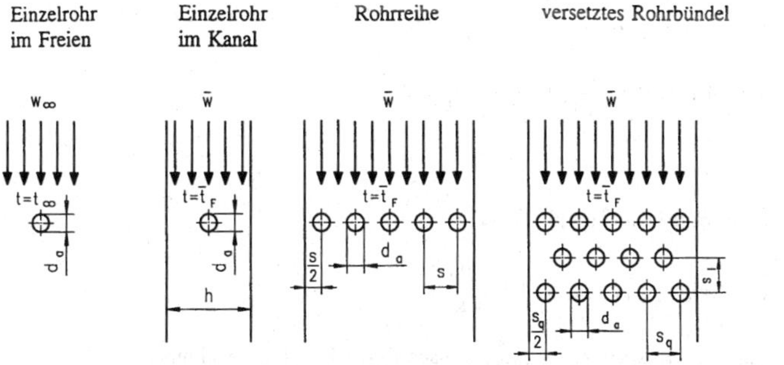

$w = w_\infty$ $\quad w = \dfrac{\bar{w}}{1 - \dfrac{\pi}{4}\dfrac{d_a}{h}}$ $\quad w = \dfrac{\bar{w}}{1 - \dfrac{\pi}{4}\dfrac{d_a}{s}}$ $\quad w = \dfrac{\bar{w}}{1 - \dfrac{\pi}{4}\dfrac{d_a}{s_q}}$, wenn $s_1 \geq d_a$

Für alle Anordnungen gilt: $l_Ü = \dfrac{\pi}{2}\, d_a$ $\quad w = \dfrac{\bar{w}}{1 - \dfrac{\pi}{4}\dfrac{d_a^2}{s_q s_1}}$, wenn $s_1 < d_a$

Bild 1.3.5-18. Charakteristische Parameter für querangeströmte Rohre und Rohrbündel

Beispiel

In einem Wärmetauscher strömt Luft der Temperatur 200 °C über eine einzelne Rohrreihe. Die Luftgeschwindigkeit vor der Rohrreihe beträgt 10 m/s.

Für die Rohrreihe gilt: $d_a = 64$ mm; $s = 130$ mm. Der Wärmeübergangskoeffizient ist zu bestimmen.

Berechnung nach Nußeltgleichung:

$$w = \frac{10}{1 - \dfrac{\pi}{4}\dfrac{0{,}064}{0{,}13}} = 16{,}3 \text{ m/s}; \quad l_Ü = \frac{\pi}{2}\, 0{,}064 = 0{,}1 \text{ m (nach Bild 1.3.5-18)}$$

$$\text{Re} = \frac{16{,}3 \cdot 0{,}1}{35{,}47 \cdot 10^{-6}} = 45\,954 \text{ (mit } \nu \text{ nach Tafel 1.3.5-11); Pr} = 0{,}71 \text{ (nach Tafel 1.3.5-11)}$$

$$\text{Nu} = 0{,}3 + \left[0{,}441 \cdot 45954 \cdot 0{,}71^{0{,}667} + \frac{45954^{1{,}6} \cdot 0{,}71^2}{[27{,}027 + 66{,}027 \cdot 45954^{-0{,}1}(0{,}71^{0{,}667} - 1)]^2}\right]^{0{,}5} = 213$$

$$\alpha_K = \frac{213 \cdot 0{,}038}{0{,}1} = 81 \text{ W/(m}^2\text{K) (mit } \lambda \text{ nach Tafel 1.3.5-11).}$$

Berechnung nach Bild 1.3.5-16:

$w \cdot l_Ü = 1{,}63$ m²/s → Bild 1.3.5-16: $\alpha_K \cdot l_Ü \approx 8$ W/(m²K) · m

$$\alpha_K \approx \frac{8}{0{,}1} = 80 \text{ W/(m}^2\text{K).}$$

Berechnung nach Näherungsgleichung:

$$w_0 = 10 \, \frac{273}{273+200} \, \frac{0{,}130}{0{,}130-0{,}064} = 11{,}4 \text{ m/s (Geschwindigkeit zwischen den Rohren)}$$

$$\alpha_K = \left(4{,}65 + 0{,}35 \, \frac{200}{100}\right) \frac{11{,}4^{0{,}61}}{0{,}064^{0{,}39}} = 69 \text{ W/(m}^2\text{K).}$$

Versetztes Rohrbündel (Bild 1.3.5-18)

$$\alpha_K = (\alpha_K)_{\text{einzelne Rohrreihe}} \cdot \left[1 + \frac{2}{3}\frac{d_a}{s_l}\left(1 - \frac{1}{n}\right)\right]$$

Näherungsweise ist $(\alpha_K)_{\text{einzelne Rohrreihe}}$ nach Bild 1.3.5-16 zu bestimmen.

Weitere Näherungsgleichungen für Luft gegen Rohrbündel (nach Schack)

$$\alpha_K = 1{,}6\,(t + 273)^{0{,}25} \, \frac{w_0^{0{,}61}}{d^{0{,}39}} \, f \quad \text{in W/(m}^2\text{K)}$$

w_0	m/s	Luftgeschwindigkeit des Normvolumens zwischen den Rohren
f		Rohranordnungsfaktor nach Bild 1.3.5-19.

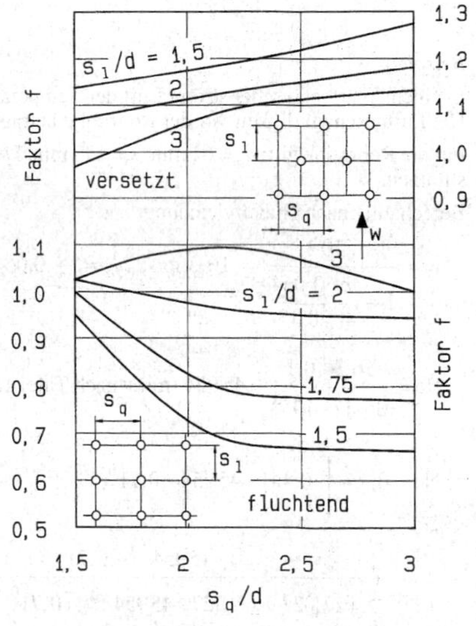

Bild 1.3.5-19. Rohranordnungsfaktor f für Re = 2000

-2.3 Wasser in Behältern und Kesseln

Wasser, nicht siedend und nicht gerührt $\alpha_K = 600 \ldots 2000$ W/(m²K) (freie Strömung)
Wasser, nicht siedend, aber gerührt $\alpha_K = 1000 \ldots 4000$ W/(m²K)
Wasser, siedend bei freier Konvektion $\alpha_K = 2000 \ldots 8000$ W/(m²K)

In allen Fällen steigt α mit der Wandtemperatur und dem Temperaturunterschied zwischen Wasser und Wandung.

-2.4 Freie Strömung an Platten und Rohren

t_∞	°C	Temperatur der unbeeinflußten Umgebung
t_W	°C	Wandtemperatur
t_G	°C	mittlere Grenzschichttemperatur $t_G = (t_\infty + t_W)/2$
Δt	K	Temperaturdifferenz $\Delta t = \lvert t_W - t_\infty \rvert$
H	m	Höhe (Wand, Rohr)
L, B	m	Länge, Breite (Platten)
d_a	m	Außendurchmesser (Rohr)
l	m	charakteristische Länge

-2.4.1 Senkrechte Platten (Wände) und Rohre

$$\alpha_K = \frac{\mathrm{Nu}\,\lambda}{H} \quad \text{mit} \quad \mathrm{Nu} = \left[0{,}825 + 0{,}387\,\mathrm{Ra}^{0{,}167}\left[1 + \left(\frac{0{,}492}{\mathrm{Pr}}\right)^{0{,}563}\right]^{-0{,}296}\right]^2$$

$$\mathrm{Ra} = \frac{9{,}81\,\Delta t\,H^3\,\mathrm{Pr}}{(t_\infty + 273)\,\nu^2} \quad \text{(Ideales Gas; Luft)}$$

$$\mathrm{Ra} = \frac{9{,}81\,H^3\mathrm{Pr}}{\nu^2}\,\frac{\varrho_\infty - \varrho_w}{\varrho_w} \quad \text{(Flüssigkeit); } \lambda, \nu, \mathrm{Pr} \text{ bei } t_G$$

Gültigkeitsbereich: $0 < \mathrm{Ra} < 10^{12}$; $0 < \mathrm{Pr} < \infty$

Darstellung in den Bildern Bild 1.3.5-20 und Bild 1.3.5-21.

Beziehungen gelten näherungsweise auch für *dicke senkrechte Rohre* der Höhe *H*.

Für *dünne, lange Rohre* (Kapillarrohre, Drähte) nähert sich α_K den Werten für *waagerechte Rohre* an.

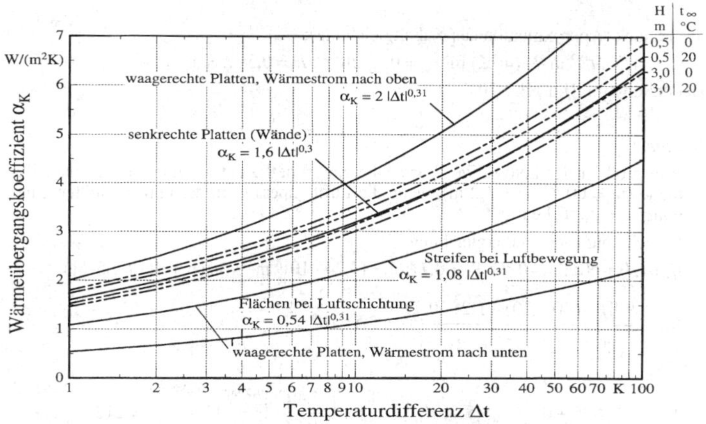

Bild 1.3.5-20. Wärmeübergangskoeffizienten an senkrechten Platten und Rohren (H = 0,5 … 3 m) und an waagerechten Platten in Luft (t_∞ = 0 … 20 °C) in Abhängigkeit der Übertemperatur $\Delta t = \lvert t_W - t_\infty \rvert$. (Im Kühlfall bis etwa Δt = 10 K anwendbar.)

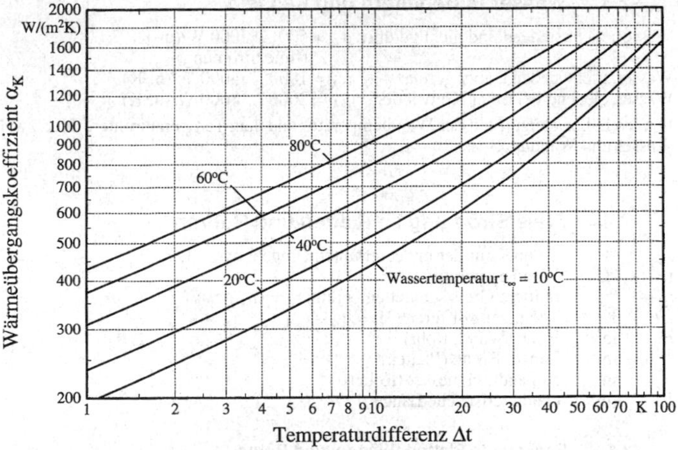

Bild 1.3.5-21. Wärmeübergangskoeffizienten an beheizten senkrechten Platten und Rohren (H= 0,5 m) in Wasser (t_∞ = 10 … 80 °C) in Abhängigkeit der Übertemperatur $\Delta t = (t_W - t_\infty)$

Weitere Näherungsgleichungen für Luft

nach Schmidt-Beckmann, Schack für laminaren Bereich (Höhenabhängigkeit!):

$$\alpha_K = 5{,}6\left[\frac{\Delta t}{(t_\infty + 273)\,H}\right]^{0{,}25} \quad \text{in W/(m}^2\text{K)}$$

$\alpha_K = 1{,}35\,(\Delta t/H)^{0{,}25}$ in W/(m²K) für Lufttemperatur t_∞ = 20 °C

nach Jakob für turbulenten Bereich:

$$\alpha_K = 9{,}7\left[\frac{\Delta t}{(t_\infty + 273)}\right]^{0{,}333} \quad \text{in W/(m}^2\text{K)}$$

$\alpha_K = 1{,}47\,\Delta t^{0{,}333}$ in W/(m²K) für Lufttemperatur t_∞ = 20 °C

nach Glück (Approximation aus Nußeltgleichung):

$\alpha_K = 1{,}6\,\Delta t^{0{,}3}$ in W/(m²K) für t_∞ = 0 … 20 °C; H = 0,5 … 3 m

Darstellung im Bild 1.3.5-20.

Beispiel

Wie groß ist der konvektive Wärmeübergangskoeffizient an einer senkrechten Heizplatte (t_W = 60 °C; H = 1,2 m), wenn die Lufttemperatur in der unbeeinflußten Umgebung t_∞ = 20 °C beträgt?

Berechnung nach Nußeltgleichung:

t_G = (20 + 60)/2 = 40 °C; Pr = 0,71; $\nu = 17{,}26 \cdot 10^{-6}$ m²/s (nach Tafel 1.3.5-11)

$$\text{Ra} = \frac{9{,}81 \cdot (60 - 20) \cdot 1{,}2^3 \cdot 0{,}71}{(20 + 273)\,(17{,}26 \cdot 10^{-6})^2} = 5{,}5 \cdot 10^9$$

$$\text{Nu} = \left[0{,}825 + 0{,}387\,(5{,}5 \cdot 10^9)^{0{,}167}\left[1 + \left(\frac{0{,}492}{0{,}71}\right)^{0{,}563}\right]^{-0{,}296}\right]^2 = 212$$

$$\alpha_K = \frac{212 \cdot 0{,}0272}{1{,}2} = 4{,}8 \text{ W/(m}^2\text{K) (mit } \lambda \text{ nach Tafel 1.3.5-11).}$$

Berechnung nach Näherungsgleichung:

$\alpha_K = 1{,}47 \cdot 40^{0{,}333} = 5{,}0$ W/(m²K)

$\alpha_K = 1{,}6 \cdot 40^{0{,}3} = 4{,}8$ W/(m²K).

-2.4.2 Waagerechte Platten

Die Wärmeübergangskoeffizienten sind stark von den Abmessungen der Heiz- bzw. Kühlfläche, den Einbaubedingungen und der *überlagerten Raumluftströmung* (s. Abschnitt 1.3.5-2.5) abhängig.

$$\alpha_K = \frac{\mathrm{Nu}\,\lambda}{l}\,;\; l = \frac{L\,B}{2\,(L+B)}$$

Wärmestrom nach oben (turbulente Fluidströmung ohne äußeren Einfluß)

$\mathrm{Nu} = 0{,}155\ \mathrm{Ra}^{0{,}333}$

Wärmestrom nach unten (laminare Luftströmung ohne äußeren Einfluß)

$\mathrm{Nu} = 0{,}485\ \mathrm{Ra}^{0{,}2}$

$$\mathrm{Ra} = \frac{9{,}81\,\Delta t\ l^3\,\mathrm{Pr}}{(t_\infty + 273)\,\nu^2}\,;\ \lambda,\ \nu,\ \mathrm{Pr}\ \text{bei}\ t_G.$$

Weitere Näherungsgleichungen für Luft

Wärmestrom nach oben (Fußbodenheizung, Kühldecke)

nach Glück (Approximation aus Nußeltgleichung):

$\alpha_K = 2\,\Delta t^{0{,}31}$ in W/(m²K) für $t_\infty = 0 \dots 20\,°\mathrm{C}$, L oder $B = 0{,}5 \dots 10$ m

Darstellung im Bild 1.3.5-20.

Wärmestrom nach unten (Heizdecke)

nach Glück (Approximation aus Nußeltgleichung):

$\alpha_K = 0{,}5\,\Delta t^{0{,}2}\,l^{-0{,}4}$ in W/(m²K) (Approximation aus Nußeltgleichung; keinerlei Luftbewegung)

nach Glück (Approximation aus Nußeltgleichung nach Michejew):

$\alpha_K = 1{,}08\,\Delta t^{0{,}31}$ in W/(m²K) (Heizstreifen in Hallen bei thermisch bedingter Luftbewegung)

$\alpha_K \leq 0{,}54\,\Delta t^{0{,}31}$ in W/(m²K) (Heizflächen bei stabiler Luftschichtung)

Darstellung im Bild 1.3.5-20.

-2.4.3 Waagerechte Rohre

$$\alpha_K = \frac{\mathrm{Nu}\,\lambda}{d_a}\ \text{mit}\ \mathrm{Nu} = \left[0{,}60 + 0{,}387\ \mathrm{Ra}^{0{,}167}\left[1 + \left(\frac{0{,}559}{\mathrm{Pr}}\right)^{0{,}563}\right]^{-0{,}296}\right]^2$$

$$\mathrm{Ra} = \frac{9{,}81\ \Delta t\ d_a^3\ \mathrm{Pr}}{(t_\infty + 273)\,\nu^2}\ \text{(Ideales Gas; Luft)}$$

$$\mathrm{Ra} = \frac{9{,}81\ d_a^3\ \mathrm{Pr}}{\nu^2}\ \frac{\varrho_\infty - \varrho_W}{\varrho_W}\ \text{(Flüssigkeit)};\ \lambda,\ \nu,\ \mathrm{Pr}\ \text{bei}\ t_G$$

Gültigkeitsbereich: $0 < \mathrm{Ra} < 10^{12}$; $0 < \mathrm{Pr} < \infty$

Darstellung in den Bildern Bild 1.3.5-22 und Bild 1.3.5-23.

Weitere Näherungsgleichungen für Luft

nach Glück (Approximation aus Nußeltgleichung):

$$\alpha_K = 1{,}23\ \frac{\Delta t^{0{,}25 + 0{,}1 d_a}}{d_a^{0{,}25}}\ \text{in W/(m}^2\text{K) für}\ t_\infty = 0 \dots 20\,°\mathrm{C};\ d_a = 0{,}01 \dots 1\ \mathrm{m}$$

Darstellung im Bild 1.3.5-22.

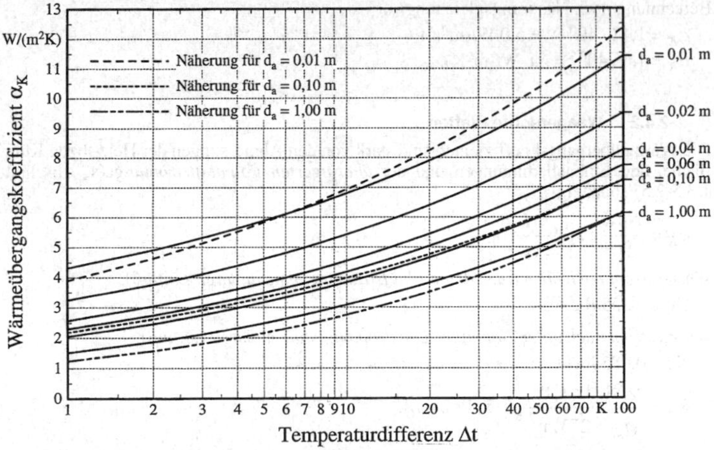

Bild 1.3.5-22. Wärmeübergangskoeffizienten an waagerechten Rohren des Außendurchmessers da in Luft (t_∞ = 0 … 20 °C) in Abhängigkeit der Übertemperatur $\Delta t = |t_W - t_\infty|$. (Im Kühlfall bis etwa Δt =10 K anwendbar.)

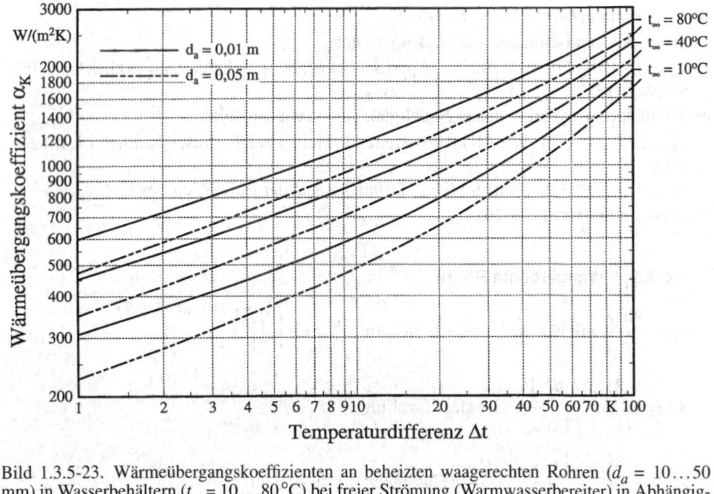

Bild 1.3.5-23. Wärmeübergangskoeffizienten an beheizten waagerechten Rohren (d_a = 10…50 mm) in Wasserbehältern (t_∞ = 10…80 °C) bei freier Strömung (Warmwasserbereiter) in Abhängigkeit der Übertemperatur $\Delta t = (t_W - t_\infty)$

-2.5 Überlagerung freier und erzwungener Konvektion

In praktischen Fällen – z. B. bei Fußboden- oder Deckenheizungen sowie bei Deckenkühlung (vgl. auch α aus Basiskennlinie, Abschnitt 3.2.8-2) – ist der freien Auftriebsströmung die Raumströmung überlagert. Es gilt näherungsweise:

$$Nu = \sqrt[3]{Nu^3_{frei} + Nu^3_{erzwungen}} \quad \text{bzw.} \quad \alpha_K = \sqrt[3]{\alpha^3_{K,\,frei} + \alpha^3_{K,\,erzwungen}}.$$

-2.6 Verdampfung von Wasser in Behältern und Kesseln

Vor Beginn der *Blasenbildung* stellt sich der Wärmeübergang nach den Gesetzen der freien Konvektion ein (vgl. Abschn. 1.3.5-2.3 und -2.4). Bei $p = 1$ bar beginnt ab einer Heizflächenbelastung von $\dot{q} \approx 15$ kW/m² die Blasenbildung (Bild 1.3.5-24).

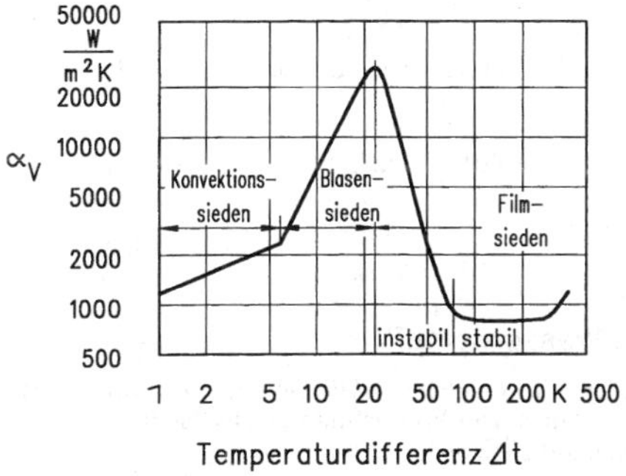

Bild 1.3.5-24. Wärmeübergangskoeffizient an Heizflächen beim Sieden in Abhängigkeit von der Heizflächenübertemperatur Δt für Wasser bei 1 bar

Es gilt für den Wärmeübergangskoeffizienten (Verdampfung)

$$\alpha_V = 2195\, p^{0,29} \left(\frac{\dot{q}}{20\,000} \right)^{0,771 p^{-0,035}} \quad \text{in W/(m}^2\text{K)}$$

und den Temperaturunterschied zwischen Heizfläche und Wasser

$\Delta t = \dot{q} / \alpha_V$ in K.

p bar Druck (1 … 20 bar)

$\dot{q}$ W/m² Heizflächenbelastung (10^4 … 10^6 W/m²)

Darstellung im Bild 1.3.5-25

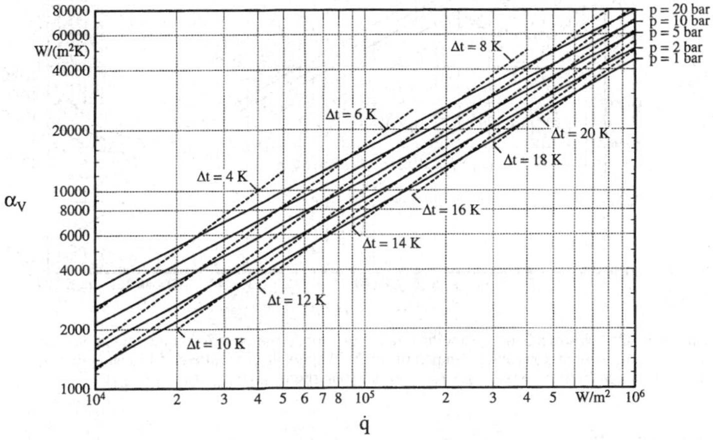

Bild 1.3.5-25. Wärmeübergangskoeffizient bei Verdampfung von Wasser in Abhängigkeit von Heizflächenbelastung und Siededruck mit Angabe der Heizflächenübertemperatur Δt

Bei Belastung über etwa 1000 kW/m² zunächst Instabilität und anschließend zusammenhängende Dampfschicht über der Heizfläche *(Filmverdampfung)*, dabei starkes Abfallen des Wärmeübergangskoeffizienten auf $\alpha_V \approx 1000$ W/(m²K) (bei 1 bar).
Der Wärmeübergang beim Blasensieden hängt außer von $\dot{q}$ und p auch vom Material der Heizwand ab.

Beispiel

Wie groß ist der Wärmeübergangskoeffizient bei einer Belastung von $\dot{q}$ = 100 kW/m² und p = 2 bar?

$$\alpha_V = 2195 \cdot 2^{0,29} \left(\frac{100\,000}{20\,000}\right)^{0,771 \cdot 2^{-0,035}} = 9010 \text{ W/(m}^2\text{K)}; \Delta t = \frac{100\,000}{9010} = 11 \text{ K.}$$

Gleiches Ergebnis folgt aus Bild 1.3.5-25.

-2.7 Kondensation von Wasserdampf[1)]

Kondensiert *ruhender Sattdampf* an einer *senkrechten Kühlfläche* mit *konstanter Wandtemperatur*, so läuft in der Regel ein geschlossener Wasserfilm zunächst laminar (teils mit Wellen) und mit wachsender Filmdicke turbulent ab:

Idealfall, laminar ohne Wellen (Nußelttheorie)

$$\alpha_{Kon,IF} = (7388{,}9 + 57{,}077\ t_F - 151{,}35 \cdot 10^{-3}\ t_F^2 - 29{,}76 \cdot 10^{-6}\ t_F^3)\ [(t_S - t_W)\ H]^{-0,25}$$
in W/(m²K)

Realfall, laminar mit Wellen

$$\alpha_{\text{Kon,lam}} = 1{,}15\ \alpha_{\text{Kon,IF}}$$

Realfall, turbulent

$$\alpha_{\text{Kon,turb}} = (19{,}93 + 1{,}0953\ t_F + 8{,}476 \cdot 10^{-4}\ t_F^2 - 3{,}273 \cdot 10^{-6}\ t_F^3)\ [(t_S - t_W)\ H]^{0,618}$$
in W/(m²K)

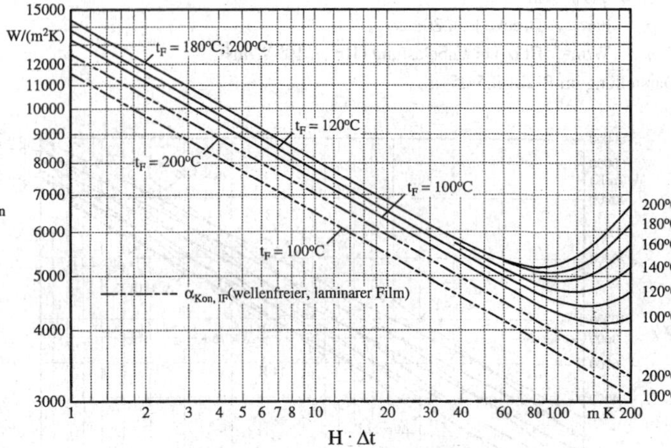

Bild 1.3.5-26. Wärmeübergangskoeffizienten von kondensierendem Sattdampf an senkrechten Wänden und Rohren konstanter Temperatur in Abhängigkeit der mittleren Filmtemperatur t_F und des Parameters $H\,\Delta t$; $t_F = 0{,}5\ (t_W + t_S)$; H freie Ablaufhöhe; $\Delta t = t_S - t_W$

1) Glück, B.: Wärmeübertragung, Wärmeabgabe von Raumheizflächen und Rohren (2. Auflage). Berlin: Verlag für Bauwesen 1990.
VDI-Wärmeatlas (7. Auflage). Düsseldorf: VDI-Verlag 1994.

t_S	°C	Sättigungstemperatur des Dampfes
t_W	°C	Wandtemperatur
t_F	°C	mittlere Fluidtemperatur $t_F = (t_S + t_W)/2$
H	m	Höhe der Kühlfläche.

Berechnung von α_{Kon} an Kühlflächen mit *veränderlicher Wandtemperatur* nur mit Rechenprogramm[1] möglich.

Mittelwert des Wärmeübergangskoeffizienten über die Höhe H:

$$\alpha_{\text{Kon}} = (\alpha^4_{\text{Kon, lam}} + \alpha^4_{\text{Kon, turb}})^{0,25}$$

Auswertung in Bild 1.3.5-26.

Kondensation an waagerechten Rohren

$$\alpha_{\text{Kon, waag}} = 0{,}75\ \alpha_{\text{Kon}} \quad \text{für } H \text{ ist } d_a \text{ einzusetzen}$$

Bündel mit *n* übereinander liegenden Rohren

$$\alpha_{\text{Kon, Bündel}} = \alpha_{\text{Kon, waag}}\ n^{-0,08}.$$

Die *Kondensation von Dämpfen mit Inertgasanteil* führt zu einer starken Reduzierung des Wärmeübergangskoeffizienten (Wärmeübertrager sorgfältig entlüften!).

Tropfenkondensation (kein geschlossener Kondensatfilm) liefert bis $\alpha_{\text{Kon}} = 120\,000$ W/(m²K).

Die *Kondensation von Heißdampf* (überhitzter Dampf) ergibt etwas höhere Wärmeübergangskoeffizienten als bei Sattdampfkondensation infolge der höheren Enthalpiedifferenz $h - h' > h'' - h' = \Delta h_V \equiv r$.

Ist die Wandtemperatur höher als die Sättigungstemperatur ($t_W > t_S$), dann verhält sich der Heißdampf wie ein Gas (Berechnung gemäß Abschnitt 1.3.5-2.1 oder 1.3.5-2.2). Die Wärmeübergangskoeffizienten sind dann bedeutend kleiner als bei Kondensation.

-2.8 Verdunstung und Stoffübergang von Wasser

Für die durch Verdunstung von einer ruhenden Wasserfläche an die Luft übertragene Wassermenge $\dot{m}_W$ gilt mit genügender Genauigkeit (Merkel 1925):

$$\dot{m}_W = \sigma A\,(x_S - x) \quad \text{in kg/h}$$

Verdunstungskoeffizient σ nach Analogie zwischen Wärme- und Stoffübertragung:

$$\sigma \approx \frac{\alpha_K}{c_{p,\,L}} \text{ (Gesetz von Lewis); } \sigma = 25 + 19\,w \text{ in kg/(m}^2\text{h)}$$

$\dot{m}_W$	kg/h	verdunstete Wassermasse
A	m²	Wasseroberfläche
x	kg/kg	Feuchtegehalt der Luft
x_s	kg/kg	Feuchtegehalt der gesättigten Luft bei t_0
w	m/s	Luftgeschwindigkeit
t_0	°C	Temperatur der Wasseroberfläche
t_f	°C	Feuchtkugeltemperatur der Luft
α_K	W/(m²K)	konvektiver Wärmeübergangskoeffizient
$c_{p,\,L}$	J/(kg K)	spezifische Wärmekapazität der Luft.

Die Näherung $\sigma = \alpha_K / c_{p,\,L}$ gilt im Bereich ungesättigter Luft. In Sättigungsnähe treten Abweichungen auf[2]. Die Temperatur der Wasseroberfläche t_0 ist geringer als im Wasserinnern t_i. Bereits in einer nur 1 mm dicken Schicht unterhalb der Wasseroberfläche kann ein Temperaturgefälle von mehreren *K* auftreten. Nach Häussler ist etwa

$$t_0 = t_i - \frac{1}{8}\,(t_i - t_f) \text{ in °C.}$$

Enthalpieänderung der Luft siehe Abschnitt 3.3.4-1.3.1a).

Wasserverdunstung in Schwimmbädern siehe Abschnitt 3.6.9-1.

---

[1]) Glück, B.: Wärmeübertragung, Wärmeabgabe von Raumheizflächen und Rohren (2. Auflage). Berlin: Verlag für Bauwesen 1990.
VDI-Wärmeatlas (7. Auflage). Düsseldorf: VDI-Verlag 1994.

[2]) Reschke, G.; Stach, H.: Luft- und Kältetechnik 4/87, S. 216 ff., und 2/88, S. 100 ff.

-3 Wärmestrahlung

Wärmestrahlung (*Temperatur-* bzw. *Infrarotstrahlung*) wird von festen Körpern, Flüssigkeiten und auch von einigen Gasen emittiert und absorbiert. Es handelt sich um elektromagnetische Wellen im Wellenlängenbereich von 0,8 … 800 μm (Licht: 0,4 … 0,8 μm).

Die *Strahlungsintensität* (Wärmestromdichte je Wellenlängeneinheit) steigt mit der Temperatur und durchläuft in Abhängigkeit der Wellenlänge ein Maximum (Plancksches Strahlungsgesetz; Bild 1.3.5-27). Die Maxima verschieben sich mit zunehmenden Temperaturen zu kleineren Wellenlängen (Wiensches Verschiebungsgesetz). Die auf einen Körper auftreffende Strahlung kann absorbiert (Absorptionsgrad *a*), reflektiert (Reflexionsgrad *r*) oder durchgelassen (Durchlaßgrad *d*) werden (Bild 1.3.5-28). Die Anteile sind vom Stoff, der Oberflächenbeschaffenheit, der Schichtdicke und der Wellenlänge abhängig.

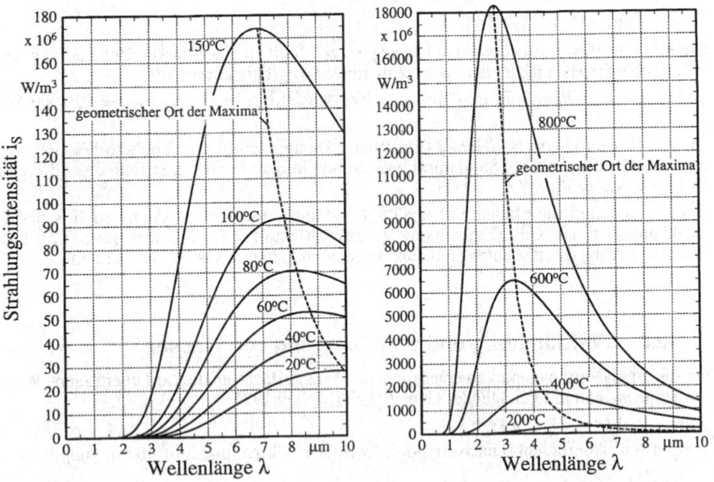

Bild 1.3.5-27. Strahlungsintensität des schwarzen Körpers

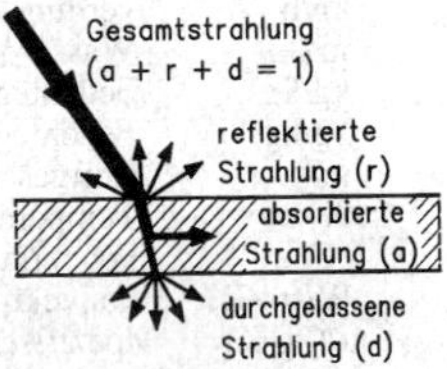

Bild 1.3.5-28. Mögliche Aufteilung auftreffender Strahlung (rauhe Oberfläche bewirkt diffuse Strahlung)

-3.1 Stefan-Boltzmannsches Gesetz, Emissionsgrad

Die *Gesamtstrahlungsenergie (Emission)* einer *schwarzen* Oberfläche beträgt

$$\dot{E}_S = \sigma\, T^4 A \quad \text{in W}$$

bzw. auf die Fläche bezogen

$$\dot{e}_S = \frac{\dot{E}_S}{A} = \sigma\, T^4 \quad \text{in W/m}^2.$$

$\dot{E}_S$	W	Gesamtstrahlungsenergie
T	K	absolute Temperatur
A	m²	Emissionsfläche
$\dot{e}_S$	W/m²	Gesamtstrahlungsenergie je Flächeneinheit

Strahlungskonstante:

$\sigma = 5{,}67 \cdot 10^{-8}$ W/(m²K⁴).

Reale Strahler emittieren weniger Energie. Für den *grauen Strahler* gilt mit dem *Emissionsgrad* $\varepsilon < 1$ (siehe Tafel 1.3.5-12):

$\dot{E} = \varepsilon\, \sigma\, T^4 A$ in W bzw. $\dot{e} = \varepsilon\, \sigma\, T^4$ in W/m².

Farben nehmen nur wenig Einfluß auf den Emissionsgrad. Aluminiumbronze und blanke Metalle haben sehr geringe Werte. Glas ist für die kurzwellige Lichtstrahlung durchlässig (Größe von Glasart abhängig), jedoch nicht für die langwellige Wärmestrahlung.

Tafel 1.3.5-12 Emissionsgrade ε verschiedener Stoffe

Stoff	Temperatur °C	ε	Stoff	Temperatur °C	ε
Metalle			**Nichtmetalle**		
Aluminium, walzblank	170	0,049	Papier	0	0,92
poliert	100	0,12		93	0,94
Chrom, poliert	150	0,071	Beton, rauh	0 bis 93	0,94
Kupfer, poliert	20	0,038	Ziegelstein, rot	0 bis 93	0,93
oxidiert	130	0,73	Gips	20	0,82
Eisen und Stahl, hochglanzpoliert	177	0,066	Glas	20	0,87
Eisenblech, rot angerostet	20	0,62	Holz, Eiche	0 bis 93	0,90
stark verrostet	19	0,67	Buche	70	0,91
Stahlblech, dicke rauhe Oxidschicht	24	0,78	Ton, gebrannt	70	0,86
Gußeisen, flüssig	1300	0,29	Wasser, Eis, Reif	0	0,92
Nickel, poliert	100	0,053	**Anstriche**		
			Ölfarbe, weiß	93	0,94
			rot	93	0,97
			schwarz	93	0,92
			grün	93	0,95
			Heizkörperanstrich	100	0,93
			Aluminiumbronze	100	0,3

-3.2 Kirchhoffsches Gesetz, Absorptionsgrad

Der Emissionsgrad ε eines Strahlers ist identisch mit seinem Absorptionsgrad a bei gleicher Temperatur. Diese Aussage gilt für den schwarzen und grauen Strahler gleichermaßen.

Hinweis: Bei *solarer Strahlung* (Infrarotanteil nur ca. 44%) ist der Absorptionsgrad a aus Angaben für die Albedo ermittelbar. Er ist stark von der Oberflächenstruktur und der Farbe abhängig:
Weißlack $a \approx 0{,}2$; Dachpappe $a > 0{,}9$; Beton $a \approx 0{,}6$; Neuschnee $a \approx 0{,}1$; Gras $a \approx 0{,}9$.

-3.3 Lambertsches Kosinusgesetz

Der Energiestrom in Normalenrichtung $\dot{E}_n$ (senkrecht zur Emissionsfläche A) beträgt

$$\dot{E}_n = \frac{\dot{E}}{\pi},$$

im Winkel β zur Normalen gilt

$$\dot{E}_\beta = \dot{E}_n \cos\beta.$$

Dadurch erscheint eine strahlende Kugel als Kreisscheibe mit gleicher Helligkeit.

-3.4 Strahlungsaustausch

-3.4.1 Körper mit Umhüllung

Der *Wärmestrom,* der von Körper 1 an seine Umhüllung 2 (Bild 1.3.5-29) übertragen wird, beträgt

$$\dot{Q}_1 = C_{1,2}\,(T_1^4 - T_2^4)\,A_1 \text{ in W}; \quad \dot{q}_1 = \frac{\dot{Q}_1}{A_1} = C_{1,2}\,(T_1^4 - T_2^4) \text{ in W/m}^2$$

$$C_{1,2} = \frac{5{,}67 \cdot 10^{-8}}{\dfrac{1}{\varepsilon_1} + \dfrac{A_1}{A_2}\left(\dfrac{1}{\varepsilon_2} - 1\right)} \text{ W/(m}^2\text{K}^4)$$

$\dot{Q}$	W	Wärmestrom
$\dot{q}$	W/m²	Wärmestromdichte
A	m²	Fläche
T	K	absolute Temperatur
$C_{1,2}$	W/(m²K⁴)	Strahlungskoeffizient
ε		Emissionsgrad.

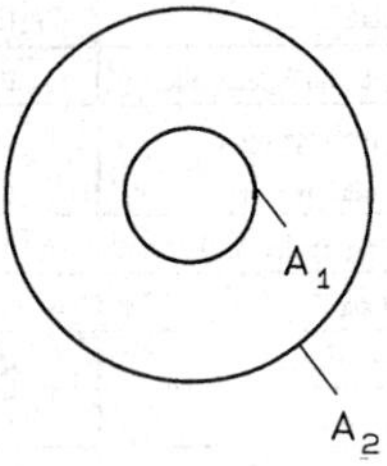

Bild 1.3.5-29. Innen- und Mantelrohr (unendlich lang)

Sonderfälle

$A_1 \approx A_2$ (z. B. geringer Abstand zwischen Innenrohr und Mantelrohr)

$$C_{1,2} = \frac{5{,}67 \cdot 10^{-8}}{\dfrac{1}{\varepsilon_1} + \dfrac{1}{\varepsilon_2} - 1} \text{ W/(m}^2\text{K}^4)$$

$A_1 \ll A_2$ (z. B. Heizrohr in einem großen Raum)

$C_{1,2} = 5{,}67 \cdot 10^{-8}\,\varepsilon_1$ W/(m²K⁴).

Parallele, unendlich große Platten $A_1 = A_2$

$$C_{1,2} = \frac{5{,}67 \cdot 10^{-8}}{\dfrac{1}{\varepsilon_1} + \dfrac{1}{\varepsilon_2} - 1} \text{ W/(m}^2\text{K}^4).$$

Beispiel

Ein ungedämmtes, mit Aluminiumbronze gestrichenes Heizrohr ($d_a = 0{,}057$ m; $t = 90\,°C$; $L = 10$ m) ist an der Decke eines Kellerganges (Umfang des Querschnitts $U = 8$ m; $t = 18\,°C$) verlegt. Wie groß ist der Strahlungswärmeverlust?

$\varepsilon_1 = 0{,}3$; $\varepsilon_2 = 0{,}94$ (nach Tafel 1.3.5-12)

$A_1 = d_a \pi L = 0{,}057 \cdot \pi \cdot 10 = 1{,}79$ m²; $A_2 = U\,L = 8 \cdot 10 = 80$ m²

wegen $A_1 \ll A_2$:

$C_{1,2} = 5{,}67 \cdot 10^{-8} \cdot 0{,}3 = 1{,}7 \cdot 10^{-8}$ W/(m²K⁴)

$\dot{Q}_1 = 1{,}7 \cdot 10^{-8}\,[(90 + 273)^4 - (18 + 273)^4]\,1{,}79 = 310$ W.

-3.4.2 Zwei Flächen in beliebiger Lage

Stehen zwei endlich große Flächen im Raum gegenüber (Bild 1.3.5-30), so trifft nur ein Teil der emittierten Strahlung die Gegenfläche, der Rest tritt durch die gestrichelt gezeichneten Begrenzungsflächen.

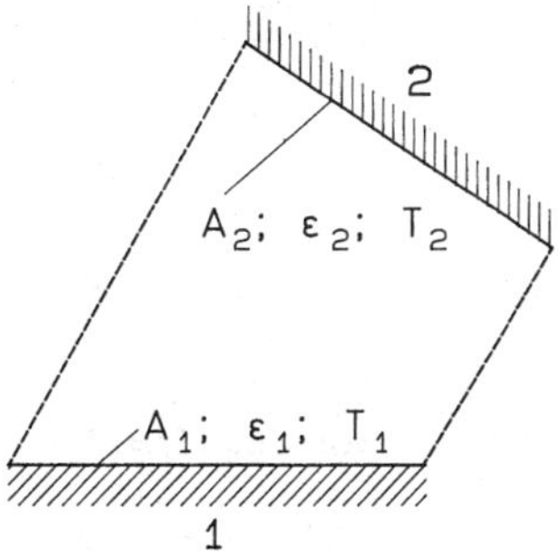

Bild 1.3.5-30. Zwei Oberflächen in beliebiger Lage im Strahlungsaustausch

Der zwischen A_1 und A_2 übertragene Wärmestrom beträgt näherungsweise

$$C_{1,2} = \varepsilon_1\, \varepsilon_2\, 5{,}67 \cdot 10^{-8}\ \mathrm{W/(m^2K^4)}$$

$$\dot{Q}_{1,2} = C_{1,2}\, \Phi_{1,2}\, (T_1^4 - T_2^4)\, A_1 \text{ in W}$$

mit der *Einstrahlzahl* $\Phi_{1,2}$ (siehe Abschnitt 1.3.5-3.6).

Die Näherung bezieht sich auf die Annahme eines nur bilateralen Strahlungsaustausches zwischen den Flächen 1 und 2, nahe bei Eins liegender Emissionskoeffizienten ε_1 und ε_2 sowie des Nichtbeachtens des reflektierten Strahlungsanteiles (genauere Rechnung: Abschnitt 1.3.5-3.7).

-3.5 Gasstrahlung

Elementare Gase wie O_2, N_2, H_2, trockene Luft und Edelgase sind diatherm, d.h. für die Wärmestrahlung durchlässig. Andere Gase und Dämpfe wie H_2O, CO, CO_2, SO_2, NH_3 absorbieren und emittieren in bestimmten Wellenlängenbereichen die Strahlung mit unterschiedlicher Intensität *(selektive Strahler)*. Die Beladung mit Staub- oder Rußteilchen (entstehen zwischenzeitlich bei der Verbrennung aus der Gasphase der Kohlenwasserstoffe; gelbes Leuchten) verstärkt die Strahlung der Gase beträchtlich.

-3.6 Einstrahlzahl

Die Einstrahlzahl ist eine dimensionslose, geometrisch ableitbare Größe, die angibt, welcher Anteil der von einer Fläche emittierten Strahlung die jeweils betrachtete Gegenfläche trifft. Mitunter wird die Einstrahlzahl auch Formfaktor genannt.

Nach Bild 1.3.5-31 strahlt ein Flächenteilchen dA_i in den darüberliegenden Halbraum *(Gesamtstrahlung)*, wobei nur die innerhalb des Strahlungskegels emittierte Strahlung die Fläche A_j trifft *(Teilstrahlung)*. Das Verhältnis dieser Teilstrahlung zur Gesamtstrahlung wird als Einstrahlzahl $\varphi_{i,j}$ des Flächenteilchens *i* auf die Fläche *j* bezeichnet. Die Reihenfolge der Indizes kennzeichnet den betrachteten Strahlengang. Es ist zweckmäßig, bezogen auf die emittierenden Flächen, folgende Einstrahlzahlen zu unterscheiden:

- von Flächenelementen auf Flächen $\varphi_{i,j}$ (Bild 1.3.5-31)
- von Flächen auf Flächen $\Phi_{i,j}$ (Es handelt sich hierbei um einen Mittelwert von $\varphi_{i,j}$, gebildet über die Fläche *i*.)
- von Kugelelementen auf Flächen $\varphi^\circ_{i,j}$.

Bei konkav gekrümmten Flächen oder bei geknickten Flächen mit einem Winkel < 180° tritt eine Eigenbestrahlung auf. Somit existieren auch Einstrahlzahlen $\Phi_{i,i}$ usw.

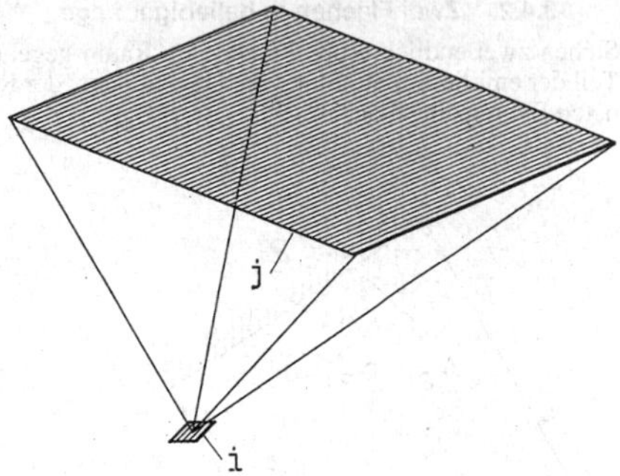

Bild 1.3.5-31. Geometrische Veranschaulichung der Einstrahlzahl $\varphi_{i.j}$; Flächenelement i – Fläche j

Berechnungsgleichungen für einfache Fälle nach Bild 1.3.5-32, weitere nach Spezialliteratur[1].

Die Einstrahlzahlen wichtiger Anwendungsfälle sind aus Bild 1.3.5-33 bis Bild 1.3.5-36 entnehmbar, eine Zusammenstellung für einen quaderförmigen Raum ist in Tafel 1.3.5-13 gegeben, einfache Umrechnungsgesetze enthält Bild 1.3.5-37.

Einstrahlzahlen von Menschen auf Flächen sind von der Stand- oder Sitzpositionen abhängig[2]. Überschläglich sind die Einstrahlzahlen kugelförmiger Elemente in 1 m Höhe einsetzbar. Für Wärmeaustauschrechnungen der Schädeldecke sind die Einstrahlzahlen horizontaler Flächenelemente zu verwenden.

Flächenelement 1 parallel zur Rechteckfläche 2

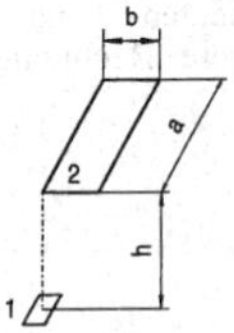

$$\bar a = \frac{a}{h} \qquad \bar b = \frac{b}{h}$$

$$\varphi_{1,2} = \frac{1}{2\pi}\left(\frac{\bar a}{\sqrt{\bar a^2+1}}\arctan\frac{\bar b}{\sqrt{\bar a^2+1}} + \frac{\bar b}{\sqrt{\bar b^2+1}}\arctan\frac{\bar a}{\sqrt{\bar b^2+1}}\right)$$

Flächenelement 1 senkrecht zur Rechteckfläche 2

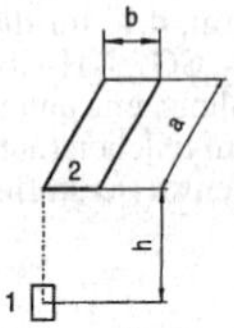

$$\bar a = \frac{a}{h} \qquad \bar b = \frac{b}{h}$$

$$\varphi_{1,2} = \frac{1}{2\pi}\left(\arctan \bar b - \frac{1}{\sqrt{\bar a^2+1}}\arctan\frac{\bar b}{\sqrt{\bar a^2+1}}\right)$$

Kugelförmiges Element 1 senkrecht unter Rechteckfläche 2

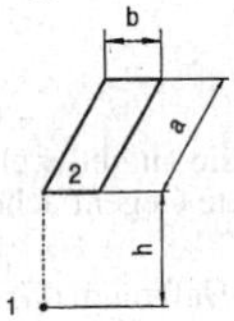

$$\bar a = \frac{a}{h} \qquad \bar b = \frac{b}{h}$$

$$\varphi^{\circ}_{1,2} = \frac{1}{4\pi}\arctan\frac{\bar a\,\bar b}{\sqrt{\bar a^2+\bar b^2+1}}$$

Bild 1.3.5-32. Berechnungsgleichungen für Einstrahlzahlen einfacher Fälle

[1]) VDI-Wärmeatlas (7. Auflage). Düsseldorf: VDI-Verlag 1994.
Kollmar, A.; Liese, W.: Strahlungsheizung (4. Auflage). München: Oldenbourg 1957.
Glück, B.: Ges.-Ing. 2/86, S. 98 ff., und Strahlungsheizung – Theorie und Praxis. Berlin: Verlag für Bauwesen, Karlsruhe: Verlag C. F. Müller 1981.
Siegel, R., Howell, J. R., Lohrengel, J.: Wärmeübertragung durch Strahlung, Teil 2: Strahlungsaustausch zwischen Oberflächen und Umhüllungen. Berlin/Heidelbergh/New York: Springer-Verlag 1991.

[2]) Fanger, O. P.: Thermal Comfort – Analysis and Applications in Environmental Engineering. New York: McGraw-Hill Books Co 1973.

Tafel 1.3.5-13 Einstrahlzahl $\Phi_{i,j}$ der Deckenfläche i auf die übrigen Raumflächen j im rechtwinkligen Raum mit der Grundfläche $a \cdot b$ und der Höhe h [nach Kollmar]

Raumverhältnis			Flächeneinstrahlzahl $\Phi_{i,j}$		
Seite	Seite	Höhe	Parallele Fläche, Boden	Rechtwinkelige Fläche, Wände	
a	b	h	a b	a h	b h
1	1	0,5	0,416	0,146	0,146
1	2	0,5	0,507	0,079	0,167
1	3	0,5	0,541	0,054	0,175
1	4	0,5	0,562	0,039	0,180
1	1	1	0,200	0,200	0,200
1	2	1	0,292	0,116	0,240
1	3	1	0,323	0,084	0,255
1	4	1	0,345	0,062	0,266
1	1	2	0,072	0,232	0,232
1	2	2	0,115	0,150	0,292
1	3	2	0,150	0,107	0,318
1	4	2	0,168	0,082	0,334
1	1	3	0,031	0,242	0,242
1	2	3	0,0612	0,158	0,310
1	3	3	0,079	0,128	0,333
1	4	3	0,097	0,092	0,360
1	1	4	0,028	0,243	0,243
1	2	4	0,034	0,169	0,314
1	3	4	0,049	0,132	0,344
1	4	4	0,064	0,102	0,366

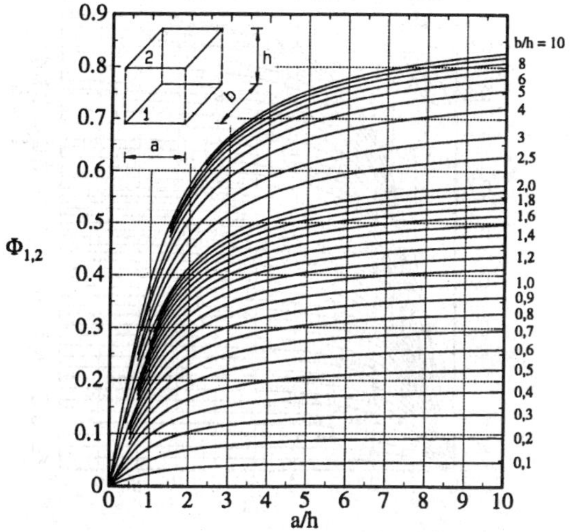

Bild 1.3.5-33. Einstrahlzahl einer Rechteckfläche 1 auf eine dazu gleich große parallel liegende Rechteckfläche 2

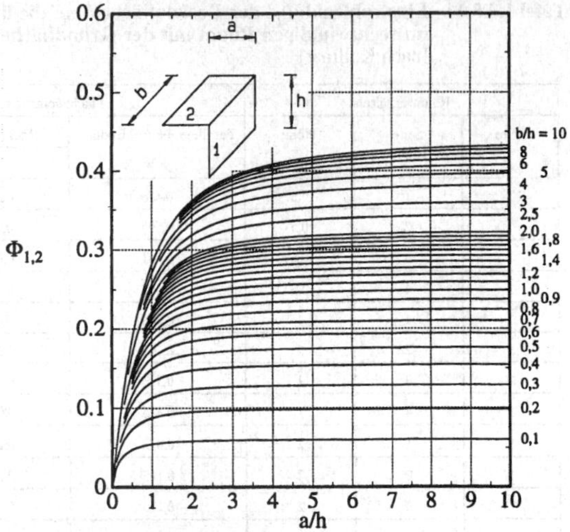

Bild 1.3.5-34. Einstrahlzahl einer Rechteckfläche 1 auf eine dazu senkrecht stehende Rechteckfläche 2 gleicher Länge

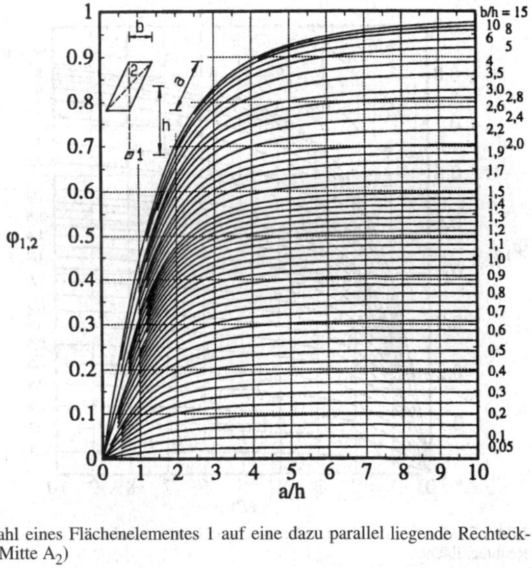

Bild 1.3.5-35. Einstrahlzahl eines Flächenelementes 1 auf eine dazu parallel liegende Rechteckfläche 2 (Element 1 unter Mitte A_2)

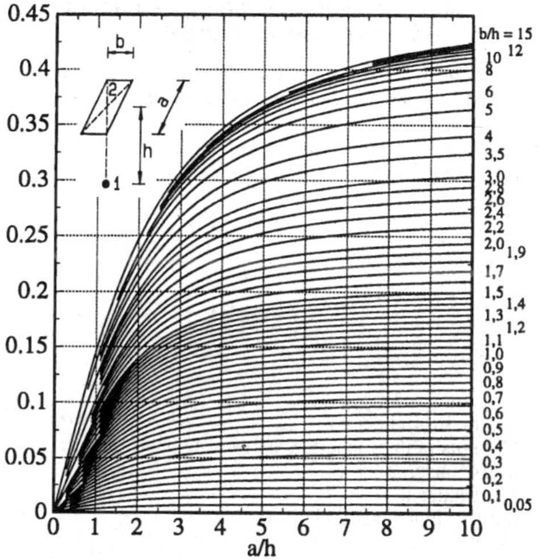

Bild 1.3.5-36. Einstrahlzahl eines kugelförmigen Elementes 1 auf eine Rechteckfläche 2 (Element 1 unter Mitte A_2)

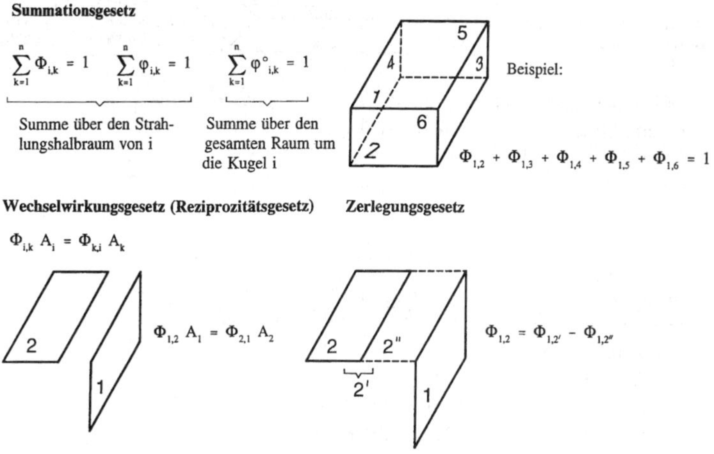

Bild 1.3.5-37. Umrechnungsgesetze für Einstrahlzahlen

-3.7 Strahlungsaustausch zwischen den Oberflächen geschlossener Räume (Bruttomethode)[1]

Der von der Fläche i abgegebene Wärmestrom je Flächeneinheit berechnet sich im Falle annähernd gleicher Emissionskoeffizienten aller Umfassungsflächen zu

$$\dot{q}_i = \dot{e}_i - \varepsilon_i \sum_{j=1}^{n} \Phi_{i,j} \, [\dot{e}_j + (1 - \varepsilon_j)\dot{f}_{mittel}]$$

$$\dot{f}_{mittel} = \frac{\sum_{i=1}^{n} \dot{e}_i A_i}{\sum_{i=1}^{n} \varepsilon_i A_i}$$

$\dot{q}$	W/m²	Wärmestromdichte
$\dot{e}$	W/m²	Gesamtstrahlungsenergie je Flächeneinheit
ε		Emissionsgrad
Φ		Einstrahlzahl
$\dot{f}_{mittel}$	W/m²	mittlere Flächenhelligkeit
A	m²	Fläche.

Beispiel

Der in Bild 1.3.5-38 dargestellte Büroraum ist mit einer Fußbodenheizung (Fläche 1) ausgestattet. Die Fläche 2 stellt eine Außenwand mit Fensteranteil dar, und Fläche 3 verkörpert die innere Umfassung. Der von Fläche 1 abgegebene spezifische Strahlungswärmestrom ist zu berechnen.

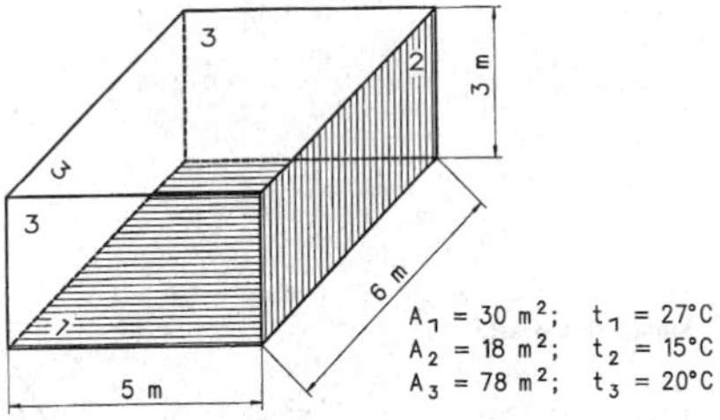

Bild 1.3.5-38. Raumgeometrie für Beispielrechnung

Emissionsgrade nach Tafel 1.3.5-12:

Fläche 1 (Parkett)	$\varepsilon_1 = 0{,}9$
Fläche 2 (Glas: $\varepsilon = 0{,}87$ Tapete: $\varepsilon = 0{,}93$)	$\varepsilon_2 = 0{,}9$
Fläche 3 Tapete:	$\varepsilon_3 = 0{,}93$

Einstrahlzahlen:

	$\Phi_{1,1} = 0$
nach Bild 1.3.5-34 mit $b/h = 1{,}2$ und $a/h = 0{,}6$:	$\Phi_{1,2} = 0{,}17$
nach Bild 1.3.5-37:	$\Phi_{1,3} = 1 - 0{,}17 - 0 = 0{,}83$

nach Abschnitt 1.3.5-3.1:

$$\dot{e}_1 = 5{,}67 \cdot 10^{-8} \cdot 0{,}9 \cdot (27 + 273)^4 = 413{,}3 \text{ W/m}^2$$

$$\dot{e}_2 = 5{,}67 \cdot 10^{-8} \cdot 0{,}9 \cdot (15 + 273)^4 = 351{,}1 \text{ W/m}^2$$

$$\dot{e}_3 = 5{,}67 \cdot 10^{-8} \cdot 0{,}93 \cdot (20 + 273)^4 = 388{,}6 \text{ W/m}^2$$

[1] Glück, B.: Wärmeübertragung, Wärmeabgabe von Raumheizflächen und Rohren (2. Auflage). Berlin: Verlag für Bauwesen 1990.

nach Abschnitt 1.3.5-3.7:

$$\dot{f}_{mittel} = \frac{413{,}3 \cdot 30 + 351{,}1 \cdot 18 + 388{,}6 \cdot 78}{0{,}9 \cdot 30 + 0{,}9 \cdot 18 + 0{,}93 \cdot 78} = 423{,}6 \text{ W/m}^2$$

$$\dot{q}_1 = 413{,}3 - 0{,}9 \cdot \{0{,}17 \cdot [351{,}1 + (1 - 0{,}9) \cdot 423{,}6] + 0{,}83 \cdot [388{,}6 + (1 - 0{,}93) \cdot 423{,}6]\}$$

$$\dot{q}_1 = 40{,}7 \text{ W/m}^2.$$

-3.8 Wärmeübergangskoeffizient beim Strahlungswärmeaustausch

Bei Wärmetransportvorgängen von einer Wand W an ein wärmestrahlungsdurchlässiges Fluid F (z. B. Luft) treten Konvektion und Strahlung parallel auf, da die betrachtete Wand mit anderen Oberflächen der Umgebung U zusätzlich im Strahlungsaustausch steht. Vereinfacht kann der Wärmestrom infolge Strahlung in Form von

$$\dot{q}_S = \alpha_S \, (t_W - t_U)$$

dargestellt werden. Für $t_U \approx t_F$ folgt der gemeinsame Wärmestrom:

$$\dot{q} = \dot{q}_K + \dot{q}_S = (\alpha_K + \alpha_S)\,(t_W - t_F).$$

Der Strahlungswärmeübergangskoeffizient berechnet sich zu

$$\alpha_S = C\,b.$$

$\dot{q}$	W/m^2	Wärmestromdichte
α_S	$W/(m^2K)$	Strahlungswärmeübergangskoeffizient
α_K	$W/(m^2K)$	Konvektionswärmeübergangskoeffizient
t	°C	Temperatur
C	$W/(m^2K^4)$	Strahlungskoeffizient
b	K^3	Temperaturfaktor (Bild 1.3.5-39)
T	K	absolute Temperatur.

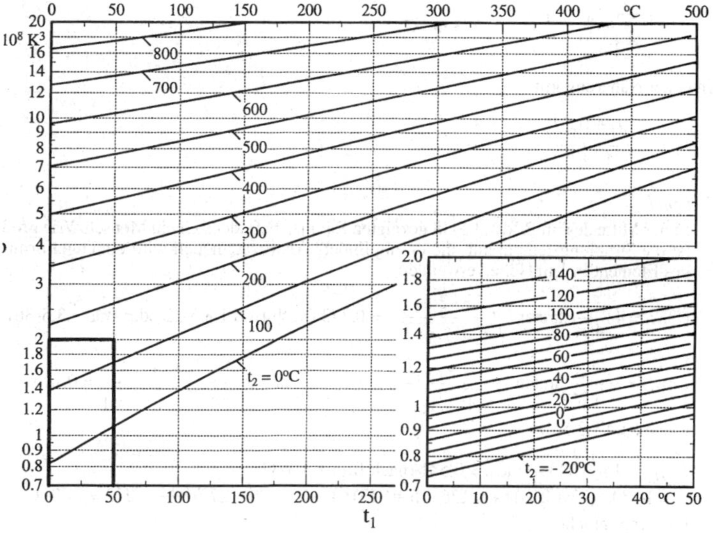

Bild 1.3.5-39. Temperaturfaktor $b = \dfrac{T_1^4 - T_2^4}{t_1 - t_2}$ in K^3

Der Strahlungskoeffizient ist von der Lage der im Strahlungsaustausch stehenden Oberflächen abhängig (Abschnitt 1.3.5-3.4).

Unterscheidet sich t_U von t_F und soll dennoch die Gleichung

$$\dot{q} = (\alpha_K + \alpha_S)\,(t_W - t_F)$$

angewendet werden, so gilt:

$$b = \frac{T_W^4 - T_U^4}{t_W - t_F}.$$

-3.9 Strahlungstemperatur der Umgebung

Die Strahlungstemperatur der Umgebung t_U faßt die unterschiedlichen Oberflächentemperaturen der mit einem Flächenelement oder einer Fläche im Strahlungsaustausch stehenden Umgebung so zusammen, daß die gesamte Umgebung (Summe der Einstrahlzahlen gleich Eins) als eine einheitliche Hüllfläche der Temperatur t_U aufgefaßt werden kann. Die exakte Ableitung gründet sich jedoch auf die Flächenhelligkeiten[1]).

Vereinfacht gilt für die Strahlungstemperatur der Umgebung bezogen auf:

Flächenelement *i*

$$t_U = \left(\sum_{j=1}^{n} \varphi_{i,j}\, T_j^4\right)^{0,25} - 273 \text{ in °C}$$

Fläche *i*

$$t_U = \left(\sum_{j=1}^{n} \Phi_{i,j}\, T_j^4\right)^{0,25} - 273 \text{ in °C}$$

Kugelelement *i*

$$t_U = \left(\sum_{j=1}^{n} \varphi^{\circ}_{i,j}\, T_j^4\right)^{0,25} - 273 \text{ in °C}.$$

In erster Näherung gilt

$$t_U \approx \frac{A_1\, t_1 + A_2\, t_2 + \ldots + A_n\, t_n}{A_1 + A_2 + \ldots + A_n}.$$

Beispiel

In der Mitte des im Bild 1.3.5-38 gezeigten Raumes befindet sich ein Mensch. Wie groß ist die Strahlungstemperatur, die er empfindet? Als Ersatzmodell wird ein kugelförmiges Element in 1 m Höhe verwendet:

$$\varphi^{\circ}_{M,1} = 4\,\frac{1}{4\,\pi}\,\arctan\frac{3 \cdot 2{,}5}{\sqrt{3^2 + 2{,}5^2 + 1}} = 0{,}343 \text{ (nach Bild 1.3.5-32 oder Bild 1.3.5-36)}$$

$$\varphi^{\circ}_{M,2} = 2\,\frac{1}{4\,\pi}\,\arctan\frac{0{,}4 \cdot 1{,}2}{\sqrt{0{,}4^2 + 1{,}2^2 + 1}} + 2\,\frac{1}{4\,\pi}\,\arctan\frac{0{,}8 \cdot 1{,}2}{\sqrt{0{,}8^2 + 1{,}2^2 + 1}} = 0{,}126$$

(nach Bild 1.3.5-32)

$\varphi^{\circ}_{M,3} = 1 - 0{,}343 - 0{,}126 = 0{,}531$ (nach Bild 1.3.5-37)

$t_U = [0{,}343\,(27 + 273)^4 + 0{,}126\,(15 + 273)^4 + 0{,}531\,(20 + 273)^4]^{0,25} - 273 = 21{,}9\,°C$

oder vereinfacht:

$$t_U = \frac{30 \cdot 27 + 18 \cdot 15 + 78 \cdot 20}{30 + 18 + 78} = 21{,}0\,°C.$$

[1]) Glück, B.: Ges.-Ing. 6/97 S. 305 ff.

-4 Wärmedurchgang

-4.1 Grundgleichungen

Fließt zwischen dem Fluid (i) und dem Fluid (a), die durch eine feste Wand getrennt sind, auf Grund eines Temperaturunterschiedes ein Wärmestrom, so spricht man von Wärmedurchgang:

ebene Wand

$$\dot{Q} = k\,A\,\Delta t \quad \text{in W}$$

bzw. auf die Fläche bezogen

$$\dot{q} = \frac{\dot{Q}}{A} = k\,\Delta t \quad \text{in W/m}^2$$

$\dot{Q}$	W	Wärmestrom
$\dot{q}$	W/m²	Wärmestromdichte
k	W/(m²K)	Wärmedurchgangskoeffizient
A	m²	Fläche
t	°C	Temperatur
Δt	K	Temperaturdifferenz $\Delta t = t_i - t_a$

zylindrische Wand (Rohr)

$$\dot{Q} = k_R\,L\,\Delta t \quad \text{in W}$$

bzw. auf die Länge bezogen

$$\dot{q}^* = \frac{\dot{Q}}{L} = k_R\,\Delta t \quad \text{in W/m}$$

L	m	Zylinder-(Rohr-)länge
k_R	W/(m K)	Wärmedurchgangskoeffizient eines Rohres
$\dot{q}^*$	W/m	Wärmestrom pro 1 m Länge.

-4.2 Wärmedurchgangskoeffizient

In die Berechnung des Wärmedurchgangskoeffizienten gehen die inneren und äußeren Wärmeübergangskoeffizienten ein. Sind die Fluide strahlungsdurchlässig – z.B. Luft –, so ist $\alpha = \alpha_K + \alpha_S$ einzusetzen; sind sie nicht strahlungsdurchlässig – z.B. Wasser –, so gilt $\alpha = \alpha_K$. Gesamtwärmeübergangskoeffizienten für Raumumfassungen siehe Tafel 2.4.1-6.

Für *ebene Wände* gilt (siehe Bild 1.3.5-40):

$$k = \frac{1}{\dfrac{1}{\alpha_i} + \sum\limits_{k=1}^{n}\left(\dfrac{s}{\lambda}\right)_k + \dfrac{1}{\alpha_a}} = \frac{1}{\dfrac{1}{\alpha_i} + \sum\limits_{k=1}^{n} R_{\lambda,k} + \dfrac{1}{\alpha_a}} = \frac{1}{R} \quad \text{in W/(m}^2\text{K)}$$

Wandtemperaturen:

$$t_1 = t_i - \frac{\dot{Q}}{\alpha_i A} = t_i - \dot{q}\frac{1}{\alpha_i} \quad \text{in °C}$$

$$t_{n+1} = t_a + \frac{\dot{Q}}{\alpha_a A} = t_a + \dot{q}\frac{1}{\alpha_a} \quad \text{in °C}$$

α_i	W/(m²K)	innerer Wärmeübergangskoeffizient
α_a	W/(m²K)	äußerer Wärmeübergangskoeffizient
s	m	Schichtdicke
λ	W/(m K)	Wärmeleitfähigkeit
R_λ	m²K/W	Wärmeleitwiderstand
R	m²K/W	Wärmedurchgangswiderstand

Schichtgrenztemperaturen nach Abschnitt 1.3.5-1.1; Beispiel im Abschnitt 1.3.5-5.

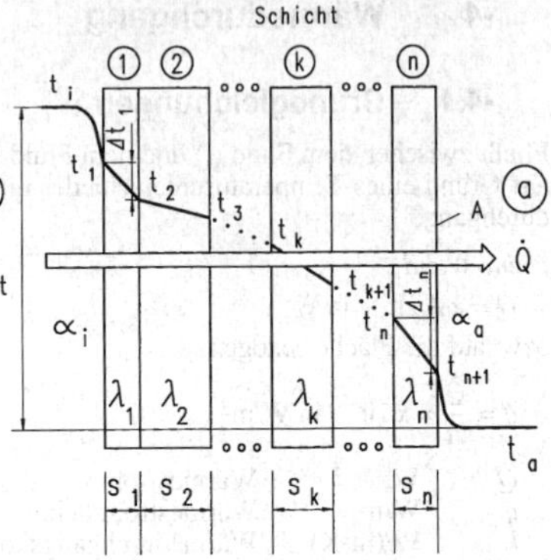

Bild 1.3.5-40. Temperaturverlauf durch eine mehrschichtige, ebene Wand

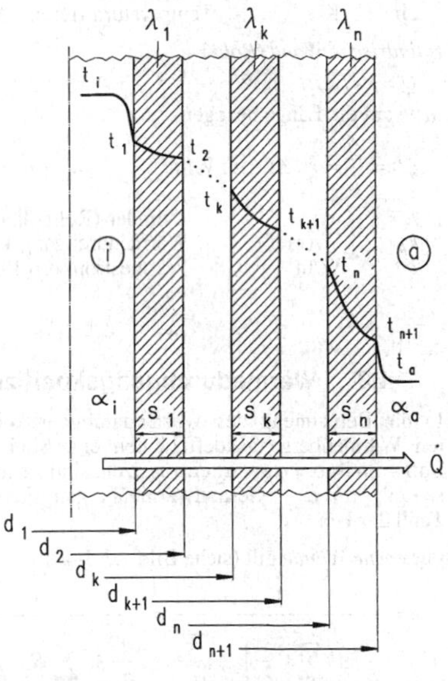

Bild 1.3.5-41. Temperaturverlauf durch eine mehrschalige Zylinderwand

Für *zylindrische Rohre* gilt (siehe Bild 1.3.5-41) bezogen auf $L = 1$ m Länge:

$$k_R = \frac{\pi}{\dfrac{1}{\alpha_i\, d_1} + \sum_{k=1}^{n}\left(\dfrac{1}{2\,\lambda_k}\ln\dfrac{d_{k+1}}{d_k}\right) + \dfrac{1}{a_a\, d_{n+1}}} \quad \text{in W/(m K).}$$

Wandtemperaturen:

$$t_1 = t_i - \frac{\dot{Q}}{a_i\, A_1} \quad \text{in °C}$$

$$t_{n+1} = t_a + \frac{\dot{Q}}{\alpha_a\, A_{n+1}} \quad \text{in °C}$$

d m Durchmesser
$A_1 = d_1\,\pi\,L$ in m²
$A_{n+1} = d_{n+1}\,\pi\,L$ in m²
$\dot{Q} = k_R\,L\,\Delta t$ in W

Schichtgrenztemperaturen nach Abschnitt 1.3.5-1.2.

Luftschichten zwischen Bauteilen

In einer zwischen zwei festen Begrenzungen eingeschlossenen Luftschicht erfolgt der Wärmedurchgang durch Leitung, Konvektion und Strahlung. Detaillierte Darstellungen fassen Leitung und Konvektion mit Hilfe von Nußeltgleichungen zusammen (VDI-Wärmeatlas) und berechnen die Strahlung zusätzlich.

Anhaltswerte für Wärmeleitwiderstände abgeschlossener Luftschichten bei nicht blanken Metalloberflächen siehe Tafel 2.4.1-9.

Für Fenster werden Wärmedurchgangskoeffizienten in Tafel 2.4.1-7 angegeben.

-4.3 Mittlere Temperaturdifferenz

In der Regel sind die Fluidtemperaturen längs der Trennwand (Heiz- oder Kühlfläche) nicht konstant. Die *mittlere Temperaturdifferenz* ($\Delta t_m = t_i - t_a$) ist von der Führung der Fluide abhängig (Gleich-, Gegen- oder Kreuzstrom; Bild 1.3.5-42). Für die Berechnung gilt einheitlich mit den Bezeichnungen nach Bild 1.3.5-42:

arithmetisches Mittel (anwendbar: $\Delta t_A / \Delta t_0 \geq 0{,}7$)

$$\Delta t_{arith} = \frac{\Delta t_0 + \Delta t_A}{2} \text{ in K} \qquad \text{Sonderfall: } \Delta t_{arith} = \frac{t'_{HF} + t''_{HF}}{2} - t_{KF}$$

logarithmisches Mittel (empfohlener Wert!)

$$\Delta t_{log} = \frac{\Delta t_0 - \Delta t_A}{\ln \dfrac{\Delta t_0}{\Delta t_A}} \text{ in K} \qquad \text{Sonderfall: } \Delta t_{log} = \frac{t'_{HF} - t''_{HF}}{\ln \dfrac{t'_{HF} - t_{KF}}{t''_{HF} - t_{KF}}}.$$

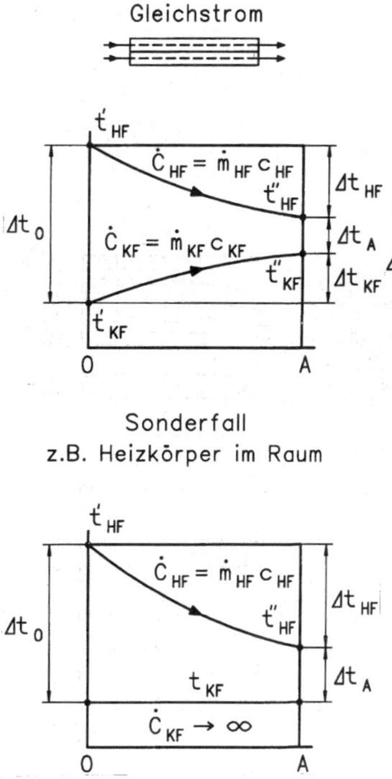

Bild 1.3.5-42. Verläufe der Fluidtemperaturen in Abhängigkeit der Strömungsart

Beispiel

Wie groß ist die mittlere Temperaturdifferenz, wenn am Heizflächeneintritt $\Delta t_0 = 31$ K und am Heizflächenaustritt $\Delta t_A = 7$ K vorliegen?

$$\Delta t_{log} = \frac{31 - 7}{\ln \frac{31}{7}} = 16{,}1 \text{ K}.$$

-4.4 Wärmeübertrager

Sie werden vielfältig eingesetzt, z.B. als Kühler, Lufterhitzer, Wasser/Wasser-Gegenstromapparat, wobei zwischen zwei Masseströmen (Fluiden) – getrennt durch eine feste Wand – eine Wärmeübertragung erfolgt. Bezeichnungen nach Bild 1.3.5-42:

t'_{HF}	°C	Eintrittstemperatur Heiz-Fluidstrom
t''_{HF}	°C	Austrittstemperatur Heiz-Fluidstrom
t'_{KF}	°C	Eintrittstemperatur Kühl-Fluidstrom
t''_{KF}	°C	Austrittstemperatur Kühl-Fluidstrom
Δt_0	K	Temperaturdifferenz am Wärmeübertragereintritt
Δt_A	K	Temperaturdifferenz am Wärmeübertrageraustritt
$\dot{C}_{HF}$	W/K	Wärmekapazitätsstrom des Heiz-Fluidstroms $\dot{C}_{HF} = \dot{m}_{HF}\, c_{HF}$
$\dot{C}_{KF}$	W/K	Wärmekapazitätsstrom des Kühl-Fluidstroms $\dot{C}_{KF} = \dot{m}_{KF}\, c_{KF}$
$\dot{m}$	kg/s	Massestrom des Wärmeträgers (Fluids)
c	J/(kg K)	Wärmekapazität des Wärmeträgers (Fluids).

Berechnung (Austrittstemperaturen, Heizflächengröße u.a.m.) und Bewertung der Wärmeübertragung erfolgt mit Hilfe der *Betriebscharakteristik* Φ (Bild 1.3.5-43 bis Bild 1.3.5-45):

Gleich- und Gegenstrom

$$\Phi = \frac{t'_{HF} - t''_{HF}}{t'_{HF} - t'_{KF}}$$

Kreuzstrom

$$\Phi = \frac{t'_{HF} - t''_{HF,m}}{t'_{HF} - t'_{KF}}$$

$t''_{HF,m}$ °C mittlere Austrittstemperatur.

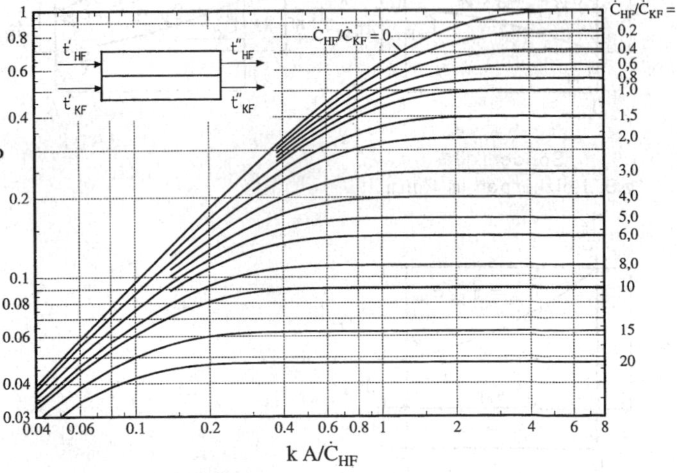

Bild 1.3.5-43. Betriebscharakteristik eines Gleichstrom-Wärmeübertragers

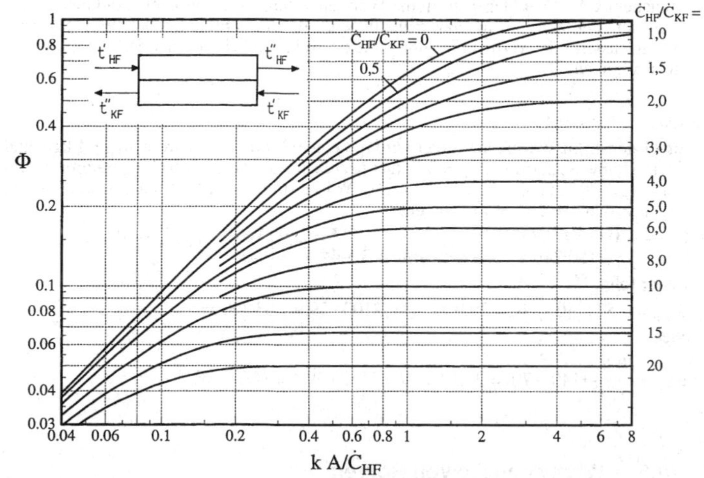

Bild 1.3.5-44. Betriebscharakteristik eines Gegenstrom-Wärmeübertragers

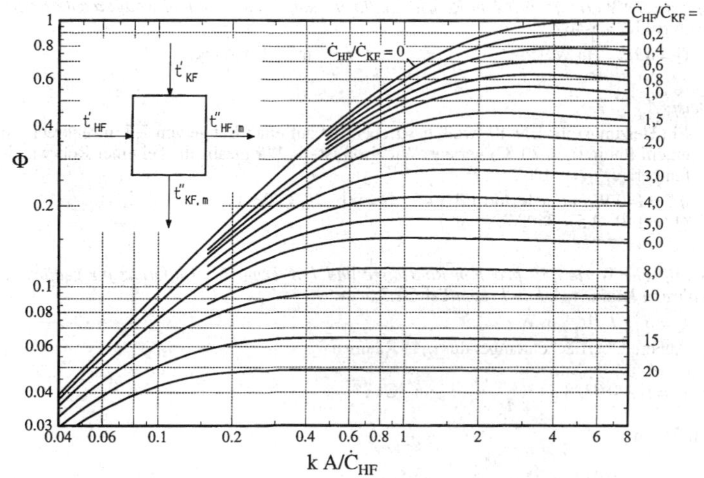

Bild 1.3.5-45. Betriebscharakteristik eines Kreuzstrom-Wärmeübertragers (beidseitig quervermischt)

Weitere Berechnungsgleichungen (vgl. auch Bild 1.3.5-42):

$$\dot{Q} = \dot{C}_{HF}\,\Delta t_{HF} = \dot{C}_{KF}\,\Delta t_{KF} = k\,A\,\Delta t_{log} \quad \text{in W}$$

$$\Delta t_{HF} = \Phi\,(t'_{HF} - t'_{KF}); \qquad \dot{C}_{HF}/\dot{C}_{KF} = \Delta t_{KF}/\Delta t_{HF}$$

$$\Delta t_{log} = \frac{\Phi}{\frac{kA}{\dot{C}_{HF}}}(t'_{HF} - t'_{KF})$$

k	W/(m^2 K)	Wärmedurchgangskoeffizient
A	m^2	Heizfläche.

Bei gleichem $k\,A$ ist bei Gegenstrom die Wärmeübertragung am größten, bei Gleichstrom am kleinsten, bei Kreuzstrom dazwischenliegend. Wenn ein Fluid bei der Wärmeübertragung kondensiert oder verdampft, gibt es keine Abhängigkeit von der Strömungsart (Φ-Werte sind gleich).

Beispiel

Ein Gegenstrom-Wärmeübertrager wird mit einem Warmwasserstrom $\dot{m}_{KF} = 1$ kg/s und einem Heißwasserstrom $\dot{m}_{HF} = 0{,}5$ kg/s beaufschlagt. Die Eintrittstemperaturen betragen: $t'_{KF} = 70\,°C$; $t'_{HF} = 140\,°C$. Welcher Wärmestrom kann übertragen werden, wenn für das Produkt $k\,A = 2\,150$ W/K gilt?

$\dot{C}_{KF} = 4200 \cdot 1 = 4200$ W/K; $\dot{C}_{HF} = 4200 \cdot 0{,}5 = 2100$ W/K; $\dot{C}_{HF}/\dot{C}_{KF} = 0{,}5$
$k\,A/\dot{C}_{HF} = 2150/2100 = 1{,}02$; aus Bild 1.3.5-44: $\Phi = 0{,}57$

weiter folgt:

$\Delta t_{HF} = 0{,}57\,(140 - 70) = 39{,}9$ K; $\dot{Q} = 2100 \cdot 39{,}9 = 83\,790$ W

oder

$$\Delta t_{log} = \frac{0{,}57}{1{,}02}(140 - 70) = 39{,}1 \text{ K}; \quad \dot{Q} = 2150 \cdot 39{,}1 = 84\,065 \text{ W}.$$

-4.5 Wärmeabgabe von Rohren[1)]

Die Berechnung erfolgt nach den Abschnitten 1.3.5-4.1 und 1.3.5-4.2 auf Grundlage von 1.3.5-2.4 und 1.3.5-3.8.

Spezifische Werte $\dot{q}^*$ pro 1 m Rohrlänge für nackte, senkrechte und waagerechte Rohre nach Bild 1.3.5-46.

$\dot{Q} = \dot{q}^*\,L$ in W　　　L m Rohrlänge.

Beispiel

Ein Heizungsrohr DN 40 (weiß gestrichen) ist auf einer Länge von 2,5 m senkrecht in einem Raum ($t_L = 20\,°C$) verlegt. Wie groß ist die Wärmeabgabe bei einer Rohrwandtemperatur $t_R = 90\,°C$?

$\dot{q}^* = 140$ W/m (nach Bild 1.3.5-46; $\Delta t = 90 - 20 = 70$ K)
$\dot{Q} = 140 \cdot 2{,}5 = 350$ W.

Spezifische Werte $\dot{q}^{**}$ pro 1 m Rohrlänge und 1 K Temperaturdifferenz für gedämmte Rohre in Räumen und im Freien Tafel 1.3.5-14.

$\dot{Q} = \dot{q}^{**}\,L\,\Delta t$ in W.

Äußere Oberflächentemperatur t_O in Räumen

$$t_O = t_L + 0{,}0328\,\dot{q}^{**}\,\frac{\Delta t}{d_a + 2\,s} \quad \text{in °C}$$

im Freien

$$t_O = t_L + 0{,}0138\,\dot{q}^{**}\,\frac{\Delta t}{d_a + 2\,s} \quad \text{in °C}$$

L	m	Rohrlänge
Δt	K	Temperaturdifferenz ($t_{Rohr} - t_L$)
d_a	m	Rohraußendurchmesser
s	m	Dämmschichtdicke
t_L	°C	Raum- bzw. Außentemperatur.

[1)] Glück, B.; Nebeck, A.: Arbeitsmappe Heizung der Fa. ROM, Hamburg 1992.
Rechenprogramme, in: Glück, B.: Wärmeübertragung, Wärmeabgabe von Raumheizflächen und Rohren (2. Auflage). Berlin: Verlag für Bauwesen 1990.

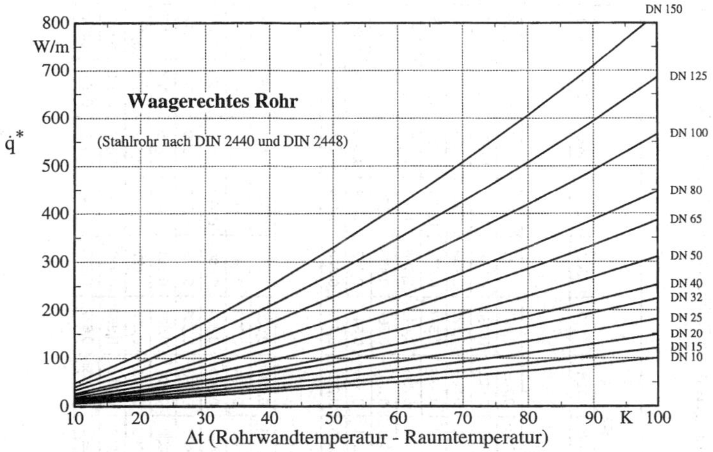

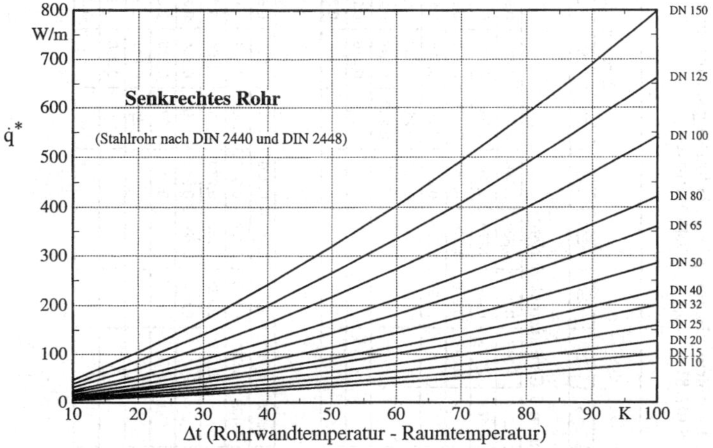

Bild 1.3.5-46. Wärmeabgabe nackter Rohre in Räumen

Beispiel

Ein gedämmtes Stahlrohr DN 50 (d_a = 60,3 mm; λ = 0,05 W/(m K); s = 50 mm; L = 5 m) ist im Keller eines Hauses (t_L = 10 °C) verlegt und wird von Wasser (t_F = 90 °C) durchflossen. Wie groß sind Wärmeverlust und Oberflächentemperatur?

$\dot{q}^{**} = 0{,}301$ W/(m K) (Tafel 1.3.5-14)

$\dot{Q} = 0{,}301 \cdot 5 \cdot (90 - 10) = 120{,}4$ W

$$t_O = 10 + 0{,}0328 \cdot 0{,}301 \; \frac{90 - 10}{0{,}0603 + 2 \cdot 0{,}050} = 15\,°\text{C}.$$

Tafel 1.3.5-14 Spezifische Wärmeabgabe $\dot{q}$ ** in W/(m K) gedämmter Rohrleitungen nach DIN 2440 (06.78), DIN 2448, (02.81) DIN 2458 (02.81) ($\lambda_{Dämmung}$ = 0,05 W/(m K))

Dämmdicke	Rohrnenndurchmesser																
mm	10	15	20	25	32	40	50	65	80	100	125	150	200	250	300	350	400
Kanalverlegung und Gebäudeinstallation																	
30	0,192	0,214	0,243	0,277	0,320	0,348	0,404	0,478	0,537	0,653	0,768	0,897	1,125	1,367	1,595	1,737	1,965
40	0,171	0,189	0,213	0,240	0,274	0,297	0,342	0,400	0,447	0,538	0,628	0,730	0,908	1,097	1,275	1,386	1,563
50			0,192	0,216	0,244	0,264	0,301	0,350	0,388	0,464	0,539	0,622	0,769	0,924	1,070	1,161	1,306
60				0,198	0,223	0,240	0,272	0,314	0,348	0,412	0,476	0,547	0,672	0,804	0,928	1,005	1,128
80						0,208	0,234	0,267	0,293	0,344	0,394	0,449	0,546	0,647	0,743	0,802	0,897
100							0,209	0,237	0,259	0,301	0,342	0,387	0,466	0,550	0,627	0,676	0,753
120								0,216	0,234	0,271	0,306	0,344	0,412	0,483	0,548	0,589	0,654
140									0,216	0,248	0,279	0,313	0,372	0,434	0,491	0,526	0,583
Freiverlegung																	
30	0,201	0,225	0,257	0,294	0,340	0,370	0,432	0,512	0,576	0,703	0,828	0,969	1,219	1,483	1,732	1,887	2,135
40	0,177	0,196	0,221	0,250	0,287	0,311	0,359	0,421	0,470	0,568	0,664	0,773	0,964	1,166	1,356	1,475	1,665
50			0,198	0,223	0,253	0,273	0,312	0,364	0,404	0,484	0,563	0,651	0,806	0,970	1,124	1,220	1,374
60				0,203	0,229	0,246	0,280	0,324	0,359	0,426	0,493	0,568	0,698	0,837	0,966	1,047	1,176
80						0,212	0,239	0,273	0,300	0,352	0,404	0,461	0,561	0,666	0,765	0,827	0,925
100							0,212	0,241	0,263	0,306	0,348	0,395	0,477	0,562	0,642	0,692	0,771
120								0,218	0,238	0,275	0,311	0,350	0,419	0,491	0,559	0,600	0,667
140									0,219	0,251	0,283	0,317	0,378	0,440	0,498	0,534	0,592

-5 Wasserdampf-Diffusion[1)]

Wasserdampfdiffusion ist der molekulare Transport von Wasserdampf in einer Schicht infolge von Dampfdruckdifferenzen. Im Bauwesen ist die Diffusion von Wasserdampf durch Wände und Decken von erheblicher Bedeutung. Je nach Luftfeuchte können große Wassermengen durch Wände hindurchwandern und unter Umständen zur Kondensation innerhalb der Wände führen. Dabei wird der Wärmeleitkoeffizient stark vergrößert; Heizung evtl. nicht ausreichend, Schimmelbildung und andere Schäden.

Tafel 1.3.5-15 Diffusionswiderstandskoeffizienten μ für verschiedene Stoffe
μ ist das Verhältnis der Wasserdampfdiffusion eines Stoffes zu derjenigen in Luft. Für Luft ist μ = 1. (nach DIN V 4108 T4 [03.98])

Stoff	Rohdichte kg/m³	μ	Stoff	Rohdichte kg/m³	μ
Kalk-, Kalkzementmörtel	1800	15 ... 35	Polystyrol (PS)	≥ 15	20 ... 50
Zementmörtel, -estrich	2000	15 ... 35	PS - Partikelschaum	≥ 30	40 ... 100
Gips-, Anhydratmörtel	1400	10	PS - Extruderschaum	≥ 25	80 ... 300
Gipsputz ohne Zuschlag	1200	10	PUR - Hartschaum	≥ 30	30 ... 100
Normalbeton	2400	70 ... 150	Phenolhartschaum	≥ 30	10 ... 50
Beton, porig	1000 ... 2000	70 ... 150	Mineralische und pflanzliche Faserstoffe	8 ... 500	1
Gasbeton	400 ... 800	5 ... 10	Schaumglas	100 ... 150	∞
Leichtbeton	1600 ... 2000	3 ... 10	Sperrholz	800	50 ... 400
Leichtbeton mit porigem Zuschlag	600 ... 2000	5 ... 15	Harte Holzfaserplatten	1000	70
Asbestzementplatten	2000	20 ... 50	Poröse Holzfaserplatten	≤ 300	5
Gasbeton - Bauplatten	500 ... 800	5 ... 10	Eiche, Buche	800	40
Leichtbeton - Bauplatten	800 ... 1400	5 ... 10	Fichte	600	40
Wandbauplatten aus Gips	600 ... 1200	5 ... 10	Dachpappe	1200	10000 ... 80000
Gipskartonplatten	900	8	Nackte Bitumenbahnen	1200	2000 ... 20000
Mauerwerk aus Klinker	2000	50 ... 100	PVC - Folie > 0,1 mm		20000 ... 50000
Voll-, Lochziegel	700 ... 2000	5 ... 10	Polyethylenfolie > 0,1 mm		100000
Kalksandstein	1000 ... 1400 1600 ... 2200	5 ... 10 15 ... 25	Aluminiumfolie > 0,05 mm		∞
Gasbetonsteine	500 ... 800	5 ... 10	Außenwand - Verkleidung aus Glas oder Keramik	2000	100 ... 300
Leichtbeton - K - Steine	500 ... 1400	5 ... 10	Wärmedämmputz	600	5 ... 20
Leichtbeton - Vollsteine	500 ... 1400 1600 ... 2000	5 ... 10 10 ... 15	Leim-, Mineral- oder Kalkfarbanstriche (0,1 mm)		180 ... 215
Holzwolle - Leichtbauplatten	360 ... 480	2 ... 5	Kunststoff - Dispersionsanstrich		380
PUR - Schaum	≥ 37	30 ... 100	Latex - Anstrich		1500
UF - Ortschaum	≥ 10	1 ... 3	Heißbitumenanstrich (doppelt, 0,6 mm)		50000 ... 150000
Korkdämmmstoff	80 ... 500	5 ... 10	PVC - Beläge, Gummi, Linoleum (1,0 ... 5,0 mm)		∞

[1)] Glaser, H.: Ges.-Ing. 2/86, S. 85 ff.
DIN V 4108 T4 (03.98), DIN 4108 T5 (08.81) DIN EN ISO 13788 (11.01).

Gleichung für *Diffusionsstromdichte* (analog Wärmedurchgang):

$$i = \frac{p_i - p_a}{1/\Delta} \quad \text{in kg/(m}^2\text{h)}$$

Durchlaßwiderstand für n Baustoffschichten

$1/\Delta =$ $1{,}5 \cdot 10^6\,(\mu_1\,s_1 + \mu_2\,s_2 + \ldots + \mu_n\,s_n)$ in m² h Pa/kg

p_i	Pa	Wasserdampfteildruck innen
p_a	Pa	Wasserdampfteildruck außen
$1/\Delta$	m² h Pa/kg	Diffusionsdurchlaßwiderstand
μ		Wasserdampf-Diffusionswiderstands-koeffizienten (Tafel 1.3.5-15)
s	m	Bauteildicke.

Der Faktor $R_D T/D \approx 1{,}5 \cdot 10^6$ Pa m h/kg stellt den Diffusionswiderstand einer 1 m dicken Luftschicht gegenüber Wasserdampf dar. Die diffusionsäquivalente Luftschichtdicke s_d einer Baustoffschicht folgt aus $\mu\,s$.

Beispiel

Eine Ziegelwand (36 cm) mit Innenputz (2 cm) und äußerem Wärmedämmputz (4 cm) trennt Innenluft (t_i = 20 °C; φ_i = 50%) von Außenluft (t_a = – 10 °C; φ_a = 80%). Wieviel Wasserdampf diffundiert durch diese Außenwand?

$p_i = 2337 \cdot 0{,}5 = 1169$ Pa; $p_a = 259 \cdot 0{,}8 = 207$ Pa (nach Tafel 1.3.4-1)

$1/\Delta_1 = 1{,}5 \cdot 10^6\,(20 \cdot 0{,}02 + 8 \cdot 0{,}36 + 10 \cdot 0{,}04) = 5{,}52 \cdot 10^6$ m² h Pa/kg (μ nach Tafel 1.3.5-15)

Diffusionsstromdichte:

$$i = \frac{1169 - 207}{5\,520\,000} = 1{,}74 \cdot 10^{-4}\ \text{kg/(m}^2\text{h)} = 0{,}174\ \text{g/(m}^2\text{h)}.$$

Temperaturverlauf in der Wand nach Abschnitt 1.3.5-4.2 (Werte nach Abschnitt 2.4.1):

$$k = \frac{1}{0{,}13 + 0{,}02/0{,}87 + 0{,}36/0{,}68 + 0{,}04/0{,}2 + 0{,}04} = 1{,}08\ \text{W/(m}^2\text{K)}$$

$\dot{q} = 1{,}08\,(20 - (-10)) = 32{,}4$ W/m²

$t_1 = 20 - 32{,}4 \cdot 0{,}13 = 15{,}8\,°\text{C} \rightarrow p_{S,1} = 1794$ Pa (nach Tafel 1.3.4-1)

$t_4 = -10 + 32{,}4 \cdot 0{,}04 = -8{,}7\,°\text{C} \rightarrow p_{S,4} = 291$ Pa (nach Tafel 1.3.4-1)

nach Abschnitt 1.3.5-1.1:

$$\Delta t_1 = 32{,}4\,\frac{0{,}02}{0{,}87} = 0{,}7\ \text{K};\ t_2 = 15{,}1\,°\text{C} \rightarrow p_{S,2} = 1715\ \text{Pa (nach Tafel 1.3.4-1)}$$

$$\Delta t_2 = 32{,}4\,\frac{0{,}36}{0{,}68} = 17{,}2\ \text{K};\ t_3 = -2{,}1\,°\text{C} \rightarrow p_{S,3} = 513\ \text{Pa (nach Tafel 1.3.4-1).}$$

Darstellung im Bild 1.3.5-47 mit der Abszisse s_d und weiteren p_S-Werten innerhalb des Mauerwerkes zeigt, daß keine Kondensation stattfindet, da $p_S > p$ an jeder Stelle gilt.

Um Kondensation im Baukörper zu vermeiden, ist stets die Bauregel *Wärmedämmung außen, Dampfsperre innen* einzuhalten.

Hätte im Bild 1.3.5-47 die Gerade von p_i nach p_a die Sättigungskurve geschnitten, so zeigte dies Kondensation an. Zur rechnerischen Ermittlung sind dann anstelle der Geraden $p_i\,p_a$ die Tangenten von p_i und p_a ausgehend an die Sättigungskurve zu legen, da p_S nicht überschritten werden kann (Bild 1.3.5-48).

Wasserdampfströme in und aus dem Bauteil:

$$i_i = \frac{p_i - p_{SW}}{1/\Delta_i};\quad i_a = \frac{p_{SW} - p_a}{1/\Delta_a}.$$

Die Differenz, summiert über die gesamte Tauperiode, gibt die Tauwassermenge im Bauteil während des Winterbereiches an. Im weiteren ist zu prüfen, ob diese Tauwassermenge im Sommer durch Verdunstung wieder ausgeschieden wird. Die Berechnung erfolgt an Hand der meteorologischenDaten (Tauwasserperiode, Verdunstungsperiode). Trocknet das Bauteil im Sommer wieder völlig aus, so treten in der Regel keine bleibenden Schäden auf (Bewertung nach DIN EN ISO 13788).

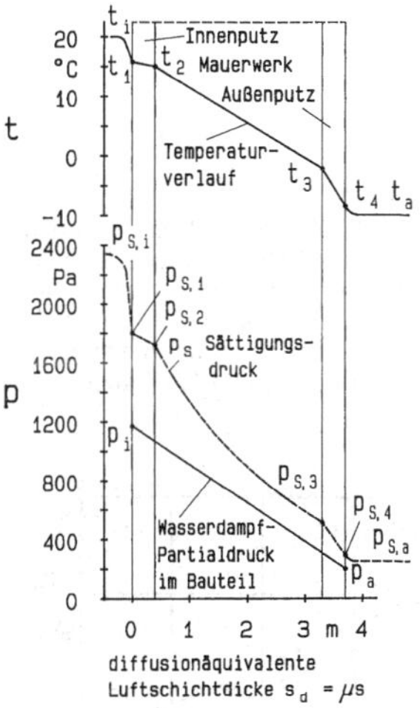

Bild 1.3.5-47. Diffusionsdiagramm (Glaserdiagramm) einer Ziegelwand mit innerem Kalkputz und äußerem Wärmedämmputz (Temperaturen und Wasserdampfpartialdrücke gemäß Beispiel)

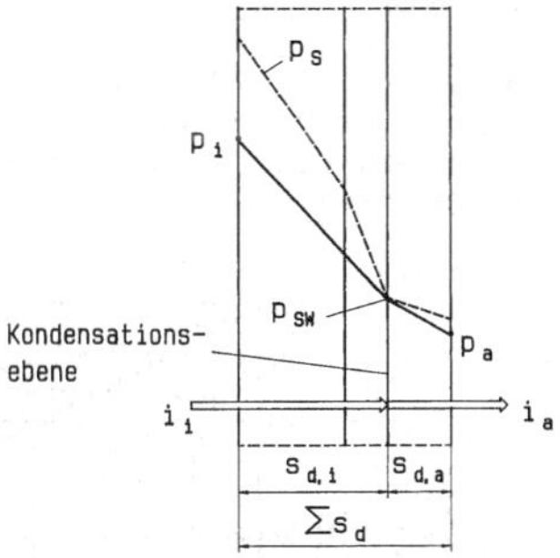

Bild 1.3.5-48. Wasserdampfdiffusion mit Tauwasserausfall im Bauteil
Die Neigungen der Tangenten sind maßgebend für den Diffusionsstrom in das Bauteil und aus dem Bauteil

Das Glaser-Dampfdiffusions-Modell vernachlässigt die kapillare Saugfähigkeit und die Hygroskopizität der Baustoffe. Zur Behebung dieser Nachteile gibt es umfangreiche Ergänzungen, Normungsvorschläge und Simulationsprogramme[1] [2] [3].

Wasserdampfabsorption

Bei Verdampfen von Wasser in Räumen, z.B. Kochküchen, Waschräumen u.a., steigt die Luftfeuchte um so langsamer, je größer die Wasserdampf-Absorptionsfähigkeit der Raumumfassungen ist. Kapillare Oberflächen, z.B. Kalkzementputz, sind stark absorptionsfähig; dichte Oberflächen, z.B. Ölfarbanstrich, absorbieren praktisch nicht (Bild 1.3.5-49).

Kapillare Wasseraufnahme von Baustoffen bei unmittelbarem Kontakt mit flüssigem Wasser nach [4].

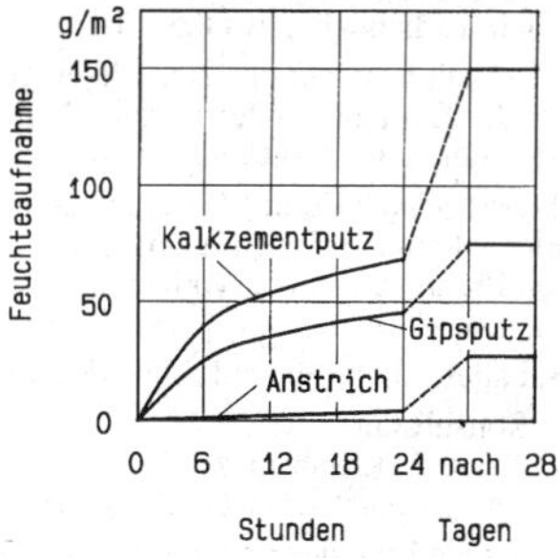

Bild 1.3.5-49. Zeitabhängige Feuchteaufnahme von Putzen aus der Raumluft bei plötzlicher Feuchtesteigerung von 40 auf 80%

[1] Häupl, P.; Fechner, H.; Petzold, H.: Ges-Ing. 6/2001, S. 285 ff.
[2] Häupl, P.; Plagge, R.; Fechner, H.: Ges-Ing. 6/2001, S. 305 ff.
[3] Funk, M.; Grunewald, J.: Ges-Ing. 6/2001, S. 297 ff.
[4] Schwarz, B.: Ges.-Ing. 7/72, S. 206 ff.

1.3.6 Brennstoffe

-1 Feste Brennstoffe

Hauptbestandteile aller festen Brennstoffe sind Kohlenstoff, Wasserstoff und Sauerstoff, geringe Mengen an Schwefel und Stickstoff sowie Wasser und Asche. Der Gehalt an Kohlenstoff nimmt mit dem geologischen Alter der Brennstoffe zu, der Gehalt an Sauerstoff ab. Den größten Gehalt an Kohlenstoff hat Anthrazit (Bild 1.3.6-1). *Asche* nennt man die beigemengten, nichtbrennbaren mineralischen Bestandteile wie Steine, Tone, Schiefer usw. Hauptbestandteile der Asche sind Kieselsäure SiO_2, Aluminiumoxyd Al_2O_3, Calziumoxyd CaO und Eisenoxyd Fe_2O_3.

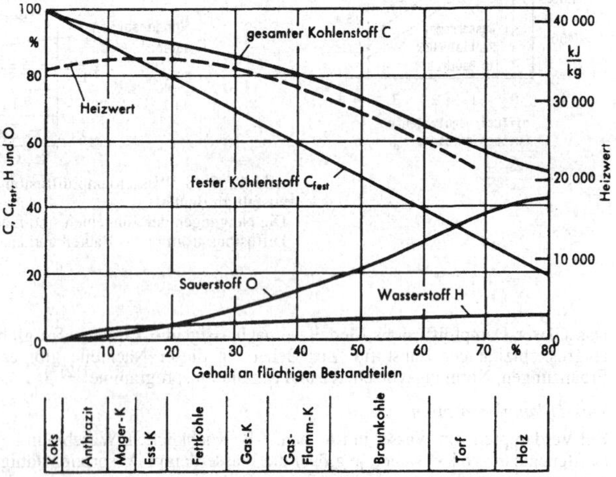

Bild 1.3.6-1. Zusammensetzung fester Brennstoffe, bezogen auf Reinkohle (asche- und wasserfrei).

Schwefel ist teils als organische Verbindung, teils als Mineral (Sulfite und Sulfate) in der Kohle vorhanden, etwa 0,5…1,5%.

Flüchtige Bestandteile sind diejenigen gasförmigen Produkte (Dämpfe, Teere, Gase), die bei der Erhitzung unter Luftabschluß (Verkokung) entweichen. Der Gehalt an flüchtigen Bestandteilen nimmt mit dem geologischen Alter der Brennstoffe ab (Bild 1.3.6-1).

Wassergehalt: Beim Wassergehalt unterscheidet man die grobe, mechanisch beigemengte oder anhaftende Feuchtigkeit und die hygroskopische Feuchtigkeit, die auch am lufttrockenen Brennstoff immer vorhanden ist und nur durch Erwärmung über 100° entfernt werden kann.

Bei allen Analysen sind folgende *Bezugsmöglichkeiten* zu beachten:

Rohsubstanz	roh
wasserfreie Substanz	wf
wasser- und aschefreie Substanz	waf

Man unterscheidet nach der Art der Gewinnung:

Natürliche Brennstoffe: Steinkohle, Braunkohle, Torf, Holz, Stroh. Entstehung von Kohle und Torf durch Umbildung und Zersetzung von untergegangenen Pflanzen älterer Erdperioden bei hohem Druck unter Abschluß von der Luft.

Steinkohlen sind die geologisch ältesten natürlichen Brennstoffe. Sie werden praktisch auf der ganzen Erde in verschiedenen Tiefen gefunden, in Deutschland hauptsächlich im

Ruhr-, Aachener und Saargebiet. Die verschiedenen Sorten unterscheiden sich hauptsächlich durch ihren Gehalt an flüchtigen Bestandteilen.

Man unterscheidet gasreiche Kohlen mit Gasgehalten > 30% und gasarme Kohlen mit Gasgehalten < 30%. Gasreiche Kohlen entzünden sich leichter und verbrennen schneller als gasarme Kohlen.

Aufbereitung: Nach der Art der Aufbereitung unterscheidet man folgende Kohlensorten:

Förderkohlen,	nicht aufbereitet, enthält alle Größen einschl. Staub;
Stückkohlen,	nur große Stücke über 80 mm;
Nußkohlen I bis V,	in verschiedenen Größen von 6...80 mm;
Feinkohlen,	in Korngrößen von 0...10 mm;
Staubkohlen,	in Korngrößen von 0...3 mm.

Die *Bezeichnungen* bezüglich der Größe sind jedoch in den einzelnen Fördergebieten nicht einheitlich.

Gewichte, Zusammensetzung und Heizwert siehe Tafel 1.3.6-1.

Im *„Internationalen Klassifikations-System"* nach DIN 23003 (04.76, zurückgezogen 04.90) wurde jede Kohlenart durch eine dreiziffrige Code-Nummer gekennzeichnet. Die erste Ziffer bezieht sich auf den Gehalt an flüchtigen Bestandteilen, die zweite auf das Backvermögen, die dritte auf das Kokungsvermögen.

Beispiel: Steinkohlenart 712 bedeutet

Klasse 7	mehr als 33% flüchtige Bestandteile,
Gruppe 1	Blähgrad von 1 bis 2,
Untergruppe 2	schwach kokend.

Braunkohlen sind wesentlich jünger als Steinkohlen, zum Teil noch mit holzartigen Einschlüssen. Wassergehalt 45...60%. Gewinnung meist im Tagebau, in Deutschland hauptsächlich im Rheinland und in Sachsen. Einsatz der Braunkohlen in erster Linie in Großfeuerungsanlagen, mit abnehmender Bedeutung als Briketts.

Torf ist durch Zersetzung von Pflanzen unter Wasser entstanden. Stark wasserhaltig. Gewinnung durch „Stechen" in Sumpfgebieten. Für Heizzwecke Trocknung erforderlich.

Holz als Brennstoff fällt vornehmlich bei der Forstbewirtschaftung und bei Sägewerken an, ferner in der Holzverarbeitung und Holzwerkstoffherstellung. Verwendung in Form von Scheitholz, Häckselgut, Sägemehl, Preßlingen u.a.

Der Heizwert von Holz[1)] ist stark abhängig vom Feuchtegehalt: H_u = 16000...7500 kJ/kg bei 10...100% Feuchte. Frisch geschlagenes Holz hat 70...80% Feuchte, nach 1 Jahr Freiluftlagerung 25...30%. Lufttrockenes Holz hat 15...25% Feuchteanteil.

Heizwert von Stroh H_u = 14000...10000 kJ/kg.

Veredelte Brennstoffe: Steinkohlenbriketts, Braunkohlenbriketts, Kohlenstaub, Koks, Holzkohle. Gewinnung aus natürlichen Brennstoffen durch mechanische, thermische und chemische Aufbereitung.

Die *Briketts* werden aus zerkleinerten und getrockneten Stein- oder Braunkohlen durch Pressung in Brikettiermaschinen gewonnen: Vollbriketts, Halbbriketts, Würfel-, Semmel-, Salon- und Eierformat.

Kohlenstaub wird durch Aufmahlen getrockneter Stein- oder Braunkohle gewonnen. Verwendung des Kohlenstaubs in erster Linie in Großfeuerungsanlagen.

Kokse entstehen durch trockene Destillation (Austreibung der gasförmigen Bestandteile bei Erhitzung unter Luftabschluß). Gaskoks wird in Gasanstalten aus Steinkohlen gewonnen (Temp. etwa 1000°C), Zechenkoks für Hochöfen in den Kokereien der Hütten, Schwelkoks und Grudekoks entstehen bei der Steinkohlen- bzw. Braunkohlenschwelung (Temp. etwa 500°C).

Größenbezeichnung bei Koks:

Hochofenkoks I	> 80 mm
Brechkoks I	80/60 mm
Brechkoks II	60/40 mm
Brechkoks III	40/20 mm
Brechkoks IV	20/10 mm
Brechkoks V	10/6 mm (Perlkoks)

[1)] Strehle, A., u.a.: SH-Technik 2/85. S. 62ff.
Wärmetechnik 11/85. S. 427/30.

Tafel 1.3.6-1 Mittlere Zusammensetzung und Eigenschaften fester Brennstoffe

Brennstoffe	Bezogen auf Rohbrennstoff**)							Heizwert	Theoret. Luftmenge	Theoret. trockene Abgasmenge	Wasserdampf	Theoret. feuchte Abgasmenge	Max. Kohlendioxidgehalt der Abgase
	Kohlenstoff c	Wasserstoff h	Sauerstoff o	Stickstoff n	Schwefel s	Wasser w	Asche a	H_u	L_{min}	$V_{a\,tr}$	V_{H_2O}	$V_{a\,f}$	$CO_{2\,max}$
	Gew.-%	Gew.-%	Gew.-%	Gew.-%	Gew.-%	Gew.-%	Gew.-%	kJ/kg	m³/kg	m³/kg	m³/kg	m³/kg	%
Kohlenstoff (rein)	100	–	–	–	–	–	–	33820	8,9	8,9	–	8,9	21,0
Steinkohle (Ruhr)													
Gasflammkohle	77	5	8	1	1	3	5	30100	7,9	7,7	0,6	8,3	18,5
Gaskohle	80	5	5	1	1	3	5	31400	8,3	8,0	0,6	8,6	18,5
Fettkohle	81	5	4	1	1	3	5	31800	8,4	8,1	0,6	8,7	18,5
Eßkohle	82	4	4	1	1	3	5	31800	8,3	8,0	0,5	8,5	18,8
Magerkohle	84	4	2	1	1	3	5	31400	8,5	8,2	0,5	8,7	18,8
Anthrazit	85	3	2	1	1	3	5	31400	8,3	8,1	0,4	8,5	19,3
Koks (Hochofen)	83	0,5	0,5	1	1	5	9	28900	7,7	7,5	0,1	7,6	20,5
Pechkohle (Oberbay.)	58	4,3	10	1,2	5,5	10	11	22930	3,0	2,95	0,6	3,55	18,2
Braunkohle (Rhld.)*)													
roh	30	3	10	1	1	50	5	9630	3,1	3,0	0,9	3,9	17,2
Briketts	55	5	18	1	1	15	5	19250	5,6	5,4	0,7	6,1	17,2
Torf, lufttrocken*)	38	4	26	1	1	25	5	13800	3,6	3,5	0,7	4,2	19,8
Holz, lufttrocken*)	42	5	37	–	–	15	1	14600	3,8	3,8	0,7	4,5	20,4

*) Zusammensetzung von Braunkohle, Torf und Holz schwankt in sehr weiten Grenzen, besonders der Wassergehalt.
**) Umrechnung der Zusammensetzung bezogen auf den Reinbrennstoff nach Multiplikation mit 100/(100-w-a).

Koksgrus 10,0/6,0 mm
Gießereikoks > 80 mm

Holzkohle entsteht bei der Verkohlung von Holz unter Luftabschluß in *Meilern.*

Tafel 1.3.6-2 Schüttdichte fester Brennstoffe

Brennstoff	Schüttdichte kg/m³	Brennstoff	Schüttdichte kg/m³
Steinkohle		*Koks*	
Förderkohle	850···890	Hochofenkoks	460···530
Nüsse ½	740···780	Gießereikoks	430···500
Nüsse ¾	720···750	Brechkoks ½	450···560
Feinkohle	820···860	Brechkoks ¾	500···680
Eierbriketts	740···780	Koksgrus	700···760
Staub	700···800		
Braunkohle		*Holz*	
Rohbraunkohle	650···780	Hartholz (Buche)*)	560
Braunkohle 50% H_2O	570···650	Weichholz (Nadelholz)*)	420
Briketts, gesetzt	1000	Holzkohle aus Hartholz	190···220
Briketts, geschüttet	700···720	Holzkohle aus Weichholz	130···150
Staub	450···500	Sägespäne	180···280
Stroh		*Torf*	
Hochdruckballen**)	80···130	Maschinentorf	310···380
Rundballen **)	60···130	Torfbriketts	650···750

*) in Scheiten **) Dichte im Ballen

-2 Flüssige Brennstoffe

-2.1 Einteilung

-2.1.1 Mineralöle

Entstehung vor Millionen Jahren in Sedimentgesteinen aus tierischen und pflanzlichen Rückständen bei hohen Temperaturen unter teilweiser Mitwirkung von Bakterien. Förderung durch Ölbohrungen mit langen Bohrgestängen als *Rohöl* (Naphtha) an vielen Stellen der Erde, insbesondere in den USA, Rußland, Venezuela, Nordafrika, Rumänien, Iran, Irak, Arabien. Kennzeichen: Bohrtürme. Transport durch Ölleitungen oder Tankschiffe zu den Raffinerien.

Zusammensetzung: Chemisch ist das Erdöl ein Gemisch vieler verschiedener Kohlenwasserstoffe, z.B. Paraffine, Olefine, Aromate u.a. Aufbereitung durch fraktionierte Destillation (Zerlegung in verschieden hoch siedende Bestandteile) und Raffination in Leicht-, Mittel- und Schweröle, ferner durch Kracken (Aufspaltung größerer Kohlenwasserstoff-Moleküle in kleinere durch Erhitzen unter Druck, Spaltbenzin) (Tafel 1.3.6-3 sowie Bild 1.3.6-2). Aschegehalt gering, meist < 0,1%, Hauptbestandteil Vanadiumpentoxyd V_2O_5.

Leichtöl ist insbesondere Benzin (Sammelname für leicht-siedende Kohlenwasserstoffe, im Gegensatz zu Benzol (C_6H_6) kein einheitlicher Stoff), Siedepunkt 50...200 °C, bestehend hauptsächlich aus Paraffin-Kohlenwasserstoffen; Verwendung vorwiegend als Kraftstoff in Motoren.

Mittelöl ist insbesondere Petroleum (Leuchtöl), Siedepunkt 200 bis 250 °C, und Gasöl (Treiböl, Dieselöl), Siedepunkt 200 bis 350 °C, früher zur Ölgaserzeugung verwendet, jetzt besonders als Dieselkraftstoff. Auch Heizöl EL gehört in diese Gruppe.

Schweröl, Siedepunkt > 350 °C, insbesondere Schmieröl, Heizöl für Feuerungen (Kraftwerke) und Treibstoff für Maschinen.

Rückstände: Aus den Rückständen der Destillation, Pech, Bitumen, Masut, Asphalt, werden chemische Produkte wie Paraffin, Vaseline u.a. hergestellt.

Tafel 1.3.6-3 Zusammensetzung und Heizwerte flüssiger Brennstoffe

Brennstoff	Dichte bei 20 °C kg/dm³	Zusammensetzung in Gew.-%				Brennwert	Heizwert
		C	H	O+N	S	H_o kJ/kg	H_u kJ/kg
Äthylalkohol	0,80	52	13	25	–	29890	26960
Benzol	0,88	92	8	–	–	41940	40230
Benzin	0,72…0,80	85	15	–	–	46700	42500
Heizöl EL	0,82…0,86	86	13	0,5	0,3	45400	42700
Heizöl S	0,90…0,92	86	11	1	2	42300	40200
Petroleum	0,80…0,82	85	15	–	–	42900	40800
Methanol	0,79	38	12	50	–	22310	19510
Dieselöl	0,84	86	13	0,4	0,5	44800	41650
Steinkohlenteeröl	1,00…1,08	89	7	4	–	39150	37450

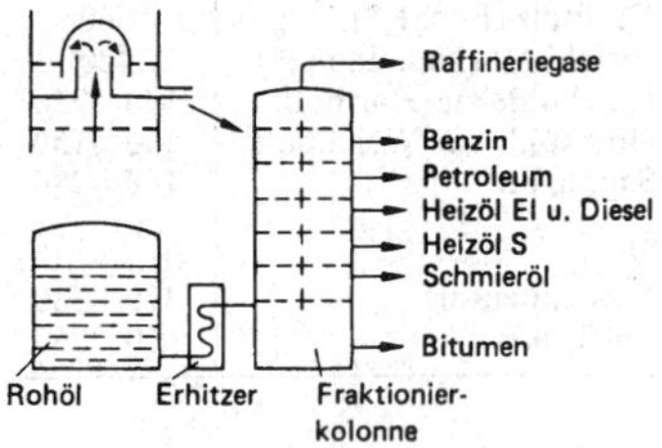

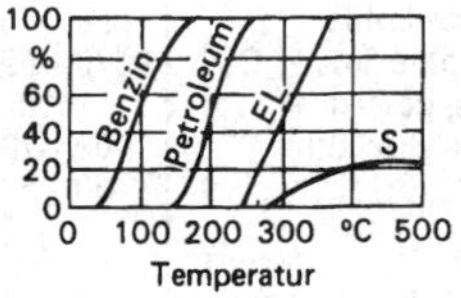

Bild 1.3.6-2. Destillation von Erdöl.

-2.1.2 Teeröle

Sie sind die Destillationsprodukte der Teere, während die Teere ihrerseits wiederum bei der Destillation (Verkokung) und Schwelung der Brennstoffe entstehen. Man unterscheidet *Hochtemperatur-* und *Tieftemperaturdestillation* (oder auch Schwelung genannt). Weiterverarbeitung der Teere durch Destillation, Kracken und Hydrierung zu Leicht-, Mittel- und Schwerölen, insbesondere Benzin, Dieselölen und Heizölen sowie zu einer großen Anzahl chemischer Produkte. Für Heizung wenig Bedeutung. Rückstand der Destillation ist Pech.

-2.1.3 Synthetische Öle

Sie werden aus Stein- und Braunkohlen sowie Erdölrückständen und Teeren hergestellt. Bei weiter steigenden Mineralölpreisen kann die *Verflüssigung* (und Vergasung) von Kohlen zweifellos große Bedeutung gewinnen.

-2.1.4 Sonstige flüssige Brennstoffe

Spiritus (denaturierter Äthylalkohol) wird durch alkoholische Gärung aus Kartoffeln gewonnen, als Zusatzmittel zu Benzin verwendet.

Benzol C_6H_6 wird bei der Entgasung der Steinkohle in den Kokereien und Gasanstalten als Nebenprodukt gewonnen.

-2.2 Heizöle[1)]

Die weitaus meisten Heizöle sind Destillationsprodukte des Erdöls. Mit Rücksicht auf die Verschiedenartigkeit der Ölbrenner sind Heizöle aus Schieferöl, Stein- oder Braunkohlenteeren gesondert zu bezeichnen. Mindestanforderungen an Heizöle siehe DIN 51603 (Tafel 1.3.6-4). Für Heizungen hauptsächlich Heizöl EL und für sehr große Anlagen namentlich in der Industrie Heizöl S (schweres Heizöl); Heizöl L und M kaum noch verwendet. Bei der Verbrennung entstehen fast ausschließlich CO_2 und H_2O.

[1)] Heinemann, W., u. C. F. Krienke: Feuerungstechn. 6 u. 7/80.
Krienke, C. F.: HLH 7/82. S. 237/42 u. Schornsteinfegerhandwerk 1/84. S. 5.
Institut für wirtschaftliche Ölheizung e.V. (IWO), Hamburg.

Tafel 1.3.6-4 Mindestanforderungen an Heizöl nach DIN 51603, Heizöl EL T1 (03.98), Heizöl L, T und M T2 (04.92) u. Heizöl S T3 (07.86)

		Heizöl EL	Heizöl L[1)]	Heizöl T[1)]	Heizöl M[1)]	Heizöl S	Prüfung nach
Dichte bei 15 °C höchstens	max. g/ml	0,860	1,10	-	-	ist anzugeben	DIN 51757
Dichte bei 20 °C höchstens	max. g/ml	-	-	1,10	1,10	-	DIN 51757
Flammpunkt im geschlossenen Tiegel	über °C	55	85	85	75	80	DIN 51758 DIN EN 22719 DIN pr EN 57[5)]
Kinematische Viskosität höchstens	mm²/s	bei 20 °C 6	bei 20 °C 6	bei 20 °C 6	bei 50 °C 40 bei 75 °C 12	bei 100 °C 50 bei 130 °C 20	DIN 51550 DIN 51366 DIN 51562-1
Pourpoint	max. °C	-	-	-	-	40[2)]	DIN ISO 3016
Cloudpoint	min. °C	3	-	-	15	-	DIN EN 23015 DIN 51603-2
Koksrückstand nach Conradson	%	0,3[3)]	0,5	1	16	17	DIN 51551 DIN EN ISO 10370
Schwefelgehalt höchstens angegeben als Massenanteil	%	0,20[4)]	0,20	0,80	0,50	2,8	DIN 51400-1; -2; -3 u. -6 DIN EN 41 DIN EN 24260 DIN EN ISO 8754 DIN EN ISO 14596
Wassergehalt höchstens angegeben als Massenanteil	%	0,02	0.3	0,3	0,3	0,5	DIN 51777-1 ISO/DIS 12937 DIN ISO 3733
Gehalt an Sediment höchstens	%	-	-	-	-	0,5	DIN ISO 3735
Gesamtverschmutzung höchstens	mg/kg	24	-	-	-	-	DIN EN 12662
Satzfreiheit	°C/h	-	3/24	0/24	-	-	DIN 51603-2
Heizwert H_u mindestens	MJ/kg	42,6	38,7	37,8	38,5	39,5	DIN 51900-1; -2; -3
Asche (Oxidasche) höchstens angegeben als Massenanteil	%	0,01	0,01	0,01	0,02	0,15	DIN EN 7 DIN EN ISO 6245

[1)] Hergestellt aus Braunkohlen und Steinkohlen, aber auch aus Mineralölen. [2)] Wenn >40 °C, vom Lieferer anzugeben. [3)] Kleinster angebbarer Wert unter Berücksichtigung der Präzision des Verfahrens. [4)] Heizöl EL mit einem höheren Schwefelgehalt gilt als normgerecht, wenn es nach 3. BImSchV in der jeweils geltenden Fassung zugelassen ist. 5) z. Z. Entwurf.

Die Farbe ist je nach Herkunft unterschiedlich. Zur Unterscheidung gegen Dieselöl häufig *Einfärbung*.

In anderen Ländern andere Bezeichnungen üblich, z.B. in USA

Fuel Oil No. 2 entspricht etwa Heizöl EL,
Fuel Oil No. 6 entspricht etwa Heizöl S.

-2.2.1 Heizwert

Der Heizwert der Öle beträgt:

bei den Mineralölen etwa 40000…43000 kJ/kg ≈ 11,1…11,9 kWh/kg
bei den Teerölen etwa 36000…40000 kJ/kg ≈ 10,0…11,1 kWh/kg.

Der Heizwert ist desto größer, je größer der Wasserstoffanteil.

-2.2.2 Dichte

Die Dichte der Heizöle bei 15 °C schwankt

bei Heizöl EL	zwischen 0,83 und 0,86 kg/l
bei Heizöl S	zwischen 0,90 und 0,98 kg/l
bei den Steinkohlen-Teerölen	zwischen 0,94 und 1,15 kg/l.

Je größer das c/h-Verhältnis, um so größer die Dichte.

Bei Preisvergleichen ist darauf zu achten, ob ein Kilopreis oder ein Literpreis gemeint ist. Unterschiede bis 20%.

-2.2.3 Viskosität

Die kinematische *Viskosität* (Zähigkeit) mit dem Formelzeichen ν ist die für die Verbrennung eines Öles wichtigste Eigenschaft. Unter Viskosität versteht man den Grad der Zähflüssigkeit des Öles. Bei Erwärmung sinkt die Viskosität, bei Abkühlung steigt sie. Gemessen wird sie durch Vergleich der Auslaufzeiten zwischen Öl und Wasser aus einer genormten Düse mittels des Viskosimeters von Engler. Die Viskosität wird immer auf eine bestimmte Temperatur bezogen, bei Leichtöl meist 20 °C, bei Mittelöl und Schweröl 50 °C. Meßverfahren nach DIN 51561 (12.78, zurückgezogen 06.94).

Im SI-System wird die kinematische Viskosität in m^2/s gemessen. (Früher war die Einheit 1 Engler-Grad.) Im Ausland sind auch andere Maßeinheiten für die Zähigkeit in Gebrauch (siehe Tafel 1.3.6-5), insbesondere *Sayboldt-Sekunden* in den USA (S.U. = Sayboldt-Universal) und *Redwood-Sekunden* in England (RI = Redwood-Sekunden I). Hier wird die Zähigkeit direkt ohne Vergleich mit Wasser durch die Auslaufzeit in Sekunden angegeben. Für einwandfreie Verbrennung in Öldruckbrennern muß das Öl eine Zähigkeit von etwa 10…25 mm^2/s besitzen (Zerstäubungsviskosität), bei Drehzerstäubern bis 60 mm^2/s. Bei Leichtöl ist dies immer der Fall. Mittelöl und Schweröl dagegen müssen vor der Verbrennung erwärmt werden. Teeröle benötigen meist keine *Vorwärmung*. Viskosität der wichtigsten Öle siehe Bild 1.3.6-3.

-2.2.4 Verkokungsgrad

gibt an, wieviel Rückstände in Form von Koks beim Verschwelen des Öles übrigbleiben. Er wird durch den *Conradson-Wert* ausgedrückt und nach DIN 51551 (04.93) ermittelt. In den Ölfeuerungen beschreibt der Verkokungsgrad die Neigung des Brennstoffs zum Verkoken der Brennerdüsen. Wichtig ist er jedoch bei Verdampfungsbrennern.

-2.2.5 Flammpunkt

ist die niedrigste Temperatur, bei der sich in einem geschlossenen Tiegel ein durch Fremdzündung entflammbares Dampf/Luft-Gemisch gebildet hat. Prüfgerät nach Abel-Pensky (DIN EN 57). Er spielt verbrennungstechnisch keine Rolle, ist aber für die *Feuergefährlichkeit* eines Stoffes bestimmend.

Nach der Höhe des Flammpunktes werden in der „Verordnung über brennbare Flüssigkeiten" (VbF) vom 27.2.1980 drei Gefahrenklassen unterschieden.

Klasse I mit einem Flammpunkt unter 21 °C, z.B. Benzin,
Klasse II mit einem Flammpunkt von 21…55 °C, z.B. Petroleum,
Klasse III mit einem Flammpunkt von 55…100 °C.

Alle normalen Heizöle fallen in Klasse III, nur Schweröl kann gelegentlich einen Flammpunkt über 100 °C haben und unterliegt dann nicht mehr den geltenden Vorschriften. *Zündtemperaturen* siehe Abschn. 1.3.7-6.

Tafel 1.3.6-5 Umrechnungstafel für Zähigkeitswerte

kinemat. Visk. v mm^2/s	Engler-Grade E	Red-wood I s	Sayboldt s	kinemat. Visk. v mm^2/s	Engler-Grade E	Red-wood I s	Sayboldt s
1	1,00	28,5	–	35	4,70	144	163
2	1,12	31,0	32,6	40	5,35	164	186
3	1,22	33,0	36,0	45	6,00	185	208
4	1,30	35,5	39,1	50	6,65	205	231
5	1,40	38,0	42,3	60	7,90	245	277
6	1,48	41,0	45,5	70	9,24	284	323
7	1,56	43,5	48,7	80	10,6	324	370
8	1,65	46,0	52,0	90	11,9	365	416
9	1,75	49,0	55,4	100	13,2	405	462
10	1,83	52,0	58,8	114	15	461	527
12	2,02	58,0	65,9	152	20	614	702
14	2,22	64,5	73,4	227	30	921	1053
16	2,43	71,5	81,1	303	40	1228	1404
18	2,65	78,5	89,2	379	50	1535	1756
20	2,90	86	98	400	53	1620	1848
22	3,10	93	106	520	69	2150	2500
24	3,35	101	115	620	82	2530	3000
26	3,60	109	123	720	96	2960	3500
28	3,85	117	132	900	120	3500	4000
30	4,10	125	141	1080	143	4435	5000

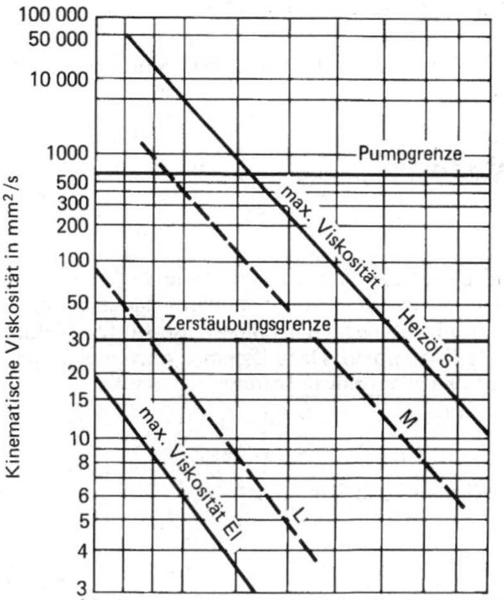

Bild 1.3.6-3. Viskosität von Heizölen.

Normale Flammpunkte:

Benzin	– 16… + 10 °C	Heizöl EL	70… 120 °C
Petroleum	20… 60 °C	Heizöl S	120… 140 °C

-2.2.6 Brennpunkt

ist diejenige Temperatur, bei der das Öl nach der Entzündung dauernd brennt. Er liegt meist 15 bis 25 °C höher als der Flammpunkt. Für die Bewertung der Brenneigenschaften ebenfalls ohne Bedeutung.

-2.2.7 Stockpunkt, Pourpoint

Ersterer ist diejenige Temperatur, bei der das Öl schwerflüssig wird oder erstarrt. Heute genormt als *Pourpoint;* dieser ist die niedrigste Temperatur, bei welcher das Öl unter festgelegten Bedingungen[1] nach DIN ISO 3016 eben noch fließt. Wichtig für die Pumpfähigkeit des Öles. Vor Erreichen des Stockpunktes treten bei mineralischen Erdölen auch Paraffin-Ausscheidungen, bei Teerölen kristalline Naphthalin-Ausscheidungen auf, die Verstopfungen verursachen können. Bei Leichtölen liegt dieser „Trübungspunkt" meist unter – 10 °C, bei den Schwerölen höher, bei etwa 45 °C. Alle Heizöle sollten daher oberhalb dieser Temperatur gelagert werden.

-2.2.8 Schwefel und Asche

Schwefelgehalt je nach Sorte und Herkunft unterschiedlich, bei Heizöl EL 0,3% und weniger, bei Heizöl S ≈ bis 3%. Der Schwefelgehalt des Öles verwandelt sich in der Verbrennung überwiegend zu SO_2 und nur zu einem geringen Teil zu SO_3, das normalerweise in den Abgasen gasförmig und daher unschädlich ist. Erst bei Abkühlung unter den Taupunkt tritt Bildung von H_2SO_4 (Schwefelsäure) ein, die Umweltschäden verursacht. Durch Verordnungen zum Bundesimmissionsgesetz wurde der Schwefelgehalt von leichtem Heizöl stufenweise bis 1988 auf 0,2% begrenzt (s. Abschn. 1.9).

Schweröl hat höheren Schwefelgehalt als Leichtöl. Bei Abkühlung der Abgase darf der *Schwefelsäure-Taupunkt* (≈150 °C) nicht unterschritten werden.

Asche ist der Rückstand bei der Verbrennung und bei jedem Öl in kleinen Mengen vorhanden, etwa 0,01 bis 0,15%. Hauptanteil Vanadiumpentoxid (V_2O_5) und Natriumoxid (Na_2O). Der Ascheanteil sollte so gering wie möglich sein, da die Asche korrosiv ist und die Wandungen der Kessel schädigt. Heizöl EL enthält fast keine Asche, Heizöl S dagegen viel.

-2.2.9 Wasser und Sedimente

Wasser kann z. B. durch Schwitzwasserbildung ins Heizöl gelangen und setzt sich am Boden ab.

Sedimente sind Spuren von Fremdstoffen, die bei kleinen Brennern evtl. Störungen verursachen können.

-3 Gasförmige Brennstoffe[2) 3)]

-3.1 Allgemeines

Die heute zur Verfügung stehenden technischen Heiz- und Brenngase sind in ihren Eigenschaften sehr unterschiedlich. Meistens sind es Gemische von brennbaren und unbrennbaren Gasen. Die brennbaren Bestandteile sind vorwiegend Kohlenwasserstoffe (Methan u. a.) und Wasserstoff, in geringerem Maße Kohlenoxid. Dazu kommen noch einige Spurengase. Infolge ungenauer Bezeichnungen entstehen häufig Irrtümer.

Einteilung der Gase

nach dem *Vorkommen*

Naturgase (Erdgas und Erdölgas sowie Gruben- und Sumpfgas)
technisch hergestellte Gase

nach dem *Brennwert* H_o

Schwachgase	$H_o < 2{,}5$ kWh/m³
Mittelgase (Wassergase)	$H_o = 2{,}5 \ldots 4{,}0$ kWh/m³
Starkgase	$H_o = 4{,}0 \ldots 6{,}0$ kWh/m³
Reichgase	$H_o > 6{,}0$ kWh/m³

---

1) DIN ISO 3016 (10.82): Mineralölerzeugnisse; Bestimmung des Pourpoint.

2) Wilke, H.: H. R. 1969. S. 29/37 u. 153/63.
Bieger, F.: Wkt 1970. S. 171/5.
Loos, J.: SHT 7/76. S. 437/41.
DIN 1871 (05.99) (Gasförmige Brennstoffe, Dichte).

3) Beachte Hinweise im Vorwort zur internationalen Normen-Harmonisierung. Die bisher in Deutschland gebräuchlichen Formelzeichen (z. B. H_o jetzt H_S, H_u jetzt H_i, Erdgas L jetzt LL (low light) bzw. H jetzt E (exelent) werden in dieser Auflage (70.) wegen der noch nicht abgeschlossenen Veränderungen mit den alten Bezeichnungen noch beibehalten.

oder nach DIN 1340[1])

Gruppe I	$H_o < 10$ MJ/m³
Gruppe II	$H_o = 10 \dots 30$ MJ/m³
Gruppe III	$H_o = 30 \dots 60$ MJ/m³
Gruppe IV	$H_o > 60$ MJ/m³

nach den *Brenneigenschaften* (Einteilung in Familien)

1. Gasfamilie: Stadt- und Ferngase (Kurzzeichen S)
   Untergruppe A (Stadtgase)
   Untergruppe B (Ferngase)
2. Gasfamilie: Naturgase (Kurzzeichen N)
   Untergruppe L (low) Erdgas
   Untergruppe H (high) Erdölgas
3. Gasfamilie: Flüssiggase (Propan, Butan) (Kurzzeichen F)
4. Gasfamilie: Gemische aus Gasen der 2. oder 3. Familie mit Luft.

Das für Heizzwecke in den Städten verwandte Stadt- oder Ferngas wurde früher in Gaswerken hauptsächlich durch Entgasung von Steinkohle hergestellt, wobei als Nebenprodukt Koks anfällt. Das gebräuchliche Stadtgas ist ein Gemisch aus Kohlengas und Wassergas oder Generatorgas, eingestellt auf einen Brennwert von H_o = rd. 5,0 kWh/m³.

Heute ist an die Stelle dieses Stadtgases das *Erdgas* getreten, das gegenwärtig über 90% des gesamten Gasverbrauchs deckt. Etwa 28% aller Wohnungen wurden 1986 mit Gas beheizt.

Die *Heizwerte* der Naturgase sind je nach Fördergebiet sehr unterschiedlich, z.B.:

Bayern	Oldenburg	Slochteren
H_o=11,2	12,1	9,8 kWh/m³
H_u=10,0	10,9	8,9 kWh/m³

Im Ausland, namentlich USA und Russische Föderation, sehr großer Verbrauch an *natürlichen Gasen* (Erdgas). Auch in Europa und Deutschland schnell zunehmende Verwendung durch den Ausbau überregionaler Gasfernleitungen.

Eine wichtige Größe bei der Kennzeichnung der Gasqualität ist der obere bzw. untere *Wobbeindex* (auch Wobbezahl genannt nach dem Italiener Wobbe 1926):

$W_o = H_o/\sqrt{d_v}$ bzw. $W_u = H_u/\sqrt{d_v}$ in kJ/m³ oder kWh/m³

H_o = Brennwert
H_u = Heizwert
d_v = Dichteverhältnis zu Luft

Die Wobbezahl (Tafel 1.3.6-6 u. Tafel 1.3.6-7), die dimensionsbehaftet ist und sich aus der Gleichung für Düsenausströmung errechnet, gilt bei konstantem Gasdruck als ungefährer Kennwert für die Wärmeleistung und andere Größen wie Flammtemperatur, Primärluftansaugung u.a. Gase gleicher Wobbezahl haben gleiche Brennerleistung, ähnliche Verbrennungseigenschaften und können im gleichen Brenner verbrannt werden, ohne daß eine Änderung des Brenners oder der Düse notwendig ist.

Bei unterschiedlichen Gasdrücken gilt für die Wärmebelastung der „erweiterte Wobbeindex"

$W_{oe} = W_o\sqrt{\Delta p}$ bzw. $W_{ue} = W_u\sqrt{\Delta p}$

der auch den betrieblichen Gasüberdruck Δ_p (N/m²) berücksichtigt.

Die in einer Brennerdüse je Zeiteinheit durchgesetzte Gasmenge ist nach der Durchflußformel für Düsen proportional der Wurzel aus dem Arbeitsdruck p und der Düsenfläche, also dem Quadrat des Düsendurchmessers D. Bei unterschiedlichen Gasdrücken und konstanter Düse ist die Brennerleistung konstant, wenn die „erweitere Wobbezahl" W gleich bleibt:

$W_{oe} = W_o\sqrt{p}$ = konst. bzw. $W_{ue} = W_u\sqrt{p}$ = konst.

Die erweiterte Wobbezahl berücksichtigt also auch den Gasüberdruck p (N/m). Wenn sich auch der Düsendurchmesser D ändern kann, gilt für gleiche Brennerleistung:

$W \cdot \sqrt{p} \cdot D^2$ = konst.

[1]) DIN 1340 (12.90) (Gasförmige Brennstoffe, Arten, Bestandteile).

Tafel 1.3.6-6 Zusammensetzung, Dichte und Heizwert technischer Gase (nach F. Schuster u. a.) (1 kWh = 3600 kJ)

Nr.	Brenngas	Volumetrische Zusammensetzung Vol.-%							Brennwert H_o kJ/m³	Heizwert H_u kJ/m³	Dichteverhältnis d_v (Luft = 1)	Wobbe-Index W_o (H_o:$\sqrt{d_v}$)
		H_2	CO	CH_4	(C_3H_6) C_nH_m	sonstige KWstoffe	CO_2	N_2				
1	Hochofengichtgas	2	30	–	–	–	8	60	4080	3975	0,99	4100
2	Koksgeneratorgas	12	28	(<)0,5	–	–	5	54,5	5340	5025	0,88	5700
3	Steinkohlengeneratorgas	12	29	2	–	–	3	54	5965	5650	0,86	6400
4	Braunkohlengeneratorgas	15	27	2	–	–	7	49	6070	5760	0,86	6500
5	Mischgas (12 + 1)	19,3	22,2	8,4	0,6	–	6	43,7	9125	8370	0,80	10200
6	Kokswassergas	50	40	(<)0,5	–	–	5	4,5	11510	10460	0,55	15500
7	Kohlenwassergas	50	35	5	–	–	5	5	12770	11615	0,53	17550
8	Stadtgas (12 + 6)	51	18	19	2	–	4	6	18000	16120	0,46	26540
9	Stadtgas II (12 + 2)	44	12	22	2	–	4	16	18000	16120	0,51	25200
10	Propan + Luft (17 O_2)	–	–	–	–	18	–	65	18000	16740	1,10	17160
11	Ölkarburiertes Kohlenwassergas	37	28	15	5	–	8	7	18840	17370	0,64	23550
12	Koksofengas (Ferngas)	55	6	25	2	–	2	10	19670	17370	0,39	31500
13	Ölkarburiertes Kokswassergas	45	35	1	10	–	4	5	20090	18420	0,63	25300
14	Steinkohlengas	52	8	28	2,5	–	2	10	20930	18840	0,41	32700
15	Schwelgas (aus Steinkohle)	25	5	45	5	10	5	5	33500	30350	0,62	42550
16	Erdgas L	–	–	82	–	3,0	1,0	14	35200	31800	0,64	44000
17	Erdgas H	–	–	93	–	5,0	1,0	1,0	41300	37300	0,61	52880
18	Methan	–	–	100	–	–	–	–	39850	35790	0,55	53750
19	Ölgas	20	5	40	20	10	1	4	45210	41230	0,74	52550
20	Propan C_3H_8	–	–	–	–	100	–	–	100890	92890	1,562	80730
21	*n*-Butan C_4H_{10}	–	–	–	–	100	–	–	133870	123650	2,091	92600

Tafel 1.3.6-7 Brenneigenschaften von Gasen

Bezeichnung	1. Gasfamilie Stadt- u. Ferngase		2. Gasfamilie Erdgase	
	Gruppe A	Gruppe B	Gruppe L	Gruppe H
*Wobbe*index kWh/m³	6,4···7,8	7,8···9,3	10,5···13,0	12,8···15,7
Brennwert H_o in kWh/m³	4,6···5,5	5,0···5,9	8,4···13,1	8,4···13,1
Nennwert H_o in kWh/m³	4,9	5,5	9,8	11,5
Nennwert H_u in kWh/m³	4,3	4,8	8,8	10,4
Relative Dichte d_v	0,40···0,60	0,32···0,55	0,55···0,70	
Wasserstoffgehalt Vol.-%	40···60	45···67	–	
Gasdruck mind. mbar	7,5···15,5	7,5···15,5	18···24	18···24
Zündgrenzen in Luft Vol.-%	5···35	5···30	5···15	
Max. Zündgeschwindigkeit m/s	0,55···0,75	0,65···0,80	0,30···0,35	
Zündtemperatur in Luft °C	550···570	550···570	600···670	
Luftbedarf L_{min} m³/kWh H_u	0,86	0,90	0,94	0,97
Abgasmenge V_{Af} m³/kWh H_u	1,0	1,0	1,05	1,05
Verbrennungstemperatur bei $\lambda = 1$ in °C	2000	2000	1950···2000	
Max. CO_2-Gehalt in %	12···13	≈10	11,5···12,5	

Bei der *Umstellung* von einer Gasart 1 auf eine andere Gasart 2 müssen, um gleiche Wärmeleistung zu erhalten, folgende Bedingungen eingehalten werden:

Düsendurchmesser $$D_2 = D_1 \cdot \sqrt{\frac{W_1}{W_2} \cdot \sqrt{\frac{p_1}{p_2}}}$$

Gasdruck $$p_2 = p_1 \left(\frac{W_1}{W_2}\right)^2 \cdot \left(\frac{D_1}{D_2}\right)$$

Beispiel:

Stadtgas $W_1 = 25\,000$, $p_1 = 800$ N/m², $D_1 = 2$ mm ∅.
Bei Umstellung auf Erdgas mit $W_2 = 42\,000$ und $p_2 = 2000$ N/m² muß sein

$$D_2 = 2 \cdot \sqrt{\frac{25\,000}{42\,000} \cdot \sqrt{\frac{800}{2000}}} = 1{,}23 \text{ mm } \varnothing$$

Wenn der Durchmesser bleibt, muß der Druck betragen:

$$p_2 = 800 \left(\frac{25\,000}{42\,000}\right)^2 = 285 \text{ N/m}^2$$

Zündeigenschaften (s. auch Abschnitt 1.3.7-6)

Die *Zündgrenzen* sind bei den Gasen der 1. und 2. Familie sehr unterschiedlich. Wichtig für die richtige Gemischbildung an der Zündflamme. (Siehe Abschn. 1.3.7-6.)

Die *Zündtemperatur* für Erdgase ist wesentlich höher als bei Stadtgas, daher hohe Oberflächentemperatur der Zündeinrichtung, z.B. Glühwendel (Tafel 1.3.7-9 bis Tafel 1.3.7-11).

Die *Zündgeschwindigkeit* ist ebenfalls unterschiedlich, bei Erdgasen geringer als bei Stadtgasen. Wichtig für richtige Abstände zwischen den einzelnen Brenneröffnungen.

Für die *Gasbeschaffenheit* bei der öffentlichen Gasversorgung sind in dem DVGW-Arbeitsblatt G 260 T. 1 (4. 83) Richtlinien enthalten. Darin werden u.a. brenntechnische Anforderungen der verschiedenen Gasarten angegeben, die vom Gaslieferanten garantiert sein müssen, damit die Gasbrenner und sonstige Gasfeuerstätten einwandfrei arbeiten.

-3.2 Entgasung

bedeutet Austreibung gasförmiger Stoffe durch chemische Zersetzung fester Brennstoffe bei hoher Temperatur unter Luftabschluß. Man unterscheidet Entgasung bei Temperaturen über 600 °C (Verkokung) und bei tiefen Temperaturen (Schwelung) unter 600 °C.

Verkokungsgase (Kokereigase) werden aus Steinkohle, vorwiegend Gaskohle und Gasflammkohle, in Gaswerken und Kokereien bei hohen Temperaturen von etwa 900 bis 1200 °C ausgetrieben und danach in verschiedenen Stufen aufbereitet. Beheizung mit Generatorgas. Kokereigas wird in den Koksöfen oben abgesaugt, Koks unten abgeführt und mit Wasser gelöscht. Verwendung insbesondere als Stadtgas und Ferngas, bei den meisten Gaswerken jedoch unter Zumischung von Wassergas (auch Klärgas und Generatorgas). Bestandteile stark voneinander abweichend. Anlieferung bei den Verbrauchern durch Rohrnetze, Entnahme in Wohnungen und Fabriken bei einem Druck bis 50 mbar (Niederdruck). Mindestdruck vor Geräten mindestens 7,8 mbar. Infolge des Kohlenoxidgehaltes sind die Stadt- und Ferngase giftig. Für Haushaltsabnehmer müssen sie einen Warngeruch abgeben (DVGW-Regel G 280 – 7.80).

Schwelgase werden aus Braunkohle, weniger aus Steinkohle, als Nebenprodukt der Teergewinnung bei Temperaturen von etwa 500 bis 600 °C erzeugt.

-3.3 Vergasung

Die Vergasung ist im Gegensatz zur Entgasung die vollständige Umwandlung der festen Brennstoffe in gasförmige Brennstoffe. Der Vergasungsprozeß erfolgt in der Art, daß Luft oder Wasserdampf oder beide zusammen durch glühende Schichten des zu vergasenden festen Brennstoffs, geblasen werden, wodurch Kohlenoxyd CO und Wasserstoff H_2 entstehen. Verwendung hauptsächlich in industriellen Feuerungen. Man unterscheidet:

Gichtgase,
die bei Hochofenbetrieb als Nebenprodukt anfallen (Hochofengase). Sie enthalten zu etwa 1 3 die brennbaren Gase CO und H_2, zu 2 3 die nicht brennbaren Gase CO_2 und N_2.

Generatorgase,
die in Generatoren aus Steinkohle, Braunkohle oder Koks erzeugt werden. Brennbarer Hauptbestandteil CO. Stickstoffreich (≈ 50%).

Sauggas
ist gereinigtes Generatorgas für Gasmotoren.

Kokswassergas
entsteht durch Einblasen von Dampf in hocherhitzten Koks; geringer Stickstoffanteil. Brennbare Hauptbestandteile H_2 und CO. Durch Zusatz von Ölgas (gespaltete Mineralöle) entsteht das *karburierte Wassergas.*

Kohlenwassergas (Doppelgas)
entsteht durch Vergasen von Kohlen mit Wasserdampf. Es ist ein Gemisch von Schwelgas und Kokswassergas.

-3.4 Raffineriegase (Reichgase, Flüssiggase)

Sie fallen in der Öl- und Treibstoffindustrie als Nebenprodukte an. Am wichtigsten sind die hochwertigen Kohlenwasserstoffe Propan und Butan. Sie werden in flüssigem Zustand unter Druck in Behältern gelagert und in Kesselwagen, Straßentankfahrzeugen und in Flaschen (Flaschengas) transportiert. Bei Normaldruck sind sie gasförmig, schwerer als Luft und chemisch neutral. Sie lassen sich bei geringem Druck verflüssigen. Siedepunkt von Propan: – 43 °C, von Butan: 0 °C. In den letzten Jahren erhebliche Zunahme des Verbrauchs für Heizung und Brauchwasserbereitung, für das Kleingewerbe, in der Landwirtschaft, für das Camping. Bei Entnahme aus Flaschen entweicht Propan bzw. Butan gasförmig.

C_3H_8 (Propan) und C_4H_{10} (Butan) gibt es mit gleicher Zusammensetzung, aber verschiedener Molekularstruktur (Isomere), z.B. n-Butan und i-Butan.

1 kg Propan = 1,87 l ergibt etwa 0,50 m^3 Gas von 0 °C,
1 kg Butan = 1,67 l etwa 0,37 m^3 Gas.

Heizwerte und andere Daten siehe Tafel 1.3.7-1 und Tafel 1.3.6-8.

1 kg Propan oder Butan entspricht im Heizwert etwa 1,29 m^3 Erdgas H oder 1,27 l Heizöl EL. Die Brenneigenschaften sind denen von Erdgas ähnlich.

Anforderungen an die Qualität DIN 51622 (12.85).

Tafel 1.3.6-8 Technische Daten von Flüssigkeiten

	Einheit	Propan	Butan (n)
Chemische Formel	–	C_3H_8	C_4H_{10}
Dichte der Flüssigkeit bei 15 °C	kg/l	0,51	0,58
Spez. Volumen bei 0 °C			
flüssig	l/kg	1,87	1,67
gasförmig	m^3/kg	0,495	0,370
Dichteverhältnis (Luft = 1)	–	1,52	2,09
Siedepunkt bei 1,013 bar	°C	–42,5	–0,5
Dampfdruck (abs.) bei 20 °C	bar	8,53	2,06
Brennwert H_o	kJ/kg	50340	49500
Heizwert H_u	kJ/kg	46350	45720
Heizwert H_u	kJ/m_n^3	93630	123570
Heizwert H_u	kWh/m_n^3	26,01	34,33
Mindestluftbedarf	m^3/m^3	23,8	30,9
Zündtemperatur in Luft	°C	510	490
Verdampfungswärme beim Siedepunkt	kJ/kg	448	404
Abgasvolumen feucht	m^3/m^3	26	33

-3.5 Erdgase[1)]

Unter Erdgas versteht man alle gasförmigen meist verunreinigten *Kohlenwasserstoffverbindungen,* die aus der Erde gewonnen werden und brennbar sind. Sie sind von Natur aus geruchlos. Häufige Beimengungen sind NH_3, NO, NO_2, H_2S, CS_2 u. a.

Entstehung der Erdgasfelder vermutlich gemeinsam mit Erdöl und Kohle aus einfachen Organismen, die sich abgelagert und unter dem Einfluß hoher Drücke und Temperaturen umgewandelt haben. Ansammlung in porösen Gesteinsformationen, die durch tektonische Einflüsse sich bildeten und nach oben durch gasdichte Schichten (Ton) abgedeckt sind.

Die *Zusammensetzung* der Erdgase ist je nach Fördergebiet sehr unterschiedlich. Die *Hollandgase* haben erhebliche Anteile von N_2, während die Nordseegase mehr hochmolekulare Kohlenwasserstoffe wie Äthan und Propan enthalten. Hauptbestandteil ist jedoch immer Methan (CH_4), das Anteile von 70...99% erreichen kann. Weitere Bestandteile sind Äthan, Kohlendioxyd, Stickstoff u. a. Wenn das Erdgas auch höhermolekulare Kohlenwasserstoffe enthält, die kondensiert werden können, nennt man es nasses Erdgas oder *Erdölgas* (Tafel 1.3.6-9).

Vor der Verwendung des Erdgases ist eine *Aufbereitung* erforderlich, wobei unerwünschte Bestandteile wie Schwefelwasserstoff, Wasser u. a. durch besondere Prozesse wie Trocknung, Auswaschung, Adsorption usw. entfernt werden.

Besonders ungünstig sind Anteile von schwefelhaltigen Verbindungen, da durch deren Verbrennung das schädliche *Schwefeldioxyd* SO_2 entsteht.

Fortleitung und Verteilung der Erdgase durch Rohrleitungsnetze, die von privaten und kommunalen Unternehmen betrieben werden. Zwecks wirtschaftlicher Ausnutzung der Leitungen werden hohe Drücke mit Druckerhöhungsstationen in geeigneten Abständen verwendet; ferner *Untertagespeicher* mit großem Fassungsvermögen. Riechbarmachung durch *Odorierung.*

Teilweise wird das Erdgas bei – 162 °C verflüssigt und drucklos durch Tanker zu den Verbrauchsstellen geliefert, wo es wieder, meist durch Meerwasserverdampfer, in den gasförmigen Zustand umgewandelt wird (LNG = *Liquified Natural Gas*).

Von großem Vorteil ist der Umstand, daß das Erdgas ungiftig ist, da es im Gegensatz zum Stadtgas kein Kohlenoxyd CO enthält. Sein *Heizwert* ist ungefähr doppelt so groß wie der von Stadtgas. Mittlere Kennwerte von Stadtgas und Erdgas siehe Tafel 1.3.6-7.

Richtlinien für die Erdgasbeschaffenheit in der öffentlichen Gasversorgung sind vom DVGW aufgestellt, wobei für die Austauschbarkeit in Brennern 2 Gruppen angegeben werden (Tafel 1.3.6-7). Innerhalb der Gruppen soll der Wobbeindex nur zwischen + 0,7

[1)] Cerbe u. a.: Gastechnik 1981.
Marx, E.: Feuerungstechn. 3/84. S. 8.
Ruhrgas-Handbuch, 1985.

Tafel 1.3.6-9 Zusammensetzung verschiedener Erdgase in %

Erdgasfeld	CH_4	C_2H_6	C_3H_8	C_4H_{10}	CO_2	N_2	H_2S	H_u kJ/m$_n^3$
Deutschland								
Anzing	94,2	2,0	1,7	1,1	0,8	–	–	37 800
Bentheim	89,2**)	1,0	0,5	–	2,8	5,5	0,6	33 300
Goldenstedt	89,6	1,7	–	–	0,5	8,2	–	32 200
Isen	98,6	0,5	0,2	–	0,1	0,6	–	35 700
Rehden 5	74,0	0,6	–	–	17,8	7,5	–	26 200
Niederlande								
De Lier	88,8*)	6,2	1,0	0,5	0,1	1,4	–	37 600
Slochteren	81,9	3,5	0,4	–	0,8	14,4	–	32 000
Tubbergen	85,1**)	1,8	0,8	0,6	3,0	8,6	0,03	33 200
Frankreich								
Lacq (Rohgas)	69,6*)	3,1	1,0	0,3	10,0	–	15,1	33 200
Lacq (gereinigt)	96,5**)	2,7	0,4	0,25	–	–	–	37 000
Italien								
Corregio	99,6	–	0,2	–	–	0,2	–	35 700
Ravenna	99,5	–	0,1	–	–	0,4	–	35 600
Österreich								
Marchfeld	97,0	0,8	0,3	–	0,6	1,3	–	36 300
UdSSR								
Baku	93,0	3,3	–	–	2,2	0,5	–	35 500
Algerien								
Hassi R'Mel	79,6*)	7,4	2,7	1,4	0,2	5,1	–	42 600

*) feuchte Erdgase. **) saure Erdgase (mit Schwefelwasserstoff)

und – 1,4 kWh/m³ (bei Erdgas H) schwanken. Die norddeutschen und holländischen Erdgase gehören der Gruppe L an mit Brennwerten von H_o = 9…10 kWh/m³, während die energiereicheren H-Gase von der Nordsee und aus Rußland Brennwerte von H_o = 11…13 kWh/m³ besitzen (mehr Methan, weniger Stickstoff). Mit vermehrtem Einkauf von Erdgas aus Nordafrika und dem Nahen Osten allmähliche Umstellung auf Gase der Gruppe H. (DVGW-Arbeitsblatt G 260 – 4.83).

Für Europa Sahara-Erdgas in Zukunft von Bedeutung; jedoch gegenwärtig noch Transportschwierigkeiten; ebenso Gas aus der UdSSR und dem Iran, wo riesige Vorräte vorhanden sind. Transport in Rohrleitungen unter hohem Druck oder nach Verflüssigung in Tankern.

Grubengas tritt in Steinkohlengruben durch Vermoderung auf (Schlagende Wetter). Hauptbestandteil Methan.

Klärgas entsteht bei der biologischen Abwasserklärung. Hauptbestandteil ca. 60% Methan, 30% CO_2. Verwendung als Kraftstoff und Beimischung zum Stadtgas. Auf ähnliche Weise entsteht *Sumpfgas*.

-3.6 Spaltgase

Sie werden in Gaswerken und Raffinerien durch Spaltung von Mineralölprodukten (Flüssiggas, Benzin, Erdöl u.a.) erzeugt. Eigenschaften ähnlich den Stadtgasen. Je nach Ausgangsprodukt viele thermische oder katalytische Verfahrensarten.

Vorteile:

Verwendung von Rückständen, Anpassung an Lastspitzen, keine Nebenprodukte, verhältnismäßig billig.

-4 Regenerative Brennstoffe

Von Dipl.-Ing. Steffen Hofmann, Wuppertal

-4.1 Holz

Als natürlicher und nachwachsender Brennstoff hat sich Holz vor dem Hintergrund steigender Preise für fossile Energieträger zu einer technisch gleichwertigen Alternative zu konventionellen Heizsystemen entwickelt. Der Beitrag von *Brennholz* zum Primärenergieverbrauch in Deutschland liegt bei ca. 1%. Deutschland ist zu einem Drittel bewaldet. Die Gesamtwaldfläche beträgt 10,5 Mio. ha. Derzeit wird nur etwa ein Drittel des Zuwachses von etwa sechs Festmeter pro Hektar und Jahr geerntet[1].

Holz verbrennt (ohne vorgelagerte Bereitstellungskette) CO_2-neutral, d. h. es wird nur diejenige Menge an CO_2 freigesetzt, die in der Wachstumsphase gespeichert wurde und durch Verrottung ohnehin frei würde.

Holzsortimente: Holz als Brennstoff fällt vornehmlich in der Forstwirtschaft als Waldrestholz und Durchforstungsholz und in der Landschaftspflege als Grünschnitt an. Auch als Industrierestholz (Sägewerke, Möbelhersteller, Schreinereien) sowie Alt- und Gebrauchtholz (Paletten, Möbel, Abbruchholz). Die Energieholzsortimente umfassen Scheitholz, Holzhackschnitzel, Sägemehl, Sägespäne, Presslinge (Pellets und Briketts) u. a.

Die Konditionierung erfolgt durch Sägen, Holzspalter (Holzscheite), Scheiben-,Trommel- und Schneckenhacker (Hackgut) oder Pelletier- und Brikettieranlagen. Holzpellets werden in Großanlagen (bis zu 20000 t/a) aus Sägemehl oder Hobelspänen unter hohem Druck gepresst (DIN 51731[2], ÖNORM M 7135[3]). Für Hackgut gibt es in Deutschland derzeit keine Normung, in Österreich wird Hackgut in der ÖNORM M 7133[4] beschrieben. Eine einheitliche europäische Norm für Holzbrennstoffe ist derzeit in Vorbereitung.

Eigenschaften von Energieholz: Neben der Holzart bestimmt im Wesentlichen die Feuchte den Heizwert. Nach mindestens 1 Jahr Freiluftlagerung wird der lufttrockene Zustand (lutro) erreicht, der eine Gleichgewichtsfeuchte von etwa 20 bis 30% Wassergehalt beschreibt. Nur durch künstliche Trocknung (< 100 °C) wird der Zustand *absolut trocken* (atro) erreicht. Häufig werden Brennholzlieferungen abhängig vom Energieinhalt abgerechnet (Feuchtemessung).

Maßeinheiten für Energieholz:

1,0 Fm = 1,43 Rm = 2,43 Sm3

0,7ä Fm = 1,0 Rm = 1,7 Sm3

0,41 Fm = 0,59 Rm = 1,0 Sm3

(Fm = Festmeter, Rm = Raummeter, Sm3 = Schüttkubikmeter)

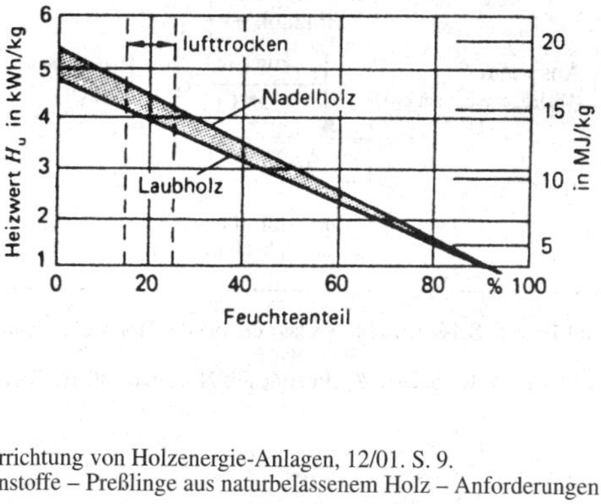

Bild 1.3.6-4.
Heizwert von Holz*)

*) 67. Auflage, Abschnitt 136-1.

[1]) Ruchser, M.: Leitfaden für die Errichtung von Holzenergie-Anlagen, 12/01. S. 9.

[2]) DIN 51731: Prüfung fester Brennstoffe – Preßlinge aus naturbelassenem Holz – Anforderungen und Prüfung – Oktober 1996).

[3]) ÖNORM M 7135: Presslinge aus naturbelassenem Holz oder naturbelassener Rinde – Pellets und Briketts – Anforderungen und Prüfbestimmungen – November 2000.

[4]) ÖNORM M 7133: Holzhackgut für energetische Zwecke – Anforderungen und Prüfbestimmungen – Februar 1998.

Der Heizwert von Holz ist stark abhängig vom Feuchtegehalt:

Hackgut frisch (ca. 70% Feuchte):	Hu = 6000 … 8500 kJ/kg	350 … 450 kg/Sm³
Hackgut lufttrocken (ca. 25–35%):	Hu = 14000 … 16000 kJ/kg	230 … 280 kg/Sm³
Hobelspäne (15–30%)	Hu = 12000 … 13500 kJ/kg	100 … 170 kg/Sm³
Sägemehl (40–60%)	Hu = 7500 … 10000 kJ/kg	260 … 320 kg/Sm³
Holzpellets (<12%)	Hu = 17600 … 19500 kJ/kg	650 … 670 kg/Sm³

Brennstoffpreise: Holzpreise sind regional sehr unterschiedlich und u.a. abhängig vom Sortiment, der Herkunft, dem Aufbereitungsgrad, dem Trocknungsgrad und der Abnahmemenge. Die Bereitstellungskosten setzen sich zusammen aus den Komponenten Ernte, verbrennungsgerechte Aufbereitung, Lagerung und Transport. Eine effiziente Verbrennung erfordert vor allem eine verfahrensgerechte Aufbereitung des Holzes.

Scheitholz wird allgemein in Raummeter gelagert und geliefert (ca. 50 … 70 €/Rm).

Kosten für Hackgut: Waldholz aus Durchforstung, Schwachholz (3 … 7 €/GJ; 10 … 25 €/Sm³); Sägerestholz (1,5 … 3 €/GJ; 4 … 11 €/Sm³); unbelastetes Gebraucht-/Altholz (1 … 2 €/GJ; 3 … 7 €/Sm³). Der Kostenanteil für die Zerkleinerung (Hackereinsatz) liegt bei ca. 1,2 … 1,6 €/GJ; 4 … 6 €/Sm³ [1]). Holzpellets (lose Ware: 7 … 9 €/GJ; 140 … 170 €/t, Sackware: 12 … 13 €/GJ; 220 … 240 €/t).

Verbrennungsprozeß: Die Verbrennung von Holz erfolgt in drei Phasen (s. Bild 1.3.6-5): a) Erwärmung und Trocknung (bis 150 °C), b) thermische Zersetzung und Entgasung (bis ca. 600 °C), c) Verbrennung der Schwelgase (bis ca. 1200 °C). Gestufte Luftzuführung (Primär- und Sekundärluft, $\lambda = 1{,}4 \dots 2$) führt zu vollständigem Ausbrand von Holzgas und Holzkohle. Hoher Wassergehalt im Holz belastet die Rauchgase und kann zu Korrosion im Abgassystem (Versottung) führen.

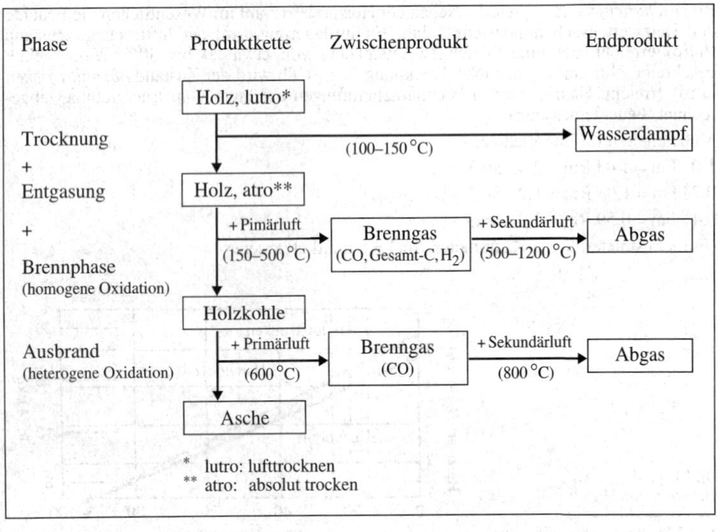

Bild 1.3.6-5. Schematischer Verlauf der bei der Holzverbrennung ablaufenden Vorgänge.*)

*) Marutzky, R.; Seeger, K.: Energie aus Holz und anderer Biomasse, 1999, DRW-Verlag.

[1]) Weixler, H.: top agrar extra: Mit Holz Heizen! (2000), S. 65–67.

Verbrennungtechnik: Unterscheidung (s. Tafel 1.3.6-10) zwischen manueller (Scheitholzfeuerungen) und automatischer Zuführung (Hackschnitzel- und Holzpelletfeuerungen) des Holzes in den Brennraum. Für Staub und Sägespäne auch Einblasfeuerung.

Handbeschickte Holzfeuerungen werden überwiegend bis 50 kW in bivalenten Systemen betrieben. Eine effiziente Verbrennung (Kesselwirkungsgrade bis 85%) und eine hohe Brenndauer (bis 10 h) wird durch eine gezielte Luftzufuhr (Primär-/Sekundärluft) erreicht. Für den effizienten Betrieb einer Stückholzfeuerung ist ein Pufferspeicher notwendig (ca. 100 l/kW). Einige Kesselfabrikate lassen eine flexible Leistungsregelung zu.

In automatisch beschickten Holzfeuerungen werden überwiegend Holzpellets und Hackschitzel eingesetzt. Der Brennstofftransport kann pneumatisch, durch Transportschnecken, Kettenförderer oder auch Hydraulikstempel erfolgen. Automatische Feuerungen sind überwiegend mit selbständiger Heizflächenreinigung und Ascheaustragung ausgestattet. (vgl auch Abschnitt 2.3.1–2.1)

Tafel 1.3.6-10 Übersicht Feuerungsanlagen für Holzbrennstoffe

Brennstoffzufuhr		Holzsortiment	Feuerungsprinzip	
manuell		Scheitholz Holzbriketts	unterer Abbrand oberer Abbrand Durchbrand	< 250 kW
automatisch	Schwerkraft	Hackschnitzel (> 5 kW) Holzpellets (< 15 kW)	Unterbrandfeuerung	
	Schnecke		Unterschubfeuerung (< 2000 kW) Vorofenfeuerung (10 … 2500 kW) Rostfeuerung (> 150 kW)	
	Stempel	stückiges/grobes Holz		
	pneumatisch	Sägemehl/Staub	Einblasfeuerung	

-4.2 Planzenöle

Bei der energetischen Verwertung werden Pflanzenöle (in Deutschland: Rapsöl, Sonnenblumenöl) überwiegend zum Betrieb von Dieselmotoren und zur reinen Wärmeversorgung in Planzenölheizungen genutzt. Einsatz des reinen Pflanzenöles als Kraftstoff im mobilen Bereich (PKW, LKW, Traktoren; Elsbett-Motoren) sowie stationär in Blockheizkraftwerken nur bei vorheriger Umrüstung möglich. Derzeit werden Pflanzenöle durch chemische Behandlung (Umesterung) überwiegend zu Biodiesel bzw. RME (Rapsöl-Methyl-Ester) verarbeitet und in herkömmlichen KFZ-Dieselmotoren als Treibstoff eingesetzt *(auch stationär: RME-BHKW im Reichstag in Berlin).* RME erreicht derzeit bei den Dieselkraftstoffen in Deutschland einen Marktanteil von etwa 1,5%.

1.3.7 Verbrennung

-1 Allgemeines

Verbrennung ist die chemische Reaktion (Oxydation) der brennbaren Bestandteile von Brennstoffen mit dem Sauerstoff der Luft unter Bildung von Wärme. Fast alle technisch verwendete Wärme, abgesehen vom elektrischen Strom, wird durch Verbrennung von Brennstoffen erzeugt, deren brennbare Bestandteile in der Hauptsache Kohlenstoff C und Wasserstoff H sind, die zu Kohlendioxyd CO_2 und Wasserdampf H_2O verbrennen.

Die Verbrennung wird eingeleitet bei festen Brennstoffen durch Erwärmung, bei flüssigen und gasförmigen Brennstoffen durch momentane Überschreitung der Zündgrenze mittels Zündfunken.

-2 Heizwert und Brennwert

Diejenige Wärmemenge, die bei vollständiger Verbrennung eines Brennstoffes frei wird, nennt man *Brennwert* (kJ/kg oder kJ/m³). Begriffe siehe DIN 5499 (01.72).

Bei den Brennstoffen, die Wasserstoff und daher in den Verbrennungsprodukten auch Wasserdampf enthalten, unterscheidet man den Brennwert H_o (früher oberer Heizwert genannt) und den *Heizwert* H_u (früher unterer Heizwert genannt), je nachdem man die Verdampfungswärme des Wassers in den Verbrennungsgasen berücksichtigt oder nicht. Der Brennwert ist um den Betrag der Verdampfungswärme des in den Abgasen enthaltenen Wassers größer als der Heizwert. In den meisten technischen Feuerungen enthalten die Abgase das Wasser im dampfförmigen Zustand, so daß bei Verbrennungsrechnungen im allgemeinen mit dem Heizwert zu rechnen ist. Es ist also

$$H_o = H_u + r \cdot \frac{9h + w}{100} \quad \text{in kJ/kg bzw. kJ/m}^3$$

r = Verdampfungsenthalpie des Wassers = 2500 kJ/kg bzw. 2000 kJ/m³ bei 0 °C
w = Wassergehalt des Brennstoffs in %
h = Wasserstoffgehalt des Brennstoffs in %.

Angaben über die Heizwerte fester, flüssiger und gasförmiger Brennstoffe siehe Tafel 1.3.6-3, Tafel 1.3.6-6 und Tafel 1.3.6-7 sowie Tafel 1.3.7-1 bis Tafel 1.3.7-4. Bei festen und flüssigen Brennstoffen läßt sich die genaue Größe des Heizwertes wegen der vielen möglichen Bindungsarten der Elemente nur auf kalorimetrische Weise ermitteln. Er kann bei bekannter Zusammensetzung eines Brennstoffes näherungsweise empirisch ermittelt werden (nach Boie):

$$H_u \approx 34{,}8\,\mathrm{c} + 93{,}9\,\mathrm{h} + 10{,}5\,\mathrm{s} + 6{,}3\,\mathrm{n} - 10{,}8\,\mathrm{o} - 2{,}5\,\mathrm{w} \quad \text{in MJ/kg}$$

c = Gehalt an Kohlenstoff in kg/kg
h = Gehalt an Wasserstoff in kg/kg
n = Gehalt an Stickstoff in kg/kg
o = Gehalt an Sauerstoff in kg/kg
s = Gehalt an Schwefel in kg/kg
w = Gehalt an Wasser in kg/kg

Bei gasförmigen Brennstoffgemischen wird der Heizwert aus der Summe der Heizwerte der Einzelgase berechnet:

$$H_u = 10{,}78\,H_2 + 12{,}62\,CO + 35{,}87\,CH_4 + 59{,}48\,C_2H_4 + 56{,}51\,C_2H_2 \ \text{MJ/m}^3$$
$$H_o = 12{,}75\,H_2 + 12{,}62\,CO + 39{,}81\,CH_4 + 63{,}42\,C_2H_4 + 58{,}48\,C_2H_2 \ \text{MJ/m}^3$$

Darin ist:

H_2 = Gehalt an Wasserstoff in m³/m³
CO = Gehalt an Kohlenoxyd in m³/m³ usw.

Bei weiteren brennbaren Bestandteilen müssen die Gleichungen sinngemäß erweitert werden.
Siehe auch DIN 51857 (03.97) mit den Heizwerten einfacher gasförmiger Brennstoffe.

-3 Verbrennungsluftmenge und Abgase

Die zur vollkommenen Verbrennung von Brennstoffen *theoretisch erforderliche Luftmenge* ist L_{min}. Bei den meisten technischen Feuerungen ist jedoch, um eine vollkommene Verbrennung zu erhalten, mehr Luft zuzuführen, als theoretisch erforderlich ist. Das Verhältnis der wirklich zugeführten Luftmenge L zu L_{min} nennt man *Luftzahl* (Luftverhältniszahl) λ:

$$L = \lambda \cdot L_{min}.$$

Mittelwerte von λ siehe Abschn. 1.3.7-5.

Hauptreaktionsformeln bei vollständiger Verbrennung:

$C + O_2 = CO_2$	12 kg C + 32 kg O_2 (22,4 m³) = 44 kg CO_2
$2\,H_2 + O_2 = 2\,H_2O$	4 kg H_2 + 32 kg O_2 (22,4 m³) = 36 kg H_2O
$S + O_2 = SO_2$	32 kg S + 32 kg O_2 (22,4 m³) = 64 kg SO_2

Tafel 1.3.7-1 Verbrennung gas- und dampfförmiger Brennstoffe
1 kWh = 3600 kJ

Stoff	Zeichen	Molekulare Masse	Dichte ϱ	Gehalt an c	Gehalt an h	Brennwert bzw. Heizwert H_o	H_u	H_o	H_u	Theor. Verbrennungsluftmenge L_{min}		Abgasvolumen feucht V_{af}	V_{af}	Trockenes Abgas $CO_{2\,max}$	Feuchtes Abgas H_2O
		kg/kmol	kg/m³	Gew.-%	Gew.-%	kJ/kg	kJ/kg	kJ/m³	kJ/m³	m³/kg	m³/m³	m³/kg	m³/m³	Vol.-%	Vol.-%
Azethylen	C_2H_2	26,04	1,17	92,5	7,5	49910	48220	58470	56490	10,2	11,9	10,6	12,4	17,5	8,1
Benzol	C_6H_6	78,1	3,73	92,2	7,8	42270	40580	157970	151650	10,2	35,7	10,6	37,2	17,5	8,1
Butan (n)	C_4H_{10}	58,1	2,71	83	17	49500	45715	134060	123810	11,4	30,9	12,4	33,4	14,1	15,0
Buthylen	C_4H_8	56,1	2,60	85	15	48430	45290	125860	117710	11,6	28,9	12,4	30,9	14,9	12,9
Ethan	C_2H_6	30,1	1,35	80	20	51880	47490	70290	64345	12,3	16,7	13,4	18,1	13,2	16,5
Ethylalkohol	C_2H_5OH	46,11	2,19	52	13	30570	27710	67070	60790	7,0	14,3	8,0	16,4	15,0	18,4
Ethylen	C_2H_4	28,05	1,26	85,7	14,3	50280	47150	63410	59460	11,3	14,3	12,1	15,3	15,1	13,1
Kohlenoxid	CO	28,01	1,25	42,9	0	10100	10100	12630	12630	1,91	2,38	2,30	2,88	34,7	0
Methan	CH_4	16,04	0,72	75	25	55500	50010	39820	35880	13,3	9,52	14,6	10,5	11,7	19,0
Methanol	CH_3OH	32,04	1,52	37,5	12,5	23840	21090	36200	32030	5,0	7,15	6,0	8,6	15,1	23
Propan	C_3H_8	44,09	2,01	81,8	18,2	50340	46350	101240	93210	11,8	23,8	12,8	25,8	13,8	15,5
Propylen	C_3H_6	42,08	1,91	85,7	14,3	48920	45780	93580	87575	11,2	21,4	11,9	22,9	15,1	13,1
Toluol	C_7H_8	92,11	4,87	91,2	8,8	42850	40940	208890	199570	10,4	42,8	10,9	44,8	17,1	8,9
Wasserstoff	H_2	2,016	0,090	0	100	141800	119970	12745	10780	26,4	2,38	32,0	2,88	0	34,7

Brenn- und Heizwerte bezogen auf 25 °C und 1,013 bar, die Volumen bezogen auf 0 °C und 1,013 bar (DIN 51 857)

Tafel 1.3.7-2 Verbrennung technischer Heizgase (Richtwerte nach F. Schuster)
(siehe auch Tafel 1.3.6-6).

Nr.	Brenngas	Luftbedarf L_{min} m³/m³	Abgasmenge V_{Af} m³/m³	Abgasmenge $V_{A\,tr}$ m³/m³	$\frac{V_{A\,tr\,min}}{L_{min}}$ –	$CO_{2\,max}$ Vol.-%	Zündgeschwind. cm/s	Brennwert H_o kJ/m³	Heizwert H_u kJ/m³
1	Hochofengichtgas	0,76	1,60	1,58	2,08	24,0	13	4080	3980
2	Koksgeneratorgas	1,00	1,80	1,66	1,66	20,1	32	5340	5020
3	Braunkohlengeneratorgas	1,19	1,98	1,79	1,50	20,1	38	6070	5760
4	Mischgas 10+1	1,90	2,69	2,32	1,22	16,5	48	9125	8370
5	Kokswassergas	2,19	2,74	2,23	1,02	20,4	143	11510	10460
6	Kohlenwassergas	2,50	3,07	2,47	0,99	18,2	140	12770	11620
7	Stadtgas I 10+5	3,88	4,54	3,59	0,93	13,1	113	18000	16120
8	Stadtgas II 10+2	3,86	4,59	3,65	0,94	12,1	93	18000	16120
9	Propan + Luft (1:4,5)	3,47	4,65	3,93	1,14	13,7	42	18000	16740
10	Koksofengas (Ferngas)	4,26	4,97	3,86	0,90	10,1	111	19670	17370
11	Ölkarb. Kokswassergas	4,14	4,79	4,02	0,97	17,4	117	20090	18420
12	Erdgas L	8,4	9,4	7,7	0,92	11,8	36	35150	31950
13	Erdgas H	9,8	10,9	8,9	0,90	12,0	49	41100	37500
14	Propan C_3H_8	23,80	25,80	21,80	0,92	13,8	42	100880	92890
15	*n*-Butan C_4H_{10}	30,94	33,44	28,44	0,92	14,1	39	133870	123650

Tafel 1.3.7-3 Verbrennung fester Brennstoffe
1 kWh = 3600 kJ

Brennstoff	Rohzusammensetzung in Gew.-%							Heizwert H_u kJ/kg	Theor. Luftbedarf L_{min} m^3/kg	Rauchgasmenge $V_{A\,min}$ (naß) m^3/kg	$CO_{2\,max}$ %
	c	h	o	n	s	a	w				
Steinkohle											
Ruhr u. Aachen	73…83	3,4…5,3	1,8…6,5	1,1	0,9	4…7	3…5	30140…33070	7,7…8,3	8,2…8,6	18,3…18,9
Saar	70…78	4,7…5,2	5,4…12,5	1,2	0,6	3…8	3…5	28050…31400	7,9	8,3	18,7
Oberschlesien	72…78	4…5	9,5…12,0		0,8	5…7,5	4…5	28460…30560	7,5	7,9	18,9
Rohbraunkohle											
Rheinland	25…32	2	9…12	0,3	0,2	3	50…60	7530…10460	2,4…3,0	2,4…3,8	19,8
Sachsen/Thüringen	29,3	2,5	9,2	0,3	1,0	5,7	52	10460	2,9	3,85	18,8
Lausitz	26,6	2,4	12,4	0,4	0,2	3	55	9630	2,6	3,5	19,5
Böhmen	72…77	5,7…6,2	1,57…20,9	–	1,0	5…7	25…40	14230…2512	3,9…6,5	4,6…7,0	17,8…18,7
Braunkohlenbriketts											
Bitterfeld/Leipzig[1])	52,9	4,5	15,9	0,6	2,1	8,9	15	20930	5,4	6,0	18,6
Rheinland	54,5	4,2	20,1	0,8	0,4	5	15	20090	5,3	5,9	19,5
Lausitz	54,0	4,0	21,0	0,7	0,35	6	14	20090	5,2	5,7	19,7
Koks (Gaskoks)	86	0,3	1,5		0,7	12	1,5	29300	7,7	7,7	20,7
Torf (lufttrocken)	40	5	25	2	1,0	7	20	15490	4,1	5,0	18,9
Holz (lufttrocken)	44	5	35	0,5	0	0,5	15	15490	4,1	4,8	20,2

[1]) Aufgrund des hohen Schwefelanteils Einstellung der Produktion von Braunkohlebriketts 1996 (s. auch Abschn. 194).

Tafel 1.3.7-4 Verbrennung flüssiger Brennstoffe
1 kWh = 3600 kJ

Brennstoff	Chem. Zeichen	Molekulare Masse kg/kmol	Gehalt an c Gew.-%	Gehalt an h Gew.-%	Dichte bei 15 °C ϱ kg/m³	Siedepunkt °C	Brennwert H_o kJ/kg	Heizwert H_u kJ/kg	Theoretischer Luftbedarf L_{min} m³/kg	Theoretische Rauchgasmenge V_{atr} m³/kg	Theoretische Rauchgasmenge V_{af} m³/kg	$CO_{2\,max}$ Vol.-%
Benzin (Mittelwerte)	–	–	85	15	720	60…120	46 050	42 700	11,5	10,7	12,3	15,0
Benzol	C_6H_6	78,1	92,2	7,8	875	80	42 270	40 580	10,2	9,8	10,6	17,5
Braunkohlenteerheizöl	–	–	84	11	925	–	42 700	40 230	10,3	9,6	10,9	16,1
Ethylalkohol	C_2H_5OH	46,1	52	13	794	78	30 570	27 710	7,0	6,5	8,0	15,0
Gasöl (Diesel)	–	–	87	13	870	230…360	44 710	41 820	11,2	10,4	11,9	15,5
Heizöl EL	–	–	86	13	850	200…350	44 790	42 700	11,2	10,2	11,8	15,5
Heizöl M	–	–	85	12	910	250…400	43 120	41 020	10,8	10,1	11,7	15,7
Heizöl S	–	–	84	11	960	> 300	42 280	39 770	10,6	10,0	11,4	15,9
Hexan	C_6H_{14}	86,2	83,6	16,4	660	60	48 680	45 100	11,8	10,9	12,6	14,3
Methanol	CH_3OH	32,04	37,5	12,5	790	64	23 840	21 090	5,0	4,7	6,0	15,1
Pentan	C_5H_{12}	72,2	82,2	16,8	626	37	49 010	45 350	11,8	10,9	12,7	14,2
Steinkohlenteerheizöl	–	–	91	6,5	1060	–	39 150	37 680	9,8	9,2	9,9	18,1
Toluol	C_7H_8	92,1	91,2	8,8	867	111	42 850	40 940	10,4	8,9	10,9	17,1
Xylol	C_8H_{10}	106,2	90,5	9,5	863	140	43 290	41 220	10,6	10,0	11,1	16,8

-3.1 Feste und flüssige Brennstoffe

Die Berechnung der theoretischen Verbrennungsluftmenge L_{min} sowie der Abgase V_a mit ihrer Zusammensetzung ist aus Tafel 1.3.7-5 ersichtlich. *Verbrennungsprodukte* sind Kohlendioxyd, Schwefeldioxyd und Wasserdampf. Außerdem enthalten die Abgase Stickstoff und bei $\lambda > 1$ auch Sauerstoff.

Die *theoretische Verbrennungsluftmenge* ist (s. Tafel 1.3.7-5):

$$L_{min} = \frac{22{,}4}{0{,}21}\left(\frac{c}{12}+\frac{h}{4}+\frac{s}{32}-\frac{o}{32}\right) = 8{,}88\ c + 26{,}44\ h + 3{,}32\ s - 3{,}33\ o\ \text{m}^3/\text{kg}$$

Darin ist

22,4 = Molvolumen der Gase in m³/kg
0,21= Sauerstoffanteil der Luft.

Tafel 1.3.7-5 Verbrennungsrechnung bei festen und flüssigen Brennstoffen

	Stoff	Luftbedarf L_{min} m³/kg	Abgasmenge V_a		Verbrennungsprodukte
			m³/kg	kg/kg	
Brennstoff	c Gew.-%	8,88 c	1,85 c	3,67 c	CO_2
	h Gew.-%	26,44 h	11,11 h	9 h + w	H_2O
	s Gew.-%	3,32 s	0,68 s	2 s	SO_2
	o Gew.-%	−3,33 o	–	–	–
	n Gew.-%	–	0,80 n	n	N_2
	w Gew.-%	–	1,24 w	w	H_2O
Luft	*x* kg/kg	$L_{min}(1 + 1{,}6x)$	$\lambda L_{min} \cdot 1{,}6 \cdot x$	$\lambda \cdot L_{min} \cdot 1{,}28 \cdot x$	H_2O
	o	–	$(\lambda - 1)\, 0{,}21 \cdot L_{min}$	$\lambda(0 - 3{,}330)$	O_2
	n	–	$\lambda \cdot 0{,}79 \cdot L_{min}$	$\lambda \cdot n$	N_2

Die *trockene Abgasmenge* ist

$$V_{a\,tr} = 1{,}85\ c + 0{,}68\ s + 0{,}8\ n + (\lambda - 0{,}21)\ L_{min}\ \text{m}^3/\text{kg}$$

Die feuchte Abgasmenge V_{af} ist um den Betrag des Wasserdampfes in den Abgasen größer. Dabei ist zu beachten, daß Wasserdampf nicht nur durch den Wasserstoffgehalt des Brennstoffes, sondern auch durch den Wassergehalt x der Verbrennungsluft auftritt. Weitere Werte siehe nachstehendes Beispiel.

Beispiel:

Verbrennung von 1 kg Steinkohle mit der Luftzahl $\lambda = 1{,}5$. Wassergehalt der Luft $x = 10$ g/kg. Zusammensetzung des Brennstoffs:

c	h	s	o	n	w	a	
0,80	0,05	0,02	0,07	0,0	0,04	0,02	kg/kg

Theoretische Luftmenge:

$L_{min} = 8{,}88\ c + 26{,}44\ h + 3{,}32\ s - 3{,}33\ o = 8{,}88 \cdot 0{,}80 + 26{,}44 \cdot 0{,}05 + 3{,}32 \cdot 0{,}02 - 3{,}33 \cdot 0{,}07 = 8{,}26$ m³/kg

Trockene Abgasmenge

$V_{atr} = 1{,}85\ c + 0{,}68\ s + (\lambda - 0{,}21)\ L_{min} = 1{,}85 \cdot 0{,}80 + 0{,}68\ s \cdot 0{,}02 + 1{,}29 \cdot 8{,}26 = 12{,}15$ m³/kg

Feuchte Abgasmenge (ohne Luftfeuchte x)

$V_{af} = V_{atr} + 11{,}11\ h + 1{,}24\ w = 12{,}15 + 11{,}11 \cdot 0{,}05 + 1{,}24 \cdot 0{,}04 = 12{,}76$ m³/kg

Wasserdampfmenge ohne Luftfeuchte x
$W = 11{,}11\ h + 1{,}24\ w = 0{,}61\ m^3/kg$
Durch Luftfeuchte $x = 10$ g/kg zusätzlich entstehende Wasserdampfmenge
$W' = \lambda \cdot L_{min} \cdot 1{,}6\,x = 1{,}5 \cdot 8{,}26 \cdot 1{,}6 \cdot 0{,}010 = 0{,}20\ m^3/kg$
Kohlendioxydmenge: $1{,}85\ c = 1{,}85 \cdot 0{,}80 = 1{,}48\ m^3/kg$
Kohlendioxydgehalt der trockenen Abgase: 1,48:12,15 = 12,3%

Faustformel für den Mindesluftbedarf: $L_{min} \approx 0{,}25\ m^3$ für 1000 kJ
oder $\approx 0{,}9\ m^3$ für 1 kWh.

-3.2 Gasförmige Brennstoffe

Theoretische Luftmenge:

$$L_{min} = \frac{1}{0{,}21}\left[\left(\frac{CO + H_2}{2}\right) + (n + m/4)\ C_n H_m - O_2\right] m^3/m^3$$

Wirkliche Luftmenge:

$L = \lambda \cdot L_{min}\ m^3/m^3$

Abgasmenge feucht (ohne Luftfeuchte):

$$V_{af} = \lambda \cdot L_{min} + {}^1/_2\,(CO + H_2) + \frac{m}{4} \cdot C_nH_m + CO_2 + O_2 + N_2$$

$$= \text{Gasmenge} + \lambda\, L_{min} - 0{,}5\,(CO + H_2) - \left(1 - \frac{m}{4}\right) C_nH_m\ m^3/m^3$$

Wasserdampfmenge im Abgas:

$H_2 + m/2\ (C_nH_m)\ m^3/m^3$

Volumenverminderung zwischen (Gasmenge + Luftmenge) und feuchter Abgasmenge:

$\Delta V = 0{,}5\,(CO + H_2) + (1 - m/4)\ C_nH_m\ m^3/m^3$ (Dilatation).

Abgas-Zusammensetzung:

Abgasbestandteil	Zeichen	Abgase in m^3/m^3
Kohlendioxyd	CO_2	$CO_2 + CO + n\,(C_nH_m)$
Wasserdampf	H_2O	$H_2 + m/_2\,(C_nH_m)$
Sauerstoff	O_2	$0{,}21\ (\lambda - 1) \cdot L_{min}$
Stickstoff	N_2	$N_2 + 0{,}79\ \lambda \cdot L_{min}$

Beispiel:

Verbrennung von 1 m^3 Erdgas H mit $\lambda = 1{,}2$ (s. Tafel 1.3.7-1).

Zusammensetzung:

CH_4	C_2H_6	C_3H_8	CO_2	N_2	
0,93	0,03	0,02	0,01	0,01	m^3/m^3

Heizwert $H_u = 0{,}93 \cdot 35\,880 + 0{,}03 \cdot 64\,345 + 0{,}02 \cdot 93\,210$
$= 37\,162\ kJ/m^3$.

Theoretische Luftmenge:

$$L_{min} = \frac{1}{0{,}21}\,(2 \cdot 0{,}93 + 3{,}5 \cdot 0{,}03 + 5 \cdot 0{,}02) = 9{,}83\ m^3/m^3$$

Wirkliche Luftmenge:

$L = \lambda \cdot L_{min} = 1{,}2 \cdot 9{,}83 = 11{,}8\ m^3/m^3$

Abgasmenge feucht = Gasmenge + $\lambda \cdot L_{min}$ (Dilatation vernachlässigt):

$V_{af} = 1{,}0 + 11{,}8 = 12{,}8\ m^3/m^3$

Wasserdampfmenge:

$2 \cdot 0{,}93 + 3 \cdot 0{,}03 + 4 \cdot 0{,}02 = 2{,}03\ m^3/m^3$

Abgas-Zusammensetzung:

CO_2	$0{,}93 + 2 \cdot 0{,}03 + 3 \cdot 0{,}02 + 0{,}01$	=	$1{,}06\ m^3/m^3$ =	8,3 Vol.-%
H_2O	$2 \cdot 0{,}93 + 3 \cdot 0{,}03 + 4 \cdot 0{,}02$	=	$2{,}03\ m^3/m^3$ =	15,8 Vol.-%
O_2	$0{,}21 \cdot 0{,}2 \cdot 9{,}83$	=	$0{,}41\ m^3/m^3$ =	3,2 Vol.-%
N_2	$0{,}01 + 0{,}79 \cdot 1{,}2 \cdot 9{,}83$	=	$9{,}32\ m^3/m^3$ =	72,7 Vol.-%
Gesamte Abgasmenge V_{Af}		=	$12{,}82\ m^3/m^3$ =	100 Vol.-%

-3.3 Näherungswerte

der Luft- und Abgasmengen für feste, flüssige und gasförmige Brennstoffe nach *Rosin und Fehling*[1)] siehe Tafel 1.3.7-6 und Bild 1.3.7-1 bis Bild 1.3.7-3 mit Beispielen. Abgasmengen bezogen auf feuchte Gase, CO_2-Werte bezogen auf trockene Gase.

Bei den festen und flüssigen Brennstoffen ist H_u in kJ/kg, bei den gasförmigen Brennstoffen in kJ/m^3 einzusetzen. Mit der Luftzahl λ ist die Luftmenge $L = \lambda \cdot L_{min}$, die Abgasmenge $V_A = V_{A\,min} + (\lambda - 1)\, L_{min}$.

Tafel 1.3.7-6 Näherungswerte der Luft- und Abgasmengen

Brennstoff	L_{min} m^3/kg bzw. m^3/m^3	$V_{A\,min}$ m^3/kg bzw. m^3/m^3
Feste Brennstoffe	$\frac{0{,}241\ H_u}{1000} + 0{,}5$	$\frac{0{,}212\ H_u}{1000} + 1{,}65$
Öle	$\frac{0{,}203\ H_u}{1000} + 2{,}0$	$\frac{0{,}265\ H_u}{1000}$
Arme Gase $\left(H_u < 12\,500\ \frac{kJ}{m^3}\right)$ (Hochofen-, Generator-, Wassergas)	$\frac{0{,}209\ H_u}{1000}$	$\frac{0{,}173\ H_u}{1000} + 1{,}0$
Reiche Gase $\left(H_u > 12\,500\ \frac{kJ}{m^3}\right)$ (Leucht-, Koksofen-, Ölgas)	$\frac{0{,}260\ H_u}{1000} - 0{,}25$	$\frac{0{,}272\ H_u}{1000} + 0{,}25$

-3.4 Dichte der Abgase

Die *Dichte* ϱ der Abgase errechnet sich aus der Zusammensetzung wie folgt:

$\varrho = \varrho_{CO_2} \cdot CO_2 + \varrho_{O_2} \cdot O_2 + \varrho_{N_2} \cdot N_2 + \varrho_{H_2O} \cdot H_2O$ in kg/m^3

CO_2 = Gehalt an CO_2 in m^3/m^3 usw.

$\varrho = p/RT$ (R = Gaskonstante).

Die Dichten der einzelnen *Abgasbestandteile* sind

	CO_2	O_2	N_2	H_2O	CO	
ϱ =	1,97	1,43	1,257	0,804	1,25	kg/m^3.

Dichte desto größer, je höher CO_2-Gehalt, und desto geringer, je größer H_2O-Gehalt.

1) Rosin, P., und Fehling, R.: Das *it*-Diagramm der Verbrennung. Berlin, VDI-Verlag 1929.

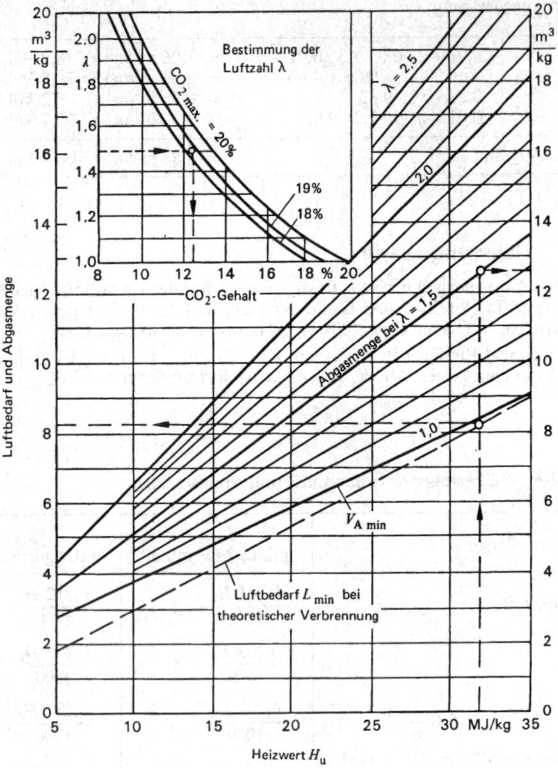

Bild 1.3.7-1. Abgasmenge (feucht) und Luftbedarf bei festen Brennstoffen mit 2 Beispielen.

1. Beispiel:

Verbrennung von Steinkohle mit dem Heizwert H_u = 32 MJ/kg (8,89 kWh/kg) und dem max. CO_2-Gehalt der Rauchgase von 18,7% nach Tafel 1.3.7-3 ergibt bei der Luftzahl $\lambda = 1{,}50$:

Luftbedarf bei theoretischer Verbrennung	L_{min}	= 8,25 m³/kg
Wirkliche Luftmenge	$L = 1{,}50 \cdot L_{min}$	= 12,37 m³/kg
Wirkliche Rauchgasmenge	V_A	= 12,6 m³/kg
CO_2-Gehalt der Rauchgase		= 12,4%

2. Beispiel:

Verbrennung von Braunkohlebriketts mit dem Heizwert H_u = 20 000 kJ/kg (5,56 kWh/kg) und dem maximalen CO_2-Gehalt der Abgase von 19,5% nach Tafel 1.3.7-3 ergibt bei der Luftzahl $\lambda = 1{,}3$:

Luftbedarf bei theoretischer Verbrennung	L_{min}	= 5,3 m³/kg
Wirkliche Luftmenge	$L = 1{,}3 \cdot L_{min}$	= 6,89 m³/kg
Abgasmenge bei theoretischer Verbrennung	$V_{A\,min}$	= 5,89 m³/kg
Wirkliche Abgasmenge	V_a	= 7,5 m³/kg
CO_2-Gehalt der Abgase		=15%

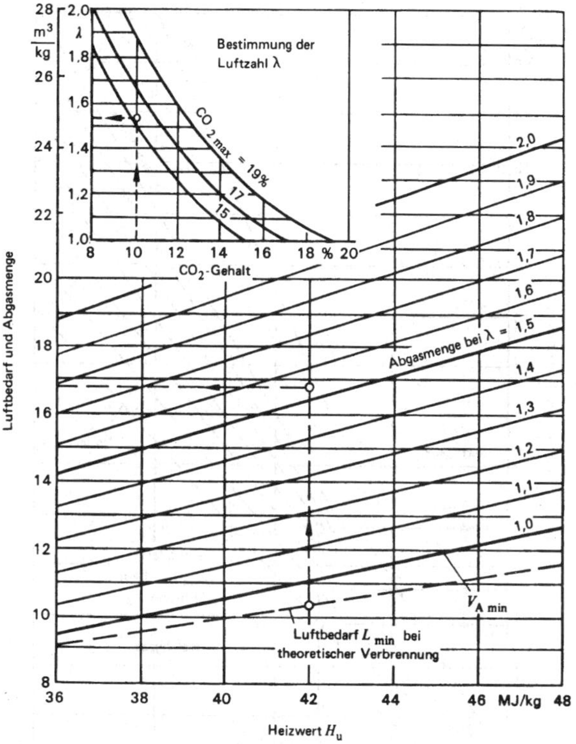

Bild 1.3.7-2. Abgasmenge (feucht) und Luftbedarf bei flüssigen Brennstoffen mit 2 Beispielen.

1. Beispiel:

Verbrennung von Heizöl EL mit dem Heizwert $H_u = 42$ MJ/kg (11,67 kWh/kg) und $CO_{2\,max} = 15{,}5\%$ nach Tafel 1.3.7-4 ergibt bei einem CO_2-Gehalt der Abgase von 10%:

Luftzahl $\lambda = 1{,}55$

Luftbedarf bei theoretischer Verbrennung	L_{min}	$= 10{,}4$ m³/kg
Wirkliche Luftmenge	$L = 1{,}55 \cdot L_{min}$	$= 16{,}1$ m³/kg
Wirkliche Abgasmenge (feucht)	V_A	$= 16{,}8$ m³/k

2. Beispiel:

Heizöl EL mit dem Heizwert $H_u = 44{,}8$ MJ/kg und $CO_{2\,max} = 15{,}4\%$ ergibt bei einem CO_2-Gehalt der Abgase von 13%:

Luftzahl $\lambda = 1{,}18$

Luftbedarf bei theoretischer Verbrennung	L_{min}	$= 11{,}1$ m³/kg
Wirkliche Luftmenge	$L = 11{,}1 \cdot 1{,}18$	$= 13{,}1$ m³/kg
Wirkliche Abgasmenge (feucht)	V_A	$= 13{,}8$ m³/kg

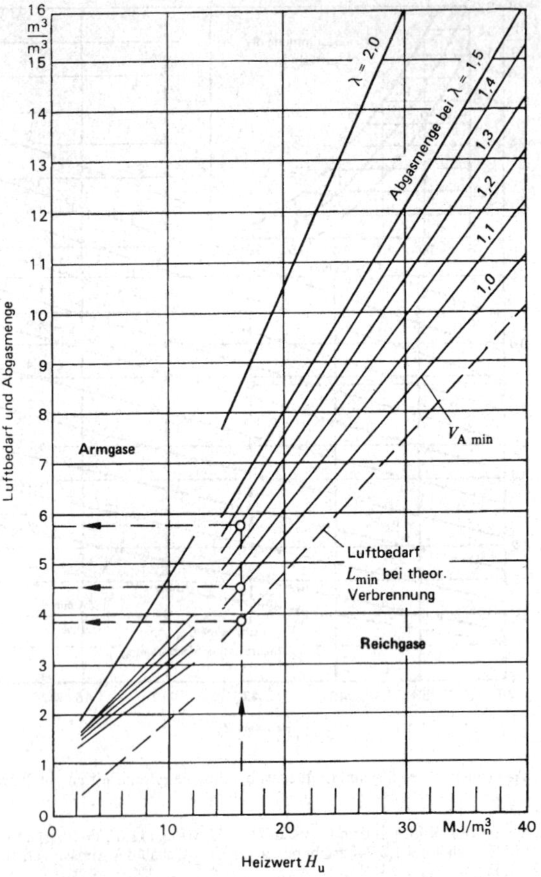

Bild 1.3.7-3. Abgasmenge (feucht) und Luftbedarf bei gasförmigen Brennstoffen mit 2 Beispielen.

1. Beispiel:

Verbrennung von Stadtgas mit einem Heizwert $H_u = 16$ MJ/m³ (4,44 kWh/kg) ergibt bei einer Luftzahl $\lambda = 1{,}3$:

Luftbedarf bei theoretischer Verbrennung	L_{min}	= 3,9 m³/m³
Wirkliche Luftmenge	$L = 1{,}3 \cdot L_{min}$	= 5,1 m³/m³
Abgasmenge bei theoretischer Verbrennung	$V_{A\,min}$	= 4,6 m³/m³
Wirkliche Abgasmenge	V_A	= 5,8 m³/m³

2. Beispiel:

Verbrennung von Erdgas mit einem Heizwert von H_u =34 000 kJ/m³ (9,44 kWh/m³) ergibt bei einer Luftzahl $\lambda = 1{,}3$:

Luftbedarf bei theoretischer Verbrennung	L_{min}	= 8,6 m³/m³
Wirkliche Luftmenge	$L = 1{,}3 \cdot 8{,}6$	= 11,2 m³/m³
Abgasmenge bei theoretischer Verbrennung	$V_{A\,min}$	= 9,5 m³/m³
Wirkliche Abgasmenge	V_A	= 12,1 m³/m³

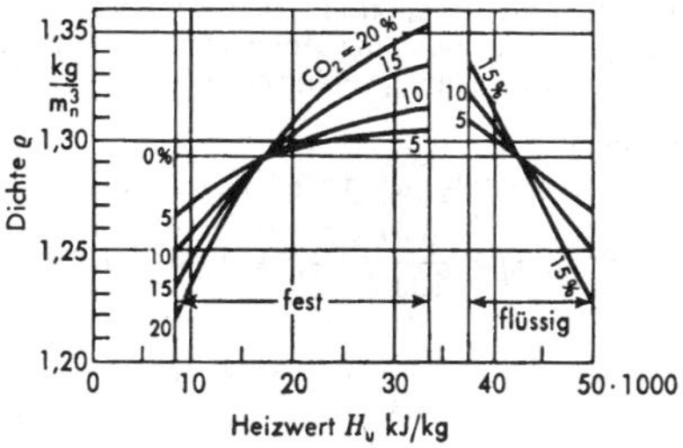

Bild 1.3.7-4. Dichte der feuchten Abgase bei festen und flüssigen Brennstoffen. 1000 kJ ≈ 0,28 kWh.

Mittlere Werte der Dichte bei festen und flüssigen Brennstoffen siehe Bild 1.3.7-4. Bei gasförmigen Brennstoffen sind die Werte von Fall zu Fall zu berechnen, da sehr unterschiedlich.

Richtwerte bei mittleren Verhältnissen:

feste Brennstoffe	$\varrho \approx 1{,}33$ kg/m³
Heizöl	$\varrho \approx 1{,}32$ kg/m³
Stadtgas	$\varrho \approx 1{,}25$ kg/m³
Erdgas (Methan)	$\varrho \approx 1{,}25$ kg/m³

-3.5 Spezifische Wärmekapazität der Abgase

Bei Abgasen mittlerer Zusammensetzung ist die wahre spezifische Wärmekapazität

$C_p = 1{,}35 + 0{,}00030\ t$ in kJ/m³ K.

Bei genaueren Rechnungen sind die spezifischen Wärmekapazitäten der einzelnen Bestandteile des Abgases zu berücksichtigen. Es gilt dann bei n Einzelbestandteilen die Beziehung

$C_p = \Sigma\, n\, C_p$

Die meisten technischen Wärmeübertragungsprozesse verlaufen über einen größeren Temperaturbereich. In diesen Fällen ist mit mittleren Werten C_{pm} der Wärmekapazität zu rechnen (Tafel 1.3.7-7 und Bild 1.3.7-8). Mittelwert $C_{pm} = 1{,}35 + 0{,}00015\ t$.

Einige Richtwerte für C_{pm} bei Temperaturen zwischen 100 und 300 °C sind

bei Kohlefeuerung	$C_{pm} = 1{,}37$ kJ/m³ K
bei Gasfeuerung	$C_{pm} = 1{,}38$ kJ/m³ K
bei Heizölfeuerung	$C_{pm} = 1{,}39$ kJ/m³ K

Tafel 1.3.7-7 Mittlere spezifische Wärmekapazität C_{pm} von Gasen zwischen 0 und t °C bezogen auf Normalvolumen in kJ/m³ K

t°C	N_2	O_2	CO_2	H_2O
0	1,30	1,31	1,61	1,49
200	1,31	1,34	1,80	1,52
400	1,33	1,38	1,94	1,56
600	1,35	1,42	2,06	1,61
800	1,37	1,45	2,15	1,66
1000	1,40	1,48	2,20	1,72

Die spezifische Wärmekapazität c_p je kg ist $c_p = C_p/\varrho$. (ϱ = Dichte in kg/m³)

-3.6 Wasserdampfgehalt und Taupunkt der Abgase

Um den *Taupunkt* der Abgase zu ermitteln, berechne man zunächst nach Abschnitt 1.3.7-3.1 und -3.2

den Wasserdampfgehalt der Abgase in Vol.-%: $H_2O = \dfrac{11{,}20\,h + 1{,}24\,w}{V_A}$, hieraus den dem

Volumenanteil proportionalen Wasserdampfdruck in mbar und dann aus der Wasserdampftafel die Sättigungstemperatur, die dem Taupunkt entspricht. Der Taupunkt der Abgase ist desto höher, je höher der Wasser- und Wasserstoffgehalt des Brennstoffes ist.

Beispiel:

Wasserdampfgehalt der Steinkohle-Abgase in Beispiel Abschnitt 1.3.7-3.1:

$$0{,}61\ m^3/kg = \frac{0{,}61}{12{,}67} = 4{,}8\ \text{Vol.-\%}\ (\hat{=}\ 18/22{,}4 \cdot 48 = 0{,}804 \cdot 48 = 39\ g/m^3)$$

$$\text{Dampfdruck: } \frac{4{,}8}{100} \cdot 1013 = 48\ \text{mbar}.$$

Taupunkt = 32 °C (aus Tafel 1.3.4-1).

Um ein Naßwerden und Verschmieren der Heizflächen sowie Korrosion zu verhindern, dürfen die Abgase nicht unter den Taupunkt abgekühlt werden. Mittlere Taupunkte für verschiedene Brennstoffe in Abhängigkeit vom Luftüberschuß siehe Bild 1.3.7-6, in Abhängigkeit vom Wassergehalt der Abgase in Bild 1.3.7-5.

Bei schwefelhaltigen Brennstoffen kann sich in den Abgasen aus SO_2 unter Umständen, besonders bei hohem Luftüberschuß, eine mehr oder weniger große Menge SO_3 bilden, die sich mit dem Wasserdampf der Rauchgase zu H_2SO_4 (Schwefelsäure) verbindet. Bei 0,5% Schwefelgehalt des Heizöls liegt der Säuretaupunkt bei etwa 130°C. Siehe Abschnitt 1.10.5.

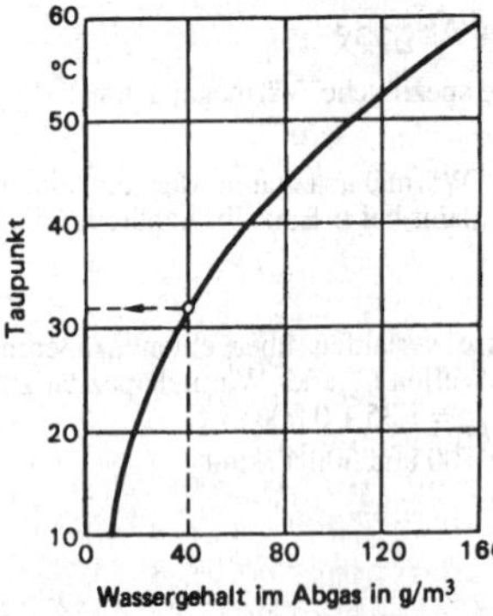

Bild 1.3.7-5. Taupunkt und Wassergehalt von Abgasen bezogen auf Normzustand.

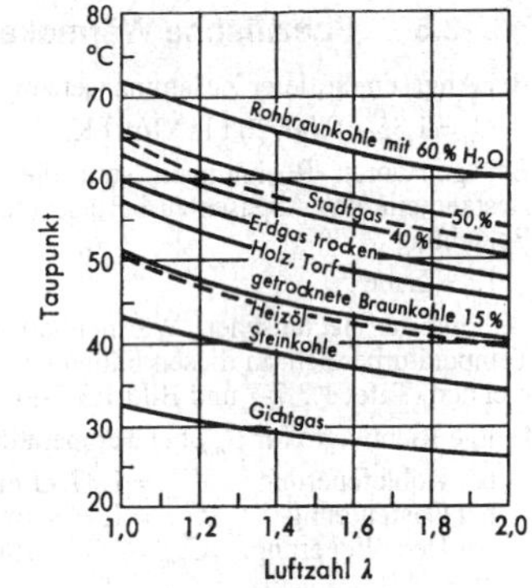

Bild 1.3.7-6. Taupunkttemperaturen für Wasserdampf bei verschiedenen Brennstoffen.

-4 Verbrennungstemperatur

Verbrennungstemperatur t_v ist diejenige Temperatur, die die Verbrennungsgase theoretisch annehmen würden, wenn keine Wärmeabgabe nach außen erfolgte (adiabate Verbrennung). Sie läßt sich aus dem Heizwert der Brennstoffe H_u und der *mittleren spezifischen Wärme* C_{pm} der Verbrennungsgase errechnen. Tafel 1.3.7-7 und Bild 1.3.7-8.

Daraus erhält man mit der Abgasmenge V_A die theoretische Verbrennungstemperatur

$$t_v = \frac{H_u}{C_{pm} \cdot V_A} \text{ in °C.}$$

Theoretische Verbrennungstemperaturen für verschiedene Brennstoffe Bild 1.3.7-9. Die genaue Berechnung ist dadurch erschwert, daß bei Temperaturen oberhalb ≈1500 °C CO_2 und H_2O unter Bindung von Wärme zerfallen, so daß die Temperaturen geringer werden *(Dissoziation).*

Für praktische Rechnungen genügt es jedoch häufig, eine mittlere Zusammensetzung der Abgase anzunehmen, deren spezifische Wärme dann nur von der Temperatur und dem Luftgehalt abhängt. Hierauf beruht die Konstruktion des *h, t-Diagramms,* das den

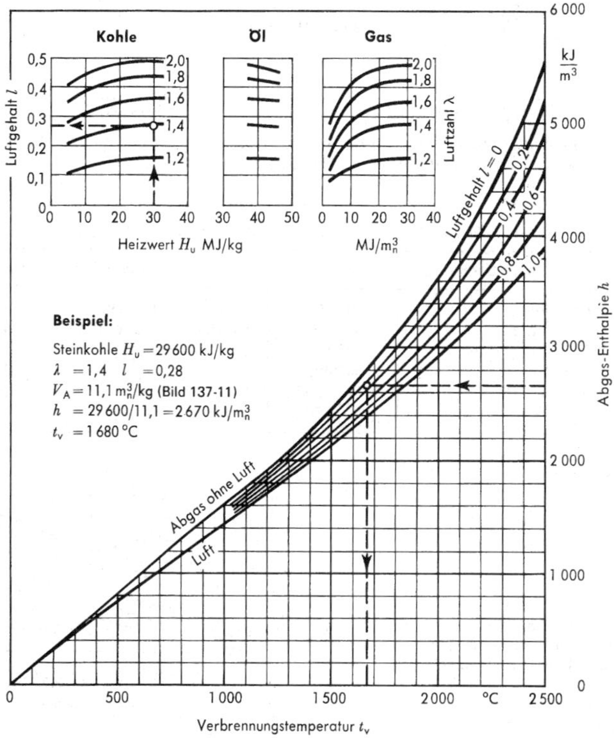

Bild 1.3.7-7. *h, t*-Diagramm für Abgase (nach Rosin und Fehling).

Wärmeinhalt je m³ Abgas in Abhängigkeit von der Temperatur und dem Luftgehalt angibt (Bild 1.3.7-7). Man bestimmt zunächst den Wärmeinhalt der Abgase nach der Formel

$$h = \frac{H_u}{V_{A\,min} + (\lambda - 1)\,L_{min}} = \frac{H_u}{V_A}\ \text{kJ/m}^3$$

und den Luftgehalt der Abgase

$$l = \frac{(\lambda - 1)\,L_{min}}{V_{A\,min} + (\lambda - 1)\,L_{min}} = \frac{(\lambda - 1)\,L_{min}}{V_A}$$

und kann dann aus dem Diagramm sofort die theoretische Verbrennungstemperatur ablesen. Umgekehrt kann bei bestimmter Temperatur der Wärmeinhalt der Abgase in kJ/m³ ermittelt werden. In den wirklichen Feuerungen ist die Flammtemperatur infolge Strahlung der Flammen und Wärmeverluste geringer als der theoretische Wert und außerdem sehr unterschiedlich (Tafel 1.3.7-8). Die Dissoziation ist in dem Diagramm bereits berücksichtigt.

Beispiel:

Verbrennung von Stadtgas mit H_u = 20 900 kJ/m³ (5,81 kWh/m³).

Anfangstemperatur t_1 = 20 °, λ = 1,3. Wie groß ist die theoretische Verbrennungstemperatur t_v?

$$L_{min} = \frac{0{,}260 \cdot 20\,000}{1000} - 0{,}25 = 5{,}18\ \text{m}^3/\text{m}^3\ \text{(Tafel 1.3.7-6).}$$

$$V_{A\,\min} = \frac{0{,}272 \cdot 20\,900}{1000} + 0{,}25 = 5{,}93 \text{ m}^3/\text{m}^3$$

$$h = \frac{20\,900}{5{,}93 + 0{,}3 \cdot 5{,}18} = 2792 \text{ kJ/m}^3 \qquad l = \frac{0{,}3 \cdot 5{,}18}{5{,}93 + 0{,}3 \cdot 5{,}18} = 0{,}21$$

Verbrennungstemperatur $t_v = 1700 + 20 = 1720$ °C aus h, t-Diagramm. Die Werte für $L_{\min}$ und V_A können auch aus Bild 1.3.7-3 entnommen werden.

Tafel 1.3.7-8 Mittlere Verbrennungstemperatur in Feuerungen

Theoretische Temperatur °C		Wirkliche Temperatur °C	
Steinkohle	≈ 2200	Wanderrostfeuerung	1200…1400
Braunkohle	≈ 1500	Kohlenstaubfeuerung	1300…1500
Heizöl EL	≈ 2100	Schmelzfeuerung	1400…1700
Heizöl S	≈ 2000	Ölfeuerung	1200…1600
Armgase	1000…2000	Erdgasfeuerung	1200…1600
Erdgas	≈ 1950	Müllfeuerung	900…1000

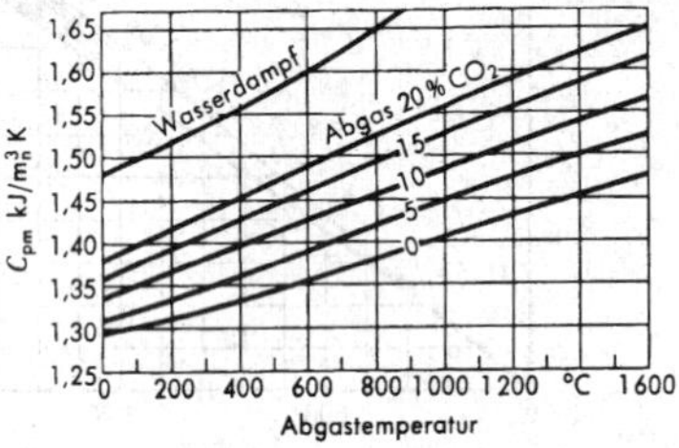

Bild 1.3.7-8. Mittlere spez. Wärme von trockenen Abgasen und von Wasserdampf zwischen 0 und t °C.

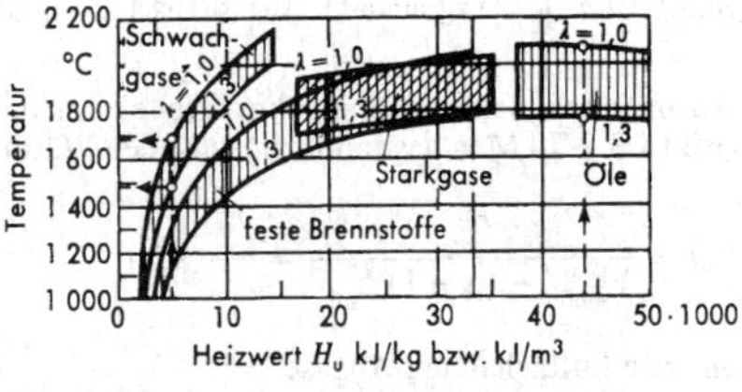

Bild 1.3.7-9. Theoretische Verbrennungstemperaturen verschiedener Brennstoffe.

-5 Abgasprüfung

Aus der Zusammensetzung der Abgase kann man die Güte der Verbrennung beurteilen. Daher wird in gut geleiteten Feuerungen die Zusammensetzung der Abgase durch besondere Meßinstrumente laufend überwacht. Die günstigste Luftzahl ist diejenige, bei der die geringsten Wärmeverluste auftreten. Größter CO_2-Gehalt der Abgase ist nicht am günstigsten, da dabei auch meist CO auftritt.

Im allgemeinen ist

bei Gasgebläsefeuermengen	$\lambda = 1{,}1 \ldots 1{,}3$
bei atmosphärischen Gasbrennern	$\lambda = 1{,}25 \ldots 1{,}5$
bei Ölfeuerungen	$\lambda = 1{,}2 \ldots 1{,}5$
bei Kohlenstaubfeuerungen	$\lambda = 1{,}2 \ldots 1{,}3$
bei mechanischen Kohlefeuerungen	$\lambda = 1{,}3 \ldots 1{,}5$
bei handbeschickten Kohlefeuerungen	$\lambda = 1{,}5 \ldots 2{,}0$

Wirkungsgrade der Verbrennung und Wärmeverluste siehe Abschnitt 2.3.1-2.7.

-5.1 Vollkommene Verbrennung

Bei vollkommener Verbrennung enthalten die trockenen Abgase nur CO_2, SO_2 und N_2. Bei festen und flüssigen Brennstoffen, bei denen der Schwefeldioxid- und Stickstoffgehalt praktisch zu vernachlässigen ist, berechnet sich die *Luftzahl λ* aus dem Kohlendioxidgehalt CO_2 der Abgase nach folgender Gleichung:

$$\lambda = 1 + \left(\frac{CO_{2\,max}}{CO_2} - 1 \right) \frac{V^{tr}_{A\min}}{L_{\min}}$$

CO_2 = Kohlendioxidgehalt der Abgase
$CO_{2\,max}$ = maximaler Kohlendioxidgehalt der Abgase
$V^{tr}_{A\min}$ = theoretisches trockenes Abgasvolumen m^3/kg
$L_{\min}$ = theoretische Luftmenge m^3/kg

Da bei den *festen Brennstoffen* $V_{A\min} \approx L_{\min}$ ist, ist annäherungsweise auch

$$\lambda = \frac{CO_{2\,max}}{CO_2}.$$

Bei *Heizöl* EL

$$\lambda = 1 + \left(\frac{CO_{2\,max}}{CO_2} - 1 \right) 0{,}93\ldots0{,}97.$$

Bei *Heizgasen* schwankt der Wert $V^{tr}_{A\min}/L_{\min}$ je nach Zusammensetzung des Gases zwischen 0,9 und 1,9, so daß immer mit der genauen Formel zu rechnen ist. Bei Stadt- und Erdgas kann man 0,9…1,0 annehmen.

Für Gase mit Stickstoffgehalt allgemein gültig ist die Gleichung

$$\lambda = \frac{21}{21 - 79\, O_2/N_2} \left(1 + \frac{O_2 \cdot V_N}{N_2 \cdot O_{\min}} \right)$$

V_N = Stickstoffanteil des Brenngases in m^3/m^3
O_2 = O_2-Gehalt der Abgase in m^3/m^3
N_2 = N_2-Gehalt der Abgase in m^3/m^3

Bildliche Darstellung in Bild 1.3.7-10.

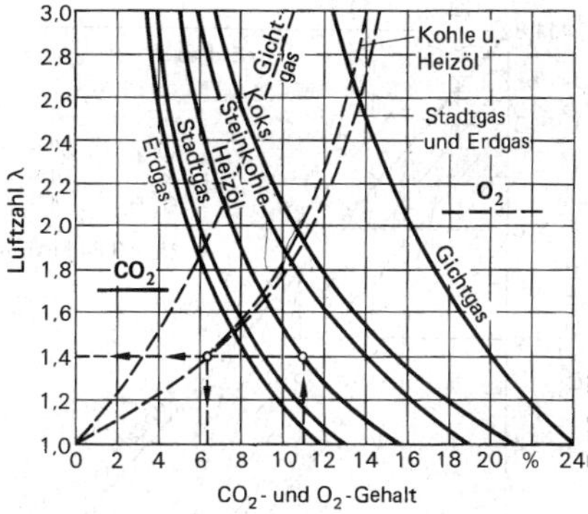

Bild 1.3.7-10. Luftzahl λ und O_2-Gehalt in Abhängigkeit vom CO_2-Gehalt der Abgase bei verschiedenen Brennstoffen und bei vollkommener Verbrennung.

Der *maximale* CO_2*-Gehalt* $CO_{2\,max}$ der trockenen Abgase ergibt sich bei den verschiedenen Brennstoffen aus

$$CO_{2\,max} = \frac{1{,}87\,c}{1{,}87\,c + 0{,}79 \cdot L_{\min}} = \frac{1{,}87\,c}{8{,}86\,c + 21\,h - 2{,}6 \cdot o}.$$

Bei reinem Kohlenstoff (c = 1, h = 0, o = 0) ist CO_{2max} = 0,21, sonst bei festen und flüssigen Brennstoffen immer geringer (Bild 1.3.7-14).

Beispiel:

Die Abgase eines Heizöls haben einen Kohlendioxidgehalt von 11%. Wie groß ist die Luftzahl λ und wie ist die Zusammensetzung der trockenen Abgase?

Aus Bild 1.3.7-10 und Bild 1.3.7-14: λ = 1,40 und O_2 = 6,2%.

Zusammensetzung der Abgase: 11,0 CO_2 + 6,2 O_2 + 82,8 N_2 ≙100%.

-5.2 Unvollkommene Verbrennung

Bei unvollkommener Verbrennung, die bei Luftmangel oder schlechter Mischung der Brenngase mit Luft oder bei Unterkühlung der Brenngase eintreten kann, enthalten die Abgase auch noch unverbrannte Bestandteile, insbesondere Kohlenoxyd CO und H_2 sowie Ruß. Wegen des großen Heizwertes des CO bedeutet ein auch nur geringer *CO-Gehalt* der Gase bereits einen erheblichen Wärmeverlust. Deshalb ist die CO- und auch H_2-Messung der Abgase von Feuerungen ein wichtiges Mittel zur Betriebsüberwachung. Die Gleichung für die Luftzahl λ lautet:

$$\lambda = 1 + \frac{CO_{2\,max} - \dfrac{(CO_2 + CO)\cdot 100}{100 - 0{,}5\,CO - 1{,}5\,H_2}}{\dfrac{(CO_2 + CO)\cdot 100}{100 - 0{,}5\,CO - 1{,}5\,H_2}} \cdot \frac{V^{tr}_{A\,min}}{L_{min}}$$

Bei vollkommener Verbrennung geht sie in die dafür geltende Gleichung über. Vorschriften nach dem Immissionsschutzgesetz s. Abschn. 2.3.1-2.7.

-5.3 Verbrennungsdreiecke

Eine übersichtliche Darstellung der Rauchgaszusammensetzung läßt sich durch *Abgasdreiecke* (Verbrennungsdreiecke) erreichen, von denen es mehrere Arten gibt. Aus dem *Ostwald-Dreieck,* das für jeden Brennstoff getrennt aufgezeichnet werden muß, läßt sich, abhängig vom CO_2- und O_2-Gehalt der Rauchgase, der CO-Gehalt und die Luftzahl λ ablesen.

Auch zur Kontrolle der Abgasanalysen kann es verwendet werden. Auf der Ordinate ist der Betrag CO_{2max}, auf der Abszisse der Betrag O_2 = 0,21 aufgetragen. Die CO-Linien laufen parallel zur Hypotenuse. Beispiele siehe Bild 1.3.7-11 bis Bild 1.3.7-13.

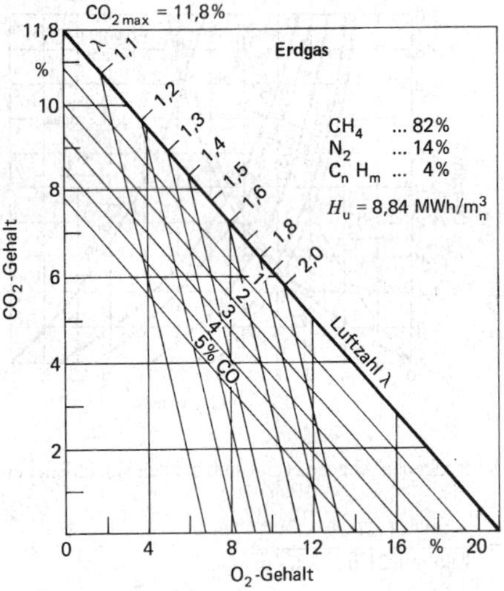

Bild 1.3.7-11. Verbrennungsdreieck nach *Ostwald* für Erdgas (Groningen).
Bei O_2 = 3,5% und CO_2 = 9,8% ist λ = 1,18.

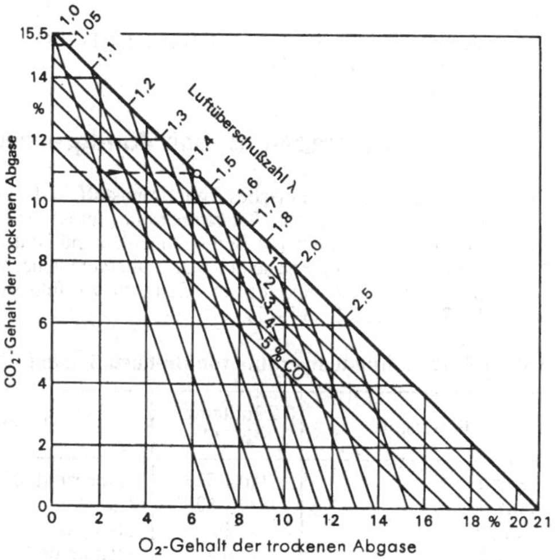

Bild 1.3.7-12. Verbrennungsdreieck nach *Ostwald* für Heizöl EL ($CO_{2\,max}$ = 15,5%). Bei CO2 = 11% ist die Luftzahl λ = 1,43 bei vollkommener Verbrennung.

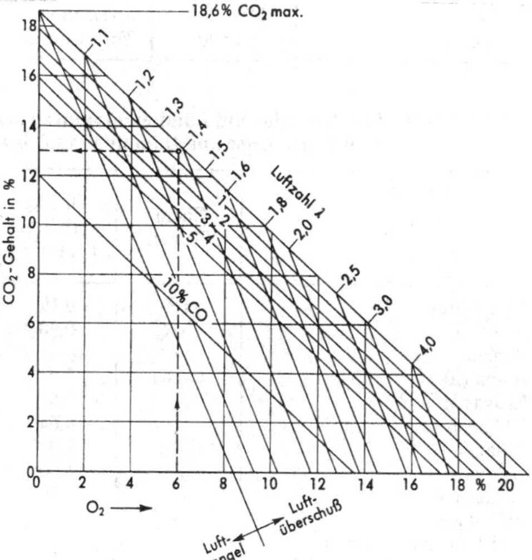

Bild 1.3.7-13. Verbrennungsdreieck nach *Ostwald* für Fett- und Gaskohle ($CO_{2\,max}$ = 18,6%).

Beispiel:

Orsat-Analyse bei Steinkohle CO_2 = 13%, O_2 = 6% ergibt CO = 0,5% Luftzahl λ = 1,38.

Beim *Bunte-Dreieck,* das für beliebige Brennstoffe gilt, liegt der Meßpunkt bei vollkommener Verbrennung auf der unter 45° durch den Nullpunkt gehenden Geraden (Bild 1.3.7-14). Bei unvollkommener Verbrennung Meßpunkt links von der Geraden. Bei Meßpunkten rechts von der Geraden Meßfehler.

Beispiel:

Verbrennung von Heizöl EL. Nach Bild 1.3.7-14: $CO_{2\,max}$ = 15,5%. Bei CO_2 = 10% ist O_2 = 7,4%. $\lambda = CO_{2\,max}/CO_2 = 1{,}55$.

-6 Zündtemperatur und Zündgrenzen

Die Entzündung eines Gemisches von Brennstoff und Luft erfolgt nur oberhalb einer gewissen Temperatur, die man *Zündtemperatur* (Selbstentzündungspunkt) nennt. Sie hängt von vielen äußeren und inneren Bedingungen ab und ist daher kein konstanter Wert. Bei Gasen und Dämpfen unterscheidet man außerdem eine obere und untere *Zündgrenze (Explosionsgrenze)*. Entzündung des Gemisches erfolgt nur innerhalb dieser Grenzen (Tafel 1.3.7-9 bis Tafel 1.3.7-11).

Tafel 1.3.7-9 Zündtemperatur von Brennstoffen in Luft (Mittelwerte)

Brennstoff	Zündtemp. in °C	Brennstoff	Zündtemp. in °C
Benzin	350···520	Rohbraunkohle	200···240
Benzol	520···600	Ruß	500···600
Butan (n)	430	Stadtgas	≈450
Erdgas	≈650	Steinkohle	
Heizöl EL	230···245	Staub	150···220
Heizöl S	≈340	Fettkohle	≈250
Holz	200···300	Eßkohle	≈260
Holzkohle	300···425	Anthrazit	≈485
Koks	550···600	Streichholz	170
Propan	≈500	Torf, trocken	225

Tafel 1.3.7-10 Zündbereiche und Zündtemperaturen der wichtigsten technischen Gase und Dämpfe in Luft bei 1,013 bar

Gasart	Chem. Formel	Dichteverhältnis (Luft = 1)	Zündbereich (in Luft) (Vol.-%)	Zündtemperatur (in Luft) (°C)
Ammoniak	NH_3	0,59	15···28	630
Azetylen	C_2H_2	0,90	1,5···82	335
Benzin	–	–	0,6···8	220
Butan (n)	C_4H_{10}	2,05	1,8···8,5	460
Erdgas H	–	0,67	5···14	640
Erdgas L	–	0,64	6···14	670
Ethan	C_2H_6	1,047	3,0···12,5	510
Ethylen	C_2H_4	1,00	2,7···34	425
Ferngas	–	0,39	5···33	600
Flüssiggas (50% Propan/Butan)	–	1,79	2···9	490
Generatorgas (Steinkohle)	–	0,90	18···64	625
Gichtgas	–	0,98	35···75	495
Heizöl EL	–	0,67	0,6··· 6,5	≈230
Klärgas	–	0,60	5···14	–
Kohlenmonoxyd	CO	0,97	12,5···74	605
Methan	CH_4	0,55	5,0···15	595
Propan	C_3H_8	1,56	2,1··· 9,5	470
Propylen	C_3H_6	1,48	2···11,7	455
Schwefelwasserstoff	H_2S	1,19	4,3···45,5	270
Stadtgas I	–	0,47	5···38	550
Stadtgas II	–	0,51	6···32	550
Wasserstoff	H_2	0,07	4···76	585

Tafel 1.3.7-11 Zündbereiche, Flammpunkte und Zündtemperatur der wichtigsten Lösemittel

Lösemittel	Chem. Formel	Dichte kg/dm³*)	Siedepunkt °C	Zündbereich (in Luft) Vol.-%	Flammpunkt °C	Zündtemperatur °C
Aceton	$CH_3-CO-CH_3$	0,79	56,5	2,1 – 13	– 17	450
Äthylacetat	$CH_3-COOC_2H_5$	0,90	150	2,2 – 11,5	– 4	450
Äthyläther	$C_2H_5-O-C_2H_5$	0,71	34,5	1,6 – 40	– 40	175
Äthylalkohol	C_2H_5-OH	0,80	78,3	3,3 – 19	11	558
Äthylchlorid	C_2H_5Cl	1,26	12,2	3,6 – 14,8	– 50	519
Äthyloxyd	$H_2C-O-CH_2$	0,90	10,7	3,0 – 80	– 30	440
Äthylglykol	$C_4H_{10}O_2$	1,11	137	1,8/2,6 – 14,0/15,7	40	240
Allylalkohol	$CH_2=CH-CH_2-OH$	0,87	97	2,4 – 17	21	380
Amylacetat	$CH_3COO(CH_2)_4CH_3$	0,87	143	1 – 7	19	380
Amylalkohol	$CH_3(CH_2)_4-OH$	0,81	131	1,2 – 7,5	33	330
Benzin	C_7H_{16}	0,70	60…140	1,2 – 6,0	– 16…+10	430 – 550
Benzol	C_6H_6	0,88	80	1,4 – 9,5	– 11	730
Butanol	$CH_3-CO-C_2H_5$	0,81	117	1,7 – 9,5/11,5	– 1	515
Butylacetat	$CH_3COO(CH_2)_3CH_3$	0,88	118	1,7 – 15	18	420
Butylalkohol	C_4H_9-OH	0,81	83	1,4 – 5	22	450
Dichloräthylen	$CHCl=CH-Cl$	1,26	48,4	6,2 – 12,8	14	460
Dioxan	$OCH_2CH_2-OCH_2CH_2$	1,03	101	2 – 22,2	11	375
Methylacetat	$CH_3-COO-CH_3$	0,93	58	3,1 – 15,5	– 13	455
Methylalkohol	CH_3-OH	0,79	64,5	6 – 36,5	6,5	500
Methylbromid	CH_3Br	1,68	2,7	8,6 – 20,0	–	535
Methylchlorid	CH_3Cl	0,92	– 23,7	8,1 – 17,2	–	632
Methylenchlorid	CH_2Cl_2	1,34	41	13 – 18	–	640
Methylglykol	$C_3H_3O_2$	0,97	151 – 130	2,5/3,0 – 14,0/20,0	36	285
Propyläther	$C_3H_7-O-C_3H_7$	0,75	69	?	21	?
Propylalkohol	C_3H_7-OH	0,79	97,2	2,5 – 13,5	12	420
Schwefelkohlenstoff	CS_2	1,26	46	1,2 – 50	– 30	120
Terpentin	–	0,85	160	0,8 – ?	30…35	255
Tetralin	$C_{10}H_{12}$	0,97	206	?	80	490
Toluol	$C_6H_5-CH_3$	0,87	111	1,3 – 7	7	620
Trichloräthylen	$CCl_2=CHCl$	1,46	87	11,0 – 31,0	?	400
Vinylchlorid	$CH_2=CHCl$	–	– 13,9	4 – 31	30	?
Xylol	$CH_3-C_6H_4-CH_3$	0,86	138	1 – 7	23	757

*) Bei 20 °C

Zündgeschwindigkeit ist die Geschwindigkeit, mit der sich die Verbrennung in einem Gemisch fortpflanzt. Sie ist mit der Zusammensetzung des Gemisches veränderlich und hat innerhalb der Zündgrenzen ein Maximum. Im Gemisch mit Sauerstoff ist die Zündgeschwindigkeit 5- bis 12mal größer als im Gemisch mit Luft. Zahlenwerte bei laminarer Strömung Bild 1.3.7-15. Bei hoher Zündgeschwindigkeit leicht Zurückschlagen der Flamme, z.B. bei Ferngas mit hohem H_2-Gehalt. Bei geringer Zündgeschwindigkeit leicht Abheben der Flamme vom Brenner. Zwischen diesen Grenzen liegt der stabile Brennprozeß.

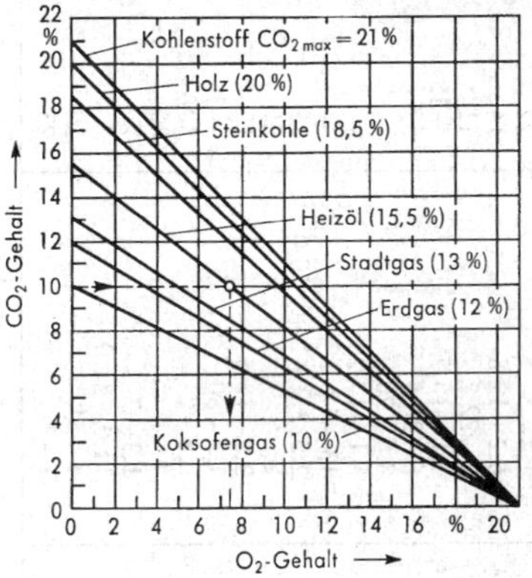

Bild 1.3.7-14. Bunte-Dreieck mit $CO_{2\,max}$-Werten für verschiedene Brennstoffe.

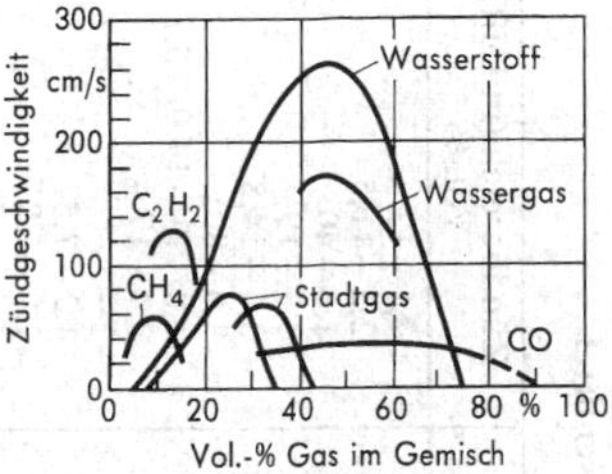

Bild 1.3.7-15. Zündgeschwindigkeit von Gasen in Luft.

Erdgas enthält keinen freien Wasserstoff und hat daher eine wesentlich geringere Zündgeschwindigkeit als Stadtgas oder Ferngas.

Flammpunkt einer Flüssigkeit (Tafel 1.3.7-11) ist im Gegensatz zum Zündpunkt die niedrigste Temperatur, bei der durch eine Flamme die über der Flüssigkeitsoberfläche befindlichen Dämpfe entzündet werden können. Der Dampfgehalt der Luft über der Flüssigkeit muß also die untere Zündgrenze erreichen.

Die gemessenen Werte sind je nach Versuchsbedingungen sehr unterschiedlich. Flüssige Brennstoffe sind nach ihrer Feuergefährlichkeit in drei Gefahrenklassen entsprechend dem Flammpunkt eingeteilt:

Gefahrenklasse	I	II	III
Flammpunkt °C	< 21	21–55	55…100.

(Verordnung der Bundesregierung über brennbare Flüssigkeiten – VbF – vom 27.2.80)

-7 Katalytische Verbrennung[1)][2)][3)]

Bereits 1840 hat Davy eine *katalytische Reaktion* an der Festkörperoberfläche mit Platin beschichteter Drähte beobachtet. Dennoch fand dieses Themengebiet in der Heizungstechnik erst mit der zunehmenden NO_x-Diskussion ein größeres Interesse.

Der *Katalysator* ist ist ein Stoff, der durch seine Anwesenheit eine chemische Reaktion herbeiführt oder sie in ihrem Verlauf bestimmt, selbst aber unverändert bleibt. Bei der katalytischen Verbrennung dienen in der Regel die Elemente Palladium oder Platin als Katalysator. Um eine Vergrößerung der mikroskopischen Reaktionsfläche zu erreichen, werden

---

1) Neubearbeitung erfolgte durch Frau Dr.-Ing. Seonhi Ro, Remscheid, für die 68. Auflage.

2) Schlegel, A.: Experimentelle und numerische Untersuchung der NO_x-Bildung bei der katalytisch stabilisierten, mageren Vormischverbrennung. Promotion ETH Zürich 1994.

3) Lamm, A.: Modellmäßige Beschreibung und Simulation eines Heizsystems mit keramischem Strahlungsbrenner. Berichte des Forschungszentrums Jülich 3044, 1994.

diese Elemente mit speziell aufbereiteten Aluminiumoxiden, dem sogenannten *Wash Coat,* vermischt, bevor sie auf das eigentliche Trägermaterial aufgebracht werden.

Die Unterschiede zwischen einer katalytischen und einer homogenen Verbrennung werden Anhand des Bild 1.3.7-16 ersichtlich.

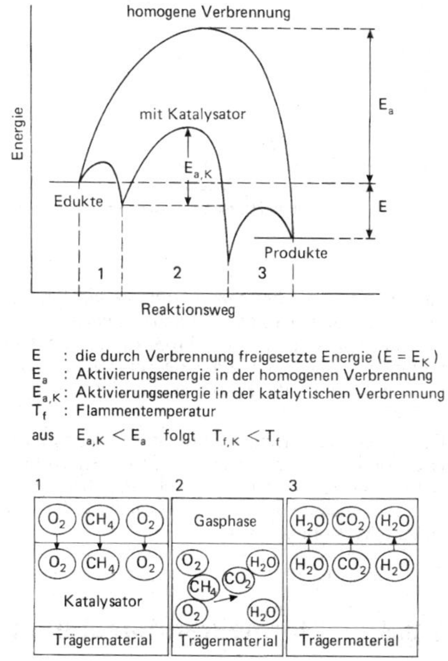

Bild 1.3.7-16. Funktionsprinzip und energetisches Verhalten der katalytischen Verbrennung.

Bei der *homogenen Verbrennung* ist zur Auslösung der chemischen Reaktion eine hohe Aktivierungsenergie Ea notwendig. Erst nach der Bereitstellung dieser Energiemenge wird durch die eintretende Reaktion die Energiemenge E_a + E freigesetzt und damit ein Energieüberschuß erzeugt. Daher ist für die homogene Verbrennung eine Mindesttemperatur notwendig, um diese aufrechtzuerhalten.

Bei der *katalytischen Verbrennung* läuft die Oberflächenreaktion vereinfacht über drei Teilschritte ab:

1. Stofftransport der Edukte zur Katalysatoroberfläche und anschließende Adsorption
2. Umwandlung der adsorbierten Edukte in Produkte (chemische Reaktion)
3. Desorption der Produkte und Stofftransport von der Katalysatoroberfläche.

Beim zweiten Vorgang wird ebenfalls Aktivierungsenergie für die katalytische Umsetzung benötigt. Sie ist jedoch nicht so hoch wie bei der homogenen Verbrennung, so daß ein niedrigeres Temperaturniveau ausreicht, diese Energiemenge bereitzustellen. Geringere Verbrennungstemperaturen ermöglichen aber zugleich auch die angestrebte geringere NO_x-Bildung.

Die Oberflächentemperatur des Katalysators ist bestimmend für die *Reaktionsgeschwindigkeit* (Bild 1.3.7-17).

Im niedrigen Temperaturbereich ist die Oberflächenreaktionskinetik für den Reaktionsablauf bestimmend. Dabei kann es aber zu einer unvollständigen Verbrennung der Edukte kommen.

Bei der rein katalytischen Verbrennung liegt in der Praxis die Katalysatortemperatur im mittleren Temperaturbereich, so daß die Reaktionsgeschwindigkeit in der Regel durch den Stofftransport und somit vom Katalysatoraufbau kontrolliert wird.

Bei genügend hohen Temperaturen wird auch das noch nicht reagierende Restgemisch über die homogene Verbrennung in der Gasphase umgesetzt. In einem solchen Fall wird

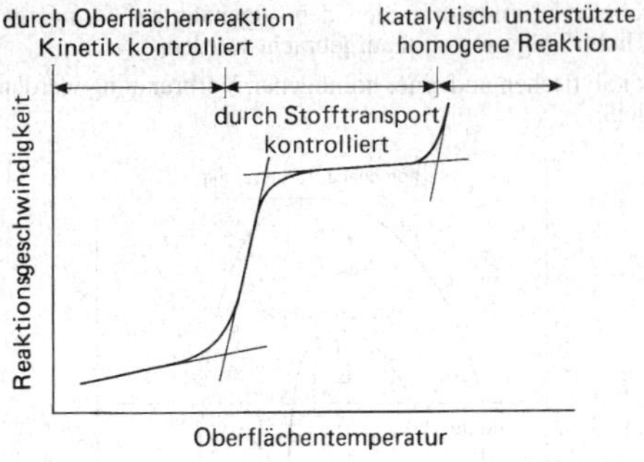

Bild 1.3.7-17. Reaktionsgeschwindigkeit in Abhängigkeit von der Oberflächentemperatur.

die homogene Verbrennung durch die katalytische Verbrennung stabilisiert, beide Reaktionsvorgänge laufen parallel nebeneinander ab. Die homogene Flamme kann somit auch bei hohen Inertgasanteilen (Produkte aus katalytischer Verbrennung) stabil bleiben und ermöglicht somit auch geringere Temperaturen als die reine homogene Flamme. Dennoch kann eine Null-NO_x-Emission, wie bei der katalytischen Verbrennung, nicht erreicht werden.

Die Funktion der Katalysatoren kann während der Betriebszeiten durch sogenannte *Katalysatorgifte* verringert werden. Zu diesen Giften gehören neben vielen Schwermetallen auch Schwefel, welches beispielsweise bei der Odorierung des entschwefelten Erdgases vorkommen kann. Dabei lagern sich diese Stoffe in die Reaktionszentren des Katalysators an und „verstopfen" diese.

1.3.8 Wärmekraftmaschinen

-1 Kolbendampfmaschinen und Dampfturbinen

In den Dampfkraftmaschinen wird die Brennstoffenergie mittelbar mit Hilfe des in den Dampfkesseln erzeugten Wasserdampfes ausgenutzt. Bei den *Kolbendampfmaschinen* leistet der Dampf durch Ausdehnung in einem Dampfzylinder und Bewegung eines Kolbens Arbeit. In den *Dampfturbinen* wird die Dampfenergie zunächst in kinetische Energie (Geschwindigkeitsenergie) umgesetzt und diese in den Laufschaufeln der Turbinen in mechanische Arbeit verwandelt.

Die Arbeit, die der Dampf in einer verlustlosen Maschine leistet, ist gleich der *Abnahme seiner Enthalpie h* (Wärmeinhalt). Ist h_1 die Enthalpie des Dampfes beim Eintritt in die Maschine, h_2 die Enthalpie beim Austritt, so ist die geleistete Arbeit $L = h_1 - h_2$. Den Betrag $h_1 - h_2$ nennt man auch das adiabatische *Arbeitsgefälle.*

Im *h, s*-Diagramm ist es durch den senkrechten Abstand zwischen den Zustandspunkten des Dampfes vor und hinter der Maschine gegeben (Bild 1.3.8-1). Im *Ts*-Diagramm (Bild 1.3.8-2) stellt sich der theoretische Arbeitsprozeß der Dampfkraftmaschinen einschließlich der Vorgänge im Dampfkessel wie folgt dar:

1…2 Erwärmung des Wassers von Kondensator- auf Verdampfungstemperatur im Vorwärmer und Dampfkessel
2…3 Verdampfung des Wassers im Dampfkessel
3…4 Überhitzung des Dampfes im Überhitzer
4…5 Adiabate Expansion des Dampfes in der Dampfkraftmaschine
5…1 Kondensation des Dampfes im Kondensator und Abgabe der Verdampfungswärme an das Kühlwasser.

Die von Dampf in Arbeit umgewandelte Wärme ist durch die schraffierte Fläche dargestellt, die aufgewendete Wärme durch die Fläche *a* 1 2 3 4 5 *b*.

Man nennt diesen theoretischen Prozeß einen *Clausius-Rankine-Prozeß* und benutzt ihn als idealen Vergleichsprozeß zur Beurteilung der Güte ausgeführter Wärmekraftmaschinen.

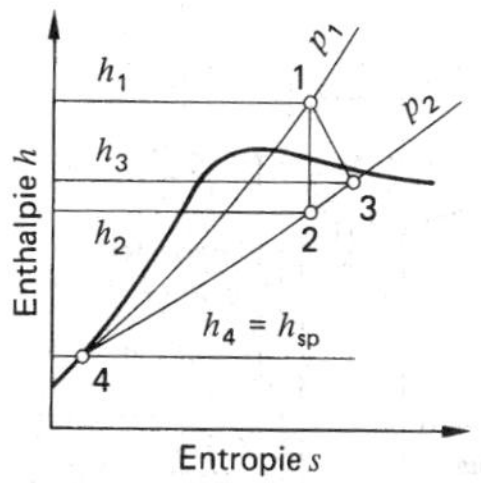

Bild 1.3.8-1. Dampfmaschinenprozeß im h, s-Diagramm.

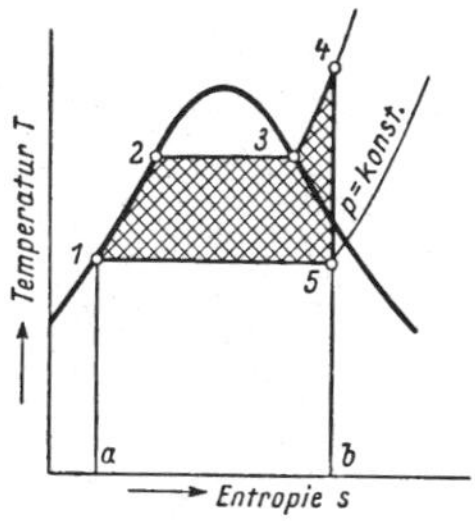

Bild 1.3.8-2. Dampfmaschinenprozeß im Ts-Diagramm.

Verbesserung der *Wirtschaftlichkeit* durch:

a) Zwischenüberhitzung des Dampfes (Bild 1.3.8-3)
b) Speisewasservorwärmung mit Anzapfdampf (Bild 1.3.8-4)
c) Höhere Drücke und Temperaturen, Luftvorwärmung u.a.

Der effektive Wirkungsgrad gibt das Verhältnis der nutzbaren von der Maschinenwelle abgegebene Arbeit P_e zu der dem Dampf zugeführten Wärmemenge $Q = h_1 - h_{sp}$ an. Dieser Wert ist für die praktische Beurteilung der Wärmeausnutzung einer Maschine maßgebend. Er kann durch Messung der Maschinenleistung und des Dampfverbrauches nachgeprüft werden.

Weitere Verluste bei der Stromerzeugung werden durch den Generator- und Klemmenwirkungsgrad erfaßt.

Im Vergleich mit anderen Maschinen benutzt man statt des Wirkungsgrades η_{ges} meist den *spezifischen Wärmeverbrauch q* je kWh oder den spezifischen Dampfverbrauch d je kWh. Es ist:

$$\text{spezifischer Wärmeverbrauch } q = \frac{3600}{\eta_{ges}} \text{ in kJ/kWh}$$

$$\text{spezifischer Dampfverbrauch } d = \frac{3600}{\eta_{ges}(h_1 - h_{sp})} = \frac{q}{h_1 - h_{sp}} \text{ in kg/kWh.}$$

Moderne Dampfkraftwerke erreichen Frischdampfdrücke (am Eintritt der Turbine) von über 200 bar, teilweise auch Drücke oberhalb des kritischen Drucks (221 bar), bei Frischdampftemperaturen zwischen 500 °C und 580 °C. Ausführung mit 1–2stufiger Zwischenüberhitzung und mehrstufiger Vorwärmung (Bild 1.3.8-5). Großkraftwerke erreichen damit Gesamtwirkungsgrade um 40%.

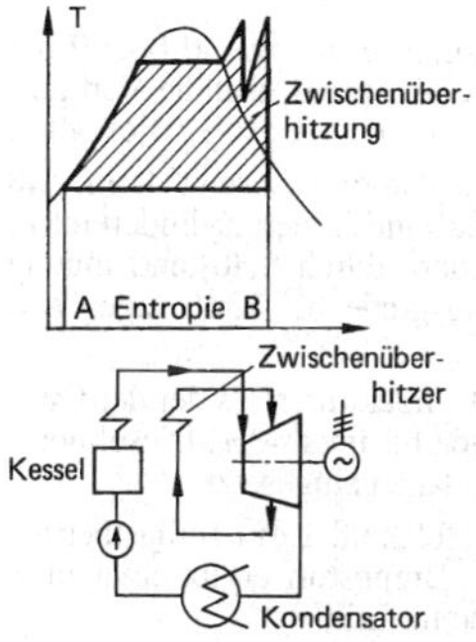

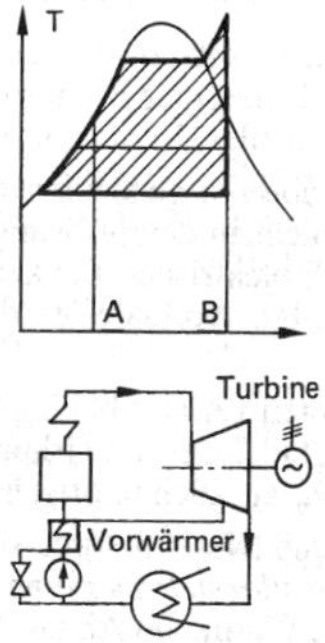

Bild 1.3.8-3. Dampfmaschinenprozeß mit Zwischenüberhitzung des Dampfes (links).

Bild 1.3.8-4. Dampfmaschinenprozeß mit Speisewasservorwärmer (rechts).

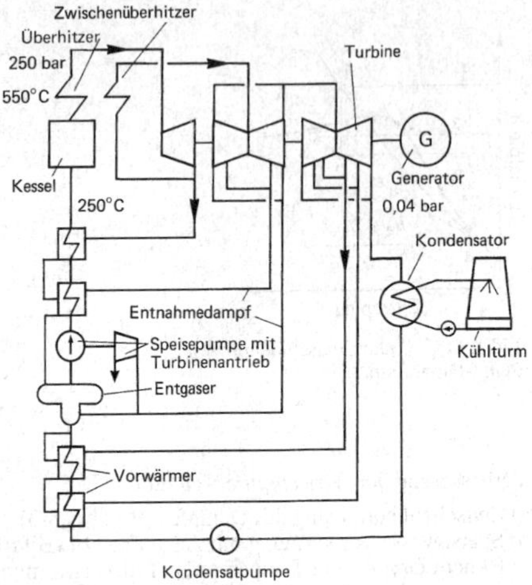

Bild 1.3.8-5. Vereinfachtes schaltbild eines modernen Kraftwerkes mit vierstufiger Speisewasservorwärmung und Zwischenüberhitzung.

-2 Verbrennungskraftmaschinen

Bei diesen Maschinen erfolgt die Verbrennung der Brennstoffe unmittelbar in der Maschine. Nach der Art der Verbrennung unterscheidet man Verpuffungs- und Gleichdruckmaschinen sowie Gasturbinen.

-2.1 Verpuffungsmaschinen (oder Ottomotoren)

Brennstoffe sind teils brennbare Gase, insbesondere Generatorgase, Gichtgase und Koksofengase, teils Leichtöle wie Benzin oder Benzol, die vor der Verbrennung durch Vergaser oder Einspritzung fein zerstäubt werden. Das angesaugte Brennstoff-Luftgemisch wird in dem Zylinder der Maschine durch elektrische Funken entzündet, wodurch die Verbrennungsgase bei fast gleichbleibendem Volumen explosionsartig auf hohen Druck und hohe Temperatur gebracht werden und bei der dann folgenden Expansion mechanische Arbeit durch Bewegung eines Kolbens leisten. Verdichtungsgrade bei Kraftwagen $\varepsilon = 6 \dots 9$. Einsatz der Gasmotoren heute vorwiegend als ortsfeste Anlagen zum Antrieb von Generatoren, Maschinen, Gebläsen usw., der Benzinmotoren in erster Linie im Kraftverkehr.

-2.2 Gleichdruck-Verbrennungsmaschinen (Dieselmotoren)

Bei diesen Maschinen wird im Gegensatz zu den Ottomotoren in die auf 30 bis 60 bar hochverdichtete Luft (550…600 °C) flüssiger Brennstoff so eingespritzt, daß die Verbrennung bei nahezu gleichem Druck erfolgt. Brennstoffe sind Mittelöle (Gasöle, Dieselöle).

Der Hauptunterschied der *Dieselmotoren* gegenüber den Ottomotoren besteht darin, daß der Brennstoff in flüssigem und nicht in dampfförmigem Zustand in den Zylindereintritt und daß die Zündung nicht durch elektrische Funken, sondern durch Selbstentzündung in der hochverdichteten Luft erfolgt. Normale Verdichtungsgrade bei Kraftwagen ε = 12 bis 20.

Der Arbeitsprozeß der Dieselmotoren verläuft bei höheren Temperaturen als der der Ottomotoren, daher höhere Wirkungsgrade. Gesamtwirkungsgrade bis über 40%. Dieselmotoren werden sowohl im Kraftverkehr als auch in ortsfesten Anlagen eingesetzt.

Gesamtwirkungsgrade von Otto- und Dieselmotoren siehe Tafel 1.3.8-1. Im Teillastbetrieb stark fallende Wirkungsgrade. *Faustformel:* Der eingesetzte Brennstoff ergibt etwa zu je einem Drittel mechanische Arbeit, Wärme im Abgas, Wärme im Kühler.

Tafel 1.3.8-1 Gesamtwirkungsgrad η_{ges} sowie spezifischer Wärme- und Kraftverbrauch bei Brennkraftmaschinen

Motorart	Kraftstoff	Gesamtwirkungsgrad η_{ges} %	Spez. Wärmeverbrauch q_e kWh/kWh	Spez. Brennstoffverbrauch b_e kg/kWh
Ottomotore				
Gasmotore, klein	Gichtgas	0,25…0,30	4,0…3,3	–
Gasmotore, groß	Generatorgas	0,30…0,35	3,3…2,8	–
Fahrzeugmotor	Benzin	0,20…0,25	5,0…4,0	0,43…0,34
Flugzeugmotor	Benzin	0,28…0,32	3,5…3,1	0,31…0,27
Dieselmotore				
klein	Dieselöl	0,30…0,35	3,3…2,8	0,28…0,24
groß	Dieselöl	0,35…0,40	2,8…2,5	0,24…0,22
Kraftwagenmotor	Dieselöl	0,25…0,30	4,0…3,3	0,34…0,28
Gasturbinen				
klein	Heizöl	0,20…0,25	5,0…4,0	0,43…0,34
groß	Heizöl	0,25…0,30	4,0…3,3	0,34…0,28

-2.3 Gasturbinen

Bei den Gasturbinen (Verbrennungsturbinen) geben die bei der Verbrennung von Brennstoffen (Gas, Öl) entstandenen heißen Verbrennungsgase durch Ausdehnung die Energie an die Schaufeln der Turbine ab, die einen Generator antreibt. Hauptbestandteile einer vollständigen Gasturbinenanlage sind Verdichter (meist mehrstufiger Axialverdichter), Brennkammer (meist ringförmig) und Turbine. Turbine treibt den Verdichter an, beide sitzen auf gemeinsamer Welle. Im *pv*- und *Ts*-Diagramm (Bild 1.3.8-6 und Bild 1.3.8-7) verläuft der ideale Arbeitsprozeß wie folgt:

1…2 adiabate Verdichtung (oder isothermische Verdichtung 1…2′) der Luft im Verdichter von p_1 auf p_2
2…3 Verbrennung bei konstantem Druck p_2 in der Brennkammer
3…4 adiabate Ausdehnung der Verbrennungsgase von p_2 auf p_1 in der Gasturbine
4…1 Austritt der Verbrennungsgase ins Freie.

Die schraffierte Fläche ist die Nutzarbeit.

Praktisch erreichbare Wirkungsgrade	ohne Abgaswärmeausnutzung	mit Abgaswärmeausnutzung
bei 600 °C Gastemperatur	ca. 20%	ca. 25 bis 30%
bei 800 °C Gastemperatur	ca. 30%	ca. 35 bis 40%

Ausführungsformen:

Offener Kreislauf. Luft wird aus dem Freien angesaugt und im Verdichter auf 3 bis 8 bar Überdruck verdichtet, Verbrennung in der Brennkammer mit flüssigen oder gasförmigen Brennstoffen bei etwa 1500 °C, Eintrittstemperatur in Turbine 600…800 °C, Entspannung und Arbeitsleistung in der Turbine (Bild 1.3.8-8). Etwa $^2/_3$ der Leistung werden im Verdichter verbraucht. Verbesserung des Wirkungsgrades durch Vorwärmung der Luft in einem Wärmeaustauscher, der durch die Abgase der Turbine beheizt wird.

Geschlossener Kreislauf (Heißluftturbinen). Luft oder andere Gase, wie z. B. Helium, von 10 bis 30 bar laufen in einem geschlossenen Kreislauf um. Erhitzung der Luft in besonderen Heizkesseln mit beliebigen Brennstoffen. Entspannung in der Turbine, Verdichtung im Verdichter (Bild 1.3.8-9). Ein Teil der Abwärme wird an Kühlwasser abgegeben.

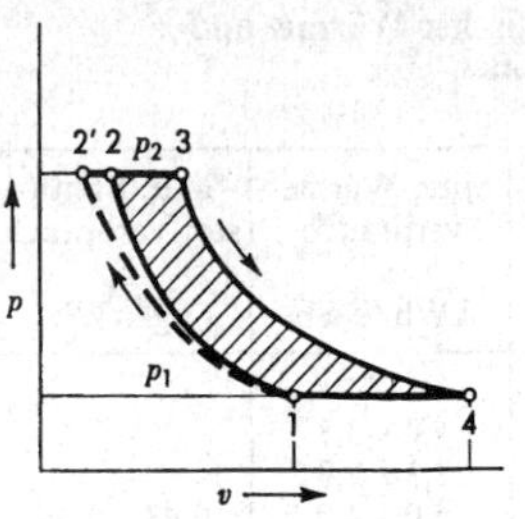

Bild 1.3.8-6. Gasturbinenprozeß im *pv*-Diagramm.

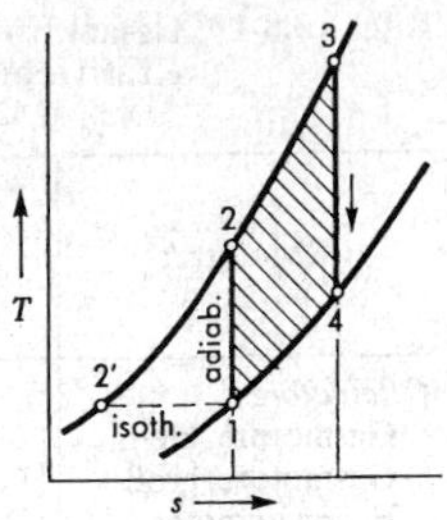

Bild 1.3.8-7. Gasturbinenprozeß im *Ts*-Diagramm.

Abgasturbinen werden bei Verbrennungsmotoren zum Antrieb von Verdichtern benutzt, um den Motoren eine höhere Leistung zuzuführen (Abgasturbolader). Abgastemperaturen bis 1100 °C.

Offene Gasturbinen am häufigsten gebaut. Fast alle flüssigen und gasförmigen Brennstoffe verwendbar. Größe bis etwa 150 MW.

Vorteile:

Geringe Anfahrzeit, 10…20 min; geringer Raumbedarf (kein Kesselhaus); kein Speisewasser, geringe Bedienungskosten; geringer Kühlwasserverbrauch für Öl- und Luftkühlung; geringe Anschaffungskosten.

Nachteile:

Geräusche; geringer thermischer Wirkungsgrad, etwa 25…30%, bei Teillast stark fallend.

Verwendung besonders:

zur Spitzenlastdeckung, als Notstromaggregat, als Zusatzkraftmaschine.

Wirtschaftliche Bedeutung gewinnen neuerdings die kombinierten *Gasturbinen-Dampfkraftwerke* (GUD-Kraftwerke), Bild 1.3.8-10. Das mit ca. 450 °C aus der Turbine austretende Abgas befeuert ohne weiteren Brennstoffaufwand einen Dampfkessel, dessen Dampf einen Generator antreibt. GUD-Kraftwerke erreichen derzeit Wirkungsgrade bis 50%. Eine weitere Steigerung der Wirkungsgrade von bis zu 60% ist vor allem durch weitere Optimierung der Gasturbinen in den nächsten Jahren zu erwarten.

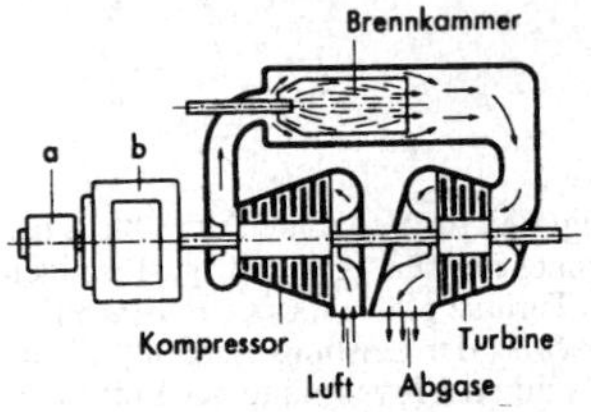

Bild 1.3.8-8. Schema einer offenen Gasturbine.
a = Anwurfmotor b = Generator

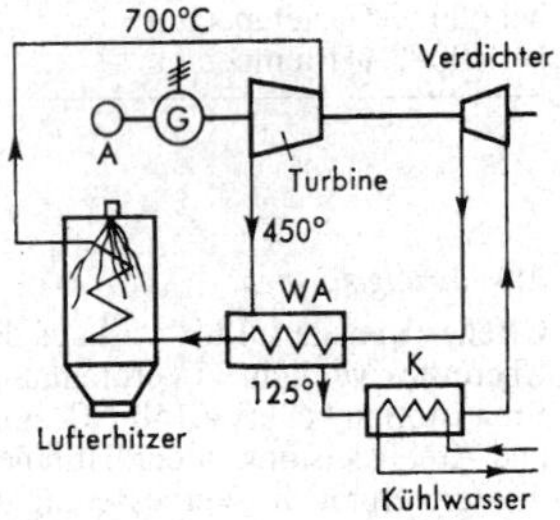

Bild 1.3.8-9. Schema einer geschlossenen Gasturbine (Heißluftturbine).
A = Anwurfmotor G = Generator
K = Kühler WA = Wärmeaustauscher

Bei Verwendung in Heizkraftwerken Abkühlung der Rauchgase bis auf etwa 100°C. Beispiel siehe Abschnitt 2.2.3-2.5.

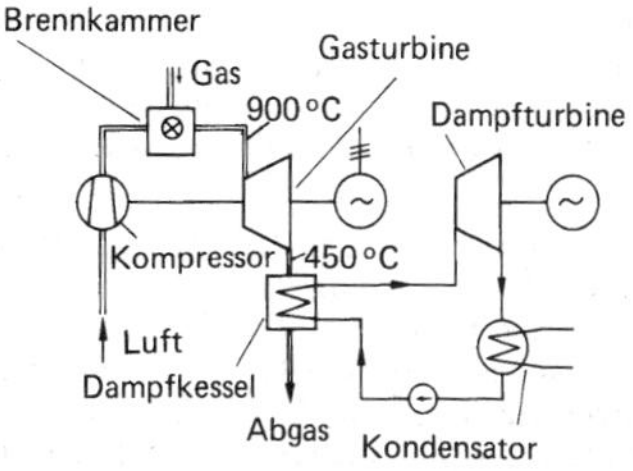

Bild 1.3.8-10. Kombiniertes Gasturbinen-Dampfkraftwerk.

1.3.9 Brennstoffzellen[1)]

Ergänzungen von Dipl.-Ing. Gesine Arends, Gerlingen

Brennstoffzellen haben hohe elektrische Wirkungsgrade bei geringen Emissionen. Seit Mitte der 90er Jahre werden wieder verstärkt sowohl mobile als auch stationäre Anwendungen weiterentwickelt.

-1 Funktionsprinzip

Brennstoffzellen wandeln chemische Energie direkt in Elektrizität und Wärme um. Das Funktionsprinzip ist die Umkehrreaktion der Elektrolyse und ist in Bild 1.3.9-1 beispielhaft dargestellt: *Wasserstoffgas* spaltet sich an der katalytisch aktiven Schicht der Anode zu *Protonen* (H^+) und Elektronen (e^-) auf. Die H^+ gelangen durch den protonenleitenden Elektrolyten zur Kathode, die *Elektronen* verrichten im äußeren Stromkreis elektrische Arbeit und gelangen danach an die Kathode. Dort reagieren H^+ und e^- mit Sauerstoff zu Wasser. Zwischen Anode und *Kathode* entsteht eine Spannung, die im Ruhezustand ca. 1V beträgt. Mit steigender Stromdichte sinkt diese Spannung, während die Leistung zunächst steigt. Höhere Spannungen können durch das serielle Verschalten einzelner Zellen zu *Zellstapeln* (*Stacks*) erreicht werden.

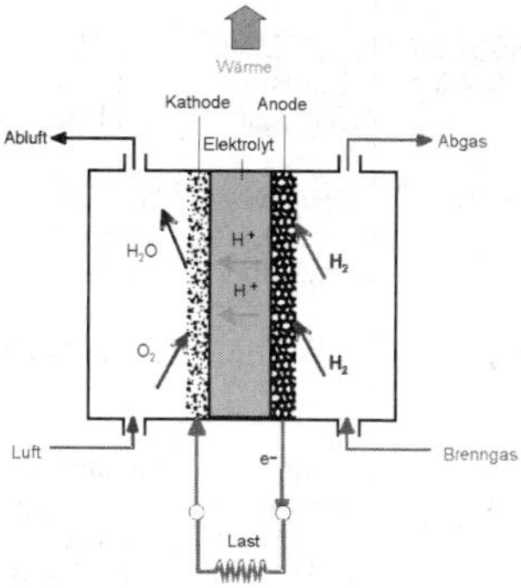

Bild 1.3.9-1. Funktionsprinzip einer Brennstoffzelle mit protonenleitendem Elektrolyten.

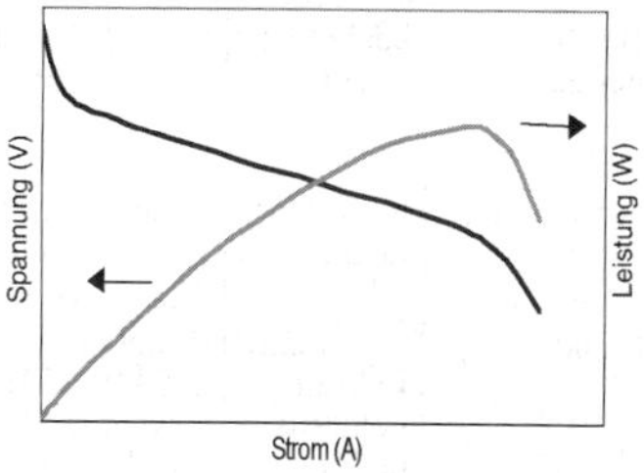

Bild 1.3.9-2. Strom-Spannungs-Kennlinie.

[1)] Neubearbeitung erfolgte von Dipl.-Ing. Gesine Arends, Gerlingen, für die 70. Auflage.

-2 Typen

Die fünf Brennstoffzellentypen werden nach dem eingesetzten *Elektrolyten* benannt. Dieser bestimmt auch die Betriebstemperatur, da die verschiedenen Materialien erst bei unterschiedlichen Temperaturen eine ausreichende Ionenleitfähigkeit erreichen. *Niedertemperatur*-Brennstoffzellen vertragen nur sehr geringe Mengen an CO im Brenngas, da CO den Elektrodenkatalysator deaktiviert. Je höher die Temperatur, desto unkritischer wird dieser Prozess. *Hochtemperatur*-Brennstoffzellen können CO sogar direkt als Brenngas verwenden.

Die *alkalische* Brennstoffzelle benötigt hochreinen Wasserstoff und Sauerstoff. Neben einigen Versuchen im automobilen Einsatz wird ihre Zukunft hauptsächlich in Nischenanwendungen gesehen, deshalb wird sie hier nicht weiter betrachtet.[1] Die *PEFC* kann in einer speziellen Ausführung auch direkt mit einem Methanol-Wasser-Gemisch betrieben werden und wird dann als *DMFC* bezeichnet (Direct Methanol Fuel Cell). Falls die Leistungsdichten noch erhöht werden können, kommt sie neben portablen Anwendungen auch für den Einsatz im Automobil in Betracht.

Tafel 1.3.9-1 Brennstoffzellentypen

	Alkaline Fuel Cell AFC	Proton Exchange Membran Fuel Cell PEFC	Phosphoric Acid Fuel Cell PAFC	Molten Carbonate Fuel Cell MCFC	Solid Oxide Fuel Cell SOFC
Elektrolyt	Kalilauge	Polymermembran	Phosphorsäure	Schmelzkarbonat	Keramik
Betriebstemperatur	60–90 °C	60–90 °C	180–200 °C	650 °C	750–1000 °C
el. Wirkungsgrad-System	55–60% (reines H_2)	32–42%	37–42%	50–55% mit GUD > 60%	50–55% mit GUD > 60%; Kleinsystem 30–50%
Gesamtnutzungsgrad		ca. 80%	ca. 80–90%	ca. 90%	ca. 90%
Brennstoff	H_2	H_2 aus Erd-/Bio-/Kohlegas	H_2 aus Erd-/Bio-/Kohlegas	H_2, CO aus Erd-/Bio-/Kohlegas	H_2, CO aus Erd-/Bio-/Kohlegas
Besonderheiten	hochreines H_2, O_2	CO < 100 ppm	CO < 2%	Gasaufber. mit Stack-Abwärme	Gasaufber. teilweise intern
Anwendung	Raumfahrt, mobil	mobil, BHKW	BHKW	KW, BHKW	KW, BHKW
Stand	Raumfahrt, U-Boote, Feldtests mobil	Prototypen 2–5 kW, 250 kW sowie mobil (H_2, Methanol)	Kleinserie 200 kW	Demonstration 300 kW, 2 MW	Feldtests 1 kW, Demos 300 kW, bald: 2 MW

[1]) Ausnahme: Die Firma Zetec wollte H_2-Luft-AFC für Taxis und Luftfahrzeuge in Serie herstellen und setzt dazu eine CO_2-Entfernungsstufe ein. Auch stationärer Einsatz ist geplant (siehe www.zetecpower.com). Ein weiterer Anbieter ist gaskatel.

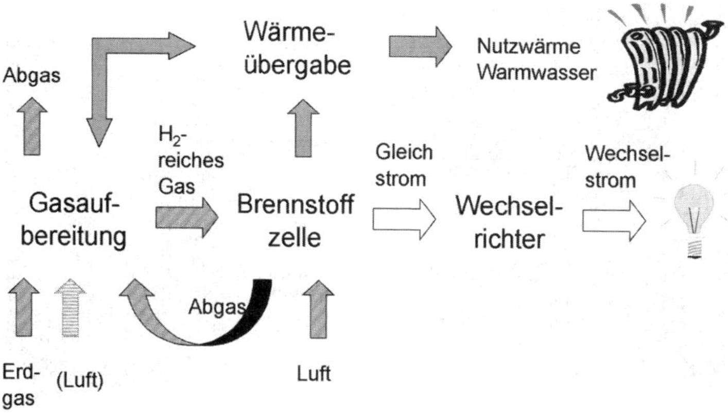

Bild 1.3.9-3. Systemskizze einer stationären Brennstoffzellenanlage zur Strom- und Wärmeerzeugung (ohne Zusatzwärmeerzeuger und Prozeßdampfnutzung).

-3 Systeme

Die grundlegenden Bestandteile eines stationären Systems sind *Gasaufbereitung, Brennstoffzellenstapel, Transformator* oder *Wechselrichter* ggf. mit Netzschutzeinrichtung, *Wassermanagement, Kühlung/Wärmeübergabe, Regelung* und ggf. Zusatzwärmeerzeuger. Für den netzunabhängigen Betrieb ist eine Batterie erforderlich, die den Leistungsbedarf der Peripherie (Pumpen, Gebläse/Verdichter, Steuerungseinrichtungen) beim Start deckt. Zu Forschungszwecken existieren weiterhin Anlagen, die Wasserstoff über Elektrolyse mit Photovoltaik-Strom erzeugen, wodurch die Gasaufbereitung überflüssig würde.

Stationäre Brennstoffzellen-Anlagen werden in Abwesenheit einer H_2-Infrastruktur meist mit Erdgas betrieben. Die Nutzung von Kohle- oder Biogas (z.B. Klärgas) ist mit entsprechenden Reinigungsstufen ebenfalls möglich. Das entschwefelte Gas wird in katalytischen Reaktoren (oft insgesamt nach einem möglichen Verfahrensschritt „Reformer" genannt) zunächst zu H_2, CO und weiter zu H_2 und CO_2 umgesetzt. MCFC und SOFC können direkt mit CO betrieben werden, daher entfallen die aufwendigen weiteren Stufen. Es wird hier daran gearbeitet, die Umwandlung des Erdgases direkt in der Zelle durchzuführen. In Entwicklung befindet sich die katalytische Aufspaltung von CH_n in C und H_2, wobei das mit Kohlenstoff beladene Katalysatorbett periodisch regeneriert werden muß. Der Gesamtprozeß ist sehr schadstoffarm, insbesondere bezüglich der Emissionen von CO, NOx, und SOx. Geräuschemissionen entstehen lediglich durch die Peripherieaggregate (Verdichter).

-4 Anwendungen

a) BHKW

Der meistverbreitete und erste kommerziell erhältliche Typ ist mit über 150 Anlagen weltweit die 200kW_{el}-*PAFC* der Firma ONSI. Die Technologie läßt jedoch keine drastische Senkung der derzeitigen Kosten von ca. 1100 $/kW erwarten, sodaß sich die Entwicklungsanstrengungen auf andere Typen konzentrieren.

Schmelzkarbonat-Brennstoffzellen *MCFC* wurden in den USA für Kraftwerks- und Schiffsanwendungen erprobt. Die Firma MTU entwickelte ein kompaktes 300kW-Aggregat („Hot Module"), das im BHKW-Einsatz demonstriert wurde.

SOFC versprechen besonders hohe Wirkungsgrade durch Nutzung der heißen Abgase in Gasturbinen; eine 320 kW_{el}-Anlage nimmt das Energieversorgungsunternehmen RWE 2002 in Betrieb; eine 1-MW-Demonstration ist bei EnBW geplant. Die dafür vorgesehene Technologie röhrenförmiger Zellen wurde von Siemens Westinghouse im 100 kW-Maßstab demonstriert.

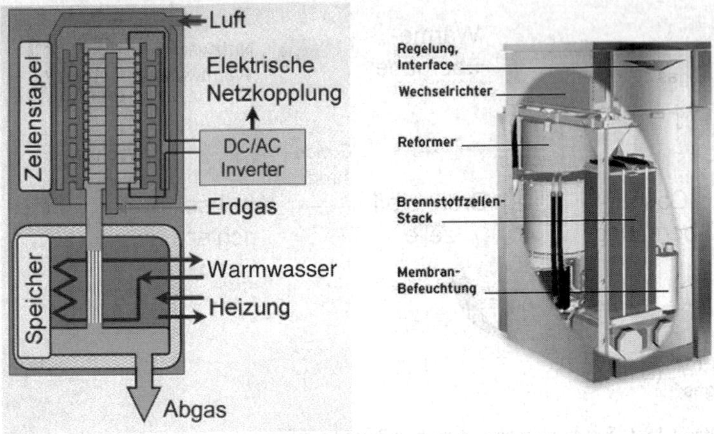

Bild 1.3.9-4. Systemschema der SOFC-Anlage von Sulzer Hexis (links), Brennstoffzellen-Heizgerät von Vaillant (rechts)*)**)

*) http: //www.hexis.ch

**) http://www.vaillant.de

Auch *PEFC* sollen als BHKW zum Einsatz kommen. Eine 250kW-Anlage von Alstom/ Ballard Generation Systems wird bei der Bewag in Berlin demonstriert. Jedoch hat die Abwärme eine zu niedrige Temperatur, um sie direkt zur Versorgung eines Nahwärmenetzes einzusetzen.

b) Hausenergieversorgung

Für die Hausenergieversorgung werden sowohl Niedertemperatur-(*PEFC*) als auch Hochtemperatur (*SOFC*)-Systeme in Betracht gezogen. Sulzer Hexis hat basierend auf einem planaren *SOFC*-Konzept eine 1 kW_{el}-Anlage entwickelt, die in Feldtests erprobt wurde und je nach Lastzustand 30-40% elektrischen Wirkungsgrad und 90% Gesamtnutzungsgrad erreichen soll. 3 kW_{th} sind direkt auskoppelbar; darüberhinaus benötigte Wärme wird mit einem Zusatzbrenner erzeugt. Da der Brennstoffzellenstapel kontinuierlich auf hoher Temperatur gehalten werden muß, sind lange Laufzeiten und damit kleine Leistung günstig.

PEFC-Systeme existieren als Demonstrationsanlagen. Die „Hausenergiezentrale" der European Fuel Cell GmbH erzeugt 1.5 kW_{el} und 8 kW_{th}.[1)] Die Firma Vaillant hat Ende 2001 Feldtests mit einem 4.6 kW_{el}-System (bis 50 kW_{th}) für ein 4–10-Familienhaus begonnen. Bei Buderus, Viessmann, RWE/Nuvera und H-Power befinden sich ebenfalls Geräte für den europäischen Markt in Entwicklung. Die Abwärmetemperaturen von *PEFC* sind für Heizungen geeignet.

Optimierungspotentiale derzeitiger *PEFC*-Anlagen sind vor allem in Leistungsaufwand und Geräuschentwicklung der Peripherieaggregate (Gasverdichtung) und in der Gasaufbereitung (Kompaktheit, Dynamik) sowie der Systemintegration zu sehen. Weiterhin muß entweder die *Stack*-Lebensdauer erhöht oder die Kosten eines Stackwechsels reduziert werden. Bei der *SOFC* werden zum Zwecke der Kostensenkung neue Werkstoffe untersucht.

1) ww.hge-hamburg.de. G. Gummert. Fernwärme International 28 (1-2), 1999.

-5 Dimensionierung und Wirtschaftlichkeit

Die Anlagendimensionierung erfolgt nach Strom- und Wärmebedarfskennlinien wie bei konventionellen Kraftwärmekopplungs-Anlagen. Vorteile der Brennstoffzellentechnik sind potentiell kleinere Leistungen, hohe Stromzahlen sowie Modulation weitgehend ohne Wirkungsgradeinbuße. Beim Einsatz in der Hausenergieversorgung lassen sich durch wärmegeführte Betriebsweise die höchsten Primärenergieeinsparungen im Vergleich zu konventioneller Strom- und Wärmeerzeugung erzielen.[1)] Die Wirtschaftlichkeit richtet sich jedoch nach Gas- und Strompreisen incl. möglicher Steuervergünstigungen sowie Einspeisevergütung, sodaß bei geringer Einspeisevergütung und Verwendung eines Wärmespeichers eine stromgeführte Betriebsweise günstiger sein kann. Denkbar ist auch der Betrieb durch EVU, die dezentral erzeugte Wärme und Strom verkaufen könnten. Verschiedene EVU beteiligen sich daher an Demonstrationsprojekten.

[1)] C. Hutter, T. Krammer. Stationäre Anwendung von Brennstoffzellen in der Kraft-Wärme-Kopplung. Wasserstoff-Initiative Bayern, Februar 2000.

1.4 Strömungstechnische Grundlagen

1.4.1 Strömung ohne Reibung

-1 Ideale Flüssigkeit

Die Strömungslehre befaßt sich mit den *Gesetzmäßigkeiten* strömender Flüssigkeiten *(Fluide).* Zur Vereinfachung bei der Darstellung der Bewegungsvorgänge hat man den Begriff der *idealen Flüssigkeit* eingeführt, die reibungsfrei und inkompressibel gedacht ist. Unter Flüssigkeiten im weiteren Sinne sind dabei auch Luft und andere Gase verstanden, wobei die durch Druckunterschiede hervorgerufenen Dichteänderungen vernachlässigt werden. Eine reibungsfreie Flüssigkeit bewegt sich ohne Widerstände durch ein Rohr, und in der Strömung liegende Körper werden widerstandslos umflossen. Mathematisch ist die Strömung der idealen Flüssigkeit auch dadurch gekennzeichnet, daß die einzelnen unendlich klein gedachten Flüssigkeitsteilchen während des Strömungsvorganges zwar deformiert werden, sich aber nicht um ihre Achse drehen. Man nennt daher solche Strömungen auch drehungsfrei *(Potentialströmung).*

-2 Kontinuitätsgleichung

Aus dem Satz von der *Erhaltung der Masse* folgt für ein von der inkompressiblen Flüssigkeit durchströmtes Rohr (Bild 1.4.1-1):

$A_1 w_1 = A_2 w_2$

A_1 und A_2 = Querschnittsfläche m^2

w_1 und w_2 = Geschwindigkeit m/s.

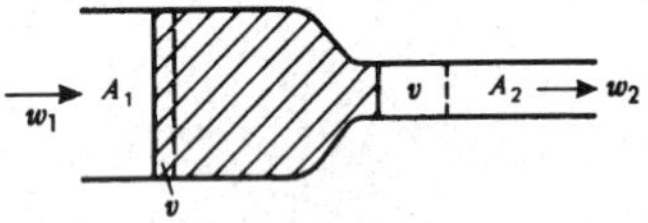

Bild 1.4.1-1. Strömung in einem Rohr.

-3 Energiesatz

Strömt ein Flüssigkeitsteilchen mit dem Volumen v und der Masse m ohne Höhenänderung durch ein waagerechtes sich verengendes Rohr, so erhöht sich die Geschwindigkeit an der engsten Stelle von w_1 auf w_2. Nach den Grundsätzen der Dynamik ist der Zuwachs an kinetischer Energie gleich der von der angreifenden Kraft geleisteten Arbeit, also nach Bild 1.4.1-1:

$$(p_1 - p_2)\, v = \frac{m}{2}\,(w_2^2 - w_1^2) \text{ oder mit } \frac{m}{v} = \varrho \text{ (Dichte)}$$

$$p_1 - p_2 = \frac{\varrho}{2}\,(w_2^2 - w_1^2) \text{ oder}$$

$$p + \frac{\varrho}{2}\, w^2 = \text{konstant } \textit{(Bernoullische Gleichung)} \text{ in Pa}$$

p = statischer Druck (Druck auf die Endfläche des Elements = Wanddruck)

$\frac{\varrho}{2} w^2$ = dynamischer Druck oder Geschwindigkeitsdruck oder Staudruck in Pa

$p + \frac{\varrho}{2}\, w^2 = p_{ges}$ = Gesamtdruck

Die Summe des statischen Drucks p und des Staudrucks $\varrho/2 \cdot w^2$ ist an allen Stellen bei der verlustfreien Strömung konstant. Geschwindigkeitsenergie kann also in Druckenergie und diese in Geschwindigkeitsenergie umgewandelt werden. Bei den wirklichen Strömungen ist jedoch dieser Vorgang, namentlich der erstgenannte, mit Verlusten verbunden.

Beispiel:

Wie hoch ist der Druck p_2 an der engsten Stelle des von Luft durchströmten Rohres in Bild 1.4.1-1, wenn $p_1 = 1$ bar = 100 000 Pa, $w_1 = 10$ m/s, $w_2 = 20$ m/s $= 2\,w_1$? ($\varrho = 1{,}20$ kg/m³)

$$p_1 - p_2 = \frac{\varrho}{2}\,(w_2^2 - w_1^2)$$

$$p_2 = p_1 - \frac{\varrho}{2}\,(4\,w_1^2 - w_1^2)$$

$$= p_1 - \frac{\varrho}{2}\,3\,w_1^2$$

$$= 100\,000\ \text{Pa} - \frac{1{,}20 \cdot 3 \cdot 100}{2}\ \text{Pa}$$

$$= 99\,820\ \text{Pa}$$

Aus dem Druckunterschied läßt sich die Geschwindigkeit und damit die durchfließende Menge bestimmen. Prinzip des Venturirohres. Weitere Beispiele sind Zerstäuber, Bunsenbrenner, Strahlpumpe.

-4 Kreisströmung

Bewegt sich eine reibungsfreie Flüssigkeit im Kreis, so wird durch die Zentrifugalkraft $m\,\frac{w^2}{r}$ ein nach außen zunehmender Druck erzeugt. Infolge dieser Druckverteilung nimmt nach der Bernoullischen Gleichung die Geschwindigkeit nach außen ab und folgt der Gleichung rw = konstant (Bild 1.4.1-2). Für $r = 0$ (Strömung im Zentrum eines Wirbels) ergibt sich also eine unendlich hohe Geschwindigkeit (Potential-Wirbel). Bei der wirklichen Strömung tritt diese unendlich hohe Geschwindigkeit nicht auf, sondern die Flüssigkeit bewegt sich in der Nähe der Wirbelachse wie ein fester Körper (w/r = konst). In gewisser Entfernung vom Kern trifft jedoch das obige Gesetz rw = konstant mit guter Annäherung zu.

Die Druckzunahme in radialer Richtung ist

$$\frac{\Delta p}{\Delta r} = \frac{\varrho\,w^2}{r}.$$

Diese Gleichung wird benutzt, um angenähert die Druckänderung z.B. bei Strömung von Luft in einem Bogen zu errechnen.

Beispiel:

Luft strömt mit 12 m/s mittlerer Geschwindigkeit in dem Bogen nach Bild 1.4.1-3. Wie groß ist der Druckunterschied zwischen der inneren und äußeren Begrenzung?

Druckunterschied $\Delta p \approx \Delta r \cdot \varrho \cdot w^2/r \approx 0{,}2 \cdot 1{,}20 \cdot 12^2/0{,}5 = 69$ Pa

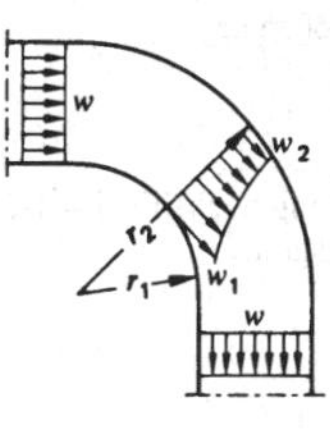

Bild 1.4.1-2. Geschwindigkeitsverteilung bei Kreisströmung.

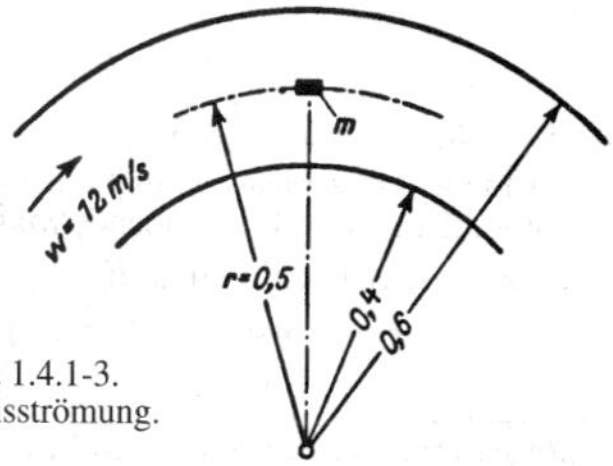

Bild 1.4.1-3. Kreisströmung.

-5 Strömungsbilder

Bei vielen Strömungsfiguren lassen sich die Geschwindigkeits- und Druckverhältnisse an allen Stellen der Strömung genau errechnen. Die Mathematik bedient sich hierzu der *Potentialtheorie.* Bei einer reibungs- und drehungsfreien Strömung (Potentialströmung) gibt es nämlich für das ganze Gebiet eine Potentialfunktion φ der Art, daß die Geschwindigkeit in irgendeiner Richtung gleich der Ableitung $\frac{d\varphi}{dx}$ ist.

Beispiel:

Einfache Potentialströmungen sind z.B. die Parallelströmung und die Quelle (Bild 1.4.1-4). Durch Übereinanderlagerung beider Strömungen entsteht wieder eine Potentialströmung, die der Strömung um einen vorn abgerundeten Widerstandskörper entspricht. Richtung und Geschwindigkeit lassen sich an jeder Stelle der Strömung genau berechnen.

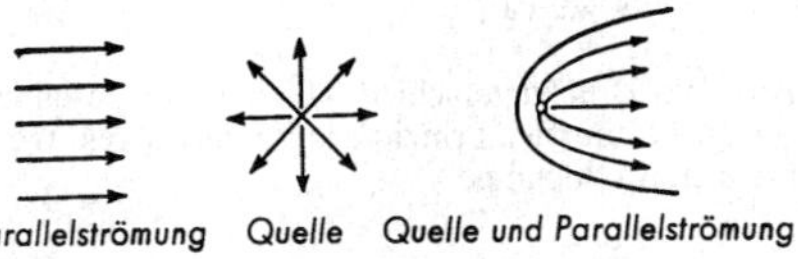

Bild 1.4.1-4.
Reibungsfreie Strömung.

-6 Impulssatz

Impuls I = Masse · Geschwindigkeit = $m \cdot w$ in kg · m/s.

Der Impulssatz der Mechanik (Kraft $P = m\,dw/dt = dI/dt$ = Zunahme des Impulses I) gilt für die Flüssigkeit in der Form: Die Differenz der in ein abgeschlossenes Raumgebiet ein- und austretenden Impulse I_1 und I_2 ist mit den äußeren Kräften P im Gleichgewicht: $P = I_2 - I_1$.

Beispiel 1:

Strömung eines Luftstrahls $\dot{V} = 0{,}1$ m³/s mit einer Geschwindigkeit $w = 10$ m/s gegen eine Platte. Wie groß ist der Strahldruck (Bild 1.4.1-5)?

Eintretender Impulsstrom $I_1 = \dot{V} \cdot \varrho \cdot w$ in N

Austretender Impulsstrom $I_2 = 0$ (in waagerechter Richtung)

Daher äußere Kraft, die dem Strahldruck das Gleichgewicht hält:

$$P = I_2 - I_1 = -\dot{V} \cdot \varrho \cdot w = -0{,}1 \cdot 1{,}20 \cdot 10 \text{ Newton} = -1{,}20 \text{ N}$$

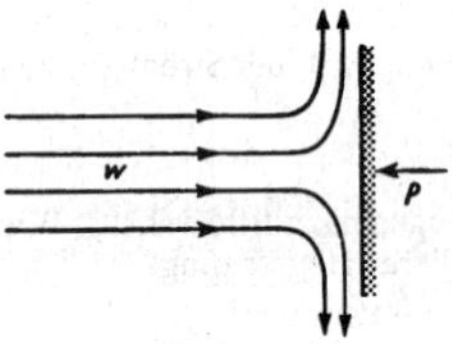

Bild 1.4.1-5. Strömung gegen eine Platte.

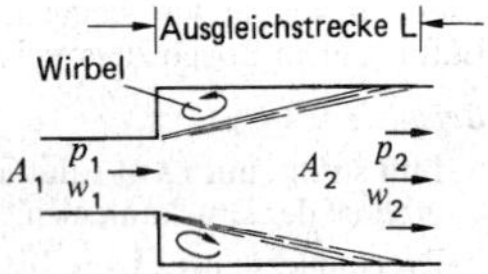

Bild 1.4.1-6. Stoßverlust bei Querschnittsvergrößerung.

Beispiel 2:

Strömung einer Flüssigkeit in einem Rohr mit plötzlicher Erweiterung nachBild 1.4.1-6 (Stoßdiffusor)[1]. Die strömende Masse $m = \varrho w_1 A_1 = \varrho w_2 A_2$ ist konstant.

Druckanstieg nach Bernoulli:

$\Delta p_1 = \varrho/2\,(w_1^2 - w_2^2)$

[1]) Regenscheit, B.: HLH 9/79. S. 319/24

Druckanstieg nach dem Impulssatz:

$\Delta p_2 = m\Delta w = \varrho\, w_2\,(w_1 - w_2)$

Die Differenz ist der *Carnot-Bordasche Stoßverlust:*

$\Delta p_v = \Delta p_1 - \Delta p_2 = \varrho/2 \cdot (w_1 - w_2)^2$

Die Länge der *Ausgleichstrecke,* nach der die Strömung den vollen Querschnitt wieder ausfüllt und bei der der Druckanstieg abgeschlossen ist, beträgt annähernd

$L \approx 10 \cdot (\sqrt{A_2} - \sqrt{A_1})$

-7 Strömung durch ein Schaufelgitter

Das Schaufelgitter, bestehend aus mehreren nebeneinander liegenden feststehenden Schaufeln beliebiger Form, wird von Luft durchströmt (s. Bild 1.4.1-7). Der auf das Gitter ausgeübte Druck läßt sich nach dem Impulssatz berechnen, wenn man als abgeschlossenes Gebiet die gestrichelte Fläche annimmt. In Richtung der x-Achse ergibt sich:

Eintretender Impulsstrom $I_1 = \dot V \cdot \varrho \cdot w_{1x}$
Austretender Impulsstrom $I_2 = \dot V \cdot \varrho \cdot w_{2x}$
Daher Kraft auf Gitter $P_x = \dot V \cdot \varrho\,(w_{2x} - w_{1x})$.

Die Kraft in der Gitterrichtung ist also proportional der Differenz der Geschwindigkeitskomponenten in dieser Richtung.

-8 Impulsmomentensatz

Drehmoment ist das Produkt aus Kraft und Hebelarm (Nm). *Impulsmoment* oder Drall ist das Produkt aus Impuls und Hebelarm (kg m²/s).

Der *Impulsmomentensatz* lautet: Das Drehmoment M der äußeren Kraft ist gleich der Änderung des Impulsmomentes.

Beispiel:

Anwendung auf Laufrad eines Radialventilators oder einer Pumpe ergibt das Drehmoment M der äußeren (treibenden) Kraft (Bild 1.4.1-8):

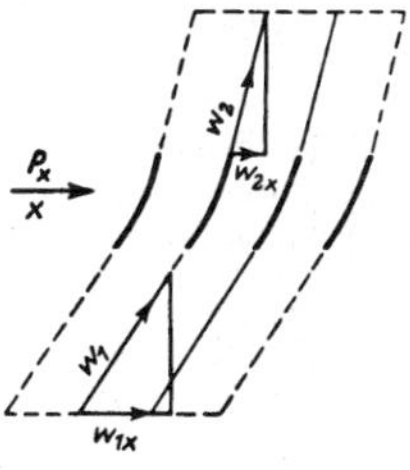

Bild 1.4.1-7. Strömung durch ein Schaufelgitter.

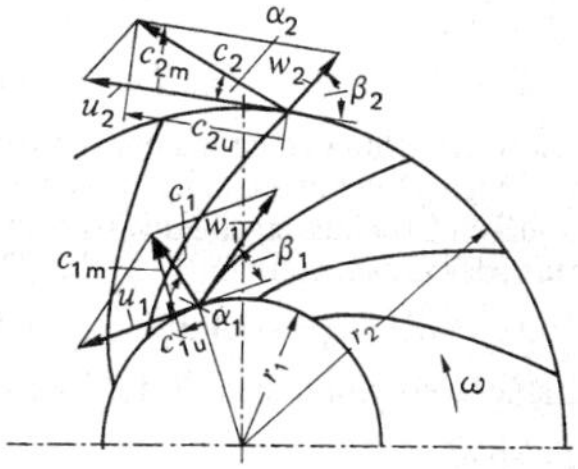

Bild 1.4.1-8. Impulsmomentensatz bei Radialventilatoren.

$M = \dot V \cdot \varrho\,(c_{2u} \cdot r_2 - c_{1u} \cdot r_1)$ in Nm.

Nach Multiplikation mit der Winkelgeschwindigkeit ω ist die Leistungsaufnahme des Rades

$M\omega = \dot V \cdot \varrho\,(c_{2u} \cdot u_2 - c_{1u} \cdot u_1)$ in Nm/s oder Watt.

Bei verlustloser Strömung muß dieser Betrag gleich der abgegebenen Leistung, d.h. dem Produkt aus Volumenstrom $\dot V$ und Gesamtdruckdifferenz Δp sein, also

$M\omega = \dot V \Delta p = \dot V \varrho\,(u_2 c_{2u} - u_1 c_{1u})$ in Nm/s oder Watt
Förderdruck $\Delta p = \varrho\,(u_2 c_{2u} - u_1 c_{1u})$ in N/m²
(Eulersche Gleichung, Euler 1755)

oder mit Berücksichtigung der trigonometrischen Zusammenhänge in den Geschwindigkeitsdreiecken nach Bild 1.4.1-8 mit $w^2 = u^2 + c^2 - 2uc \cos\alpha = u^2 + c^2 - 2uc_u$

Förderdruck: $\Delta p = \frac{\varrho}{2}\,(c_2^2 - c_1^2) + \frac{\varrho}{2}\,u_2^2 - u_1^2) + \frac{\varrho}{2}\,(w_1^2 - w_2^2)$

Der erste Term ist die Änderung des dynamischen Drucks, der zweite und dritte Term gibt die Erhöhung des statischen Drucks. Da bei Axialmaschinen $u_1 = u_2$, entfällt der zweite Term und statischer Druck wird nur aus der Verzögerung der Relativgeschwindigkeiten w erzeugt. Radialventilatoren erzeugen also unter vergleichbaren Bedingungen mehr statischen Druck als Axialventilatoren. Bei letzteren werden am Austritt daher öfter Diffusoren vorgesehen, um dynamischen Druck in statischen umzuwandeln.

1.4.2 Ausfluß aus Öffnungen

Für $w_1 = 0$ folgt bei kleinen Druckunterschieden aus der Bernoullischen Gleichung $p_1 + \frac{\varrho}{2}\,w_1^2 = p_2 + \frac{\varrho}{2}\,w_2^2$ die theoretische *Ausflußgeschwindigkeit*

$$w_2 = w = \sqrt{\frac{2\,(p_1 - p_2)}{\varrho}} = \sqrt{\frac{2\,\Delta p}{\varrho}} \quad \text{in m/s}$$

und der ausfließende Massenstrom M beim Querschnitt A

$M = A\,w\,\varrho = A\,\sqrt{2\,\Delta p \cdot \varrho}$ kg/s
w = Ausflußgeschwindigkeit m/s
$\Delta p = p_1 - p_2$ = Wirkdruck N/m²
A = Querschnitt m²

Beispiel:

In Luft von 20 °C und 1 bar ist ϱ = 1,2 kg/m³ und

$$w = \sqrt{\frac{2\,\Delta p}{\varrho}} = \sqrt{\frac{2 \cdot \Delta p}{1{,}2}} = 1{,}29\,\sqrt{\Delta p} \quad \text{in m/s.}$$

Die wirkliche Ausflußmenge stimmt mit der theoretischen infolge Strahleneinschnürung und sonstiger Abweichungen (Verluste) nicht überein. Man berücksichtigt diese Abweichungen durch Einführung der *Durchflußzahl* α und erhält für den wirklich ausströmenden Massenstrom:

$$\dot{M} = \alpha A\,w\,\varrho = \alpha A\,\sqrt{2 \cdot \Delta p \cdot \varrho} \quad \text{in kg/s.}$$

Diese Gleichungen gelten nur für konstante Dichte, also für Flüssigkeiten und für Gase bei geringen Druckunterschieden vor und hinter der Öffnung. Bei Gasen oder Dämpfen mit höheren Druckunterschieden ist noch die Expansion zu berücksichtigen, was durch Einführung der *Expansionszahl* ε erfolgt. Dann ist also

$$\dot{M} = \varepsilon\,\alpha A\,w\,\varrho = \varepsilon\,\alpha A\,\sqrt{2\Delta p\varrho} \quad \text{in kg/s}$$

Zahlenwerte für α siehe Tafel 1.4.3-1.

Beispiel:

Wieviel Leuchtgas (ϱ = 0,5 kg/m³) strömt stündlich durch eine gut abgerundete Öffnung von 1 mm² Querschnitt bei einem Überdruck von 300 N/m²?

$$w = \sqrt{\frac{2\Delta p}{\varrho}} = \sqrt{\frac{2 \cdot 300}{0{,}5}} = 34{,}6 \text{ m/s.}$$

Stündliches Volumen
$\dot{V} = A \cdot w \cdot 3600 = 1 \cdot 10^{-6} \cdot 34{,}6 \cdot 3600 = 125$ m³/h.

Bei winkeligem Ausströmen aus dünnwandigen Kanälen oder Rohren nach Bild 1.4.2-1 ist

$$\alpha = 0{,}62\,\sqrt{\frac{p}{p_{ges}}}$$

Der Austrittswinkel ist dabei

$$\beta = \text{arc tg}\,\sqrt{\frac{2\,p}{\varrho\,w^2}}\,.$$

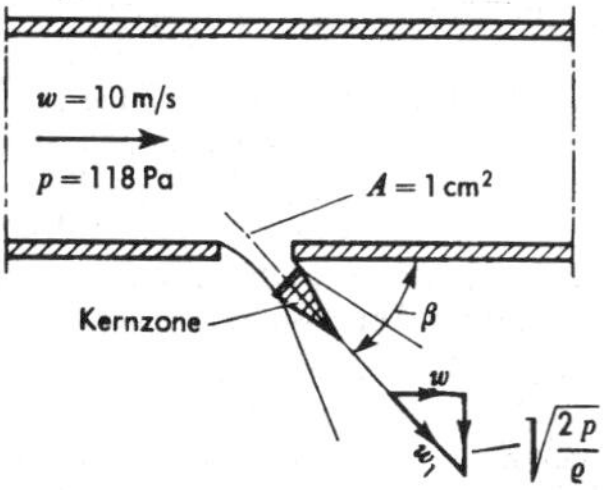

Bild 1.4.2-1. Strömung aus einem Loch in einem dünnwandigen Rohr oder Kanal.

Beispiel:

Unter welchem Winkel β und wieviel Luft strömt aus der scharfkantigen Öffnung des Luftkanals in Bild 1.4.2-1?

$$\sphericalangle\, \beta = \arctan \sqrt{\frac{2\,p}{\varrho\, w^2}} = \arctan \sqrt{\frac{2 \cdot 118}{1{,}2 \cdot 10^2}} = \arctan \sqrt{1{,}96} = 54°$$

Volumenstrom $\dot{V} = \alpha \cdot A \cdot w_1$

$$\alpha = 0{,}62 \sqrt{\frac{p}{p_{\text{ges}}}} = 0{,}62 \sqrt{\frac{118}{118 + 60}} = 0{,}50$$

$$\dot{V} = \alpha A \sqrt{\frac{2 \cdot (p + \varrho/2 \cdot w^2)}{\varrho}} = \alpha A \sqrt{\frac{2\,(118 + 60)}{1{,}2}}$$

$$= 0{,}50 \cdot 0{,}0001 \cdot 17{,}2 = 0{,}00086 \text{ m}^3/\text{s} = 3{,}10 \text{ m}^3/\text{h}.$$

1.4.3 Blenden und Düsen

Man benutzt die angegebenen Gleichungen, um mittels Drosselgeräten genaue *Durchfluß-messungen* bei Abnahmeversuchen an Dampfturbinen, Kompressoren usw. auszuführen. Der am Drosselgerät erzeugte Druckabfall (Wirkdruck) ist ein Maß für die durchfließende Menge. Die Werte der Durchflußzahl α hängen außer von der Form der Öffnung noch von dem Öffnungsverhältnis $m = A_1/A_2 = \left(\frac{d}{D}\right)^2$ ab und sind durch Versuche ermittelt (Tafel 1.4.3-1).

Tafel 1.4.3-1 Durchflußzahl α von Düse, Blende und Venturidüse

	Durchflußzahl α beim Öffnungsverhältnis*) $m = (d/D)^2$						
	0,10	0,20	0,30	0,40	0,50	0,60	0,70
Düse	0,989	0,999	1,017	1,043	1,081	1,042	–
Blende	0,602	0,615	0,634	0,660	0,695	0,740	0,802
Venturidüse	0,989	1,001	1,020	1,048	1,092	1,155	–

*) Statt des Öffnungsverhältnisses wird jetzt in DIN 1952 auch das Durchmesserverhältnis $\beta = \sqrt{m} = d/D$ verwendet.

Ebenfalls durch Versuche bestimmt wurde die Expansionszahl ε. Nach DIN 1952 (zurück-gezogen) gilt:

für Blenden $$\varepsilon = 1 - (0{,}41 + 0{,}35\,\beta^4) \cdot \frac{\Delta p}{\varkappa \cdot p_1}$$

für Düsen $$\varepsilon = \left[\left(\frac{\varkappa \cdot \tau^{2/\varkappa}}{\varkappa - 1}\right)\left(\frac{1 - \beta^4}{1 - \beta^4 \cdot \tau^{2/\varkappa}}\right)\left(\frac{1 - \tau^{\frac{\varkappa}{\varkappa - 1}}}{1 - \tau}\right)\right]^{1/2}$$

gültig für $\tau = p_2/p_1 < 0{,}75$

Dabei bedeutet $\beta = d/D$ (Durchmesserverhältnis)
$\varkappa$ = Isentropenexponent (s. Tafel 1.3.2-1)
p_1 bzw. p_2 = statischer Druck absolut an den Druckentnahmestellen vor bzw. hinter der Blende/Düse.

Nach der Form der Öffnungen unterscheidet man *Düsen* und *Blenden* sowie *Venturidüsen,* die in ihren Abmessungen genormt sind (DIN EN ISO 5167 T1 [11.95]).

Düsen haben einen abgerundeten Zulauf, Blenden scharfe Kanten, Venturidüsen eine konische Erweiterung nach der Einschnürung (Bild 1.4.3-1). Die Blende hat wegen ihrer einfachen Bauart die größte Bedeutung erlangt. Für genaue Messungen sind die *VDI-Durchfluß-Meßregeln* zu beachten, die ausführliche Vorschriften für alle Verhältnisse enthalten[1].

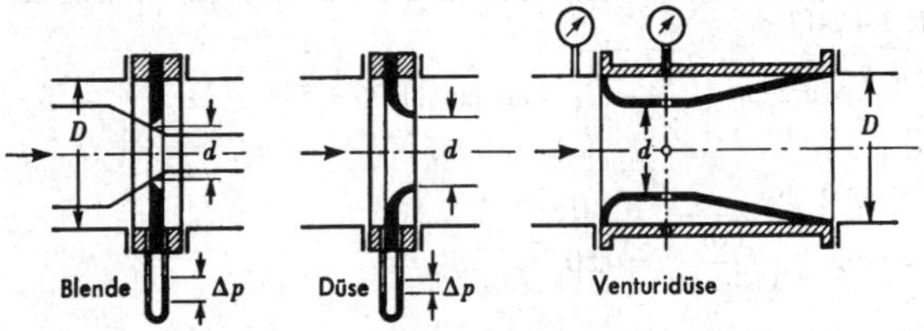

Bild 1.4.3-1. Düse, Blende und Venturidüse.

Beispiel:

Wieviel Dampf von 20 bar/300 °C strömt durch eine Rohrleitung von D = 100 mm, wenn die in der Leitung eingebaute Normblende einen Durchmesser von d = 70 mm hat und der Wirkdruck an der Blende Δp = 7850 N/m² beträgt?

Wirklicher Massenstrom $\dot{M} = \alpha \cdot \varepsilon A \sqrt{2 \cdot \Delta p \cdot \varrho}$ kg/s

$$m = \left(\frac{d}{D}\right)^2 = \left(\frac{70}{100}\right)^2 = 0{,}49 \text{ bzw. } \beta = d/D = 0{,}7$$

α = 0,69 (Tafel 1.4.3-1)

$$\varepsilon = 1 - (0{,}41 + 0{,}35 \cdot 0{,}7^4) \cdot \frac{0{,}785}{1{,}3 \cdot 20} = 0{,}985$$

ϱ = 7,94 kg/m³ (Tafel 1.3.3-5)

$$A = \frac{\pi d^2}{4} = 0{,}00385 \text{ m}^2$$

$$\dot{M} = 0{,}69 \cdot 0{,}985 \cdot 0{,}00385 \sqrt{2 \cdot 7850 \cdot 7{,}94} = 0{,}924 \text{ kg/s} = 3327 \text{ kg/h.}$$

1.4.4 Kritischer Druck

Die angegebenen Gleichungen gelten nur, solange das Verhältnis der Drücke vor und hinter der Düse unterhalb eines bestimmten Wertes, des *kritischen Druckverhältnisses,* bleibt. Beim kritischen Druckverhältnis erreicht die Gasgeschwindigkeit in der Düse die *Schallgeschwindigkeit,* die auch bei beliebig kleinem Außendruck nicht überschritten wird:

$$w_{kr} = \sqrt{2 \frac{\varkappa}{\varkappa + 1} pv} \text{ in m/s.}$$

$$\frac{p_{kr}}{p} = \left(\frac{2}{\varkappa + 1}\right)^{\frac{\varkappa}{\varkappa - 1}}$$

Soll die Geschwindigkeit des Gases noch höher gesteigert werden, muß der Querschnitt der Düse von der engsten Stelle an sich wieder erweitern *(Lavaldüse).* Kritische Druckverhältnisse Tafel 1.4.4-1.

[1]) VDI-Durchfluß-Meßregeln. DIN EN ISO 5167 T1 (11.95).

Tafel 1.4.4-1 Kritische Druckverhältnisse

Gasart	κ	p_{kr}/p	w_{kr} in m/s
Gase	1,4	0,528	$1{,}08\sqrt{pv}$
Heißdampf	1,3	0,546	$1{,}06\sqrt{pv}$
Sattdampf	1,135	0,577	$1{,}03\sqrt{pv}$

Beispiel:

Wie groß ist die kritische Geschwindigkeit bei Sattdampf von 10 bar?

$p = 10 \cdot 10^5\ \mathrm{N/m^2}$, $v = 0{,}1943\ \mathrm{m^3/kg}$ (Bild 1.3.3-3).

$w_{kr} = 1{,}03\sqrt{10 \cdot 10^5 \cdot 0{,}1943} = 454$ m/s.

1.4.5 Enthalpie und Geschwindigkeit

Aus der Bernoullischen Gleichung (Abschnitt 1.4.1-3) folgt für kleine Druckänderungen:

$$dp = d\left(\frac{\varrho}{2}\,w^2\right) \text{ oder } v\,dp = d\left(\frac{m}{2}\,w^2\right).$$

Da nun nach dem ersten Hauptsatz der Wärmelehre bei Zustandsänderungen ohne Wärmezufuhr $v\,dp = dh$ ist, wobei h die Enthalpie bedeutet, folgt weiter bezogen auf m = 1 kg:

$$dh = d\,\frac{w^2}{2} \quad \text{oder } \Delta h = \frac{w^2}{2} \quad \text{und } w = \sqrt{2\,\Delta h} = 1{,}41\sqrt{\Delta h} \text{ in m/s}$$

Die *Dampfgeschwindigkeit* ergibt sich also aus der Enthalpie-Differenz (Grundgleichung der Dampfturbine). Das Wärmegefälle $\Delta h = h_1 - h_2$ kann aus dem h, s-Diagramm bei bekannten Ein- und Austrittsdrücken entnommen werden (Bild 1.3.3-4 und Einschlagtafel).

1.4.6 Drosselung

Bei der Drosselung (Ausdehnung ohne Arbeitsleistung) von in einer Leitung strömenden Gasen oder Dämpfen bleibt die *Enthalpie konstant,* vorausgesetzt, daß die Geschwindigkeitsänderung der Stoffe vernachlässigt werden kann:

$h_1 = h_2$.

Bei Dämpfen kann daher die Zustandsänderung beim Drosseln am besten aus dem h, s-Diagramm entnommen werden, in dem die h-Linien waagerechte Gerade sind. Aus dem Diagramm ergibt sich, daß Sattdampf durch Drosseln bei Drücken unter 32 bar überhitzt, bei Drücken über 32 bar erst naß und dann getrocknet und überhitzt wird. Feuchter Dampf wird, abgesehen von einem Gebiet in der Nähe des kritischen Punktes, durch Drosseln getrocknet (Anwendung beim Drosselkalorimeter).

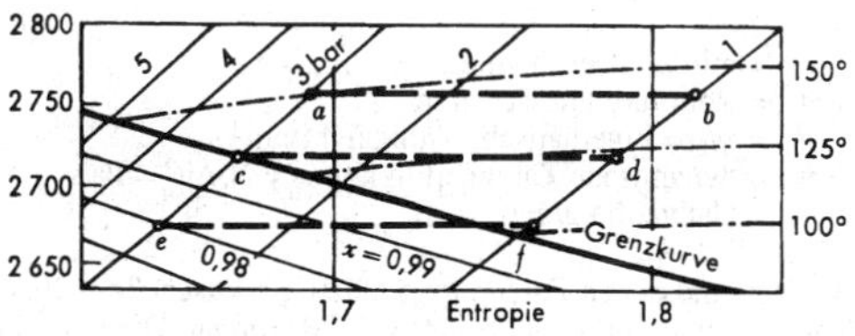

Bild 1.4.6-1. Drosselvorgang im h, s-Diagramm.

Aus Bild 1.4.6-1 ersieht man die Drosselgeraden für Dampf bei Drosselung von 3,0 auf 1,0 bar. Linie a–b: Auf 150 °C überhitzter Dampf kühlt sich auf 142 °C ab; Linie c–d: Sattdampf von 133,5 °C kühlt sich auf 123 °C ab, wird aber überhitzt; Linie e–f: Feuchter Dampf mit $x = 0{,}98$ wird getrocknet und leicht überhitzt.

Bei vollkommenen Gasen bleibt die Temperatur bei der Drosselung konstant, da die Enthalpie nur von der Temperatur abhängt:

$$h = \int c_p dt.$$

Bei den wirklichen Gasen und überhitzten Dämpfen ist dagegen, namentlich in der Nähe des kritischen Punktes, mit der Drosselung immer ein Temperaturabfall verbunden *(Thomson-Joule-Effekt),* wie im *h, s*-Diagramm aus der Neigung der Isothermen gegen die Waagerechte erkennbar ist. Bei überhitztem Wasserdampf von 200°C beträgt beispielsweise der Temperaturabfall bei Drosselung um 1 bar rund 2,5 K (Bild 1.3.3-4 und Einschlagtafel – Mollier-Diagramm). Anwendung bei der Gasverflüssigung nach *Linde.*

1.4.7 Reibungszahl

Die Strömung einer wirklichen Flüssigkeit oder eines Gases in einem Rohr kann laminar (geschichtet) oder turbulent (wirbelig) sein. Bei der *laminaren Bewegung* in einem Rohr bewegen sich die einzelnen Flüssigkeitsteilchen auf achsenparallelen Stromlinien im allg. mit unterschiedlicher Geschwindigkeit w. Zwischen den einzelnen Stromfäden besteht eine Schubspannung (Reibung) τ, die desto größer ist, je zäher die Flüssigkeit ist. Als Maß für die Zähigkeit *(Viskosität)* gilt nach dem *Reibungsgesetz* von Newton:

$$\tau = \eta \frac{dw}{dx}$$

Darin ist η der sog. Zähigkeitskoeffizient (Dynamische Zähigkeit). Die Schubspannung τ ist proportional dem Geschwindigkeitsgefälle senkrecht zur Stromrichtung. Mittlere Geschwindigkeit bei laminarer Rohrströmung $w_m = 0{,}5\ w_{max}$.

Bei der *turbulenten Strömung* dagegen führen die Flüssigkeitsteilchen gleichzeitig Schwankungsbewegungen nach mehreren Richtungen aus, die der Grundströmung überlagert ist. Das Geschwindigkeitsprofil ist durch Energieaustausch quer zur Grundströmung abgeflacht, die mittlere Geschwindigkeit $w_m \approx (0{,}80 \ldots 0{,}85)\ w_{max}$. In der wandnahen Schicht ist die Turbulenz am größten. Die wandnahe Schicht heißt (nach Prandtl) *Grenzschicht.* Als *Turbulenzgrad Tu* bezeichnet man das Verhältnis

$$Tu = \frac{1}{U\infty} \sqrt{\frac{1}{3} - (u^2 + \upsilon^2 + w^2)}$$

u, υ, w = überlagerte Schwankungs-Geschwindigkeit in den Koordinaten x, y, z.
$U\infty$ = Geschwindigkeit der Grundströmung

Der Übergang von der laminaren zur turbulenten Strömung wird durch Reibung an der Wand, Geschwindigkeitsänderungen und andere Faktoren beeinflußt. Der Umschlag hängt ab von der *Reynoldsschen Kennzahl Re.* Die Reibungskräfte sind jetzt gegenüber den Trägheitskräften geringer.

In einem Rohr wird das endgültige Strömungsbild erst nach einer gewissen *Anlaufstrecke* erreicht, die etwa 10 Rohrdurchmesser beträgt. Bei Störung der Strömung durch Verengungen, Krümmer o. dgl. erfolgt der Umschlag früher.

$$Re = \frac{wd}{\nu} \text{ (dimensionslos)}$$

w = mittlere Geschwindigkeit in m/s
d = Rohrdurchmesser in m
ν = η/ϱ = kinematische Zähigkeit in m²/s
η = dynamische Zähigkeit in kg/ms = Ns/m² = Pa s
ϱ = Dichte in kg/m³.

Bei Reynoldsschen Zahlen $Re > 2320$, praktisch $Re > 3000$, ist die Strömung in geraden Rohren immer turbulent, bei $Re < 2320$ laminar. Die *kritische Geschwindigkeit,* bei der der Umschlag von der laminaren zur turbulenten Strömung erfolgt, ist für mehrere Flüssigkeiten und Durchmesser aus Bild 1.4.7-2 ersichtlich. Werte von ν für verschiedene Stoffe siehe Tafel 1.4.7-1 bis Tafel 1.4.7-3, für Heizöle Bild 1.3.6-3.

Einheit der *dynamischen Zähigkeit* ist $\eta = 1\ \text{Pa} \cdot \text{s} = 1$ kg/ms (= 10 P (Poise)).
Einheit der *kinematischen Zähigkeit* ist $\nu = \eta/\varrho = 1\ \text{m}^2/\text{s}$ (= 10^4 St (Stokes)).

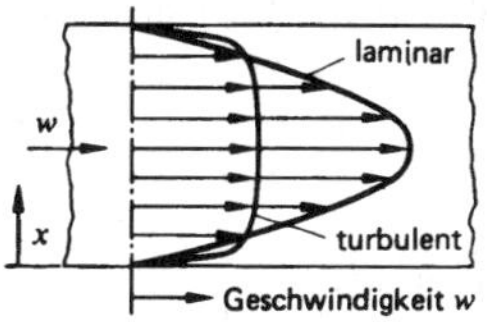

Bild 1.4.7-1. Laminare und turbulente Strömung.

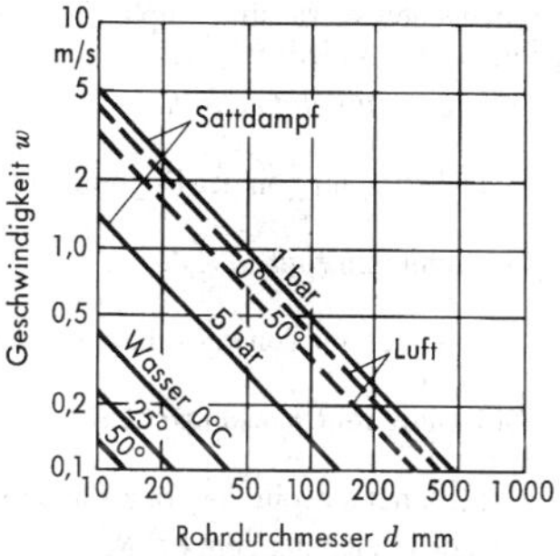

Bild 1.4.7-2. Kritische Geschwindigkeiten für Umschlag laminar/turbulente Strömung.

Zahlenangaben ν in cSt (Centistokes) sind gleich Zahlenangaben $10^6\,\nu$ in m^2/s. Mit steigender Temperatur wird die Zähigkeit bei Flüssigkeiten geringer, da sie dünnflüssiger werden, bei Gasen dagegen größer.

Um eine Flüssigkeit oder ein Gas durch ein Rohr zu fördern, ist zur Überwindung des an den Wandungen des Rohres auftretenden Reibungswiderstandes ein *Druckunterschied Δp* erforderlich nach der empirischen Gleichung

$$\Delta p = \lambda \cdot \frac{l}{d} \cdot \frac{\varrho}{2}\, w^2 \text{ in N/m}^2$$

λ = Reibungszahl (dimensionslos);
l = Rohrlänge in m; ϱ = Dichte in kg/m^3

Den Druckunterschied je m Rohr nennt man auch das *Druckgefälle R,* so daß

$$\Delta p = Rl \text{ in N/m}^2$$

$$R = \frac{\lambda}{d}\, \frac{\varrho}{2}\, w^2$$

λ ist die sogenannte *Reibungszahl,* die sich als Funktion der Reynoldsschen Zahl Re darstellen läßt.

Bei *laminarer Strömung* ist λ unabhängig von der Rauhigkeit des Rohres, wie man rechnerisch nachweisen kann, $\lambda = 64/Re$, und damit wird das Druckgefälle

$$R = 32 \cdot \nu \cdot \varrho \cdot w/d^2$$

Der Druckverlust ist also proportional der Geschwindigkeit (Gesetz von Hagen-Poisseuilles).

Beispiel:

Wie groß ist bei 15 °C das Druckgefälle R in einer Heizölleitung von $d = 8 \times 1$ mm, wenn die Geschwindigkeit $w = 0{,}1$ m/s ist?

$\nu = 6 \cdot 10^{-6}\ m^2/s$. $\varrho = 860\ kg/m^3$.

$$R = \frac{32 \cdot 6 \cdot 860 \cdot 0{,}1}{10^6 \cdot 0{,}006^2} = 460 \text{ N/(m}^2 \cdot \text{m)} = 460 \text{ Pa/m} = 4{,}6 \text{ mbar/m.}$$

Bei *turbulenter Strömung* und glatten Rohren ist $\lambda = 0{,}3164/\sqrt[4]{Re}$ (nach Blasius für $Re > 2 \cdot 10^3$). Bei rauhen Rohren hängt λ außerdem von der *relativen Rauhigkeit* der Rohre ε/d ab, wobei ε die in mm gemessene absolute Rauhigkeit der Rohrwandungen ist. Für gewöhnliche Rohre ist λ bei gleicher Reynoldsscher Kennzahl Re desto größer, je kleiner der Durchmesser ist.

Die Reibungszahl λ kann berechnet werden[1], so daß es nicht mehr nötig ist, empirische Formeln zu verwenden. Die von *Nikuradse, Prandtl, Kármán, Moody* und *Colebrook* für λ

---

[1]) Kirschmer, O.: Reibungsverluste in geraden Rohrleitungen. MAN-Forschungsheft 1951. S. 81/95.
Colebrook, C. F.: Journ. Inst. Civ. Engs. London 11 (1938/39), S. 133/56.

angegebenen Werte sind graphisch in Bild 1.4.7-3 dargestellt. Dabei sind drei Strömungsgebiete unterschieden:

Strömung im *glatten Rohr:* $\frac{1}{\sqrt{\lambda}} = 2{,}0 \lg (Re \sqrt{\lambda}/2{,}51)$

(λ hängt nur von der Reynoldsschen Kennzahl *Re* ab)

Strömung im *rauhen Rohr:* $\frac{1}{\sqrt{\lambda}} = -2 \lg \left(\frac{\varepsilon / d}{3{,}71} \right) = 1{,}14 - 2 \lg \frac{\varepsilon}{d}$

(λ hängt nur von der relativen Rauhigkeit ε/d ab)

Strömung im *Übergangsgebiet:* $\frac{1}{\sqrt{\lambda}} = -2{,}0 \lg \left(\frac{\varepsilon / d}{3{,}71} + \frac{2{,}51}{Re \sqrt{\lambda}} \right)$ Gleichung von Colebrook

(λ hängt sowohl von *Re* als auch ε/d ab)

Die letzte Gleichung geht bei $Re = \infty$ in Gleichung 2, bei $\varepsilon = 0$ in Gleichung 1 über.

Die Berechnung von λ in der dritten Gleichung ist in geschlossener Form nicht möglich. Mit Computern (z. B. PC) ist jedoch eine iterative Lösung wie folgt möglich:

Auf der linken Seite der Gleichung 3 wird $1/\sqrt{\lambda}$ nach Gleichung 2 eingesetzt, wodurch eine erste Näherung von $1/\sqrt{\lambda_1}$ entsteht.

Dieser Wert wird wieder in Gleichung 3 auf der linken Seite eingesetzt und es folgt eine 2. Näherung usw.

Die 3. Näherung für λ hat bereits einen Fehler < 3%, die 4. Näherung < 0,5% im gesamten rauhen und Übergangsbereich.

Die Werte der Tafel 1.4.7-3 sind am zuverlässigsten und daher bei allen Berechnungen von Reibungszahlen zu benutzen. Dabei muß man allerdings die Größe der Rohrrauhigkeiten ε kennen, wodurch eine gewisse Unsicherheit entsteht. Einige Werte für ε sind in Tafel 1.4.7-4 angegeben.

Die kinematische Zähigkeit ν kann aus Tafel 1.4.7-1 oder bei höheren Genauigkeitsanforderungen z. B. nach Glück[1] approximiert werden.

Bei *Wellrohren* ist λ nicht nur von der relativen Rauhigkeit abhängig, sondern auch von dem Verhältnis Rillenhöhe ε zum Rillenabstand[2].

Für $\varepsilon = 0{,}15$ (verzinktes Stahlrohr oder gefalzte Blechkanäle nach Tafel 1.4.7-4) kann aus Bild 1.4.7-3 die Reibungszahl λ für verschiedene Durchmesser abhängig von *Re* abgelesen werden. Zwecks noch weiterer Vereinfachung sind für drei strömende Medien (Wasser von 80 °C, Dampf von 0,1 bar Überdruck, Luft von 20 °C) auf Hilfsabszissen an Stelle der *Re*-Werte die *wd*-Werte (Geschwindigkeit · Durchmesser in m^2/s) aufgetragen, die sich leicht errechnen lassen.

Tafel 1.4.7-1 Kinematische Zähigkeit ν von Luft, Wasser und gesättigtem Wasserdampf

Luft bei 1 bar		Wasser		Sattdampf		
t °C	$10^6 \cdot \nu$ m^2/s	t °C	$10^6 \cdot \nu$ m^2/s	p bar	t °C	$10^6 \cdot \nu$ m^2/s
0	13,2	0	1,79	1	99,1	21,6
20	15,0	10	1,31	2	119,6	12,1
40	16,9	20	1,01	3	132,9	8,8
60	18,9	30	0,81	4	142,9	7,0
80	20,9	40	0,66	5	151,1	5,9
100	23	50	0,56	10	179,0	3,1
200	36	60	0,48	20	211,4	1,7
400	64	70	0,42	30	232,8	1,2
600	99	80	0,37	40	249,2	0,92
800	137	90	0,33	50	262,7	0,74
1000	181	100	0,29	100	309,5	0,39

Beispiel: Wasser 20 °C: $\nu = 1{,}01 \cdot 10^{-6}\ m^2/s = 1{,}01\ mm^2/s$.

[1]) Glück, B.: Zustands- und Stoffwerte, Wasser, Dampf, Luft. Berlin VEB-Verl. 1986.
[2]) Kander, K.: HLH 7/74. S. 226/32.

Die Rohrreibungstafeln im „Rietschel-Raiss 1968/70" sind mit $\varepsilon = 0{,}045$ mm für handelsübliche Stahlrohre (s. Tafel 1.4.7-4) berechnet.

Bei nicht kreisförmigen Querschnitten rechnet man zur Ermittlung der Druckverluste mit dem *hydraulischen* Rohrdurchmesser

$$d_H = \frac{4A}{U} \quad (A = \text{Fläche},\ U = \text{Umfang})$$

Bei rechteckigen Kanälen mit den Seitenlängen a und b ist

$$d_H = \frac{2a \cdot b}{a + b}$$

Die Querschnitte A sind trotz gleichem Durchmesser in beiden Fällen unterschiedlich.

In Tafel 1.4.7-5 ist der hydraulische Durchmesser d_H für rechteckige Querschnitte abzulesen.

Man erkennt, daß beim quadratischen Querschnitt ($a/b = 1$) der hydraulische Durchmesser gleich der Seitenlänge ist. Das einen Kreis umhüllende Quadrat hat also bei *gleicher mittlerer Geschwindigkeit w* die gleiche Reibungszahl λ und gleichen Druckabfall $\Delta p/l$.

Tafel 1.4.7-2 Kinematische Zähigkeit ν von Wasser bei höheren Temperaturen

Druck	$10^6 \cdot \nu$ in m²/s bei °C							
bar	100	150	200	250	300	350	400	450
Sättigungsdruck	0,29	0,20	0,16	0,14	0,13	0,12	–	–
50	0,30	0,20	0,16	0,14	–	–	–	–
100	0,31	0,21	0,16	0,14	0,13	–	–	–
200	0,33	0,22	0,16	0,14	0,13	0,13	–	–
300	0,35	0,23	0,17	0,15	0,13	0,13	0,12	–

Tafel 1.4.7-3 Dynamische und kinematische Zähigkeit verschiedener Stoffe bei 20 °C

Stoff	ϱ kg/m³	$10^6 \cdot \eta$ kg/ms	$10^6 \cdot \nu$ m²/s
Abgase 100°	0,95	19	20
Abgase 300°	0,63	28,4	45
Alkohol	790	1 180	1,5
Benzol	880	650	0,74
Diphyl 100°	996	1 015	1,02
Diphyl 200°	909	436	0,44
Erdgas (etwa)	0,78	10	12,8
Ethylenglykol	1 140	30 800	27
Generatorgas	1,0	17	17
Gichtgas	1,2	17	14
Glyzerin	1 260	1 071 000	850
Heizöl EL (1,5 °E)	860	5 160	6
Heizöl S (200 °E)	960	1 460 000	1520
Maschinenöl ~	920	92 000	100
Methan	0,67	10,5	15,6
Quecksilber	13 550	1 540	0,114
R 12 flüssig	1 329	231	0,17
R 12 Dampf (0 °C)	1 765	1 201	0,68
Rohöl	850…900	$10^3 \ldots 10^6$	10…1 000
Sauerstoff	1,10	20	18
Stadtgas	0,5	13	26
Wasserstoff (0 °C)	0,087	8,44	97

Tafel 1.4.7-4 Rauhigkeit ε verschiedener Rohre*)

Rohrart	Rauhigkeit ε in mm
Gezogene Rohre (Messing u. a.)	0,0015
PVC- und PE-Rohre	0,007
Asbest-Zement-Rohre (neu)	0,05···0,1
Handelsübliche Stahlrohre	0,045
Verzinkte Stahlrohre	0,15
Stahlrohre, angerostet	0,15···1,0
Stahlrohre, stark verrostet	1,0···3,0
Gußeiserne Rohre	0,4···0,6
Gußeiserne Rohre, asphaltiert	0,125
Blechkanäle, gefalzt	0,15
Flexible Schläuche	0,6···0,8, teilweise auch höher bis 2,0
Rabitz, glatt	1,5
Gemauerte Kanäle	3,0···5,0
Holzkanäle	0,2···1,0
Betonkanäle, roh	1,0···3,0

*) Lehmann, J.: Gesundh.-Ing. 1961. Heft 6 bis 9.
Wärmetechnische Arbeitsmappe 1967/80.
VDI-Wärmeatlas 5. Aufl. 1988.

Man sieht aber auch, daß der Querschnitt – und damit der Volumenstrom – 27,3% größer als beim Kreisquerschnitt ist. Auch der Umfang U ist entsprechend größer.

Um auf *gleichen Volumenstrom* bei gleichem Druckabfall $\Delta p/l$ zu kommen, wurde noch der *gleichwertige Durchmesser* definiert[1]:

$$d^* = \sqrt[5]{32/\pi^2} \cdot \sqrt[5]{a^3 b^3/(a+b)} = 1{,}265 \cdot \sqrt[5]{a^3 b^3/(a+b)}$$

Zahlenwerte für d^* bei Rechteck-Kanälen siehe Tafel 1.4.7-5.

Beispiel:

Rechteckiger Kanal mit $a/b = 1{,}5$ mit gleichem Druckabfall $\Delta p/l$ ergibt:
bei gleicher Geschwindigkeit hydraulischen Durchmesser $d_H = 1{,}2 \cdot b$;
bei gleichem Volumenstrom ($\dot{V}$ = konst) für $d_H = d^*$ reicht $a/b = 1{,}19$ aus.

Tafel 1.4.7-5 Hydraulischer und gleichwertiger Durchmesser für rechteckige Kanäle mit verschiedenen Seitenverhältnissen a/b

Seitenverhältnis a/b		1,00	1,25	1,60	2,00	2,50	3,16	4,00
hydraulischer Durchmesser	d_H/b	1,00	1,11	1,23	1,33	1,43	1,52	1,60
	$A_\square/A_\varnothing = U_\square/U_\varnothing$	1,27	1,29	1,34	1,43	1,56	1,74	1,99
gleichwertiger Durchmesser	d^*/b	1,10	1,23	1,39	1,54	1,71	1,90	2,11
	$A_\square/A_\varnothing$	1,05	1,05	1,06	1,07	1,09	1,12	1,15
	$U_\square/U_\varnothing$	1,16	1,16	1,19	1,24	1,31	1,40	1,51

[1]) Rietschel-Raiß 1970.
Anmerkung: Beim Arbeiten mit d^* ist aber zu beachten, daß bei *glatten Rohren* – wie sie bei Lüftungskanälen meist vorliegen – sich λ mit Re gemäß Bild 1.4.7-3 ändert. Der λ-Wert ist aber mit d_H zu ermitteln. Anderenfalls wird Re zu groß und damit λ zu klein ermittelt. Z. B.: Bei $a/b = 1$, entsprechend $d^*/d_H = 1{,}10$, würde gemäß Blasius-Formel $\lambda = 0{,}3164/\sqrt[4]{Re}$ der Fehler für $\lambda \sim \sqrt[4]{1{,}1} = 1{,}024$ also 2,4% betragen. Bei größeren Werten für a/b verschwindet die Abweichung.

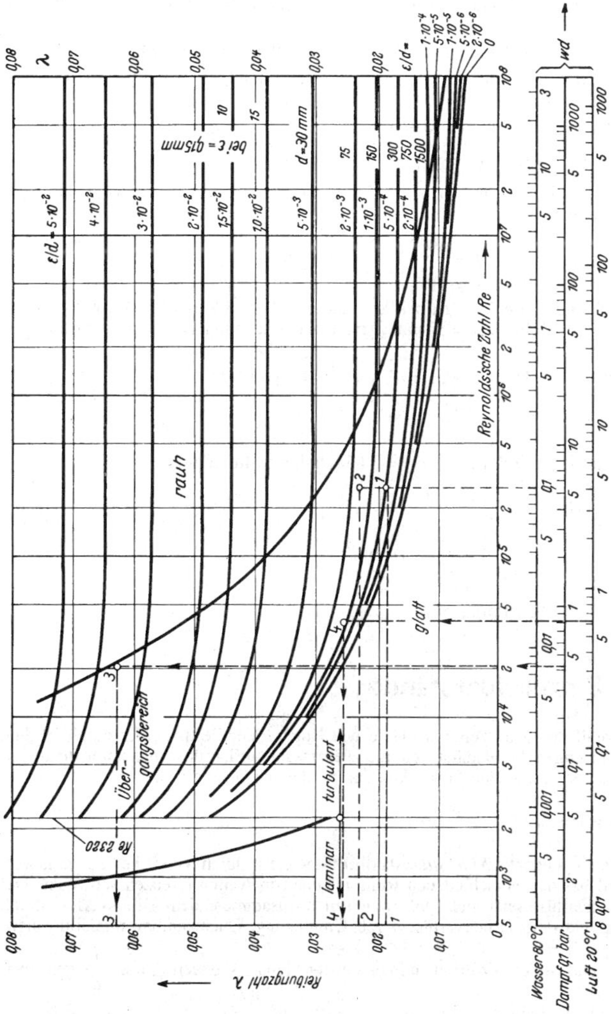

Bild 1.4.7-3. Die Reibungszahl λ bei geraden Rohren nach Prandtl, Kármán und Colebrook.

Beispiele:

1. Wie groß ist die Reibungszahl λ bei einem handelsüblichen Stahlrohr NW 100, wenn es von Wasser mit einer Temperatur 80 °C und mit einer Geschwindigkeit von $w = 1$ m/s durchströmt wird?

Innendurchmesser	d	= 0,1 m
Geschwindigkeit	w	= 1,0 m/s
Rauhigkeit	ε	$= 4{,}5 \cdot 10^{-5}$ m
	wd	$= 0{,}1$ m²/s
	ε/d	$= 4{,}5 \cdot 10^{-4}$

Aus dem Bild 1.4.7-3 ergibt sich nach dem eingezeichneten Weg (1) für dieses Beispiel $Re = 2{,}7 \cdot 10^5$ und eine Reibungszahl $\lambda = 0{,}018$.

2. Wie groß ist die Reibungszahl λ bei demselben Rohr, wenn die Rauhigkeit ε = 0,15 mm ist?

Man findet bei $wd = 0{,}1$ m²/s und bei $d = 100$ mm (Weg 2): $\lambda = 0{,}023$.

3. Gegeben ein Dampfrohr NW 25, stark verrostet, Dampfgeschwindigkeit $w = 15$ m/s. Dampfüberdruck 0,1 bar.

$d = 0{,}0277$ m, $w = 15$ m/s, $wd = 0{,}415$ m²/s,
$\varepsilon = 1{,}0 \cdot 10^{-3}$, $\varepsilon/d = 3{,}61 \cdot 10^{-2}$,
Reibungszahl $\lambda = 0{,}063$ (Weg 3).

4. Gegeben ein Blechrohr von $d = 125$ mm lichte Weite, Luftgeschwindigkeit w = 5 m/s, Lufttemperatur 20 °C.

$d = 0{,}125$ m, $w = 5$ m/s, $wd = 0{,}625$ m²/s,
$\varepsilon = 0{,}15 \cdot 10^{-3}$, $\varepsilon/d = 1{,}2 \cdot 10^{-3}$,
Reibungszahl $\lambda = 0{,}027$ (Weg 4).

5. Wie groß ist der Druckverlust bei Strömung von Heizöl S ($\varrho = 850$ kg/m³) in einem l = 100 m langen Rohr von $d = 50$ mm ∅ mit einer Geschwindigkeit $w = 0{,}6$ m/s? Zähigkeit 40 °E.

Kinematische Zähigkeit $\nu = 303 \cdot 10^{-6}$ m²/s (Tafel 1.3.6-5)

$$Re = wd/\nu = \frac{0{,}6 \cdot 0{,}05}{303 \cdot 10^{-6}} = 99$$

Reibungszahl λ = $64/Re = 64/99 = 0{,}65$ (laminare Strömung)

$$\text{Druckverlust } \Delta p = \lambda \frac{l}{d} \frac{\varrho}{2} w^2$$

$$= 0{,}65 \frac{100}{0{,}05} \frac{850 \cdot 0{,}6^2}{2}$$

$$= 200\,000 \text{ N/m}^2 = 2 \text{ bar}$$

1.4.8 Einzelwiderstände

Den Druckabfall durch Einzelwiderstände wie Bogen, Ventile usw., der durch Wirbel, Strömungsablösungen, Sekundärströmungen verursacht wird, drückt man unter Bezug auf den Staudruck der strömenden Flüssigkeit durch folgende Gleichung aus:

$$\Delta p = \zeta \frac{\varrho}{2} w^2 \text{ in N/m}^2$$

Darin ist ζ der sogenannte *Widerstandsbeiwert*, der meist durch Versuche bestimmt werden kann und bei den verschiedenen Rohreinbauten in weiten Grenzen schwankt. Der gesamte Druckverlust setzt sich aus zwei Teilen zusammen, dem Druckverlust durch Wandreibung und dem Druckverlust durch Umlenkung, Querschnittsveränderung usw.

Dementsprechend ist der ζ-Wert auch in einen Rohrreibungsbeiwert $\zeta_r = \lambda \cdot \frac{l}{d}$ (gem. Abschn. 147) und einen Umlenkungsbeiwert ζ_u aufgeteilt: $\zeta = \zeta_r + \zeta_u$. Der ζ_u-Wert bezieht sich nur auf den *Zusatzverlust,* so daß bei Widerständen mit längeren Rohrstrecken wie Bogen oder Dehnungsausgleichern der Reibungsverlust eines geraden Rohrstücks gleicher Achsenlänge hinzuzufügen ist, wenn man den Gesamtverlust ermitteln will.

Werte von ζ_u Tafel 1.4.8-1 und Tafel 1.4.8-2. Weitere Werte siehe Abschn. 2.4.3 und 3.3.5. Wegen unterschiedlicher Bauart der Armaturen Verluste stark voneinander abweichend.

Beispiel:

Wie groß ist der Druckverlust in einer *Drosselblende* bei $w = 1$ m/s Wassergeschwindigkeit und dem Flächenverhältnis $A/A_0 = 2$?

$\alpha = 0{,}69$ aus Tafel 1.4.3-1 (m = 0,5) und ζ für Blende nach Tafel 1.4.8-1

$\Delta p = \zeta \cdot \varrho/2 \cdot w^2 = (A/\alpha A_0 - 1)^2 \cdot 500 \cdot 1^2 = (2/0{,}69 - 1)^2 \cdot 500 \cdot 1 = 1800$ Pa.

Bei allen Widerstandsbeiwerten ist zu beachten, daß gleichmäßige *parallele Anströmung* vorausgesetzt ist. Wenn dies nicht der Fall ist, werden die ζ-Werte *wesentlich größer,* teilweise mehr als 100%. Beispiel Bild 1.4.8-1. Der Gesamtwiderstand ist größer als die

Tafel 1.4.8-1 Widerstandsbeiwerte ζ_u von Rohrleitungsteilen[1]
Weitere Werte in Abschn. 2.2.2 und 3.3.5

Teil	Darstellung	Widerstandsbeiwert ζ_u	Druckverlust Δp in N/m²
Bogen 90° glatt			(Umlenkverlust)
$r/d = 0{,}5$		1,0	
1,0		0,35	$\Delta p = \zeta_u \cdot \frac{\varrho}{2} w^2$
2,0		0,20	
3,0		0,15	
Knie $\beta = 90°$		1,3	
60°		0,8	$\Delta p = \zeta_u \frac{\varrho}{2} w^2$
45°		0,4	
Erweiterung, rund		$A_1/A_2 = 0{,}5$ 0,25	
stetig $\beta = 10°$		ζ_1[2] $= 0{,}12$ 0,24	
(in einem 20°		0,17 0,37	$\Delta p = \zeta_1 \frac{\varrho}{2} w_1^2$
langen 30°		0,21 0,46	
Rohr) 40°		0,27 0,60	
plötzlich (Borda-Carnot)		$\zeta_1 = \left(1 - \frac{A_1}{A_2}\right)^2$	$\Delta p = \zeta_1 \frac{\varrho}{2} w_1^2$
Ausströmung	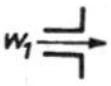	$\zeta_1 = 1{,}0$	$\Delta p = \frac{\varrho}{2} w_1^2$
Verengung, stetig $\beta = 20\cdots90°$		$A_2/A_1 = 0{,}2$ $\zeta_2 = 0{,}08$	
		0,4 0,08	$\Delta p = \zeta_2 \frac{\varrho}{2} w_2^2$
		0,6 0,06	
		0,8 0,02	
plötzlich		$\zeta_2 = (1/\alpha - 1)^2 \cdot (1 - A_2/A_1)$	$\Delta p = \zeta_2 \frac{\varrho}{2} w_2^2$
			Kante:
			scharf[3] $\alpha = 0{,}59$
			gebrochen $\alpha = 0{,}75$
Einströmung	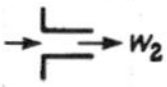	$\zeta_2 = (1/\alpha - 1)^2$	gerundet $\alpha = 0{,}90$
			düsenförmig $\alpha = 0{,}99$
Blende, scharfkantig	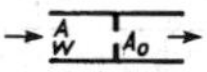	$\zeta = \left(\frac{A}{\alpha A_0} - 1\right)^2$	$\Delta p = \zeta \frac{\varrho}{2} w^2$
	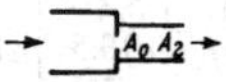	$\zeta_2 = \left(\frac{A_2}{\alpha A_0} - 1\right)^2$	$\Delta p = \zeta_2 \frac{\varrho}{2} w_2^2$
Abzweigung, scharfkantig	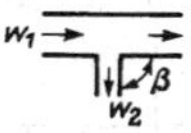	$\beta = 90°$ | 60° | 45°	
$w_2/w_1 = 0{,}5$		4,5 | 3,1 | 2,0	
1,0		1,5 | 0,77 | 0,43	$\Delta p = \zeta_2 \cdot \frac{\varrho}{2} w_2^2$
2,0		0,74 | 0,47 | 0,45	
3,0		0,62 | 0,58 | 0,54	
Querwiderstand	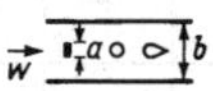	▮ | ○ |	
$a/b = 0{,}10$		0,7 | 0,2 | 0,07	
0,25		1,4 | 0,55 | 0,23	$\Delta p = \zeta \frac{\varrho}{2} w^2$
0,50		4,0 | 2,0 | 0,9	

[1]) Rietschel-Raiss 1970. – Eck: Technische Strömungslehre Bd. 1. 1978. Bd. 2. 1981. – Richter, H.: Rohrhydraulik 1962. – Stradtmann: Stahlrohr-Handbuch 1982. – Idel'chik-Handbuch 1966. – Gersten, K.: Einführung in die Strömungsmechanik 1974. – Kalide, W.: Techn. Strömungslehre 1976 u. FLT-Handbuch 1988.

[2]) einschl. Rohrreibung ($\lambda = 0{,}02$); turbulentes Zuströmprofil.

[3]) Glück, B.: Druckverluste, VEB-Verlag, Berlin 1988.

Tafel 1.4.8-2 Widerstandsbeiwerte ζ_u von Armaturen
(s. a. DIN 1988 T3 [12.88] u. VDI 2173 [09.62])

Teil	Bild	ζ_u-Wert bei DN 25	50	100	200 mm
Kugelhahn		0 ………	………	………	0
Absperrklappe		–	0,8 ⋮ 1,5	0,27 ⋮ 0,4	0,15 ⋮ 0,3
Absperrventile Normalventil	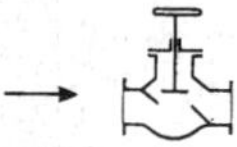	5,9	3,7	4,9	5,5
mit Faltenbalg und Standardkegel Durchgang Eckventil	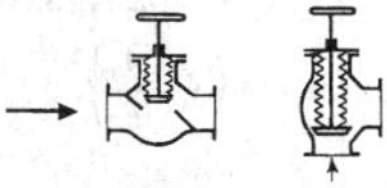	5,7 4,5	4,9 4,5	5,5 4,5	5,8 6,0
mit Faltenbalg und Drosselkegel Durchgang Eckventil	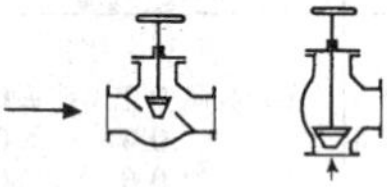	13 12	11 10	19 18	12 11
Schieber ohne Leitrohr mit Leitrohr	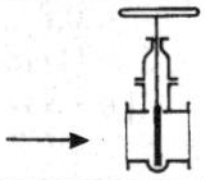	–	0,2 ……… 0,1 ………	……… ………	0,30 0,15
Rückschlagklappe Gummi Metall – 1 Flügel Metall – 2 Flügel	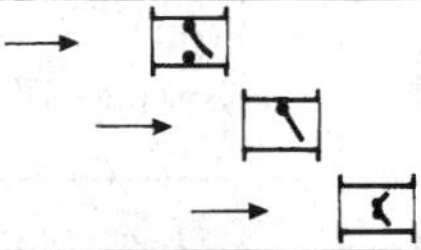	– – –	7,0 3,2 –	5,5 3,2 1,5	3,2 3,1 1,3
Rückschlagventil waagerecht senkrecht		10,5 3,7	10,3 3,4	8,0 –	5,0 –
Hahn	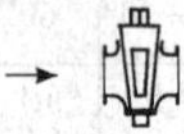	1,0	–	–	–
Lyrabogen glatt gefaltet	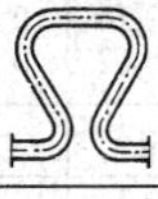	– –	0,75 1,5	0,75 1,5	0,75 1,5
Wellrohrausgleicher je Welle	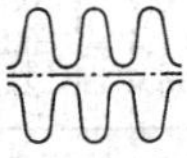	–	2,0	2,0	2,0
Wasserabscheider Eintritt normal Eintritt tangential	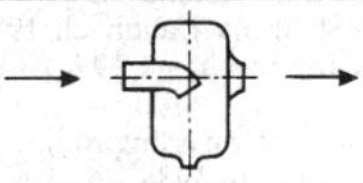	– –	3,0 5…8	3,0 5…8	3,0 5…8

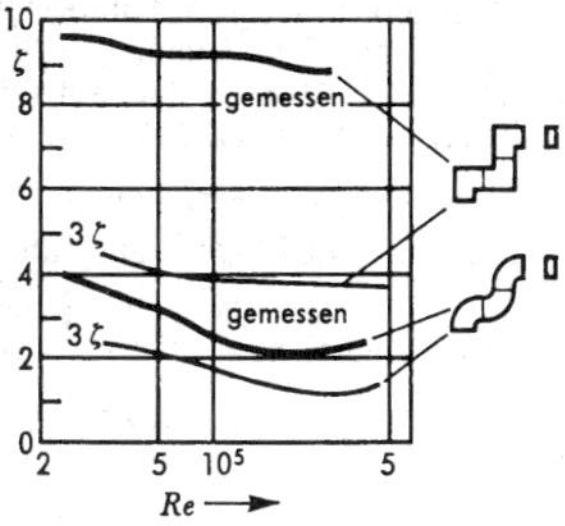

Bild 1.4.8-1. Widerstandsbeiwerte von 3 hintereinander geschalteten Krümmern im Vergleich zu den mit 3 multiplizierten ζ-Werten der Einzelkrümmer (nach H. Sprenger, SBZ 1969, Heft 13).

Summe der Einzelwiderstände. Zum Beispiel bei Hochgeschwindigkeitsanlagen in der Lüftungstechnik entstehen durch Kombination mehrerer Formstücke erhebliche Zusatzverluste.

Die gleichwertige Rohrlänge

Der zusätzliche Einzelwiderstand ζ_u läßt sich auch durch eine gleichwertige Rohrlänge l_{gl} ersetzen, wobei $l_{gl} = \zeta_u d/\lambda$ in m Rohrlänge.

l_{gl} hängt also nicht nur vom Einzelwiderstand, sondern auch vom Rohrdurchmesser wie von der Geschwindigkeit ab. Anwendung in Abschnitt 2.4.3-1.1 bei der Warmwasserrohrnetzberechnung.

1.4.9 Druckverlust[1)]

Der gesamte Druckverlust Δp in einer Rohrleitung mit beliebigen Einzelwiderständen setzt sich nunmehr aus den beiden Teilen für Reibung und Einzelwiderstand wie folgt zusammen:

$$\Delta p = \lambda \frac{l}{d} \frac{\varrho}{2} w^2 + \sum \zeta_u \frac{\varrho}{2} w^2 = Rl + Z \text{ in Pa}$$

oder mit der gleichwertigen Rohrlänge $l_{gl} = \zeta_u d/\lambda$ für die Einzelwiderstände:

$$\Delta p = \lambda \frac{l_{ges}}{d} \frac{\varrho}{2} w^2 \text{ in Pa}$$

$l_{ges} = l + l_{gl}$ in m
ϱ = Dichte in kg/m³.

Beispiele:

1. Wie groß ist der Druckverlust Δp in einer 100 m langen geraden Wasserleitung von 70 mm in l. W., durch die stündlich 20 m³ Wasser von 80 °C strömen?

Die Rauhigkeit ε sei 0,15 mm, somit $\varepsilon/d = 0{,}15/70 = 2{,}1 \cdot 10^{-3}$

$$\text{Geschwindigkeit } w = \frac{20}{3600 \cdot \frac{\pi d^2}{4}} = 1{,}45 \text{ m/s}$$

$wd = 1{,}45 \cdot 0{,}07 = 0{,}102$ m²/s

Reibungszahl $\lambda = 0{,}025$ (aus Bild 1.4.7-3)

$$\text{Staudruck } \frac{\varrho}{2} w^2 = \frac{1000}{2} 1{,}45^2 = 1050 \text{ Pa}$$

$$\text{Druckgefälle } R = \frac{\lambda}{d} \frac{\varrho}{2} w^2 = \frac{0{,}025}{0{,}070} 1050 = 375 \text{ Pa/m}$$

Druckverlust $R \cdot l = 375 \cdot 100 = 37\,500$ N/m² ≈ 3,75 m WS

[1)] Hell, F.: HLH 1/83. S. 28/30.

2. Gegeben eine Rohrleitung DN 300, Dampfstrom G = 40 000 kg/h, Anfangsdruck p_1 = 12 bar, Temperatur t_1 = 300 °C, gestreckte Rohrlänge l = 500 m mit 10 Bogen ($R = 3d$), 5 Absperrschiebern, 6 Faltenrohr-Lyrabogen, 2 Wasserabscheidern. Wie groß ist der Druckverlust Δp?

Rohrrauhigkeit ε = 0,1 mm.

Dichte ϱ = 4,67 kg/m³ (aus Tafel 1.3.3-5)

$$\text{Geschwindigkeit } w = \frac{40\,000}{4{,}67 \cdot 3600 \cdot \frac{\pi d^2}{4}} = 33{,}7 \text{ m/s}$$

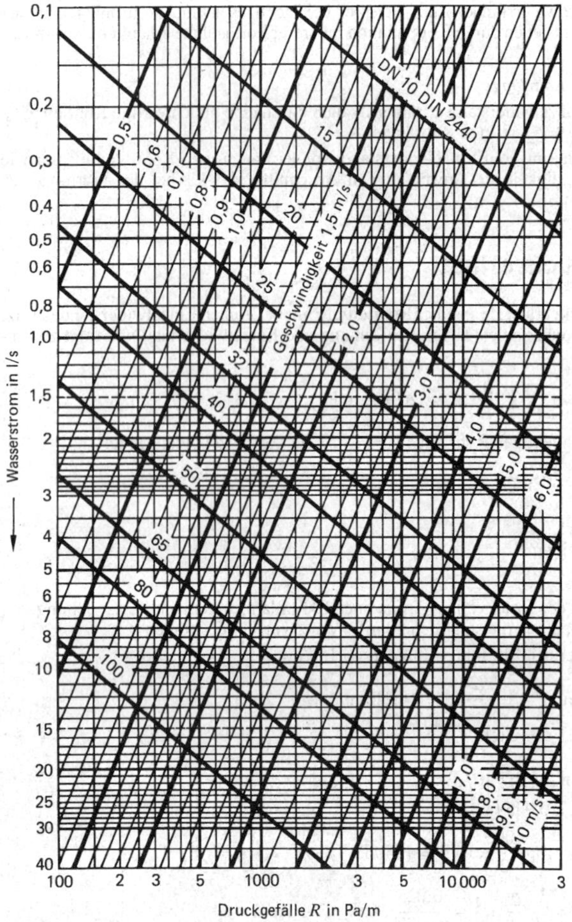

Bild 1.4.8-2. Das Druckgefälle R bei Strömung von Kaltwasser von 10 °C in Gewinderohren nach DIN 2440 (06.78) (Rauhigkeit ε = 0,15 mm). 100 Pa/m = 1 mbar/m
Beispiel: Bei $\dot{m}$ = 1,5 l/s und w = 1 m/s ist R = 370 Pa/m

Kinematische Zähigkeit $\nu = \eta/\varrho = 20{,}2/4{,}67 \cdot 10^6 = 4{,}3 \cdot 10^6$ m²/s (aus VDI-Wasserdampftafeln).

$$Re = \frac{wd}{\nu} = \frac{33{,}7 \cdot 0{,}300}{4{,}3\ 10^{-6}} = 2{,}35 \cdot 10^6$$

Relative Rauhigkeit $\varepsilon/d = 0{,}1/300 = 3{,}3 \cdot 10^{-4}$

Rohrreibungszahl $\lambda = 0{,}016$ (aus Bild 1.4.7-3)

Widerstandsbeiwerte:	10 Bogen ($\zeta_u = 0{,}15$)	$10 \cdot 0{,}15 = 1{,}5$
	5 Schieber ($\zeta_u = 0{,}3$)	$5 \cdot 0{,}3 = 1{,}5$
	6 Lyrabogen ($\zeta_u = 1{,}5$)	$6 \cdot 1{,}5 = 9{,}0$
	2 Wasserabscheider ($\zeta_u = 5$)	$2 \cdot 5 = 10{,}0$
		$\Sigma\, \zeta_u = 22{,}0$

Gleichwertige Rohrlänge der Einzelwiderstände

$$l_{gl} = \zeta_u \frac{d}{\lambda} = 22{,}0 \cdot \frac{0{,}300}{0{,}016} = 413 \text{ m}$$

Gesamte Rohrlänge $l_{ges} = l + l_{gl} = 500 + 413 = 913$ m

Druckgefälle $R = \frac{\lambda}{d} \frac{\varrho}{2} w^2 = \frac{0{,}016}{0{,}300} \cdot \frac{4{,}67}{2}\ 33{,}72 = 141$ Pa/m

Druckverlust $\Delta p = R \cdot l_{ges} = 141 \cdot 913 = 129\,000$ Pa $= 1{,}29$ bar.

Bei langen Leitungen ist zu bedenken, daß sich die Zustandsgrößen des strömenden Mediums infolge Druck- und Temperaturabfalls ändern. In solchen Fällen ist mit mittleren Werten zu rechnen oder die Leitung in mehrere Abschnitte aufzuteilen.

Bei gegebenem Massenstrom $\dot{m}$ und Durchmesser d läßt sich das Druckgefälle R auch aus folgender nicht dimensionsgerechten Gleichung berechnen:

$$R = 62{,}5 \cdot 10^6 \frac{\lambda \cdot \dot{m}^2}{\varrho \cdot d^5} \text{ in Pa/m} \qquad (\dot{m} \text{ in kg/h} \quad d \text{ in mm})$$

oder

$$R = 0{,}81 \frac{\lambda \cdot \dot{m}^2}{\varrho \cdot d^5} \text{ in Pa/m} \qquad (\dot{m} \text{ in kg/s und } d \text{ in m})$$

Für Überschlagsrechnungen empfiehlt es sich, Reibungsdiagramme zu verwenden, aus denen bei gegebenen Verhältnissen das Druckgefälle sofort abgelesen werden kann. Ein solches Diagramm ist in Bild 1.4.8-2 für Wasser von 10 °C dargestellt, wobei ein rauhes Stahlrohr angenommen ist, bei dem λ praktisch von der *Re*-Zahl unabhängig ist. Das Druckgefälle folgt dabei gegebenem Durchmesser und gegebener Rauhigkeit ε angenähert dem quadratischen Widerstandsgesetz: $R = \text{konst} \cdot w^2$. Die Rauhigkeit ε ist mit 0,15 mm zugrunde gelegt. Ein weiteres Diagramm für Wasser von 50 °C mit $\varepsilon = 1{,}5$ mm ist in Abschnitt 4.4.7 (Bild 4.4.7-1) abgebildet. Diagramme für die Berechnung der Rohre in Heizungsanlagen siehe Abschnitt 2.4.3.[1)].

Bei *Kunststoffrohren* rechnet man mit einer Rauhigkeit von $\varepsilon = 0{,}007$ mm. Die Druckverluste sind nur geringfügig größer als bei Kupferrohren (Bild 2.4.3-10).

1.4.10 Anlagenkennlinien[2)]

Die Darstellung des gesamten Druckverlustes Δp nach 1.4.9 über dem veränderlichen Volumenstrom $\dot{V}$ (aus den jeweiligen Geschwindigkeiten w) nennt man die Anlagenkennlinie eines Rohrleitungs- oder Luftkanal-Systems. Der Betriebspunkt einer Anlage liegt

---

1) Weitere Diagramme s. Feurich: Rohrnetzberechnung. 1973.
DVGW-Arbeitsblatt W 302 (8. 81).

2) Erstbearbeitung erfolgte durch Dipl.-Ing. Gerhard Trenkowitz, Gorxheimertal, für 69. Auflage.

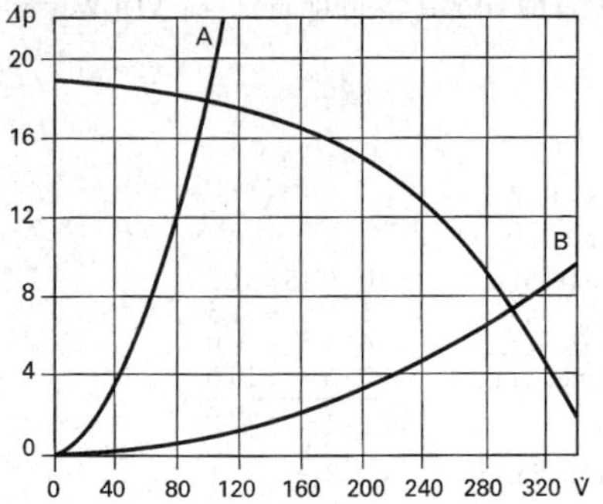

Bild 1.4.10-1. Kennlinien im Koordinatensystem mit linearer Teilung.

immer im Schnittpunkt der momentanen Anlagenkennlinie mit der Kennlinie der zugehörigen Pumpe, siehe Abschnitt 2.3.6-1 bzw. des zugehörigen Ventilators, siehe Abschnitt 3.3.1.

Die übliche Darstellung einer Pumpen- (Ventilator-) Kennlinie mit zwei verschiedenen Anlagenkennlinien A und B im linearen Koordinatensystem zeigt Bild 1.4.10-1. Die Anlagenkennlinien ergeben sich aus $\Delta p = S \cdot V^2$, sind also Parabeln mit der jeweiligen Systemkenngröße *S*. Bei wesentlichen Anteilen laminarer Strömung (Exponent 1, z.B. Luftfilter) wird der Exponent entsprechend kleiner als 2. Diese Kennliniendarstellung ist nicht sehr aussagefähig und in der Handhabung unpraktisch.

Geeigneter ist die in Bild 1.4.10-2 gezeigte Darstellung der gleichen Kennlinien in einem Koordinatensystem mit logarithmischer Teilung beider Achsen. An der Pumpen- (Ventilator-) Kennlinie erkennt man jetzt deutlich einen flachen und einen steilen Ast, etwa in der Mitte der Krümmung liegt der Punkt mit dem höchsten Wirkungsgrad. Bei den Anlagenkennlinien wird aus $\Delta p = S \cdot V^2$ die logarithmische Form $\log \Delta p = \log S + 2 \cdot \log V$, also eine gerade Linie mit dem Anstieg 2 zu 1 (auf 1 cm horizontal kommen 2 cm vertikal, bei laminarem Strömungsanteil entspr. weniger), $\log S$ ist die Systemkenngröße und bestimmt die Lage der Geraden im Koordinatennetz. Damit ist mit einem gegebenen Berechnungs- oder Meßwert die Anlagenkennlinie leicht zu zeichnen. Liegt ein weiterer Meßwert nicht auf dieser Linie, so ist mindestens einer von beiden falsch!

Auch Veränderungen lassen sich leicht darstellen, wie z.B. in Bild 1.4.10-2 mit den gestrichelten Linien eine Verdoppelung des Strömungswiderstandes in den beiden Anlagen. Hier zeigen sich deutlich die Unterschiede der gewählten Auslegung:

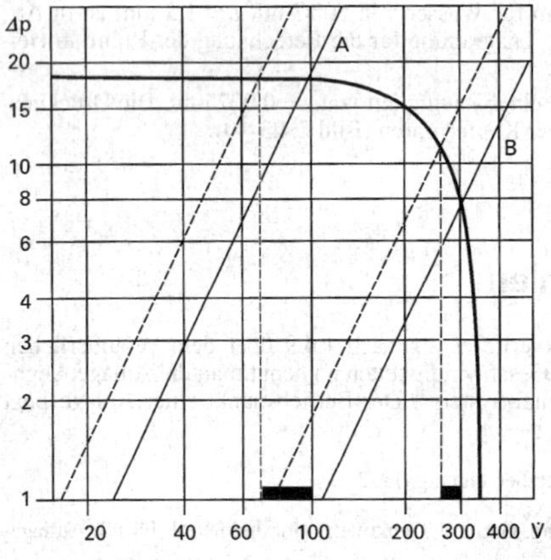

Bild 1.4.10-2. Kennlinien im Koordinatensystem mit doppelt-logarithmischer Teilung.

Auslegung B: Betriebspunkt im steilen Ast der Pumpen- (Ventilator-) Kennlinie. Die Widerstandsverdoppelung verringert den Volumenstrom im Beispiel von 300 auf 260 m^3/h um 13%. Der Betriebspunkt wandert in Richtung höheren Wirkungsgrades.

Auslegung A: Betriebspunkt im flachen Ast der Pumpen- (Ventilator-) Kennlinie. Die Widerstandsverdoppelung verringert den Volumenstrom im Beispiel von 100 auf 70 m^3/h um 30%. Der Betriebspunkt wandert in Richtung geringeren Wirkungsgrades.

Beide Auslegungsvarianten haben ihre Berechtigung. Auslegung nach A im flachen Ast ist notwendig, wenn z. B. bei einer Warmwasserheizung einzelne Heizkörper gedrosselt werden (Thermostatventile). Ein dadurch entstehender Druckanstieg vor den übrigen Heizkörpern würde deren Regelfähigkeit erheblich stören. Eine Auslegung nach B im steilen Ast ist erforderlich, wenn trotz Widerstandserhöhung (Drosselung, Filterverschmutzung) der Volumenstrom möglichst konstant bleiben soll, z. B. in den Kältemittelverdampfern von Wasserkühlanlagen.

1.5 Schalltechnische Grundlagen

Ergänzungen von Prof. Dr.-Ing. Karl-Josef Albers, Esslingen

1.5.1 Allgemeine Bezeichnungen[1)]

Mit *Schall* bezeichnet man mechanische Schwingungen der materiellen Teilchen in einem elastischen Medium um eine gewisse Mittellage im Frequenzbereich des menschlichen Hörens. Schwingungen in der Luft nennt man *Luftschall,* Schwingungen in festen Körpern *Körperschall.*

Der Effektivwert p der wahrnehmbaren Druckschwankungen reicht von $p = 2 \cdot 10^{-5}$ N/m² bis $2 \cdot 10$ N/m².

Das menschliche Ohr vermag nur Luftschall zu empfinden. Die untere Grenze der Empfindung (der tiefste Ton) liegt bei etwa 20, die obere Grenze bei etwa 20000 Schwingungen in der Sekunde (Hertz). Schwingungen, die darunter liegen, nennt man *Infraschall* (Erdbeben, Erschütterungen, Gebäudeschwingungen), der meist als nicht hörbar bezeichnet wird, aber bei höherer Intensität doch wahrnehmbar ist[2)], Schwingungen, die darüber liegen, *Ultraschall* (wichtig für viele physikalische, chemische und biologische Zwecke). Je größer die Zahl der Schwingungen in der Sekunde ist, als desto höher empfinden wir den Schall.

Schwingen die einzelnen Teilchen in Richtung der Fortpflanzung der Welle, spricht man von Longitudinalwellen (Verdichtungswellen), schwingen sie senkrecht dazu, nennt man die Wellen Transversal- und Biegewellen. In Luft und Flüssigkeiten sind nur Verdichtungswellen möglich.

Ist die Schwingung sinusförmig, nennt man den Schall einen *Ton* (Bild 1.5.1-1). Mehrere gleichzeitig hörbare Töne ergeben einen *Klang,* wenn die Schwingungszahlen der einzelnen Töne im Verhältnis ganzer Zahlen (harmonisch) zueinander stehen. Sind die Schwingungen der einzelnen Töne beliebig, entsteht ein *Geräusch.* Ein Geräusch, welches nach Stärke, Art oder Dauer geeignet, Personen zu stören, zu belästigen oder gesundheitlich zu schädigen wird als *Lärm* bezeichnet.

Ein *Knall* ist ein kurzzeitiger Schallstoß von meist großer Schallstärke.

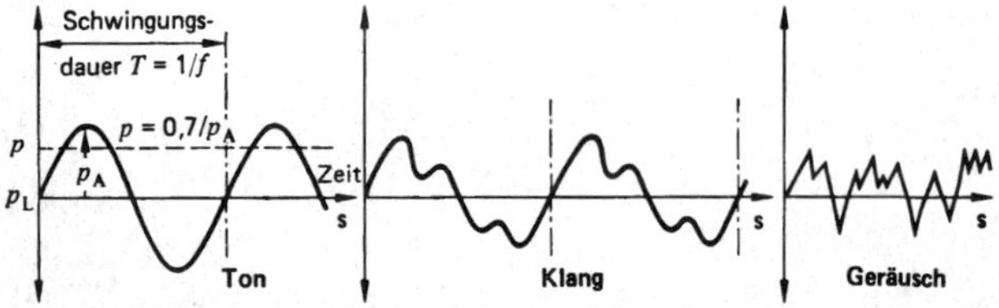

Bild 1.5.1-1. Schwingungen bei Tönen, Klängen und Geräuschen
p_L = atmosphärischer Druck p_A = Amplitude p = effektiver Druck = 0,71 p_A f = Frequenz.

[1)] DIN 1320 (06.97). Akustik, Begriffe.
DIN 45630 T1 (12.71) und T2 (09.67). Grundlagen der Schallmessung.
LTG-Information Nr. 20 (1972/73).
Kopp, H.: HLH 1972. S. 204/9 und 229/33.
VDI-Richtlinie 2081 (03.83 und E 01.00): Geräuscherzeugung und Lärmminderung in RLT-Anlagen.

[2)] Hönmann, W.: Ges.-Ing. 4/86. S. 209/212.

1.5.2 Schallfeldgrößen

Die *Schallgeschwindigkeit* c ist die Geschwindigkeit, mit der sich die Schwingung im Medium fortpflanzt:

$c = \lambda \cdot f$ in cm/s
λ = Wellenlänge (cm)
f = Zahl der Schwingungen, Frequenz in s^{-1}.

Die *Schallschnelle* u (zum Unterschied von der Schallgeschwindigkeit so genannt) ist die mittlere Geschwindigkeit des schwingenden Teilchens:

$u = a \cdot \omega$ in cm/s
a = Amplitude der Schwingung (cm)
$\omega = 2\,\pi f$ = Kreisfrequenz (s^{-1}).

Durch die abwechselnden Verdichtungen und Verdünnungen entsteht ein periodischer Wechseldruck. Unter dem *Schalldruck* p versteht man den quadratischen Mittelwert der Drücke in einer Periode (quadratisch deswegen, weil sonst die Summe = 0 wäre). Er ändert sich in einem Schallfeld meist von Ort zu Ort. Ein Schall ist desto lauter, je mehr die Luftteilchen aus der Mittellage schwingen, je größer also die Amplitude a der Schwingung und damit die Verdichtung oder Verdünnung der Luft ist. Der Schalldruck wird gemessen in N/m^2.

$1\ N/m^2 = 1\ Pa = 10\ \mu bar.$

Zwischen dem Schalldruck p und der Schallschnelle u besteht die Beziehung:

$p = u \cdot \varrho c$ (Ohmsches Gesetz der Akustik)
ϱ = Dichte des Mediums (kg/m^3).

$p/u = \varrho c$ heißt *Schallwiderstand* (kg/m^2s). Den geringsten Schallwiderstand von allen Stoffen hat Luft (Tafel 1.5.2-1).

Die *Schallintensität* $I = p \cdot u$ (W/m^2) ist die Schallenergie, die in der Sekunde durch eine Fläche von 1 m^2 strömt.

Für Luft von 20 °C ist

$$I = p \cdot u = \frac{p^2}{\varrho c} = \frac{p^2}{413}\ (W/m^2)$$

$$\approx \frac{p^2}{4}\ \mu W/cm^2.$$

Durch diese Gleichung läßt sich also I aus p bzw. p aus I berechnen. Ferner ist $I = u^2 \cdot \varrho c = 400\ u^2$ ($\mu W/cm^2$).

Die nicht direkt meßbare *Schalleistung* P ist die von einer Schallquelle insgesamt abgegebene Leistung. Sie wird bestimmt, indem der Schalldruck z. B. über eine kugelförmige Fläche S um die Schallquelle herum integriert wird. Für Luft ist

$$P = S \cdot I = S \cdot \frac{p^2}{\varrho c} \approx 400\ S \cdot u^2\ (\mu W).$$

Tafel 1.5.2-1 Schallwiderstände z verschiedener Stoffe

Stoff	ϱ kg/m³	c m/s	$z = \varrho \cdot c$ kg/(m² · s)
Stahl	7900	5000	$3950 \cdot 10^4$
Granit	2800	6400	$1800 \cdot 10^4$
Beton	2000	4000	$800 \cdot 10^4$
Ziegelstein	1500	4300	$650 \cdot 10^4$
Holz (quer zur Faser)	≈ 500	5000	$250 \cdot 10^4$
Wasser	1000	1450	$145 \cdot 10^4$
Kork	200	500	$10 \cdot 10^4$
Gummi	≈ 1000 ··· 2000	60 bis 150	6 bis $30 \cdot 10^4$
Luft	1,2	344	413

Tafel 1.5.2-2 Leistung verschiedener Schallquellen

Schallquelle	Mittlere Leistung μW (10^{-6} W)	Maximale Leistung W
Menschliche Stimme, Geige	10	0,001
Ventilator, 5000 m³/h, 500 Pa		0,01
Klavier	1 000	0,2
Posaune	4 000	6
Orchester mit 75 Instrumenten	40 000	70
Großlautsprecher		100
Düsenflugzeug	–	10 000
Raketentriebwerk	–	10 000 000

Tafel 1.5.2-3 Schallfeldgrößen bei verschiedenen Luft-Schalldrücken

Schalldruck *p* Pa	Schall-intensität *I* μW/cm²	Schall-schnelle *u* cm/s	Schallamplitude *a* 10^{-6} cm bei 1000 Hz	Schalldruck-pegel dB
0,1	0,0025	0,025	4	74
1	0,25	0,25	40	94
10	25	2,5	400	114
100	2500	25	4000	134

Gewöhnliche Unterhaltungssprache erzeugt in etwa 1 m Abstand vom Mund des Sprechenden Schalldrücke von ca. 0,002 Pa. Geringster wahrnehmbarer Druck $2 \cdot 10^{-5}$ Pa, Schmerzgrenze etwa 20 Pa. Leistungen einiger anderer Schallquellen siehe Tafel 1.5.2-2.

Die Größen der verschiedenen Schallfeldeinheiten bei verschiedenen Schalldrücken siehe Tafel 1.5.2-3.

Die *Schalldichte E* (10^{-7} J/cm³) ist die in der Raumeinheit enthaltene Schallenergie. Bei ebenen Wellen ist $E = I/c$. In geschlossenen Räumen wird nach der Nachhalltheorie durch eine Schallquelle von der Leistung P eine Schalldichte $E = 4\,P/Ac$ erzeugt (A = Absorption der Wände in m², siehe Abschnitt 3.3.6).

1.5.3 Tonspektrum und Klangfarbe

Jedes Geräusch läßt sich nach dem Fourierschen Prinzip in einfache sinusförmige Schwingungen zerlegen. Man erhält ein Tonspektrum, wenn man über der Frequenzskala die Intensität der Einzelschwingungen aufträgt. Die tiefste Schwingung ist der *Grundton*, die höheren Schwingungen heißen *Obertöne*. Töne gleicher Tonhöhe, aber verschiedener Charakteristik unterscheiden sich durch die Obertöne. Man sagt, sie haben verschiedene *Klangfarbe* (Bild 1.5.3-1).

Bei der menschlichen Stimme werden der Grundton durch die Stimmbänder im Kehlkopf, die Obertöne und damit die charakteristische Klangfarbe der verschiedenen Laute durch Stellung und Form der Lippen und der Mundhöhle erzeugt. Die Hauptobertöne liegen z.B.

für den Vokal a bei etwa	3000 Hz
für den Vokal u bei etwa	500 Hz
für den Vokal i bei etwa 500 und	3000 Hz.

Zischlaute enthalten hohe Frequenzen. *Geräusche* enthalten meist kontinuierliche Spektren mit mehr oder weniger ausgeprägten Spitzen bei bestimmten Frequenzen. Ist der Schalldruckpegel über alle Frequenzen konstant, spricht man von *„weißem Geräusch"*. Die Kenntnis der Spektren von Geräuschen ist sehr wichtig bei Geräuschbekämpfung, da das Ohr die Geräusche auch auf Grund der Frequenz beurteilt.

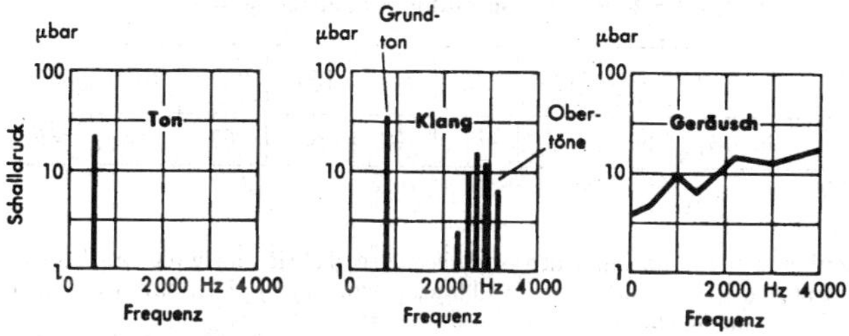

Bild 1.5.3-1. Tonspektren verschiedener Schalle.

Der technisch wichtige Bereich liegt zwischen 50 und 10000 Hz. Er wird unterteilt in *Oktaven* (Frequenzverhältnis 2 : 1) oder *Terze* (= $^1/_3$ Oktave). Die Mittelfrequenzen der in der Raumlufttechnik benutzten 8 Oktavbänder sind in Tafel 1.5.4-2 angegeben.

1.5.4 Geräuschbewertung

-1 Dezibel-Maßstab

Das schwächste Geräusch, das ein gesundes menschliches Ohr noch wahrnehmen kann, beträgt ca. 20 μPa, die *Schmerzgrenze* liegt bei etwa 20 Pa. Um den Umgang mit unhandlichen Zahlen im Bereich von 7 Zehnerpotenzen zu vermeiden, gibt man den Schalldruck p im logarithmischen Verhältnis zu einem Bezugsdruck $p_0 = 20\ \mu$Pa *(Hörschwelle)* an:

$$\textit{Schallpegel}\ L = 10 \lg \left(\frac{p}{p_0}\right)^2 = 20 \lg \frac{p}{p_0} \text{ in dB}$$

Der Schalldruckpegel ist eine dimensionslose *physikalische* Größe. Maßeinheit Dezibel benannt nach Graham Bell (1847–1922).

Die Skala des Dezibel-Pegels erstreckt sich demnach von der Hörschwelle $L_p = 0$ bis zu der

$$\text{Schmerzgrenze } L = 20 \lg \frac{20}{20 \cdot 10^{-6}} = 120 \text{ dB.}$$

Auch für *Schallintensität I und Schalleistung P* wird der Dezibel-Maßstab verwendet:

$$L_i = 10 \lg \frac{I}{I_0} \text{ in dB}$$

$$L_W = 10 \lg \frac{P}{P_0} \text{ in dB}$$

Der Bezugswert I_0 ist dabei 10^{-12} W/m², der Bezugswert $P_0 = S_0 \dfrac{p_0^2}{\varrho c} = 10^{-12}$ W (in USA häufig auch 10^{-13} W). Fläche $S_0 = 1$ m².

Durch Umrechnung aus den Gleichungen in 152 wird dabei der *Schalleistungspegel*

$$L_W = 10 \lg \frac{p^2}{p_0^2} \cdot \frac{S}{S_0} = 10 \lg \left(\frac{p}{p_0}\right)^2 + 10 \lg \frac{S}{S_0} = L_p + 10 \lg \frac{S}{S_0}$$

Bei $S = S_0$ ist $P_W = P_p$.

Der Schalleistungspegel ist für eine gegebene Schallquelle kennzeichnend, da er nicht wie der Druckpegel von anderen Faktoren wie Kanalfläche, Absorption usw. abhängig ist. Er ist zahlenmäßig gleich dem Schalldruckpegel, wenn sich der Druckpegel auf die Fläche von $S = 1$ m² bezieht.

Tafel 1.5.4-1 Aus Bild 1.5.4-1 abgelesene Oktav-Schalldruckpegel

Oktavfrequenz	in [HZ]	63	125	250	500	1000	2000	4000	8000
L_{pOkt}	in [dB]	69	74	73	70	68	63	58	46

Bei der Addition mehrerer Schallquellen ist zu beachten, daß sich nicht die Drücke, sondern die Intensitäten $I_1, I_2, \ldots$ oder die Schalldruckquadrate $p_1^2, p_2^2, \ldots$ bzw. die Schallleistungen $P_1, P_2 \ldots$ addieren.

Addieren sich n unterschiedliche Einzelpegel $L_1, L_2, \ldots$ so ist der resultierende Gesamtpegel L_{ges}

$$L_{ges} = 10 \cdot \lg \left(10^{0,1 \cdot L_1} + 10^{0,1 \cdot L_2} + \ldots + 10^{0,1 \cdot L_n}\right)$$

Für den Sonderfall, daß alle Einzelpegel gleich sind, also $L_1 = L_2 = \ldots = L_n = L$, vereinfacht sich die Gleichung zu

$$L_{ges} = 10 \cdot \lg \left(n \cdot 10^{0,1 \cdot L}\right) = L + 10 \cdot \lg n$$

Die Pegeladdition wird auch dazu verwendet, um aus einem Oktav- oder Terzspektrum den Gesamtpegel zu berechnen. In Bild 1.5.4-1 ist das gemessene Oktavspektrum eines Geräusches dargestellt. In Tafel 1.5.4-1 sind die aus dem Diagramm abgelesenen Oktav-Schalldruckpegel zusammengestellt. Mit Hilfe der Pegeladdition berechnet sich der Gesamtpegel des Geräusches zu L_{ges} = 79 dB.

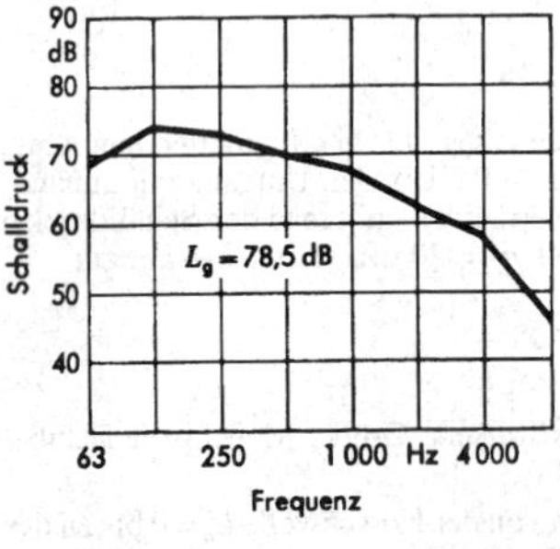

Bild 1.5.4-1.
Meßwert-Diagramm einer Schallquelle.

-2 Frequenzspektren

Die meisten Geräusche setzen sich aus Geräuschanteilen verschiedener Frequenzen zusammen. Daher reicht es für akustische Untersuchungen und Berechnungen nicht aus, nur einen Gesamtpegel zu betrachten. In der Raumlufttechnik ist vor allem der Frequenzbereich zwischen 44 Hz und 11360 Hz von Interesse, der in Bänder mit der Breite von Oktaven unterteilt ist. In Tafel 1.5.4-2 sind die Oktaven, die nach den Mittelfrequenzen f_m benannt werden, zusammen mit ihrer unteren (f_u) und oberen (f_o) Frequenzgrenze angegeben. Weiterhin sind auch die Terzbänder mit ihren Frequenzgrenzen angegeben. Denn für genauere Untersuchungen, die in der Regel in der Bauakustik gefordert werden, ist die Unterteilung des o.a. Frequenzbereiches in 8 Oktavbänder zu grob. Hier wird mit den Terzbändern gearbeitet.[1]).

[1]) Möser, M.; Akustische Meßtechnik; Kapitel 2 in: Heckl, M.; Müller, H.A.; Taschenbuch der Technischen Akustik; 2. Auflage, Berlin, Springer-Verlag 1994.

Tafel 1.5.4-2 Mittenfrequenzen, Bandgrenzen und Bandbreiten der Oktav- und Terzbänder in [Hz]

Oktavbänder			Oktavbreite	Terzbänder			Terzbandbreite
f_m	f_u	f_o	Δf_{Okt}	f_m	f_u	f_o	Δf_{Terz}
				50	45	56	11
63	45	89	45	63	56	70	14
				80	72	90	18
				100	90	112	22
125	88	177	88	125	112	140	28
				160	140	180	40
				200	180	224	44
250	177	354	177	250	224	280	56
				315	280	355	75
				400	355	450	95
500	354	707	354	500	450	560	110
				630	560	710	150
				800	710	900	190
1000	707	1414	707	1000	900	1120	220
				1250	1120	1400	280
				1600	1400	1800	400
2000	1414	2828	1414	2000	1800	2240	440
				2500	2240	2800	560
				3150	2800	3330	750
4000	2828	5657	2828	4000	3550	4500	950
				5000	4500	5600	1100
				6300	5600	7100	1500
8000	5657	11314	5657	8000	7100	9000	1900
				10000	9000	11200	2200

-3 Lautstärke

Das menschliche Ohr ist nicht für alle Frequenzen gleichermaßen empfindlich. Die *subjektiv empfundene Lautstärke* steht in keinem gesetzmäßigen Verhältnis zu dem physikalisch meßbaren Schalldruck oder der Schallstärke. Um nun ein Maß für die Lautstärke zu erhalten, ist man folgendermaßen vorgegangen:

Man definiert zunächst für Töne von 1000 Hz die *Einheit der Lautstärke L*, das *phon*, wie folgt:

$$L = 10 \lg \frac{I}{I_0} \text{ (phon)}$$

oder, da $I = p^2/420$

$$L = 20 \lg p/p_0.$$

Die Lautstärke eines 1000-Hz-Tones ist also zahlenmäßig gleich groß wie der Schallpegel in dB.

Um nun für Töne anderer Frequenz ebenfalls die Lautstärke anzugeben, hat man Töne von 1000 Hz bei verschiedener Lautstärke mit Tönen anderer Frequenz subjektiv verglichen und festgestellt, auf welchen Schalldruck der *Normalschall* von 1000 Hz eingeregelt werden muß, damit er, von einer größeren Anzahl von Beobachtern abgehört, im Mittel ebenso laut erscheint wie der zu messende Ton. Dabei hat man die in Bild 1.5.4-2 dargestellten *Kurven gleicher Lautstärke* erhalten, die zuerst von Fletscher und Munson 1933 aufgestellt und später von anderen Seiten verbessert wurden (Robinson und Dadson).

Ein Sinuston hat demnach die Lautstärke L phon, wenn er sich genauso laut anhört wie ein Ton von 1000 Hz und dem Schalldruckpegel L, wobei $L = 10 \lg I/I_0$ ist. Man sieht aus diesem Bild, daß bei Tönen niederer Frequenz ein erheblich größerer Schalldruckpegel erforderlich ist, um dieselbe Lautstärke zu erzielen. Beispielsweise ist bei 125 Hz und 30 phon

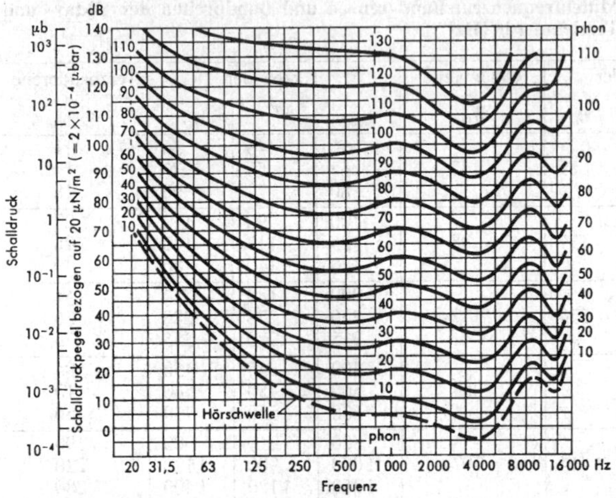

Bild 1.5.4-2. Kurven gleicher Lautstärke nach DIN 45630 T2 (09.67).

der Schalldruckpegel 39 dB. Die Kurven beschreiben die frequenzabhängige Empfindlichkeit des Ohres für Einzeltöne, sind jedoch zur Beurteilung von Breitbandgeräuschen, mit denen man es meist zu tun hat, nur bedingt geeignet.

-4 Bewerteter Schallpegel

Um bei der Messung von Geräuschen mit einem einzigen Zahlenwert auszukommen und objektiv vergleichbare Werte zu erhalten, hat man in die Schalldruckmeßgeräte Filter eingebaut, die die Schalldrücke in den verschiedenen Frequenzbereichen unterschiedlich be-

Tafel 1.5.4-3 Schalldruckpegel verschiedener Geräusche

Schalldruck-pegel L_p dB(A)	Geräusch
0	Beginn der Hörempfindung, nur im Laboratorium meßbar
10	Gerade hörbarer Schall
15··· 20	Leises Blätterrauschen, auf freiem Felde nachts, Kirche
25··· 30	Flüstern, Lesesaal
30··· 40	Ruhige Wohngegend
40··· 50	Leise Unterhaltung, ruhiges Büro
50··· 60	Normale Unterhaltung, Schreibmaschine (geräuscharm)
55··· 65	Staubsauger
60··· 65	Warenhaus, lautes Büro
65··· 70	Telefonklingel in 1 m Abstand, Hundegebell, Schreibmaschine
55··· 75	Eisenbahnabteil
70··· 80	Starker Straßenverkehr
75··· 85	Untergrundbahn, im Wagen
80··· 85	Rufen, Schreien
80··· 90	Lastauto, vorbeifahrend; Werkstatt mit Drehbänken; Druckerei
90···100	Baumwollweberei; Eilzug, vorbeifahrend; Turbogenerator
100···110	Kesselschmiede, lauter Donner
110···120	Flugzeug, Propeller in 3 m Abstand
120···130	Schmerzhaftes Geräusch
130···150	Düsenflugzeug

werten, siehe Abschn. 1.6.10-4. Es wird gewissermaßen die Empfindlichkeit des menschlichen Ohres simuliert. Die damit gemessene Größe ist ein sog. *A-bewerteter Schalldruckpegel* L_{pA}, der in dB(A) angegeben wird und im ganzen Schallpegelbereich gültig ist. Die in Deutschland früher übliche und 1968 zurückgezogene DIN-*Lautstärke* (Einheit DIN-phon) ist unterhalb 60 DIN-phon mit dem Schallpegel in dB(A) identisch. Ferner ist auch eine A-Bewertung des Schalleistungspegels (A-Schalleistungspegel) L_{WA} möglich. A-bewertete Schalldruckpegel verschiedener Geräusche sind in Tafel 1.5.4-3 aufgeführt.

-5 Grenzkurven

Bei breitbandigen Geräuschen mit hervorragenden Einzeltönen, wie sie z.B. bei Ventilatoren auftreten, erhält man ein falsches Bild, wenn man nur die Schallpegel in dB(A) angibt. Liegt z.B. ein Geräusch vor, das sich nur über ein einziges Oktavband erstreckt, dann ist der dB(A)-Meßwert dieses Geräusches um 9 dB geringer als der eines breitbandigen Geräusches, das in allen 8 Oktavbereichen die gleiche Lautstärke besitzt. Denn 8 Schallquellen gleicher Stärke ergeben einen Gesamtpegel, der um 10 log 8 = 9 dB höher liegt. In Wirklichkeit wird das Einzelgeräusch physiologisch jedoch lästiger empfunden als das „weiße" Geräusch.

Um diese Schwierigkeiten zu vermeiden, hat man *Kurven gleicher Lästigkeit* aufgestellt, bei denen die Frequenzzusammensetzung des Geräusches berücksichtigt wird, siehe Bild 1.5.4-3, das aufgrund einer ISO-Empfehlung die sogenannten *NR-Kurven* enthält (Noise rating). Wenn die einzelnen in den Oktaven gemessenen Schalldruckpegel alle dem Verlauf einer dieser Grenzkurven folgen, liegt der bewertete Schalldruckpegel L_{pA} eines derartigen Geräusches um 7 bis 10 dB über dem Wert der Grenzkurve.

Bei den in Lüftungsanlagen vorkommenden Geräuschen ist die Differenz im Mittel nur etwa 5 dB(A), weil das Spektrum dieser Geräusche nicht in allen Oktaven ein und dieselbe Grenzkurve erreicht.

Außer der NR-Grenzkurve gibt es auch noch einige andere Kurven, z.B. die NC-Kurve. Man kann auch bei akustischen Berechnungen von raumlufttechnischen Anlagen, wenn ein bestimmter A-Schallpegel vorgegeben ist, die zu Bild 1.6.10-3 *inverse* (umgekehrte) A-Kurve wie eine Grenzkurve verwenden. Für Rundfunkstudios gelten Grenzkurven[1], die

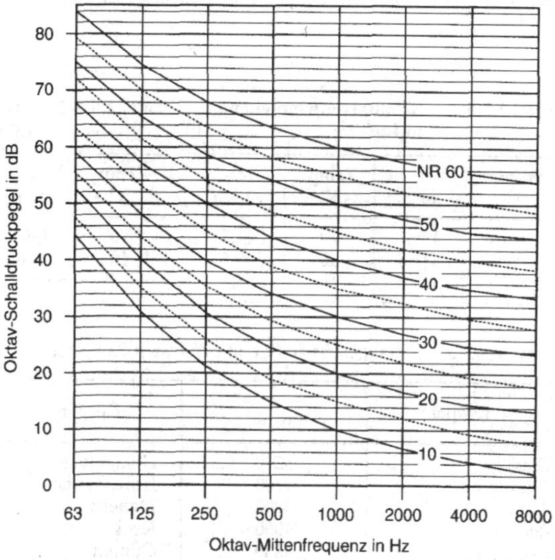

Bild 1.5.4-3. NR-Grenzkurve nach VDI-Richtlinie 2081 (07.01).

[1]) DIN 15996 (04.96): Elektronische Laufbild- und Tonbearbeitung in Film-, Video- und Rundfunkbetrieben – Anforderungen an den Arbeitsplatz.

im tief- und mittelfrequenten Bereich identisch mit den NR-Kurven sind, im hochfrequenten Bereich aber einen konstanten Wert besitzen.

Bei breitbandigen Geräuschen, d.h. Geräuschen ohne hervortretende Einzeltöne, genügt im allgemeinen die „A-Bewertung".

Wenn in einem Raum jedoch Geräusche mit deutlich hörbaren Einzeltönen auftreten, ist eine Messung der Schallpegel in den einzelnen Oktaven vorzunehmen, um festzustellen, wo die Grenzkurve erreicht wird. Meßgeräte siehe Abschn. 1.6.10.

1.5.5 Schallausbreitung[1)]

In *Gasen* ist die Fortpflanzungsgeschwindigkeit des Schalles

$$c = \sqrt{\frac{\varkappa\, p}{\varrho}} \quad \text{(m/s)}$$

p = Druck der Luft (N/m²)
ϱ = Dichte der Luft (kg/m³)
$\varkappa = c_p / c_0$ = Verhältnis der spez. Wärmen.

Für Luft ist $c = 331\sqrt{1 + 0{,}004\ t}$ oder genauer $c = 20{,}1\sqrt{T}$. Die Geschwindigkeit des Schalles ist abhängig von der Temperatur, nicht jedoch vom Druck.

Bei *Flüssigkeiten* ist

$$c = \sqrt{\frac{1}{K \cdot \varrho}} \qquad K = \text{Kompressibilität} = \frac{\Delta V}{V \cdot p} \text{ in m}^3\text{/N.}$$

Bei *festen Körpern* ist

$$c = \sqrt{\frac{E}{\varrho}} \qquad E = \text{Elastizitätsmodul (N/m}^2\text{).}$$

An sich ist der in festen Körpern sich fortpflanzende Schall nicht hörbar, da das menschliche Ohr nur für Luftschall empfindlich ist. Der Körperschall kann jedoch durch Schwingungen an der Oberfläche aus den Körpern heraustreten und an die Luft übertragen werden, so daß er hörbar wird. Zahlenwerte für die Schallgeschwindigkeit Tafel 1.5.5-1 bis Tafel 1.5.5-3.

Tafel 1.5.5-1 Schallgeschwindigkeit *c* in Luft

Temp. °C	c m/s	Temp. °C	c m/s
–10	325,6	20	343,8
0	331,8	30	349,5
10	337,8	40	355,3

Tafel 1.5.5-2 Schallgeschwindigkeit *c* in Wasser (dest.)

Temp. °C	c m/s	Temp. °C	c m/s
0	1407	20	1484
10	1449	30	1510

Tafel 1.5.5-3 Schallgeschwindigkeit *c* in festen Körpern

Körper	c m/s	Körper	c m/s
Glas	5200	Holz, Fichte	3300
Aluminium	5100	Holz, Tanne	4200
Stahl	5000	Mauerwerk	3500
Beton	4000	Kork	500
Holz, Eiche	3850	Gummi	50

1) Grebig, K.: HLH 1971. S. 143/6.

Ist die *Schallquelle punktförmig,* so bildet sich um sie ein kugelförmiges Schallfeld. Gemäß der Gleichung in Abschnitt 1.5.4-1 ist der Schalldruck in der Entfernung r bestimmt durch

$$L_p - L_w = 10 \lg \frac{S_0}{4\,\pi\,r^2} \text{ mit } S_0 = 1\text{ m}^2$$

$$L_p = L_w - 20 \lg r - 11$$

Der Schalldruck verringert sich also bei Verdoppelung der Entfernung jeweils um 6 dB im akustisch freien Feld (Bild 3.3.6-27). (20 lg 2 = 6). In der Praxis vermindert sich dieser Wert infolge Reflexionen jedoch. In Hallräumen bleibt der Schallpegel sogar konstant.

Bei nicht punktförmigen Schallquellen gilt dieses Gesetz erst in einem Abstand von einigen Durchmessern der Schallquelle, z.B. bei Ventilatoren[1].

In der Praxis wird oft der Schall bevorzugt in einer Richtung ausgestrahlt, was durch einen *Richtungsfaktor Q* berücksichtigt wird:

$$L_p - L_W = 10 \lg \frac{Q}{4\,\pi\,r^2}$$

Q ist das Verhältnis der Schallintensität in einer Richtung zur Schallintensität des Kugelstrahlers gleicher Leistung (Q = 1…8). Siehe auch Bild 3.3.6-28.

Raumwinkel =	4π	2π	π	$\pi/2$
Q =	1	2	4	8

In *geschlossenen Räumen,* in denen der Schall von den Wänden teils absorbiert, teils reflektiert wird, ist die Schallpegelabnahme geringer. Siehe hierzu Abschnitt 3.3.6-3.

Auch der Standort des Mikrophons ist bei der Feststellung der Schallpegel in geschlossenen Räumen von Einfluß. In Räumen mit stark reflektierenden Wänden können durch die vielfache Reflexion an den Wänden *stehende Wellen* entstehen.

1.5.6 Luftschalldämmung

-1 Definition[2]

Trifft auf eine Wand Schallenergie, so wird ein Teil durch Reflexion oder Biegeschwingungen (Wand schwingt wie eine Membran) zurückgeworfen, ein zweiter Teil wird in der Wand absorbiert oder fortgeleitet, ein dritter Teil wird durch die Poren der Wand hindurchgelassen oder durch Biegeschwingungen der Rückseite der Wand abgestrahlt (Bild 1.5.6-1). Bei festen Wänden erfolgt die Schallübertragung zum größten Teil durch die Biegeschwingungen der Wand.

Herrscht auf der einen Seite einer Wand oder Decke der Schallpegel L_1, auf der anderen Seite L_2, so ist (Dämmung)

$$D = L_1 - L_2 \text{ (dB)}$$

die *Schallpegeldifferenz.*

Diese hängt nicht nur von dem nachstehend erwähnten Schalldämm-Maß der Wandkonstruktion, sondern auch von der Größe der Fläche und dem Schallschluckvermögen der Wände des Empfangsraums ab.

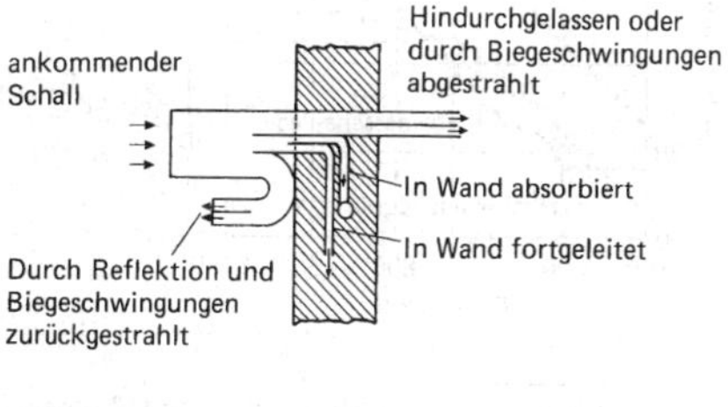

Bild 1.5.6-1. Durchgang der Schallenergie durch eine Wand.

[1]) Für genauere Rechnungen siehe VDI 2714 (01.88).
[2]) DIN 4109 (11.89), Schallschutz im Hochbau.
Gösele, K.: Ges.-Ing. 1967. S. 95/98.

-2 Schalldämm-Maß

Das Schalldämm-Maß ist kennzeichnend für die Wandkonstruktion.

Es wird bei einer Wand oder Decke durch Messung für die verschiedenen Frequenzen aus folgender Gleichung bestimmt:

$$R = L_1 - L_2 + 10 \cdot \lg \frac{S_2}{A_2} \quad \text{mit } A_2 = 0{,}163 \cdot \frac{V}{T}.$$

R = Schalldämm-Maß in [dB]

L_1 = Schalldruckpegel im Senderaum in [dB]

L_2 = Schalldruckpegel im Empfangsraum in [dB]

S_2 = Fläche des Prüflings (z. B.: eine Wand) auf der Empfängerseite in [m^2]

A_2 = äquivalente Absorptionsfläche im Empfangsraum [m^2 Sabine]

V = Raumvolumen in [m^3]

T = Nachhallzeit in [s]

Zahlenwerte in VDI 2571, VDI 2719[1)] und DIN 4109.

-3 Bewertetes Schalldämm-Maß

Die Schalldämmung eines Bauteils ist abhängig von der Frequenz der auftreffenden Schallwellen. Um die Schalldämmung analog zur A-Bewertung von Geräuschen durch einen Einzahl-Wert zu charakterisieren, hat man eine Bezugskurve eingeführt (DIN EN ISO 717[2)]), die in Bild 1.5.6-2 dargestellt ist. Diese entspricht ungefähr dem theoretischen Verlauf des Schalldämm-Maßes einer 25 cm dicken Vollziegelwand. Der mit Hilfe der Bezugskurve ermittelte Einzahl-Wert wird als bewertetes Schalldämm-Maß R_W bezeichnet. Die Vorgehensweise zur Bestimmung des bewerteten Schalldämm-Maßes R_W ist die folgende:

In das Diagramm mit der Bezugskurve wird der gemessene Verlauf des Schalldämm-Maßes eines Prüflings eingetragen (siehe Bild 1.5.6-2). Die Messung erfolgt in der Regel für die Terzen im Bereich zwischen 100 Hz und 3150 Hz (16 Terzen) Bei gröberen Untersuchungen werden nur die 5 Oktav-Bänder im Bereich zwischen 125 und 2000 Hz gemessen. Anschließend wird die Bezugskurve soweit nach oben oder unten parallel verschoben, bis die Summe der Unterschreitungen der Meßpunkte durch die verschobene Bezugskurve ($R_{\text{Meßwert}} - R_{\text{veschobene Bezugskurve}} < 0$) möglichst groß ist, aber höchstens 32 dB (bei Meßwerten in den 16 Terzen) bzw. höchstens 10 dB (bei Meßwerten in den 5 Oktaven) beträgt. Überschreitungen der Meßpunkte durch die verschobene Bezugskurve ($R_{\text{Meßwert}} - R_{\text{veschobene Bezugskurve}} > 0$) bleiben unberücksichtigt. Der Wert der verschobenen Bezugskurve bei $f = 500$ Hz ist das Schalldämm-Maßes R_W.

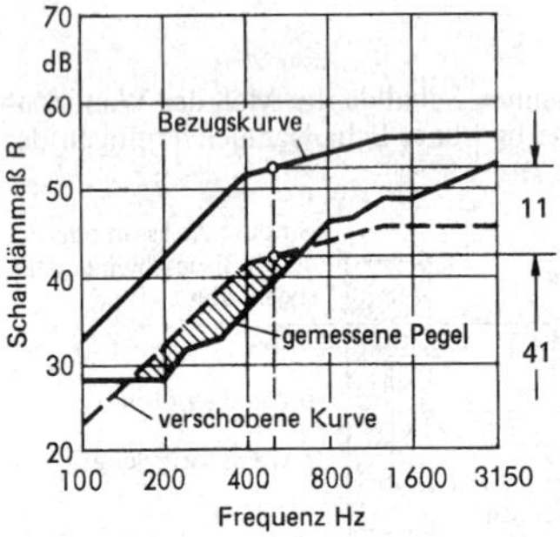

Bild 1.5.6-2. Prüfung einer Wand; Bewertetes Schalldämm-Maß $R_w = 41$ dB. Bezugskurve nach DIN EN ISO 717 T1 (01.97); dafür Einzahl-Wert bei 500 Hz: 52 dB.

---

1) VDI 2571 (08.76): Schallabstrahlung von Industriebauten.
VDI 2719 (08.87): Schalldämmung von Fenstern und deren Zusatzeinrichtungen.

2) DIN EN ISO 717-1 (01.97): Bewertung der Schalldämmung in Gebäuden und von Bauteilen – Luftschalldämmung.

Bei diesem bewerteten Schalldämm-Maß werden keine Schallübertragungen über flankierende Bauteile berücksichtigt. Werden diese berücksichtigt, erhält man das resultierende Schalldämm-Maßes R'_W (Bauschalldämm-Maß). Die Anforderungen an Prüfstände ohne bauähnliche Flankenübertragung (Messung von R) und solche mit bauähnlicher Flankenübertragung (Messung von R') sind in DIN EN ISO 140-1[1)] beschrieben. Ein Rechenverfahren zur Ermittlung des resultierenden Schalldämm-Maßes $R'_{W,R}$ ist im Beiblatt 1 zu DIN 4109[2)] aufgeführt. Mindestanforderungen an das resultierende Schalldämm-Maßes $R'_{W,R}$ von Bauteilen sind in der DIN 4109[3)] aufgelistet.

-4 Einschalige Wände und Decken

bestehen aus einheitlichem Material, z.B. Beton, Ziegel usw. Sie dämmen um so besser, je schwerer sie sind. Gemessene Werte für mittlere Schalldämmung siehe Tafel 1.5.6-1.

Näherungsweise gilt für das Schalldämm-Maß R:

$$R = 20 \cdot \lg f + 20 \cdot \lg m'' - 47$$

f = Frequenz in [Hz]

m'' = flächenbezogene Masse des Bauteils in [kg/m^2]

Diese Gleichung sollte in der Praxis weniger dazu verwendet werden, das Schalldämm-Maß einer einschaligen Wand zu berechnen sondern um Maßnahmen zur Verbesserung des Schalldämm-Maßes zu bewerten. Verdoppelt man die flächenbezogene Masse des Bauteils, ergibt sich aus der obigen Gleichung, daß durch diese Maßnahme das Schalldämm-Maß für jede Frequenz um 6 dB (20 · lg 2) verbessert wird. Muß das Schalldämm-Maß um größere Beträge verbessert werden, ist also eine sehr große flächenbezogene Masse erforderlich. Damit stößt man sehr schnell an die Grenzen der Baustatik. Um starke Verbesserungen des Schalldämm-Maßes zu erreichen, sind daher Vorsatzschalen oder mehrschalige Bauteile erforderlich.

Tafel 1.5.6-1 Mittlere Luftschalldämmung einschaliger Wände, beiderseits verputzt

Wand	Masse kg/m²	Dämmung dB	Wand	Masse kg/m²	Dämmung dB
6 cm Bimsbeton	110	35	11,5 cm Vollziegel	270	47
10 cm Gipsplatten	105	36	12 cm Schwerbeton	330	50
10 cm Porenbeton	150	41	24 cm Lochziegel	350	51
11,5 cm Lochziegel	200	44	24 cm Vollziegel	460	53
20 cm Porenbeton	220	45	24 cm Kalksandstein	510	54

Tafel 1.5.6-2 Mittlere Luftschalldämmung von zweischaligen Wänden

Wand	Dicke cm	Masse einschl. beiderseits 1,5 cm Zementputz kg/m²	Luftspalt cm	Gesamtdicke cm	Mittl. Schalldämmg. dB
Vollziegel	2×6,5	280	1,5	17,5	56
Schwemmsteine	2×9,5	250	1,8	23,8	56
Schwemmsteine	2×6,5	280	2,1	18,1	55
Bimszementdielen	2×5	150	3,0	16	53
Gipsdielen	2×5	130	3,7	16,7	53
Leichtbauplatten	2×5	90	4,5	17,5	52

[1)] DIN EN ISO 140-1 (03.98): Messung der Schalldämmung in Gebäuden und von Bauteilen – Anforderungen an Prüfstände mit unterdrückter Flankenübertragung.

[2)] Beiblatt 1 zu DIN 4109 (11.89): Schallschutz im Hochbau – Ausführungsbeispiele und Rechenverfahren.

[3)] DIN 4109 (11.89): Schallschutz im Hochbau – Anforderungen und Nachweise.

-5 Mehrschalige Wände und Decken

Diese bestehen aus zwei oder mehreren Schalen, die nicht in starrer Verbindung miteinander stehen. Um Hohlraumresonanzen zu bedämpfen, ist der Zwischenraum lose mit einer porösen Dämmschicht ausgefüllt. Bei richtiger Ausführungen ergeben sich gegenüber einschaligen Konstruktionen höhere Schalldämm-Maße bei geringeren Gewicht.

Die Berechnung des Schalldämm-Maßes eines zweischaligen Bauteils ist sehr komplex. Für den theoretischen Fall, daß der Schall nur senkrecht auf die Wand auftrifft, gilt näherungsweise:

$R = 60 \cdot \lg f + 40 \cdot \lg m'' + 20 \cdot \lg d - K$

f = Frequenz in [Hz]

m'' = flächenbezogene Masse des Bauteils in [kg/m^2]

d = Abstand der zwei Wandschalen in [m]

K = Konstante

Da der Schalleinfall auf das Bauteil in der Praxis nicht senkrecht sondern vielmehr diffus ist, kann diese Gleichung nicht zur Berechnung des Schalldämm-Maßes eines zweischaligen Bauteils herangezogen werden. Jedoch kann sie dazu verwendet werden, um Maßnahmen zur Verbesserung des Schalldämm-Maßes zu bewerten. Während bei einem einschaligen Bauteil die Verdoppelung der flächenbezogenen Masse zu einer Erhöhung des Schalldämm-Maßes um 6 dB führt (siehe vorherigen Abschnitt), beträgt hier die Erhöhung des Schalldämm-Maßes 12 dB (40 · lg 2).

Bei der zweischaligen Wand sind verschiedene Ausführungen möglich. Beispielsweise kann vor eine Massivwand eine weiche Schale (z.B. eine Leichtbauplatte mit möglichst wenig Verbindungspunkten zur Massivwand) gesetzt werden (Bild 1.5.6-3, oder es können zwei gleich schwere Schalen in einem definierten Abstand zu einander aufgestellt werden (Bild 1.5.6-4).

Auch bei zweischaligen Decken sind viele Ausführungen möglich. In Bild 1.5.6-5 ist unter der Tragdecke eine Unterdecke mit nur geringen Berührungsflächen montiert. Bild 1.5.6-6 zeigt eine Decke mit einem sog. schwimmenden Estrich. Zwischen der massiven Decke und dem Estrich befindet sich eine Dämmschicht. Die Kombination der Konstruktionen in Bild 1.5.6-5 und Bild 1.5.6-6 ergibt eine dreischalige Decke, mit der bei einer richtigen Ausführung besonders hohe Schalldämm-Maße erreicht werden.

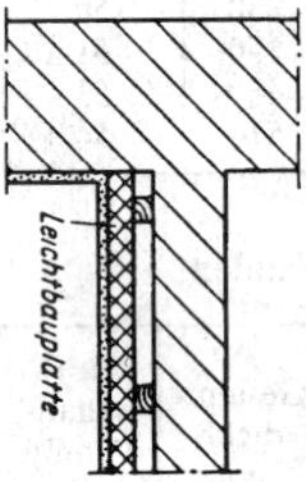

Bild 1.5.6-3. Wand mit vorgesetzter Leichtbauplatte.

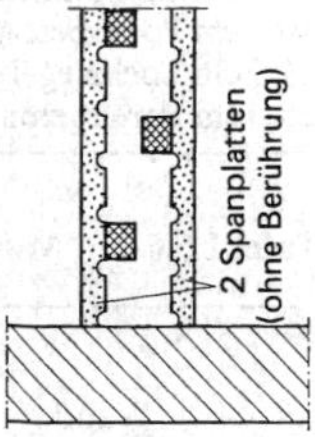

Bild 1.5.6-4. Wand mit zwei gleichen Schalen.

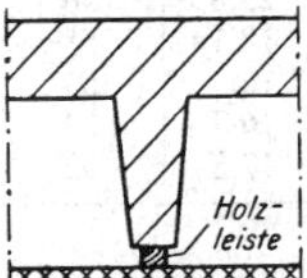

Bild 1.5.6-5. Decke mit untergehängter Schale.

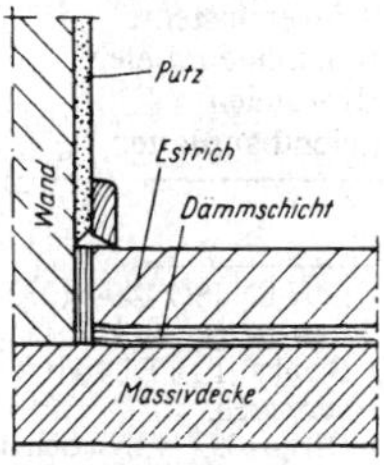

Bild 1.5.6-6. Decke mit schwimmendem Estrich.

-6 Fenster und Türen

Die Schalldämmung von Fenstern und Türen hängt außer von der Dicke des Materials außerordentlich stark von der mehr oder weniger guten Ausführung der Dichtung an den Auflageflächen ab. Gemessene Werte daher außerordentlich streuend (Tafel 1.5.6-3).

In verkehrsreichen Straßen mit einem Pegel von z. B. 75 dB sind Schallschutzfenster unerläßlich. Schallpegel im Raum dabei 75 – 35 = 40 dB.

Tafel 1.5.6-3 Mittlere Luftschalldämmung von Fenstern und Türen
Die höheren Werte beziehen sich auf Türen bzw. Fenster mit zusätzlicher Dichtung.

Bauteil	Übliche Einfachtür	Doppeltür	Einfachfenster	Isolierglas	Kastendoppelfenster	Schallschutzfenster
Mittlere Dämmzahl dB	20…25	30…40	20…30	30…35	30…35	35…45

-7 Zusammengesetzte Bauteile

Dieses sind Bauteile mit darin befindlichen Flächen anderer Schalldämmung. Ein Beispiel ist eine Wand mit Fenster und Tür (Bild 1.5.6-7).

Sind die Schalldämm-Maße der einzelnen Bauteile bekannt, berechnet sich das Schalldämm-Maß des zusammengesetzten Bauteils wie folgt:

$$R'_{W,res} = \frac{\sum_{i=1}^{n} S_i \cdot 10^{-0,1 \cdot R_{W,i}}}{\sum_{i=1}^{n} S_i}$$

$R'_{W,res}$ = Schalldämm-Maß des zusammengesetzten Bauteils
S_i = Fläche des i-ten Einzelbauteils
$R_{W,i}$ bzw. $R'_{W,i}$ = Schalldämm-Maß des i-ten Einzelbauteils
n = Anzahl der Einzelbauteile

Beispiel:

Gegeben ist die Wandkonstruktion in Bild 1.5.6-7 mit den folgenden Daten:

Wand ohne Tür und Fenster: $R_W = 52$ dB; $S = 9\ m^2$
Fensterelement: $R_W = 40$ dB; $S = 1\ m^2$
Türelement: $R_W = 35$ dB; $S = 2\ m^2$

Damit ergibt sich das Schalldämm-Maß der Wandkonstruktion zu:

$$R'_{W,res} = -10 \lg \frac{9 \cdot 10^{-0,1 \cdot 52} + 1 \cdot 10^{-0,1 \cdot 40} + 2 \cdot 10^{-0,1 \cdot 35}}{12} = 41,8 \text{ dB} = 41 \text{ dB}.$$

Hinweis: Ergebnisse für das Schalldämm-Maß von zusammengesetzten Bauteilen werden grundsätzlich auf volle dB abgerundet.

1.5.7 Körperschalldämmung

Körperschall ist der Schall, der sich in einem festen Medium bei einer Frequenz > 15 Hz ausbreitet. Körperschall ist an sich nicht hörbar, wird jedoch dann hörbar, wenn er durch Abstrahlung von Flächen in Luftschall verwandelt wird, z. B. beim Trittschall. Weiterlei-

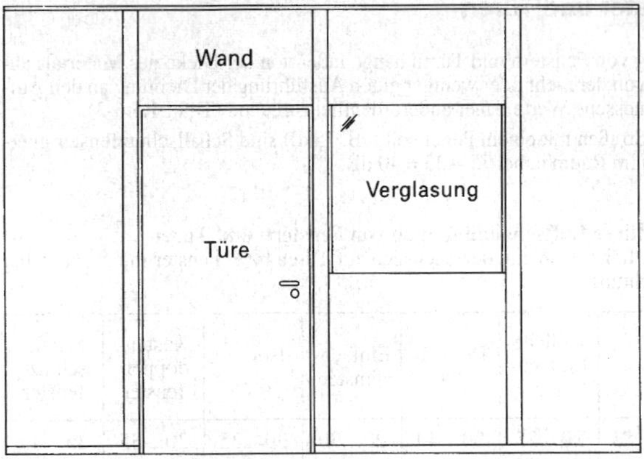

Bild 1.5.6-7. Beispiel für ein zusammengesetztes Bauteil (Bild Lindner AG).

tung des Schalles ist also möglichst zu dämmen, zumal sich der Schall in festen Körpern mit nur geringen Verlusten fortpflanzt (Heizungsrohre).

Die Gesetzmäßigkeiten bei der Körperschalldämmung sind wegen der Kopplung verschiedener Wellen sehr unübersichtlich. Verhinderung der Schallausbreitung hauptsächlich durch Zwischenschaltung einer elastischen Schicht wie Kork, Gummi u.a., an der die Schallwellen reflektiert werden. Allgemein läßt sich sagen, daß die Dämmung desto größer ist, je weicher und je stärker belastet die elastische Schicht ist.

Bei langsamen Schwingungen, wie sie z.B. bei rotierenden Maschinen auftreten, spricht man von Erschütterungen. Sie werden durch sogenannte Schwingungsdämpfer verringert. Dabei ist es wichtig, die *Eigenschwingzahl* n_{ei} der Anordnung möglichst weit unterhalb oder oberhalb der Erregungsschwingzahl n_{er} zu halten, damit Resonanz vermieden wird. Eigenschwingzahl ist die Schwingzahl je Sekunde, die die Maschine auf der Federung beim Ausstoßen annimmt. *Erregerschwingzahl* ist durch den Takt der Erregerkräfte gegeben, z.B. durch die Drehzahl der Maschinen, Nutenzahl bei Motoren, Schaufelzahl bei Lüftern usw. (Weiteres siehe Abschnitt 3.3.6-6)

1.5.8 Schallabsorption

Bei porigen Stoffen wie Textilien, Mineralwolle, Filzen, Holzfaserstoffen usw. wird ein wesentlicher Teil der auftreffenden Schallenergie in den Poren absorbiert und in Wärme verwandelt. Diesen Vorgang der Schallpegelabnahme nennt man *Schalldämpfung* (im Gegensatz zur *Schalldämmung*). Der *Schallabsorptionsgrad* α_s (DIN EN 20354 [07.93]) eines Stoffes gibt an, wieviel von der auftreffenden Schallenergie absorbiert wird. Sie ist das Verhältnis der absorbierten zur auftretenden Schallintensität. Der Schallabsorptionsgrad nimmt bei fast allen Stoffen mit der Frequenz stark zu. Bei tiefen Frequenzen ist sie um so größer, je dicker die Schallschluckplatte ist. Sie ist für zahllose Stoffe gemessen worden. Einige Werte zeigt Bild 1.5.8-1, weitere Zahlenwerte in Abschnitt 3.3.6.

Diese Methode der Schallabsorption wird in den *„Schalldämpfern“* der Lüftungstechnik in großem Maßstab benutzt. Dabei erhalten die Kanäle schallschluckende Einbauten (Kulissen) aus Glas- oder Mineralwolle. Die Stärke der Schallabsorption läßt sich annähernd berechnen.

Eine bessere, auch für tiefere Frequenzen geeignete Schallabsorption erhält man, wenn man hinter dünnen, mitschwingenden Platten, z.B. Sperrholz, Gipskarton u.a. *Luftzwischenräume* vorsieht, die ganz oder teilweise mit Schallschluckstoffen ausgefüllt werden (Bild 1.5.8-2). Die in den Zwischenräumen auftretenden Schallschwingungen werden von dem Schluckstoff mehr oder weniger stark absorbiert. Diese Anordnung ist besonders wirksam bei oder in der Nähe der Frequenz:

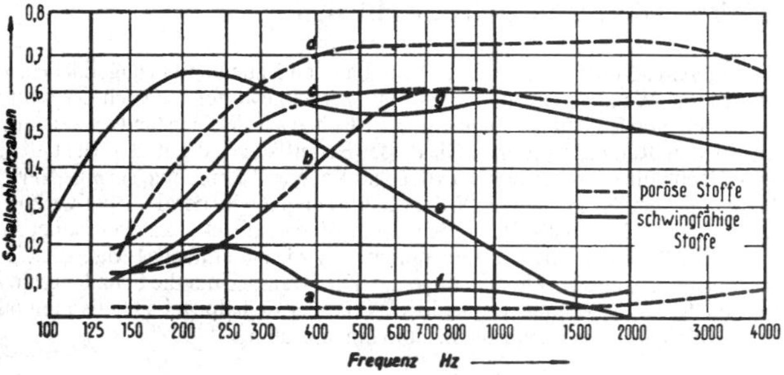

Bild 1.5.8-1. Schallschluckzahlen verschiedener Stoffe nach Thienhaus.
a) Glattputz
b) 2,5 cm Holzwolle-Leichtbauplatte
c) dito mit 5 cm Luftraum
d) 3 cm Glaswatte-Matte
e) 1 Lage Wachstuch über 5 cm durch Glaswatte gedämpften Luftraum
f) 3 mm Sperrholz über 5 cm ungedämpften Luftraum
g) poröse und schwingfähige Stoffe kombiniert

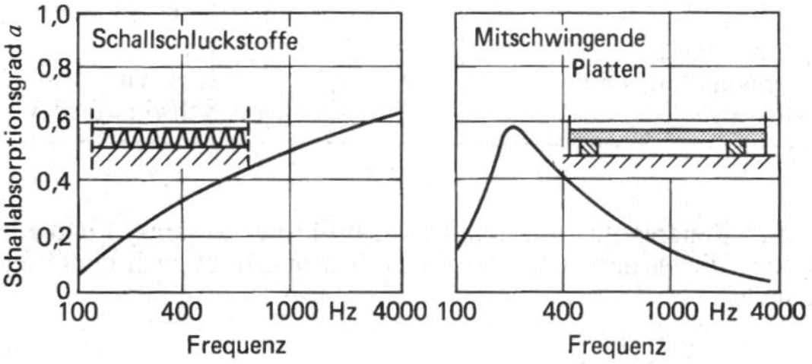

Bild 1.5.8-2. Schallabsorption bei Schallschluckstoffen und mitschwingenden Platten.

$$f = \frac{c}{2\pi}\sqrt{\frac{\varrho}{l\,m}}$$

ϱ = Dichte der Luft (kg/m³)

l = Luftzwischenraum (m)

m = Massen der Platte (kg/m²)

c = Schallgeschwindigkeit der Luft (m/s).

Für Luft von 20 °C ist

$$f = \frac{60}{\sqrt{l\,m}} \text{ in Hz.}$$

Von der Schallabsorption macht man auch Gebrauch, wenn man die Geräuschstärke in einem Raum verringern will. Dabei werden in großem Umfang gelochte Platten oder Bleche verwendet, hinter denen Mineralwolle angebracht ist. Der Prozentsatz der Lochung beeinflußt die akustische Wirkung ebenso wie der Strömungswiderstand (Dicke) der Mineralfaserplatten *(Akustikplatten)*. Verwendung in Büroräumen, Maschinenräumen u. a.

Siehe auch Abschnitt 3.3.6.

1.5.9 Akustik großer Räume

In geschlossenen Räumen wird der Schall an den Raumbegrenzungsflächen, vor allem an Decken und Wänden, ein- oder mehrmals zurückgeworfen. Je nach der Größe und Form der Räume sowie Schallschluckung der Flächen ist die Verständlichkeit und Klanggüte verschieden. Räume mit großen Glas- oder Betonflächen, die stark reflektieren, haben eine lange Nachhallzeit *(Hallräume)*, evtl. sogar Echo und damit eine geringe Verständlichkeit. Räume mit schallschluckenden Wänden, Vorhängen oder dergl. (schallweiche Räume) haben eine kurze Nachhallzeit und damit gute Verständlichkeit. Daher ist der *Nachhall*, der mit einem Pegelschreibgerät aufgenommen wird, ein einfaches Maß für die Klanggüte. Unter Nachhallzeit versteht man diejenige Zeit, während der die Schallenergie auf den millionsten Teil ihres Anfangswertes herabsinkt, der Schallpegel sich also um 60 dB verringert. Nach *Sabine* ist die Nachhallzeit in einem Raum

$$T = 0{,}163 \cdot \frac{V}{A}$$

T = Nachhallzeit in [s]
V = Raumvolumen in [m^3]
A = äquivalente Absorptionsfläche im Raum [m^2 Sabine]

Aus der Nachhallzeit läßt sich also die äquivalente Absorptionsfläche berechnen.

Tafel 1.5.9-1 Übliche Nachhallzeiten von Räumen in Sekunden

Theater	1	Hotelzimmer	1
Konzertsäle	1…2	Büros	0,5…1,5
Versammlungsräume	0,5…1,5	Kirchen	2…3
Hörsäle	0,8…1,5	Schwimmbäder	1,5…4

Einen weiteren qualifizierten Maßstab für die Hörsamkeit und Klanggüte großer Räume bilden die in den ersten 50 ms nach dem Direktschall eintreffenden Reflexionsschallanteile.

1.6 Meßtechnische Grundlagen

Ergänzungen von Dr.-Ing. Franc Sodec, Bergisch Gladbach (ausgenommen Abschn. 1.6.6-1.2)

1.6.1 Allgemeines[1)]

Bestandteile eines Meßgerätes sind grundsätzlich:

der Aufnehmer, Fühler oder Geber, z. B. bei einem Manometer das Federrohr,
das Meß- oder Rechensystem,
das Anzeigesystem (Zeiger, Skala, Display).

Mit dem Aufkommen neuer Technologien, vor allem der Mikroelektronik entstand der Begriff *Sensor.* Dieser enthält mindestens ein Sensorelement und die Gerätetechnik zur Erfüllung einer Meßaufgabe. Er liefert ein standardisiertes elektrisches Meßsignal (z. B. 4…20 mA). *Sensor-Systeme* verknüpfen mehrere Informationen zu einem oder mehreren Ausgangssignalen[2)].

1.6.2 Druckmessung

-1 Allgemeines

Es ist stets zwischen *Relativdrücken, Differenzdrücken* und *Absolutdrücken* zu unterscheiden.

Bei *Relativdrücken* ist der Bezugsdruck in der Regel der atmosphärische Luftdruck. Die meisten technisch gemessenen Drücke sind Über- oder Unterdrücke, bezogen auf den atmosphärischen Druck, z. B. Dampfdruck in einem Kessel oder Luftdruck in einem Lüftungsrohr. Die *absolute* Höhe des atmosphärischen Luftdruckes, der in den Grenzen von 0,95…1,05 bar schwankt, ist dabei als unwesentlich angesehen. Bei der Messung von *Druckdifferenzen* bezieht man sich auf einen der beiden zu messenden Drücke. Beim *Absolutdruck* ist der Bezugsdruck = Null (Barometer, Vakuummeter).

Einheiten des Druckes sind im SI-System:

1 Newton/m^2 = 1 N/m^2 = 1 Pascal (Pa)
1 bar = 10^5 N/m^2 = 1000 mbar.

Die *Wasserdampftafeln* geben den absoluten Druck in bar an. In der *Vakuumtechnik* wird der Druck auch in % Vakuum angegeben, wobei 0% Vakuum = Atmosphärendruck = 1013 mbar.

Tafel 1.6.2-1 Druckmeßverfahren, Anwendungsbereich und Meßbereich

Gerätetyp	typische Anwendungsbereiche	häufige Meßbereiche
U-Rohr und Schrägrohrmanometer	Druckdifferenzen in Anlagenteilen (z. B. Filter, Meßblenden, Ventilatoren)	100–5000 Pa
Ringwaagen	Differenzdrücke zwischen Räumen, Zugmessungen an Kesseln, Volumenstrommessungen	bis 100 Pa 100–500 Pa
Federmanometer	Überwachung Druckleitungen, Druckluft, Wasserdruck, Gasdruck	1–100 bar
elektrische Manometer	Druckdifferenzen in Lüftungsanlagen, Geschwindigkeiten mit Prandtl-Sonde	bis 200 Pa bis 6000 Pa

1) VDI 2080 (04. 96): Meßverfahren und Geräte für RLT-Anlagen.
Schrowang, H.: IKZ 1/81 bis 19/83.
Kopp, H.: HLH 8/86. S. 401/10.

2) Raab, H.: ATP 11/88. S. 534/544.

-2 U-Rohr-Manometer

bestehend aus einem U-förmig gebogenen Glasrohr (Bild 1.6.2-1), sind die einfachsten Druckmesser zur Messung des Über- oder Unterdruckes, Meßflüssigkeit ist meist Wasser oder Alkohol. Sonstige Flüssigkeiten siehe Tafel 1.6.2-2. Meßbereich ≈ 0 bis 1000 mm Flüssigkeitssäule. Meßgenauigkeit ≈1 mm Flüssigkeitssäule.

Für *kleine Drücke* mittels U-Rohr wird in beiden Schenkeln eine spez. leichtere Flüssigkeit über eine spez. schwerere Flüssigkeit eingefüllt, z.B. Benzin auf Wasser (Bild 1.6.2-2).

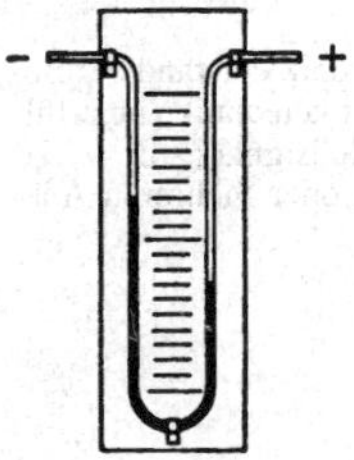

Bild 1.6.2-1.
U-Rohr-Manometer.

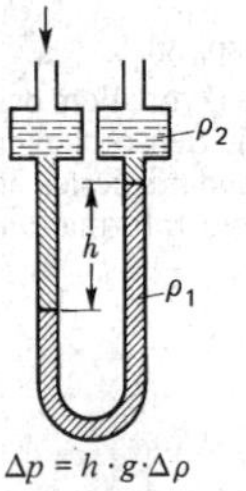

Bild 1.6.2-2.
Zweistoffmanometer.

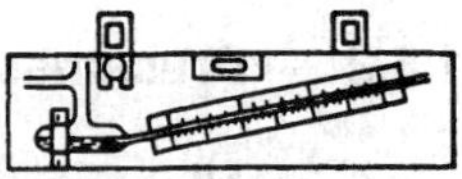

Bild 1.6.2-3.
Schrägrohrmanometer.

Für sehr geringe Drücke werden *Mikromanometer* (Schrägrohrmanometer) verwendet, bei denen ein Schenkel schräg gelegt ist (Bild 1.6.2-3). Neigung meist 1 : 10. Meßbereich ≈ 1 bis 25 mm Flüssigkeitssäule, Meßgenauigkeit ≈ 0,1 mm Flüssigkeitssäule. Neigung auch verstellbar 1 : 25 bis 1 : 2 (Schwenkrohrmanometer). Sonderausführungen für kleinste Drücke (Minimeter) gestatten Ablesungen bis zu etwa 10^{-4} Pa.

Alle U-Rohr-Manometer können auch zur *Differenzdruckmessung* verwendet werden, indem die zu messenden Drücke mit den beiden Meßstellen verbunden werden. Sie sind auch als Meßinstrumente für absoluten Druck geeignet, indem der eine Schenkel luftleer gemacht wird, wie es beim Quecksilber-Barometer geschieht.

Tafel 1.6.2-2 Manometerflüssigkeit

Flüssigkeit	Wasser	Petroleum	Alkohol	Benzol
Dichte in g/cm³	1	0,79 bis 0,82	0,80	0,879
Flüssigkeit	Toluol	Nitrobenzol	Chloroform	Quecksilber
Dichte in g/cm³	0,864	1,20	1,50	13,55

-3 Ringwaagen

bestehen aus einem Ring, der zum Teil mit einer Meßflüssigkeit gefüllt ist (Bild 1.6.2-4). Der Unterstützungspunkt liegt etwas oberhalb des Schwerpunktes. In der Nullage steht die Flüssigkeit auf beiden Seiten gleich hoch. Wirkt auf der einen Seite ein Überdruck Δp, so ist das Gleichgewicht gestört und die Flüssigkeit wird auf der einen Seite gehoben, so daß ein Drehmoment auf die Kammer ausgeübt wird. Dadurch Gegenmoment von dem Ringkammerschwerpunkt bis Gleichgewicht. Der zu messende Druckunterschied ist dem Sinus des Ausschlagwinkels α proportional. Druckzuführung durch flexiblen Schlauch oder bei höheren Drücken durch Kapillarrohr. Die Instrumente sind auch als Druckdifferenzmanometer verwendbar.

Ausführung auch für Schalttafeleinbau z. B. zur Zugmessung bei Kesseln usw.

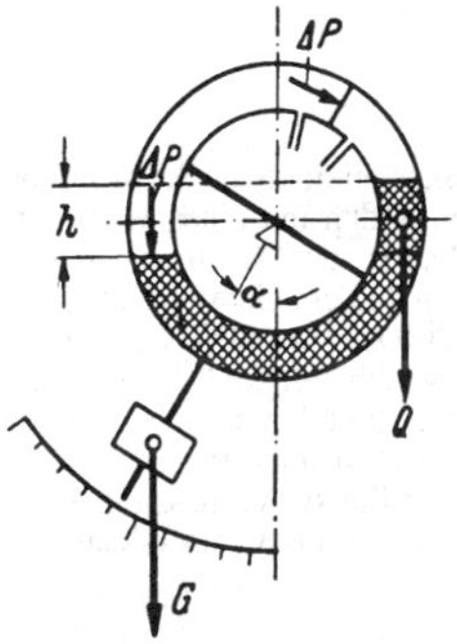

Bild 1.6.2-4. Ringwaage, Schema der Wirkungsweise.

-4 Federmanometer

haben als druckempfindliche Organe meist metallische Federn verschiedener Bauart. Man unterscheidet (Bild 1.6.2-5):

Plattenfeder-Manometer (Bild 1.6.2-5a) mit kreisförmiger, flacher Federplatte, in die ringförmige Wellen eingepreßt sind, um eine lineare Charakteristik zu erhalten. Geeignet für hohe Drücke.

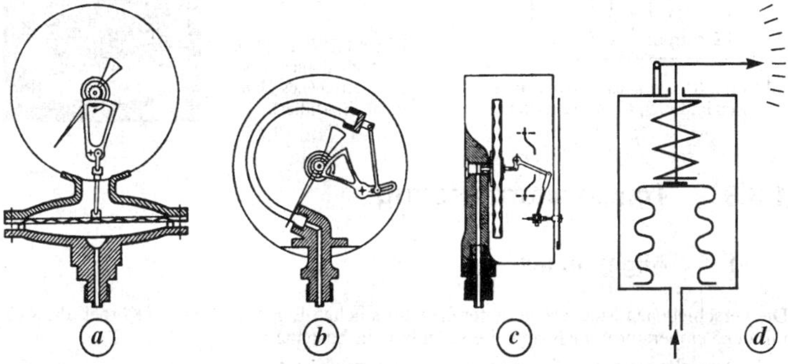

Bild 1.6.2-5. Feder-Manometer
a) Plattenfeder b) Rohrfeder c) Kapselfeder d) Balgfeder

Rohrfeder-Manometer (Bild 1.6.2-5b), bei denen die Feder in Form einer elastischen, kreisförmig gebogenen Röhre mit flachem Querschnitt (früher Bourdonröhre genannt) ausgebildet ist. Beim Einleiten des Meßdruckes in das Rohr streckt es sich, wobei die Bewegung des freien Endes auf ein Zeigerwerk übertragen wird. Besonders für hohe Drücke geeignet.

Kapselfeder-Manometer mit 2 an den Rändern zusammengefügten Membranen, wodurch der Hub wesentlich vergrößert wird. Der Druck wird in den Hohlraum geleitet. Besonders geeignet für geringe Drücke oder Unterdrücke, z. B. Zugmesser bei Feuerungen. Die Instrumente können auch zur Messung des absoluten Druckes verwendet werden, indem das Innere der Membrane vollkommen luftleer gemacht wird (Aneroid-Barometer, Bild 1.6.2-5c).

Balgfeder-Manometer verwenden metallene Balgfedern, die innen oder außen beaufschlagt sein können. Nullpunkteinstellung durch Gegenfeder (Bild 1.6.2-5d).

Vorteile der Federmanometer sind insbesondere Unempfindlichkeit und geringe Kosten. Besonders geeignet für mittlere und hohe Drücke. *Nachteilig* ist, daß eine Eichung nur mit

Hilfe von Flüssigkeitsmanometern möglich ist. Bei Dampfdruckmessern Rohrschleifen vor Manometer, um direkte Berührung der Federn mit Dampf zu vermeiden.

-5 Elektrische Manometer

Digitale Mikromanometer sind sowohl für Messungen auf Baustellen als auch im Labor sehr praktisch. Bild 1.6.2-6 zeigt das Meßprinzip. Elektroden bilden mit einer Membran eine elektrische Luftspalt-Kapazität. Bewegt eine Druckdifferenz die Membran aus der Symmetrielage, werden die beiden Kapazitäten verschieden, so daß ein elektrisches Meßsignal entsteht. Meßbereich umschaltbar z.B. für Drücke 0...200 bis 0...5000 Pa. Sondergeräte auch für andere Meßbereiche. Zu beachten ist die Lageabhängigkeit der meisten Geräte, deshalb sind Geräte mit automatischem Nullpunktabgleich zu bevorzugen. Eingebauter Mikrorechner für Quadratwurzel-Funktion erlaubt direkte Anzeige für Geschwindigkeit bei Druckmessung mit Pitot-Rohr. Tragbares Gerät für Baustellenmessung zeigt Bild 1.6.2-7. Gleiches System wird auch für digitale Weiterverarbeitung von Meßdaten in Labor- oder Leittechnik verwendet. Siehe auch Bild 1.6.10-10.

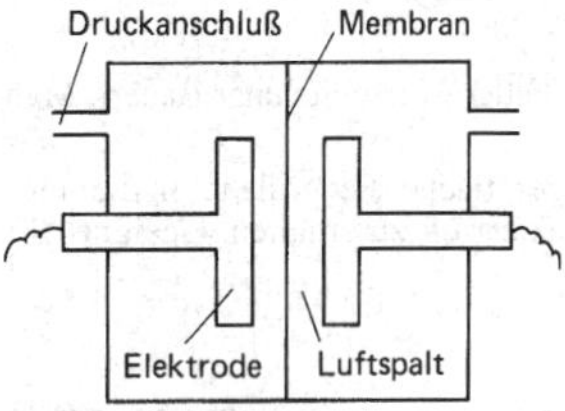

Bild 1.6.2-6. Digitales Mikromanometer, Meßprinzip: Luftspalt-Kondensator.

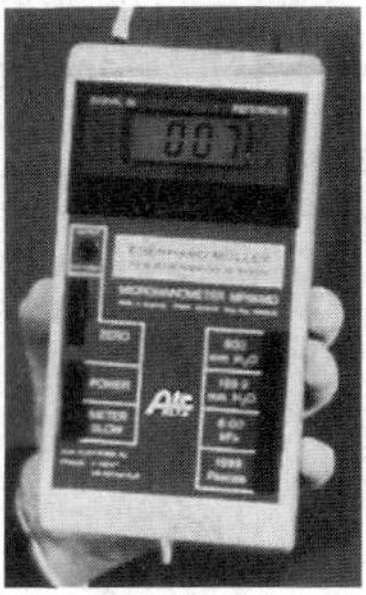

Bild 1.6.2-7. Digitales Mikromanometer, batteriebetriebenes Handgerät (E. Müller).

1.6.3 Temperaturmessung[1)]

-1 Allgemeines

Die verschiedenen Meßverfahren beruhen auf solchen Eigenschaften der Körper, die sich mit der Temperatur in meßbarer Weise ändern, insbesondere:

1. Ausdehnung fester, flüssiger und gasförmiger Körper,
2. Änderung des elektrischen Widerstandes,
3. Stärke der elektromotorischen Kraft,
4. Stärke der Licht- und Wärmestrahlung.

Die *Meßbereiche* der verschiedenen Thermometer sind in Tafel 1.6.3-1 angegeben.

Die Schwierigkeiten der richtigen Temperaturmessung liegen häufig weniger an den Meßgeräten als am *Einbau* der Fühler. Zufuhr oder Abfuhr von Wärme an der Meßstelle durch Leitung oder Strahlung verändern dabei die wirkliche Temperatur, so daß die Anzeige verfälscht wird. Daher ist auf den Einbau oder die Anordnung von Thermometern große Sorgfalt zu legen.

-2 Ausdehnungs-Thermometer

a) *Quecksilber-Glasthermometer* sind bis etwa 300 °C brauchbar. Bei Füllung mit Stickstoff erhöht sich der Verwendungsbereich bis 500 °C, bei Quarzglas an Stelle von Glas bis auf 800 °C. Die untere Meßgrenze liegt wegen des Erstarrungspunktes des Queck-

1) VDI/VDE 3511 Bl 1 (03.96) Bl 2 (04.96) Bl 3 u. Bl 5 (11.94) Bl 4 (01.95): Technische Temperaturmessungen Blatt 1–5.

Tafel 1.6.3-1 Meßbereiche verschiedener Thermometer

Meßbereich in °C	Meßgerät
– 100 bis + 50	Alkohol-Thermometer
– 35 bis + 300	Gewöhnliches Quecksilber-Glasthermometer
– 35 bis + 500	Quecksilber-Glasthermometer mit Gasfüllung
– 35 bis + 800	Quecksilber-Quarzglasthermometer
bis + 300	Bimetall-Thermometer
bis + 600	Stabförmige Metallthermometer
– 25 bis + 500	Feder-Thermometer
– 40 bis + 130	NTC
– 100 bis + 150	Nickel-Widerstandsthermometer
– 200 bis + 750	Platin-Widerstandsthermometer
– 200 bis + 600	Kupfer-Konstantan-Thermoelemente
– 200 bis + 800	Eisen-Konstantan-Thermoelemente
0 bis + 1000	Nickelchrom-Konstantan-Thermoelemente
– 200 bis + 1300	Nickelchrom-Nickel-Thermoelemente
0 bis + 1600	Platinrhodium-Platin-Thermoelemente
– 100 bis unbegrenzt	Strahlungsthermometer

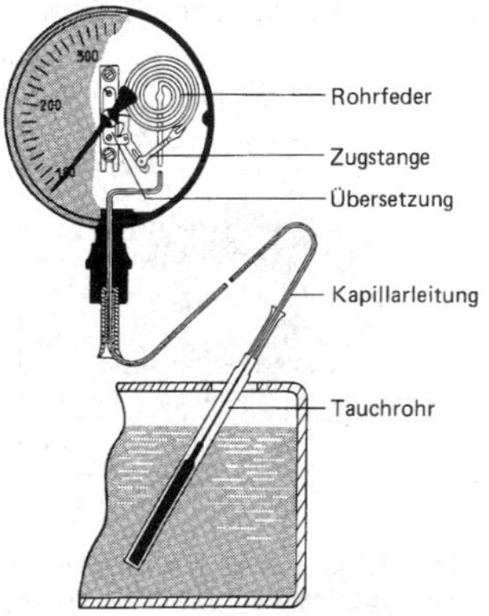

Bild 1.6.3-1. Quecksilber-Federthermometer.

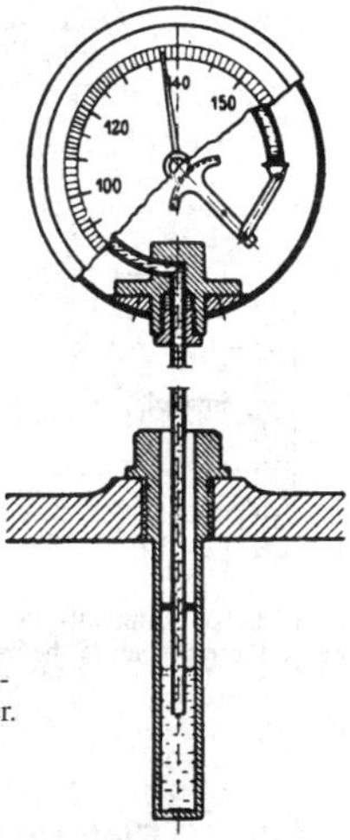

Bild 1.6.3-2. Dampfdruck-Thermometer.

silbers (–39 °C) bei etwa –35 °C. Für Messungen tieferer Temperaturen müssen andere Flüssigkeiten verwendet werden, insbesondere Alkohol, Toluol und Pentan.

Da fast nie der ganze Flüssigkeitsfaden des Thermometers die zu messende Temperatur aufnehmen kann, weil ein Teil des Fadens aus der Hülse herausragt, ist bei genauen Messungen die sogenannte *Fadenkorrektur* notwendig, die bei Quecksilber nach folgender Formel erfolgt:

$$\Delta t = \frac{n\,(t_a - t_f)}{6300} \text{ in °C}$$

n = Zahl der herausragenden Temperaturgrade
t_a = angezeigte Temperatur
t_f = Fadentemperatur, in halber Höhe des herausragenden Fadens gemessen.

Die Fadenkorrektur wird der angezeigten Temperatur hinzugezählt, es sei denn, daß das Thermometer den ausdrücklichen Vermerk „Mit herausragendem Faden geeicht" trägt.

Für Betriebsmessungen Einbau in Schutzrohre, wodurch die Genauigkeit leidet.

b) *Ausdehnungs-Federthermometer* (Bild 1.6.3-1) arbeiten ebenfalls mit Flüssigkeitsfüllung. Die Ausdehnungsflüssigkeit, z.B. Quecksilber oder Petroleum, befindet sich in einem *Tauchrohr* (Fühler) und ist durch eine Kapillarleitung mit dem Federrohr des Anzeige-Instrumentes verbunden *(Zeigerthermometer)*. Die Ausdehnung des Tauchrohrinhaltes bei Erwärmung bewirkt eine Drucksteigerung, die gesetzmäßig von der Temperatur abhängt. Genauigkeit: etwa ±1 bis 3% des Anzeigebereichs. Bei Luftmessung sehr träge.

c) *Dampfdruck-Thermometer* (auch Tensionsthermometer genannt oder Siededruck-Thermometer, Bild 1.6.3-2) ähneln äußerlich den Ausdehnungs-Federthermometern. Das Tauchrohr ist jedoch mit einer verdampfenden Flüssigkeit gefüllt und durch eine Meßleitung mit der Manometerfeder des Anzeige-Instrumentes verbunden. Die Wirkung beruht auf der Eigenschaft der Dämpfe, daß der Dampfdruck eindeutig mit der Temperatur zusammenhängt. Füllflüssigkeiten sind gewöhnlich Äther, Äthylchlorid, Quecksilber u.a. Genauigkeit: etwa ±1 bis 2% des Anzeigebereichs. Empfindlich gegen Übertemperaturen.

d) *Metall-Ausdehnungsthermometer* benutzen zur Messung den Unterschied der Ausdehnung zweier fester Körper mit verschiedenen Ausdehnungszahlen.

Bei den *Stabthermometern* ist ein Stab mit geringer Ausdehnungszahl (z.B. Invar oder Porzellan) von einem Rohr mit hoher Ausdehnungszahl (z.B. Messing) umgeben. Verwendung besonders als Temperaturregler. Große Verstellkraft, Längenänderung < 0,01 mm/K.

Bei den *Bimetall-Thermometern* (Bild 1.6.3-3) sind zwei Metallstreifen mit verschiedenen Ausdehnungszahlen miteinander verlötet. Bei Temperaturänderungen krümmt sich der Streifen mehr oder weniger stark, wobei die Bewegung auf einen Zeiger übertragen wird. Verwendung auch für Raumtemperaturregler und Schreibgeräte *(Thermograph)*, siehe Bild 1.6.3-4. Bild 1.6.3-4 enthält gleichzeitig einen Feuchteschreiber. Schreibtrommel mit Federwerk oder Quarzuhr angetrieben, Registrierzeit wählbar zwischen 1 und 31 Tagen.

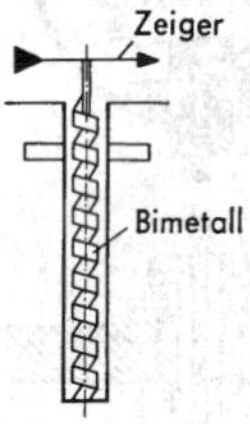

Bild 1.6.3-3. Bimetall-Zeigerthermometer (Schema).

Bild 1.6.3-4. Thermograph mit Bimetall und Hygrograph mit Haarharfe (Thies).

-3 Elektrische Widerstandsthermometer

Bei diesen Geräten wird die Eigenschaft reiner Metalldrähte, daß bei steigender Temperatur ihr elektrischer Leitungswiderstand gesetzmäßig steigt, zur Fernmessung benutzt. Für niedrige Temperaturen Nickel, für hohe Temperaturen bis etwa 500 °C Platin.

Meist erfolgt der Betrieb bei Gleichspannungen von 6 bis 24 Volt, wobei das Widerstandsthermometer in einen Zweig einer Wheatstoneschen Brücke eingebaut ist und der Brückenstrom gemessen wird (Bild 1.6.3-5). Statt dessen kann die Schaltung auch in 4-Leiter Technik nach Bild 1.6.3-6 aufgebaut werden, wobei die Spannungsmessung häufig mit Hilfe von Analog/Digital-Wandlern durchgeführt wird. Die Leitungslänge hat dabei praktisch keinen Einfluß auf die Meßgenauigkeit. Beim Normmeßwiderstand Pt 100[1] beträgt der Widerstand 100 Ω bei 0 °C. *Widerstandsänderung* bei Platin ≈ 0,4%/K.

Es gibt jedoch auch Widerstände, die mit steigender Temperatur besser leiten. Sie haben einen „Negative Temperature Coefficient“ und heißen daher NTC-Widerstände oder *Heißleiter* oder *Thermistoren*. Herstellung aus Metalloxiden in Stab-, Scheiben- oder Perlenform.

---

[1]) DIN EN 60751 (07.96): Industrielle Platin-Widerstandsthermometer und Platin-Meßwiderstände.

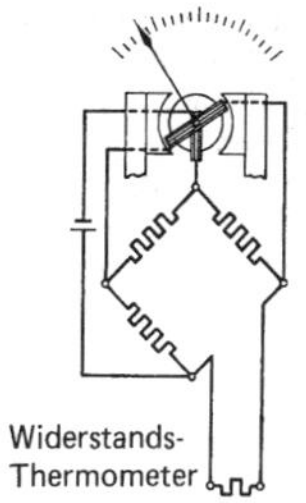

Bild 1.6.3-5. Widerstandsthermometer mit Wheatstonescher Brücke.

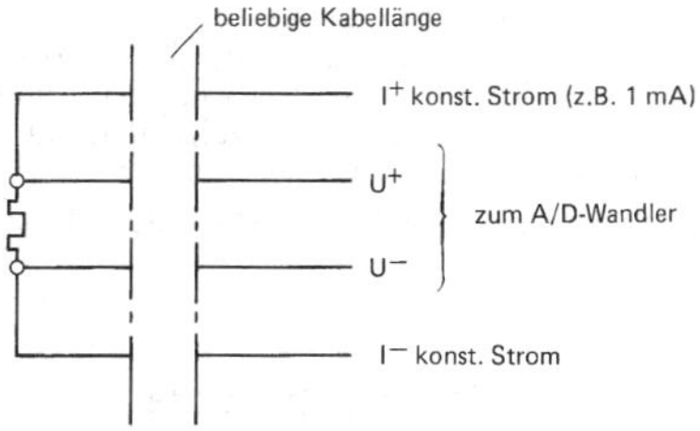

Bild 1.6.3-6. Wierstandsthermometer in 4-Leiter-Schaltung mit A/D-Wandler.

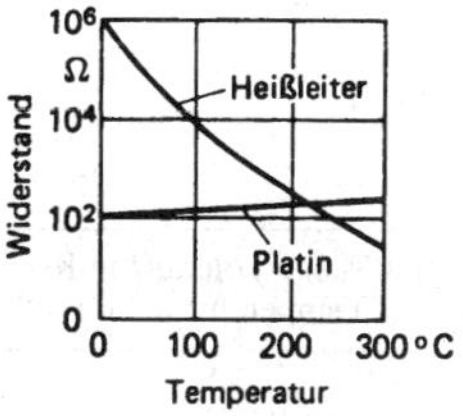

Bild 1.6.3-7. Widerstandskennlinien von Meßwiderständen.

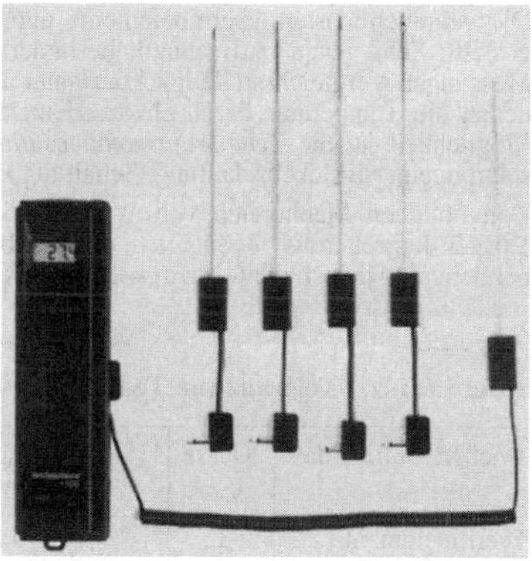

Bild 1.6.3-8. Sekundenthermometer mit verschiedenen Temperaturfühlern (Oberflächen-, Tauch-, Einstech-Lufttemperatur-Fühler), Testotherm.

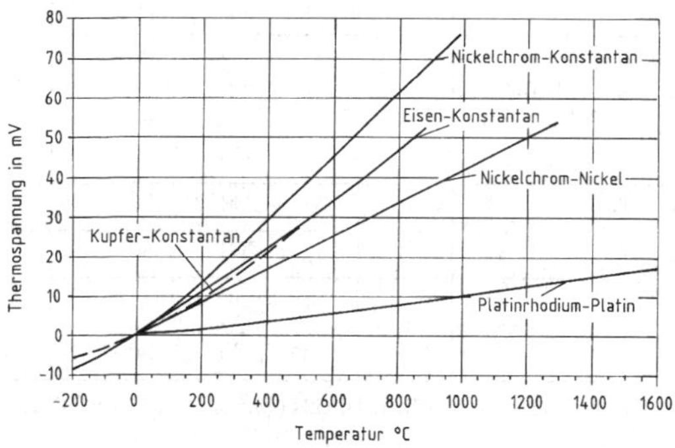

Bild 1.6.3-9. Thermospannungen bei verschiedenen Thermoelementen.

Widerstandsänderung etwa 10mal größer als bei metallischen Widerständen, ungefähr 5%/K. Er kann sich z.B. bei einer Temperaturänderung von 1 K um 1000 Ω ändern, so daß sehr genaue Messungen möglich sind (Bild 1.6.3-7). Nachteilig ist allerdings die Nichtlinearität des Widerstands mit der Temperatur. Verwendung insbesondere als sog. *Sekundenthermometer* zur Anzeige innerhalb weniger Sekunden (Bild 1.6.3-8). Unterschiedliche Fühler für Wasser, Luft u.a.

Bei allen Geräten geringer Fehler durch Meßstromerwärmung.

-4 Thermoelemente[1])

Wenn die Berührungsstelle zweier Drähte aus verschiedenen Metallen (z.B. Kupfer und Konstantan) erwärmt wird und gleichzeitig die anderen Enden kalt gehalten werden, entsteht eine elektrische Spannung *(Thermospannung),* die fast linear mit dem Temperaturunterschied zwischen der warmen und kalten Berührungsstelle (Lötstelle) steigt. Sie kann an einem Millivoltmeter abgelesen werden. Dies ist das Prinzip der Temperaturmessung mittels *Thermoelement.*

Die gebräuchlichsten Thermoelemente und ihre Meßbereiche sind in Bild 1.6.3-9 dargestellt. Sehr genau und schnell, besonders für punktförmige Messungen. Für genaue Messungen Vergleichsstelle mit konstanter Temperatur erforderlich, sog. *Thermostate,* in denen die Temperatur durch elektr. Heizelemente konstant gehalten wird. Eine andere Möglichkeit ist die *Temperaturkompensation* mit einem temperaturabhängigen Widerstand in einer Brückenschaltung. Schaltung Bild 1.6.3-10.

Den üblichen Meßbereich von Widerstandsfühlern und Thermoelementen zeigt Tafel 1.6.3-2. Je größer der Meßbereich, desto universeller die *Anwendung.* Bei kleineren Meßbereichen ist jedoch die *Genauigkeit* höher.

Tafel 1.6.3-2 Toleranz von Temperaturfühlern*)

Meßwertaufnehmer	Klasse	Temperaturbereich in °C	Zulässige Toleranz in K (t Temperatur in °C)
Thermoelement Typ K (NiCr-Ni)	1	– 40 … 375 375 … 1000	± 1,5 ± 0,004 · t
	2	– 40 … 333 333 … 1200	± 2,5 ± 0,0075 · t
Thermoelement Typ J (Fe-Konst.)	1	– 40 … 375 375 … 750	± 1,5 ± 0,004 · t
	2	– 40 … 333 333 … 750	± 2,5 ± 0,0075 · t
Thermoelement Typ S (PtRh10-Pt) Typ R (PtRh13-Pt)	1	0 … 1100 1100 … 1600	± 1,0 ± [1 + 0,003 · (t – 1100)]
	2	0 … 600 600 … 1600	± 1,5 ± 0,0025 · t
Pt 100	A	– 200 … 650	± (0,15 + 0,002 · t)
	B	– 200 … 850	± (0,3 + 0,005 · t)
NTC		– 40 … – 25 – 25 … 80 80 … 30	± 0,4 ± 0,2 ± 0,8

*) Thermoelemente nach DIN EN 60584 (10.94), Pt 100 nach DIN EN 60751 (07.96).

[1]) Herzog, H.: Regelungstechn. Praxis 3/82. S. 83/9.

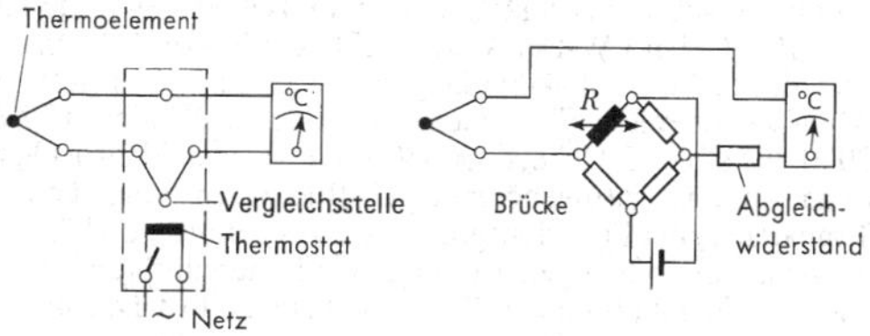

Bild 1.6.3-10. Schaltung von Thermoelementen. Links: Thermostat steuert Temperatur in der Vergleichsstelle; rechts: Brückenschaltung.

-5 Strahlungsthermometer (Infrarotthermometer, Pyrometer)[1]

Strahlungsthermometer messen die von einer Oberfläche ausgehende Strahlung, die proportional zu T^4 (T – absolute Temperatur in K) ist. Man unterscheidet Gesamtstrahlungsthermometer (Erfassung der Strahlung im Wellenlängenbereich von etwa λ = 0,2 μm bis 40 μm), Bandstrahlungsthermometer (z.B. λ = 8,0…14,0 μm) und Spektralstrahlungsthermometer (z.B. λ = 0,65 μm). Bei Kenntnis des Emissionsgrades ε der Oberfläche kann die Oberflächentemperatur berührungslos gemessen werden. Strahlungsthermometer ermöglichen schnelle (Zeitkonstante < 1 s) und einfache Messungen von Oberflächentemperaturen.

Meßbereiche ab – 100 °C bis praktisch unbegrenzt (> 5000 °C).
Sensoren mit Meßbereich von ca. 0 °C bis 50 °C und Auflösung 0,1 K für Messung der Oberflächentemperaturverteilung bei Kühldecken.
Ausführliche Beschreibung VDI/VDE Richtlinie 3511 Bl 4, Strahlungsthermometrie.
Bild 1.6.3-11 zeigt Ausführungsformen von Handmeßgeräten.

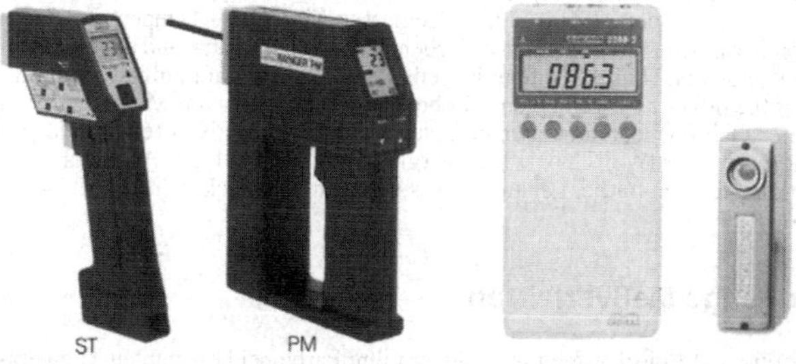

Bild 1.6.3-11. Strahlungsthermometer, Handmeßgeräte (Ahlborn).

-6 Infrarot-Thermographie[2]

Die Infrarot-Thermographie dient zur berührungslosen Messung und zur Darstellung von Wärmeverteilungen auf Objekten. Die von einer Oberfläche abgegebene Wärmestrahlung wird von einer Infrarot(IR)-Kamera aufgenommen und von einem IR-Detektor in elektrische Signale umgewandelt, die auf einem Bildschirm farblich dargestellt werden (Bild 1.6.3-12). Unterschiedliche Farben entsprechen dabei bestimmten Temperaturen. Die IR-Systeme arbeiten je nach Gerätetyp in verschiedenen Wellenlängenbereichen: Kurzwellenband SW (Short Wave) von 2–5 μm und Langwellenband LW (Long Wave) von 8–12 μm. Da die IR-Detektoren erst bei tiefen Temperaturen optimal arbeiten, müssen sie gekühlt werden. Der Wellenlängenbereich, in dem das IR-System arbeitet, hängt im we-

[1]) VDI/VDE 3511, Bl 4 (01.95) Technische Temperaturmessungen, Strahlungsthermometrie.
[2]) Lieneweg, F.: Handbuch der Technischen Wärmestrahlung.

sentlichen von der Detektorkühlung ab. Betriebstemperaturen bei SW-Detektoren –70 °C bis –100 °C, bei LW-Detektoren –170 °C bis –200 °C. Drei Kühlverfahren werden unterschieden: Direktkontaktkühlung mit flüssigem Stickstoff (SW/LW), Thermoelektrische Kühlung mit Peltier-Elementen (SW), Stirling-Kühlung (SW/LW). Meßbereich –10 °C bis 2000 °C (SW), –30 °C bis 2000 °C (LW), Genauigkeit ± 1 K bzw. ± 1% im gewählten Bereich. Mit einer dazugehörenden IR-Bildverarbeitung können neben der Bestimmung von Temperatur und Emissionsgrad u. a. auch zeitliche und örtliche Mittelungen durchgeführt werden. Anwendung: Zerstörungsfreie Materialprüfung, Prozeßüberwachung/Qualitätssicherung (Stahlherstellung, Papiertrocknung), Instandhaltung (Wärmeisolation an Gebäuden, Ausmauerungsschäden von Hochöfen, Isolatorschäden an Hochspannungsleitungen, Temperaturverteilung an Kühldecken) usw.

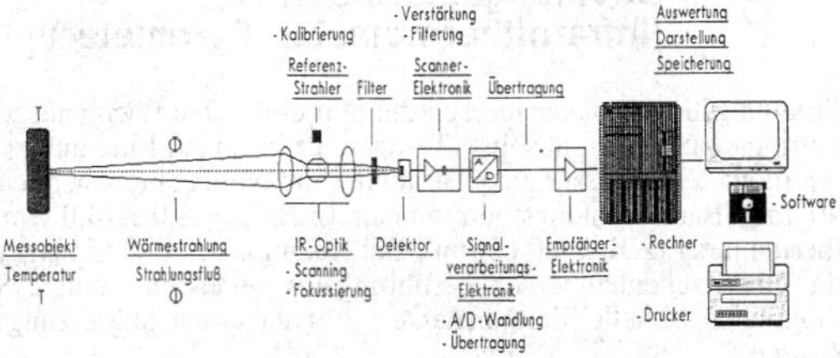

Bild 1.6.3-12. Komponenten eines IR-Thermographiesystems (Agema).

-7 Globethermometer

Das Globethermometer (auch Globus-Thermometer) besteht aus einer mattschwarzen Hohlkugel mit ca. 150 mm Duchmesser, in deren Inneren die sich einstellende Temperatur mit z. B. Thermoelementen oder PT-100-Fühlern gemessen wird. Diese Temperatur liegt in Abhängigkeit von der Luftgeschwindigkeit zwischen der Lufttemperatur und der mittleren Oberflächentemperatur der Umschließungsflächen. Bei üblichen Raumluftgeschwindigkeiten (um 0,1 bis 0,2 m/s) ist die gemessene Globetemperatur in etwa das Mittel zwischen Luft- und mittlerer Oberflächentemperatur und entspricht der operativen (empfundenen) Raumtemperatur (nach DIN 1946 T2 [01. 94]), vergleiche Abschnitt 1.2.3. Auch zur Messung der Raumbezugstemperatur bei Leistungsmessungen an Kühldecken (nach DIN 4715 [07. 94]).

-8 Sonstige Meßverfahren

Temperaturfarbstifte, mit Pinsel aufgetragen, ändern ihre Farbe bei bestimmten Temperaturen. Keine Rückverwandlung bei Temperaturabfall.

Temperaturplättchen wirken ähnlich.

1.6.4 Geschwindigkeitsmessung

-1 Staugeräte

Diese Geräte messen den *Staudruck* in einer Strömung. Staudruck oder dynamischer Druck ist derjenige Druck, der sich durch vollkommene Umwandlung der Geschwindigkeitsenergie in Druck ergibt:

$$\text{Staudruck } p_d = \frac{1}{2}\, \varrho w^2 \text{ in N/m}^2$$

w = Geschwindigkeit m/s
ϱ = Dichte in kg/m³

Aus dieser Beziehung folgt die Geschwindigkeit

$w = \sqrt{2p_d/\varrho}$ in m/s.

Das einfachste Staugerät ist das *Pitotrohr*, das ein vorn offenes Hakenrohr ist. Am meisten verwendet wird das *Staurohr von Prandtl* (Bild 1.6.4-1), das auch den statischen Druck innerhalb der Strömung mißt. Das Staurohr hat daher zwei Meßöffnungen. Die eine am vorderen Ende des Staurohres ist der Strömung entgegengerichtet und dient zur Messung des *Gesamtdruckes* $p_g = p_s + p_d$.

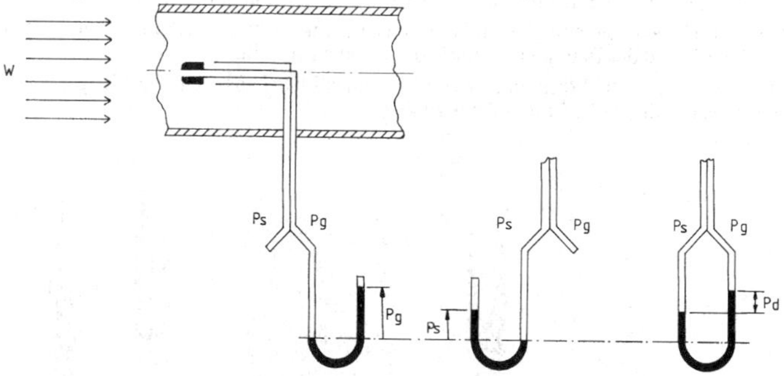

Bild 1.6.4-1. Bestimmung der Geschwindigkeit durch Druckmessung mit Staurohr von Prandtl.

Die andere Öffnung ist in Form eines Schlitzes senkrecht zur Strömung angeordnet und mißt nur den *statischen Druck* p_s. Der dynamische oder Staudruck ist die Differenz beider Drücke:

$p_d = p_g - p_s$

Man erhält seine Größe, indem man nach Bild 1.6.4-1 beide Enden des Staurohrs mit den beiden Schenkeln eines Manometers verbindet.

Bei Luft von atmosphärischem Druck ist angenähert mit p_d in N/m²:

$$w = \sqrt{2p_d/\varrho}$$

$$= \sqrt{\frac{2 \cdot p_d}{1{,}20}} = 1{,}3\sqrt{p_d} \text{ in m/s.}$$

Bild 1.6.4-2. Strömungssonde (Lambrecht).

Bei größeren Kanälen ist zur Feststellung des Volumenstromes die Geschwindigkeit an mehreren Stellen zu messen und der Mittelwert zu bilden oder direkt mittelwertbildende Stausonden zu verwenden (siehe Abschnitt 1.6.5-10).

Zu den Staugeräten zählen auch direkt anzeigende mechanische Strömungssonden, die dadurch gekennzeichnet sind, daß der Staudruck direkt als Geschwindigkeit angezeigt wird (Bild 1.6.4-2).

Digitale Manometer (Bild 1.6.2-7) mit Rechner geben Anzeige direkt in m/s.

-2 Thermische Anemometer, Hitzdraht-Anemometer

Thermische Anemometer benutzen zur Bestimmung der Luftgeschwindigkeit als Sensor einen elektrisch beheizten Widerstand oder Thermistor. Der Sensor wird in eine Wheatstonsche Brücke geschaltet. Je nach der Größe der Luftgeschwindigkeit kühlt sich der Sensor mehr oder weniger ab und ändert dabei seinen elektrischen Widerstand. Bei Anemometern nach dem Konstant-Strom-Prinzip wird der Sensor mit konstantem elektrischen Strom geheizt und der Widerstand gemessen. In Anemometern nach dem Konstant-Temperatur-Prinzip wird die Temperatur des Sensors konstant gehalten, und der dazu erforderliche Heizstrom ist ein Maß für die Luftgeschwindigkeit.

Die Temperatur der Sensoren ist üblicherweise 10–70 K über der Raumtemperatur.

Die thermischen Anemometer sind meistens mit einer Temperaturkompensation versehen, die den Einfluß der Raumtemperaturänderungen ausgleicht.

Der Sensor kann die Form eines Zylinders, eines Plättchens oder einer Kugel haben. Die Form beeinflußt die Richtungsabhängigkeit.

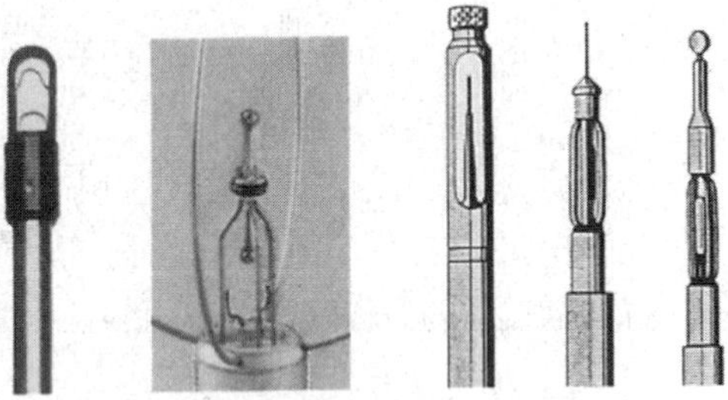

Bild 1.6.4-3. Sensorspitzen verschiedener thermischer Anemometer (Alnor, DANTEC, TSI).

Für schnelle Anzeigen ist eine geringe Masse des Sensors notwendig.

Die Geräte werden insbesondere zur Messung der Raumluftgeschwindigkeit verwendet (Abschnitt 1.6.4-5).

Hitzdrahtanemometer gehören ebenfalls zu der Kategorie der thermischen Anemometer und werden vor allem in der Strömungsmechanik eingesetzt. Der Sensor besteht aus einem dünnen, beheizten Draht, der stark richtungsabhängig ist. Bei Hitzdrahtanemometern mit 2 oder 3 gekreuzten Hitzdrähten kann eine zwei- oder dreidimensionale Geschwindigkeitsverteilung gemessen werden.

-3 Flügelradanemometer

Dazu gehören auch die namentlich in der Meteorologie verwendeten *Schalenkreuzanemometer.* Die Anzeige der letzteren ist in einer Ebene von der Richtung der Luftbewegung unabhängig. Die mechanische Anzeige früherer Jahre ist heute überwiegend elektrisch.

Das Schalenkreuzanemometer nach Bild 1.6.4-4 enthält einen eingebauten Gleichstromgenerator, wodurch in Verbindung mit einem Millivoltmeter die Geschwindigkeit direkt abgelesen werden kann. Stromversorgung durch Batterie. Bei manchen Fabrikaten auch mit Windrichtungsmessung und Stromversorgung durch Solarzellen für Wetterstation. Das Flügelradanemometer nach Bild 1.6.4-4 arbeitet mit einem Induktivgeber, der eine Frequenz erzeugt, die in ein elektrisches Normausgangsignal umgewandelt wird.

Bei *elektrischen Anemometern* nach Bild 1.6.4-5 wird die Drehzahl des Flügels im Meßkopf elektronisch durch Lichtschranken abgetastet. Die Lichtimpulse werden elektronisch gezählt und angezeigt. Flügelrad mit Schnappkopf auswechselbar für Flügelraddurchmesser von 15 bis 80 mm. Flügelrad auch für Wassereinsatz lieferbar (0,02...10 m/s). Außer

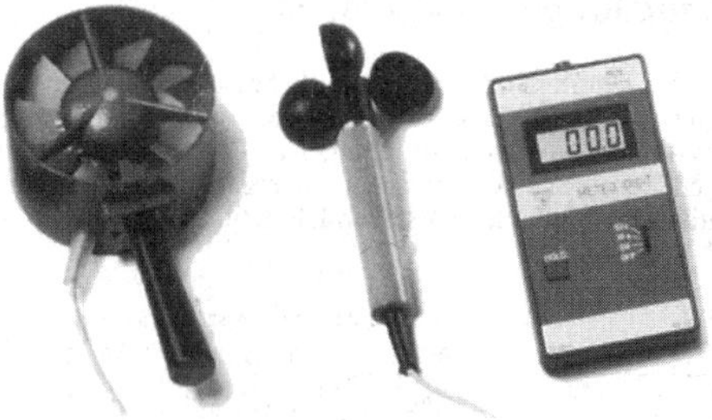

Bild 1.6.4-4. Flügelrad- und Schalenkreuzanemometer mit elektrischem Ausgang und digitalem Anzeigegerät. Meßbereich Flügelrad 0,4...20 oder 0,7...50 m/s, Schalenkreuz 1,1...90 m/s (Lambrecht).

Momentanwert auch umschaltbar für Mittelwert der Geschwindigkeit über 22 s. Außerdem Anzeige der Temperatur. Der mechanische Anlaufwert wird elektronisch kompensiert. Stromversorgung durch Batterie. Auch mit digitaler Anzeige oder Schnittstelle RS 232 oder V 24 für Mikroprozessor-Datenverarbeitung erhältlich.

Meßbereich elektrischer Anemometer 0,2...100 m/s.

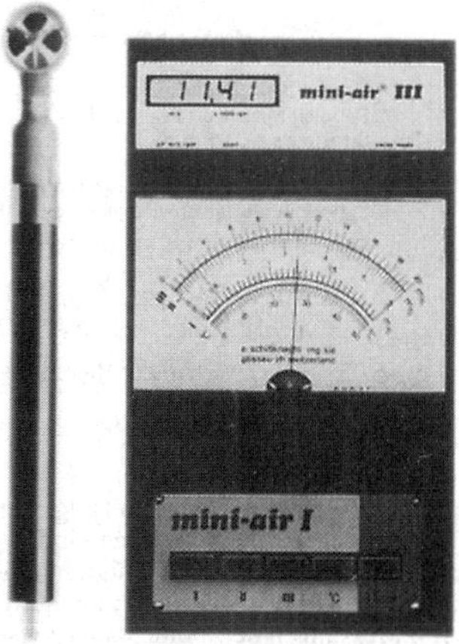

Bild 1.6.4-5. Direkt anzeigendes fotoelektrisches Flügelrad-Anemometer (Schiltknecht, Gossau, Schweiz).

-4 Laser-Doppler-Geräte

Arbeitsprinzip: Ein Laserstrahl wird in zwei sich kreuzende Strahlen aufgeteilt. Der Kreuzungspunkt ist der Meßpunkt. Von der Strömung mitzutragende Partikel reflektieren das Streulicht, das infolge der Partikelbewegung auf dem Lichtempfänger einen Doppler-Effekt als Maß der punktförmigen Geschwindigkeit des Partikels ergibt. Dies ist vorteilhaft für das Ausmessen von Strömungsprofilen.

Eine mittlere Strömungsgeschwindigkeit entsteht aus sehr vielen Einzelmessungen. Für alle Messungen ist ein Glasfenster über dem gesamten Rohrquerschnitt erforderlich.

Anwendung vorzugsweise im Laborbetrieb, z.B. als Volumennormal, da Apparatur und Auswertung sehr aufwendig, aber auch für Messung von Raumluftgeschwindigkeiten.

-5 Messung der Raumluftgeschwindigkeit[1]

Die Luftbewegung in Räumen ist durch regellose örtliche und zeitliche Schwankungen der Luftgeschwindigkeit nach Richtung und Größe gekennzeichnet. Sie werden nicht nur durch Luftdurchlässe, sondern auch durch Konvektionsströmungen an Personen und Geräten, Heizkörpern, Leuchten, Wänden, Fenstern usw. verursacht und ergeben ein sehr komplexes Bild, das sich nur durch statistische Methoden darstellen läßt (Bild 1.6.4-6).

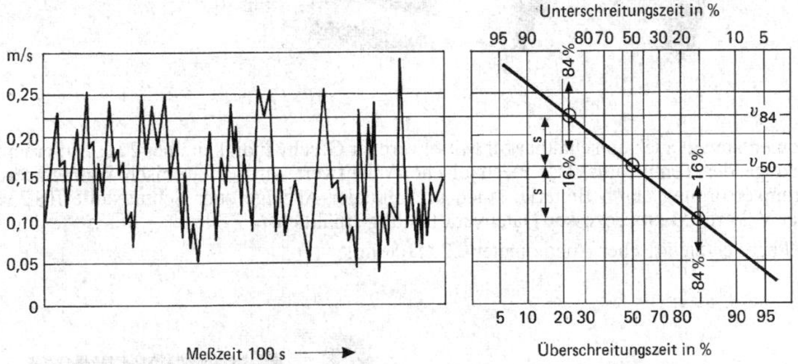

Verlauf der Raumluftgeschwindigkeit
Beispiel: Mittelwert v_{50} = 0,16 m/s,
Streuung s = 0,06 m/s

Geschwindigkeitsverlauf im Wahrscheinlichkeitsnetz; s = Streuung

v_{50} = Raumluftgeschwindigkeit, die zu 50% der Zeit unterschritten wird
v_{84} = Raumluftgeschwindigkeit, die zu 84% der Zeit unterschritten wird

Standardabweichung $s = v_{84} - v_{50}$

$$\text{Turbulenzgrad Tu} = \frac{v_{84} - v_{50}}{v_{50}} \cdot 100 = \frac{s}{v_{50}} \cdot 100$$

Bild 1.6.4-6. Zeitlicher Verlauf der Raumluftgeschwindigkeit. Definition von Mittelwert, Streuung und Turbulenzgrad.

Durch Untersuchungen hat man festgestellt, daß in der Mehrzahl der Fälle die Verteilung der Schwankungen der Luftgeschwindigkeit um einen *Mittelwert* nach der *Normalverteilung* (Gaußsche Verteilung) erfolgt. Für die Auswertung der Messungen wird das Stichprobenverfahren verwandt. In einer Zeit von mindestens 100 s werden mehr als $n = 100$ Messungen der momentanen Geschwindigkeit v durchgeführt.

Der arithmetische Mittelwert ist $\bar{v} = \frac{1}{n} \Sigma\, v_i$

Die mittlere Abweichung, die *Streuung* (oder Standardabweichung) ist $s = \sqrt{\frac{\Sigma (\bar{v} - v_i)^2}{n-1}}$

Durch Mittelwert und Streuung ist die Raumluftgeschwindigkeit gekennzeichnet.

Der Mittelwert $\bar{v}$ wird oft auch mit v_{50} bezeichnet, während $v_{50} + s = v_{84}$ genannt wird, weil diese Geschwindigkeit zu 84% der Zeit u n t e r schritten wird. Hieraus abzuleitender Turbulenzgrad siehe Bild 1.6.4-6 und Abschnitt 1.2.4-1.

An die *Meßgeräte,* meist thermische Anemometer, sind besondere Anforderungen zu stellen bez. dynamischen Verhaltens, Temperaturkompensation, Richtungsabhängigkeit u.a. Nach DIN 1946 T2 muß der Geschwindigkeitsfühler eine *Zeitkonstante* (t 63) kleiner als 0,2 s haben. Meßzeit ≧ 100 s. Meßbereich 0,1 bis 1 m/s. Vollständige Temperaturkompensation im Bereich ±4 K.

---

[1]) VDI-Richtlinie 2080 (04.96) und DIN 1946 T2 (01.94).
Laabs, K.-O.: VDI-Bericht 353 (1980). S. 5/13.
Gräff, B.: DKV-Bericht 1979. S. 445/59.

Wegen der unterschiedlichen Eigenschaften der verwendeten Meßsonden können die Ergebnisse der Messungen in gewissen Grenzen Unterschiede aufweisen. Moderne mikroelektronische Meßgeräte mit Konstanttemperatur-Hitzdraht und Temperaturkompensation zeigen Bild 1.6.4-7 und Bild 1.6.4-8.

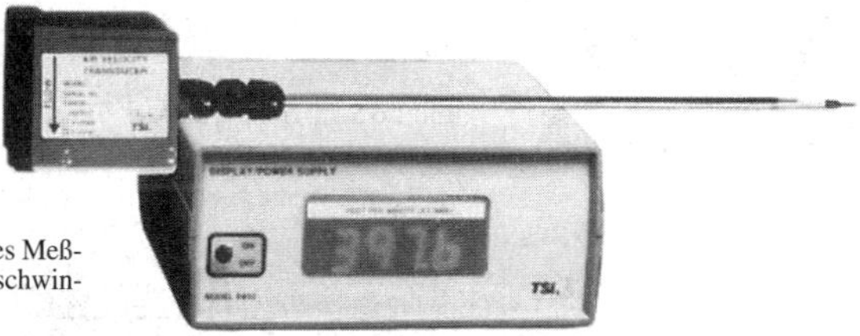

Bild 1.6.4-7. Tragbares Meßgerät für Raumluftgeschwindigkeit (TSI).

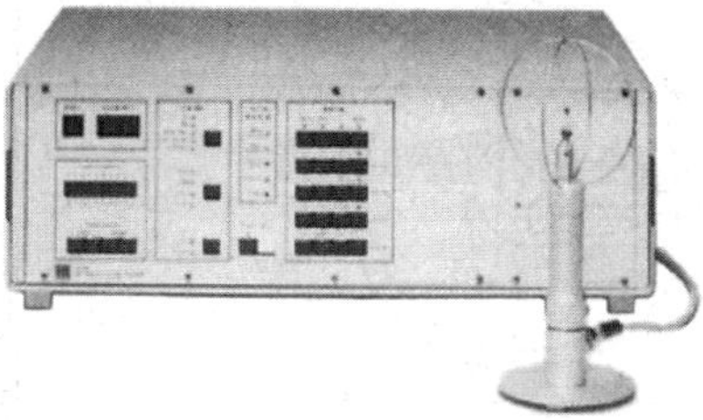

Bild 1.6.4-8. Meßgerät für Raumluftgeschwindigkeit für Labormessungen. Mit Auswertcomputer und Schnittstelle für weitere Datenverarbeitung (DANTEC).

1.6.5 Mengen- und Durchflußmessung

-1 Wägung und Ausmessung

ist die einfachste Mengenmeßmethode. Zwei Gefäße werden abwechselnd gefüllt und geleert und die benötigte Zeit festgestellt.

-2 Trommelzähler

sind nur für offene drucklose, kleine Flüssigkeitsmengen geeignet. *Trommelmesser* (Bild 1.6.5-1) bestehen aus einem Gehäuse mit einer Meßtrommel, deren Meßkammern während der Drehung sich langsam füllen und entleeren. Die Drehbewegung wird dadurch hervorgerufen, daß die zulaufende Flüssigkeit den Schwerpunkt dauernd seitlich verlegt. Übertragung auf Zählwerk. Für Kondensatmessung geeignet. Genauigkeit beider Geräte sehr groß. Keine kontinuierliche Messung.

-3 Gaszähler

arbeiten ebenfalls nach dem volumetrischen Prinzip. Sie werden als trockene und nasse Zähler gebaut (Bild 1.6.5-2).

Die *nassen Gaszähler* enthalten im Innern des bis über die Hälfte mit Wasser gefüllten Meßraumes eine mit vier Kammern versehene Trommel (Crosley-Trommel). Diese dreht sich infolge des geringen einseitigen Gasüberdruckes langsam um ihre Achse, wobei sich die einzelnen Kammern entleeren und wieder füllen.

Da diese nassen Zähler wegen der Flüssigkeitsfüllung regelmäßige Wartung verlangen, sind sie im Haushalt allmählich durch die trockenen Zähler verdrängt worden. Verwendung nur noch für Versuchszwecke, sehr genau.

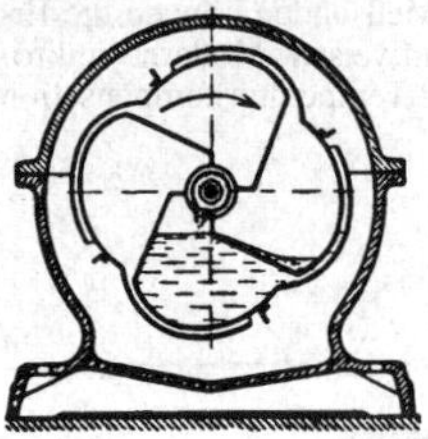

Bild 1.6.5-1. Trommelmesser.

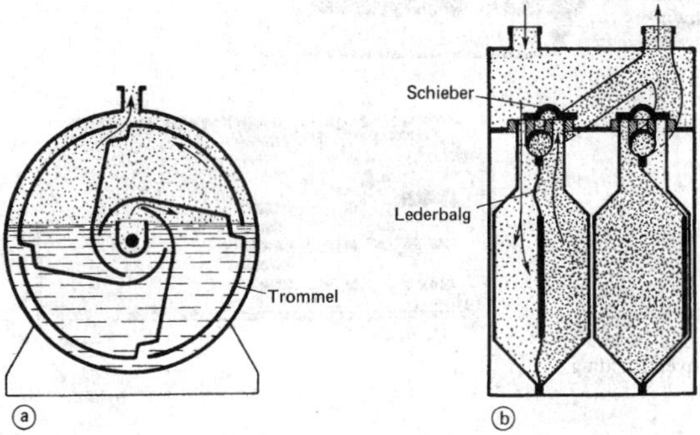

Bild 1.6.5-2. Gaszähler a) Nasser Gaszähler b) Trockener Gaszähler

Die *trockenen Gaszähler* haben in einem viereckigen Blechgehäuse zwei als Meßräume dienende Lederbälge, die sich abwechselnd füllen und entleeren. Die hin und her gehende ziehharmonikaähnliche Bewegung wird auf ein Zählwerk übertragen. Verwendung hauptsächlich als *Haushaltsgasmesser.* Druckverlust bei kleinen Mengen 10 bis 20 Pa, bei Vollast 80 bis 100 Pa. Größte Leistung etwa 500 m³/h. Meßgenauigkeit etwa 1% des Bereichendwertes.

-4 Verdrängungszähler

sind dadurch gekennzeichnet, daß sie eine bewegliche Meßkammer besitzen, die durch das Strömungsmedium angetrieben wird und mit einem Zählwerk verbunden ist.

Hubkolbenzähler verwenden einen in einem Zylinder hin- und hergehenden Kolben, durch den die Flüssigkeit verdrängt wird. Seltene Ausführung.

Drehkolbenzähler, die besonders für Gasmessungen geeignet sind, enthalten 2 Drehkolben, die durch Zahnräder untereinander verbunden sind und durch den Gasstrom in Umdrehung versetzt werden (Bild 1.6.5-3). Schmutzempfindlich.

Ovalradzähler. Hier sind in der Meßkammer 2 ovalförmige, durch Zahnräder miteinander verbundene Verdrängungskörper vorhanden (Bild 1.6.5-4).

Ringkolbenzähler enthalten in der Meßkammer einen exzentrisch gelagerten Kolben, der durch den Druck des Mediums in Drehung versetzt wird (Bild 1.6.5-5).

Die Verdrängungszähler, zu denen auch die Gaszähler gehören, eignen sich für Warm- und Kaltwasser-Kondensat, Kraftstoffe aller Art sowie Gase.

Hohe Genauigkeit, eichfähig. Auch für sehr kleine Durchflüsse, z.B. Heizöl für Kessel und Ölöfen, und für große Gasströme bis zu 60000 m³/h. Keine Einlaufstrecke erforderlich.

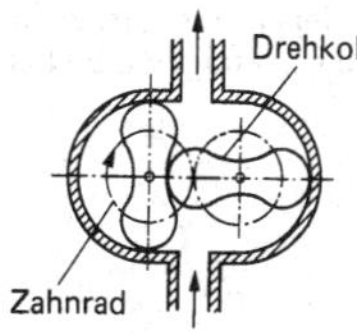

Bild 1.6.5-3. Prinzip des Drehkolbenzählers.

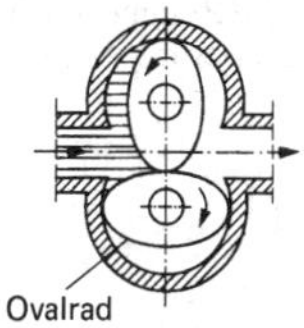

Bild 1.6.5-4. Prinzip des Ovalradzählers.

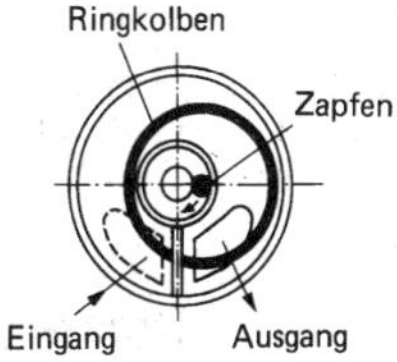

Bild 1.6.5-5. Prinzip des Ringkolbenzählers.

-5 Flügelradzähler

haben eine große Verbreitung zur Messung von Flüssigkeitsmengen gefunden (Bild 1.6.5-6). Meßorgan ist ein senkrecht gelagertes, tangential angeströmtes *Flügelrad,* das durch den Flüssigkeitsstrom in Drehung gesetzt wird. Die Umdrehungen der Achse werden durch ein Räderwerk auf ein Zählwerk übertragen. Man unterscheidet *Naßläufer,* bei denen Getriebe und Zeigerwerk innerhalb der Flüssigkeit liegen, und heute überwiegend verwendeten *Trockenläufer,* bei denen nur die schnellaufenden Räder in Hartmetall-Saphir gelagert im Wasser und die übrigen Teile (Getriebe) im trockenen Außenraum liegen. Übertragung der Drehbewegung durch Magnetkupplung. Für Heißwasserzähler temperaturbeständige Werkstoffe. Bei Einbau Druckverlustkurven beachten. Verwendung als Wasserzähler und Geber für Wärmezähler in Wohnungen und Häusern. Keine Einlaufstrecke notwendig. Meßfehler ± 3 bis 5%, bei viskosen Medien (z.B. Wasser-Glycol-Gemischen) höher.

Eine besondere Bauart der Flügelradzähler sind die *Woltman-Zähler* (Turbinenzähler), bei denen das axial angeströmte Meßrad mehrere steilgängige, schraubenförmige Flügel mit waagerechter Achse besitzt. Besonders als Hauptwassermesser verwendet (Bild 1.6.5-7).

Derartige Turbinenzähler werden heute mit berührungslosem Meßwerk hergestellt. Dabei wird in einer außen befindlichen Abtastspule durch jeden vorbeidrehenden Flügel ein Spannungsimpuls induziert. Anzahl der Impulse ergibt den Volumenstrom. Fernübertragung möglich.

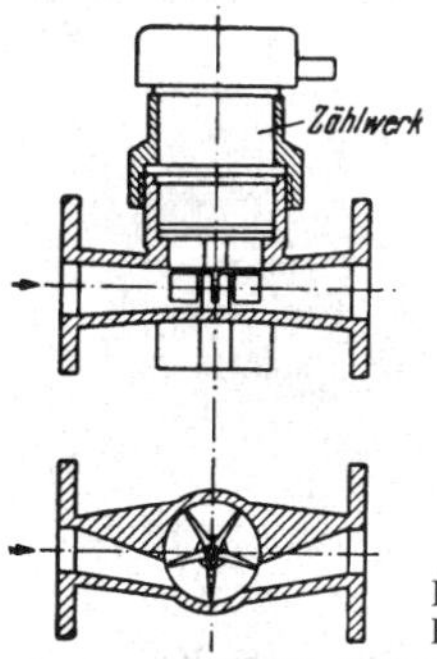

Bild 1.6.5-6. Flügelradmesser.

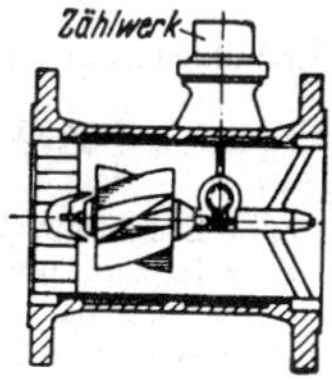

Bild 1.6.5-7. Turbinen-Zähler (Woltman-Zähler).

-6 Schwebekörper-Durchflußmesser

Diese Instrumente enthalten in einem besonders geformten sich nach oben erweiternden Rohr einen Schwebekörper, der durch den Flüssigkeits- oder Gasstrom entgegen der Schwerkraft so weit gehoben wird, daß er schwebt. Durch geeignete Formgebung des Schwebekörpers und des Rohres läßt sich erreichen, daß der Hub proportional dem Fluidstrom ist. Die Geräte sind sowohl für Flüssigkeiten wie Gase und Dämpfe verwendbar, müssen jedoch für jeden Stoff kalibriert werden. Dazu stehen vom Hersteller Kalibrierkurven zur Verfügung. Sie werden mit induktivem Längenfühler als Anzeige- und Schreibgeräte geliefert. Bekannte Bauarten sind die Rotamesser (Bild 1.6.5-8). Neben einer örtlichen Anzeige ist auch Fernanzeige und Registrierung möglich. Meßbereich von einigen ml/h bis etwa 600 m^3/h Luft, 40 m^3/h Wasser.

-7 Drosselgeräte

Die Volumenstrommessung mittels dieser Geräte beruht auf der Messung des *Druckunterschiedes,* der vor und hinter einer Drosselstelle bei der Strömung in einem Rohr eintritt (siehe Abschnitt 1.4.3 und Bild 1.6.5-9). Dieses Meßverfahren (Wirkdruckverfahren) ist für alle Flüssigkeiten, Gase und Dämpfe bei beliebigen Temperaturen und Drücken verwendbar und liefert sehr genaue Ergebnisse. Für die Messung mit *Blenden* und *Düsen* als Drosselstellen sind vom VDI Regeln aufgestellt worden, in denen alles für die Ausführung Wichtige zusammengestellt ist[1)].

Bild 1.6.5-8. Schwebekörper-Durchfluß-messer (Rota).

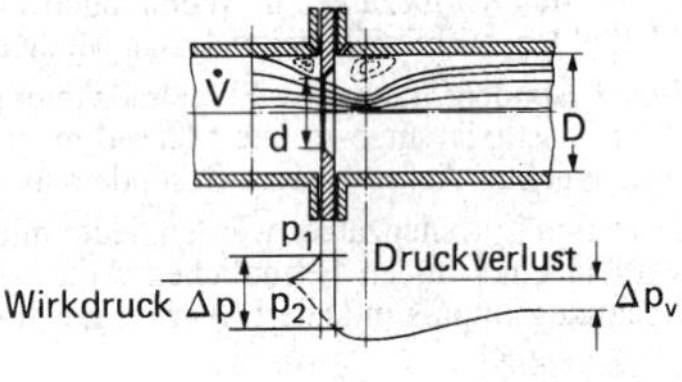

Bild 1.6.5-9. Druckverlauf bei einer Blende.

Der Volumenstrom ist

$$\dot{V} = \alpha\,\varepsilon\,\frac{\pi}{4}\,d^2\sqrt{2\Delta p/\varrho} \quad \text{in } m^3/s$$

α = Durchflußzahl (Tafel 1.4.3-1)
ε = Expansionszahl (DIN EN ISO 5167 T1)
d = Durchmesser der Drosselstelle in m
Δp = Wirkdruck in Pa
ϱ = Dichte in kg/m^3

Zur vollständigen Meßeinrichtung gehören:

das *Drosselgerät* (Blende, Düse, Venturirohr),
ein *Differenzdruckmesser* (Manometer) zur Messung des Druckunterschiedes,
die *Druckübertragungsleitung* von der Meßstelle zum Manometer.

Als Drosselgeräte werden verwendet (siehe Abschn. 1.4.3):

Blenden sind Scheiben mit scharfer Kante an der Einlaufseite.
Düsen haben abgerundete Einlaufkanten.
Venturirohre bestehen aus einer konischen Verjüngung mit anschließender konischer Erweiterung.

Als Differenzdruckmesser können beliebige Druckmesser verwendet werden.

1) VDI-Durchfluß-Meßregeln. DIN EN ISO 5167 T1 (11.95).

Die *Auswahl* der geeigneten Drosselgeräte erfolgt nach technischen und wirtschaftlichen Gesichtspunkten. Die Blende ist am billigsten, verursacht aber den größten Druckverlust. Die Düse hat geringeren Druckverlust, noch geringeren hat das Venturirohr, das jedoch wegen höheren Preises und größerer Einbaulänge nicht so allgemein verwendet wird wie Blenden und Düsen.

Einen vornehmlich für Fernheizungen konstruierten Durchflußmesser zeigt Bild 1.6.5-10. Der Druckgeber ist eine Normblende, Druckmesser ein Membrangerät, Anzeige direkt in m^3/h. Die Kraftwirkung des Differenzdrucks wird durch 2 Federn kompensiert; die Übertragung auf den Zeiger erfolgt durch eine Magnetkupplung.

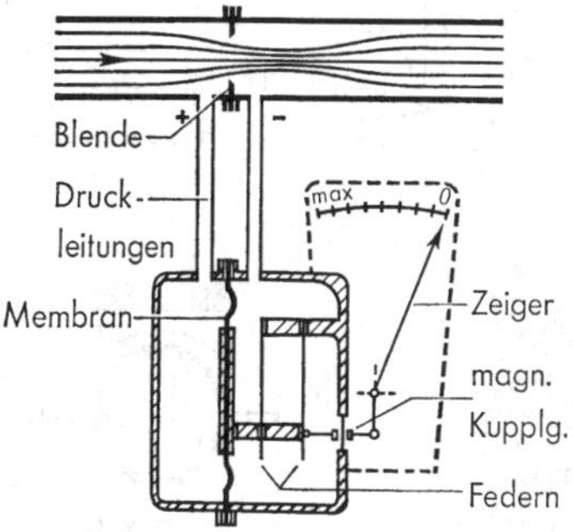

Bild 1.6.5-10. Durchflußmesser mit Membran-Meßwerk (Media von Samson, Frankfurt a. M.). Links: Schema. Rechts: Ansicht.

Für Fernanzeige, Registrierung auf Schreibern sowie für Regelungen werden elektrische oder pneumatische *Meßwertumwandler* (Transmitter) verwendet. Deren Eingangssignal ist der Wirkdruck des Drosselgerätes, während sich auf der Ausgangsseite ein elektrischer Strom bzw. ein Steuerdruck einstellt.

Zu beachten ist, daß alle Drosselgeräte vor und hinter der Einbaustelle gewisse geradlinige Rohrstrecken erfordern, die in DIN EN ISO 5167 T1 in Vielfachen des Durchmessers angegeben sind.

-8 Ultraschallverfahren[1)]

Es wird die Phasen- oder Laufzeitdifferenz von Schallwellen stromaufwärts und stromabwärts gemessen. Da die Laufzeit der Schallwellen gegen die Strömungsrichtung größer ist als mit der Strömung, ergibt sich eine Zeitdifferenz, woraus sich die mittlere Geschwindigkeit und damit der Volumenstrom ergeben. Anwendung für alle Flüssigkeiten; z.B. als Volumenmeßteil eines Wärmezählers (Bild 1.6.5-12). Niedrige Anlaufwerte bei Nenndurchflüssen von 0,75…3 m^3/h. Hohe Meßgenauigkeit. Auch als Anlegezähler erhältlich, jedoch Fehleranfällig. Ein- und Auslaufstrecke für exakte Messung notwendig. Ab DN 80 Messung auch in Zweispurtechnik. Dadurch hohe Redundanz gegeben (Bild 1.6.5-11, Danfoss). Weitere Vorteile: Digitales Durchflußprinzip ohne Nullpunktdrift, kein Druckabfall, zwei Fließrichtungen, Eichung kalt bis DN 700.

-9 Induktionsverfahren

Die Flüssigkeit in einem nicht magnetisierbaren Rohrstück durchströmt ein senkrecht zum Rohr angeordnetes Magnetfeld und erzeugt dabei eine Spannung, die dem Durchfluß proportional ist. Flüssigkeit muß eine Mindestleitfähigkeit (ca. 200 μS/cm) besitzen, was auf

1) Claus, D.: TAB 3/88. S. 197/9.

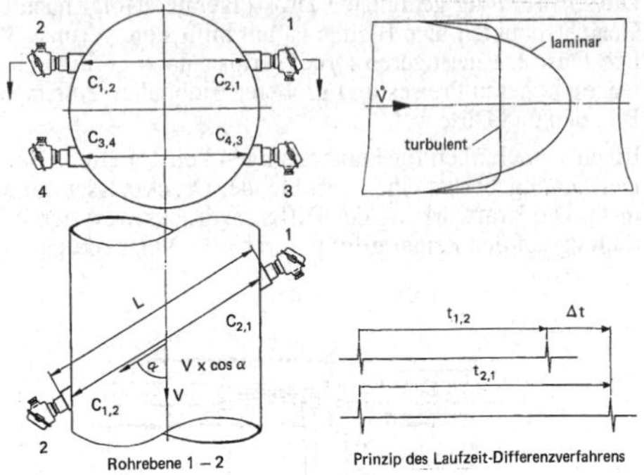

Bild 1.6.5-11. Durchflußmessung mit Ultraschall. Anordnung der Schallspuren im Bereich gleicher Fließgeschwindigkeiten bei rotationssymmetrischen laminaren und turbulenten Strömungsprofilen.

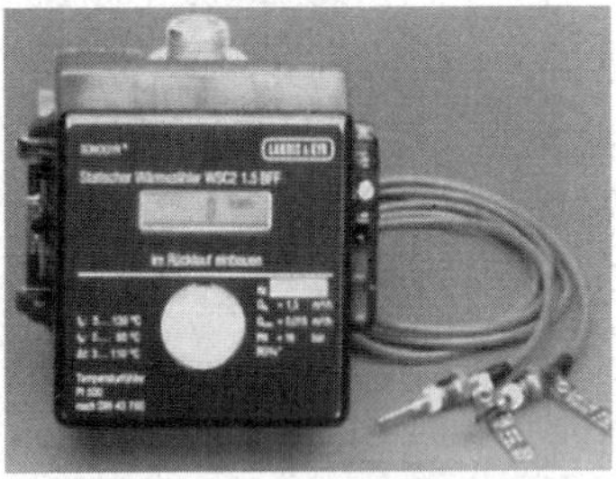

Bild 1.6.5-12. Batterie- oder netzgespeister Ultraschall-Wärmezähler (Landis & Gyr).

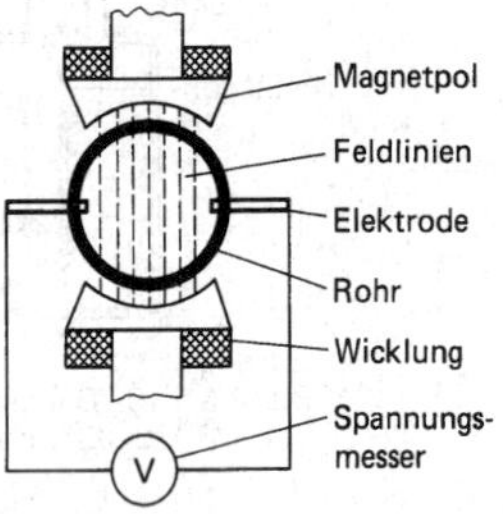

Bild 1.6.5-13. Prinzip der induktiven Durchflußmessung.

die meisten Flüssigkeiten, aber meist nicht bei Heizwasser, zutrifft (Bild 1.6.5-13). Kein Druckverlust, hohe Meßgenauigkeit, Mindestgeschwindigkeit in der Rohrleitung 2 m/s. Ein- und Auslaufstrecke für exakte Messung erforderlich.

-10 -Volumenstrommessung in Kanälen[1)]

-10.1 Netzmessung

Bei dieser Methode werden die Geschwindigkeiten an mehreren, über den Querschnitt verteilten Stellen gemessen und der Mittelwert gebildet (VDI 2080 [04.96]).

Beim *Kreisquerschnitt* (Bild 1.6.5-14) teilt man die Kreisfläche in mehrere flächengleiche Kreisringe und mißt die Geschwindigkeit in den sogenannten Schwerlinien *(Schwerlinien-Verfahren).* Mittlere Geschwindigkeit ist der arithmetische Mittelwert. Bei z.B. 5 Teilflächen sind die Rohrwandabstände der Meßpunkte aus Tafel 1.6.5-1 ersichtlich. Eine andere Methode ist das *Log-Linear-Verfahren,* das bei größerem Grenzschichtanteil am Querschnitt angewendet wird. Bei Messung im Kreisquerschnitt auf mindestens zwei zueinander senkrechten Durchmessern 3 bis 5 Messungen auf einem Radius je Kreissegment.

Bei Rechteckquerschnitten teilt man die Fläche in eine angemessene Zahl von Teilflächen und mißt die Geschwindigkeit in definierten Punkten. Gut geeignet ist die „Log-36 Punkt-Regel"[2)], nach der die Geschwindigkeit an 36 Punkten gemessen wird (Bild 1.6.5-15) und

1) Wieland, H.: HLH 4/84. S. 161/5 u. 6/84. S. 266/70.
2) Richter, W.: HLH Bd. 21, Nr. 4 (1970), S. 119/125.

Tafel 1.6.5-1 Wandabstand der Meßpunkte bei dem Schwerlinien-Verfahren

x/D bei 5 Meßstellen	x_1/D	x_2/D	x_3/D	x_4/D	x_5/D
	0,026	0,082	0,146	0,226	0,342

danach die arithmetische mittlere Geschwindigkeit gebildet wird. Dieser Wert wird mit dem Kanalquerschnitt multipliziert, um den Volumenstrom zu ermitteln.

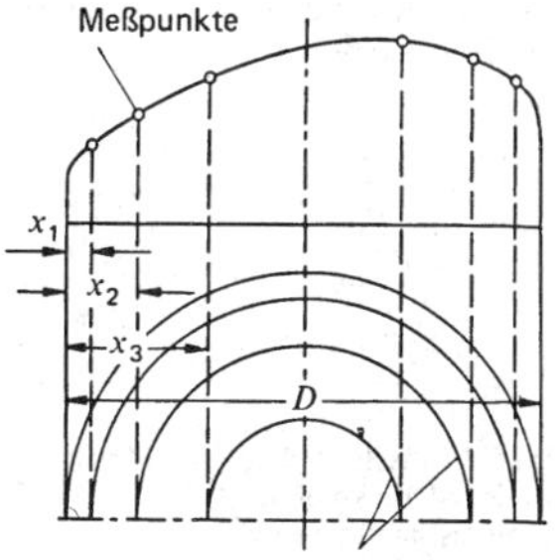

Bild 1.6.5-14. Messung der mittleren Geschwindigkeit bei Kreisquerschnitten.

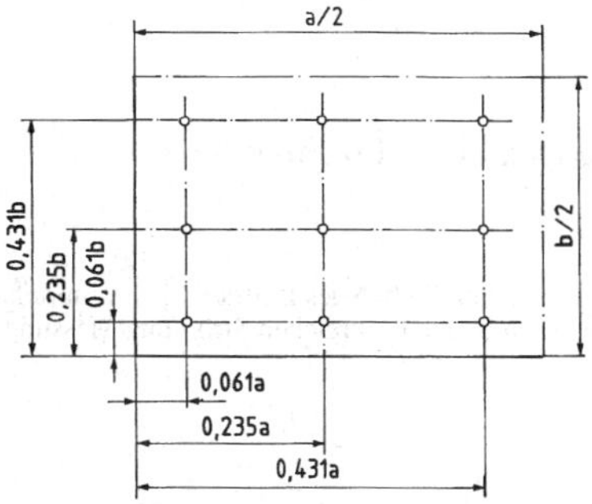

Bild 1.6.5-15. „Log-36 Punkt-Regel“

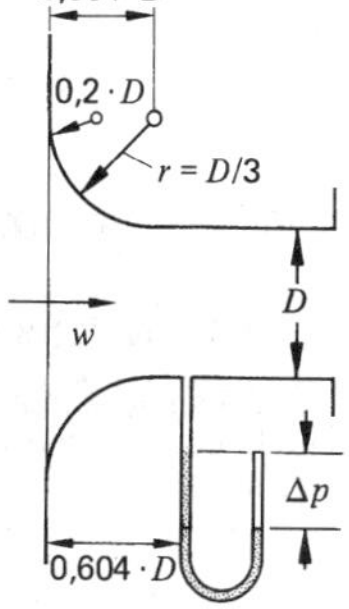

Bild 1.6.5-16. Messung der mittleren Geschwindigkeit mittels Einlaufdüse.

-10.2 Schleifenmethode

In großen Kanälen oder hinter Filtern und Wärmeaustauschern kann man die mittlere Geschwindigkeit dadurch ermitteln, daß man ein Flügelradanemometer mit gleichmäßiger geringer Geschwindigkeit in mehreren Schleifen über den gesamten Querschnitt bewegt. Zweimalige Messung erforderlich. Bei rasch veränderlichen Geschwindigkeiten ist Meßwert zu hoch, ebenso wenn Querschnitt des Flügelrades größer als 1% des Leitungsquerschnitts (VDI 2080).

-10.3 Einlaufdüse

Bei frei ansaugenden Ventilatoren mißt man den Volumenstrom mit einer gut abgerundeten Einlaufdüse an der Saugseite. Geschwindigkeit $w = \sqrt{2\Delta p/\varrho}$.

Δp = statischer Unterdruck in Pa (Bild 1.6.5-16).

-10.4 Blenden und Düsen

siehe Abschnitt 1.6.5-7.

-10.5 Einpunktmessung

Bei Messung der Luftgeschwindigkeit w_{max} an der Mittelachse eines Rohres ist die mittlere Geschwindigkeit $w_m \approx (0{,}80 \ldots 0{,}85)\ w_{max}$. Vorausgesetzt ist symmetrische, voll ausgebildete turbulente, drallfreie Strömung (s. Abschnitt 1.4.7).

-10.6 Staukörper[1)]

Bei über den Querschnitt ungleichmäßig verteilter Geschwindigkeit kann man *Stausonden* verwenden, die an mehreren Stellen gleichzeitig messen und den Staudruck ausmitteln. Formen der Sonden sind: Kreis, Kreuz, Gitter, Leiste o. ä. (Bild 1.6.5-17).

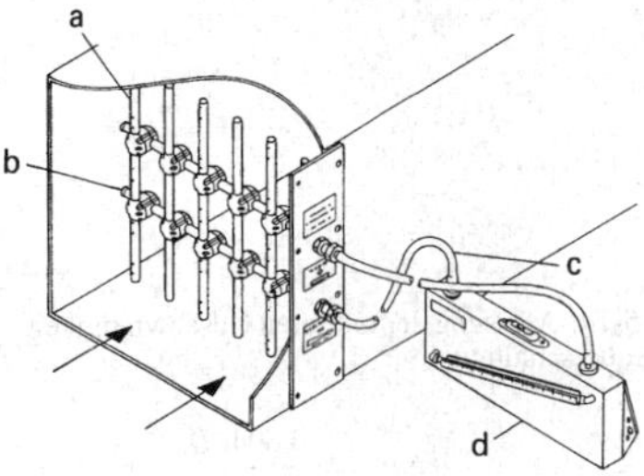

Bild 1.6.5-17. Wilson-Staugitter (Airflow).
a Staugitter-Druckmeßrohr
b Staugitter-Sammelrohre
c Verbindungsschläuche
d Manometer

-11 -Volumenstrommessung an Luftdurchlässen[2)]

-11.1 Netzmessung

Man mißt an mehreren, über den Querschnitt verteilten Stellen des Luftdurchlasses mittels Staurohr oder Anemometer. Wegen der meist wirbel- und drallreichen Strömung Messung ungenau.

-11.2 Meßtrichter-Verfahren

Auf den Luftdurchlaß wird ein Meßtrichter gesetzt, eventuell mit Gleichrichter (Bild 1.6.5-18 und Bild 1.6.5-19). Die Luftgeschwindigkeit wird an der engsten Stelle gemessen. Gute Ergebnisse, wenn der Widerstand des Luftdurchlasses groß ist im Verhältnis zu dem des Trichters. Gegebenenfalls Korrektur des Meßergebnisses.

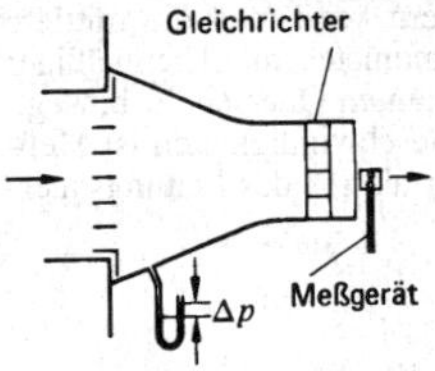

Bild 1.6.5-18. Volumenstrommessung an einer Zuluftöffnung mittels Meßtrichter.

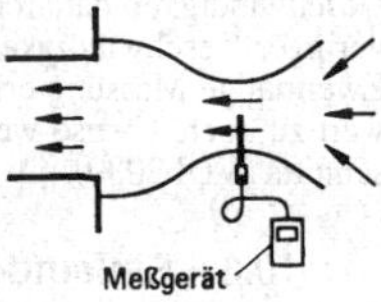

Bild 1.6.5-19. Volumenstrommessung bei einer Abluftöffnung.

---

1) Presser, K. H.: HLH 4/86. S. 209/16, 8/86. S. 419/25 u. Tab. 1/89. S. 45/50.
2) Presser, K.-H.: HLH 3/81. S. 98/107.

-11.3 Druckmeßmethode

Am Luftdurchlaß wird mit speziell angepaßten Meßeinrichtungen (Meßplättchen) ein kleiner Teil der Austrittsfläche versperrt und der Staudruck gemessen (Bild 1.6.5-20) oder es wird mit speziell geformten Sonden an definierten Stellen des Luftdurchlasses der Staudruck bestimmt. An Kalibrierkurven (vom Luftdurchlaßhersteller) kann der Volumenstrom als Funktion des Meßdruckes abgelesen werden. Vorteil: einfache Messung mit guter Genauigkeit vom Raum her möglich, jedoch Meßeinrichtung und Kalibrierkurve fabrikats- und größenabhängig notwendig.

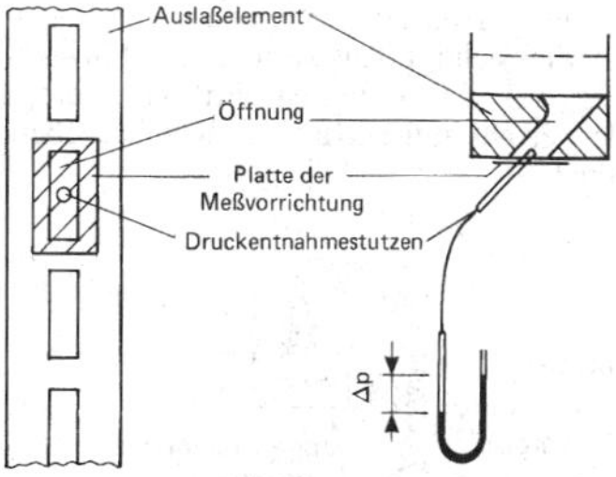

Bild 1.6.5-20. Volumenstrommessung – Druckmeßmethode (Krantz-TKT).

-11.4 Nullmethode[1)]

Die Luft wird mit einem regelbaren Hilfsventilator aus einer am Luftdurchlaß angebrachten Meßkammer so gesaugt, daß in der Meßkammer Atmosphärendruck herrscht. Zwischen Meßkammer und Ventilator Normblenden oder Düsen zur genauen Messung. Gute Ergebnisse, aber aufwendig, da geeignete Geräte noch nicht zur Verfügung stehen.

1.6.6 Wärmemengenmessung[2)]

Wärmezähler sind eichpflichtig. Die Bauart muß PTB-zugelassen und das Einzelgerät geeicht sein. Zulassungsanforderungen siehe PTB-Mitteilungen 92 (1982). Andernfalls kann im Gültigkeitsbereich der Heizkosten-VO vom Nutzer 15% von den Wärmekosten abgezogen werden.

-1 Heizungsanlagen[3)]

-1.1 Direkte Meßverfahren

zur physikalisch exakten Messung des Wärmeverbrauchs.

Bei *Dampfheizungen* kann man entweder die Dampfmenge oder die Kondensatmenge messen. Bei bekanntem Dampfzustand ist hieraus der Wärmestrom leicht zu berechnen. Zur Dampfmengenmessung werden Drosselgeräte (Blenden, Düsen, Venturirohre) verwendet,

---

[1)] Presser, K. H.: HLH 2/78. S. 59/68.
[2)] Kreuzberg, J.: Fernwärme 2/80. S. 68/71.
Goettling, D., u. F. Kuppler: Ki 10/80. S. 409/12.
Sauer, E.: HLH 2/82. S. 61/8.
[3)] DIN 4713 (12.80): Verbrauchsabhängige Wärmekostenabrechnung.
DIN EN 834 (11.94) u. DIN EN 835 (04.95): Heizkostenverteiler für die Verbrauchswerterfassung von Raumheizflächen.
DIN EN 1434 (04.97): Wärmezähler.
Zöllner, G., u. a.: Ges.-Ing. 1/82. S. 11/19 u. HLH 12/80. S. 441/4.
TAB 9/83. S. 747 (Wärmezähler).
Beedgen, O.: Wärmetechn. 1/84. S. 8.
Kreuzberg, J.: HLH 7/84. S. 307/16.

oder Schwimmermesser, siehe Abschnitt 1.6.5-7. Zur Kondensatmessung dienen Trommelzähler nach Abschnitt 1.6.5-2. Derartige Meßgeräte gibt es als Flügelradzähler auch in sehr kleinen Ausführungen, die für die Kondensatmessung einzelner dampfgeheizter Wohnungen verwendet werden können.

Bei *Wasserheizungen*[1]) ist die genaue Messung der gelieferten Wärme schwieriger. Das Prinzip aller Wärmezähler beruht auf der Messung des Produktes von Wassermassenstrom und Enthalpiedifferenz zwischen Vorlauf und Rücklauf. Für die Mengenmessung werden dabei Flügelrad- oder Drosselgeräte verwendet, während die Temperaturdifferenz zwischen Vorlauf und Rücklauf durch Thermoelemente, Widerstandsthermometer angezeigt wird (Bild 1.6.6-1). Die Produktbildung beider Meßgrößen erfolgt heute überwiegend elektrisch. Die von der Temperatur abhängigen Stoffwerte gehen als Korrektur in die Gleichung mit einem Koeffizienten (*k*-Faktor) ein, der die spezifische Dichte und Wärmekapazität abhängig von Vor- und Rücklauftemperatur berücksichtigt. Auswertung meist in *elektronischen* Rechenwerken, Bild 1.6.6-2 u. Bild 1.6.6-3. Das Volumen wird durch einen Heißwasserzähler (Flügelrad- oder Woltmanzähler) erfaßt, mit Hilfe eines Kontaktgebers digitalisiert und an das Rechenwerk weitergegeben[2]).

Bild 1.6.6-1. Teile eines Wärmezählers.

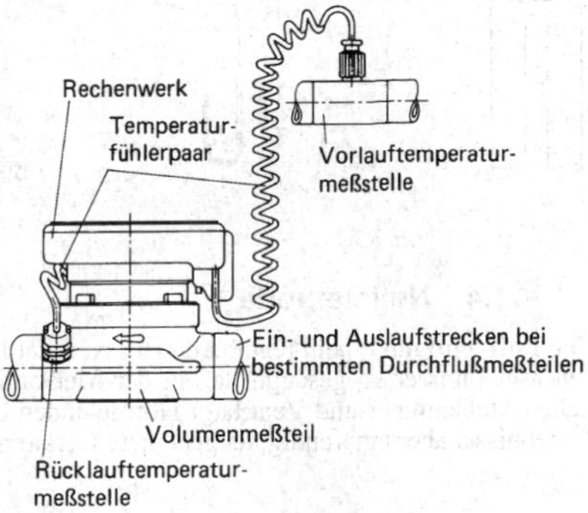

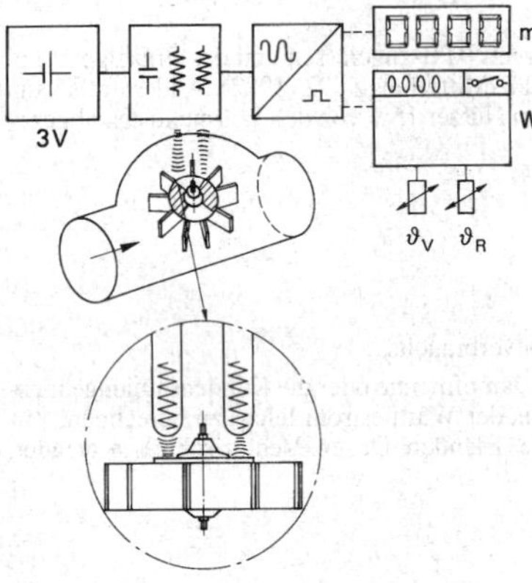

Bild 1.6.6-2. Schematischer Aufbau eines elektronischen Wärmezählers. Volumenmeßteil mit rückwirkungsfreier Hochfrequenz-Flügelradabtastung (Allmess Schlumberger).

Bild 1.6.6-3. Elektronischer Wohnungs-Wärmezähler mit Flügelrad, 2 Platin-Widerstandsthermometern, Kompensation des Wärmekoeffizienten k (k-Faktor) und Batteriebetrieb über 6 Jahre (Spanner-Pollux).

1) Dittrich, G.: Ki 7/8-1981. S. 337/41.
Braun, L.: Wärmetechnik 11/83. S. 393.

2) Stuck, D.: CCI 10/86. S. 27 ff. u. HLH 11/88, S. 497/500.

Die Messung der Vorlauf- und Rücklauftemperatur erfolgt durch Widerstandsthermometer. Für 70/90 °C-Anlagen reichen Pt500- oder Pt1000-Meßelemente aus, während sich in Fernwärmenetzen mit hohen Vorlauftemperaturen Pt100-Fühler mit drahtgewickelten Meßelementen bewährt haben.

Kommt es während des Betriebes zu annähernd sprunghaften Veränderungen der Temperaturen, wie z. B. bei der Warmwasserzapfung im Sommer, so ist auf eine kleine Zeitkonstante der Fühler und der Einbaugarnitur zu achten. Der Wegfall einer Tauchhülse unterstützt dies.

Alle Wärmezähler sind besonders für Einrohrheizungen und horizontale Zweirohrheizungen geeignet. Einbaubeispiel Bild 1.6.6-4. Bei senkrechter Zweirohrheizung meist indirektes Meßverfahren.

Fehlergrenzen werden gem. PTB 92 festgelegt. Beispiel Bild 1.6.6-5. Praktisch etwa ±6%, häufig auch mehr. In einer Heizperiode können auch bei guten Geräten Registrierfehler von ±3% entstehen. Beispiel für den Einbau eines Wärmemeßgerätes bei einer Fernheizung siehe Bild 1.6.6-6.

Bild 1.6.6-4. Einbaubeispiel von Wärmezählern.

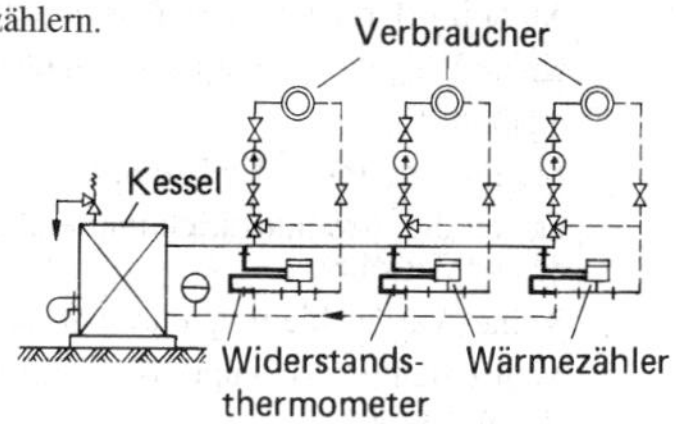

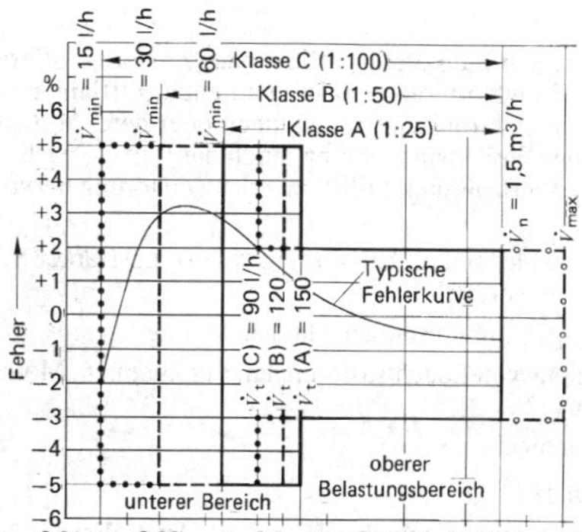

Bild 1.6.6-5. Metrologische Klassen und ihre Eichfehlergrenzen nach PTB 92 am Beispiel eines Flügelradzählers für $\dot{V}_n$ = 1,5 m³/h.

$\dot{V}_n$ = dauernd zulässiger Durchfluß

$\dot{V}_{min}$ = kleinster zulässiger Durchfluß

$\dot{V}_t$ = Übergangsdurchfluß = Grenze zwischen oberem und unterem Belastungsbereich

$\dot{V}_{max}$ = max. Durchfluß. Bereich oberhalb $\dot{V}_n$ ist nicht geeicht.

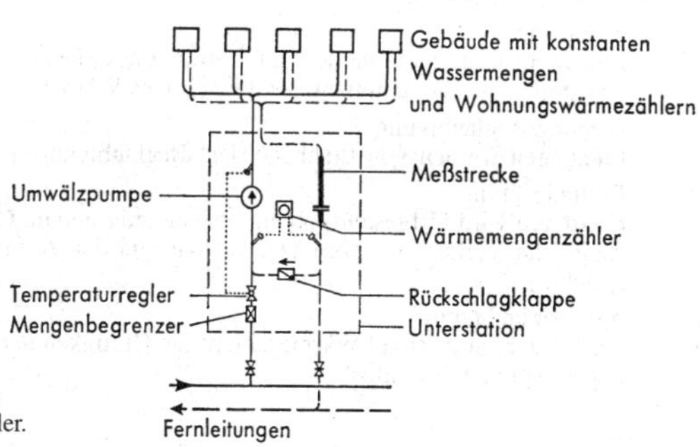

Bild 1.6.6-6. Fernheizungs-Unterstation mit Wärmezähler.

Manchmal werden auch nur *Wasserzähler* (Flügelrad- und Woltmanzähler) verwendet, wenn die Änderung der Vorlauftemperatur alle an das Heizwerk angeschlossenen Abnehmer gleichmäßig betrifft und sie der AVB-FLO unterliegen (Ersatzmeßverfahren). Sonderausführungen für Warmwasser und Heißwasser.

Einbau

Durch ungünstigen Einbau eines Wärmezählers in seinen Meßplatz können zusätzliche Meßfehler auftreten, die unter Nennbedingungen nicht vorhanden sind. Dies kann besonders im Bereich der Temperaturfühler zu erheblichen Erfassungsverlusten führen. Durch folgende Maßnahmen können Einbaufehler verringert werden.

Volumenmeßteil

- Senkrechte Lage der Flügelradachse, d.h. Einbauart horizontal
- Keine Pulsationen oder Luftsäcke
- Keine hydraulischen Störer wie z.B. Ventile oder Bögen
- Montage in der Rücklaufleitung

Elektronisches Rechenwerk

- Nicht im Bereich von Starkstromleitungen oder Hf-Strahlungen
- Keine Umgebungstemperaturen über 50 °C

Temperaturfühler

- Möglichst direkter Einbau in das Medium
- Gegen die Strömungsrichtung einbauen, mit hoher Strömungsgeschwindigkeit entlang des Fühlerrohres
- Keine Wärmeableitung durch große Metallmassen außerhalb der Isolierung
- Meßstellen für Vor- und Rücklauftemperaturen müssen vom gleichen Durchfluß durchströmt werden

Elektromagnetische Verträglichkeit

Elektronische Schaltungen lassen sich durch Fremdfelder stören oder zerstören. Störquellen sind Schaltfunken wie sie z.B. von Kollektormotoren oder von Leuchtstofflampen hervorgerufen werden. Störungen erreichen elektronische Schaltungen oder deren Signalleitungen durch galvanische Kopplung oder Welleneinstrahlung durch die Luft. Je nach Größe der Störleistung können Fehlerkurvenverlagerung, Stillstand oder Zerstörung hervorgerufen werden:

Gegen normale Störungen sind Wärmezähler sicher, bei Vorliegen leistungsstarker Störer müssen besondere Maßnahmen getroffen werden:

- Verlegen abgeschirmter Signalleitungen mit einseitiger Masseableitung
- Montage außerhalb des Einflußbereichs von Leuchtstofflampen, Funkgeräten, Motoren, Personenrufeinrichtungen, Schützen
- Einbau in Schutzschränken aus Eisenblech.

Gesetzliches Meßwesen und Eichpflicht[1)]

Das gesetzliche Meßwesen gehört zum Ordnungsrecht der Wirtschaft. Auch Wärmezähler, die in diesem Rahmen eingesetzt werden, unterliegen der Eichpflicht, worin folgende Schritte enthalten sind:

- Zulassung
  Zulassungsprüfungen werden auf Antrag eines Herstellers von der PTB durchgeführt und stellen die Eichfähigkeit der Bauart eines Wärmezählers fest.
- Eichung/Beglaubigung
  Eichungen werden von Eichbehörden, Beglaubigungen von Prüfstellen durchgeführt.
- Befundprüfung
  Hierdurch wird festgestellt, ob ein beglaubigter und im Gebrauch befindlicher Wärmezähler die Verkehrsfehlergrenzen einhält und den Anforderungen der Zulassung entspricht.
- Nachbeglaubigung
  Nach 5 Jahren läuft bei Wärmezählern die Gültigkeit der Beglaubigung ab, eine Nachbeglaubigung wird fällig.

[1)] Stuck, D.: HLH 11/88. S. 497/500.

-1.2 Indirekte Meßverfahren (Hilfsmethoden)[1)]

Heizkostenverteiler bestimmen die Wärmemenge mittels Temperaturmessung (Heizkörperoberflächen- und ggf. Lufttemperatur) ohne Messung des Volumenstroms. Keine physikalischen Einheiten, sondern lediglich Verteilwerte für den Anteil am Gesamtwärmeverbrauch, der mit einem Wärmezähler ermittelt wurde, zur Betriebskostenaufteilung von Heizungsanlagen. Die Kosten pro abgelesener Einheit sind erst nach Vorliegen aller Ablesewerte und der Gesamtkosten zu ermitteln.

Heizkostenverteiler sind nicht eichfähig und unterliegen auch nicht eichrechtlichen Bestimmungen. Zulassungen nach Heizkostenverordnung (HKVO) obliegt sachverständigen Stellen. Zulassungsfähig sind Geräte, die den anerkannten Regeln der Technik entsprechen (DIN EN 834, 835) oder deren Eignung auf andere Weise nachgewiesen ist.

Einsparung an Heizenergie durch Anreiz für sparsamen Umgang ca. 10% … 15% je nach Gebäudeart, Regelung und Wärmedämmung.

Bekannte Hersteller Kalorimeta, Kundo, Metrona, Minol, Raab-Karcher, Techem u.a.

Verdunstungs-Heizkostenverteiler (Bild 1.6.6-7) bestehen aus einem auf dem Heizkörper befestigten Rückteil aus Aluminium, einem Meßröhrchen mit spezieller Flüssigkeit und einem Gehäuse mit Strichskala zur Ablesung des Flüssigkeitsstandes. Die im Laufe einer Heizperiode verdunstete Flüssigkeitsmenge ist ein Maß für die vom Heizkörper abgegebene Wärmemenge. Als Flüssigkeit kommt in den meisten Fällen Methylbenzoat zum Einsatz; ebenfalls Dimethylmalonat, Benzylacetat und 1-Hexanol. Für Geräte nach EN 835 gilt eine untere Einsatzgrenze von 60 °C bzw. 55 °C Auslegungstemperatur am Heizkörper je nach Verdunstungscharakteristik.

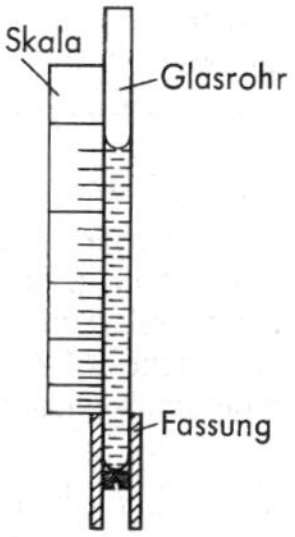

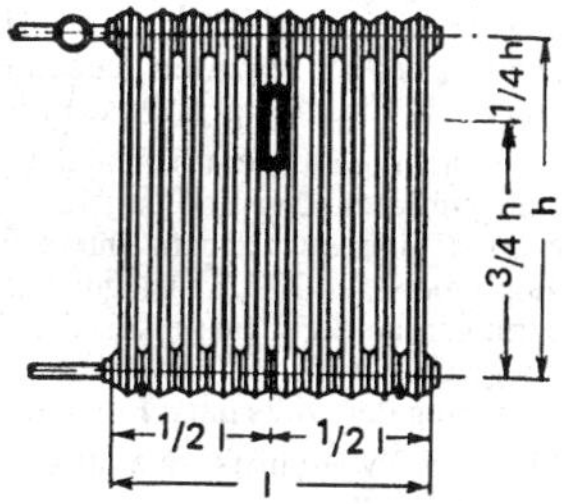

Bild 1.6.6-7. Wärmekostenverteiler nach dem Verdunstungsprinzip.
Links: Prinzipieller Aufbau
Mitte: Ansicht (Minol)
Rechts: Anbauort am Heizkörper

Die thermische Ankopplung variiert je nach Heizkörpertyp und führt zu unterschiedlichen Flüssigkeitstemperaturen, die korrigiert werden müssen (K_c-Wert). Bei Geräten mit Einheitsskala erfolgt die Korrektur zusammen mit der Berücksichtigung der Heizkörperleistung jeweils nachträglich rechnerisch und muß auf der Heizkostenabrechnung ausgewiesen werden. Geräte mit Produktskala sind mit korrigierter Skala versehen, so daß abgelesene Einheiten direkt vergleichbar sind.

---

1) EN 834 (11/94); EN 835 (04/95) Heizkostenverteiler für die Verbrauchswerterfassung von Raumheizflächen.
Kreuzberg, J.: Handbuch der Heizkostenabrechnung, Werner Verlag 1997.
Goettling, R., u. Kuppler, F. H.: HLH 5/79, S. 172/7 und HLH 5/83, S. 205/10.
Zöllner, G., u. a.: HLH 6/80, S. 195/201, HLH 11/80, S. 408/12 und 12/80, S. 441/4, HLH 5/87, S. 251/5, HLH 1/89, S. 65/71, HLH 10/91, S. 547/53.
Braun, L.: HLH 11/88, S. 501/8.
Kuppler, F. H.: Ki 7/8-81, S. 331/6.
Mügge, G.: HLH 2/93, S. 77/81 und 3/93, S. 153/7.
Liebegall, A.: HLH 1/84, S. 28/31.
Test Nr. 6/84, S. 81/91 und 2/92, S. 177/81.

Verteilfehlerbereich 5% ... 10%; Kosten je Wohnung für 5 Geräte ca. 55 €; Kosten für jährliche Abrechnung je Wohnung ca. 20 €.

Vorteil: Kostengünstige Geräteaustattung

Nachteile: Kennlinie des Meßgerätes stimmt nicht mit der des Heizkörpers überein, keine Berücksichtigung der Raumtemperatur, Anzeigefortschritt im Sommer, keine Speicherung des Stichtagswerts, schwierige Zwischenabrechnung aufgrund Kaltverdunstungsvorgabe, begrenzte Meßauflösung, jährliche Ampullenwechsel nötig.

Elektronische Heizkostenverteiler sind mit Sensoren (Si-Halbleiter, Pt 100, NTC oder Quarz) für Heizkörper- und Raumlufttemperatur ausgestattet, deren Meßwerte digital in einem Mikroprozessor verarbeitet werden; Energieversorgung aus einer Langzeitbatterie oder Netzbetrieb.

Die Elektronik ermöglicht gegenüber Verdunstungsgeräten eine bessere Anpassung des Meßgerätes an die Heizkörperkennlinie, Stichtags- und Zusatzfunktionen sowie Möglichkeiten zur elektronisch unterstützten Ablesung vor Ort oder zur Fernablesung ohne Betreten der Wohnung.

Neuere Heizkostenverteiler sind mit optischen Schnittstellen zur direkten Übertragung der Ablesewerte in Handheld-Computer ausgestattet; so entfallen manuelles Notieren und spätere Dateneingabe (papierlose Ablesung). Fernablesung erfolgt drahtgebunden oder drahtlos mittels Funkübertragung.

Reine Einfühlergeräte sind kaum noch im Einsatz. Sie erfassen nur die Heizkörpertemperatur am Montageort und rechnen mit festen Raumtemperaturwerten. Vorteile gegenüber Verdunstern lediglich Stichtagsfunktion (Abspeicherung des Anzeigewerts am Abrechnungstag) und die bessere Anpassung der Anzeigecharakteristik an die Heizkörperkennlinie; Zählbeginn bei 28 °C Heizkörpertemperatur.

Einfühlergeräte mit Startfühler erfassen mit einem zweiten Sensor die Raumtemperatur für temperaturdifferenzabhängigen Zählbeginn und Unterdrückung der Sommeranzeige, berechnen den Anzeigewert jedoch ebenfalls mit fester Raumtemperatur. Untere Einsatzgrenze für Einfühlergeräte nach EN 834 bei 55 °C Auslegungstemperatur.

Zweifühlergeräte verarbeiten die gemessene Raumlufttemperatur auch in der Wärmemengenberechnung und erzielen dadurch höhere Genauigkeit; Einsatz insbesondere bei Niedertemperaturanlagen; untere Einsatzgrenze nach EN 834 nur durch Meßprinzip bedingt; meist um 35 °C Auslegungstemperatur. Gegenüber Startfühlergeräten höhere Anforderungen an die Genauigkeit der Raumtemperaturmessung sowie algorithmische Erkennung von Wärmestau notwendig; innerhalb eines weiten Heizungsbetriebsbereichs genaue Erfassung der wirksamen Heizmittelübertemperatur.

Ein- und Zweifühlergeräte auch mit Heizkörper-Fernfühler für bestimmte Einbausituationen.

Dreifühlergeräte erfassen die Vor- und Rücklauftemperatur am Heizkörper sowie die Raumlufttemperatur; genaue Bestimmung der wirksamen Heizkörperübertemperatur möglich. Ermittlung von Faktor K_c kann entfallen, besondere Eignung bei Einrohr- und Niedertemperaturanlagen, Kabelmontage der Temperaturfühler.

Bild 1.6.6-8 zeigt ein Zweifühlergerät zur Ablesung per Funk mit folgenden Eigenschaften: Langzeitbatterie (10 Jahre), Einsatzgrenze 35°C Auslegungstemperatur, programmierbarer Stichtag, Übertragung von Monatsmitten- und -endwerten für nachträgliche Zwischenablesung, Manipulationserkennung durch elektronisch überwachte Plombe, verschlüsseltes Funktelegramm, regelmäßiger Selbsttest, kein Betreten der Wohnung; Datensammler werden entweder direkt mittels Notebook-PC oder per Modem und Telefonanschluß fernausgelesen.

Bild 1.6.6-9 zeigt ein mehrstufiges Zentralsystem, das die Temperaturregelung im Raum mit der Heizkostenverteilung kombiniert; das Raumteil besteht aus einem Dreifühler-Gerät; Einsatzgrenze 30°C Auslegungstemperatur, die Verbraucherzentrale zeigt die Meßwerte an und regelt zeitprogrammierbar die Raumtemperaturen über elektrothermische Ventilantriebe; die Gebäudezentrale sammelt die Meßwerte der Verbraucherzentralen, überwacht die Systemkomponenten und übernimmt die Stichtagsfunktion; Datenübertragung zum Leitrechner per Modem über Fest-, Breitbandkabel- oder Mobilfunknetz für Fernauslesung und automatische Störmeldung; zugelassen für Ein- und Zweirohrheizungen mit vertikaler und horizontaler Verteilung für Auslegungstemperaturen von 30 °C bis 110 °C.

Verteilfehler 0... 5%, Gerätekosten je Wohnung bei Zweifühlergeräten ca. 180 €, bei Funk ca. 260 € und bei Zentralsystem mit Regelungsanteil ca. 720 €.

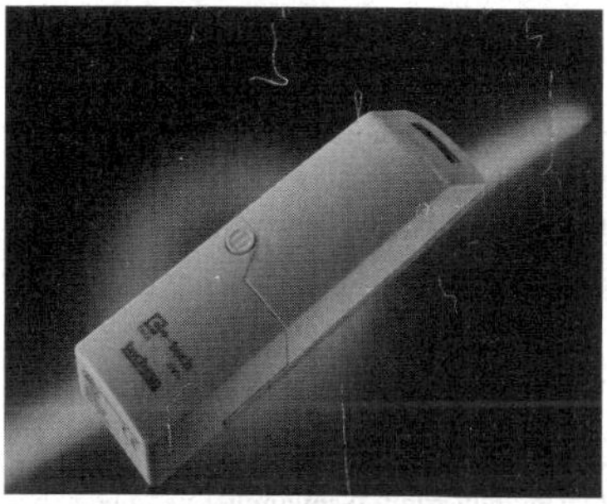

Bild 1.6.6-8. Elektronischer Heizkostenverteiler (Techem).

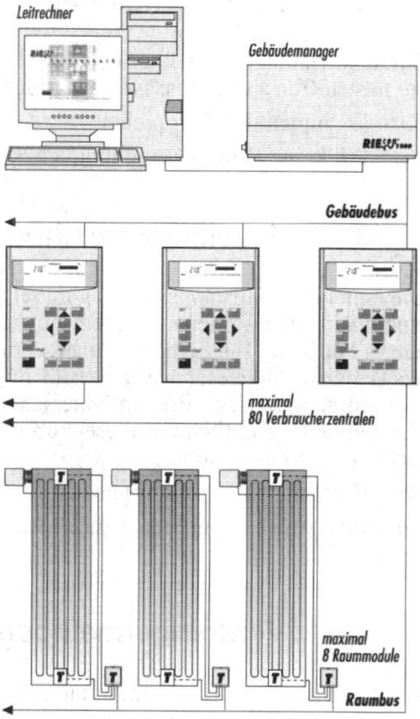

Bild 1.6.6-9. Elektronische Einzelraum-Temperatur-Regelung mit integrierter Heizkostenverteilung (Riedel).

-2 Warmwasseranlagen

Bei großen Verbrauchern werden mechanische oder elektrische Wärmezähler wie bei den Wasserheizungen verwendet.

Wenn Kaltwasser- und Warmwassertemperatur annähernd konstant sind, genügen gewöhnlich Flügelradmesser zur Verbrauchsmessung. Dies trifft zu, wenn getrennte Warmwasserspeicher möglichst mit Ladepumpe und gut isolierten Zirkulationsleitungen vorhanden sind.

Bei der Umlegung der Kosten auf die Mieter ist ein Teil (30 bis 50%) als fester Betrag verbrauchsunabhängig, der andere Teil als verbrauchsabhängiger Betrag entsprechend den Anzeigen der Geräte zugrunde zu legen. Fehler meist unter 10%.

1.6.7 Füllstandsmessung[1)]

-1 Schauglasmethode

Wenn ein Teil des Behälters aus durchsichtigem Material besteht, kann bei sauberen Flüssigkeiten eine optische Füllstandsmessung erfolgen. In der Regel wird das Schauglas in einem Parallelgefäß (Bypass) zum Behälter aufgenommen und durch Ventile vom Behälter getrennt, so daß es zu Reinigungszwecken abgekoppelt werden kann. Anwendung z.B. bei Schmierölbehältern in Werkstätten und in Tankwagen. Die Schaugläser werden heute oft durch Magnetklappen-Anzeiger ersetzt. Dabei wird der Füllstand über einen magnetischen Schwimmer gemessen, durch den Klappen an einer Meßskala umgelegt werden. Die Meßskala ist somit getrennt von dem zu messenden Medium. Daher ist das Verfahren auch bei nicht saubere Medien anwendbar.

Vorteil: einfach und relativ preiswert.

Nachteil: Fernablesung nur bei Magnetklappen-Anzeigern möglich.

---

1) Neubearbeitung erfolgte von Dr.-Ing. Frank Höper, Frankfurt, für die 70. Auflage

-2 Peilstabmethode

Einfache Handmessung über einen skalierten Stab, die sowohl bei Flüssigkeiten als auch bei Feststoffen anwendbar ist. Anwendung z.B. bei der Ölstandskontrolle im Auto.

Vorteil: einfach und sehr preiswert.

Nachteil: keine Fernablesung möglich, nur für drucklose Behälter anwendbar.

-3 Schwimmermethode

Die einfachste Füllstandsmessung mittels Schwimmer besteht aus einem Schwimmkörper, einem Seil, zwei Rollen und einem Gewicht, das an der Außenseite eines offenen Behälters hängt. Wird am Tank eine Skala angebracht, kann am Stand des Gewichtes der Füllstand des Behälters abgelesen werden (Bild 1.6.7-1). Die industrielle Schwimmermessungen beruht auf dem gleichen Prinzip, unterscheidet sich jedoch bezüglich Einbau, Ablesung und Genauigkeit wesentlich von dieser einfachen Methode. Sie ist auch bei Druckbehältern und dichten Tanks anwendbar.

Vorteil: relativ einfach, sehr genau.

Nachteil: Anwendung bei Druckbehältern und dichten drucklosen Behältern relativ teuer.

-4 Verdrängermethode

Die Verdrängermethode beruht auf der Differenz zwischen dem Gewicht eines Verdrängerkörpers und der Auftriebskraft des Mediums auf diesen Körper. Die Auftriebskraft ist abhängig vom Volumen des Verdrängers der Dichte des Mediums und der Füllhöhe. Bei gleichbleibendem Volumen und gleichbleibender Dichte ist die Auftriebskraft ein Maß für den Füllstand. Der Verdränger muß dabei schwerer sein als das zu messende Medium. Zur Fernübertragung und zur Abtrennung von der Außenluft wird die Differenzkraft über einen Torsionsstab auf einen Meßwertaufnehmer mit 4-20 mA Ausgang übertragen. Einbau oft in einem Parallelgefäß. Anwendung auch zur Messung der Trennschicht zwischen zwei Medien unterschiedlicher Dichte.

Vorteil: genau.

Nachteil: abhängig von der Dichte des Mediums.

-5 Einperlrohrmethode

Der hydrostatische Druck in einem Tank wird gemessen, indem ein dünnes Rohr in die Flüssigkeit eingebracht wird und soviel Gasdruck angelegt wird, daß die Flüssigkeitssäule

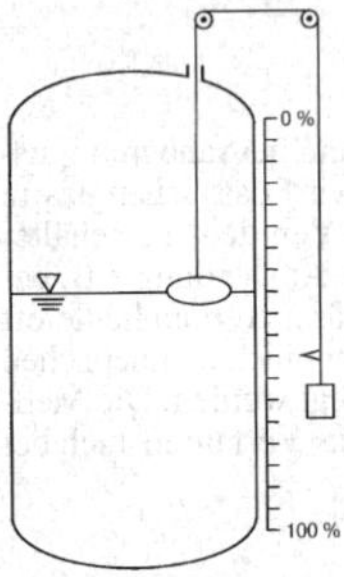

Bild 1.6.7-1. Füllstandsmessung mit Schwimmer.

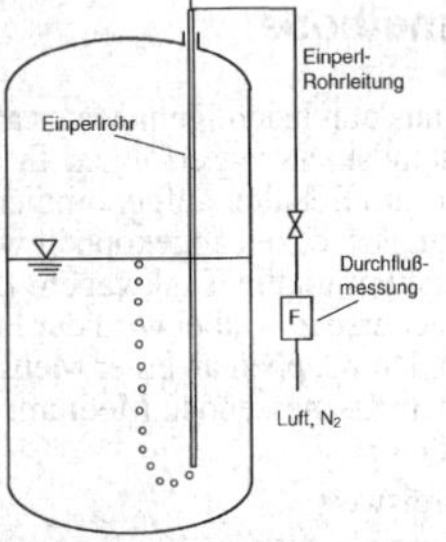

Bild 1.6.7-2. Füllstandsmessung mit Einperlrohr.

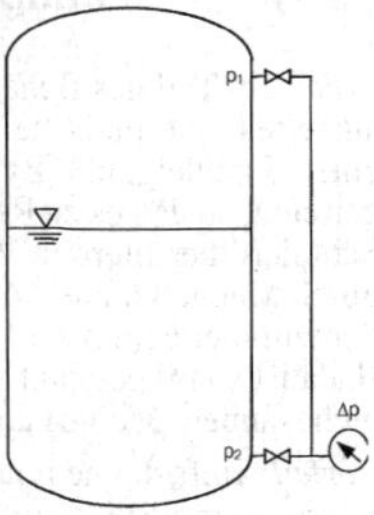

Bild 1.6.7-3. Füllstandsmessung über die hydrostatische Druckdifferenz.

in dem Rohr weggedrückt wird, so daß gerade Gasbläschen entstehen und austreten. Der Druck in dem Rohr entspricht dem Druck der Flüssigkeitssäule. Dieser Druck kann mit einem Druckaufnehmer gemessen und in ein elektrisches Signal umgewandelt werden. Als Gas wird je nach Medium meist Luft oder Stickstoff verwendet. Die Gasversorgung erfolgt über ein Reduzierventil bei einem vorhandenen Gasnetz oder bei Luft über einen kleinen Verdichter (Bild 1.6.7-2).

Vorteil: einfache Montage, bei aggressiven Medien anwendbar.

Nachteil: Gasanschluß notwendig, wenn Luft nicht verwendet werden kann, Gasverbrauch, Gefahr des Zusetzens des Einperlrohrs, weniger geeignet für Druckbehälter.

-6 Hydrostatische Druckmethode

Bei dieser Methode wird über einen Druck- oder Differenzdruckaufnehmer der hydrostatische Druck der Flüssigkeitssäule direkt gemessen. Bei Druckbehältern ist eine Differenzdruckmessung erforderlich, wobei ein Druckaufnehmer den Druck der Flüssigkeitssäule und den Druck des Behälters mißt und der andere Druckaufnehmer nur den Behälterdruck in der Gasphase (Bild 1.6.7-3). Der Differenzdruck entspricht dem hydrostatischen Druck der Flüssigkeitssäule. Die Differenzdruckbildung kann auch elektronisch erfolgen, indem zwei elektronische Druckaufnehmer verwendet werden und die beiden Meßsignale anschließend voneinander abgezogen werden.

Vorteil: einfache Montage, einfache Einstellung, relativ genau.

Nachteil: abhängig von der Dichte des Mediums, für Differenzdruck relativ teuer.

-7 Wägemethode

Bei dieser indirekten Füllstandsmessung wird der gesamte Behälter auf sogenannte Wägezellen montiert. Die Wägeaufnehmer beruhen meist auf dem Prinzip der Dehnungsmeßstreifen. Auch bei Feststoffen anwendbar.

Vorteil: bei Produkten mit konstanter Dichte sehr genau, da der Inhalt statt des Füllstands gemessen wird.

Nachteil: erfordert viele mechanische Vorkehrungen und ist damit teuer, bei bestehenden Anlagen nicht nachrüstbar.

-8 Leitfähigkeitsmeßmethode

Diese Methode wird ausschließlich in leitenden Medien angewandt. Dabei wird die Differenz der Leitfähigkeit einer Sonde gemessen, die durch das leitende Medium mehr oder weniger bedeckt ist. Als Gegenpotential wird die Behälterwand benutzt oder bei nicht leitenden Behältern eine zweite Sonde. Wenn das Medium die Sonde noch nicht berührt, ist der elektrische Widerstand zwischen Sonde und Behälterwand sehr hoch. Steigt der Füllstand an und stellt das leitende Produkt dadurch eine Verbindung zwischen Sonde und Behälterwand her, dann sinkt der Widerstand.

Vorteil: einfach und preiswert.

Nachteil: Sonde darf nicht durch Ablagerungen verschmutzt werden, beschränkt anwendbar bei Medien mit stark wechselnder Leitfähigkeit.

-9 Kapazitive Meßmethode

Durch eine Meßsonde und eine Behälterwand wird nach Anlegen eines Wechselstromes ein Kondensator gebildet, dessen Kapazität von der relativen Dielektrizitätskonstanten ε_r des zu messenden Mediums zwischen Sonde und Wand abhängig ist. Solange der Behälter leer ist, ist die Kapazität des gebildeten Kondensators niedrig. Wird ein Teil der Sonde durch das zu messende Medium bedeckt, wird eine höhere Kapazität gemessen (Bild 1.6.7-4). Mit dieser Methode kann auch eine Trennschicht zwischen zwei Medien gemessen werden, wenn die Differenz der relativen Dielektrizitätskonstanten ausreichend groß ist.

Vorteil: für Flüssigkeiten und Feststoffe anwendbar, geeignet für aggressive Medien.

Nachteil: beschränkt anwendbar bei wechselnden Medien.

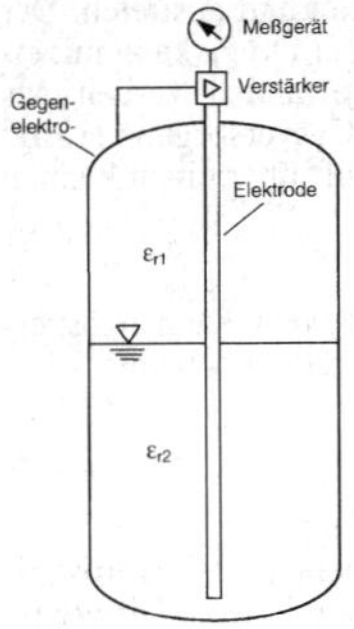

Bild 1.6.7-4. Kapazitive Füllstandsmessung.

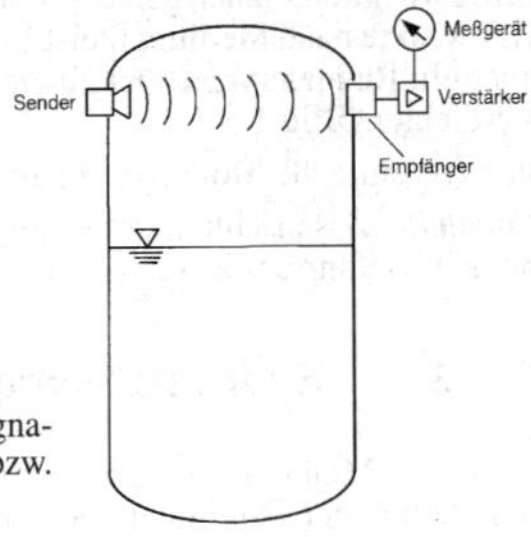

Bild 1.6.7-5. Füllstandssignalisierung mit Ultraschall bzw. Mikrowellen.

-10 Strahlungsdämpfungsmethode

Diese Methode kann auf optischer, Ultraschall-, Mikrowellen- oder Gammastrahlungsdämpfung basieren. Die optische Methode wird wegen der Verschmutzungsmöglichkeit nur selten angewandt. Bei nicht zu kritischen Bedingungen bezüglich Druck, Temperatur, Aggressivität und Viskosität des Mediums werden Ultraschall und Mikrowellen verwendet. Diese Meßmethode wird i.a. nur zur Füllstandssignalisierung verwendet (Bild 1.6.7-5). Bei hohem Druck, hoher Temperatur und hochviskosen Medien kann oft nur die Gammastrahlungsmeßmethode angewandt werden, da die energiereichen Gammastrahlen die Behälterwand durchdringen können und keine Meßwertaufnehmer im Behälter erforderlich sind. Als Strahlungsquelle wird Kobalt 60 oder Cäsium 137 verwendet (Bild 1.6.7-6).

Alle Systeme bestehen aus einem Sender und einem Empfänger. Das vom Sender abgesandte Signal gelangt bei leerem Behälter ungehindert zum Empfänger. Bei steigendem Füllstand wird das Signal mehr und mehr von dem zu messenden Medium absorbiert und gelangt nur noch gedämpft zum Empfänger.

Vorteil: für Flüssigkeiten und Feststoffe anwendbar, kontaktlos, kann ohne Einbauten montiert werden, bei Gammastrahlern ist keine Änderung am Behälter notwendig.

Nachteil: Ultraschall und Mikrowellen erfordern seitlichen Einbau, bei Gammastrahlern sind spezielle Genehmigungen und Sicherheitsmaßnahmen erforderlich.

-11 Reflexionsmeßmethode

Die Reflexions- oder Echomethode beruht auf einer Laufzeitmessung eines durch einen Sensor ausgesandten Mikrowellen- oder Ultraschallimpulses. Dieser Impuls wird von der Oberfläche des zu messenden Mediums reflektiert und vom Sensor wieder erfaßt. Die benötigte Zeit ist ein Maß für den zurückgelegten Weg im leeren Behälterteil und damit umgekehrt ein Maß für den Füllstand des Behälters (Bild 1.6.7-7).

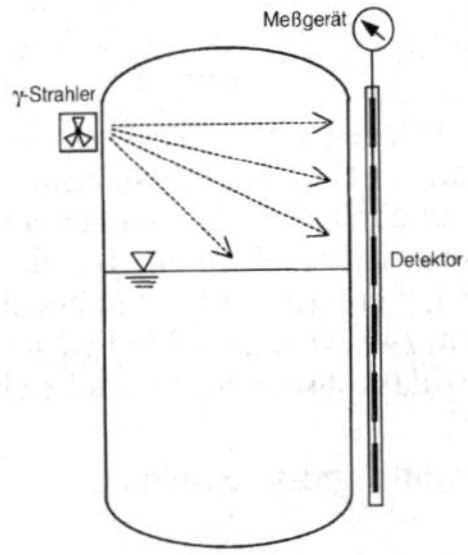

Bild 1.6.7-6. Füllstandsmessung mit Gammastrahlung.

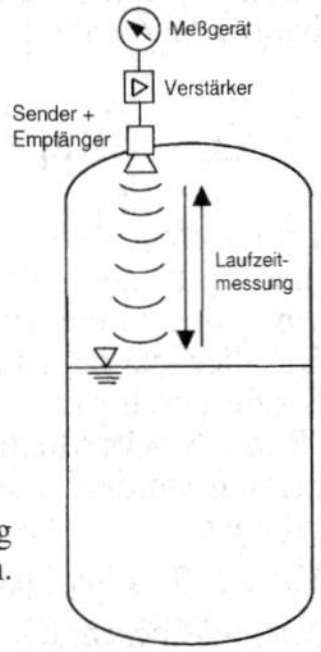

Bild 1.6.7-7. Füllstandsmessung mit Ultraschall bzw. Mikrowellen.

Vorteil: für Flüssigkeiten und Feststoffe anwendbar, kontaktlos.

Nachteil: Medien dürfen nicht stark schäumen und müssen die Impulse reflektieren, Ultraschall nicht bei hohen Drücken oder im Vakuum anwendbar.

1.6.8 Abgasprüfung

(siehe auch Abschn. 1.6.10-3 und 1.6.10-6 sowie 2.3.1-2.7)

Rauchgasuntersuchungen haben die Aufgabe, die Zusammensetzung der Rauchgase, namentlich den CO_2-Gehalt, festzustellen, um daraus die Güte der Verbrennung zu beurteilen[1]. Die Messung der Abgasverluste ist gesetzlich vorgeschrieben, um Energie einzusparen. In Zentralheizungen wird sie von den Schornsteinfegern durchgeführt (Energieeinspargesetz). Die zu verwendenden Meßgeräte müssen eine Eignungsprüfung bestehen. SO_2- und Stickoxidmessungen werden meist nur bei Großanlagen durchgeführt.

a) *Orsat-Apparat.* Dieser Apparat ist das bekannteste Gerät für die Untersuchung der Abgase. Ein abgemessenes Volumen von 100 cm^3 Gas wird nacheinander durch mehrere Absorptionsflüssigkeiten gedrückt, die der Reihe nach CO_2, O_2 und CO absorbieren. Nach Absorption eines Gasbestandteils wird die Restgasmenge gemessen. Die Volumenverminderung entspricht dem Raumanteil des absorbierten Gases. Absorptionsmittel sind Kalilauge für CO_2, Pyrogallussäure oder Phosphor für O_2 und Kupferchlor für CO (Bild 1.6.8-1). Letztere allerdings nicht genügend empfindlich.

Für betriebliche Zwecke ist der Orsat-Apparat nicht geeignet; er dient lediglich als *Kontrollapparat.* Für Schnellmessungen sind *Meßkoffer* erhältlich. Beispiel das CO_2-Schnellmeßgerät nach Bild 1.6.8-2 und Bild 1.6.8-3 mit Kalilaugegefäß, Anzeigegerät, Gummiball und Umstellhahn. Der bei der Absorption entstehende Unterdruck ist dem CO_2-Gehalt proportional und wird direkt angezeigt. Meßflüssigkeit muß nach Erschöpfung erneuert werden. Nachteilig ist die Trägheit der Messung.

b) Die selbsttätigen auf *chemischer Grundlage* arbeitenden Geräte ahmen die Bewegungen bei der Handanalyse nach und zeichnen den Hub der Niveaugefäße verkürzt als Maß für den absorbierten Bestandteil auf. Nachteilig ist die große Anzeigeverzögerung von etwa 2 Minuten.

Bei neueren *chemisch-physikalischen Verfahren* verwendet man Geräte, bei denen zunächst zwar auch eine Absorption des zu messenden Gases erfolgt, anschließend jedoch eine physikalische Messung

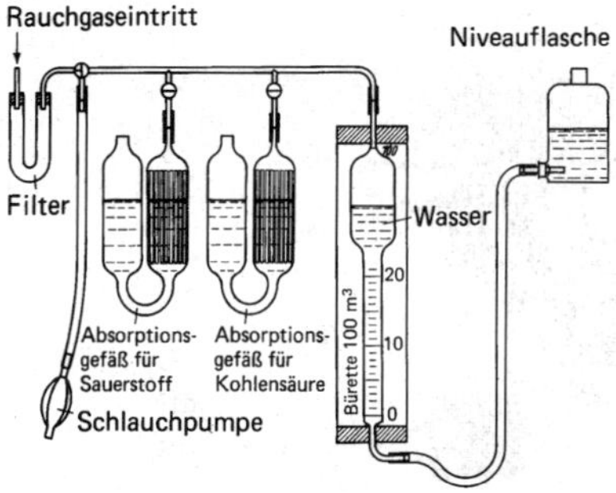

Bild 1.6.8-1. Orsat-Apparat zur Rauchgasprüfung (Schematische Darstellung).

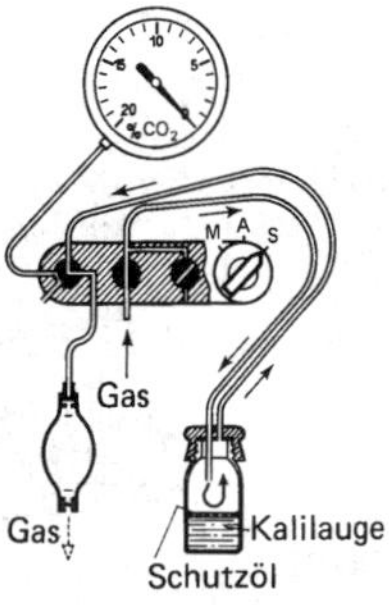

Bild 1.6.8-2. Funktion der CO_2-Anzeige.
A = Ausgleich
M = Messen
S = Saugen

[1]) Baum, F.: San. Hzg. Techn. 8 und 9/75.
Baumbach, G.: Oel+Gasfeuerung 2/79. 6 S.
Marx, E.: Oel+Gasfg. 9/79. 7 S., u. Feuerungstechn. 4/82. 6 S.
Geeignete Meßgeräte siehe Rdschr. des BMI vom 30. 3. 82.
Sträter, D., u. O. Menzel: Schornsteinfeger 6/83. S. 21/9.

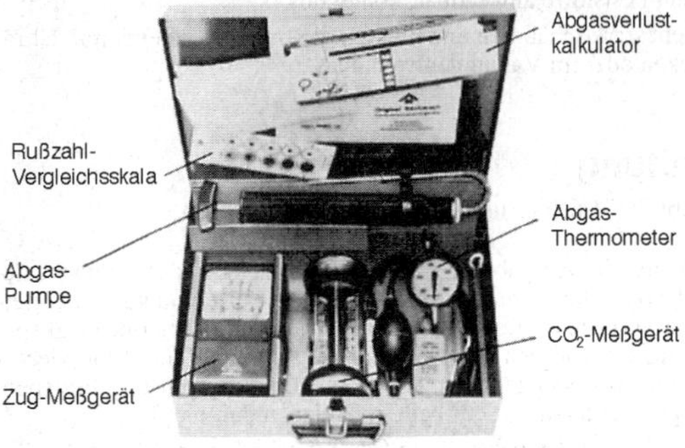

Bild 1.6.8-3. Meßkoffer für Abgasprüfung (Bacharach).

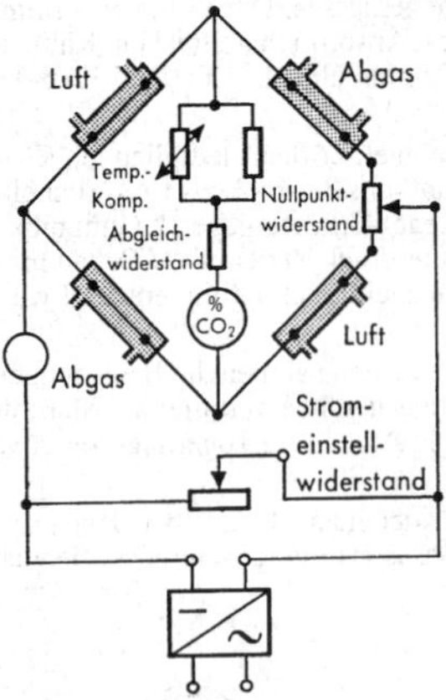

Bild 1.6.8-4. Elektrisches Rauchgasprüfgerät nach dem Wärmeleitfähigkeitsverfahren.

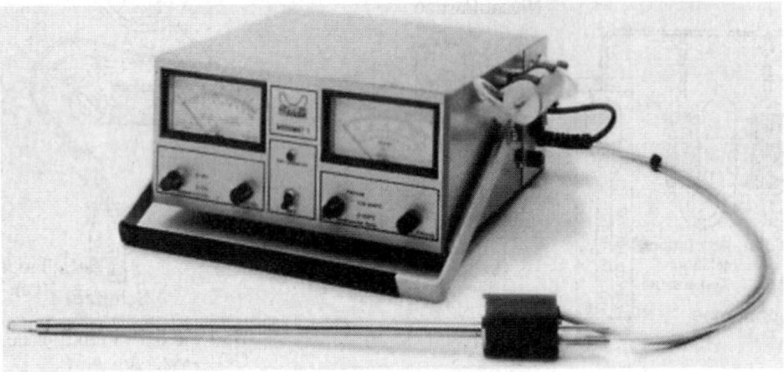

Bild 1.6.8-5. Meßgerät für CO_2 mit Infrarot-Fotometer und für Kaminzug (Maihak).

der Absorptionswärme (Thermoflux)
oder der elektrischen Leitfähigkeit der Absorptionsflüssigkeit (Ionoflux und Elektroflux)
oder der Verfärbung der Flüssigkeit (Chromoflux).

c) Bei den auf *physikalischer Grundlage* arbeitenden Geräten werden zur Messung hauptsächlich die Wärmeleitfähigkeit oder die Infrarotstrahlenabsorption benutzt. Bei den Rauchgasprüfern nach Bild 1.6.8-4 wird das verschiedene *Wärmeleitvermögen* der Kohlensäure gegenüber der Luft zur Messung ausgenutzt. Das Gas strömt an einem auf etwa 200 °C geheizten Draht vorbei, während ein zweiter Draht im Luftstrom liegt. Beide Drähte sind zu einer Wheatstoneschen Brücke geschaltet. Bei Änderung des CO_2-Gehaltes ändert sich die Wärmeleitfähigkeit des Gases, so daß sich auch die Temperatur der Heizdrähte und damit ihr Widerstand ändert. Der Widerstandsunterschied wird gemessen und umgerechnet als CO_2-Gehalt angezeigt.

In ähnlicher Weise wird auch der ($CO + H_2$)-Gehalt gemessen, indem diese Gase katalytisch verbrannt werden und dadurch die Temperatur des Heizdrahtes ändern *(Wärmetönungsverfahren).*

Bei dem *thermomagnetischen Meßgerät* für Sauerstoff wird die Tatsache ausgenutzt, daß Sauerstoff magnetisch ist. Durch das Einströmen von Sauerstoff in ein kräftiges Magnetfeld entstehen Strömungen *(magnetischer Wind)* und Druckunterschiede, die meßtechnisch erfaßt werden.

Beim *Infrarotverfahren* wird das unterschiedliche Absorptionsspektrum der Gase zur Messung verwendet (Bild 1.6.8-5). Die durch die Absorption entstehende Temperaturdifferenz des zu messenden Gases und des Vergleichsgases wird gemessen, verstärkt und auf Anzeigeinstrument übertragen. Geeignet für CO, CO_2, SO_2 und viele andere Gase (VDI-Richtlinie 2455. – 8. 70).

Rußmessung bei Ölfeuerungen und Kohlenwasserstoffmessung siehe Abschn. 1.6.10-3 und 1.6.10-6h).

d) *Prüfröhrchen* [1]. Ein bestimmtes Volumen, z. B. 100 cm^3 Gas, wird mittels kleiner Pumpe durch ein Prüfrohr gesaugt, das mit einem spezifischen Reagenzstoff gefüllt ist. Dieser verfärbt sich, wobei sich aus der Länge der Verfärbung der Meßwert ergibt. Für CO_2, CO und andere Gase und Dämpfe. Fehlergrenzen ± 10%.

e) *Gasanalyse-Computer* [2]. Moderne Geräte arbeiten mit Computerauswertung, Datenspeicherung und Drucker für die Meßwerte. Ein solches Gerät in tragbarer Form mit Batteriebetrieb oder Netzanschluß zeigt Bild 1.6.8-6 und Bild 1.6.8-7. Sensoren für Gase sind elektrochemische Zellen.

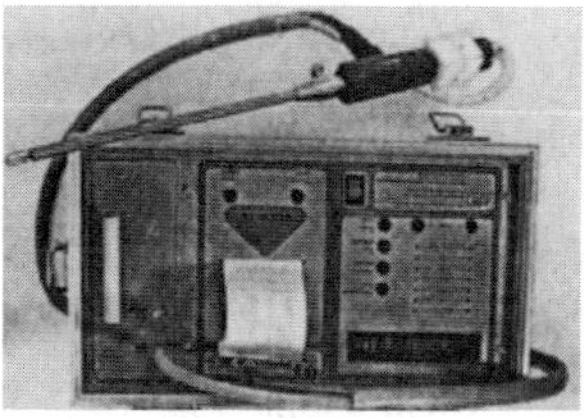

Bild 1.6.8-6. Elektronisches, tragbares Gas-Analyse-Gerät zur Messung von O_2, CO, SO_2, NO_x, Temperatur, Kaminzug, Rußbild und zur Berechnung von CO_2 und feuerungstechnischem Wirkungsgrad (RBR, Iserlohn).

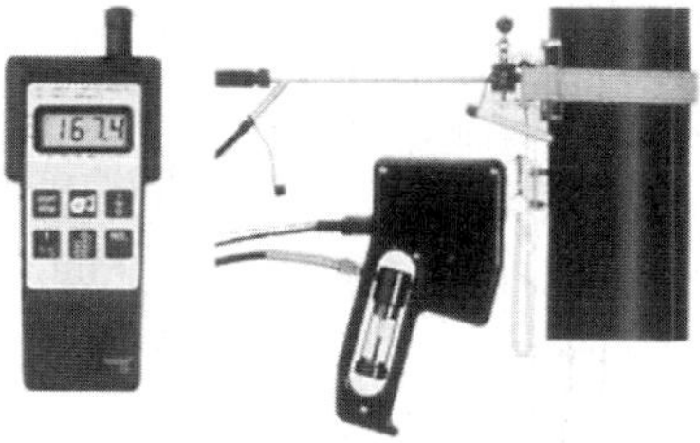

Bild 1.6.8-7. Elektronisches Rauchgas-Analysegerät für Temperatur, O_2, CO_2, CO, NO_x und Abgasverlust 1-η für 13 verschiedene Brennstoffe (Testotherm).
Links: Anzeige- und Bediengerät.
Rechts oben: Rauchgassonde für Temperatur, Gasentnahme und Zug.
Rechts unten: Analysegerät.

[1]) Leichnitz: Oel + Gasfg. 3/80. S. 114/8.
[2]) Grodmadzki, D.: TAB 9/86. S. 597/600.

1.6.9 Feuchtemessung[1]

(siehe auch Abschn. 3.3.7-2.2)

Bei der Feuchtemessung ist zwischen Feuchtegehalt, gemessen in g/cm³ oder g/kg, und der relativen Feuchte, gemessen in %, zu unterscheiden.

-1 Absorptionsverfahren

Der Wasserdampf wird in einigen hintereinander geschalteten Chlorkalziumröhrchen absorbiert. Die absorbierte Wassermenge wird durch Wägung ermittelt und die Gasmenge durch einen Gaszähler gemessen, wodurch direkt die absolute Feuchte ermittelt wird.

-2 Taupunktmethode

Eine glänzende Fläche wird soweit gekühlt, bis sich ein Niederschlag zeigt. Die hierbei vorhandene Temperatur ist gleich der Taupunkttemperatur der Luft. Messung sehr genau.

-3 Haarhygrometer

Haarhygrometer benutzen die Eigenschaft entfetteter Haare, sich mit der relativen Luftfeuchte zu kürzen und zu verlängern (Bild 1.6.9-1). Dehnung etwa 2% bei Feuchteänderung von 0 bis 100%. Außer Haaren werden auch andere hygroskopische Stoffe verwendet wie Seide, Cellophan, Baumwolle u.a., von denen manche allerdings temperaturabhängig sind. Alle Hygrometer müssen von Zeit zu Zeit nachgeeicht werden und zur Verbesserung der Elastizität kurze Zeit in feuchte Luft gestellt werden (z.B. Nachtluft). Hysterese ±2...5%, daher ungenau. Staubempfindlich. Arbeitsbereich 30...90%. Die Instrumente werden auch für elektrische Fernanzeige geliefert.

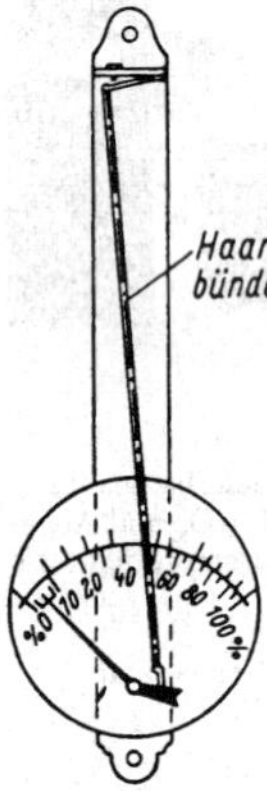

Bild 1.6.9-1. Haarhygrometer.

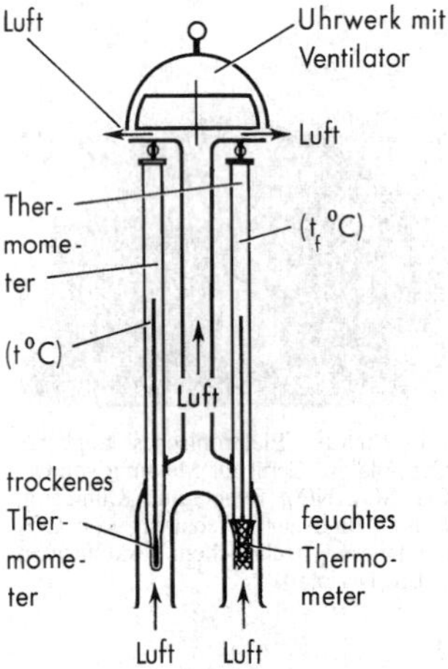

Bild 1.6.9-2. Assmannsches Aspirationspsychrometer.

[1]) Mohrmann, K.: San. u. Hzg. Techn. 1971. S. 741/8.
Schrowang, H.: IKZ 9 u. 11/78.

-4 Psychrometer[1)]

Psychrometer bestehen aus einem trockenen und einem mit Musselinbausch befeuchteten Thermometer. Die Differenz zwischen den Anzeigen beider Thermometer – die sogenannte psychrometrische Differenz – dient zur Messung der relativen Luftfeuchte. Grundlage der Messung ist die Sprungsche Psychrometerformel (Näherungsformel)

$p_d = p_f - k\ (t_{tr} - t_f)\ p$ in mbar (Sprung 1888)

t_{tr} = Temperatur des trockenen Thermometers in °C
t_f = Temperatur des feuchten Thermometers in °C
p_d = Teildruck des Wasserdampfes in mbar
p = Gesamtdruck in mbar
p_f = Dampfdruck bei der Feuchtkugeltemperatur in mbar
k = eine Konstante = $0{,}61 \cdot 10^{-3}$ für Wasser/Luft
= $0{,}57 \cdot 10^{-3}$ für Eis/Luft.

Die relative Feuchte ist dann

$$\varphi = \frac{p_d}{p_s} \cdot 100 \text{ in } \%$$

p_s = Sättigungsdruck in mbar bei der Temperatur t_{tr}.

Sie kann aus *Psychrometertafeln* oder Diagrammen (s. Bild 1.6.9-3) in Abhängigkeit von den Anzeigen beider Geräte abgelesen werden. Voraussetzung für richtige Messung ist, daß die zu messende Luft mit mindestens 2 m/s am feuchten Thermometer vorbeiströmt. Bei unbelüfteten Thermometern ist die Messung sehr ungenau. Für praktische Messungen am meisten verwendet ist das *Aspirationspsychrometer* nach Assmann (Bild 1.6.9-2), bei dem der künstliche Luftstrom durch einen kleinen uhrwerkgetriebenen Ventilator erzeugt wird. Das Instrument dient auch als Eichgerät. Auch Geräte mit elektrischem Ventilator erhältlich. Neuere Ausführungen verwenden *Halbleiterfühler* (NC-Element), wobei der Meßwertgeber durch Kabel mit einem Anzeigegerät verbunden ist. Stromversorgung durch Batterie.

Rechnerisch ergibt sich aus der Psychrometer-Ablesung der Feuchtegehalt x der Luft:

$$x = \frac{h - c_L t}{r + c_D t} = \frac{h - 1{,}01 \cdot t}{2501 + 1{,}86\ t} \text{ in kg/kg.}$$

Siehe auch Abschnitt 1.3.4-5.

Für höhere Temperaturen bis 300 °C ist der *GS-Psychromat* verwendbar, bei dem dem feuchten Thermometer das Befeuchtungswasser unter geringem Druck zugeführt wird (Öguna, Wien).

Eine einfachere Ausführung ist das *Schleuderpsychrometer*, wobei vor der Ablesung die beiden Thermometer in der Luft herumgeschleudert werden. Für Fernanzeigen werden statt der Quecksilberthermometer belüftete Widerstandsthermometer in Brückenschaltung oder auch Thermoelemente verwendet.

Sekunden-Psychrometer

Eine Neuentwicklung sind Geräte mit *Thermistoren* (NTC-Widerständen) zur Messung der Feuchte. Es wird dabei jedoch nicht die Verdunstung, sondern die Wärmeableitung als Meßgröße verwendet, so daß die künstliche Luftbewegung erspart wird. Für die Benetzung der Meßzelle werden die physikalischen Zusammenhänge zwischen Kapillarkraft und osmotischem Druck ausgenutzt. (Günthel, Reinhardt, Philips.)

-5 Lithiumchlorid-Feuchtemesser

Das hygroskopische Salz Lithiumchlorid saugt Wasser aus der Luft auf, bis ein Gleichgewicht zwischen Dampfdruck der Lösung und der Luft besteht. Feuchtemesser besteht aus Metallhülse mit Glasgewebe, das mit Lithiumchloridlösung getränkt ist (Bild 1.6.9-4). Von zwei silbernen, spiralig aufgewickelten Drähten fließt Strom durch die Lösung, erwärmt sie und verdampft das Wasser, bis am Umwandlungspunkt T_u Lösung/Salz die

---

[1)] Hofmann, W.-M.: HLH 8/77. S. 287/8.

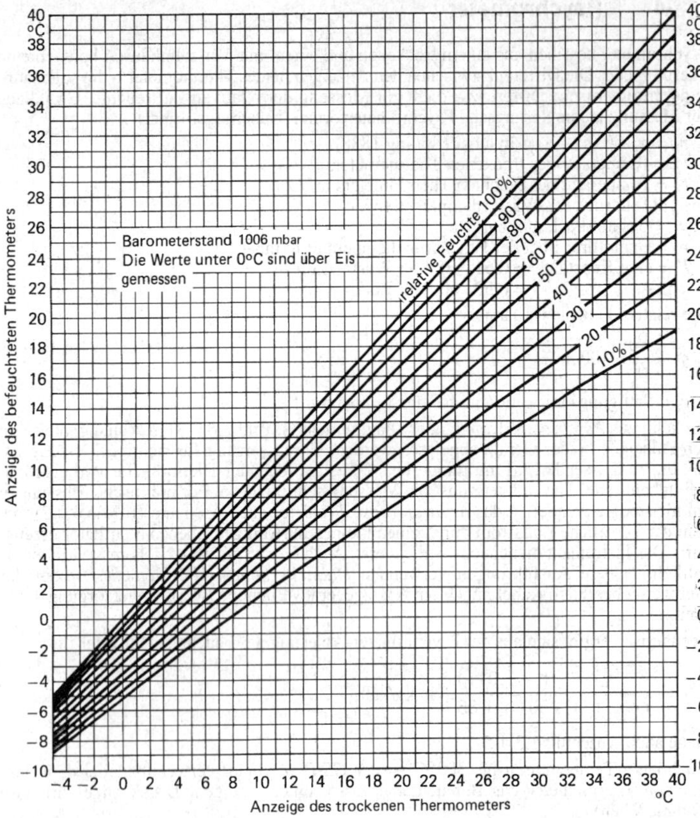

Bild 1.6.9-3. Psychrometrisches Diagramm zur Bestimmung der Luftfeuchte aus den Anzeigen des trockenen und feuchten Thermometers.

Leitfähigkeit abnimmt, Strom und Temperatur sinken. Dabei wieder Wasserdampfaufnahme, zunehmende Leitfähigkeit und Stromstärke. Gleichgewichtstemperatur ist Maß für den Wassergehalt der Luft bzw. den Taupunkt. Temperatur durch Widerstandsthermometer gemessen. Anzeige in °C Taupunkt oder g/m³. Für Anzeige der relativen Feuchte weiteres Thermometer für die Lufttemperatur *T* erforderlich, Bild 1.6.9-5. Meßfehler 2...3%

-6 Farbhygrometer

Gewisse Salze, z.B. Kobaltbromid, auf saugfähiges Papier aufgetragen, verändern ihre Farbe mit der Aufnahme von Wasser aus der Luft. Sehr ungenau.

-7 Bi-Plastik-Elemente

Bi-Plastik-Elemente bestehen aus einem spiraligen Metallband mit aufgedampfter hygroskopischer Plastikmasse. Wirkung wie bei Bimetall-Thermometern (Feder-Hygrometer). Für Fernanzeige fotoelektrische oder induktive Geber.

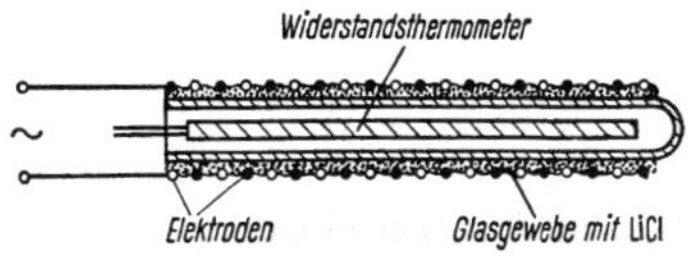

Bild 1.6.9-4. Lithiumchlorid-Feuchtemesser.

Bild 1.6.9-6. Luftfeuchtemesser mit Elektrolyt (Barth u. Stöcklein).

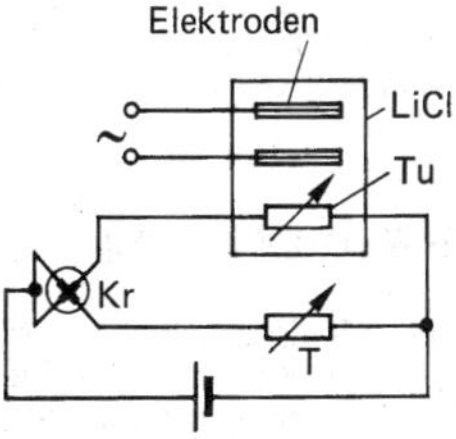

Bild 1.6.9-5. Schaltbild des Lithiumchlorid-Feuchtemessers für relative Feuchte
Kr = Kreuzspulmeßwerk,
T = Lufttemperaturfühler,
Tu = Fühler für Umwandlungstemp.

-8 Leitfilm-Hygrometer

Leitfilm-Hygrometer bestehen aus einem Kunststoffplättchen mit draht- oder kammförmigen Elektroden und mit einer hygroskopischen Schicht, deren Leitfähigkeit sich mit der relativen Luftfeuchte ändert. Stromstärke der aufgewickelten Elektroden ist ein Maß der Luftfeuchte. Strom liefert eine Batterie. Beispiel Bild 1.6.9-6.

-9 Kapazitäts-Hygrometer

Kapazitäts-Hygrometer verwenden eine feuchteempfindliche Folie zwischen 2 Elektroden. Je nach Umgebungsfeuchte ändert sich die Kapazität, die mit Hilfe eines Spannungswandlers gemessen wird (kapazitiver Dünnfilmsensor). Handliche Geräte mit Batterieversorgung für Baustellenmessung (Sekunden-Hygrometer, Bild 1.6.9-7).

Bild 1.6.9-7.
Digitales Sekunden-Hygrometer (Klimatherm).

-10 Taupunktsensoren

Taupunktsensoren werden zur direkten Überwachung des Kondensationsrisikos an kalten Oberflächen (z. B. Wasservorlaufleitungen für Kühldecken) eingesetzt. Die Sensoren sind ähnlich wie Leitfilm- oder Kapazitäts-Hygrometer aufgebaut und werden direkt auf der kalten Oberfläche fest montiert. Nähert sich die Oberflächentemperatur der Taupunkttemperatur der Luft, so wird das Kondensationsrisiko bei Überschreitung eines Grenzwertes (relative Feuchtigkeit in der Grenzschicht um 95% r. F.) meist durch Schalten eines Relaisausganges angezeigt und an die Regelung gemeldet, wo entsprechend z. B. die Vorlauftemperatur angehoben wird. Preiswerte und einfache Lösung für permanente Taupunktüberwachung.

1.6.10 Sonstige Meßgeräte

-1 Kalorimeter

Kalorimeter sind Geräte zur Bestimmung des Heizwertes von Brennstoffen.

Für *feste und flüssige Brennstoffe Berthelot-Mahler*-Bombe.

Für *flüssige* und *gasförmige Brennstoffe* gibt es eine Anzahl von Meßgeräten, von denen das erste und bekannteste das *Junkers-Kalorimeter* ist. Andere Gräte sind das Union-Kalorimeter, Ados-Kalorimeter und Reineke-Gaskalorimeter. Für betriebliche Zwecke, z.B. Heizwertüberwachung bei Gasanstalten, werden auch selbsttätig schreibende Kalorimeter verwendet.

-2 pH-Wert-Messung

Der *pH-Wert* (pondus hydrogenii) ist ein Maß dafür, wie stark sauer oder basisch eine Flüssigkeit ist. In reinem Wasser sind je Liter 10^{-7} g H-Ionen und ebensoviel OH-Ionen vorhanden. Reines Wasser ist neutral und hat den *p*H-Wert 7. Sind mehr Wasserstoff-Ionen vorhanden, z.B. 10^{-5} g je Liter, so ist der *p*H-Wert 5, und das Wasser ist sauer.

Säuren haben *p*H-Werte zwischen 0 und 7, Laugen zwischen 7 und 14. Zur Messung des *p*H-Wertes verwendet man galvanische Elemente, bei denen die Spannung der Meßelektrode nur von der H-Ionenzahl abhängt, während die Bezugselektrode davon ganz unabhängig ist (Bild 1.6.10-1).

Allgemeine Begriffe siehe DIN 19260 (03. 71).

Die heutige *p*H-Meßtechnik beruht darauf, nach der Art galvanischer Elemente 2 Elektroden zu verwenden. Die *Bezugselektrode* befindet sich in einer Lösung mit bekannter Konzentration, *die Meßelektrode* in der zu messenden Lösung, wobei beide Lösungen durch ein Diaphragma miteinander in leitender Verbindung stehen. Die Spannungsdifferenz zwischen beiden Elektroden ist ein Maß für den *p*H-Wert der Lösung.

Als Meßelektrode wird meist eine sog. *Glaselektrode* verwendet. An den beiden Flächen einer aus Spezialglas bestehenden *Glasmembran* entsteht beim Eintauchen in eine Lösung eine Spannungsdifferenz. Für betriebliche Zwecke Unterbringung der Elektroden in geeigneten Armaturen. Auch ein Taschen-*p*H-Messer ist auf dem Markt.

Eine weitere, jedoch weniger genaue Messung ist durch „Farbindikatoren" möglich (Lakmuspapier u.a.), deren Farbe bei gewissen *p*H-Werten umschlägt.

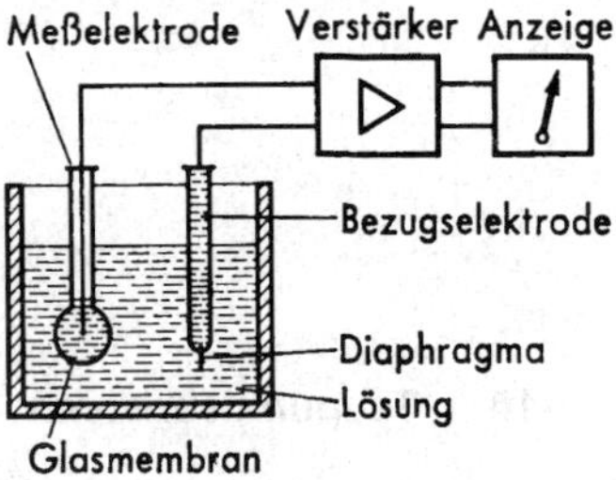

Bild 1.6.10-1. Schema eines *p*H-Meßgerätes.

-3 Rußmessung

Hierfür wird bei Ölfeuerungen das Rußprüfgerät nach *Bacharach* verwendet (DIN 51402 T1 [10.86] u. T2 [03.79]). Filterpapiermethode. Im Immissionsschutz-Gesetz vorgeschrieben. Fahrradpumpenähnliches Gerät, mit dem durch eine bestimmte Anzahl von Pumpenhüben eine bestimmte Abgasmenge durch ein Filterpapier gesaugt wird, das sich dabei verfärbt, Schwärzungsgrad wird mit einer Farbskala verglichen. *Rußziffern nach Bacharach* von 0 bis 9. Sichtbare Rauchgrenze am Schornstein bei der Rußzahl 5…6 (s. Bild 1.6.8-3). Bei Gasbrennern nicht verwendbar.

Bei mangelhafter Zerstäubung in Ölfeuerungen treten auch Kohlenwasserstoffverbindungen auf, die beim *Acetontest* eine Gelb- oder Braunfärbung des Filterpapiers bewirken. In DIN 51402 T2 (03.79) ist diese Art der Bestimmung der Ölderivate für Heizöle im einzelnen beschrieben.

Die für Abgase von Feuerungen zulässigen Auswurfmengen sind durch das *Immissionsschutzgesetz* und seine Verordnungen begrenzt. Z.B. soll das Abgas ölbefeuerter Kessel eine Rußzahl 3 nicht überschreiten.

Vergleichsmethode für Rauchfahnen: *Ringelmann-Karte* mit 6 Gitterquadraten auf weißem Grund. Nr. 0 (weiß), Nr. 5 (schwarz). Optische Vergleichsmethode. Feuerungsanlagen sind so zu betreiben, daß der Grauwert 2 nicht überschritten wird.

Für schnelle Messungen gibt es *automatische Prüfgeräte* mit elektrischem Antrieb und gleichzeitiger Temperaturanzeige.

-4 Schallpegelmesser

Schallpegelmesser dienen zur Messung des Schalldruckpegels im Raum. Sie bestehen aus einem Mikrophon, einem Verstärker mit Bereichumschalter und einem Meßinstrument, das in dB (Dezibel) geeicht ist. Ansicht eines Gerätes Bild 1.6.10-2

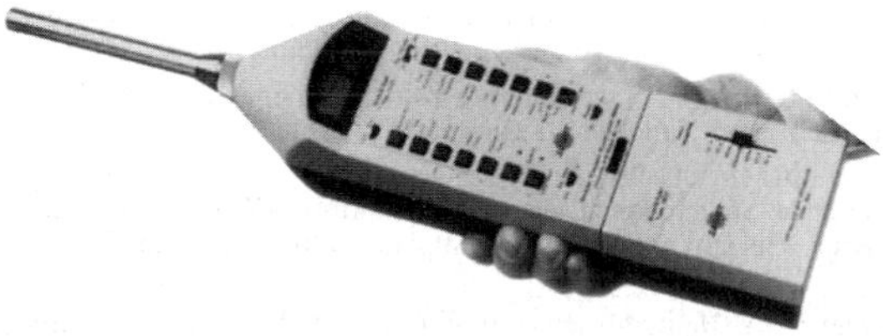

Bild 1.6.10-2. Schallpegelmesser mit Oktavfilter (Brüel u. Kjaer).

Schallpegelmesser müssen einerseits das Hörempfinden des menschlichen Ohres berücksichtigen, andererseits aber objektive und reproduzierbare Meßwerte liefern. Sie sind in allen wichtigen Eigenschaften, einschließlich Meßtoleranzen, durch Normen festgelegt. Insbesondere gelten die DIN IEC 651 und für integrierende Geräte die DIN IEC 804.

Der physikalisch gemessene *Schalldruck* wird entsprechend der Definition als Schalldruckpegel in dB angegeben.

Technische Geräusche setzen sich aus vielen Einzeltönen verschiedener Frequenzen zusammen. Einzelne Frequenzbereiche werden in Frequenzbändern zusammengefaßt.

Je nach Art der Frequenzaufteilung unterscheidet man Oktav- und Terzbänder (Oktave = Frequenzverhältnis 1 : 2, Terz = $^1/_3$ Oktave). Die Geräte haben Filter mit Terz- oder Oktavbandbreiten verwendet.

Frequenz Hz	Kurve A dB	Kurve C dB
63	–26,1	–0,7
125	–16,1	–0,2
250	– 8,6	0,0
500	– 3,2	0,0
1000	0,0	0,0
2000	1,2	–0,2
4000	1,0	–0,8
8000	– 1,1	–3,0

Bild 1.6.10-3. Bewertungskurven für Schallpegelmesser (IEC 651, früher DIN 45633).

Das menschliche Ohr ist nicht für alle Frequenzen gleichermaßen empfindlich (vgl. Bild 1.5.4-3). Darum verfügen Schallpegelmesser im allgemeinen über eine Frequenzbewertung. Nach internationaler Normung unterscheidet man drei Bewertungskurven, A, B, C, von denen heute fast nur A benutzt wird (s. Bild 1.6.10-3).

Bildet der Schallpegelmesser den Mittelwert aller Frequenzbänder nach der Bewertung, so erhält man den dB(A)-Wert oder den dB(C)-Wert. Der Mittelwert aller Frequenzbänder ohne Bewertung wird als linearer Schalldruckpegel bezeichnet. Bei einer Frequenzanalyse wird der Schalldruckpegel bei den einzelnen Oktav- oder Terzmittelfrequenzen ohne Bewertung angegeben.

Für die Beurteilung von Schallschutzmaßnahmen ist stets das Frequenzspektrum aufzunehmen.

-5 Staubmessung[1)]

Eine einheitliche Meßmethode zur Feststellung von Staub in der Luft gibt es nicht, da Staub bezüglich Menge, Größe, Art usw. sehr vielseitig ist. Die Messung kann sich beziehen auf

Staubmenge (Staubkonzentration) in	mg/m^3 oder cm^3/m^3
Zahl der Staubteilchen in	$Teilchen/m^3$
Korngröße in	μm (= 0,001 mm)
Staubart bezüglich Herkunft, chemische Zusammensetzung usw.	

Meßgeräte auf sehr verschiedener Grundlage aufgebaut, Meßergebnisse können jedoch nicht immer von einer auf die andere Methode umgerechnet werden. Siehe auch Abschnitt 3.3.3. Staubmengenmessung gibt es mit und ohne Teilchenabscheidung.

a) *Staubzählkammer.* Luftprobe wird in einer Kammer von etwa 5 cm^3 Inhalt erfaßt, die auf Objektträger sich absetzenden Teilchen im Mikroskop gezählt.

b) *Konimeter.* Luft wird aus einer engen Düse mit großer Geschwindigkeit auf Haftplatte geblasen (Impaktor), haftende Staubteilchen ausgezählt. (Sartorius-Werke, Göttingen.) Ähnliche Bauart mit einer Vielzahl von Düsen u. Haftplatten (Andersen-Sampler, Cassella).

c) *Filtermethode (gravimetrische Methode).* Eine bestimmte durch Gasuhr gemessene Luftmenge wird durch Filter und Papier, Baumwolle oder dergleichen gesaugt, Staubteilchen ausgezählt und gewogen. Messung durch mikroskopische Zählung oder gravimetrisch (Dräger u. a.).

d) *Thermal-Präcipitator.* Luft strömt durch ein enges Rohr, das in der Mitte Drahtelektrode von etwa 1000 V Gleichstrom trägt, um die eine staubfreie Zone entsteht. Staub schlägt sich an zwei Glas-Objektträgern nieder. Auszählung mit Mikroskop. Bis etwa 0,1 μm Korngröße (Auer Ges., Berlin und Sartorius, Göttingen).

e) *Verfärbungstestmethode.* Je ein Teilstrom von Roh- und Reinluft werden durch weißes Filterpapier gesaugt und die Verfärbungsgrade beider Papiere durch optische Messung festgestellt DIN EN 779 (09.94).

f) *Streulicht-Partikelzähler.* Die Luft wird durch ein scharf beleuchtetes Meßvolumen gesaugt, wobei das Streulicht der Staubteilchen in einen Stromimpuls verwandelt und gemessen wird (Met One, USA, DEHA). Untere noch meßbare Größe bei normalem Licht etwa 0,3 μm.

g) *β-Strahlen-Absorption.* Auf einer Impaktorscheibe aus Polyester wird Feinstaub niedergeschlagen. Die Veränderung der β-Strahlenabsorption infolge der Staubablagerung ermöglicht schnelle, bequeme Messung mit handlichem Gerät. (Gerät GCA von Kratel). Die Staubkonzentration wird direkt angegeben.

h) *Schwingquarz-Prinzip.* Feinstaub wird elektrostatisch und durch Impaktion auf einem Schwingquarz niedergeschlagen, der die Eigenfrequenz verändert. Frequenz-Änderung ist proportional der abgeschiedenen Staubmenge. Anzeige in mg/m^3, Meßzeit 24 bis 120 s. Meßbereich 0,01 bis 10 mg/m^3 (Modell 3500, TSI).

---

1) VDI-Richtlinie 2265 (10. 80): Staubsituation am Arbeitsplatz.
VDI-Richtlinie 2066 Bl 1 (10.75) u. Bl 3 (01.94) Bl 2 (12.93) Bl 4 (01.89): Messung von Partikeln; Staubmessung in strömenden Gasen.

i) *Vertical Elutriator.* Konisch, zylindrische Vorabscheider (Beruhigungshammer), um aus Gesamtstaub Anteil über 15 μm, der nicht lungengängig ist, abzuscheiden, damit anschließend nur lungengängiger Feinstaub in zweitem Meßgerät erfaßt wird.

j) *Gravikon VC 25.* Vom Staubforschungsinstitut in Bonn entwickeltes Membranfilter mit Trennung von Grob- und Feinstaub (Bild 1.6.10-4). Grobstaub haftet in Zone 1 oder prallt ab nach Zone 3. Feinstaub lagert sich in der Meßzone 2 ab.

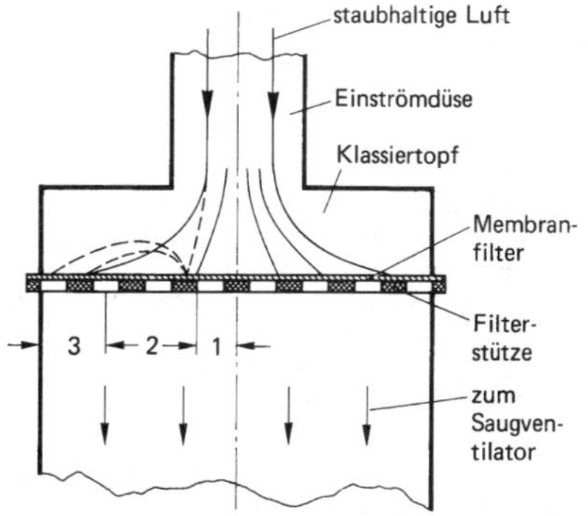

Bild 1.6.10-4. Gravikon VC 25 zur getrennten Messung von Grob- und Feinstaub (Berufsgenossenschaftl. Inst. für Arbeitssicherheit, Fachbereich 3, Staubtechnik).

Besondere Bedeutung hat die Staubmessung in Reinräumen, die in einigen Industriezweigen für die Herstellung höchstempfindlicher Teile eingerichtet sind. Staubmessung mit Mikroskop (> 1 μm), Elektronenmikroskop oder Partikelzähler nach der Streulichtmethode (bis ≈ 0,1 μm).

-6 Gasanalysengeräte[1)]

Es gibt mehrere Methoden, um sehr geringe Gasmengen (Spuren) in der Luft oder Abgase zu messen. Siehe auch Abschn. 1.6.8. Die meisten Geräte beruhen auf physikalischer Grundlage, indem in einem Gemisch die Konzentration einer Komponente auf Grund ihrer physikalischen Eigenschaften ermittelt wird.

a) Infrarot-Analysengeräte

benutzen die verschiedene Absorptionsfähigkeit von mehratomigen Gasen für infrarote Strahlen. Jedes Gas absorbiert einen charakteristischen Wellenbereich.

Die durch eine infrarote Strahlenquelle erzeugte Strahlung wird durch 2 Gefäße mit Meßluft bzw. inaktivem Stickstoff geleitet. Ein geeigneter Strahlungsempfänger mißt die Temperatur- und Druckänderungen (siehe auch VDI-Richtlinie 2455 und 2459). Meßbereich bei CO z.B. 0...0,01 Vol.-%.

b) Ionisierungs-Analysengeräte

arbeiten in der Weise, daß die nachzuweisende Gaskomponente in einer Meßkammer durch ein radioaktives α-Präparat ionisiert wird und der Ionenstrom nach Verstärkung dem Anzeigegerät zugeführt wird.

c) Wärmetönungs-Analysengeräte

werden bei brennbaren Gasen angewendet (CO, H_2). Durch katalytische Verbrennung entsteht eine Temperaturerhöhung, die gemessen wird. Beispiel: CO-Warnanlagen in Garagen. Wirkungsweise siehe Bild 1.6.10-5. Angesaugte Luft wird in einem Heiztopf auf hohe Temperatur gebracht, wobei CO katalytisch zu CO_2 verbrennt. Die zusätzliche Temperaturerhöhung wird von einer Thermobatterie gemessen. Schema einer *CO-Warnanlage* siehe Bild 3.6.10-2.

1) MSI: HR 10/86. S. 485/7.

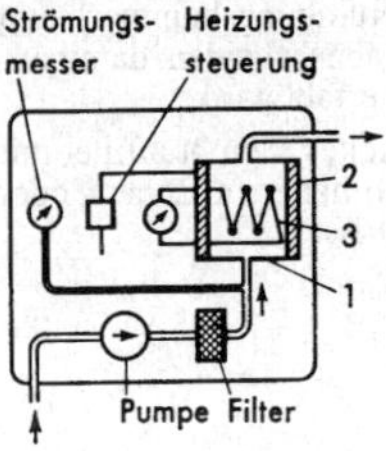

Bild 1.6.10-5. Schema eines CO-Meßgerätes (Dräger)
1 = Heiztopf
2 = Heizmantel
3 = Thermobatterie

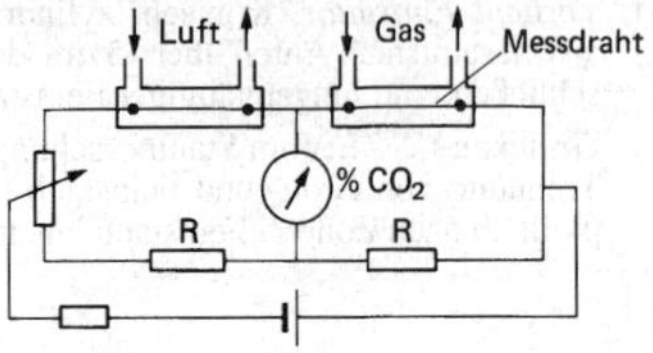

Bild 1.6.10-6. Prinzip der Wärmeleit-Gasanalyse.

d) Wärmeleitfähigkeits-Analysengeräte

finden Anwendung, wenn die Wärmeleitfähigkeit des zu messenden Gases gegenüber einem Vergleichsgas meßbar ist. Elektrisch geheizte Drähte nehmen eine um so höhere Temperatur an, je geringer die Leitfähigkeit des Gases ist. Z.B. H_2 oder CO_2 in Luft, Schutzgasüberwachung, Konzentration von Vergasungsmitteln u.a. Besonders gebräuchlich zur Messung des Schwefeldioxidgehaltes der Luft (VDI-Richtlinie 2451). Vier temperaturabhängige Widerstandsdrähte in Wheatstonescher Brücke, deren Verstimmung ein Maß für den Anteil des zu messenden Gases ist (Bild 1.6.10-6).

e) Paramagnetische Verfahren

Wird zur Messung von O_2 verwendet. O_2 ist paramagnetisch, d.h., es wird von Magneten angezogen. In einer Meßkammer mit Magneten entsteht durch die O_2-Bewegung ein „magnetischer Wind", der den Meßdraht mehr oder weniger abkühlt. Wichtig bei Rauchgasen, da 1% CO_2-Änderung ungefähr = 1% O_2-Änderung.

f) Prüfröhren-Analysengeräte[1)]

Bei diesem Verfahren wird für Einzelanalysen mittels Balgpumpe eine bestimmte Menge Gasmischung durch ein Prüfröhrchen gesaugt, das ein für das zu bestimmende Gas spezifisches weißes Reagenz enthält, das sich je nach der Konzentration zonenweise verfärbt. Erhältlich für CO, CO_2, SO_2, NO, NO_2, Ozon, Formaldehyd und andere Gase (Dräger). Fehlermöglichkeit ±10%.

g) Gaschromatographie

Analysenverfahren zur Bestimmung von kleinen Konzentrationen flüchtiger organischer Substanzen. Beruht auf deren unterschiedlichen Adsorptionsverhalten. Die Substanzen werden in einer mit Adsorptionsmittel gefüllten Säule getrennt und von einem nachgeschalteten Detektor quantifiziert. Meßgenauigkeit um ±1%.

Für Messungen von Innenraumluftverunreinigungen (siehe auch VDI 3875 [12.96]).

h) Messung des CO_2-Gehalts der Luft

Im Rahmen des Bestrebens nach besserer Luftqualität in belüfteten Räumen kommt der Messung des CO_2-Gehalts als Maß für die Luftqualität steigende Bedeutung zu

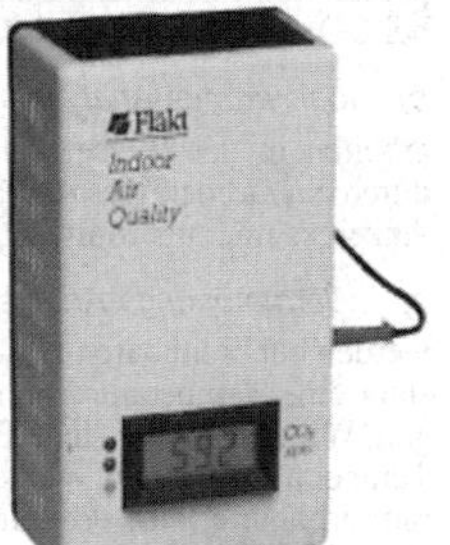

Bild 1.6.10-7. Tragbares CO_2-Meßgerät. Meßbereich 0...2000 ppm. Ausgangssignal 0...10 V oder 0...20 mA. Auch für bedarfsgeführte Volumenstrom-Regelung einsetzbar (Fläkt).

1) Eickeler, E.: Ges.-Ing. 3/88. S. 121 ff. u. CCI 4/89. S. 63/64.

(s. Abschnitt 1.2.4-2). Die Geräte werden auch zur Regelung der Frischluftrate verwendet (Sauter)[1]. Ein tragbares Gerät zeigt Bild 1.6.10-7. Meßmethode: Infrarot-Spektroskopie (Genauigkeit ca. ±2%) oder elektrochemische Sensoren (Genauigkeit ca. ±10%). Mißt selektiv nur CO_2.

i) Messung der flüchtigen organischen Verbindungen in der Luft

Zur Prüfung der Luftqualität in der Raumluft und Außenluft kann außer CO_2 auch die Konzentration von flüchtigen organischen Verbindungen gemessen werden. Dazu gehören u. a. Alkohol, Phenole, Aldehyde, Ketone, aromatischen Kohlenwasserstoffe, Formaldehyd, Tabakrauch, Benzole. Benutzt werden *Mischgas-Sensoren* aus Zinndioxid, die im Meßgerät beheizt werden und deren elektrische Leitfähigkeit sich in Abhängigkeit der Mischgaskonzentration an flüchtigen organischen Verbindungen ändert. Das Ausgangssignal nimmt mit steigender Konzentration zu. Die Nachweisgrenze ist < 0,05 ppm.

j) Messung der Kohlenwasserstoff-Konzentration der Luft

Zur Messung der Konzentration an Kohlenwasserstoffen in der Abluft und Raumluft von Industriehallen (z. B. in Druckereien, in Gießereien, in der Styroporherstellung) wird der *Flammen-Ionisations-Detektor* (FID-Gerät) verwendet. Das Gerät nutzt als Meßeffekt die Ionisation organisch gebundener Kohlenstoffatome in einer Wasserstoffflamme (VDI 3481 Bl 1 [08.75]). Der dabei in einem elektrischen Feld auftretende Ionenstrom wird elektrisch verstärkt und angezeigt. Der Ionenstrom ist proportional der Zahl der in der Luftprobe vorhandenen organisch gebundenen Kohlenstoffatome. Man erhält die Konzentration von Gesamtkohlenstoff in ppm. Die Nachweisgrenze liegt bei 0,1–0,2 ppm C_{ges}.

-7 Messung der Radioaktivität der Luft

Geräte zur Überwachung der Radioaktivität bestehen grundsätzlich aus einer Detektor- und einer Meßeinheit. *Detektoreinheit* enthält je nach Aufgabe Zählrohr, Scintillationsgeräte u. a.

Meßeinheit enthält Instrumente wie Verstärker, Impulsfrequenzmesser, Pegelwächter u. a. sowie Steuer- und Schreibgeräte.

Die wichtigsten Detektoren sind:

Ionisationskammern. Bei Bestrahlung eines Gasvolumens mit radioaktiven Strahlen wird das Gas zum Teil ionisiert. Die anfallende Ladungsmenge ist ein Maß der Strahlung.

Zählrohre (Geiger und Müller). Die bei Auftreten von Kernstrahlen entstehenden Ionen und Elektronen erzeugen im Gasvolumen des zylindrischen Zählrohres einen Strom.

Scintillationszähler beruhen auf der Tatsache, daß radioaktive Strahlen beim Auftreffen auf bestimmte Substanzen Leuchterscheinungen hervorrufen.

Filmdosimeter. Strahlen erzeugen beim Auftreffen auf geeignete Filme eine Schwärzung, die gemessen wird.

-8 Messung der Leitfähigkeit

Leitfähigkeitsmesser dienen zur Überwachung des *Salzgehaltes* von Lösungen, z. B. bei Kesselanlagen, Kraftwerken, Luftwäschern, Zucker- und Papierfabriken u. a. Messung in S/cm *(Siemens je cm).* Meßwerte verschieden bei verschiedenen Salzen. Bei einem bestimmten Salz ist Leitfähigkeit proportional der Konzentration (Bild 1.6.10-8). Temperaturabhängigkeit. Meßverfahren verwendet zwei von der Flüssigkeit umspülte Elektroden. Eichung der Geräte in μS/cm oder auch direkt in mg Salz/l, wobei NaCl als Salz mittlerer Leitfähigkeit gewählt wird.

1 mg NaCl/l ≙ 2 μS/cm bei 20 °C. Meßschaltung Bild 1.6.10-9.

[1]) Möbius, G.: XXII. Int. Kongreß TGA 1988 Berlin, Bericht S. 133/5.
Norell, L.: Produktbeschreibung CO2-Meßgerät, Fabr. Fläkt.

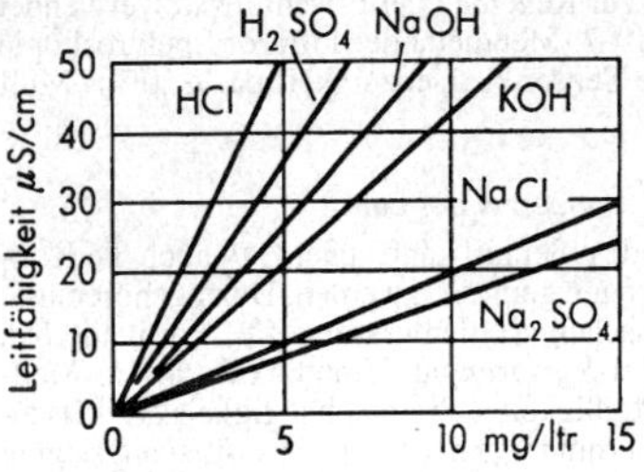

Bild 1.6.10-8. Spezifische Leitfähigkeit verschiedener Salze in wäßriger Lösung.

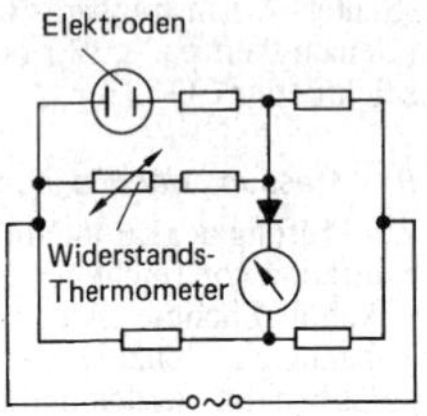

Bild 1.6.10-9. Temperaturkompensierte Meßschaltung zur Salzgehalt-Bestimmung.

-9 Messung des Außenluftwechsels

Mit Hilfe von *Spurengasen (tracer gas)* kann der Außenluftwechsel n_a bestimmt werden:

$$n_a = \frac{\dot{V}_A}{V_R}$$

$\dot{V}_A$ = Außenluftvolumenstrom
V_R = Raumvolumen

Die Spurengase sollen ungiftig, chemisch inaktiv sein und sich nicht an Oberflächen im Gebäude adsorbieren. Man verwendet z.B. SF_6 (Schwefelhexafluorid), N_2O (Lachgas) oder CO_2.

Bei der sogenannten Abklingmethode wird zu Beginn der Messung das Spurengas gleichmäßig im Raum verteilt (Evtl. mit zusätzlichem Umwälzventilator). Danach wird in der Abluft der zeitliche Konzentrationsverlauf c_{ab}(t)gemessen. Mit der Konzentration c_z der Außenluft, die dem Raum zugeführt wird, (c_z muß konstant sein, häufig ist $c_z = 0$) und der Anfangskonzentration c_o ergibt sich

$$n_a = \frac{c_o - c_z}{\int_0^\infty (c_{ab} - c_z)\, dt}$$

Für den einfachsten Fall mit $c_z = 0$ und einer vollständigen Mischlüftung im Raum erfolgt die Konzentrationsabnahme exponentiell

$$c_{ab} = c_o \cdot e^{-n_a \cdot t}$$

so daß gilt:

$$n_a = \frac{\ln \frac{c_o}{c_{ab}(t_1)}}{t_1}$$

t_1 = beliebiger Meßzeitpunkt

Liegt im Raum eine ausreichende Mischströmung vor (d.h. keine nennenswerte Schichtenbildung), kann der Konzentrationsverlauf auch im Raum gemessen werden. Damit sind dann auch Messungen des Außenluftwechsels bei natürlicher Lüftung mit undefinierter Abluft möglich.

Die Messung der Spurengaskonzentration erfolgt meistens mit IR-Gasanalysatoren, vereinzelt auch mit Gaschromatographen. Auch diskontinuierliche Gasprobenentnahme mit Prüfröhrchen zu verschiedenen Zeitpunkten und spätere Auswertung möglich.

-10 Kombinierte Meßgeräte

Für Baustellenmessungen an Heizungs- und Klimaanlagen bei Abnahmen oder Überprüfungen sind kombinierte Meßgeräte besonders praktisch. Bild 1.6.10-10 zeigt einen Universal-Meßkoffer mit Batteriebetrieb. Das Grundgerät ist für Temperaturmessung mit Thermoelement NiCr-Ni (Bereich −40…1300 °C) und mit verschiedenen Aufsteckmodulen zur weiteren Messung ausgestattet:

- Feuchte, Bereich: 2…98% relative Feuchte
- Luftgeschwindigkeit mit Flügelrad, Bereich: 0,4…40 m/s.
- Druck oder Kaminzug, Bereich: ±20 oder ±200 mbar (2000 oder 20000 Pa)
- CO-Abgasgehalt, Bereich: 0…2000 ppm
- Spannung im mV-Bereich für Thermoelement-Flammenwächter bei Gasfeuerung, Bereich: ±200 mV

Bild 1.6.10-10. Universal-Meßkoffer mit Batteriebetrieb für Temperatur, Feuchte, Druck, Geschwindigkeit, CO, elektr. Spannung (Testoterm).

1.7 Regelungstechnische Grundlagen

Neubearbeitung von Dr.-Ing. Dieter Pfannstiel, Breitenbach a. H.

Grundlage automatisierter Prozesse oder der modernen Automatisierungstechnik ist die Regelungs- und Steuerungstechnik sowie die Prozessdatenverarbeitung. Die Regelungstechnik ist ein stark methodisch orientiertes Fachgebiet. Daher ist der Einsatz regelungstechnischer Methoden weitgehend unabhängig vom jeweiligen Anwendungsfall. Die dabei zu lösenden Probleme sind stets sehr ähnlich; sie treten nicht nur bei technischen, sondern auch bei nichttechnischen dynamischen Systemen auf. Die regelungstechnische Betrachtungsweise kann auf viele verschiedene Problemstellungen und zur Beschreibung einer Vielzahl von Gesetzmäßigkeiten hervorragend angewendet werden.

1.7.1 Grundbegriffe[1)]

Bei automatisierten Anlagen werden die Prozessgrößen teilweise geregelt und / oder gesteuert. Entsprechend wird zwischen einer Steuerung oder einer Regelung unterschieden.

-1 Steuerung

Nach DIN 19 226 ist eine Steuerung wie folgt definiert:

„Das Steuern – die Steuerung – ist ein Vorgang in einem System, bei dem eine oder mehrere Größen als Eingangsgrößen andere Größen als Ausgangsgrößen aufgrund der dem System eigentümlichen Gesetzmäßigkeit beeinflussen. Kennzeichen für das Steuern ist der offene Wirkungsablauf über das einzelne Übertragungsglied oder die Steuerkette".

Man stelle sich als Beispiel die Temperatursteuerung eines Wohnraumes vor (Bild 1.7.1-1), in dem sich ein Heizkörper befindet und zur Einstellung der Raumtemperatur wird ein Steuerglied verwendet (Bild 1.7.1-2). Das Steuerglied hat die Aufgabe, zu einer bestimmten Außentemperatur den Mischer so zu verstellen, dass sich die gewünschte Raumtemperatur einstellt. Alle Einflüsse, die eine Abweichung der Raumtemperatur vom eingestellten Sollwert zur Folge haben, nennt man Störgrößen. Störgrößen, wie das Öffnen eines Fensters (z1), Personen im Raum (z2) oder Sonneneinstrahlung (z3), führen zu einer Änderung der Raumtemperatur, werden aber durch eine Steuerung, die nur eine Außentemperaturänderung (= Störgröße z4) berücksichtigt, nicht erfasst. Die Signalübertragung bei einer Steuerung geht nur in einer Richtung vor sich und man spricht daher von einem offenen

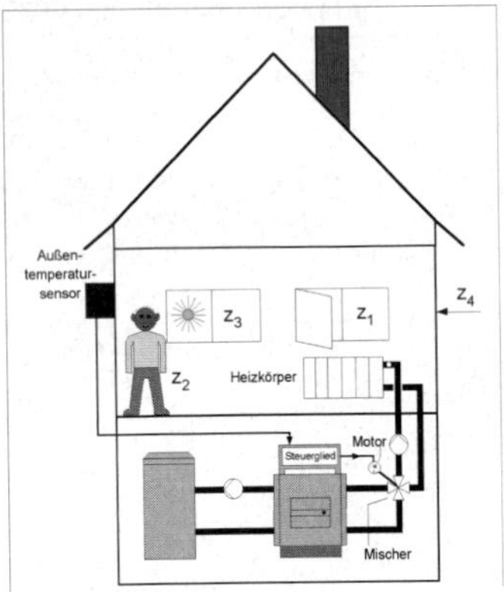

Bild 1.7.1-1.
Schema der Raumtemperatursteuerung.

[1)] DIN 19 226 T1 bis T6: Regelungstechnik und Steuerungstechnik.
Knabe, G.: Gebäudeautomation, Berlin, München 1992.
Oppelt, W.: Kleines Handbuch technischer Regelvorgänge, Weinheim 1972.
VDI/VDE 3525 Bl 1: Regelung von RLT-Anlagen; Grundlagen
Weber, D.: Regelungstechnik, Ehningen 1993.

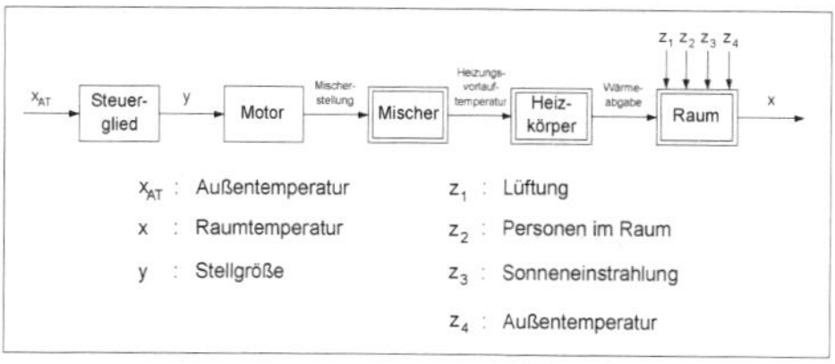

Bild 1.7.1-2. Blockschaltbild der Raumtemperatursteuerung.

Wirkungsablauf oder einer offenen Wirkungskette. Dieser Zusammenhang wird in der Regelungstechnik durch sogenannte Blockschaltbilder (Signalflusspläne) dargestellt.

Jedes Glied innerhalb des Blockschaltbildes hat eine Ein- und eine Ausgangsgröße, z.B. ist beim Heizkörper die Eingangsgröße die Vorlauftemperatur und die Ausgangsgröße ist die abgegebene Wärme in den Raum.

Das Beispiel „Raumtemperatursteuerung" zeigt, dass die sich einstellende Raumtemperatur bei einer außentemperaturabhängigen Steuerung sehr stark vom Steuerglied abhängt und die unbekannten Störgrößen z_1, z_2 und z_3 ohne eine Regelung nicht kompensiert werden können.

-2 Regelung

DIN 19 226 definiert eine Regelung wie folgt:

„Das Regeln – die Regelung – ist ein Vorgang, bei dem eine Größe, die zu regelnde Größe (Regelgröße), fortlaufend erfasst, mit einer anderen Größe, der Führungsgröße, verglichen und im Sinne einer Angleichung an die Führungsgröße beeinflusst wird. Der sich dabei ergebende Wirkungsablauf findet in einem geschlossenen Kreis, dem Regelkreis, statt".

Ersetzt man im Bild 1.7.1-1 den Außentemperaturfühler durch einen Raumtemperaturfühler und die Steuerung durch einen Regler, so erhält man eine Raumtemperaturregelung (Bild 1.7.1-3). Bei der Raumtemperaturregelung ist die zu regelnde Größe die Raumtemperatur (= Regelgröße x). Sie wird ständig gemessen und mit dem eingestellten Raumtemperatursollwert (= Führungsgröße w) verglichen. Weicht die gemessene Raumtemperatur vom eingestellten Sollwert ab, so wird vom Regler der Mischer (Stellgröße y) verstellt. Hierdurch ändert sich die Heizungsvorlauftemperatur und somit über die Wärmeabgabe des Heizkörpers auch die Raumtemperatur. Dieser Vorgang wird vom Regler solange wiederholt, bis die gemessene Raumtemperatur wieder mit dem eingestellten Sollwert übereinstimmt. Störgrößen, wie das Öffnen eines Fensters (z_1), Personen im Raum (z_2), Sonneneinstrahlung (z_3) oder Änderung der Außentemperatur (z_4), bewirken eine Änderung

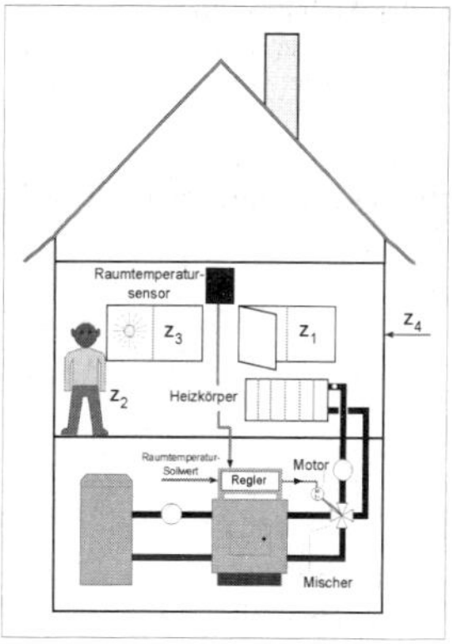

Bild 1.7.1-3. Schema der Raumtemperaturregelung.

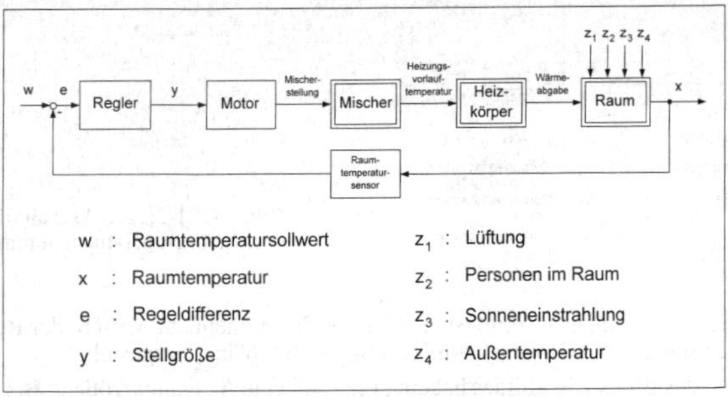

Bild 1.7.1-4. Blockschaltbild der Raumtemperaturregelung.

der Raumtemperatur. Diese werden über den Raumtemperatursensor durch die Regelung erfasst und ausgeregelt (Bild 1.7.1-4).

Die Aufgabe einer Regelung besteht somit darin, eine bestimmte physikalische Größe (Regelgröße) innerhalb einer Anlage einem fest vorgegebenen Sollwert möglichst schnell anzugleichen und sie möglichst genau und stabil auf diesem Wert zu halten, ohne dass Störungen, die auf die Regelstrecke einwirken, von nennenswertem Einfluss sind. Eine derartige Regelung wird als Festwertregelung oder Störgrößenregelung bezeichnet (w = konstant). Als Beispiel ist hier die Brauchwassertemperaturegelung zu nennen.

Oftmals muss die Regelgröße eines Prozesses den sich ändernden Sollwerten möglichst gut nachgeführt werden. Diese Regelungsart wird Führungsregelung oder auch Folgeregelung bzw. Nachlaufregelung genannt (z.B. w = Funktion(Zeit)). Beispiel: Sollwert für die Raumtemperatur in Abhängigkeit einer Schaltuhr oder Änderung des Sollwertes der Kessel- bzw. Vorlauftemperatur-Regelung in Abhängigkeit der Außentemperatur.

Eine weitere Regelungsart ist die Endwertregelung. Hier soll ein bestimmter Endwert möglichst schnell erreicht werden. Beispiel: Ein- und Ausschaltoptimierung bei der Raumtemperatur-Regelung.

Bei der Extremwertregelung (Optimierung) soll ein unbekannter Extremwert erreicht und geregelt werden und bei der adaptiven Regelung passt sich das dynamische und statische Verhalten des Reglers selbsttätig an die Regelstrecke an.

Zusätzlich zur Regelgröße x können Hilfsregelgrößen xh als zusätzliche Größen bei der Regelung berücksichtigt werden, die neben der Regelgröße x auf den Regler einwirken; z.B. Vorlauftemperaturregelung mit zusätzlicher Aufschaltung der Raumtemperatur als Hilfsregelgröße (= Regelung mit Hilfsregelgröße). Ein Sonderfall des Regelverfahrens mit Hilfsregelgröße ist die Kaskadenregelung. Hier erfolgt bereits eine unterlagerte Regelung mit der Hilfsregelgröße und der Sollwert für den unterlagerten Regelkreis wird vom Hauptregler gebildet. Ist eine Störung direkt messbar, so kann diese auch über ein Steuerglied dem Regler direkt aufgeschaltet und somit eine Störgrößenaufschaltung realisiert werden. Beispiel: Durchflusserfassung bei einer Warmwasserzapfung bei Durchlauferhitzern.

Der klassische Regelkreis besteht aus 4 Bestandteilen: Regler, Stellglied, Regelstrecke und Meßkette (= Meßfühler und Meßumformer). Zweckmäßigerweise werden Regler und Stellglied zur Regeleinrichtung zusammengefasst und das Messglied wird der Regelstrecke zugeordnet (Bild 1.7.1-5).

Reglerfirma, Gerätehersteller und Installateur teilen sich meist die Lieferung einer Regelung, wobei die Trennstellen nicht immer zwischen Regelstrecke und Regeleinrichtung lie-

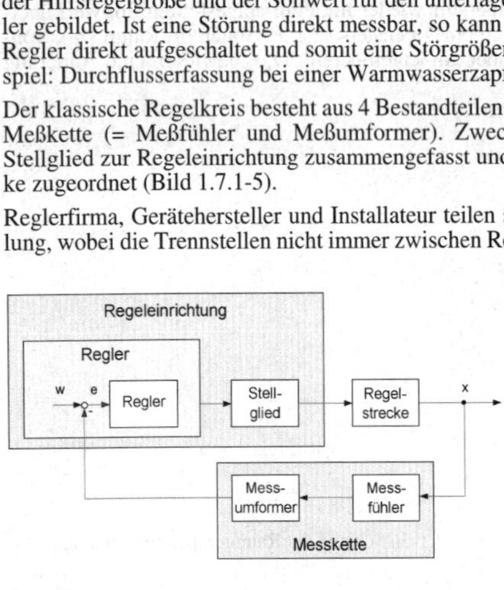

Bild 1.7.1-5. Regelkreis mit den Bestandteilen.

gen. Meist gehört das sogenannte Stellglied (Stellantrieb und Stellventil) zum Lieferumfang der Reglerfirma oder des Geräteherstellers. Auch Pumpen, Ventilatoren und Brenner können Stellglieder eines Regelkreises sein.

Bildzeichen und Kennbuchstaben der MSR-Technik s. Abschn. 2.1.2.

1.7.2 Regelstrecken[1)]

Die Regelstrecke beginnt am Stellort und endet am Messort (in Signalflußrichtung gesehen, Bild 1.7.1-5). Kenntnisse über die Regelstrecke sind Grundvoraussetzungen für eine optimale Regelung. Bei allen Regelkreisen ist von Bedeutung, wie der Regler bei einer Abweichung der Regelgröße vom Sollwert (= Sollwertabweichung), hervorgerufen durch eine Sollwertänderung oder durch eine Störung, eingreifen soll, z.B. schnell oder langsam, stark oder schwach. Dies hängt von den regelungstechnischen Eigenschaften der Regelstrecke ab, weshalb man das statische und dynamische (von der Zeit abhängige) Verhalten der einzelnen Teile (Glieder) des Regelkreises genau kennen muss.

-1 Statisches Verhalten von Regelstrecken (Kennlinien)

Wenn man den Zusammenhang zwischen Ein- und Ausgangsgröße eines Regelstreckenteils für mehrere Zwischenwerte im Beharrungszustand aufnimmt, so erhält man die statische Kennlinie, die das statische Verhalten des jeweiligen Gliedes (Teil) der Regelstrecke beschreibt. Bild 1.7.2-1 zeigt die statische Kennlinie eines Heizkörpers oder Wärmeübertragers. Die Kennlinie ist stark gekrümmt und somit nichtlinear. D. h. eine gleiche Verstellung (Änderung) der Durchflussmenge in unterschiedlichen Betriebspunkten führt zu unterschiedlichen Änderungen der Wärmemenge. Am Anfang bewirkt eine Durchflussänderung Δy eine große Änderung der Wärmeabgabe und im oberen Bereich der Kennlinie nur eine geringe. Nichtlineare Kennlinien stellen ein generelles Problem bei einer linearen Regelung dar und müssen entsprechend berücksichtigt werden.

Bild 1.7.2-2 zeigt Grundkennlinien von Ventilen bei konstant gehaltenem Druckgefälle, d. h. also die Abhängigkeit des Durchflusses vom Ventilhub. Je nach Ausbildung der Sitz- / Kegelpartie eines Ventils erhält man die beiden meist verwendeten Grundformen der Ventilkennlinien: linear oder gleichprozentig oder davon abweichende Formen.

Will man bei einem Heizkörper einen linearen Zusammenhang zwischen Ventilhub des Ventils und Wärmeleistung haben, muss man das dem Heizkörper vorgeschaltete Stellventil so wählen, dass seine Kennlinien-Krümmung der Kennlinien-Krümmung des Heizkörpers entgegengesetzt (invers) ist, also möglichst eine gleichprozentige Kennlinie. Man erhält dann als resultierende Kennlinie für die Kombination Stellventil und Heizkörper eine annähernd lineare Kennlinie (Bild 1.7.2-3). Dies ist eine wichtige Voraussetzung, um ein weitgehend lastunabhängiges (betriebspunktunabhängiges) stabiles Verhalten des Regelkreises erreichen zu können.

Die aus diesen Überlegungen abgeleitete Größe für die Kennzeichnung der Regelstrecken

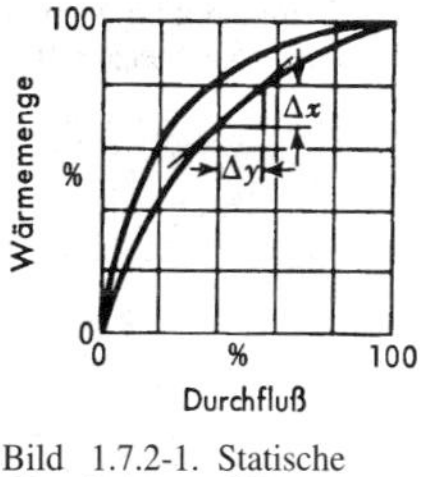

Bild 1.7.2-1. Statische ,Kennlinie von Wärmeaustauschern.

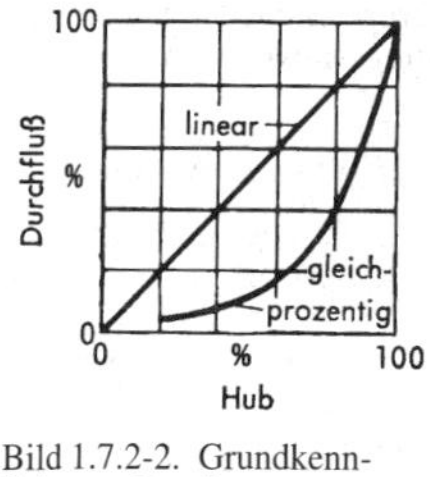

Bild 1.7.2-2. Grundkennlinie von Ventilen.

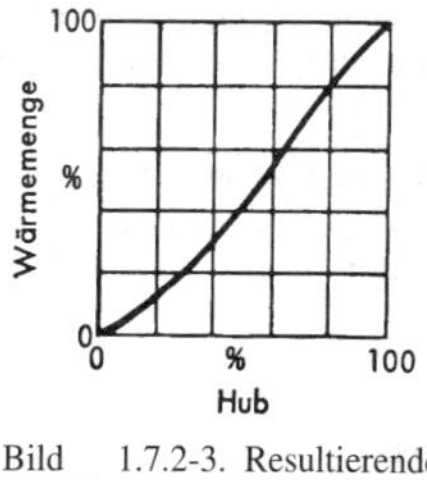

Bild 1.7.2-3. Resultierende Kennlinie einer Kombination Wärmeaustauscher + Ventil.

1) Isermann, R.: Identifikation dynamischer Systeme, Berlin, 1988.
Oppelt, W.: Kleines Handbuch technischer Regelvorgänge, Weinheim 1972.

im Beharrungszustand ist der sogenannte Übertragungsbeiwert oder Verstärkungsfaktor K. Allgemein wird der Verstärkungsfaktor K eines Regelkreisgliedes definiert durch:

$$K = \frac{\text{Änderung der Ausgangsgröße}}{\text{Änderung der Eingangsgröße}}$$

Der Verstärkungsfaktor K beschreibt einen rein proportionalen Zusammenhang zwischen der Ein- und Ausgangsgröße des Regelkreisgliedes und man bezeichnet dieses Verhalten in der Regelungstechnik als P-Verhalten (proportional wirkendes Verhalten). Der Verstärkungsfaktor K stellt dabei nichts anders als die Kennliniensteigung dar, d.h. der Verstärkungsfaktor K wird durch die Tangente an der Kennlinie beschrieben.

Beispiel:

Entspricht der Stellbereich Y_h einem Ventilhub von 3 mm und beträgt die zugehörige Temperaturänderung $X_h = 12\,K$, so ist der Verstärkungsfaktor $K = 12\,K\,/\,3\text{ mm} = 4\,K\,/$ mm.

Der Verstärkungsfaktor (Steigung) ist nur bei linearen Kennlinien konstant. Wie Bild 1.7.2-3 zeigt, nimmt K abhängig vom Betriebspunkt (= Hub) etwas unterschiedliche Werte an, kann aber annähernd als konstant angesehen werden. Bei nichtlinearer Kennlinie über dem Stellbereich ist für Stabilitätsbetrachtungen die maximale Steigung der Regelstrekkenkennlinie von Bedeutung. Eine extrem nichtlineare Regelstrecke ist mit einem Regler mit fest eingestellten Reglerparametern daher nur schwer zu regeln. Abhilfe: nichtlineare, gesteuert adaptive oder adaptive Regler.

-2 Dynamisches Verhalten von Regelstrecken (Übergangsverhalten)

Hierunter versteht man den Zusammenhang zwischen dem zeitlichen Verlauf der Ausgangsgröße und dem zeitlichen Verlauf der Eingangsgröße der Regelstrecke, welche den Vorgang ausgelöst hat.

Das übliche Verfahren zur Klassifizierung von Regelstrecken ist die Aufnahme der Übergangsfunktion (Sprungantwort). Die Übergangsfunktion wird im offenen Regelkreis gemessen, d.h. der Regler ist nicht in Betrieb. Sie wird meist experimentell ermittelt. Dazu wird ausgehend von einem stationären Zustand (Beharrungszustand) x_0 der Regelgröße x zu einem beliebigen Zeitpunkt t_0 die Stellgröße y sprungförmig um Δy von Hand verstellt. Durch diese Verstellung wird sich die Regelgröße x ändern und in einem neuen Beharrungszustand enden, wenn es sich um eine Regelstrecke „mit Ausgleich" handelt. Zwei typische Verläufe sind möglich, nach denen man die Regelstrecken klassifizieren kann:

- *Regelstrecken mit Ausgleich*
  Die Regelgröße gelangt nach einer gewissen Zeit in einen neuen Beharrungszustand (Bild 1.7.2-4a).
- *Regelstrecken ohne Ausgleich*
  Die Regelgröße findet keinen neuen Beharrungszustand und wächst über alle Grenzen (Bild 1.7.2-4b).

Weitere Möglichkeiten zur Beschreibung des dynamischen Verhaltens von Regelstrecken bestehen darin, dass die Eingangsgröße entweder entsprechend einer Rampe mit konstanter Anstiegsgeschwindigkeit (= Anstiegsantwort) oder entsprechend einer (Rechteck-) Im-

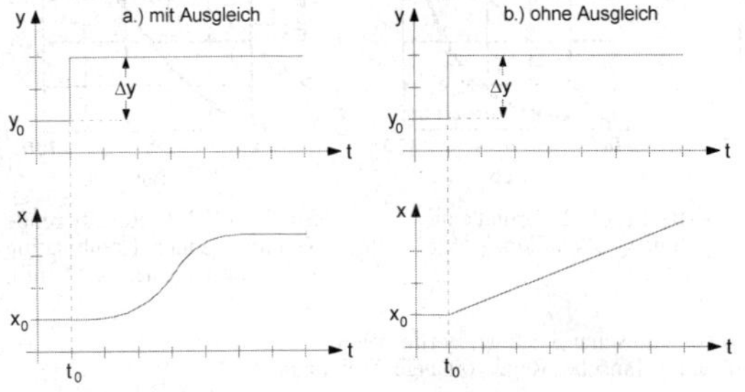

Bild 1.7.2-4.
a) Regelstrecke mit Ausgleich;
b) Regelstrecke ohne Ausgleich.

pulsfunktion (= Impulsantwort) oder entsprechend eines δ-Impulses (= δ-Impulsanwort bzw. Gewichtsfunktion) verstellt wird.

Weiterhin kann zur Erzeugung einer Antwortfunktion ein sinusförmiges Eingangssignal verwendet werden. Die Ausgangsgröße wird dann ebenfalls Schwingungen ausführen und ist gegenüber dem Eingangssignal in Amplitude und Phase verändert. Weiterhin können auch stochastische Signale wie hoch- oder niederfrequentes Rauschen als Anregungssignal für die Regelstrecke verwendet werden.

-2.1 Regelstrecken mit Ausgleich

Unter einer Regelstrecke mit Ausgleich versteht man eine Strecke, bei der wegen einer Stellgrößenänderung oder Störung die Regelgröße einem neuen Beharrungswert zustrebt.

a) Verzögerungsglied nullter Ordnung (P-Regelstrecke)

Verzögerungslose Regelstrecken, d.h. P-Strecken ohne Verzögerung sind solche, bei denen sich Ausgangs- und Eingangsgröße zu jedem Zeitpunkt nur um einen konstanten Faktor, dem Verstärkungsfaktor K unterscheiden.

Für P-Strecken gilt:

$$x(t) = K \cdot y(t)$$

Beispiel:

Die Durchflussmenge ändert sich hinter einem Ventil unverzögert (Bild 1.7.2-5). Ähnliches trifft für die Mischtemperatur hinter einem Mischventil zu.

Streng genommen gibt es in der Praxis aber keine reinen verzögerungsfreien P-Strecken. Meist tritt zusätzlich mindestens eine kleine, oft auch nur sekundäre (vernachlässigbare) Verzögerung auf.

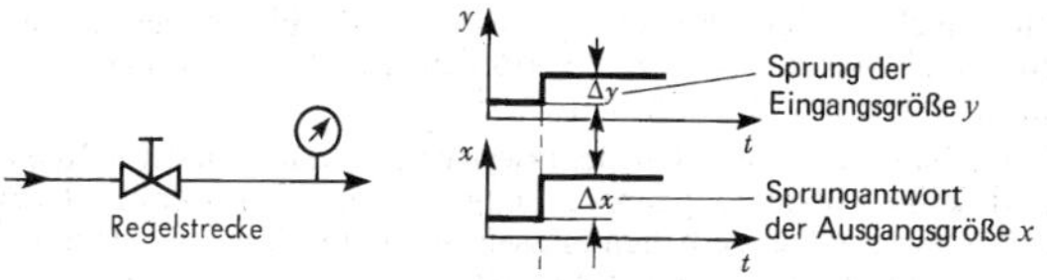

Bild 1.7.2-5. Sprungantwort einer Durchfluß-Regelstrecke.

b) Verzögerungsglied erster Ordnung (PT_1-Regelstrecke)

Bei praktischen Regelstrecken können mehrere Verzögerungen wirken. Eine Klassifizierung der Strecken mit Verzögerung lässt sich durch die Anzahl der wirksamen Verzögerungsglieder durchführen. Ein Verzögerungsglied 1. Ordnung (PT_1- Glied) besteht dabei aus einem Zeitglied (= Speicherglied). Der Speicher kann z.B. eine physikalische Masse sein, die temperaturmäßig gefüllt wird.

Beispiel:

Lufttemperatur hinter einem kondensatfrei gefahrenen, dampfbeheizten Lufterhitzer, dessen Metallmasse die (Wärme-) Speicherwirkung erzeugt. Die Lufttemperaturänderung ergibt sich hier nach einer Exponentialkurve mit der Gleichung:

$$\Delta x(t) = \Delta y \cdot K \cdot \left(1 - e^{-\frac{t}{T}}\right)$$

Ein PT_1-Glied wird durch den Verstärkungsfaktor K und die Zeitkonstante T vollständig beschrieben. Die Zeitkonstante T ist dabei diejenige Zeit, in der sich die Regelgröße x bei Beibehaltung der anfänglichen Geschwindigkeit über den ganzen Bereich x_0 ändern würde. Nach der Zeit t = T, 3T bzw. 5T hat die Übergangsfunktion 63,2 %, 95,0 % bzw. 99,3 % des Wertes Δx erreicht. Die Zeitkonstante T ist im linearen Fall unabhängig von der Größe des Sprunges und eine wichtige Zeitkenngröße. Zur Ermittlung der Zeitkonstante T kann die Tangentenabschnittsmethode verwendet werden. Legt man beim Zeitpunkt t_0 die Tangente an die Übergangsfunktion, so ist der Tangentenabschnitt in der Endwertlinie gerade gleich der Zeitkonstanten T (Bild 1.7.2-6, oberes Bild).

Der Verstärkungsfaktor K ergibt sich aus der Differenz von Endauslenkung und Anfangswert x_0 sowie der Eingangssprunghöhe Δy:

$$K = \frac{x(\infty) - x_0}{\Delta y} = \frac{\Delta x}{\Delta y}$$

Beispiel:

Welche Temperaturerhöhung $\Delta\vartheta$ stellt sich in einer Regelstrecke nach t = 30 min bei halber Ventilöffnung (= 50 %) ein, wenn gegeben ist:

Verstärkungsfaktor = 0,5 *K* / % und Zeitkonstante *T* = 15 min

$$\Delta\vartheta\,(t) = 50 \cdot 0{,}5 \cdot \left(1 - e^{-\frac{30}{15}}\right) = 21{,}6\ K$$

In der Praxis findet man der Regelstrecke oft noch eine andere Art der Verzögerung überlagert. Während bei einer reinen PT_1-Strecke auf einen Eingangssprung sofort eine Reaktion erfolgt, verstreicht bei diesen Systemen erst eine gewisse Zeit, ehe eine Reaktion auf der Ausgangsseite einsetzt. Diese Zeit nennt man Totzeit T_t und eine Regelstrecke erster Ordnung mit Totzeit nennt man PT_1-T_t-Strecke (Bild 1.7.2-6, unteres Bild).

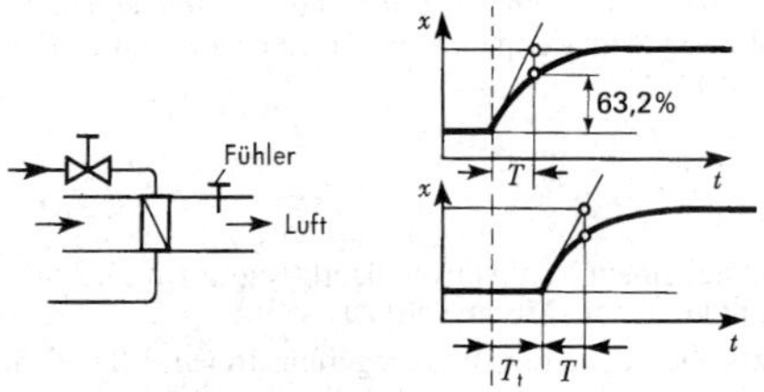

Bild 1.7.2-6. Sprungantwort einer Regelstrecke 1. Ordnung ohne und mit Totzeit T_t.
T = Zeitkonstante

c) Verzögerungsglied zweiter und höherer Ordnung (PT_2- oder PT_n-Regelstrecke)

Oft sind in realen Systemen mehrere Zeitverzögerungen wirksam, die in den meisten Fällen voneinander entkoppelt sind. Man kann sich z.B. vorstellen, dass das Zeitverhalten des Stellantriebes unabhängig von dem des Messfühlers ist.

Bild 1.7.2-7 zeigt das Zeitverhalten eines PT_2-Gliedes (zwei Verzögerungsglieder in Reihe geschaltet). Ist in der Praxis keine Aufsplittung in zwei Zeitglieder machbar oder man kann z.B. nur das in Bild 1.7.2-7 dargestellte Verhalten messen, so lässt sich hieraus dann für den Regelungstechniker eine Ersatzzeitkonstante berechnen.

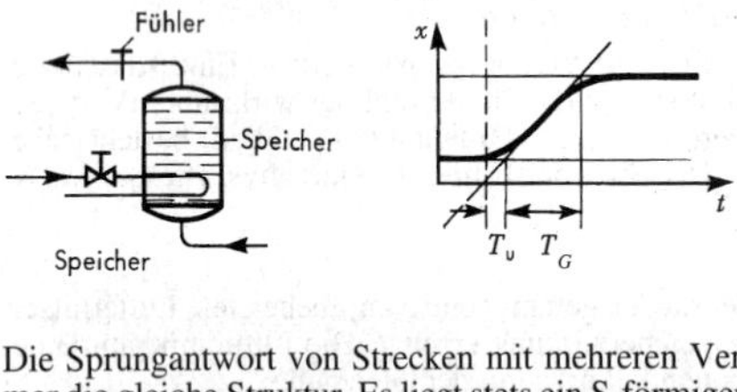

Bild 1.7.2-7. Sprungantwort einer Regelstrecke 2. Ordnung.
T_u = Verzugszeit,
T_G = Ausgleichszeit

Die Sprungantwort von Strecken mit mehreren Verzögerungsgliedern hat prinzipiell immer die gleiche Struktur. Es liegt stets ein S-förmiger Verlauf mit horizontaler Anfangstangente und mit Wendepunkt vor (Bild 1.7.2-7). Eine sehr verbreitete Möglichkeit, die Übergangsfunktion von Verzögerungsgliedern mit einer Ordnung ≥ 2 zu beschreiben, ist die Angabe von Verzugszeit T_u und Ausgleichszeit T_G. Diese erhält man durch die Konstruktion der Wendetangente und damit durch die Schnittpunkte der Wendetangente mit dem Anfangswert (meist Zeitachse) und dem Endwert (Parallele zur Zeitachse durch den Beharrungswert).

Eine Kennwertermittlung (Parameterbestimmung) für ein Verzögerungsglied zweiter Ordnung z.B. kann wie folgt durchgeführt werden:

- Approximation durch ein Verzögerungsglied erster Ordnung und Totzeit,
- Approximation durch ein Verzögerungsglied zweiter Ordnung mit gleichen Zeitkonstanten,
- Approximation durch ein Verzögerungsglied zweiter Ordnung mit ungleichen Zeitkonstanten.

Zu den Kennwertermittlungsverfahren existieren Tabellen, aus denen man die entsprechenden Zeitkonstanten in Abhängigkeit von T_u und T_G entnehmen kann.

Schwierigkeitsgrad S (= T_u/T_G)	Regelbarkeit
< 0,1	sehr gut regelbar
0,1 ... 0,2	gut regelbar
0,2 ... 0,4	noch regelbar
0,4 ... 0,8	schlecht regelbar
> 0,8	kaum regelbar

Bild 1.7.2-8. Regelbarkeit von Regelstrecken.

Während der Verzugszeit T_u erhält der Regler praktisch kaum eine Information von den Veränderungen, die bei $t = 0$ in die Strecke eingebracht wurden. Er kann daher erst um die Zeit T_u später reagieren. T_u ist also nachteilig für die Regelung. Andererseits kann trotz vorhandenem T_u ein annehmbares Regelergebnis erzielt werden, wenn die Wendetangente flach ansteigt, T_G also groß ist (= langsame Regelstrecke).

Die Regelbarkeit von Strecken höherer Ordnung hängt daher vom Verhältnis

$$S = T_u / T_G$$

ab. S bezeichnet dabei den Schwierigkeitsgrad (Bild 1.7.2-8).

Ein weiterer Kennwert der Übergangsfunktion ist der Regelbereich X_h der Strecke, häufig

Beispiel	Regelgröße x / Regelstrecke	Verzugszeit T_u	Ausgleichszeit T_G	Schwierigkeitsgrad $S = T_u/T_G$	Regelbereich X_h	Übertragungsbeiwert K_S (Hub in %)
1	Raumtemperatur 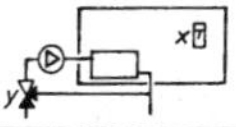	5 – 15 min	1 – 2,5 h	0,05 – 0,2 –	20 – 30 K	0,2 – 0,3 K/%
2	Vorlauftemperatur 	10 – 20 s	30 – 60 s	0,2 – 0,4 –	20 – 80 K	0,2 – 0,8 K/%
3	Brauchwassertemp. 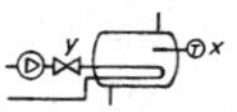	0,5 – 2 min	10 – 30 min	0,05 – 0,2 –	30 – 60 K	0,3 – 0,6 K/%
4	Zulufttemperatur 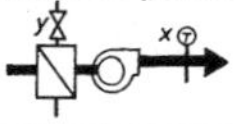	10 – 40 s	30 – 120 s	0,15 – 0,4 –	20 – 50 K	0,2 – 0,5 K/%
5	Ablufttemperatur 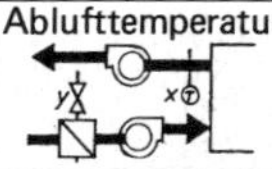	1 – 5 min	10 – 60 min	0,1 – 0,3 –	15 – 25 K	0,15 – 0,25 K/%
6	Taupunkttemperat. 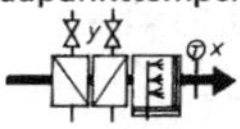	0,5 – 1,5 min	2 – 10 min	0,15 – 0,4 –	15 – 25 K	0,15 – 0,25 K/%
7	Schwimmbeckent. 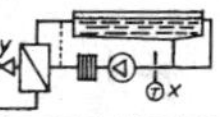	20 – 50 min	10 – 40 h	0,02 – 0,1 –	10 – 25 K	0,1 – 0,25 K/%

Bild 1.7.2-9. Regeldaten in der Heizungs- und Lüftungstechnik (nach Schrowang).

auch Stellwirkung genannt. X_h gibt an, um welchen Betrag sich die Regelgröße ändert, wenn der Stellbereich des Stellgliedes durchfahren wird. Bild 1.7.2-9 zeigt typische Werte der erläuterten Kenngrößen für Regelstrecken in Heizanlagen.

-2.2 Regelstrecken ohne Ausgleich

Unter einer Regelstrecke ohne Ausgleich versteht man eine Strecke, bei der aufgrund einer Stellgrößenänderung oder Störung die Regelgröße stetig anwächst, ohne einem festen Endwert zuzustreben.

Bei Regelstrecken ohne Ausgleich findet die Regelgröße keinen neuen Beharrungszustand; sie wächst über alle Grenzen. Der Anstieg kennzeichnet auch hier das Zeitverhalten. Ein solches Verhalten nennt man in der Regelungstechnik I-Verhalten (integralwirkendes Verhalten). Bild 1.7.2-10a zeigt das Zeitverhalten eines I-Gliedes, Bild 1.7.3-10b das eines verzögerten I-Gliedes (IT_1 – Glied).

Eine integralwirkende Regelstrecke mit der Integrierzeit T_I bzw. dem Integrierbeiwert $K_I = \frac{1}{T_I}$ hat die Übergangsfunktion $x(t) = \frac{y}{T_I} \cdot t$.

Die Ermittlung des Kennwertes T_I erfolgt durch Abmessen der Steigung $\frac{\Delta x}{\Delta t}$ bei sprungförmiger Änderung von y mit der Höhe Δy:

$$T_I = \frac{\Delta y}{\Delta x \ / \Delta t} \ .$$

a.) I-Regelstrecke

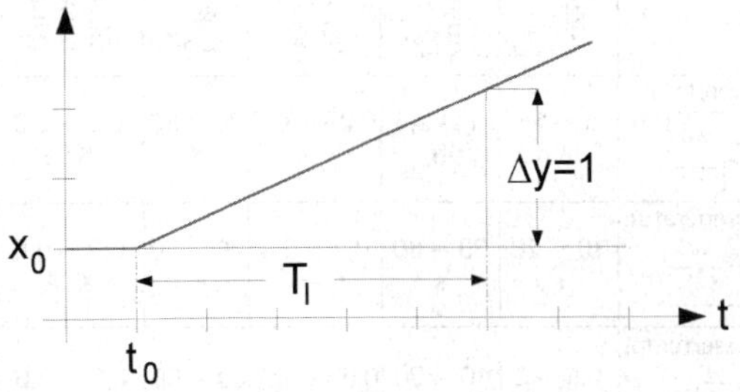

b.) IT1-Regelstrecke

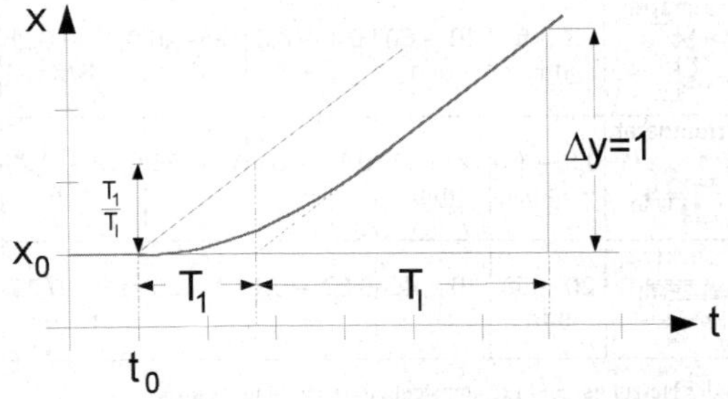

Bild 1.7.2-10.
a) I-Regelstrecke
b) IT_1-Regelstrecke

Aus der Übergangsfunktion eines integralwirkenden Gliedes mit zusätzlicher Verzögerung lassen sich dann die Kennwerte T_I und T_1 analog zu dem I -Glied und dem PT_1 -Glied ermitteln.

Beispiele für Regelstrecken ohne Ausgleich:

Höhenstand- oder Niveauregelstrecke; nach Öffnen eines Zuflussventils bei unveränderlichem oder geschlossenem Abfluss steigt der Höhenstand in einem Behälter immer weiter an, bis dieser überläuft.

Eine Kesselwassertemperatur-Regelstrecke mit Kesselwasserdurchfluss ist eine Regelstrecke mit Ausgleich. Ohne Kesselwasserdurchluss ist die Kesselwassertemperatur-Regelstrecke eine I-Regelstrecke ohne Ausgleich, da die erzeugte Wärme nicht abgeführt wird; die Kesselwassertemperatur steigt bis zum Ansprechen der Regel- bzw. Sicherheitseinrichtung.

1.7.3 Regeleinrichtungen

Wegen den Schwierigkeiten, oft keine klare Trennung von Gerätefunktion und regelungstechnischer Grundfunktion vornehmen zu können, ist es häufig zweckmäßig, einen Regelkreis nur in zwei Blöcken zu strukturieren. Dabei wird neben der Regelstrecke, die meist auch das Messglied enthält, als weiterer Block nur noch die Regeleinrichtung unterschieden (Bild 1.7.1-5). Die Regeleinrichtung enthält somit den eigentlichen Regler und gewöhnlich auch das Stellglied. Sie beinhaltet die Bauglieder, die zur Beeinflussung der Regelstrecke benötigt werden. In der Hauptsache sind es:

- der Sollwertgeber (z.B. im Regler oder an einem Bediengerät oder als veränderlicher Sollwert über eine Steuerkennlinie bei einer außentemperaturgeführten Vorlauftemperatur-Regelung durch die Heizkurveneinstellung),
- der Vergleicher,
- der Regler (Berechnung des Stellsignals),
- der Verstärker, der Signaländerungen verstärkt (die eigentliche Leistungsverstärkung erbringt zumeist der Stellantrieb) und
- der Stellantrieb am Stellort.

-1 Klassifikation von Regelgeräten

Nach DIN 19 226 ist ein Regler wie folgt definiert:

"Innerhalb einer Regeleinrichtung kann ein Gerät als Regler bezeichnet werden, wenn es mehrere Aufgaben der Regeleinrichtung zusammenfasst. Der Regler muss jedoch den Vergleicher, sowie mindestens ein weiteres, wesentliches Bauglied, z.B. Verstärker, Zeitglieder, enthalten."

Ein Regler hat somit drei Grundaufgaben zu erfüllen:

- Vergleich von Regelgröße und Führungsgröße (auch Soll-Istwert-Vergleich genannt)
- Erzeugung des Stellsignals y mit einem geeigneten Übertragungsverhalten $y(t) = f(x_d(t))$
- Verstärkung der Signale zur Ansteuerung eines Stellgliedes (Leistungsverstärkung)

Die Bezeichnung eines Reglers erfolgt zunächst nach der Regelgröße:

- Temperaturregler, Feuchteregler, Druckregler, Durchflussregler, Mengenregler usw.

Als ergänzende Bezeichnungsmerkmale können verwendet werden:

- nach der Art der Hilfsenergie
  - ohne Hilfsenergie,
  - mit Hilfsenergie (elektrisch, pneumatisch, hydraulisch)
- nach dem zeitlichen Regelverhalten
  - unstetige Regler (Zweipunktregler, Mehrpunktregler)
  - stetige Regler (P-, PI-, PID-Regler, ...)

Das zeitliche Regelverhalten ist für die Auswahl von Reglern am wichtigsten. Es ist unabhängig von der Art der Regelgröße und der Hilfsenergie.

Zur Vereinfachung und in Anlehnung an den Sprachgebrauch der Praxis wird nachfolgend das Wort „Regler“ anstelle von „Regeleinrichtung“ gesetzt.

-1.1 Regler ohne Hilfsenergie

Die größte Zahl der eingesetzten Regler sind Regler ohne Hilfsenergie. Für zahlreiche Regelaufgaben mit geringen Anforderungen an die Regelgüte genügen diese einfachen und kostengünstigen Regeleinrichtungen. Bei den Reglern ohne Hilfsenergie üben die Bauteile oft Mehrfachfunktionen, wie z.B. Messen, Vergleichen und Stellen aus.

In der DIN 19 226 wird der Regler ohne Hilfsenergie wie folgt definiert:

"Bei einer Regeleinrichtung ohne Hilfsenergie wird die zum Verstellen des Stellgliedes erforderliche Leistung vom Fühler geliefert".

Die notwendige Energie wird also dem regelnden Prozess entnommen und es wird keine zusätzliche Energie in anderer Form zum Betreiben der Regeleinrichtung zugeführt.

Regler ohne Hilfsenergie benötigen keinen Vorverstärker und keine Energie für die Erzeugung der Stellgröße bzw. zur Betätigung des Stellantriebs. Ein Thermostat (Zweipunkt-Regler) im Warmwasserbereiter, Kühlschrank, Heizkessel (TR, TW, STB), Bügeleisen, Kaffemaschinen u.a. zählt zu den klassischen Beispielen von Reglern ohne Hilfsenergie.

Vorteile:

- Einfacher und robuster Aufbau.
- Messfühler, Messumformer, Vergleichsstelle, Regler und Stelleinrichtung oft in einer Einheit.
- Niedriger Preis durch Massenproduktion und geringen Aufwand.
- Keine zusätzliche Energieversorgung.
- Leichte Erfüllung von Sicherheitsbedingungen (Explosionsschutz, unabhängig von Energieversorgung).

Nachteile:

- Nur für spezielle Aufgaben. Nicht universell einsetzbar.
- Festliegende Reglerparameter und -strukturen (oft nur reine P-Regler).
- Wenige Einstellmöglichkeiten.
- Nachträgliche Anpassung an Regelstrecke oft nicht möglich.
- Keine Einheitssignale.

-1.2 Regler mit Hilfsenergie

Regler mit Hilfsenergie entnehmen die Energie für die Erzeugung des Stellsignals und ihrer Gesamtfunktion aus einem sogenannten Hilfsenergienetz.

Die Einrichtungen der Mess-, Steuerungs- und Regelungstechnik benötigen zum Erzeugen, Weiterleiten, Umformen, Speichern und Verarbeiten von Signalen Energie. Diese Energie kann entweder den zu messenden oder zu stellenden Verfahrensgrößen entnommen oder von außen zugeführt werden. Diese von außen den Einrichtungen zugeführte Energie bezeichnet man als „Hilfsenergie", wobei vornehmlich elektrische, pneumatische oder hydraulische Hilfsenergien verwendet werden.

-2 Regelgüte von Regelkreisen

Eine Regeleinrichtung hat die Aufgabe, die Regelgröße x möglichst genau auf einen vorgegebenen, zeitlich konstanten oder veränderlichen Wert zu halten und den Einfluss von Störgrößen auf ein Mindestmaß zu beschränken. Wobei zusätzlich darauf zu achten ist, dass der geschlossene Regelkreis stabiles Verhalten aufweist.

Außerdem ist zu fordern, dass das Ausregeln von Störungen bzw. die Anpassung an eine Sollwerteinstellung in kurzer Zeit erfolgt. Weiterhin sollen sie vorübergehenden Abweichungen der Regelgröße (Überschwinger) innerhalb bestimmter Grenzen halten. Die Erfüllung der beiden Forderungen ist nicht möglich, so dass hierbei Kompromisse geschlossen werden müssen.

Vergrößert man beispielsweise die Dämpfung, um die Überschwinger klein zu halten, so wird zwangsweise die Anregelzeit der Regelung vergrößert. Bei kurzer Anregelzeit ist wiederum mit einem größerem Überschwingen der Regelgröße zu rechnen.

Zur Beurteilung der Regelergebnisse (Regelgüte) können die im Bild 1.7.3-1 definierten

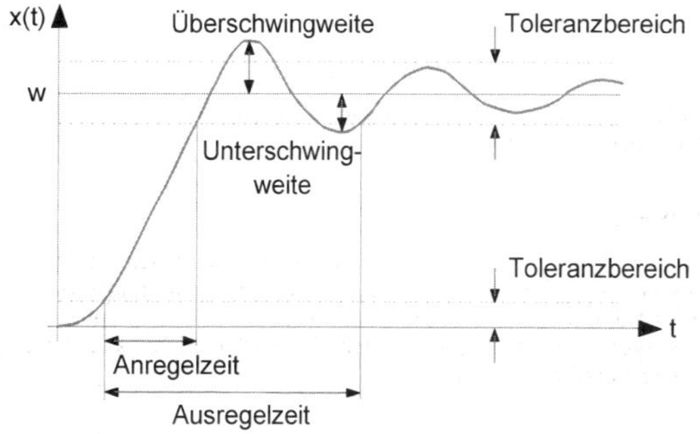

Bild 1.7.3-1. Darstellung der verschiedenen regelungstechnischen Begriffe

Größen herangezogen werden. Die Güte der Regelung kann überschlägig mit den drei Kennwerten

- Anregelzeit
- Ausregelzeit
- Überschwingweite

charakterisiert werden. Das im Bild eingezeichnete Toleranzband kann je nach Anforderung des Betreibers der geregelten Anlage frei gewählt werden. Bei vergleichenden Betrachtungen muss noch die Größe des Stör- bzw. Führungssprunges berücksichtigt werden, indem die Überschwingweite in Prozent angegeben wird.

Bei aperiodischem Verlauf ist die Anregelzeit gleich der Ausregelzeit und im Falle des Führungssprunges ist zudem die Überschwingweite = 0.

Beschreibung der in Bild 1.7.3-1 verwendeten Begriffe:

- Die Regelabweichung x_w ist die Differenz zwischen Regelgröße x und Führungsgröße w
  $x_w = x - w$
  Die negative Regelabweichung heißt Regeldifferenz x_d
  $x_d = - x_w = w - x$
- Die Ausregelzeit ist die Zeitspanne, die beginnt, wenn der Wert der Regelgröße nach einem Sprung der Störgröße oder Führungsgröße einen vorgegebenen Toleranzbereich der Regelgröße verlässt, und die endet, wenn er in diesen Bereich zum dauernden Verbleib eintritt.
- Die Anregelzeit ist die Zeitspanne, die beginnt, wenn der Wert der Regelgröße nach einem Sprung der Stör- oder Führungsgröße einen vorgegebenen Toleranzbereich der Regelgröße verlässt, und die endet, wenn er in diesen Bereich erstmalig wieder eintritt.
- Die Überschwingweite der Regelgröße ist die größte vorübergehende negative Sollwertabweichung ($x > w$) während des Übergangs von einem Beharrungszustand nach einer Änderung der Stör- oder Führungsgrößen.
- Die Unterschwingweite der Regelgröße ist die größte vorübergehende positive Sollwertabweichung ($x < w$) während des Übergangs von einem Beharrungszustand nach einer Änderung der Stör- oder Führungsgröße nach der Anregelzeit.

-3 Analoge Regelsysteme

Konventionelle Automatisierungssysteme verarbeiten analoge Signale in fest verdrahteten Geräten wie Steuergeräten, Reglern, Grenzwertmeldern, Schutzschaltern, Zeitprogrammschaltern oder Anzeigeinstrumenten. Jedes dieser Geräte kann normalerweise nur eine Aufgabe (Funktion) ausführen. Es handelt sich dabei um völlig dezentrale Systemstrukturen mit einem hohen Planungsaufwand und hohen Kabelkosten. Nach der Installation ist man relativ unflexibel, da eine Änderung oder Ergänzung einer Funktion meist mit einer Hardwareänderung verbunden ist. Eine Klassifizierung der Reglerarten erfolgt anhand der Ausgangsgröße des Reglers. Man unterscheidet dabei 3 Gruppen:

– unstetige Regler,
– stetige Regler,
– quasi-stetige Regler.

Jede dieser Reglerarten unterteilt sich wiederum in Regler ohne Hilfsenergie und Regler mit Hilfsenergie (siehe Abschn.1.7.3-1.1 und 1.7.3-1.2).

-3.1 Unstetige Regler[1)]

Schaltende Regler ändern ihre Ausgangsgröße stufenweise. Sie werden daher auch in der Literatur als „unstetige Regler“ oder „Stufenregler“ bezeichnet. Eine Einteilungsmöglichkeit bei unstetigen Reglern ist durch die unterschiedliche Anzahl der Schaltpunkte gegeben. Es gibt Zweipunkt-, Dreipunkt- und Mehrpunktregler. Das Verhalten von schaltenden Elementen wird mit Hilfe von Kennlinien beschrieben.

-3.1.1 Zweipunktregler

Diese Regler bestehen aus Fühler, Schalter und Sollwertsteller. Die Fühler für die Temperatur sind in der Regel Bimetalle oder Federrohre mit Flüssigkeitsfüllung (z.B. Petroleum) oder Flüssiggasfüllung (z.B. Butan) oder Kontaktthermometer.

Bild 1.7.3-2 zeigt die Kennlinie eines Zweipunktreglers ohne (a) und mit Schalthysterese (b). Als Schalthysterese (kurz Hysterese) oder Schaltdifferenz X_{Sd} bezeichnet man die Differenz zwischen Ausschaltpunkt x_2 und Einschaltpunkt x_1.

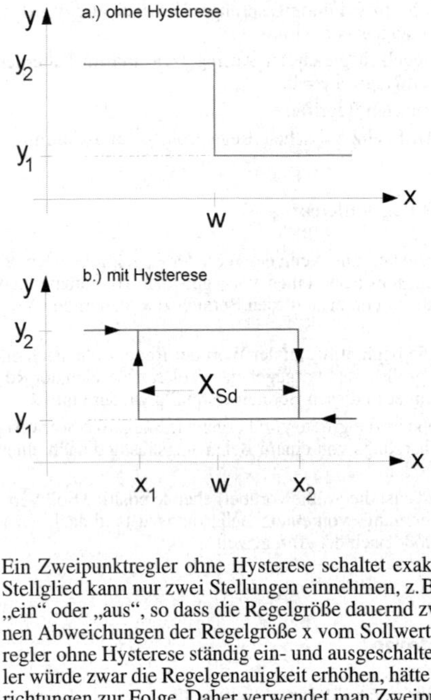

Bild 1.7.3-2.
a) Zweipunktregler ohne Hysterese,
b) Zweipunktregler mit Hysterese

Ein Zweipunktregler ohne Hysterese schaltet exakt beim vorgegebenen Sollwert *w*. Das Stellglied kann nur zwei Stellungen einnehmen, z.B. bei einer elektrischen Heizung Strom „ein“ oder „aus“, so dass die Regelgröße dauernd zwischen zwei Werten pendelt. Bei kleinen Abweichungen der Regelgröße x vom Sollwert würde das Stellglied beim Zweipunktregler ohne Hysterese ständig ein- und ausgeschaltet. Eine Regelung mit solch einem Regler würde zwar die Regelgenauigkeit erhöhen, hätte aber eine große Belastung der Stelleinrichtungen zur Folge. Daher verwendet man Zweipunktregler mit Hysterese. Genau entgegengesetzt verhält es sich dann mit einer sehr großen Schaltdifferenz. Diese „schont“ zwar das Stellglied, aber das Regelergebnis verschlechtert sich.

[1)] Hartmann, G.: Regelkreise mit Zweipunktreglern. VEB Verlag Technik (1965).
Pfannstiel, D.: Aufbau und Funktionsweise adaptiver Zweipunktregler. Teil I und II. MSR-Magazin, Heft 3/4 und 5/6 (1991).
Zeitz, K. H.: Regelung mit Zwei- und Dreipunktreglern. München. Oldenbourg Verlag (1986).

Beispiele für Zweipunktregler sind die in der Heizungstechnik eingesetzten Thermostate. Diese Zweipunktregler sind Regler ohne Hilfsenergie und man unterscheidet hierbei entsprechend der Ausführung zwischen Temperaturregler (TR), Temperaturwächter (TW) und Sicherheitstemperaturbegrenzer (STB).

Beispiel:

Zweipunktregler mit Kapillarrohrfühler (Bild 1.7.3-3). Das dazugehörige zeitliche Regelverhalten im Regelkreis ist in Bild 1.7.3-4 dargestellt. Das bei Thermostaten für die Wärmetechnik am häufigsten verwendete Fühlerprinzip ist der Kapillarrohrfühler. Die große Anwendungsbreite des Kapillarrohrfühlers begründet sich darin, dass die biegsame Kapillare eine ortsgetrennte Montage von Fühler und Schaltwerk erlaubt. Dies trifft z.B. bei der Heizungsregelung zu, wo das Schaltwerk in der Regelung angeordnet ist und die Kapillare in der Kesseltauchhülse zur Temperaturerfassung montiert ist. Fühler, Kapillare und Membrandose bilden dabei ein geschlossenes System, das ein Ausdehnungsmedium enthält. Als Ausdehnungsmedien für Kapillarrohrfühler werden meist verwendet:

- Öl,
- Wasser-Alkohol-Verbindungen,
- Wasser-Aceton-Verbindungen,
- Wasser-Glykol-Verbindungen,
- Verdampfungsflüssigkeiten.

Bei steigender Fühlertemperatur erhöht sich das Volumen der Ausdehnungsflüssigkeit. Die temperaturbedingten Volumenänderungen des Ausdehnungsmediums bewirken über eine Membrane den notwendigen Hub. Die Membrane wiederum wirkt als Betätigungselement für den Schalter. In der Mitte der Membrane befindet sich der Stürzel, der auf das Schaltwerk wirkt. Der zur Schaltung notwendige Membranhub hängt dabei von der Sollwerteinstellung ab. Bemerkenswert ist dabei, dass eine Temperaturänderung von 100 K (z.B. von 20 °C auf 120 °C) über die Volumenänderung des Ausdehnungsmediums zu einem Hub der Membrane um ca. 400 µm (= 0,4 mm) führt. Das heißt, eine Temperaturänderung von 1 K bewegt die Membrane nur um ca. 4 mm (= 0,004 µm).

Im Regelkreis führt die unstetige Arbeitsweise des Zweipunktreglers zu Schwankungen der Regelgröße x um einen Mittelwert. Bei der Temperaturregelung ergibt sich bei mittlerer Belastung (Einschaltzeit = Ausschaltzeit) und konstanter Schaltdifferenz (xd << xh) näherungsweise für die Temperaturschwankung (Schwingungsbreite):

$\Delta x \;=\; T_t / T * x_h + x_d * (1 - T_t / T)$

T = Zeitkonstante der Regelstrecke (Ausgleichszeit T_G bei Strecken höherer Ordnung)

T_t = Totzeit der Regelstrecke (Verzugszeit T_u bei Strecken höherer Ordnung)

x_h = Stellwirkung (maximale Temperaturdifferenz) in K

x_d = Schaltdifferenz des Reglers in K

T_P = Periodendauer T_p, d.h. Dauer einer Schwingung bei mittlerer Belastung

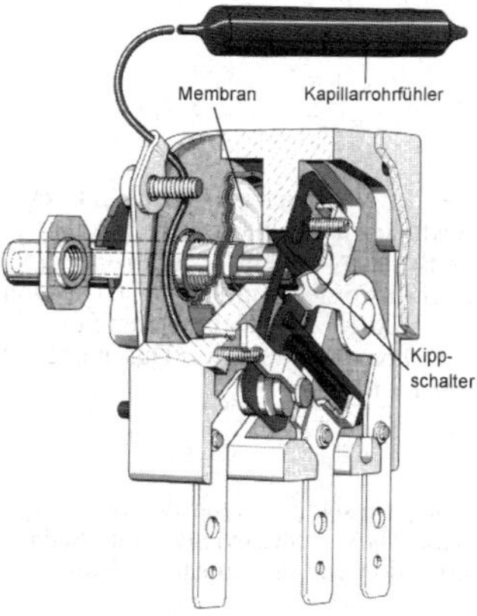

Bild 1.7.3-3. Schema eines Temperaturreglers.

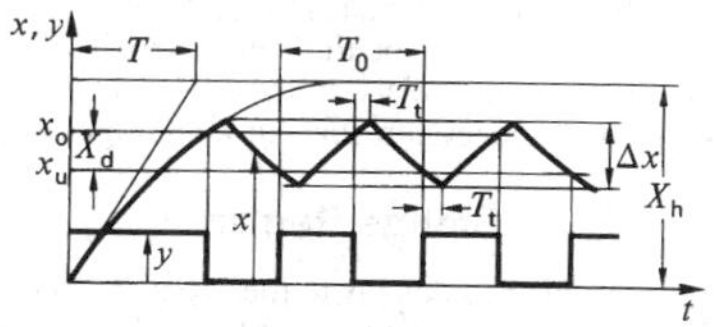

Bild 1.7.3-4. Zeitverhalten des Zweipunktreglers im Regelkreis.

f_P = Schaltfrequenz = $1 / T_P$
x_A = Amplitude der Regelschwingung

$$T_P = 4 \cdot \left(\frac{x_d}{x_h - x_d} \cdot T + T_t \right)$$

Die Periodendauer T_P hat bei konstanter Schaltdifferenz und mittlerer Belastung den geringsten Wert, bei höherer oder niedrigerer Belastung ist T_P größer. Besonders interessant bei der Betrachtung schaltender Regler ist der Zusammenhang zwischen Schaltfrequenz f_P und Amplitude. Eine kleinere Schalthysterese führt zu geringeren Amplituden, erhöht aber die Schaltfrequenz (Bild 1.7.3-5 a-c). Beide Größen verhalten sich umgekehrt proportional zueinander und lassen sich nicht unabhängig voneinander optimieren. Bei der Auslegung schaltender Regelkreise ist man daran interessiert, dass der eingestellte Sollwert mit einer geringen Schwingungsamplitude eingehalten wird. Aus der Sicht der Stellglieder besteht der Wunsch nach einer geringen Schaltfrequenz, weil die Lebensdauer dieser Teile in der Regel von der Anzahl der Schaltvorgänge bestimmt wird. Die Forderungen stehen aber im Widerspruch zueinander. Daher ist man also gezwungen hinsichtlich der Amplitude und Schaltfrequenz Kompromisse einzugehen.

Bei Raumtemperaturreglern wird eine wesentliche Verbesserung des Regelergebnisses durch einen Rückführwiderstand ermöglicht. Aufgabe der Rückführung ist es, ein gewünschtes Übertragungsverhalten des Reglers zu erzeugen. Dem Fühler wird durch einen Heizwiderstand während der Einschaltdauer des Reglers eine höhere Temperatur vorgetäuscht (Bild 1.7.3-6). Der Regler schaltet bereits vor Erreichen der Raum-Solltemperatur ab. Die Temperaturschwankung im Raum wird zwar stark verringert, die Schaltfrequenz jedoch erhöht (siehe auch Bild 1.7.3-5). Bei allen Zweipunktreglern ergeben sich lastabhängig bleibende Regelabweichungen.

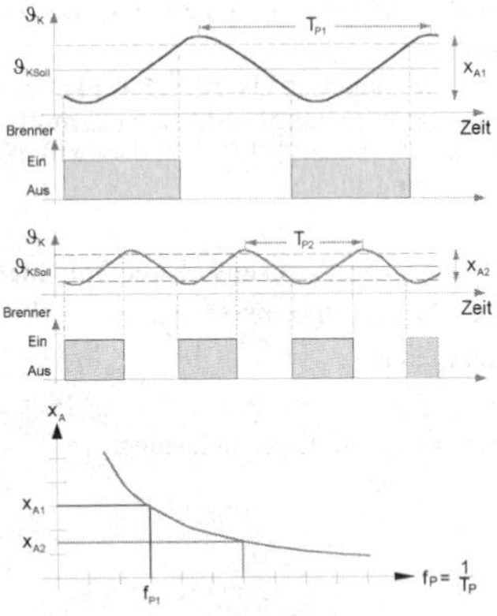

Bild 1.7.3-5. Zusammenhang zwischen Amplitude und Schaltfrequenz einer Zweipunktregelung.

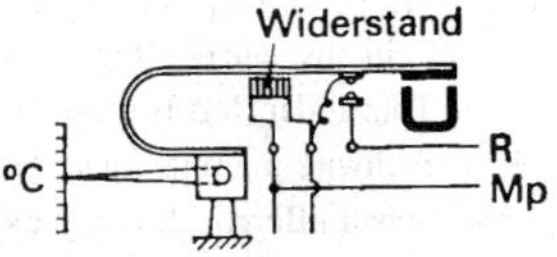

Bild 1.7.3-6. Zweipunkttemperaturregler mit Rückführwiderstand.

-3.1.2 Dreipunktregler

Ein weiterer unstetiger Regler ist der Dreipunktregler. Im Vergleich zum Zweipunktregler hat dieser einen dritten Ausgangskontakt. Bei elektrischen Dreipunktreglern kann das Stellglied auch eine Zwischenstellung einnehmen, z. B. „aus“ – „klein“ – „groß“ oder „zu“ – „halb“ – „auf“ oder „aus“ – „1. Stufe“ – „2. Stufe“ (Prinzip siehe Bild 1.7.3-7). Die Dreipunktregler haben ebenfalls eine Schaltdifferenz X_{Sd}. Bild 1.7.3-8 zeigt die Kennlinie des Dreipunktreglers. Verwendung z. B. bei zweistufigen Ölbrennern mit zwei Düsen oder bei kleinen Klimageräten zur Umschaltung von Heizung auf Kühlung.

-3.2 Stetige Regler

Im Vergleich zu den unstetigen Reglern kann das Ausgangssignal (Stellgröße) des stetigen Reglers jeden Wert zwischen 0 und 100 % annehmen. Das Verhalten vieler industriell eingesetzter analoger Regler lässt sich auf eine Kombination von drei linearen idealisierten Standardverhalten zurückführen:

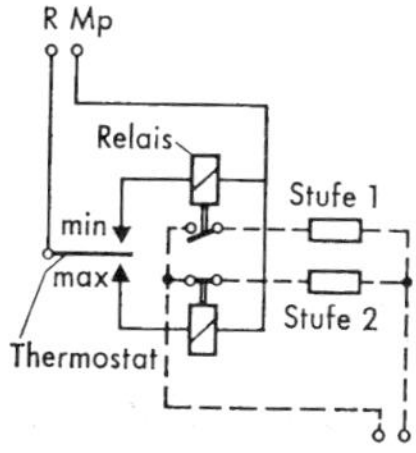

Bild 1.7.3-7. Schema einer Dreipunktregelung mit Umschaltkontakt und neutraler Zone.

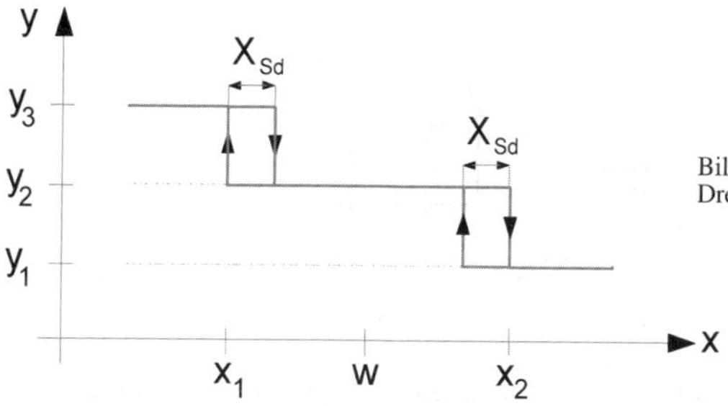

Bild 1.7.3-8. Kennlinie eines Dreipunktreglers.

- Proportionales Verhalten (P-Verhalten),
- Integrales Verhalten (I-Verhalten),
- Differenzierendes Verhalten (D-Verhalten).

Meist begnügt man sich mit der Verbindung der drei genannten Grundformen. Dies gilt für idealisierte Regler. Bei den tatsächlich ausgeführten analogen Reglern sind auch noch Verzögerungsglieder zu berücksichtigen.

Ebenso ist das dynamische Verhalten einer Regelung mit einem stetigem Regler nach den folgenden Kriterien zu beurteilen:

- Stabilität (einer begrenzten Eingangsgrößenänderung hat eine begrenzte Ausgangsgrößenänderung zu folgen),
- stationäre Genauigkeit (Genauigkeit, mit der die Regelgröße dem Verlauf der Führungsgröße folgt),
- transientes Verhalten (Schnelligkeit und Dämpfung des Einschwingvorgangs).

Die Regelung muss die Spezifikationen bezüglich dieser vorgegebenen Eigenschaften des Übergangsverhaltens erfüllen.

-3.2.1 Proportionale Regler (P-Regler)[1]

Bei diesen Reglern besteht im Beharrungszustand eine feste Zuordnung zwischen Regelgröße x und Stellgröße y. Für kleine Änderungen der Regelgröße gilt immer

$$\Delta y = K_R \cdot \Delta x \quad \text{oder} \quad K_R = \frac{\Delta y}{\Delta x}$$

Hierin ist K_R der *Verstärkungsfaktor* des Reglers. Bei linearen P-Reglern kann man auch schreiben

$$K_R = Y_h / X_p$$

mit Y_h = Stellbereich, d. h. ganzer Ventil- oder Klappenhub. Die Größe X_p ist der *Proportionalbereich* (P-Bereich) des Reglers. Er stellt also den Betrag der Regelabweichung dar, damit die Stellgröße den ganzen Stellbereich Y_h durchläuft. Der P-Bereich wird beispiels-

[1]) Schrowang, H.: TAB 12/86. S. 829/36.

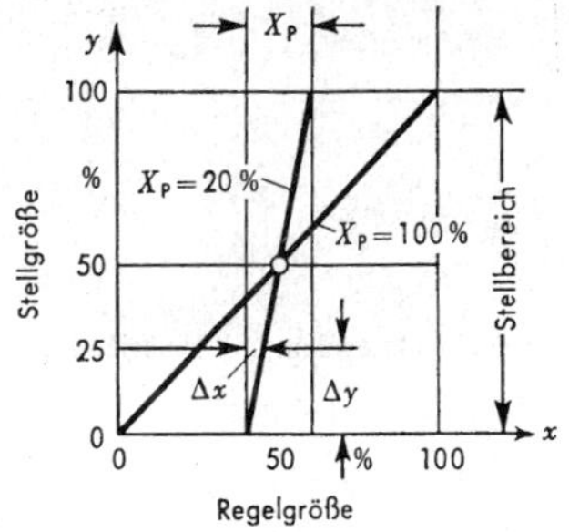

Bild 1.7.3-9. Kennlinie eines *P*-Reglers (Sollwert in der Mitte des Einstellbereiches).

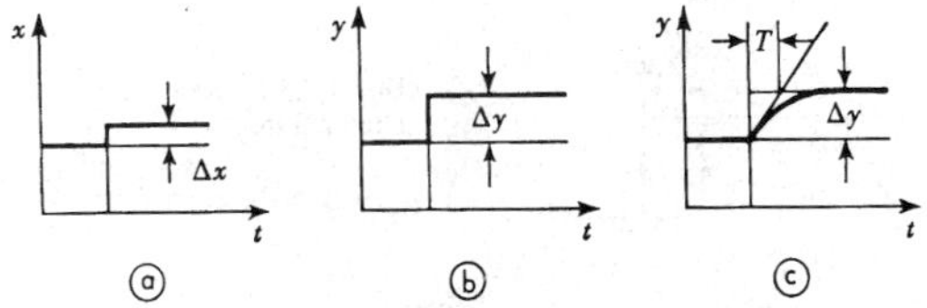

Bild 1.7.3-10. Sprungantwort des *P*-Reglers.
a = Stellgrößenänderung, b = idealer unverzögerter Regler, c = Regler mit Zeitkonstante *T*

weise in K oder in Prozent des Regelbereichs X_h angegeben. Er ist bei den meisten Reglern verstellbar (Bild 1.7.3-9). Ein *P*-Bereich von 2 K bedeutet, daß der gesamte Stellbereich Y_h bei einer Regelabweichung von 2 K vom Sollwert durchfahren wird.

Beispiele für einen P-Regler sind thermostatische Heizkörperventile, Druckminderer u.a.

Sprungantwort des Reglers, d.h. die zeitliche Änderung der Stellgröße *y* bei sprungweiser Änderung der Regelgröße *x*, ist in Bild 1.7.3-10 dargestellt. Die Stellgröße ändert sich im Idealfall ebenfalls sprunghaft, in der Praxis sind jedoch Verzögerungen vorhanden, erfaßt mit der Zeitkonstanten T_R des Reglers.

Infolge der festen Zuordnung der Stellgröße zur Regelgröße entstehen *im Regelkreis* mit *P*-Reglern bleibende Regelabweichungen. Diese sind um so größer, je größer der *P*-Bereich ist und je mehr der momentane Betriebspunkt vom Eich- oder Arbeitspunkt des Reglers abweicht. Das ist ein Nachteil aller *P*-Regler, der unter bestimmten Bedingungen deren Verwendung ausschließt.

Bei sehr kleinem *P*-Bereich nähert sich der *P*-Regler in seiner Arbeitsweise dem Zweipunktregler, so daß die Regelgröße Schwingungen ausführt. Die bleibenden Regelabweichungen können deshalb durch Verkleinerung des *P*-Bereiches nicht in beliebigem Maße herabgesetzt werden.

Wichtig für die Stabilität (Schwingungsfreiheit) der Regelung ist die sogenannte *Kreisverstärkung,* gebildet aus den Übertragungsbeiwerten K_s für die gesamte Regelstrecke und K_R nur für den Regler:

$$V_0 = K_R \cdot K_S = \frac{Y_h}{X_p} \cdot \frac{X_h}{Y_h} = \frac{X_h}{X_p}$$

V_0 ist hiernach im linearen Regelkreis das Verhältnis des Regelbereichs (Stellwirkung) X_h zum *P*-Bereich X_p.

Bei großer Kreisverstärkung V_0 (kleinem X_p):
genaue Regelung, aber Schwingungen;

bei kleiner Kreisverstärkung V_0 (großem X_p):
Stabilität, aber ungenau.

Beispiel:

Regelbereich X_h = 12 K

P-Bereich X_p = 3 K
ergibt V_0 = 4.

Der richtige V_0-Wert hängt von den regelungstechnischen Kenngrößen der Regelstrecke, beispielsweise also von der Totzeit T_t und der Zeitkonstanten T ab. Angenähert beträgt der optimale Wert für die Kreisverstärkung

$$V_{0\,opt} \approx T/T_t$$

Damit ist der *günstigste Proportionalbereich*

$$X_{p\,opt} = X_h/V_{0\,opt} = X_h \cdot T_t/T$$

Bei Strecken höherer Ordnung sind statt T und T_t angenähert die Größen T_G und T_u einzusetzen (Bild 1.7.3-11).

Das *Schwingungsverhalten* bei verschiedenen Einstellungen zeigt Bild 1.7.3-12.

Bei den meisten Regelstrecken der Heizung und Lüftung beträgt T_u/T_G etwa 0,1…0,3. Damit wird V_{opt} = 3…10. Der für den Einzelfall gültige Wert wird bei der Inbetriebsetzung empirisch bestimmt. Weitere Angaben in Abschn. 2.3.7 und 3.3.7[1]).

Beispiel 1:

Eine Kanaltemperaturregelung mit T_u = 1 min, T_G = 5 min, X_h = 30 K ergibt $X_{p\,opt} = 30 \cdot {}^1/_5 = 6$ K.

Beispiel 2:

Eine Raumtemperaturregelung mit T_u = 10 min, T_G = 100 min, X_h = 30 K ergibt $X_{p\,opt} = 30 \cdot {}^1/_{10} = 3$ K.

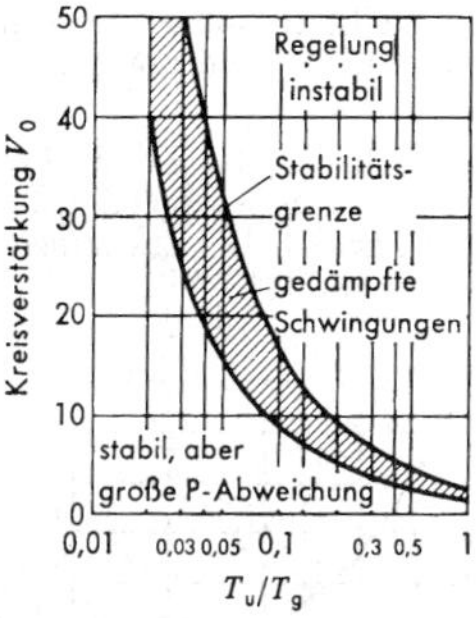

Bild 1.7.3-11. Optimale Kreisverstärkung bei Regelstrecken mit Verzugszeit T_u und Ausgleichzeit T_g.

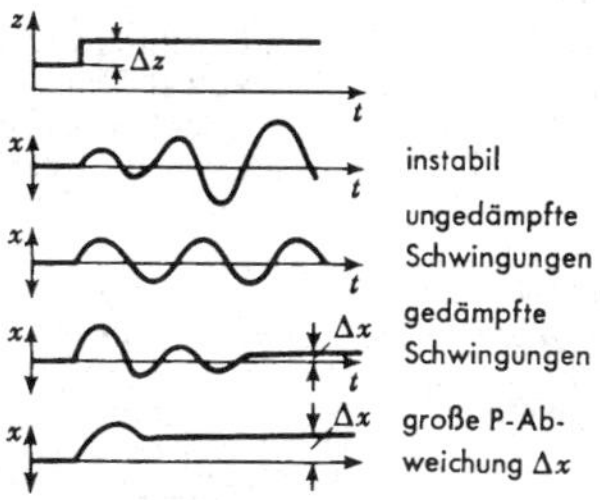

Bild 1.7.3-12. Schwingungsverhalten von Regelstrecken bei einer Störung Δz mit Verzugszeit T_u und Ausgleichzeit T_G nach Bild 1.7.3-11.

a) Elektrische P-Regler

Das Meßprinzip der meisten elektrischen Regler beruht auf der *Wheatstoneschen Brückenschaltung* mit den 4 Widerständen R_1 bis R_4, wobei R_1 der Meßfühler mit temperaturabhängigem Widerstand ist (Bild 1.7.3-13). Ändert sich die Temperatur am Fühler R_1, so entsteht ein Spannungsunterschied zwischen den Punkten *A* und *B*, der über einen Verstärker den Stellmotor in Bewegung setzt. Gleichzeitig wird der mit dem Stellmotor gekoppelte Widerstand R_2 so verändert, daß der Brückenstrom verschwindet und der Regler in Ruhestellung geht (sogenannte *starre Rückführung*). Es gehört also zu jedem Wert der Regelgröße *x* eine ganz bestimmte Stellung des Stellmotors, deshalb *P*-Regler.

Sollwerteinstellung erfolgt am Potentiometer *S*.

Proportionalbereich X_p kann verändert werden, indem ein zusätzlicher variabler Widerstand *P* parallel zum Rückführwiderstand R_2 eingebaut wird, Bild 1.7.3-14. Durch Verkleinerung dieses Widerstandes *P* wird der *P*-Bereich reduziert, wobei allerdings die Kennlinie des *P*-Reglers die Linearität verliert.

[1]) ferner in B. Junker: Klimaregelung, Oldenbourg 1984.

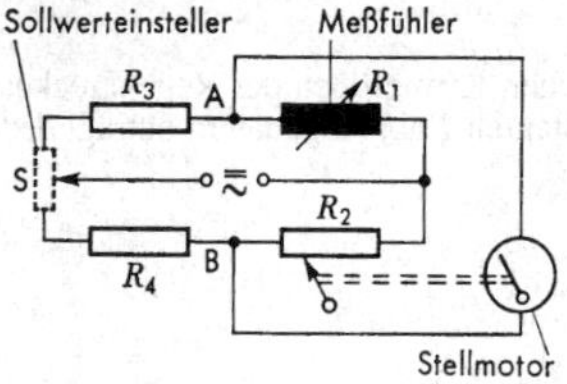

Bild 1.7.3-13. Wheatstonesche Meßbrücke für elektrische Regler.
R_1 = Meßfühler, R_2 = Rückführwiderstand, R_3 und R_4 = Festwiderstände

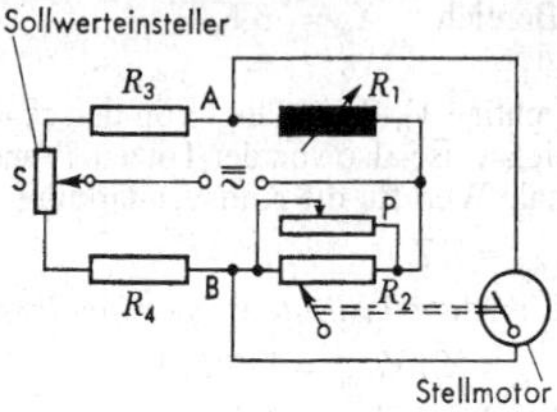

Bild 1.7.3-14. Brückenschaltung mit Sollwerteinsteller *S* und Proportionalbereichsschalter *P*.

Neben der Wheatstoneschen Brücke verwendet man bei modernen Reglern auch *Gleichspannungsverstärker* mit Differenzeingang, aufgebaut aus einem Chip als integrierter Halbleiter.

Als Ausgangssignal entstehen entweder Schaltkontakte (2-Punkt-, 3-Punktregler) oder ein analoges *Einheitssignal,* vorzugsweise 0…10 Volt oder 0…20 mA. Durch Einrichtungen an den Stellgliedern wird das Einheitssignal in einen bestimmten Hub am Stellglied umgesetzt.

b) Pneumatische P-Regler

Bei diesen Reglern, die mehr in der industriellen Verfahrenstechnik als in der Versorgungstechnik und der Technischen Gebäudeausrüstung eingesetzt werden, wird sowohl zur Signalübertragung wie auch als Hilfskraft zur Betätigung des Stellgliedes Druckluft von 0,2…1,0 bar verwendet, die gewöhnlich von einem eigenen Steuerluft-Kompressor erzeugt wird.

Das einfachste System besteht aus Düse, Prallplatte und Stellmotor (Bild 1.7.3-15). Bei Änderung der Regelgröße, z. B. Temperatur, ändert sich der Abstand *x* zwischen Prallplatte und Düse und damit auch der Druck in der Steuerleitung zum Stellantrieb. Der Zusammenhang zwischen Steuerdruck und Abstand *x* ist jedoch nicht linear (Bild 1.7.3-16).

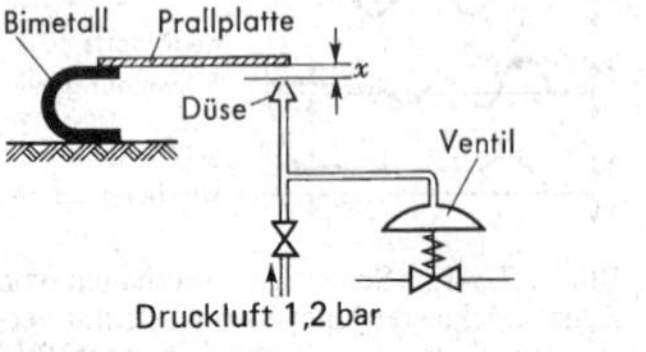

Bild 1.7.3-15. Schema eines abblasenden pneumatischen Temperaturreglers mit Düse und Prallplatte.

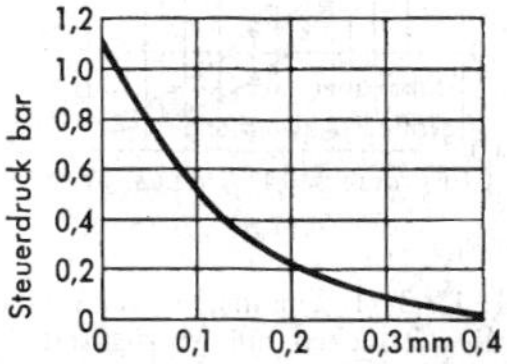

Bild 1.7.3-16. Steuerdruck abhängig vom Spalt *x* beim Düsen-Prallplattensystem.

Auch hier ist eine Rückführung (Bild 1.7.3-17) erforderlich, da sonst für die Praxis zu kleine *P*-Bereiche entstehen, die zu instabilem (schwingenden) Regelkreisverhalten führen. Die Rückführung besteht darin, daß man durch einen Federbalg den Ausgangsdruck als Gegenkraft zu der vom Fühler ausgeübten Kraft einführt. Stellgrößenänderungen werden so den Regelgrößenänderungen proportional gemacht. Veränderung des *P*-Bereiches durch Verschiebung des Hebeldrehpunktes.

Außer dieser abblasenden Bauart mit dauerndem Luftverbrauch gibt es auch *nichtabblasende* Bauformen mit geringerem Luftverbrauch.

Darüber hinaus sind pneumatische *Einheitsregler* entwickelt worden, die mit einheitlichen Ein- und Ausgangsdrucksignalen von 0,2…1,0 bar arbeiten.

Die zu messenden Größen, wie Temperatur, Feuchte usw., werden durch *Meßumformer* (Transmitter) in den Einheitsdruckbereich umgewandelt und über pneumatische Leitungen dem Regler zugeführt. Hier erfolgt der Vergleich zwischen Istwert und Sollwert, zum Teil

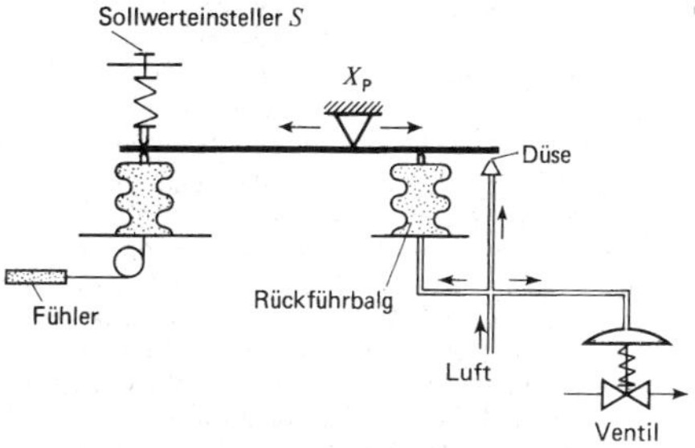

Bild 1.7.3-17. Pneumatischer Temperaturregler mit Rückführfederbalg beim abblasenden System.
X_p = Proportionalbereichsverstellung

ebenfalls pneumatisch, und die Verstärkung der Abweichung zum Ausgangssignal (= Steuerdruck zum Stellantrieb).

Hauptvorteile:

getrennte Installation von Fühlern und Reglern,
zentrale Anordnung von Reglern und Meßgeräten auf Schalttafeln,
Einsatz in explosionsgefährdeten Zonen.

-3.2.2 Integrierende Regler (I- und PI-Regler)

Ein I-Regler folgt der Beziehung

$$y(t) = \frac{1}{T_I} \cdot \int_0^t x_d \, dt$$

wobei T_I als Integrierzeit oder Nachstellzeit bezeichnet wird (Bild 1.7.3-18a). Die Änderungsgeschwindigkeit der Stellgröße ist demnach proportional der Regeldifferenz:

$$\frac{dy(t)}{dt} = \frac{1}{T_I} \cdot x_d(t)$$

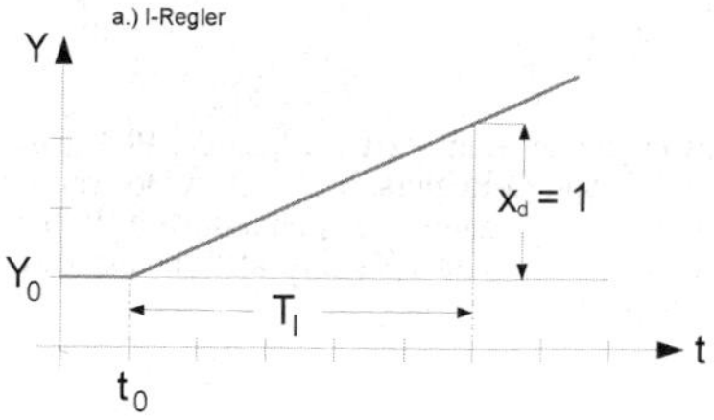

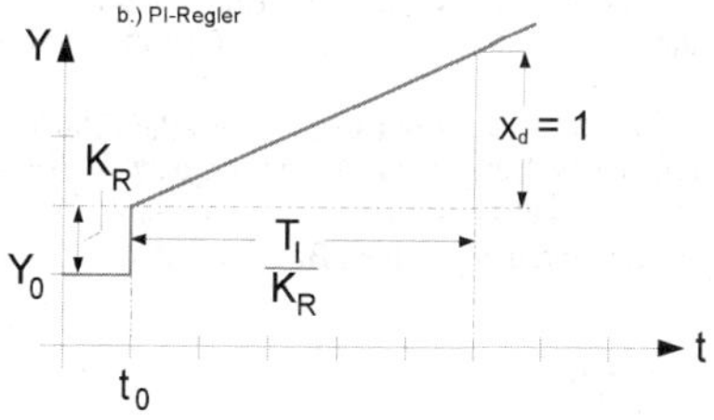

Bild 1.7.3-18.
a) Sprungantwort I-Regler;
b) Sprungantwort PI-Regler

Der I-Regler integriert die Regeldifferenz solange auf, bis sich ein stationärer Zustand im Regelkreis mit $x_d = 0$ ergibt. Deshalb entsteht bei bleibenden Störungen und Sollwertänderungen keine bleibende Regeldifferenz wie beim P-Regler (Strecke mit Ausgleich vorausgesetzt). Diesen Vorteil einer stationär genauen Regelung erkauft man sich beim I-Regler aber durch verschlechtertes transientes Verhalten (dynamisch langsam).

Die schnelle Reaktion des P-Reglers und die günstigen stationären Eigenschaften des I-Reglers können in einem PI-Regler verknüpft werden. Dieser besteht aus der Parallelschaltung eines P- und eines I-Reglers. Für ein optimales Regelverhalten muss die Integrierzeit T_I korrekt eingestellt werden (Bild 1.7.3-18b). Die Sprungantwort des PI-Reglers bei sprunghafter Verstellung der Regeldifferenz besteht aus zwei Teilen, dem P- und dem I-Anteil. Es erfolgt zunächst eine der Regelabweichung proportionale Verstellung des Stellgliedes (P-Anteil), daran anschließend eine weitere Verstellung mit einer einstellbaren Geschwindigkeit (I-Anteil). Die Nachstellzeit ist bei den meisten PI-Reglern einstellbar, hat aber bei einfachen Bauformen oftmals nur einen (festen) Wert. Sie wird im allgemeinen in Minuten angegeben.

Für die optimale Einstellung des PI-Reglers gelten folgende Richtlinien:

$X_{p,opt} = X_h \cdot T_t / T$ bzw. $X_h \cdot T_u / T_G$

$T_I = (2 \ldots 3) \cdot T_t$ bzw. $= (2 \ldots 3) \cdot T_u$

Für Systeme mit schnellen Reaktionen, wie z.B. einer Zulufttemperaturregelung direkt hinter dem Kühlregister, ist eine Zeit zwischen 1 min und 6 min geeignet. Bei einer direkten Raumtemperaturregelung dagegen sind die Reaktionszeiten größer. In diesem Fall ist eine vernünftige Integrierzeit von etwa 10 min bis 30 min gegeben. Wird die Nachstellzeit T_I allerdings zu klein gewählt, verhält sich der PI-Regler wie ein P-Regler mit zu kleinem P-Band. Ein stabiler Regelbetrieb kann dann nicht mehr erfolgen. Wählt man die Nachstellzeit T_I zu groß ($T_I \to \infty$), verhält sich der PI-Regler wie ein reiner P-Regler. Der I-Anteil hat fast keinen Einfluss mehr.

-3.2.3 Differenzierende Regler (D-Regler)

Für einen D-Regler mit Differenzierzeit T_D gilt:

$$y(t) = T_D \cdot \frac{dx_d(t)}{dt}$$

Die Stellgröße y ist somit der Änderungsgeschwindigkeit der Regeldifferenz x_i proportional. Da reine D- Regler in der Praxis nicht vorkommen, soll dieser Punkt nicht weiter vertieft werden.

-3.2.4 PID-Regler

Ein Regler, der für sehr viele praktische Anwendungen eingesetzt wird, ist der PID- Regler. Er entsteht durch Parallelschaltung eines P, I und D-Reglers. Der PID-Regler vereint gute stationäre Genauigkeit (I-Anteil) mit einer hohen dynamischen Schnelligkeit (P- plus D-Anteil). Durch entsprechende Wahl der drei freien Parameter K_R, T_I und T_D läßt sich der PID-Regler für sehr viele Anwendungen gut anpassen.

Idealer PID-Regler:

$$y(t) = K_R \cdot \left(x_d(t) + \frac{1}{T_I} \cdot \int_0^t x_d dt + T_D \cdot \frac{dx_d(t)}{dt} \right)$$

Bild 1.7.3-19a zeigt die Sprungantwort eines idealen PID-Reglers und Bild 1.7.3-19b die eines realen PID-Reglers, da reale PID-Regler im D-Anteil meist eine Verzögerung enthalten.

Bild 1.7.3-20 zeigt den Aufbau eines analogen PID-Reglers mit fest eingestellten Reglerparametern. Eine Änderung der Reglerparameter bedeutet einen Austausch bzw. Verstellung der passiven Bauelemente (Widerstände, Kondensatoren).

Zusammenhang zwischen den Reglerparametern und den passiven Bauelementen:

$K_R = R_a / R_e$

$T_I = R_e \cdot C_a$

$T_D = R_a \cdot C_e$

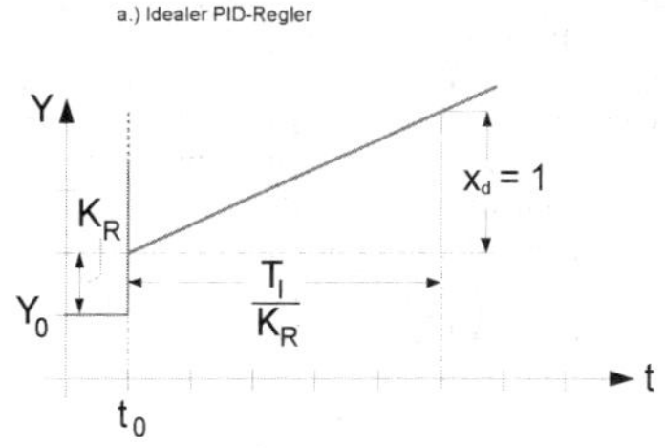

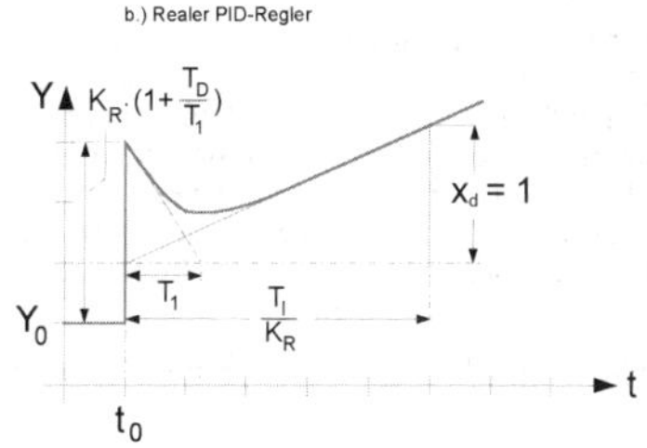

Bild 1.7.3-19.
a) Sprungantwort idealer PID-Regler;
b) Sprungantwort realer PID-Regler.

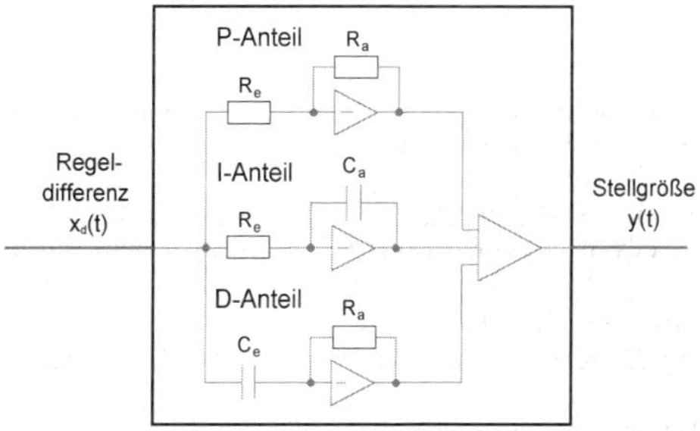

Bild 1.7.3-20.
Analoger PID-Regler

-3.3 Quasi-stetige Regler

Mit einem unstetigen wirkenden Regler ist es auch möglich, einen Regelvorgang zu erzielen, der sich nur wenig von einem stetigen Regelvorgang unterscheidet. Solche Regelungen nennt man auch quasi-stetige Regelungen. Man benutzt z.B. einen Dreipunktschalter (Bild 1.7.3-8) und betreibt von diesem Schalter aus ein integral wirkendes Glied (z.B. einen Motor), um das Stellglied (z.B. Stellventil) zu verstellen (Bild 1.7.3-21). Dann kann in jeder beliebigen Stellung des Stellgliedes der Dreipunktschalter die Stellung „Null" einnehmen und der Regelvorgang kann in dieser Lage zur Ruhe kommen. Als Beispiel kann hier die Vorlauftemperaturregelung mit Mischer und Stellmotor genannt werden.

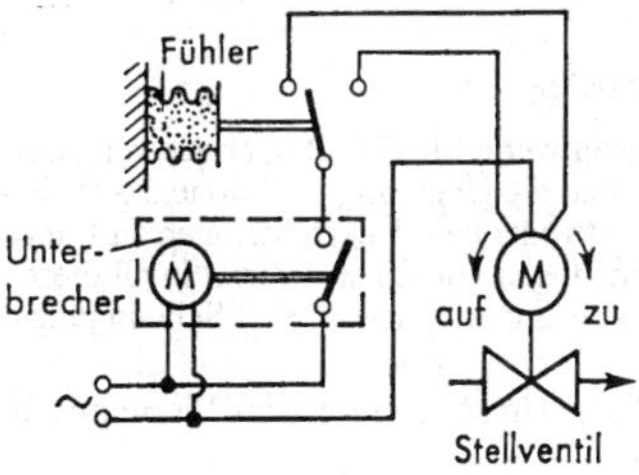

Bild 1.7.3-21. Quasi-stetiger Regler (Dreipunktregler mit Unterbrecher).

Innerhalb der Neutralzone kann sich die Regelgröße ändern, ohne dass der Regler einen geänderten Stellbefehl herausgibt. Erst wenn der obere Punkt x_2 überschritten bzw. der untere Punkt x_1 unterschritten wird, erfolgt eine Ansteuerung des Mischermotors (ZU, AUF). Die Neutralzone verhindert wie beim Zweipunktregler mit Hysterese eine zu große Schalthäufigkeit. Eine Reduzierung der Neutralzone ist meist mit einer erhöhten Abnutzung der Schaltkontakte und einem größeren Verschleiß des Stellantriebs verbunden.

Die Regler dieser Art sind geeignet für Regelstrecken mit geringer Totzeit, z.B. für die Mengen- oder Druckregelung und die Mischtemperaturregelung in Wasser- und Luftströmen. Nicht geeignet sind diese für Regelstrecken mit großer Zeitkonstante. Vorteil dieser Regelungsart ist, dass keine bleibende Regelabweichung auftritt.

-3.4 Einstellregeln für analoge Regler

Bei vielen Regelaufgaben der Praxis, vor allem in der Verfahrenstechnik ist die Regelstrecke mit ihren Daten gegeben und auch die Struktur des Reglers ist festgelegt, wenn ein handelsüblicher Regler benutzt werden soll. So können die Einstellwerte des Reglers noch frei gewählt werden. Zur Einstellung der Reglerparameter verwendet man in der Praxis Einstellregeln. Diese praktischen Einstellregeln beruhen einerseits auf allgemein gültigen theoretischen Überlegungen und andererseits auf einer Vielzahl von Simulationsstudien, bei denen Regelstrecken mit Verzögerungen nachgebildet worden sind. Im Prinzip bestehen die folgenden beiden Möglichkeiten:

- Ausgangspunkt sind bestimmte Eigenschaften des geschlossenen Regelkreises (Verhalten am Stabilitätsrand)
- Ausgangspunkt sind bestimmte Kenngrößen der Regelstrecke allein (Sprungantwort der Regelstrecke)

-3.4.1 Verfahren nach Ziegler-Nichols

Einstellregeln für diesen Zweck sind zuerst von J. G. Ziegler und N. B. Nichols angegeben worden, die sich auf die versuchsmäßige Einstellung des Regelvorganges bei Verfahrensregelungen (PT_1-T_t-Strecken) beziehen.

Beim Verfahren von Ziegler-Nichols wird der Regelkreis mit P-Regler durch Vergrößern des Verstärkungsfaktors des P-Anteils an die Stabilitätsgrenze gebracht (Schwingversuch). Diese Regeln lauten:

a) Regler als P-Regler einstellen ($T_I \to \infty$, $T_D = 0$)

b) K_R solange vergrößern, bis ungedämpfte Schwingungen auftreten (Stabilitätsgrenze)

c) $K_R = K_{RK}$ ablesen
Schwingungsdauer T_K der Dauerschwingung ermitteln

d) Die günstigste Reglereinstellung ist dann:

- P-Regler
  $K_R = 0{,}5 \cdot K_{RK}$
- PI-Regler
  $K_R = 0{,}45 \cdot K_{RK}$, $T_I = 0{,}85 \cdot T_K$
- PID-Regler
  $K_R = 0{,}6 \cdot K_{RK}$, $T_I = 0{,}5 \cdot T_K$, $T_D = 0{,}12 \cdot T_K$

Das Verfahren lässt sich, obwohl nur für eine PT_1-T_t-Strecke hergeleitet, in der gleichen Form auch für andere Strecken anwenden, die aus reinen Verzögerungsgliedern 1. Ordnung aufgebaut sind. Ist keine Totzeit vorhanden, so muss mindestens ein Verzögerungsglied 3. Ordnung vorliegen.

-3.4.2 Verfahren nach Chien, Hrones, Reswick

Chien, Hrones und Reswick haben günstigste Einstellwerte für PID-Regler auf versuchstechnischem Wege festgestellt. Sie beobachteten dazu die Übergangsfunktionen. Als Kriterium wählten sie Regelvorgänge aus, bei denen entweder kein Überschwingen auftrat (= 0 % Überschwingung) oder bei denen ein Überschwingen von 20 % auftrat. In all diesen Fällen wurde als günstigste Einstellung diejenige gewählt, die die kürzeste Schwingungsdauer ergab.

Basierend auf den Kennwerten T_u und T_G geben Chien, Hrones und Reswick Einstellregeln für die Haupttypen der Regler an (Bild 1.7.3-22).

Die Einstellregeln nach Bild 1.7.3-22 gelten für Störverhalten. Ebenfalls geben Chien, Hrones und Reswick die günstigsten Einstellungen auch für Änderungen der Führungsgröße an. Die günstigsten Einstellungen sind für beide Fälle (Stör- oder Führungsverhalten) verschieden.

aperiodischer Einschwingvorgang kürzester Dauer (0% Überschwingung)			20% Überschwingung		
P	PI	PID	P	PI	PID
$0{,}3 \cdot T_G/T_u$	$0{,}5 \cdot T_G/T_u$	$0{,}95 \cdot T_G/T_u$	$0{,}7 \cdot T_G/T_u$	$0{,}7 \cdot T_G/T_u$	$1{,}2 \cdot T_G/T_u$
–	$4{,}0 \cdot T_u$	$2{,}4 \cdot T_u$	–	$2{,}3 \cdot T_u$	$2{,}0 \cdot T_u$
–	–	$0{,}42 \cdot T_u$	–	–	$0{,}42 \cdot T_u$

Bild 1.7.3-22. Einstellregeln für Störverhalten nach Chien, Hrones, Reswick

-4 Digitale Regelsysteme[1)]

Das Aufkommen von digitalen Prozessrechnern beeinflusste die Prozessautomatisierung wesentlich, sowohl in der Funktion als auch in der gesamten Struktur. Prozessrechner zur direkten digitalen Regelung (DDC = direct digital control) in direkter geschlossener Kopplung mit dem Prozess wurden zum ersten Mal 1962 bei verfahrenstechnischen und energietechnischen Prozessen verwendet. Wegen der hohen Kosten war der Einsatz auf mittlere und große Prozesse beschränkt.

Das Aufkommen des Mikroprozessors im Jahre 1971 und die daraus entwickelten Mikrocontroller lenkten die Entwicklung dann in eine andere Richtung. Bei Mikrocontrollern sind die Mikroprozessoren, Speichereinheiten und andere Bauelemente auf einzelnen Chips integriert, was eine billigere Massenproduktion zulässt.

Die Digitaltechnik hat gegenüber der konventionellen Analogtechnik den Vorteil, dass hierbei mehrere Funktionen durch eine Einheit realisiert werden. So kann ein Mikrocontroller mehrere analoge Regler ersetzen. Er kann regeln, programmsteuern und Grenzwerte melden. Auch vermaschte Regelsysteme, wie Kaskadenregelungen mit Störgrößenaufschaltung, können durch einen Mikrocontroller recht einfach realisiert werden. Zusätzliche Funktionen sind einfach zu ergänzen. Im Gegensatz zu einer analogen Regelung, wo für eine neue Funktion auch eine neue Hardware entwickelt werden muss, bedeutet dies bei einem Mikrocontroller eine einfache Software-Änderung.

Elektronische Regelungen für Heizungsanlagen sind zur Zeit Stand der Technik. Der Mikrocontroller ist aus den heutigen Regelungen nicht mehr wegzudenken. Ohne Elektronik ist ein energiesparender, wirtschaftlicher und zugleich umweltschonender Betrieb von Heizungsanlagen heutzutage nicht denkbar.

Ein besonderer Vorteil der Digitaltechnik ist die Kommunikationsfähigkeit über Bussysteme. Verschiedene Bussysteme erlauben das Verbinden (Verknüpfen) verschiedener Mikrocontroller und peripherer Geräte durch Hardware und Software. Deshalb ist die Verwirklichung verschiedener Systemstrukturen einfach möglich. Zum Beispiel können mehrere Mikrocontroller-Systeme mit einer Leitstelle oder Fernschaltgeräten einfach kombiniert werden. Dadurch sind die heutigen Heizungsregelungen in der Lage, sich selbst zu überprüfen und Störungen im System an eine Wartungsfirma zu melden bzw. können von einer entfernten Leitstation ferngeschaltet werden.

-4.1 Aufbau einer digitalen Regelung

Digitale Regelungen, d.h. Abtastregelungen, entstehen durch die Verknüpfung von Standard-Hardware mit anwendungsbezogener Software. Eine digitale Regelung erlaubt die Verwirklichung der unterschiedlichen Regelalgorithmen, wie sie beim Aufbau analoger Regler gerätetechnisch niemals möglich gewesen wäre.

Beispiele für eine digitale Regelung:

---

1) Isermann, R.: Digitale Regelsysteme. Band I – Grundlagen Deterministische Regelungen. Springer-Verlag, 1987.
Ackermann, J.: Abtastregelung. Springer-Verlag, 1988.

Jeder Autofahrer ist ein Abtastregler. Wenn man sich beim Autofahren exakt an eine Geschwindigkeitsbeschränkung halten will, braucht man dazu nicht unentwegt auf den Tachometer zu starren. Es genügt, dass man die kontinuierlich angezeigte Geschwindigkeit durch einen gelegentlichen Blick erfasst (abtastet). Ebenso wird die kontinuierlich veränderliche Wählermeinung über die politischen Parteien alle paar Jahre durch eine Wahl abgetastet und ist dann für die folgende Legislaturperiode für die Zusammensetzung des Parlaments bestimmend.

Bild 1.7.3-23 zeigt den Aufbau einer digitalen Regelung (Abtastregelung). Systeme, in denen ausschließlich Abtastfolgen auftreten, heißen diskrete Systeme (genauer: zeitdiskrete Systeme). Der Regelkreis setzt sich aus dem digitalen Regler, dem Umsetzer und der Regelstrecke zusammen. Der Abtaster im Rückführzweig erfasst die Regelgröße $y(t)$ nur zu diskreten Abtastzeitpunkten $t = k \cdot T_0$ (T_0 = Abtastzeit, $k = 0, 1, 2, \ldots$). Das digitalisierte Signal $y(k)$ besteht nur aus diskreten Werten (Bild 1.7.3-24). Die Höhe dieser Impulse wird entsprechend der Auflösung des folgenden A/D-Wandlers (Quantisierungsstufe) auf- oder abgerundet. Der Rechner (Regler) bestimmt aus der Regeldifferenz $e(k) = w(k) - y(k)$ über den Regelalgorithmus die Stellgröße $u(k)$. Der D/A-Wandler setzt den jeweiligen digitalen Wert gemäß seiner Auflösungsstufe in einen analogen Ausgangswert (kontinuierliches Signal) $u(t)$ um. Das Halteglied hält schließlich diesen Wert, bis der nächste Wert eintrifft.

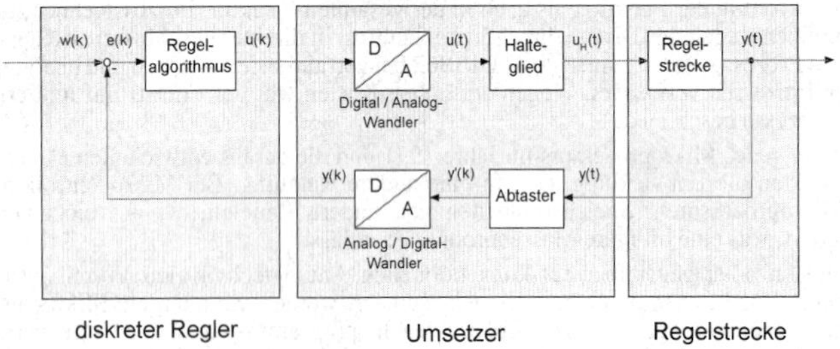

Bild 1.7.3-23. Aufbau einer digitalen Regelung

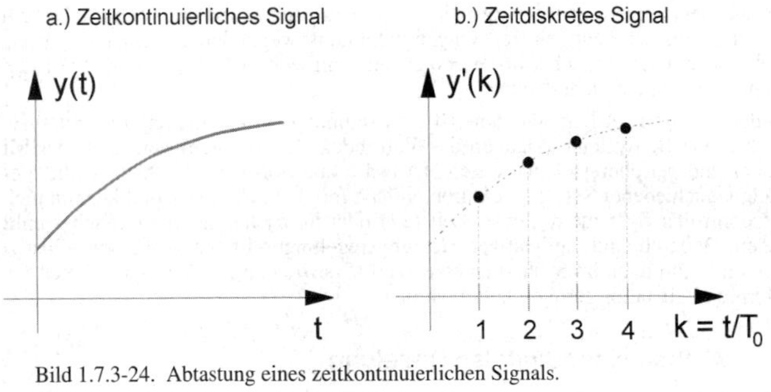

Bild 1.7.3-24. Abtastung eines zeitkontinuierlichen Signals.

Bestandteile einer digitalen Regelung:

- Abtaster
  Erfasst die Regelgröße y(t) nur zu diskreten Abtastzeitpunkten $t = k * T_0$ ($k = 0, 1, 2$ ..)
- Analog/Digital-Wandler (A/D-Wandler)
  Umsetzung der analogen zeitdiskreten Regelgröße $y'(k)$ in einen digitalen Wert $y(k)$

- Regelalgorithmus
  - Ermittlung der Regeldifferenz $e(k) = w(k) - y(k)$
  - Berechnung der neuen Stellgröße $u(k)$
- Digital/Analog-Wandler (D/A-Wandler)
  Umsetzung der digitalen Stellgröße $u(k)$ in einen analogen Wert $u(t)$
- Halteglied
  Hält den Stellgrößenwert bis zur nächsten Änderung konstant

Bei den digitalen Regelungen hat sich folgende Nomenklatur eingebürgert:

w: Sollwert
y: Regelgröße
e: Regeldifferenz ($= w - y$)
u: Stellgröße des Reglers
T_0: Abtastzeit
k: Abtastzeitpunkt ($= t / T_0$)

Die analoge Sprache muss in eine binäre Sprache des Rechners umgesetzt werden. Dazu verwendet man A/D-Wandler. Das abgetastete analoge Signal wird quantisiert und verschlüsselt, d. h. in eine Folge von Binärzahlen umgewandelt. Infolge der Wortlänge des A/D-Wandlers entsteht eine Amplitudenquantisierung (Bild 1.7.3-25). Innerhalb einer Quantisierungsstufe lässt sich die analoge Spannung nicht mehr auflösen. Die Quantisierung oder Diskretisierung der Amplitude ist dabei ein nichtlinearer Effekt. Die Genauigkeit einer digitalen Regelung hängt dabei sehr stark von der Auflösung der analogen Signale und somit von der Auflösung der A/D-Wandlers ab. Man unterscheidet die A/D- bzw. D/A-Wandler entsprechend ihrer Auflösungsstufen:

8-bit A/D-Wandler:	Zahlenbereich = 0 – 255	(256 Auflösungsstufen),
12-bit A/D-Wandler:	Zahlenbereich = 0 – 4095	(4096 Auflösungsstufen).
16-bit A/D-Wandler:	Zahlenbereich = 0 – 65535	(65536 Auflösungsstufen)

Aufgrund der wesentlich größeren Anzahl an Auflösungsstufen ist mit 12- bzw., 16-bit A/D- bzw. D/A-Wandlern eine genauere Regelung möglich. Eine zu schwache Auflösung des analogen Spannungswertes durch eine zu kleine Wortlänge des A/D-Wandlers bzw. eine zu grobe Auflösung des Stellsignals durch den D/A-Wandler führt zu einer bleibenden Regelabweichung und auch zu Grenzzyklen.

Beispiele:

- 8-bit-A/D-Wandlung
  Anzahl Quantisierungsstufen: 256
  Messfühlerbereich: 0 bis 100 °C
  A/D-Wandler-Spannungsbereich: 0 bis 10 Volt
  Auflösung: 0,003912 Volt = 3,912 °C
- 12-bit-A/D-Wandlung
  Anzahl Quantisierungsstufen: 4096
  Messfühlerbereich: 0 bis 100 °C
  A/D-Wandler-Spannungsbereich: 0 bis 10 Volt
  Auflösung: 0,002442 Volt = 2,442 °C

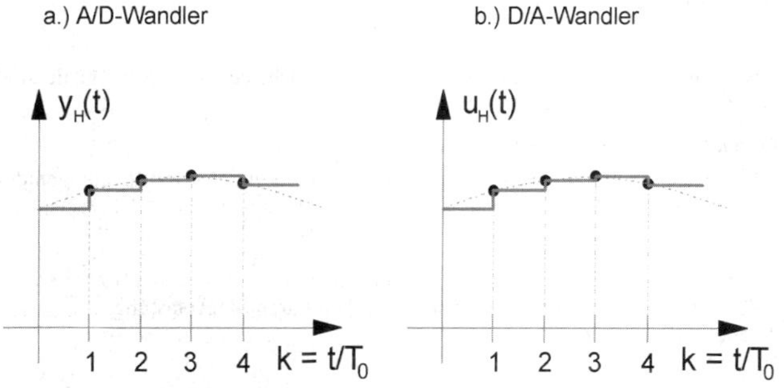

Bild 1.7.3-25. Quantisierung durch den A/D- bzw. D/AWandler.

In der Regelgröße y(t) und somit in der Regelabweichung e(t) können höher frequente Störsignale enthalten sein z. B. vom Rauschen, das mit den Mess- und Führungsgrößen in den Regelkreis eintritt. Wird y(k) ungefiltert abgetastet, so ist das gewünschte Nutzsignal nicht mehr vom gestörten Signal zu unterscheiden. Man setzt deshalb vor den Abtaster ein analoges Anti-Alaising-Filter ein. Beim Entwurf des digitalen Reglers kann das analoge Filter mit zur Regelstrecke gerechnet werden, um sicherzustellen, dass die zusätzliche Phasenverzögerung im digitalen Regelalgorithmus kompensiert wird und damit nicht destabilisierend wirkt. Für Signale von einem digitalen Sensor kann ein analoger Anti-Alaising-Filter nicht verwendet werden. Wenn der Sensor mit höherer Abtastfrequenz arbeitet als der Regler, kann allerdings ein digital realisierter Tiefpassfilter eingesetzt werden.

In diesem Zusammenhang sei auf das Abtasttheorem von Shannon hingewiesen. Das Abtasttheorem besagt, dass ein kontinuierliches bandbegrenztes Signal (d.h. $|\omega| \leq \omega_{max}$) mit der maximalen Frequenz ω_{max} aus dem zuvor abgetasteten Signal nur dann wieder zurückgewonnen werden kann, wenn für die Abtastfrequenz ω_A gilt: $\omega_A \leq 2 \cdot \omega_{max}$. Hieraus folgt mit : $\omega = \frac{2\pi}{T}$: $T_{max} \leq 2 \cdot T_A$. Die Schwingung mit der höchsten Frequenz $\omega_{\max}$ muß also pro Periode mindestens zweimal abgetastet werden.

Der Entwurf eines digitalen Regelsystems vollzieht sich somit nach folgendem Schema:

a) Informationen über Prozesse und Signale

Die Grundlage für jeden systematischen Entwurf von Regelsystemen ist die zur Verfügung stehende Information über den Prozess und seine Signale, z. B. gegeben durch

- direkt messbare Eingangs-, Ausgangs und Zustandsgrößen,
- Prozessmodelle und Signalmodelle,
- geschätzte Zustandsgrößen der Prozesse und Signale.

Die Prozess- und Signalmodelle können durch Identifikation und Parameterschätzung, Prozeßmodelle auch durch theoretische Modellbildung, gewonnen werden. Nichtmeßbare Zustandsgrößen werden mittels Zustandsgrößenbeobachtung und Zustandsgrößenschätzung ermittelt.

b) Regelsystemstruktur

In Kenntnis des Prozesses ist nach Festlegung geeigneter Stell-, Regel- und Steuergrößen die Regelsystemstruktur festzulegen, also die prinzipielle Anordnung von z. B.
- Eingrößenregelungen,
- vermaschte Regelungen,
- Mehrgrößenregelungen,
- dezentrale Regelungen.

c) Regel- und Steueralgorithmen (Entwurf und Anpassung)

Schließlich sind Regel- und Steueralgorithmen zu entwerfen und an den Prozess anzupassen. Dies kann erfolgen durch:
- einfache Einstellregeln für die Parameter,
- rechnergestützter Entwurf,
- adaptive Regelalgorithmen.

Da meist mehrere Regelalgorithmen zur Verfügung stehen, sind sie nach verschiedenen Gesichtspunkten zu vergleichen und auszuwählen.

d) Störsignalfilterung

Die nicht ausregelbaren, in der Regelgröße enthaltenen hochfrequenten Störsignale sind durch analoge und digitale Filter auszufiltern

e) Steuerung oder Regelung des Stellantriebes

Je nach der Bauart des Stellbetriebes sind verschiedene Steuerungen oder Regelungen des Stellantriebes möglich. Die Regel- und Steueralgorithmen sind hiernach anzupassen.

f) Wahl der Tastperiode

Die Wahl der Tastperiode erfolgt unter den Gesichtspunkten
- geringer Verlust an Steuerbarkeit und Beobachtbarkeit durch die Abtastung,
- Stellgrößenbeschränkungen,
- Abtasttheorem von Shannon.

-4.2 Digitale Regler

Da die am weit verbreitesten Regler P –, PI – oder PID – Verhalten haben (vgl. Abschn. 1.7.3-3.2), hat man zunächst versucht, die Regler für kontinuierliche Signale (stetige Regler) in eine Form mit zeitdiskreten Signalen (digitale Regler) zu übertragen. Man konnte so auf die Erfahrungen mit analogen Reglern zurückgreifen und im Prinzip die bekannten Einstellregeln für die analogen Regler (z.B. Ziegler-Nichols) auch für die diskreten Reglerparameter verwenden.

Der Algorithmus eines digitalen Reglers lässt sich durch eine rekursive Differenzengleichung der Form

$$u(k) = u(k-1) + q_0 \cdot e(k) + q_1 \cdot e(k-1) + q_2 \cdot e(k-2)$$

darstellen, wobei $e(k) = w(k) - y(k)$ die aktuelle Regeldifferenz ist, $e(k-1)$ ist die Regeldifferenz des letzten Abtastschrittes und $e(k-2)$ ist die Regeldifferenz des vorletzten Abtastschrittes. $u(k)$ beschreibt die aktuelle Stellgröße und $u(k-1)$ die Stellgröße des letzten Abtastschrittes (ein Zeitschritt zurückliegend).

Für den Fall kleiner Abtastzeiten lassen sich die Parameter q_0, q_1 und q_2 aus den Parametern K_R, T_I und T_D analoger Regler berechnen. Hierzu ersetzt man den Differentialquotient durch einen Differenzenquotient und das Integral durch eine Summe. Für größere Abtastzeiten treffen die angegebenen Näherungen dann nicht mehr zu. Nähert man die kontinuierliche Integration durch eine Trapezintegration an und gibt man den Regelalgorithmus in rekursiver Form an, so erhält man:

1. Proportionale digitale Regler (P-Regler)
   $u(k) = K_R \cdot e(k)$
2. Integrierende digitale Regler (PI-Regler)

$$u(k) = u(k-1) + K_R \cdot \left(1 + \frac{T_0}{2 \cdot T_I}\right) \cdot e(k) - K_R \cdot \left(1 - \frac{T_0}{2 \cdot T_I}\right) \cdot e(k-1)$$

3. Integrierende differenzierende digitale Regler (PID-Regler)

$$u(k) = u(k-1) + K_R \cdot \left(1 + \frac{T_0}{2 \cdot T_I} + \frac{T_D}{T_0}\right) \cdot e(k) - K_R \cdot \left(1 + 2 \cdot \frac{T_D}{T_0} - \frac{T_0}{2 \cdot T_I}\right) \cdot e(k-1)$$
$$+ K_R \cdot \frac{T_D}{T_0} \cdot e(k-2).$$

-4.3 Entwurfsverfahren für digitale Regler

Hierzu gibt es ähnlich, wie bei den analogen Reglern, verschiedene Wege:

- Probierverfahren
  Die Reglerparameter werden bei Betrieb im geschlossenen Regelkreis systematisch so lange verändert, bis sich eine zu schwache Dämpfung des Regelkreises einstellt. Dann werden die Reglerparameter wieder um einen gewissen Betrag zurückgesetzt.
- Einstellregeln
  Es werden Einstellregeln benutzt, die nach bestimmten Kriterien näherungsweise die optimalen Reglerparameter liefern. Dabei wird entweder von Kennwerten aus der gemessenen Übergangsfunktionen oder von Schwingversuchen mit Proportionalreglern am Stabilitätsstand ausgegangen.
  Sind die Parameter der Regelstrecke bekannt, so kann der experimentelle Schwingversuch durch eine Simulation auf dem Rechner ersetzt werden. Anhand dieser rechnerisch ermittelten Kennwerte (kritische Verstärkung und Schwingungsdauer) ist dann eine Einstellung des PI- oder PID-Reglers nach Ziegler-Nichols möglich. Dabei handelt es sich um andere Einstellwerte als bei den analogen Reglern.
- Numerische Parameteroptimierung
  Sind die Prozeßkennwerte bekannt, so können die Reglerparameter mit Verfahren der Parameteroptimierung gefunden werden. Es kann dabei die Stellgröße mit einem Faktor gewichtet und somit das Regelkreisverhalten optimiert werden.

-4.4 Zusatzfunktionen digitaler Regler

Für den praktischen Einsatz digitaler Regler sind mehrere Zusatzfunktionen erforderlich, die sich durch eine Softwareprogrammierung sehr einfach implementieren lassen:

- Verhindern von Aufintegrieren
  Bei großen Regeldifferenzen e(k) fährt das Stellglied im allgemeinen an einen Anschlag und der integralwirkende Anteil des Reglers erzeugt immer größere Werte der Stellgröße. Wenn die Regelgröße dann die Führungsgröße erreicht und sich das Vorzeichen der Regeldifferenz umkehrt, so benötigt der integralwirkende Algorithmus lange bis die Stellgröße zurück integriert ist und den Anschlag wieder verlässt. Deshalb kommt es zu lange andauernden Regeldifferenzen. Zur Verhinderung des Aufintegrierens (antireset windup) gibt es folgende Möglichkeiten:
  - Nullsetzen des Integrators
    Bei $u(k) = u_{max}$ oder $u(k) = u_{min}$ wird $e(k-1) = 0$ gesetzt.
  - Bedingte Integration
    Integration wird nur unter der Bedingung $|e(k)| < e_{max}$ durchgeführt.
- Stoßfreies Umschalten von Hand- auf Automatikbetrieb
  Im allgemeinen wird bei der Inbetriebnahme die Stellgröße zunächst von Hand gesteuert, so dass sich ein bestimmter Wert der Regelgröße einstellt. Eine stoßfreie Umschaltung von Hand- auf Reglerbetrieb erfordert, dass die von Hand eingestellte Stellgröße und die vom Regler erzeugte Stellgröße übereinstimmen. Hierzu kann man beim Umschalten die Führungsgröße der momentanen Regelgröße anpassen und sie dort lassen oder nach einer vorprogrammierten Anstiegsfunktion auf den gewünschten Wert bringen.
- Totzone für die Regeldifferenz
  Bei manchen Prozessen ist man an der Ausregelung von kleinen Regeldifferenzen nicht interessiert (z. B. um die Standzeit des Stellantriebes zu erhöhen) und führt deshalb eine tote Zone oder Ansprechempfindlichkeit absichtlich in den Regler ein:
  $u(k) = u(k-1)$ für $|e(k)| < e_{min}$
- Einseitig wirkende Differentiation
  Wenn ein Prozeß nahe einem kritischen Betriebspunkt betrieben wird, dann kann es erwünscht sein, Stellgrößen zu erzeugen, die schnell eingreifen, wenn die Störung die Regelgröße auf die Grenze zu bewegt und langsam eingreifen in umgekehrter Richtung.
- Strukturumschaltung des Reglers
  Programmiert man PID-Algorithmen entsprechend den stetigen Reglern, so kann man von PID-Reglern auf PD-Regler oder PI-Regler oder P-Regler umschalten. Dies wird z. B. zum Anfahren von Prozessen benötigt, bei denen man ohne Veränderung der Führungsgröße zunächst den Regelkreis mit einem P-Regler schließt und anschließend auf einen PI-Regler umschaltet. Dies verhindert ein zu starkes Überschwingen infolge zu starkem Aufintegrierens durch den Integralanteil.

-4.5 Adaptive Regelung[1)]

Verwendet man Einstellregeln zur Anpassung von einfachen, parameteroptimierten Regelalgorithmen, dann genügen einfachste Prozeßmodelle. Zum einmaligen rechnergestützten Entwurf sind als Information genaue Prozeß- und Signalmodelle erforderlich, die am zweckmäßigsten durch Identifikation und Parameterschätzung gewonnen werden. Werden Informationsgewinnung und Regelalgorithmus-Synthese laufend (online, Echtzeit) durchgeführt, lassen sich sogenannte „adaptive Regelsysteme" verwirklichen. Bei adaptiven Regelungen werden die Parameter des digitalen Reglers automatisch an veränderliche Eigenschaften der Regelstrecke angepaßt. Im Vergleich zu festeingestellten Reglern liefern adaptive Regelungen dadurch bessere Regelgüten. Die Grundstruktur eines adaptiven Regelkreises ist in Bild 1.7.3-26 gezeigt.

Charakteristisch ist die Unterteilung in drei Funktionsebenen:
- Digitaler Grundregelkreis,
- Adaption,
- Bedienung, Auswertung, Überwachung.

---

1) Isermann, R,; K.-H. Lachmann, D. Matko: Adaptive Control Systems, New York, 1991.
Pfannstiel, D.: Einsatz adaptiver und fuzzy-basierter Regelungsstrategien in der Heizungstechnik, atp – Automatisierungstechnische Praxis 1/95.

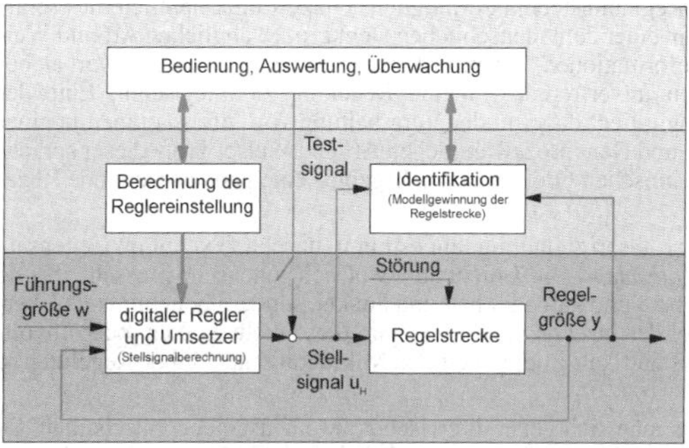

Bild 1.7.3-26.
Adaptiver Regelkreis.

Im adaptiven Regelkreis geschieht das Nachführen der Reglerparameter (Reglereinstellung) automatisch durch die Adaptionsebene, die dem digitalen Grundregelkreis überlagert ist. Aus Abtastwerten der Stellgröße u und der Regelgröße y werden zunächst mit Hilfe eines mathematischen Verfahrens (Identifikationsverfahren) die Parameter der Regelstrecke bestimmt (berechnet), die die statischen und dynamischen Eigenschaften der Regelstrecke ausreichend genau beschreiben. Auf der Basis der berechneten Parameter der Regelstrecke werden die Parameter des digitalen Reglers neu berechnet und an den Grundregelkreis übergeben.

Der Ablauf des Adaptionsvorgangs wird durch die dritte Funktionsebene, die Überwachungs- und Koordinationsebene, gesteuert. Sie hat vor allem die Aufgabe, die Gültigkeit der ermittelten Parameter der Regelstrecke zu prüfen, den Reglerentwurf zu überwachen und die Stabilität des geschlossenen Regelkreises sicherzustellen.

Erst durch die Verfügbarkeit leistungsfähiger Mikrocontroller wurde es möglich, derartige adaptive Regelungen einzusetzen.

-4.6 Fuzzy-Regelung[1)]

Die 1965 von Lotfi A. Zadeh (Universität Berkeley, Kalifornien) entwickelte *Theorie der unscharfen Mengen* (Theory of Fuzzy Sets) führte erst 20 Jahre später (1982) zu ersten praktischen Anwendungen in Geräten, wie Mikrowellenherden und Videokameras in Japan. Die *Fuzzy-Logik* entwickelte sich dabei vom exotischen Außenseiter zum Trendsetter in der japanischen Konsumerelektronik. In Deutschland wurden die Entwicklungsaktivitäten erst Anfang der neunziger Jahre begonnen. Seit 1993 sind verschiedene Fuzzy-Anwendungen auf dem Markt, mit zu dem ersten Anwendungsgebiet gehörte die Heizungstechnik. Die heutigen Anwendungen der Fuzzy-Logik reichen von der Regelung der Heizungsanlage, der Waschmaschine bis hin zur Regelung von Krananlagen und Robotern.

Komplexe Prozesse, die nicht oder nur mit sehr großem Aufwand mathematisch beschreibbar und deshalb mit herkömmlichen „exakten" regelungstechnischen Methoden kaum automatisierbar sind, sind für die Fuzzy-Logik prädestiniert. Fuzzy-Logik bietet somit im Bereich der Prozeßregelung eine sinnvolle Ergänzung zur klassischen Regelungstechnik. Im

---

1) Aliev, R.; Bonfig, K. W. und Aliew, F.: Messen, Steuern und Regeln mit Fuzzy-Logik. Franzis-Verlag, München 1994.
von Altrock, C.: Fuzzy-Logik, Bd. I, Technologie. Oldenbourg-Verlag, München, 1994.
von Altrock, C.: Fuzzy-Logik, Bd. II, Anwendungen. Oldenbourg-Verlag, München, 1994.
Arend, H.-O. und Pfannstiel, D.: Neue Heizungsregelungen durch den Einsatz von Fuzzy-Logik. HLH 11/93, S. 654/657.
Kuhlmann, H. Lüftungsqualitätsregelung mit Fuzzy-Logik. TAB 3/94, S. 71/73.
Mc Neill, D. und Freibergeer, P.: Fuzzy Logic. Verlag Droemer Knaur, München 1994.
Pfannstiel, D.: Einsatz adaptiver und fuzzy-basierter Regelungsstrategien in der Heizungstechnik. atp – Automatisierungstechnische Praxis 1/95, S. 42/49.
Talebi-Daryani, R.: DDC-Regler universell einsetzbar für Klimaregelungen. TAB/MSR, 10/1998.
Talebi-Daryani, R.: Steuerung von komplexen Kälteanlagen mit Fuzzy-Control. TAB/MSR 1997.
Zadeh, L. A.: Fuzzy-Sets. Information and Control. 1965. S. 338/353.

Gegensatz zur klassischen Regelungstechnik ermöglicht Fuzzy-Logik nämlich die Verarbeitung von Informationen in einer dem menschlichen Denkprozeß ähnlichen Art und Weise. Sie ermöglicht vage Informationen, empirisch gewonnenes Wissen und verbal beschreibbare Steuerstrategien unverfremdet in eine Regelung zu integrieren. Eine der Hauptstärken der Fuzzy-Logik liegt dabei in der Verarbeitung von Informationen in einer dem menschlichen Arbeits- und Denkprozeß ähnlichen Art und Weise. Trotz dieser sprachlichen Interpretation der technischen Größen ist das Ergebnis eine genau arbeitende Regelung.

Die Fuzzy-Logik (engl. *fuzzy*: faserig, flaumig, unbestimmt, unscharf) kennt im Gegensatz zur *klassischen binären (booleschen) Logik* nicht nur zwei sich gegenseitig ausschließende Zustände, wie 0 und 1 oder heiß und kalt oder hell und dunkel, sondern beliebig viele Übergänge dazwischen. Das Ziel der Fuzzy-Logik ist es nun, diese nicht exakten oder unvollständigen Begriffe wie heiß und kalt in die Welt des Mikrocomputers einer Regelung zu übertragen.

Bei der *binären Logik* muss man sich generell zwischen zwei Zuständen entscheiden. So würde z.B. eine Temperatur von 29,999999 °C noch als kalt und 30,000000 °C aber bereits als heiß gelten. Dies ist ein Widerspruch zur praktischen menschlichen Erfahrung. Die konventionelle zweiwertige Logik ist deshalb für die Modellierung von menschlichen Empfindungen und Wissen (Heuristik) nur schlecht geeignet. Ein Mensch empfindet z.B. auch nicht eine Temperatur von 22,5 °C, wenn er einen Raum betritt sondern für ihn ist es entweder warm, zu warm oder kalt im Raum ohne direkten Bezug zu einer absoluten Temperatur. Dazu kommt noch, dass das Empfinden warm oder kalt von Mensch zu Mensch noch verschieden ist.

Bei einem *Fuzzy-Regler* müssen Messgrößen, die wie bei bekannten Reglern als stetige analoge Größen vorliegen, in unscharfe Größen umgewandelt werden. Meßgrößen (Eingangsgrößen in der „Fuzzy-Welt") nennt man linguistische (sprachliche) Variablen. Die Raumtemperatur wäre z. B. eine linguistische Variable. Die mathematische Beschreibung einer linguistischen Variable nennt man Term oder Fuzzy-Set. Als Terme für die Raumtemperatur dienen z. B. die Begriffe mäßig warm, warm, zu warm, normal, kühl, kalt oder frostig. Eine Temperatur von z. B. 20 °C kann dem Term „warm" als auch „mäßig warm" angehören. Diese Zugehörigkeit wird in Form eines Zugehörigkeitsgrades definiert. D.h. eine Raumtemperatur von 20 °C gehört z. B. mit einem Zugehörigkeitsgrad von 0,25 (25%) zum Term „mäßig warm" und zu 0,45 (45%) zum Term „warm". Diesen Übergang von einem exakten Wert (Raumtemperatur) zu einer Fuzzy-Größe (Fuzzy-Set) nennt man Fuzzifizierung.

Aus den linguistischen Variablen, den zugehörigen Fuzzy-Sets und dem Wissen, wie der Prozess zu funktionieren hat, können nun Regeln definiert werden, die den Prozess umgangssprachlich beschreiben. Diese Regeln bilden dann die Grundlage der Verarbeitung unscharfer Informationen. Die Gesamtheit dieser Regeln nennt man Wissensbasis. Diese Regeln sehen z. B. wie folgt aus:

Regel 1: Wenn die Raumtemperatur = „zu warm" dann Thermostatventil = „etwas schließen"

oder

Regel 2: Wenn die Raumtemperatur = „normal" dann Thermostaventil = „nicht verstellen"

oder

Regel 3: Wenn die Raumtemeratur = „kalt" dann Thermostatventil = „etwas öffnen".

Die Abarbeitung oder Auswertung dieser Regeln, d.h. aus den vorliegenden Fakten Schlüsse zu ziehen nennt man Inferenz. Die Rücksetzung eines linguistischen Ausdruckes (z.B. Stellung des Thermostatventils) in eine technische Größe, denn ein Thermostatventil kann mit „etwas öffnen" nichts anfangen, nennt man Defuzzifizierung. Hierbei ist es wichtig eine direkte Ausgangsgröße (Thermostatventilstellung) zu erhalten. Nach der Defuzzifizierung liegt ein scharfer Ausgangswert vor, mit dem dann das Thermostatventil angesteuert werden kann. Bild 1.7.3-27 zeigt den allgemeinen Aufbau eines Fuzzy Systems.

In der *Heizungstechnik* wurde eine Heizungsregelung ohne Außentemperatursensor auf Fuzzy-Logik-Basis entwickelt (Bild 1.7.3-28, Arend & Pfannstiel, 1993). Mit Hilfe der Fuzzy-Logik wird bei dieser Regelung der Sollwert für die Kesselwassertemperatur-Regelung berechnet. Obwohl diese Fuzzy-Heizungsregelung nur die Kesselwassertemperatur erfasst ergibt sich eine bessere Einstellung der Kesselwasser-Solltemperatur an den aktuellen Wärmebedarf des Gebäudes als bei einer außentemperaturgeführten Regelung. Denn mit Hilfe der Fuzzy-Logik werden aus dem Verlauf der Kesselwasertemperatur und der Brennerschaltungen verschiedene interne Größen wie „Wärmetendenz von gestern zu heu-

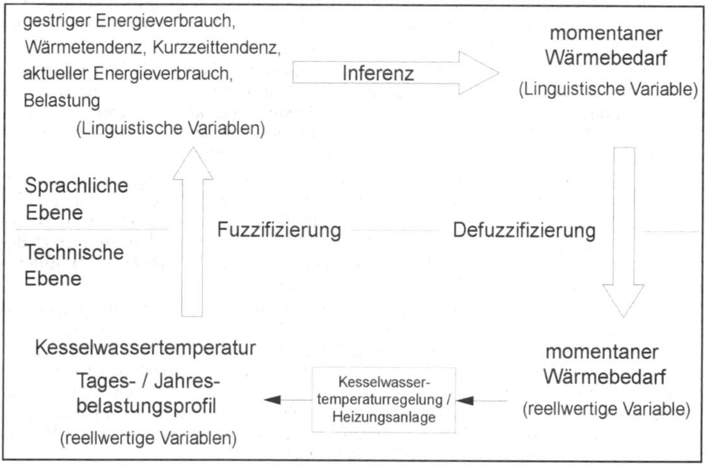

Bild 1.7.3-27. Aufbau einer allgemeinen Fuzzy-Regelung.

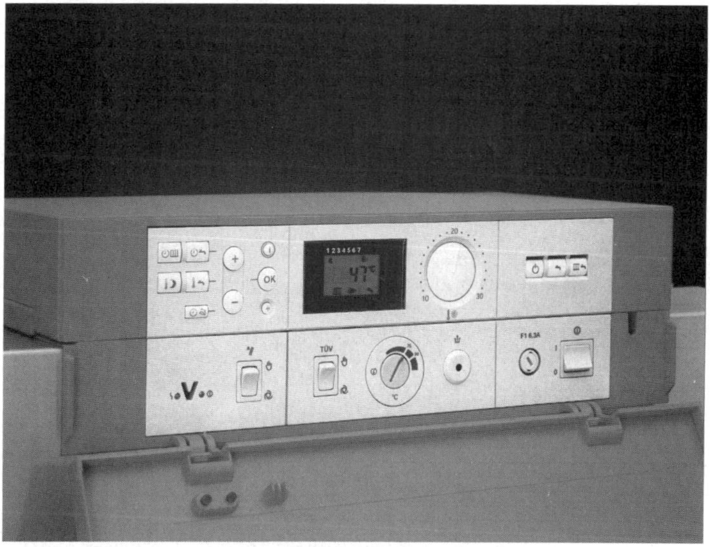

Bild 1.7.3-28. Heizungsregelung mit Fuzzy-Logik (Viessmann Werke).

te", „Durchschnittlicher Energieverbrauch = Brennerlaufzeit" oder „Kurzzeittendenz = Störungen wie Fensteröffnen" gebildet, die in Verbindung mit der Wissensbasis zu einer besseren Anpassung der Vorlauftemperatur führen.

Im Bereich der *Kältetechnik* sind Anwendungen zur Steuerung komplexer Kälteanlagen zu nennen, mit dem Ziel durch den Einsatz der Fuzzy-Logik die Arbeitsweise einer Kälteanlage zu optimieren (Talebi-Daryani, 1996). Als Optimierungskriterium dienen: Verkürzung der Verarbeitungszeit, Reduzierung der Betriebskosten durch geringere Stromaufnahme und Sicherstellen einer möglichst konstanten Vorlauftemperatur.

Fuzzy-Logik hat auch Mitte der neuziger Jahre Einzug in die DDC-Regler gehalten. Hier sind die Anwendungen im Bereich der Lüftungs- und Klimaanlagen zu nennen. Der Einsatz des entwickelten Fuzzy-Logik-Systems für DDC-Anlagen, ermöglicht es auch Anwendern mit geringen Kenntnissen der DDC- und Regelungstechnik diese Anlage in Betrieb zu nehmen. Der Aufwand für die Programmierung und Konfiguration einer Lüftungs- oder Klimaregelung reduziert sich dadurch auf ein Minimum.

Dieser Anfangseuphorie zum Einsatz der Fuzzy-Logik im HLK-Bereich Anfang der neunziger Jahre scheint heute etwas der Nüchternheit gewichen zu sein. Dies zeigt sich daran, dass ab 1995 die Fuzzy-Anwendungen merklich zurückgegangen sind. Man hat mittlerweile eingesehen, dass man mit Hilfe der Fuzzy-Logik auch nicht alle regelungstechnischen Probleme lösen kann. Fuzzy-Logik wird daher heute dort eingesetzt, wo ein System wirklich nur mit großem Aufwand mathematisch beschrieben werden kann. Die Anwendungen, die sich mit der klassischen Regelungstechnik regeln lassen, werden heute aus Werbezwecken nicht mehr durch eine Fuzzy-Regelung ersetzt..

1.8 Energiewirtschaftliche Grundlagen

Überarbeitet von Dr.-Ing. Markus Görres, Dortmund

Das novellierte Gesetz zur Neuregelung des Energiewirtschaftsrechts (Energiewirtschaftsgesetz – EnWG v. 24. 04. 1998)[1)] beseitigt bestehende Gebietsmonopole für die leitungsgebundene Energieversorgung mit Strom und Gas und schafft die Voraussetzungen für einen liberalen Wettbewerb auf dem Energiemarkt.

Darüber hinaus erleichtert die Verbändevereinbarung über Kriterien zur Bestimmung von Netznutzungsentgelten für elektrische Energie[2)] die freie Wahl zwischen Energieerzeuger und -abnehmer durch einheitliche Netznutzungsgebühren.

Planungssicherheit besteht für die Energieerzeugung mit regenerativen Energien durch festgelegte Vergütungssätze nach dem Gesetz über den Vorrang Erneuerbarer Energien (Erneuerbare-Energien-Gesetz – EEG)[3)] und die Verordnung über die Erzeugung von Strom aus Biomasse (Biomasseverordnung – BiomasseV)[4)].

1.8.1 Definitionen

Energiewirtschaft: Energiewirtschaft umfaßt die Gewinnung, Umwandlung, Verteilung und Anwendung von Energieträgern.

Primärenergie: Energie von Energieträgern, die noch keiner Umwandlung unterworfen wurden.

Endenergie: Energie nach der Gewinnung, Aufbereitung und Umwandlung von Primärenergieträgern, z. B. Kraftstoffe, elektrische Energie und Fernwärme.

Nutzenergie: Energie, die am Ende einer Umwandlungskette dem Verbraucher für unterschiedliche Anwendungen zur Verfügung steht (z. B. Licht, Wärme oder mechanische Energie).

Energieumwandlung: Verlustbehaftete Umwandlung einer Energieform in eine andere, z. B. von Primärenergie in Endenergie bzw. von Endenergie in eine andere Form der Endenergie. Die Güte der Energieumwandlung wird durch den Wirkungsgrad charakterisiert.

Energiereserven: Nachgewiesene und ökonomisch gewinnbare Energieträger.

Energieressourcen: Alle Vorkommen eines Energieträgers einschließlich der zum gegenwärtigen Zeitpunkt nicht ökonomisch gewinnbaren und der noch zu entdeckenden Vorkommen.

Wirkungsgrad: Der Wirkungsgrad h charakterisiert das Verhältnis von Nutzen zu Aufwand.

Energieproduktivität: Bruttoinlandsprodukt je Primärenergieverbrauchseinheit.

1.8.2 Primärenergieträger

-1 Kohle

Stein- und Braunkohle gehören zu den festen Brennstoffen und werden zur Stromerzeugung und zu Heizzwecken eingesetzt.

---

1) BGBl. I S. 730
2) BDI Bundesverband der Deutschen Industrie e. V., Berlin, VIK Verband der Industriellen Energie- und Kraftwirtschaft e. V., Essen, VDEW Vereinigung Deutscher Elektrizitätswerke e. V., Frankfurt a. M., 13. 12. 1999
3) BGBl, Teil I, Nr. 13, 29. 3. 2000
4) BGBl, Teil I, Nr. 29, 27. 06. 2001

Während 2001 der Braunkohleverbrauch durch eigene Förderung von 175 Mio. t in Deutschland gedeckt werden kann, liegt der Verbrauch an Steinkohle mit 65 Mio. t über der Eigenförderung von 28 Mio. t in Deutschland[1)].

-2 Rohöl

Rohöl zählt zu den flüssigen Brennstoffen und wird in Raffinerien zu Heizöl und Kraftstoffen verarbeitet. Aufgrund der guten Transport- und Lagerfähigkeit eignet es sich insbesondere für den mobilen Einsatz. Unter Berücksichtigung des momentanen Verbrauchs und gesicherter Reserven reichen die Ölvorräte noch für 43 Jahre[2)]. Da weitere Ölvorkommen entdeckt und neue Techniken zur Förderung entwickelt werden, dürfte die tatsächliche Reichweite größer sein. In Deutschland wird nur ein marginaler Teil des Eigenverbrauchs gefördert, der größere Teil wird importiert.

-3 Erdgas

Die Verteilung von Erdgas von der Gewinnung bis zum Verbraucher erfolgt in Rohrleitungen bis 1400 mm Durchmesser und bei Drücken bis 100 bar. Alternativ wird Erdgas verflüssigt transportiert (liquified natural gas).

Unter Berücksichtigung des momentanen Verbrauchs reichen die sicher gewinnbaren Erdgasreserven noch 60 Jahre. Deutschland fördert 20 % des eigenen Erdgasverbrauchs, 42 % wird aus den GUS-Staaten, 24 % aus den Niederlanden und 8 % aus Norwegen importiert (6 % aus weiteren Staaten)[3)].

Der Erdgasverbrauch in Deutschland lag 2000 bei 905 Mrd. kWh[4)].

-4 Uran[5)]

Bei der Kernenergie wird die Kernbindungsenergie durch Spaltung (Fission) bzw. Verschmelzung (Fusion) nutzbar gemacht. Während die Kernfusion gegenwärtig wirtschaftlich nicht nutzbar ist, stellt die Kernspaltung eine verbreitete Möglichkeit der Stromerzeugung dar. Ein spaltbares Element ist das Uranisotop U 235, das in Natururan zu einem Anteil von 0,7 % enthalten ist. Problematisch ist die Entsorgung der radioaktiven Abfälle der Kernenergie, da aufgrund der hohen Halbwertzeiten (HWZ des Uranisotops U 235 700 Mio. Jahre) die radioaktiven Brennelemente in strahlengeschützten Behältern in Endlagern eingelagert werden.

Die Welturanreserven mit Gewinnungskosten bis zu 80 US-$ pro Kilogramm betragen rund 2 Millionen Tonnen. Damit beträgt die gesicherte Reichweite der Uranversorgung 80–100 Jahre.

-5 Regenerative Energien

Die regenerativen Energien sind im Gegensatz zu nicht erneuerbaren Energieträgern unerschöpflich. Aufgrund des teilweise hohen Flächenbedarfs, der zeitlichen Verfügbarkeit ist die wirtschaftliche Bedeutung noch gering. 7,3 % der Stromerzeugung in Deutschland erfolgt durch regenerative Energiequellen. Zu den regenerativen Energieträgern gehören Wasser, Wind, Sonne und Biomasse. Wasser wird in Form von Wasserkraftwerken und Gezeitenkraftwerken zur Stromerzeugung genutzt. Sonnenenergie kann sowohl durch so-

---

1) Statistik der Kohlenwirtschaft e.V., Essen, 2002
2) Bundesministerium für Wirtschaft und Technologie, Energie Daten 1999, 1999
3) BAFA, Bundesamt für Wirtschaft und Ausfuhrkontrolle, 2002
4) Statistisches Bundesamt, 2001
5) Informationskreis Kernenergie, Bonn.

larthermische Umwandlung in Wärme als auch durch Photovoltaik in elektrische Energie umgewandelt werden.

Tafel 1.8.2-1 Anteil der regenerativen Energien an der Stromerzeugung 2001*)

Energieträger	Erzeugung (Mrd. kWh)
Wasserkraft	19,8
Windkraft	11,5
Biomasse und Müll	4,9
Photovoltaik	0,1
Summe	36,3

*) VDEW Vereinigung Deutscher Elektrizitätswerke e.V., Frankfurt a. M., Sieben Prozent Ökostrom, 25.02.2002.

1.8.3 Energieumwandlung

-1 Kraftwerk

In Kraftwerken wird mittels thermodynamischer Kreisprozesse elektrische Energie erzeugt. Dampfkraftwerke arbeiten nach dem Clausius-Rankine-Prozeß (s. •••Bild. 1.3.8•••). Durch die Verbrennung eines Energieträgers wird Wasser als Kreislaufmedium in dampfförmigen Zustand gebracht. Dieser überhitzte Dampf wird in der Turbine in mechanische Energie umgewandelt. Anschließend wird der Dampf in dem Kondensator wieder verflüssigt. Die mechanische Energie der Turbine wird im Generator in elektrische Energie umgewandelt. Der Rest sind Abwärmeverluste. Mit Erdgas betriebenen Gas- und Dampfturbinen-Kraftwerken (GuD) erzielen Wirkungsgrade bis zu 58 %[1]. In neuen GuD-Kraftwer-

Tafel 1.8.3-1 Elektrischer Nettowirkungsgrad $\eta_{el,n}$ von Kraftwerken*)

Prozeßtyp	elektr. Nettowirkungsgrad (%)
Kernkraftwerk	33
Braunkohle-Dampfturbine-rheinisch	36
Braunkohle-Dampfturbine-westelbisch	25
Braunkohle-Dampfturbine-ostelbisch	29
Steinkohle-Dampfturbine	46
Steinkohle-Gas- und Dampfturbine (GuD)	50
Gasturbine	38
Gas- und Dampfturbine (GuD)	58

*) Gesamt-Emissions-Modell Integrierter Systeme (GEMIS), Version 2.1, Hessisches Ministerium für Umwelt, Energie und Bundesangelegenheiten, 1995.

[1]) Stromthemen, Nr. 12, 1999

ken, die mit Kohlegas aus Steinkohlevergasung arbeiten, können Wirkungsgrad bis zu 50 % erreicht werden[1].

-2 Heizwerk

In Heizwerken (s. a. Abb. 2.2.3-1) wird durch Verbrennung Wärme erzeugt. Unterschieden werden Heizwerke durch die räumliche Entfernung zum Verbraucher. Blockheizwerke befinden sich in unmittelbarer Nähe zum Verbraucher und erzeugen Nahwärme während Heizwerke bis zu 16 km vom Verbraucher entfernt sein können.

-3 Heizkraftwerk

Heizkraftwerke sind eine Form eines Kraft-Wärme-Kopplungsprozesses (KWK), in dem neben der Stromerzeugung Wärme produziert wird (s. a. Abb. 2.2.3-2). Durch die Wärmeauskopplung sinkt die Stromerzeugung. Dafür werden Gesamtwirkungsgrade (elektrisch und thermisch) bis zu 90 % erzielt (s. Tafel 1.8.3-2).

Tafel 1.8.3-2 Elektrischer und thermischer Nettowirkungsgrad von Heizkraftwerken*)

Prozeßtyp	Nettoleistung P_{el} (MW)	Nettowirkungsgrad (%)	
		elektrisch	thermisch
Kohle-Entnahme-Kondensation	100	33,0	55,0
Kohle-Gegendruck-Wirbelschichtfeuerung	50	27,0	60,0
Gas-BHKW	0,05	30,0	60,0
Gas-BHKW	0,45	35,0	46,7
Gas-Gasturbine	10	30,0	42,9
Gas-GuD	100	45,0	45,0
Diesel-BHKW	1	36,0	45,0
Müllheizkraftwerk	10	12,5	62,5

*) Gesamt-Emissions-Modell Integrierter Systeme (GEMIS), Version 2.1, Hessisches Ministerium für Umwelt, Energie und Bundesangelegenheiten, 1995.

-4 Kernkraftwerk[2]

In Deutschland produzierten 1996 von 34 seit 1961 in Betrieb genommenen Kernkraftwerken noch 19 Anlagen elektrischen Strom mit einer Nennleistung von 22.194 MW[3]. Die aktiven Kernkraftwerke in Deutschland sind alle Leichtwasserreaktoren, entweder Druck- oder Siedewasserreaktoren. In Kernreaktoren wird durch Kernspaltung des angereicherten Uranisotops U 235 Wärme aus der Kernbindungsenergie freigesetzt, die an das Kühlmittel Wasser abgegeben wird. In Siedewasserreaktoren treibt das siedende Wasser die Turbinen

[1]) Siemens AG (KWU), 1998,
[2]) Deutsches Atomforum e.V., Bonn, Kernenergie – Aktuell 1997, 1997.
[3]) Stromthemen, Nr. 1, 1999

direkt an, während in Druckwasserreaktoren das Kühlmedium Wasser die Wärme an den Dampferzeuger im Sekundärkreislauf überträgt. Der Dampf im Sekundärkreislauf wird dann der Turbine zugeführt. Die Turbine treibt den Generator zur Stromerzeugung an.

-5 Wasserkraftwerk

Die kinetische Energie von Wasser kann in Form von Laufwasser- und Speicherkraftwerken sowie Gezeitenkraftwerken genutzt werden. Pumpspeicherkraftwerke können außer zur Stromerzeugung ebenfalls zur Energiespeicherung eingesetzt werden und somit Spitzenlasten reduzieren. Wasserturbinen werden analog zu Dampfturbinen vom Arbeitsmedium Wasser angetrieben und bewirken die Stromerzeugung im Generator. Pumpspeicherwerke weisen eine Leistung bis zu 200 MW und Höhendifferenzen von 100 m auf. Der Wirkungsgrad liegt trotz Verluste beim Pump- und Turbinenbetrieb bei 80%[1].

Zukünftig werden Wellenkraftwerke und Strömungsturbinen zur Energieerzeugung beitragen, erste Prototypen entstehen in der Küstennähe Großbritanniens[2].

-6 Windkraftanlagen[3]

IIn Deutschland sind 11.800 Windkraftanlagen mit einer Leistung von 9.200 MW installiert (Stand März 2002). Damit betrug der Anteil der Windkraft an der Stromversorgung in Deutschland 3,5%[4].

Voraussetzung für den effektiven Einsatz von Windkraftanlagen ist eine durchschnittliche Windgeschwindigkeit von mindestens 5 m/s mit hoher Häufigkeit und möglichst gleichbleibende Windrichtungen. Windkraftanlagen bestehen aus Turm samt Fundament, Rotor und Rotorbremse, evtl. Windnachführung, Getriebe, Generator, Regelungen, Hilfsaggregaten und Netzanschluß. Auftriebsläufer, bei denen die Anströmgeschwindigkeit höher ist als die Windgeschwindigkeit, liefern höhere Ausbeuten als Widerstandsläufer. Windkrafträder gehen ab einer Windgeschwindigkeit von 3 m/s in Betrieb, bleiben bis zur Nennleistung ungeregelt und schalten bei 25 m/s durch mechanische oder aerodynamische Bremsen ab. Bei Erreichen von Windgeschwindigkeiten in Größenordnung der Nennleistung erfolgt entweder eine „stall"-Regelung (passive Leistungsregelung durch Strömungsablösung) verbunden mit einem Leistungsabfall oder durch Blattwinkelverstellung („pitch"-Regelung) mit konstanter Leistungsabgabe.

Ab 2004 eröffnen Offshore-Windparks mit Anlagengrößen zwischen 3 und 5 MW neue Möglichkeiten der Windenergieerzeugung an den windreichen Standorten der küstennahen Meeresgebiete[5].

1.8.4 Energieverbrauch

Der Primärenergieverbrauch in Deutschland ist 2001 gegenüber dem Vorjahr um 1,6% auf 495 Mill. t SKE gestiegen (siehe Tafel 1.8.4-1). Diese Entwicklung ist auf die kühlere Witterung zurückzuführen. Temperaturbereinigt reduzierte sich der Verbrauch um 0,8%[6].

Die gesamtwirtschaftliche Energieproduktivität hat sich im Jahre 2001 temperaturbereinigt um 1,1% verbessert (siehe Bild 1.8.4-1)

Nur 65% der Primärenergie werden in Endenergie umgewandelt, der Rest sind Verluste und Verbrauch im Energiesektor sowie nichtenergetischer Verbrauch, d.h. die Nutzung von Erdgas und Rohöl als Rohstoff in der chemischen Industrie. Während der Haushalt nur mit 18,5% am Primärenergieverbrauch beteiligt ist, beträgt der Anteil am Endenergieverbrauch bereits 28% (s. Tafel 1.8.4-2). Die Umrechnungsfaktoren sind auf der Buchumschlagsinnenseite hinten aufgeführt.

---

[1]) Strauß, K. Kraftwerkstechnik, 2. Auflage, 1994
[2]) Brüning, A., Energie aus dem Meer schöpfen, FTD, 06. 12. 2001
[3]) Dittmann, A., Zschernig, J., Energiewirtschaft, 1998.
[4]) BWE Bundesverband WindEnergie e.V., Osnabrück, 16. 04. 2002
[5]) Schröder, T., Alternative Energien gewinnen an Bedeutung, FTD, 16. 04. 2002
[6]) Deutsches Institut für Wirtschaftsforschung DIW, Wochenbericht, Nr. 7, 2002

Tafel 1.8.4-1 Primärenergieverbrauch in Deutschland (Mio. t SKE)*)

Energieträger	2000	2001	200	2001
	Mill. t SKE		Mill. t SKE	
Mineralöle	187,3	190,3	5489	5577
Erdgas	102,2	106,6	2995	3124
Steinkohlen	68,5	65,0	2008	1905
Braunkohlen	52,8	55,6	1547	1630
Kernenergie	63,1	63,7	1849	1867
Wasser- und windkraft	3,6	3,8	106	111
Außenhandelssaldo Strom	0,3	–0,1	9	–3
Sonstige	9,4	9,9	275	290
Summe	487,2	494,8	14278	14501

*) AG Energiebilanzen, 2002.

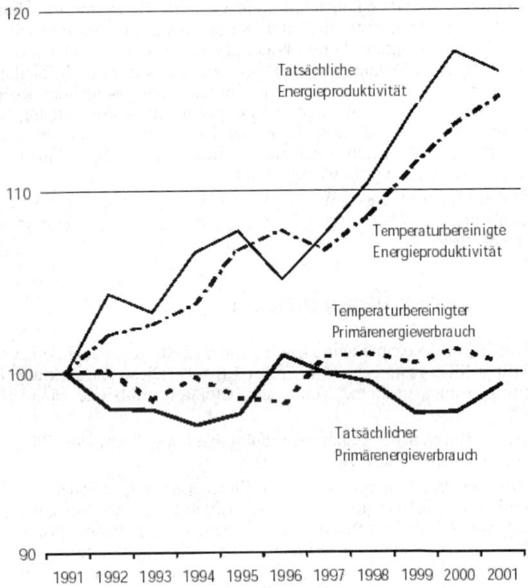

Bild 1.8.4-1.
Entwicklung des Primärenergieverbrauchs und der Energieproduktivität, 1991 = 100 *).

*) Deutsches Institut für Wirtschaftsforschung DIW, Wochenbericht, Nr. 7, 2002.

Tafel 1.8.4-2 Primär- und Endenergieverbrauch nach Verbrauchern 1999*)

	Primärenergieverbrauch			
	(PJ)	(Mio. t SKE)	(TWh)	Anteil (%)
Primärenergieverbrauch	14175	484,3	3924	
Verbrauch und Verluste im Energiesektor	3834	131,0	1066	27,0
Nichtenergetischer Verbrauch	1051	35,9	292	7,4
Endenergieverbrauch	9290	317,4	2584	65,5
Industrie	2377	81,2	661	16,8
Verkehr	2772	94,7	771	19,6
Haushalte	2628	89,8	731	18,5
Kleinverbraucher	1487	50,8	414	10,5
Militärische Dienststellen	26	0,9	7	0,2

*) AG Energiebilanzen, Primärenergieverbrauch, Stand: 20. 07. 2001.

1.8.5 Emissionen

-1 Emissionsfaktoren

Emissionsfaktoren charakterisieren die Menge der Emissionen pro Energieeinheit unterschiedlicher Energieträger und ermöglichen Aussagen über die aus Verbrennungsprozessen resultierenden CO_2-Emissionen.

Tafel 1.8.5-1 Primärenergie- und Emissionsfaktoren verschiedener Energieträger*)

Energieträger	Primärenergiefaktor (kWh/kWh)	spez. CO_2-Emissionen ([kg CO_2]/kWh)
Steinkohle (Deutschland)	1,06	0,336
Braunkohle-Brikett (rheinisch)	1,22	0,353
Erdgas (Deutschland)	1,07	0,199
Öl-EL (Deutschland)	1,11	0,268
Strom-Mix	3,22	0,712

*) Gesamt-Emissions-Modell Integrierter Systeme (GEMIS), Version 2.1, Hessisches Ministerium für Umwelt, Energie und Bundesangelegenheiten, 1995.

-2 CO_2-Emissionen

Die gesamten CO_2-Emissionen in Deutschland im Jahre 1994 betrugen 897 Mio. t. Der größte Anteil mit 39 % stammt aus den Kraft- und Heizwerken, während die Haushalte mit 14 % zu den Gesamtemissionen beitrugen.

Tafel 1.8.5-2 CO_2-Emissionen nach Sektoren in Deutschland, Stand 1997*)

Sektoren	CO_2-Emissionen (Mio. t)	Anteil (%)
Industrieprozesse	25	3
Straßenverkehr	163	18
Übriger Verkehr	19	2
Haushalte	146	16
Kleinverbraucher	55	6
Industriefeuerungen	150	16
Kraft- und Fernheizwerke	351	38
Summe	919	100

*) Bundesministerium für Wirtschaft, Mitteilung des Bundesministeriums für Wirtschaft über die Höhe der Vergütungen nach dem Stromeinspeisungsgesetz und die Grenzpreise nach der Konzessionsabgabenverordnung für Strom für das Jahr 1998, Bonn, 24. 11. 1997 Wirtschaft und Technologie, Energie Daten 1999, 1999

Mineralöl hat mit 37 % den größten Anteil an den energiebedingten CO_2-Emissionen (s. Tafel 1.8.5-3).

Tafel 1.8.5-3 CO_2-Emissionen nach Energieträgern in Deutschland, Stand 1998*)

Energieträger	Emissionen (Mio. t)	Anteil (%)
Steinkohle	170	20
Braunkohle	169	20
Mineralöl	319	37
Gase	196	23
Sonstige	4	0
Summe	857	100

*) Gesamt-Emissions-Modell Integrierter Systeme (GEMIS), Version 2.1, Hessisches Ministerium für Umwelt, Energie und Bundesangelegenheiten, 1995

1.8.6 Contracting[1)]

Contracting ist eine Dienstleistung für Investitionsprojekte mit wirtschaftlicher und effizienter Technik. Die Investition wird von einem externen Dritten (Energieversorgungsunternehmen, Ingenieurbüro, Bank usw.) geplant, finanziert und durchgeführt. Die aufgrund der wirtschaftlichen und effizienten Anlagen resultierenden Energieeinsparungen dienen zur Finanzierung der Investitions- und Finanzierungskosten sowie der Leistungen des Contractors. Nach dem Ende der Vertragslaufzeit profitiert der Nutzer alleine von den niedrigeren Energiekosten aufgrund der Energieeinsparungen (s. Bild 1.8.6-1).

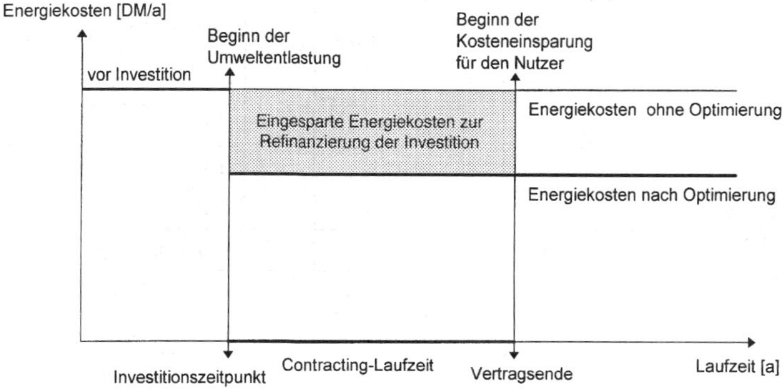

Bild 1.8.6-1. Prinzip des Contracting.

Contracting bietet sich insbesondere für Nutzer an, die nicht das erforderliche Eigenkapital oder die Kenntnisse besitzen, wirtschaftliche und effiziente Anlagen zu planen und zu finanzieren. Neben Energieeinsparungen können durch Contracting ebenfalls erhebliche Umweltentlastungen erzielt werden.

Neben dem reinen Anlagen-Contracting, das lediglich die Anlagen zur Energieumwandlung beinhaltet, geht die Tendenz zum Einspar-Contracting, das darüber hinaus Maßnahmen zur Energieeinsparung, Rückgewinnung und Verlustminderung umfaßt. Während die Refinanzierung beim Anlagen-Contracting über den Verkauf der produzierten Endenergie erfolgt, wird beim Einspar-Contracting die Refinanzierung aus der End- bzw. Nutzenergieeinsparung realisiert. Das Risiko beim Einspar-Contracting wird auf den Contractor verlagert.

Es gibt folgende Varianten des Einspar-Contracting:

Es gibt folgende Varianten des Einspar-Contracting:

- „shared savings": festes Verhältnis der Energieeinsparungen (20 % Kunde / 80 % Contractor),
- „contract energy management": festgelegte Minderung der Energierechnung,
- „first out": Kunde zahlt alte Energierechnung bis zum Ende der Refinanzierung und
- „guarenteed saving leases": Kunde least energiesparende Einrichtungen und der Contractor garantiert Energieeinsparungen.

1) VDI-Gesellschaft Energietechnik, EVU auf dem Wege zum Dienstleistungsunternehmen – Instrumente und Beispiele, VDI-Berichte 1309, Tagung Berlin 18./19.2.1997 und Arbeitsgemeinschaft kommunaler Versorgungsunternehmen zur Förderung rationeller, sparsamer und umweltschonender Energieverwendung und rationeller Wasserverwendung im VKU (ASEW), Leitfaden Einspar-Contracting: Theoretische Grundlagen und ASEW-Modell, 1996.

Die folgende Tafel 1.8.6-1 gibt eine Übersicht über die Arten des Contracting aufgeschlüsselt nach Sektoren.

Tafel 1.8.6-1 Arten des Contracting nach Sektoren

Contracting-Art	Industrie	Kleinverbraucher	Gebäude	öffentliche Einrichtungen	Haushalte	Objekte
Anlagen-Contracting	X			X		Kraftwärmekopplung
	X					Kombianlagen
				X		Gasturbine, Deponie, Klärgas
	X	X				Gasturbinen
	X			X		Heizanlagen
Übergangsbereich		X	X	X		BHKW
	X	X	X	X	X	Wärmelieferung
	X	X	X	X		Kälte aus Wärme
					X	Wärmepumpen
	X	X				Gesamtoptimierung
Einspar-Contracting	X			X		Wärmerückgewinnung
	X					Abwärmenutzung
				X		Solarabsorber
	X	X	X	X		effizientere Beleuchtung
					X	effizientere Endgeräte
				X		Wärmedämmung
				X		Warmwasserbereitung
			X	X		Regelung, Steuerung
				X		Lüftung
				X		techn. Gebäudeausrüstung

1.9 Grundlagen des Umweltschutzes und der Luftreinhaltung

Grundlegend überarbeitet von Dr.-Ing. Peter Vogel, Dresden,
Abschnitt 1.9.4-2 gemeinsam mit Dr.-Ing. Dieter Stehmeier, Langenhagen

Unter Umweltschutz werden alle Maßnahmen eingeordnet, die Lebensgrundlagen von Mensch, Tier und Pflanze vor nachteiligen Veränderungen schützen. Umweltschutz umfaßt die Bereiche Reinhaltung der Luft, des Wassers und des Bodens sowie Abfallminimierung und -behandlung, Energieeinsparung und Lärmminderung.

Die Abschnitte 1.9.1 bis 1.9.4 des Handbuchs befassen sich mit der Luftreinhaltung im Energiesektor (Kraft- und Fernheizwerke, Industriefeuerungen, Kleinverbrauch im Haushalt und Gewerbe, Verkehr), nicht dagegen mit dem Prozeßsektor (z.B. Kohle- und Rohölverarbeitung, Steine, Erde, Eisen, Stahl, Chemie etc.). Zum Umwelteinfluß von FCKW-Kältemitteln s. Abschnitt 5.3.1, Fragen zur Lärmminimierung Abschnitte 1.2.3-5.6, 1.5.6 und 3.3.6.

1.9.1 Emissionsbelastung

Nach der WHO-Definition liegt eine Luftverunreinigung vor, wenn sich ein luftverunreinigender Stoff oder mehrere luftverunreinigende Stoffe in solcher Menge und so lange in der Außenluft befinden, daß sie für Menschen, Tiere, Pflanzen und Eigentum schädlich sind, zur Schädigung beitragen oder das Wohlbefinden oder die Besitzausübung unangemessen stören.

Gesetzliche Regelungen zur Luftreinhaltung in Deutschland ergeben sich aus dem Bundes-Immissionsschutzgesetz (BImSchG), seinen Verordnungen (BImSchV) und seinen Allgemeinen Verwaltungsvorschriften, wie Technische Anleitung zur Reinhaltung der Luft (TA Luft) und Technische Anleitung zum Schutz vor Lärm (TA Lärm). *Luftverunreinigungen* im Sinne der TA Luft sind Veränderungen der natürlichen Luftzusammensetzung, insbesondere durch Rauch, Ruß, Staub, Gase, Aerosole, Geruchsstoffe, Dämpfe (auch Wasserdampf). Im Bundesimmissionsschutzgesetz vom 14.5.1990, zuletzt geändert am 9.9.2001, werden *Emissionen* als die von einer Anlage ausgehenden Luftverunreinigungen, Geräusche, Erschütterungen, Licht, Wärme, Strahlen und ähnliche Erscheinungen definiert (§ 3,3).

Von einer bestimmten Quelle ausgehende Luftschadstoffe (Emissionen) können als Massenkonzentration (mg/m^3), Massenstrom (g/h) oder Massenverhältnis (g/t) beschrieben werden. Als *Immissionen* werden die auf Menschen, Tiere, Pflanzen, Boden, Wasser oder Sachen einwirkenden Konzentrationen von Schadstoffen zusammengefaßt. Sie werden meist in 1,5 m Höhe über dem Erdboden als Massenkonzentrationen (mg/m^3), Volumenkonzentrationen (cm^3/m^3), Staubpartikel (n/cm^3) oder Staubniederschlag als zeitbezogene Massenbedeckung (g/m^2d) angegeben.

Relevante Luftverunreinigungen und Entwicklungstendenzen der Emissionen sind

- Staub, Schwefeldioxid (SO_2), Stickoxide (NO_x):
  Reduzierung der Emissionen durch Grenzwertvorgaben
- Kohlenmonoxid (CO):
  Reduzierung der Emissionen durch Energieträger bei Kleinverbrauchern. Stagnation verkehrsbedingter Emissionen trotz Verbesserungen am Antriebssystem durch erhöhten Kfz-Bestand
- organische Verbindungen:
  Reduzierung der Emissionen durch Grenzwertvorgaben und Einsatzverbote.

In Tafel 1.9.1-1 ist der Verlauf der Schadstoffemissionen in Deutschland von 1990 bis 1998, in Tafel 1.9.1-2 sind die Anteile der wichtigsten Energieerzeugungseinrichtungen an der Gesamtemission dargestellt.

Tafel 1.9.1-1 Entwicklung der Schadstoffemissionen in Deutschland ohne natürliche Quellen in %*)

Jahr	1990	1995	1996	1997	1998
Staub	100	17,8	16,5	15,3	14,5
CO	100	59,9	56,2	52,6	48,6
SO_2	100	39,4	27,8	25,6	24,3
NO_x	100	73,9	71,3	68,6	66,1
CO_2	100	89,1	91,1	88,1	87,4

(vorläufige Angaben für 1995–1998)

*) Energie Daten 2000, Bundesministerium für Wirtschaft und Technologie

1.9.2 Einwirkung von Emissionen

Emissionen können auf Luft, Boden, Oberflächen- und Grundwasser einwirken.

a) Einwirkung von Luftverunreinigungen

Schwefeldioxid wird in der Atmosphäre verteilt und dabei in Sulfat und Schwefelsäure umgewandelt. Die Einwirkung (z. T. erst in großen Entfernungen) erfolgt als trockene oder nasse Deposition (saurer Regen) mit Störungen des pflanzlichen Nährstoffhaushaltes und Veränderungen des pH-Wertes von Oberflächengewässern; Bauwerksschäden und Korrosion werden deutlich beschleunigt.

Stickoxide wirken nach atmosphärischer Umwandlung als Salpetersäure (HNO_3) und *Chlor* als Salzsäure (HCl) ein. Beim sogenannten Sommersmog werden emittierte flüchtige *organische Verbindungen* durch photochemische Reaktionen und Sonneneinstrahlung in der Atmosphäre teilweise zu krebserzeugenden Substanzen umgewandelt. Wintersmog ist durch Schadstoffanreicherung bei bestimmten Wetterlagen (Inversion) und teilweise Umwandlung organischer Verbindungen durch katalytische Wirkung von Feinstäuben der Schwermetallsalze gekennzeichnet. Eine Schädigung der Ozonschicht mit der Konsequenz einer erhöhten UV-Einstrahlung wird u. a. durch *Fluorkohlenwasserstoffe* (Kältemittel, Treibmittel bei der Schaumstofferzeugung) und *Halone* (Feuerlöscher) verursacht und führte zum Verbot von ausgewählten Halogenkohlenwasserstoffen, die die Ozonschicht abbauen (Verordnung zur Emissionsbegrenzung von leichtflüchtigen halogenierten organischen Verbindungen – 2. BImSchV vom 10. 12. 1990, zuletzt geändert am 21. 8. 2001). CO_2-Anreicherung und Klimaveränderungen führen zum sog. Treibhauseffekt.

b) Bodenbelastung

Durch Eintrag von flüssigen oder festen Schadstoffen kann eine Bodenbelastung verursacht werden, die sich durch Niederschlagswasser bzw. Schwerkraft bis zum Grundwasser auswirken kann. Umweltrelevante flüssige Schadstoffe sind unter anderem Kohlenwasserstoffverbindungen (Vergaserkraftstoffe, leichte Heizöle, Schmier-, Lösungs- und Kühlmittel); als Schadensursachen fungieren Havarien, Betriebsstörungen bzw. langdauernde Tropf- und Kleckerverluste (Überfüllung von Erdtanks, Zerstörung von Behältern, mangelhafte Sicherheitstechnik).

Die Bewertung der Boden- bzw. Grundwasserbelastung erfolgt meist nach der sogenannten „Hollandliste" (Bodenqualitätskriterien, Beurteilung von Konzentrationen verschiedener Stoffe im Boden und Grundwasser für die Nutzungsformen Wohngebiete und Trinkwassergewinnungsgebiete – Niederländische Liste – aus „Sondergutachten Altlasten" des Rates von Sachverständigen für Umweltfragen, Drucksache 11/6191, S. 46, 1990) unabhängig von der zukünftigen Nutzung und nach der Bewertungsrichtlinie von Eikmann-Kloke (Nutzungs- und schutzbezogene Orientierungsdaten für (Schad-)Stoffe in Böden – Eikmann-Kloke-Werte – in Rosenkranz u. a. (Hrsg.), Bodenschutz, Erich Schmidt Verlag, Berlin, 1993), bei der die weitere Nutzung des Bodens in der Bewertung der Kontamination Berücksichtigung findet. Viele Bundesländer haben eigene Bewertungsrichtlinien erlassen, die sich an den o. g. Richtlinien orientieren.

Für die Deponierung eines Stoffes und damit für die Abfallentsorgung wird das Schadstoffpotential des Abfalls bei einer möglichen Auslaugung berücksichtigt. Die Beseitigung und Ablagerung von Abfällen, auch Siedlungsabfällen werden durch das Kreislaufwirtschafts- und Abfallgesetz vom 27. 9. 1994, zuletzt geändert am 9. 9. 2001, und die Abfallablagerungsverordnung vom 20. 2. 2001 geregelt. In den Anhängen zur o.g. Verordnung werden

Tafel 1.9.1-2 Emissionen nach Emittentengruppen

	1990	1991	1992	1993	1994	1995*)	1996*)	1997*)	1998*
Kohlenmonoxid CO (kt)[1]									
Gesamtsumme	11 165	9 484	8 360	7 615	7 174	6 693	6 284	5 871	5 426
Industrieprozesse[3]	702	656	606	565	593	618	589	600	600
Straßenverkehr	6 637	5 788	5 194	4 632	4 224	3 865	3 559	3 230	2 963
Übriger Verkehr[4]	252	202	177	180	176	182	160	169	173
Haushalt	2 366	1 769	1 414	1 348	1 249	1 102	1 101	978	858
Kleinverbraucher[5]	174	143	116	109	95	99	100	90	86
Industriefeuerungen[6]	852	757	705	658	713	708	658	694	639
Kraft- u. Fernheizw.[7]	155	146	133	126	123	119	117	110	107
Kohlendioxid CO_2 (Mt)[1][2]									
Gesamtsumme	1 014	977	927	917	904	903	924	893	886
Industrieprozesse[3]	28	25	25	25	27	26	25	25	25
Straßenverkehr	150	154	160	164	161	165	165	166	168
Übriger Verkehr[4]	22	20	18	18	18	18	17	17	18
Haushalt	128	131	123	134	128	129	146	141	136
Kleinverbraucher[5]	76	74	65	62	56	58	67	54	52
Industriefeuerungen[6]	213	184	168	158	159	158	153	154	148
Kraft- u. Fernheizw.[7]	397	389	368	356	354	349	351	336	339
Stickstoffoxide NO_x berechnet als NO_2 (kt)									
Gesamtsumme	2 693	2 521	2 308	2 151	2 020	1 990	1 919	1 847	1 781
Industrieprozesse[3]	31	24	19	15	14	15	13	13	13
Straßenverkehr	1 246	1 232	1 170	1 081	1 031	1 029	961	909	856
Übriger Verkehr[4]	282	257	242	246	240	219	207	214	220
Haushalt	106	104	98	103	98	98	112	106	103
Kleinverbraucher[5]	67	61	51	48	42	43	48	39	38
Industriefeuerungen[6]	385	320	279	258	250	244	234	237	221
Kraft- u. Fernheizw.[7]	576	523	451	400	345	342	344	329	330
Schwefeldioxid SO_2[1] (kt)									
Gesamtsumme	5 313	3 996	3 299	2 938	2 466	2 094	1 477	1 359	1 290
Industrieprozesse[3]	226	90	84	80	77	81	77	75	75
Straßenverkehr	77	62	59	62	63	70	38	29	27
Übriger Verkehr[4]	27	14	12	12	12	11	6	5	5
Haushalt	449	309	223	215	195	160	148	127	102
Kleinverbraucher[5]	462	286	183	142	80	77	63	43	37
Industriefeuerungen[6]	1 292	874	629	519	397	348	289	276	254
Kraft- u. Fernheizw.[7]	2 780	2 361	2 109	1 908	1 642	1 347	856	804	790
Staub (kt)[1]									
Gesamtsumme	1 864	969	625	451	364	333	308	286	271
Industrieprozesse[3]	123	100	75	56	52	49	47	44	42
Straßenverkehr	431	150	129	115	113	110	103	100	100
Übriger Verkehr[4]	23	20	17	17	18	20	19	20	20
Haushalt	153	104	73	68	61	49	50	41	32
Kleinverbraucher[5]	183	82	50	31	16	13	8	6	5
Industriefeuerungen[6]	438	164	69	36	15	9	7	7	7
Kraft- u. Fernheizw.[7]	469	306	167	81	43	38	33	30	29
Schüttgutumschlag[8]	123	100	75	56	52	49	47	44	42

*) vorläufige Angaben für 1995 bis 1998
[1]) Ohne natürliche Quellen.
[2]) Aus Energieverbrauch und Industrieprozessen mit Klimarelevanz.
[3]) Ohne energiebedingte Emissionen.
[4]) Land-, Forst- und Bauwirtschaft, Militär-, Schienen-, Küsten- und Binnenschiffsverkehr, nationaler Luftverkehr.
[5]) Einschließlich militärischer Dienststellen.
[6]) Übriger Umwandlungsbereich, verarbeitendes Gewerbe und übriger Bergbau, Erdgasverdichterstationen, bei Industriekraftwerken nur Wärmeerzeugung.
[7]) Bei Industriekraftwerken nur Stromerzeugung.
[8]) Umschlag staubender Güter mit Berücksichtigung von Minderungsmaßnahmen.

Quelle: Energie Daten 2000, Bundesministerium für Wirtschaft und Technologie die Zuordnungskriterien und deren Bestimmung für die einzelnen Deponieklassen erläutert. Die Anforderungen an die Ablagerung von Siedlungsabfällen und Abfällen werden in der 3. Allgemeinen Verwaltungsvorschrift zum Abfallgesetz – TA Siedlungsabfall – vom 14. 5. 1993 zusammengefaßt.

Bei der Konzipierung von Schutzmaßnahmen gegen Boden- oder Wasserverunreinigungen sollte auch die Freisetzung von Schadstoffen durch Brände (kontaminiertes Löschwasser!) berücksichtigt werden.

Bauschutt sollte nicht mehr auf Deponieflächen verbracht, sondern in den Wertstoffkreislauf wiedereingebracht werden; die Verwendungsmöglichkeiten werden durch die Güte- und Prüfbestimmungen für die Aufbereitung zur Wiederverwendung von kontaminierten Böden und Bauteilen (Gütesicherung RAL – RG 501/2 – RAL Deutsches Institut für Gütesicherung und Kennzeichnung e. V.) geregelt.

c) Lärmemissionen

Lärm als unerwünschter, störender oder gehörschädigender Schall spielt bei der Beeinträchtigung des menschlichen Lebensraumes eine zunehmende Rolle (Umschlagung und Transport von Massengütern, Anlagen zur Reinhaltung der Luft, Industrie, Verkehr). Immissionsrichtwerte für Wohngebiete und Arbeitsplätze sind in der Technischen Anleitung Lärm (TA Lärm) vom 26. 8. 1998, der 8. BImSchV (Rasenmäherlärm-Verordnung) vom 3. 5. 2000, der 15. BImSchV (Baumaschinenlärm-Verordnung) vom 3. 5. 2000, der 16. BImSchV (Verkehrslärmschutzverordnung) vom 12. 6. 1990 und der 18. BImSchV (Sportanlagenlärmschutzverordnung) vom 18. 7. 1991 gegeben (s. dazu Abschn. 1.2.3, 1.5.6 und 3.3.6).

1.9.3 Maßnahmen zur Begrenzung von Schadstoffemissionen im Energiesektor

Die wirksamste Reduzierung von Schadstoffemissionen erfolgt durch

- Verringerung des Energieeinsatzes (Verbesserung der Wärmedämmung, der Wärmerückgewinnung, des Wirkungsgrades),
- Ersatz von alten durch hocheffiziente Kraftwerkseinheiten,
- Energieträgerumstellung und
- durch Nutzung regenerativer Energien.

Beispielhaft zeigt Tafel 1.9.3-1 die Absenkung des Energieverbrauchs von Wohngebäuden durch verbesserten Wärmeschutz und Nutzung von alternativen Energien.

Der Übergang auf erneuerbare Energieträger insbesondere auf Wasserkraft, Windenergie, Sonnenenergie, Fotovoltaik und Biomassen (Holz, Stroh, Klärschlamm, Biomasse u.a.) wird durch das „Erneuerbare-Energie-Gesetz" vom 29. 3. 2000 und durch die Verordnung über die Erzeugung von Strom aus Biomasse vom 21. 6. 2001 gefördert. In dem o.g. Gesetz sind die derzeit gültigen Vergütungssätze für die Stromeinspeisung genannt.

Für *Feuerungsanlagen* ergeben sich drei Möglichkeiten zur Verringerung der Schadstoffemissionen:

- brennstoffseitige Maßnahmen
- feuerungstechnische Maßnahmen
- Abgasbehandlung.

Tafel 1.9.3-1 Energieverbrauch von Wohngebäuden*)

Bauart	Energieverbrauch
Altbau (konventionelle Bauweise)	200 ··· 270 kWh/m²a
Neubau (errichtet nach Wärmeschutzverordnung)	150 ··· 180 kWh/m²a
Neubau (errichtet als Niedrig-Energie-Haus)	30 ··· 70 kWh/m²a

*) Jahresbericht des Bundesumweltamtes Berlin 1991.

-1 Brennstoffseitige Maßnahmen

Brennstoffseitige Maßnahmen schließen einen Wechsel der Brennstoffart und die Behandlung des Brennstoffes ein. Tafel 1.9.3-2 zeigt den Primärenergieeinsatz, aufgeschlüsselt nach verschiedenen Energieträgern, für die alten und neuen Bundesländer für die Jahre 1990–1998.

Eine deutliche Reduzierung der Schadstoffemission wird durch

- Wechsel von schwefel- und ballastreicher Kohle zu schwefel- und ballastarmer Kohle
- Wechsel von schwefelreichem Schweröl zu schwefelarmem Leichtöl
- Einsatz von Erdgas

erreicht.

Leichtes Heizöl darf entsprechend der 3. BImSchV (Verordnung über Schwefelgehalt von leichtem Heizöl und Dieselkraftstoff) vom 15. 1. 1975, zuletzt geändert am 21. 12. 2000, einen Schwefelgehalt von 0,2 Gewichts-% und Dieselkraftstoff von 0,05 Gewichts-% besitzen.

Tafel 1.9.3-2 Primärenergieverbrauch nach Energieträgern – Deutschland
in Petajoule (PJ)*)

Energieträger	1990	1992	1994	1996	1997	1998**)	1999**)
Mineralöl	5237	5627	5692	5809	5753	5777	5595
Steinkohle	2307	2195	2139	2090	2043	2037	1890
Braunkohle	3200	2178	1861	1688	1591	1512	1468
Naturgas***)	2315	2406	2591	3151	3022	3048	3057
Kernenergie	1665	1732	1650	1764	1858	1764	1852
Wasserkraft	59	62	64	66	66	63	???
Windkraft	–	–	–	7	11	17	???
Sonstige****)	129	114	185	170	234	243	240
Gesamtverbrauch	14912	14314	14182	14745	14572	14461	14194

*) 1 PJ = 10^{15} Joule.
**) vorläufige Werte für 1998 und 1999.
***) Erdgas, Grubengas, Klärgas.
****) Brennholz, Brenntorf, Klärschlamm, Müll u.a.

Quelle: Energie Daten 2000, Bundesministerium für Wirtschaft und Technologie

-2 Feuerungstechnische Maßnahmen

Feuerungstechnische Maßnahmen beinhalten derzeit im wesentlichen eine Reduzierung der NO_x-Emission und eine Verbesserung des Feuerungswirkungsgrades.

Die Reduzierung der NO_x-Emissionen wird im Rahmen der Umsetzung von Einzelmaßnahmen angestrebt. Bei braunkohlengefeuerten Großanlagen werden 200 mg/m³ als erreichbar angesehen (Überblick bei[1]). Für Steinkohlenstaubbefeuerungen konnten gute Emissionsabsenkungen durch den Einsatz von Wirbelstufenbrennern[2] nachgewiesen werden; für Kessel mit Wanderrosten haben sich Luftstufung und Abgasrückführung bewährt[3].

[1]) Gade, U.: NO_x-Minderung bei der Verbrennung ostdeutscher Braunkohle, BWK 43 (1991) 11, S. 497–501.
[2]) Albrecht, W.: NO_x-Emissionen aus Kohlenstaubflammen, VGB Kraftwerkstechnik 72 (1992) 7, S. 615–621.
[3]) Schumacher, A.: Feuerungstechnische Maßnahmen zur Verminderung der SO_2- und NO_x-Emissionen aus Industrie-Dampfkesselanlagen, Energieanwendung 40 (1991) 2, S. 43–50.

Bei Einsatz der Wirbelschichtfeuerung (Prinzipskizze s. Bild 1.9.3-1) werden allgemein erhöhte N_2O-Konzentrationen im Rauchgas nachgewiesen; der Bildungsmechanismus von NO_x wird derzeit intensiv untersucht. Durch eine Temperatursteigerung von 775 °C auf 900 °C in der Wirbelschicht konnte eine deutliche N_2O-Absenkung erreicht werden[1][2]. Die CO_2-Emission kann durch eine Steigerung des Wirkungsgrads der Feuerungsanlage reduziert werden. Bei Großanlagen werden bei den Neuinstallationen Nettowirkungsgrade von 47,5% bei Steinkohle und 45% bei rheinischer Braunkohle nachgewiesen. Eine weitere Steigerung des Wirkungsgrades und damit eine Reduzierung der Schadstoffemission wird durch die großtechnische Umsetzung von Experimentalanlagen für

Kombikraftwerke mit integrierter Kohlevergasung
Dampfkraftwerke mit Dampfparametern über 700 °C
Druckwirbelschichtfeuerung mit der Kombination aus Verbrennung und Vergasung
Druckkohlenstaubfeuerung

angestrebt.[3]

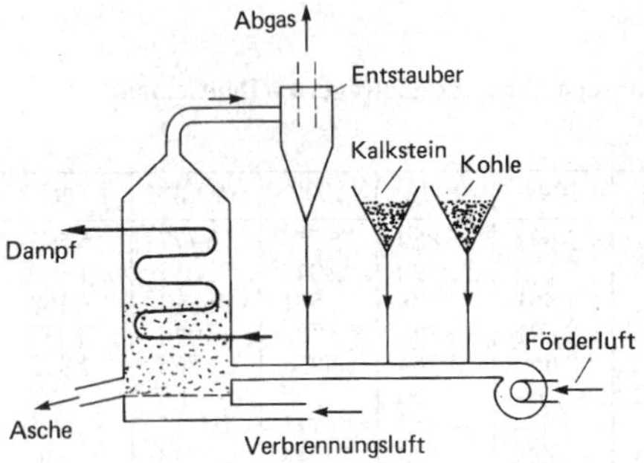

Bild 1.9.3-1. Prinzip der Wirbelschichtfeuerung.

-3 Abgasbehandlung

Staubemissionen von Gasfeuerungen sind bedeutungslos. Beim Einsatz fester Brennstoffe müssen zur Gewährleistung der Grenzwerte für staubförmige Luftverunreinigungen Gewebe- und Elektrofilter eingesetzt werden; in Ausnahmefällen, wie bei der Verbrennung pflanzlicher Abfälle (Zuckerrohr, Nußschalen u. ä.), kann durch Zyklone die gewünschte Entstaubungsleistung erreicht werden.

Die Entwicklung der Entstaubungstechnik tendiert zur gleichzeitigen Abscheidung von gas- und staubförmigen Verunreinigungen, zur Reinigung bei hohen Temperaturen und zur selektiven Abscheidung, um eine Verwertung des abgeschiedenen Materials zu ermöglichen. Eine Reduzierung des umbauten Raumes wurde mit der Konstruktion von sogenannten Kompaktfiltern mit plissierten Filtermaterialien möglich.

Mit filternden Abscheidern können Reingasstaubgehalte von 1.0 mg/m³ bei Abgastemperaturen von ca. 250 °C erreicht werden; bei hohen Rohgasstaubkonzentrationen kann in den filternden Abscheidern ein Vorabscheider eingebaut werden (k_{roh} = 15 g/m³)[4] [5]. Einen Systemvergleich von verschiedenen Staubabscheidern gibt Tafel 1.9.3-3.

---

[1]) Arthkamp, J., u. Kremer, H.: Experimentelle Untersuchungen zur N_2O-Bildung bei der Kohleverbrennung, VDI-Bericht 922 (1991) S. 575–584.

[2]) Braun, A.; Renz, U.: Vergleichende Untersuchungen der Emissionen von Stickoxiden aus stationären Wirbelschichtfeuerungen, VDI-Bericht 922 (1991) S. 597–608.

[3]) Bundesministerium für Wirtschaft und Technologie Dokumentation: Kohlekraftwerke der Zukunft: sauber und wirtschaftlich. Bundesministerium für Wirtschaft und Technologie 6/1999.

[4]) Armbruster, L., u. Stockmann, H.-W.: Entwicklungstendenzen der Filter-Abscheider-Technik, Verfahrenstechnik 26 (1992) 11, S. 44–48.

[5]) Gores, St.: Regenerierbare Schwebstoff-Filteranlage im Bereich der industriellen Entstaubungstechnik, Staub-Reinh. Luft 52 (1992), S. 411–414.

Tafel 1.9.3-3 Systemvergleich von Staubabscheidern*)

Typenbezeichnung	Bauform	Luftstrom m^3/h	Rohgaskonzentration	Reingaskonzentration	Bemerkung	Abscheidegrad
Massenkraftabscheider VDI 3676	Schwerkraftabscheider	< 100000	nicht beschränkt	50–500 mg/m³	nicht geeignet für Feinstäube < 5μm	~80%
	Umlenkabscheider	< 100000				
	Fliehkraftabscheider	< 25000				
Naß-Abscheider VDI 3675, 3679	Düsenwäscher	500–100000	nicht beschränkt	20–200 mg/m³	Schlechte Abscheideleistung	90–95%
	Venturiwäscher, Füllkörperwäscher, Rotationswäscher				hohe Abscheideleistung nur mit hohem Energieaufwand	90–95%
	Wirbelwäscher				nur für Absorption	> 90%
Filternde Abscheider VDI 3677	Schlauchfilter	< 500000	nicht beschränkt	5–50 mg/m³	Abscheideleistung stark abhängig vom Filtermedium	> 80%
	Taschenfilter	< 100000	< 20 g/m³	1–20 mg/m³		> 90%
	Patronenfilter		< 5 g/m³	0,1–10 mg/m³		> 99%
	Kassettenfilter		< 5 g/m³	0,01–5 mg/m³		> 99,9%
	Lamellenfilter		< 20 g/m³	1–5 mg/m³		> 99%
Elektrische Abscheider VDI 3678	Trockener E-Filter	< 500000	<100 mg/m³	1–150 mg/m³	Gute Abscheidung von Feinstäuben < 5μm, Reingaskonzentration stark von der Rohgaskonzentration abhängig	90–98%
	Naß-E-Filter					

*) VDI 3809 Raumlufttechnische Anlagen für Fertigungsstätten, 12/1998.

Durch Einbringung von Hilfsstoffen lassen sich Schwefeldioxid, Chlorverbindungen und Schwermetalle gemeinsam mit dem Staub abscheiden[1] [2]. Ähnlich günstige Abscheideleistungen werden mit Schüttschichtfiltern erreicht; diese Abscheider werden mit einer Temperaturbeständigkeit von 1000 °C angeboten.

Für die *Abgasentschwefelung* haben sich in den letzten Jahren drei Verfahren auf dem Markt durchgesetzt und sind in nahezu 90% der Kraftwerke eingesetzt:

- Bei *trockenen Verfahren* wird die Abscheidung von SO_2 durch die Durchströmung einer Aktivkohleschicht erreicht. Die nachfolgende Regenerierung der Aktivkohle ermöglicht eine Wiedergewinnung des Schwefeldioxids und Weiterverarbeitung zu Schwefel oder Schwefelsäure (Bergbau-Forschungs-Verfahren). Werden nur geringe Abscheideleistungen gewünscht, kann auch das trockene Kalkstein-Additiv-Verfahren eingesetzt werden (Prinzipskizze Bild 1.9.3-2).

[1]) N. N.: Gasreinigung mit Filter, Erdöl und Kohle, Erdgas-Petrochemie 43 (1990) 11, S. 421–422.
[2]) Reimann, D. O.: Grenzen und Möglichkeiten der Rauchgasreinigung, BWK/TÜ/Umwelt-Special 45 (1993) 3 S. L27–L39.

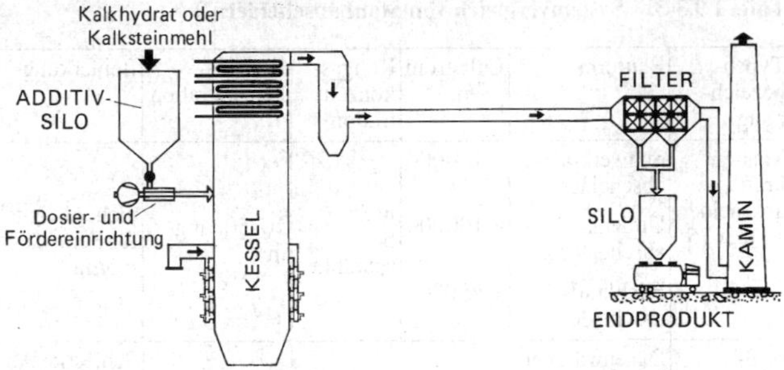

Bild 1.9.3-2. Prinzip der trockenen Rauchgasentschwefelung mit Kalkstein.*)

*) Juran, H.: REA im Vergleich, Umwelt Markt von A–Z, 1993–1994, S. 207–208.

– Bei *halbtrockenen* Verfahren wird die aufbereitete Waschflüssigkeit in den Rauchgasstrom vor dem Abscheider eingedüst und der Gesamtstaub mit filternden Abscheidern abgeschieden. Bei dem sogenannten Walther-Verfahren wird durch den Einsatz von Ammoniak Düngemittel gewonnen.

– Bei *Naßverfahren* werden die Rauchgase mit kalkhaltigen Umlaufflüssigkeiten in Wäschern in Berührung gebracht und Gips ($CaSO_4$) gewonnen, der Baustoffqualität besitzt (Saarberg-Hölter- oder Bischoff-Verfahren). Der in Steinkohlekraftwerken erzeugte Entschwefelungsgips entspricht in der chemischen Zusammensetzung und dem Gehalt an Spurenelementen dem Naturgips[1)]. Der in Braunkohlekraftwerken anfallende Gips wird wegen störender Beimengungen häufig noch auf Deponien (Tagebaurestlöchern) abgelagert. Im Gegensatz zu den erstgenannten Verfahren müssen beim Einsatz von Naßverfahren die gereinigten Rauchgase wieder aufgeheizt werden. Der notwendige Korrosionsschutz erfordert erhebliche Mehraufwendungen[2)]. Ein Schema der nassen Rauchgasentschwefelung zeigt Bild 1.9.3-3. Für die Abscheidung von Fluor und Chlor aus Rauchgasen haben sich Naßabscheider ebenfalls bewährt, es werden nahezu gleiche Abscheideleistungen wie für Schwefeldioxid erreicht.

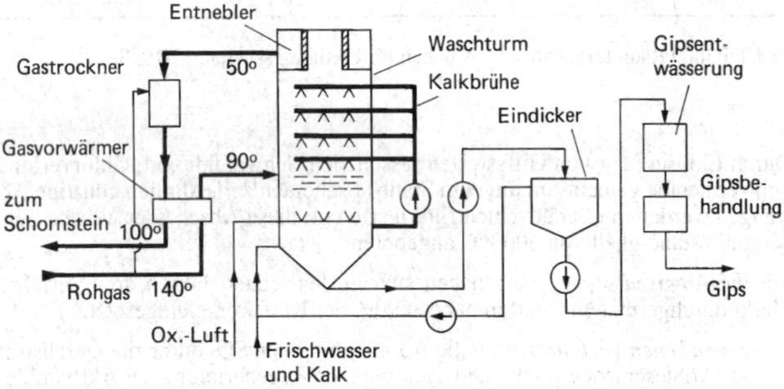

Bild 1.9.3-3. Prinzip der nassen Rauchgasentschwefelung.

1) Thien, P.; Wirsching, F.: Veredlung von Rückständen der Rauchgasentschwefelung, Glückauf 127 (1991) 19/20, S. 849–905.

2) Möllmann, A.; Kemp, W.: Gummierungen und Beschichtungen in Rauchgasentschwefelungsanlagen, VGB Kraftwerkstechnik 72 (1992) 11, S. 1011–1020.

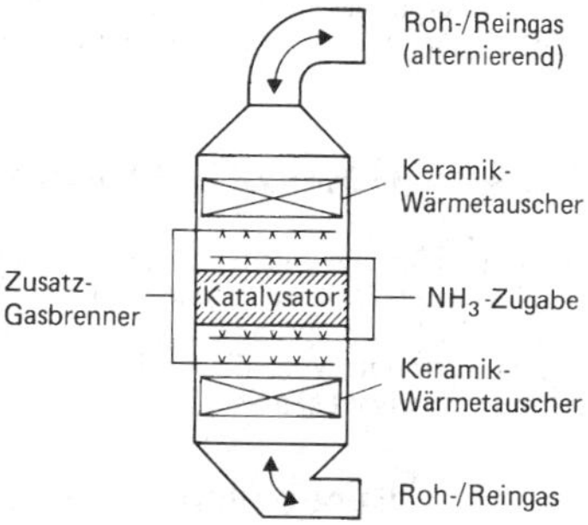

Bild 1.9.3-4. Prinzip des SCR-Reaktors mit integriertem regenerativem Wärmetauscher (System Linde).

Zur Entstickung von Rauchgasen können als preisgünstige Lösung das nichtkatalytische Verfahren (SNCR-Verfahren) mit NH_3-Zugaben bei mittleren Rauchgastemperaturen von 800...950 °C oder das katalytische Verfahren (SCR-Verfahren) mit Ammoniakzugaben bei Rauchgastemperaturen von 250...350 °C eingesetzt werden. Alternativ zur Ammoniakdosierung wird auch Harnstoff oder Gülle genutzt. Das Prinzip eines SCR-Reaktors zeigt Bild 1.9.3-4.

Anstelle von Katalysatoren können auch Aktivkohlefestbettfilter benutzt werden. Diese Filter werden bei niedrigen Temperaturen betrieben (Selbstentzündungsgefahr) und ermöglichen gleichzeitig die Abscheidung von sauren und organischen Schadstoffen.

-4 Einsatz von regenerativen/alternativen Energien

Zu diesen Energieträgern werden insbesondere die Wasserkraft, Geothermie, Biomasse, Wind- und Sonnenenergie gerechnet. Die Nutzung dieser regenerativen Energien ist in den letzten Jahren deutlich erhöht worden (siehe Tafel 1.9.3-2 Primärenergieverbrauch – Deutschland).

Der Einsatz von Wasserkraftanlagen im Kleinbereich ist deutlich gestiegen, da deren Installation durch das Stromeinspeisungsgesetz gefördert wird, stagniert aber in den letzten Jahren.

Geothermische Anlagen in Kopplung mit Wärmepumpen erhalten auch in Deutschland zunehmende Bedeutung. Der Anteil der Nutzung der Geothermie am Nettoenergieaufkommen wird prognostisch das Aufkommen durch das Verfahren der Kraft-Wärme-Kopplung übersteigen[1)].

Windenergieanlagen werden von 5.0...3000 kW angeboten. Großwindanlagen gewinnen an Bedeutung. Die Steigerungsrate von 1990 zu 1999 betrug das 71fache. Ein deutlicher Installationsschub ergibt sich aus den geplanten off-shore Großwindanlagen.

Bei der Nutzung der Sonnenenergie wurden die Arbeiten an dem Hochtemperatur-Solarkraftwerk drastisch reduziert. Dagegen expandiert gegenwärtig der Markt für Fotovoltaik und stellt damit einen der großen Wachstumsbereiche dar[2)] und hat eine 45fache Steigerung von 1990 bis 1999. Im Bereich der passiven Sonnenenergienutzung erfuhren Niedertemperatur-Solaranlagen zur Nutzung für Brauchwassergewinnung/-heizung 1991 einen beachtlichen Aufschwung mit einer 8,3fachen Steigerung bei den installierten Anlagen von 1990 bis 1999[3)]. Bei Einsatz von Hochtemperatur-Kollektoren ist zu beachten, daß die eingesetzten Kunststoffe häufig nur einen Schmelzpunkt von 120 °C besitzen und damit die Kollektoren nicht leerlauffest sind. Ihre Anwendung wird damit deutlich eingeschränkt.

[1)] Friedrich, H., u. Angelmi, B.: Energetische Aspekte der Wärmegewinnung aus niedrigthermalen Schichtwässern, Energiewirtsch. Tagesfragen 42 (1992) 6, S. 380–383.
[2)] BMFT: Abschlußbericht des Ad-hoc-Ausschusses Großwindanlagen. Bonn, 29.4.1992.
[3)] Leuchtner, J. u. Mitarb.: Marktübersicht Thermische Solarkollektoren 92, Sonnenenergie (1992) 4, S. 19–21.

Intensive experimentelle Untersuchungen und Umsetzung in großtechnischen Pilotanlagen erfolgen auf dem Gebiet des Einsatzes der Holzvergasung[1)2)] und von Biodiesel (verestertes Rapsöl).[3)]

1.9.4 Gesetze, Verordnungen, Richtlinien

Eine Vielzahl derzeit geltender gesetzlicher Regelungen wurden in Folge der Harmonisierung innerhalb der Europäischen Gemeinschaft in den letzten Jahren neu erlassen bzw. verändert. Für Feuerungsanlagen und Brennstoffe gelten die nachstehend erläuterten Durchführungsverordnungen, die nach dem Bundes-Immissionsschutzgesetz (BImSchG) der *Luftreinhaltung* dienen.

-1 Bundes-Immissionsschutzgesetz

(BImSchG) vom 15. 3. 1974 (letzte Änderung vom 9. 9. 2001)

Rahmengesetz zum Schutz von Menschen, Tieren, Pflanzen mit 22 Durchführungs-Verordnungen.

-2 Verordnung über kleine und mittlere Feuerungsanlagen

(1. BImSchV) – Neubekanntmachung vom 15. 7. 1988 in der Form vom 14. 3. 1997, zuletzt geändert am 27. 7. 2001
Ergänzungen von Dr.-Ing. Dieter Stehmeier, Langenhagen

Die Verordnung über kleine und mittlere Feuerungsanlagen gilt für Errichtung, Beschaffenheit und Betrieb von nicht genehmigungsbedürftigen Feuerungsanlagen nach § 4 BImSchG (s. Tafel 1.9.4-1).

Begriffsbestimmungen erfolgen in § 2 der VO, Definitionen der verschiedenen einsetzbaren Brennstoffe in § 3. Der *Massegehalt an Schwefel* darf bei Kohle, Koks, Torf und entsprechenden Briketts 1% der Rohsubstanz nicht überschreiten (§ 3 Abs. 2).

Tafel 1.9.4-1 Geltungsbereich der gesetzlichen Regelwerke zur Luftreinhaltung bei Feuerungsanlagen

Umweltschutzbestimmungen nach Anlagengröße (Feuerungswärmeleistung in MW)

Feuerungsanlagen für den Einsatz	1. BImSchV nicht genehmigungsbedürftig	Geltungsbereich gemäß 4. BImSchV	
		TA Luft genehmigungsbedürftig	13. BImSchV genehmigungsbedürftig
herkömmliche feste Brennstoffe	<1	1 bis <50	≥50
Heizöl EL, s. *)	<20 <1	20 bis <50 1 bis <50	≥50 ≥50
Erdgas, s. **)	<20 <10	20 bis <50 10 bis <50	≥50 ≥50
feste, flüssige oder gasförmige brennbare Stoffe	<0,1	0,1 bis <1	≥1

*) Methanol, Ethanol, naturbelassene Pflanzenöle und sonstige Heizöle
**) Flüssiggas, Gase der öffentl. Gasversorgung, Wasserstoff und sonstige gasförmige Brennstoffe

---

1) Gailfuß, M.,: Stromerzeugung aus Holz, Umweltmagazin 31 (2001) 11, S. S6-S9.
2) ..., Holzkraftwerk neuen Typs, TU Freiberg, Institut für Wärmetechnik und Thermodynamik, Freiberg, 1999.
3) Bereswill, S.: Entwicklung eines RME-Schleppermotors, Nachwachsende Rohstoffe – Vielfalt aus 1001 Projektidee, Fachagentur nachwachsende Rohstoffe e.V., Gülzow, Jubiläums-Publikation vom 19. 11. 2001, Seite 28–29.

Feuerungsanlagen für feste Brennstoffe (§ 4 bis § 6)

Die *Abgasfahne* muß im Dauerbetrieb heller sein als der *Grauwert 1* der *Ringelmann-Skala* (s. Abschn. 1.6.10-3); offene Kamine dürfen nur gelegentlich betrieben werden (§ 4). Anlagen ≤15 kW dürfen nur mit bestimmten festen Brennstoffen wie Kohle, Koks, Briketts, naturbelassenes Holz betrieben werden (§ 5); bei Anlagen >15 kW dürfen die staubförmigen Emissionen ≤0,15 g/m³ Abgas nicht übersteigen. Emissionen von *Kohlenmonoxid* sind im Abgas bei Nennwärmeleistungen ≤50 kW auf 4 g/m³, >50 bis 150 kW auf 2 g/m³, >150 bis 500 kW auf 1 g/m³ und >500 kW auf 0,5 g/m³ zu begrenzen. Beim Einsatz von *Stroh* mit einer Nennwärmeleistung ≤100 kW ist Kohlenmonoxid ≤4 g/m³ Abgas zulässig. Der Einsatz von zugelassenem Brennstoff aus behandeltem Holz darf nur in Feuerungsanlagen ≥50 kW in *Betrieben der Holzbearbeitung oder -verarbeitung* erfolgen, bei Nennwärmeleistung ≤100 kW sind Kohlenmonoxid- Konzentrationen ≤0,8 g/m³, >100 bis 500 kW ≤0,5 g/m³ und >500 kW ≤0,3 g/m³ zulässig (§ 6).

Öl- und Gasfeuerungsanlagen mit einer Feuerungswärmeleistung bis 10 MW (§ 7 bis § 11)

Bei *Ölfeuerungsanlagen* mit *Verdampfungsbrennern* (§ 8) max. *Rußzahl 2* der *staubförmigen Emissionen,* bei Nennwärmeleistungen ≤11 kW und Errichtung vor dem 1.11.1996 Rußzahl 3 (s. Abschn. 1.6.10-3); beim Einsatz von *Zerstäubungsbrennern* (§ 9) max. Rußzahl 1, bei Errichtung vor dem 1.10.1988 bzw. in den neuen Bundesländern vor dem 3.10.1990 Rußzahl 2. In beiden Fällen müssen die Abgase frei von *Ölderivaten* sein.

Stickstoffoxidemissionen sind bei *Öl- und Gasfeuerungsanlagen* durch *feuerungstechnische Maßnahmen* zu begrenzen (§ 7): Anlagen, die ab dem 1. Januar 1998 errichtet werden, mit Nennwärmeleistung ≤120 kW bei Einsatz von *Erdgas* Stickstoffoxid ≤80 mg/kWh Brennstoffenergie, bei *Heizöl EL* ≤120 mg/kWh Brennstoffenergie, *Herstellerbescheinigung* erforderlich. Bei Anlagen >400 kW *Nutzungsgrad* ≥91%, *Herstellerbescheinigung* erforderlich.

Ab 1.1.1998 sind die *Abgasverluste* (§ 11) bei Öl- und Gasfeuerungsanlagen über 4 bis 25 kW Nennwärmeleistung auf 11% zu begrenzen, bei >25 bis 50 kW auf 10%, bei >50 kW auf 9%. Bei Anlagen, die bis zum 31.12.1997 errichtet wurden, sind die vorgenannten Grenzwerte – abhängig von der Höhe der Überschreitung vorgenannter Abgasverlustgrenzwerte – zu entsprechenden Terminen (§ 23) einzuhalten.

Überwachung (§ 12 bis § 17)

Nachweis der Einhaltung (§ 14) vorgenannter Forderungen bei Anlagen mit Nennwärmeleistung >4 kW 4 Wochen nach Inbetriebnahme durch *Bezirksschornsteinfegermeister.* Ausnahmen: Anlagen ≤11 kW für Einzelraumheizung oder nur Warmwassererzeugung, Anlagen für Gaseinsatz (Gase entsprechend § 14 Abs. 2 Nr. 2), Anlagen mit Brennwerttechnik (hinsichtlich Abgasverlustbegrenzung).

Jährlich wiederkehrende Messungen (§ 15) durch Bezirksschornsteinfegermeister erforderlich bei mechanisch beschickten Anlagen für Kohle, Koks, Briketts, naturbelassenes Holz und Stroh mit Nennwärmeleistung >15 kW, bei Anlagen für behandeltes Holz ≥³50 kW, bei Öl- oder Gasfeuerungsanlagen >11 kW. Ausnahmen entsprechend vorgenannter Ausnahmen (bei Nachweis der Einhaltung) sowie bei bivalenten Heizungen und vor dem 1.1.1985 errichteten Gasfeuerungsanlagen mit Außenwandanschluß. *Dreijährig wiederkehrende Messungen* bei Trocknungsanlagen für selbstgewonnene Erzeugnisse landwirtschaftlicher Betriebe über Wärmeaustauscher mit ≤300 h/a.

Bei Anlagen der *Bundeswehr* (§ 17) werden die vorgenannten Aufgaben des Bezirksschornsteinfegermeisters von Stellen der zuständigen Verwaltung wahrgenommen (Eigenüberwachung).

Meßergebnisse in Form von Übersichten werden kalenderjährlich über die Schornsteinfegerinnungen im Folgejahr den für den Immissionsschutz zuständigen obersten Landesbehörden zugestellt, in länderübergreifenden Übersichten dem BMU.

An *Öl- und Gasfeuerungsanlagen mit einer Feuerungswärmeleistung von 10 bis 20 MW (§ 11a und § 17a)* werden weitergehende Anforderungen gestellt. Deren Einhaltung wird durch stationäre Meßeinrichtungen kontinuierlich überwacht.

Höhe der Austrittsöffnung für Abgase bei Anlagen mit Feuerungswärmeleistung ≥1 MW über höchster Dachfirstkante ≥3 m und über Flur ≥10 m.

Weitergehende Regelungen der VO s. Originaltext.

-3 Verordnung über genehmigungsbedürftige Anlagen

(4. BImSchV) vom 24. 7. 1985, zuletzt geändert am 27. 7. 2001

Hier ist festgelegt, welche Anlagen sich der Betreiber von der Behörde genehmigen lassen muß. Die Genehmigung wird je nach Anlagenart nach dem förmlichen (§ 10) oder nach dem vereinfachten Verfahren (§ 19) erteilt. Betroffen sind *Neu- und Altanlagen,* u. a. Kraftwerke, Heizwerke, Feuerungsanlagen, Verbrennungsmotor- und Gasturbinen-Anlagen, Kühltürme, Tierställe (> 7000 Hennen oder 250 Sauen), Lackier- und Trocknungsanlagen (Lösemitteleinsatz > 25 kg/h). Für diese Anlagen begrenzt die Behörde die Emissionen.

-4 Verordnung über Verbrennungsanlagen für Abfälle und ähnliche brennbare Stoffe

(17. BImSchV) vom 23. 11. 1990, zuletzt geändert am 27. 7. 2001

Die Verordnung gilt für die Errichtung, Beschaffenheit und den Betrieb von Anlagen, in denen feste oder flüssige brennbare Stoffe verbrannt werden, die nach § 4 des Bundes- Immissionsschutzgesetzes genehmigungsbedürftig sind, aber nicht im Anhang zur 4. BImSchV über genehmigungsbedürftige Anlagen genannt werden. Im § 5 der 17. BImSchV werden die einzuhaltenden Emissionsgrenzwerte genannt.

-5 Technische Anleitung zur Reinhaltung der Luft – TA Luft – (Erste Allgemeine Verwaltungsvorschrift zum Bundes-Immissionsschutzgesetz)

vom 27. 2. 1986[1)]

Die TA Luft gilt für genehmigungsbedürftige Anlagen nach der 4. BImSchV und enthält Vorschriften zur Reinhaltung der Luft, die bei der Prüfung von Anträgen auf Erteilung einer Genehmigung zum Errichten einer Anlage (§ 6, BImSchG), zu wesentlichen Änderungen einer Anlage (§§ 15, 16, BImSchG), einer Teilgenehmigung oder eines Vorbescheides (§§ 8, 9, BImSchG) oder einer nachträglichen Anordnung (§ 17, BImSchG) zu berücksichtigen sind.

Die Anleitung gliedert sich in folgende Hauptkomplexe:

- Rechtliche Grundsätze für Genehmigung, Verabschiedung und Zulassung des vorzeitigen Beginns
- Anforderungen zum Schutz vor schädlichen Umwelteinwirkungen (Immissionswerte)
- Anforderungen zur Vorsorge gegen schädliche Umwelteinwirkungen (Emissionswerte)
  Allgemeine Anforderungen
  Besondere Regelungen für bestimmte Anlagenarten
  Messung und Überwachung der Emissionen.

In dem Abschnitt zur Vorsorge gegen schädliche Umwelteinwirkungen werden u.a. Emissionswerte als Massenstrom und Massenkonzentration für staubförmige und gasförmige anorganische Stoffe, organische und Krebs erzeugende Stoffe, gasförmige Emissionen sowie erbgutverändernde oder reproduktionstoxische Stoffe und für schwer abbaubare, leicht anreicherbare und hochtoxische organische Stoffe genannt, die im Abgas nicht überschritten werden dürfen.

Zusätzlich zu diesen allgemein gültigen Emissionswerten werden für bestimmt Anlagenarten, geordnet nach der Anlagenauflistung im Anhang der Verordnung über genehmigungsbedürftige Anlagen (4. BImSchV), spezielle Emissionswerte festgelegt.

Bei Feuerungsanlagen sind die Emissionswerte von den eingesetzten Brennstoffen und von der Feuerungswärmeleistung abhängig; in Tafel 1.9.4-2 sind die Werte zusammengefasst, die Werte aus der alten Fassung (1986) wurden in Klammer gesetzt.

---

1) Die Neufassung der TA Luft wurde am 12. 12. 2001 im Bundeskabinett beschlossen und bedarf noch der Bestätigung durch den Bundesrat.

Tafel 1.9.4-2 Emissionswerte für Feuerungsanlagen nach TA Luft in mg/m^3
nach Stand 31. 12. 2001; ( )-Werte nach Fassung von 1986

Schadstoff	Brennstoff			
	Kohle*)	Heizöl**)	Heizöl nach DIN 51603***)	Gas****)
Staub	<5,0 MW 50 (150) >5,0 MW 20 (50)	50 50 (80)	Rußzahl <1 keine Ölderivate	öffentliches Netz[1]) 5 (5) sonstige Gase 10 (10)
CO	150 (250)	80 (170)	80 (kein Emissionswert)	80 (100)
NO_x	Holz 250 (500) Wirbelschicht 300 (300) < 10 MW 500 > 10 MW 400 > 20 MW (300)	350 (450)	t < 110°C p < 0,05 MPa 180 (250) t = 110–210 °C p = 0,05–1,8 MPa 200 (250) t > 210°C p > 1,8 MPa 250 (250)	öffentliches Netz t < 110°C p < 0,05 MPa 100 (200) t = 110–210°C p = 0,05–1,8 MPa 110 (200) t > 210°C p > 1,8 MPa 150 (200) sonstige Gase 200 (200)
SO_2	Wirbelschicht 350 (400) Steinkohle 1300 (2000) sonstige Brennstoffe 1000 (2000)	850 (1700)	850 (kein Immissionswert)	Flüssiggas 5 (5) öffentliches Netz 10 (35) Kokereigas 50 Biogas, Klärgas 350 Hochofengas 200 Koksofengas 350 sonstige Gase 35
O_2-Gehalt im Abgas (Vol.-%)	7 bei Kohle, Koks, Kohlebriketts 11 bei Torf, naturbelassenem Holz	3	3	3

*) sowie Koks einschließlich Petrolkoks, Kohlebriketts, Torfbriketts, Brenntorf und naturbelassenes Holz.
**) sowie emulgiertes Naturbitumen.
***) sowie Methanol, Ethanol, naturbelassene Pflanzenöle oder Pflanzenölethylester.
****) Koksofengas, Stahlgas, Raffineriegas, Synthesegas, Erdölgas, Klärgas, Biogas, naturbelassenes Erdgas, Flüssiggas, Gase der öffentlichen Gasversorgung oder Wasserstoff.
[1]) einschließlich Flüssiggas, Wasserstoff, Raffineriegas, Klärgas, Biogas.

Darüber hinaus werden Emissionswerte für Feuerungsanlagen mit Mischfeuerungen, Mehrstofffeuerungen, nicht aufgeführten festen oder flüssigen Brennstoffen und für Trocknungsanlagen formuliert.

Die aus den Emissionen hervorgehenden Luftverunreinigungen sind noch keine ausreichende Basis für die Betrachtung der Schädlichkeit der Luftverunreinigungen an der Einwirkungsstelle (Immissionen). Immissionen sind nach dem BImSchG auf Menschen, Tiere und Pflanzen, den Boden, das Wasser, die Atmosphäre sowie Kultur und sonstige Sachgüter einwirkende Luftverunreinigungen, Geräusche, Erschütterungen, Licht, Wärme und Strahlen und ähnliche Umwelteinwirkungen. Die derzeit festgelegten Immissionswerte gewährleisten, nach dem heutigen Stand der Wissenschaft, daß die vorgenannten Güter keinen Schaden durch Umwelteinwirkungen erleiden. Dabei wird zwischen den Immissionswerten zum Schutz der menschlichen Gesundheit und der Ökosysteme/Vegetation unterschieden (siehe VDI/DIN-Handbuch Reinhaltung der Luft, Band 1, VDI-Richtlinie 2310, Maximale Immissions-Werte, Blatt 1 bis 37).

Die *Emissionen* sind in der Regel über Schornsteine abzuleiten. Zur Bestimmung der Mindestschornsteinhöhe bei idealisierten Ausbreitungsverhältnissen dient ein Nomogramm (Abschnitt 2.3.3-1.9).

b) *Begrenzung und Feststellung der Emission sowie Anforderung an bestimmte Anlagen*

Hierunter fallen z.B. Feuerungsanlagen aller Art[1)], Anlagen zum Mahlen, Brennen, Brechen, Rösten von Stoffen, Zementherstellung, Roheisenerzeugung, Kupolöfen usw.; Lagertechnik, Be- und Entladung von Schüttgütern, auch Ställe für Schweine und Geflügel sowie Tierschlächtereien. Für Feuerungsanlagen mit festen, flüssigen und gasförmigen Brennstoffen zeigt Tafel 1.9.4-2 die gültigen Emissionsgrenzwerte.

c) *Altanlagen*

Für Altanlagen wurden in der TA Luft in Abhängigkeit der Überschreitung der maximal zulässigen Emissionen verschiedene Anpassungsfristen vorgeschrieben. Die letzte Frist lief am 1.3.1994 ab.

-6 Großfeuerungsanlagen-Verordnung

(13. BImSchV) vom 22. 6. 1983, zuletzt geändert am 3. 5. 2000

Gilt für Neu- und Altanlagen mit einer Feuerungsleistung bei festen und flüssigen Brennstoffen >50 MW, bei gasförmigen Brennstoffen >100 MW, gilt u.a. nicht für Abfallverbrennungsanlagen, Gasturbinen, Nachverbrennungsanlagen und Trocknungsanlagen.

Begrenzt Emission von Stäuben, Schwermetallen, SO_2, NO_x, HCl, HF und CO, siehe Tafel 1.9.4-3.

Anlagen über 300 MW müssen voll-, Anlagen darunter müssen teilentschwefelt werden.

-7 Smog-Verordnungen

Einige Landesregierungen haben zur Verhinderung schädlicher Umwelteinwirkungen Verordnungen erlassen. Es gibt je nach der Höhe der auftretenden Schadstoffkonzentrationen drei Alarmstufen, denen bestimmte Maßnahmen zugeordnet sind, z.B.: Verkehrsverbot, Stillegung bestimmter Anlagen.

-8 Gesetz für den Vorrang Erneuerbarer Energien (Erneuerbare-Energie-Gesetz – EEG)

vom 29. 3. 2000

regelt die Abnahme und Vergütung von Strom, der ausschließlich aus Wasserkraft, Windkraft, solarer Strahlungsenergie, Geothermie, Deponiegas, Klärgas, Grubengas oder aus Biomasse in der deutschen Wirtschaftszone gewonnen wird.

-9 Gesetz zum Schutz der Stromerzeugung aus Kraft-Wärme-Kopplung (Kraft-Wärme-Kopplungsgesetz)

vom 12. 5. 2000

regelt die Abnahme und Vergütung von Strom aus Kraftwerken mit Kraft-Wärme-Kopplungen auf der Basis von Steinkohle, Braunkohle, Erdgas, Öl und Abfällen. Kraft-Wärme-Kopplung im Sinne des Gesetzes ist die gleichzeitige Umwandlung von eingesetzter Energie in mechanische und elektrische Energie und Nutzwärme.

---

1) Für kleinere Heizkessel werden die Emissionen begrenzt durch DIN 4702 T1 und T3 (03.90). Siehe auch Abschn. 2.3.1.

Tafel 1.9.4-3 Emissionsgrenzwerte bei Großfeuerungsanlagen*) in mg/m^3

Schadstoff		Neuanlagen		
		Brennstoffe		
		fest	flüssig	gasförmig
Staub		50	50	5 sonst. 10 Gichtgas 100 Industriegas
Schwermetalle		0,5	2	–
SO_2	> 300 MW	400 u. 15% Em.	Heizöl EL oder 400 u. 15% Em.	35 sonst. 5 Flüssiggas
	100…300 MW_{th}	2000 40% Em	1700 40% Em	100 Kokereigas
	≤ 100 MW	2000 W: 400 oder 25% Em	1700	200…800 Verbundgase
NO_x		800 1800 bei Schmelzfg.	450	350
CO		250	175	100
HCl		100 (> 300 MW) 200 sonst.	30	–
HF		15 (> 300 MW) 30 sonst.	5	–

Em = max. Emissionsgrad für SO_2 W = Wirbelschichtfeuerung

*) Zusammenstellung nach der Großfeuerungsanlagen-Verordnung (13. BImSchV).

-10 Gesetz zur Ordnung des Wasserhaushaltes

(Wasserhaushaltgesetz – WHG –) vom 12. 11. 1996, zuletzt geändert am 9. 9. 2001

Dient dem Gewässerschutz (oberirdische Gewässer, Küstengewässer, Grundwasser) und regelt den Umgang mit *wassergefährdenden Stoffen.*

Das WHG betrifft auch Betreiber und Ersteller von Heizungs- und Klimaanlagen, und zwar beim Umgang mit z.B. Heizöl, Kältemittel, Laugen, Säuren und Frostschutzmittel.

Nach dem § 19 l des WHG dürfen Arbeiten an Anlagen zum Lagern, Abfüllen, Herstellen, Behandeln wassergefährdender Stoffe nur noch von *Fachbetrieben* ausgeführt werden. Fachbetriebe im Sinne dieses Gesetzes müssen Personal beschäftigen, das sachkundig im Umgang mit wassergefährdenden Stoffen ist. Es muß ein *Gütezeichen* bestehen.

Die Überprüfung der personellen und sachlichen Anforderungen und die Erteilung des Gütezeichens an Fachbetriebe erfolgt durch *Überwachungsgemeinschaften,* die vom IFB (Institut für Bautechnik, Berlin) anerkannt sein müssen; hierzu gehören der TÜV, BHKS, VDMA, ZVSHK. Dort muß eine Erstprüfung beantragt werden. Nach Erteilung des *Gütezeichens* erfolgt alle 2 Jahre, auf Antrag alle 4 Jahre, eine Regelprüfung. Die vorgenannten Verbände führen teilweise auch Schulungen durch.

Das Umweltministerium hat einen Katalog *wassergefährdender Stoffe* mit deren *Wassergefährdungsklassen* (WGK = 0 bis 3) herausgegeben, der laufend fortgeschrieben wird.

Vom WHG werden u. a. folgende Anlagen betroffen:

Heizöllager mit unterirdischen Behältern oder mit Behältern ab 10000 l oder mit standortgefertigten Tanks,

Anlagen mit Frostschutz- oder bestimmten Korrosionsschutzmitteln,

Wärmeerzeugungs- und Wärmeverteilanlagen (Kessel, Ölbrenner, Solaranlagen, Absorber),

Kälteerzeugungs- und -verteilanlagen (Kältemaschinen, Wärmepumpen),

Rohrleitungsanlagen (Ver- und Entsorgung, Medien- und Kondensatleitungen),

Wasserbehandlungsanlagen (z. B. Speisewasseraufbereitung, Neutralisationsanlagen),

Hydraulikanlagen,

Schaumlöschanlagen etc.

Derartige Anlagen oder Teile von ihnen müssen entsprechend den allgemein anerkannten Regeln der Technik beschaffen sein und entsprechend eingebaut, aufgestellt, unterhalten und betrieben werden. Sie bedürfen einer Eignungsfeststellung oder einer Bauartzulassung, sofern sie nicht einfacher, herkömmlicher Art sind (WHG § 19 g, h).

-11 Umwelthaftung

Aus dem Umwelthaftungsrecht ergibt sich für Unternehmen jeder Größe ein zunehmendes Betriebsrisiko. Die gesetzlichen Grundlagen sind in einer Vielzahl von Gesetzestexten formuliert, von denen hier nur das Bürgerliche Gesetzbuch, Umwelthaftungsgesetz, Produkthaftungsgesetz und ergänzend das Wasserhaushaltgesetz angeführt werden sollen.

a) Umwelthaftung gemäß § 823 Bürgerliches Gesetzbuch (BGB)

Im § 823 (1) wird zur Schadensersatzpflicht formuliert: „Wer vorsätzlich oder fahrlässig das Leben, den Körper, die Gesundheit, die Freiheit, das Eigentum oder ein sonstiges Recht eines anderen widerrechtlich verletzt, ist dem anderen zum Ersatz des daraus entstehenden Schadens verpflichtet."

Diese Normierung betrifft auch umweltschädigende Emissionen. Voraussetzung für einen Haftungsanspruch eines Dritten ist, daß dieser in ursächlicher Weise durch die Emissionen betroffen wurde, der Schaden rechtswidrig ist und das Unternehmen sich vorsätzlich oder fahrlässig verhalten hat.

Voraussetzung für eine Anspruchsverfolgung gemäß § 823 BGB ist, daß der Geschädigte (Kläger) beweist, daß die Schadensursache aus dem Unternehmen des Schädigers stammt.

Die Frage des Verschuldens stellt bei der Prüfung des Haftungsanspruchs oftmals eine große Schwierigkeit dar. Das emittierende Unternehmen hat den Beweis zu liefern, daß es sorgfältig gearbeitet hat; für das Unternehmen wird somit eine „Entlastungsbeweisprophylaxe" in Form von Dokumentation und Archivierung von Unterlagen notwendig.

b) Umwelthaftungsgesetz (UHG)

Das Umwelthaftungsgesetz trat am 1. 1. 1991 in Kraft und soll gemäß der Begründung dieser Normierung die Betreiber ausgewählter Anlagen zu einer besonders vorsichtigen Handhabung bewegen. Hauptinhalte dieses neuen Umwelthaftungsgesetzes, das sich im wesentlichen auf die genehmigungspflichtigen Anlagen i. S. der 4. BImSchV bezieht, sind folgende:

Wird durch eine Umwelteinwirkung, die von einer in einem Anhang des Gesetzes genannten Anlage ausgeht, jemand getötet, sein Körper oder seine Gesundheit verletzt oder eine Sache beschädigt, so ist der Inhaber der Anlage verpflichtet, dem Geschädigten den daraus entstehenden Schaden zu ersetzen (§ 1). Im Gegensatz zum § 823 BGB fehlen die Begriffe „fahrlässig" oder „vorsätzlich"; die Norm des UHG wird als eine Gefährdungshaftungsnorm ausgewiesen, d. h., nicht die Frage des Verschuldens ist maßgeblich für den Erfolg einer Schadensersatzklage, sondern die Ursachensetzung durch den beklagten Anlageninhaber. Der Emittent haftet auch dann, wenn eine schädigende Wirkung der bis dahin als schadensfrei geltenden Emissionen erst zu einem späteren Zeitpunkt erkennbar wird.

Für Umwelteinwirkungen, die von einer nicht mehr betriebenen Anlage ausgegangen sind und einen Schaden verursacht haben, haftet derjenige, der zum Zeitpunkt der Einstellung des Betriebes Inhaber der Anlage war.

Unter Umwelteinwirkungen sind Einwirkungen durch Stoffe, Erschütterungen, Geräusche, Druck, Strahlen, Gas, Wärme, Dämpfe oder sonstige Erscheinungen, die sich im Boden, in der Luft oder im Wasser ausbreiten, zu verstehen.

Zu einer Anlage gehören auch Maschinen, Geräte, Fahrzeuge und sonstige ortsveränderliche technische Einrichtungen, die mit der Anlage in einem räumlichen Zusammenhang stehen.

Zur Ursachenvermutung ist formuliert: „Ist eine Anlage nach den Gegebenheiten des Einzelfalls geeignet, den entstandenen Schaden zu verursachen, so wird vermutet, daß der Schaden durch diese Anlage verursacht ist ...". Dieser Ursachenvermutung kann der Anlagenbesitzer durch den Nachweis eines bestimmungsgemäßen Betriebes der Anlage entgegentreten. Ein bestimmungsgemäßer Betrieb liegt dann vor, wenn die besonderen Betriebspflichten eingehalten worden sind und auch keine Betriebsstörungen vorliegen. Vorsorge für die Beweisführung ist eine Pflicht des Anlagenbesitzers, da er den Beweis im Falle einer konkreten Vermutung liefern muß.

Der Geschädigte hat Anspruch auf Auskunft.

Die Haftungshöchstgrenze beträgt für Personen- und Sachschäden jeweils ca. 82 Millionen € (bei Ansprüchen nach § 823 BGB ist die Höhe unbegrenzt).

c) Produkthaftung

§ 823 BGB betrifft nicht nur Schäden durch Umwelteinwirkungen, sondern auch durch fehlerhafte Produkte. Fehlerhaft ist ein Produkt dann, wenn es nicht die zu erwartende Sicherheit bietet.

Entlastung des Produzenten erfolgt durch den Nachweis, daß weder fahrlässig noch nachlässig oder vorsätzlich ein Fehler des Produktes herbeigeführt wurde. Der Produzent hat entsprechende Beweise zu erbringen (Nachweis der Qualitätssicherung).

Das *Produkthaftungsgesetz* (verbindlich seit 1.1.1990) behandelt den Sachverhalt, daß durch den Fehler eines Produktes jemand getötet, sein Körper oder seine Gesundheit verletzt oder eine Sache beschädigt wird. Der Produkthersteller ist verpflichtet, den entstehenden Schaden zu ersetzen.

Die Produkthaftung ist ebenfalls eine Gefährdungshaftung, bei der die Frage der Fahrlässigkeit oder des Vorsatzes nicht angesprochen wird.

Ein Ausschluß der Haftung des Produzenten ist in § 1 (2) für eine Reihe von Sachverhalten aufgeführt. Ersatzpflicht entfällt u. a., wenn nach dem Stand von Wissenschaft und Technik der Fehler in dem Zeitpunkt, in dem der Hersteller das Produkt in den Verkehr brachte, nicht erkennbar war. Durch Vereinbarungen kann die Haftung von vornherein nicht eingeschränkt oder ausgeschlossen werden.

d) Wasserhaushaltgesetz (WHG)

Gemäß § 22 des WHG als zivilrechtliche Norm haftet sowohl derjenige, der auf ein Gewässer einwirkt, als auch derjenige, der Inhaber einer Anlage ist. Wer in ein Gewässer Stoffe einbringt, einleitet oder die physikalische, chemische oder biologische Beschaffenheit des Wassers verändert, haftet für den daraus entstehenden Schaden. Gelangen aus einer Anlage, die bestimmt ist, Stoffe herzustellen, zu verarbeiten, zu lagern, abzulagern, zu befördern oder wegzuleiten, derartige Stoffe in ein Gewässer, ohne in dieses eingebracht oder eingeleitet zu sein, so ist der Anlageninhaber zum Ersatz des entstehenden Schadens verpflichtet (die Ersatzpflicht tritt nicht ein, wenn der Schaden durch höhere Gewalt verursacht ist).

Damit ist das WHG ebenfalls eine Gefährdungshaftungsnorm.

Der Tatbestand des Einleitens in das Grundwasser wird z.B. auch durch in der betrieblichen Praxis häufig vorkommende fehlerhafte Einleitung in den Vorfluter oder durch „Versickernlassen" erfüllt.

Der Begriff der Anlage ist weit gefaßt, da auch Kleingebinde, Anhäufung von gewässerschädigenden Stoffen auf einer Halde als Anlage gezählt werden.

-12 Weitere gesetzliche Regelungen

Das Wasserhaushaltgesetz wird durch das Gesetz über Abgaben für das Einleiten von Abwasser in Gewässer (Abwasserabgabegesetz – AbwAG) vom 3. 11. 1994, zuletzt geändert am 9. 9. 2001, ergänzt.

Die Vermeidung, Sammlung und Entsorgung von Abfällen wird durch das Gesetz zur Förderung der Kreislaufwirtschaft und Sicherung der umweltverträglichen Beseitigung von Abfällen (Kreislaufwirtschafts- und Abfallgesetz – KrW-/AbfG) vom 27. 9. 1994, zuletzt geändert am 9. 9. 2001, geregelt.

Für die Ablagerung von Siedlungsabfällen und Sonderabfällen gelten die 2. Allgemeine Verwaltungsvorschrift zum gleichen Gesetz – TA Abfall – vom 12. 3. 1991 sowie die 3. Allgemeine Verwaltungsvorschrift zum gleichen Gesetz -TA Siedlungsabfall – vom 14. 5. 1993. Für die grenzüberschreitende Verbringung von Abfällen gilt das Abfallverbringungsgesetz vom 30. 9. 1994.

Der Schutz und die Wiederherstellung des Bodens wird durch das Gesetz zum Schutz vor schädlichen Bodenveränderungen und zur Sanierung von Altlasten (Bundes-Bodenschutzgesetz – BBodSchG) vom 17. 3. 1998, zuletzt geändert am 9. 9. 2001, geregelt.

Bei der Durchführung einer Umweltbetriebsprüfung und bei der Beteiligung an einem Gemeinschaftssystem für das Umweltmanagement sind folgende Gesetze und Verordnungen zu berücksichtigen:

Verordnung (EG) Nr. 761/2001 des Europäischen Parlaments und des Rates vom 19. 3. 2001 über die freiwillige Beteiligung von Organisationen an einem Gemeinschaftssystem für das Umweltmanagement und die Umweltbetriebsprüfung (EMAS).

Gesetz zur Ausführung der Verordnung (EWG) Nr. 1836/93 des Rates vom 29. 6. 1993 über die freiwillige Beteiligung gewerblicher Unternehmen an einem Gemeinschaftssystem für das Umweltmanagement und die Umweltbetriebsprüfung (Umweltauditgesetz – UAG), zuletzt geändert am 9. 9. 2001.

Gesetz zur Anwendung des Umweltauditgesetzes und seiner Rechtsverordnungen auf die Verordnung (EG) Nr. 761/2001 des Europäischen Parlaments und des Rates vom 19. 3. 2001 über die freiwillige Beteiligung von Organisationen an einem Gemeinschaftssystem für das Umweltmanagement und die Umweltbetriebsprüfung von 9. 9. 2001.

1.10 Grundlagen des Korrosions- und des Steinschutzes[1]

Überarbeitung von Dr. rer. nat. Carl-Ludwig Kruse, Dortmund

1.10.1 Grundlagen der Korrosion

-1 Begriffe

Nach den Definitionen in der DIN EN ISO 8044[2] ist zwischen den Begriffen *Korrosion, Korrosionssystem, Korrosionserscheinung, Korrosionsschaden* und *Korrosionsversagen* zu unterscheiden:

Korrosion

Physikochemische Wechselwirkung zwischen einem Metall und seiner Umgebung, die zu einer Veränderung der Eigenschaften des Metalls führt und die zu erheblichen Beeinträchtigungen der Funktion des Metalles, der Umgebung oder des technischen Systems, von dem diese einen Teil bilden, führen kann.
ANMERKUNG: Diese Wechselwirkung ist oft elektrochemischer Natur.

Korrosionssystem

System, das aus einem oder mehreren Metallen und jenen Teilen der Umgebung besteht, die die Korrosion beeinflussen.

Korrosionserscheinung

Durch Korrosion verursachte Veränderung in einem beliebigen Teil des Korrosionssystems.

Korrosionsschaden

Korrosionserscheinung, die eine Beeinträchtigung der Funktion des Metalls, der Umgebung oder des technischen Systems, von dem diese einen Teil bilden, verursacht.

Korrosionsversagen

Korrosionsschaden, gekennzeichnet durch den vollständigen Verlust der Funktionsfähigkeit des technischen Systems.

Nach diesen Definitionen sind Korrosion (der Vorgang) und Korrosionserscheinung (das Ergebnis) zunächst wertneutral. Negativ zu bewerten ist nur der Korrosionsschaden (die mögliche Konsequenz). Korrosion kann zu einem Korrosionsschaden führen, muß es aber nicht. Deckschichten, die sich auf Metallen in Berührung mit Wasser bilden, stellen eine Korrosionserscheinung dar, führen aber nicht zu einem Korrosionsschaden, sondern verhindern diesen sogar. Ob Korrosion zu einem Korrosionsschaden führt, wird häufig nicht so sehr vom Ausmaß der Korrosionserscheinungen bestimmt, sondern vielmehr von der Funktion des Bauteils[3]. So können z. B. die aus den Korrosionsprodukten gebildeten Beläge im Bereich der Führungshülse für die bewegliche Achse einer Regelarmatur bereits bei geringfügiger Korrosion zum Blockieren und damit zu einem Korrosionsschaden führen, während ein Metallabtrag in der Größenordnung von 1 mm bei dickwandigen Rohren noch unkritisch sein kann.

Wenn Korrosion nicht zwangsläufig schädlich ist, muß sie auch nicht immer vermieden werden. Dementsprechend ist der Korrosionsschutz wie folgt definiert:

Korrosionsschutz

Veränderung eines Korrosionssystems derart, daß Korrosionsschäden verringert werden.

Im Zusammenhang mit dem Korrosionsschutz sind noch drei weitere wichtige Definitionen zu sehen:

---

[1]) Die Erstbearbeitung erfolgte durch Dr. Carl-Ludwig Kruse, Dortmund, für die 67. Auflage. Kruse, C.-L.: Korrosion in der Sanitär- und Heizungstechnik. Krammer-Verlag, Düsseldorf 1991.

[2]) DIN EN ISO 8044: 1999. Korrosion von Metallen und Legierungen, Grundlegende Begriffe und Definitionen.

[3]) Adrian, H., und Kruse, C.-L.: Der Begriff Korrosionsschaden in technisch wissenschaftlichen Regelwerken. gwf-wasser/abwasser 124 (1983), S. 453–458.

Funktionsfähigkeit

Fähigkeit eines Korrosionssystems, seine Funktion ohne Beeinträchtigung durch Korrosion zu erfüllen.

Dauerhaftigkeit

Fähigkeit eines Korrosionssystems, die Funktionsfähigkeit über eine vorgegebene Nutzungsdauer beizubehalten, wenn die Anforderungen an Verwendung und Instandhaltung erfüllt worden sind.

Nutzungsdauer

Zeitabschnitt, in dem das Korrosionssystem die Anforderungen an die Funktionsfähigkeit erfüllt.

Abgesehen davon, daß Korrosion in den meisten Fällen nicht vollständig zu vermeiden ist, ist dies in der Regel auch nicht erforderlich. Entscheidend ist, daß es innerhalb der vorgesehenen Nutzungsdauer eines Bauteils nicht zu einer Beeinträchtigung der Funktion durch Korrosion kommt. Ein gutes Beispiel dafür, daß diese Denkweise in der Praxis durchaus üblich ist, bietet die Deutsche Bundesbahn, die vernünftigerweise darauf verzichtet, die Eisenbahnschienen aus ungeschütztem Stahl, die der freien Atmosphäre ausgesetzt ungehindert rosten, durch Anstreichen vor Korrosion zu schützen. Durch die Korrosion wird die Funktion der Eisenbahnschiene nicht beeinträchtigt, folglich ist auch kein Korrosionsschutz erforderlich.

Ähnlich wie Korrosionsschutz nicht gleichbedeutend ist mit Vermeiden von Korrosion, ist die *Korrosionsbeständigkeit* eines Werkstoffs nicht die Eigenschaft, Korrosion zu widerstehen:

Korrosionsbeständigkeit

Fähigkeit eines Metalls, die Funktionsfähigkeit in einem gegebenen Korrosionsystem beizubehalten.

Wie stark diese Eigenschaft von der Funktion des Bauteils bestimmt wird, zeigt das Beispiel eines Stahlheizkörpers. Für die stärkere Korrosionsbelastung von der Wasserseite ist die Korrosionsbeständigkeit des ungeschützten Stahls ausreichend, nicht jedoch für die viel schwächere Belastung von der Innenatmosphäre eines Raumes. Ein Korrosionsschutz durch eine Beschichtung ist erforderlich, weil der Heizkörper auf der Außenseite auch eine dekorative Funktion zu erfüllen hat, die ohne Korrosionsschutz bereits durch den geringsten Rostanflug beeinträchtigt wäre.

Zusammenfassend ist an dieser Stelle festzuhalten, daß Korrosion nur dann allgemeines Interesse finden kann, wenn es sich um Vorgänge handelt, die zumindest zu einer Funktionsbeeinträchtigung (Korrosionsschaden) oder zum vollständigen Verlust der Funktionsfähigkeit (Korrosionsversagen) eines technischen Systems führen. Dabei kann sich die Funktionbeeinträchtigung sowohl auf den

- Werkstoff (z. B. in Form einer durch Lochkorrosion verursachten Undichtigkeit) als auch das
- angreifende Medium (z. B. in Form einer Wasserverunreinigung durch suspendierte Korrosionsprodukte) als auch auf das
- technische System (z. B. in Form von Durchflußblockaden durch abgelagerte Korrosionsprodukte)

beziehen.

-2 Elektrochemische Grundlagen

Die in der Heizungs- und Klimatechnik stattfindende Korrosion ist stets elektrochemischer Natur. Zu ihrem Verständnis ist deshalb die Kenntnis einiger elektrochemischer Grundlagen erforderlich.

Jede *elektrochemische Reaktion,* also auch die primäre Reaktion bei der Korrosion von Eisen,

$$Fe + H_2O + {}^1/_2\, O_2 \rightarrow Fe(OH)_2$$

bei der Eisen mit Wasser und Sauerstoff zu Eisen(2)hydroxid reagiert, kann in zwei Teilreaktionen aufgespalten werden, die anodische Teilreaktion *(Oxidation)*

$$Fe \rightarrow Fe^{2+} + 2\,e^-$$

und die kathodische Teilreaktion *(Reduktion)*

$$^1/_2\,O_2 + H_2O + 2\,e^- \rightarrow 2\,OH^-$$

bei der Sauerstoff mit Wasser unter Aufnahme von Elektronen Hydroxyl-Ionen bildet.

Wenn die beiden Teilreaktionen am selben Ort ablaufen, was bei homogenen Oberflächen der Fall ist, findet gleichmäßige *Flächenkorrosion* statt. Wenn die beiden Teilreaktionen jedoch örtlich getrennt ablaufen, was bei heterogenen Oberflächen der Fall ist, findet *ungleichmäßige Korrosion* statt.

Eine örtliche Trennung der beiden Teilreaktionen ist immer dann möglich, wenn

- Oberflächenbereiche mit unterschiedlichem Elektrodenpotential vorliegen und
- die Oberflächenbereiche über einen metallischen Leiter und
- über einen Elektrolyten (Ionenleiter) elektrisch leitend miteinander verbunden sind.

Erfüllt sind diese Bedingungen bei einem galvanischen Element, wenn z.B. zwei verschiedene Metalle wie Zink und Kupfer über einen Metalldraht und einen Elektrolyten (Salzlösung, Säure) elektrisch leitenden Kontakt haben. Bei der Betrachtung von galvanischen Elementen im Zusammenhang mit Korrosion spricht man von einem *Korrosionselement.*

Den Begriff des *Elektrodenpotentials* kann man sich nach den obigen Gleichungen wie folgt verständlich machen. Von einem Eisenstab, der in einen Elektrolyten eintaucht, gehen 2fach positiv geladene Eisen-Ionen durch die Phasengrenze in den Elektrolyten, während negativ geladene Elektronen auf dem Stab zurückbleiben. Je größer die Neigung des Metalles ist, sich aufzulösen, je größer der Betrag der negativen Ladungen wird, die auf dem Stab zurückbleiben, um so negativer wird das Elektrodenpotential, das durch Messung der elektrischen Spannung zwischen dem Metallstab und einer Bezugselektrode ermittelt werden kann.

Bei einem Platindraht, der in eine sauerstoffhaltige Lösung eintaucht, kann man sich vorstellen, daß Elektronen den Draht verlassen und von dem Sauerstoff aufgenommen werden. In diesem Fall entsteht auf dem Draht ein Defizit an negativen Ladungen, er erhält ein positives Elektrodenpotential. Das Elektrodenpotential wird um so positiver, je stärker das Oxidationsmittel ist. Bei Anwesenheit von Reduktionsmitteln, die dazu neigen, Elektronen abzugeben, erhält der Platindraht ein negatives Elektrodenpotential. Das am Platindraht zu messende Elektrodenpotential, das die Eigenschaften der Lösung in bezug auf seine oxidierenden oder reduzierenden Eigenschaften kennzeichnet, wird auch als *Redoxpotential* bezeichnet.

Bei dem Elektrodenpotential eines korrodierenden Metalls, dem *Korrosionspotential,* das an einem in eine Lösung eingetauchten Metall gegen eine Bezugselektrode gemessen werden kann, handelt es sich stets um ein Mischpotential, das sich aus den beiden Teilreaktionen ergibt. Eine Veränderung des Korrosionspotentials ermöglicht deshalb normalerweise keine eindeutigen Aussagen darüber, ob sie auf die Änderung der Bedingungen bei der Metalauflösung oder bei der Reduktion des Oxidationsmittels zurückzuführen ist. Informationen hierüber können nur durch Aufnahme von Stromdichte-Potential-Kurven erhalten werden.

Örtliche Unterschiede im Elektrodenpotential können allein schon dadurch zustande kommen, daß einzelne Bereiche der Oberfläche mit Ablagerungen bedeckt sind. Unter den abgedeckten Bereichen, bei denen der Zutritt von Sauerstoff aus dem Lösungsinnern behindert ist, wird das Redoxpotential (und damit auch das Korrosionspotential) negativer. Derartige Bereiche können dann zu Anoden von Korrosionselementen werden. Diese durch unterschiedlichen Sauerstoffzutritt (unterschiedliche Belüftung) verursachten Korrosionselemente bezeichnet man allgemein als Belüftungselemente. Korrosionselemente, die durch Kontakt von zwei Metallen mit von Haus aus unterschiedlichem Elektrodenpotential gebildet werden (z.B. an Berührungsstellen zwischen einem feuerverzinkten Stahlrohr und einer Messingarmatur), bezeichnet man als Kontaktelemente.

Die neben dem unterschiedlichen Elektrodenpotential weitere notwendige Voraussetzung für ein Korrosionselement, die elektrisch leitende Verbindung zwischen Anode und Kathode über einen metallischen und einen elektrolytischen Leiter, ist zwar von der Leitfähigkeit der Metalle immer und von der Leitfähigkeit der Elektrolyte meistens (nicht z.B. bei vollentsalztem Wasser) erfüllt. Wenn sich als Folge der Korrosion auf der Metalloberfläche nichtleitende Deckschichten ausbilden, oder wenn zum Korrosionsschutz nichtleitende Überzüge (z.B. Email) aufgebracht werden, sind Korrosionselemente nicht möglich. Ausgeprägt örtliche Korrosion kann deshalb nur auftreten, wenn eine ausreichende elektrische Leitfähigkeit an der Phasengrenze zum Elektrolyten vorliegt.

-3 Wasserbeschaffenheit

Das häufigste Angriffsmittel in der *Heizungs- und Klimatechnik* ist das *Wasser.* Hierbei handelt es sich in der Regel nicht um reines Wasser entsprechend der chemischen Formel H_2O, sondern um eine verdünnte Lösung mehrerer gasförmiger und fester Stoffe.

Das Ausmaß der korrosionsfördernden Eigenschaften eines Wassers wird durch seine *Korrosivität* beschrieben. Die Korrosivität ist eine sehr komplexe Wassereigenschaft, die nur im Zusammenhang mit einem bestimmten Werkstoff unter bestimmten Betriebsbedingungen abgeschätzt werden kann. Sie kann außerdem, je nach der für das Auftreten von Schäden ausschlaggebenden Korrosionsart, sehr unterschiedlich sein. Die Korrosivität eines Wassers kann deshalb nicht auf einfache Weise quantitativ beschrieben werden. Je nach Werkstoff, Betriebsbedingungen und Korrosionsart können die Gehalte an Sauerstoff, Neutralsalzen oder freier Kohlensäure für die Korrosivität bestimmend sein.

Bei *Warmwasserheizungen* ohne ständige Erneuerung des Heizwassers, bei denen der im Wasser gelöste Sauerstoff durch Korrosion verhältnismäßig schnell verbraucht ist, ohne daß dadurch nennenswerter Materialabtrag auftritt, hängt die noch verbleibende Korrosivität des Wassers allein davon ab, in welchem Maße Stauerstoff aus der Atmosphäre in das Innere der Anlage gelangen kann. Bei vollständig geschlossenen Anlagen kommt die Korrosion praktisch vollständig zum Stillstand, von einer Korrosivität des Wassers kann dann nicht mehr gesprochen werden. Bei Anlagen mit durchströmten offenen Ausdehnungsgefäßen oder mit gasdurchlässigen Bauteilen, bei denen ständig Sauerstoff in das Heizwasser gelangt, hängt die Korrosivität des Wassers nahezu ausschließlich von seinem Sauerstoffgehalt ab. Da sich dieser sehr schnell durch Korrosion mit den Bauteilen der Heizanlage verringert, wird die Korrosivität des Wassers ortsabhängig. Am größten ist sie unmittelbar hinter der Sauerstoffeintrittsstelle, mit zunehmender Entfernung davon nimmt sie stetig ab.

Bei *Trinkwasseranlagen,* bei denen bestimmungsgemäß häufige Erneuerung des Wassers auftritt, ist der Sauerstoffgehalt zwar ebenfalls eine für die Beurteilung der Korrosivität wichtige Größe. Da die Wässer jedoch zumeist luftgesättigt sind, d.h. Sauerstoffgehalte in der Größenordnung von 10 mg/L vorliegen, sind weitere Kriterien heranzuziehen.

Die Korrosivität im Hinblick auf ungleichmäßige Korrosion wird durch die Konzentration oder Konzentrationsverhältnisse bestimmter Anionen gekennzeichnet. Bei der Korrosion von nichtrostenden Stählen wird die Korrosivität im wesentlichen durch die Konzentration an Chlorid-Ionen bestimmt. Bei der Muldenkorrosion von unlegiertem und feuerverzinktem Stahl ist es das Konzentrationsverhältnis von Chlorid-, Sulfat- und Nitrat-Ionen zu Hydrogencarbonat-Ionen. Bei der Lochkorrosion von Kupfer in Kaltwasserleitungen ist es das Konzentrationsverhältnis von Sulfat- und Nitrat-Ionen zu Chlorid- und Hydrogencarbonat-Ionen.

Für die Löslichkeit der Korrosionsprodukte, die bei einzelnen Metallen das Ausmaß der gleichmäßigen Korrosion bestimmt, ist die Menge der die saure Reaktion eines Wassers verursachenden Wasserstoff-Ionen entscheidend. Deren Konzentration wird im Gegensatz zu der der sonstigen Wasserinhaltsstoffe nicht in mol/m^3 oder mg/L angegeben, sondern durch den negativen Logarithmus der molaren Konzentration gekennzeichnet. Diese Größe bezeichnet man als den pH-Wert:

$$\text{pH-Wert} = -\log c_{mol}(H^+)$$

Während der pH-Wert bei den starken Säuren und Laugen ein direktes Maß für deren Konzentration ist und damit auch als Maß für deren Korrosivität gegenüber Säure- bzw. Laugeempfindlichen Werkstoffen dienen kann, ist dies bei schwachen Säuren und Laugen nicht der Fall. Bei Trinkwasser, dessen Korrosivität gegenüber Säure-empfindlichen Werkstoffen auf dem Gehalt an Kohlenstoffdioxid (Kohlensäure) beruht, ist deshalb der pH-Wert nur eingeschränkt zur Beurteilung der Korrosivität geeignet. Zur Beurteilung der Korrosivität im Hinblick auf einen möglichen Stoffumsatz muß statt dessen die Konzentration an Kohlenstoffdioxid (Basekapazität bis pH 8,2 ($K_{B8,2}$), früher als -p-Wert bezeichnet) herangezogen werden.

Auch bei *Kesselwasser von Dampferzeugern,* dem zur Erzielung der Passivität von Eisenwerkstoffen alkalisierende Stoffe zugesetzt werden, kann deren Konzentration nur unzureichend durch den pH-Wert gekennzeichnet werden. Daneben ist deshalb stets die Angabe einer Konzentration (Säurekapazität bis pH 8,2 ($K_{S\,8,2}$), früher als p-Wert bezeichnet) erforderlich.

1.10.2 Korrosion in Warmwasserheizungen[1)]

Korrosionsschäden in Warmwasserheizungen sind normalerweise nur bei Zutritt von *Sauerstoff* zum Heizwasser möglich. Lediglich Aluminium kann Korrosion auch bei Abwesenheit von Sauerstoff erleiden. Der Zutritt von Sauerstoff kann erfolgen

- mit dem Füll- und Ergänzungswasser
- über durchströmte offene Ausdehnungsgefäße
- bei Auftreten von Unterdruck in der Anlage
- über gasdurchlässige Bauteile

Ausschlaggebend für das Risiko eines Korrosionsschadens ist die in das Heizwasser der Anlage gelangende Sauerstoffmenge, die in einzelnen Fällen abgeschätzt (s. Abschnitt 1.10.2-3) werden kann.

Größere Sauerstoffkonzentrationen im Heizwasser über 0,1 mg/L weisen normalerweise auf ein erhöhtes Korrosionsrisiko hin. Niedrige Sauerstoffkonzentrationen im Heizwasser sind zur Risikoabschätzung nur von begrenztem Aussagewert, weil die Sauerstoffkonzentration als Folge der Korrosion mit zunehmender Entfernung von der Eintrittstelle des Sauerstoffs u. U. bis auf Werte unter 10 μg/L abnehmen kann.

Während die Möglichkeit des Auftretens von Korrosion durch den Sauerstoffzutritt bestimmt wird, wird die Art der Korrosionserscheinungen hauptsächlich von der Wasserbeschaffenheit und von den Betriebsbedingungen beeinflußt.

-1 Wanddurchbruch bei Eisenwerkstoffen

Als Werkstoff für Warmwasserheizungen werden überwiegend *unlegierte Eisenwerkstoffe* (Stahl, Gußeisen) eingesetzt. Bei Berührung mit sauerstoffhaltigem Wasser reagiert Eisen zunächst nach

$$Fe + {}^1/_2\, O_2 + H_2O \rightarrow Fe(OH)_2$$

unter Bildung von Eisen(2)hydroxid, das sich nach

$$3\, Fe(OH)_2 + {}^1/_2 O_2 \rightarrow Fe_3O_4 + 3\, H_2O$$

normalerweise in das unter dem Namen *Magnetit* bekannte Eisen(2,3)oxid umwandelt.

Wenn man davon ausgeht, daß Wasser bei Luftsättigung an der Atmosphäre einen Sauerstoffgehalt von etwa 10 mg/L hat, dann kann man aus den obigen Gleichungen ableiten, daß 1 m^3 Wasser etwa 26 g Eisen umsetzen kann. Für die Verhältnisse in einem Rohr DN 25, das bei einer Länge von 1 m ein Wasservolumen von etwa 0,5 L umhüllt und eine Innenfläche von etwa 800 cm^2 hat, bedeutet dies bei gleichmäßiger Korrosion eine Wanddickenschwächung von etwa 0,00002 mm. Daraus ergibt sich, daß der Sauerstoffgehalt des Füllwassers bei der Abschätzung der Korrosionsgefährdung einer Warmwasserheizung außer Betracht bleiben kann und daß hier normalerweise keine Korrosionsprobleme in Form von Wanddurchbrüchen auftreten.

An *Rohrleitungen* oder *Heizkörpern* kann es nur dann zu Wanddurchbrüchen kommen, wenn ständig Sauerstoff in den Kreislauf gelangt. Dies kann z.B. bei Anlagen mit offenem Ausdehnungsgefäß und zwei Sicherheitsleitungen geschehen, wenn die Verbindung zwischen Sicherheitsvorlauf und Sicherheitsrücklauf über das offene Ausdehnungsgefäß erfolgt.

Bild 1.10.2-1 zeigt das Aussehen einer Rohrleitung aus dem Sicherheitsrücklauf unmittelbar hinter einem durchströmten Ausdehnungsgefäß nach einer Betriebszeit von 5 Jahren nach Entfernung der Korrosionsprodukte.

Bild 1.10.2-2 zeigt das typische Aussehen einer Durchbruchstelle in der unteren Schale eines Stahlradiators aus einer Anlage mit durchströmtem offenem Ausdehnungsgefäß nach einer Betriebszeit von 7 Jahren, ebenfalls nach Entfernung der Korrosionsprodukte.

Charakteristisch für diese Korrosionserscheinungen ist der Metallabtrag auf der gesamten Oberfläche.

In Anlagen ohne Sauerstoffaufnahme über ein offenes Ausdehnungsgefäß kann es bei den dann sehr geringen Sauerstoffgehalten unter 10 μg/L nur ausnahmsweise im Zusammen-

[1)] VDI 2035 Bl. 2 (09.98): Vermeidung von Schäden in Warmwasserheizanlagen, Wasserseitige Korrosion.

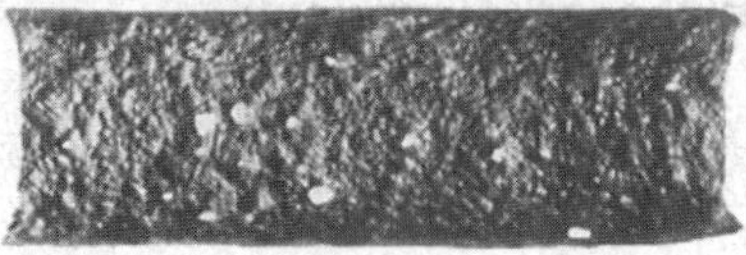

Bild 1.10.2-1. Stahlrohr aus dem Sicherheitsrücklauf unmittelbar hinter einem durchströmten offenen Ausdehnungsgefäß.

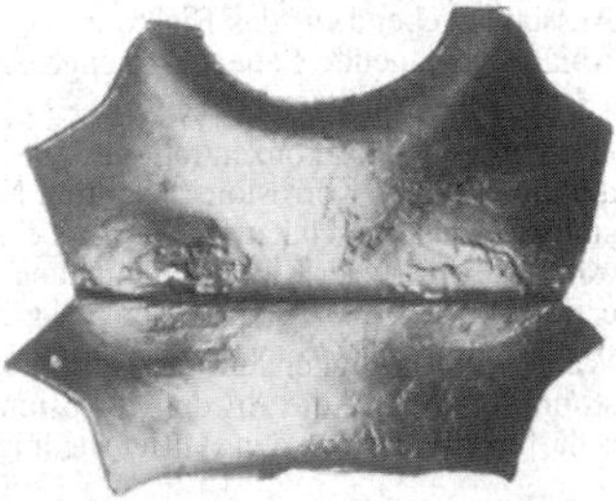

Bild 1.10.2-2. Untere Schale aus einem Stahlblechradiator aus einer Anlage mit einem offenen durchströmten Ausdehnungsgefäß.

hang mit Besonderheiten bei der Inbetriebnahme zu Durchrostungen kommen. Eine Warmwasserheizung wird in der Regel nach der Fertigstellung einer Wasserdruck-Prüfung unterzogen. Anschließend wird das System häufig wieder entleert, wobei meist Wasserreste im unteren Bereich der Heizkörper und im Bereich der Spalte neben Punktschweißstellen zurückbleiben. Hier bewirkt dann Korrosion die Bildung von Rostschlamm. Der Angriff, der in der Zeit bis zur Inbetriebnahme der Anlage stattfindet, erfolgt normalerweise überwiegend flächenhaft und ist zu vernachlässigen. Die Korrosion bewirkt dann zwar eine Korrosionserscheinung, aber keinen Korrosionsschaden, weil weder der entstandene Rostschlamm noch die geringe Schwächung der Wanddicke eine Beeinträchtigung der Funktion verursachen.

Unter ungünstigen Bedingungen kann es jedoch zur Ausbildung von Korrosionselementen kommen, die einen muldenförmigen oder lochartigen Angriff verursachen. Derartige Verhältnisse sind z. B. gegeben, wenn das Heizwasser *Korrosions-Inhibitoren* enthält oder der Heizkörper noch Reste von Verarbeitungshilfsmitteln mit rostschützender Wirkung aufweist.

Korrosions-Inhibitoren, deren Eigenschaften im übrigen in Abschnitt 1.10.2-12 näher beschrieben sind, haben vielfach die Eigenschaft, daß sie, wenn sie nicht in ausreichender Menge an die Metalloberfläche gelangen, nicht nur nicht mehr schützend wirken, sondern im Gegenteil sogar ausgeprägt örtliche Korrosion verursachen können.

Bild 1.10.2-3 zeigt einen Wanddurchbruch, der in Verbindung mit einem Korrosions-Inhibitoren enthaltenden Fernheizwasser im Spaltbereich einer Punktschweißstelle entstanden ist. Wenn das zur Wasserdruckprobe verwendete Fernheizwasser wieder abgelassen wird, bleibt hier aufgrund von Kapillarkräften Wasser zurück. Begünstigt durch den ungehinderten Zutritt von Sauerstoff aus der Luft, die Aufkonzentrierung der Wasserinhaltsstoffe durch Verdunstung von Wasser und den Verbrauch der Inhibitoren stellen sich im Spalt-

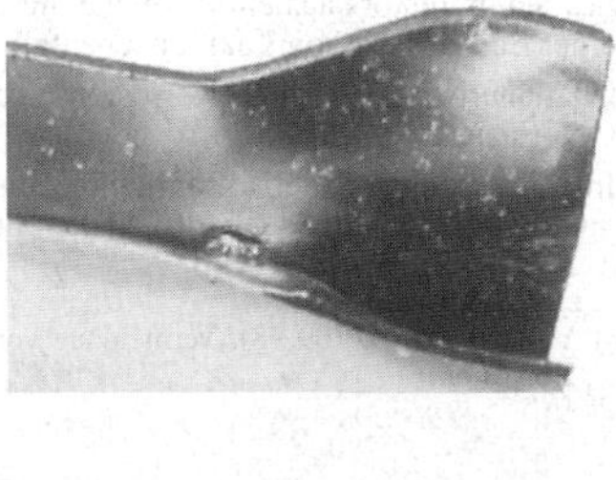

Bild 1.10.2-3. Wanddurchbruch im Spaltbereich einer Punktschweißstelle durch Korrosion bei behindertem Inhibitorzutritt.

bereich der Punktschweißstelle verhältnismäßig schnell Bedingungen ein, unter denen die Entstehung von Korrosionselementen begünstigt ist. Der geringe Restsauerstoffgehalt des Fernheizwassers, der für sich allein keinen Schaden verursachen konnte, war unter diesen Bedingungen in der Lage, das Korrosionselement bis zum Wanddurchbruch aktiv zu halten.

Bild 1.10.2-4 zeigt eine Durchbruchstelle in dem Rohr eines Röhrenradiators, bei der die örtliche Korrosion von der Längsschweißnaht des Rohres ausgeht. Der Schadensfall stammt aus einer Anlage mit *Kunststoffrohr-Fußbodenheizung,* in der es aufgrund der Sauerstoffdurchlässigkeit der Kunststoffrohre zu Schäden durch Schlammbildung gekommen war (s. Abschnitt 1.10.2-3). Als Abhilfemaßnahme wurden dem Heizwasser Korrosions-Inhibitoren zugesetzt. Die Wirksamkeit des verwendeten Inhibitors ist offensichtlich im Bereich der um die Schweißnaht vorhandenen Zunderschichten nicht ausreichend gewesen und hat zu Lochkorrosion geführt (s. Abschnitt 1.10.2-12).

Bild 1.10.2-4. Wanddurchbruch im Bereich der Längsschweißnaht eines Röhrenradiators durch Korrosion bei behindertem Inhibitorzutritt.

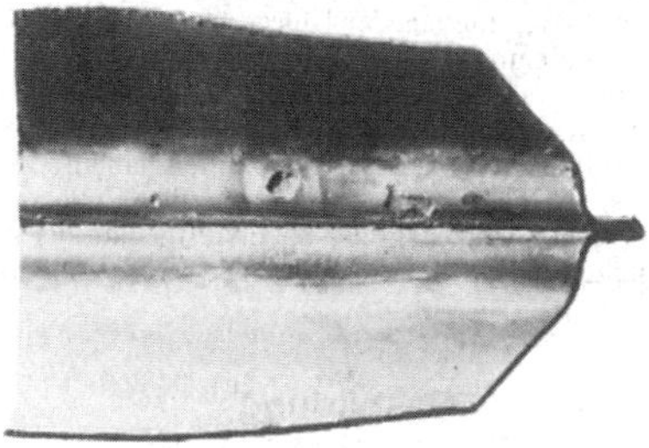

Bild 1.10.2-5. Wanddurchbruch im Bodenbereich eines Plattenheizkörpers als Folge von örtlicher Korrosion, ausgelöst durch Korrosionsschutzöl.

Ähnlich kritische Verhältnisse liegen bei Heizkörpern vor, die auf ihrer Oberfläche noch *Reste* von *Verarbeitungshilfsmitteln* mit *korrosionsschützender Wirkung* aufweisen. Der zur Vermeidung von Anrostungen bei der Lagerung an der Atmosphäre auf die Blechoberfläche aufgebrachte sog. temporäre Korrosionsschutz ist unter den Bedingungen mit Wasserresten bei ungehindertem Luftzutritt zwar zunächst noch ausreichend wirksam, um Korrosion zu unterbinden. Wenn der Korrosionsschutz jedoch an einer Stelle zusammenbricht, wird diese in gleicher Weise zur Anode in einem Korrosionselement, wie dies bei einer Stelle mit unzureichendem Inhibitorzutritt geschieht. Bild 1.10.2-5 zeigt das typische Aussehen einer hierdurch bedingten Korrosionsstelle im unteren Bereich eines Plattenheizkörpers. Auffällig ist der nahezu punktförmige Angriff inmitten einer im übrigen praktisch nicht angegriffenen Oberfläche. Das Bild zeigt die Oberfläche im Originalzustand, d.h., es sind keine Korrosionspunkte entfernt worden.

Besondere Bedingungen liegen bei Warmwasserheizungen mit Fußbodenheizungsrohren aus *nicht sauerstoffdichtem Kunststoff* vor. Bei diesen Anlagen gelangt zwangsläufig ständig Sauerstoff durch die Kunststoffrohre hindurch in das Heizwasser. Außer der in Abschnitt 1.10.2-3 näher beschriebenen Schlammbildung werden auch vereinzelt Wanddurchbrüche beobachtet. Bild 1.10.2-6 zeigt das Aussehen eines Rauchrohres aus einem Heizkessel, das durch örtliche Korrosion von der Wasserseite nach einer Betriebszeit von $1^1/_2$ Jahren undicht geworden ist. Die örtliche Korrosion ist in diesem Fall offensichtlich durch Luftblasen ausgelöst worden, die sich beim ersten Aufheizen des Heizkessels auf der Unterseite des Rauchrohres festgesetzt haben. Wegen der sehr ungünstigen Verhältnisse

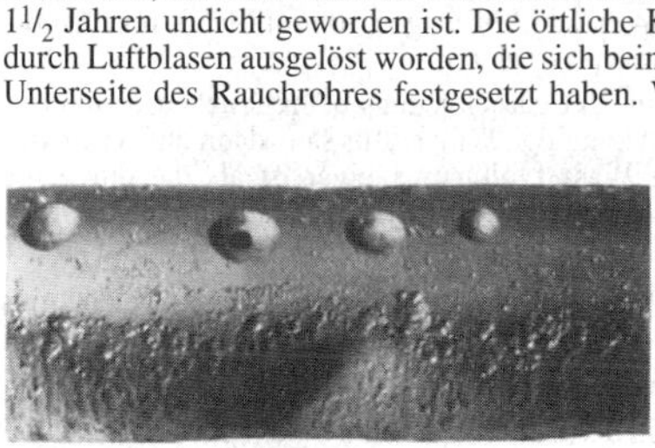

Bild 1.10.2-6. Wasserseitige örtliche Korrosionserscheinungen am Rauchrohr eines Heizkessels.

in dieser Anlage mit etwa 20000 m Kunststoffrohr und nur etwa 15 m^2 Stahloberfläche wäre selbst bei gleichmäßiger Korrosion mit einem Abtrag von etwa 0,2 mm/a zu rechnen gewesen.

In anderen Fällen sind in Verbindung mit Kunststoffrohren Durchrostungen an Kesselblechen und Temperaturfühlern von Heizkesseln sowie an Wärmetauschern und Speicherbehältern von Wärmepumpenanlagen beobachtet worden.

Während bei Korrosionsschäden, die bereits in der ersten Heizperiode auftreten, einleuchtend ist, daß sie nicht durch eine besondere Korrosivität des Heizwassers bedingt sind, sondern durch Korrosion vor der Inbetriebnahme, ist dies bei Schäden nach Betriebszeiten von mehreren Jahren nicht mehr so deutlich erkennbar. Die in den Heizwässern festgestellten Sauerstoffgehalte von 5–20 μg/L reichen nicht aus, um stabile Korrosionselemente zu erzeugen. Sie sind aber offensichtlich in der Lage, *vor der Inbetriebnahme in Gang gekommene Korrosionselemente* aktiv zu erhalten. Aufgrund der heute vorliegenden Kenntnisse müssen ältere Vorstellungen, wonach ein Sauerstoffgehalt von 0,1 mg/L für das Auftreten von Korrosionsschäden erforderlich sein soll, korrigiert werden. Dieser Wert basiert auf der Erfahrung aus der Untersuchung von Schäden in Anlagen mit durchströmten offenen Ausdehnungsgefäßen. Er ist insofern nach wie vor gültig, als ausschließlich durch die Betriebsweise bedingte Schäden wahrscheinlich bei geringeren Sauerstoffgehalten nicht auftreten. Er kann jedoch nicht in dem Sinne interpretiert werden, daß bei geringeren Sauerstoffgehalten keine Korrosion mehr ablaufen kann. Bei Korrosionselementen, die vor der Inbetriebnahme unter den nach einer Entleerung vorliegenden Bedingungen in Gang gekommen sind, liegt der Sauerstoffgehalt, der notwendig ist, um die Elemente in Gang zu halten, wahrscheinlich 2 Zehnerpotenzen niedriger.

-2 Gasbildung

Funktionsstörungen in Form von störenden Fließgeräuschen und mangelnder Heizleistung an den höchstgelegenen Heizkörpern, die durch Entlüften der Anlage kurzfristig beseitigt werden können, jedoch stets erneut wieder auftreten, werden nur bei geschlossenen Warmwasserheizungen beobachtet. Sie sind auf die Bildung von Gaspolstern zurückzuführen, die brennbaren *Wasserstoff* enthalten, der nach

$$3\,Fe(OH)_2 \rightarrow Fe_3O_4 + 2\,H_2O + H_2$$

der sog. *„Schikorr"-Reaktion* gebildet wird. Voraussetzung für das Ablaufen dieser Reaktion, deren Geschwindigkeit mit zunehmender Temperatur zunimmt, ist einerseits die Anwesenheit hinreichender Sauerstoffmengen, um Eisen unter Bildung von Eisen(2)-hydroxid zur Reaktion zu bringen und andererseits die Abwesenheit zu großer Sauerstoffmengen, die nach

$$3\,Fe(OH)_2 + {}^1/_2\,O_2 \rightarrow Fe_3O_4 + 3\,H_2O$$

die Bildung von Magnetit ohne Wasserstoffentwicklung begünstigen würden.

Bei der chemischen Analyse des beim Entlüften anfallenden Gases wird neben Wasserstoff stets auch Stickstoff in größeren Mengen festgestellt. Dies zeigt, daß der für die primäre Reaktion erforderliche Sauerstoff durch Einsaugen von Luft in die Anlage gelangt ist. Dies ist nur bei geschlossenen Anlagen nur bei Auftreten von Unterdruck möglich.

Unterdruck kann in einer geschlossenen Anlage nur auftreten, wenn das Druckausdehnungsgefäß seine Funktion nicht erfüllt. Dies ist z.B. dann gegeben, wenn der eigentliche Heizkreis bei Absenkung der Temperatur durch einen dichtschließenden Vierwegemischer vom Ausdehnungsgefäß getrennt wird (Bild 1.10.2-7). Aufgrund der beim Abkühlen des Wassers auftretenden Volumenkontraktion kommt es dann zu Unterdruck an der höchstgelegenen Stelle der Anlage und als Folge davon zum Einsaugen von Luft (z.B. über Stopfbuchspackungen oder O-Ring-Dichtungen von Armaturen).

Häufiger ist der Grund für das Auftreten von Unterdruck jedoch beim Druckausdehnungsgefäß zu suchen. Unterdruck tritt bei Absenkung der Temperatur stets dann auf, wenn das vom Ausdehnungsgefäß nachzuspeisende Wasservolumen kleiner ist als die durch die Temperaturabsenkung bewirkte Volumenkontraktion. Dies kann darauf zurückzuführen sein, daß

– das Ausdehnungsgefäß von Anfang an in seinem Volumen zu klein bemessen war
– der Vordruck auf der Gasseite des Druckausdehnungsgefäßes zu klein oder zu groß war
– der Vordruck durch Gasverluste abgesunken ist
– das Ausdehnungsgefäß durch Zerstörung der Gummimembran defekt geworden ist.

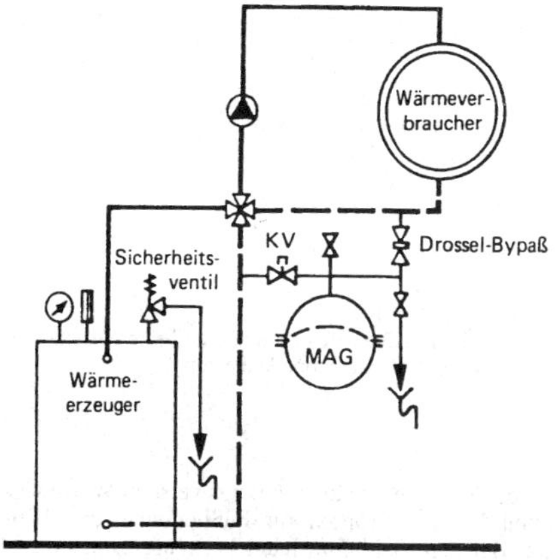

Bild 1.10.2-7. Schema einer Anlage mit Vierwegemischer (modifiziert)*).

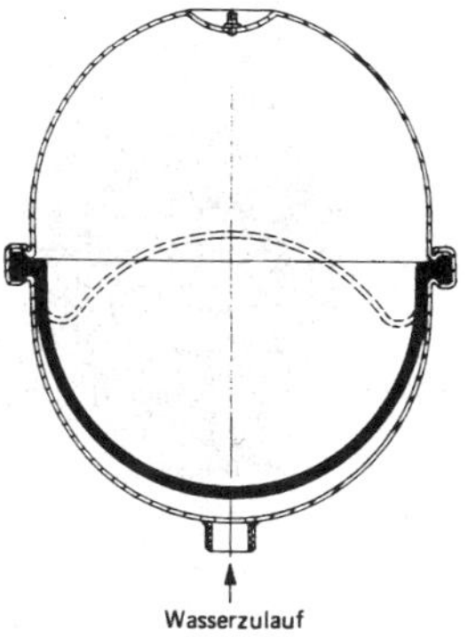

Bild 1.10.2-8. Membran-Ausdehnungsgefäß (MAG)

*) ZVH-Richtlinie 12.02, Juli 1986. Richtlinie zur Auslegung von Membran-Druckausdehnungsgefäßen nach DIN 4802. VDM Industrieverband Membran-Druckausdehnungsgefäße der ZVH im Fachverband Stahlblechverarbeitung e. V., Verbandshaus, Hochstraße 113–115, 58095 Hagen

Unterdruck kann schließlich auch dadurch entstehen, daß der Betriebsdruck aufgrund von Leckverlusten so weit absinkt, daß sich die Gummimembran des Ausdehnungsgefäßes bereits während des Betriebs in Endstellung (Bild 1.10.2-8) befindet und deshalb bei Volumenkontraktion kein Wasser mehr nachgespeist werden kann.

Die Menge der eingesaugten Luft entspricht maximal der durch die Abkühlung bewirkten Volumenkontraktion. Bei einer angenommenen Abkühlung des Wassers von 40 °C auf 20 °C errechnet sich für eine Anlage mit einem Gesamtwasserinhalt von 260 L eine Volumenkontraktion von 1,6 L. Das eingesaugte Luftvolumen bringt 0,32 L Sauerstoff ins Wasser, der nach der Schikorr-Reaktion durch Korrosion von 1,1 g Eisen 0,21 L Wasserstoff erzeugen kann. Wenn dies bei Anlagen mit Nachtabsenkung der Temperatur täglich auftritt, sind es bei 200 Heiztagen 42 L Wasserstoff, die durch Korrosion von 220 g Eisen entstehen.

Aus der praktischen Erfahrung mit Anlagen, in denen Gasbildung aufgetreten ist, kann in Übereinstimmung mit der oben durchgeführten Überschlagsrechnung gesagt werden, daß die bei dieser Korrosionsart umgesetzten Eisenmengen so gering sind, daß Durchrostungen nicht zu befürchten sind. Das Volumen des bei der Korrosion gebildeten Wasserstoffs läßt Störungen durch Gaspolster verständlich erscheinen.

Der bei dieser Korrosionsart durch die entstehenden festen Korrosionsprodukte gebildete Schlamm führt nur ausnahmsweise zu Korrosionsschäden, da er meistens in den Tiefpunkten von Heizkörpern abgelagert wird. Störungen sind aber z.B. an Wärmemengenzählern beobachtet worden, bei denen sich die magnetischen Korrosionsprodukte auf den Magneten der Flügelräder angesammelt und diese schließlich zum Blockieren gebracht haben. Störungen durch Gasbildung können durch regelmäßige Kontrolle des Betriebsdrucks und der Funktion des Ausdehnungsgefäßes vermieden werden. Näheres hierzu ist in Abschnitt 1.10.2-11 ausgeführt.

-3 Schlammbildung

Zu den Korrosionsschäden durch *Schlammbildung* gehören neben den bereits erwähnten Funktionsstörungen an Wärmemengenzählern vor allem Zirkulationsblockierungen ganzer Heizkreise und das Festsitzen von Umwälzpumpen. Abgesehen von vereinzelten Schäden, die in Anlagen mit ungewöhnlich großen Wasserinhalten durch den Sauerstoffgehalt des

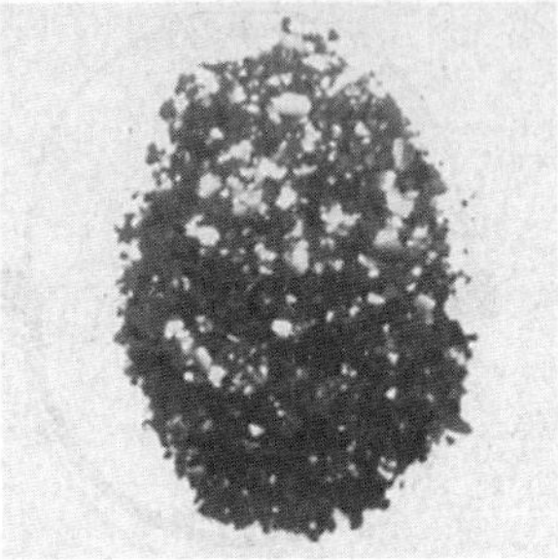

Bild 1.10.2-9. Rostprodukte aus einer Anlage mit Kunststoffrohr-Fußbodenheizung.

Füllwassers ausgelöst worden sind, werden derartige Schäden vorzugsweise in Warmwasserheizungen mit nicht sauerstoffdichten Kunststoffrohren für Fußbodenheizung bzw. Heizkörperanbindeleitungen beobachtet. Bei dem Schlamm handelt es sich zunächst im wesentlichen um Eisen(2)hydroxid. Wenn sich der Schlamm auf den Innenflächen von Kunststoffrohren ablagert, kann er sich nach

$$2\,Fe(OH)_2 + {}^1/_2\,O_2 \rightarrow 2\,FeOOH + H_2O$$

als Folge des Sauerstoffdurchtritts durch die Kunststoffrohre in das als Rost bekannte Eisen(3)oxidhydrat umwandeln, das ansonsten im Innern von geschlossenen Anlagen nicht auftritt. Derartige Rostprodukte, wie sie in Bild 1.10.2-9 wiedergegeben sind, sind dadurch gekennzeichnet, daß sie auf der ursprünglich der Kunststoffrohrwandung zugewandten Seite glänzend und glatt sind, während die ursprünglich dem Heizwasser zugewandte Seite matt erscheint.

Der für die Korrosion erforderliche Zutritt von Sauerstoff zum Heizwasser erfolgt über Diffusion durch die Wandungen der nicht sauerstoffdichten Kunststoffrohre hindurch. Bei 40 °C liegt die Sauerstoffdurchlässigkeit von (sperrschichtfreien) Rohren aus Vernetztem Polyethylen (PE-X), Polypropylen-Copolymerisat (PP-C) und Polybuten (PB) im Mittel bei 5,3 mg/(L · d), d. h., es liegen hinsichtlich des Sauerstoffzutritts Verhältnisse vor, als ob alle 2 Tage eine Neubefüllung der Kunststoffrohre mit luftgesättigtem Wasser mit einer Sauerstoffkonzentration von etwa 10 mg/L erfolgen würde[1)]. In einer Anlage mit 1000 m 20/2 Kunststoffrohr können auf diese Weise bei 40 °C an 200 Heiztagen pro Jahr etwa 212 g Sauerstoff in das Heizwasser gelangen und 555 g Eisen unter Bildung von 767 g Magnetitschlamm (bzw. bei zur 3wertigen Stufe weitergehender Oxidation 492 g Eisen unter Bildung von 785 g Rostschlamm) zur Korrosion bringen. Dies sind zweifellos Mengen, die zu Korrosionsschäden durch Schlammbildung führen können.

Bei den heute für Fußbodenheizungen verwendeten Kunststoffrohren handelt es sich überwiegend um Rohre, die nach DIN 4726[2)] als sauerstoffdicht bezeichnet werden können, weil die Sauerstoffdurchlässigkeit mit Hilfe von außen aufgebrachten Sperrschichten auf Werte unter 0,1 mg/(L · d) reduziert worden sind.

Zur Sanierung von Heizungen, die noch mit nicht sauerstoffdichten Rohren erstellt worden sind, kommt praktisch nur eine Systemtrennung[3)] in Frage, wie sie in Bild 1.10.2-10 schematisch dargestellt ist (vgl. Abschnitt 1.10.2-10). Wenn diese Maßnahme nicht möglich ist, bleiben nur die in Abschnitt 1.10.2-12 beschriebenen Maßnahmen des Korrosionsschutzes durch Wasserbehandlung.

[1)] Kruse, C.-L.: Korrosion in Warmwasserheizungsanlagen als Folge von Sauerstoffdiffusion durch Kunststoffrohre. schadenprisma 11 (1982) H. 2, S. 17–21.

[2)] DIN 4726 (01.00). Rohrleitungen aus Kunststoffen für Warmwasser-Fußbodenheizungen, Allgemeine Anforderungen.

[3)] VDI 2035 Bl. 2 (09.98) E, Vermeidung von Schäden in Warmwasserheizanlagen, Wasserseitige Korrosion.

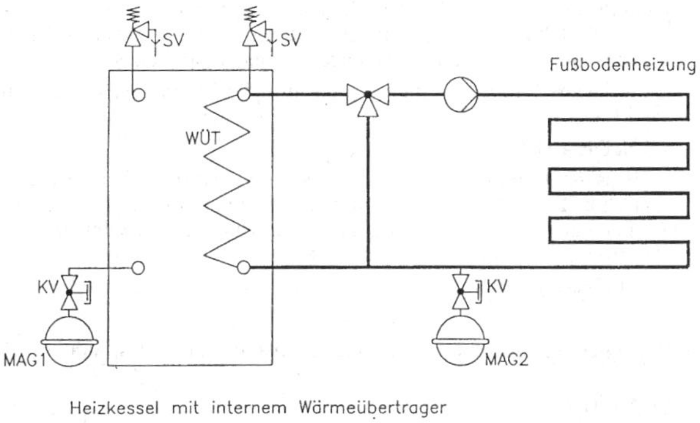

Bild 1.10.2-10. Systemtrennung bei Anlagen mit Kunststoffrohr-Fußbodenheizung.

-4 Eisenoxid-Beläge

Als Folge der mit abnehmendem pH-Wert (zunehmender Konzentration an Wasserstoff-Ionen) zunehmenden Löslichkeit des primären Korrosionsproduktes Eisen(2)hydroxid können größere Konzentrationen an Eisen(2)-Ionen vorliegen, wenn das Umlaufwasser einen relativ niedrigen pH-Wert (unter 8) aufweist. Dies ist zumeist dann der Fall, wenn als Füllwasser unbehandeltes Leitungswasser verwendet wird und eine geschlossene Anlage vorliegt, aus der das im Wasser gelöste Kohlenstoffdioxid nicht entweichen kann. Wegen der mit zunehmender Konzentration an Eisen(2)-Ionen und zunehmender Temperatur verstärkt ablaufenden *Schikorr-Reaktion* (s. Abschnitt 1.10.2-2) kommt es dann vorzugsweise an den heißesten Stellen der Wärmeübertragungsflächen zur Bildung von harten Belägen aus schwarzen Eisen(2,3)oxid (Magnetit).

In gleicher Weise wie bei der Bildung von Calciumcarbonat-Belägen (s. Abschnitt 1.10.6) vergrößern die Eisenoxid-Beläge den Wärmeübergangswiderstand und beeinträchtigen dadurch (unabhängig vom Material des Wärmeübertragers) den Wärmetransport und verschlechtern den Wirkungsgrad. Dies kann besonders ausgeprägt bei Brennwertgeräten in Erscheinung treten, bei denen unter diesen Bedingungen wegen der höheren Wandtemperatur keine Kondensation mehr auftritt. Unter besonders kritischen Bedingungen kann es durch die Beläge zu thermischer Überbelastung mit der Folge von Rissbildung an Heizkesseln kommen.

Die für die Bildung von Eisenoxid-Belägen erforderliche erhöhte Konzentration an Eisen-(2)-Ionen kann zuverlässig durch Anhebung des pH-Wertes durch Zugabe alkalisierender Stoffe (s. Abschnitt 1.10.2-12) vermieden werden.

-5 Korrosion von Kupfer-Werkstoffen

An Kupferbauteilen treten auch bei Anwesenheit von Sauerstoff im Heizwasser praktisch keine Korrosionsschäden auf. Nur vereinzelt können die nachfolgend beschriebenen Erscheinungen beobachtet werden.

Speziell in großen Fernheizsystemen sind bei Anwesenheit von Schwefelwasserstoff vereinzelt Schäden in Form von Wanddurchbrüchen als Folge von *Korrosion unter Bildung von dicken Kupfer(1)sulfid-Schichten* aufgetreten. Eine der möglichen Ursachen für die Bildung von Schwefelwasserstoff ist die Anwesenheit von sulfatreduzierenden Bakterien im Heizungswasser, die bei Abwesenheit von Sauerstoff (z.B. unter Schlammablagerungen) gute Lebensbedingungen vorfinden. Die Bakterien können zum Teil auch noch bei Temperaturen um 60 °C die praktisch in jedem Trinkwasser enthaltenen Sulfat-Ionen zu Schwefelwasserstoff reduzieren. Der direkte Nachweis dieser im übrigen völlig harmlosen Bakterien ist recht schwierig. Hinweise auf ihre Tätigkeit erhält man durch Bestimmung des Gehaltes an Sulfat-Ionen. Wenn dieser im Heizungswasser wesentlich niedriger liegt als im Füllwasser, kann dies nur auf die Tätigkeit der sulfatreduzierenden Bakterien zurückzuführen sein, da eine Reduktion von Sulfat-Ionen auf chemischem Wege unter den in einer Fernwärme-Heizungsanlage vorliegenden Bedingungen nicht möglich ist.

Bei Anlagen, bei denen Sauerstoffbindung mit Natriumsulfit vorgenommen wird, kann sich Schwefelwasserstoff nach

$$Na_2SO_3 + 6\,H \rightarrow 2\,NaOH + H_2O + H_2S$$

durch Reaktion mit Wasserstoff bilden, der bei geringen Sauerstoffgehalten aus dem primären Korrosionsprodukt Eisen(2)hydroxid in der sog. Schikorr-Reaktion (vgl. Abschnitt 1.10.2-2) entstehen kann. Eine andere Möglichkeit zur Bildung von Schwefelwasserstoff wäre in der Disproportionierung von Natriumsulfit

$$4\,Na_2SO_3 + H_2O \rightarrow 4\,Na_2SO_4 + H_2S$$

zu sehen.

Schwefelwasserstoff reagiert mit Kupfer(1)oxid, dem primären Korrosionsprodukt von Kupfer, nach

$$Cu_2O + H_2S \rightarrow Cu_2S + H_2O$$

zu Kupfer(1)sulfid, das zwar schwerer löslich ist als das Kupfer(1)oxid, im Gegensatz zu diesem jedoch keine korrosionshemmende Deckschicht bildet. Bei erneutem Sauerstoffzutritt kommt es dann an den mit Kupfer(1)sulfid bedeckten Bereichen sofort zur Bildung von Kupfer(1)oxid.

Die Bildung von Kupfer(1)sulfidschichten muß nicht, wie in Einzelfällen geschehen, zu Wanddurchbrüchen führen. Sie kann jedoch wegen der mit der Korrosion verbundenen Volumenzunahme zu Störungen anderer Art führen. So sind z.B. umfangreiche Schäden an Präzisions-Regelventilen von Induktions-Klimageräten aufgetreten, die darauf zurückzuführen waren, daß die Ventilkegel im Ventilsitz durch etwa 20 μm dicke Kupfer(1)sulfidschichten blockiert worden sind.

Von den Kupfer-Legierungen sind vorzugsweise die Kupfer-Zink-Legierungen (Messing) zu nennen, die sich bei Abwesenheit von Sauerstoff genauso unproblematisch verhalten wie das Kupfer selbst. Bei Anwesenheit von Sauerstoff kann eine spezielle Korrosionsart, die Entzinkung, auftreten. Die entzinkten Bereiche zeichnen sich von der übrigen Oberfläche dadurch ab, daß sie nicht die gelbliche Färbung des Messings, sondern die rötliche Färbung des Kupfers aufweisen, das zurückbleibt, während das Zink durch Korrosion in Lösung geht oder in Form von Korrosionsprodukten auf der Oberfläche abgelagert wird. Während die Form des Bauteils bei der Entzinkung erhalten bleibt, findet in den entzinkten Bereichen eine erhebliche Abnahme der Festigkeit statt, die bei Druckbelastung zum Herausbrechen dieser Bereiche führen kann.

Eine weitere spezielle Korrosionsart bei Anwesenheit von Sauerstoff, die *Erosionskorrosion,* wird nur bei örtlich sehr hoher Strömungsgeschwindigkeit beobachtet, wie sie z.B. zwischen Dichtungssitz und Dichtungskörper von Feinregulierventilen auftreten kann. Sie ist gekennzeichnet durch das Fehlen von Korrosionsprodukten, die durch die Einwirkung der Strömung abgetragen werden. Die Erosionskorrosion bei Messing wird durch eine erhöhte Alkalität des Heizwassers (wie sie z.B. bei Zugabe stärker alkalisch reagierender Korrosionsschutz-Additive möglich ist) begünstigt, da die Zink-Korrosionsprodukte unter diesen Bedingungen unter Bildung von Zinkat-Ionen aufgelöst werden.

-6 Korrosion von Aluminium-Werkstoffen

Aluminium und dessen Legierungen sind in neutralem sauerstofffreien Wasser weitgehend korrosionsbeständig. Der Einsatz von Heizkörpern aus verschiedenen Aluminiumlegierungen hat zu keinen nennenswerten Problemen geführt.

Bei Sauerstoffzutritt muß in neutral reagierendem Heizwasser mit dem Auftreten von Lochkorrosion gerechnet werden, da die hierfür erforderlichen Gehalte an Chlorid-Ionen in praktisch allen Füll- und Ergänzungswasser vorhanden sind. In entsalztem Wasser besteht diese Gefahr nicht.

Die Abwesenheit von Sauerstoff im Heizwasser allein bietet keine Gewähr für einen schadensfreien Einsatz. Vor allem bei stärker alkalischer Reaktion des Heizwassers, wie sie teilweise zum Schutz von Eisenwerkstoffen durch Zugabe alkalisierender Stoffe erzielt wird, kann es nach

$$Al + 3\,H_2O + NaOH \rightarrow Na[Al(OH)_4] + 3/2\,H_2$$

zu Korrosion unter Wasserstoffentwicklung kommen.

Wanddurchbrüche sind vereinzelt bei Heizkesseln aus Aluminium beobachtet worden, bei denen wegen des Vorhandenseins sauerstoffdurchlässiger Kunststoffrohre stark alkalisch reagierende Korrosionsinhibitoren verwendet worden sind.

In Bereichen von Heizkörpern und Mischern aus Aluminium, in denen konstruktionsbedingt stärkere turbulente Strömung auftritt, sind auch bei schwächer alkalisch reagierenden Heizwässern Schäden durch Erosionskorrosion beobachtet worden.

Da das Natriumaluminat nach

$$Na[Al(OH)_4] \rightarrow Al(OH)_3 + Na^+ + OH^-$$

unter Bildung von Aluminiumhydroxid zerfallen kann, was zwangsläufig beim Absinken der Alkalität (z. B. als Folge des Zutritts von Kohlenstoffdioxid aus der Luft über gasdurchlässige Kunststoffrohre) erfolgt, ist es vereinzelt auch zu Funktionsstörungen durch Verstopfung mit Aluminiumhydroxid-Schlamm gekommen.

Zur Vermeidung von Schäden bei Wasserbehandlung durch Zugabe alkalisierender Stoffe wird in der VDI 2035 Bl. 2[1)] empfohlen, die Säurekapazität bis pH 8,2 auf Werte < 0,1 zu begrenzen.

-7 Korrosion von feuerverzinktem Stahl

Auch feuerverzinkter Stahl ist in neutralem sauerstofffreien Wasser sehr weitgehend korrosionsbeständig. Obwohl auch hier in ähnlicher Weise wie beim Aluminium in alkalisch reagierenden Wässern die Möglichkeit einer Korrosion unter Wasserstoffentwicklung besteht, sind keine Schäden bekannt geworden. Nach Abzehrung der Zinkschicht kommt die Korrosion unter diesen Bedingungen zum Stillstand.

Der Sachverhalt, wonach feuerverzinkter Stahl in Warmwasserheizungen praktisch nicht eingesetzt wird, ist nicht dadurch begründet, daß Funktionsstörungen als Folge von Korrosion unter Wasserstoffentwicklung zu befürchten wären, sondern allein dadurch, daß ungeschützter Stahl unter diesen Bedingungen hinreichend korrosionsbeständig ist. Es kann deshalb auch keine Rede davon sein, daß der Einsatz von feuerverzinktem Stahl in Heizwasser unzulässig ist.

-8 Korrosion von nichtrostenden Stählen

Wasserseitige Korrosion tritt bei nichtrostenden Stählen in Heizwasser nicht auf. Funktionsstörungen an Regelarmaturen, die durch Blockieren einer Achse aus nichtrostendem Stahl in einer O-Ring-Dichtung oder einer Messing-Buchse verursacht werden, sind auf

- verdunstete Wasserinhaltsstoffe in Verbindung mit einer Versprödung der Gummidichtung
- Bildung von Korrosionsprodukten auf der Messing-Buchse oder
- kathodische Abscheidung von Calciumcarbonat, Eisen(2)carbonat oder (aus Messing stammenden) Zink-Korrosionsprodukten

zurückzuführen.

-9 Kontaktkorrosion, Mischinstallation

Kontaktkorrosion, bei der unedlere Werkstoffe (Eisen, Zink, Aluminium) in metallen leitendem Kontakt mit edleren Werkstoffen (Kupfer-Legierungen, nichtrostende Stähle) verstärkt angegriffen werden, treten in Heizwasser deshalb nicht auf, weil bei den geringen Sauerstoffkonzentrationen in Heizwasser der Sauerstoffzutritt geschwindigkeitsbestimmend wird. Die Geschwindigkeit der Sauerstoffreduktion, die ansonsten durch den Kontakt mit den edleren Werkstoffen erhöht wird, spielt dann keine wesentliche Rolle mehr. Auch die in der Sanitärtechnik beobachtete Beeinflussung der Korrosion von feuerverzinktem und unlegiertem Stahl durch in Lösung gegangene Kupfer-Ionen spielt in der Heizungstechnik deshalb keine Rolle.

---

1) VDI 2035 Bl. 2 (09. 98) Vermeidung von Schäden in Warmwasserheizanlagen, Wasserseitige Korrosion.

-10 Korrosionsschutz bei Planung und Inbetriebnahme

Der Korrosionsschutz beginnt üblicherweise bei der Planung mit der Vorgabe der Werkstoffe und der Konstruktionsprinzipien. Die Werkstoffwahl für Warmwasserheizungen bereitet keine Probleme, sofern es sich tatsächlich um geschlossene Systeme handelt. In diesen Fällen können uneingeschränkt unlegierte Eisenwerkstoffe (Stahl, Guß) zum Einsatz kommen. Der mit dem Füllwasser eingebrachte Sauerstoff kann nur in so geringem Ausmaß Korrosion verursachen (vgl. Abschnitt 1.10.2-1), daß Korrosionsschäden normalerweise nicht zu befürchten sind. Der Einsatz korrosionsbeständigerer Werkstoffe ist deshalb nicht gerechtfertigt.

Anders liegen die Dinge, wenn es sich um Anlagen handelt, in die ständig Sauerstoff gelangen kann, wie dies z.B. bei Anlagen mit nicht sauerstoffdichten Kunststoffrohren der Fall ist. Zur Vermeidung von Korrosionsschäden müssen hier korrosionsbeständigere Werkstoffe verwendet werden, z.B. nichtrostender Stahl, Kupfer, Rotguß oder Kunststoff. Als kunstruktionstechnische Lösung empfiehlt sich bei Anlagen dieser Art die Trennung in zwei Kreise mit Hilfe eines Wärmeaustauschers (Bild 1.10.2-10). Der Einsatz korrosionsbeständigerer Werkstoffe ist dann nur in dem Kreis mit den Kunststoffrohren für den Verteiler, die Umwälzpumpe, das Ausdehnungsgefäß und den Wärmeaustauscher einschließlich der Leitungen zu und von den Verteilern erforderlich. Im geschlossenen Kreis auf der Primärseite des Wärmeaustauschers können dann für die Rohre, Pumpen, zusätzliche Heizkörper und vor allem für den Heizkessel unlegierte Eisenwerkstoffe verwendet werden.

Bei Anlagen mit nicht sauerstoffdichten Kunststoffrohren sind auch die üblicherweise für Armaturen und Verschraubungen verwendeten Kupfer-Zink-Legierungen nicht immer ausreichend korrosionsbeständig, da sie unter diesen Bedingungen verstärkt zu Entzinkung (vgl. Abschnitt 1.10.2-5) neigen. Für kritische Teile wie z.B. Verschraubungen für Kunststoffrohre im Estrich sollte deshalb auf die Kupfer-Zinn-Legierungen (Rotguß) ausgewichen werden.

Zur Vermeidung von Korrosionsschäden in Anlagen mit Kunststoffrohren empfiehlt sich vor allem die Verwendung von sauerstoffdichten Rohren nach DIN 4726[1)], die dadurch gekennzeichnet sind, daß sie weniger als 0,1 mg/(l · d) Sauerstoff durchlassen. Durch Multiplikation mit dem auf 1 m Rohrlänge bezogenen Volumen (Metervolumen)

Durchmesser/Wanddicke [mm]	Metervolumen [L/m]
20/2	0,201
19/2	0,177
18/2	0,154
17/2	0,133
16/2	0,113

ergibt sich z.B. für ein 20/2-Rohr eine maximale längenbezogene Sauerstoffdurchlässigkeit von 0,02 mg/(m · d). Bei einer Anlage mit 1000 m Rohrlänge würde dies bei 200 Heiztagen pro Jahr (unter der Annahme einer Heizungswassertemperatur von 40°C) einer Sauerstoffaufnahme von maximal 4 g entsprechen, womit etwa 10 g Eisen unter Bildung von 14,5 g Magnetit zur Korrosion gebracht werden können. Korrosion in dieser Größenordnung wird normalerweise keine Funktionsbeeinträchtigungen verursachen können. Abgesehen davon ist darauf hinzuweisen, daß die heute handelsüblich erhältlichen Rohre zum Teil Sperrwirkungen aufweisen, die noch eine Zehnerpotenz besser sind als der in der Norm geforderte Wert.

Fragen der Konstruktion beeinflussen die Korrosion vor allem bei Anlagen mit offenem Ausdehnungsgefäß, über das grundsätzlich immer Sauerstoff in das Heizwasser gelangen kann. Die Menge des eingetragenen Sauerstoffs ist besonders groß, wenn das Gefäß vom Heizwasser durchströmt wird. Für den Anschluß mit zwei Sicherheitsleitungen wird in der VDI-Richtlinie 2035[2)] eine Schaltung nach Bild 1.10.2-11 empfohlen, bei der ebenfalls keine nennenswerte Zirkulation von Heizwasser durch das Ausdehnungsgefäß stattfindet.

Bei größeren Anlagen mit Membranausdehnungsgefäßen, bei denen die Druckhaltung mit Hilfe von Luft-Kompressoren erfolgt, ist darauf hinzuweisen, daß auch die Gummi-

---

1) DIN 4726 (01.00). Rohrleitungen aus Kunststoffen für Warmwasser-Fußbodenheizungen, Allgemeine Anforderungen.

2) VDI 2035 Bl. 2 (09.98): Vermeidung von Schäden in Warmwasserheizanlagen, Wasserseitige Korrosion.

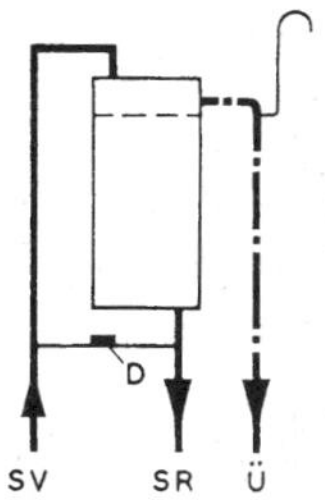

Bild 1.10.2-11. Empfohlene Anordnung eines offenen Ausdehnungsgefäßes.

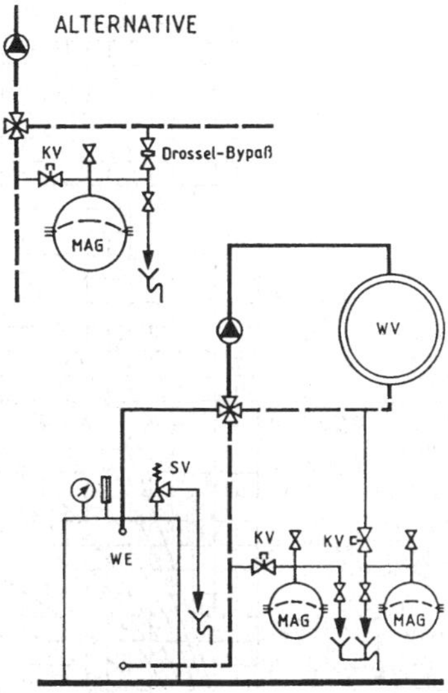

Bild 1.10.2-12. Schaltungen zur Vermeidung von Unterdruck bei dichtschließendem Vierwegemischer.

membran dieser Behälter derart durchlässig für Sauerstoff ist, daß es als Folge davon zu Korrosionsschäden kommen kann. In Verbindung mit kompressorgesteuerten Membranausdehnungsgefäßen müssen deshalb besondere Maßnahmen zu Korrosionsschutz getroffen werden.

Sauerstoffdurchlässig sind auch die zu Anbindung von Heizkesseln und Kleinklimageräten in steigendem Maße verwendeten stahlarmierten Gummischläuche. Bei Kenntnis der Sauerstoffdurchlässigkeit (in Abhängigkeit von der Temperatur) und der zum Einsatz kommenden Längen kann die auf diese Weise in die Anlage kommende Sauerstoffmenge abgeschätzt werden. In vielen Fällen wird sie hinreichend klein sein, so daß keine besonderen Maßnahmen zum Korrosionsschutz erforderlich sind.

Sauerstoffzutritt zum Heizwasser erfolgt zwangsläufig in Anlagen, bei denen die Druckhaltung mit Druckdiktierpumpen vorgenommen und das Pendelwasservolumen in einem zur Atmosphäre hin offenen Behälter gespeichert wird. Dies ist vielfach bei älteren Fernheizanlagen der Fall, neuerdings jedoch auch in Verbindung mit speziellen Anlagen zur Entfernung von Luft aus dem Heizwasser.

Korrosionsschäden an Stahlheizkörpern als Folge örtlicher Korrosion in Anlagen mit verhältnismäßig geringem Sauerstoffzutritt stehen häufig im Zusammenhang mit Vorgängen vor der eigentlichen Inbetriebnahme (vgl. Abschnitt 1.10.2-1). Die einfachste und wichtigste Maßnahme zur Vermeidung derartiger Schäden besteht darin, die Heizkörper nach der ersten Befüllung nicht so zu entleeren, daß sie mit Wasserresten gefüllt längere Zeit unkontrollierter Korrosion ausgesetzt sind. Wenn, durch das Baugeschehen bedingt, Heizkörper wieder demontiert und dazu entleert werden müssen, dann ist unbedingt darauf zu achten, daß sie vollständig entleert werden.

-11 Korrosionsschutz durch Vermeidung von Unterdruck

Unterdruck als Folge dichtschließender Vierwegemischer, wie in Abschnitt 1.10.2-2 beschrieben, kann durch *Anordnung der Druckausdehnungsgefäße* entsprechend Bild 1.10.2-12 verhindert werden[1].

[1] ZVH-Richtlinie 12.02, Juli 1986. Richtlinie zur Auslegung von Membran-Druckausdehnungsgefäßen nach DIN 4802. VDM Industrieverband Membran-Druckausdehnungsgefäße der ZVH im Fachverband Stahlblechverarbeitung e. V., Verbandshaus, Hochstraße 113–115, 58095 Hagen.

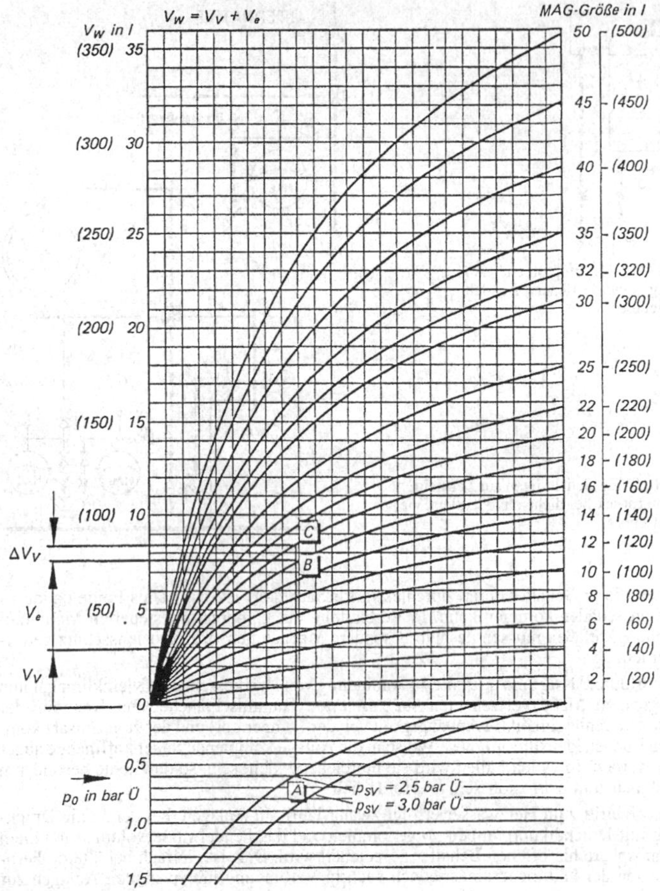

Bild 1.10.2-13. Diagramm für die Bemessung von Membran-Druckausdehnungsgefäßen.

Wichtigste Voraussetzung dafür, daß Unterdruck nicht als Folge unzureichender Funktion des Druckausdehnungsgefäßes auftritt, ist zunächst die richtige *Bemessung* der Größe des Gefäßes[1]. Wenn das Gefäß zu klein bemessen ist und deshalb das beim Aufheizen durch Wärmeausdehnung anfallende Wasservolumen nicht aufnehmen kann, wird beim Erreichen des Ansprechdruckes am Sicherheitsventil Heizungswasser abgelassen. Beim Abkühlen erreicht dann die Gummimembran des Ausdehnungsgefäßes vorzeitig ihre Endstellung (Bild 1.10.2-8), weshalb dann nicht genug Wasser vom Gefäß nachgespeist werden kann. Als Folge davon tritt im höchstgelegenen Bereich der Anlage Unterdruck mit den in Abschnitt 1.10.2-2 und 1.10.2-3 beschriebenen Auswirkungen auf.

Für Anlagen mit maximalen Betriebstemperaturen unter 100 °C kann die erforderliche Größe des Ausdehnungsgefäßes mit dem in Bild 1.10.2-13 dargestellten Nomogramm[2]

[1]) DIN 4807, T2 (05.91). Ausdehnungsgefäße; Offene und geschlossene Ausdehnungsgefäße für wärmetechnische Anlagen; Auslegung, Anforderungen und Prüfung.

[2]) VDI 2035 Bl. 2 (09.98): Vermeidung von Schäden in Warmwasserheizanlagen, Wasserseitige Korrosion.

bestimmt werden. Die ermittelte Wassermenge wird oben auf der Ordinate aufgetragen. Von diesem Punkt wird eine Parallele zur Abszisse gezeichnet. Der sich aus der statischen Höhe ergebende Vordruck wird unten auf die Ordinate eingetragen. Auch von hier wird eine Parallele zur Abszisse gezeichnet. Vom Schnittpunkt mit der Kurve für einen Enddruck von 2,0 bar (bei einem Sicherheitsventil mit einem Einstelldruck von 2,5 bar) oder für einen Enddruck von 2,5 bar (bei einem Sicherheitsventil mit einem Einstelldruck von 3,0 bar) wird eine Parallele zur Ordinate gezeichnet. Die erste Kurve über dem Schnittpunkt mit der eingezeichneten Geraden im oberen Feld charakterisiert das erforderliche Ausdehnungsgefäß.

Bei der *Inbetriebnahme* von Anlagen mit Druckausdehnungsgefäßen ist es wichtig, zunächst den Vordruck des Gefäßes auf den statischen Druck der Anlage einzustellen. Nur bei Anpassung des Vordrucks an den statischen Druck der Anlage ist sichergestellt, daß das Gefäß sein maximales Füllvolumen aufnehmen kann. Bei zu niedrigem Vordruck ist es schon bei Anstehen nur des statischen Drucks zu einem Teil mit Wasser gefüllt, das jedoch gegen den statischen Druck der Anlage nicht wieder in die Anlage eingespeist werden kann. Bei zu großem Vordruck ist die mögliche Wasseraufnahme des Gefäßes geringer, weil der Ansprechdruck des Sicherheitsventils bereits bei einem geringeren aufgenommenen Wasservolumen erreicht wird. Der Vordruck ist ausschließlich für den möglichen Füllzustand des Gefäßes von Bedeutung. Im übrigen werden die Druckverhältnisse der Anlage ausschließlich durch die beim Befüllen eingebrachte Wassermenge bestimmt.

Die einfachste Methode, das an den statischen Druck der Anlage angepaßte Druckausdehnungsgefäß optimal zu befüllen und damit die größte Sicherheit gegen Unterdruckzustände zu erzielen, besteht darin, die Anlage nach einem ersten Befüllen und Entlüften auf maximale Betriebstemperatur aufzuheizen und anschließend bis zum Erreichen des Enddrucks bis zum Ansprechen des Sicherheitsventils aufzufüllen.

Die wichtigste *Wartungsmaßnahme* besteht nun darin, die Druckverhältnisse in regelmäßigen Zeitabständen zu überprüfen und gegebenenfalls Wasser nachzufüllen. Der bei den üblichen Wasserverlusten mit dem nachgefüllten Wasser in die Anlage gelangende Sauerstoff kann nach den Abschätzungen in Abschnitt 1.10.2-1 als unkritisch angesehen werden. Als Hilfsmittel für die Druckkontrolle kann ein Diagramm entsprechend Bild 1.10.2-14[1)] dienen. Die untere Kurve zeigt hier den Betriebsüberdruck, der in keinem Fall unterschritten werden darf. Die obere Kurve zeigt den Betriebsüberdruck, der nicht überschritten werden sollte, damit bei der maximalen Betriebstemperatur der Ansprechruck des Sicherheitsventils nicht überschritten wird.

Die Kontrolle des Vordrucks im Druckausdehnungsgefäß ist verhältnismäßig einfach mit Hilfe eines Reifendruckprüfers durchzuführen, wenn die Leitung zwischen Gefäß und

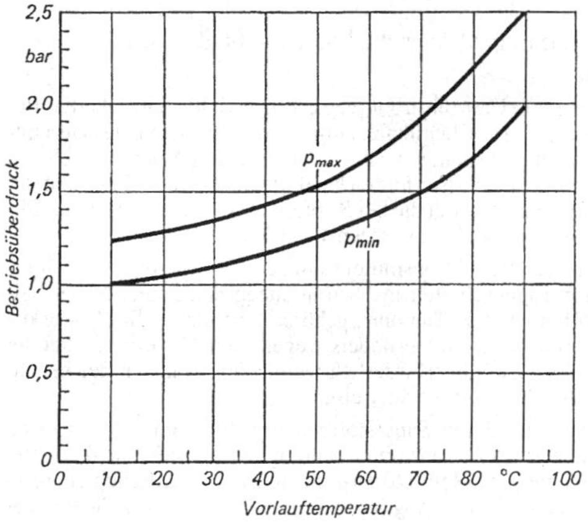

Bild 1.10.2-14. Betriebsüberdruck/Temperatur-Kurven. Die untere Kurve zeigt den minimal erforderlichen, die obere Kurve den maximal empfehlenswerten Betriebsdruck (Beispiel für eine Anlage mit p_{vor} = 1,0 bar, V_{Anlage} = 720 L und V_{AG} = 80 L).

1) VDI 2035 Bl. 2 (09.98): Vermeidung von Schäden in Warmwasserheizanlagen, Wasserseitige Korrosion.

Anlage durch ein nach DIN 4751 zulässiges Kappenventil zum Zwecke der Überprüfung abgesperrt werden kann. In allen anderen Fällen kann der Vordruck nur nach Absenken des Betriebsdrucks am Ausdehnungsgefäß durch Ablassen von Heizungswassser ermittelt werden.

-12 Korrosionsschutz durch Wasserbehandlung

Zur Vermeidung von Eisenoxid-Belägen auf den Wärmeübertragungsflächen muß der pH-Wert des Heizwassers über 8 liegen. Dies kann am einfachsten durch Zugabe alkalisierender Stoffe sichergestellt werden. Als hierfür geeignete Chemikalie ist vor allem Trinatriumphosphat zu nennen, das gleichzeitig die Ausbildung von Kalksteinbelägen unterbindet, indem es mit den im Wasser enthaltenen Calcium-Ionen schlammförmiges Calciumphosphat bildet. Dieses führt üblicherweise nicht zu Funktionsstörungen. In Verbindung mit einer Enthärtung durch Kationenaustausch (s. Abschnitt 1.10.3-3) wird auch die Bildung von Calciumphosphatschlamm verhindert.

Abgesehen von der bei der Verwendung von Eisenwerkstoffen generell zu empfehlenden Alkalisierung des Heizwassers auf pH-Werte zwischen 8,3 und 9,5 (bei Verwendung von Aluminium-Werkstoffen soll die Säurekapazität bis pH 8,2 $<0{,}1$ sein) ist Korrosionsschutz durch Wasserbehandlung nur in solchen Warmwasserheizungen erforderlich, in denen der Zutritt von Sauerstoff, der für das Ablaufen von Korrosion erforderlich ist, nicht durch konstruktionstechnische oder betriebsseitige Maßnahmen verhindert werden kann. Dies ist z.B. bei Anlagen der Fall, bei denen der Sauerstoff über nicht sauerstoffdichte Kunststoffrohre in das Heizungswasser gelangt.

Bei der zentralen Rolle, die der Sauerstoff für die Korrosion spielt, ist es naheliegend, zunächst an das Verfahren der Sauerstoffentfernung zu denken. Da das bei der Aufbereitung von Kesselspeisewasser mit Erfolg verwendete Verfahren der thermischen Entgasung bei den meist kleineren Warmwasserheizungen nicht zur Diskussion stehen kann, ist hier vor allem an das Verfahren der chemischen Sauerstoffbindung zu denken. Als Sauerstoffbindemittel kann im Prinzip jedes ausreichend wirksame Reduktionsmittel verwendet werden.

In größeren Heizungen ist früher hierfür in großem Umfang Hydrazin verwendet worden, das nach

$$N_2H_4 + O_2 \rightarrow 2\,H_2O + N_2$$

mit dem Sauerstoff unter Bildung von Wasser und Stickstoff reagiert. Obwohl die sauerstoffbindende Wirkung von Hydrazin unumstritten ist, dürfen Hydrazinprodukte wegen ihrer gesundheitsgefährdenden Wirkung nach TRGS 608 nur dann eingesetzt werden, wenn keine geeigneten Ersatzstoffe zur Verfügung stehen. In einzelnen Bundesländern ist darüber hinaus nach der Feuerungsverordnung (FeuVO) der Einsatz von Hydrazinprodukten in Heizanlagen untersagt.

Ein anderes schon länger verwendetes Produkt ist das Natriumsulfit, das nach

$$Na_2SO_3 + 1/2\,O_2 \rightarrow Na_2SO_4$$

mit dem Sauerstoff unter Bildung von Natriumsulfat reagiert. Die vielfach geäußerten Bedenken wegen der bei Anwendung dieser Chemikalie auftretenden Erhöhung des Gesamtsalzgehaltes des Wassers sind zumindest solange nicht gerechtfertigt, wie sichergestellt ist, daß die Sauerstoffkonzentration im Heizwasser hinreichend klein ist. Wenn dies nicht der Fall ist, muß in erster Linie an Störungen durch die bei Kupferwerkstoffen beobachtete Bildung von Kupfer(I)sulfid-Korrosionsprodukten gerechnet werden.

Aus der Stoffgruppe der organischen Reduktionsmittel stammen die neuerdings diskutierten Hydrazin-Ersatzstoffe, deren Eigenschaften in [1)] zusammengestellt sind. Neben seit Jahrzehnten angewendeten Stoffen wie den Tanninen gehören hierzu auch Stoffe wie die als Vitamin C bekanntere Ascorbinsäure, die besonders wegen ihrer Ungiftigkeit bei der Handhabung und bei einem gegebenenfalls erforderlich werdenden Ablassen des behandelten Heizwassers in die Kanalisation Vorteile aufweist.

Im Gegensatz zum Korrosionsschutz durch Sauerstoffbindung, bei dem die Korrosion durch Entfernen des erforderlichen Oxidationsmittels unmöglich gemacht wird, erfolgt beim Korrosionsschutz durch Zugabe von Inhibitoren zum Heizwasser lediglich eine Behinderung einer grundsätzlich nach wie vor möglichen Korrosion. Zum Verständnis der

---

[1)] Höhenberger, L.: Alternativen zum Einsatz von Hydrazin in Dampf- und Heißwasseranlagen. Beiträge zur Kesselwasserbetriebstechnik 87, S. 3–23, Akademie TÜV Bayern GmbH 1988.

hierbei zu beachtenden Probleme muß auf die Ausführungen in Abschnitt 1.10.1-2 zum Korrosionselement verwiesen werden.

Je nachdem, ob ein Inhibitor überwiegend die anodische Teilreaktion (der Metallauflösung) oder die kathodische Teilreaktion (der Reduktion eines Oxidationsmittels) beeinflußt, spricht man von einem kathodischen oder anodischen Inhibitor. Als kathodischer Inhibitor ist z.B. das in nahezu allen Leitungswässern enthaltene Calciumhydrogencarbonat anzusehen, das im Bereich der durch die entstehenden Hydroxyl-Ionen alkalisch reagierenden Kathodenflächen Calciumcarbonat-Deckschichten bildet, die dann die kathodische Sauerstoffreduktion hemmen, weil sie als Nichtleiter den Durchtritt von Elektronen behindern.

Die im Handel erhältlichen Inhibitormischungen enthalten überwiegend anodische Inhibitoren, die die Korrosion durch Bildung von Deckschichten mit dem korrodierenden Metall hemmen. Diese Deckschichten behindern jedoch normalerweise nicht die kathodische Reaktion. Wenn der Schutz mit anodischen Inhibitoren nicht vollständig ist, so führt dies dazu, daß u.U. sehr kleine nichtgeschützte anodische Bereiche relativ großen kathodischen Flächen gegenüberstehen. Unter diesen Bedingungen kann es dann zu stark ausgeprägter örtlicher Korrosion kommen, die sich in Form von Lochfraß bemerkbar macht. Aufgrund dieses Effektes werden anodische Inhibitoren auch als gefährliche Inhibitoren bezeichnet.

Bereiche, in denen der Schutz durch anodische Inhibitoren erschwert ist, sind Stellen, an denen der Zutritt der Inhibitoren geometrisch behindert ist, z.B. in Spalten, unter zerklüfteten Schweißnähten, unter Ablagerungen und Korrosionsprodukten. Die beste Wirksamkeit ist deshalb bei metallisch blanken Oberflächen zu erwarten. Dies ist jedoch auch bei neu erstellten Anlagen praktisch nie gegeben. Bei Anlagen, die bereits längere Zeit in Betrieb gewesen sind und Korrosionsprodukte gebildet haben, müßten die Innenflächen vor der Zugabe von Inhibitoren mit Säuren metallisch blank gebeizt werden, was jedoch mit erheblichem Aufwand verbunden wäre und deshalb kaum praktiziert wird. Speziell bei Fußbodenheizungen mit nicht sauerstoffdichten Kunststoffrohren sind zur Vermeidung von Schlammbildung vielfach Inhibitoren eingesetzt worden. Während die Schlammbildung auf diese Weise unterbunden werden kann, besteht ein erhöhtes Risiko für örtliche Korrosion. Ein hierfür typischer Schaden an einem Röhrenradiator ist in Bild 1.10.2-4 wiedergegeben.

Da sich die Inhibitoren in unterschiedlichem Ausmaß mit der Zeit verbrauchen, ist es erforderlich, die Konzentration der Wirkstoffe in regelmäßigen Abständen zu kontrollieren. Hierzu empfieht es sich, Proben des Heizwassers zur Kontrolle an die jeweilige Lieferfirma einzusenden. In Anlagen mit Kunststoffrohren dürfen grundsätzlich nur vom Rohrhersteller zugelassene Inhibitoren unter Beachtung der Angaben in dem bei jeder Rohrlieferung nach DIN 4726 vorgeschriebenen Beipackzettel verwendet werden.

-13 Frostschutzmittel

Frostschutzmittel werden erforderlich, wenn eine bereits fertiggestellte aber noch nicht in Betrieb genommene Warmwasserheizung eine Winterperiode in frostgefährdeten Räumen schadensfrei überstehen soll (Kurzzeitanwendung). Ein weiterer Einsatzbereich für Frostschutzmittel sind nicht durchgehend betriebene Warmwasserheizungen in Wochenend- bzw. Ferienwohnanlagen (Daueranwendung).

Bei den im Heizungsbereich eingesetzten Frostschutzmitteln handelt es sich überwiegend um Glykol/Wasser-Gemische, denen Puffersubstanzen und Korrosionsinhibitoren beigemischt sind.

Bei der Daueranwendung von Frostschutzmitteln im Heizungsbereich sind der pH-Wert, die Pufferung, der Inhibitorgehalt und der Frostschutz (Dichtemessung) zu Beginn der Heizperiode bzw. nach Angaben des Herstellers zu überprüfen. Bei Zutritt von Sauerstoff werden die Glykole zu organischen Säuren oxidiert. Durch die Zugabe der Pufferstoffe wird verhindert, daß der pH-Wert des Heizwassers durch die organischen Säuren in den sauren Bereich absinkt und es zu Säurekorrosion an den metallischen Bauteilen kommt. In geschlossenen Anlagen ohne ständigen Sauerstoffzutritt tritt die Oxidation von Glykol praktisch nicht auf.

Außer Pufferstoffen enthalten die handelsüblichen Frostschutzmittel noch Korrosionsinhibitoren. Da diese Inhibitoren überwiegend anodisch wirksam sind (s. Abschnitt 1.10.2-12), besteht die Gefahr von Lochkorrosion bei Unterkonzentration. Für die Praxis bedeutet dies, daß auch dann, wenn nicht so hohe Anforderungen an den Frostschutz gestellt werden, eine vom Hersteller anzugebende Mindestkonzentration eingehalten werden muß. Beim Fehlen dieser Angabe ist ein Gehalt von 30% (Volumen-%) anzuwenden. Auf eine mögliche Unterkonzentration ist auch bei der Zugabe von Ergänzungswasser zu achten. Als Ergänzungswasser sollte deshalb das gleiche Frostschutzmittel/Wasser-Gemisch verwendet werden.

Im Kurzzeiteinsatz von Frostschutzmitteln ohne Heizbetrieb können auch reine Glykol/Wasser-Gemische ohne Pufferstoffe und Inhibitoren verwendet werden. Bei Umstellung auf frostschutzmittelfreien Betrieb ist die Anlage nach Entleerung mit Wasser zu spülen, damit das Glykol möglichst vollständig entfernt wird.

Wegen einer gegenüber Wasser erhöhten Kriechfähigkeit von Glykol/Wasser-Gemischen muß mit einer Begünstigung von Undichtigkeiten im Bereich von Dichtstellen gerechnet werden. Die Auswahl geeigneter Dichtmittel und die Beachtung der Verarbeitungsvorschriften sind deshalb bei mit Frostschutzmittel zu befüllenden Anlagen von besonderer Bedeutung.

Bei der Entleerung von mit Frostschutzmitteln befüllten Warmwasserheizungen sind die bestehenden Abfall- und Entsorgungs-Vorschriften zu beachten.

1.10.3 Korrosion in Niederdruck-Dampfanlagen

Korrosionsschäden an Niederdruck-Dampfanlagen sind verhältnismäßig selten, weil das Ausmaß von Korrosion in diesen Anlagen durch sachgerechte Konstruktion, Wasseraufbereitung und Betriebsweise recht gut unter Kontrolle gehalten werden kann. Sie sind nur möglich, wenn Sauerstoffzutritt gegeben ist oder wenn bei Anlagen mit Dampfentnahme eine auf diese Betriebsweise nicht ausreichend abgestimmte Wasseraufbereitung erfolgt.

-1 Korrosionsschäden

Wanddurchbrüche bei Dampferzeugern entstehen praktisch ausschließlich von der Seite des Kesselwassers, kaum jedoch von der Feuerraumseite oder der Primärseite von Wärmeübertragern aus. Ein Wanddurchbruch ist hier nicht nur als Schaden an der Anlage zu betrachten, sondern vor allem unter dem Gesichtspunkt möglicher Gefahren für Leib und Leben des Bedienungspersonals. Hieraus ergibt sich die Rechtfertigung von gesetzlichen Vorschriften, wie der Dampfkesselverordnung und Regelwerken wie den Technischen Regeln Dampf (TRD).

Notwendige Voraussetzung für das Ablaufen von Korrosion, die zum Wanddurchbruch führen kann, ist die Anwesenheit von Sauerstoff im Kesselwasser. Sauerstoff im Kesselwasser muß jedoch nicht zwangsläufig zu Korrosionsschäden führen. Bei unlegiertem Stahl kann sich in salzfreiem Wasser mit einer elektrischen Leitfähigkeit unter 0,2 μ S/cm eine aus Eisenoxiden bestehende Schutzschicht ausbilden. In salzhaltigem Wasser ist dies nicht möglich, weil insbesondere die im Wasser enthaltenen Chlorid-Ionen befähigt sind, die Oxidschicht zu durchdringen und örtliche Korrosion auszulösen. Durch Erhöhung der Konzentration an Hydroxyl-Ionen (Anhebung des pH-Wertes durch Zugabe alkalisierender Stoffe) kann die Bildung der Oxidschicht in einem solchen Maße begünstigt werden, daß geringere Salzgehalte unschädlich sind. Dies ist der Grund für die Forderung eines Mindest-pH-Wertes bzw. einer Mindest-Alkalität in den einschlägigen Richtlinien[1)].

Im Innern eines Dampferzeugers unterliegt die Zusammensetzung des Kesselwassers wegen des Zurückbleibens der Wasserinhaltsstoffe beim Verdampfungsvorgang laufenden Änderungen. Ob Korrosion möglich ist oder nicht, hängt von den jeweiligen Konzentrationen an Alkalien, Salzen und Sauerstoff ab. Schäden werden praktisch ausschließlich im Bereich der Dreiphasengrenze Metall/Wasser/Dampfraum beobachtet. Dies deutet darauf hin, daß die Schäden nicht durch die Bedingungen beim Betrieb des Dampferzeugers, sondern auf die Bedingungen in Stillstandszeiten zurückzuführen sind, in denen beim Abkühlen des Kesselwassers auf Temperaturen unter 100°C Unterdruck entsteht, der zum Eindringen von Luft in den Dampfraum führt. In solchen Fällen spricht man von Stillstandskorrosion.

Bei Wärmeübertragern mit Heizbündeln aus Kupferrohr sind vereinzelt auftretende Schäden auf eine Wechselwirkung von mechanischer und korrosiver Belastung zurückzufüh-

---

1) TRD 611 (12.96). Speisewasser und Kesselwasser von Dampferzeugern der Gruppe IV.

ren. Wenn, durch die Konstruktion oder Betriebsweise bedingt, von Dampf mitgerissene Wassertröpfchen auf die Kupferoberfläche prallen, verursachen sie hier eine örtliche Zerstörung der schützenden Oxidschicht. An diesen Stellen kann es dann zu einem verstärkten Korrosionsabtrag kommen, wenn das Speisewasser sauerstoffhaltig ist. Ähnlich kritische Verhältnisse liegen in Bereichen vor, in denen Heizrohre durch Haltebleche durchgeführt sind. Hier kann es beim Auf- und Abheizen als Folge der thermischen Längenänderung des Rohres zu einer mechanischen Belastung der Metalloberfläche durch Reiben an dem feststehenden Halteblech kommen, was ebenfalls zu einer Zerstörung der Oxidschicht mit anschließend verstärkter Korrosion führen kann. Schäden dieser Art können sowohl bei Stahl- als auch bei Kupferrohren auftreten. Bild 1.10.3-1 zeigt ein undicht gewordenes Stahlrohr.

Bild 1.10.3-1. Durch Reibkorrosion an einem Halteblech undicht gewordenes Stahlrohr.

Bei Wärmeübertragern aus nichtrostenden Stählen (austenitische Chrom-Nickel- oder Chrom-Nickel-Molybdän-Stähle) werden hin und wieder Schäden durch Spannungsrißkorrosion beobachtet. Ursache für diese Korrosionsart ist stets das Vorliegen konstruktions-, fertigungs- oder betriebsbedingter Zugspannungen im Werkstoff und die Anwesenheit erhöhter Gehalte an Chlorid-Ionen im Wasser. Während die Zugspannungen praktisch nicht vermieden werden können, ist die Anwesenheit erhöhter Chlorid-Ionen-Gehalte zumeist auf Fehler bei der Betriebsweise zurückzuführen. Häufigere Fehler sind die unzureichende Funktionskontrolle der Entsalzungsanlage oder die unzureichende Absalzung des Kesselwassers. Besonders gefährdet sind die Wärmeübertragungsflächen, die sich im Bereich einer Dreiphasengrenze Werkstoff/Wasser/Dampfraum befinden, da es hier beim Betrieb zwangsläufig zur Aufkonzentrierung der Wasserinhaltsstoffe kommt. Unter diesen Bedingungen ist dann auch der im Speisewasser für Dampferzeuger aus nichtrostendem Stahl zumeist nicht entfernte Sauerstoff zu berücksichtigen. In erster Näherung kann man davon ausgehen, daß die Korrosionswahrscheinlichkeit mit dem Produkt aus Chlorid-Ionen- und Sauerstoffkonzentration des Wassers zunimmt.

Die häufigsten Schäden an Kondensatleitungen aus unlegiertem Stahl treten dort auf, wo das erste Kondensat anfällt. Ursache für den im Bereich einer Kondensatrinne zumeist gleichförmig erfolgenden Abtrag ist ein erhöhter Gehalt des Kondensats an Kohlenstoffdioxid. Derartige Korrosionsschäden werden praktisch ausschließlich in Anlagen mit Dampfentnahme beobachtet, in denen wegen der Dampfentnahme größere Mengen an Zusatzspeisewasser erforderlich sind. Üblicherweise wird das Zusatzspeisewasser von Niederdruck-Dampfanlagen nur enthärtet und entgast. Es enthält somit Natriumhydrogencarbonat, das beim Erhitzen Kohlenstoffdioxid abspaltet, welches mit dem Dampf ausgetrieben in das Kondensat gelangt. Auch bei dieser Korrosionsart spielt der Sauerstoff eine wesentliche Rolle. Das Ausmaß der Korrosion ist in belüfteten Kondensatleitungen erheblich größer als in geschlossenen Anlagen, bei denen auch die Kondensatleitungen unter einem geringen Überdruck stehen.

-2 Korrosionsschutz

Vorrangiges Ziel des Korrosionsschutzes in Niederdruck-Dampfanlagen ist es, ein geschlossenes System zu schaffen, in das kein Luftsauerstoff eindringen kann. Zum Schutz der Kondensatleitungen muß die Bildung von Kohlenstoffdioxid-haltigem Kondensat verhindert werden.

Am wenigsten Probleme bereiten geschlossene Anlagen mit vollständiger Kondensatrückführung. Als Speisewasser kann sauerstoffhaltiges Wasser verwendet werden, das zur Vermeidung von Steinbildung lediglich enthärtet sein muß. Der mit dem Füllwasser eingebrachte Sauerstoff und das beim Erhitzen freiwerdende Kohlenstoffdioxid reichen nicht aus, um Korrosionsschäden zu verursachen.

Bei nicht geschlossenen Anlagen (mit vollständiger Kondensatrückführung), in denen das Kondensat in den Kondensatleitungen oder in einem offenen Kondensatsammelbehälter belüftet wird, kann auf eine Entfernung des Sauerstoffs aus dem Speisewasser nicht verzichtet werden.

Anlagen, bei denen Dampf entnommen wird, z.B. für Luftbefeuchtung in Klimaanlagen oder für Sterilisationszwecke in Krankenhäusern, sind zwangsläufig Anlagen mit unvollständiger Kondensatrückführung. Korrosionsprobleme an Heizkesseln oder Wärmeübertragern aus unlegiertem Stahl gibt es auch hier nicht, wenn die Anlage mit sauerstofffreiem Wasser betrieben und ständig unter Überdruck gehalten wird.

Für einen störungsfreien Betrieb der Kondensatleitungen müßte bei den Anlagen mit unvollständiger Kondensatrückführung als Speisewasser entcarbonisiertes und sauerstofffreies Wasser verwendet werden. In der Regel wird jedoch auch in solchen Anlagen lediglich enthärtetes Wasser eingesetzt, bei dem dann beim Erhitzen aus dem Natriumhydrogencarbonat Kohlenstoffdioxid freigesetzt wird, das Korrosion in den Kondensatleitungen bewirkt. Der bei dieser Betriebsweise im Prinzip mögliche Korrosionsschutz der Kondensatleitungen mit dampfflüchtigen Alkalisierungsmitteln wie z.B. Hydrazin oder Ammoniak wird vor allem bei der Entnahme von Dampf zur Luftbefeuchtung vielfach als problematisch angesehen.

Eine andere Möglichkeit des Korrosionsschutzes besteht darin, die gefährdeten Kondensatleitungen in Kupfer oder nichtrostendem Stahl auszuführen. Bei nichtrostendem Stahl ist lediglich darauf zu achten, daß die Kondensatleitungen gegen Zutritt von Wasser zur heißen Außenwandung geschützt ist, da es hier sonst als Folge der Aufkonzentrierung der Wasserinhaltsstoffe durch Verdunstung schnell zu Schäden durch Spannungsrißkorrosion kommen kann.

Wesentlich vorteilhafter als Anlagen mit unvollständiger Kondensatrückführung erscheinen Anlagen ohne Kondensatrückführung, wie sie z.B. zur Erzeugung von Dampf für Sterilisationszwecke oder Luftbefeuchtung einzusetzen wären. Der schwerwiegendste Nachteil der Anlagen mit unvollständiger Kondensatrückführung, die Korrosionsgefährdung der Kondensatleitungen, entfällt hier. Als Speisewasser für den Dampferzeuger ist enthärtetes und sauerstofffreies Wasser erforderlich. Bei größeren Anlagen, die ohnehin aus mehreren Dampfkesseln bestehen, würde es sich anbieten, einen der Kessel von dem übrigen Dampfnetz abzutrennen und separate Leitungen zu den Dampfverbrauchsstellen zu führen.

Besondere Probleme treten auf, wenn man meint, die Forderung nach einer besonderen Reinheit des Dampfes für Sterilisationszwecke nur bei Verwendung von Dampferzeugern aus nichtrostendem Stahl erfüllen zu können, wofür im übrigen kein plausibler Grund zu erkennen ist, da die bei unlegiertem Stahl entstehenden Korrosionsprodukte nicht dampfflüchtig sind. In Verbindung mit nichtrostendem Stahl muß vollentsalztes Wasser mit einer Leitfähigkeit von unter 20 μ/cm verwendet werden. Die zulässige Eindickung des Kesselwassers ist dadurch begrenzt, daß die elektrische Leitfähigkeit des Kesselwassers den Wert von 200 μS/cm nicht überschreiten soll. Das verhältnismäßig große Risiko von Schäden durch Spannungsrißkorrosion an der Dreiphasengrenze Werkstoff/Wasser/Dampfraum und die hohen Kosten für die Wasseraufbereitung lassen die Verwendung von nichtrostenden Stählen für Dampferzeuger nicht als empfehlenswert erscheinen.

Auch bei Verwendung von im Durchlaufverfahren arbeitenden Schnelldampferzeugern muß im Hinblick auf die für Sterilisationszwecke geforderte Dampfreinheit in jedem Fall vollentsalztes Wasser eingesetzt werden.

-3 Anforderungen an die Beschaffenheit des Speisewassers

Nicht aufbereitetes Leitungswasser ist als Speisewasser für Dampferzeuger nicht geeignet. Wegen der Wasserhärte, die zur Steinbildung an den Wärmeübertragungsflächen führen würde, muß zumindest *enthärtetes Wasser* verwendet werden.

Enthärtetes Wasser wird mit Hilfe von Ionenaustauschern (s. Abschnitt 2.3.9-5) hergestellt, in denen die Calcium- und Magnesium-Ionen des Wassers gegen Natrium-Ionen ausgetauscht werden.

Je nach Austauscherkapazität müssen die Ionenaustauscher mehr oder weniger häufig regeneriert werden, was mit Natriumchlorid (Kochsalz) erfolgt.

Wenn, wie z.B. bei Anlagen mit unvollständiger Kondensatrückführung, mit Schäden an Kondensatleitungen durch das als Folge der Zersetzung von Hydrogencarbonat-Ionen

$$2\,HCO_3^- \rightarrow CO_2 + H_2O + CO_3^{2-}$$

gebildete Kohlenstoffdioxid zu rechnen ist, muß das Wasser einer Entcarbonisierung unterzogen werden. Auch dies geschieht überwiegend mit Hilfe von Ionenaustauschern, in denen entsprechend der Hydrogencarbonat-Ionen-Konzentration im Wasser Calcium-, Magnesium- und Natrium-Ionen gegen Wasserstoff-Ionen ausgetauscht werden.

Das nach

$$2\,H^+ + 2\,HCO_3^- \rightarrow CO_2 + H_2O$$

entstehende Kohlenstoffdioxid muß entweder durch Verrieseln oder in einem thermischen Entgaser entfernt werden. Die Regenerierung des Ionenaustauschers erfolgt vorzugsweise mit verdünnter Salzsäure. Alle wasserberührten Teile der Ionenaustauscheranlage müssen deshalb aus korrosionsbeständigen Werkstoffen bestehen.

Wenn z.B. bei Dampferzeugern aus nichtrostendem Stahl mit Korrosion durch Chlorid-Ionen zu rechnen ist, muß das Wasser einer *Vollentsalzung* unterzogen werden. Hierzu werden zwei Ionenaustauscherstoffe benötigt, ein Kationenaustauscher, in dem die Metall-Ionen (Kationen) gegen Wasserstoff-Ionen ausgetauscht werden und ein Anionenaustauscher, in dem negativ geladene Ionen wie z.B. die Chlorid-Ionen (Anionen) gegen Hydroxyl-Ionen ausgetauscht werden.

Aus den Wasserstoff- und Hydroxyl-Ionen bildet sich Wasser. Der Kationenaustauscher muß mit Säure, der Anionenaustauscher mit Lauge regeneriert werden.

Entsalztes Wasser wird in zunehmendem Maße durch Umkehrosmose (s. Abschnitt 2.3.9-5) hergestellt.

In allen nicht geschlossenen Anlagen muß mit Korrosion durch den im Speisewasser enthaltenen Sauerstoff gerechnet werden. Dementsprechend muß in diesen Fällen eine Sauerstoffentfernung vorgenommen werden. Dies geschieht vorzugsweise mit Hilfe der thermischen Entgasung (s. Abschnitt 2.3.9-5), einem Verfahren, das sich die mit zunehmender Temperatur abnehmende Löslichkeit von Gasen in Flüssigkeiten zunutze macht. Die Entfernung von Sauerstoff kann grundsätzlich auch durch Sauerstoffbindung erfolgen. Von den bisher üblichen Sauerstoffbindemitteln Hydrazin und Natriumsulfit kann das Hydrazin wegen seiner gesundheitsgefährdenden Wirkung praktisch nicht mehr eingesetzt werden (vgl. Abschnitt 1.10.2-12).

Wie aus den vorangehenden Ausführungen erkennbar geworden ist, werden die Anforderungen an die Beschaffenheit des Kesselspeisewassers im wesentlichen durch die Gesamtkonzeption der Anlage bestimmt. Die im folgenden nochmals zusammengefaßten Empfehlungen gelten selbstverständlich nur für solche Anlagen, bei denen nicht wie z.B. im Geltungsbereich der Dampfkesselverordnung u.U. weitergehende Anforderungen nach dem TRD-Regelwerk gestellt werden.

Anforderungsstufe 1

Die geringsten Anforderungen sind bei Anlagen zu stellen, die mit vollständiger Kondensatrückführung (> 95%) und einem geschlossenen Kondensatsystem betrieben werden. In Anlagen dieser Art, in denen sowohl die Dampferzeuger als auch die Kondensatleitungen aus unlegiertem Stahl bestehen können, reicht die Verwendung von lediglich enthärtetem Wasser aus.

Anforderungsstufe 2

Etwas höhere Anforderungen sind bei Anlagen zu stellen, bei denen zwar ebenfalls vollständige Kondensatrückführung vorliegt, die aber mit einem offenen Kondensatsystem betrieben werden. Wegen der hier zwangsläufig erfolgenden Belüftung des Kondensats müssen Maßnahmen zur Sauerstoffentfernung aus dem Speisewasser getroffen werden. Im übrigen reicht auch hier die Verwendung von enthärtetem Wasser aus.

Die gleichen Anforderungen gelten für

- Anlagen mit unvollständiger Kondensatrückführung und Kondensatleitungen aus Kupfer oder nichtrostendem Stahl.
- Anlagen ohne Kondensatrückführung mit Dampferzeugern aus unlegiertem Stahl.

Anforderungsstufe 3

Sehr viel höhere Anforderungen an die Beschaffenheit des Kesselspeisewassers sind bei Anlagen mit unvollständiger Kondensatrückführung und geschlossenem oder offenem Kondensatsystem zu stellen, bei denen die Kondensatleitungen aus unlegiertem Stahl bestehen. Hier muß zur Vermeidung der durch die Kohlensäure bedingten Korrosion der Kondensatleitungen entcarbonisiertes Wasser als Zusatzspeisewasser verwendet werden.

Außerdem müssen in gleicher Weise wie bei Anforderungsstufe 2 Maßnahmen zu Sauerstoffentfernung aus dem Speisewasser getroffen werden.

Anforderungsstufe 4

Die höchsten Anforderungen an die Beschaffenheit des Speisewassers sind bei Anlagen mit Dampferzeugern aus nichtrostendem Stahl und bei Anlagen mit Schnelldampferzeugern zu stellen. Hier muß vollentsalztes Wasser mit einer elektrischen Leitfähigkeit unter 20 μS/cm verwendet werden.

-4 Betriebsweise

Die wichtigste Maßnahme zur Vermeidung von Korrosionsschäden in Dampferzeugern besteht darin, in Stillstandszeiten den Zutritt von Sauerstoff zu unterbinden. Die einfachste Möglichkeit, dies sicherzustellen, besteht darin, den Dampferzeuger auch in Stillstandszeiten unter einem minimalen Überdruck stehen zu lassen. Wenn dies bei längeren Stillständen nicht möglich ist, muß der Dampferzeuger entweder vollständig mit Speisewasser gefüllt (geflutet) oder vollständig entleert werden.

Wenn eine Anlage in Betrieb genommen wird, ist es zweckmäßig, nach Vorliegen eines hinreichenden Vorrats im Kondensatsammelbehälter, den Dampferzeuger mit dem eingedickten Kesselwasser vollständig zu entleeren.

Beim Betrieb eines thermischen Entgasers ist darauf zu achten, daß das Wasser im Speisewasserbehälter unterhalb des Entgasers auf einer Temperatur über 100°C gehalten wird, damit ein Überdruck vorliegt und kein Sauerstoffzutritt möglich ist.

Anlagen mit unvollständiger Kondensatrückführung haben einen regelmäßigen Bedarf an größeren Mengen von Zusatzspeisewasser. Der Kontrolle der Eindickung des Kesselwassers und der dementsprechend erforderlichen Absalzung kommt besonders bei Dampferzeugern aus nichtrostendem Stahl große Bedeutung zu. Als Indikator wird zweckmäßigerweise die elektrische Leitfähigkeit genommen, die direkt als Regelgröße für die Steuerung des Absalzvorganges dienen kann. Die Absalzrate kann nach der Beziehung

$$\upsilon_{\text{Abs}} = \frac{L_{\text{SW}} \cdot 100}{L_{\text{KW}} - L_{\text{SW}}}$$

υ_{Abs} = Absalzrate in %, bezogen auf die Menge an Speisewasser
L_{SW} = Leitfähigkeit des Speisewassers
L_{KW} = zulässige Leitfähigkeit des Kesselwassers

errechnet werden.

Mit einer Leitfähigkeit des (vollentsalzten) Speisewassers von 20 μS/cm und einer als zulässig angenommenen Leitfähigkeit des Kesselwassers von 200 μS/cm ergibt sich ohne Kondensatrückführung eine erforderliche Absalzrate von 11%.

Bei den mit enthärtetem Wasser gespeisten Dampferzeugern ist die Begrenzung der Eindickung im Kesselwasser weniger aus Gründen des Korrosionsschutzes als aus Gründen der geforderten Dampfreinheit notwendig. Durch Zugabe von Alkalisierungsmitteln wie z.B. Trinatriumphosphat oder salzartigen Sauerstoffbindemitteln wie z.B. Natriumsulfit wird die Leitfähigkeit des Speisewassers und damit die erforderliche Absalzrate noch erhöht.

Im Zusammenhang mit der Untersuchung der Ursachen von Korrosionsschäden oder anderen Betriebsstörungen ist es besonders wichtig, die Betriebsweise der Dampferzeugungsanlage rekonstruieren zu können. Deshalb ist es unbedingt erforderlich, daß ein Betriebstagebuch geführt wird, in das alle Daten über Wassermengen und Qualitätskriterien eingetragen werden.

Wie die vorstehenden Ausführungen gezeigt haben, ist ein korrosionssicherer Betrieb bei entsprechender Planung und Betriebsweise ohne besonders großen Aufwand für Wasseraufbereitung mit Anlagen aus unlegiertem Stahl möglich. Die Beschaffenheit des metallischen Werkstoffs selbst ist für die Korrosionssicherheit von untergeordneter Bedeutung. Ausschlaggebend sind die Wasserbeschaffenheit und die Betriebsweise. Die Verwendung von nichtrostendem Stahl für Dampferzeuger bereitet vielfach mehr Probleme, als gemeinhin angenommen wird. Der Einsatz von nichtrostendem Stahl sollte deshalb auf solche Anlagen beschränkt werden, in denen er aus besonderen Gründen tatsächlich notwendig ist. Die Forderung nach einer besonderen Dampfreinheit ist kein Argument für die Notwendigkeit von Dampferzeugern aus nichtrostendem Stahl.

1.10.4 Korrosion in Wassererwärmern

Im Gegensatz zu der Korrosion in Heizanlagen, die im wesentlichen durch den begrenzten Zutritt von Sauerstoff bestimmt wird, ist die Korrosionsbelastung von Wassererwärmern dadurch gekennzeichnet, daß es sich bei dem zu erwärmenden Wasser stets um Trinkwasser handelt, das normalerweise einen Sauerstoffgehalt im Bereich der Sauerstoffsättigung aufweist. Ungeschützte unlegierte Eisenwerkstoffe kommen deshalb als Material für Wassererwärmer nur in Verbindung mit dem kathodischen Behälterschutz (siehe Abschnitt 1.10.4-4) in Betracht. Auch bei Behältern aus feuerverzinktem Stahl, wie sie noch vor etwa 20 Jahren häufig benutzt worden sind, ist das Schadensrisiko (durch Lochkorrosion) so groß, daß sie in Neuanlagen praktisch nicht mehr eingesetzt werden. Bei den heute vorzugsweise für Wassererwärmer verwendeten Werkstoffen handelt es sich um emaillierten und kunststoffbeschichteten Stahl sowie um nichtrostende Stähle.

-1 Wassererwärmer aus emailliertem Stahl

Die Emaillierung wird in großem Umfang bei Speicher-Wassererwärmern und Warmwasserspeichern als Korrosionsschutz angewendet. Unter der Voraussetzung, daß die Anforderungen der DIN 4753 T3[1] hinsichtlich des Qualitätsniveaus der Emaillierung und die der DIN 4753 T6[2] hinsichtlich der Bemessung des kathodischen Schutzes erfüllt sind, können Korrosionsprobleme bei Abwesenheit größerer metallischer Einbauten aus edleren Werkstoffen wie z. B. Kupfer und nichtrostendem Stahl nur dann auftreten, wenn die zum Schutz vor Korrosion an den unvermeidlichen kleinen Fehl- und Schwachstellen eingebauten galvanischen Anoden nicht rechtzeitig im Rahmen einer Wartung erneuert werden und gleichzeitig ein Wasser vorliegt, das sehr wenig Calciumhydrogencarbonat enthält (wie z. B. Talsperrenwasser). Bei Wässern mit größeren Gehalten an Calciumhydrogencarbonat kommt es in dem Korrosionselement mit dem Magnesium als Anode und dem im Vergleich dazu edleren Eisen (das an den Fehlstellen freiliegt) als Kathode aufgrund der bei der kathodischen Sauerstoffreduktion erfolgenden Bildung von Hydroxyl-Ionen zur Ausfällung von Calciumcarbonat und dadurch zu einer Abdeckung der ursprünglich vorhandenen Fehlstellen. Dies ist der Grund dafür, warum in den meisten Fällen auch ohne Erneuerung der Magnesiumanoden keine Korrosionsschäden auftreten.

Anders sieht es aus bei Behältern mit größeren Wärmeaustauscherflächen aus Kupfer oder nichtrostendem Stahl, sofern diese nicht gegen den Behälter elektrisch isoliert sind[3]. Der kathodische Schutz wirkt in diesen Fällen hauptsächlich auf die Edelmetallflächen. Vor allem die im Schatten der Edelmetallflächen befindlichen Fehlstellen in der Emaillierung sind dann nicht ausreichend geschützt. Nach Abzehrung der Anode kann es durch Ausbildung eines Korrosionselementes zwischen einer dann die Anode bildenden Fehlstelle und der als Kathode wirkenden Edelmetallfläche zu beschleunigter örtlicher Korrosion an der Fehlstelle kommen. Abhilfemaßnahme ist in jedem Fall die elektrische Trennung der Edelmetallfläche von der Behälterwandung. Bei von Heizwasser durchströmten Wärmetauschern muß zusätzlich eine elektrische Trennung in der Vor- und Rücklaufleitung erfolgen, damit ein Kurzschluß über die Erdung vermieden wird, wie dies in dem aus DIN 50927[4] entnommenen Bild 1.10.4-1 zu erkennen ist.

Bei kleineren Elektro-Heizeinsätzen aus Kupfer oder nichtrostendem Stahl kann der erforderliche kathodische Schutz u. U. auch mit Hilfe von fremdstromgespeisten und geregelten Inertanoden erreicht werden. Derartige Anoden sind auch in den beschriebenen Problemfällen mit weichen Talsperrenwässern, wo eine ständige Wirksamkeit des kathodischen Schutzes notwendig ist, zu empfehlen.

---

1) DIN 4753 T3 (07.93): Wassererwärmer und Wassererwärmungsanlagen für Trink- und Betriebswasser; Wasserseitiger Korrosionsschutz durch Emaillierung; Anforderungen und Prüfung.

2) DIN 4753 T6 (02.86): Wassererwärmungsanlagen für Trink- und Betriebswasser; Kathodischer Korrosionsschutz für emaillierte Stahlbehälter; Anforderungen und Prüfung.

3) Kruse, C.-L. und Hitzblech, G.: Kathodischer Korrosionsschutz von emaillierten Wassererwärmern. IKZ-Haustechnik (1980) H. 10, S. 42–50.

4) DIN 50927 (08.85): Planung und Anwendung des elektrochemischen Korrosionsschutzes für die Innenflächen von Apparaten, Behältern und Rohren.

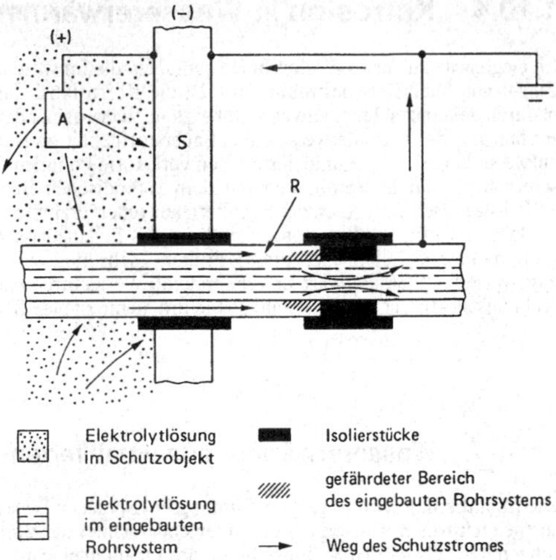

Bild 1.10.4-1. Wege des Schutzstromes bei kathodisch geschütztem Objekt mit Elektrolyt-führendem Rohrsystem, Lage der Isolierstücke und des gefährdeten Bereiches.

-2 Wassererwärmer aus kunststoffbeschichtetem Stahl

Kunststoffbeschichtungen stellen nur bei Wärmeübertragungsflächen einen verhältnismäßig unproblematischen Korrosionsschutz dar, da bei diesen die Wandung wärmer ist als das umgebende Wasser. Bei allen Flächen, die kälter sind als das Wasser, z.B. an den Wandungen von Wasserspeichern, liegen sehr kritische Verhältnisse vor. Ursache für diesen zunächst nicht einzusehenden Unterschied ist die Tatsache, daß die Kunststoffe zwar undurchlässig für Wasser, aber durchlässig für Wasserdampf sind. An die kältere Metallwandung diffundierender Wasserdampf kondensiert hier zu Wasser und kann Blasen zwischen dem Metall und der Kunststoffbeschichtung bilden. Aufgeplatzte Blasen werden zu Korrosionsstellen, an denen es zur Abgabe von Korrosionsprodukten an das Wasser und zu Wanddurchbrüchen kommen kann. Letzteres ist besonders dann zu befürchten, wenn die Kunststoffbeschichtung als Folge von Quellvorgängen eine elektrische Leitfähigkeit erhält und dann als Kathodenfläche in einem Korrosionselement wirken kann. Neben der Freiheit von Fehlstellen ist die Beständigkeit gegen Blasenbildung die wichtigste Eigenschaft, die im Rahmen der Normen DIN 4753 T4[1] und Teil 9[2] zu prüfen ist.

Wegen der Gefahr der Blasenbildung müssen an Kunststoffbeschichtungen für Wandungen von Wasserspeichern sehr hohe Anforderungen gestellt werden. Die Beschichtungen müssen außerdem absolut porenfrei sein, da kathodischer Schutz deshalb nicht angewendet werden kann, weil dadurch aufgrund von elektroosmotischen Vorgängen eine andere (aber ebenfalls schädliche) Art von Blasen erzeugt wird. Eine dritte Art von Blasen bildet sich in Verbindung mit edleren Metallflächen. Deshalb müssen metallische Einbauten auch bei kunststoffbeschichteten Wandungen in gleicher Weise wie bei emaillierten Behältern elektrisch abgetrennt werden.

---

[1]) DIN 4753 T4 (10.94): Wassererwärmungsanlagen für Trink- und Betriebswasser; Wasserseitiger Korrosionsschutz durch Beschichtungen aus warmhärtenden duroplastischen Beschichtungsstoffen; Anforderungen und Prüfung.

[2]) DIN 4753 T9 (09.90): Wassererwärmer und Wassererwärmungsanlagen für Trink- und Betriebswasser; Wasserseitiger Korrosionsschutz durch thermoplastische Beschichtungsstoffe; Anforderungen und Prüfung.

-3 Wassererwärmer aus nichtrostendem Stahl

Eine Zusammenfassung des derzeitigen Kenntnisstandes zum Korrosionsverhalten von nichtrostenden Stählen gegenüber Wasser bietet DIN 50930 T4[1]. Speziell im Hinblick auf die Korrosionssicherheit von Wassererwärmern wird in DIN 4753 T7[2] gefordert, daß der Hersteller Werkstoffwahl und Verarbeitung so vornimmt, daß innerhalb der von ihm angegebenen Einsatzgrenzen (hinsichtlich Gehalt an Chlorid-Ionen und Temperatur) keine Schäden durch Lochkorrosion auftreten.

Nichtrostende Stähle sind bei Einwirkung Chlorid-Ionen-haltiger Angriffsmittel stets mehr oder weniger anfällig für Lochkorrosion. Die durch die chemische Zusammensetzung bedingten Unterschiede in der Beständigkeit der verschiedenen Werkstoffe (die üblicherweise durch Werkstoffnummern wie z.B. 1.4301 bezeichnet werden) werden durch die sog. Lochfraßpotentiale charakterisiert. Je positiver das Lochfraßpotential ist, desto beständiger ist der jeweilige Werkstoff in dem betreffenden Angriffsmittel. Mit zunehmender Konzentration an Chlorid-Ionen und mit zunehmender Temperatur verschiebt sich das Lochfraßpotential in negativer Richtung, d.h. nimmt die Anfälligkeit für Lochkorrosion zu. Von den Legierungselementen ist vor allem das Molybdän zu nennen, das die Beständigkeit gegen Lochkorrosion beträchtlich erhöht. Zu den weniger beständigen molybdänfreien Qualitäten (früher als V2A-Stahl bezeichnet) gehören die nichtrostenden Stähle der Werkstoff-Nr. 1.4301 und 1.4541, zu den beständigeren molybdänhaltigen Qualitäten (früher als V4A-Stahl bezeichnet) die der Werkstoff-Nr. 1.4401 und 1.4571.

Lochkorrosion ist immer dann möglich, wenn das Lochfraßpotential negativer ist als das durch den Gehalt an Oxidationsmittel in der Lösung bestimmte Redoxpotential. Die Beobachtung, wonach Lochkorrosion hin und wieder auch dann auftritt, wenn dies aufgrund der Lage des Lochfraßpotentials und des Redoxpotentials nicht zu erwarten wäre, hängt damit zusammen, daß z.B. bei nicht einwandfreien Schweißnähten (z.B. als Folge von örtlicher Chromverarmung im Metall durch Bildung chromreicher Zunderschichten) kleine Bereiche mit örtlich negativerem Lochfraßpotential vorliegen können, ebenso wie in Spalten, in denen Anreicherung von Chlorid-Ionen stattfindet.

Von den nichtrostenden Stählen wird vorzugsweise der austenitische Chrom-Nickel-Molybdän-Stahl der Werkstoffnummer 1.4571 für Wassererwärmer und Warmwasserspeicher eingesetzt. Auch bei diesem Werkstoff ist jedoch wie bei anderen nichtrostenden Stählen eine Anfälligkeit für Lochkorrosion nicht auszuschließen. Erhöhte Gefahr für Lochkorrosion besteht

- in Oberflächenbereichen in und neben nicht einwandfreien Schweißnähten
- bei Bauteilen mit Wandtemperaturen über 90 °C
- bei Bauteilen in Berührung mit wasserdampfdurchlässigen Dichtungen.

Als nicht einwandfreie Schweißnähte sind solche anzusehen, bei denen Poren in der Schweißraupe, Zunderschichten oder Schlackenreste vorliegen. Hier kann Lochkorrosion praktisch in jedem Leitungswasser auftreten. Die Gefährdung nimmt mit zunehmender Temperatur und zunehmender Chlorid-Ionen-Konzentration zu.

Wasserdurchbrüche als Folge von Spannungsrißkorrosion können von der Außenseite der Behälterwandung ausgehend auftreten, wenn von außen Wasser zutritt, das sich auf der heißen Wandung durch Verdunsten des Wassers aufkonzentriert. Nach Erreichen einer kritischen Chlorid-Ionen-Konzentration kommt es zunächst zu Lochkorrosion und dann vom Lochgrund ausgehend zu Spannungsrißkorrosion.

Besondere Korrosionserscheinungen werden bei gelöteten Plattenwärmeaustauschern aus nichtrostendem Stahl beobachtet. Durch Kontaktkorrosion mit dem edleren nichtrostenden Stahl kann es zu einer bevorzugten Auflösung des Kupferlots kommen. Dabei kann es sowohl zu Undichtigkeiten zur Außenseite als auch zur Seite des Primär-Heizmediums kommen. In Verbindung mit Warmwasser-Rohrleitungen aus feuerverzinktem Stahl sind schwere Schäden durch Lochkorrosion beobachtet worden, die durch die bei der Korrosion des Kupferlotes in Lösung gehenden Kupfer-Ionen verursacht worden sind.

---

[1]) DIN 50930 T4 (02.93): Korrosion der Metalle; Korrosion metallischer Werkstoffe im Innern von Rohrleitungen, Behältern und Apparaten; Beurteilung der Korrosionswahrscheinlichkeit nichtrostender Stähle.

[2]) DIN 4753 T7 (10.88): Wassererwärmer und Wassererwärmungsanlagen für Trink- und Betriebswasser; Wasserseitiger Korrosionsschutz durch korrosionsbeständige metallische Werkstoffe; Anforderungen und Prüfung.

-4 Kathodischer Schutz

Das Prinzip dieses Schutzverfahrens beruht auf der Bildung eines Korrosionselementes, bei dem als Anode ein Metall eingebracht wird, das unedler sein muß als das zu schützende Metall (galvanische Anode, Opferanode). Im einfachsten Fall des kathodischen Schutzes von Behältern aus emailliertem Stahl werden hierfür Stäbe aus speziellen Magnesiumlegierungen verwendet. Der an Fehlstellen im Emailüberzug freiliegende Stahl wird zur Kathode in dem Korrosionselement mit dem Magnesium. Ein Nebeneffekt des kathodischen Schutzes besteht darin, daß es als Folge der Bildung von Hydroxyl-Ionen im Bereich der Kathoden zur Ausfällung von Calciumcarbonat kommen kann, wodurch die ursprünglich vorhandenen Fehlstellen abgedeckt werden. Dies ist jedoch nur bei Wässern mit ausreichendem Gehalt an Calciumhydrogencarbonat möglich. Bei anderen Wässern muß die sich durch Korrosion verbrauchende Anode regelmäßig erneuert werden. Dieses Verfahren des kathodischen Korrosionsschutzes ist deshalb nicht wartungsfrei.

In dieser Beziehung ist der kathodische Schutz mit Inertanoden aus nichtangreifbarem Material (z. B. Mischoxid-beschichtetes Titan, Magnetit) vorteilhafter. Die Inertanoden müssen jedoch mit Hilfe von Gleichstrom als Anode geschaltet werden. Hier findet dann nach

$$2\,H_2O + 4\,e^- \rightarrow 4\,H^+ + O_2$$

die Bildung von Sauerstoff statt. Insgesamt wird dadurch genau so viel Sauerstoff erzeugt, wie nach bei der kathodischen Sauerstoffreduktion an der Behälterwand verbraucht wird. Eine Verringerung des Sauerstoffgehaltes, wie sie bei der Verwendung von Magnesiumanoden zwangsläufig auftritt, ist bei der Verwendung von Inertanoden somit nicht gegeben.

Abgesehen von dem Einsatz in emaillierten Wassererwärmern spielt der kathodische Schutz mit Inertanoden vorzugsweise bei größeren Behältern aus ansonsten nicht geschütztem Stahl eine Rolle. Nach DIN 4753 T10[1)] wird auch diese Lösung als korrosionsbeständige Ausführung eingestuft.

Eine Sonderstellung nimmt das sog. Guldager-Verfahren ein[2)]. Einerseits wird mit Hilfe von Inertanoden oder fremdstromgespeisten Aluminiumanoden der kathodische Schutz des Warmwasserbereiters aus ungeschütztem oder feuerverzinktem Stahl bewirkt. Andererseits kann durch das bei der anodischen Auflösung der Aluminiumanoden zum Teil in kolloidaler Form ins Wasser gelangende Aluminiumhydroxid eine besonders wirksame Schutzschicht auf feuerverzinkten Stahlrohren aufgebaut werden, die die kathodische Reaktion der Zinkoberfläche in starkem Maße behindert und damit die Wirksamkeit von Korrosionselementen verringert. Wie der Verlauf des kathodischen Astes der Stromdichte-Potential-Kurve eines nur aus Eisen-Zink-Legierungsphase bestehenden Überzuges sehr deutlich zeigt (Bild 1.10.4-2), ist hier die kathodische Wirksamkeit (bei einem für eine aktive Anode angenommenen Potential von $U_H = -800$ mV) deutlich geringer als unter den entsprechenden Versuchsbedingungen mit unbehandeltem (Kurve 4), Ortho-Phosphat-behandeltem (Kurve 11) und Polyphosphat-behandeltem (Kurve 8) Wasser[3)]. Das Guldager-Verfahren wird mit sehr gutem Erfolg zur Sanierung von Korrosionsschäden in Warmwasserleitungen aus feuerverzinktem Stahl eingesetzt. Die Wirksamkeit des Verfahrens wird weder durch erhöhte Temperaturen noch durch Kupfer-Zink-Mischinstallation beeinträchtigt. Abgesehen vom Einsatz zur Sanierung von Korrosionsschäden ist dieses Verfahren nur bei größeren Anlagen zu empfehlen, da der sich bildende Anodenschlamm regelmäßig entfernt werden muß, was einen gewissen Wartungsaufwand erfordert.

Kathodischer Schutz wird hauptsächlich in Verbindung mit ungeschütztem Stahl angewendet. In speziellen Fällen kann er jedoch auch zur Vermeidung von Lochkorrosion bei feuerverzinktem Stahl und bei nichtrostenden Stählen eingesetzt werden. In diesen Fällen muß lediglich das Elektrodenpotential der Metalle auf Werte eingestellt werden, die negativer sind als das unter diesen Bedingungen gegebene Lochfraßpotential. Hierfür sind vor allem bei den nichtrostenden Stählen nur sehr geringe Schutzströme erforderlich.

---

1) DIN 4753 T10 (05.89): Wassererwärmer und Wassererwärmungsanlagen für Trink- und Betriebswasser, Kathodischer Korrosionsschutz für nicht beschichtete Stahlbehälter, Anforderungen und Prüfung.

2) Heinzelmann, U. und Franke, G.: Kathodischer Innenschutz von Wasserbehältern. Handbuch des kathodischen Schutzes. herausgegeben von W. v. Baeckmann und W. Schwenk. Verlag Chemie, Weinheim, 4. Auflage 1999.

3) Kruse, C.-L., Schmitt-Thomas, Kh. G. und Gräfen, H.: Korrosionsverhalten von Zink und feuerverzinktem Stahl in erwärmtem Wasser. Werkstoffe und Korrosion 34 (1983) S. 539–546.

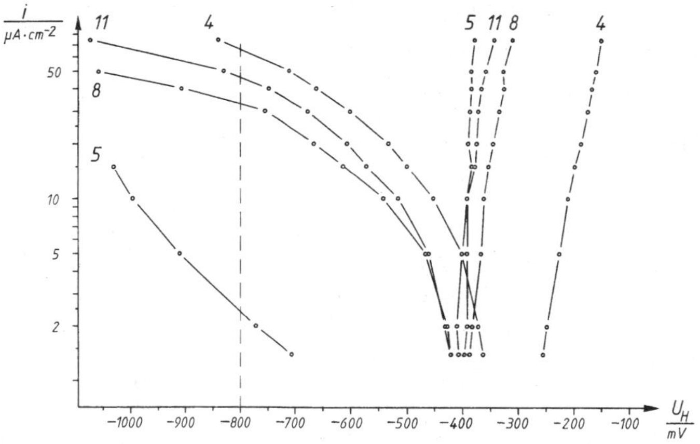

Bild 1.10.4-2. Stromdichte-Potential-Kurve eines nur aus Eisen-Zink-Legierungsphase bestehenden Zinküberzuges.
Kurve 4: Unbehandeltes Dortmunder Leitungswasser.
Kurve 5: Wassererwärmer mit fremdstromgespeisten Aluminiumanoden.
Kurve 8: Zugabe von Polyphosphat.
Kurve 11: Zugabe von Orthophosphat

1.10.5 Abgasseitige Korrosion

Bei den Korrosionsschäden durch Abgas-Kondensat[1]) ist eine ähnliche Abhängigkeit von der technischen Entwicklung zu beobachten wie bei den wasserseitigen Durchrostungen. Eine Vielzahl von Schäden trat nach der Umstellung von Kohle-befeuerten Kesseln auf Heizölbetrieb auf, und zwar in Form von Durchrostungen im Bereich des Rücklaufwassereintritts, d. h. an der kältesten Stelle des Kessels. Durch Anhebung der Rücklaufwassertemperatur bzw. Änderung der Kesselkonstruktion wurden derartige Schäden extrem selten. Mit der Entwicklung von Kesseln für niedrigere Kesselwassertemperaturen ist diese Korrosionsart in den letzten Jahren wieder aktuell geworden.

-1 Korrosionsursachen

Korrosion auf der Abgasseite eines Heizkessels und auf der Abgas-berührten metallischen Innenschale eines Schornsteines kann nur bei Anwesenheit eines Elektrolyten stattfinden. Diese Voraussetzung ist immer dann erfüllt, wenn es als Folge der Unterschreitung der Taupunkttemperatur des Abgases zur Bildung von Abgas-Kondensat kommt, was wegen des Wasserdampfgehaltes im Abgas möglich ist.

Solange die Temperatur der Abgase, der Kesselwandung oder der Schornsteinwandung nicht unter die Taupunkttemperatur absinkt, sollte es nicht zu Kondensation von Wasser und damit nicht zu Korrosion kommen können. Tatsächlich wird jedoch Korrosion bei der Verbrennung von Kohle und Heizöl bereits bei erheblich höheren Temperaturen beobachtet. Dies ist auf den Schwefelgehalt dieser Brennstoffe zurückzuführen. Aus dem bei der Verbrennung entstehenden Schwefeldioxid bildet sich in einer nachgelagerten Reaktion mit Sauerstoff und Wasser in geringen Mengen Schwefelsäure, deren Taupunkt stets deutlich über dem Wassertaupunkt liegt.

Die Betrachtungen über die Lage des Säuretaupunktes sind für die Verhältnisse in den zur Beheizung von Wohngebäuden normalerweise verwendeten Kleinanlagen noch durch einen weiteren Gesichtspunkt zu ergänzen. Bei dem hier üblichen intermittierenden Betrieb kühlt ein erheblicher Teil der Abgas-beaufschlagten Wandungsflächen auf Temperaturen

[1]) VDI-Richtlinie 2035, Bl. 3 (09.00) E: Vermeidung von Schäden in Warmwasserheizanlagen; Abgasseitige Korrosion.

unterhalb des Säuretaupunktes ab. Bei jedem Aufheizen findet dann hier bis zum Überschreiten des Taupunktes erneut Kondensation von Schwefelsäure statt. Bei weiterem Aufheizen kommt es lediglich zu einer Aufkonzentrierung der Schwefelsäure, nicht aber zu einer Verdampfung, da Schwefelsäure erst bei einer Temperatur von 338 °C siedet. Da diese Temperatur üblicherweise nicht erreicht wird, bleibt die Schwefelsäure auf der Wandung. In Stillstandszeiten wirkt sich besonders ungünstig aus, daß konzentrierte Schwefelsäure sehr hygroskopisch ist. Vor allem in den Sommermonaten mit häufig erhöhter relativer Luftfeuchtigkeit gelangt das für die Korrosion erforderliche Wasser als Folge der Hygroskopie der Schwefelsäure aus dem Wasserdampf der Luft in die Schwefelsäure auf der Wandungsfläche.

Die besondere Korrosivität der Schwefelsäure gegenüber Eisenwerkstoffen ist dadurch bedingt, daß sie bei der Korrosion nur zum Teil verbraucht wird. Bei der Reaktion von Eisen mit Schwefelsäure und Sauerstoff entsteht nach

$$2\ Fe + 3\ H_2SO_4 + 3/2\ O_2 \rightarrow Fe_2(SO_4)_3 + 3\ H_2O$$

Eisen(3)sulfat, das mit Wasser nach

$$Fe_2(SO_4)_3 + 4\ H_2O \rightarrow 2\ FeOOH + 3\ H_2SO_4$$

durch Hydrolyse die Schwefelsäure wieder freisetzt. Die Schwefelsäure wirkt nach diesem Mechanismus überwiegend als Katalysator der Korrosion von Eisen, ohne sich dabei zu verbrauchen.

Neben der Korrosionsbelastung der Abgas-beaufschlagten Bauteile durch Schwefelsäure kann auch eine Belastung durch Salzsäure auftreten. Bei der Verbrennung von Kohle muß damit regelmäßig gerechnet werden, da die Kohle Chloride in der Größenordnung von 0,1% enthält, aus denen sich bei der Verbrennung Chlorwasserstoff bilden kann, der mit Wasser zu Salzsäure reagiert. Bei der Verbrennung von Heizöl und Gas ist das Auftreten von Chlorwasserstoff im Abgas als Ausnahme anzusehen. Gas ist stets frei von Chlorverbindungen. Heizöl selbst enthält ebenfalls keine nennenswerten Mengen an Chlorverbindungen. Ein bei Heizöl vereinzelt festgestellter höherer Gehalt an Chlorverbindungen war auf die Verunreinigung mit Altöl zurückzuführen.

Schäden durch Chlorwasserstoff im Abgas bei der Verbrennung von Heizöl oder Gas sind meist auf Verunreinigungen der Verbrennungsluft mit Chlorverbindungen zurückzuführen. In Frisiersalons sind es die aus Fluorchlorkohlenwasserstoffen bestehenden Treibgase von Spraydosen, die bei der Verbrennung Chlorwasserstoff bilden. In diesen Fällen kann in den Korrosionsprodukten regelmäßig auch Fluorid nachgewiesen werden. In anderen Fällen sind es die flüchtigen Chlorverbindungen, die bei der chemischen Reinigung verwendet werden, oder chlorhaltige Lösungsmittel von Kleb- bzw. Anstrichstoffen, die als Ursache für die Bildung von Chlorwasserstoff erkannt werden können.

Die Mengen an Salzsäure, die auf diese Weise gebildet werden, sind normalerweise sehr viel geringer als die bei der Verbrennung von Kohle oder Heizöl anfallenden Mengen an Schwefelsäure. Ein spezieller Salzsäure-Taupunkt wird nicht beobachtet, er fällt praktisch mit dem Wassertaupunkt zusammen. Ausgesprochen kritisch ist die Anwesenheit von Salzsäure bei der Verwendung von Bauteilen aus nichtrostendem Stahl, bei denen dann Lochkorrosion auftritt.

-2 Korrosionsschäden

Korrosionsschäden durch Abgaskondensat werden vor allem bei Heizkesseln und bei metallischen Innenschalen von Schornsteinen und Abgasleitungen beobachtet.

Schäden an Heizkesseln aus unlegiertem Stahl oder Guß als Folge mehr oder weniger gleichmäßig abtragender Korrosion treten überwiegend bei mit Heizöl betriebenen Anlagen auf. Ein typisches Beispiel hierfür ist in Bild 1.10.5-1 wiedergegeben. In den korrodierten Bereichen befinden sich Korrosionsprodukte, die entsprechend aufgrund der Hydrolyse des entstehenden Eisen(3)sulfats sehr stark sauer reagieren und bis zu 50% Sulfat-Ionen enthalten können. Da es sich bei der durch Schwefelsäure verursachten Korrosion um mehr oder weniger gleichmäßig abtragende Korrosion handelt, werden derartige Schäden meist erst nach längerer Betriebszeit beobachtet. Grundsätzlich sind Stahl- und Gußkessel in gleicher Weise gefährdet. Wegen der im Regelfall geringeren Wanddicke bei Stahlkesseln entsteht jedoch manchmal der Eindruck, als ob diese korrosionsanfälliger seien.

Bei Schornsteineinsatzrohren aus nichtrostendem Stahl sind Wanddurchbrüche als Folge gleichmäßig abtragender Korrosion bisher ausschließlich bei den dünnwandigen flexiblen

Bild 1.10.5-1. Wanddurchbruch auf der Abgasseite eines Heizkessels durch Korrosion als Folge der Unterschreitung des Schwefelsäuretaupunktes.

Einsatzrohren von mit Heizöl betriebenen Anlagen aufgetreten, und zwar vorzugsweise auf den dem Abgas zugewandten Seiten der gewellten Rohre in Bereichen stärkerer Auskühlung und bei ungünstiger Regelung des Ölbrenners (häufiger kurzer Betrieb). Diese Schadensfälle waren zunächst insofern überraschend, als man von einer besseren Beständigkeit von nichtrostendem Stahl bei Korrosionsbelastung durch Schwefelsäure ausgegangen ist. Offensichtlich wird unter den im Schornstein herrschenden Bedingungen die Passivität des nichtrostenden Stahls aufgehoben. Dies ist wahrscheinlich auf die Wirkung des im Abgas enthaltenen Schwefeldioxids zurückzuführen. Im Aktivzustand erfolgt dann ein verhältnismäßig schneller Abtrag durch die Schwefelsäure. Bei den dickwandigeren starren Einsatzrohren sind vergleichbare Korrosionsschäden bisher nicht beobachtet worden. Es ist jedoch davon auszugehen, daß auch hier ähnliche Vorgänge ablaufen, die jedoch wegen der größeren Wanddicke und des auf die gesamte Fläche verteilten Angriffs wesentlich längere Zeiten bis zu einem Wanddurchbruch erfordern.

Schäden durch Lochkorrosion bei Anwesenheit von Chlorwasserstoff im Abgas sind sowohl bei flexiblen wie auch bei starren Einsatzrohren in mit Heizöl und in mit Gas betriebenen Anlagen aufgetreten. Ein typisches Beispiel hierfür zeigt Bild 1.10.5-2.

Praktisch schadensfrei sind bisher die werksseitig wärmegedämmten Schornsteinbauelemente aus nichtrostendem Stahl geblieben.

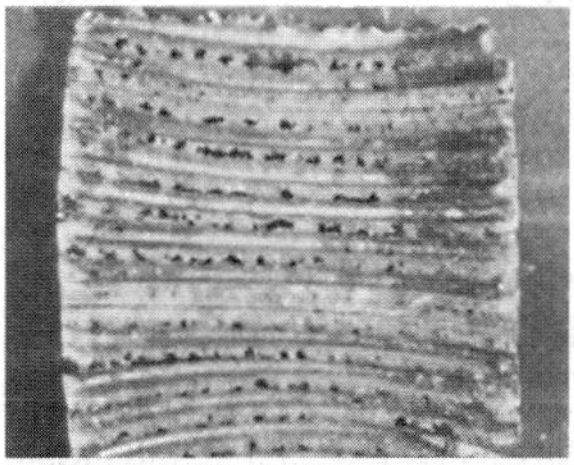

Bild 1.10.5-2. Lochfraß an einem Schornsteineinsatzrohr aus nichtrostendem Stahl, verursacht durch Chlorwasserstoff im Abgas.

-3 Korrosionsschutz

Die Notwendigkeit eines Korrosionsschutzes für die Abgas-berührten metallischen Teile hängt in starkem Maße von der Beschaffenheit des Abgases ab. Das Abgas von mit Gas betriebenen Anlagen ist wegen des Fehlens von Schwefeldioxid wesentlich weniger korrosiv als das Abgas von mit Heizöl betriebenen Anlagen. Das Abgas in mit Kohle betriebenen Anlagen enthält zwar neben Schwefeldioxid stets auch einen gewissen Anteil an Salzsäure bzw. Chlorid-Ionen, andererseits ist hier der Anteil von Wasserdampf sehr viel geringer, so daß eine Unterschreitung des Wassertaupunktes praktisch nicht auftreten kann.

Sofern die Abgastemperatur über dem Säuretaupunkt liegt, ist ein praktisch vollständiger Korrosionsschutz der metallischen Innenschale eines Schornsteins durch entsprechende Wärmedämmung zu erzielen. Im stationären Zustand, in dem die Wandungstemperatur praktisch gleich der Abgastemperatur ist, ist dann keine Bildung von Kondensat als Folge von Taupunktunterschreitung möglich. Im instationären Zustand des Aufheizens nach einer Stillstandszeit wirkt sich die geringe Wärmekapazität, die eine wärmegedämmte dünne Metallschale besitzt, insofern positiv aus, als sich die Wandung schnell auf die Abgastemperatur aufheizt. Die Zeitspanne, in der sich Kondensat als Folge von Tapunktunterschreitung bilden kann, ist deshalb gering. Die Wärmedämmung muß allerdings gut gegen den

Zutritt von Regenwasser geschützt sein, da sie sonst das Gegenteil, eine verstärkte Kondensatbildung, bewirkt. Bei Abgastemperatur über dem Taupunkt und guter Wärmedämmung ist die Korrosionsbelastung so gering, daß als Werkstoff für die Innenschale unlegierter Stahl verwendet werden kann. Beispiele hierfür finden sich in einer Vielzahl von Industrie-Schornsteinen.

Eine deutlich größere Korrosionsbelastung liegt vor, wenn die Abgastemperatur im stationären Zustand unter dem Säuretaupunkt liegt. Auch unter diesen Bedingungen kann jedoch die Korrosionsbeständigkeit von unlegierten Eisenwerkstoffen völlig ausreichend sein, wie das Beispiel der Abgas-beaufschlagten Flächen von Heizkesseln mit zwangsläufig niedrigerer Wandungstemperatur zeigt. Die Korrosionsbelastung nimmt verständlicherweise mit abnehmender Wandungstemperatur zu. Dementsprechend ist es nicht verwunderlich, daß bei Niedertemperatur-Heizungsanlagen häufiger abgasseitige Kesselschäden beobachtet werden als bei 90/70-Anlagen, die zudem häufig aufgrund regelungstechnischer Maßnahmen mit einer Anhebung der Rücklauftemperatur arbeiten.

Zunehmend kritischer werden die Verhältnisse,

- wenn die Häufigkeit instationärer Zustände mit stärkerer Unterschreitung des Säuretaupunkts zunimmt,
- wenn zeitweilige Unterschreitung des Wassertaupunkts auftritt
- oder wenn gar mit ständiger Unterschreitung des Wassertaupunktes (wie dies bei den Brennwertkesseln angestrebt wird) zu rechnen ist.

In diesen Fällen können unlegierte Eisenwerkstoffe nicht mehr ohne Korrosionsschutz eingesetzt werden, bzw. es müssen korrosionsbeständigere Werkstoffe zum Einsatz kommen.

Wenn, wie bei mit Gas betriebenen Anlagen, nur mit dem Auftreten von Kohlenstoffdioxid-haltigem Abgaskondensat zu rechnen ist, kann das Auftreten von Korrosionsschäden durch Verwendung von nichtrostenden Stählen mit großer Wahrscheinlichkeit ausgeschlossen werden. Dies gilt auch noch bei mit Heizöl betriebenen Anlagen für Anlagenteile, die mehr oder weniger ständig mit Kondensat beaufschlagt werden, da bei der dann vorliegenden Konzentration an Schwefelsäure bzw. Schwefliger Säure eine ausreichende Beständigkeit von nichtrostenden Stählen gegeben ist.

Bei mit Heizöl betriebenen Anlagen mit häufigerem Anfall von Kondensat und Aufkonzentrierung der auskondensierten Säure bei anschließendem Anstieg der Wandungstemperatur kann die Korrosionsbeständigkeit der üblicherweise verwendeten nichtrostenden Stähle (wie aus den Schäden an dünnwandigen flexiblen Einsatzrohren erkennbar) u.U. nicht mehr ausreichend sein. Dies ist vor allem darauf zurückzuführen, daß bei Aufkonzentrierung von Schwefelsäure und gleichzeitiger Anwesenheit von Schwefeldioxid die Passivität von nichtrostendem Stahl aufgehoben wird. Unter diesen Bedingungen unterscheiden sich die üblicherweise verwendeten Stähle in ihrer Beständigkeit nur unwesentlich.

Bei Anlagen, bei denen mit Salzsäure oder Chlorid-Ionen im Kondensat zu rechnen ist, kann das Risiko von Korrosionsschäden durch Auswahl von nichtrostenden Stählen mit erhöhter Beständigkeit gegen Lochkorrosion in gewissen Grenzen verringert werden. Für die Unterschiede in der Beständigkeit der nichtrostenden Stähle in bezug auf ihre Anfälligkeit für Lochkorrosion ist hier bei vergleichbarem Chromgehalt der Gehalt an Molybdän von besonderer Bedeutung. Die Beständigkeit ist am geringsten bei den Molybdän-freien Qualitäten (wie z. B. bei Werkstoff-Nr. 1.4301 und 1.4541). Deutlich besser ist sie bei den Qualitäten mit Molybdängehalten zwischen 2,0 und 2,5% (wie z.B. bei Werkstoff-Nr. 1.4401 und 1.4571). Mit steigenden Molybdängehalten (wie z.B. bei Werkstoff-Nr. 1.4436 mit 2,5 bis 3,0%) nimmt sie weiter zu. Die unterschiedlichen Kohlenstoffgehalte sind für die Korrosionsbeständigkeit nur mittelbar von Bedeutung, nämlich nur dann, wenn es bei der Verarbeitung (z. B. beim Schweißen) oder während des Betriebes (z. B. durch einen Schornsteinausbrand) zu einer Wärmebeeinflussung kommt, die durch Ausscheidung von Chromcarbiden zu einer Sensibilisierung für interkristalline Korrosion führen kann. Diese Gefahr ist bei hinreichend niedrigen Kohlenstoffgehalten nicht gegeben. Bei höheren Kohlenstoffgehalten kann die Bildung von Chromcarbiden durch Zugabe von stabilisierenden Elementen (z. B. Titan bei Werkstoff-Nr. 1.4541 und 1.4571) vermieden werden.

Da die Korrosionsbelastung von Abgas-beaufschlagten Bauteilen in vielen Fällen durch die Ansammlung und Aufkonzentrierung der aus dem Schwefeldioxid gebildeten Schwefelsäure zurückzuführen ist, besteht eine einfache Möglichkeit des Korrosionsschutzes in der Reinigung der Teile. Aus diesem Grund ist es z. B. sehr zu empfehlen, einen mit Heizöl betriebenen Heizkessel am Ende der Heizperiode zu reinigen, damit nicht in den feuchten Sommermonaten verstärkte Korrosion unter den Schwefelsäure-haltigen Belägen ablaufen kann.

1.10.6 Steinbildung[1)]

Unter Steinbildung versteht man die Bildung festhaftender Beläge aus Calciumcarbonat auf wasserberührten Wandungen von Wassererwärmungs- und Warmwasserheizungsanlagen bei Temperaturen unterhalb des Siedepunktes.

Von einem Schaden durch Steinbildung spricht man, wenn eine Beeinträchtigung der Funktion von Wassererwärmungs- und Warmwasserheizungsanlagen durch Steinbildung aufgetreten ist.

Im Gegensatz zur Korrosion spielen bei der Steinbildung die Eigenschaften des Werkstoffes nur eine untergeordnete Rolle. Entscheidend für das Ausmaß der Steinbildung sind die Wasserbeschaffenheit und die Betriebsweise.

Zur Steinbildung (Ausfällung von Calciumcarbonat) kann es aufgrund der Reaktion

$$Ca^{2+} + 2\,HCO_3^- \rightarrow CaCO_3 + CO_2 + H_2O$$

immer dann kommen, wenn Calciumhydrogencarbonat-haltiges Wasser erwärmt wird.

Schäden durch Steinbildung können auftreten, wenn Auslegung, Betriebsbedingungen und Wasserbeschaffenheit nicht aufeinander abgestimmt sind.

Die Kalkabscheidung wird in erster Linie durch die Menge des im Wasser gelösten Calciumhydrogencarbonats bestimmt, die normalerweise durch die sog. „Karbonathärte" charakterisiert werden kann. Als Karbonathärte bezeichnet man den Anteil der „Gesamthärte" (Gehalt an Calcium- und Magnesium-Ionen), der an Hydrogencarbonat-Ionen gebunden ist. Im Normalfall, wenn die Konzentration an Calcium- und Magnesium-Ionen größer ist als die äquivalente Konzentration an Hydrogencarbonat-Ionen, dient letztere, die durch die sog. „Säurekapazität bis pH = 4,3" ($K_{S\,4,3}$ früher als m-Wert bezeichnet) bestimmt wird,

$$\frac{c\,(Ca\,(HCO_3)_2)}{mol\,m^{-3}} = 0{,}5 \cdot \frac{c\,(HCO_3^-)}{mol\,m^{-3}} = 0{,}5 \cdot \frac{K_{S\,4,3}}{mol\,m^{-3}}$$

als Maß für die Karbonathärte. Außer der Einheit mol/m³ werden zur Angabe der Konzentration der Härtebildner national und international noch andere Einheiten verwendet:

1 °d = Grad deutscher Härte = 10 mg CaO/L	entspr. 17,9 mg $CaCO_3$/L
1 mval $CaCO_3$/L =	50 mg $CaCO_3$/L
1 ppm $CaCO_3$/L =	1 mg $CaCO_3$/L
1 °f = Grad französischer Härte =	10 mg $CaCO_3$/L
1 °e = Grad englischer Härte = 1 grain/Imp.gal. = 64,8 mg $CaCO_3$/4,546 L =	14,3 mg $CaCO_3$/L
1 gpg = grain $CaCO_3$/per US gal. = 64,8 mg $CaCO_3$/3,785 L =	17,1 mg $CaCO_3$/L

Mit

1 mol/m³ = 1 mmol/L = 100 mg $CaCO_3$/L

können die verschiedenen Einheiten leicht umgerechnet werden.

Beispiel:

Die Angaben *15 °d* bedeutet 15 × 17,9 mg $CaCO_3$/L = 268,5 mg $CaCO_3$/L
268,5 mg $CaCO_3$/L : (100 mg $CaCO_3$/L : 1 mol/m³) = 2,7 mol/m³.

-1 Steinbildung in Wassererwärmungsanlagen[2)]

Mit zunehmender Steinbildung kommt es zur Behinderung der Wärmeübertragung und zu unerwünschten Temperaturdifferenzen an den Wärmeaustauschflächen. Dies hat je nach Anlagenart unterschiedliche Folgen:

- Bei (nichtelektrisch) direkt und indirekt beheizten Anlagen tritt eine Abnahme der Wärmeleistung auf.
- Bei (nichtelektrisch) direkt beheizten Anlagen kommt es darüber hinaus zu einer Erhöhung der Abgastemperatur und damit zu einer Abnahme des Wirkungsgrades. Unter kritischen Bedingungen kann es hier zu Materialschäden durch Überhitzung kommen.

---

1) VDI Richtlinie 2035, Bl. 1, (04.96): Vermeidung von Schäden in Warmwasserheizanlagen; Steinbildung in Wassererwärmungs- und Warmwasserheizanlagen.

2) DIN 1988 T7 (12.88): Technische Regeln für Trinkwasser-Installationen (TRWI); Vermeidung von Korrosionsschäden und Steinbildung; Technische Regel des DVGW.

- Bei elektrisch beheizten Wassererwärmern nehmen zwar mit zunehmender Steinbildung Wirkungsgrad und Wärmeleistung nicht ab, es kommt aber wegen der konstant bleibenden elektrischen Leistung zu erhöhter Temperaturdifferenz an den Heizelementen, was zum Ausfall der Heizelemente führen kann.
- Bei Durchfluß-Wassererwärmern kann es als Folge der Steinbildung zu einer Verringerung des Strömungsquerschnittes und damit zu einer Erhöhung des Strömungswiderstandes kommen, was zu einer Durchflußreduzierung und damit (bei nicht elektrisch beheizten Durchfluß-Wassererwärmern) zu einer Abnahme der Wärmeleistung führt.

Das Ausmaß der Kalkabscheidung kann durch zwei Faktoren verstärkt werden, durch Entfernung von Kohlenstoffdioxid und durch Erhöhung der Temperatur. Beides wird entscheidend durch die Konstruktion und Betriebsweise des Wassererwärmers beeinflußt. Bei offenen Wassererwärmern (z.B. Kochendwassergeräten und kleinen drucklosen Elektrospeichern), bei denen ständig Kohlenstoffdioxid entweichen kann, kann es schnell zu einer Steinbildung auf den Elektro-Heizelementen kommen.

Geschlossene Wassererwärmer, bei denen kein Kohlenstoffdioxid entweichen kann, sind weniger anfällig. Die Steinbildung auf den Wärmeübertragungsflächen ist hier allein darauf zurückzuführen, daß die Löslichkeit von Calciumcarbonat mit zunehmender Temperatur abnimmt. Entscheidend ist nicht die Wassertemperatur im Innern des Wassererwärmers, sondern die Wandtemperatur an der Wärmeübertragungsfläche. Mit zunehmender Wandtemperatur steigt die Neigung zur Steinbildung.

Von wesentlichem Einfluß auf die Wandtemperatur ist auch die zum Teil konstruktionsbedingte Betriebsweise. Bei einem Speicher, bei dem die Zufuhr von Heizwasser abhängig von der Temperatur des erwärmten Wassers über eine Ladepumpe erfolgt, sind die Verhältnisse weniger kritisch als bei einem (nicht elektrisch beheizten) ungeregelten Durchfluß-Wassererwärmer. Im ersten Fall erreicht die Wandtemperatur praktisch nie die maximal mögliche Temperatur des Heizwassers. Vor allem in den langen Stillstandszeiten über Nacht kühlt sich das Heizregister schnell auf die eingestellte Wassertemperatur ab. Im zweiten Fall des ungeregelten Durchfluß-Wassererwärmers wird zwangsläufig bei jedem Stillstand schnell die Temperatur des Heizwassers erreicht.

Eine spezielle Art der Steinbildung wird in Zusammenhang mit dem kathodischen Schutz von Behältern beobachtet. Als Folge der an der Kathode ablaufenden Sauerstoffreduktion

$$1/2\ O_2 + H_2O + 2\ e^- \rightarrow 2\ OH^-$$

kommt es hier zu einer Erhöhung der Konzentration an Hydroxyl-Ionen, der sog. Wandalkalisierung, wodurch die Dissoziationsgleichgewichte der Kohlensäure in Richtung auf eine Erhöhung der Carbonat-Ionen-Konzentration verschoben werden. Als Folge der dadurch bewirkten Kalkübersättigung kommt es zur Kalkabscheidung auf der Kathodenfläche.

Nützlich ist diese Kalkabscheidung im Hinblick auf den Korrosionsschutz von emaillierten Behältern. An den ursprünglich in der Emaillierung vorhandenen Fehlstellen, die die Kathoden im Korrosionselement mit der Magnesiumanode bilden, kommt es auf diese Weise zu einer Abdeckung mit Kalk, wodurch der Schutzstrombedarf erheblich reduziert wird. Außerdem kann in hinreichend harten Wässern dadurch eine Nichterneuerung der nach einiger Zeit aufgezehrten Anode ohne schädliche Auswirkungen bleiben.

Schädlich kann diese Kalkabscheidung sein, wenn sie zum Zuwachsen von nichtemaillierten metallischen Abgangsstutzen führt. Dies ist möglich, wenn sich der Abgangsstutzen im „Sichtbereich" der Anode befindet und das Wasser Kupfer-Ionen enthält, die sich ebenfalls an der Kathode abscheiden. Der auf diese Weise elektrisch leitend werdende Belag kann dann bis zum Verschluß ständig weiter wachsen. Schädlich ist diese Art von Kalkabscheidung natürlich auch dann, wenn sie auf elektrisch mit dem Behälter kurzgeschlossenen Heizflächen aus Kupfer oder nichtrostendem Stahl zu einer Behinderung des Wärmeübergangs führt.

-2 Steinbildung in Warmwasserheizungsanlagen

Als Folge von Steinbildung auf direkt beheizten Wärmeübertragungsflächen kann es zu örtlicher Überhitzung und dadurch bedingter Rißbildung kommen. Im übrigen wird durch den Steinbelag der Wärmedurchgang herabgesetzt, was zu einer Verringerung der Wärmeleistung führt.

In Warmwasserheizungsanlagen ist die Gefahr von Schäden durch Steinbildung zunächst nicht sehr groß, weil die zur Verfügung stehende Menge an Calciumcarbonat begrenzt ist. Sie ergibt sich nach

$$\frac{m\,(CaCO_3)}{g} = 100 \cdot \frac{V_{Anl}}{m^3} \cdot \frac{c\,(Ca\,(HCO_3)_2)}{mol\ m^{-3}}$$

aus dem Anlagenvolumen V_{Anl} und der Konzentration an Calciumhydrogencarbonat $c\,(Ca(HCO_3)_2)$. Bei Wässern, bei denen nach einer Enthärtung $c\,(Ca^{2+}) < 0{,}5\ c\,(HCO_3^-)$ ist, kann die Karbonathärte nicht aus der Konzentration an Hydrogencarbonat-Ionen (m-Wert, Säurekapazität bis pH 4,3 $K_{S\ 4,3}$) berechnet werden. In diesen Fällen muß statt dessen die tatsächlich noch vorhandene Konzentration an Calcium-Ionen zugrunde gelegt werden.

Die Ausscheidung von Kalk erfolgt hauptsächlich an den heißesten Stellen der Anlage, d.h. an den Wärmeübertragungsflächen im Heizkessel. Die Wandungstemperatur liegt zwar hier zunächst nur wenig höher als die Wassertemperatur, da der Wärmeübergang vom Abgas auf die Kesselwandung erheblich stärker gehemmt ist als der Wärmeübergang von der Kesselwandung auf das Wasser. Wenn es hier jedoch zur Bildung von Kalkablagerungen kommt, deren Wärmeleitfähigkeit sehr viel schlechter ist, steigt hier die Wandungstemperatur. Der Befund, wonach sich häufig die gesamte Kalkmenge nur auf einer verhältnismäßig kleinen Fläche ablagert, hängt damit zusammen, daß die Kalkabscheidung auf einer metallisch blanken Fläche sehr stark gehemmt ist und sehr viel leichter auf einer Fläche erfolgt, auf der bereits Kalk abgeschieden worden ist. Dies führt dann dazu, daß sich u.U. die gesamte Kalkausscheidung auf den Bereich konzentriert, in dem es zuerst zur Kalkausscheidung gekommen ist. Dies sind erfahrungsgemäß die Bereiche mit der höchsten Heizflächentemperatur oder solche, bei denen strömungsbedingt der geringste Wärmeabtransport erfolgt.

-3 Maßnahmen gegen Steinbildung

Entscheidenden Einfluß auf die Steinbildung hat die Konstruktion des Wassererwärmers bzw. Heizkessels, da sie die maximalen Wandungstemperaturen bestimmt. Als Faustregel kann gelten, daß die Intensität der Kalkausscheidung bei gegebener Wasserbeschaffenheit mit zunehmender Wandungstemperatur zunimmt. Um eine möglichst niedrige Wandungstemperatur zu erreichen, muß die Heizleistung deshalb möglichst gleichmäßig auf große Flächen verteilt werden.

Die Möglichkeiten der Begrenzung der Steinbildung durch Werkstoffwahl sind begrenzt. Ein Einfluß des Werkstoffes ist nur insofern gegeben, als die Steinbildung auf glatten Oberflächen erschwert ist. Dementsprechend neigen korrosionsbeständigere Werkstoffe (wie z.B. nichtrostende Stähle), weniger zu Steinbildung als Werkstoffe (wie z.B. feuerverzinkter Stahl), bei denen Korrosionsprodukte die Oberfläche vergrößern und Ansatzpunkte für die Steinbildung liefern.

In Warmwasserbereitungsanlagen kann die Steinbildung vor allem durch die Wahl einer möglichst niedrigen Wassertemperatur beeinflußt werden. Dieser Möglichkeit stehen allerdings in zunehmendem Maße Bedenken wegen einer damit verbundenen Erhöhung eines Legionella-Infektionsrisikos gegenüber[1)].

In Abhängigkeit von den konstruktions- und betriebsbedingten Faktoren lassen sich drei Gruppen von Wassererwärmern unterscheiden:

Wassererwärmer-Gruppe I

Wassererwärmer mit Wassertemperatur bis 60 °C wie z.B.:

- Indirekt beheizte Speicher-Wassererwärmer
- Indirekt beheizte Durchfluß-Wassererwärmer mit geregelter Heizwasserzufuhr
- Gasbeheizte Speicher-Wassererwärmer
- Elektrisch (Heizdraht) beheizte Durchfluß-Wassererwärmer
- Elektrisch beheizte Speicher-Wassererwärmer

[1)] DVGW-Arbeitsblatt W 551, Technische Maßnahmen zur Vermeidung des Legionellen-Wachstums; 3/93.
DVGW-Arbeitsblatt W 552. Technische Maßnahmen zur Vermeidung des Legionellen-Wachstums; Sanierung und Betrieb, 4/96.

Wassererwärmer-Gruppe II

Wassererwärmer mit Wassertemperatur bis 70 °C wie z. B.:

- Indirekt beheizte Wassererwärmer
- Gasbeheizte Durchfluß-Wassererwärmer
- Geschlossene elektrisch beheizte Speicher-Wassererwärmer

Wassererwärmer-Gruppe III

Wassererwärmer mit Wassertemperatur über 70 °C bzw. besondere Bauarten wie z. B.:

- Indirekt beheizte Durchfluß-Wassererwärmer mit ungeregelter Heizwasserzufuhr
- Offene elektrisch beheizte Speicher-Wassererwärmer

In Abhängigkeit von der Konzentration an Calciumhydrogencarbonat $c(Ca(HCO_3)_2)$ lassen sich den Wassererwärmergruppen unterschiedliche Anfälligkeiten für Schäden durch Steinbildung zuordnen:

$c(Ca(HCO_3)_2)$ mol/m³	bis 1,5	über 1,5 bis 2,5	über 2,5
Wassererwärmer-Gruppe I	gering	gering	gering
Wassererwärmer-Gruppe II	gering	gering	mittel
Wassererwärmer-Gruppe III	gering	mittel	hoch

Als wasserseitige Maßnahmen zur Vermeidung von Schäden durch Steinbildung werden in DIN 1988 T7[1)] die Härtestabilisierung und die Enthärtung genannt.

Unter Härtestabilisierung versteht man die Zugabe von Chemikalien zum Wasser, durch welche die Kalkabscheidung derart beeinflußt wird, daß es nicht zur Steinbildung kommt. Der Kalk kann dabei jedoch in Schlammform ausfallen. Im Trinkwasserbereich erfolgt die Härtestabilisierung ausschließlich mit den in der Trinkwasser-Aufbereitungs-Verordnung zugelassenen Polyphosphaten. Diese behindern das Aufwachsen von Steinbelägen, indem sie die zunächst gebildeten Kristallkeime blockieren und auf diese Weise am Wachsen hindern. Bei längeren Standzeiten bildet sich durch Hydrolyse aus den Polyphosphaten das monomere Phosphat, das dann zeitlich verzögert zur Ausfällung von Calciumphosphat in Schlammform führt.

Schlammbildung ohne Steinansatz auf den Wandungen würde vermutlich auch dann auftreten, wenn in dem kalten Wasser vor der Erwärmung gezielt Calciumcarbonatkeime erzeugt werden könnten, an denen dann beim Erwärmen des Wassers die Anlagerung von Kalk erfolgen könnte. Auf diesen Effekt wird von einzelnen Herstellerfirmen die Wirkung ihrer auf physikalischer Basis arbeitender Geräte zur Vermeidung von Steinbildung zurückgeführt. Bei den Geräten, die sich bei einer Prüfung nach dem DVGW-Arbeitsblatt W 512[2)] als wirksam erwiesen haben, ist davon auszugehen, daß die Wirkung auf elektrochemischen Vorgängen beruht.

Das sicherste Verfahren zur Vermeidung von Steinbildung ist die Enthärtung, bei der die im Wasser enthaltenen Calcium- und Magnesium-Ionen entfernt werden (s. Abschnitt 1.10.3-3). Ein im Ionenaustauscherverfahren enthärtetes Wasser enthält nur noch Spuren von Calcium- und Magnesium-Ionen. Im Bereich der Trinkwasser-Installation ist ein derart vollenthärtetes Wasser nicht zulässig. Das Wasser wird deshalb üblicherweise hinter

---

1) DIN 1988 T7 (12.88): Technische Regeln für Trinkwasser-Installationen (TRWI); Vermeidung von Korrosionsschäden und Steinbildung; Technische Regel des DVGW.

2) DVGW-Arbeitsblatt IV 512: Verfahren zur Beurteilung der Wirksamkeit von Wasserbehandlungsanlagen zur Verminderung von Steinbildung.

dem Ionenaustauscher durch Vermischen mit nicht enthärtetem Wasser auf eine Härte von etwa 1 mol/m^3 eingestellt.

Bei Wässern im Härtebereich 1 und 2 werden wasserseitige Maßnahmen nicht als notwendig angesehen. Bei Wässern im Härtebereich 3 kann Steinbildung durch Härtestabilisierung zumindest vermindert werden. Durch Enthärtung kann Steinbildung in jedem Fall verhindert werden.

Anstelle von Wasserbehandlungsmaßnahmen zur Verringerung der Anfälligkeit für Schäden durch Steinbildung kann auch eine in regelmäßigen Abständen durchzuführende Steinentfernung vorgesehen werden. Abgesehen von einer mechanischen Entfernung bei leicht zugänglichen Teilen kommt hier vor allem die chemische Auflösung mit Säuren zur Anwendung. Hierfür können dieselben Kesselsteinlösemittel verwendet werden, wie sie auch für die Behandlung von Dampfkesseln zugelassen sind[1)].

Bei Warmwasserheizungsanlagen kann die Steinbildung vor allem durch die Art und Weise der Inbetriebnahme beeinflußt werden. Wenn die Anlage mit geringster Leistung oder langsam stufenweise aufgeheizt wird, besteht die Möglichkeit, daß sich der Kalk nicht nur an den heißesten Stellen, sondern über die ganze Anlage verteilt u.U. sogar in Schlammform ausscheidet. Bei Mehrkesselanlagen empfiehlt es sich, alle Kessel gleichzeitig in Betrieb zu nehmen, damit sich die gesamte Kalkmenge nicht auf die Wärmeübertragungsfläche eines einzelnen Kessels konzentrieren kann. Durch Einbau von Strangabsperrventilen kann die Menge des erforderlichen Ergänzungswassers erheblich verringert werden, da dann nicht in jedem Reparaturfall das gesamte Heizwasser abgelassen werden muß.

Die Notwendigkeit von wasserseitigen Maßnahmen ergibt sich aus Annahmen hinsichtlich der zulässigen mittleren Dicke der Kalkschicht.

Wenn man z.B. bei größeren Anlagen annimmt, daß lediglich eine mittlere Dicke der Kalkschicht von 0,05 mm toleriert werden kann, weil bereits bei dieser geringen mittleren Dicke in den Bereichen mit der höchsten Wandtemperatur Kalkbeläge mit einer Dicke bis zu 0,5 mm entstehen können, dann errechnet sich die maximale Menge an Wasser V_{max}, die in Abhängigkeit von der Konzentration an Calciumhydrogenkarbonat und der Kesselleistung eingespeist werden kann, auf einen in der VDI-Richtlinie 2035 Teil 1[2)] beschriebenen Rechenweg zu

$$\frac{V_{max}}{m^3} = 0{,}0313 \cdot \frac{\dot{Q}_K}{kW} \cdot \frac{1/c\,(Ca\,(HCO_3)_2)}{mol^{-1}\,m^3}$$

Wenn das zulässige Wasservolumen erreicht ist, darf entweder nur noch enthärtetes Wasser nachgespeist werden, oder es muß eine Entfernung des Steinbelages im Kessel vorgenommen werden.

Um im Garantiefall die Erfüllung dieser Anforderung kontrollieren zu können, muß bei größeren Anlagen ein Wasserzähler in die Fülleitung eingebaut sein. Außerdem sind Aufschreibungen darüber vorzulegen, zu welchem Zeitpunkt welche Mengen Wasser einer bestimmten Konzentration an Calciumhydrogencarbonat nachgespeist worden sind.

---

1) VdTÜV-Richtlinien für die Untersuchung von Kesselsteinlösemittel und Kesselbeizmitteln. Technische Überwachung 14 (1973) Nr. 11, S. 332–333.

2) VDI-Richtlinie 2035, Bl. 1 (04.96): Vermittlung von Schäden in Warmwasserheizanlagen; Steinbildung in Wassererwärmungs- und Warmwasserheizanlagen.

1.11 Grundlagen der Kosten- und Wirtschaftlichkeitsrechnung[1]

1.11.1 Begriffsabgrenzungen und Definitionen

Bei der Entscheidung für technische Anlagen der Heizungs- und Klimatechnik spielen Aspekte der *Kostenstruktur* und der *Wirtschaftlichkeit* eine entscheidende Rolle.

Die Entscheidungsgrundlagen für beide Aspekte entstammen je nach betriebswirtschaftlicher Fragestellung des investierenden Unternehmens (oder anderer Institutionen)

- dem Bereich der Finanz-(Liquiditätsrechnung)
- dem Bereich der Gewinn- und Verlustrechnung
- dem Bereich der betrieblichen Erfolgsrechnung

In der technischen Literatur werden die betriebswirtschaftlich eindeutig definierten Begriffe[2] Kosten, Aufwand, Ausgaben, Auszahlungen häufig unscharf oder doppeldeutig verwendet. Deshalb sind für die nachfolgende Behandlung der Kosten- und Wirtschaftlichkeitsrechnung die hierzu *notwendigen* Begriffe ausführlich definiert. Ihre gegenseitige Abgrenzung ist aus Bild 1.11.1-1 ersichtlich

a) Definitionen zur Abgrenzung des Kostenbegriffs

Auszahlung:
Jeder Vorgang, der den Bestand an liquiden Mitteln (Kassenbestände und verfügbare Bankguthaben) vermindert. Die entsprechende Position auf der Leistungsseite ist die *Einzahlung* (oder auch Einsparung).

Ausgabe:
Auszahlung + Forderungsabnahme + Schuldenzunahme (d. h. Einbeziehung von Kreditvorgängen). Die hierzu adäquate Position auf der Leistungsseite ist die *Einnahme.*

Aufwand:
Gesamter Werteverzehr von Sachgütern, Arbeits- und Dienstleistungen sowie Rechten in einer Abrechnungsperiode. Die Position auf der Leistungsseite ist der *Ertrag.*

Kosten:
In Geldeinheiten bewerteter Verbrauch von Sachgütern, Arbeits- und Dienstleistungen zur Erstellung von marktlich verwertbaren betrieblichen Leistungen (Betriebshauptzweck) in der Abrechnungsperiode. Die Gegenposition hierzu ist die betriebliche *Leistung.*

Die Kosten wiederum werden untergliedert nach:

Aufwandskosten:
Diejenigen Aufwandsbestandteile, die ausschließlich und direkt dem Betriebshauptzweck zuzurechnen sind und keine kalkulatorischen Bestandteile enthalten. (In der Kostenrechnung auch *Grundkosten* genannt)

Kalkulatorische Kosten:
Über die Grundkosten hinaus anzusetzender Werteverzehr wie:

- Abschreibungen zur Erfassung des Werteverzehrs von Wirtschaftsgütern des Anlagevermögens über die betriebliche Nutzungszeit (kalkulatorische Abschreibung)
- Verrechnung von Zinsen auf das Eigenkapital
- Verrechnung von Mieten bei eigengenutzten Immobilien (kalkulatorische Miete)

b) Definitionen zur Wirtschaftlichkeits-/Investitionsrechnung

Wirtschaftlichkeits-/Investitionsrechnung:
Rechenverfahren, mit denen die wirtschaftliche Vorteilhaftigkeit von Investitionsvorhaben ermittelt wird.

Statische Verfahren:
Einfache pragmatische Vergleichsverfahren, die zeitliche Unterschiede im Auftreten von Einnahmen und Ausgaben nicht berücksichtigen. In der Regel wird nur ein verkürzter Betrachtungszeitraum zugrunde gelegt, mit der Annahme, daß dieser für die gesamte Nutzungsdauer repräsentativ sei.

---

[1]) Erstbearbeitung erfolgte durch Dipl.-Ing., Dipl.-Wirtsch.-Ing. Werner Solfrian, Essen, für die 68. Auflage.

[2]) Hörschgen, H.: Grundbegriffe der Betriebswirtschaftslehre, Sammlung Poeschel, Schaeffer-Poeschel-Verlag, Stuttgart, 1992.

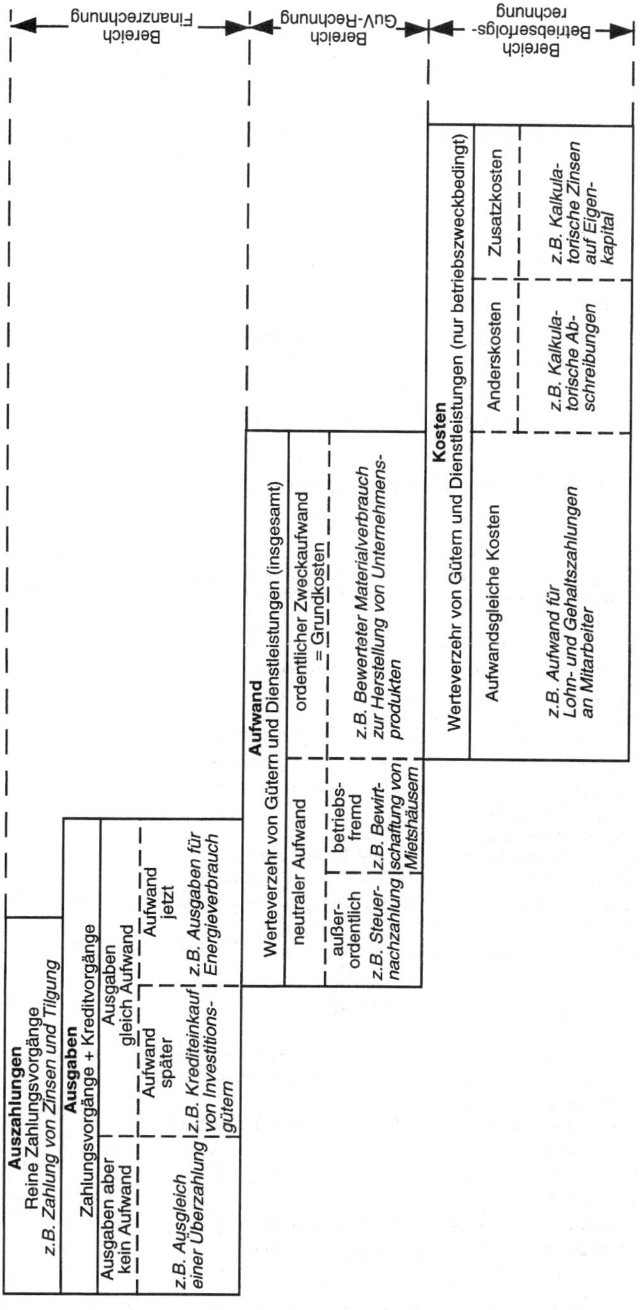

Bild 1.11.1-1. Abgrenzung der Begriffe, Kosten, Aufwand, Ausgaben und Auszahlungen.

Dynamische Verfahren:
Komplexere Rechenverfahren, die dem zeitlichen Ablauf der Investitionsvorgänge Rechnung tragen. Der Zeitaspekt wird durch Abzinsen von Zahlungsreihen mit einem Kalkulationszinsfuß auf einen Betrachtungszeitpunkt (meist gleich Investitionszeitpunkt) berücksichtigt.

Kalkulationszinsfuß:
Der Kalkulationszinsfuß macht die *zeitlich* unterschiedlichen Auswirkungen der durch die Investition verursachten Zahlungsreihen (Ein- und Auszahlungen) deutlich.

Für die Höhe des Zinsfußes sind je nach betrieblicher Zielsetzung verschiedene Ansätze üblich.

Ansatz bei Kalkulationszinsfuß:
- Marktzins für langfristiges Fremdkapital (bei Annahme unbegrenzter Kapitalbeschaffungsmöglichkeit)
- Branchenüblicher Zinssatz
- Durchschnittsrendite des im Betrieb eingesetzten Kapitals
- Struktur der Finanzierung aus Eigen- und Fremdkapital.

1.11.2 Grundlagen der Kostenrechnung

-1 Aufgaben der Kostenrechnung

Als *Kostenrechnung* eines Unternehmens wird die kurzfristig (z. B. monatliche, quartalsweise) verfügbare innerbetriebliche Bewertung der für den betrieblichen Hauptzweck eingesetzten Sachgüter sowie Arbeits- und Dienstleistungen bezeichnet. Unter Einbeziehung der dadurch erbrachten betrieblichen Leistungen spricht man von *kalkulatorischer Erfolgsrechnung.*

Aufgaben der Kostenrechnung sind:

1. Rechnerische Aufgliederung des betrieblichen Kostengefüges nach
   - Kostenarten (Typologie der Kosten),
   - Kostenstellen (Ort des Kostenanfalls),
   - Kostenträgern (anteilige Belastung der Unternehmensprodukte).
2. Überwachung der Wirtschaftlichkeit der betrieblichen Abläufe.
3. Bereitstellung von Zahlenmaterial für unternehmerische Entscheidungen wie
   - Kalkulation von Preisen,
   - Planung des Produktionsablaufs,
   - Planung der Anteile Eigenfertigung und Fremdbezug,
   - Planungsgrundlagen für Investitionen und Finanzierung.
4. Bereitstellung von Unterlagen für die Bewertung halbfertiger Arbeiten in der Bilanz des Unternehmens.
5. Ermittlung von kostenorientierten Angebotspreisen bei öffentlichen Aufträgen.

-2 Kostenrechnungssysteme

Um die Kostenrechnung dem betrieblichen Prozeß der Leistungserstellung zweckmäßig anzupassen sind folgende *Kostenrechnungssysteme*[1)] in Gebrauch:

- Istkostenrechnung
- Normalkostenrechnung
- Plankostenrechnung

} auf Vollkosten- oder Teilkostenbasis

Istkostenrechnung:

Verrechnung effektiv angefallener Kosten.

Vorteil: Präzise Erfassung der Kostenströme möglich.

Nachteil: Hoher Aufwand und schwerfälliges Verfahren.

---

1) Schierenbeck, H.: Grundzüge der Betriebswirtschaftslehre, R. Oldenbourg Verlag, München und Wien, 1989

Anwendung: Nachkalkulation betrieblicher Leistungen zur Feststellung des Betriebsergebnisses.

Normalkosten:

Verrechnung von Durchschnittskosten aus Istkosten vergangener Perioden.

Vorteil: Einfache Handhabung von Kostenelementen sowie Erhöhung der Vergleichbarkeit von Kostenrechnungsergebnissen.

Nachteil: Beeinträchtigung der Genauigkeit der Kostenrechnung.

Anwendung: Vorkalkulation bei der Erarbeitung von Angeboten.

Plankostenrechnung:

Zukunftsorientierte Verrechnung von Kostenelementen als Sollvorgabe für den Prozeß der Leistungserstellung.

Vorteil: Lenkungsfunktion der Kostenrechnung durch Vorgabe von Sollwerten.

Nachteil: Plankostenrechnung kann sinnvoll nur auf Teilkostenbasis durchgeführt werden.

Anwendung: Wirtschaftlichkeitskontrolle und Budgetierung von Kostenstellen.

Vollkostenbasis:

Es werden grundsätzlich sämtliche Periodenkosten verrechnet und den Leistungen oder Produkten des Unternehmens zugeordnet.

Anwendung: Vorwiegend bei Istkostenrechnung.

Teilkostenbasis:

Es werden in der Regel nur die dispositionsabhängigen, d.h. variablen Kosten verrechnet, da nur diese durch die Kostenstellen beeinflußt werden können.

Anwendung: Vorwiegend bei Normal- und Plankostenrechnung.

Die in die *Kostenrechnungssysteme* eingehenden Kosten werden wiederum unterteilt:

- hinsichtlich ihrer *Zurechenbarkeit* zu den Produkten und Dienstleistungen in
  · Einzelkosten
  · Gemeinkosten } vorwiegend bei Vollkostenrechnung relevant
- hinsichtlich ihrer Abhängigkeit von der Auslastung (Beschäftigung) des Unternehmens
  · variable Kosten
  · fixe Kosten } vorwiegend bei Teilkostenrechnung relevant

Der Zusammenhang dieser Unterteilungen wird aus Tafel 1.11.2-1 deutlich:

Tafel 1.11.2-1 Zusammenhang Einzel-/Gemeinkosten sowie fixe und variable Kosten

Zurechenbarkeit auf Produkte	Einzelkosten (direkt zuzuordnen)	Gemeinkosten (über Verteilungsschlüssel zuzuordnen) Unechte Gemeinkosten	Echte Gemeinkosten	
Abhängigkeit von der Auslastung	Variable Kosten		Fixe Kosten	
Beispiele	Kosten für – Material – Hilfs- und Betriebsstoffe – Fremdprodukte	– Instandhaltungskosten – Energie- und Medienkosten (bei dezentraler Erfassung) – Entwicklungskosten	– Kosten Koppelproduktion – Energie- und Medienkosten (bei zentraler Erfassung)	– Verwaltung – Abschreibungen – Bürokosten – Mieten – (Personalkosten) – Kalkulatorische Kosten – Steuern, Gebühren, Beiträge – Zinsen

Echte Gemeinkosten: Können *objektiv* nicht verursachungsgerecht zugeordnet werden.
Unechte Gemeinkosten: Werden aus *Wirtschaftlichkeitsgründen* nicht verursachungsgerecht zugeordnet.

-3 Aufbau der betrieblichen Kostenrechnung

Für die innerbetriebliche Kostenrechnung werden die Kosten aufgeteilt nach:

- *Art der verbrauchten Güter und Dienstleistungen (Kostenartenrechnung)* in z. B. Materialkosten, Personalkosten, Betriebsmittelkosten usw.
- *Betriebsbereich, in dem sie anfallen (Kostenstellenrechnung)* (Beschaffungs-, Produktions-, Absatz-, Finanzierungskosten usw.)

Der Ablauf der betrieblichen *Istkostenrechnung* auf *Vollkostenbasis* ist in Bild 1.11.2-1 dargestellt. Folgend Arbeitsschritte sind hierzu durchzuführen:

1. Erfassung sämtlicher Kosten des betrieblichen Leistungs- und Finanzierungsprozesses in der Abrechnungsperiode nach Kostenarten.

   Gliederungskriterium: Systematik der Kostenarten nach branchenüblichen *Kostenrahmen.*
2. Aufspaltung der Gesamtkosten in Einzel- und Gemeinkosten. Verteilung der Gemeinkosten auf die Kostenstellen direkt oder über mengen-/wertmäßige Schlüsselgrößen.
3. Kostenstellenumlage der Kosten der Hilfskostenstellen auf die Hauptkostenstellen verursachungsgerecht oder gemäß einem Aufteilungsschlüssel.
4. Übernahme der *Einzelkosten* direkt aus der Kostenartenrechnung in die Kostenträgerrechnung sowie der bereits aufbereiteten *Gemeinkosten* aus den Hauptkostenstellen nach einem möglichst verursachungsgerechten Schlüssel.
5. Ermittlung der Kosten je Produkteinheit (Stückkosten) durch Division der Anzahl der in der Abrechnungsperiode erzeugten Produkte oder Verrechnungseinheiten.

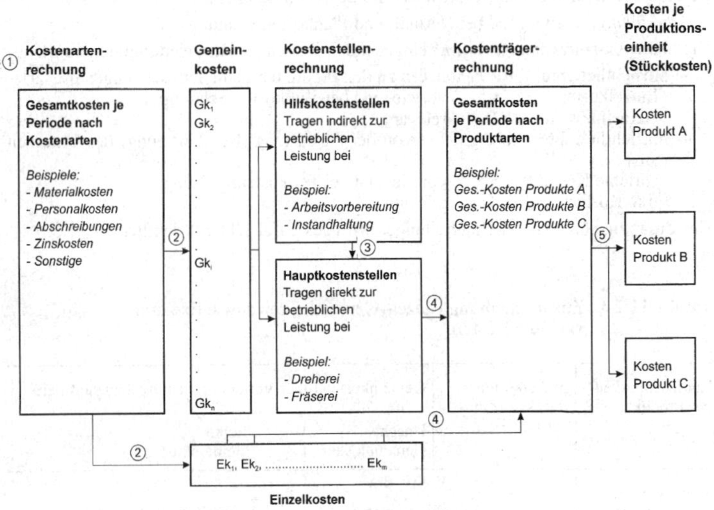

Bild 1.11.2-1. Schema der betrieblichen Istkostenrechnung auf Vollkostenbasis.

-4 Berechnung der Kosten von Wärmeversorgungsanlagen nach VDI 2067

Speziell für die Berechnung der Kosten von Wärmeversorgungsanlagen hat die VDI-Gesellschaft TGA Richtlinien für die *Ermittlung des Wärmebedarfs* und des *Jahreswärmeverbrauchs* sowie der *Ermittlung des Investitionsbedarfs* und der *Wärmegestehungskosten* für

- Sammelheizungen
- Fernwärmeversorgung
- Wärmepumpen

- Blockheizkraftwerken
- Raumlufttechnische Anlagen

herausgegeben.

Die Berechnung der Wärmegestehungskosten bei unterschiedlichen Anlagen und verschiedenen Bedarfsfällen erfolgt gemäß diesen VDI-Richtlinien als *Normalkostenrechnung* auf *Vollkostenbasis*. Da im Sinne der innerbetrieblichen Kostenzurechnung gemäß Bild 1.11.2-1 nur ein Produkt (Raumwärme) und *eine* Hauptkostenstelle (Wärmeerzeugungsanlage) vorliegen, kann aus der Zusammenstellung der Kostenarten direkt eine Zuordnung zum Kostenträger „Raumwärme" erfolgen.

Die VDI-Richtlinie unterscheidet folgende Kostenarten:

- Kapitalgebundene Kosten = > fixe Kosten der Tafel 1.11.2-1
- Verbrauchsgebundene Kosten = > variable Kosten der Tafel 1.11.2-1
- Betriebsgebundene Kosten = > ebenfalls Fixkostenblock der Tafel 1.11.2-1
- Sonstige Kosten = > Zuschlag zu den Fixkosten als Gemeinkostenzuschlag.

Bei der Zurechnung der Kapitalkosten nach der betriebswirtschaftlich üblichen Vorgehensweise gemäß Bild 1.11.2-1 sind als „kapitalgebundene Kosten" die Abschreibungen und die auf das Investitionsgut entfallenden Zinsen anzusetzen. Beim Vorgehen gemäß VDI 2067 werden die *jährlichen Ausgaben* für das Investitionsobjekt (Kapitaldienst) den *kapitalgebundenen Kosten* der Investition gleichgesetzt.

Diese Vorgehensweise ist bei einer *Normalkostenrechnung* – als Näherungsverfahren – sicherlich hinnehmbar. Bei einer *Istkostenrechnung* führt ein solches Vorgehen zu einer unkorrekten Kostenzurechnung.

Die Kosten für die jährliche Instandhaltung werden in der VDI-Richtlinie als prozentualer Anteil der Investitionsausgabe ermittelt.

Für die Kostenermittlung der Wärmegestehungskosten nach VDI 2067 enthalten die hierzu verfügbaren Unterlagen[1] ein Berechnungsschema, dessen Benutzung bei einer konkreten Normal- oder Plankostenberechnung der Wärmegestehungskosten zu empfehlen ist. Die prinzipielle Vorgehensweise ist der VDI-Richtlinie zu entnehmen.

1.11.3 Grundlagen der Wirtschaftlichkeitsrechnung

-1 Aufgaben der Wirtschaftlichkeitsrechnung

Wirtschaftlichkeits-/Investitionsrechnungen werden zur Vorbereitung oder Überprüfung von Investitionsentscheidungen eingesetzt, um Fehlinvestitionen soweit wie möglich zu vermeiden.

Bei der Berechnung der Vorteilhaftigkeit lassen sich drei Problemkreise unterscheiden

1. Prüfung der Vorteilhaftigkeit einer einzelnen Investition (Wirtschaftlichkeitsproblem)
2. Wahl zwischen zwei oder mehr sich gegenseitig ausschließenden Investitionen (Wahlproblem)
3. Entscheidung, ob eine bereits realisierte Investition durch eine andere ersetzt werden soll und Frage nach dem günstigsten Ersatzzeitpunkt (Ersatzproblem)

Aus der Vielzahl der verwendeten Wirtschaftlichkeits-/Investitionsrechnungsverfahren zeigt Bild 1.11.3-1 einen Überblick über die gebräuchlichsten Methoden.

a) Charakteristik der statischen Verfahren

- *Kostenvergleichs-/Gewinnvergleichs-/Rentabilitätsrechnung*
    - Nur eine Periode (in der Regel ein Jahr) wird als repräsentativ für die gesamte Lebensdauer angesehen.

---

[1]) VDI 2067: Berechnung der Kosten von Wärmeversorgungsanlagen
Bl. 1 (12.83): Betriebstechnische und wirtschaftliche Grundlagen
Bl. 2 (12.93): Raumheizung
Bl. 3 (12.83): Raumlufttechnik
Bl. 6 (09.89): Wärmepumpen
Bl. 7 (12.88): Blockheizkraftwerke

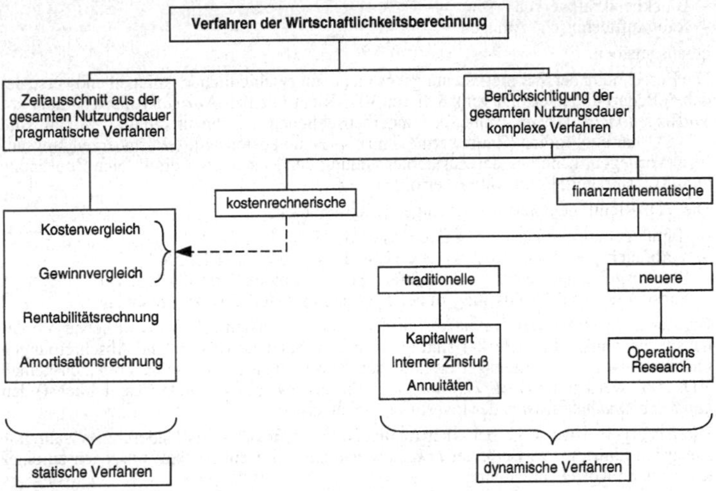

Bild 1.11.3-1. Gebräuchlichste Methoden der Wirtschaftlichkeitsrechnungsverfahren.

- Zinsen und Zinseszinsen aufgrund des zeitlichen Anfalls von Wertbewegungen werden nicht berücksichtigt.
- Berücksichtigung von *Durchschnittsgrößen* in einer *fiktiven Teilperiode*

– *Amortisationsrechnung*

- Berechnung des Zeitraumes, in dem die durch die Investition ausgelösten kumulierten Erlöse gleich der Summe der Anschaffungskosten und laufenden Betriebskosten ist.
- Zinsen und Zinseszinsen werden nicht berücksichtigt.

Anwendung: Wahlproblem, bei Amortisationsrechnung auch Ersatzproblem.

Vorteil: Einfache Verfahren, daher übersichtliche schnelle Lösungen.

Nachteile: Nur anwendbar, wenn mit nahezu konstanten Werten der relevanten Einflußgrößen für die gesamte Lebensdauer des Investitionsobjekes gerechnet werden kann.

b) Charakteristik der dynamischen Verfahren

– *Traditionelle Verfahren*

- Als Rechengröße werden ausschließlich reine Zahlungsvorgänge (Einzahlungen und Auszahlungen) verwendet.
- Die zeitliche Struktur von Wertbewegungen wird durch Abzinsung oder Aufzinsung mit einem Kalkulationszinsfluß berücksichtigt.
- Preissteigerungen können in den Rechengang einbezogen werden.
- Es wird eine zeitraumbezogene Berechnung über alle Teilperioden der Lebensdauer der Investition durchgeführt.

– *Operation-Research-Verfahren*

- Investitionsproblem wird nicht isoliert, sondern im Rahmen eines mathematischen Modells des Unternehmens betrachtet.
- Interdependenzen mit Finanzierungsplanung, Absatz- und Produktionsplanung werden berücksichtigt.
- Änderungen relevanter Parameter im Zeitverlauf können berücksichtigt werden.

Anwendung: Wirtschaftlichkeitsproblem, Wahlproblem, Ersatzproblem.

Vorteile: Verfahren sind universaler und mit größerer Aussageschärfe anwendbar als statische Verfahren.

Nachteile: Aufwendigere Verfahren bei Berücksichtigung von Kapitalwert-, Annuitäten- und Interne-Zinsfuß-Methode.

Operation-Research-Verfahren bedingen eine mathematische Modellierung des gesamten Unternehmensprozesses.

Verfahren des Operation-Research werden hier nicht weiter behandelt. Es wird auf die hierzu erschienene Literatur (s. z.B. [1]) hingewiesen.

-2 Entscheidungskriterien und Randbedingungen der Wirtschaftlichkeits-/Investitionsrechenverfahren

-2.1 Statische Verfahren

a) Kostenvergleichsrechnung

Kriterium für die Bewertung sind die durchschnittlichen Kosten, die durch die Investition in einer Periode verursacht werden (Periodenkosten oder Stückkosten).

$$K = K_B + K_D$$

$$K_D = \frac{K_A - R}{t} + \frac{P}{100} \cdot \frac{(K_A + R)}{2}$$

K = Gesamtkosten je Periode als Durchschnittswert
K_B = Betriebskosten je Periode
K_D = Kapitaldienst je Periode
K_A = Investitionsausgabe
R = Restwert des Investitionsgutes nach Nutzungsdauer
t = Abschreibungs-/Nutzungszeitraum

Anwendung: Wahlproblem und Ersatzproblem

b) Gewinnvergleichsverfahren

Kriterium für die Bewertung ist der durchschnittliche Periodengewinn, der durch die Investitionen verursacht wird.

$$G = E - K$$

G = Durchschnittsgewinn je Periode
E = Durchschnittserlös je Periode
K = Durchschnittskosten je Periode

Anwendung: Wahlproblem und Ersatzproblem

c) Rentabilitätsrechnung

Kriterium für die Bewertung ist die zeitliche Durchschnittsverzinsung des eingesetzten Kapitals für eine Investition. Eine betrachtete Investition ist immer dann vorteilhaft, wenn ihre Rentabilität über einer geforderten Mindestrentabilität liegt.

$$R = \frac{G}{K_A} \cdot 100\% > R_{\min}$$

R = Rentabilität
G = Durchschnittsgewinn je Periode
K_A = Durchschnittlich gebundenes Kapital
$R_{\min}$ = geforderte Mindestrentabilität

Anwendung: Wirtschaftlichkeits-, Wahl- und Ersatzprobleme.

d) Amortisationsrechnung

Kriterium für Vorteilhaftigkeit einer Investition ist der Zeitraum, in dem das für eine Investition eingesetzte Kapital wiedergewonnen wird.

---

[1]) Hannsmann, F.: Einführung in die Systemforschung, Methodik der modellgestützten Entscheidungsvorbereitung, 2. Auflage, München, 1985.
Koch, H.: Neuere Entwicklungen in der Unternehmenstheorie, Wiesbaden, 1983.
Schmidt, R. H.: Grundzüge der Investitions- und Finanzierungstheorie, Wiesbaden, 1983.
Müller-Merbach, H.: Operations Research, München, 1973.

$$t_A = \frac{K_i}{G+A}$$

t_A = Amortisationszeitpunkt
K_i = Investitionskapital
G = Durchschnittsgewinn je Periode
A = Durchschnittliche Abschreibungen je Periode

Eine zusammenfassende Bewertung aller behandelten statischen Verfahren ist in Tafel 1.11.3-1 zusammengestellt.

-2.2 Dynamische Verfahren

a) Kapitalwertmethode

Kriterium für die Bewertung der Vorteilhaftigkeit der Investition ist der *Kapitalwert* als Summe aller mit dem Kalkulationszinsfuß auf den Investitionszeitpunkt abgezinsten *Einzahlungen* und *Auszahlungen.* Statt *Einzahlungen* können auch *Einsparungen* angesetzt werden.

Der Kalkulationszinsfuß wird vom Investor bestimmt und drückt dessen Erwartungen bezüglich der Mindestverzinsung des eingesetzten Kapitals aus.

$$C_0 = -A_0 + \sum_{t=1}^{T} (E_t - A_t) \cdot \frac{1}{(1+i)^t}$$

A_0 = Investitionsausgabe
C_0 = Kapitalwert
E_t = Einzahlungen zum Zeitpunkt t
A_t = Auszahlungen zum Zeitpunkt t
$i = \frac{P}{100}$ Kalkulationszinsfuß
t = Periodenindex ($t = 1, \ldots T$)
T = letzte zu berücksichtigende Periode

$$BF = \frac{1}{(1+i)^t} = \text{Abzinsungsfaktor der Periode (auch Barwertfaktor)}$$

In Tafel 1.11.2-2 sind die Barwertfaktoren für einen Zeitraum bis 30 Jahren und Kalkulationszinsfüßen von 3%–15% dargestellt.

b) Annuitätenmethode

Kriterium der Vorteilhaftigkeit ist hier die *Annuität* d. h. die dem Kapitalwert einer Investition äquivalente Jahresrente.

Das Annuitätenverfahren ist damit nur eine Variante der Kapitalwertmethode.

$$AN = C_0 \cdot \frac{(1+i)^T \cdot i}{(1+i)^T - 1}$$

$$AN = AN_E - AN_A$$

AN = Annuität des Kapitalwertes C_0
AN_E = Annuität der Einzahlungsreihe
AN_A = Annuität der Auszahlungsreihe

$$WF = \frac{(1+i)^T \cdot i}{(1+i)^T - 1} = \text{Wiedergewinnungsfaktor (Annuitätsfaktor)}$$

In Tafel 1.11.2-2 sind die Wiedergewinnungsfakten für einen Zeitraum bis 30 Jahren und Kalkulationszinsfüßen von 3%–15% dargestellt.

c) Interne-Zinsfuß-Methode

Kriterium der Vorteilhaftigkeit einer Investition ist die *effektive Verzinsung r* (interner Zinsfuß), die die Investition erbringt. Beim *internen Zinsfuß r* wird der Kapitalwert aller der Investition zuzurechnenden Auszahlungen und Einzahlungen gleich 0.

Die Ermittlung des internen Zinsfußes entspricht der Berechnung der Nullstelle eines Polynoms T-ten Grades und ist analytisch ab $T > 3$ nicht mehr lösbar.

Tafel 1.11.2-2 Abzinsungsfaktoren $BF = 1/(1+i)^t$

Betrachtungs-zeitraum Jahre	Zinssatz									
	4%	5%	6%	7%	8%	9%	10%	11%	12%	13%
1	0,962	0,952	0,943	0,935	0,926	0,917	0,909	0,901	0,893	0,885
2	0,925	0,907	0,890	0,873	0,857	0,842	0,826	0,812	0,797	0,783
3	0,889	0,864	0,840	0,816	0,794	0,772	0,751	0,731	0,712	0,693
4	0,855	0,823	0,792	0,763	0,735	0,708	0,683	0,659	0,636	0,613
5	0,822	0,784	0,747	0,713	0,681	0,650	0,621	0,593	0,567	0,543
6	0,790	0,746	0,705	0,666	0,630	0,596	0,564	0,535	0,507	0,480
7	0,760	0,711	0,665	0,623	0,583	0,547	0,513	0,482	0,452	0,425
8	0,731	0,677	0,627	0,582	0,540	0,502	0,467	0,434	0,404	0,376
9	0,703	0,645	0,592	0,544	0,500	0,450	0,424	0,391	0,361	0,333
10	0,676	0,614	0,558	0,508	0,463	0,422	0,386	0,352	0,322	0,295
11	0,650	0,585	0,527	0,475	0,429	0,388	0,350	0,317	0,287	0,261
12	0,625	0,557	0,497	0,444	0,397	0,356	0,319	0,286	0,257	0,231
13	0,601	0,530	0,496	0,415	0,368	0,326	0,290	0,258	0,229	0,204
14	0,577	0,505	0,442	0,388	0,340	0,299	0,263	0,232	0,205	0,181
15	0,555	0,481	0,417	0,362	0,315	0,275	0,239	0,209	0,183	0,160
16	0,534	0,458	0,394	0,339	0,292	0,252	0,218	0,188	0,163	0,141
17	0,513	0,436	0,371	0,317	0,270	0,231	0,198	0,170	0,146	0,125
18	0,494	0,416	0,350	0,296	0,250	0,212	0,180	0,153	0,130	0,111
19	0,475	0,396	0,331	0,277	0,232	0,194	0,164	0,138	0,116	0,098
20	0,456	0,377	0,312	0,258	0,215	0,178	0,149	0,124	0,104	0,087
21	0,439	0,359	0,294	0,242	0,199	0,164	0,135	0,112	0,093	0,077
22	0,422	0,342	0,278	0,226	0,184	0,150	0,123	0,101	0,083	0,068
23	0,406	0,326	0,262	0,211	0,170	0,138	0,112	0,091	0,074	0,060
24	0,390	0,310	0,247	0,197	0,158	0,126	0,102	0,082	0,066	0,053
25	0,375	0,295	0,233	0,184	0,146	0,016	0,092	0,074	0,059	0,047
26	0,361	0,281	0,220	0,172	0,135	0,106	0,084	0,066	0,053	0,042
27	0,347	0,268	0,207	0,161	0,125	0,098	0,076	0,060	0,047	0,037
28	0,333	0,255	0,196	0,150	0,116	0,090	0,069	0,054	0,042	0,033
29	0,321	0,243	0,185	0,141	0,107	0,082	0,063	0,048	0,037	0,029
30	0,308	0,231	0,174	0,131	0,099	0,075	0,057	0,044	0,033	0,026

In der Praxis wird der interne Zinsfuß deshalb durch iterative Interpolation ermittelt.

Eine Investition ist nach dieser Methode dann wirtschaftlich, wenn der interne Zinssatz größer oder gleich dem Kalkulationszinssatz ist. Eine zusammenfassende Behandlung aller behandelten dynamischen Verfahren ist in Tafel 1.11.3-1 zusammengestellt.

-3 Wirtschaftlichkeitsberechnungsverfahren nach der VDI 2067 für Wärmeversorgungsanlagen

Für die Berechnung der Wirtschaftlichkeit von Wärmeversorgungsanlagen hat die VDI-Gesellschaft TGA eine spezielle VDI-Richtlinie[1)] herausgegeben. Diese Richtlinie behandelt sehr ausführlich alle Aspekte der dynamischen Verfahren

- Kapitalwertmethode
- Annuitätsmethode
- Zinsfußmethode
- Amortisationsmethode

[1)] VDI 2067: Berechnung der Kosten von Wärmeversorgungsanlagen. Betriebstechnische und wirtschaftliche Grundlagen

Tafel 1.11.2-3 Wiedergewinnungsfaktoren $WF = (1+i)^T \cdot i/((1+i)^T-1)$

Betrachtungs-zeitraum Jahre	Zinssatz									
	4%	5%	6%	7%	8%	9%	10%	11%	12%	13%
1	1,040	1,050	1,060	1,070	1,080	1,090	1,100	1,110	1,120	1,130
2	0,530	0,538	0,545	0,553	0,561	0,568	0,576	0,584	0,592	0,599
3	0,360	0,367	0,374	0,381	0,388	0,395	0,402	0,409	0,416	0,424
4	0,275	0,282	0,289	0,295	0,302	0,309	0,315	0,322	0,329	0,336
5	0,225	0,231	0,237	0,244	0,250	0,257	0,264	0,271	0,277	0,284
6	0,191	0,197	0,203	0,210	0,216	0,223	0,230	0,236	0,243	0,250
7	0,167	0,173	0,179	0,186	0,192	0,199	0,205	0,212	0,219	0,226
8	0,149	0,155	0,161	0,167	0,174	0,181	0,187	0,194	0,201	0,208
9	0,134	0,141	0,147	0,153	0,160	0,167	0,174	0,181	0,188	0,195
10	0,123	0,130	0,136	0,142	0,149	0,156	0,163	0,170	0,177	0,184
11	0,114	0,120	0,127	0,133	0,140	0,147	0,154	0,161	0,168	0,176
12	0,107	0,113	0,119	0,126	0,133	0,140	0,147	0,154	0,161	0,169
13	0,100	0,106	0,113	0,120	0,127	0,134	0,141	0,148	0,156	0,163
14	0,095	0,101	0,108	0,114	0,121	0,128	0,136	0,143	0,151	0,159
15	0,090	0,096	0,103	0,110	0,117	0,124	0,131	0,139	0,147	0,155
16	0,086	0,092	0,099	0,106	0,113	0,120	0,128	0,136	0,143	0,151
17	0,082	0,089	0,095	0,102	0,110	0,117	0,125	0,132	0,140	0,149
18	0,079	0,086	0,092	0,099	0,107	0,114	0,122	0,130	0,138	0,146
19	0,076	0,083	0,090	0,097	0,104	0,112	0,120	0,128	0,136	0,144
20	0,074	0,080	0,087	0,094	0,102	0,110	0,117	0,126	0,134	0,142
21	0,071	0,078	0,085	0,092	0,100	0,108	0,116	0,124	0,132	0,141
22	0,069	0,076	0,083	0,090	0,098	0,106	0,114	0,122	0,131	0,139
23	0,067	0,074	0,081	0,089	0,096	0,104	0,113	0,121	0,130	0,138
24	0,066	0,072	0,080	0,087	0,095	0,103	0,111	0,120	0,128	0,137
25	0,064	0,071	0,078	0,086	0,094	0,102	0,110	0,119	0,127	0,136
26	0,063	0,070	0,077	0,085	0,093	0,101	0,109	0,118	0,127	0,136
27	0,061	0,068	0,076	0,083	0,091	0,100	0,108	0,117	0,126	0,135
28	0,060	0,067	0,075	0,082	0,090	0,099	0,107	0,116	0,125	0,134
29	0,059	0,066	0,074	0,081	0,090	0,098	0,107	0,116	0,125	0,134
30	0,058	0,065	0,073	0,081	0,089	0,097	0,106	0,115	0,124	0,133

Des weiteren werden Fragen der Finanzierung von Investitionen in Wärmeversorgungsanlagen diskutiert.

Für die konkrete Bearbeitung von Wirtschaftlichkeitsberechnungen sind Arbeitsblätter vorgesehen, anhand derer die Zahlungsreihen entwickelt werden können.

Für verschiedene Anwendungsfälle

- Wohnblock
- Schulgebäude
- BHKW-Anlage

sind Beispiele durchgerechnet.

Es wird empfohlen, bei konkreten Entscheidungen auf diese Unterlagen zurückzugreifen.

Tafel 1.11.3-1 Vergleich der unterschiedlichen Verfahren der Wirtschaftlichkeitsrechnung

Verfahren	Anwendungsbereich	Vorteilhaftigkeitskriterium	Randbedingungen	Kritik
Statische Verfahren Kostenvergleichsrechnung	Wahlproblem Ersatzproblem	Durchschnittliche Periodenkosten oder Stückkosten K1 < K2	- Annahme gleicher Erlöse der Investitionen - Nur für kleinere Investitionen anwendbar	- Einperiodische Betrachtung - Keine Aussage über Verzinsungen des eingesetzten Kapitals - Zukunftsentwicklung nicht erfaßbar
Gewinnvergleichsrechnung	Wahlproblem Ersatzproblem	Durchschnittlicher Periodengewinn G1 > G2	Nur für kleinere Investitionen mit überschaubarer Nutzungsdauer einsetzbar	- Einperiodische Betrachtung - Zeitwert von Zahlungsströmen kann nicht erfaßt werden
Rentabilitätsrechnung	Wirtschaftlichkeit Wahlproblem Ersatzproblem	Rentabilität (Entsch. f. Invest.1) $\frac{G1 - G2}{KA1 - KA2} * 100 > Rmin$	Inv. 1 ist Investition mit höherem gebundenen Kapital	- Besser einsetzbar als einperiodische Verfahren - Betrachtungen zu kurzfristig
Amortisationsrechnung	Wahlproblem Ersatzproblem	Amortisationszeitraum t1 < t2 < tzulässig	Zulässige Amortisationszeit wird vom Investor bestimmt Als alleiniges Verfahren nicht geeignet	- Verfahren geht vorwiegend von Sicherheitsüberlegungen aus. - Erzielte Gewinne werden nicht berücksichtigt
Dynamische Verfahren Kapitalwertmethode	Wirtschaftlichkeit Wahlproblem	Kapitalwert Co > 0 C1 > C2	Es sind nur Einzahlungs- und Auszahlungsreihen zu verwenden (Keine Aufwands- oder Kostengrößen)	- Höhe der Zahlungen und Zahlungszeitpunkte werden über gesamte Nutzungsdauer als bekannt vorausgesetzt - Exakte Bestimmung des Kalkulationszinsfußes ist problematisch
Annuitätenmethode	Wirtschaftlichkeit Wahlproblem Ersatzproblem	Annuität A > 0 A1 > A2	dto.	dto.
Interne Zinsfußmethode	Wirtschaftlichkeit Wahlproblem Ersatzproblem	Interner Zinsfuß r > i r1 > r2; (r1, r2 > i)	dto.	- Verfahren versagt bei wechselnden Ein- und Auszahlungen - Gleiche Kritikpunkte wie bei Kapitalwertmethode

1.12 Bauphysikalische Grundlagen zum baulichen Wärmeschutz[1)][2)]

Ergänzungen von Prof. Dr.-Ing. Gerd Hauser, Kassel

1.12.1 Winterlicher Wärmeschutz

-1 Allgemeines

Der winterliche Wärmeschutz hat die Aufgabe

- die Wärmeverluste eines Gebäudes in der kalten Jahreszeit und damit dessen Energieverbrauch und die damit verbundenen Schadstoffemissionen möglichst gering zu halten
- die Grundlage für behagliche Verhältnisse in Gebäuden zu schaffen
- die Baukonstruktion vor Schäden zu bewahren.

Die Wärmeverluste setzen sich aus Transmissions- und Lüftungswärmeverlusten zusammen. Durch die Nutzung von Solarenergie durch bauliche Maßnahmen (passive Solarenergienutzung) können insbesondere die Transmissionswärmeverluste, aber auch Lüftungswärmeverluste gemindert werden. Durch die tages- und jahreszeitlichen Schwankungen der Sonneneinstrahlungsintensität, der Außenluft- und Innenlufttemperatur stellen sich stets instationäre Temperatur- und Wärmestromverhältnisse in Bauteilen ein, so daß auch die Wärmespeicherfähigkeit der Bauteile zur Wirkung gelangt.

-2 Transmissionswärmeverluste

Die Transmissionswärmeverluste eines ebenen Außenbauteils betragen pro K Temperaturdifferenz

$$H_T = \sum_i F_i \cdot U_i \cdot A_i + \sum_j F_j \cdot \Psi_j \cdot l_j + \sum_k F_k \cdot \chi_k$$

mit

F	–	Temperaturkorrekturfaktor des Bauteils oder der Wärmebrücke
U	W/(m²K)	Wärmedurchgangskoeffizient des Bauteils
A	m²	Fläche des Bauteils
l	m	Länge der linearen Wärmebrücke
Ψ	W/(mK)	längenbezogener Wärmebrückenverlustkoeffizient
χ	W/K	punktförmiger Wärmebrückenverlustkoeffizient

Die gem. DIN 4108-6[3)] anzusetzenden Temperaturkorrekturfaktoren F bzw. F_x sind in Tafel 1.12.1-1 wiedergegeben.

Der Wärmedurchgangskoeffizient U (bislang k-Wert) errechnet sich aus

$$U = \frac{1}{\frac{1}{h_i} + \sum_j \frac{d_j}{\lambda_j} + \frac{1}{h_e}}$$

mit

h_i	W/(m²K)	Wärmeübergangskoeffizient innen
h_e	W/(m²K)	Wärmeübergangskoeffizient außen
d	m	Dicke der Schicht j
λ	W/(mK)	Wärmeleitfähigkeit der Schicht j

1) Erstbearbeitung erfolgte durch Prof. Dr.-Ing. Gerd Hauser, Kassel, für die 70. Auflage.

2) Aufgrund internationaler Normanpassungen erfolgen z. Zt. Änderungen bei bisher in Deutschland gebräuchlichen Formelzeichen. Im vorliegenden Abschnitt werden daher der Wärmedurchgangskoeffizient (bisher k) mit U, der Wärmeübergangskoeffizient (bisher α) mit h, der Index für außen (bisher a) mit e, die Temperatur (bisher ϑ) mit θ und der Wärmestrom (bisher $\dot{Q}$) mit Φ bezeichnet.

3) DIN V 4108-6: Wärmeschutz und Energie-Einsparung in Gebäuden – Teil 6: Berechnung des Jahresheizwärme- und des Jahresheizenergiebedarfs. Entwurf, August 2002.

Tafel 1.12.1-1 Rechenwerte für Temperatur-Korrekturfaktoren F[a)]

	1	2	3					
	Wärmestrom nach außen über	F_x	Temperatur-Korrekturfaktor F_x [b)]					
1	Außenwand, Fenster, Decke über Außenluft	F_e	1,0					
2	Dach (als Systemgrenze)	F_D	1,0					
3	Dachgeschossdecke (Dachraum nicht ausgebaut)	F_D	0,8					
4	Wände und Decken zu Abseiten (Drempel)	F_u	0,8					
5	Wände und Decken zu unbeheizten Räumen	F_u	0,5					
6	Wände u. Decken zu niedrig beheizten Räumen [c)]	F_{nb}	0,35					
	Wände und Fenster zu unbeheiztem Glasvorbau bei einer Verglasung des Glasvorbaus mit:							
7	– Einfachverglasung	F_u	0,8					
8	– Zweischeibenverglasung	F_u	0,7					
9	– Wärmeschutzverglasung	F_u	0,5					
			B' [d)] [m]					
			>5		5 bis >10		>10	
			R_f bzw. R_w [e)]		R_f bzw. R_w [e)]		R_f bzw. R_w [e)]	
	Bauteile des unteren Gebäudeabschlusses		≤1	>1	≤1	>1	≤1	>1
	Flächen des beheizten Kellers							
10	– Fußboden des beheizten Kellers	$F_G = F_{bf}$	0,30	0,45	0,25	0,40	0,20	0,35
11	– Wand des beheizten Kellers	$F_G = F_{bw}$	0,40	0,60	0,40	0,60	0,40	0,60
12	Fußboden [f)] auf dem Erdreich ohne Randdämmung	$F_G = F_{bf}$	0,45	0,60	0,40	0,50	0,25	0,35
	Fußboden [f)] auf dem Erdreich mit Randdämmung [g)]							
13	– 5 m breit, waagerecht	$F_G = F_{bf}$	0,3		0,25		0,20	
14	– 2 m tief, senkrecht	$F_G = F_{bf}$	0,25		0,20		0,15	
	Kellerdecke und Kellerinnenwand:							
15	– zum unbeheizten Keller mit Perimeterdämmung	F_G	0,55		0,50		0,45	
16	– zum unbeheizten Keller ohne Perimeterdämmung	F_G	0,70		0,65		0,55	
17	Aufgeständerter Fußboden	F_G	0,9					
18	Bodenplatte von niedrig beheizten Räumen [c)]	F_G	0,20	0,55	0,15	0,50	0,10	0,35

a) DIN V 4108-6: Wärmeschutz und Energie-Einsparung in Gebäuden – Teil 6: Berechnung des Jahresheizwärme- und des Jahresheizenergiebedarfs. Entwurf, August 2002.
b) Die Werte (außer Zeile 6 und 12–14) gelten analog auch für Flächen niedrig beheizter Räume.
c) Räume mit Innentemperaturen zwischen 12 °C und 19 °C;
d) $B' = A_G / (0{,}5\,P)$ nach Gleichung (E.3);
e) R_f: Wärmedurchlaßwiderstand der Bodenplatte (betrifft Zeile 10, 12, 18) bzw.
R_w: Wärmedurchlaßwiderstand der Kellerwand (betrifft Zeile 11);
ggf. flächengewichtete Mittelung von R^f und R_w (betrifft Zeile 10,11);
f) Bei fließendem Grundwasser erhöhen sich die Temperatur-Korrekturfaktoren um 15 %;
g) Bei einem Wärmedurchlaßwiderstand der Randdämmung >2 m^2K/W; Bodenplatte ungedämmt, siehe auch Bild 2 und 3 in DIN EN ISO 13370 : 1998-12.

Die Wärmeübergangskoeffizienten werden im Zuge der europäischen Normung mit h bezeichnet – früher α – und können Tafel 1.12.1-2 entnommen werden.

Die Wärmeleitfähigkeit λ von Baustoffen ist primär von deren Rohdichte, aber auch von deren Feuchtegehalt und Temperatur abhängig, wie es in Bild 1.12.1-1 bis Bild 1.12.1-4 gezeigt wird. Berechnungen zum wärmeschutztechnischen Nachweis sind die Rechenwerte der Wärmeleitfähigkeit gem. DIN 4108-4 zugrundezulegen.[1)]

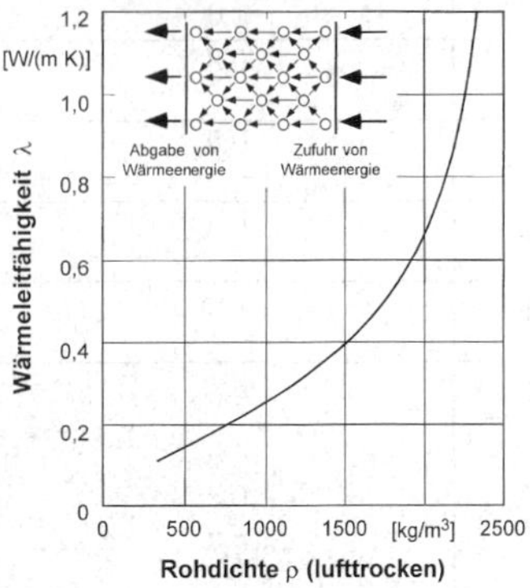

Bild 1.12.1-1. Wärmeleitfähigkeit λ lufttrockener Baustoffe (Durchschnittswerte), abhängig von der Rohdichte.

*) Cammerer, J. C.: Tabellarium aller wichtigen Größen für den Wärme- und Kälteschutz. Mannheim 1973.

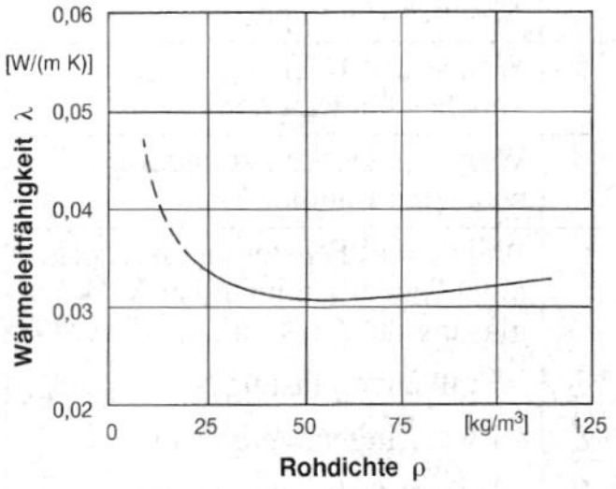

Bild 1.12.1-2. Wärmeleitfähigkeit λ von Faserdämmstoffen in Abhängigkeit von der Rohdichte.

*) Cammerer, J. C.: Tabellarium aller wichtigen Größen für den Wärme- und Kälteschutz. Mannheim 1973.

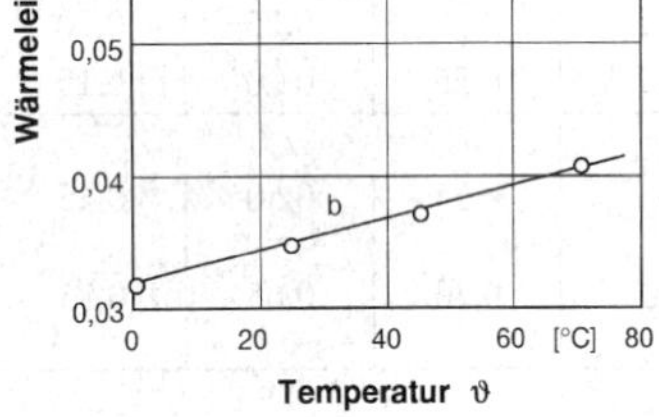

Bild 1.12.1-3. Wärmeleitfähigkeit λ von Schaumstoffen in Abhängigkeit von der Materialtemperatur. Schaumglas: $\varrho = 156$ kg/m^3; Polystyrol-Hartschaum: $\varrho = 20$ kg/m^3.

*) Cammerer, J. C.: Tabellarium aller wichtigen Größen für den Wärme- und Kälteschutz. Mannheim 1973.

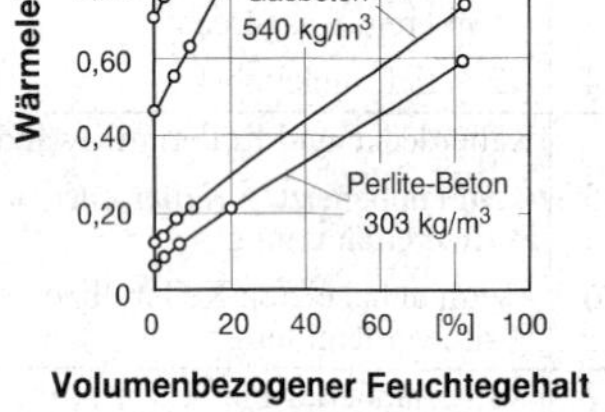

Bild 1.12.1-4 Wärmeleitfähigkeit λ verschiedener Baustoffe, abhängig vom volumenbezogenen Feuchtegehalt.

*) Cammerer, J. C.: Tabellarium aller wichtigen Größen für den Wärme- und Kälteschutz. Mannheim 1973.

[1)] DIN 4108-4: Wärmeschutz im Hochbau. Wärme- und feuchteschutztechnische Kennwerte. November 1991.

Tafel 1.12.1-2 Wärmeübergangswiderstände $R^{*)}$

Wärmeübergangswiderstand	Richtung des Wärmestroms		
	aufwärts	horizontal	abwärts
innen $R_{si} = 1/h_i$ [m²K/W]	0,10	0,13	0,17
außen $R_{se} = 1/h_e$ [m²K/W]	0,14	0,04	0,04

Die Definition der Wärmebrückenverlustkoeffizienten Ψ (zum Teil auch lineare Wärmedurchgangskoeffizienten genannt) sowie deren Umrechnung von Innen- auf Außenmaßbezug geht aus Bild 1.12.1-5 hervor. Die dort genannte Gleichung aufgelöst führt zu dem Ergebnis

$$\Psi_a = \Psi_o + \Psi_u - U \cdot s$$

Die detaillierte Bestimmung von H_T ist für den in Bild 1.12.1-6 dargestellten Raum mit den Bauteilanschlüssen gem. Bild 1.12.1-7 in Tafel 1.12.1-3 vorgenommen. Ψ- und χ-Werte siehe[1)2)3)], wobei dort für Ψ die Abkürzung WBV und für χ die Abkürzung WBV_p Verwendung findet. Ψ-Werte für umfangreiche Parametervariationen aller Musterlösungen gem. Beiblatt 2 zu DIN 4108[4)] siehe[5)].

Aus den temperaturspezifischen Transmissionswärmeverlusten lassen sich, je nach Bilanzierungszeitraum, entweder über Gradtagzahlen die jährlich, oder über die anliegenden Temperaturdifferenzen und Zeiträume monatlich auftretenden Transmissionswärmeverluste bestimmen.

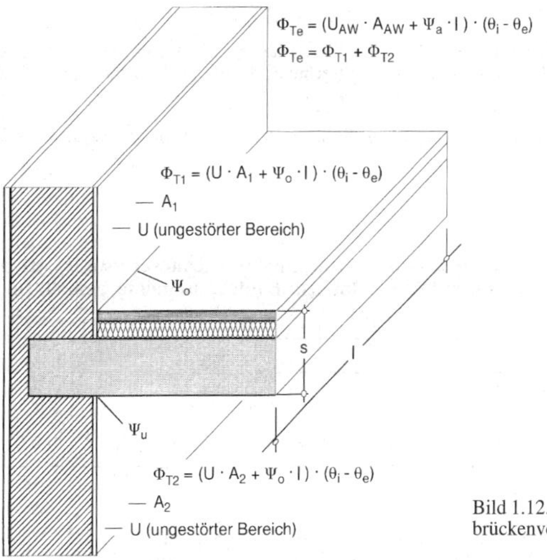

Bild 1.12.1-5. Definition der Wärmebrückenverlustkoeffizienten Ψ.

---

1) Hauser, G. und Stiegel, H.: Wärmebrücken-Atlas für den Mauerwerksbau. Bauverlag Wiesbaden, 1990, 2. durchgesehene Auflage 1993, 3. durchgesehene Auflage 1996.

2) Hauser, G.: Auskragende Balkonplatten bei wärmeschutztechnischen Sanierungen. Bauphysik 13 (1991), H. 9, S. 144–150.

3) Hauser, G. und Stiegel, H.: Wärmebrücken-Atlas für den Holzbau. Bauverlag Wiesbaden, 1992.

4) DIN 4108 Beiblatt 2: Wärmeschutz und Energie-Einsparung in Gebäuden – Wärmebrücken, Planungs- und Ausführungsbeispiele. August 1998.

5) Hauser, G.; Stiegel, H. und Haupt, W.: Wärmebrückenkatalog auf CD-ROM. Ingenieurbüro Prof. Dr. Hauser GmbH, Baunatal 1998.

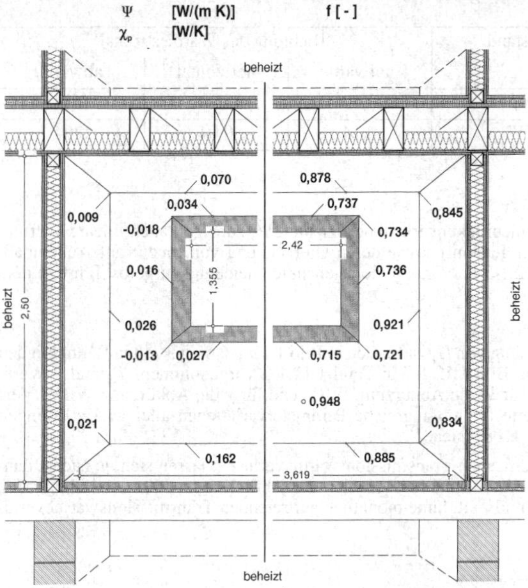

Bild 1.12.1-6. Gebäudeschnitt mit den in Bild 1.12.1-7 dargestellten Anschlußdetails mit Angabe der Ψ- und χ-Werte (linke Bildhälfte) und der f-Werte (rechte Bildhälfte). Rechengang; siehe Tafel 1.12.1-3.*)

*) Hauser, G. und Stiegel, H.: Wärmebrücken-Atlas für den Holzbau. Bauverlag Wiesbaden, 1992.

Tafel 1.12.1-3 Berechnung der spezifischen Transmissionswärmeverluste H_T des in Bild 1.12.1-6 dargestellten Raums; Bauteilanschlüsse gemäß Bild 1.12.1-7*)

Rechengang		W/K	%
Eindimensionelle Betrachtung	$\sum_i (U_i \cdot A_i)$ 0,30 W/(m²K) · 5,77 m² + 2,6 W/(m²K) · 3,28 W/m²	10,26	89,9
Linienförmige Wärmebrücken	$\sum_i (\Psi_i \cdot l_i)$ + 0,070 W/(mK) · 3,62 m + 0,162 W/(mK) · 3,62 m + 2 · 0,026 W/(mK) · 2,5 m + 0,034 W/(mK) · 2,42 m + 0,027 W/(mK) · 2,42 m + 2 · 0,016 W/(mK) · 1,355 m	1,16	10,2
Punktförmige Wärmebrücken	$\sum_i (\chi_{p,i})$ + 2 · (0,009) W/K + 2 · (0,021 W/K + 2 · (−0,018) W/K + 2 · (−0,013 W/K	−0,002	−0,02
Summe		11,42	100,0

*) Hauser, G. und Stiegel, H.: Wärmebrücken-Atlas für den Holzbau. Bauverlag Wiesbaden, 1992.

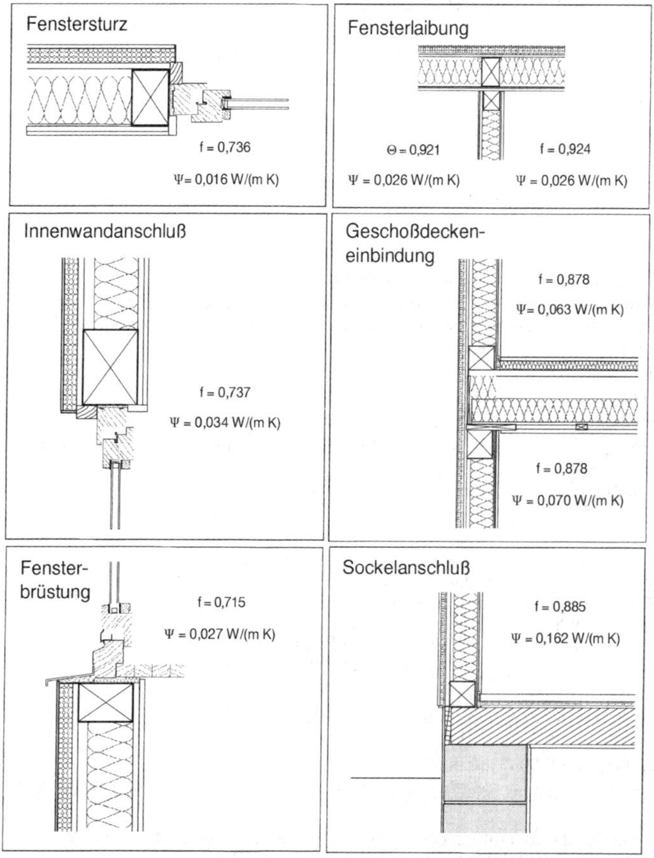

Bild 1.12.1-7. Darstellung der Anschlußdetails, welche dem Gebäudeschnitt in Bild 1.12.1-6 zugrunde liegen.

*) Hauser, G. und Stiegel, H.: Wärmebrücken-Atlas für den Holzbau. Bauverlag Wiesbaden, 1992.

Tafel 1.12.1-4 Luftwechselzahlen in Abhängigkeit von der Fensterstellung*)

Fensterstellung	Luftwechsel n (h^{-1})
Fenster zu, Türen zu	0 bis 0,5
Fenster gekippt, Rolladen zu	0,3 bis 1,5
Fenster gekippt, kein Rolladen	0,8 bis 4,0
Fenster halb offen	5 bis 10
Fenster ganz offen	9 bis 15
Fenster und Fenstertüren ganz offen (gegenüberliegend)	etwa 40

*) Gertis, K. und Hauser, G.: Energieeinsparung durch Stoßlüftung? HLH 30 (1979), H. 3, S. 89–93.

-3 Lüftungswärmeverluste

Die spezifischen Lüftungswärmeverluste eines Raumes betragen pro K Temperaturdifferenz

$$H_v = \dot{V} \cdot c \cdot \rho_{\text{Luft}}$$

mit

$\dot{V}$	(m^3/h)	Luftvolumenstrom
$(c \cdot \rho)_{\text{Luft}}$	Wh/(m^3K))	volumenbezogene Wärmekapazität der Luft

Statt des Volumenstroms $\dot{V}$ wird zur Kennzeichnung meist der Luftwechsel n

$$n = \dot{V}/V$$

mit

V	m^3	belüftetes Volumen

herangezogen. n variiert je nach Nutzerverhalten, meteorologischen und raumklimatischen Randbedingungen und Gebäudedichtheit. Häufig wird der Gesamtluftwechsel in einen

- Ventilationsanteil n_V und einen
- Infiltrationsanteil n_i

aufgesplittet.

Größenordnungen für unterschiedliche Fensterstellungen enthält Tafel 1.12.1-4.

Der Luftvolumenstrom über ein Fenster läßt sich für den Fall der einseitigen Lüftung mit

$$\dot{V} = 3600 \cdot \frac{1}{2} \cdot A_l \cdot \Phi \cdot \sqrt{C_1 \cdot u^2 + C_2 \cdot H \cdot \Delta\theta + C_3}$$

mit

A_l	m^2	die lichte Öffnungsfläche des Fensters
Φ	–	das Durchflußverhältnis
C_1, C_2, C_3	–, m/(s^2K), m^2/s^2	Koeffizienten
u	m/S	Windgeschwindigkeit
H	m	Höhe der lichten Fensteröffnung
$\Delta\theta$	K	Temperaturdifferenz innen/außen

berechnen.[1)]

Für übliche Dreh-/Kippfenster können als Koeffizienten folgende Werte in Ansatz gebracht werden:

$C_1 = 0{,}0056$; $C_2 = 0{,}0037$ m/s^2K; $C_3 = 0{,}012$ m^2/s^2.

Das Durchflußverhältnis ist abhängig der Fensteröffnungsweite und nimmt Werte gemäß Tafel 1.12.1-5 an.

Ist aus einer Dichtheitsprüfung der n_{50}-Wert bekannt, kann für die Heizperiode ein mittlerer Luftwechsel aus folgender Gleichung gewonnen werden[2)]

Tafel 1.12.1-5 Durchflußverhältnisse Φ in Abhängigkeit der Fensteröffnungsweite[*)]

Kippfenster		Drehfenster	
Öffnungsweite (cm)	Φ [–]	Öffnungsweite	Φ [–]
2	0,0715	5 cm	0,1948
4	0,0943	10 cm	0,2890
6	0,1204	15 cm	0,3850
8	0,1426	45 °	0,8208
10	0,1752	90 °	1
12	0,2036		
14	0,2172		

*) Maas, A.: Experimentelle Quantifizierung des Luftwechsels bei Fensterlüftung. Dissertation, Universität Gesamthochschule Kassel, 1995.

1) Maas, A.: Experimentelle Quantifizierung des Luftwechsels bei Fensterlüftung. Dissertation, Universität Gesamthochschule Kassel, 1995.

2) DIN EN 832: Berechnung des Heizenergiebedarfs – Wohngebäude. Dezember 1998.

$$\dot{V}_x = \frac{V \cdot n_{50} \cdot e}{1 + \frac{f}{e} \cdot \left(\frac{\dot{V}_s - \dot{V}_E}{V \cdot n_{50}} \right)^2}$$

mit

n_{50}	h^{-1}	Luftwechsel bei 50 Pa Druckdifferenz
e, f	–	Windschutzkoeffizienten
$\dot{V}_S, \dot{V}_E$	m^3/h	Zu- und Abluftvolumenstrom Lüftungssystem.

Für die Berechnung des Jahres-Heizwärmebedarfs gem. DIN 4108-6[1)] bzw.[2)] wird $n = 0{,}7$ bzw. bei nachgewiesener Dichtheit mit 0,6 h^{-1} angesetzt.

Die Bestimmung der jährlich bzw. während der Heizzeit auftretenden Lüftungswärmeverluste erfolgt analog zu der Vorgehensweise bei den Transmissionswärmeverlusten.

-4 Passive Solarenergiegewinne

-4.1 Gesamtenergiedurchlaßgrad

Infolge der auf Außenbauteile auftreffen Sonneneinstrahlung können die Wärmeverluste vermindert oder Wärmegewinne erzielt werden. Bei Verglasungen wird zur Kennzeichnung üblicherweise der Gesamtenergiedurchlaßgrad g[3)] benutzt, wie er in Bild 1.12.1-8 definiert ist. Die Wärmestromdichte q durch die Verglasung ergibt sich dann zu

$$q = U_g \cdot (\theta_i - \theta_e) - g \cdot I$$

$$g = \tau + U \cdot \left(\frac{\alpha_a + \alpha_i}{h_e} + \alpha_i \cdot R \right)$$

mit

g	–	wirksamer Gesamtenergiedurchlaßgrad
θ_i, θ_e	°C	Lufttemperatur innen und außen
I	W/m^2	Strahlungsintensität
U_g	W/m^2K	Wärmedurchgangskoeffizient der Verglasung
t	–	Transmissionsgrad
α_a, α_i	–	Absorptionsgrad der äußeren und inneren Scheibe
h_e	$W/(m^2K)$	Wärmeübergangskoeffizient außen
R	m^2K/W	Wärmedurchlaßwiderstand der Verglasung

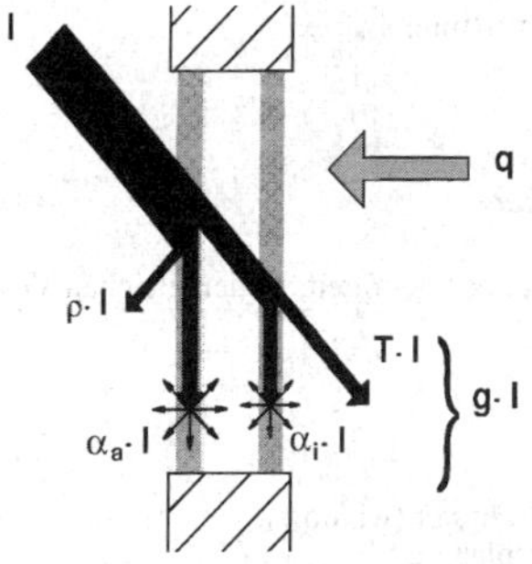

Bild 1.12.1-8. Sonneneinstrahlung bei Verglasungen und Definition des Gesamtenergiedurchlaßgrades.

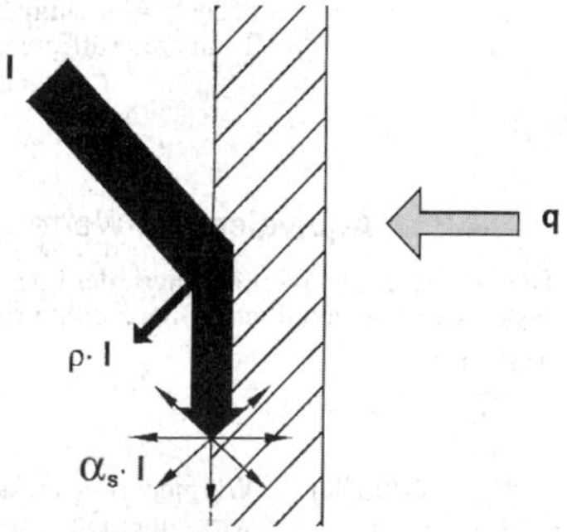

Bild 1.12.1-9. Sonneneinstrahlung bei opaken Bauteilen.

1) DIN V 4108-6: Wärmeschutz und Energie-Einsparung in Gebäuden – Teil 6: Berechnung des Jahresheizwärme-, des Jahresheizenergiebedarfs. Entwurf, Februar 2000.

2) Verordnung über energiesparenden Wärmeschutz und energiesparende Anlagentechnik bei Gebäuden (Energieeinsparverordnung – EnEV). Referentenentwurf, Juni 1999.

3) DIN 67507: Lichttransmissionsgrade, Strahlungstransmissionsgrade und Gesamtenergiedurchlaßgrade von Verglasungen. 1980.

Der g-Wert von Zweischeibenklarglas-Isolierverglasungen liegt bei ca. 0,75 und bei Wärmeschutzverglasungen bei ca. 0,6.

Bei opaken Bauteilen, wie üblichen Außenwänden und Dächern kann nach gleichem Ansatz ein g-Wert definiert werden (vgl. Bild 1.12.1-9).

$$g = U \cdot \alpha_s / h_e$$

mit

α_s	–	Absorptionsgrad für Sonneneinstrahlung
h_e	W/(m²K)	Wärmeübergangskoeffizient außen

Die bei opaken gegenüber transparenten Bauteilen wesentlich geringere Nutzungsmöglichkeit von Sonneneinstrahlung wird offenkundig.

Die Quantifizierung der passiven Solarenergiegewinne über Fenster und opake Außenbauteile kann alternativ getrennt von den Verlusten, oder bei der Bestimmung der Verluste erfolgen.

-4.2 Getrennte Bilanzierung

Die Wärmeströme Φ_s, die durch Fenster und opake Außenbauteile in das Gebäude gelangen, werden gem. DIN 4108–6 bestimmt. Bei opaken Außenbauteilen wird die langwellige Abstrahlung mit berücksichtigt.

transparent: $$\Phi_s = \sum I_i \cdot F_{s,i} \cdot F_{C,i} \cdot F_{F,i} \cdot g_i \cdot A_i$$

opak: $$\Phi_s = \sum A_i \cdot U_i \cdot R_e \cdot (\alpha_{s,i} \cdot I_i - F_{f,j} \cdot h_{r,i} \cdot \Delta\theta_{er})$$

mit

I	W/m²	Strahlungsintensität
F_s, F_c	–	Minderungsfaktor infolge Verschattung und Sonnenschutz
F_F	–	Minderungsfaktor infolge Rahmenanteil
g	–	wirksamer Gesamtenergiedurchlaßgrad
A	m²	Fläche des Bauteils
U	W/(m²K)	Wärmedurchgangskoeffizient
R_e	m²K/W	Wärmeübergangswiderstand außen
α_s	–	Absorptionsgrad des opaken Bauteils
F_f	–	Formfaktor
h_r	W/(m²K)	äußerer Abstrahlungskoeffizient
$\Delta\theta_{er}$	K	Temperaturdifferenz Außenluft/Himmel

-4.3 Äquivalente U-Werte

Dabei wird ein U-Wert definiert, der über die Heizperiode gemittelt, zu den gleichen Verlusten wie eine detaillierte Bilanzierung führt[1) 2)].

a) Fenster

$$U_{w,eq} = U_w - g \cdot S_w$$

mit

U_w	W/(m²K)	Wärmedurchgangskoeffizient Fenster (window)
g	–	wirksamer Gesamtenergiedurchlaßgrad
S_w	W/(m²K)	Strahlungsgewinnkoeffizient

---

[1]) Gertis, K., Hauser, G., Künzel, H., Nikolic, V., Rouvel, L. und Werner, H.: Energetische Beurteilung von Fenstern während der Heizperiode. DAB 12 (1980), H. 2, S. 201–202.

[2]) Hauser, G.: Passive Sonnenenergienutzung durch Fenster, Außenwände und temporäre Wärmeschutzmaßnahmen – Eine einfache Methode zur Quantifizierung durch k_{eq}-Werte. HLH 34 (1983), H. 3, S. 111–112, H. 4, S. 144–153, H. 5, S. 200–204, H. 6, S. 259–265.

S_w ist primär von der Orientierung, aber auch vom Verhältnis der Wärmegewinne zu den Wärmeverlusten abhängig. Für die meteorologischen Randbedingungen Deutschlands enthält[1)] eine Approximationsfunktion. Für das Wärmeschutzniveau gem. Wärmeschutzverordnung '95[2)] gelten folgende Werte

Nord	$S_w = 0{,}95$ W/(m²K)
Ost/West	$S_w = 1{,}65$ W/(m²K)
Süd	$S_w = 2{,}4$ W/(m²K)

b) Außenwände und Dächer

$$U_{AW,eq} = U_{AW} \cdot S_{AW}$$

mit

U_{AW}	W/(m²K)	Wärmedurchgangskoeffizient Wand
S_{AW}	–	Strahlungsgewinnfaktor

Für übliche Wände mit einem Absorptionsgrad von 0,7 sind je nach Orientierung folgende Werte anzusetzen

Nord	$S_{AW} = 0{,}96$
Ost/West	$S_{AW} = 0{,}95$
Süd	$S_{AW} = 0{,}92$

-4.4 Systeme zur passiven Solarenergiegewinnung

Ergänzungen oder Kombinationen der beschriebenen Elemente führen zu mannigfaltigen Systemen.[3)]

-4.4.1 Transluzente Wärmedämmung TWD

Durch die Verwendung einer außen angeordneten, für Sonneneinstrahlung weitgehend durchlässigen Dämmschicht wird die Stelle, wo die Strahlung in Wärme umgewandelt wird, in den gedämmten Gebäudebereich verlagert und stärker nutzbar. Die Wirkungsweise ist in Bild 1.12.1-10 dargestellt.

Die Quantifizierung der Solarenergiegewinne bzw. der Minderung der Transmissionswärmeverluste erfolgt gem.

a) DIN 4108–6

$$\Phi_s = \sum A_i \cdot U_i \cdot \left(F_{s,i} \cdot F_{F,i} \cdot \alpha_{s,j} \cdot g_{Ti,i} \cdot \frac{1}{U_{e,i}} \cdot I_{s,i} - R_{e,TWD,i} \cdot h_{r,j} \cdot \Delta\theta_{er} \right)$$

mit

U_e	W/(m²K)	U-Wert aller Schichten außen vor absorbierender Oberfläche
g_{Ti}	–	wirksamer Gesamtenergiedurchlaßgrad TWD
$R_{e,TWD}$	m²K/W	Wärmedurchlaßwiderstand außen (inkl. TWD)

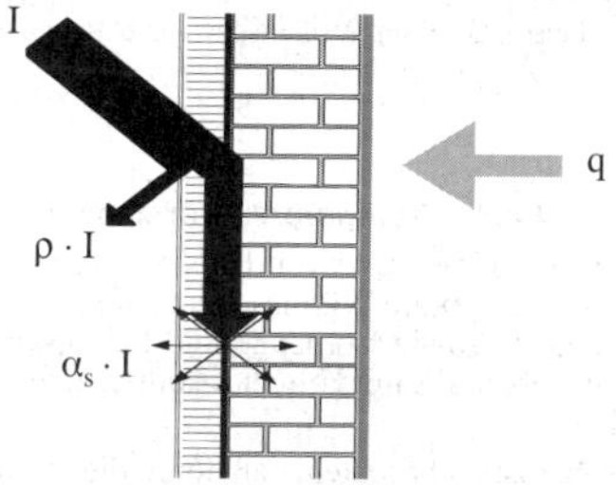

Bild 1.12.1-10. Prinzipskizze der Wirkungsweise einer transparenten Wärmedämmung.

[1)] Hauser, G.: Näherungsformel zur einfachen Berechnung von Strahlungsgewinnkoeffizienten. Bauphysik 10 (1988), H. 2, S. 43–5.

[2)] Verordnung über einen energiesparenden Wärmeschutz bei Gebäuden (Wärmeschutzverordnung – WärmeschutzV) vom 16. August 1994, Bundesgesetzblatt Teil 1, Bonn, 24. August 1994, S. 2121–2123.

[3)] Bansal, N. K.; Hauser, G. und Minke, G.: Passiv Building Design. A Handbook of Natural Climatic Control. Elsevier Science B.V., Amsterdam, London, New York, Tokyo 1994.

b) U_{eq}-Methode[1)]

$U_{AW,eq} = U_{AW} \cdot S_{TWD}$

mit

U_{AW}	W/(m²K)	Wärmedurchgangskoeffizient Wand inkl. TWD
S_{TWD}	–	Strahlungsgewinnfaktor[2)]
Nord		$S_{TWD} =$ 0,20
Ost/West		$S_{TWD} =$ 0,10
Süd		$S_{TWD} = -0{,}10$

-4.4.2 Wintergarten/Verglaste Anbauten

Durch die Anordnung eines nicht beheizten verglasten Anbaus an das beheizte Gebäude werden die Wärmeverluste und -gewinne beeinflußt

- Die direkt in das beheizte Gebäude gelangende Strahlungsenergie wird geschwächt entsprechend dem Strahlungstransmissionsgrad τ_e der Wintergartenverglasung und dem Konstruktionsflächenanteil F_F.
- Im Wintergarten entsteht ein Zwischenklima mit höheren Temperaturen als in der Außenluft (Pufferzoneneffekt), wodurch die Transmissions- und, wenn über dieses System gelüftet wird, auch die Lüftungswärmeverluste sinken.
- Die strahlungsenergieaufnehmende Fläche wird vergrößert. Beispielsweise ergibt sich für das in Bild 1.12.1-11 dargestellte Gebäude die Wirkung des Wintergartens aus Bild 1.12.1-12.

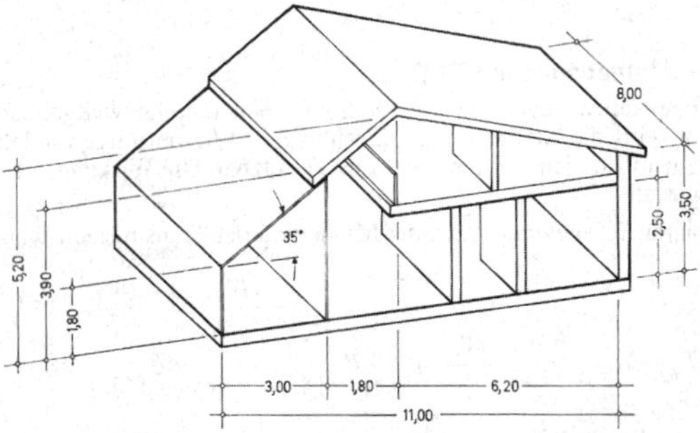

Bild 1.12.1-11. Schematische Darstellung des untersuchten Einfamilienhauses mit Vermaßung. In der seitlich und der rückwärtigen (dem Wintergarten abgewandten) Fassade befinden sich Fenster mit einem Fensterflächenanteil, bezogen auf die Hausfassadenfläche ohne Wintergarten, von jeweils 5%.[*)]

*) Hauser, G.: Bauphysikalische Aspekte bei Wintergärten. Glaswelt 39 (1986), H. 5, S. 10–21.

-4.4.3 Temporärer Wärmeschutz

Die Wärmeverluste von Fenstern während der strahlungslosen Zeit in der Nacht können durch temporäre Wärmeschutzmaßnahmen abgesenkt werden. Hierzu gehören Klapp- und Rolläden sowie Vorhänge und Foliensysteme. Die Wirkung einer derartigen Maßnahme kann ebenfalls mit Hilfe des äquivalenten U-Wertes gem. Bild 1.12.1-13 quantifiziert werden.

Dabei ist zu beachten, daß durch die Verbesserung des U_W-Wertes die Bedeutung temporärer Wärmeschutzmaßnahmen abnimmt.

1) Hauser, G.: Passive Sonnenenergienutzung durch Fenster, Außenwände und temporäre Wärmeschutzmaßnahmen – Eine einfache Methode zur Quantifizierung durch k_{eq}-Werte. HLH 34 (1983), H. 3, S. 111–112, H. 4, S. 144–153, H. 5, S. 200–204, H. 6, S. 259–265.

2) Hauser, G.: Passive Sonnenenergienutzung durch Fenster, Außenwände und temporäre Wärmeschutzmaßnahmen – Eine einfache Methode zur Quantifizierung durch k_{eq}-Werte. HLH 34 (1983), H. 3, S. 111–112, H. 4, S. 144–153, H. 5, S. 200–204, H. 6, S. 259–265.

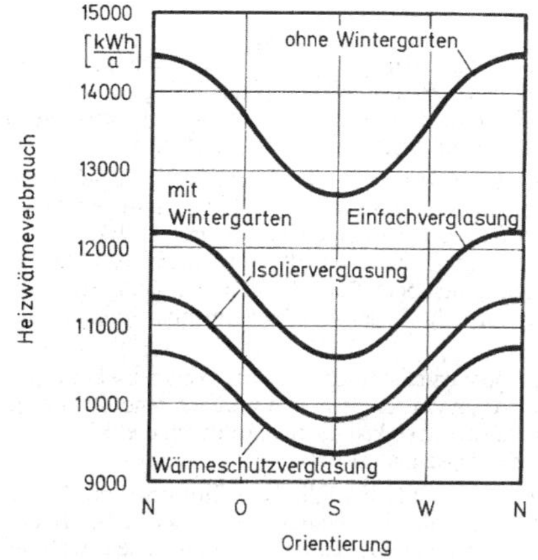

Bild 1.12.1-12. Jahresheizwärmebedarf des Einfamilienhauses (schematisch dargestellt in Bild 1.12.1-11) mit und ohne Wintergarten in Abhängigkeit der Gebäudeorientierung. Die Gebäudeorientierung wird durch die Ausrichtung des Wintergartens bzw. des großen Fensters gekennzeichnet.*)

*) Hauser, G.: Bauphysikalische Aspekte bei Wintergärten. Glaswelt 39 (1986), H. 5, S. 10–21.

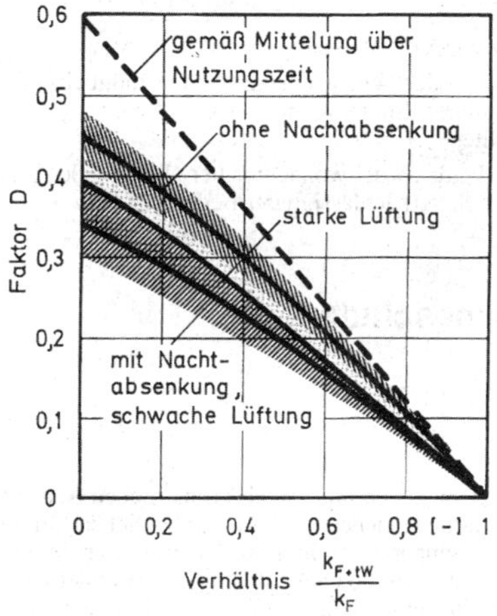

Bild 1.12.1-13 „Deckelfaktor" D, der sich aus $U_{w,eq} = U_w - g \cdot S_w - D \cdot U_w$ ergibt, in Abhängigkeit von Verhältnis k_{F+tW}/k_F und der Raumnutzung (Wärmedurchgangskoeffizient U wurde früher mit k bezeichnet, Index $F+tW$: Fenster plus temporärer Wärmeschutz). Zugrunde gelegte Daten: siehe*)

*) Hauser, G.: Passive Sonnenenergienutzung durch Fenster, Außenwände und temporäre Wärmeschutzmaßnahmen – Eine einfache Methode zur Quantifizierung durch k_{eq}-Werte. HLH 34 (1983), H. 3, S. 111–112, H. 4, S. 144–153, H. 5, S. 200–204, H. 6, S. 259–265.

-5 Wärmespeicherung

Wegen der auch während der Heizperiode vorhandenen Temperaturschwankungen in Gebäuden wird deren Heizwärmebedarf auch von der Wärmespeicherfähigkeit und der Schichtanordnung der eingesetzten Materialien, d.h. von der thermisch wirksamen Wärmespeicherfähigkeit, beeinflußt. Dabei sind zwei Vorgänge zu beachten:[1]

Die auf ein Gebäude auftreffende und durch die Fenster in die einzelnen Räume gelangende Sonneneinstrahlung kann im allgemeinen von der Schwerbauart besser ausgenutzt werden als von der Leichtbauart, da bei der Schwerbauart eine Überheizung der Räume entweder überhaupt nicht auftritt oder wesentlich geringer ausfällt. Somit bleiben zusätzliche Energieverluste durch ansteigende Raumlufttemperaturen, die eine Erhöhung der Lüftungs- und Transmissionswärmeverluste zur Folge haben, bei der Schwerbauart kleiner als bei der Leichtbauart.

Bezüglich des Heizbetriebes erweist sich jedoch eine trägheitslosere, weniger wärmespeichernde Bauweise als günstiger, weil die Raumlufttemperaturen während jener Zeiten, zu denen die Räume nicht genutzt werden, stärker absinken können, wodurch die Wärmeverluste verringert werden (Nacht-, Wochenendabsenkung).

Beim Heizwärmebedarf von Gebäuden liegen somit bezüglich des Einflusses der Bauart zwei einander gegenläufige Phänomene vor. Allgemeingültige Aussagen, welche Bauart bezüglich des Heizwärmebedarfs günstiger ist, sind deshalb nicht möglich, sehr wohl jedoch Tendenzen:[2]

a) Bei milden, kurzen Heizperioden, die durch relativ hohe Außenlufttemperaturen und damit kleine Gradtagzahlen sowie durch relativ hohe Sonneneinstrahlungsintensitäten gekennzeichnet sind, ist eine schwere Bauart von Vorteil; bei langen, „grimmigen“ Heizperioden eine leichte. Die meteorologischen Verhältnisse Deutschlands entsprechen etwa einem Übergangsbereich.

b) Eine hohe Wärmespeicherfähigkeit weist sich unter den klimatischen Verhältnissen Deutschlands positiv aus, wenn
   - aus nutzungsbedingten Gründen ein Dauerheizbetrieb nötig ist,
   - das Heizsystem nur sehr träge reagiert,
   - schwankende hohe äußere und innere Wärmelasten, wie Sonneneinstrahlung oder interne Wärmequellen vorhanden sind.

c) Eine geringe Wärmespeicherfähigkeit ist von Vorteil, wenn
   - lange Heizunterbrechungen, wie Nacht- oder Wochenendabsenkung möglich sind,
   - eine seltene Nutzung vorliegt (Gästezimmer, Hobbyraum),
   - hohe spezifische Wärmeverluste auftreten.

Unter den meteorologischen Daten Deutschlands ist bei wohnähnlicher Nutzung der Einfluß der Wärmespeicherfähigkeit von praktisch vernachlässigbarer Bedeutung.[3]

1.12.2 Sommerlicher Wärmeschutz

-1 Beurteilungsgrößen

Der sommerliche Wärmeschutz hat die Aufgabe, auch unter hochsommerlichen Randbedingungen, möglichst behagliche Raumverhältnisse sicherzustellen. Mit baulichen Mitteln soll sichergestellt werden, daß die Außenlufttemperaturen in ihrem Maximalwert im Gebäudeinneren nicht überschritten werden. Deshalb wird zur Beurteilung des sommerlichen Wärmeverhaltens die sich einstellende Innenlufttemperatur herangezogen. Eine detailliertere Kennzeichnung kann jedoch durch die sogenannte empfundene Temperatur erfolgen,

---

[1]) Hauser, G.: Vergleich des jährlichen Wärme- und Energieverbrauchs von Einfamilienhäusern in Leicht- und Schwerbauweise. Bundesbaublatt 33 (1984), H. 2, S. 120–124.

[2]) Hauser, G.: Einfluß des Wärmedurchgangskoeffizienten und der Wärmespeicherfähigkeit von Bauteilen auf den Heizenergieverbrauch von Gebäuden. Literaturstudie. Bauphysik 6 (1984), H. 5, S. 180–186, H. 6, S. 207–213.

[3]) Hauser, G. und Otto, F.: Einfluß der Wärmespeicherfähigkeit auf Heizwärmebedarf und sommerliches Wärmeverhalten. db 134 (2000), H. 4, S. 113–118.

die neben der Lufttemperatur auch die Oberflächentemperatur berücksichtigt, als integralen Wert. Daneben wird in[1] die Übertemperaturgradstundenzahl Gh_{26} verwendet,

$$Gh_{26} = \sum_{i=1}^{8760\ h} (\theta_{empf} - 26\,°C)_{pos.} \cdot 1\ h$$

mit

θ_{empf} °C empfundene Temperatur

die nicht nur eine Momentaufnahme an einem besonders warmen bzw. strahlungsreichen Tag wiedergibt, sondern die sich während eines gesamten Jahres einstellenden Verhältnisse beschreibt.

-2 Einflußparameter

Das sommerliche Wärmeverhalten eines Gebäudes wird im wesentlichen geprägt durch

- die äußeren Lasten in Form der Fenstergröße, des Gesamtenergiedurchlaßgrades der Verglasung, eventuell des Abminderungsfaktors von Sonnenschutzvorrichtungen sowie des Absorptionsgrades der Außenbauteile und gegebenenfalls des Transmissionsgrades von transluzenten Wärmedämmsystemen sowie der Fassadenorientierung
- die internen Lasten, konvektiv und radiativ
- die Lüftungsmöglichkeiten des Gebäudes, insbesondere zu Zeiten mit tiefen Außenlufttemperaturen, d.h. während der Nacht und in diesem Zusammenhang der Wärmespeicherfähigkeit der Baukonstruktion. Beide Größen sind eng miteinander verknüpft. So wird eine hohe Wärmespeicherfähigkeit der Baukonstruktion insbesondere bei der Möglichkeit einer intensiven Nachtlüftung wirksam.
- den baulichen Wärmeschutz. Ein guter baulicher Wärmeschutz mit kleinen Wärmedurchgangskoeffizienten führt bei sinnvollem Nutzerverhalten und üblichen Randbedingungen ebenfalls zu einer Verbesserung der Behaglichkeit im Sommer.[2]

-3 Planungsgröße

Neben der für detaillierte Aussagen wohl am aussagefähigsten Größe Gh_{26}, die ausschließlich über dynamische Simulationsberechnungen gewonnen werden kann, bietet sich für überschlägige Beurteilungen der sogenannte Sonneneintragskennwert $(f \cdot g_{total})$ an.[3][4] Dieser Wert sollte möglichst klein sein. Dabei sind für den Abminderungsfaktor F_C, aus dessen Multiplikation mit dem Gesamtenergiedurchlaßgrad der Verglasung sich der Totalwert ergibt, Werte aus Tafel 1.12.2-2 zu entnehmen. Die Überarbeitung der Norm wird künftig den Höchstwert des Sonneneintragskennwertes wie folgt festlegen

$$S = \frac{\Sigma_j (A_{w,j} \cdot g_{total,j})}{A_G} \leq \Sigma S_x$$

mit

A_w – Fensterfläche
g_{total} – Gesamtenergiedurchlaßgrad Verglasung inkl. Sonnenschutz ($g_{total} = g_g \cdot F_C$)
A_G – Nettogrundfläche des Raumes oder Raumbereiches
S_x – Anteilige Sonneneintragskennwerte gem. Tafel 1.12.2-1

---

[1]) Hauser, G. und Otto, F.: Auswirkungen eines erhöhten Wärmeschutzes auf die Behaglichkeit im Sommer. Bauphysik 19 (1997), H. 6, S. 169 -176; 21. Internationaler Velta Kongreß '99, S. 39–53.

[2]) Hauser, G. und Otto, F.: Auswirkungen eines erhöhten Wärmeschutzes auf die Behaglichkeit im Sommer. Bauphysik 19 (1997), H. 6, S. 169 -176; 21. Internationaler Velta Kongreß '99, S. 39–53.

[3]) Hauser, G. und Gertis, K.: Der sommerliche Wärmeschutz von Gebäuden (Normungsvorschlag). KI 8 (1980), H. 2, S. 71–82.

[4]) DIN 4108-2: Wärmeschutz und Energie-Einsparung in Gebäuden – Teil 2 (03. 01): Mindestanforderungen an den Wärmeschutz.

Tafel 1.12.2-1 Anteilige Sonneneintragskennwerte zur Bestimmung des zulässigen Höchstwertes des Sonneneintragskennwertes[1])

1	2	3	4
Zeile		Gebäudelage bzw. Bauart, Fensterneigung und Orientierung	Anteiliger Sonneneintragskennwert S_x
1		Klimaregion[a]):	
	1.1	Gebäude in Klimaregion A	0,04
	1.2	Gebäude in Klimaregion B	0,03
	1.3	Gebäude in Klimaregion C	0,015
2		Bauart[b])	
	2.1	leichte Bauart: ohne Nachweis von C_{wirk}/A_G	0,06 f_{gew}[c])
	2.2	mittlere Bauart: 50 Wh/(Km²) ≤ C_{wirk}/A_G ≤ 130 Wh/(Km²)	0,10 f_{gew}[c])
	2.3	schwere Bauart: C_{wirk}/A_G ≤ 130 Wh/(Km²)	0,115 f_{gew}[c])
3		Erhöhte Nachtlüftung [d]) während der zweiten Nachthälfte $n \geq 1{,}5\ h^{-1}$	
	3.1	bei mittlerer[b]) und leichter[b]) Bauart	0,02
	3.2	bei schwerer Bauart[b])	0,03
4		Sonnenschutzverglasung[e]) mit g ≤ 0,4	0,03
5		Fensterneigung 0° ≤ Neigung ≤ 60° (gegnüber der Horizontalen)	–0,12 f_{neig}[f])
6		Orientierung: Nord-, Nordost- und Nordwest-orientierte Fenster soweit die Neigung gegenüber der Horizontalen >60° ist sowie Fenster, die dauernd vom Gebäude selbst verschattet sind	0,10 f_{nord}[g])

[1]) DIN V 4108-2: Wärmeschutz und Energie-Einsparung in Gebäuden – Teil 2: Mindestanforderungen an den Wärmeschutz, Änderung A 1, Entwurf August 2002

[a]) Höchstwerte der monatlichen Außenlufttemperaturen nach DIN V 4108-6:2000-11 nach Tabelle 6;

[b]) Im Zweifelsfall kann nach DIN V 4108-6 die wirksame Wärmespeicherfähigkeit bestimmt werden, um die Bauart einzuordnen; dabei ist folgende Einstufung vorzunehmen:
- leichte Bauweise liegt vor, wenn C_{wirk}/A_G <50 Wh/(Km²)
  mit C_{wirk} wirksame Wärmespeicherfähigkeit;
  A_G Nettogrundfläche entsprechend nach 8.4;
- mittlere Bauweise liegt vor, wenn 50 Wh/(Km²) ≤ C_{wirk}/A_G ≤ 130 Wh/(Km²);
- schwere Bauweise liegt vor, wenn C_{wirk}/A_G > 130 Wh/(Km²);

[c]) $f_{gew} = (A_W + 0{,}3\ A_{AW} + 0{,}1\ A_D) / A_G$
mit f_{gew} gewichtete Außenflächen bezogen auf die Nettogrundfläche; die Gewichtsfaktoren berücksichtigen die Relation zwischen dem sommerlichen Wärmedurchgang üblicher Außenbauteile;
A_W Fensterfläche (einschließlich Dachfenster) nach 8.4;
A_{AW} Außenwandfläche (Außenmaße);
A_D wärmeübertragende Dach- oder Deckenfläche nach oben oder unten gegen Außenluft, Erdreich und unbeheizte Dach- und Kellerräume (Außenmaße);
A_G Nettogrundfläche (lichte Maße) nach 8.4

[d]) Bei Ein- und Zweifamilienhäusern kann in der Regel von einer erhöhten Nachtlüftung ausgegangen werden;

[e]) Als gleichwertige Maßnahme gilt eine Sonnenschutzvorrichtung, die die diffuse Strahlung permanent reduziert und deren g_{total} <0,4 erreicht;

[f]) $f_{neig} = A_{W,neig} / A_G$
mit $A_{W,neig}$ geneigte Fensterfläche;
A_G Nettogrundfläche;

[g]) $f_{nord} = A_{W,nord} / A_{W,gesamt}$
mit $A_{W,nord}$ Nord-, Nordost- und Nordwest-orientierte Fensterfläche soweit die Neigung gegenüber der Horizontalen > 60° ist sowie Fensterflächen, die dauernd vom Gebäude selbst verschattet sind;
$A_{W,gesamt}$ gesamte Fensterfläche

Tafel 1.12.2-2 Anhaltswerte für Abminderungsfaktoren F_c von fest installierten Sonnenschutzvorrichtungen*)

Zeile		Sonnenschutzvorrichtung[a])	F_c
1		Ohne Sonnenschutzvorrichtung	1,0
2		Innenliegend oder zwischen den Scheiben[b])	
	2.1	weiß oder reflektierende Oberfläche mit geringer Transparenz	0,75
	2.2	helle Farben oder geringe Transparenz[c])	0,80
	2.3	dunkle Farben oder höhere Transparenz[c])	0,90
3		Außenliegend	
	3.1	drehbare Lamellen, hinterlüftet	0,25
	3.2	Jalousien und Stoffe mit geringer Transparenz[c]), hinterlüftet	0,25
	3.3	Jalousien allgemein	0,40
	3.4	Rollläden, Fensterläden	0,30
	3.5	Vordächer, Loggien, freistehende Lamellen[d])	0,50
	3.6	Markisen[d]), oben und seitlich ventiliert	0,40
	3.7	Markisen[d]), allgemein	0,50

*) DIN V 4108-2: Wärmeschutz und Energie-Einsparung in Gebäuden – Teil 2: Mindestanforderungen an den Wärmeschutz, Änderung A1, Entwurf August 2002.

a) Die Sonnenschutzvorrichtung muß fest installiert sein. Übliche dekorative Vorhänge gelten nicht als Sonnenschutzvorrichtung.

b) Für innen und zwischen den Scheiben liegende Sonnenschutzvorrichtungen ist eine genauere Ermittlung zu empfehlen, da sich erheblich günstigere Werte ergeben können.

c) Eine Transparenz der Sonnenschutzvorrichtung unter 15% gilt als gering.

d) Dabei muß näherungsweise sichergestellt sein, daß keine direkte Besonnung des Fensters erfolgt. Dies ist der Fall, wenn
- bei Südorientierung der Abdeckwinkel $\beta \geq 50°$ ist;
- bei Ost-Westorientierung der Abdeckwinkel $\beta \geq 85°$ oder $\gamma \geq 115°$ ist.

Zu den jeweiligen Orientierungen gehören Winkelbereiche von ± 22,5°. Bei Zwischenorientierungen ist der Abdeckwinkel $\beta \geq 80°$ erforderlich.

Vertikalschnitt durch Fassade

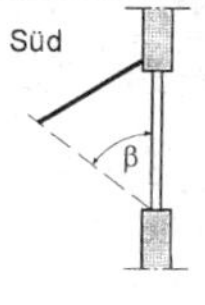

Horizontalschnitt durch Fassade

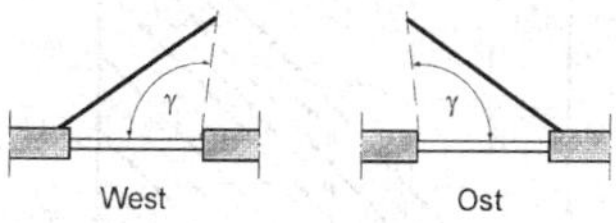

1.12.3 Tauwasserbildung auf Innenoberflächen von Außenbauteilen

Wasserdampf befindet sich als Bestandteil des Luftgemisches in der Atmosphäre und wird im Inneren von Gebäuden durch die Menschen und Tiere sowie durch Kochen, Waschen, Baden usw. erzeugt.

Da die Luft mit sinkender Temperatur weniger Wasserdampf binden kann, erhöht sich ihre relative Feuchte bei Berührung von kälteren Bauteiloberflächen bis hin zu 100%, Tauwasser fällt aus. Da aufgrund des Temperaturgefälles zwischen innen und außen während der kalten Jahreszeit bei Außenbauteilen immer tiefere raumseitige Oberflächentemperaturen als Lufttemperaturen vorliegen, besteht bei diesen Bauteilen die Gefahr des Tauwasserausfalls, oder, was wesentlich häufiger und schneller eintritt, der Schimmelpilzbildung.

Die Temperatur, bei deren Erreichung mit Tauwasserausfall zu rechnen ist, heißt Taupunkttemperatur und ist in Bild 1.12.3-1 in Abhängigkeit von der Raumlufttemperatur und der relativen Luftfeuchte wiedergegeben. Zur Erläuterung des Phänomens dient Bild 1.12.3-2, wo für den Eckbereich eines Außenbauteils die jeweiligen Oberflächentemperaturen in °C und die dazugehörige maximal zulässige Raumluftfeuchte angegeben ist, damit keine Tauwasserbildung entsteht. Dabei ist die Fixierung der Randbedingungen, nämlich der Außen- und Innenlufttemperatur, notwendig. Deshalb ist es praktischer, die raumseitigen Oberflächentemperaturen von Außenbauteilen mit Hilfe eines Temperaturfaktors *f*[1] (bislang im deutschsprachigen Raum mit *Θ* bezeichnet)[2][3][4] zu kennzeichnen.

Der Temperaturfaktor *f* ergibt sich aus folgender Definitionsgleichung

$$f = \frac{\theta_{si} - \theta_e}{\theta_i - \theta_e}$$

mit

θ_{si}	°C	Oberflächentemperatur innen
θ_e	°C	Lufttemperatur außen
θ_i	°C	Lufttemperatur innen

Eine eventuelle Berechnung der raumseitigen Oberflächentemperatur in °C kann gem. folgender Gleichung erfolgen

$$\theta_{si} = f \cdot (\theta_i - \theta_e) + \theta_e$$

Ein *f*-Wert von 0,7 entspricht somit bei einer Raumlufttemperatur von 20 °C und einer Außenlufttemperatur von –5 °C einer Oberflächentemperatur von 12,5 °C.

Zur Vermeidung von Tauwasserbildung auf raumseitigen Oberflächentemperaturen muß die relative Luftfeuchte im Innern eines Gebäudes folgender Bedingungen genügen

$$\varphi \le \left(\frac{109{,}8 + f \cdot (\theta_i - \theta_e) + \theta_e}{109{,}8 + \theta_i} \right)^{8,02} \cdot 100\%$$

mit

φ % relative Feuchte der Raumluft

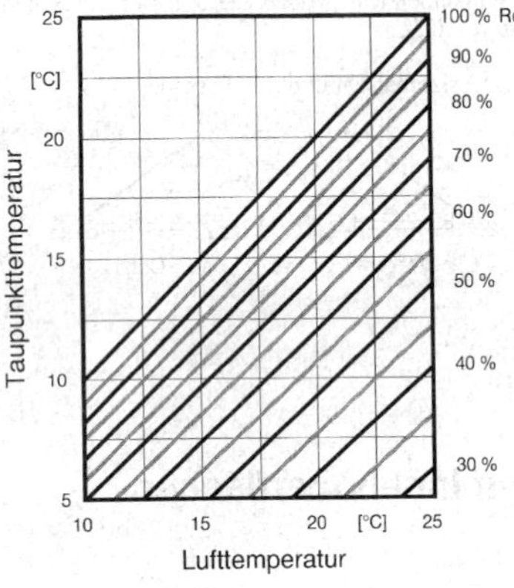

Bild 1.12.3-1. Taupunkttemperatur in Abhängigkeit von der Raumlufttemperatur und der relativen Luftfeuchte

[1]) DIN EN ISO 10211–1: Wärmebrücken im Hochbau. Wärmeströme und Oberflächentemperaturen – Teil 1: Allgemeine Berechnungsverfahren. November 1995.

[2]) Hauser, G., Schulze, H. und Wolfseher, U.: Wärmebrücken im Holzbau. Bauphysik 5 (1983), H. 1, S. 17–21; H. 2, S. 42–51; Bauen mit Holz 86 (1984), H. 2, S. 81–92; Schweizerische Schreinerzeitung 98 (1987), H. 39, S. 936–946.

[3]) Hauser, G. und Stiegel, H.: Wärmebrücken-Atlas für den Mauerwerksbau. Bauverlag Wiesbaden, 1990, 2. durchgesehene Auflage 1993, 3. durchgesehene Auflage 1996.

[4]) Hauser, G. und Stiegel, H.: Wärmebrücken-Atlas für den Holzbau. Bauverlag Wiesbaden, 1992.

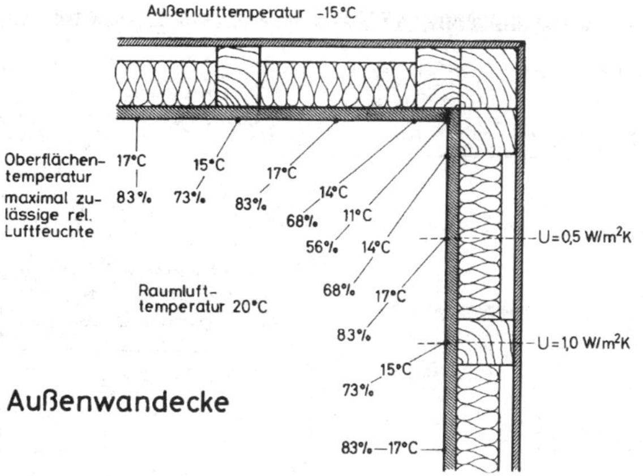

Bild 1.12.3-2. Eckbereich eines Außenbauteils mit Kennzeichnung der jeweiligen Oberflächentemperaturen in °C und maximal zulässigen Raumluftfeuchten zur Vermeidung von Tauwasserbildung.

Da Schimmelpilzbildung bereits vor Tauwasserbildung aufgrund der Porösität der meisten Baustoffe einsetzt – in Wirklichkeit wird es bei diesen Baustoffen praktisch niemals zur reinen Tauwasserbildung kommen, da der Kapillartransport sehr wirksam ist und große Mengen an Wasser abtransportiert werden – muß zur Vermeidung von Schimmelpilzbildung nach heutigem Kenntnisstand[1)2)3)] folgende Bedingung eingehalten werden

$$\varphi \leq 0{,}8 \cdot \left(\frac{109{,}8 + f \cdot (\theta_{Li} - \theta_{La}) + \theta_{La}}{109{,}8 + \theta_{Li}} \right)^{8,02} \cdot 100\,\%$$

Die Temperaturfaktoren *f* können aus verschiedenen Nachschlagewerken entnommen werden,[4)5)6)7)] bzw. einem neuen Planungsinstrument, welches die Musterlösungen der DIN 4108 Beiblatt 2 enthält und auch die Temperaturfaktoren beinhaltet sowie die Grenzwerte für Schimmelpilz- und Tauwasserbildung[8)] ausweist (vgl. Bild 1.12.3-3).

[1)] Balázs, K. und Zöld, A.: Monitoring in Wohnungen in Kecskemet von 1987 bis 1989. (Ungarisch). TU und ETI Budapest (1989).

[2)] Balázs, K. und Zöld, A.: Mindestluftwechsel im praktischen Test. Ermittlung der Bedingungen für die Schimmelpilzbildung in Räumen anhand der Kapillarkondensation. HLH 41 (1990), H. 7, S. 620–622.

[3)] Erhorn, H.: Schimmelpilzanfälligkeiten von Baumaterialien. Fraunhofer-Institut für Bauphysik. Neue Forschungsergebnisse 17 (1990), Mitteilungen 196.

[4)] Hauser, G. und Stiegel, H.: Wärmebrücken-Atlas für den Mauerwerksbau. Bauverlag Wiesbaden, 1990, 2. durchgesehene Auflage 1993, 3. durchgesehene Auflage 1996.

[5)] Hauser, G. und Stiegel, H.: Wärmebrücken-Atlas für den Holzbau. Bauverlag Wiesbaden, 1992.

[6)] Hauser, G. und Stiegel, H.: Quantitative Darstellung der Wirkung von Wärmebrücken. IRB-Verlag Bauforschung für die Praxis, Band 31 Niedrigenergiehäuser unter Verwendung des Dämmstoffes Styropor. (1997).

[7)] Hauser, G., Schulze, H. und Stiegel, H.: Wärmetechnische Optimierung von Anschlußdetails bei Niedrigenergiehäusern und Erarbeitung von Standardlösungen. IRB-Verlag Stuttgart, Dez. 1996.

[8)] Hauser, G., Stiegel, H. und Haupt, W.: Wärmebrückenkatalog auf CD-ROM. Ingenieurbüro Prof. Dr. Hauser GmbH, Baunatal 1998.

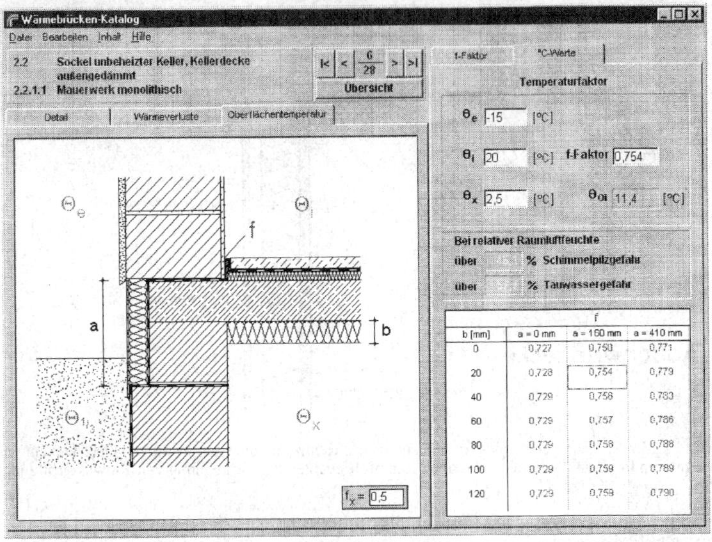

Bild 1.12.3-3. Beispiel für die Darstellung der Temperaturfaktoren sowie der Grenzwerte für Schimmelpilz- und Tauwasserbildung.*)

*) Hauser, G.; Stiegel, H. und Haupt, W.: Wärmebrückenkatalog auf CD-ROM. Ingenieurbüro Prof. Dr. Hauser GmbH, Baunatal 1998.

1.13 Bauherr, Architekt, Fachingenieur – Planung bis Instandhaltung[1]

Korrekturen von Prof. Dr.-Ing. Marina Schulz, Weimar

1.13.1 Allgemeines

Die klassische Gewaltenteilung beim Bauen – Bauherr, Architekt, Fachingenieur, Ausführender – hat in den letzten Jahren eine grundlegende Veränderung erfahren. Neben den bereits fest etablierten Geschäftsfeldern des Projektsteuerers sind zunehmend Projektbeteiligte wie Generalübernehmer, Generalplaner, Facility Manager in das Geschehen eingetreten. Aus diesem Grund werden zunächst mögliche Konstellationen, Aufgabenverteilungen und Zusammenwirken von Beteiligten durch Kurzdefinitionen umrissen.

1.13.2 Definitionen

-1 Bauherr[2]

Der Bauherr ist der Veranlasser einer Baumaßnahme. Nach den Landesbauordnungen ist er dafür verantwortlich, dass die von ihm initiierte Baumaßnahme dem öffentlichen Baurecht entspricht.

Darüber hinaus hat er für genehmigungsbedürftige Maßnahmen einen Entwurfsverfasser und einen Unternehmer zu bestellen, teilweise auch noch einen Bauleiter.

In der Sprachregelung der VOB wird der Bauherr als Auftraggeber bezeichnet, wenn er die Bauleistung nicht selber ausführt. Nicht jede in der VOB als Auftraggeber bezeichnete Person oder Institution ist jedoch Bauherr, da auch ein Auftragnehmer Bauleistungen an Nachunternehmer vergeben kann und damit zum Auftraggeber des Nachunternehmers wird.

-2 Architekt[3]

Architekt ist der Auftragnehmer in erster Linie für Objektplanungen für Gebäude, Freianlagen und raumbildende Ausbauten. Dazu gehören Neubauten, Neuanlagen, Wiederauf-, Erweiterungs-, Umbauten, Modernisierungen, raumbildende Ausbauten, Instandhaltungen und Instandsetzungen. Darüber hinaus kann zum Leistungsbild gehören oder eine Spezialisierung (→ Fachplaner) erfolgt sein für die Erarbeitung von Flächennutzungsplänen, Bebauungsplänen, landschafts- und verkehrsplanerischen Anlagen.

-3 Projektsteuerung[4]

Die Projektsteuerung übernimmt die Funktion des Auftraggebers bei der Steuerung von Projekten mit mehreren Fachbereichen. Projektsteuerung ist die neutrale und unabhängige Wahrnehmung von Auftraggeberfunktionen in technischer, wirtschaftlicher und rechtlicher Hinsicht.

-4 Fachplaner[4]

Der Fachplaner wird in direktem Vertragsverhältnis mit dem Auftraggeber zur Erbringung von Fachplanungsleistungen beauftragt, z.B. der Tragwerksplanung, der Planung der Tech-

---

[1]) Erstbearbeitung als Ersatz für die früheren Abschnitte 2.6, 3.8, 4.5, 5.8 und 5.9 (s. 69. Auflage) von Prof. Dr.-Ing. Marina Schulz, Weimar, für die 70. Auflage.

[2]) Brüssel, W.: Baubetrieb von A bis Z, 1993, Werner-Verlag, Düsseldorf.

[3]) Honorarordnung für Architekten und Ingenieure in der vom 1. Januar 1996 an geltenden Fassung, Bundesanzeiger.

[4]) Nr. 9 der Schriftenreihe des AHO (s. Abschnitt 6.6.1-1), „Projektsteuerung", November 1996, Bundesanzeiger.

nischen Anlagen und der Baugrundbeurteilung. Verantwortung, Haftung und Gewährleistung der Fachplaner erstrecken sich jeweils nur auf ihren begrenzten Aufgabenbereich.

-5 Generalplaner[1]

Bei Einschaltung eines Generalplaners liegt die gesamte Verantwortung einschließlich Haftung und Gewährleistung für alle Planungsleistungen sowie für die Überwachung der Bauausführung in einer Hand. Dem Generalplaner steht es frei, alle Planungsleistungen mit eigenen Mitarbeitern zu erfüllen. Fallweise kann er Fachplaner im Nachunternehmerverhältnis einschalten, wobei sich der Auftraggeber i.d.R. ein Mitspracherecht vorbehält.

-6 Generalfachplaner[1]

Der Generalfachplaner entspricht einem Generalplaner, allerdings i.d.R. ohne Beauftragung mit allen Leistungsphasen der Architekten-/Objektplanung, da Architekten daneben einzelvertraglich gebunden werden.

-7 Fachunternehmer

Einem Fachunternehmer werden vom Auftraggeber die Bauleistungen eines Gewerbezweiges (Fach, Gewerk) übertragen. Er führt die beauftragten Teile der Leistung im Wesentlichen selbständig und eigenverantwortlich aus.

-8 Generalunternehmer[1]

Einem Generalunternehmer werden vom Auftraggeber die Bauleistungen aller Gewerbezweige für ein Bauwerk übertragen. Dabei hat er ggf. auch Teile der Ausführungsplanung zu erbringen. In diesem Fall spricht man von einem „qualifizierten Generalunternehmer". Er führt wesentliche Teile der Bauleistung selbst aus, z.B. die Rohbauarbeiten. Die übrigen Bauleistungen vergibt er an Nachunternehmer, die ihre Leistungen selbständig und eigenverantwortlich auch im Rahmen von Werkverträgen erfüllen.

-9 Generalübernehmer[1]

Der Generalübernehmer unterscheidet sich vom Generalunternehmer dadurch, dass er die Ausführung der Bauleistungen aller Gewerbezweige für ein Bauwerk übernimmt, jedoch selbst keinerlei Bauleistungen im eigenen Betrieb ausführt. Generalübernehmer haben für den Auftraggeber den Nachteil, dass ihr Betriebsvermögen durch das Fehlen eines eigenen Baubetriebes meistens niedriger ist als das eines Generalunternehmers.

-10 Hauptunternehmer[1]

Ein Rohbauunternehmer wird bei der Vergabe nach Fachlosen/Gewerken gemäß § 4 Nr. 3 VOB/A[2] als Hauptunternehmer bezeichnet. Für die weiteren Teilleistungen, wie z.B. die Technischen Anlagen und den Ausbau, werden dann weitere Nebenunternehmer eingeschaltet.

-11 Nebenunternehmer[1]

Für nachrangige Bauleistungen schließt der Auftraggeber neben dem Bauwerkvertrag mit einem Hauptunternehmer für die maßgeblichen Bauleistungen Verträge mit Nebenunternehmern ab. Zwischen Hauptunternehmer und Nebenunternehmer bestehen keine direkten Vertragsverhältnisse.

---

[1]) Nr. 9 der Schriftenreihe des AHO (s. Abschnitt 6.6.1-1), „Projektsteuerung", November 1996, Bundesanzeiger.

[2]) VOB/A DIN 1960.

-12 Nachunternehmer[1]

Er wird von einem Generalunter-, Generalüber- oder Totalunternehmer im Werkvertragverhältnis beauftragt. Es besteht kein direktes Vertragsverhältnis zu deren Auftraggeber.

-13 Facility Manager

Bei diesen in den Planungs-, Ausführungs- und Anlagenbetriebsprozess eingebundenen neuen Projektbeteiligten ist zunächst eine Unterscheidung in strategisches und operatives Facility Management erforderlich.
Der strategische Bereich befasst sich mit der Planung und Konzeption der Gebäudebewirtschaftung, darauf aufbauend der Ausschreibung, Koordination und des Controllings der operativen FM-Dienstleistungen. Der strategische Facility Manager übernimmt also – vergleichbar mit Architekten und Fachingenieuren im Bereich der Gebäudeerstellung – die Funktion eines neutralen Bauherrenvertreters für den Gebäudebetrieb.

Der operative Bereich umfasst dann konsequenter Weise den gesamten Betrieb (oder Teile) des Gebäudes mit den Aufgaben der Wartung, Instandhaltung u.a. bis hin zu verwaltungstechnischen und kaufmännischen Verantwortungen, je nach Erfordernis.

1.13.3 Planung und Ausschreibung

-1 Allgemeines

In den meisten Fällen wird in einer sehr frühen Projektphase bereits die Art der Ausschreibung, unabhängig vom Ausschreibungsverfahren, festgelegt. Dies hat unmittelbaren Einfluss auf den Planungsablauf und die Planungsanteile der jeweiligen Auftragnehmer.

Daher soll hier neben dem

a) klassischen Planungsverfahren mit „konventioneller" Leistungsbeschreibung nach HOAI

b) ein gewandelter Planungsablauf mit sogenannter Funktionalausschreibung, bei den Planungsleistungen im Regelfall auf einen Generalunternehmer verlagert werden,

eine Darstellung erfahren.

In der VDI 6028 Blatt 1[1] „Bewertungskriterien für die Technische Ausrüstung" wird hier erheblich mehr Transparenz geschaffen.

-2 Leistungsbild nach § 73 HOAI[2]

(Diese *auszugsweise* Darstellung ist Basis zur transparenten Abgrenzung der unterschiedlichen Ausschreibungsarten)

-2.1 Grundlagenermittlung

Klären der Aufgabenstellung der Technischen Ausrüstung insbesondere in technischen und wirtschaftlichen Grundsatzfragen.

-2.2 Vorplanung

Analyse der Grundlagen.

Erarbeiten eines Planungskonzepts mit überschlägiger Auslegung der wichtigen Systeme und Anlagenteile.

---

[1]) VDI 6028/1 (02.02) Bewertungskriterien für die Technische Ausrüstung.

[2]) Honorarordnung für Architekten und Ingenieure in der vom 1. Januar 1996 an geltenden Fassung, Bundesanzeiger.

Aufstellen eines Funktionsschemas beziehungsweise Prinzipschaltbildes für jede Anlage

Klären und Erläutern der wesentlichen fachspezifischen Zusammenhänge, Vorgänge und Bedingungen.

Mitwirken bei der Kostenschätzung nach DIN 276.[1]

-2.3 Entwurfsplanung

Durcharbeiten des Planungskonzepts unter Berücksichtigung aller fachspezifischen Anforderungen sowie unter Beachtung der durch die Objektplanung integrierten Fachplanungen bis zum vollständigen Entwurf.

Festlegen aller Systeme und Anlagenteile.

Berechnung und Bemessung sowie zeichnerische Darstellung und Anlagenbeschreibung

Mitwirken bei der Kostenberechnung, bei Anlagen in Gebäuden: nach DIN 276.[2]

-2.4 Genehmigungsplanung

Erarbeiten der Vorlagen für die nach den öffentlich-rechtlichen Vorschriften erforderlichen Genehmigungen oder Zustimmungen einschließlich der Anträge auf Ausnahmen und Befreiungen sowie noch notwendige Verhandlungen mit Behörden.

Vervollständigen und Anpassen der Planungsunterlagen, Beschreibungen und Berechnungen.

-2.5 Ausführungsplanung

Durcharbeiten der Ergebnisse der Leistungsphasen 3 und 4 (stufenweise Erarbeitung und Darstellung der Lösung) unter Berücksichtigung aller fachspezifischen Anforderungen sowie unter Beachtung der durch die Objektplanung integrierten Fachleistungen bis zur ausführungsreifen Lösung.

Zeichnerische Darstellung der Anlagen mit Dimensionen (keine Montage- und Werkstattzeichnungen).

-2.6 Vorbereitung der Vergabe

Ermitteln von Mengen als Grundlage für das Aufstellen von Leistungsverzeichnissen in Abstimmung mit Beiträgen anderer an der Planung fachlich Beteiligter.

Aufstellen von Leistungsbeschreibungen mit Leistungsverzeichnissen nach Leistungsbereichen.

1) *Konventionelle Leistungsbeschreibung*

Die Leistungsbeschreibung mit Leistungsverzeichnis (LV) ist allgemein bekannt und stellte langjährig die Regelausschreibung dar. Voraussetzung dafür ist das klassische Planungsverfahren bis zum Vorliegen der Ausführungszeichnungen und der Mengenermittlung.

Der Aufbruch der einzelnen Phasen der Projektbearbeitung gemäß § 73 HOAI[3] trägt dieser Sinnfälligkeit Rechnung. Die Planung ist frei von Hersteller-, Lieferanten- und Handelsinteressen. Planung und Ausschreibung sind grundsätzlich getrennt; es besteht das bewährte „Vier-Augen-Prinzip“.[4]

Das Leistungsverzeichnis mit eindeutiger Beschreibung aller Positionen, nach Standardleistungsbuch[5] und/oder mit frei gestalteten Texten, wird vom Auftragnehmer für die Ingenieurleistungen erstellt und den potentiellen Auftragnehmern zur Kalkulation übergeben. Des weiteren enthält dieses LV im Regelfall einen Erläuterungsbericht und zusätzliche Vertragsbedingungen als Kalkulationshilfen.

In Tafel 1.13.3-1 ist als Beispiel die Beschreibung einer Rohrverschraubung aufgeführt. Es handelt sich dabei um: Rohrverschraubung in Eckform, aus Stahl, Nenndruck 10 bar, flach dichtend mit Anschweißenden, Nennweite DN 8.

---

[1]) DIN 276 (06.93) Kosten im Hochbau.
[2]) DIN 276 (06.93) Kosten im Hochbau.
[3]) Honorarordnung für Architekten und Ingenieure in der vom 1. Januar 1996 an geltenden Fassung, Bundesanzeiger.
[4]) Nr. 11 der Schriftenreihe des AHO (s. Abschnitt 6.6.1-1), Stand Okt. 1997, Bundesanzeiger.
[5]) Standardleistungsbücher, auch als Diskette. Hrsg. Deutscher Normenauschuss (DNV), Beuth-Verlag.

Tafel 1.13.3-1 Beispiel für die Beschreibung von Rohrverschraubungen im Standardleistungsbuch 040

T1	T2	T3	T4	T5	Einh	Langtext	K-Nr	Kurztext
						3.5 Rohrverschraubungen		
300						Rohrverschraubung in Durchgangsform		Rohrverschraubung
301						——————— Eckform		Rohrverschraubung
	01					aus Temperguß schwarz,		
	02					——— verzinkt,		
	03					aus Stahl,		
	04					aus Messing,		
	05					aus Rotguß,		
	11					aus . . . . ,	21	
		01				PN 6,		
		02				PN 10,		
		03				PN 16,		
		04				PN 25,		
		05				PN. . . . . ,	31	
			01			flach dichtend, mit Gewindeanschluß		Gewindeanschl.
			02			konisch dichtend, mit Gewindeanschluß		Gewindeanschl.
			03			als Klemmverbindung		Klemmverbindung
			04			. . . .	41	. . . .
				01	St	R ⅛.		R ⅛
				02	St	R ¼.		R ¼
				03	St	R ⅜.		R ⅜
				⋮				
				12	St	R	51	. . . .
			05			flach dichtend, mit Anschweißenden		Anschweißende
				01	St	DN 6.		DN 6
				02	St	DN 8.		DN 8
				03	St	DN 10.		DN 10
				⋮				
				21	St	DN	51	. . . .

Pos.	Text	Menge	A E	Preis je Einheit €	ct	Betrag €	ct
	301 03 02 05 02 Rohrverschraubung in Eckform aus Stahl usw.						

2) *Funktionale Leistungsbeschreibung*

Ebenso wie die konventionelle Leistungsbeschreibung ist die Leistungsbeschreibung mit Leistungsprogramm – in der Praxis als Funktionale Leistungsbeschreibung – in der VOB[1]) geregelt.

Es gelten dieselben Anforderungen, insbesondere:

- Die Leistung ist eindeutig und so erschöpfend zu beschreiben, dass alle Bewerber die Beschreibung im gleichen Sinn verstehen müssen und ihre Preise sicher und ohne umfangreiche Vorarbeiten berechnen können.
- Dem Auftragnehmer darf kein ungewöhnliches Wagnis aufgebürdet werden.
- Der Zweck der fertigen Leistung sowie die an sie gestellten technischen, wirtschaftlichen, gestalterischen und funktionsbedingten Anforderungen sind klar festzulegen; dabei dürfen aber bestimmte Erzeugnisse oder Verfahren sowie bestimmte Ursprungsorte und Bezugsquellen nur ausnahmsweise vorgeschrieben werden.
- Die eingehenden Angebote müssen miteinander verglichen werden können.

[1]) VOB/A DIN 1960.

Die funktionale Leistungsbeschreibung ermöglicht durch den Wettbewerb verschiedener technischer Systeme und Bauverfahren, durch die verstärkte Ausnutzung der unternehmerischen Kompetenz, Einsparungen, die sich für den AG kostenmindernd auswirken. Allerdings besteht immer die Gefahr, dass bei zu groß bemessenen Spielräumen niedrigere Standards und Qualitäten in Kauf genommen werden müssen. Diese stellen zwar keine Baumängel dar, können aber zu minderer Lebensdauer und Nutzungsqualität führen.[1)]

Dem gegenüber steht aber ein Preiszuschlag von ca. 15% bis 30%, den GU's für die Koordinierung von Nachunternehmungen und die Übernahme des Gesamtgewährleistungsrisikos einkalkulieren.

Grundsätzlich haben sich zwischenzeitlich eine Reihe von Modellvarianten funktionaler Ausschreibung herauskristallisiert, die sich wie folgt untergliedern lassen:[1)]

a) *Bauvorhaben ohne Bauherrnplanung*
(Funktional und technisch einfache Bauvorhaben)

Bauherr erbringt keinerlei Planungsleistungen, stellt lediglich eine Leistungsbeschreibung mit Leistungsprogramm auf und benötigt nur wenig eigene Verwaltungskraft.

b) *Bauvorhaben mit geringer Vorplanung des Bauherrn*
(Funktional und technisch einfache Bauvorhaben mit höheren Anforderungen)

Bauherr erbringt die Vorentwurfsplanung im Maßstab 1:200 und erstellt eine Leistungsbeschreibung mit Leistungsprogramm; dadurch gibt der Bauherr die städtebaulich-architektonischen und funktionalen Anforderung der Bauaufgabe vor.

c) *Bauvorhaben mit vom Bauherrn erbrachter Genehmigungsplanung*
(Bauvorhaben mittleren Schwierigkeitsgrades)

Bauherr erbringt Entwurfs- und Genehmigungsplanung im Maßstab 1:100 incl. Leitdetails und erstellt funktionale Ausschreibung.

d) *Bauvorhaben mit vom Bauherrn erbrachter Ausführungsplanung*
(Bauvorhaben mittleren Schwierigkeitsgrades mit höheren Anforderungen)

Bauherr plant bis zur Ausführungsreife, hält sich jedoch offen gegenüber Ausführungsalternativen.

e) *Bauvorhaben mit parallel zur Bauausführung erfolgender Planung*
(Funktional und technisch schwierige und/oder städtebaulich-architektonisch anspruchsvolle, ggf. denkmalgeschützte Bauvorhaben)

Bauherr plant parallel zur Bauausführung je nach Erfordernis der Bauausführung (Trennung von Planung und Bauausführung).

f) *Bauvorhaben, welche erst nach vollständiger Planung und Vergabe ausgeführt werden*
(Funktional und technisch schwierige und/oder städtebaulich-architektonisch anspruchsvolle, ggf. denkmalgeschützte Bauvorhaben mit höchsten Anforderungen)

Bauherr plant bis Ausführungsreife fertig und veranstaltet zur wirtschaftlichen Erstellung und zum Betrieb des schlüsselfertigen Gebäudes einen Preis-Leistungs-Wettbewerb verschiedener Unternehmensformen durch sog. Parallelausschreibung.

Dabei haben sich eigentlich die Varianten c) und d) als durchaus tragfähig erwiesen, insbesondere zur Sicherung von Qualität und Standard. Bei schwierigeren Objekten [e) und f)] entspricht das Vorgehen im Wesentlichen dem klassischen Verfahren. Ergänzungen zur Nr. 11 der Schriftenreihe der AHO[1)] sind in der VDI 6028 (1)[2)] enthalten.

-3 Ausschreibungsverfahren

Grundsätzlich unterscheidet man hier nach VOB[3)]

a) *Öffentliche Ausschreibung*

Bekanntmachung in Tageszeitungen, amtlichen Veröffentlichungsblättern oder Fachzeitschriften;

Jeder (Fach)Unternehmer kann teilnehmen.

Prüfung der Leistungsfähigkeit parallel zur Angebotsauswertung nach Submission.

[1)] Nr. 11 der Schriftenreihe des AHO (s. Abschnitt 6.6.1-1), Stand Okt. 1997, Bundesanzeiger.
[2)] VDI 6028 (02.02) Bewertungskriterien für die Technische Ausrüstung.
[3)] VOB/A DIN 1960.

b) *Beschränkte Ausschreibung*

Bekanntmachung des öffentlichen Teilnahmewettbewerbes in Tageszeitungen, amtlichen Veröffentlichungsblättern oder Fachzeitschriften;

Jeder (Fach)Unternehmer kann seine Teilnahme am Wettbewerb beantragen. Prüfung der Eignung und Leistungsfähigkeit führt zu beschränktem Teilnehmerkreis Qualitativ hochwertiges Verfahren.

c) *Freie Vergabe*

Zum Beispiel durch Angebotsherbeiziehung, geeignet nur für kleinere Bauvorhaben, bei Dringlichkeit und genauer Preisprüfungsmöglichkeit.

1.13.4 Vergabe, Ausführung und Abnahme

-1 Allgemeines

Um eine möglichst umfassende Darstellung des kompletten Leistungsbildes nach § 73 HOAI zu erreichen, wurden auch hier die entsprechenden Abschnitte aufgenommen, obwohl das notwendigerweise nicht erforderlich ist.

-2 Leistungsbild nach § 73 HOAI[1)]

-2.1 Mitwirkung bei der Vergabe

Prüfen und Werten der Angebote einschließlich Aufstellen eines Preisspiegels nach Teilleistungen.

Mitwirken bei der Verhandlung mit Bietern und Erstellen eines Vergabevorschlages

Mitwirken beim Kostenanschlag aus Einheits- oder Pauschalpreisen der Angebote nach DIN 276.

Mitwirken bei der Kostenkontrolle durch Vergleich des Kostenanschlages mit der Kostenberechnung.

Mitwirken bei der Auftragserteilung.

-2.2 Objektüberwachung

Überwachen der Ausführung des Objektes auf Übereinstimmung mit der Baugenehmigung oder Zustimmung, den Ausführungsplänen, den Leistungsbeschreibungen oder Leistungsverzeichnissen sowie mit den allgemein anerkannten Regeln der Technik und den einschlägigen Vorschriften.

Mitwirken bei dem Aufstellen und Überwachen eines Zeitplanes (Balkendiagramm).

Mitwirken bei dem Führen eines Bautagebuches.

Mitwirken beim Aufmaß mit den ausführenden Unternehmen.

Fachtechnische Abnahme der Leistungen und Feststellen der Mängel.

Rechnungsprüfung.

-3 Vergabeunterlagen

Zusätzlich zu den im vorhergehenden Kapitel dargestellten Leistungsbeschreibungen bestehen die den Firmen zur Kalkulation übergebenen Unterlagen noch aus

a) der Aufforderung zur Abgabe eines Angebotes, eventuell mit Bewerbungsbedingungen

b) Allgemeine Vertragsbedingungen VOB/B[2)]

c) Allgemeine Technische Vertragsbedingungen VOB/C[2)]

d) etwaigen zusätzlichen Vertragsbedingungen

---

1) Honorarordnung für Architekten und Ingenieure in der vom 1. Januar 1996 an geltenden Fassung, Bundesanzeiger.

2) VOB B/C DIN 1961.

e) etwaigen zusätzlichen Technischen Vertragsbedingungen.

Alle Teile enthalten Hinweise, die bei der Kalkulation von Angeboten relevant sind.

-4 Prüfen und Werten der Angebote

Insbesondere für öffentliche Auftraggeber sind in den Vergabehandbüchern[1)] weiterführende bzw. detailliertere Regelungen zur VOB/A[2)] enthalten.

Festgeschrieben sind neben der Beachtung formaler Kriterien, wie z.B.

- pünktliches Einreichen der Angebote
- Vollständigkeit der Angebote
- Eindeutigkeit der Eintragungen

auch die Kriterien für Prüfung und Bewertung

- rechnerisch
- fachtechnisch
- wirtschaftlich.

Leider wird sehr häufig das Kriterium wirtschaftlich durch billig ersetzt, da aufgrund knapper Investitionsmittel die Betrachtung der Folge- und Nutzungskosten in den Hintergrund gedrängt wird.

Die Unterlagen mit Vergabevorschlag durch den Prüfenden (im Regelfall der Fachplaner) sind so aufzubereiten, dass ein hohes Maß an Transparenz und Vergleichbarkeit (gegebenenfalls durch Bietergespräche) hergestellt wird. Insbesondere von Bedeutung, wenn Nebenangebote auch mit technischen Änderungsvorschlägen eingereicht werden.

-5 Vergabearten[3)]

Die Arten der Vergabe sind unmittelbar mit der Art des Ausschreibungsverfahrens verbunden und werden unterteilt

a) *offenes Verfahren*

b) *nichtoffenes Verfahren*

c) *Verhandlungsverfahren*

-6 Vertragsinhalte[3)]

Unabhängig von der Vertragskonstellation sind in den Bauverträgen geregelt:

a) *Art und Umfang der Leistung*
Charakterisiert durch die übergebene Leistungsbeschreibung und weitere Kalkulationsunterlagen.

b) *Vergütung*
Einheitspreisbasis mit Abrechnung nach Aufmaß, Pauschalpreisbasis nach Kalkulation mit Planbasis, Stundenlohnsätzen auf Nachweis.

c) *vom AG (oder dessen Beauftragen) bereitgestellte Planunterlagen*
Hier unterscheidet sich im Wesentlichen die klassische zur funktionalen Leistungsbeschreibung erheblich.

d) *Hinweise zur Ausführung*

e) *Fristen der Ausführung*
mit Regelungen zur Unterbrechung und Behinderung.

f) *Kündigung durch Vertragsparteien*

g) *Haftung und Verjährung*

h) *Vertragsstrafen*

i) *Abnahme und Gewährleistung*

---

1) Vergabehandbücher Bund, Länder, Kommunen.
2) VOB/ A DIN 1960, § 23 – 25.
3) VOB/A DIN 1960.

j) *Abrechnung und Zahlung, incl. Stundenlohnarbeiten*

k) *Zahlungsmodalitäten und Sicherheitsleistungen*

und nicht zuletzt

l) *Gerichtsstand oder Schiedsgutachterverfahren.*

-7 Objektüberwachung

Im Rahmen der Objektüberwachung hat der im Regelfall vom Bauherrn (AG) beauftragte Architekt und Fachingenieur für die Ausführung der Bauleistungen auf Übereinstimmung mit der Planung – dem in Form von Plänen und Leistungsbeschreibungen dokumentierten Willen des Bauherrn – den Regeln der Technik und den entsprechenden gesetzlichen Grundlagen zu achten.[1)]

Darüber hinaus hat er wie dargestellt eine Mitwirkungspflicht bei

- Aufstellen und Überwachen eines Zeitplanes
- Führen eines Bautagebuches
- Aufmaß mit den ausführenden Unternehmen.

Fachtechnische Abnahme, Feststellen der Mängel und Rechnungsprüfung gehören zum Aufgabenprofil.

Aufgrund der vorher dargestellten Varianten der Auftragsvergabe – Einzelvergaben bis Komplettleistung – hat sich auch das Aufgabenprofil im Rahmen der Objektüberwachung verändert.

Bei Vergabe der Leistungen an einen GU insbesondere z.B. einen GU für die Technischen Gewerke hat sich das Modell – *Oberleitung mit Qualitätskontrolle* – sehr gut bewährt. Dabei entfallen im Regelfall die administrativen Maßnahmen und es erfolgt eine Reduktion der Kontrollfunktion auf Inhalte und Qualitäten. In der VDI 6028 (1)[2)] sind dazu weiterführende Aussagen enthalten.

-8 Abnahmen

Nach Fertigstellung der Montage, Inbetriebnahme und Funktionsprobe meldet der Unternehmer die Abnahme seiner Leistung an.

VOB/B[3)] § 12 regelt das Recht auf Abnahme, die Pflicht zur Abnahme, das zeitliche Prozedere. Wichtig ist dies insbesondere deshalb, weil mit der Abnahme die Gefahr auf den Auftraggeber über geht und damit eine Umkehr der Beweislast eintritt.

Das Abnahmeverfahren besteht im Einzelnen aus drei wesentlichen Teilen:

a) *fachtechnische Abnahme*

Die fachtechnische Abnahme liegt im Aufgabenbereich des vom Auftraggeber beauftragten Fachingenieurs.

Bestimmte Teile der Leistungen müssen bereits während der Bauphase geprüft und abgenommen werden, z.B. Druck- und Dichtigkeitsproben bei wasserführenden Netzen, die später eingebaut oder isoliert werden.

Des weiteren sind ständige Zwischenprüfungen für bereits fertiggestellte Leistungsteile sinnvoll.

Zur Vorbereitung der fachtechnischen Abnahme muss die Funktionsprüfung erfolgt sein, das Bedienpersonal unterwiesen und alle erforderlichen Unterlagen einschließlich der Protokolle, Prüfbescheinigungen, die von Externen wie z.B. Sachverständigen u.a. erarbeiten werden, müssen vorliegen.

Für die Abnahme einer Heizungsanlage sollten in Abhängigkeit des beauftragten Leistungsumfanges nach VDI 3809[4)] folgende Unterlagen vorliegen:

---

1) Honorarordnung für Architekten und Ingenieure in der vom 1. Januar 1996 an geltenden Fassung, Bundesanzeiger.

2) VDI 6028/1 (08.00) Bewertungskriterien für die Technische Ausrüstung.

3) VOB/B DIN 1946.

4) VDI 3809.

Tafel 1.13.4-1 Muster für die Zusammenstellung der im Rahmen des Leistungsumfanges vorzulegenden Bescheinigungen und Unterlagen (nach VDI 3809)

	Unterlagen	vorhanden	nicht vorhanden	Bemerkungen
Zeichnungen				
1	Bestandsunterlagen mit Angaben über Spülmöglichkeiten, Füllmöglichkeiten und Entlüftungstabellen z. B. Lageplan, Kellergeschoß			
2	Verlegepläne, z. B. bei Fußbodenheizung*)			
3	Strangschema, Schnitte			
4	Detailpläne			
5	Anlagenschema, Strangschema usw.			
6	elektr. Schalt- und Regelpläne			
Berechnungen				
7	Wärmebedarfsberechnung nach DIN 4701			
8	Schornsteinauslegung nach DIN 4705			
9	Rohrnetzberechnung mit Ventilauslegung			
10	Heizflächenauslegung			
11	sonstige Berechnungsunterlagen von Anlagenteilen, z. B. Ausdehnungsgefäße			
Datenblätter und Beschreibungen				
12	Anlagenbeschreibungen			
13	Gerätebeschreibungen der Anlagenteile			
14	Hinweise auf Wasserbehandlung/Entsorgung/ Nachfüllung/Neutralisation			
15	Bedienungsanweisungen			
16	Wartungsanweisungen			
17	Beschreibung der Regelung, z. B. GLT/DDC			
Protokolle, Prüfbescheinigungen, Verträge				
18	Protokolle über Dichtheitsprüfung nach VOB Teil C DIN 18380, 3.4**)			
19	Protokoll über Erstinbetriebnahme einschl. Verbrennungsergebnisse/Brennereinstellung/ Kesseltemperatur- und Raumtemperaturverlauf/ hydraulischer Abgleich			
20	Unternehmerbescheinigungen			
21	Überprüfungen durch Sachverständige			
22	Schornsteinfegerbescheinigung			
23	Wartungsvertrag			
24	Energieliefervertrag			
25	Liste wiederkehrender Prüfungen			

*) Bei Fußbodenheizungen einschließlich Schnittzeichnung des Bodenaufbaus mit Wärme- und Trittschalldämmung und Angaben der Dehnungsfugen.

**) Anlagenteile, die durch immobile Bauteile verdeckt sind, müssen geprüft sein, solange sie zugänglich sind; Gasleitungen müssen vor dem Anstrich geprüft sein.

b) *behördliche Abnahme*

Unter der behördlichen Abnahme wird im Regelfall die baurechtliche Abnahme durch die Baugenehmigung ausreichende Behörde – Baurechtsamt – verstanden. Dabei wird die Übereinstimmung der Ausführung mit dem Baurecht überprüft. Eine Beauftragung der Baurechtsabnahme erfolgt vom Auftraggeber gemeinsam mit dem bauleitenden Architekten.

c) *förmliche Abnahme*

Eine förmliche Abnahme muss dann stattfinden, wenn eine der Vertragsparteien dies verlangt. Voraussetzung dafür ist das Vorliegen der fachtechnischen und behördlichen Abnahmen. Der Befund dieser Abnahmeverhandlung ist schriftlich niederzulegen. Etwaige Vorbehalte wegen bekannter Mängel und wegen Vertragsstrafen sind aufzunehmen, ebenso etwaige Einwendungen des Auftragnehmers. VOB/B[1)] § 12 enthält dazu Detailierungen.

1.13.5 Gewährleistung

Der Auftragnehmer schuldet durch den geschlossenen Bauvertrag – Werkvertrag – ein mängelfreies Werk. Dafür hat er Gewähr zu leisten.

Der Werkvertrag hat seine gewährleistungsrechtliche Regelung in §§ 631 ff des BGB[2)] gefunden. § 13 der VOB/B[1)] kann bei entsprechender vertraglicher Regelung an dessen Stelle treten, jedoch nur insoweit, als die VOB/B für den Bauvertrag eine spezielle Regelung vorsieht.

Für die Gewährleistungshaftung sind zwei Kriterien von Bedeutung:

- zum einen der Verantwortungsbereich des Auftragnehmers,
- zum anderen der Zeitpunkt, zu dem sich die Ordnungsgemäßheit der Leistung bestimmt.

Im Rahmen der Gewährleistungshaftung trägt der Auftragnehmer nicht schlechthin eine Einstandspflicht für die Mangelfreiheit des Werks während der Dauer der Gewährleistungsfrist. Diese erstreckt sich nur auf solche Mängel, in denen sich die Verletzung einer Vertragspflicht niederschlägt. Dem Auftragnehmer können Mängel nur dann zugerechnet und damit seiner Gewährleistungsverpflichtung unterstellt werden, wenn der Mangel im Verantwortungsbereich des Auftragnehmers liegt. Für die Gewährleistungsverpflichtung spielt es keine Rolle, ob der Mangel durch fehlerhafte Bauausführung verursacht worden oder aber auf die Verwendung von für den Auftragnehmer nicht erkennbaren minderwertigen Materialien zurückzuführen ist.

Entscheidender Zeitpunkt für die Beurteilung, ob die Bauleistung mangelfrei oder mit Mängeln behaftet ist, ist die Abnahme. Der Auftragnehmer hat auch für alle die Mängel Gewähr zu übernehmen, die im Laufe der für die Gewährleistungsansprüche geltenden Verjährungsfrist hervortreten; die Frage ist nur, ob sie ihm auch zugerechnet werden können, also auf einer Verletzung der Vertragspflicht beruhen.

Grundsätzlich unterscheidet die VOB folgende Ansprüche für den Auftraggeber. Vor der Abnahme der Bauleistung kann der Auftraggeber gemäß § 4 VOB/B[1)]

- die Entfernung von Stoffen und Bauteilen, die dem Vertrag nicht entsprechen, von der Baustelle verlangen,
- die Beseitigung des Mangels verlangen,
- Ersatz des durch den Mangel entstandenen Schadens verlangen, wenn der Auftragnehmer den Mangel und die Vertragswidrigkeit zu vertreten hat,
- den Vertrag kündigen, wenn er dem Auftragnehmer zuvor vergeblich eine angemessene Frist zur Beseitigung des Mangels gesetzt und erklärt hat, dass er ihm nach fruchtlosem Ablauf der Frist den Auftrag entziehen werde, und die Frist auch abgelaufen ist.

---

1) VOB/B DIN 1961.

2) Bürgerliches Gesetzbuch.

Nach der Abnahme der Bauleistung stehen dem Auftraggeber gemäß § 13 VOB/B[1] zu:

- Nachbesserung durch den Auftragnehmer,
- Leistungsverweigerungsrecht hinsichtlich der Vergütung bis zur Durchführung der Nachbesserung,
- Eigennachbesserung durch den Auftraggeber nach erfolgter Aufforderung zur Mängelbeseitigung und Fristsetzung sowie Kostenerstattungsanspruch nach erfolgter Eigennachbesserung,
- Nachbesserung durch Drittunternehmer nach erfolgter Aufforderung zur Mängelbeseitigung und Fristsetzung sowie Kostenerstattungsanspruch nach erfolgter und abgerechneter Mängelbeseitigung,
- Vorschussanspruch in Höhe der zu erwartenden Mängelbeseitigungskosten nach fruchtloser Aufforderung zur Mängelbeseitigung unter Fristsetzung,
- Minderungsanspruch (Herabsetzung), wenn die Beseitigung des Mangels unmöglich ist oder sie einen unverhältnismäßig hohen Aufwand erfordern würde und sie deshalb vom Auftragnehmer verweigert wird oder wenn die Beseitigung des Mangels für den Auftraggeber unzumutbar ist,
- Schadensersatzanspruch neben den übrigen Gewährleistungsansprüchen, wenn ein wesentlicher, die Gebrauchsfähigkeit erheblich beeinträchtigender Mangel vorliegt und dieser Mangel auf ein Verschulden des Auftragnehmers zurückzuführen ist,
- Schadensersatzanspruch hinsichtlich des darüber hinausgehenden Schadens, wenn
  - der Mangel auf Vorsatz oder grober Fahrlässigkeit beruht,
  - der Mangel auf einem Verstoß gegen die anerkannten Regeln der Technik beruht,
  - der Mangel in dem Fehlen einer vertraglich zugesicherten Eigenschaft besteht oder
  - soweit der Auftragnehmer den Schaden durch Versicherung seiner gesetzlichen Haftpflicht gedeckt hat oder hätte decken können.

Die Gewährleistungsfristen nach § 13 Nr. 4 VOB/B[1] betragen:

- für Bauwerke 2 Jahre
- abweichend davon für maschinelle und elektrotechnische/elektronische Anlagen 1 Jahr, wenn keine Wartung für die Dauer der Verjährungsfrist an den Auftragnehmer beauftragt ist
- für Holzerkrankungen 2 Jahre
- für Arbeiten an einem Grundstück 1 Jahr
- für feuerberührte Teile von Feuerungsanlagen 1 Jahr.

Die Frist beginnt mit der Abnahme der gesamten Leistung, für in sich abgeschlossene Teile mit der Teilabnahme. Der Ablauf einer Gewährleistungsfrist wird gehindert, wenn eine Hemmung oder Unterbrechung der Verjährung eintritt. Im Falle einer Hemmung tritt ein Stillstand des Fristablaufes ein, der so lange dauert, bis der Zustand, welcher die Hemmung bewirkt hat (Stundungs- und Leistungsverweigerungsrecht, Höhere Gewalt, Hemmung durch Prüfung und/oder Beseitigung des Mangels), weggefallen ist. Nach Wegfall läuft die restliche Verjährungsfrist weiter.

Die Unterbrechung bewirkt, dass die bis zur Unterbrechung verstrichene Zeit nicht berücksichtigt wird und eine neue Verjährungsfrist zu laufen beginnt.

Die Unterbrechung tritt in folgenden Fällen ein:

- Anerkenntnis des Gewährleistugsanspruches
- Durch gerichtliche Geltendmachung von Gewährleistungsansprüchen
- Unterbrechung durch Beweissicherung
- Unterbrechung durch schriftliche Mängelrüge.

---

[1]) VOB/B DIN 1961.

1.13.6 Anlagenbetrieb

-1 Allgemeines

Qualität und Lebensdauer von technischen Anlagen werden maßgeblich bestimmt durch:
- die Konzeption der Anlage
- die Qualität bei der Errichtung
- der sachgemäßen Bedienung und des Betriebes
- der Instandhaltung der Anlagen.

-2 Bedienung und Betrieb

Für Bedienung und Betrieb der gebäudetechnischen Anlagen haben sich unterschiedliche Strukturen ausgebildet.
Ausgehend von
- dem Nutzer selbst
- dessen speziell intern verantwortlichen Techniker (Betriebsingenieure)
- bis zum Outsorcing des Technischen Gebäudemanagements oder der kompletten Betreiberleistung für das Objekt einschließlich Infrastrukturen und kaufmännischem Gebäudemanagement

sind alle Modelle für die Praxis relevant.
Unabhängig von der gewählten Betreiberart müssen die handelnden Personen
- technisches Grundverständnis
- ausgeprägtes allgemeines Hintergrundwissen
- umfangreiche Systemkenntnisse

besitzen.
Während die Belange des Besitzers eines Einfamilienhauses durch die Bedienungsanleitung für den installierten Heizkessel und einen Wartungsvertrag mit der Errichterfirma ausreichend abgedeckt sind, ist es für größere Objekte unumgänglich, eine umfangreiche Dokumentation und Wartungsvertragsmanagement zu besitzen.
Als besonders geeignete Form hat sich ein elektronisches Betriebshandbuch[1] herauskristallisiert, das auf Basis der während der Planungs- und Ausführungsphase gewonnenen Daten erstellt wird. Der strukturelle Zusammenhang stellt sich wie folgt dar:

Bild 1.13.6-1. Integrierte DV-Lösung für das Gebäudemanagement.*)

*) Essig, B.: Facility Management 4/99 S. 24 ff.

[1]) Essig. B.; v. Eynatten, C.: Systematik für alle Daten und Dokumente, Beratende Ingenieure 10/99 S. 13 ff.

-3 Instandhaltung[1)]

Obwohl die Instandhaltung gemäß VDMA 24196[2)] ein Bestandteil des Anlagenbetriebes ist, soll dies hier eine gesonderte Darstellung erfahren.

Sind Maßnahmen zur Bewahrung und Wiederherstellung des Sollzustandes sowie zur Feststellung und Beurteilung des Istzustandes von technischen Mitteln eines Systems.

Bestandteile sind Wartung, Inspektion, Instandsetzung sowie die Abstimmung der Instandhaltungsziele mit den Unternehmenszielen und die Festlegung entsprechender Strategien.

Wartung

Maßnahmen zur Bewahrung des Sollzustandes von technischen Mitteln eines Systems bestehend aus

- Erstellung eines Wartungsplanes
- Vorbereitung der Wartung
- Durchführung der Wartung.

Inspektion

Maßnahmen zur Feststellung und Beurteilung des Istzustandes von technischen Mitteln eines Systems bestehend aus

- Erstellen eines Planes zur Inspektion[3)]
- Vorbereitung der Inspektion
- Durchführung mit qualitativer Ermittlung von Größen
- Vorlage der Ergebnisse der Feststellung
- Auswertung der Ergebnisse zur Beurteilung des Istzustandes
- Ableiten der notwendigen Maßnahmen.

Instandsetzung

Maßnahmen zur Wiederherstellung und Beurteilung des Istzustandes von technischen Mitteln eines Systems, bestehend aus:

- Auftrag, Auftragsdokumentation und Analyse des Inhaltes
- Planung im Sinne des Aufzeigens und Bewertens alternativer Lösungen
- Entscheidung für eine Lösung
- Vorbereitung der Durchführung, beinhaltend Kalkulation, Terminplanung, Abstimmung, Bereitstellung von Personal, Mitteln und Material, Erstellung von Arbeitsplänen
- Vorwegmaßnahmen
- Überprüfung der Vorbereitung und der Vorwegmaßnahmen, Freigabe zur Durchführung
- Durchführung
- Funktionsprüfung und Abnahme
- Fertigmeldung
- Auswertung einschließlich Dokumentation, Kostenaufschreibung, Aufzeigen und gegebenenfalls Einführen von Verbesserungen.

Beispiele für die Angaben zur Durchführung von Wartung und Inspektion (Listen)[3)]

Die folgenden Beispiele (1, 2, 3, 4) für die Ausführung von Wartungs- bzw. Inspektionslisten unterscheiden sich im Wesentlichen durch die Darstellung der Häufigkeiten. Bei den Beispielen 1 und 2 wird die Häufigkeit in der zutreffenden Spalte angekreuzt bzw. eingetragen, bei Beispiel 3 steht sie für jede Seite einheitlich im Tabellenkopf. Dieses Beispiel ist für eine Gliederung der Wartungs- bzw. Inspektionsliste nach Häufigkeiten vorgesehen. In Beispiel 4 wird bei den Häufigkeiten zwischen Einsatzklassen unterschieden. Zusätzlich ist eine Spalte „Ausführender" vorgesehen, in der in Sonderfällen dessen erforderliche Qualifikation angegeben wird.

Hinweis: Die in den Listen gemachten Angaben dienen nur der Veranschaulichung.

[1)] DIN 31051 (01/85) Instandhaltung, Begriffe und Maßnahmen.
[2)] VDMA (Verband Deutscher Maschinen- und Anlagenbauer e.V.) 24 196.
[3)] DIN 31052 (06/81) Instandhaltung, Inhalt und Aufbau von Instandhaltungsanleitungen.

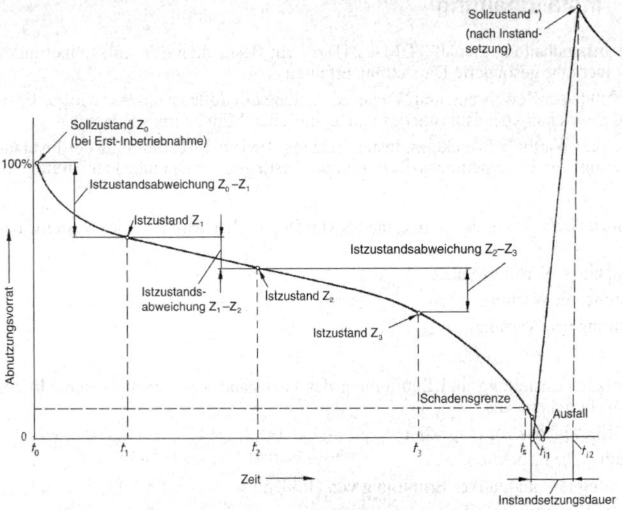

Bild 1.13.6-2. DIN 31051 – Instandsetzungszyklus.*)

*) DIN 31051 (01/85) Instandhaltung, Begriffe und Maßnahmen.

Beispiel 1

Hersteller		Wartungsliste/Inspektionsliste					Erzeugnis … Liste Nr. …
lfd. Nr.	Auszuführende Arbeiten	Meß- und Prüfgröße Betriebs- und Hilfsstoffe	Häufigkeit ④				Bemerkungen
			m	3 m	6 m	a	
1	E-Motor						
1.1	Lagertemperatur prüfen	60 °C max.		x			
1.2	Zustand der Kohlebürsten prüfen				x		
2	Getriebe						
2.1	Ölstand prüfen		x				
2.2	Öl wechseln	Schmieröl DIN 51517 – C 100				x	
①	②	③					⑤

Beispiel 2

Hersteller		Wartungsliste/Inspektionsliste		Erzeugnis … Liste Nr. …
lfd. Nr.	Auszuführende Arbeiten	Meß- und Prüfgröße Betriebs- und Hilfsstoffe	Häufigkeit	Bemerkungen
1	E-Motor			
1.1	Lagertemperatur prüfen	60 °C max.	3 m	
1.2	Zustand der Kohlebürsten prüfen		6 m	
2	Getriebe			
2.1	Ölstand prüfen		m	
2.2	Öl wechseln	Schmieröl DIN 51517 – C 100	a	
①	②	③	④	⑤

Beispiel 3

Hersteller		Wartungsliste/Inspektionsliste Häufigkeit: Jährlich ④	Erzeugnis … Liste Nr. …
lfd. Nr.	Auszuführende Arbeiten	Meß- und Prüfgröße Betriebs- und Hilfsstoffe	Bemerkungen
1	Feuerlöschanlage		
1.1	Zustand Löschmittelbehälter prüfen		
2	Bremsanlage		
2.1	Zustand Bremsbeläge prüfen		
2.2	Bremsölfilter reinigen		
①	②	③	⑤

Beispiel 4

Hersteller		Wartungsliste/Inspektionsliste					Erzeugnis … Liste Nr. …
lfd. Nr.	Auszuführende Arbeiten	Meß- und Prüfgröße Betriebs- und Hilfsstoffe	Häufigkeit Einsatzklasse			Ausführender	Bemerkungen
			A	B	C		
1	Antrieb						
1.1	Motor: Laufruhe prüfen		2 m	m	2 w		
	Temperatur prüfen		2 m	m	2 w		
	Sauberkeit prüfen		a	a	a		
①	②	③		④		⑥	⑤

Hinweise:

① Benummerung nach DIN 1421 Teil 1 (siehe Beispiel)

② Wartungs- bzw. Inspektionsarbeiten entsprechend dem gewählten Gliederungsschema angeben.

③ Bei Betriebs- und Hilfsstoffen firmenneutrale Bezeichnungen, z.B. nach DIN, SAE usw. angeben.

④ Unter Häufigkeiten können Zeitintervalle (stündlich, täglich, wöchentlich usw.), Betriebsstunden, Einschalthäufigkeiten u.ä. verstanden werden. Werden zur Angabe von Häufigkeiten Abkürzungen verwendet, so sind diese zu erläutern, wie z.B.:

h = stündlich
d = täglich
w = wöchentlich
m = monatlich
a = jährlich

Vielfache solche Häufigkeiten werden durch vorangestellte Zahlen gekennzeichnet, z.B.:
6 m = alle 6 Monate

Spalte „Einsatzklasse“: Einsatzklassen können unterschieden werden, wenn die Häufigkeit der Wartungsarbeiten oder Inspektionsarbeiten z.B. von der Einsatzdauer abhängig gemacht wird.

Einsatzklasse A: gelegentliche Benutzung bei langen Ruhezeiten
Einsatzklasse B: regelmäßige Benutzung bei unterbrochenem Betrieb
Einsatzklasse C: regelmäßige Benutzung im Dauerbetrieb

⑤ Hier können folgende Abgaben erscheinen:

- Sonderwerkzeuge, Meß- und Prüfgeräte, Anschlagmittel, Hilfsmittel, Vorrichtungen
- Prüfung bei einem bestimmten Betriebszustand
- Verweis auf ergänzende Instandhaltungsunterlagen
- Hinweis auf besondere Gefahren
- Sicherheitseinrichtungen und –maßnahmen, persönliche Schutzausrüstung
- notwendige Zusammenarbeit mit Sachkundigen

⑥ Falls erforderlich, ist die Qualifikation zu nennen, die ein Ausführender erfüllen muss. Die gewählten Abkürzungen sind zu erläutern.

Darüber hinaus sind in der VDMA 24186[1] die Leistungsprogramme für die Wartung spezieller technischer Ausrüstungen zusammengestellt.

VDMA 24186	Leistungsprogramm für die Wartung von lufttechnischen und anderen technischen Ausrüstungen in Gebäuden
Teil 0	Übersicht und Gliederung, Nummernsystem, Allgemeine Anwendungshinweise
Teil 1	Lufttechnische Geräte und Anlagen
Teil 2	Heiztechnische Anlagen
Teil 3	Kältetechnische Anlagen
Teil 4	MSR-Einrichtungen und Gebäudeautomationssysteme

Diese VDMA-Einheitsblätter empfehlen Leistungsaufgliederungen und Kontrollzyklen, die im Regelfall als Basis zur Erarbeitung eines Wartungsvertrages dienen.

Weitere Grundlagen bieten AMEV sowie Herstellerangaben.

1.13.7 Investitionskosten

-1 Allgemeines

Investitionskosten (auch als Herstell- oder Gestehungskosten bezeichnet) von Anlagen der Technischen Gebäudeausrüstung werden zunächst geschätzt, im Sinne eines Kostenüberschlages. Dieser wird je nach Tiefe der Projektbearbeitung in eine Kostenberechnung überführt. In jedem Fall ermöglicht die Gliederung der Kostenermittlung nach DIN 276[2]

[1]) VDMA (Verband Deutscher Maschinen- und Anlagenbauer e.V.) 24186 Teil 0 bis 4.
[2]) DIN 276 (6.93), Kosten im Hochbau.

äußerste Transparenz und gute Vergleichbarkeit zu adäquaten Gebäuden. Die inhaltliche Strukturierung für die Heizungs-, Klima-, Kälte- und Regelungstechnik sei hier als Auszug dargestellt.

Tafel 1.13.7-1 Auszug aus DIN 276*)

Kostengruppen		Anmerkungen
420	Wärmeversorgungsanlagen	
421	Wärmeerzeugungsanlagen	Brennstoffversorgung, Wärmeübergabestationen, Wärmeerzeugung auf der Grundlage von Brennstoffen oder unerschöpflichen Energiequellen einschließlich Schornsteinanschlüsse, zentrale Wassererwärmungsanlagen
422	Wärmeverteilnetze	Pumpen, Verteiler; Rohrleitungen für Raumheizflächen, raumlufttechnische Anlagen und sonstige Wärmeverbraucher
423	Raumheizflächen	Heizkörper, Flächenheizsysteme
429	Wärmeversorgungsanlagen, Sonstiges	Schornsteine, soweit nicht in anderen Kostengruppen erfasst
430	Lufttechnische Anlagen	Anlagen mit und ohne Lüftungsfunktion
431	Lüftungsanlagen	Abluftanlagen, Zuluftanlagen, Zu- und Abluftanlagen ohne oder mit einer thermodynamischen Luftbehandlungsfunktion, mechanische Entrauchungsanlagen
432	Teilklimaanlagen	Anlagen mit zwei oder drei thermodynamischen Luftbehandlungsfunktionen
433	Klimaanlagen	Anlagen mit vier thermodynamischen Luftbehandlungsfunktionen
434	Prozesslufttechnische Anlagen	Farbnebelabscheideanlagen, Prozessfortluftsysteme, Absauganlagen
435	Kälteanlagen	Kälteanlagen für lufttechnische Anlagen: Kälteerzeugungs- und Rückkühlanlagen einschließlich Pumpen, Verteiler und Rohrleitungen
439	Lufttechnische Anlagen, Sonstiges	Lüftungsdecken, Kühldecken, Abluftfenster; Installationsdoppelböden, soweit nicht in anderen Kostengruppen erfasst
480	Gebäudeautomation	Kosten der anlagenübergreifenden Automation einschließlich der zugehörigen Verteiler, Kabel und Leitungen
481	Automationssysteme	Automationsstationen, Bedien- und Beobachtungseinrichtungen, Programmiereinrichtungen, Sensoren und Aktoren, Kommunika-tionsschnittstellen, Software der Automatisationen
482	Leistungsteile	Schaltschränke mit Leistungs-, Steuerungs- und Sicherungsbaugruppen
483	Zentrale Einrichtungen	Leitstationen mit Peripherie-Einrichtungen, Einrichtungen für Systemkommunikation zu den Automationsstationen
489	Gebäudeautomation, Sonstiges	

*) DIN 276 (6.93), Kosten im Hochbau.

Während für die Kostenschätzung z.B. die spezifischen Ansätze auf die Brutto-Grundfläche (m^2 BGF) als „Mengen- und Bezugseinheit“ oder Ansätze auf installierte Leistung (kW) völlig ausreichend sind, müssen für tiefergreifende Kostenermittlungen weitere Grundlagen herangezogen werden.[1)] In den nachfolgenden Abschnitten sind als erste Orientierungshilfe daher nur überschlägige Anlagenkosten zusammengestellt.

-2 Heizungsanlagen und Warmwasserbereitung

Die Investitionskosten für eine Heizungsanlage sind von der Art der Heizung, ihrem Umfang und vielen Faktoren abhängig. Die für ausgeführte Anlagen angegebenen Kosten schwanken daher auch in starkem Maße.

Anhaltszahlen für eine überschlägige Schätzung der Kosten für Öl- und Gasheizung sind in Bild 1.13.7-1 und Bild 1.13.7-2 enthalten, Stand 1995.

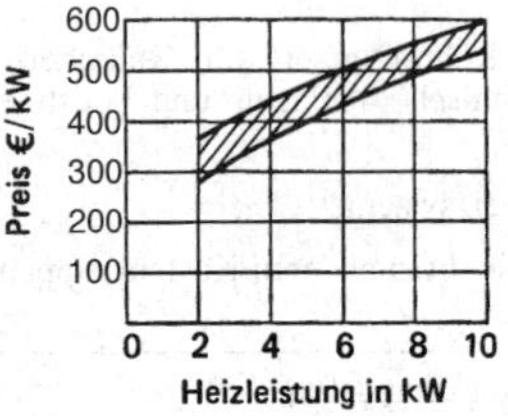

Bild 1.13.7-1. Durchschnittliche Verbrauchspreise von Einzel-Heizgeräten in Abhängigkeit von der Heizleistung.

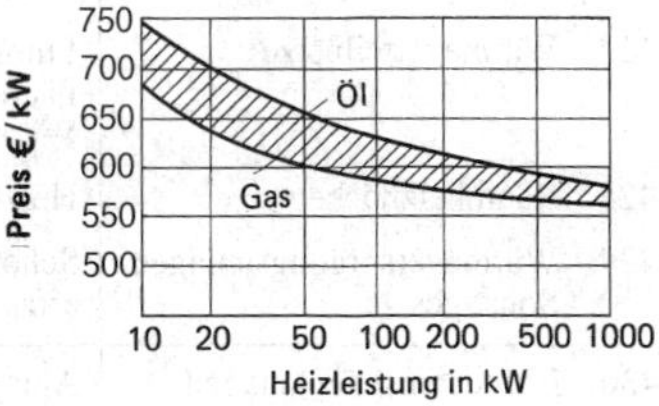

Bild 1.13.7-2. Ungefähre Investitionskosten von Zentralheizungsanlagen mit Radiatoren für Wohngebäude 1998 (ohne Baukosten).

Folgende *Richtpreise für Heizungen in Neubauten* ohne Nebenkosten sind für Schätzungen verwendbar (bezogen auf die installierte Leistung):

Elektrische Heizgeräte	25 … 35 €/kW
Eiserne Öfen mit automatischer Regelung	75 … 100 €/kW
Gasheizöfen	150 … 200 €/kW
Öleinzelöfen	125 … 350 €/kW
Kachelgrundöfen	150 … 200 €/kW
Elektrische Fußbodenspeicherheizung	350 … 400 €/kW
Elektrische Speicheröfen mit Verdrahtung	300 … 400 €/kW
Umlaufgaswasserheizung mit Heizkörpern	450 … 600 €/kW

Bei Sanierung von Altbauten sind die Kosten wesentlich höher.

Die zusätzlichen *baulichen Nebenkosten* (Maurer-, Maler-, Tischler-, Elektrikerarbeiten usw.) sind bei den einzelnen Heizungsarten sehr unterschiedlich und betragen etwa:

bei Zentralheizungen	10 … 15%
bei Einzelöfen	20 … 30%

Anteil der *gesamten Einrichtungskosten* der Heizung an den Baukosten von Geschossbauten etwa:

bei Einzelöfen mit Kohle, Öl oder Gas	4 … 8%
bei Kachelöfen oder Warmluftkachelöfen	6 … 8%
bei Stockwerkheizungen	8 … 10%
bei Zentralheizungen	8 … 12%

Bei *Warmwasserzentralheizungen mit Ölfeuerung* sind die anteiligen Kosten etwa:

Kessel mit Brenner, Tank, Regelung und sonstigem Zubehör	≈ 55 … 35%
Rohrnetz mit Pumpen	≈ 25 … 30%
Heizkörper	≈ 30 … 35%

[1)] ZBWB/TIB TGA-KO Kosten techn. Gebäudeausrüstung, Stuttgart 1998.

Bei den Niedertemperaturheizungen mit max. Vorlauftemperaturen von ca. 55 °C sind die Kosten für Heizkörper und Kessel geringfügig höher. Kompensation durch Energieeinsparung.

Im Vergleich der Heizsysteme sind die Investitionskosten für die Heizung von Ein- und Zweifamilienhäusern etwa folgende (Stand 1998, einschl. MWSt):

Fernheizung	500 €/kW
Gasheizung	600 €/kW
Ölheizung	650 €/kW
Nachtstromspeicher (Einzelofen)	450 €/kW
Bivalente Wärmepumpe mit Gas- oder Ölkessel	950 €/kW
Bivalente Gasmotor-Wärmepumpe	1350 €/kW

Weitere Angaben zu Investitionskosten sind in speziellen Kapiteln enthalten, so z.B. in 2.2.1-7.3 Elektrische Speicherheizung, in 2.2.2-4.7 Kompressions-Wärmepumpen, 2.2.2-5.2 Kollektoren, 2.2.3-2.6.4 Wirtschaftlichkeit und Fahrweise BHKW, 3.6.3-1.8 Kosten der Klimaanlage.

Wesentlich schwieriger lassen sich die *Investitionskosten für Wasser-Erwärmungssysteme* fassen. Es lassen sich folgende ungefähre Ansätze machen: Dabei ist ein Einfamilienhaus mit 4 bis 5 Zimmer, Küche und Bad zugrunde gelegt. Die Preise verstehen sich einschließlich Installation der Rohrleitungen, Armaturen, Wärmedämmung usw., bei den Öl- und Gaskesseln anteilig. Sie sind natürlich großen Unterschieden unterworfen.

El. Durchflußerwärmer (21 kW)	750 ... 1250 €
El. Speicher 400 l	1000 ... 1500 €
Gasbeheizter Speicher	1000 ... 1250 €
Gasdurchflußerwärmer	500 ... 1000 €
Durchflußerwärmer im Öl- oder Gaskessel	750 ... 1000 €
Speicher im Öl- oder Gaskessel	1750 ... 2000 €
Wärmepumpenspeicher	2000 ... 2250 €
Fernwärme einschließlich Übergabestation	750 ... 1250 €

Bei Mehrfamilienhäusern mit zentraler Wärmeversorgung reduzieren sich die Preise wesentlich. Für Büro- und Verwaltungsgebäude sind daraus Ansätze ableitbar.

Zusätzliche Angaben sind enthalten z.B. in 2.2.2-5.3.2 Warmwassererzeugung.

-3 Raumlufttechnik und Kälteanlagen

Bei der großen Zahl der Ausführungsmöglichkeiten von RLT-Anlagen ist es außerordentlich schwer, annähernd zutreffende Angaben über die Investitionskosten einer Anlage zu machen. Bild 1.13.7-3 gibt in Verbindung mit Tafel 1.13.7-3 annähernd zu erwartende Investitionskosten an. Die angegebenen Zahlen beziehen sich auf fertig montierte Anlagen einschließlich Luftleitungen mittlerer Ausdehnung und Kältemaschine, jedoch ohne den auf die Heizung und Kaltwasserverrohrung des Gebäudes anfallenden Anteil, der bei Klimaanlagen etwa 20 ... 30% beträgt und ohne die baulichen Nebenarbeiten wie elektrische Anschlüsse, Maurer- und Verputzarbeiten usw. Wesentliche Abweichungen nach oben und unten sind durchaus möglich.

Beispiel:

Verwaltungsgebäude mit 1000 m^2 Büro und 100 m^2 Sitzungsraum (Versammlungsraum) mit Klimaanlage. Dazu 150 m^2 Flure und Treppenhäuser sowie öffentliche Garage mit 500 m^2, ausgeführt als Abluftanlage.

Berechnung der Anschaffungskosten:

Nutzung	Fläche A m^2	spez.Vol.Strom $\dot{V}$ nach Tafel 1.13.7-3 m^3/h je m^2	Volumenstrom $A \cdot \dot{V}$	spez. Kosten nach Bild 1.13.7-3 € je m^3/h	Kosten der RLT-Anlage €
Büro	1000	12	12000	11,–	132000,–
Sitzungsraum	100	20	2000	17,–	34000,–
Garagen	500	12	6000	4,–	24000,–
Flure	150	5	750	10,–	7500,–
Gesamtkosten für die RLT-Anlagen (ohne Heizung)					197500,–
Gesamtanschaffungskosten einschließlich Heizung				ca.	258000,–

Tafel 1.13.7-2 Überschlägige Kosten von Raumlufttechnischen Anlagen*)
Kostengruppe 43 der DIN 276 (06.93) Kosten incl. MwSt.

Gebäudeart	Fläche BGF	Kosten in €/m² BGF		
		min	max	mittel
Verwaltungsgebäude, mittlerer Standard	> 5000	18	43	33
Verwaltungsgebäude, gehobener Standard	>10000	85	199	125
Universitäts-Rechenzentren	bis 7500	135	357	247
Hörsaalgebäude	bis 16000	83	266	175
Institute für				
– Natur- und Ing.-Wissenschaften	–	77	165	121
– Medizin, Pharmazie	–	230	369	300
– Technologie/Maschinenbau	–	121	258	190
– Chemie, Biologie, Physik	–	120	364	241
Kreiskrankenhäuser	bis 15000	96	198	147
Kliniken für Suchtkranke	bis 2500	16	49	32
Altenpflegeheime	bis 7500	38	60	49
Rehabilitationszentren	bis 12000	29	65	46
Erholungs- und Ferienheime	–	13	26	20
Grund- und Hauptschulen	bis 1160	10	15	13
Gymnasien	–	13	45	29
Berufliche Schulen	>10000	56	87	71
Bildungszentren	bis 25000	25	44	35
Kindertagesstätten, mittlerer Standard	bis 540	4	11	7
Kindertagesstätten, gehobener Standard	bis 2300	13	33	21
Schulturnhallen 15 × 27	–	32	65	58
Dreifach-Sporthallen 27 × 45	–	62	95	78
Mehrzweckhallen	bis 3500	60	115	87
Schwimmhallen	bis 5000	51	89	70
Hotels, mittlerer Standard	bis 5510	53	141	94
Laborgebäude	bis 10000	98	174	134
Tiefgaragen	bis 15000	22	68	46
Größere Ausstellungsgebäude	>8000	99	184	141
Bibliotheken	bis 40000	69	110	90

*) Gebäudekosten, Ausg. 95, BKB Archit.-Kammer Bad.-Württbg.
Preisstand 1998.

Tafel 1.13.7-3 Ungefähre Volumenströme in m³/h pro m² Nutzfläche bei verschiedener Raumnutzung*)

Nutzung	Volumenstrom m³/h pro m²
Verwaltungsgebäude	8…15
Innenflure	4… 6
Versammlungsstätten	18…26
Kantinen/Cafeteria	20…24
Küchen	60…90
Toiletten	14…18 **)
Lager	4… 8
Garagen	6…12 **)

*) nach VDI 3803 (06.2001)
**) nur Abluft

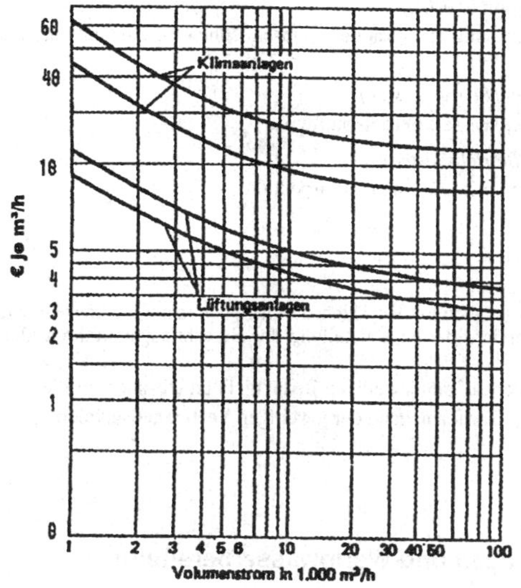

Bild 1.13.7-3. Ungefähre Investitionskosten von zentralen Lüftungs- und Klimaanlagen je m^3/h Volumenstrom, mit Wärmerückgewinnung und mit Kälteanlage, jedoch ohne Heizung und ohne bauliche Nebenarbeiten (Stand 1998).

Das Verwaltungsgebäude entspricht ungefähr einer Besetzung mit 100 Mitarbeitern, so dass pro Arbeitsplatz etwa € 2000 ... 2500 für Klima- und Heizungsanlage zu investieren sind.

Prozentuale Aufteilung der Kosten einer Klimaanlage in etwa:

Lufttechnische Bauteile	20 ... 25%
Luftkanäle, Gitter	20 ... 30%
Kältemaschinen, Kühlturm	20 ... 30%
Rohrleitungen, Pumpen	10 ... 15%
Regelung, Schalttafel	15 ... 20%

Weitere Hinweise zu Investitionskosten finden sich z. B. in 3.6.3-1.8 Kosten der Klimaanlage, 3.6.5-1.5.6 Kosten (Krankenhäuser).

Für größere *Kälteanlagen* kann man überschlägig als Investitionskosten ansehen:

Kälteanlage, Rückkühlwerk

Kalt- und Kühlwassernetz 400 €/kW ... 300 €/kW

Die Investitionskosten werden neben der Anlagengröße maßgeblich auch durch die Erzeugungsart beeinflusst. In Bild 5.6.3-1 ist diese Abhängigkeit der spezifischen Kosten dargestellt.

1.13.8 Nutzungskosten

-1 Allgemeines

Die wesentlichen Grundzüge und Berechnungsverfahren sind im Kapitel 1.11 „Grundlagen der Kosten- und Wirtschaftlichkeitsrechnung“ enthalten. Aus diesem Grund sollen in diesem Abschnitt nur ergänzende fachbezogene Hinweise zur überschlägigen Ermittlung dargestellt werden. Nach VDI 2067[1)] werden unterschieden:

[1)] VDI 2067/VDI 2067/1 (09/00) Grundlagen und Kostenberechnung.
VDI 2067/01 B (09/00) Betriebstechnische und wirtschaftliche Grundlagen.
VDI 2067/04 (02/82) Warmwasserversorgung.

a) *kapitalgebundene Kosten (Kapitalkosten)*

für Amortisation und Verzinsung des Kapitals, einschließlich Instandhaltung und Erneuerung

b) *verbrauchsgebundene Kosten (Energiekosten)*

für Brennstoffe, Hilfsenergie, Wasser, Betriebsstoffe u.a;

c) *betriebsgebundene Kosten (Betriebskosten)*

für Reinigung u.ä., Bedienung mit Wartung und Inspektion

d) *sonstige Kosten*

für Steuern, Versicherungen u. ä.

Anmerkung:

In den nachfolgenden Kapiteln sei auch mit Rücksicht auf die Quellen auf die konsequente sprachliche Trennung, insbesondere da die Darstellung der Berechnungsverfahren gleichermaßen für die

– Vorausberechnung von Kosten auf den jeweiligen **Bedarfgrößen** wie auch für die
– Feststellung der tatsächlichen Kosten anhand der jeweiligen **Verbrauchsgrößen**

gilt, verzichtet.

-2 Heizungsanlagen und Warmwasserbereitung

-2.1 Kapitalkosten

Vgl. Kapitel 1.11 und VDI 2067[1)] (siehe Tafel 1.13.8-1).

Tafel 1.13.8-1 Nutzungsdauer von Anlagenteilen der Raumheizung

Gusseiserne Gliederkessel	20 Jahre
Stahlkessel	15 Jahre
Gussradiatoren	30 Jahre
Stahlradiatoren	20 Jahre
Spezialkessel für Gas oder Öl	20 Jahre
Elektrodenkessel	25 Jahre
Umlaufgaswasserheizer	18 Jahre
Gaskessel ohne Gebläse	20 Jahre
Gasbrenner ohne Gebläse	20 Jahre
Gas- und Ölbrenner mit Gebläse	12 Jahre
Rohrpumpen	10 Jahre
Membran-Ausdehnungsgefäße	15 Jahre
Rohrleitungen für Warmwasser-Heizung	40 Jahre
Kondensatleitungen	8 Jahre
Stahltanks, doppelwandig	15 Jahre
Schornstein im Gebäude	50 Jahre

[1)] VDI 2067/VDI 2067/1 (09/00) Grundlagen und Kostenberechnung.
VDI 2067/01 B (09/00) Betriebstechnische und wirtschaftliche Grundlagen.
VDI 2067/04 (02/82) Warmwasserversorgung.

-2.2 Energiekosten

Anmerkung:

Die in Abschnitt 1.13.8 – 3.2 dargestellte Problematik zur Genauigkeit der statistischen Berechnungsverfahren treffen sowohl für den Heiz- als auch Kühlfall zu. Aus diesem Grund soll mit der VDI 2067, Blatt 11 – Wirtschaftlichkeit gebäudetechnischer Anlagen – Dynamischer Rechenverfahren – ein entsprechendes Instrument geschaffen werden[1].

Zur Ermittlung der Energiekosten ist folgende Vorgehensweise erforderlich

a) *Ermittlung des Jahres-Heizwärme- und Warmwasserbedarfes*

Berechnungsgrundlagen stellen DIN 4701[2] und VDI 2067[3][4] dar, die objektbezogen exakte Ergebnisse liefern.

Näherungsweise können folgende Ansätze gewählt werden.

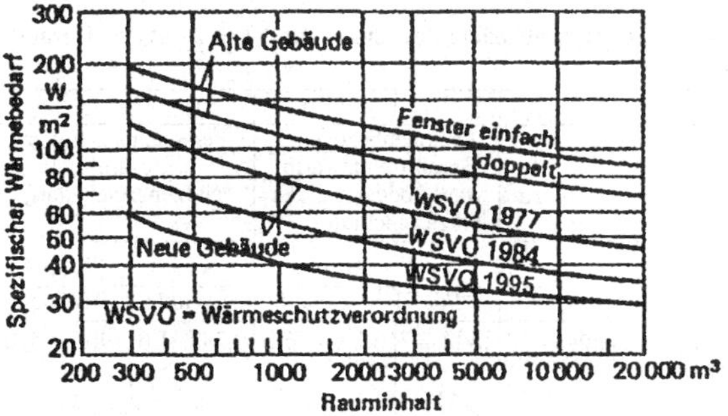

Bild 1.13.8-1. Durchschnittlicher maximaler spezifischer Wärmebedarf von Wohn- und Bürogebäuden je m² Nutzfläche.

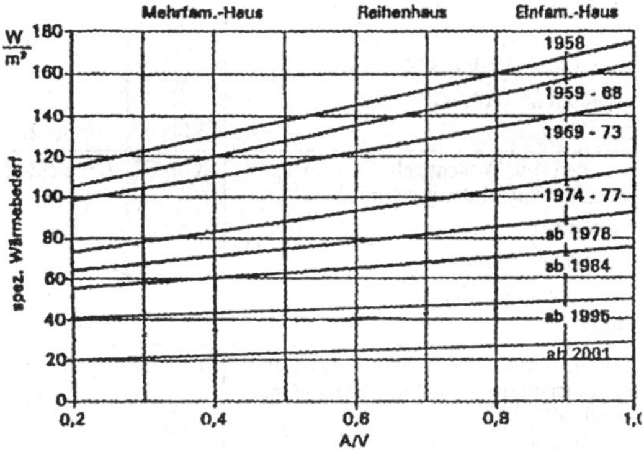

Bild 1.13.8-2. Richtwerte für spez. Wärmebedarf in Abhängigkeit vom Alter und vom Verhältnis A/V (äußere Umhüllungsfläche zu umbautem Volumen).

[1]) Hirschmann, R.: HLH 48 (1997)/08 Seite 24 ff, VDI 2067/11 E (06/98) Rechenverfahren zum Energiebedarf beheizter und klimatisierter Gebäude.

[2]) DIN 4701/1 E (08/95) Regeln für die Berechnung des Wärmebedarfs von Gebäuden.

[3]) VDI 2067/12 (06/00) Entwurf Nutzwärmebedarf für die Trinkwassererwärmung.

[4]) VDI 2067/2 (12/93) Raumheizung.

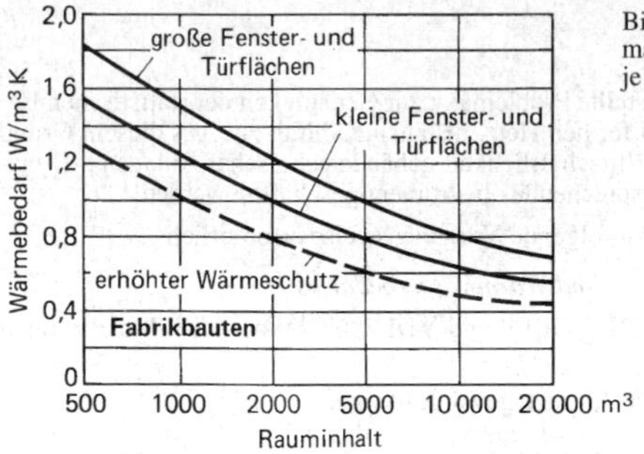

Bild 1.13.8-3. Durchschnittlicher maximaler Wärmebedarf von Fabrikbauten je m^3 umbauter Raum.

Tafel 1.13.8-2 Wasser- und Wärmebedarf für erwärmtes Trinkwasser, Gesamtbedarf*)

1	2	3	4	5
Gesamtbedarf	Personenbezogener Gesamt-Nutzwarmwasserbedarf bei der Nutztemperatur δ_N **)		Personenbezogener Gesamt-Nutzenergiebedarf	
	$v_{N, ges, d}$	$v_{N, ges, a}$	$q_{N, ges, d}$	$q_{N, ges, a}$
	l/d	m^3/a	kWh/d	kWh/a
Dusche, Waschtisch, Geschirrspülmaschine mit Kaltwasseranschluß***)	15 bis 47	5,2 bis 16,2	0,5 bis 1,6	190 bis 570
Mittelwert	31	10,7	1,1	380
zusätzlicher Bedarf				
Spülen nur von Hand	4	1,3	0,2	60
Bidet	3 bis 6	1,0 bis 2,1	0,1 bis 0,2	40 bis 70
Wanne normal, Waschtisch, Geschirrspülmaschine mit Kaltwasseranschluß***)	33 bis 56	11,4 bis 19,3	1,1 bis 1,9	400 bis 680
Mittelwert	44	15,7	1,5	540
zusätzlicher Bedarf				
Spülen nur von Hand	4	1,3	0,2	60
Bidet	3 bis 6	1,0 bis 2,1	0,1 bis 0,2	40 bis 70
Wanne groß, Waschtisch, Geschirrspülmaschine mit Kaltwasseranschluß***)	48 bis 71	16,6 bis 24,5	1,7 bis 2,5	580 bis 860
Mittelwert	59	20,7	2,1	720
zusätzlicher Bedarf				
Spülen nur von Hand	4	1,3	0,2	60
Bidet	3 bis 6	1,0 bis 2,1	0,1 bis 0,2	40 bis 70
Wanne normal *und* Dusche, Waschtisch, Geschirrspülmaschine mit Kaltwasseranschluß***)	22 bis 54	7,5 bis 18,6	0,7 bis 1,9	270 bis 650
Mittelwert	38	12,7	1,3	460
zusätzlicher Bedarf				
Spülen nur von Hand	4	3	0,2	60
Bidet	3 bis 6	1,0 bis 2,1	0,1 bis 0,2	40 bis 70

*) VDI 2067/12 (06/00) Wirtschaftlichkeit gebäudetechnischer Anlagen; Nutzenergiebedarf für die Trinkwassererwärmung.
**) siehe Tafel 1.
***) Der Rest wird von Hand gespült.

Tafel 1.13.8-3 Statistische Belegungszahl n_p von Wohnungen

Anzahl an Räumen	Belegungzahl n_p
1	2,0
1,5	2,0
2	2,0
2,5	2,3
3	2,7
3,5	3,1
4	3,5
4,5	3,9
5	4,3
5,5	4,6
6	5,0
6,5	5,4
7	5,6

*) DIN 4708/2 (10/74) Zentrale Warmwassererwärmung (Wohngebäude).

b) *Ermittlung des Brennstoffbedarfes*

Der jährliche Energie- und Brennstoffbedarf ist wegen der Wärmeverluste bei der Erzeugung und beim Transport größer als der jährliche Nutzwärmebedarf.[1)]

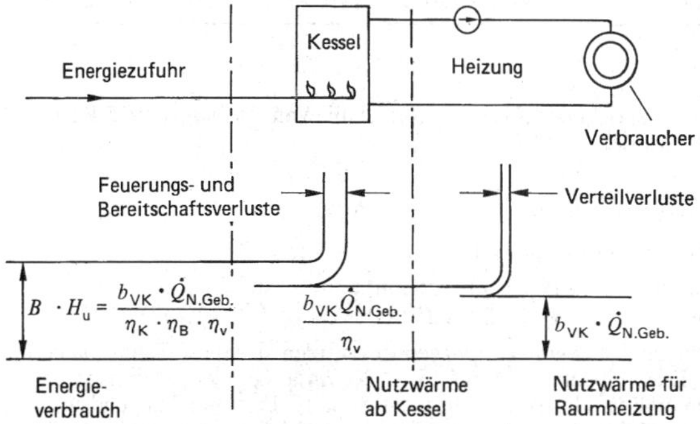

Bild 1.13.8-4. Nutzwärme und Verluste einer Heizanlage.

B_{Ha}:	Jahresbrennstoffbedarf	
Q_{Ha}:	Jahresheizwärmebedarf	$Q_{Ha} = b_{VH} \cdot Q_{N,Geb}$ (Überschlagsverfahren)
$\dot{Q}_{N,Geb}$:	Wärmebedarf	
b_{VK}:	Vollbetriebsstunden	
η_a:	Kesselnutzungsgrad	$\eta_a = \eta_K \cdot \eta_B$
η_K:	mittl. Kesselwirkungsgrad	
η_B:	Bereitschaftgrad	
η_V:	Verteilungsgrad	

Sinngemäß ist dies auf die Warmwasserbereitung anwendbar. Berechnungsgrundlagen sind VDI 2067/2[2)], VDI 3808[1)] und VDI 2067/4[3)] enthalten.

[1)] VDI 3808 (01/93) Energiewirtschaftliche Beurteilungskriterien bei Heizungsanlagen.
[2)] VDI 2067/2 (12/93) Raumheizung.
[3)] VDI 2067/4 (02/82) Warmwasserversorgung.

Näherungsweise kann zum Ansatz gebracht werden, für die Heizenergie:

Tafel 1.13.8-4 Jährlicher Brennstoffverbrauch $B_{Ha} = \varphi \cdot \dot{Q}_N$ in älteren Heizungsanlagen

Brennstoff	Heizwert H_u		Dimensionen	Brennstoffverbrauch B_a	
	MJ/kg MJ/m$_n^3$	kWh/kg kWh/m$_n^3$		allgemein	bei b_v = 1600 St
Heizöl El	42,7	11,86	kg/a	$0{,}105 \cdot b_v \cdot \dot{Q}_N$	$168 \cdot \dot{Q}_N$
Heizöl S	41,0	11,40	kg/a	$0{,}110 \cdot b_v \cdot \dot{Q}_N$	$176 \cdot \dot{Q}_N$
Ferngas	17,3	4,80	m³/a	$0{,}260 \cdot b_v \cdot \dot{Q}_N$	$416 \cdot \dot{Q}_N$
Erdgas H	37,5	10,40	m³/a	$0{,}120 \cdot b_v \cdot \dot{Q}_N$	$192 \cdot \dot{Q}_N$
Erdgas L	31,7	8,80	m³/a	$0{,}142 \cdot b_v \cdot \dot{Q}_N$	$227 \cdot \dot{Q}_N$
Elektrischer Strom (η_{ges} = 0,95)	3,6	1,0	kWh/a	$1{,}05 \cdot b_v \cdot \dot{Q}_N$	$1680 \cdot \dot{Q}_N$

Tafel 1.13.8-5 Richtwerte des Brennstoffverbrauchswerts φ je kW maximaler Wärmebedarf $\dot{Q}_N$ bei älteren Wohngebäuden

Gebäudeart	Koks kg/a	Heizöl EL kg/a	Ferngas m³/a	Erdgas H m³/a
Wohnhäuser	270 … 320	170 … 205	400 … 450	180 … 220
Bürogebäude	270 … 320	170 … 205	400 … 450	180 … 220
Schulen, einschichtig	215 … 250	120 … 150	300 … 350	140 … 180

Der Beiwert φ = 300 entspricht der Näherungsformel, die von *Recknagel* 1915 für Koksheizungen angegeben wurde:

$B_{Ha} = 300\ \dot{Q}_N$

($\dot{Q}_N$ = max. Wärmebedarf in kW)

Früher üblicher jährlicher Heizölverbrauch

in Einfamilienhäusern B_{Ha} = 30 ... 35 l/m²a,
in Mietwohnungen B_{Ha} = 20 ... 25 l/m²a.

Durch die Auswirkungen des *Energieeinspargesetzes* werden sich diese Zahlen weiterhin stark verringern, in Einfamilienhäusern auf 15 … 20 l/m²a, bei Gebäuden nach der ab 01.01.1995 gültigen Wärmeschutzverordnung auf 5 … 10 l/m²a im Jahr und weniger (Niedrigenergiehäuser), bei sogenannten Passivhäusern sind 1,5 l/m²a möglich.

Für Trinkwasser liegen folgende *Erfahrungswerte* bei mittleren Ansprüchen, bezogen auf die Wohnungsgrundfläche bei Miethäusers vor:

bei Koksfeuerung q = 8 ... 12 kg/m²a
bei Ölfeuerung q = 4 ... 6 l/m²a
bei Stadtgasfeuerung q = 10 ... 14 m³/m²a
bei Erdgasfeuerung q = 5 ... 7 m³/m²a
bei Elektrospeichern q = 30 ... 40 kWh/m²a.

Genauere Berechnungsgrundlagen, insbesondere auch für den Fall, dass die Warmwasserbereitung Bestandteil der zentralen Heizungsanlage ist, sind in VDI 2067/10 (06.98)[1)] und VDI 2067/12 (06.00)[2)] enthalten.

[1)] VDI 2067/10 (06.98) Wirtschaftlichkeit gebäudetechnischer Anlagen, Energiebedarf beheizter und klimatisierter Gebäude.

[2)] VDI 2067/12 (06.00) Wirtschaftlichkeit gebäudetechnischer Anlagen, Nutzenergie für die Trinkwassererwärmung.

Nach der Heizkosten-Verordnung[1] ist mangels genauerer Unterlagen auch folgende Formel für den Brennstoffverbrauch B der Warmwasserbereitung in bestehenden Gebäuden zulässig:

$$B = \frac{V \cdot 4200 \cdot \Delta t}{3600 \cdot H_u \cdot \eta_a (= 0{,}47)} = \frac{2{,}5 \cdot V \cdot \Delta t}{H_u} \text{ in kg oder } m^3$$

V = Wasserverbrauch m^3
Δt = Wassererwärmung K
H_H = Heizwert kWh/Einheit

c) *Ermittlung der Brennstoffkosten*

Aus dem genauen Jahresbrennstoffbedarf lassen sich problemlos die Kosten ermitteln:

$K = B_{Ha} \cdot P$ €/a

P = Energiepreis in €/kg oder €/m^3

In einem vereinfachten Verfahren kann diese auch aus dem Jahreswärmebedarf Q_{Ha} ermittelt werden

$$K = \frac{Q_{Ha} \cdot P}{H_u \cdot \eta_{ges}}$$

Um die verbrauchsgebundenen Kosten (Energiekosten) zu komplettieren sind Zuschläge für Hilfsenergie z.B. Pumpen und Betriebsstoffe erforderlich. (vgl. Abschnitt 1.13.8-3)

Tafel 1.13.8-6 Spezifische Brennstoffkosten je MWh Nutzwärme[*)]

Brennstoff	Einheit	Heizwert H_u kWh/ Einheit	Einheits- preis €	Nutzungs- grad η_{ges}	Kosten €/MWh
Heizöl El (1 l = 0,86 kg)	1	10,00	0,20	0,80	25,–
Heizöl S	kg	11,40	0,20	0,80	22,–
Stadtgas	m^3	4,80	0,12	0,80	30,–
Erdgas H	m^3	10,40	0,25	0,80	30,–
Fernwärme	kWh	1,0	0,04	0,95	37,–
Nachtstrom	kWh	1,0	0,07	0,95	69,–
Tagstrom	kWh	1,0	0,13	0,95	132–
Luft-Wasser-Wärmepumpe	kWh	1,0	0,09	g = 2,50	38,–

*) Objektbezogene Preise sind für jeden Anwendungsfall einzeln zu erfassen.

-2.3 Betriebskosten

Sie umfassen im Wesentlichen: Bedienung, Wartung, Schornsteinreinigung, Kundendienst, Tankreinigung, Verrechnung u.ä. Sie lassen sich bei nicht ständig gewarteten Anlagen als *Zuschläge* zu den Brennstoffkosten etwa wie folgt bei mittelgroßen Anlagen angeben:

bei Koksheizung	10 … 15%
bei Gasheizung	7 … 10%
bei Ölheizung	8 … 12%
bei Elektroheizung	3 … 5%

Weitere *Anhaltswerte* für die jährlichen Nebenkosten sind bei öl- oder gasbefeuerten Anlagen

Kesselleistung 100 kW	4 … 5 €/kW
Kesselleistung 1000 kW	4 … 3 €//kW

Bei großen Anlagen sind sie am besten gesondert zu berechnen. Zuschlag für *Brauchwasserbereitung* etwa 10 … 15%.

Präzisierte Werte für einzelne Komponenten sind in der VDI 2067/1 (09/00) enthalten.[2]

[1]) Heizkosten-Verordnung (02/81).
[2]) VDI 2067/1 (09/00) Grundlagen und Kostenberechnung.

-3 Raumlufttechnik und Kälteanlagen

-3.1 Kapitalkosten

Vgl. Abschnitt 1.11 und VDI 2067[1)]

Tafel 1.13.8-7 Nutzungsdauer von Anlagenteilen der Klimatechnik

Klimazentralen	10 … 15 Jahre
Kältemaschinen	15 Jahre
Kühltürme verzinkt	10 Jahre
Kühltürme Kunststoff	15 Jahre
Kanäle, Gitter u.ä.	30 … 40 Jahre
Regelanlagen	12 Jahre

-3.2 Energiekosten

Eine genaue Berechnung der Energiekosten einer Klimaanlage ist sehr umfangreich, da für jeden Einzelfall eine große Anzahl von Daten bekannt sein muß, z.B. das Klimasystem, die äußeren Klimadaten, Betriebszeit, eventuelle Betriebspausen, Lichtschaltung, Jalousiebedienung, Wärme- und Kältequellen u.a. Alle meteorologischen und Kühllast-Daten müssen Stunde für Stunde über ein ganzes Jahr vollständig vorhanden sein. Die Wetterdaten sind in DIN 4710 (11.82) stündlich für je einen Tag im Monat für heitere, bewölkte und gemischt bewölkte Tage angegeben. Der Energieverbrauch einer Klimaanlage setzt sich aus zwei Komponenten zusammen:

Luftaufbereitungsenergie; sie fällt an, um die Außenluft vom jeweiligen Zustand auf den gewünschten Zuluftzustand zu bringen (Heizen, Kühlen, Be- oder Entfeuchten).

Thermische Raumlasten; sie fallen an durch Transmission, Strahlung, innere Lasten (Heizung oder Kühlung).

Beide Anteile ändern sich von Stunde zu Stunde und natürlich auch von Monat zu Monat. Wegen der Vielzahl der erforderlichen Rechengänge sind sinnvolle Ergebnisse nur mit EDV-Rechenprogrammen zu erzielen. Es haben sich zwei *dynamische Rechenverfahren* durchgesetzt:

Tagesgangverfahren; für jeden Monat werden stündlich – also 24mal pro Tag – zwei (oder drei) wettertypische Tage gerechnet. Bei zwei Tagen pro Monat werden heitere und bewölkte Tage entsprechend ihrer Häufigkeit gewichtet. Bei dem Rechenverfahren mit drei Tagen je Monat wird zusätzlich auch noch ein gemischt bewölkter Tag berücksichtigt. Die meteorologischen Daten stehen bei diesen Verfahren aus DIN 4710 für 13 deutsche Städte zur Verfügung. Pro Jahr fällt folgende Zahl von Berechnungen an:

2 (3) Tage je Monat × 24 h/Tag × 12 Monate = 576 (864) Rechnungen.

Referenzjahrverfahren (TRY); hier wird für *jeden* Tag des Jahres jede Stunde gerechnet. Es fallen also an:

24 h/Tag × 365 Tage/a = 8760 Rechnungen.

Der Rechenaufwand ist hier auch bei EDV-Anwendung recht erheblich. Das Test-Referenzjahr ist für 12 klimatische Regionen der BRD ermittelt worden vom Deutschen Wetterdienst, Offenbach. Die Daten können für EDV-Berechnung auch online im Dialog über Datex-P abgerufen oder als Magnetband bzw. Diskette bezogen werden[2)].

Durch eine IEA-Studie konnte die Gleichwertigkeit beider Verfahren festgestellt werden[3)]. Inzwischen auch durch Messung bestätigt[4)]. Aus USA kommt das Berechnungsprogramm

---

[1)] VDI 2067/1 (09/00) Grundlagen und Kostenberechnung.
VDI 2067/01 B (09/00) Betriebstechnische und wirtschaftliche Grundlagen.
VDI 2067/3 (12/83) Raumlufttechnik

[2)] Fachinformationszentrum Karlsruhe, 7514 Eggenstein: Programm METDATA.

[3)] Internationale Energie-Agentur (IEA), Brüssel. Abschlußbericht ET 5238 (1980).

[4)] Fox, Hönmann, Steinbach: Ges.-Ing. 2/87. S. 61/66.

BLAST *(Building Loads Analysis and System Thermodynamics)*[1]. Richtwerte für den Energieverbrauch von klimatisierten Bürogebäuden siehe auch Abschnitt 3.6.3-1.4.

Die von Hand durchführbaren Energieverbrauchsberechnungen nach VDI 2067 Bl. 3 (12.83) ermitteln Luftaufbereitungsenergien mit Jahres-Luftgrad-, -Enthalpie-, -Feuchte-Stunden und mit Summenhäufigkeiten für Luft-Enthalpie und -Feuchte. Für etwas genauere Berechnungen gibt es jetzt auch entsprechende Monatsstunden in VDI 2067. *Statische Berechnungsverfahren* versagen insbesondere bei VVS-Systemen, wo ständig eine Veränderung der Luftmenge mit der Last stattfindet. Man korrigiert diesen Mangel an der VDI-Richtlinie jetzt durch Faktoren. Ferner fehlt hier eine dynamische Rechnung für die thermischen Raumlasten.

Aus diesem Grund befindet sich derzeit in Vorbereitung VDI 2067/11 – Wirtschaftlichkeit gebäudetechnischer Anlagen – Dynamisches Rechnungsverfahren –.

Nachstehende Rechnungen, die auf den Gradtagen und Gradstunden für Erwärmung, Kühlung, Be- und Entfeuchtung beruhen, sind daher nur als Näherung zu betrachten, da sie den dynamischen Verlauf des Energiebedarfs nicht berücksichtigen. Richtwerte aus dynamischen EDV-Berechnungen siehe Abschnitt 3.6.3-1.4 und 3.6.3-1.8; Beispiel nach VDI 2067 Bl. 3 (12.83) s. Abschn. 1.1.3.

a) *Ermittlung des Energiebedarfes*

Elektrische Energie

Der jährliche Verbrauch der Ventilatoren an elektrischer Energie E ist bei konstantem Volumenstrom leicht zu errechnen:

$E = 365 \cdot z \cdot P$ in kWh/Jahr

z = Zahl der täglichen Betriebstunden
P = Leistung der Ventilatoren [kW]

Bei regulierbaren Antrieben ist der zeitweise verringerte Energiebedarf zu beachten.

Wärmeenergie

Bei der Ermittlung des jährlichen Wärmebedarfs Q_w zur Erwärmung der Außenluft benutzt man am besten die Lüftungsgradstunden G_L, bezogen auf die verschiedenen Tageszeiten nach Tafel 1.1.2-8.

$Q_w = G_L \cdot \dot{V} \cdot c \cdot \varrho \cdot 10^{-6}$ GJ/a

$\dot{V}$ = Volumenstrom m³/h
c = spez. Wärmekapazität der Luft = 1,0 kJ/kgK
G_L = Lüftungsgradstunden in hK/a nach Tafel 1.1.2-8

Befeuchtung

Wird die Luft auch befeuchtet, so ist der dazu erforderliche zusätzliche Wärmebedarf Q_f:

$Q_f = G_f \cdot r \cdot \dot{V} \cdot \varrho \cdot 10^{-6}$ GJ/a

G_f = Befeuchtungsgrammstunden in h/a · g/kg nach Bild 1.1.3-4
ϱ = Dichte der Luft = 1,2 kg/m³
r = Verdampfungswärme = 2,5 kJ/g

Wasserbedarf

$\dot{m}_w = G_f \cdot \rho \cdot \dot{V} \cdot 10^{-6}$ kg/a

Berechnung nach Abschnitt 1.1.3

Der praktisch auftretende Wasserverbrauch beträgt etwa das 3- bis 4-fache des theoretisch errechneten Wertes bei Befeuchtung durch Düsenkammern.

Richtwert bei durchlaufendem Betrieb ca. 100 kg/a je m³/h Luft.

Kälteenergie zur trockenen Luftkühlung

Hier errechnet man den jährlichen Kältebedarf Q_K mittels der Kühlgradstunden nach Tafel 1.1.2-9:

$Q_K = G_K \cdot \dot{V} \cdot c \cdot \varrho \cdot 10^{-6}$ GJ/a

G_K = Kühlgradstunden in hK/a nach Tafel 1.1.2-9

[1]) US Army Corps of Engineers, Construction Engineering Research Laboratory (CERL), Champaign, IL. 61820.

Kälteenergie zur Entfeuchtung (Trocknung)

Sinngemäß ist die hierfür erforderliche zusätzliche Kühlleistung

$Q_{tr} = G_{tr} \cdot r \cdot \dot{V} \cdot \varrho \cdot 10^{-6}$ GJ/a

G_{tr} = Entfeuchtungsgrammstunden in h/a · g/kg nach Bild 1.1.3-4.

Nicht enthalten sind in den obigen Zahlen die thermischen Raumlasten *(Heizlast)* für die Heizung im Winter (siehe Abschn. 2.4.1) sowie der Kühlbedarf *(die Kühllast)* für die Raumkühlung im Sommer (Abschn. 3.5.3).

b) *Ermittlung der Energiekosten*

Durch Multiplikation des ermittelten Energie- oder Wasserbedarfes mit den Einheitspreisen errechnen sich die jährlichen Energiekosten. Durch die Liberalisierung des Strommarktes und den regional sehr verschiedenen Kosten für Trinkwasser, sowie der oft vorhandenen Nutzung von Niedertarifwärme (Rücklauf von Fernheiznetzen) für die Lufterhitzung lassen sich äußerst schwer spezifische Ansätze formulieren. Für Überschlags-Berechnungen können angesetzt werden:

Elektrischer Strom:	0,08 … 0,13 €/kWh
Trinkwasser ohne Abwasser: (nicht aufbereitet)	1,80 … 2,45 €/m³
Kälteenergie	38 … 43 €/MWh
Wärmeenergie (nach Tafel 1.13.8-6)	23 … 38 €/MWh

Zuschläge für Hilfsenergie, wie Pumpen u.a. sowie Betriebsstoffe erforderlich.

-3.3 Betriebskosten

Sie umfassen im Wesentlichen Bedienung, Wartung und Instandhaltung, Reinigung u.a. Sie liegen in folgender Größenordnung:

bei einfachen Anlagen	2 … 4%
bei mittleren Anlagen	4 … 6%
bei techn. hochwertigen Anlagen	6,5 … 8,5%

Abhängig sind diese im Wesentlichen von Qualität des Materials und Nutzungsdauer. Präzisierte Werte für Einzelkomponenten sind in der VDI 2067/1 (09/00) enthalten.[1]

Ausführliche Beispielrechnungen für unterschiedliche Klimaprozesse enthält VDI 2067/3 (12/83)[2].

[1]) VDI 2067/1 E (09/00) Grundlagen und Kostenberechnung.
[2]) VDI 2067/3 (12/83) Raumlufttechnik.

2. HEIZUNG

2.1 Allgemeines

2.1.1 Anforderungen an Heizanlagen

Gewöhnlich bezeichnet man als *Aufgabe der Heizung*, den Aufenthaltsraum des Menschen im Winter zu heizen.[1] Genauer gesagt besteht die Aufgabe darin, die Wärmeabgabe des menschlichen Körpers in der kalten Jahreszeit durch Erwärmung der Umgebung derart zu regulieren, daß sich ein *Gleichgewicht* zwischen Wärmeproduktion und Wärmeabgabe einstellt und der Mensch sich wärmephysiologisch behaglich fühlt.

Die Faktoren, die die Behaglichkeit beeinflussen, sind außer der Kleidung und Aktivität insbesondere Lufttemperatur, mittlere Wandtemperatur, Luftfeuchte, Luftbewegung und Luftreinheit. Die Heizung beeinflußt unmittelbar nur zwei dieser fünf Faktoren, nämlich die Lufttemperatur und die mittlere Wandtemperatur (einschließlich der Heizflächen), die man beide unter dem gemeinsamen Begriff der *Empfindungstemperatur* zusammenfaßt. Die übrigen Faktoren lassen sich nur durch eine Klimaanlage beeinflussen, die man als das vollkommenste technische Mittel zur Erzielung eines behaglichen und gesunden Raumklimas bezeichnen kann.

Etwa 40% des Primärenergieverbrauchs der Bundesrepublik wird für Raumheizung aufgewendet, zum Teil mit geringem Wirkungsgrad. Die Einsicht, daß unsere Energiequellen begrenzt sind und der Verbrauch zur Umweltbelastung beiträgt, hat dazu geführt, daß gerade in der Heizungstechnik das *Energiesparen* große Bedeutung gewonnen hat. Der gegenwärtige Entwicklungsstand der Heizungstechnik ist daher dadurch gekennzeichnet, daß zur Verringerung des Energieverbrauchs zahlreiche, teils langfristige Maßnahmen und Methoden eingeführt wurden, die sich sowohl auf den baulichen wie den technischen Bereich beziehen. Ferner sind wesentliche Fortschritte zur umweltfreundlichen Verbrennung – teils durch Verordnungen forciert – erzielt worden.

Die Anforderungen an die Heizung lassen sich wie folgt charakterisieren:

1. Die *Empfindungstemperatur* in dem beheizten Raum (Mittelwert aus Luft- und mittlerer Wandtemperatur) soll in vertikaler und horizontaler Richtung sowie zeitlich möglichst *gleichmäßig* sein, etwa 20 °C bis 22 °C. Dabei stellt sich ein dauerndes Gleichgewicht ein zwischen der durch Verbrennung der Nahrung und durch Muskeltätigkeit entstehenden körperlichen Wärme und der Wärmeabgabe an die Umgebung.

2. Die Heizung soll *regelbar* sein, d. h., die Empfindungstemperatur soll sich entsprechend dem Wunsch des einzelnen in gewissen Grenzen ändern lassen können. Die Regelung soll dabei möglichst trägheitsarm, d. h. schnell erfolgen; insbesondere soll sich der Raum schnell aufheizen lassen.

3. Die Raumluft (innere Umwelt) soll durch die Heizung *nicht verschlechtert* werden; insbesondere soll keine merkliche Erzeugung von Staub, schädlichen Gasen und Dämpfen möglich sein; auch dürfen keine störenden Geräusche und Zugerscheinungen auftreten. Die Heizkörper sollen leicht zu reinigen sein und architektonisch gefällig sein.

4. Die gleichzeitig mit der Heizung erfolgende Erwärmung der zur Behaglichkeit *(Luftqualität)* erforderlichen Außenluft *(Lüftungswärme)* soll zugfrei und ohne störende Luftströmungen bewirkt werden.

5. Die Heizung soll *kostengünstig* in Anschaffung und Betrieb sein. Insbesondere soll sie sparsam und wirtschaftlich betrieben werden können.

---

[1]) Siehe auch Hermann-Rietschel – Archiv zur Geschichte der Heizung- und Klimatechnik Universität Kaiserslautern, Prof. Usemann.

6. Die Heizung soll *umweltfreundlich* sein. Dazu gibt es, teils durch Vorschriften geregelt, feuerungs- und brennstoffseitige Maßnahmen. Auch die Schornsteinausführung gehört hierzu.

Eine Heizung, die alle genannten Forderungen in gleicher Weise erfüllt, gibt es natürlich nicht. Alle heutigen Heizungen, angefangen vom uralten Kaminfeuer bis zur modernen Niedertemperaturheizung, haben Vor- und Nachteile. Insgesamt hat die Technik aber einen hohen Stand erreicht. Welche Heizungsart in einem Einzelfall zu wählen ist, hängt von vielen Faktoren ab, die zu berücksichtigen sind, z.B. Gebäudeart, Dauer der Benutzung, Zahl der Personen und ihrer Kleidung, Art der Brennstoffe, Umweltbelastung, Anlage- und Betriebskosten, regionale Vorschriften usw.

Im wesentlichen gliedern sich Heizungsanlagen nach

Lage der Wärmeerzeuger:
Einzel-, zentrale Gebäude- und Fernheizungen;

Energieart:
Kohle, Gas, Öl, Strom, Umweltenergie (Solar- und Wärmepumpenheizungen);

Wärmeträger:
Warmwasser, Heißwasser, Dampf und Luft;

Art der Wärmeabgabe:
Konvektions-, Strahlungs-, Luft- und kombinierte Heizungen.

2.1.2 Kennfarben und Sinnbilder der Heizungs- und Wärmetechnik

Kennfarben und Sinnbilder s. Tafel 2.1.2-1 bis Tafel 2.1.2-4. Weitere Sinnbilder sind in DIN 4752 (01.67) (Heißwasserheizungen), DIN 2481 (06.79) (Sinnbilder in Wärmekraftanlagen), DIN 1946 T1 (10.88) (Grundlagen der Raumlufttechnik) enthalten.

Bildzeichen und Kennbuchstaben für Messen, Steuern, Regeln (MSR) werden entsprechend der DIN 19227[1)] verwendet. Der Meßort wird durch eine schmale Verbindungslinie mit dem MSR-Stellen-Kreis (s. Bild 2.1.2-1) dargestellt. Mit dem MSR-Stellen-Kreis werden durch

Buchstaben die Meßgröße (oder eine andere Eingangsgröße) und ihre Verarbeitung
Ziffern, die MSR-Stellen-Nummer

angegeben.

Der Signalflußweg wird durch kurze, schmale, gestrichelte Linien (wenn keine Verwechslung möglich ist auch durch Vollinien) zwischen MSR-Stellen-Kreis und Stellgerät deutlich gemacht. Die Signalflußrichtung kann durch einen Pfeil gekennzeichnet werden.

Im MSR-Stellen-Kreis (vorzugsweise 10 mm Durchmesser, bei größerem Platzbedarf zu einem Langrund gestreckt) erfolgt die Charakterisierung des Ausgabe- und Bedienungsortes. Ist dies

der Meß- oder Stellort, wird der MSR-Stellen-Kreis nicht
die zentrale Warte, wird er durch einen waagerechten Strich halbiert
die örtliche Meßtafel (Unterwarte), wird er durch einen Doppelstrich halbiert.

Bis zu vier Kennbuchstaben charakterisieren die Meßgröße und deren Verarbeitung. Die Erstbuchstaben geben mit D die Dichte, E elektrische Größen, F den Durchfluß, G den Abstand, H den Handeingriff, K die Zeit, L den Stand, M die Feuchte, P den Druck, Q eine Qualitätsgröße, R Strahlungsgrößen, S Geschwindigkeiten, T Temperaturen, U zusammengesetzte Größen, V Viskosität, W die Massen an. Gegebenenfalls werden mit Ergänzungsbuchstaben als Zeitbuchstaben weiterhin charakterisiert mit D die Differenz, F das Ver-

Bild 2.1.2-1. Anwendungsbeispiel MSR-Stellen-Plan.

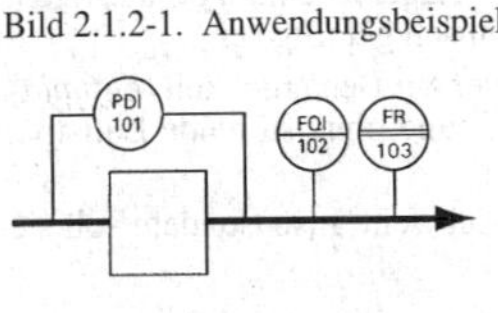

PDI 101 Diff.-Druckmessung, örtl. Anzeige
FQI 102 Mengenmessung, Anzeige Meßwerte
FR 103 Durchflußmessung, Registrierung, Unterwarte

1) DIN 19227 T1 (10.93): Bildzeichen und Kennbuchstaben für Messen, Steuern, Regeln in der Verfahrenstechnik, Zeichen für funktionelle Darstellung.

hältnis, Q die Summe. Die weiteren Folgebuchstaben O für Sichtzeichen, ja/nein-Aussagen, I für Anzeige, R für Registrierung, C für selbsttätige Steuerung, Regelung, S für Schaltung, nicht fortlaufende Steuerung, Z für Noteingriff, A für Grenzwertmeldung, Alarm kennzeichnen die Verarbeitung der Meßgrößen.

Die MSR-Nummern sind frei wählbar.

Tafel 2.1.2-1 Kennfarben für Heizungsrohrleitungen.

Leitungsart	Farbkennzeichnung der Heizungsrohrleitungen in Zeichnungen	Kennzeichnung der fertigen Rohrleitungen
Niederdruck-dampfleitung	orange	gelb H
Niederschlag-wasserleitung	hellgrün	H
Warmwasserheizung, Vorlauf	zinnoberrot	H
Warmwasserheizung, Rücklauf	kobaltblau	H
Heißwasserheizung, Vorlauf	rot	H
Heißwasserheizung, Rücklauf	blau	H
Sicherheits-Vorlauf	SV rot	SV
Sicherheits-Rücklauf	SR blau	SR
Warmwasser-versorgung, Zuleitung	karminrot	W
Warmwasser-versorgung, Umlauf	violett	W
Kaltwasserleitung	hellblau	W
Luftleitung	braun	keine

Tafel 2.1.2-2 Graphische Symbole für Rohrleitung nach DIN 2429 (01.88)

Benennung	Sinnbild	Benennung	Sinnbild
Leitungen		Rückschlagventil absperrbar	
Rohr, allgemein		Drosselklappe	
Rohr geheizt oder gekühlt		Absperrorgan mit Handrad	
Rohr gedämmt		mit Magnet	
Rohr gedämmt und beheizt oder gekühlt		mit Motorantrieb	
Schlauch		mit Membran	
Kreuzende Leitung mit und ohne Verbindung		mit Schwimmer	
Abzweigstelle		Brandschutzklappe	
Verbindungen		Be- und Entlüftungsarmatur	
Flanschverbindung		*Ausgleicher*	
Muffenverbindung		U-Bogen-Ausgleicher	
Schraubverbindung ohne bzw. mit Überwurfmutter		Lyra-Ausgleicher	
Schweißnaht/Lötnaht		Dehnungs-Ausgleicher	
Absperrorgane		Balgkompensator	
Absperrschieber		Schiebemuffe	
Hahn (Durchgang)		*Zubehör*	
Eckhahn		Abscheider	
Absperrklappe		Kondenswasserableiter	
Absperrventil		Schmutzfänger[1]	
Eckventil		Schalldämpfer	
Sicherheitsventil mit Gewicht		Regenhaube	
mit Feder		Abflußtrichter	
Druckminderventil		*Rohrhalterungen*	
Rückschlagorgan, allg.		Festpunkt	
Rückschlagklappe		Gleitlager	

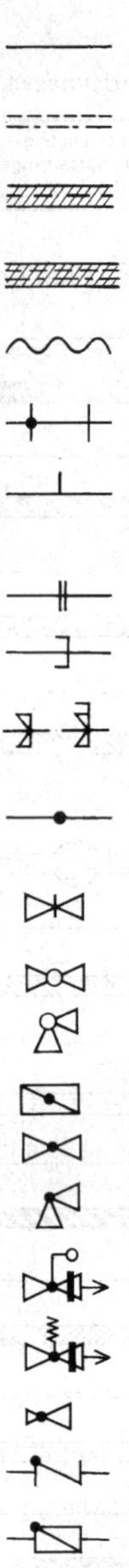

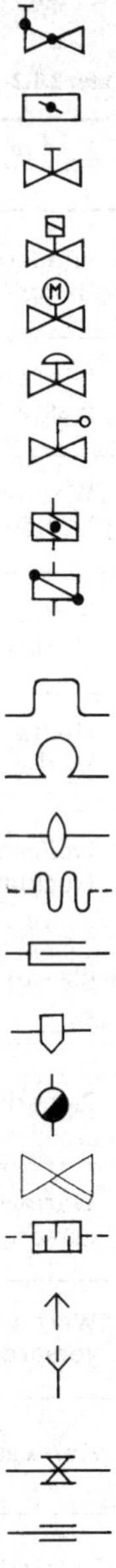

[1]) aus DIN 1946 T1.

Tafel 2.1.2-3 Sinnbilder der Heiztechnik*)

Benennung	Sinnbild	Benennung	Sinnbild
Dampfleitung Kondensatleitung Heizungs- { Vorlauf Heizungs- { Rücklauf Luftleitung Kessel Heizkörper Radiator Flachheizkörper Konvektor Bandheizkörper Rippen- u. Lamellenrohr Rohrschlange Rohrregister Wärmeaustauscher Wärmeaustauscher mit Speicherung Wandluftheizgerät: a Umluft b Außenluft Behälter: offen geschlossen Druckbehälter	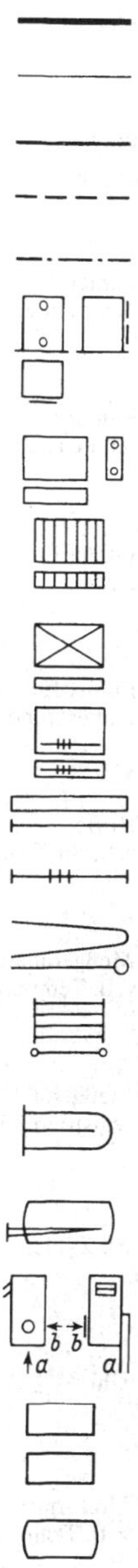	Pumpe: für Schaltbilder Wasserabscheider Kondensatableiter Rückschlagorgan Drosselklappe Absperrventil Absperrorgan mit Entleerung Heizkörperventil Absperrschieber Regelventil Druckminderventil Sicherheitsventil, gewichtsbelastet Sicherheitsventil, federbelastet Standrohr Zugbegrenzer Belüftungsventil Be- u. Entlüftungsstelle Feuerungsregler Druckmessung Temperaturmessung	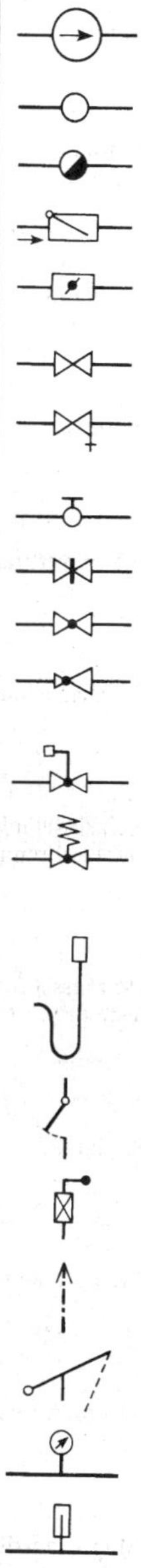

*) Aus Rietschel-Raiss: 15. Aufl. 1968/70.

Tafel 2.1.2-4 Sinnbilder der Heizungstechnik*)

Benennung	Sinnbild	Benennung	Sinnbild
Pumpe		Blende	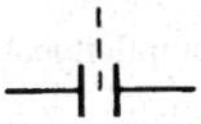
Ventilator Verdichter		Fühler allgemein	
Ventilator		Fühler für Temperatur	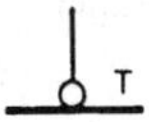
Brenner		Fühler für rel. Feuchte	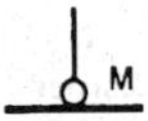
Wärmeverbraucher		Fühler für Druck	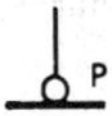
Wärmeaustauscher	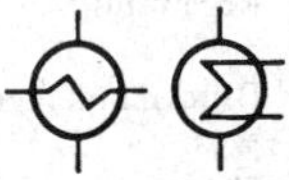	Fühler für Höhenstand	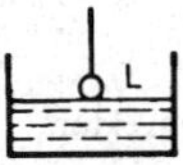
Heizkessel mit Gebläsebrenner	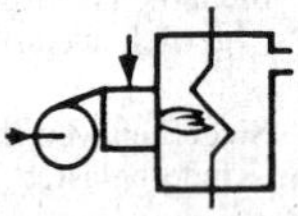	Regler z. B. für Temperatur	
Heizkessel für feste Brennstoffe	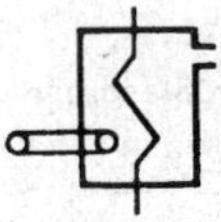	Meßgerät anzeigend z. B. Temperatur	
Stellgerät		Meßgerät registrierend	
Membranantrieb		El.-Zähler	
Motorantrieb	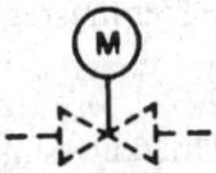	Uhr	
Magnetantrieb	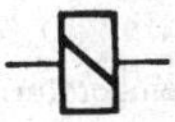	Umformer z. B. Temp./Elektr.	

*) Aus VDI-Richtlinie 2068 (11.74). Siehe auch DIN 1946 T. 1 (10.88).

[Luft]
[Wasser]
[Erde]
[Buderus]
Spitzenpartner für Spitzenleistungen
Ob im Sport oder im Heizungsmarkt: Buderus steht wie eine Eins hinter seinen Partnern. Denn bei uns passt eins zum anderen und alles perfekt zu Ihnen: Produkte, Service und ein Know-how, das seinesgleichen sucht.
Wärme ist unser Element
Buderus
HEIZTECHNIK
Buderus Heiztechnik GmbH, Bereich MW, 35573 Wetzlar, 0 18 05/22 97 97 (0,12 €/Min.), www.heiztechnik.buderus.de

2.2 Heizungssysteme

Bei den *Einzelheizungen* befindet sich die Feuerstätte (Wärmeerzeuger) in den zu beheizenden Räumen selbst.

Bei den *Zentralheizungen* ist für sämtliche Räume eines Hauses nur ein Wärmeerzeuger, bestehend aus einem oder mehreren Heizkesseln, vorhanden, während die einzelnen Räume mit Heizflächen der verschiedensten Art ausgestattet sein können. Als Etagenheizung auch pro Wohnung ein Wärmeerzeuger.

Die *Fernheizung* schließlich benutzt für eine mehr oder weniger große Gruppe von Häusern, einen Gebäudeblock oder sogar einen Stadtteil nur eine Heizzentrale.

Bei der *Heizkraftwirtschaft* wird die bei der Stromerzeugung im Abdampf enthaltene Wärme einer Fernheizung zugeführt.

Außerdem gibt es noch *Sonderbauarten,* insbesondere zur Nutzung regenerativer Energien: Heizung mit Wärmepumpen, mit Sonnenenergie und anderen alternativen Energien, Nahwärmekonzepte mit Blockheizkraftwerk und Spitzenlastkessel ggf. solar unterstützt.

2.2.1 Einzelheizungen

-1 Kamine

Das offene Kaminfeuer (Bild 2.2.1-1) entstand aus der ältesten Feuerstätte, dem offenen Herdfeuer. Verwendung in Ländern mit mildem Winterklima, z.B. England. Heizwirkung hauptsächlich durch Strahlung. Wirkungsgrad sehr gering, etwa 20 bis 30%. Geringe Anschaffungskosten, jedoch viel Bedienung erforderlich. Verwendung manchmal zu dekorativen Zwecken, ein-, zwei-, drei- oder allseitig offen (Bild 2.2.1-2). In neuerer Zeit werden verstärkt Kamine mit Heizgaszügen hergestellt, deren Wärmeabgabe vorwiegend durch Konvektion erfolgt. Diese Kamine werden mit vorgefertigten Kamineinsätzen errichtet, die den Feuerraum, den Abgassammler, die Heizgaszüge und den Abgasstutzen enthalten. Kamineinsätze können auch mit Verschlüssen wie Glastüren versehen sein, mit dem die

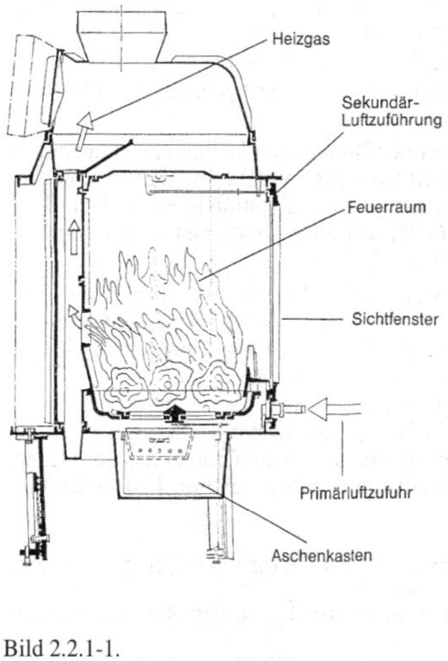

Bild 2.2.1-1.

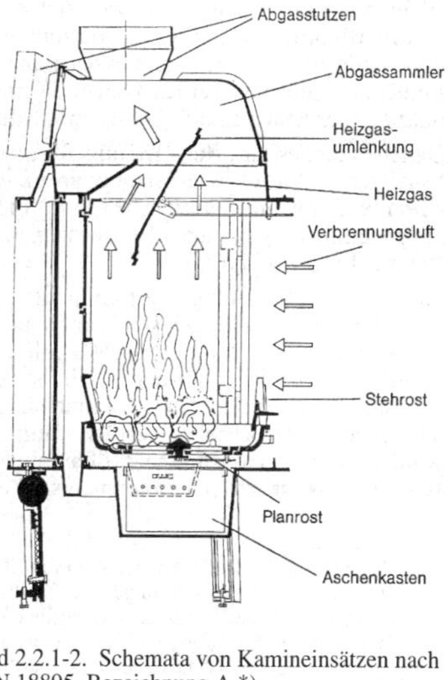

Bild 2.2.1-2. Schemata von Kamineinsätzen nach DIN 18895, Bezeichnung A.*)

*) Beuth-Kommentar zu DIN 18895 Teile 1 bis 3 (08.90–01.99)

Öffnung des Kamins während des Betriebes verschlossen und damit der Wirkungsgrad beträchtlich gesteigert werden kann.

Offene Kamine müssen DIN 18895 T1[1)] entsprechen. Offene Kamine mit Kamineinsätzen, die nach DIN 18895 T2 typgeprüft und registriert werden müssen, werden als Bauart A bezeichnet (s. Bild 2.2.1-1 und Bild 2.2.1-2). Sie müssen nach der Herstelleranleitung errichtet und betrieben werden. Derartige Kamine mit selbstschließenden Türen entsprechen nach DIN 18895 T3 der Bauart A1. Offene Kamine ohne Typprüfung und Registrierung werden als Bauart B bezeichnet. Sie müssen entsprechend den Vorgaben von DIN 18895 T1 errichtet werden und dürfen keine Heizgaszüge haben. Bestehende offene Kamine können mit Kaminkassette (s. Bild 2.2.1-3) nachgerüstet werden, die vergleichbar sind mit Kamineinsätzen. Kaminkassetten müssen nach DIN 18895 T3 geprüft und registriert werden. Kaminkassetten werden als Bauart C, mit selbstschließenden Türen als Bauart C1 bezeichnet. Kamineinsätze und Kaminkassetten mit selbstschließenden Türen müssen mindestens 70% Wirkungsgrad haben.

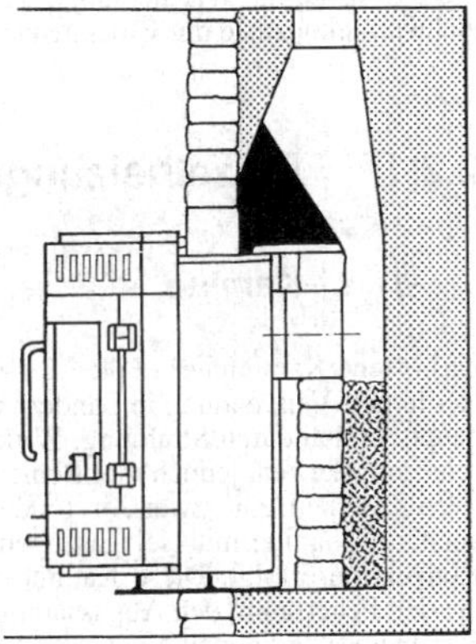

Bild 2.2.1-3. Kaminkassette mit Stützmauer im Feuerraum und Hinterfüllung.*)

*) Beuth-Kommentar zu DIN 18895 Teile 1 bis 3 (08.90–01.99)

Während offene Kamine vor Ort errichtet und somit fest eingebaut werden, sind Kaminöfen Fertigprodukte und somit transportabel. Kaminöfen werden nach DIN 18891[2)] geprüft und registriert. Kaminöfen der Bauart 1 haben selbstschließende Türen, die nur zur Bedienung geöffnet werden können, Kaminöfen der Bauart 2 können mit geschlossener oder offener Feuerraumtür betrieben werden.

Daneben gibt es für offene Kamine Rohrsysteme oder Doppelwände zum Anschluß an die hausinterne Warmwasserheizung: *Heizkamine.* Sobald das Wasser im Kamin eine bestimmte Temperatur erreicht hat, wird die zugehörige Umwälzpumpe ein- und die Heizungspumpe ausgeschaltet. Wärmeausnutzung über Zentralheizung somit auch für andere Räume. Leistung bis 20 kW.

Die Nennwärmeleistung von Kamineinsätzen, -kassetten und -öfen mit geschlossener Tür ist in der Betriebsanleitung sowie auf dem Typenschild angegeben. Die Wärmeleistung bei offenem Betrieb beträgt etwa 3500...4500 W je m² Kaminöffnung. Verfeuerung hauptsächlich von Holz. Nach der 1. BImSchV *(Verordnung über kleine und mittlere Feuerungsanlagen)* dürfen offene Kamine nur gelegentlich und dann nur mit naturbelassenem stückigem Holz betrieben werden (kein Sperrholz, Spanplatte etc.). Dies gilt nicht für Kamineinsätze, -kassetten und -öfen mit selbstschließenden Türen (Bauart 1). Bei offener Betriebsweise sehr viel Verbrennungsluft erforderlich, die jedoch nur zum Teil an der Ver-

1) DIN 18895 T1 (08.90): Feuerstätten für feste Brennstoffe zum Betrieb mit offenem Feuerraum (offene Kamine); Anforderungen, Aufstellung und Betrieb.
DIN 18895 T2 (08.90): Feuerstätten für feste Brennstoffe zum Betrieb mit offenem Feuerraum (offene Kamine); Prüfung und Registrierung.
DIN 18895 T3 (09.94) E: Feuerstätten für feste Brennstoffe zum Betrieb mit offenem Feuerraum (offene Kamine); Kaminkassetten zum Bau von oder zum nachträglichen Einbau in offene Kamine sowie Kamineinsätze und Kaminkassetten mit selbstschließenden Türen; Anforderungen, Prüfung, Kennzeichnung.

2) DIN 18891 (08.84): Kaminöfen für feste Brennstoffe.

brennung teilnimmt (120…500 m³/h). Luftgeschwindigkeit in Feuerraumöffnung ≈ 0,2 m/s. Manchmal auch direkte Luftzufuhr aus dem Freien in oder vor den Feuerraum. Die DIN 18895 T1 fordert Sicherstellung der Verbrennungsluftzufuhr (je 1 m² Feuerraumöffnung min. 360 m³/h bei nur einer Feuerstätte im Raum, sonst 540 m³/h). Dies ist besonders zu beachten bei moderner Bauweise mit dichten Fenstern und Türen. Eventuell Zuluftkanäle hierfür vorsehen. Bei Kamineinsätzen, -kassetten und -öfen mit selbstschließender Tür (Bauart 1) reicht der übliche Verbrennungsluftverbund (4 m³ Rauminhalt je 1 kW Nennwärmeleistung) aus. Siehe Beispiel zu Bild 2.2.1-4. CO_2-Gehalt der Abgase 1…2%. Schornsteinquerschnitt ist nach mittl. Abgastemperatur (50…60 °C), wirksamer Schornsteinhöhe und Abgas-Luftmenge zu berechnen. Außer bei Kamineinsätzen, -kassetten und -öfen mit selbstschließenden Türen (Bauart 1) ist eigener Schornstein vorgeschrieben.

Beispiel für Schornsteindimensionierung siehe Bild 2.2.1-4. Oder Berechnung nach DIN 4705.

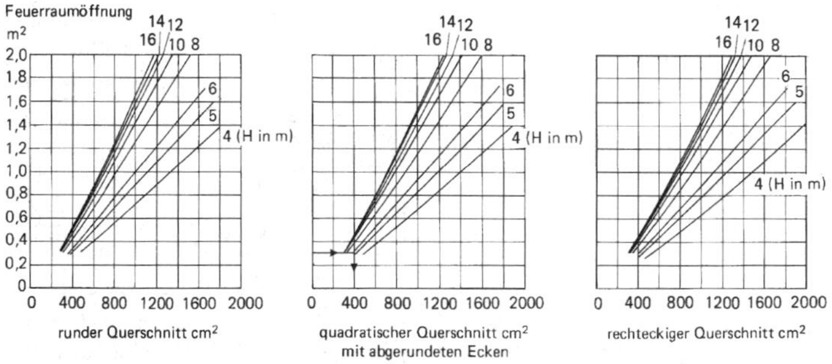

Bild 2.2.1-4. Schornsteinquerschnitte, Ausführungsart Schornstein III, Unterdruck Δp = 4 Pa

-2 Kachelöfen (Speicheröfen)[1]

-2.1 Allgemeines

Kachelöfen (Bild 2.2.1-5) sind dadurch gekennzeichnet, daß im Verbrennungsraum durch Verbrennung der Brennstoffe schnell ein- oder zweimal täglich (in ¹/₄ bis 1 Stunde) Wärme erzeugt wird, die von den Rauchgasen in der schweren Masse der Öfen gespeichert und langsam im Laufe des Tages an die Umgebung abgegeben wird. Die Kachelöfen sind also *Wärmespeicheröfen.* Früher in deutschen Wohnungen sehr verbreitet. Sie geben infolge ihrer großen Heizfläche eine milde, angenehme Wärme ab, namentlich in der Nähe des Ofens. Die Regulierfähigkeit ist jedoch schlecht, die Wärmeabgabe ungleichmäßig (Bild 2.2.1-7), Temperaturunterschiede im Raum erheblich. Platzbedarf groß. Nutzungsgrad etwa 65 bis 75%. Manchmal aus architektonischen Gründen bevorzugt, seit der Energieverteuerung manchmal in der Übergangszeit auch aus Ersparnisgründen *(Zweitheizung).* Durch Einbau hochtemperaturbeständiger elektrischer Heizleitungen im Kachelmantel läßt sich ein bivalenter Heizbetrieb erzielen. Ein elektronischer Temperaturregler, einstellbar bis 80 °C, sorgt für konstante Oberflächentemperaturen.

-2.2 Bauarten

Man unterscheidet

nach dem Gewicht:

Leichte, mittlere und schwere Öfen;

[1]) Schenk, E.: IKZ 17/80. 8 S. u. SBZ 8/81. 7 S. u. IKZ 7/85. S. 58/60.
Madaus, Ch.: TAB 8/82. S. 633/4.
Richtlinien für den Kachelofenbau. Hrsg. vom ZVHSK 1984.
Gütegemeinschaft Kachelofenbau im RAL, 7780 Bühl.

nach der Zahl der beheizten Zimmer:
Einzimmeröfen (Bild 2.2.1-5) und *Mehrzimmeröfen* (Bild 2.2.1-6); im letzteren Fall befindet sich der Ofen in einem der beheizten Räume, während die mitzuheizenden Räume durch je einen Warm- und Kaltluftkanal mit der Heizkammer des Ofens in Verbindung stehen.

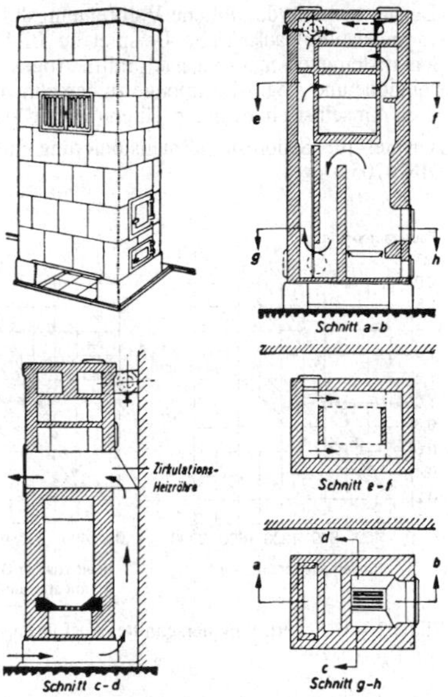

Bild 2.2.1-5. Kachelofen mit Zirkulationsheizröhre.

-2.3 Ausführung

Äußerlich unterscheiden sich neuzeitliche *Kachelgrundöfen* von den älteren Bauarten dadurch, daß sie allseitig glasierte Heizflächen besitzen, auf Sockeln oder Füßen von mindestens 15 cm Höhe ruhen, niedrig und breit ohne Gesimse gebaut sind. Aufstellung frei vor Innenwänden. Wandabstand 12 bis 15 cm. Beispiel Bild 2.2.1-5.

Der *Kachelmantel* besteht aus Ton- oder Schamottekacheln, Kachelmaße 22 × 22 cm. Nach diesen Maßen wird die Größe des Kachelofens angegeben (z.B. $2^1/_2 \cdot 3 \cdot 5$ Kacheln). Die *Feuerzüge* (Sturzzüge, Steigezüge, Unterzüge, Deckenzüge) werden zwecks besserer Erwärmung des Raumes so geführt, daß der untere Teil des Ofens durch Sturzzüge stärker als der obere erwärmt wird. Mittlere Oberflächentemperaturen der Kacheln s. Bild 2.2.1-7.

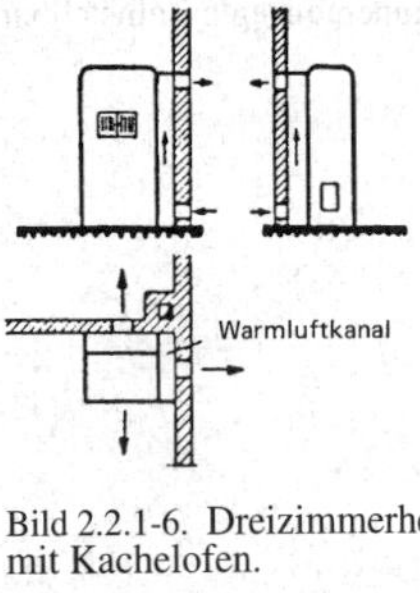

Bild 2.2.1-6. Dreizimmerheizung mit Kachelofen.

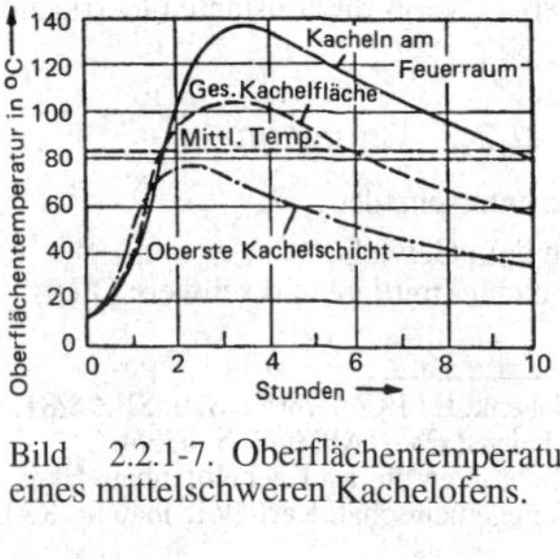

Bild 2.2.1-7. Oberflächentemperaturen eines mittelschweren Kachelofens.

-2.4 Heizleistung[1]

Die Größe der Kachelöfen richtet sich nach dem Wärmebedarf des Raumes und der *Heizflächenleistung*. Der Wärmebedarf des Raumes ist nach DIN 4701 zu ermitteln oder überschlägig aus Tabellen zu entnehmen. Mittlere Wärmeabgabe je nach Wanddicke

bei schwerer Bauart	≈ 0,7 kW/m²
bei mittelschwerer Bauart	≈ 1,0 kW/m²
bei leichter Bauart	≈ 1,2 kW/m²

Wärmeabgabe je etwa zur Hälfte durch Konvektion und Strahlung. Sie ändert sich stündlich je nach der Oberflächentemperatur. Technisch genaue Berechnungen sind nicht üblich, man verwendet Erfahrungswerte.

Brennstoffe in der Regel langflammige Brennstoffe wie Braunkohlenbriketts und Holz, bei Steinkohlenfeuerung besondere freistehende Ausbildung des Feuerraumes erforderlich. Normaler Zug 10 Pa.

Statt fester Brennstoffe können zur Heizung auch *Öl-Einbaubrenner* verwendet werden. Brenner sind Verdampfungsbrenner mit oder ohne Ventilator. Ölversorgung durch Tank am Ofen oder von einem Kellertank mit Pumpe. Auch *Gaseinbaubrenner* werden verwendet. In beiden Fällen sind Heizeinsätze für Öl oder Gas erforderlich. Siehe hierzu Abschnitt 2.2.1-5: Warmluft-Kachelöfen.

Gelegentlich werden Wände teilweise gekachelt *(Kachel-Heizwand)* und dahinter Warmwasserheizrohre verlegt[2]. Das ergibt Behaglichkeit eines Kachelofens, ohne daß dafür Schornstein und Feuerstelle notwendig werden. Bei WW-Vorlauf 65 °C Oberflächentemperatur 45 °C mit 230 W/m² Wärmeabgabe, davon ca. 60% Strahlung.

-2.5 Schornstein[3]

Die Aufgabe des Schornsteins besteht in der Zuführung der Verbrennungsluft, der Überwindung der Strömungswiderstände in der Feuerstätte und der Abführung der Verbrennungsgase. Der Zug des Schornsteins ist desto größer, je höher er ist und je wärmer die Abgase sind. Um Abkühlung der Abgase zu vermeiden, Anordnung möglichst an Innenwänden. Herstellung einschalig aus Mauersteinen bzw. Formstücken aus Beton oder dreischalig mit Dämmstoffschicht. Strömungswiderstände durch möglichst glatte Innenflächen gering halten, aus demselben Grund auch Richtungswechsel (sog. Verziehen des Schornsteins) möglichst vermeiden. Lichte Weite überall beibehalten, Schornstein möglichst über Dachfirst hinausführen. *Fugendichtheit* wichtig.

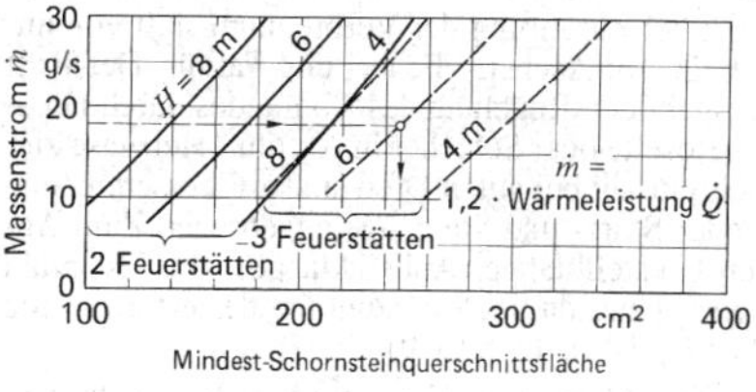

Bild 2.2.1-8. Schornsteinquerschnitte bei mehrfacher Belegung.

Anforderungen an *Schornsteine* sowie Planung und Ausführung sind in DIN 18160 Teil 1 (12.01) enthalten. Bemessung siehe Abschn. 2.3.3. Empfohlener Mindestquerschnitt bei Mauersteinen 13,5 × 13,5 cm bzw. 13 cm ∅, Mindesthöhe möglichst 4 m. An einen *gemeinsamen* Schornstein sollten nicht mehr als 3 Feuerstätten für feste oder flüssige Brennstoffe angeschlossen werden.

Für mehrfach belegte Schornsteine ist in DIN V 4705 T3 (08.97) ein Berechnungsverfahren zur Ermittlung der Schornsteinquerschnitte in Abhängigkeit von der wirksamen

[1]) Pfestorf, K. H.: SBZ 2/86. S. 87.
[2]) Nick, M.: TAB 7/89. S. 549/551.
[3]) DIN 18160 – T1 (12.01), Abgasanlagen.

Schornsteinhöhe H und dem Abgasmassenstrom $\dot{m}$ angegeben. Daraus Bild 2.2.1-8. Der Abgasmassenstrom ergibt sich aus der Wärmeleistung $\dot{Q}$:

$\dot{m} = 1{,}2\ \dot{Q}$ in g/s.

Beispiel:

Für 3 übereinander liegende Feuerstätten von je 5 kW Leistung ist der Massenstrom $\dot{m} = 1{,}2 \cdot 15 = 18$ g/s. Der Schornstein benötigt bei $H = 6$ m einen Querschnitt von 245 cm^2.

-2.6 Kleinkachelöfen (Keramische Kleinöfen)

Diese Öfen sind Übergangsformen zwischen den Speicheröfen und den eisernen Dauerbrandöfen. Sie sind meist transportabel und für Dauerbrand eingerichtet. Vielfach Verwendung von Luftmänteln oder Luftschlitzen. Hohe Oberflächentemperaturen.

-3 Eiserne Öfen

-3.1 Allgemeines[1)]

Eiserne Öfen sind dadurch gekennzeichnet, daß man den Brennstoff im Ofen je nach der verlangten Heizleistung durch Einstellung der Verbrennungsluftmenge mehr oder weniger langsam abbrennen lassen kann. Sie sind daher sowohl für *kurzzeitigen Betrieb* wie für *Dauerbrand* geeignet. Im Gegensatz zu den Speicheröfen besitzen sie keine große Speichermasse, sondern verhältnismäßig dünne Wände, sind daher bei gleicher Heizleistung leichter, kleiner und meist transportabel. Ihre Oberflächentemperatur ist dabei jedoch größer, so daß mehr Wärme durch Strahlung abgegeben wird. Nachteilig ist jedoch auch hier die ungleichmäßige Raumerwärmung.

Trotz der Konkurrenz von Öl und Gas haben die eisernen Öfen für feste Brennstoffe noch immer einen gewissen Marktanteil. Dies ist neben sonstigen Verbesserungen insbesondere darauf zurückzuführen, daß durch *Automatik* die Bedienung erleichtert und gleichzeitig Überheizung und Erlöschen des Feuers verhindert wird. Anwendung oft nur aus dekorativen Gründen (Gußeisen) als Zweitheizung.

-3.2 Bauarten

Man unterscheidet Öfen mit oberem Abbrand (irische Öfen, Durchbrandöfen) und mit unterem Abbrand (amerikanische Öfen, Unterbrandöfen) sowie Universal-Dauerbrandöfen.

Durchbrandöfen haben einen großen, innen mit etwa 4 cm Schamotte ausgekleideten runden oder rechteckigen Brennstoffraum, der gleichzeitig als Verbrennungsraum dient. Der gesamte gespeicherte Brennstoffvorrat gerät bei Zuführung der Verbrennungsluft von unten in Glut und verbrennt allmählich. Drei Türen: Aschen-, Feuer- und Falltür. Der Rost zum leichten Entaschen als Schüttelrost ausgebildet. Regelung des Abbrandes durch Drosselung der Verbrennungsluftmenge mittels Rosette oder Schieber in Aschtür. Heizgase ziehen bei kleinen Öfen nach oben zum Rauchrohr ab; bei guten Öfen sind zur besseren Ausnutzung der Heizgaswärme Deckenzüge oder Sturz- und Steigzüge angebracht. Zum Anheizen Kurzschließen der Sturzzüge durch Umstellklappe (Anheizklappe). Die Mehrzahl der eisernen Öfen wird als Deckenzugöfen gebaut, da bei Sturzzugöfen der erforderliche größere Schornsteinzug häufig nicht vorhanden ist (Bild 2.2.1-9).

In diesen Öfen können fast alle Brennstoffe verbrannt werden, insbesondere Anthrazit, Koks und nichtbackende Steinkohle, daher auch *Allesbrenner* genannt; Briketts vornehmlich in Sturzzugöfen. Bestwirkungsgrade 75 bis 80%; Nutzwirkungsgrade 65 bis 70%, Abgastemperatur bei Vollast ≈ 250…300 °C, Luftzahl ≈ 2,0[2)]. Bild 2.2.1-11.

Bei den *Unterbrandöfen* (Bild 2.2.1-10) sind Füllschacht und Verbrennungsraum voneinander getrennt. Es brennt nur der auf dem Rost befindliche untere Teil des Brennstoffs. Der Brennstoff sinkt mit fortschreitendem Abbrand im Füllschacht allmählich zum Rost nach. Im übrigen Bauart wie bei den Öfen mit oberem Abbrand. Regelung des Abbrandes ist wegen der gleichmäßigen Brennraumhöhe besonders feinfühlig möglich. Als Brennstoff ist besonders Anthrazit geeignet. Bestwirkungsgrade 80 bis 85%, Nutzwirkungsgrade 70 bis 75%. Die Öfen sind jedoch wesentlich teurer als die Durchbrandöfen.

---

1) Pochcial, J. P.: BWK 12/77. S. 474/8.
2) Schüle, W., u. U. Fauth: HLH 1962. S. 133/146.

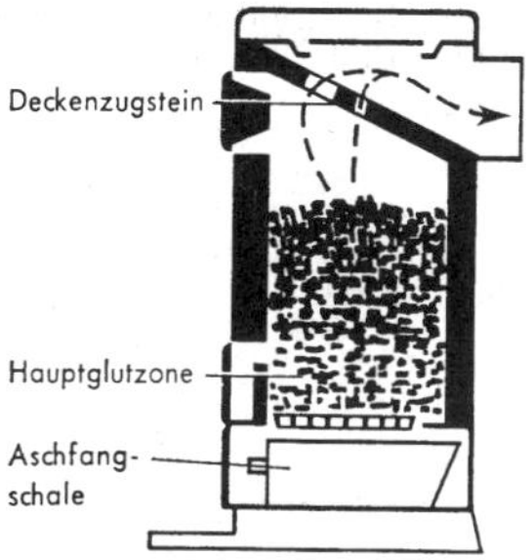

Bild 2.2.1-9. Eiserner Dauerbrandofen mit Deckenzug, Schüttelrost und Aschekasten.

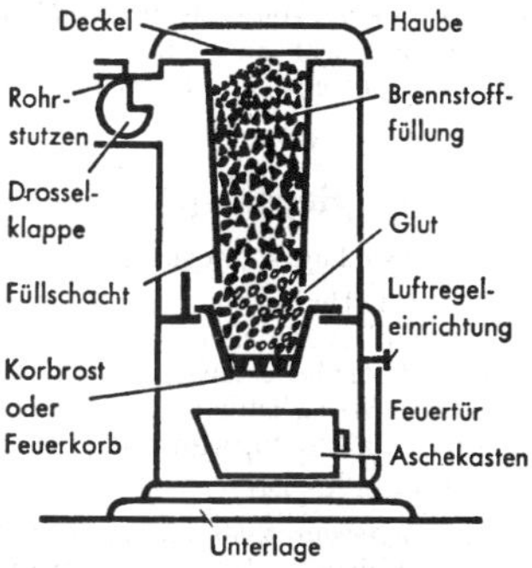

Bild 2.2.1-10. Eiserner Ofen mit unterem Abbrand (Amerikaner-Ofen).

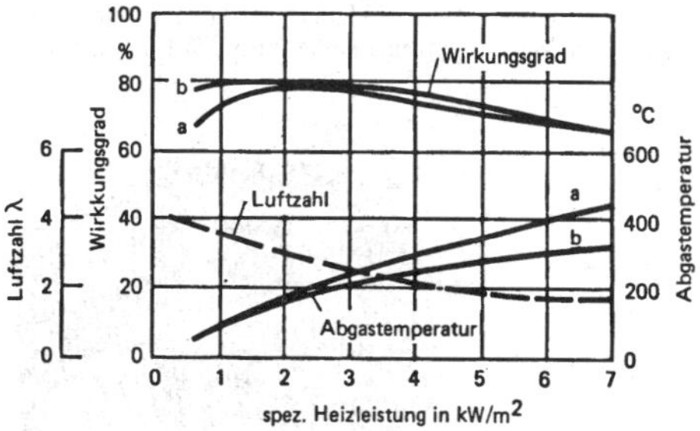

Bild 2.2.1-11. Wirkungsgrade bei eisernen Dauerbrandöfen sowie Abgastemperaturen und Luftzahlen.
a = Deckenzugofen
b = Sturzzugofen

Wichtig für störungsfreie Verbrennung ist die richtige Brennstoffsorte. Zu kleine Körnung ergibt Luftmangel, zu große Luftüberschuß und evtl. Erlöschen des Feuers.

Zuletzt entwickelt wurde der *Universal-Dauerbrandofen,* gewissermaßen eine Verbindung zwischen den beiden Bauarten. Verbrennungsluft wird nicht nur von unten, sondern auch von oben und seitlich an die brennende Kohle herangeführt. Damit wird insbesondere die Verbrennung der Schwelgase verbessert.

-3.3 Ausführung

Maßgebend für die Konstruktion und Ausführung eiserner Dauerbrandöfen ist DIN 18890 (9.71 u. 12.74), die Richtlinien über Bau, Anforderungen, Leistung und Prüfung dieser Öfen enthält.

Mittlere Oberflächentemperatur 200 bis 250 °C, Masse je m² Heizfläche 40 bis 80 kg, je kW Heizleistung 13 bis 26 kg.

Neuere Bauarten verwenden Zirkulationsschlitze (Konvektormantel) um den eigentlichen Ofen. Dadurch Verringerung des Strahlungsanteils der Wärmeabgabe von vorher etwa 50% auf etwa 10%. Weitere Eigenschaften: Entaschung der Roste von außen her, ohne die Ofentür zu öffnen (staubfreie Entaschung in Papiertüte), großer Aschekasten, Leuchtfeuerfenster an der Vorderseite. Leuchtfeuerofen nur für Koks und Magerkohle. Die Hersteller ändern häufig den äußeren Mantel entsprechend dem Publikumsgeschmack, während der „Innenofen“ unverändert bleibt.

Zum Wiederanzünden des Brennstoffs gibt es *Anzündmittel,* die auf der Basis Öl, Holzkohle oder Spiritus hergestellt werden, und Anzündgeräte, so daß ein Ausräumen der Kohle beim Erlöschen des Feuers nicht erforderlich ist.

Die *Emissionen* von Feststoffen und Gasen sind je nach Bauart, Brennstoff und Betriebsart der Öfen sehr unterschiedlich[1]. Mittlere Feststoffemission (Ruß, Teer) 0,02…0,2 g kWh, bei rauchreichen Brennstoffen bis 0,7 g/kWh.

-3.4 Regelung[2]

Die Öfen sind meist mit automatischer Regelung ausgestattet, dadurch

konstante Heizleistung oder Raumtemperatur,
sicherer Dauerbrand bei Schwachlast,
keine Ofenüberlastung,
größere Wirtschaftlichkeit,
Abfangen von Zugschwankungen.

Bauarten der Regler:

Abgastemperaturregler mit Temperaturfühler (Bimetallspirale) in Abgasrohr steuern Lufteintrittsöffnung so, daß Abgastemperatur und damit Heizleistung annähernd konstant bleiben (Leistungsregler). Bei sich änderndem Wärmebedarf neu einstellen, Knopfbedienung.

Oberflächentemperaturregler betätigen Frischluftklappe so, daß Oberflächentemperatur und damit Leistung annähernd konstant bleiben (Leistungsregler).

Raumtemperaturregler in Form von Bimetallen oder flüssigkeitsgefüllten Federbalgen in der Nähe der unteren Lufteintrittsöffnung steuern die Luftklappe, so daß Raumtemperatur annähernd konstant bleibt. Schema der Wirkungsweise siehe Bild 2.2.1-12 und Bild 2.2.1-13.

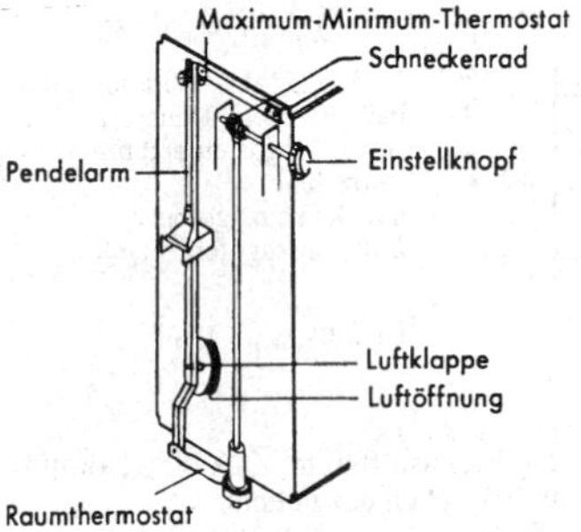

Bild 2.2.1-12. Automatische Raumtemperaturregelung mit Thermostat in der Raumlufteintrittsöffnung; Max-Min-Leistungsbegrenzung.

Bild 2.2.1-13. Gußeiserner Ofen für Kohle, Koks und Briketts mit Leistungsregler (Frank'sche Eisenwerke).

-3.5 Heizleistung

Die *Auswahl* eines Ofens richtet sich nach der Heizleistung des Ofens und dem Wärmeverlust des Raumes. Für die spezifische *Heizleistung,* d. h. die Heizleistung je m^2 Heizfläche der Öfen, ist nach DIN 18890 (09.71) ein Wert von 4650 W/m^2 zugrunde zu legen. Verschiedene Modelle mit Nennleistungen von 3,7 bis 9,3 kW.

Außerdem gelten folgende Bestimmungen:

Wirkungsgrad	> 70%
Abgastemperatur	< 400 °C
Oberflächentemperatur am Fußboden und an Stellwand 0,2 m hinter Ofen	< 60 K über Raumtemp.
Dauerbrand bei Nennleistung bzw. Kleinstellung	4 bzw. 16 Stunden
Sicherheit gegen CO-Unfälle	

[1]) Baum, F., u. a.: Ges.-Ing. 4/72. S. 102/8 und 10/69. S. 295/306.
[2]) Siegmund, H.: Ges.-Ing. 1966. S. 195/200.

Vereinfachtes Verfahren zur Größenbestimmung des Ofens nach DIN 18893 (08.87)[1]:

Je nach Wärmedämmung und Lage der Raumbegrenzungswände gilt die Heizbedingung als

günstig = 1 Außenwand; Fußboden und 1 Innenwand grenzen an unbeheizte, 2 Innenwände und Decke grenzen an beheizte Nachbarräume,

weniger günstig = 1 Außenwand; 3 Innenwände und Decke grenzen an unbeheizte, Fußboden grenzt an beheizte Nachbarräume,

ungünstig = 2 Außenwände; 2 Innenwände, Fußboden und Decke grenzen an unbeheizte Räume.

Nennleistung des Ofens in kW		2	3	4	6	8	2	3	4	6	8
Raumheizvermögen in m^3		vor Wärmeschutz-VO					nach Wärmeschutz-VO				
günstige Heizbedingung	m^3	31	56	88	165	–	60	107	160	–	–
weniger günstige Heizbedingung	m^3	20	35	53	95	145	36	63	95	169	–
ungünstige Heizbedingung	m^3	12	22	34	65	98	24	43	66	118	175

Beispiel: Raum 160 m^3, günstige Heizbdg., entspr. WSVO. Leistung des Ofens 4 kW.

Mindestschornsteinhöhe 4 m, Mindestquerschnitt bei Mauerwerk 13,5 × 13,5 cm. Gemeinsame Schornsteine siehe Abschn. 2.2.1-2.5.

-4 Großraumöfen

Diese Öfen, die sich aus den eisernen Zimmerheizöfen entwickelt haben, sind für die Heizung größerer Räume, z.B. Werkstätten und Lagerräume, bestimmt. Sie werden aus Stahl oder Gußeisen hergestellt.

Im Untergestell ist die Feuerung mit dem Feuergeschränk angebracht. Die Luft steigt durch geeignete röhren- oder plattenförmige Wärmeaustauscher nach oben, während die Rauchgase meist seitlich abgeführt werden.

Nachteilig ist bei diesen Öfen die starke Erwärmung der Luft, wodurch hauptsächlich der obere Teil der Räume erwärmt wird. Sie sollten daher nur für niedrige untergeordnete Räume verwendet werden.

-5 Warmluft-Kachelöfen[2]

Bei dem Warmluft-Kachelofen wird in einer Kachel-Ummantelung ein meist gußeiserner Heizeinsatz für Dauerbrand aufgestellt (Bild 2.2.1-14 und Bild 2.2.1-15). Geringe Speicherheizung. Die Raumluft tritt unten in die Ummantelung ein, erwärmt sich an dem Heizeinsatz sowie ev. Nachheizflächen und tritt dann oben durch ein Gitter in den Raum ein.

Die *Nachheizfläche,* auf die etwa 20% der Wärmeabgabe entfällt, besteht aus Gußeisen, Stahlblech oder Keramik in Form von Fall-, Steig- oder Deckenzügen. Auch Heizkästen oberhalb der Einsätze werden verwendet. Die Heizleistung kann außer durch die Verbrennungsluftmenge am Heizeinsatz auch durch die Gitteröffnung reguliert werden. Umwälzung der Luft durch *Schwerkraft.* Bei dieser Anordnung ist es auch möglich, mehrere Räume an den Kachelofen anzuschließen, auch Räume in einem darüber liegenden Geschoß (Bild 2.2.1-14 und Bild 2.2.1-16). Solche Anlagen nennt man *Mehrzimmer-Kachelofenheizungen*[3]. Die Warmluft wird dabei durch Luftkanäle auf die höher gelegenen Räume verteilt. Umluftrückführung durch das Treppenhaus. Feuerungsbedienung am besten von der Diele des Hauses. Gleichmäßige Warmhaltung aller Räume allerdings sehr schwierig. Geräuschübertragung, Staubanfall, Windanfälligkeit. DIN 18892, T1 (04.85): Begriffe, Anforderung und Prüfung.

---

[1]) DIN 18893 (08.87): Raumheizvermögen von Einzelfeuerstätten; Näherungsverfahren zur Ermittlung der Feuerstättengröße.

[2]) Siehe auch Abschnitt 2.2.2-3: Luftheizungen.

[3]) Madaus, C.: TAB 8/82. S. 634.
Richtlinien für den Kachelofenbau. Hrsg. vom ZVSHK 1984.

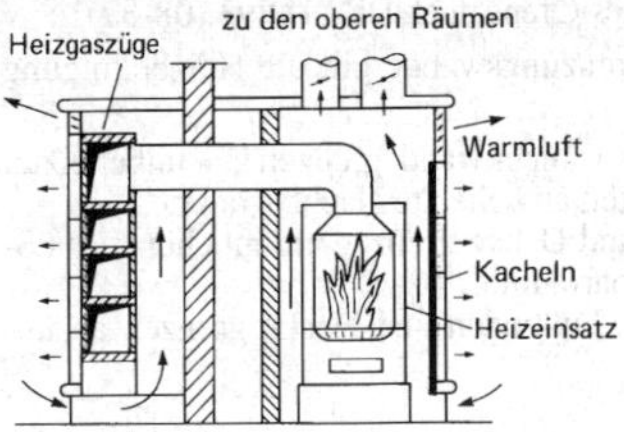

Bild 2.2.1-14. Warmluft-Kachelofen für Mehrzimmerheizung.

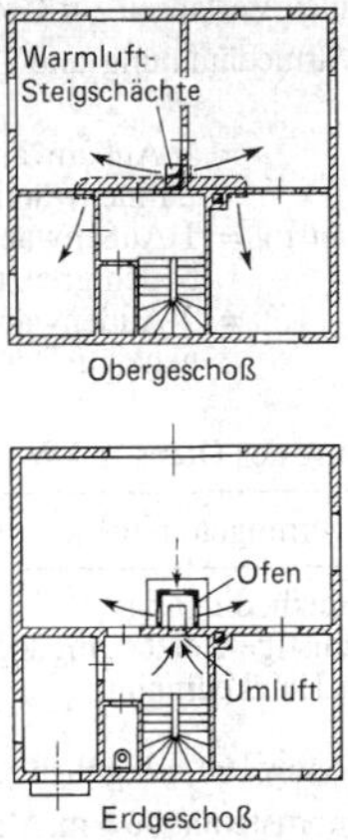

Bild 2.2.1-16. Mehrzimmer-Kachelofen-Warmluftheizung für ein 2geschossiges Gebäude.

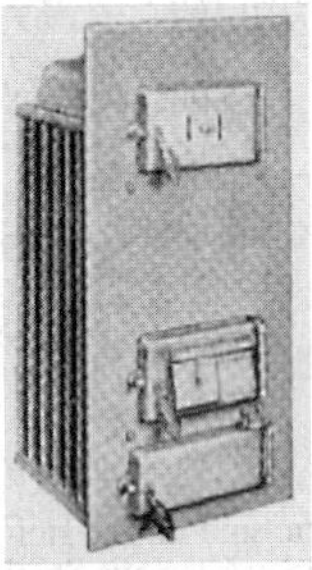

Bild 2.2.1-15. Ansicht eines gußeisernen Dauerbrand-Einsatzofens für Kachelofen-Warmluftheizungen (Buderus).

Spezifische Heizleistung des Heizeinsatzes 4 kW/m^2.
Leistung der Warmluftöfen etwa 5…15 kW.
Lufttemperatur an den Gittern max. 60 bis 70 °C.
Luftgeschwindigkeit bei Schwerkraftbetrieb 0,5 bis 1,0 m/s.

Heizkammer kann auch im Keller angeordnet werden, Ummantelung dann aus Mauerwerk, Verlegung der Warmluftrohre an Kellerdecke oder im Fußboden.

Die *Querschnitte* der Warmluftleitungen werden auf Grund der Gleichung

Auftriebskraft = Einzelwiderstände Z + Rohrreibung $R \cdot l$ für jede Leitung getrennt berechnet. Auftriebskraft H sehr gering, z. B. bei einem Temperaturunterschied von Δt = 50 K nur

$H = g\,(\varrho_{20} - \varrho_{70}) = 9{,}81\,(1{,}205 - 1{,}029) = 1{,}76$ Pa/m.

Eine bessere Wirkung erhält man durch künstliche Verstärkung der Luftumwälzung mittels Ventilator, der unter dem Einsatz angeordnet wird. Dabei höhere Luftgeschwindigkeiten und größere Heizflächenleistung möglich. Auch Räume, die vom Ofen weiter entfernt liegen, können hierbei mitgeheizt werden. Warmluftaustritt möglichst unter den Fenstern, da sonst erhebliche Temperaturunterschiede und Zugerscheinungen in den Räumen möglich sind.

In allen Öfen können Leistungs- oder Raumtemperaturregler zur Anwendung kommen, siehe Abschn. 2.2.1-3.4.

Statt für feste Brennstoffe werden die Kachelöfen heute oft mit Heizeinsätzen für Ölverdampfungsbrenner eingerichtet, wodurch eine wesentliche Bedienungs-Erleichterung bewirkt wird. Zündung elektrisch durch Hochspannungsfunken. Regelung des Brenners elektrisch mittels Raumthermostat, wobei der Brenner im Zwei- oder Dreistufenbetrieb bzw. modulierend im Bereich 40 bis 100% der Nennleistung arbeitet (Aus–klein–groß). Ansicht eines Ölheizeinsatzes s. Bild 2.2.1-17. In DIN 4731 (07.89) „Öleinsätze mit Verdampfungsbrennern" sind die Anforderungen an derartige Brenner zusammengestellt.

Auch *Gasheizeinsätze*[1] für Kachelöfen werden hergestellt. Zündsicherungen verhindern das Austreten von unverbranntem Gas. Durch elektrische Raumthermostate, die ein Ma-

[1] DVGW-Arbeitsblatt G 675: Gasbefeuerte Kachelofen-Luftheizung (12.79).

gnetventil in der Gasleitung steuern, läßt sich ein sparsamer vollautomatischer Verbrauch erreichen. Leistungsstufen 5,5, 9,2, 11 und 14 kW. Für den Bau maßgebend DIN 3364 T2 (01.88).

Manchmal werden die Heizeinsätze auch mit einer zusätzlichen Heiztasche oder einem Heizregister ausgerüstet, an das Warmwasserheizkörper angeschlossen werden (Bild 2.2.1-18). Um beim Einsatz fester Brennstoffe Übertemperatur zu verhindern, ist in diesem Fall eine sog. *thermische Ablaufsicherung* erforderlich, durch die überschüssige Wärme abgeführt wird (DIN 4751 T2).

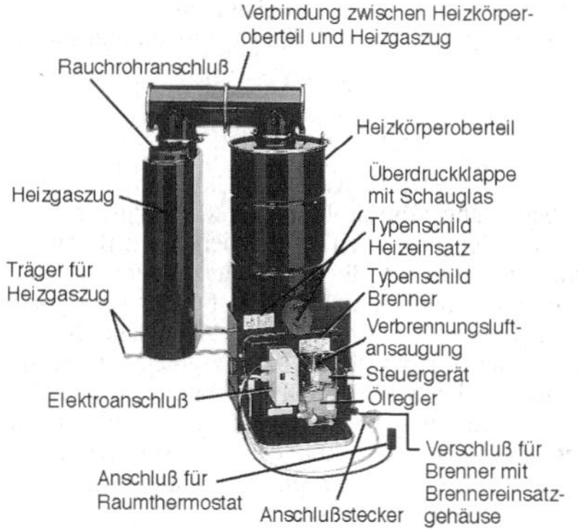

Bild 2.2.1-17. Ölheizeinsatz mit verstellbarem Heizgaszug (Schrag).

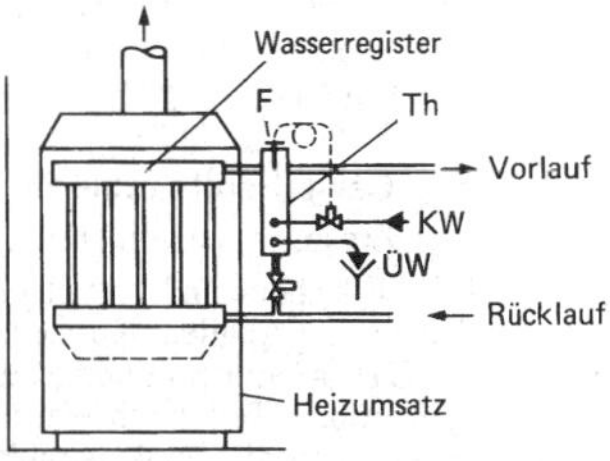

Bild 2.2.1-18. Heizeinsatz für Hellfeuerkamin mit Wasserregister.
KW = Kaltwasser
ÜW = Überschußwärme
F = Fühler
Th = thermische Ablaufsicherung

-6 Gasheizgeräte

-6.1 Allgemeines

Gasheizgeräte finden Anwendung zur Beheizung von Wohnräumen, Büros, Läden, Schulen, Terrassen, Hallen usw. Insbesondere nützt man ihre Vorzüge bei der *Altbausanierung*, bei *kurzzeitig beheizten Räumen* und bei der *Hallenbeheizung*.

Zu beachten:

DIN 3364 T1 (04.82) u. T2 (01.88): Heizöfen für gasförmige Brennstoffe (Raumheizer)
DIN 3362 (08.90): Brenner ohne Gebläse, 4 Teile
DIN 3258 (07.88) u. DIN EN 125 (08.96): Zündsicherungen
DVGW-Arbeitsblatt G 600 (11.86): Techn. Regeln für Gasinstallationen (TRGI 1986)
DVGW-Arbeitsblatt G 674 (3.80): Einzelofen-Gasheizung
DVGW-Arbeitsblatt G 679 (9.76): Gas-Heizstrahler
DVGW-Arbeitsblatt G 638/I (03.91): Heizungsanlagen mit Hellstrahlern, Planung – Installation – Betrieb
DVGW-Arbeitsblatt G 638/II (04.95): Heizungsanlagen mit Dunkelstrahlern, Planung – Installation – Betrieb
Muster-Feuerungsverordnung vom Jan. 1980.

Je nach Gasart unterscheidet man *Eingasgeräte* für eine Gasart (Gasfamilie), *Mehrgasgeräte* für zwei Gasarten, *Allgasgeräte* für alle Gasarten, z.B. Stadtgas, Erdgas, Propan/Butan.

Umstellung von Stadtgas auf Erdgas siehe DVGW-Arbeitsblatt G 680 (08.71). Gasart und Gasdruck sollten auf den Geräten angegeben sein.

Gasdruck (Fließdruck) vor Gerät bei Stadt- und Ferngas:	mindestens 7,5 mbar
bei Erdgas:	mindestens 18 mbar
bei Flüssiggas:	mindestens 50 mbar

-6.2 Bauarten

Man unterscheidet *Heizstrahler*, die Wärme zu einem wesentlichen Teil durch Strahlung abgeben, und *Konvektionsheizgeräte* mit Wärmeabgabe hauptsächlich durch Luftumwälzung.

-6.2.1 Raumheizstrahler

haben im unteren Teil des Gehäuses durch entleuchtete Flammen erhitzte *Glühkörper* (z. B. Magnesia), während im oberen Teil nachgeschaltete Heizregister zur weiteren Ausnutzung der Heizgaswärme eingebaut sind.

Derartige Heizgeräte sind in Ländern mit mildem Klima, z. B. England, zur Heizung von Wohnungen, Schulen, Hotels usw. weit verbreitet. In unserem Klima sind sie jedoch zur Dauerheizung weniger geeignet.

-6.2.2 Gas-Infrarotstrahler[1)]

Ergänzungen von Dipl.-Ing. Uwe Flohren, Köln

Zur Voll-, Teilflächen- und Arbeitsplatzbeheizung von Großräumen wie Industrie- und Gewerbehallen, Lagerhallen, Kirchen, Sporthallen oder auch Freiflächen wie z. B. Tribünen werden Gas-Infrarot-Strahlungsheizungen eingesetzt. Bei diesen Heizgeräten, die ihre Energie zum größten Teil durch Wärmestrahlung abgeben, unterscheidet man zwei Typen: die Hellstrahler und die Dunkelstrahler. Wärmestrahlen sind elektromagnetische Wellen ähnlich dem sichtbaren Licht. Sie folgen den gleichen physikalischen Gesetzen, durchdringen die Luft nahezu verlustlos und erwärmen erst beim Auftreffen auf Materie. Auf Grund der physikalischen und physiologischen Besonderheiten (s. Abschn. 2.2.1-6.6) ist der Energieverbrauch bei Strahlungsheizungen geringer als bei konventionellen Heizungssystemen. Besonders die o. a. Möglichkeiten der Teilbeheizungen sind mit Strahlungsheizungen besonders gut zu realisieren. Siehe auch Abschnitt 2.2.1-6.6.

a) Hellstrahler nach DIN EN 419

Hellstrahler eignen sich für die Beheizung von Großräumen ab ca. 5 m Raumhöhe. Sie bestehen aus einer Brennkammer, einem Venturirohr zum freien Eintritt der notwendigen Verbrennungsluft mit Gasdüse, einem Reflektor sowie den Strahlplatten aus Keramik. Durch die auf die verschiedenen Gasqualitäten genau dimensionierte Düse strömt das Gas in die Mitte des Venturirohres, wo dann nach dem Injektorprinzip die notwendige Verbrennungsluft mit hineingesaugt wird. Das sich bildende Gas-Luft-Gemisch wird gleichmäßig in der Brennkammer verteilt. Durch eine besondere Einrichtung kann das Gemisch zur Wirkungsgraderhöhung vorgewärmt und den Keramikplatten (Strahlplatten) zugeführt werden (siehe Bild 2.2.1-19). Die Platten ihrerseits bestehen aus Keramik mit hoher Porosität. Durch eine Vielzahl von Bohrungen mit einem Durchmesser von ca. 1 mm tritt das Gas-Luft-Gemisch nach außen und wird dort gezündet. Es entstehen also sehr viele kleine Flammen, die auf Grund des eingestellten Düsendruckes in den Bohrungen der Keramik brennen. Die Wärme wird von der Keramik aufgenommen, wodurch an ihrer Oberfläche eine Temperatur von ca. 900 °C entsteht und diese somit sichtbar rot „strahlt". Die Geräte werden deshalb Hellstrahler genannt. Als besonders vorteilhaft hat sich die sogenannte Ef-

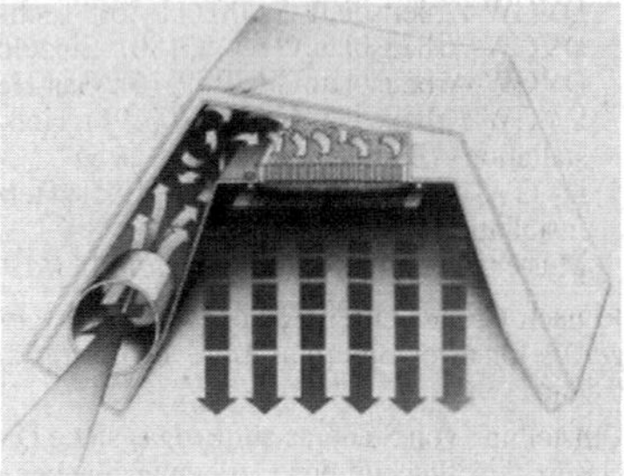

Bild 2.2.1-19. Prinzip-Skizze eines Gas-Infrarot-Kombistrahlers mit Mischkammer, Vollisolierung, Gemischvorwärmung. (Werkfoto Schwank GmbH, Köln)

[1)] DVGW-Regelwerk G 638/I u. G 638/II
Kämpf, A.: Diss., Untersuchungen von Gasinfrarotstrahlern BGW – Heizung im Gewerbe.

fekt-Keramikplatte erwiesen, bei der durch Einbringen von Oberflächenstrukturen die Oberfläche um bis zu ca. 70% vergrößert wird, was eine erhebliche Erhöhung des Strahlungswirkungsgrades mit sich bringt. Durch eine Hochspannungszündkerze wird der Strahler gezündet und mittels Ionisation überwacht. Ein Steuergerät (Feuerungsautomat) überwacht permanent die einwandfreie Funktion, so daß nie unverbranntes Gas ausströmen kann. Die Verbrennung bei Hellstrahlern ist umweltschonend. Durch die direkte Wärmeabgabe der Flammen an die Keramik (niedrige Flammentemperatur) liegen die Konzentrationen von NO_x im Abgas unter 10 ppm. Der Strahlungswirkungsgrad, d.h. der Anteil der durch Strahlung abgegebenen Wärme, entscheidet über die Effektivität und Energieeinsparung einer Strahlungsheizung gegenüber anderen Heizungssystemen. Hohe Strahlungswirkungsgrade erreichen moderne Kombistrahler mit vollkommen geschlossenem Reflektor. Das Abgas strömt an den Reflektorinnenseiten entlang und heizt diese auf ca. 300 °C auf. Neben der direkten Strahlung durch die Keramikplatten wird so zusätzlich Strahlung in den Aufenthaltsbereich abgegeben. Des weiteren emittiert das warme Abgaspolster innerhalb des geschlossenen Reflektors zusätzlich Gasstrahlung. Diese Kombistrahler haben einen Strahlungswirkungsgrad von mind. 60% gemessen nach ENV 1259. Durch Vollisolierung des kompletten Strahlers sowie zusätzlichem Einsatz eines Strahlungsgitters vor den Keramikplatten wird der Strahlungswirkungsgrad noch einmal erheblich gesteigert. Bei dem abgebildeten Kombistrahler (Bild 2.2.1-20) liegt der Strahlungswirkungsgrad über 80%. Hellstrahler können mit Erdgas und Flüssiggas betrieben werden. Sie benötigen keinen direkten Abgasanschluß bzw. Kamin und unterliegen nicht der 1. BImSchV und somit der Meßpflicht des

Bild 2.2.1-20. Kombistrahler mit Vollisolierung.
(Werkfoto Schwank GmbH, Köln)

Schornsteinfegers. Das DVGW-Arbeitsblatt G 638/I sowie die EN 13410 regeln die sichere Abführung der Abgase. Diese sind je nach Projekt und Möglichkeiten mittels Abluftventilatoren, die oberhalb der Strahler anzuordnen sind, oder auch mittels freier Lüftung der Halle möglich. Die EN 13410, die in die G 638/I eingearbeitet ist, gibt detaillierte Auswahl und Planungsrichtlinien. Somit kann kein Abgas in den Aufenthaltsbereich gelangen und Kondensatbildungen sind ausgeschlossen. Pro installiertem kW müssen 10 m³/h Abluft sichergestellt werden. Diese Abluftmenge ist nach G 638/I Bestandteil des natürlichen Luftwechsels des Gebäudes. Der erforderliche Luftvolumenstrom nach ASR 5 ist zusätzlich zu berücksichtigen. Weiterhin sind Abgasführungen mit Abgasanlagen (einzeln oder zentral) möglich. Neben dem Strahlungswirkungsgrad gibt der Anlagenwirkungsgrad Auskunft darüber, wieviel Prozent der eingesetzten Energie unter Berücksichtigung aller Einflüsse (Abgasführung etc.) dem Raum zur Verfügung gestellt werden. Dieser Anlagenwirkungsgrad ist bei Hellstrahlern auf Grund des optimierten indirekten Abluftsystems mit 95% im DVGW-

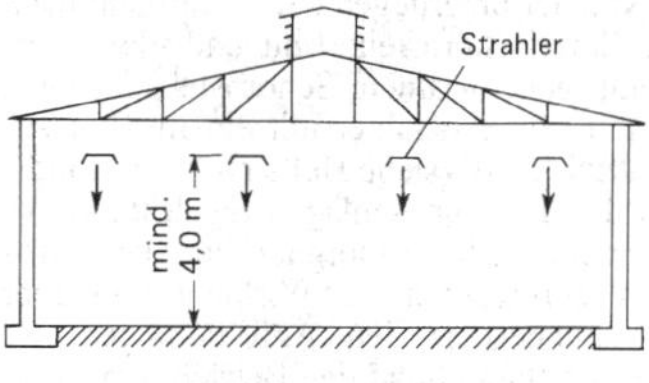

Bild 2.2.1-21. Fabrikhalle mit gasbeheizten Senkrechtstrahlern.

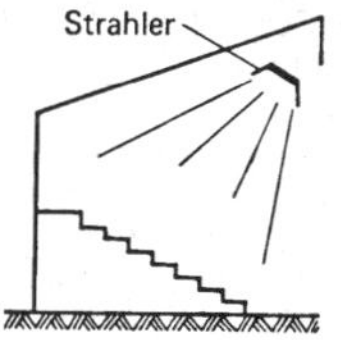

Bild 2.2.1-22. Gasstrahler für Tribünen.

Arbeitsblatt G 638/I festgeschrieben. Hellstrahler werden in einem Leistungsbereich von 5–42 kW angeboten. Je nach Gebäudegeometrie und Wärmebedarf werden Strahler als Senkrecht- oder Schrägstrahler angeordnet (siehe Bild 2.2.1-21 und Bild 2.2.1-22). Eine Mindestaufhängehöhe – je nach Nennwärmebelastung des Strahlers (siehe G 638/I) – ist einzuhalten. Auf Grund der effektiven Strahlungsintensitäten bei Hellstrahlern sind praktisch alle Aufhängehöhen darüber möglich. Alle weiteren für die Installation und den Betrieb notwendigen Vorschriften wie Mindestabstände etc. werden im DVGW-Regelwerk G 638/I sowie in der EN 13410 geregelt.

b) Dunkelstrahler nach DIN EN 416

Dunkelstrahler arbeiten nach den gleichen physikalischen Gesetzgebungen mit den gleichen energetischen Vorteilen wie Hellstrahler. Die Temperatur der strahlenden Rohre beträgt je nach Herstellertyp und Bauform zwischen 150 °C und 750 °C. So lassen sich schon niedrige Hallen mit Dunkelstrahlern beheizen (die Mindestaufhängehöhe nach DVGW-Regelwerk G 638/II ist 3 Meter). Der eigentliche Verbrennungsvorgang findet in einem geschlossenen Rohr statt, welchen nicht sichtbar rot glüht. Deshalb werden die Geräte Dunkelstrahler genannt. Dunkelstrahler bestehen aus einem U-förmig gebogenen bzw. geraden Strahlrohr, an dessen einem Ende ein Unterdruckbrenner (atmosphärischer Brenner oder Gebläsebrenner) und an dem anderen Ende ein Abgasventilator (Saugzugventilator) montiert ist. Eine weiche Flamme wird durch den vom Ventilator erzeugten Unterdruck lang in das Strahlrohr gezogen. Die heißen Abgase zirkulieren in dem geschlossenen Strahlrohr. Um einen besseren Wärmeübergang vom heißen Kernstrom zur Rohroberfläche zu erzielen, verwenden einige Hersteller sogenannte Turbulatoren (Edelstahlwendel), die in den Strahlungsrohren eingebracht sind. Sie erreichen an den Innenwänden der Rohre eine turbulente Strömung und erhöhen somit die Wärmeübertragung. Ein Feuerungsautomat mit Hochspannungszündkerze und Ionisationselektrode überwacht die einwandfreie Verbrennung. Über den Strahlungsrohren befinden sich Reflektoren, die die Infrarotstrahlen in den zu beheizenden Bereich reflektieren. Hochleistungsgeräte verfügen über gedämmte Reflektoren, die den Strahlungswirkungsgrad der Geräte erhöhen. Der Strahlungswirkungsgrad nach ENV 1259 variiert je nach Gerätetyp zwischen 40% und 75%. Dunkelstrahler werden im Leistungsbereich von 6 kW bis zu ca. 1000 kW bei Anlagensystemen angeboten. Die DIN-EN 416 bzw. 777/1-4 sowie die DIN-EN 13410 regeln alle unterschiedlichen Dunkelstrahlersysteme inkl. ihrer Abgasführungen. Unterteilt werden die Geräte wie folgt:

1) Standardgeräte: Geräte mit linear bzw. U-förmig angeordneten Rohren, Reflektoren über den Rohren, Brenner und Ventilator.

2) Multibrenner-Geräte: Bei diesem Typ sind auf einem Rohr mehrere Brenner hintereinander angeordnet. Am Ende befindet sich ein Abgasventilator. Sie lassen sich an bauliche Gegebenheiten anpassen.

3) Rezirkulationsstrahler (Rohrduchmesser ab 150 mm): Mit Strahlungsrohren bis zu ca. 450 mm Durchmesser und einer Länge bis über 100 Metern sind dies die größten Dunkelstrahler. In Ein- und Doppelrohrausführungen haben sie nur einen Brenner die gesamte Länge. Über eine Rezirkulationskammer zirkulieren die Heizgase in dem Strahlrohr.

4) Hochleistungsgeräte: Diese Geräte zeichnen sich besonders durch ihre isolierten Reflektoren und die damit verbundene Erhöhung des Strahlungswirkungsgrades aus. In Einzelfällen bekommen die Strahlungsrohre neben dem eigentlichen Gerätereflektor noch sogenannte Trapezbleche oder Rohrreflektoren, was zu einer weiteren Steigerung der Strahlung in den zu beheizenden Bereich führt.

Diese meist großen Strahler rezirkulieren das Abgas zur besseren Energieausnutzung und besseren Wärmeverteilung im Strahlrohr. Dunkelstrahler unterliegen der Meßpflicht nach der 1. BmISchV. Die Abgasführung kann über Einzelschornsteine mit und ohne Verbrennungsluftversorgung, über Abgasführungen mit gemeinsamem Schornstein für zwei Dunkelstrahler, über Abgassammelanlagen für viele Dunkelstrahler mit einem dann zusätzlichen Abgassammelventilator oder auch nach EN 13410 (siehe Hellstrahler) mit indirekter Abgasführung erfolgen. Die Abnahme an den Feuerungsanlagen regelt das ZIV-Arbeitsblatt 904. Durch die Möglichkeit der Verbrennungsluftversorgung über den Luft-Abgas-Kamin kann raumunabhängiger Betrieb realisiert werden. Der Wirkungsgrad einer Heizungsanlage mit Dunkelstrahlern liegt bei mindestens den Anforderungen der 1. BImSchVO von 89–91%. Alle weiteren für die Installation und den Betrieb notwendigen Vorschriften wie Mindestabstände etc. werden im DVGW-Regelwerk G 638/II geregelt.

-6.2.3 Gasraumheizer mit Schornsteinanschluß

(DIN 3364 T1 [04.82]) wurden früher zum Teil als Gliederöfen, ähnlich den Radiatoren, gebaut, jetzt aber meist als sog. *Konvektionsgeräte*. Leistung bis etwa 12 kW. Etwa 70% der Gesamtwärmeabgabe ist Konvektionswärme (Bild 2.2.1-23). Im unteren Teil sind die Brenner angebracht, während die heißen Gase durch die Hohlkörper in die Höhe steigen. Die äußeren Formen sind heute sehr gefällig und in verschiedenen Farbtönen, mit verchromten Gittern, Rahmen usw. erhältlich, so daß sie sich jedem Geschmack anpassen.

Die meisten Geräte sind mit *Allgasbrennern* ausgerüstet, die sich durch Auswechseln von Düsen und Einstellen des richtigen Gasdrucks leicht auf jede Gasart umstellen lassen. Einige Bauformen auch mit Sichtfenster (oder Leuchtfeuer). Abgase müssen in einen Schornstein abgeführt werden. Bei gemischt belegten Schornsteinen automatische Absperrklappe in Abgasleitung oberhalb der Strömungssicherung. Regelung bis auf 25% der Nennlast, darunter Ein-Aus-Betrieb.

Bei fugendichten Fenstern ist die Zufuhr der Verbrennungsluft sicherzustellen (s. *Muster-Feuerungsverordnung* vom Jan. 1980).

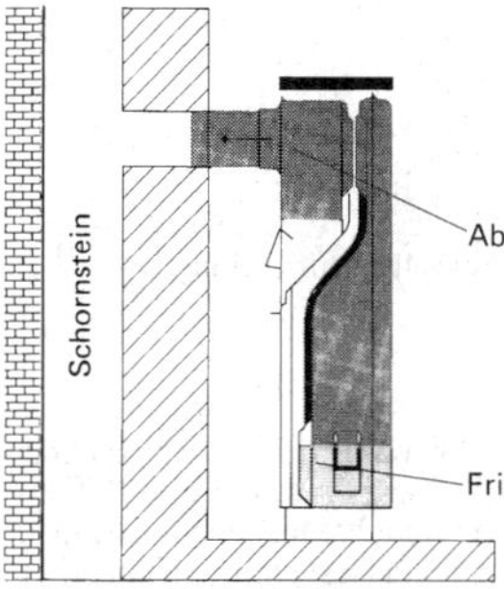

Bild 2.2.1-23. Gasraumheizer mit Schornsteinanschluß.

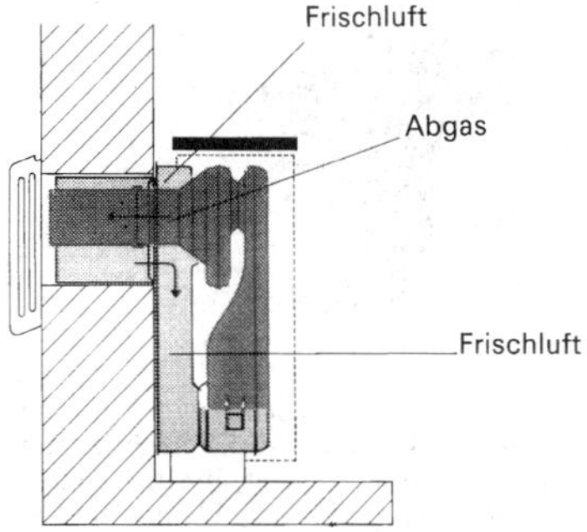

Bild 2.2.1-24. Schornsteinloser Gasraumheizer (Außenwand-Gasheizofen).

-6.2.4 Außenwand-Gasraumheizer[1)]

Eine besondere Bauart sind die *schornsteinlosen Gasraumheizer,* die im Gegensatz zu den bisher beschriebenen keinen Abgasschornstein benötigen, sondern die Abgase entweichen durch eine Öffnung in der Außenwand direkt ins Freie (Bild 2.2.1-24). Nur für Einzelraumheizung geeignet. TRGI 1986 und/oder Landesbauordnung läßt ohne Ventilator max. 7 kW, mit Ventilator 11 kW für Raumheizer und 25 kW für BWE zu. Auch die Verbrennungsluft wird aus dem Freien angesaugt. Keine direkte Verbindung zwischen Brennkammer und Raumluft. Für die Wanddurchführung wird entweder ein teleskopartig ausgebildetes Rundrohr oder eine kastenförmige Ausführung verwendet. Außen eine *Windschutzvorrichtung*. Die Geräte können an jeder Stelle einer Außenwand, auch unter den Fenstern, aufgestellt werden. Die Verbreitung dieser Geräte ist in den letzten Jahren außerordentlich gestiegen. Verwendung besonders zur Modernisierung von Altbauten. Viele geschmackvolle Bauarten. Meist Allgasbrenner. Keine Probleme bei der Zufuhr der Verbrennungsluft. Jedoch ist eventuelle Abgasbelästigung bei offenen Fenstern zu prüfen.

Die Geräte werden zum Teil von Hand gezündet und automatisch geregelt, jedoch gibt es auch Konstruktionen mit Vollautomatik.

-6.2.5 LAS-Gasraumheizer

haben wie die Außenwand-Raumheizer eine gegenüber dem Raum geschlossene Verbrennungskammer, sind jedoch an einen Luft-Abgas-Schornstein (LAS) angeschlossen. Der Schornstein dient gleichzeitig zur Abfuhr der Abgase und Zufuhr der Verbrennungsluft (s. Abschn. 2.2.1-6.9).

[1)] Beckmann, W., u. a.: Schornsteinfegerhandwerk 7/84. S. 13/19.

-6.2.6 Flüssiggas-Heizgeräte

ohne Abgasführung haben nur einen begrenzten Anwendungsbereich, da die Abgase in den Raum übergehen. Siehe Arbeitsblatt G 643 (2. 67).

-6.3 Sicherheitsvorrichtungen[1])

Die Zündsicherung, die für alle Gasheizgeräte erforderlich ist, bewirkt, daß kein unverbranntes Gas ausströmen und Schaden anrichten kann. Drei Ausführungsarten:

Bimetall-Sicherung. Durch eine von Hand gezündete oder dauernd brennende Zündflamme wird ein Bimetall geheizt, das dadurch das Gasventil offenhält. Bei Erlöschen der Zündflamme schließt sich das Ventil, Bild 2.2.1-25. Billiges und früher am meisten verwendetes Verfahren.

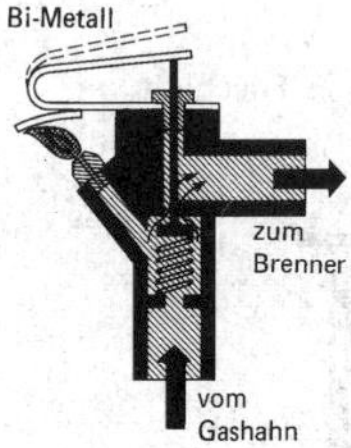

Bild 2.2.1-25. Schema der Bimetall-Zündsicherung.

Thermoelektrische Sicherung. Mit Eindrücken des Druckknopfes öffnet sich das Gasventil, Gas strömt in die Zündgasleitung. Nach Zünden des Gases erwärmt die Gasflamme ein Thermoelement, und der erzeugte Gleichstrom hält mittels Magnet das Gasventil offen. Bei Erlöschen der Flamme hört Stromerzeugung auf und Gasventil schließt. Thermospannung etwa 30…35 mV bei ≈ 600 °C. Heute am meisten verwendetes System. Bild 2.2.1-26. Häufig in Verbindung mit einem Absperrhahn (Sicherheitsschalter mit Gashahn).

Ionisations-Sicherung. Die brennende Flamme leitet einen Gleichstrom von der Elektrode zur Masse. Bei Verlöschen der Flamme wird der Strom unterbrochen und die Gaszufuhr gesperrt.

Außerdem besitzen alle schornsteingebundenen Öfen eine Strömungssicherung (Zugunterbrecher) zur Sicherstellung der Abführung der Abgase.

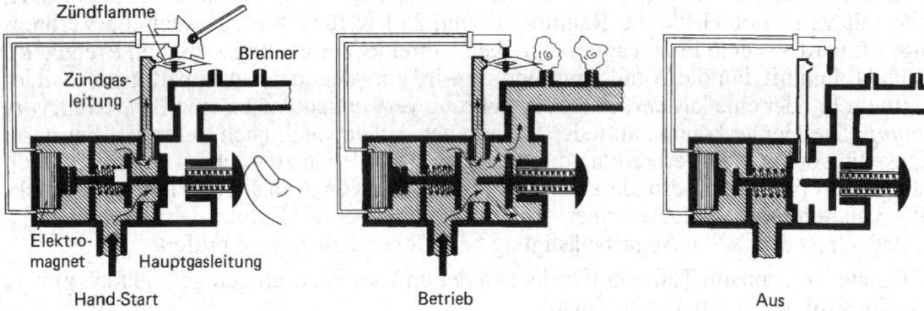

Bild 2.2.1-26. Schema der thermoelektrischen Zündsicherung.

1) Hertel, F.: SBZ 1973. S. 136/48.

-6.4 Zündeinrichtungen

Ältere Öfen mit offenem Brennraum werden mit *Streichhölzern* entzündet. Heutige Öfen besitzen besondere Zündeinrichtungen.

Feuersteinzündung. Durch Drehen am Knopf Erzeugung von Zündfunken mittels Feuerstein.

Magnetzünder. Durch Ziehen an einem Knopf wird Magnetzünder in Tätigkeit gesetzt. Technisch überholt durch Piezozünder.

Piezo-elektrische Zünder beruhen auf der Tatsache, daß manche Kristalle (Quarz u.a.), wenn sie durch einen mechanischen Schlag deformiert werden, elektrisch aufgeladen werden. Spannungen bis 20 kV. Kein Netzanschluß.

Glühwendelzündung. Beheizte Glühspirale entzündet das Gas (nur Stadtgas).

Zündelektrode. El. Zündfunken (Hochspannung über Zündtransformator) zündet das ausströmende Gas. Dabei Zündung von einer beliebigen Stelle möglich, z.B. in Schulen vom Schuldienerraum, ferner bei Hotels, Fremdenzimmern, Klubhäusern usw. Rückmeldung durch Signallampe. In Verbindung mit Temperaturregler dabei große Wirtschaftlichkeit erreichbar. Auch Zeitschaltuhr verwendbar. Infolge Fortfall der Zündflamme Verringerung des Gasverbrauches (Bild 2.2.1-27).

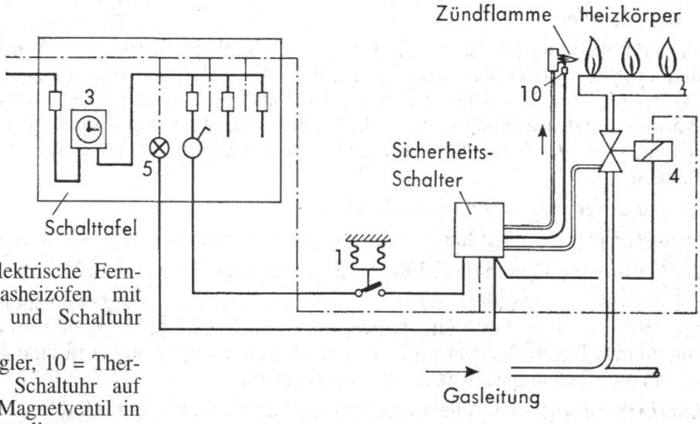

Bild 2.2.1-27. Elektrische Fernzündung für Gasheizöfen mit Temperaturregler und Schaltuhr (Junkers).
1 = Temperaturregler, 10 = Thermoelement, 3 = Schaltuhr auf Schalttafel, 4 = Magnetventil in Gasleitung, 5 = Signallampe

-6.5 Regelung

Handregelung. Zündung von Hand oder mit Magnetzünder.

Nach Brennen der Zündflamme wird der Gashahn je nach Raumtemperatur mehr oder weniger weit geöffnet. Unwirtschaftlich. Armatur meist kombiniert mit Zündsicherung. Bei Kleinstellung Gefahr der Schornsteinversottung durch Kondensatbildung.

Halbautomatik. Benutzer zündet die Zündflamme mit Hand oder Piezozünder. Ein Raumtemperaturregler schaltet die Gaszufuhr zum Brenner in „Auf/Zu“ oder „Groß/Klein“ oder modulierend bis etwa 25% der Nennleistung. Elektrischer Zweipunktregler mit Magnetventil oder Ausdehnungsregler mit Gas- bzw. Flüssigkeitsfüllung. Beispiel Bild 2.2.1-27.

In Armatur sind eingebaut: Thermoelektrische Zündsicherung, Druckregler, Ausdehnungsthermostat mit gleitender Regelung, Öffnungs- und Schließventil durch Drucktaste betätigt. Zündung durch piezoelektrischen Hochspannungszünder ohne Fremdenergie. Leistung bis 12 kW.

Vollautomatik. Alle Schaltvorgänge erfolgen vollautomatisch. Bei Wärmeanforderung des Thermostaten wird das Zündgasventil geöffnet und die Zündflamme durch Hochspannungsfunken oder Glühspirale gezündet. Der in der Zündflamme erzeugte Thermostrom öffnet das Magnetventil in der Gasleitung. Vorteil: Geringerer Gasverbrauch durch Abschalten der Zündflamme (Bild 2.2.1-28).

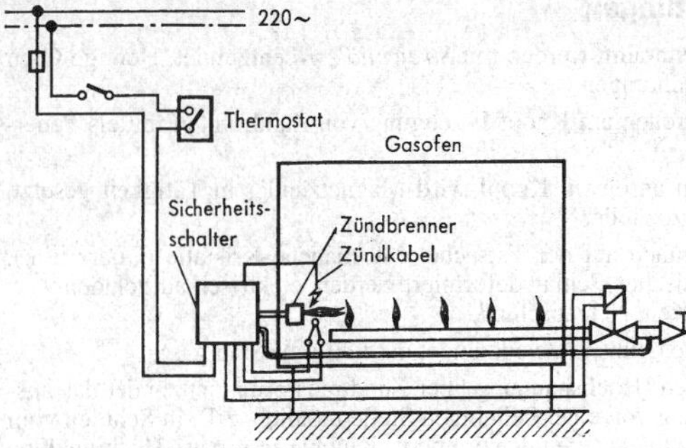

Bild 2.2.1-28.
Vollautomatische Schaltung bei einem Gasheizofen.

-6.6 Berechnung[1)]

a) Gasraumheizer

Für die Beheizung von Einzelräumen mit Gasraumheizern bis etwa 200 m³ Rauminhalt besteht eine vom DVGW aufgestellte Tafel 2.2.1-1 des *Raumheizvermögens* von Gasheizern (Arbeitsblatt G 674 – 8.80). Sie bezieht sich auf Wohnungen in Gebäuden, die gemäß der Wärmeschutzverordnung vom 11.8.77 wärmegedämmt sind. Bei nicht wärmegedämmten Gebäuden ist das Raumheizvermögen wesentlich geringer, bei besser wärmegedämmten Gebäuden größer.

Es sind 3 Betriebsweisen unterschieden:

Dauerheizung mit nächtlicher Absenkung der Temperatur um höchstens 5 K;

Zeitheizung mit täglich 6...12 Stunden Betriebszeit (Schulen u.a.);

Die besonderen Verhältnisse hinsichtlich Lage und Ausführung der Räume werden wie bei den eisernen Öfen durch ein *Punktsystem* berücksichtigt, bezogen auf einen Grundraum von 20 m² Fläche. Das Verfahren ist jedoch sehr ungenau und ergibt meist zu hohe Werte, so daß eine Transmissionsrechnung vorzuziehen ist.

Kurzheizung = seltene Beheizung. Hier muß die Berechnung nach dem genauen Verfahren erfolgen.

Bei Dauerheizung und Zeitheizung von Räumen ist das normale Berechnungsverfahren nach DIN 4701 anzuwenden, siehe Abschn. 2.4.

Bei *Kurzheizung,* z.B. für Ausstellungshallen, Küchen, Versammlungsräume, ist der Wärmebedarf selten beheizter Räume ebenfalls nach DIN 4701 der Berechnung zugrunde zu legen, wobei auch die Wärmeeindringzahl der raumumschließenden Flächen berücksichtigt wird. Von ausschlaggebender Wichtigkeit sind dabei die Anheizzeit *z* und die Anfangs-

Tafel 2.2.1-1 Raumheizvermögen von Gasraumheizern

Betriebsweise	Raumlage	Nennleistung in kW					
		2	3	4	5	6	7
		Rauminhalt in m³					
Dauerheizung	Günstig	30	63	110	170	–	–
	Weniger günstig	20	40	70	98	130	–
Zeitheizung	Günstig	24	51	90	140	210	–
	Weniger günstig	15	31	55	78	110	140

[1)] Simon, G.: Gas 4/79. S. 130/5.

temperatur t_1, die von Fall zu Fall nach den örtlichen Verhältnissen angenommen werden müssen.

Der Wärmebedarf (ohne Lüftungsanteil) ist mit den Bezeichnungen im Abschn. 2.5.6-3.3 *(Kirchenheizung):*

$\dot{Q} = \dot{Q}_W + \dot{Q}_F$ (Wärmebedarf zum Aufheizen speichernder Bauteile + Fensterwärmebedarf)

Beispiel:

Turnhalle 30 m × 14 m × 7 m = 2940 m³ Rauminhalt; t_i = 15 °C; t_a = – 15 °C, Anfangstemperatur Innenwand t_0 = 0 °C. Fensterfläche A_F = 90 m²; k_F = 3,5 W/m² K:

Innere Wandfläche A_W = 2 (30 · 14 + 30 · 7 + 14 · 7) – 90 = 1366 m².

Anheizzeit z = 2 Stunden und Wärmeeindringkoeffizient $\sqrt{\lambda c \varrho}$ = 1500 angenommen.

Aus Bild 2.5.6-8: Aufheizwiderstand R_z = 0,15 m² K/W.

Wärmebedarf $\dot{Q} = (A_w/R_z) \cdot (t_i - t_0) + A_F \cdot k_F\,(t_i - t_a)$
$= (1366/0{,}15) \cdot (15 - 0) + 90 \cdot 3{,}5\,(15 + 15)$
$= 136\,600 + 9450 = 146\,050$ W ± 146 kW.

b) Gas-Infrarotstrahler

Bei Strahlungsheizungen mit *Hell-* und *Dunkelstrahlern* genügt für die Bestimmung der zu installierenden Nennwärmebelastung nicht allein die Berechnung nach DIN 4701, sondern es sind Besonderheiten der Wärmeübertragung durch Strahlung zu berücksichtigen (s. a. Abschnitt 2.2.1-6.2.2). Genaue Berechnungsmethoden findet man in den DVGW-Arbeitsblättern G 638/I für Hellstrahlern und G 638/II für Dunkelstrahler. Die empfundene Raumtemperatur t_R addiert sich bei Strahlungsheizungen aus der Lufttemperatur t_L und der Strahlungstemperatur t_S. t_S kann aus der Strahlungsintensität I_s mit unterschiedlichen Faktoren K je nach Anordnung der Strahler errechnet werden. Somit ergibt sich folgende Formel:

$t_R = t_L + K \cdot I_s$

oder $t_R = t_L + t_s$.

Um also eine Behaglichkeit (Raumtemperatur) von z. B. 17 °C zu erreichen, ist die Lufttemperatur um den Anteil der Strahlungstemperatur niedriger. Bekannt ist, daß eine um 1 °C niedrigere Lufttemperatur den Energieverbrauch um ca. 6% reduziert. Bei einer angenommenen und im allgemeinen Betrieb realistischen mittleren Strahlungstemperatur von 3 °C bei neueren Hallen ist die Energiekostenreduzierung bedeutend. Hieran sieht man, wie entscheidend der Strahlungswirkungsgrad, also die den zu beheizenden Bereich wirklich erreichende Strahlung eines Infrarotstrahlers, für den Wärmebedarf und für die entstehenden Energiekosten ist. Je größer die Strahlung, desto niedriger die Lufttemperatur und damit auch die Transmissions- und Lüftungsverluste. Berechnung: zunächst wird der Gesamtwärmebedarf nach DIN 4701 ermittelt. Dann wird der Wärmebedarf mit Faktoren, die u. a. die Raumgeometrie, die Installation, die geforderte Behaglichkeit, den Anlagenwir-

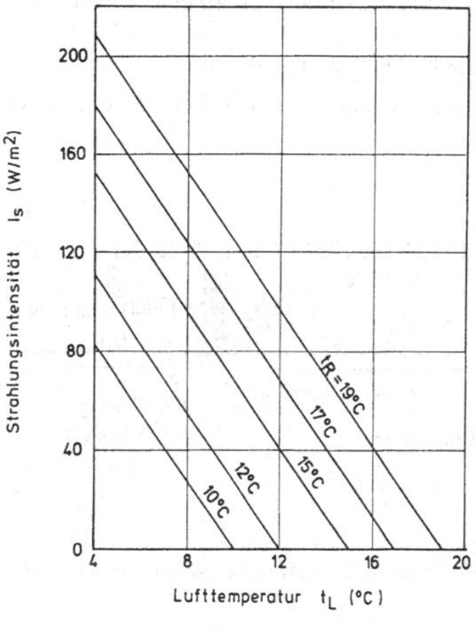

Bild 2.2.1-29. Empfundene Raumtemperatur t_R in Abhängigkeit von Lufttemperatur t_L und Strahlungsintensität I_S bei gleichmäßiger, allseitiger Bestrahlung.

kungsgrad und die Qualität des Strahlers (Strahlungswirkungsgrad) berücksichtigen, korrigiert. Hieraus ergibt sich dann eine verminderte Nennwärmebelastung gegenüber DIN 4701, die installiert werden muß. Neben der Vollbeheizung eines Raumes mit o.a. Berechnungsmethoden können Teilflächen und Arbeitsplätze durch Strahlungswärme beheizt werden. Erfahrungswerte für die Projektierung haben die Hersteller. Die Energiekosten verhalten sich entsprechend. Bei der Planung sind die baulichen Merkmale und die Benutzercharakteristik des betreffenden Gebäudes zu berücksichtigen. Unter Einhaltung aller sonstigen Regeln der o.a. Arbeitsblätter können dann variiert werden die Anzahl der Strahler, d.h. der Abstand der Strahler untereinander, bezogen auf die Möglichkeit der Aufhängehöhe, die Wärmeleistungen der Strahler sowie die Montageeinstellwinkel. Wichtig bei der Anordnung ist eine exakte Planung, um Temperaturunterschiede durch unterschiedliche Strahlung im Aufenthaltsbereich zu vermeiden. Weiterhin sind unzulässig hohe Einstrahlungsintensitäten bzw. Strahlungsasymmetrien auszuschließen. Hier geben die DVGW-Regelwerke G 638/I und II Grenzwerte an, die allerdings in der Praxis kaum erreicht werden. Moderne Rechnerprogramme der Hersteller mit Strahlungsintensitätsverteilungskurven gewährleisten eine gleichmäßige Temperaturverteilung.

-6.7 Gasverbrauch

Der untere Heizwert H_u der Gase ist in den Gasversorgungsgebieten unterschiedlich. Er schwankt bei Stadt- und Ferngas meist in den Grenzen von 4,5 bis 5,5 kWh/m_n^3 (bezogen also auf 0 °C und 1,013 bar), bei Erdgas von 8 bis 11 kWh/m^3_n. Der *Betriebsheizwert* H_{uB} bezieht sich auf die jeweils vorhandene Temperatur bei dem mittleren Ortsbarometerstand und wird für trockenes Gas aus dem Normalwert nach folgender Formel berechnet:

$$H_{uB} = H_u \frac{273}{273+t} \cdot \frac{B+p}{1013}$$

t = mittlere Temperatur, meist 15 °C
B = Luftdruck in mbar (Barometerstand)
p = Überdruck des Gases in mbar

Enthält das Gas Wasserdampf, so ist dessen Partialdruck zu berücksichtigen.

Der *Gasvolumenstrom* einer Gasverbrauchseinrichtung *(Anschlußwert)* ist

$$\dot{V} = \frac{\dot{Q}}{H_{uB} \cdot \eta} = \text{in m}^3/\text{s}$$

$\dot{Q}$ = Heizleistung kW
H_{uB} = Heizwert kJ/m³
η = Gerätewirkungsgrad (≈ 0,80…0,86)

Der *Jahresgasverbrauch* errechnet sich auf Grund der Vollbetriebsstunden.

-6.8 Gasanschluß

Für die Installation von Niederdruckgasanlagen (außer Flüssiggas) bis zu einem Druck von 100 mbar (10000 Pa) gelten ab 1.1.87

„Die Technischen Regeln für Gas-Installationen" (DVGW-TRGI 1986)[1].

Ihre Kenntnis ist bei Ausführung von Gasheizungen unbedingt erforderlich. Schema einer Leitungsanlage siehe Bild 2.2.1-30.

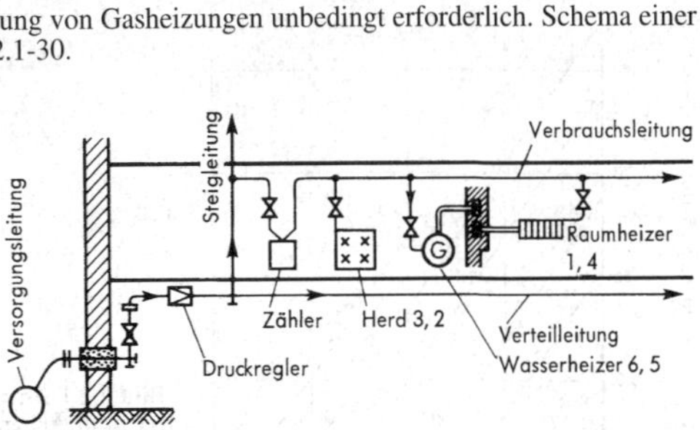

Bild 2.2.1-30. Leitungsschema einer Gasinstallation.

[1]) TRGI – Technische Regeln für die Gasinstallation entspricht DVGW-Arbeitsblatt G600 (11.86). Ferner G631 (6.77).

Tafel 2.2.1-2 Anschlußwerte einiger Gasverbraucher

Gasverbraucher		1. Gasfamilie m³/h $H_{u,B}$ = 4,2 kWh/m³	2. Gasfamilie, Gruppe H, m³/h $H_{u,B}$ = 10,6 kWh/m³
Gasherd, 4flammig		3,0	1,2
Gas-Durchlauf-Wasserheizer	17,5 kW	5,0	2,0
Gas-Durchlauf-Wasserheizer	22,7 kW	6,5	2,6
Gas-Durchlauf-Wasserheizer	27,9 kW	8,0	3,2
Gas-Vorrats-Wasserheizer 100 l		2,3	0,9
Gas-Raumheizer	4,6 kW	1,3	0,5
Gas-Raumheizer	7,0 kW	2,0	0,8
Gas-Raumheizer	9,3 kW	2,8	1,1
Gas-Heizkessel	9,3 kW	2,7	1,1
Gas-Heizkessel	11,0 kW	3,1	1,2

Weitere Werte siehe auch DVGW 600 (11.86).

Rohrleitungen. Maßgebend für die Berechnung ist der Belastungswert, d.i. der maximal durch eine Leitung fließende Volumenstrom in m³/h, der sich unter Berücksichtigung des Gleichzeitigkeitsfaktors aus den Anschlußwerten der Verbraucher errechnet. *Anschlußwerte* einiger Gasverbraucher siehe Tafel 2.2.1-2. Der Belastungswert einer Leitungsteilstrecke wird in TRGI 1986 aus Diagrammen entnommen, von denen Bild 2.2.1-31 ein Beispiel ist.

Beispiel:

10 Wohnungen eines Gebäudes haben Raumheizer von je 4,65 kW Heizleistung bei Stadtgas. Belastungswert aus Bild 2.2.1-31: 14 m³/h.

Die *Dimensionierung* der einzelnen Leitungsabschnitte erfolgt nach den Druckverlustdiagrammen der TRGI, wobei die maximal zulässigen Druckverluste jeweils vorgeschrieben sind:

Hausanschluß	0,2 mbar = 20 Pa
Verteilleitung	0,3 mbar = 30 Pa
Zähler	1,0 mbar = 100 Pa
Verbrauchsleitung	0,8 mbar = 80 Pa
Abzweigleitung zu Geräten	0,5 mbar = 50 Pa
Summe	2,8 mbar = 280 Pa

Die *Steigleitungen* werden so ausgelegt, daß der Druckverlust durch Rohrreibung durch den Druckgewinn infolge des Auftriebs des leichten Gases ausgeglichen wird.

Der *Versorgungsdruck* muß so groß sein, daß nach Abzug der Druckverluste der Anschlußdruck (Fließdruck) am Gerät mindestens 7,5 mbar bei Stadtgas bzw. 18,0 mbar bei Erdgas beträgt; andernfalls sind die Rohrweiten zu vergrößern.

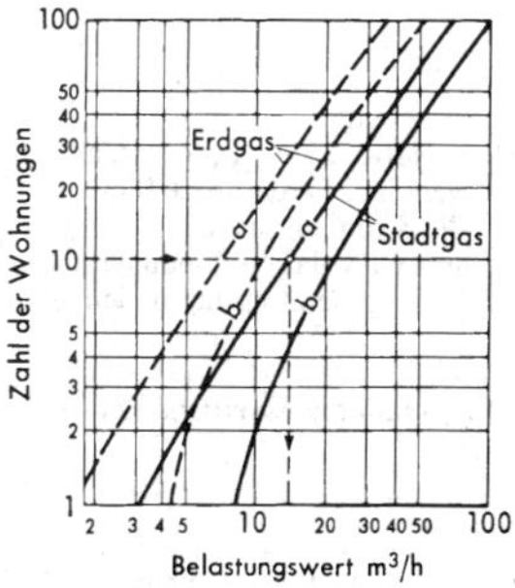

Bild 2.2.1-31. Belastungswert (Volumenstrom) für 2 Kombinationen von Gasverbrauchern bei Stadtgas bzw. Erdgas.
a) Raumheizer von 4,65 kW
b) 1 Herd, 1 Wasserheizer 22,7 kW
Raumheizer von 4,65 kW

-6.9 Abgasführung[1]

Ergänzungen von Dr.-Ing. D. Stehmeier, Langenhagen

Die *Abgase* von Gasfeuerstätten, mit Ausnahme der oben erwähnten schornsteinlosen Geräte, müssen durch Abgasanlagen, wie Schornsteine, Abgasleitungen und Verbindungsstücke (Abgasrohre), über Dach ins Freie abgeführt werden[2]. Abgasrohre steigend zum Schornstein, mit Prüföffnung, möglichst kurz, korrosionsgeschützt, meist aus Stahlblech oder Aluminium, in kalten Räumen wärmegedämmt.

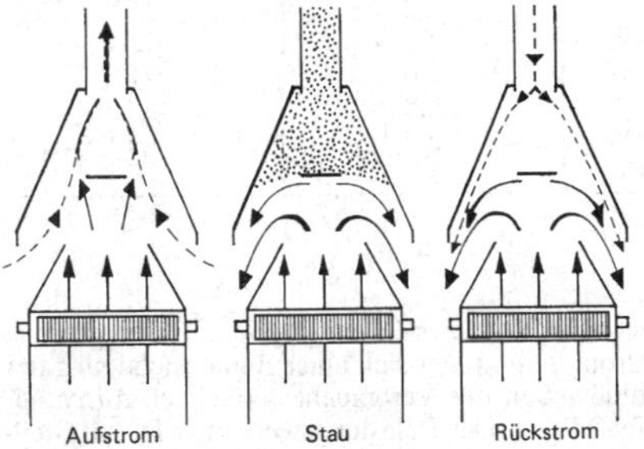

Bild 2.2.1-32. Funktion der Strömungssicherung für Gasfeuerstätten.*)

*) Zentralinnungsverband (ZIV): Arbeitsblatt Nr. 102 (1990)

Zur Vermeidung von zu großem Zug, von Stau oder Rückstrom befindet sich bei atmosphärischen Gasfeuerstätten zwischen Schornstein und Verbrennungskammer eine *Strömungssicherung* (Zugunterbrecher kombiniert mit Rückstromsicherung), die ein Bestandteil der Feuerstätte ist und vom Gerätehersteller mitgeliefert wird. Bild 2.2.1-32. Gasfeuerstätten mit Strömungssicherung und einer Nennwärmeleistung von mehr als 7 kW müssen in Wohnungen und ähnlichen Nutzungseinheiten eine Abgasüberwachungseinrichtung haben, die bei Stau oder Rückströmung den Brenner ausschaltet (Bild 2.2.1-33).

In Abgasrohren von raumluftabhängigen Gasfeuerstätten dürfen Abgasklappen angebracht werden, die bei Brennerbetrieb offen und bei Brennerstillstand geschlossen sind. Die Abgasklappen müssen für die jeweilige Feuerstätte geeignet sein (Einbauanleitung). Ther-

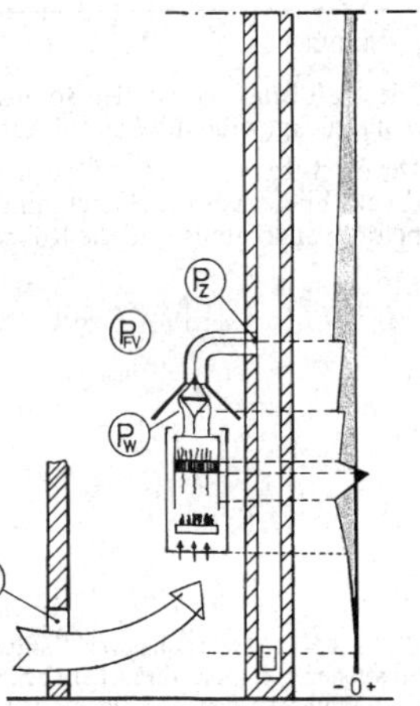

Bild 2.2.1-33. Elektrische Abgasrückstauüberwachung.*)
P_L = Notwendiger Förderdruck für die Zuluft, P_W = notwendiger Förderdruck für den Wärmeerzeuger (nur für die Strömungssicherung), P_{FV} = notwendiger Förderdruck für das Verbindungsstück, P_Z = Unterdruck an der Abgaseinführung in den Schornstein

*) Zentralinnungsverband (ZIV): Arbeitsblatt Nr. 102 (1990)

[1]) Neubearbeitung erfolgte von Dr.-Ing. D. Stehmeier, Langenhagen, für die 68. Auflage.
[2]) Musterbauordnung für die Länder der Bundesrepublik Deutschland, Fassung Juni 1996, § 38 Abs. 4.

misch gesteuerte Abgasklappen nach DIN 3388 T4 (12.84) dürfen nur bei atmosphärischen Gasfeuerstätten und nur hinter der Strömungssicherung eingebaut werden. Mechanisch gesteuerte Abgasklappen nach DIN 3388 T2 (09.79) müssen so geschaltet werden, daß der Brenner erst bei vollständig offener Klappe in Betrieb gehen kann und die Klappe erst nach Brennerabschaltung wieder schließt.

Abgasanlagen sind nach DIN 18160 T1 (12.01) auszuführen. Mauerwerk wenig günstig, da bei niedrigen Abgastemperaturen leicht eine Durchfeuchtung (Versottung) eintritt. Besser sind Formstücke aus Schamotte, Beton u.dgl. In gemauerten Schornsteinen können auch starre oder flexible Metallrohre eingezogen werden.

Bemessung der Abgasanlage sie Abschnitt 2.3.3.

Die Abführung der Abgase jeweils einer atmosphärischen Gasfeuerstätte sowie zusätzlich eines Gasraumheizers in innenliegenden fensterlosen Räumen (Bäder) über Entlüftungsschächte nach DIN 18017 (T1 [02.87]): Einzelschachtanlagen ohne Ventilator und T3 (08.90): mechanische Abluftförderung) ist zulässig. Bei mechanischer Abgasabführung ist DVGW-Arbeitsblatt G 626 (11.71) zu beachten.

Abgasanlagen sollten nur mit gleichartigen Feuerstätten mehrfachbelegt werden. Gasfeuerstätten mit Gebläsebrenner sollten also nicht an eine gemeinsame Abgasanlage mit atmosphärischen Gasfeuerstätten angeschlossen werden. Gemischtbelegung, d.h. der Anschluß von Feuerstätten für feste oder flüssige Brennstoffe an eine gemeinsame Abgasanlage mit Gasfeuerstätten, ist nur zulässig für Feuerstätten ohne Gebläse. Die Verbindungsstücke der Feuerstätten für feste oder flüssige Brennstoffe müssen unmittelbar hinter dem Abgasstutzen eine senkrechte Anlaufstrecke von mind. 1 m haben. Die Bemessung von mehrfach- und gemischtbelegten Schornsteinen kann nach DIN V 4705 T3 (08.97) erfolgen.

Bei der Aufstellung von Feuerstätten ist für eine ausreichende Verbrennungsluftversorgung zu sorgen. Bei raumluftabhängigen Feuerstätten mit einer Nennwärmeleistung bis 35 kW genügt es in der Regel, wenn der Aufstellraum einen Rauminhalt von mind. 4 m^3 je 1 kW Gesamtnennwärmeleistung aller in dem Raum gleichzeitig betreibbaren Feuerstätten hat und der Raum über eine Tür oder ein zu öffnendes Fenster ins Freie verfügt. Unter bestimmten Voraussetzungen können Nachbarräume, die über eine Lüftungsöffnung von mind. 150 cm^2 freien Querschnitt oder über Türen mit dem Aufstellraum verbunden sind, berücksichtigt werden. Einzelheiten sowie Anforderungen bei Nennwärmeleistungen von mehr als 35 kW siehe DVGW-TRGI 1986/96.

Gasfeuerstätten mit Strömungssicherungen dürfen nur in Räumen aufgestellt werden, deren Rauminhalt mind. 1 m^3 je 1 kW Gesamtnennwärmeleistung beträgt, wobei Nachbarräume, die mit dem Aufstellraum über 2 Öffnungen (oben und unten) mit je 150 cm^2 freiem Querschnitt verbunden sind, berücksichtigt werden dürfen. Die Aufstellung in kleineren Räumen ist zulässig, wenn diese 2 Lüftungsöffnungen ins Freie mit je 75 cm^2 freien Querschnitt haben.

Bei raumluftunabhängigen Gasfeuerstätten werden keine Anforderungen an die Größe des Aufstellraumes gestellt. Mögliche Ausführungen sind Außenwandfeuerstätten (siehe Abschn. 2.2.1-6.2.4) oder Luft-Abgas-Systeme (siehe Abschn. 2.2.1-6.2.5).

-6.10 Auswahl

Raumheizstrahler sind besonders für Kamine geeignet, Wandheizgeräte für kleine Räume und in solchen Fällen, wo örtliche Anstrahlung gewünscht wird (Badezimmer).

Gasraumheizer besonders für Wohnungen, Hotels, Schulen, Geschäfte und andere Aufenthaltsräume. Bei Altbauten besonders geeignet sind schornsteinlose Geräte.

Gas-Infrarotstrahler (Glühstrahler) für Fabriken, Messe- und Ausstellungshallen, offene Terrassen und andere Großräume.

Bei manchen Räumen bestehen besondere behördliche Vorschriften: In Kinos und Garagen z.B. sind nur Gliederheizöfen mit geschlossenem Verbrennungsraum zulässig.

-7 Elektrische Raumheizung[1)]

Ergänzungen von Peter Rohne, München

-7.1 Allgemeines

Elektrische Raumheizung läßt sich auf folgende Weise durchführen:

Direktheizung, bei der die elektrische Energie unmittelbar z.B. aus der Steckdose in Nutzwärme umgesetzt wird. Sie wird in Deutschland wegen hoher Strompreise meist nur als Zusatz- oder Übergangsheizung eingesetzt, in einigen nordischen Ländern und auch in Frankreich sehr häufig auch als Vollraumheizung.

Speicherheizung, bei der eine Speichermasse durch billigen *Heizstrom* Wärme aufnimmt, die am Tage langsam abgegeben wird. Der Heizstrom wird von den Elektrizitätsversorgungsunternehmen (EVU) verbilligt abgegeben, da er ohne zusätzliche Aufwendungen bei sonst geringer Netzlast gewährt wird. Diese für ganze Wohnungen und Häuser geeignete Heizungsart ist in ihrer Verbreitung begrenzt. Das EVU läßt sie nur so lange zu, bis die Lasttäler, überwiegend nachts, aufgefüllt sind.

Wärmepumpenheizung. Der Endenergieverbrauch beträgt bei gleicher Wärmeabgabe gegenüber der elektrischen Widerstandsheizung nur etwa 35 bis 45%, trägt also zur Energieeinsparung bei. Außerdem ist elektrischer Strom nach der Erfahrung krisensicherer als Öl und Erdgas, da der Strom in der BRD zum größten Teil aus Kernenergie und aus den heimischen Energieträgern Braunkohle und Ballast-Steinkohle erzeugt wird. Es werden allerdings wesentlich höhere Investitionskosten erforderlich (siehe Abschn. 2.2.2-4.9).

Besondere *Vorteile* der Elektroheizung:

Wenig Bedienungsarbeit, sauberer Betrieb, keine Luftverschmutzung am Ort des Verbrauchs, keine Brennstofflagerung, über Zähler ist der Wärmeverbrauch leicht meßbar, bei Miethäusern direkte Abrechnung der Nutzer mit dem EVU,

einschienige Energieversorgung für Licht, Kraft und Heizung, keine Gas- oder Fernheizleitung.

Elektroinstallation: Bietet das EVU Sondervereinbarungen für Elektroheizungen an, so sind nach deren Technischen Anschlußbedingungen (TAB) die Elektroinstallationen ab einschließlich Zähler getrennt von den übrigen Anlagen, die nach Allgemeinen Tarifen versorgt werden, auszuführen.

-7.2 Elektrische Direktheizgeräte

Elektrische Direktheizgeräte nach DIN EN 60675 geben die erzeugte Wärme *unmittelbar* oder mit nur kurzer Verzögerung an den zu beheizenden Raum ab. Sie belasten das Stromnetz auch in den Spitzenzeiten der Stromversorgung. Wegen dieser nachteiligen Wirkung lassen die EVU nach ihren TAB ohne Zustimmung nur den Betrieb beweglicher Geräte bis zu 2 kW je Wohnung zu. Bei größerem Bedarf Sonderregelung. Geräte tragbar oder fest montiert.

-7.2.1 Ortsveränderliche Direktheizgeräte

dienen besonders dem vorübergehenden Beheizen von Räumen. Man baut sie allgemein bis zu einer Leistung von 2 kW. Vorherrschend ist heute das Konvektionsheizgerät mit erzwungener Konvektion, Heizlüfter oder Ventilatorheizer genannt, Bild 2.2.1-34. Als Vorteile gelten die kurze Aufheizdauer des Raumes und die weitgehend gleichmäßige Temperaturverteilung im Raum. Ein Temperaturbegrenzer sorgt für Abschaltung des Gerätes bei defektem Gebläse oder behindertem Luftdurchtritt. Es gibt auch Geräte mit eingebautem Raumtemperaturregler.

Ferner gibt es Konvektionsheizgeräte mit natürlicher Konvektion, Konvektor genannt, bei denen die natürliche Konvektion durch eine Kaminwirkung verstärkt wird (Bild 2.2.1-35), oder Geräte in Radiatorenbauart auf fahrbaren Rollen. Diese Geräte erfordern eine größere Aufheizzeit des Raumes.

Bei *Heizteppichen* liegen dünne elektrische Heizleitungen innerhalb eines textilen Gewebes. Sie sind mit Geräteanschlußleitung, Betriebswahlschalter und Stecker versehen. Ebenso gibt es strapazierfähige begehbare *Heizplatten* aus mehrschichtigen Kunstharz- oder Gummiplatten verschiedener Größen mit eingelegten Heiz- oder Flächenheizleitungen.

[1)] Neubearbeitung erfolgte durch Peter Rohne, München, für die 67. Auflage.
Rohne, P.: Handbuch der elektrischen Raumheizung. 1993.

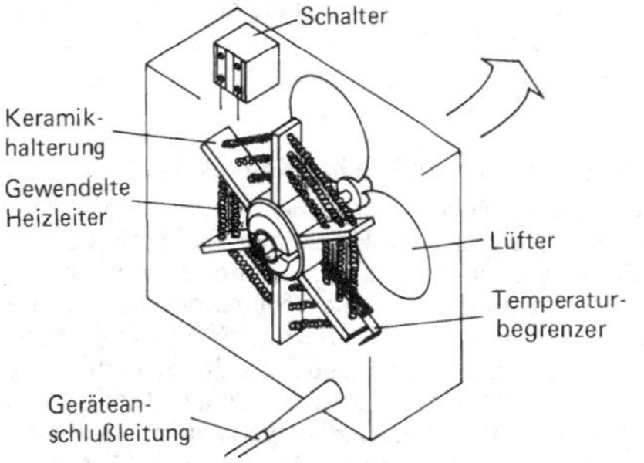

Bild 2.2.1-34. Schema eines ortsveränderlichen Konvektionsheizgerätes mit erzwungener Konvektion (Heizlüfter).

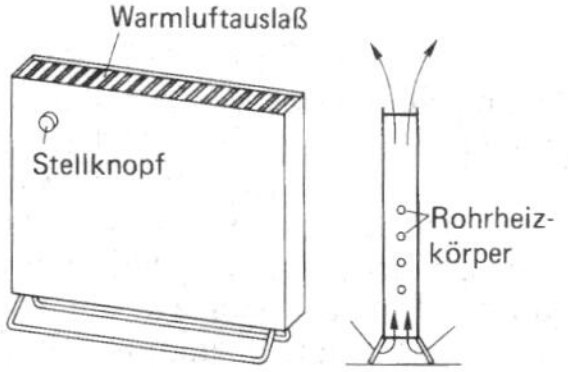

Bild 2.2.1-35. Schema eines ortsveränderlichen Konvektionsheizgerätes mit natürlicher Konvektion (Standkonvektor).

Einsatz: Temperierung des Fußbodens z.B. unter Schreibtischen oder an Registrierkassen. Anschluß an Steckdosen, 230 V. Flächenbezogene Aufnahme: 200 bis 400 W/m^2. Dicke: 8 bis 25 mm.

-7.2.2 Ortsfeste Strahlungsheizgeräte

geben die Wärme überwiegend durch Strahlung ab. Die Heizelemente sind meist Rohrheizkörper, bei denen der durch Magnesiumoxid isolierte gewendelte Heizleiter in einem runden Rohr aus temperaturfestem Stahl eingebettet ist. Bei einer anderen Ausführung werden die gewendelten Heizleiter in ein Quarzrohr lose eingelegt (senkrechte Montage nur bedingt möglich). Das Rohr erreicht dabei Oberflächentemperaturen von etwa 600 bis 700 °C und strahlt dunkelrot. Man spricht daher auch von *Infrarotstrahlern.* Max. Wellenlänge $\lambda_{max} \approx 3\,\mu$m. Anschlußleistung ≈ 1…2 kW/m. Alle Strahler sind mit Reflektoren aus hochglanzpoliertem Metall, meist Aluminium, versehen, um die Wärmestrahlen in bestimmte Richtungen zu konzentrieren. Wieder andere Geräte weisen einen großflächigen heizenden Körper auf, wobei ein flächiger Heizleiter auf einer Stein-, Keramik-, Glas- oder Metallfläche milde Wärme in den Raum strahlt.

Die Strahlung wird erst beim Auftreffen auf eine Person oder einen Gegenstand in Wärme umgesetzt; die Umgebungstemperatur kann daher niedrig bleiben. Auf diese Weise läßt sich gegenüber der Vollbeheizung des Raumes Energie sparen. Außerdem sind die Aufheizzeiten gering.

Verwendung der Infrarot-Strahlungsheizung im Dauerbetrieb wegen des hohen Preises für elektrischen Strom im allgemeinen nicht möglich. Für kurzzeitig benutzte Räume, z.B. Badezimmer, Arbeits- und Sitzplätze in sonst ungeheizten Großräumen, Turnhallen, Kirchen, Ausstellungsräume usw. dagegen häufig wirtschaftlicher Betrieb möglich, auch für Freiluftheizung, z.B. Gaststättenterrassen oder Sporttribünen, sowie für Zusatz- und Übergangsheizung. Bei der Berechnung der Infrarot-Strahlungsheizungen[1)] ist darauf zu achten, daß die Wärmeeinstrahlung auf die Köpfe der sich im Raum aufhaltenden Personen einen gewissen Wert nicht überschreitet, da andernfalls bei längerem Aufenthalt Unbehaglichkeit eintritt. Siehe Abschnitt 2.2.1-6.6.

Anordnung der Strahler:

an der Decke mit Strahlung von oben nach unten *(Deckenstrahler, Großflächenstrahler),*

an der Voute zwischen Decke und Wand *(Voutenstrahler, Sofittenstrahler, Langfeldstrahler),*

an der Wand, besonders unter Fenstern *(Seitenstrahler)*

sowie unter Sitzen *(Sitzbankstrahler).*

Mittlere Heizleistung bei vorübergehend geheizten Räumen je nach Raumhöhe: 150…250 W/m^2, im Freien 300…600 W/m^2.

[1)] Kollmar, A., und Liese, W.: Die Strahlungsheizung. 1957.

Heizplatten sind vorgefertigte, im Innern mit einer Flächenheizleitung belegte großformatige Platten aus faserverstärktem Kunststoff, Glas, Blech oder Naturstein. Befestigung vor Innenwänden. Wärmeabgabe überwiegend als Strahlung. Bemessungsspannung meist 230 V. Übertemperatur an den Oberflächen bis 75 K.

-7.2.3 Ortsfeste Konvektionsheizgeräte mit natürlicher Konvektion

Elektrische *Konvektionsheizgeräte* arbeiten mit geringen Oberflächentemperaturen und geben die Wärme größtenteils durch Luftumwälzung ab. Die Heizkörper sind entweder frei auf keramischem Tragkörper angebrachte gewendelte blanke Heizleiter oder Rohrheizkörper. Als äußere wärmeabgebende Oberfläche dienen quader- oder plattenförmige Gehäuse aus Stahlblech oder Keramik. Für mehr Komfort sorgen großflächige Niedertemperatur-Konvektoren. Die Montage soll unter den Fenstern erfolgen, Bild 2.2.1-36. In Verbindung mit einem Raumtemperaturregler ist eine schnelle Regelung der Raumtemperatur möglich. Man verwendet diese Geräte auch in Wohnungen mit Speicherheizgeräten für das Beheizen von Nebenräumen. Dies mindert die Investitionskosten. Ferner gibt es sie als schnell regelnde *Zusatzheizung* in Speicherheizgeräten und bei der sonst trägen Fußboden-Speicherheizung. Die maximale Oberflächen-Übertemperatur ist 75 K.

Zum Beheizen von Räumen im industriellen Bereich dienen *Rohrheizgeräte,* Bild 2.2.1-37. Ein Stahlrohr mit einem Durchmesser von 40…80 mm dient als äußerer Abschluß. Die Oberflächentemperaturen erreichen 160…200 °C.

Rippenrohrheizgeräte (Bild 2.2.1-38) haben eine elektrische Heizleistung von rd. 0,6 kW/m. Sie sind in der Regel mit einem Stufenschalter oder Raumtemperaturregler ausgestattet. Besondere Ausführungen für nasse Räume und feuergefährdete Betriebsstätten.

Konvektionsheizgeräte sind in zahllosen Ausführungen, dem jeweiligen Verwendungszweck angepaßt, erhältlich, z. B. zylindrische Heizgeräte unter den Sitzen elektrischer Bahnen, Flachheizgeräte, Rohrheizgeräte an den Fußbänken in Kirchen, Rohrregister oder Rippenrohrheizgeräte für Garagen und Werkstätten, als Sockelheizkörper usw. Sonderausführungen sind Warmwasserradiatoren mit an der unteren Nabe axial eingebauter elektrischer Heizpatrone.

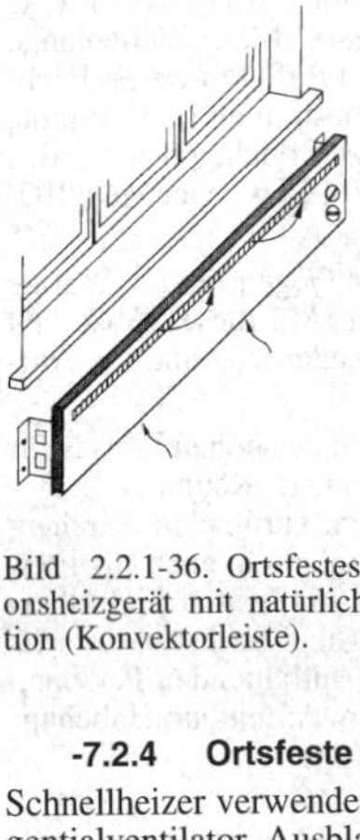

Bild 2.2.1-36. Ortsfestes Konvektionsheizgerät mit natürlicher Konvektion (Konvektorleiste).

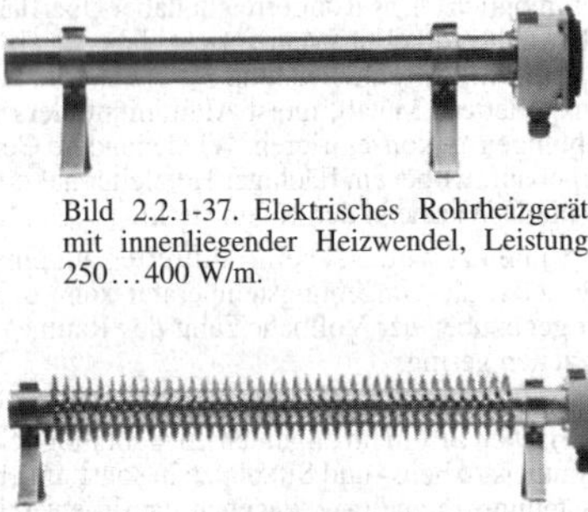

Bild 2.2.1-37. Elektrisches Rohrheizgerät mit innenliegender Heizwendel, Leistung 250…400 W/m.

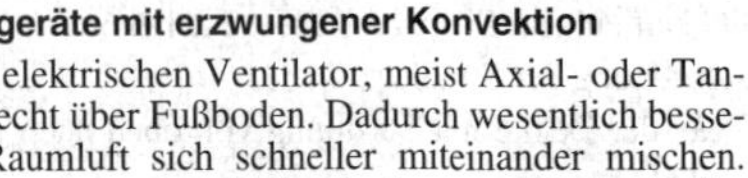

Bild 2.2.1-38. Rippenrohrheizgerät. Leistung etwa 600 W/m (Schultze Kältewehr).

-7.2.4 Ortsfeste Konvektionsheizgeräte mit erzwungener Konvektion

Schnellheizer verwenden zusätzlich einen elektrischen Ventilator, meist Axial- oder Tangentialventilator. Ausblas der Luft waagerecht über Fußboden. Dadurch wesentlich bessere Heizwirkung, da warme und kalte Raumluft sich schneller miteinander mischen. Beispiel Bild 2.2.1-39 u. Bild 2.2.1-40. Regelung sowohl der Luftmenge (Drehzahl des Ventilators) wie der Heizleistung, häufig auch mit Raumthermostat und Schaltuhr, für Baderäume, Küchen usw.

-7.2.5 Deckenheizungen

Eingebettet zwischen Deckenverkleidung (Gipskartonplatten, Metall- oder Holzpaneel) und Mineralwolle-Dämmplatten liegen Flächenheizleitungen, die an Holzlatten der tragenden Konstruktion fixiert werden. Flächenheizleitungen nach DIN VDE 0700 T96 bestehen aus zwei miteinander verklebten Polyesterfolien, dazwischen zu Mäandern geschnittene Folie aus Zinn-Blei-Legierung oder innerhalb von seitlich angeordneten Kupferleiterbah-

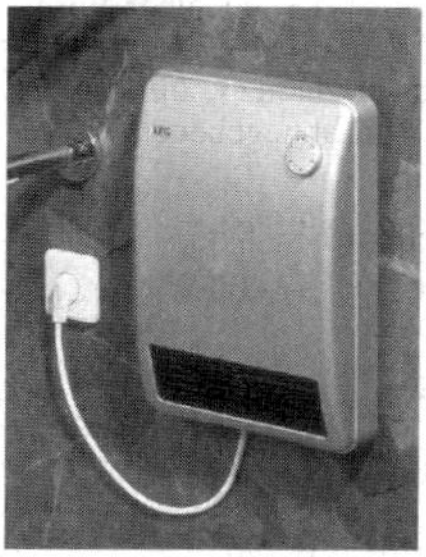

Bild 2.2.1-39. Ortsfestes Konvektionsheizgerät mit erzwungener Konvektion, Schnellheizer. (Werkfoto AEG)

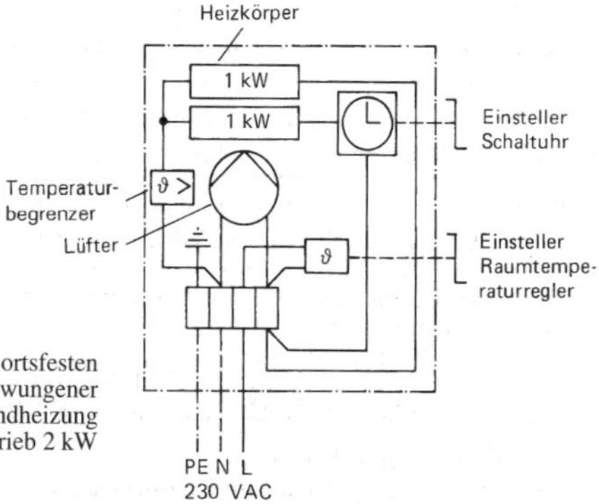

Bild 2.2.1-40. Schaltbild eines ortsfesten Konvektionsheizgerätes mit erzwungener Konvektion (Schnellheizer). Grundheizung mit 1 kW, bei zeitgesteuertem Betrieb 2 kW Aufnahme.

nen eine flächige Ruß-Graphit-Schicht als Heizleiter. Befestigung an der Unterkonstruktion im Bereich der leiterfreien Folie.

Lieferformen: Konvektionierte, mit Kaltleitungen oder Anschlußdosen versehene Heizelemente, meist für 230 V, oder als Rollenware. Flächenbezogene Aufnahme 100 bis 300 W/m^2. Bestimmungen zum Einbau beachten (DIN VDE 0100 T753).

Temperaturregelung durch Raumtemperaturregler oder Proportionalregler, ggf. mit Absenksteuerung.

Bemessung: siehe Abschnitt 2.4.4-3. Nur für Räume zu empfehlen, deren spez. Wärmebedarf unter 100 W/m^2 liegt. Die Aufnahme der Deckenheizung soll den Norm-Wärmebedarf nicht überschreiten. Längs der Außenwand mit Fenstern ist eine Randzone zu bilden. Das hier zu verlegende Heizelement weist eine um 20 bis 40% höhere flächenbezogene Aufnahme als in der Verweilzone auf. Deckenflächen über raumhohen Möbeln und Deckenleuchten bleiben unbeheizt. Der Bezug elektrischer Energie darf keiner Einschränkung unterliegen.

Verlegeplan anfertigen. Er ist bei der Anlagenübergabe dem Bauherrn und Benutzer auszuhändigen. Einzutragen sind: Lage der Heizelemente, Anschlußstellen und Raumtemperaturregler, ferner Nennspannung, flächenbezogene und Nennaufnahmen sowie Länge und Breite jedes Heizelementes.

-7.2.6 Fußboden-Direktheizung[1)]

Siehe Abschnitt 2.2.1-7.3.2, jedoch folgende Abweichungen: Die vom Fußboden aufgenommene Wärme wird überwiegend als Wärmestrahlung sofort oder mit geringer zeitlicher Verzögerung dem Raum zugeführt. Der Bezug elektrischer Energie ist zeitlich nicht eingeschränkt. Heizestrichdicke 50 bis 55 mm, summiert sich aus Heizleitungsdurchmesser (5 bis 10 mm) und 45 mm Zementestrich-Überdeckungshöhe nach DIN 18560 T2.

Bodenfläche teilt sich in

- *Stellfläche;* zur Aufstellung von Möbeln, unbeheizter, ca. 60 cm breiter Bodenstreifen längs der Innenwände.
- *Randzone;* beheizte Fläche mit Fußbodentemperatur ≤ 35 °C, 0,5 bis 1 m breiter Bodenstreifen längs der Außenwände mit Fenstern. Flächenbezogene Aufnahme ≤ 250 W/m^2, die flächenbezogene Heizleistung ist dann ≤ 172 W/m^2. Randzone mit Möbeln, Garnituren mit Schabracken, Teppichen o.ä. nicht abdecken, sonst Wärmestau und möglicherweise Zerstörung der Heizleitungen!
- *Verweilfläche,* die sich aus der verbleibenden Bodenfläche ergibt. Maximale flächenbezogene Aufnahme siehe Tafel 2.2.1-4, in Räumen mit Badewanne oder Dusche ≤ 160

[1)] BVF-Merkblätter 1, 2, 3, 6 und 9 – auch unter www.flaechenheizung.de.

W/m². Höchste zulässige Fußbodentemperatur nach DIN EN 1264 T3: 9 K über Norm-Innentemperatur. Bei $\vartheta_i = 20\,°C$ entspricht dies 29 °C. Gemäß Bild 2.4.4-27 werden dabei 100 W/m² an den Raum abgegeben. Wärmestromdichte nach unten (Raum, Keller, Außenluft) meist 10 bis 15% der an den zu beheizenden Raum abgegebene Wärmeleistung.

Beispiel einer Bemessung: Wohnraum ($\vartheta_i = 20\,°C$), darunter Keller ($\vartheta_i' = 5\,°C$)

Fußbodenfläche	$A \;= 15\ m^2$	Norm-Wärmebedarf $\dot{Q}_N^* = 1000\ W$
Stellfläche	$A_S = -5\ m^2$	Flächenbezogener
Fläche der Randzone	$A_R = -3\ m^2$	Norm-Wärmebedarf $\dot{q}_N^* = 66{,}7\ W/m^2$
Verweilfläche	$A_V = \;\;7\ m^2$	Temperaturdifferenz (20–5) = 15 K

Wärmedämmung unter dem Heizestrich – Dicke 105 mm
Versorgungs-Aufladedauer $(t_F + t_{ZF}) = 24\ h$
Maximale flächenbezogene Aufnahme der Verweilfläche nach Tafel 2.2.1-4:
$P_F' = 100\ W/m^2$
Prüfung der Wärmeleistungen:
in der Randzone $\dot{Q}_R = A_R \cdot \dot{q}_R = 3\ m^2 \cdot 172\ W/m^2$ = 516 W
in der Verweilfläche $\dot{Q}_V = A_V \cdot \dot{q}_V = 7\ m^2 \cdot (100\ W/m^2 \cdot 90\%)$ = 630 W

der gesamten Fußbodenfläche $\dot{Q}_F$ = 1146 W
Nach Tafel 2.2.1-4 wäre die minimalste Wärmeleistung der Verweilfläche
$\dot{Q}_V = A_V \cdot \dot{q}_V = 7\ m^2 \cdot 70\ W/m^2$ = 490 W

Der Norm-Wärmebedarf $\dot{Q}_N^*$ ist in jedem Fall gedeckt.

Temperaturbegrenzung im Störungsfall durch elektronischen oder thermomechanischen Temperaturbegrenzer, Einstellung ≤ 60 °C. Bodentemperaturfühler im Schnittpunkt der Flächendiagonalen der Randzone einsetzen.

Fußbodentemperaturregelung

Einzelraumregelung. Elektronischen Fußbodentemperaturregler im Stromkreisverteiler (Bild 2.2.1-42) oder neben der Eingangstür des fußbodenbeheizten Raumes montieren. Bodentemperaturfühler im Schnittpunkt der Flächendiagonalen der Verweilfläche im Heizestrich eingießen und vermaßen oder auswechselbar in Isolierrohr verlegen.

Witterungsabhängige Fußbodentemperaturregelung. Erforderlich sind Witterungsfühler (in der Außenwand eines fußbodenbeheizten Raumes), Zentralsteuergerät und elektronische Aufladeregler, die neben Leitungsschutzschaltern und Schützen im Stromkreisverteiler untergebracht sind. Die zugehörigen Bodentemperaturfühler sind im Schnittpunkt der Flächendiagonalen der Verweilfläche im Heizestrich einzugießen und zu vermaßen oder auswechselbar in Isolierrohr einzulegen. Siehe auch Abschnitt 2.2.1-7.3.1. Ein Gerätegehäuse kann bis zu vier Aufladeregler beinhalten.

Bild 2.2.1-41. Flächenheizleitungen für Fußboden- und Deckenheizungen (Werkfoto HTS Stanzach).

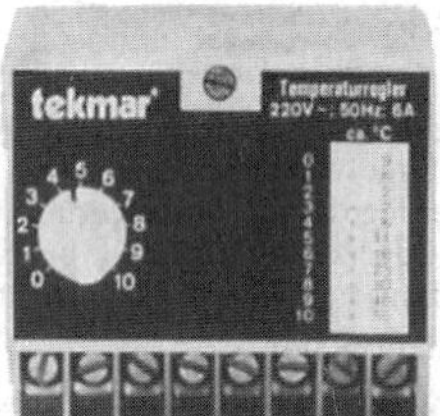

Bild 2.2.1-42. Elektronischer Bodentemperaturregler für Fußboden-Direktheizung (für Verteilereinbau).

-7.2.7 Gesteuerte Fußboden-Direktheizung

Wie Fußboden-Direktheizung, jedoch sperrt das EVU in Spitzenlastzeiten den Energiebezug (Sperrzeit). Dies kann in 24 Stunden viermal, längstens je 2 Stunden, erfolgen. Die Freigabe nach einer Sperrzeit ist von mindestens gleicher Dauer. Tägliche Versorgungs-Aufladedauer $t_F > 16\ h$. Dicke des Heizestrichs 6 cm.

-7.2.8 Zentrale Elektro-Direktheizung

– Warmluftheizung, siehe Abschnitt 3.3.2-2 (Lufterwärmer)
– Warmwasserheizung, siehe Abschnitt 2.3.1-2.6 (Elektrokessel).

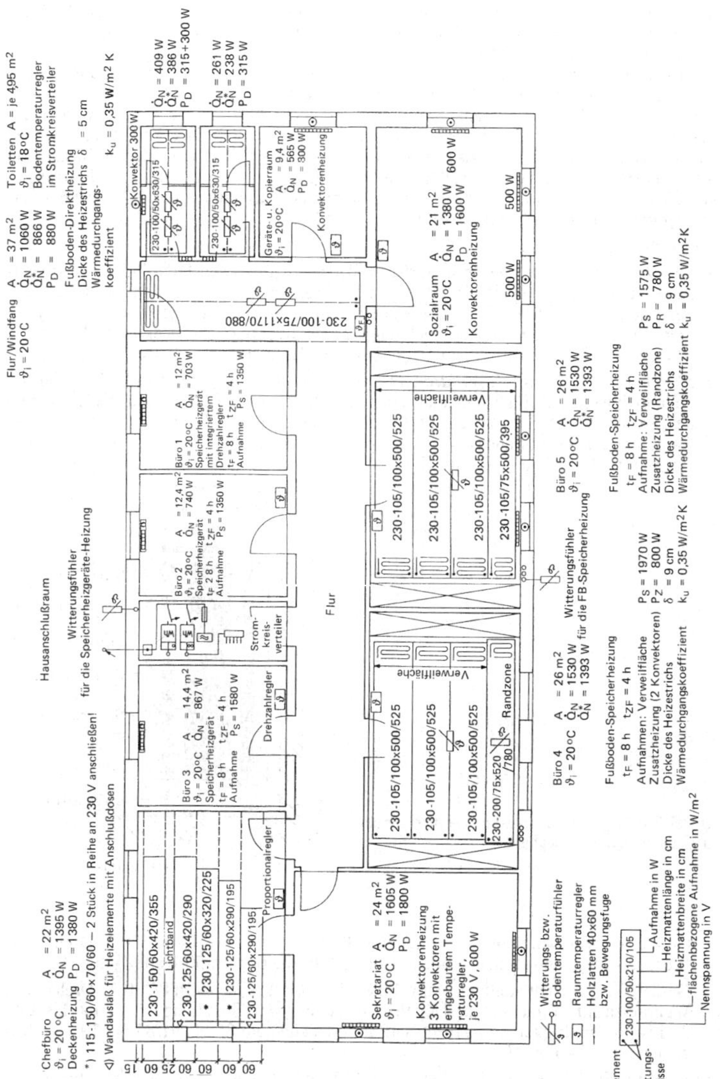

Bild 2.2.1-43. Installations- und Verlegeplan für verschiedene dezentrale elektrische Raumheizungen.

-7.3 Elektrische Speicherheizung[1)]

-7.3.1 Speicherheizgeräte

enthalten im Innern Magnesitsteine (Speicherkern), die durch eingebettete elektrische Rohrheizkörper oder Heizpatronen erhitzt werden und die Wärme später abgeben. Ein innerer Stahlblechmantel zur Vermeidung von Faseraustrag und 20 bis 50 mm dicke Wärmedämmung aus Steinwolle oder Masse mit mikroporösen Gaseinschlüssen (z.B. Microtherm – Siliziumdioxid in körniger oder mikroporöser Zusammensetzung) sowie ein Mantel aus Kacheln oder lackiertem Stahlblech umgeben den Speicherkern. Aufladung mit billigem „Heizstrom" auf etwa 500 bis 700 °C innerhalb der 5-, 6-, 8-, 9- oder 10stündigen Versorgungs-Aufladedauer, meist zwischen 21.00 und 7.00 Uhr. Viele EVU gewähren außerdem eine 2-, 3-, 4- oder gar 8stündige zusätzlichen Versorgungs-Aufladedauer, meist zum Hochtarif-Arbeitspreis zwischen 12.00 und 17.00 Uhr. Der zunehmende Einsatz von Rundsteueranlagen gestattet den EVU, zur besseren Nutzung der Lasttäler, die Freigabe in gestaffelten Lastgruppen zentral zu steuern. Nutzbarer Wärmeinhalt von Magnesit bei Entladung von 620 auf 120 °C: $(620 - 120) \cdot 1{,}14 = 570$ kJ/kg $\widehat{=}$ 1700 kJ/dm³.

Bauarten:

a) *Speicherheizgeräte mit nicht steuerbarer Wärmeabgabe* nach DIN 44570. Wärmeabgabe nur statisch über die Oberfläche, nicht regelbar. Ungünstig, da nicht gleichbleibend, sondern abnehmend. Einsatz begrenzt, nur in kleinen, untergeordneten Nebenräumen (Flur, WC). Ehemalige Bezeichnung: Bauart I. Aufnahmen: 1 und 1,5 kW bei 230 V Wechselstrom. Abmessungen in cm: Höhe 53, Breite 60 und 73, Tiefe 18 und 20.

b) *Speicherheizgeräte mit steuerbarer Wärmeabgabe* nach DIN 44572 T1 bis T5. Wärmeabgabe dynamisch. Ein Tangential- oder Radiallüfter bläst Raumluft durch Luftkanäle des Speicherkerns. Die erhitzte Luft wird in einem thermisch gesteuerten Bypass mit Raumluft auf die Luftaustritts-Übertemperatur von ≤120 K gemischt (Bild 2.2.1-44). Ehemalige Bezeichnung: Bauart III.

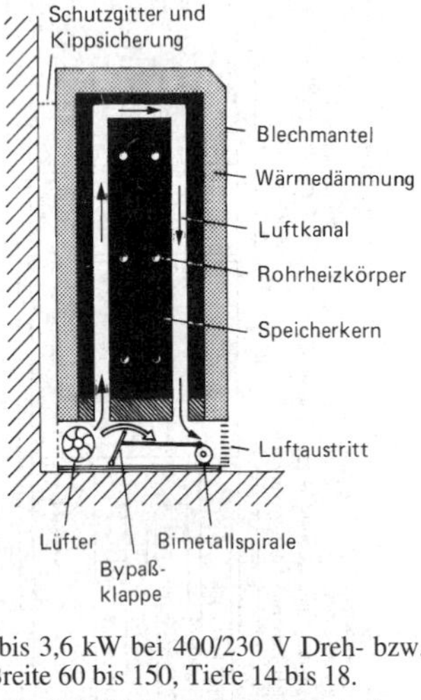

Bild 2.2.1-44. Schema eines Speicherheizgerätes mit steuerbarer Wärmeabgabe.

Geräte für Wandaufhängung: Aufnahmen 0,75 bis 3,6 kW bei 400/230 V Dreh- bzw. Wechselstrom. Abmessungen in cm: Höhe 53, Breite 60 bis 150, Tiefe 14 bis 18.

Geräte für Bodenaufstellung: Aufnahmen 1,25 bis 9 kW bei 400/230 V Dreh- bzw. Wechselstrom. Abmessungen Höhe/Breite/Tiefe in cm: Standardgeräte 67/60 bis 150/25 bis 36; Niedriggeräte 48/100 bis 123/25; Hochgeräte 85 bis 91/85 bis 105/36; Küchengeräte 85/45 bis 60/60.

c) *Lüftungs-Speicherheizgeräte.* Bauart wie b), jedoch mit Wärmetauscher, Filter und Außenluftanschluß. Raum- und Außenluft im Austausch. Übersteigt der Raumwärmebedarf den Wärmerückgewinn aus Abluft, deckt den Rest das Speicherheizgerät. Ideal für Gebäude mit dichter Hüllfläche

---

1) RWE-Bau-Handbuch, 12. Ausgabe.
Rohne, P., Handbuch der elektrischen Raumheizung, 1993.

Einsatz nicht in Garagen, Warenhäusern, feuer- und explosionsgefährdeten Betriebsstätten, Naßräumen, Schutzbereichen von Räumen mit Badewanne oder Dusche. Folgende Oberflächen-Übertemperaturen sind genormt: Vorderwand mit Ausnahme des Luftaustritts 70 K, Seitenwände 60 K, Rückwand 60 K und Abdeckplatte 45 K. Das durch den Lüfter erzeugte Betriebsgeräusch darf 35 dB(A) nicht überschreiten. Wegen des hohen Gewichtes werden Gehäuse, Speicherkern in Steinen und Heizkörper getrennt angeliefert; Zusammenbau am Aufstellort.

Sonderausführungen: Schulausführung – Warmluftaustritt oben; Zweikreisgeräte für einige EVU – hohe Aufnahme nachts, niedrige Aufnahme am Tag.

Zubehör: Keramische oder Natursteinverkleidungen, Wechselfronten in verschiedenen Dekoren; Tagstromzusatzheizungen – Rohrheizkörper hinter dem Luftaustrittsgitter zur Raumtemperierung bei nicht geladenem Gerät; Unterlegplatten bei Hochflorteppichen; Wand- bzw. Bodenkonsolen für Wandaufhängung oder für den Einbau vor Estricheinbringung.

Bemessung: Für jede Baureihe bieten die Hersteller bis zu acht verschiedene Gehäusetypen an. Für jeden Gehäusetyp gibt es drei bis fünf Heizkörpersätze unterschiedlicher Aufnahme. Je nach Normwärmebedarf $\dot{Q}_N$ einschließlich „Innerer Transmissions-Wärmebedarf $\dot{Q}_{Ti}$" (Wärmeverluste durch Bauteile innerhalb derselben Wohnung infolge eingeschränkten Heizbetriebes), Versorgungs-Auflade- und (Benutzungs-)Heizdauer und der vor- oder nachrangigen Nutzung der zusätzlichen Versorgungs-Aufladedauer ist der erforderliche Heizkörpersatz und der Gerätetyp nach Herstellertabellen zu bestimmen. Bei allen Speicherheizgeräten ist das Prinzip der Aufladesteuerung und der Entladeregelung wichtig.

Raumtemperaturregelung. Kaum bemerkbare Temperaturschwankungen im Raum treten durch den „Ein-Aus-Betrieb" auf. Elektronische Drehzahlregler verändern die Lüfterdrehzahl stetig und garantieren konstante Raumtemperaturen. Bestimmung der Aufladung (Soll-Wärmeinhalt) erfolgt bei fehlender Aufladesteuerung manuell am Einsteller E6 des Speicherheizgerätes durch den Benutzer. Sonst mittels

Aufladesteuerung nach DIN 44574 T1 bis T6. Automatische Aufladung in Abhängigkeit von Außentemperatur und Restwärme, wobei der Aufladebeginn durch EVU-Freigabe und besonderes Zeitglied bestimmt wird. Die Aufladedauer ist meist kürzer als die Versorgungs-Aufladedauer. Die zeitliche Lage der Aufladung innerhalb der Versorgungs-Aufladedauer gibt das EVU regional und je nach Lastverhältnissen als „Lastcharakteristik" Vor-, Spreiz- oder Rückwärtssteuerung vor.

- *Vorwärtssteuerung:* Beginn der Versorgungs-Aufladedauer und Aufladebeginn identisch.
- *Spreizsteuerung:* Aufladedauer wird um die fiktive Mitte der Versorgungs-Aufladedauer gelegt bzw. gespreizt.
- *Rückwärtssteuerung:* Aufladebeginn zu einem Zeitpunkt, so daß die Aufladung zum Ende der Versorgungs-Aufladedauer beendet ist.

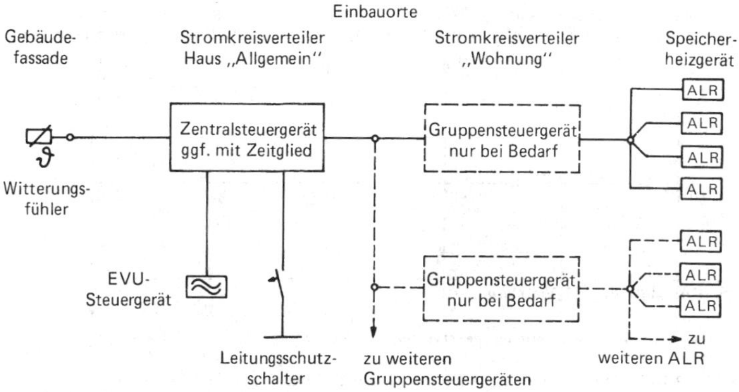

Bild 2.2.1-45. Bauglieder einer Aufladesteuerung nach DIN 44574.

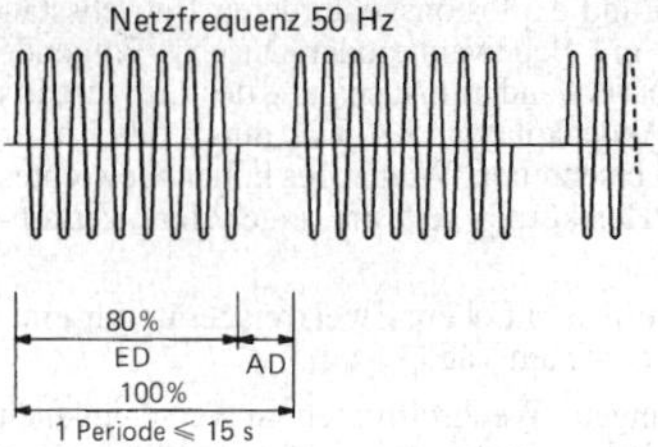

Bild 2.2.1-46. Aufladesteuerung; Signal (80%) des Zentralsteuergerätes für thermomechanische Aufladeregler.
ED = Einschaltdauer; AD = Ausschaltdauer.

Bei tiefen Außentemperaturen überlagert sich die Aufladung bei allen Lastcharakteristiken. Die Lasttäler sind dann aber größer. Die heute angebotenen Aufladesteuerungen arbeiten mit Mikroprozessoren. Sie lassen eine Fülle von Funktionen zu. Bestandteile (Bild 2.2.1-45): Die Aufladesteuerung besteht aus *Witterungsfühler* (Norm-Fühler in der Gebäudefassade), *Zentralsteuergerät* (Bild 2.2.1-49) ggf. mit *Zeitglied,* bei Groß- und Mehrkundenanlagen zusätzlich *Gruppensteuergeräte,* und den *Aufladereglern* in jedem Speicherheizgerät. Arbeitsweise: Das Zentralsteuergerät empfängt den Meßwert des Witterungsfühlers und wandelt diesen in ein elektrisches und ggf. zeitbeeinflußtes Signal um, das über die Aufladesteuerleitung und ggf. über Gruppensteuergeräte den Aufladereglern zugeführt wird. Zwei Signalsysteme sind genormt, nämlich

- pulsierende Wechselspannung 230 V mit 80% Einschaltdauer (ED) – siehe Bild 2.2.1-46 – für thermomechanische Aufladeregler (Verwendung von allen Herstellern),
- Gleichspannung ≤ 24 V für elektronische Aufladeregler (Fabr. DIMPLEX).

Thermomechanische Aufladeregler: Wie in Bild 2.2.1-48 dargestellt, wirkt die pulsierende Wechselspannung auf den Steuerwiderstand. Bei 80% ED erwärmt sich das Arbeitsmittel, eine ölige Flüssigkeit, im Steuerfühler so stark, daß es durch Ausdehnung auf die Doppelmembran wirkt und diese die Schalter öffnet. Folge: 0% Ladewert. Bei 0% ED bleiben die Schalter geschlossen, bis die von den Heizkörpern ausgehende Wärme über Speicherkern und Wärmedämmung auf den Kernfühler wirkt, das Arbeitsmittel sich ausdehnt und die Schalter öffnet. Folge: 100% Ladewert = Volladung. Jeder andere Ladewert ist durch ED-Änderung erzielbar. Während der Entladung und bei ausbleibender bzw. geringer Beheizung des Steuerfühlers schließen die Schalter, sofern der Einsteller E6 eingeschaltet bleibt (Bild 2.2.1-47). Die mittelbare Kerntemperaturerfassung ergibt sich aus der begrenzten thermischen Belastbarkeit des Arbeitsmittels.

Elektronische Aufladeregler: Diese vergleichen das Gleichspannungs-Signal mit dem Wärmeinhalt mittels Thermoelement im oder am Speicherkern und mit dem Wert des Einstellers E6. Ihre Ausgangsgröße 230 V AC wirkt auf ein Thermoschütz, das die Heizkörper zeitverzögert beschaltet. Elektronische Aufladeregler werden auch bei Fußboden-Direkt-

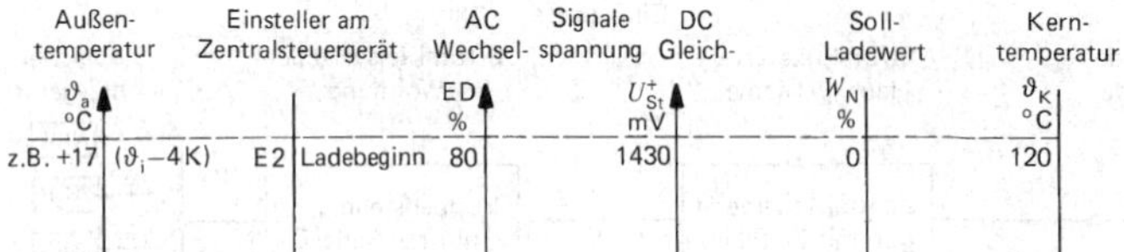

*) gilt nur für DIMPLEX-Speicherheizgeräte mit elektronischen Aufladereglern

Bild 2.2.1-47. Aufladesteuerung; Einflußgrößen und Signale zum Soll-Ladewert (Wärmeinhalt) von Speicherheizgeräten bei Lastcharakteristik Vorwärtssteuerung bzw. bei Spreiz- oder Rückwärtssteuerung zum Absenkzeitpunkt (Einsteller E3).

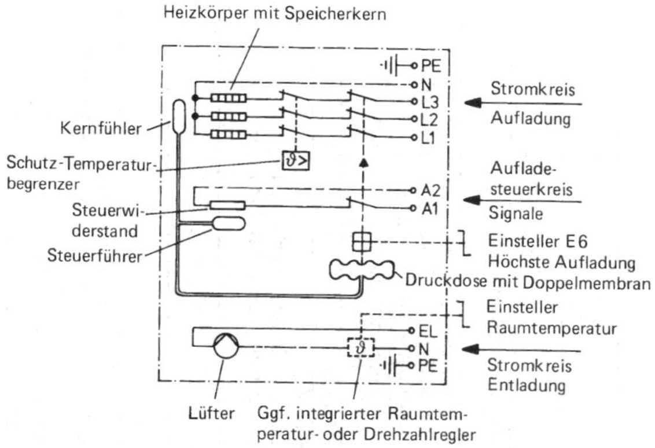

Bild 2.2.1-48. Aufladesteuerung; Schema eines thermomechanischen Aufladereglers in einem Speicherheizgerät mit steuerbarer Wärmeabgabe.

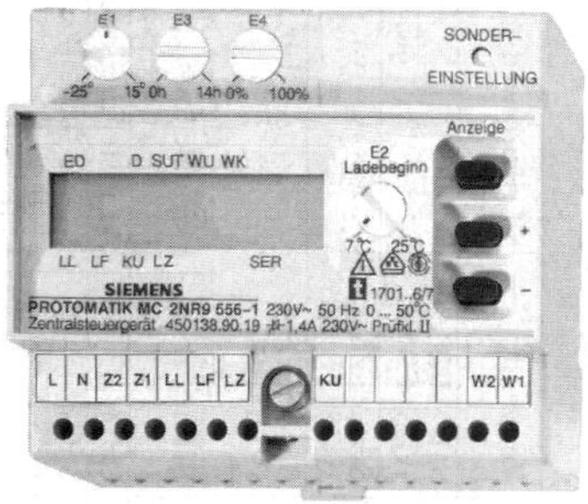

Bild 2.2.1-49. Aufladesteuerung; Zentralsteuergerät mit eingebautem Zeitglied für Speicherheizgeräte (Siemens).

und -Speicherheizungen sowie bei allen Elektro-Zentralspeichern verwendet. Allerdings ist das Gleichspannungs-Signal dann je nach Fabrikat von unterschiedlicher Höhe. Beschreibung der Einsteller in Tafel 2.2.1-3.

Vorteile der Speicherheizung: Kein Schornstein, keine Bauauflagen, keine Brennstoffbevorratung, kein Heizraum, keine Asche, schnelle Raumaufheizung, Sparmöglichkeiten, dauernde Betriebsbereitschaft, leichte Ermittlung der Heizkosten. Abrechnung direkt zwischen Mieter und EVU.

Nachteile: Hohe Massen von bis zu 40 kg/kW Aufnahme, größerer Platzbedarf, Staubverschwelung durch hohe Luftaustrittstemperatur, schwaches Lüftergeräusch, begrenzte Zulassung durch das EVU.

Die Speicherheizgeräte haben für die Wohnraumheizung Bedeutung gewonnen, namentlich für die Modernisierung von Altbauten, da ihre Verwendung von manchen EVU wegen der besseren Ausnutzung der Kraftwerke und Leitungen in der Nacht gefördert wird. In Deutschland waren 1996 2,6 Mio. Speicherheizungsgeräte angeschlossen, 90% in privaten Haushalten.

Kosten etwa 400 bis 500 €/kW Aufnahme (bei 8 + 2 h-Versorgungs-Aufladedauer). Davon ca. 400 € für Aufladesteuerung und 100 bis 150 €/kW für die Elektroinstallation der Anlage. Aufnahme in Wohngebäuden überschlägig 0,16 bis 0,25 kW/m^2, sofern keine zusätzliche Versorgungs-Aufladedauer gewährt wird.

Tafel 2.2.1-3 Aufladesteuerung – Einsteller

Einsteller	Begriff	Einstellbereich	Einge-baut im	Verwendung bei	Erläuterung
E1	Volladung	– 20 bis + 5 °C	ZSG*	SHG/FZS/ WZS/FBH	$E1 = \vartheta_i - \frac{t_F}{t_F + t_{ZF}} \cdot (\vartheta_i - \vartheta_a')$
E2	Ladebeginn	+ 12 bis + 20 °C	ZSG	SHG/FZS/ WZS/FBH	$E2 = \vartheta_i$ – ca. 4 K Temperaturkompensation am Witterungsfühler
E3	Absenk-zeitpunkt	4 bis 9 h	ZG*	SHG/FZS/ WZS/FBH	$E3 = t_F - 1$ h Bestimmung der Lastcharakteristik Abzug nur bei SHG wegen Zeitkompensation durch mittelbare Kerntemperaturerfassung
E4	Entlade-zeitpunkt	22 bis 30 h	ZG*	SHG/FZS	Einstellung gibt EVU vor. Fiktiver Zeitpunkt, ab Beginn der Versorgungs-Aufladedauer gerechnet, an dem das SHG 0% W_N erreicht
E5	Aufladung	– 30 bis + 10% W_N	GSG	SHG	Einstellung nach Bedarf des Benutzers
E6	Max. Wärme-inhalt	z. B. 620 °C 425 bis 725 °C 80 bis 120 °C	ALR ALR* ALR*	SHG FZS WZS	0 bis 100% W_N – vom Benutzer einstellbar 100% W_N – vom Hersteller fest eingestellt oder empfohlen 100% W_N – vom Hersteller fest eingestellt oder empfohlen höchste Speichertemperatur
E7	Wärmemenge „Nacht"	– 20 bis + 30% W_N	ALR	FBH	nach Bedarf des Benutzers
E8	Wärmemenge „Tag"	– 20 bis + 30% W_N	ALR	FBH	nach Bedarf des Benutzers
E9	Min. Wärme-inhalt	ca. 120 °C 75 bis 120 °C 20 bis 50 °C + 20 °C	ALR* ALR* ALR* ALR*	SHG FZS WZS FBH	0% W_N – vom Hersteller fest eingestellt (Sockeltemperatur) 0% W_N – vom Hersteller empfohlen – abhängig von Art der Wärmeverbraucher 0% W_N – Rücklauftemperatur des Heizungssystems 0% W_N – vom Hersteller fest eingestellt
t_Z	Laufzeit		ZG		Taste für Laufzeitsynchronisation
EX					Weitere, nicht genormte Einsteller für Zusatzfunktionen (Nennumlaufdauer des ZG, Summe von zusätzlicher Versorgungs-Aufladedauer und Versorgungs-Aufladedauer, Sommerlogik, Wochenendabsenkung usw.)

* = für den Benutzer nicht zugänglich; ϑ_a' = Außentemperatur nach DIN 4701; ϑ_i = Norm-Innentemperatur; ALR = Aufladeregler; FBH = Fußbodenheizung; FZS = Feststoff-Zentralspeicher; SHG = Speicherheizgerät; W_N = Ladewert; WZS = Wasser-Zentralspeicher; ZSG = Zentralsteuergerät; ZG = Zeitglied

-7.3.2 Fußboden-Speicherheizung[1)]

Die Fußboden-Speicherheizung nach DIN 44576 T1 bis T4 besteht aus Speicherschicht, Zusatzheizung, Steuer- und Regeleinrichtung. Sie deckt den Norm-Wärmebedarf $\dot{Q}_N*$. Das ist der Norm-Wärmebedarf $\dot{Q}_N$ nach DIN 4701 abzüglich Transmissionswärmebedarf des Fußbodens $\dot{Q}_F$.

$$\dot{Q}_N^* = \dot{Q}_N - \dot{Q}_F$$

Ist auch der darüberliegende Raum mit Fußboden-Speicherheizung ausgestattet, wird außerdem der Transmissionswärmebedarf der Decke $\dot{Q}_D$ in Abzug gebracht.

Versorgungs- und zusätzlich Versorgungs-Aufladedauer für den Speicherteil beträgt in Summe ≤16 h. Die Speicherschicht wird in Versorgungs-Aufladedauer (nachts) und zusätzlicher Versorgungs-Aufladedauer ≥ 2 h (nachmittags) von eingelegten Heizleitungen erwärmt. Bereits während der Aufladung setzt die Entladung durch Wärmestrahlung ein. Wärmeabgabe nicht gleichbleibend, sondern abnehmend. Deshalb muß die Aufladung der Speicherschicht unmittelbar vor oder während der Benutzungsdauer stattfinden. Zur Raumtemperaturstabilisierung ist in Aufenthaltsräumen eine schnell verfügbare *Zusatzheizung* erforderlich, die mind. 20% des Norm-Wärmebedarfs $\dot{Q}_N^*$ deckt (z. B. Randzonenheizung, Unterflur- oder Wandkonvektoren o. ä.). Der Energiebezug der Zusatzheizung ist in der Benutzungsdauer zeitlich nicht eingeschränkt. Ein Raumtemperaturregler schaltet die Zusatzheizung.

Verlegearten: Trocken- (selten) und Naßverlegung. Bei Naßverlegung folgende Konstruktionen (Bild 2.2.1-50): tragende Schicht (z. B. Geschoßdecke), ggf. Feuchtigkeitssperre, Wärme- und Trittschalldämmung. Darüber, bei Verwendung von

- Flächenheizleitungen aus rußbeschichteten Polyesterfolien (Bild 2.2.1-41): Flächenheizelemente mit Temperaturbeständigkeit von 70 °C, Abdeckung (PE-Folie), Bodentemperaturfühler, Heizestrich mit Bodenbelag.
- Flächenheizleitungen aus textilem Gewebe, in das basisisolierte Heizleitungen mäanderförmig eingearbeitet sind: Abdeckung, Heizestrich mit Bodentemperaturfühlern, Spachtelmasse, Flächenheizelement, Spachtelmasse, Bodenbelag.
- Heizmatten: Abdeckung, untere Lage Heizestrich (ca. $^1/_2$ der Gesamtdicke), Bodentemperaturfühler, Röhrenheizmatten (Temperaturbeständigkeit 150 °C) oder Heizmatten (90 °C), obere Lage Heizestrich und Bodenbelag. Die Heizmatten können auch auf der Abdeckung liegen, müssen dann bei 100 °C temperaturbeständig sein.

Röhrenheizmatten sind U-förmige Kunststoff- oder Edelstahlröhren, die auswechselbare, silikonisolierte Heizleitungen aufnehmen. Die Röhren enden in einem Sockelkanal (an einer Wand) und sind dort mit der Elektroinstallation verbunden.

Heizmatten (Bild 2.2.1-51) sind in Verlegerastern geometrisch fixierte Heizleitungen nach DIN VDE 0253. Leitungsaufbau: Heizleiterlitze mit Isolierhülle, ggf. Aderumhüllung, ggf. Umflechtung aus Kupferdrähten oder Metallmantel, ggf. PVC-Mantel. Heizleitungen sind

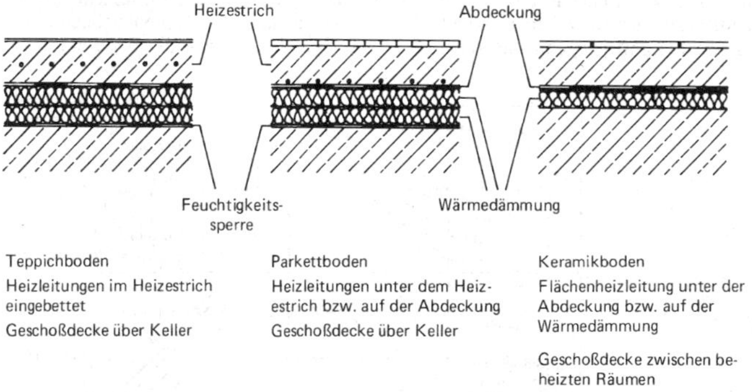

Bild 2.2.1-50. Fußbodenheizung; verschiedene Bodenkonstruktionen.

1) BVF-Merkblätter Nr. 1, 2, 3, 6 und 9 – auch unter www.flaechenheizung.de.

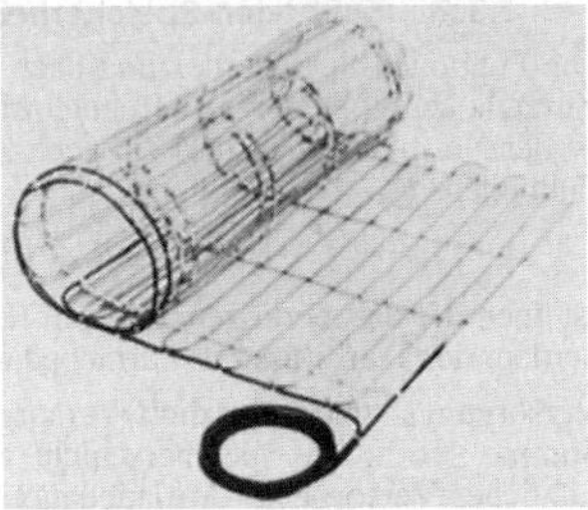

Bild 2.2.1-51. Heizmatte für Fußbodenheizung; Heizleitung mit Stahlwellmantel nach DIN VDE 0253; Bauart NH6Y4GW
(Werkfoto Thermo System Technik).

innerhalb der Heizmatte über Verbindungsstellen (Muffen) mit den unbeheizten Kaltleitungen verbunden. Letztere sind in die Anschlußdose der Elektroinstallation zu führen. Lieferformen: verschiedenste Heizleitungsbauarten, Breiten 0,5 bis 2 m, Längen 1 bis 20 m, Heizleitungsabstände 5 bis 12 cm, ein- oder zweiseitiger Anschluß mit Kaltleitungen, jeweils 3 bis 5 m lang, Bemessungsspannung bis 400 V. Die Längenaufnahme soll nicht über 15 W/m liegen!

Wärmedämmung. Temperaturbeständigkeit der

– unteren Lage: 70 °C
– oberen Lage: 80 °C bei Verwendung von Flächenheizleitungen nach DIN VDE 0700 T96
  85 °C bei Verwendung von Heizmatten im Heizestrich, etwa mittig verlegt
  90 °C bei Verwendung von Heizmatten unter dem Heizestrich bzw. auf der Abdeckung verlegt.

Dämmstoffdicke bei Geschoßdecken zwischen beheizten Räumen ≥40 mm bei $\lambda = 0{,}04$ W/m · K, sonst nach Energieeinsparverordnung. *Heizestrich* ist ein schwimmender Zementestrich nach DIN 18560 T2; Körnung ≤7 mm. Anhydrit- und somit auch Fließestrich ist ungeeignet, da bei Heizleitungstemperaturen >55 °C Wasserausbildung. Einlage einer Bewehrung (Estrichgitter) 50 × 50 × 2 mm empfohlen, mindert Rißbildung und Höhenversatz. Einschränkungen bei Estrich-Feldgrößen: Fläche ≤40 m^2, Seitenverhältnis kleiner 1 : 2, Seitenlänge ≤8 m, stark verspringende Flächen meiden.

Speicherschicht besteht aus Heizestrich und mineralischem Bodenbelag. Die Speicherschichtdicke, 6 bis 14 cm, abhängig von Zusatzfreigabedauer t_{ZF}, Bodenbelag und außenflächenbezogener Speichermasse m der Raumumschließungsflächen A_a. Bestimmung nach Bild 2.2.1-52.

Beispiel: Gegeben: Flächenbezogener Wärmebedarf $\dot{q}^*_N = 70$ W/m^2, zusätzliche Versorgungs-Aufladedauer $t_{ZF} = 2$ h, Teppichboden > 6 mm dick, außenflächenbezogene Speichermasse 500 kg/m^3. Ergebnis nach Bild 2.2.1-52: Speicherschichtdicke $\delta = 9$ cm.

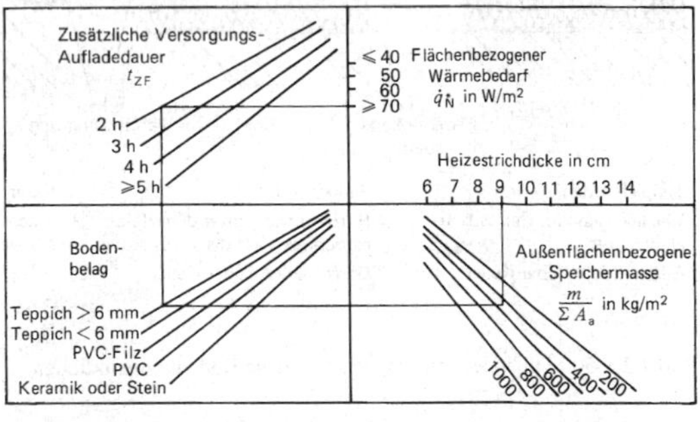

Bild 2.2.1-52. Fußboden-Speicherheizung; Diagramm zur Ermittlung der Heizestrichdicke.

Bewegungsfugen um jedes Estrichfeld, an Wänden, Pfeilern und Türen anordnen; vertikal durchgehender und geradliniger Verlauf, 5 bis 10 mm breit. Abdichtung mit dauerelastischer Fugenmasse. Heizleitungen und Bewehrungen dürfen Bewegungsfugen nicht kreuzen!

Elektrische Sicherheit – Schutz gegen gefährliche Körperströme: Schutzklassen I, II und III in trockenen Räumen zulässig. Räume mit Badewannen oder Dusche, Bereiche von Schwimmbädern und landwirtschaftliche Betriebsstätten – Schutzklasse I zulässig, jedoch metallene Umhüllung der Heiz- und Kaltleitung mit dem zusätzlichen Potentialausgleich verbinden; ebenso Schutzklasse II zulässig, wenn über die Heizleitungen eine mit dem zusätzlichen Potentialausgleich verbundene Bewehrung verlegt wird. Betrieb mit Fehlerstromschutzschalter $J_{\Delta N} \leq 30$ mA. Erläuterung der Schutzklassen:

I – Heizleitungen mit Schutzumflechtung, z.B. Bauart NH6Y4GW. Betrieb mit Fehlerstromschutzschalter erforderlich.

II – Schutzisolierte Heizleitungen (Basis- und zusätzliche Isolierung), z.B. Bauart NH6YMY.

III – Alle Heizleitungen, mit Schutz- oder Funktionskleinspannung (<50 V AC) betrieben und zusätzlichem Schutz vor direktem Berühren. Selten, da hohe Ströme große Heiz- und Kaltleiterquerschnitte erfordern.

Absicherung nur mit Leitungsschutzschalter (Sicherungsautomat)!

Verlegeplan. Für Fußbodenheizungen sind Verlegepläne anzufertigen (Bild 2.2.1-43). Sie enthalten: Aufnahmen und Aufteilung der Heizkreise, Lage der einzelnen Bodenflächen (Randzone, Verweil- und Stellflächen), Anschlußdosen, Regelgeräte, Bodentemperaturwächter, Witterungs- und Bodentemperaturfühler mit Vermaßung, Heizelemente mit Verlegerichtung der Heizleitungen, deren Bemessungsspannung, flächenbezogene und Nennaufnahme sowie der Bewegungsfugen. Der Verlegeplan ist dem Bauherrn und Benutzer auszuhändigen. Er dient im Störungsfall der raschen Fehlerortung. Bodenfläche teilt sich in

- *Stellfläche;* zur Aufstellung von Möbeln, unbeheizter, ca. 60 cm breiter Bodenstreifen längs der Innenwände.
- *Randzone;* nur erforderlich, sofern Zusatzwärmeleistung nicht anderweitig gedeckt. Beheizte Fläche mit ≤35 °C Fußbodentemperatur. 0,5 bis 1 m breiter Bodenstreifen längs der Außenwände mit Fenstern. Im Heizestrich, ganz oben eingebettet, der schnellen Wärme-Verfügbarkeit wegen, befindet sich eine zweite Heizmattenebene, die ein Raumtemperaturregler schaltet. Während des Betriebes der Randzonenheizung sind die darunterliegenden Heizmatten der Speicherheizung zu sperren oder von vornherein nicht vorzusehen. Maximale flächenbezogene Aufnahme ≤ 250 W/m², die flächenbezogene Heizleistung ist dann ≤172 W/m². Randzonenheizung nicht mit Möbeln, Garnituren mit Schabracken, Teppichen o.ä. abdecken, sonst Wärmestau und möglicherweise Zerstörung der Heizleitungen!
- *Verweilfläche,* die sich aus der verbleibenden Bodenfläche ergibt. Maximale flächenbezogene Aufnahme (Tafel 2.2.1-4) abhängig vom flächenbezogenen Wärmebedarf, der Temperaturdifferenz zum darunter liegenden Raum, der Wärmedämmung der tragenden Schicht (z.B. Geschoßdecke) sowie Versorgungs- und zusätzliche Versorgungs-Aufladedauer. Wärmestromdichte nach unten (Raum, Keller, Außenluft) meist 10 bis 15% der an den zu beheizenden Raum abgegebenen Wärmeleistung. Mittlere flächenbezogene Wärmeleistung ca. 70 W/m². Fußbodentemperatur im zeitlichen Mittel über die Raumbenutzungsdauer ≤ 6,5 K über Norm-Innentemperatur (Bild 2.2.1-53).

Beispiel. Gegeben: Versorgungs-Aufladedauer $t_F = 8$ h und zusätzliche Versorgungs-Aufladedauer $t_{ZF} = 2$ h, zusammen 10 h. Dämmstoffdicke $\delta = 8$ cm (zweilagig, Mineralwolle und PS-Partikelschaum/Styropor), Differenz der Raumtemperaturen zwischen fußbodenbeheiztem und darunterliegendem Raum $(\vartheta_i - \vartheta_i') = 15$ K (über Kellerraum gelegen). Flächenbezogener Wärmebedarf $\dot{q}_N^* = 70$ W/m². Ergebnis nach Tafel 2.2.1-4: Es sind Heizmatten mit einer maximalen flächenbezogenen Aufnahme von 164 W/m² zu wählen.

Temperaturbegrenzung im Störungsfall: in der Randzone durch elektronischen oder thermomechanischen Temperaturbegrenzer, Einstellung ≤60 °C, Bodenfühler im Schnittpunkt der Flächendiagonalen. In der Verweilfläche durch Überwachung der Versorgungs-Aufladedauer mittels übergeordnetem Zeitglied.

Aufladesteuerung: Erforderlich sind Witterungsfühler in der nördlichen Gebäudefassade, Zentralsteuergerät mit Zeitglied, ein übergeordnetes Zeitglied, elektronische Aufladeregler mit im Heizestrich vermaßt liegenden oder auswechselbar in Isolierrohr eingelegten Bodentemperaturfühlern, wie in Abschnitt 2.2.1-7.3.1 behandelt. Die Geräte befinden sich ne-

Tafel 2.2.1-4 Fußbodenheizung; maximale flächenbezogene Aufnahme in W/m² in Abhängigkeit der Dicke der Wärmedämmung (bei λ = 0,04 W/m · K), der Summe der Versorgungs-Aufladedauern ($t_F + t_{ZF}$) und der Differenz der Raumtemperaturen $\vartheta_i - \vartheta_i'$*). Den Tabellenwerten ist eine nutzbare flächenbezogene Wärmeleistung von 70 W/m² zugrunde gelegt.

Tempe-ratur-diffferenz	Dicke der Wärmedämmung unter dem Heizestrich: 4 cm $k_u = 0{,}80$ W/m²·K; $R_u = 1{,}25$ m²·K/W						Dicke der Wärmedämmung unter dem Heizestrich: 8 cm $k_u = 0{,}45$ W/m²·K; $R_u = 2{,}22$ m²·K/W						Dicke der Wärmedämmung unter dem Heizestrich: 10,5 cm $k_u = 0{,}35$ W/m²·K; $R_u = 2{,}85$ m²·K/W						Dicke der Wärmedämmung unter dem Heizestrich: 15 cm $k_u = 0{,}25$ W/m²·K; $R_u = 4{,}00$ m²·K/W					
$\vartheta_i - \vartheta_i'$	Summe Versorgungs-Aufladedauern ($t_F + t_{ZF}$)						Summe Versorgungs-Aufladedauern ($t_F + t_{ZF}$)						Summe Versorgungs-Aufladedauern ($t_F + t_{ZF}$)						Summe Versorgungs-Aufladedauern ($t_F + t_{ZF}$)					
	10h	12h	14h	16h	18h	24h	10h	12h	14h	16h	18h	24h	10h	12h	14h	16h	18h	24h	10h	12h	14h	16h	18h	24h
0 K	180	172	148	129	115	100	148	123	106	100	100	100	131	109	100	100	100	100	114	100	100	100	100	100
5 K	180	180	154	135	120	100	153	128	109	100	100	100	135	113	100	100	100	100	117	100	100	100	100	100
10 K	180	180	161	141	125	100	159	132	113	100	100	100	139	116	100	100	100	100	120	100	100	100	100	100
15 K	180	180	168	147	131	100	164	137	117	103	100	100	144	120	103	100	100	100	123	103	100	100	100	100
20 K	180	180	175	153	136	102	169	141	121	106	100	100	148	123	106	100	100	100	126	105	100	100	100	100
30 K	180	180	180	165	147	110	180	150	129	113	100	100	156	130	112	100	100	100	132	110	100	100	100	100
36 K	180	180	180	172	153	115	180	156	133	117	104	100	161	134	115	101	100	100	136	113	100	100	100	100

*) ϑ_i = Norm-Innentemperatur des fußbodenbeheizten Raumes; ϑ_i' = Raumtemperatur des darunterliegenden Raumes

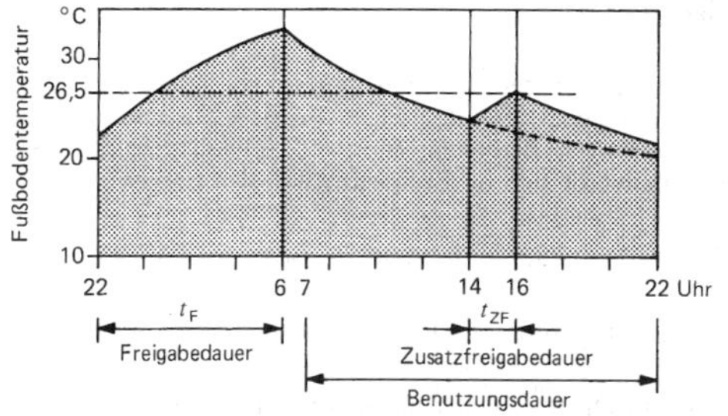

Bild 2.2.1-53.
Fußboden-Speicherheizung; typischer Verlauf der Fußbodentemperatur.

ben Sicherungen und Schützen im Stromkreisverteiler. Bis zu vier Aufladeregler kann ein Gerätegehäuse aufnehmen.

Einbau der Heizelemente erfolgt vor oder während der Estricheinbringung. DIN VDE 0100 T753 beachten! Elektroinstallateur richtet Heizleitungen aus, beseitigt Überdeckungen, Näherungen und Kreuzungen, beaufsichtigt die Estrichverlegearbeiten, mißt vor, während und nach der Estrichverlegung Isolations- und Schleifenwiderstände aller Heizelemente und protokolliert die Ergebnisse. Isolationswiderstand ≥1000 Ohm/V Betriebsspannung. Keine Beschädigungen der Heizleitungen riskieren! Keine scharfkantigen Werkzeuge und Schemel/Hocker (Füße könnten Heizleitungen beschädigen oder in die Wärmedämmung drücken; folglich Zerstörung durch Überhitzung) verwenden. Schubkarren und Estrich-Auslaufbock nur bedingt einsetzen. Schaltafeln im Zufahrtsweg auslegen. Bei sorgfältiger Verlegung ist die Lebensdauer der Heizleitungen über viele Jahrzehnte gesichert.

Inbetriebnahme. Nach Austrocknung des Heizestrichs Anlage bei täglicher Steigerung der Fußbodentemperatur um 5 K in Betrieb nehmen. Zum Aufbringen des Bodenbelages (Textil, Parkett, Steingut, Keramik) Anlage abschalten oder bei 18 °C belassen. Anschließend, nach Angabe des Bodenbelagherstellers, Fußbodentemperatur bis zum bestimmungsgemäßen Wert täglich um 5 K steigern.

Vorteile: Kein Schornstein, kein Heizungskeller, kein Abgas, preiswert in Anschaffung und Betrieb, kein nennenswerter Platzbedarf, keine oder geringe Wartungskosten, keine Bevorratung von Brennstoffen, einfache Abrechnung des Energieverbrauchs.

Nachteile: Eingeschränkte Regelbarkeit, Grundheizung sehr träge, elektrische Zusatzheizung erforderlich und mit höherem Arbeitspreis zu betreiben, höherer Fußbodenaufbau, Einsatz vom EVU abhängig.

Kosten: Anlagekosten ca. 60 bis 70 €/m² einschl. Elektroinstallation, ohne Bodenbelag. Betriebskosten: Bei 1500 Vollbetriebsstunden im Jahr und einem Strompreis von 0,07 €//kWh einschl. MWSt ergeben sich dann, auf den Quadratmeter bezogen, jährliche Kosten von

$$1500\ \text{h/a} \cdot 0{,}07\ \text{€/kWh} \cdot 0{,}07\ \text{kW/m}^2 = 7{,}35\ \text{€/m}^2 \cdot \text{a}.$$

-7.3.3 Elektro-Zentralspeicher

mit Speichermedium und Arbeitsmittel siehe Abschnitt :

Wasser	Wasser	2.3.1-2.6.1
Feststoff	Wasser	2.3.1-2.6.2
Feststoff	Luft	2.3.1-2.6.4

-8 Ölbeheizte Öfen[1]

Die Verwendung von Ölöfen hatte in der Zeit der niedrigen Ölpreise bei uns erheblich zugenommen. Gegenüber koks- und kohlebeheizten Öfen haben sie zweifellos wesentliche Vorteile, insbesondere Sauberkeit, geringen Bedienungsaufwand, schnelles Aufheizvermögen, gute Regelbarkeit, wenig Platzverbrauch für Brennstoff. Für den Bau und Einbau von Ölöfen sind zu beachten:

1. DIN EN 1 (07.98). Ölheizöfen mit Verdampfungsbrennern, Begriffe, Bau, Leistung, Güte und Prüfung.
2. DIN 4731 (07. 89): Ölheizeinsätze mit Verdampfungsbrennern, Anforderungen, Prüfung, Kennzeichnung.
3. DIN 4736 T1 (04.91) u. T2 (01.94). Ölversorgungsanlagen für Ölbrenner.
4. DIN 18160 T1 (02.87): Hausschornsteine.
5. Muster-Feuerungsverordnung vom Jan. 1980.

Der Einbau von Ölöfen ist in allen Ländern der BRD den zuständigen Behörden anzuzeigen. Mindestrauminhalt für die Aufstellung des Ofens 4 m³ je kW Heizleistung.

Die allgemeine *Wirkungsweise* geht aus Bild 2.2.1-54 hervor.

Aus einem meist am oder im Ofen befindlichen Tank läuft das Öl zunächst in einen Schwimmerbehälter, durch den der Ölspiegel konstant gehalten wird. Aus diesem Behälter fließt es über ein Regulierventil in den Verdampfungsbrenner, in dem das Öl verbrennt. Abzug der Abgase nach oben in den Verbrennungsraum und von dort in das Abgasrohr und zum Schornstein.

Bestandteile:

Der *Verdampfungsbrenner* ist ein meist topfförmig ausgebildeter aus hitzebeständigem Stahlblech bestehender Behälter mit zahlreichen Luftlöchern am Umfang, Durchmesser 100 bis 300 mm. Brennerringe dienen zur Flammenstabilisierung. Außer dieser Bauart gibt es auch Schalen- und Kaskadenbrenner. Regelmäßige Reinigung erforderlich.

Ölregler halten das Ölniveau konstant, regeln die Heizleistung und verhindern Überflutung[2]. Ein Beispiel zeigt Bild 2.2.1-55.

2 Schwimmer: Haupt- und Sicherheitsschwimmer. Ersterer hält den Ölspiegel konstant, letzterer verhindert das Überfließen und verriegelt die Ölzufuhr. Im Ölregler Handregelventil mit Einstellknopf für die Heizleistung. Bestimmungen über Bau, Leistung und Güte von Ölreglern in DIN 4737 (06. 87).

Im *Brennraum* steigen die Öldämpfe nach oben, verbrennen und geben dabei ihre Wärme an die Wandungen ab. Außen an den Wandungen strömt die zu heizende Raumluft nach oben. Wärmeabgabe hauptsächlich durch Konvektion.

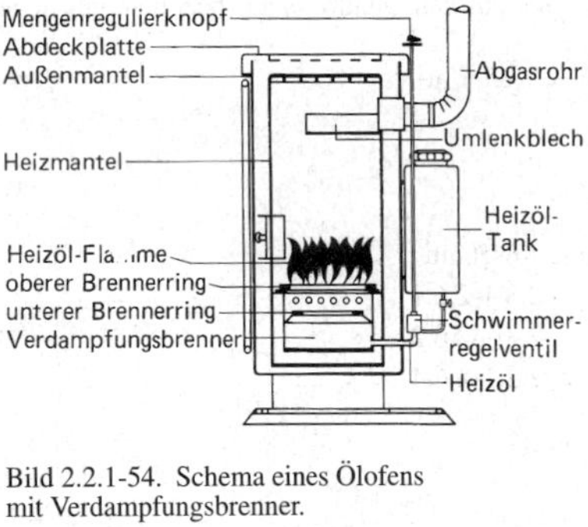

Bild 2.2.1-54. Schema eines Ölofens mit Verdampfungsbrenner.

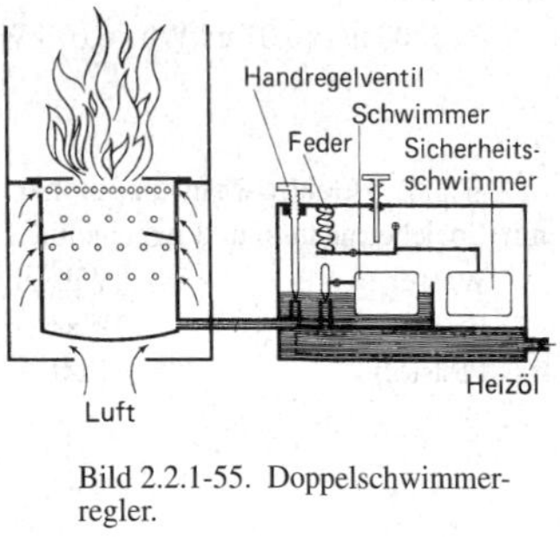

Bild 2.2.1-55. Doppelschwimmerregler.

[1]) Michaelis, F.: SBZ 14/75. S. 852/3.
[2]) Bauder, W.: Öl + Gas und Feuerungstechn. 3/1973. 3 S.

Der *Tank* faßt etwa 10 bis 15 l und ist entweder hinter dem Ofen befestigt oder auch in der Verkleidung des Ofens selbst angeordnet. Inhaltsanzeiger, Entleerungsvorrichtung, Ölauffangwanne > 1 dm^3. Bei mehreren Öfen kann man einen gemeinsamen Tank für alle Brennstellen verwenden.

Auch *zentrale Heizölversorgung* aus einem Zentraltank im Keller des Gebäudes ist möglich. Ölförderung dabei durch eine Pumpe. Tankinhalt je nach Ausstattung des Lagerraums bis zu 5000 l. In Wohnungen bis 100 l in ortsfesten Behältern zulässig. Bauvorschriften der Länder und [1)] regeln Anforderungen an Leitungen, Behälter und deren Ausführung.

Erforderlicher Zug etwa 10…20 Pa je nach Nennleistung. Alle Verdampfungsbrenner sind sehr zugempfindlich. Sowohl zu starker Schornsteinzug wie zu schwacher Zug sind zu vermeiden. Zugregelung durch Nebenluftklappe oder Zuluftdrosselung. Letztere ist günstiger. Noch besser ist die Verwendung von kleinen Ventilatoren, die die Verbrennungsluft zwangsweise zuführen. Dabei Unabhängigkeit vom Kaminzug. Flamme kann auch waagerecht brennen (Bild 2.2.1-56).

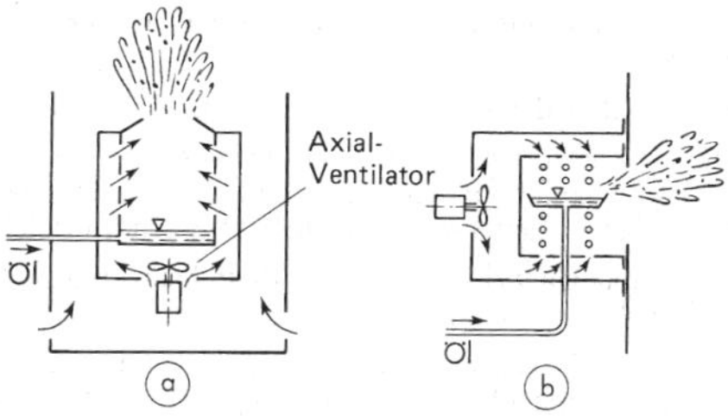

Bild 2.2.1-56. Verdampfungsbrenner mit Axial-Ventilator;
a) Ventilator unterhalb des Brenners,
b) Ventilator seitlich am Brenner

Als *Brennstoff* sollen nur leicht siedende Heizöle verwendet werden, die eine Viskosität von 6 mm^2/s oder weniger haben müssen, insbesondere

Petroleum	Siedegrenze 180 bis 250 °C*
Gasöl (Dieselöl)	Siedegrenze 180 bis 300 °C
Heizöl EL	Siedegrenze 180 bis 360 °C (Gefahrklasse III)

* in Deutschland nicht zugelassen, da Gefahrklasse II.

Öle müssen frei von Verunreinigungen sein. Conradson-Wert < …0,05%.

Schornsteinzerstörung durch Wasserdampfkondensation oder Sulfatbildung ist bei richtiger Bauart und Belastung des Schornsteins ebensowenig wie bei Kohleöfen zu befürchten. Öfen für feste und flüssige Brennstoffe können an einen gemeinsamen Schornstein angeschlossen werden, wenn der Schornsteinquerschnitt ausreichend ist, siehe DIN 18160[2)] und DIN 4705 T3 (07.84). Anschlüsse in der Höhe versetzt. Nach der *Kleinfeuerungsanlagen-VO* (s. Abschn. 1.9.4-2) bei Verdampfungsbrennern ≤ 11 kW Rußzahl < 3, bei > 11 kW < 2. Abgasverluste s. Abschn. 1.9.4-2.

Zündung durch Hand mittels Docht oder Spiritus-Tabletten oder elektrisch mittels Glühdraht bzw. Piezozünder.

Regelung gewöhnlich durch Betätigung des Handregelventils mit 6 Stellungen 1 bis 6. Heizleistung dabei jedoch nur im Verhältnis von etwa 1 : 3 regelbar.

Manche Ölöfen sind auch mit automatischer Regulierung und el. Zündung erhältlich. Raumthermostat steuert ein Ventil in der Brennstoffzuleitung, dadurch Ölzufluß geöffnet oder gedrosselt. Auch *Ausdehnungsregler* sind in Gebrauch, die das Ölzuflußventil über einen Hebel kontinuierlich öffnen und schließen.

Wirkungsgrad auf dem Prüfstand bei Nennwärmeleistung > 86%.

Abgastemperaturen bei Nennleistung 180…280 °C, min. 100 K über Raumtemperatur, Luftüberschußzahl λ = 1,4…1,8, der CO_2-Gehalt 9…11%. Im gesamten Einstellbereich darf die Rußzahl den Wert R_z = 3 nicht überschreiten und die CO-Emission den Wert 0,5 g,

1) DIN 4755 T1 (09.81): Ölfeuerung u. T. 2 (2.84) Heizölversorgung; sicherheitstechnische Anforderungen.

2) DIN 18160 T1 (02.87), T2 (05.89), T5 (05.98), T6 (07.82): Hausschornsteine.

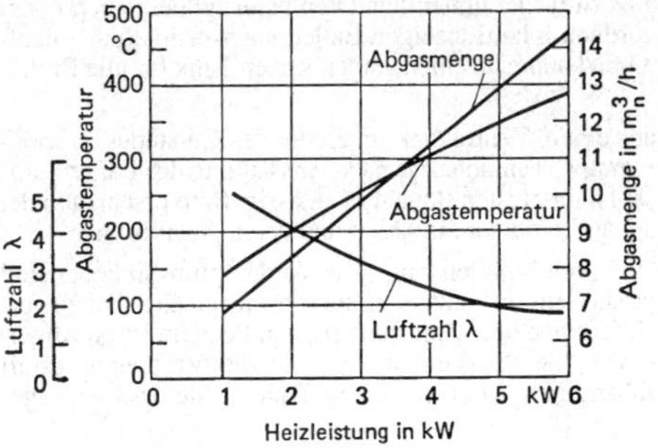

Bild 2.2.1-57. Abgastemperatur, Luftzahl u. Abgasmenge eines Ölofens von 5,8 kW Nennleistung.

bezogen auf eine Brennstoffmenge entsprechend H_u = 1000 kJ. Größte Leistung etwa 35 kW.

Kennzeichen der Verbrennung siehe Bild 2.2.1-57.

Das *äußere Gesicht* der Ölöfen ist bei den verschiedenen Herstellern sehr verschiedenartig, teils den eisernen Öfen angepaßt, teils den Gasöfen, teils speziell für Ölfeuerung eingerichtet. Äußerer Mantel meist emailliertes Blech. Beispiel siehe Bild 2.2.1-58.

Bestimmung der *Ofengröße* nach Raumheizvermögen wie bei Gasöfen (Tafel 2.2.1-1) oder ggf. auch durch Wärmebedarfsberechnung.

Heizöfen mit zentraler Ölversorgung[1]. Gemeinsamer Tank im Keller oder Erdreich. Besonders geeignet für Altbausanierung. Man unterscheidet 3 Bauarten:

1. Anlagen mit Saugpumpe und Ölzwischenbehälter. Saughöhe maximal 7,5 m; besonders für Ein- und Zweifamilienhäuser.
2. Anlagen mit Druckpumpe am Öltank und mit Ölbetriebsbehälter im Dachgeschoß, sonst wie vor.
3. Anlagen mit Druckpumpe und Öldruckbehälter (Bild 2.2.1-59), am meisten verwendet. Bei Mehrfamilienhäusern werden für jeden Mieter Einzelanlagen oder eine zentrale Ölversorgung in Verbindung mit Ölzählern vorgesehen.

Vor jedem Ofen ein Regler, der auf den erforderlichen Druck eingestellt wird. Schwimmer im Regler hält Niveau konstant. Bei Drücken > 0,3 bar Druckminderventil. Ölleitungen aus Kupfer 6 × 1 oder 8 × 1 mm.

Druckpumpenaggregate werden mit Druckbehälter, Steuer- und Sicherheitsschalter, Ölfilter, fertig verdrahtet hergestellt.

Zu beachten: „Richtlinien für die Installation von zentralen Heizölversorgungsanlagen in Gebäuden und Grundstücken". Hrsg. von HKI (2.71) und DIN 4736 T1 (04.91) u. T2

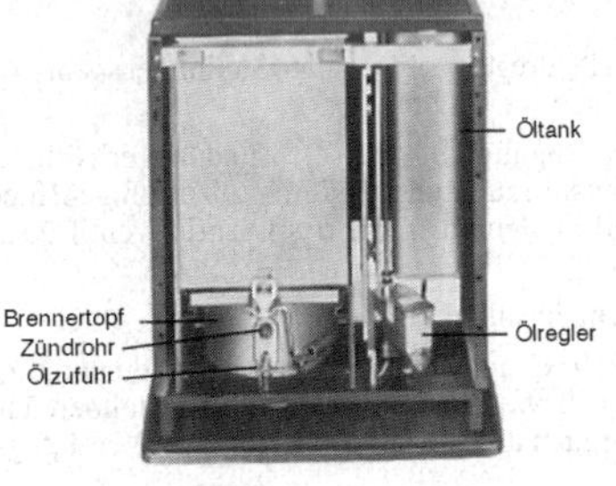

Bild 2.2.1-58. Ölheizofen mit eingebautem Ölbehälter (Oranierofen der Frank'schen Eisenwerke).

[1]) Michaelis, Fr.: SBZ 1971. S. 1414/5.

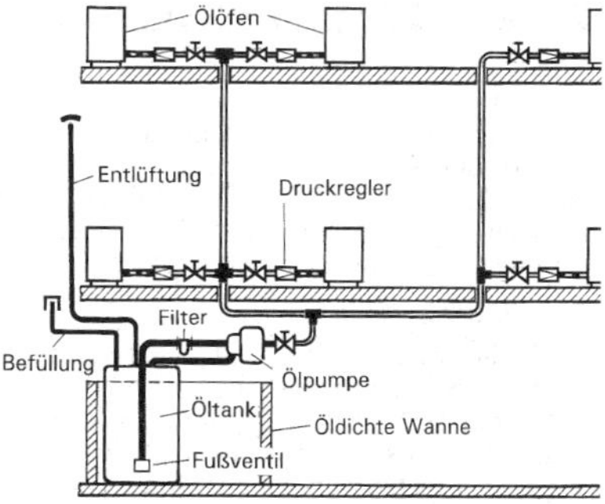

Bild 2.2.1-59. Zentrale Ölversorgung und Öllagerung nach FeuVO mit Druckpumpe.

(01.94): Ölversorgungsanlagen für Ölbrenner. Zur Abrechnung eichfähige Ölzähler für jede Wohnung erforderlich. Ferner *Heizölbehälter-Richtlinien* der Argebau (3.72).

Einen sehr einfachen Ölofen, bei dem die Abgase direkt in den Raum eintreten, zeigt Bild 2.2.1-60. Ölgefäß ist gleichzeitig Ölbrenner. Ein Teil der Rauchgase wird in den Brenner zurückgeführt. Nachteile: Vergiftungsgefahr, Rußschäden. Verwendung in gut gelüfteten Baustellen und zur Bautrocknung. Lieferbar auch mit Abgasrohr. Leistung bis ca. 35 kW.

Ölofen ohne Schornsteinanschluß mit Dochtbrenner oder dgl., nicht für Wohnungen geeignet, da Verbrennungsgase (besonders CO_2 oder SO_2), Wasserdampf und Gerüche in den Raum eintreten, höchstens für vorübergehende Heizung gut gelüfteter Räume. Auch Feuergefahr vorhanden[1].

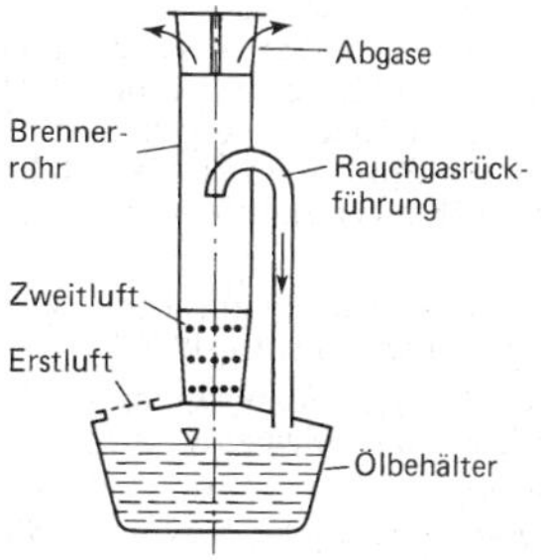

Bild 2.2.1-60. Ölofen für Baustellen (Heylo, Sarstedt).

[1]) DIN 30686 (11.88): Flüssiggas-Heizgeräte.

2.2.2 Zentrale Gebäudeheizungen

Die Zentralheizungen (Sammelheizungen) sind dadurch gekennzeichnet, daß es für die zu beheizenden Räume nur *eine* außerhalb der Wohnungen befindliche Feuerstätte gibt und daß die hier erzeugte Wärme unter Zwischenschaltung eines Wärmeträgers den einzelnen Räumen zugeführt wird. Als Wärmeträger wird Wasser, Dampf oder Luft verwendet, so daß sich die Zentralheizungen in Warmwasser-, Dampf- und Luftheizungen einteilen.

Vorteile der Zentralheizungen:

Verringerung der Feuerstätten und Schornsteine;
geringere Umweltbelastung;
Fortfall der Brennstoff- und Aschentransporte in den Wohnungen;
größere Wirtschaftlichkeit bei der Brennstoffausnutzung;
geringer Platzbedarf der Heizkörper;
höherer Bedienkomfort.

Nachteile:

Messung zur Heizkostenverteilung bei mehreren Wohnungen erforderlich;
gegebenenfalls höhere Anschaffungs- und Betriebskosten mit allerdings größerem Heizkomfort;
Energieverluste bei der Wärmeverteilung.

-1 Warmwasserheizungen (WWH)

Die WWH arbeiten mit *Heißwasser* bis zu einer max. Temp. von 120 °C bzw. mit *Warmwasser* bis zu einer max. Temp. von 100 °C als Wärmeträger. Die Temperaturen 100 °C bzw. 120 °C beziehen sich nach deutschem Recht auf die Einstellung des Sicherheitstemperaturbegrenzers (STB). Warmwasserkessel bis 100 °C unterliegen dem Baurecht, während für Heißwasserkessel über 100 °C bis 120 °C das Gewerberecht – hier ist die Dampfkesselverordnung maßgeblich – zuständig ist. Das in den Kesseln erwärmte Wasser wird durch Rohrleitungen den Heizkörpern zugeführt, kühlt sich durch Wärmeabgabe ab und kehrt wieder zu den Kesseln zurück, wo der Kreislauf von neuem beginnt. Man unterscheidet

nach der den Wasserumlauf bewirkenden Triebkraft:
Schwerkraft-WWH und Pumpen-WWH

nach der Wasserführung im Rohrsystem:
Einrohr- und Zweirohrsysteme;

nach der Energieart:
WWH mit festen Brennstoffen, Öl, Gas, el. Strom;

nach Lage der Hauptverteilungen:
Obere und untere Verteilung;

nach der Verbindung des Rohrsystems mit der Atmosphäre:
Offene und geschlossene WWH

Die WWH hat unter allen Zentralheizungssystemen in Deutschland die weiteste Anwendung gefunden, fast ausschließlich als geschlossene Pumpenwarmwasserheizung. Schwerkraftheizungen oder offene Heizungen werden kaum noch ausgeführt.

Vorteile:

Einfachheit der Bedienung (weitestgehend automatisch);
große Betriebssicherheit;
infolge der niederen Oberflächentemperatur der Heizkörper milde und angenehme Erwärmung;
gute zentrale Regelbarkeit durch Änderung der Wassertemperatur;
gute dezentrale Regelung z.B. durch Thermostatventile;
geringe Korrosionsschäden und daher lange Lebensdauer.

Nachteile:

Größere Trägheit und daher längere Anheizzeiten;
Einfriergefahr, ggf. bei der Montage bzw. im Stillstand.

-1.1 Schwerkraft-Warmwasserheizungen

Der Heizkessel, in dem die Wärme erzeugt wird, befindet sich an der tiefsten Stelle der Anlage und ist durch Rohrleitungen mit den Heizkörpern verbunden (Bild 2.2.2-1).

In den Heizflächen kühlt sich das Wasser ab und gelangt über die Rücklaufrohrleitung zum Kessel zurück.

Der Kreislauf des Wassers erfolgt lediglich infolge des Unterschiedes der Dichten des erwärmten Wassers im Vorlauf und abgekühlten Wassers im Rücklauf. Die Druckdifferenz, die zur Überwindung der Rohrwiderstände dient, beträgt bei einer Vorlauftemp. von 90 °C und einer Rücklauftemp. von 70 °C nur 1,25 mbar je m Höhe. Die Ausdehnung des Wassers bei der Erwärmung wird durch ein offenes Ausdehnungsgefäß aufgenommen (Bild 2.2.2-2).

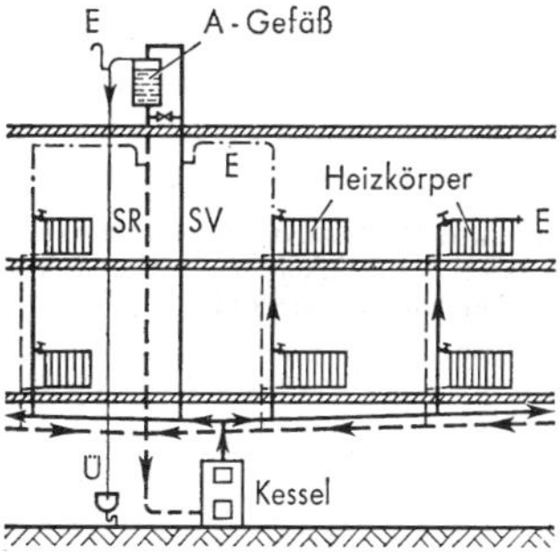

Bild 2.2.2-1. Offene Schwerkraft-Warmwasserheizung mit unterer Verteilung (Zweirohrsystem).
A = Ausdehnung, E = Entlüftung, SV = Sicherheitsvorlauf, SR = Sicherheitsrücklauf, Ü = Überlauf

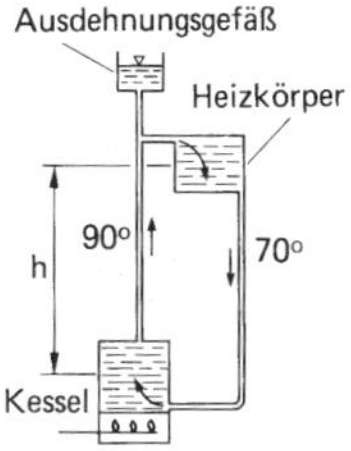

Bild 2.2.2-2. Schema der Schwerkraftheizung.

Alle Schwerkraftheizungen haben erhebliche *Nachteile:*

Sie sind schlecht regulierbar, namentlich bei Öl- und Gasfeuerungen.
Sie benötigen große Rohrquerschnitte, daher teuer und träge.
Die Rohrführung ist beschränkt.

Schwerkraftheizungen werden daher heute nur noch selten ausgeführt, zum Beispiel bei sehr kleinen koksbeheizten Anlagen. Bei den heute üblichen Gas- und Ölfeuerungen werden ausschließlich Wasserheizungen mit Umwälzpumpen eingebaut, die billiger sind und sich besser regeln lassen. Bei *nachträglichem* Einbau einer Pumpe ist sorgfältige Einregulierung erforderlich, da die Rohrdimensionierung bei Schwerkraft- und Pumpenanlagen sehr unterschiedlich ist.

Eine besondere Ausführungsform der Schwerkraft-Warmwasserheizung bildet die *Stockwerks-Warmwasserheizung* (Etagenheizung).

Der Vorteil der Stockwerksheizung, die eigentlich eine Übergangsstufe von der örtlichen zur zentralen Heizung ist, besteht im wesentlichen darin, daß von *einer* Feuerstätte, z. B. in der Küche oder Diele, alle Zimmer einer Wohnung nach *eigenem Ermessen* des Wohnungsinhabers geheizt werden können. Besonders geeignet für Heizung mit gasbeheiztem Kessel.

-1.2 Pumpen-Warmwasserheizungen (PWWH)

-1.2.1 Allgemeines

Der Wasserumlauf wird durch eine Pumpe bewirkt, die eine Druckdifferenz erzeugt und dadurch die Widerstände im Heizwasserkreislauf überwindet.

Vorteile:

Schnelleres Aufheizen; geringere Trägheit;
Verbesserung der zentralen und örtlichen Regelung; leichte Mischung von Vorlauf- und Rücklaufwasser;

billigeres Rohrnetz infolge kleinerer Querschnitte;
geringere Wärmeverluste infolge kleinerer Rohre;
größere Unabhängigkeit in der Rohrführung.

Nachteile:

Größere Wartung;
Abhängigkeit von der Stromversorgung;
während der Betriebszeiten ständiger Stromverbrauch.

Die höchste Vorlauftemperatur wurde früher meist mit 90 °C angenommen. Heute legt man jedoch zwecks Energieeinsparung der Berechnung maximale Temperaturen von 65 bis 75 °C zugrunde *(Niedertemperaturheizung).*

Die *Ausdehnung* des Wassers wird entweder durch ein offenes Ausdehnungsgefäß (A-Gefäß), das mit der Atmosphäre in Verbindung steht, oder ein geschlossenes Gefäß (z.B. Membrangefäß) aufgenommen.

-1.2.2 Rohrführung[1]

a) Einrohrsystem

Die einfachste und billigste Ausführung ist die *Einrohrheizung mit Reihenschaltung* der Heizkörper, wobei das Heizwasser in einer Ringleitung alle Heizkörper der Reihe nach durchströmt (Bild 2.2.2-3). Dabei allerdings höherer Pumpendruck erforderlich.

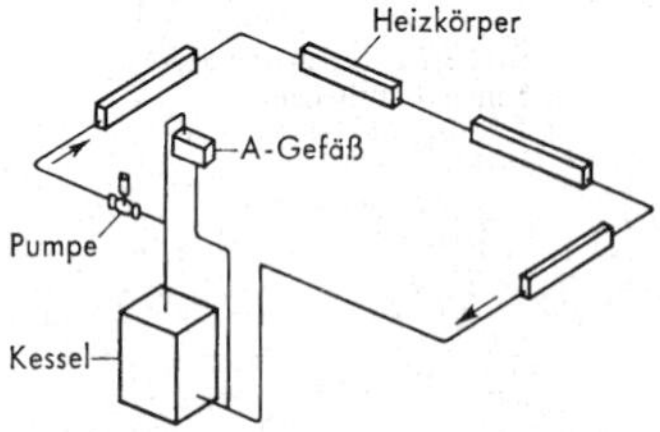

Bild 2.2.2-3. Warmwasser-Einrohrheizung mit Reihenschaltung der Heizkörper.

Nachteilig ist dabei jedoch, daß die Heizleistung der einzelnen Heizkörper örtlich meist nicht reguliert werden kann. Eine teilweise Regulierung der Heizleistung ist bei Konvektoren mit Luftklappe möglich. Die Wassertemperatur verringert sich mit jedem durchströmten Heizkörper, so daß die Heizflächen bei gleich großer Wärmeabgabe vergrößert werden müssen. Wählt man bei der Berechnung der Anlage den gesamten Temperaturabfall statt der üblichen 20 K nur 10 K, so ist der Unterschied jedoch nicht mehr allzu groß. Bei größeren Häusern kann man dieselbe Art der Heizung verwenden, jedoch mit mehreren Heizkreisen, wobei jeder Heizkreis einen Teil des Hauses mit Wärme versorgt (Mehrkreis-Einrohrheizung). Dabei ist für jeden Zonenheizkreis ein besonderes durch Thermostat gesteuertes Zonenventil vorgesehen.

Eine wesentliche Verbesserung der Einrohrheizung erhält man dadurch, daß die Heizkörper jeweils in Abzweige der Hauptverteilleitungen verlegt (*reitende Anordnung* der Heizkörper) und mit *Regulierventilen* versehen werden (Bild 2.2.2-4 bis Bild 2.2.2-6). Dabei ist dann auch eine Regulierung der Heizleistung einzelner Heizkörper möglich. Siehe auch Bild 2.5.2-4.

Funktionsprinzip: Jeder einzelne Heizkörper findet sich in hydraulischer Parallelschaltung zur Strangleitung, so daß jeweils zwischen Vorlauf- und Rücklaufanschluß eines einzelnen Heizkörpers im Zweigrohr ein erster Teilwasserstrom und über den Heizkörper ein zweiter Teilwasserstrom fließt. Jeweils am Rücklaufanschluß des Heizkörpers an das Zweigrohr findet eine Mischung der 2 Teilströme statt und damit eine Temperaturabsenkung. Der in Strömungsrichtung nächstfolgende Heizkörper arbeitet hydraulisch in gleicher Weise, jedoch thermisch mit bereits gegenüber dem ersten Heizkörper abgesenkter Vorlauftemperatur; die in Strömungsrichtung weiter folgenden Heizkörper arbeiten nach dem gleichen Prinzip, d.h. in Strömungsrichtung fortschreitend wird die Vorlauftemperatur an den Heiz-

[1]) Roos, H., u. O. Zaitschek: HLH 6/79. S. 201/10.

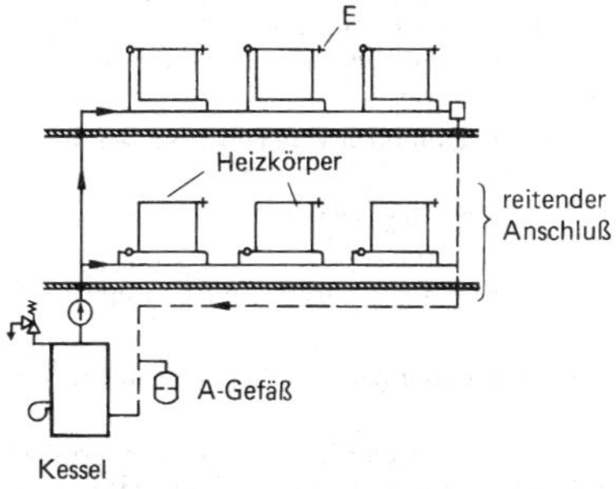

Bild 2.2.2-4. Einrohrheizung für ein mehrgeschossiges Gebäude mit Nebenschlußschaltung der Heizkörper und mit Membran-Ausdehnungsgefäß.
A = Ausdehnungsgefäß
E = Entlüftung

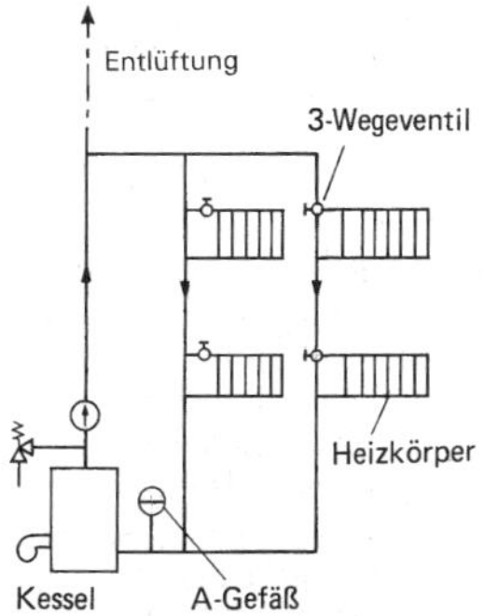

Bild 2.2.2-5. Senkrechte Warmwasser-Einrohrheizung mit Nebenschlußschaltung der Heizkörper und mit Regulierventilen.

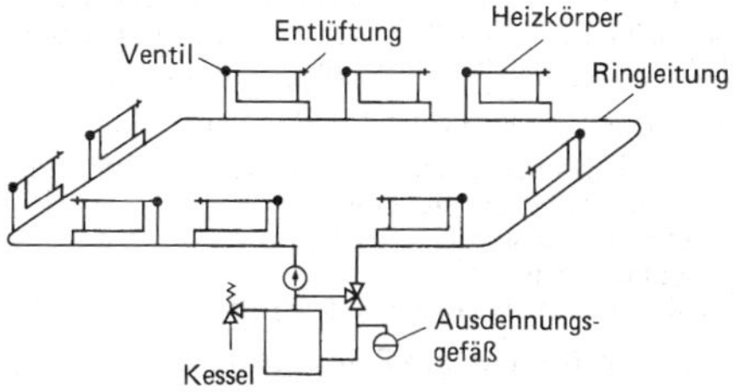

Bild 2.2.2-6. Waagerechte Einrohrheizung mit Nebenschlußschaltung der Heizkörper.

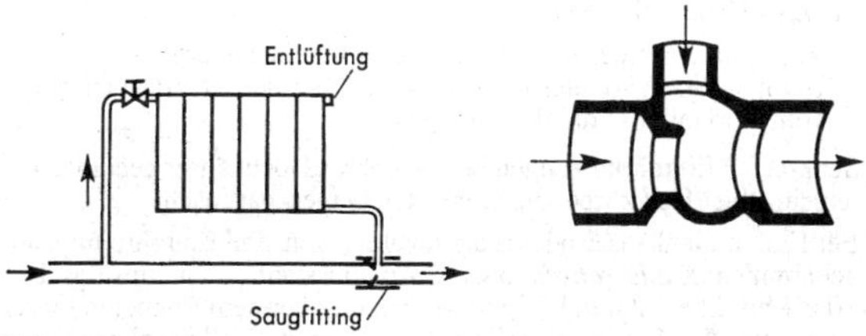

Bild 2.2.2-7. Saugfitting aus Bronze für Lötverbindung. Links: Einbau in Rohrleitung. Rechts: Schnitt.

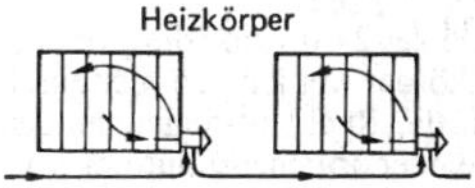

Bild 2.2.2-8. Einrohr-Nebenschlußheizung mit Spezialventilen.

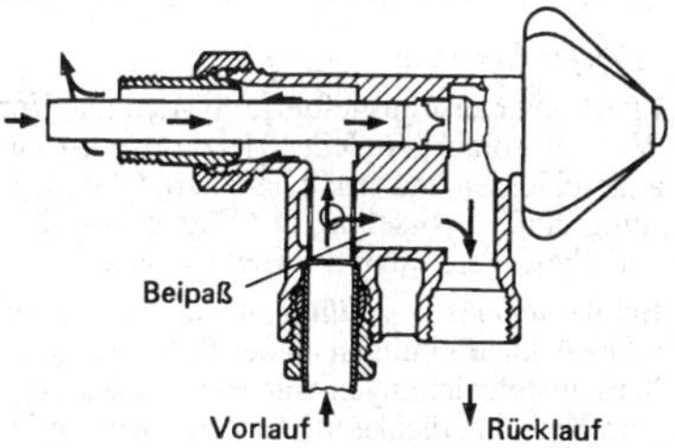

Bild 2.2.2-9. Spezialventil mit Doppelrohr für Vorlauf und Rücklauf (TA-Mülheim).

körpern jeweils erniedrigt, mit der Folge, daß das fortschreitende Temperaturdefizit durch Heizflächenvergrößerung berücksichtigt werden muß (s. Abschn. 2.4.3-1.1). Abhilfe möglich durch Umkehrheizung (s. Abschn. 2.5.3-1.2). Es gibt dabei viele *Varianten* von Ausführungsformen für den Heizkörperanschluß:

Drossel-T-Stück in der Kurzschlußleitung, heute kaum noch verwendet, großer Widerstand;

Reduktions-T-Stücke im Hauptstrang beim Anschluß der Heizkörper;

Saugfittings *(Venturi-fittings)* im Hauptstrang beim Rücklaufanschluß; sie saugen die erforderliche Wassermenge durch die Heizkörper. Leistung läßt sich aus Tabellen der Hersteller entnehmen (Bild 2.2.2-7);

Dreiwegeventile lassen beliebige Wassermengen durch die Heizkörper strömen; Vierwegeventile ebenso;

Spezialventile für Einrohrheizungen, die heute am meisten verwendet werden, ermöglichen schnelle Berechnung und schnellere Montage. Beispiel Bild 2.2.2-8 u. Bild 2.2.2-9 mit nur einem Heizkörperanschluß. Strangleitung dabei allerdings bei jedem Heizkörper unterbrochen. Evtl. Druckabfall im Heizkörper beachten[1]. Entleerung der horizontalen Leitungsteile schwierig. Ventile sind auch für automatische Regelung erhältlich.

Die Rohrführung kann sowohl in waagerechter wie senkrechter Richtung erfolgen. Bei waagrechter Rohrführung mit geschlossener Ringleitung je Wohnung ist die Heizkostenabrechnung erleichtert. Bei der senkrechten Rohrführung sind sowohl untere wie obere Verteilung möglich sowie Kombinationen von beiden. Bei der waagerechten Rohrführung sind häufig *Türunterführungen* nötig. Die Temperaturspreizung im Heizkörper sollte möglichst groß gewählt werden, um gute Regelung der Heizleistung zu erhalten.

Vorteile der waagerechten Rohrführung:

Geschoßweise Absperrung und Regelung möglich
weniger Deckendurchbrüche
späteres Aufstocken erleichtert
einfache Montage
Wärmemengenmessung erleichtert.

Vorteile der senkrechten Rohrführung:

Leichtere Montage.

Nachteile beider Systeme:

Abstellen einzelner Heizkörper beeinflußt die andern
Bei gleicher Wärmeleistung Vergrößerung der Heizflächen mit wachsendem Abstand vom Vorlaufanschluß des Stranges.

Senkrechte Einrohrheizungen besonders für Hochhäuser geeignet, da sich hier das Abstellen einzelner Heizkörper am wenigsten bemerkbar macht.

Für Einfamilienhäuser oder Etagenwohnungen sind Einrohrpumpenheizungen mit wärmegedämmten *Kupferrohren* oder Präzisionsstahlrohren günstig. Die Rohrleitungen von 10×1 bis $22 \times 1{,}2$ mm l. Weite werden oft über dem Rohbeton im schwimmenden Estrich oder unter den Sockelleisten verlegt. Sogenannte *Kleinrohrpumpenheizungen.* Die Heizkörper können dabei sowohl über dem Strang (reitend) wie unter dem Strang angeordnet werden.

Bei Rohrleitungen im Estrich Entleerung und Isolierung ungünstig. Rohrverbindungen dort vermeiden. Bei Stahlrohren (besonders Präzisionsstahlrohr) Korrosionsgefahr.

b) Zweirohrsystem

Es ist das meist ausgeführte System zur Verteilung der Wärme auf die angeschlossenen Wärmeverbraucher. Jeder Heizkörper ist an die getrennte Vorlauf- und Rücklaufleitung angeschlossen und erhält annähernd die gleiche Vorlauftemperatur. Regelung der Heizleistung durch Drosselung der Wassermenge mittels Regelventil. Man unterscheidet untere und obere Verteilung des Heizwassers.

Bei der *unteren Verteilung,* die am meisten verbreitet ist (Bild 2.2.2-10), sind die Vorlauf- und Rücklaufleitungen an der Kellerdecke verlegt. Die Heizkörper werden von hier durch Vorlaufsteigeleitungen mit Heizwasser versorgt, das durch die Rücklaufsteigeleitungen zum Kessel zurückkehrt. An den höchsten Stellen ist zentrale oder örtliche Entlüftung vor-

[1]) Berner, U.: SHT 5/76. S. 291/4.

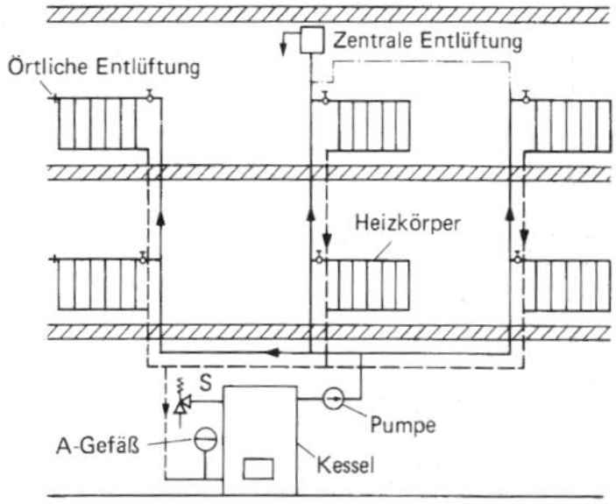

Bild 2.2.2-10. Geschlossene Pumpen-Warmwasserheizung mit unterer Verteilung.
S = Sicherheitsventil

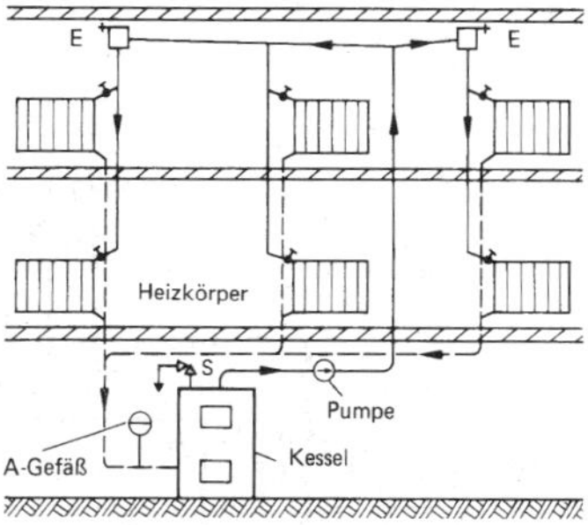

Bild 2.2.2-11. Geschlossene Pumpen-Warmwasserheizung mit oberer Verteilung und Pumpe im Vorlauf.
S = Sicherheitsventil, E = Entlüftung

gesehen. Zentrale Entlüftung ist jedoch problematisch; daher meist örtliche Entlüftung oder über zentrale Entlüftungsarmaturen (s. Abschn. 2.3.5-6).

Bei der *oberen Verteilung* (Bild 2.2.2-11) wird das Heizwasser von der Pumpe in einer Steigeleitung zum Dachgeschoß gefördert und hier durch Verteilungsleitungen auf die verschiedenen Fallstränge mit den angeschlossenen Heizkörpern verteilt. Durch Rücklauf-Falleitungen kehrt das Heizwasser zum Kessel zurück. Entlüftung zentral an höchster Stelle. Verbreitung dieses Systems besonders dann, wenn im Keller kein Platz für Rohrleitungen vorhanden ist.

Die untere Verteilung ist billiger, jedoch weniger schnell anlaufend als die obere Verteilung. Das erste System bewirkt Wärme im Keller. Letzteres Wärme im Dachraum bzw. Wärmeverlust im Dach.

Neben der unteren und oberen Verteilung bei der Zweirohrheizung können die Heizflächen im Zweirohrsystem auch horizontal angeordnet sein. Eine besondere Verteilungsform hierbei ist die Tichelmannsche Ringverlegung (Bild 2.2.2-12). Hier ist die Gesamtanschlußlänge (Vor- und Rücklauf) vom Verteiler zu jedem Heizkörper gleich.

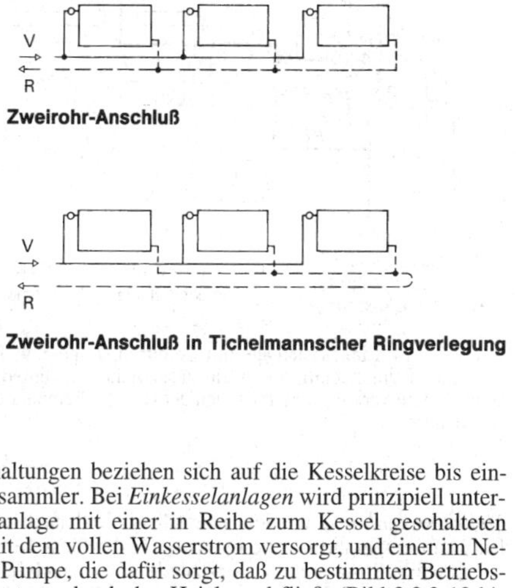

Bild 2.2.2-12. Ausführungsarten für Zweirohr-Anschlußsysteme bei horizontaler Verteilung.

c) Heizkesselschaltungen

Die im folgenden aufgezeigten Schaltungen beziehen sich auf die Kesselkreise bis einschließlich Heizkreisverteiler bzw. -sammler. Bei *Einkesselanlagen* wird prinzipiell unterschieden zwischen einer Einkesselanlage mit einer in Reihe zum Kessel geschalteten Pumpe, die den Heizkessel immer mit dem vollen Wasserstrom versorgt, und einer im Nebenschluß zum Kessel geschalteten Pumpe, die dafür sorgt, daß zu bestimmten Betriebszeiten ein gewisser Mindestvolumenstrom durch den Heizkessel fließt (Bild 2.2.2-13 bis Bild 2.2.2-15).

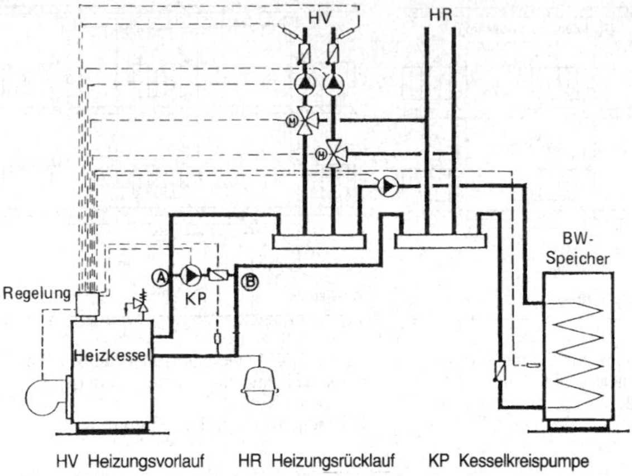

Bild 2.2.2-13. Einkesselanlage mit Beimischpumpe bzw. Kesselkreispumpe und geregelter Rücklauftemperaturanhebung. Voraussetzung dieser Schaltung ist eine direkte Verknüpfung zwischen der Rücklauftemperaturregelung und den Heizkreisregelungen. Jeder Heizkreis muß mit einem Stellglied ausgerüstet sein.

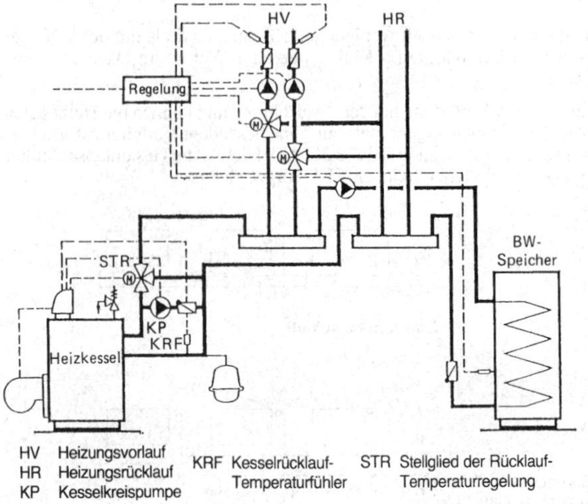

Bild 2.2.2-14. Einkesselanlage mit Beimischpumpe bzw. Kesselkreispumpe und geregelter Rücklauftemperaturanhebung durch ein zusätzliches Stellglied. Die Schaltung ist anzuwenden, wenn keine direkte Verknüpfung zwischen der Rücklauftemperaturregelung und den Heizkreisregelungen gegeben ist.

Mehrkesselanlagen werden hauptsächlich danach unterschieden, ob eine gemeinsame Rücklauftemperaturanhebung existiert oder diese für jeden einzelnen Kessel durchgeführt werden soll. Prinzipielle Unterschiede gibt es auch bei der Ausführung der Schnittstelle zu den Heizkreisen; hier kann meistens vorteilhaft ein differenzdruckloser Verteiler (hydraulische Weiche oder hydraulische Ausgleichsleitung) angewendet werden. Differenzdruck-

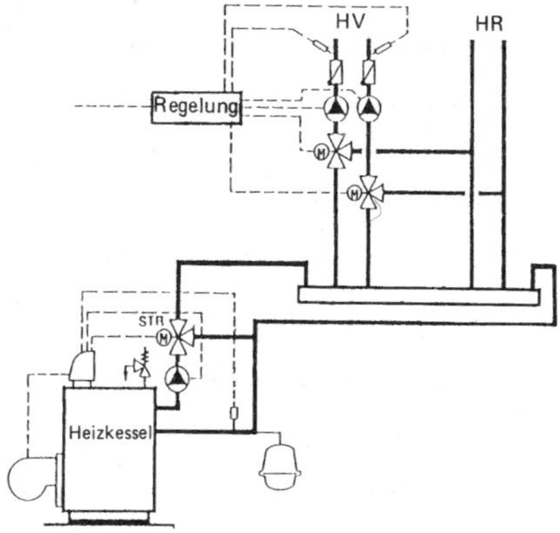

HV Heizungsvorlauf
HR Heizungsrücklauf
STR Stellglied der Rücklauf-Temperaturregelung

Bild 2.2.2-15. Einkesselanlage mit Hauptpumpe und geregelter Rücklauftemperaturanhebung. Hierin ist ein differenzdruckloser Verteiler oder eine hydraulische Weiche einzusetzen. Bei differenzdruckbehaftetem Verteiler mit Einspritzschaltungen zu den Verbrauchern muß das Überströmen des Mindestvolumenstromes zwischen Verteiler und Sammler gewährleistet sein.

behaftete Verteiler können nur mit einer geeigneten Überströmvorrichtung eingesetzt werden (Bild 2.2.2-16 und Bild 2.2.2-17). Durch den Einsatz einer hydraulischen Weiche werden trotz stark variierender Volumenströme auf der Wärmeverbraucherseite Mindest-Volumenströme auf der Wärmeerzeugerseite sichergestellt. Das optimale Größenverhältnis der Heizkessel ist 50:50%; ein Verhältnis von 40:60% sollte nicht überschritten werden. Im Kesselkreis vor der hydraulischen Weiche ist mit 10 bis 30% Wasserüberschuß gegenüber den Heizkreisen zu fahren.

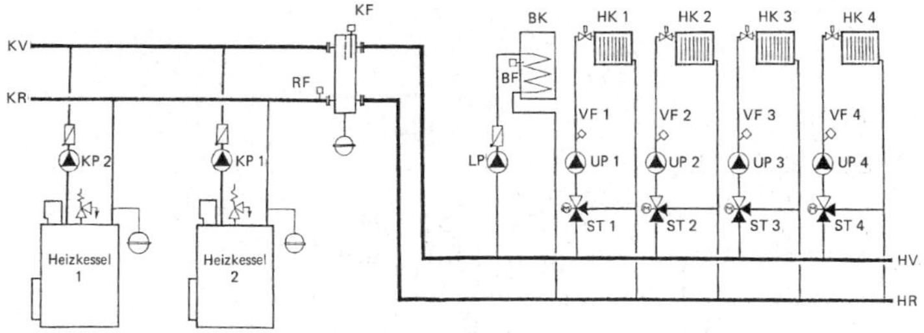

KV Kesselvorlauf
KR Kesselrücklauf
HV Heizungsvorlauf
HR Heizungsrücklauf
KP Kesselkreispumpe
LP Speicherladepumpe
UP Heizkreisumwälzpumpe
ST Stellglied-Heizkreis
KF Kesselwasser-Temperaturfühler
RF Rücklauffühler
BF Trinkwasserfühler
VF Heizkreis-Vorlauffühler

Bild 2.2.2-16. Mehrkesselanlage mit gleicher Rücklauftemperaturregelung für alle Kessel.

Bei *Brennwertkesselanlagen* sind die hydraulischen Schaltungen der *Brennwertkessel* prinzipiell so auszuführen, daß dem Kessel ein ausreichender Volumenstrom mit einer möglichst niedrigen Rücklauftemperatur (<50 °C) zugeführt wird.

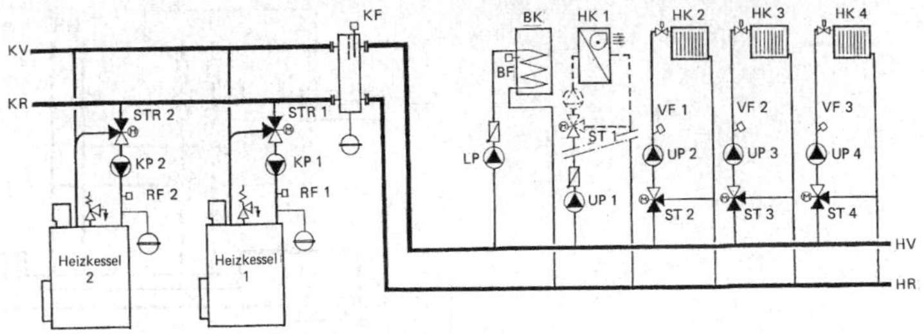

STR Stellglied der Rücklauftemperaturregelung; sonstige Kurzzeichen s. Bild 2.2.2-16

Bild 2.2.2-17. Mehrkesselanlage mit für jeden Heizkessel gesonderter Rücklauftemperaturregelung.

Einrichtungen zur Rücklauftemperaturanhebung sind zu vermeiden (Bild 2.2.2-18 und Bild 2.2.2-19). Es wird nur der in den Verbraucherkreisen benötigte Wasserstrom mit der jeweiligen Rücklauftemperatur dem Brennwertkessel zugeführt. Die Kesselwasserförderung erfolgt nur durch die Verbraucherpumpen. Bei der Mehrkesselanlage (Bild 2.2.2-19) sind die Heizkessel möglichst auf jeweils 50 Prozent der erforderlichen Heizleistung auszulegen. Die Heizkessel sind im Zweirohranschluß anzuschließen, wobei in dem in Bild 2.2.2-19 gezeigten Beispiel das Tichelmannsche Anschlußsystem gewählt wurde. Bei einer Kesselfolgeschaltung eines Brennwertkessels mit einem konventionellen Öl-/Gas-Spezialheizkessel (Bild 2.2.2-20) sind die Kessel möglichst in Reihe anzuschließen, wobei der Brennwertkessel als erster durchflossen wird. Der Brennwertkessel von 100 Prozent wird der konventionelle Kessel freigegeben. Eine Besonderheit ist die hydraulische Schaltung eines Öl-/Gas-Spezialheizkessels in Verbindung mit einem Abgaswärmeaustauscher zur Brennwertnutzung (Bild 2.2.2-21).

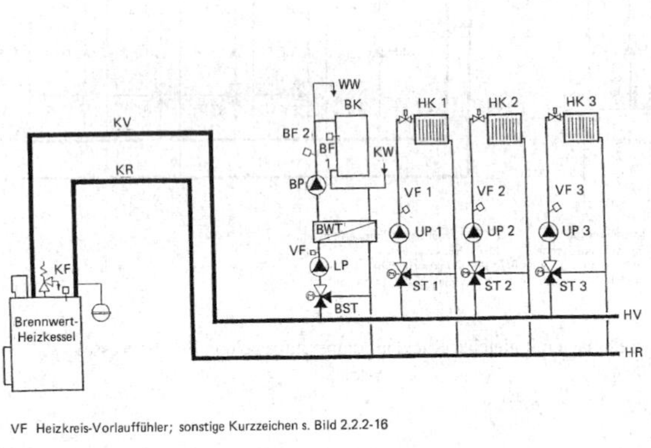

VF Heizkreis-Vorlauffühler; sonstige Kurzzeichen s. Bild 2.2.2-16

Bild 2.2.2-18. Einkesselanlage mit Brennwertkessel.

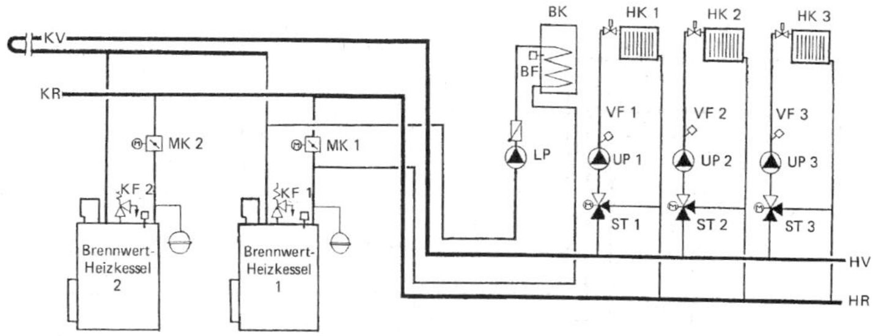

MK Motorische Absperrung; sontige Kurzzeichen s. Bild 2.2.2-16

Bild 2.2.2-19. Mehrkesselanlage mit Brennwertkesseln und Tichelmannscher Anschlußart.

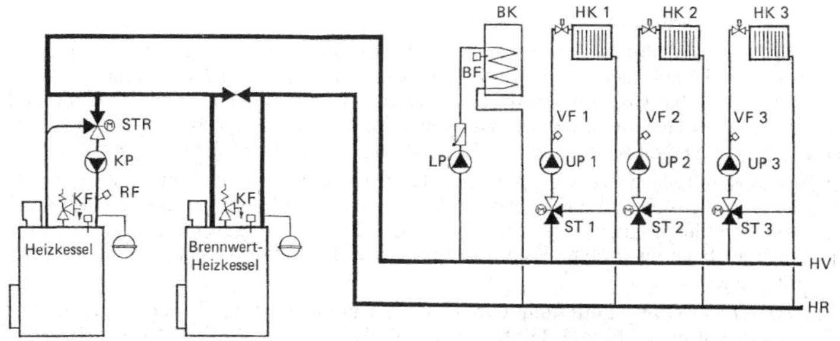

STR Stellglied der Rücklauftemperaturregelung; sonstige Kurzzeichen s. Bild 2.2.2-16

Bild 2.2.2-20. Kesselfolgeschaltung eines Brennwertkessels mit einem konventionellen Öl-/Gas-Spezialheizkessel.

Hier wird der Rücklauf eines Niedertemperatur-Heizkreises über den Abgaswärmeaustauscher geleitet und erwärmt. Das durch denWärmeaustauscher über den Rücklauf hinaus erwärmte Wasser wird dem gesamten Kesselrücklauf wider zugeführt. Angewandt wird die Schaltung vielfach bei Anlagen mit Heizkreisen mit unterschiedlichen Auslegungstemperaturen – NT-Heizkreis und Heizkreise mit höheren Temperaturen.

Müssen zum Beispiel aufgrund der Anlagengestaltung Brennwertkessel mit einer hydraulischen Weiche (z.B. bei Wandheizkesseln) ausgerüstet werden, so ist im Kesselkreis mit einem geringeren Wasserstrom (ca. 20 bis 40%) als in den Heizkreisen zu fahren.

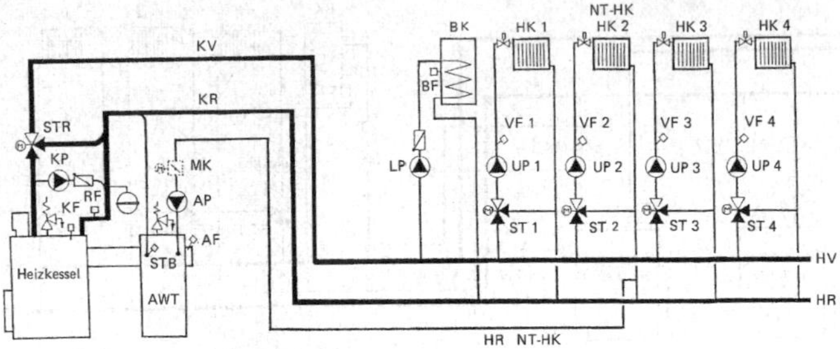

AP Punpe für Abgas-wärmeaustauscher STR Stellglied der Rücklauf-temperaturregelung

Weitere Kurzzeichen s. Bild 2.2.2-16

Bild 2.2.2-21. Schaltung eines Öl-/Gas-Spezialheizkessels mit Abgaswärmeaustauscher zur Brennwertnutzung.

-1.2.3 Entlüftung[1)]

Luft in Rohren oder Heizkörpern verursacht häufig Störungen im Wasserkreislauf sowie Korrosion und Geräusche. Der Gehalt des Wassers an Luft ist von Temperatur und Druck abhängig. Bei 1 bar Überdruck enthält Wasser von 10 °C etwa 43 l/m^3, bei 90 °C nur 20 l/m^3. Besondere Beachtung ist daher einer guten Entlüftung zu widmen, die bei hohen Wassergeschwindigkeiten schwieriger wird. Entlüftung kann zentral oder örtlich erfolgen.

Bei Anlagen mit *oberer Verteilung* müssen die Verteilleitungen mit geringer Steigung verlegt und am höchsten Punkt mit einer Entlüftung versehen werden, da sonst durch Luftansammlungen die Zirkulation gestört wird (Bild 2.2.2-11). Luftgefäße örtlich von Zeit zu Zeit oder auch automatisch entlüften oder auch zentrale Entlüftung durch separate Entlüftungsleitungen.

Bei *unterer Verteilung* Entlüftung durch die Vorlaufleitungen und Luftleitungen in Ausdehnungsgefäß oder Lufttopf. Größe des Lufttopfes ungefähr $I = 0{,}014\ L \cdot h$ (l), wobei L = Länge der 3 8″-Luftleitungen und h = Höhenabstand zwischen Ausdehnungsgefäß und Lufttopf in m.

Bei *örtlicher Entlüftung* an den obersten Stellen eines Stranges oder an Heizkörpern handbetätigte oder automatische Luftventile.

Ferner gibt es besondere *Luftabscheider* mit Entlüftungsventil, die in der Vorlaufleitung eingebaut werden und durch Querschnittserweiterung sowie Prallbleche Luft abscheiden. Beruhigungsstrecke vorsehen (siehe Bild 2.3.5-61).

-1.2.4 Druckverteilung[2)]

Die *Pumpe* kann sowohl in den *Vorlauf wie Rücklauf* eingebaut werden. Dabei ist die Druckverteilung im Rohrnetz zu beachten (Bild 2.2.2-22).

a) Offene Anlage

Beim Anschlußpunkt der Ausdehnungsleitung an das Rohrnetz herrscht immer der statische Druck (Ruhedruck) entsprechend dem Höhenunterschied zum Ausdehnungsgefäß. Durch die Pumpe wird der zur Überwindung der Rohrwiderstände erforderliche zusätzliche Differenzdruck erzeugt, der im Rohrnetz teils als Überdruck, teils als Unterdruck ge-

1) Ihle, C.: SBZ 15, 18 u. 19/76.
Wasserberg, H.: HR 1/78. S. 10/12.
Jacoby, H.: HLK 6/86. S. 455/7.
2) Burkhardt, W.: HLH 2/74. S. 47/50.

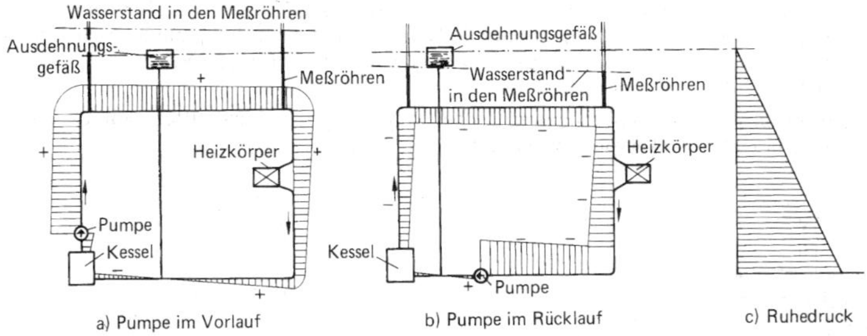

Bild 2.2.2-22. Druckverteilung im Rohrnetz bei offener Pumpen-Warmwasserheizung.
Bild a und b: Pumpendruck
a) Ausdehnungsgefäß auf Pumpensaugseite angeschlossen
b) Ausdehnungsgefäß auf Pumpendruckseite angeschlossen
Bild c: Ruhedruck
Betriebsdruck = Ruhedruck + Pumpendruck

genüber dem statischen Druck auftritt. Die Resultierende aus beiden Drücken heißt Betriebsdruck. Von Pumpe bis Anschluß Ausdehnungsgefäß herrscht Überdruck, danach Unterdruck gegenüber dem Ruhedruck. Je nach dem Anschlußpunkt des Ausdehnungsgefäßes ergeben sich verschiedene Lagen der Betriebsdrucklinie. Bei Anschluß auf der *Saugseite* der Pumpe liegt die Betriebsdrucklinie im Kreislauf im wesentlichen über der Ruhedrucklinie, bei Anschluß auf der *Druckseite* im wesentlichen darunter.

Im letzten Fall ist darauf zu achten, daß an den Heizkörpern des obersten Geschosses der Betriebsdruck in jedem Fall über dem Atmosphärendruck liegt. Bei Unterdruck wird an den Stopfbuchsen der Ventile und an den Entlüftungsventilen Luft angesaugt.

Faustregel: Ruhedruck am obersten Heizkörper ≈ 1,5 · Pumpenförderhöhe.

Zur Vermeidung von Unterdrücken an den Heizkörpern ist die Pumpe im Vorlauf vorzuziehen (Bild 2.2.2-22a).

b) Geschlossene Anlage

Bei *geschlossenen* Anlagen mit tiefliegendem Ausdehnungsgefäß, wie heute meist verwendet, gilt sinngemäß das gleiche. Am Anschlußpunkt des Membrangefäßes an das Netz entspricht der Druck dem Gasdruck des Ausdehnungsgefäßes (Bild 2.2.2-23), der jedoch von der Wassertemperatur abhängt. Die Ruhedrucklinie verschiebt sich je nach der Wassertemperatur parallel nach oben oder unten.

Bild 2.2.2-23. Druckverteilung im Rohrnetz bei geschlossenen Anlagen.
Links: Einrohrheizung Rechts: Zweirohrheizung
H = Pumpenförderhöhe HK = Heizkörper
ΔHv = Druckhöhendrosselung des Ventils HK 1
Rl1 = Druckverlust Rohrleitung von 1 bis Eintritt HK1
Rl_2 = Druckverlust Rohrleitung von Austritt HK1 bis 2

Der Druckverlauf im horizontal angeordneten Verteilstrang einer Zweirohrheizung ist in Bild 2.2.2-24 und Bild 2.2.2-25 dargestellt. Beim Zweirohranschluß nimmt der Differenzdruck bei jedem Verbraucher mit der Entfernung vom Eintritt in den Verbraucherkreis ab (Bild 2.2.2-24).

Beim Zweirohranschluß in Tichelmannscher Ringverlegung ist der Differenzdruck bei jedem Verbraucher annähernd gleich (Bild 2.2.2-25).

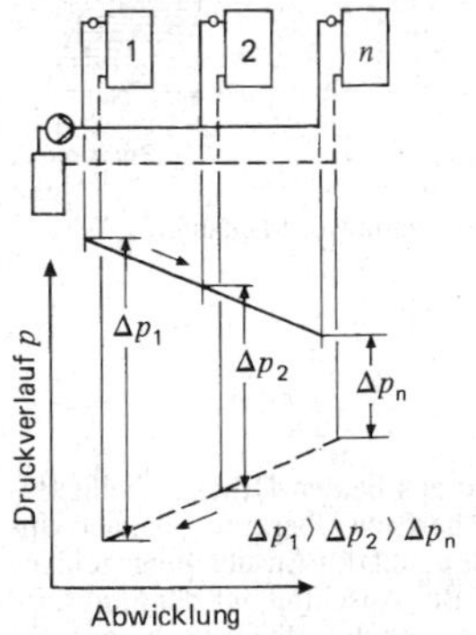

Bild 2.2.2-24. Druckverlauf in einem horizontal angeordneten Zweirohrstrang.

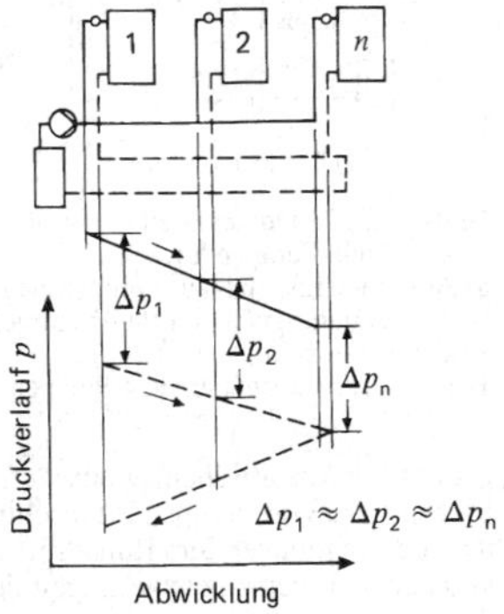

Bild 2.2.2-25. Druckverlauf bei der Tichelmannschen Ringverlegung.

Bei Anlagen mit Wassertemperaturen > 100 °C ist zu beachten, daß hier zusätzlich zur Verhinderung von Dampfbildung ein *Überdruck* vorhanden sein muß. Wichtig vor allem bei Dachheizzentralen. Aber auch bei kleineren Wassertemperaturen kann durch Kavitation in der Pumpe schädliche Dampfbildung auftreten (s. Abschn. 2.3.6-1).

-1.2.5 Fehlzirkulationen[1]

Erwärmungen im Heiznetz trotz zugefahrener Mischer haben ihre Ursache im allgemeinen durch undichte Mischer oder Fehlzirkulationen.

Mischer können durch Verschmutzungen undicht werden; hier empfiehlt es sich, Schmutzfänger vor dem Mischer einzubauen.

Fehlzirkulationen treten im Kesselkreis auf:

- durch zu hohe Wassergeschwindigkeiten, wenn sich an scharfkantigen Umlenkungen Einschnürungen im Strömungsverlauf bilden. Durch den so entstehenden Unterdruck wird zum Beispiel bei geschlossenem Mischer aus dem Rücklauf des auf Temperatur gehaltenen Heizkessels warmes Kesselwasser angesaugt und so dem Vorlauf zu den Verbrauchern beigemischt (Bild 2.2.2-26).
- durch Schwerkraft, wenn der Heizkessel für die Wassererwärmung in Betrieb, der Vorlauf zu den Heizkreisen aber abgesperrt ist. Warmes Kesselwasser strömt hier vom Heizkesselrücklauf über dem Bypass zum Vorlauf für die Verbraucherkreise (Bild 2.2.2-27).

Maßnahmen gegen derartige Fehlzirkulationen sind:

- Verringerung der Wassergeschwindigkeit bei Pumpenbetrieb. Je kleiner die Geschwindigkeit ist, um so geringer wird die Gefahr, daß die abgesenkte Strömung bei geschlossenem Mischer in der Übergangszeit Wasser aus dem Heizkesselrücklauf saugt.
- Anlage in allen Teilen richtig berechnen und dimensionieren, damit die volle Heizleistung bei möglichst kleiner Wassergeschwindigkeit erreicht wird. Richtwerte: 0,5 m/s bis 1 m/s an der Heizzentrale und 0,2 m/s bis 0,3 m/s am Heizkörper.

[1]) Frotscher, H.: Energieverschwendung als Folge von Fehlzirkulationen in Heizungsanlagen und in lufttechnischen Anlagen. sbz (1979) Nr. 8. S. 775/83.

Bild 2.2.2-26. Fehlzirkulation vom Kesselrücklauf durch Einschnürung am Bypass-Eintritt bei geschlossenem Mischer.

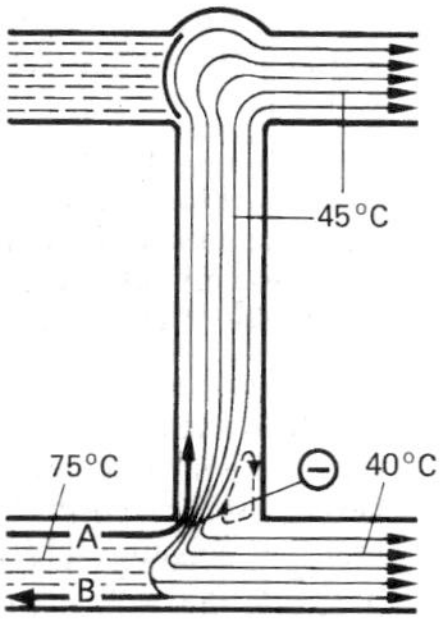

Bild 2.2.2-27. Fehlzirkulationen am Heizkesselkreis durch Auftriebsströmungen bei geschlossenem Mischer.

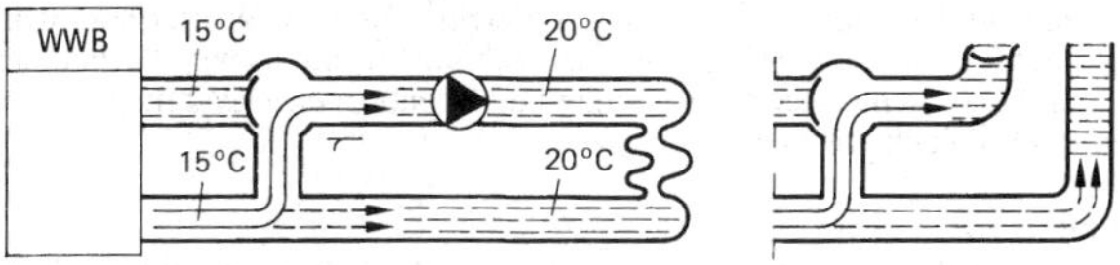

Bild 2.2.2-28. Strömungsgerechte Einschaltung des Bypasses am Rücklauf.

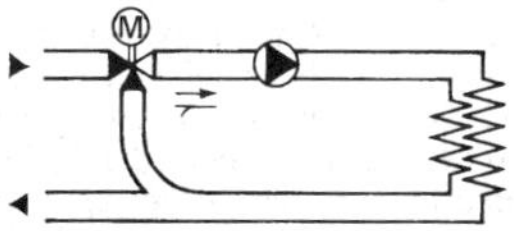

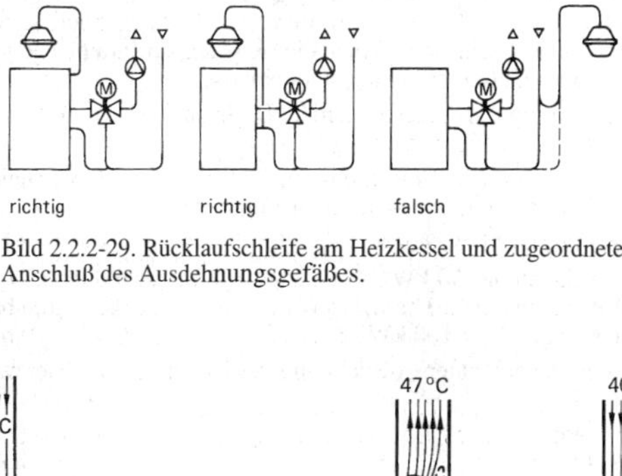

Bild 2.2.2-29. Rücklaufschleife am Heizkessel und zugeordneter Anschluß des Ausdehnungsgefäßes.

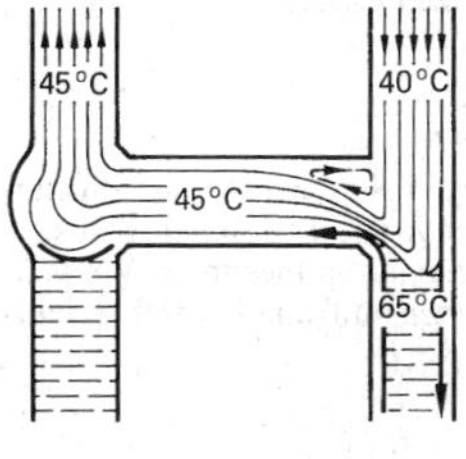

Bild 2.2.2-30. Fehlzirkulation vom Rücklaufsammler durch Einschnürung am Bypass-Eintritt bei geschlossenem Mischer.

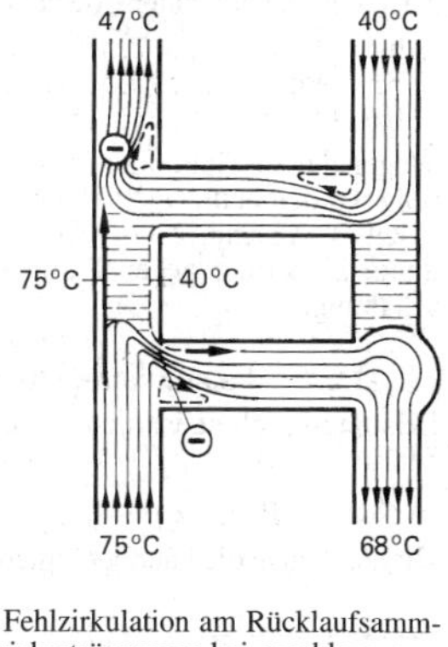

Bild 2.2.2-31. Fehlzirkulation am Rücklaufsammler durch Auftriebsströmungen bei geschlossenem Mischer.

– Vergrößerung des Strömungswiderstandes der kritischen Rohrabschnitte, aus denen warmes Wasser angesaugt werden kann (gekrümmter Abgang des Bypasses vom Rücklauf; Bild 2.2.2-28).
– Auswahl einer geeigneten Rohrführung, die verhindert, daß sich an der kritischen Stelle im Kesselrücklaufrohr in der Nähe des Anschlusses der Beimischschaltung heißes Kesselwasser sammelt (Rücklaufschleife). Die Rücklaufschleife ist mit dem Ausdehnungsgefäß derart zu verbinden, daß auch bei Wasserausdehnung durch Erwärmen des Kesselwassers die Rücklaufschleife nicht überbrückt und somit unwirksam wird (Bild 2.2.2-29).

Fehlzirkulationen treten bei am Verteiler angeschlossenen Regelkreisen auf:

– ebenfalls wie beim Kesselkreis durch zu hohe Wassergeschwindigkeiten und damit Einschnürungen an scharfkantigen Umlenkungen. Hier wird aus dem Rücklaufsammler bei geschlossenem Mischer Wasser angesaugt und über den Bypass dem Vorlauf zum Verbraucher beigemischt (Bild 2.2.2-30).
– durch Beimischung aufgrund des Auftriebes des warmen Rücklaufwassers vom Sammler her (Bild 2.2.2-31).

Maßnahmen dagegen sind wie beim Kesselkreis eine Verringerung der Wassergeschwindigkeit und darauf abgestimmte Dimensionierung der Rohrquerschnitte sowie Wahl eines ausreichenden Abstandes zwischen Rücklaufsammler und Bypaßstrecke. Eventuell sind an geeigneten Stellen Rückschlagklappen einzubauen.

-1.2.6 Pumpen

Als Pumpen werden meist *Kreiselpumpen* verwendet, die durch Elektromotor oder in Sonderfällen durch Dampfturbine angetrieben werden. Zur Vermeidung von Geräuschübertragungen bei Rohrpumpen auf gute Schallisolierung an den Berührungsstellen von Rohrleitung und Gebäudeteilen achten, bei größeren Pumpen geringe Drehzahlen, geräuscharme Motoren, Aufbau auf schallgedämmtem Fundament, Dämmung gegen Körperschall und Erschütterungen meist durch Gummiplatten oder Schwingungsdämpfer. Aus Gründen der Betriebssicherheit *Reservepumpe* zweckmäßig. Bei großen Anlagen Aufteilung der Leistung auf mehrere Pumpen. Für Nachtbetrieb Pumpe mit kleinerer Leistung. Je höher der Pumpendruck gewählt wird, desto kleiner die Rohrweiten, desto größer aber auch die Stromkosten bei elektrischem Betrieb. Oft wählt man heute auch Heizungspumpen mit veränderbarer Drehzahl, so daß man die Leistung der Pumpe den jeweiligen Verhältnissen anpassen kann. Umschaltung meist automatisch

zeitabhängig, z. B. nachts kleinere Drehzahl
druck- oder mengenabhängig.

Dadurch beachtliche Einsparung an Antriebsenergie, Vermeidung von Geräuschen und Fehlverhalten von thermostatischen Ventilen.

Mittlere Förderdrücke etwa:

bei Anlagen bis 50 kW . . . . 0,05…0,3 bar
bei Anlagen von 50 bis 100 kW . . . . 0,2 …0,5 bar
bei Anlagen über 100 kW . . . . 0,5 …1,0 bar

Nach der waagerechten Ausdehnung des Heiznetzes rechnet man etwa:

bei 100 m . . . . 0,1…0,2 bar
bei 500 m . . . . 0,4…0,6 bar
bei 1000 m . . . . 0,6…1,2 bar.

Wegen der Verringerung der Kosten für das Rohrnetz und wegen der günstigeren Rohrführung werden heute auch kleinste Anlagen mit betriebssicheren *Rohreinbaupumpen* ausgerüstet (s. Abschn. 2.3.6-1.6). Sie finden auch in größeren Anlagen immer mehr Verwendung. Sicherheit gegen Pumpenausfall durch *Zwillingspumpen* mit automatischer Umschaltung.

-1.2.7 Leistungsregelung der Heizung

Leistungsregelung ist die Anpassung der im Raum abgegebenen Wärme an den jeweiligen Wärmebedarf.

a) Örtliche Regelung[1)]

Hierzu dienen die handbetätigten Regulierventile an den Heizkörpern. Der durch ein Ventil

---

1) Wolsey, W. H.: Die el. Heizungs- und Klimaregelung. Bd. 2. 1968. S. 59ff.
Zöllner, G.: HLH 1/79. S. 13/22.

mit linearer Kennlinie fließende Wasserstrom $\dot{V}$ ist in Abhängigkeit vom Hub h:

$$\frac{\dot{V}}{V_{100}} = h \cdot \sqrt{\left(1 + \frac{1 - P_v}{P_v}\right) : \left(1 + h^2 \frac{1 - P_v}{P_v}\right)} = 1 : \sqrt{1 + P_v\left(\frac{1}{h^2} - 1\right)}$$

h = Ventilhub = 0 bis 1
P_υ = Ventilautorität = $\Delta p_\upsilon / \Delta p$
Δp_υ = Druckverlust des geöffneten Ventils
Δp = gesamter Druckverlust im Netz

Der Wasserstrom ist also von der sogenannten *Ventilautorität* P_υ abhängig, d.h. vom Verhältnis des Druckverlustes des geöffneten Ventils zum Gesamtdruckverlust des Netzes, Bild 2.2.2-32. Nur bei großen Werten von P_υ ist eine einigermaßen wassermengenproportionale Regelung möglich ($P_\upsilon > 0{,}5$).

Die *Wärmeabgabe* der Heizkörper ist jedoch nicht proportional der Wassermenge, sondern ändert sich infolge größeren Temperaturabfalls bei reduziertem Wasservolumenstrom des Wassers im Heizkörper etwa nach Bild 2.2.2-33. Um wärmeproportionales Verhalten des Ventils zu erreichen, müssen daher andere Ventilkegelarten verwendet werden, z.B. solche mit *logarithmischer Kennlinie.* Man kann außerdem aus Bild 2.2.2-33 entnehmen, daß die Abweichung von der Linearität um so größer ist, je geringer die Spreizung ist. Weiteres siehe Abschn. 2.3.7 u. 3.3.8-4.

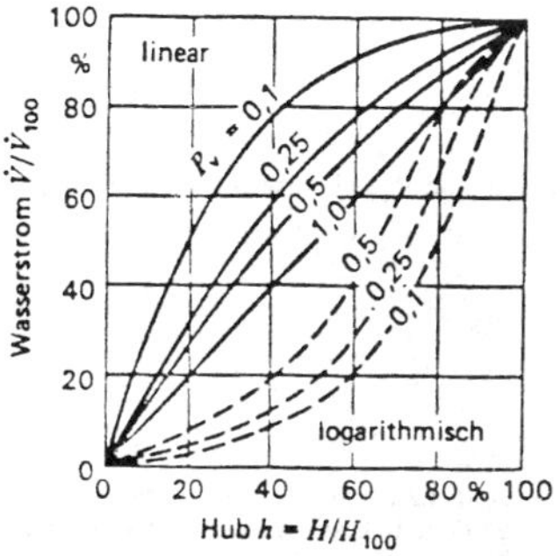

Bild 2.2.2-32. Heizmittelstrom bei Ventilen mit linearer und logarithmischer Kennlinie. P_υ =Ventilautorität

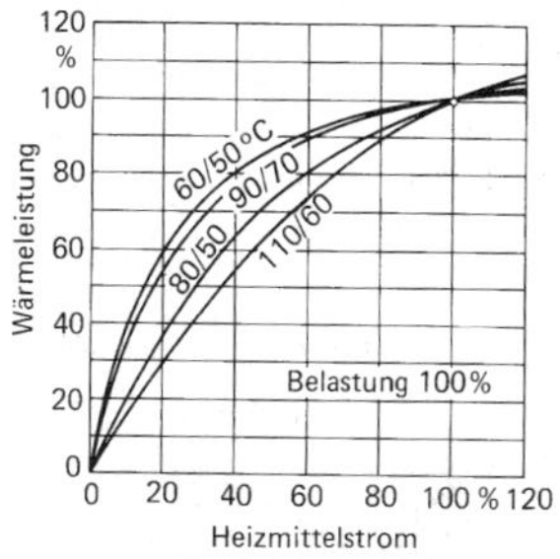

Bild 2.2.2-33. Wärmeabgabe von Heizkörpern in Abhängigkeit vom Wasserstrom bei verschiedenen Vorlauftemperaturen und Spreizungen.

Herstellung der Ventile in verschiedenen Bauarten als Durchgangs- oder Eckventile, mit Handrad oder Steckschlüssel (Behördenmodell), mit steigender oder nicht steigender Spindel u.a. Zur Einstellung der der Berechnung zugrunde gelegten Wassermenge *Voreinstellung* durch Hubbegrenzung, Doppelkegel oder Regulierhülse. Für hohe Ansprüche (kleine Durchflußmengen wegen großer Temperaturspreizung) spezielle Feinregulierventile.

Für selbsttätige örtliche Regelung *elektrische oder thermostatische Heizkörperventile* (s. Abschn. 2.3.7-1). Gemäß der Heizungsanlagen-Verordnung vom 22. 3. 1994 müssen alle Räume mit solchen Ventilen nachgerüstet werden.

b) Zentrale Regelung

Durch Änderung der Wasservorlauftemperatur am Mischventil des Kessels je nach Außentemperatur, da zu jeder Außentemperatur annähernd eine ganz bestimmte Heizmitteltemperatur gehört (Bild 2.2.2-34, weiteres siehe Abschn. 2.3.7). Die angegebenen Rücklauftemperaturen stellen sich allerdings nur ein, wenn die Heizlast sich proportional mit der Temperaturdifferenz zwischen innen und außen ändert (keine inneren Wärmequellen o. dgl.). Die leichte Krümmung nach oben berücksichtigt die Abhängigkeit der Heizkörperwärmeleistung von der mittleren Temperaturdifferenz. Durch das *Energieeinspar-*

gesetz wird die zentrale Regelung für alle Zentralheizungen in Mehrfamilienhäusern verlangt.

Bei neuen Kesseln mit *korrosionsfester* Oberfläche, die gegen Taupunktunterschreitungen unempfindlich sind, verzichtet man auf das Mischventil und fährt die Kesselwasser- temperatur gleitend bis herab zu Temperaturen von etwa 30…35 °C (Bild 2.2.2-35). Dadurch wesentlich verringerte Stillstandsverluste in den Betriebspausen *(Niedertemperaturheizung).*

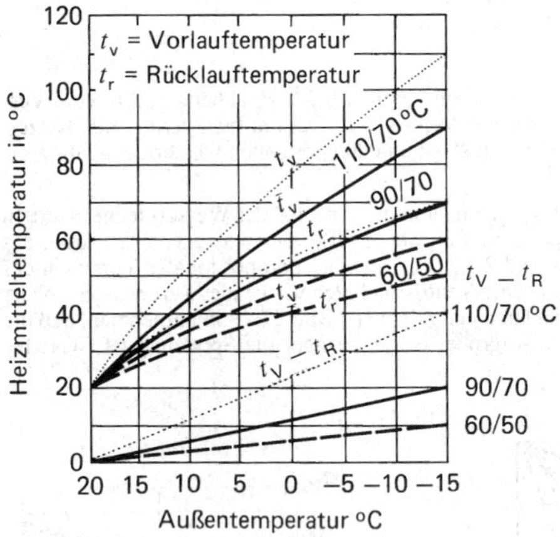

Bild 2.2.2-34. Außentemperatur und Heizwassertemperatur von Pumpen-Warmwasserheizungen bei 20 °C Raumtemperatur (Heizkurven für Radiatoren).

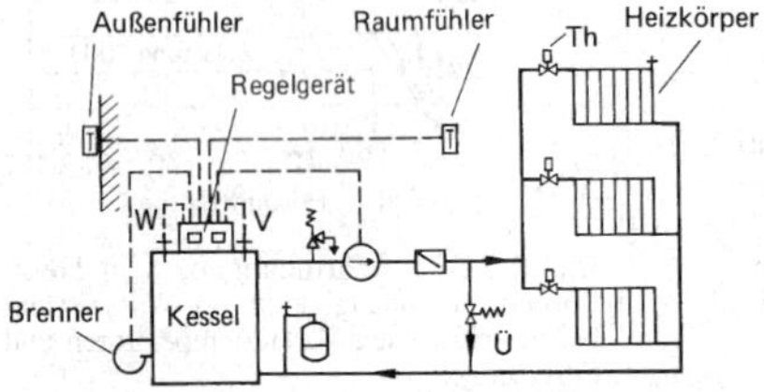

Bild 2.2.2-35. Außentemperaturgeführte gleitende Kesselwasser-Temperaturregelung.
Th = thermostatisches Heizkörperventil
Ü = Überströmventil
V = Vorlauffühler
W = Temperaturwächter

c) Gruppenregelung

Bei größeren Anlagen, wenn einzelne Raumgruppen unterschiedlichen Außenbedingungen unterliegen (Nord- und Südseite von Gebäuden), wenn Betriebszeiten verschieden sind (Hausmeisterwohnung) oder stellenweise höhere Temperaturen verlangt werden (Luftheizer).

Verschiedene Schaltmöglichkeiten:

Pumpe im Rücklauf

Für jede Heizgruppe getrennte Vor- und Rücklaufleitung, Regelventil am Vorlaufverteiler, gelegentlich auch gemeinsame Rücklaufleitung (Bild 2.2.2-36a).

Pumpe im gemeinsamen Vorlauf

Dabei Mischwasserpumpe im Rücklauf erforderlich. Geringste Vorlauftemperatur einer Heizgruppe ist die Mischtemperatur im Rücklauf (Bild 2.2.2-36b).

Pumpe im Vorlauf jeder Heizgruppe

Jede Gruppe kann zwischen 0 und 100% geregelt werden. Dem Vorlauf jeder Gruppe wird mittels Motormischventil Rücklaufwasser derselben Gruppe beigemischt. Regelung in Abhängigkeit von der Außentemperatur. Beste Art der Regelung (Bild 2.2.2-36c). Umlaufende Wassermengen in den einzelnen Gruppen können konstant gehalten werden.

a b

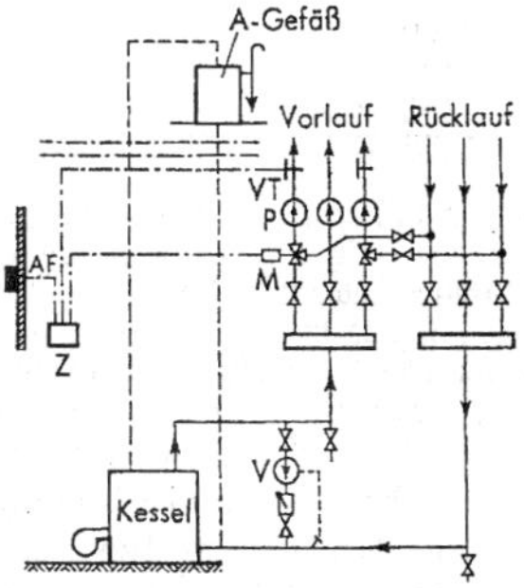

c

Bild 2.2.2-36.

a) Heizgruppenregelung mit Pumpe im Rücklauf.

b) Heizgruppenregelung mit Pumpe im Vorlauf und gemeinsamer Mischwasserpumpe im Rücklauf.

c) Heizgruppenregelung mit Rohrpumpe und Mischventil in jeder Gruppe.
AT = Außentemperaturfühler
M = Motormischventil
P = Heizungsumwälzpumpe
V = Vorlaufbeimischpumpe
VT = Vorlaufthermostat
Z = Zentrales Steuergerät

-1.2.8 Hinweise zur Auslegung von Rohrnetz und Armaturen sowie hydraulischer Abgleich[1)2)]

Zur Planung und Ausführung eines einwandfrei funktionierenden hydraulischen Netzes in einer heiz- oder raumlufttechnischen Anlage gehört neben einer fachgerechten Strukturierung des gesamten Netzes auch eine darauf zugeschnittene Auslegung der Komponenten.

Vorab sind die Auslegedaten festzulegen:

- Heiz- oder Kühlleistung der einzelnen Verbraucher einschließlich anordnungsbedingter Verluste,
- Förderstrom und Temperaturen sowie Drücke in den Verbraucherkreisen und
- Förderstrom, Temperaturen und Druck im Erzeugerkreis,
- maximal auftretende Gleichzeitigkeiten.

Unter Beachtung der Auslegedaten sind die Rohrabmessungen so zu wählen, daß die in Tafel 2.2.2-1 aufgezeigten Werte nicht überschritten werden.

Die Auslegedaten liegen auch der Auswahl und Bemessung der Armaturen und Pumpen zugrunde. Bei den Armaturen ist danach ihr Durchlaßwert (k_v-Wert) auszuwählen und zusätzlich bei Regelventilen (und stetiger Regelung) auf eine genügend hohe Ventilautorität zu achten.

Der Auslegevolumenstrom bei den Pumpen ist in aller Regel kleiner als die Summe der Verbrauchervolumenströme (Gleichzeitigkeiten). Die Kennlinienform der auszuwählenden Pumpe (oder Pumpenkombination) richtet sich nach dem vorgesehenen Netzbetrieb. Drehzahlgeregelte Pumpen erleichtern die Anpassung.

Für die einzelnen Verbraucher ergeben sich in der Regel Unterschiede im Summenwert des Druckabfalles. Um eine gewünschte Volumenstromverteilung zu erreichen, müssen die Verbraucher deshalb mit zusätzlichen, unterschiedlich großen hydraulischen Widerständen

---

1) Striebel, D.: Hydraulischer Abgleich und Wärmestromerfassung in Heiznetzen, VDI-Bericht, Nr. 1010 (1992).

2) VDI 2073: Hydraulik in der Heiz- und Raumlufttechnik, VDI-Bericht Nr. 1349 (2000).

Tafel 2.2.2-1 Empfohlene Wasserströme zur Ermittlung der Rohrnennweite

Rohr DN	Verbraucheranschlußleitung		Verteilleitung	
	Massenstrom in kg/h	Geschwindigkeit in m/s	Massenstrom in kg/h	Geschwindigkeit in m/s
10	130	0,30		
15	250	0,35	300	0,42
20	500	0,39	700	0,54
25	1000	0,49	1200	0,58
32	2000	0,56	2500	0,70
40	2800	0,59	3800	0,78
50	5000	0,64	7000	0,90
65	9000	0,68	12000	0,91
80	14000	0,77	18000	0,99
100			35000	1,13
125			55000	1,17
150			90000	1,34

(z. B. in Form von Stellventilen) ausgestattet werden. Dabei wird zunächst das Stellventil an demjenigen Verbraucher mit dem größten Gesamtdruckabfall (hydraulisch ungünstiger Strang) unter dem Gesichtspunkt einer Mindest-Ventilautorität ausgelegt. Mit den Stellventilen an den hydraulisch günstiger gelegenen Verbrauchern wird der dort anstehende niedrigere Gesamtdruckabfall durch Drosselung ausgeglichen. Das Berechnen und Einstellen dieser Widerstandswerte mit dem Ziel, eine Sollvolumenstromverteilung zu erreichen, nennt man *hydraulischen Ausgleich* oder *Abgleich.*

Im einzelnen ist folgende Vorgehensweise zu empfehlen:

- Anordnen der Heiz- bzw. Kühlflächen im Grundriß; Rohrführung sowie die Lage der Absperr- und Regelorgane im Rohrplan und Strangschema angeben.
- Unterteilen des Rohrnetzes in Teilstrecken und Berechnen des Massenstromes jeder Teilstrecke.
- Ermitteln des endgültigen Rohrinnendurchmessers der Teilstrecken mit Hilfe der Grenzmassenströme (siehe Tafel 2.2.2-1).
- Längenabmessungen und Einzelwiderstände der Teilstrecken dem Rohrplan entnehmen.
- Mit Hilfe von Rohrreibungsdiagrammen und Tabellen für Einzelwiderstände das Rohrreibungsgefälle und den Druckabfall an Einzelwiderständen berechnen.
- Druckabfall in den einzelnen Teilstrecken sowie den Summenwert in den Heizkreisen zu jedem Verbraucher berechnen.
- Auswahl des Stellventils im hydraulisch ungünstigsten Strang unter dem Kriterium der Ventilautorität.
- Auslegung der Pumpe für den Gesamtvolumenstrom und dem Gesamtdruckabfall der ganzen Anlage unter Beachtung der Gleichzeitigkeit.
- Auswahl der Stellventile und der Strangabgleichventile in den anderen Strängen.

-1.3 Sicherheitstechnische Einrichtungen

Es gibt eine Vielzahl technischer Möglichkeiten und zahlreiche Vorschriften, die Grundlage für den sicheren Betrieb einer Heizungsanlage sind. Einen Überblick gibt Tafel 2.2.2-2.

-1.3.1 Offene und geschlossene physikalisch abgesicherte Wärmeerzeugungsanlagen

Die Sicherheitseinrichtungen für offene und geschlossene Warmwasserheizungen mit heute nur noch selten ausgeführtem hochliegendem Ausdehnungsgefäß sind in DIN 4751, T1 (10.94) genormt. Alle *Warmwasserheizkessel,* die mit Brennstoffen, Abgasen oder elektrisch oder auch mit Dampf > 0,5 bar Überdruck bzw. Wasser über 110 °C beheizt werden, müssen zur Verhinderung von Druckerhöhungen eine unabsperrbare *Sicherheitsvorlaufleitung* (SV) und eine *Sicherheitsrücklaufleitung* (SR) haben, die mit Steigung zum

Tafel 2.2.2-2 Sicherheitstechnische Anforderungen für Heizungsanlagen, Übersicht der wichtigsten technischen Regeln

Norm/techn. Regel	DIN 4751 T. 1 (10.94) Wasserheizungsanlagen physikalisch abgesichert	DIN 4751 T. 2 (10.94) Wasserheizungsanlagen thermostatisch abgesichert	DIN 4751 T. 3 (02.93) Wasserheizungsanlagen Zwangsumlauf-Wärmeerzeuger	TRD 701 (07.91) Dampfkesselanlagen Dampferzeuger der Gruppe II	TRD 702 (05.91) Dampfkesselanlagen Heißwassererzeuger der Gruppe II
Bereich Temperatur/Druck	bis 120 °C bis 5 bar	bis 120 °C	bis 95 °C bis 3 bar	bis 1 bar	> 100 bis 120 °C
Wärmeleistung	unbegrenzt	unbegrenzt	50 kW	unbegrenzt	unbegrenzt
Brennstoff/ Beheizung	fest/flüssig/gasförmig	fest/flüssig/gasförmig	fest/flüssig/gasförmig	fest/flüssig/gasförmig	fest/flüssig/gasförmig
wesentliche Anforderungen	– Voraussetzungen für Wärmeerzeuger – Sicherheitsvor- und Rücklaufleitungen – Ausdehnungsgefäße und Anschlußleitungen	– Voraussetzungen für Wärmeerzeuger und Ausdehnungsgefäße – Einrichtungen gegen Überschreiten der zulässigen Vorlauftemperatur – Einrichtungen gegen Überschreiten des zulässigen Betriebsdrucks – Wassermangelsicherungen – Einrichtungen zum Ausgleich der Wasservolumenänderungen – Anzeigeeinrichtungen – Fülleinrichtungen – Inbetriebnahme – Betriebs-/Wartungsanleitungen	– Voraussetzungen für Wärmeerzeuger und Ausdehnungsgefäße – Regel- und Sicherheitseinrichtungen – Ausdehnungsgefäße – Sicherheit gegen Druckanstieg – Fülleinrichtungen – Inbetriebnahme – Betriebs- und Wartungsanleitungen	– Werkstoffe – Herstellung – Bemessung – Ausrüstung – Beheizung – Kennzeichnung – Prüfungen	– Werkstoffe – Herstellung – Bemessung – Ausrüstung – Beheizung – Kennzeichnung – Prüfungen

Ausdehnungsgefäß, das sich an höchster Stelle der Anlage befindet, zu verlegen sind. Die SV mündet bei den offenen Anlagen oben, die SR unten in das Ausdehnungsgefäß (Bild 2.2.2-37). Sicherheitsleitungen und Ausdehnungsgefäße müssen gegen Einfrieren geschützt sein. Bei mehreren Kesseln hat jeder Kessel eine SV und SR, oder die Kessel sind mit *Sicherheits-Wechselventilen* (Bild 2.2.2-38) ausgerüstet, die beim Absperren der Verbindung mit dem Ausdehnungsgefäß durch eine Ausblasleitung eine unmittelbare Verbindung mit der Atmosphäre herstellen. Zur Vermeidung zu großer Abmessungen können die Wechselventile auch in Umgehungsleitungen angebracht werden. Durchmesser der SV und SR siehe Abschnitt 2.3.1-2.1.1. Weiteres über Ausdehnungsgefäße in Abschn. 2.3.6-5.

Bei den *geschlossenen Warmwasserheizungen* mit Temperaturen im Vorlauf bis 120 °C erhält das Ausdehnungsgefäß ein Standrohr nach DIN 4750 (02.93) (Bild 2.2.2-37) oder ein Sicherheitsventil. Anschluß der SV- und SR-Leitung unten am A-Gefäß. Maximale Vorlauftemperatur von 120 °C ist nur erreichbar, wenn *Dampfbildung* im A-Gefäß durch genügende Zirkulation über SV und SR gewährleistet ist. Auslegung der Sicherheitsventile siehe Abschnitt 2.3.6-5.

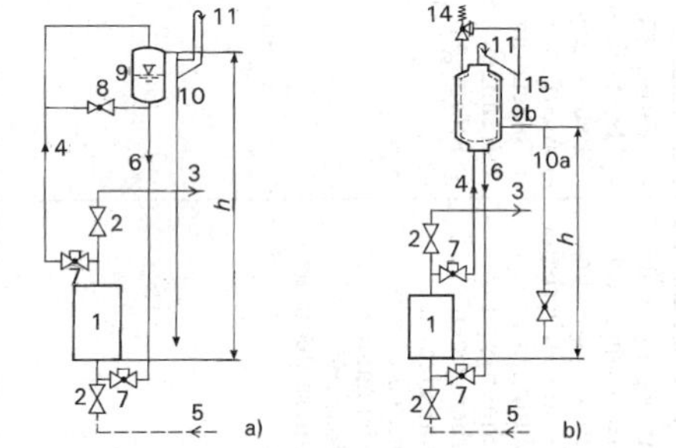

Anlage mit offenem Ausdehnungsgefäß (OAG)

Anlage mit geschlossenem Ausdehnungsgefäß (GAG) mit Membrane (siehe Erläuterungen)

Bild 2.2.2-37. Sicherheitseinrichtungen bei direkt mit Brennstoffen oder Dampf >0,5 bar Überdruck beheizten Warmwasserkesseln.
a) offenes Ausdehnungsgefäß
b) geschlossenes Ausdehnungsgefäß mit Standrohr oder Sicherheitsventil

1 Wärmeerzeuger
2 Absperrarmatur
3 Vorlauf
4 Sicherheitsvorlaufleitung (SVL)
5 Rücklauf
6 Sicherheitsrücklaufleitung (SRL)
7 Absperreinrichtung gegen unbeabsichtigtes Schließen gesichert (z.B. Kappenventil mit Draht und Plombe)
8 Drosseleinrichtung, z.B. Thermostatventil
9 Offenes Ausdehnungsgefäß (OAG)
9b Geschlossenes Ausdehnungsgefäß mit Membrane (GAG), mit Luftraum in der Membrane
10 Überlauf zum Heizraum
10a Prüfleitung zum Heizraum
11 Verbindung zur Atmosphäre
14 Sicherheitsventil
15 Ausblaseleitung vom Sicherheitsventil

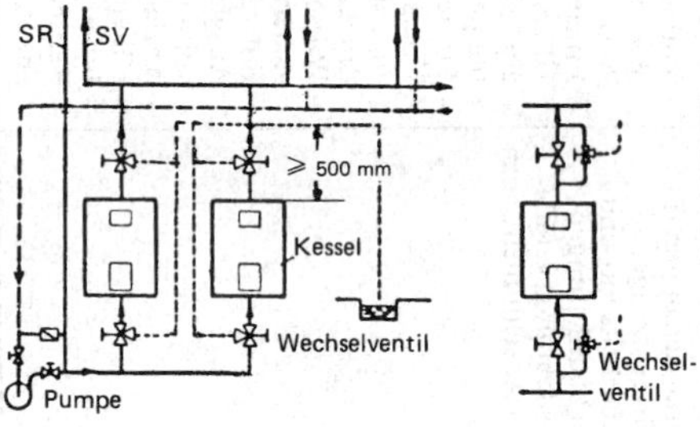

Bild 2.2.2-38. Anordnung von Wechselventilen bei Warmwasserkesseln.
Links: Wechselventile im Vor- und Rücklauf;
rechts: Wechselventile im Nebenschluß

-1.3.2 Geschlossene, thermostatisch abgesicherte Wärmeerzeugungsanlagen

Geschlossene Anlagen werden nach DIN 4751, T2 (10.94) mit einem tiefliegenden Membran-Ausdehnungsgefäß oder mit weiteren Druckhalteeinrichtungen ausgeführt. Bei Anlagen mit Membran-Ausdehnungsgefäß befindet sich das Ausdehnungsgefäß neben dem Kessel und ist nur durch *eine Ausdehnungsleitung* mit dem Kessel verbunden. Diese Bauart wird heute fast ausschließlich angewendet.

Vorteile:

Keine Korrosion durch Sauerstoff.
Kein Wasserverlust durch Verdunstung.
Keine Frostgefahr.
Leichte Unterbringung.

Voraussetzungen sind dabei:

a) Thermostatische Absicherung durch Temperaturregler und Sicherheitstemperaturbegrenzer

sowie zusätzlich

b) Baumustergeprüftes, unabsperrbares Sicherheitsventil am oder nahe am Kessel;

c) Wassermangelsicherung. Bei Wärmeerzeugern bis 350 kW kann auf eine Wassermangelsicherung verzichtet werden, soweit sichergestellt ist, daß eine unzulässige Erwärmung bei Wassermangel nicht auftreten kann.

d) Thermometer u. Manometer.

Das A-Gefäß gibt es grundsätzlich in zwei verschiedenen Ausführungsformen:

a) Behälter *ohne Membran,* wobei sich über der Wasserfläche komprimierte Luft befindet; da das Wasser Luft absorbiert, muß Behälter von Zeit zu Zeit entleert werden. Selten ausgeführt.

b) Behälter *mit Membran,* wobei die Membran den Wasser- und Gasraum voneinander trennt (Bild 2.2.2-39). Dies ist die normale Ausführung. Näheres in Abschn. 2.3.6-5.

Bild 2.2.2-40 zeigt eine geschlossene Anlage mit eingebautem Warmwasserspeicher, wie sie heute meist ausgeführt werden.

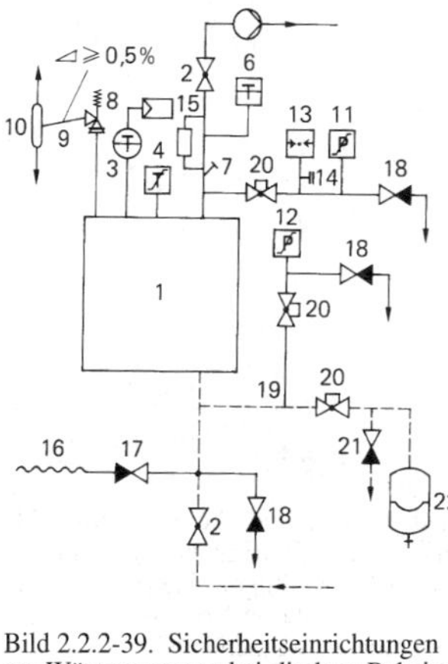

Bild 2.2.2-39. Sicherheitseinrichtungen am Wärmeerzeuger bei direkter Beheizung und mit Membran-Druckausdehnungsgefäß (MAG).

1 = Wärmeerzeuger
2 = Absperrarmatur
3 = Temperaturregler
4 = Sicherheitstemperaturbegrenzer
6 = Temperaturmeßgerät
7 = Tauchhülse
8 = Sicherheitsventil
9 = Ausblaseleitung zwischen Sicherheitsventil und Entspannungstopf
10 = Entspannungstopf (>350 kW)
11 = Druckbegrenzer, max. (>350 kW oder >3 bar)
12 = Druckbegrenzer, min. (>100 °C)
13 = Druckmeßgerät
14 = Anschluß für Prüfdruckmeßgerät nach DIN 16 263
15 = Wassermangelsicherung (Einsatz auch <350 kW)
16 = Schlauchleitung
17 = Durchgangsventil mit Rückflußverhinderer
18 = Entleerungsventil
19 = Ausdehnungsleitung
20 = Absperreinrichtung, gesichert gegen unbeabsichtigtes Schließen
21 = Entleerungsventile
22 = Membran-Druckausdehnungsgefäß (MAG)

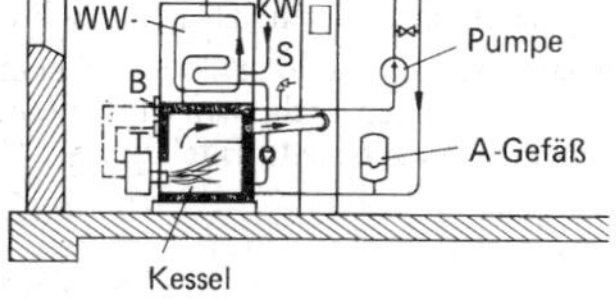

Bild 2.2.2-40. Geschlossene Warmwasserheizung mit Membran-Ausdehnungsgefäß und Warmwasserspeicher.

WW = Warmwasser
S = Sicherheitsventil
KW = Kaltwasser
B = Begrenzer
E = Entlüftung
T = Temperaturregler

Heizungsanlagen mit *festen Brennstoffen* können ebenfalls mit einem Membran-Ausdehnungsgefäß ausgerüstet werden, jedoch müssen die Kessel (auch Wechselbrand- und Umstellbrandkessel) dabei eine eingebaute *thermostatische Ablaufsicherung* besitzen, um einen gefährlichen Überdruck zu verhindern. Die Sicherung besteht im wesentlichen aus einem Wärmeaustauscher, der an die Kaltwasserleitung angeschlossen ist. Übersteigt die Wassertemperatur den Maximalwert, wird automatisch ein Ventil geöffnet, so daß kaltes Wasser durch den Wärmeaustauscher fließt und überschüssige Wärme in Form von heißem Wasser solange ablaufen kann, bis die Gefahr vorüber ist (Bild 2.2.2-41). Der Wärmeaustauscher kann auch ein *Warmwasserspeicher* sein.

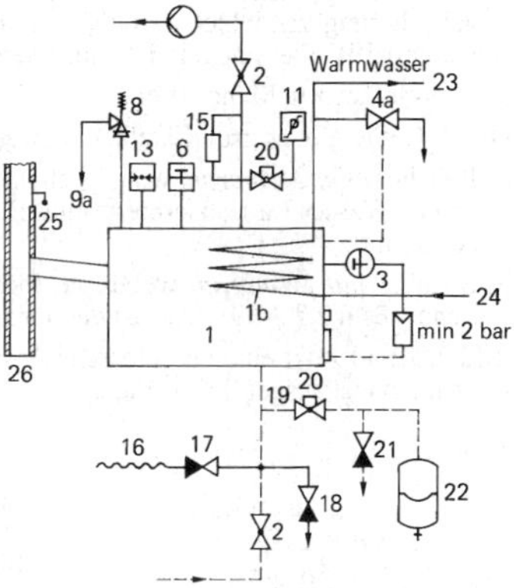

Bild 2.2.2-41. Sicherheitseinrichtungen am Wärmeerzeuger bei Beheizung mit festen Brennstoffen.
1 a = Wärmeerzeuger
1 b = Sicherheitswärmeverbraucher
2 = Absperrarmatur
3 = Temperaturregler
4 a = Thermische Ablaufsicherung als Sicherheitstemperaturbegrenzer
6 = Temperaturmeßgerät
8 = Sicherheitsventil
9 a = Ausblaseleitung vom Sicherheitsventil
11 = Druckbegrenzer max.
13 = Druckmeßgerät
15 = Wassermangelsicherung
16 = Schlauchleitung
17 = Durchgangsventil mit Rückflußverhinderer
18 = Entleerungsventil
19 = Ausdehnungsleitung
20 = Absperreinrichtung gegen unbeabsichtigtes Schließen gesichert (z. B. Kappenventil mit Draht und Plombe)
21 = Entleerungsventil vor Membran-Druckausdehnungsgefäßen (MAG)
22 = Membran-Druckausdehnungsgefäße (MAG)
23 = Warmwasserversorgung
24 = Kaltwasserzulaufleitung (Zulaufdruck mind. 2,0 bar)
25 = Nebenlufteinrichtung
26 = Schornstein

Ausdehnungsgefäße mit Membranen müssen so angeordnet sein, daß die nach DIN 4807 T3 (10.93) geforderte maximale Dauertemperatur von höchstens 70 °C nicht oder nur kurzzeitig überschritten werden kann. Die Installation soll daher vorzugsweise im Rücklauf vorgenommen werden. Grundsätzlich müssen Ausdehnungsgefäße in frostfreien Räumen aufgestellt oder so beheizt sein, daß Frostgefahr ausgeschlossen werden kann.

Schaltschemata weiterer Druckhalteeinrichtungen siehe Bild 2.2.2-42. Eine Aufstellung der notwendigen Sicherheitseinrichtungen für geschlossene, thermostatisch abgesicherte Heizungsanlagen siehe Tafel 2.2.2-3.

-1.3.3 Sicherheitstechnische Ausrüstung von Anlagen mit Zwangsumlauf-Wärmeerzeugern

Der Teil 3 der DIN 4751 regelt die sicherheitstechnische Ausrüstung von kleinen Einkesselanlagen mit Zwangsumlauf-Wärmeerzeugern bis 50 kW und 95 °C mit thermostatischer Absicherung. Er enthält gegenüber dem Teil 2 einige Erleichterungen, entspricht jedoch dessen Sicherheitskonzept. Dieser Teil wird fast ausschließlich von den Herstellern der Gasgeräteindustrie in Anspruch genommen.

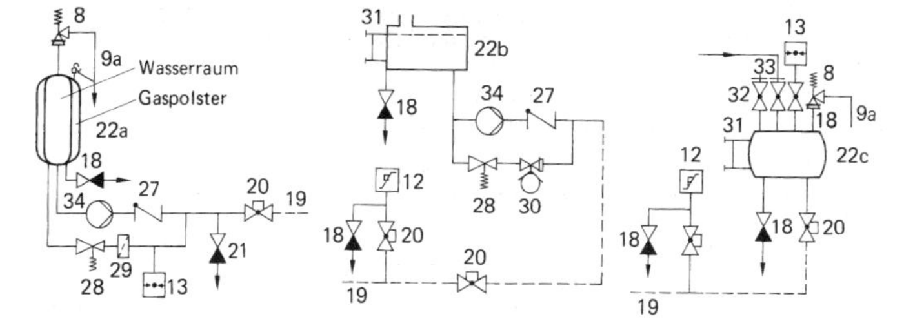

a) Druckhaltung mit drucklosem Ausdehnungsgefäß (GAG mit Membrane)
b) Druckhaltung mit drucklosem Auffangbehälter (OAG)
c) Gasdruckhaltung mit geschlossenem Ausdehnungsgefäß (GAG ohne Membrane)

Bild 2.2.2-42. Druckhalteeinrichtungen nach DIN 4751 T2 (10.94)

8 a = Sicherheitsventil
9 a = Ausblaseleitung vom Sicherheitsventil
12 = Druckbegrenzer min.
13 = Druckmeßgerät
18 = Entleerungsventil
19 = Ausdehnungsleitung
20 = Absperreinrichtung gegen unbeabsichtigtes Schließen gesichert (z. B. Kappenventil mit Draht und Plombe)
21 = Entleerungsventil vor Membran-Druckausdehnungsgefäßen (MAG)
22 = Membran-Druckausdehnungsgefäße (MAG)
22a = geschlossenes Ausdehnungsgefäß mit Membrane (GAG)
22 b = druckloser Auffangbehälter (OAG)
22 c = geschlossenes Ausdehnungsgefäß ohne Membrane (GAG)
27 = Rückschlagarmatur
28 = Überströmventil
30 = Steuerbares selbsttätig schließendes Absperrventil
31 = Wasserstand
32 = Entlüftungsventil
33 = Ventil zur ständigen Gaseinfüllung
34 = Druckdiktierpumpe

-2 Dampfheizungen

Bei den Dampfheizungen wird als Wärmeträger Dampf verwendet. Der in den Kesseln erzeugte Dampf wird durch Rohrleitungen den Heizkörpern oder sonstigen Wärmeaustauschern zugeführt, kondensiert hier und kehrt als Kondensat zu den Kesseln zurück, wo der Kreislauf von neuem beginnt.

Man unterscheidet

nach der Verbindung mit der Atmosphäre:
offene und geschlossene Dampfheizungen;

nach dem Dampfdruck:
Niederdruck-, Hochdruck- und Vakuumdampfheizungen;

nach dem Rohrsystem:
Einrohr- und Zweirohrsysteme;

nach der Lage der Hauptverteilleitung:
obere und untere Verteilung;

nach der Lage der Kondensleitung:
obere (trockene) und untere (nasse) Kondensatrückführung;

nach der Art der Kondensatrückführung:
Rückführung mit natürlichem Gefälle und zwangsweise Rückführung.

Durch Kombinationen dieser verschiedenen Möglichkeiten entstehen viele Ausführungsarten der Dampfheizung.

Für Wohn- und Bürohausheizung wird heute kaum noch Dampf verwendet, häufiger für zeitweilig oder periodisch benutzte Räume wie Messehallen, Ausstellungsräume usw., besonders, wenn in den Betriebspausen Frostgefahr besteht, sowie für Kochküchen, Wäschereien und für Fabriken, die Dampf für andere Zwecke benötigen.

Tafel 2.2.2-3 Notwendige Sicherheitseinrichtungen in Anlagen mit öl- und gasbefeuerten Wärmeerzeugern (WE) entsprechend DIN 4751 T2.

Meßgröße	Einrichtung		Geschlossene Anlagen nach DIN 4751 T2 ≤ 120 °C
	Art	Einbauort	
Betriebsdruck	Manometer	WE	ja
	Sicherheitsventil	WE, Vorlauf	ja
	Entspannungstopf	Sicherheitsventil	ja > 350 kW*)
	Druckbegrenzer, max.	WE, Vorlauf	ja > 350 kW**)
	Druckbegrenzer, min.	Ausdehnungsleitung	ja > 100 °C
	Fremddruckhaltung inkl. Ausdehnungsgefäß	Ausdehnungsleitung	ja
Wasserstand	Wasssermangelsicherung	WE, Vorlauf	ja > 350 kW***)
Vorlauftemperatur	Kesselthermometer	WE	ja
	Temperaturregler	WE	ja
	Sicherheitstemperaturwächter	WE	nein****)
	Sicherheitstemperaturbegrenzer	WE	ja

*) Bei Warmwasserheizungen ≤100 °C kann auch über 350 kW auf einen Entspannungstopf verzichtet werden, wenn zusätzlich ein Sicherheitstemperaturbegrenzer und Maximaldruckbegrenzer eingebaut sind. (In der Regel dann zwei Sicherheitstemperaturbegrenzer und zwei Maximaldruckbegrenzer.)

**) Druckbegrenzer ist auch erforderlich bei einer Druckabsicherung über 3 bar.

***) Unter 350 kW kann auch auf andere Weise (z. B. Mindestdruckbegrenzer, Strömungswächter oder eine andere im Rahmen der Typprüfung bestätigte Maßnahme) sichergestellt werden, daß eine unzulässige Erwärmung bei Wassermangel nicht auftreten kann.

****) Nur indirekt beheizte Wärmeerzeuger benötigen unter Umständen einen STW.

-2.1 Offene Niederdruckdampfheizungen (NDH)[1]

-2.1.1 Allgemeines

Der Dampf wird entweder in Niederdruckdampfkesseln – Dampferzeuger der Gruppe II nach TRD 701 – erzeugt oder er wird Kesselanlagen mit höherem Druck entnommen und für Zwecke der Heizung auf niederen Druck herabgemindert. Der *Betriebsüberdruck* darf nach den gesetzlichen Bestimmungen in Deutschland höchstens 1 bar betragen (nach der neuen Dampfkesselverordnung vom 1. 7. 1980 angehoben). Gewöhnlich beträgt der Druck für Gebäude mit einer waagerechten Ausdehnung bis zu 200 m etwa 0,05 bis 0,1 bar, bis zu 300 m etwa 0,15 bar und bis zu 500 m etwa 0,2 bar.

Bei Raumheizungen ist 0,1 bar Dampfdruck fast immer ausreichend, bei Dampf für gewerbliche Zwecke (Wäschereien, Küchen u. a.) auch Drücke bis 0,5 bar.

Vorteile der Niederdruckdampfheizung gegenüber Warmwasserheizung:

Geringe Trägheit und daher schnelles Hochheizen;
geringe Einfriergefahr;
geringere Anlagekosten;
einfache Wärmemengenmessung durch Kondensatmesser.

Nachteile:

Keine zentrale Regelung vom Kesselhaus aus, daher in der Übergangszeit häufig Über-

[1]) Franke, P. P., Schlapmann, D., u. H. Tisiotti, sbz (1988) Nr. 16. S. 1023/33.

heizung und dadurch höherer Wärmeverbrauch;
hohe, hygienisch ungünstige Oberflächentemperatur der Heizkörper;
größere Wärmeverluste;
keine Wärmespeicherung in den Heizkörpern;
größere Korrosionsgefahr (in den Kondensatleitungen);
keine Stahlradiatoren möglich; nur Gußradiatoren;
häufig erhebliche Vertiefung des Heizkellers erforderlich.

Alle Dampfheizungen verlangen eine sorgfältige Planung und Ausführung, da sonst Störungen auftreten wie Durchschlagen des Dampfes, Geräusche, mangelnde Erwärmung einzelner Heizkörper, Überwärmung bei anderen, Wasserspiegelschwankungen in den Kesseln u. a.

-2.1.2 Rohrführung

a) Einrohrsystem

Dampf und Kondensat strömen in derselben Leitung. Der vom Kessel gelieferte Dampf fließt zuerst in die Hauptverteilung, die bei *unterer Verteilung* an der Kellerdecke, bei *oberer Verteilung* im Dachboden liegt. Bei größerer Ausdehnung stufenförmige Verlegung mit Entwässerung an den Steigstellen. Die Heizkörper sind an die Steig- bzw. Fallstränge nur mit einer Abzweigleitung angeschlossen. Das Kondensat wird entweder oberhalb der Druckzone (trocken) oder unterhalb (naß) zum Kessel mit natürlichem Gefälle zurückgeführt. Bei trockener Kondensleitung werden die Steig- und Fallstränge in der Regel durch *Wasserschleifen* entwässert, die die dampfführenden Rohre von den kondensatführenden trennen.

Jeder Heizkörper erhält ein automatisches *Luftventil,* das nur Luft, aber keinen Dampf entweichen läßt. Außerdem sind an den tiefsten Stellen der Dampfleitungen ebenfalls Luftventile anzubringen. Die Ventile an den Heizkörpern, soweit sie überhaupt vorgesehen werden, dürfen nur „auf" oder „zu" gestellt werden, Zwischenstellungen sind nicht möglich, da sonst der Kondensatabfluß behindert wird.

Als Brennstoff für die Kessel sind zweckmäßig nur Gas oder Öl zu verwenden, bei festen Brennstoffen ist die Regelung wesentlich schwieriger. Ein-Aus-Regelung. Die Einrohrsysteme werden bei uns kaum ausgeführt, da eine gleichmäßige Temperaturerhaltung bei höheren Außentemperaturen nicht möglich ist.

b) Zweirohrsystem

Dampf und Kondensat strömen in verschiedenen Leitungen. Hauptverteilleitung an Kellerdecke (untere Verteilung, Bild 2.2.2-43) oder im Dachgeschoß (obere Verteilung, Bild 2.2.2-44). Gefälle zu den Steig- bzw. Fallsträngen. Bei großer Ausdehnung stufenförmige Verlegung mit Entwässerung an den Steigestellen. Die Heizkörper sind sowohl an die senkrechten dampfführenden Stränge wie an die Kondensatleitungen angeschlossen. Dampfeintritt oben, Kondensataustritt unten. Zur Trennung von Dampf und Kondensat hinter jedem Heizkörper ein Kondensat-Ableiter (siehe Abschn. 2.3.5-4).

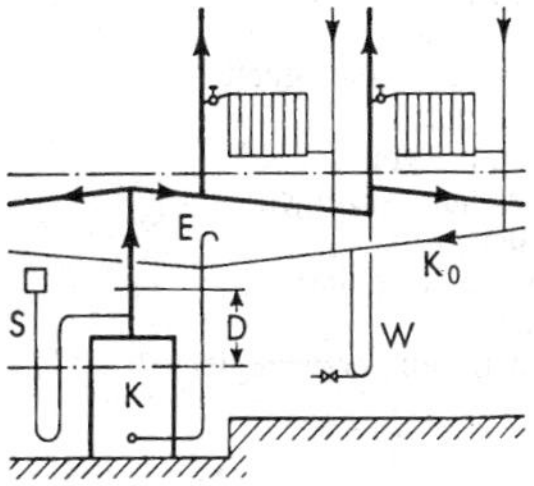

Bild 2.2.2-43. Zweirohr-Niederdruckdampfheizung mit unterer Verteilung und trockener Kondensleitung. D = Druckhöhe, E = Entlüftung, K = Kessel, Ko = Kondensatleitung, S = Standrohr, W = Wasserschleife

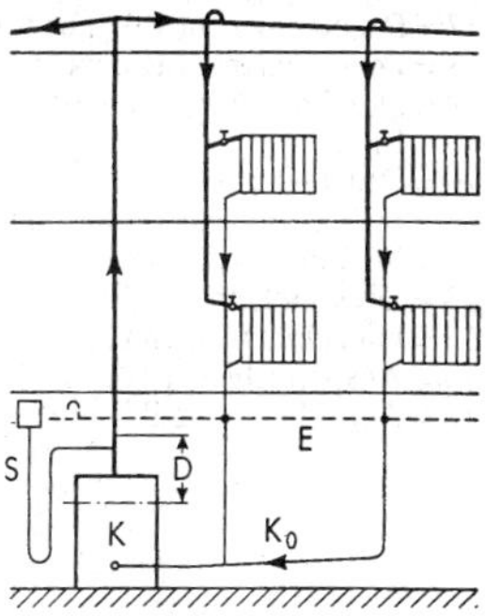

Bild 2.2.2-44. Zweirohr-Niederdruckdampfheizung mit oberer Verteilung und nasser Kondensleitung.

Das Kondensat aus den Heizkörpern wird mit natürlichem Gefälle zu den Kesseln zurückgeführt (Kondensatrückspeiser siehe Abschnitt 2.3.6-3). Zwischen Kondensatrücklauf und Heizkessel ist ein Kondensatsammelbehälter – bei Festbrennstoffkesseln noch ein hochliegender Kondensathochbehälter dazwischenzuschalten. Sicherheitstechnische Einrichtungen für Kessel und Kondensatbehälter siehe Bild 2.2.2-45 und Bild 2.2.2-46. *Kondensatleitung* entweder *trocken* an der Kellerdecke oberhalb der Druckzone verlegt oder *naß* unterhalb. Entwässerung der Dampfleitungen bei hochliegender Rückführung durch *Wasserschleifen,* bei tiefliegender Rückführung keine Schleifen erforderlich. Siehe auch Abschn. 2.3.5-4.

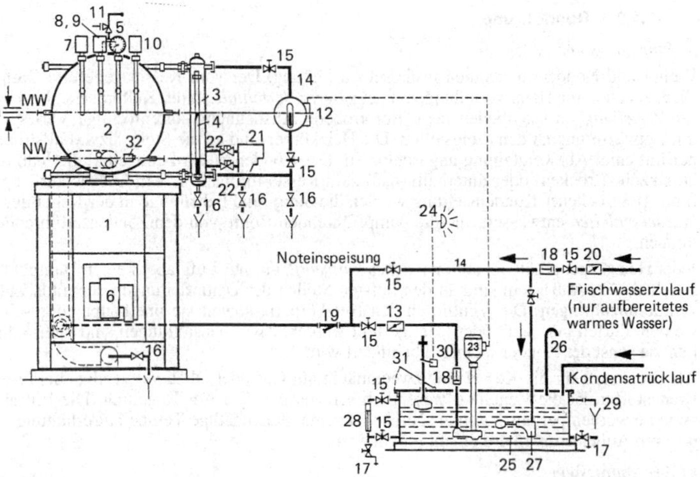

Bild 2.2.2-45. Dampfkessel für Öl/Gasfeuerung – Schema der Kesselanlage (Werkbild Buderus).

1 = Dampfkessel
2 = Dampftrommel
3 = Dampfflasche
4 = Wasserstandsglas
5 = Manometer
6 = Brenner
7 = Druckregler für Brennerstufe 1
8 = Druckregler für Brennerstufe 2
9 = Druckregler für modulierenden Brenner
10 = Druckwächter
11 = Sicherheitsventil oder Standrohr
12 = Wasserstandsregler
13 = Drosselklappe
14 = Umgehungsleitung
15 = Absperrschieber
16 = Abschlammventil
18 = Rückschlagventil
19 = Schmutzfänger
20 = Wasserzähler
21 = Wassermangelschalter
22 = Absperrventil mit Kappe
23 = Speisewasserpumpe
24 = optisches/akustisches Signal für Wassermangel im Kondensatsammelbehälter
25 = Kondensatsammelbehälter
26 = Wrasenrohr
27 = Schwimmerventil
28 = Wasserstandsanzeiger
29 = Überlauf
30 = Schwimmerschalter
31 = Deckel
32 = Minimal-Temperaturregler

Die Luft wird bei Dampffüllung der Anlage von dem leichteren Dampf durch die Heizkörper in die Kondensatleitung gedrückt. Bei hochliegender Kondensatleitung Abführung der Luft ins Freie an der tiefsten Stelle. Bei tiefliegender Kondensatleitung sind die senkrechten Kondensatstränge durch eine besondere *Luftleitung* zu entlüften.

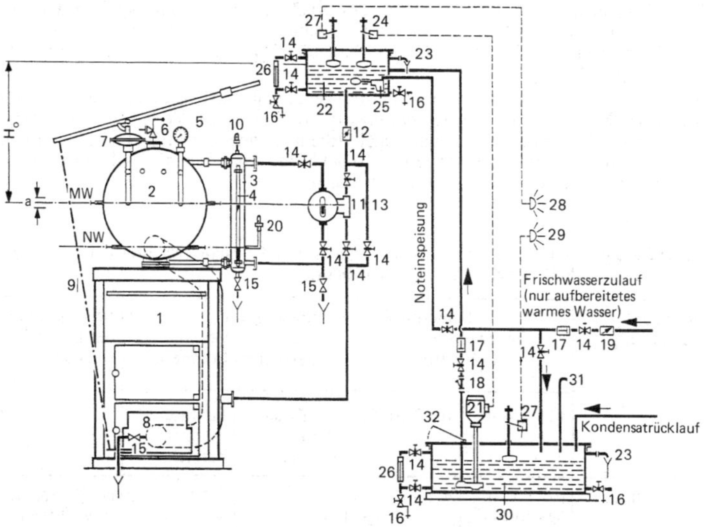

Bild 2.2.2-46. Dampfkessel für Festbrennstoffeuerung – Schema der Kesselanlage (Werkbild Buderus).

1 = Dampfkessel
2 = Dampftrommel
3 = Dampfflasche
4 = Wasserstandsglas
5 = Manometer
6 = Sicherheitsventil oder Standrohr
7 = Membranregler
8 = Luftklappe
9 = Reglerkette
10 = Überdruckpfeife
11 = Wasserstandsregler (Zuflußregler)
12 = Drosselklappe
13 = Umgehungsleitung
14 = Absperrschieber
15 = Abschlammventil
16 = Entschlammungsventil
17 = Rückschlagventil
18 = Schmutzfänger
19 = Wasserzähler
20 = Wassermangelpfeife
21 = Kondensatpumpe
22 = Kondensathochbehälter
23 = Überlauf
24 = Schwimmerschalter für Kondensatpumpe
25 = Schwimmerventil
26 = Wasserstandsanzeiger
27 = Schwimmerschalter für Signalgebung
28 = optisches/akustisches Signal für Wassermangel im Kondensathochbehälter
29 = optisches/akustisches Signal für Wassermangel im Kondensatsammelbehälter
30 = tiefliegender Kondensatbehälter
31 = Wrasenrohr
32 = Deckel
a = Regelspiel um mittleren Wasserstand (MW) = ± 20 mm
H_0 = Wasserstand des offenen Kondensathochbehälters über MW

-2.1.3 Sicherheitsvorrichtungen

Zur sicherheitstechnischen Ausstattung eines Niederdruck-Dampfkessels gehören:
Eine Sicherheitseinrichtung gegen Überschreiten des höchstzulässigen Betriebsüberdrukkes von 1,0 bar um mehr als 0,3 bar (s.a. TRD 721). Diese Forderung wird erfüllt von einem bauteilgeprüften Sicherheitsventil bis max. 1,0 bar oder einem unabsperrbarem Standrohr bis zu einem höchstzulässigen Betriebsüberdruck von 0,5 bar (nach DIN 4750 [02.93]), 1 Druckwächter, 2 Druckregler je nach Art der vorgesehenen Feuerung, 1 Manometer entsprechend dem Betriebsdruck der Anlage (es empfiehlt sich, ein Gerät mit gespreiztem Anfangsbereich zu wählen), 1 Wassermangelschalter. Je nach gewähltem Brenner ist die sicherheitstechnische Ausstattung des Dampfkessels hinsichtlich des Druckreglers anzupassen. Bei zweistufigen Brennern ist je nach Leistungsstufe des Brenners 1 separater Druckregler, bei modulierend geregeltem Brenner 1 Druckregler für den 2-Punkt-Regelbereich und zusätzlich eine für den Modulationsbereich geeignete Druckregeleinrichtung vorzusehen.

Die Schaltpunkte des/der Druckregler und des Druckwächters müssen sorgfältig aufeinander abgestimmt sein, um Druckschwankungen möglichst klein zu halten. In der Tafel 2.2.2-4 sind Einstellungskombinationen für den Dampfdruck in Abhängigkeit von der Brennerausführung als Empfehlung dargestellt.

Niederdruck-Dampfkessel für Festbrennstoffeuerung (Koks, Kohle) werden mit einem Membran-Druckregler ausgestattet, der über die Betätigung der Verbrennungsluftklappe des Heizkessels die Feuerungsleistung regelt. Alternativ zum Membran-Druckregler ist ein Schwimmerregler einzusetzen. Außerdem ist der Niederdruck-Dampfkessel für Festbrennstoffeuerung mit einer Überdruckpfeife auszustatten.

Tafel 2.2.2-4 Schaltpunkte des Druckreglers und des Druckwächters in Abhängigkeit von der Brennerausführung

Brennerausführung	Schaltpunkte des Druckreglers: bei zweistufigen Brennern		bei modulierenden geregelten Brennern		Schaltpunkte des Druckwächters*)
	für 1. Stufe	für 2. Stufe	für Zwei-Punkt-Bereich	für Modulationsbereich	
zweistufiger Brenner	$\rho_{RA1} \leq 1{,}2\,\rho_D$ $\Delta\rho_{R1} \leq 0{,}3\,\rho_{RA1}$	$\rho_{RA2} = \rho_D$ $\Delta\rho_{R2} \leq 0{,}3\,\rho_D$	– –	– –	$\rho_{WA} \leq 1{,}3\,\rho_D$ $\Delta\rho_W \geq 0{,}3\,\rho_{WA}$
modulierend geregelter Brenner	– –	– –	$\Delta\rho_{RA1} \leq 1{,}2\,\rho_D$ $\Delta\rho_{R1} \leq 0{,}3\,\rho_{RA}$	$\rho_{MO} < \rho_{RA1}$ $\Delta\rho_{MO} =$ **)	$\rho_{WA} \leq 1{,}3\,\rho_D$ $\Delta\rho_W \leq 0{,}3\,\rho_{WA}$

*) Der maximale Ausschaltdruck des Druckwächters muß in jedem Fall unterhalb eines Überdruckes von 1,3 bar liegen.

**) $\Delta\rho_M$ ist an das Regelverhalten der gesamten Anlage anzupassen.

Darin ist:

ρ_D = Dampfdruck in bar

ρ_{RA1} = Ausschaltpunkt des Druckreglers Stufe 1 in bar

ρ_{RA2} = Ausschaltpunkt des Druckreglers Stufe 2 in bar

ρ_{MO} = Ausschaltpunkt der Druckregeleinrichtung für den modulierenden Brenner in bar

ρ_{WA} = Ausschaltpunkt des Druckwächters in bar

$\Delta\rho_{MO}$ = Schaltdifferenz der Druckreglereinrichtung für den modulierenden Brenner in bar

$\Delta\rho_{R1}$ = Schaltdifferenz des Druckreglers Stufe 1 in bar

$\Delta\rho_{R2}$ = Schaltdifferenz des Druckreglers Stufe 2 in bar

$\Delta\rho_W$ = Schaltdifferenz des Druckwächters in bar

Daraus ergeben sich folgende Einschaltdrücke:

$\rho_{RE1} = \rho_{RA1} - \Delta\rho_{R1}$ = Einschaltdruck des Druckreglers Stufe 1 in bar

$\rho_{RE2} = \rho_{RA2} - \Delta\rho_{R2}$ = Einschaltdruck des Druckreglers Stufe 2 in bar

$\rho_{WE} = \rho_{WA} - \Delta\rho_W$ = Einschaltdruck des Druckwächters in bar

-2.1.4 Heizkörper und Absperrorgane

wie bei den Warmwasserheizungen. Druck vor den Ventilen 10…20 mbar. Anschlußleitung mit Steigung zum Heizkörper, um Kondensatstau bei geschlossenem Ventil zu vermeiden. Bei langen Heizkörpern wechselseitiger Anschluß. Um die hohen Oberflächentemperaturen der Heizkörper zu vermeiden, wurde bei Niederdruckdampfheizungen manchmal das *Luftumwälzverfahren* verwendet. Dieses besteht darin, daß in den unteren Naben ein Rohr mit metallischen Düsen von 2 bis 4 mm ∅ angebracht wird. Der aus den Düsen austretende Dampf mischt sich mit der im Heizkörper enthaltenen Luft und erzeugt eine Umwälzbewegung des Dampf-Luft-Gemisches, wodurch eine gleichmäßige und milde Oberflächentemperatur erreicht wird. Heute nicht mehr üblich. Dampfheizungen mit Raumheizkörpern – nur Gußradiatoren – sind heute nicht mehr üblich.

-2.1.5 Regelung

Die *örtliche Regelung* der Heizleistung erfolgt durch die an den Heizkörpern angebrachten *Regulierventile,* allerdings ziemlich unvollkommen. Heizkörper evtl. unterteilen in $^1/_3$ und $^2/_3$ o. ä.

Die *zentrale Regelung* der Niederdruckdampfheizung (siehe Abschn. 2.2.2-2.1.3) ist namentlich bei schwacher Belastung kaum möglich, da durch Veränderung des Dampfdrucks eine gleichmäßige Dampf- und Wärmeverteilung nicht erreicht werden kann. Für eine möglichst günstige Regelung der Niederdruckdampfheizung ist zu beachten:

Alle Dampfleitungen sind reichlich zu dimensionieren, gut zu isolieren und zu entwässern;
Heizkörper mit guten, doppeleinstellbaren Regelventilen oder mit selbsttätigen Ventilen versehen; diese werden bei der Einregulierung so weit gedrosselt, daß bei höchstem Dampfdruck kein Dampf durchschlägt; dabei keine Dampfstauer erforderlich;
bei Konvektoren empfiehlt sich die Verwendung von Luftklappen;
der Verbrennungsregler soll möglichst empfindlich sein (Schwimmerregler);
die Entlüftung der Kondensatleitungen sorgfältig ausführen;
Montage und Einregulierung der Anlage mit Sorgfalt vornehmen.

Trotz bester Einregulierung wird es jedoch bei der Dampfheizung immer schwer sein, die Temperatur in Räumen gleichmäßig zu halten, daher kaum noch Verwendung zur Raumheizung, besonders auch wegen der großen Wärmeverluste im Rohrnetz.

-2.2 Geschlossene Niederdruckdampfheizungen (Vaporheizungen)

Diese Heizungen, die bei uns kaum bekannt sind, unterscheiden sich von den offenen Niederdruckdampfheizungen dadurch, daß *keine direkte Verbindung* mit der Atmosphäre besteht. Der Dampf steigt aus dem Kessel in die Heizkörper, wo er kondensiert. Kondensat und Luft werden durch Dampfstauer abgeleitet.

In Deutschland sind Heizungen dieser Art nicht gebräuchlich, in USA früher jedoch häufig.

-2.3 Hochdruckdampfheizungen

-2.3.1 Allgemeines

Hochdruckdampfheizungen arbeiten mit Überdrücken > 1,0 bar. Anwendung besonders in Fabriken, in denen für Krafterzeugung oder Fabrikation hoher Dampfdruck benötigt wird. Der Heizdampf ist entweder Frischdampf, der direkt aus dem Kessel entnommen wird, oder Abdampf bzw. Entnahmedampf aus Kraftmaschinen. Wahl des Dampfdruckes abhängig von der Art der Heizkraftkupplung, der Ausdehnung des Rohrnetzes und anderen Umständen, meist 1 bis 3 bar. Erzeugung des Hochdruckdampfes in Dampfkesseln verschiedenster Bauart. Für Raumheizungen wird Hochdruckdampf heute nur noch selten verwendet, da die Heizkörper dabei hygienisch ungünstig hohe Oberflächentemperaturen haben, höchstens gelegentlich für Nebenräume, Lager usw.

Auch ist keine einwandfreie örtliche Regelung der Heizleistung möglich, so daß Räume meist überheizt werden.

Dagegen wird Hochdruckdampf für Luftheizgeräte in Fabriken gelegentlich noch angewandt. Regelung der Heizleistung dabei durch Ein- und Ausschalten der Ventilatoren der Geräte.

Vorteile der Hochdruckdampfheizung:

Niedrige Anlagekosten wegen kleiner Rohrleitungen und Heizkörper;
geringe Einfriergefahr;
leichte Umbaumöglichkeit.

Nachteile:

Hohe, hygienisch ungünstige Heizkörpertemperatur;
Schwierigkeiten in der Regelung der Heizleistung;
umständliche Kondensatwirtschaft;
strenge bauaufsichtliche Vorschriften;
größere Wärmeverluste.

Übliche *Dampfgeschwindigkeiten*

bei Sattdampf .... 20…30 m/s
bei Heißdampf .... 30…50 m/s.

-2.3.2 Schaltung

Je nach örtlichen Verhältnissen, insbesondere auch nach dem Verhältnis zwischen den für Krafterzeugung und Heizung benötigten Dampfmengen, sind verschiedene Schaltungen möglich.

a) Frischdampfbetrieb (Bild 2.2.2-47).

Der Heizdampf wird aus dem Kessel entnommen und direkt oder unter Zwischenschaltung eines Druckminderers in das Heiznetz geschickt. Verfahren jedoch thermodynamisch unwirtschaftlich.

*b) Gegendruckbetrieb (*Bild 2.2.2-48).

Der in dem Heizdampfkessel erzeugte Dampf leistet zunächst in einer Dampfkraftmaschine (Kolbendampfmaschine oder Dampfturbine) Arbeit; der Abdampf wird zur Heizung verwendet. Heizdampfverbrauch schwankend, daher bei ungenügender Abdampfmenge Frischdampfzusatz durch Überströmventil, bei überschüssiger Dampfmenge Auspuff oder Kondensation.

c) Entnahmebetrieb (Bild 2.2.2-49).

Der für die Heizung benötigte Dampf wird zwischen dem Hochdruck- und Niederdruckteil der Kraftmaschine entnommen.

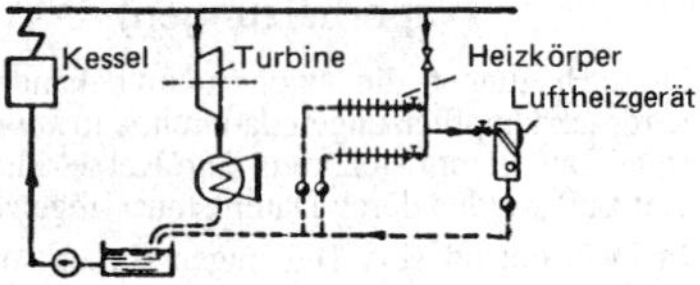

Bild 2.2.2-47. Hochdruckdampfheizung mit Frischdampf.

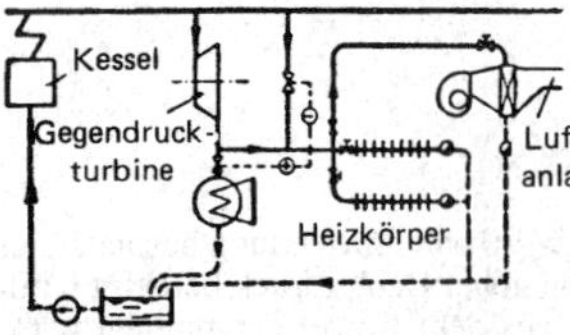

Bild 2.2.2-48. Hochdruckdampfheizung mit Gegendruckdampf.

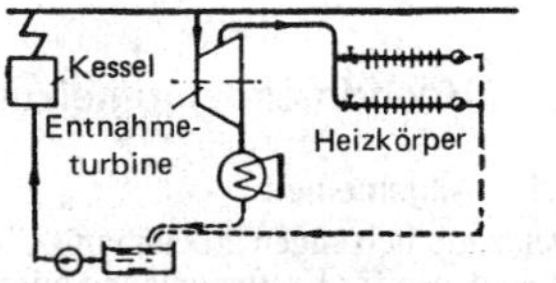

Bild 2.2.2-49. Hochdruckdampfheizung mit Entnahmedampf.

-2.3.3 Kondensatleitungen

Hinter jedem Wärmeverbraucher oder Gruppen von Wärmeverbrauchern sind *Kondenswasserableiter* anzubringen. Bemessung für die Normalleistung entsprechend dem Kondensatanfall und dem Differenzdruck. Die größte Menge fällt beim Aufheizen an (Anfahrbetrieb). Für diese Extremfälle sind besondere Rohrstutzen oder Umführungen der Kondensatableiter vorzusehen. Die Zahl der Ableiter ist grundsätzlich möglichst gering zu halten, da sie im Betrieb viel Wartung erfordern. Alles Kondenswasser ist in Sammelleitungen mit Gefälle zu sammeln und dem Speisewasser-Sammelbehälter im Kesselhaus zuzuführen. Rückspeisung in den Kessel mit *Kondensatpumpen* oder *Rückspeisern.* Pflege der Kondensatleitungen, insbesondere der Kondenstöpfe, ist für einen wirtschaftlichen Betrieb der Hochdruckdampfheizung unerläßlich.

In Anlagen mit unterschiedlichen Betriebsdrücken dürfen nach dem Ableiter nur Entwässerungsleitungen gleichen Druckes zusammengeführt werden, da sonst Störungen auftreten. Bei unterschiedlichen Drücken sind die Kondensate getrennt zurückzuführen, um Wasserschläge zu vermeiden. Entspannungsdampfgeschwindigkeit 15…20 m/s, bei Hochdruck bis 25 m/s. Zweckmäßig ist die Verwendung von *Entspannungsgefäßen,* um den Entspannungsdampf der Niederdruckstufe zuzuführen (Energieersparnis). Bild 2.2.2-50.

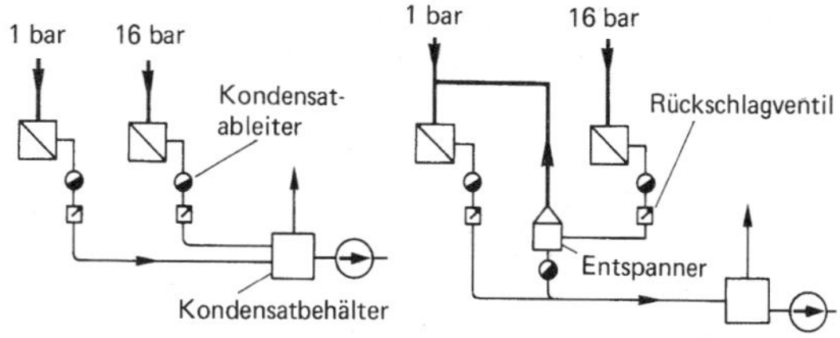

Bild 2.2.2-50. Kondensatabführung bei unterschiedlichen Drücken.

-2.3.4 Sicherheitsvorrichtungen

Für alle Kessel mit einem Druck > 1,0 bar Überdruck gelten Erlaubnis- und Prüfungsvorschriften der „Dampfkesselverordnung" vom 1.7.1980. Für Kessel bis 50 l Wasserinhalt Erleichterungen, wenn Produkt aus Wasserinhalt in l und Betriebsüberdruck in bar < 1000 ist (Produktenkessel).

Erleichterungen für den Betrieb in den TRD (Technische Regeln für Dampfkessel). Sie betreffen:

Eingeschränkte Beaufsichtigung in TRD 602 (5.82).
Herabgesetzer Betriebsdruck in TRD 603 (7.81).
Keine ständige Beaufsichtigung in TRD 604 (12.87).

-2.3.5 Heizkörper und Absperrorgane

Heizkörper sind hauptsächlich glatte Rohre, Rippenrohre, Luftheizanlagen und Luftheizgeräte, gewöhnliche Radiatoren nur bis 2 bar Überdruck, sonst Hochdruckradiatoren (Abschnitt 2.3.8). Absperrorgane siehe Abschnitt 2.3.5-1.

-2.3.6 Regelung

Regelung der Heizleistung durch Drosseln der Absperrorgane in der Dampfzuleitung ist bei Hochdruckdampfheizungen nicht möglich. Statt dessen Regelung durch *gruppenweise Abschaltung* von Heizkörpern sowie durch *unterbrochene Heizung* (Stoßbetrieb). Möglich ist auch *Kondensatstau.*

-2.3.7 Nachverdampfung

Das Kondensat hinter dem Kondensatableiter hat höhere Temperaturen als 100 °C und verdampft daher – Nachverdampfung: Dadurch Störungen und Wärmeverluste.

Ausnutzung der Nachverdampfung durch Kondensat-Entspanner, in denen das Kondensat auf bestimmtem Druck gehalten wird. Der Nachdampf kann dann für beliebige Zwecke verwendet werden, z. B. Raumheizung, Warmwasser-Erwärmung usw.

In Bild 2.2.2-51 Dampfanlage mit Wassererwärmer und Speisewassererwärmung durch Nachdampf.

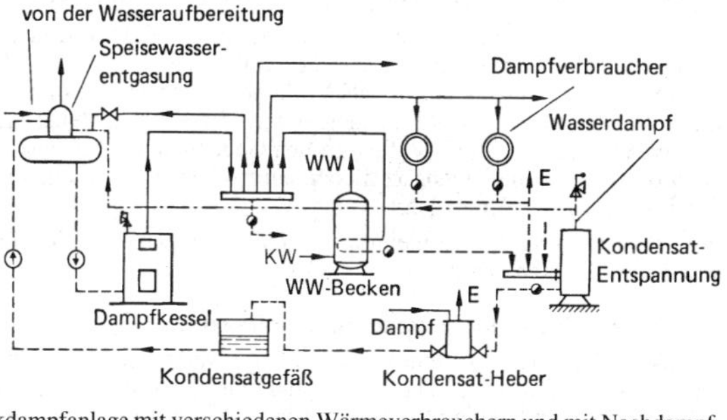

Bild 2.2.2-51. Hochdruckdampfanlage mit verschiedenen Wärmeverbrauchern und mit Nachdampfverwertung.
WW = Warmwasser, E = Entlüftung, KW = Kaltwasser

-2.3.8 Beispiel

Beispiel einer Hochdruckanlage mit verschiedenen Wärmeverbrauchern siehe Bild 2.2.2-52.

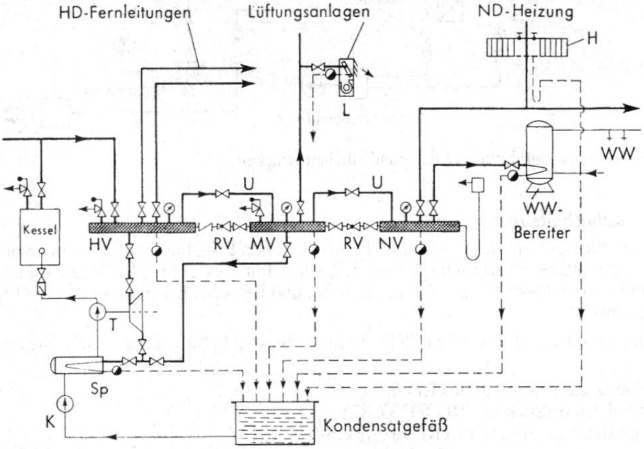

Bild 2.2.2-52. Hochdruckdampfanlage mit verschiedenen Wärmeverbrauchern.
HV = Hochdruckdampfverteiler, MV = Mitteldruckdampfverteiler, NV = Niederdruckdampfverteiler, H = Heizkörper, K = Kondensatpumpe, L = Luftheizgeräte, RV = Reduzierventil, Sp = Speisewasservorwärmer, U = Umgehungsleitung, T = Turbospeisepumpe, WW = Warmwasser

-2.4 Vakuumdampfheizungen (VDH)

-2.4.1 Allgemeines

Vakuumdampfheizungen (Unterdruckdampfheizungen) sind dadurch gekennzeichnet, daß in den Kondensatleitungen ein Unterdruck herrscht, der durch eine Vakuumpumpe (eigentlich Luftpumpe) aufrechterhalten wird. Der absolute Dampfdruck beträgt je nach Außentemperatur etwa 0,2 bis 1,1 bar. Der Atmosphärendruck wird nur bei größerer Kälte erreicht oder überstiegen.

Vorteile der VDH gegenüber den NDH:

Geringere Heizkörpertemperaturen;
leichtere Möglichkeit der zentralen Regelung;
schnelle Rückführung des Kondensats zum Kessel.

Nachteile:

Höhere Anschaffungs- und Bedienungskosten;
sorgfältige Montage erforderlich (Dichthalten der Rohrleitungen und Ventile).

Trotz ihrer zweifellosen Vorteile Verwendung der VDH in Deutschland nur in geringem Umfang, namentlich in Verbindung mit Kraftanlagen, wobei das Heizungsnetz zwischen Kraftmaschine und Kondensator als Vorkondensator oder parallel zu diesem geschaltet ist. Im Ausland, namentlich USA, dagegen wird die VDH auch bei größeren Anlagen häufig verwendet. Insbesondere bei allen großen Gebäuden und bei Fernheizungen ist die Vakuumheizung, ganz im Gegensatz zu den europäischen Verhältnissen, auch heute noch eine durchaus moderne Heizungsart.

In der Ausführung gibt es mehrere verschiedene Bauarten, die sich jedoch auf 2 Haupttypen zurückführen lassen.

-2.4.2 Die einfache Vakuumdampfheizung

Bei dieser Heizung wird eine *Vakuumpumpe* verwendet, die in den Kondensatleitungen durch Absaugen von Luft und Dampf dauernd ein bestimmtes Vakuum, z.B. 20 bis 30%, aufrechterhält und dadurch den Kreislauf des Wassers beschleunigt, während in der Dampfleitung je nach Belastung der Anlage ein mehr oder weniger großer Überdruck oder auch Unterdruck herrscht (Bild 2.2.2-53). Die Vakuumpumpe trennt Wasser von Luft, fördert das Wasser zurück zum Kessel oder Kondensatbehälter und bläst die Luft ins Freie. Alle Heizkörper haben in der Regel ein stopfbuchsenloses Regulierventil und einen Dampfstauer. Die Heizleistung wird durch Änderung des Dampfdrucks und des Vakuums dem Bedarf angepaßt.

Die Vakuumpumpe wird von einem *Vakuummeter* gesteuert, das bei Überschreiten des eingestellten Vakuums die Pumpe einschaltet, bei Unterschreiten ausschaltet.

Gegenüber den Niederdruck-Dampfheizungen haben diese Anlagen den Vorteil, daß das Kondensat schneller zum Kessel zurückkehrt und daß dadurch auch das Aufheizen und die Entlüftung schneller vor sich gehen.

-2.4.3 Differential-Vakuumdampfheizung

unterscheidet sich von der einfachen Vakuumdampfheizung dadurch, daß zwischen der Dampf- und Kondensatseite eine *dauernd konstante Druckdifferenz* von etwa 0,1 bar automatisch aufrechterhalten wird, während die absolute Höhe des Dampfdrucks sich je nach der Außentemperatur ändert. Bei sehr tiefer Außentemperatur ist der Dampfdruck in den Heizkörpern etwa gleich dem Atmosphärendruck oder etwas darüber, während er bei höheren Außentemperaturen sich bis auf einen geringsten Wert von etwa 0,20 bar verringern kann. Die Dampftemperatur ändert sich dabei von 100 °C bis auf etwa 60 °C. Ist die verlangte Heizleistung noch geringer als diesen Temperaturen entspricht, muß die Dampfmenge verringert werden, wobei dann die Heizkörper nur zum Teil mit Dampf gefüllt sind, oder es wird *periodisch geheizt.*

Die grundsätzliche *Wirkungsweise* geht aus dem Bild 2.2.2-54 hervor, das eine an eine Fernheizung angeschlossene Vakuumheizung zeigt.

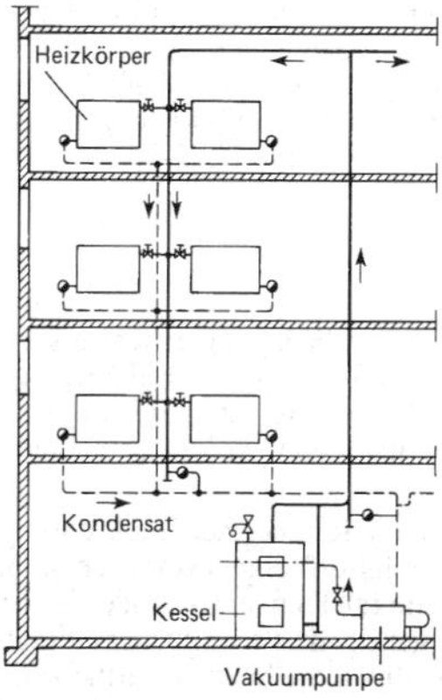

Bild 2.2.2-53. Einfache Vakuumheizung.

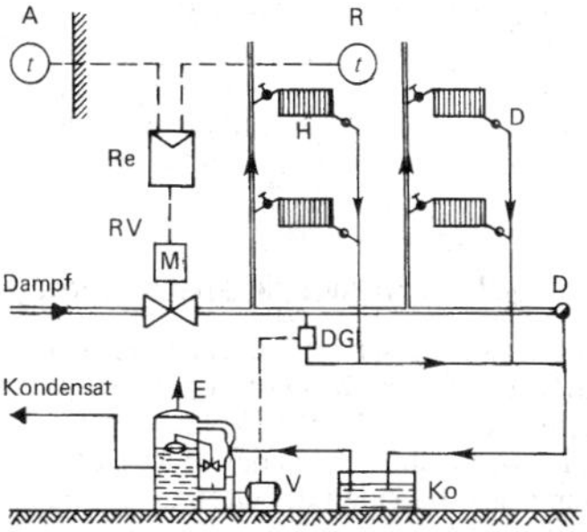

Bild 2.2.2-54. Schema einer Vakuumheizung mit Differenzdruckregelung und Anschluß an eine Fernheizung. A = Außentemperaturfühler, DG = Differenzdruckgeber, H = Heizkörper, R = Raumthermostat, V = Vakuumpumpe, D = thermostatischer Dampfstauer, E = Entlüftung, Ko = Kondensatbehälter, Re = Regler, RV = Regelventil

-3 Luftheizungen (Luftheizungsanlagen)[1) 2)]

Luftheizungen, besser Luftheizungsanlagen, nutzen zirkulierende Luft als Wärmeträger. Die in Luftheizgeräten bzw. Warmlufterzeugern erwärmte Luft wird in die zu beheizenden Räume geleitet, gibt hier die Wärme ab und wird dem Gerät je nach Außenluftanteil vollständig oder teilweise im Kreislaufprinzip zurückgeführt.

---

1) Neubearbeitung erfolgte von Dipl.-Ing., Dipl.-Wirtsch.-Ing. Jörg Eberhardt, Bad Orb, für die 68. Auflage.

2) Siehe auch Abschnitte 2.3.1-2.5, 3.4.1-2 und 3.6.2-1.
Ihle, Claus: Lüftung und Luftheizung, Werner Verlag GmbH 1991.
Bierling, H.-J.: IKZ 1/81. S. 38/42.
Ki 12/83. Forum S. 483/90.

Man unterscheidet

nach der den Luftumlauf bewirkenden Triebkraft:
- Schwerkraft- oder Auftriebs-Luftheizungen,
- Ventilator-Luftheizungen;

nach dem Außenluftanteil:
- Umluftheizungen (zu 100% zirkulierende Gebäudeluft),
- Mischluftheizungen (der zirkulierenden Gebäudeluft wird Außenluft beigemischt),
- Außenluftheizungen (die Heizluft wird vollständig von außen angesaugt);

nach der Art der Beheizung bzw. der Warmlufterzeugung:
- direkt beheizte Luftheizgeräte (auch Warmluft*erzeuger*, im Wohnbereich auch Warmluftautomaten), welche beispielsweise mit Gas oder Öl betrieben werden. Die Heizluft erwärmt sich dabei direkt an den Heizflächen des Abgaswärmetauschers (s. Abschn. 2.3.1-2.5);
- indirekt beheizte Lüftungs*geräte* werden über einen zwischengeschalteten Wärmeträger, üblicherweise Wasser, von einem externen Wärmeerzeuger beliebiger Art gespeist. Die Wärmeübertragung an die Luft erfolgt über einen Wärmetauscher im Gerät (s. Abschn. 3.4.1-4).

Weiterhin wird zwischen zentralen Anlagen mit Luftverteilsystemen über Leitungen und dezentralen Systemen mit Einzelgeräten sowie Kombinationen daraus unterschieden. Im Detail lassen sich Luftheizungsanlagen noch bezüglich Strömungsart/Richtung und Regelung differenzieren.

Von diesen Unterscheidungen und Beschreibungen als Sonderform nicht berücksichtigt ist die Strahlungs-Luftheizung. Bei dieser Variante wird die Luft nicht in die zu beheizenden Räume eingeblasen, sondern in geschlossenen Leitungssystemen geführt. Die Wärmeübertragung erfolgt vorwiegend über die Wärmeabstrahlung der heißluftführenden Leitungen an die Umgebung. Die Luftleitungen sind dabei in Wand oder Boden integriert. Beispiel ist die schon von den alten Römern genutzte Hypokaustenheizung, bei welcher warme Luft in Kanälen im Fußboden geführt wird. Im industriellen Bereich ist die Heißluft-Strahlungsheizung eine verbreitete Sonderform der Luftheizung (s. auch Abschnitt 2.2.2-3.3).

-3.1 Schwerkraft-Luftheizungen

Diese Heizungsart wurde früher besonders für Einfamilienhäuser, Wohnungen, ferner kleine Säle, Schulen, Kirchen verwendet. Der *Warmlufterzeuger* befindet sich zentral, an möglichst tiefster Stelle der Wohnung bzw. des Gebäudes. Die Bewegung der Luft erfolgt infolge des Unterschieds der spezifischen Gewichte der erwärmten und der kälteren Umgebungsluft. Bauarten der Öfen in Abschn. 2.3.1-2.5.

Dieser natürliche Auftrieb führt die Luft durch Leitungen in die Räume. Zur Rückführung zum Ofen im Kreislaufprinzip sind Umluftleitungen bzw. Umluftöffnungen vorzusehen. In Einfamilienhäusern ist häufig nur eine Umluftentnahmestelle im Treppenhaus oder in der Diele. Heute ist die Bedeutung der Schwerkraftluftheizung gering, da sie weitgehend durch Ventilator-Luftheizungen ersetzt wird. Fast ausschließlich kommt die Schwerkraftheizung noch in Form einer Kachelofenheizung mit großem Konvektionswärmeanteil zur Anwendung. Da hierbei oft ästhetische Aspekte dominieren, wird sie vorwiegend als Zusatzheizung zur Beheizung weniger Räume (z.B. Wohnzimmer, Küche, Flur) eingesetzt (s. auch Abschn. 2.5.2-1.2).

-3.2 Ventilator-Luftheizungen

Diese Luftheizung unterscheidet sich von der Schwerkraft-Luftheizung durch die mechanisch mittels Ventilator herbeigeführte bzw. unterstützte Luftbewegung (Prinzip in Bild 2.2.2-55). Hierdurch ergeben sich wesentliche

Vorteile:
- Kleinere Abmessungen der Leitungen bei gleicher Heizleistung
- Größere Unabhängigkeit in der Leitungsführung bzw. von der Raumanordnung
- Erzielung größerer Heizleistung
- Schnelleres Aufheizen
- Bessere Regelbarkeit
- Möglichkeit zusätzlicher Luftaufbereitungsstufen wie z.B. Filterung, Kühlung, Befeuchtung.

- Gleichmäßigere Beheizung der Räume
- Bessere akustische Eigenschaften durch größere Freiheit bei der Leitungsführung und des Einsatzes von Schalldämpfern
- Kombinationsmöglichkeit mit Wärmerückgewinnung
- Günstige Wahl der Umluft- und Außenluftansaugung ermöglichen energetisch sinnvolle Systeme unter Ausnutzung solarer Energie und Vermeidung ungünstiger Temperaturschichtungen
- Anlagen lassen sich ganzjährig auch für Lüftungszwecke nutzen.

Nachteile:

- Größerer Planungsaufwand und erhöhte Kosten
- Wartungsarbeiten/Filterwechsel.

In der Bauart der Ventilator-Luftheizungen lassen sich zwei große Gruppen unterscheiden:

- Großraum-Luftheizungsanlagen
- Wohnraum-Luftheizungsanlagen.

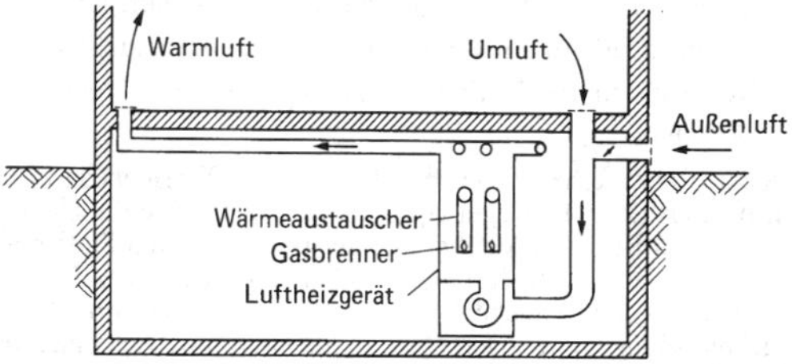

Bild 2.2.2-55. Prinzip der Warmluftheizung mit Ventilator.

-3.2.1 Großraum-Luftheizungsanlagen

Großraum-Luftheizungen in Industriehallen, Werkstätten, Lagern usw. unterliegen anderen Forderungen als in Konzertsälen, Kinos, Kantinen, Gemeindezentren, Aufenthaltsräumen, Supermärkten u. ä.

Während beim industriellen/gewerblichen Einsatz Kriterien wie Wirtschaftlichkeit, kurze Wiederaufheizzeiten, Frostsicherheit dominieren, stehen ansonsten Komfortaspekte, möglichst unauffällige Integration im Gebäude, Geräuscharmut sowie die Möglichkeit der Anbindung weiterer Nebenräume im Vordergrund.

In industriellen Bereichen sind vorwiegend dezentrale Anlagen vertreten (s. auch Abschn. 2.3.1-2.5, 2.3.1-2.6, 3.4.1-2, 3.4.1-1.2.2). In den anderen Fällen kommen eher indirekt beheizte zentrale Geräte zum Einsatz, die oft noch weitere Luftbehandlungen wie z. B. Kühlung, Befeuchtung bewirken (s. auch Abschn. 3.4.1-4) und damit eher als Vollklimasysteme bezeichnet werden müssen.

Diese Anlagen sind in der Regel als Mischluftheizungen ausgeführt, da zum Teil sehr hohe Außenluftanteile gefordert bzw. durch Richtlinien vorgegeben werden. Die Verwendung von Systemen zur Wärmerückgewinnung ist in solchen Fällen besonders wirtschaftlich und oft anzutreffen (s. auch Abschn. 3.3.8).

Große Bedeutung kommt generell der Auswahl und der Position der Luftaustritte zu. Zu berücksichtigen ist hierbei, daß die eingebrachte Luft ohne Zugerscheinungen unter Einhaltung der akustischen Grenzwerte in den Aufenthaltsbereich der Personen gelangt. Besonderes Augenmerk gilt hierbei z. B. Deckenluftaustritten, welche die warme Zuluft entgegen der natürlichen Auftriebskraft nach unten einblasen müssen. Insbesondere die Forderung der gleichzeitigen Eignung für den Kühlfall setzt erhöhte Ansprüche an die Anlage und die verwendeten Austrittssysteme. Wurfweite und Induktion in Abhängigkeit von Luftmenge und Temperaturdifferenz (Raumluft/Zuluft) sowie der Schallpegel sind hierbei wichtige Auslegungsdaten.

-3.2.2 Wohnraum-Luftheizungsanlagen

a) Allgemeines

Wohnraum-Luftheizungsanlagen (hier ausschließlich Ventilator-Luftheizanlagen) werden vorwiegend in Einfamilienhäusern, kleineren Schulen, Kindergärten, Büros u.ä. eingesetzt. Die Vorteile der Luftheizung in diesen Einsatzbereichen liegen in der Möglichkeit, solche Anlagen neben dem eigentlichen Heizen noch zum Filtern, Lüften, Be- und Entfeuchten sowie Kühlen einzusetzen (s. auch Abschn. 2.2.2-3.2). Die Nachteile sind in den erhöhten Planungs- und Montagekosten sowie dem größeren Raumbedarf für Geräte und Leitungen zu sehen.

Im Ausland, vor allem in USA, Kanada, Niederlande und in den skandinavischen Ländern, werden Wohnraum-Luftheizungsanlagen in großem Umfang, ähnlich wie in Deutschland Radiatoren-Zentralheizungen, eingesetzt. Die in Deutschland vergleichsweise geringe Anwendung ist eher zufällig als technisch oder wirtschaftlich begründbar. Es ist davon auszugehen, daß mit der Entwicklung bezüglich der Dämmtechnik der Gebäude und den damit verbundenen Anforderungen an eine ausreichende Gebäudelüftung die Bedeutung von Luftheizsystemen im Wohnbereich zunehmen wird.

Die Anlagen bestehen aus folgenden Hauptbestandteilen:

- Luftheizgerät (indirekte Beheizung) oder Warmlufterzeuger (direkte Beheizung)
- Kanalsystem für die Zuluftverteilung sowie die Umluftrückführung
- Regelung.

Jeder Raum erhält in Abhängigkeit von Wärmebedarf und dem Gesamtluftwechsel Luftaustritte, in der Regel vor bzw. unter den Fenstern. Die Umluft wird je nach Gebäudegröße und Raumanordnung an einer oder mehreren Stellen abgesaugt und dem Luftheizgerät, je nach Außenluftanteil vollständig oder teilweise, zurückgeführt. Um ein Überströmen zu den Bereichen der Umluftabsaugung zu ermöglichen, sind entsprechende Überströmöffnungen, je nach Anwendungsfall mit Schalldämpfern, vorzusehen. Geruchsbehaftete Räume wie Küche, Bad, WC werden permanent oder nutzungsabhängig durch eine separate Luftabsaugung vom System entkoppelt. Die Abluft dieser Räume wird entweder direkt oder über eine Wärmerückgewinnung ins Freie gefördert (s. Bild 2.2.2-56).

Luftheizungsanlagen für den Wohnbereich werden üblicherweise als Mischluftanlagen ausgeführt und mit einem 0,25- bis max. 0,8fachen Außenluftwechsel betrieben. Der Gesamtluftwechsel (Außenluft zuzüglich der zirkulierenden Umluft) liegt zwischen 2,5 und 3,5, wobei sich ein Trend zu geringen Raten (1,5 – 2,5) im Falle von hochwärmegedämmten Häusern abzeichnet.

b) Luftheizgerät

Das Luftheizgerät (indirekte Beheizung) besteht aus einem Gehäuse mit Ventilator, Motor, Filter und Wärmeaustauscher, welcher von einem externen Wärmeerzeuger mit Wärme versorgt wird. Üblicherweise kommt ein Wasser/Luftwärmeaustauscher in Verbindung mit einem Kessel zur Anwendung. Im Falle eines Warmlufterzeugers (direkte Beheizung) wird anstelle des Wasser/Luftwärmeaustauschers ein Abgaswärmeaustauscher (meist Edelstahl) mit Brenner und dazugehöriger Regelung verwendet. Heizmittel sind heutzutage Gas oder Öl, feste Brennstoffe kommen nicht mehr zur Anwendung. Die üblichen Zulufttemperaturen der Geräte liegen zwischen 35 °C und max. 60 °C, wobei die tatsächlichen Lufteintrittstemperaturen in die zu beheizenden Räume 50 °C nicht überschreiten sollten.

c) Luftverteilung

Bei der Luftverteilung unterscheidet man mehrere Anordnungen:

Kanäle an der Kellerdecke (s. Bild 2.5.2-3)
Die Anbindung der zu beheizenden Räume erfolgt über gedämmte Leitungen unter der Kellerdecke mit Austritten im Fußboden- und Sockelbereich, vorzugsweise vor den Fenstern. Die Luftaustritte sollten schmal und schlitzförmig ausgeführt und parallel zum Außenwandbereich angeordnet werden.

Kanäle im Fußboden
Hierbei werden die Warmluftleitungen bei der Herstellung des Betonfußbodens in den Beton mit eingezogen. Die Verlegung erfolgt in Form von geschlossenen Ringen am äußeren Umfang des Gebäudes oder in Form von radialen Speiseleitungen (s. Bild 2.2.2-57). Diese Anordnung der Luftverteilung nennt man auch Perimeter-Luftheizung. Als Rohmaterial kommt Stahlblech, Ton, früher Asbestzement zur Anwendung. Die Luftaustritte befinden sich unter den Fenstern.

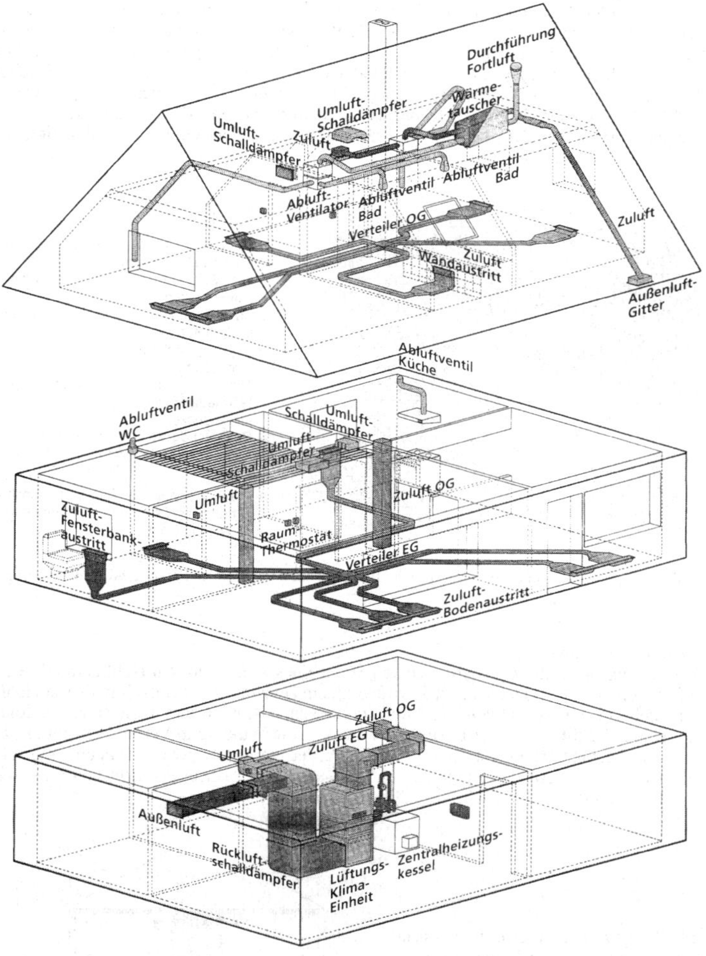

Bild 2.2.2-56. Luftheizungsanlage im Einfamilienhaus (Werkfoto Schrag).

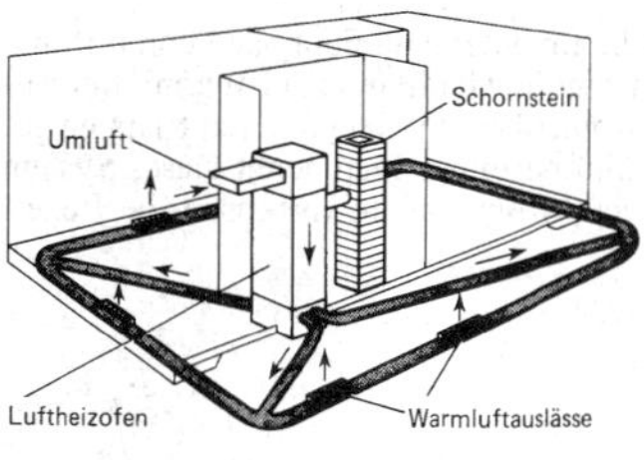

Bild 2.2.2-57. Luftheizung mit Warmlufterzeuger und Perimeter-Luftverteilung.

Kanäle im Estrich

Hierbei werden besonders flache Kanäle (5 × 10 cm) aus verzinktem Stahlblech (z.B. Schrag-Mini-Kanalsystem) oberhalb des Rohfußbodens im Estrich eingebracht, dessen Gesamthöhe 9 cm zuzüglich Trittschall-/Wärmedämmung beträgt und damit vergleichbar mit Aufbauhöhen für konventionelle Fußbodenheizungen ist (s. Bild 2.2.2-58). Im Bereich der Luftleitungen tritt ein gewisser Fußbodenheizungseffekt auf, welcher beispielsweise im Bad durch entsprechende Verlegung verstärkt werden kann. Als Austritte, welche vorwiegend vor den Fenstern angeordnet werden, kommen schmale Gitter in Kombination mit Zuluftschalldämpfern zur Anwendung.

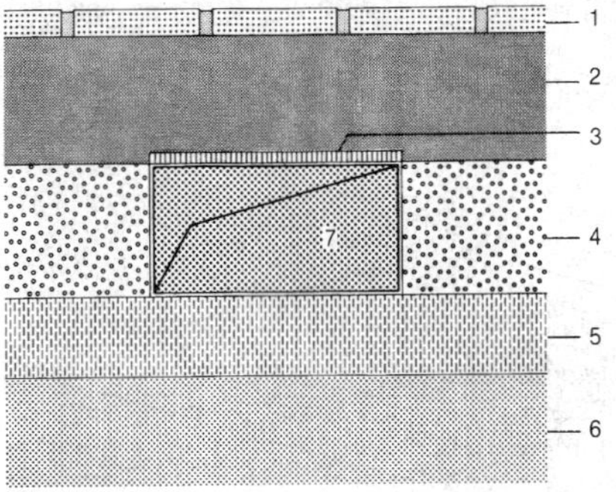

1 Bodenfliesen oder Parkett		
2 Zementestrich als Lastverteilungsplatte	H = min.	40 mm
3 Filz-Wärmedämmstreifen	H =	4 mm
4 Auffüllung mit Leichtbeton (z. B. Lecabeton, Bimsbeton)	H =	50 mm
5 Trittschall- und Wärmedämmung mit Abdeckung	H = variabel	
6 Rohbetondecke	H = variabel	
7 Mini-Luftleitung	H =	50 mm
	B =	100 mm

Aufbauhöhe von Oberkante Trittschalldämmung bis Oberkante Zementestrich mindestens 90 mm.

Bild 2.2.2-58. Fußbodenaufbau mit Teppichboden, Bodenfliesen oder Parkett (Werkfoto Schrag).

Kanallose Führung

Anwendung findet diese Bauart, wenn an Stelle eines Kellers nur ein Hohlraum (Kriechkeller) vorhanden ist. Die Warmluft wird von dem Heizungsgerät einfach in diesen Hohlraum geblasen und strömt von hier durch Schlitze unter den Fenstern in die einzelnen Räume (Bild 2.2.2-59). Trotz dieser simplen Bauart ist die Wirkung in Verbindung mit einem Fußbodenheizungseffekt gut. Unter Beachtung der Verluste (große wärmeübertragende Flächen) ist diese Art der Beheizung nur für sehr kleine Häuser geeignet und praktisch ohne Bedeutung.

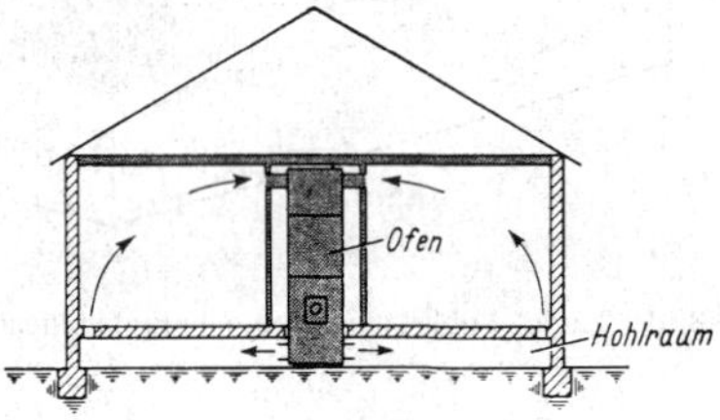

Bild 2.2.2-59. Warmluftheizung mit dem Heizgerät im Erdgeschoß und mit senkrechtem Ausblas nach unten in den Hohlraum unter dem Fußboden, Warmluftaustritt unter den Fenstern.

Warmluft- und Fußbodenheizung [1)]

Hierbei wird ein Teil der Warmluft in einem Hohlraum unter dem Fußboden durch Rohre bis in den Bereich unter die Fenster geführt und strömt im Hohlraum zum Warmlufterzeuger zurück (Fußbodenheizung). Ein anderer Teil strömt über Düsen und durch Klappen geregelt unter den Fenstern in den Raum ein (Warmluftheizung). Man nennt dieses System daher auch Zwei-Komponenten-Heizung. Die zweite Komponente verbessert die Regelfähigkeit einer reinen Fußbodenheizung.

---

1) Radtke, W.: SHT 11/85. S. 767 ff.
Thiel, D.: CCI 7/89. S. 36/37.

Außenluftbetrieb mit Wärmerückgewinnung aus Abluft ist möglich (Bild 2.2.2-60).

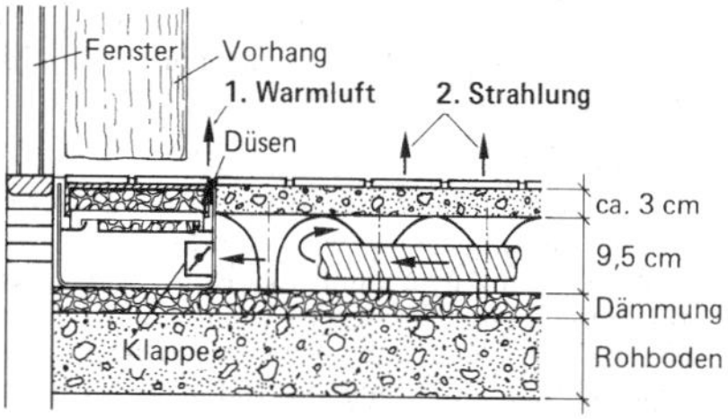

Bild 2.2.2-60. Warmluft- und Fußbodenheizung (2-K-Heizung, Schmidt-Reutter).

d) Regelung

Je nach Hersteller, Anlage, Gebäude und Zusatzeinrichtungen (z.B. Kühlung, Befeuchtung) gibt es sehr vielfältige Varianten von Luftheizungsregelungen. Im allgemeinen läßt sich die Regeltechnik wie folgt beschreiben:

In Abhängigkeit vom eingestellten Temperatur-Sollwert und üblicherweise im Umluftsammelkanal gemessenem Temperatur-Istwert wird die Heizleistung des Gerätes angefordert. Im Falle eines direkt beheizten Gerätes wird der Brenner aktiviert. Mehrstufige oder modulierende Brenner vermeiden zu häufiges Takten im Übergangsbereich. Im Falle von indirekt beheizten Varianten wird über einen Mischer in Verbindung mit einer Umwälzpumpe die Versorgung mit Heizwasser vom externen Wärmeerzeuger variiert. Bei beiden Gerätetypen werden die Ventilatoren über Temperaturfühler in Abhängigkeit von der anliegenden Wärmeleistung stufenlos oder gestuft zwischen Grunddrehzahl (eventuell null) und voller Drehzahl gefahren. Nach Abschalten des Brenners bzw. Schließen des Mischers ist eine gewisse Nachlaufzeit der Ventilatoren üblich, um anfallende Restwärme sinnvoll zu nutzen. Sicherheitseinrichtungen wie Frostschutzschaltung sowie Maximal- und Minimaltemperaturbegrenzung sind Standard.

Einzelraumregelungen werden häufig durch diverse Luftklappen in den Leitungen oder an den Austritten realisiert. Diese werden manuell oder durch elektrische Antriebe (motorisch, elektromagnetisch oder elektrothermisch) in Verbindung mit Thermostatschaltern betätigt. Eine weitere Variante der Einzelraumregelung findet allerdings nur bei indirekt beheizten Geräten statt. Hierbei befinden sich in einem Gerät verschiedene Wärmetauscher, welche unabhängig voneinander arbeiten und somit verschiedene Gebäudebereiche unterschiedlich heizen können.

e) Wärmerückgewinnung (s. auch Abschn. 3.6.2-1.6.5)

Die Luftheizung im Wohnbereich hat in Verbindung mit der Novellierung der Wärmeschutzverordnung 1994 und dem Trend zum Niedrigenergiehaus an Bedeutung gewonnen, da hier die Gebäudelüftung mit vom Heizungssystem abgedeckt werden kann. In Verbindung mit Wärmerückgewinnungsanlagen sind energiesparende Anlagen bei überdurchschnittlichem Wohnkomfort realisierbar. Bei Kombination der Wärmerückgewinnung mit Luftheizungsanlagen kann das ohnehin vorhandene Luftleitungsnetz genutzt werden. Derzeit meist gebräuchliche Geräte zur Wärmerückgewinnung arbeiten anstelle von Kreuzplattenwärmeaustauschern zunehmend mit Gegenstromwärmeaustauschern, deren Rückwärmezahlen mit ca. 90% angegeben werden.

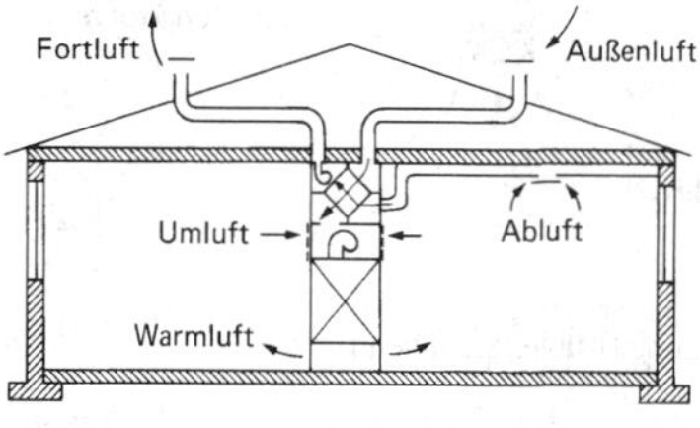

Bild 2.2.2-61. Warmluftheizung mit Wärmerückgewinnung.

Bild 2.2.2-62. Warmluftheizung eines Reihenhauses.

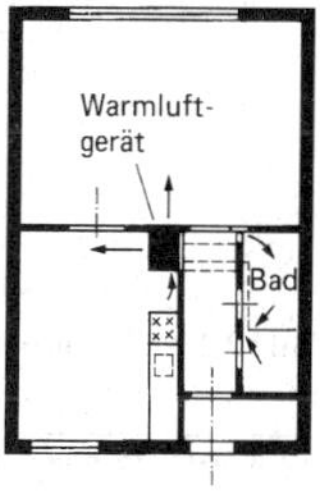

Unabhängig von energetischen Gesichtspunkten ist mit zunehmend guter Dämmung und Dichtheit des Gebäudes eine mechanische Be- und Entlüftung aus hygienischen Gründen sowie zur Abführung der Feuchtigkeit erforderlich (s. auch Abschn. 3.6.2-1). Luftheizungsanlagen haben bezüglich dieser Problematik den Vorteil, daß sie auch ohne zusätzliche Lüftungssysteme über die Außenluftrate im Mischluftbetrieb für die erforderliche Belüftung des Gebäudes sorgen.

f) Kühlfunktion

Alle Luftheizungsanlagen lassen sich verhältnismäßig einfach durch zusätzliche Luftbehandlung zu Klimaanlagen erweitern. Hierbei kommen Klimasplitgeräte oder sog. Kaltwassersätze zur Anwendung. Bei Kaltwassersätzen, welche in der Regel im Freien aufgestellt werden, wird Wasser als Kühlmedium verwendet. Im Falle eines indirekt beheizten Luftheizgerätes kann dann der vorhandene Wärmeaustauscher auch zu Kühlzwecken verwendet werden. Allerdings ist Kondensatwasserbildung im Kühlfall zu berücksichtigen. Klimasplitgeräte verwenden ein spezielles Kältemittel, so daß ein zusätzlicher Tauscher erforderlich wird. Auch bei dieser Variante wird das Kälteaggregat üblicherweise im Freien aufgestellt. Bei direkt beheizten Luftheizgeräten sind ebenfalls beide Kühlvarianten möglich, wobei grundsätzlich ein zusätzlicher Wärmetauscher erforderlich wird.

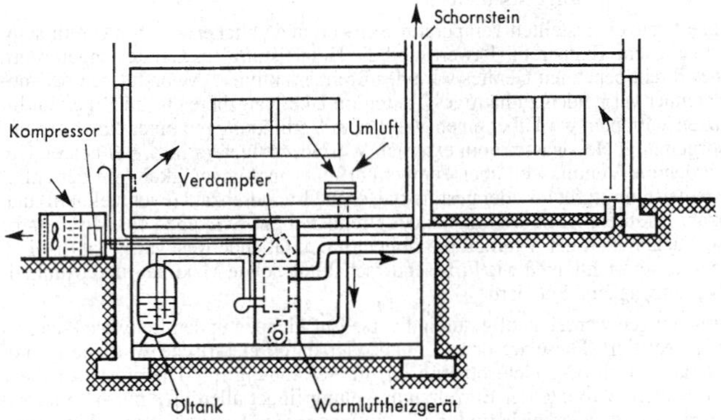

Bild 2.2.2-63. Luftheizgerät mit Kühlung (Klimagerät) für ein Wohnhaus. Kondensator luftgekühlt.

-3.3 Heißluft-Strahlungsheizung (Dunkelstrahler)

Bei dieser Heizart wird als Heizungsmittel Heißluft mit Temperaturen von 150...350 °C[1] verwendet, die in einem geschlossenen Rohrleitungssystem umgewälzt wird. Die Luft wird in einem öl- oder gasgefeuertem Brenner erwärmt, von einem Ventilator in die umlaufenden Rohre und zurück zum Lufterhitzer gefördert (Bild 2.2.2-64).

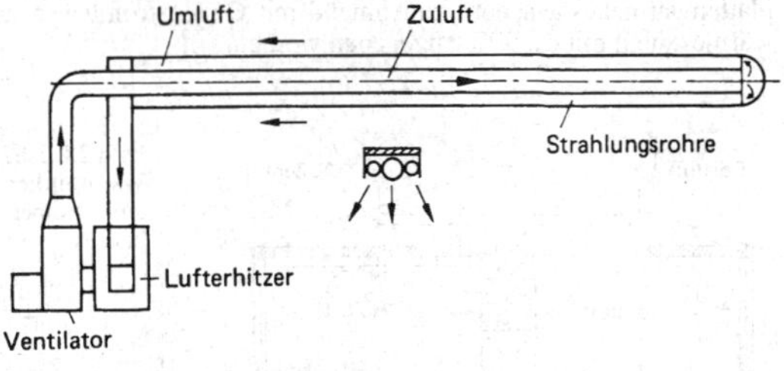

Bild 2.2.2-64. Prinzip der Heißluft-Strahlungsheizung (Kübler-Mannheim).

[1]) Ihle, C.: Lüftung und Luftheizung, Werner-Verlag, 1991.

Das Rohrsystem, das möglichst hoch im Raum angeordnet wird, besteht aus Wickelfalzrohren in Gruppen von zwei, drei oder vier Rohren je Gruppe. Die Rohre sind seitlich abgeschirmt und nach oben wärmegedämmt. Etwa 70% der Wärme wird durch infrarote *Strahlung* nach unten abgegeben, wodurch sich der Fußboden erwärmt und ein günstiges Temperaturprofil entsteht. Schnelle Aufheizung, 25…33% Energieeinsparung[1].

Anwendung hauptsächlich in Industriebauten, Lagerhallen, Sporthallen, Flugzeughangars u. a. Für kleinere Werkstätten auch als komplettes Gerät hergestellt, wobei Strahlungsrohre, Reflektor, Dämmung, Gasbrenner und Abgasventilator eine Einheit bilden. Leistung 10…35 kW. Mit Flüssiggas auch transportabel (Bild 2.2.2-65).

Vergleiche DVGW Arbeitsblatt G 638 II „Heizungsanlagen mit Dunkelstrahlern".

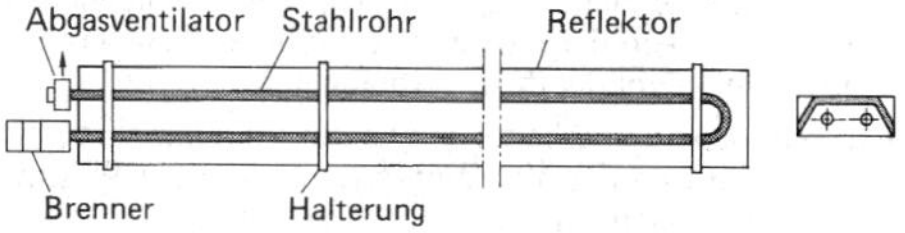

Bild 2.2.2-65. Direkt beheiztes Strahlungsrohr (Kübler-Mannheim und KAH).

-3.4 Direkt-Gasluftheizung (Hellstrahler)[2]

Direkt-Gasluftheizungen nutzen das heiße Abgas direkt zur Beheizung der sichtbaren, glühenden Strahlfläche aus Keramik, Metall oder Mineralfaser. Sie benötigen keine Abgasschornsteine, allerdings sind fallweise Vorkehrungen zur indirekten Abgasführung zu treffen. Vgl. hierzu DVGW Regelwerk Arbeitsblatt G 638/I „Heizungsanlagen mit Hellstrahlern". Die Anwendungen konzentrieren sich wie bei den Dunkelstrahlern auf Industriegebäude, Lager- und Sporthallen (s. auch Abschn. 3.4.1) sowie Außenbezirke.

[1]) Hoffstedt, F., u. R. Hülsemann, HLH 5/89. S. 243/7.
[2]) DIN 4794. T7 (01.80): Ortsfeste Warmlufterzeuger; gasbefeuert, ohne Wärmeaustauscher. Dittmann, H. J.: Oel+Gasfeuerung. 12/79. 9 S.

-4 Heizungssysteme mit Wärmepumpen[1)]

Ergänzungen von Dipl.-Ing. Vera Gräff, Essen

-4.1 Allgemeines

Mit der Wärmepumpe (WP) ist es möglich, unter Aufwendung von Arbeit in einem Kreisprozeß Wärme (Anergie = gegenüber Umgebungstemperatur nicht nutzbare Wärme) aus der Umgebung zu entziehen und sie dann auf einem höheren Temperaturniveau zur Heizung zu verwenden, wobei die Wärmemenge ein *Vielfaches des Wärmeäquivalentes* der aufgewendeten Arbeit ist. Beispielsweise kann man mit elektrisch angetriebenen Wärmepumpen je kW Motorleistung eine Wärmelieferung von 3 oder 4 kW erreichen, während bei der direkten Widerstandsheizung bekanntlich höchstens 1 kW Wärme abgegeben wird. Die gesamte für Heizzwecke zur Verfügung stehende Wärme setzt sich aus zwei Teilen zusammen: der von der niederen zur höheren Temperatur hochgepumpten Wärme und dem Wärmeäquivalent der dazu verbrauchten Arbeit.

Die Wärmepumpe arbeitet so wie die Kältemaschine, nur mit dem Unterschied, daß nicht die Kühlleistung des Verdampfers, sondern die Wärmeleistung des Verflüssigers die gewünschte Nutzleistung ist. Siehe Abschnitt 5.

Man kann mit der Wärmepumpe relativ kalte *Wärmequellen* wie Grundwasser, Erdreich und Außenluft für *Heizzwecke* ausnutzen, z. B. für Raumheizung, Brauchwasserbereitung, Schwimmbaderwärmung u. a.

Die Nutzung der Abwärme vorhandener Kälteanlagen – Wärmerückgewinnung, Wärmeverschiebung, Wärmepumpenbetrieb – ist in Abschnitt 5.6.5 behandelt.

Zu beachten:

DIN 8975 Sicherheitstechn. Grundsätze, bzw. neu EN 378, siehe Abschnitt 5.1
VBG 20 10/97 Unfallverhütungsvorschriften

-4.2 Theoretische Grundlagen

Da sich Wärmepumpen und Kältemaschinen in ihrem Aufbau nicht unterscheiden, sind die theoretischen Grundlagen für beide Systeme gemeinsam im Abschnitt 5.2 behandelt.

Zur überschlägigen Beurteilung zeigt Bild 2.2.2-66 den Verlauf der erreichbaren Wärmepumpen-Leistungszahl ε_w und Bild 2.2.2-67 den Verlauf der Wärmeabgabe in kW je m³/h geometrischen Fördervolumens des Verdichters über der Verdampfungstemperatur bei

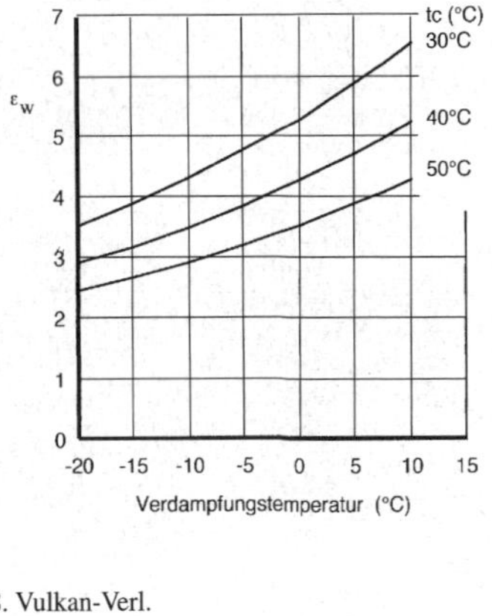

Bild 2.2.2-66. Reale Leistungszahl ε_w für Kompressions-Wärmepumpen mit halbhermetischen Hubkolbenverdichtern, bezogen auf elektrischen Energieverbrauch, Kältemittel R470C.

[1)] Antriebe für Wärmepumpen, Tagung Essen 9/78. Vulkan-Verl.
ETA-Heft 4/5-79 mit 17 Fachberichten.
VDI-Bericht 343: El. Wärmepumpen 1979.
Wärmepumpentechnologie. 9 Bde. 1977/84. Essen, Vulkan-Verl.
Bukau, F.: HLH 10/80. S. 358/67, und HR 5/83. S. 287 (9 S.).
FTA-Fachbericht 1 + 2. Wärmepumpen. 1981 und 1983.
Schmidt, P. C.: HR 6/83. S. 353/61.
Döring, R.: HR 2/84. S. 69.

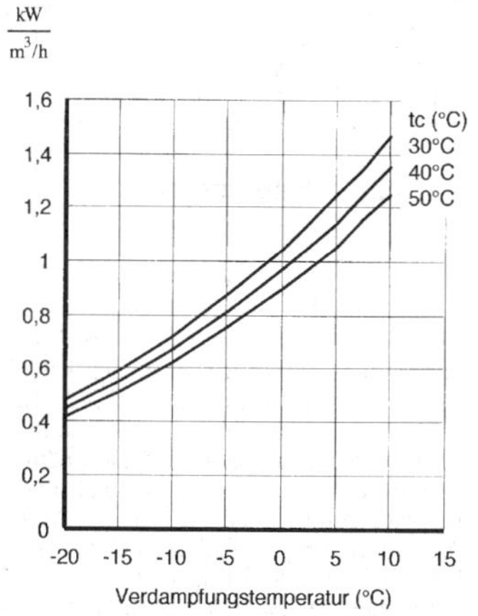

Bild 2.2.2-67. Spezifische Wärmeabgabe je m^3/h geometrischen Fördervolumens von halbhermetischen Hubkolbenverdichtern mit Kältemittel R407C.

verschiedenen Verflüssigungstemperaturen. Beide Bilder beziehen sich auf durchschnittliche Werte eines Halbhermetik-Kolbenverdichters und dem Kältemittel R407C. Mit anderen Kältemitteln, wie R404A, R507 oder R134a streuen die Werte für die Leistungszahlen in einem Band von ± 10%, bei den auf das Fördervolumen bezogenen Heizleistungen ergeben sich aber erhebliche Unterschiede in der absoluten Höhe, besonders bei R134a sind die Werte 30 bis 40% niedriger. Der Verlauf der Kurven bleibt aber ähnlich, nämlich Verdoppelung des erforderlichen Fördervolumens, wenn die Verdampfungstemperatur um 17 bis 20 K tiefer eingestellt wird. Die Wärmepumpen-Leistungszahl von sauggasgekühlten Verdichtern, Bild 2.2.2-66, ist definiert als

$$\varepsilon_w = \frac{\text{Nutzwärmeabgabe}}{\text{aufgenommene elektrische Antriebsleistung}} = \frac{\dot{Q}_o + a\ P}{P}.$$

Die Heizleistung (Verflüssigerleistung) in Bild 2.2.2-67 wird nach der Gleichung

$$\dot{Q}_c = \dot{Q}_o + a \cdot P = \dot{Q}_o\,(1 + a/\varepsilon_w)$$

berechnet. In allen Berechnungen wird der Anlagenfaktor a zu zu 0,9 angenommen und $\dot{Q}_o$ steht für die Verdampferleistung, P für die elektrische Antriebsleistung.

Mit den meisten Verdichtern ist der max. erreichbare Druck 2,5 MPa, dies entspricht beim Kältemittel R404A und R507 einer Verflüssigungstemperatur von etwa 52 °C, bei R407C sind dies 55 °C, bei R134a ca. 75 °C, bei R227ea ca. 85 °C und bei R236fa 105 °C, jeweils mit abnehmender Heizleistung je Fördervolumen verbunden. Mit diesen genannten Verflüssigungstemperaturen nähert sich man bei allen genannten Kältemitteln auch dem kritischen Punkt. Der Kreisprozeß wird dann sehr ungünstig

Achtung:

Die Verdampfungstemperatur t_o (°C) bzw. T_o (K) liegt 3 bis 5 K niedriger als die Austrittstemperatur der Wärmequelle aus dem Verdampfer, bei Wasser und großer Leistung kann die Differenz bis auf 1 bis 3 K reduziert werden, bei Luft ist sie 5 bis 10 K.

Die Verflüssigungstemperatur t_c (°C) bzw. T_c (K) liegt mindestens 3 K höher als die Austrittstemperatur des Nutzwärmeträgers aus dem Verflüssiger.

In beiden Wärmeübertragern gilt: je kleiner die Temperaturdifferenz, um so größer und teurer die erforderliche Austauschfläche.

Bei den üblichen Wärmequellen ist der Einsatz von Wärmepumpen nur sinnvoll für Niedertemperatur-Heizsysteme mit möglichst niedriger Vorlauftemperatur.

Die Kältemittel R407A, B und C bieten eine interessante Verbesserungsmöglichkeit der Heizzahl. Diese Kältemittel verdampfen mit gleitender Temperatur. Vom Beginn der Verdampfung bis zum Ende steigt die Verdampfungstemperatur um 3 bis 6 K. Da das Wärmequellenmedium (Wasser, Sole Luft) um 4 bis 6 K kälter wird, kann das Temperaturprofil beider Medien Wärmequelle und Kältemittel so aufeinander abgestimmt werden, daß eine fast durchgehend gleiche Temperaturdifferenz eingehalten wird. Entsprechendes gilt für die Verflüssigerseite. Dies ist thermodynamisch „richtig" und ergibt vorzügliche Heizzahlen. Die Schaltung erfordert strikten Gegenstrom beider Medien und entsprechend konstruierte Apparate. Mit handelsüblichen Apparaten sind Leistungen bis 100 kW zu verwirklichen. Ein Teil der Verbesserung wird allerdings durch die ungünstigeren Eigenschaften dieser Kältemittel wieder aufgezehrt.

-4.3 Bauelemente

Da Kältemaschine und Wärmepumpe den gleichen Aufbau haben, sind auch die Bauelemente für beide Systeme gleich, siehe daher Abschnitt 5.4.

Verwendete Kältemittel siehe Abschnitt 5.3, Hinweise zur Regelung siehe Abschnitt 5.7.

Ein spezielles Bauelement, das praktisch nur bei Wärmepumpen Verwendung findet, ist das 4-Wege-Umsteuerventil nach Bild 2.2.2-68. In luftgekühlten Klimageräten, wie Fensterklimageräten (Abschnitt 3.4.2-2), Raumklimageräten (Abschnitt 3.4.2-6) und Schrankklimageräten (Abschnitt 3.4.2-1), kann mit diesem Ventil der Kältemittelkreislauf umgekehrt werden. Aus dem normalen Klimagerät zur Raumluftkühlung, Bild 2.2.2-68a, wird durch die meistens elektromagnetische Betätigung des Umsteuerventils ein Wärmepumpen-Heizgerät, Bild 2.2.2-68b, mit Außenluft als Wärmequelle. Dabei setzt sich die aus der Außenluft ausgeschiedene Feuchtigkeit bei Verdampferoberflächentemperaturen unter 0 °C als Reif- oder Eisschicht auf der Verdampferoberfläche ab und behindert den Wärmedurchgang wie auch den Luftdurchtritt. Um diese Reifschicht von Zeit zu Zeit abzutauen, wird häufig auch über das Umsteuerventil der Verdampfer so lange zum Verflüssiger gemacht, bis das Eis abgetaut ist. Hierbei wird jedoch die zum Abtauen erforderliche Wärmemenge dem Raum entzogen, der eigentlich geheizt werden soll.

Ein anderes Abtauverfahren ist der Einbau elektrischer Heizstäbe im Verdampfer.

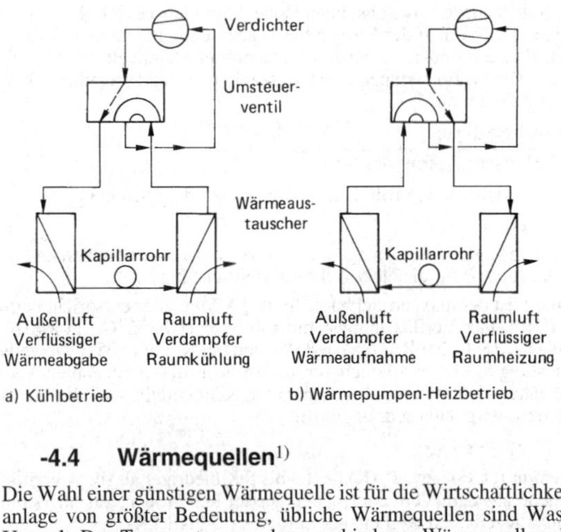

Bild 2.2.2-68. Funktion eines 4-Wege-Umsteuerventils.

-4.4 Wärmequellen[1]

Die Wahl einer günstigen Wärmequelle ist für die Wirtschaftlichkeit einer Wärmepumpenanlage von größter Bedeutung, übliche Wärmequellen sind Wasser, Luft, Erdreich und Umwelt. Den Temperaturgang der verschiedenen Wärmequellen abhängig von der Außentemperatur zeigt Bild 2.2.2-69.

a) Wärmequelle Wasser

Grundwasser liegt im Jahresgang meistens zwischen 8 und 10 °C, ist damit sehr gut geeignet und ermöglicht die Auslegung der Wärmepumpe für die maximale Heizleistung am kältesten Tag. Probebohrung klärt mögliche Fördermenge des Brunnens und Qualität des Wassers, besonders hinsichtlich Korrosion und möglicher Brunnenverstopfung (Verockerung). Das um 4 bis 5 K abgekühlte Wasser muß in einen Sickerbrunnen geleitet werden, 15 bis 20 m in Fließrichtung des Grundwassers vom Saugbrunnen entfernt. Heizleistung je

[1]) Cube, H. L. von: SBZ 3/79. 4 S.
Müller, P.: VDI Bericht 343 (1979) S. 89/100

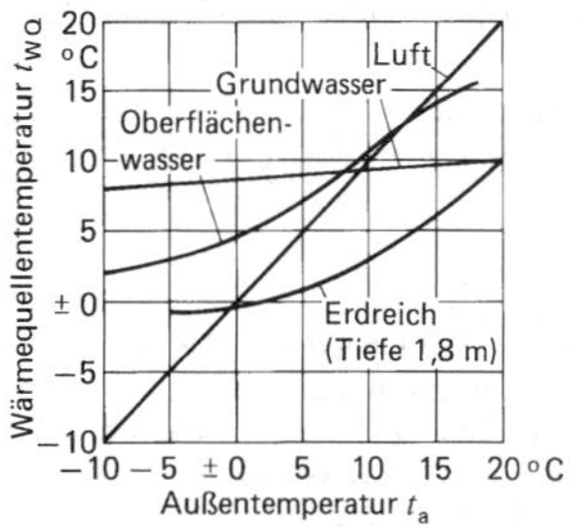

Bild 2.2.2-69. Anhaltswerte für den Jahresgang der Temperaturen von Wärmequellen (nach VDI 2067 Bl. 6 [09.89]).

m³ Grundwasser etwa 6 bis 7 kW. Kosten von Brunnenanlagen sehr unterschiedlich, bei 5 m³/h je nach Baugrund etwa 5000 ... 10000 € (Stand 1988).

Oberflächenwasser kann an kalten Wintertagen einfrieren bzw. so kalt werden, daß eine Wärmeentnahme ohne Eisbildung im Verdampfer nicht mehr möglich ist. Für maximale Heizleistung am kältesten Tag deshalb oft zusätzlicher Heizkessel, meist mit Ölfeuerung, erforderlich. Oberflächenwasser ist oft korrosiv und meistens stark verschmutzt, Materialbeständigkeit und Reinigungsmöglichkeit des Verdampfers beachten. Günstigste Bauart ist Plattenverdampfer direkt im strömenden Gewässer.

Für die Nutzung von Grund- und Oberflächenwasser ist die Genehmigung des zuständigen Wasserwirtschaftsamtes erforderlich, Verfahren und Vorschriften örtlich unterschiedlich, Übersicht siehe [1)]. Außerdem ist DIN 8901 (12.95) zu beachten.

Abwasser enthält oft erhebliche nutzbare Wärmemengen. Für Verwendungsmöglichkeit muß Massenstrom und Temperatur im Tagesgang (evtl. Speicherung) und im Jahresgang geprüft werden sowie die Möglichkeiten zur Beherrschung der Korrosion und der meist erheblichen Verschmutzung.

Ein Sonderfall der Abwassernutzung ist die kalte Fernwärme, siehe Abschnitt 2.2.3-2.3.3.

b) Wärmequelle Luft

Außenluft ist eine Wärmequelle, die überall verfügbar und ohne jede Genehmigung nutzbar ist. Sie ist jedoch um so kälter, je höher der Wärmebedarf ist. Bei einer konstanten Verflüssigungstemperatur von z.B. 50 °C und einer um nur 5 K unter der Außenlufttemperatur t_A liegenden Verdampfungstemperatur t_o ergibt sich damit aus Bild 2.2.2-67 und Bild 2.2.2-66:

t_A °C	t_o °C	W h/m³	m³/h pro kW	ε_w
+ 5	0	870	1,15	3,6
0	− 5	720	1,34	3,2
− 5	− 10	590	1,69	2,9
− 10	− 15	450	2,22	2,6
− 15	− 20	360	2,78	2,4

Der Verdichter müßte also pro kW Heizleistung bei −15 °C Außentemperatur 2,78/1,15 = 2,4mal größer sein als bei +5 °C Außentemperatur. Da außerdem der Wärmebedarf bei −15 °C etwa 2,3mal höher ist als bei +5 °C, ergibt sich für volle Wärmebedarfsdeckung bei −15 °C ein 2,4 · 2,3 = 5,6mal größerer Verdichter als für die Wärmebedarfsdeckung bei +5 °C, und das bei einer Verringerung der Leistungszahl von 3,6 auf 2,4. Den dadurch sehr hohen Investitionskosten und einem entsprechend hohen Leistungspreis bei elektrischem Antrieb steht eine relativ geringe Nutzungsdauer gegenüber, Außentemperaturen von unter −5 °C herrschen nach Bild 1.1.2-6 nur während etwa 300 Stunden pro Jahr.

Es ist deshalb wenig sinnvoll, bei Außenluft als Wärmequelle die Wärmepumpe für den

[1)] Vorschriften und Richtlinien für Wärmepumpen bei der Nutzung von Grund- und Oberflächenwasser, 1979, FTA-Bonn.

maximalen Wärmebedarf am kältesten Tag auszulegen, stattdessen ist eine bivalente Heizung vorzuziehen (siehe Abschnitt 2.2.2-4.6.1 a).

Fortluft aus raumlufttechnischen oder industriellen Anlagen kann eine gut geeignete Wärmequelle sein, wenn Massenstrom und Temperatur im Tages- und Jahresgang dem Bedarf der Wärmepumpe entsprechen.

c) Wärmequelle Erdreich

Das Erdreich ist ein beachtlicher Wärmespeicher, der an seiner Oberfläche Sonnenwärme absorbiert und auch durch Konvektion und Regen Energie aufnimmt, die durch einen Wärmeträgerkreislauf mit einer Wärmepumpe entnommen werden kann. Die Wärmenachlieferung erfolgt überwiegend von oben und nur zu einem sehr geringen Teil (0,2…0,5 W/m^2) von der Tiefe des Erdreichs. Das Erdreich regeneriert sich also von selbst.

Der Wärmeentzug erfolgt durch in das Erdreich eingegrabene Rohrregister (*Erdreichkollektoren,* Rohrabstand ca. 0,5 m, Verlegetiefe 0,8 bis 1,5 m) oder Sonden, die meist von Kühlsole als Zwischenträger durchflossen werden. Manchmal auch Verdampferschlangen direkt im Erdreich, hierbei Grundwassergefährdung durch Ölaustritt bei Undichtigkeiten beachten (DIN 8901).

Außer sensibler Wärme wird durch Feuchtekondensation auch latente Wärme aus dem Erdreich gewonnen. Der Wasserdampf kondensiert an den Rohren und sättigt das Erdreich mit Wasser an. Dadurch steigt die Wärmeleitfähigkeit des Erdreichs, was die Wirkungsweise im zweiten Betriebsjahr gegenüber dem Jahr der Inbetriebnahme manchmal verbessert. Je mehr Grundwassergehalt, desto höher die Erdreichtemperatur. Lehmige Böden sind besser als Kies- oder Sandböden, da erstere das Wasser besser speichern.

Ausschlaggebend für den Wärmeentzug ist die Wärmeleitzahl λ des Bodens, seine Dichte und spezifische Wärmekapazität. Je feuchter, desto günstiger. Messungen ergaben Werte von $\lambda = 1 \ldots 3$ W/(mK). Bei horizontaler Verlegung, etwa 1 m tief, 20 bis 40 m^2 Erdoberfläche erforderlich je kW Heizleistung. Bessere Ausnutzung bei senkrecht gebohrten Sonden (bis 20 m tief). Das Einfrieren des Erdreichs ist zu vermeiden. Sonst entstehen Schäden an tiefwurzelnden Pflanzen und die Regeneration des Erdreichs ist ungenügend, was zu niedrigen Leistungszahlen der Wärmepumpe führt. Es muß also genügend Erdreichfläche zur Verfügung stehen.

Ungefährer Verlauf der Temperatur in Erdreich und Luft siehe Bild 2.2.2-70, wobei je nach Klima und Erdbeschaffenheit wesentliche Abweichungen möglich sind.

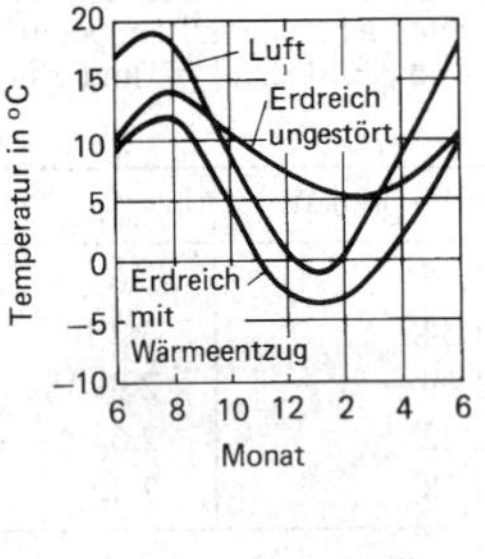

Bild 2.2.2-70. Ungefährer Verlauf der Erdtemperatur in 1,5 m Tiefe und der Lufttemperatur.

d) Wärmequelle Umwelt[1]

Flächenwärmeübertrager (Absorber), die aus Stahl- oder Al-Blech oder auch aus Kunststoff mit Hohlräumen bestehen, sind als Dachteil, Energiedach, Zaun, Fassade u.a. ausgebildet. Durch die Hohlräume zirkuliert Sole zum Verdampfer der Wärmepumpe. Wärme wird nicht nur aus der Außenluft, sondern auch aus Sonnenstrahlung, Regen und Wasser-

[1]) Dietrich, B.: HR 6/81. S. 413/24 u. ETA 2/84. S. A46/54.
Bogdanski, F.: HLH 6/82. S. 221/7.
Böbel, A.: HLH 6/82. S. 203/9.
Dietrich, B., u. U. Jacobs: ETA 4/83. S. A114/28.
Krumm, W., u. a.: HLH 7/84. S. 317/26 (Mathematisches Modell).
Weßling, W., u. a.: Gas 5/84. S. 276/81.
Maßmeyer, K., u. R. Posovski: HLH 3/85. S. 113/16.

dampf entzogen. Die Investitionskosten sind wesentlich höher als bei direkten Verdampfern für Wärmequelle Außenluft, die Leistungszahl ist infolge Zwischenschaltung des Solekreislaufes geringer. Aufwand für Absorber lohnt deshalb nur, wenn erhebliche Anteile an Solarenergie gewonnen werden (siehe Abschnitt 2.2.2-5).

-4.5 Wärmeträger, Kennzeichnung

a) Wärmeträger Wasser

Die Warmwasser-Zentralheizung (siehe Abschnitt 2.2.2-1) ist das übliche Heizungssystem im deutschen Wohnungsbau. Bei früherer Auslegung auf 90 °C Vorlauftemperatur bei maximalem Wärmebedarf kann eine Wärmepumpe diesen Bedarf nicht decken, da Heizkörper für nur 50 °C Vorlauftemperatur zu klein.

Zur Energieeinsparung werden neue Warmwasser-Zentralheizungen heute für niedrigere Vorlauftemperaturen ausgelegt, mit größeren Heizkörpern (siehe Abschnitt 2.3.8) oder als Warmwasser-Fußbodenheizung (siehe Abschnitt 2.4.4-4), und sind damit meistens für Wärmepumpenbetrieb geeignet. Je größer die Heizflächen dimensioniert werden, desto niedriger kann die Vorlauftemperatur sein, und um so größer wird die erreichbare Leistungszahl der Wärmepumpe.

b) Wärmeträger Luft

Warmluftheizungen (siehe Abschnitt 2.2.2-3) sind in den USA das übliche Heizsystem, vor allem für Einfamilienhäuser, sind aber in Deutschland noch die Ausnahme. Für Wärmepumpen besonders günstig, da Raumluft direkt am Verflüssiger erwärmt wird; zusätzliche Temperaturdifferenzen durch Wasser-Zwischenkreislauf entfallen. Da kleinere Wärmepumpen meist nur durch Ein-/Aus-Betrieb des Verdichters geregelt werden und Luft nur sehr geringe Massenspeicherung hat, sollten Luftkanäle mit Speichermasse versehen sein – z. B. Verlegung im Fußboden –, um zu starke Schwankungen der Raumtemperatur zu vermeiden.

c) Kennzeichnung

Die 1976 begonnene Normenarbeit für anschlußfertige Wärmepumpen mit elektrisch angetriebenen Verdichtern, DIN 8900, geht z. Z. über in das europäische Normenwerk DIN EN 255. In Teil 1 beider Normen (Benennungen, Definitionen, Bezeichnungen) ist für die Bezeichnung die Reihenfolge Wärmequelle/Nutzwärmeträger festgelegt. Es gibt damit:

Wasser/Wasser-Wärmepumpen
Sole/Wasser-Wärmepumpen
Luft/Wasser-Wärmepumpen } für Warmwasser-Heizung

Wasser/Luft-Wärmepumpen
Sole/Luft-Wärmepumpen
Luft/Luft-Wärmepumpen } für Warmluft-Heizung

Die Wärmequellen Erdreich und Absorber werden über einen Solekreislauf erschlossen, Wärmequelle für die anschlußfertige Wärmepumpe ist damit Sole.

Die weiteren Teile der Normenwerke legen die Prüfbedingungen fest:

DIN EN 255	Teil 2:	für Luft/Wasser-WP, alt DIN 8900 T 2 + T 4
	Teil 3:	für Wasser/Wasser-WP, alt DIN 8900 T 2 + T 3 für Sole/Wasser-WP
	Teil 4:	für Luft/Luft-WP, alt DIN 8957 T 4
	Teil 5:	für Wasser/Luft-WP, alt nicht genormt für Sole/Luft-WP
	Teil 6:	Meßverfahren für installierte Wasser/Wasser-, Luft/Wasser- und Sole/Wasser-WP

Zur Kennzeichnung der Prüfbedingungen werden die Bezeichnungen für Wärmequelle und Wärmeträger durch Buchstaben abgekürzt:

DIN EN 255:	W = Wasser (engl. water), alt DIN 8900:	W
	B = Sole (engl. brine),	S
	A = Luft (engl. air),	L

Zur Kennzeichnung der Prüfbedingungen werden diese Abkürzungen gekoppelt mit den jeweiligen Prüftemperaturen, es ist z. B.

nach DIN EN 255	nach DIN 8900
A 7/W 50 – WP	L 7/W 50 – WP

eine Luft/Wasser-Wärmepumpe, die geprüft wurde bei einer Außenlufttemperatur von +7 °C und einer Warmwasser-Vorlauftemperatur von 50 °C. Dies ist eine Prüfbedingung, die jede Luft/Wasser-Wärmepumpe im Dauerbetrieb erfüllen soll, auch wenn keine automatische Abtauvorrichtung eingebaut ist.

-4.6 Kompressions-Wärmepumpen, Antrieb durch Elektromotor

-4.6.1 Wärmepumpen zur Heizung von Wohngebäuden[1)]

Allgemeines

Die meisten Ein- und Zweifamilienhäuser sind für Heizung mittels Wärmepumpen geeignet (Bild 2.2.2-71). Für *Mehrfamilienhäuser* sind bisher erst wenige Wärmepumpen installiert worden, da die Ausnutzung der Wärmequellen meist schwierig ist.

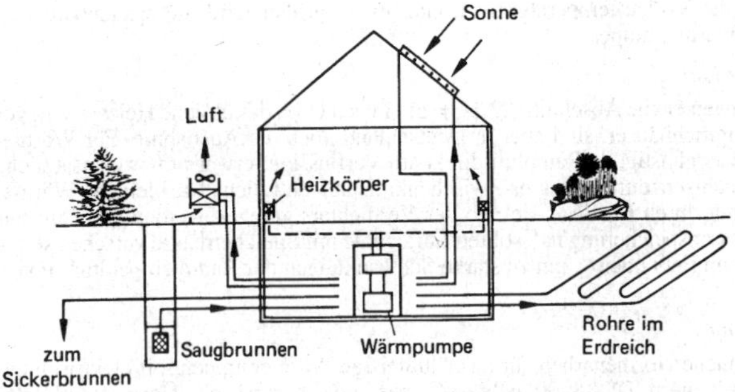

Bild 2.2.2-71. Wärmequellen bei einer Wärmepumpenheizung für Wohngebäude.

a) Luft/Wasser-Wärmepumpe[2)]

Diese Bauart ist in Deutschland am häufigsten.

Nachteilig ist, daß die Heizleistung der Wärmepumpe um so geringer wird, je kälter es ist. Die Leistungszahl wird mit fallender Außentemperatur immer geringer, der elektrische Anschlußwert größer und die Wärmepumpe teurer. Die Heizungsanlage sollte daher mit möglichst geringer Verflüssigungs- bzw. Heizmitteltemperatur betrieben werden (Niedertemperaturheizung, besonders Fußbodenheizung). Ein Kennlinienfeld einer Luft-Wasser-Wärmepumpe zeigt Bild 2.2.2-72.

Beispiel: Bei 50 °C Wassertemperatur und 10 °C Lufttemperatur ist die Heizleistung $\dot{Q}_c$ = 12,8 kW und die Leistungsaufnahme des Verdichters P = 3,63 kW (ohne Ventilator und Pumpe). Daraus ergibt sich eine Leistungszahl von ε_w = 12,8/3,63 = 3,53.

Man begrenzt in den meisten Fällen die Leistung der Wärmepumpe derart, daß der Wärmebedarf nur bis zu einer Außentemperatur von 3…5 °C gedeckt wird. Bei tieferen Temperaturen wird eine zusätzliche Heizquelle benötigt, z. B. Gas, Öl, Flüssiggas, Nachtstromspeicher u. a.

---

1) Göricke, P., u. Th. Rink: Wärmetechn. 1/82. S. 16.
Rostek, H. A.: HLH 3/82. S. 97/101.
Argebau: Wärmepumpen-Richtlinien 10.83.
Test-Sonderheft Heizwärmepumpen 3/83.
Liebermann, W.: Ki 4/84. S. 145/8.
Jelonnek, K.: ETA 5/84. S. A 156/61.
Pielke, R.: KKT 10/84. S. 510.
Haarmann, N. A.: Ki 1/85. S. 17/22.

2) Hering, H. J.: Öl + Gasfg. 5 bis 8/78.
Fox, U., u. W. Schneider: HLH 8/78. S. 299/301.
Kamm, K.: Ki 3/80. S. 105/9.
Hadenfeld, A.: ETA Sept. 5/81. S. A 263/7.

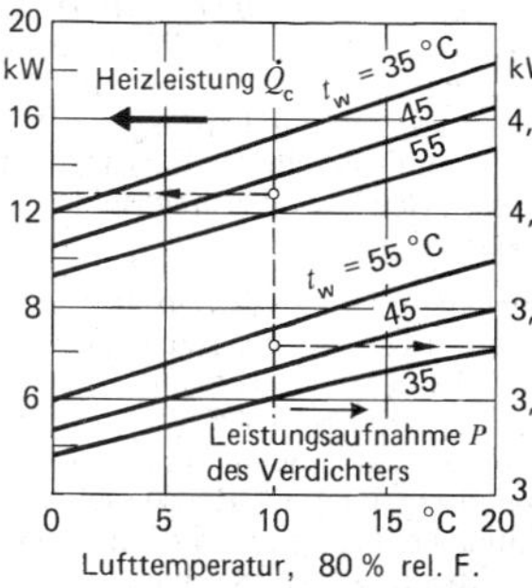

Bild 2.2.2-72. Kennlinien einer Luft/ Wasser-Wärmepumpe.
t_w = Heizwasser-Vorlauftemperatur

Anlagen, die mit zwei Energieträgern heizen, heißen *bivalente Heizungen.* Die Außentemperatur, bei der die Heizleistung der Wärmepumpe gerade noch den ganzen Wärmebedarf deckt, heißt *Gleichgewichts-, Abschalt- oder Einsatzpunkt.* Die Umschaltung sollte automatisch erfolgen.

Wenn nur ein Energie*träger* verwendet wird, liegt *monovalenter* Betrieb vor. Im allg. Sprachgebrauch meint man damit meist, daß außer der Wärmepumpe keine zusätzliche Energie eingesetzt wird. Nach bestehenden Definitionen (z.B. der FTA) wird aber unter monovalent verstanden, daß nur *ein Energieträger* angewendet wird, der Gebrauch zusätzlicher Energie aber nicht ausgeschlossen wird: z.B. Elektro-WP und elektr. Durchlauferhitzer ist auch monovalent. Entsprechend definiert man – sicher nicht sehr glücklich – dann auch *monovalent alternativ* oder *monovalent parallel.*

Wie aus der Kurve der Temperaturhäufigkeit (Jahresdauerlinie, Bild 2.2.2-73) hervorgeht, ist die Zahl der Tage unter 3 °C etwa 90, und der Wärmebedarf für diese Zeit beträgt im Mittel 50% des gesamten jährlichen Wärmebedarfes, wenn man 20 °C Außentemperatur als Heizgrenze ansetzt (wenn Heizgrenze bei 15 °C: ca. 65%).

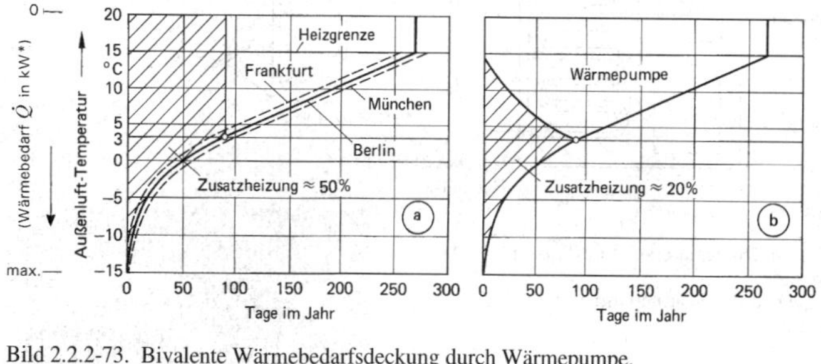

Bild 2.2.2-73. Bivalente Wärmebedarfsdeckung durch Wärmepumpe.
a) im Alternativbetrieb b) im Parallelbetrieb.
*) Die Verwendung der Temperatur-Häufigkeitskurve zur gleichzeitigen Darstellung des Wärmebedarfs setzt voraus, daß der Wärmebedarf mit fallender Außentemperatur stetig linear ansteigt.

Die Wärmepumpe kann unterhalb des Gleichgewichtspunktes entweder parallel mit der Zusatzheizung betrieben werden (Betrieb = bivalent parallel gem. Bild 2.2.2-73 b), oder sie wird ausgeschaltet, so daß die konventionelle Heizung den gesamten Wärmebedarf deckt (Betrieb = bivalent alternativ gem. Bild 2.2.2-73 a).

Es bestehen also folgende Möglichkeiten für den Betrieb:

Monovalent ohne einen zweiten Energieträger ist sehr teuer, da die Wärmepumpe für volle Heizleistung $\dot{Q}_c$ bemessen werden muß und hoher Bereitstellungspreis des EVU, daher bei mitteleuropäischen Außentemperaturen unwirtschaftlich.

Bivalent im Alternativbetrieb (Bild 2.2.2-73 a). Aufteilung des Jahresenergiebedarfs konventionelle Heizung: Wärmepumpe ≈ 50 : 50%. Wärmepumpe läuft nur oberhalb des Einsatzpunktes. Sie ist nie gleichzeitig mit der konventionellen Heizung in Betrieb. Elektrische Anschlußleistung der Wärmepumpe $P \approx 0{,}25 \cdot \dot{Q}_N$, da $\varepsilon_w = \dot{Q}/P \approx 4$ (nach Bild 2.2.2-66). Oberhalb des Einsatzpunktes von 3 °C Außentemperatur läuft WP getaktet mit Teillast. Heizkesselleistung ist für 100% $\dot{Q}_{max}$ auszulegen ($\dot{Q}_N$ ist der Wärmebedarf im Einsatzpunkt).

Bivalent im Parallelbetrieb (Bild 2.2.2-73 b). Aufteilung des Jahresenergiebedarfs konventionelle Heizung: Wärmepumpe ≈ 20 : 80%. Wenn wieder Anschlußleistung der WP mit $P = 0{,}25 \cdot \dot{Q}_N$ (Einsatzpunkt 3 °C), dann bei −15 °C $\varepsilon_w = 2$ (Bild 2.2.2-66). Heizkesselleistung bleibt bei 100% $\dot{Q}_{max}$, um die Abtauperioden zu überbrücken. Bei Parallelbetrieb muß die Wärmepumpe eine automatische Abtauvorrichtung haben, außerdem muß die Vorlaufregelung des Heizkessels mit der Regelung der Wärmepumpe einwandfrei abgestimmt werden (schwierig!). Bei zu hoher Rücklauftemperatur schaltet Wärmepumpe über Druckbegrenzer auf Störung.

Bei *eingeschränktem Heizungsbetrieb* (nachts oder an Wochenenden) ändern sich die Wärmebedarfskurven. In diesen Fällen muß eine gesonderte Berechnung des Wärmebedarfs erfolgen.

Eine Kompakt-Wärmepumpe nach dem *Luft/Wasser-System* zeigt das Schema Bild 2.2.2-74. Außenluft wird von einem Ventilator angesaugt, im Verdampfer entwärmt und in

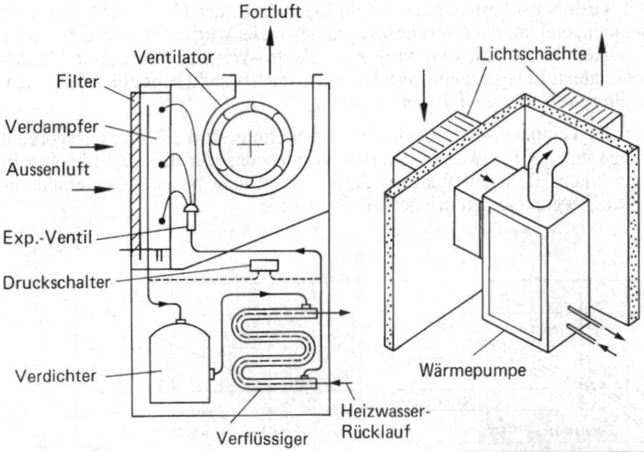

Bild 2.2.2-74. Schema einer Luft/Wasser-Wärmepumpe.
Rechts: Einbau der Wärmepumpe in einer Kellernische

Bild 2.2.2-75. Luft/Wasser-Wärmepumpe mit Scroll-Verdichter (Viessmann Vitocal 300).

einiger Entfernung wieder ins Freie geblasen. Der Kältemitteldampf wird in einem Doppelrohr-Verflüssiger verflüssigt und die Verflüssigerwärme an das Heizwasser übertragen. Ansicht einer derartigen Wärmepumpe für Innenaufstellung in Bild 2.2.2-75.

Wenn die großen Luftquerschnitte für den Verdampfer im Gebäude nicht zu realisieren sind, muß der Verdampfer im Freien angeordnet werden. Hierzu kann das ganze Kompaktgerät benutzt werden, wenn es witterungsbeständig ausgeführt und nach Herstellerangabe für Aufstellung im Freien geeignet ist. Anderenfalls muß eine sogenannte Split-Ausführung gewählt werden mit Verdampfer im Freien, Verflüssiger im Heizungsraum, Verdichter und sonstiges Zubehör entweder mit Verdampfer oder mit Verflüssiger in einem Gehäuse zusammengebaut. Zwischen Innen- und Außenteil müssen Kältemittelleitungen verlegt werden (beachte Abschnitt 5.5.6), häufig als vorgefertigte, schon mit Kältemittel gefüllte und mit Schnellkupplungen versehene Schlauchleitungen.

Von mehreren Firmen werden *Kombinationen* von Wärmepumpen mit Heizkesseln angeboten. Die Wärmepumpe hat dabei immer eine wesentlich geringere Leistung als der Kessel. Beispiel eines derartigen Wärmepumpenkessels in Bild 2.2.2-76.

Heizkessel mit Öl- oder Gasbrenner unten, darüber der Verdichter mit dem Verflüssiger. Kältemittelleitungen mit Schnellkupplung verbinden die Wärmepumpe mit dem für Außenaufstellung vorgesehenen luftgekühlten Verdampfer (Splitgerät). Bis zu einer Außentemperatur von +5 °C übernimmt die Wärmepumpe allein die Heizung, im Bereich von +5 °C bis –5 °C besteht Parallelbetrieb, darunter geht die Wärmepumpe außer Betrieb und der Heizkessel übernimmt allein die Wärmeversorgung. Eine eingebaute Zentralsteuerung mit Mikroprozessor veranlaßt und überwacht alle erforderlichen Funktionen. Kesselleistung 24 bis 28 kW, Heizleistung der Wärmepumpe bei 2 °C Lufttemperatur und 55 °C Wassertemperatur (L 2 W 55) 7,5 kW.

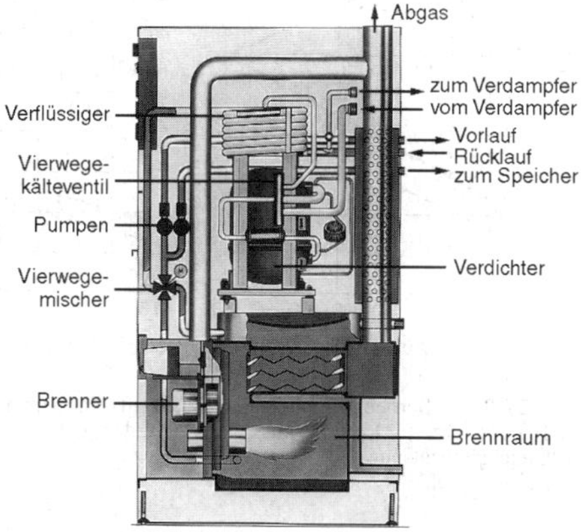

Bild 2.2.2-76.
Wärmepumpenkessel (Brötje).

Verbindung von Wärmepumpe und Heizkessel im bivalenten Betrieb nach Bild 2.2.2-77 entweder parallel oder in Serie. Parallelschaltung bei bivalent-alternativem Betrieb, Heizwasser zirkuliert entweder nur durch Wärmepumpe oder nur durch Kessel. Serienschaltung bei bivalent-parallelem Betrieb, da nur so die Wärmeabgabe der Wärmepumpe vorrangig voll ausgenutzt wird. Dabei muß die Rücklauftemperatur zur Wärmepumpe unter der vom Hersteller angegebenen Grenze – meistens etwa 55 °C – bleiben, da sonst Störungsabschaltung über Druckbegrenzer erfolgt.

b) Luft/Luft-Wärmepumpe

Hierzu gehören Fenster- und Raumklimageräte mit Wärmepumpen-Heizbetrieb. Reine Heizwärmepumpen in Deutschland selten, da Luftheizung hier nicht üblich. Betrieb meist bivalent (parallel oder alternativ) mit Einsatzpunkt bei etwa +3 °C. Monovalente Heizung mit Luft als Wärmequelle ist bei mitteleuropäischen Außentemperaturen unwirtschaftlich. System soll mit einem Wärmespeichersystem, z. B. einer Fußbodenluftheizung, verbunden sein, da sonst wegen der Ein-Aus-Regelung des Verdichters erhebliche Temperaturschwankungen auftreten.

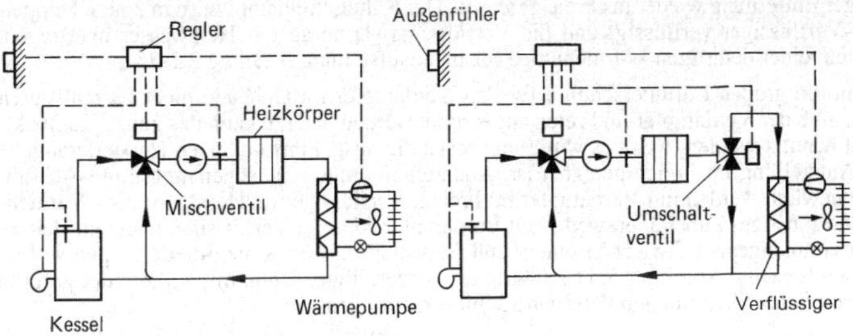

Bild 2.2.2-77. Luft/Wasser-Wärmepumpe.
Links: Kessel und Wärmepumpe in Serie; rechts: Kessel und Wärmepumpe parallelgeschaltet

Kompaktgeräte und *Splitgeräte,* vorwiegend aus USA-Fertigung, sind meistens auch für Kühlbetrieb im Sommer vorgesehen. Betriebliches Verhalten siehe Bild 2.2.2-78. Die Wärmepumpe deckt den Wärmebedarf bis zu einer Außentemperatur von etwa 5 °C. Darunter ist bei dauernd laufender Wärmepumpe zusätzliche Heizleistung erforderlich.

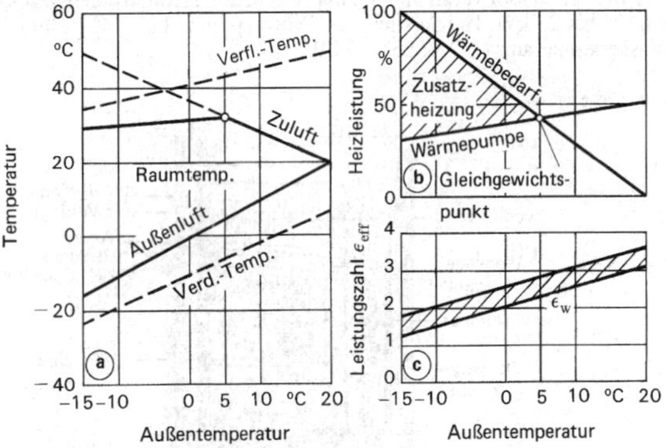

Bild 2.2.2-78. Betriebsverhalten einer Luft/Luft-Wärmepumpe.
a) Temperaturen für Luft, Verflüssiger und Verdampfer
b) Gleichgewichtspunkt
c) Leistungszahl

c) *Wasser/Wasser-Wärmepumpen*[1)]

Mit Grundwasser als Wärmequelle kann der volle Wärmebedarf am kältesten Tag gedeckt werden, zusätzliche Heizeinrichtungen sind nicht erforderlich. Mit hohen Leistungszahlen bei Niedertemperatur-Heizsystemen sind hier am ehesten Vorteile gegenüber konventionellen Heizungen zu erwarten. Voraussetzung ist allerdings, daß Grundwasser mit vertretbarem Aufwand erschlossen werden kann und die Entnahme behördlich genehmigt wird. Ausführung der Wärmepumpe fast nur als Kompaktgerät.

See- und Flußwasser als Wärmequelle meist nur bei größeren öffentlich geförderten Objekten wirtschaftlich möglich.

Ferner besteht die Möglichkeit, das zur Beheizung nötige Grundwasser den einzelnen Häusern von einer zentralen Brunnenanlage zu liefern. Das Wasser gelangt mit einer Tempera-

---
1) Specht, O.: ETA 2/78. S. A 101/4.
Kuhrwall, H.: Wärmepumpentechnologie III (1979) S. 42/8.
Schneider, H.: CCI 3/81. S. 63 (Brunnen).
Fox, F.: HLH 1/86. S. 16/8.

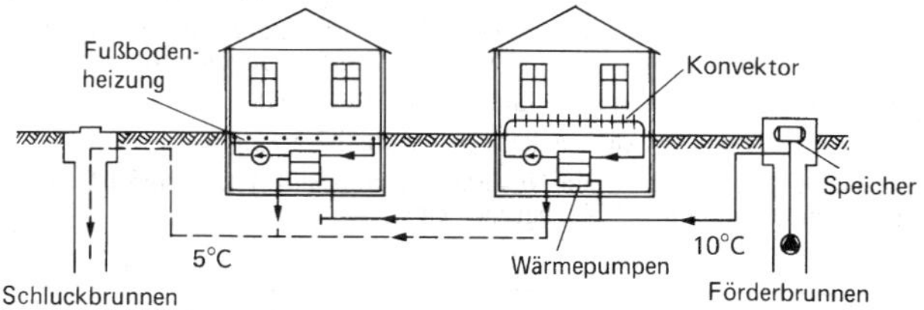

Bild 2.2.2-79. Grundwasser/Wasser-Wärmepumpenanlage für eine Wohnsiedlung.

tur von etwa 10 °C über ein Rohrnetz zu den Wärmepumpen der Häuser, wo es um etwa 5 K abgekühlt wird, und dann wieder über den Rücklauf zum Schluckbrunnen strömt (Bild 2.2.2-79)[1)].

Bei einem anderen System wird das Heizwasser in einer zentralen Wärmepumpenanlage erwärmt und dann den Häusern wie in einer Fernheizung durch ein wärmegedämmtes Rohrnetz zugeführt.

Kalte Fernwärme nutzt die Abwärme bei der Stromerzeugung. Kondensatorwasser mit 25…30 °C steht ganzjährig zur Verfügung. Näheres siehe Abschn. 2.2.3-2.3.3.

d) Sole/Wasser-Wärmepumpen[2)]

Diese Bauart dient zur Erschließung der Wärmequellen Erdreich und Umwelt (Absorberflächen). Die zirkulierende Sole, meistens Glycollösung, durchströmt den Verdampfer der Wärmepumpe und gibt hier die aus der Wärmequelle aufgenommene Wärme ab. Ausführung der Wärmepumpe fast nur als Kompaktgerät.

Erdreich wird im Winter kälter als Grundwasser, die für den Sole-Zwischenkreislauf erforderliche zusätzliche Temperaturdifferenz drückt die Verdampfungstemperatur noch weiter nach unten. Die Deckung des vollen Wärmebedarfs ist möglich und noch sinnvoll, der Verdichter wird aber erheblich größer und die mittlere Leistungszahl deutlich geringer als bei Grundwasser als Wärmequelle. Aufwand lohnt deshalb nur, wenn Grundwasser nicht erschließbar, und setzt voraus, daß die erforderliche Grundstücksfläche – etwa das Doppelte der zu beheizenden Nutzfläche – zur Verfügung steht.

Bei Nutzung der Umweltenergie über Absorberflächen spielt die Sonnenenergie die wesentliche Rolle. Bei fehlender Sonnenstrahlung ist praktisch nur der Wärmeinhalt der Außenluft nutzbar, wie bei einer Luft/Wasser-Wärmepumpe, jedoch mit um die Temperaturdifferenz des Sole-Zwischenkreislaufes tieferer Verdampfungstemperatur. Deshalb Zusatzheizung, bivalenter Betrieb, erforderlich.

e) Wirtschaftlichkeit[3)]

Grundlage für die Berechnung bei Einsatz der Wärmepumpe zur Raumheizung ist die Richtlinie VDI 2067, Berechnung der Kosten von Wärmeversorgungsanlagen, Blatt 6: Wärmepumpen. Für die Berechnung im Zusammenhang mit raumlufttechnischen Anlagen siehe Hinweise in Abschnitt 5.6.5.

Energiekosten

Der *Jahresenergiebedarf* errechnet sich aus dem Jahreswärmeverbrauch Q_{Ha} und der *Jahresarbeitszahl* β_a (jährlich gelieferte Wärme/jährlich aufgenommene elektrische Antriebsleistung). Letztere ist hauptsächlich abhängig von den sich im Laufe des Jahres ändernden

[1)] SHT 9/10 (1980). S. 739.
Fischer, M.: ETA 5/85. S. A 163/71.
[2)] Ruhm, D.: SHT 3/80. S. 177/82.
Schinke, H., u. C. Mostofizadeh: HLH 3/81. S. 108/14.
Kraneburg, P.: HR 5/84. S. 279.
Kranter, J.: HR 10/88. S. 386.
[3)] FTA-Fachbericht Bd. 2 (1981).
Holzapfel, L.: HLH 7/82. S. 259/66.
Michel, A.: HLH 2/83. S. 47/53.
Picken, G., u. B. Stoy: TAB 1/83. S. 211 (7 S.).
Isermann, R. u. W.-D. Gruhle: HLH 3 u. 4/85.

Temperaturen der Wärmequelle und des Heizmittels sowie von dem *Deckungsanteil* d_{WP}, den die Wärmepumpe vom jährlichen Gesamtwärmeverbrauch Q_{Ha} übernimmt. Beide Werte, β_a sowohl wie d_{WP}, hängen von der *Einsatztemperatur* ab.

Richtwerte für die Jahresarbeitszahl β_a in Bild 2.2.2-80.

Richtwerte für den Deckungsanteil d_{WP} in Bild 2.2.2-81.

Für beide Diagramme ist ein Niedertemperatur-Heizsystem 60/50 °C sowie eine Normaußentemperatur von – 12 °C zugrunde gelegt.

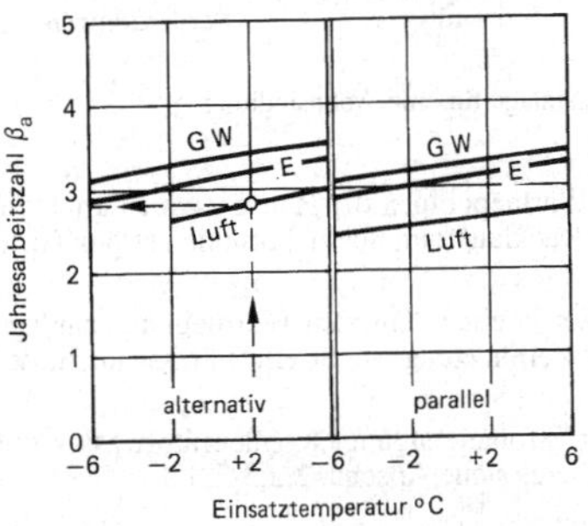

Bild 2.2.2-80. Jahresarbeitszahlen β_a von Elektrowärmepumpen.
E = Erdreich, GW = Grundwasser.

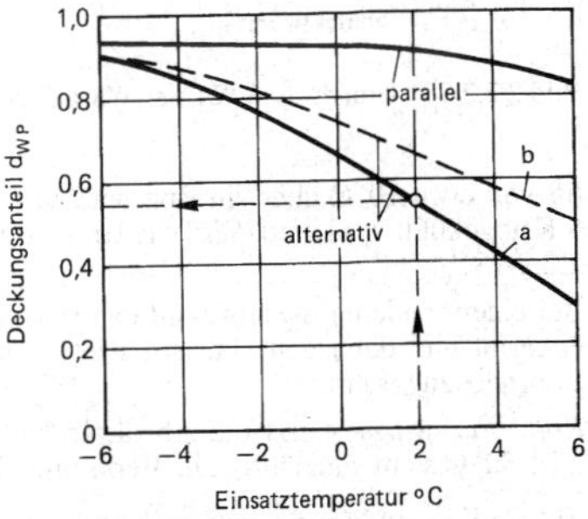

Bild 2.2.2-81. Deckungsanteile d_{WP} von Elektrowärmepumpen.
a) Abschalttemperatur = Einsatztemperatur
b) Abschalttemperatur = – 6 °C.

Die reinen jährlichen Energiekosten *k* errechnen sich je kW maximalen Wärmebedarfs eines Hauses bei den meist ausgeführten bivalenten Anlagen in vereinfachter Form wie folgt:

$$k = b\left(d_{WP}\frac{P_{el}}{\beta_a} + (1 - d_{WP})\frac{P_{öl}}{H_u \cdot \eta}\right) \quad \text{in €/(a · kW)}$$

b = Vollbetriebsstunden
d_{WP} = Deckungsanteil durch Wärmepumpe (Bild 2.2.2-81)
$P_{öl}$ = Ölpreis = 0,20 €/l
P_{el} = Strompreis = 0,10 €/kWh
H_u = Heizwert des Öls = 10 kWh/l
η = Kesselnutzungsgrad = 0,8
β_a = Jahresarbeitszahl

Beispiel:

Luft/Wasser-WP, bivalent alternativ, Einsatztemperatur +2 °C, b = 1800 Vollbetriebsstunden.

Nach Bild 2.2.2-81: d_{WP} = 0,54 und nach Bild 2.2.2-80: β_a = 2,8.

Jährliche Kosten

$$k = 1800 \cdot \left(0{,}54 \cdot \frac{0{,}1}{2{,}8} + 0{,}46 \cdot \frac{0{,}2}{10 \cdot 0{,}8}\right)$$
$$= 1800\,(0{,}019 + 0{,}012)$$
$$= 1800 \cdot 0{,}031 = 55{,}40 \text{ €/(a · kW) bzw. } 0{,}031 \text{ €/kWh}$$

Bei *konventioneller Ölheizung* wären die Energiekosten

$$k = 1800 \cdot \frac{0{,}2}{10 \cdot 0{,}8} = 45{,}\text{– €/(a · kW) bzw. } 0{,}025 \text{ €/kWh.}$$

In dieser vereinfachten Rechnung ist der Verbrauch der Lüfter (Wärmequelle Luft) bzw. der Pumpen (Wärmequelle Wasser oder Sole) noch nicht berücksichtigt, der meistens deutlich höher liegt als der ebenfalls nicht berücksichtigte elektrische Energieverbrauch des Ölbrenners. Falls für die Wärmepumpe zusätzlich zum Arbeitspreis auch noch ein Leistungspreis zu zahlen ist, kann dieser das Ergebnis erheblich zuungunsten der Wärmepumpe verschieben.

Die Jahresarbeitszahl (die mittlere Leistungszahl über die Betriebsperiode), die mindestens erreicht werden muß für Energiekostengleichheit, ist abhängig vom Verhältnis Strompreis zu Ölpreis:

$$\beta_a \geqq \frac{P_{el}}{P_{öl}} \cdot H_u \cdot \eta = \text{ca. } 8 \cdot \frac{P_{el}}{P_{öl}}$$

Im vorstehenden Beispiel müßte dafür also $\beta_a = 3{,}6$ erreicht werden, was mit Außenluft als Wärmequelle nicht möglich ist. Als bei noch gleichem Strompreis der Ölpreis 0,40 €/l betrug, genügte dafür $\beta_a = 1{,}8$. Dies war realisierbar, und die Wärmepumpe war sinnvoll, besonders in Erwartung eines weiter steigenden Ölpreises und eines konstant bleibenden Strompreises.

Investitionskosten

Die *Investitionskosten* bei Wärmepumpenanlagen sind erheblich höher als bei konventionellen Anlagen, dazu mit erheblichen, von den örtlichen Gegebenheiten, besonders der Wärmequelle, abhängigen Unterschieden.

Gesamtkostenvergleich

Vergleiche der Gesamtkosten von konventionellen Heizungen und Wärmepumpenheizungen ergeben oft sehr unterschiedliche Werte, weil alle zu beachtenden Kostenfaktoren nicht immer in die Rechnung eingebracht werden. In Tafel 2.2.2-5 ist ein überschlägiger Kostenvergleich zwischen Ölheizung und Luft/Wasser-Wärmepumpenheizung für ein Einfamilienhaus vorgenommen, wobei allerdings eine beträchtliche Zahl zusätzlicher Faktoren nicht berücksichtigt ist, wie bauliche Nebenkosten, Art der Heizkörper, Größe der Anlage, *Leistungszahl* ε, Stromverbrauch der Ventilatoren und Pumpen, Wartungskosten u. a. Insbesondere ist bei größeren Anlagen auch der Leistungspreis der EVU zu beachten, der ca. 100...150 €/kW beträgt. Diese Beträge können bei speziellen Fällen jedoch leicht hinzugefügt werden. Als Wärmequelle ist Luft angenommen.

Eine Steigerung der Energiepreise kann durch eine „*dynamische Wirtschaftlichkeitsberechnung*" gem. Abschnitt 1.11 berücksichtigt werden.

Tafel 2.2.2-5 Gesamtkostenvergleich zwischen Ölheizungen und Wärmepumpenheizungen für Wohnungen je kW max. Wärmebedarf (ohne Wärmeverteilkosten)*)

			Öl-heizung	Wärme-pumpe bivalent altern.	Wärme-pumpe monovalent
1	Wärmeverbrauch	kWh/a	1500	1500	1500
2	Ölverbrauch	l/a	$\frac{1500}{10 \cdot 0{,}8} = 187{,}5$	$\frac{1500}{10 \cdot 0{,}8} = 62{,}5$	—
3	Stromverbrauch	kWh/a	—	$\frac{1000}{2{,}5} = 400$	$\frac{1500}{2{,}0} = 750$
4	Ölkosten	€/a	37,50	12,50	–
5	Stromkosten	€/a	—	40,—	75,—
6	Energiekosten (5+4)	€/a	37,50	52,50	75,—
7	Investitionskosten	€/kW	300,—	900,—	1200,—
8	Annuität 10%	€/(a · kW)	30,—	90,—	120,—
9	Gesamtkosten (6+8)	€/(a · kW)	67,50	142,50	192,50
10	Spez. Gesamtkosten (9/1)	€/MWh	45,-	95,—	120,—

*) Energiepreise: Öl = 020 €/l; Strom = 0,10 €/kWh

Vorausgesetzt ist folgendes:

Maximaler Wärmebedarf	1,0 kW
Vollbetriebsstunden	1500 h/a
Heizwert von Öl	10 kWh/l
Nutzungsgrad der Ölheizung	0,8
Arbeitszahl der Wärmepumpen	$\beta_a = 2{,}5$
Ölverbrauchsanteil bei bivalenter Heizung	1/3
Ölpreis	0,20 €/l
Mittlerer Strompreis (aus Tag- und Nachtstrom)	0,10 €/kWh

Die *Gesamtkosten* bei einer Ölheizung sind also gemäß Tafel 2.2.2-5 wesentlich geringer als bei einer Wärmepumpenheizung.

Die jährlichen Mehrkosten bei der Energie betragen hier bei der bivalenten Wärmepumpe nur 52,50 – 37,50 = 15,00 € je kW. Der Mehraufwand an Investitionskosten beträgt aber 600,– €, so daß sich eine positive Kapitalrückflußzeit erst ergeben kann, wenn Öl oder Gas zukünftig stärker im Preis steigen als Strom.

Bei den gegenwärtigen Preisen für Energie und Investitionen ist daher ein wirtschaftlicher Betrieb von Elektrowärmepumpen mit Wärmequelle *Luft* für die Raumheizung nicht zu erzielen.

-4.6.2 Schwimmbäder

a) Hallenbäder[1)]

In den Bädern nimmt die Luft durch Verdunstung von der Wasserfläche Wasserdampf auf, wodurch die relative Luftfeuchte auf unangenehm hohe und schädliche Werte ansteigt, siehe Abschnitt 3.6.9-1.3.

In konventionellen Anlagen erfolgt die Beseitigung der feuchten Hallenluft durch Zufuhr erwärmter Außenluft und Absaugung, was einen erheblichen Wärmeverlust bedeutet.

Bei Verwendung einer Wärmepumpe wird die Abluftenthalpie im Umluftbetrieb zurückgewonnen, und zwar in der Weise, daß der Verdampfer der Kältemaschine in den Abluftweg eingeschaltet wird. Dabei wird die Abluft auf etwa 15...18 °C abgekühlt und gleichzeitig entfeuchtet. Der hinter dem Verdampfer eingebaute Verflüssiger gibt die aufgenommene Wärme, vermehrt um das Wärmeäquivalent der Verdichterarbeit, an die Zuluft ab. Dabei hat die Zuluft höhere Temperaturen als vor dem Kühler, denn sie enthält außer der Antriebsenergie für den Verdichter auch die gesamte Wärme, die dem Wasser und der Luft entzogen worden ist, siehe auch Abschnitt 5.7.1-8.

Das Schema einer derartigen Anlage ist im Bild 2.2.2-82 dargestellt. Entfeuchtung der Luft erfolgt im Winter und Sommer. Die bei steigender Außentemperatur überschüssige Verflüssigerwärme wird zur Erwärmung des Becken- oder Duschwassers oder auch für eine Fußbodenheizung verwendet. Warmwasserspeicher sind zweckmäßig.

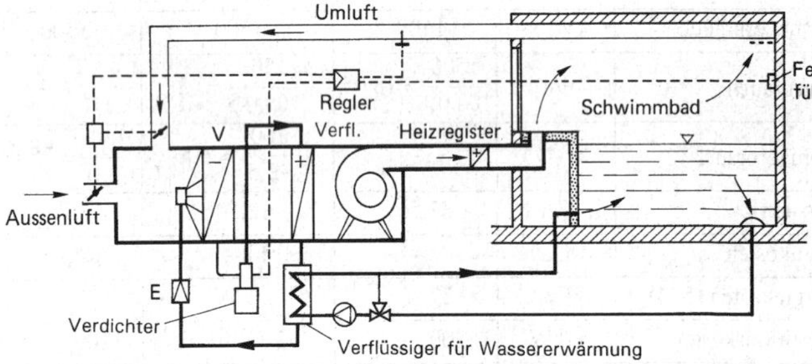

Bild 2.2.2-82. Schema der Wärmepumpe für Hallenbadentfeuchtung und -lüftung.
E = Expansionsventil, Verfl. = Verflüssiger, V = Verdampfer

1) Siehe auch Abschn. 2.5.6-2 und 3.6.9-1.
Hausmann, H.: ETA 3/79. S. A 175/80.
Vossen, W.: Gas 5/84. S. 270/5.

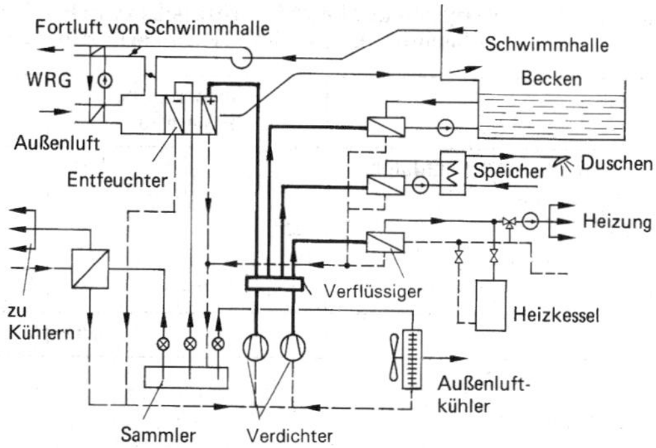

Bild 2.2.2-83. Wärmepumpenanlage für ein Großbad.
WRG = Wärmerückgewinnung

Zur *Erneuerung* der Hallenluft muß dauernd ein Teil vorgewärmte Außenluft, mindestens 20 m³/(h · Pers), zugesetzt werden. Nachts Umluftbetrieb.

Es sind auch einige Großbäder mit elektrischer *Vollversorgung* ausgeführt worden. Die Verflüssiger der Wärmepumpen liefern dabei die gesamte Wärme für Becken, Duschen, Heizung, Warmwasserbereitung, während als Wärmequellen Hallenluft, Grundwasser, Außenluft, Abwärme u. a. dienen. Dabei lassen sich erhebliche Mengen an Primärenergie einsparen (Bild 2.2.2-83). Es ist jedoch eine sehr sorgfältige Planung und Berechnung erforderlich.

Vorteile: umweltfreundlich, geringerer Energiebedarf.

Nachteile: teurer in der Anschaffung, mehr Wartung.

b) Privatschwimmbäder

Für kleine *Privatschwimmbäder* im Innern von Gebäuden (Hotels o. a.) bis etwa 300 m² Beckenfläche gibt es zur Entfeuchtung der Luft Wärmepumpenaggregate in Kompaktbauweise mit allen in Bild 2.2.2-82 gezeigten Bauteilen.

Sie sind gewöhnlich auch mit einem Außenluft- und Fortluftanschluß versehen. Bei sehr niedriger Außentemperatur wird das Gerät hauptsächlich mit Umluft betrieben, während bei steigender Außenlufttemperatur der Außenluftanteil automatisch erhöht wird.

Der jährliche *Energiebedarf* je m² Beckenfläche für Entfeuchtung und Außenlufterwärmung beträgt etwa max. 700 kWh/(m² · a). Addiert man hierzu noch den Wärmebedarf für Frischwassererwärmung (ca. 100 kWh/(m² · a)) und Heizung (z. B. 200 kWh/(m² · a)), so erhält man Werte von etwa 1000 kWh/(m² · a) für den gesamten Energiebedarf (ohne Duschen). Unterschiede ergeben sich durch Häufigkeit der Benutzung, Größe der Transmissionswärme, Wassertemperatur, Luftfeuchte u. a.

In Tafel 2.2.2-6 ist ein *Vergleich* zwischen Wärmepumpenanlagen und konventionellen Lüftungs- und Entfeuchtungsanlagen dargestellt, wobei etwa gleicher Komfortzustand in beiden Fällen angenommen ist. Bei der Wärmepumpe ist ein minimaler Außenluftanteil von 1,5 m³/(h · m²) zugrunde gelegt, während bei der konventionellen Anlage der Außenluftstrom wegen der Wasserdampfaufnahme wesentlich größer ist, etwa 10 m³/(h · m²).

Der *Energieverbrauch* ist bei den Wärmepumpen wesentlich geringer. Da jedoch der elektrische Strom je kWh wesentlich teurer ist als Öl oder Gas, verschwinden die Kostenunterschiede. Dazu kommt, daß Wärmepumpenanlagen etwa 3- bis 4mal teurer sind als konventionelle Anlagen in öl- oder gasbeheizten Häusern. Dem kann man bei Privatschwimmbädern, deren Nutzungszeiten relativ kurz sind, dadurch begegnen, daß man die Wärmepumpe den relativ kleinen Verdunstungszahlen im Ruhebetrieb entsprechend auslegt (s. Abschn. 3.6.9-1) und die Spitzen bei Benutzung des Bades durch Öl- oder Gasheizung abdeckt. Der höhere Energiebedarf in dieser kurzen Zeit belastet die Jahresenergiekosten insgesamt nicht so wesentlich.

Tafel 2.2.2-6 Vergleich des Energieverbrauchs zwischen Wärmepumpen- und Außenluftanlagen (ohne Wärmebedarf für Heizung)

Anlage	Wärmepumpe kWh/m²a		Außenluftanlage kWh/m²a	
1) Verdichter und Ventilator		270		–
2) Verdunstung				
0,1 kg/(h · m²)	525			525
abzüglich Überschußwärme	250	275		
3) Lüftung	1,5 m³/(h · m²)	80	10 m³/(h · m²)	540
Summe		625		1095

c) Freibäder[1]

Auch für *Freibäder* sind aus Gründen des Umweltschutzes Wärmepumpen verwendet worden. Schema Bild 2.2.2-84. Das Wasser wird dabei im Verflüssiger der Kältemaschine aufgeheizt, während dem Verdampfer Fluß- oder Grundwasser zugeführt wird. *Wärmebedarf* für Freibadheizung ohne Berücksichtigung des Gewinnes durch Sonneneinstrahlung bei 22 °C Wassertemperatur im Sommer von April bis September maximal etwa 465 W/m². Der *Energiebedarf* beträgt bei einer Leistungszahl von $\varepsilon = 6$ dabei 465/6 = 78 W/m². Infolge der großen Sonnenstrahlung auf die Wasserfläche sind in den 6 Sommermonaten nur etwa 1500 Vollbetriebsstunden erforderlich, so daß der *Jahresenergieverbrauch* (ohne Pumpen) 1500 · 0,078 = 117 kWh/m² beträgt.

Ohne Wärmepumpe wäre der Bedarf 6 · 117 = rd. 700 kWh/m².

Bei höheren Wassertemperaturen steigt der Energieverbrauch.

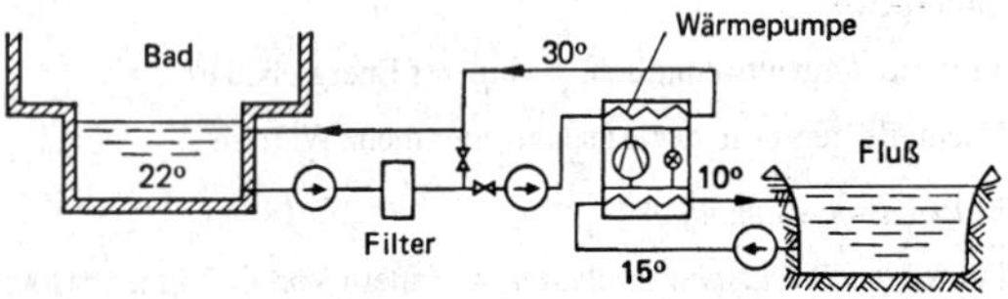

Bild 2.2.2-84. Schema der Wärmepumpe für Freibadheizung.

Manchmal wird auch Luft als Wärmequelle verwendet, wobei jedoch große Luftmengen und Wärmeaustauscher erforderlich sind. Die Leistungszahl verringert sich dabei auf $\varepsilon_w \approx 4$. Geräusche beachten!

Die *Energiekosten* sind z. Zt. geringer als bei Verwendung von Öl oder Gas. Rechnet man überschläglich:

Wärmebedarf	0,45 kW/m² · 1500 h/a = 675 kWh/(m² a)
Ölpreis	0,20 €/l ≈ 0,02 €/kWh
Leistungszahl	$\varepsilon_w = 6$
Jahresnutzungsgrad	$\eta = 0,8$
Strompreis	= 0,10 €/kWh,

so ergibt sich folgender Vergleich:

Ölkosten:

$$\frac{675 \cdot 0,2}{0,8} = 16,88 \text{ €/(m}^2\text{ a)}.$$

Stromkosten:

$$0,10 \cdot 675/6 = 11,25 \text{ €/(m}^2\text{ a)}.$$

[1]) Jahrbuch der Wärmerückgewinnung. 4. Aufl. 1981/82.
DVGW G 677: Gasheizung für Freibäder. 10. 80.
Biasin, K.: ETA Heft A Mai 81. S. 169/74.

Die direkten Betriebskosten betragen also bei der Wärmepumpenheizung in diesem Fall nur etwa 67% der Kosten bei Ölheizung. Infolge der höheren Kapitalkosten verändern sich jedoch die Gesamtjahreskosten.

Wesentliche Ersparnisse im Energieverbrauch durch Abdeckung des Bades bei Nichtbenutzung, ca. 30...40%.

-4.6.3 Großanlagen[1)]

Bei den derzeitigen Energiepreis-Relationen sind elektromotorisch angetriebene Wärmepumpen als reine Heizanlagen nicht wirtschaftlich. Die Ausnutzung vorhandener Kältemaschinen als zusätzliche Wärmepumpen-Heizanlage kann jedoch trotzdem lohnend sein. Nähere Ausführungen hierzu in Abschnitt 5.6.5.

-4.6.4 Klein-Wärmepumpen[2)]

Diese Geräte sind Teile eines dezentralen Klimasystems mit einem geschlossenen Wasserkreislauf (Bild 2.2.2-85). Hier befindet sich in jedem Raum eine Klein-Wärmepumpe, im Prinzip ein Raumklimagerät mit wasserbeaufschlagtem Wärmeübertrager, mit Ventilator, luftbeaufschlagtem Wärmeübertrager, Verdichter und Umschaltventil für Heizung und Kühlung. Jedes Gerät wird durch einen Raumthermostat geschaltet und kann durch Betätigung eines Umschaltventils, siehe Abschnitt 2.2.2-4.3, sowohl heizen wie kühlen. Der Wasserkreislauf wird durch die im Kühlbetrieb arbeitenden Geräte (z.B. Südseite) erwärmt, durch die im Heizbetrieb arbeitenden gekühlt. Wassertemperaturen 20...35 °C. Bei $t_1 = t_2$: Ausgleich der Wärme- und Kältebilanz; bei $t_1 > t_2$ zusätzliche Kühlung durch Kühlturm, bei $t_1 < t_2$ zusätzliche Erwärmung durch Heizkessel.

Bei gleichzeitig vorhandenem Wärme- und Kältebedarf Ersparnis an Energie, jedoch großer Aufwand am Gerät. Bei nicht gleichzeitig vorhandenem Energiebedarf ist die Aufstellung von Speichern zweckmäßig. Heute nur noch selten ausgeführt. Lüftung ist zusätzlich erforderlich, zentral oder örtlich.

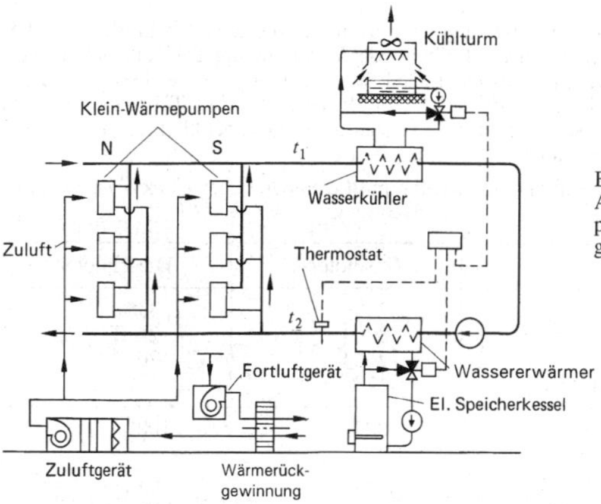

Bild 2.2.2-85. Schema einer Anlage mit Klein-Wärmepumpen für ein Mehrraumgebäude.

1) Wärmerückgewinnung u. Abwärmeverwertung. VDI-Tagung Essen 1978.
FTA-Fachbericht 5: Großwärmepumpen. 1982.
Mayer, E., u. F. Bös: HLH 5/83. S. 217/25.
Broschk, J., u.a.: TAB 12/83. S. 951.

2) Brockmeyer, H.: VDI-Bericht 147/1970 u. HR 2/74. S. 35/40.

-4.7 Kompressions-Wärmepumpen, Antrieb durch Brennkraftmaschine[1])

Bei diesen Maschinen wird zum Antrieb des Verdichters statt eines Elektromotors ein Gas- oder Dieselmotor verwendet. Es läßt sich dabei eine besonders große Ersparnis an Primärenergie erreichen, da zusätzlich zur Umgebungswärme die im Kühlwasser und in den Abgasen enthaltenen Wärmemengen ausgenutzt werden können (Bild 2.2.2-86).

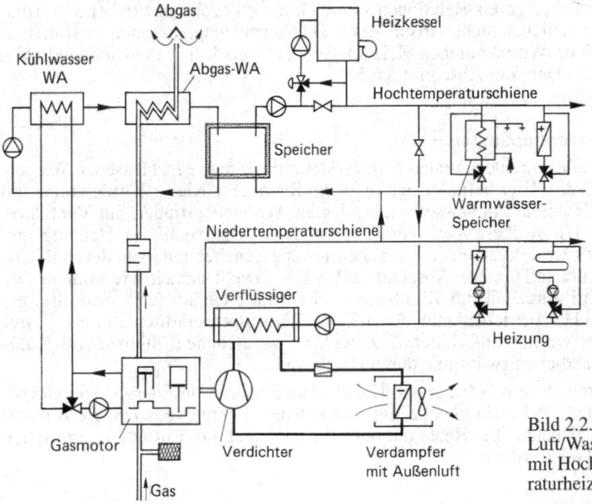

Bild 2.2.2-86. Gasmotor-Luft/Wasser-Wärmepumpe mit Hoch- und Niedertemperaturheizkreis.

Aus Wirtschaftlichkeitsgründen bevorzugt man heute Gasmotoren mit Leistungen über 100 kW; sie haben bis zu 12 Zylinder in Reihen- oder V-Anordnung. Die Kolbenverdichter sind meist direkt mit den Motoren gekuppelt, andere wie Schrauben- oder Turboverdichter werden über Getriebe mit den Motoren verbunden. Bis herab auf 50% Teillastbetrieb wird durch Drosselung der Brennstoffzufuhr die Drehzahl verringert, bei kleinerer Teillast Regelung des Verdichters und schließlich Ein-Aus-Betrieb.

Die *Wärmebilanz* von Gas- oder Dieselmotoren mit Leistungen über 100 kW ist etwa folgende:

	Gasmotor		Dieselmotor	
Verdichterantrieb	33%		39%	
Kühlwasserwärme	30	} 50%	24	} 44%
Abgaswärme	20		20	
Verluste (Strahlung und Abwärme)	17%		17%	
Summe	100%		100%	

[1]) DIN 33831 T1–T4 (05. 89): Wärmepumpe, verbrennungsmotorisch angetrieben.
Wärmetechnologie Bd. VI. Tagung Nürnberg 1980. Vulkan-Verl. Essen.
Jüttemann, H.: HLH 3/82. S. 97/101.
Rostek, A.: GWF (Gas) 10/11-82. S. 505/14.
Cube, L. von: Fernwärme 4/82. S. 216/20.
Hunold, F.: KKT 10/82. S. 438.
Bussmann, W.: Gas 5/82. S. 274/82.
Rostek, H. A.: GWF 10/11-82. S. 505/14.
Brinkmann, A.: TAB 1/83. S. 51/4.
Vossen, W.: HLH 1/84. S. 32/39.
Wärmepumpenrichtlinien der „Argebau“ 9. 83.
DVGW-Schriftenreihe Nr. 36 (1984).
Grunenberg, H.: Ki 6/85. S. 245/9. (Wohnungskomplex).

Die Abgase verlassen die Maschine mit etwa 500 °C und können bei Gasmotoren auf 120 °C, bei Dieselmotoren auf etwa 180 °C abgekühlt werden, in Sonderfällen, z.B. bei nachgeschalteten Brennwertgeräten, auch noch tiefer.

Die *Primärenergienutzungszahl* (vgl. Abschnitt 5.2.7) Nutzwärme/Primärwärme *(Heizzahl ζ)* beträgt z.B. bei einer Leistungszahl von $\varepsilon_w = 3$ bei Gasmotor-Wärmepumpen

$$\zeta = 0{,}33 \cdot 3 + 0{,}50 \approx 1{,}50,$$

ist also etwa doppelt so groß als bei Öl- und Gasheizkesseln.

Praktisch erreichbare *Heizzahlen* sind (weitere Werte s. VDI 2067 Bl. 6):

bei Frei- und Hallenbädern	$\zeta = 2 \ldots 2{,}5$
bei Sporthallen	$\zeta = 1{,}5 \ldots 1{,}7$
bei Wohngebäuden, Bürohäusern	$\zeta = 1{,}4 \ldots 1{,}6$

Der *Vorteil* des Verbrennungsmotors gegenüber anderen Antrieben ist um so größer, je geringer die Leistungszahl der Wärmepumpe ist, z.B. bei Außenluft als Wärmequelle. Vorteilhaft ist ebenfalls, daß ein Teil der Nutzwärme mit hohen Temperaturen bis nahe 100 °C zur Verfügung steht.

Die gasmotorisch betriebenen Wärmepumpen haben die gleichen Wärmequellen und Betriebsweisen wie die elektromotorischen.

Anwendung findet diese Heizung besonders in folgenden Fällen:

Schwimmbäder und Sportzentren

Das Beckenwasser wird hier durch die Verflüssigerwärme erwärmt. Die Kühlwasser- und Abgaswärme wird für Heizzwecke und Duschen verwendet. Als Wärmequelle können Brunnen, Außenluft oder auch die zur Luftentfeuchtung dienenden Verdampfer verwendet werden.

Bei einem *Freibad* ohne Duschen ergeben sich folgende Zahlen:

Max. Wärmeverbrauch (s. Abschn. 2.2.2-4.6.2)	= 0,45 kW/m²
Leistungszahl ε	= 6,0
Heizzahl $\zeta = 6 \cdot 0{,}33 + 0{,}5$	= 2,50
Gasmotor-Wärmeverbrauch 0,45/2,5	= 0,18 kW/m²
Verdichterleistung 0,33 · 0,18	= 0,059 kW/m²
Vollbetriebstunden	= 1500
Jährlicher Wärmebedarf 1500 · 0,18	= 270 kWh/m²
Heizkessel-Wirkungsgrad	= 0,8
Bei einem Gasheizkessel wäre der Verbrauch 1500 · 0,45/0,8	= 844 kWh/m²
Ersparnis	= 68%.

Besonders günstig ist es für die Wirtschaftlichkeit[1)], wenn gleichzeitig Kühlung verlangt wird, z.B., wenn eine *Kunsteisbahn* als Wärmequelle verwendet werden kann. In solchen Fällen muß geprüft werden, welches System Priorität hat. Es kann entweder eine Kälteanlage mit sekundärer Abwärmenutzung gewählt werden oder eine Wärmepumpenanlage zur Heizung mit Wärmequellennutzung auf der kalten Seite. In beiden Fällen kann Brauchwasser erwärmt werden.

Gebäudeheizung, namentlich dann, wenn gleichzeitig die Kühlleistung der Wärmepumpen ausgenutzt werden kann, z.B. in Kaufhäusern, Supermärkten, fleischverarbeitenden Betrieben, siehe auch Abschnitt 5.6.5.

Im Winterbetrieb dient die Verflüssigerwärme zuzüglich der Kühlwasser- und Abgaswärme für Heizzwecke. Wenn die aus den Kühlern gewonnene Wärme nicht ausreicht, kann zusätzlich Wärme aus der Fortluft des Gebäudes gewonnen werden.

Im Sommerbetrieb wird überschüssige Verflüssigerwärme durch ein Rückkühlwerk an die Außenluft abgegeben, soweit sie nicht zur Brauchwassererwärmung oder zu anderen Zwecken verwendet werden kann.

Falls die Wärmepumpe bivalent parallel mit einem Heizkessel arbeitet und nur der Raumheizung dient, wird die wirtschaftlichste Lösung insgesamt erreicht, wenn die Heizleistung der Wärmepumpe max. ca. 40% der Gesamtheizleistung beträgt[2)].

Die *Wirtschaftlichkeit* muß in jedem Fall durch eine besondere Rechnung geprüft werden. Gegenwärtig stehen komplette Aggregate nur für verhältnismäßig große Heizleistungen über etwa 200 kW zur Verfügung. Investitionskosten 350…700 €/kW (Stand 1988) Wär-

---

1) Bruder, Th.: TAB 4/85. S. 305/7.

2) Hirschbichler, F.: Ki 9/86. S. 349/51.

meleistung, stark fallend mit steigender Leistung (Bild 2.2.2-87). Eine Gasmotor-Verdichter-Einheit mit den integrierten Motorwärmetauschern (Zylinder-, Abgas-, Ölkühlung) zeigt Bild 2.2.2-88, Antriebsleistung etwa 110 kW.

Verbrennungsmotorisch betriebene Wärmepumpen haben bei der häufig gefahrenen Teillast einen ungünstigen Wirkungsgrad. Die Entwicklung bei kleinen Einheiten ging deshalb in eine andere Richtung. Kleine Blockheizkraftwerke mit Verbrennungsmotor erzeugen Strom bei gleichbleibend optimaler Drehzahl, kombiniert mit einer oder mehrerer Elektrowärmepumpen. So kann die Wärmeerzeugung dem Bedarf angepaßt werden, beim Reduzieren oder Wegschalten von Wärmepumpenleistung wird Strom an das Netz geliefert. Leistungen ab etwa 5,5 kW elektrisch.

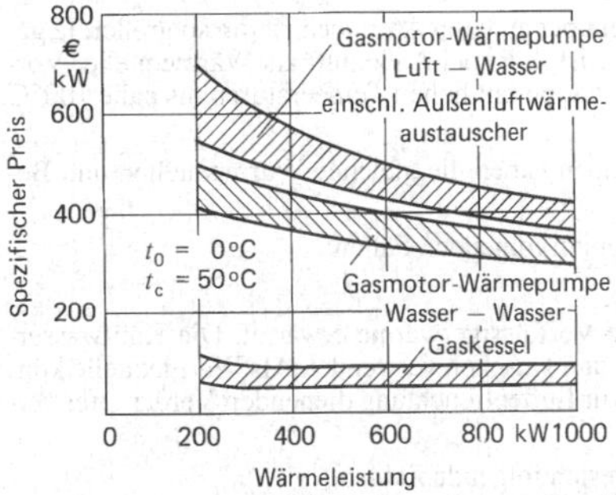

Bild 2.2.2-87. Preise von Gasmotor-Wärmepumpen einschl. Montage, Regelung und Inbetriebnahme; jedoch ohne Gebäude, Speicher, Hauptverteilung, Verrohrung, Gas- und Elektro-Anschluß. (Preise 1988)

Bild 2.2.2-88. Gasmotor-Schraubenverdichter-Einheit mit integrierten Motor-Wärmetauschern, Antriebsleistung ca. 110 kW (MDE).

Vorteile der Gaswärmepumpe

Geringer Primärenergieverbrauch,
höhere Heiztemperaturen erreichbar,
gute Regelbarkeit.

Nachteile

Geräuschvoll,
hohe Wartungs- und Investitionskosten.

-4.8 Absorptions-Wärmepumpen [1]

Auch die Absorptions-Kältemaschinen lassen sich als Wärmepumpen verwenden. Aufbau und Funktion siehe Abschnitt 5.2.3, Arbeitsstoffpaare siehe Abschnitt 5.3.2. Die Nutzwärme $\dot{Q}_N$ ist hier die Summe aus der am Verflüssiger abgegebenen Wärmemenge $\dot{Q}_C$ und der am Absorber abgegebenen Wärmemenge $\dot{Q}_A$. Das Verhältnis von Nutzwärme zu Heizwärmeverbrauch $\dot{Q}_H$wird als Wärmeverhältnis ζ_w bezeichnet:

$$\zeta_w = \frac{\dot{Q}_C + \dot{Q}_A}{\dot{Q}_H}$$

Etwa erreichbare Wärmeverhältnisse in Abhängigkeit von Verdampfungstemperatur t_o und gewünschter Nutzwärmetemperatur t_N sind in Bild 2.2.2-90 dargestellt[2], die dafür mindestens erforderliche Heizmitteltemperatur beim Austritt aus dem Austreiber zeigt Bild 2.2.2-89. Beachten: Die Prozeßtemperatur t_o liegt mindestens etwa 5 K unter der Austrittstemperatur der Wärmequelle aus dem Verdampfer.

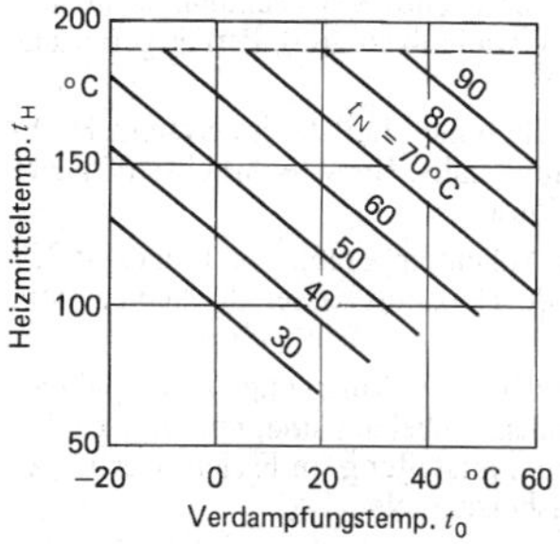

Bild 2.2.2-89. Absorptions-Wärmepumpen: Mindestens erforderliche Heizmittel-Austrittstemperatur t_H, um bei gegebener Verdampfungstemperatur t_o eine gewünschte Nutzwärmetemperatur t_N zu erreichen.

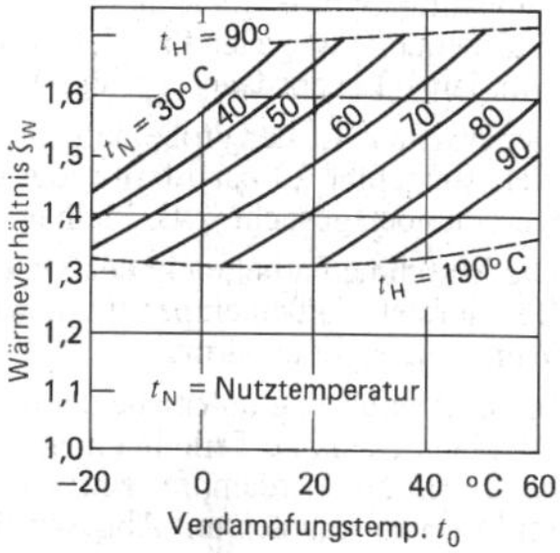

Bild 2.2.2-90. Absorptions-Wärmepumpen: Etwa erreichbares reales Wärmeverhältnis ζ_w, Zuordnung der Heizmitteltemperatur t_H gemäß Bild 2.2.2-89.

Zur genaueren Berechnung kann aus Bild 5.2.3-4 das ideale Wärmeverhältnis ζ_{KC} für die unter den gewünschten Bedingungen arbeitende Kältemaschine ermittelt werden. Mit dem Carnotschen Gütegrad η_{CK} ergibt sich dann das reale Wärmeverhältnis zu

$$\zeta_w = \zeta_{KC} C \cdot \eta_{CK} + 1$$

Beachte: Die Temperaturen sind die des Kreisprozesses,

T_o ist etwa 5 K tiefer als die Austrittstemperatur der Wärmequelle aus dem Verdampfer,
T_C ist etwa 5 K höher als die Austrittstemperatur der Nutzwärme aus Verflüssiger und Absorber,
T_H ist etwa 5 K niedriger als die Austrittstemperatur des Heizmediums aus dem Austreiber.

---

[1]) Siehe auch Abschn. 5.2.3.
DIN 33830 T1–T4 (06.88): Anschlußfertige Heiz-Absorptionswärmepumpen.
Steimle, F.: 21. Kongreßbericht 1980. S. 16/19.
Lotz, R.: 21. Kongreßbericht 1980. S. 20/22.
Wärmepumpentechnologie Bd. IV (1979) u. Bd. VI (1980).
Schirp, W.: IKZ 20/80. 6 S.
Loewer, H.: Ki 5/81. S. 255/62.
Ki Extra 14 mit 16 Beiträgen. 1981.
Lindner, H.: Feuerungstechnik 6/81. S. 42/6.
Mühlmann, P., u. W. Wessing: Gas 1/82. S. 24.
Bayer, L.: Gas 3/82. S. 148/53.
Hensgens, C.: HR 9/83. S. 465/70, u. 10/83. S. 535.
Gazinski, B.: Ki 7/8-1984. S. 289/93.
Schnitzer, H.: Ki 4/87. S. 195/8.
[2]) Mühlmann u. a.: Gaswärme international 9/86. S. 472/8.

Die leider auch mit ζ bezeichnete Primärenergienutzungszahl oder Heizzahl, vgl. Abschnitt 5.2.7, ergibt sich zu

$$\zeta = \eta_F \cdot \zeta_w$$

wobei η_F den Wirkungsgrad der Feuerung bei direkt beheiztem Austreiber darstellt bzw. den Wirkungsgrad von Heizkessel und Wärmeübertragung, ca. 0,8, bei indirekt beheiztem Austreiber.

Natürlich kann auch die Kälteleistung alternativ oder gleichzeitig als Nutzleistung verwendet werden, Schaltungsarten und Wirtschaftlichkeit siehe Abschnitt 5.6.5.

Regelung der Nutzwärmeleistung bei kleinen Anlagen nur durch Regelung der Heizwärmezufuhr zum Austreiber, durch stetiges Regelventil oder, bei direkter Befeuerung, durch Ein-/Aus-Betrieb. Bei größeren Anlagen zusätzlich stetiges Regelventil im Lösungsmittelkreislauf zur Verbesserung des Teillastverhaltens.

Kleine Seriengeräte sind noch im Entwicklungsstadium, die spezifischen Anlagekosten daher mit 750,– bis 1000,– €/kW (Stand 1995) noch recht hoch.

Der *Vorteil* gegenüber der Kompressions-Wärmepumpe liegt darin, daß außer der Lösungsmittelpumpe keine bewegten Teile vorhanden sind. Die Wärmeentnahme an der Wärmequelle ist gegenüber der el. Wärmepumpe nur etwa halb so groß. Ferner geräuscharm, lange Lebensdauer, geringe Wartungskosten.

Der *Nachteil* ist der große apparative Aufwand und die hohen Drücke im System H_2O–NH_3 (ungefähr 20 bar), ferner die Giftigkeit des Ammoniaks. Bessere Arbeitsstoffpaare werden noch gesucht, z. B. Methanol–Lithiumbromid u. a.[1)]

Die Maschinen arbeiten in der Regel nur bis zu einer Außentemperatur von 0 oder –5 °C. Bei tieferen Außentemperaturen wird das umlaufende Heizungswasser direkt in einem Wärmeerzeuger erwärmt.

In der Ausführung unterscheidet man ebenso wie bei den el. Wärmepumpen Kompaktgeräte, bei denen alle Teile in einem gemeinsamen Gehäuse eingebaut sind, und Splitgeräte, bei denen die Verdampfer getrennt aufgestellt werden. Aufstellung im Freien oder in geschlossenen Räumen mit Abgasabführung wie bei Gasheizkesseln.

Erprobt werden auch *Diffusions-Absorptions-Wärmepumpen mit druckausgleichendem Hilfsgas.* Sie gehen von den Absorptions-Kühlaggregaten kleiner Leistungen aus, die man für Kühlgeräte im Haushalts- und Campingbereich anwendet.[2)]

Hausheizwärmepumpen werden gegenwärtig bis zu einer Leistung von ca. 40 kW hergestellt. Für industrielle Zwecke gibt es jedoch auch Groß-Absorptionswärmepumpen mit Leistungen bis 20 MW und mehr, die für den jeweiligen Bedarf einzeln angefertigt werden.

-4.9 Wirtschaftlichkeitsvergleiche

Wesentlich für die Wirtschaftlichkeit einer Heizungsanlage sind die Kosten für die Investition und die Energiekosten für die erzeugte Wärmeeinheit.

Die Investitionskosten für eine Wärmepumpen-Heizanlage sind immer erheblich höher als die für eine konventionelle Heizung mit öl- oder gasgefeuertem Kessel. Dies kann anders sein, wenn Kälteanlagen für Kühlzwecke betrieben werden und deren Abwärme in Wärmepumpenschaltung genutzt werden kann (siehe Abschnitt 5.6.5).

Preise verschiedener Wärmepumpen wurden 1988 gemäß Bild 2.2.2-91 angegeben[3)]. Preise sind einschließlich Montage, jedoch ohne Kosten der jeweiligen Wärmequelle. Das Bild gilt für folgende Temperaturen:

	Heizungs-vorlauf	Luft-eintritt	Grundwasser eintritt	Sole-eintritt
Elektr. WP, Luft/Wasser	55 °C	+ 2 °C	–	–
Elektr. WP, Wasser/Wasser	55 °C	–	+ 10	+ 1*)
Gasabsorpt.-WP, Luft/Wasser	55 °C	+ 2 °C	–	–
Gasmotor-WP, Wasser/Wasser	65 °C	–	+ 10	–

*) Gilt, wenn statt Grundwasser Erdreich als Wärmequelle dient; dann Kosten wegen zweimaligem Wärmeübergang um 15% höher gegenüber Grundwasser.

---

1) Bokelmann, H., u. H.-J. Ehmke: GWF 12/83. S. 608/11.
2) Schirp, W.: Ki 3/90. S. 113.
3) Klosa, F.: TAB 3/88. S. 181 ff.

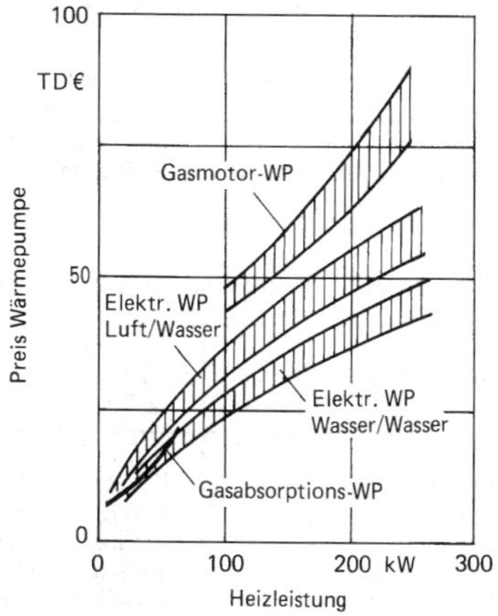

Bild 2.2.2-91. Preise verschiedener Wärmepumpen, abhängig von der Heizleistung (Stand 1988).

Der Energieverbrauch einer Wärmepumpe ist pro erzeugte Wärmeeinheit immer geringer als bei direktem Umsatz derselben Energie in Wärme, da die Wärmepumpe zusätzliche Wärme (Anergie) aus einer sonst nicht nutzbaren Wärmequelle entzieht. Das Verhältnis von Nutzwärme zu Energieaufwand wird bezeichnet als:

Leistungszahl der Kompressions-Wärmepumpe,

$$\varepsilon_w = \frac{\text{Nutzwärme}}{\text{Energieverbrauch}}$$ (s. Bild 2.2.2-66)

Wärmeverhältnis der Absorptions-Wärmepumpe

$$\zeta_w = \frac{\text{Nutzwärme}}{\text{Wärmeverbrauch}}$$ (s. Bild 2.2.2-90)

$$\text{Heizzahl } \zeta = \frac{\text{Nutzwärme}}{\text{Primärenergieverbrauch}}$$ (vgl. Abschnitt 5.2.7)

Ein Vergleich der Heizzahlen verschiedener Wärmepumpen mit einem normalen Heizkessel ist in Bild 2.2.2-92 dargestellt, der Nutzwärmepreis in Bild 2.2.2-93.

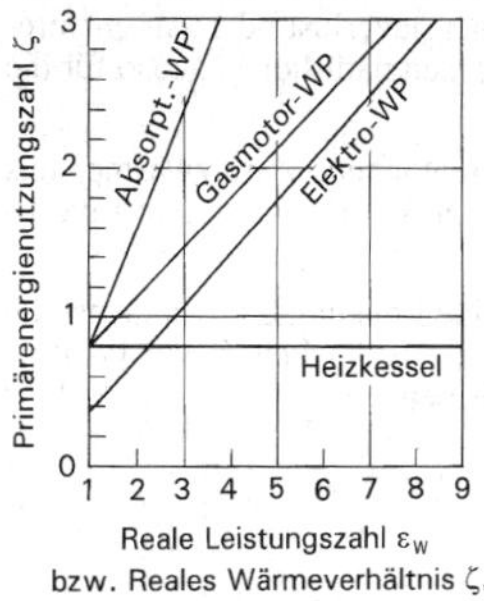

Bild 2.2.2-92. Primärenergienutzungszahl ζ (Heizzahl) von Wärmepumpen.

Heizkessel	$\zeta \approx 0{,}8$
Elektro-WP	$\zeta \approx 0{,}36 \cdot \varepsilon_w$
Gasmotor-WP	$\zeta \approx 0{,}33 \cdot \varepsilon_w + 0{,}5$
Abs.-WP	$\zeta \approx 0{,}8 \cdot \zeta_w$

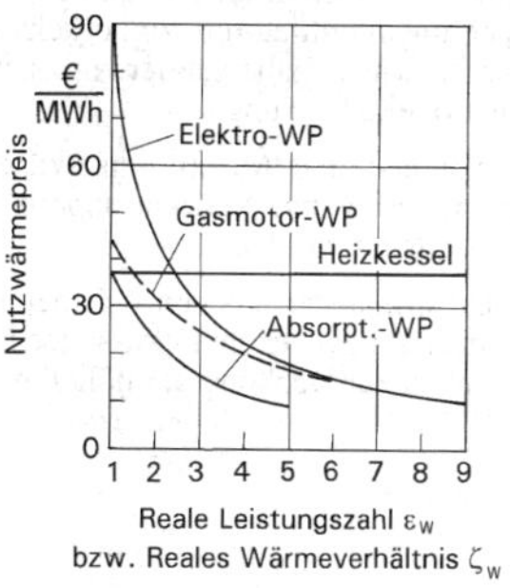

Bild 2.2.2-93. Nutzwärmepreise bei verschiedenen Heizsystemen.

Gaspreis	30 €/MWh
Ölpreis	27 €/MWh
Strompreis	90 €/MWh

Bei der Elektro-Wärmepumpe entspricht $\varepsilon_w = 1$ dem Betrieb einer Widerstands-Direktheizung.

Tafel 2.2.2-7 gibt einen vereinfachten Überblick über die *Nutzwärmekosten* verschiedener Heizsysteme, wobei allerdings eine große Anzahl den Preisvergleich verändernder Einflußgrößen, wie Art der Wärmequelle, Nebenkosten, Zusatzheizung usw., zunächst vernachlässigt sind, ebenso wie die Kapitalkosten.

Tafel 2.2.2-7 Energiekosten je MWh Nutzwärme bei verschiedenen Heizsystemen

Heizmittel	Heizwert Hu kWh	Richtpreis €	Wirkungsgrad η bzw. ε	Verbrauch je MWh	Kosten €/ MWh
Leichtöl EL	10/l	0,20/l	0,80	125 l	25,00
Erdgas	8,9/m³	0,25/m³	0,85	132 m³	33,00
Flüssiggas	11,6/kg	10,50kg	0,80	108 kg	54,00
Koks	8,3/kg	0,30/kg	0,70	172 kg	51,60
Fernwärme	1/kWh	0,03/kWh	0,95	1053 kWh	31,60
Nachtstrom	1/kWh	0,06/kWh	0,95	1053 kWh	63,65
El. Wärmepumpe*	1/kWh	0,10/kWh	$\varepsilon = 2$	53 l/300 kWh	40,60
El. Wärmepumpe*	1/kWh	0,10/kWh	$\varepsilon = 3$	53 l/200 kWh	30,60
El. Wärmepumpe*	1/kWh	0,10/kWh	$\varepsilon = 4$	53 l/150 kWh	25,60
Gasmotot-Wärmepumpe	8,9/m³	0,25/m³	$\varepsilon = 5$	80 m³	20,00

* bivalent mit Ölheizung (40% Öl)

Bei Kostenrechnungen für Wärmepumpen ist stets der *Jahresmittelwert* der Leistungszahl *(Jahresarbeitszahl)* anzusetzen, denn bei richtiger Planung mit gleitender Regelung der Vorlauftemperatur erzeugt die Wärmepumpe nur die jeweils zur Deckung des Wärmebedarfs erforderliche Temperaturdifferenz Δt (Bild 2.2.2-66). Damit ist die Leistungszahl während des größten Teils der Heizperiode größer als im Auslegungspunkt für die Maximallast. Eine echte Kostenrechnung ist damit nicht über die Heizgradtage möglich wie bei konventionellen Heizungen, sondern nur über das Betriebsverhalten bei den verschiedenen Außentemperaturen und eine Summenbildung über die Häufigkeit der jeweiligen Außentemperaturen am Aufstellungsort gemäß Häufigkeitstabellen oder -kurven, z.B. wie Bild 1.1.2-6 bzw. VDI 2067 Bl. 6. Bei unterschiedlicher Betriebsweise und/oder verschiedenen Strompreisen für Arbeit und Leistung muß dabei auch noch nach Tag- und Nachtbetrieb unterteilt werden.

Für genaue Berechnungen ist zusätzlich der Energieverbrauch der Hilfseinrichtungen, wie Pumpen und Ventilatoren, zu berücksichtigen, als reiner Energieverlust oder mit entsprechender Wärmeabgabe auf der Nutzseite. Bei Systemvergleichen natürlich genauso für die konventionelle Heizung.

Bei Gasmotor- und Absorptions-Wärmepumpen führt die gewonnene Zusatzwärme stets zu einem geringeren Nutzwärmepreis, damit kann, je nach Differenz, die höhere Investition amortisiert werden.

Bei elektrisch angetriebenen Wärmepumpen muß die erreichte Leistungszahl zunächst die Preisdifferenz zwischen elektrischer Energie und Brennstoff ausgleichen, bevor positive Differenzen zur Deckung der höheren Investitionen übrigbleiben.

-5 Heizsysteme mit Sonnenkollektoren und sonstigen Absorbern[1])

Ergänzungen von Dipl.-Ing. Dr.-Ing. Manfred Heimann, Dortmund

-5.1 Allgemeines

Die Strahlungsenergie der Sonne in Deutschland schwankt je nach Region von etwa 900 bis 1200 kWh/m² a bei einer durchschnittlichen Leistung von ca. 120 W/m² (siehe Bild 1.1.4-13)[2]). In den Sommermonaten werden ca. 75% und in den Wintermonaten ca. 25% der Sonnenenergie eingestrahlt. Zur Beheizung von Gebäuden, für die Bereitstellung von Warmwasser und zur Schwimmbadbeheizung werden solarthermische Kollektoranlagen bzw. Absorberflächen eingesetzt. Die Absorber solarthermischer Anlagen absorbieren die kurzwellige Solareinstrahlung von max. 1000 W/m² an der Erdoberfläche und wandeln sie in Wärme um.

Seit Mitte der achtziger Jahre ist die jährlich installierte Kollektor- und Absorberfläche von 25000 auf 600000 m² angestiegen. 2002 werden 5,0 Mio m² Kollektor- und Absorberflächen ca. 520000 t des Treibhausgases Kohlendioxid vermeiden. Die thermische Nutzung der Solarenergie substituiert in Deutschland jährlich ca. 1460 Mio kWh Endenergie. Bis zum Jahr 2007 wird ein jährliches Potential von 4250 Mio kWh erwartet. Der Sonnenkollektor wird hauptsächlich zur Warmwassererwärmung und zur Raumheizung eingesetzt. Absorberflächen dienen zur Erwärmung von Schwimmbadwasser.

Solaranlagen werden durch die EU, den Bund, die Länder, Gemeinden und EVUs finanziell unterstützt.

-5.2 Kollektoren

Die Sonnenkollektoren werden ihrer Bauart nach unterschieden: Flachkollektor, Vakuum-Röhrenkollektor, Absorber für Schwimmbadanlagen, Kollektorsysteme mit integriertem Speicher und transparenter Abdeckung. Der beidseitig wirkende Kollektor sowie der Luftkollektor werden derzeit nur in geringem Umfang eingesetzt.

Der Flachkollektor besteht aus einer meist selektiv beschichteten Metallplatte, der Absorberfläche, mit integrierten Rohren. Eine Trägerflüssigkeit strömt durch die Rohre, nimmt die Sonnenenergie auf und leitet die Energie zum Heizsystem. Zur Verringerung von Wärmeverlusten an die Umgebung ist die Rückseite des Absorbers gedämmt, und die Oberfläche wird mit einer ein- oder zweischichtigen Glas- oder einer transparenten Kunststoffplatte abgedeckt (Bild 2.2.2-94). Der konvektive Wärmeaustausch und Leitungsverluste zwischen Absorber und Oberflächenabdeckung können weitgehend durch Evakuieren der Luft im Vakuum-Flachkollektor vermieden werden. Das Vakuum wird jährlich mittels einer Vakuumpumpe erneuert. Dieser Kollektor wird nur noch von einem Hersteller in Deutschland angeboten.

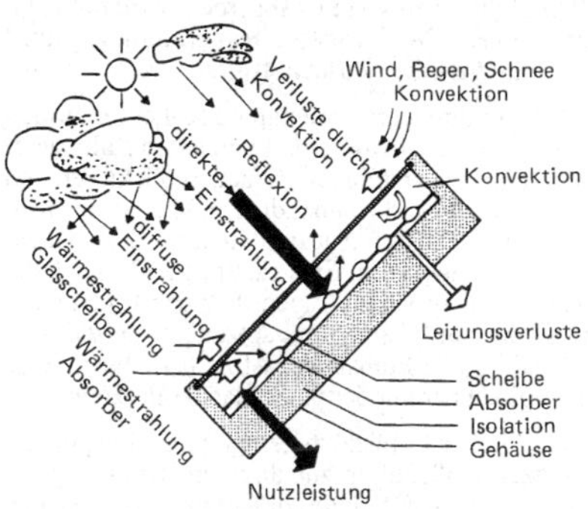

Bild 2.2.2-94. Querschnitt durch einen Flachkollektor.*)

*) Kleemann, M., Meliß, M.: Regenerative Energiequellen, Springer Verlag, Berlin, 1993.

---

[1]) Neubearbeitung erfolgte von Dipl.-Ing. Dr.-Ing. Manfred Heimann, Dortmund, für die 67. Auflage.

[2]) Deutscher Wetterdienst: Globalstrahlung, Mittlere Jahressummen in kWh/m², Zeitraum 1976 bis 1989, DWD, Meteorologisches Observatorium, Hamburg, 1993.

Flachkollektoren lassen sich in die Dachhaut integrieren oder mittels Ständergerüsten, z. B. auf dem Dach, montieren (Bild 2.2.2-95). In den Sommermonaten erreicht die Temperatur der Wärmeträgerflüssigkeit maximale Werte von nahezu 100 °C. Der Flachkollektor kostet je nach Hersteller 300 bis 650 €/m² Kollektorfläche und liefert jährlich ca. 400 bis 450 kWh/m² solare Energie am Kollektorausgang.

Bild 2.2.2-95.
Kollektoreinbau.
a) Dachintegration
b) Aufdachmontage
c) Flachdachmontage

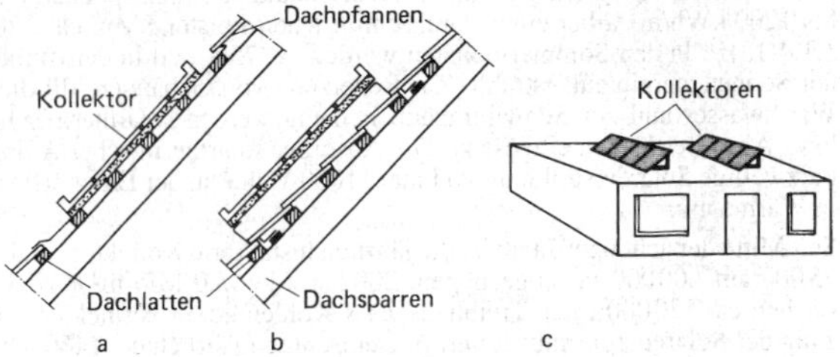

Beim Vakuum-Röhrenkollektor befindet sich die Absorberfläche in einem evakuierten Glasrohr. Der Wärmetransport erfolgt direkt, indem die Wärmeträgerflüssigkeit den Absorber durchströmt (Bild 2.2.2-96), oder indirekt mittels Wärmerohr (heat pipe). Beim Wärmerohrprinzip transportiert ein Kältemittel Wärme vom Absorber zum Wärmetauscher am oberen Kollektorende. Das Kältemittel verdampft durch die Wärmeaufnahme und steigt im Wärmerohr auf. Die Wärmeträgerflüssigkeit, die den Wärmetauscher durchströmt, nimmt die Wärme auf, und das Kältemittel kondensiert. Das flüssige Kältemittel fließt durch das gegebene Kollektorgefälle wieder nach unten. Die Temperatur der Wärmeträgerflüssigkeit kann bis zu 250 °C erreichen. Der Röhrenkollektor besitzt hohe Wirkungsgrade. Er kostet je nach Hersteller 605 bis 1000 €/m² und liefert jährlich ca. 500 kWh/m² solare Energie am Kollektorausgang.

Absorber für Schwimmbadanlagen werden eingesetzt, um Frei- und Hallenbäder zu versorgen. Die Wassertemperatur im Schwimmbecken wird um 2 bis 4 K gegenüber Anlagen ohne Beheizung der Schwimmbecken angehoben. Hierzu reichen mittlere Absorbertemperaturen von 25 bis 35 °C aus. Auf eine Dämmung der Absorberflächen wird verzichtet. Die Absorber werden als Kunststoffmatten oder als Rohrsysteme (Bild 2.2.2-96) hauptsächlich aus Polypropylen (PP) und Ethylen-Propylen-Dien-Monomeren (EPDM) gefertigt. Die Absorber kosten ca. 35 €/m² und liefern jährlich ca. 250 kWh/m² solare Energie am Kollektorausgang.

PP-Absorber sind im gefüllten Zustand nicht frostsicher. In den Wintermonaten muß der wassergefüllte Absorber entleert werden. Die Haltbarkeit von PP-Absorbern wird mit mehr als 20 Jahren angenommen. Die Haltbarkeit von EPDM-Kunststoff liegt erfahrungsgemäß bei über 30 Jahren. Diese Absorber sind auch im gefüllten Zustand frostsicher.

Im Speicherkollektor (Bild 2.2.2-96) wird Wasser direkt erwärmt und im Kollektor gespeichert. Bei der Entnahme von Warmwasser aus dem Kollektor strömt von unten Kaltwasser ein. Die Nacherwärmung erfolgt bei Bedarf durch Durchlauferhitzer. Kollektoren mit transparenter Wärmedämmung verringern den Wärmeverlust über die Deckfläche des Kollektors. Der beidseitig wirkende Kollektor ist mit Reflektoren ausgestattet, die die Sonnenstrahlung auf die Rückseite der Absorberflächen reflektieren. Eine elektrische Frostschutzheizung schützt den Kollektor vor dem Einfrieren an kalten Tagen. Für den Einbau von Speicherkollektoren in die Dachhaut müssen die statischen Voraussetzungen für die Aufnahme des hohen Gewichtes gegeben sein. Die große Einbautiefe ist zu berücksichtigen. Die Systemkosten und Energiewerte sind vergleichbar mit der einer Flachkollektoranlage.

Luftkollektoren (Bild 2.2.2-96) werden derzeit in Deutschland in geringem Umfang eingesetzt. Luftheizsysteme auf solarer Basis nutzen Kollektoren zur direkten Beheizung der Außenluft. Luftkanäle leiten die erwärmte Luft in das Gebäude. In Kombination mit mechanischen Wohnungslüftungssystemen und Luftheizanlagen wird der Luftkollektor zukünftig verstärkt angewendet werden können. Aufgrund der relativ niedrigen Raumtemperatur von 20 °C läßt sich der Luftkollektor während der Heizperiode relativ günstig betreiben. Luftkollektoren werden in der Landwirtschaft zur Trocknung von Heu, Getreide, Saatgut usw. genutzt. Der Luftkollektor kostet ca. 150 bis 175 €/m² und liefert jährlich ca.

Bild 2.2.2-96. Absorber- und Kollektorbauarten

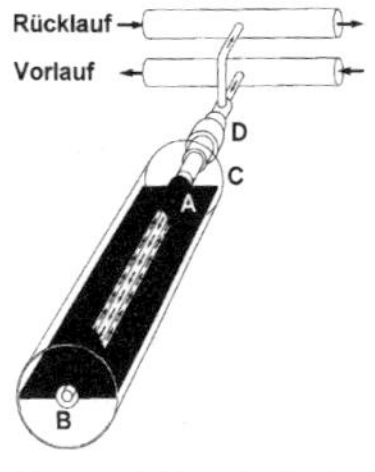

Vakuum-Röhrenkollektor, direkt durchströmt

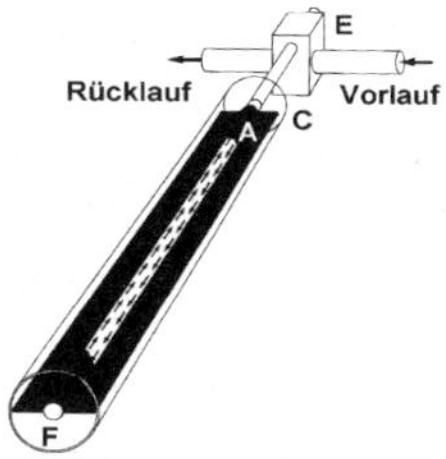

Vakuum-Röhrenkollektor mit Wärmerohr

A = Absorber, B = Doppelrohr, C = Vakuum-Glasröhre, D = Rohrverschraubung, E = Wärmetauscher mit Kondensator, F = Wärmerohr mit Alkohol

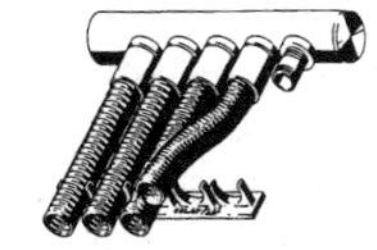

Rippenrohrabsorber*)

*) Solar-Flex, Sonnenenergie wirtschaftlich und umweltfreundlich, Schwimmbaderwärmung, Firmenunterlagen, Firma Schmeichel, Schwimmbad- und Solartechnik, Gelsenkirchen, 1992

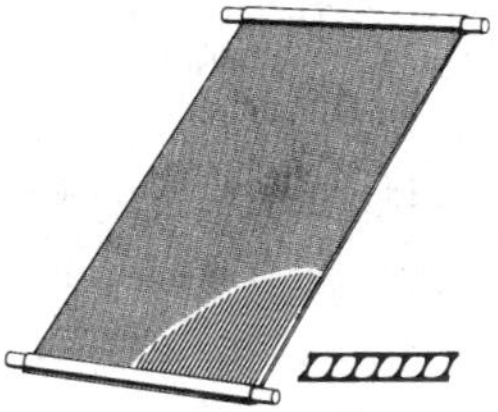

Flächenabsorber*)

*) Soladur S, Solar-Absorber zur Schwimmbadbeheizung, Firmenunterlagen, Thermosolar Energietechnik GmbH, Regensburg, 1992

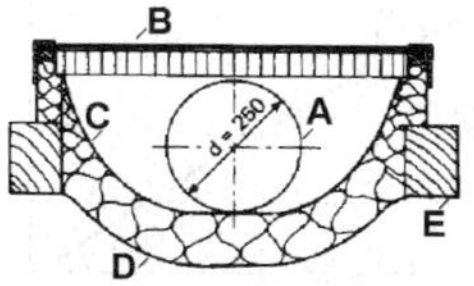

Speicherkollektor
A = Absorber, B = transparente Wärmedämmung, C = Reflektor, D = Edelstahlspeichertank, E = Dachsparren

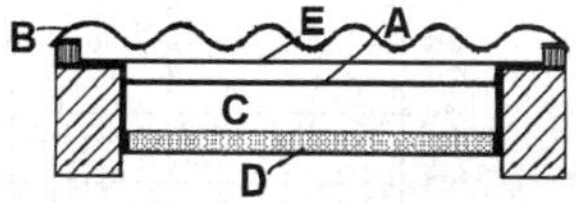

Luftkollektor
A = Absorber aus geschwärztem Blech oder schwarzer Gaze (Leinentuch), B = Plexiglasabdeckung, C = Luftkanal, D = Dämmung, E = Polyesterfolie

100 bis 150 kWh/m^2 im landwirtschaftlichen Einsatz und bei der Gebäudebeheizung bis zu 500 kWh/m^2 solare Energie am Kollektorausgang.

Die Solarkollektoranlagen werden für eine Lebensdauer von 20 bis 30 Jahren ausgelegt. Vorschriften über Sicherheit, Prüfung und Wirkungsgrade befinden sich in der DIN 4757 und in der ISO/CD 9459 Teil 5. In den europäischen Normen EN 12975, EN 12976 und ENV 12977 für thermische Solaranlagen und ihre Bauteile sind Anforderungen und Prüfverfahren bezüglich Qualität und thermische Leistungsfähigkeit seit 2001 festgeschrieben worden.

-5.2.1 Wirkungsgrade

Die Umwandlung der auf die Kollektoren auftreffenden Sonnenstrahlen in Wärme hängt von zahlreichen Parametern ab (Bild 2.2.2-94). Hohe Strahlungs- und Wärmeleitungsverluste führen zu geringen Wirkungsgraden. Strahlungsverluste lassen sich durch einen hohen Absorptionskoeffizienten α, z. B. $\alpha = 0{,}95$, für die kurzwellige Sonneneinstrahlung reduzieren. Die vom Absorber abgestrahlte langwellige Wärmestrahlung kann durch niedrige Emissionskoeffizienten ε im langwelligen Bereich vermindert werden, z. B. $\varepsilon = 0{,}1$. Die Glas- oder Kunststoffabdeckung des Kollektors sollte einen hohen Transmissionskoeffizienten τ aufweisen, z. B. $\tau = 0{,}95$, um die Reflexionsverluste zu vermeiden. Der konvektive und der Abstrahlungsverlust der Abdeckung sowie die Wärmeleitungsverluste des gesamten Kollektors werden als Wärmeverluste $\dot{Q}_V$ zusammengefaßt. Der Wirkungsgrad läßt sich mit der folgenden Gleichung berechnen:

$$\eta = \frac{\text{Nutzleistung}}{\text{Sonneneinstrahlung}} = \frac{\alpha \cdot \tau \cdot \dot{Q}_s - \dot{Q}_V}{\dot{Q}_s} = \frac{\dot{Q}_P}{\dot{Q}_s}$$

Die Wärmeverluste $\dot{Q}_V$ sind näherungsweise proportional dem Temperaturunterschied Δt zwischen Absorbertemperatur und der Umgebung. Der Wirkungsgrad läßt sich annähernd mit dem Konversionsfaktor η_0 und dem Gesamtwärmedurchgangskoeffizienten k_{ges} ausdrücken:[1)]

$$\eta = \alpha \cdot \tau - \frac{k_{\text{ges}} \cdot \Delta t}{\dot{Q}_s} = \eta_0 - \frac{k_{\text{ges}} \cdot \Delta}{\dot{Q}_s}$$

Die Gleichung ist im Bild 2.2.2-97 dargestellt.

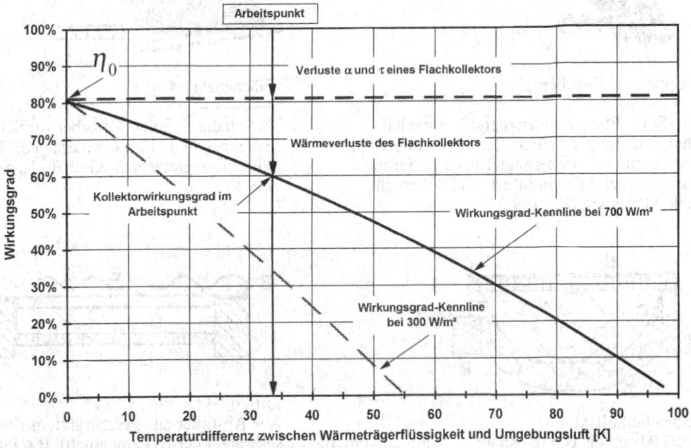

Bild 2.2.2-97. Allgemeine Wirkungsgrad-Kennlinie für Sonnenkollektoren.

Die realen Kennlinien werden nach DIN 4757 und einem vom BSV (Bundesverband Solarenergie) entwickelten Verfahren experimentell bestimmt. Die Kennlinien von Sonnenkollektoren in Bild 2.2.2-98 zeigen die Abhängigkeit des Wirkungsgrades von der Temperaturdifferenz zwischen Absorber und Umgebung. Die Abbildung charakterisiert die Arbeitsbereiche für Solaranlagen. Mit zunehmendem Temperaturunterschied sinkt der Wirkungsgrad des einfachen Flachkollektors deutlich stärker gegenüber den selektiv beschichteten Kollektoren. Aus dem Schnittpunkt der Kennline mit der Ordinate ergibt sich der Konversionsfaktor η_0 und der maximale Wirkungsgrad bei $\Delta t = 0$ K. Der Wirkungsgrad ist des weiteren von der Intensität der Sonneneinstrahlung abhängig. Mit zunehmender Solareinstrahlung steigt der Wirkungsgrad (Bild 2.2.2-99). Hocheffiziente Kollektoren be-

1) Goetzberger, A., Wittwer, V.: Sonnenenergie, Physikalische Grundlagen und thermische Anwendungen, Teubner Verlag, Stuttgart, 1986.

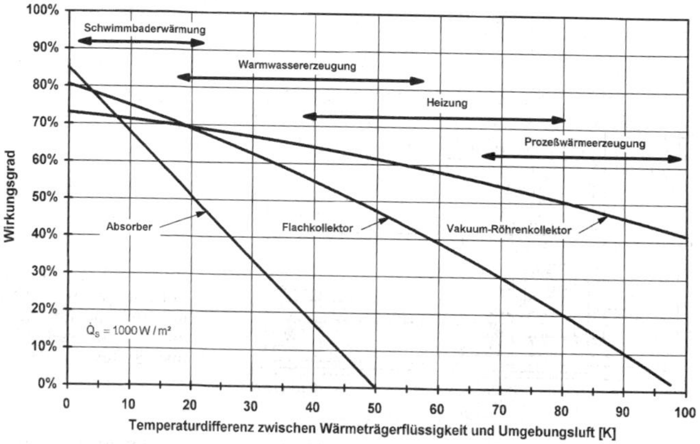

Bild 2.2.2-98. Einsatzbereiche und Wirkungsgrade verschiedener Sonnenkollektoren.

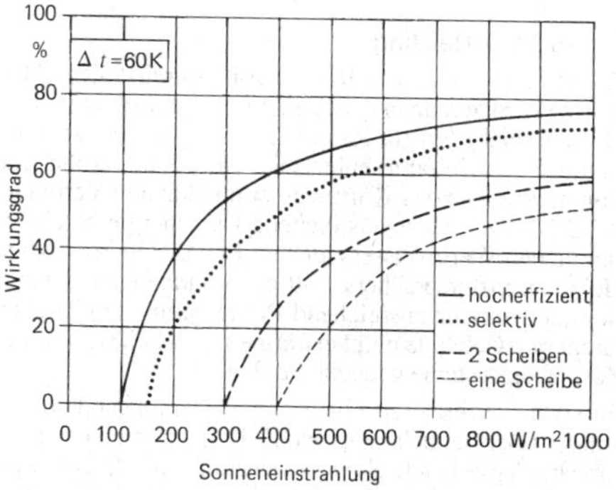

Bild 2.2.2-99. Wirkungsgrade von Sonnenkollektoren in Abhängigkeit von der Intensität der Sonneneinstrahlung.

sitzen gegenüber einfach verglasten Kollektoren deutlich höhere Wirkungsgrade. Der Wirkungsgrad der handelsüblichen Flachkollektoren, Vakuum-Röhrenkollektoren und Absorber für Schwimmbadanlagen kann je nach klimatischen Umgebungsbedingungen 80% erreichen. Der durchschnittliche jährliche Nutzungsgrad für den Kollektor liegt je nach Bauart und Bedarfsprofil bei ca. 50%. Neigungswinkel eines Kollektors von 30° bis 45° zur Horizontalen führen in unseren Breiten zur optimalen Sonnenenergieausbeute. Die Kollektoroberfläche wird bei diesen Winkeln durch Regen ausreichend gereinigt. Bei der Montage von Kollektoren auf nach Süden gelegenen Hausdächern lassen sich 400 bis 500 kWh/m²a bezogen auf die Absorberfläche am Kollektorausgang, nutzen. Die Stillstandtemperatur (Leerlauftemperatur) eines Kollektors erreicht Temperaturen von über 200 °C.

-5.3 Solaranlagensysteme

Die Kollektor- und Absorberflächen werden fast ausschließlich auf den Dachflächen der zu versorgenden Gebäude installiert. Nur in wenigen Fällen erfolgt die Installation an den Fassaden oder an anderen Stellen neben dem Gebäude. Die Sonnenenergie wird von den Absorberflächen aufgenommen und mittels einer frostschutzsicheren Trägerflüssigkeit, der Soleflüssigkeit, zum Speichertank geleitet. Von dort aus erfolgt in üblicher Weise die Gebäudeversorgung (Bild 2.2.2-100). Die Soleflüssigkeit wird i. d. R. als Glykol-Wasser-Gemisch mit einem Glykolanteil von 40 bis 50% eingesetzt. Die auf Propylenglykol-Basis hergestellten Soleflüssigkeiten sind im Lebensmittelbereich zugelassen. Im folgenden wer-

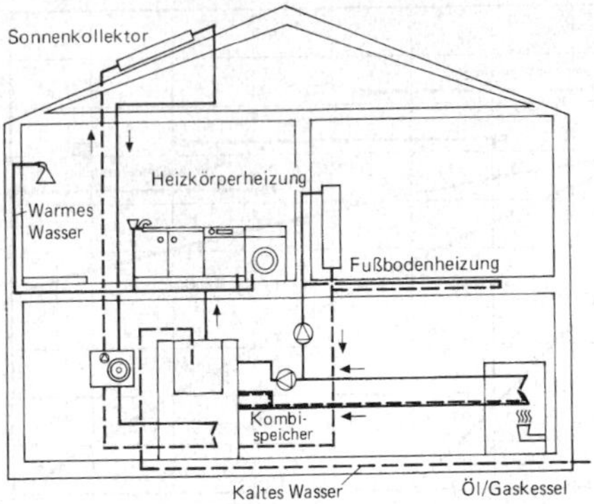

Bild 2.2.2-100. Schema einer Solaranlage für Warmwasser und Heizung mit Nachheizung durch Heizkessel (Solar Diamant System GmbH).

den Sonnenkollektoren, Wirkungsgrade und Solarsysteme einschließlich der Wirtschaftlichkeit vorgestellt.

-5.3.1 Heizung

Die Bereitstellung von Raumwärme durch Solaranlagen ist nur bedingt möglich. Raumwärme wird gerade in den Zeiten geringer Solarstrahlung benötigt. Bild 2.2.2-101 zeigt den Heizenergiebedarf für Raumwärme und den Nutzenergiebedarf für die Warmwassererwärmung eines Einfamilienhauses. Eine 6 m² große Solaranlagen erwärmt während der Sommermonate das Warmwasser und kann in Verbindung mit einem Kombispeicher (Bild 2.2.2-102) zeitweise ausreichend Heizenergie bereitstellen. Die Solarenergie beheizt vorrangig den Warmwasserspeicher. Erst die überschüssige Energie dient zur Erwärmung des Heizungspufferspeichers. 30-m²-Solaranlagen können bei Niedrigenergiehäusern im Sommerhalbjahr ausreichend Raumwärme bereitstellen. Im Winterhalbjahr kann die Solarenergie Gebäude nicht erwärmen. Der Fehlbedarf muß durch Speicherwärme oder durch Zusatzheizsysteme gedeckt werden.

Passivhäuser erhalten einen hohen Dämmstandard, so daß das Gebäude ganzjährig mit solarer Energie beheizbar ist. Z. B. kann in einem 14-m³-Wassertank die in den Sommermonaten anstehende Sonnenenergie für die Heizzeit gespeichert werden und ein Doppelhaus mit ausreichend Heizenergie versorgt werden. Die geringe Zusatzversorgung erfolgt mittels elektrischer Nacherwärmung.

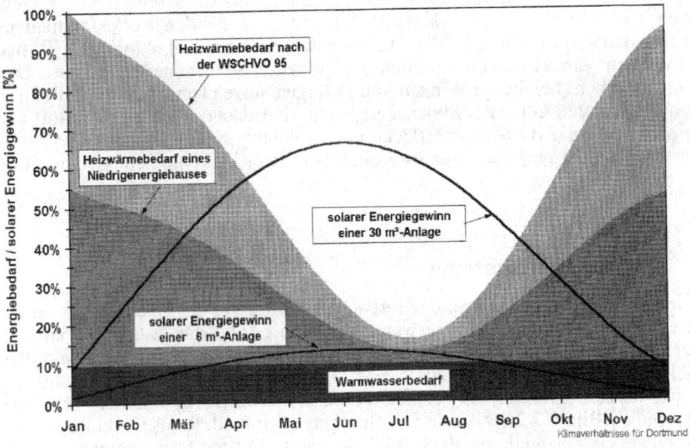

Bild 2.2.2-101. Heizenergiebedarf und Solarenergieangebot.

Eine Solaranlage zur Heizwärmeerzeugung kostet ca. 1000 €/m² Kollektorfläche. Bei einer Bereitstellung von 250 kWh/m² a (Kollektorfläche) Heizenergie und einer Standzeit der Anlage von 20 Jahren liegt der Wärmepreis unter Berücksichtigung eines Kapitalzinses von 6% bei ca. 0,40 €/kWh. Zusätzliche Kosten entstehen beim Einsatz von Langzeitspeichern und Wärmepumpensystemen. Technisch einfacher und kostengünstiger ist die Wärmepumpe, die die Umgebungswärme direkt nutzt (siehe Abschnitt 2.2.2-4). Der jährliche Systemnutzungsgrad liegt bei ca. 20%.

Die passive Solarenergieausnutzung zur Gebäudebeheizung s. Abschn. 1.12.1-4.4.

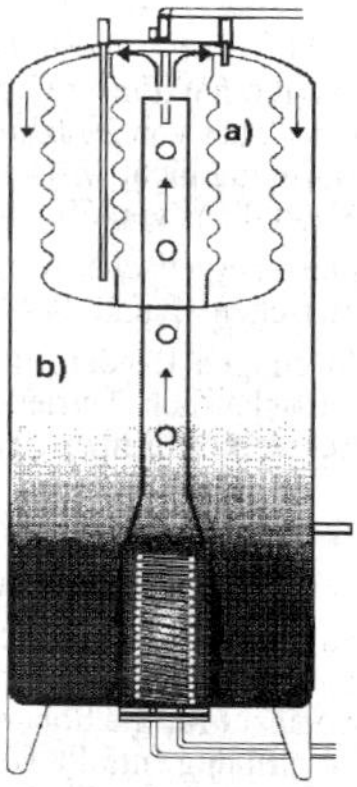

Bild 2.2.2-102. Kombispeicher mit Thermosyphontechnik.
a) Warmwasserspeicher
b) Pufferbehälter

-5.3.2 Warmwassererzeugung

Die Bereitstellung von Warmwasser erfolgt während des gesamten Jahres und ist nicht wie bei der Raumwärmebereitstellung auf die Heizperiode begrenzt. In den Sommermonaten kann das Warmwasser bis zu 100% durch Solaranlagen erwärmt werden. Im Winter liegt der Deckungsgrad zwischen 10 und 20%. In der Praxis wird ein jährlicher solarer Deckungsgrad von 50 bis 70% je nach Kollektorbauart erreicht. Ein 4-Personen-Haushalt mit einem Warmwasserbedarf von täglich ca. 200 Litern bei einer Temperatur von 45 °C und einem 300-Liter-Speichertank benötigt 6 bis 8 m² Kollektorfläche. Die konventionelle Nachheizung sorgt für ausreichende Bereitstellung von Warmwasser an Tagen mit mäßiger Sonneneinstrahlung im Sommer oder an Wintertagen. Bild 2.2.2-103 zeigt ein Solarsystem mit zentraler Zusatzheizung. Die im Kollektor erwärmte Soleflüssigkeit wird durch die Pumpe dem Speicher zugeführt, und das Warmwasser wird erwärmt. Die Pumpe geht bei

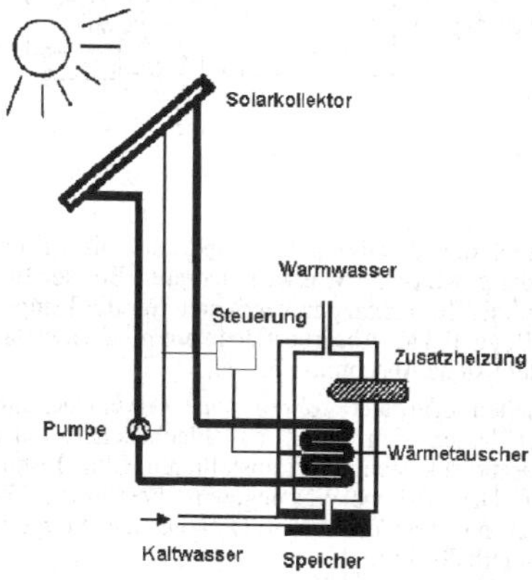

Bild 2.2.2-103. Warmwassererwärmung durch Sonnenenergie mit zentraler Zusatzheizung.

einer Temperaturdifferenz von ca. 5 K zwischen Kollektor und Speicher in Betrieb. Die Nachheizung erfolgt in der Regel zentral elektrisch, durch Gasdurchlauferhitzer oder durch die Zentralheizung (Bild 2.2.2-100). Moderne elektrisch betriebene Durchlauferhitzer erlauben eine Nachheizung dezentral an den Verbrauchsstellen. Der solare Deckungsanteil steigt bei diesen Systemen um einige Prozentpunkte. Durch die geringeren Wärmeverluste im Warmwassersystem reicht eine Kollektorfläche von 4 bis 6 m² aus. Der jährliche Systemnutzungsgrad bei der Warmwassererzeugung liegt zwischen 30% und 40%.

Die Systemkosten betragen abhängig von Fabrikat und Bauart zwischen 400 und 1500 €/m² Kollektorfläche. Die gesamten Systemkosten teilen sich im Durchschnitt wie folgt auf: 36% Kollektormodule, 21% Montage, 26% Speicher mit Wärmetauscher, 8% Solarstation incl. Regelung und 9% Sonstiges.

Bei Investitionskosten von 4000 bis 6500 € für die Solaranlage, einer Bereitstellung von 350 bis 400 kWh/m² a (Kollektorfläche) Heizenergie am Warmwasserspeicher und einer Lebensdauer von 20 Jahren läßt sich in unseren Breiten eine Solaranlage zur Warmwassererwärmung nicht wirtschaftlich betreiben. Die Wärmegestehungskosten betragen bei einem Kapitalzins von 6% zwischen 0,15 und 0,30 €/kWh, auf die Endenergie bezogen.

Die energetische Amortisationszeit einer Solaranlage zur Warmwassererzeugung liegt zwischen 12 und 24 Monaten.

In einigen Ländern, z.B. Israel und im Süden der USA, werden Thermosiphonanlagen wirtschaftlich betrieben. Sie arbeiten bei einem niedrigen Wirkungsgrad nach dem Schwerkraftprinzip ohne Umwälzpumpe und Regelung.

-5.3.3 Schwimmbadheizung

Die Schwimmbadbeheizung kann mittels einfacher kostengünstiger Absorber erfolgen, da die Beckenwassertemperatur in der Regel unter 30 °C liegt. Das Schwimmbecken dient als Speicher für die Solarenergie. Ein zusätzlicher separater Speichertank wie bei der Wassererwärmung entfällt. Bei der Freibadbeheizung liegt der Energiebedarf von Mai bis September zeitlich gleich mit einem relativ hohen Sonnenenergieangebot. Solaranlagen zur Beheizung von Freibädern können daher wirtschaftlich betrieben werden. Bild 2.2.2-104 zeigt das Einkreis-Solarsystem zur Schwimmbaderwärmung.

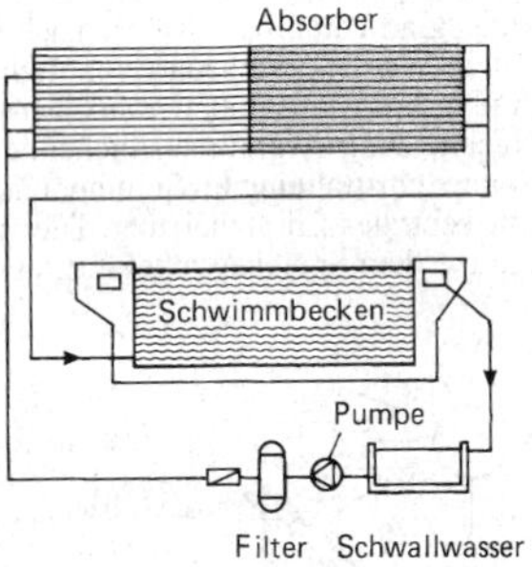

Bild 2.2.2-104. Schwimmbadbeheizung im Einkreis-Solarsystem.

Das Schwimmbeckenwasser wird direkt durch die Absorber geleitet und um 2 bis 4 K erwärmt. Eine Zusatzheizung sorgt ggf. für die gewünschte Wassertemperatur. Bei der Beheizung von Freibädern wird zunehmend auf die Zusatzheizung verzichtet. Für die Temperaturerhöhung von 2 bis 4 K reichen in der Regel 0,8 m² Absorberfläche pro m² Wasserfläche aus. (Wärmeverluste bei Schwimmbädern siehe Abschnitt 3.6.9-1.)

Die Absorber bestehen aus Kunststoffmatten oder aus -rohren ohne Glasabdeckung und Wärmedämmung. Kunststoffabsorber lassen sich direkt auf Flachdächern oder Dächern mit geringer Neigung ohne Ständergerüst kostengünstig installieren. Ohne Installation kostet 1 m² Kollektorfläche ca. 35 €. Der jährliche Wärmegewinn beträgt ca. 250 kWh/m² a. Der Systemnutzungsgrad beträgt in der Badesaison 30 bis 40%. Die energetische Amortisationszeit beträgt 1 bis 2 Sommerhalbjahre.

Werden zur Schwimmbadheizung, z. B. im privaten Bereich, nicht korrosionsfeste Kollektoren eingesetzt, so wird ein Wärmetauscher zwischen Kollektorkreis und Schwimmbeckenwasser geschaltet (Zweikreis-Solarsystem, Bild 2.2.2-105).

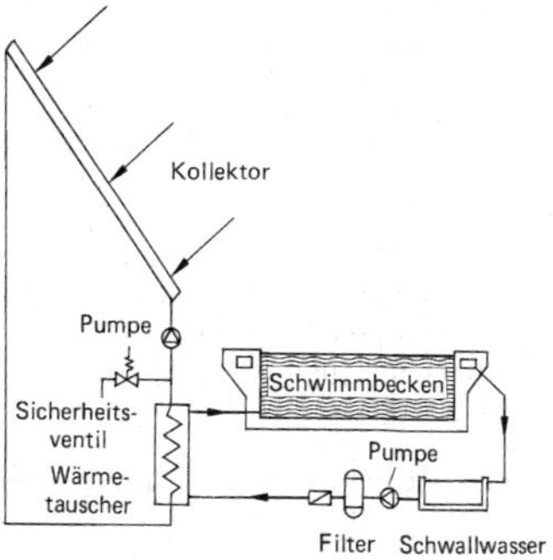

Bild 2.2.2-105. Schwimmbadbeheizung im Zweikreis-Solarsystem.

-5.3.4 Kühlung

In Verbindung mit einer Absorptionskältemaschine (siehe Abschnitt 2.2.2-4.7) läßt sich Sonnenenergie zu Kühlzwecken nutzen.[1)] Bild 2.2.2-106 zeigt ein Solarsystem mit Absorptionsanlage. Das im Kollektor bis auf 80 bis 100 °C erwärmte Wasser wird in den Austreiber der Absorptionskältemaschine geleitet. Die Kältemaschine erzeugt z. B. kaltes Wasser. Je nach Temperatur (70 oder 90 °C) des gespeicherten Wassers wird pro kW Kühlleistung 1,5 bis 2,0 kW Heizleistung benötigt. Die Kombination von Heizung und Kühlung durch Sonnenenergie ist besonders zweckmäßig und wird zukünftig größere Bedeutung erlangen. Schwierigkeiten bereitet allerdings die Kühlwasserbeschaffung. Eine Kühlleistung von 1 kW erfordert 0,3 bis 0,4 m^3/h Kühlwasser.

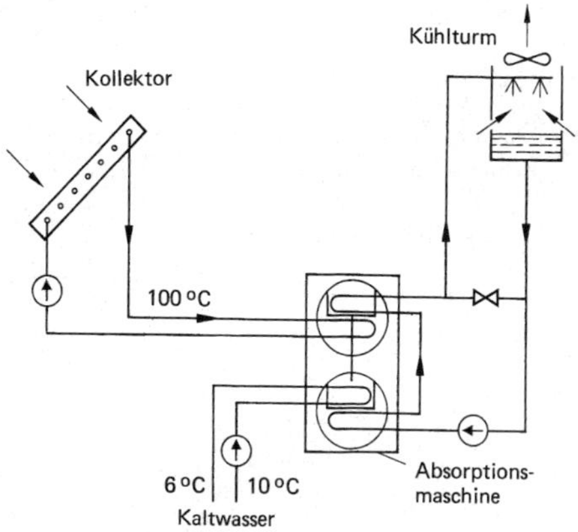

Bild 2.2.2-106. Sonnenenergieanlagen zur Kühlung.

[1)] s. hierzu: Höper, F.: Primärenergetischer Vergleich von Verfahren der solar unterstützten Kühlung zur Gebäudeklimatisierung, Dissertation 1998, Universität Dortmund.

-5.4 Ausblick

Effiziente elektronisch gesteuerte Solarpumpen senken zukünftig den Bedarf an elektrischer Energie bei thermischen Solaranlagen um bis zu 70%. Zudem können sie Überwachungs- und Meßfunktionen übernehmen.

Die Nahwärmeversorgung mit großen Solarkollektoranlagen erreicht Wärmegestehungskosten von unter 0,12 €/kWh und ist kostengünstiger als einzelne dezentrale Anlagen. Anlagen zur solaren Nahwärmebereitstellung werden seit einigen Jahren in der Bundesrepublik erfolgreich entwickelt und betrieben, so daß zukünftig großflächige Solarkollektoranlagen auch zunehmend in die Versorgung von Mehrfamilienhäusern und Wohnhaussiedlungen eingesetzt werden.

Low-Flow-Systeme arbeiten mit einer geringen Durchflußrate der Wärmeträgerflüssigkeit. Die Rohrquerschnitte können reduziert werden. Die solare Wärme wird in einem externen Wärmetauscher an das Warmwasser abgegeben. Der Speichertank ist als Schichtenspeicher konzipiert. Die solare Energieausbeute liegt bis zu 10% höher als bei konventionellen Solarkollektoranlagen. Low-Flow-Systeme verringern die Investitionskosten bei größeren Anlagen und können zukünftig zur wirtschaftlicheren Nutzung solarer Wärme in Nahwärmekonzepten beitragen.

Zukünftig wird der Luftkollektor in Luftheizsystemen integriert werden (siehe Abschnitt 2.2.2-5.2 Luftkollektor).

2.2.3 Fernheizungen und Heizkraftwirtschaft

-1 Fernheizungen[1])

Fernheizung ist eine Art der Energieversorgung, bei der an zentraler Stelle Wasser erwärmt wird (z.B. Heizwerk, Heizkraftwerk) und in Rohrleitungsnetzen den Verbrauchern zur Nutzung zugeführt wird.

Die Anfänge einer Fernwärmeversorgung gehen in Deutschland auf das Ende des 19. Jahrhunderts zurück: Hamburg, Dresden und Berlin. Eigentlicher Ausbau der Fernwärmeversorgung 1920–30. Bis 1930 21 Fernwärmeunternehmen mit einem Anschlußwert von ca. 600 MW, in das Fernwärmenetz eingespeiste Wärme 3000 TJ/a.

Nach 1945 in den *alten Bundesländern* einschließlich Westberlin 25 Fernwärmeversorgungsunternehmen mit einem Gesamtanschlußwert von etwa 750 MW und einer jährlichen Netzeinspeisung von 3750 TJ/a. 1996 Gesamtanschlußwert in den alten Bundesländern 44051 MW, in den neuen 11574 MW, zusammen 55625 MW, Wärmenetzeinspeisung 385248 TJ/a. Die Entwicklung der Fernwärmeversorgung s. Bild 2.2.3-1. Aus Heizkraftwerken ca. 75% der Wärmemenge, ca. 25% aus Heizwerken und ein gerin-ger Anteil (unter 1 %) als industrielle Abwärme aus chemischer Industrie und aus Stahlwerken.

Einsatz der Brennstoffe 1996 in den Bundesländern:

In Heizkraftwerken:	alte	neue BL
Kohle	61%	39%
Gas	29%	60%
Müll	6%	
Öl	3%	1%

In Heizwerken:	alte	neue BL
Gas	59%	65%
Öl	17%	21%
Kohle	16%	14%
Müll und sonstige	7%	

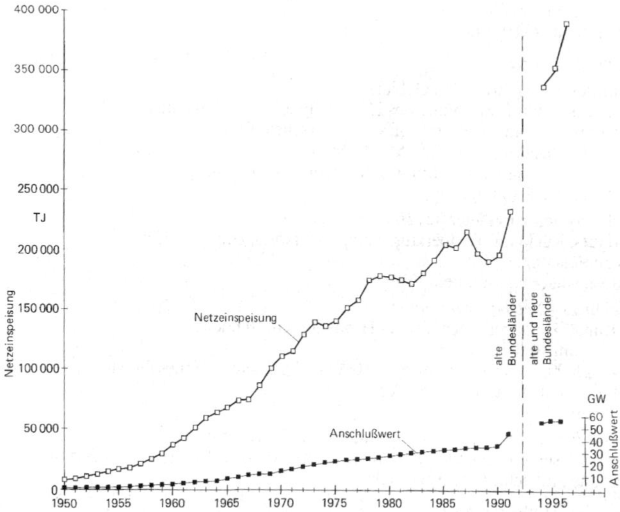

Bild 2.2.3-1. Entwicklung der Fernwärmeversorgung in den alten Bundesländern einschl. West-Berlin 1950 bis 1991 sowie in alten und neuen Bundesländern von 1994 bis 1996.

[1]) Gegenüber früheren (67. und 68.) Auflagen wurde dieser Abschnitt erheblich gekürzt (unmittelbar nach der Wiedervereinigung Deutschlands war zunächst eine umfassendere Darstellung der Fernheizungstechniken sinnvoll). So wird auch auf die Darstellung von Dampf-Fernheizungen verzichtet. Interessierte sollten auf die Arbeitsunterlagen der Arbeitsgemeinschaft Fernwärme e.V. (AGFW) bei der Vereinigung Deutscher Elektrizitätswerke e.V. (VDEW), Frankfurt/M. zurückgreifen.

Als Kohle wird im wesentlichen Steinkohle eingesetzt. Lediglich bei den Heizkraftwerken Anteile von Braunkohle.

Das Fernwärmeverteilungsnetz weist einschließlich der Hausanschlußleitung zum Abnehmer eine Streckenlänge von 17320 km aus. Angeschlossen etwa 272680 Hausübergabestationen (Gebäude, öffentliche Einrichtungen und Industrieobjekte).

Die Kenndaten großer Fernwärmenetze (Stand 1996) sind

	Leistung MW	Arbeit TJ
Berlin, Bewag	3902	42483
Hamburg, HEW	1373	15971
München, Stadtwerke	1549	18416
Dresden	888	9793
Chemnitz	668	7216

Die Fernheizungen bestehen aus folgenden Hauptteilen:

Wärmeerzeuger, z.B. Kesselhaus mit Kesseln, Feuerungen, Schornstein, Brennstofflager, Pumpen, Wasseraufbereitung, Meßanlagen und Zubehör.

Fernwärme-Rohrnetz, das den Wärmeträger Heißwasser oder Dampf zu den verschiedenen Gebäuden führt;

Übergabestationen, in denen die Wärme vom Fernwärme-Rohrnetz an die Hausanlagen übergeben wird;

Hauswärme-Rohrnetz, das die Wärme in den Häusern auf die verschiedenen Heizkörper und sonstigen Wärmeverbraucher verteilt.

Wichtig für den Bau einer Fernheizung ist die *Wirtschaftlichkeit,* die immer zu prüfen ist. Besondere Beachtung verdienen folgende Gesichtspunkte:

Wärmebedarfsdichte des zu versorgenden Gebietes:
Flächendichte (MW/km^2),
Liniendichte (MW/km).

Wärmebezugskosten

Struktur des zu versorgenden Gebietes:
Möglichkeit zur Einrichtung des Heizkraftwerkes, Heizwerkes,
Verkehrskapazität zu Brennstoffan- und Ascheabfuhr,
Schadstoff-Belästigung: SO_2, Staub, Asche,
zulässige Emissions- und Immissionswerte (Vorbelastung),
Geräusch-Belästigung.

Wahl der Systemparameter des *Heizungssystems:*
Vorlauf-, Rücklauf-Temperatur, Temperaturspreizung,
Spitzenleistung,
Jahresausnutzungsstunden.

Rohrleitungs-, Netzbau-Konzept
im Kanal, kanalfrei, Lebensdauer (Bodenbeschaffenheit),
Versorgungssicherheit,
Zugänglichkeit der Rohrleitungen (Groß-, Kleinstadt, offenes Gelände),
Grund-, Schichten-, Brackwasser,
Bodenart.

Betriebsführung, Zuständigkeiten beim Heiz-, Heizkraftwerk:
Dampfkesselverordnung (DampfkV.) vom 26.01.1981 (letzte Änderung 12.12.96) mit/ohne Aufsicht, Wechselschicht.

Vorteile der Fernheizung sind:

Wegfall des Brennstoff- und Aschetransportes nach und von den einzelnen Gebäuden (Verkehrsentlastung);
Verwendbarkeit billiger Brennstoffe, z.B. Müll oder Ballastkohle;
Große Wirtschaftlichkeit in der Ausnutzung des Brennstoffes;
Große Betriebssicherheit durch wechselweise Benutzung mehrerer Kessel;
Raumersparnis, kein Heizkeller, kein Brennstoffraum, kein Schornstein beim Verbraucher;
Fast keine Bedienung, erhöhter Brandschutz;
Verringerung der Rauchbelästigung und des SO_2-Auswurfs;

Bei Heizkraftwerken einschl. BHKW günstige Koppelproduktion von Strom und Wärme unter gleichzeitiger Verbesserung des thermodynamischen Prozesses und Nutzung der Abwärme.

Einteilung der Fernheizanlagen:

nach dem Wärmeträger

Heißwasser mit Temperaturen bis 120 °C;
Heißwasser mit Temperaturen über 120 °C;
Dampf.[1]

Die Abgrenzung der Heißwasserheizung bis 120 °C bzw. über 120 °C ist wegen der technischen Konsequenzen bei Wärmeerzeugung und sicherheitstechnischen Ausstattungen der Hausanlagen notwendig.

Dampfheizungen werden nur noch in Sonderfällen gebaut.[2]

nach der Anschlußart

direkt, wobei das Heizmedium unmittelbar in die Rohrnetze der Abnehmer gelangt;
indirekt, wobei Wärmeaustauscher zwischengeschaltet werden.

nach der Art der beheizten Gebäude

Blockheizungen (Nahwärme), das sind hauptsächlich vom Hausbesitzer in eigener Regie betriebene Heizungen für ein oder mehrere benachbarte Wohnblocks, ferner Schulen, Kasernen, Krankenhäuser usw., meist eigenes Gebäude für Heizzentrale, Bild 2.2.3-2 und Bild 2.2.3-3. Temperatur maximal 120 °C;

Bild 2.2.3-2. Blockheizung für eine Wohnsiedlung.

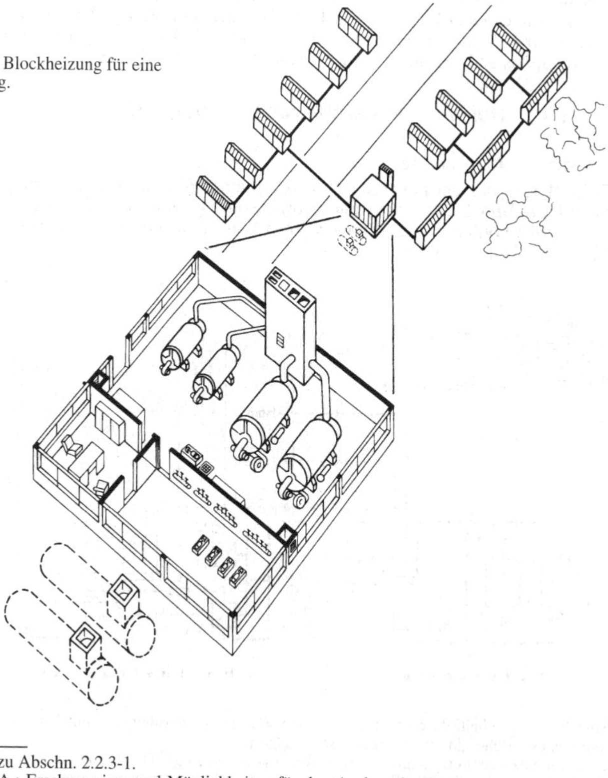

[1]) s. Fußnote zu Abschn. 2.2.3-1.

[2]) Overbeck, A.: Erschwernisse und Möglichkeiten für den Ausbau der Fernwärmeversorgungen (in Großstädten) mit dem Wärmeträger Dampf, FWI 13 (1984), H. 5, S. 254–261.

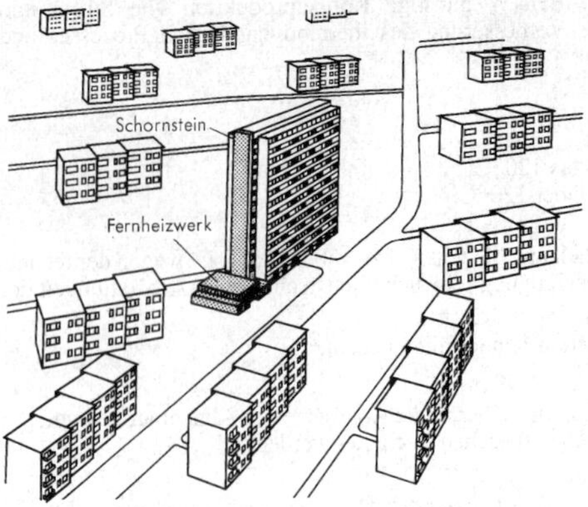

Bild 2.2.3-3. Siedlung mit Fernheizwerk. Schornstein am Hochhaus.

Fabrikheizungen, wobei die Heizungsanlage außer der Heizung der angeschlossenen Gebäude auch die Lieferung von Betriebswärme für fabrikatorische Zwecke übernimmt;

Stadtheizungen (Fernheizungen), die sowohl Wohngebäude als auch Industriebetriebe auf kommerzieller Basis über ein Fernwärmenetz mit Wärme beliefern. Leistung 20 bis etwa 4000 MW. Vorlauftemperatur 110…180 °C. Abrechnung mit den Kunden über Grundpreis und Arbeitspreis oder leistungsbezogenen Wärmepreis.

-1.1 Heißwasser-Fernheizungen mit $t_v \leq 120\,°C$

-1.1.1 Allgemeines

Diese Heizungsart entspricht in der Bauart grundsätzlich einer großen Pumpenwarmwasserheizung (Bild 2.2.3-4). Sie kann als offene oder geschlossene Heizung ausgeführt werden. Für die Fortleitung der Wärme werden Wassertemperaturen verwendet, bis maximal 120 °C. Vorlauftemperatur t_v,

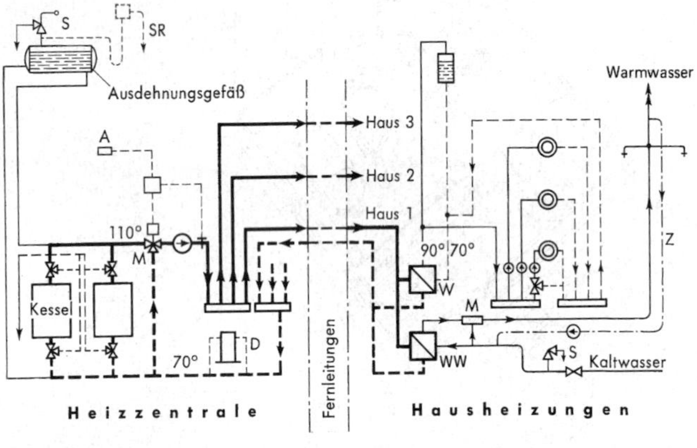

Bild 2.2.3-4. Schaltbild einer geschlossenen Warmwasserfernheizung mit Hausanschlüssen über Wärmeaustauscher und mit Warmwassererzeugern.
A = Außentemperaturregelung, WW = Warmwassererzeuger, D = Dosiergerät, M = Mischventil, S = Sicherheitsventil, SR = Standrohr (wahlweise), W = Wärmeaustauscher, Z = Zirkulation für Warmwasser

meist zentral nach Außentemperatur geregelt (gleitende Temperatur), selten konstant mit z. B. 110 °C.

Vorteile der Heißwasserfernheizung:

Große Betriebssicherheit,
Möglichkeit der zentralen Regelung beim Wärmeerzeuger,
keine Kondensatwirtschaft,
geringe Wärmeverluste.

Anwendung namentlich bei Gebäudegruppen mit Wohnungen oder Büroräumen, Wohnsiedlungen, Krankenhäusern sowie Industrieanlagen, die keinen Dampf benötigen.

-1.1.2 Wärmeerzeugung

Das *Heizwerk* enthält hauptsächlich folgende Räume (Bild 2.2.3-2):

Kesselraum mit 2 oder mehr Kesseln
Pumpenraum mit Wasseraufbereitung und Hauptverteilung
Schaltwarte mit Meß- und Regelgeräten
Werkstatt
Nebenräume für Personal
Brennstofflager.

Bei kleinen Anlagen bis etwa 3…5 MW Anordnung der Kessel im Keller eines hohen Gebäudes, um die Vorteile beim Schornsteinbau zu nutzen.

Große Heizungszentralen werden meist in separaten Gebäuden untergebracht (Bild 2.2.3-2).

Als Wärmeerzeuger für das Heizwasser werden bei kleinen Anlagen gewöhnlich direkt beheizte Kessel verwendet, wobei das Ausdehnungsgefäß meist geschlossen ist. Das Heizwasser wird den angeschlossenen Verbrauchern direkt zugeleitet. Warmwasser z. B. für den Küchenbetrieb, für Wasch- und Baderäume wird in der Regel dezentral in den Gebäuden durch Wärmeaustauscher meist mit Speichern erwärmt. *Dampf* für Kochkessel und andere Zwecke wird gegebenenfalls in separaten Dampfkesseln erzeugt (Bild 2.2.3-5).

Bei größeren Anlagen kommen *Stahlkessel* der verschiedensten Art zur Verwendung, Flammrohr-Rauchrohrkessel, Wasserrohr-, automatische Großkessel und andere. Am meisten verwendet werden Dreizugkessel. Aufteilung der Gesamtleistung auf 2 oder 3 Einheiten, häufig unterteilt in 50/50% oder $33^1/_3/33^1/_3/33^1/_3$%.

Größte Leistung eines Dreizugkessels mit einem Flammrohr ca. 10 MW, mit 2 Flammrohren ca. 20 MW.

Brennstoff je nach örtlichen Verhältnissen Kohle, Koks, Öl oder Gas. Bei der Auswahl der Brennstoffe sind besonders zu beachten: Preis, Sicherheit der Versorgung, Lagerraum, Transportwege, Bedienungskosten, Kosten der Beschickung, Entaschung und Abgasreini-

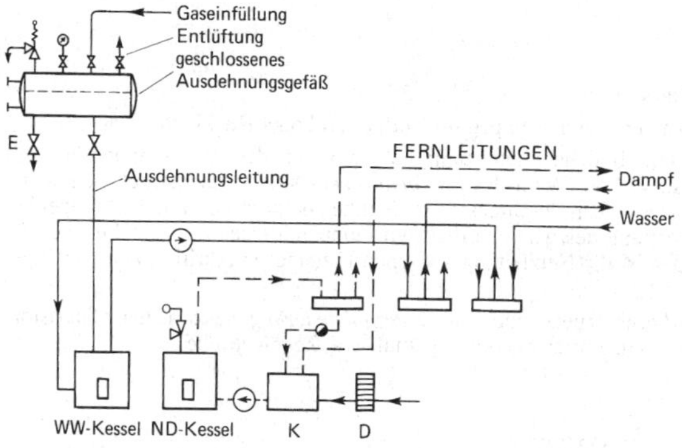

Bild 2.2.3-5. Schaltbild einer geschlossenen Warmwasserfernheizung mit Warmwasser- und Niederdruck-Dampfkessel.
D = Dosiergerät, K = Kondensationssammelgefäß, E = Entleerung, ND = Niederdruckdampf

gung. Insbesondere sind auch die Forderungen des Bundesimmissionsschutzgesetzes zu beachten. Wirbelschichtfeuerungen verringern den Ausstoß von Schadstoffen (Abschn. 1.9.3).

Anforderungen an Abgasanlagen s. Abschn. 2.3.3.

-1.1.3 Vor- und Rücklauftemperaturen[1)]

Vorlauftemperaturen meist gleitend in Abhängigkeit von der Außentemperatur. Bei Warmwasserbereitung nur bis etwa 70 °C fallend und dann konstant bleibend (Bild 2.2.3-6), abgeknickte Temperaturkurve.

Je größer der Temperaturunterschied zwischen Vorlauf und Rücklauf in den Fernleitungen ist, desto geringer ist für gleiche Heizleistung die umlaufende Wassermenge, desto billiger wird das Netz. Daher aus wirtschaftlichen Gründen möglichst große Spreizung mit Hilfe niedriger Rücklauftemperaturen anstreben. Dies ist mit den heute vorgeschriebenen Thermostatventilen (mit Voreinstellung) an jedem Heizkörper zu erreichen (z.B. 120/45 °C).

Die niedrige Rücklauftemperatur bringt für das Fernwärmeversorgungsunternehmen Kostenvorteile bei Wärmeerzeugung (KWK) und -verteilung (kleinere Rohrquerschnitte).

Ein weiteres Mittel zur Vergrößerung der Temperaturspreizung besteht in der *Hintereinanderschaltung* verschiedener Heizgruppen mit gleichen Heizzeiten und entsprechend dem Heizwasserstrom abgestuften Teilleistungen, z.B. Raumheizung, Lüftung. Dadurch starke Erhöhung der Netzauslastung. Beispiel Bild 2.2.3-7.

In Sonderfällen werden Verbraucher aus dem Rücklauf versorgt. Hierdurch weitere Absenkung der Rücklauftemperatur.

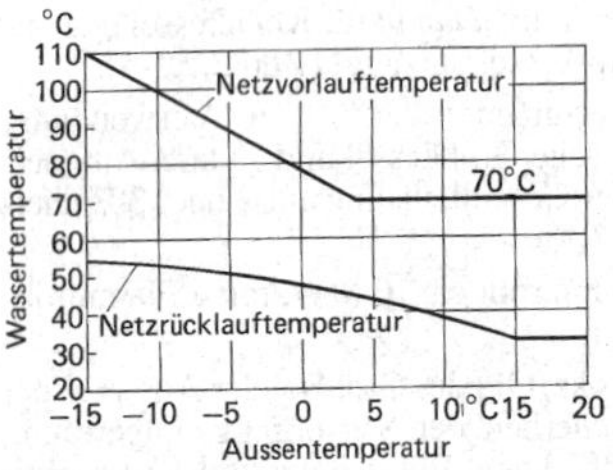

Bild 2.2.3-6. Praktische Heizwassertemperaturen beim Zweileiter-System mit Warmwasserbereitung und 24 h/d Betrieb.

-1.1.4 Umwälzpumpen

Förderung des Heizwassers durch Pumpen im Vorlauf und/oder Rücklauf.

Antrieb elektrisch. Betriebssichere Drehzahlregelung vermeidet zwei Pumpensätze für Vollast bzw. Halblast. Für die Wahl des *Pumpendruckes* sind wirtschaftliche Gesichtspunkte maßgebend. Kleine Rohrdurchmesser im Fernheiznetz erfordern hohe Pumpenleistungen. Daher Berechnung des wirtschaftlichsten Pumpendruckes zweckmäßig. Für die Auslegung der Pumpen ist die Netzleitung zwischen Erzeuger und kritischem Abnehmer maßgebend.

Umwälzpumpen im Fernheiznetz sind mit *Drehzahlsteuerung* auszurüsten (Thyristor-Motor-Steuerung, Frequenzumrichter) oder hydraulische Regelgetriebe.

[1)] Overbeck, A.: HLH 10/74. S. 327/32.
Brumm, W.: Fernwärme 3/77. S. 129/33.
Schelosky, H. U.: Fernwärme 4/81. S. 275/80.
Winkens, H. P.: VDI-Bericht 388. S. 3/14 (1980).
Schelosky u. Winkens: SHT 5 u. 6/82.

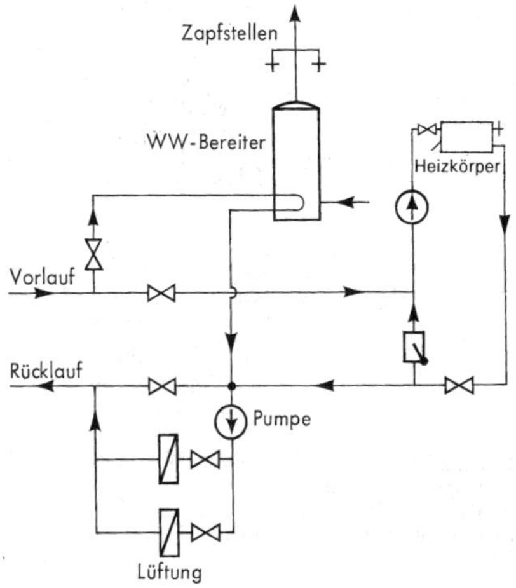

Bild 2.2.3-7. Schaltung zur Vergrößerung der Temperaturspreizung mit parallel geschalteter Heizung und Warmwassererzeugung und in Serie geschalteter Lüftung.

-1.1.5 Wärmespeicherung

Durch *Wärmespeicherung* können kurzzeitige Belastungsspitzen aufgefangen werden, obwohl bereits das ausgedehnte Heiznetz selbst eine große Wärmekapazität besitzt. Einfachste Ausführung als Verdrängungsspeicher. Er kann im Hauptschluß oder Nebenschluß in das Netz eingebaut werden. Beispiel einer Nebenschlußschaltung Bild 2.2.3-8.

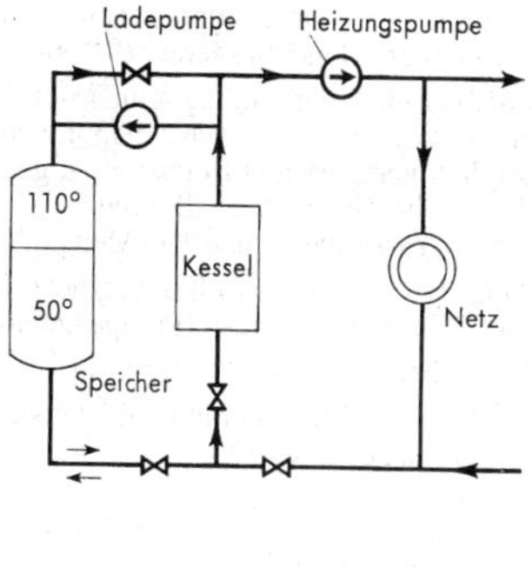

Bild 2.2.3-8. Verdrängungsspeicher in einem Warmwasser-Fernheiznetz.

Zum Laden fördert Ladepumpe heißes Wasser durch den Kessel aus dem unteren Teil des Speichers in den oberen Teil. Beim Entladen wird Ladepumpe ausgeschaltet und Heizungspumpe fördert das gespeicherte Warmwasser in das Netz.

Speicherfähigkeit nimmt mit der Temperaturspreizung zu. Bei Wasser von 110/50 °C können je m^3 Wasser 250000 kJ (≈ 70 kWh) gespeichert werden. Ein Speicher von 1000 m^3 Inhalt kann dabei 1000 · 70 = 70000 kWh in kurzer Zeit abgeben, wenn Schichtung des Heizwassers im Speicher während des Betriebes erhalten wird. Strömung im Speicher beachten!

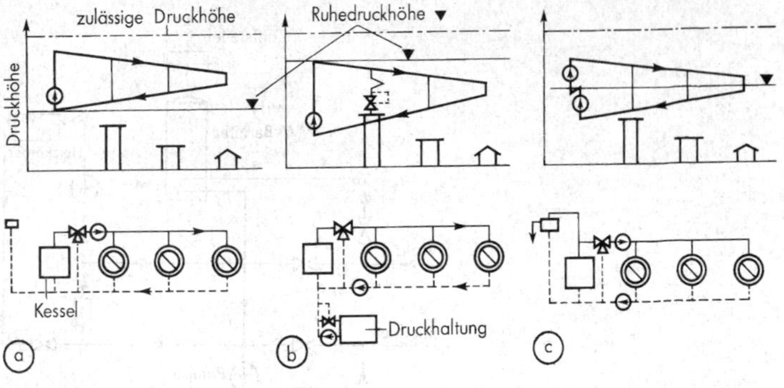

Bild 2.2.3-9. Druckverhältnisse im WW-Fernheiznetz bei Vollast.
a) Pumpe im Vorlauf
b) Pumpe im Rücklauf
c) Pumpen im Vorlauf und Rücklauf

-1.1.6 Druckverteilung im Netz[1)]

Bei der Projektierung der Anlagen sind die zu erwartenden Druckverhältnisse im Fernheiznetz zu beachten.

Jede Anlage hat eine *Ruhedruckhöhe.* Der Ruhedruck ist der Druck, der sich im Netz bei Ausfall aller Umwälzpumpen einstellt (muß an jeder Stelle im Fernheizsystem oberhalb der Sattdampftemperatur liegen). Der Ruhedruck wird bei geschlossenen Anlagen mittels Druckhalte-Einrichtungen eingestellt. Diese entspricht bei offenen Anlagen der Höhe des Wasserspiegels im A-Gefäß.

Durch den Betrieb der Umwälzpumpen werden die Druckverhältnisse im Netz wesentlich verändert. Bild 2.2.3-9 zeigt unterschiedliche Varianten der Druckhaltung in Netzen.

Der Pumpendruck dient zur Überwindung der Reibungs- und sonstigen Widerstände im Netz. Der *Differenzdruck* zwischen Vorlauf und Rücklauf ist in der Nähe der Zentrale am größten. Er muß z. T. durch Drosselorgane in der Fernheizübergabestation des Abnehmers (automatische Druckminderventile, Mengenregler, Differenzdruckregler) abgebaut werden, um eine leistungsgerechte Verteilung des Heizwassers zu erhalten.

Beispiel eines Druckdiagramms mit Zahlenwerten siehe Bild 2.2.3-10. Beim jeweiligen Hausanschluß werden die Netzpumpendifferenzdrücke durch Reduzierventile auf den verträglich geregelten Differenzdruck gedrosselt. Umwälzung des Heizwassers durch Pumpe P_2 für die Hausanlage, Begrenzung der dem Fernheiznetz entnommenen Wassermenge durch Wassermengenregler (Mengenbegrenzer).

Anfangsüberdrücke im Fernheiznetz je nach Ausdehnung bis 16 bar und mehr. Im Rücklauf Mindestüberdrücke (Pumpenzulaufdrücke) ≈ 0,5 bar.

Bei hohen Gebäuden zur Verhinderung zu hoher Drücke im Netz Sondermaßnahmen:

Druckerhöhungspumpe mit Überströmventil,
Wärmeaustauscher.

[1)] Nehring, G.: Ges.-Ing. 3/74. S. 76/82.
Burkhardt, W.: HLH 2/74. S. 47/50 u. 3/74. S. 85/90.
Geier, P.: HR 1/81. 7 S.
Hagemeister, B., u. U. Pollvogt: FWI, 2/87. S. 78/84.

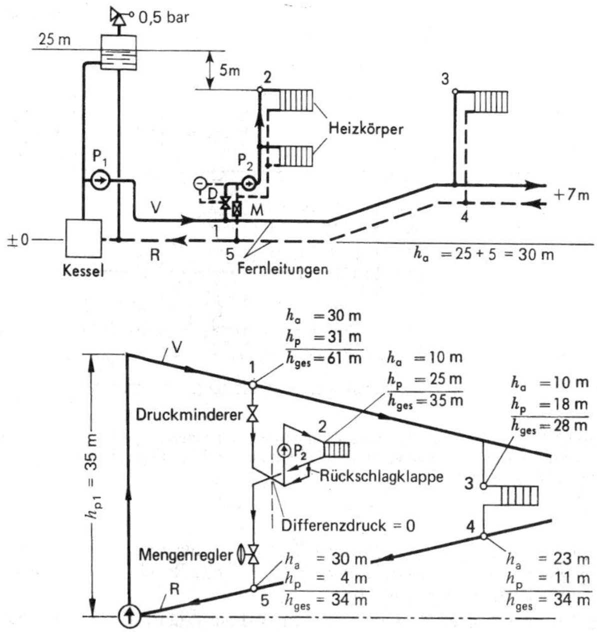

Bild 2.2.3-10. Druckdiagramm für eine Fernheizung mit 120 °C Vorlauftemperatur und mit Hausanschlüssen.
D = Druckminderer, M = Mengenregler, P = Umwälzpumpe, h_a = Druck im Ausdehnungsgefäß + hydrostatischer Druck, h_p = Pumpendruck, h_{ges} = Gesamtdruck, V = Vorlauf, R = Rücklauf. (Druckverlust Kessel in R enthalten.)

-1.1.7 Hausstationen[1]

In der Hausstation werden die Heizungsanlagen der Kunden an das Fernheiznetz angeschlossen. Sie bestehen aus *Übergabestation* (Eigentum des Wärmelieferanten) und *Hauszentrale* (Eigentum des Kunden). Verschließbarer Stationsraum mit Be- und Entlüftung, Beleuchtung, Entwässerung. Für große Stationen ($\dot{Q}$ > 3 MW) Notausgang. Ausreichender Wartungsraum, Kopffreiheit, Möglichkeit zum Lasttransport.

Viele Ausführungsarten je nach Vorlauftemperatur, Druck, Art der Regelung, Betriebsweise, Abrechnungsverfahren u. a.

Ein direkter Anschluß der Hausanlage ist häufig die wirtschaftlichste Lösung. Der indirekte Anschluß dagegen erfordert höhere Investitionen (heute sind jedoch relativ preiswerte Plattenwärmetauscher verfügbar) und führt zu Nachteilen bei der Rücklauftemperatur (Grädigkeit des Wärmetauschers). Sein Vorteil liegt in der vollständigen Abkopplung der Hausanlage vom Netz (Drücke, Leckagen).

Für Hausstationen werden heute relativ preiswerte vorgefertigte Kompaktstationen am Markt angeboten.

[1]) DIN 4747 T1 (07.91), wird z. Zt. überarbeitet.
Hausanschlüsse an Fernwärmenetze, s. AGFW-Regelwerk.
Frank, W.: Fernwärme 2/81. S. 52/7.
Schmidt, P.: Fernwärme 2/84. S. 61/4.
Paulmann, R.-D.: HLH 10/86. S. 519/21.
Unichal-Congress '87, Berlin, Generalberichte S. 33, Studienkomitee für allgemeine Fragen: Überlegungen zur wirtschaftlichen Vorlauftemperatur in Wärmeverteilungsnetzen.

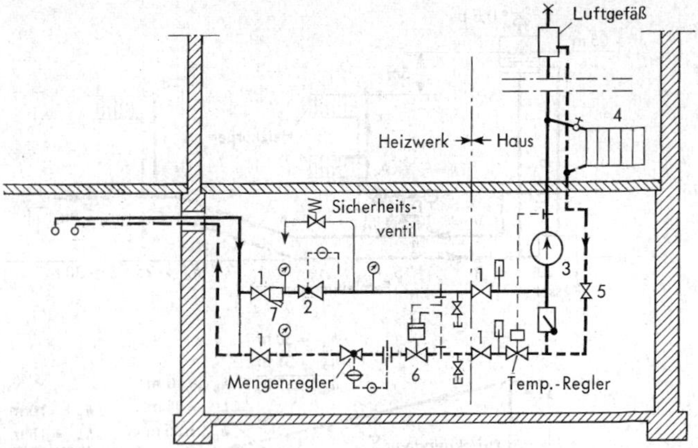

Bild 2.2.3-11. Hausanschluß einer Warmwasserpumpenheizung beim Zweileiter-System.
1 = Absperrventil, 2 = Reduzierventil, 3 = Pumpe, 4 = Heizanlage, 5 = Einstellorgan, 6 = Zähler
7 = Schmutzfänger

Beispiel für direkten Anschluß einer Gebäudeheizung mit Pumpen-Warmwasserbetrieb an ein Zweileitersystem siehe Bild 2.2.3-11. Zentrale Regelung der Raumtemperatur durch Beimischung von Rücklaufwasser.

Bei dem indirekten Anschluß wird ein Wärmeaustauscher zwischen Fernheiznetz und Hausheiznetz geschaltet. Verwendung bei hohen Temperaturen und Drücken im Fernheiznetz. Die Regelung kann dabei zentral oder dezentral erfolgen.

Wichtige Ausrüstung der Übergabestation:

Absperrorgane in Vor- und Rücklaufleitung zum Abschalten der Hausanlage; Wärmemengenmesser;

Wassermengenbegrenzer im Vorlauf oder Rücklauf hält den Differenzdruck an einer Blende konstant, so daß die durchfließende Wassermenge begrenzt wird, elektrische oder mechanische Bauarten;

Manometer und Thermometer;

Sicherheitsventil oder Reduzierventil, die die Hausanlage gegen Überdruck schützen.

Wichtige Ausrüstung der Hauszentrale:

Absperrorgane im Vorlauf und Rücklauf;

Temperaturregler zur Mischung des Vorlauf- und Rücklaufwassers;

Umwälzpumpe für Heizung, auch Wasserstrahlpumpe;

Thermometer, Manometer.

Warmwasseranlagen können nach verschiedenen Systemen an das Fernheiznetz angeschlossen werden. Die Hauptbauarten sind das Speicherladesystem und das Durchflußsystem. Näheres siehe Abschn. 4.2.2-4.4.

Bei Anlagen mit Bedarf verschiedener Wassertemperatur (Strahlungsheizung, Klimaanlagen usw.) Verwendung mehrfach unterteilter Pumpenkreisläufe. Lüftungs- und Klimaanlagen können im allg. ohne besondere Vorkehrungen an das Fernheiznetz angeschlossen werden. Sie sind besonders gut dafür geeignet, den Heizungsanlagen nachgeschaltet zu werden, wodurch große Temperaturspreizungen und damit größere Transportleistungen des Netzes zu erreichen sind. Siehe Bild 2.2.3-7.

Bei *Wohnungsanschlüssen* von Blockheizungen für Siedlungen, in denen Wärme zentralgeregelt nur für Heizung geliefert wird, wird Heizwasser mit max. 120 °C durch die Netzpumpen direkt in die einzelnen Heizkörper der Wohnungen gefördert. Ein *Differenzdruckregler* mit Mengenbegrenzung sorgt für die gleichmäßige Versorgung des Hauses auch bei schwankendem Netzdruck.

An jedem Heizkörper thermostatisch verstellbares Regelventil (Temperaturregler), wodurch Mieter den Wärmeverbrauch regulieren können. Zur Abrechnung der Wärme können je nach Installation Wärmezähler pro Wohnung oder Heizkostenverteiler eingesetzt werden. Thermostatventile an den Heizkörpern müssen für gute Regelfähigkeit hohen Widerstand haben, Ventilautorität (Va: 0,3–0,7).

Auch ein zentraler Warmwassererzeuger läßt sich vorsehen. Wärmezufuhr zum Warmwassererwärmer wird durch Temperaturregler gesteuert. Beispiel Bild 2.2.3-12. Jeder Heizkörper hier mit Feinregulier-Thermostatventil.

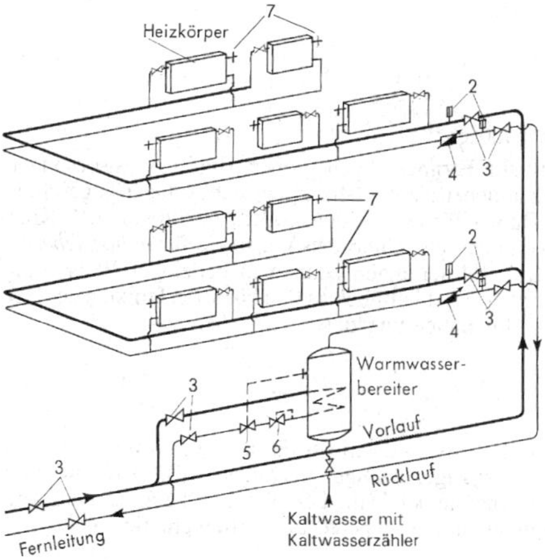

Bild 2.2.3-12. Etagenweise geregelte Warmwasserfernheizung mit Warmwasserbereiter und Wärmemengenzähler.
1 = Thermostatventil, 2 = Thermometer, 3 = Absperrschieber, 4 = Wärmemengenzähler,
5 = Temperaturregler, 6 = Temperaturbegrenzer, 7 = Entlüftungsventil

Moderne Mikroprozessor-Regelung ermöglicht Temperatur- und Durchflußmessung, Zeitprogramm für Heizung und Warmwasserbereitung, letztere auch mit Vorrangschaltung, Anlagenfrostschutz u. a.[1]

-1.1.8 Sicherheitsvorschriften

Die sicherheitstechnische Ausführung von Hausstationen zum Anschluß an Heißwasser-Fernwärmenetze ist in der DIN 4747 T1 (07.91) festgelegt. Dabei sind die Bauarten direkt und indirekt zu unterscheiden. Während für die direkte Bauart von Hausstationen die DIN 4747 T1 sowohl für die Absicherung gegen Überschreiten der zulässigen Temperatur und des zulässigen Druckes anwendbar ist, gilt bei indirektem Anschluß an das Fernwärmenetz auf der Sekundärseite die DIN 4751 T1–T3, die DIN 4752 sowie die Druckbehälterverordnung. Das Stellgerät (Motorventil) muß eine Sicherheitsfunktion aufweisen, d.h. nach DIN 32730 geprüft sein.

Für Unterstationen im Fernwärmenetz (Wärmetauscherstationen) werden angewendet: Die Länderbauordnung, DIN 4751 T1–T3, DIN 3430, DIN 32730 und die Druckbehälterverordnung.

---

[1]) Frotscher, H.: TAB 10/88. S. 770/5 u. 1/89, S. 41/5.

-1.2 Heißwasser-Fernheizungen mit $t_v > 120\,°C$[1]

-1.2.1 Allgemeines

Heißwasser-Fernheizungen mit Temperaturen > 120 °C stellen eine Alternative zur Dampf-Fernheizung dar.

Vorzüge der Heißwasserheizung gegenüber der Dampf-Fernheizung sind:

Fortfall der Kondensatwirtschaft und der damit verbundenen Verluste;
Vereinfachung in der Leitungsführung;
bei großer Temperaturspreizung hohe Wärmetransportleistung des Netzes;
leichte örtliche und zentrale Regelung;
geringere Wartung;
lange Lebensdauer.

Nachteil:

Dauernde Stromkosten für Pumpenantrieb.

Anwendung der Heißwasserheizung für Fernheizungen großen Umfangs, insbesondere *Stadtheizungen,* bei denen neben den üblichen Zentralheizungen auch Anlagen angeschlossen werden, die Warmwasser oder Dampf für Fabrikationszwecke benötigen (z.B. Krankenanstalten, Textilbetriebe, Wäschereien, Schlachthöfe usw.), sowie für *Industriebetriebe,* Kasernen, Hochschulen usw. Die Rohrleitungen können in beliebiger Weise ohne Rücksicht auf das Gefälle verlegt werden, es ist lediglich an den höchsten Punkten des Netzes für Entlüftung und an den tiefsten für Entleerung zu sorgen.

-1.2.2 Wärmeerzeuger

Die Wärmedarbietung kann entweder als Industrieabwärme, aus KWK-Prozessen (s. Abschn. 2.2.3-2) oder unmittelbar aus Eigenerzeugung erfolgen, z.B. in *Heißwasserkesseln,* wobei der Kessel nur Wasser, aber keinen Dampf enthält. Für die Ausdehnung besonderes Ausdehnungsgefäß. Druckerzeugung wird heute auf 3 Arten praktiziert:[2]

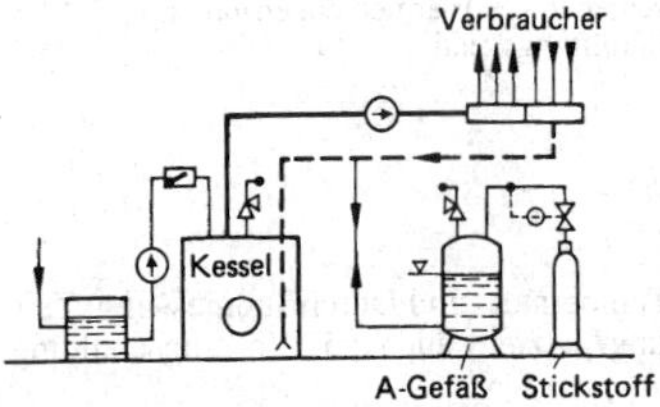

Bild 2.2.3-13. Heißwasserheizung mit tiefliegendem Ausdehnungsgefäß mit Fremdgaspolster.

Fremdgas (Stickstoff aus Flaschen oder Luftkompressor mit Membranausdehnungsgefäß). Druck bleibt durch automatische Regelung konstant (Bild 2.2.3-13). Größe des Ausdehnungsgefäßes entweder für die gesamte Wasserausdehnung, dabei große Abmessungen, oder nur für die normale durch Temperaturänderungen bedingte Wasserausdehnung. Dabei kleinere Abmessungen, jedoch zusätzliche Wasseraufnahme in Speisewassergefäß.

Druckdiktierpumpen. Hierbei wird durch eine Pumpe dauernd eine kleine Wassermenge in das Netz gedrückt, während eine annähernde ebenso große Menge durch ein Überströmventil aus dem Netz in das Ausdehnungsgefäß entweicht (Bild 2.2.3-14). Wasserverlust im Netz beachten!

[1]) Dampfkesselverordnung vom 27.2.1980.
[2]) Burkhardt, W.: HLH 10/74. S. 317/25.

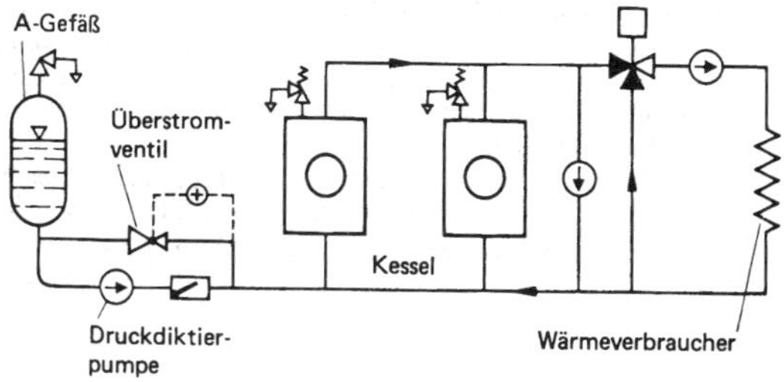

Bild 2.2.3-14. Heißwasserheizung mit Heißwasserkessel und Druckdiktierpumpe für Druckhaltung.

-1.2.3 Vor- und Rücklauftemperaturen

Die Wahl der Vorlauftemperatur hängt in Industriebetrieben von den bei den Wärmeverbrauchsstellen geforderten Temperaturen ab, z. B. in Wäschereien 130 bis 160 °C, in Gummi- und Kabelwerken 155 bis 160 °C usw.

Bei reinen Heizanlagen wird die Vorlauftemperatur je nach der Witterung in weiten Grenzen gleitend gefahren.

Bei direktem Anschluß der Verbraucher ist in der Hauszentrale eine Beimischeinrichtung vorzusehen, bei indirektem Anschluß ein getrennter Sekundärkreislauf mit eigener Umwälzpumpe. Bei Heizkraftkopplung Rücklauftemperatur möglichst tief, um höhere Stromausbeuten zu erhalten.

Temperaturdifferenz zwischen Vorlauf und Rücklauf je nach Anlage sehr verschieden, z. B. 160/80 °C oder 150/90 °C u. ä. In Heizwerken häufig 120/50 °C.

Grundsätzlich ist die Differenz möglichst groß anzustreben, da dabei das Heiznetz billiger und der Energieverbrauch der Pumpen geringer wird.

-1.2.4 Pumpen

Heißwasserumwälzpumpen sind Sonderkonstruktionen, bei hohen Wassertemperaturen mit gekühlten Lagern. Einbau im Vorlauf und Rücklauf möglich. Im Rücklauf geringere Temperaturbeanspruchung. Druckverhältnisse im Netz überprüfen. An keiner Stelle darf der Druck geringer sein als der zur Wassertemperatur gehörende Sättigungsdruck, sonst Dampfbildung und Wasserschläge. Heute werden die Umwälzpumpen überwiegend in den Rücklauf eingebaut. Die Reservepumpe sollte für die gleiche Leistung ausgelegt werden, wie die Hauptpumpe.

Drehzahlregelung der Pumpen verbessert das Betriebsverhalten bei Teilbelastung.

-1.2.5 Speicher

Kurzzeitige Wärmespitzen können durch den Wasserinhalt des Heiznetzes selbst aufgenommen werden, ohne daß die Verbraucher durch die schwankende Wassertemperatur wesentlich gestört werden.

Mittelbare Wassererwärmung. In Zeiten geringer Belastung wird Brauchwasser erwärmt. Bei Erwärmung von 10 auf 70 °C können je m^3 Wasser 250 000 kJ (± 70 kWh) gespeichert werden.

Verdrängungsspeicher. Ausführung wie Bild 2.2.3-8 bei der Warmwasserfernheizung. Speicher verringern die Anlagekosten, wenn der Spitzenbedarf an Wärme durch sie gedeckt wird.

Beim Be- und Entladevorgang auf gleichmäßige Strömungsgeschwindigkeiten im Speicher achten.

Wegen der hohen Investitionskosten von Druckspeichern wird deren Einsatz nur in Einzelfällen wirtschaftlich sein.

-1.2.6 Druckverteilung im Netz[1])

Bei der Projektierung der Anlage ist darauf zu achten, daß an keiner Stelle des Netzes der Druck geringer wird als der Sättigungsdruck des Wassers, da sonst Dampfbildung eintritt (Wasserschläge, Rohrschäden). Im ungünstigsten Fall sollte der Druck 0,5 bis 1,5 bar über dem Verdampfungsdruck sein.

Wegen der hohen Temperaturen und großen Netzausdehnungen ergeben sich hohe Netzdrücke. Diese erfordern meist den indirekten Anschluß der Abnehmer.

Zusatzwasser ist durch geeignete Aufbereitung von Sauerstoff und Härtebildnern zu befreien (Abschnitt 2.3.9). Zusatzwasserbehälter ist gegen Lufteinbruch (Sauerstoff) zu sichern.

-1.2.7 Hausstationen

Das Fernheizwasser kann entweder direkt in das Hausnetz geleitet werden oder bei hohen Temperaturen im Fernheiznetz indirekt über Wärmeaustauscher.

Direkter Hausanschluß ist nur möglich, wenn die Heizkörper im Gebäude für den max. Betriebsdruck geeignet sind. Dies ist bei Industrieheizungen ohne weiteres der Fall, wenn druckfeste Luftheizer, Konvektoren usw. als örtliche Heizkörper verwendet werden. Wohnungen werden heute meist indirekt angeschlossen.

Zum einwandfreien Betrieb des Netzes und der Hausstation gehören dabei folgende Armaturen in jede *direkte Hausanschlußstation* (Bild 2.2.3-15):

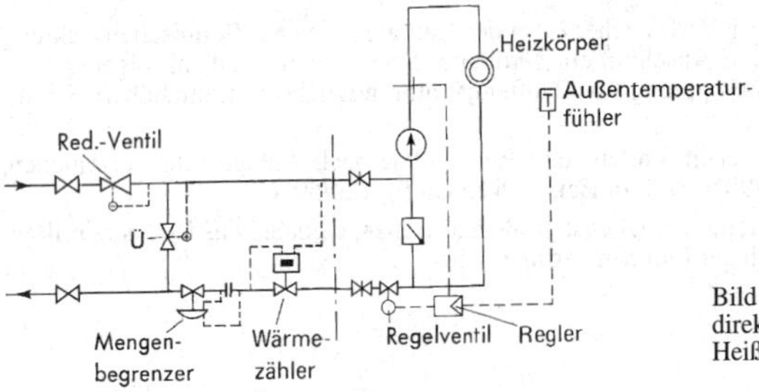

Bild 2.2.3-15. Hausstation für direkten Fernheizanschluß bei Heißwassernetzen.

1. Druckreduzierventil, falls erforderlich, um den hohen Netzdruck vom Hausnetz fernzuhalten;
2. Sicherheitsventil, falls erforderlich, für den Fall des Versagens des Reduzierventils;
3. Hauptabsperrventile in den Anschlußleitungen des Fernheiznetzes;
4. Hauptabsperrventile in der Vorlauf- und Rücklaufleitung des Hausanschlusses;
5. Mengenbegrenzer, um die vom Abnehmer entnommene Wassermenge (m^3/h) auf einen max. Wert festzulegen und größere Entnahme zu verhindern;
6. Temperaturregelung mit Thermostat in der Vorlaufleitung abhängig von der Außentemperatur;
7. Wärmemengenzähler zur Abrechnung der entnommenen Wärme[2]);
8. Manometer, Thermometer, Schmutzfänger u.a.

Bei gleitender Vorlauftemperatur im Fernheiznetz können Temperaturregler u.U. entfallen.

Indirekter Hausanschluß erfolgt unter Verwendung von Wärmeaustauschern, wobei sowohl Warmwasserheizungen als auch Dampfheizungen in den Gebäuden in üblicher Bauweise angeschlossen werden können. Vorteilhaft ist die Trennung zwischen Fernheiz- und Hausnetz, nachteilig der Temperaturgefälleverlust und die eigene Heizwasseraufbereitung.

[1]) Nehring, G.: Ges.-Ing. 3/74. S. 76/82.
Burkhardt, W.: HLH 2 und 3/74. S. 47/50 und 85/90.

[2]) Wärmemengenzählung (Übersicht). FWI 1/87.

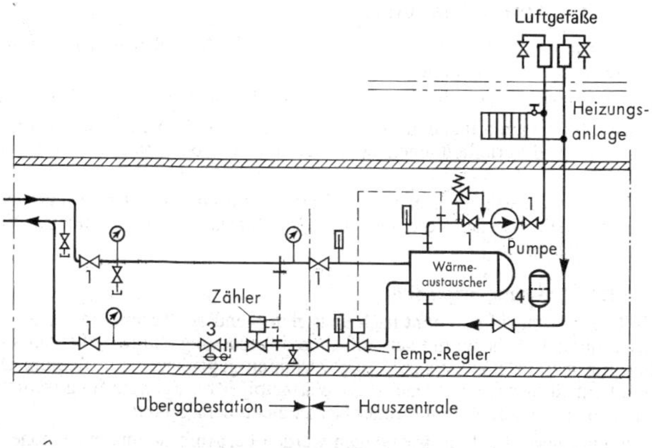

Bild 2.2.3-16. Indirekter Anschluß einer Warmwasserheizung an ein Heißwasser-Fernheiznetz.
1 = Absperrventil, 3 = Wassermengenbegrenzer, 4 = Membrangefäß

Bild 2.2.3-16 zeigt einen indirekten Hausanschluß Heißwasser-Warmwasser.

Im Fernheiznetz-Vorlauf Absperrventil, im Rücklauf Heizwassermengenbegrenzer, Wärmemengenzähler und Temperaturregelventil. Heizwasserumlauf im Haus durch Pumpe.

Bild 2.2.3-17 zeigt den Anschluß eines größeren Gebäudes an das Fernheiznetz.

Neuerdings werden für kleine und mittlere Anschlußwerte industriell gefertigte *Fernwärme-Kompaktstationen*[1)] geliefert. Durch den geringeren Montageaufwand ergibt sich eine wesentliche Verbilligung der Anschlußkosten. Aufstellung entweder durch Heizungsfirma oder FVU.

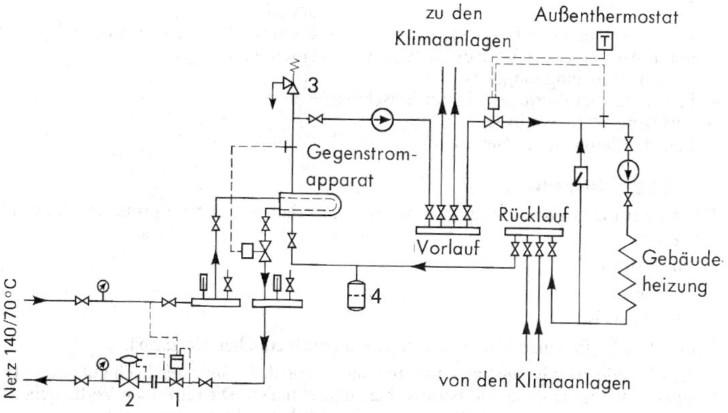

Bild 2.2.3-17. Indirekter Anschluß einer Gebäudeheizung an ein Heißwassernetz mit zusätzlichen Klimaanlagen.
1 = Wärmemengenzähler, 2 = Mengenbegrenzer, 3 = Sicherheitsventil, 4 = Membrangefäß

[1)] AGFW-Arbeitsblatt FW 509: Anforderungen an Fernwärme-Kompaktstationen für Heizwassernetze.

-1.3 Fernheizleitungen[1] [2]

Der Transport der Fernwärme von der Erzeugerstelle zu den Abnehmern wird von Fernwärmeleitungen übernommen.

Hierbei unterscheidet man zwischen *Transportleitungen* und *Verteilleitungen.*

Transportleitungen bringen die Wärmemengen an die Gebiete hoher Wärmebedarfsdichte heran, während Verteilleitungen die Verteilung und Übergabe an die Verbraucher übernehmen.

Als *Nahwärme* bezeichnet man eine Wärmeversorgung bei der die Erzeugerstelle direkt oder unmittelbar bei den Verbrauchern angeordnet ist und sich somit kurze Verteilleitungslängen ergeben.

-1.3.1 Transportmedium

Als Transportmedium kommt nach heutigem Stand der Technik in der Regel Wasser zur Anwendung. Dies hängt mit der einfacheren Anpassung und Regelbarkeit und dem möglichen Einsatz kostengünstiger Verlegeverfahren gegenüber dem Medium Dampf zusammen. Fernwärmenetze mit Dampf als Wärmeträger für Raumheizung werden heute, abgesehen von Erweiterung bestehender Netze, nicht mehr gebaut.

Verteilungsnetze für Industrieanlagen werden bei Anforderung eines hohen Temperaturniveaus für Prozeßwärme mit Dampf beschickt.

Dampf

Vorteile

- keine Umwälzpumpen
- kein zusätzlicher Aufwand für Druckhalteeinrichtungen
- hohes Temperaturniveau
- Anschluß unterschiedlicher Wärmeverbraucher

Nachteile

- geringere Stromausbeute
- größere Rohrquerschnitte bei Niederdruckverteilung
- größerer Aufwand bei Entwässerungen
- Korrosionsprobleme bei der Kondensatrückführung
- höhere Wärmeverluste
- weniger gute Regelbarkeit

Wasser

Vorteile

- größere Stromausbeute
- leichte Aufnahme von Heizspitzen durch Anhebung der Vorlauftemperatur
- zentrale Regelung möglich
- kostengünstige Verlegeverfahren einsetzbar
- geringere Wärmeverluste
- Speicherfähigkeit des Netzes

Nachteile

- erhöhte Betriebskosten durch Umwälzbetrieb
- Dampferzeugung in Kundenanlagen nur beschränkt möglich

-1.3.2 Netzarten

Bei der Fernwärmeversorgung kommen im wesentlichen drei Netzformen zur Anwendung und zwar:

- Strahlennetz
- Ringnetz
- Maschennetz

Bild 2.2.3-18 gibt einen Eindruck von den unterschiedlichen Netzarten.

1. Das Strahlennetz ist die einfachste und damit von den Baukosten auch günstigste Form, um die Verbraucher an die Fernwärme anzuschließen. Die einzelnen Verbraucher werden nur durch eine, von der Erzeugerstelle abgehende Leitung versorgt.

---

1) Neubearbeitung erfolgte für die 69. Auflage durch Dipl.-Ing. Gerhard Eisenhauer, Leimen

2) AGFW: Bau von Fernwärmenetzen, 5. Aufl. 1993.
AGFW-Arbeitsblatt FW401.
Rohrnetzstatistik der AGFW, Stand 1990.
Eisenhauer, G.: Rohrleitungstechnik, Jahrbuch 1982/83 S. 435/41.
AGFW: Richtlinie für die Festigkeitsberechnung von Fernwärmeleitungen.

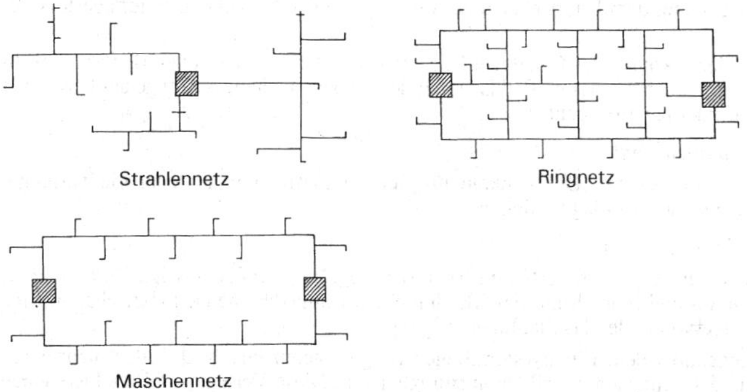

Bild 2.2.3-18. Netzarten

Beim heutigen Stand der Technik im Fernwärmeleitungsbau ist eine solche Anschlußmethode mit keinen übermäßigen Risiken behaftet.

2. Das Ringnetz bietet die Möglichkeit Verbraucher aus mehr als einer Richtung anzufahren, z. B. wenn die Wärmeerzeugeranlagen an unterschiedlichen Standorten stehen. Auf diese Weise wird zusätzliche Versorgungssicherheit gewonnen. Allerdings führt dies auch zu höheren Investitionskosten.
3. Das Maschennetz ist die verbesserte Form des Ringnetzes. Hierbei können Verbraucher durch mehrere, untereinander verbundene, Leitungsabschnitte angefahren werden. Diese Netzform findet besonders in Gebieten mit hoher Wärmedichte und notwendiger hoher Versorgungssicherheit Anwendung. Entsprechend hoch sind auch die Investitionskosten.

Netzauslegung und Netzanalysen werden heutzutage überwiegend mit leistungsfähigen EDV-Programmsystemen durchgeführt. Dabei werden alle hydraulischen und thermischen Netzparameter und die Rohrdurchmesser ermittelt.

-1.3.3 Verlegearten

Grundsätzlich besteht ein Fernwärmeleitungssystem aus einem *Mediumrohr* (in der Regel aus Stahl), einer *Wärmedämmung* und einem äußeren *Schutz* gegen mechanische Einwirkungen und von Feuchtigkeit.

Auswahlkriterien für die Bestimmung eines Verlegeverfahrens ist zunächst die maximale Mediumtemperatur. Dauertemperaturen über 120 °C und kurzzeitige Spitzentemperaturen über 140 °C schränken den Einsatz bestimmter Verlegeverfahren ein.

Verlegeverfahrens-Klassifizierung:

Erdverlegt

1. Kanalsysteme

Betonkanäle umhüllen die wärmegedämmten Rohre und übernehmen den mechanischen und den Feuchtigkeitsschutz.

Die Mediumrohre liegen mittels Rohrlagern auf der Betonsohle auf und können sich frei in Richtung Kompensator bewegen.

Für dieses System gibt es keine Beschränkung der Medientemperatur.

1.1 Haubenkanal

Auf einer Ortbetonsohle werden die Rohre montiert, wärmegedämmt und anschließend mit einer vorgefertigten Halbkreis- oder Rechteckhaube abgedeckt. Problemstellen sind bei hohem Wasserstand die Fugen zwischen den Hauben und von der Haube zur Betonsohle.

1.2 U-Kanal

Betonieren eines Troges, bestehend aus Betonsohle und -wänden, vor Ort und nach Einbringen und Wärmedämmen der Rohre, Auflegen einer Betonabdeckplatte. Die Problemstelle ist gegenüber dem Haubenkanal auf die Fuge an der Abdeckplattenauflagestelle reduziert.

Alternativ hierzu können U-Kanalfertigteile, verlegt auf einer Sand- oder Magerbetonsohle, eingesetzt werden. In diesem Fall ist außer der Deckel- auch die Stoßfuge der Fertigteile je nach Anforderung abzudichten.

1.3 Winkelplattenkanal

Verlegung von Unter- und Oberwinkeln aus gleichen Fertigteilen, in denen die wärmegedämmten Rohre auf Rohrlagern liegen.

2. Mantelrohrverfahren

Bezeichnend für Mantelrohrverfahren ist in der Regel der kraftschlüssige Verbund zwischen Medium- und Mantelrohr, bewirkt durch den wärmedämmenden Hartschaum. Eine Ausnahme hiervon bildet das Stahlmantelrohrsystem.

Vorteile gegenüber dem Kanalsystem liegen im geringeren Platzbedarf, den niedrigeren Kosten und der einfacheren Abdichtungsmöglichkeit. Diese Verlegeverfahren bieten sich auch zur Verlegung in wasserführenden Schichten an.

Mantelrohrsysteme unterliegen je nach Art Temperaturbeschränkungen.

2.1 Kunststoffmantelrohre (KMR)[1)]

Das System setzt sich zusammen aus einem Mediumrohr aus Stahl, einem Mantelrohr aus homogenem Kunststoff und einer Wärmedämmung aus geschäumtem Kunststoff. Die Rohre werden je nach Durchmesser als Fertigware in Längen von 6 bis 16 m geliefert.

Kunststoffmantelrohre können für Dauertemperaturen des Mediums von 120 °C und für begrenzte Betriebsdauer, nach Angaben der Hersteller, bis 140 °C eingesetzt werden. Ein Prüfungsnachweis nach DIN 8075 für das Mantelrohr sowie der Nachweis der statischen Belastbarkeit nach EN 253 ist zu erbringen.

Zu Überwachung evtl. auftretender Durchfeuchtungen sind in die Rohrsysteme Meldeadern bzw. Kontrolldrähte eingeschäumt. Kunststoffmantelrohre werden auf einem Sandbett verlegt und nach fertiger Montage vollkommen eingesandet. Das Mantelrohr wird nach erfolgter Mediumrohrverschweißung und dem Verbinden der Leckwarndrähte mit einer Kunststoffmuffe verbunden. Vom Grundsatz sind hierfür Überschiebmuffen, Schrumpfmuffen oder Schweißmuffen einsetzbar. Der Hohlraum in der Muffe wird mit Ortschaum ausgefüllt.

2.1.1 Flexible Rohrsysteme

Für die Unterverteilung und für Hausanschlußleitungen werden eine Reihe von flexiblen Rohrsysteme angeboten, die sich vom Mediumrohr über die Wärmedämmung bis zum Mantelrohr in unterschiedlichen Varianten darstellen.

Erhältlich sind insbesondere die Durchmesserbereiche DN 20 bis DN 50.

Abhängig vom Durchmesser werden die Rohre in Ringbunden oder in Stangen geliefert.

Die maximal zulässige Temperatur variiert bis 130! C bei Drücken bis 25 bar. Die unterschiedlichen Verlegesysteme weisen Mediumrohre aus Stahl, Chromnickelstahl und Kupfer glatt oder gewellt mit einer Wärmedämmung aus Hartschaum oder komprimierter Glaswolle aus. Das Mantelrohr aus Kunststoff ist je nach System glatt oder gewellt.

Durch Temperaturveränderung bedingte Rohrbewegungen können bei entsprechender Verlegung innerhalb des Systems aufgenommen werden.

Als Besonderheit innerhalb der flexiblen Rohrsysteme ist ein Verlegeverfahren anzusehen, das aus einem gewellten Innenrohr aus Edelstahl, einer Hartschaum-Wärmedämmung, einem gewellten Außenmantel aus Stahl und einem äußeren Korrosionsschutz aus zwei Polyment-Schichten mit aufexdrudiertem Kunststoffmantel besteht.

Dieses Rohrsystem wird auf Trommeln in Durchmessern vergleichbar einem Stahlrohrdurchmesser von DN 25 bis DN 150 geliefert. Der Einsatz wird mit maximal 140 °C und 16 bar begrenzt.

2.2 Kunststoffmediumrohre (PMR)

Im Gegensatz zu Kunststoffmantelrohren ist bei diesem System das Mediumrohr aus Kunststoff, in der Regel aus vernetztem Polyethylen (PEX).

---

1) AGFW/FVGW-Arbeitsblatt FW 401 „Verlegung und Statik von Kunststoffmantelrohren (KMR) in Fernwärmenetze“

Da die Werkstoffeigenschaften von Kunststoffen durch Alterungs- und Kriechvorgänge sehr stark von der Temperatur abhängig sind, können Kunststoffe für Fernwärmeleitungen nur eingeschränkt eingesetzt werden.

Der Einsatzbereich ist auf Temperaturen bis maximal 90 °C und Drücke bis 6 bar beschränkt. Gegen das Diffundieren von Sauerstoff und Wasserdampf müssen spezielle Beschichtungen auf die PEX-Rohr aufgebracht werden.

Die Verlegung der Kunststoffmediumrohre, die in den Durchmesserbereichen DN 20 bis DN 100 angeboten und auf Rollen ausgeliefert werden, geschieht relativ einfach direkt von der Rolle in den Graben. T-Stücke für Abgänge werden über Klemm- oder Schraubverbindungen mit den Rohren verbunden.

2.3 Glasfaserverstärkte Kunststoffmantelrohre

Bei diesem Verlegeverfahren handelt es sich ebenfalls um ein Verbundsystem mit einem Kunststoffmantelrohr und einer Wärmedämmung aus Polyurethan-Hartschaum. Der Unterschied liegt im Mediumrohr, das aus glasfaserverstärktem Epoxidharz hergestellt ist. Das System ist für Temperaturen bis zu 130 °C und für Drücke bis 16 bar einsetzbar. Die Verbindung der einzelnen Rohrstangen geschieht mittels Klebung nachdem das zylindrische Rohrende in die Muffe des anderen Rohrendes eingeschoben wurde. An Knicken und Abwinkelungen müssen die Rohrabschnitte durch Betonfestpunkte gegen das innendruckbedingte Auseinanderziehen gesichert werden.

2.4 Hochtemperatur-Kunststoffmantelrohr-Systeme

Die üblichen Kunststoffmantelrohrsysteme können bei höheren Betriebstemperaturen nicht eingesetzt werden, weil der als Dämmstoff verwendete Polyurethanschaum nur bis zu den in Absatz 2.1) genannten Temperaturen beständig ist.

Als Hochtemperatur-Kunststoffmantelrohre werden Rohrsysteme bezeichnet bei denen eine Primärdämmung aus Mineral- oder Keramikfaser oder aus einem Blähglasgranulat direkt auf dem Mediumrohr aufgebracht wird. Der über der Primärdämmung aufgebrachte Hartschaum reicht somit nicht bis zum Mediumrohr heran, so daß das System auch höheren Temperaturen ausgesetzt werden kann. Ein Problem bei diesen Rohrsystemen ist die nicht garantierte Dauerfestigkeit des Verbundes zwischen Medium- und Mantelrohr.

2.5 Stahlmantelrohre

Stahlmantelrohr-Fernwärmeleitungen werden überwiegend fabrikmäßig vorgefertigt. Die Mediumrohre aus Stahl werden mit Wärmedämmung umgeben und mittels Rohrlagern konzentrisch in das Stahlmantelrohr eingeschoben. Die Mantelrohre werden zum Schutz gegen Korrosion mit einer Bitumen- oder Kunststoffumhüllung versehen. Das Hüllmaterial ist nur begrenzt temperaturbeständig, deshalb muß die Wärmedämmung insbesondere an den Rohrlagern, zur Vermeidung von Wärmebrücken, so ausgelegt sein, daß keine Temperatur >50 °C am Außenmantel auftritt.

Die vorgefertigten Baueinheiten werden auf der Baustelle im Graben verschweißt und nachisoliert. Der Hohlraum zwischen Stahlmantel- und Stahlmediumrohr kann unter Vakuum gesetzt werden, wodurch sich die Wärmedämmwirkung verbessert und gleichzeitig eine Dichtheitskontrolle erreicht wird.

Die temperaturbedingten Stahlrohrdehnungen können im System auf natürliche Weise oder mit eingebauten Axialkompensatoren aufgenommen oder durch thermische Vorspannung eingeschränkt werden.

Das System ist absolut dicht im Grundwasser und kann für hohe Temperaturen eingesetzt werden.

3. Bitumengießverfahren

Bei diesem Verfahren wird ein Block aus Leichtbitumen, Kork und anderen natürlichen Bestandteilen um die Stahlrohre gegossen. Dabei übernimmt die Wärmedämmung gleichzeitig den mechanischen und den Feuchtigkeitsschutz.

Voraus geht die Schaffung einer tragfähigen Grabensohle (in der Regel eine Magerbetonsohle) auf die die Rohrlager aufgelegt werden. Die fertig verlegten Mediumrohrleitungen werden mit einer U-förmig gebogenen Schalung aus verzinktem Blech umgeben. Die Bitumenmasse wird sodann bei Temperaturen von 180 °C eingebracht.

Eine Alternative zu dieser Vorgehensweise ist das Anliefern fertiger, werkseitig hergestellter Blöcke, die in den Graben gehoben werden. Nach dem Verschweißen der Rohre werden die Zwischenräume mit Bitumen vergossen.

Das Bitumengießverfahren kann für Temperaturen bis 200 °C eingesetzt werden. Die

Rohrleitungsausdehnung kann innerhalb des plastischen Bereiches des Isolierblockes aufgenommen werden. Besondere Eignung erfährt das System bei der Sanierung alter Kanalsysteme.

4. Sonderbauverfahren

Der Neubau von Fernwärmeleitungen in der Bundesrepublik Deutschland findet überwiegend in einem der zuvor beschriebenen Verlegeverfahren statt. Unter bestimmten Bedingungen werden aber auch Sonderbauformen angewendet.

4.1 Begehbare Kanäle

Begehbare Kanäle erlauben die Unterbringung mehrerer unterschiedlicher Leitungen in einem Versorgungsgang. Die Vorteile liegen auf der Hand. Die Leitungen sind gut zugänglich und können gewartet werden. Austausch von Leitungen oder Hinzufügen neuer Leitungen ist ohne Aufgrabung des Straßenbereichs möglich. Da diese Bauart jedoch sehr kostenaufwendig ist, bleibt sie auf Einzelfälle beschränkt. In der Regel werden diese Bauwerke in offener Baugrube erstellt.

4.2 Tunnel

Tunnel werden dort gebaut, wo eine offene Bauweise nicht möglich oder nicht gewollt ist. Ansonsten gelten die gleichen, wie in Absatz 4.1) genannten Vorteile, wobei noch die Möglichkeit direkter Trassenführungen hinzu kommt. Andererseits sind aber die Nachteile besonders hoher Kosten nicht zu übersehen.

4.3 Pressungen

Sofern sich aus der Trassenführung besondere Schwierigkeiten z.B. durch die Querung von Straßen, Autobahnen, Gleisanlagen und Wasserläufen ergeben, ist der unterirdische Rohrvortrieb eine oft praktizierte Lösung. Dabei sind Rohrverlegungen mit Mindestnennweiten DN 800 bis hin zu großen begehbaren Stahlbetonrohren ausführbar.

Im Abwandlung hiervon kann insbesondere bei kleineren Durchmessern das Erdbohrverfahren mit PE-umhüllten Stahlrohren angewandt werden.

4.4 Düker

Als eine mögliche Alternative zur Unterquerung von Wasserläufen mit Fernwärmeleitungen bietet sich das Einziehen, Einschwimmen oder Einheben eines Dükers an. Zur Vorbereitung wird eine Rinne im Wasserlauf und im anschließenden Uferbereich ausgehoben. Parallel dazu werden auf einer Montagefläche (meistens im Uferbereich) die Rohre für den gesamten Düker ausgelegt und verschweißt und mit Traversen und evtl. anderen Leitungen zu einer Einheit verbunden. Der fertig vorbereitete Düker wird sodann geflutet, gegen Auftrieb gesichert und eingezogen bzw. eingehoben. Danach wird der Graben verfüllt.

4.5 Spülbohrung

Alternativ zu den in Absatz 4.2) bis 4.4) beschriebenen Sonderbauverfahren können seit einigen Jahren Fernwärmeleitungen entsprechender Dimension mittels Spülbohrung grabenlos verlegt werden.

Dabei wird zunächst mit einer Pilotbohrung vom Eintritts- bis zum Austrittspunkt ein Hohlraum freigespült. Beim Zurückfahren wird der Hohlraum mit einem Aufweitkopf vergrößert. Je nach dem Durchmesser des einzuziehenden Fernwärme-Mantelrohres wird dieses sofort mit eingezogen oder erst nach weiteren Aufweitvorgängen. Die vom Aufweitkopf eingespritzte Bentonit-Suspension dient als Gleitmittel und verdämmt den Ringraum zwischen Fernwärme-Mantelrohr und der aufgeweiteten Bohrung. Üblicherweise wird zur Bestimmung der vorhandenen Ver- und Entsorgungsleitungen im Planungsstadium eine Bodenuntersuchung nach dem Georadarverfahren veranlaßt.

Über einen Sender im Bohrkopf der Pilotbohrung und einen Empfänger kann die Lage geortet und am Bohrgestänge entsprechend nachgesteuert werden. Einsetzbar für diese Verlegeart sind flexible Mantelrohre, Kunststoff- und Stahlmantelrohre.

Gegenüber den anderen Sonderbauverfahren entstehen erheblich niedrigere Herstellkosten.

Frei verlegte Leitungen

Als frei verlegte Leitungen werden alle Leitungen bezeichnet, die nicht unterirdisch verlegt sind.

In besonderem Maße kommen in Betracht

– Leitungen im Freien auf Betonsockeln

- Leitungen im Freien auf Stützen
- Varianten und Kombinationen hiervon wie z.B. auf Brücken und an Stützwänden

des weiteren

- Leitungen in Kellern
- Leitungen in Parkhäusern

Freileitungen sind das kostengünstigste Verlegeverfahren für den Fernwärmetransport, da der Tiefbauanteil stark reduziert ist. Außerdem ist die Zugänglichkeit und Wartung gegenüber erdverlegten Verlegeverfahren stark vereinfacht.

Freileitungen scheitern jedoch oft an der fehlenden Akzeptanz in der Bevölkerung und der Genehmigungsfähigkeit bei den Behörden. Die Durchsetzbarkeit hängt einerseits von der Art des beanspruchten Geländes und andererseits von der Gestaltung und Einbindung in die Umgebung ab.

Sockel oder Stützen zur Auflagerung werden in Abstand der zulässigen Rohrlagerentfernung angelegt. Besonderer Wert wird auf niedere Reib- und damit Lagerkräfte gelegt, um Betonkosten zu reduzieren.

Die Blechumhüllung des Dämmstoffes sollte nicht direkt auf der Wärmedämmung aufliegen, um Tauwasser, das sich durch schnelle Temperaturwechsel auf der Innenseite des Blechmantels bildet, abführen zu können, ohne daß die Dämmerung durchfeuchtet wird. Dazu wird mit Abstandhaltern ein Ringraum hergestellt und über Öffnungen an der Unterseite des Blechmantels für Wasserableitung und Belüftung gesorgt.

-1.3.4 Kosten

An den Gesamtkosten einer Fernwärmeversorgung haben die Kosten des Fernwärmeleitungsbaues einen bedeutenden Anteil.

Zwar konnten mit Einführung der Kunststoffmantelrohrverbundsysteme deutliche Kostenreduzierungen gegenüber den früher angewandten Verlegeverfahren erreicht werden, die Wirtschaftlichkeit einer Fernwärmeversorgung hängt aber weiterhin zu einem großen Teil von den Leitungsbaukosten ab.

Die Kosten für den Bau von Fernheizleitungen setzen sich aus den Faktoren

- Material für Rohre mit Zubehör, Wärmedämmung und Systemhülle
- Verlegung der Rohrsysteme
- Erstellung des Rohrgrabens und Wiederherstellung nach fertiger Rohrmontage
- Planung, Bauüberwachung etc.

zusammen.

Entscheidenden Einfluß auf diese Höhe der Baukosten nimmt, abgesehen von dem gewählten Verlegeverfahren, die Lage der Baustelle. Die Verlegung in ausgebauten Stadtstraßen mit Oberflächenwiederherstellung ist natürlich entsprechend teurer als in Neubaugebieten oder unbefestigtem Gelände.

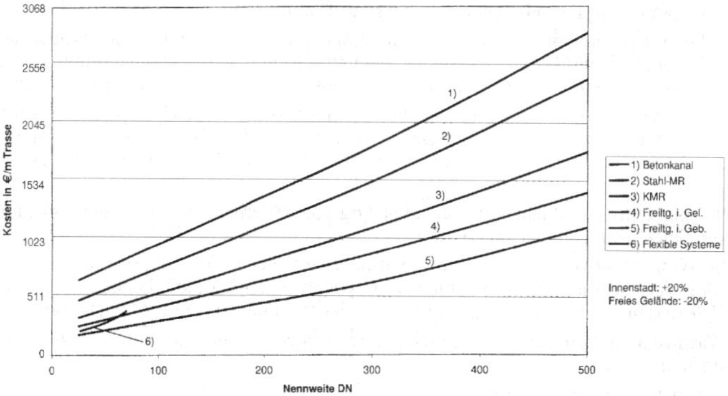

Bild 2.2.3-19. Baukosten von Fernwärmeleitungen (Stand 1998), Mittelwerte für verschiedene Verlegeverfahren.

In Bild 2.2.3-19 sind für einige Verlegeverfahren Komplettpreise je Meter Leitungstrasse als Mittelwerte ablesbar.

-1.3.5 Rohrleitungen

Für die Mediumrohrleitungen sind folgende Berechnungen durchzuführen:

- Bestimmung des Rohrdurchmessers nach wirtschaftlichen Kriterien unter Ansatz des Optimums aus Kapitaldienst, Energiekosten für Netzumwälzung etc. und Wärmeverlustkosten.
- Wanddickenberechnung unter Innendruckbelastung nach DIN 2413.
- Beanspruchung unter Temperatur und Reibung.
- Stützweitenberechnung (nur bei freigelagerten Rohrleitungen).

Berechnungen gegen äußeren Überdruck sind in der Regel nicht notwendig. Für Abzweige (T-Stücke) und Bögen sind ggf. zusätzliche Berechnungen anzustellen.

Anhaltspunkte der Strömungsgeschwindigkeiten in Fernwärmeleitungen:

Wasser	DN 50	1,0 m/s
Wasser	DN 100	1,4 m/s
Wasser	DN 150	1,6 m/s
Wasser	DN 200	2,1 m/s
Wasser	DN 300	2,5 m/s
Wasser	≥ DN 500	3,0 m/s

Dampf für Mittel- und Niederdruckleitungen 30 bis 50 m/s

Zum Einsatz für den Transport des Heizmediums kommen fast ausschließlich Stahlrohre aus Werkstoff St. 37.0 oder in Ausnahmefällen aus St. 52.0. Überwiegend werden geschweißte Rohre nach DIN 2458 und nur in Ausnahmefällen nahtlose Rohr nach DIN 2448 verwendet.

Die Lieferbedingungen nach DIN 1626 und die Gütevorschriften sind zu beachten.

Das Verschweißen der Rohre und Rohrleitungsteile darf nur von geprüften Schweißern unter Schweißaufsicht mit anschließender stichprobenweiser zerstörungsfreier Durchstrahlungsprüfung durchgeführt werden.

-1.3.6 Wärmedämmung

Die auf die Mediumrohrleitungen aufzubringende Wärmedämmung dient dem Zweck die auftretenden Wärmeverluste klein zu halten.

Die Auslegung der Wärmedämmung ist in erster Linie eine Optimierungsaufgabe. Es ist das Minimum der Gesamtkosten herauszuarbeiten, wobei die Einsparungen durch den Wärmeschutz den Investitionskosten gegenüber gestellt werden.

Die Kriterien der Auslegung können unterschiedlich sein:

1. Die Wärmedämmung wird so bemessen, daß eine wirtschaftlich optimale Versorgung entsteht. Der Investitionsaufwand für die Dämmung wird gegenüber der Energieeinsparung aus dem Betrieb über die Lebensdauer optimiert.
2. Die Wärmedämmung wird nach dem Temperaturabfall des Heizmediums ausgelegt. Die Dämmdicke wird so bemessen, daß bei niedrigstem Durchfluß die minimal notwendige Vorlauftemperatur an einer bestimmten Stelle im Netz nicht unterschritten wird.
3. Die Wärmedämmung wird bestimmt von einer vorgegebenen Temperaturbeeinflussung der Umgebung, die nicht überschritten werden darf. Dies ist der Fall bei Parallelführungen von Starkstromkabeln oder Wasserleitungen, bei Rückwirkungen auf die Vegetation usw.

Wärmeverluste sind jahreszeitlich, abhängig von der erheblich variirenden Leistung, starken Schwankungen unterworfen.

Im Winter bei Höchstlast liegen die Wärmeverluste bei ca. 3%, im Sommer wenn das Netz allein für die Warmwasserbereitung warmgehalten werden muß, können die Verluste bis 20% und mehr ansteigen. Das Jahresmittel der Wärmeverluste liegt bei 10–14%.

Wärmedämmstoffe für Fernwärmeleitungen bestehen überwiegend aus folgenden Werkstoffen:

- Mineralfaserdämmstoffe als Schalen oder Matten
- PUR-Hartschaum, vorwiegend fabrikmäßig geschäumt
- Sondermaterialien

In Tafel 2.2.3-1 sind gebräuchliche Dämmstoffe und ihre Wärmeleitfähigkeit zusammengestellt.

Tafel 2.2.3-1 Wärmeleitfähigkeit von Dämmstoffen für Fernwärmeleitungen

Dämmstoff	Wärmeleitfähigkeit W/mK (Betriebswert)	Mitteltemp. °C	Normen	Handelsform Richtlinien
Mineralfaserdämmstoffe			VDI 2055	Versteppt auf Draht, Kunststoffgewebe oder Pappe
Schalen	0,040	50		
Matten	0,045	50		
PUR-Schaumstoffschalen	0,030*	50		Segmente formgeschäumt oder geschnitten
PUR-Hartschaum Fabrikschaum, diffusionsdicht	0,030	50	DIN 18164 AGI Q 167	Verbundrohr, Formstücke
Ortsschaum	0,035	50	DIN 18159 AGI Q 113	
Hyperlite	0,076		nach Mosler	Granulat
Schaumglas	0,060	50	DIN 18174	
Kalziumsilikat	0,055*	100		

* Herstellerangaben

-1.3.7 Lecküberwachung

Fernwärmenetze können je nach Verlegeverfahren mit Überwachungs- und Leckortungseinrichtungen versehen werden. Bei den Verbundmantelrohrverfahren wird die elektrische Überwachung in großem Umfang eingesetzt. Die hierzu erforderlichen Melde- bzw. Kontrolladern werden während der Herstellung in die Wärmedämmung der Rohrsysteme eingeschäumt.

Die kontinuierliche Überwachung mit zentraler Leckortung erhöht die Versorgungssicherheit eines Netzes.

Mit der Netzüberwachung und Leckortung wird Feuchtigkeit im Bereich der Wärmedämmung gemeldet und die genaue Lage geortet. Es ist sowohl möglich kleine Netze durch ein manuell bedientes Kontrollsystem vor Ort, als auch große verzweigte Netze durch eine zentrale Einrichtung, zu überwachen.

Es sind verschiedene Netzüberwachungssysteme auf dem Markt, die zur Überwachung den Widerstandsvergleich und zur Ortung die Impulslaufzeit oder auch den Widerstandsvergleich benutzten.

-2 Heizkraftwirtschaft

Ergänzungen von Dr.-Ing. Franz Josef Josfeld und
Dipl.-Ing. Thomas Tech, Essen

-2.1 Allgemeines

Der *Wirkungsgrad* η von Kondensations-Dampfkraftwerken, die nur elektrischen Strom erzeugen, ist prozeßbedingt relativ gering.

Der größte Teil der im Brennstoff enthaltenen Energie wird an das Kühlwasser abgegeben, welches im Kondensator den Abdampf hinter dem Turbinenaustritt verflüssigt. Das Kühlwasser verläßt den Kondensator mit einer Temperatur von 25–30 °C. Aufgrund dieses geringen Temperaturniveaus ist eine weitere energetische Nutzung, vor allem aus wirtschaftlichen Gründen, kaum noch möglich (Bild 2.2.3-20).

$$\eta = \frac{\text{in Arbeit umgesetztes Wärmegefälle}}{\text{Gesamtgefälle}} = \frac{h_3 - h_4}{h_3 - h_1} \approx 30\ldots40\%.$$

h_1 = Enthalpie des Speisewassers
h_3 = Enthalpie bei Eintritt in die Dampfturbine
h_4 = Enthalpie bei Austritt aus der Dampfturbine

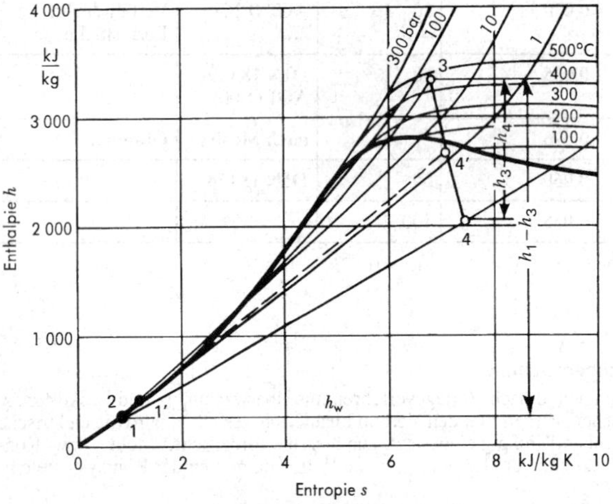

Bild 2.2.3-20. Dampfturbinenprozeß im *h, s*-Diagramm.

Das Wesen des *Heizkraftwerkes* (HKW) besteht darin, die im Abdampf enthaltene Verdampfungswärme nutzbar als *Heizwärme* zu verwenden. An die Stelle des Kondensators, der die Kühlwärme ungenutzt in die Umwelt abführt, tritt der Wärmeverbraucher. Der Entspannungsprozeß in der Turbine wird dabei auf einem höheren Druck- bzw. Temperaturniveau beendet. Das HKW erzeugt dabei sowohl elektrischen Strom als auch Heizwärme in einem gekoppelten Prozeß *(Kraft-Wärme-Kopplung).* Der Gesamtwirkungsgrad steigt dabei auf etwa 75…80% an, während er in den größten Dampfkraftwerken bei reiner Stromerzeugung nur etwa 38% beträgt. Der Anteil der elektrischen Energie wird allerdings gegenüber der Stromerzeugung in einem Kraftwerk entsprechend geringer. Schema einer Heizkraftanlage Bild 2.2.3-21.

Die *wirtschaftliche Bedeutung* liegt in der besseren Wärmeausnutzung bei der Koppelproduktion.

Dazu kommt im Rahmen der allgemein angestrebten Energieersparnis der Vorteil, daß durch Heizkraftwerke in Verbindung mit überregionalen Fernwärmenetzen erhebliche Mengen an *Primärenergie* eingespart werden können. Auch die Umweltbelastung durch Schadgase und Staub wird im Versorgungsgebiet wesentlich verringert. Je MWh Wärme-

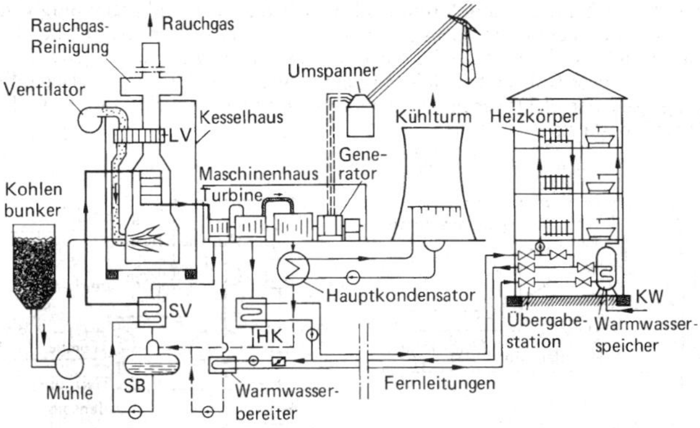

Bild 2.2.3-21. Heizkraftanlage mit Dreileiter-Fernheizung.
HK = Heizkondensator, KW = Kaltwasser, SV = Speisewasservorwärmer,
SB = Speisewasserbehälter, LV = Luftvorwärmer

abgabe werden in modernen HKW etwa 200...400 kWh Strom erzeugt (Stromkennzahl). Gegenwärtig arbeiten nur etwa 10% der installierten Kraftwerksleistung mit Kraft-Wärme-Kopplung. Eine Steigerung dieses Anteils im Großkraftwerksbereich setzt eine Ausweitung der Fernwärmenetze voraus. Die damit verbundenen erheblichen Kosten führen u. U. zu einer Verschlechterung der Wirtschaftlichkeit. Hauptkonkurrent auf dem Wärmemarkt ist die Fernversorgung mit Erdgas oder die Einzelversorgung mit Heizöl. Eine Ausweitung der Fernwärme ist nur zu erwarten, wenn durch Ansteigen der Gas- und Ölpreise oder durch technische oder politische Maßnahmen die Fernwärme konkurrenzfähig wird.

Anwendung der HKW gegenwärtig ab etwa 50 MW Wärmeleistung für Dampfturbinen-Heizkraftwerke, ab etwa 2 MW als Gasturbinen-Heizkraftwerke, ab etwa 100 kW als Blockheizkraftwerke zur Versorgung kleinerer Wärmeinseln oder größerer Einzelobjekte.

Wenn man die am Hauptkondensator in Bild 2.2.3-21 anfallende Wärme statt dem Kühlturm einer Wärmepumpe zuführt, spricht man von *Kaltwasser-* (oder *kalter*) *Fernwärme.* Siehe hierzu Abschnitt 2.2.3-2.3.3.

-2.2 Standort

Aus wirtschaftlichen Gründen möglichst in der Nähe der Verbraucher (im Wärmeschwerpunkt), um die Investitionskosten für das Fernwärmenetz gering zu halten. Max. Entfernung 15...20 km.

Jedoch zwingen andere Umstände wie Brennstoffzufuhr, Ascheentfernung, Frischwasserbeschaffung, Kühlturmanlage, Platzbeschaffung, ferner architektonische Rücksichten (Schornstein) und Umweltauflagen häufig zur Verlagerung der HKW an den Stadtrand.

Für wirtschaftlichen Betrieb des HKW ist eine gewisse *Wärmebedarfsdichte* erforderlich. Zahlen bei ausgeführten Anlagen hierfür sehr abweichend voneinander, von etwa 20...30 MW/km² für neue Siedlungen bis 40...100 MW/km² für Stadtkerngebiete. Auch Heiznetzbelastung von 1...6 MW/km wird angegeben (Liniendichte). Vor Errichtung Wirtschaftlichkeit sehr genau prüfen. Verbilligung dadurch, daß der Spitzenbedarf der Heizwärme (ca. 40%) durch besondere Spitzenwerke, z.B. Gaskessel, Ölkessel, Wärmespeicher u.a., gedeckt wird.

-2.3 Dampfturbinen-Heizkraftwerke

Je nach der Art der Dampfentnahme für die Fernwärme unterscheidet man Gegendruck- oder Entnahmebetrieb. Nutzt man das Kühlwasser des Kondensators zu Heizzwecken, spricht man von Kaltwasser-Fernwärme oder kalter Fernwärme.

-2.3.1 Gegendruckbetrieb

Beim *Gegendruckbetrieb* (Bild 2.2.3-22 und Bild 2.2.3-23) wird der gesamte aus der Niederdruckturbine strömende Abdampf zur Wärmeerzeugung verwendet. Kondensat wird zum Kessel zurückgeführt. Strom- und Wärmeerzeugung sind gegenseitig voneinander abhängig. Höhe des Gegendrucks abhängig von der Art der Verbraucher, bei Stadtheizungen mit Dampf als Wärmeträger 3…5 bar, bei Wasser als Wärmeträger je nach Wassertemperatur geringere Drücke, bei 90 °C Vorlauftemperatur z.B. 0,75 bar. Nachteilig ist die Abhängigkeit der elektrischen Leistung vom Wärmeverbrauch, vorteilhaft die geringeren Investitionskosten.

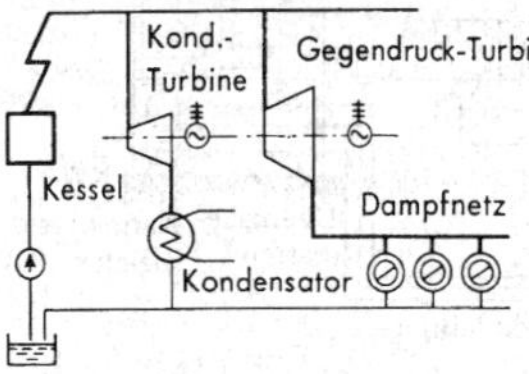

Bild 2.2.3-22. Heizkraftwerk mit Gegendruckturbine und Ferndampfnetz.

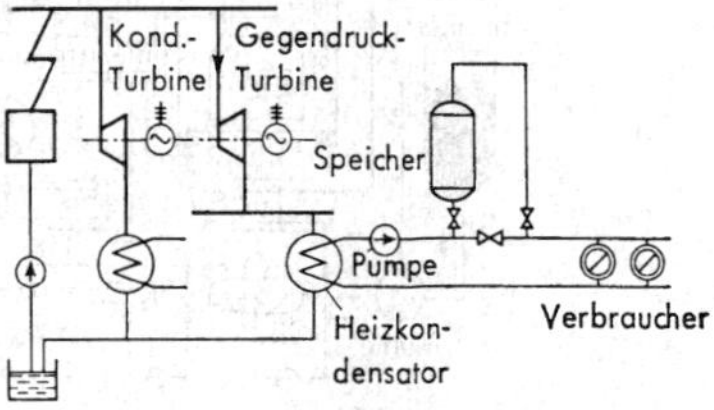

Bild 2.2.3-23. Heizkraftwerk mit Gegendruckturbine und Warmwassernetz.

Zur Deckung von *Wärmebedarfsspitzen* zweistufige Erwärmung mit Zusatz von Frischdampf, Bild 2.2.3-24:

1. Stufe Heizkondensator;
2. Stufe Frischdampf-Wärmeaustauscher.

Bei Dampfüberschuß *Speicherung* von Wärme in Warmwasserspeichern oder im Heiznetz selbst durch vorübergehende Erhöhung der Heizwassertemperatur. Wenig Kühlwasserverbrauch.

Verwendung besonders in Industriebetrieben mit hohem gleichmäßigen Wärmeverbrauch (Textilfabriken, Färbereien usw.). Individuelle Bearbeitung jedes Falles und Aufstellung von Wärmebedarfsdiagrammen erforderlich.

-2.3.2 Entnahmebetrieb

Heizdampf wird *zwischen Hoch- und Niederdruckteil* oder an mehreren Druckstufen der Turbine entnommen, während der restliche Dampf bis zur Kondensation weiterströmt (Anzapfturbine), Bild 2.2.3-25.

Dadurch wesentlich bessere Möglichkeiten in der Anpassung des Strombedarfs an den Heizwärmebedarf. Erwärmung einstufig oder zweistufig. Bei zweistufiger Erwärmung (Bild 2.2.3-26):

1. Stufe Heizkondensator;
2. Stufe Erwärmung durch Entnahmedampf im Wärmeaustauscher.

Bei geringem Heizwärmebedarf Umschaltung auf Kühlwasserkondensator, so daß die volle elektrische Leistung zur Verfügung steht. Zu Zeiten der *Stromspitze* kann man die Abgabe von Heizwärme vorübergehend unterbrechen, ohne daß die Heizwärmeverbraucher infolge der großen Speicherfähigkeit des Warmwassernetzes zu stark benachteiligt werden. Je 1000 m^3 Wasserinhalt des Heiznetzes können etwa 30…40 MWh gespeichert werden. Aufladung des Netzes vor Stromspitze.

Die Wärmeentnahme aus dem Dampfkraftwerk führt zu einer Verringerung der el. Leistung, da der Dampf weniger entspannt wird.

-2.3.3 Kaltwasser-Fernwärme

Im Bestreben, den Primärenergieverbrauch zu senken, bemüht man sich um die konsequente Nutzung der Kraftwerksabwärme zu Heizzwecken. Bei Fernwärme mit den üblichen Vorlauftemperaturen muß der mit der Wärmeauskoppelung verbundene Stromausfall entsprechend bewertet werden. *Kalte Fernwärme* nutzt dagegen Kühlwasser des Kondensators des Dampfturbinenprozesses und arbeitet so mit Vorlauftemperaturen von 25…35 °C. Beim Verbraucher wird durch Wärmepumpen Niedertemperatur-Heizwasser von 50…60 °C erzeugt. Damit wird die Verwendung von sonst nicht mehr nutzbarer Abwärme im Kraftwerk zu Heizzwecken möglich. Die Wärmeauskoppelung bei der Elektri-

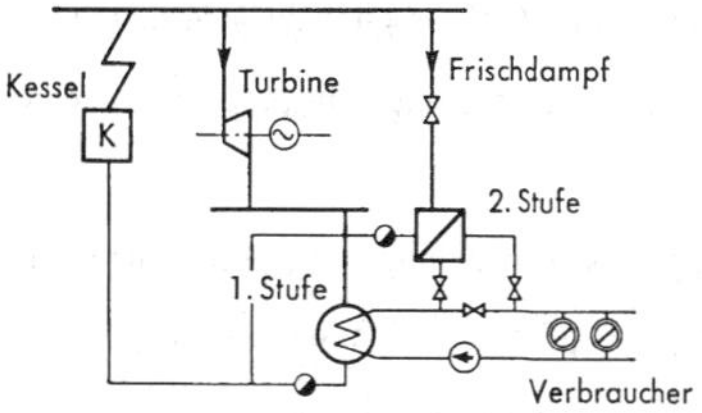

Bild 2.2.3-24. Heizkraftwerk mit Gegendruckturbine und 2stufiger Wassererwärmung.

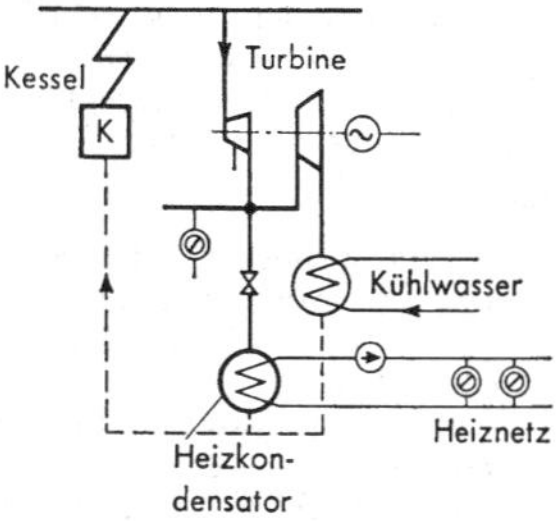

Bild 2.2.3-25. Heizkraftwerk mit Entnahmebetrieb.

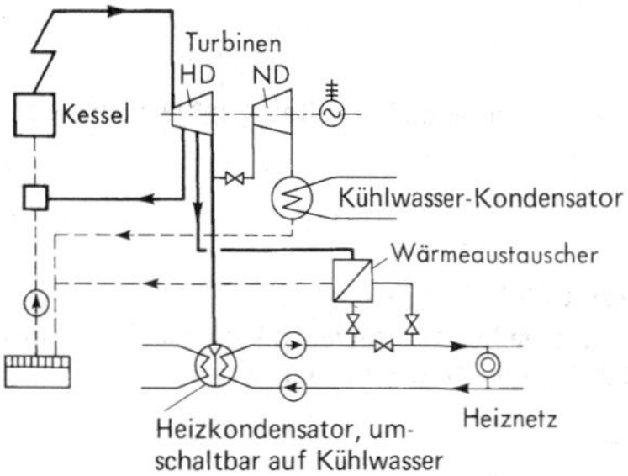

Bild 2.2.3-26. Heizkraftwerk mit Entnahmebetrieb und 2stufiger Wassererwärmung.

zitätserzeugung entfällt hierbei. Dem steht allerdings ein gewisser Stromverbrauch gegenüber bei elektrisch angetriebener Wärmepumpe.

Eine schematische Darstellung der *Kaltwasser-Fernheizung* zeigt Bild 2.2.3-27. Die Wärmepumpen beim Verbraucher können konzentriert in Heizzentralen oder dezentral pro Verbraucher aufgestellt werden. Anwendungsbeispiele: Thermisches Kraftwerk Arzberg für Schule mit 3 · 390 kW und Schwimmbad mit 480 kW Heizleistung. Ferner Projekt Kernkraftwerk Gösgen/Schweiz für 3000...5000 Fernwärme-Abnehmer in Olten.

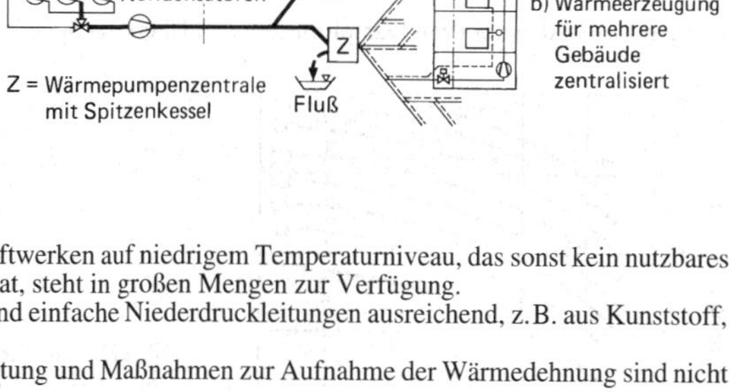

Bild 2.2.3-27. Schema für Kaltwasser-Fernheizung (Sulzer).

Vorteile:

Kühlwasser von Kraftwerken auf niedrigem Temperaturniveau, das sonst kein nutzbares Temperaturgefälle hat, steht in großen Mengen zur Verfügung.

Für den Transport sind einfache Niederdruckleitungen ausreichend, z.B. aus Kunststoff, Beton oder Eternit.

Isolation der Rohrleitung und Maßnahmen zur Aufnahme der Wärmedehnung sind nicht erforderlich.

Da in der Fernleitung normales Kühlwasser (Flußwasser) fließt, kann auf eine Rückleitung zum Kraftwerk verzichtet werden (Einrohr-System).

Wegen der relativ konstanten Temperaturen von 25…35 °C arbeiten die Wärmepumpen mit günstiger Leistungszahl.
Keine direkte Beeinflussung der Stromerzeugung durch Energieauskoppelung wie bei Heißwasser-Fernheizung.

Nachteile:

Bei Erschließung von bestehenden Heizungen ist Umstellung auf Niedertemperatur-Heizung ganzjährig oft nicht möglich.
Bivalenter Betrieb mit zusätzlichem Heizkessel mit fossilem Brennstoff daher meist notwendig.
Verbrauch hochwertiger Energie zum Antrieb der Wärmepumpen notwendig (Strom, Gas, Dieselöl).
Wirtschaftlichkeit der kalten Fernwärme gegenüber Heißwasser-Fernheizung z.Zt. noch schlechter.

-2.4 Stromkennzahl

Die *Stromkennzahl n* gibt an, wieviel elektrische Energie im Verhältnis zur Heizwärme erzeugt wird:

$$n = \frac{\text{Stromabgabe}}{\text{Wärmeabgabe}}$$

Sie ist ein wichtiges Kriterium für den Heizkraftprozeß.

Legt man für Strom und Wärme dieselbe Energieeinheit zugrunde, so kann das Verhältnis annähernd aus dem *h, s*-Diagramm Bild 2.2.3-20 entnommen werden.

$$n = \frac{h_3 - h_4'}{h_4' - h_1'}$$

Der Zähler entspricht der indizierten Leistung der Dampfkraftmaschine, der Nenner der vom Kondensator abgegebenen Wärmeleistung. Man erkennt deutlich, daß die Stromausbeute desto größer wird, je geringer der Gegendruck ist. Bezogen auf den *Dampfverbrauch* je kWh ergeben sich folgende Beziehungen (siehe Abschn. 1.3.8):

$$\text{Spez. Dampfverbrauch } d = \frac{3600}{(h_3 - h_4')} \text{ in kg/kWh}$$

$$h_3 - h_4' = \frac{3600}{d}$$

$$n = \frac{3600}{d\,(h_4' - h_1')}.$$

Setzt man im Mittel

$h_4' - h_1' = 2600 - 250 = 2350$ kJ/kg, so erhält man

$$n = \frac{3600}{d \cdot 2350} = \frac{1{,}5}{d} \text{ in } \frac{\text{kWh}}{\text{kWh}}.$$

Werte für *n* bei den üblichen Dampfdrücken und Überhitzungen in Bild 2.2.3-28.

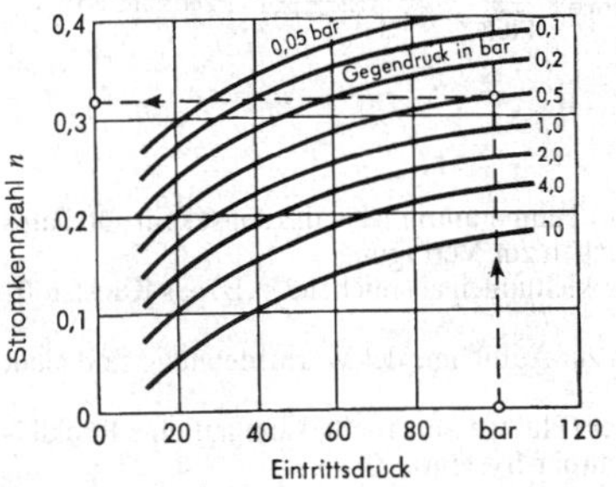

Bild 2.2.3-28. Stromkennzahl in kWh/kWh von Heizkraftwerken bei verschiedenen Gegendrücken.

Mittlere Werte der Stromkennzahl

bei Dampfheiznetzen $n \approx 0{,}15 \ldots 0{,}20$
bei Wasserheiznetzen $n \approx 0{,}20 \ldots 0{,}40$.

Beispiel:

Heizwassernetz konstant 110/70 °C, Dampfdruck 50 bar/450 °C,
Turbinenwirkungsgrad $\eta_i \cdot \eta_m = 0{,}75$, Kondensattemperatur = 60 °C.
Erforderlicher Heizdampfdruck entsprechend 110 + 10 °C: p = 2 bar Überdruck.

Spez. Dampfverbrauch nach Abschnitt 1.3.8

$$d = \frac{3600}{(h_3 - h_4')} = \frac{3600}{(3311 - 2764)} = \frac{3600}{547} = 6{,}6 \text{ kg/kWh}$$

(s. a. Bild 1.3.8-1)
h_3 = 3311 kJ/kg aus *h, s*-Diagramm
h_4' = 2764 kJ/kg aus *h, s*-Diagramm
h_1' = 259 kJ/kg

$$\text{Stromkennzahl } n = \frac{3600}{6{,}6 \cdot (2764 - 259)} = 0{,}216 \text{ kWh/kWh}$$

Bei Heiznetzen mit *gleitender Temperatur* steigt die Stromkennzahl an, je geringer die Wassertemperatur wird. Die max. Temperatur ist im Heiznetz nur an wenigen Tagen des Jahres erforderlich. Maßgebend für Stromausbeute ist die mittlere Temperatur des Vorlaufes im Jahresdurchschnitt. Bild 2.2.3-29 zeigt Verlauf der Vorlauftemperatur bei verschiedener Belastung. Die mittlere Belastung liegt etwa bei 40 bis 50% der Maximalbelastung.

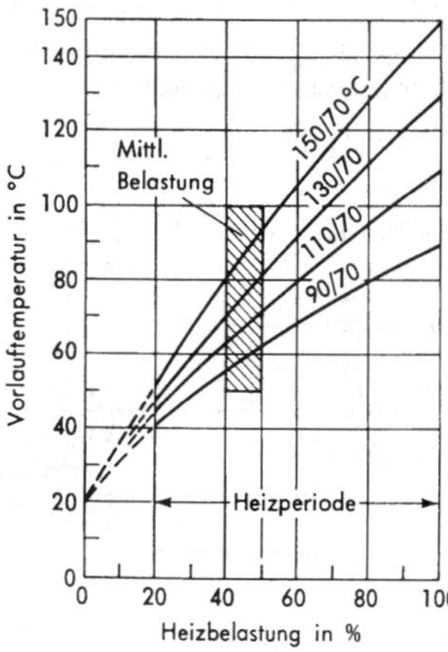

Bild 2.2.3-29. Heizungs-Vorlauftemperaturen in Abhängigkeit von der Belastung.

Beispiel:

Heizwassernetz gleitend 110/70 °C, Dampfdruck 100 bar/500 °C. Mittlere Temperatur des Vorlaufs im Jahresdurchschnitt nach Bild 2.2.3-29 etwa 70 °C.

Erforderlicher mittlerer Heizdampfdruck entsprechend 70 + 10 = 80 °C: p = 0,48 bar.

Kennzahl *n* aus Bild 2.2.3-28: $n = 0{,}31$ kWh/kWh.

Die Turbine wird meist für die mittlere Belastung des Heiznetzes ausgelegt. Die zusätzlich an kalten Tagen im Winter erforderliche Wärme wird durch Frischdampf oder Entnahmedampf gedeckt oder durch Spitzenkessel. Siehe auch Bild 2.2.3-41.

Bei Lieferung von Heiz- und Industriewärme ist sinngemäß vorzugehen. Die wirkliche Stromausbeute ist meist noch größer, weil der nach DIN 4701 errechnete Wärmebedarf der

Gebäude erfahrungsgemäß selten voll in Erscheinung tritt. Die mittlere Vorlauftemperatur liegt daher häufig noch um 5...10 °C unterhalb der errechneten Werte.

Die Stromkennzahlen von Block- und Gasturbinenheizkraftwerken liegen in der Bandbreite 0,5...0,8 kWh/kWh.

-2.5 Gasturbinen-Heizkraftwerke

In Gasturbinen-Heizkraftwerken wird die in den Abgasen enthaltene Wärme in einem nachgeschalteten Wärmeaustauscher zur Erwärmung von Heizwasser verwendet.

Vorteile:

Geringe Investitionskosten, wenig Raumbedarf, kurze Anheizzeit (20 min), wenig Kühlwasserverbrauch, wahlweise Verbrennung von Erdgas oder Heizöl, Stromerzeugung von Heizwärmeerzeugung unabhängig.

Ausführung in offener und (selten) geschlossener Bauart.

Elektrischer Wirkungsgrad des Kraftprozesses ungefähr 30...35%, bei geringerer Belastung stark fallend (im offenen Prozeß), Gesamtwirkungsgrad bei kombinierter Strom- und Wärmeerzeugung ≈ 75...80%.

Maximale elektrische Leistung gegenwärtig etwa 200 MW.

Gastemperatur ungefähr

Turbineneintritt. . . . . .800...950 °C, teilweise auch bis 1000 °C
Turbinenaustritt . . . . .400...500 °C
nach Abhitzekessel . . . . .100...200 °C
Heizwärmeabgabe von . . . . .350...100 °C

$$\text{Stromkennzahl } n = \frac{\text{Stromabgabe kW/h}}{\text{Wärmeabgabe kW/h}} \approx 0{,}5 \ldots 0{,}6.$$

Beispiel eines Gasturbinenkraftwerkes mit offenem Kreislauf und mit angeschlossener Heizwärmeerzeugung siehe Bild 2.2.3-30.

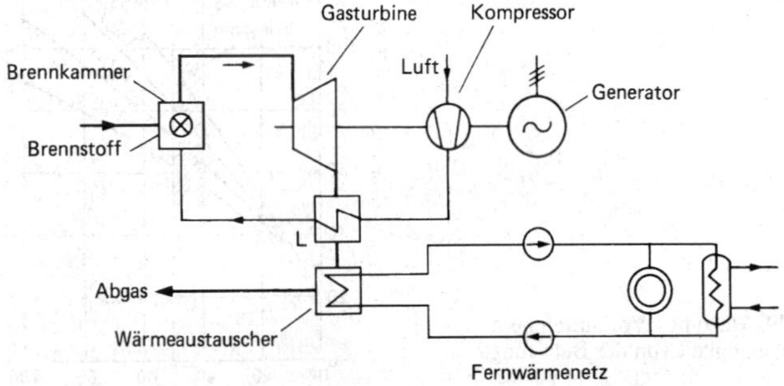

Bild 2.2.3-30. Offener Gasturbinenprozeß mit Fernwärme-Erzeugung. L = Luftvorwärmer

Die Gasturbinen-Heizkraftwerke werden in der Regel in der Nähe von Wohngebieten errichtet, weil nur wenig Kühlwasser benötigt wird. Die erheblichen Ansaug- und Abgasgeräusche müssen durch *Schalldämpfer* reduziert werden.

Kombinierte Gasturbinen- und Dampfkraftwerke

Diese Bauart, bei der die Gasturbine einem Dampfkessel vorgeschaltet ist, hat sich in letzter Zeit vielfach als zweckmäßig erwiesen. Die 400...500 °C heißen Abgase der Gasturbine beheizen dabei einen Abhitzekessel, der Dampf von etwa 30 bar und 350...450 °C für eine Dampfturbine liefert (Bild 2.2.3-31). Strom wird von beiden Turbinen erzeugt. Der Abdampf der Dampfturbine erwärmt im Kondensator das Wasser des Fernwärmenetzes.

Der Gesamtwirkungsgrad erreicht die Werte von großen Heizkraftwerken, etwa 80...85%. Beispiel einer Anlage ist das Heizkraftwerk München Süd.

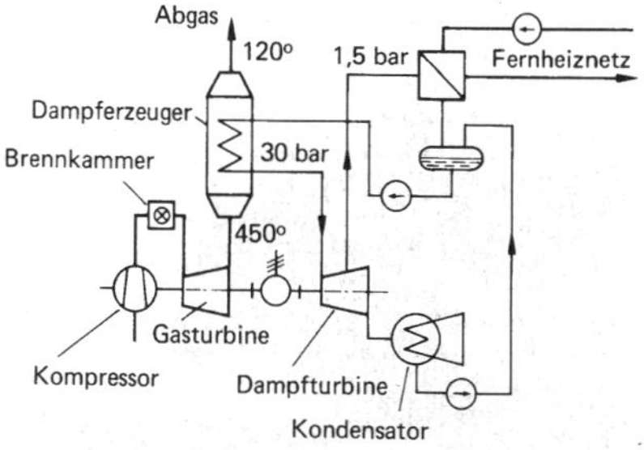

Bild 2.2.3-31. Kombinierte Gasturbinen-Dampfkraftanlage.

-2.6 Blockheizkraftwerke

-2.6.1 Allgemeines

Blockheizkraftwerke (BHKW) sind Kleinkraftwerke auf Basis von Verbrennungsmotoren im elektrischen Leistungsspektrum zwischen 5 und 10000 kW. Durch weitgehende Nutzung der Motorabwärme erzielen BHKW-Anlagen Gesamtwirkungsgrade von bis zu 85%. Dabei liegen die elektrischen Wirkungsgrade je nach Verbrennungsprinzip zwischen 35% (Otto-Prozeß) und 38% (Diesel-Prozeß).

Aufgrund ihrer kompakten – häufig in Modulform angebotenen – Bauweise können Blockheizkraftwerke unterschiedlichsten Bedarfsfällen angepaßt werden. Zu den typischen BHKW-Einsatzgebieten zählen Betriebe und Einrichtungen, in denen die Gleichzeitigkeit von Strom- und Wärmenachfrage die weitgehende Eigennutzung der vom BHKW abgegebenen Energien gewährleistet, wie z. B. energieintensive Industriebetriebe, Krankenhäuser, Schwimmbäder, Sportzentren u. a. Darüber hinaus ermöglichen angemessene Einspeisevergütungen den wirtschaftlichen BHKW-Betrieb in solchen Fällen, in denen die erzeugte elektrische Energie zum überwiegenden Teil in das öffentliche Netz eingespeist wird. Hierzu zählen Nahwärmesysteme, Verwaltungsgebäude u. ä. sowie bei Einsatz von inzwischen in Serienreife verfügbaren Kleinstmodulen größere Mehrfamilienhäuser. Außerdem setzen sich Blockheizkraftwerke bei der energetischen Verwertung von Deponie- und Klärgasen durch.

Derzeit sind in der BRD ca. 3200 Blockheizkraftwerke mit einer elektrischen Gesamtleistung von rd. 1800 MW in Betrieb. Das größte BHKW mit einer Leistung von 13 MW_{el}, verteilt auf vier Module, steht im westfälischen Lünen. Die kleinsten gegenwärtig angebotenen Einheiten haben eine elektrische Leistung von 5 kW bei einer thermischen Leistung von 12 kW.

-2.6.2 Funktion

Die *Hauptbestandteile* der BHKW-Module sind der Verbrennungsmotor, der Kühlwasserwärmeaustauscher, der Abgaswärmeaustauscher und der Generator (Bild 2.2.3-32). Das umlaufende Heizungswasser wird zunächst im Kühlwasserwärmetauscher auf etwa 80 °C vorgewärmt und anschließend im Abgaswärmeaustauscher auf höhere Temperaturen, maximal etwa 110 °C, nachgewärmt. Dabei können die Abgastemperaturen von 400–600 °C je nach Motortyp bis auf 120 °C (Gasmotor) bzw. bis auf 180 °C (Dieselmotor) abgesenkt werden.

Das so erwärmte Wasser wird in der Regel für Heizzwecke verwendet, kann jedoch auch für andere Aufgaben wie Trocknung, Dampferzeugung, Lufterwärmung, Antrieb von Absorptionskältemaschinen u. a. eingesetzt werden.

Die elektrische Anbindung erfolgt üblicherweise niederspannungsseitig ans 0,4-kV-Netz. Abhängig von der gewählten elektrischen Betriebsweise kommen Asynchron- (Netzparallelbetrieb) oder Synchrongeneratoren (Inselbetrieb, Ersatzstromerzeugung) zum Einsatz, die direkt mit dem Motor gekoppelt werden.

Als Motoren werden erprobte Serienbauarten aus der LKW- oder Schiffsmotorenproduktion verwendet. Üblich ist die anschlußfertige Kompaktbauweise mit eingebauten Wärmeaustauschern und Zubehör für automatischen Betrieb. Wegen des hohen Geräuschpegels der Motoren – ca. 90...100 dB(A) – sind immer besondere *Schallschutzmaßnahmen* erforderlich.

1: Gasmischer
2: Ansaugschalldämpfer
3: Gas-Multiblock
4: Startgasventil
5: Abgasstutzen
6: Motor
7: Zündung
8: Gasmengenregulierung
9: Transportsicherung
10: Generator
11: Regler und Überwachungseinheit

Bild 2.2.3-32. Serienmäßig hergestelltes Klein-BHKW: Brennstoff Erdgas, Flüssiggas o. Heizöl; elektr. Leistung ca. 5–5,5 kW; therm. Leistung ca. 12–12,5 kW (Werkfoto Sachs).

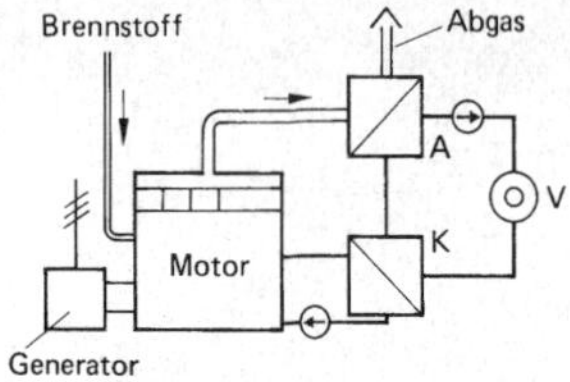

Bild 2.2.3-33. Schema eines Blockheizkraftwerkes.
A = Abgaswärmeaustauscher
K = Kühlwasserwärmeaustauscher

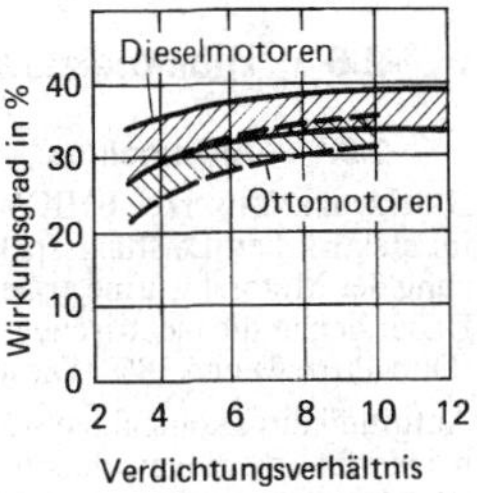

Bild 2.2.3-34. Wirkungsgrade von Verbrennungsmotoren.

Zur Gewährleistung einer hohen Auslastung der kapitalintensiven BHKW-Module werden diese Systeme vornehmlich zur Deckung der Wärmegrundlast eingesetzt. Bedarfsspitzen werden mit erheblich kostengünstigeren Spitzenheizkesseln gedeckt. Zur Laufzeitoptimierung der BHKW-Module können Wärmespeicher als Puffer- und Steuerspeicher installiert werden.

Bei Planung und Errichtung der Anlagen sind bezüglich Schadstoff- und Lärmemissionen die Vorschriften des Bundesimmissionsschutzgesetzes zu beachten (s. Abschn. 1.9).

-2.6.3 Wärmebilanzen

Die Wärmebilanzen der BHKW-Module sind je nach Bauart, Motorfabrikat, Größe, Kraftstoff und Betriebsweise unterschiedlich. Im Mittel können für Motorleistungen von 0,5…1,0 MW die Werte in Tafel 2.2.3-2 zugrunde gelegt werden.

Die effektiven *Wirkungsgrade* der Verbrennungsmotoren gehen aus Bild 2.2.3-34 hervor.

Die Menge des umlaufenden Kühlwassers wird bestimmt durch die Erwärmung im Motor auf etwa 80 °C, die Abgasmenge läßt sich aus Tafel 1.3.7-3 und Tafel 1.3.7-4 errechnen.

Tafel 2.2.3-2 Wärmebilanzen von Verbrennungsmotoren in % des Kraftstoffverbrauchs

Leistungsart	Gasmotor	Dieselmotor
Nennleistung, mechanisch	30···36	37···39
Kühlwasser incl. Ölkühlung	28···30	22···24
Abgaswärme, nutzbar	18···22	19···21
Rest (Strahlung und Abwärme)	12···20	12···20
Abgastemperatur bei Vollast	500···600 °C	400···550 °C
CO-Gehalt der Abgase	3···5%	0,1···0,3%

Die *Wärmekennziffer,* d. h. das Verhältnis Wärmeerzeugung/Stromerzeugung, beträgt etwa 1,75 beim Gasmotor und 1,25 beim Dieselmotor.

-2.6.4 Wirtschaftlichkeit und Fahrweise

Die Wirtschaftlichkeit von Blockheizkraftwerken (BHKW) wird im wesentlichen von der Ausnutzungsdauer der Aggregate und der erzielbaren Stromgutschrift bestimmt. Abhängig von der Energieverbrauchscharakteristik der zu versorgenden Objekte werden Blockheizkraftwerke daher entweder strom- oder wärmeorientiert betrieben. Bei stromorientierter Fahrweise werden Wärmeüberschüsse von Speichern aufgefangen – ggf. durch Umfahrung des Abgaswärmetauschers oder durch Rückkühlung an die Umgebung abgegeben – bzw. die zusätzliche Wärmenachfrage von konventionellen Kesselanlagen gedeckt. Bei wärmeorientierter Fahrweise dient das öffentliche Netz der Aufnahme von Stromüberschüssen bzw. der Deckung der zusätzlichen Stromnachfrage.

Wegen der Vielzahl der Betriebsbedingungen ist im Rahmen der BHKW-Planung der zeitliche Verlauf des Energieverbrauchs genau zu untersuchen (Energieanalyse). Es müssen Diagramme aufgestellt werden, aus denen der tägliche und jährliche Bedarf an Wärme und Strom ersichtlich ist *(Lastverlaufdiagramme).* Dabei sollte geprüft werden, ob insbesondere saisonale Schwankungen durch Anbindung weiterer Objekte (z. B. in der Nachbarschaft) kompensiert werden können, ggf. durch Kraft-Wärme-Kälte-Kopplung unter Einsatz von Absorptionskältemaschinen (Klimatisierung/Kühlung in den Sommermonaten), oder ob das BHKW zur Ersatzstromversorgung eingesetzt werden kann, um die geplante BHKW-Anlage wirtschaftlich zu optimieren.

Bei der *Wirtschaftlichkeitsprüfung* sind die wesentlichen Parameter:

Investitionskosten ca. 500…1500 €/kW_{el}, ohne Gebäudeanteil,
bauliche Kosten ca. 100–150 €/kW_{el},
Brennstoffkosten (Erdgas bzw. Dieselöl),
jährliche Vollastbenutzungsstunden ≧ 4500 h/a,
Betriebskosten für Wartung, Reparaturen u. ä.,
Lebensdauer der Aggregate etwa 80000 Stunden,
Vergütung seitens der EVU für Stromeinspeisung
zzgl. Verfügbarkeitsprämie für Leistungsvorhaltung.

In der Regel werden aus Sicherheits- und Betriebsgründen mehrere Motoren installiert, die je nach Last in Betrieb gehen (Bild 2.2.3-35). Die Gesamtleistung der Aggregate wird bis zu 50% der maximalen Wärmeleistung ausgelegt, womit bis zu 80% der jährlichen Wärmenachfrage gedeckt werden können. Der restliche Bedarf ist durch einen *Spitzenheizkessel* und ggf. durch Speicher zu decken (Bild 2.2.3-36).

a) BHKW-Fahrweisen[1)]

Blockheizkraftwerke können für unterschiedliche Betriebsweisen ausgelegt und gesteuert werden. Hauptsächlich wird zwischen strom- und wärmeorientierter Fahrweise unterschieden (s. Bild 2.2.3-37).

Wärmeorientierter Betrieb

Fall 1: Entsprechend dem Wärmebedarf der Verbraucher werden Aggregate mit voller Leistung zu- und abgeschaltet. Restlicher Wärmebedarf wird durch Kesselstufen gedeckt. Plus- und Minusflächen müssen ausgeglichen sein.

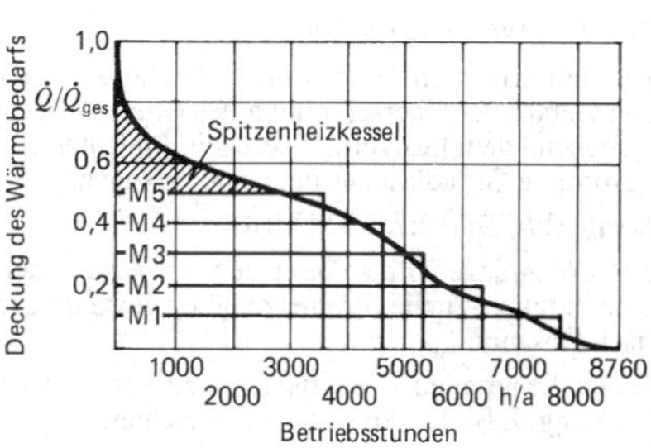

Bild 2.2.3-35. Wärmelieferung durch 5 BHKW-Module.

[1)] MAN, Dezentrale Energiesysteme, Anlagenbeschreibung Fernwärmezentrale Wolfen, 1992.

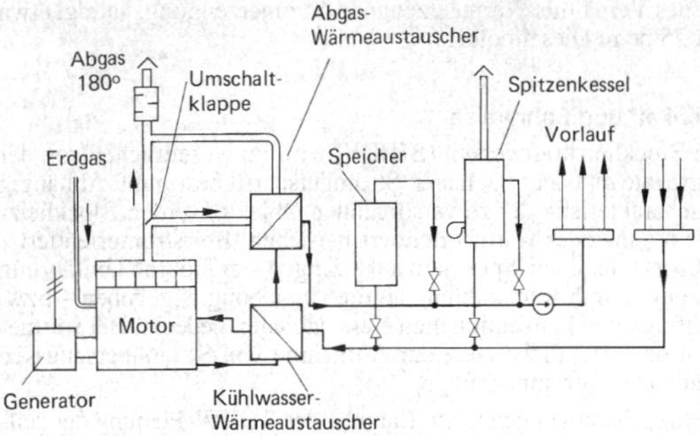

Bild 2.2.3-36. Rohrleitungsschaltbild eines Blockheizkraftwerkes mit Speicher und Spitzenkessel.

Erzeugter Strom wird ins Netz geliefert, Restbedarf aus dem öffentlichen Netz gedeckt. Abrechnung entsprechend Lieferung bzw. Bezug.

Stromorientierter Betrieb

Fall 2: Aggregatleistungen werden untereinander ausgeglichen und exakt nach dem Strombedarf geregelt. Kein Netzbezug, keine Rückspeisung = *Nullastregelung*.

Wärmeüber- bzw. -unterdeckungen sind durch Spitzenkessel bzw. Notkühleinrichtungen auszugleichen.

Fall 3a: Spitzenlastbetrieb

Bis zu festgelegter Grundlast wird Strombedarf aus dem Netz gedeckt. Besteht die Gefahr, daß der Grenzwert überschritten wird, werden alle Aggregate mit voller Leistung ans Netz geschaltet.

Wärmebedarf in den Zeiten, in denen die Aggregate nicht laufen, ist durch Speicherentladung oder Betrieb der Spitzenkessel zu decken. Besteht die Gefahr, daß durch den Spitzenbetrieb Wärmeüberschüsse auftreten, sind diese durch zeitlich gesteuerte Rücklauftemperaturabsenkung oder Speicherladung zu vermeiden.

Fall 3b: Spitzenlastbetrieb wie Fall 3a, jedoch stufenweise Zu- und Abschaltung von Aggregaten mit voller Leistung entsprechend dem Lastverlauf. Gegenüber Fall 3a kann Bezugsleistung reduziert werden.

Fall 3c: Spitzenlastbetrieb wie 3a und 3b. Bei Gefahr der Überschreitung des Grundlast-Grenzwertes wird jedoch der gesamte Leistungsbedarf der Verbraucher vom BHKW gedeckt und gleichmäßig auf die Einzelaggregate verteilt.

Für die Wärmeleistung gilt das bei 3a beschriebene.

Fall 3d: Spitzenlastbetrieb wie 3c. Aggregate werden bis zu ihrer Nennleistung entsprechend dem Leistungsbedarf geregelt. Über die Maximalleistung der Aggregate hinausgehende Spitzen werden aus dem Netz bezogen.

Fall 3e: Spitzenlastbetrieb

Bis zum Erreichen der maximalen Grundlast wird der Gesamtbedarf aus dem Netz gedeckt. Bei Gefahr der Überschreitung des Grenzwertes werden alle Aggregate gestartet und entsprechend dem Lastverlauf geregelt. Im Unterschied zu 3c wird jedoch weiterhin eine vorbestimmte Grundlast aus dem Netz bezogen.

Sonderfall (Bild 2.2.3-37 Fall 4)

BHKW-Anlage wird so betrieben, daß erstens der Eigenbedarf gedeckt wird und zweitens eine möglichst hohe Stromerzeugung gewährleistet ist. Bevorzugte Betriebsart bei Betrieb nach Gasanfall.

Wenn die anfallende Wärme nicht ausgenutzt werden kann, ist ggf. auf die Wärmerückgewinnung, z. B. des Abgases, zu verzichten.

Bild 2.2.3-37. BHKW-Betriebsarten.

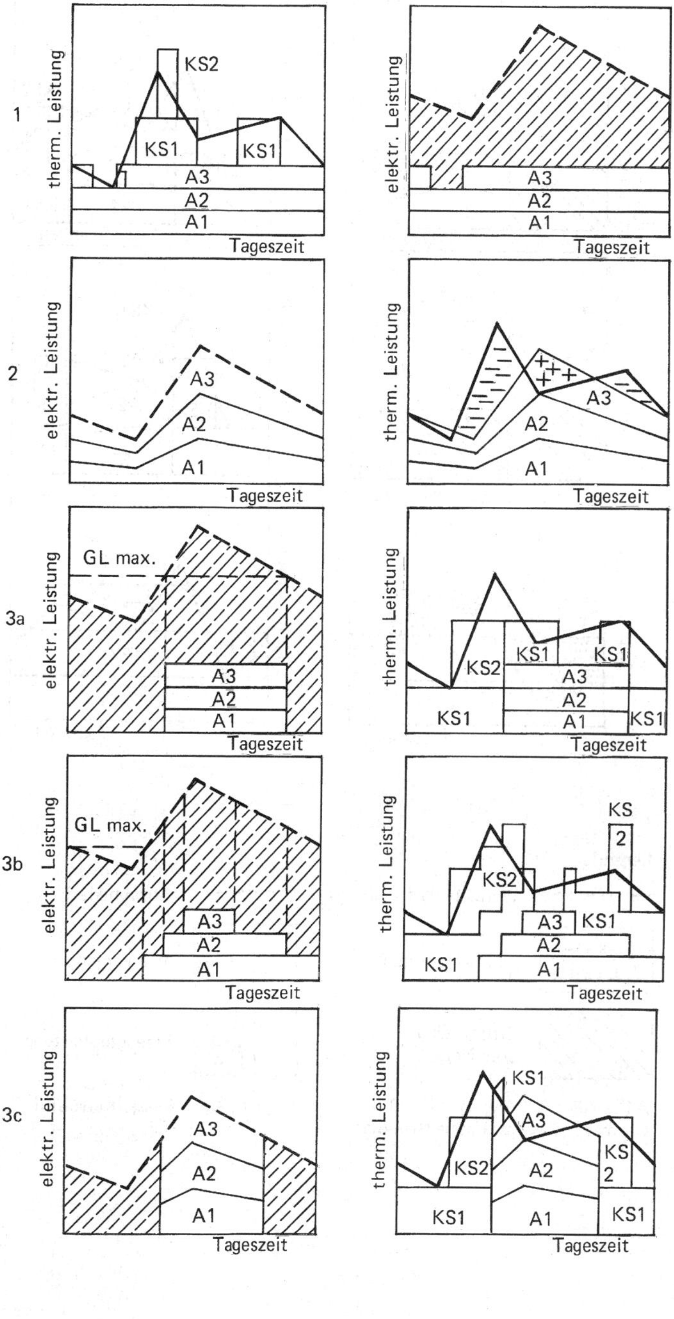

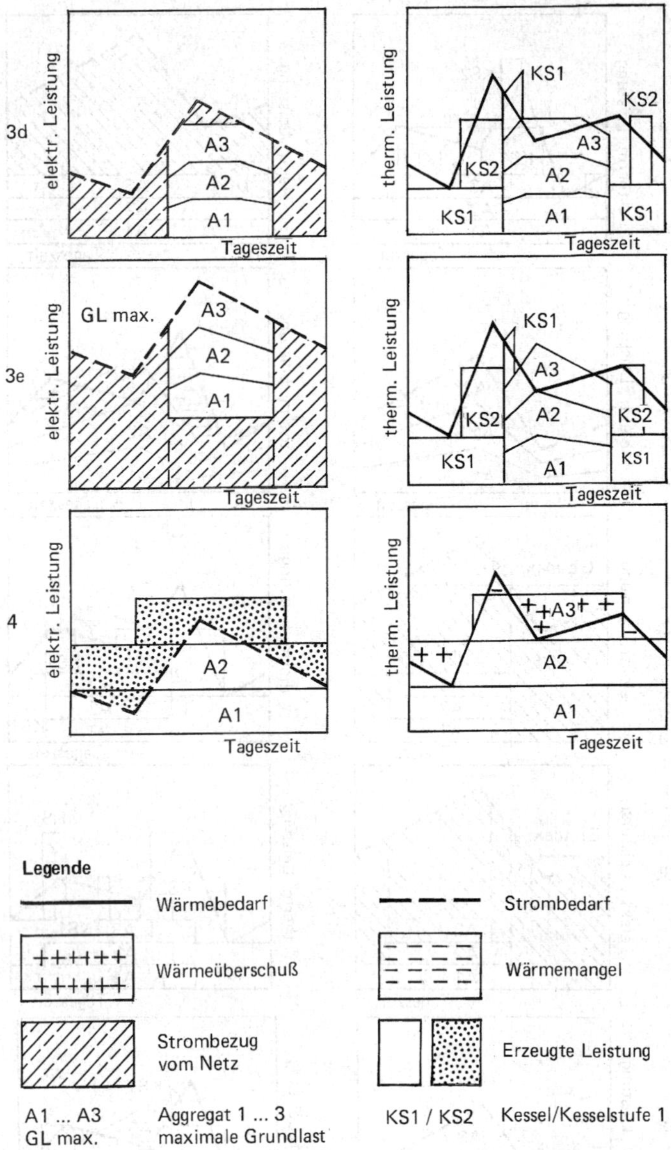
3d
elektr. Leistung
A3
A2
A1
Tageszeit
therm. Leistung
KS1
KS2
A3
KS2
A2
KS1
A1
KS1
Tageszeit
3e
elektr. Leistung
GL max.
A3
A2
A1
Tageszeit
therm. Leistung
KS1
A3
KS2
A2
KS2
KS1
A1
KS1
Tageszeit
4
elektr. Leistung
A2
A1
Tageszeit
therm. Leistung
+ +A3+ +
+ +
A2
A1
Tageszeit
Legende
Wärmebedarf
Strombedarf
++++++
++++++
Wärmeüberschuß
Wärmemangel
Strombezug vom Netz
Erzeugte Leistung
A1 ... A3
GL max.
Aggregat 1 ... 3
maximale Grundlast
KS1 / KS2
Kessel/Kesselstufe 1

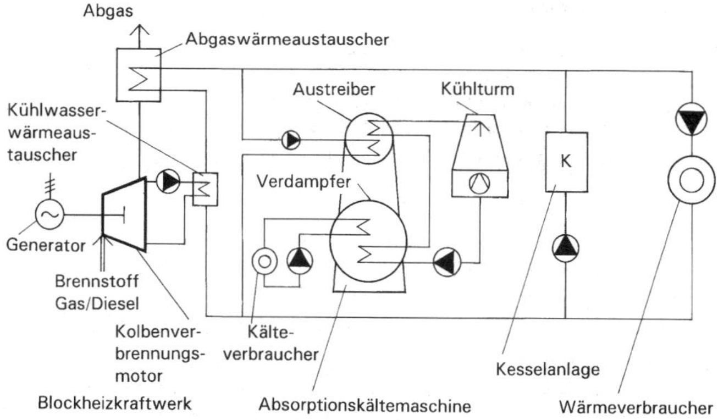

Bild 2.2.3-38. Kraft-Wärme-Kälte-Kopplung mit BHKW und Absorptionskältemaschine.

b) Kraft-Wärme-Kälte-Kopplung

Trotz stark eingeschränktem Wärmebedarf in den Sommermonaten können Blockheizkraftwerke auch in zahlreichen Büro- und Verwaltungskomplexen eine wirtschaftliche Ausnutzungsdauer erreichen. Überall dort, wo zu Klimatisierungszwecken Kälte benötigt wird, kann durch den Einsatz von Absorptionskältemaschinen, deren „thermische Verdichter" mit Wärme betrieben werden, die BHKW-Laufzeit deutlich angehoben werden. Ein typisches Schaltungsbeispiel ist in Bild 2.2.3-38 dargestellt.

In der Regel werden Absorptionskältemaschinen in Kombination mit Kompressionskältemaschinen betrieben. Mit den Absorptionsmaschinen wird die Kältegrundlast, mit der Kompressionsmaschine die Kältespitzenlast bedient.

Die Absorptionskältetechnik hat in den zurückliegenden Jahren eine dynamische Entwicklung durchgemacht. Inzwischen wurden 1000 MW Kälteleistung, zum großen Teil in Kraft-wärme-Kälte-Kopplung, installiert.

c) BHKW und Wärmepumpe

BHKW-Module können als sogenannte Tandemanlagen auch direkt mit Wärmepumpen bzw. Kältemaschinen gekoppelt werden (Bild 2.2.3-39). Die mechanische Energie der Motoren kann dabei je nach Betriebserfordernissen entweder zum Antrieb der Verdichter oder der Generatoren eingesetzt werden. Auch der gleichzeitige Betrieb von Verdichter und Generator ist möglich, dann jedoch unterhalb ihrer Nennleistungen.

Die Verbreitung der Tandemanlagen ist gering. Ihre Einsatzbereiche liegen überwiegend in Sportzentren (Bäder – Eislaufhallen – Kombinationen) und in Schlachthöfen.

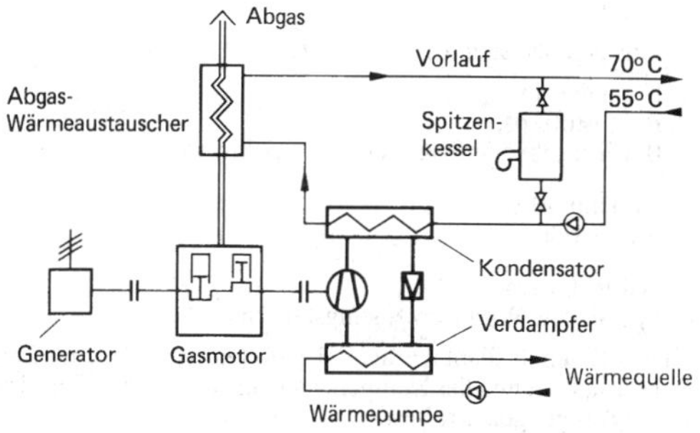

Bild 2.2.3-39. Prinzipschaltbild eines Blockheizkraftwerks mit Wärmepumpe.

-2.7 Kosten

Die Kosten für Fernwärme setzen sich zusammen aus

Kapitalkosten (feste Kosten)
Brennstoffkosten (Kohle, Heizöl, Erdgas)
Betriebsgebundenen Kosten (Wartung, Reparaturen, Steuern usw.).

Die ungefähren *Baukosten* von Heizkraftwerken sind aus Bild 2.2.3-40 ersichtlich.

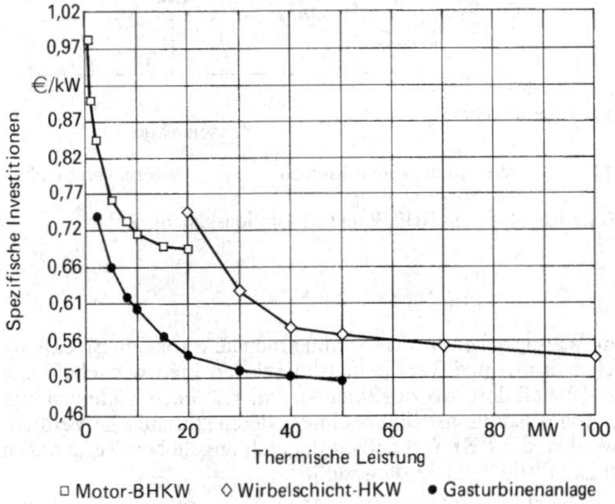

Bild 2.2.3-40. Spezifische Herstellungskosten von Heizkraftwerken.

Nachstehend ist für ein erdgasgefeuertes Gasturbinen-Heizkraftwerk eine Überschlagsrechnung zur Ermittlung der Fernwärmeerzeugungskosten aufgeführt, wobei folgende Zahlen zugrunde gelegt werden:

thermische Leistung	30 MW
elektrische Leistung	18 MW
Gesamtnutzungsgrad	η = 0,8
Vollbenutzungsdauer	5000 h/a
Wärmeerzeugung	150 GWh/a
Stromerzeugung	90 GWh/a
Brennstoffeinsatz	300 GWh/a
Brennstoffpreis (Erdgas)	20 €/MWh
Stromverkaufspreis	7 ct/kWh
spez. Investitionen	800 €/kW_{th}
Annuität	10% /a

Daraus ergeben sich folgende Kosten:

Kapitalkosten	2,40 Mio €/a
Brennstoffkosten	5,40 Mio €/a
Betriebsgebundene Kosten (8% der Investitionen)	1,92 Mio €/a
Gesamtkosten	9,72 Mio €/a
Stromerlös	5,67 Mio €/a
Wärmekosten	4,05 Mio €/a
Spezifische Wärmeerzeugungskosten	30 €/MWh

Dieses Ergebnis dient nur als Beispiel. Für reale Fälle muß eine genaue Berechnung unter Berücksichtigung aller Komponenten und der für den Einzelfall geltenden wirtschaftlichen Randbedingungen erfolgen.

-2.8 Belastungslinien

Belastungs- oder Jahresdauerlinien stellen die von den Verbrauchern geforderten Wärmeleistungen geordnet über das Jahr oder die Heizperiode dar (Bild 2.2.3-41). In der Regel treten höchste Belastungen nur an wenigen Tagen bzw. Stunden im Jahr auf. Über weitere Teile des Jahres liegt das Belastungsverhältnis

$$\frac{\text{geforderte Wärmeleistung}}{\text{maximaler Wärmebedarf}}$$

zwischen 20 und 50% (Bild 2.2.3-42). Selbst zum Zeitpunkt der Spitzenlast erreicht z. B. im Wohnsiedlungsbereich die effektive Wärmehöchstlast nur etwa 60% von der Summe der Abnehmeranschlußwerte. Im *Gleichzeitigkeitsfaktor*

$$g = \frac{\text{effektive Wärmehöchstlast}}{\text{Summe der Anschlußwerte der Abnehmer}}$$

spiegeln sich die zeitlich unterschiedlichen Betriebs- und Benutzergewohnheiten der Verbraucher wider.

Tageszeitliche Schwankungen der Netz- bzw. Heiz(kraft)werksbelastung werden in der Tagesbelastungslinie, dem Tagesgang, dargestellt (Bild 2.2.3-43). Hier zeichnen sich deutlich Nachtabsenkungen, erhöhte Leistungen in den Morgenstunden sowie die Wärmespeicherung im Heizwerk, in den Gebäuden und in Wärmespeichern ab.

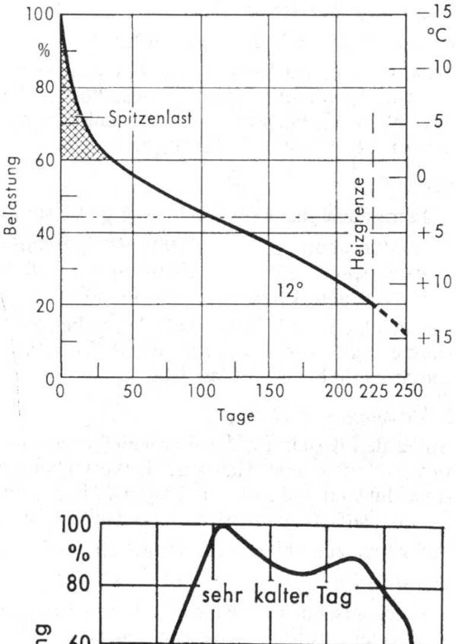

Bild 2.2.3-41. Belastungsdauerlinie eines Heizwerkes für Raumheizung.

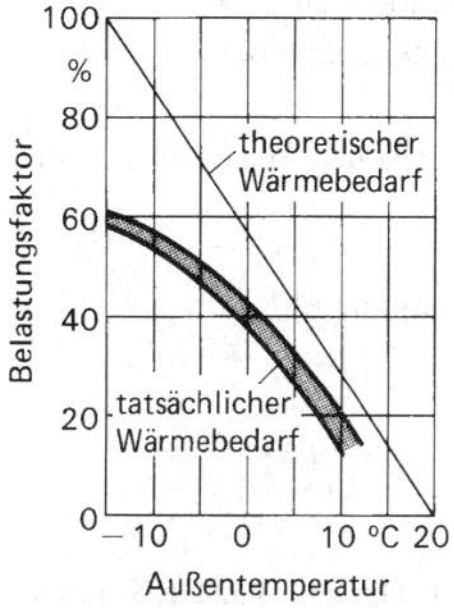

Bild 2.2.3-42. Mittlere Belastung von Fernheizwerken.

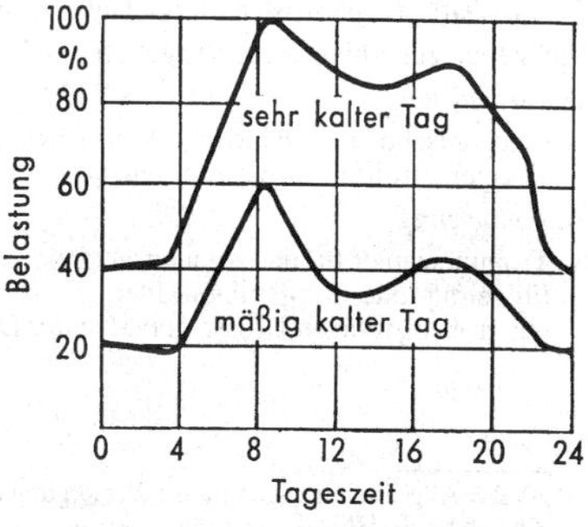

Bild 2.2.3-43. Tagesgang eines Heizkraftwerkes.

Die *Ausnutzungsdauer* (Jahres-Vollbenutzungsstunden) ist das Verhältnis

$$b = \frac{\text{Jahreswärmemenge}}{\text{Anschlußwert}} \text{ in h/Jahr}$$

Der *Anschlußwert* ist bei Raumheizungen die Summe der Wärmeverluste nach DIN 4701. Für andere Verbraucher ist ein Zuschlag erforderlich (Warmwasser, Lüftungsanlagen u. a.), ebenso für Netzverluste.

Die Ausnutzungsdauer liegt bei
Industrie/Gewerbenetzen zwischen 2000 und 8000 h/Jahr und
Raumheizungsnetzen zwischen 2000 und 4000 h/Jahr.

-2.9 Wärmepreise

Die Fernwärmepreise streuen abhängig von den Unterschieden bei Kapitaldiensten, Brennstoff- und Personalkosten, Steuern und sonstigen Aufwendungen (Definition der Kostenarten in VDI 2067) der einzelnen Fernwärmeversorgungsunternehmen erheblich. Insbesondere bei den Wärmeerzeugungskosten ist, bedingt durch die eingesetzten Anlagen und die innerbetriebliche Bewertung der in Kraft-Wärme-Kopplung erzeugten Wärme, eine große Bandbreite gegeben.

Für die Vertragsgestaltung mit Kunden gilt die *AVB-Fernwärme-Verordnung*[1)], ergänzt durch Technische Anschlußbedingungen. Neben einmalig zu zahlenden Anschlußkosten fallen üblicherweise folgende Kosten an[2)]:

1. Leistung und Arbeit.

Gesamtpreis in 2 Teile aufgespalten:

Leistungspreis zur Deckung des Festkostenanteils auf der Grundlage des Anschlußwertes u. ä. Deckt etwa 40...60% der Gesamtkosten. *Arbeitspreis* für die entnommene und gemessene Wärme. Beide Preise sind sehr unterschiedlich; etwa 50...70 €/kW als Leistungspreis und 25...45 €/MWh als Arbeitspreis.

Beispiel:

Jahresabnahme 3000 MWh, höchste Leistung 1000 kW

Leistungspreis	1000 · 60	= 60 000 €/a
Arbeitspreis	3000 · 30	= 90 000 €/a
Durchschnittspreis	150 000/3000 =	50 €/MWh

Die sich hieraus für Wohngebäude ergebenden Wärmepreise liegen bei einem spez. Nutzwärmebedarf von etwa 100 W/m² Wohnfläche und 1600 Vollbenutzungsstunden im Durchschnitt bei 6...7 €/m² Jahr.

2. Messung, Abrechnung

Außer den Kosten für die Wärmelieferung sind vom Kunden auch der einmalige *Baukostenzuschuß* und der Hausanschlußkostenbeitrag zu tragen, 50 000,– bis 100 000,– €/MW Anschlußwert und mehr. Im Bedarfsfall bei dem örtlichen Versorgungsunternehmen zu erfragen. Dafür Ersparnisse an Kesselanlage, Brennstoffraum, Schornstein usw.

Meßgeräte zur Abrechnung der gelieferten Wärme mit dem Kunden sind bei

Wasserheizung:

Mechanische oder elektrische Wärmemengenzähler, die gleichzeitig Wassermenge und Temperaturdifferenz messen (teuer).

Dampfheizung:

Trommelzähler für das Kondensat (freier Auslauf, Kondensatpumpe),
Flügelrad- oder Ringkolbenzähler,
bei großen Anlagen Drosselgeräte in der Dampfleitung.

---

1) AVB = Allg. Bedingungen für die Versorgung mit Fernwärme vom 11. 6. 80 BGBl. I. S. 1233. Kreuzberg, I.: HLH 4, 5 u. 6/85.

2) DIN 4713 T1 u. T5 (12.80): Verbrauchsabhängige Wärmekostenabrechnung. Krähmer, P.: FWI 2/82. S. 85/95. Fernwärme – Preisvergleich 2001, FWI 5/02.

Zentrale Warmwassererzeugung:

Die verbrauchte Wassermenge wird in der Regel über einen Kaltwasserzähler gemessen und mit einem festen spez. Wert abgerechnet.

Maßgebend für die Fernwärmelieferung und -abrechnung ist der Wärmeversorgungsvertrag im Rahmen der AVBFernwärmeV., bei der Weiterverrechnung des Hauseigentümers mit den Mietern die Neubaumietenverordnung bzw. die Heizkosten-VO, in Berlin auch die Altbaumietenverordnung.

Die mittleren von den FVUs berechneten *Wärmelieferpreise* bei Wohngebäuden sind in Bild 2.2.3-44 dargestellt. In Nichtwohngebäuden sind die Preise ca. 5% geringer.

Anforderungen des FVU an den Hausanschluß, die Hausanlage und den Betrieb der Hausanlage sind in den „Technischen Anschlußbedingungen" (TAB) geregelt. Sie müssen den zuständigen Behörden angezeigt und veröffentlicht sein.

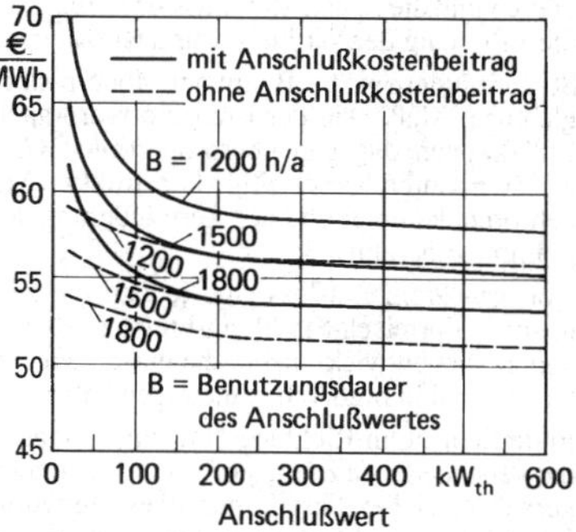

Bild 2.2.3-44. Mittlere Jahreslieferpreise für Fernwärme in Wohngebäuden.

2.3 Bestandteile der Heizungsanlagen

2.3.1 Wärmeerzeuger

Überarbeitet von Dipl.-Ing. Gerd Böhm, Wetzlar, und Ing. Günther Wagner, Frankenberg (ausgenommen Abschn. 2.3.1-2.2.6 und 2.3.1-2.6)

-1 Allgemeines

Neuzeitliche Heizkessel- und Brennerkonstruktionen sollen vor allem den Brennstoffverbrauch und die Schadstoffemissionen reduzieren. Beides ist gleichzeitig zu erreichen durch die Erhöhung der Wirkungs- und Nutzungsgrade der Wärmeerzeuger. (Abschn. 2.3.1-2.7)

So vermindern sich z. B. mit der Modernisierung der Kesselanlage, die CO_2-Emissionen in gleichem Maße wie der Brennstoffverbrauch. Die Emissionen von NO_x, C_XH_y, CO und Ruß können dagegen überproportional zur Brennstoffreduzierung abfallen. Das ist zu erklären, durch kesselseitige konstruktive Maßnahmen, wie z.B. die Abkehr von der Umkehrbrennkammer und der Verminderung der Brennkammerbelastung, folglich geringerer Flammtemperatur.

Von größerem Einfluss sind jedoch die neuzeitlichen Brennerkonstruktionen, wie Vormisch-, Vormisch-Strahlungsbrenner, Blaubrenner, Rotrix-Brenner, Matrix-Brenner und andere Neuentwicklungen, die entschieden zur Reduzierung der spezifischen Schadstoffemissionen in mg/kWh beigetragen haben. (Abschn. 2.3.2)

Erste Schritte in Richtung Nutzungsgradverbesserung führten zu Spezial-Heizkesseln für die verschiedenen Brennstoffe, den Verzicht auf so genannte Wechsel- oder Umstellbrandkessel. Auch bei diesen Spezialkesseln wurde weiterhin, durch Vergrößerung der Kessel-Heizfläche, die Abgastemperatur reduziert, mit entsprechender Verringerung der Abgasverluste. Mit der Verbesserung der Kessel-Wärmedämmung und kompakter Bauweise ergaben sich zusätzlich auch geringere Abstrahlungs- und Bereitschaftsverluste.

Eine deutliche Erhöhung der Jahres-Nutzungsgrade wurde mit der Entwicklung der Niedertemperatur-Heizkessel erzielt. Hier fällt die Abgastemperatur mit der im Teillastbetrieb entsprechend der Heizkurve absinkenden Kesseltemperatur noch weiter ab. Die Abstrahlungs- und Bereitschaftsverluste verringern sich exponentiell, durchaus vergleichbar der Verringerung der Heizleistung von Heizkörpern bei absinkender Heizmitteltemperatur. NT-Heizkessel werden derzeit bis zu Leistungen von ca. 8 MW hergestellt.

Brennwert-Heizkessel verbessern die Jahresnutzungsgrade bei Gasfeuerung, selbst im Vergleich zu NT-Heizkesseln, um nochmals 10 … 14%. Bei Ölfeuerung sind, bedingt durch den geringeren Wasserstoffgehalt des Brennstoffes, immerhin noch ca. 5 … 7% zu realisieren. Diese Heizkessel arbeiten mit extrem niedriger Abgastemperatur, die je nach momentaner Feuerungsleistung, nur 3 … 10 K über der Heizwasser-Rücklauftemperatur liegt. Es kondensiert ein mehr oder weniger großer Anteil des lm Heizgas/Abgas enthaltenen Wasserdampfes. Die daran gebundene Verdampfungsenthalpie wird nutzbringend an das Kesselwasser übertragen und nicht nutzlos über den Schornstein abgeführt. Die Kondensationsheizflächen können direkt im Kessel integriert sein (Brennwert-Heizkessel), oder sie sind einem konventionellen Heizkessel im Abgasweg nachgeschaltet (Brennwert-Kombination). Das anfallende saure Kondenswasser kann oder muß neutralisiert werden. Es gibt unterschiedliche Ländervorschriften. Im Einzelfall entscheidet die untere Wasserbehörde.

Brennwert-Heizkessel erreichen, je nach Betriebsart des Brenners (einstufig, zweistufig oder modulierend), bereits in Heizungsanlagen mit Auslegungstemperaturen um 75/60 °C, das entspricht etwa dem Durchschnitt der Altanlagen, Norm-Nutzungsgrade bis zu 106%. Mit Niedertemperatursystemen 40/30 °C sind bis zu 109% möglich, wiederum Gasfeuerung vorausgesetzt (Abschn. 2.3.1-2.7.6), beide Angaben auf Heizwert bezogen.

Die zentrale Warmwasserversorgung erfolgt überwiegend mit Speicher-Warmwassererwärmern, die neben, über oder unter dem Heizkessel angeordnet sein können. Die höheren Kessel-Nutzungsgrade erhöhen auch die Gesamtnutzungsgrade der zentralen Warmwasserversorgung. Nutzungsgradsteigernd wirkt auch die Verbesserung der Wärmedämmung der Speicher-Wassererwärmer, wie auch die der Warmwasser-Verteilungssysteme, entspr. der Energieeinsparverordnung (s. Abschn. 6.1.5-2).

Einen wesentlichen Beitrag zur Energieeinsparung leisten neuzeitliche Regel- und Steuereinrichtungen, die zumeist als vorgefertigte, montagefreundliche Einheiten kesselzugehörig geliefert werden. An Bedeutung gewinnt zunehmend die Optimierung der Gesamtsysteme und da bietet die digitale Regeltechnik mit Mikroprozessoren neue Möglichkeiten. Zu erwähnen sind kommunikationsfähige Systeme für die Fernüberwachung und Fernbedienung, z. B. über das Telefonnetz, sowie Software-Module für Inbetriebnahme, Bedienung, Wartung und Service mit PC-Laptop, wie auch DDC-Systeme (Direct Digital Control) und die Gebäude-Leittechnik (Abschn. 1.7 und 2.3.7).

a) Normen und Vorschriften[1]

Öl/Gas-Heizkessel mit Gebläsebrenner, maximaler Betriebstemperatur von 100 °C sowie maximalem Betriebsüberdruck bis zu 8 bar und Leistungen bis 1000 kW, unterliegen der „Europäischen Norm EN 303 Teil 1 bis 4“. Hier gilt Teil 4 für Heizkessel mit Öl-Gebläsebrenner mit Überdrücken von nur 3 bar und Leistungen bis 70 kW. Teil 5 ist maßgeblich für Festbrennstoff-Heizkessel mit Leistungen bis 300 kW. Die Prüfregeln für Öl-Zerstäubungsbrenner sind in der EN 304 definiert. Gas-Spezialheizkessel unterliegen den Normen EN 297 und EN 625.

Diese Normen regeln Begriffe, Anforderungen an Wanddicken, Schweißverfahren, Verarbeitung, Prüfung und Kennzeichnung.

Heizkessel für Stroh und Holz sind in der Bundesrepublik nach DIN 4702 Teil 4 auszuführen. Für Brennwert-Heizkessel sind die Teile 6 und 7 maßgeblich und die Ermittlung des Norm-Nutzungsgrades wie auch die des Norm-Emissionsfaktors erfolgt, bis auf weiteres, nach DIN 4702 Teil 8.

Internationale Prüfregeln für Heizkessel sind in Vorbereitung (ISO/TC 116/SC2).

Für alle Heizkessel mit Betriebstemperaturen > 100 °C gilt die „Dampfkessel-Verordnung“[2] (Bundesgesetzblatt Teil I, Nr. 8, s. 173/253) und zwar unabhängig davon, ob sie Dampf oder Heißwasser erzeugen. Zu beachten sind zusätzlich die „Technischen Regeln für Dampfkessel (TRD). Diese befassen sich mit sicherheitstechnischen Anforderungen an Werkstoffe, Berechnung, Aufstellung, Prüfung und Betrieb der Dampfkessel. Sie werden vom „Deutschen Dampfkessel- und Druckgefäß-Ausschuß“ (DDA) aufgestellt und dem jeweiligen Stand der Technik angepaßt.

Hochdruckdampfkessel und Hochdruckheißwassererzeuger benötigen in der Regel nach TRD 601, Blatt 1 und 2 (6. 83 u. 9. 86) Beaufsichtigung durch Kesselwärter. Um die dadurch entstehenden Kosten zu verringern, sind jedoch unter bestimmten Voraussetzungen auch Erleichterungen möglich. Diese beziehen sich in allen Fällen auf zusätzliche Sicherheitseinrichtungen und Prüfvorschriften. Kessel mit automatischer Befeuerung erfüllen meist die Forderungen, so daß nur Zusatzteile erforderlich sind. Allgemeine *Forderungen* sind u. a.:

regelbare Feuerungen wie Gas, Öl, elektrischer Strom
Sicherheitsbegrenzer für Temperatur bzw. Druck
Wasserstandsregler
regelmäßige Wartung und Prüfung

Folgende *Betriebsweisen* sind möglich:

1. *Eingeschränkte Beaufsichtigung* nach TRD 602, Blatt 1 und 2 (5.82). Kesselwärter kann sich auch an anderen Orten auf dem Firmengelände aufhalten, muß jedoch alle zwei Stunden die Anlage prüfen, wofür eine Zeitkontrolleinrichtung vorhanden ist.
2. *Zeitweiliger Betrieb* mit herabgesetztem Druck <1,0 bar bzw. 120 °C, z. B. nachts oder an Wochenenden, nach TRD 603, Blatt 1 und 2 (7.81). Beaufsichtigung nur während des Hochdruckbetriebes notwendig.
3. Betrieb ohne ständige Beaufsichtigung *(BOB-Anlagen)* nach TRD 604, Blatt 2 (12.87). Kesselwärter muß alle 24 Stunden bestimmte Prüfungen durchführen (Betriebsbuch), er braucht sich in der Zwischenzeit nicht auf dem Firmengelände aufzuhalten. Durch zusätzliche Einrichtung kann die Zeit ohne Beaufsichtigung auf 72 h erhöht werden; näheres TRD 604, Abschnitt 5.

An allen Hochdruckdampfkesseln müssen vor der Inbetriebnahme eine große Anzahl verschiedener *Prüfungen* vorgenommen werden.

---

[1]) Laska, L., u. A. Schumacher: BWK 1980. S. 231/41.

[2]) Die Dampfkessel-Verordnung (DampfkV) wird aufgrund EG-Recht zurückgezogen und von der Betriebssicherheits-Verordnung Druckgeräte (BetriebSichV) abgelöst werden, die zur Zeit als 1. Entwurf vorliegt.

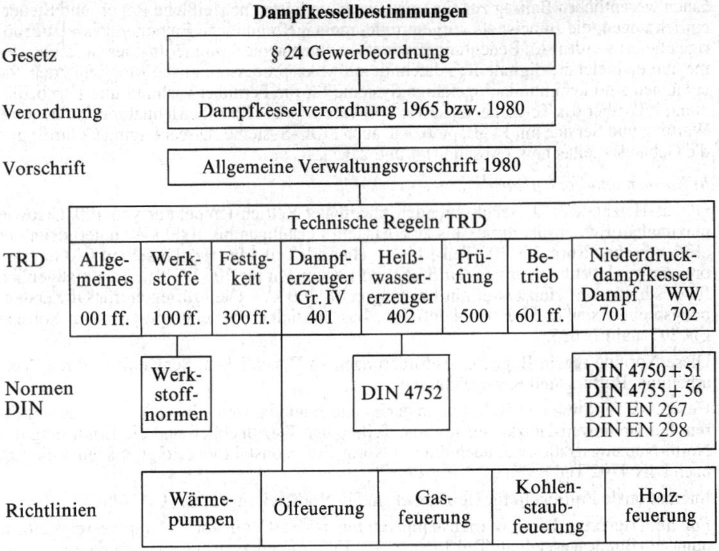

Bei der Planung von Kesselanlagen ist auch zu beachten, daß seit der Verabschiedung des *Bundes-Immissionsschutzgesetzes* und der dazugehörigen Verwaltungsvorschrift „Technische Anleitung zur Reinhaltung der Luft" *(TALuft)* von den Baubehörden zahlreiche Verordnungen, Richtlinien und Vorschriften erlassen wurden. Sie beziehen sich auf Brennstoffe, Schornsteinhöhen, Kesselwirkungsgrade, max. Gehalt der Abgase an SO_2, NO_x, Staub etc. und vieles andere. TRD 601, Bl. 1, Anlage 1 (9.87) enthält eine Auflistung der Bundes- und Ländervorschriften bzgl. Reinhaltung der Luft, Bekämpfung von Lärm, Schutz der Gewässer für Dampfkesselanlagen. Siehe auch Abschnitt 1.9: Umweltschutz.

b) Einteilung der Wärmeerzeuger nach Energieeinsparverordnung bzw. Heizkessel-Wirkungsgradrichtlinie der EG (s. Abschnitt 2.3.1-2.3.4)

Standard-Heizkessel

Im Sinne der Verordnung sind das Wärmeerzeuger (Heizkessel), die mit dem CE-Zeichen und der EG-Konformitätserklärung nach § 11 versehen und als Standard-Heizkessel ausgewiesen sind. Diese Wärmeerzeuger sind im Allgemeinen mit ständig angehobener Temperatur zu betreiben. Sie erreichen nicht die Nutzungsgrade, die von NT-Heizkesseln gefordert werden.

Niedertemperatur-Heizkessel (NT-Heizkessel)

Es sind dies Wärmeerzeuger, die mit dem CE-Zeichen und der EG-Konformitätserklärung nach § 11 versehen und als NT-Heizkessel ausgewiesen sind und Wärmerzeuger mit mehrstufiger oder stufenlos verstellbarer Feuerungsleistung, wenn sie die Wirkungsgradanforderungen für NT-Heizkessel einhalten, auch wenn die Rücklauftemperaturen 40°C überschreiten. (Mit „stufenlos verstellbar" ist offensichtlich „mehrstufig oder stufenlos geregelte Feuerungsleistung", gemeint, „denn stufenlos verstellbar ist die Feuerungsleistung, z.B. durch den Brennermonteur, bei jedem Brenner.)

Brennwert-Heizkessel

Diese Wärmeerzeuger müssen mit dem CE-Zeichen und der EG-Konformitätserklärung nach § 11 versehen und in der EG-Konformitätserklärung als Brennwert-Heizkessel ausgewiesen sein. Die bis 1997 gültige Definition des Brennwert-Heizkessels, nach der die im Abgas enthaltene Verdampfungswärme durch Kondensation nutzbar gemacht wird, ist entfallen.

Wichtiger Hinweis: Es dürfen nach dieser Verordnung bei Öl- und Gasfeuerung nur noch Heizkessel eingesetzt werden, die in der EG-Konformitätserklärung als NT-Heizkessel oder als Brennwert-Heizkessel ausgewiesen sind. Die nach Landesrecht zuständigen Stellen können auf Antrag und bei besonderen Bedingungen, bis zu Leistungen von 30 kW, auch die Inbetriebnahme von Standard-Heizkesseln zulassen.

c) Die weitere Einteilung der Wärmeerzeuger kann erfolgen:

- nach dem Werkstoff:
  Guss, Stahl, Edelstahl, Aluminium und Werkstoffkombinationen
- nach dem Betriebsüberdruck:
  Niederdruck (< 1 bar Überdruck bzw. < 120 °C) und Hochdruck (> 1 bar Überdruck bzw. > 120 °C)
- nach Leistung:
  Klein-, Mittel- und Großkessel (Abgrenzungen sind nicht eindeutig festgelegt)
- nach der Bauart:
  Heizkessel für Festbrennstoffe
  Gas-Heizkessel mit Brenner ohne Gebläse
  Gas-Heizkessel mit Brenner mit Gebläseunterstützung
  Gas-Heizkessel für raumluftabhängigen und raumluftunabhängigen Betrieb
  Gas-Brennwertkessel mit Gebläseunterstützung
  Öl/Gas-Heizkessel mit Gebläsebrenner
  Brennwert-Heizkessel für Gas oder Öl mit Gebläsebrenner
  Heizkessel für feste Brennstoffe
  Heizkessel für elektrische Beheizung
- nach dem Feuerraumdruck:
  Naturzugkessel, Kessel für Überdruckfeuerung
- nach der Flamm- und Heizgasführung:
  Brennraum mit oder ohne Heizgasumkehr
  Einzug-, Zweizug- oder Dreizugsystem
- nach dem Abbrand bei Festbrennstoff-Heizkesseln:
  unterer- und oberer Abbrand

-2 Heizkessel-Bauarten

a) Guss-Gliederheizkessel

Diese Bauart ist eine Erfindung des Ingenieurs *Strebel,* der diese Konstruktionen seit 1893 serienmäßig in Deutschland fertigte. Mit dem Guss-Gliederkessel wurde die kostengünstige Herstellung von Heizkesseln auch kleiner bis mittlerer Leistung möglich, was sehr zur allgemeinen Verbreitung der Zentral- und auch Etagenheizung beitrug. Bis in die fünfziger Jahre wurden ausschließlich Kessel für Festbrennstoffe hergestellt, die dann mit Umrüstsätzen, wie oftmals neues Vorderglied und Ausmauerung auch auf Öl- und Gasfeuerung umgestellt werden konnten.

Guss-Heizkessel bestehen aus einzelnen Gliedern oder Segmenten. Diese Segmente sind Hohlkörper in denen sich das Wärmeträgermedium befindet. Die Außenseite bildet die von Heizgassen beaufschlagte Heizfläche, bzw. die Außenfläche. Zu Vorder- und Endglied gehören, je nach geforderter Leistung, eine entsprechende Anzahl von Mittelgliedern. Im Vorderglied sind, bei Festbrennstoff-Heizkesseln, Füll- und Aschfalltür angeordnet, im Endglied der Schornstein- oder Fuchsanschluss.

Bei Festbrennstoff-Gusskesseln bilden die Mittelglieder den Füllschacht, die Heizgaszüge, die durchgehende Rostfläche, wie auch den ebenfalls längs durchgehenden Aschfallraum. Bei Öl/Gas-Gusskesseln entfallen Füllschaft, Rost und Aschfallraum. Die Mittelglieder bilden hier die Spezial-Brennkammer und die Konvektionsheizflächen.

Der Zusammenbau der Kessel erfolgt durch Nippeln und Verpressen mittels spezieller Presswerkzeuge. Für die heizgasseitige Dichtheit sorgen Dichtschnüre, die vor dem Verpressen in dafür vorgesehene Nuten der Guss-Segmente einzulegen sind. Die dauerhafte statische Stabilität wird mit so genannten Zugankern erreicht.

Guss-Heizkessel größerer Leistung werden auch in geteilter Ausführung aus Halbgliedern zusammengesetzt.

Für Guss-Heizkessel üblich sind zulässige Betriebsüberdrücke „P“, bis zu 4 bar, bei Spezialausführungen, z. B. für Hochhäuser, auch bis zu 6 bar. Der Prüfüberdruck in der laufenden Fertigung ist nach EN 303-1 $2 * P_1$, mindestens jedoch 8 bar.

Merkmale der Guss-Heizkessel:

- hohe Betriebssicherheit
- geringe Neigung zu heizgas- oder wasserseitiger Korrosion[1])
- Möglichkeit die Kesselleistung durch zusätzliche Mittelglieder zu erhöhen[2])
- Einbringung auch unter sehr schwierigen Bedingungen möglich. Die Modernisierung von Kesselanlagen in Altbauten ist oftmals nur mit Guss-Kesseln zu realisieren.

b) Stahl-Heizkessel

Stahl-Heizkessel gibt es, allerdings ausschließlich als Dampfkessel großer und sehr großer Leistung, etwa seit der Erfindung der Dampfmaschine (James Watt 1765) und zwar als stationäre Dampfkessel, später auch als Schiffs- und Lokomotivkessel. Der Stahlkessel ist somit weitaus älter als der Gusskessel. Seine Herstellung erfolgte jedoch, bis etwa in das dritte Jahrzehnt des zwanzigsten Jahrhunderts (vgl. Schiffbau) durch „Warmnieten", einem für Kessel kleiner und mittlerer Leistung viel zu aufwendigen Herstellungsverfahren. Hier liegt die Erklärung dafür, dass der Guss-Heizkessel, nach seiner Erfindung, so große Marktanteile in der Zentralheizungstechnik erlangen konnte.

Mit fortschreitender Entwicklung der Schweißtechnik, zunächst Autogen-Schweißen, dann Lichtbogen-Handschweißen, später Metall-Inertgas-, Metall-Aktivgas-, Wolfram-Inertgasschweißen sowie Unterpulverschweißen und letztlich der Einführung von Schweißautomaten, wurden nicht nur die Herstellungskosten von Stahlheizkesseln kleiner Leistung sondern auch die großer Heißwasser- und Hochdruckdampfkessel erheblich reduziert.

Die konstruktive Freizügigkeit des Werkstoffes Stahl ermöglichte auch, kurzfristig auf die spezifischen Eigenschaften der in den fünfziger Jahren zunehmend verwendeten Brennstoffe Öl und Gas, durch die Entwicklung von Spezial-Heizkesseln, zu reagieren.

Merkmale der Stahl-Heizkessel:

- geeignet für große und sehr große Leistungen
  Großwasserraum-Heizkessel bis zu 20 MW und mehr
  Wasserrohr-Hochdruckdampfkessel bis zu 250 MW und mehr
- geeignet für hohen Betriebsdruck und hohe Betriebstemperatur
- dauerhaft dicht gegen Heizgasaustritt auch bei Überdruckfeuerung
- Reparaturmöglichkeit durch Schweißen
- Schäden kündigen sich zumeist durch geringe Leckagen an, die nicht unmittelbar einen Totalausfall verursachen

Nachteilig sind:

- erhöhte Transportkosten bei großen kompakten Heizkesseln
- Einbringprobleme, insbesondere bei Altanlagen[3])
- Nachträgliche Kesselvergrößerung ist nicht möglich

c) Weitere Werkstoffe in der Kessel-Herstellung

Bei einigen Kesselkonstruktionen werden u. a. Guss und Stahl, wie auch Aluminium im Werkstoffverbund eingesetzt.

Besonders hohe Anforderungen an die heizgasseitige Korrosionsbeständigkeit stellen Brenntwert-Heizkessel. Hier werden neben Aluminium, Aluminium-Silicium vor allem auch Edelstähle in speziellen Legierungen für den Kondensationsbetrieb bei Öl- oder Gasfeuerung verwendet.

-2.1 Heizkessel für Festbrennstoffe

Übliche Festbrennstoff-Heizkessel, kleiner und mittlerer Leistung erfordern einen erheblichen Bedienungsaufwand durch regelmäßige Brennstoffbeschickung, Entaschung und Entschlackung sowie die Ascheentsorgung. So waren es weniger die Brennstoffpreise, son-

---

[1]) Niederdruck-Dampfkessel werden jedoch grundsätzlich mit aufgesetzter Stahl-Dampftrommel eingesetzt. Ein im Gusskessel integrierter Dampfraum führt dagegen, erfahrungsgemäß zumindest bei intermittierendem Brennerbetrieb, früh zu Korrosionsschäden.

[2]) Die Leistungserhöhung ist mit erheblichem Montageaufwand verbunden. Die Installation eines zusätzlichen zweiten oder eines größerer Heizkessels ist oft günstiger.

[3]) Teilbare Kesselkonstruktionen können hier oft Abhilfe bringen.

dern primär die Bequemlichkeit der vollautomatischen Öl- und Gasfeuerung, die zu drastisch absinkenden Marktanteilen der Festbrennstoff-Heizkessel führte.

Es kam hinzu, dass verschärfte Emissionanforderungen den konstruktiven Aufwand und somit auch die Herstellungskosten erhöhten.[1])

Zunehmendes Interesse finden inzwischen jedoch Spezial-Heizkessel für Holz, Stroh und Pallets aus Stroh oder Holz-Hackschnitzeln, zumindest in ländlichen und waldreichen Gebieten (s. auch Abschn. 1.3.6-4).

– Konstruktionsmerkmale von Festbrennstoff-Heizkesseln

Heizkessel für die Verfeuerung von Festbrennstoffen (Koks, Kohle, Brikett und Holz) mit Leistungen bis zu ca. 50 kW werden zumeist als Durchbrand-Heizkessel ausgeführt. Üblich ist auch die Bezeichnung Oberbrand-Heizkessel (Bild 2.3.1-1). Der durch die Obertür in den Füllschacht/Brennraum eingebrachte Brennstoff wird vom Rost her, bei rechtzeitiger Neubeschickung durch Restglut, entzündet. Die Heizgase durchströmen die gesamte Brennstoffschicht und setzen sie von unten nach oben voll in Glut. Während einer Durchbrandperiode ergeben sich variable Glutschichtdicken somit auch unterschiedliche Feuerungsleistungen und Abgaswerte.

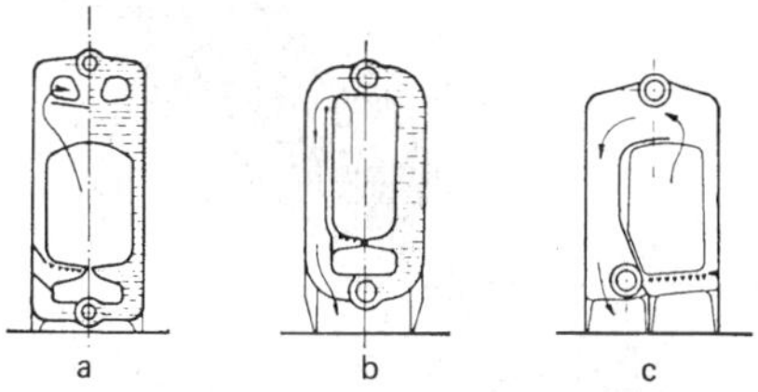

Bild 2.3.1-1. Oberabbrand-Gußheizkessel für Koksfeuerung.
a) mit einfachem Zug,
b) mit doppeltem Zug,
c) unsymmetrische Bauart

Für Heizkessel mit Leistungen >50 kW wird der untere Abbrand, auch als Unterbrand bezeichnet, bevorzugt (Bild 2.3.1-2).

Die Verbrennung erfolgt hier, mit konstanter Glutschichtdicke. Die Heizgase werden nur durch seitliche Kanäle in die Konvektions-Heizflächen abgeführt, im Füllschacht findet keine Verbrennung statt. Die Feuerungsleistung und auch die Abgaswerte, wie z.B. CO_2, CO und Ruß, zeigen eine deutlich geringere Schwankungsbreite.

Die Beschickung kann durch die Obertür, bei einigen Konstruktionen aber auch von oben erfolgen. Hier kann, z.B. durch eine Füllschachtverlängerung, die Brennstoffvorgabe vergrößert werden, womit sich die Beschickungsabstände entsprechend verlängern. Die automatische Brennstoffzufuhr ist nun ebenfalls realisierbar (Bild 2.3.1-3 u. Bild 2.3.1-4).

Langflammige Brennstoffe, wie z.B. Rohbraunkohle, Braunkohlenbrikett und auch Holz, benötigen zum vollständigen Ausbrand eine Secundärluft-Zuführung, etwa entsprechend Bild 2.3.1-2. c (dort als Zweitluft bezeichnet), die unter Umgehung des eigentlichen Brennraumes und des Rostes im Ausbrandkanal zugeführt wird.

Die Rostausführung richtet sich nach dem vorgesehenen Brennstoff, wobei der Hersteller, z.B. bei Koks, die zu verwendende Körnung anzugeben hat.

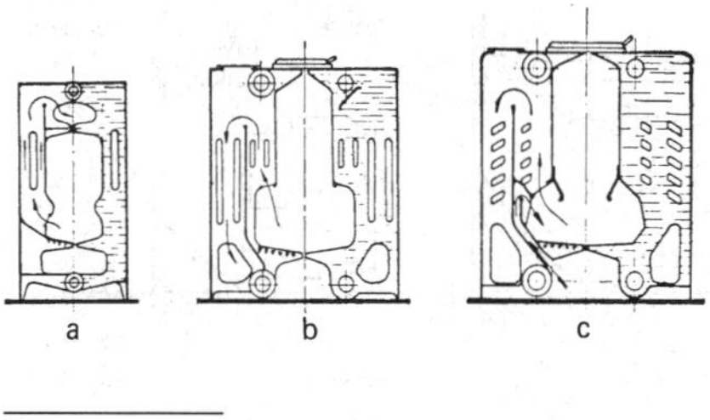

Bild 2.3.1-2. Unterabbrand-Gußkessel.
a) mit einfachem Zug,
b) mit doppeltem Zug,
c) mit Zweitluftzuführung für Kohle.

[1]) Driesen, R. u. W. Bornscheuer: HLH 5/88. S. 215/9.

Auch andere Brennstoffe, wie Anthrazit und Magerkohle können in einigen Festbrennstoff-Heizkesseln verfeuert werden, jedoch bei erhöhtem Bedienungsaufwand, so z.B. Brennstoffbeschickung in kleineren Schichtdicken, somit kürzeren Zeitabständen.

Für die Verfeuerung von Festbrennstoffen werden sowohl Guss- als auch Stahlheizkessel eingesetzt, mit etwa gleichartiger Gestaltung von Brennraum, Füllschacht und Heizgasführung.

– *Automatische Festbrennstoff-Heizkessel*

In Kohle-Kraftwerken hat der Festbrennstoff-Hochdruckdampfkessel mit automatischer Feuerung keineswegs an Bedeutung verloren, z.B. Konstruktionen mit Wander- oder Treppenrost, sowie mit Kohlenstaub- oder Wirbelschichtfeuerung, ausschließlich aus Stahl gefertigt (Abschn. 2.3.1–2.4.4).

Es werden jedoch auch für kleinere Leistungen automatische Festbrennstoff-Heizkessel angeboten, überwiegend als Füllschachtkessel mit unterem Abbrand. Der Brennstoff kann, z.B. durch natürliches Gefälle, aus einem höher liegenden Vorratsbehälter dem Brennraum, dosiert über eine Brennstoffschleuse, zugeführt werden (Bild 2.3.1-1 bis Bild 2.3.1-3).

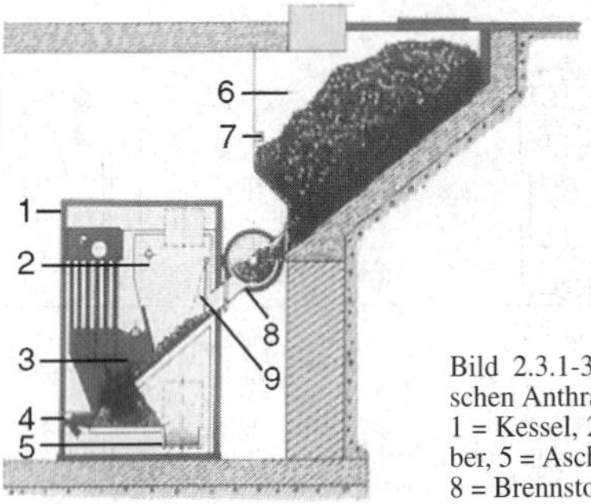

Bild 2.3.1-3. Mechanische Feuerung für einen automatischen Anthrazit-Heizkessel 20 bis 90 kW (Preussag). 1 = Kessel, 2 = Füllschacht, 3 = Feuerung, 4 = Ascheschieber, 5 = Aschebehälter, 6 = Vorratsbehälter, 7 = Sichtfenster, 8 = Brennstoffschleuse, 9 = Füllstandsanzeiger

Bei anderen Konstruktionen für die automatische Verfeuerung von Brechkoks, Anthrazit wie auch Gasflammkohle, wird der Brennstoff aus einem Vorratsbunker über Förderketten, Rohrketten oder Stoker der Feuerung automatisch zugeführt (Bild 2.3.1-4). Die Entaschung und Entschlackung erfolgt mechanisch über Stößel, Schieber oder Spiralrohr-Förderer. Hier sind teils Minimalleistungen unter 15% ohne erlöschen der Feuerung möglich. Der Bedienungsaufwand dieser Heizkessel kommt dem der Öl/Gas-Heizkessel schon recht nahe, doch liegen die Anschaffungskosten deutlich höher.

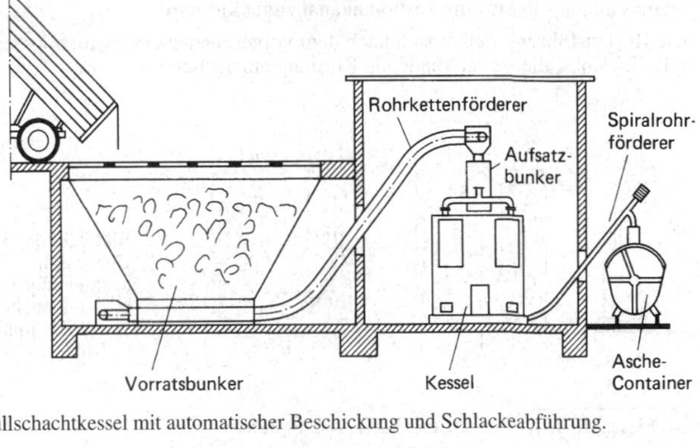

Bild 2.3.1-4. Füllschachtkessel mit automatischer Beschickung und Schlackeabführung.

Einen Holzvergaser-Heizkessel für Scheitholz, Holzbrikett und Hackgut zeigt Bild 2.3.1-5 a. Die Holzvergasung erfolgt im Edelstahl-Füllschacht, der schadstoffarme saubere Ausbrand in der hochtemperierten Keramik-Brennkammer.

Der Spezial-Heizkessel für Holz-Pallets (Bild 2.3.1-5 b) mit automatischer modulierender Regelung der Feuerungsleistung, automatischer Zündung und ebenfalls automatischer Brennstoffbeschichtung über ein Ansaugsystem (wahlweise), unterscheidet sich hinsichtlich Heiz- und Bedienungskomfort kaum von Öl/Gas-Heizkesseln. Es kann auch, wie z.B. bei Öl, der Jahres-Brennstoffbedarf in einem entsprechenden Lagerraum bevorratet werden. Für ein Einfamilienhaus mit einem Wärmebedarf von z.B. 15 kW, ist ein Kellerraum mit einer Fläche von 2x3 m für die Brennstoffbevorratung ausreichend.

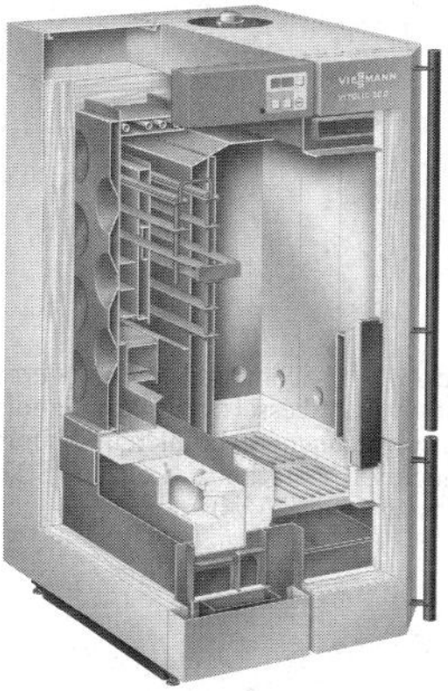

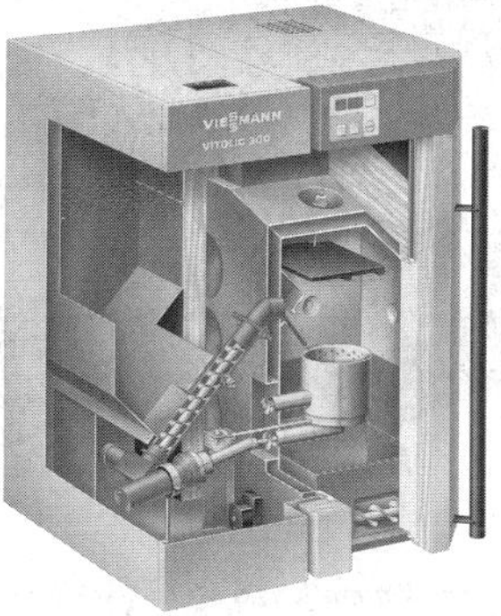

Bild 2.3.1-5

a) Holzvergaser-Heizkessel für Holzscheite bis 50 cm Länge und für Holzbrikett, mit digitaler Verbrennungsregelung. Die Anheizautomatik bietet Heizleistung schon wenige Minuten nach dem Anfahren. Mit drehzahlgeregeltem Saugzuggebläse, Primär- und Sekundärluftregelung. Feuerungstechnischer wirkungsgrad bis 91,5% (Viessmann; VITOLIG 200, Leistungen: 15 bis 26 und 20 bis 40 kW).

b) Spezial-Heizkessel für Holzpellets mit digitaler, modulierender Leistungsregelung. Mit vollautomatischer Beschickung (Wahlweise), Heizflächenreinigung, Entaschung der Brennerschale sowie automatischer Zündung. Feuerungstechnischer Wirkungsgrad bis 95% (Viessmann; VITOLIG 300 Typ VL3, Leistung: 5 bis 15 kW).

-2.1.1 Sicherheitseinrichtungen

(siehe auch Abschn. 2.2.2-1.3, Tafel 2.2.2-2 und Abschn. 2.3.6-5)

a) Warmwasserkessel

Um unzulässig hohe Überdrücke zu verhindern, muß jeder Heizkessel einer *offenen Warmwasserheizung* (heute allerdings kaun noch gebräuchlich) mit Temperaturen bis 110 °C nach DIN 4751 T1 (10.94) durch eine Sicherheits-Vorlaufleitung und eine Sicherheits-Rücklaufleitung mit der Atmosphäre in Verbindung stehen. Der lichte Durchmesser der Leitungen beträgt mindestens

$d_{SR} = 15 + 0{,}93\ \sqrt{\dot{Q}}$ in mm, ($\dot{Q}$ = Kesselleistung in kW)

$d_{SV} = 15 + 1{,}4\ \sqrt{\dot{Q}}$ in mm

darf jedoch nicht kleiner als 25 mm sein.

Bei *geschlossenen Warmwasserheizungen* mit Temperaturen bis 120 °C werden in der Regel heute *Membran-Ausdehnungsgefäße* verwendet, um die Wasserausdehnung aufzunehmen. Wegen der Trägheit der Feuerung mit festen Brennstoffen ist zur Verhinderung von Übertemperatur eine *thermische Ablaufsicherung* erforderlich[1]. Diese wirkt in der Weise,

[1]) DIN 4751 T2 (10.94) Sicherheitstechn. Ausrüstung von Heizungsanlagen; $t < 110$ °C.

daß bei einer Temperatur von etwa 100 °C der Wasserablauf am Brauchwassererwärmer (oder an einem besonderen Wärmeaustauscher) geöffnet wird, so daß die überschüssige Wärme abgeführt wird.

Für Kessel mit Temperaturen über 120 °C gilt DIN 4752, worin die Kessel nach dem Betriebsdruck in 3 Gruppen eingeteilt sind.

Bild 2.3.1-6. Schnittbild eines modernen Festbrennstoffkessels mit Wirbulations-Nachverbrennung und unterem Abbrand (Buderus Heiztechnik, Logano S 231, Leistung 6 bis 52 kW).

b) Niederdruckdampfheizkessel

Jeder Heizkessel muß nach den „Technischen Regeln für Niederdruckdampfkessel"[1] mit einem vom Dampfraum ausgehenden, unverschließbaren *Standrohr* versehen sein, um zu verhindern, daß der Überdruck 0,5 bar übersteigt. Nach DIN 4750 (02.93) hat das Standrohr die in Bild 2.3.1-7 dargestellte Bauform mit Vorausströmung und mit Rückführung des Sperrwassers. Schenkellänge H = Betriebsdruck in mWS + Zuschlag.

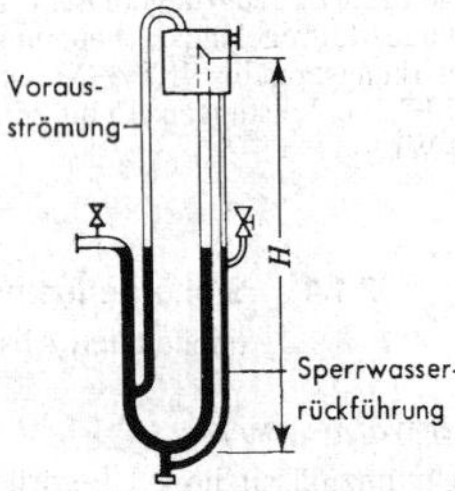

Bild 2.3.1-7. Sicherheitsstandrohr für Niederdruckdampfheizungen.

Statt der aufwendigen Standrohre werden heute fast nur noch gewichtsbelastete Sicherheitsventile für Überdrücke bis 1 bar nach TRD 701 eingesetzt.

Weitere Vorschriften sind: Wasserstandsglas, Manometer, Überdruck- und Wassermangelanzeiger.

Typenmäßig zugelassene Niederdruckdampfkessel unterliegen keiner Abnahme, sondern lediglich einer Anzeige an die zuständige Bauaufsichtsbehörde über die Aufstellung. Hierzu sind Vordrucke zu benutzen. Die Typenzulassung erfolgt durch das für den Hersteller zuständige Landesministerium. Für nicht typenmäßig zugelassene Kessel ist eine Einzelabnahme erforderlich.

---

[1]) TRD-701. Dampfkesselanlagen mit Dampferzeugern der Gruppe II (7.85).

-2.1.2 Heizraum/Aufstellraum

Bezüglich der Einrichtung der Heiz- oder Aufstellräume, einschließlich solcher im Dachgeschoß, siehe Abschn. 2.5.1. Maßgebend sind die Feuerungsverordnungen der einzelnen Bundesländer, die von den Bauaufsichtsbehörden bei der Überwachung und Abnahme von Heizungsanlagen Anwendung finden.

-2.2 Gasheizkessel mit Brennern ohne Gebläse[1)]

-2.2.1 Allgemeines

Die Verwendung von Gas als Brennstoff hat folgende *Merkmale:*

Feuerungsleistung kann relativ einfach gestuft oder stufenlos verändert werden;
Raumersparnis durch Fortfall der Brennstoffbevorratung;
einfache Brennstoffverbrauchskontrolle;
Brennstoffbezahlung erst nach Verbrauch;
zahlreiche Bauformen und Einsatzmöglichkeiten;
Flexibilität bei Wahl des Aufstellortes;
Abhängigkeit vom örtlichen Gasversorgungsunternehmen und dessen Preisgestaltung;
verbrauchsunabhängige Grundpreisbelastung.

Zu beachten sind eine große Zahl von Vorschriften und Richtlinien, u.a.:

TRGI 1986 Ausgabe 1996 [TRGI 86/96] hrsg. vom DVGW (Techn. Regeln für Gas-Installationen).

DIN 4756 (02.86) Gasfeuerungen in Heizungsanlagen, sicherheitstechn. Anforderungen.

DIN 4788 T1 Gasbrenner ohne Gebläse 6.77.

DIN EN 125 Flammenüberwachung und Zündsicherungen. T1 (02.71) T2 (07.88).

DIN 3362 (08.90): Gasgerät mit atmosphärischen Brennern. 4 Teile.

DIN EN 297 und 625 Gaskessel mit Brennern ohne Gebläse. Darin Begriffe und Anforderungen an Werkstoffe, Ausrüstung, Dichtheit, Prüfung u.a.

Alle Gasfeuerstätten benötigen die Genehmigung der zuständigen Bauaufsichtsbehörde und des zuständigen Gasversorgungsunternehmens. Installationen dürfen nur durch zugelassene Firmen ausgeführt werden. Regelmäßige Prüfung der Abgasverluste (Ausnahme Brennwertkessel) durch Schornsteinfeger.

Bezüglich Einzelheiten der Gasbrenner siehe Abschn. 2.3.2-3.

-2.2.2 Einteilung der Gas-Spezial-Wärmeerzeuger

Der Markt bietet eine Vielfalt von Konstruktionen. Die Unterscheidung kann erfolgen nach (vgl. Abschn. 2.3.1-1.):

- dem Werkstoff
- dem Betriebsdruck und der Betriebstemperatur
- der Leistung:
  kleine und mittlere Leistungen
- der Bauart:
  Gas-Heizkessel
  Gas-Umlaufwasserheizer
  Gas-Kombi-Umlaufwasserhiezer
- Konstruktionen für
  raumluftabhängigen Betrieb mit Brenner ohne Gebläse
  raumluftunabhängigen Betrieb mit Brenner mit Gebläseunterstützung
  NT-Heizkessel bzw. NT-Umlaufwasserheizer
  Brennwert-Heizkessel, bzw. Brennwert-Umlaufwasserheizer
- der Montageart:
  bodenstehend oder wandhängend

[1)] Marx, E.: Wärmetechnik 10/85. S. 370ff.
DIN EN 297 u. 625. Gas-Spezialheizkessel mit Brenner ohne Gebläse.
VDI 2050 (09.95): Heizzentralen.
IFB: Muster-VO über Feuerungsanlagen u. Brennstofflagerung (1.80).

– der vorgesehenen Gasart:
  Stadt-, Fern-, Erdgas, Flüssiggas oder Biogas
– dem Wärmeträger:
  im Regelfalle Warmwasser, selten Dampf oder Heißwasser

-2.2.3 Bauarten

a) Allgemeines

Der Aufbau eines Gas-Heizkessels mit Brenner ohne Gebläse geht aus Bild 2.3.1-8 hervor. Das aus den Brennrohren austretende Gas, das vorher durch Injektorwirkung mit Luft gemischt wurde, wird durch Zündflamme oder Funkenstrecke entzündet. Die Flammen brennen in vertikaler Richtung und geben ihre Wärme an die Heizflächen ab. Näheres über diese Gasbrenner siehe Abschn. 2.3.2-3. Besonders vorteilhaft ist die *Geräuscharmut* und der einfache Geräteaufbau.

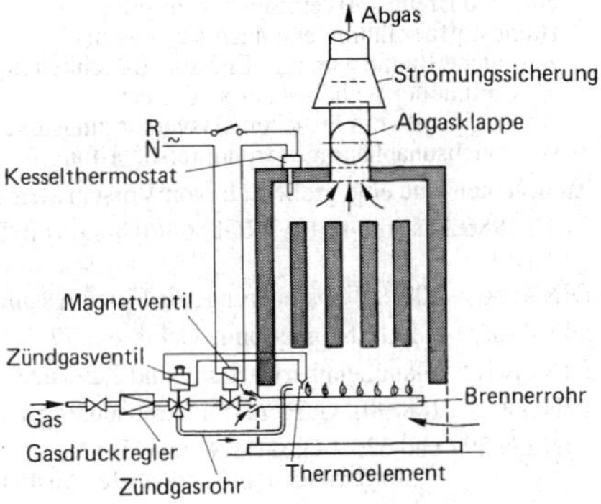

Bild 2.3.1-8. Gas-Heizkessel mit Brenner ohne Gebläse.

Bei nicht voll vormischenden Brennern muß der Feuerraum offen sein, damit die sekundäre Verbrennungsluft zuströmen kann.

Der Abgasweg erhält eine *Strömungssicherung,* die den Einfluß von zu starkem Auftrieb, von Stau oder Rückstau in der Abgasanlage auf die Verbrennung in der Feuerstätte verhindert und so die Zugverhältnisse im Kessel und Schornstein stabilisiert. Die Strömungssicherung (Zugunterbrecher) ist Bestandteil des Wärmeerzeugers (Bild 2.3.1-9).

Der thermische Auftrieb (Förderdruck oder auch Zug), bestimmt durch die Höhendifferenz zwischen Brenner bis Strömungssicherung, ist folglich gering. Entsprechend niedrig sind die heizgasseitigen Druckverluste zu halten. Bevorzugt werden deshalb nur senkrechte Züge, relativ großen Querschnittes.

So genannte Halbautomaten mit ständig brennender Zündflamme werden, aufgrund des zusätzlichen unnötigen Gasverbrauches, (es können bis zu 200 m^3/a werden), kaum noch eingesetzt.

Bevorzugt wird heute die vollautomatische Zündung mit Hochspannungselektroden sowie die Flammüberwachung mittels Ionisationselektroden und Signalverstärker oder auch die UV-Flammenüberwachung (Abschn. 2.3.2-1.6.8 und 2.3.2-3.4).

Es setzt sich inzwischen auch der zweistufige oder modulierende Brenner immer stärker durch, der ab einer Leistung von 70 kW nach den in die EnEV übernommenen Anforderungen der HeizAnlV auch vorgeschrieben ist. Wichtig ist bei diesen Konstruktionen der exakte Brennstoff/Luft-Verbund. Im Teillastbereich müssen Brennstoff- und Luftmenge durch geeignete Maßnahmen im gleichen Verhältnis reduziert werden. Gas-Heizkessel mit modulierendem Brenner arbeiten überwiegend mit Gebläseunterstützung. Mit diesen Konstruktionen werden insbesondere bei Brennwertkesseln höhere Jahresnutzungsgrade und eine geringere Brenner-Schalthäufigkeit erzielt.

Bei zu hohem Schornsteinzug ist der Einbau einer Nebenlufteinrichtung (Zugregler/-begrenzer) empfehlenswert. Bei vollautomatischen atmosphärischen Gaskesseln ist auch eine Abgasklappe sehr wirksam, um bei Brennerstillstand die inneren Auskühlverluste zu verringern. Die Klappe soll bei Kesselaufstellung außerhalb des Wohnbereichs *vor* der Strömungssicherung angeordnet werden (Bild 2.3.1-9a).

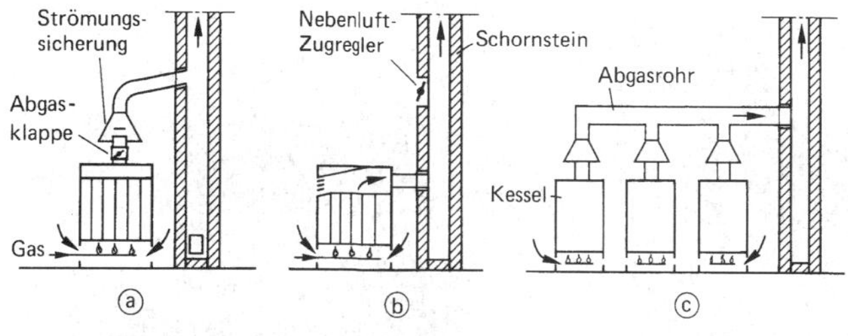

Bild 2.3.1-9. Strömungssicherungen bei Gaskesseln.
a) aufgesetzte Strömungssicherung, b) eingebaute Strömungssicherung (Nebenluft-Zugregler),
c) Kesselgruppe mit je einer Strömungssicherung

b) Konstruktionen

Diese Heizkessel sind ausschließlich für die Verbrennung von Gas bestimmt.

Besondere Merkmale sind:

Geeigneter Brennraum mit ausreichender Ausbrandhöhe. Konvektionsheizflächen mit relativ geringem heizgasseitigem Strömungswiderstand, mit Rippen oder Noppen zur Vergrößerung der Heizfläche und zur Verbesserung der Wärmeübertragung.

Herstellung erfolgt aus Grauguss, Stahl, Edelstahl, Aluminiumlegierungen oder auch Werkstoff-Kombinationen. Wandkessel und Umlaufwasserheizer für die Wandmontage sowie Küchenmodelle, werden überwiegend als komplette Baueinheiten mit allen Armaturen, Sicherheitseinrichtungen, Regeleinrichtungen, Ausdehnungsgefäß und Umwälzpumpe geliefert.

Gas-Heizkessel mit Brenner ohne Gebläse werden bis zu Leistungen von etwa 700 kW hergestellt. Bereits ab ca. 100 kW erreichen jedoch NT-Gas-Heizkessel mit Gebläsebrenner, insbesondere bei zweistufigem- oder modulierendem Brennerbetrieb zunehmend bessere Jahres-Nutzungsgrade.

Bei NT-Heizkesseln, die ohne untere Temperaturbegrenzung betrieben werden können, sind zur Vermeidung von Wasserdampfkondensation besondere konstruktive Maßnahmen erforderlich, wie z. B. zwei- oder mehrschalige Heizflächen, Vergrößerung der Heizfläche auf der Heizgasseite durch Rippen, sowie interne oder externe hydraulische Einrichtungen (Beispiele für Öl/Gas-Heizkessel mit Gebläsebrenner sind im Abschn. 2.3.1-2.3 aufgeführt).

Einen *Heizkessel aus Grauguß* für mittlere Leistungen zeigen Bild 2.3.1-10 und Bild 2.3.1-12. Kesselglieder mit großen Rippen sind vertical angeordnet und durch konische Nippel verbunden. Eine ähnliche Bauart mit horizontalen Gußgliedern zeigt Bild 2.3.1-13. Weitere Gußkessel s. Bild 2.3.1-14 und Bild 4.3.1-9. Der Niedertemperaturkessel (Bild 2.3.1-14) ist aufgrund der kleinsten Nennleistung von 5,2 kW bzw. 3,1 kW bei Teilleistung besonders für den Einsatz in Häusern mit geringem Wärmebedarf, wie z. B. Niedrigenergiehäusern, geeignet. Die Zweistufigkeit reduziert die Brennerschaltzahl um ca. 40%[1)].

Der NT-Heizkessel VITOGAS 300 (Bild 2.3.1-15) hat vertikal angeordnete Verbund-Heizflächen aus Guß, Stahl und Silumin. Unter Nutzung der unterschiedlichen Wärmeausdehnungskoeffizienten von Stahl und Aluminium (Silumin) konnte eine Heizfläche mit selbstregelndem Wärmedurchgang realisiert werden, die sich den jeweiligen Betriebszuständen – Aufheizen, Betrieb, Stillstand –, automatisch anpasst. Der MatriX-Strahlungsbrenner (Vormischbrenner) unterbietet mit den Emissionswerten NO_x: 18 mg/kWh, CO: 5 mg/kWh (nach DIN) die Grenzwerte „Blauer Engel" und die der Schweizer Luftreinhalteverordnung. Der Norm-Nutzungsgrad nach DIN 4702 Teil 8 wurde mit 94% gemessen.

Stahlheizkessel haben als Heizfläche in der Regel senkrechte, innen von den Heizgasen durchströmte Stahlrohre oder Taschen, in denen Drallbleche zur Vergrößerung der Wärmeübertragung eingebaut sein können.

---

1) Plate, J., u. a.: Wärmetechnik 11 u. 12/95, 01/96.

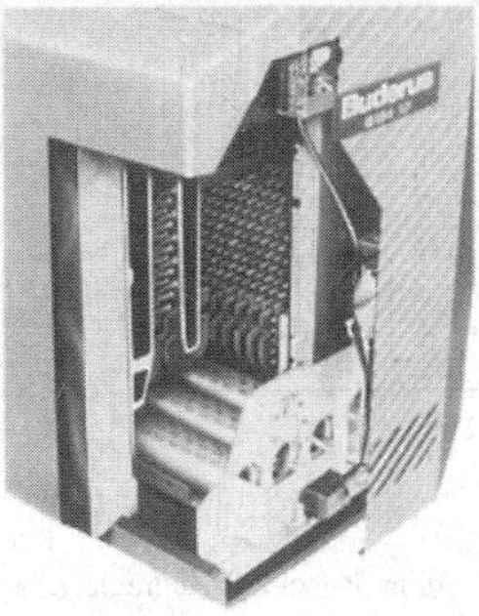

Bild 2.3.1-10. Gas-Spezialheizkessel aus Grauguß mit vollständig vormischendem atmosphärischem Brenner (Buderus Heiztechnik Logano G 134, Leistung 9 bis 35 kW).

Bild 2.3.1-11. Die Heizgas-Strömumgsquerschnitte sind der beim Abkühlen auftretenden Volumenkontraktion durch verschieden dimensionierte Flach- und Kegelrippen angeglichen. Dadurch wird eine kompakte Bauform mit Normnutzungsgraden bis zu 94% erreicht (Buderus Heiztechnik).

Gas-Heizkessel kleinerer Leistung werden auch als Etagenheizkessel zum Einbau in der Küche geliefert, mit den für Küchen üblichen Abmessungen (850 mm hoch, 600 mm tief) und im Küchen-Design. Üblich sind heute Vollautomaten mit witterungsgeführter Steuerung, Heizkreispumpe, Strömungssicherung und sicherheitstechnischer Ausrüstung, wie Ausdehnungsgefäß und Sicherheitsventil. Halbautomaten mit ständig brennender Pilotflamme sollten nicht mehr akzeptiert werden.

Bei allen Kesseln mit atmosphärischen Brennern besteht der Nachteil, daß der Wirkungsgrad der Kessel erheblich sinkt, wenn bei fallender Belastung die Gaszufuhr ohne Reduzieren der Luftmenge gedrosselt wird. Dies ist darauf zurückzuführen, daß der Luftüberschuß größer wird. Zeitgerechte Konstruktionen arbeiten mit einer automatischen Gas-Luft-Verbundregelung

Der Vorteil des zweistufigen- oder stufenlos modulierenden Brenners liegt, exakter Brennstoff-Luftverbund vorausgesetzt, in der Verringerung der Abgasverluste im Teillastbereich (Abschn. 2.3.1-2.7.1), der Reduzierung der Bereitschaftsverluste auf grund der nun längeren jährlichen Brennerlaufzeiten und der verringerten Schalthäufigkeit.

Mitunter werden atmosphärische Gaskessel zu Mehrkesselanlagen zusammengeschaltet (Bild 2.3.1-24).

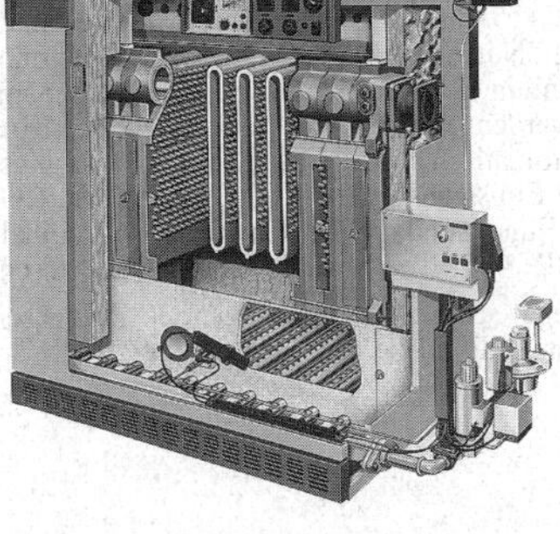

Bild 2.3.1-12. Gußeiserner Gas-Spezialheizkessel mit zweistufigem Brenner ohne Gebläse mit Luftzahlanpassung. Brennerschaltzahlreduzierung gegenüber einstufigem Betrieb ca. 40%. Normnutzungsgrad über 93%. Nennleistung bis 241 kW. Schnittdarstellung (Vaillant, VKG).

Bild 2.3.1-13. Gasbeheizter gußeiserner Gliederheizkessel – Ansicht und Aufbau (Rubi-Werk).

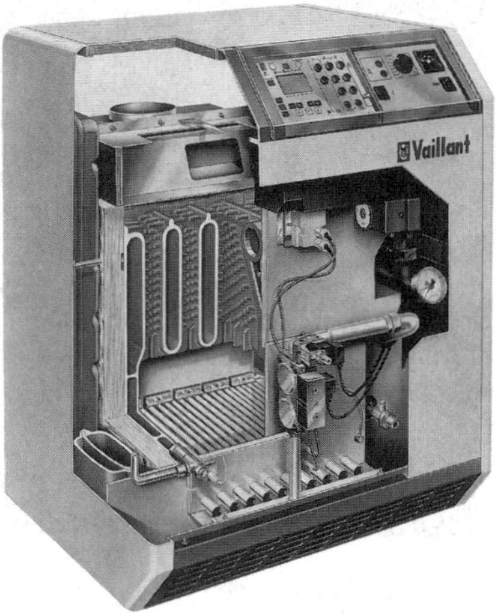

Bild 2.3.1-14. Gußeiserner gasbetriebener NT-Kessel, zweistufig mit Lambda-Steuerung. Elektronische Zündung und Ionisationsüberwachung. Eingebaute Umwälzpumpe, Ausdehnungsgefäß und Sicherheitsventil (Vaillant, VKS-2 XE).

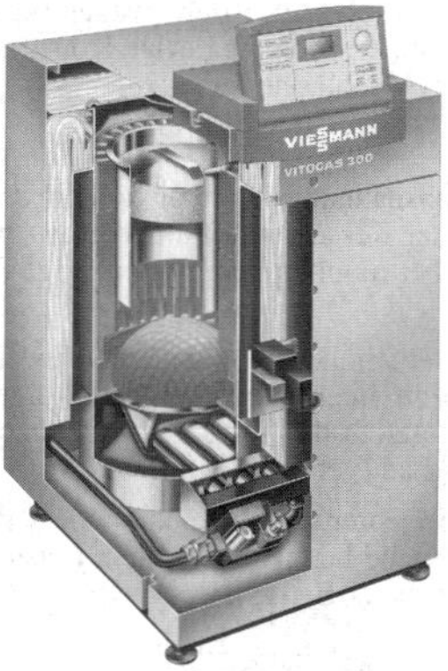

Bild 2.3.1-15. NT-Gasheizkessel mit vollautomatischem Matrix-Strahlungsbrenner ohne Gebläse für niedrige Schadstoffemissionen (Nox: 15 mg/kWh; Co: 5 mg/kWh). Mit biferraler Verbundheizfläcjhe und wassergekühltem Brennraum. Normnurtzungsgrad bis 94% (Viessmann VITOGAS 300 Typ GS3, Leistung: 18 bis 29 kW).

Die Verbesserung des Gesamtnutzungsgrades wird dabei meist überschätzt, da der kleinere Kessel prinzipiell schlechtere spez. Werte (q_B-Wert; q_S-Wert) aufweist als der größere.[1]

Kommen Mängel in der hydraulischen Schaltung und der Kessel-Folgeschaltung hinzu, kann der Nutzungsgrad erheblich unter dem der Einkesselanlage liegen.

c) Brennwertkessel[2]

Aus Gründen der Energieeinsparung wird die Abgastemperatur der Kessel unter die bisher üblichen Werte von ca. 160 °C gesenkt, so daß der in den Abgasen enthaltene Wasserdampf teilweise kondensiert. Grundsätzliches über Brennwertkessel s. Abschn. 2.3.1-2.3.2b).

1) Böhm, G.: Wärmetechnik 3/95 S. 158/164.
2) DIN 4702 T6 (03.90): Brennwertkessel für gasförmige Brennstoffe.

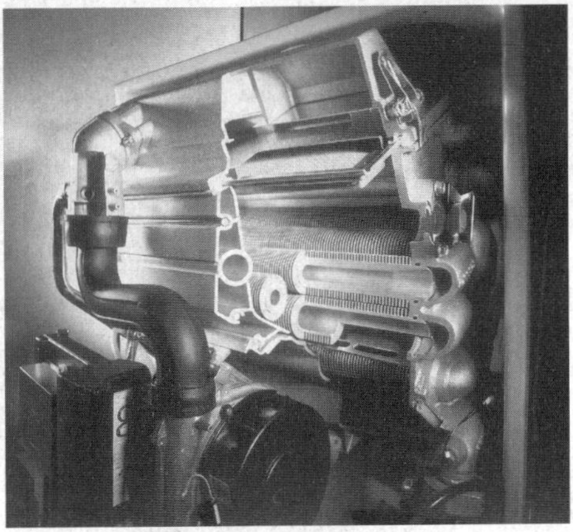

Bild 2.3.1-16. Schnittdarstellung eines Brennwert-Wandheizkessels mit Gebläse-Vormischbrenner und Gas-Luft-Verbundregelung (Buderus Heiztechnik Logana plus GB 112, Leistung 5 bis 60 kW).

Der grundsätzliche Aufbau eines *Brennwertkessels* ohne Gebläse, wie er in Holland entwickelt wurde, besteht aus einem konventionellen Gasheizkessel mit atmosphärischen Brenner, dem ein Kondensations-Wärmeaustauscher im Abgasweg nachgeschaltet ist. Dieser sekundäre Wärmeaustauscher kann sowohl neben wie über dem Kessel angeordnet werden. Es gibt jedoch auch *Kompaktgeräte* mit ebenfalls zwei Wärmeübertragungsflächen. Die Abgastemperatur liegt bei diesen Heizkesseln etwa um 3…15 K über der jeweiligen Heizwasser-Rücklauftemperatur. Des geringen thermischen Auftriebs wegen, kann sich in der Abgasleitung bzw. im Abgas-System Überdruck ergeben. Derartige Konstruktionen erhalten deshalb einen Abgasventilator oder primäre Gebläseunterstützung.

Regelung/Steuerung

Brennwertheizkessel werden als Vollautomaten mit Hochspannungszündung und elektronischer Flammüberwachung ausgeführt. Die Regleung der Kesselvorlauftemperatur kann über witterungsabhängige Steuerungen, wie aber auch über raumtemperaturabhängige PI-Regler erfolgen.

Ein Nachteil der Brenner ohne Gebläse ist, daß sie mit relativ hohem Luftüberschuß betrieben werden, mit Luftzahlen „λ“ = > 1,2. Das nun führt zu einem Absinken der Wasserdampf-Taupunkttemperatur der Ab/Heizgase, mindert folglich die Wasserdampfkondensation an den Heizflächen und somit auch den Nutzungsgrad (vergl. Bild 1.3.7-6).

Jüngere Brennwertkessel-Konstruktionen sind mit Gebläsebrennern oder zumindest mit Brennern mit Gebläseunterstützung ausgerüstet, überwiegend bereits bei kleinen Leistungen ab ca. 4…11 kW, mit zweistufiger oder gar modulierender Betriebsweise (Bild 2.3.1-49 bis Bild 2.3.1-51).

Angaben zu Kondensat, Schornstein, Wirkungsgrad u.a. s. Abschnitt 2.3.1-2.3.2b)

d) Gas-Umlauf- und Kombi-Wasserheizer

Diese kompakten, wandhängend zu installierenden, Gas-Wärmeerzeuger können in Küche, Bad, Diele, Keller oder, in raumluftunabhängiger Ausführung mit Abgas/Zuluft-Systemen (AZ-Systeme) oder auch Luft/Abgas-Systemen (LAS-Systeme) nahezu überall in einer Wohnung oder einem Hause installiert werden, z.B. auch im Dachraum (Bild 2.3.1-17 und Bild 2.3.1-18).

Ihr Raumanspruch gleicht etwa dem eines Küchen-Oberschrankes (Breite 500 mm). Diese Geräte werden bevorzugt dezentral in Mehrfamilienhäusern eingesetzt, sowohl in Neubauten als auch bei der Altbaumodernisierung, zunehmend auch in Einfamilienhäusern.

Als wesentlicher Vorzug der dezentralen Wärmeversorgung wird, seitens der Bauträger oder Vermieter bewertet, daß die Nutzer die Heiz- und Warmwasserkosten direkt mit dem Gasversorgungsunternehmen abrechnen und daß die Beheizungsweise von den Nutzern individuell gestaltbar ist (z.B. mittels programmiertem Heizbetrieb).

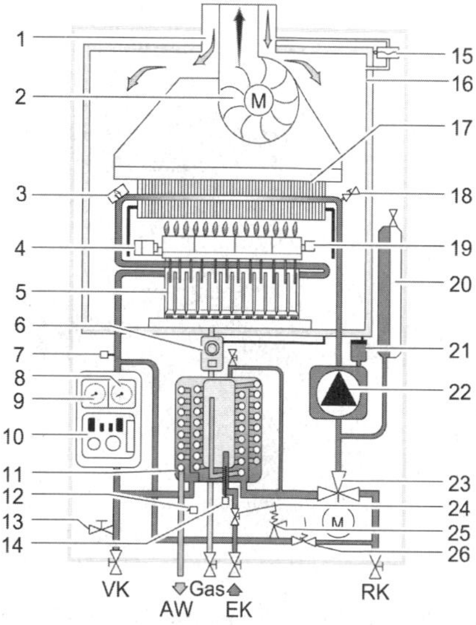

AW = Warmwasseraustritt
EK = Kaltwassereintritt
Gas = Gasanschluß
RK = Kesselrücklauf
VK = Kesselvorlauf

1 = Luft-Abgas-Anschluß
2 = Abgas-Gebläse
3 = Sicherheits-Temperatur begrenzer
4 = Glühzündelektrode
5 = Gasbrenner
6 = Gasarmatur
7 = Vorlauf-Temperaturfühler
8 = Vorlauf-Thermometer
9 = Vorlauf-Manometer
10 = Universeller Brenner-automat UBA
11 = Warmwasser-Wärmetauscher
12 = Warmwasserauslauf-Temperaturfühler
13 = Kessel-Füll- und Entleerungshahn
14 = Stand-by-Temperaturfühler
15 = Differenzdruckschalter
16 = Geschlossener Verbrennungsraum
17 = Wärmetauscher
18 = Handentüfter
19 = Ionisationselektrode
20 = Druckausdehnungsgefäß
21 = Automatischer Entlüfter
22 = Umwälzpumpe
23 = Drei-Wege-Umschaltventil
24 = Durchflußmengenbegrenzer
25 = Sicherheitsventil
26 = Überstömventil

Bild 2.3.1-17. Aufbau und Funktion eines Gas-Umlaufwasserheizers mit atmosphärischem wassergekühltem Brenner und integrierter Warmwasserversorgung. Hier mit Abgasventilator für den raumluftabhängigen Betrieb.

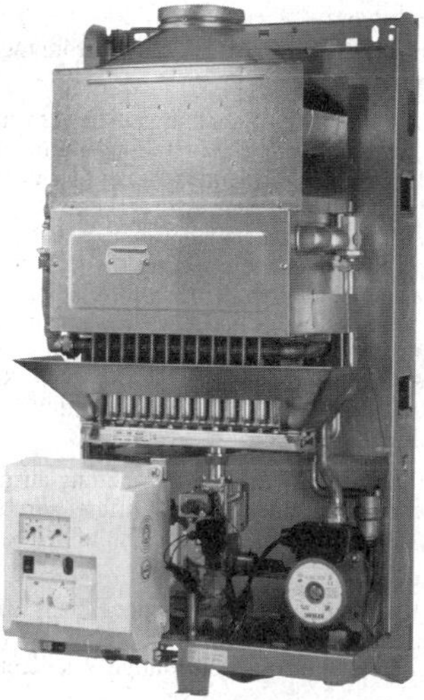

Bild 2.3.1-18. Gas-Umlaufwasserheizer (Buderus Heiztechnik, Logamax U122/124, Leistung 5 bis 24 kW).

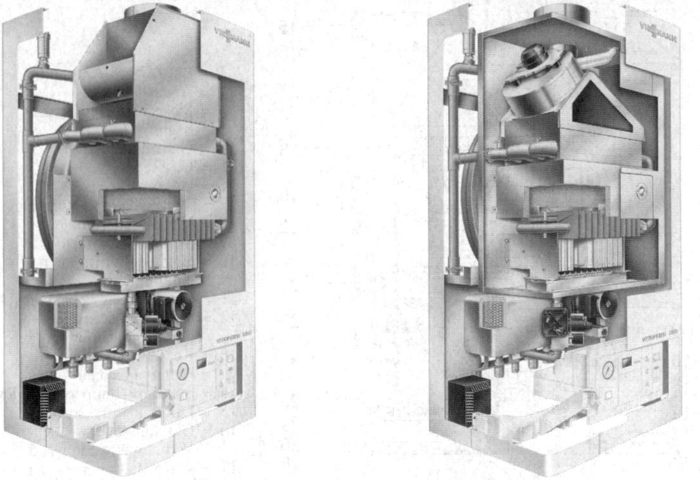

Bild 2.3.1-19. Gas-Kombi-Wasserheizer, Vollautomat mit modulierendem, wassergekühltem Vormischbrenner, Regelung für Heizung und Brenner mit Diagnose-System und Laptop-Schnittstelle. Mit Bereitschafts-Durchlauferhitzer für die Warmwasserversorgung.
Links: Ausführung für raumluftabhängigen Betrieb mit Strömungssicherung
Rechts: Ausführung mit drehzahlgeregeltem Gleichstromgebläse für raumluftunabhängigen Betrieb (Viessmann VITOPEND 200; Leistung 7 bis 24 kW)

Nachteilig sind, im Vergleich zur zentralen Wärme- und Warmwasserversorgung, die im Regelfalle erheblich höheren Investitions- und Wartungskosten, sowie die höheren Stromkosten der Heizungs-Umwälzpumpen.

Gas-Umlauf- oder Kombi-Wasserheizer werden allgemein mit allem Zubehör, einschließlich sicherheitstechnischer und regeltechnischer Ausrüstung geliefert. Das Bild 2.3.1-19 zeigt die Teilschnitte zweier Umlauf-Kombi-Wasserheizer für raumluftabhängigen und raumluftunabhängigen Betrieb.

Die einzelnen Komponenten des Wärmeerzeugers zeigt Bild 2.3.1-20, ohne Strömungssicherung bzw. Abgasgebläse.

Gas-Umlaufwasserheizer oder Kombi-Wasserheizer für raumluftabhängigen Betrieb mit offener Brennkammer und Strömungssicherung erfordern einen Aufstellungsraum mit mindestens einer ins Freie führenden Außentür oder einem zu öffnenden Außenfenster sowie ein Raumvolumen von 4 m^3/je kW Gesamtwärmeleistung. Das erforderliche Raumluftvolumen kann auch über Türen mit Lüftungsöffnungen zu Nachbarräumen erbracht werden. Für Aufstellungsräume mit einer ins Freie führenden Zuluftöffnung von mindestens 150 cm^2, genügen 1 m^3/kW. Diese Anforderungen entfallen bei raumluftunabhängigen Geräten der Bauart C mit Gebläse, in Verbindung mit AZ- und LAS-Systemen, die auch den Außenwandanschluß bzw. die Aufstellung im Dachraum ermöglichen, mit vertikaler oder horizontaler Dachdurchführung. Zu beachten sind stets die „Technischen Regeln für Gas-Installatioen, TRGI 1986, Ausgabe 96“, die jeweiligen Landesbauordnungen und andere Verordnungen Vorschriften und Richtlinien.

Geräte mit Strömungssicherung werden mit einer Abgasüberwachungseinrichtung ausgerüstet, raumluftunabhängige Geräte mit Gebläsee erhalten einen Abgas-Differenzdruckwächter (Bild 2.3.1-21). Das Gebläse kann auf der Abgas- oder auch auf der Zuluftseite angeordnet sein.

Die Abgas-Überwachungseinrichtung erfaßt, bei Rückstau, über den Sensor „B“ ein Austreten von Abgasen aus der Strömungssicherung. Der Brenner wird abgeschaltet und für die Dauer von mindestens 15 Minuten verriegelt. Danach erfolgt selbsttätige Wiedereinschaltung.

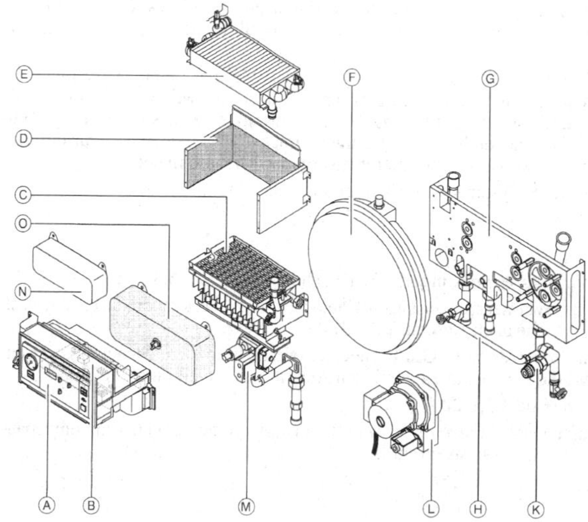

Bild 2.3.1-20. Komponenten eines Gas-Umlauf-Wasserheizers.

A – Regeleinrichtung für Brenner und Heizung
B – Gasbrenner-Steuergerät für modulierenden Brennerbetrieb
C – Vormischbrenner, modulierend mit Hochspannungszündung und elektronischer Flammüberwachung über Ionisationselektroden
D – Brennkammerummantelung mit Wärmedämmung
E – Heizgas/Heizwasser-Wärmetauscher für niedrige Abgastemperatur
F – Membran-Ausdehnungsgefäß
G – Aqua-Platine für den montagefreundlichen Heiz- und Warmwasseranschluß
H – Überströmventil zur Einhaltung der Mindest-Heizwasservolumenströme im Wärmeerzeuger
K – Sicherheitsventil und Entleerungshahn
L – Umwälzpumpe, zweistufig oder mit Drehzahlregelung mit Umschaltventil für Heiz- oder Warmwasserbetrieb
M – Gas-Kombiregler, zumeist mit zwei Gasventilen sowie Gasdruckwächter bei Flüssiggas-Ausführung
N – Plattenwärmetauscher oder Durchlauferhitzer für die Warmwasserversorgung oder:
O – Bereitschaftsdurchlauferhitzer mit Warmwasservorlage

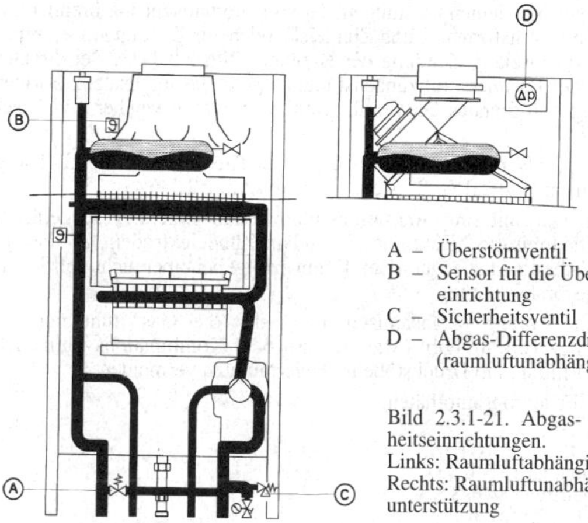

A – Überstömventil
B – Sensor für die Überwachungseinrichtung
C – Sicherheitsventil
D – Abgas-Differenzdruckwächter (raumluftunabhängiger Betrieb)

Bild 2.3.1-21. Abgas- und zuluftseitige Sicherheitseinrichtungen.
Links: Raumluftabhängiges Gerät
Rechts: Raumluftunabhängiges Gerät mit Gebläseunterstützung

Der Abgas-Differenzdruckwächter „D“ überwacht durch Differenzdruckvergleich die Einhaltung der erforderlichen Nenn-Volumenströme auf der Zuluft und Abgasseite, somit die Lüfterfunktion.

Gas-Umlauf- und Kombiwasserheizer sind hydraulisch für die gängigen Systeme der Warmwasserheizung geeignet, sowohl in Einrohr-, als auch in Zweirohrausführung. Die mehrstufigen oder drehzahlgeregelten eingebauten Umwälzpumpen sind auch für Heizungsanlagen mit relativ hohen heizwasserseitigen Druckverlusten geeignet. Für die Einhaltung der Mindest-Heizwasservolumenströme sorgt das Überströmventil.

(Schornsteine, AZ-, LAS-Systeme und Abgasleitungen in Abschn. 2.3.3)

-2.2.4 Sicherheitseinrichtungen (siehe auch Abschn. 2.2.1-6.3 und 2.3.3-1.2)[1]

Die Absicherung der Wärmeerzeuger gegen Überdruck und Übertemperatur erfolgt nach DIN 4751 Teil 1-3. (Siehe auch Abschn. 2.2.2-1.3).

Gasbeheizte Wärmeerzeuger bzw. Gas-Brenner erfordern besondere Sicherheitseinrichtungen zur Vermeidung von Gefahren durch den Austritt von unverbranntem Gas.

Vorgeschrieben sind (Bild 2.3.1-22[2]):

Eine manuell beätigte Gas-*Absperrvorrichtung* (Gashahn) vor dem Brenner mit eingebautem thermischen Sicherheits-Absperrventil.

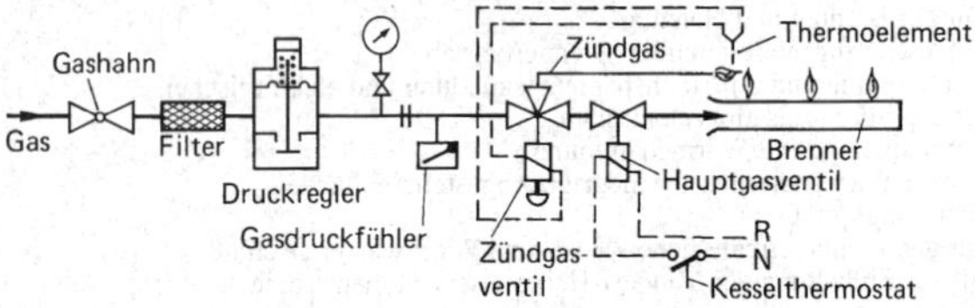

Bild 2.3.1-22. Armaturen für einen Gasbrenner ohne Gebläse mit handbetätigtem Zündgasventil (Zündgasventil siehe Bild 2.2.1-26).

Einen *Gasdruckregler* nach DIN 3380 zur Konstanthaltung des Gasdruckes.

Eine *Zündeinrichtung,* z. B. in Form einer mit Piezozünder gezündeten und ständig brennenden Zündflamme (Pilotflamme), nach Bild 2.3.1-22.

Bevorzugt wird heute, bereits bei kleinen Leistungen, der vollautomatische Gasbrenner mit Hochspannungszündung mit Transformator und Zündelektroden zur Zündung eines separaten Zündbrenners oder zur direkten Zündung des Brenners Bild 2.3.1-23. Bei direkter Zündung erfolgt der Start des Brenners mit zunächst reduziertem Gasdurchsatz, z. B. über ein geregeltes oder verzögert öffnendes Gasventil, womit ein relativ weicher und leiser Brennstart erreicht wird.

Eine *Flammenüberwachung,* z. B. bei manueller Zündung, mit Thermoelement und ständig brennender Zündflamme nach Bild 2.3.1-22. (siehe auch Abschn. 2.2.1-6.4).

Vollautomatische Brenner sind mit einer Ionisations-Flammenüberwachung ausgerüstet, z. B. nach Bild 2.3.1-23. Die Ionisationselektrode „A“ und die Zündelektroden „C“ sind am Flächenbrenner „B“ gegenüberliegend angeordnet. Damit erfolgt bei einer nicht vollflächigen Flammenbildung die Störabschaltung.

Eine *Sicherheitsabsperreinrichtung* (Selbsteinstellglied), das die Gaszufuhr nur bei einwandfreier Funktion aller Teile freigibt (Magnetventil oder Kombinationsventil). Ab 120 kW mit gedämpfter Öffnung, um Druckstöße im Feuerraum zu vermeiden.

Ein *Gasdruckwächter* bei Feuerungsautomaten.

---

[1]) Wallmeier, H.: Heizungsjournal 3/76. 6 S.
Fritsch, W.: Öl- und Gasfeuerung 8/76. 8 S.

[2]) DIN 4788 T1 (06.77)

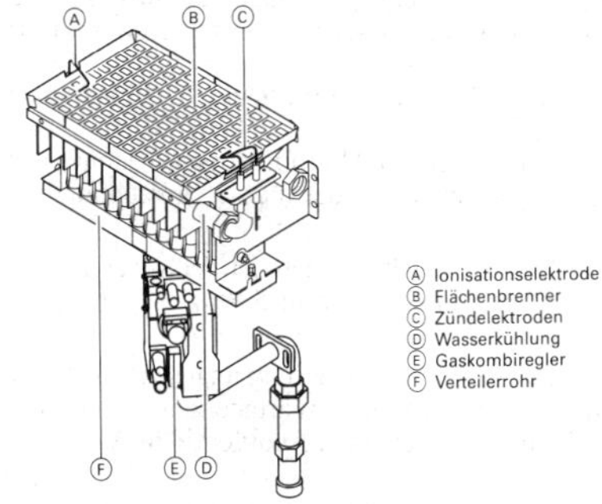

Bild 2.3.1-23. Vollautomatischer, wassergekühlter Vormischbrenner, mit Hochspannungszündung und Ionisations-Flammenüberwachung (Viessmann, VITOPEND 200).

Bei Anlagen über 50 kW Absperreinrichtung und *Gefahrenschalter* außerhalb des Heizraumes.

Leckgasleitung zur Prüfung der Anlage bei Stillstand auf Dichtheit (nicht vorgeschrieben, jedoch von manchen Bauaufsichtsbehörden verlangt). Kontrolle auf Druck oder Vakuum zwischen 2 Magnetventilen.

-2.2.5 **Regeltechnische Ausrüstung** (siehe auch Abschn. 2.3.7)

Nach § 7 der Heizungsanlagen-Verordnung (HeizAnlV), die in die EnEV integriert ist, sind Zentralheizungen mit zentralen selbsttätig wirkenden Einrichtungen zur Regelung und Abschaltung der Wärmezufuhr, sowie auch zur Ein- und Abschaltung der elektrischen Antriebe in Abhängigkeit von der Außentemperatur oder einer anderen geeigneten Führungsgröße und der Zeit, auszurüsten.

Vorgeschrieben ist weiterhin die Einzelraumregelung, die heute allgemein mit thermostatischen Heizkörperventilen realisiert wird.

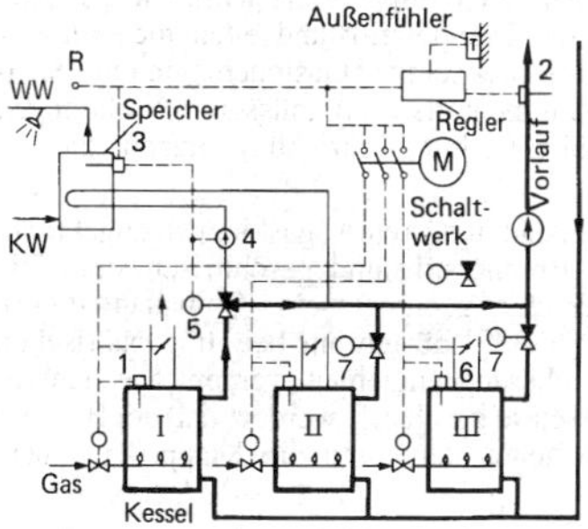

Bild 2.3.1-24. Regelung bei einer gasbeheizten Mehrkesselzentrale mit Warmwasserspeicher.
1 = Kesselthermostat,
2 = Vorlauftemperaturfühler,
3 = Temperaturregler für Speicher,
4 = Speicherladepumpe,
5 = Umschaltventil,
6 = Abgasklappe,
7 = Motorventile
KW = Kaltwasser,
WW = Warmwasser

Die Regelung des oder der Wärmeerzeuger kann erfolgen durch:

1. Die *Zweipunktregelung* mit Uhrenthermostat, der in einem geeigneten Testraum anzuordnen ist. Der Wärmeerzeuger mit einstufigem Brenner wird je nach Wärmeanforderung ein- oder ausgeschaltet.
2. Die *witterungsgeführte Vorlauftemperaturregelung* mit Schaltuhr. Die Vorlauftemperatur, bzw. bei voll gleitend betriebenen Wärmeerzeugern deren Betriebstemperatur, wird in Abhängigkeit von der Außentemperatur (zumeist mit Erfassung von Windeinfluß) geregelt, wiederum durch Ein/Aus-Schaltung des Brenners.
3. Die *Regler-Kombination.* Die raumtemperaturabhängige – oder witterungsgeführte Regeleinrichtung wird um zusätzliche Regelfunktionen erweitert:
   - Die *Warmwasser-Vorrangschaltung.* Der Heizbetrieb wird für die Nachladung eines Speicher-Wassererwärmers oder auch Durchlauf-Wassererwärmers unterbrochen, der Wärmeerzeuger arbeitet nun nur für die Warmwasserversorgung.

- Die *Brennstoff/Luft-Verbundregelung* für den zweistufigen – oder stufenlos modulierenden Brennerbetrieb. In diesem Falle werden zumeist raum- oder witterungsgeführte Regler mit Proportionalausgang eingesetzt.
- Die *Kessel-Folgeregelung* für Anlagen mit mehr als einem Wärmeerzeuger z. B. nach Bild 2.3.1-24 (siehe auch Abschn. 2.3.7-2.7).
  Diese Regler-Kombinationen sind zumeist in digitaler Microprozessor-Technik ausgeführt, u. a. mit Diagnose-Systemen, Möglichkeiten der Fernüberwachung und mehr.

In diesem Beispiel bewirkt die Warmwasser-Vorrangschaltung, daß der Wärmeerzeuger 1 über die Einschaltung der Ladepumpe und Umschaltung des Ventils 5 bei Bedarf die Speichernachladung übernimmt.

Die Wärmeerzeuger können an eine gemeinsame Strömungssicherung angeschlossen werden. Zur Vermeidung unnötiger Bereitschaftsverluste ist jeder Wärmeerzeuger mit einer Motor-Abgasklappe vor der Strömungssicherung und einem Motorventil in Vor- oder Rücklauf auszurüsten.

Der Vorteil der Leistungsaufteilung auf zwei oder drei Kessel liegt in der höheren Betriebssicherheit, nicht im höheren Nutzungsgrad. Dabei höhere Investitions- und Wartungskosten und mehr Platzbedarf. Es wird zudem der voll gleitende Betrieb im Teillastbereich aufgehoben.

Anmerkung: Die regeltechnischen Anforderungen von Gas-Heizkesseln und Öl/Gas-Heizkesseln sind nahezu identisch.

-2.2.6 Abgasanlagen für Gasheizkessel[1] (s. a. Abschn. 2.3.3)

Die Abgase von Gasheizkesseln müssen durch Abgasanlagen, wie Schornsteine, Abgasleitungen und Verbindungsstücke (Abgasrohre oder -kanäle), über Dach ins Freie abgeführt werden. Abgasrohre sollen steigend zum Schornstein, mit Prüföffnungen, möglichst kurz, korrosionsgeschützt, meist aus Stahlblech oder Aluminium, in kalten Räumen wärmegedämmt sein.

Zur Vermeidung von zu großem Zug, von Stau oder Rückstrom befindet sich bei Gasheizkesseln mit Brennern ohne Gebläse zwischen Verbrennungskammer und Abgasanlage eine Strömungssicherung (Zugunterbrecher kombiniert mit Rückstromsicherung), die ein Bestandteil der Feuerstätte ist und vom Gerätehersteller mitgeliefert wird. Sie gestattet außerdem eine Durchlüftung der Abgasanlage in den Brennerstillstandzeiten, die evtl. vorhandenes Kondensat aufnehmen und über Dach abführen kann.[2] Gasfeuerstätten mit Strömungssicherung und einer Nennwärmeleistung von mehr als 7 kW müssen in Wohnungen oder ähnlichen Nutzungseinheiten eine Abgasüberwachungseinrichtung haben, die bei Stau oder Rückstrom den Brenner ausschaltet.

In Abgasrohren von raumluftabhängigen Gasfeuerstätten dürfen Abgasklappen angebracht werden, die bei Brennerbetrieb offen und bei Brennerstillstand geschlossen sind. Die Abgasklappen müssen für die jeweilige Feuerstätte geeignet sein (Einbauanleitung). Thermisch gesteuerte Abgasklappen nach DIN 3388 T4 dürfen nur bei atmosphärischen Gasfeuerstätten und nur hinter der Strömungssicherung eingebaut werden. Mechanisch gesteuerte Abgasklappen nach DIN 3388 T2 müssen so geschaltet werden, daß der Brenner erst bei vollständig offener Klappe in Betrieb gehen kann und die Klappe erst nach Brennerabschaltung wieder schließt.

Abgasanlagen sind nach DIN 18160 T1 (12.01) auszuführen. Mauerwerk wenig günstig, da bei niedrigen Abgastemperaturen leicht Durchfeuchtung (Versottung) eintritt. Besser sind mehrschalige Abgasanlagen mit wärmegedämmten Innenrohren aus Schamotte, Edelstahl und dergleichen, die oft feuchteunempfindlich sind (Zulassung). In gemauerten Schornsteinen können auch starre oder flexible Metallrohre eingezogen werden.

Bemessung der Abgasanlage siehe Abschn. 2.3.3.

Abgasanlagen dürfen nur mit gleichartigen Feuerstätten mehrfachbelegt werden. Gasfeuerstätten mit Gebläsebrenner dürfen also nicht an eine gemeinsame Abgasanlage mit Gasfeuerstätten mit Strömungssicherung angeschlossen werden. Gemischtbelegung, d. h. der Anschluß von Feuerstätten für feste oder flüssige Brennstoffe an eine gemeinsame Abgasanlage mit Gasfeuerstätten, ist nur in der Regel zulässig für Feuerstätten ohne Gebläse. Die

[1]) Neubearbeitung erfolgte von Dr.-Ing. Dieter Stehmeier, Langenhagen, für die 68. Auflage, hier Ergänzungen.

[2]) Plate, J.: HLH 6/89 S. 297–302.

Verbindungsstücke der Feuerstätten für feste oder flüssige Brennstoffe müssen unmittelbar hinter dem Abgasstutzen eine senkrechte Anlaufstrecke von mind. 1 m haben. Die Bemessung von mehrfach- und gemischtbelegten Schornsteinen kann nach DIN V 4705 T3 (08. 97) erfolgen.

Bei der Aufstellung von Feuerstätten ist für eine ausreichende Verbrennungsluftversorgung zu sorgen. Bei raumluftabhängigen Feuerstätten mit einer Nennwärmeleistung bis 35 kW genügt es in der Regel, wenn der Aufstellraum einen Rauminhalt von mind. 4 m^3 je 1 kW Gesamtnennwärmeleistung aller in dem Raum gleichzeitig betreibbaren Feuerstätten hat und der Raum über eine Tür oder ein zu öffnendes Fenster ins Freie verfügt. Unter bestimmten Voraussetzungen können Nachbarräume, die über eine Lüftungsöffnung von mind. 150 cm^2 freien Querschnitt oder über Türen mit dem Aufstellraum verbunden sind, berücksichtigt werden (Verbrennungsluftverbund), Einzelheiten siehe DVGW-TRGI 1986/1996. Bei einer Gesamtnennwärmeleistung von mehr als 35 kW ist eine ins Freie führende Öffnung von mind. 150 cm^2 oder 2 Öffnungen von je 75 cm^2 freien Querschnitt erforderlich.

Gasfeuerstätten mit Strömungssicherungen dürfen nur in Räumen aufgestellt werden, deren Rauminhalt mind. 1 m^3 je 1 kW Gesamtnennwärmeleistung beträgt, wobei Nachbarräume, die mit dem Aufstellraum über 2 Öffnungen (oben und unten) mit je 150 cm^2 freiem Querschnitt verbunden sind, berücksichtigt werden dürfen. Die Aufstellung in kleineren Räumen ist zulässig, wenn diese 2 Lüftungsöffnungen ins Freie mit je 75 cm^2 freien Querschnitt haben.

Bei raumluftunabhängigen Gasfeuerstätten werden keine Anforderungen an die Größe des Aufstellraumes gestellt. Diese Feuerstätten sind gegenüber dem Aufstellraum geschlossen, die Verbrennungsluft wird über dichte Leitungen vom Freien zugeführt. Die Feuerstätten arbeiten vorwiegend mit Gebläseunterstützung. Je nach Art der Luftführung werden verschiedene Systeme unterschieden. Feuerstätten, bei denen das Luft-Abgas-System als Zubehör mit der Feuerstätte geliefert wird, dürfen nur nach den Vorgaben des Herstellers eingebaut werden. An sog. Luft-Abgas-Schornsteine dürfen je nach Zulassung bis zu 10 Feuerstätten angeschlossen werden (siehe Abschn. 2.3.3).

-2.3 Öl-/Gas-Heizkessel für Gebläsebrenner[1)]

-2.3.1 Allgemeines

Es dürfen, gemäß der früheren, jetzt in der EnEV enthaltenen HeizAnlV, bei Öl- und Gasfeuerung nur noch Niedertemperatur- oder Brennwertheizkessel eingesetzt werden. Andere Konstruktionen werden deshalb auch von den Herstellern nicht mehr angeboten, abgesehen allerdings von Spezialheizkesseln für Nieder- oder Hochdruckdampf, Hochdruck-Heißwasser und Sonderkonstruktionen, z. B. für Thermoöl.

Öl/Gas-Heizkessel sind sowohl für Öl- als auch Gasgebläsebrenner geeignet, eine Umrüstung von einer Brenner- und Brennstoffart auf die andere ist jederzeit möglich. Für größere Leistungen werden auch Zweistoffbrenner für Öl und Gas angeboten (Abschn. 2.3.2-3.6). Hinsichtlich regeltechnischer Ausrüstung, Regelfähigkeit und Bedienungskomfort, ergeben sich zwischen Öl- und Gasbetrieb keine Unterschiede.

Öl- und Gasbrennerkonstruktionen, sicherheitstechnische Ausrüstung der Brenner, zu beachtende Vorschriften, siehe Abschnitt 2.3.2.

-2.3.2 Heizkessel – Konstruktionen

a) Niedertemperatur-Heizkessel

NT-Heizkessel mit Leistungen bis ca. 70 kW werden allgemein mit voll gleitender Temperatur betrieben. Absinkende Kesseltemperatur führt, gerade im Teillastbereich, zu exponentiell abfallenden Abgas, -Abstrahlungs- und Bereitschaftsverlusten (vergl. Bild 2.3.1-39), folglich zu höheren Jahresnutzungsgraden. Die gleitende Betriebsweise ist gerade bei Kesseln kleinerer Leistung anzustreben, weil hier die relativen, auf die Leistung bezogenen Werte vorgenannter Verluste, erheblich über denen von Großkesseln liegen. Die Erklärung dafür liegt u. a. im Verhältnis Kesseloberfläche zu Leistung, verdeutlicht mit der spezifischen Kesseloberfläche in z. B. m^2/MW. Ein Kleinkessel mit 20 kW (0,02 MW) hat eine spezi. Oberfläche von rd. 100 m^2/MW, ein Kessel mit 1 MW (1000 kW) dagegen nur noch 17 m^2/MW. Hier liegt auch die Erklärung dafür, daß größere Heizkessel die nach der

[1)] Marx, E.: HeizungsJournal 2/93, S. 102/12.
N.N.: Symposium Heizkesseltechnik, HLH 11/85. S. 539/553.

jetzt in der EnEV enthaltenen früheren HeizAnlV für NT-Heizkessel geforderten Nutzungsgrade allein durch zweistufigen oder modulierenden Brennerbetrieb erreichen. Dennoch werden auch größere Heizkessel überwiegend gleitend betrieben.

Verwendet werden, auch bei voll gleitend betriebenen NT-Heizkesseln, die üblichen Werkstoffe, Guß, Stahl wie auch Aluminiumlegierungen. Um einer Taupunktkorrosion vorzubeugen muß die Wasserdampfkondensation an den Heizflächen durch geeignete konstruktive Maßnahmen vermieden werden. Wichtig ist, daß die Heizflächen bei Abschaltung des Brenners trocken sind, kurzzeitige Kondenswasserbildung, zum Beispiel nach einem Kaltstart, ist dagegen erfahrungsgemäß unproblematisch.

Zur Anhebung der Wandtemperaturen über die Taupunkttemperatur der Heiz- oder Abgase gibt es unterschiedlich konstruktive Lösungen.

zwei- und mehrschichtige Heizflächen[1)]

Bewährt haben sich, inzwischen langjährig, *zwei- oder mehrschalige Heizflächen* (auch als mehrwandig oder mehrschichtig bezeichnet). Der Wärmedurchgang, Heizgas an Wasser, wird gebremst, womit die Wandungstemperatur auf der Heizgasseite weiter über die Kesselwassertemperatur hinausgehend angehoben wird. Es wird hier der Wärmedurchgangskoeffizient der Heizfläche (k-Wert), gezielt verringert. Mit Luftspalten oder Hohlräumen variierter Größe zwischen den beiden Wandungen kann der Wärmedurchgang, der über die Länge eines Heizgaszuges absinkenden Heizgastemperatur und Heizflächenbelastung angepaßt werden. Diese Konstruktion wird auch als „Heizfläche mit dosiertem Wärmedurchgang" bezeichnet (Bild 2.3.1-37 und Bild 2.3.1-38).

Rippen-Heizfläche

Eine weitere Anhebung der Wandtemperaturen auf der Heizgasseite bewirken *Rippenheizflächen,* erst recht natürlich in zwei- oder mehrschaliger Ausführung.

Mit der Vergrößerung der Heizfläche durch Rippen wird die Wärmeaufnahme auf der Heizgasseite etwa verhältnisgleich der Heizflächenvergrößerung erhöht. Da die Wärmeübergangszahl auf der Wasserseite nahezu konstant bleibt, kann die größere Wärmeaufnahme nur bei einer entsprechend größeren Temperaturdifferenz, folglich höherer Oberflächentemperatur auf der Heizgasseite, übertragen werden.

Niedertemperatur-Heizkessel, relativ kleiner Leistung aus Grauguß mit berippten Heizflächen, zeigen Bild 2.3.1-25 und Bild 2.3.1-26.

Der Heizkessel nach Bild 2.3.1-27 mit Doppelfaltrippen-Heizfläche ist für den kondenswasserfreien Niedertemperaturbetrieb konstruiert. Heizkessel und Brenner werden als aufeinander abgestimmte Einheit geliefert (Unit).

Die zweischalige Heizfläche des in Bild 2.3.1-28 gezeigten NT-Heizkessels besteht aus Guß-Rippensegmenten, die dampfdicht in einen Stahlzylinder eingeschrumpft sind *(Werkstoff-Verbund).* Die Edelstahlbrennkammer kann zur Kesselreinigung herausgenommen werden. Bei Ölfeuerung erhält der Heizkessel einen Brenner mit interner Heizgasrezirkulation (VITOFLAME 200), der hinsichtlich Schadstoffemissionen auch die Anforderungen der „Schweizer Luftreinhalteverordnung" erfüllt. Der temperaturgeregelte Edelstahl-Speicherwassererwärmer ist auf den Kessel aufgesetzt. Kessel und Speicher sind für Transport und Einbringung trennbar.

Die Warmwasserversorgung wird heute allgemein mit dem Heizkessel kombiniert. Die erforderlichen Speicher-Wassererwärmer können auf dem Kessel (Bild 2.3.1-27 und Bild 2.3.1-28) oder auch darunter oder nebenstehend angeordnet sein.

Guß-Gliederkessel mit Leistungen bis zu rd. 2 MW zeigen Bild 2.3.1-29, Bild 2.3.1-30 und Bild 2.3.1-31. Die Heizkessel sind ausgeführt mit neuer Verbindungstechnik der Gußglieder. Hydraulische, wasserseitige Systeme nach dem Injektionsprinzip dienen der kesselinternen Rücklauftemperaturanhebung und sie verbessern die Wasserzirkulation (siehe auch Bild 2.3.1-41). Der Heizkessel nach Bild 2.3.1-32 ist mit einem sogenannten Blaubrenner ausgerüstet (Abschn. 2.3.2-1). Im Niedertemperaturbereich kann der Kessel bis 35°C betrieben werden.

Überdruckfeuerung höhere Heizgasgeschwindigkeit

Höhere Wandtemperaturen auf der Heizgasseite der Konvektionsheizfläche, auch als Nachschaltheizfläche bezeichnet, ergeben sich auch mit höheren Heizgasgeschwindigkeiten, einhergehend mit ansteigendem heizgasseitigem Druckverlust, der letztlich zu Über-

[1)] Böhm, G.: GWI, 11/85, S. 465/7, und IKZ 9/85
Schneider, H., u. K. Krähling: Feuerungstechnik Spezial 10/88, S. 37

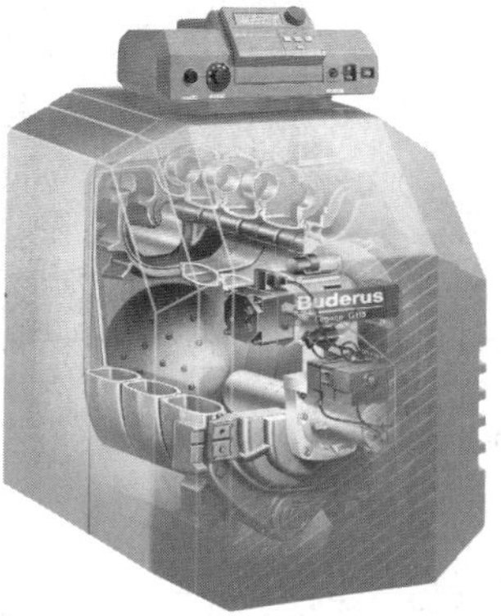

Bild 2.3.1-25. Öl-/Gas-Niedertemperaturkessel aus Grauguß (Buderus Heiztechnik, Logano G 115, Leistung 17 bis 34 kW).

Bild 2.3.1-26. Niedertemperatur-Öl-Gebläsekessel aus Grauguß in 3-Zug-Technik (Vaillant, Kesselleistung 17–42 kW).

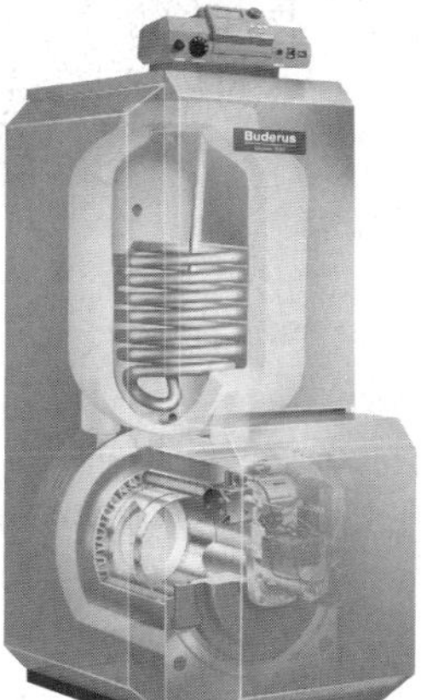

Bild 2.3.1-27. Öl-Niedertemperaturkessel aus Stahl mit aufgesetztem Warmwasserspeicher. Die Doppelfaltrippen wirken der Kondensatbildung entgegen. Kessel und Brenner bilden eine Baueinheit (Buderus Heiztechnik, Logano S 115, Leistung von 17 bis 35 kW).

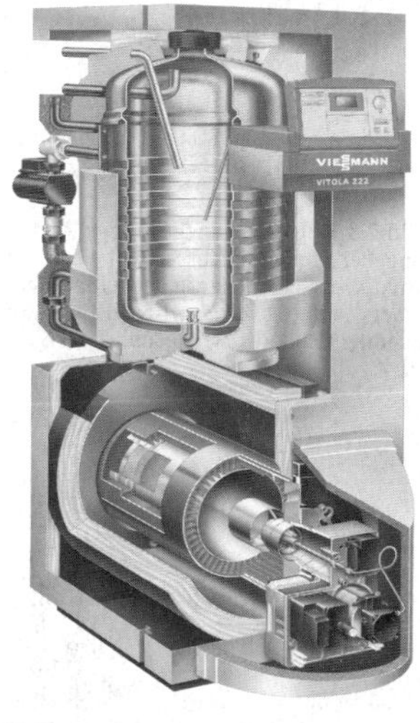

Bild 2.3.1-28. NT-Öl-/Gas-Heizkessel mit biferraler Verbundheizfläche, abgebildet mit Ölbrenner VITOFLAME 200 für schadstoffarme Verbrennung. Mit aufgesetztem, temperaturgeregelten Speicher-Wassererwärmer aus Edelstahl. Normnutzungsgrad bis 95% (Viessmann; VITOLA 222, Leistung: 15 bis 27 kW).

Bild 2.3.1-29. Öl-Gas-Spezialkessel aus Grauguß in Gliedbauweise (Buderus Heiztechnik, Logano GE515, Leistung von 321 bis 510 kW). Der abgekühlte Heizwasserrücklauf wird durch ein in den Naben geführtes Einspeiserohr zugeführt. Durch Vormischen mit dem warmen Kesselwasser wird Kondenswasserbildung vermieden (Thermostream-Effekt).

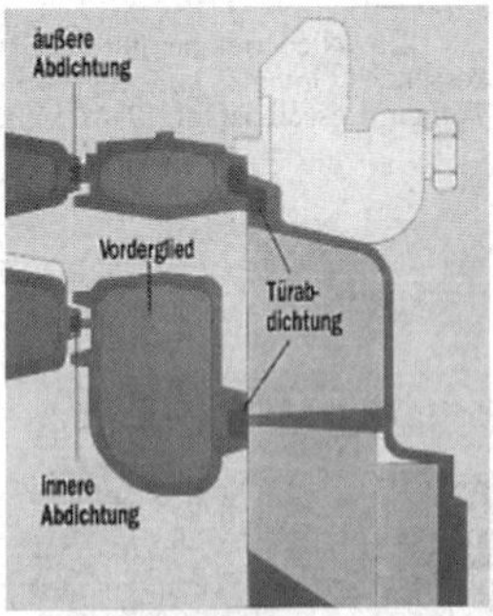

Bild 2.3.1-30. Die heizgasseitige Abdichtung der Kesselglieder erfolgt über konstruktiv verschiedenartig ausgeführte Nut-Federsysteme und Butyl-Kautschuk-Eindichtung (Buderus Heiztechnik).

Bild 2.3.1-31. NT-Öl/Gas-Guß-Heizkessel in Dreizugbauweise, aus eutektischem Spezial-Grauguß, mit internem Rücklaufinjektor" Jetflow-System" zur Vermeidung von Kondenswasser. Normnutzungsgrad bis 94% (Viessmann VITOROND 200, Leistung: 15 bis100 kW).

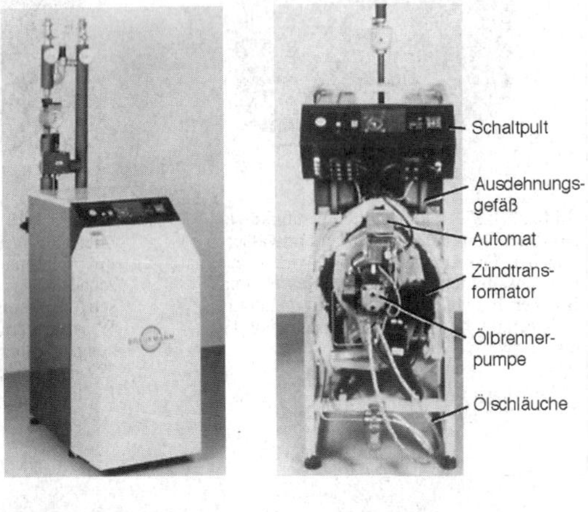

Bild 2.3.1-32. Öl-Spezialheizkessel mit Blaubrenner (Braukmann). Leistung 17 bis 35 kW.

druck führt, Neuzeitliche Guß- und Stahlheizkessel mittlerer und großer Leistung sind überwiegend für die *Überdruckfeuerung* konzipiert.

Die Heizgasgeschwindigkeiten liegen etwa drei bis fünf mal höher als bei Heizkesseln mit Unterdruckfeuerung und es können sich Überdrücke von 600 Pa und mehr ergeben.

Vorteile der Überdruckfeuerung:

Die Feuerung ist unabhängig vom Schornsteinzug, es genügen kleinere Schornsteinfeinquerschnitte. Durch geringere Abgastemperatur bei höheren CO_2-Gehalten ergeben sich verminderte Abgasverluste bei stabilerer Verbrennung und geringerer Verschmutzungsneigung der Heizflächen. Es wird vor allem aufgrund besserer Wärmeübertragung, weniger Heizfläche benötigt. Die Heizkessel bauen kleiner und leichter bei reduzierten Herstellungskosten. Bild 2.3.1-33 zeigt im Größenvergleich den Unterschied von Gußgliedern für Überdruck- und Unterdruckfeuerung. Für Stahlheizkessel ergeben sich etwa gleiche Größenverhältnisse. Diese Heizkessel sind, aufgrund des geringeren Gewichtes und der Zugunabhängigkeit, auch sehr gut für Dach-Heizzentralen geeignet.

Nachteile:

Es sind Brennergebläse mit größerem Föderdruck, folglich höherer elektrischer Leistung erforderlich. Die stärkeren Brennergebläse erhöhen den Geräuschpegel. Je nach Lage des Heizraumes können Schallschutzmaßnahmen erforderlich werden, wie Brennerschaltdämpfhaube, Abasschalldämpfer, Rohrkompensatoren, schalldämmendes Kesselfundament.

Unterschiedliche Konstruktionen von Guß-Gliedern (Segmenten) zeigt Bild 2.3.1-34.

Beim *Vaillant* GP 210 Umkehrflamme im Feuerraum, unten liegende Sammelkanäle mit daran anschließenden Vertikalzügen.

Beim *Buderus-Kessel G 505* unten am Feuerraum beginnende wedelzugartige senkrechte Züge und tangentialer Eintritt in die oberen Sammelkanäle.

Beim *Strebel-Kessel* RU Rauchzüge konzentrisch um den Feuerraum wie bei den 3-Zug-Flammrohr-Rauchrohrkesseln.

Beim *Ideal Stelrad Kessel* CR zylindrischer Feuerraum mit ringförmig angeordneten Nachschaltheizflächen.

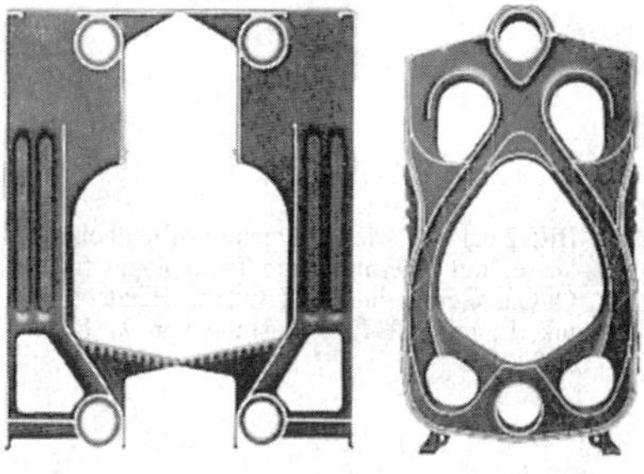

Bild 2.3.1-33. Größenvergleich zwischen dem Glied eines Gußheizkessels für Überdruck- und Unterdruckfeuerung bei etwa gleicher Leistung.

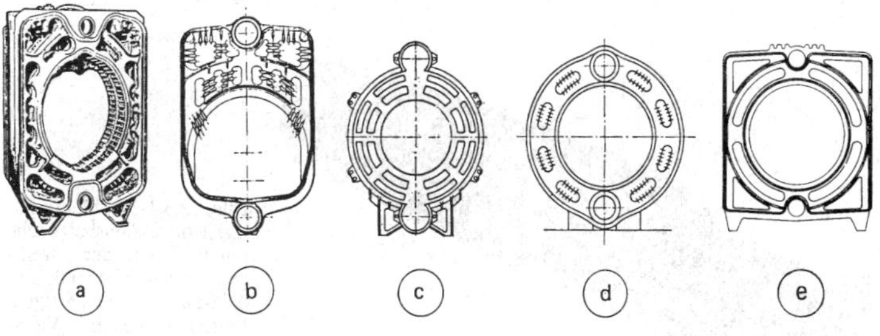

Bild 2.3.1-34. Gußeiserne Kesselglieder für Überdruckfeuerung.
a) Buderus G 505, b) Vaillant GP, c) Strebel RU3, d) Ideal Stelrad CR, e) Viessmann-Rondomat

Beim Viessmann-Rondomat konzentrisch angeordnete Konvektionsheizflächen für zweiten und dritten Zug (Dreizug-Kessel ohne Einbauten).

Bild 2.3.1-35. NT-Öl/Gas-Heizkessel in Dreizugbauweise mit mehrschaliger Konvektionsheizfläche (Bild 2.3.1-37). Für Brenner mit zweistufigem oder stufenlos modulierendem Betrieb. Normnutzungsgrad bis 96% (Viessmann; VITOPLEX 300, Leistungen: 80 bis 1750 kW).

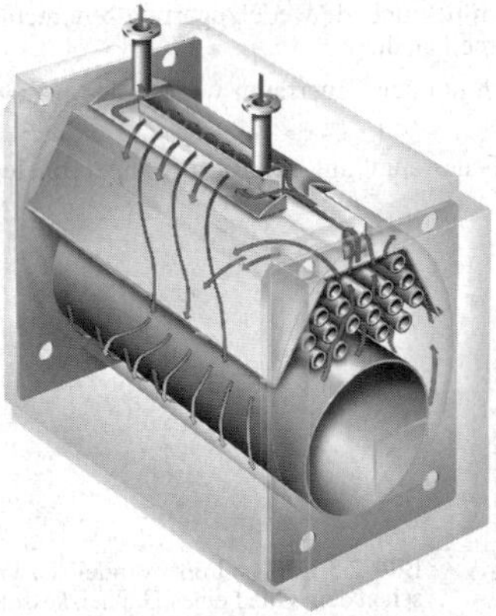

Bild 2.3.1-36 Niedertemperatur-Stahlheizkessel mit Thermostream-Technologie für Öl/Gas-Gebläsebrenner (Buderus Heiztechnik, Logano SE425, Leistung von 71 bis 170 kW).

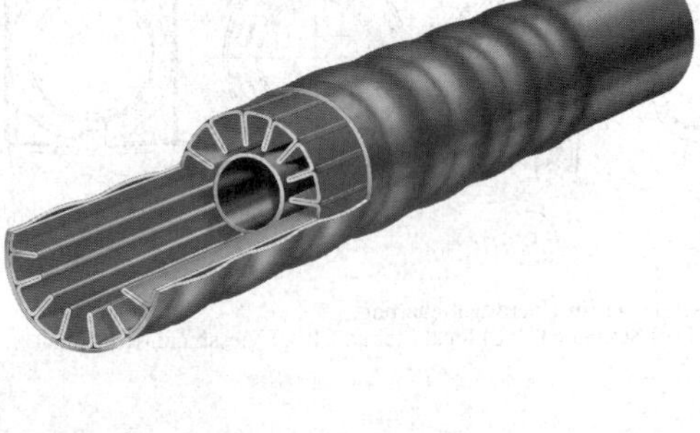

Bild 2.3.1-37. Mehrschalige Konvektionsheizfläche mit dosierten, der jeweiligen, örtlichen Heizflächenbelastung angepaßtem Wärmedurchgang (Viessmann, VITOPLEX 300).

Bei NT-Stahlheizkesseln mittlerer Leistung, bis etwa 2 MW, ist die Brennkammer überwiegend im unteren Bereich angeordnet, die Rückstromkanäle bzw. der zweite Zug und die Konvektionsheizfläche des dritten Zuges, in Form von Taschen oder Heizgasrohren, befinden sich darüber im oberen Bereich. Diese Konstruktionen bauen sehr schmal. Bis zu Leistungen von etwa 0,5 MW können sich türfreundliche Breiten von weniger als 900 mm ergeben. Der Überdruckbetrieb kann durch Wirbulatoren oder auch durch entsprechend bemessene Querschnitte der Konvektionsheizfläche realisiert werden.

Dem vorbeschriebenen Konstruktionsprinzip entspricht der NT-Heizkessel in Dreizugbauweise für Leistungen bis 1,75 MW nach Bild 2.3.1-35. Die Konvenktionsheizfläche (Bild 2.3.1-37) besteht aus einem inneren Faltrippenrohr, auf das ein im Durchmesser größeres Außenrohr in variablen, zum Zugende hin größeren Abständen aufgepreßt wird. Der Wärmedurchgang wird so der jeweiligen örtlichen Heizgastemperatur und Heizflächenbelastung dosiert angeglichen. Ein mit Injektorschlitzen versehenes Leitblech unter dem oben angeordneten Rücklaufstutzen, sorgt für eine kesselinterne Rücklaufbeimischung ohne Beimisch- oder Kesselkreispumpe.

Der NT-Heizkessel nach Bild 2.3.1-36, mit Leistungen bis 170 kW, kann mit gleitender Temperatur wie auch mit Überdruck betrieben werden. Die Konvektionsheizfläche (Bild 2.3.1-38) besteht aus mehrschichtigen Heizgasrohren. Die dosierte Reduzierung des Wärmedurchgangs erfolgt durch ein zwischen Innen- und Außenrohr angeordnetes und mit variablen Abständen verpreßtes Wärmeleitband (Wärmeleitspirale).

In welchem Maße durch den Niedertemperaturbetireb die Verluste eines Wärmeerzeugers im Teillastbetrieb mit absinkender Kesseltemperatur reduziert werden, verdeutlichen die Diagramme in Bild 2.3.1-39. NT-Heizkessel reagieren mit deutlich ansteigenden Nutzungsgraden bis weit in den Schwachlastbereich. Es führt deshalb auch eine leistungsmäßige Überdimensionierung, z.B. für die Warmwasserversorgung, nicht zu nennenswerten Nutzungsgradeinbußen.

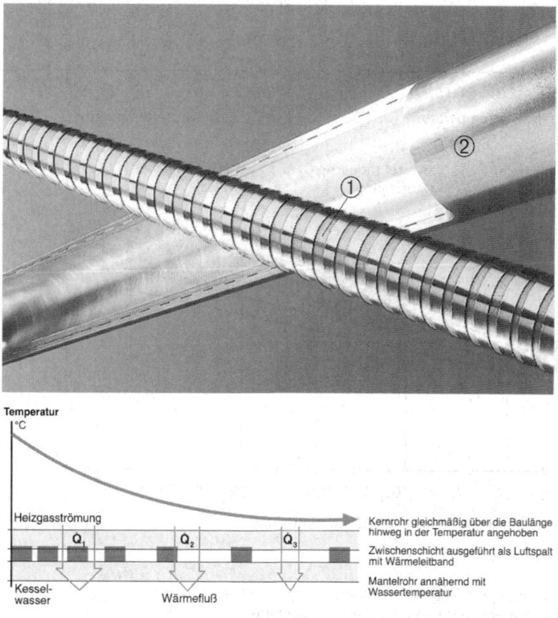

Bild 2.3.1-38. Dreischichtiges Heizgasrohr mit Wärmeleitband. Die Windungssteigungen des Bandes sind im thermisch hochbelasteten Bereich enger gelegt als im gering belasteten Bereich.
① = Kernrohr mit aufgebrachtem Wärmeleitband
② = Komplettes Composit-Heizgasrohr (Buderus Heiztechnik)

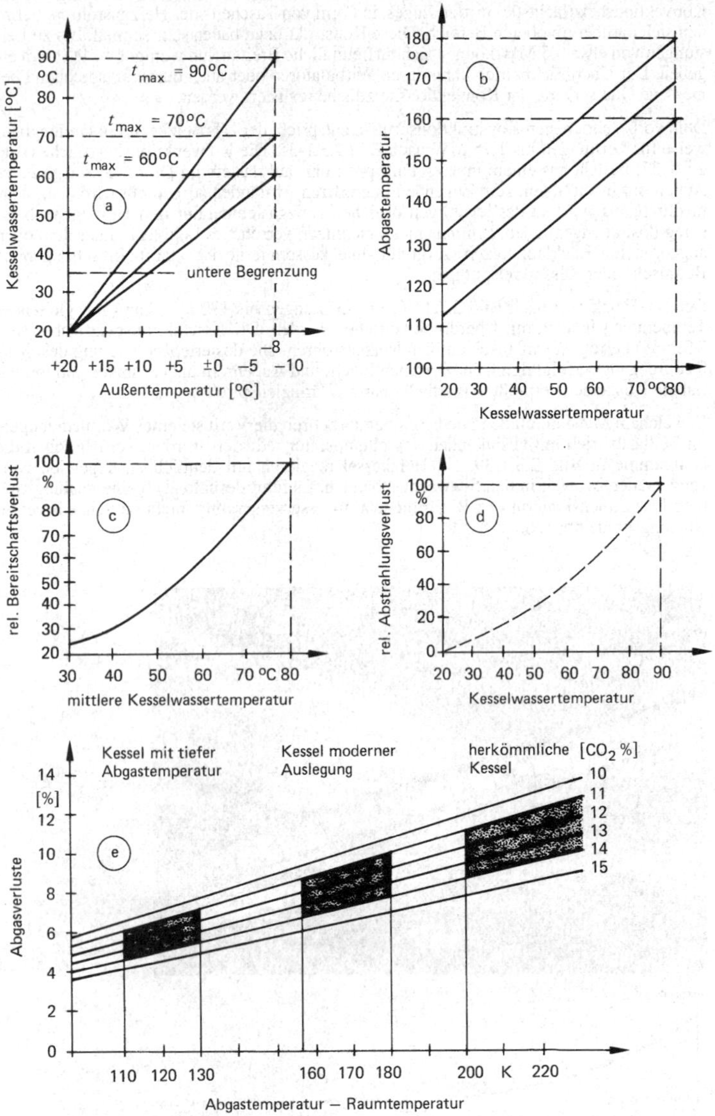

Bild 2.3.1-39. Temperaturen und Verluste bei Niedertemperaturkesseln.
a) Kesselwassertemperatur abhängig von der Außentemperatur.
b) Typische Verläufe der Abgastemperatur abhängig von der Kesselwassertemperatur.
c) Abnahme der Bereitschaftsverluste.
d) Abnahme der Abstrahlungsverluste.
e) Abnahme der Abgasverluste (Heizöl EL).

Zweikreiswarmwasserkessel

Beim Kessel in Bild 2.3.1-40 ist der Kesselinhalt in 2 Kreise unterteilt: Primärkreis für die von Rippen umgebene Brennkammer mit Wassertemperaturen oberhalb des Taupunktes und Sekundärkreis für die Heizung. Beide Kammern sind durch eine Mischkammer mit Thermoventil verbunden. Durch den geringen Wasserinhalt des Primärkreises ist eine Schnellaufheizung des Kessels auch bei Kaltstarts möglich[1)].

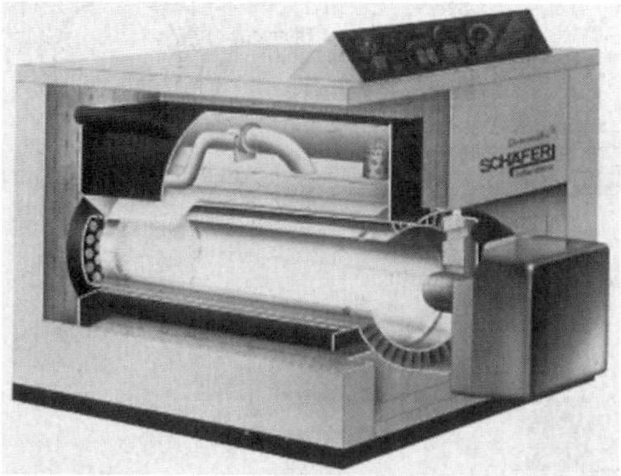

Bild 2.3.1-40. Zweikreis-NT-Kessel-Leistung 10...58 kW (Schäfer-Interdomo).

Der Kessel im Bild 2.3.1-41 arbeitet mit einer internen Rücklaufanhebung. Durch Injektorwirkung wird kaltes Rücklauf- mit warmem Vorlaufwasser vermischt (Thermostream-Technik).

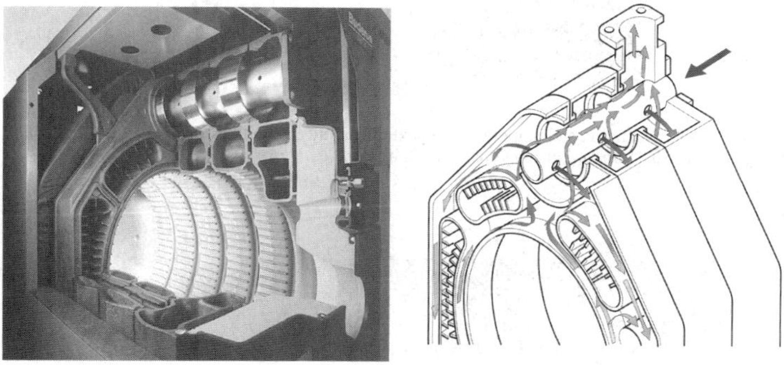

Bild 2.3.1-41. Schnitt durch einen Gußheizkessel und Darstellung der Strömungsführung im Kesselinnern (Buderus Heiztechnik, Logano GE515, Leistung von 231 bis 510 kW).

Die Niedertemperatur-Technik kann auch bei Kesseln mit *Warmwasserbereitung* angewendet werden. Hier muß die Kesseltemperatur von der abgesenkten niedrigen Temperatur zeitweise bis auf 70–75 °C erhöht werden. Im Sommer kann die Aufheizung auch im Kaltstart erfolgen. Da die Aufheizung jedoch je nach Speichergröße nur wenige Male täglich erfolgt, zumindest in Kleinanlagen, wird der Wirkungsgrad der Heizungsanlage nicht wesentlich verringert.

1) Nohren, H.: HLH 5/85. S. 223/5 u. Feuerungstechnik 7/87. S. 16/19.

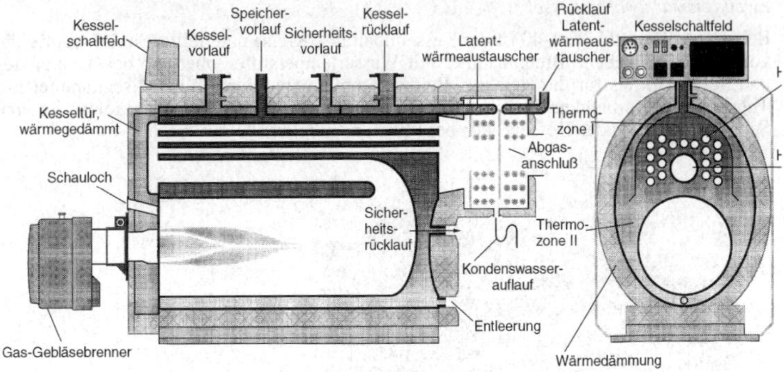

Bild 2.3.1-42. Aufbau eines Brennwertkessels für Gas (Vaillant).

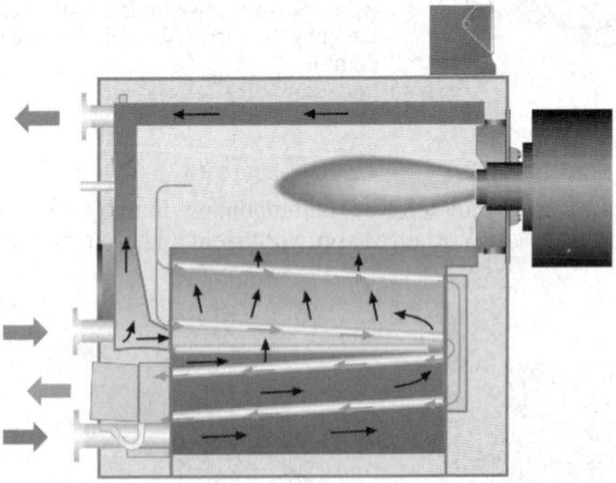

Bild 2.3.1-43. Schnittdarstellung eines kompakten Brennwert-Stahlkessels (Buderus Heiztechnik, Logano plus SB 315/615, Leistung von 50 bis 640 kW).

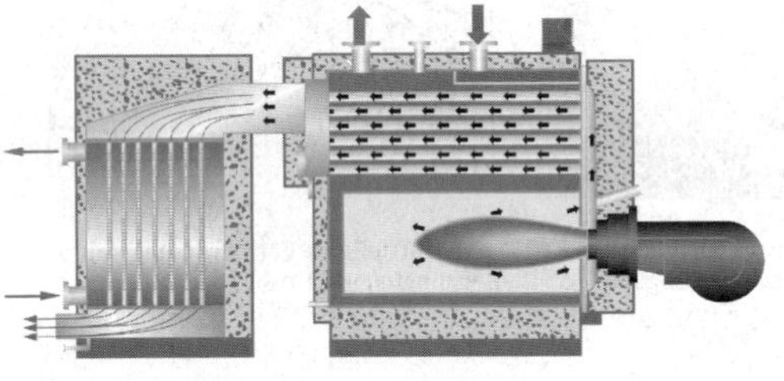

Bild 2.3.1-44. Schnittdarstellung eines Brennwertkessels, bestehend aus einem Niedertemperatur-Stahlheizkessel mit Thermostream-Technologie und nachgeschaltetem Brennwert-Wärmetauscher (Buderus Heiztechnik, Logano plus SE 725, Leistung von 645 bis 1500 kW).

Bei allen Niedertemperaturkesseln ist darauf zu achten, daß der *Schornstein* feuchtigkeitsunempfindlich ist (siehe Abschn. 2.3.3).

b) Brennwertkessel[1] *mit Gebläsebrenner*

Bezogen auf den Heizwert des Brennstoffes (H_i) erreichen NT-Wärmeerzeuger heute, bereits bei relativ kleiner Leistung, Jahresnutzungsgrade um 91 bis 95%. Wärmeerzeuger größerer Leistung erzielen mit zweistufigen oder modulierenden Brennern ca. 94 bis 96%.

Die Energieausnutzung konventioneller Wärmeerzeuger ist somit kaum noch zu verbessern.

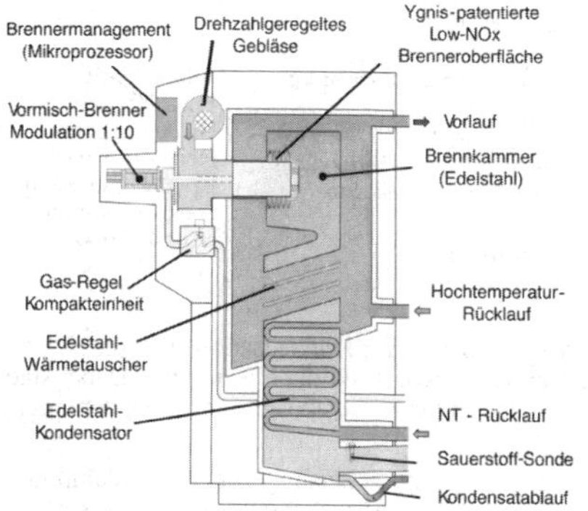

Bild 2.3.1-45. YGNIS Varino Brennwert-Unit. Modulation 1:10, Sauerstoffsonde, bewegte Low-NO_x Brenneroberfläche, 40–600 kW.

Eine nennenswerte Erhöhung der Nutzungsgrade ist nur zu erreichen, wenn die Verdampfungsenthalpie des im Heizgas/Abgas enthaltenen Wasserdampfes, die bei konventionellen Wärmeerzeugern nutzlos zum Schornstein hinausgeht, durch Kondensation weitgehend genutzt wird und wenn durch noch stärkere Absenkung der Abgastemperatur auch der sensible (fühlbare) Abgasverlust noch weiter reduziert wird. Das nun wird mit Brennwertkesseln wie auch mit den konventionellen Kesseln nachzuschaltenden Abgas-Wärmetauschern für Kondensation und mit Schwimmbadheizern (Abschnitt 2.5.6-2) in relativ hohem Maße erreicht. Es werden, je nach Konstruktion, Leistung, Auslegung des Heizungssystems sowie Betriebsart des Brenners, Jahresnutzungsgrade von ca. 100% bis letztlich etwa 109% erreicht (bezogen natürlich, wie derzeit üblich, auf den Heizwert).

Die Anwendung der Brennwerttechnik setzt zunächst einmal voraus, daß der verwendete Brennstoff Wasserstoff enthält. Je höher der Wasserstoffanteil, desto größer ist der durch Wasserdampfkondensation erzielbare Energiegewinn, der theoretisch bei rund 11% bei Erdgas und, aufgrund des geringeren Wasserstoffanteils, bei rund 6% bei Heizöl liegt. Gas bietet sich folglich für Brennwertnutzung eher an als Heizöl (Tafel 2.3.1-1). Dennoch gibt

Tafel 2.3.1-1 Für die Brennwerttechnik relevante Daten verschiedener Brennstoffe

Brennstoffart	Brennwert H_s kWh/m³	Heizwert H_i kWh/m³	H_s/H_i	H_s/H_j	Kondens. (theoret.) kg/m³
Stadtgas	5,48	4,87	1,13	0,61	0,89
Erdgas L	9,87	8,83	1,11	1,04	1,53
Erdgas H	11,46	10,35	1,11	1,11	1,63
Propan	28,28	25,99	1,09	2,29	3,37
Butan	37,22	34,31	1,08	2,91	4,29
Heizöl*)	10,68	10,08	1,06	0,6	0,88

*) Bei Heizöl-EL sind die Angaben auf die Einheit „Liter" bezogen.

[1]) DIN 4702 T6 (03.90). In Österreich: ÖNorm M7466.

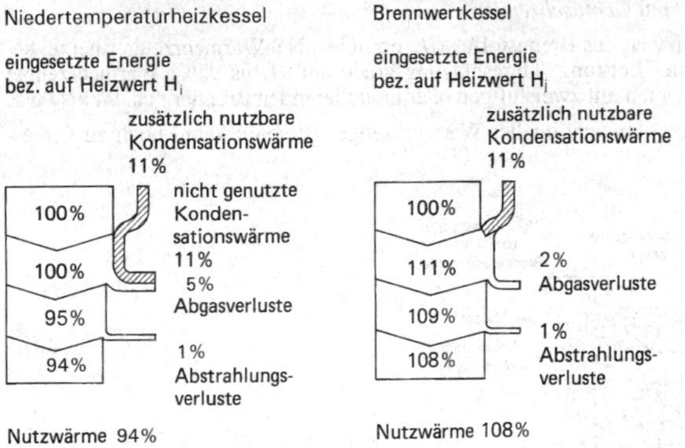

Bild 2.3.1-46. Energiebilanz Niedertemperatur-Heizkessel und Brennwertkessel bei Heizwassertemperatur 40/30 °C.

es Brennwertkessel und Abgas/Wasser-Wärmetauscher für Kondensation auch für Heizöl, und in Forschung und Entwicklung wird an neuen Konstruktionen gearbeitet. Dabei sind vor allem die gegenüber Gas höheren Ansprüche an die Korrosionsbeständigkeit der eingesetzten Werkstoffe zu berücksichtigen.

Je höher der Wasserstoffgehalt des Brennstoffes, desto höher liegt die Wasserdampftaupunkttemperatur des Heiz- oder Abgases (Bild 1.3.7-6). Ausgehend von einer Luftzahl der Feuerung von ca. 1,15 – das entspricht einem CO_2-Gehalt von rund 13,5% bei Heizöl und rund 10,5% bei Erdgas – liegen die Taupunkttemperaturen bei rund 48 °C bzw. 58 °C. Aufgrund der um ca. 10 K höheren Taupunkttemperatur erweist sich auch hier Gas als der für die Brennwerttechnik vorrangige Brennstoff.

Die Wasserdampftaupunkttemperatur ist weiterhin abhängig von der Luftzahl λ. Wichtig ist eine Verbrennung mit geringem Luftüberschuß somit hohem CO_2-Gehalt. Diese Forderung erfüllen Gebläsebrenner, vor allem bei zweistufigem oder modulierendem Brennerbetrieb, besser als Gasbrenner ohne Gebläse.

Eine weitere wichtige Voraussetzung ist, daß die Rücklaufwassertemperatur der vorhandenen oder auch neu zu erstellenden WW-Heizung möglichst langzeitig während des Betriebsjahres unter der Taupunkttemperatur liegt. Die bestehenden, nach DIN 4701/59 berechneten Anlagen wurden in der Regel auf Systemtemperaturen 90/70 °C ausgelegt. In der Praxis sind sie jedoch, aufgrund der in der alten DIN 4701 enthaltenen Sicherheiten, bestenfalls als 75/60 °C-Systeme einzustufen, und damit sind sie durchaus für die Brennwerttechnik geeignet, zumal durch die allgemein vorhandenen Thermostatventile gerade im Teillastbereich die Temperaturspreizung vergrößert, die Rücklauftemperatur abgesenkt wird. Werden bei einem Brennwertkessel Heizwasser und Heizgas nach dem Gegenstromprinzip geführt, sind bei gegebener Feuerungsleistung Kondenswasseranfall wie auch Abgastemperaturverlauf fast nur noch von der jeweiligen Rücklauftemperatur abhängig (Bild 2.3.1-48).

Neuanlagen sollten möglichst auf Systemtemperaturen 60/40 °C oder niedriger ausgelegt werden. Der Einfluß der Systemauslegung sollte jedoch nicht überbewertet werden. So ergab sich bei der Ermittlung des Norm-Nutzungsgrades nach DIN 4702 T8 zwischen den Systemen 75/60 °C und 40/30 °C nur eine Nutzungsgraddifferenz von rund 3%.

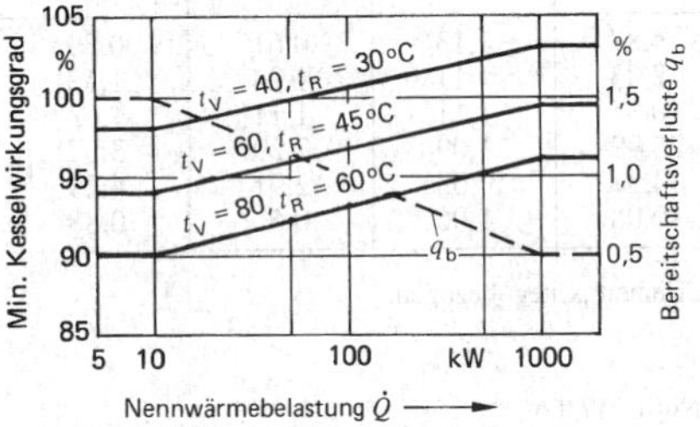

Bild 2.3.1-47. Kesselwirkungsgrad (Mindestwerte) und max. Bereitschaftsverluste bei $t_v = 40$ °C für Brennwertkessel für Gas nach DIN 4702 T6.

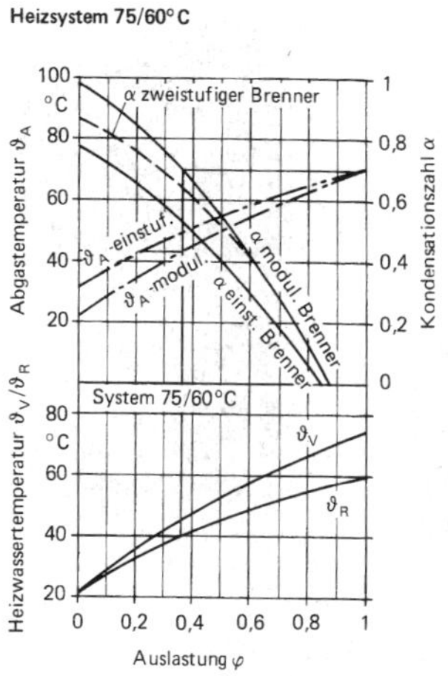

Bild 2.3.1-48. Verlauf von Abgastemperatur und Kondensatzahl α in Abhängigkeit von der Auslastung und der Rücklauftemperatur, Brennwertkessel (Viessmann) größerer Leistung (α = gemessene Kondensatmenge/theoretische Kondensatmenge).

Brennwertkessel mit Gebläsebrenner werden derzeit gebaut für Leistungen von ca. 8 kW bis ca. 1,2 MW.

Energieersparnis gegenüber Niedertemperaturkesseln 8…15% bei Gasfeuerung.

Mindestwerte für Kesselwirkungsgrad und maximale Bereitschaftsverluste q_b nach DIN 4702 T6 (Bild 2.3.1-47).

Weitere Anforderungen s. Abschnitt 2.3.1-2.3.4.

Brennwert-Wandkessel werden für Leistungen von 4 bis 60 kW hergestellt (Bild 2.3.1-49, Bild 2.3.1-50 und Bild 2.3.1-51). Bereits mit Systemen 75/60 °C werden Nutzungsgrade bezogen auf den Heizwert größer 103% nachgewiesen.

Der Brennwert-Wandkessel nach Bild 2.3.1-49 wird im Leistungsbereich von 5 bis 60 kW gebaut. Der Aluminium-Rippenrohr-Wärmeaustauscher erlaubt eine kompakte leichte Bauweise. Aufgrund der geringen Wasserinhalte weist das Gerät auch im Sommerbetrieb eine außerordentliche schnelle Betriebsbereitschaft auf, was den Einsatz kleiner Speicher-Wasserwärmer ermöglicht. Das Gerät ist mit integriertem Speicher von 25 oder 80 l bzw. wandhängenden oder bodenstehenden Speicher beliebiger Größe lieferbar.

Der Brennwert-Umlauf-Gas-Wasserheizer nach Bild 2.3.1-50 wird im Leistungsbereich von 9–25 kW angeboten. Als kompaktes wandhängendes Kombi-Gerät erfolgt die Warmwasserbereitung im Durchfluß mit integriertem Kleinspeicher für temperaturschnelle und komfortable Zapfungen. Die stufenlose Leistungsanpassung reduziert die Schaltzahl und gewährleistet eine hohe Warmwassertemperaturkonstanz. Die Gas-Luft-Verbund-Regelung sorgt für einen hohen Nutzungsgrad auch im Teillastbetrieb. Darüber hinaus braucht bei der Geräteinstallation vor Ort keinerlei Gaseinstellung und keine Anpassung an die nachgeschaltete Abgasanlage (z.B. durch Blenden) vorgenommen werden. Der Normnutzungsgrad beträgt 108% bei Systemtemperaturen 40/30 °C. Der Umlauf-Wasserheizer als reines Heizgerät kann mit wandhängenden bzw. bodenstehenden Warmwasserspeichern kombiniert werden.

Brennwertkessel mit Gebläsebrenner größerer Leistung (entsprechend Bild 2.3.1-52) werden derzeit gefertigt bis zu einer Leistung von 895 kW. Die Heizflächen sind aus korrosionsbeständigem Edelstahl hergestellt. Der Brennraum ist horizontal, die Konvektions- und Kondensationsheizfläche senkrecht darunter angeordnet. Die Wärmeübertragung ist durch die gegenläufigen Einpressungen sehr effizient. Die Abgastemperaturen liegen je nach Rücklauftemperatur und Feuerungsleistung nur ca. 10 K bis letztlich ca. 3 K über der Rücklauftemperatur (s. Bild 2.3.1-48).

Am unteren Rücklaufstutzen sind stets die niedrigst temperierten Rückläufe anzuschließen. Höher temperierte Rückläufe sind am zweiten oberen Rücklaufstutzen anzuschließen. Heizwasser-Mindestvolumenströme sind nicht erforderlich. Mit 40/30 °C-Systemen werden Nutzungsgrade bis zu 109% erreicht.

Bild 2.3.1-49. Brennwert-Wandkessel mit modulierendem Brenner von 100 bis 30%. Das Gebläse des Vormischbrenners wird elektronisch angesteuert und gleicht betriebsbedingte Veränderungen aus (Buderus Heiztechnik, Logamax plus GB 112, Leistung von 5 bis 60 kW).

Bild 2.3.1-50. Brennwert-Umlauf-Gaswasserheizer mit integrierter Warmwasserbereitung, Leistung von 8,8 bis 24,9 kW. Gas-Luft-Verbund-Regelung. Komfortable Warmwasserbereitung durch eingebaute Speicherfunktion (Vaillant).

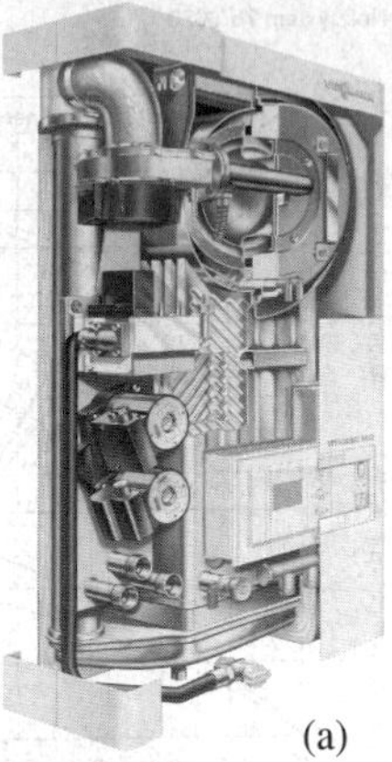

(a)

(b)

Bild 2.3.1-51.
(a) Gas-Brennwertkessel. Wandgerät mit modulierendem Matrix-Strahlungsbrenner für raumluftabhängigen oder raumluftunabhängigen Betrieb. Mit Inox-Crossal-Heizfläche aus Edelstahl. Normnutzungsgrad bis 109% (Viessmann VITODENS 300, Leistungen 8 bis 24 kW).

(b) Öl-Brennwertkessel. Wandgerät mit Inox-Radial-Heizfläche aus Edelstahl und zweistufigem Compakt-Blaubrenner für raumluftunabhängigen Betrieb. Mit integriertem Abgasschalldämpfer. Normnutzungsgrad bis 104% (Viessmann VITOPLUS 300, Leistung: 12 bis18 kW).

Bild 2.3.1-52. Gas-Brennwert-Heizkessel mit Inox-Crossal-Heizflächen. Mit zwei übereinander angeordneten Rücklaufstutzen für Heizkreise mit hoher und mit niedriger Rücklauftemperatur (Viessmann Vertomat, Leistung: 70 bis 895 kW).

Bild 2.3.1-53. Kompakte Brennwertkesselausführung (Buderus Heiztechnik, Logano plus SB 315/615, Leistung von 50 bis 640 kW).

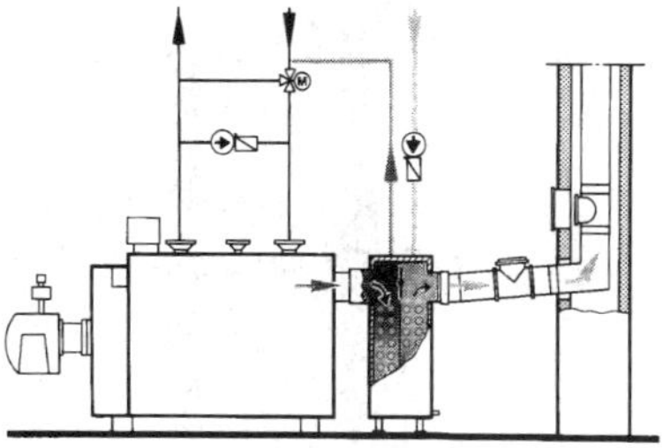

Bild 2.3.1-54. Kondensationswärmetauscher für Öl und Gas.

Der Brennwertkessel nach Bild 2.3.1-53 wird zur Zeit in einem Leistungsbereich von 50 bis 640 kW gebaut. Eine Erweiterung dieses Bautyps über 1000 kW ist in Vorbereitung. Der Kessel zeichnet sich durch eine kombinierte Rippen- und Glattrohr-Wärmetauscherfläche aus. Als Brenner kommt ein keramischer Vormischbrenner zum Einsatz. Der Luftüberschuß wird durch eine elektronische Regelung auch bei sich ändernden Betriebsbedingungen konstant gehalten (Lambda-Control-System).

Abgas/Wasser-Wärmeaustauscher für Kondensation werden überwiegend bei größeren Leistungen zur Brennwertnutzung eingesetzt und dem konventionellen Wärmeerzeuger in der Abgasführung nachgeschaltet. Es können damit auch bestehende Anlagen nachträglich zu Brennwerteinheiten ausgebaut werden. Der Nutzungsgrad der Heizungsanlage wird bei Gas um ca. 8…10% erhöht. Ob diese Geräte hydraulisch in Reihe oder parallel mit dem Wärmeerzeuger zu schalten sind, ist abhängig von ihrem heizwasserseitigen Druckverlust.

Der Wärmeaustauscher entsprechend Bild 2.3.1-54 wird für Öl und Gas bis ca. 6000 kW Kesselleistung geliefert. Für Erdgas wird austenitischer Edelstahl als Werkstoff verwendet, für Öl eine Keramik-Kunststoffkombination oder auch austenitischer Edelstahl mit höherem Anteil von Chrom und Nickel. Für die Neutralisation des sauren Kondensats stehen Neutralisationseinrichtungen mit Aktivkohlefilter und Neutralgranulat zur Verfügung.

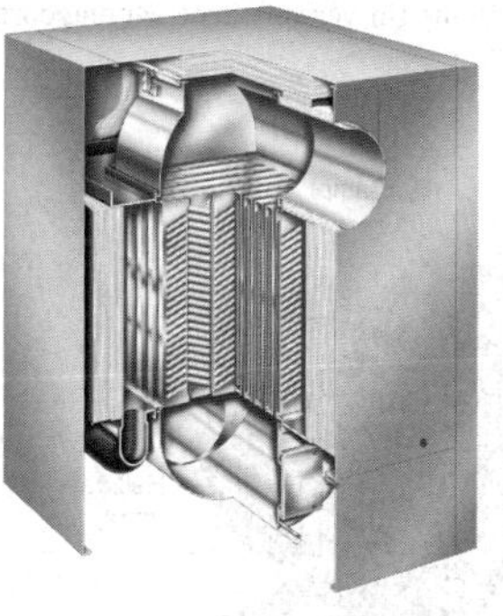

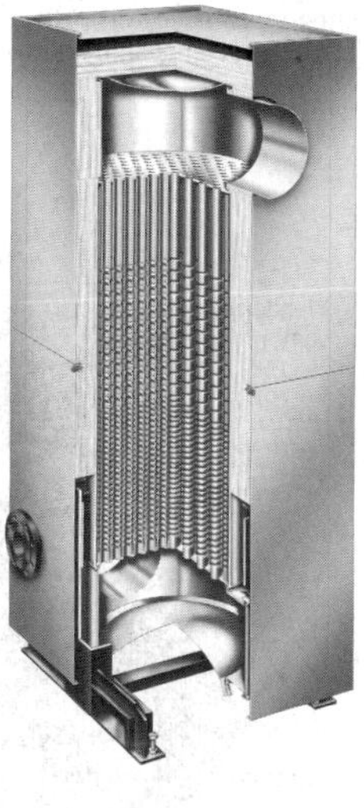

Bild 2.3.1-55. Abgas/Wasser-Wärmetauscher für die Brennwertnutzung bei Gas und Öl, in Kombination mit Öl/Gas-Heizkesseln (Viessmann VITOTRANS 333)
Links: Ausführung mit Inoc-Crossal-Heizfläche aus Edelstahl für Kesselleistungen bis 460 kW.
Rechts: Ausführung mit Edelstahl-Rohrheizfläche für Kesselleistungen bis 6600 kW.

Die *Abgase von Brennwertanlagen* können, je nach Konstruktion und Betriebsart des Brenners, minimale Temperaturwerte < 25 °C erreichen. Die relative Feuchte des Abgases liegt im Regelfall bei 100%. Es ist deshalb im nachgeschalteten Abgassystem von weiterer Wasserdampfkondensation auszugehen und es kann sich Überdruck ergeben. Übliche Schornsteine sind dafür ungeeignet. Brennwertkessel sind deshalb an geprüfte und baurechtlich

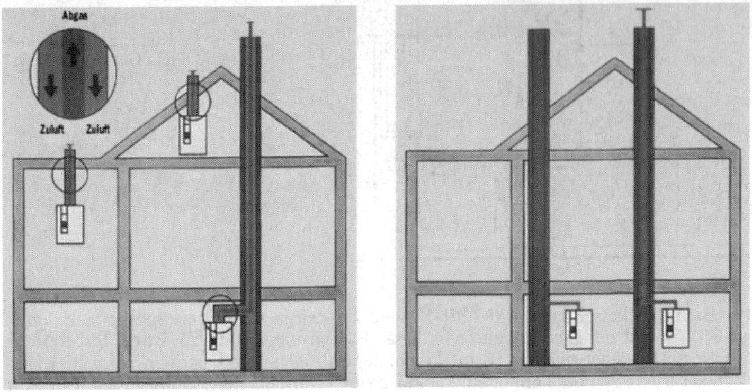

Bild 2.3.1-56. Raumluftunabhängige und -abhängige Abgassysteme für Wand-Brennwertkessel (Buderus Heiztechnik).

zugelassene *Abgasleitungen* anzuschließen, die sich auszeichnen durch Korrosionsbeständigkeit und Dichtheit auch bei Überdruck (muß überprüfbar sein). Das in der Abgasleitung anfallende Kondenswasser ist durch geeignete Maßnahmen abzuleiten.

Die Abgasleitungen müssen in vorhandenen bzw. neu zu errichtenden Schornsteinen bzw. F30-Schächten über Dach geführt werden (Außenwand-Durchführung bis 11 kW mit Zustimmung des Schornsteinfegers). Abgasleitungen wie auch geeignete Abgas/Luft-Systeme werden von einer Reihe von Herstellern angeboten, die auch die erforderlichen Berechnungen durchführen. Der Anschluß von Brennwertgeräten an feuchtigkeitsunempfindliche Schornsteine ist zulässig, wenn der Schornsteinhersteller die Eignung für die jeweiligen Bedingungen nachweist. Bild 2.3.1-56 zeigt Abgassysteme für verschiedene Montageorte. Die Abgassysteme sind als Komplettbausätze lieferbar.

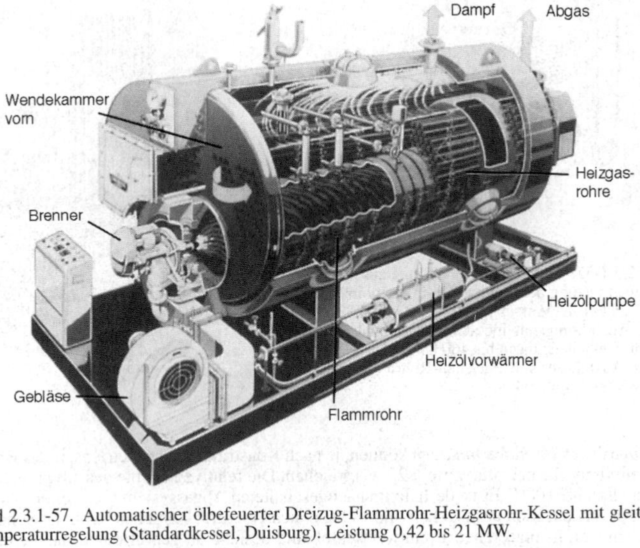

Bild 2.3.1-57. Automatischer ölbefeuerter Dreizug-Flammrohr-Heizgasrohr-Kessel mit gleitender Temperaturregelung (Standardkessel, Duisburg). Leistung 0,42 bis 21 MW.

Abgasventilator: Aufgrund der starken Abkühlung der Abgase ergibt sich in den Abgasleitungen, zumeist bei Teilauslastung der Anlagen, zumindest Überdruck. Die restliche Förderhöhe der Brennergebläse reicht im allgemeinen aus, das Abgas auch bei Überdruck abzuführen. Falls nicht, sind stärkere Brennergebläse zu wählen oder getrennte Abgasventilatoren einzusetzen.

Kondenswasser: Die theoretische maximale Kondensatmenge errechnet sich (siehe auch Abschnitt 1.3.7-3.2 und -3.5) vereinfacht aus:

$$^{m}H_2O = 0{,}804\,(2\,CH_4 + 3\,C_2H_6) \text{ in kg/m}^3{}_n \text{ Gas}$$

Die im praktischen Betrieb anfallenden Kondensatmengen sind primär abhängig von der Abgastemperatur (bzw. dem Temperaturprofil im Strömungsquerschnitt), diese wiederum von der jeweiligen Rücklauftemperatur, der Feuerungsleistung und der gegebenen Konstruktion. Im gewichteten Jahres-Durchschnitt werden etwa je nach Auslegung des Heizungssystems ca. 40% bis 60% der Maximalwerte erreicht, bei Erdgas-E z. B. 0,06 kg/kWh bei System 75/60 °C, bis 0,09 kg/kWh bei System 40/30 °C.

Die jährlich anfallende Kondenswassermenge ergibt sich überschlägig bei einem Brennwertkessel mit einer Feuerungsleistung von 20 kW, einer Feuerungslaufzeit von 1700 h/a und System 75/60 °C zu:

$$^{m}K_a = 20 \text{ kW} \cdot 0{,}06 \text{ kg/kW} \cdot 1700 \text{ h/a} = 2040 \text{ kg/a}$$

Für die Dimensionierung von Neutralisationseinrichtungen und Kondensatleitungen sind aus Sicherheitsgründen rund 70% der maximalen Kondensatmenge einzusetzen.

Das Kondensat ist, des CO_2-Gehaltes der Abgase wegen, bei Gas leicht sauer mit pH-Werten um 3,5…5,2. Metalle können folglich angegriffen werden.

Brennwertgeräte müssen gegen das anfallende Kondensat korrosionsbeständig sein. Nach DIN 4702 T6 müssen Brennwertkessel so beschaffen sein, daß die im ATV-Arbeitsblatt 251 festgelegten Richtwerte für die Abwasserinhaltsstoffe (u. a. auch Schwermetalle) im Kondensat nicht überschritten werden.

Heizöl-EL enthält in geringem Maße Schwefel, der bei der Verbrennung zu SO_2 oxidiert, das bei Kondensation übergeht in H_2SO_3, letztlich H_2SO_4. Das Kondensat ist mit pH-Werten um 1,8…3,7 recht sauer und aggressiv. Bestandteile sind neben schwefeliger Säure CO_2, Chlorid und Nitrat. Die Anforderungen an die Werkstoffe sind höher als bei Gas.

Das anfallende Kondenswasser wird in das öffentliche Abwassersystem eingeleitet. Voraussetzung ist, daß im häuslichen Abwassersystem korrosionsbeständige Werkstoffe eingesetzt sind (als beständig gelten nach ATV A 251: PVC hart, PE (Polyethen) PP (Polypropen), ABS). Zusätzlich kann die Neutralisation des Kondensats gefordert sein. Im allgemeinen gilt, daß Kondensat bei Heizölfeuerung grundsätzlich zu neutralisieren ist. Bei Gas wird bis zu einer Leistung von 25 kW keine Neutralisation gefordert. Bei Leistungen 25…250 kW kann Neutralisation gefordert sein. Möglich ist auch, daß die Einleitung ohne Neutralisation zugelassen ist, mit Ausnahme der Nachtzeit. Die Länder haben hier unterschiedliche Vorschriften, zweckmäßig ist vor Ort zu klären (untere Wasserbehörde), welche Anforderungen zu erfüllen sind.

Regelung: Brennwertgeräte sind grundsätzlich mit vollgleitender Temperatur zu betreiben, wobei vor allem die Rücklauftemperatur die jeweils niedrigsten Werte annehmen sollte. Vorzusehen ist deshalb eine außentemperaturabhängige Steuereinrichtung zur Ein-/Aus-Schaltung des Brenners. Bei Brennwertkesseln sind schon bei kleinen Leistungen modulierende Brenner zu empfehlen. Die Kessel-Regeleinrichtung muß damit lastabhängig die Brennerstufen bzw. Feuerungsleistung regeln.

Wird die Leistung aufgeteilt auf einen Brennwertkessel (ca. 50…60%) und einen konventionellen Spitzenlastkessel (40…50%), so ist über die Folgeregelung der Brennwertkessel stets dauernd der Führungskessel. Bei sehr kleinen Leistungen ca. < 18 kW kann auch eine raumtemperaturabhängige Regeleinrichtung vorgesehen werden.

Aussichten: Die Brennwerttechnik führt zu größtmöglicher Energieeinsparung und geringstmöglicher Schadstoffemission. Sie setzt sich deshalb zunehmend, zumindest bei Gas, auf breiter Basis durch, in Zukunft auch bei Öl.

c) Wärmeerzeuger größerer Leistung (Flammrohr-Heizgasrohrkessel) [1]

Wärmeerzeuger größerer Leistung bestehen zumeist aus einem zylindrischen Brennraum (Flammrohr) und den nachgeschaltet en, aus einem oder mehreren Rohrbündeln aufgebau-

[1]) Die bislang übliche Bezeichnung „Rauchrohrkessel" sollte aufgegeben werden und statt dessen der Begriff Heizgasrohrkessel verwendet werden.

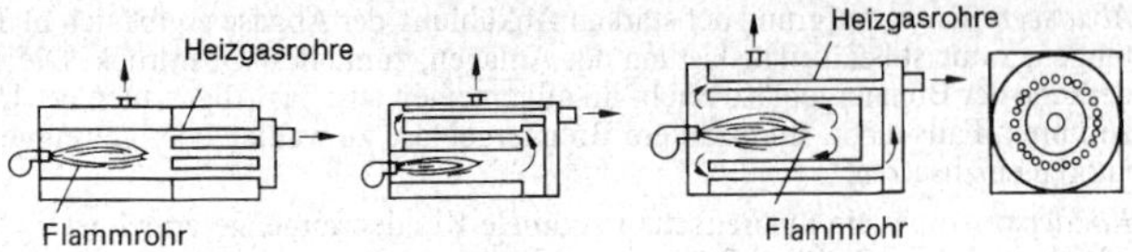

Bild 2.3.1-58. Flammrohr-Heizgasrohrkessel.
Links: Einzug-Kessel. Mitte: Dreizug-Kessel. Rechts: Zweizug-Kessel mit Heizgasumkehr.

ten Konvektionsheizflächen, die hinter, neben oder/und über dem Brennraum bzw. auch konzentrisch um den Brennraum angeordnet sein können. Der Brennraum kann als Umkehrbrennkammer oder als Brennkammer mit hinterem Heizgasausgang ohne Heizgasumkehrung ausgeführt sein. Aus der Anordnung von Brennraum und Konvektionsheizflächen ist die Typenbezeichnung abzuleiten wie z. B. Einzug- und Zweizugkessel, Zweizugkessel mit Umkehrbrennkammer und Dreizugkessel.

Soweit erforderlich, erfolgt die Umlenkung der Heizgase innerhalb des Kessels durch Wendekammern. Die hintere Wendekammer des Dreizugkessels kann wassergekühlt innerhalb oder trocken außerhalb des Kessels angeordnet sein. Da in der Wendekammer Heizgastemperaturen bis ca. 800 °C auftreten, sind bei trockenen Wendekammern sehr hohe Anforderungen an die Wärmedämmung zu stellen.

Lieferbar sind diese Wärmeerzeuger als Warmwasser- und Heißwasserkessel sowie als Niederdruck- und Hochdruckdampfkessel mit Leistungen bis zu ca. 10 MW mit einem Flammrohr (ein Brenner) und bis zu ca. 18 MW mit zwei Flammrohren (zwei Brenner).

Die Wärmeerzeuger werden zum Teil komplett betriebsfertig mit Brenner, Armaturen, Kondensatwirtschaft, Schaltschrank, Regeleinrichtungen, sicherheitstechnischer Ausrüstung und sonstigem Zubehör geliefert.

Wesentliches Merkmal sind relativ hohe Heizgasgeschwindigkeiten in den Konvektionsheizflächen, die die Heizflächenbelastung merklich verbessern, wozu auch Wirbulatoren und Rippen auf der Heizgasseite beitragen können. Die Differenz zwischen Spitzenbelastung im Brennraum und Minimalbelastung, Ende letzter Zug, ist dadurch deutlich geringer als bei älteren Kesseln. Es sind so auch die Unterschiede in der thermischen Dehnung der einzelnen Züge geringer und konstruktiv leichter zu beherrschen. Aufgrund der hohen Heizgasgeschwindigkeiten ergeben sich heizgasseitige Druckverluste, je nach Leistung, von ca. 0,5 bis 13 mbar. Bei der Überdruckfeuerung ist dieser Druckverlust bei der Auswahl des Öl- oder Gas-Gebläsebrenners zu berücksichtigen. Bei der Festbrennstoff-Feuerung sind Unterwind- oder/und Saugzuggebläse üblich.

Die kompakte Bauweise der Wärmeerzeuger und die zumeist gute Wärmedämmung führt zu niedrigen Werten von q_S und q_B (bis < 0,2%). In Verbindung mit zweistufigen oder modulierenden Brennern werden Jahresnutzungsgrade bis zu 95% erreicht.

Die in Relation zur Leistung geringen Abmessungen ergeben geringen Platzbedarf, kleine Kesselhäuser.

d) Mehrkesselanlagen[1)]

Nach § 5 der ehemals gültigen „HeizAnlV" sind Heizkessel mit einer Nennleistung > 70 kW mit Einrichtungen für eine mehrstufige oder stufenlos verstellbare Feuerungsleistung oder mit mehreren Heizkesseln auszustatten. Die Forderung wird nach Übernahme in die EnEV nicht mehr explizit erhoben, kann jedoch inzwischen als Stand der Technik angesehen werden. Der erste Teil der Forderung ist zu unterstreichen und es ist erfreulich, daß es inzwischen Gasbrenner mit Leistungen von > 18 kW mit zweistufiger oder stufenlos „geregelter" Feuerungsleistung gibt. Der zweite Teil der Forderung ist dagegen energetisch eher nachteilig. So führt die Aufteilung der Gesamtleistung auf zwei, bei mehr als 4 bis 5 MW, auch drei Kessel, eindeutig zu größerer Betriebssicherheit, nicht aber auch unbedingt zu höheren Nutzungsgraden, schon garnicht, wenn viele Kessel installiert werden (es gab schon Anlagen mit 15 und mehr Gas-Heizkesseln).

Da reagieren NT-Heizkessel, ganz extrem Brennwertkessel, gerade im Teillastbetrieb mit ansteigenden Nutzungsgraden (siehe auch Abschn. 2.3.1-2.7). Mit größerer Kesselleistung ergeben sich auch, bedingt durch das gegenüber kleinen Kesseln günstigere Verhältnis von

[1)] Siehe auch Abschn. 2.3.7-2.5.
Beedgen, O.: Wärmetechnik 9/83. S. 321.

Kesseloberfläche zu Leistung, geringere relative Werte der Bereitschafts- und Abstrahlungsverluste. In einer Anlage mit mehreren (vielen) Kesseln arbeiten die einzelnen nach Zuschaltung überwiegend im Vollastbetrieb, dem für neuzeitliche Wärmeerzeuger ungünstigsten Betriebspunkt. Zusätzliche Fehler in der hydraulischen Einbindung oder der Regelstrategie können den Jahresnutzungsgrad durchaus um einige Prozentpunkte unter den der Einkesselanlage abfallen lassen.

In Anlagen mit mehr als einem Wärmeerzeuger sind die jeweils abgeschalteten, heizwasserseitig über Motorventile, vom Heizungssystem zu trennen um eine Erwärmung über den Rückaluf, mit entsprechenden Bereitschaftsverlusten, auszuschließen. Zu vermeiden sind auch Fehlzirkulationen z.B. über Ausdehungsleitungen. Es sollte deshalb jeder Kessel ein eigenes Ausdehnungsgefäß erhalten. Unnötige, nur kurzzeitige, Zuschaltungen eines weiteren Kessels, z.B. für eine Speichernachladung oder auch für die Anlagenaufheizung am Morgen, bei noch relativ warmer Witterung in der Heizzeit, ist durch regeltechnische Maßnahmen zu verhindern. Bei Heizkesseln, die eine Mindest-Rücklauftemperatur fordern, ist durch entsprechende Einrichtungen, z.B. Kesselkreis- oder Primärpumpe, Dreiwege-Motorventile und Regelung, für die Einhaltung der Mindestwerte zu sorgen. Sind Brennwertkessel eingesetzt, ist dagegen alles zu vermeiden, was zu einer Anhebung der Rücklauftemperatur führt. Neuzeitliche Wärmeerzeuger verlangen auch neue Regelstrategien der Kesselfolge.

Üblich war, daß bei ansteigender Auslastung der zweite Kessel zuschaltet, sobald der erste voll ausgelastet ist. Mit zwei Kesseln und zweistufigen Brennern ergibt sich dann die Stufen- und Kesselfolge: Kessel 1 Stufe 1, Kessel 1 Stufe 2, Kessel 2 Stufe 1, Kessel 2 Stufe 2.

Für NT-Heizkessel mit Leistungen <100 kW ist diese Schaltung durchaus sinnvoll. Sie sollte auch beibehalten werden, wenn ein Brennwertkessel als Führungskessel und ein NT-Kessel als Spitzenlastkessel eingesetzt wird.

NT-Kessel größerer Leistung und generell Brennwertkessel sollten dagegen so lange wie möglich im Parallelbetrieb mit erster Brennerstufe bzw. mit minimaler Feuerungsleistung des modulierenden Brenners arbeiten. Die Stufen- und Kesselfolge ist nun: Kessel 1 Stufe 1, Kessel 2 Stufe 1; Kessel 1 Stufe 2, Kessel 2 Stufe 2.

Moderne *DDC-Regelung* ermöglicht heute ein Höchstmaß an Wirtschaftlichkeit und Betriebssicherheit durch bedarfsgerechtes Zu- und Abschalten des Folgekessels. Dabei werden z.B. Zählimpulse (z.B. für Energieverbrauch) oder Temperatur/Zeit-Quotienten als Zuschalt-Kriterien gewählt. Diese Regelstrategien sind der Zuschaltung nach Temperatur allein weit überlegen[1)].

Da der Vorteil der Leistungsaufteilung auf zwei oder auch drei Kessel vor allem in der höheren Betriebssicherheit liegt, ist im Regelfalle auch die gleichmäßige Leistungsaufteilung der ungleichen vorzuziehen. Ob ein separater Sommerkessel für die Warmwasserversorgung sinnvoll ist, ist im Einzelfalle zu prüfen. Vermerkt sei nur, daß der größere Kessel einer Zweikesselanlage eine Speichernachladung allein mit erster Brennerstufe erbringt, mit dem höheren Wirkungsgrad. Der kleine Sommerkessel läuft dagegen mit Vollast.

Hydraulische Schaltungen siehe auch Abschn. 2.2.2-1.2.2 und 2.3.7-2.5.

-2.3.3 Brenner

Die bei den Kesseln verwendeten Brennerbauarten sind im einzelnen in Abschnitt 2.3.2-1 (Ölbrenner) und -3 (Gasbrenner) beschrieben.

Es dürfen nach DIN 4755 T1 (09.81) u. T2 (02.84) in Heizungsanlagen nur baumustergeprüfte Ölbrenner verwendet werden.

Der *Staub-, Schadgas und Rußgehalt* der Abgase ist je nach Anlagengröße in der 1., 4. und 13. BImSchVO begrenzt (s. Abschn. 1.9.3); Abgasverluste nach 1. BImSchVO vom 1.10.88 (früher auch nach Heiz.-AnlagenVO). Es darf auch keine Gelbfärbung des Filterpapiers durch Ölspuren auftreten. Zur Vermeidung von Rußbildung, namentlich beim Kaltstart, müssen Feuerraum und Ölbrenner gut aufeinander abgestimmt sein, damit die Flamme voll ausbrennen kann. CO-Gehalt < 0,1%. Richtige Zerstäubung und Gemischbildung, keine Flammenunterkühlung. Regelmäßige Wartung nach der Heizungsanlagenverordnung ist vorgeschrieben. *Emissionsmessungen* durch Bezirksschornsteinfeger. Prüfung der Abgase nach DIN 51402.

CO_2-Gehalt der Abgase bei älteren Kesseln je nach Anlagengröße 10…11%, bei Neuanlagen sind Werte von 13…14% möglich.

[1)] Bolfing, L.: Feuerungstechnik 7/88. S. 12ff. u. 8/88. S. 16ff.

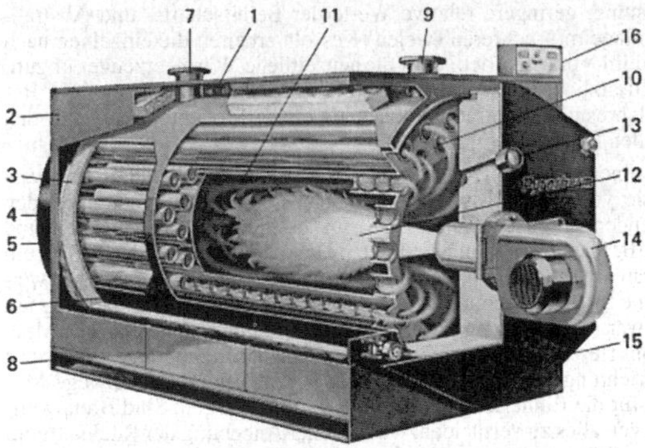

Bild 2.3.1-59. Schnittbild eines liegenden gas- oder ölbefeuerten Stahlkessels mit ringförmiger Zweizuganordnung mit Flammenumkehr (Ygnis-Pyrotherm). S. auch Schema Bild 2.3.1-58.

1 = Transportösen
2 = Verkleidung
3 = Wärmedämmung
4 = Abgassammelkasten
5 = Abgasrohr
6 = Wassermantel
7 = Rücklauf
8 = Kesselgrundrahmen
9 = Vorlauf
10 = Heizgasrohr mit Turbospirale (2. Zug)
11 = Heizgasrückführung (1. Zug)
12 = Brennerflamme
13 = Okular zur Flammenbeobachtung
14 = Brenner (Gas oder Öl)
15 = Ausschwenkbare Kesseltür
16 = Schaltkasten

Bild 2.3.1-60. Doppelkesselanlage mit zwei gasbefeuerten Gußheizkesseln (Buderus Heiztechnik, Logano GE515, 2x510 kW).

Bild 2.3.1-61. Niedertemperatur-Öl/Gas-Heizkessel in Dreizugbauweise mit mehrschaliger Konvektionsheizfläche. Normnutzungsgrad bis 95%, mit Abgas/Wasser-Wärmetauscher (Bild 2.3.1-55) werden bis 106% erreicht. Kein Mindest-Heizwasservolumenstrom erforderlich. Geringe Feuerraumbelastung von =<1,2 MW/m^3. (Viessmann, VITOMAX 300, Leistungen: 1,86 bis 5,9 MW).

-2.3.4 Wirkungsgradanforderungen an Öl- und Gaskessel nach der Heizkessel-Wirkungsgradrichtlinie (92/42/EWG) der EG 1992[1)]

Im Rahmen des Programms zur Förderung von Energieeinsparungen wird in dieser Richtlinie für Heizkessel ≥4 kW und ≤400 kW u. a. geregelt:

- Die Mitgliedstaaten verpflichten sich, den Richtlinien entsprechende Vorschriften zu erlassen (in Deutschland geschehen durch HeizAnlV v. 22.03.94).
- Die verschiedenen Heizkesseltypen müssen den Wirkungsgradanforderungen der Tafel 2.3.1-2 entsprechen (bei Nennleistung P_n — ausgedrückt in kW – und einer mittleren Kesselwassertemperatur von 70 °C sowie bei Teillast (d. h. bei 30% Belastung) und einer je nach Heizkesseltyp unterschiedlichen mittleren Kesselwassertemperatur.
- Heizkessel entsprechend den EG-Anforderungen müssen das CE-Zeichen tragen, und ihnen muß die EG-Konformitätserklärung beigefügt werden.

Darüber hinaus werden sogenannten Energieeffizienzzeichen „Sterne" zuerkannt in Abhängigkeit davon, in welchem Maße die Mindestanforderungen überschritten werden. Diese Werte sind aus Tafel 2.3.1-3 zu ersehen.

Tafel 2.3.1-2 EG-Wirkungsgradanforderungen an Heizkessel mit flüssigen oder gasförmigen Brennstoffen

Heizkesseltyp	Leistungsintervalle	Wirkungsgrad bei Nennleistung		Wirkungsgrad bei Teillast	
	kW	Durchschnittliche Wassertemperatur des Heizkessels (in °C)	Formel der Wirkungsgradanforderung (in %)	Durchschnittliche Wassertemperatur des Heizkessels (in °C)	Formel der Wirkungsgradanforderung (in %)
Standardheizkessel	4 bis 400	70	$\geq 84 + 2 \log P_n$	≥50	$\geq 80 + 3 \log P_n$
Niedertemperaturheizkessel*)	4 bis 400	70	$\geq 87{,}5 + 1{,}5 \log P_n$	40	$\geq 87{,}5 + 1{,}5 \log P_n$
Brennwertkessel	4 bis 400	70	$\geq 91 + 1 \log P_n$	30**)	$\geq 97 + 1 \log P_n$

*) Einschließlich Brennwertkessel für flüssige Brennstoffe.
**) Kessel-Eintrittstemperatur (Rücklauftemperatur).

Tafel 2.3.1-3 Zuerkennung der Energieeffizienzzeichen

Gleichzeitig zu erbringende Wirkungsgrade bei Nennleistung und Teillast 0,3 P_n

Zeichen	Wirkungsgrad bei Nennleistung P_n und einer mittleren Kesseltemperatur von 70 °C %	Wirkungsgrad bei Teillast 0,3 P_n und einer mittleren Kesseltemperatur von ≥ 50 °C %
*	$\geq 84 + 2 \log P_n$	$\geq 80 + 3 \log P_n$
**	$\geq 87 + 2 \log P_n$	$\geq 83 + 3 \log P_n$
***	$\geq 90 + 2 \log P_n$	$\geq 86 + 3 \log P_n$
****	$\geq 93 + 2 \log P_n$	$\geq 89 + 3 \log P_n$

In Bild 2.3.1-62 und Bild 2.3.1-63 sind die Angaben der Tafel 2.3.1-2 und der Tafel 2.3.1-3 grafisch dargestellt.

Neben den heiztechnischen Anforderungen regelt EN 303 auch Bauanforderungen, z. B.: Wandstärken, Werkstoffe bei Stahl- und Gußkesseln, wasserseitige und heizgasseitige

[1)] Richtlinie 92/42/EWG des Rates vom 21. 05. 1992 über die Wirkungsgrade von mit flüssigen oder gasförmigen Brennstoffen beschickten neuen Warmwasserheizkesseln, Amtsblatt der EG, Nr. L 167/17–28 v. 22. 06. 92 u. L 195/32 v. 14. 07. 92 (in deutscher Sprache).

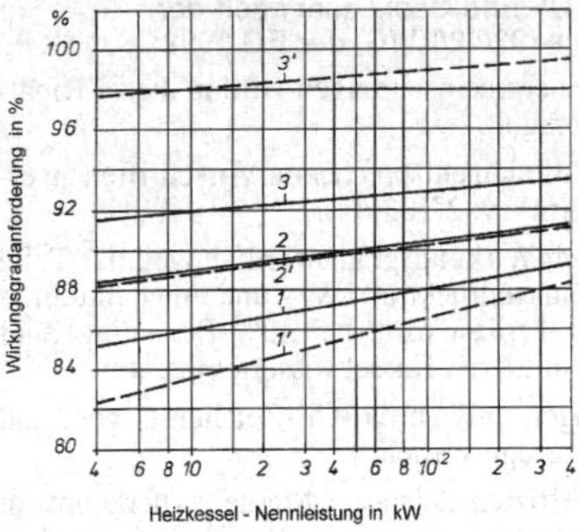

Bild 2.3.1-62. Wirkungsgradanforderungen nach der Heizkessel-Wirkungsgradrichtlinie (92/42/EWG)

1 Standard-Heizkessel bei Nennleistung δ_{Km} => 70 °C
1´ Standard-Heizkessel bei Teillast δ_{Km} => 50 °C
2 NT-Heizkessel bei Nennleistung δ_{Km} => 70 °C
2´ NT-Heizkessel bei Teillast δ_{Km} => 40 °C
3 Brennwert-Heizkessel bei Nennleistung δ_{Km} = 70 °C
3´ Brennwert-Heizkessel bei Teillast δ_{Km} = 30 °C

Die Anforderungen nach 2 und 2´ gelten auch für Brennwert-Heizkessel die mit flüssigen Brennstoffen betrieben werden.

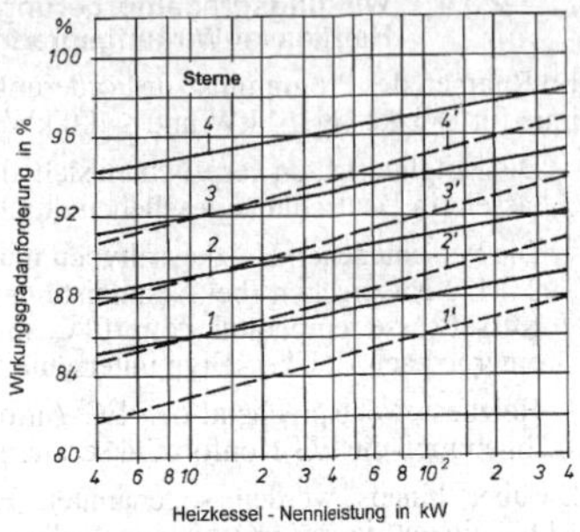

Bild 2.3.1-63. Zuerkennung der Energieeffizienzzeichen (Sterne)

(Anforderungen bei Nennleistung und Teillast mit 0,3 Q_K)

—— Wirkungsgrad bei Nennleistung und δ_{Km} = 70 °C

---- Wirkungsgrad bei Teillast mit 0,3 Q_K δ_{Km} => 50 °C

Dichtheit, Wärmedämmung u.a. Größe der Anschlüsse zum Füllen und Entleeren: R 1/2 < 70 kW; R 3/4 > 70 kW; R 1 > 120 kW. Größe des Feuerraums wird vorgeschrieben, um guten Ausbrand zu erhalten.

-2.3.5 Emissionsgrenzwerte

Außer Ruß (s. oben) werden Ölderivat (darf nach DIN 51402 T2 nicht nachweisbar sein) und CO- und NO_x-Gehalt im Abgas nach EN 303 begrenzt:

Feuerungs-wärme-leistung	Kessel mit					
	Ölzerstäubungs-brenner		Gasbrenner mit Gebläse			
			2. Gasfamilie		3. Gasfamilie	
kWh	NO_x*) mg/kWh	CO mg/kWh	NO_x*) mg/kWh	CO mg/kWh	NO_x*) mg/kWh	CO mg/kWh
≤350	260	110	150	100	300	120
>350			200			

*) Gerechnet als NO_2

Die Kessel- und Brenner-Industrie hat sich über die EN-Normen und BImSchVO hinausgehende Umweltforderungen gestellt und Bedingungen für ein RAL-Umweltzeichen *(RAL-UZ)* festgelegt: „Blauer Engel". Für Ölbrenner, Öl- und Gas-Kessel und Kombi-/Umlaufheizer sind diese in Tafel 2.3.1-4 zusammengestellt.

Tafel 2.3.1-4 Grundlagen für Umweltzeichen RAL-UZ (Blauer Engel)

RAL-	Gegenstand	Max. Werte in mg/kWh		
		CO	NO_x	C_xH_y
UZ 9 (9.91)	Emissionsarme Ölzerstäubungsbrenner mit Heizöl EL < 10 kg/h (120 kW) Ferner: Rußzahl < 0,5 $CO_2 \geqq 13$ Vol.-% bei Öldurchsatz $\leqq 2$ kg/h $\geqq 13{,}5$ Vol.-% bei Öldurchsatz > 2 kg/h Vergleiche mit Anforderung nach DIN 4787 T1	80	140	15
UZ 39 (9.91)	Gas-Spezialheizkessel mit Brenner ohne Gebläse ≤ 120 kW Ferner: Min. Normnutzungsgrad bei 10 kW $\eta_N = 88\%$*) 120 kW $\eta_N = 88{,}8\%$ Vergleiche mit Anforderung nach DIN 4702 T3	60	100	–
UZ 40 (9.91)	Kesselwasserheizer und Umlaufwasserheizer für gasförmige Brennstoffe nach DIN EN 297, 3, 5 ≤ 120 kW Ferner: Min. Normnutzungsgrad bei 10 kW $\eta_N = 88\%$*) 30 kW $\eta_N = 88{,}8\%$	100	175	–
UZ 41 (9.93)	Brenner-Kessel-Kombinationen (Units) mit Gasbrenner mit Gebläse ≤ 120 kW Min. Normnutzungsgrad bei 10 kW $\eta_N = 90\%$*) 120 kW $\eta_N = 91{,}5\%$ Vergleiche mit Anforderung nach DIN 4702 T1	60	80	–
UZ 46 (10.91)	Ölbrenner-Kessel-Kombination (Units) ≤ 120 kW Rußzahl und CO_2 wie UZ 9 Min. Normnutzungsgrad bei 10 kW $\eta_N = 90\%$*) 120 kW $\eta_N = 91{,}5\%$ Vergleiche mit Anforderung nach DIN 4702 T1	80	130	15
UZ 61 (9.93)	Gas-Brennwertgeräte ≤ 120 kW Min. Normnutzungsgrad: Heizungsanlage 75/60°C 10 kW $\eta_N = 99\%$*) 120 kW $\eta_N = 100\%$ Heizungsanlage 40/30°C 10 kW $\eta_N = 102\%$*) 120 kW $\eta_N = 103\%$	50	65	–

*) Zwischenwerte erhält man durch Zeichnen einer Gerade bei einfach-logarithmischer Darstellung über der Wärmeleistung $\dot{Q}$, entspr. den zitierten Bildern.

-2.4 Sonstige Kessel

-2.4.1 Wasserrohrkessel

Diese vornehmlich in Kraftwerken verwendeten Kessel sind im Laufe der Zeit, namentlich seit Einführung der Strahlungsheizflächen, bis zu den größten Leistungen und höchsten Drücken entwickelt worden. Im Gegensatz zu den Flammrohren befindet sich in den Rohren Wasser. Sie sind für jede Feuerungsart geeignet. Geringer Platzbedarf, schnelle Anheizzeit, große Heizflächenleistung. Man unterscheidet grundsätzlich 3 Bauarten (Bild 2.3.1-64):

a) *Naturumlaufkessel.* Zwischen einer Trommel mit Fallrohren und den beheizten Wasserrohren im Brennraum erfolgt ein Wasserumlauf infolge der unterschiedlichen spezifischen Gewichte. Die Rohre sind in Wänden oder Bündeln angeordnet. Oberhalb des Brennraums der Überhitzer. Das Speisewasser wird durch die Abgase des Kessels vorgewärmt, ebenso die Verbrennungsluft im Luftvorwärmer.

b) *Zwangsumlaufkessel.* Eine Pumpe bewirkt den Umlauf des Wassers zwischen den Heiz- und Fallrohren und bringt es dabei auf den Siedepunkt. Besserer Wärmeübergang, größere Freiheit in der Rohranordnung (La-Mont-Kessel u.a.).

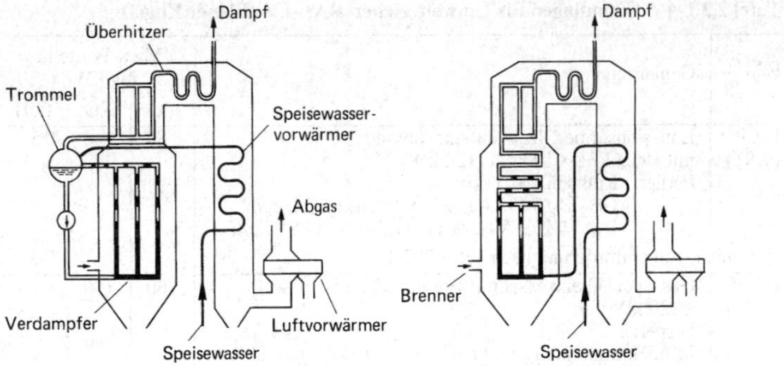

Bild 2.3.1-64. Wasserrohrkessel; links: Zwangsumlaufkessel, rechts: Zwangsdurchlaufkessel.

c) *Zwangsdurchlaufkessel.* Es besteht kein Umlauf mehr, alles von der Speisewasserpumpe geforderte Wasser wird verdampft; keine Trommeln (z.B. Benson-Kessel und Sulzer-Kessel).

-2.4.2 Schnelldampferzeuger

Diese Geräte, auch Dampfgeneratoren oder Dampfautomaten genannt, finden Verwendung für kurzzeitigen Dampfverbrauch, namentlich für Fabrikationszwecke, aber auch in gewerblichen Betrieben wie Wäschereien, Kochküchen, chemischen Reinigungsanstalten, ferner in Krankenhäusern usw. Kleine und mittlere Kessel, die vollautomatisch arbeiten und in kurzer Zeit (2 bis 5 Min.) Dampf erzeugen.

Alle Teile auf gemeinsamem Rahmen montiert, keine Fundamente und keine Einmauerung. Dampfleistung etwa 100 bis 5000 kg/h, Dampfdruck 1 bis 12 bar Überdruck, auch höher. Manche Geräte fahrbar.

Kleiner Wasserraum, etwa 10 bis 200 l Inhalt, Heizfläche besteht aus zahllosen eng nebeneinanderliegenden Rohren. Wasser wird im Durchlaufverfahren oder im Umlaufverfahren erhitzt. Im ersten Fall Verdampfung zu etwa 90%. Hohe Heizflächenbelastung, bis 70 kW/m^2. Keine Leistungsreserve, keine Dampfspeicherfähigkeit. Verbrennungsluft wird vorgewärmt. Wasseraufbereitung erforderlich (Basen-Austauscher) und sorgfältige Bedienung.

Sondervorschriften für Abnahme der Kessel, bei Inhalt < 35 Liter genehmigungsfrei, bei 35 bis 100 Liter Erleichterungen.

Feuerung nur Ölbrenner oder Gasbrenner. Schaltgeräte auf besonderen Schalttafeln oder Schaltgestellen angeordnet. Ausführungsbeispiel Bild 2.3.1-65.

Schematische Darstellung der Wirkungsweise Bild 2.3.1-66.

Für die *Sicherheitseinrichtungen* besondere Vorschriften[1)].

Vorteile:

Kurze Anheizzeiten, geringer Platzbedarf, gute Regelbarkeit.

Nachteile:

Keine Speicherung, sorgfältige Wartung und Speisewasserpflege erforderlich.

1) DIN 4754 (09.94): Wärmeübertragungsanlagen mit organischen Flüssigkeiten.

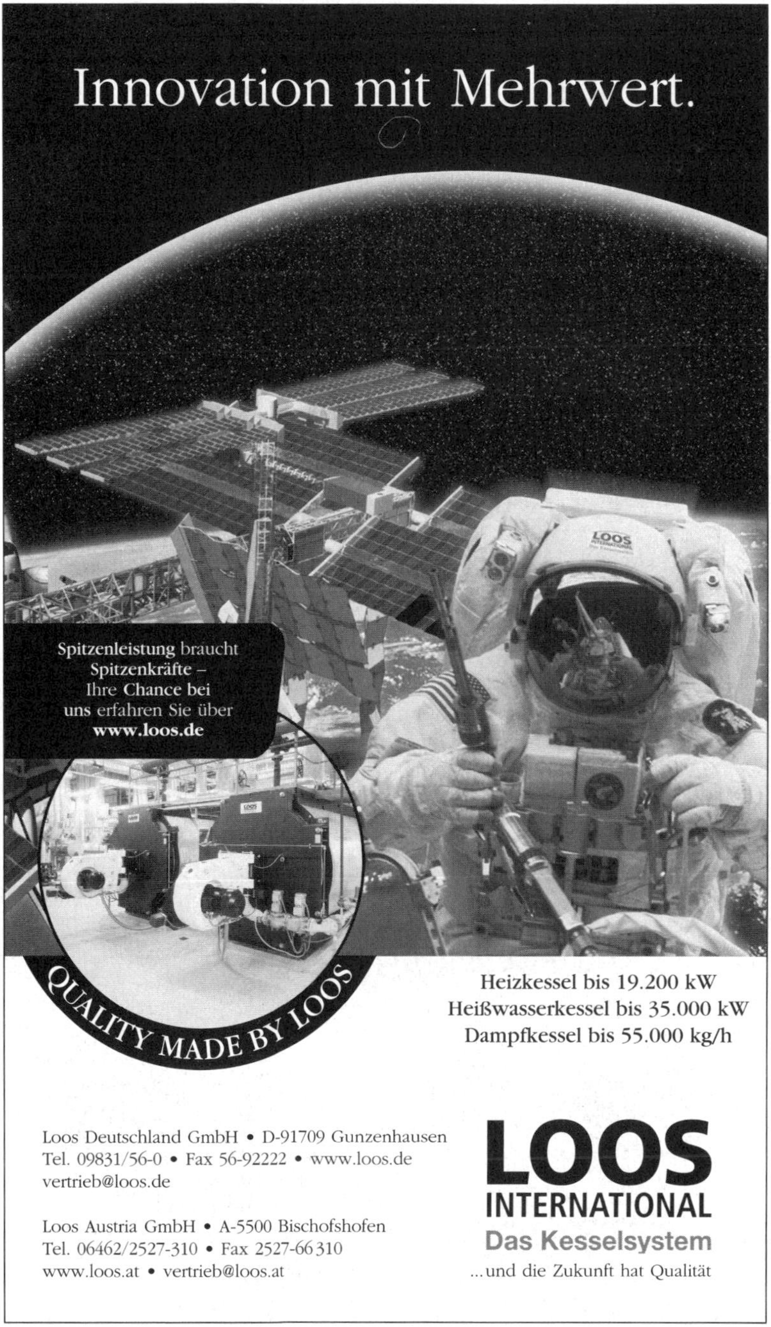
Innovation mit Mehrwert.
Spitzenleistung braucht Spitzenkräfte – Ihre Chance bei uns erfahren Sie über www.loos.de
LOOS
QUALITY MADE BY LOOS
Heizkessel bis 19.200 kW
Heißwasserkessel bis 35.000 kW
Dampfkessel bis 55.000 kg/h
Loos Deutschland GmbH • D-91709 Gunzenhausen
Tel. 09831/56-0 • Fax 56-92222 • www.loos.de
vertrieb@loos.de
Loos Austria GmbH • A-5500 Bischofshofen
Tel. 06462/2527-310 • Fax 2527-66 310
www.loos.at • vertrieb@loos.at
LOOS
INTERNATIONAL
Das Kesselsystem
...und die Zukunft hat Qualität

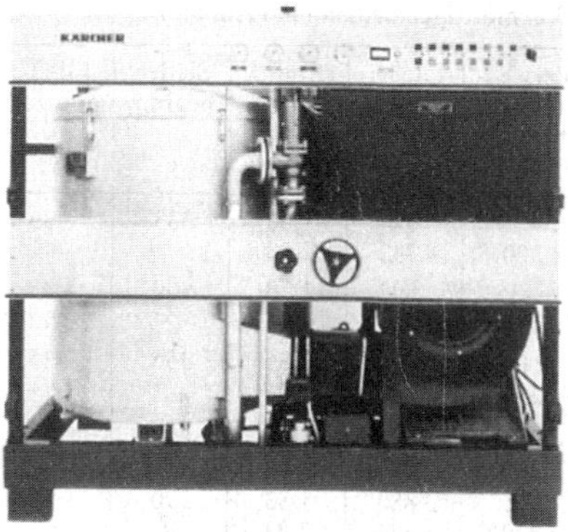

Bild 2.3.1-65. Schnelldampferzeuger (Karcher).

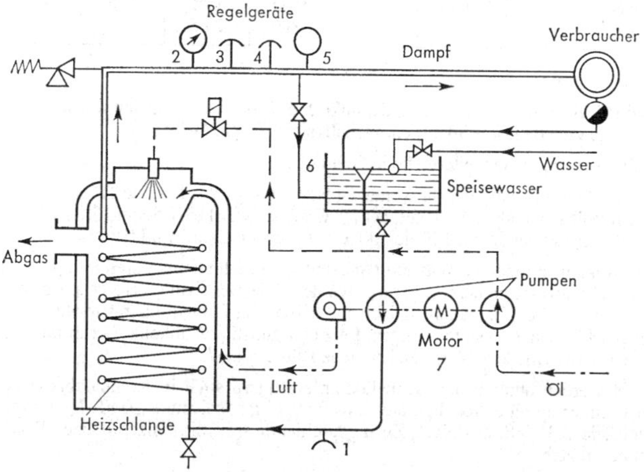

Bild 2.3.1-66. Schematische Darstellung eines Schnelldampferzeugers.
1 = Wassermangelsicherung, 2 = Manometer, 3 = Druckbegrenzer, 4 = Druckregler, 5 = Thermometer, 6 = Speisewasservorwärmung, 7 = gemeinsamer Motor für Gebläse, Wasser- und Ölpumpe

-2.4.3 Thermoölkessel[1)]

In manchen Industrien, z.B. der Textil-, Holz- und chemischen Industrie sowie Verfahrenstechnik, werden für Beheizungs-, Trocknungs- und Kochprozesse *hohe Arbeitstemperaturen* gefordert, wofür früher Dampf und Heißwasser mit hohen Drücken verwendet wurden. Neuerdings haben sich jedoch für viele Zwecke Öle als Wärmeträger eingeführt, die bei hohen Temperaturen *drucklos* arbeiten.

Die erste Flüssigkeit dieser Art war *Dowtherm* der Firma Dow 1925, in Deutschland *Diphyl* genannt, ein organisches Kohlenwasserstoffprodukt, bestehend aus Diphenyl und

---

1) Goede, J.: Öl + Gas 11/74. 6 S.
Neumann, H.: Öl- u. Gasfeuerung 2/76. 4 S.
VDI 3033 (07.95): Aufbau, Betrieb und Instandhaltung von Wärmeübertragungsanlagen.

Tafel 2.3.1-5 Eigenschaften einiger Wärmeträgermedien (Thermoöle)

Handelsname	Gruppe	Hersteller	Verwendungsbereich °C	Dichte kg/m³	Spez. Wärme-Kapaz. kJ/kg K	Siedebeginn °C	Fließgrenze °C
Farulin S	1	Aral	– 25 300	944 732	1,66 2,93	333	– 39
Transcal LT	1	BP	– 35 290	892 680	1,70 3,05	300	– 48
Thermalöl T	1	Esso	0 310	871 682	1,86 3,01	355	– 15
Thermia Öl E	1	Shell	0 310	910 718	1,80 2,87	360	– 24
Mobiltherm 605	1	Mobil Oil	– 5 320	880 674	1,83 2,93	390	– 10
Diphyl DT	2	Bayer	– 20 330	1067 786	1,45 2,34	330	– 54
Dowtherm LF	2	Dow Chem.	– 20 300	1060 823	1,52 2,47	264	– 32
Malowtherm S	2	CW Hüls	– 14 350	1052 800	1,45 2,68	390	– 35

Diphenyloxyd (MAK-Wert 1 mg/m³). Siedepunkt 256 °C bei 1 bar. Später wurden noch viele andere geeignete Öle *(Thermoöle)* entwickelt, siehe Tafel 2.3.1-5.

Im Ausland sind verschiedene weitere Öle in Gebrauch.

Die *Viskosität* der Öle schwankt in sehr weiten Grenzen (einige Werte siehe Tafel 1.4.7-3), die spezifischen Wärmekapazitäten liegen bei 20 °C meist zwischen 1,50 und 2,0 kJ/kg K. Die *Ausdehnung* der Öle reicht bis 10% je 100 °C. Preise zwischen 1 und 6 €/l.

Alle diese Öle können ähnlich wie Wasser in Spezialkesseln erhitzt und durch Pumpen den verschiedenen Wärmeverbrauchern zugeführt werden. Die Beheizung erfolgt am besten durch Heizöl oder Gas, bei Kleinanlagen auch elektrisch. Der Umlauf kann sowohl im offenen wie im geschlossenen System erfolgen. Letzterer günstig, weil keine Berührung mit Luft. Beispiele für verschiedene Verbraucher siehe Bild 2.3.1-67.

Manche Kessel werden ähnlich den Schnelldampferzeugern auch in Kompaktbauweise komplett mit Brenner, Pumpe, Schaltgeräten usw. geliefert, sogenannte *„Heißölgeneratoren"*. Beispiel Bild 2.3.1-68, das einen Zwangdurchlaufkessel mit konzentrischen Rohrschlangenzylindern zeigt.

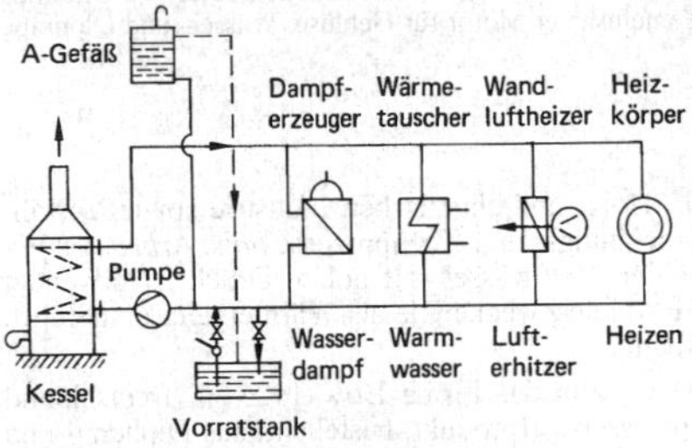

Bild 2.3.1-67. Heißöl-Umlaufanlage mit verschiedenen Verbrauchern.

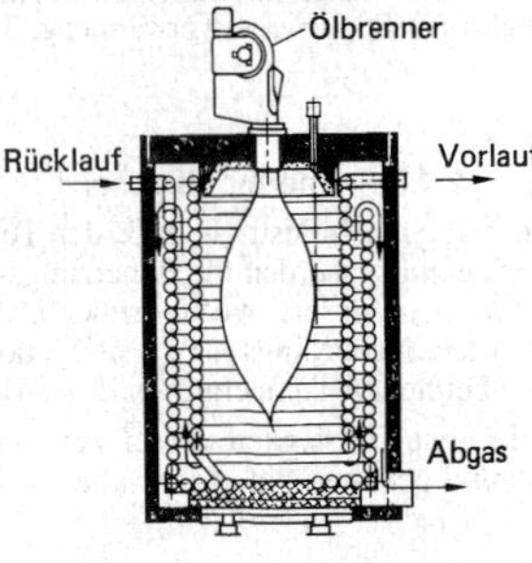

Bild 2.3.1-68. Heißölerhitzer mit Sturzbrenner und Dreizugsystem (Konus-Kessel).

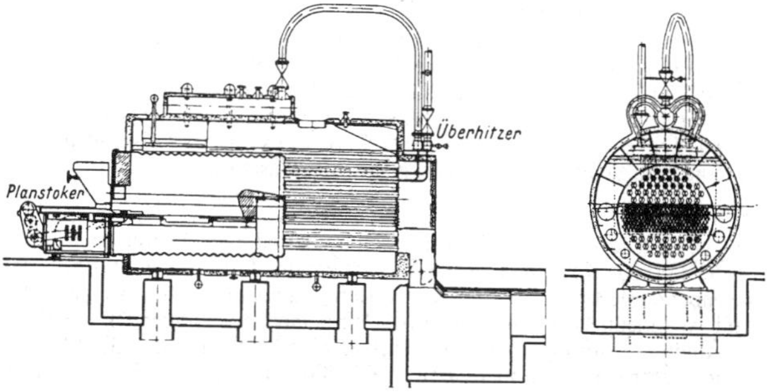

Bild 2.3.1-69. Flammrohr-Rauchrohr-Kessel mit Brennstoffförderung durch Planstoker.

Vorteile dieser Anlagen:

Keine komplizierten Armaturen und Sicherheitseinrichtungen, Überwachungspflicht, gefahrloser Betrieb ohne Überdrücke bis etwa 300 °C, keine Korrosionsgefahr, kein Kesselstein, Gesamtkosten einer Anlage häufig geringer als bei Dampf oder Heißwasser.

Nachteile:

Hoher Ölpreis, Brandgefahr, Dichtigkeitsschwierigkeiten, manchmal Geruchsbelästigung, Alterung der Öle, teilweise gesundheitsschädlich, feuergefährlich.

Zweifellos wird sich die Anwendung dieser Wärmeübertragungsöle in der Industrie noch sehr erweitern. Für direkte *Raumheizung* sind sie noch nicht in größerem Umfang geeignet, sondern nur in Ausnahmefällen unter Verwendung eines Wärmeübertragers.

Sicherheitstechnische Anforderungen in DIN 4754 (09.94), Druckbehälterverordnung (4.80) und Richtlinie Nr. 14 (1970) der BG-Chemie.

-2.4.4 Feuerungen für feste Brennstoffe

In den Feuerungen der Kessel erfolgt die Verbrennung der Brennstoffe. Die Bauart der Feuerung ist vom Brennstoff abhängig. Bei festen Brennstoffen sind wichtig: Heizwert, Wasser- und Aschegehalt, Festigkeit, Gehalt in flüchtigen Bestandteilen, Eigenschaften u. a. Dementsprechend gibt es viele verschiedene Konstruktionen von Feuerungen.

Man unterscheidet bei festen Brennstoffen folgende Feuerungen:

a) Feste Roste:

Planrostfeuerungen mit Hand- oder Wurfbeschickung für alle festen Brennstoffe, besonders für kleine Flammrohr- und Heizungskessel; letztere mit oberem oder unterem Abbrand.

Treppenroste, bestehend aus treppenförmig übereinander liegenden Rosten mit waagerechtem Luftdurchgang, namentlich für wasserhaltige Brennstoffe wie Rohbraunkohle und Torf;

Muldenroste, bestehend aus zwei muldenförmig angeordneten Treppenrosten mit Brennstoffbeschickung durch Füllschächte, ebenfalls für Rohbraunkohle und Torf.

b) Mechanische (bewegliche) Roste:

Wanderroste mit Roststäben auf einem umlaufenden endlosen Band, die langsam durch die Feuerung hindurchgezogen werden. Verbesserte Ausführungen sind die *Wanderzonenroste,* bei denen Unterwind in verschiedenen Zonen zur Anpassung an den Brennstoffabbrand zugeführt wird. Dadurch bedeutende Leistungssteigerung;

Unterschubroste führen den Brennstoff durch Schnecken und Kolben (Stoker) von unten her in die Feuerung (Bild 2.3.1-69);

Vorschub- und Rückschubroste (Schürroste). Roststäbe führen langsame, schlangenförmige Bewegungen aus und fördern dabei den Brennstoff unter gleichzeitiger Schürung weiter (Riley-Stoker, Vorschub-Treppenrost, Vorschub-Muldenrost u. a.); ähnlich arbeiten die *Schüttelroste.*

c) Kohlenstaubfeuerungen:

Der Brennstoff wird in Zentral- oder heute meist Einzelmahlanlagen zu Staub zermahlen und mit Luft in die Feuerung geblasen. Tragluftmenge etwa 10% der Verbrennungsluftmenge. Zur Vermahlung der Kohle dienen *Mühlen* (Schleuder-, Schläger-, Rohrmühlen u.a.). In Kraftwerken fast ausschließlich verwendet. Ascheabzug trocken oder flüssig *(Schmelzfeuerung)*. Kesselleistung >50 MW. Bei kleineren Leistungen noch Probleme mit Zündung und Stabilität der Feuerung sowie Teillastverhalten.

d) Wirbelschichtfeuerung[1]*:*

Dies ist eine neue, noch in der Entwicklung befindliche Feuerungsart für alle Kohlearten, bei der körnige Kohle in einer Wirbelschicht aus Luft, Asche und Kalkstein über einem Düsenboden verbrennt, durch den die Luft eingeblasen wird. Kompakte Bauweise durch guten Wärmeübergang an den in das Wirbelbett hineinragenden Heizflächen. Umweltfreundlich mit geringem SO_2-Auswurf durch Kalkeinblasung und NO_2-Auswurf infolge kleiner Verbrennungstemperaturen (800…900 °C). Nur für große Leistungen.

Tafel 2.3.1-6 Rostwärmebelastung (nach E. Schulz)

Feuerungsart	Brennstoff	Rostwärmebelastung q_r in MW/m²
Handgefeuerte Planroste ohne und mit Unterwind	Alle Steinkohlensorten,	0,8…1,0
	Briketts, Holz	1,0…1,4
Treppenroste und Muldenroste ohne Unterwind	Rohbraunkohlen	0,7…0,9
Zonenwanderroste	Nußkohlen	1,4…1,6
	Feinkohlen	1,0…1,4
	Mittelprodukte	0,8…1,2
	Schwelkoks (stückig)	1,0…1,2
	Braunkohlenbriketts	1,0…1,3
Schür- und Rückschubroste mit Unterwind	Steinkohlen mit hohem Asche- und Wassergehalt	1,2…1,5
	Mittelprodukte, Schlammkohlen, Abfallbrennstoffe	1,0…1,3
Vollmech. Vorschub- und Muldenroste	Rohbraunkohlen	0,9…1,4
	bei aschereichen Sorten	0,5…0,7
Unterschubroste (Kleinstoker) und Planstoker	Fett- und Gasflammkohlen	
ohne Unterwind		0,9…1,1
mit Unterwind		1,3…1,4

-2.5 Warmlufterzeuger

Die hier beschriebenen Warmlufterzeuger (direkt beheizte Luftheizgeräte) werden in Luftheizungsanlagen verwendet, siehe Abschn. 2.2.2-3. Man unterscheidet

nach der Heizart:

Warmlufterzeuger für Schwerkraft-Luftheizungen,
Warmlufterzeuger für Ventilator-Luftheizungen;

nach dem Werkstoff:

gußeiserne Warmlufterzeuger,
stählerne Warmlufterzeuger;

nach dem Brennstoff:

kohle- und koksbeheizte Warmlufterzeuger,
ölbeheizte Warmlufterzeuger mit Zerstäubungs- oder Verdampfungsbrenner,
gasbeheizte Warmlufterzeuger,
elektrische Warmlufterzeuger.

[1]) Stroppel, K. G.: Fernwärme 11/79. S. 241/6.
Steven, H.: BWK 11/83. S. 453/8.

-2.5.1 Warmlufterzeuger für feste Brennstoffe

Diese Geräte werden gewöhnlich mit festen Brennstoffen betrieben, gelegentlich aber auch mit Gas- oder Ölfeuerung.

Die Warmlufterzeuger bestehen ähnlich den Einsatzöfen von Kachelofenheizungen in der Hauptsache aus 3 Teilen, dem Feuerraum, dem Wärmeaustauscher und der Ummantelung. Der *Feuerraum* ist eine mit Schamotte ausgekleidete Kammer, in der die Brennstoffe verbrannt werden. Bei Kohlefeuerung werden Planroste verwendet, während bei Umstellung auf Gas- und Ölheizung die auch bei Heizkesseln üblichen Brenner zur Verwendung gelangen können.

Der Warmlufterzeuger besteht in der Regel aus Gußeisen in schwerer Bauform (Bild 2.3.1-70). Um die Heizfläche zu vergrößern, werden besondere *Profilierungen* verwendet, z.B. Rippen, Spiralen oder Taschen. Öfen dieser Art wurden früher vielfach für Heizung einzelner Großräume, insbesondere für Kirchen verwendet. Dabei wird die Ummantelung durch eine gemauerte Kammer gebildet, in die von unten die zu heizende Luft eintritt, während die Warmluft oben ausströmt.

Heute werden diese Öfen mit Luftbewegung durch Eigenkonvektion selten verwendet, da eine einwandfreie gleichmäßige Heizung der Räume nicht möglich ist und sich starke Temperaturschichtung einstellt.

Bild 2.3.1-70. Warmluftheizofen für feste Brennstoffe mit Vorstellplatte und Rahmen zur Aufstellung in gemauerten Heizkammern oder mit Stahlblechmantel (ältere Bauart).

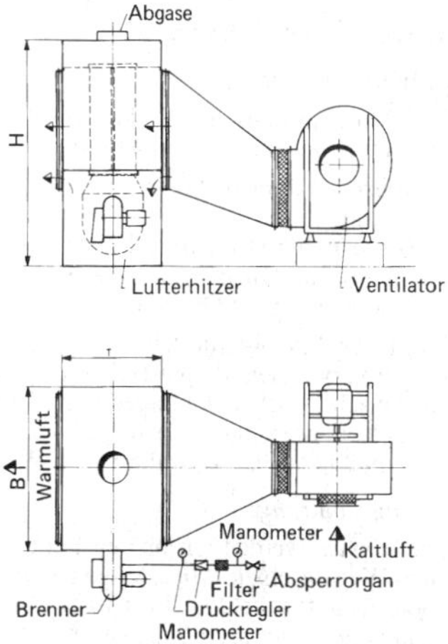

Bild 2.3.1-71. Standgaslufterhitzer mit getrennt aufgestelltem einseitig saugenden Ventilator.

-2.5.2 Warmlufterzeuger für Gasfeuerung

Der Warmlufterzeuger *(Gaslufterhitzer)* benutzt die Heizwärme des Gases direkt zur Erwärmung der Luft, ohne daß dabei Wasser oder Dampf als Wärmeträger verwendet werden. Er besteht grundsätzlich aus folgenden Teilen: Brenner, Wärmeaustauscher, Abgasführung und Sicherheitseinrichtung.

Nachstehend sind nur die sogenannten *Standgaslufterhitzer*[1)] behandelt, bei denen der Ventilator getrennt vom Lufterhitzer aufgestellt ist (Bild 2.3.1-71), während die Gasluftheizgeräte *(Gasluftheizer),* bei denen Ventilator und Lufterhitzer zu einem Gerät zusammengebaut sind, in Abschnitt 3.4.1-2 beschrieben sind.

Heizleistung der Standgeräte bis zu etwa 1000 kW. Abmessungen der üblichen Geräte siehe Tafel 2.3.1-7.

---

1) DIN 4794 T3 (12.80): Ortsfeste Warmlufterzeuger mit Gasfeuerung.

Tafel 2.3.1-7 Mittlere Abmessungen und Leistungsdaten von Standgaslufterhitzern Bild 2.3.1-71. (Liescotherm)

Typ GZG	Wärme-leistung kW	Volumen-strom m_n^3/h	Maße Breite *B* mm	Tiefe *T* mm	Höhe *H* mm
1	29	1 600	650	600	1539
2	58	3 200	880	510	1768
3	81	4 500	850	820	2180
4	116	6 400	970	820	2180
5	157	8 700	1210	820	2180
6	186	10 300	1330	820	2180
7	232	12 900	1570	820	2180
8	290	16 100	1810	820	2180
9	349	19 300	1690	960	2979
10	465	25 700	2170	960	2979
11	581	32 200	2770	960	2979
12	698	38 600	3000	960	2979

a) Brenner siehe Abschn. 2.3.2

b) Wärmeaustauscher

Der Wärmeaustauscher, in dem die Heizgase im Kreuzstrom ihre Verbrennungswärme an die Luft abgeben, wird in mehreren Bauformen hergestellt:

Röhren-Wärmeaustauscher, innen die Verbrennungsgase, außen die zu erwärmende Luft.

Taschen-Wärmeaustauscher, taschenförmig zusammengeschweißte gewellte Bleche.

Gußeiserne Wärmeaustauscher, aus Spezialgußeisen mit Rippen oder Nadeln zur Vergrößerung der Oberfläche.

Es ist zweckmäßig, für den Austauscher möglichst hitze- und korrosionsbeständiges Material zu verwenden, da die Heizflächen stark beansprucht sind. Wichtig ist ferner, daß die Austauscherflächen durch geeignete Luftführungsbleche in allen Teilen durch die Luft gut gekühlt werden, damit örtliche Überheizungen vermieden werden. Die zu erwärmende Luft muß mit *Überdruck* durch den Wärmeaustauscher geschickt werden.

c) Abgasführung

Die *Abgase* werden am oberen Ende des Wärmeaustauschers gesammelt und auf kürzestem Weg durch die Abgasleitung zum Schornstein geführt, indem sie durch ihren Auftrieb nach oben entweichen. In dem Abgasweg muß bei den atmosphärischen Brennern eine *Strömungssicherung* (Zugunterbrecher) eingebaut sein, um zu verhindern, daß durch die Außenluft (Stau, Rückstrom) der Verbrennungsvorgang gestört wird.

Abgashauben werden vom Hersteller der Gaslufterhitzer meist mitgeliefert. Querschnitt der Abgasleitung reichlich wählen, mit Steigung verlegen, lange Leitungen isolieren.

Bei ungünstiger Lage der Lufterhitzer (lange Abgasleitung, kalter Schornstein, kein Schornstein) kann zur Abgasführung auch ein *Abgasventilator* verwendet werden. Abgastemperaturen etwa 130...150 °C, bei tieferer Temperatur Gefahr von Schwitzwasserbildung. In diesem Fall ist Sonderausführung aus korrosionsfestem Material erforderlich.
Wirkungsgrad der Geräte je nach Größe 88 bis 92%. Als Brennwert-Geräte (Abschn. 2.3.1-2.3.2b)) Wirkungsgrad auf H_i bezogen bis 105%.

Abgasverluste 7 bis 11%.

d) Sicherheitseinrichtung (siehe auch Abschn. 2.3.1-2.2.4 und 2.3.2-3)

Die Grundsätze der Sicherheitseinrichtungen sind in DIN 4755 (09.81) u. (02.84), DIN 4756 (02.86) und DIN 4794 T1 und T3 (12.80) enthalten.

Die Sicherheitseinrichtungen sollen Bedienung und Gerät vor Schaden bewahren. Zu diesem Zweck gibt es eine Anzahl von *Sicherheitseinrichtungen.*

Im Prinzip wirken diese Einrichtungen in Verbindung mit einer Zündvorrichtung alle in ähnlicher Weise. Eine von Hand oder elektrisch entzündete *Zündflamme* brennt dauernd und heizt dabei ein Bi-Metall oder ein Thermoelement. Bei irgendwelchen Störungen wird sofort das Gasventil geschlossen. Neuere Sicherungseinrichtungen verwenden Leitflammen- oder Ionisationsüberwachung, die weniger träge sind. Die *Störungsquellen* sind im besonderen folgende:

Gasmangel:	bei Ausfall des Gases oder Schließen des Absperrhahnes.
Strommangel:	bei Ausfall des elektrischen Stromes.
Luftmangel:	bei Schäden am Ventilator, z.B. Riemenbruch bei riemengetriebenen Ventilatoren.
Übertemperatur der Abgase:	bei verringerter Luftmenge oder bei Motorschaden.

In allen diesen Fällen spricht die Sicherheitseinrichtung an und schließt automatisch das Sicherheitsventil.

Der Einbau eines *Gasdruckreglers* ist erforderlich, um Gasdruckschwankungen vom Brenner fernzuhalten.

e) Temperaturregelung

Bei allen Gaslufterhitzern empfiehlt sich zur sparsamen Verwendung des Gases die Verwendung eines *Temperaturreglers,* damit Überheizungen vermieden werden. Der Regler arbeitet meist nach der Zweipunkt-(Auf-Zu-)Methode, da hierbei die Heizung immer im Bereich des größten Wirkungsgrades arbeitet. Regelung mit Drosselung des Gasstroms ist nicht zweckmäßig, da dabei unter Umständen die Abgase den Taupunkt unterschreiten und sich Kondenswasser bilden kann.

Gaslufterhitzer, bei denen der Wärmeaustauscher in zwei oder mehr Stufen unterteilt ist, können auch stufenweise geregelt werden, insbesondere bei Lüftungsanlagen. Die *Stufenunterteilung* muß in Richtung des Luftweges erfolgen.

f) Bauliche Belange

Bei jedem Einbau von Gaslufterhitzern ist die Schornsteinfrage zu klären. Schornstein möglichst nicht an Außenwand. Innen mit wasserabweisendem Anstrich (z.B. Inertol) versehen. Am Sockel Schwitzwasserschale vorsehen.

Falls die Abgase den Taupunkt unterschreiten, müssen die Abgasleitungen aus korrosionsfestem Material bestehen, z.B. Edelstahl, Keramik u.a.

Der Ventilator muß immer vor dem Gaslufterhitzer angeordnet sein, damit die Luftseite gegenüber der Gasseite stets Überdruck hat (siehe Bild 2.3.1-72).

Der Lufterhitzerraum muß eine genügend große Öffnung ins Freie für die Verbrennungsluft besitzen. Die Bauaufsicht schreibt bei großen Anlagen im Lufterhitzerraum stets 2 Ausgänge vor sowie feuerfeste Türen.

Bei der Bestellung der Lufterhitzer ist auf den vorhandenen Fließdruck zu achten, der im allgemeinen 7 bis 8 mbar betragen soll.

Freiansaugende Ventilatoren müssen getrennt von dem Lufterhitzer in einem besonderen Raum zur Aufstellung gelangen, damit die Saugwirkung der Ventilatoren nicht die Brenner des Lufterhitzers beeinflußt oder stört. Die Zuluftkanäle sollen aus nicht brennbarem Material bestehen, insbesondere Stahlblech, Monier, Mauerwerk oder dergleichen.

Bei Luftheizungen mit längeren Unterbrechungen der Heizung, z.B. bei Kirchen, Versammlungsräumen u.ä., empfiehlt sich eine gesonderte Berechnung des Wärmebedarfs, siehe Abschn. 2.5.6-3.

-2.5.3 Warmlufterzeuger für Ölfeuerung[1]

Für diese Geräte *(Lufterhitzer)* mit getrennt aufgestelltem Ventilator gilt sinngemäß das gleiche wie für die eben beschriebenen gasbefeuerten Lufterhitzer. Sie bestehen aus folgenden Teilen (Bild 2.3.1-73):

Brennkammer aus hitzebeständigem Stahl
Ölbrenner
Heizregister in verschiedenen Bauformen (Taschen, Rohre u.a.)
Gehäuse für Anschluß an einen Luftkanal.

Wirkungsgrade je nach Größe 88 bis 92%.
Abgasverluste 7 bis 11%.

[1]) DIN 4794 T2 (12.80). Ortsfeste Warmlufterzeuger mit Ölfeuerung.

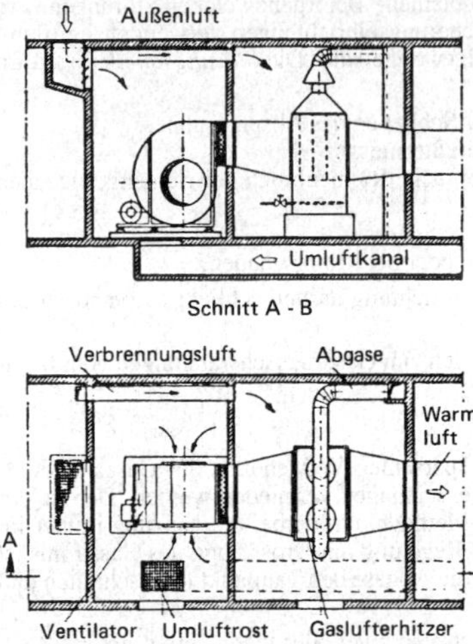

Bild 2.3.1-72. Maschinenraum einer Gasluftheizanlage mit zweiseitig saugendem Ventilator.

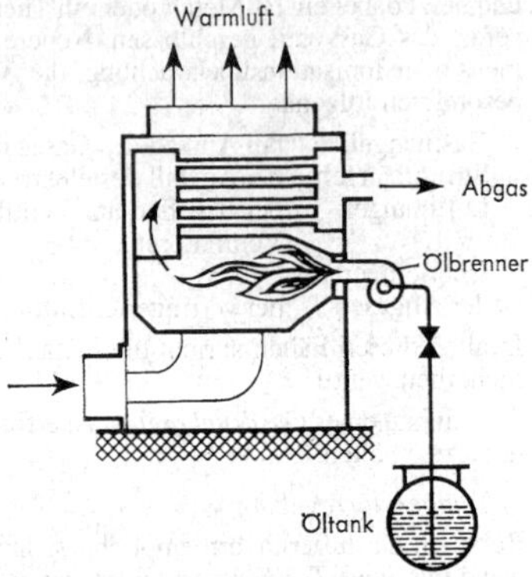

Bild 2.3.1-73. Schema eines ölbefeuerten Zentrallufterhitzers mit Stahlrohren als Heizregister.

a) Sicherheitseinrichtungen

Wie bei jeder Ölfeuerung sind auch hier die in DIN 4787 (09.81) angegebenen Sicherheitseinrichtungen erforderlich, die durch einen Ölfeuerautomaten koordiniert werden (Zündung, Flammenwächter usw.). Zusätzlich gibt es bei den Zentrallufterhitzern noch einige weitere Bedingungen:

Um *Überhitzen* des Wärmeaustauschers durch Keilriemenbruch oder Filterverstopfung zu vermeiden, muß ein Sicherheitsthermostat vorhanden sein, der bei Übertemperatur oder Luftmangel den Ölbrenner abschaltet.

Ein *Verzögerungsrelais* sorgt dafür, daß der Ventilator erst einige Zeit nach Inbetriebnahme des Brenners eingeschaltet wird, damit keine Kaltluft gefördert wird. Ebenso läuft der Ventilator noch einige Zeit nach Ausschalten des Brenners, um eine Abkühlung des Wärmeaustauschers zu erreichen.

b) Regelung

Diese erfolgt im allgemeinen durch *Ein- und Aus-Schaltung* des Lufterhitzers in Abhängigkeit von einem Raumthermostat. Dies hat allerdings die Folge, daß die Schaltperioden sehr häufig sind, falls nicht durch die Wärmespeicherung des Heizregisters und der Raumumfassungsflächen ein gewisser Ausgleich möglich wird.

Bei Anlagen, die auch zur Lüftung dienen, ist zusätzlich ein Minimal-Thermostat im Zuluftkanal erforderlich.

c) Bauaufsichtliche Forderungen

Alle Anlagen ab einer bestimmten Nennleistung sind nach den Bauordnungen der Länder genehmigungs- und abnahmepflichtig. Warmlufterzeuger über 50 kW Nennleistung müssen in Heizräumen aufgestellt werden.

Richtlinien über die Aufstellung von ölbefeuerten Lufterhitzern. Hrsg. von der Argebau (5.78). Musterentwurf, von den meisten Ländern übernommen.

DIN 4755 Ölfeuerungen in Heizungsanlagen T1 (09.81) u. T2 (02.84).

Beispiel einer Anlage siehe Bild 2.3.1-74.

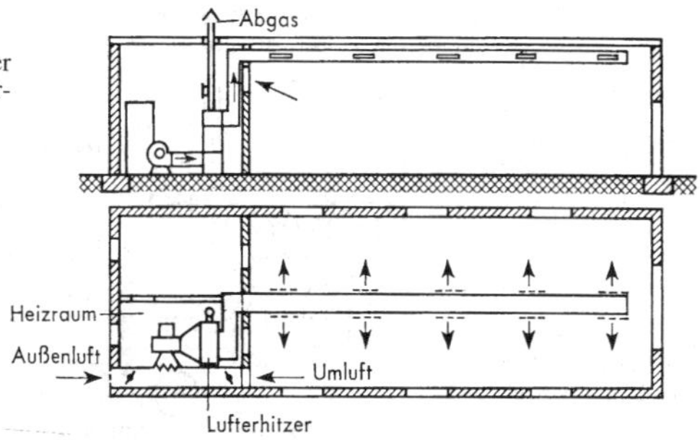

Bild 2.3.1-74. Beheizung einer Werkstatt mit einem ölbefeuerten Warmlufterzeuger.

-2.6 Zentrale elektrische Wärmeerzeuger[1) 2)]

Ergänzungen von Peter Rohne, München

Elektrokessel, als Elektro-Direktheizung betrieben, werden in Deutschland selten zur Heizung verwendet. Die Geräte ähneln Durchlauferhitzern, die Heizkörpergruppen werden jedoch in zeitverzögerten Stufen witterungsabhängig geschaltet. Ein Mischventil erübrigt sich somit.

Elektro-Zentralspeicher laden in der Versorgungs-Aufladedauer (nachts) und in der zusätzlichen Versorgungs-Aufladedauer (nachmittags – soweit angeboten) einen gut gedämmten Wärmespeicher, witterungsabhängig, zum niedrigen Strompreis auf. Als Speichermedien haben sich Wasser und Feststoffe (Keramik bzw. Gußeisen) durchgesetzt.

-2.6.1 Elektro-Zentralspeicher mit Wasser als Speichermedium[3)]

Bei dieser Bauart wird die mit Elektrizität erzeugte Wärme in Wasser gespeichert. Die Wassererwärmung erfolgt mit Tauchheizkörpern

- unmittelbar in einzelnen, wärmegedämmten Speicherbehältern (Bild 2.3.1-75), die parallel verrohrt sind und jeweils einen Elektro-Heizflansch aufweisen;
- in einem Heizkessel (Bild 2.3.1-76). Das erwärmte Heizwasser fördert eine Ladepumpe in einzelne, wärmegedämmte Speicherbehälter, die in Reihe verrohrt sind, oder direkt zu den Wärmeverbrauchern.

Die Speichertemperaturen können bei niedrigen Außentemperaturen 110 °C erreichen. Die Aufladung der Speicher erfolgt mittels *Aufladesteuerung* (siehe Abschnitt 2.2.1-7.3.1) witterungs- und restwärmeabhängig. Das im Heizkreis umlaufende Wasser wird in einem

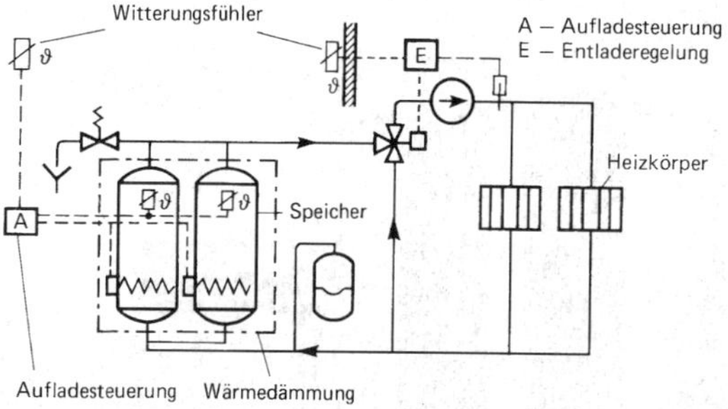

Bild 2.3.1-75. Elektro-Zentralspeicher mit einzelbeheizten Heizwasserspeichern; Anschlußschema.

---

1) Neubearbeitung erfolgte von Peter Rohne, München, für die 67. Auflage.
2) Rohne, P.: Handbuch der elektrischen Raumheizung. 1993.
3) DIN 44 578 T1–T4 (09.92) E. Zentralspeicher für Warmwasserheizung.

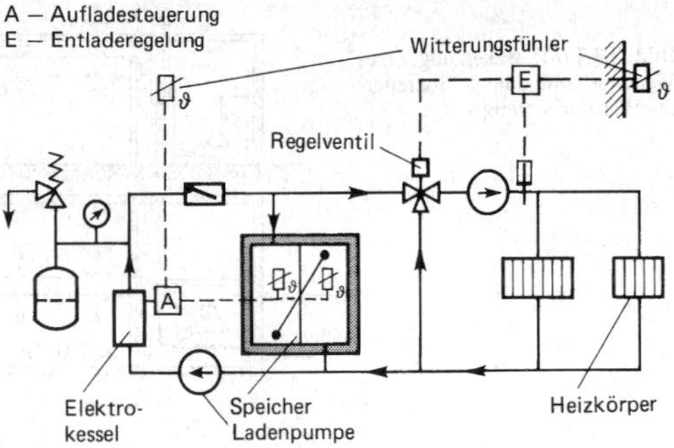

Bild 2.3.1-76. Elektro-Zentralspeicherheizung mit Elektrokessel und Heizwasserspeichern; Anschlußschema.

Dreiwege-Mischventil auf die bedarfsgerechte Vorlauftemperatur, unter Beimischung von Rücklaufwasser, gebracht. Bei der Auswahl des Druckausdehnungsgefäßes ist das Volumen der Speicher zu beachten.

Fast alle Firmen liefern einbaufertige *Entladestationen* mit Umwälzpumpe, Dreiwege-Mischventil, Druckdifferenz-Überströmventil, Sicherheits-, KFE- und sonst benötigten Ventilen, außerdem Aufladesteuerung und Entladeregelung, Verbindungsstücke und Wärmedämmungen für die Heizwasserspeicher, was die Montage sehr vereinfacht (Bild 2.3.1-77). Die Speicheranlage besteht aus mehreren wärmegedämmten Heizwasserspeichern, die baukastenartig zusammengestellt sind. Die Aufnahme für ein Einfamilienhaus mit 100 m^2 Wohnfläche beträgt je nach Versorgungs-Aufladedauer und Norm-Gebäudewärmebedarf etwa 15 bis 30 kW. *Investitionskosten* einschl. Installation und Wärmedämmung etwa 500 bis 600 € je kW Aufnahme.

Wegen der hohen Investitionskosten für den Zentralspeicher empfiehlt es sich, diesen nur für etwa 50% des Norm-Gebäudewärmebedarfs auszulegen und für den Spitzenbedarf einen Öl- oder Gaskessel einzusetzen. Dabei können ca. 80 bis 85% des Jahres-Energieverbrauchs durch elektrischen Strom abgedeckt werden. Anschlußschema im Bild 2.3.1-79.

Das Speichervolumen wird desto kleiner, je größer die nutzbare Temperaturspreizung des Heizwassers (max. Speichertemperatur abzüglich Rücklauftemperatur) und je länger die Versorgungs-Aufladedauer sind. Günstig sind Flächenheizungen, besonders Fußbodenheizungen, die Rücklauftemperaturen von ca. 35 °C aufweisen.

Richtwerte: Aufnahme $P_S = 1{,}1$ bis $2{,}4\ \dot{Q}_{N,Geb}$ in kW
Speichervolumen $V_S = 0{,}12$ bis $0{,}32\ \dot{Q}_{N,Geb}$ in m^3

Bild 2.3.1-77. Elektro-Zentralspeicher mit einzelbeheizten Heizwasserspeichern, fabrikfertiger Entladestation und Druckausdehnungsgefäß, Aufladesteuerung und Entladeregelung (Werkfoto Olsberg).

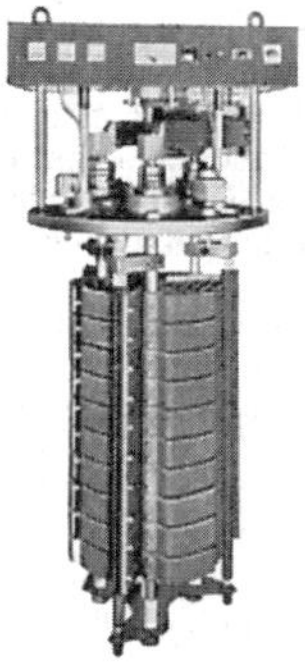

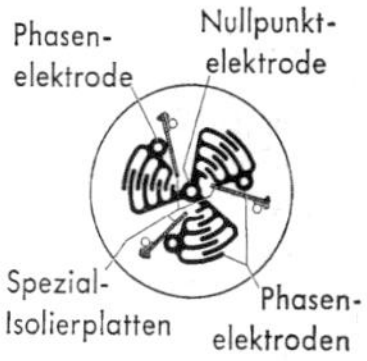

Bild 2.3.1-78. Elektrodenkessel (Buderus ASEA).
Links: Ansicht; Mitte: Elektrodeneinsatz; rechts: Horizontalschnitt

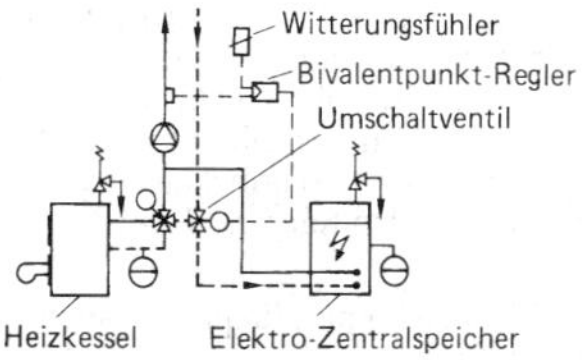

Bild 2.3.1-79. Elektro-Zentralspeicher, bivalent betrieben; Anschlußschema.

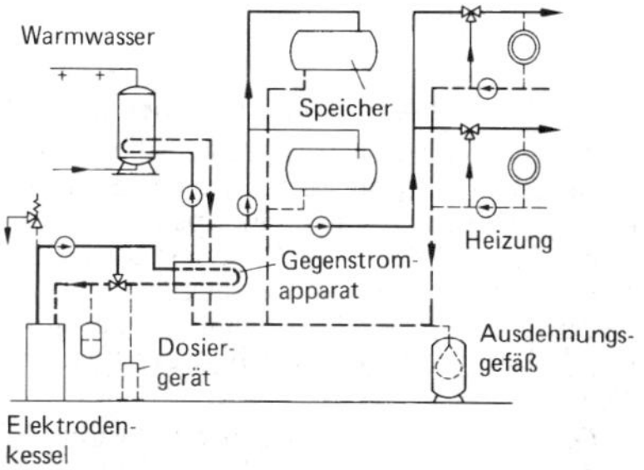

Bild 2.3.1-80. Elektro-Zentralspeicher mit Elektrodenkessel und Heizwasserspeichern; Anschlußschema.

Beispiel einer überschlägigen Bemessung:

Gegeben: Norm-Gebäudewärmebedarf $\dot{Q}_{N,Geb}$ = 10 kW; Vor- bzw. Rücklauftemperatur der Wärmeverbraucher 90/60 °C; max. Speichertemperatur 105 °C; Versorgungs-Aufladedauer 8 h; Tagesvollnutzungsstunden 16,5 h.

Das erforderliche Speichervolumen ist:

$$V_S = \frac{\dot{Q}_{N,\,Geb} \cdot 3600 \cdot t_d}{(\vartheta_S - \vartheta_R) \cdot c_w \cdot c\eta_d \cdot \rho} = \frac{10 \cdot 3600 \cdot 16{,}5}{(105 - 60) \cdot 4{,}2 \cdot 0{,}874 \cdot 1000} = 3{,}56 \text{ m}^3$$

Die Aufnahme ist:

$$P_S = \frac{\dot{Q}_{N,\,Geb} \cdot t_d}{t_F \cdot \eta_d} = \frac{10 \cdot 16{,}5}{8 \cdot 0{,}874} = 23{,}6 \text{ kW}$$

t_d = Tagesvollbenutzungsstunden
t_F = Versorgungs-Aufladedauer
c_W = spez. Wärmekapazität des Wassers = 4,2 kJ/kg
ϑ_S = max. Speichertemperatur
ϑ_R = Rücklauftemperatur
η_d = Tagesnutzungsgrad (Produkt aus Speicher- und Anlagennutzungsgrad)
ρ = Dichte des Wassers = 1000 kg/m³

Jahres-Energieverbrauch W_a (nach Abschnitt 2.6) bei b_v = 1800 Vollbenutzungsstunden:

$$W_a = \frac{\dot{Q}_{N,\,Geb} \cdot b_v}{\eta_d} = \frac{10 \cdot 1800}{0{,}874} = 20\,595 \text{ kWh/a}$$

Elektro-Zentralspeicher mit Elektrodenkessel

Bei sehr großen Anlagen über 300 kW Aufnahme können als Wärmeerzeuger auch Elektrodenkessel verwendet werden. Dabei bilden nicht metallene Heizelemente, sondern ein Elektrolyt (mit Salzen versetztes Wasser) den Widerstand, der die Wärmeerzeugung verursacht. Diese elektrische Entladung findet zwischen mehreren stehenden Elektroden statt, wobei der Widerstand von der Temperatur und der Leitfähigkeit des Elektrolyten abhängt. Drei fingerförmige Elektroden liegen, jeweils an einem Außenleiter (Phase) angeschlossen und jeweils um 120° versetzt, starr und isoliert im Heizkesselbehälter, wie dies Bild 2.3.1-78 zeigt. Eine zentral angeordnete und drehbare, von einem Stellmotor angetriebene Nullpunktelektrode fährt in die Außenleiterelektroden. Dabei läßt sich die Aufnahme (Wärmeleistung) zwischen 10 und 100% verändern. Max. Aufnahmen: 300 bis 650 kW bei Betrieb mit 3 × 400 V; bis 10 MW bei Betrieb an Mittelspannung (≤ 20 kV). Die Einbindung des Elektrodenkessels in die Heizungsanlage zeigt das Bild 2.3.1-80. Natürlich ist der Heizwasserkreislauf in diesem Fall vom Primär-Heizkreis getrennt (Zweikreis-Ausführung). Teuer, geringer Raumbedarf, wirtschaftlich erst ab 300 kW.

Die Leitfähigkeit muß durch Zusatz von Salzen (Natriumsulfit Na_2SO_3 u. a.) so dosiert werden, daß die Elektrodenflächen die bestimmungsgemäße Belastung erhalten.

-2.6.2 Elektro-Zentralspeicher mit Feststoff als Speichermedium

In diesen Zentralspeichern (Bild 2.3.1-81) wird das Speichermedium Keramik oder Gußeisen durch Heizstrom aufgeladen und die Wärme am Tage an das Heizwasser der Zentralheizung abgegeben. Der Zentralspeicher stellt eine Alternative zu den mit Öl oder Gas betriebenen Heizkesseln dar. Wichtigstes Bauelement ist der sehr gut wärmegedämmte Speicherkern, der von eingelegten elektrischen Rohrheizkörpern Wärme aufnimmt und dabei Temperaturen bis 650 °C annimmt. Hauptanforderungen: hohe spez. Wärmekapazität und gute Wärmeleitfähigkeit. Die Eigenschaften einiger Speichermedien führt die Tafel 2.3.1-8 auf.

Aufladung erfolgt witterungs- und restwärmeabhängig. Die Heizkörpergruppen schalten in Stufen zeitverzögert ein, bis der Soll-Wärmeinhalt erreicht ist.

Entladung: Ein drehzahlgeregelter Ventilator bewegt einen inneren Luftkreis. Die Luft durchspült den Speicherkern und nimmt Wärme auf. Diese gibt sie am Wärmetauscher an das durchströmende Heizwasser ab. Die Ventilatordrehzahl ändert sich automatisch mit dem Wärmebedarf. Somit wird eine bestimmungsgemäße Vorlauftemperatur erreicht; ein Mischventil erübrigt sich. Fabrikfertige Entladestationen mit Absperr-, KFE- und Druckdifferenz-Überströmventil, Thermometern, Entlüftern, Umwälzpumpe und Druckausdehnungsgefäß verkürzen die Montagearbeiten. Vorlauftemperaturen bis 90 °C möglich.

Aufladesteuerung und Entladeregelung befinden sich im Zentralspeicher. Die Gerätekonstruktion zeigt Bild 2.3.1-82. Zusammenbau des Zentralspeichers vor Ort durch werkgeschultes Personal.

Bei großen Anlagen werden mehrere Zentralspeicher aneinandergereiht und parallel, nach *System Tichelmann,* angeschlossen. So lassen sich Speicherkapazitäten bis 6 MWh bilden, wie dies Bild 2.3.1-83 zeigt. Der Raumbedarf ist wegen der hohen Speichertemperatur wesentlich geringer als bei den Anlagen mit Wasser als Speichermedium.

Gewicht sehr groß, etwa 50 bis 70 kg je kW Aufnahme. Sehr dicke Wärmedämmung.

Bild 2.3.1-81. Elektro-Zentralspeicher mit Keramik als Speichermedium und mit fabrikfertiger Entladestation; links: Warmwasser-Standspeicher (Werkfoto Schürer).

Tafel 2.3.1-8 Eigenschaften verschiedener Speichermedien

		Magnesit	Guß-eisen	Wasser	Ther-moöl*)	Salz KNO_3
Max. Temperatur	°C	600	600	120	300	380
Min. Temperatur	°C	80	80	50	70	80
Temp.-Differenz	K	520	520	70	230	300
Spez. Wärmekapazität	kJ/kg K	1,13	0,54	4,2	2,3	1,2
Schmelzwärme	kJ/kg	–	–	–	–	95
Dichte	kg/dm³	2,9	7,2	1,0	0,75	2,1
Schmelzpunkt	°C	–	(1200)	(0)	(–30)	337
Gespeicherte Wärmemenge						
je kg	kJ/kg	590	280	294	530	455
je dm³	kJ/dm³	1700	2020	294	400	955
Spez. Speichermasse	kg/MJ	1,7	3,6	3,4	1,9	2,2
Spez. Speichervolumen	dm³/MJ	0,6	0,5	3,4	2,5	1,0
Preis des Speicherstoffes	DM/kg	0,5	0,6	0,00	0,8	0,9
Spez. Speicherpreis	DM/MJ	0,85	2,1	0,00	1,5	2,0

*) s. auch Tafel 2.3.1-5.

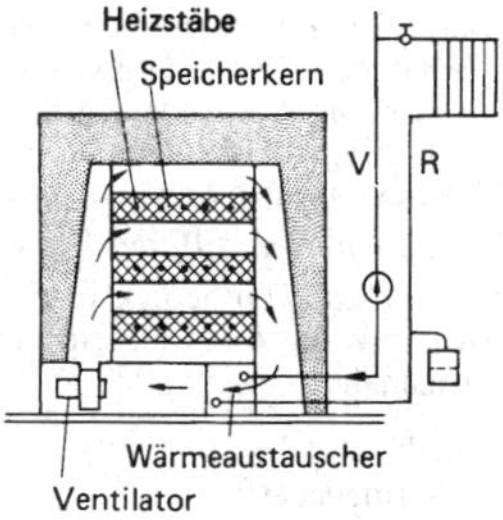

Bild 2.3.1-82. Elektro-Zentralspeicher mit Keramik als Speichermedium; Schnittbild.
V = Vorlauf, R = Rücklauf

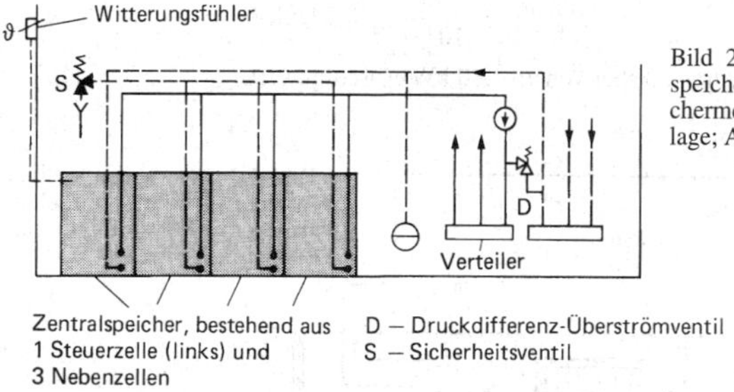

Bild 2.3.1-83. Elektro-Zentralspeicher mit Keramik als Speichermedium, Zellenspeicheranlage; Anschlußschema.

Vorteile: Kein Schornstein, kein Abgas, keine Vorausfinanzierung und Bevorratung des Brennstoffs.

Beispiel zur überschlägigen Bemessung eines Zentralspeichers:

Norm-Gebäudewärmebedarf $\dot{Q}_{N,Geb}$ = 16 kW
Tagesvollbenutzungsstunden t_d = 16,5 h
Versorgungs-Aufladedauer t_F = 10 h
Tagesnutzungsgrad η_d = 0,874 (Produkt aus Speicher- und Anlagennutzungsgrad)

Die Aufnahme ist:

$$P_S = \frac{\dot{Q}_{N,\,Geb} \cdot t_d}{t_F \cdot \eta_d} = \frac{16 \cdot 16{,}5}{10 \cdot 0{,}874} = 30{,}2\ \text{kW}$$

Bivalent betriebene Elektro-Zentralspeicher

Eine wesentliche Verkleinerung der Zentralspeicher erhält man, wenn für die Spitzenleistung ein Öl- oder Gaskessel eingesetzt wird. Dabei können 80 bis 85% des Jahres-Energieverbrauchs durch elektrischen Strom geliefert werden, während der Restbedarf durch den Heizkessel abgedeckt wird[1]. Verrohrungsschema siehe Bild 2.3.1-79.

-2.6.3 Elektro-Zentralspeicher mit sonstigen Speichermedien

Neben den bekannten und bereits behandelten Speichermedien Wasser, Keramik und Gußeisen eignen sich noch einige Salze, die infolge der Aggregatszustandsänderung (Übergang vom festen in den flüssigen Zustand und umgekehrt) erhebliche Wärmemengen zu speichern vermögen, insbesondere KNO_3 (Kaliumnitrat), das weniger hygroskopisch und damit weniger korrosiv ist, als die früher verwendeten KOH (Kalilauge) und NaOH (Natronlauge). Wärmeabgabe über einen Wärmetauscher an das Heizwasser. Sonstiger Aufbau wie Zentralspeicher mit Wasser als Speichermedium.

-2.6.4 Elektro-Zentralspeicher mit Feststoff als Speichermedium für Luftheizung

Diese *Feststoff-Zentralspeicher* haben gewisse Bedeutung bei selten geheizten Räumen wie Kirchen, Ausstellungs- und Turnhallen sowie ähnlichen Großräumen. Das System läßt ein sehr rasches Anheizen der Räume zu. Aufheizung der keramischen Speichermasse durch billigen Heizstrom auf maximal 650 °C. Warmluftaustritt max. mit 60–80 °C durch Mischung mittels Beipaßklappe. Schema Bild 2.3.1-84.

Der Anschlußwert P_S des Speichers ergibt sich aus der Formel in Abschn. 2.3.1-2.6.1.

Der *Verlustfaktor* berücksichtigt die Wärmeverluste beim Aufheizen des Speichers und die Auskühlverluste des aufgeheizten Speichers. Zu beachten sind auch die Wärmeverluste der Luftkanäle.

Beispiel

Wärmebedarf:	$\dot{Q}_{N,Geb}$	= 93 kW
Tagesvollbenutzungsstunden	t_d	= 6 Stunden
Versorgungs-Aufladedauer	t_F	= 10 Stunden
Tagesnutzungsgrad	η_d	= 0,75
Anschlußwert	P_S	$= \frac{93 \cdot 6}{10 \cdot 0{,}75} = 74{,}5$ kW

Zu wählen ist ein Zentralspeicher von 75…80 kW Anschlußwert.

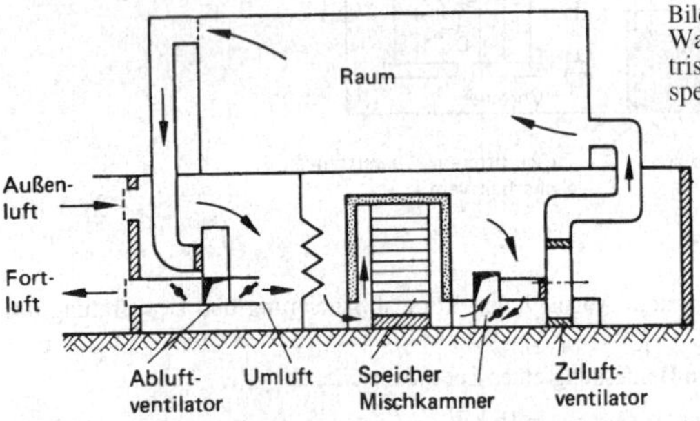

Bild 2.3.1-84. Schema einer Warmluftheizung mit elektrischem Feststoff-Zentralspeicher.

[1]) DIN 4702 T2 (03.90): Heizkessel; Begriffe, Prüfung, Anforderungen.
Heinisch, R., u. a.: HLH 3/87. S. 105/9 und 4/87. S. 163 ff.
Böhm, G.: HLH 8/88. S. 372/376, 2/89. S. 71/73 u. Viessmann Aktuell 1/89. S. 16.

Tafel 2.3.1-9 Abmessungen und Gewichte von Feststoff-Zentralspeichern
(Schürer) Lufterwärmung 50 K

Anschlußleistung	kW	18	21	24	27	30	33	36	39	42	45
Speicherkapazität	kWh	190	190	217	217	244	271	271	299	326	326
Heizleistung	kW	18	18	21	21	26	26	31	31	37	37
Luftleistung max.	m^3/h	1000	1000	1200	1200	1500	1500	1800	1800	2100	2100
Maße: Breite	mm	1120	1120	1120	1120	1120	1120	1120	1120	1120	1120
Länge	mm	2500	2500	2500	2500	2500	2500	2500	2500	2500	2500
Höhe	mm	1350	1350	1450	1450	1550	1650	1650	1750	1850	1850
Gewicht ca.	kg	2000	2000	2150	2150	2300	2400	2400	2600	2700	2700

Zu beachten ist, daß der Platzbedarf von Zentralspeichern groß ist, etwa 80…120 dm^3/kW Anschlußleistung ohne Anschlüsse und Ventilatoren. Ebenso ist die Masse hoch, etwa 70…110 kg/kW. Tafel 2.3.1-9. Gute Wärmedämmung des Speichers wichtig, damit Verlustwärme im Raum möglichst gering ist. Ventilator saugseitig anordnen, um Verlustwärme zu erfassen. Außentemperaturabhängige Aufladesteuerung wie bei Speicherheizgeräten, siehe Abschn. 2.2.1-7.3.1. Heizraum wird sehr warm. Die Ladedauer richtet sich nach Außentemperatur und Restwärme. Die modulare Bauweise der Zentralspeicher läßt Anschlußleistungen bis zu einigen 100 kW zu.

-2.7 Wärmeverluste und Wirkungsgrade[1)]

Bei der Verbrennung der Brennstoffe im Heizkessel wird die erzeugte Wärme nicht vollständig auf das Heizwasser übertragen, sondern es entstehen Verluste. Der *Wirkungsgrad* des Heizkessels ist

$\eta_K = \dot{Q}_N/\dot{Q}_F = \dot{Q}_N/BH_i$

$\dot{Q}_N$ = Kesselleistung = nutzbare Wärme; bei Wasserkesseln = Produkt aus umlaufendem Wasserstrom und Erwärmung in kW (kJ/s);
$\dot{Q}_F$ = Feuerungsleistung in kW;
B = Brennstoffmenge kg/s oder m_n^3/s;
H_i = Heizwert kJ/kg oder kJ/m_n^3.

Für die Prüfung von *Heizkesseln* sind in EN 303 genaue Angaben über Versuchsbedingungen, Prüfstandaufbau, Meßverfahren und Auswertung der Versuche gemacht.

Die *Verluste* sind in % der Kesselleistung hauptsächlich folgende:

-2.7.1 Abgasverlust

(Schornsteinverlust) q_A, der durch den Unterschied des Wärmeinhalts der Abgase im Schornstein und der Verbrennungsluft verursacht wird, bei weitem der größte Verlust in der Bilanz der Verlustwärme*ströme* (betr. Kesselwirkungsgrad, s. Abschn. 2.3.1-2.7.5.

$$q_A = \frac{V_A \cdot C_{pA}}{H_i} (t_A - t_L) \qquad \text{in } \%$$

$$V_A = V_{Atr} + V_W = \text{trockene Abgasmenge + Wasserdampf in } \left[\frac{m_n^3}{kg} \text{ oder } \frac{m_n^3}{m_n^3}\right],$$

zu berechnen nach Abschnitt 1.3.7 aus der Zusammensetzung des Brennstoffs und der Abgase.

1) DIN 4702 T2 (03.90): Heizkessel; Begriffe, Prüfung, Anforderungen.
Plate, J./Tenhumberg, J.: HLH 1/83 u. HLH 3/84.
Wagner, G.: HLH 1/85. S. 7/14.
Heinisch, R., u. a.: HLH 3/87. S. 105/9 und 4/87. S. 163 ff.
Böhm, G.: Wärmetechnik 2/1995 und 3/1995. Buderus Magazin 2/99, S. 25.

Tafel 2.3.1-10 Beiwerte zur Berechnung des Abgasverlusts (1. BImSchV von 1996)

Beiwert	Heizöl	Erdgas	Stadtgas	Kokereigas	Flüssiggas und Flüssiggas-Luft-Gemische
A_1	0,50	0,37	0,35	0,29	0,42
A_2	0,68	0,66	0,63	0,60	0,63
B	0,007	0,009	0,011	0,011	0,008

$$V_{Atr} = \frac{V_{CO_2}}{CO_2}$$

$$\text{genauer } V_{Atr} = \frac{V_{CO_2 + SO_2 + CO}}{(CO_2 + SO_2) + CO}$$

C_{pA} = mittl. spez. Wärmekapazität der Abgase nach Bild 1.3.7-8 in kJ/(m_n^3 K)
t_A = Abgastemperatur °C
t_L = Lufttemperatur °C
CO_2 = gemessener Volumengehalt an CO_2 im trockenen Abgas in %

Siehe auch die Tafel 1.3.7-7 sowie Bild 1.3.7-1, Bild 1.3.7-2 und Bild 1.3.7-3. Gemäß 1. BImSchVO vom 15.7.88 werden die Abgasverluste wie folgt ermittelt

$$q_A = (t_A - t_L) \cdot \left(\frac{A_1}{CO_2} + B \right)$$

oder falls anstelle des CO_2-Gehalts (Volumen-%) der Sauerstoffgehalt O_2 in % gemessen wird

$$q_A = (t_A - t_L) \cdot \left(\frac{A_2}{21 - O_2} + B \right)$$

Beiwerte A und B nach Tafel 2.3.1-10.

Normale Abgastemperaturen konventioneller Kessel 200…250 °C, bei großen Kesseln noch weniger. Tendenz zu Abgastemperaturen < 180 °C, bei Niedertemperatur- und Brennwertkesseln bis unter Taupunkt.

Näherungswerte für einige Brennstoffe siehe Bild 2.3.1-85.

Nach der Verordnung über Kleinfeuerungsanlagen (1. BImSchV vom 15.7.1994, vergl. Abschn. 1.9.4-2) sind ab 1.1.1998 die Abgasverluste wie folgt zu begrenzen:

Kessel über 4 bis 25 kW	11%
Kessel über 25 bis 50 kW	10%
Kessel über 50 kW	9%

Nach dem *Bundesimmissionsschutzgesetz* werden die Abgasverluste von den Schornsteinfegern regelmäßig überprüft.

Zu Anlagen, die bis zum 31.12.1997 errichtet wurden, siehe Abschnitt 1.9.4-3.

-2.7.2 Verlust durch unverbrannte Gase,

im wesentlichen CO:

$$q_u = \left(\frac{v_{Atr} \cdot 12640 \cdot CO}{H_i} \right) \text{ in \%}$$

12640 = Heizwert von CO in kJ/m_n^3.
CO = Volumengehalt m^3/m^3

Angenähert nach *Brauss*

$$\text{bei Koks: } q_u = \frac{69 \cdot CO}{CO + CO_2}\text{; bei Heizöl: } q_u = \frac{52 \cdot CO}{CO + CO_2} \text{ in \%.}$$

Auch sehr geringe CO-Gehalte bedeuten bereits erhebliche Wärmeverluste, überschläglich 5 bis 7% Verlust je 1% CO-Gehalt. Zulässiger Wert < 0,1%.

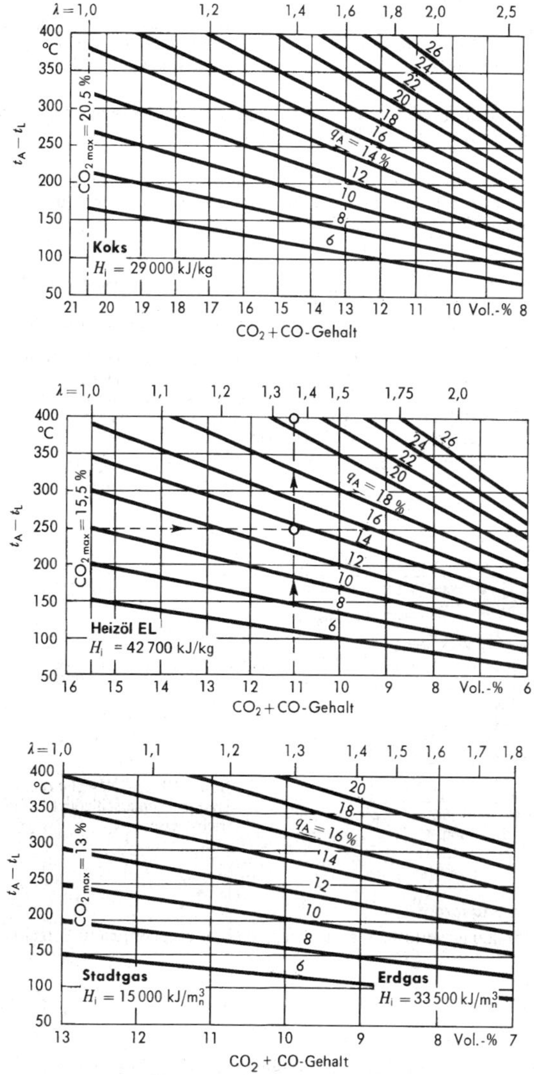

Bild 2.3.1-85. Abgasverluste von Heizkesseln bei der Verbrennung von Heizöl EL, Erdgas und Koks.

-2.7.3 Verlust durch brennbare Rückstände

nur bei festem Brennstoff:

$$q_F = \frac{R \cdot c \cdot 32000}{B \cdot H_i}$$

R = Rückstände in kg/s

c = Kohlenstoffgehalt der Rückstände in kg/kg

32 000 = Heizwert von Kohle in KJ/kg

-2.7.4 Verluste durch Strahlung und Konvektion

sind die sogenannten Restverluste, da sie bei der Wärmebilanz als Restglied anfallen. Bei alten Kesseln sehr hoch, 3…5%, bei neuzeitlichen Kesseln durch gute Wärmeisolierung und gedrängte Bauart je nach Größe auf 0,5 bis 2% verringert. Sie sind auf dem Prüfstand zu ermitteln.

Der Strahlungsverlust q_s hängt ab von der mittleren Temperatur des Kesselwassers, der Kesselgröße, der Größe der nicht wärmegedämmten Oberflächen, z.B. Türen u.a. Richtwerte in Bild 2.3.1-86.

Besonders gering sind die Strahlungsverluste bei neuzeitlichen Kesseln, die mit gleitender statt konstanter Wassertemperatur betrieben werden *(Niedertemperaturkessel)* und die außerdem eine modulierende Feuerung haben (Bild 2.3.1-87).

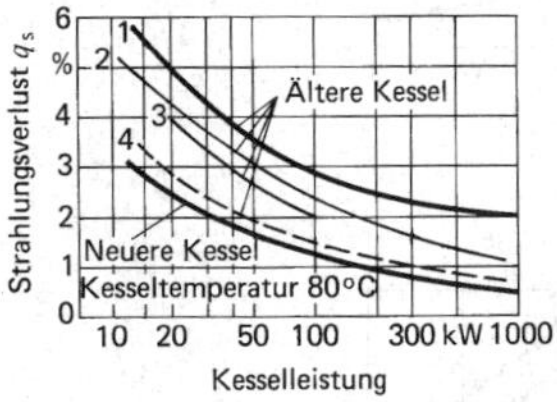

Bild 2.3.1-86. Strahlungsverluste von Heizkesseln (VDI 3808 [01.93]).
1 Spezialkessel für feste Brennstoffe, umgestellt auf Ölfeuerungsbetrieb
2 Gasspezialheizkessel mit Brennern ohne Gebläse
3 Umstellbrand- und Wechselbrandheizkessel bei Betrieb mit Öl- bzw. Gasgebläsebrennern
4 Spezialheizkessel für Öl- bzw. Gasfeuerung mit Gebläsebrennern

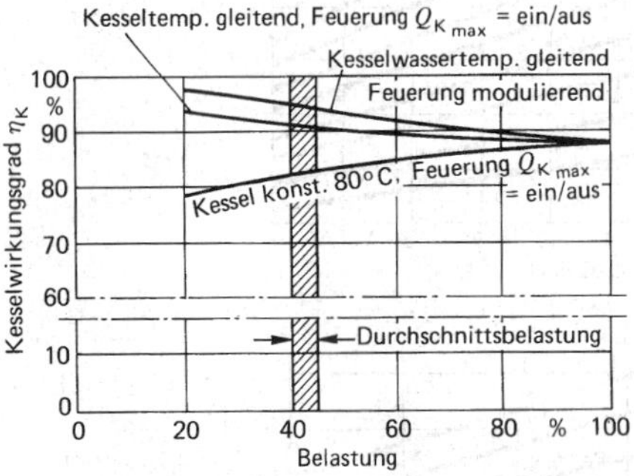

Bild 2.3.1-87. Kesselwirkungsgrad bei unterschiedlicher Betriebsweise.

-2.7.5 Kesselwirkungsgrad[1)]

Abgasverluste q_A und Strahlungsverluste q_s bestimmen den Kessel- oder feuerungstechnischen Wirkungsgrad

$\eta_K = 1 - q_A - q_s$ bzw.

$\dot{Q}_N = \dot{Q}_F - \dot{Q}_A - \dot{Q}_S$

Beispiel:

Mineralisches Heizöl mit H_i = 10 kWh/l = 42 700 kJ/kg und $CO_{2\,max}$ = 15,5%

Gemessen CO_2-Gehalt = 11%

Abgastemperatur t_A = 270 °C

Lufttemperatur t_L = 20 °C

Wie groß ist der Abgasverlust q_A?

Abgasmenge nach Bild 1.3.7-2: V_A = 15,3 m_n^3/kg

Mittl. spez. Wärmekapazität nach Abschn. 1.3.7-3.5: C_{pA}=1,42 kJ/m_n^3 K

1) Lillich, K.-H.: Ges.-Ing. 3/86. S. 141 ff.
Bach, H.: HLH 2/88. S. 53/55.

Abgasverlust $q_A = \frac{15{,}3 \cdot 1{,}42}{42\,700}\,(270–20) \cdot 100 = 12{,}7\%$.

Dasselbe Ergebnis erhält man annähernd aus Bild 2.3.1-85.
Nach BlmSchV ergibt sich $q_A = 13{,}1\%$.
Luftzahl $\lambda = 1{,}38$.

Zulässige *Emissionen* von Staub, Ruß, SO_2 siehe Abschn. 1.9 und 2.3.1-2.3.5.

Die Unterschiede im *Kesselwirkungsgrad bei Nennleistung* moderner NT-Kessel sind bei den verschiedenen Herstellern verhältnismäßig gering; sie betragen bei modernen Kesseln 88 bis über 90% (s. auch Abschn. 2.3.1– 2.3.4).

Durchführung der Messung regelt EN 303.

-2.7.6 Nutzungsgrad

Die nach VDI 2067 ermittelten Jahresnutzungsgrade werden durch die jeweiligen kesselspezifischen Größen, wie Kesselwirkungsgrade η_k bei Nennlast und den Betriebsbereitschaftsverlust q_B, sowie durch die Betriebszeit und die sogenannten Vollbenutzungsstunden rechnerisch bestimmt. Teillast-Nutzungsgrade η_φ, siehe Bild 2.3.1-88 und Bild 2.3.1-89, sind nicht Gegenstand der VDI 2067. Eine reproduzierbare und für Vergleichszwecke geeignete Meßgröße für die energetische Effizienz von Heizkesseln bildet der Normnutzungsgrad η_N nach DIN 4702 T8[1].

$$\textit{Norm-Nutzungsgrad}\ \eta_N = \frac{\text{jährlich abgegebenen Heizwärme}}{\text{jährlich zugeführte Feuerungswärme}} = \frac{Q_H}{Q_F}$$

Der jährliche Wärmebedarf und damit die abgegebene Heizwärme hängt ab von der Häufigkeitsverteilung der Außentemperatur. Zur Vereinfachung bezieht sich die Norm auf den Mittelwert von 10 deutschen Großstädten. Dafür ist in Bild 2.3.1-90 der Wärmebedarf = Kesselbelastung (relative Kesselleistung) über der Zahl der Heiztage dargestellt.

Da die Vollbenutzungsstundenzahl dieser Kurve mit 2789 h gegenüber bekannten Werten zu hoch ist, wird in der Norm eine Reduzierung der Kesselbelastung durch innere Wärmequellen und Nachtabsenkung vorgenommen. Die modifizierte Häufigkeitsverteilung (Bild 2.3.1-91) hat die realistische Vollbenutzungsstundenzahl 1838 h.

Die Norm ersetzt diese Kurve durch 5 flächengleiche Rechtecke, um die Messung des Kessel-Teillastnutzungsgrades und die Berechnung des Norm-Nutzungsgrades zu vereinfachen. Die Normdaten der 5 Rechtecke sind in Bild 2.3.1-91 auch zahlenmäßig angegeben.

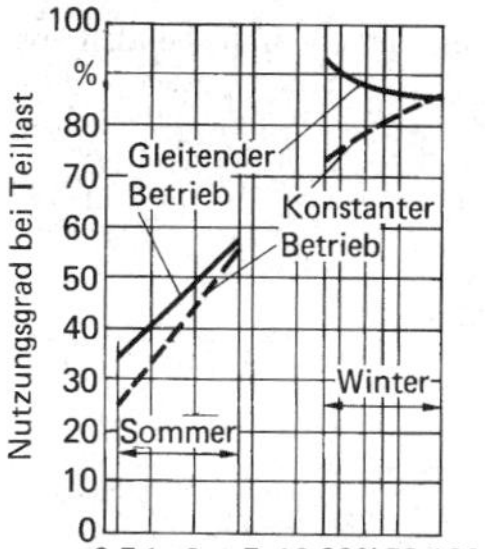

Bild 2.3.1-88. Nutzungsgrade bei Vollast und Teillast für einen Niedertemperaturkessel mit Warmwasserbereitung.

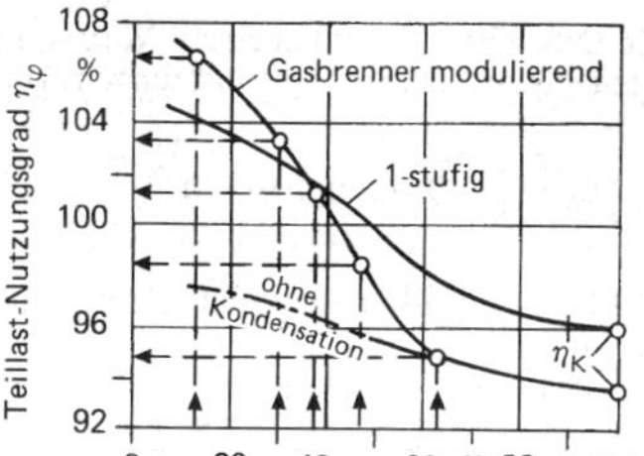

Bild 2.3.1-89. Teillast-Nutzungsgrad zweier Brennwertkessel.

[1]) DIN 4702 T8 (03.90): Heizkessel. Ermittlung des Norm-Nutzungsgrades und -Emissionsfaktor.
Höbel, R., H. Oehler u. D. Schlapmann: HLH 3/88. S. 107/111.
Bechtem, L., u. D. Schlapmann: HLH 7/88. S. 339/341.
Plate, J.: SBZ 4/93.

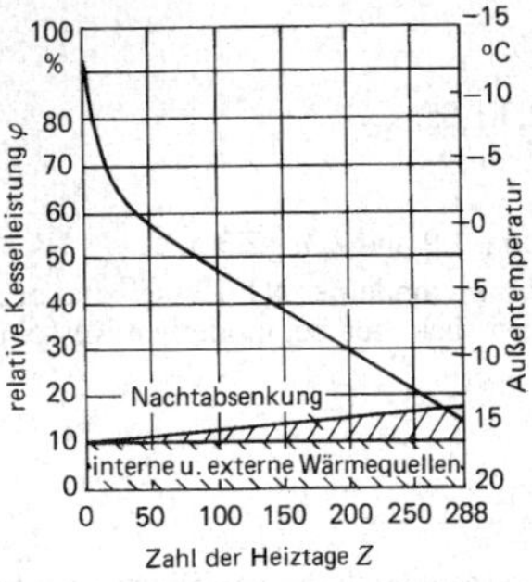

Bild 2.3.1-90. Summenhäufigkeit der Außentemperatur und Kesselbelastung, gemittelt für 10 deutsche Städte.

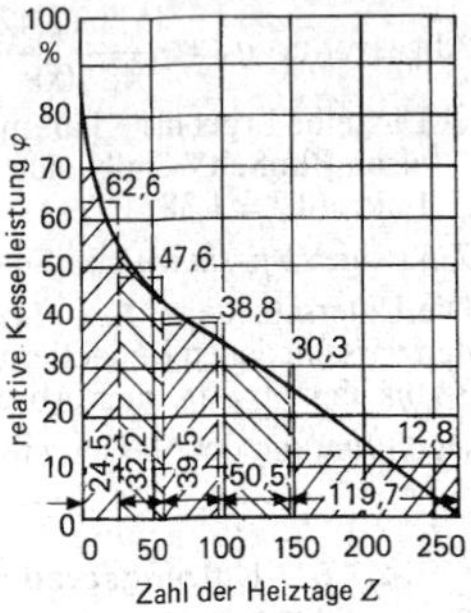

Bild 2.3.1-91. Modifizierte Summenhäufigkeit der Kesselbelastung gem. DIN 4702 T8.

Mit dieser Vereinfachung berechnet sich der

$$\textit{Norm-Nutzungsgrad}\ \eta_N = \frac{Q_H}{Q_F} = \frac{\sum_1^5 \dot{Q}_H \cdot \varphi_i \cdot Z_i}{\sum_{i=1}^{5} \frac{\dot{Q}_H \cdot \varphi_i \cdot Z_i}{\eta_{\varphi,i}}} = \frac{5}{\sum_{i=1}^{5} \frac{1}{\eta_{\varphi,i}}}$$

Dabei bedeuten

$\dot{Q}_H$ = Nennwärmeleistung des Kessels in kW
φ_i = Relative Kesselleistung (Belastung) in % bei der Belastung i
Z_i = Anzahl der Heiztage bei der Belastung i
$\eta_{\varphi,i}$ = Teillast-Nutzungsgrad in % bei der Belastung i.

Der Norm-Nutzungsgrad wird bei 75/60 °C oder 40/30 °C Nennleistungs-WW-Temperaturen ermittelt (Beispiel s. Bild 2.3.1-92).

Es wurden gemessen (nach DIN 4702 T8) bei Auslegungstemperatur für 90/70 °C η_N = 103,8%, für 75/60 °C η_N = 106,7%, für 40/30 °C η_N = 109,0%.

$$\text{Norm-Nutzungsgrad}\ \eta_N = \frac{5}{0{,}046854} = 106{,}7\%$$

In DIN 4702 T8 wird auch ein *Norm-Emissionsfaktor* definiert, der ebenfalls bei den vorgenannten 5 Normkesselbelastungen ermittelt wird, und es gilt

$$E_N = \frac{1}{5} \cdot \sum_{i=1}^{5} e_i \ \text{in mg/kWh}$$

wobei e_i = Teillast-Emissionsfaktor in mg/kWh bei Belastung i.

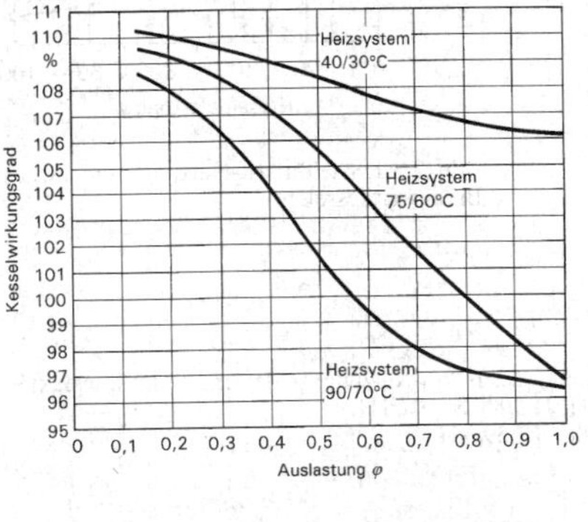

Bild 2.3.1-92. Gemessene Teillast-Nutzungsgrade eines Brennwert-Heizkessels und Beispiel einer Norm-Nutzungsgrad-Bestimmung.

Auslegungstemperatur 75/60 °C

Heizkreis-Belastung	Heizmitteltemperaturen	Tagesnutzungsgrad	Rechenwert
φ_{HK} [%]	t_{VL}/t_{RL} [°C]	η_i [%]	$1/\eta_i$ [1/%]
13	27,0/25,0	109,5	0,009132
30	37,0/32,0	108,4	0,009225
39	42,0/36,0	107,2	0,009328
48	46,0/39,0	105,7	0,009461
63	55,0/45,0	103,0	0,009708
			Σ = 0,046854

-3 Wärmeübertrager

-3.1 Allgemeines

Wärmeaustauscher im weiteren Sinne des Wortes sind alle Apparate, in denen Wärme von einem Medium auf ein anderes übertragen wird, z. B. Kessel und Überhitzer, Lufterwärmer und Luftkühler, Kondensator und Vorwärmer usw. Im engeren Sinne versteht man in der Heizungstechnik jedoch unter Wärmeaustauschern solche Apparate, bei denen Wärme zwischen Dampf, Warmwasser oder Heißwasser ausgetauscht wird. Man bezeichnet sie auch als *Umformer.*

Einteilung: Umformer Dampf (HD oder ND) → Warmwasser
Dampf (HD) → Dampf (ND)
Umformer Heißwasser → Warmwasser
Heißwasser → Dampf (ND)

-3.2 Bauarten

Man verwendet Rohrbündel- oder gelegentlich Platten-Wärmeaustauscher.

Die Rohrbündelwärmeaustauscher bestehen grundsätzlich aus drei Teilen:

dem äußeren Gehäuse (Mantel) meist aus Stahl, manchmal aus Gußeisen,
der inneren aus Röhren bestehenden Wärmeübertragungsbatterie,
den Ein- und Auslaßkammern für das Heizmittel.

Die Mehrzahl der Umformer wird in Form der sogenannten *Gegenstromapparate* gebaut, bei denen das eine Heizmittel im Gegenstrom zum anderen läuft. Die Apparate, die auf der Sekundärseite Wasser haben, bestehen aus einem Gehäuse mit einem darin befindlichen geraden oder U-förmig gebogenen Bündel aus Stahl- oder Kupferrohren (Bild 2.3.1-93 und Bild 2.3.1-94).

Die Ausführung mit U-förmig gebogenen Rohren am billigsten, jedoch schlechte Reinigungsmöglichkeit und Auswechselbarkeit der Rohre. Gerippte Rohre ergeben größere Wärmeleistung. Bei längeren Durchlaufwegen sind U-Rohrapparate in *Hintereinanderschaltung* zu wählen oder *mehrflutige Apparate* auszuführen (Bild 2.3.1-95). Umformer,

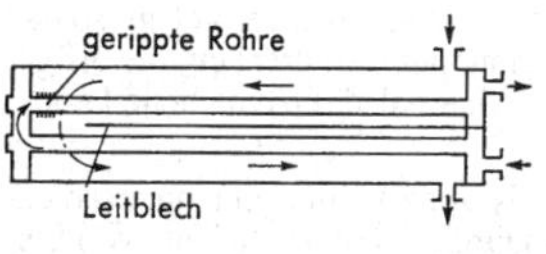

Bild 2.3.1-93. Wasser-Wasser-Wärmeaustauscher mit geraden gerippten Rohren (Gegenstromapparat).

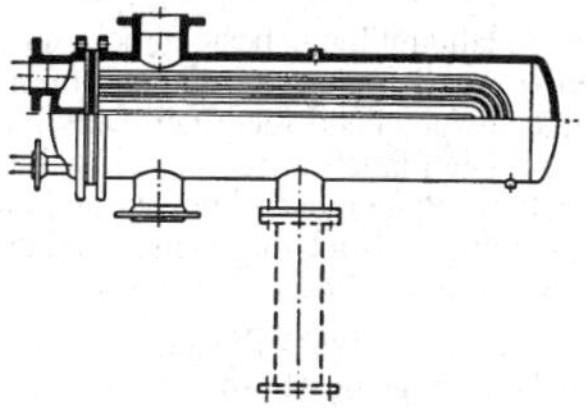

Bild 2.3.1-94. Wärmeaustauscher mit U-förmig gebogenen Rohren.

die auf der Sekundärseite Dampf führen, sind ähnlich ausgeführt, haben jedoch zur Aufnahme des Dampfes einen größeren Durchmesser.

Außer waagerechten Apparaten gibt es auch senkrechte Ausführungen (Bild 2.3.1-96), die wegen ihres geringen Grundflächenbedarfs manchmal bevorzugt werden, besonders bei Fernheizungen.

Die bekannten Nachteile der Dampfkondensatwirkung im offenen System werden beim geschlossenen System dadurch vermieden, daß die Heizfläche durch *Kondensatstau* der jeweils geforderten Leistung angepaßt wird (Bild 2.3.1-97). Dabei werden stehende Wärmeaustauscher verwendet, in deren Rohren das Kondensat mehr oder weniger gestaut wird, so daß sich die Heizfläche entsprechend verändert. Die Regelung erfolgt durch einen Thermostaten im Vorlauf des Heizkreises, der auf ein Regelventil in der Kondensatleitung einwirkt.

Kein Kondenstopf, kein Dampfregelventil erforderlich, geringe Wärmeverluste, einfacher Betrieb.

Platten-Wärmeaustauscher sind äußerst kompakte, wartungsfreundliche und korrosionsbeständige Wärmeaustauscher. Sie werden in Fernwärmeübergabestationen, als Kältemittelkondensator, zur Brauchwassererwärmung u.a. verwendet.

Die Wärmeübertragungsfläche besteht aus einer Vielzahl von profilgeprägten dünnen Platten, die zu einem Paket zusammengepreßt werden und dadurch ein System von engen Fließspalten ergeben, die wechselseitig von den beiden im Wärmeaustausch stehenden Flüssigkeiten durchströmt werden.

Die große Kompaktheit und insbesondere die kurze Baulänge geben dem Platten-Wärmeaustauscher Vorteile gegenüber dem Rohrbündel-Wärmeaustauscher, bei dem zusätzlicher Raum vorgesehen werden muß für das eventuelle Ausziehen des Bündels.

Das Plattenpaket wird zwischen einer stabilen Grundplatte und einer Spannplatte zusammengespannt (Bild 2.3.1-98).

Die passive Spannplatte und die aktiven Wärmeaustauschplatten sind so an einem Stahlträger aufgehängt und durch eine Führungsstange geführt, daß jede beliebige Platte aus dem Paket herausgenommen, kontrolliert, gereinigt oder durch eine andere ersetzt werden kann, sobald die Spannvorrichtung gelöst ist.

Der besondere Vorteil dieser Konstruktion ergibt sich daraus, daß nur die am Wärmeaustauschprozeß aktiv teilnehmenden Wärmeaustauschplatten aus hochwertigem korrosionsbeständigem Material sein müssen, während die begrenzenden Spannplatten und alle tragenden Teile aus normalem Stahl gefertigt werden können.

Da die Wandstärke der Wärmeaustauschplatten nur zwischen 0,5 mm und 0,7 mm stark ist, ergibt sich eine sehr sparsame Ausnutzung des hochwertigen korrosionsfesten Materials, wobei durch die Profilierung der Platten und die gegenseitige Abstützung trotzdem Betriebsdrücke von 8 bar bis 20 bar aufgebracht werden können.

Am Umfang sind die Platten nach außen und gegen den Nachbarstrom durch flexible Dichtungen abgedichtet. Sie werden in eingeprägte Rillen so eingelegt, daß sie nicht durch den Betriebsdruck herausgedrückt werden können und daß bei einer Beschädigung und daraus entstehender Undichtheit die Leckage nur nach außen auftritt, nicht aber in den Nachbarstrom. Die Platten können auch miteinander verlötet werden, z.B. bei Hausstationen für Fernwärme.

Die Platten können wahlweise in Serie oder parallel durchströmt werden oder auch in gemischter Weise, so daß die Volumenströme auf beiden Seiten sehr unterschiedlich sein können. Die wärmetechnischen Eigenschaften der Wärmeaustauschplatten werden durch den Turbulenzgrad bestimmt, den die gewählte Plattenprägung hervorruft (Bild 2.3.1-99).

Die Plattenprägung besteht meist aus einem Fischgrätenmuster mit vertikaler oder horizontaler Ausrichtung, je nachdem, ob niedrige und hohe Turbulenzen erzeugt werden sollen mit entsprechend niedrigen oder hohen Wärmeübergangskoeffizienten und Druckverlusten. Die Platten werden jeweils abwechselnd um 180° gedreht aufeinander gelegt, so daß sich die Prägemuster kreuzen und eine Vielzahl von Kontaktpunkten ergeben, die als gegenseitige Abstützung dienen und dadurch trotz geringer Materialstärke eine hohe Druckfestigkeit des Gesamtapparates erzwingen.

Es können sowohl Platten mit gleichem Prägemuster als auch Platten mit unterschiedlichem Prägemuster abwechselnd verwendet werden, wodurch sich eine Vielzahl von Leistungsgrößen ergibt bei nur wenigen Plattengrößen, insbesondere, wenn die Möglichkeit der gleichzeitigen Parallelschaltung mehrerer Platten und der Serienschaltung von Plattenblöcken genutzt wird.

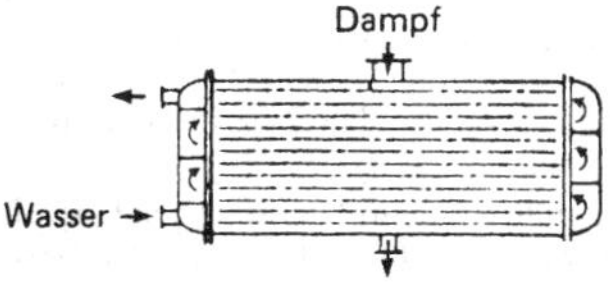

Bild 2.3.1-95. Mehrflutiger Wärmeaustauscher.

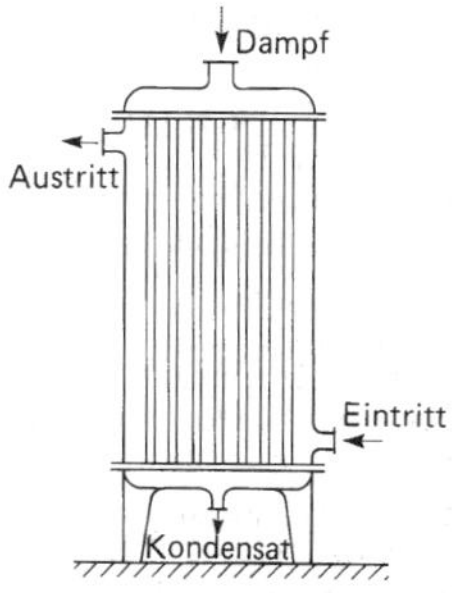

Bild 2.3.1-96. Senkrechter Gegenstrom-Wärmeaustauscher.

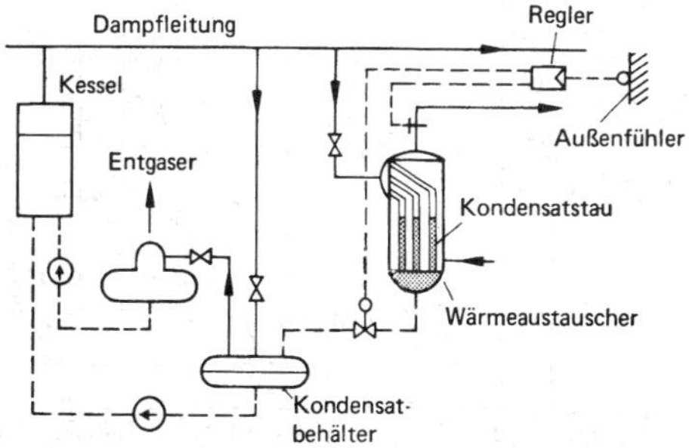

Bild 2.3.1-97. Dampfbeheizter Wärmeaustauscher in einem geschlossenen Dampf-Kondensat-Kreislauf (Bälz u. Sohn).

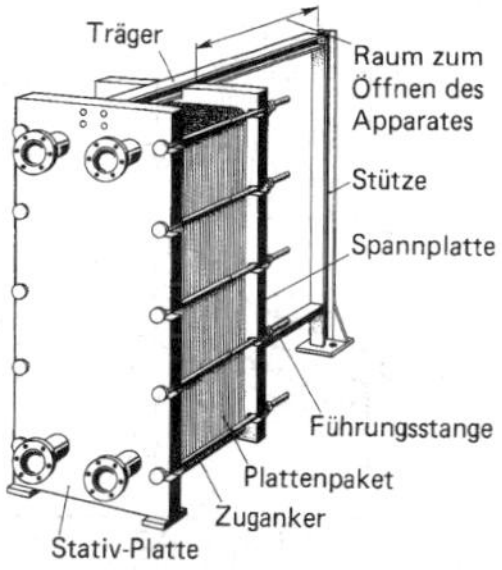

Bild 2.3.1-98. Plattenwärmeaustauscher (GEA).

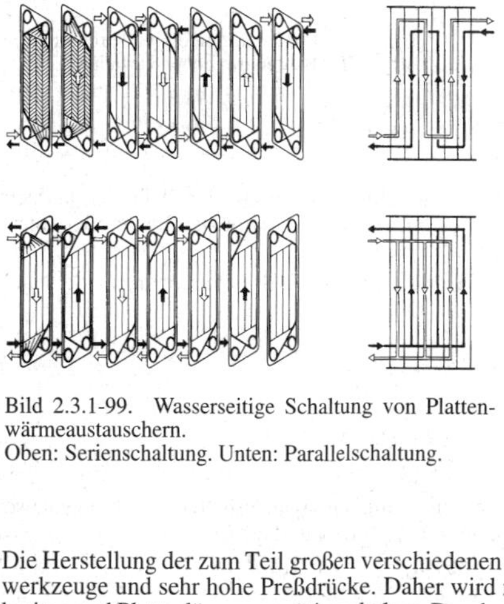

Bild 2.3.1-99. Wasserseitige Schaltung von Plattenwärmeaustauschern.
Oben: Serienschaltung. Unten: Parallelschaltung.

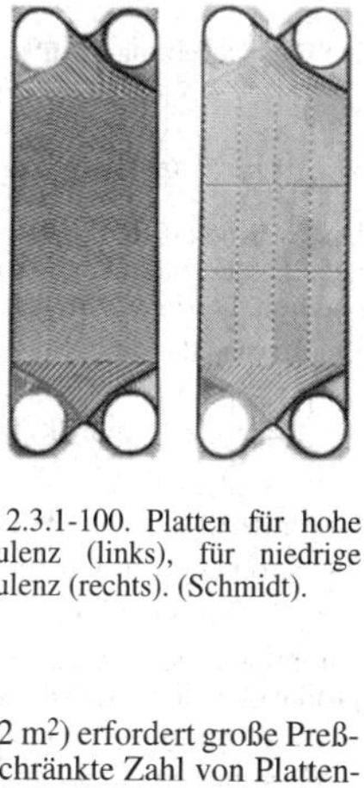

Bild 2.3.1-100. Platten für hohe Turbulenz (links), für niedrige Turbulenz (rechts). (Schmidt).

Die Herstellung der zum Teil großen verschiedenen Platten (bis 2 m^2) erfordert große Preßwerkzeuge und sehr hohe Preßdrücke. Daher wird nur eine beschränkte Zahl von Plattenbreiten und Plattenlängen vorrätig gehalten. Durch geschickte Wahl von Plattengröße, Turbulenzgrad und Schaltung der Platten läßt sich praktisch jede gewünschte Leistung innerhalb gegebener Grenzen erreichen.

Bild 2.3.1-100 zeigt zwei Platten mit dem Grundmuster für niedrige Turbulenz rechts und hohe Turbulenz links. Von den vier Ein- und Ausströmkanälen sind jeweils nur zwei offen, je nach der gewählten Schaltung.

Bild 2.3.1-102 zeigt typische Wärmedurchgangskoeffizienten *k* für Platten mit hohem oder niedrigem Turbulenzgrad. Auch die zugehörigen Druckverluste sind im gleichen Diagramm eingetragen. Der Vergleich mit Bild 2.3.1-101 für Rohrbündel zeigt beim Plattenwärmeaustauscher ca. 2fach höhere *k*-Werte, wodurch sich die vergleichsweise geringe Baugröße (Kompaktheit) begründet.

Der relativ große Aufwand für die nicht aktiven Teile des Platten-Wärmeaustauschers, wie Gestell, Druckplatte, Zuganker usw., beeinflußt ihn immer dann nachteilig im Vergleich zum Rohrbündel-Wärmeaustauscher, wenn keine hochwertigen Materialien aus Korrosionsgründen verwendet werden müssen.

Platten-Wärmeaustauscher werden daher fast ausschließlich nur aus hochwertigen korrosionsfesten Materialien hergestellt und angeboten. Bevorzugte Materialien sind St 1.4401, St 1.4551, St 1.4439, St 1.4571 oder Titan.

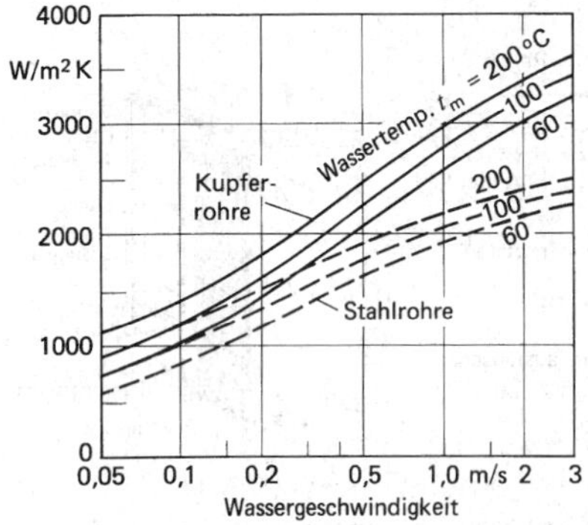

Bild 2.3.1-101. Wärmedurchgangskoeffizient *k* bei der Erwärmung von Wasser in Rohrbündel-Gegenstromapparaten mittels Dampf.*)

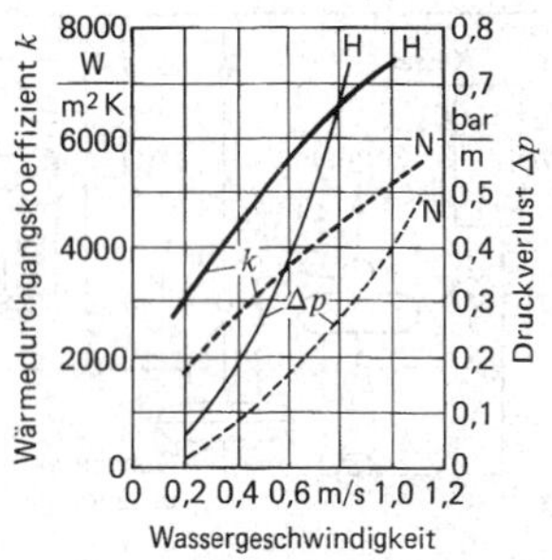

Bild 2.3.1-102. Wärmedurchgangskoeffizient *k* bei Wasser/Wasser-Plattenwärmeaustauschern sowie Druckverlust Δp.
N = Platten mit niedriger Turbulenz
H = Platten mit hoher Turbulenz

*) Bössow: Heizung u. Lüftung 1944. S. 1

-3.3 Wärmeleistung[1)]

Die Wärmeleistung, die stark von der Wassergeschwindigkeit abhängt, läßt sich an sich nach den Formeln der Wärmeübertragung berechnen, allerdings mit ziemlich großer Unsicherheit, besonders bei geringen Geschwindigkeiten.

Bei Vernachlässigung des Widerstandes im Metall ist der Wärmedurchgangswiderstand

$$\frac{1}{k} = \frac{1}{\alpha_i} + \frac{1}{\alpha_a} \text{ in m}^2\text{K/W}$$

Gegenstromapparate Wasser/Wasser

Für Strömung von Wasser in Rohren ist nach Abschn. 1.3.5-2.1:

$\alpha_i = 3370 \cdot w_i^{0,85} (1 + 0{,}014\, \vartheta_w)$ (Bild 1.3.5-8)

Nimmt man zunächst an, daß die Wassergeschwindigkeit w_a außerhalb der Rohre genauso groß ist wie innerhalb der Rohre, kann man $\alpha_i = \alpha_a$ setzen und erhält

$k = 3370/2 \cdot w_i^{0,85} (1 + 0{,}014\, \vartheta_w) = 1685 \cdot w_i^{0,85} (1 + 0{,}014\, \vartheta_w)$
ϑ_w = mittlere Wassertemperatur

1) Kimmich, R.: HR 6/82. S. 299/303, und 9/82. S. 404/7.

Ist die Wassergeschwindigkeit w_a im Außenraum geringer, wird k kleiner. Bei $w_i/w_a = 3$ ergibt sich z. B.:

$k = 930\ w_i^{0,85}\ (1 + 0,014\ \vartheta_w)$.

Beispiel:

Heißwasser 130/110 °C, Warmwasser 90/70 °C, Heizleistung $\dot{Q} = 100$ kW. Legt man das Rohrbündel so aus, daß $w_i = 0,30$ m/s und $w_a = 0,1$ m/s werden, dann wird

$k = 930 \cdot 0,30^{0,85}\ [1 + 0,014 \cdot (120 - 80)] = 521$ W/m²K

Die erforderliche Heizfläche wird

$$A = \dot{Q}/(k \cdot \vartheta_m) = \frac{100}{0,521 \cdot 40} = 4,80\ \mathrm{m^2}$$

ϑ_m = mittlerer Temperaturunterschied.

Bei Wärmeübertragung von *Dampf in den Heizrohren* an Wasser genügt es, mit der Gleichung

$k = 3370 \cdot w_i^{0,85}\ (1 + 0,014\ \vartheta_w)$

zu rechnen.

Bei allen Geräten ist wegen eventueller Schmutzablagerung oder Wassersteinbildung ein größerer *Sicherheitsfaktor* zu berücksichtigen.

Richtwerte bei mittlerer Wassergeschwindigkeit:

für Wasser/Wasser-Gegenstromapparate k = 450 … 700 W/m²K

bei Dampf/Wasser-Gegenstromapparate k = 1100 … 1300 W/m²K.

-3.4 Garantiekurven

Da die der Berechnung zugrunde gelegten Betriebsbedingungen bei der Abnahme der Wärmeaustauscher selten vorhanden sind, sollte der Lieferer *Garantiekurven* gewährleisten, aus denen die Leistung bei geänderten Stoffströmen oder Temperaturen hervorgeht. Ist z. B. bei einem dampfgeheizten Gegenstromapparat die durchfließende Wassermenge veränderlich, so soll aus den Garantiekurven die jeweilige Wassererwärmung ersichtlich sein.

Zur Umrechnung der Heizleistung eines Apparates bei anderen Verhältnissen dienen folgende Beziehungen:

Heizleistung bei Betriebsart 1:

$\dot{Q}_1 = A_1 \cdot k_1 \cdot \vartheta_{m1} = W_1 \cdot c_1 \cdot \Delta\vartheta_1$

Heizleistung bei Betriebsart 2:

$\dot{Q}_2 = A_2 \cdot k_2 \cdot \vartheta_{m2} = W_2 \cdot c_2 \cdot \Delta\vartheta_2$

A = Heizfläche in m²
k = Wärmedurchgangszahl in W/m²K
ϑ_m = mittl. Temperaturunterschied in °C
W = Wassermenge in kg/h
$\Delta\vartheta$ = Wassererwärmung in °C
v = Wassergeschwindigkeit in m/s
c = spez. Wärmekapazität in kJ/kg K.

Durch Division folgt:

$$\frac{\dot{Q}_2}{\dot{Q}_1} = \frac{k_2\ \vartheta_{m2}}{k_1\ \vartheta_{m1}} = \frac{W_2\ \Delta\vartheta_2}{W_1\ \Delta\vartheta_1} = \frac{v_2\ \Delta\vartheta_2}{v_1\ \Delta\vartheta_1}$$

Für den *Leistungsnachweis* dient als Grundlage die VDI 2076 (10.95): Leistungsnachweis für Wärmeaustauscher mit zwei Massenströmen. Der Lieferer hat dabei in *Garantiekurven* anzugeben, welche Verhältnisse bei veränderten Massen oder Temperaturen sich einstellen.

2.3.2 Brenner, Brennstofflagerung

Überarbeitet von Dipl.-Ing. Stephan Herrmann, Waiblingen

-1 Ölbrenner[1)2)]

-1.1 Allgemeines

Voraussetzung für das Zustandekommen einer Verbrennungsreaktion ist die molekulare Mischung von Brennstoff und Luft. Liegen die Reaktionspartner, wie im Fall der Verbrennung von Heizöl EL in Luft, in unterschiedlichen Aggregatzuständen vor, so muss der flüssige Brennstoff vor der eigentlichen Verbrennungsreaktion in Dampf umgewandelt werden. Um den Energiebedarf für diesen Vorgang allein aus der freiwerdenden Reaktionswärme zu decken, wird der flüssige Brennstoff über eine möglichst große Oberfläche mit den heißen Flammgasen in Kontakt gebracht. Hierzu wird der Brennstoff entweder zerstäubt oder zu einer Schicht ausgebreitet. Die Luft tritt meist verdrallt über mehrere Freistrahlen in die Gemischaufbereitung ein und mischt sich mit dem Brennstoffdampf. In der Reaktionszone wird die im Brennstoff chemisch gebundene Energie freigesetzt. Eine übergeordnete Steuerung führt alle Schalt- und Überwachungsfunktionen durch und ermöglicht einen automatischen Betrieb des Brenners.

Hinsichtlich des konstruktiven Aufbaus ist bei Ölbrennern folgende Unterscheidung möglich:

Nach der Brennstoffaufbereitung
- Öldruckzerstäubungsbrenner
- Injektionszerstäubungsbrenner
- Ultraschallzerstäubungsbrenner
- Rotationszerstäubungsbrenner
- Schichtungsbrenner

nach der Luftaufbereitung
- Brenner mit Gebläse
- Brenner ohne Gebläse
- Brenner mit Kompressor
- Brenner mit Luftvorwärmung

nach der Gemischaufbereitung
- in der Flamme mischende Brenner (kurz: Diffusionsbrenner)
- vor der Flamme mischende Brenner (kurz: Vormischbrenner)
- teilweise vor der Flamme mischende Brenner

nach der Stabilisierung
- Stabilisierung durch Rückströmzonen (Drallbrenner, Stauscheibenbrenner)
- Stabilisierung durch Wärmesenken (Flächenbrenner)

Einige Verfahren wie Ultraschallzerstäubung und vorverdampfende, vormischende Flächenbrenner befinden sich gegenwärtig in der Entwicklung und haben bisher keine praktische Bedeutung erlangt. Die Hauptunterscheidung bei Ölbrennern richtet sich nach der Brennstoffaufbereitung.

Folgende DIN und europäischen Normen (EN) regeln den Betrieb von Ölbrennern:

– DIN EN 1	Ölheizöfen mit Verdampfungsbrenner
– DIN EN 225	Ölzerstäubungsbrenner, Pumpen mit rotierender Welle und Außenantrieb, Abmessungen
– DIN EN 226	Ölzerstäubungsbrenner, Anschlußmaße zwischen Brenner und Wärmeerzeuger
– DIN EN 230	Ölzerstäubungsbrenner in Monoblockausführung, Einrichtungen für die Sicherheit, die Überwachung und die Regelung

---

1) Neubearbeitung erfolgte von Dipl.-Ing. Stephan Herrmann, Waiblingen, (Abschn. 2.3.2-3 gemeinsam mit Dr.-Ing. Seonhi Ro, Remscheid) für die 68. Auflage.

2) Buderus: Handbuch für Heizungstechnik, Beuth Verlag, Berlin 1994.
Marx, E.: Ölfeuerungstechnik, G. Kopf Verlag, Waiblingen 1992.
Beedegen, O.: Feuerungstechnik.
Hansen, W.: Heizöl-Handbuch für Industriefeuerungen, Springer-Verlag, Berlin, 1959.
Gumz, W.: Kurzes Handbuch der Brennstoff- und Feuerungstechnik, Springer-Verlag, Berlin 1962.

sowie Sicherheitszeiten

- DIN EN 264 Sicherheitsabsperreinrichtungen für Feuerungsanlagen
- DIN EN 267 Ölzerstäubungsbrenner vom Typ Monoblock, Prüfungen
- E DIN EN 293 Öldruckzerstäuberdüsen, Mindestanforderungen, Prüfungen
- E DIN ENV 299 Öldruckzerstäuberdrüsen, Sprühcharakteristik
- DIN EN 50081 Elektromagnetische Verträglichkeit (EMV), Fachgrundnorm Störaussendung
- DIN EN 60204 Elektrische Ausrüstung von Maschinen
- DIN EN 60730 Automatische elektrische Regel- und Steuergeräte für den Hausgebrauch und ähnliche Anwendungen
- DIN EN 60335-1 Sicherheit elektrischer Geräte für den Hausgebrauch und ähnliche Zwecke

-1.2 Schichtungsbrenner

In einem Schichtungsbrenner wird der Brennstoff entweder am Boden eines nach oben offenen Topfes oder auf der Innenwand eines horizontal gelagerten rotierenden Rohres als dünne Schicht ausgebreitet. Bild 2.3.2-1 zeigt eine moderne Ausführung eines Topfbrenners. Zum Start des Brenners wird ein elektrisches Heizelement, das in den Brennstoffilm hineinragt, eingeschaltet. In unmittelbarer Umgebung des Heizelementes beginnt der Brennstoff zu sieden. Aus dem aufsteigenden Brennstoffdampf und der seitlich über die Feuerraumwände einströmenden Luft bildet sich ein homogenes Gemisch, das sich an der heißen Oberfläche des Heizelementes entzündet. Ausgehend von der Zündstelle breitet sich die Flamme über die gesamte Bodenfläche des Topfes aus. Im stationären Betrieb der Anlage geben die Flammengase durch Konvektion und Strahlung genügend Wärme an den Topf ab um den dort enthaltenen Brennstoff zu verdampfen. Die Zufuhr der Verbrennungsluft erfolgt entweder aufgrund des Schornsteinzugs oder durch einen Ventilator. Generell gilt für eine ventilatorunterstützte Luftzufuhr, daß der variierende Schornsteinzug die Verbrennungsqualität weniger beeinflußt und so kleinere Luftzahlen bis zu γ=1,3 möglich werden.

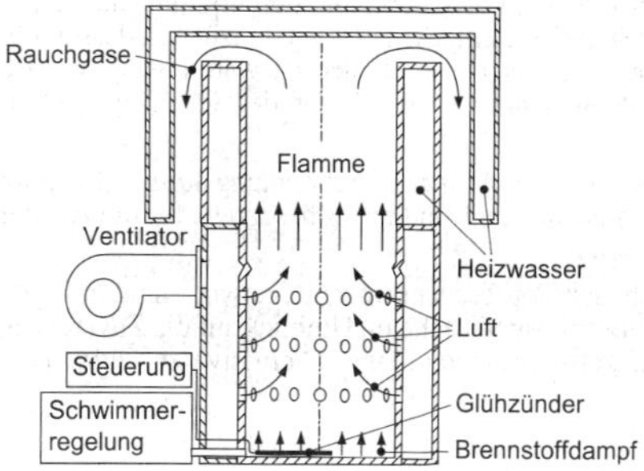

Bild 2.3.2-1.
Topfbrenner mit Ventilator.

Der Brennstoff gelangt über eine Pumpe aus dem Vorratstank in einen Zwischenbehälter, der über eine verschließbare Leitung mit dem Verdampfertopf verbunden ist. Eine Schwimmerregelung hält den Füllstand im Behälter unabhängig vom Förderdruck der Pumpe auf gleichbleibendem Niveau, so dass der auf die Verdampferfläche fließende Brennstoffmassenstrom und damit die *Feuerungsleistung* allein von der variabel einstellbaren Höhendifferenz zwischen Topfboden und Flüssigkeitsniveau abhängt (s. auch Abschnitt 2.2.1-8).

Ventilatorunterstützte Topfbrenner erreichen ein Regelverhältnis von etwa 3:1. Der Grund hierfür liegt in der zuverlässigen Dosierung variabler Brennstoffmassenströme und dem großen Stabilitätsbereich der Flamme. So strömt die Verbrennungsluft im Unterschied zu einem Zerstäubungsbrenner über eine Vielzahl von Einzelstrahlen in den Feuerraum ein. Wegen der in Summe großen Einströmfläche der Luft ändern sich bei einer Variation der Feuerungsleistung die Strömungsverhältnisse im Feuerraum kaum. Dadurch behält die in geringem Abstand über dem Brennstoffilm liegende Stabilisierungszone unabhängig von der eingestellten Feuerungsleistung ihre Lage bei.

Nach einer Erhebung des Bundesverbandes des Schornsteinfegerhandwerkes aus dem Jahre 1999 werden von insgesamt 14,5 Mio. Kleinfeuerungsanlagen in der Bundesrepublik Deutschland 43,90 % mit einem Zerstäubungsbrenner und lediglich 0,2 % der Anlagen mit einem Topfbrenner betrieben. Der geringe Markterfolg von Topfbrennern ist auf den hohen Reinigungsaufwand zurückzuführen, der dadurch entsteht, daß die Verdampfung des Brennstoffes nicht wie bei einem Zerstäubungsbrenner im Schwebezustand sondern im Kontakt zu einer heißen Oberfläche stattfindet. In Anwesenheit von Sauerstoff bilden sich hierbei innerhalb der flüssigen Brennstoffphase koksartige Substanzen, die sich am Topfboden ablagern und einen zuverlässigen Langzeit-Betrieb des Brenners verhindern.

Ein weiterer Nachteil von Topfbrennern gegenüber Zerstäubungsbrennern liegt im hohen Luftüberschuss bei der Verbrennung, der zu einem niedrigen feuerungstechnischen Wirkungsgrad der Anlage führt. Nach einer Studie zum Stand der Schadstoffemissionen von Kleinfeuerungsanlagen beträgt die Luftverhältniszahl eines ventilatorunterstützten, zweistufigen Topfbrenners im Mittel in der unteren Laststufe $\gamma = 3{,}0$ und in der oberen Laststufe von g=1,8. Ein Vergleich der Schadstoffemissionen zwischen Topfbrennern und Öldruckzerstäubungsbrennern zeigt, dass vor allem die Produkte unvollständiger Verbrennung bei Topfbrennern während der Brennerstartphase und in der unteren Laststufe deutlich über den Werten von Zerstäubungsbrennern liegen. In der oberen Laststufe unterscheiden sich die CO-Emissionen von Topfbrennern und Zerstäubungsbrennern kaum. Allerdings sind die CxHy- und Rußemissionen in dieser Laststufe etwa 4 mal so hoch als bei Zerstäubungsbrennern. Genau umgekehrt verhalten sich die NOx-Emissionen, die im unteren Lastbereich bedingt durch den hohen Luftüberschuss und die geringe Energiedichte bei der Verbrennung unter den Werten für Zerstäubungsbrennern liegen und bei Vollast die Werte von Gelbbrennern um etwa 30% überschreiten.

Die Feuerungsleistung von Topfbrennern ohne Ventilator liegt bei etwa 3 bis 15 kW, mit Ventilator bis max. 30 kW. Die Luftzufuhr wird bei gebläseunterstützten Topfbrennern durch eine Luftklappenverstellung oder durch eine Veränderung der Ventilatordrehzahl an den jeweiligen Öldurchsatz angepaßt.

Im stationären Betrieb benötigen Topfbrenner für den Betrieb des Ventilators und die Steuer- und Überwachungsfunktionen lediglich eine elektrische Leistung von etwa 60 W. Allerdings erhöht sich der Bedarf an elektrischer Energie durch die Förderpumpe der zentralen Ölversorgung und den während der Startphase eingeschalteten Glühzünder, dessen Leistung bis zu 400 W beträgt. Bezogen auf die freigesetzte Feuerungswärme hängt der Bedarf an elektrischer Energie dieses Systems daher wesentlich von der Starthäufigkeit des Brenners ab.

Wegen des niedrigen Ventilatordruckes sowie der geringen Verbrennungsluftgeschwindigkeiten arbeiten Topfbrenner nahezu geräuschlos und sind daher besonders für die Aufstellung in Wohngeschossen geeignet.

Aus diesen Betrachtungen wird deutlich, daß Topfbrenner trotz einiger vorteilhafter Eigenschaften wie Regelbarkeit und niedrige Betriebsgeräusche im Hinblick auf die Zuverlässigkeit, energetische Effizienz und Schadstoffemissionen keine Alternative zu Öldruckzerstäubungsbrennern darstellen.

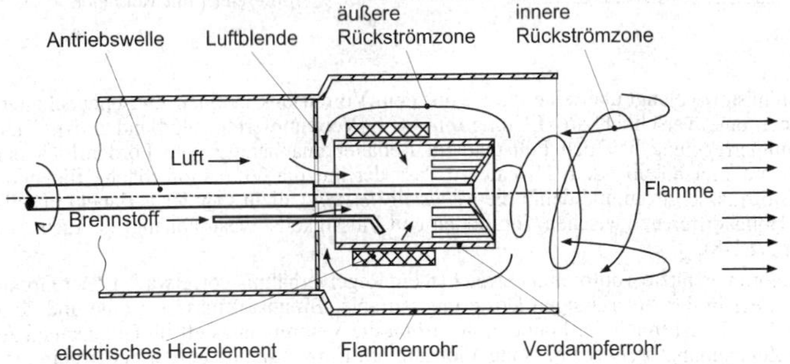

Bild 2.3.2-2. Rohrverdampfungsbrenner.

Eine Weiterentwicklung des Topfbrenners ist der Rohrverdampfungsbrenner (Bild 2.3.2-2). Diese Brennerkonstruktion kombiniert das ursprünglich für Zerstäubungsbrenner entwickelte Verfahren der Rauchgasrezirkulation mit der Brennstoffaufbereitung eines Schichtungsbrenners. Eine Zahnradpumpe mit integriertem Druckregler fördert über ein Drosselventil einen gleichbleibenden Brennstoffmassenstrom auf die Innenseite eines rotierenden Rohres. Zum Start des Brenners wird das Rohr von außen über ein elektrisches Heizelement erwärmt. Der Brennstoff verdampft am Innenmantel des Rohres und mischt sich mit der axial über eine Blende einströmenden Verbrennungsluft. Im Unterschied zu Topfbrennern entsteht die Flamme aus einer parallel zur Verdampferfläche gerichteten Gemischströmung. Außerhalb des Verdampferrohres bildet sich eine Rückströmzone, in der heiße Flammengase aus dem Feuerraum in das Verdampferrohr transportiert werden. Die hohe thermische Belastung des rotierenden Verdampferrohres sowie die Bildung von Koksrückständen an dessen Innenmantel führen zu einem frühzeitigen Ausfall des Brenners. Trotz niedriger Schadstoffemissionen haben Rohrverdampfungsbrenner wegen der mangelnden Zuverlässigkeit keine Verbreitung auf dem Heizungsmarkt gefunden.[1)]

-1.3 Öldruckzerstäubungsbrenner

Die Öldruckzerstäubung ist das heute am meisten angewandte Verfahren und wird bei Brennern aller Größenordnung eingesetzt. Eine Zahnradpumpe fördert einen gleichbleibenden Brennstoffmassenstrom von der Saugseite zur Druckseite. Von dort fließt ein Teil des Brennstoffes über ein Magnetventil, das im meist im Pumpenaggregat integriert ist, zur Einspritzdüse. Ein anderer Teilstrom gelangt über ein Druckregelventil wieder zurück zur Saugseite der Pumpe. Der eingespritzte Brennstoffmassenstrom ergibt sich aus der Größe der Düse und dem am Druckregelventil eingestellten Einspritzdruck. Je nach Konstruktion der Pumpe liegt der Einspritzdruck zwischen bei Kleinbrennern im Bereich von 0,5...2 MPa (5...20 bar) und bei Großbrennern im Bereich von 2...4 Mpa (20...40 bar). Die Einspritzdüse ist als Dralldüse (Simplex-Prinzip) ausgeführt. Der mittlere Tropfendurchmesser beträgt nach der Zerstäubung $\sim 40 \ldots 200\,\mu$m.

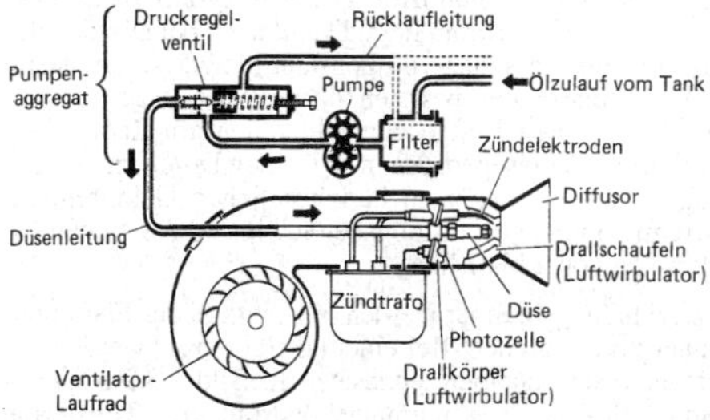

Bild 2.3.2-3. Schematische Darstellung eines Öldruckzerstäuberbrenners (Danfoss).

Während des Brennerbetriebs und vor jedem Brennerstart wird der Brennstoff in einem elektrischen Ölvorwämer auf eine Temperatur von etwa 50...80°C erwärmt. Dadurch werden temperatur- und qualitätsbedingte Schwankungen der Brennstoffviskosität, die sich auf den Zerstäubungsvorgang und die Brennstoffzumessung auswirken, verringert. Ein anderer Effekt der Ölvorwärmung ist, daß der Düsendurchsatz mit steigender Öltemperatur bzw. abnehmender Ölviskosität zurückgeht. Die Durchsatzreduktion bei einer Ölvorwärmung im angegebenen Temperaturbereich beträgt bei gleichen Öldruck und Düsenquerschnitt ca. 25%. Für den gleichen Öldurchsatz können daher bei vorgewärmtem Öl Düsen mit größeren durchströmten Querschnitten (Tangentialschlitze im Düsenkegel, Düsenbohrung) verwendet werden, die gegen Ablagerungen aus Verschmutzungen im Heizöl und gegen thermisch bedingte Ablagerungen (Crackprodukte) erheblich unempfindlicher sind. Die Düsengröße wird in „gph (gallons per hour, 1 gal = 3,785 l) bei einem Druck von 100

[1)] Struschka, M., Straub, D., Baumbach G.: Schadstoffemissionen von Kleinfeuerungsanlagen, Derzeitiger Stand – Möglichkeiten zur Schadstoffminderung – Zukünftige Förderschwerpunkte, BMFT-Studie, 1988.

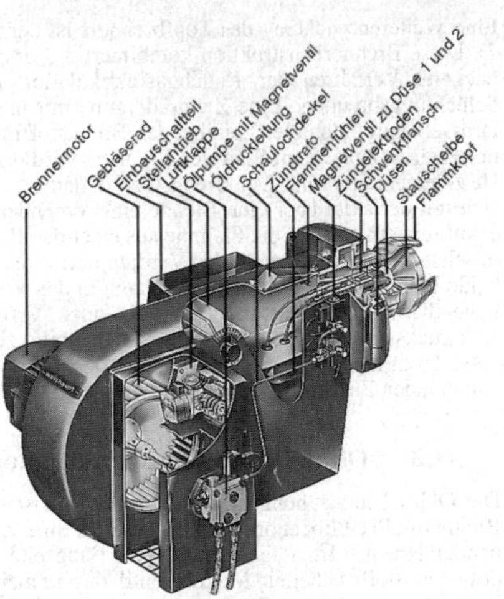

Bild 2.3.2-4. Bestandteile eines Öldruckzerstäuberbrenners (Weishaupt).

psi (pounds per square inch = 70,3 kPA (7,03 bar)) angegeben. Aus Gründen der Betriebssicherheit kann der Öldurchsatz bei herkömmlichen Öldruckzerstäubersystemen nicht unter 1,2 l/h reduziert werden. Dabei beträgt der Düsenbohrungsdurchmesser ca. 0,13 mm.

Ein *Niederdruckventilator* mit steiler Kennlinie fördert Luft aus dem Heizraum zur Gemischaufbereitung, in der Verbrennungsluft und die Brennstofftröpfchen aufeinandertreffen. Für Zentralheizungsanlagen werden ausschließlich Brenner mit integriertem Gebläse verwendet, deren Drehzahl überwiegend bei 2800 U/min liegt. Damit auch bei Druckänderungen im Feuerraum die geförderte Luftmenge annähernd konstant bleibt, ist eine steile Ventilatorkennlinie erforderlich. Die Gebläseräder besitzen daher vorwärtsgekrümmte Schaufeln. Die sich daraus ergebenden höheren Luftgeschwindigkeiten am Radumfang werden in einem spiralförmig ausgeführten Gebläsegehäuse in statischen Druck umgewandelt. Moderne Blaubrenner benötigen im Vergleich zu herkömmlichen Gelbbrennern einen höheren Gebläsedruck. Für Brenner in einem Leistungsbereich bis 50 kW liegen die üblichen Gebläsedrücke in einem Bereich von 2 bis 7 hPa.

Innerhalb der Gruppe der Öldruckzerstäubungsbrenner werden hinsichtlich der Flammenfärbung Gelbbrenner und Blaubrenner unterschieden. Bei einem Gelbbrenner werden zur Stabilisierung der Flamme überwiegend Stauscheiben eingesetzt. In Bild 2.3.2-5 ist ein Stauscheiben-Mischsystem dargestellt, das den Verbrennungsluftstrom in 3 Teilströme aufteilt. Der erste Teilstrom (Primärluftstrom) gelangt über eine zentrale Bohrung, durch die auch das Brennstoffspray austritt, in den Feuerraum. Ein zweiter Luftstrom, der als Sekundärluftstrom bezeichnet wird, tritt durch einen Ringspalt zwischen der Außenkante der Stauscheibe und dem Brennerrohr in den Feuerraum. Die damit erreichte Stabilisierungswirkung ist in den meisten Fällen zu hoch und führt zum Aufliegen der Flamme am Staukörper. Eine Abschwächung wird erreicht, indem ein dritter Luftstrom, der dem Primärluftstrom zugerechnet wird, über Tangentialschlitze im Mittenteil der Stauscheibe in den Feuerraum eintritt. Dadurch entsteht vor der Stauscheibe ein Luftpolster, das die thermische Belastung dieses Bauteils vermindert und zugleich die Bildung von Ablagerungen aus unverbrannten Brennstoffbestandteilen an dessen Oberfläche vermeidet.

Bei Gelbbrennern findet die Verdampfung des Brennstoffspays innerhalb der Flamme ab. Die hohen Temperaturen in unmittelbarer Tropfennähe und der dort herrschende Luftmangel begünstigen die Bildung von Ruß. Die Festkörperstrahlung der Rußpartikel verleiht der Flamme eine gelbliche Farbe.

Die luftseitige Abstimmung des Brenners an die Feuerraumbedingungen und den gewählten Öldurchsatz erfolgt zum einen durch Ändern des Gebläsedrucks, meist über eine Luftverstellklappe an der Saug- oder Druckseite des Ventilators, zum anderen durch axiales Bewegen des Stauscheibenmischsystems einschließlich Düse, wordurch die Austrittsspaltbreite des Sekundärluftstroms verändert wird.

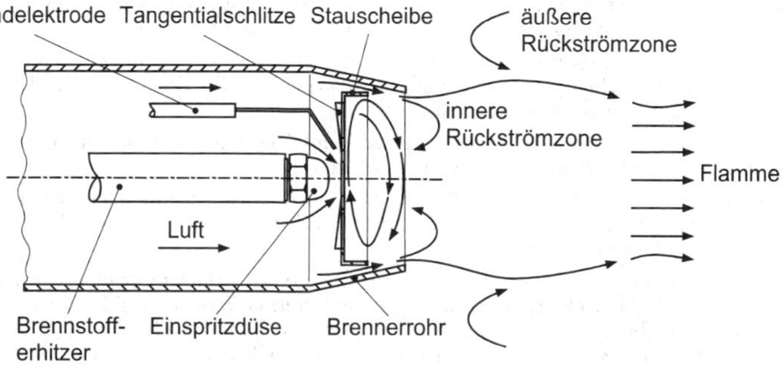

Bild 2.3.2-5. Stauscheiben-Mischsystem (Gelbbrenner).

Eine vom Stauscheiben-Mischsystemen herkömmlicher Gelbbrenner abweichende Konstruktion stellt das Drall-Mischsystem moderner Blaubrenner dar. Bei dieser Art der Gemischaufbereitung wird die Entstehung von Ruß dadurch vermieden, dass das aus einer Dralldüse austretende Brennstoffspray durch die Beimischung heißer Rauchgase bereits vor der Flamme verdampft. Das niedrige Temperaturniveau innerhalb der Verdampfungszone und der Wassergehalt der rückgeführten Rauchgase verhindern die Bildung von Ruß. Die Intensität der Rückströmung wird durch die Rezirkulationsrate beschrieben, die den Anteil des rezirkulierten Rauchgasmassenstroms am insgesamt freigesetzten Rauchgasmassenstrom angibt. Für eine weitgehende Entkopplung der Teilvorgänge Brennstoffverdampfung und Verbrennung sind Rezirkulationsraten in der Größenordnung von 10...20% notwendig sind. Mit Staukörpern hingegen lassen sich Rezirkulationsraten von maximal 13% erreichen.

Eine wirksame Methode zur Intensivierung der Rauchgasrezirkulation stellt die Zuführung der Verbrennungsluft in einem verdrallten Freistrahl dar. Bild 2.3.2-6 zeigt beispielhaft die Gemischaufbereitung eines Blaubrenners mit drallinduzierter Rauchgasrezirkulation. Die Verbrennungsluft tritt über eine Düse in das Flammenrohr ein. Durch die sprungartige Querschnittserweiterung des Luftstrahls entsteht am Rand der Luftdüse ein Unterdruckgebiet, durch das heiße Flammengase aus dem Inneren des Flammenrohres in die Verdampfungszone transportiert werden. Daneben gelangen über Öffnungen im Flammenrohr bereits abgekühlte Rauchgase aus dem Feuerraum in die Verdampfungszone. Zusätzlich bildet sich durch die verdrallte Strömung der Verbrennungsluft im Rotationszentrum der Flamme eine Rückströmzone. Der intensive Rücktransport von Rauchgasen an die Flam-

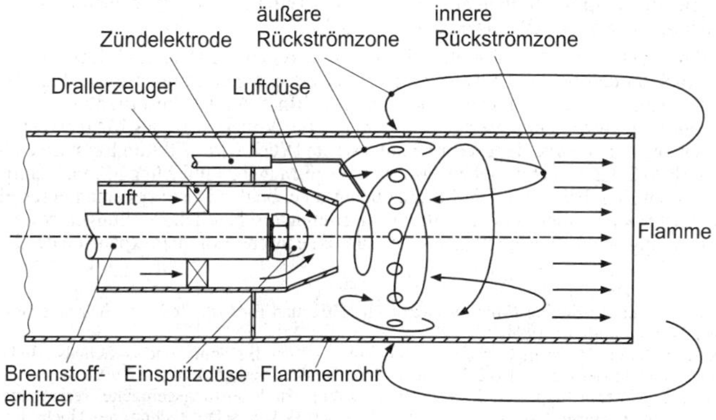

Bild 2.3.2-6. Drall-Mischsystem (Blaubrenner).

menwurzel bewirkt neben der Vermeidung der Rußbildung auch eine Minderung der Stickstoffoxidemissionen (vgl. Abschnitt 2.3.2-1.6.6: Gemischaufbereitung).

Öldruckzerstäubungsbrenner werden meist so an den Kessel angeflanscht, daß ihre Flamme horizontal gerichtet ist. Ist die Flamme vertikal gerichtet (im Feuerraum von oben nach unten), spricht man von einem Sturzbrenner.

Durch einen *Hochspannungsfunken* wird das Gemisch entzündet und brennt solange selbständig weiter, wie Öl und Luft zugeführt werden.

Bei großen Anlagen über etwa 6000 kW wird der Ventilator häufig auch getrennt vom Brenner aufgestellt, wobei die Luft durch eine Rohrleitung zu dem oder den Brennern gefördert wird (Duoblockbauweise).

In verschiedenen Studien[1)] wurde das Schadstoffemissionsverhalten von ölbefeuerten Heizungsanlagen untersucht. Die Einordnung dieser Geräte nach Bauart und Leistungsklassen ergibt für Gelbbrenner im Leistungsbereich unter 25 kW im Mittel für die Stickstoffoxide einen Emissionsfaktor von 130 mg/kWh. Danach erfüllt nur ein Teil der untersuchten Gelbbrenner den national seit dem 1. Januar 1998 nach der Verordnung über Kleinfeuerungsanlagen für neuerrichtete Feuerungsanlagen geltenden Grenzwert für die Stickstoffoxidemissionen von 120 mg/kWh. Heizkessel mit Blaubrennern weisen im Mittel eine Stickstoffoxidemission von 100 mg/kWh auf. Die mittleren Kohlenmonoxidemissionen liegen bei allen Geräten in der Leistungsklasse bis 25 kW im Mittel bei 20 mg/kWh. Eine Betrachtung der jeweils emissionsgünstigsten Geräte ergibt für Blaubrenner Stickstoffoxidemissionen unter 70 mg/kWh. Gelbbrenner erzielen im günstigsten Fall Stickstoffoxidemissionen von etwa 100 mg/kWh. Die Emissionen unverbrannter Kohlenwasserstoffe liegen bei beiden Brennerarten bei etwa 1 mg/kWh.

Zu beachten ist, dass gegenüber dem stationären Betrieb während der Brennerstart- und Abschaltphase erhöhte CO-, C_xH_y- und Rußemissionen auftreten. Die Relevanz dieser Emissionen wird deutlich, wenn man berücksichtigt, daß die Feuerungsleistung des Brenners in vielen Fällen durch eine Abfolge von Start- und Abschaltvorgängen mit unterschiedlich langen Betriebsphasen an die Last des Heiz- und Trinkwassernetzes angepasst wird. Unter ungünstigen Randbedingungen wie einer zu hoch bemessenen Nennleistung und einem geringen Wasserinhalt des Heizkessels werden mittlere Brennerlaufzeiten von unter 3min bei einer Schalthäufigkeit von 12 Brennerstarts pro Stunde erreicht.

Hinsichtlich der Brennstoffregelung werden Einstufenbrenner, Zweistufenbrenner und stufenlos regelbare Brenner unterschieden.

Einstufenbrenner arbeiten im Ein-Aus-Betrieb, d. h., es wird ein konstanter Brennstoffmassenstrom verbrannt, der in etwa der Nennleistung des Kessels entspricht. In Deutschland schreibt die Heizungsanlagenverordnung (HeizAnlV), die seit 1.6.1994 in Kraft ist, für Zentralheizungen mit einer Feuerungsleistung >70 kW Brenner mit mehrstufiger oder stufenlos verstellbarer Feuerungsleistung vor. Die Feuerungsleistung des Brenners ist hierdurch besser an die momentane Last des Heiz- und Trinkwassernetzes anpaßbar, wodurch sich die Brennerlaufzeiten erhöhen. Ein geringerer Bereitschaftsverlust und ein höherer Kesselwirkungsgrad sind die Folge.

Bei *Zweistufenbrennern* unterscheidet man Brenner mit einer oder zwei Düsen (vgl. Bild 2.3.2-7). Sie arbeiten mit Dreipunktregelung: Aus – Teillast – Vollast. Neuerdings wird diese Technik schon ab 15 kW angeboten.

Zu jeder Stufe gehört ein Thermostat. Beim Eindüsensystem (Bild 2.3.2-7, links) ist der Einspritzdruck an den beiden Laststufen über zwei Druckregler getrennt einstellbar. Bei geringer Belastung sind die Magnetventile 1 und 2 geöffnet. An der Einspritzdüse herrscht dann der am Druckregelventil 1 eingestellte Druck. Bei Vollast wird das Magnetventil 2 geschlossen und der an Druckregelventil 2 eingestellte Druck wird wirksam Beim Zweidüsensystem (Bild 2.3.2-7, rechts) geben das Zwei-Wege-Magnetventil 2 und Magnetventil 3 den Weg zur zweiten Düse frei. Die Luftklappe wird bei beiden Düsensystemen durch einen hydraulischen oder elektrischen Antrieb auf zwei unterschiedliche Stellungen bewegt. Zur Verringerung des Anfahrdruckstoßes, der durch die rasche Volumenexpansion des Ge-

---

[1)] Pischinger, F., et al.: Studie: Emissionsvergleich „HEL und Erdgas“, Teil 1-5, Wärmetechnik, Gentner-Verlag, Stuttgart, 1994.
Sandkuhl, L., et al.: Emissionsverhalten von Ölbrenner Kesselkombinationen – Schadstoffe bei intermittierendem Betrieb, Teil 1-2, Wärmetechnik, Gentner-Verlag, Stuttgart, 1990.
Wintrich, T.: Untersuchung zur Schadstoffreduzierung durch leistungsgeregelte Verbrennung von flüssigen Brennstoffen, Dissertation, Rheinisch-Westfälische Technische Hochschule Aachen, 1997.

misches unmittelbar nach der Zündung hervorgerufen wird, erfolgt der Brennerstart bei reduziertem Öldurchsatz. Der durch die Mischeinrichtung und das Einspritzsystem vorgegebene Regelbereich beträgt maximal 2:1.

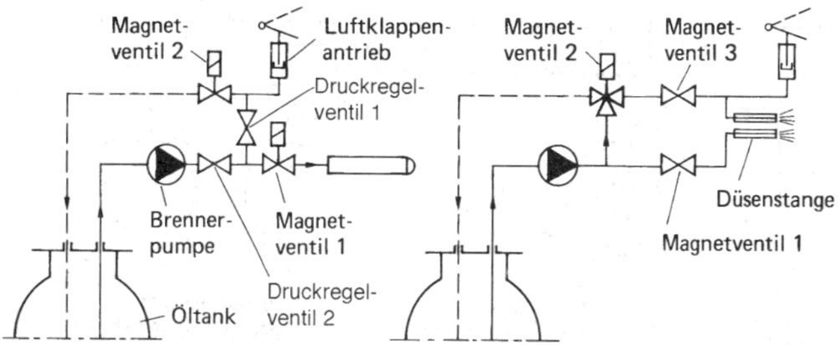

Bild 2.3.2-7. Schema eines Zweistufenbrenners. Links: Eindüsensystem, rechts: Zweidüsensystem.

Insbesondere bei großen Feuerungsleistungen werden regelbare Brenner mit *Rücklaufdüsen* verwendet, mit denen es möglich ist, den Öldurchsatz und die Verbrennungsluftmenge *stufenlos* dem aktuellen Wärmebedarf anzupassen (vgl. Bild 2.3.2-8)[1]. Die Düse ist an eine doppelwandige Ölleitung angeschlossen. In der äußeren Leitung fließt das Öl zur Düse. In der Düse wird ein Teil des ankommenden Öls zerstäubt, der Rest gelangt über das innere Rohr in den Tank oder in die Saugleitung der Pumpe. Je nach Stellung des über einen Stellmotor angetriebenen Druckregelventils in der Rücklaufleitung verändert sich die Druckdifferenz zwischen konstantem Vorlaufdruck und veränderbarem Rücklaufdruck.

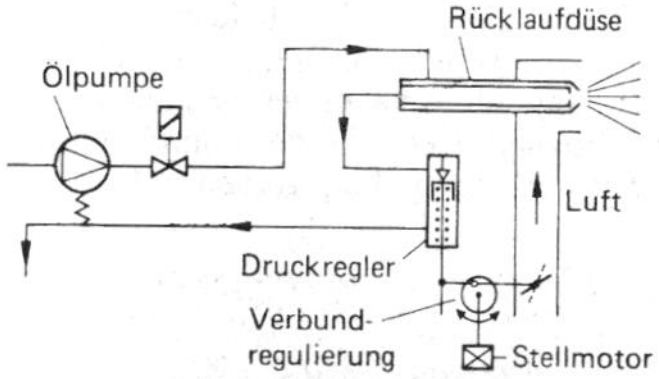

Bild 2.3.2-8. Schema einer stufenlosen Brennerregulierung mit Rücklaufdüse.

Eine Erhöhung des Rücklaufdruckes bedeutet einen höheren Öldurchsatz, eine Verringerung einen kleineren Öldurchsatz. Das Regulierventil ist häufig im Ölpumpengehäuse integriert. Die Luft wird über eine hydraulisch oder elektrisch betriebene Klappe dem jeweiligen Brennstoffdurchsatz angepaßt. Derartige Brenner haben einen Regelbereich von 10:1. Rücklaufdüsen mit integriertem Abschlußventil vermeiden den Austritt ungenügend vorgewärmten Öls, indem sie vor dem Brennerstart in geschlossener Stellung ein Umpumpen des Öls bis zum Erreichen der notwendigen Betriebstemperatur ermöglichen. Beim Abschalten des Brenners schließt das Nadelventil durch Absenken des Vorlaufdruckes, wodurch ein Nachtropfen aus der Düse vermieden wird.

Elektronische Verbundregelung

Bei großen Leistungen (>1000 kW) wird auch anstelle einer mechanischen Brennstoff-Luftverbundregelung eine *elektronische Verbundregelung* (vgl. Bild 2.3.2-9)[1] verwendet, wobei sowohl das Öl- wie das Luftstellglied über einen Stellmotor angetrieben wird. Geregelt wird in Abhängigkeit vom Sauerstoffgehalt im Abgas, der mit einer Zirkonoxid-Meßsonde (λ-Sonde) gemessen wird. Der O_2-Gehalt wird bei 1...1,5% gehalten. Dadurch wird ein optimaler Wirkungsgrad über einen großen Leistungsbereich erreicht.

Da die meisten Ölbrenner intermittierend arbeiten, entstehen in den Schaltpausen und durch die Vorbelüftung Auskühlverluste. Der Idealfall ist eine stufenlose Regelung der Feuerungsleistung, die sich für kleinere Ölbrenner noch nicht auf dem Markt durchgesetzt

[1]) Marx, E., Linke, W.: Handbuch Feuerungstechnik, G. Kopf Verlag, Waiblingen 1996.

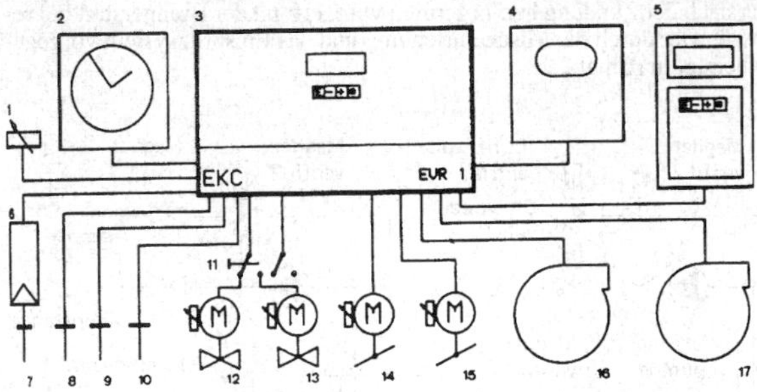

1 Sollwertpotentiometer
2 Schaltuhr
3 Elektronische Verbundregelung
4 Feuerungsautomat
5 Handbedienungsgerät EMG, Fernbedienung zur Einregulierung
6 O_2-Regler
7 O_2-Fühler
8 Temperaturfühler, Verbrennungsluft
9 Temperaturfühler, Aussenluft
10 Kesseltemperaturfühler
11 Brennstoffwahlschalter bzw. Druckgeber
12 Gasventil
13 Ölventil
14 Luftklappenantrieb
15 Optimierungsantrieb (LGO)
16 Verbrennungsluft-ventilator
17 Abgasventilator
LGO Luftgeschwindig-keitsoptimierung im Brennkopf

Bild 2.3.2-9. Elektronische Verbundregelung mit λ-Sonde.

hat. Eine Alternative, um lange Brennerlauf- und kurze Stillstandzeiten zu erhalten, besteht darin, im Heizkreis einen hydraulisch entkoppelten Pufferspeicher vorzusehen. Auch aus Sicht der An- und Abschaltemissionen (unverbrannte Kohlenwasserstoffe, Ruß, Kohlenmonoxid) sind lange Brennerlaufzeiten anzustreben. Fast alle Brenner verwenden zur Vermeidung der Auskühlverluste automatische *Luftabsperrklappen* (vgl. Bild 2.3.2-10), die bei kleinen Brennern meist durch Schwerkraft, bei größeren Brennern elektrisch oder hydraulisch angetrieben werden.

Bild 2.3.2-10. Schwerkraftbetätigte Luftabsperrklappe (Herrmann).

Ein moderner Ölbrenner ist in Bild 2.3.2-11 dargestellt. Der Brennermotor treibt die Ölpumpe und das Gebläse an (Monoblockbauweise). Die Gemischaufbereitung ist als Stauscheiben-Mischsystem ausgeführt. Zur Verbrennungsluftregulierung sind zwei Einstellmöglichkeiten vorgesehen. Die saugseitige Luftregulierung am Gebläseeintritt beeinflußt den Luftdruck vor der Stauscheibe, d.h. sowohl den Primär- als auch den Sekundärluftmassenstrom (vgl. Abschnitt 2.3.2-1.3 Öldruckzerstäubungsbrenner, Stauscheibenmischsystem). Das Luftverhältnis zwischen Sekundär- und Primärluft kann durch Bewegen der Stauscheibe im konisch geformten Brennerrohr verändert werden. Hierzu ist der Düsenstock, an dem die Stauscheibe befestigt ist, über eine Stellschraube axial exakt positionierbar. Mit den beiden luftseitigen Einstellmöglichkeiten kann der Luftmassenstrom an den über den Pumpendruck und die eingesetzte Düse vorgegebenen Ölmassenstrom angepaßt werden. Darüber hinaus ermöglicht diese bei Öldruckzerstäubungsbrennern häufig eingesetzte Methode der Verbrennungslufteinstellung eine Abstimmung des Brenners an die Feuerraumbedingungen (z.B. Feuerraumdruck). Der Brennstoffmassenstrom kann in dem vom Hersteller angegebenen Leistungsbereich durch die Wahl der Düse und des Pumpendrucks an die vorgegebene Kesselleistung angepaßt werden.

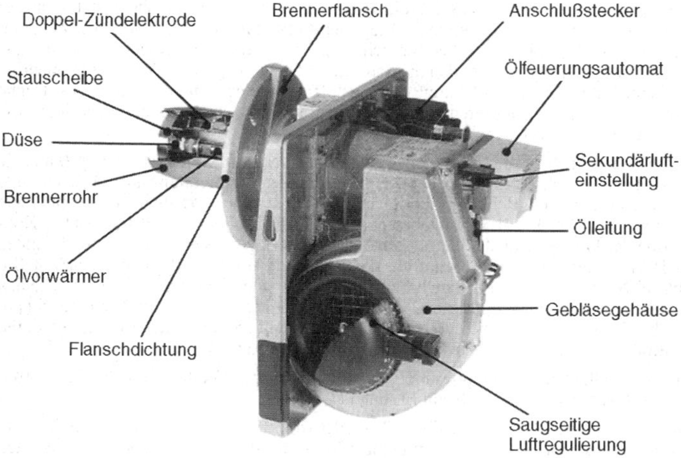

Bild 2.3.2-11. Moderner Ölbrenner für 12–65 kW mit Ölvorwärmung, Luftabsperrklappe und Düsen-Schnellschlußventil (Herrmann).

Seit der Novellierung der Wärmeschutzverordnung, die ab dem 01.01.1995 in Kraft getreten ist, gilt der Niedrigenergiehausstandard als Orientierungsmarke für die Wärmedämmung im Neubau. Infolge des reduzierten Transmissionswärmebedarfs nimmt die Heizlast der Gebäude und damit der Brennstoffverbrauch ab. Gleichzeitig verstärkt sich der Einfluß des Lüftungswärmebedarfs, der Sonneneinstrahlung und der inneren Wärmequellen (Personen, Beleuchtung, Kochgeräte, usw.) auf die Wärmebilanz eines Raumes. Um die Behaglichkeitsanforderungen der Nutzer mit minimalem Energieeinsatz zu erfüllen, ist eine exakt dosierbare Wärmeabgabe des Heizsystems entsprechend den Lastschwankungen notwendig. Ebenso wie im Bereich der Lüftung nimmt der Leistungsbedarf zur Trinkwassererwärmung in Relation zur Heizlast zu. Unter der Vorgabe, daß die Erwärmung des Heiz- und Trinkwassers durch ein einzelnes Feuerungssystem erfolgt, ist aus der Diskrepanz zwischen Heizlast und dem Leistungsbedarf zur Trinkwassererwärmung sowie dem stark instationären Verhalten beider Lasten nicht in jedem Fall die Forderung nach einer Regelbarkeit der Feuerungsleistung abzuleiten.

Bereits seit langem werden zur Trinkwassererwärmung Pufferspeicher eingesetzt, die den zeitlichen Verlauf der Zapfvorgänge von der Wärmeabgabe der Feuerung entkoppeln. Ebenso vermeiden Heizwasserpufferspeicher die Notwendigkeit einer kontinuierlichen Anpassung der Feuerungsleistung an die schwankende Heizlast. Die Entkopplung der Feuerungsleistung von den Lasten des Heiz- und Trinkwassernetzes durch Pufferspeicher ermöglicht die Installation kleinerer Kesselleistungen. Gegenüber dem Betrieb ohne Pufferspeicher vermindert sich die Schalthäufigkeit vor allem bei einstufigen Brennern erheblich. Je nach Dämmstandard und Dimensionierung der Pufferspeicher entspricht die Nennleistung des installierten Heizkessels etwa der halben Normheizlast. Für eine Wohneinheit mit einer Nutzfläche von 100 m^2 und einem Dämmstandard nach der WSV 95 beträgt die Normheizlast etwa 7 kW. Entsprechend liegt die Nennleistung des Kessels bei einer Auslegung der Wärmebereitstellung mit Pufferspeichern für die Heiz- und Trinkwassererwärmung bei etwa 4 kW. Wegen des Platzbedarfs und der Anschaffungskosten der Pufferspeicher werden zur Wärmebereitstellung in hochgedämmten Wohneinheiten vorzugsweise stufenlos regelbare Kompaktheizanlagen ohne Pufferspeicher nach dem Durchlaufprinzip eingesetzt.

Für das System Ölheizung sind derzeit keine zuverlässigen Kompaktheizgeräte dieser Bauart auf dem Markt verfügbar. Auch für die Auslegungsalternative mit Pufferspeichern stehen keine einstufig betriebenen Ölbrenner im Leistungsbereich unter 15 kW zur Verfügung.

Oberhalb dieser Leistungsgrenze ist die ablehnende Haltung der Bauherren gegenüber der Ölfeuerung auf den Platzbedarf für die Brennstoffbevorratung und die Installation der Brenner-/Kessel-Unit zurückzuführen. Liegt der Aufstellungsort der Feuerungsanlage im Wohnbereich oder wohnungsnahen Bereich, sprechen zusätzlich die hohen Verbrennungs- und Gebläsegeräusche gegen den Einsatz einer Ölfeuerung. Die Argumente niedrige Brennstoffkosten, netzunabhängige Brennstoffversorgung und marktwirtschaftliche Brennstoffpreisbildung verlieren vor dem Hintergrund eines abnehmenden Energiebedarfs aus Sicht der Bauherren zunehmend an Bedeutung.

Für den Energieträger Erdgas dagegen existieren seit geraumer Zeit Feuerungssysteme, die den Brennstoff vollständig vor der Flamme mit der Verbrennungsluft mischen und anschließend über eine Reaktionsoberfläche verbrennen. Die Vorteile dieser Technologie gegenüber den für Heizöl EL angebotenen Drallbrennern liegt in den kompakten Konstruktion der Wärmebereitstellungssysteme, dem nahezu geräuschlosen Betrieb, der guten Regelbarkeit, den niedrigen Anschaffungskosten und der hohen Verbrennungsqualität. Sowohl bei Neuinstallationen als auch beim Austausch einer Feuerungsanlage entscheiden sich die Bauherren daher zunehmend für den Einsatz einer Gasfeuerung. Nur eine technologische Neuausrichtung ölbefeuerter Heizsysteme kann diesen Trend stoppen und damit die Attraktivität des Brennstoffes Heizöl EL in Zukunft sichern.

In unterschiedlichen Forschungseinrichtungen wird daher zur Zeit die Machbarkeit vormischender Flächenbrenner für Heizöl EL untersucht.

In der europäischen Norm DIN EN 267 wurden vom technischen Komitee CEN/TC 47 Regeln für Ölzerstäubungsbrenner mit einem Brennstoffdurchsatz bis 100 kg/h erarbeitet. Der Betrieb nicht genehmigungsbedürftiger Feuerungsanlagen wird in der Bundesrepublik Deutschland durch die Verordnung über Kleinfeuerungsanlagen (1. Verordnung zur Durchführung des Bundesimmissionsschutzgesetztes, 1. BImSchV) geregelt. Nicht genehmigungsbedürftige Feuerungsanlagen im Sinne der Verordnung sind u.a. Feuerungsanlagen für den Betrieb mit Heizöl EL nach DIN 51603 Teil 1, deren Feuerungsleistung weniger als 5 MW beträgt. In der überarbeiteten Fassung der BImSchV, die seit dem 1.1.1998 gültig ist, wurden für die Abgasverluste neue Grenzwerte festgelegt (vgl. Abschnitt 1.9.4-2 Verordnung über Kleinfeuerungsanlagen). Alle Neuanlagen müssen die neuen Grenzwerte einhalten. Für alte, das heißt vor diesem Zeitpunkt errichtete Feuerungsanlagen, gibt es Übergangsfristen zwischen 3 und 8 Jahren. Anders als bei der Vorgängerregelung ist künftig nicht mehr das Alter der Anlage für die Übergangsfrist von Bedeutung, sondern das Ergebnis einer Einstufungsmessung, die der Schornsteinfeger durchführt.

Für Ölfeuerungsanlagen mit Zerstäubungsbrenner begrenzt die BImSchV die Rußzahl auf 1. Für Feuerungsanlagen mit Ölverdampfungsbrenner beträgt die zulässige Rußzahl 2. Zum ersten Mal schreibt die BImSchV Grenzwerte für den Ausstoß von Stickoxiden vor. Alle neu installierten Heizgeräte bis zu einer Feuerungsleistung von 120 kW, mit Wasser als Wärmeträgermedium, dürfen ab 1.1.1998 bei Gasfeuerung nicht mehr als 80 mg/kWh, bei Heizölfeuerung höchstens 120 mg/kWh NO_x ausstoßen.

Die DIN EN 267 gliedert sich wie folgt:

1. Anwendung und Zweck
2. Normative Verweisungen
3. Einteilung (Arten der Zerstäubung; Regelung von Ölzerstäubungsbrennern, Arten der Zündung)
4. Begriffe
5. Anforderungen
6. Prüfungen
7. Betriebsanleitung, Kennzeichnung.

Die Prüfung wird an Prüfflammrohren durchgeführt. Es stehen unterschiedliche Prüfflammrohrdurchmesser (0,225; 03; 0,4; 0,6 m) zur Wahl. Der Hersteller entscheidet bei der Prüfung, an welchem Flammrohr der minimale bzw. maximale Durchsatz gefahren wird und ob das Flammrohr im Umkehr- oder Durchzugsbetrieb eingesetzt wird. Die Feuerraumlänge ist nach folgender Gleichung

$$l_1 = 0{,}25 \cdot \sqrt{\dot{m}}$$

zu berechnen.

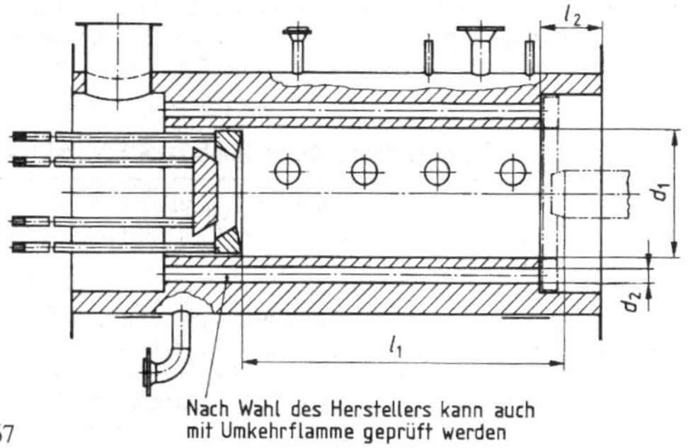

Bild 2.3.2-12.
Prüfflammrohr nach DIN EN 267

Die Länge der Brennkammer ist mittels einer axial verschiebbaren Rückwand einstellbar (vgl. Bild 2.3.2-12).

Der Brennerhersteller weist in dem durch die Norm vorgegebenen Prüfverfahren den Betrieb des Brenners bei einstufiger Brennerausführung an 5 bzw. bei mehrstufiger Brennerausführung an 6 charakteristischen Prüfpunkten nach (vgl. Bild 2.3.2-13). Aus diesen Punkten ergibt sich das sog. Arbeitsfeld des Brenners. Feuerraumdruck und Feuerungsleistung an den einzelnen Prüfpunkten sind vom Hersteller frei wählbar, vorausgesetzt die in Tafel 2.3.2-1 dargestellten Anforderungen werden erfüllt.

Zusätzlich werden in der Norm Forderungen an das Anfahrverhalten des Brenners gestellt. Durch die sehr rasche Volumenexpansion des Gemisches nach der Zündung ergeben sich im Vergleich zur Betriebsphase des Brenners hohe Druckspitzen im Feuerraum. Bei Ein-

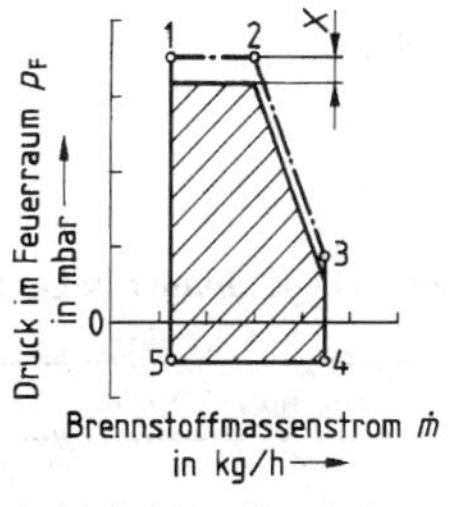

a) Arbeitsfeld — Einstufenbrenner

1. min. Durchsatz
2. max. Durchsatz beim höchsten Feuerraumgegendruck
3. max. Durchsatz beim geringsten Feuerraumgegendruck
4. max. Durchsatz bei Unterdruck im Feuerraum
5. min. Durchsatz bei Unterdruck im Feuerraum

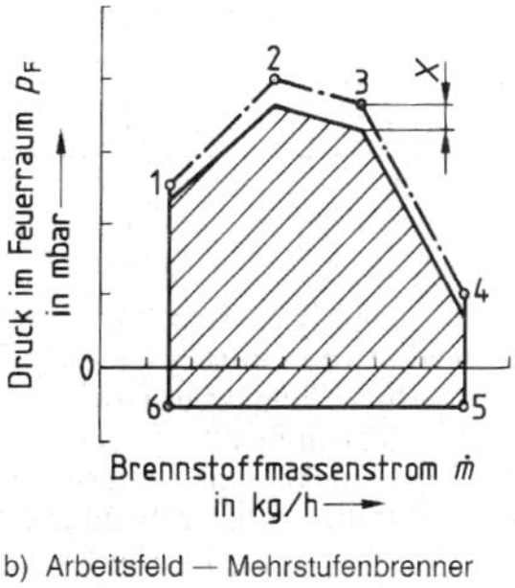

b) Arbeitsfeld — Mehrstufenbrenner

1. bis 6. Prüfpunkte
$X = 0{,}1\ P_F$

1. min. Durchsatz
2. max. Durchsatz beim höchsten Feuerraumgegendruck
3. max. Durchsatz Zwischenwert nach Wahl des Herstellers
4. max. Durchsatz beim geringsten Feuerraumgegendruck
5. max. Durchsatz bei Unterdruck im Feuerraum
6. min. Durchsatz bei Unterdruck im Feuerraum

Bild 2.3.2-13. Arbeitsfeld für Ein- und Mehrstufenbrenner nach DIN EN 267.

stufenbrennern muß der gemessene Druck im Arbeitspunkt 2 nach 0,8 s auf 25% der max. Anfahramplitude abgefallen sein oder auf 3,0 hPa abgeklungen sein. Bei Mehrstufenbrennern muß dies für den Arbeitspunkt 1 nachgewiesen werden.

Tafel 2.3.2-1 Prüfanforderungen nach DIN EN 267 (Ölzerstäubungsbrenner)

Rußzahl	bei einstufigen Brennern ≤ 1, bei mehrstufigen und stufenlos regelbaren Brennern darf bei minimalem Durchsatz die Rußzahl < 2 sein
unverbrannte Kohlenwasserstoffe	≤ 10 ppm, ausgenommen die ersten 20 s nach der Brennstofffreigabe
Kohlenmonoxid	≤ 100 ppm im trockenen Abgas
Stickoxid	≤ 150 ppm im trockenen Abgas
Luftzahl	in Bild 2.3.2-14 angegebenen Luftzahlen dürfen bei einstufigen Brennern bei maximaler Feuerungsleistung und bei mehrstufig oder regelbaren Brennern auch bei minimaler Feuerungsleistung nicht überschritten werden

Für die Brennerhersteller besteht die Möglichkeit aufbauend auf die DIN EN 267-Prüfung ein freiwilliges Umweltzeichen, den sog. Blauen Engel, nach einer Vergaberichtlinie des Umweltbundesamtes abzulegen. Die Grenzwerte sind in Tafel 2.3.2-2 dargestellt. Es ist zu beachten, daß die angegebenen Werte für einen vorgegebenen Bezugs-Stickstoffgehalt im Brennstoff von 140 mg/kg und einen Bezugs-O_2-Gehalt von 0% im Abgas gelten. Die Umrechnung erfolgt durch ein normativ festgelegtes Verfahren. Die Emissionsgrenzwerte werden in der Einheit mg/kWh angegeben, so daß sie nicht direkt mit den in der DIN EN 267 festgelegten Grenzwerten verglichen werden können. Für eine grobe Abschätzung gilt für den Brennstoff Heizöl EL bei 0% O_2 im Abgas:

NO_x: [ppm] × 1,8 = [mg/kWh]

CO: [ppm] × 1,1 = [mg/kWh]

Tafel 2.3.2-2 Emissionsgrenzwerte bei Vergabe des Umweltzeichens „Blauer Engel" nach RAL UZ 9 (Ölzerstäubungsbrenner)

Rußzahl	≤ 0,5
unverbrannte Kohlenwasserstoffe	≤ 15 mg/kWh im Betrieb ≤ 57 mg/kWh während der Anfahrphase
Kohlenmonoxid	≤ 60 mg/kWh
Stickoxid	≤ 120 mg/kWh
CO_2-Gehalt der Abgase	$\dot{m}_B < 2$ kg/h, $CO_2 > 13{,}0\%$; $\dot{m}_B > 2$ kg/h, $CO_2 > 13{,}5\%$

-1.4 Injektionszerstäubungsbrenner

Das Öl wird bei Brennern dieser Bauart mit vergleichsweise niedrigem Druck (10…60 kPa; 0,1…0,6 bar) oder frei zulaufend zur Düse gefördert und dort von Luftstrahlen fortgerissen (Injektorprinzip). Mit der dadurch hervorgerufenen hohen Strömungsgeschwindigkeit in der Düse ist eine hohe Zerstäubungsgüte zu erreichen.[1] Hinsichtlich des Drucks der Zerstäubungsluft werden Niederdruck-, Mitteldruck- und Hochdruckbrenner unterschieden. Je größer der Druck der Zerstäubungsluft ist, desto höher ist die Luftgeschwindigkeit und damit die kinetische Energie in der Düse und desto geringer kann der Zerstäubungs-

[1]) Bach, H.: Vorlesungen Universität Stuttgart.

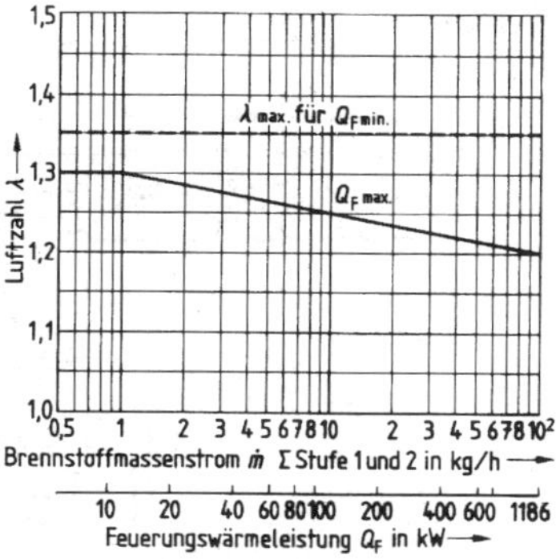

Bild 2.3.2-14. Luftzahl in Abhängigkeit von der Feuerungsleistung nach DIN EN 267.

luftanteil an der gesamten Verbrennungsluftmenge sein. Tafel 2.3.2-3 verdeutlicht diesen Zusammenhang.

Bei den *Niederdruckbrennern* wird die Zerstäubung meist mit der gesamten Verbrennungsluft durchgeführt, wobei der benötigte Druck durch einen Niederdruckventilator erzeugt wird. Das Heizöl fließt dem Brenner ohne Druck zu und wird durch die Injektorwirkung des die Düse ringförmig umgebenden Luftstroms zerstäubt.

Bei den *Mittel- und Hochdruckbrennern* ist die Wirkungsweise im Prinzip dieselbe, jedoch ist wegen des hohen Luftdrucks der Anteil der Primärluft erheblich geringer. Eingesetzt wird das Prinzip der Druckluftzerstäubung hauptsächlich in Industrie- und Großbrennern für schweres Heizöl und Teeröl.

Neuerdings werden Druckluftzerstäubungsbrenner nach dem Hochdruckprinzip auch für Öldurchsätze unter 1,2 kg/h angeboten. Der Anteil der Zerstäubungsluft beträgt bei diesen Brennern ca. 3 bis 5 Vol.-%, bezogen auf die Verbrennungsluftmenge. Der Vorteil der druckluftunterstützten Zerstäubung besteht darin, daß im Vergleich zur reinen Öldruckzerstäubung durch die zusätzlich in die Düse eingebrachte Preßluft ein größerer Düsenquerschnitt notwendig ist, wodurch das Verfahren insbesondere bei kleinen Durchsätzen eine geringe Verstopfungsneigung und damit eine höhere Zuverlässigkeit aufweist.

Bild 2.3.2-15[1)] zeigt einen Druckluftzerstäubungsbrenner für den Leistungsbereich ab ca. 7 kW. Ein Motor treibt den Membranverdichter für die Zerstäubungsluft, das Gebläse für den restlichen Verbrennungsluftanteil und die Ölpumpe an.

Eine Variante der Injektionszerstäubung stellt die sog. Dampfzerstäubung dar, die meist in Brennern eingesetzt wird, die an Kesseln zur Dampferzeugung betrieben werden. Statt Luft wird Dampf für die Zerstäubung des Heizöls verwendet (Bild 2.3.2-16). Durch die Anreicherung von Wasser im Brennstoff wird ein wesentlich besserer Ausbrand der langkettigen Kohlenwasserstoffe ermöglicht. Der erhöhte Wassergehalt und die damit höhere spezifische Wärmekapazität der Flammengase senkt die erreichbare adiabate Flammentempera-

Tafel 2.3.2-3 Einteilung der Druckluftzerstäubungsbrenner in Niederdruck-, Mitteldruck- und Hochdruckbrenner

Brenner	Zerstäubungsluftdruck	Zerstäubungsluftanteil in Vol.-% an der gesamten Verbrennungsluftmenge
Niederdruck	5 … 10 kPa	100 … 25
Mitteldruck	50 … 100 kPa	25 … 5
Hochdruck	200 … 800 kPa	< 5

1) Marx, E.: Ölfeuerungstechnik, Verlag G. Kopf, Waiblingen 1992.

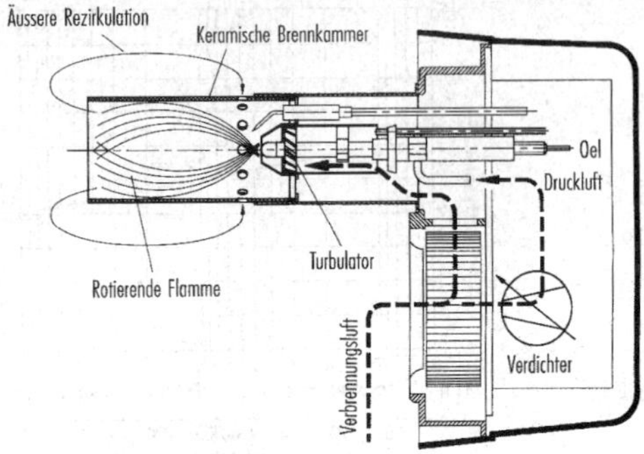

Bild 2.3.2-15. Druckluftzerstäuber für kleine Leistungen.

tur, was zu einer Reduzierung der Stickoxidemissionen führt (vgl. Abschnitt 2.3.2-1.6.6). Ein weiterer Vorteil dieses Verfahrens liegt darin, daß für den Betrieb des Brenners häufig kein Gebläse erforderlich ist. Der Dampfdruck liegt bei 200…800 kPa (2…8 bar). Der Dampfverbrauch liegt bei etwa 1,5…3% der im Kessel erzeugten Dampfmenge. Je kg Öl werden etwa 0,2…0,4 kg Dampf benötigt. Nachteilig ist jedoch, daß Dampf erst nach einer bestimmten Betriebszeit des Kessels zur Verfügung steht. Falls der Dampf nicht von einem anderen Kessel geliefert wird, muß zur Inbetriebsetzung ein elektrisch betriebener Dampferzeuger vorgesehen werden. Eine andere Möglichkeit besteht darin, für die Zerstäubung des Brennstoffes während der Startphase Druckluft einzusetzen und erst anschließend auf Dampfbetrieb umzuschalten. Der hohe Feuchtegehalt der Abgase erhöht deren Enthalpie und damit den Abgasverlust einer solchen Anlage.

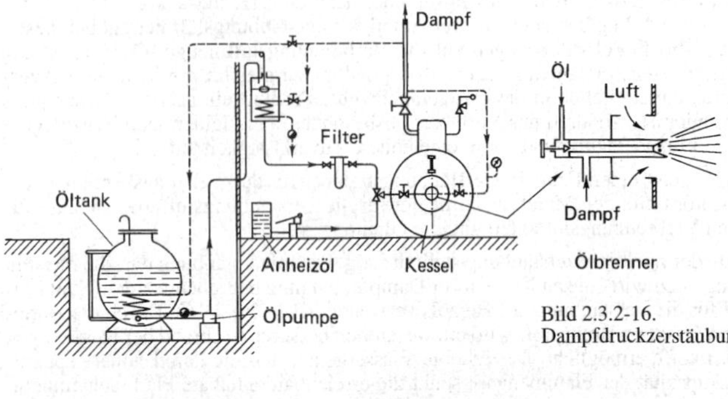

Bild 2.3.2-16. Dampfdruckzerstäubungsbrenner.

-1.5 Rotationszerstäubungsbrenner

Bei dieser Konstruktion (Bild 2.3.2-17) fließt das Heizöl nahezu drucklos durch eine waagrecht rotierende *Hohlwelle* (Drehzahl 3000 …6000 U/min) in einen nach der Kesselseite *offenen Zerstäuberbecher.* Durch Fliehkraftwirkung wird das Öl gegen die Becherwandung gedrückt und gleichmäßig verteilt. An der Becherkante reißt der Ölfilm ab und wird dabei fein zerstäubt. Ein Teil der Verbrennungsluft (Primärluft) wird meist durch einen an die Welle angekoppelten Ventilator gefördert und tritt konzentrisch um den Becher in den Verbrennungsraum ein, der restliche Teil der Verbrennungsluft (Sekundärluft) wird durch die Injektionswirkung des Primärluftstrahls der Reaktionszone zugeführt.

Rotationszerstäuber werden hauptsächlich für große Öldurchsätze bis etwa 4000 kg/h angeboten und zeichnen sich durch eine geringe Empfindlichkeit gegenüber verschiedenen Ölsorten aus.

Bei geringer Vorwärmung werden auch schwere Heizöle und Rückstandsöle bei einem großen Regelbereich betriebssicher verbrannt. Rotationszerstäubungsbrenner werden bevorzugt in Großheizanlagen (Kraftwerks-, Schiffskessel) eingesetzt.

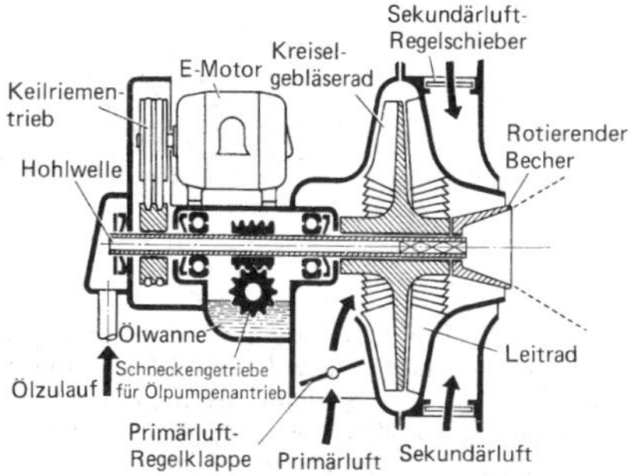

Bild 2.3.2-17. Rotationszerstäubungsbrenner.

Bild 2.3.2-18 zeigt das Rohrleitungsschema einer *Schwerölbrenneranlage*. Das Öl wird in einem Tank auf etwa 50 °C vorgewärmt. Zur Zerstäubung ist eine Viskosität des Brennstoffs von 15 ...30 mm²/s am Brennereintritt erforderlich, wofür es in einem zweiten Wärmetauscher auf etwa 100...120 °C erwärmt wird. Die Wärmetauscher werden meist mit Dampf oder Wasser aus dem Kesselkreis betrieben. Für den Brennerstart ist eine elektrische Beheizung vorgesehen.

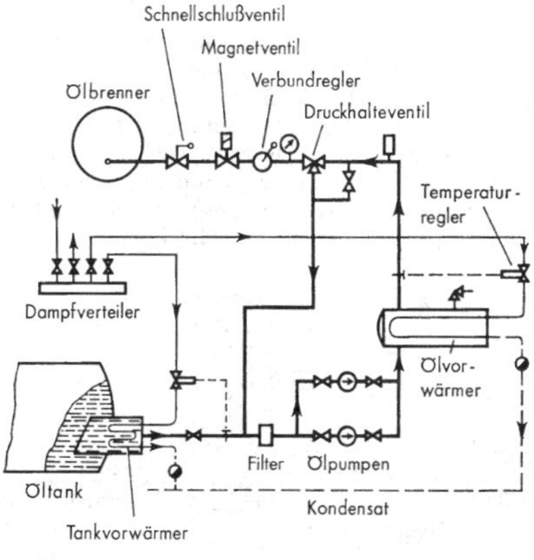

Bild 2.3.2-18. Rohrleitungsschema eines Schwerölbrenners für einen Dampfkessel.

-1.6 Brennstoffaufbereitung

-1.6.1 Düsen

Obwohl sich der konstruktive Aufbau der Zerstäuberdüsen, je nach Fabrikat, unterscheidet, tritt bei allen Düsenkonstruktionen das Öl als rotierende Flüssigkeitssäule aus der Düsenbohrung aus. Derartige Dralldüsen (Simplexdüsen) sind bis 6,3 kg/h gemäß DIN EN 293 und DIN/ENV 299 genormt. In Bild 2.3.2-19 ist eine moderne Ölbrennerdüse mit integriertem Abschlußventil im Schnitt dargestellt. Die Düse ist aus folgenden Teilen aufgebaut: Düsengehäuse, Düsenbohrung (im Gehäuse oder einer Platte), Düsenkegel mit Tangentialschlitzen (Drallkörper), Filter und dem Düsenabschlußventil. In den Tangentialschlitzen des Düsenkegels wird die Druckenergie in Bewegungsenergie umgewandelt. Das Öl tritt als rotierender Film in die Wirbelkammer (Raum zwischen Düsenkegel und Düsenbohrung) und von dort in die Düsenbohrung, in der sich aufgrund des Dralls ein Luftkern bildet. Das Heizöl verläßt die Düse in Form eines „Ölrohres", das im weiteren Verlauf je nach Geometrie der Düsenbohrung in Voll- oder Hohl- oder Universalkegel mit Öffnungswinkeln von 30° bis 80° zerfällt. Der Durchsatz wird durch die Gestaltung der Tangentialschlitze und der Düsenbohrung sowie den Öldruck bestimmt. Die Düsen werden in kg/h bei 1 MPa (10 bar) (früher US-Gallonen je Stunde (gph), 1 US-Gallone = 3,785 l = 3,22 kg

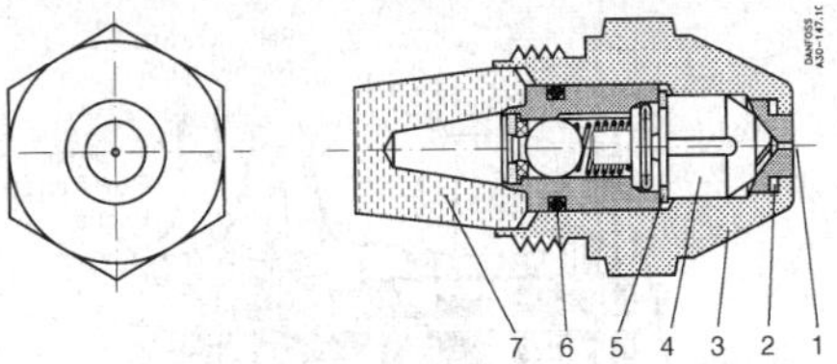

Bild 2.3.2-19. Schnittdarstellung einer Düse mit integriertem Absperrventil (Danfoss). 1 = Düsenplatte, 2 = Dichtung, 3 = Düsengehäuse, 4 = Düsenkegel, 5 = Tellerfeder, 6 = Düsenventil, 7 = Filter

bei 0,7 MPa (7 bar) Öldruck) geeicht. Der kleinste Öldurchsatz liegt heute bei ca. 1,2 l/h, darunter treten aufgrund der kleinen Düsenöffnung erhebliche Probleme durch Ablagerungen (Crackprodukte, Schmutzpartikel) aus dem Heizöl auf. Der Öldurchsatz ist der Quadratwurzel des Druckes etwa proportional. Der Streukegel ist abhängig von der Länge der Düsenbohrung. Für die Düsen werden die Sprühwinkel 30° (selten), 45°, 60°, 80° angeboten. Der mittlere Tropfendurchmesser beträgt ~ 70 bis 100 μm. Mit den hier vorgestellten Düsen und pulsierendem Zerstäubungsdruck lassen sich auch wesentlich kleinere Durchsätze (bis etwa 8 kW) bei annähernd gleicher Zerstäubungsqualität erreichen.

Für größere Leistungen und stufigen oder modulierenden Brennerbetrieb werden *Rücklaufdüsen* verwendet. Diese haben eine zusätzliche Bohrung im Düsenkern, die an eine separate Rücklaufleitung angeschlossen ist (spezieller Düsenhalter erforderlich).

Ein Vor- und Nachtropfen wird bei modernen Düsenkonstruktionen durch den Einbau eines hydraulischen Schließventils in die Düse vermieden (Bild 2.3.2-20). Die Folge sind verringerte Brennerstart- und Abschaltemissionen. Das Ventil öffnet durch den Öldruck bei ca. 500 kPa (5 bar) und schließt durch Federkraft bei ca. 300 kPa (3 bar). Um den Schließvorgang des Ventils und der Brennerabschaltung zu beschleunigen bzw. einem Druckanstieg in der Düsenleitung durch von außen kommende Einwirkungen (z. B. Ölvorwärmung beim Brennerstart, Feuerraumstrahlung nach der Brennerabschaltung) vorzubeugen, ist zur Druckentlastung in der Pumpe ein Überstromventil zwischen Druck- und Saugseite integriert. Das geringe Volumen zwischen der Düsenbohrung und dem Ventil verhindert die Bildung von Tropfen infolge der Wärmeausdehnung des Heizöls während der Startphase (Ölvorwämung) und nach der Brennerabschaltung (Feuerraumstrahlung, Wärmeleitung innerhalb des Mischkopfes).

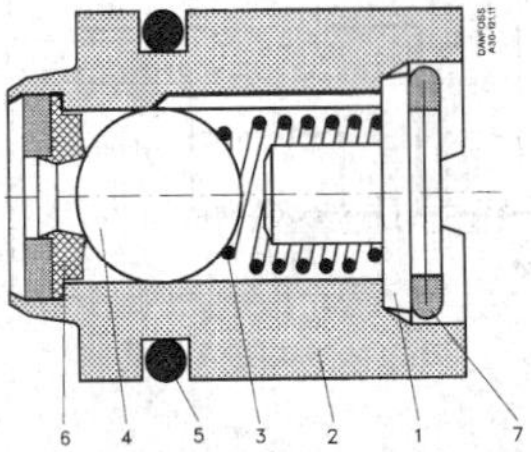

Bild 2.3.2-20. Schnittdarstellung eines in die Düse integrierten Absperrventils (Danfoss).
1 = Ventildeckel, 2 = Ventilgehäuse, 3 = Feder, 4 = Kugel, 5 = O-Ring, 6 = Ventilsitz, 7 = Filter

-1.6.2 Ölvorwärmung

Um die Viskosität des Brennstoffes zu verringern wird auch bei leichtem Heizöl im Lastbereich unter bis 10 kg/h eine Ölvorwärmung eingesetzt Die Beheizung erfolgt durch eine herkömmliche Widerstandsheizung (30…200 W) oder durch einen selbstregelnden Kaltleiter PTC). Die Temperatur des Heizöls soll 70 °C nicht überschreiten. Gemäß DIN EN 267 muß ein Ölbrenner bis zu einer Leistung von 10 kg/h temperaturabhängig starten, d.h., die Temperatur im Düsenhalter muß überwacht werden. Beim Abschalten ist dies nicht erforderlich. Daher besitzen Ölfeuerungsautomaten eine sog. „Fangschaltung", d.h., der Vorwärmerthermostat wird im Betrieb des Brenners überbrückt. Ebenfalls zu beachten ist die spezifische Heizflächenbelastung, damit auch in der Aufheizphase das drucklos im Vorwärmer ruhende Heizöl nicht unnötig thermisch belastet wird (2 bis 3 W/cm^2 sollen nicht überschritten werden). Die Vorwärmung des Heizöls ermöglicht im Vergleich zum Betrieb ohne Vorwärmung die Verwendung einer größeren Düse. Bei gleicher Düse und gleichem Druck geht Öldurchsatz durch die Vorwärmung je nach Düsenkonstruktion um bis zu 25% zurück. Der Grund hierfür liegt in der geringeren Viskosität des Heizöls und einer hierdurch bedingten Zunahme der Radialgeschwindigkeit des Heizöls in der Wirbel-

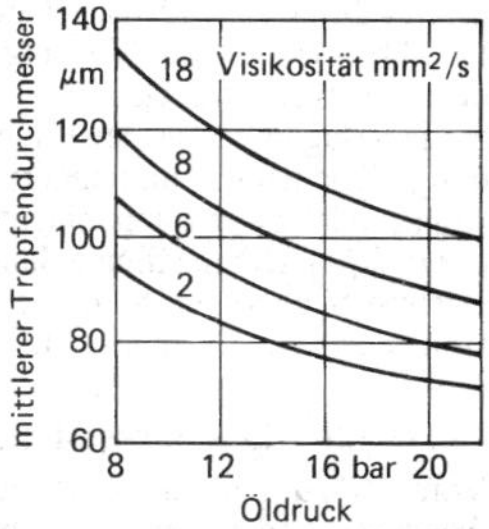

Bild 2.3.2-21. Mittlerer Tropfendurchmesser eines Heizölsprays in Abhängigkeit vom Zerstäubungsdruck bei verschiedenen Heizölviskositäten.

kammer der Düse. In der Folge nimmt die Filmdicke in der Düsenbohrung ab und der Öldurchsatz sinkt. Der Einfluß des Zerstäubungsdrucks und der Viskosität auf die Tropfengröße ist in Bild 2.3.2-21 dargestellt.

-1.6.3 Ölfilter

Die Verwendung von Ölfiltern (Bild 2.3.2-22) ist sehr wichtig, um Verstopfungen im gesamten Hydrauliksystem des Brenners zu vermeiden. Es werden verschiedene austauschbare Filtereinsätze aus Materialien wie Metallgewebe, Sinterbronze, Sinterkunststoff u.a. angeboten. Bei der Auswahl des Filters ist die Filterfeinheit zu beachten, die für Ölbrenner heute bei etwa 40…80 μm liegt. In bezug auf die Zuverlässigkeit der Anlage kommt der Kontrolle und dem Austausch des Filters eine große Bedeutung zu.

Bild 2.3.2-22. Schema eines Ölfilters.

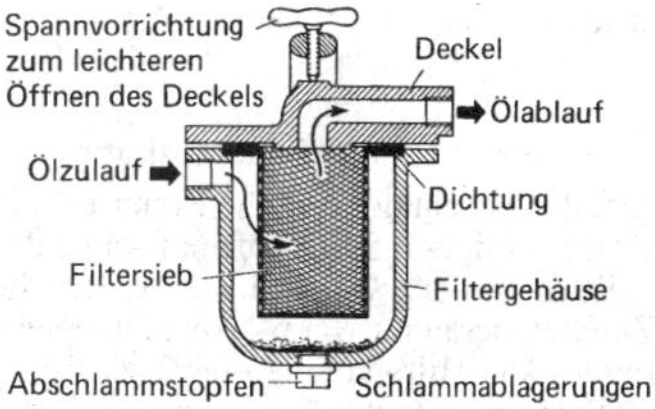

-1.6.4 Ölpumpe

Bei den in Ölbrennern eingesetzten Pumpen (Bild 2.3.2-23) handelt es sich meist um Zahnradpumpen, die durch eine elastische Kupplung mit der Motorwelle verbunden sind. Zusätzlich zu dem in der Ölvorlaufleitung eingebauten Filter befindet sich in der Pumpe ein weiterer Filter (150…200 μm). Ein Druckregelventil führt überschüssiges Öl zum Tank zurück. Pumpe, Druckregler und Filter werden bis zu einem Öldurchsatz von 200 l/h heute in einem Gehäuse integriert (Pumpenaggregat). Solche Pumpen werden für Drücke von

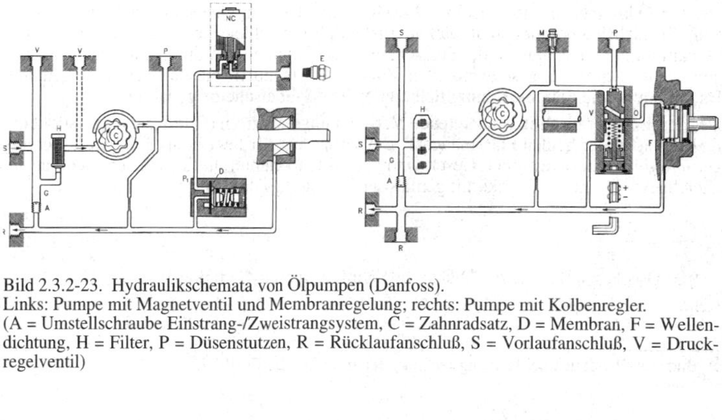

Bild 2.3.2-23. Hydraulikschemata von Ölpumpen (Danfoss).
Links: Pumpe mit Magnetventil und Membranregelung; rechts: Pumpe mit Kolbenregler.
(A = Umstellschraube Einstrang-/Zweistrangsystem, C = Zahnradsatz, D = Membran, F = Wellendichtung, H = Filter, P = Düsenstutzen, R = Rücklaufanschluß, S = Vorlaufanschluß, V = Druckregelventil)

0,7...4 MPa (7...40 bar) angeboten. Das Druckregelventil ist als Kolbenregler (hoher Druckbereich, aber Klemmgefahr bei Schmutz und Wasser) oder Membranregler (schmutzunempfinlich, aber geringerer Druckbereich) ausgeführt. In kleineren Ölpumpen ist das Magnetventil meist integriert. Die Zahnradsätze werden mit Außen-/Innenverzahnung, Trochoiden- und anderen Verzahnungsformen ausgeführt. Pumpen können in Einstrang- oder Zweistranganlagen betrieben werden (Umstellung erfolgt an einer Schraube in der Pumpe). Die maximale Saughöhe beträgt 5 m, die Drehzahl 1500 oder 3000 U/min. Für größere Saughöhen werden Druckpumpen in Verbindung mit einem Tagesbehälter auf Höhe des Kessels eingesetzt.

-1.6.5 Luftaufbereitung

Voraussetzung für einen stabilen und schadstoffarmen Brennerbetrieb ist die gleichmäßige Anströmung der Gemischaufbereitung mit Verbrennungsluft. Hierzu werden in Ölbrennern meist Radialventilatoren mit vorwärtsgekrümmten Schaufeln eingesetzt, die im Vergleich zur rückwärtsgekrümmten Beschaufelung eine höhere Geschwindigkeit am Radumfang besitzen. Im spiralförmig ausgebildeten Gebläsegehäuse mit seiner diffusorartigen Erweiterung am Gebläseaustritt wird die kinetische Energie z.T. in statischen Druck umgewandelt.[1)]

Die sich einstellende steile Ventilatorkennlinie im p/V-Diagramm verringert den Einfluß von Druckänderungen im Feuerraum auf den geförderten Luftmassenstrom. Beim Brennerstart bewirkt eine steile Kennlinie ein nahezu konstantes Brennstoff-/Luftverhältnis trotz der durch die Zündung des Gemischs verursachten Druckerhöhung im Feuerraum, wodurch die Anfahremissionen (Kohlenmonoxid, unverbrannte Kohlenwasserstoffe) deutlich reduziert werden. Zur Verminderung des Gebläsedruckes werden meist Stellklappen eingesetzt, die je nach Ausführung des Brenners (ein- oder zweistufig) eine Anpassung des Luftdurchsatzes an den geforderten Brennstoffdurchsatz manuell oder über einen elektrischen Antrieb ermöglichen.

-1.6.6 Gemischaufbereitung

Ziel der Mischung ist es die Brennstoffmoleküle in stöchiometrischem Verhältnis direkt in Kontakt mit den Sauerstoffmolekülen der Luft zu bringen. Um den Reaktionsprozeß auszulösen wird das Gemisch aus verdampftem Brennstoff und Luft in der Reaktionszone auf Zündtemperatur erwärmt. Am Anfang einer Verbrennung muß die Zündenergie von außen durch eine Hilfsflamme oder elektrisch durch einen Lichtbogen zugeführt werden. Bei Gelbbrennern laufen die Vorgänge Tropfenbildung, Tropfenverdampfung, Mischung und Verbrennung infolge der geringen Rauchgasrezirkulation ungeordnet nebeneinander meist in der Flamme ab.

Die einzelnen Öltropfen sind von einer Flammenhülle umgeben. Die hohen Temperaturen in Tropfennähe lösen bei gleichzeitig herrschendem Luftmangel Crackvorgänge aus, bei denen u. a. aus den Kohlenwasserstoffen Ethin herausgebrochen wird. Ethin neigt stark zur Polymerisation, wodurch es später bei Sauerstoffangebot nur sehr schwer zu verbrennen ist. Dies ist der Ruß, der in der Flamme eindeutig durch sein mehr oder weniger gelbes Leuchten sichtbar wird.

Wie in Abschnitt 2.3.2-1.3 (Öldruckzerstäubungsbrenner) beschrieben, verwenden die meisten Ölbrenner ein Stauscheiben-Mischsystem. Die flammenstabilisierende Wirkung einer Stauscheibe beruht darauf, daß die rückgeführten heißen Flammengase die Tropfenverdampfung im Nahbereich der Stauscheibe beschleunigen und durch eine lokale Verringerung der Strömungsgeschwindigkeit Zündbedingungen in diesem Bereich herstellen. Dadurch wird die Flamme in unmittelbarer Nähe der Stauscheibe gehalten.

Der durch die Drallschlitze austretende Verbrennungsluftstrom (Bild 2.3.2-5) verstärkt die Rezirkulation der heißen Flammengase. Der Grund hierfür liegt in der Fliehkraft, hervorgerufen durch die tangentiale Geschwindigkeitskomponente, die in radialer Richtung im Gleichgewicht mit der Druckkraft gemäß der Bewegungsgleichung

$$\frac{\partial p}{\partial r} = \frac{\rho\ \omega^2}{r}$$

(p = Druck, r = Radius, ρ = Dichte, ω = Umfangsgeschwindigkeit)

steht.

---

1) Buderus: Handbuch der Heizungstechnik, Beuth Verlag, Berlin 1994.

Mit wachsendem Abstand vom Strahlursprung erfolgt entsprechend dem Abbau der Tangentialgeschwindigkeit eine Verminderung des Unterdruckes auf der Strahlachse. Der so entstehende axiale Druckgradient bewirkt bei genügend hoher Drallstärke eine Umkehr der Strömungsrichtung, und es bildet sich eine innere Rezirkulationszone (IRZ, *i*nternal *r*ecirculation *z*one) aus, in der heiße Flammengase aus dem Brennraum bis zur Brennermündung geführt werden. Darüber hinaus injizieren die heißen Flammengase aufgrund ihrer axialen Geschwindigkeitskomponente Rauchgas aus dem Feuerraum. Drallflammen werden meist in einem Rezirkulationsrohr geführt, so daß schon bei niedrigen Drallzahlen eine äußere Rezirkulationszone (ERZ, *e*xternal *r*ecirculation *z*one) zu beobachten ist. Betrachtet man das Strömungsfeld im Brennernahbereich, so entstehen sowohl bei unterkritisch verdrallten Rohrströmungen als auch bei überkritischer Verdrallung Zonen, in denen die axiale Geschwindigkeit Null ist (Nulldurchgang bei der Strömungsumkehr). Diese Bereiche dienen einer Stabilisierung der Flamme, weil in ihrer Nähe die Strömungsgeschwindigkeit im Gleichgewicht mit der Flammengeschwindigkeit ist. Darüber hinaus muß in diesen Zonen für eine Stabilisierung der Flamme die Gemischzusammensetzung innerhalb der Zündgrenzen liegen sowie die Temperatur des Gemischs höher als die Zündtemperatur sein. Das die Flamme teilweise umschließende Rezirkulationsrohr, das auf der der Mischeinrichtung zugewandten Seite teilweise durchlässig ist (Schlitze, Bohrungen), verhindert zudem, daß ein zu großer Anteil bereits abgekühlter Rauchgase aus dem Feuerraum angesaugt wird. Statt dessen werden vermehrt heiße Flammengase aus dem Rohrinnern an die Flammenwurzel gesaugt, wodurch eine fortlaufende Zündung des Gemischs sichergestellt ist (Stabilisierung). Durch den verdrallten Primärluftanteil verbessert sich demnach sowohl die Flammenstabilität als auch der Stoffaustausch, weil durch die schraubenförmige Luftzuströmung die Mischwege gegenüber einer rein axialen Zuströmung erhöht werden. Die Rückführung heißer Flammengase senkt darüber hinaus die Ruß- und Stickoxidemissionen. Das Verhältnis von rezikuliertem Rauchgasanteil zum gesamten Rauchgasmassenstrom, kurz Rezirkulationsrate, reicht bei herkömmlichen Stauscheiben-Mischsystemen nicht aus, um die Rußemissionen vollständig zu vermeiden. Die Flamme besitzt daher bei Brennern dieser Bauart lediglich einen blauen Kern, die Spitzen hingegen leuchten gelblich.

Heutige Blaubrenner vermeiden die Rußentstehung, indem sie den Brennstoff vor der Verbrennung in der Flammenwurzel verdampfen (Bild 2.3.2-24). Aus der Flammenzone rückgeführte heiße Rauchgase verdampfen das aus einer Dralldüse austretende Ölspray. Der Wassergehalt der rückgeführten Rauchgase verhindert die Bildung langkettiger Kohlenwasserstoffe, die sich nur unter Rußbildung verbrennen lassen. Die Intensivierung der Rauchgasrezirkulation senkt neben den Rußemissionen auch Stickoxidemissionen, die je nach Herkunft des Stickstoffs in brennstoffbedingte und luftbedingte Stickoxidemissionen unterteilt werden. Die luftbedingten Stickoxidemissionen bilden den größeren Anteil an den gesamten Stickoxidemissionen und werden durch die Methode der Rauchgasrezirkulation erheblich reduziert.

Die rückgeführten Flammengase senken den Sauerstoffpartialdruck im Flammenbereich. Dadurch verzögert sich die Energiefreisetzung, was aufgrund des Wärmeaustausches zu niedrigeren und gleichmäßigeren Verbrennungstemperaturen in der Flamme führt. Durch die Einmischung nahezu inerter Flammengase mit hoher spezifischer Wärmekapazität (CO_2, H_2O) wird auch die durch die Energiefreisetzung erreichbare adiabate Flammentemperatur kleiner. Blauflammen geben nur einen sehr geringen Teil ihrer Energie durch Strahlung ab, der überwiegende Anteil muß konvektiv entzogen werden. Aus diesem Grund findet man bei fast allen Blaubrennerkonstruktionen einen mit der Flamme in Berührung stehenden Festkörper (wie z. B. das zur Stabilisierung eingesetzte Flammenrohr), der die von den Flammengasen konvektiv übertragene Wärme durch Strahlung an die Feuerraumwände abgibt.

Um eine genügend große Menge heißer Rauchgase in die Flammenwurzel zu fördern, ist eine entsprechend große Induktionswirkung des Brennstoff-/Luftstrahls innerhalb der Gemischaufbereitung erforderlich. Der induzierte Massenstrom wird zum einen durch die Geschwindigkeit des austretenden Gemischstroms in die Reaktionszone als auch durch den Querschnitt des Freistrahls beeinflußt. Beide Parameter können nur in bestimmten Grenzen variiert werden. Eine hohe Austrittsgeschwindigkeit führt zu hohen Strömungsgeräuschen, hohen Gebläseleistungen und größeren Brennerabmessungen. Eine Vergrößerung des Austrittsquerschnittes, verbunden mit einer Geschwindigkeitsreduzierung, führt dazu, daß bereits die Zündbedingungen im Verdampfungsbereich vorliegen und so die beabsichtigte, von der Verbrennungsreaktion entkoppelte Brennstoffverdampfung nicht eintritt. Darüber hinaus verringert sich der Impulsaustausch zwischen Brennstoff und Verbrennungsluft, wodurch auch die Mischung negativ beeinflußt wird.

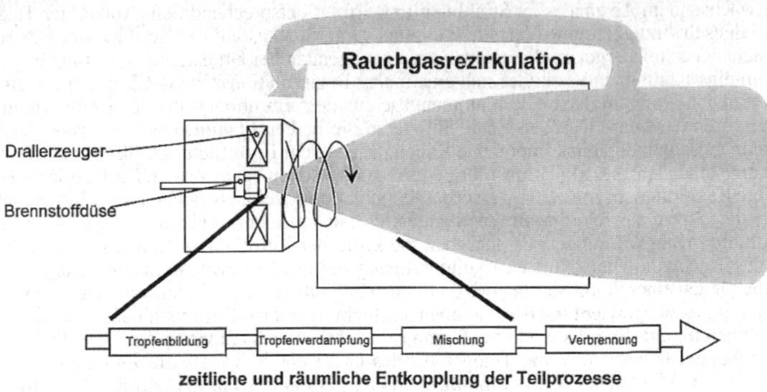

Funktionen der Teilsysteme eines Brenners:

Brennstoffaufbereitung:
- Brennstoff fördern und dosieren
- Kontaktfläche zwischen Brennstoff und Verbrennungsluft vergrößern

Luftaufbereitung:
- Luft fördern und dosieren
- Druckschwankungen im Feuerraum kompensieren (steile Kennlinie im p/V-Diagramm)

Reaktionszone:
- Flamme külen
  - Flammengase erwärmen einen Festkörper (meist Flammenrohr), dieser überträgt die Wärme durch Strahlung an die Feuerraumwände

Gemischaufbereitung:
- Flamme stabilisieren
  - heiße Flammengase an die Flammenwurzel transportieren (Dauerzündung)
  - Strömungsgeschwindigkeit lokal absenken
- Schadstoffemissionen senken
  - Rezirkulationsrate steigern
    - Ruß:
      - Vorgänge Tropfenverdampfung und -verbrennung entkoppeln
      - Wassergehalt der rückgeführten Rauchgase
    - NO_x:
      - Sauerstoffpartialdruck senken
      - Mischung intensivieren (Temperaturspitzen vermeiden)
      - erreichbare adiabate Flammentemperatur durch inerte Flammengase hoher spez. Wärmekapazität senken
- thermische Belastung der Düse senken

Bild 2.3.2-24. Blaubrenner nach dem Prinzip der feuerrauminternen Rauchgasrezirkulation.

Moderne Blaubrenner führen daher die Verbrennungsluft unter hohem Druck über sehr kleine Auslaßquerschnitte in die Reaktionszone. Die hohe Austrittsgeschwindigkeit verhindert die bereits angesprochene Flammenbildung im Nahbereich der Mischeinrichtung und verringert darüberhinaus die thermische Belastung dieses Bauteils.

Insbesondere bei größeren Feuerungsleistungen wird ein Teil der bereits abgekühlten Rauchgase am Kesselende entnommen und erneut der Gemischaufbereitung über eine externe Leitung zugeführt. Bei dieser sog. feuerraumexternen Rauchgasrezirkulation besitzen die Rauchgase eine erheblich niedrigere Temperatur als bei der bisher vorgestellten Methode der feuerrauminternen Rezirkulation. Das niedrige Temperaturniveau der zugeführten Rauchgase führt zu einer wirksamen Kühlung der Flamme und damit zu einer Reduzierung der Stickoxidemission. Neben der verstärkten Kühlung der Flamme werden natürlich auch die bereits im Zusammenhang mit der feuerrauminternen Rezirkulation beschriebenen Mechanismen der Schadstoffreduzierung bei der feuerraumexternen Rezirkulation wirksam. Bei kleinen Brennerleistungen hat sich die Methode der feuerraumexternen Rezirkulation bisher nicht etabliert, was zum einen durch den hohen konstruktiven Aufwand begründet ist und zum anderen durch die Gefahr einer Kondensation der schwefelhaltigen Rauchgase innerhalb der Abgasrückführeinrichtung.

-1.6.7 Elektrische Zündeinrichtung

Sie besteht aus einer Hochspannungsquelle, zwei Zündkabeln, zwei Isolatoren aus Porzellan und zwei Elektroden aus hitzebeständigem Stahl, zwischen denen sich eine Funkenstrecke bildet. Als Hochspannungsquelle wird ein Zündtransformator oder eine elektronische Hochfrequenzzündeinheit verwendet. Die Leerlaufspannung beträgt für einen Transformator 7–15 kV, für eine Hochfrequenzzündeinheit ca. 15…21 kV bei einer Frequenz von ca. 20 kHz. Die Einstellung des Elektrodenabstandes beeinflußt sehr stark die Form und Stabilität der Funkenstrecke und damit die Zündzeit. Die Positionierung der Elektroden in der Mischeinrichtung hängt ab vom Sprühwinkel der Düse, dem Öldurchsatz, der Düsengeometrie sowie dem Strömungsfeld (Bild 2.3.2-25 u. Bild 2.3.2-26).

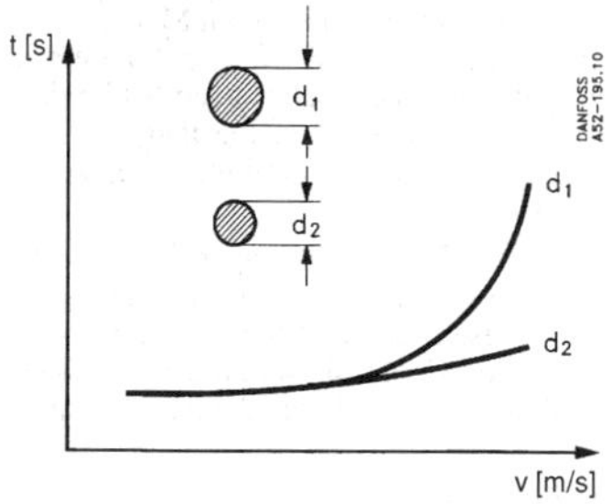

Bild 2.3.2-25. Zündzeit (t) in Abhängigkeit vom Elektrodendurchmesser (d) bei steigender Luftgeschwindigkeit (v) (Danfoss).

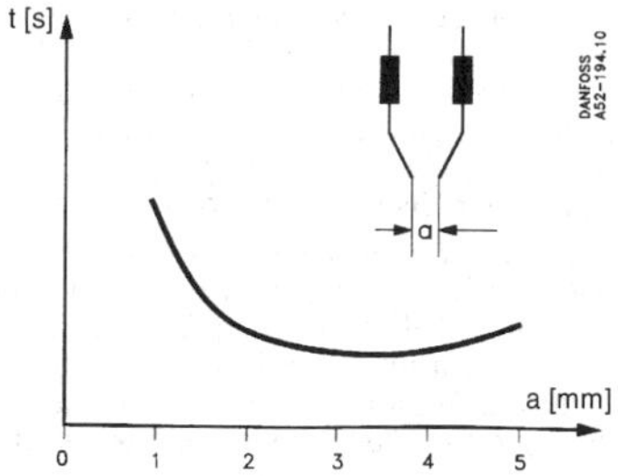

Bild 2.3.2-26. Zündzeit (t) in Abhängigkeit vom Elektrodenabstand (a) (Danfoss).

-1.6.8 Flammenwächter und Flammenfühler

Flammenwächter und Flammenfühler haben die Aufgabe, dem Steuergerät das Vorhandensein einer Flamme anzuzeigen. Hierzu wird das elektrische Signal des Flammenfühlers (Strom oder Spannung) unter Berücksichtigung eines vorgegebenen Grenzwertes in ein Schaltsignal umgewandelt. Diese Auswertelektronik (Flammenwächter) ist meist in das Steuergerät integriert.

a) Thermische Flammenwächter

Als Fühler wird eine Bimetallspirale im Rauchgasstutzen oder ein Ausdehnungsrohr verwendet. Der Aufbau ist robust, einfach, billig, jedoch korrosionsgefährdet und träge. Thermische Flammenwächter werden kaum noch verwendet.

b) Fotoelektrische (optische) Flammenwächter
mit folgenden Fühlerelementen (vgl. Bild 2.3.2-27)

Fotowiderstände sind Halbleiterbauelemente, die ihren Widerstand bei Lichteinfall verringern (meist Kadmium-Verbindungen). Dementsprechend ändert sich bei Anlegen einer konstanten Spannung der sich einstellende Strom. Die Überwachungsstromstärke (Foto-

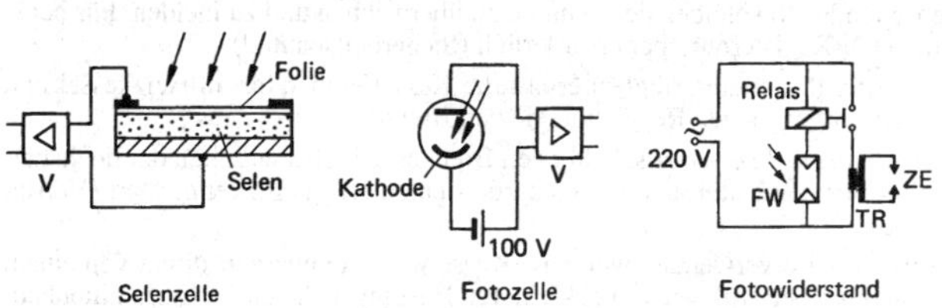

Bild 2.3.2-27. Fotoelektrische Bauelemente.
FW = Fotowiderstand, ZE = Zündelektroden, TR = Zündtransformator, V = Verstärker

strom) beträgt 6…160 mA. Die Ansprechempfindlichkeit beträgt ~5…30 lux. Fotowiderstände werden heute ausschließlich für sog. Gelbbrenner verwendet. Für die Überwachung von Blauflammen können Fotowiderstände nicht eingesetzt werden, da sie gegenüber der Strahlung dieser Flammen (UV-Bereich) eine zu geringe Empfindlichkeit besitzen. Niederohmige Widerstände betätigen ein Relais ohne Verstärker, hochohmige mit Verstärker. Die Ansprechzeit beträgt ~0,5 s. Der Fotowiderstand ist an einer Position am Brennergehäuse montiert, an der das Leuchten der Flamme wahrnehmbar ist und die thermische Belastung zugleich gering ist.

Fotoelemente erzeugen bei Belichtung einer selenbeschichteten Platte eine Gleichspannung von etwa 0,1…0,2 V, wodurch ein Steuerstrom im Bereich von 8…25 mA fließt. Fotoelemente werden heute kaum noch verwendet.

Fotozellen bestehen aus einem luftleeren Glaskolben mit zwei Elektroden. Die angelegte Spannung beträgt ca. 100 V. Die Kathode ist aus Cäsium oder einem anderen Metall gefertigt und emittiert bei Belichtung einen Elektronenstrom (Fotostrom). Neuere Ausführungen verwenden Fotozellen, die auf ultraviolette Strahlen in einem sehr engen Wellenlängenbereich ansprechen *(UV-Detektor)*. Sie sind unempfindlich gegen die längerwellige Strahlung, wie z. B. die von glühendem Mauerwerk emittierte Infrarotstrahlung. Fotozellen werden zur Überwachung von Blauflammen eingesetzt.

Die *Ionisationsflammenüberwachung* (vgl. Abschnitt 2.3.2-3.4 Gasbrenner, Sicherheits- und Regeleinrichtungen) stellt eine kostengünstige Möglichkeit zur Überwachung von Blau- und Gelbflammen dar. Bei Ölbrennern hat sich diese Methode bisher nicht durchgesetzt, da sich auf den in die Flamme hineinragenden Elektroden, insbesondere bei Verwendung von Additiven im Heizöl, im Laufe der Zeit Ablagerungen bilden, die das Zustandekommen eines Ionisationsstroms behindern.

Infrarot-Flackerdetektoren werden heute hauptsächlich in sog. Blaubrennern eingesetzt. Die Strahlungsintensität einer Flamme ändert sich mit einer Frequenz von ca. 10 Hz. Ein Siliziumsensor erfaßt die modulierende Flammenstrahlung und wandelt sie in ein elektrisches Signal um. Durch eine Filterkette im Verstärker des Flackerdetektors wird erreicht, daß lediglich Spannungsänderungen im Bereich von 5–16 Hz verstärkt werden. Die Empfindlichkeit des Flackerdetektors kann durch Verändern des Verstärkungsfaktors an die jeweiligen Anforderungen angepaßt werden. Jedoch nimmt mit zunehmender Verstärkung des Signals die Trennschärfe zu fremden Signalen ab.

-1.6.9 Sicherheits- und Regeleinrichtungen

Da der Hauptvorteil einer Ölheizung in einem automatischen, trägheitsarmen und wirtschaftlichen Betrieb liegt, werden an die Sicherheits- und Regeleinrichtungen besonders hohe Anforderungen hinsichtlich Zuverlässigkeit gestellt. Im Prinzip sind die Einrichtungen hierfür bei allen Fabrikaten einander ziemlich ähnlich. Kleine Zentralheizungsanlagen (<70 kW) werden meist intermittierend nach der „Ein–Aus"-Regelung betrieben. Die Brenner werden mit einer konstanten der Kesselleistung angepaßten Feuerungsleistung betrieben. Bei größeren Anlagen (>70 kW) ist die Feuerungsleistung in Stufen oder stufenlos regulierbar. Für den vollautomatischen Betrieb eines ölbefeuerten Heizkessels werden im allgemeinen folgende Komponenten verwendet:

Ein *Zündtransformator* oder eine elektronische Hochspannungszündung erzeugen eine Spannung von 5…8 kV. Zwischen zwei Elektroden bildet sich eine Hochspannungsfunkenstrecke, die das Öl-Luftgemisch entzündet (vgl. Abschnitt 2.3.2-1.6.8: Flammenwächter, Flammenfühler).

Der *Flammenwächter* hat die Aufgabe, zusammen mit dem Flammenfühler im Brenner, das Vorhandensein oder Ausbleiben der Flamme zu überwachen und zu melden. Für beide Bauteile ist eine DIN-Registernummer erforderlich (Sicherheitsbauteil).

Der *Kesselthermostat* (Temperaturregler) erfaßt die Kesseltemperatur im Heizkessel und schaltet nach einer vorgegebenen Regelstrategie den Brenner ein bzw. aus.

Der *Sicherheitstemperaturbegrenzer* schaltet den Brenner bei Überschreiten der höchstzulässigen Kesselwassertemperatur aus und verhindert einen erneuten Brennerstart (Verriegelung).

Ein *Raumthermostat* wird verwendet, wenn die Kesselwassertemperatur direkt von einem Raum aus gesteuert werden soll, wie es bei kleineren Heizungsanlagen für Einfamilienhäuser manchmal der Fall ist. Der Kesselthermostat arbeitet in diesem Fall als Begrenzungsregler *(Temperaturwächter)* und verhindert eine zu hohe Temperatur bzw. einen zu hohen Druck im Kessel.

Der *Ölfeuerungsautomat* (Steuergerät) führt alle Steuer- und Überwachungsfunktionen, die für den Brennerbetrieb notwendig sind, aus. Hierzu gehört das Ein- und Ausschalten der Zündung und des Motors, das Öffnen und Schließen der Magnetventile sowie das Auswerten der Signale des Flammenfühlers (Flammenwächter). Bei Auftreten einer Störung schaltet das Steuergerät den Brenner ab. Die Steuergeräte sind meist direkt am Brennergehäuse steckbar angebracht und dürfen daher bei einem Defekt auch von einem „Nicht-Elektriker" ausgetauscht werden. Die Ölfeuerungsautomaten müssen nach DIN EN 230 geprüft sein.

Nach DIN EN 267 gelten folgende *Begriffe:*

Regler, Wächter und *Begrenzer* siehe Abschn. 2.3.7.

Sicherheitszeit ist die höchstzulässige Zeitspanne, während der Heizöl gefördert werden darf, ohne daß eine Flamme vorhanden ist. Für Brenner bis 30 kg/h beträgt die Sicherheitszeit beim Brennerstart und Brennerbetrieb 10 s, bei größeren Brennern beim Brennerstart 5 s und im Betrieb 1 s. *Zündungszeit* ist die Zeit, während der die Zündeinrichtung in Betrieb ist (Vorzündungs-, Zündungs- und Nachzündungszeit).

Wartezeit ist die Zeitspanne zwischen Abschalten des Brenners und selbsttätiger Wiederinbetriebnahme der Zündung.

Ansprechzeit ist die Zeitspanne zwischen Entstehen oder Erlöschen der Flamme und dem entsprechenden Steuerbefehl des Flammenwächters.

Vorspül- oder Durchlüftungszeit ist die Zeitspanne, während der der Feuerraum zwangsweise durchlüftet wird, ohne daß die Ölzufuhr freigegeben ist. Die Dauer beträgt 6 bis 25 s.

Störabschaltung erfolgt bei Ausbleiben der Flamme oder bei Fremdlicht. Ein erneuter Versuch, den Brenner zu starten, erfolgt nicht selbsttätig durch die Steuerung (Verriegelung), sondern muß von Hand ausgelöst werden (Entstörknopf am Steuergerät).

Arbeitsweise eines Ölfeuerungsautomaten für Brenner bis 30 kg/h Öldurchsatz (vgl. Bild 2.3.2-28):

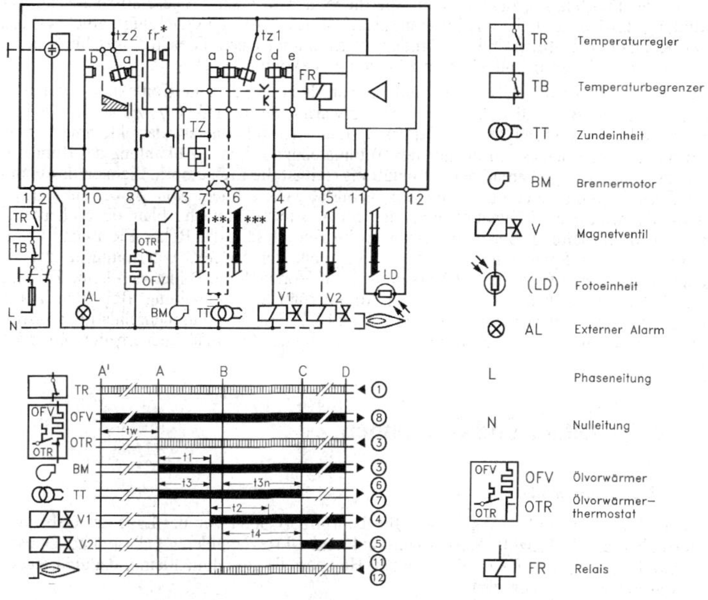

Bild 2.3.2-28. Stromlaufplan und Programmablauf einer unterspannungssicheren Ölbrennersteuerung mit Fotowiderstand und Vorzündung für Brenner bis 30 kg/h (Danfoss).

Brennerstart:

1. Einschalten des Motors mit Ventilator (Vorbelüftung); der Zündtransformator erhält Spannung; es bildet sich eine Funkenstrecke zwischen den beiden Elektroden.
2. Nach einigen Sekunden Vorzündzeit, meist 10 bis 15 s (bis 30 kg/h Öldurchsatz), wird das Magnetventil geöffnet, und die Zerstäubung des Brennstoffs setzt ein. Das Ölspray wird gezündet, die Flamme bildet sich.
3. Flammenwächter spricht an und schaltet Zündtransformator nach einer Nachzündperiode von 5–15 s aus.

Brennerbetrieb:

Der Ölbrenner bleibt in Betrieb, solange durch Raum- oder Kesselthermostat Wärme angefordert wird, muß aber innerhalb 24 Stunden mindestens einmal ausgeschaltet werden.

Störabschaltung:

Kommt die Flamme innerhalb der Sicherheitszeit nicht zustande oder erlischt die Flamme während des Betriebes, wird der Brenner ausgeschaltet und verriegelt. Eine Wiederinbetriebnahme ist nur durch Betätigen des Entriegelungsknopfes möglich. Bei den meisten Anlagen wird ein zweiter Zündversuch spätestens 1 s nach Erlöschen der Flamme selbsttätig unternommen.

Sind Kesseltemperaturregler und Sicherheitsbegrenzer geschlossen, liegt an Klemme 1 Spannung. Wird kein Ölvorwärmer verwendet, sind Klemme 8 und Klemme 3 durch eine Brücke zu verbinden. Wenn ein Ölvorwärmer angeschlossen ist, bekommt der Automat Spannung an Klemme 8. Wenn der Ölvorwärmerthermostat OTR schließt, bekommt Klemme 3 Spannung, und der Brennermotor läuft an. Gleichzeitig liegt am Zeitschaltkreis des Automaten (Heizwicklung des Bimetalls) eine Spannung über den Kontaktsatz tz1 an, und die Vorspülzeit mit Vorzündung wird eingeleitet.

Nach Ablauf der Vorspülzeit wechselt der Kontaktsatz tz1, Kontakt d-e öffnet, und gleichzeitig schließt Kontakt c-d. Hierdurch wird das Ventil 1 an Klemme 4 eingeschaltet. Wenn eine Flamme vorhanden ist, zieht das FR-Relais an und die Kontakte a-b öffnen. Hierdurch wird die Heizwicklung des Bimetalls unterbrochen, und die Abkühlung des Programmwerks beginnt. Gleichzeitig schließt Kontakt fr, der den laufenden Betrieb des Brenners sichert, wenn der Vorwärmerthermostat öffnet.

Wenn das FR-Relais anzieht, hält ein Sperrhebel den Kontakt c-d geschlossen. Nach Abkühlung des Bimetalls ist das Programmwerk in seine Ausgangsstellung zurückgekehrt. Die Kontakte b-c öffnen und die Zündung wird unterbrochen. Gleichzeitig schließt Kontakt d-e, so daß Ventil 2 an Klemme 5 Spannung bekommt.

Bei Fremdlicht zieht Relais FR an, und der Sperrhebel hindert die Kontakte c-d daran zu schließen. Das Bimetall wird daher weiter erwärmt, bis Kontaktsatz tz2 von Stellung a nach Stellung b wechselt. Dadurch ist das System verriegelt, und an Alarmklemme 10 liegt Spannung. Ein erneutes Einschalten des Automaten ist erst nach Abkühlung des Bimetalls (ca. 50 s) möglich. Während der Vorbelüftungszeit ist die Lichtempfindlichkeit des Flammenkreises erhöht. Wenn keine Flamme gebildet wird, schließt Kontakt tz1 die Verbindung c-d, das Relais FR zieht nicht an, und der Automat geht nach Ablauf der Sicherheitszeit auf Störschaltung. Bei Flammenausfall im Betrieb fällt das Relais FR ab und unterbricht sofort die Spannung zu den Magnetventilen. Der Automat unternimmt umgehend einen neuen Anlaufversuch mit Vorspülung und Vorzündung. Bildet sich keine Flamme vor Ablauf der Sicherheitszeit, geht der Automat auf Störabschaltung. Bei einem Flammenabriß in der Intervallzeit zwischen V1 und V2 fällt das Flammenrelais FR ab. Aufgrund der Spannung an Klemme 4 und 6 unternimmt der Automat einen erneuten Zündversuch.

-2 Öltank und Ölleitungen

-2.1 Öltank

Die *Größe des Öltanks* (Vorratstank für das Heizöl) hängt von der Lage des Gebäudes, Verfügbarkeit des Heizöls, Kosten von Tank und Öl sowie anderen Faktoren ab. Günstig ist ein Tank, der das Heizöl einer ganzen Heizperiode aufnehmen kann, dadurch jedoch sehr groß und sehr teuer wird.

Je nach Art der Nutzung benötigen die Gebäude extrem unterschiedliche Brennstoffmengen zur Heiz- und Trinkwassererwärmung. In der Heizperiode 1994/1995 reichte die Bandbreite in Deutschland von 8 bis 56 Liter Heizöl pro Quadratmeter Wohnfläche. Der durch-

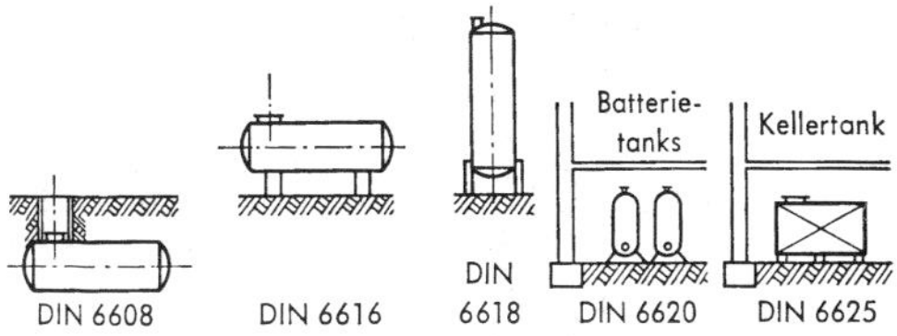

Bild 2.3.2-29.
Übersicht über genormte Heizöl-Lagerbehälter.

schnittliche Verbrauch lag bei 18,02 l/m^2. Bei der Bevorratung von Heizöl wird zwischen ober- und unterirdischen Lagerbehältern unterschieden.

Unterirdisch verlegte zylindrische Tanks aus Stahl waren in Deutschland früher am meisten verbreitet. Die Abmessungen der Behälter sind in DIN 6608 (09.89) – einwandig und T2 – doppelwandig genormt. Die Behälter sind mit einem Schutzanstrich gegen Korrosion versehen. Bei Neubauten sind nur doppelwandige Stahltanks mit Leckanzeige zugelassen.

Bei ungünstigem Untergrund ist ein Betonsockel erforderlich. Oben auf dem Behälter befindet sich der „Dom" mit den Rohrleitungsanschlüssen, umgeben von einem gemauerten Schacht mit Deckel. Die Tankentlüftung wird ins Freie geführt. Große Schweröltanks besitzen ein Mannloch für die Reinigung. Im Tank befinden sich häufig Heizschlangen zum Erhalten der Pumpfähigkeit des Öls sowie am tiefsten Punkt des Behälters ein Ablaßhahn für Wasser. Ein Tank mit Schutzschale für Wasserschutzgebiete ist in Bild 2.3.2-30 dargestellt. Der Einbau unterirdischer Tanks ist in DIN 6608 geregelt.

Unterirdische *Kunststofftanks* werden aus glasfaserverstärkten Polyesterharz hergestellt. Sie sind einwandig und benötigen keine Lecksicherungsgeräte.

Kugeltanks werden aus glasfaserverstärktem Kunststoff (GFK) hergestellt sowie aus Beton mit Auskleidung. Inhalt bis 12 m^3.

Oberirdische Heizöltanks für die Aufstellung innerhalb des Gebäudes werden in folgenden Bauformen hergestellt:

Kunststofftanks aus Polyethylen, Polyamid oder GFK (glasfaserverstärktem Kunststoff) werden bis 10000 l Inhalt hergestellt. Auch dieser Tanktyp wird oft zu Batterien zusammengestellt. Die Tankwände sind durchscheinend. Zur Erhöhung der Festigkeit werden teilweise besondere Profilierungen oder Stahlbandagen in die Tankwände eingebracht. Kunststofftanks besitzen eine lange Lebensdauer und werden heute üblicherweise eingesetzt. Es dürfen bis zu 100000 Liter Heizöl in einem Gebäude, bis zu 25000 Liter je Tankbatterie und bis zu 5000 Liter im Heizraum selbst gelagert werden.

Stählerne liegende Zylindertanks nach DIN 6616 (09.89) benötigen einen öldichten Auffangraum. Die Einbringung solcher Tanks in das Gebäude gestaltet sich häufig schwierig.

Kellergeschweißte Tanks (Rechtecktank) werden in verschiedenen Bauarten nach DIN 6625 (09.89) angeboten. Sie können auch nachträglich in ein Gebäude eingebaut werden, benötigen jedoch einen öldichten Auffangraum. Durch die individuelle Anpassung

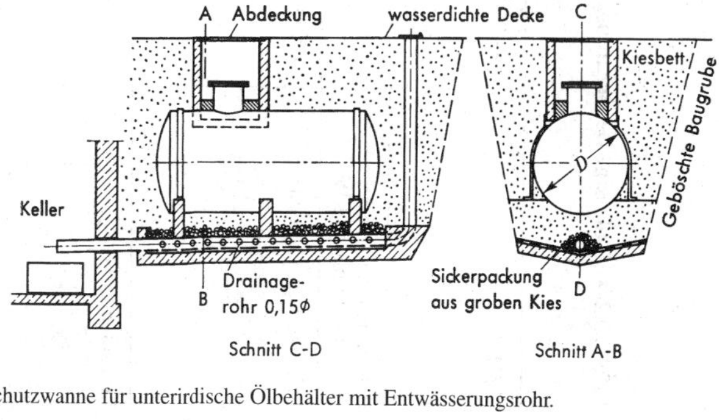

Bild 2.3.2-30. Schutzwanne für unterirdische Ölbehälter mit Entwässerungsrohr.

Tafel 2.3.2-4 Zulässige Bevorratungsarten von Heizöl

Lagerort	Zulässige Lagermengen in Liter		Tankausführung	Auffangraum oder -wanne	
	außerhalb von Wasserschutzgebiet	im Wasserschutzgebiet		außerhalb von Wasserschutzgebiet	im Wasserschutzgebiet
In Räumen, auch mit Feuerstätten bis 50 kW	5 000	5 000	Kunststoff-Batterietanks aus PA und PE mit integrierter Auffangwanne	nein	nein
In Heizöllagerräumen	100 000	100 000	Kunststoff-Batterietanks aus PA und PE Stahl-Zylindertanks liegend nach DIN 6616: – einwandig – doppelwandig mit Leckanzeiger Stahl-Zylindertanks stehend nach DIN 6618: – einwandig – doppelwandig mit Leckanzeiger	 ja nein ja nein	 ja nein ja nein
Im Freien	unbegrenzt	100 000	Stahl-Zylindertanks liegend nach DIN 6616: – einwandig – doppelwandig mit Leckanzeiger Stahl-Zylindertanks stehend nach DIN 6618: – einwandig – doppelwandig mit Leckanzeiger	 ja nein ja nein	 ja nein ja nein
Unterirdische Lagerung	unbegrenzt	40 000	Stahl-Zylindertanks liegend nach DIN 6608 T 2, doppelwandig mit Leckanzeiger Stahl-Zylindertanks stehend nach DIN 6619 T 2, doppelwandig mit Leckanzeiger		

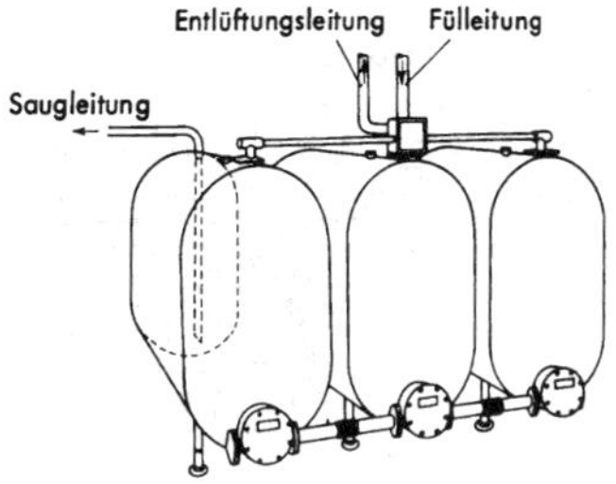

Bild 2.3.2-31. Heizöl-Batterietanks mit unterer Flanschverbindung.

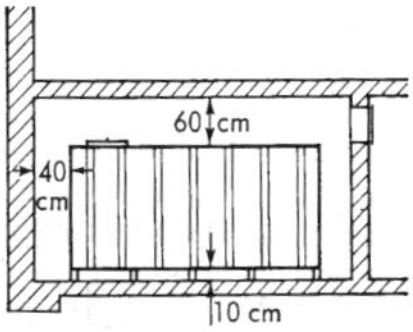

Bild 2.3.2-32.
Kellergeschweißter Heizöltank.

der Tankabmessungen kann ein vorgegebener Einbauraum optimal ausgenützt werden. Als Materialien werden Kunststoff und Stahl angeboten (Bild 2.3.2-32).

Kunststofftanks werden gegenwärtig bevorzugt eingebaut und besitzen gegenüber Stahltanks folgende Vorteile:

Korrosionsfrei, leicht, Flüssigkeitsstand ist meist von außen erkennbar.

Im Freien aufgestellte oberirdische Tanks sind bei uns nicht üblich, in anderen Ländern hingegen werden solche Tanks häufiger eingesetzt. Ebenso sind Tanks aus Stahlbeton, die nur für einen großen Inhalt (ab etwa 200 m^3) wirtschaftlich sind, in Deutschland wenig verbreitet. Vornehmlich für gewerbliche Zwecke werden liegende und stehende zylindrische Behälter bis 100 m^3 Inhalt nach DIN 6616 bis 6619 angeboten. Für sehr große Mengen (z. B. in Kraftwerken) werden freistehende zylindrische *Flachbodenbehälter* mit Dach verwendet.

Als *Ölstandsanzeiger* werden verwendet:

Peilstäbe,
Mechanische Anzeiger mit Schwimmer und Skala,
Pneumatische Meßgeräte (siehe Abschn. 1.6.7).

Korrosionsschutz

Korrosion kann sowohl außen am Behälter wie innerhalb auftreten. Die *Innenkorrosion* wird durch aggressive Stoffe und Kondenswasser an der Behältersohle verursacht, die dadurch infolge von Lochfraß zerstört werden kann. Eine regelmäßige Behälterreinigung, alle 5 Jahre, wird daher empfohlen.

Gegenwärtig sind folgende Schutzmaßnahmen gegen Korrosion bekannt:

1. Einwandiger Stahlbehälter mit Auffangraum und Meldesonde, die bei Undichtheit ein Alarmsignal auslöst.
2. Innenbeschichtung mit geeigneten Korrosionsschutzmitteln, insbesondere an der Behältersohle, hier auch doppelter Boden.
3. Doppelwand: Dies ist die sicherste und bei Neuanlagen übliche Ausführung. Der Raum zwischen den beiden Behälterwänden ist mit einer unter Druck stehenden Flüssigkeit gefüllt, die bei Leckwerden einer Wand ausläuft. Dadurch wird der Stromkreis zwischen zwei in die Flüssigkeit eintauchenden Elektroden unterbrochen und ein optisches sowie akustisches Signal ausgelöst (Bild 2.3.2-33).
4. Kunststoffblase innen oder außen am Tank. Der Zwischenraum enthält eine Schaumstoffüllung, deren Luftinhalt abgepumpt wurde. Im Fall eines Lecks wird der Unterdruck im Schaumstoff ausgeglichen und ein Signal gegeben.
5. Kathodischer Schutz. Eine Magnesium-Anode oder Fremdstrom-Anode erzeugt einen Korrosionsschutzstrom. Diese Methode ist nur bei aggressivem Boden ($pH<6{,}5$) anwendbar.
6. Zusatz von Additiven (Korrosionsschutzmitteln), die evtl. vorhandenes Wasser binden (Wirkung nicht ganz geklärt). Sie sollen auch die Verbrennung verbessern.[1] Das Mischungsverhältnis Additiv zu Heizöl beträgt ungefähr 1:2000 … 4000.
7. Herstellung der Tanks vollständig aus Kunststoff, z. B. glasfaserverstärktem Polyester.

---

[1]) Ostwald, F.: Feuerungstechnik 10/86, S. 22.

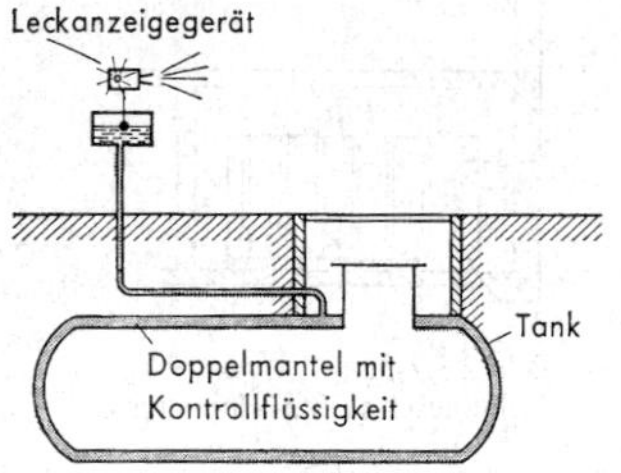

Bild 2.3.2-33. Doppelwandiger liegender Heizölbehälter.

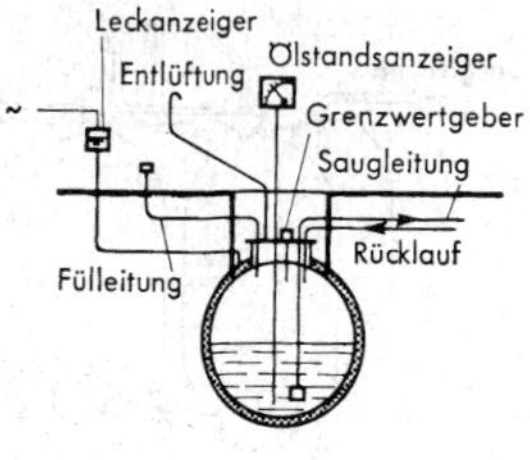

Bild 2.3.2-34. Öltankanschlüsse.

Für die Zulassung geeigneter *Sicherungen* steht den Bauaufsichtsbehörden ein Prüfausschuß zur Verfügung.[1] Hingewiesen wird auf die verschiedenen *„Gütegemeinschaften"*, die besondere Güte- und Prüfbedingungen aufgestellt haben (s. Abschnitt 6.6), besonders Gütegemeinschaft „Tankschutz" (RAL-RG 998).

Alle Anlagen zur Lagerung von Heizöl bedürfen der Baugenehmigung nach der Landesbauordnung. Alle unterirdischen Tanks müssen gem. WHG § 19i in jeweils 5 Jahren durch TÜV-Sachverständige auf Dichtheit geprüft werden. Weiteres s. Abschn. 1.9.4.

-2.2 Ölleitungen

Die Ölleitungen zwischen Vorratstank und Brenner lassen sich als Einstrang- oder Zweistrangleitungen verlegen.

Beim *Einstrangsystem* (s. Bild 2.3.2-35 und Bild 2.3.2-36) existiert nur eine Leitung zwischen Tank und Brenner, in der das Öl zum Brenner gefördert wird. Die Ölpumpe muß eine Entlüftungseinrichtung besitzen. Beim Einstrangsystem ist zwischen einer Auslegung mit Einstrangpumpe (vgl. Bild 2.3.2-35) und Zweistrangpumpe (vgl. Bild 2.3.2-36) zu unterscheiden. Im Auslegungsfall mit Zweistrangpumpe ist ein Einstrangfilter mit Entlüftungsvorrichtung vorgesehen. Einstrangsysteme werden bei kleinen Anlagen und bei schwerkraftbedingtem Ölzulauf installiert.

Bild 2.3.2-35. Einstrangsystem mit Einstrangpumpe.

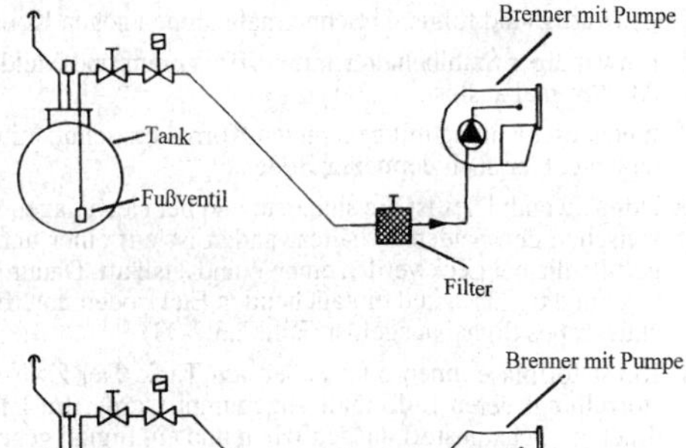

Bild 2.3.2-36. Einstrangsystem mit Zweistrangpumpe und Einstrangfilter mit Entlüftungsvorrichtung.

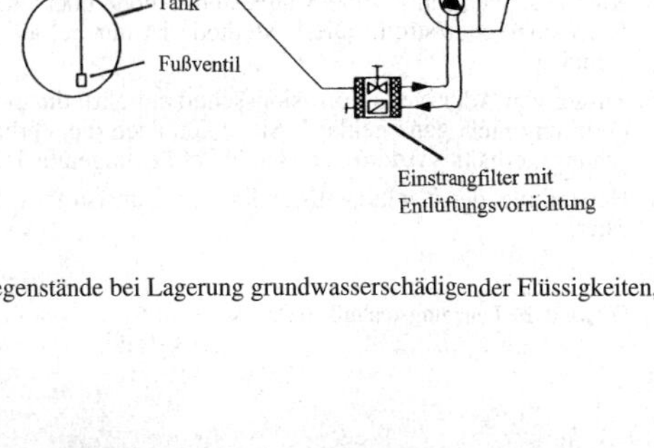

[1]) Prüfausschuß für Sicherungsgegenstände bei Lagerung grundwasserschädigender Flüssigkeiten, Düsseldorf, Brehmstr. 33a.

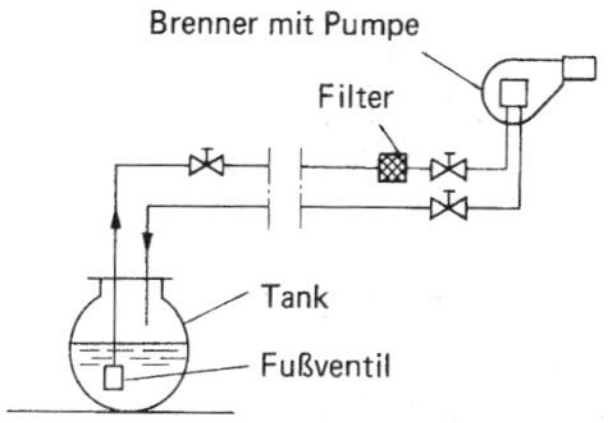

Bild 2.3.2-37. Einzelbrenner mit Zweistrangsystem.

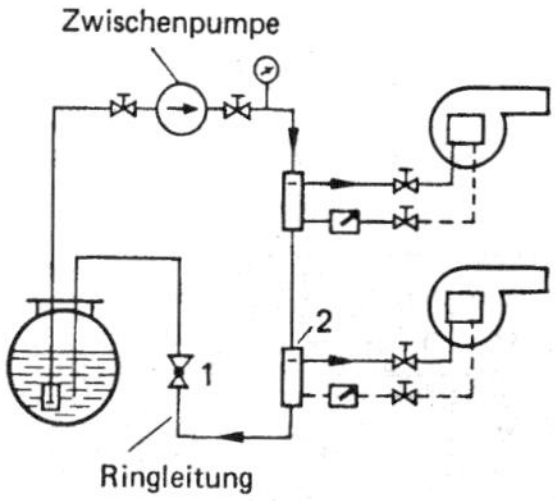

Bild 2.3.2-38. Ringleitung mit mehreren Brennern und Zwischenpumpe.
1 = Druckreduzierventil, 2 = Luftabscheider

Beim *Zweistrangsystem* (Bild 2.3.2-37) sind eine Ölvorlauf- und eine Ölrücklaufleitung vorhanden. Überschüssiges Öl sowie saugseitig eingedrungene Luft werden in den Tank zurückgefördert, wodurch sich das System weitgehend selbständig entlüftet. Das Umpumpen des Öls führt auch zu einer Kühlung der Pumpe.

Bei großen Anlagen mit mehreren Brennern wird eine Ringleitung mit Zwischenpumpe (Bild 2.3.2-38) verwendet. Der Einbau einer Reservepumpe ist zweckmäßig.

Für die Ölleitungen sind Rohre aus Kupfer oder Stahl mit öldichter Klemmring- oder Schneidringverbindung üblich. Unmittelbar am Brenner sind auch flexible Schlauchleitungen zulässig. Im Erdreich werden die Leitungen mit Schutzrohr verlegt. Um einer Paraffinausscheidung bei tiefen Temperaturen vorzubeugen, sind die Leitungen frostfrei zu verlegen.

Bei Heizöl S ist zur Förderung des Öls eine Vorwärmung erforderlich.

Der Vorratstank erhält folgende *Anschlüsse* (Bild 2.3.2-34, Bild 2.3.2-39 u. Bild 2.3.2-40):

- 1 Füllstutzen zum Einfüllen des Öls vom Tankwagen, meist DN 50 und DN 80, mit gesicherter Verschlußklappe.
- Schlauchleitung zum Füllen normal 10 m lang, max. 30 m.
- 1 Entlüftungsleitung zur Abführung von Öldämpfen, die sich bei hohen Temperaturen entwickeln können, mind. DN 50, in der Regel 0,5 m über Füllstutzen.
- 1 Saugleitung zum Brenner mit Bodenventil und Absperrventil, Ausführung am besten aus Kupferrohr. Die Dicke hängt ab von der Leistung der Brennerpumpe, der Entfernung des Tanks sowie der Saughöhe. Die Ölgeschwindigkeit beträgt max. etwa 0,4 m/s und ist meist laminar. Auf eine frostfreie Verlegung ist zu achten. Bei Verlegung im Erdreich ist ein Schutzrohr und evtl. eine Isolierung erforderlich. Der Anschluß des Brenners an die Ölleitung erfolgt meist über flexible Schläuche.
- 1 Umlaufleitung beim Zweistrangsystem, Durchmesser wie Saugleitung.
- 1 Peilrohrstutzen mit Kappe 1″.
- 1 Anschluß für Grenzwertgeber zur Verhinderung einer Tanküberfüllung.
- 1 Leitung zur Messung des Ölvorrats, wofür pneumatische oder mechanische Geräte zur Verfügung stehen (siehe Abschnitt 1.6.7).

Bild 2.3.2-39 zeigt die Anordnung einer Heizungsanlage für Heizöl EL mit Kessel, Ölleitungen und außenliegendem Tank. Beispiel Bild 2.3.2-40 eine andere Anlage, bei der sich der Öltank im Gebäudeinneren neben dem Kessel befindet.

Um die Montagekosten zu senken werden die Armaturen als komplette Installationspakete mit flexiblen ölresistenten Leitungen geliefert.

Schwerölanlagen

Schweröl, das fast nur in der Industrie verfeuert wird, ist bei normalen Temperaturen dickflüssig. Um die Viskosität herabzusetzen, wird es vor der Verbrennung sowie zum Transport erwärmt. Die für den Transport im Tankwagen wichtige *Pumpgrenze* liegt bei einer kinematischen Viskosität von etwa 600 mm^2/s, die für die Verbrennung erforderliche Viskosität je nach Brennersystem bei 12 … 30 mm^2/s.

Das Öl wird in einem möglichst wärmegedämmten Tank durch eine *Bodenheizschlange* auf 40 … 50 °C erwärmt (Bereitschaftswärme). An der Entnahmestelle ist ein zusätzlicher Einsteckvorwärmer vorgesehen.

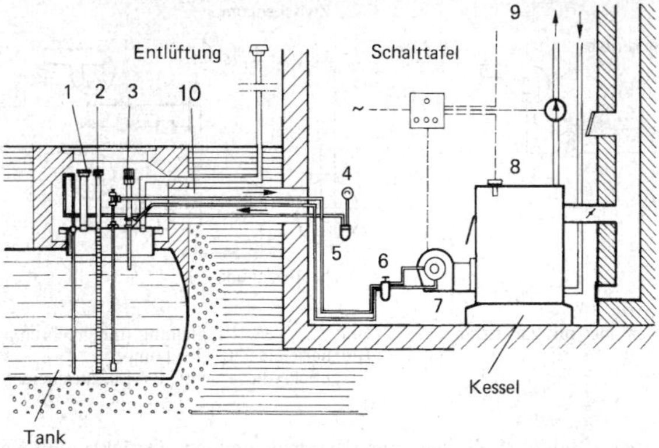

Bild 2.3.2-39. Ölbeheizte Heizkesselanlage mit Kessel, Brenner, unterirdischem Tank und Verbindungsleitungen.
1 = Fülleitung, 2 = Peilrohr, 3 = Grenzwertgeber, 4 = Ölstandsanzeiger, 5 = Kondensatgefäß, 6 = Ölfilter, 7 = Ölbrenner, 8 = Kesselregler, 9 = zum Raum- oder Außentemperaturfühler, 10 = Leerrohr

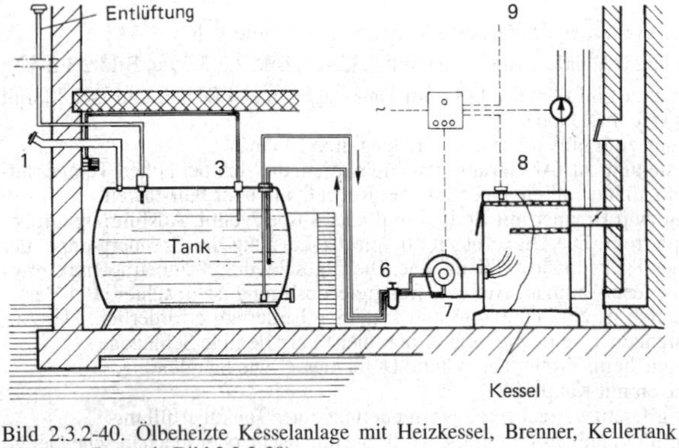

Bild 2.3.2-40. Ölbeheizte Kesselanlage mit Heizkessel, Brenner, Kellertank und Verbindungsleitungen (Legende Bild 2.3.2-39).

Bild 2.3.2-41.
Schwerölanlage.

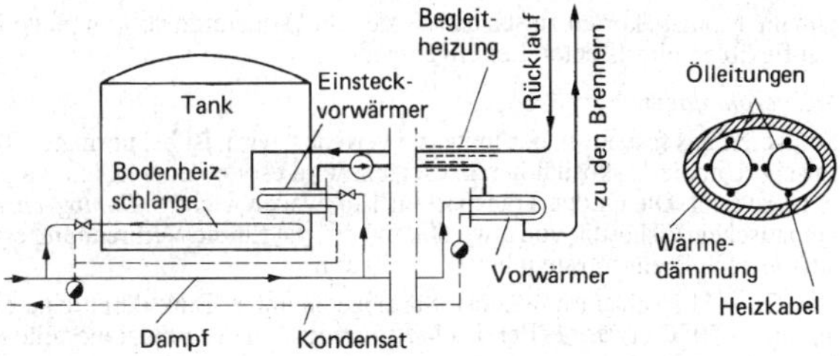

Die in Stahl ausgeführten Rohrleitungen müssen wärmegedämmt sein und erhalten meist eine theromstatisch gesteuerte Begleitheizung, um eine Abkühlung des Öls zu verhindern. Die Zerstäubungstemperatur (Betriebstemperatur) beträgt je nach Ölviskosität und Brennersystem 90 ... 120 °C. Das Öl wird hierzu in einem besonderen Ölvorwärmer (Tagesbehälter) oder Durchlauferhitzer erwärmt, der mit Dampf oder Heißwasser aus dem Kesselkreis oder elektrisch beheizt wird.

-2.3 Bauaufsichtliche Bestimmungen

Die *Heizöllagerung* stellt aufgrund möglicher Undichtheiten, hervorgerufen durch äußere oder innere Korrosionen, eine Gefahr für das Grundwasser dar (bereits ein Ölanteil von 1:1 000 000 im Wasser ist schädlich). Auch zum Schutz gegen Brand und Explosionen wurde daher eine Verordnung über Anlagen zur Lagerung, Abfüllung und Beförderung brennbarer Flüssigkeiten zu Lande (Verordnung über brennbare Flüssigkeiten – VbF, Ausgabe 13.12.1996) erlassen. Die technischen Einzelheiten sind enthalten in den „Technischen Regeln für brennbare Flüssigkeiten – TRbF", die laufend überarbeitet werden. Für Heizölbehälter sind u. a. wichtig:

TRF 001 Allgemeines, Aufbau und Anwendung der TRbF 12.82
TRbF 003 Einstufung brennbarer Flüssigkeiten – Prüfverfahren

Gefahrenklasse AI, AII und B

TRbF 100 Allgemeine Sicherheitsanforderungen, 8.94
TRbF 110 Läger, 8.94
TRbF 131/1 Rohrleitungen innerhalb des Werkgeländes, 9.92
TRbF 131/2 Schlauchleitungen

Gefahrenklasse AIII

TRbF 200 Allgemeine Sicherheitsanforderungen, 9.92
TRbF 210 Läger, 8.94
TRbF 220 Ortsfeste Tanks aus metallischen und nichtmetallischen Werkstoffen – Allgemeines, 8.94
TRbF 221 Ortsfeste Tanks aus metallischen Werkstoffen, 8.94
TRbF 231/1 Rohrleitungen innerhalb des Werksgeländes einschließlich Rohrleitungen zur Versorgung von Ölfeuerungsanlagen, 3.86

Richtlinien

TRbF 402 Richtlinie für Innenbeschichtung von Tanks zur Lagerung brennbarer Flüssigkeiten der Gefahrenklasse AIII, 12.81
TRbF 501 Richtlinie / Bau- und Prüfgrundsätze für Leckanzeigegeräte für Behälter, 5.89
TRbF 502 Richtlinie / Bau- und Prüfgrundsätze für doppelwandige Rohrleitungen, 5.89
TRbF 503 Richtlinie für die Überwachung der Montage von Leckanzeigegeräten, 5.87
TRbF 510 Richtlinie / Bau- und Prüfgrundsätze für Überfüllsicherungen, 5.89
TRbF 511 Richtlinie für den Bau von Grenzwertgebern, 3.86
TRbF 512 Richtlinie für den Bau von Abfüllsicherungen, 6.82
TRbF 513 Richtlinie für selbsttätig schließende Zapfventile, 2.85
TRbF 521 Richtlinie für den kathodischen Korrosionsschutz (KKS) von unterirdischen Tankanlagen und Rohrleitungen aus metallischen Werkstoffen, 2.84
TRbF 522 Richtlinie für den lokalen kathodischen Korrosionsschutz (LKS) von unterirdischen Tankanlagen und Rohrleitungen aus metallischen Werkstoffen (LKS-Richtlinie), 3.88
TRbF 600 Prüfrichtlinie; Allgemeine Prüfgrundsätze, 10.83
TRbF 610 Prüfrichtlinie; Prüfregeln für Anlagen, 1.88
TRbF 620 Prüfrichtlinie; Prüfregeln für Tanks und Rohrleitungen, 10.83

Die wichtigen Bestimmungen, die allerdings in den einzelnen Bundesländern nicht unbedingt gleichlautend sind, sind folgende:

a) Oberirdische Lagerung in Gebäuden

Bis 5000 l Lagervolumen darf in Heizräumen gelagert werden. Für die Lagerung von mehr als 5000 l sind besondere Heizöllagerräume erforderlich, die folgenden Anforderungen entsprechen müssen: feuerbeständige Wände und Decken; feuerhemmende Türen; Lüftung; Auffangraum oder -wanne für auslaufendes Heizöl; keine Verbindung zu Abwasserleitungen. In Wohnungen sind ortsfeste Behälter bis 100 l und Kanister bis 40 l zulässig.

b) Oberirdische Lagerung im Freien

Auslaufendes Heizöl darf nicht in Kellerräume und Abwasserleitungen gelangen; bei einer Lagerung von mehr als 1000 l Öl ist eine Auffangwanne oder Auffangraum vorzusehen, die mit einer Entleerungseinrichtung, einer Absperrvorrichtung und einem Heizölabscheider auszustatten sind; statt dessen ist auch ein doppelwandiger Behälter mit Leckanzeigegerät zulässig. Kunststoff-Batterietanks mit integrierter Auffangwanne benötigen ebenfalls keinen zusätzlichen öldichten Auffangraum.

c) Unterirdische Lagerung

Für eine unterirdische Lagerung sind doppelwandige Behälter mit Leckanzeigegerät oder ein öldichter Auffangraum mit Leckanzeigegerät vorgeschrieben. Einwandige Behälter mit Leckanzeige- und -sicherungsgerät sind nur noch bei bestehenden Anlagen zulässig. Tanks ohne Doppelwandigkeit und Leckanzeigegerät sind nur aus glasfaserverstärktem Kunststoff erlaubt.

d) Stählerne Behälter

Zylindrische Behälter müssen den jeweiligen DIN-Normen 6608, 6616 bis 6619 entsprechen, rechteckige Behälter der DIN 6625.

e) Betonbehälter

Für Berechnung und Ausführung von Betonbauteilen sind DIN 1045 und 4227 maßgebend.

f) Kunststoffbehälter

Kunststoffbehältertanks müssen den Bestimmungen der TrbF genügen und benötigen eine allg. bauaufsichtliche Zulassung des DIBT (Deutsches Institut für Bautechnik).

g) Transport und Einbau

Oberirdische Behälter in Gebäuden dürfen bestimmte Abstände von den Umfassungsflächen nicht unterschreiten. Der Mindestabstand von Wänden muß auf zwei Seiten 40 cm, sonst 25 cm betragen. Von der Decke ist ein Abstand von 25 bzw. 60 cm, vom Fußboden 10 cm einzuhalten. Der Abstand vom Kessel darf 1 m nicht unterschreiten. Kunststoff-Batterietanks dürfen ohne Bodenabstand aufgestellt werden. Der Mindestabstand von den Wänden muß auf zwei Seiten 40 cm betragen, sonst 5 cm betragen.

Bei unterirdischen Behältern ist der Tank vor der Einbettung zu prüfen. Der Tank ist mit 1% Gefälle in der Sohle einzubetten. Die Anschlüsse müssen durch den Schacht zugänglich sein, die lichte Weite des Schachtes muß hierfür mindestens 940 mm betragen.

h) Behälterausrüstung

Anschluß der Fülleitung muß von außen zugänglich sein und verschließbar sein. Die Anschlüsse der Ölleitungen müssen an der Tankoberseite angebracht werden. Die Entlüftungsleitung (mind. DN 40) ist mit Steigung ins Freie zu verlegen. Es ist eine Entleerungseinrichtung sowie ein Flüssigkeitsstandanzeiger vorzusehen. Eine Überfüllsicherung am Behälter ist nicht mehr erforderlich, da für die Tankwagen eine elektronische Überfüllsicherung vorgeschrieben ist. Die Sicherung am Tankwagen arbeitet in Verbindung mit einem *Grenzwertgeber,* der bei Tanks über 1000 l vorgeschrieben ist und den Füllvorgang bei Erreichen einer vorgeschriebenen Füllhöhe beendet.

i) Leitungen

In Wänden und Decken werden die Leitungen aus einem korrosionsfesten Material (meist Kupfer) mit Schutzrohr verlegt. Der Brenner ist über flexible Anschlußleitungen an die Ölverteilung angeschlossen. Die Dichtheit des Leitungssystems wird mit 5 bar Überdruck geprüft. Sämtliche Leitungen sind *frostfrei* zu verlegen, da eine Paraffinausscheidung im Heizöl bei niedrigen Temperaturen zu einer Störung der Anlage führt.

j) Abnahme, regelmäßige Überprüfung

Die Abnahme der Tanks erfolgt einerseits beim Hersteller und durch baufaufsichtliche Schlußabnahmen am Einsatzort (TRbF 610/620). Der Betrieber erhält eine Bescheinigung über die Benutzbarkeit des Behälters sowie ein Prüfzeugnis. Alle 5, in Wasserschutzgebieten alle $2^1/_2$ Jahre sind regelmäßige Prüfung unterirdischer Behälter durch TÜV-Sachverständige (gem. WHG § 19i) vorgeschrieben.

k) Lagerung in Wasser- und Quellenschutzgebieten

Gemäß dem *Wasserhaushaltsgesetz* des Bundes (WHG) vom 23. Sept. 86, ist in der engeren Zone von Wasser- und Quellschutzgebieten die Lagerung von Heizöl überhaupt nicht zulässig, in der weiteren Zone nur bei Einhaltung besonderer Vorschriften zum Schutz von Grund- und Quellenwasser (kathodischer Korrosionsschutz, TÜV-Überprüfung gem. WHG § 19i alle $2^1/_2$ Jahre). Die einzelnen Länder haben entsprechende Lagerverordnungen erlassen.

l) Sicherungseinrichtungen

Sicherungseinrichtungen benötigen eine Zulassung oder ein Prüfzeichen. Dazu gehören:
- Auffangvorrichtungen für auslaufendes Heizöl;
- Leckanzeigegeräte mit optischem oder akustischem Signal;
- Lecksicherungsgeräte, die das Auslaufen von Öl anzeigen und verhindern;
- bei Anlagen über 50 kW Gefahrenschalter außerhalb des Heizraumes.

m) Dachzentralen

Hier sind zusätzliche Lecksicherungen erforderlich wie ein Schutzrohr um die Ölleitungen und eine Auffangwanne unter dem Kessel.

-3 Gasbrenner

-3.1 Allgemeines

Man unterscheidet Gasbrenner hinsichtlich folgender Kriterien:

nach der Gemischaufbereitung
- vor der Flamme mischende Brenner (kurz: Vormischbrenner)
- teilweise vor der Flamme mischende Brenner
- in der Flamme mischende Brenner (kurz: Diffusionsbrenner)
- katalytische Brenner

nach Gasart
- Stadt- und Ferngasbrenner
- Erdgasbrenner:
  - H-Gasbrenner
  - L-Gasbrenner
  - LL-Gasbrenner
- Flüssiggasbrenner
- Mehrgas- und Allgasbrenner

nach der Luftaufbereitung
- Brenner mit Gebläse
- Brenner ohne Gebläse

nach Gasdruck
- Niederdruckbrenner (5…50 hPa Gasdruck)
- Hochdruckbrenner (50…300 kPa (0,5…3,0 bar) Gasdruck)

nach Betriebsweise
- handbetätigte Gasbrenner
- halbautomatische Gasbrenner: Die Hauptflamme wird durch eine dauernd brennende Zündflamme gezündet. Die Zündflamme wird bei Inbetriebnahme über einen Piezozünder gezündet und anschließend thermoelektrisch überwacht.
- vollautomatische Gasbrenner: Die Hauptflamme oder auch ein Zündbrenner wird direkt elektrisch gezündet. Eine Ionisationselektrode befindet sich am weitest entfernten Brennerstab oder im Randbereich der Brennerfläche. Wird innerhalb einer Sicherheitszeit kein Flammensignal (Ionisationsstrom) gemeldet, unterbricht der Feuerungsautomat die Gaszufuhr und schaltet den Brenner auf Störung. Eine dauernd brennende Zündflamme ist nicht erforderlich. Heute wird auch bei kleineren atmosphärischen Brennern überwiegend eine vollautomatische Zündung verwendet.

Folgende DIN und europäischen Normen (EN) regeln den Betrieb von Gasbrennern:
- DIN EN 297: Heizkessel für gasförmige Brennstoffe mit atmosphärischen Brennern, Typ B, Leistung <70 kW

- DIN EN 483: Heizkessel für gasförmige Brennstoffe mit atmosphärischen Brennern, Typ C, Leistung ≤70 kW
- DIN EN 625: Heizkessel für gasförmige Brennstoffe, Kombi-Heizkessel, Leistung ≤70 kW
- DIN EN 656: Heizkessel für gasförmige Brennstoffe mit atmosphärischen Brennern, Typ B, Leistung von 70 kW bis 300 kW
- DIN EN 677: Heizkessel für gasförmige Brennstoffe mit atmosphärischen Brennern, Brennwert-Heizkessel bis 70 kW
- DIN EN 676: Gasbrenner mit Gebläse (entspricht DIN 4788 T3)

Zur Erläuterung der Gasgeräte-Typen

- Typ B: Gasfeuerstätte mit einer gegenüber dem Aufstellungsraum offenen Verbrennungskammer, die zum Anschluß an einen Schornstein bestimmt ist und mit einem Brenner (mit und ohne Gebläse) ausgestattet ist, sowie Gasspezialkessel bzw. Umlauf/Kombiwasserheizer
- Typ C/D: Gasfeuerstätte mit geschlossener Verbrennungskammer gegenüber dem Aufstellungsraum sowie Wandbrennwertgerät

Jedes Gasbrennermodell muß ebenso wie jedes Ölbrennermodell durch eine anerkannte Prüfstelle (DVGW u. a.) die Einhaltung der in der jeweiligen Norm spezifizierten Anforderungen nachweisen und erhält danach ein sog. Registriernummer. Für Gasbrenner, die unter die EG-Gasgeräterichtlinie fallen, ist eine CE-Kennzeichnung ab dem 01.01.96 vorgeschrieben. Geräte, die diese Anforderung nicht erfüllen, dürfen nicht in den Handel gebracht werden.

Die Normen für Sicherheits- und Regeleinrichtungen für Gasbrenner und Gasverbrauchseinrichtung sind in Abschnitt 2.3.2-3.4 beschrieben.

Darüber hinaus sind die folgenden nationalen Umweltzeichen zu beachten:

- Blauer Engel RAL UZ 39: Gasspezialheizkessel ≤120 kW
- Blauer Engel RAL UZ 41: Brenner-Kesselkombination, Gasbrenner mit Gebläse ≤120 kW
- Blauer Engel RAL UZ 61: Brennwertkessel ≤30 kW
- Blauer Engel RAL UZ 80: Gasgebläsebrenner ≤120 kW
- Hamburger Förderprogramm
- ÖVGW-Zeichen

-3.2 Brenner ohne Gebläse (atmosphärische Brenner)

Bei Brennern ohne Gebläse wird das Injektorprinzp für die Vormischung der Luft und des Gases verwendet. Das Injektorprinzip ist in Bild 2.3.2-42 und Bild 2.3.2-43 dargestellt. Das Gas wird mit hohem Druck über Düsen in das Mischrohr eingeblasen. Die hohe Geschwindigkeit der aus den Düsen austretenden Gasstrahlen erzeugt am Mischrohreintritt einen Unterdruck, durch den die Primärluft aus der Umgebung angesaugt wird. Die angesaugte Luft und das eingeblasene Gas werden im folgenden Rohrabschnitt gemischt. Das teil- oder vollvorgemischte Gemisch tritt über einen durchlässigen Reaktionskörper gleichmäßig verteilt aus. Der Reaktionskörper ist meist aus geschlitzten oder gelochten Blechen aufgebaut oder besteht aus einem porösen Werkstoff (Keramikschaum, Metallgewebe u. a.). An der dem Feuerraum zugewandten Seite des Reaktionskörpers wird das austretende Gemisch elektrisch oder durch eine Zündflamme gezündet. Bei einem teilvormischenden System mischt sich nur ein Teil der für die Verbrennung notwendigen Luft im Mischrohr, der restliche Anteil (Sekundärluft) wird aufgrund der Auftriebskraft der Flamme erst in der Reaktionszone zugemischt. Dieser Restluftanteil strömt um den Brennerstab bzw.

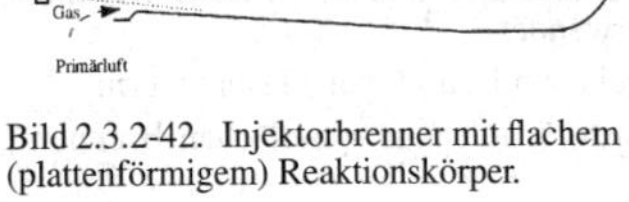

Bild 2.3.2-42. Injektorbrenner mit flachem (plattenförmigem) Reaktionskörper.

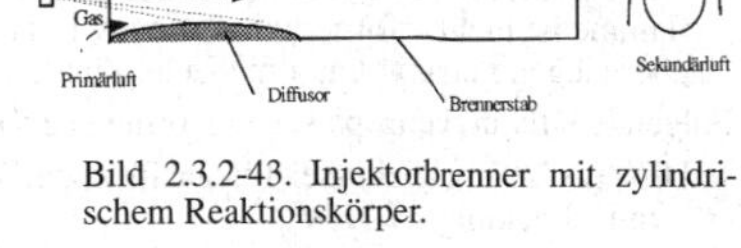

Bild 2.3.2-43. Injektorbrenner mit zylindrischem Reaktionskörper.

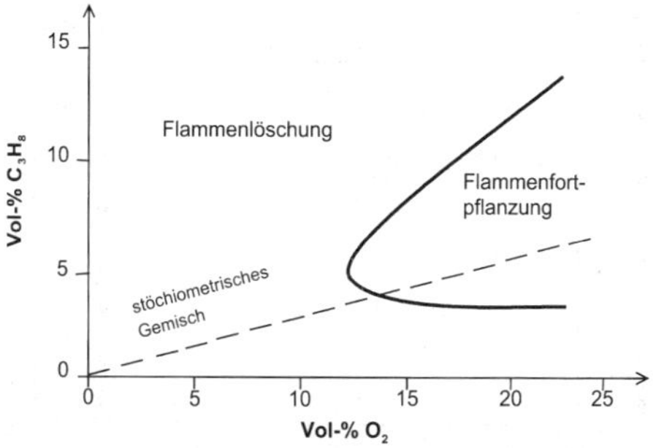

Bild 2.3.2-44. Zündgrenzen für ein Gemisch aus Propan (C_3H_8), Sauerstoff (O_2) und Stickstoff (N_2).

durch spezielle Zwischenräume im Reaktionskörper zum Flammenbereich. Brenner für Heizkessel besitzen meist einen zylindrischen Reaktionskörper, während Brenner für Wandgeräte meist aus einem oder mehreren plattenförmigen Reaktionskörpern (sog. Brennerschienen oder Brennerstäben) aufgebaut sind. Düse, Mischrohr und Reaktionskörper müssen entsprechend der eingesetzten Gasart und dem vorliegenden Gasdruck ausgelegt sein. Infolge unterschiedlicher Gasarten (Dichte, Gasdruck, Heizwert unterschiedlich) verändert sich die Primärluftzahl bei gleicher Ausführung der Reaktionsoberfläche und des Mischrohres. Der Brenner muß daher an die unterschiedlichen Gasarten durch einen Düsenwechsel und die Gasdruckeinstellung angepaßt werden.

Die Stabilitätsbereich einer Flamme hängt von Ausbreitungsgeschwindigkeit der Flammenfront (im folgenden als Flammengeschwindigkeit bezeichnet), der Strömungsgeschwindigkeit des Gemischs und dem Wärmetransport aus den Flammengasen ab. In einem Gemischstrom, dessen Zusammensetzung innerhalb der Zündgrenzen liegt, bewegt sich die Flammenfront mit der Differenz aus Strömungsgeschwindigkeit und Flammengeschwindigkeit solange stromauf, bis an einem Ort beide Geschwindigkeiten gleich groß und entgegengesetzt gerichtet sind. Ist dort die freigesetzte Reaktionswärme sowie die aus der Reaktionszone zurückgeführten Wärmemenge in der Summe größer als die Mindestzündenergie, so bildet sich eine ortsfeste Flamme, die als stabil bezeichnet wird, wenn sie unmittelbar am Brenner beginnt und ohne Pulsationen brennt. In Erweiterung dieser physikalischen Definition beschreibt der Begriff der Flammenstabilität in der technischen Anwendung die Widerstandsfähigkeit einer Flamme gegenüber kurzzeitigen Schwankungen in den Betriebsparametern, wie Feuerraumdruck, Gemischzusammensetzung und Brennstoff- und Verbrennungsluftgeschwindigkeit.

Die Mindestzündenergie eines Gemischs wird vor allem durch das Brennstoff-Luft-Verhältnis und die Strömungsform beeinflusst. In der Nähe der stöchiometrischen Gemischzusammensetzung erreicht die Mindestzündenergie einen Minimalwert. Bei turbulenter Strömung liegt die Mindestzündenergie höher als bei laminarer Strömung, da bedingt durch den turbulenten Schwankungsanteil eine größere Stoffmenge auf Zündtemperatur erwärmt werden muß.

Bild 2.3.2-44 zeigt beispielhaft die Zündgrenzen eines Gemischs aus Propan (C_3H_8), Sauerstoff (O_2) und Stickstoff (N_2). Die untere Zündgrenze (sauerstoffreiches Gebiet) und die obere Zündgrenze (brennstoffreiches Gebiet) gehen im Bereich kleiner Sauerstoffgehalte ineinander über.

Die laminare Flammengeschwindigkeit s_l eines Brennstoff-Luft-Gemischs hängt außer von den Eigenschaften des Brennstoffes auch vom Mischungsverhältnis zwischen Brennstoff und Luft sowie der Temperatur ab. Bild 2.3.2-45 zeigt die laminare Flammengeschwindigkeit s_l in Abhängigkeit von der Luftverhältniszahl l und der Ausgangstemperatur des Gemischs T_0 für Methan. Zum Vergleich sind auch die Zahlenwerte für n-Heptan (C_7H_{18}) - Ersatzbrennstoff für Heizöl EL - eingetragen. Die laminare Flammengeschwindigkeit erreicht ihr Maximum im Bereich einer stöchiometrischen Mischung und fällt mit steigender Luftverhältniszahl ab. Mit zunehmender Vorwärmung des Brennstoff-Luft-Gemischs steigt die laminare Flammengeschwindigkeit an.

Bild 2.3.2-46 verdeutlicht den Vorgang der Flammenstabilisierung an einer Ausströmöffnung. Durch den Wärmetransport aus den Flammengasen an die Umfassungsflächen der Ausströmöffnung fällt die laminare Flammengeschwindigkeit, ausgehend vom adiabaten Maximalwert im Zentrum der Strömung zu den Rändern hin ab. Da die Strömungsgeschwindigkeit am Austrittsquerschnitt des Gemischs infolge der Wandreibung ebenfalls in

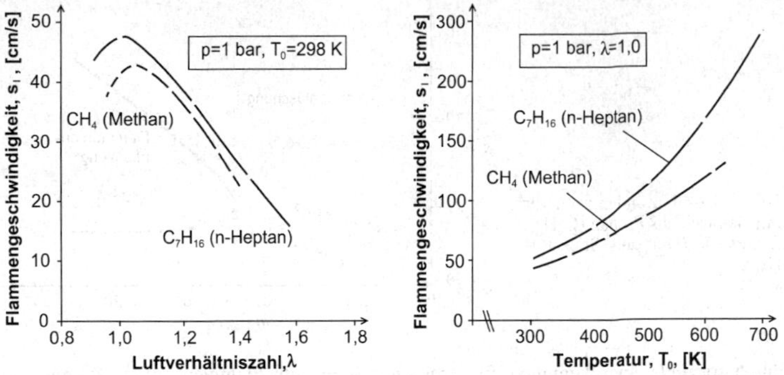

Bild 2.3.2-45. Laminare Flammengeschwindigkeit sl von Methan, sowie n-Heptan in Abhängigkeit des Luftverhältnisses 8 und der Ausgangstemperatur des Gemischs T0 .

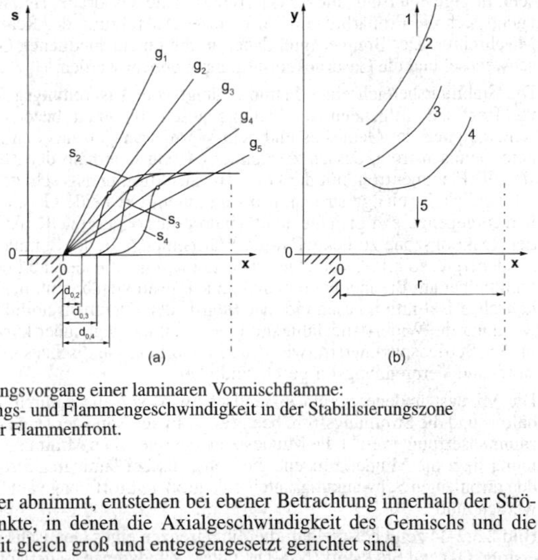

Bild 2.3.2-46. Stabilisierungsvorgang einer laminaren Vormischflamme:
(a) Strömungs- und Flammengeschwindigkeit in der Stabilisierungszone
(b) Lage der Flammenfront.

Richtung der Strahlränder abnimmt, entstehen bei ebener Betrachtung innerhalb der Strömung Stabilisierungspunkte, in denen die Axialgeschwindigkeit des Gemischs und die Flammengeschwindigkeit gleich groß und entgegengesetzt gerichtet sind.

In Bild 2.3.2-46 (a) sind für 5 verschiedene Ausströmgeschwindigkeiten mit ausgebildetem Parabelprofil jeweils die Tangenten vom Rand der Ausströmöffnung an die Geschwindigkeitsparabel dargestellt. Die Steigung der Tangenten, die als Wandgeschwindigkeitsgradiente g bezeichnet wird, ist gemäß nachfolgender Gleichung proportional zur mittleren Ausströmgeschwindigkeit des Gemischs u_m.

$$g = \frac{4\,u_m}{r}$$

Mit sinkender mittlerer Ausströmgeschwindigkeit verschiebt sich der Verlauf der Flammengeschwindigkeit infolge der zunehmenden Kühlwirkung der Umfassungsflächen der Ausströmöffnung und der geringeren Beimischung von Gas aus der Strahlumgebung in Richtung Strahlachse. Die Breite des Strahlrandes $d_{p,i}$ (penetration distance), in dem die Flammengeschwindigkeit Null ist, nimmt zu. Die Flammenfront bewegt sich solange in Richtung der Ausströmöffnung bis sich die Tangente an die Strömungsparabel g_i und der Verlauf der Flammengeschwindigkeit s_i erneut in einem Punkt berühren. Bild 2.3.2-46 (b) zeigt die aus dem Zusammenwirken von Strömungsgeschwindigkeit und Flammengeschwindigkeit resultierende Lage der Flammenfront für verschiedene Ausströmgeschwindigkeiten. Unterhalb einer kritischen Strömungsgeschwindigkeit ist eine Stabilisierung der Flamme außerhalb des Brenners nicht möglich (Kurve 5). Die Flamme breitet sich in diesem Fall entweder bis in den Vormischbereich aus (Flammenrückschlag), oder erlischt, wenn der Löschabstand $d_{q,i}$ auf dem Weg der Flamme dorthin die Größe des Durchmessers der Ausströmöffnung erreicht. Überschreitet dagegen die Strömungsgeschwindigkeit im gesamten Strahl die Flammengeschwindigkeit so hebt die Flamme ab.

Auf Basis dieser Grundlagen kann nun die Stabilitätsgrenze eines Brenners als kritischer Wand-Geschwindigkeitsgradient g_{krit} in Abhängigkeit von Luftverhältniszahl bestimmt werden. Die empirisch gefundenen Zahlenwerte sind in Bild 2.3.2-47 für Erdgas eingetragen. Die Rückschlags- und Abhebegrenzen schließen den stabilen Brennbereich des Brenners ein. Ein Betrieb des Brenners außerhalb dieser Stabilitätsgrenzen führt nicht in allen Fällen zum Erlöschen der Flamme. So geht ein Flammenrückschlag in eine Detonation des im Vormischbereich enthaltenen Gemischs über, deren Durckwelle entweder die Flamme vollständig löscht oder in den Vormischbereich verlagert. Hebt die Flamme dagegen ab, so nehmen die CO, C_xH_y und Rußemissionen zu.

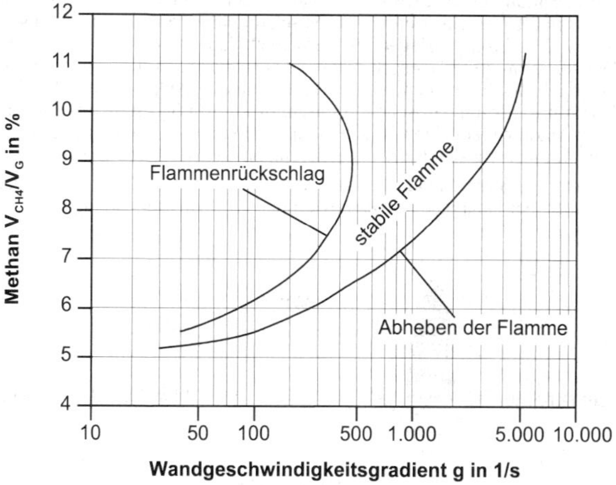

Bild 2.3.2-47. Stabilitätsdiagramm für Erdgas

In den letzten Jahren haben die Brenner- bzw. Heizgerätehersteller große Anstrengungen unternommen, die Schadstoffemission zu reduzieren. Zur NO_x-Minderung an Gasbrennern ohne Gebläse mit kleinerer Leistung stehen folgende Maßnahmen zur Verfügung:

1. Einsatz von Kühlstäben als Kühlelement bei teilvorgemischten Brennern (Bild 2.3.2-48)
2. Wassergekühlte Brennerplatten in Verbindung mit überstöchiometrischer Vormischung (Bild 2.3.2-49)
3. Überstöchiometrische Vormischung mit teilabgehobener Flamme
4. Strahlungsflächenbrenner (Bild 2.3.2-55)
5. Verbrennung in porösen Medien
6. Katalytisch unterstützte Brenner
7. Katalytische Brenner

Durch den Einbau von Kühlstäben wird versucht, die Flammentemperatur passiv (ohne Wasserkühlung, Bild 2.3.2-48) oder aktiv (mit Wasserkühlung, Bild 2.3.2-49) zu senken. Wie in Bild 2.3.2-48 gezeigt, werden die Keramikstäbe durch die heißen Flammengase konvektiv erwärmt und geben ihrerseits die aufgenommene Wärme durch Strahlung an den im Feuerraum integrierten Wärmetauscher ab (Wasserrohrbauweise). Dadurch wird die Flammentemperatur gesenkt und weniger thermisches NO_x gebildet.

Eine Verkürzung der Verweilzeit der heißen Flammengase im Bereich hoher Flammentemperaturen (Verkürzung der Flammenlänge, Erhöhung der Flammengeschwindigkeit)

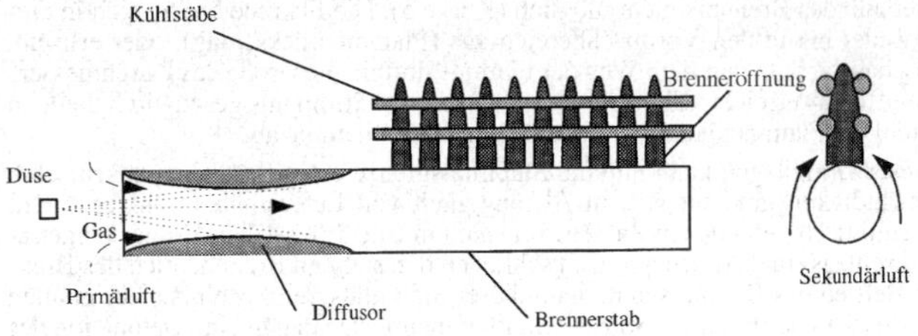

Bild 2.3.2-48. Einsatz von Kühlstäben als Kühlelement bei teilvorgemischten Brennern.

führt ebenfalls zu einer Reduzierung der thermischen Stickoxidemissionen. Durch Erhöhen des Primärluftanteils werden die Mischvorgänge von Brennstoff und Verbrennungsluft in das Mischrohr verlagert, wo erheblich längere Mischwege zur Verfügung stehen. Das sehr homogene Gemisch verbrennt anschließend mit sehr geringen Temperaturspitzen innerhalb der Flamme, wodurch die thermische NO_x-Bildung ebenfalls reduziert wird. Durch überstöchiometrische Vormischung ist es möglich, den prompten und thermischen NO_x-Anteil zu reduzieren, jedoch muß die Flamme in ihrer teilabgehobenen Form stabilisiert werden, was den Betriebsbereich und die einsetzbaren Gasarten einschränkt.

Brenner mit Strahlungsflächen sind sowohl atmosphärisch als auch gebläseunterstützt realisierbar, bei katalytisch unterstützten und katalytischen Brennern ist ein Gebläse vorgesehen.

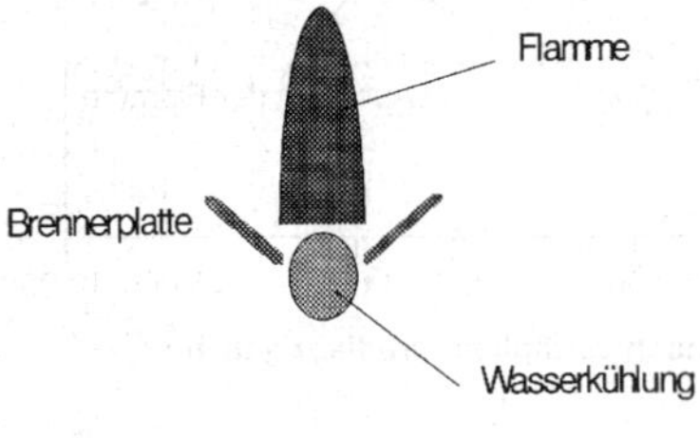

Bild 2.3.2-49. Wassergekühlter Brenner.

-3.3 Gasgebläsebrenner

Bei diesen Brennern wird die Verbrennungsluft durch ein Gebläse zugeführt, wordurch sie gegenüber atmosphärischen Brennern weniger stark vom Schornsteinzug abhängig sind. Die Mischung von Gas und Verbrennungsluft findet entweder vor dem Gebläse oder hinter dem Gebläse statt. Die Vorteile von Gasgebläsebrennern liegen in der exakten Dosierung der Luftmenge. Damit sind kleinere Luftüberschußzahlen betriebssicher realisierbar, wodurch sich der feuerungstechnische Wirkungsgrad verbessert.

Hinsichtlich der Gemischaufbereitung werden folgende Brennerbauarten unterschieden:
- in der Flamme mischende Brenner (kurz: Diffusionsbrenner)
- vor der Flamme mischende Brenner (kurz: Vormischbrenner)
- katalytische Brenner

Gebläsebrenner bestehen aus folgenden Baugruppen (Bild 2.3.2-58)
- Gebläse mit Motor
- Gasregelstrecke bestehend aus Filter, Druckregler, Magnetventil, Druckwächter
- Brennerrohr mit Gasdüsen und Stauscheibe (Diffusionsbrenner), durchlässiger Reaktionskörper (Vormischbrenner), katalytisch beschichteter Reaktionskörper (katalytischer Brenner)
- Zündeinrichtung
- Steuerung, Sicherheitseinrichtungen (Luftdruckwächter, Flammenüberwachung)

-3.3.1 Diffusionsbrenner

Hinsichtlich der Gemischaufbereitung werden folgende Systeme unterschieden:

- Mischkopf mit Parallelstrom: Luft und Gas strömen parallel (Bild 2.3.2-50a)
- Mischkopf mit Kreuzstrom und Mittelrohr (Bild 2.3.2-50b)
- Mischkopf mit Kreuzstrom und Lanzen (Bild 2.3.2-50c)

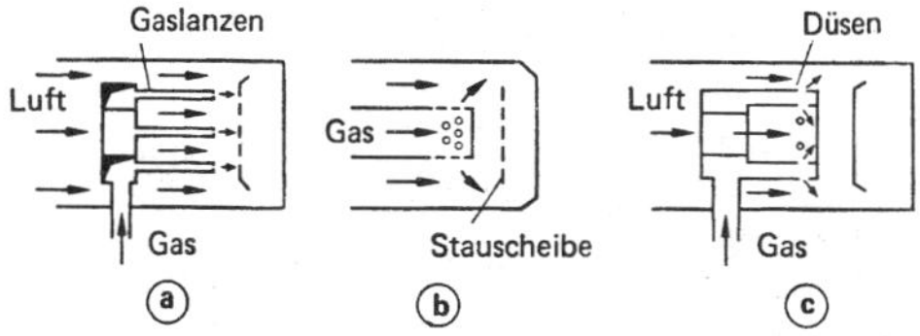

Bild 2.3.2-50. Schema der Gas- und Luftführung bei Gasgebläsebrennern.
a = Parallelstrom, b = Kreuzstrom-Mittelrohrbrenner, c = Kreuzstrom-Lanzenbrenner

Als *Maßnahmen zur NO_x-Minimierung* werden bei Düsengebläsebrennern folgende Prinzipien verwendet:

- Abgasrezirkulation (Bild 2.3.2-51): Die Wirkungsweise der Rauchgasrezirkulation bei Gasbrennern ist vergleichbar mit der bei Ölbrennern (vgl. Abschnitt 2.3.2-1.6.6 Gemischaufbereitung). In Ölbrennern dienen die rückgeführten heißen Rauchgase zusätzlich einer Brennstoffverdampfung. Der im rezirkulierten Rauchgas enthaltene Wasserdampf spaltet die relativ langen Kohlenwasserstoffmoleküle in kürzere Moleküle auf, wodurch die Rußentstehung nahezu vollständig vermieden wird. Diese Art der Brennstoffaufbereitung entfällt bei Gasbrennern, da es sich hier um einen gasförmigen Brennstoff mit extrem kurzkettigen Molekülen (Methan, CH_4) handelt. Folgende Effekte der Rauchgasrezirkulation sind für Öl- und Gasbrenner gleichermaßen zutreffend:

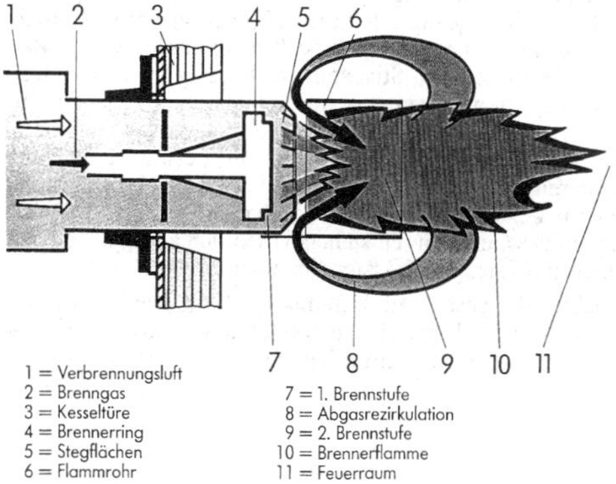

Bild 2.3.2-51. Schematische Darstellung eines mündungsmischenden Düsenbrenners mit Rauchgasrezirkulation.

Die rückgeführten Flammengase senken den Sauerstoffpartialdruck im Flammenbereich. Dadurch verzögert sich die Energiefreisetzung, was aufgrund des Wärmeaustausches zu niedrigeren und gleichmäßigeren Verbrennungstemperaturen im Flammenbereich führt. Durch die Einmischung nahezu inerter Flammengase mit hoher spezifischer Wärmekapazität (CO_2, H_2O) wird auch die durch die Energiefreisetzung erreichbare adiabate Flammentemperatur kleiner. Das Rezirkulationsrohr überträgt den aus den Flammengasen konvektiv übertragenen Wärmestrom durch Strahlung an die Feuerraumwände und trägt dadurch zu einer Kühlung der Flamme bei. Darüber hinaus begünstigt es die Stabilisierung der Flamme, indem es verhindert, daß eine zu große Menge abgekühlten Rauchgases zur Flammenwurzel transportiert wird, wodurch sich die Zündbedingungen in diesem Bereich verbessern. Ebenfalls zur Stabilisierung wird die Verbrennungsluft meist verdrallt zugeführt (im Brennernahbereich entstehen Zonen, in denen die axiale Geschwindigkeit Null ist). Ein weiterer Grund für die Verdrallung liegt in der Intensivierung der Durchmischung von Brennstoff und Verbrennungsluft. Die Methode der Rauchgasrezirkulation ist bei Diffusionsbrennern Stand der Technik.

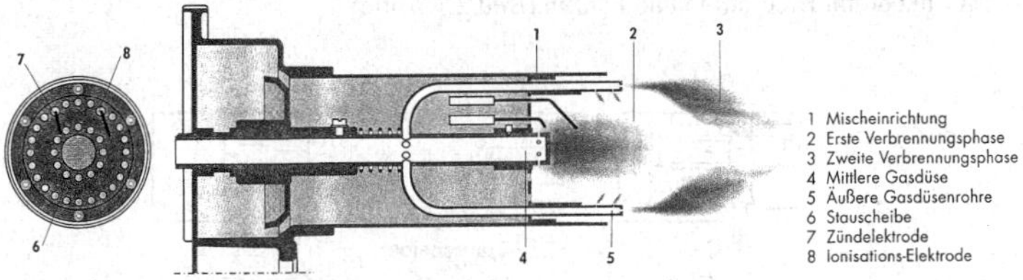

Bild 2.3.2-52. Funktionsdarstellung eines Gebläsebrenners mit Brennstoffstufung.

– Brennstoffstufung: (Beispiel Bild 2.3.2-52) Über der mittleren Gasdüse (4) wird ein Teil des Brenngases mit der Gesamtluftmenge gezündet (7). Der hohe Luftüberschuß führt zur Kühlung der Flamme. Über die kranzförmig angeordneten Düsenrohre (5) wird – zeitlich versetzt – die Restbrennstoffmenge mittels Zündelektrode in die bereits gebildete Flamme (2) eingebracht. Die unverbrannten Bestandteile werden in der Nachflamme (3) vollständig verbrannt. Durch die gestufte Brennstoffzuführung ergibt sich eine deutlich abgesenkte Flammentemperatur und eine verkürzte Verweilzeit der Flammengase innerhalb der heißen Bereiche.

-3.3.2 Vormischbrenner

Bei dieser Brennerbauart strömt ein überstöchiometrisch vorgemischte Brennstoff-Luftmischung über einen durchlässigen Reaktionskörper verteilt in den Feuerraum ein (vgl. Bild 2.3.2-53). Der Reaktionskörper erwärmt sich im Kontakt mit den heißen Flammengasen und gibt die aufgenommene Wärme durch Strahlung an die Feuerraumwände weiter. Die Flamme kühlt sich dadurch ab und erhält infolge des effektiven Wärmetransports innerhalb der Festkörpermatrix des Reaktionskörpers eine gleichmäßige Temperaturverteilung. Beide Vorgänge tragen dazu bei, dass die thermische Stickstoffoxidbildung gegenüber freibrennenden Flammen abnimmt. Der Reaktionskörper bzw. die dicht darunter liegende Verteileinrichtung (meist Bleche) sind so zu gestalten, daß ein Rückschlagen der Flamme in den Vormischbereich vermieden wird (Rückschlagsicherung). Die geringe Länge der Flammen und der hohe Anteil der bereits im Feuerraum durch Strahlung an die Feuerraumwände übertragenen Reaktionswärme begünstigen den Bau kompakter Heizgeräte. Durch die niedrige Austrittsgeschwindigkeit des Gemischs entstehen wesentlich geringere Geräusche als bei drall- oder stauscheibenstabilisierten Diffusionsflammen.

Als Reaktionskörper werden gelochte oder geschlitzte Keramik- und Edelstahlkörper verwendet. Darüber hinaus eignen sich auch Drahtgewebe aus Metall sowie aus Keramikfasern hergestellte poröse Körper. Neben einer plattenförmigen Gestaltung des Reaktions-

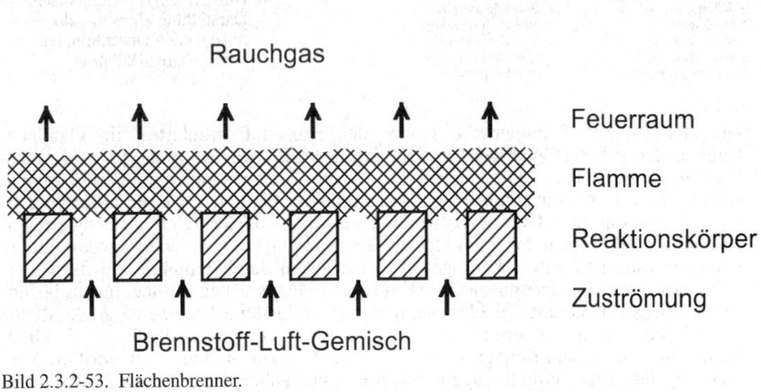

Bild 2.3.2-53. Flächenbrenner.

körpers (s. Bild 2.3.2-55) sind auch gewölbte, zylindrische und halbkugelige Formen in unterschiedlichen Brennerkonstruktionen zu finden. Beispielhaft ist ein Flächenbrenner mit einer durchlässigen Keramikplatte als Reaktionskörper dargestellt, sowie ein Brenner, bei dem der Reaktionskörper aus einem zylinderförmigen keramischen Körper gefertigt ist (s. Bild 2.3.2-54 u. Bild 2.3.2-55)

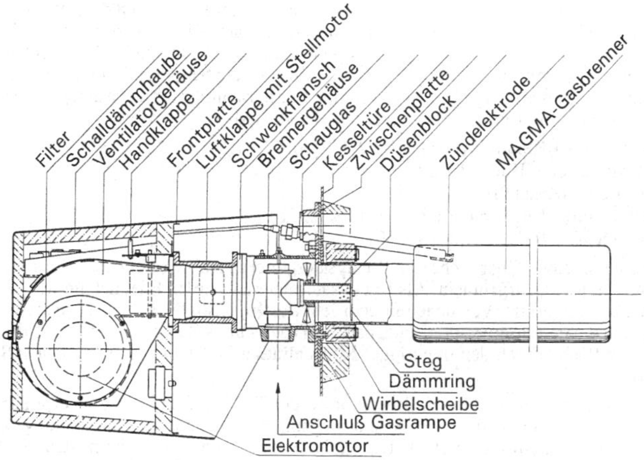

Bild 2.3.2-54. Flächenbrenner mit zylindrischem Reaktionskörper (Walter Dreizler GmbH).

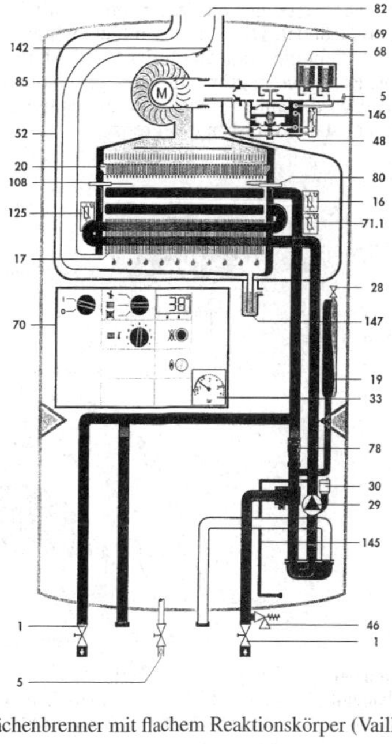

1 Wartungshahn
5 Gaszufuhr
16 Sicherheits-Temperaturbegrenzer STB
17 Integral-Wärmetauscher
19 Ausdehnungsgefäß
20 Brenner
28 Ventil für Stickstoff-Füllung
29 Umwälzpumpe
30 automatischer Entlüfter
33 Manometer
46 Sicherheitsventil
48 Gas-Luft-Verbund-Regelarmatur
52 Unterdruckkammer
68 Magnetventile (Hauptgasventile)
69 Gasmengen-Regelventil
70 Elektronikbox
71.1 NTC 1
78 Überströmventil
80 Zündelektroden
82 Anschluß für Abgasanlage
85 Gebläse
108 Überwachungselektrode
125 Temperaturwächter
146 Differenzdruck-Transmitter
147 Siphon (Kondenswasser-Sammler)

Bild 2.3.2-55. Flächenbrenner mit flachem Reaktionskörper (Vaillant).

-3.3.3 Katalytische Brenner

Die katalytischen Brenner werden in zwei Kategorien unterschieden:
- rein katalytische Brenner
- katalytisch unterstützte Brenner

Die Funktionsprinzipien wurden in Abschn. 1.3.7-7 beschrieben. Der Katalysator steht in direktem Kontakt mit den heißen Flammengasen. Als Trägermaterialien für die katalytische Beschichtung kommen daher nur besonders temperaturbeständige Werkstoffe wie Keramik oder Metall in Frage. Metallische Trägermaterialien haben den Vorteil einer im Vergleich zu Keramik niedrigen spezifischen Wärmekapazität, wodurch eine schnelle Aufheizung des Katalysators ermöglicht wird. Insbesondere bei intermittierendem Betrieb des Brenners ist dies wichtig, da die notwendige Betriebstemperatur des Katalysators in kurzer Zeit erreicht wird. Einsetzbare Trägermaterialien sind
- Metall- oder Keramikwaben (Bild 2.3.2-56)
- Metallgewebe (Bild 2.3.2-57)
- poröse Sintermetalle
- beschichtete Kugelschüttungen (Bild 2.3.2-58)
- beschichtete Rohre (Bild 2.3.2-59)

Um die wirksame Oberfläche des Katalysator zu erhöhen, wird ein sog. Wash Coat, z.B. Aluminiumoxid, aufgebracht. Als Katalysatormaterial werden Edelmetalle wie Platin oder Palladium eingesetzt. Versuche mit dem sehr kostengünstigen Katalysatormaterial Kupfer verliefen wenig erfolgversprechend, da schon nach kurzer Zeit eine Vergiftung der Katalysatoroberfläche durch den in geringer Konzentration im Brenngas vorhandenen Schwefel auftrat.

Beim katalytisch unterstützten Brenner wird ein Teil des Gemischs zunächst katalytisch, d.h. ohne Flamme, oxidiert, der Rest des Gemischs wird in einer Flamme umgesetzt. Der Vorteil der katalytisch unterstützten Verbrennungstechnik liegt darin, daß die Flamme durch eine Ionisationselektrode überwacht werden kann. Selbst bei Inaktivwerden der katalytischen Beschichtung findet eine Verbrennung des Gemischs an der Oberfläche des Reaktionskörpers statt. Damit ist der Betrieb des Brenners auch bei abnehmender Katalysatorwirkung sowie beim Brennerstart (Aufheizphase) sichergestellt.

In Bild 2.3.2-56 und Bild 2.3.2-57 sind zwei katalytisch unterstützte Brenner dargestellt. Das über die Metallwabe bzw. das Metallgewebe austretende Luft/Gas-Gemisch wird durch einen elektrischen Funken gezündet. Die Flamme bildet sich an einem katalytisch beschichteten Reaktionskörper. Erreicht die Temperatur der Beschichtung einen bestimmten Wert, beginnt die katalytische Reaktion. Je größer der katalytisch umgesetzte Gemischanteil ist, desto weniger Stickoxid wird gebildet. Jedoch ist die katalytische Umsetzungsrate durch die Forderung nach einer stabilen Flamme begrenzt.

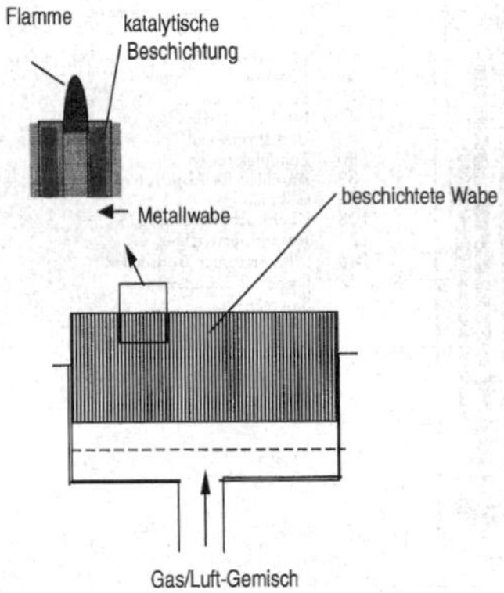

Bild 2.3.2-56. Katalytisch unterstützter Brenner mit wabenförmig aufgebautem Katalysator.

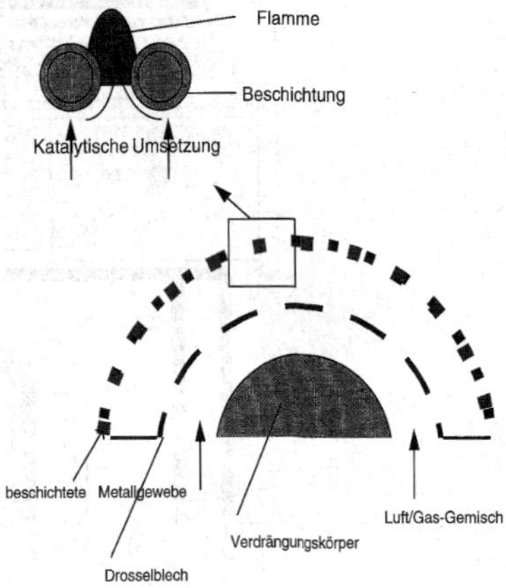

Bild 2.3.2-57. Katalytisch unterstützter Brenner mit beschichtetem Metallgewebe.

Die Oberflächentemperatur der katalytisch beschichteten Reaktionsoberfläche ist höher als die einer unbeschichteten Oberfläche. Es wird vermutet, daß zum einen die katalytische Reaktion hierfür verantwortlich ist, zum anderen der erhöhte konvektive Wärmeaustausch an der „rauhen“ Katalysatoroberfläche. Der Strahlungswärmeaustausch zwischen Reaktionsoberfläche und dem Wärmetauscher im Feuerraum ist bei dieser Verbrennungstechnik entsprechend größer. Kompaktere Wärmeerzeuger mit kleineren konvektiven Wärmetauschern sind denkbar.

In Bild 2.3.2-58 ist ein rein katalytischer Brenner dargestellt. Das Gemisch wird durch eine beschichtete Kugelschüttung geführt und dort oxidiert. Im Gegensatz zum katalytisch unterstützten Brenner ergeben sich beim Durchströmen des Schüttvolumens erheblich längere Verweilzeiten der Gemischbestandteile an der katalytischen Oberfläche. Jedoch besteht die Gefahr einer Überhitzung des Katalysators. Ein Lösungsansatz ist der Einbau von Kühlrohren in die Schüttung, die jedoch zu einer starken örtlichen Senkung der Oberflächentemperatur führen. Die Folge ist, daß die katalytische Reaktion an diesen Stellen unterbrochen wird.

Bild 2.3.2-59 zeigt einen zweistufigen katalytischen Brenner. Das Gas/Luft-Gemisch strömt von oben zentrisch ein und wird im äußeren Zylinderspalt verteilt und strömt von dort zunächst nach unten. Anschließend wird es nach oben gelenkt und umströmt in einem zweiten Ringspalt ein katalytisch beschichtetes Rohr und gelangt von dort zu einem Startbrenner, an dem es gezündet wird. Das heißte Abgas erwärmt dabei das katalytisch beschichtete Rohr, wodurch die katalytische Reaktion ermöglicht wird. Mit zunehmender Erwärmung des katalytisch beschichteten Rohres ist das dem Startbrenner zugeführte Gemisch durch die bereits teilweise erfolgte katalytische Umsetzung nicht mehr zündfähig und die Flamme erlischt. Die beschichtete Rohroberfläche reicht jedoch nicht aus, um das Gemisch 100%ig katalytisch umzusetzen. Der verbleibende Gemischanteil wird in einem nachgeschalteten wabenförmig aufgebauten Katalysator (2. Stufe) vollständig umgesetzt. Eine Überhitzung des nachgeschalteten Katalysators tritt nicht ein, da das Gemisch schon in der ersten Stufe beim Umströmen des katalytisch beschichteten Rohres größtenteils umgesetzt wird.

Herkömmliche Überwachungssysteme wie die Ionisationsstrommessung scheiden bei der rein katalytischen Verbrennungstechnik aus, da die Reaktion direkt an der Oberfläche stattfindet und daher kein Ionisationsstrom meßbar ist. Ein mögliches Überwachungssystem stellt eine ganzflächige Temperaturüberwachung dar, die sicherstellt, daß im Fall einer örtlichen Beschädigung des Katalysators kein unverbranntes Gas ausströmen kann. Es existiert jedoch bisher keine Norm, die die Sicherheitsbestimmungen eines solchen Systems festlegt.

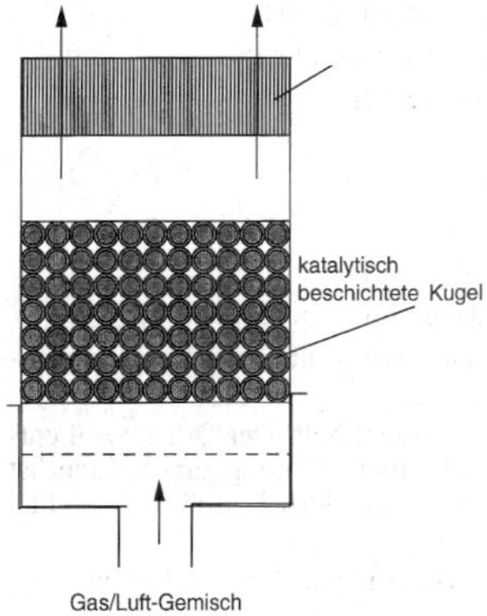

Bild 2.3.2-58. Katalytischer Brenner mit beschichteter Kugelschüttung.

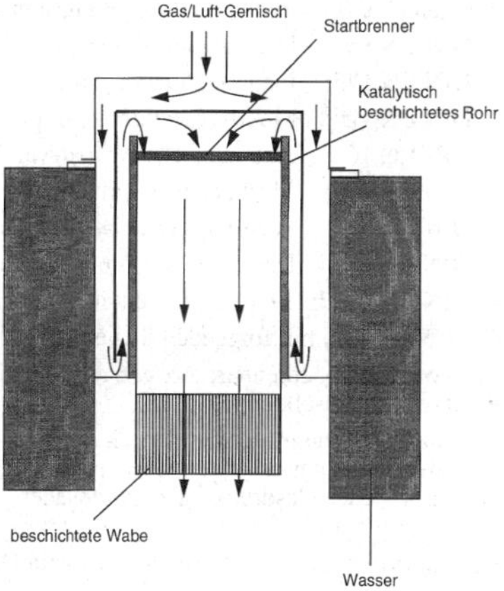

Bild 2.3.2-59. Zweistufiger katalytischer Brenner.

Ein weiterer Aspekt ist die Lebensdauer des Katalysators. Die Alterung oder Deaktivierung des Katalysators soll durch optimale Betriebsbedingungen verlangsamt werden. Weiterer Optimierungsbedarf besteht auch bei den Kosten. Mit dem rein katalytischen Brenner sind theoretisch Nullemissionen zu erreichen.

In Bild 2.3.2-60 ist das Niveau der NO_x-Emissionen für unterschiedliche Gasbrennersysteme dargestellt.

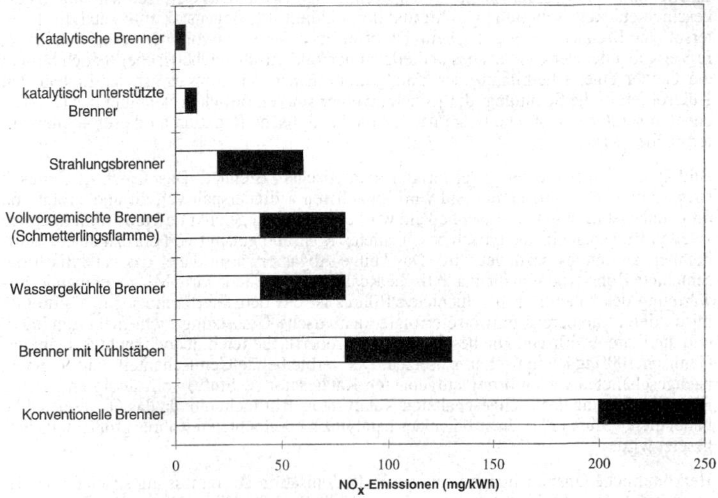

Bild 2.3.2-60. Gegenüberstellung der Stickoxidemissionen unterschiedlicher Brennersysteme.

-3.4 Sicherheits- und Regelungseinrichtungen

Folgende aus den DIN-Normen abgeleiteten europäischen Normen (EN) enthalten Bestimmungen über Sicherheits- und Regelungseinrichtungen für Gasbrenner:

- DIN EN 88: Druckregler für Gasgeräte
- DIN EN 125: Flammenüberwachungseinrichtungen für Gasgeräte
- DIN EN 126: Mehrfachstellgeräte mit thermoelektrischer Zündung
- DIN EN 161: Automatische Absperrventile für Gasbrenner
- DIN EN 257: Mechanischer Druckregler für Gasgeräte
- DIN EN 298: Feuerungsautomaten für Gasbrenner
- DIN EN 1854: Druckwächter für Gasbrenner und Gasgeräte
- DIN EN 1643: Ventilüberwachungssysteme für Absperrventile

Gasbrenner sind mit folgenden Sicherheits- und Regeleinrichtungen ausgerüstet:

Eine von Hand bedienbare *Absperreinrichtung,* ein Filter sowie ein Gasmengen-Einstellglied, z. B. Drosselklappe.

Ein *Gasdruckregler,* der den Druck vor dem Brenner konstant hält. Der Druck wird entsprechend dem gewünschten Gasdurchsatz eingestellt. In der Gasleitung zum Brenner ist ein zusätzlicher Gasdruckregler vorzusehen, wenn der Anschlußdruck größer als 50 hPa ist.

Ein *Luftdruckwächter,* der bei zu geringem Druck der Verbrennungsluft den Brenner ausschaltet.

Ein *Gasdruckwächter* mit Membran und Mikroschalter, der bei fehlendem Gasdruck den Brenner ausschaltet.

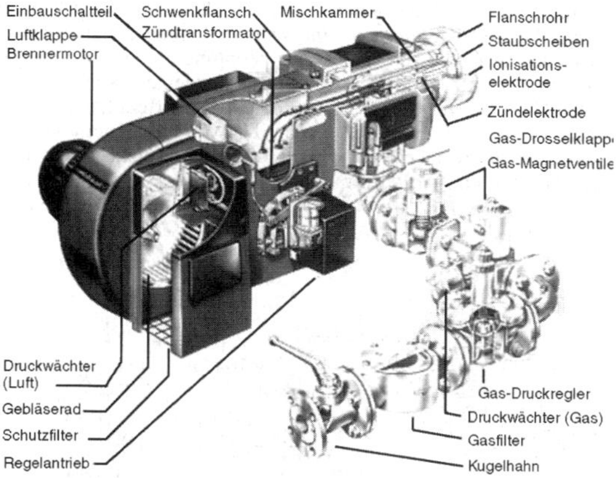

Bild 2.3.2-61. Ansicht eines stufenlosen Gasbrenners (Weishaupt).

Ein *Gasventil,* das die Gaszufuhr nur bei einwandfreier Funktion aller Teile freigibt. Es werden gewöhnlich Magnetventile, Motorventile oder bei großen Leistungen pneumatisch betätigte Ventile verschiedener Güteklassen in einstufiger, zweistufiger, dreistufiger oder stufenloser Ausführung verwendet (*Güteklasse* des Ventils je nach Dichtheit A, B oder C nach DIN EN 161). An die Ventile der Gruppe A werden die höchsten Anforderungen bezüglich Dichtheit und Schließkraft gestellt, an Gruppe C die geringsten. Seit neuem müssen in der Brennstoffleitung zwei in Reihe geschaltete Sicherheitsabsperreinrichtungen vorhanden sein (Gasgeräterichtlinie, DIN EN 676). Bei kleinen Leistungen werden einstufige Ventile, bei größeren Leistungen zweistufige Ventile oder modulierende Regeleinrichtungen eingesetzt. Außerdem kann das Stellglied schnell öffnend und schnell schließend oder langsam öffnend und schnell schließend ausgeführt sein. Meist wird zur Verbesserung des Anfahrvorgangs (Reduzierung des Anfahrdruckstoßes und der Anfahremissionen) der Gasdurchfluß beim Start des Brenners gegenüber dem stationären Brennerbetrieb reduziert (langsam öffnendes Gasventil, untere Laststufe). Hierzu wird der Gasdurchfluß für den Brennerstart und den Brennerbetrieb am Ventil eingestellt.

Die *Zündeinrichtung* besteht aus zwei Elektroden (Abstand 2 … 5 mm) aus hitzebeständigem Stahl, zwischen denen bei Anlegen einer Hochspannung (etwa 10 kV) ein Lichtbogen entsteht. Die Hochspannung liefert ein Transformator. Anstelle von zwei Elektroden wird häufig nur eine Elektrode verwendet. Der Lichtbogen bildet sich bei dieser Anordnung zwischen der Elektrode und einem geerdeten Bauteil der Gemischaufbereitung. Der Brenner wird entweder direkt gezündet oder indirekt über einen Zünd- oder Startbrenner. Bei Brennern bis 350 kW ist bei Erlöschen der Flamme ein automatischer Wiederzündversuch zulässig. Bei Brennern >350 kW verwendet man Zündbrenner, die die Haupt- oder Teillastflamme zünden.

Zur Flammenüberwachung werden *Fotozellen, Ionisationselektroden, thermoelektrische Sicherungen* und *Infrarot-Flackerdetektoren* (vgl. Abschnitt 2.3.2-1.6.8 Flammenwächter und Flammenfühler) verwendet. Das Prinzip der Fotozelle beruht darauf, daß Gasflammen UV-Strahlung emittieren, die in einer Elektrodenröhre einen elektrischen Strom von 4…6 mA bewirkt. Die Fotozelle ist nur in einem sehr engen Bereich des Spektrums, etwa 0,19 bis 0,27 μm, sensibilisiert, so daß keine Störung durch Fremdbelichtung eintritt. Die *Thermoelektrische Zündsicherung* überwacht mittels eines Thermoelements die Temperaturerhöhung durch die Flamme. Sie wird hauptsächlich zur Überwachung sog. Pilotflammen eingesetzt. Die Pilotflamme dient der Zündung der Hauptflamme, sie bleibt jedoch auch während der Brenndauer der Hauptflamme in Betrieb. Hierdurch ist sichergestellt, daß kein Gas ungezündet ausströmen kann. Die thermoelektrische Zündsicherung ist eine Weiterentwicklung der relativ trägen Bimetallzündsicherung. Die durchschnittliche Ansprechzeit beträgt weniger als 15 s. Die thermoelektrische Zündsicherung wird nur bei sehr kleinen Feuerungswärmeleistungen eingesetzt (s. Abschn. 2.2.1-6.3). Die *Ionisationsflammenüberwachung* beruht auf dem Effekt, daß die heißen Flammengase elektrisch geladene

Atome oder Moleküle (Ionen) enthalten, die den elektrischen Strom leiten. Bei Anlegen einer Wechselspannung an eine in die Flamme eintauchende Elektrode ist ein Strom zwischen der geerdeten Gemischaufbereitung und der in geringem Abstand angebrachten Ionisationselektrode meßbar. Trotz der angelegten Wechselspannung handelt es sich um einen Gleichstrom. Durch diesen Gleichrichtereffekt kann auch bei Elektrodenkurzschluß keine Flamme vorgetäuscht werden. Die von Ölbrennern her bekannten Fotowiderstände sind zur Flammenüberwachung in Gasbrennern nicht geeignet, da sie gegenüber der von Gasflammen emittierten Strahlung (UV-Bereich) eine zu geringe Empfindlichkeit besitzen. Dagegen sind Infrarot-Flackerdetektoren sowohl für Gasflammen als auch für blaubrennende Ölflammen einsetzbar.

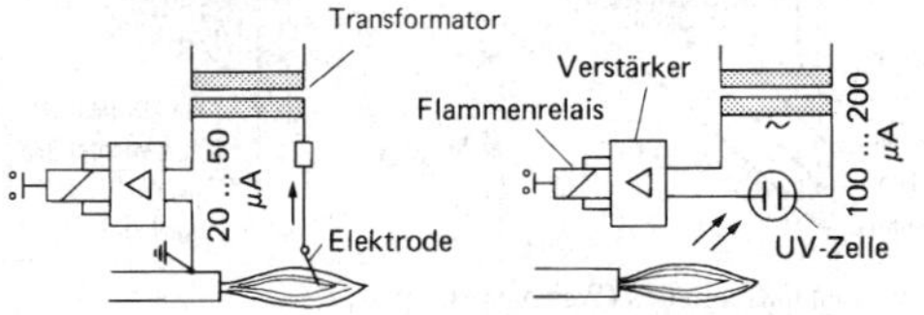

Bild 2.3.2-62. Flammenüberwachung bei Gasfeuerungen.
Links: Ionisationsflammenüberwachung, rechts: UV-Flammenüberwachung

Im *Steuergerät* werden alle von den Stell- und Überwachungseinrichtungen kommenden Impulse nach einem bestimmten Programm verarbeitet. Bei Erlöschen der Flamme muß das Gasventil innerhalb einer vorgeschriebenen Zeit (Sicherheitszeit) geschlossen werden (Störabschaltung). Die Sicherheitszeit, d.h. höchstzulässige Zeitdauer, während der unverbranntes Gas in den Feuerraum eintreten darf, beträgt je nach Feuerungsleistung des Brenners 1 s (bei $\dot{Q}_F$ >350 kW), 5 s (bei $\dot{Q}_F$ >120...≤350 kW) und 10 s (bei $\dot{Q}_F$ ≤120 kW). Das Steuergerät ist bei kleinen Leistungen direkt am Brenner befestigt, bei großen Leistungen separat in einem Schaltschrank untergebracht.

Zum Schutz gegen Undichtigkeiten im Stillstand werden bei großen Anlagen zusätzlich *Ventilprüfsysteme* verwendet, die nach dem Vakuum-, Druckprinzip arbeiten. In der Gasleitung befinden sich hierzu zwei Gasventile. Bei der Vakuummethode wird zwischen den Ventilen durch eine Vakuumpumpe ein bestimmter Unterdruck von ~100 hPa erzeugt. Steigt innerhalb einer Prüfzeit von 30 s der Druck über einen eingestellten zulässigen Wert, sperrt der Druckwächter den Brenner (Bild 2.3.2-63).

Bei der Druckmethode erzeugt eine Membranpumpe zwischen den Ventilen einen bestimmten Überdruck, der innerhalb der Prüfzeit den am Druckwächter eingestellten Wert erreichen muß.

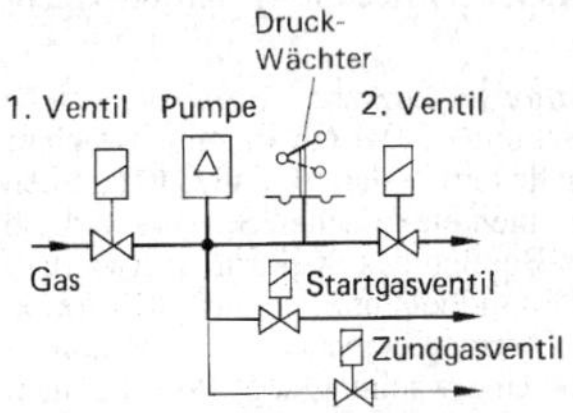

Bild 2.3.2-63. Ventilprüfsystem nach dem Vakuum- oder Druckprinzip.

Für Anlagen bis etwa 1 MW sind heute Kombinationsarmaturen üblich, in denen Gasdruckregler, Gasventil und ein Gasfilter zu einer Einheit zusammengebaut sind (Bild 2.3.2-65).

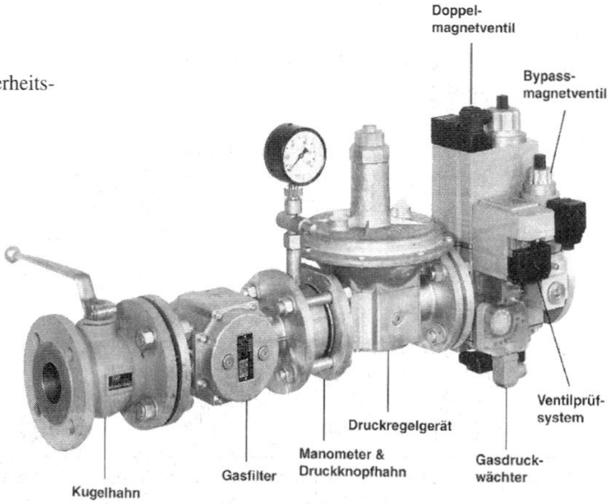

Bild 2.3.2-64. Gas-Sicherheits- und Regelstrecke.

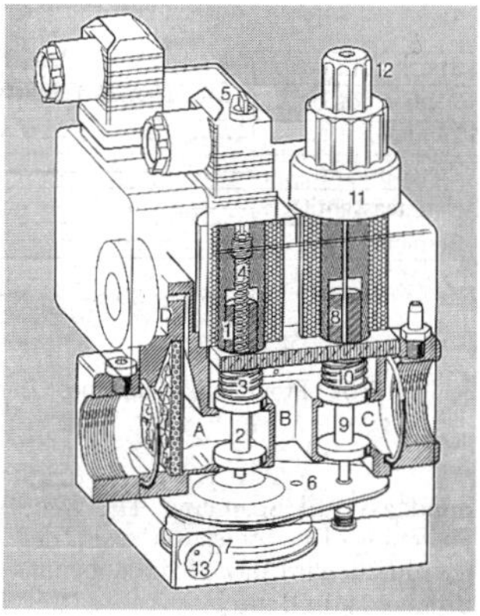

Bild 2.3.2-65. Kompaktarmatur mit Filter, Gasdruckregler, 2 Gasventilen und min. Druckwächter (Dungs).

1 = Anker V1
2 = Ventiltellereinheit V1
3 = Druckfeder V1
4 = Einstellfeder
5 = Einstellschraube
6 = Öffnung (Impulsabgriff für Regler)
7 = Arbeitsmembrane
8 = Anker V2
9 = Ventiltellereinheit V2
10 = Druckfeder V2
11 = Hauptmengendrossel V2
12 = Abdeckung Hydraulikbremse
13 = Atmungsdüse, Regler

-3.5 Regelung

a) Einstufige Gasbrenner

Für kleinere Kessel werden meist einstufige Brenner verwendet. Der Gas- und Luftstrom ist fest eingestellt. Schnell öffnende Ventile geben den Gasweg innerhalb 1 s frei. Bei größeren Leistungen werden langsam öffnende Ventile verwendet, die den Gasstrom verzögert freigeben, um den Anfahrstoß zu verkleinern.

Die *Wirkungsweise* eines einfachen Gasfeuerungsautomaten (Flammenwächter und Steuergerät) wird an Hand des Stromlaufplanes in Bild 2.3.2-66 und des Programmablaufs in Bild 2.3.2-67 erläutert:

Es sei vorausgesetzt, daß der Hauptschalter, Begrenzer und Gasdruckfühler ihre Kontakte geschlossen haben. Sinkt die Temperatur des Kesselwassers auf einen voreingestellten Grenzwert ab, schließt das Kesselthermostat und das Programm des Feuerungsautomaten wird gestartet. Zunächst läuft das Gebläse zur Spülung des Feuerraums an, wobei die Zeit durch ein Zeitrelais T kontrolliert wird. Der Luftdruckfühler schließt. Nach einiger Zeit schaltet das thermische Zeitrelais T nach rechts, so daß am Magnetrelais A Spannung anliegt. A_1 erhält Spannung von T, so daß T wieder nach links zurückschaltet *(Ende der Vorspülzeit).* A_2 versorgt das Relais A mit Spannung, durch A_3 erhalten Zündtransformator und

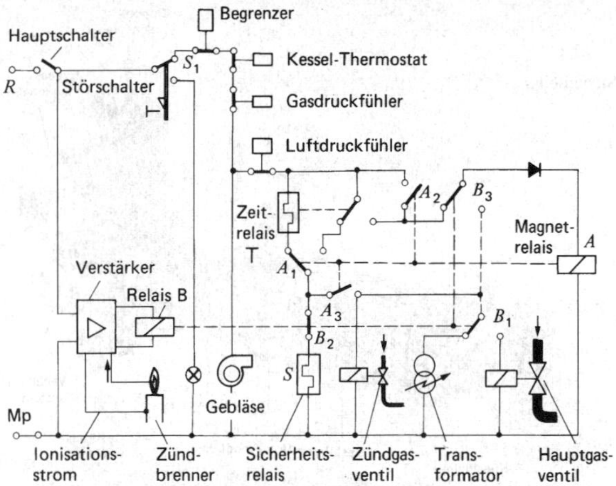

Bild 2.3.2-66. Stromlaufplan eines Gasfeuerungsautomaten mit Ionisationsflammenüberwachung.

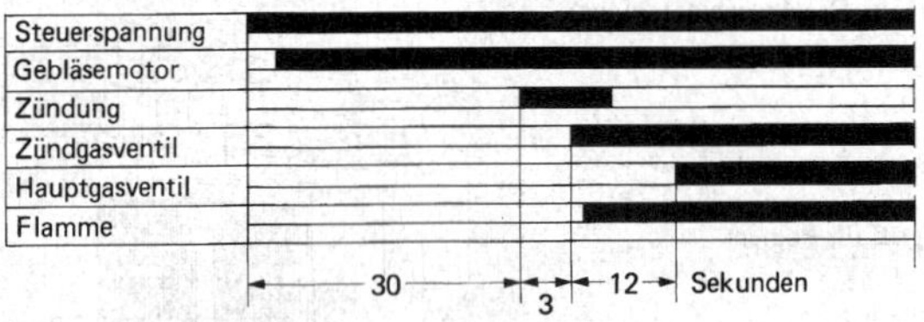

Bild 2.3.2-67. Programmablauf eines Gasfeuerungsautomaten.

Zündgasventil Spannung. Die Zündflamme bildet sich. Das *Sicherheitsrelais* S erhält Spannung. Der Ionisationsstrom der Zündflamme wird verstärkt und schaltet Relais *B*. Hierdurch wird das Sicherheitsrelais S ausgeschaltet und Hauptgasventil geöffnet; der Brenner ist in Betrieb.

Bildet sich keine Zündflamme innerhalb der Sicherheitszeit, schaltet der Kontakt S_1 die Anlage aus *(Störabschaltung)*. Die Störlampe leuchtet auf.

Bei Erlöschen der Flamme während des Betriebes wird *B* spannungslos, B_1 schließt das Hauptgasventil, B_2 erwärmt das Sicherheitsrelais *S* und der Programmablauf beginnt erneut (Wiederzündversuch).

b) Zweistufige und stufenlose Gasbrenner

Zweistufige Brenner sind entweder mit einem mehrstufigen Magnetventil oder einer durch einen Stellmotor angetriebenen Drosselklappe für die Verbrennungsluft ausgestattet (elektrischer Verbund). Bei Verwendung eines einstufigen Magnetventils ist jeweils eine Drosselklappe für die Verbrennungsluft und das Brenngas vorgesehen, die beide durch den gleichen Stellmotor betätigt werden (mechanischer Verbund) Bild 2.3.2-68).

Um eine längere Brennerlaufzeit zu erzielen werden anstelle von Zweistufenregelung auch *stufenlose (modulierende)* Regelungen eingesetzt. Der Regelbereich liegt zwischen 1:5 und 1:8. Bild 2.3.2-69 zeigt eine stufenlose Gemischregelung mit einem pneumatischen Gas/Luft-Verhältnisdruckregler (Bild 2.3.2-70). Hierbei wird der Druck der Verbrennungsluft p_L als Führungsgröße benutzt und der Gasdruck am Ausgang des Reglers p_2 entsprechend dem eingestellten Übersetzungsverhältnisses V und der Nullpunktsverschiebung N geregelt. Als Korrekturgröße wird der Feuerraumdruck p_F an den Gas/Luft-Ver-

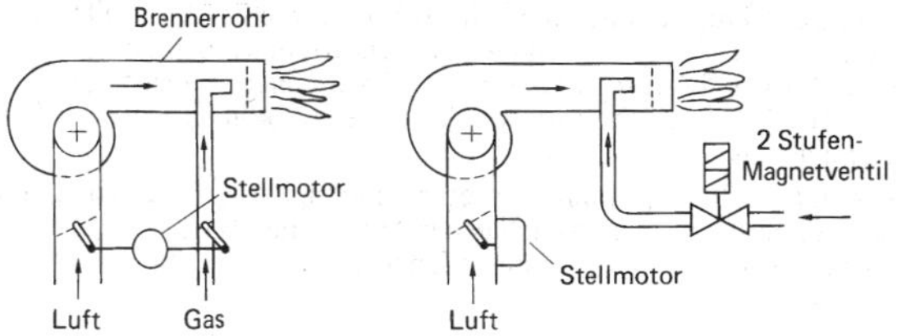

Bild 2.3.2-68. Verbundregelung bei zweistufigen Gasbrennern.
Links: mechanischer Verbund, rechts: elektrischer Verbund

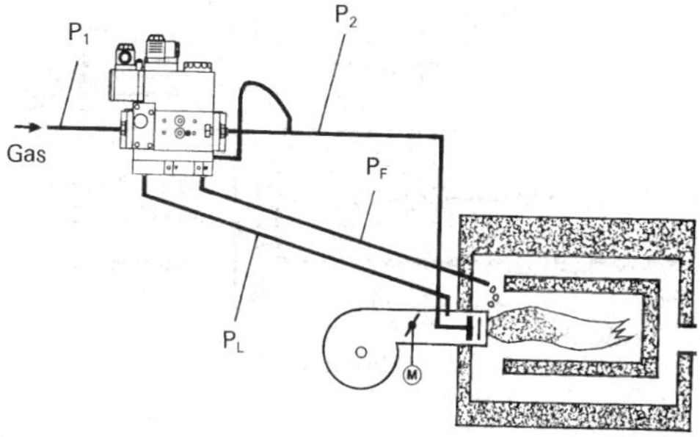

Bild 2.3.2-69. Stufenloser Betrieb eines Gasbrenners mit einem Gas/Luft-Verhältnisdruckregler. Folgende Druckmeßpunkte sind dargestellt: P_1 = Gas-Eingangsdruck, P_2 = Gas-Ausgangsdruck, P_L = Luftdruck, P_F = Feuerraumdruck

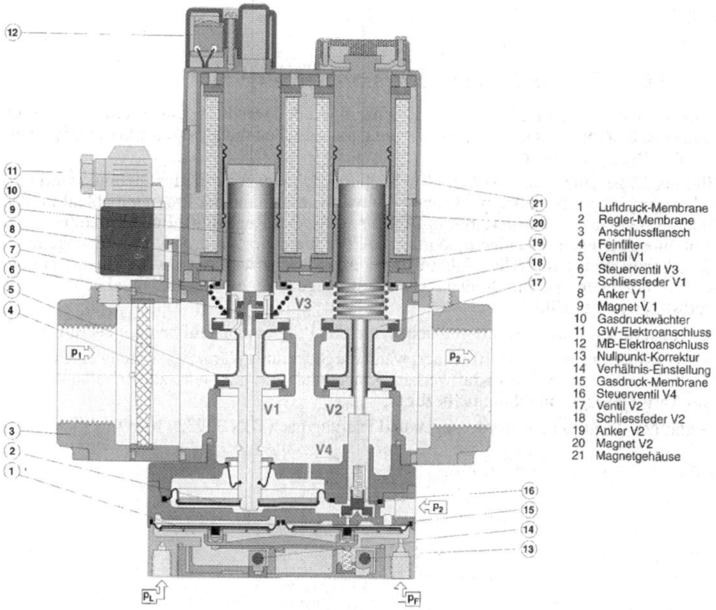

Bild 2.3.2-70. Kompaktarmaur mit Filter, Gas/Luft-Verhältnisdruckregler, 2 Gasventilen und min. Druckwächter (Dungs).

hältnisdruckregler angeschlossen, so daß im Meßwerk anstelle der absoluten Drücke die Druckdifferenzen $p_L - p_F$ und $p_2 - p_F$ verarbeitet werden. Aufgrund der hohen Genauigkeit einer solchen Regelung ist ein Betrieb des Brenners mit niedrigem Luftüberschuß möglich. Der Gas/Luft-Verhältnisdruckregler bildet zusammen mit zwei Sicherheitsventilen eine Kompakteinheit.

Um einen sicheren Brennerbetrieb bei niedrigem Luftüberschuß zu ermöglichen, wird in neueren Systemen der O_2-Gehalt der Abgase mittels einer λ-Sonde gemessen und entsprechend danach die Verbrennungsluftmenge geregelt.

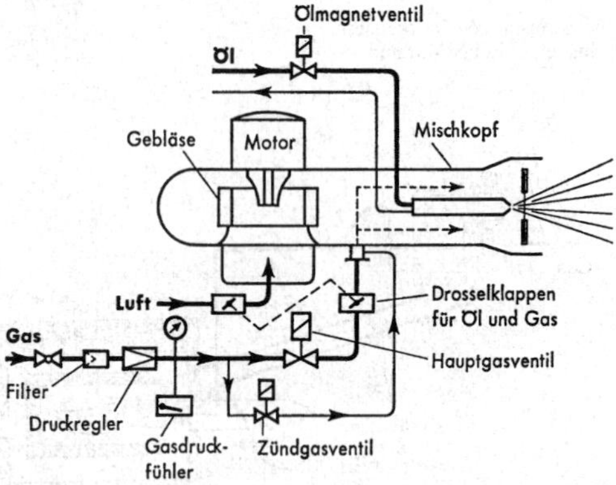

Bild 2.3.2-71. Schema reines Zweistoffbrenners mit stufenloser Verbrennung von Öl und Gas.

-3.6 Gas-Öl-Brenner (Zweistoffbrenner)[1)]

Zweistoffbrenner ermöglichen eine gleichzeitige oder wechselnde Verbrennung von Öl und Gas. Innerhalb der Gemischaufbereitung umschließen radial verteilte Gasauslässe eine axial mittig angeordnete Öldüse.

Bei der Umschaltung auf Gasbetrieb schließt das Ölmagnetventil, die Ölpumpe wird mittels einer Elektromagnetkupplung außer Funktion gesetzt und der Programmablauf für den integrierten Gasbrenner gestartet (s. Abschn. 2.3.2-3.5 Regelung). Bei Mehrstufen- oder stufenlosen Brennern ist eine proportionale Zuordnung der Verbrennungsluftmenge in jedem Lastbereich erforderlich. Über einen Verbundregler wird der Öldruck und damit der Öldurchsatz geregelt. Die Brenngas- und Luftmenge wird jeweils über eine Drosselklappe selbsttätig eingestellt.[1)]

Ein Feuerungsautomat steuert und überwacht den Programmablauf beider Feuerungen.

Anwendung finden Zweistoffbrenner, wenn die Sicherung Wärmeversorgung einen hohen Stellenwert besitzt, z. B. in Kraftwerken, Krankenhäusern u. a., oder zur Erzielung günstiger Tarife (Winter- und Sommerbezug).

Sicherheitstechnische Anforderungen und Prüfung nach DIN 32732 (10.89).

---

1) Marx, E., Linke, W.: Handbuch Feuerungstechnik 1996, G. Kopf Verlag, Waiblingen 1996.

2.3.3 Abgasanlagen[1]

Überarbeitet von Dr.-Ing. Dieter Stehmeier, Langenhagen

Abgasanlagen sind Schornsteine oder Abgasleitungen sowie Verbindungsstücke (Abgasrohre oder -kanäle) zwischen Feuerstätte und senkrechtem Teil der Abgasanlage (Schornstein bzw. senkrechter Teil der Abgasleitung). Nach der Muster-Feuerungsverordnung vom 24. Februar 1995 müssen alle Schornsteine insbesondere gegen Rußbrände beständig und somit für den Anschluß von Feuerstätten für feste Brennstoffe geeignet sein. Alle anderen Abgasanlagen sind, sofern nicht Verbindungsstücke, somit Abgasleitungen; daran dürfen nur Öl- oder Gasfeuerstätten angeschlossen werden.

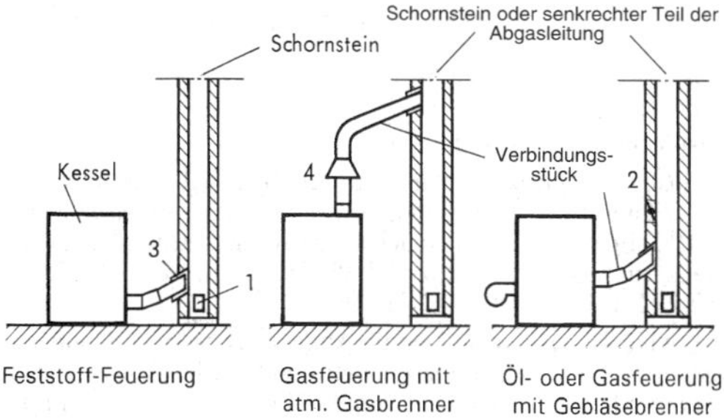

Bild 2.3.3-1. Kessel und Schornstein.
1 = Reinigungsöffnung, 2 = Nebenluftvorrichtung (Zugbegrenzer), 3 = Wandfutter, 4 = Strömungssicherung bei Gasfeuerstätten mit atm. Brenner.

In Anlehnung an die europäischen Normen für Abgasanlagen unterscheidet DIN 18160-1 „Abgasanlagen; Teil 1: Planung und Ausführung" vom Dezember 2001 *System-Abgasanlagen*, die zusammengesetzt werden unter Verwendung kompatibler Bauteile, die von einem Hersteller, der die Produkthaftung für die gesamte Anlage übernimmt, bezogen oder bestimmt wurden, und *Montage-Abgasanlagen*, die auf der Baustelle montiert und eingebaut werden unter Verwendung einer Kombination kompatibler Bauprodukte, die von einem oder verschiedenen Herstellern kommen dürfen. Grundsätzlich müssen Bauprodukte für Abgasanlagen mit dem CE-Zeichen oder dem Ü-Zeichern gekennzeichnet sein, ausgenommen Bauprodukte, für die es weder Technische Baubestimmungen noch allgemein anerkannte Regeln der Technik gibt und die für die Erfüllung bauordnungsrechtlicher Anforderungen nur eine untergeordnete Bedeutung haben (Bauregelliste C).

Ausgeführte Abgasanlagen müssen nach DIN 18160-1 mindestens wie z.B.[2] folgt gekennzeichnet werden:

Abgasanlage nach DIN 18160-1 – T400 N2 G D 3 TR65 L90 C50

- Temperaturklasse — T400
- Druckklasse — N2
- Rußbrandbeständigkeitsklasse — G
- Kondensatbeständigkeitsklasse — D
- Korrosionswiderstandsklasse — 3
- Wärmedurchlaßwiderstandsklasse — TR65
- Feuerwiderstandsklasse — L90
- Abstandsklasse — C50

Die *Temperaturklasse* besteht aus dem Buchstaben T und der maximal zulässigen Abgastemperatur. Sie gibt an, bis zu welcher Abgastemperatur die Abgasanlage einsetzbar ist.

Die *Druckklasse* besteht aus den Buchstaben N (= negativer Druck = Unterdruck) oder P (=

---

[1]) Neubearbeitung erfolgte von Dr.-Ing. Dieter Stehmeier, Langenhagen, für die 68. Auflage.
[2]) Das Beispiel gilt für einen herkömmlichen 3-schaligen Schornstein (nach DIN 18147).

positiver Druck = Überdruck bis 200 Pa) oder H (= hoher Überdruck bis 5000 Pa) und der Ziffer 1 oder 2. Die Druckklasse mit der Ziffer 2 läßt größere Undichtheiten zu, weshalb Abgasanlagen der Druckklasse P2 und H2 mit Überdruck nur im Freien verwendet werden dürfen. Die Druckklasse N2 entspricht den Dichtheitsanforderungen heutiger Schornsteine.

Die *Rußbrandbeständigkeit* gibt an, ob die Abgasanlage rußbrandbeständig (G) oder nicht rußbrandbeständig (O) ist. Rußbeständige Bauprodukte für Abgasanlagen sind mit S gekennzeichnet.

Die *Kondensatbeständigkeitsklasse* gibt an, ob die Abgasanlage für trockene (D = dry) oder für feuchte Betriebsweise (W = wet) geeignet ist. Bei Abgasanlagen für feuchte Betriebsweise darf die Temperatur an der inneren Oberfläche unterhalb der Wasserdampftaupunkttemperatur des Abgases liegen.

Die *Korrosionswiderstandsklasse* gibt an, für welche Brennstoffe die Abgasanlage ausreichend korrosionsbeständig ist:
1 für gasförmige Brennstoffe,
2 für flüssige und gasförmige Brennstoffe,
3 für feste, flüssige und gasförmige Brennstoffe.

Die *Wärmedurchlaßwiderstandsklasse* TRyy besteht aus der Buchstabenkombination TR gefolgt von einer Zahl, die sich aus dem Wärmedurchlaßwiderstand der Abgasanlage in $m^2 \cdot K \cdot W^{-1}$ multipliziert mit 100 abgerundet auf die nächste ganze Zahl ergibt. Die bisherige Wärmedurchlaßwiderstandsgruppe I wird somit zu TR65, Gruppe IIa zu TR40, Gruppe II zu TR22, Gruppe III zu TR12 und Gruppe IV zu TR00.

Die *Feuerwiderstandsklasse* gibt die Zeitspanne an, der die Abgasanlage einer Brandbeanspruchung von außen nach außen (z.B. zwischen Geschossen) widersteht. Abgasanlagen werden entsprechend ihrer Feuerwiderstandsdauer von mind. 30 bzw. 90 Minuten in die Feuerwidersatndsklassen L30 bzw. L90 (siehe DIN 4102-6) eingestuft. Bauprodukte mit Klassifizierung F30 bzw. F90 sind gleichwertig einzusetzen, sofern die Anschlüsse und Verbindungen mit in die Prüfung einbezogen wurden.

Die *Abstandsklasse* besteht aus dem Buchstaben C gefolgt von einer Zahl, die den Abstand in mm angibt, der von der Außenfläche der Abgasanlage zu angrenzenden Bauteilen aus oder mit brennbaren Baustoffen mindestens einzuhalten ist. Abweichungen hiervon können gegenüber Bauteilen aus oder mit brennbaren Baustoffen auftreten, die nur mit geringer Fläche an die Abgasanlage angrenzen oder deren Wärmedurchlaßwiderstand den Wert 2,5 $m^2 \cdot K \cdot W^{-1}$ überschreitet.

Nach den früheren Regelungen war der Begriff Schornstein (z.T. mit Zusatzbezeichnungen) umfassender und beinhaltete auch nicht rußbeständige Abgasanlagen. Als „Abgasleitung" wurden die Innenrohre und Verbindungsstücke von „Abgasanlagen für Abgase mit niedrigen Temperaturen" bezeichnet. Um die Umsetzung der neuen Regelungen zu vereinfachen und wegen noch ausstehender harmonisierter europäischer Normen für Abgasanlagen wird im folgenden die Gliederung beibehalten unter Verwendung der neuen Begriffe (z.B. „Unterdruck-Abgasanlagen" anstatt „Schornsteine" und „Überdruck-Abgasanlagen" statt „Abgasleitungen").

-1 Unterdruck-Abgasanlagen (Schornsteine und Unterdruck-Abgasleitungen)[1)]

-1.1 Allgemeines

Abgasanlagen haben die Aufgabe, die Abgase der angeschlossenen Feuerstätten sicher über Dach ins Freie abzuleiten und die erforderliche Verbrennungsluft anzusaugen. Der dazu benötigte Schornsteinauftrieb wird durch den Gewichtsunterschied der heißen Gase in der Abgasanlage und einer gleichen hohen kalten Außenluftsäule bewirkt. Bild 2.3.3-2.

Bei Feuerstätten ohne Gebläse (sog. Naturzugkesseln) müssen die Angasanlagen soviel Auftrieb erzeugen, daß die Widerstände der Verbrennungsluftnachströmung von außen in den Aufstellraum und von dort in den Feuerraum, der Abgasströmung innerhalb der Feuer-

[1)] DIN 18160 T1 (12.01), T5 (05.98), Abgasanlagen.
VdZ/ZIV-Merkblatt: Abstimmung Heizkessel–Schornstein (1996).
ZVH-Richtlinie 30.03. (1988): Abgestimmter Schornstein.

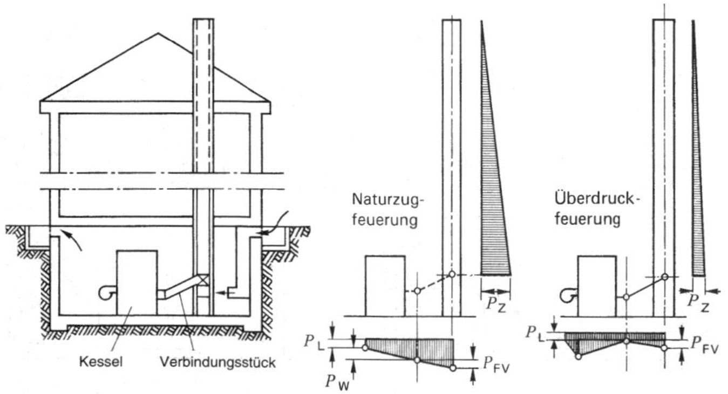

Bild 2.3.3-2. Unterdruck bei Abgasanlagen mit Naturzug- und Überdruckkesseln.

stätte sowie der Abgasanlage überwunden werden. Dies gilt im wesentlichen auch bei älteren Öl- und Gasheizkesseln mit Gebläsebrenner, bei denen das Gebläse lediglich die Brennstoff-Luft-Aufbereitung übernimmt.

Bei neueren Heizkesseln (sog. Überdruckkesseln) werden die Strömungswiderstände des Kessels vom Brenner überwunden, so daß der Schornsteinauftrieb nur noch die Verbrennungsluftnachströmung in den Aufstellraum und die Abgasableitung abdecken muß, die Abgasanlagen also kleiner bemessen werden können.

P_H (Ruhedruck) ist der Unterdruck an der Abgaseinführung in den senkrechten Teil der Abgasanlage, der sich bei ruhender Gassäule einstellt.

P_R (Widerstandsdruck) ist der Teil des Ruhedruckes, der bei der Strömung des Gases zur Überwindung vor allem des Reibungswiderstandes im senkrechten Teil der Abgasanlage verbraucht wird.

P_Z ist der (nutzbare) Unterdruck an der Abgaseinführung in den senkrechten Teil der Abgasanlage, der sich aus der Differenz zwischen Ruhedruck P_H und Widerstandsdruck P_R ergibt.

P_{Ze} ist der notwendige Unterdruck an der Abgaseinführung in den senkrechten Teil der Abgasanlage, der zur Überwindung der notwendigen Förderdrücke für den Wärmeerzeuger P_W, das Verbindungsstück P_{FV} und die Zuluft (Verbrennungsluftnachströmung von außen in den Aufstellraum) P_L erforderlich ist.

Der (nutzbare) Unterdruck P_Z muß mindestens so groß sein wie der notwendige Unterdruck P_{Ze}:

$$P_Z = P_H - P_R \geq P_W + P_{FV} + P_L = P_{Ze}$$

Neben dieser Druckbedingung muß bei der Bemessung einer Abgasanlage die Temperaturbedingung eingehalten werden. Diese besagt, daß bei Abgasanlagen für trockene Betriebsweise (D) der Wasserdampftaupunkt und bei Abgasanlagen für feuchte Betriebsweise (W) der Gefrierpunkt an keiner Stelle dauernd unterschritten werden darf. Mit T_{iob} als niedrigste Temperatur der Abgasanlage an der Innenwand oben (an der Mündung) bei Beharrung und T_g als Grenztemperatur sowie T_p als Wasserdampftaupunkttemperatur gilt somit:

$$T_{iob} \geq T_g = \begin{cases} T_p & \text{für Abgasanlagen für trockene Betriebsweise (D)} \\ 273{,}15\text{ K } (0\,°\text{C}) & \text{für Abgasanlagen für feuchte Betriebsweise (W)} \end{cases}$$

Druck- und Temperaturzusammenhänge s. Bild 2.3.3-3.

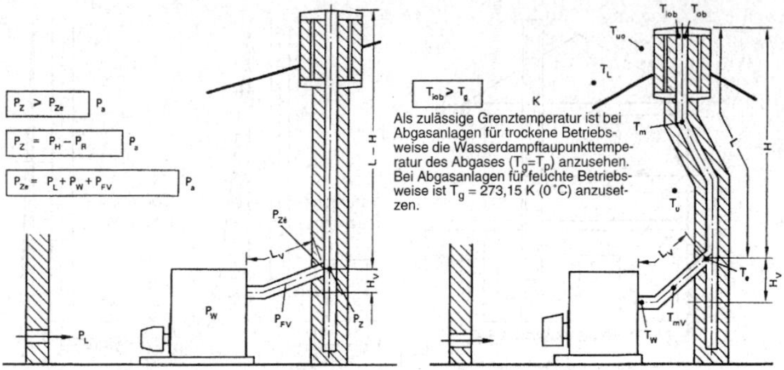

(P_{Ze} notwendiger Unterdruck an der Abgaseinführung, P_H Ruhedruck im senkrechten Teil der Abgasanlage, P_L notwendiger Förderdruck für die Zuluft, P_{FV} notwendiger Förderdruck für das Verbindungsstück, P_Z Unterdruck an der Abgaseinführung in den senkrechten Teil der Abgasanlage, P_R Widerstandsdruck im senkrechten Teil der Abgasanlage, P_W notwendiger Förderdruck für den Wärmeerzeuger, H wirksame Höhe des senkrechten Teils der Abgasanlage, H_V wirksame Höhe des Verbindungsstücks, L gestreckte Länge des senkrechten Teils der Abgasanlage, L_V gestreckte Länge des Verbindungsstücks)

(T_e Temperatur an der Einführung in den senkrechten Teil der Abgasanlage, T_g zulässige Grenztemperatur des Abgases, T_{iob} Innenwandtemperatur an der Mündung, T_L Außenlufttemperatur, T_m mittlere Temperatur des Abgases, T_{mV} mittlere Temperatur des Abgases im Verbindungsstück, T_{ob} Abgastemperatur an der Mündung, T_p Wasserdampftaupunkttemperatur, T_u Umgebungslufttemperatur, T_{uo} Umgebungslufttemperatur für den Temperaturvergleich an der Mündung, T_W Abgastemperatur des Wärmeerzeugers)

Bild 2.3.3-3. Druck- und Temperaturzusammenhänge einer Feuerungsanlage nach DIN 4705.

-1.2 Berechnung von Abgasanlagen-Abmessungen nach DIN 4705[1)]

Die Aufgabe besteht darin, die Abgasanlage so zu bemessen, daß Druck- und Temperaturbedingung erfüllt werden. Nichterfüllen der Druckbedingung bedeutet, daß in dem Abgasweg der Feuerungsanlage Überdruck und damit Abgasaustritt in den Aufstellungsraum auftreten kann. Bei Nichterfüllen der Temperaturbedingung besteht die Gefahr einer Durchfeuchtung bzw. eines Einfrierens des Kondensats.

DIN 4705 T1 zeigt einen Rechenweg zur Ermittlung der Drücke und Temperaturen. Ausgangspunkt der Berechnungen sind

- das sog. Wertetripel des Wärmeerzeugers (Abgasmassenstrom $\dot{m}$, Abgastemperatur T_W, notwendiger Förderdruck P_W) sowie die Abmessung des Abgasstutzens (Durchmesser D_W),
- der notwendige Förderdruck für die Zuluft P_L,
- die vorgesehenen Werkstoffe vom senkrechten Teil der Abgasanlage und Verbindungsstück (Bauartkennwerte Innenwandrauhigkeit r bzw. r_V, Wärmedurchlaßwiderstand $(1/\Lambda)$ bzw. $(1/\Lambda)_V$),
- die dafür vorgegebenen bzw. vorgeschätzten Einbaumaße (lichter Querschnitt A bzw. A_V, wirksame Höhe H bzw. H_V, gestreckte Länge L bzw. L_V, Anteile im Freien und Umlenkungen) sowie

---

1) DIN 4705 T1 (10.93): Feuerungstechnische Berechnung von Schornsteinabmessungen – Begriffe, ausführliches Berechnungsverfahren.
Kommentar zur DIN 4705-1, DIN Deutsches Institut für Normung e.V., 1995.
Stehmeier, D.: Bemessung von Schornsteinen und anderen Abgasanlagen nach DIN 4705, Schornsteinfegerhandwerk 10/92.

- die Umgebungsdaten vom senkrechten Teil der Abgasanlage und Verbindungsstück (Umgebungslufttemperatur T_u, Umgebungslufttemperatur an der Mündung T_{uo}, Außenlufttemperatur T_L und Außenluftdruck p_L).

Das Wertetripel sollte möglichst den Unterlagen des Feuerstättenherstellers entnommen werden. Falls dies nicht möglich ist, können die erforderlichen Größen aus Diagrammen bzw. Formeln der DIN 4705 abhängig von der Nennwärmeleistung Q_N entnommen werden.

Der notwendige Förderdruck für die Zuluft P_L liegt je nach Belüftung des Aufstellraums zwischen 3 und 5 Pa.

Bezüglich des Wärmedurchlaßwiderstandes $(1/\Lambda)$ eines Schornsteins wurden bisher vier Ausführungsarten unterschieden(s. Bild 2.3.3-4)

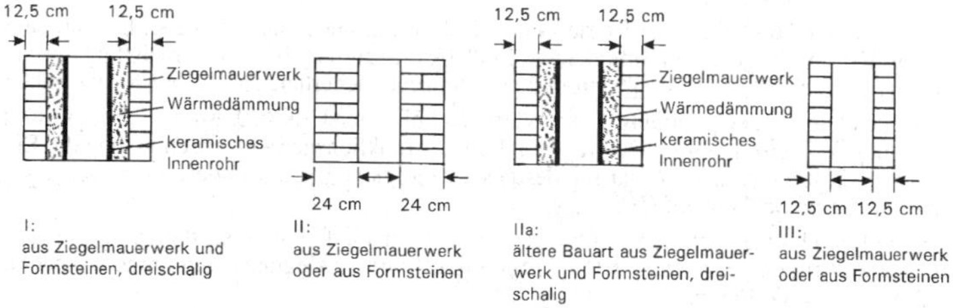

Bild 2.3.3-4. Schornstein-Ausführungsarten.

- Gruppe I für neue mehrschalige Schornsteine mit entsprechender allgemeiner bauaufsichtlicher Zulassung ($(1/\Lambda) \geq 0{,}65$ m^2 K/W, d. h. TR65),
- Gruppe II für gemauerte Schornsteine mit mind. 24 cm Wangendicke sowie sonstige mehrschalige Schornsteine ($(1/\Lambda) \geq 0{,}22$ m^2 K/W, d. h. TR22),
- Gruppe III für gemauerte Schornsteine mit mind. 11,5 cm Wangendicke sowie einschalige Schornsteine aus Leichtbeton ($(1/\Lambda) \geq 0{,}12$ m^2 K/W, d. h. TR12) und
- Gruppe IV vor allem für ungedämmte Stahlschornsteine ($(1/\Lambda) \geq 0$, d. h. TR00); Schornsteine der Gruppe IV sind nur im Ausnahmefall zulässig.
- Eine Gruppe IIa für ältere mehrschalige Schornsteine ($(1/\Lambda) \geq 0{,}40$ m^2 K/W, d. h. TR40) wird im „Vorschlag für einen Einführungserlaß zur DIN 18 160 T1 – Fassung 31. Januar 1986 –" vom DIBt genannt.

Die Umgebungslufttemperatur T_u ist die über die gesamte äußere Oberfläche gemittelte Lufttemperatur in der Umgebung der Abgasanlage. Bei Abgasanlagen, die größtenteils durch beheizte Räume geführt sind, kann mit $T_u = 288{,}15$ K ($t_u = 15$ °C) gerechnet werden, ansonsten ist flächenanteilig zu mitteln oder abschnittsweise zu rechnen.

Die Umgebungslufttemperatur an der Mündung T_{uo} und die Außenlufttemperatur T_L sind dagegen die Lufttemperaturen im Freien, und zwar T_{uo} für die Überprüfung der Temperaturbedingung und T_L für die Überprüfung der Druckbedingung.

Weil sich hohe Außenlufttemperaturen T_L und niedrige Luftdrücke p_L auf den Unterdruck am Eintritt in den senkrechten Teil der Abgasanlage P_Z negativ auswirken, wird die Überprüfung der Druckbedingung für die ungünstigste Witterung, bei der die Abgasanlage noch funktionieren muß, durchgeführt; das ist in der Regel $T_L = 288{,}15$ K ($t_L = 15$ °C) und, je nach geodätischer Höhe, $p_L = 88\,000$ bis $97\,000$ Pa, im Mittel $93\,200$ Pa.

Die Überprüfung der Temperaturbedingung muß dagegen bei relativ kalter Witterung erfolgen, da die dafür maßgebende Innwandtemperatur an der Mündung T_{iob} um so ungünstiger ist, je niedriger die dortige Umgebungslufttemperatur T_{uo} ist. Dabei ist zu unterscheiden, ob bei Abgasanlagen für trockene Betriebsweise Taupunktunterschreitung ($T_{iob} \geq T_p$) oder bei Abgasanlagen für feuchte Betriebsweise Einfrieren ($T_{iob} \geq 273{,}15$ K) zu vermeiden ist. Da bei Abgasanlagen für trockene Betriebsweise eine vorübergehende Taupunktunterschreitung normalerweise problemlos ist, kann die Überprüfung in der Regel bei $T_{uo} = 273{,}15$ K ($t_{uo} = 0$ °C) erfolgen. Das Einfrieren der Abgasanlage würde jedoch sofort die Funktion der Feuerungsanlage beeinträchtigen, weshalb bei Abgasanlagen für feuchte Betriebsweise $T_{uo} = 258{,}15$ K ($t_{uo} = -15$ °C) zu setzen ist.

Aus diesen Vorgaben werden mit den Gleichungen der Wärme- und Strömungstechnik aus

DIN 4705 die Temperaturen und Drücke im Verbindungsstück und senkrechten Teil der Abgasanlage berechnet.

Die Temperaturberechnung wird durchgeführt für Beharrung und für fehlende Beharrung; diese berücksichtigt, daß insbesondere bei intermittierend betriebenen Feuerungen nur selten stationäre Betriebsverhältnisse und damit auch -temperaturen erreicht werden. Die fehlende Beharrung wird durch den Korrekturfaktor $S_H = 0{,}5$ dargestellt, mit dem die Wärmedurchlaßwiderstände ($1/\Lambda$) von Verbindungsstück und senkrechten Teil der Abgasanlage zu multiplizieren sind.

Die Kontrolle der Druckbedingung sollte immer für fehlende Beharrung erfolgen, da auch kontinuierlich betriebene Feuerungen zumindest in der Anfahrphase nicht stationär arbeiten. Die Überprüfung der Temperaturbedingung kann dagegen in der Regel für Beharrung durchgeführt werden, weil anfangs angefallenes Kondensat später, z.B. während des Brennerstillstands, wieder abtrocknen kann.

Für Unregelmäßigkeiten bei Betrieb und Ausführung der Abgasanlage (z.B. Überbelastung, Falschluft, größere Rauhigkeiten, Maßabweichung) ist bei der Berechnung der Widerstandsdrücke P_R und P_{RV} die strömungstechnische Sicherheitszahl $S_E = 1{,}5$ vorzusehen.

Die Gleichungen der Strömungs- und Wärmetechnik nach DIN 4705 sind allerdings nur in bestimmten Grenzen gültig. Deswegen gehört zur funktionsgerechten Bemessung die Einhaltung dieser Grenzen (Abgasmindestgeschwindigkeit w_{min}, Mindestunterdruck P_{Zmin} und maximale Schlankheit $(H/D_h)_{max}$).

Da die Berechnung nach DIN 4705 recht komplex und aufwendig ist, stehen für die praktische Anwendung zahlreiche EDV-Programme[1)] und Auslegungsdiagramme (Abschnitt 2.3.3-1.4) zur Verfügung.

Bei der Vorgehensweise ist zu unterscheiden, ob eine Abgasanlage neu zu dimensionieren ist oder ob die Eignung einer vorhandenen Abgasanlage für einen neuen Wärmeerzeuger zu überprüfen ist:

- Bei einer Neudimensionierung wird zunächst der Querschnitt A vorgeschätzt und dafür die Funktionskontrolle durchgeführt. Wenn eine der Bedingungen nicht erfüllt ist, wird die Überprüfung mit einem anderen handelsüblichen Querschnitt wiederholt, und zwar mit dem nächstgrößeren, wenn die Druckbedingung nicht erfüllt ist, oder mit dem nächstkleineren, wenn die Temperaturbedingung nicht erfüllt ist. Wenn noch erhebliche Druckreserven vorhanden sind, kann u.U. ebenfalls ein kleinerer Querschnitt gewählt werden.
- Bei einer vorhandenen Abgasanlage liegt der Querschnitt A schon vor. Zeigt die Berechnung, daß die Funktin nicht gewährleistet ist, kann für verschiedene Anpassungsmaßnahmen die Funktionskontrolle wiederholt werden.

Grundsätzlich kann man davon ausgehen, daß bei Nichterfüllen der Druckbedingung ein zu kleiner Querschnitt vorliegt, bei dem die relativ hohe Abgasgeschwindigkeit w_m einen hohen Widerstandsdruck in der Abgasanlage P_R bewirkt. Nichterfüllen der Temperaturbedingung deutet dagegen auf einen zu großen Querschnitt hin, bei dem das Abgas relativ langsam durch die Abgasanlage strömt und dabei zu weit abkühlt; außerdem ist bei niedriger Abgasgeschwindigkeit w_m der Wärmeübergang α_i schlechter, so daß die Innenwand der Abgasanlage weniger temperiert wird. Bei Erneuerung der Heizungsanlage wird im allgemeinen die vorhandene Abgasanlage für den neuen Wärmeerzeuger zu groß bemessen sein, so daß vor allem die Gefahr der Durchfeuchtung besteht.

-1.3 Anpassungsmaßnahmen für bestehende Abgasanlagen bei Anschluß eines neuen Heizkessels

Bei Nichterfüllen der Temperaturbedingung bieten sich bei bestehenden Abgasanlagen als Anpassungsmaßnahmen vor allem eine zusätzliche Wärmedämmung oder Verkleidung des Schornsteinkopfes, eine Querschnittsverminderung oder der Einbau einer Nebenluftvorrichtung an.

Eine allseits angebrachte *zusätzliche Wärmedämmung des Schornsteinkopfes* oder noch besser des gesamten Kaltbereichs der Abgasanlage kann bei der Berechnung der Innenwandtemperatur an der Mündung T_{iob} berücksichtigt werden. Durch die damit bewirkte Anhebung der Wandtemperatur ist es in vielen Fällen möglich, die Temperaturbedingung zu erfüllen. Der zusätzlich anrechenbare Wärmedurchlaßwiderstand ist jedoch nach oben

[1)] Steiglechner, J.: Prüfung von PC-Programmen zur feuerungstechnischen Berechnung von Schornsteinabmessungen nach DIN 4705-1 und DIN 4705-3, Schornsteinfegerhandwerk 05/98.

begrenzt; sonst bestünde die Gefahr, daß durch beliebig hohe Wärmedämmung zwar die Temperaturbedingung erreicht wird, praktisch jedoch die Abgasanlage unterhalb des gedämmten Bereichs durchfeuchtet.

Ebenfalls berücksichtigt werden kann eine belüftete Verkleidung des Schornsteinkopfes, sofern der Luftspalt zwischen 1 und 5 cm dick ist. Die Verkleidung wirkt als Windschutz, wodurch der äußere Wärmeübergang am Schornsteinkopf verringert wird.

Bei *Querschnittsverminderungen* an Abgasanlagen sollten die entsprechenden bauaufsichtlichen Richtlinien beachtet werden. Querschnittsverminderungen können durch Innenauskleidung der Abgasanlagen mit Leichtbeton oder Leichtmörtel oder durch Einbau von Innenschalen in die Abgasanlage vorgenommen werden. Voraussetzung ist, daß die bestehenden Abgasanlagen abgesehen vom Querschnitt den baurechtlichen bzw. bauaufsichtlichen Bestimmungen entsprechen.

Die Innenschalen können aus allgemein bauaufsichtlich zugelassenen oder europäischen Produktnormen entsprechenden Innenschalenformstücken aus Keramik oder metallischen Rohren ggf. in Verbindung mit Dämmstoffen hergestellt werden. Innenschalen sind zentrisch so einzubringen, daß keine Mörtelbrücken entstehen. Der Zwischenraum zwischen Innenschale und Abgasanlagewänden kann auf seiner ganzen Höhe mit Dämmstoffen ausgefüllt werden. Dämmstoffe (Dämmplatten und Dämmatten) müssen zur Herstellung einer Dämmstoffschicht bei Abgasanlagen allgemein bauaufsichtlich zugelassen sein.

Bezüglich des Wärmedurchlaßwiderstands ($1/\Lambda$) gilt nach dem „Muster für einen Einführungserlaß – Fassung September 1988 –" zur o.g. bauaufsichtlichen Richtlinie: Schornsteine der Wärmedurchlaßwiderstands-Gruppe III können ohne Nachweis der Gruppe II und Schornsteine der Gruppe II der Gruppe IIa zugerechnet werden, wenn eine nachträglich eingebrachte Dämmstoffschicht über die ganze Höhe aus Dämmassen mindestens 2,0 cm oder aus Dämmplatten mindestens 1,5 cm dick ist; Schornsteine der Gruppe III können der Gruppe IIa zugerechnet werden, wenn die Dämmstoffschicht mindestens 4,0 cm bzw. 3,0 cm dick ist.

Eine praxisbewährte Maßnahme bei zu großen Abgasanlagequerschnitten ist häufig der *Einbau einer Nebenluftvorrichtung*. Zu unterscheiden ist nach DIN 4795[1)] zwischen

- selbsttätig arbeitenden Nebenluftvorrichtungen (Zugbegrenzer), die in Abhängigkeit vom Unterdruck eine Öffnung freigeben, durch die Luft in die Abgasanlage einströmt (s. Bild 2.3.3-5),

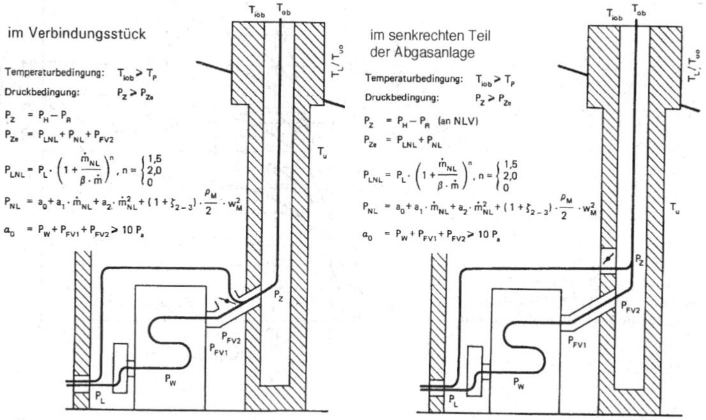

Bild 2.3.3-5. Temperatur- und Druckzusammenhänge bei Nebenluftvorrichtungen im Verbindungsstück oder im senkrechten Teil der Abgasanlage (nach DIN 4705).

---

1) DIN 4795 (04.91): Nebenluftvorrichtungen für Hausschornsteine – Begriffe, Sicherheitstechnische Anforderungen, Prüfung, Kennzeichnung.

- zwangsgesteuerten Nebenluftvorrichtungen, die während der Stillstandszeit der Feuerstätte (Brenner) motorisch eine entsprechende Öffnung freigeben, und
- kombinierten Nebenluftvorrichtungen, in denen beide Funktionen vereint sind.

Zugbegrenzer sorgen zum einen für möglichst konstante Druckverhältnisse in der Abgasanlage. Zum anderen vermindert die Nebenluft insbesondere durch die Erhöhung des Abgasmassenstromes $\dot{m}$ oft die Gefahr einer Durchfeuchtung. Außerdem sorgen die Zugbegrenzer während der Stillstandszeit der Feuerstätte für eine Durchlüftung und ggf. Auftrocknung der Abgasanlage. Dieser Effekt wird durch zwangsgesteuerte bzw. kombinierte Nebenluftvorrichtungen noch verstärkt.

-1.4 Diagramme für die Abgasanlagen-Bemessung

Für die Abgasanlagen-Auslegung in der Praxis können Bemessungsdiagramme sehr hilfreich sein.

Solche Diagramme werden z. B. von Abgasanlagen-Herstellern speziell für die Auslegung ihrer Systeme angeboten. Bei dem in Bild 2.3.3-6 beispielhaft gezeigten Diagramm ist für eine vorgegebene Abgasanlagehöhe (Abszisse) und Wärmeleistung des Heizkessels (linke Ordinate) der geeignete Abgasanlagen-Durchmesser abzulesen. Wichtig ist, daß die den Diagrammen zugrunde liegenden Annahmen bezüglich Abgastemperatur T_W, notwendigem Förderdruck P_W (rechte Ordinate), Abgasrohrlänge L_V usw. beachtet werden.

Beispiel:

Ein Ölheizkessel mit $\dot{Q}$ = 50 kW Wärmeleistung, t_W = 190 °C Abgastemperatur und einem notwendigen Förderdruck von P_W = 5 Pa soll an eine H = 10 m hohe Abgasanlage angeschlossen werden. Da die sonstigen Randbedingungen eingehalten sind, kann das Diagramm in Bild 2.3.3-6 angewendet werden. Für $\dot{Q}$ = 50 kW und H = 10 m liest man einen Abgasanlage-Durchmesser von D = 16 cm ab.

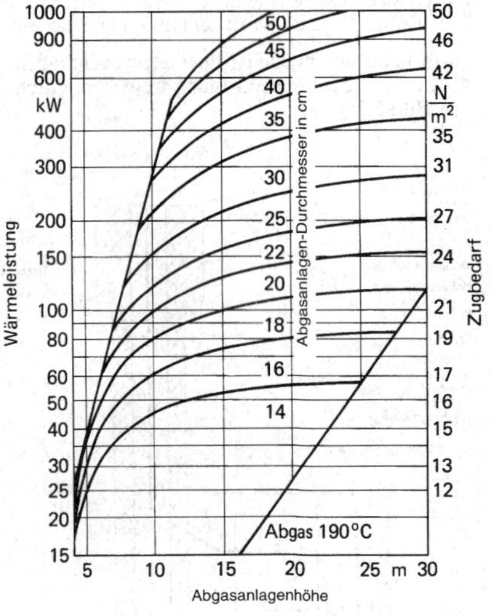

Bild 2.3.3-6. Abgasanlagenquerschnitte für Öl- und Gasfeuerung bei Kesseln mit niedrigem Zugbedarf gemäß rechtem Ordinaten-Maßstab.

Die Diagramme in Bild 2.3.3-7[1)] sind besonders dafür vorgesehen, die Eignung vorhandener Abgasanlagen für neue Wärmeerzeuger zu überprüfen, und zwar ggf. unter Berücksichtigung einer Nebenluftvorrichtung. Die Diagramme sind unterteilt nach Brennstoffart

[1)] ZIV-Arbeitsblätter 801 und 802, 06/96
VdZ/ZIV-Merkblatt Abstimmung Heizkessel/Schornstein, März 1997.

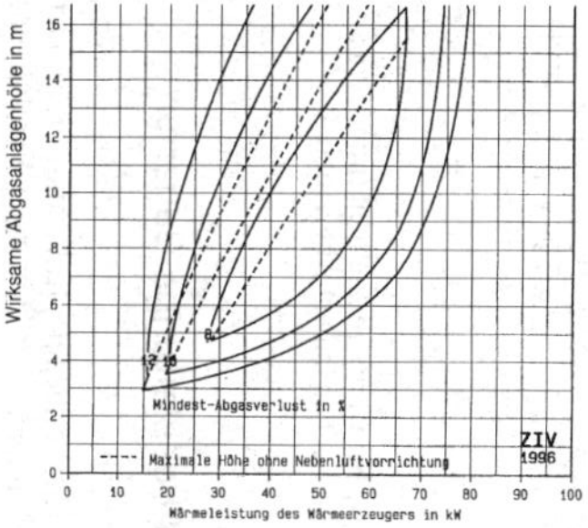

Brennstoff: Heizöl EL
Lichte Weite: 13,5 cm × 13,5 cm

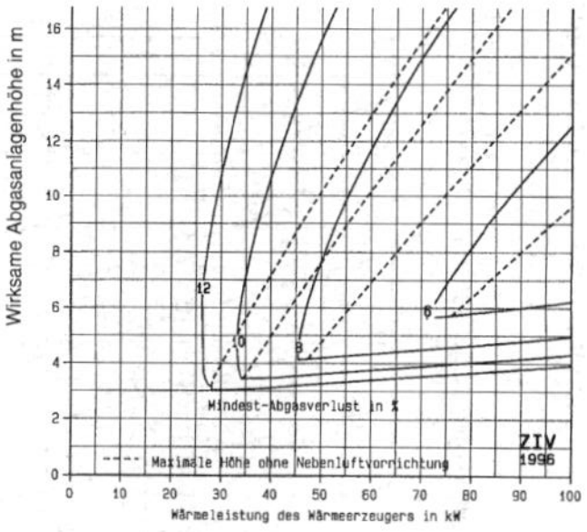

Brennstoff: Heizöl EL
Lichte Weite: 20 cm × 20 cm

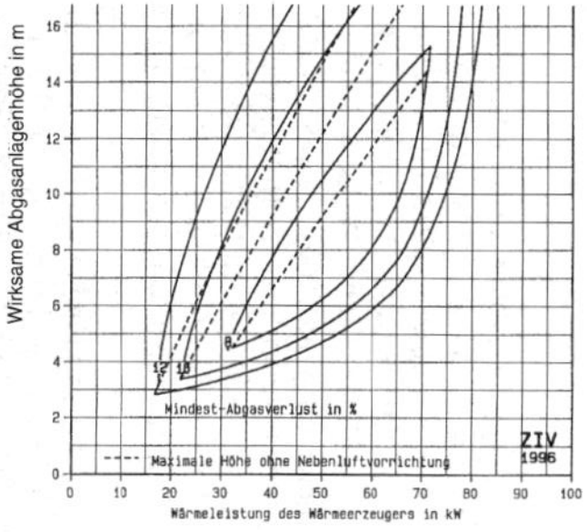

Brennstoff: Erdgas
Lichte Weite: 13,5 cm × 13,5 cm

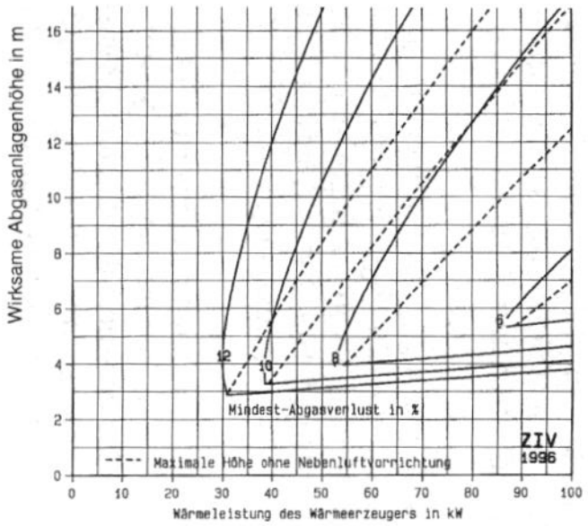

Brennstoff: Erdgas
Lichte Weite: 20 cm × 20 cm

Gemauerte Abgasanlage mit mindestens 11,5 cm Wanddicke; für Zuluft und Wärmeerzeuger notwendiger Förderdruck = 10 Pa; Abgasrohr ungedämmt; Querschnitt ≙ Stutzen, Länge = 1,5 m, Zeta = 1,8; Zugbegrenzer Gruppe 3 (DIN 4795) in der Abgasanlage 30 cm oberhalb Abgasrohr; Lufttemperatur = 15 °C; Luftdruck = 93 200 Pa, rel. Luftfeuchte = 60%; Luftverhältnis ohne Nebenluft entsprechend DIN 4702 T1 (03.90)

Bild 2.3.3-7. Abgasanlagen-Bemessungsdiagramme für Wärmeerzeuger mit Öl- und Gasgebläsebrennern*)

*) ZIV-Arbeitsblätter 801 und 802, 06/96; VdZ/ZIV-Merkblatt Abstimmung Heizkessel/Schornstein, März 1997.

(Erdgas und Heizöl EL), notwendigem Förderdruck für die Zuluft P_L und den Wärmeerzeuger P_W, der Wärmedurchlaßwiderstandsgruppe und dem lichten Abgasanlagenquerschnitt A. Die zugrunde gelegten Randbedingungen sind unter den Diagrammen aufgeführt.

Aufgetragen ist die Abgasanlagenhöhe H über der Wärmeleistung $\dot{Q}$ des Wärmeerzeugers für verschiedene notwendige Abgasverluste q_{Amin}. Die unteren (durchgezogenen) Kurven gelten gleichermaßen für Abgasanlagen mit und ohne Nebenluftvorrichtung. Die oberen gestrichelten Abschnitte entsprechen der maximal zulässigen Höhe von Abgasanlagen ohne Nebenluftvorrichtung, die durchgezogenen derjenigen von Abgasanlagen mit Nebenluftvorrichtung.

Die jeweils von den Kurven eingeschlossenen Felder sind die Bereiche, in denen die Funktionsbedingungen nach DIN 4705 T1 (10.93) erfüllt sind. Das bedeutet, daß der Schnittpunkt von Wärmeleistung und wirksamer Abgasanlagenhöhe den kleinstmöglichen Abgasverlust (notwendiger Abgasverlust) ergibt, bei dem die sichere Funktion der Anlage gewährleistet ist. Ist der tatsächliche Abgasverlust kleiner als dieser Wert, ist zumindest eine der Funktionsbedingungen nicht erfüllt.

Beispiel:

Ein neuer Ölheizkessel mit $\dot{Q}$ = 50 kW Wärmeleistung, q_A = 9% Abgasverlust und einem notwendigen Förderdruck von P_W = 5 Pa soll an eine H = 10 m hohe gemauerte Abgasanlage mit A = 20 cm × 20 cm lichter Weite und 11,5 cm Wanddicke angeschlossen werden, wobei der notwendige Förderdruck für die Zuluft 4 Pa beträgt. Aus dem entsprechenden Diagramm (Brennstoff: Heizöl, 11,5 cm Wanddicke, Lichte Weite = 20 cm × 20 cm s. Bild 2.3.3-7) erhält man für 50 kW Wärmeleistung und 10 m Abgasanlagenhöhe einen minimalen Abgasverlust von über 12% ohne Nebenluftvorrichtung (gestrichelte Kurve) und knapp 9% mit Nebenluftvorrichtung. Bei 9% Abgasverlust wäre also eine Nebenluftvorrichtung (mindestens der Gruppe 5 nach DIN 4795) erforderlich, um den Funktionsnachweis nach DIN 4705 zu erbringen. Ohne Nebenluftvorrichtung ist mit einer Durchfeuchtung zu rechnen.

Die notwendigen Abgasverlust-Werte gelten alle für ein 1,5 m langes ungedämmtes Abgasrohr; eine Umrechnung auf andere Längen sowie die Berücksichtigung einer Wärmedämmung sind mit dem Nomogramm in Bild 2.3.3-8 möglich. Bei kürzerem, gedämmtem Abgasrohr könnten demnach die notwendigen Abgasverluste noch um bis zu 1% niedriger sein als nach Bild 2.3.3-7.

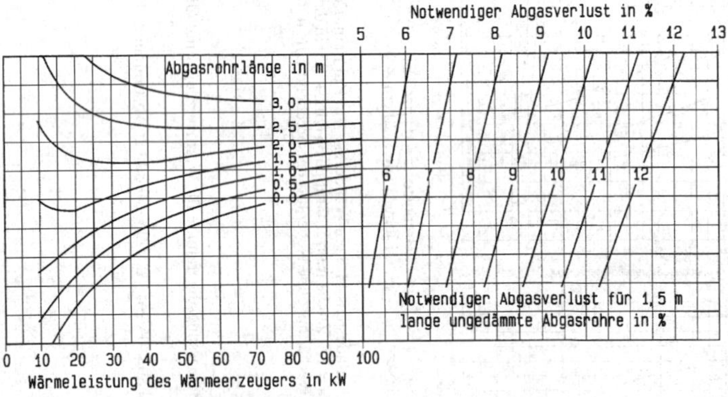

Bild 2.3.3-8. Umrechnung der notwendigen Abgasverluste bei wärmegedämmten (mindestens 3 cm dicke Mineralfaser mit $\lambda \leq 0{,}06$ W/m^2 K) und unterschiedlich langen Abgasrohren.

-1.5 Schornstein- und Unterdruck-Abgasleitungs-Bauarten

Folgende Schornsteinbauarten sind zu unterscheiden:

Einschalige Schornsteine sind aus Mauersteinen (Mauerziegel, Kalksandsteine oder Hüttensteine) oder aus Formstücken (nach DIN 18150) gebaut. Die Wangen (Wandungen) von gemauerten Schornsteinen müssen eine Dicke von mindestens 11,5 cm, bei lichten Querschnitten von mehr als 400 cm^2 mindestens 24 cm haben; die Zungen (Wandungen zwischen den Schornsteinen einer Schornsteingruppe) müssen mindestens 11,5 cm dick sein. Gemauerte Schornsteine mit 11,5 cm Wangendicke sind wie folgt zu kennzeichnen:

Abgasanlage DIN 18160-1 – T400 N2 G D 3 TR12 L90 C50

und solche mit 24 cm Wanddicke:

Abgasanlage DIN 18160-1 – T400 N2 G D 3 TR22 L90 C50

Mehrschalige Schornsteine bestehen im allgemeinen aus einer abgasführenden Innenschale, einer Dämmstoffschicht und einer Außenschale (dreischalig, s. Bild 2.3.3-9); sie bedürfen einer allgemeinen bauaufsichtlichen Zulassung, einer Systembeschreibung nach DIN 18147 oder können aus Bauprodukten nach europäischen Normen entsprechend DIN 18160-1 (12.01) hergestellt werden. Für die einzelnen Schalen dürfen jeweils nur Formstücke bzw. Materialien desselben Herstellers mit derselben Artikelnummer verwendet werden. Außenschalen dürfen auch aus Mauersteinen erstellt werden, wobei ähnliche Anforderungen wie bei einschalig gemauerten Schornsteinen gelten. Die Kennzeichnung ist von den Bauprodukten und der Bauart abhängig (siehe z.B. Abschn. 2.3.3). Welcher Wärmedurchlaßwiderstandsgruppe ein mehrschaliger Schornstein angehört, geht aus seinem Registrierbescheid oder seiner allgemeinen bauaufsichtlichen Zulassung hervor.

Stahlschornsteine nach DIN 4133 und *freistehende Schornsteine in Massivbauart nach DIN 1056* werden meist für industrielle Feuerungsanlagen vor Ort angefertigt.

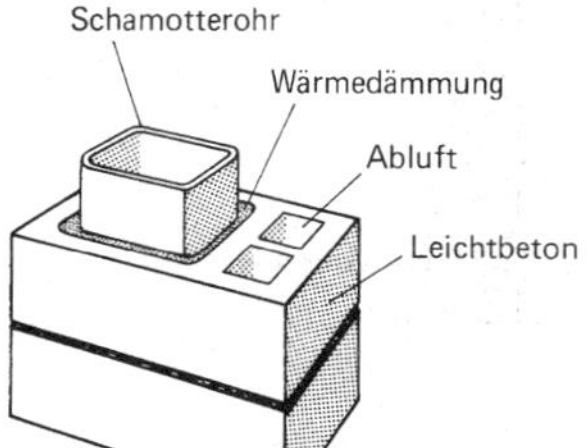

Bild 2.3.3-9. Dreischaliger Schornstein.

Folgende Bauarten sind nicht rußbrandbeständig und fallen deshalb nach der Muster-Feuerungsverordnung vom 24. Februar 1995 nicht mehr unter den Begriff „Schornstein“:

Stahlschornsteine für verminderte Anforderungen sind vermindert dauerhaft und gegen Rußbrände im Innern des Schornsteins sowie Brände in Gebäuden vermindert widerstandsfähig. An Stahlschornsteine ohne Dämmstoffschicht sind hinsichtlich des Materials und der Wanddicke bestimmte Anforderungen gestellt; Stahlschornsteine mit Dämmstoffschicht müssen eine allgemeine bauaufsichtliche Zulassung haben. Stahlschornsteine ohne Wärmedämmung gehören der Wärmedurchlaßwiderstandsklasse TR00 an. Damit ergibt sich z.B. folgende Kennzeichnung:

Abgasanlage DIN 18160-1 – T400 N2 O D 2 TR00 L00 C400

Schornsteine mit begrenzter Temperaturbeständigkeit sind nur gegen Abgas von Gasfeuerstätten mit Abgastemperaturen von nicht mehr als 350 °C widerstandsfähig, also nicht geeignet für Rußbrände im Innern des Schornsteins. Sie sind nur für Gasfeuerstätten mit Brennern ohne Gebläse mit einer Nennwärmeleistung von nicht mehr als 30 kW und einer Abgastemperatur von nicht mehr als 300 °C bestimmt.

Eine mögliche Kennzeichnung ist:

Abgasanlage DIN 18160-1 – T300 N2 O D 1 TR00 L00 C200

Luft-Abgas-Systeme (LAS) sind bauliche Anlagen zur Verbrennungsluftversorgung von der Mündung über Dach her zu mehreren, unabhängig voneinander betriebenen Gasfeuerstätten und zur gemeinsamen Abgasabführung über Dach[1]. Die heute üblichen Bauarten sind in Bild 2.3.3-10 dargestellt. Luft-Abgas-Systeme müssen eine allgemeine bauaufsichtliche Zulassung haben.

[1]) Birkicht, W.: Luft-Abgas-Systeme zur Verbrennungsluftzuführung und Abgasabführung von raumluftunabhängigen Gasfeuerstätten, Schornsteinfegerhandwerk 12/95.

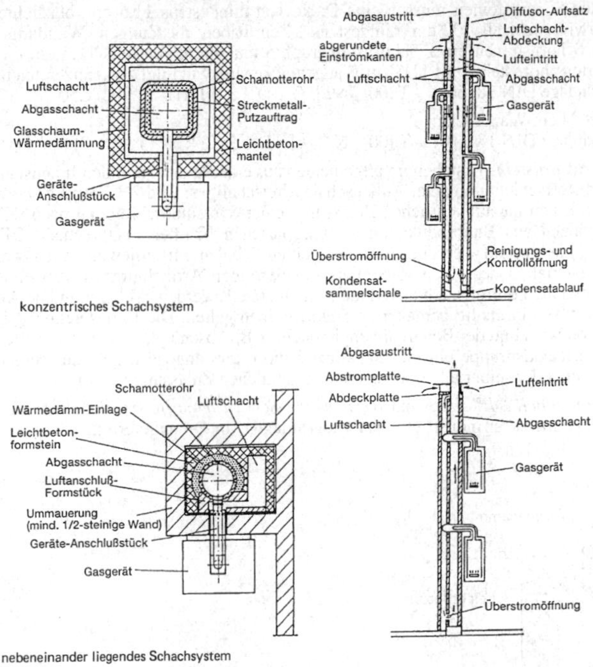

Bild 2.3.3-10. Luft-Abgas-Systeme.

Die vorgenannten Abgasanlagen können jeweils sowohl für trockene als auch für feuchte Betriebsweise errichtet sein:

Abgasanlagen für trockene Betriebsweise müssen so betrieben werden, daß die Wasserdampftaupunkttemperatur der Abgase an keiner Stelle dauernd unterschritten wird. Bei länger anhaltender Taupunktunterschreitung würde das entstehende Kondensat in die Abgasanlagenwandung eindringen, diese durchfeuchten und schließlich schädigen. Kurzzeitige Taupunktunterschreitung ist dagegen zulässig, wenn das Kondensat anschließend wieder abtrocknen kann.

Abgasanlagen für feuchte Betriebsweise sind so konstruiert, daß auch bei dauernder Taupunktunterschreitung die Abgasanlagenwange nicht durchfeuchtet und geschädigt wird. Dabei sind grundsätzlich zu unterscheiden

- Abgasanlagen mit wasserdichten Innenrohren z.B. aus Edelstahl, glasiertem Schamotte oder Glas, wobei auch jeweils die Fugenausbildung dicht sein muß, und
- Abgasanlagen mit Hinterlüftung des Innenrohres.

Abgasanlagen für feuchte Betriebsweise können sowohl ein- als auch mehrschalig ausgeführt sein; sie bedürfen einer allgemeinen bauaufsichtlichen Zulassung odert sie müssen europäischen Produktnormen entsprechen.

-1.6 Ausführung[1]

Die Abgase von Feuerstätten müssen bei allen bestimmungsgemäßen Betriebszuständen ordnungsgemäß ins Freie abgeführt werden. Dazu sind Abgasanlagen in solcher Anzahl, Beschaffenheit und Lage herzustellen, daß die vorgesehenen Feuerstätten in den Gebäuden ordnungsgemäß an Abgasanlagen angeschlossen und betrieben werden können.

---

[1]) DIN 18160-1 „Abgasanlagen – Teil 1: Planung und Ausführung“ (12.01)

Damit Feuer und Rauch nicht in andere Geschosse oder Brandabschnitte übertragen werden können, müssen Abgasanlagen, die Geschosse überbrücken, eine Feuerwiderstandsdauer von mind. 90 Minuten aufweisen oder in einem entsprechenden Schacht geführt sein. Bei Abgasleitungen in Wohngebäuden geringer Höhe (lt. MBO Gebäude, bei denen der Fußboden keines Geschosses, in dem Aufenthaltsräume möglich sind, an keiner Stelle mehr als 7 m über der Geländeoberfläche liegt) genügt eine Feuerwiderstandsdauer von mind. 30 Minuten. Abgasanlagen müssen durchgehend sein; sie dürfen insbesondere durch Decken nicht unterbrochen sein.

Schornsteine müssen unmittelbar auf dem Baugrund gegründet oder auf einem feuerbeständigen Unterbau errichtet sein; für Schornsteine in Gebäuden geringer Höhe, für Schornsteine, die oberhalb der obersten Geschoßdecke beginnen sowie für Schornsteine an Gebäuden genügt ein Unterbau aus nichtbrennbaren Baustoffen.

Von wenigen Ausnahmen abgesehen, müssen Abgasanlagen eine Sohle (unterer Abschluß des senkrechten Teils der Abgasanlage) haben, so daß die Abgaseinführung nicht von unten, sondern von der Seite erfolgt. Damit die Abführung der Abgase durch Verbrennungsrückstände und Ablagerungen nicht beeinträchtigt wird, sollte die Sohle mind. 20 cm unterhalb des untersten Feuerstättenanschlusses angeordnet sein.

Die senkrechten Teile von Abgasanlagen sind im wesentlichen durchgehend mit einheitlichen Baustoffen, mit einheitlichen Abmessungen in einheitlichder Bauart und möglichst lotrecht herzusdtellen. Unterdruck-Abgasanlagen dürfen im senkrechten Teil einmal um maximal 30° schräg geführt werden, wenn die Höhe bis zur Schrägführung nicht mehr als 10 m und der lichte Querschnitt nicht mehr als 400 cm² betragen.

Die Funktions-, Brand- und Standsicherheit von Abgasanlagen darf durch fremde Bauteile und Einrichtungen nicht gemindert werden. Bei unterschiedlicher Ausführung des Verbindungsstückes und des senkrechten Teils der Abgasanlage sind für den Anschlußbereich geeignete Formstücke zu verwenden.

Damit durchströmendes Abgas sowie ggf. Rußbrände im Innern einen Brand im Gebäude nicht auslösen können, müssen Abgasanlagen und Schächte von Abgasleitungen von brennbaren Baustoffen so weit entfernt sein, daß an diesen bei Nennwärmeleistung der Feuerstätte keine höheren Temperaturen als 80 °C und bei Rußbränden im Innern von Schornsteinen keine höheren Temperaturen als 100 °C auftreten können. Dies gilt erfüllt, wenn die in der Tafel 2.3.3-1 aufgeführten Anforderungen eingehalten sind.

Abgasanlagen müssen so angeordnet sein, daß ihre Mündungen nicht in unmittelbarer Nähe von Fenstern, Zuluftöffnungen und Balkonen liegen. Abgasanlagen von terrassenförmigen Gebäuden sollten aus dem Dach des höchsten Gebäudeteils austreten. Mündungen von Abgasanlagen dürfen über Dachflächen mit allseitig geschlossener Brüstung von mehr als 50 cm nur liegen, wenn die Brüstungen Öffnungen haben, die ein gefährliches Ansammeln von Abgasen verhindern.

Abgasanlagen in oder an Gebäuden mit Dächern, die eine größere Neigung als 20° haben, sollten so angeordnet werden, daß die Mündungen in der Nähe der höchsten Dachkante liegen. Die Mündungen von Abgasanlagen müssen

- den First um mind. 40 cm überragen oder von der Dachfläche mind. 1 m entfernt sein; bei raumluftunabhängigen Gasfeuerstätten genügt ein Abstand von der Dachfläche von 40 cm, wenn die Gesamtnennwärmeleistung der Feuerstätten nicht mehr als 50kW beträgt und das Abgas durch Ventilatoren abgeführt wird,
- Dachaufbauten, Gebäudeteile und Öffnungen zu Räumen, auch an Nachbargebäuden, um mind. 1 m überragen, soweit deren Abstand zu den Abgasanlagen weniger als 1,5 m beträgt,
- ungeschützte Bauteile aus brennbaren Baustoffen, ausgenommen Bedachungen, um mind. 1 m überragen oder von ihnen mind. 1,5 m entfernt sein,
- bei Feuerstätten für feste Brennstoffe in Gebäuden mit weicher Bedachung am First austreten und diesen um mind. 80 cm überragen.

Die Mündungen von Abgasanlagen sollten Dachaufbauten auch dann um mindestens 1 m überragen, wenn deren Abstand zur Abgasanlage kleiner als deren 1,5fache Höhe über Dach ist. Weitergehende Anforderungen an die Höhe der Mündungen über Dach können aufgrund bauaufsichtlicher Vorschriften, aus Gründen des Umweltschutzes oder der örtlichen Gelegenheiten erforderlich sein.

Abgasanlagen müssen leicht und sicher gereinigt bzw. auf ihren freien Querschnitt hin überprüft werden können. Dies wird in der Regel ermöglicht durch untere und ggf. obere Reinigungsöffnungen, deren Unterkanten jeweils in einem Bereich von 0,4 bis 1,4 m über

Tafel 2.3.3-1 Abstände von Abgasanlagen zu brennbaren Bauteilen*)

Abstände von Schornsteinen mit Abstandsklasse C50 oder kleiner zu brennbaren Bauteilen	
bei großflächig angrenzenden Bauteilen	5 cm
bei Holzbalken und Bauteilen mit ähnlichen Abmessungen	2 cm
bei Bauteilen, die nur mit geringer Fläche angrenzen (Fußleisten, Dachlatten), wenn diese außenseitig frei liegen oder nicht zusätzlich wärmegedämmt sind	kein Abstand
Abstände von Unterdruck-Abgasleitungen mit einer Feuerwiderstandsdauer L90 oder L30 zu brennbaren Bauteilen	
bei Temperaturklasse bis T120	kein Abstand
bei Temperaturklasse größer T120	wie bei Schornsteinen
Abstände von Abgasleitungen ohne Feuerwiderstandsdauer zu brennbaren Baustoffen	
bei Temperaturklsasse bis T300	20 cm
bei Temperaturklasse bis T300 und – Abgasleitung mit mindestens 2 cm Wärmedämmung oder – Abgastemperatur bei Nennwärmeleistung ≤ 160 °C	5 cm
bei Temperaturklasse über T300	40 cm
bei Temperaturklasse über T300 und Abgasleitung mit mindestens 2 cm Wärmedämmung	20 cm
Abstände von Reinigungsöffnungen zu brennbaren Baustoffen	
bei Schornsteinen	40 cm
bei Schornsteinen mit Strahlungsschutz	20 cm
bei Abgasleitungen oder Schächten für Abgasleitungen und Temperaturklasse über T160 bis T400	20 cm
bei Abgasleitungen oder Schächten für Abgasleitungen und Temperaturklasse bis T160	5 cm
Schutz von Fußböden aus brennbaren Baustoffen vor Reinigungsöffnungen in Schornsteinen	50 cm nach vorn und je 20 cm seitlich

*) Stehmeier, D., Michel, R.: DIN 18160-1 „Abgasanlagen – Planung und Ausführung" ist erschienen, Schornsteinfegerhandwerk 02/02 bis 04/02.

einer Standfläche liegen.[1] Die Mindestmaße der Reinigungsöffnungen sind abhängig von Abgasanlagenart und -größe. Die untere Reinigungsöffnung (zur Rückstandsentnahme) ist in der Regel unterhalb des untersten Feuerstättenanschlusses an der Sohle des senkrechten Teils der Abgasanlage anzuordnen. Abgasanlagen, die nicht von der Mündung aus gereinigt werden können, müssen eine weitere (obere) Reinigungsöffnung bis zu 5 m unterhalb der Mündung haben. Bei Abgasanlagen mit einem Abstand zwischen Mündung und unterer Reinigungsöffnung von höchstens 5 m ist die weitere Reinigungsöffnung nicht nötig. Auf die obere Reinigungsöffnung kann ebenso verzichtet werden, wenn die untere Reinigungsöffnung nicht mehr als 15 m von der Mündung entfernt ist, der hydraulische Durchmesser des senkrechten Teils der Abgasanlage höchstens 20 cm beträgt und an die Abgasanlage nur Feuerstätten für gasförmige Brennstoffe in derselben Nutzungseinheit (z.B. Wohneinheit, Gewerbeeinheit) angeschlossen sind.

Schornsteine mit einer Schrägführung größer als 15° benötigen weitere Reinigungsöffnungen in einem Abstand von höchstens 1,0 m zu den Knickstellen.

[1]) DIN 18160-5 „Abgasanlagen – Teil 5: Einrichtungen für Schornsteinfegerarbeiten" (05.98)

-1.7 Abgasanlagenbelegung

Bezüglich der Belegung von Abgasanlagen gilt folgendes:

An eine eigene Abgasanlage ist anzuschließen *(Einfachbelegung)*:

- jeder offene Kamin, jedes Schmiedefeuer und jede andere Feuerstätte mit offen zu betreibendem Feuerraum und
- jede Sonderfeuerstätte.

Andere als die vorgenannten Feuerstätten dürfen gegebenenfalls an eine gemeinsame Abgasanlage angeschlossen werden *(Mehrfachbelegung)*, wenn durch die Bemessung die Ableitung der Abgase für jeden Betriebszustand sichergestellt ist[1)]. Erfahrungsgemäß sind bis zu drei Feuerstätten für feste oder flüssige Brennstoffe oder bis zu drei Gasfeuerstätten und unter bestimmten Umständen bei speziellen Feuerstättenarten und bei älteren Gebäuden auch höhere Belegungszahlen möglich. Jede Feuerstätte sollte mit eigenem Verbindungsstück angeschlossen werden; die Verbindungsstücke sollten eine senkrechte Anlaufstrecke unmittelbar hinter dem Abgasstutzen der Feuerstätten haben. Um eine gegenseitige negative Beeinflussung der Feuerstätten zu vermeiden, dürfen die Verbindungsstücke einerseits nicht in gleicher Höhe in den senkrechten Teil der Abgasanlage eingeführt werden; andererseits darf der Abstand zwischen der Einführung des untersten und des obersten Verbindungsstückes nicht mehr als 6,5 m betragen. Bei bestimmten Gasfeuerstätten sind auch gemeinsame Verbindungsstücke zulässig.

Falls die gemeinsame Ableitung der Abgase nicht sichergestellt ist, dürfen mehrere Feuerstätten an eine gemeinsame Abgasanlage angeschlossen werden, wenn jeweils nur eine Feuerstätte betrieben werden kann und die Abgasanlage für jede Feuerstätte geeignet ist.

Feuerstätten für feste oder flüssige Brennstoffe dürfen mit Gasfeuerstätten an eine gemeinsame Abgasanlage angeschlossen werden *(Gemischtbelegung)*. Die Verbindungsstücke der Feuerstätten für feste oder flüssige Brennstoffe müssen unmittelbar hinter dem Abgasstutzen eine senkrechte Anlaufstrecke von mindestens 1 m haben.

Feuerstätten mit und ohne Gebläse sollten nicht an eine gemeinsame Abgasanlage angeschlossen werden.

-1.8 Zubehör

Schornsteinaufsätze sollen die Windeinflüsse aufheben oder den Wind zur Erhöhung des Auftriebs nutzen. Beispiel Bild 2.3.3-11, Bild 2.3.3-12 und Bild 2.3.3-13. Leistung der verschiedenen Bauarten unterschiedlich. Weiteres über Schornsteine siehe Abschnitt 2.3.3-1. Bauaufsichtliche Vorschriften beachten.

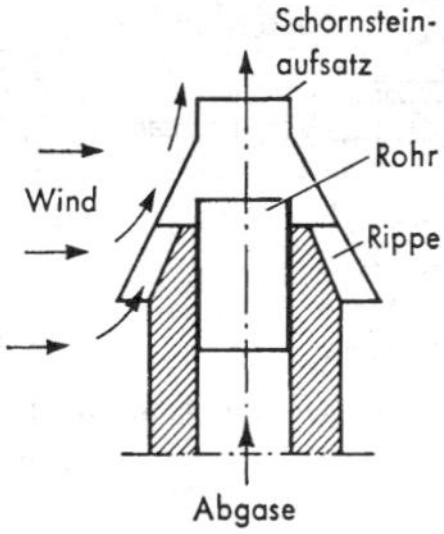

Bild 2.3.3-11. Schornsteinaufsatz mit Zugverstärkung.

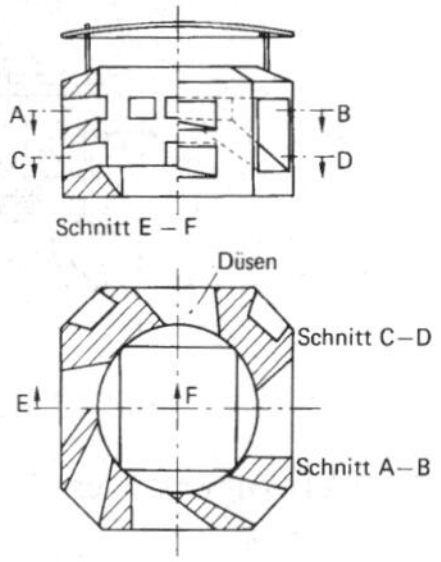

Bild 2.3.3-12. Schornsteinaufsatz Orkan (Basten, St. Goar).

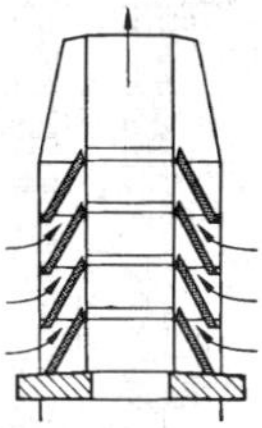

Bild 2.3.3-13. Schornsteinaufsatz mit Zugverstärkung (Schwendilator).

[1)] DIN V 4705 T3 (08.97): Feuerungstechnische Berechnung von Schornsteinabmessungen – Berechnungsverfahren für Mehrfachbelegung.
Stehmeier, D.: Neue DIN 4705 Teil 3 – Berechnungsverfahren für Mehrfachbelegung, Schornsteinfegerhandwerk 08/97.

Abgasventilatoren werden bei sehr niedrigen Abgastemperaturen, hohem notwendigen Förderdruck des Kessels und hohen Kesselbelastungen angewendet. Man unterscheidet:

Unterwind. Die Verbrennungsluft wird durch einen Ventilator unter dem Rost in den Aschenfall geblasen. Besonders günstig bei großem Rostwiderstand durch stark schlackenden oder feinkörnigen Brennstoff. Immer erforderlich bei Zonenrosten mit Regulierung der Luftzufuhr zu den einzelnen Zonen des Rostes. Vorwärmung bis 350 °C möglich.

Saugzug. Bei dem mittelbaren Saugzug wird ein Teil der Abgase durch einen Ventilator angesaugt und ejektorförmig in den Schornstein geblasen. Bei dem heute meist ausgeführten unmittelbaren oder direkten Saugzug wird die gesamte Abgasmenge in den Schornstein gefördert.

Leistungsbedarf des Saugzugventilators:

$$P = \frac{\dot{V} h}{\eta} \text{ in W} \left(\frac{\text{m}^3 \text{N}}{\text{s m}^2} = \frac{\text{m N}}{\text{s}} = \text{W} \right)$$

$\dot{V}$ = Gesamter Abgasvolumenstrom im Betriebszustand m^3/s
h = Förderdruck (Zugstärke) N/m^2
η = Wirkungsgrad des Ventilators = 0,6 bis 0,8.

Beispiel:

Wie groß ist der Leistungsbedarf eines Ventilators, der 12000 m_n^3/h Abgase bei 250 °C gegen 400 Pa Druck fördert?

Abgasstrom $\dot{V} = 12\,000 \, \frac{273 + 250}{273} = 23\,000 \text{ m}^3/\text{h} = 6{,}39 \text{ m}^3/\text{s}$

Leistungsbedarf $P = \frac{6{,}39 \cdot 400}{1000 \cdot 0{,}7} = 3{,}65 \text{ kW}$

Motorleistung um etwa 25 bis 50% größer wählen, da bei Kaltluftförderung erheblich größerer Kraftbedarf.

Für schlecht ziehende Abgasanlagen Abgasventilatoren ähnlich Bild 2.3.3-14 verwendbar. Teilstrom des Abgases wird durch Ventilator injektorartig in die Abgasanlage eingeblasen. Automatische Einschaltung des Ventilators durch Thermostat in Abgasstrom oder durch einen Unterdruckfeinregler. Eine andere Bauart in Bild 2.3.3-15.

Moderne *Großkesselanlagen* arbeiten mit sehr hohen Abgasgeschwindigkeiten, etwa 25 m/s und mehr.

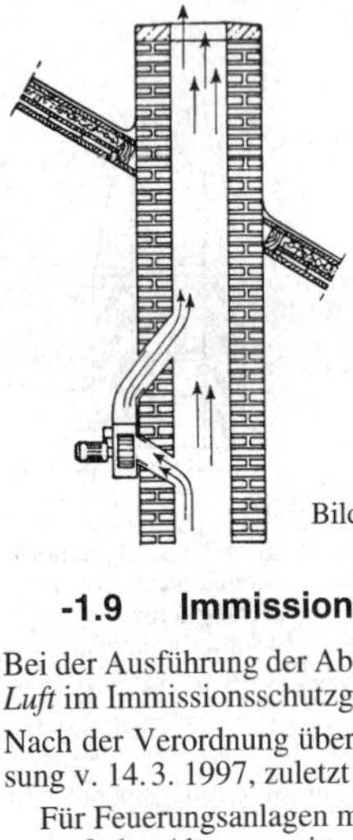

Bild 2.3.3-14. Zugverstärker (Kabe).

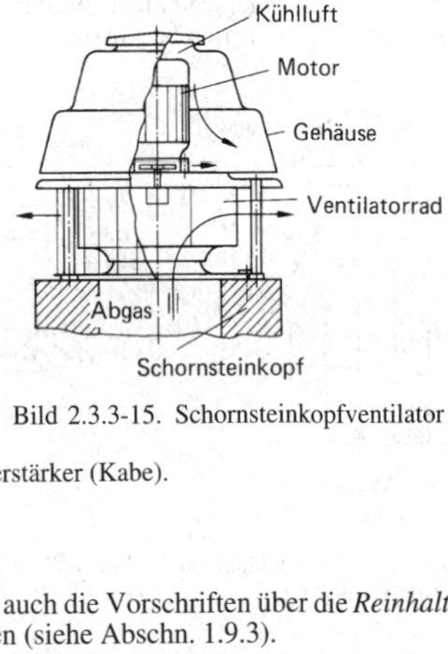

Bild 2.3.3-15. Schornsteinkopfventilator (WVT).

-1.9 Immissionsschutz

Bei der Ausführung der Abgasanlagen sind auch die Vorschriften über die *Reinhaltung der Luft* im Immissionsschutzgesetz zu beachten (siehe Abschn. 1.9.3).

Nach der Verordnung über kleine und mittlere Feuerungsanlagen (1. BImSchV), Neufassung v. 14. 3. 1997, zuletzt geändert am 27. 7. 2001, gilt:

Für Feuerungsanlagen mit einer Feuerungswärmeleistung von 1 MW oder mehr muß der Abgasaustritt mindestens 10 m über dem Gelände und mindestens 3 m über Dachfirst liegen.

Im Geltungsbereich der Technischen Anleitung zur Reinhaltung der Luft *(TA-Luft)* vom 28.2.86 (s. Tafel 1.9.4-3)[1] muß bei der Ermittlung der Schornsteinhöhe auch geprüft werden, ob der *Immissionsgrenzwert* für Staube und Gase in der Umgebung nicht überschritten wird. Denn der Schornstein hat auch die Aufgabe, luftverunreinigende Bestandteile der Abgase möglichst weit von der Erdoberfläche zu entfernen, besonders SO_2. Fast der gesamte Schwefel des Brennstoffs verbrennt im Kessel zu SO_2, das je nach Luftfeuchte mehr oder weniger langsam zu SO_3 oxidiert und als stark verdünnte Schwefelsäure auf die Erde fällt. Berechnungsmethode siehe *TA-Luft.*

Als Beispiel zur Berechnung einer Schornsteinhöhe auf Grund der SO_2-Emission dient das Bild 2.3.3-16, das sich auf eine Feuerungsleistung von ca. 30 MW mit Heizöl S bezieht. Der ermittelte Wert für die Schornsteinhöhe muß noch wegen sonstiger Einflüsse wie die Höhe der benachbarten Bebauung oder des Bewuchses, Vorbelastung, Windrichtung u.a. korrigiert werden[1].

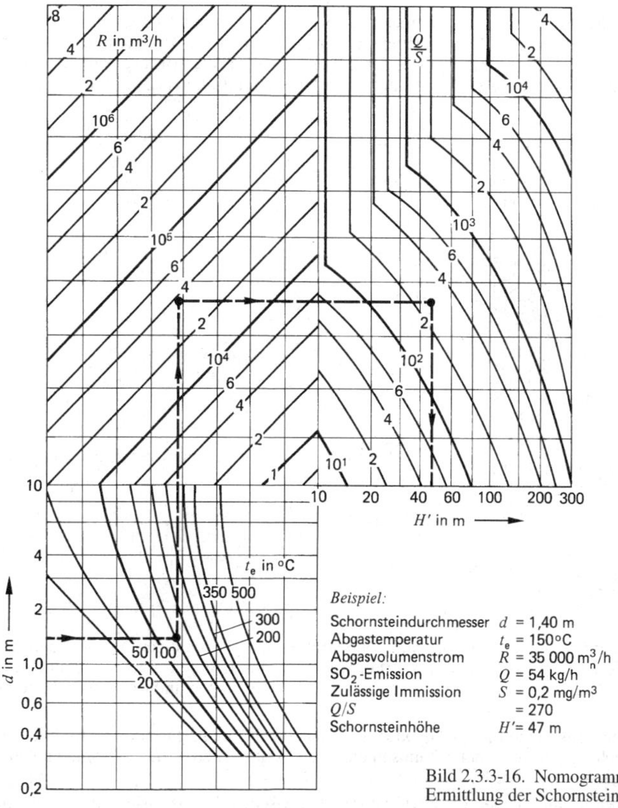

Bild 2.3.3-16. Nomogramm zur Ermittlung der Schornsteinhöhe.

[1]) Weitere Angaben in VDI-Richtlinie 3781 Bl. 2 (08.81) und Bl. 4 (11.80).

-2 Überdruck-Abgasanlagen (Überdruck-Abgasleitungen)[1]

-2.1 Allgemeines

Im folgenden werden nur die Abgasleitungen behandelt, die bisher als „Abgasanlagen für Abgase mit niedrigen Temperaturen" eine entsprechende allgemeine bauaufsichtliche Zulassung des Deutschen Instituts für Bautechnik (DIBt) benötigten.

Da aus Gründen der Energieeinsparung verstärkt Feuerungsanlagen mit niedrigen Abgastemperaturen, wie z. B. Brennwertkessel, eingesetzt werden, gewinnen diese Abgasanlagen ständig an Bedeutung. Sie unterscheiden sich von anderen Abgasanlagen wie Schornsteinen vor allem dadurch, daß sie ganz oder teilweise aus anderen Materialien bestehen können. Dadurch ist einerseits die Möglichkeit gegeben, die Abgasanlagen gasdichter auszuführen und somit auch unter Überdruck zu betreiben. Andererseits sind diese Materialien meist thermisch weniger beständig und somit nur für entsprechend niedrige Betriebstemperaturen geeignet.

Abgasanlagen sind Bauteile in oder an Gebäuden, die dazu bestimmt sind, Abgase von geeigneten Feuerstätten über Dach ins Freie zu fördern. Überdruck-Abgasleitungen sind in der Regel in Schächten (senkrechte Ummantelungen) und Kanälen (waagerechte Ummantelungen) geführt mit den dazwischen befindlichen Hinterlüftungen (Bild 2.3.3-17).

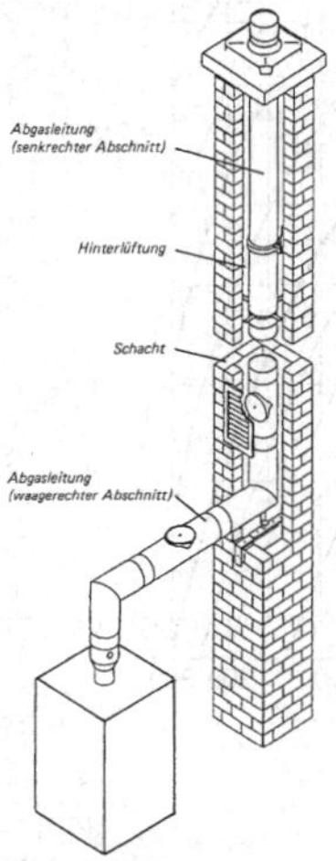

Bild 2.3.3-17.
Abgasanlage für Abgase mit niedrigen Temperaturen.

Abgasleitungen sind dichte, abgas- und kondensatbeständige Leitungen für die Abgasabführung. Sie bestehen aus Rohren und Formstücken einschließlich ihrer Verbindungen, Halterungen und ggf. zusätzliche Dämmschichten, Verkleidungen und Kondensatableitungen.

Schächte sind senkrechte Bauteile in oder an Gebäuden, die die Abgasleitung umschließen, einschließlich ggf. zusätzlicher Dämmschichten und Dampfsperren. *Kanäle* sind entsprechende waagerechte Bauteile.

Für die *Hinterlüftung* dienen die Zwischenräume zwischen den Abgasleitungen und den Schächten bzw. Kanälen in Verbindung mit den Ein- und Austrittsöffnungen.

Für den Anschluß an solche Abgasanlagen geeignet sind Feuerstätten für Heizöl EL oder Gas, bei denen aufgrund ihrer Bauart im Abgasstutzen keine höheren Abgastemperaturen auftreten als für die Abgasleitung zulässig. Die Einhaltung der Abgastemperatur muß auch bei Nennwärmeleistung bzw. bei der höchsten, festeingestellten und bescheinigten Wärmeleistung sichergestellt sein.

[1]) Stehmeier, D.: Abgasanlagen für Abgase mit niedrigen Temperaturen, HLH 2/94.

Bei Überdruck-Abgasanlagen müssen ebenfalls die Druck- und Temperaturbedingung (Abschn. 2.3.3-1.1) eingehalten werden. Dabei darf der Überdruck $P_{ZÜ}$ nicht größer sein als der maximal nutzbare Überdruck $P_{ZÜe}$:

$$P_{ZÜ} = P_R - P_H \leq P_{WÜ} - P_{FV} - P_L = P_{ZÜe}$$

P_H (Ruhedruck) ist der Unterdruck an der Abgaseinführung in den senkrechten Teil der Abgasanlage, der sich bei ruhender Gassäule einstellt.

P_R (Widerstandsdruck) ist der Druck, der bei der Strömung des Gases zur Überwindung vor allem des Reibungswiderstandes im senkrechten Teil der Abgasanlage verbraucht wird.

$P_{ZÜ}$ ist der Überdruck an der Abgaseinführung in den senkrechten Teil der Abgasanlage, der der Differenz zwischen Widerstandsdruck P_R und Ruhedruck P_H entspricht.

$P_{ZÜe}$ ist der maximal nutzbare Überdruck an der Abgaseinführung in den senkrechten Teil der Abgasanlage, der sich aus dem zur Verfügung stehenden Förderdruck des Wärmeerzeugers $P_{WÜ}$, vermindert um die notwendigen Förderdrücke für das Verbindungsstück P_{FV} und die Zuluft P_L, ergibt.

Da Überdruck-Abgasleitungen im Allgemeinen für feuchte Betriebsweise geeignet sind, gilt mit T_{iob} als niedrigste Temperatur der Abgasleitung an der Innenwand oben (an der Mündung) bei Beharrung und T_g als Grenztemperatur:

$$T_{iob} \geq T_g = 273{,}15 \text{ K } (0\,°\text{C})$$

Die feuerungstechnische Bemessung von Abgasleitungen kann nach DIN 4705 T1 (Abschn. 2.3.3-1.4) erfolgen. In vielen älteren Zulassungen sind außerdem Bemessungsdiagramme enthalten, die allerdings nur für die dort beschriebenen Anwendungsfälle gelten.

-2.2 Bauarten

Die Abgasleitungen werden unterschieden a) nach maximal zulässiger Abgastemperatur, b) nach Art der Abgasabführung, c) nach Art der Hinterlüftung und d) nach Einbauort:

a) Abgasleitungen wurden früher in folgende *Typen* abhängig von den maximal zulässigen Abgastemperaturen eingeteilt:
- Typ A zulässig für Abgastemperaturen bis maximal 80 °C,
- Typ B zulässig für Abgastemperaturen bis maximal 120 °C,
- Typ C zulässig für Abgastemperaturen bis maximal 160 °C.

b) Grundsätzlich ist zu unterscheiden zwischen Abgasleitungen, bei denen die Ableitung der Abgase planmäßig durch thermischen Auftrieb, d. h. bei statischem *Unterdruck* gegenüber dem Aufstellraum, oder durch Gebläse, also mit statischem *Überdruck* gegenüber dem Aufstellraum, erfolgt. Dabei ist nicht ausschlaggebend, welche Druckverhältnisse sich vor Ort tatsächlich einstellen, sondern wofür die Anlage geplant ist.

c) Erfolgt die Hinterlüftung einer Abgasleitung durch natürlichen Auftrieb, wird die Luft aufgrund der Thermik von unten nach oben strömen, also im *Gleichstrom* mit dem Abgas. Nutzt man dagegen die Hinterlüftung für die Verbrennungsluftzuführung raumluftunabhängiger Feuerstätten (LAS-Prinzip), wird die Luft im *Gegenstrom* zum Abgas gefördert (s. Bild 2.3.3-18).

d) In der Regel müssen Abgasleitungen durch Kanäle und Schächte oder zumindest innerhalb von Gebäuden geführt werden. Bei entsprechender Zulassung und Dimensionierung besteht aber auch die Möglichkeit, Abgasleitungen *außen* an Gebäuden anzubringen (s. Bild 2.3.3-19).

In der Praxis sind die verschiedensten Kombinationen dieser Eigenschaften denkbar. Wichtig ist jedoch, daß immer nur die in der zugehörigen Zulassung genannten Möglichkeiten zur Anwendung kommen.

Bisher übliche Überdruck-Abgasleitungen des Typs A wären z. B. wie folgt zu kennzeichnen

Abgasanlage DIN 18160-1 – T080 P1 O W 1 TR00 L00 C000

-2.3 Anforderungen an die Feuerungsanlage

Abgasleitung und Feuerstätte müssen aufeinander abgestimmt sein. An eine Abgasleitung darf nur eine Feuerstätte angeschlossen werden, für die der Nachweis erbracht ist, daß die

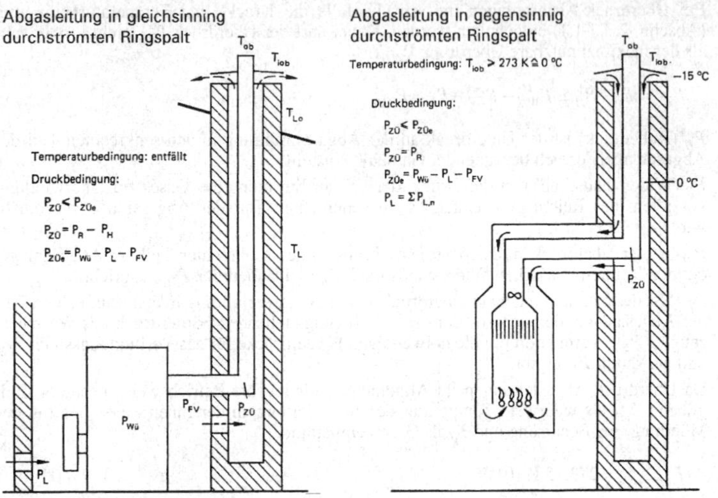

Bild 2.3.3-18. Temperatur- und Druckzusammenhänge nach DIN 4705 bei Abgasanlagen für Abgase mit niedrigen Temperaturen.

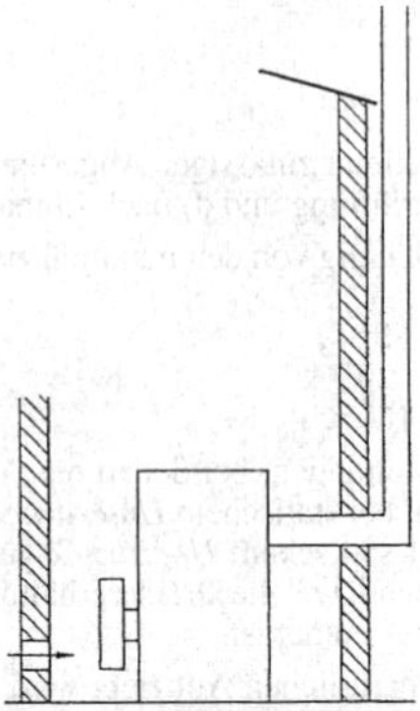

Bild 2.3.3-19.
Abgasanlage mit außenliegender Abgasleitung.

für den Abgasleitungstyp zulässige Abgastemperatur im Abgasstutzen sicher nicht überschritten wird. Der Nachweis der Eignung der Feuerstätte kann durch Typprüfung und Registrierung sowie dementsprechende Kennzeichnung der Feuerstätte oder durch allgemeine bauaufsichtliche Zulassung oder durch Zustimmung im Einzelfall (durch die oberste Bauaufsichtsbehörde) erfolgen. Alternativ kann ggf. ein vom zuständigen Prüfinstitut des DIN oder des DVGW testierter Herstellernachweis über die Höhe der Abgastemperatur für den gesamten Leistungsbereich der Feuerstätte in Abhängigkeit der Vorlauftemperatur vorgelegt werden. Unter bestimmten Voraussetzungen genügt auch eine Bescheinigung des Herstellers oder Fachunternehmers, daß keine höhere Abgastemperatur als für den verwendeten Abgasleitungstyp zulässig auftritt.

-2.4 Ausführung

Grundsätzlich gelten für die Ausführung von Überdruck-Abgasanlagen die gleichen Anforderungen wie für Unterdruck-Abgasanlagen (siehe Abschn. 2.3.3-1.6). Darüber hinaus ist folgendes zu beachten:

Innerhalb der Aufstellräume sind Abgasleitungen für Überdruck in längsbelüfteten Kanälen aus nichtbrennbaren und formbeständigen Baustoffen anzuordnen. Darauf kann verzichtet werden, wenn der Aufstellraum eine Öffnung oder entsprechende Leitungen ins Freie mit einem freien Querschnitt von 150 cm^2 hat.

In Gebäuden dürfen Abgasleitungen nur in eigenen Schächten angeordnet werden. Die Anordnung mehrerer Abgasleitungen in nur einem Schacht ist zulässig, wenn die Feuerstätten in einem gemeinsamen Aufstellraum stehen oder nur in Räumen, die die Anforderungen an Heizräume erfüllen. Die Schächte dürfen außerhalb des Aufstellraumes der Feuerstätte keine Öffnungen haben; ausgenommen davon sind erforderliche Prüf- und Reinigungsöffnungen, die mit Schornsteinreinigungsverschlüssen zu versehen sind.

Eine Abgasleitung für Überdruck muß über ihre gesamte Länge hinterlüftet sein; der Abstand zwischen dem größten Außenmaß der Abgasleitung (Muffenmaß) und der Innenseite des Schachtes muß

- bei rundem lichten Querschnitt der Abgasleitung in einem Schacht mit rechteckigem lichten Querschnitt mind. 2 cm,
- bei rundem lichten Querschnitt der Abgasleitung in einem Schacht mit rundem lichten Querschnitt mind. 3 cm und
- bei rechteckigem lichten Querschnitt der Abgasleitung in einem Schacht mit rechteckigem lichten Querschnitt mind. 3 cm

betragen. Die Eintrittsöffnung für die Belüftung des Schachtes muß im Aufstellraum der Feuerstätte in der Nähe der Abgaseinführung angeordnet sein; die Größe der Eintrittsöffnung muß mindestens der erforderlichen Hinterlüftungsfläche entsprechen.

Die Hinterlüftung der Abgasleitung kann auch durch eine Verbrennungsluftansaugung von der Mündung aus erfolgen. Der Hinterlüftungsquerschnitt darf nicht für die erforderliche Entlüftung von Heizräumen verwendet werden, da deren Funktion im Notfall, wie beispielsweise beim Versagen der Abgasleitung, nicht sichergestellt wäre.

Aus Brandschutzgründen muß der Schacht eine Feuerwiderstandsdauer von mindestens 90 Minuten, in Wohngebäuden geringer Höhe, bei denen der Fußboden keines Geschosses, in dem Aufenthaltsräume möglich sind, an keiner Stelle mehr als 7 m über der Geländeoberfläche liegt, von mindestens 30 Minuten haben. Der Nachweis über die Feuerwiderstandsdauer ist durch ein allgemeines bauaufsichtliches Prüfzeugnis zu führen. Eines solchen Nachweises bedarf es nicht, wenn der Schacht aus klassifizierten Bauteilen nach DIN 4102 T4 besteht oder die regelmäßigen Anforderungen an Schornsteine nach DIN 18160 T1 erfüllt.

Für Abgasleitungen, die oberhalb des Aufstellraumes der Feuerstätte nur durch dauernd gut belüftete Dachräume führen, die keine Aufenthaltsräume sind, genügen längsbelüftete Schächte aus nichtbrennbaren und formbeständigen Baustoffen. Die Schächte müssen mindestens dieselbe Feuerwiderstandsdauer wie die dabei durchbrochene Decke haben.

Bei Aufstellung der Feuerstätte in dauernd gut belüfteten Dachräumen dürfen die Abgasleitungen ohne Schächte oder Kanäle errichtet werden. Im Bereich der Dachdurchführung sind die Abgasleitungen in Schutzrohren aus nichtbrennbaren, formbeständigen Baustoffen zu führen, wobei Abstände zu Bauteilen aus brennbaren Baustoffen einzuhalten sind.

An Gebäuden müssen Abgasleitungen oder Schächte mit Abgasleitungen von Bauteilen mit brennbaren Baustoffen sowie zu Fenstern und anderen Öffnungen an der Fassade Abstände einhalten, die den Zulassungen zu entnehmen sind.

Abgasleitungen, die beim regelmäßigen Betrieb der Feuerungsanlage Oberflächentemperaturen von mehr als 80 °C haben können, müssen bis zu einer Höhe von 2 m über Fußböden oder sonstige zum Betreten bestimmter Flächen gegen unbeabsichtigte Berührung geschützt sein. Der Berührungsschutz muß aus nichtbrennbaren Baustoffen bestehen und darf die Luftströmung um die Abgasleitung nicht beeinträchtigen.

Bei Überdruck-Abgasanlagen darf bei geeigneter Feuerstätte die Sohle des senkrechten Teils in gleicher Höhe mit dem untersten Feuerstättenanschluß angeordnet sein. So kann der Übergang vom waagrechten Teil der Abgasanlage (Verbindungsstück) in den senkrechten Teil z. B. mittels 90°-Bogen erfolgen, wobei die Unterseite des Bogens dann die Sohle bildet.

Bei solchen Abgasanlagen darf die untere Reinigungsöffnung auch im senkrechten Teil der Abgasanlage direkt oberhalb der Einführung des Verbindungsstückes oder seitlich im Verbindungsstück höchstens 0,3 m entfernt von der Umlenkung in den senkrechten Teil der Abgasanlage oder an der Stirnseite eines geraden Verbindungsstücks höchstens 1,0 m entfernt von der Umlenkung in den senkrechten Teil der Abgasanlage angeordnet werden. Bei einer derartigen Anordnung der unteren Reinigungsöffnung kann auf die obere Reinigungsöffnung verzichtet werden, wenn die untere Reinigungsöffnung nicht mehr als 15 m von der Mündung entfernt ist, der hydraulische Durchmesser der Abgasanlagen höchstens 15 cm beträgt, die Umlenkung in den senkrechten Teil durch einen Bogen mit einem Biegeradius gleich oder größer dem Durchmesser der Abgasanlage erfolgt, der senkrechte Teil der Abgasanlage höchstens einmal bis zu 30° schräggeführt ist und an die Abgasanlage nur Feuerstätten für gasförmige Brennstoffe in derselben Nutzungseinheit (z.B. Wohneinheit, Gewerbeeinheit) angeschlossen sind.[1])

Abgasleitungen müssen in Schächte und Kanäle so eingebaut sein, daß eine Prüfung und ggf. Reinigung des Hinterlüftungsquerschnitts möglich ist. Reinigungsöffnungen in Schächten müssen mit Schornsteinreinigungsverschlüssen mit Prüfzeichen versehen sein.

-3 Verbindungsstücke[2])

Ein Verbindungsstück zwischen Feuerstätte und senkrechtem Teil der Abgasanlage kann als Abgasrohr oder als Abgaskanal ausgeführt werden:

Das *Abgasrohr* ist ein Verbindungsstück aus Rohren und Formstücken, die frei in Räumen verlegt sind. Zur Herstellung dürfen verwendet werden:

- Abgasrohre nach DIN 1298 oder europäischen Produktnormen,
- nicht genormte Abgasrohre, wenn sie aus Werkstoffen und mit Wanddicken sinngemäß nach DIN 1298 hergestellt sind,
- Abgasrohre aus Bauteilen für Abgasanlagen (Schornsteine oder Abgasleitungen).

Der *Abgaskanal* ist ein Verbindungsstück in Massivbauart. Zur Herstellung dürfen die Baustoffe für Abgasanlagen (Schornsteine oder Abgasleitungen) verwendet werden.

Verbindungsstücke von Feuerstätten für feste Brennstoffe müssen nicht rußbrandbeständig (wie Schornsteine) sein, sondern nur soweit widerstandsfähig, daß die Sicherheit während eines Rußbrandes erhalten bleibt. Verbindungsstücke, die mit Überdruck betrieben werden, müssen aus Bauprodukten für Überdruck-Abgasanlagen oder durchgehend aus geschweißten Stahlrohren bestehen.

Damit das Abgas mit geringem Druckverlust und geringem Wärmeverlust abgeleitet wird, sollen Verbindungsstücke kurz und ansteigend geführt werden. Teile von Verbindungsstücken dürfen fallend geführt werden, wenn es sich um eine einfach belegte Abgasanlage handelt, die Feuerungsanlage mit Gebläsebrenner oder Saugzuggebläse ausgerüstet ist und der Aufstellraum eine obere und untere Öffnung ins Freie mit einem Querschnitt von je mind. 150 cm^2 hat.

Verbindungsstücke für feuche Betriebsweise müssen mit einem Gefälle zum Kondensatablauf von mindestens 3° angeordnet werden. Es ist darauf zu achten, daß das Kondensat auf der gesamten Länge ungehindert abfließen kann. Sofern die Ableitung von anfallendem Kondensat nicht über die Feuerstätte erfolgen kann, ist im Verbindungsstück ein Kondensatablauf anzuordnen. Der Kondensatablauf ist gegen den Austritt von Abgas mit einer Abgassperre zu versehen, z.B. durch einen Siphon mit ausreichend großer Sperrwasserhöhe. Der Innendurchmesser des Kondensatablaufs sollte mindestens 15 mm betragen.

Verbindungsstücke dürfen nicht in Decken, Wänden oder unzugänglichen Hohlrumen angeordnet oder in andere Geschosse geführt werden. Durch Wände, die wegen des Raumabschlusses feuerwiderstandsfähig sein müssen, dürfen Verbindungsstücke nur so geführt werden, daß die Feuerwiderstandsfähigkeit der Wand nicht vermindert wird.

Verbindungsstücke müssen von brennbaren Stoffen so weit entfernt sein, daß an diesen bei Nennwärmeleistung der Feuerstätte keine höheren Temperaturen als 85°C und bei Rußbränden im Innern von Schornsteinen keine höheren Temperaturen als 100°C auftreten können. Dies gilt als erfüllt, wenn die in Tafel 2.3.3-2 aufgeführten Anforderungen eingehalten sind.

Verbindunggsstücke sind so in den senkrechten Teil der Abgasanlage einzuführen, daß sie möglichst nahe an den lichten Querschnitt der Abgasanlage reichen und die Anschlüsse ausreichend gas- und kondensatdicht sind. Bei einschaligen Abgasanlagen empfiehlt sich die Verwendung von Doppelwandfuttern; bei mehrschaligen Abgasanlagen kann der Zwischenraum zwischen Verbindungsstück und Anschlußformstück bzw. Wandung der Abgasanlage mit nicht brennbaren und wärmedämmenden Stoffen, z.B. Keramikfaserschnur, gestopfte Mineralfaser ausgefüllt werden.

[1]) DIN 18160-5 „Abgasanlagen – Teil 5: Einrichtungen für Schornsteinfegerarbeiten“ (05.98)
[2]) DIN 18160-1 „Abgasanlagen – Teil 1: Planung und Ausführung“ (12.01)

Tafel 2.3.3-2 Abstände von Abgasanlagen zu brennbaren Bauteilen*)

Abstände von Verbindungsstücken (VS) zu brennbaren Bauteilen	
VS von Feuerstätten für feste Brennstoffe	40 cm
VS von Feuerstätten für feste Brennstoffe mit mindestens 2 cm Wärmedämmung	10 cm
VS von Feuerstätten für flüssige oder gasförmige Brennstoffe bei Abgastemperaturen größer 160 °C bis 400 °C	20 cm
VS von Feuerstätten für flüssige oder gasförmige Brennstoffe bei Abgastemperaturen größer 85 °C bis 160 °C	5 cm
VS von Feuerstätten für flüssige oder gasförmige Brennstoffe bei Abgastemperaturen bis 85 °C	kein Abstand
VS bei Temperaturklasse über T300 zu hochwärmegedämmten Wänden sowie Decken	40 cm
VS bei Temperaturklasse über T300 mit 2 cm wärmedämmumg des VS zu hochwärmegedämmten Wänden sowie Decken	10 cm
VS entsprechend Schornsteine und Feuerwiderstandsdauer L90	wie bei Schornsteinen
Wanddurchführungen von Verbindungsstücken durch Bauteile mit oder aus brennbaren Baustoffen	
mit Schutzrohr aus nichtbrennbaren Baustoffen oder Ummantelung mit nichtbrennbaren Baustoffen geringer Wärmeleitfähigkeit	20 cm
bei Abgastemperaturen bis 160 °C oder bei angeschlossenen Gasfeuerstätten mit Strömungssicherung	5 cm

*) Stehmeier, D., Michel, R.: DIN 18160-1 „Abgasanalgen – Planung und Ausführung" ist erschienen, Schornsteinfegerhandwerk 02/02 bis 04/02.

Sofern Verbindungsstücke zum Zwecke der Reinigung und Überprüfung nicht leicht und sicher de- und montierbar sind, ist mindestens eine Reinigungsöffnung erforderlich. Die Mindestmaße der Reinigungsöffnungen sind abhängig von Verbindungsstückart und -größe. Die Abstände zwischen den Reinigungsöffnungen sollten die in Tafel 2.3.3-3 angegebenen Werte nicht überschreiten, wobei an allen Umlenkungen größer 45° Reinigungsöffnungen anzuordnen sind. Gegebenenfalls ist eine weitere Reinigungsöffnung in der Nähe der Feuerstätte erforderlich, wenn Kehrrückstände nicht in die Feuerstätte gelangen dürfen.

Tafel 2.3.3-3 Maximaler Abstand zwischen Reinigungsöffnungen in Abhängigkeit vom Brennstoff und der Anordnung*)

Brennstoff	Maximaler Abstand in m	
	bei seitlicher Anordnung	bei Anordnung an der Stirnseite eines geraden Abschnitts
bei festen und flüssigen Brennstoffen	2 m	4 m
bei gasförmigen Brennstoffen	4 m	4 m

*) DIN 18160-1 „Abgasanlagen – Teil 1: Planung und Ausführung" (12.01)

2.3.4 Rohrleitungen[1) 2)]

-1 Stahlrohre

-1.1 Abmessungen, Normen

In der Heizungstechnik werden zur Fortleitung von Wasser und Dampf hauptsächlich *Stahlrohre* verwendet, in geringerem Umfang, namentlich für kleine Anlagen, auch *Kupferrohre* und in Fußbodenheizflächen *Kunststoffrohre.* Die Stahlrohre sind genormt. Grundlage der Normung sind die Begriffe Nennweite, Nenndruck und Betriebsdruck (DIN EN ISO 6708 [09.95] u. DIN EN 1333 [10.96]).

Stahlsorten: St 33 – ohne besondere Anforderungen
St 37.0 – mit besondere Anforderungen

Der Begriff *Nennweite* DN kennzeichnet die zueinander passenden Einzelteile einer Rohrleitung (Flansche, Verschraubungen usw.), gleichgültig, ob sie nach dem Zoll- oder metrischen System benannt werden. Da die Außendurchmesser der Rohre festliegen, die Wanddicken bei den verschiedenen Rohrarten jedoch verschieden sind, entsprechen die Nennweiten nur angenähert den lichten Rohrweiten. Abgekürzte Bezeichnung: Nennweite 250 = DN 250 (Tafel 2.3.4-1).

Tafel 2.3.4-1 Nennweiten nach DIN EN ISO 6708 (09.95)

DN	DN	DN	DN	DN	DN
10	40	125	350	700	1200
15	50	150	400	800	1400
20	65	200	450	900	1500
25	80	250	500	1000	1600
32	100	300	600	1100	1800
					2000

Der *Nenndruck PN* ist derjenige Druck, für den Rohrleitungen, Armaturen, Flansche, Formstücke usw. ausgelegt sind. Die Nenndrücke sind nach Normzahlen gestuft (DIN 2401 T1 (09.91) z.B.:

1, 1,6, 2,5, 4, 6, 10, 16, 25, 40, 63, 100, 160 ... bar.

Für die Anwendung maßgebend ist der *Betriebsdruck.* Der für ein Rohrleitungsteil zulässige Betriebsdruck richtet sich nach Werkstoff und Temperatur. Bei 20 °C ist Betriebsdruck = Nenndruck. Bei höheren Temperaturen ist der zulässige Betriebsdruck je nach Werkstoff mehr oder weniger geringer, wobei die Abhängigkeit besonderen Normen zu entnehmen ist.

Prüfdruck (früher Probedruck) ist der vom Hersteller zur Prüfung anzuwendende Druck, meist gleich 1,5facher Nenndruck.

Für Heizungsanlagen werden hauptsächlich verwendet:

Mittelschwere Gewinderohre nach DIN 2440 (06.78) (Tafel 2.3.4-4), hauptsächlich von $^3/_8$″ bis 1″.

Schwere Gewinderohre nach DIN 2441 (06.78) (Tafel 2.3.4-4), hauptsächlich für hohe Drücke.

Nahtlose Rohre nach DIN 2448 (02.81) (Tafel 2.3.4-5), hauptsächlich von DN 40 bis DN 300.

Geschweißte Rohre nach DIN 2458 (02.81) (Tafel 2.3.4-7), hauptsächlich für Rohre großen Durchmessers. Siehe auch ISO 4200 (02.91).

Herstellung der Rohre:

---

1) Wagner. W.: Rohrleitungstechnik, 2000, Vogel Buchverlag, Würzburg.
2) Beachte Hinweise im Vorwort zur internationalen Normen-Harmonisierung.

Rohre mit Längsnaht (stumpfgeschweißt, wassergas-, elektrogeschweißt),
Rohre ohne Längsnaht (nahtlose Rohre),

Übersicht der Rohre siehe Tafel 2.3.4-2 und Tafel 2.3.4-3.

Von den in der Übersicht Tafel 2.3.4-3 enthaltenen Rohren sind für die Heizungstechnik am wichtigsten die mittelschweren *Gewinderohre* (Gasrohre) nach DIN 2440, die schweren *Gewinderohre* (Dampfrohre) nach DIN 2441 und die glatten *nahtlosen Rohre* nach DIN 2449 (Siederohre), für große Durchmesser ferner geschweißte Rohre nach DIN 2458. Gewöhnlich werden für die kleinen Rohrweiten bis etwa DN 40 Gewinderohre verwendet, bei großen Rohrweiten die glatten Rohre (Tafel 2.3.4-4 bis Tafel 2.3.4-7).

Verbindung erfolgt hauptsächlich durch Schweißen. Lösbare Verbindung mit Gewinde oder Flansch an Geräten wie Kessel, Pumpe, Ventil usw.

Handelsübliche Lieferung:

Gewinderohre nahtlos von DN 6 bis 150, stumpf geschweißt von DN 6 bis 50; schwarz (A) oder verzinkt (B), in Rohrlängen von 4 bis 8 m mit Gewinden an beiden Enden nach DIN 2999 T1 – T6 sowie mit einer aufgeschraubten Muffe oder ohne Gewinde und ohne Muffe.

Glatte Rohre, nahtlos von DN 10 bis 500, in wechselnden Herstellungslängen.

Tafel 2.3.4-2 Übersichtstafel für gußeiserne Rohre (nach DIN 2410 T2 [02.77])

Rohrart	Verbindung nach	Lieferbedingungen nach	Maße nach	Nenndruck Wasser	Nenndruck Gas*)	Nennweiten DN
Schraubmuffen	DIN 28601	DIN 28600	DIN 28610	bis 25 32 40	bis 1	80 bis 400 80 bis 300 80 bis 150
Flansche angegossen	DIN 28604/7	DIN 28600	DIN 28614	16 25 40	bis 1	80 bis 1200 80 bis 600 80 bis 300
Flansche nicht angegossen	DIN 28604/7	DIN 28600	DIN 28615	25 40	bis 1	80 bis 600 80 bis 300

*) Für Drücke bis 16 bar gilt zusätzlich das DVGW-Arbeitsblatt G 461 T. 2 (11. 81).

In zunehmendem Maße werden auch dünnwandige biegsame *Präzisionsstahlrohre* für geschlossene Heizungen verwendet, besonders für Einfamilienhäuser und Altbauwohnungen. Sie müssen durch eine Umhüllung außen korrosionsgeschützt sein. Wandstärke $10 \times 1{,}2$ bis $35 \times 1{,}5$ mm. Lieferung auch in Ringform mit Isolierung aus Kunststoff (DIN 2391, 2393, 2394).

Sinnbilder für Rohrleitungen in DIN 2429 (01.88) siehe Tafel 2.1.2-2, Kennfarben für Heizungsrohrleitungen in DIN 2404 (12.42).

Heizwasser	Vorlauf	... zinnoberrot
	Rücklauf	... kobaltblau
Warmwasser	Zuleitung	... karminrot
	Umlauf	... violett
Kaltwasser		... hellblau

Tafel 2.3.4-3 Übersichtstafel für Stahlrohre (nach DIN 2410 T1 [01.68])

Rohrart Benennung		Maße	Technische Lieferbedingungen	Werkstoff	Nenndruckbereich bar		Außendurchmesserbereich mm
Nahtlose Präzisionsstahlrohre		DIN 2391 Teil 1	DIN 2391 Teil 2	Stahl nach DIN 2391	alle Drücke		4 bis 120
Geschweißte Präzisionsstahlrohre mit besonderer Maßgenauigkeit		DIN 2393 Teil 1	DIN 2393 Teil 2	Stahl nach DIN 2393	alle Drücke		4 bis 120
Geschweißte Präzisionsstahlrohre, einmal kaltgezogen		DIN 2394 Teil 1	DIN 2394 Teil 2	Stahl nach DIN 2394	bis 100		6 bis 120
Gewinderohre	mittelschwer	DIN 2440	DIN 2440	St 33	bis 25		10,2 bis 165,1 (NW 1/8" bis 6")
	schwer	DIN 2441	DIN 2441	St 33	bis 25		10,2 bis 165,1 (NW 1/8" bis 6")
	mit Gütevorschrift	DIN 2442	DIN 1629 DIN 1626	St 35 St 37-2	bis 100		10,2 bis 165,1 (NW 1/8" bis 6")
Nahtlose Stahlrohre		DIN 2448	DIN 1629 Teil 1 bis 4	Stahl nach DIN 1629	alle Drücke		10,2 bis 558,8
		DIN 2449		St 00	bis 25		10,2 bis 508
		DIN 2450		St 35	bis 100		10,2 bis 508
		DIN 2451		St 45	bis 100		10,2 bis 508
		DIN 2456		St 55	bis 100		10,2 bis 508
		DIN 2457		St 52	bis 100		10,2 bis 508
Geschweißte Stahlrohre		DIN 2458	DIN 1626 Teil 1 bis 4	Stahl nach DIN 1626	alle Drücke		10,2 bis 1016
Stahlrohre für Gas- und Wasserleitungen		DIN 2460	DIN 1629 Teil 1 bis 3	St 00	Gas bis 1	Wasser bis 25	60,3 bis 508 (NW 50 bis 500)
				St 35	bis 100	bis 64	
		DIN 2461	DIN 1626 Teil 1 bis 3	St 33	bis 1	bis 20	60,3 bis 2020 (NW 50 bis 2000)
				St 37-2	bis 80	bis 64	
Stahlrohre für Fernleitungen für brennbare Flüssigkeiten u. Gase		DIN 17172	DIN 17172	Stahl nach DIN 17172	alle Drücke		über 100

Tafel 2.3.4-4 Technische Daten von Gewinderohren

DN Nennweite	Rohrgewinde Zoll	Mittelschwere Gewinderohre DIN 2440					Schwere Gewinderohre DIN 2441				
		Außendurchm. d_1 (mm)	Oberfläche (m^2/m)	Wanddicke s (mm)	Innendurchm. d_2 (mm)	Lichter Querschn. A in cm^2	Außendurchm. d_1 (mm)	Oberfläche (m^2/m)	Wanddicke s (mm)	Innendurchm. d_2 (mm)	Lichter Querschn. A in cm^2
6	⅛″	10,2	0,0314	2,00	6,2	0,302	10,2	0,0314	2,65	4,9	0,189
8	¼″	13,5	0,0424	2,35	8,8	0,608	13,5	0,0424	2,9	7,7	0,466
10	⅜″	17,2	0,0540	2,35	12,5	1,227	17,2	0,0540	2,9	11,4	1,021
15	½″	21,3	0,0669	2,65	16,0	2,010	21,3	0,0669	3,25	14,8	1,720
20	¾″	26,9	0,0845	2,65	21,6	3,663	26,9	0,0845	3,25	20,4	3,269
25	1″	33,7	0,1058	3,25	27,2	5,811	33,7	0,1058	4,05	25,6	5,147
32	1¼″	42,4	0,1331	3,25	35,9	10,122	42,4	0,1331	4,05	34,3	9,240
40	1½″	48,3	0,1517	3,25	41,8	13,722	48,3	0,1517	4,05	40,2	12,69
50	2″	60,3	0,1893	3,65	53,0	22,060	60,3	0,1893	4,5	51,3	20,67
65	2½″	76,1	0,2390	3,65	68,8	37,176	76,1	0,2390	4,5	67,1	35,36
80	3″	88,9	0,2791	4,05	80,8	51,27	88,9	0,2791	4,85	79,2	49,27
100	4″	114,3	0,3589	4,50	105,3	87,08	114,3	0,3589	5,4	103,5	84,13
125	5″	139,7	0,4387	4,85	130,0	132,73	139,7	0,4387	5,4	128,9	130,49
150	6″	165,1	0,5184	4,85	155,4	189,67	165,1	0,5148	5,4	154,3	180,00

Bezeichnung eines mittelschweren Gewinderohres für Nennweite 40 für Rohrgewinde R 1½ nahtlos, verzinkt (B) in Herstellungslängen: Gewinderohr DN 40, DIN 2440 – nahtlos B.

Tafel 2.3.4-5 Nahtlose Stahlrohre nach DIN 2448 (02.81)

Nennweite DN	Außendurchmesser d_1		Wanddicke s	Innendurchmesser d_2	Lichter Querschnitt F	Masse G	Rohrgewinde
mm	mm	Zoll	mm	mm	cm^2	kg/m	
6	10,2	13/32	1,6	7,0	0,385	0,344	R 1/8″
8	13,5	17/32	1,8	9,9	0,770	0,522	R 1/4″
10	16	5/8	1,8	12,4	1,207	0,632	–
–	17,2	11/16	1,8	13,6	1,453	0,688	R 3/8″
15	20	25/32	2,0	16,0	2,011	0,890	–
–	21,3	27/32	2,0	17,3	2,351	0,962	R 1/2″
20	25	–	2,0	21,0	3,464	1,13	–
–	26,9	1 1/16	2,3	22,3	3,906	1,41	R 3/4″
25	30	1 3/16	2,6	24,8	4,831	1,77	–
–	31,8	1 1/4	2,6	26,6	5,557	1,88	–
–	33,7	1 11/32	2,6	28,5	6,379	2,01	R 1″
32	38	1 1/2	2,6	32,8	8,450	2,29	–
–	42,4	1 11/16	2,6	37,2	10,87	2,57	R 1 1/4″
–	44,5	1 3/4	2,6	39,3	12,13	2,70	–
40	48,3	1 29/32	2,6	43,1	14,59	2,95	R 1 1/2″
–	51	2	2,6	45,8	16,47	3,12	–
50	57	2 1/4	2,9	51,2	20,59	3,90	–
–	60,3	2 3/8	2,9	54,5	23,33	4,14	R 2″
–	63,5	2 1/2	2,9	57,7	26,15	4,36	–
65	70	2 3/4	2,9	64,2	32,37	4,83	–
–	76,1	3	2,9	70,3	38,82	5,28	R 2 1/2″
80	82,5	3 1/4	3,2	76,1	45,48	6,31	–
–	88,9	3 1/2	3,2	82,5	53,46	6,81	R 3″
(90)	101,6	4	3,6	94,4	69,99	8,70	–
100	108	4 1/4	3,6	100,8	79,80	9,33	–
–	114,3	4 1/2	3,6	107,1	90,09	9,90	R 4″
(110)	(121)	4 3/4	4,0	113,0	100,3	11,5	–
–	127	5	4,0	119,0	111,2	12,2	–
125	133	5 1/4	4,0	125,0	122,7	12,8	–
–	139,7	5 1/2	4,0	131,7	136,2	13,5	R 5″
–	152,4	6	4,5	143,4	161,5	16,4	–
150	159	6 1/4	4,5	150,0	176,7	17,1	–
–	165,1	6 1/2	4,5	156,1	191,4	17,8	R 6″
–	168,3	6 5/8	4,5	159,3	199,3	18,1	–
–	177,8	7	5,0	167,8	221,1	21,3	–
(175)	(191)	7 1/2	5,4	180,2	255,0	24,7	–
–	193,7	7 5/8	5,4	182,9	262,7	25,0	–
200	(216)	8 1/2	6,0	204,0	326,9	31,1	–
–	219,1	8 5/8	5,9	207,3	337,5	31,0	–
(225)	244,5	9 5/8	6,3	231,9	422,4	37,1	–
250	267	10 1/2	6,3	254,4	508,3	40,6	–
–	273	10 3/4	6,3	260,4	532,6	41,6	–
(275)	298,5	11 3/4	7,1	284,3	634,8	51,1	–
300	(318)	12 1/2	7,5	303,3	721,1	57,4	–
–	323,9	12 3/4	7,1	309,7	753,3	55,6	–

Bezeichnung z. B.: Rohr 57 × 2,9 DIN 2448 – St 37.0

Tafel 2.3.4-6 Nahtlose Stahlrohre aus St 37 nach DIN 2450 (Auszug) (04.64)

Nennweite	Rohr-Außendurchmesser	Maximale Betriebsüberdrücke in bar							
		40 ohne Abnahme		64 ohne Abnahme		80 mit Abnahme		100 mit Abnahme	
		Wanddicke	Masse	Wanddicke	Masse	Wanddicke	Masse	Wanddicke	Masse
DN	mm	mm	kg/m	mm	kg/m	mm	kg/m	mm	kg/m
50	57			2,9	3,90			2,9	3,90
	60,3			2,9	4,14			2,9	4,14
65	76,1			2,9	5,28	2,9	5,28	3,6	6,49
80	88,9			3,2	6,81	3,6	7,63	4	8,43
100	108	3,6	9,33	3,6	9,33	4	10,3	5	12,7
	114,3	3,6	9,90	4	11,0	4	11,0	5	13,5
125	133	4	12,8	4,5	14,2	5	15,8	6,3	19,8
	139,7	4	13,5	5	16,6	5	16,6	6,3	20,8
150	159	4,5	17,1	5,6	21,1	5,6	21,1	7,1	26,6
	168,3	4,5	18,1	5,6	22,4	6,3	25,3	7,1	28,3
(175)	(191)	5,4	24,7	6,3	28,7	7,1	32,2	8,8	39,5
	193,7	5,4	25,0	6,3	29,2	7,1	32,8	8,8	40,0
200	216	6	31,1	7,1	36,6	8	41,0	10	50,8
	219,1	5,9	31,0	7,1	37,2	8	41,5	10	51,6
250	267	6,3	40,6	8,8	55,8	10	63,4	11	69,7
	273	6,3	41,6	8,8	57	10	64,9	12,5	80,9
300	318	7,5	57,4	11	83,3	11	83,3	14,2	106
	323,9	7,1	55,6	11	85,3	11	85,3	14,2	109
350	355,6	8	68,3	12,5	107	12,5	107	16	133
	368	8	70,8	12,5	110	12,5	110	16	138
400	406,4	8,8	85,9	14,2	138	14,2	138	17,5	168
	419	10	101	14,2	142	14,2	142	17,5	173
500	508	11	135	16	193	17,5	211	22,2	266
	521	11,5	144	17,5	217	17,5	217	22,2	273

Bezeichnung eines nahtlosen Stahlrohres z.B.: Rohr 88,9×4 DIN 2448 – St 37.4 mit Abnahme

Tafel 2.3.4-7 Geschweißte Stahlrohre nach DIN 2458 (Auszug) (02.81)

Außen-durch-messer	Normal-wanddicke		Masse	Außen-durch-messer	Normal-wanddicke		Masse
mm	mm	Zoll	kg/m	mm	mm	Zoll	kg/m
51	2,3	0,092	2,78	219,1	4,5	0,176	23,7
57	2,3	0,092	3,13	244,5	5	0,192	29,5
60,3	2,3	0,092	3,31	267	5	0,192	32,3
63,5	2,3	0,092	3,50	273	5	0,192	33,0
70	2,6	0,104	4,35	298,5	5,6	0,219	40,3
76,1	2,6	0,104	4,75	323,9	5,6	0,219	43,8
82,5	2,6	0,104	5,16	355,6	5,6	0,219	48,2
88,9	2,9	0,116	6,20	368	5,6	0,219	49,9
101,6	2,9	0,116	7,11	406,4	6,3	$\frac{1}{4}$	62,4
108	2,9	0,116	7,57	419	6,3	$\frac{1}{4}$	64,3
114,3	3,2	0,128	8,83	457,2	6,3	$\frac{1}{4}$	70,3
127	3,2	0,128	9,84	508	6,3	$\frac{1}{4}$	78,2
133	3,6	0,144	11,6	558,8	6,3	$\frac{1}{4}$	86,1
139,7	3,6	0,144	12,2	609,6	6,3	$\frac{1}{4}$	94,1
152,4	4	0,160	14,7	660,4	7,1	$\frac{9}{32}$	115
159	4	0,160	15,4	711,2	7,1	$\frac{9}{32}$	124
165,1	4	0,160	16,0	762	8	$\frac{5}{16}$	148
168,3	4	0,160	16,3	812,8	8	$\frac{5}{16}$	158
177,8	4,5	0,176	19,2	863,6	8,8	$\frac{11}{32}$	185
193,7	4,5	0,176	20,9	914,4	10	–	223

-1.2 Rohrverbindungen für Stahlrohre

-1.2.1 Formstücke (Fittings, Verbindungsstücke)

Zur Verbindung von Gewinderohren werden *Formstücke* verwendet: Muffen, Bögen, Verschraubungen, T-Stücke usw. Sie bestehen zum größten Teil aus Temperguß, in geringem Umfang auch aus Stahl sowie Messing und Bronze. Die Zahl der Fittingsformen ist außerordentlich groß; es gibt mehrere tausend Modelle. Eine einheitliche Bezeichnung der verschiedenen Formen hat sich bisher noch nicht eingeführt, so daß gegenwärtig mehrere Bezeichnungssysteme nebeneinander laufen. Die Tempergußfittings sind in den DIN 2950, die Stahlfittings in den DIN 2606 bis 2619 und 2980 bis 2993 genormt. Dichtung durch Werg (Hanf) und Mennige oder Mangankitt (Manganesit, Fermit u.a.) oder Gewindeband aus Kunststoff.

Whitworth-Rohrgewinde nach DIN 2999 umfassen zylindrische Innen- und kegelige Außengewinde.

Für *Präzisionsstahlrohre* verwendet man oft Preßfittings mit eingelegtem Dichtring wobei der Druck durch eine hydraulische oder elektrische Preßzange erzeugt wird (Bild 2.3.4-2). Auch in Edelstahl für Trinkwasser. Außerdem auch Klemm- und Schneidringverbindungen wie bei Kupferleitungen.

-1.2.2 Flansche

Flansche werden sowohl bei Gewinderohren wie bei glatten Rohren verwendet. Bei *Gewinderohren* werden die Flansche auf das Rohr aufgeschraubt. Bei *glatten Rohren* werden hauptsächlich Walzflansche, Vorschweißflansche oder lose Flansche mit Bund am Rohr verwendet. Die Flansche sind rund oder oval, mit oder ohne Ansatz lieferbar. Abmessungen genormt in DIN 2500 bis 2673. Hauptabmessungen runder Flansche siehe Tafel 2.3.4-8.

Dichtungsmaterial bei Dampfleitungen:

Klingerit, Fiber und ähnliche Fasererzeugnisse, bei hohen Drücken, metallische Dichtungsringe aus Kupfer, Nickel, Stahl oder Kombinationen aus nichtmetallischen Stoffen mit Metallarmierung;

Tafel 2.3.4-8 Flanschenabmessungen (s. auch DIN 2501 T1, [02.72])

DN	Maß	Abmessungen in mm nach den Normen von								
		PN 6	PN 10	PN 16	PN 25	PN 40	PN 64	PN 100	PN 160	PN 250
6	D/K Schrauben	65 40 4 × M 10	75 50 4 × M 10		75 50 4 × M 10		Keine Flansche genormt			
8	D/K Schrauben	70 45 4 × M 10	80 55 4 × M 10		80 55 4 × M 10					
10	D/K Schrauben	75 50 4 × M 10	90 60 4 × M 12		90 60 4 × M12		100 70 4 × M 12		100 70 4 × M 12	125 85 4 × M 16
15	D/K Schrauben	80 55 4 × M 10	95 65 4 × M 12		95 65 4 × M 12		105 75 4 × M 12		105 75 4 × M 12	130 90 4 × M 16
20	D/K Schrauben	90 65 4 × M 10	105 75 4 × M 12		105 75 4 × M 12		130 90 4 × M 16		–	–
25	D/K Schrauben	100 75 4 × M 10	115 85 4 × M 12		115 85 4 × M12		140 100 4 × M 16		140 100 4 × M 16	150 105 4 × M 20
32	D/K Schrauben	120 90 4 × M 12	140 100 4 × M 16		140 100 4 × M 16		155 110 4 × M 20		–	–
40	D/K Schrauben	130 100 4 × M 12	150 110 4 × M 16		150 110 4 × M 16		170 125 4 × M 20		170 125 4 × M 20	185 135 4 × M 24
50	D/K Schrauben	140 110 4 × M 12	165 125 4 × M 16		165 125 4 × M 16		180 135 4 × M 20	195 145 4 × M 24		200 150 8 × M 24
65	D/K Schrauben	160 130 4 × M 12	185 145 8 × M 16		185 145 8 × M 16		205 160 8 × M 20	220 170 8 × M 24		230 180 8 × M 24
80	D/K Schrauben	190 140 4 × M 16	200 160 8 × M 16		200 160 8 × M 16		215 170 8 × M 20	230 180 8 × M 24		255 200 8 × M 27

100	D/K	210 170	220 180		235 190		250 200	265 210		300 235
	Schrauben	4 × M 16	8 × M 16		8 × M 20		8 × M 24	8 × M 27		8 × M 30
125	D/K	240 200	250 210		270 220		295 240	315 250		340 275
	Schrauben	8 × M 16	8 × M 16		8 × M 24		8 × M 27	8 × M 30		12 × M 30
150	D/K	265 225	285 240		300 250		345 280	355 290		390 320
	Schrauben	8 × M 16	8 × M 20		8 × M 24		8 × M 30	12 × M 30		12 × M 33
(175)	D/K	295 255	315 270		330 280	350 295	375 310	385 320	390 320	430 355
	Schrauben	8 × M 16	8 × M 20		12 × M 24	12 × M 27	12 × M 30	12 × M 30	12 × M 33	12 × M 36
200	D/K	320 280	340 295	340 295	360 310	375 320	415 345	430 360	430 360	485 400
	Schrauben	8 × M 16	8 × M 20	12 × M 20	12 × M 24	12 × M 27	12 × M 33	12 × M 33	12 × M 33	12 × M 39
250	D/K	375 335	395 350	405 355	425 370	450 385	470 400	505 430	515 430	585 490
	Schrauben	12 × M 16	12 × M 20	12 × M 24	12 × M 27	12 × M 30	12 × M 33	12 × M 36	12 × M 39	16 × M 45
300	D/K	440 395	445 400	460 410	485 430	515 450	530 460	585 500	585 500	690 590
	Schrauben	12 × M 20	12 × M 20	12 × M 24	16 × M 27	16 × M 30	16 × M 33	16 × M 39	16 × M 39	16 × M 48
350	D/K	490 445	505 460	520 470	555 490	580 510	600 525	655 560	Keine Flansche genormt	
	Schrauben	12 × M 20	16 × M 20	16 × M 24	16 × M 30	16 × M 33	12 × M 36	16 × M 45		
400	D/K	540 495	565 515	580 525	620 550	660 585	670 585	715 620		
	Schrauben	16 × M 20	16 × M 24	16 × M 27	16 × M 33	16 × M 36	16 × M 39	16 × M 45		

Buchstabenerklärung:

D = Flanschendurchmesser in mm
K = Lochkreisdurchmesser in mm

Lochanordnung

Lochdurchm. d_2 mm bei Schraubengröße	11,5 M 10	15 M 12	18 M 16	22 M 20	25 M 24	28 M 27	32 M 30	35 M 33	39 M 36	42 M 39	48 M 45

DIN-Flanschen-Normen		PN 6	10	16	25	40	64	100	160	250
Gußeisen-Flanschen	DIN	2531	2532	2533	2534	2535				
Stahlguß-Flanschen	DIN			2543	2544	2545	2546	2547	2548	2549

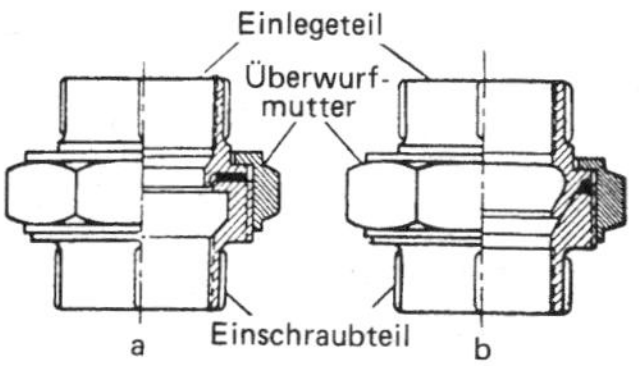

Bild 2.3.4-1. Verschraubungen.
a flache Dichtung, b konische Dichtung

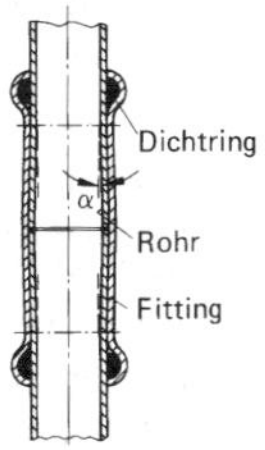

Bild 2.3.4-2. Preßfitting (Mannesmann)

bei Wasserleitungen:

Gummi mit Einlage.

Seit der Einführung des Gas-Schweißens hat sich die Verwendung von Flanschen stark vermindert.

-1.2.3 Schweißverbindungen

Verbindungen von Rohren durch Schweißung sind vorteilhaft, da die Gefahr von Undichtheiten vermieden und der Wärmeschutz verbessert wird. Brandgefahr beachten (UVV 26.0)[1]). Auch Abzweige, Richtungsänderungen und Querschnittsänderungen von Rohrleitungen werden unter Verwendung von Rohrbogen aus nahtlosem Siederohr in allen möglichen Zusammenstellungen hergestellt, so daß in neuzeitlichen Anlagen nur noch an den Armaturen Muffen- und Flanschverbindungen oder Verschraubungen zu finden sind. Bei kleinen Rohrweiten bis etwa DN 40 ist die Verbindung durch Formstücke dann vorzuziehen, wenn bei nicht sorgfältiger Schweißarbeit Verengungen der Rohre und damit Widerstandsvergrößerungen zu befürchten sind.

Hauptschweißarten:

Autogenschweißen (A-Schweißen) mit Sauerstoff und Acetylen.
Lichtbogenschweißen (E-Schweißen) mit Elektroden,
bei größeren Wandstärken *Schutzgasschweißen.*

In der Heizungstechnik wird hauptsächlich A-Schweißen angewandt.

-1.3 Rohrbefestigungen

Bei den Rohrbefestigungen ist zu beachten, daß die unter dem Einfluß der Temperaturänderungen erfolgenden Rohrbewegungen sich frei ausspielen können. Rohre geringer Durchmesser werden in zweiteiligen *Rohrschellen* gelagert, größere Rohre häufig an Rohrpendeln aufgehängt (Bild 2.3.4-3 und Bild 2.3.4-4). Bei Durchführungen von Rohren durch Wände oder Decken sind stählerne *Hülsen* oder elastische *Rohrhülsen* zu verwenden, um eine freie Bewegung der Rohre ohne Abplatzen des Putzes von der Wand zu gewährleisten. Häufig nur *Rosetten.*

Für Rohre großer Durchmesser benutzt man Lagerung auf Rollen oder besser Gleitschienen (Bild 2.3.4-5 und Bild 2.3.3-6). Die Längsausdehnungen der Rohrleitungen werden bei Heizungen kleinen Umfangs durch Richtungsänderungen der Rohre, bei Leitungen großen Umfangs durch besondere *Ausdehner* aufgenommen (Abschnitt 2.3.5-3), die zwischen Festpunkten angeordnet werden. Beispiel eines Festpunktes Bild 2.3.4-7. Zur Erleichterung der Rohraufhängung an Decken werden häufig Deckenschienen (Halfenschienen, Jordahlschienen u. a.) in Decke einbetoniert, dadurch Vermeidung von Stemmarbeiten (Bild 2.3.4-8).

Die Berechnung der *Stützweite l* von Rohrleitungen ist ein Problem, das wegen der Annahmen bezüglich Art der Rohreinspannung an den Lagerstellen nicht einwandfrei zu lösen ist[2]).

---

[1]) BHKS-Merkblatt: Brandverhütung beim Schweißen, Schneiden, Löten.
[2]) Weber, A. P.: HLH 1955, S. 215/9.
Mixdorf E.: HLH 1969. S. 201/5.
Useman, K. W.: Ges.-Ing. 1975. S. 202/3.

Nach Mixdorf gilt für Leitungen mit Gefälle

$$l = 2{,}1 \sqrt[3]{\frac{a \cdot J}{m}} \quad \text{[in m]}$$

a = Gefälle (Durchbiegung) in mm/m
J = Trägheitsmoment in cm^4
m = Rohrmasse in kg/m

Leitungen mit Gefälle lassen größere Stützweiten zu als waagerechte Leitungen.

Näherungsformel für nahezu waagerechte Leitungen:

$$l = 0{,}4 \ldots 0{,}5 \sqrt{D} \quad \text{[in m]}$$

D = Rohrdurchmesser in mm

oder nach Weber:

$$l = 0{,}032\, D \quad \text{[in m]}.$$

oder nach Mixdorf

$$l = 1{,}07 \sqrt[3]{\frac{J}{m}} \quad \text{[in m]}$$

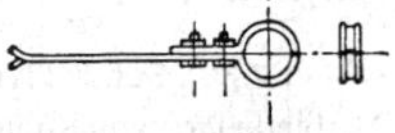

Bild 2.3.4-3. Rohrschelle, zweiteilig.

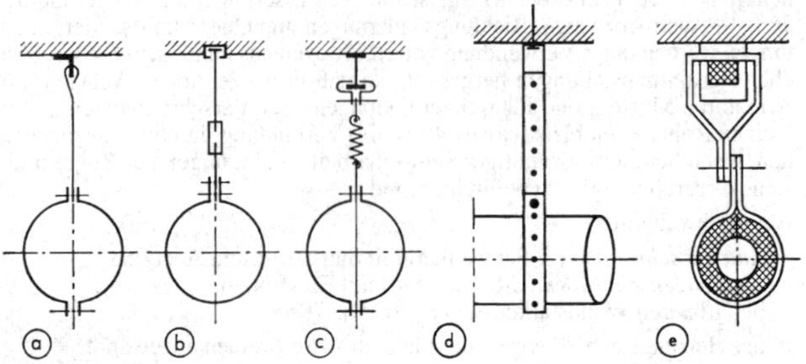

Bild 2.3.4-4. Rohraufhängungen:
a) einfache Aufhängung aus Rund- oder Flachstahl, b) mit Spannschloß, c) mit Feder, d) mit Lochband, e) mit Isolierung.

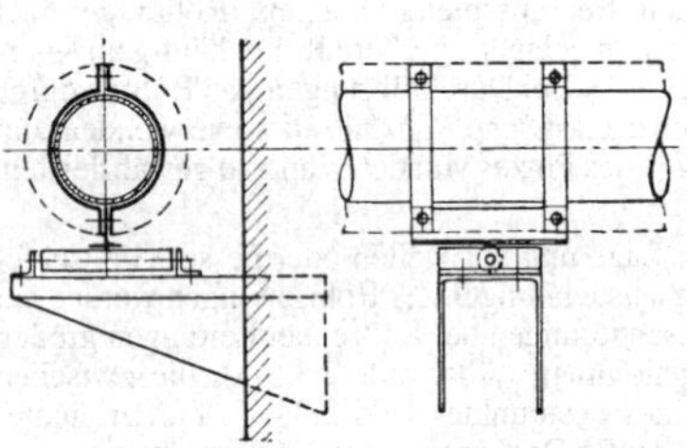

Bild 2.3.4-5. Konsol mit Rollenlager.

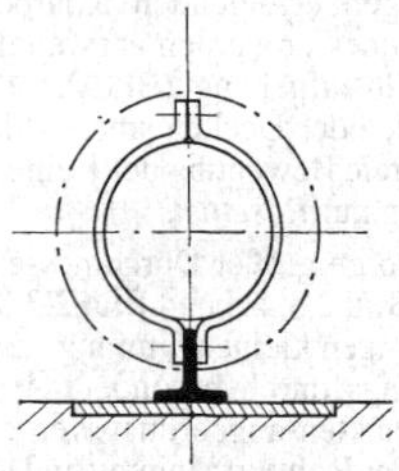

Bild 2.3.4-6. Rohrunterstützung mittels Gleitlager.

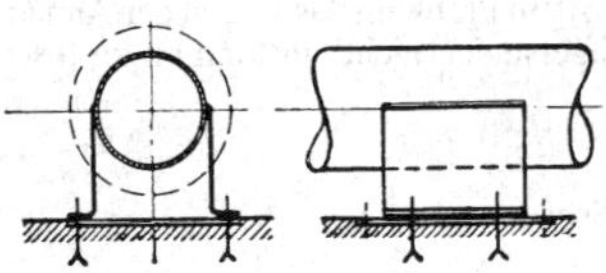

Bild 2.3.4-7. Festpunkt.

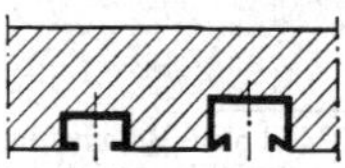

Bild 2.3.4-8. Deckenschienen für Rohraufhängungen.

Tafel 2.3.4-9 Druckgefälle *R* bei Warmwasser 80 °C mit Stahlrohren, $\varepsilon = 0{,}045$ mm

Mittelschwere Gewinderohre DIN 2440 (6.78)										
DN ″	3/8″	1/2″	3/4″	1″	1 1/4″	1 1/2″	2″	2 1/2″	3″	4″
DN mm	10	15	20	25	32	40	50	54	80	100
l.W. mm	12,5	16,0	21,6	27,2	35,9	41,8	53,0	68,8	80,8	105,3
Gefälle *R* Pa/m	w = Geschwindigkeit in m/s $\dot{m}$ = Wasserstrom in kg/h									
1				0,034	0,043	0,048	0,057	0,069	0,077	0,093
				70	151	229	438	892	1380	2822
5		0,058	0,073	0,087	0,11	0,12	0,14	0,17	0,19	0,22
		41	94	177	378	571	1085	2191	3373	6853
10	0,072	0,087	0,11	0,13	0,16	0,17	0,21	0,25	0,27	0,33
	31	61	140	262	556	839	1590	3202	4922	9974
15	0,091	0,11	0,14	0,16	0,20	0,22	0,26	0,31	0,34	0,41
	39	77	176	329	696	1049	1985	3990	6128	12398
20	0,11	0,13	0,16	0,19	0,23	0,26	0,30	0,36	0,40	0,47
	46	91	206	386	815	1228	2321	4660	7152	14456
25	0,12	0,15	0,18	0,21	0,26	0,29	0,34	0,40	0,45	0,53
	52	103	234	436	921	1387	2619	5253	8059	16276
30	0,14	0,16	0,20	0,24	0,29	0,32	0,37	0,45	0,50	0,59
	58	114	258	482	1018	1531	2889	5792	8881	17926
35	0,15	0,18	0,22	0,26	0,31	0,35	0,41	0,48	0,54	0,64
	63	125	281	525	1107	1664	3138	6288	9639	19447
40	0,16	0,19	0,24	0,28	0,34	0,37	0,44	0,52	0,58	0,68
	68	134	303	564	1190	1788	3371	6752	10347	20866
45	0,17	0,20	0,25	0,30	0,36	0,40	0,47	0,55	0,61	0,73
	73	143	323	602	1268	1905	3590	7188	11012	22200
50	0,18	0,22	0,27	0,31	0,38	0,42	0,49	0,58	0,65	0,77
	78	152	342	637	1342	2016	3798	7601	11642	23463
60	0,20	0,24	0,29	0,35	0,42	0,46	0,54	0,64	0,71	0,85
	86	168	378	703	1480	2223	4185	8370	12817	25816
70	0,22	0,26	0,32	0,38	0,45	0,50	0,59	0,70	0,77	0,92
	93	183	411	764	1608	2414	4542	9079	13899	27983
80	0,23	0,28	0,34	0,40	0,49	0,54	0,63	0,75	0,83	0,98
	101	197	442	822	1727	2591	4875	9741	14907	30003
90	0,25	0,30	0,37	0,43	0,52	0,57	0,67	0,80	0,88	1,05
	107	210	471	875	1839	2759	5188	10362	15856	31901
100	0,27	0,32	0,39	0,46	0,55	0,61	0,71	0,84	0,93	1,11
	114	222	499	926	1945	2917	5484	10951	16753	33698
150	0,33	0,39	0,48	0,57	0,68	0,75	0,88	1,04	1,15	1,36
	142	277	620	1150	2411	3614	6786	13535	20693	41581
200	0,39	0,46	0,56	0,66	0,79	0,88	1,02	1,21	1,34	1,58
	166	323	723	1340	2806	4204	7887	15719	24021	48238
250	0,44	0,52	0,64	0,74	0,89	0,98	1,15	1,36	1,50	1,78
	187	364	815	1507	3155	4724	8858	17645	26957	54109
300	0,48	0,57	0,70	0,82	0,98	1,08	1,26	1,49	1,65	1,95
	207	402	897	1659	3470	5195	9737	19389	29614	59421
400	0,56	0,67	0,81	0,95	1,14	1,26	1,46	1,73	1,91	2,26
	241	468	1044	1929	4032	6033	11301	22488	34335	68858
500	0,63	0,75	0,92	1,07	1,28	1,41	1,64	1,94	2,15	2,53
	272	527	1174	2168	4527	6772	12680	25220	38498	77177
600	0,70	0,82	1,01	1,17	1,41	1,55	1,80	2,13	2,36	2,78
	299	580	1291	2384	4975	7441	13927	27692	42263	84702
800	0,81	0,96	1,17	1,36	1,63	1,80	2,09	2,47	2,73	3,22
	348	674	1500	2768	5772	8630	16144	32084	48951	98067
1000	0,91	1,08	1,31	1,53	1,83	2,02	2,34	2,76	3,06	3,61
	392	758	1684	3106	6475	9678	18098	35955	54847	109846

Wärmeleistung $\dot{Q} = \dot{m} \cdot \Delta t \cdot 4{,}2/3{,}6$ in W. Bei Δt 20°C : $\dot{Q} = \dot{m} \cdot 23{,}33$ in W.

(Fortsetzung) Warmwasser 80 °C

Nahtlose Stahlrohre DIN 2448 (2.81) und ISO 4200 (2.81)

DN mm	40	50	60	65	80	90	100	110	125
l.W. mm	39,3	51,2	57,7	70,3	82,5	94,4	100,8	107,1	125,0
Gefälle *R* Pa/m	w = Geschwindigkeit in m/s $\dot{m}$ = Wasserstrom in kg/h								
1	0,046	0,055	0,060	0,070	0,078	0,086	0,090	0,094	0,10
	193	399	553	946	1460	2101	2509	2954	4478
5	0,11	0,14	0,15	0,17	0,19	0,21	0,22	0,23	0,25
	483	988	1364	2321	3567	5117	6098	7170	10830
10	0,17	0,20	0,22	0,25	0,28	0,30	0,32	0,33	0,37
	710	1449	1998	3393	5204	7455	8879	10434	15737
15	0,21	0,25	0,27	0,31	0,35	0,38	0,40	0,41	0,46
	881	1809	2493	4227	6478	9273	11040	12969	19545
20	0,25	0,29	0,32	0,36	0,40	0,44	0,46	0,48	0,53
	1040	2116	2913	4936	7559	10816	12874	15121	22774
25	0,28	0,33	0,36	0,41	0,46	0,50	0,52	0,54	0,60
	1175	2387	3286	5564	8517	12181	14496	17024	25630
30	0,31	0,37	0,40	0,45	0,50	0,55	0,57	0,59	0,66
	1297	2634	3624	6134	9386	13420	15968	18749	28219
35	0,33	0,40	0,43	0,49	0,54	0,59	0,62	0,65	0,71
	1410	2862	3936	6660	10187	14561	17324	20339	30604
40	0,36	0,43	0,46	0,53	0,58	0,64	0,67	0,69	0,76
	1516	3074	4228	7150	10934	15626	18589	21822	32828
45	0,38	0,45	0,49	0,56	0,62	0,68	0,71	0,74	0,81
	1615	3274	4502	7611	11637	16628	19779	23217	34919
50	0,40	0,48	0,52	0,59	0,66	0,72	0,75	0,78	0,86
	1710	3464	4762	8049	12303	17576	20905	24538	36899
60	0,44	0,53	0,57	0,65	0,72	0,79	0,82	0,86	0,95
	1885	3817	5246	8863	13543	19343	23004	26997	40586
70	0,48	0,58	0,62	0,71	0,79	0,86	0,89	0,93	1,02
	2047	4143	5692	9614	14686	20970	24936	29263	43982
80	0,52	0,62	0,67	0,76	0,84	0,92	0,96	1,00	1,10
	2198	4447	6109	10313	15751	22487	26737	31374	47146
90	0,55	0,66	0,71	0,81	0,90	0,98	1,02	1,06	1,17
	2341	4733	6500	10971	16753	23913	28431	33359	50120
100	0,58	0,69	0,75	0,85	0,95	1,03	1,08	1,12	1,23
	2475	5003	6871	11594	17701	25262	30034	35237	52934
150	0,72	0,86	0,93	1,06	1,17	1,27	1,33	1,38	1,52
	3068	6192	8499	14329	21861	31184	37065	43478	65279
200	0,84	1,00	1,08	1,23	1,36	1,48	1,54	1,60	1,76
	3569	7197	9875	16639	25376	36186	43003	50436	75701
250	0,95	1,12	1,21	1,38	1,52	1,66	1,73	1,80	1,98
	4011	8084	11089	18678	28477	40598	48241	56574	84892
300	1,04	1,23	1,33	1,51	1,67	1,82	1,90	1,97	2,17
	4412	8887	12188	20523	31282	44589	52979	62126	93206
400	1,21	1,43	1,55	1,75	1,94	2,11	2,20	2,28	2,52
	5124	10315	14142	23802	36268	51682	61399	71990	107976
500	1,36	1,61	1,73	1,97	2,17	2,37	2,47	2,56	2,82
	5753	11575	15865	26694	40663	57934	68821	80687	120996
600	1,49	1,777	1,90	2,16	2,39	2,60	2,71	2,81	3,09
	6322	12714	17424	29309	44639	63590	75534	88552	132771
800	1,73	2,05	2,21	2,50	2,76	3,01	3,13	3,25	3,58
	7333	14739	20194	33956	51702	73636	87458	102522	153685
1000	1,94	2,29	2,47	2,80	3,10	3,37	3,51	3,64	4,01
	8224	16523	22635	38051	57928	82489	97967	114834	172115

(Fortsetzung)

	Nahtlose Stahlrohre Wasser 80 °C				Korrekturfaktor bei Wassertemp. 50 °C				
DN mm l.W. mm	135 131,7	150 150,0	175 181,8	200 206,5	10 12,5	50 53,0	100 100,8	150 150,0	200 206,5
Gefälle *R* Pa/m	w = Geschwindigkeit in m/s $\dot{m}$ = Wasserstrom in kg/h				w = Geschwindigkeit in m/s $\dot{m}$ = Wasserstrom in kg/h				
1	0,11 5153	0,12 7307	0,13 12228	0,15 17187		0,93 0,95	0,94 0,96	0,95 0,96	0,95 0,97
5	0,26 12447	0,28 17598	0,32 29328	0,35 41113		0,94 0,96	0,95 0,97	0,96 0,97	0,96 0,98
10	0,38 18078	0,41 25529	0,47 42476	0,51 59483		0,95 0,97	0,96 0,97	0,96 0,98	0,96 0,98
15	0,47 22446	0,51 31677	0,58 52658	0,63 73699		0,95 0,97	0,96 0,98	0,96 0,98	0,97 0,98
20	0,55 26150	0,60 36888	0,67 61283	0,73 85737		0,95 0,97	0,96 0,98	0,97 0,98	0,97 0,99
25	0,62 29425	0,67 41495	0,76 68904	0,82 96372	0,93 0,95	0,96 0,97	0,96 0,98	0,97 0,98	0,97 0,99
30	0,68 32393	0,74 45669	0,83 75808	0,90 106005	0,94 0,95	0,96 0,97	0,97 0,98	0,97 0,99	0,97 0,99
35	0,74 35128	0,80 49515	0,90 82168	0,98 114876	0,94 0,95	0,96 0,98	0,97 0,98	0,97 0,99	0,97 0,99
40	0,79 37678	0,86 53099	0,97 88094	1,05 123143	0,94 0,95	0,96 0,98	0,97 0,98	0,97 0,99	0,97 0,99
45	0,84 40076	0,91 56470	1,03 93666	1,12 130913	0,94 0,96	0,96 0,98	0,97 0,98	0,97 0,99	0,97 0,99
50	0,89 42346	0,97 59661	1,09 98940	1,18 138269	0,94 0,96	0,96 0,98	0,97 0,98	0,97 0,99	0,97 0,99
60	0,98 46573	1,06 65602	1,20 108759	1,30 151961	0,94 0,96	0,96 0,98	0,97 0,99	0,97 0,99	0,98 0,99
70	1,06 50466	1,15 71072	1,30 117797	1,40 164564	0,94 0,96	0,96 0,98	0,97 0,99	0,97 0,99	0,98 0,99
80	1,14 54093	1,23 76168	1,39 126217	1,50 176302	0,95 0,96	0,97 0,98	0,97 0,99	0,97 0,99	0,98 0,99
90	1,21 57502	1,31 80957	1,48 134129	1,60 187334	0,95 0,96	0,97 0,98	0,97 0,99	0,98 0,99	0,98 0,99
100	1,27 60728	1,38 85490	1,56 141617	1,69 197772	0,95 0,96	0,97 0,98	0,97 0,99	0,98 0,99	0,98 0,99
150	1,57 74877	1,70 105366	1,92 174443	2,08 243530	0,95 0,97	0,97 0,99	0,98 0,99	0,98 0,99	0,98 1,00
200	1,82 86823	1,98 122144	2,23 202148	2,41 282144	0,95 0,97	0,97 0,99	0,98 0,99	0,98 1,00	0,98 1,00
250	2,04 97356	2,21 136937	2,49 226571	2,70 316183	0,96 0,97	0,97 0,99	0,98 0,99	0,98 1,00	0,98 1,00
300	2,24 106884	2,43 150317	2,74 248662	2,96 346969	0,96 0,97	0,97 0,99	0,98 1,00	0,98 1,00	0,98 1,00
400	2,60 123812	2,82 174086	3,17 287900	3,43 401649	0,96 0,98	0,98 0,99	0,98 1,00	0,98 1,00	0,98 1,00
500	2,91 138732	3,15 195037	3,55 322482	3,84 449840	0,96 0,98	0,98 0,99	0,98 1,00	0,98 1,00	0,98 1,00
600	3,19 152226	3,46 213983	3,90 353754	4,21 493417	0,96 0,98	0,98 0,99	0,98 1,00	0,98 1,00	0,99 1,00
800	3,70 176192	4,01 247632	4,51 409292	4,87 570804	0,97 0,98	0,98 1,00	0,98 1,00	0,98 1,00	0,99 1,00
1000	4,14 197312	4,49 277284	5,05 458232	5,45 638997	0,97 0,98	0,98 1,00	0,98 1,00	0,99 1,00	0,99 1,00

Tafel 2.3.4-10 ζ-Werte von Einzelwiderständen. Siehe auch Tafel 1.4.8-2

Krümmer

Krümmer	r/d	1	2	3	4	5	6
	ζ	0,5	0,35	0,3	0,3	0	0

Knie

Knie	DN	10 u. 15	20	25	32	40	50
	ζ	2,0	1,5	1,5	1,0	1,0	1,0

Trennung

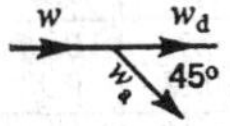

Trennung

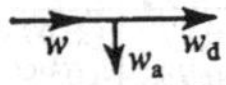

	Abzweig							Durchgang		
Trennung (45°)	w_a/w	0,3	0,4	0,6	0,8	1,0	2,0	w_d/w	0,5	1,0
	ζ_a	7,0	4,0	1,5	0,8	0,6	0,5	ζ_d	0,5	0
Trennung (T)	w_a/w	0,3	0,4	0,6	0,8	1,0	2,0	w_d/w	0,5	1,0
	ζ_a	12,0	7,0	3,5	2,5	2,0	1,0	ζ_d	0,5	0

Vereinigung

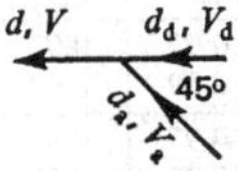

Abzweig ζ_a: d_a/d \ $\dot{V}_a/\dot{V}$	0,1	0,2	0,3	0,4	0,5
0,3	0,3	0,8			
0,4	−1	0,8	1,0	0,8	
0,5	−3	0,3	0,8	0,8	
0,7		−0,5	0,5	1,0	1,0
1,0			−1,0	1,3	1,5

Durchgang ζ_d: d_d/d \ $\dot{V}_d/\dot{V}$	0,6	0,8	1,0
<1	0,3	0,3	
1	0,5	0,3	0

Vereinigung

Abzweig ζ_a						Durchgang ζ_d						
w_a/w	0,2	0,4	0,6	0,8	1,0	w_d/w	0	0,2	0,4	0,6	0,8	1,0
ζ_a	−1	0,5	1	1,3	1,5	ζ_d	1,5	1,3	1,1	0,8	0,5	0

Trennung

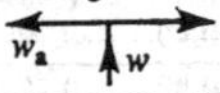

w_a/w	0,4	0,6	0,8	1,0	1,3	1,5	2,0
ζ_a	6,5	3,0	1,8	1,3	1,0	0,8	0,5

Vereinigung ζ_a

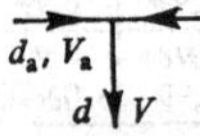

d_a/d \ V_a/V	0,3	0,5	0,7
0,5	5,0	1,3	1,0
0,7	6,5	2,0	1,3
0,8	9,0	3,0	1,8
1,0	15,0	5,0	3,0

	ζ		ζ
Schieber mit Einschnürung	≧ 0,3	Ausbiegestück 	0,5
Schieber ohne Einschnürung	0,2	Kessel	2,5
Ventile, Geradsitz	2,5	Radiator	2,5
Ventile, Schrägsitz	2,0	Verteiler – Austritt	0,5
Ventile, Eckventil	1,5	Sammler – Eintritt	1,0
Heizkörperventil, Durchgang	4,0	Hähne	0,15
Heizkörperventil, Eckventil	2,0		
Rückschlagventil	4,0		

Tafel 2.3.4-11 Einzelwiderstand $Z = \zeta\,(\varrho/2)\,w^2$ in Pa **für** $\zeta = 1$ **bei Warmwasserheizungen** ($Z \approx 500\,w^2$)

Wassergeschwindigkeit w in m/s Z in Pa	0,06 1,8	0,08 3,2	0,10 5	0,15 11	0,20 20	0,30 45	0,40 80	0,50 125
Wassergeschwindigkeit w in m/s Z in Pa	0,6 180	0,7 245	0,8 320	0,9 405	1,0 500	1,1 605	1,2 720	1,3 845
Wassergeschwindigkeit w in m/s Z in Pa	1,4 980	1,5 1130	1,6 1280	1,7 1445	1,8 1620	1,9 1805	2,0 2000	2,5 3125

Tafel 2.3.4-12 Einzelwiderstand $Z = \zeta\,(\varrho/2)\,w^2$ **für** $\zeta = 1$ **bei Niederdruckdampfheizungen** ($\varrho = 0{,}645$ kg/m^3)

Dampfgeschwindigkeit w in m/s Z in Pa	6 12	8 20	10 32	12 46	14 63	16 82	18 104	20 129
Dampfgeschwindigkeit w in m/s Z in Pa	22 156	24 186	26 218	28 253	30 290	32 330	34 372	36 418

Tafel 2.3.4-13 Gleichwertige Rohrlängen $l_{gl} = \zeta_u\,d/\lambda$ **in m für Warmwasser 80 °C bei** $\zeta_u = 1$

Geschw. w m/s	Mittelschwere Gewinderohre DIN 2440							Nahtlose Stahlrohre DIN 2448 (2.81) und ISO 4200 (2.81)										Korrekturfaktor für Wasser bei 50 °C			Korrekturfaktor für Wasser bei 10 °C		
	DN lW	10 12,5	15 16,0	20 21,6	25 27,2	32 35,9	40 41,8	50 51,2	65 70,3	80 82,5	100 100,8	150 150,0	200 206,5	250 260,4	300 309,7	400 388,8	500 486,0	10	100	500	10	100	500
0,25		0,34	0,47	0,68	0,92	1,31	1,58	2,04	3,03	3,70	4,74	7,72	11,4	15,1	18,6	24,5	32,0	0,92	0,93	0,94	0,75	0,79	0,81
0,5		0,38	0,52	0,76	1,02	1,45	1,75	2,26	3,35	4,08	5,22	8,48	12,5	16,5	20,4	26,8	35,0	0,94	0,95	0,95	0,80	0,82	0,84
1,0		0,41	0,56	0,82	1,10	1,56	1,88	2,43	3,59	4,37	5,59	9,08	13,4	17,7	21,8	28,6	37,3	0,96	0,96	0,96	0,85	0,86	0,87
1,5		0,42	0,58	0,85	1,13	1,61	1,94	2,50	3,70	4,50	5,75	9,34	13,7	18,2	22,4	29,4	38,3	0,97	0,97	0,97	0,88	0,89	0,90
2,0		0,43	0,59	0,86	1,15	1,63	1,97	2,54	3,76	4,58	5,85	9,49	14,0	18,5	22,7	29,8	38,9	0,97	0,98	0,98	0,90	0,90	0,91
3,0		0,44	0,60	0,88	1,17	1,66	2,01	2,59	3,83	4,66	5,95	9,65	14,2	18,8	23,1	30,3	39,6	0,98	0,98	0,98	0,92	0,93	0,93

Zahlenwerte berechnet nach der Gleichung von Colebrook mit $\varepsilon = 0{,}045$ mm.

Tafel 2.3.4-14 Durchmesser der Kondensatwasserleitungen für Dampfheizungen*)

Durchmesser *d*	Trockene Leitungen		Nasse Leitungen		
	waagrecht mit Gefälle	lotrecht	waagrecht oder lotrecht $l \leqq 50$ m	waagrecht oder lotrecht $l > 50$ u. < 100 m	$l > 100$ m
DN	Die für die Bildung des Kondenswassers dem Dampf entzogene Wärmemenge in kW				
1	2	3	4	5	6
15	4,5	7,0	32	21	10
20	17,5	25	81	52	29
25	32,5	49	145	93	46
32	79,0	115	315	200	100
40	120	180	435	290	133
50	250	370	750	510	250
(57) l. Ø	365	550	1100	720	365
60	495	740	1450	990	500
65	580	870	1750	1220	580
(76) l. Ø	700	1050	2150	1450	700
80	870	1300	2600	1750	870
(88) l. Ø	1050	1570	3100	2100	1050
90	1280	1920	3600	2300	1280
100	1450	2150	4000	2800	1450

*) *l* bedeutet die Länge der Rohrleitung des untersten und vom Kessel entferntesten Heizkörpers. Die Durchmesser der Luftleitungen bei nassen Kondensatleitungen sind nach Spalte 4 zu wählen.

Tafel 2.3.4-15 Berechnung der Rohrweiten bei Niederduckdampfheizungen (Rohrreibungstafel)

		Mittelschwere Gewinderohre DIN 2440						Nahtlose Rohre DIN 2448							
DN		⅜″	½″	¾″	1″	1¼″	1½″	50	60	65	80	100	125	150	200
l. W. mm		12,25	15,75	21,25	27,00	35,75	41,25	51,50	64	70	82,5	100,5	125	150	204
Druckgefälle R in Pa/m	$\dot{Q}$ w	$\dot{Q}$ = Wärmeleistung in kW w = Dampfgeschwindigkeit in m/s													
5	$\dot{Q}$	–	–	–	2,62	5,65	8,35	15,2	27,4	35,0	54,5	92,7	166	271	615
	w				3	4	4	5	6	6	7	8	10	10	14
8	$\dot{Q}$	–	–	1,76	3,43	7,37	10,9	19,9	35,7	45,4	70,6	120	215	350	790
	w			3	4	5	6	7	8	8	9	10	12	14	16
12	$\dot{Q}$	–	0,98	2,24	4,30	9,25	13,6	24,9	44,7	56,7	88,4	150	269	435	981
	w		4	4	5	6	7	8	10	10	12	14	16	18	20
18	$\dot{Q}$	0,63	1,24	2,81	5,42	11,6	17,1	31,0	55,8	70,9	110	187	334	541	1221
	w	4	4	6	7	8	9	10	12	12	14	16	20	22,5	25
24	$\dot{Q}$	0,73	1,47	3,33	6,37	13,6	20,1	36,5	65,4	82,9	129	217	388	631	1419
	w	4	5	7	8	10	10	12	14	16	16	20	22,5	25	30
30	$\dot{Q}$	0,83	1,65	3,77	7,21	15,3	22,7	41,2	73,7	93,6	145	245	438	710	1593
	w	5	6	7	9	10	12	14	16	18	20	22,5	25	27,5	35
40	$\dot{Q}$	0,98	1,95	4,41	8,46	18,0	26,6	48,1	85,9	109	170	286	510	826	1837
	w	6	7	9	10	12	14	16	18	20	22,5	25	30	35	40
50	$\dot{Q}$	1,11	2,22	4,99	9,57	20,5	30,0	54,3	97,0	123	191	322	574	930	2093
	w	7	8	10	12	14	16	18	20	22,5	25	27,5	35	35	45
60	$\dot{Q}$	1,23	2,45	5,52	10,6	22,6	33,1	59,9	107	136	210	355	631	1026	2303
	w	7	9	10	12	16	18	20	22,5	25	27,5	30	35	40	50
80	$\dot{Q}$	1,45	2,87	6,49	12,3	26,4	38,6	69,9	124	158	245	414	735	1186	–
	w	9	10	12	16	18	20	22,5	27,5	30	30	35	40	45	
120	$\dot{Q}$	1,83	3,61	8,12	15,5	32,8	47,9	86,9	155	195	303	510	909	–	–
	w	10	12	16	18	22,5	25	30	35	35	40	45	50		
180	$\dot{Q}$	2,28	4,50	10,1	19,3	40,8	59,6	108	192	243	376	–	–	–	–
	w	14	16	20	22,5	27,5	30	35	40	45	50				
240	$\dot{Q}$	2,66	5,26	11,7	22,4	47,4	69,4	126	222	284	–	–	–	–	–
	w	16	18	22,5	27,5	35	35	40	50	50					
300	$\dot{Q}$	3,00	5,93	13,4	25,2	53,5	78,1	141	–	–	–	–	–	–	
	w	18	22,5	27,5	30	35	40	45							

-2 Kupferrohre[1) 2)]

Ergänzungen von Uwe Tomaschek, Düsseldorf

Kupferrohre werden in allen Bereichen der Heizungs- und Klimatechnik angewendet, insbesondere aber auch in speziellen Anwendungsbereichen (Kälte- und Solaranlagen, Flächenheizungen, etc.).

Es werden verschiedene Festigkeitszustände (weich, halbhart, hart) und Lieferlängen angeboten. Kupferrohre sind korrosionsbeständig[3)] und weisen gegenüber Stahl- und Kunststoffrohren eine weitaus geringere Rauhigkeit der Innenoberflächen auf, weshalb Kupferrohrsysteme bei gleichem Massenstrom und gleicher Fließgeschwindigkeit durch die geringeren Druckverluste i. Allg. kleiner dimensioniert werden können (Rohrreibungsdiagramm s. Abschnitt 2.4.3, Bild 2.4.3-12).

Wärmedehnung: 1,7 mm bei 100 K Temperaturdifferenz je Meter Rohr (querschnittsunabhängig).

Die Eigenschaften von Kupferrohren für Installationszwecke werden in EN 1057 (05.96) beschrieben. Diese Norm gilt für nahtlose Rundrohre mit einem Außendurchmesser von 6 bis 267 mm. Wesentliche Anforderungen:

- Zuordnung von Aussendurchmessern und Wanddicken (Tafel 2.3.4-16)
- einheitliche Festigkeitszustände und Lieferlängen (Tafel 2.3.4-17)
- Kennzeichnung der Rohre
- eingeengte Aussendurchmessertoleranzen für die Kapillarlötung
- Werkstoff Cu-DHP (CW024A), sauerstofffreies Kupfer

Tafel 2.3.4-16 Kupfer-Installationsrohre nach EN 1057 (Auswahl)

Rohrabmessung Aussendurchm. × Wanddicke (mm)	Inhalt (l/m)	Rohrlänge pro Liter (m/l)	Rohrabmessung Aussendurchm. × Wanddicke (mm)	Inhalt (l/m)	Rohrlänge pro Liter (m/l)
10 × 0,6*)	0,061	16,39	35 × 1*)	0,855	1,17
12 × 0,7*)	0,088	11,33	35 × 1,5	0,804	1,24
12 × 1	0,079	12,73	42 × 1*)	1,257	0,795
14 × 0,8*)	0,121	8,28	42 × 1,5	1,195	0,84
15 × 0,8*)	0,141	7,09	54 × 2	1,963	0,51
15 × 1	0,133	7,53	64 × 2	2,827	0,35
18 × 0,8*)	0,211	4,74	76,1 × 2	4,083	0,25
18 × 1	0,201	4,97	88,9 × 2	5,661	0,18
22 × 1	0,314	3,18	108 × 2,5	8,332	0,12
28 × 1*)	0,531	1,88	133 × 3	12,668	0,08
28 × 1,5	0,491	2,04	159 × 3	18,385	0,05

*) Dünnwandige Rohre, zum Einsatz in Heizungsinstallationen vorgesehen.

Bei Eignung kann ein Gütezeichen RAL für Kupferrohre vergeben werden. Die Gütebedingungen der Gütegemeinschaft Kupferrohr e.V. enthalten gegenüber EN 1057 ergänzende Anforderungen und Vorschriften zur Prüfung von Kupferrohren.

1) Neubearbeitung erfolgte durch Uwe Tomaschek, Düsseldorf, für die 70. Auflage.
2) Deutsches Kupferinstitut: Informationsdruck „i.158 – Die fachgerechte Kupferrohr-Installation“, Januar 2001.
3) VDI 2035-2 „Vermeidung von Schäden in Warmwasserheizanlagen“, September 1998.

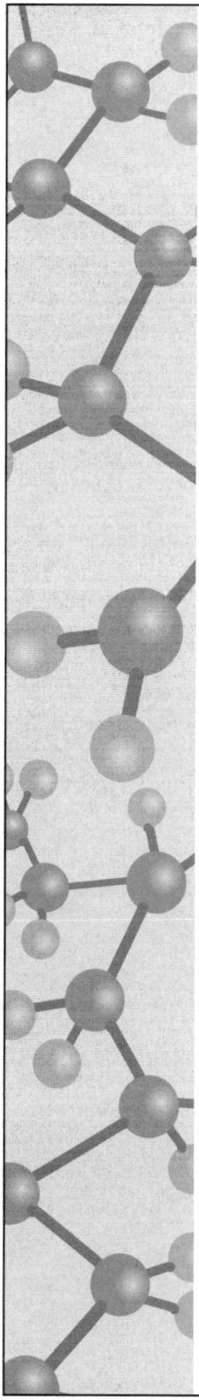

Tafel 2.3.4-17 Lieferformen und -längen von Kupferrohren nach EN 1057

Lieferform	Außendurchmesser mm	Festigkeitszustand R in MPa	Lieferlänge
in Ringen	6 bis 22	R220 (weich)	25 / 50 m
gerade	12 bis 28	R250 (halbhart)	5 m
gerade	35 bis 267	R290 (hart)	5 m

Kennzeichnung: Auf den Rohren müssen folgende Angaben dauerhaft angebracht sein: EN 1057 – Aussendurchmesser x Wanddicke – Kennzeichen des Herstellers – Herstelldatum (Jahr+Quartal oder Jahr+Monat) – Kennzeichnung halbharter Rohre durch „H".

Zusätzlich für RAL-Güterohre: vereinfachtes Gütezeichen (Kreis mit zentriertem Punkt) und Herstellungsland in deutscher Sprache.

Abmessungen bis 54 mm sind auch als kunststoffummantelte oder werkseitig wärmegedämmte Rohre gemäß HeizAnlV erhältlich.

Verbindungen[1)]

In der Heizungstechnik steht eine Vielzahl von Verbindungstechniken zur Verfügung, wie sie nur bei Kupferrohren geboten wird.

Lösbare Verbindungen:

- Verschraubungen mit Löt- oder Pressstutzen
- Klemmringverschraubungen nach EN 1254-2 (Bild 2.3.4-9)
- Flanschverbindungen

Nicht lösbare Verbindungen:

- Hartlötverbindung mit Kapillarlötfittings nach EN 1254-1, EN 1254-4 und EN 1254-5 oder mit handwerklich gefertigten Bogen, Abzweigen und Muffen
- Weichlötverbindung mit Kapillarlötfittings nach EN 1254-1 und EN 1254-4
- Pressverbindung mit Pressfittings nach DVGW-Arbeitsblatt W 534 (Bild 2.3.4-10)
- Schweißverbindung mit Einschweißbogen nach DIN 2607 für Rohre mit Wanddicken ≥1,5 mm
- Steckverbindung mit Spezial-Steckverbindern für Kupfer-Heizungsrohre

Kapillarlötfittings mit Güte- und/oder DVGW-Zeichen sind bauteilgeprüft. Zulässige Betriebsdrücke der Verbindungsstellen – je nach Verbindungsart, Betriebstemperatur und Abmessung – sind in EN 1254-1 festgelegt und erfassen in vollem Umfang die üblichen Betriebsbedingungen der Haustechnik (Tafel 2.3.4-18).

Tafel 2.3.4-18 Zul. Betriebsdrücke*) bei Verwendung von Fittings nach EN 1254-1

Lötverfahren	Betriebs-temperatur	Betriebsüberdruck für Rohraußendurchmesser in bar		
		6 bis 28	35 bis 54	64 bis 108
Weichlöten/ Hartlöten	30 °C	25	25	16
	65 °C	25	16	16
	110 °C	16	10	10

*) In Abhängigkeit vom gewählten Lötverfahren sind weitaus höhere Temperaturen und Betriebsdrücke technisch realisierbar. Hierzu sind Freigaben vom Fitting- und Lothersteller einzuholen.

[1)] In anderen Anwendungsbereichen (Trinkwasser-, Gasinstallation, usw.) bestehen z.T. besondere Vorschriften hinsichtlich der zu verwendenden Verbindungstechniken. Das jeweils geltende Regelwerk ist zu beachten.

Bild 2.3.4-9. Klemmringverschraubung nach EN 1254-2.

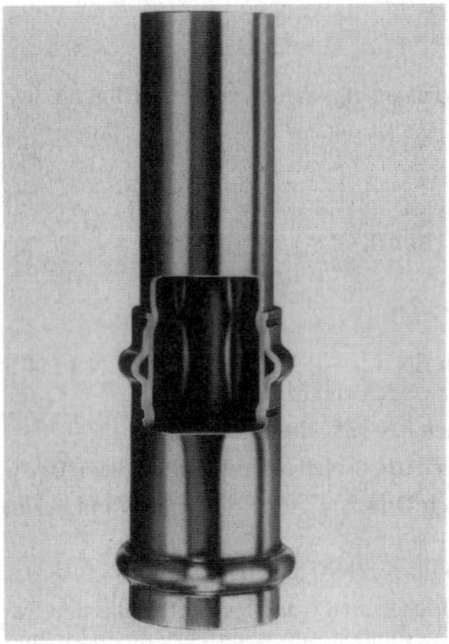

Bild 2.3.4-10. Pressfitting mit DVGW-Zulassung.

Die Betriebstemperatur darf bei Kupferrohren und Fittings aus Cu-DHP 250 °C nicht überschreiten[1])

In Heizungsanlagen und anderen geschlossenen Systemen (z. B. Solaranlagen, etc.) können Kupferrohre völlig unproblematisch gleichzeitig mit Stahl, Gusseisen und anderen Werkstoffen verwendet werden. Dies gilt nicht für mit Frisch- oder Trinkwasser beaufschlagte Systeme wie beispielsweise Warmwasser-Installationen; hier ist die „Fließregel" zu beachten (Kupfer nur in Fließrichtung hinter unlegiertem Stahl, vergl. DIN 1988, TRWI, 12.88).

Kupferrohre für weitere Anwendungsbereiche:

- EN 12735-1 (07.01) Kupfer und Kupferlegierungen – Nahtlose Rundrohre aus Kupfer für die Kälte- und Klimatechnik – Rohre für Leitungssysteme
- EN 12735-2 (07.01) Kupfer und Kupferlegierungen – Nahtlose Rundrohre aus Kupfer für die Kälte- und Klimatechnik – Rohre für Apparate
- EN 13348 (11.01)Kupfer und Kupferlegierungen – Nahtlose Rundrohre aus Kupfer für medizinische Gase oder Vakuum.

[1]) AD-Merkblatt W 6/2 der Arbeitsgemeinschaft Druckbehälter, Mai 1988.

Tafel 2.3.4-19 Druckgefälle *R* bei Warmwasserheizungen mit Kupferrohren*)

RohrØ	10×1		12×1		15×1		18×1		22×1	
w m/s	$\dot{m}_h$ kg/h	R Pa/m	$\dot{m}_h$ kg/h	R Pa/m	$\dot{m}_h$ kg/h	R Pa/m	$\dot{m}_h$ kg/h	R Pa/m	$\dot{m}_h$ kg/h	R Pa/m
0,01	1,8	1,8	2,8	1,2	4,8	0,7	7,2	0,5		
0,05	9,0	9,1	14	5,8	24	3,4	36	2,3		
0,10	18	18	28	22	48	16	72	12	112	9
0,15	27	59	42	44	72	32	108	24	169	18
0,20	36	97	56	73	96	52	144	40	227	30
0,22	40	114	62	86	105	61	159	47	248	35
0,24	43	132	67	99	115	71	173	55	270	41
0,26	47	152	73	114	124	82	187	63	295	47
0,28	50	173	79	130	134	93	202	72	317	54
0,30	54	194	85	146	143	105	216	81	338	61
0,32	57	217	90	163	153	112	230	90	364	68
0,34	61	241	96	182	162	130	245	100	385	76
0,36	65	266	102	201	172	144	259	111	407	84
0,38	68	293	107	220	181	158	273	122	428	92
0,40	72	320	113	241	191	173	288	134	454	101
0,42	76	348	118	262	201	189	302	145	475	110
0,44	79	377	124	285	210	205	316	158	497	119
0,46	83	408	130	308	220	221	330	171	522	129
0,48	86	439	135	331	230	238	345	184	544	139
0,50	90	472	141	351	239	256	360	198	565	150
0,55	99	557	155	421	263	303	396	234	623	177
0,60	108	649	169	490	287	353	432	273	677	207
0,65	117	746	183	564	310	407	468	314	734	238
0,70	126	850	197	643	335	464	504	358	792	272
0,75	135	960	211	726	358	524	540	405	850	308
0,80	144	1070	225	814	381	587	576	454	904	345
0,85	154	1196	240	906	406	654	615	506	961	384
0,90	162	1320	254	1000	430	724	648	560	1019	426
0,95	172	1456	268	1103	454	797	689	617	1073	469
1,00	180	1590	282	1210	478	873	720	676	1130	514
1,10	198	1890	310	1430	525	1030	792	802	1246	610
1,20	216	2200	338	1670	574	1210	865	937	1357	713
1,30	234	2540	366	1930	620	1400	935	1080	1469	823
1,40	252	2900	395	2200	670	1590	1010	1230	1584	940
1,50	270	3280	423	2490	715	1800	1080	1400	1696	1064
1,60	288	3680	450	2790	765	2020	1150	1570	1811	1196
1,70	306	4100	480	3110	810	2260	1220	1750	1922	1334
1,80	324	4540	508	3450	860	2500	1300	1940	2034	1479
1,90	342	5000	536	3800	910	2760	1370	2140	2149	1631
2,00	360	5480	564	4170	956	3020	1440	2350	2261	1790
2,10	378	5970	592	4550	1000	3300	1510	2560	2376	1955
2,20	396	6510	620	4950	1050	3590	1580	2790	2488	2127
2,30	414	7050	649	5360	1100	3890	1650	3020	2603	2306
2,40	432	7610	675	5790	1150	4200	1730	3270	2714	2491
2,50	450	8190	705	6230	1190	4530	1800	3520	2826	2683
2,60	468	8790	732	6690	1240	4860	1870	3780	2941	2882
2,70	486	9410	760	7160	1290	5200	1940	4040	3053	3087
2,80	504	10050	790	7660	1320	5560	2020	4320	3168	3298
2,90	522	10710	820	8150	1390	5920	2090	4610	3280	3516
3,00	540	11380	845	8670	1430	6300	2160	4900	3391	3740
4,00	720	19210	1130	14640	1920	10650	2880	8290		
5,00	900	28880	1410	22020	2380	16030	3600	12480		

*) Aus „Kupferrohrnetzberechnung", Deutsches Kupfer-Institut 1969 u. 1985. Wassertemperatur 80 °C. Bei Wasser von 110 °C: R −2%, bei 50 °C: R +6%, bei 10 °C: R +25%.

(Fortsetzung)

Rohr∅	22 × 1,2		28 × 1,2		35 × 1,5		42 × 1,5		54 × 2	
w m/s	$\dot{m}_h$ kg/h	R Pa/m	$\dot{m}_h$ kg/h	R Pa/m	$\dot{m}_h$ kg/h	R Pa/m	$\dot{m}_h$ kg/h	R Pa/m	$\dot{m}_h$ kg/h	R Pa/m
0,01	10,9	0,3	18,5	0,2	29,0	0,1	43	0,1	71	0,0
0,05	54	2,9	92,0	2,0	145	1,5	215	1,2	350	0,8
0,10	109	9,3	185	6,6	290	5,0	430	3,9	710	2,8
0,15	163	19	277	13	435	10	645	7,8	1060	5,7
0,20	218	31	370	22	580	17	860	13	1415	9,5
0,22	240	36	407	26	638	20	945	15	1555	11
0,24	262	42	444	30	696	23	1030	18	1695	13
0,26	284	49	481	35	754	26	1115	21	1835	15
0,28	306	55	518	40	812	30	1200	24	1975	17
0,30	327	63	555	45	870	34	1290	27	2120	20
0,32	349	70	592	50	928	38	1375	33	2260	22
0,34	371	78	627	56	986	42	1460	33	2400	24
0,36	393	86	665	62	1045	47	1545	37	2540	27
0,38	415	95	700	68	1100	52	1630	40	2680	30
0,40	435	104	740	74	1160	57	1720	44	2830	33
0,42	457	113	775	81	1220	62	1805	48	2970	36
0,44	479	123	810	88	1280	67	1890	52	3110	39
0,46	501	133	850	95	1330	72	1975	57	3250	42
0,48	523	143	885	103	1390	78	2060	61	3390	45
0,50	545	154	925	110	1450	84	2150	66	3530	49
0,55	600	182	1015	131	1595	99	2365	78	3880	58
0,60	655	212	1110	153	1740	116	2580	91	4230	67
0,65	710	245	1200	176	1885	134	2795	105	4580	78
0,70	765	279	1290	201	2030	153	3010	120	4930	89
0,75	820	315	1390	227	2170	173	3225	136	5300	101
0,80	875	353	1480	255	2310	194	3440	153	5650	113
0,85	923	394	1570	284	2450	217	3655	170	6000	126
0,90	980	437	1660	315	2600	240	3870	189	6350	140
0,95	1032	481	1750	347	2750	264	4085	208	6700	154
1,00	1090	527	1850	380	2900	290	4300	228	7060	169
1,10	1200	625	2035	451	3190	344	4730	271	7770	201
1,20	1310	731	2215	528	3480	403	5160	317	8480	235
1,30	1420	844	2400	610	3770	465	5590	366	9200	272
1,40	1530	964	2585	697	4060	532	6020	419	9900	311
1,50	1640	1090	2770	789	4350	603	6450	475	10600	352
1,60	1750	1230	2955	887	4640	677	6880	534	11300	396
1,70	1860	1370	3140	990	4930	756	7310	596	12000	442
1,80	1960	1520	3325	1100	5220	839	7740	661	12700	491
1,90	2070	1670	3510	1210	5510	925	8170	729	13400	542
2,00	2180	1830	3700	1330	5800	1020	8600	801	14100	595
2,10	2290	2000	3885	1450	6090	1110	9030	875	14800	650
2,20	2400	2180	4070	1580	6380	1210	9460	953	15700	708
2,30	2510	2360	4255	1710	6670	1310	9890	1030	16300	768
2,40	2620	2550	4440	1850	6950	1410	10320	1120	17000	830
2,50	2730	2750	4625	1990	7240	1520	10750	1200	17700	895
2,60	2840	2950	4810	2140	7530	1640	11180	1290	18400	981
2,70	2950	3160	5000	2290	7820	1750	11610	1380	19100	1030
2,80	3060	3380	5185	2450	8110	1880	12040	1480	19800	1100
2,90	3170	3600	5370	2610	8400	2000	12470	1580	20500	1170
3,00	3280	3830	5550	2780	8700	2130	12900	1680	21200	1250
4,00	4360	6490	7400	4710	11600	3610	17200	2850	28200	2120
5,00	5460	9780	2950	7110	14500	5450	21500	4300	35400	3210

-3 Kunststoffrohre

Neubearbeitet von Ing. Peter Wegwerth, Hamburg

Kunststoffrohre, erstmalig in den 30er Jahren für die chemische Industrie und die Trinkwasserversorgung hergestellt, haben heute einen beachtlichen Anteil an der Haustechnik für Heizung und Warmwasser gewonnen. Im Bereich der Heizungstechnik ist die Fußbodenheizung seit Mitte der 60er Jahre ein ständig wachsendes Einsatzgebiet, ebenso auch die Verwendung als Heizkörper-Anschlussleitungen bei waagerechter Etagenverteilung von einem zentralen Verteiler. Durch ständige Weiterentwicklung der Kunststoffwerkstoffe ist der Einsatzbereich bis 80 °C, bei einer Maximaltemperatur von 90 °C entsprechend der Klassifizierung der Betriebsbedingungen in den entsprechenden EN ISO Systemnormen abgesichert. Der ständig gestiegene Dämmstandard der Gebäudestruktur hat die erforderlichen Heiztemperaturen im Bereiche unterhalb der zulässigen Temperaturen für Kunststoffrohrleitungen absinken lassen; dies gilt insbesondere für den Einsatzbereich Fußbodenheizung. Hier traten zu Beginn der 80er Jahre Korrosionsprobleme auf, die auf die im Mikrobereich liegende Sauerstoffdurchlässigkeit (Permeation) der Kunststoffmaterialien zurückgeführt wurde. Darauf hin wurden die Kunststoffrohre mit Sauerstoffsperren versehen, oder die Anlagen mit Inhibitoren gegen Korrosion der Stahlmaterialien in der Heizungsanlage, bzw. durch Anlagentrennung mit korrosionsfreien Materialien im Fußbodenheizungsbereich geschützt. Durch Untersuchungen an zahlreichen Anlagen mit Korrosionsproblemen wurde festgestellt, dass der Sauerstoffeintrag hauptsächlich auf Hydraulikfehler aus Unterdruckproblemen in den Anlagen zurückzuführen war. Zur rechtlichen Absicherung sollten jedoch grundsätzlich „sauerstoffdichte Rohre“ nach DIN 4726 für Fußbodenheizungen und Heizkörperanbindungssysteme eingesetzt werden, die außerdem eine DIN CERTCO – Registrierung nach DIN 4726 aufweisen können. Die Prüfkriterien sind in der DIN 4726 (01.00) Rohrleitungen aus Kunststoffen, Warmwasser-Fußbodenheizungen und Heizkörperanbindungen festgelegt.

Besonderheiten:

- Montagevorteil durch die hohe Flexibilität des Kunststoffmaterials
- Kaltverlegung ohne Löt- oder Schweißarbeiten
- Verbindungen und Anschlüsse durch Klemm- oder Pressverbinder
- hohe Korrosionssicherheit, auch gegen chemikalische Einwirkungen
- glatte nicht zur Verkrustung oder Fließgeräusch neigende Innenoberfläche
- trotz großer Wärmedehnung problemlose Spannungsaufnahme durch geringe Reaktionskräfte bei fester Einbindung im Estrich oder beim Rohr-in-Rohr-System
- hygienische Unbedenklichkeit

-3.1 Rohrmaterialien

Die hauptsächlich zum Einsatz kommenden Kunststoffrohrmaterialien sind:

- Vernetztes Polyethylen hoher Dichte, (PE-X), DIN 4729 (DIN EN ISO 15875)
- Polypropylen (PP) DIN 4728 (DIN EN ISO 15874)
- Polybuten (PB) DIN 4727 (DIN EN ISO 15876).

In den DIN EN ISO – Normen werden die Betriebsbedingungen für 4 typische Anwendungsgebiete (Anwendungsklassen) detailliert mit Angabe der jeweiligen „Berechnungstemperatur T_D“ festgelegt,

Klasse 1	Warmwasserversorgung T_D = 60 °C,
Klasse 2	Warmwasserversorgung T_D = 70 °C,
Klasse 3	(nicht vergeben),
Klasse 4	Fußbodenheizung und Niedertemperatur- Radiatorenheizung T_D = 40/60 °C,
Klasse 5	Hochtemperatur- Radiatorenanbindungen, T_D = 60/80 °C,

unter Berücksichtigung einer Betriebsdauer von 50 Jahren. Die für jeden Werkstoff vorliegenden Diagramme über das Zeitstand – Innendruckverhalten in diesen Normen ermöglichen den für die Betriebsdauer noch vorhandenen Sicherheitsbeiwert, über die Betriebsdauer, die kumulative Temperatur und die sich daraus anzulesende Vergleichsspannung in N/mm^2, zu berechnen. Somit für die Materialentscheidung ein wichtiges Hilfsmittel.

Als weitere neuere Kunststoff-Rohrwerkstoffe werden

- Vernetztes Polyethylen mittlerer Dichte (PE-MDX), DIN 4729 (04.01)

– Polyethylen erhöhter Temperaturbeständigkeit (PE-RT) DIN 4721 (04.01) sowie
– Mehrschichtverbundrohre, für die es bisher keine Normung gibt,

angeboten.

PVC-Rohre haben in der Heizungstechnik keine Bedeutung mehr!

-3.1.1 PE- Rohre

Das Rohrmaterial PE ist ein teilkristalliner Thermoplast. Gemäß den unterschiedlichen Polymerisationsverfahren wird zwischen dem in langen Molekülketten verzweigten Polyethylen niederer Dichte (PE-LD) und dem weitgehend unverzweigten, linearen Polyethylen mittlerer (PE-MD) und hoher Dichte (PE-HD) unterschieden. Kennzeichnendes Merkmal von Polyethylen ist die hohe Chemikalienbeständigkeit.

-3.1.2 PE-X-Rohre

Die Basis ist ein PE-Rohr unterschiedlicher Dichte. Die Vernetzung (nur bei MD+HD) bewirkt eine physikalische Verknüpfung der Molekülketten zu einem dreidimensionalen Netzwerk der Molekülketten. Die Vernetzungsverfahren sind in der DIN 16892 unterteilt in a) peroxidische Vernetzung, b) Silanvernetzung und c) Strahlenvernetzung. Die Vernetzung wird mit einer Ausnahme, der Hochdruckvernetzung, am fertig produzierten PE-Rohr vorgenommen. Die Hochdruckvernetzung nach Verfahren Engel wird während der Produktion in einem speziellen Extruder vorgenommen. Der vernetzte PE-Werkstoff weist eine hohe Gebrauchstemperatur, Zeitstandsfestigkeit (im Vergleich zu anderen üblichen Kunststoffmaterialien bisher kein Steilabfall beim Zeitstandsverhalten, auch über 50 Jahre hinaus), Kälteschlagfestigkeit sowie hohe Chemikalienbeständigkeit auf.

-3.1.3 PP-Rohre

Das Rohrmaterial Polypropylen entsteht ebenfalls durch Polymerisation von Ethylen, so dass die PP-Rohre ähnliche Eigenschaften wie unvernetzte PE Rohre aufweisen. Durch Copolymerisationsverfahren können die Eigenschaften dieses Rohrtyps positiv beeinflußt werden. So gibt es 3 Typen von PP-Rohren, PP-H (Typ 1), PP-B (Typ 2) und PP-R (Typ 3), die je nach Betriebsanforderungen in Abstimmung mit der Zeitstandsfestigkeit bzw. mit dem vom Hersteller vorgegebenen Einsatzbereich verwendet werden können.

-3.1.4 PB-Rohre

Das Rohrmaterial Polybuten ist wie PP ebenfalls ein teilkristalliner Thermoplast. Eine hohe Formbeständigkeit in der Wärme, sowie hohe Kriechfestigkeit sind weitere Qualitätsmerkmale als Eignung für hohe Beanspruchungen. Das Material ist außerdem schweißbar.

-3.1.5 Mehrschichtverbundrohre

Mehrschichtverbundrohre unterscheiden sich von den bisher üblichen Kunststoffrohren durch ihren besonderen Aufbau der Wanddicke. Diese besteht aus 3 Schichten, Kunststoff/Aluminium/Kunststoff. Je nach Hersteller können die Kunststoffschichten auch aus 2 verschiedenen Kunststoffen bestehen. Die Besonderheit dieser Rohre ist einerseits die Einbindung einer Sauerstoffsperre in die Rohrwand durch die Aluminiumschicht und andererseits mit dieser Schicht die Rückstellfähigkeit des Vollkunststoffrohres zu verhindern. Die Biegung bei der Montage bleibt in der gewollten Form. Der Haupteinsatzbereich ist deshalb auch die Heizkörperanbindung und die Warmwasserversorgung. Die Schichtdicken, sind bei gleicher Gesamtwanddicke je nach Hersteller unterschiedlich. Eine Normung dieser Rohre ist noch nicht erfolgt.

-3.2 Rohrverbindungen, Fittings

Kunststoffrohre werden mit Klemmverbindern in Verschraubungs- oder Presstechnik verbunden. Überwiegend setzt sich die Presstechnik durch. Bei dieser Verbindung, bestehend aus einer speziellen Stützhülse und einer Presshülse statt Klemmring, wird nicht durch manuelle verschraubende Pressung, sondern durch eine maschinelle Verpressung der Presshülse auf das durch die innere Hülse gestützte Rohr, eine unlösbare dauerhaft dichte Verbindung hergestellt. Da der Pressvorgang durch die Pessmaschine vollautomatisch erfolgt, ist großtmögliche Sicherheit in der Verbindungstechnik gegeben.

-4 Schläuche

für Dampf- und Wasserleitungen werden aus nahtlosen Präzisionsrohren dadurch hergestellt, daß gewindeähnliche Rillen mehr oder weniger eng und tief auf das Rohr aufgewalzt werden. Material aus nichtrostendem Stahl; Schläuche also ganz aus Metall ohne Naht. Wellung und Wandstärken je nach Anforderungen verschieden. Vielfach vewendet zum Anschluß von Heizkörpern, Klimageräten, Ölleitungen u. a. Auch gewebeverstärkte Gummischläuche werden eingesetzt.

Zur Aufnahme hoher Drücke und zum Schutz gegen Beschädigungen außen häufig Schutzgeflecht aus Stahldraht. Anschlußstücke für Muffenverbindung, Verschraubung mit Überwurfmutter, Flanschen. Nur leichte Festpunkte erforderlich.

Verwendung auch als Lateral- sowie Schwingungsdämpfer für Kompressoren, Kältemaschinen, Pumpen usw.

2.3.5 Rohrleitungszubehör

-1 Absperrorgane

Es werden aus der Vielfalt der lieferbaren Absperrorgane nur einige geläufige Arten beispielhaft beschrieben. Sie sind in der Regel wartungsarm. Auf Spezialausführungen, z.B. mit Anschweißenden, speziellen Antrieben, Membranventile usw., wird nicht besonders eingegangen. Herstellerbezogene Angaben über Ausführungsart usw. sind jeweils zu beachten.

Die jeweils angegebenen Widerstandsbeiwerte sind Richtwerte und gelten für gleichmäßige Zu- und Abströmung und voll geöffneter Armatur (Siehe auch VDI/VDE 2173).

Widerstandsarmen Absperrorganen sollte bei sonstiger Gleichwertigkeit mit Rücksicht auf Energieeinsparung, besonders bei Umwälzpumpenbetrieb, der Vorzug gegeben werden.

-1.1 Kugelhähne (DIN 3357)

Kugelhähne (Bild 2.3.5-1 u. Bild 2.3.5-2) sind besonders widerstandsarm und somit energiesparend einsetzbare Absperrorgane.

Sie sind für alle in der Wärme- und Kältetechnik vorkommenden Temperaturen und Drükke, aber auch für Gas, Öl und andere Medien anwendbar.

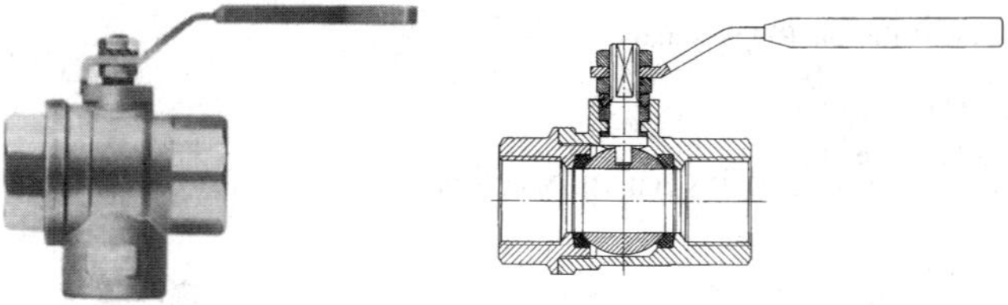

Bild 2.3.5-1. Kugelhahn mit Gewindeanschluß (Bee).
Links: Dreiwegehahn
Rechts: Zweiwegehahn (Schnitt)

Bild 2.3.5-2. Kugelhahn mit Flanschanschluß (KSB).

Gehäuse:
Messing (vernickelt/verchromt) mit Gewindeanschluß bis DN 100, PN 16 und höher, $t = -20 \ldots -30\,°C$ bis $180 \ldots 200\,°C$.

Grauguß, Sphäroguß, Stahlguß mit Flanschanschluß bis DN 200, PN 16 und höher, $t = -20\,°C$ bis $180\,°C$.

Kugel:
Messing, hartverchromt, Grauguß, hartverchromt.

Dichtung:
Teflon, Perbunan u. ä.

O-Ringe:
Viton u. ä.

Baulänge:
nach DIN 3202 F 4/5.

Widerstandsbeiwert: $\zeta = 0$.

Vorteile:

kurze Baulänge, geringe Bauhöhe, energiesparend.

Nachteile:

Vorsicht geboten beim Schließen! Hohe Mediengeschwindigkeiten können Druckschläge bei Schnellschluß verursachen.

-1.2 Absperrklappen, dichtschließend

(Bild 2.3.5-3 und Bild 2.3.5-4)

In der Wärme- und Kältetechnik werden Absperrklappen überwiegend für Einbau zwischen zwei Flanschen verwendet. Sie sind stopfbuchslos, mit Rastgriff, Feineinstellskala, Handgetriebe und elektrischem und pneumatischen Antrieben lieferbar.

Gehäuse:
Silumin AlSi10Mg, GG 25, GGG 40, bis DN 300, PN 16.

Klappenscheibe:
GGG 40/St 50 chem. vernickelt, Messing geschmiedet, 1.4312 (V2a).

Welle:
1.4312 (V2a).

Elastischer Rohrsitz:
bis 120 °C EPDM, bis 200 °C Viton (aufvulkanisiert, gleichzeitig Flanschdichtung).

O-Ringe:
EPDM, Viton, Perbunan, PTFE, Silikon.

Baulängen:
nach DIN 3202, Reihe K1.

Widerstandsbeiwerte ζ:
DN 50 = 1,53, DN 100 = 0,27, DN 200 = 0,15, DN 300 = 0,18.

Bild 2.3.5-3. Absperrklappe mit Rastergriff (Ebro).

Bild 2.3.5-4. Absperrklappen mit verschiedenen Antriebsarten (GESTRA).

Vorteile:
Geringe Druckverluste (energiesparend), kurze Baulänge, geringe Wärmeabstrahlung.
Nachteil:
Vorsicht geboten beim Schließen mit Handgriff! Hohe Mediengeschwindigkeiten können bei Schnellschluß Druckschläge verursachen.

-1.3 Absperrventile (DIN 3202, 3356, 3502)

Absperrventile in der Wärme- und Kältetechnik werden ab DN 50 überwiegend in Geradsitz- und Eckform mit Flanschanschluß verwendet. Für kleinere Nennweiten eignen sich vorwiegend Schrägsitzventile mit Muffenanschluß.

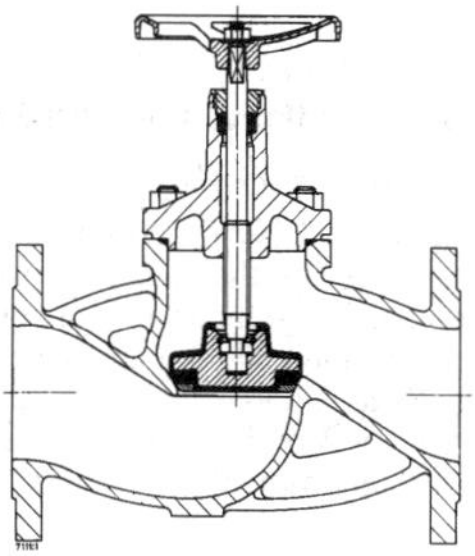

Bild 2.3.5-5.
Normales DIN-Ventil.

-1.3.1 Flanschenventile (Bild 2.3.5-5 bis Bild 2.3.5-7)

Gehäuse:
für PN 6/16, t – 10 bis 120 °C, Grauguß; bis PN 25/40, t – 10 bis 200 °C, Sphäroguß, C 22.8 – 1.0460, GS – C 25 N-1.0619 (auch als Einschweißventile), GG 25, GGG 40.3.

Spindel:
nichtrostender Stahl X 20 Cr 13 – 1.4021.

Kegel:
9 S Mn 28 K – 1.0715 mit Gummierung EPDM; CrNi-Stahl 1.4301; X 10 CrNiTi 18 9 – 1.4541.

Gewinde-/Stopfbuchse:
Thermoplast, glasfaserverstärkt, PTFE; GGG 40 – 07040.

Faltenbalg:
Chrom-Nickel-Stahl X 10 CrNiTi 18-9 – 1.4541.

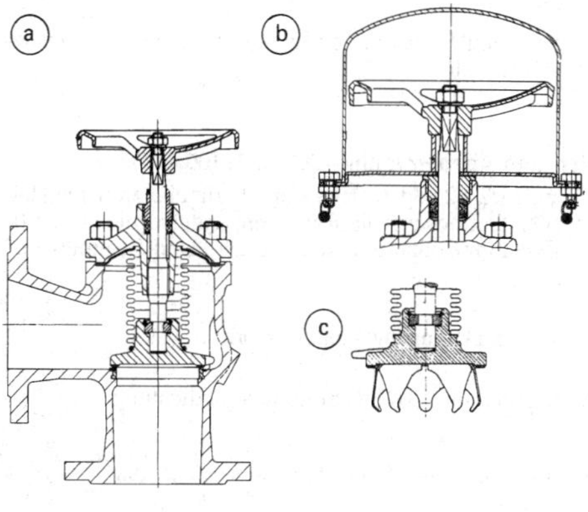

Bild 2.3.5-6. Eckventil (KSB).
a) mit Faltenbalg und Normkegel
b) Kappe zur Absicherung der Einstellung
c) Drosselkegel

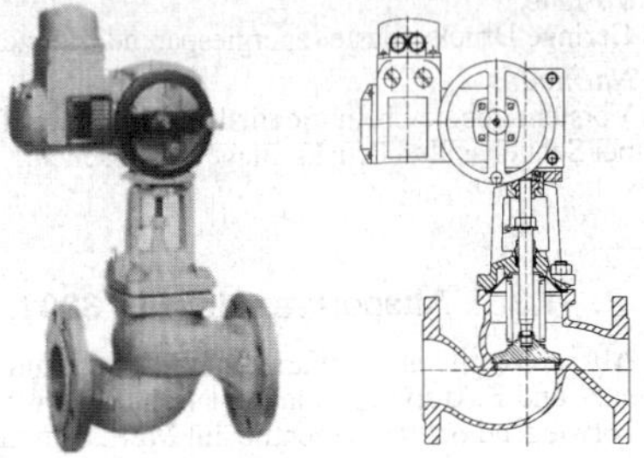

Bild 2.3.5-7. Absperrventil mit elektrischem Antrieb (KSB).

-1.3.2 Muffenventile (DIN 3502)

Muffen-Schrägsitzventile

Für Rohrweiten DN 50 und darunter eignen sich *Muffenschrägsitzventile.* Sie werden in Wasser- und Dampfheizungen, überwiegend als Strangabsperrungen, eingesetzt. Ventile zur Voreinstellung sind mit Hubbegrenzung ausgestattet. Ventile auch mit Meßnippeln lieferbar, wofür Durchflußdiagramme der Einstellwerte von den Herstellern herausgegeben werden (Bild 2.3.5-8). Dadurch qualifizierte hydraulische Einregulierung von Anlagen möglich[1]. Die Voreinstellung wird mittels Sechskant- oder Spezialschlüssel in einer Hohlspindel vorgenommen.

Gehäuse:
Rotguß Rg 5 (nach DIN 1705), für PN 16, t_{max} = 150…200 °C, mit Innen- und Außengewindeanschluß, mit und ohne Entleerungsventil, mit und ohne Meßstutzen für Durchflußeinstellung, Anschlußgewinde DN 10 ($^3/_8$″) bis DN 80 (3″).

Spindel:
Nirostahl, steigend oder nichtsteigend.

Kegel:
metallisch dichtend, zusätzlich PTFE-Dichtung.

Stopfbuchse:
Packung aus Teflon, nachziehbar.

Sonderausführungen:
Mit Anschweißenden, Anschlußfittings für Kupfer- und Präzisions-Stahlrohr, Aus- und Umrüstung für autom. Druckdifferenzregelung, ohne Hilfsenergie. Geeignet in weitverzweigten Wassernetzen mit Einzel-Thermostat- und Pumpendrehzahlregelung.

Widerstandsbeiwerte ζ:
Für DN 10…15 ζ = 5…18, je nach Ausführung.

-1.3.3 Muffengeradsitzventile

sind ähnlich ausgeführt wie Schrägsitzventile. Sie sind etwas preiswerter als Schrägsitzventile, haben aber einen höheren Druckabfall.

-1.3.4 Heizkörper-Regulier- und Absperrventile (DIN 3841 [05.90])

Die Heizungsanlagenverordnung vom 24. 2. 82 und 26. 1. 89 schreibt für alle größeren Heizungsanlagen Einzelraumreglung oder thermostatische Raumtemperaturregelung vor (s. auch Abschn. 2.3.7). In Ein- und Zweifamilienhäusern sind jedoch Hand-Regulier- und Absperrventile zugelassen (Bild 2.3.5-9).

Gehäuse:
Rotguß Rg 5 nach DIN 1705 für PN 10 in Durchgangs- und Eckform.

Spindel:
nichtsteigend, Messing, Nirostahl, O-Ring- oder Teflon. Stopfbuchsabdichtung.

---

[1]) Die hydraulische Einregulierung. Druckschrift der TA Tour Andersson GmbH, 1985

Bild 2.3.5-8. Strangregulier- und Absperrventil mit Entleerung und Meßnippeln (MNG).

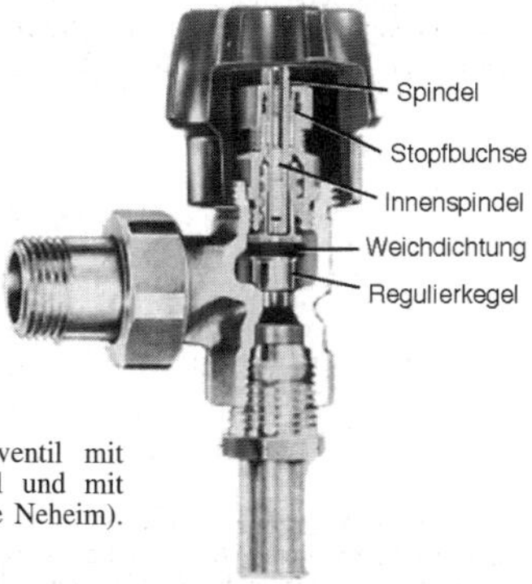

Bild 2.3.5-9. Heizkörper-Regulierventil mit Voreinstellung durch Innenspindel und mit Weichstoffdichtungen (Metallwerke Neheim).

Sitz und Regel:
Metall-/Weichstoffdichtung, geeignet bis t_{wasser} = 130 °C bzw. t_{NDD} = 110 °C.

Voreinstellung:
Hubbegrenzung, Betätigung durch Voreinstell-Hohlspindel mittels Sechskant- oder Spezialschlüssel.

Handrad:
Kappenform aus temperaturbeständigem Kunststoff, Normal- oder Behördenmodell.

Anschluß:
Verschraubung und Innengewinde DN 10 ($^3/_8$″)…DN 25 (1″).

Widerstandsbeiwerte ζ:
ζ = 17…33.

Bei Feineinstellventilen für kleine Massenströme sehr hohe Druckdifferenzen (Bild 2.3.5-10) ζ = 50…6000.

-1.3.5 Einrohrventile für einseitigen Heizkörperanschluß im Einrohrsystem siehe Abschn. 2.2.2-1.2.2.

-1.3.6 Heizkörper-Verschraubung mit Voreinstellung nach DIN 3842 (Bild 2.3.5-11)

Als Anschluß-, Absperr- und Regulierarmatur verwendbar.

Gehäuse:
Rotguß DIN 1705 Rg 5 mit korrosionsbeständigen Innenteilen, auch mit Entleerungsnippel DN 10 ($^3/_8$″) bis DN 25 (1″).

Widerstandsbeiwerte ζ:
ζ = 13…120.

Bild 2.3.5-10. Feinst-Regulier- und Absperrventil mit Doppeldichtung und präziser Voreinstellung (MNG).

Bild 2.3.5-11. Heizkörper-Verschraubung, absperr- und einstellbar (Gamper).

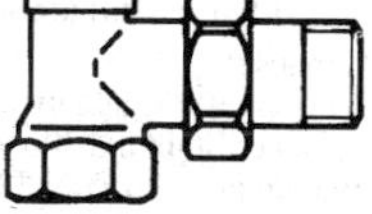

-1.4 Absperrschieber

bestehen aus *Gehäuse* und *Einbauteilen* (Bild 2.3.5-12), Spindel mit Handrad und Keil- oder Parallelschieber, Stopfbuchse, Dichtung. Gewinde innenliegend, wobei Spindel und Handrad in ihrer Lage bleiben (*nicht steigende* Spindel), oder außenliegend mit *steigender* Spindel (Schieberstellung dabei außen erkennbar). Mit Flansch- oder Muffenanschluß lieferbar. Dichtung durch Ringe aus Bronze, Rotguß, Eisen oder Stahl. Verwendung besonders bei größeren Nennweiten (DN > 80). Normung in DIN 3352 (13 Teile – 79 bis 88).

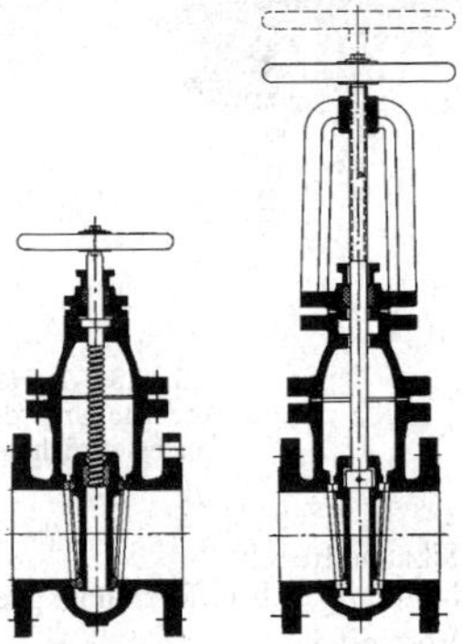

Bild 2.3.5-12. Keilschieber nach DIN.
Links: mit Innengewinde (Spindel nicht steigend)
Rechts: mit Außengewinde (Spindel steigend)

Für höhere Drücke und bessere Dichtung werden Parallelplatten- oder Keilplattenschieber verwendet, bei denen durch geeignete Druckstücke eine zwangsmäßige Anpressung an die Dichtflächen erfolgt.

Vorteile der Schieber:

Geringer Strömungswiderstand, kurze Baulänge.

Nachteile:

Dauernde Dichtheit kaum zu gewährleisten (wartungsintensiver).

Sie werden daher heute nur noch selten verwendet, z.B. wenn in bestehenden Anlagen in Ergänzung oder Austausch Einheitlichkeit gewahrt werden soll. Heute weitgehend ersetzt durch Klappen nach Abschn. 2.3.5-1.2.

-1.5 Drosselklappen

Der Aufbau ist ähnlich den Klappen nach Abschnitt 2.3.5-1.2, jedoch fehlt die elastische Dichtung. Sie werden daher verwendet, wenn es auf dichten Abschluß nicht ankommt, sondern nur einreguliert werden soll. Lieferbar als Muffen-, Gußring- und Einschweißklappe.

Sie werden mit und ohne Rastergriff hergestellt. Die Widerstandsbeiwerte ähneln denen dichtschließender Absperrklappen.

-1.6 Rückschlagklappen und -ventile

Diese Armaturen verhindern das ungewollte Rückströmen des Betriebsmittels bei Änderung der Druckverhältnisse z.B. infolge peripharer Regelvorgänge und Störungen. Beide Bauarten schließen im Rückstrom mind. mit Leckraten nach DIN 3230 dicht. Der Durchflußwiderstand von Klappen ist geringer als von Ventilen.

-1.6.1 Rückschlagklappen (Bild 2.3.5-13)

Gehäuse:
Zwischenflanschbauweise, DN 50 bis 200 und größer, PN 6 bis 40, Grauguß, Stahl, austenitischer Stahl bis 300 °C, Kunststoff, kunststoffbeschichteter Stahl bis max. 100 °C. Kurzbaulängen nach DIN 3202 T3, R K3.

Klappe:
ein- oder zweiteilig (Schmetterlingsklappe) mit metallischem oder Gummi-Gelenk.

Widerstandsbeiwert ζ: zweiteilig DN 150…200 $\zeta = 1{,}5 \ldots 1{,}3$
einteilig DN 50…200 $\zeta = 7 \ldots 2$

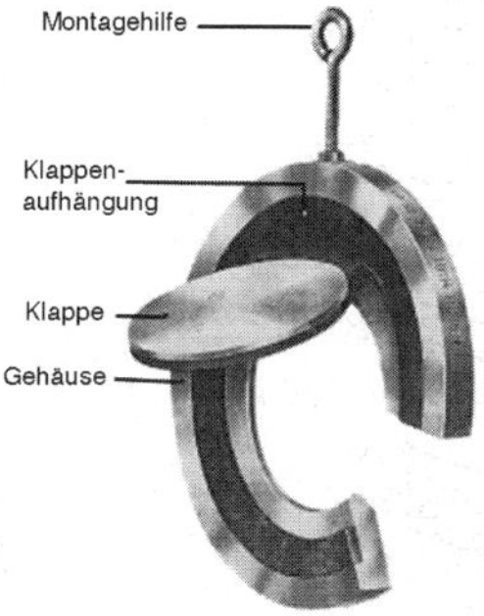

Bild 2.3.5-13. Rückschlagklappe PN 16. Stahlringgehäuse mit kunststoffbeschichteter Metallplatte (Gestra).

-1.6.2 Rückschlagventile (Bild 2.3.5-14 u. Bild 2.3.5-15)

Zur Auswahl stehen Rückschlagventile für waage- und senkrechten Einbau, mit Rohrgewinden und für Zwischenflanscheinbau. Sie sind stets federbelastet. Spezielle Ausführungen dienen als Schwerkraftumlaufsperren. Bei stehender Pumpe schließt die Feder das Ventil. Auch von Hand wieder öffenbar.

Gehäuse:
Messing, Rotguß, Grauguß, Nirostahl, PN 6…16, DN 15…200.

Ventilteller/-kegel:
Kunststoff (bis 100 °C), Chromnickelstahl (bis 250 °C bei 13 bar Betriebsdruck).

Schließfeder:
Chromnickelstahl.

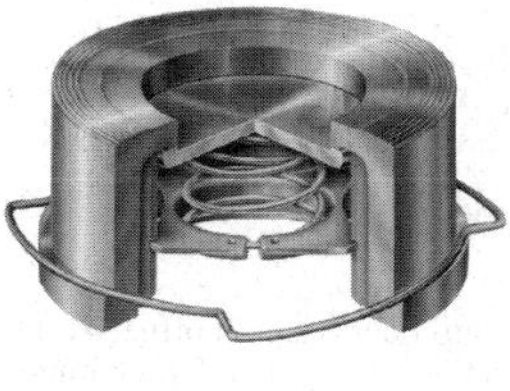

Bild 2.3.5-14. Rückschlagklappe PN 16. Stahlringgehäuse mit kunststoffbeschichteter Metallplatte (Gestra).

Bild 2.3.5-15. Rückschlagventil für senkrechten und waagerechten Einbau (Gestra).
Links: geöffneter Zustand
Rechts: geschlossener Zustand, Rückströmung unterbunden

Widerstandsbeiwert ζ:
nicht konstant, Herstellerdiagramme beachten. Beispiel Bild 2.3.5-16.

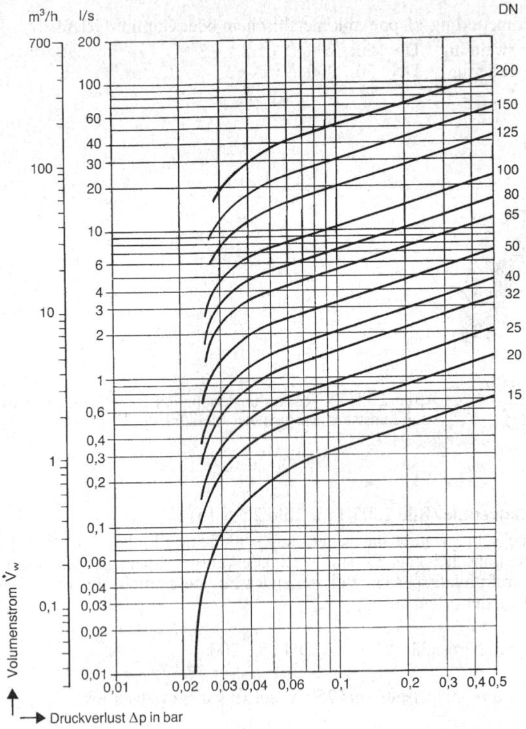

Bild 2.3.5-16. Druckverlust von Rückschlagventilen mit Feder nach Bild 2.3.5-14 bei waagerechtem Einbau.
Öffnungsdruck ($\dot{V} = 0$) DN 15…200, $\Delta p = 23 \ldots 27$ mbar

-1.6.3 Auslegung der Rückflußverhinderer

Ein gewichts- oder federbelasteter Rückflußverhinderer (Ventil oder Klappe) öffnet, wenn eine bestimmte statische Druckdifferenz erzeugt wird (Druck vor, abzüglich Druck hinter dem Organ). Es entsteht eine Öffnungskraft (Druckdifferenz × Sitzquerschnitt), die der Schließkraft entgegenwirkt. Überwiegt die Öffnungskraft, öffnet das Organ (Öffnungsdruck). Der Öffnungsdruck ist abhängig von der Vorspannung der Schließfeder bzw. vom Schließgewicht, von der Einbaulage und von der Größe des Rückflußverhinderers.

Je nach Volumenstrom öffnet der Rückflußverhinderer voll oder nur teilweise. Bei Teilöffnung, also bei kleinem Volumenstrom, können Klappergeräusche auftreten. Klappergeräusche entstehen durch das Aufschlagen des Kegels oder der Klappe auf den Sitz. Statt Klappergeräuschen können auch summende Töne hoher Frequenzen hörbar sein. Wenn die Geräusche ständig auftreten, ist der Rückflußverhinderer überdimensioniert, d.h. die Armatur wurde nicht bedarfsgerecht ausgelegt.

Hin und wieder treten Geräusche nur beim An- und Abfahren der Anlage auf oder während eines Teilbetriebes, d.h. nur während dieser Betriebsphasen ist die Armatur „zu groß“. Hier kann man eventuell dadurch Abhilfe schaffen, indem man die Schließkraft vermindert, z.B. durch eine schwächere Schließfeder oder geringeres Schließgewicht. Eventuell kann das Gerät so eingebaut werden, daß auf eine Schließfeder ganz verzichtet oder aber ein Rückflußverhinderer mit Kunststoffkegel verwendet werden kann.

-1.7 Sonstige Absperrorgane

Umschaltventile werden in W-Pumpenheizungen manchmal verwendet, um bei Ausfall der Pumpe die Wasserzirkulation durch Schwerkraft aufrechtzuerhalten (mit Kolben oder Gummikugel).

Sonderbauarten sind: Schwimmerventile, magnet-, motor- oder membranbetätigte Ventile, elektrothermische Ventile (Fernsteuerventile), Ablaßventile, Entlüftungsventile, Entleerungsventile und -hähne, Manometerhähne u.a. Für angreifende Flüssigkeiten. Absolute Dichtheit gegen Umgebung. Hierfür Membranventile (Quetschventil) mit verschiedenen Schutzüberzügen.

Wechselventile haben drei Rohrstutzen und lassen den Betriebsstoff nach Wahl in der einen oder anderen Richtung strömen.

Kreuzventile verteilen den Betriebsstoff gleichzeitig auf zwei (oder mehr) Rohrleitungen.

Rohrbruchventile haben einen Kegel, der bei einem Rohrbruch infolge der dadurch erhöhten Strömungsgeschwindigkeit mitgerissen wird und das Ventil schließt.

Sicherheitsventile dienen zur Druckbegrenzung. Näheres s. hierzu Abschnitt 2.3.6-5.2.

-2 Druckregler[1]

Druckregler (im allgemeinen Sinn) haben die Aufgabe, den Druck in einem System konstant zu halten. Sie bestehen grundsätzlich aus einem Ventil, einer Membran und einer Steuerleitung. Symbole in Bild 2.3.5-17.

Einteilung nach dem zu regelnden Druck (Bild 2.3.5-19):

Druckregler (im engeren Sinn) halten den Druck in einem geschlossenen System konstant. Dieser Systemdruck wird als Steuerdruck verwendet und wirkt auf die Membran des Regelventils (Bild 2.3.5-18).

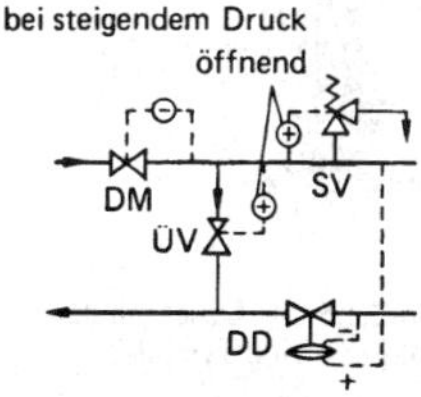

Bild 2.3.5-17. Symbole von Druckreglern.
DM = Druckminderung, ÜV = Überströmventil,
SV = Sicherheitsventil, DD = Differenzdruckventil

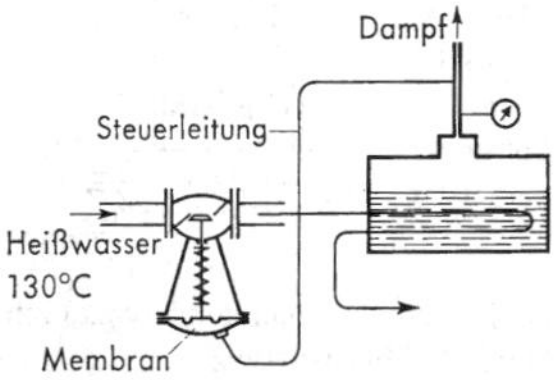

Bild 2.3.5-18. Druckregler für einen Umformer Heißwasser/Dampf.

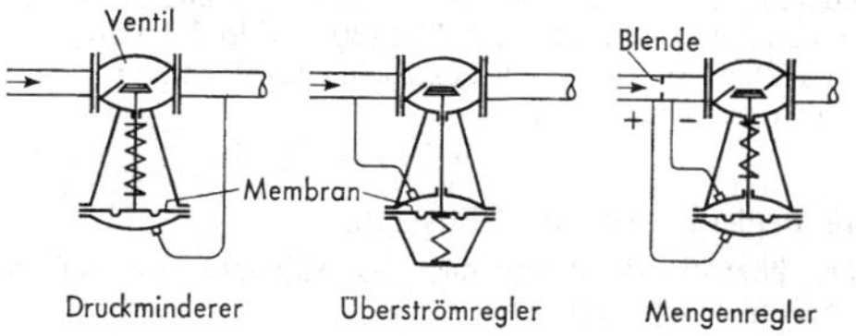

Bild 2.3.5-19. Druckregler mit verschiedenartiger Funktion.

Überströmventile halten den Druck in einem Rohrleitungssystem vor dem Regelventil konstant. Sie werden z.B. bei einem Fernheizungsanschluß zwischen Vorlauf- und Rücklaufleitung als Überström-Sicherheitsventil eingebaut und lassen bei steigendem

[1]) Schrowang, H.: IKZ 7 u. 9/1977.

Druck Vorlaufwasser in den Rücklauf strömen (Bild 2.3.5-20 u. Bild 2.3.5-21). Bei Dampf strömt die überschüssige Menge in Nebenanlagen, z.B. Warmwasserbereiter.

Druckminderventile (Zuströmventile, Reduzierventile) halten den Druck hinter dem Ventil unabhängig vom Vordruck konstant. Sie drosseln oder schließen bei steigendem Druck hinter dem Ventil und verhindern damit Schäden an den nachgeschalteten Geräten (Bild 2.3.5-22 u. Bild 2.3.5-23).

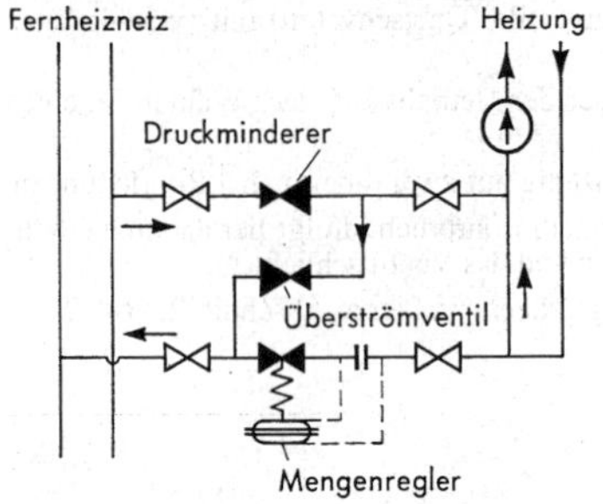

Bild 2.3.5-20. Einbau von Druckreglern in einer Fernheizungs-Hausstation.

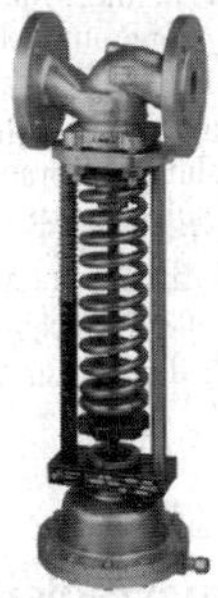

Bild 2.3.5-21. Druckregler (GESTRA).

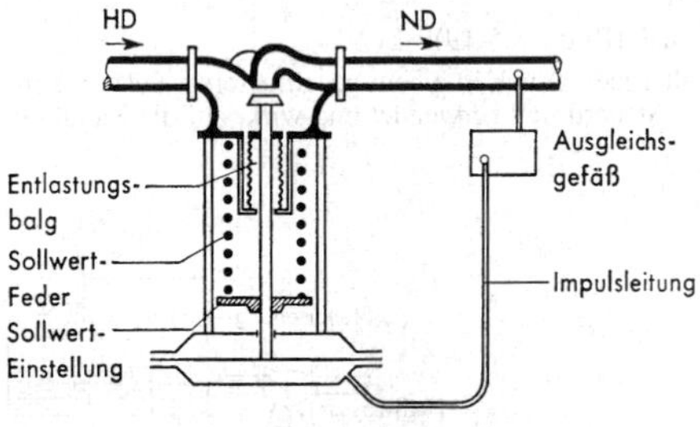

Bild 2.3.5-22. Druckminderventil mit Einsitz und Membransteuerung.

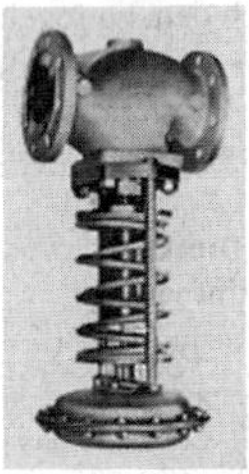

Bild 2.3.5-23. Druckminderventil (Samson Typ 39-2).

Differenzdruckregler halten den Druckunterschied zwischen zwei Leitungen, z.B. dem Vorlauf und Rücklauf einer Heizungsanlage konstant. Sie arbeiten entweder in Reihenschaltung zur Anlage nach dem Drosselungsverfahren oder in Parallelschaltung zur Anlage nach dem Überströmverfahren. Mit einem Drosselgerät z.B. einer Blende oder einem Ventil mit Meßanschlüssen arbeiten sie auch als *Mengenregler* und begrenzen dabei z.B. bei Fernheizungen den Anschlußwert (Bild 2.3.5-20 u. Bild 2.3.5-24). Das Regelventil enthält in beiden Fällen ein zweiseitig beaufschlagtes Membransystem. Einstellung des Sollwertes durch eine Gegenfeder.

nach der Art der Steuerung:

Direkt wirkende (unmittelbare) Regler arbeiten ohne Hilfskraft.

Pilotgesteuerte Ventile wirken über ein Pilotventil und eine Hilfsmembran auf die Hauptmembran. Kleinere Abmessungen, genauere Regelung.

Indirekt wirkende (unmittelbare) Regler benutzen zur Verstärkung der Steuerkraft als Hilfskraft Druckluft, Wasser, Öl oder elektrischen Strom, wodurch die Regelgenauigkeit erheblich verbessert wird und Fernverstellungen möglich sind.

Wirkungsweise

Der Regeldruck steuert das Ventil über einen Kolben, einen Federkörper oder eine Membrane. Fällt z.B. bei einem Reduzierventil der Druck auf der Niederdruckseite, so wird das Ventil geöffnet, bei steigendem Druck geschlossen. Gegenkraft zur Einstel-

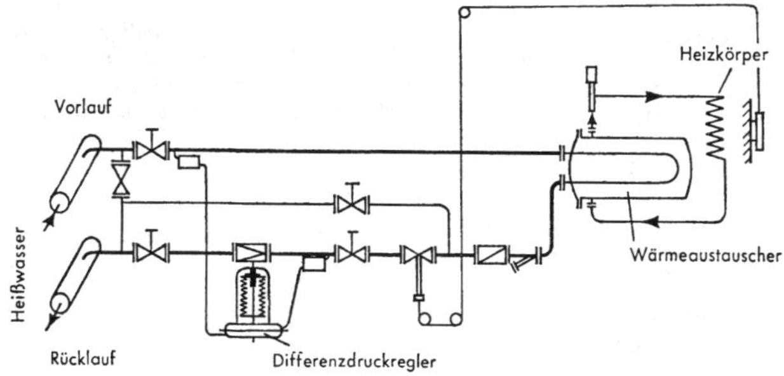

Bild 2.3.5-24. Differenzdruckregler mit Drosselwirkung in einer Fernheizung.

lung des Regeldruckes (Sollwerteinstellung) ist ein Gewicht oder eine Feder (siehe Schema Bild 2.3.5-25). *Federregulierung* platzsparend, durch Unbefugte kaum verstellbar, P-Regler. *Gewichtsregulierung* sehr genau wirkend, unempfindlich gegen starke Belastungsänderungen, jedoch leicht schwingungsfähig, kein P-Regler. Typischer Einbau von Druckminderventilen in Dampfverteilern siehe Bild 2.3.5-26.

Bild 2.3.5-25. Schema der Druckregulierung. Links: Federregulierung eines Doppelsitzventils; rechts: Gewichtsregulierung eines entlasteten Einsitzventils.

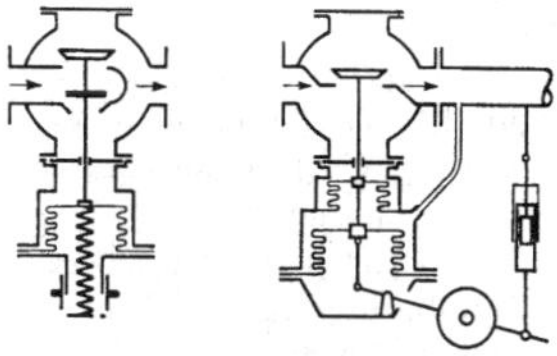

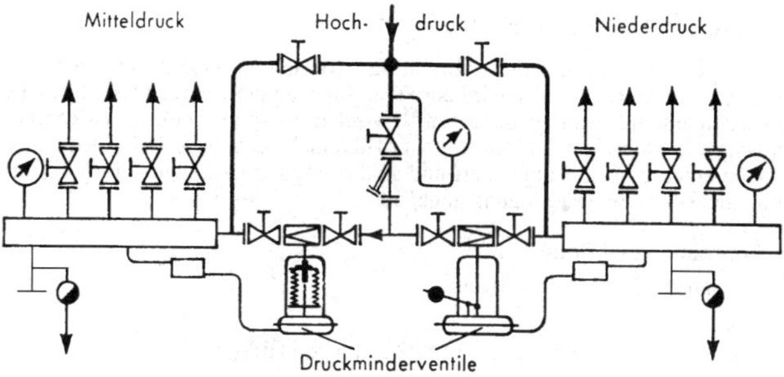

Bild 2.3.5-26. Einbau von Druckminderventilen bei einem Hochdruckdampfverteiler.

Um von Druckschwankungen in dem nicht zu regelnden Rohrnetz unabhängig zu sein, müssen die Ventile entlastet sein. *Entlastung* meist durch Doppelsitz:

Doppelsitzventile; bei Einsitz Entlastung durch Kolben, Membrane oder Federkörper. Doppelsitzventile schließen nie ganz dicht, dürfen also nicht verwendet werden, wenn eine Drucksteigerung auf der Niederdruckseite gefährlich ist. Alle Druckregelventile sind mit Umgehungsleitung einzubauen. Die Größe des Regelventils hängt von der durchzulassenden Dampfmenge sowie dem Druckgefälle ab und ist den Listen der Hersteller zu entnehmen. Bei großem Druckgefälle verwende man zwei Regler hintereinander geschaltet, bei großen Mengendifferenzen zwei verschieden große Regler parallel geschaltet.

Durch Zwischenschaltung eines *Kombinationsstückes* ist es möglich, zwei Regler auf ein gemeinsames Stellventil wirken zu lassen. In Bild 2.3.5-27 z.B. steuern ein Temperaturregler und ein Druckminderventil in der Weise ein Ventil, daß immer derjenige Regler bevorrechtigt ist, der ein Schließen des Ventils fordert. Auch andere Kombinationen sind möglich.

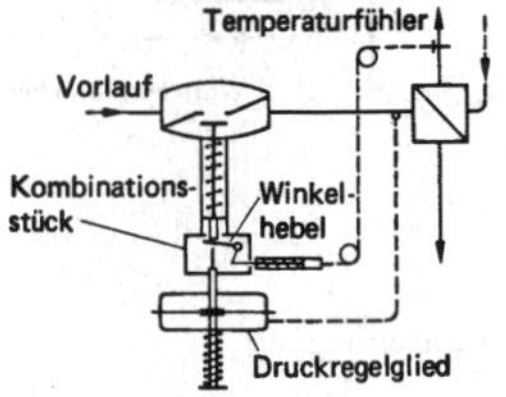

Bild 2.3.5-27. Kombinationsventil für Temperaturregelung und Druckminderung.

-3 Dehnungsausgleicher / Kompensatoren

Neubearbeitung von Dipl.-Ing. Werner Lang, Hamburg

Dehnungsausgleicher (auch Kompensatoren genannt) werden in Rohrleitungen zwischen Festpunkten eingebaut, um die Ausdehnung der Rohre bei Temperaturänderungen aufzunehmen.

Bezogen auf eine Temperaturdifferenz von 100 °C beträgt z.B. die Längenänderung bei Stahlrohren ca. 1,2 mm/m, bei Kupferrohren ca. 8 mm/m.

Zum Ausgleich der Längenänderungen werden verschiedene Formen von Rohr-Dehnungsausgleichern eingesetzt:

- Rohrschenkel und Rohrbögen
- Stopfbuchsen-Ausgleicher
- Stahlbalg-Kompensatoren
- Gummibalg-Kompensatoren

-3.1 Rohrschenkel und Rohrbögen

Diese „natürlichen Dehnungsausgleicher" sind in das Rohrleitungssystem integriert. Die Ausdehnung einer geraden Rohrstrecke wird durch die Ausbiegung von rechtwinklig angeordneten Rohrschenkeln aufgenommen. Es wird zwischen L-Rohrschenkeln, U-Rohrbögen und Lyra-Bögen (Sonderform der U-Rohrbögen) unterschieden. Natürliche Dehnungsausgleicher haben einen großen Raumbedarf und sind bezüglich Druck- und Temperaturbelastbarkeit an die Rohrleitungsauslegung angepaßt.

-3.1.1 Rohrschenkel-Länge

Länge der L-Rohrschenkel in Stahlleitungen

$l = 0{,}65 \sqrt{Df}$

Länge der Rohrschenkel von U-Rohrbögen in Stahlleitungen (Bild 2.3.5-28.)

$l = 0{,}205 \sqrt{Df}$

Länge der Rohrschenkel von U-Rohrbögen in Kupferleitungen

$l = 0{,}32 \sqrt{Df}$

l m Länge des Rohrschenkels
D cm Rohr-Aussendurchmesser
f cm Dehnung der Rohrleitung

-3.1.2 Festpunktkräfte an Rohrschenkel/Rohrbogen-Dehnungsausgleichern

Die durch Rohrdehnung auftretenden Bewegungen werden durch die L-Rohrschenkel und U-Rohrbögen ausgeglichen. Die dabei auftretenden Kräfte müssen durch ausreichend dimensionierte Festpunkte und Führungslager aufgenommen werden (Bild 2.3.5-29).

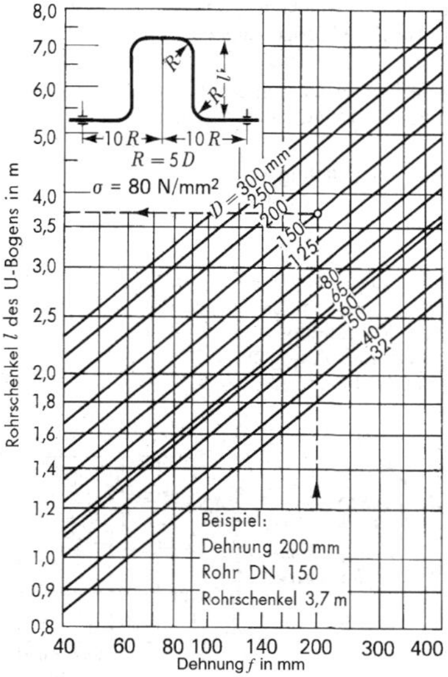

Bild 2.3.5-28. U-Rohrbogen aus Stahl, 50% Vorspannung.

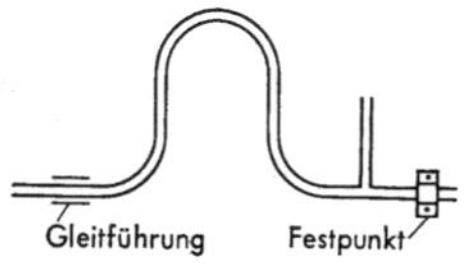

Bild 2.3.5-29. Anordung von Festpunkten und Führungslagern an U-Rohrbogen.

Die genaue Berechnung der Kräfte ist sehr aufwendig. Nachstehend ist ein Näherungs-Berechnugsverfahren (bezogen auf 400 °C, Stahlrohre St 35, Biegeradius R= 5 D, 50% Vorspannung) angegeben.[1)]

Festpunkt-Belastung an L-Rohrschenkeln:

$$F_H = \frac{b_1 \cdot I}{l^2} \qquad l = l_1 + l_2$$

$$F_v = \frac{b_2 \cdot I}{l^2} \qquad I = \frac{\pi\,(D^4 - d^4)}{64}$$

$$F_{HFP} = \sqrt{F_H^2 + F_v^2}$$

Festpunkt-Belastung an Z-Rohrbögen

$$F_H = \frac{b_3 \cdot I}{l^2}$$

$$F_v = \frac{b_4 \cdot I}{l^2}$$

$$F_{HFP} = \sqrt{F_H^2 + F_v^2}$$

F_{HFP}	N	Hauptfestpunkt-Belastung
F_H	N	horizontale Kraft
F_V	N	vertikale Kraft
l, l_1, l_2	m	Rohrschenkel-Länge
D	cm	Rohr-Aussendurchmesser
d	cm	Rohr-Innendurchmesser
I	cm^4	Trägheitsmoment

1) Weber,A.P.: Die Warmwasserheizung 1970
Richarts, F.: HLH 1973

b_1, b_2	Nm^2/cm^4	Berechnungsfaktor für L-Rohrschenkel aus Bild 2.3.5-30
b_3, b_4	Nm^2/cm^4	Berechnungsfaktor für Z-Rohrbögen aus Bild 2.3.5-30

Zur Aufnahme großer Dehnungen erfolgt die Verlegung der Rohre mit Vorspannung, d.h., es wird schon während der Montage eine Dehnung erzeugt, die der Dehnung im Betriebszustand entgegengesetzt ist.

Festpunkt-Belastung an U-Rohrbögen mit 50 % Vorspannung

$$F_{HFP} = \frac{10 \cdot I \cdot f}{l^3 \cdot C}$$

FHFP	N	Hauptfestpunkt-Belastung
I	cm4	Trägheitsmoment
f	cm	gesamte Dehnung der Rohrleitung
l	m	Länge der Schenkel am U-Rohrbogen
C		Berechnungsfaktor aus Bild 2.3.5-31

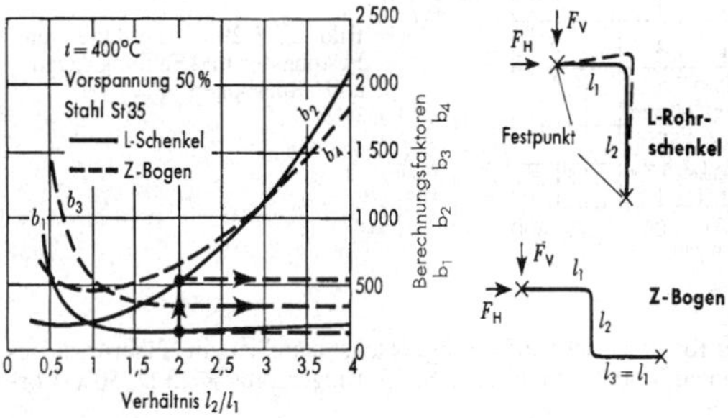

Bild 2.3.5-30. Berechnungsfaktoren b_1, b_2, b_3, b_4 zur Auslegung der Reaktionskräfte bei L-Rohrschenkeln und Z-Rohrbögen.

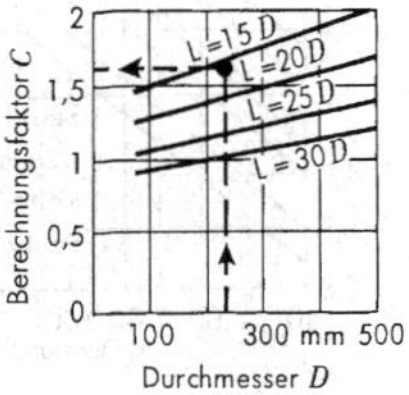

Bild 2.3.5-31. Berechnungsfaktor C.

Beispiel:

D = 267 mm, l = 4,5 m = 17 D, f = 18 cm, I = 4516 cm^4, C = 1,7

$$F = \frac{10 \cdot 4516 \cdot 18}{4{,}5^3 \cdot 1{,}7} = 5248\ N$$

-3.2 Stopfbuchsen-Ausgleicher

Stopfbuchsen-Ausgleicher können nur axiale Rohrleitungs-Bewegungen ausgleichen. Sie haben einen geringen Raumbedarf und können große Bewegungen aufnehmen.

Die Stopfbuchs-Dichtungen müssen auf den jeweiligen Anwendungsfall abgestimmt sein. Für die betriebssichere Funktion der Stopfbuchsen-Ausgleicher ist eine fachgerechte Rohrleitungsführung (Vermeidung von Verklemmungen) und eine regelmäßige Wartung erforderlich.

Normale Stopfbuchsen-Ausgleicher erfordern ausreichend dimensionierte Festpunkte zum Aufnahme der durch Innendruck entstehenden Reaktionskräfte. Bei entlasteten Ausgleichern (Sonderbauform) können die Festpunkte schwächer dimensioniert werden.

-3.3 Stahlbalg-Kompensatoren

Bei diesen Dehnungsausgleichern ist das bewegliche Grundelement als Balg ausgebildet. Neben der Dehnungsaufnahme werden Stahlbalg-Kompensatoren auch zur Reduzierung thermischer und mechanischer Spannungen in Rohrleitungssystemen, sowie zur Dämpfung von Schwingungen eingesetzt.

Einsatzbereich: max. 25 bar Betriebsdruck, max. + 300 °C Betriebstemperatur (Standardausführung).

Stahlbalg-Kompensatoren unterscheiden sich nach folgenden Kriterien:

- in der Bauart (Axial-, Lateral, und Angularkompensatoren)
- in der Balgausführung (abgestimmt auf Druck- und Temperaturbelastbarkeit)
- nach dem Balgwerkstoff, abgestimmt auf das Fördermedium (z. B. Edelstähle 1.4541, 1.4571, 1.4404)
- nach der Rohrleitungs-Anschlussart (Flansche, Schweißenden, Gewinde).

-3.3.1 Stahlbalg-Axialkompensatoren

Stahlbalg-Axialkompensatoren nehmen Rohrausdehnungen in axialer Richtung bei geringem Raumbedarf auf (Bild 2.3.5-32). Die Kompensatoren können mit inneren Leit- oder Führungsrohren ausgerüstet werden. Diese schützen den Balg vor turbulenten Strömungen und verhindern ein Ausknicken langer Bälge. Sie ersetzen jedoch keine Rohrführungslager. Äußere Schutzrohre verhindern eine Beschädigung der Bälge vor äußeren Einwirkungen.

Bild 2.3.5-32. Axialkompensator aus Edelstahl mit Anschweißenden oder Flanschen (Metallschlauchfabrik Pforzheim).

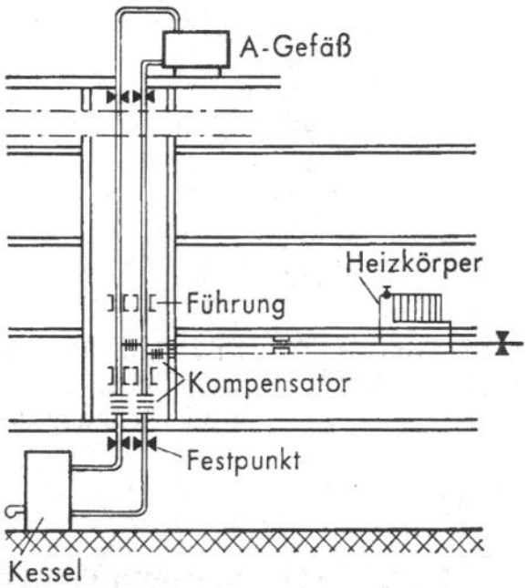

Bild 2.3.5-33. Axialkompensatoren in der Zentralheizungsanlage eines vielstöckigen Gebäudes.

Der Einbau erfolgt oft mit 50% Vorspannung, d. h. die Kompensatoren werden um die Hälfte der im Betrieb auftretenden Dehnung auseinandergezogen, um optimale Nutzung der Bewegung zu erreichen.

Der Einbau in eine Zentralheizung ist in Bild 2.3.5-33 dargestellt. Beim Einbau von Axialkompensatoren sind kräftige Rohrleitungs-Festpunkte zur Aufnahme der Reaktionskräfte und eine fachgerechte Rohrführung notwendig.

-3.3.2 Stahlbalg-Lateralkompensatoren

Stahlbalg-Lateralkompensatoren nehmen seitliche Verschiebungen der Rohrleitung auf. Sie werden in der Regel mit Zugstangen-Verspannungen ausgerüstet. Axialbewegungen werden durch die Verspannung verhindert.

Die Festpunkte der Rohrleitung werden wesentlich geringer belastet, weil die meist außenliegenden Verspannungen die axialen Reaktionskräfte aufnehmen. Von den Rohrleitungsfestpunkten müssen nur laterale Balgverstellkräfte und Reibungskräfte aus den Zugstangen-Gelenken aufgenommen werden. Der Einbau von verspannten Kompensatoren erfolgt deshalb vorzugsweise in Leitungen mit großem Querschnitt.

Leitrohre für Lateralkompensatoren werden in Abstimmung auf die seitliche Verschiebung konisch ausgeführt.

Zur Aufnahme großer Bewegungen werden Lateralkompensatoren mit zwei Bälgen und Zwischenrohr eingesetzt (Bild 2.3.5-34 und Bild 2.3.5-35).

Lateralkompensatoren werden oft zur Aufnahme großer Rohrleitungsbewegungen in 90°-Umlenkungen eingebaut (Bild 2.3.5-36)

Bild 2.3.5-34. Lateral-Kompensator als Kugelgelenkkompensator (3fach verspannt) mit Anschweißende (STENFLEX, Hamburg).

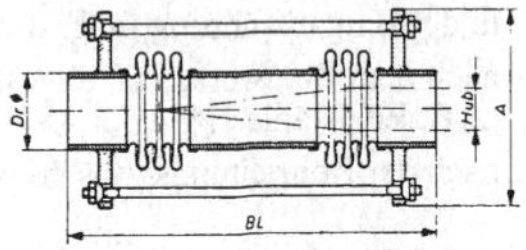

Bild 2.3.5-35. Lateral-Kompensator (IWK).

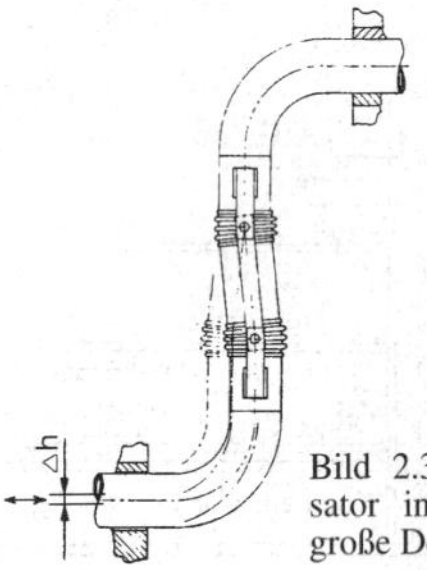

Bild 2.3.5-36. Lateral-Kompensator in einer Rohrleitung für große Dehnungsaufnahme.

Bild 2.3.5-37. Rohrgelenksystem mit Angular-Kompensatoren für Dehnungsaufnahme aus zwei Richtungen.

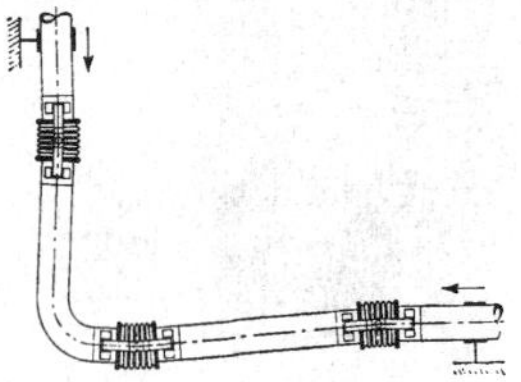

-3.3.3 Stahlbalg-Angularkompensatoren

Stahlbalg-Angularkompensatoren führen Winkelbewegungen aus und sind mit Gelenkverspannungen versehen. Die Drehachse der Gelenkverspannung liegt in der Mitte des Balges. Die Angulargelenke regulieren eine definierte Winkelbewegung, nehmen axiale Reaktionskräfte auf und entlasten die Rohrleitungsfestpunkte. Es wird zwischen Angular-Kompensatoren mit einem Drehgelenk (Führung der Bewegung in einer Ebene) und Angular-Kompensatoren mit einem Kardangelenk (Führung der Bewegung in Kreisebene) unterschieden.

Die Festpunkte der Rohrleitung werden gering belastet. Es müssen nur angulare Balgverstellmomente und Gelenkreibungsmomente aufgenommen werden.

Der Einbau von Angularkompensatoren erfolgt vorzugsweise in Dreigelenk-Systemen (Bild 2.3.5-37). Diese Anordnung hat den Vorteil, daß bei winkliger Rohrleitungsverlegung sehr große Bewegungsaufnahmen möglich sind. Durch lange Hebel treten nur geringe Verstellkräfte auf. Der Einsatz erfolgt in Leitungssystemen mit großen Querschnitten, in langen Transportleitungen (z.B. Fernwärme) und in Kunststoff-Leitungssystemen (hohe Ausdehnung und geringe Festigkeit der Kunststoffrohre).

-3.4 Gummibalg-Kompensatoren

Bei diesen Kompensatoren ist das bewegliche Grundelement als Gummibalg ausgebildet. Der elastische Balg besteht aus einem Verbundwerkstoff. Die innere Gummischicht (Seele) dichtet gegen das Fördermedium ab, die Festigkeitsträger aus Synthesefasern oder Stahldraht nehmen die Innendruckkräfte auf, die äußere Gummischicht (Decke) schützt den Balg vor äußeren Einflüssen (Bild 2.3.5-38).

Neben der Dehnungsaufnahme werden Gummibalg-Kompensatoren hauptsächlich zur Reduzierung thermischer und mechanischer Spannungen an Pumpen und Aggregaten, sowie zur Dämpfung von Schwingungen und Geräuschübertragungen (Körperschall) eingesetzt.

Einsatzbereich: max. 25 bar Betriebsdruck, max. + 110 °C Betriebstemperatur.

Gummikompensatoren für Heizungsanlagen sollen DIN 4809 entsprechen und das „DIN geprüft"-Gütezeichen tragen oder eine TÜV-Prüfnummer aufweisen.

Gummibalg-Kompensatoren unterscheiden sich nach folgenden Kriterien:

Bild 2.3.5-38. Schnittbild eines Gummibalg-Kompensators (STENFLEX, Hamburg).

Bild 2.3.5-39. Gummibalg-Kompensatoren in einer Heizungsanlage.

- in der Bauart (Universal-, Lateral, und Angularkompensatoren)
- in der Balgausführung (abgestimmt auf Druck- und Temperaturbelastbarkeit)
- nach dem Balgwerkstoff, abgestimmt auf das zu fördernde Medium (z. B. EPDM, NBR, CIIR)
- nach der Rohrleitungs-Anschlussart (Flansche, Gewinde)

-3.4.1 Gummibalg-Universalkompensatoren

Gummibalg-Universalkompensatoren nehmen Rohrausdehnungen in allen drei Richtungen (axial, lateral, angular) bei geringem Raumbedarf auf. Die Kompensatoren können zum Schutz vor turbulenten Strömungen oder zur Förderung von abrasiven Medien mit inneren Leitrohren ausgerüstet werden. Äußere Schutzhüllen, Schutzrohre oder Schutzhauben verhindern eine Beschädigung der Bälge vor äußeren Einwirkungen.

Der Einbau in eine Zentralheizung ist in Bild 2.3.5-39 dargestellt. Beim Einbau von Gummibalg-Universalkompensatoren sind kräftige Rohrleitungsfestpunkte zur Aufnahme der Reaktionskräfte und eine fachgerechte Rohrführung notwendig.

-3.4.2 Gummibalg-Lateralkompensatoren

Gummibalg-Lateralkompensatoren nehmen ebenso wie Stahlbalg-Lateralkompensatoren seitliche Verschiebungen der Rohrleitung auf. Auch sie werden mit Zugstangen-Verspannungen ausgerüstet.

Bevorzugt werden Gummibalg-Lateralkompensatoren zur Schwingungs- und Geräuschdämpfung an Pumpen eingebaut (Bild 2.3.5-40). Die Verspannung nimmt axiale Reaktionskräfte auf und entlastet das Pumpengehäuse.

-3.4.3 Gummibalg-Angularkompensatoren

Gummibalg-Angularkompensatoren führen Winkelbewegungen aus und sind wie Stahlbalg-Angularkompensatoren mit Gelenkverspannungen versehen.

Der Einbau von Gummibalg-Angularkompensatoren erfolgt wie bereits bei Stahlkompensatoren beschrieben vorzugsweise in Dreigelenk-Systemen (Bild 2.3.5-41).

Bild 2.3.5-40. Gummibalg-Lateralkompensatoren an einer Pumpe.

Bild 2.3.5-42. Stahlbalg-Kompensator mit Gummiflanschen bis 130 °C (STENFLEX, Hamburg).

Bild 2.3.5-41. Rohrgelenksystem mit drei Gummibalg-Angularkompensatoren für Dehnungsaufnahme in zwei Richtungen.

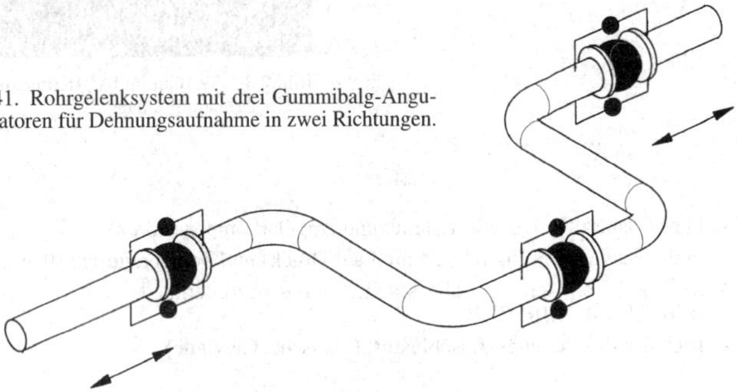

-3.5 Schwingungs- und Geräuschdämpfer

Schwingungs- und Geräuschdämpfer sind nicht für Bewegungsaufnahmen ausgelegt. Sie dienen nur zur Dämpfung von Geräusch- und Vibrationsübertragungen an Pumpen, Aggregaten und Motoren. Das Problem der Unterbrechung bzw. Dämpfung von Geräuschfortleitungen (Körperschall) ist wirkungsvoll nur mit Einbauelementen aus Gummi zu erzielen. Die Höhe der jeweiligen Geräuschpegelabsenkung ist aus den Druckschriften der Hersteller zu entnehmen.

In der Praxis werden drei verschiedene Arten von Schwingungs- und Geräuschdämpfern eingesetzt:

- Gummibalg-Kompensator
- Stahlbalg-Kompensator mit elastomergedämpften Flanschen
- Gummimetall-Rohrverbinder

Da Schwingungs- und Geräuschdämpfer keine Verspannungselemente besitzen, sind kräftige Rohrleitungs-Festpunkte zur Aufnahme der Reaktionskräfte und eine fachgerechte Rohrführung notwendig. Vor und hinter den Geräuschdämpfern sind Festpunkte anzuordnen (Bild 2.3.5-43).

Schwingungs- und Geräuschdämpfer werden hauptsächlich an Pumpen und Aggregaten (Bild 2.3.5-42 und Bild 2.3.5-44) oder in Fernheizungs-Übergabestationen eingesetzt.

-3.6 Rohrleitungs-Festpunkte an Kompensatoren und Schwingungs-/Geräuschdämpfern

Flexible Rohrleitungselemente (Stahlbalg-Kompensatoren, Gummibalg-Kompensatoren, Schwingungs- und Geräuschdämpfer) trennen das starre Rohrleitungssystem und machen die Rohrleitung, wenn keine Festpunkte vorhanden sind, instabil.

Der Innenüberdruck induziert in der Rohrleitung Kräfte. Kraftrichtung und –höhe sind abhängig von der Nennweite, dem Rohrleitungs-Innendruck, der aufzunehmenden Bewe-

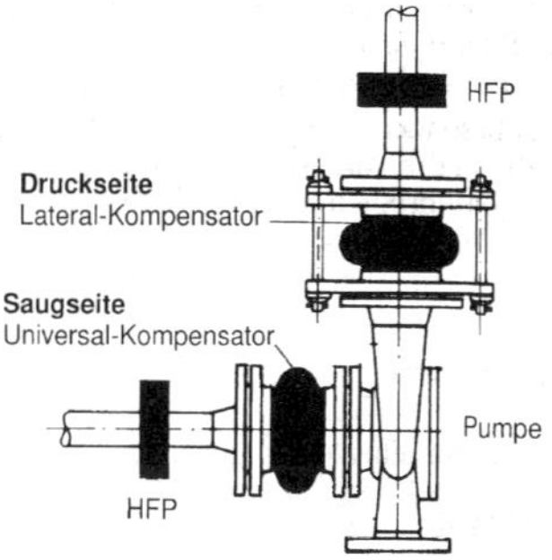

Bild 2.3.5-43. Pumpe elastisch und geräuschgedämpft angeschlossen und gelagert. Rohrleitung mit Festpunkten versehen. Pumpengehäuse durch Kompensatoren von Kräften und Spannungen entlastet.

Bild 2.3.5-44. Gummimetall-Rohrverbinder zur Schwingungs- und Geräuschdämpfung metallischer Rohrleitungen (STENFLEX, Hamburg).

gung und der Rohrleitungsführung. Fehlende Festpunkte bewirken eine Verschiebung der Rohrleitung. Ohne Festpunkte würde der Kompensator/Geräuschdämpfer bis zu seiner Belastungsgrenze gestreckt, was letzten Endes zum Zerreißen der elastischen Verbindung führen würde. Festpunkte sind auch bei niedrigen Betriebsdrücken notwendig, wenn Schwingungen kompensiert und die Rohrleitung entlastet werden soll.

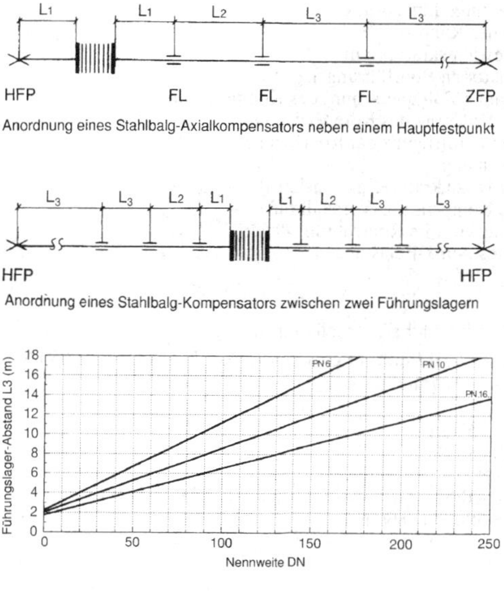

Bild 2.3.5-45. Anordnung von Festpunkten und Führungslagern.

L_1 = Abstand zwischen Kompensator/Geräuschdämpfer und Festpunkt oder zwischen Kompensator/Geräuschdämpfer und 1. Führungslager ($L_1 \leq 3$ x DN)
L_2 = Abstand zwischen 1. Führungslager und 2. Führungslager ($L_2 = 0,5$ x L_3)
L_3 = Normalabstand zwischen zwei Führungslagern (s. Diagramm)
HFP = Hauptfestpunkt
ZFP = Zwischenfestpunkt

Die Anordnung von Festpunkten und Führungslagern ist in Bild 2.3.5-45 dargestellt. Es darf nur jeweils ein Kompensator/Geräuschdämpfer zwischen zwei Festpunkten angeordnet werden. Hauptfestpunkte HFP müssen die volle Belastung aufnehmen. Bei Zwischenfestpunkten ZFP entfallen die axialen Druckkräfte, da sie sich gegenseitig aufheben.

Auf eine fachgerechte Ausführung der Festpunkte ist besonders zu achten. Die Festpunkte müssen so ausgeführt sein, daß die Rohrleitungskräfte in die vorgesehenen Abstützungen (Gebäudewand, Gebäudedecke oder Stahlkonstruktion) problemlos eingeleitet werden können.

Pendelnde Rohraufhängungen sind keine Festpunkte.

-3.6.1 Festpunktkräfte an Axialkompensatoren und Schwingungs-/Geräuschdämpfern

Bei der Ermittlung der Festpunktbelastung ist folgende Vorgehensweise anzuwenden:

Temperaturdifferenz der Rohrleitung

$$\Delta t = t_{max} - t_{min}$$

Rohrdehnung

$$f = \alpha \cdot L \cdot \Delta t$$

Axiale Druckkraft (Reaktionskraft)

$$F_D = A \cdot p \cdot 10$$

Axiale Kompensator-Verstellkraft (50 % Vorspannung)

$$F_{ax} = c_{ax} \cdot \frac{f}{2}$$

Reibungskraft in Rohrführungslager

$$F_{Fl} = F_R \cdot L \cdot \mu$$

Hauptfestpunkt-Belastung

$$F_{HFP} = F_D + F_{ax} + F_{Fl}$$

t_{min}	°C	minimale Betriebstemperatur
t_{max}	°C	maximale Betriebstemperatur
α	mm/(m grd)	Ausdehnungskoeffizient des Rohres
p	bar	Rohrleitungs-Innendruck
L	m	Länge des Rohres
FR	N/m	Rohrgewichtskraft pro m
μ		Reibfaktor an Rohrführungslager
A	cm^2	Wirksamer Balgquerschnitt des Kompensators
c_{ax}	N/mm	Axiale Federrate des Kompensators
Δt	°C	Temperaturdifferenz der Rohrleitung
f	mm	Rohrdehnung
F_D	N	Axiale Druckkraft (Reaktionskraft)
F_{ax}	N	Axiale Kompensator-Verstellkraft
F_{Fl}	N	Reibungskraft im Rohrführungslager
F_{HFP}	N	Hauptfestpunkt-Belastung

Beispiel:

Heißwasserleitung DN 200 mit Stahlbalg-Axialkompensator

$t_{min} = 5$ °C, $t_{max} = 130$ °C, $\alpha = 0{,}012$ mm/(m grd), $p = 12$ bar, $L = 44$ m, $F_R = 650$ N/m, $\mu = 0{,}3$, A = 419 cm^2, $c_{ax} = 180$ N/mm

ΔT = 130 – 5 = 125 °C
f = 0,012 x 44 x 125 = 66 mm
F_D = 419 x 12 x 10 = 50.280 N
F_{ax} =180 x 66/2 = 5.940 N
F_{FL} = 650 x 44 x 0,3 = 8.580 N
F_{HFP} = 50.280 + 5.940 + 8.580 = 64.800 N

-4 Kondensatableiter

Kondensatableiter haben die Aufgabe, das anfallende Kondensat aus Dampfleitungen und wärmeübertragenden Apparaten ohne Dampfverluste auszuschleusen. Sie sind das Trennglied zwischen Dampf- und Kondensatnetz. Eine weitere Aufgabe besteht in der Ausschleusung von Luft und Inertgasen, die vor allem beim Anfahren oder nach Betriebspausen zu Wärmeübertragungsproblemen führen. In Dampfsystemen sind Kondensatableiter (oder besser Kondensat-Abflußregler) hohen Beanspruchungen durch Schmutz und der Zweiphasenströmung (heißes Kondensat und Entspannungsdampf) ausgesetzt. Undichtigkeiten führen zu Dampf- bzw. Energieverlusten. Sorgfältige Pflege bzw. regelmäßige Wartung ist daher für die Lebensdauer entscheidend. Die Größe von Kondensatableitern wird durch den stündlich anfallenden Kondensatmassenstrom und der Druckdifferenz zwischen Dampf- und Kondensatznetz bestimmt. Da gerade beim Anfahren eines Dampfsystems hohe Kondensatmengen bei geringen Drücken anfallen, ist eine Anfahrentwässerung ratsam.

Zur Überprüfung von Kondensatableitern sind vor der Armatur angeordnete Schaugläser (Vaposkope) zweckmäßig.

-4.1 Schwimmerkondensatableiter

Schwimmerkondensatableiter zählen zu den mechanischen Kondensatableiter-Systemen. Es wird unterschieden zwischen offenen und geschlossenen Schwimmern. Glockenschwimmer wie auch Kugelschwimmer reagieren auf das anfallende Medium Dampf oder Kondensat direkt. Beim Glockenschwimmer, ein „umgekehrter Becher" bringt einströmender Dampf den Schwimmer zum Auftrieb und schließt das Abflußventil, während bei Kondensatzufluß der Schwimmer durch das Eigengewicht sinkt und das Ventil öffnet. Um anfallende Luft auszuschleusen, besitzen diese Systeme eine Schlupfbohrung, die funktionsbedingt kleine Mengen Frischdampf mit ausführen. Stoßweise Entwässerung, Einfriergefahr.

Bei den Ableitern mit geschlossenen Schwimmern (Kugelschwimmer), (Bild 2.3.5-46), die heute am häufigsten verwendet werden, betätigt eine Schwimmerkugel mittels einer Hebelübersetzung ein Abschlußorgan. Das Abschlußorgan wird per Rollkugel abgedichtet, kann aber auch als Flachschieber oder als Drehgelenkschieber ausgebildet werden.

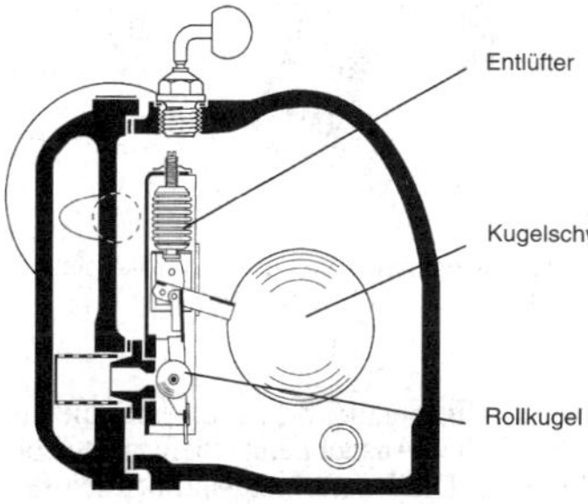

Bild 2.3.5-46. Kondensatableiter mit Kugelschwimmer, Rollkugel und Entlüftung.

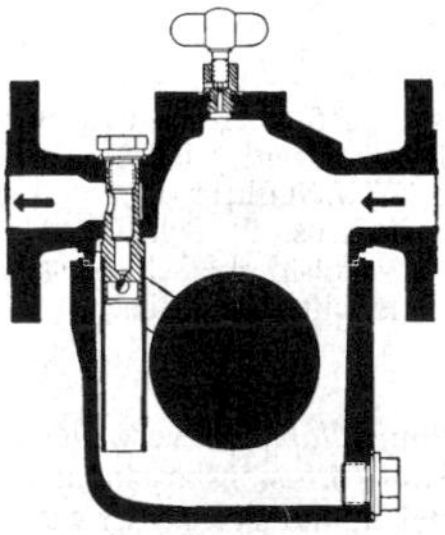

Bild 2.3.5-47. Schwimmer-Kondensatableiter mit Drehgelenkschieber (Rifox, Bremen).

Die Schwimmerkugel bewegt sich bei Kondensatanfall nach oben und öffnet das Abschlußorgan, so daß das Kondensat herausgedrückt werden kann. Eine Wasservorlage im Ableiter verhindert Dampfverluste. Für alle Drücke und Temperaturen lieferbar. Besonders bei stark veränderlichem Kondensatanfall und variierenden Drücken wie bei geregelten Wärmeüberträgern einzusetzen.

Verzögerungsfreie Arbeitsweise. Für die Luftausschleusung, gerade beim Anfahren eines Systems, stehen neben manuell zu betätigen Entlüftungsventilen automatisch arbeitende, thermisch gesteuerte Faltenbalg- oder Membransteuerungen zur Verfügung. Bedingt durch ihr Arbeitsprinzip besitzen Schwimmableiter ein größeres Bauvolumen als z.B. thermische Kondensatableiter, kommen aber dem „universellen" Kondensatableiter am nächsten.

Beim Schwimmer-Kondensatableiter ist die Überwachung der Arbeitsweise durch ein eingebautes Wasserstandsschauglas möglich.

-4.2 Thermische Kondensatableiter

Bei diesen Kondensatableitern wird die Ausdehnung fester oder flüssiger Körper dazu benutzt, ein Ventil zu schießen. Das dem Ableiter zuströmende Kondensat, mit Temperaturen nahe Sattdampf, erwärmt das Regelorgan, das sich ausdehnt und den Ablaufquerschnitt verschießt. Der Querschnitt wird erst dann wieder freigegeben, wenn sich das Kondensat im Reglerraum auf Öffnungstemperatur abgekühlt hat. Thermische Kondensatableiter vermeiden Dampfverluste dadurch, daß ihre Schließtemperatur knapp unterhalb der Sattdampftemperatur liegt, so daß das System bereits verschlossen ist, bevor Dampf zum Abflußquerschnitt gelangt. Gute Systeme passen sich den veränderten Dampfdrücken und -temperaturen selbständig an, d.h. sie reagieren auf die physikalischen Zusammenhänge von Dampfdruck und Dampftemperatur, Luft und Inertgase werden bei diesen Systemen automatisch ausgeführt.

Je nach Ausbildung des Regelorgans, des Ausdehnungskörpers, unterscheidet man zwischen Membran- oder Bimetallableitern.

Membran- oder Kapselableiter enthalten eine mit Flüssigkeit gefüllte Membrane. Die Flüssigkeit verdampft, dehnt sich aus, erzeugt einen hohen Druck innerhalb der Kapsel und verschießt den Abflußquerschnitt. Bedingt durch ihre schnelle Reaktionsweise liegen sie näher an der Sattdampflinie als Bimetallableiter und eignen sich daher auch gut als thermische Entlüfter. Für Druckstufen bis PN40 einsetzbar. Ihr kleines Bauvolumen ermöglicht platzsparenden Einbau.

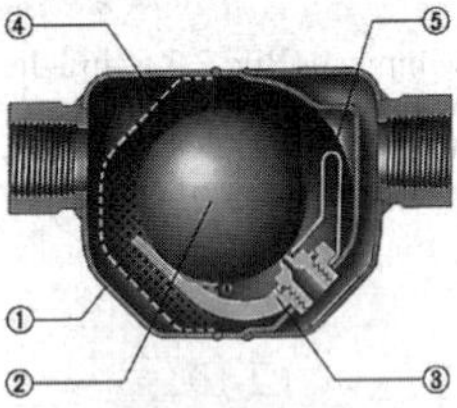

Bild 2.3.5-48. Kondensatableiter mit thermisch wirkendem Bimetallentlüfter (TLV, Sinsheim).
1 = Gehäuse, 2 = Schwimmerkugel,
3 = Ventilsitz, 4 = Schmutzsieb,
5 = Entlüfterbügel/Bimetal

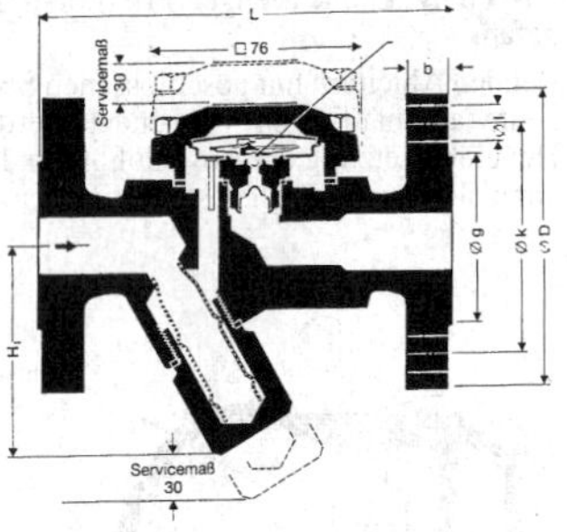

Bild 2.3.5-49. Membran-Ableiter mit Verdampfungsflüssigkeit. Druckstufe bis PN 40 (GESTRA).

Bimetallableiter verwenden zur Steuerung des Ventils Bimetalle, d.h. Elemente, die aus zwei korrosionsbeständigen Metallen mit unterschiedlichen Ausdehnungskoeffizienten bestehen und sich bei Erwärmung ausdehnen und biegen. Die Bauformen sind bei den verschiedenen Fabrikaten unterschiedlich, teils sind es Bügel, Klauen oder mehrere übereinander gepackte Bimetall-Plättchen, sog. Bimetall-Säulen. Allen Bimetallen ist gemein, daß durch Erwärmung und Abkühlung der Bimetalle eine gewisse Trägheit funktionsbedingt ist. Kondensat wird mit Unterkühlung von etwa 10 ... 20 K abgeleitet. Für alle Drücke und Temperaturen einsetzbar. Einsatz vor allem auch in Heißdampfsystemen. Frostsicher, wasserschlagunempfindlich und in jeder Lage einbaubar. Schließ- und Öffnungstemperaturen besitzen eine Hysterese, die durch Reibung verursacht wird.

Durch die Kombination eines thermischen Bimetall-Ableiters mit einem thermodynamischen Effekt, wird ein schneller Öffnungs- bzw. Schließvorgang erreicht, wodurch die Lebensdauer dieser als robust bekannten Systeme noch weiter erhöht wird.

-4.3 Düsenableiter (Starre Ableiter)

Diese Ableiter, die keine beweglichen Innenteile haben, wurden besonders bei Hochdrucksystemen eingesetzt, die keiner Regelung unterlagen. Heute vom Markt fast vollständig verschwunden. Ihre, zwar einfache, Bauart ist nicht geeignet für stoßweisen bzw. veränderbaren Kondensatanfall. Ihre Arbeitsweise beruhte darauf, daß eine Düse gewichtsmäßig erheblich mehr Wasser als Dampf hindurchläßt (Druckentspannung bedeutet Volumenzunahme). Fällt kein Kondensat an oder eine geringere Menge als der Auslegungsmassenstrom des Ableiters treten Dampfverluste auf.

Eine Weiterentwicklung der einfachen Düsenableiter sind regelbare Stufendüsenableiter, die vor allem zum Druckabbau hoher Differenzdrücke eingesetzt werden. Der Entspannungsdampf, der sich bei der stufenweisen Druckreduzierung bildet, unterstützt die Regelung des Kondensatabflusses. Durch Regelantriebe können die Kondensatmassenströme den Betriebsbedingungen kontinuierlich angepaßt werden. Eine weitere Verbesserung ist die sogenannte Radialstufendüse, die je nach Wasseranfall mehr oder weniger radial zu einander angeordnete, mehrstufige Querschnitte freigibt. Durch die speziell gestalteten Sitzflächen sind die Armaturen sowohl als Regelventil als auch als Absperrventil geeignet (Kraftwerksentwässerungen).

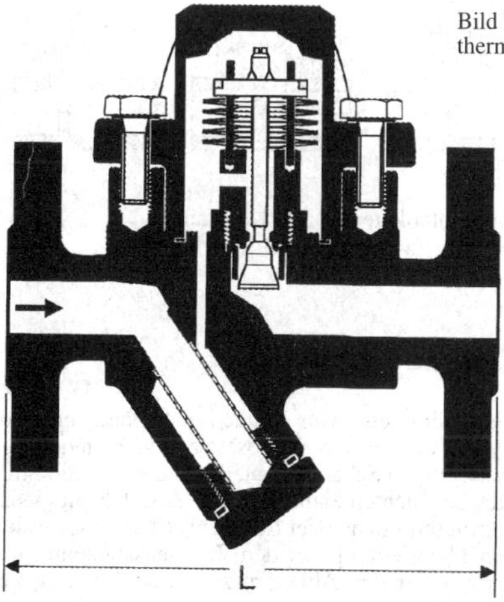

Bild 2.3.5-50. Ableiter mit Stufendüse und thermodynamischen Effekt (GESTRA).

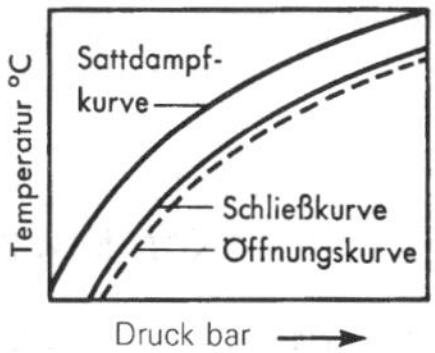

Bild 2.3.5-51. Kennlinie eines Bimetallableiters.

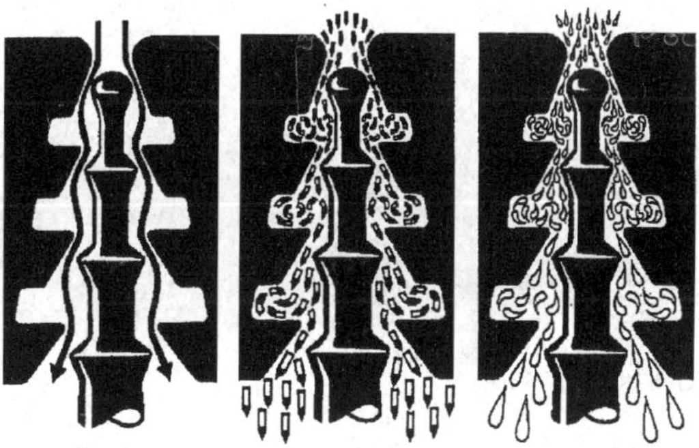

Bild 2.3.5-52.
Prinzip der Stufendüse.

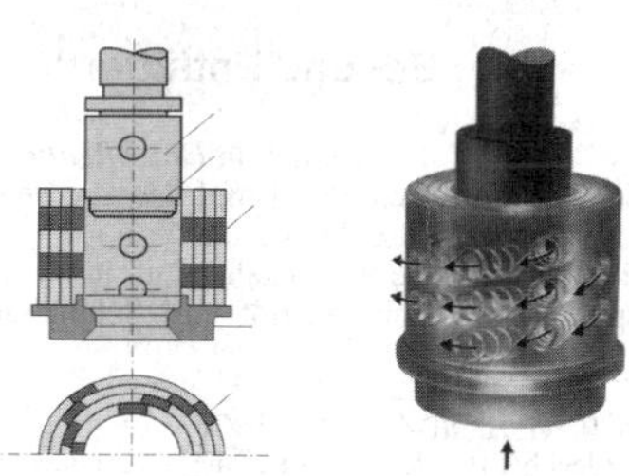

Bild 2.3.5-53. Radialstufendüse zum Abbau hoher Differenzdrücke. Regelventil als auch Absperrventil in einer Funktion.

-4.4 Thermodynamische Kondensatableiter

Die Wirkungsweise geht aus Bild 2.3.5-55 hervor. Kondensat hebt das Plättchen und strömt ab. Durch die hohe Strömungsgeschwindigkeit des abfließenden Kondensates sinkt der statische Druck und es entspannt ein Teil des Kondensates. Dieser strömt um das Schließplättchen herum und unterstützt den „Sogeffekt" des Kondensates beim Abströmen. Da der Druck nun größer ist, fällt das Plättchen auf den Sitz. Nach Kondensation des Dampfpolsters, sinkt der Druck und das Plättchen wird durch Druck des anstehenden Kondensates wieder angehoben. Einbau in beliebiger Lage, kleine Abmessungen, unempfindlich gegen Druckschwankungen, geringe Entlüftungsleistung, Steuerdampfverluste.

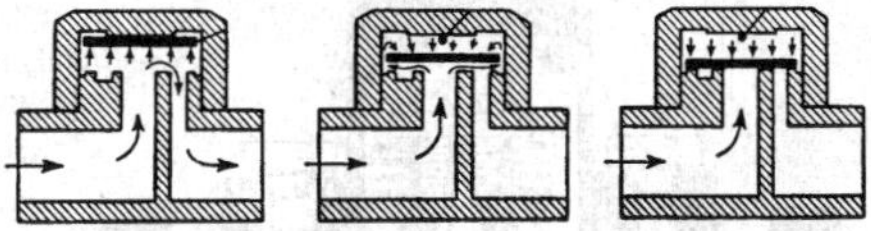

Bild 2.3.5-54. Thermodynamischer Kondensatableiter (Sarco, Konstanz)

-5 Kondensatableiterüberwachung

Zur Überwachung der einwandfreien Funktionsweise von Kondensatableitern, hier vor allem wenn nicht ins Frei entwässert wird, dienen sog. Vaposkope. Sie bestehen aus einem Gehäuse mit Trenn-Nase und doppelseitigen Schaugläsern, durch die man die Strömung des Kondensates bzw. des Dampfes beobachten kann. Die drei Zustände an einem Kondensatableiter, funktionsfähig, Dampfdurchschlag oder Kondensatstau, lassen sich hierbei gut beobachten. Einbau immer in Fließrichtung vor dem Kondensatableiter, um Täuschungen durch die Nachverdampfung hinter den Ableitern zu vermeiden. Beispiel Bild 2.3.5-56.

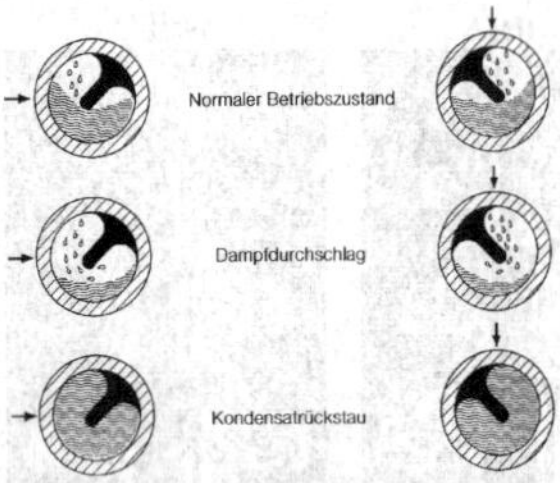

Bild 2.3.5-55. Wirkungsweise der GESTRA-Vaposkope.

Bild 2.3.5-56. Vaposkop (GESTRA)

-6 Be- und Entlüfter[1]

Be- und Entlüfter werden in *Dampfleitungen* zum selbsttätigen Entlüften vor der Füllung der Rohrleitungen mit Dampf und zur Belüftung nach dem Erkalten verwendet. Ein thermostatischer Ausdehnungskörper mit Flüssigkeitsfüllung (Bild 2.3.5-57) läßt das Luftventil offen, solange er von kalter Luft umgeben ist, und schließt es, sobald er von Dampf umspült und dadurch erwärmt wird. Schließtemperatur kann geändert werden.

[1]) Fravi, H.: SBZ 14/75 u. 16/75.
Jacoby, H.: Heizung – Lüftung – Klimatechnik, 6/86. S. 455/7.

Bei *Wasserleitungen* werden statt der Ausdehnungskörper Schwimmer verwendet, die ein Ventil (Bild 2.3.5-58) betätigen oder einen Drehgelenkschieber (Bild 2.3.5-59), ferner hygroskopische Dehnungsscheiben (Bild 2.3.5-60); diese sind jedoch träge, gestatten automatische Entlüftung über quellende hygroskopische Scheiben oder manuell über Rändelschraube.

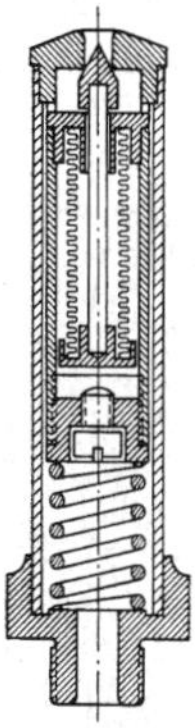

Bild 2.3.5-57. Be- und Entlüfter mit Ausdehnungskörper für Dampfleitungen.

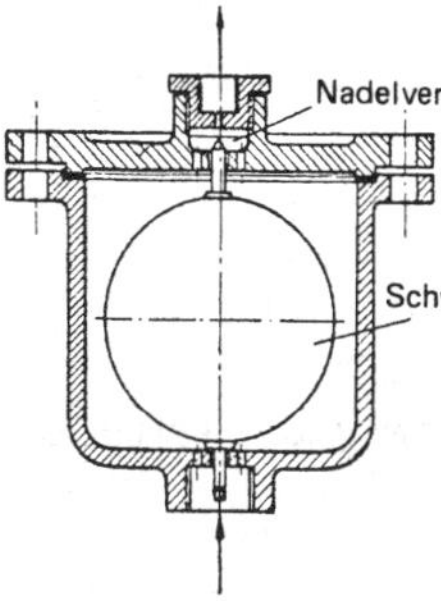

Bild 2.3.5-58. Be- und Entlüfter für Warmwasserheizungen.

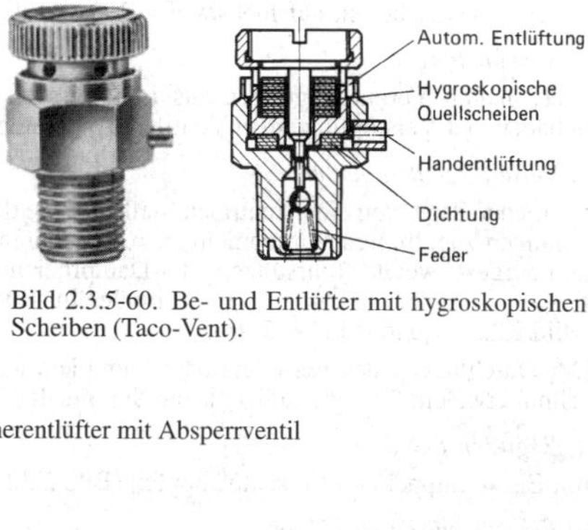

Bild 2.3.5-60. Be- und Entlüfter mit hygroskopischen Scheiben (Taco-Vent).

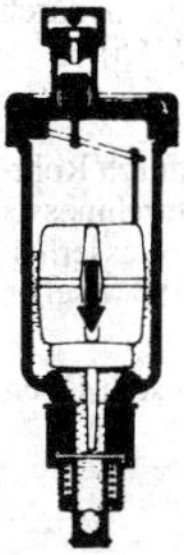

Bild 2.3.5-59. Schwimmerentlüfter mit Absperrventil (Flexvent, Flamco).

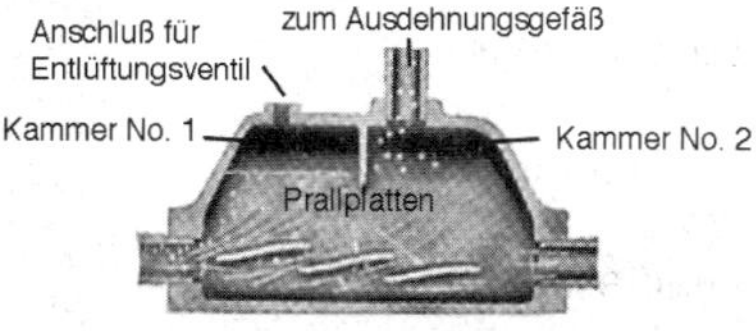

Bild 2.3.5-61. Luftabscheider (Taco).

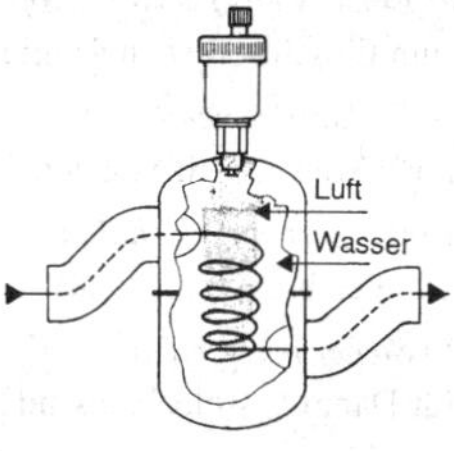

Bild 2.3.5-62. Luftabscheider nach dem Zentrifugal-Prinzip (Flexair, Flamco).

Luftabscheider zum Einbau in die Vorlaufleitung von Warmwasserkesseln siehe Bild 2.3.5-61. Luftabscheider vermeiden hohe Wassergeschwindigkeit an der Entlüftungsbohrung. Zur Trennung von Luft und Wasser auch Zentrifugalabscheidung (Bild 2.3.5-62)

Bei geschlossenen Niederdruckdampfheizungen, die z.T. im Vakuum arbeiten, werden Vakuum-Entlüfter nach Bild 2.3.5-63 verwendet. Hier kann die Luft beim Anheizen zwar entweichen, ihre Rückkehr wird jedoch durch eine Dichtungsscheibe verhindert.

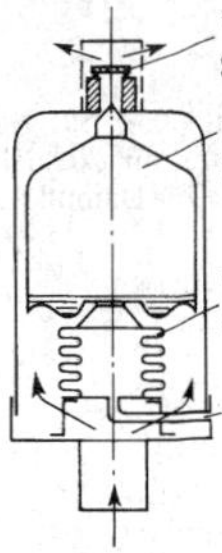

Bild 2.3.5-63. Vakuum-Entlüfter für Vakuum-Heizungsanlagen.

-7 Sonstiges Zubehör

a) Wasserabscheider

Sie dienen dazu, das in Dampfleitungen vom Dampf mitgeführte Wasser sowie auch Schlamm abzuscheiden, um dadurch den Dampf zu trocknen und Wasserschläge zu verhindern. Das abgeschiedene Wasser wird durch Kondensatableiter abgeleitet. Wirkungsweise der Abscheider beruht auf mehrfacher Richtungsänderung des Dampfes (Bild 2.3.5-64).

b) Schmutzfänger

Diese halten Verunreinigungen aus Leitungssystemen zurück und verhindern dadurch Schäden und Verstopfungen an Ventilen, Apparaten und Maschinen (Bild 2.3.5-65).

c) Verteiler und Sammler

Sie dienen dazu, von einer zentralen Stelle aus die den einzelnen Heizgruppen durch Rohrleitungen zugeführten Wärmemengen zu regulieren. Hauptrohr mit großem Durchmesser und aufgeschweißte Rohrstutzen. Bei Dampfheizungen nur ein Verteiler, bei Wasserheizungen Verteiler im Vorlauf und Sammler im Rücklauf mit Mischschieber dazwischen (Bild 2.2.3-17 und Bild 2.3.5-26).

Der Durchmesser des Verteilers oder Sammlers wird meist so bemessen, daß sein Querschnitt etwa um 50% größer ist als die Summe der Flächen der Abgänge.

d) Regulier-T-Stücke

mit Einstellnippel und Verschlußstopfen (Bild 2.3.5-67).

e) Einschweiß-Drosselklappen

zum Einschweißen in Rohrleitungen (Bild 2.3.5-68).

f) Entlüftungsventile

für Warmwasserheizungen mit Steckschlüssel (Bild 2.3.5-69).

g) Wassermangelschalter

schalten bei Absinken des Wasserstandes den Brenner aus (Bild 2.3.5-70).

h) Sicherheitspfeifen

für Dampfkessel, abblasend bei zu hohem Druck (Bild 2.3.5-71).

i) Heizungsverteiler kombiniert mit Rücklaufsammler

(Bild 2.3.5-72).

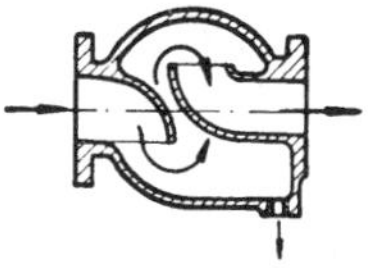

Bild 2.3.5-64. Wasserabscheider.

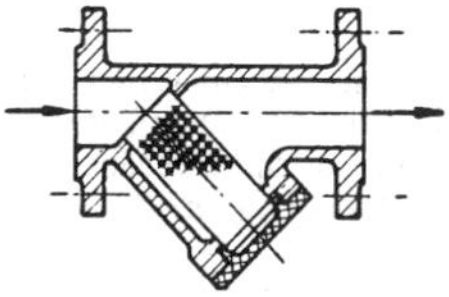

Bild 2.3.5-65. Schmutzfänger.

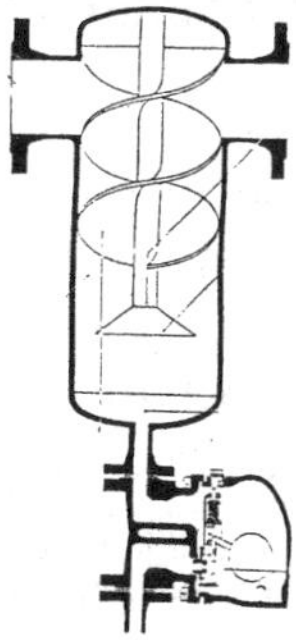

Bild 2.3.5-66. Zyklonenabscheider zur Dampftrocknung und Reinigung.

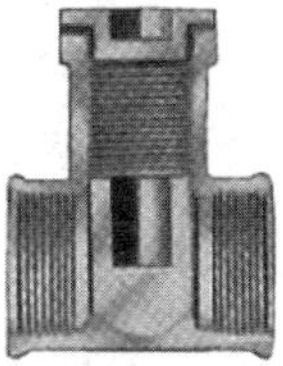

Bild 2.3.5-67.

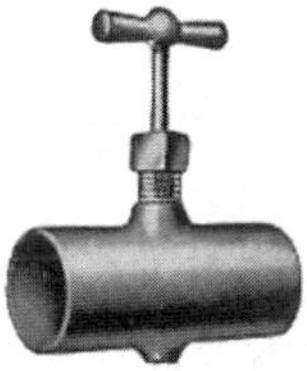

Bild 2.3.5-68.

Bild 2.3.5-69. Entlüftungsventil

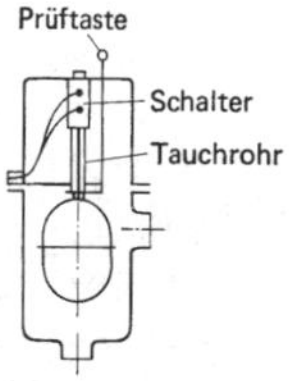

Bild 2.3.5-70. Wassermangelschalter.

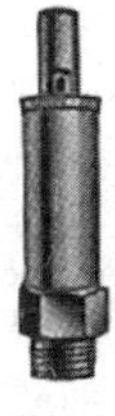

Bild 2.3.5-71. Dampfpfeife.

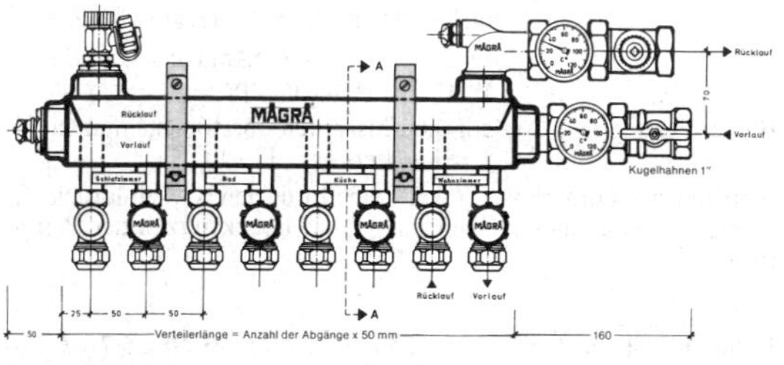

Bild 2.3.5-72. Heizungsverteiler mit übereinander angeordneter Vorlauf- und Rücklaufkammer (Magra).

2.3.6 Maschinen und Apparate

-1 Pumpen[1)]

Ergänzungen von Dipl.-Ing. Gerhard Hunnekuhl, Dortmund

-1.1 Allgemeines

Für den zwangsweisen Wasserumlauf in Pumpen-Warmwasserheizungen werden ausschließlich Kreiselpumpen verwendet. Die Pumpen sind hochentwickelte Dauerläufer mit ca. 5000 Betriebsstunden je Heizperiode. Hauptbestandteile sind das Spiralgehäuse und das auf der Welle sitzende Laufrad (Schaufelrad). Antrieb durch Elektromotor oder Kleindampfturbine.

Begriffe, Zeichen und Einheiten genormt in DIN 24260 T1 (09.86).

Einige Begriffe:

Förderstrom $\dot{V}$ = von der Pumpe geförderter Volumenstrom m³/s

Förderhöhe H = von der Pumpe auf die Flüssigkeit übertragene Energie bezogen auf die Gewichtskraft der Flüssigkeit in Nm/N = m.

= Anlagenförderhöhe

Sie setzt sich allgemein zusammen aus:

Δz = geodätische Höhendifferenz
$\Delta p/\varrho g$ = Druckhöhendifferenz
$\Delta w^2/2\,g$ = Differenz der Geschwindigkeitshöhe

$$\Delta v = \text{Rohrleitungsverluste} = \left(\lambda \frac{1}{d} + \Sigma\zeta\right) \frac{w^2}{2\,g}$$

$$H = \Delta z + \Delta p/\varrho g + \Delta w^2/2\,g + \Delta v$$

Bei reinen Umwälzanlagen, wie z. B. bei Heizungskreisumläufen, sind oft die drei ersten Summanden = 0 und es ist $H = \Delta v$.

Haltedruckhöhe H_H = NPSH-Wert (Net Positive Suction Head)

= Mindestzulaufhöhe über Sättigungsdruck

= um die Verdampfungsdruckhöhe $p_D/\varrho g$ bei warmem Wasser verringerte Druckhöhe in Mitte Eintrittsquerschnitt der Pumpe (wichtig zur Verhinderung von Dampfbildung und *Kavitation*).

$$= \frac{p_e + p_b - p_D}{\varrho\, g} + \Delta z + \frac{\Delta\, w^2}{2\, g} - \Delta v$$

p_e = Überdruck, falls geschlossenes System
p = Luftdruck, absolut
p_D = Dampfdruck

Je größer der Dampfdruckabstand $p_b - p_D$ ist, desto größer kann die Saughöhe bzw. desto kleiner kann die Zulaufhöhe sein.

Für Saugbetrieb ist Δz negativ, für Zulaufbetrieb positiv.

Es muß sein H_H der Anlage $\geqq$ vom Pumpenhersteller angegebene Wert NSPH der Pumpe

Förderleistung P = auf die Flüssigkeit übertragene nutzbare Leistung
$P = \dot{V} \cdot H \cdot \varrho \cdot g = \dot{V} \cdot \Delta p_t$

Statt mit der Förderhöhe H kann auch mit dem Gesamtdruck $\Delta p_t = H \cdot \varrho \cdot g$ gerechnet werden. Entspricht zwischen Saug- und Druckstutzen der Pumpe meßbarer Druckdifferenz.

---

1) Ihle, C.: Öl- und Gasfg. 7/74. S. 506/10 u. 4/77. 4 S. SBZ 5/77. 3 S. u. 4/78. 2 S.
Schmalfuß, H.-G.: HR 12/77. S. 660/3.
Gruber, H.: HR 8/78. S. 342/5 u. IKZ 6/77. S. 402/5.
Sittig, H.-W.: Ki 11/2. S. 427/30.

-1.2 Leistungsbedarf

Der zum Antrieb der Pumpen erforderliche Leistungsbedarf P ergibt sich aus

$$P = \frac{\dot{V} \cdot H \cdot \varrho \cdot g}{\eta} \text{ in W } \left(\frac{\text{Nm}}{\text{s}}\right) \text{ oder } P = \frac{\dot{V} \cdot \Delta p_t}{\eta} \text{ in W}$$

$\dot{V}$ = Förderstrom in m³/s ist aus der Heizleistung und dem Temperaturunterschied Δt zwischen Vorlauf und Rücklauf zu bestimmen. (Bei der Deckenheizung Δt = 10 K, bei der WW-Pumpenheizung 15 bis 20 K, bei Heißwasserheizungen 40 bis 100 K.)

ϱ = Dichte des Wassers kg/m³.

H = Förderhöhe in m ist durch die Rohrleitungswiderstände bestimmt. Sie ist so zu wählen, daß die Summe aus jährlichen Betriebskosten und Kapitalkosten möglichst ein Minimum wird.

η = Wirkungsgrad der Pumpe. Bei kleinen Pumpen ist der höchste Wirkungsgrad η_{max} = 0,4…0,6, bei mittleren Pumpen 0,6…0,75, bei großen Pumpen 0,75…0,85. Bei sich ändernder Belastung ist η stark fallend.

Δp_t= Gesamtdifferenz in *Pa.*

Der Antriebsmotor ist vom Hersteller in der Regel so ausgewählt, daß über die gesamte dokumentierte Kennlinie keine Motorüberlast auftritt.

Beispiel:

Förderstrom $\dot{V}$ = 1000 m³/h, Förderhöhe H = 20 m, η = 0,80

$$\text{Leistung } P = \frac{1000 \cdot 20 \cdot 1000 \cdot 9{,}81}{3600 \cdot 0{,}8} = 68\,100 \text{ W} = 68{,}1 \text{ kW}$$

Zu beachten ist, daß bei Förderung von *Glykol- oder Salzsolen* wegen ihrer höheren Zähigkeit die Förderhöhe und der Wirkungsgrad gegenüber Wasser sinken, die Antriebsleistung steigt, zumal die Rohrreibung auch ansteigt (s. Abschn. 5.3.4).

-1.3 Kennlinien

Das Verhalten der Pumpen im Betrieb ist durch die Pumpen- und Rohrleitungskennlinien bestimmt. Die *Pumpenkennlinie,* die durch Messung auf einem Prüfstand bestimmt wird, gibt die Beziehung zwischen Förderhöhe und Förderstrom bei konstanter Drehzahl bzw. bei integrierten Pumpe-Motor-Aggregaten unter Berücksichtigung des Schlupfes an. Die *Rohrleitungskennlinie,* eine durch den Nullpunkt gehende Parabel, stellt die Beziehung zwischen Druckverlust und Förderstrom bei einem bestimmten Rohrnetz dar. Der *Betriebspunkt* ist durch den Schnittpunkt beider Kennlinien gegeben (Punkt A im Bild 2.3.6-1). Bei Änderung des Rohrnetzwiderstandes verschiebt sich der Betriebspunkt auf der H-Linie, z. B. von A nach B oder C.

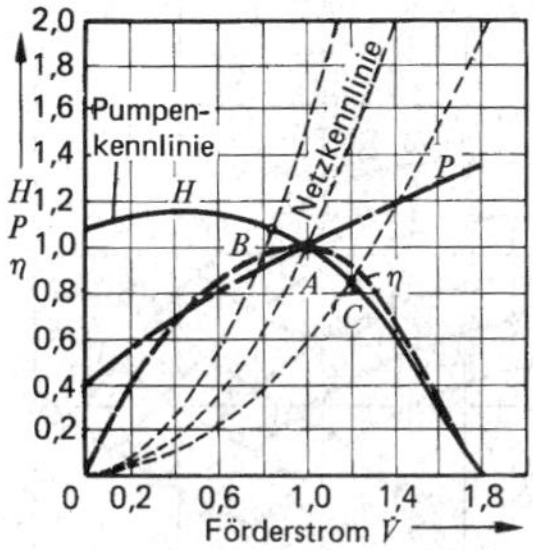

Bild 2.3.6-1. Abhängigkeit der Förderhöhe H, des Leistungsbedarfs P und des Wirkungsgrades η vom Förderstrom $\dot{V}$ bei konstanter Drehzahl der Pumpe (im Betriebspunkt A sind alle Werte =1 gesetzt).

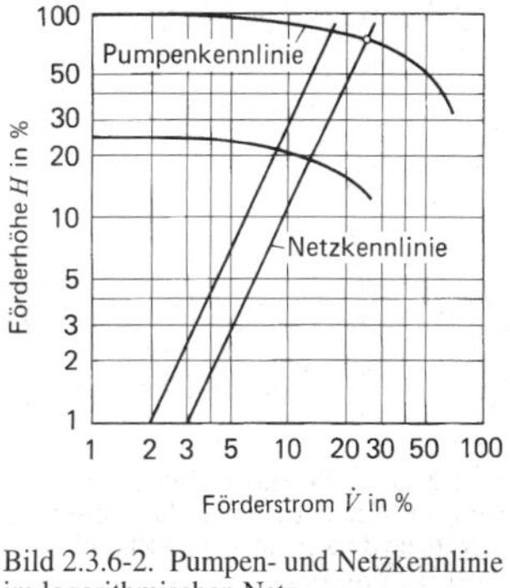

Bild 2.3.6-2. Pumpen- und Netzkennlinie im logarithmischen Netz.

Die Kennlinien lassen sich auch in logarithmischem Maßstab darstellen. Die Rohrleitungs-(Netz-)Kennlinien werden dabei Geraden (Bild 2.3.6-2).

Die Pumpenkennlinien können je nach Ausbildung der Laufräder einen flachen oder mehr steilen Verlauf haben. Im ersten Fall ergibt sich bei Widerstandsänderung eine große Förderstromänderung, im zweiten Fall eine geringe Änderung.

Wegen der quadratischen Abhängigkeit des Druckverlustes vom Förderstrom gilt für die Netzkennlinie

$\Delta p = \text{konst.} \cdot \dot{V}^2$

Daraus ergeben sich 2 Kenngrößen:

Rohrnetzkennzahl $C_R = \Delta p / \dot{V}^2$

Pumpenkennzahl $k_v = \dot{V} / \sqrt{\Delta p}$.

Beide Größen lassen sich durch Parabeln darstellen. k_v ist wie bei Regelventilen der Durchfluß in m³/h bei einem Druckabfall von $\Delta p = 1$ bar.

Bei *Parallelarbeit* zweier gleich großer Pumpen auf dasselbe Netz ist der Betriebspunkt durch den Schnittpunkt der Rohrnetzkennlinie mit der Förderhöhenkurve für den doppelten Förderstrom gegeben (Bild 2.3.6-3).

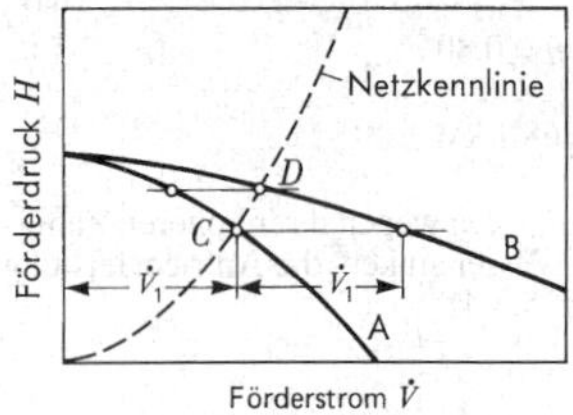

Bild 2.3.6-3. Kennlinien beim Parallelarbeiten von zwei gleich großen Pumpen.
A = Kennlinie einer Pumpe,
B = Kennlinie beider Pumpen,
C = Betriebspunkt bei einer Pumpe,
D = Betriebspunkt bei beiden Pumpen,
$\dot{V}_1$ = Förderstrom der einzelnen Pumpe im Betriebspunkt *C*.

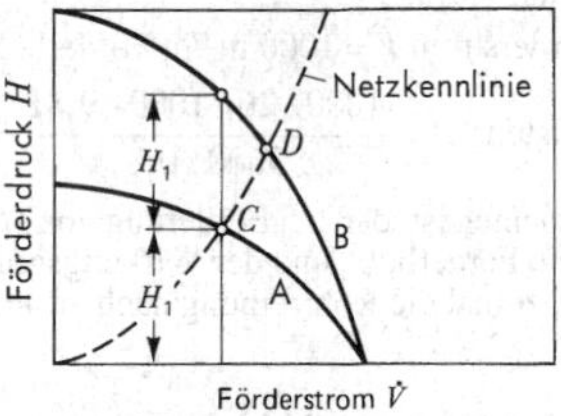

Bild 2.3.6-4. Kennlinien beim Hintereinanderschalten von zwei gleich großen Pumpen.
A = Kennlinie einer Pumpe,
B = Kennlinie beider Pumpen,
C = Betriebspunkt bei einer Pumpe,
D = Betriebspunkt bei beiden Pumpen,
H_1 = Förderhöhe der einzelnen Pumpe im Betriebspunkt *C*.

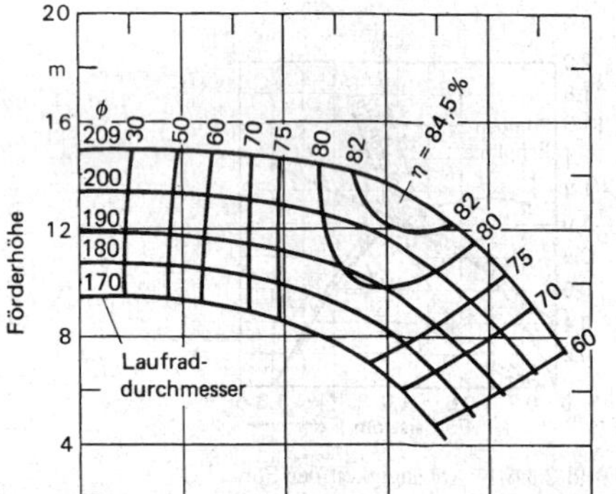

Bild 2.3.6-5. Kennlinien einer einstufigen Heizungspumpe für verschiedene Laufraddurchmesser bei n = 1450 U/min.

Beim *Hintereinanderschalten* zweier Pumpen fließt das Wasser nacheinander durch beide Pumpen, Förderhöhen addieren sich. Wassermenge konstant (Bild 2.3.6-4).

Als Beispiel der Kennlinien für die Pumpe eines bestimmten Fabrikats und bestimmter Größe dient Bild 2.3.6-5. Bei Veränderung von Laufraddurchmesser oder Drehzahl verschieben sich die Kennlinien.

-1.4 Proportionalitätsgesetze

Für jede Pumpe gelten mit großer Annäherung folgende Gesetze:

Der Förderstrom ist proportional der Drehzahl;
die Förderhöhe ist proportional dem Quadrat der Drehzahl;
die Leistungsaufnahme ist proportional der dritten Potenz der Drehzahl.

-1.5 Leistungsanpassung, Steuerung und Regelung[1)]

Einrichtungen zur Leistungsanpassung der Pumpe an das Heizsystem werden aus 2 Gründen vorgesehen:

1. Toleranzen, Ungenauigkeiten und Unsicherheiten in der Berechnung, Dimensionierung und Ausführung von Rohrnetz und Verbrauchseinrichtungen machen häufig eine nachträgliche Anpassung der Pumpenleistung an die Gegebenheiten der Heizungsanlage erforderlich.

2. Die im Zeitablauf *veränderliche Heizlast* (ca. 60% der Zeit weniger als 30% Heizlast) wird a) durch Veränderung der *Vorlauftemperatur* und b) durch Veränderung hydraulischer Größen, meistens durch *Drosselung* des Förderstroms, bzw. Kombinationen beider Möglichkeiten variiert. Pumpen passen sich dieser variablen Last längs ihrer Drosselkurve an, wirtschaftlicher und geräuschärmer ist es jedoch, die Pumpen mit *Regeleinrichtungen* zu versehen.

Zu 1: *Stufenweise Leistungsanpassung* der Pumpe kann erfolgen durch Wahl des passenden *Laufraddurchmessers* (Bild 2.3.6-5), durch *Drehzahlumschaltung* (Wicklungs-, Pol-, Kondensator- und andere Umschaltungen), durch *zeitabhängiges Ein-/Ausschalten* bzw. Umschalten zwischen *Drehzahlstufen* und Zu- und Abschalten von Pumpen in *Pumpengruppen.* Bei gruppenweisem Betrieb mehrerer Pumpen z.B. eine Hauptpumpe für Tagbetrieb und eine Nebenpumpe für Nachtbetrieb.

Zu 2: Aufgrund der Wirtschaftlichkeit und daraus resultierender Reduktionsmöglichkeit von CO_2-Emissionen fordert die *Heizungsanlagen-Verordnung* (s. Abschn. 6.1.6) bei Zentralheizungsanlagen Einrichtungen zum Ein- und Ausschalten elektrischer Antriebe in Abhängigkeit von der Zeit und einer geeigneten Führungsgröße wie der Außentemperatur. Bei Kesselleistungen über 25 kW sind darüber hinaus leistungsgeregelte Pumpenanlagen zur Anpassung der Pumpenleistung an die Heizlast vorgeschrieben.

Bei leistungsgeregelten Anlagen ist Pumpenregelung möglich durch:

- stufenweise Schaltung wie unter 1.
- stufenlose Drehzahländerung
- Leitschaufelverstellung (vorwiegend bei großen Anlagen).

Die Regelung kann erfolgen abhängig von

dem Differenzdruck, z.B. in Zweirohranlagen mit Thermostatventilen
dem effektiven Volumenstrom über Strömungssonde
der Differenztemperatur zwischen Vorlauf und Rücklauf
der Außen- oder Vorlauftemperatur.

Die zur Regelung erforderlichen *Drehzahländerungen* werden bewirkt durch Änderung der *Spannung* oder der *Frequenz* des Motors.

Die Variation des Effektivwertes der Spannung kann erfolgen durch *Wicklungs-* oder *Polumschaltung, hochgetaktete Spannungsreduzierung, Aus-* und *Einschalten* von *Netzhalbperioden* oder *Kombinationen* dieser Verfahren. Mit Ausnahme der Wicklungsumschaltungen sind damit *stufenlose* Drehzahländerungen möglich.

[1)] Kunz, U.: ETA 5/83. S. 59/67, und Ki 7/8 – 1984. S. 281/8.
Pornitz, M.: CCI 7/84. S. 24/5.
Zeddies, F.: VDI-Bericht 508 (1984). S. 53/6.
Schneider, P.: TAB 2/85. S. 113/20.
Stygar, E.: IKZ 5/86. S. 57 ff. u. 6/86. S. 107 ff.
Uschwa, H.: HR 9/88. S. 341/347.

Frequenzänderungen durch *Frequenzumformer* erfolgen vorwiegend auf Basis von Mikroelektronik[1]). Dabei werden sowohl Spannung als auch Strom des Motors geregelt (Vektorregelung). Steuer- und Regelgeräte in Schaltschrank- oder Wandinstallation oder zunehmend direkt am Pumpenmotor angebracht.

Kommunikationsfähigkeit mit *Gebäudeleitsystemen* ist gegeben durch standardisierte Bussysteme.

In allen Fällen ergibt sich eine wesentliche Energieeinsparung (50…70%), ferner bei Thermostatventilen eine bessere Regelcharakteristik (Bild 2.3.7-6) und geringeres Drosselgeräusch. Kein Überströmventil mehr nötig.

Beispiel einer stufenlosen Drehzahlregelung bei konstantem Förderdruck in Bild 2.3.6-6. Verändert sich die Rohrkennlinie z.B. durch Schließen der Ventile, wandert der Betriebspunkt der Pumpe von A nach B. Der Förderstrom $\dot{V}$ verringert sich bei konstanter Förderhöhe H auf 50%, die Wärmeleistung $\dot{Q}$ bei Radiatoren auf 83% und die Leistungsaufnahme der Pumpe auf ca. 35%.

Einen Vergleich verschiedener Systeme zur Leistungsregelung bei Pumpen zeigt Bild 2.3.6-7[2]) allerdings für den Fall, daß sich der ζ-Wert der Anlage nicht ändert. Dabei wurde auch der Wirkungsgrad der Leistungselektronik berücksichtigt. Der Vorteil der Drehzahlregelung gegenüber der Drossel oder Drall-Regelung ist bemerkenswert.

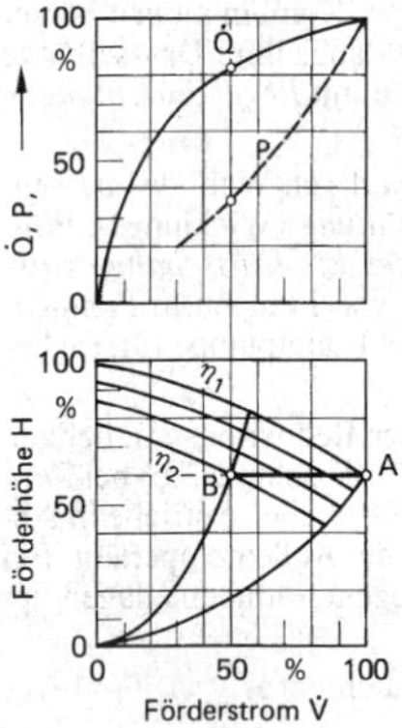

Bild 2.3.6-6. Stufenlose Drehzahlregelung bei konstanter Förderhöhe H.
P = Leistungsaufnahme
$\dot{Q}$ = Wärmeleistung

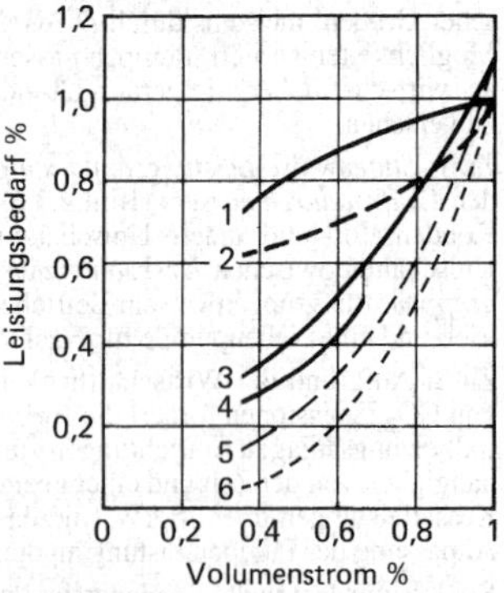

Bild 2.3.6-7. Leistungsbedarf bei Pumpen-Regelung.
1 Drosselregelung
2 Drallregelung
3 Drehstrommotor mit Thyristor-Spannungsregelung
4 wie 3, jedoch zusätzlich Polumschaltung
5 Drehstrommotor mit Thyristor-Frequenzregelung
6 Theoretischer Verlauf $P \sim n^3$

Im Markt haben sich Systeme mit Drehzahlanpassung über Frequenzumrichter weitgehend durchgesetzt. Als Führungsgröße dient dabei überwiegend der Differenzdruck an der Pumpe. Neben konstantem Differenzdruck ist meistens auch ein variabler, mit Q linear ansteigender Druck vorwählbar. Auch selbstadaptive Verfahren mit eigener Erkennung des mindesterforderlichen heizsystembedingten Förderbedarfs sind verfügbar.

1) Kuntz, G.: HLH 1/88. S. 19/21.
2) Pornitz, M.: TAB 3/88. S. 221/7.

-1.6 Bauarten[1)]

Pumpen sind überwiegend in *Inline-Bauweise* ausgeführt, d.h. Saug- und Druckstutzen in einer Linie.

Das *Spiralgehäuse* aus Grauguß oder Edelstahlblech ist bei den kleineren Pumpen bis etwa 100 mm Nennweite am Motor angeflanscht, bei den größeren Pumpen mit Füßen versehen, dann Blockbauweise, d.h. Saug- und Druckstutzen rechtwinklig zueinander.

Bild 2.3.6-8. Umwälzpumpen für Wasserheizungen in Inline-Bauart.

Beispiele von Inline-Pumpen mit angeflanschten Motoren Bild 2.3.6-8.

Die *Laufräder,* Werkstoffe hochwertiger Kunststoff, Edelstahlblech oder Grauguß, werden mit verschiedenen Außendurchmessern hergestellt, so daß bei gleicher Drehzahl verschiedene Förderhöhen erreicht werden können. Bei großen Leistungen Antriebsmaschine und Pumpe auf gemeinsamer Grundplatte. Verbindung beider Maschinen durch elastische Kupplungen.

Doppelpumpen kommen aus Gründen höherer Betriebssicherheit und als Pumpen mit Leistungsreserve zum Einsatz. Haupt- und Reservepumpe sind in einem Gehäuse vereinigt. Jede Pumpe kann dabei einzeln in Betrieb genommen werden; automatische Umschaltklappe auf Druckseite. Auch Parallelbetrieb möglich. Weniger Installationskosten.

Je nach dem Förderdruck werden Laufräder verschiedener Bauart verwendet. Bei geringem Druck propellerähnliche Räder (Axialpumpe). Ihr Widerstand ist gering, so daß die Anlagen bei stillstehender Pumpe als Schwerkraftanlagen weiter im Betrieb bleiben. Bei höherem Druck Radialräder.

Bei den *Heizungspumpen* werden hauptsächlich 2 Bauarten eingesetzt:

1. Pumpen mit *Spaltrohrmotor* (Naßläufermotor)
2. Pumpen mit *Gleitringdichtung* (Trockenläufermotor).

Zu 1: Alle rotierenden Teile von Pumpe und Motor liegen im Wasser, die Abdichtung erfolgt über das Spaltrohr oder den Spalttopf aus unmagnetischem Chrom-Nickel-Stahl. Das geförderte Heizungswasser dient gleichzeitig zur Schmierung der Rotorlager. Die Pumpen laufen äußerst geräuscharm und sind praktisch wartungsfrei (Bild 2.3.6-9).

Zu 2: Bei den Pumpen mit Trockenläufermotor erfolgt die Abdichtung der Welle durch die Gleitringdichtung. Zum Antrieb der Pumpen dienen handelsübliche Motoren in Spezial- oder Normausführung (Bild 2.3.6-10). Bei den Gleitringdichtungen werden heute durch

---

1) Kunz, U.: IKZ 15/77. 4 S.
Schmalfuß, H.-G.: IKZ 21/81. S. 48.
IKZ-Haustechnik 4/2002, S. 26–29.

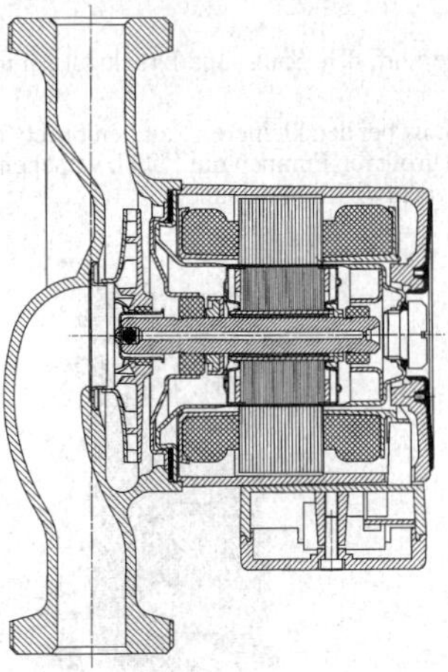

Bild 2.3.6-9. Spaltrohrmotorpumpe.

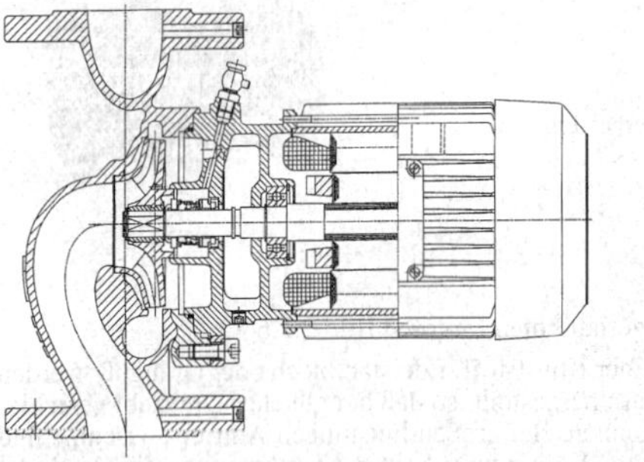

Bild 2.3.6-10. Trockenläuferpumpe.

Einsatz hochwertiger Keramikwerkstoffe sehr hohe Standzeiten erzielt. Die Geräuschentwicklung der Pumpen ist etwas höher als bei Naßläuferpumpen.

Naßläuferpumpen und Trockenläuferpumpen sind sowohl als Einzel- als auch als Doppelaggregate verfügbar.

Naßläuferpumpem kommen hauptsächlich im Leistungsbereich von ca. 10 W bis 2,5 kW zum Einsatz. Dies entspricht Förderhöhen bis ca. 12 m und Förderströmen bis ca. 100 m³/h (Bild 2.3.6-11).

Die Naßläufermotoren sind üblicherweise als Asynchronmotoren ausgeführt. Bei neueren Entwicklungen kommen Permanentmagnet-Synchronmotoren zum Einsatz. Die Rotoren dieser Motoren enthalten Permanentmagnete. Für die Kommutierung des Laststroms dieser Motoren ist eine Regelungselektronik notwendig. Permanentmagnet-Synchronmotoren sind in Wirkungsgrad und Energieverbrauch den Asynchronmotoren deutlich überlegen.
Pumpen mit Trockenläufermotoren werden vorwiegend im Leistungsbereich von 0,75 kW bis 30 kW und größer eingesetzt (Bild 2.3.6-12).

Pumpen mit Spaltrohrmotor haben häufig bereits *integrierte elektronische Leistungsregelung.*

Diese Pumpen passen sich selbsttätig durch Drehzahlabsenkung dem durch die Heizlast bedingten Förderbedarf an und führen dadurch zu deutlicher Reduzierung des Energieverbrauchs. Im Vergleich zu ungeregelten Standardpumpen können durch Einsatz elektronisch geregelter Pumpen in Verbindung mit Permanentmagnet-Synchronmotoren bis zu 80% des Verbrauchs an elektrischer Antriebsenergie eingespart werden.

Folgende Bauarten kommen zum Einsatz:

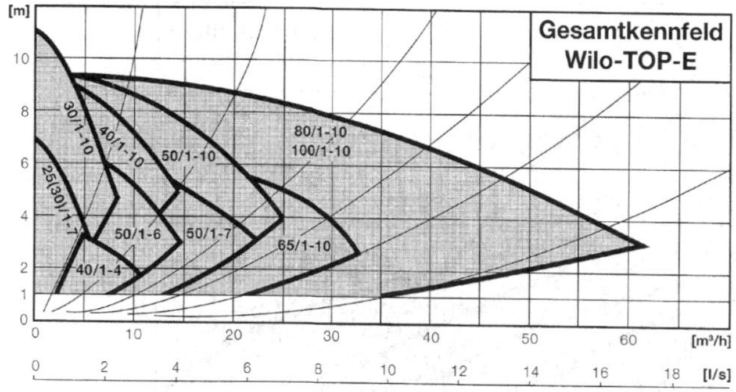

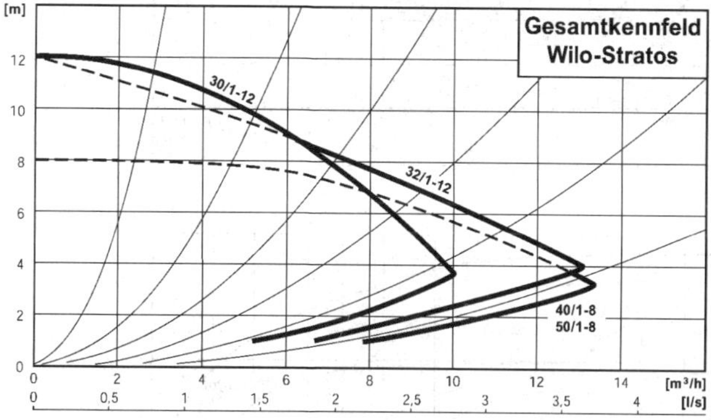

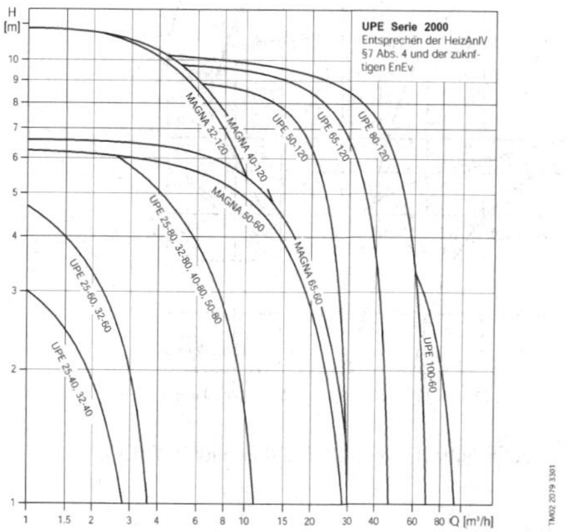

Bild 2.3.6-11. Kennlinien von Naßläuferpumpen (Wilo TOP-E, Wilo Stratos, Grundfos UPE 2000).

1. Pumpen mit *schnelltaktender Spannungsregelung*

   Über eine interne Sensorik wird die Drehzahl der Pumpe gemessen und über Mikroprozessor mit der Stromaufnahme verglichen. Durch Kennfeldprogrammierung (Drehzahl, Drehmoment und Lastverlauf) wird der Pumpen-Differenzdruck auf den einstellbaren Sollwert geregelt.

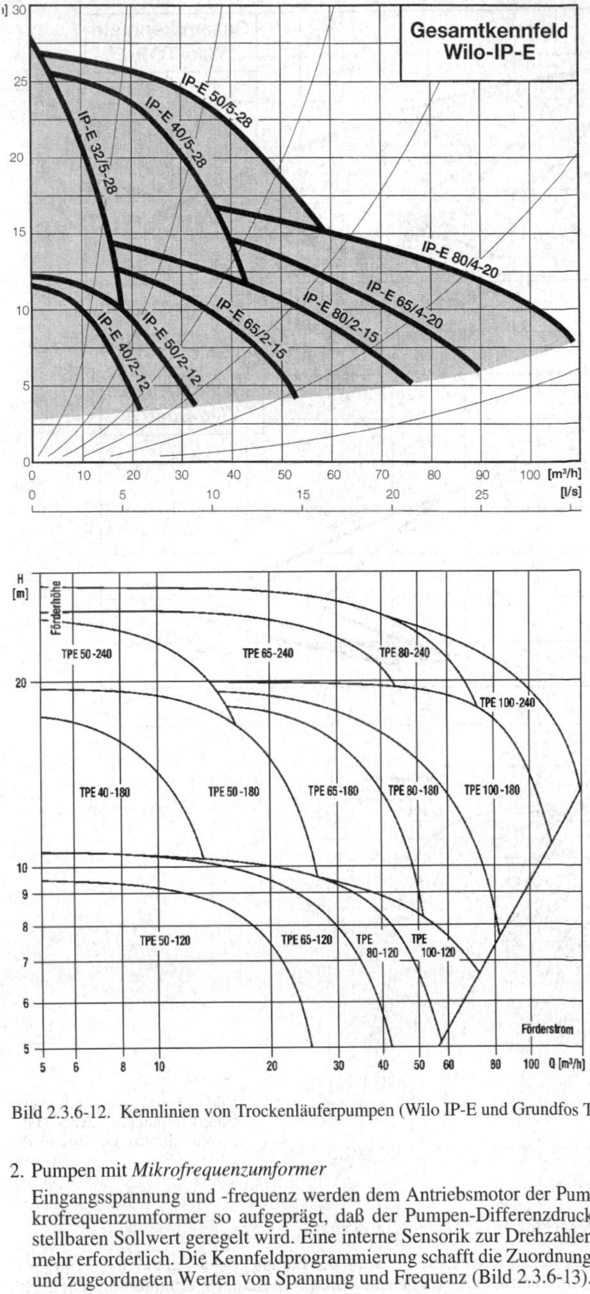

Bild 2.3.6-12. Kennlinien von Trockenläuferpumpen (Wilo IP-E und Grundfos TPEy).

2. Pumpen mit *Mikrofrequenzumformer*

   Eingangsspannung und -frequenz werden dem Antriebsmotor der Pumpe über den Mikrofrequenzumformer so aufgeprägt, daß der Pumpen-Differenzdruck nach dem einstellbaren Sollwert geregelt wird. Eine interne Sensorik zur Drehzahlerfassung ist nicht mehr erforderlich. Die Kennfeldprogrammierung schafft die Zuordnung von Lastverlauf und zugeordneten Werten von Spannung und Frequenz (Bild 2.3.6-13).

Alle Regel- und Steuerfunktionen (Sollwertvorgabe des Differenzdruckes, Nachtabsenkung, Ein-/Ausschaltungen) können sowohl an der Pumpe als auch in einer durch genormte

Bild 2.3.6-13.
Regelpumpen mit Mikrofrequenzumformer und Permanentmagnet-Synchronmotoren.

Bussysteme mit der Pumpe verbundenen zentralen Gebäudeleittechnik eingestellt werden. Ebenso werden wichtige Betriebsdaten wie z. B. Leistungsaufnahme und Förderstrom an der Pumpe oder in der Gebäudeleittechnik angezeigt. Darüber hinaus kann eine Fernbedienung der Pumpen über eine transportable Infrarot-Fernsteuerung erfolgen.

Manche Pumpen werden auch in Kombination mit einem Mischer gebaut oder als kompakte Einheit mit Regelgerät, Fühlern, Anzeigegeräten u. a., wodurch sich der Installationsaufwand verringert *(Pumpen-Mischer-Kombination).* Eine Verringerung von Installationskosten und -zeit ergibt sich auch durch Einsatz von Pumpen in Spezialausführung mit bereits saug- und druckseitig integrierten Absperrarmaturen.

-1.7 Einbau der Pumpen in den Vor- oder Rücklauf

Die Zuflußleitung soll *geringe Widerstände* besitzen, um günstige Zuströmverhältnisse zu gewährleisten. Auf Saug- und Druckseite ist je ein *Absperrventil* vorzusehen. Zur Vermeidung von Geräuschübertragung dienen *geräuscharme Motoren,* Isolierung der Fundamente durch *schalldämmende Schichten, Schalldämmung* bei Berührstellen von Rohr- und Gebäudeteilen.

Inline-Pumpen in Naßläuferbauart haben konstruktionsbedingt eine niedrigere Schallemission als solche in Trockenläuferbauart mit Gleitringdichtung.

Aus Gründen der Betriebssicherheit empfiehlt sich die Verwendung einer *Reservepumpe.* Für Nachtbetrieb häufig Pumpe mit halber Förderleistung (Leistungsaufnahme dabei nur $^1/_8$ des Normalwertes).

Pumpen können sowohl im Vorlauf wie im Rücklauf von Heizungsanlagen angeordnet werden.

Für einwandfreien Betrieb darf zur Vermeidung von *Kavitation* die erforderliche *Mindest-Zulaufhöhe* am Pumpensaugstutzen nicht unterschritten werden. Die Mindestzulaufhöhe liegt um die erforderliche Haltedruckhöhe (NPSH der Pumpe) und einen Sicherheitsabstand über dem Dampfdruck der Flüssigkeit.

Zur Beseitigung störender Geräusche durch Restkavitation ist der Sicherheitsabstand mit 5–20 m zu wählen. In der Praxis wird ein Wert von 10 m i. d. R. ausreichen, nur beim Betrieb der Pumpe mit maximaler Fördermenge ist ein höherer Wert zu wählen. Diese Erfahrungswerte berücksichtigen auch die immer wieder auftretenden Schwankungen des Systemdrucks durch sich verändernde Pressung im Ausdehnungsgefäß.

Kavitation in der Pumpe führt neben der Geräuschentwicklung zu absinkender Förderleistung und Materialzerstörung des Pumpenlaufrades.

Bei der Installation der Pumpe sind die einschlägigen Sicherheitsvorschriften zu beachten. Die Pumpe darf nicht zwischen Kessel und Sicherheitsleitungen eingebaut werden.

-1.8 Wasserstrahlpumpen[1)]

Diese Pumpen, auch *Ejektoren* genannt, wurden zum Fördern von Flüssigkeiten früher bei Gebäudeheizungen angewendet, die an Fernleitungsnetze direkt angeschlossen sind, Bild 2.3.6-14. Die Pumpen mischen dabei Vorlauf- und Umlaufwasser und erzeugen die für den Umlauf erforderliche Förderhöhe. Ferner dienen sie zum Entwässern von Schächten, Gruben, Kellern usw. Begriffe in DIN 24290 (08. 81).

Wirkungsweise:

Ein aus einer Düse austretender Wasserstrahl saugt aus einem angeschlossenen Saugstutzen infolge des entstehenden Unterdruckes Wasser an, mischt sich im Mischrohr (Fangdüse) damit und fördert das Gemisch bei abnehmender Geschwindigkeit in den Diffusor auf einen höheren Druck.

Regelbare Strahlpumpen[2)]

Während bei diesen Strahlpumpen unter sonst gleichen Umständen der umlaufende Wasserstrom konstant ist, wird bei der geregelten Pumpe durch elektrische, pneumatische oder manuelle Verschiebung einer Nadel der Treibquerschnitt geändert (Bild 2.3.6-15). Dabei ändert sich außer dem Treibstoffstrom auch die umlaufende Menge und das Mischungsverhältnis.

Eine geeignete Anwendung findet die Strahlpumpe bei Kesselanlagen mit nur einer, möglichst drehzahlgeregelten Zentralpumpe und in geringerem Maße auch bei *Fernheizungen.* Die auf der Treibdruckseite anstehende Treibdruckdifferenz wird dabei zur Umwälzung der Sekundärmenge benutzt (Bild 2.3.6-16). Es genügt im allgemeinen eine Treibdruckdifferenz, die doppelt so hoch ist wie der sekundärseitige Widerstand. Dabei entfällt gegenüber der konventionellen Anlage die sonst übliche Mischpumpe mit dem Dreiwege-Mischventil.

Zu beachten ist, daß bei fallender Belastung der umgewälzte Wasserstrom geringer wird. Das bedeutet einerseits eine geringere Rücklauftemperatur und damit gute Wärmeausnutzung, andererseits bei sehr geringem Wasserstrom eine ungleichmäßige Verteilung, wenn kein Widerstandsabgleich der parallelen Stränge durchgeführt wird. Bei Lufterhitzern ist die Einfriergefahr durch Prüfen der Umwälzpumpe zu beachten (Bild 2.3.6-17).

Die Auswahl der Strahlpumpen erfolgt aus den Listen der Hersteller in Abhängigkeit des Differenzdrucks der Fernheizung, des Anlagewiderstandes, der Heizleistung und der Temperaturverhältnisse.

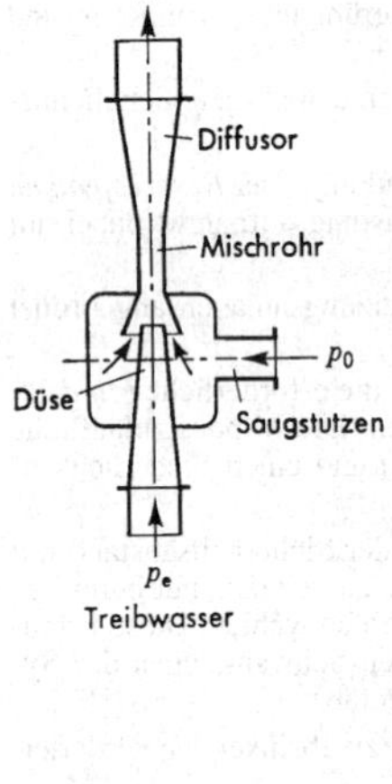

Bild 2.3.6-14. Wasserstrahlpumpe

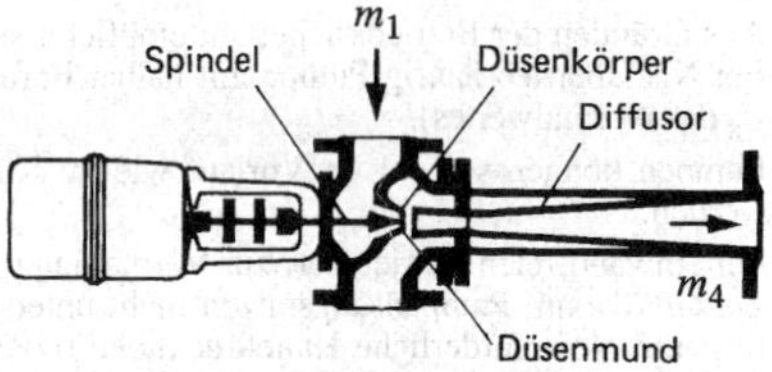

Bild 2.3.6-15. Geregelte Strahlpumpe (Bälz-Heilbronn).
m_1 = Treibstoffstrom, m_4 = Gesamtstrom.

---
1) Brumm, W.: Fernwärme 5/78. S. 154/9.
Zöllner, G., u. G. Lehr: HLH 3/80. S. 95/100.
Krinninger, H.: HR 2/81. S. 81/4.

2) Rösner, E.: TAB 5/88. S. 375/381.

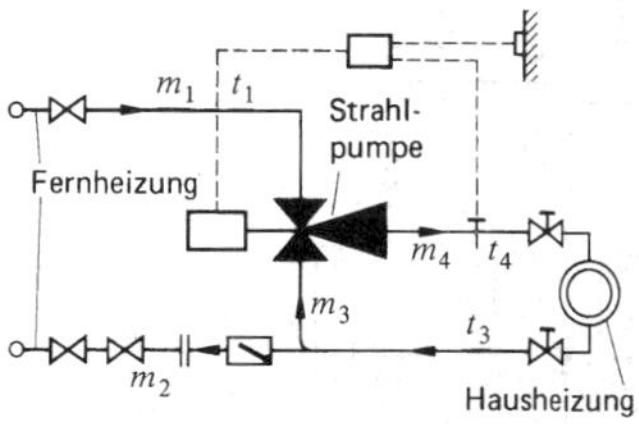

Bild 2.3.6-16. Hausstation einer Fernheizung mit direkter Einspeisung und Strahlpumpe.
m = Wasserstrom

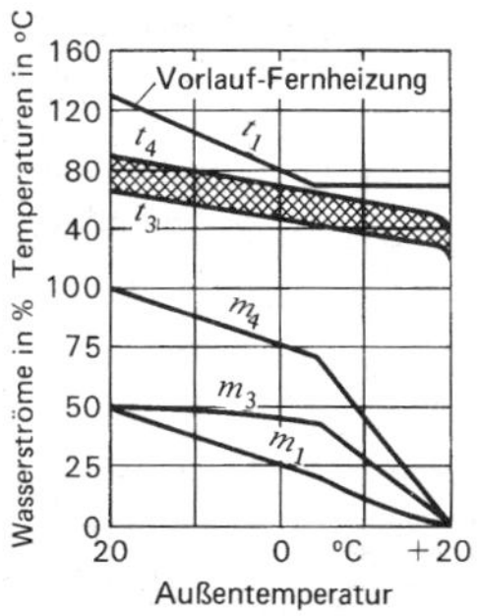

Bild 2.3.6-17. Teillastverhalten einer Wärmeübergabestation mit Strahlpumpe. Fernheizung 130/70 °C, Hausheizung 90/70 °C.

-2 Kleindampfturbinen für Pumpenantrieb

In mittleren und großen Warmwasserheizanlagen wurden als Antriebsmaschinen für die Umwälzpumpen manchmal statt Elektromotoren oder zusätzlich zu diesen oder als Reservemaschinen Dampfturbinen gewählt, deren Abdampf zur Heizung verwendet wird.

Vorteile:

Unabhängigkeit von der Stromlieferung und dadurch große Betriebssicherheit; sehr geringe Betriebskosten, weil der Wärmeverbrauch je kWh Förderleistung klein (etwa 1,5 kW) ist;

daher hohe Pumpendrücke und kleinere Rohrdurchmesser zulässig.

Nachteile:

Höhere Anschaffungskosten der Turbine.

-3 Kondensatrückspeisegeräte und Wasserstandsregler

Wenn es nicht möglich ist, das Kondensat in Dampfheizungsanlagen mit natürlichem Gefälle nach dem Kessel zurückzuführen, da die Dampfverbraucher in der Druckzone liegen, sind besondere *Rückspeiser* zu verwenden, die das Kondensat auf die durch den Kesseldruck gegebene Höhe fördern. Man unterscheidet mechanische, elektrische und dampfbetätigte Rückspeiser.

a) Bei *mechanischer Speisewasserregelung* (Bild 2.3.6-18) ist ein hochliegendes Kondensatgefäß vorhanden, aus dem das Kondensat über *Zuflußregler* den Kesseln zufließt. Der Regler öffnet mittels Schwimmer je nach Wasserstand im Kessel das Zuflußventil mehr oder weniger (Bild 2.3.6-20). Der Wasserstand im Kondensatgefäß wird durch Schwimmer und Kondensatpumpe geregelt.

b) Bei *elektrischer Speisewasserregelung* (Bild 2.3.6-19) hat jeder Kessel einen elektrischen *Wasserstandsregler,* der jeweils die zugehörige Kondensatpumpe steuert. Einfachste Anordnung. Pumpenlaufzeit/Stillstandszeit ca. 1 : 2. Wasserstandsregler in Bild 2.3.6-21.

c) Bei *dampfbetätigten Kondensat-Rückspeisern* gibt es zwei Ausführungen:

Bei den mit *Dampfüberdruck* arbeitenden Rückspeisern füllt das zulaufende Kondensat allmählich einen Behälter. Nach Füllung wird das Zulaufventil selbsttätig durch einen Schwimmer geschlossen und das Dampfventil in der Leitung zum Kessel geöffnet, so daß das Wasser in den Kessel bzw. in den oberen Kondensatbehälter gefördert wird. Mindestdampfdruck 0,35 bar Überdruck. Ausführungen mit offenem oder geschlosse-

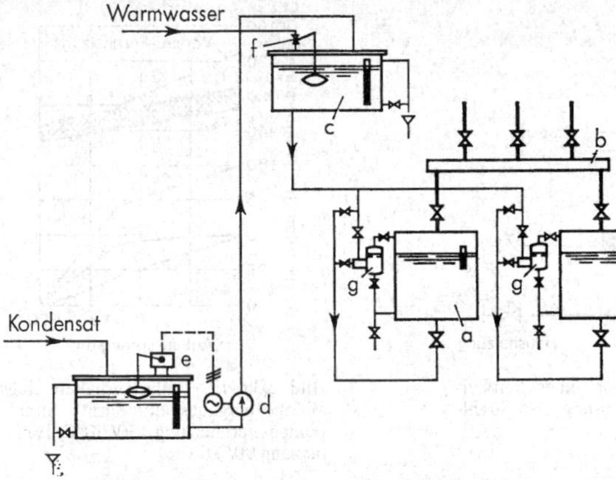

Bild 2.3.6-18. Mechanische Rückspeisung mit vom Sammelgefäß gesteuerter Kondensatpumpe und mit Wasserstandsregler (Zuflußregler).
a = Kessel, *b* = Dampfverteiler, *c* = Kondensatgefäß, *d* = Kondensatpumpe, *e* = Schwimmerschalter, *f* = Schwimmer für Zusatzwasser, *g* = Zuflußregler, *h* = Signalgeber

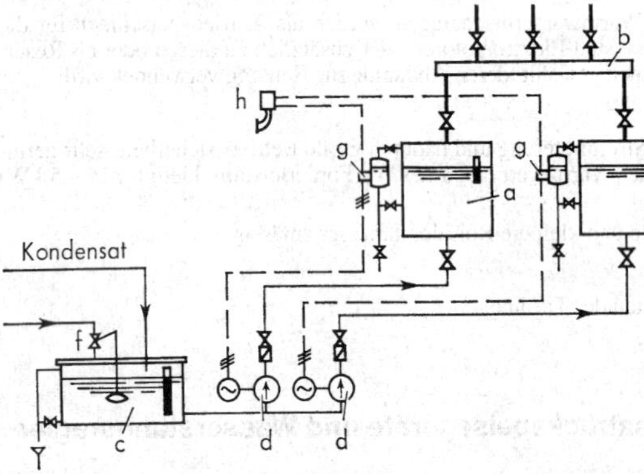

Bild 2.3.6-19. Elektrische Rückspeisung durch Wasserstandsregler am Kessel.
Legende siehe Bild 2.3.6-18.

nem Schwimmer. Bei größeren Druckhöhen 2 Rückspeiser (Heber) erforderlich (Bild 2.3.6-20)

Bei den mit *Unterdruck (Vakuum)* arbeitenden Rückspeisern wird durch Kondensation des Dampfes in einem Gefäß Unterdruck erzeugt, wodurch das Kondensat hochgesaugt und dann durch Dampfdruck in den Kessel gespeist wird. Von der Dampfdruckhöhe unabhängig.

Kondensattemperatur höchstens 80 °C. Saughöhe etwa 3 m. Bei größeren Höhen zwei Heber erforderlich (Bild 2.3.6-20).

Beide Rückspeiser-Bauarten werden infolge ihres hohen Preises kaum noch verwendet.

d) An jedem Kessel sind (nach DIN 4755) *Wassermangelschalter* erforderlich, die bei Wassermangel die Brenner sofort abschalten. Häufig wird auch gleichzeitig ein akustisches oder optisches Signal gegeben. Schalterbetätigung durch *Dauermagnet,* der durch eine unmagnetische dünne Trennwand auf einen zweiten Magnet einwirkt, der seinerseits den Hebel des Schalters betätigt. Stopfbuchslos, reibungslos (Bild 2.3.6-21).

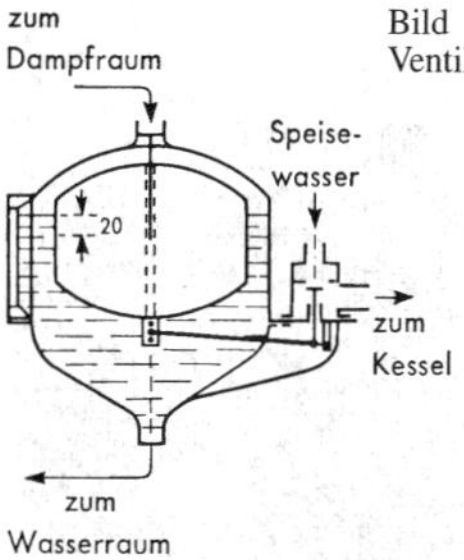

Bild 2.3.6-20. Zuflußregler mit Ventil (Scheer & Cie., Stuttgart).

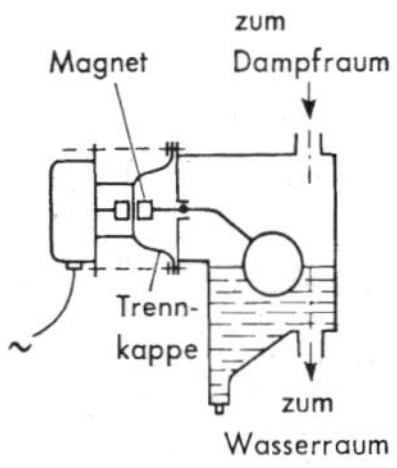

Bild 2.3.6-21. Magnet-Schwimmer-schalter (Scheer & Cie.).

e) Bei dampfbeheizten Wärmeaustauschern kann *Vakuum* auftreten, wenn die Temperatur des zu erwärmenden Mediums unter 100 °C liegt. Kondensat wird dann angestaut oder sogar aus der Kondensatleitung, evtl. zusätzlich mit Luft, zurückgesaugt. Dabei sind neben sonstigen Nachteilen auch *Wasserschläge* möglich. Abhilfe durch folgende Methoden:

1. Vakuumbrecher hinter Regelventil, ungünstig;
2. Vakuumbetrieb mit Kondensatheber nach Bild 2.3.6-22;
3. Einbau eines Kondensators mit Kühlwasser, teuer.

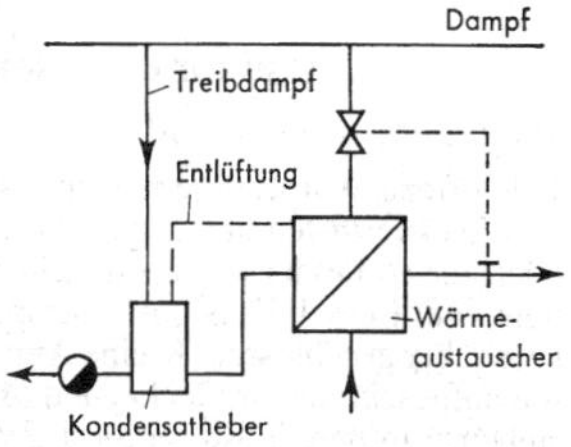

Bild 2.3.6-22. Vakuumbetrieb eines dampfbeheizten Wärmeaustauschers mit Kondensatheber.

-4 Kondensat-Sammelbehälter[1]

Kondensat-Sammelbehälter (Bild 2.3.6-23 und Bild 2.3.6-24) sind zylindrische oder kastenförmige Behälter, die in Dampfheizungsanlagen zur Aufnahme und Rückspeisung des Kondensats dienen. Herstellung aus 3 bis 4 mm starkem Stahlblech, innen und außen mit Rostschutzfarbe gestrichen, auch im Vollbad verzinkt oder kunststoffbeschichtet oder aus Edelstahl, mit Mannloch. Anschlüsse für Kondensateintritt, Pumpe, Überlauf mit Wasserverschluß, Entleerung, Wrasenabzug. Förderleistung der Pumpe gleich etwa der 3- bis 5fachen stündlich anfallenden Wassermenge. Schaltung durch Schwimmer mit Gestänge oder durch Magnetschwimmer.

Bei Temperaturen über 100 °C zylindrische liegende Druckbehälter.

Der Nutzinhalt des Kondensatsammelbehälters V_N ergibt sich zu:

$$V_N = \frac{\dot{K}_E \cdot z \cdot 1{,}4}{\varrho} \text{ in dm}^3$$

Darin bedeutet:

$\dot{K}_E$ = einzuspeisende stündliche Kondensatmenge in kg/h
z = Zeitspanne vom Anheizen bis zu Erreichen des Beharrungszustands der Dampfkessel-Anlage in h
1,4 = Sicherheitszuschlag für Ausdampfraum, Schlammablagerung
ϱ = Dichte des Speisewassers in kg/dm³

Insofern man vom o. g. Erfahrungswert $z = 0{,}5$ h und $\varrho \approx 1$ kg/dm³ ausgeht, ergibt sich: $V_N = 0{,}7 \cdot \dot{K}_E$ in dm³.

[1]) Franke, P. P., Schlapmann, D., u. Tisiotti, H.: sbz 18/1988, S. 1023/33.

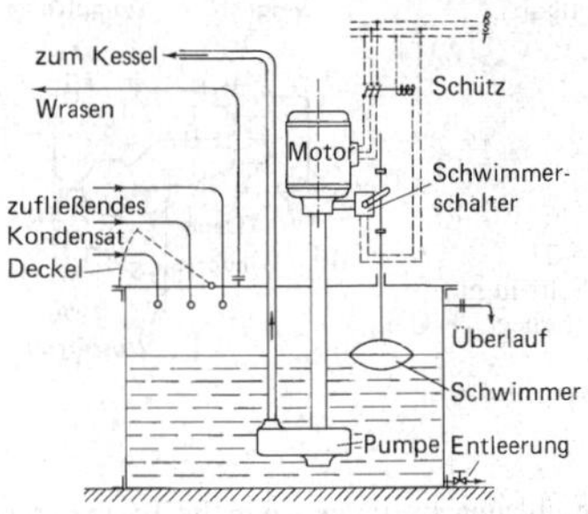

Bild 2.3.6-23. Kondensat-Sammelbehälter mit Kondensatpumpe.

Bild 2.3.6-24. Geschlossener Kondensatbehälter mit Pumpe.

-5 Ausdehnungsgefäße und Druckhalteeinrichtungen

-5.1 Ausdehnungsgefäße

a) *Offene Warmwasserheizung*

Jede offene Warmwasserheizung ist zur Aufnahme der Wasserausdehnung, zur Deckung von Leckverlusten und zur Entlüftung mit einem Ausdehnungsgefäß zu versehen, das an höchster Stelle der Anlage anzubringen ist (DIN 4751 T1 [10.94]), möglichst senkrecht über dem Kessel. Es ist mit unabsperrbarer Entlüftungs- und Überlaufleitung zu versehen, sonst aber geschlossen. Kleine Anlagen haben geschlossene, große Anlagen offene Gefäße mit aufgeschraubtem Deckel und Mannloch. Kleine Gefäße meist zylindrisch, liegend oder stehend, größere in Kastenform. Zylindrische Gefäße sind in DIN 4807 T1 u. T2 (05.91), T3 (10.93), T5 (03.97) genormt. Stehende Ausführung günstiger, da weniger Luftaufnahme und bessere Hydrometeranzeige. Rostschutz durch Verzinkung bzw. Anstrich. *Nennvolumen* des Ausdehnungsgefäßes V_n (Bruttovolumen) etwa doppelt so groß wie das Ausdehnungsvolumen V_e des Wassers, das bei Erwärmung von 10 auf 100 °C rund 4,3% beträgt, näherungsweise 1 bis 2 Liter je 1 kW Heizleistung. Siehe auch Tafel 1.3.1-6.

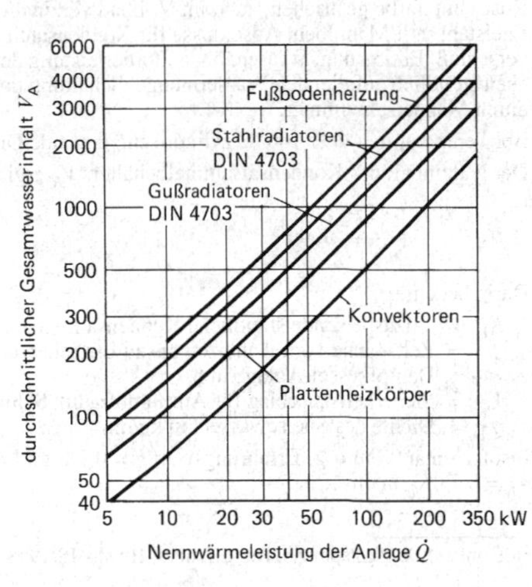

Bild 2.3.6-25. Durchschnittlicher Wasserinhalt von Zentralheizungsanlagen in Abhängigkeit der Nennwärmeleistung (nach ZVH-Richtlinie).

Tafel 2.3.6-1 Inhalt von Rohren

	Gewinderohre nach DIN 2440*)						
Zoll	3/8″	1/2″	3/4″	1″	1 1/4″	1 1/2″	2″
Nennweite mm	10	15	20	25	32	40	50
Außen-Ø mm	17,2	21,3	26,9	33,7	42,4	48,3	60,3
Inhalt l/m	0,123	0,201	0,366	0,581	1,01	1,37	2,16

	Nahtlose Stahlrohre nach DIN 2449*)								
Nennweite mm	40	50	60	65	80	90	100	110	125
Außen-Ø mm	44,5	57	70	76	89	102	108	121	133
Inhalt l/m	1,23	2,08	3,22	3,85	5,35	7,09	7,93	10,0	12,3

	Kupferrohre								
Nennweite mm	8/0,8	10/0,8	12/1	15/1	18/1	22/1,2	28/1,2	35/1,5	42/1,5
Inhalt l/m	0,03	0,06	0,08	0,13	0,20	0,30	0,52	0,80	1,20

*) Nahtlose Stahlrohre nach DIN 2448 (ISO-Rohre in Normalwanddicke) haben ca. 10% größeren Inhalt.

Überschlagszahlen für Heizungsanlagen mit normalen Heizkesseln und Heizkörpern

bei Verwendung von Radiatoren: V_n = 1,0…1,3 Liter je kW Heizleistung;

bei Verwendung von Konvektoren: V_n = 0,5…0,8 Liter je kW Heizleistung;

bei Fußbodenheizungen: V_n = 1,5…2,0 Liter je kW Heizleistung.

Für genaue Bestimmung muß der Wasserinhalt V_A der Anlage (Kessel, Heizkörper, Rohre usw.) errechnet werden, da die Werte außerordentlich unterschiedlich sind (Tafel 2.3.6-1 und Bild 2.3.6-25). Das Ausdehnungsgefäß erhält dann einschl. eines Zuschlags für Leckagen ein Volumen von $V_n = 0{,}06 \ldots 0{,}08\ V_A$ bei normalen Wasserheizungen.

Näherungswerte für den Wasserinhalt:

Gußradiatoren 900 mm . . . . . . 3,5 l/m²
Gußradiatoren 200…500 mm . . . . . . 4…5 l/m²
Stahlradiatoren 900 mm . . . . . . 5,0 l/m²
Stahlradiatoren 200…500 mm . . . . . . 6,0 l/m²
Flachheizkörper . . . . . . 1…5 l/m²
Konvektorplatten . . . . . . 0,2…0,8 l/m²
Konvektoren . . . . . . 0,2…0,4 l/m²
Gußkessel ohne Warmwassererzeuger . . . . . . 0,5…1,0 l/kW
Gußkessel mit Warmwassererzeuger . . . . . . 1,0…2,0 l/kW
Stahlkessel . . . . . . 2,0…4,0 l/kW

Anschluß für Sicherheits-Vorlaufleitung oben, für Sicherheits-Rücklaufleitung unten, ferner für Überlauf und damit verbundene Entlüftung. Die *Überlaufleitung* wird in den Heizkeller geführt und endet sichtbar über einem Ausguß. Durchmesser der Entlüftungs- und Überlaufleitung nach DIN 4751, mindestens (wie die SV)

$d = 15 + 1{,}39\ \sqrt{\dot{Q}}$ … in mm. $\dot{Q}$ = Kesselleistung in kW.

Die Überlaufleitung kann gleichzeitig als *Entlüftung* benutzt werden, wenn in Höhe des Ausdehnungsgefäßes eine Rohrunterbrechung angeordnet wird. Ausführungsform der Gefäße siehe Bild 2.3.6-26.

Gefäß und Leitungen sind gegen Einfrieren zu schützen. Zwischen Vorlauf und dem unteren Teil des Gefäßes oder besser dessen Anschlußstutzen wird zur Herbeiführung einer das Einfrieren verhindernden geringen Zirkulation eine *Kurzschlußverbindung K* in DN 20 mit Drossel vorgesehen. Die Anzeige des Wasserstandes erfolgt durch eine Meldeleitung oder ein Manometer im Heizkeller. In Bild 2.3.6-27 ist die richtige Einbauweise der falschen eines offenen Ausdehnungsgefäßes gegenübergestellt.

Alle offenen Ausdehnungsgefäße sind infolge dauernder Verbindung mit dem Luftsauerstoff korrosionsgefährdet, so daß sie weitgehend durch geschlossene Gefäße ersetzt sind. Das Nennvolumen eines offenen Ausdehnungsgefäßes muß mindestens:

$$V_{n,\,\min} \geq 2 \cdot V_e$$

betragen. Dabei ist V_e das Ausdehnungsvolumen des Heizwassers. Der Faktor 2 berücksichtigt hierbei die zweckmäßige Wasservorlage für offene Anlagen

b) *Geschlossene Warmwasserheizungen*[1)]

Ausdehnungsgefäße für *geschlossene Warmwasserheizungen* mit Temperatur bis 110 °C haben in älteren Anlagen ein Standrohr nach DIN 4750 mit Belüftungsventil DN 20 (Abschnitt 2.3.1-1). Dabei ist es zweckmäßig, das Standrohr nicht am Ausdehnungsgefäß, sondern zur besseren Kontrolle im Kesselraum anzubringen (Bild 2.3.6-28). Der Druck im Ausdehnungsgefäß hängt von der Kesselwassertemperatur ab.

In modernen Heizungsanlagen werden heute fast nur (nach DIN 4751 T2 [10.94]) *„Druckausdehnungsgefäße"* verwendet. Sie bestehen aus einem Stahlgehäuse mit einer Kunststoffmembran (DIN 4807), die den Wasser- und Gasteil voneinander trennt (Bild 2.3.6-29

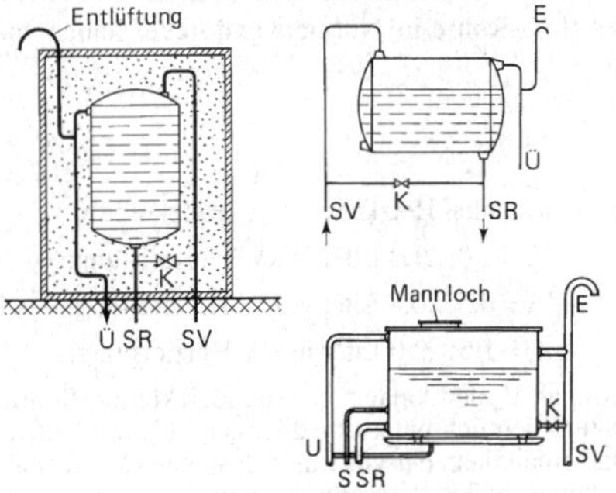

Bild 2.3.6-26. Ausdehnungsgefäße für Warmwasserheizungen.
SV = Sicherheits-Vorlaufleitung
SR = Sicherheits-Rücklaufleitung
E = Entlüftung
Ü = Überlauf
K = Kurzschluß-Zirkulationsverbindung
S = Signalleitung

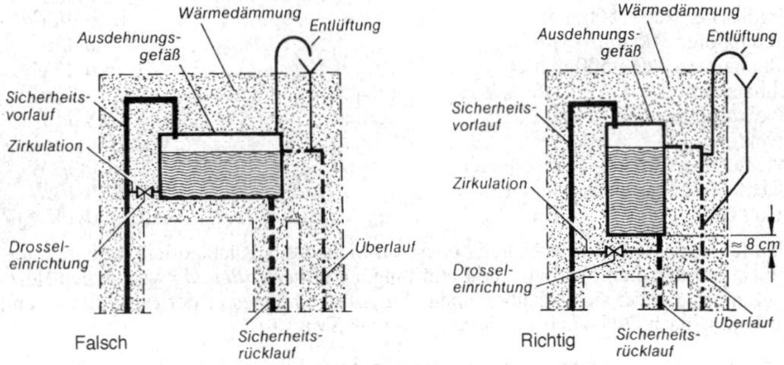

Bild 2.3.6-27. Anordnung eines offenen Ausdehnungsgefäßes.

1) Faber, R. W.: Öl-Gasfeuerung 11/73. 8 S., IKZ 13/77. 3 S. und 17/78. 6 S.
IKZ II/79. S. 84.
Wasserberg, H.: HR 6/79. 3 S.
ZVH-Richtlinie 12.02 für Membran-Druckausdehnungsgefäße (7. 86).
Metzner, G.: HLH 10/86. S. 505/7.

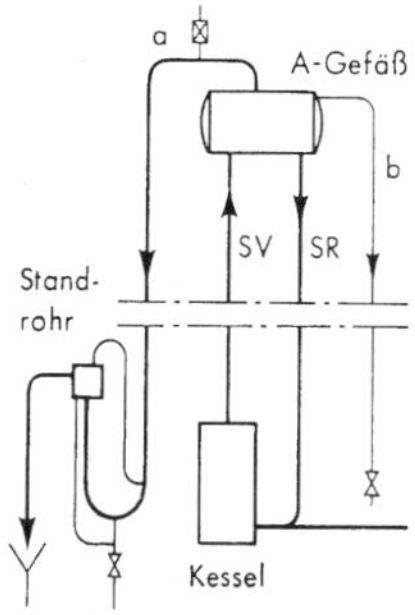

Bild 2.3.6-28. Anordnung des Standrohrs im Heizraum.
a = Belüftungsventil,
b = Prüfleitung

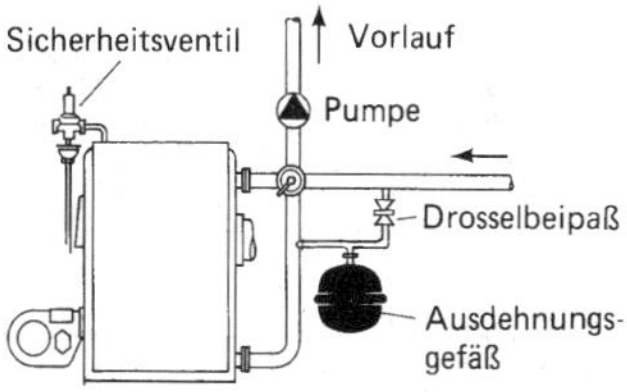

Bild 2.3.6-29. Kessel mit Membran-Ausdehnungsgefäß für geschlossene Heizungen.

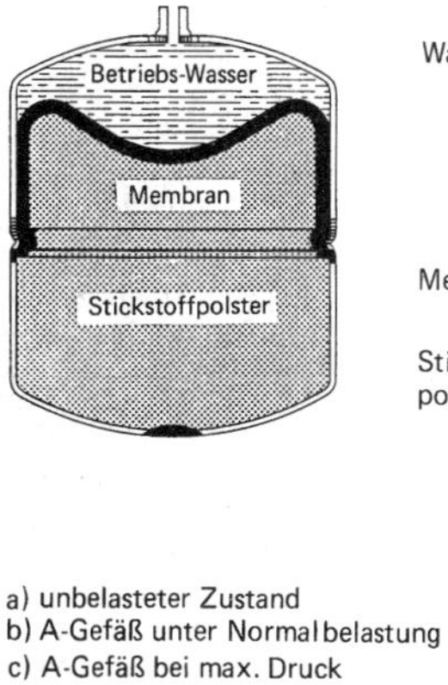

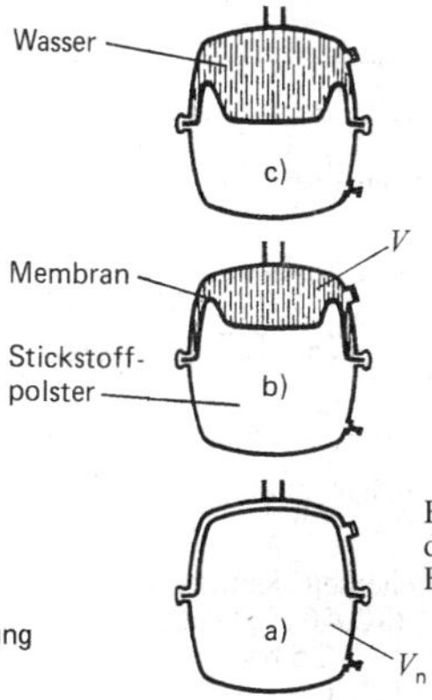

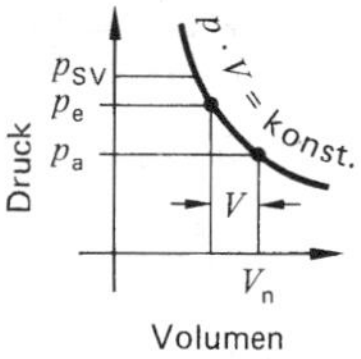

Bild 2.3.6-30. Membran-Ausdehnungsgefäß.
Bezeichnungen siehe Text.

und Bild 2.3.6-30). Diese Ausführung ist heute wegen ihrer Einfachheit zum Standard geworden.

Luft kommt mit dem Heizungswasser nicht in Berührung. Das Gefäß ist mit einem *Stickstoffpolster* aufgeladen, dessen Druck dem statischen Druck der Anlage entspricht (Fülldruck). Bei Anlieferung liegt Membran an Gefäßwand. Bei Zunahme von Temperatur und Druck im Kessel wölbt sich Membran und preßt Stickstoffpolster zusammen.

Geringere Korrosion, keine Sicherheitsleitungen. Einbau in Rücklaufleitung, um Temperatur niedrig zu halten. Anordnung in senkrechter Position. Wasseranschluß möglichst oben. Bei dichtschließendem Mischer sind für Kessel- und Heizkreis zwei getrennte Gefäße notwendig oder alternativ Druckausgleich über Verbindung der beiden Kreise über Drosselbeipaß (Bild 2.3.6-29). Begriffe, Prüfung (T1) und Auslegung (T2) in DIN 4807 (05.91).

Nur ein Teil des Gefäßes kann Wasser aufnehmen. Das Bruttovolumen *(Nennvolumen)* errechnet sich nach DIN 4807 zu:

$$V_n = (V_e + V_v)\,\frac{p_e + 1}{p_e - p_o}$$

V_n Nennvolumen in l
V_e Ausdehnungsvolumen in l

$$\text{mit: } V_e = \frac{V_A \cdot n}{100}$$

V_A Gesamtwasserinhalt der Anlage in l (Bild 2.3.6-25)
n prozentuale Wasserausdehnung bezogen auf $\vartheta = 10\,°C$ (Bild 2.3.6-31).
V_v Wasservorlage in l: mindestens 0,5% des Wasserinhaltes der Anlage

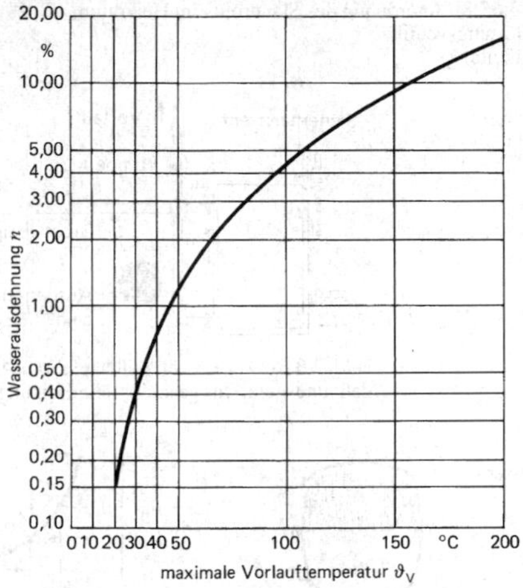

prozentuale Wasserausdehnung bezogen auf 10 °C

ϑ	30	40	50	60	70	80	90	100	110	120	°C
n	0,40	0,75	1,17	1,67	2,24	2,86	3,55	4,31	5,11	5,99	%

Bild 2.3.6-31. Prozentuale Wasserausdehnung bezogen auf 10 °C.

p_e Enddruck der Anlage in bar
mit: $p_e = p_{sv} - d_{pA}$ in bar
p_{SV} Ansprechpunkt des Sicherheitsventils in bar
p_{sv} bei neuen Anlagen (bis 120 °C) 3,0 bar
p_{sv} bei Altanlagen (bis 110 °C) 2,5 bar
d_{pA} Arbeitsdruckdifferenz in bar
d_{pA} bei Anlagen bis 5 bar Überdruck 0,5 bar
p_o Vordruck in bar
mit: $p_o = p_{stG} + p_D$
p_{stG} statischer Druck am Stutzen des Ausdehnungsgefäßes

$$p_{stG} = \frac{h_G}{10};\; h_G > h$$

h statische Höhe der Anlage
h_G Höhendifferenz zwischen dem Anschlußstutzen des Membran-Druckausdehnungsgefäßes und dem höchsten Punkt der Zentralheizungsanlage mit tiefliegender Zentrale
p_D = 0 bei Anlagen mit ϑ_v bis 100 °C
p_D = 0,5 bei Anlagen mit ϑ_v über 100 bis 110 °C
p_D = 1,0 bei Anlagen mit ϑ_v über 110 bis 120 °C

Das eingesetzte Gefäß ist immer größer als das errechnete, es ist immer die rechnerisch nächstfolgende Kataloggröße zu wählen.

Die prozentuale Wasserausdehnung, bezogen auf 10 °C Kaltwassertemperatur, ist in Bild 2.3.6-31 dargestellt.

Auslegungsbeispiel:

Anlage:

$\dot{Q}_n = 50$ kW, $t_{v,\max} = 90$ °C, $\Delta h = 7$ m, $p_{sv} = 2{,}5$ bar,
$V_A = 600$ Liter. Hieraus ergibt sich: $\Delta p_{sv} = 0{,}5$ bar,

$$n = 3{,}55 \text{ und } V_e = \frac{V_A \cdot n}{100} = 21{,}3.$$

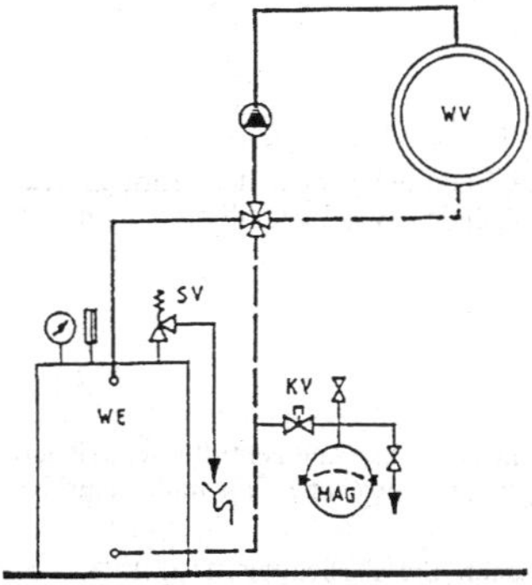

Schema einer Anlage mit Vierwegemischer

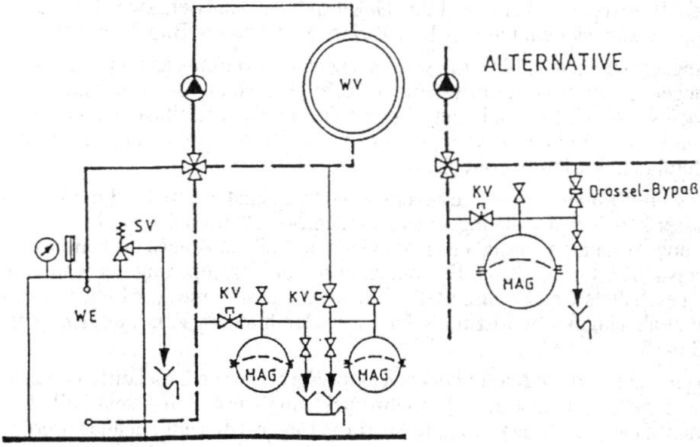

Schaltung zur Vermeidung von Unterdruck bei dichtschließendem Vierwegemischer

Bild 2.3.6-32. Anschluß eines Membran-Druckausdehnungsgefäßes bei Vierwegemischern.

Wasservorlage: $V_v = \frac{0{,}5}{100} \cdot 600 = 3$ Liter

Statischer Druck: $p_{st} = \frac{\Delta h}{10 \text{ mWS/bar}} = 0{,}7$ bar

Dampfdruck bei 90 °C = 0.

Damit $p_o = p_{st} + p_D = 0{,}7 + 0 = 0{,}7$ bar
Enddruck $p_e = p_{sv} - \Delta p_{sv} = 2{,}5 - 0{,}5 = 2{,}0$ bar.

Ergebnis: $V_{n,\min} = (21{,}3 + 3)$ Liter $\cdot \frac{(2+1)\ \text{bar}}{(2-0{,}7)\ \text{bar}} = 56{,}1$ Liter.

Das Nennvolumen des Membranausdehnungsgefäßes muß größer als 56,1 Liter sein.

Zusätzlich ist folgende Bedingung einzuhalten:

$V_o \geq V_e + V_v$

V_o ist dabei das konstruktionsbedingte Nutzvolumen des Ausdehnungsgefäßes.

Damit das MAG in kaltem Anlagenzustand die Wasservorlage aufnehmen kann, muß der Anfangsdruck (Anlagenfülldruck) $p_{a,\min}$ mindestens folgenden Wert erreichen:

$$p_{a,\,\min} = \frac{V_n\,(p_o + 1)}{V_n - V_v} - 1$$

Für V_n ist das Nennvolumen der gewählten Gefäßgröße einzusetzen.

Damit bei maximaler Vorlauftemperatur der Enddruck p_e nicht überschritten wird, darf der Anfangsdruck (Anlagenfülldruck) $p_{a,\,\max}$ folgenden Wert nicht überschreiten:

$$p_{a,\,\max} = \frac{p_e + 1}{1 + \dfrac{V_e\,(p_e + 1)}{V_n\,(p_o + 1)}} - 1$$

Um die praktische Einregulierung des Anfangsdrucks (Anlagenfülldruck) sicherzustellen, sollte $p_{a,\,\max}$ mindestens 0,2 bar über $p_{a,\,\min}$ liegen. Gegebenenfalls muß ein größeres MAG gewählt werden.

Tabellen in Herstellerkatalogen vereinfachen die Auslegung nach Wasserinhalt oder Wärmeleistung der Anlage. Beim Einbau eines Membran-Druckausdehnungsgefäßes muß darauf geachtet werden, daß die gesamte Anlage erfaßt wird. Dies ist insbesonders bei dichtschließenden Vierwegemischern wichtig. Gegebenenfalls müssen zwei Membran-Druckausdehnungsgefäße oder ein Drossel-Bypaß eingesetzt werden (Bild 2.3.6-32).

Für große Heizungsanlagen nach DIN 4752 werden ebenfalls Druckausdehnungsgefäße in stehender und liegender Form verwendet; serienmäßige Herstellung bis 8 m³ und mehr; Temperatur jedoch < 120 °C. Sie sind statt mit fest angebrachten Halbmembranen vornehmlich mit *Blasen* oder *Vollmembranen* ausgerüstet, die austauschbar sind. Stickstoff außerhalb der Membran. Betriebsüberdrücke bis 5 bar (Bild 2.3.6-33).

Außerdem gibt es über *Kompressoren* gesteuerte Membranbehälter (Bild 2.3.6-34). Das Ausdehnungswasser kann dabei voll eingebracht werden, so daß die Behälter kleiner werden. Schaltgerät und Armaturen häufig außen am Gerät, so daß die Anlage als betriebsfertige Baueinheit installiert werden kann. Es können auch zur Vergrößerung der Kapazität mehrere parallel geschaltete Gefäße aufgestellt werden. Um das Wasser vor Eintritt in das Ausdehnungsgefäß abzukühlen, wird zum Schutz der Membran ein *Vorschaltgefäß* verwendet (Bild 2.3.6-35).

Druckhalteanlagen dieser Art sind besonders zweckmäßig, wenn die Druckdifferenz zwischen statischem Druck und höchstem Betriebsdruck möglichst gering sein soll. Der Druckanstieg kann dabei durch den Kompressor in geringen Grenzen gehalten werden (Dachheizzentralen).

Druckhaltung bei Heißwasseranlagen siehe Abschn. 2.2.3-1.2.2.

Für geschlossene Ausdehnungsgefäße ohne Membrane gilt mindestens:

$$V_{n,\,\min} \geq 3 \cdot V_e$$

Hierbei berücksichtgt der Faktor 3 auch die Wasservorlage für physikalisch abgesicherte Anlagen mit einem ausreichenden Dampfpolster. Bei geschlossenen Anlagen mit Membrane und Einrichtungen zur Fremddruckerzeugung (z.B. durch Druckhaltepumpe oder Druckgasanlage) soll das Nennvolumen mindestens betragen:

$$V_{n,\,\min} = V_v + V_e$$

zusätzlich sind folgende Bedingungen einzuhalten:

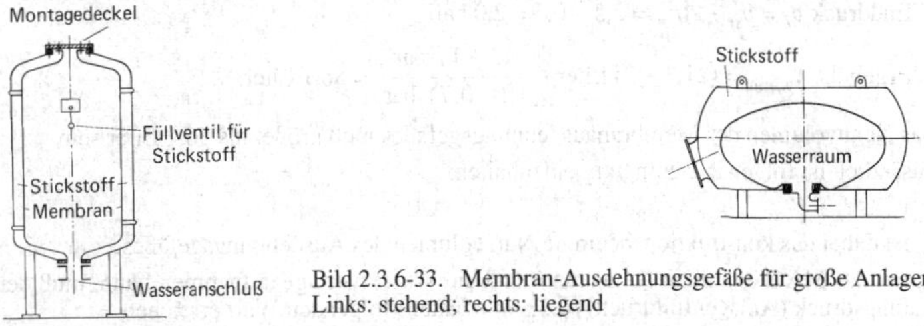

Bild 2.3.6-33. Membran-Ausdehnungsgefäße für große Anlagen. Links: stehend; rechts: liegend

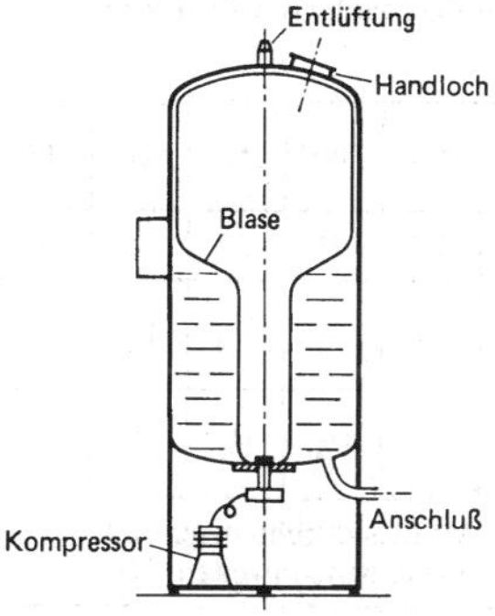

Bild 2.3.6-34. Ausdehnungsgefäß mit auswechselbarer Membran und Kompressor.

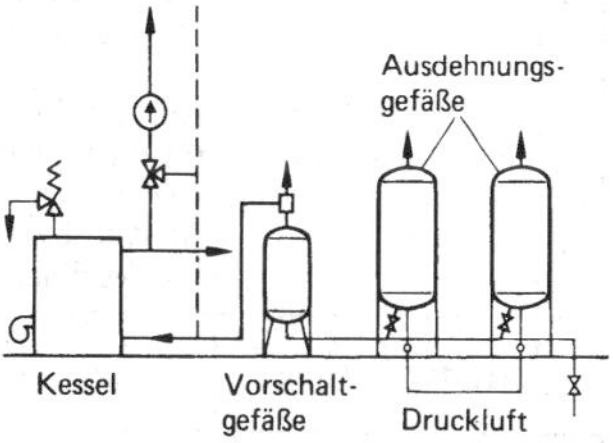

Bild 2.3.6-35. Zwei Ausdehnungsgefäße mit Kompressor und Vorschaltgefäß.

$V_o \geq V_v + V_e$

Für die geschlossenen *Kaltwasserkreise* der Klimaanlagen sind ebenfalls Druckausdehnungsgefäße erforderlich. Auslegung siehe Abschn. 5.5.7.

-5.2 Sicherheitsventile

Bei geschlossenen Anlagen bilden *Sicherheitsventile* (SV) eine zusätzliche Sicherheit gegen unzulässige Überdrücke im System für den Fall, daß die *Temperaturbegrenzer* (thermostatische Absicherung) nicht ausreicht.

Die Anwendung der SV regeln die Normen gemäß Tafel 2.2.2-2. Begriffe regelt DIN 3320 T1 (09.84).

Baumusterprüfung nach Richtlinie SR-Sicherheitsventile Bl. 2 (TÜV Essen) ist erforderlich.

Für Warmwasseranlagen (DIN 4751) werden federbelastete SV zugelassen, meist ausgeführt als *Membran-Sicherheitsventil* (Bild 2.3.6-36), bei Wärmeleistungen über 1000 kW und Drücken über 2,5 bar auch als *Vollhub-Sicherheitsventil* (Bild 2.3.6-37).

Die Ventilgröße richtet sich nach der Wärmeleistung der Heizungs- oder der Brauchwasser-Anlage.

Die Membran-Sicherheitsventile haben gegenüber dem Eintritt einen größeren Abgangsdurchmesser (Tafel 2.3.6-2). Für andere federbelastete Sicherheitsventile gilt Tafel 2.3.6-3.

Die Mündung muß frei und beobachtbar sein. Zweckmäßig ist der Anschluß eines *Ablauftrichters* (Bild 2.3.6-36). Bei Wärmeleistungen über 350 kW ist ein *Entspannungs-Topf* nach Bild 2.3.6-38 erforderlich. Die Mündung der Ausblasleitung des Entspannungstopfes muß im Freien liegen. Auf einen Entspannungstopf kann auch bei Anlagen über 350 kW verzichtet werden, wenn die Anlage bis 100 °C (STB) abgesichert ist und ein zusätzlicher

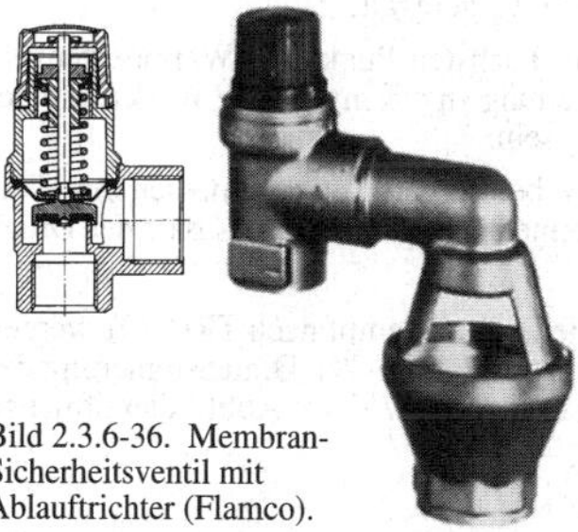

Bild 2.3.6-36. Membran-Sicherheitsventil mit Ablauftrichter (Flamco).

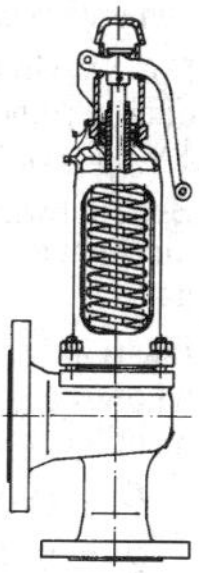

Bild 2.3.6-37. Vollhub-Sicherheitsventil (Flamco).

Tafel 2.3.6-2 Größen von Membran-Sicherheitsventilen nach DIN 4751 T2 (10. 94)

1	Membran-Sicherheitsventile (MSV)	Abblaseleistung**) in kW		50	100	200	350	600	900
2		Nennweite DN d_0		15	20	25	32	40	50
3		Anschlußgewinde*) für die Zuleitung d_1		½	¾	1	1¼	1½	2
4		Anschlußgewinde*) f. d. Ausblaseleitung d_2		¾	1	1¼	1½	2	2½
	Art der Leitung	Längen	Anzahl der Bögen	Mindestdurchmesser und Mindestnennweiten DN					
5	Zuleitung d_{10}	≤ 1 m	≤ 1	15	20	25	32	40	50
6	Ausblaseleitung *ohne* Entspannungstopf (ET) d_{20}	≤ 2 m	≤ 2	20	25	32	40	50	65
7		≤ 4 m	≤ 3	25	32	40	50	65	80
8	Ausblaseleitung zwischen MSV und ET d_{21}	≤ 5 m	≤ 2	32	40	50	65	80	100
9	Ausblaseleitung zwischen ET u. Ausblaseöffnung d_{22}	≤ 15 m	≤ 3	40	50	65	80	100	125
10	Entspannungstopf d_{30}	≤ 1,7 × d_{30}	0	125	150	200	250	300	400
11	Wasserabflußleitung des ET d_{40}	–	–	32	40	50	65	80	100

– keine Anforderungen
*) Nenngröße
**) Durch das Sicherheitsventil abzusichernde Wärmeleistung
Für Leistungen und Drücke, für die keine Membran-Sicherheitsventile verfügbar sind, sind federbelastete oder gewichtsbelastete SV mit entsprechendem Eignungsnachweis nach TRD 721 zu verwenden. Ihre Auslegung erfolgt nach TRD 721 und den Herstellerangaben.

STB (2-Sicherheitstemperaturbegrenzer) und ein zusätzlicher Maximaldruckbegrenzer (2 Maximaldruckbegrenzer) eingebaut sind.

Zuleitung und Ausblasleitung dürfen nicht absperrbar sein und keine Schmutzfänger oder Formstücke enthalten, die den vorgeschriebenen Querschnitt verengen. Länge der Leitungen und max. Zahl von Krümmern sind in DIN 4751 T2 geregelt.

Die SV sind an leicht zugänglicher Stelle und am höchsten Punkt des Wärmeerzeugers oder in seiner unmittelbaren Nähe an der Vorlaufleitung anzubringen. Die Werkstoffe der SV müssen für 140 °C Dampftemperatur beständig sein.

Bei Heißwasseranlagen bis 110 °C müssen die SV bei max. 2,5 bar, gemessen am Wärmeerzeuger, öffnen. Beim Abblasen der max. Wärmeleistung des Kessels darf der Druck auf max. 3 bar steigen.

Für Heißwasseranlagen nach DIN 4752 und für Niederdruckdampf nach TRD 701 werden baumustergeprüfte *gewichtsbelastete SV* zugelassen (Bild 2.3.6-39). Dimensionierung des Ventilquerschnitts bei Betriebsdrücken bis 10 bar nach DIN 4752 für Abblasdampfmenge

$D = \dot{Q}/0{,}43$ in kg/h (Sattdampfzustand)

$\dot{Q}$ = max. Wärmeleistung in kW.

Tafel 2.3.6-3 Maße der Zuleitungen, Ausblaseleitungen, Wasserabflußleitungen und der Entspannungstöpfe für andere federbelastete Sicherheitsventile

	Art der Leitung		Abblasedruck	Länge	Anzahl d. Bögen	Mindestdurchmesser d_1
1	Zuleitung	d_{10}	für alle Werte	≤ 0,2 m	≤ 1	d_0
2			für alle Werte	≤ 1 m	≤ 1	d_0+1 DNST**)
3	Ausblaseleitung *ohne* Entspannungstopf (ET)	d_{20}	≤ 5 bar	≤ 5 m	≤ 2	d_0 + 2 DNST**)
4			5 bar < p ≤ 10 bar	≤ 7,5 m	≤ 3	d_0 + 3 DNST**)
5	Ausblaseleitung zwischen Sicherheitsventil und ET	d_{21}	≤ 5 bar	≤ 5 m	≤ 2	d_0 + 2 DNST**)
6			5 bar < p ≤ 10 bar	≤ 7,5 m	≤ 2	d_0 + 3 DNST**)
7	Ausblaseleitung zwischen ET u. Ausblaseöffnung	d_{22}	≤ 5 bar	≤ 10 m	≤ 3	d_0 + 3 DNST**)
8			5 bar < p ≤ 10 bar	≤ 10 m	≤ 3	d_0 + 4 DNST**)
9	ET	d_{30}	≤ 10 bar	$l \approx 5 \times d_{21}$	0	≥ 3 × d_{21}
10	Wasserabflußleitung des ET	d_{40}	≤ 5 bar	–*)	–*)	d_0 + 3 DNST**)
11			5 bar < p ≤ 10 bar	–*)	–*)	d_0 + 4 DNST**)

*) keine Anforderungen
**) DNSt = Nennweitenstufe nach DIN 2402

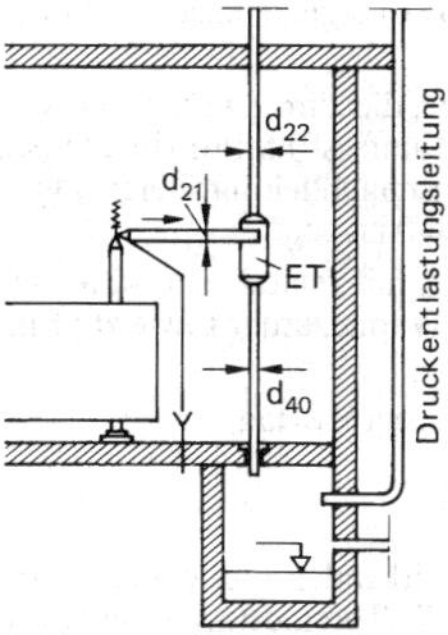

Sicherheitsventil-Ausblaseleitung mit Entspannungstopf ET

kW	600	900
d_{40}	80	100 mm
d_{22}	100	125 mm
d_{30}	300	400 mm
L	510	680 mm

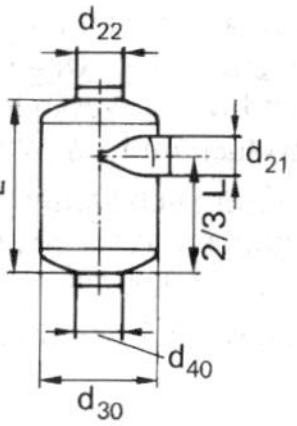

Entspannungstopf ET mit tangentialer Einführung

Bild 2.3.6-38. Entspannungstopf für Sicherheitsventile bei Wärmeleistungen über 350 kW.

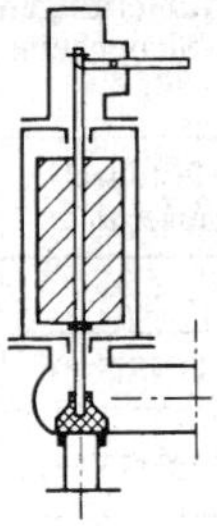

Bild 2.3.6-39. Gewichtsbelastetes Sicherheitsventil.

2.3.7 Meß-, Steuerungs- und Regelanlagen

(s. a. Abschn. 3.3.7)

Grundlegend überarbeitet von Dr.-Ing. Dieter Pfannstiel, Breitenbach a.H.

Der *Wärmeverbrauch* eines Raumes oder Hauses ist zeitlichen Schwankungen unterworfen. Er hängt von der Außenlufttemperatur, von den Windverhältnissen, der Sonneneinstrahlung, den inneren Wärmequellen und anderen Einflüssen ab. Die fortwährende Anpassung der Heizleistung von Heizkörpern und Heizkesseln an den veränderlichen Wärmebedarf kann nur von einer selbsttätigen Regelung befriedigend gelöst werden. Bei der Wahl der Raumtemperatursollwerte ist zwischen Komfortbedürfnis, evtl. Forderungen des Fertigungsprozesses und den Heizkosten abzuwägen. Außerdem soll die Regelung die für die Heizung erforderliche Wärmeerzeugung überwachen und so steuern, daß die Wärmeverluste so gering wie möglich sind.[1)]

Seit dem 1.2.2002 gilt (siehe Abschn. 6.1.5) die Energieeinsparverordnung (EnEV). Sie löst dabei die Wärmeschutzverordnung (WschV) und die Heizungsanlagenverordnung (HeizAnlV) ab. Politischer Auftrag bzw. Vorgaben für die Energieeinsparverordnung waren die Verschärfung der Anforderungen bei Neubauten um rund 30 Prozent, eine stärkere Einbeziehung des Gebäudebestandes sowie die Einführung von Energiekennzahlen im Gebäudebestand.

Die Energieeinsparverordnung gilt prinzipiell für alle Gebäude, die zum Zweck ihrer Nutzung beheizt werden. Der Regelungsbereich der Verordnung umfasst im Prinzip alle neu zu bauenden und die zu verändernden beheizten Gebäude einschließlich ihrer Heizungs-, raumlufttechnischen und zur Warmwasserbereitung dienenden Anlagen.

Die EnEV schreibt auch weiterhin vor, dass „Zentralheizungen mit zentral selbsttätig wirkenden Einrichtungen zur Verringerung und Abschaltung der Wärmezufuhr sowie zur Ein- und Ausschaltung elektrischer Antriebe in Abhängigkeit von

1. der Außentemperatur oder einer anderen geeigneten Führungsgröße und
2. der Zeit

auszustatten sind".

Weiterhin sind „heizungstechnische Anlagen mit selbsttätig wirkenden Einrichtungen zur raumweisen Regelung der Raumtemperatur auszustatten (z. B. Thermostatventile)". Soweit die geforderte Ausstattung bei bestehenden Gebäuden nicht vorhanden ist, muss der Eigentümer sie nachrüsten. Dies gilt auch für Fußbodenheizungen, bei denen rücklauftemperaturgesteuerte Regeleinrichtungen nicht zulässig sind.

Geändert wurde die Leistungsgrenze beim Einbau von selbsttätig, nicht manuell geregelten Umwälzpumpen in Zentralheizungsanlagen. Verlangt wird, dass bereits bei Kesselleistungen von mehr als 25 kW die elektrische Leistungsaufnahme in mindestens drei Stufen

---

[1)] Wolff, D.: Wärmetechnik: 3/91, S. 180ff.; 5/91, S. 280ff.; 6/91, S. 325ff.; 7/91.
Andreas, U., u. D. Wolff: HLH 8/84. S. 361/70.
Winter, A., u. D. Wolff: HLH 3/85. S. 120ff.
Div. Autoren zum Thema Heizungsregelung, atp Automatisierungstechnische Praxis, Heft 1/95, Oldenbourg Verlag.

selbsttätig angepasst wird. Bei Anlagen mit konstanten Volumenströmen (z. B. Speicherladepumpe) entfällt die Forderung nach einer regelbaren Pumpe.

Bildzeichen und Kennbuchstaben der MSR-Technik s. Abschn. 2.1.2.

-1 Einzelraum-Temperaturregelung

Aufgabe dieser Regler ist es, die Temperatur eines einzelnen Raumes durch Einstellung der Wärmezufuhr zum Heizkörper oder zu Heizflächen auf dem vorgegebenen Wert zu halten.

-1.1 Regler ohne Hilfsenergie[1)]

Thermostatische Heizkörperventile werden anstelle gewöhnlicher Radiatorventile verwendet, um die Wärmeabgabe eines Heizkörpers dem jeweiligen Wärmebedarf des Raums durch Änderung des Volumenstromes des Heizmittels anzupassen. Sie werden zweiteilig hergestellt: Ventil (Unterteil) und Regler (Oberteil).

Im Regler befindet sich der *Thermostat,* der in einem Behälter eine dampfförmige, flüssige oder feste (pastenartige) Substanz enthält. Diese dehnt sich bei Erwärmung aus und schließt das Ventil gegen Federdruck. Hub etwa 0,5…1 mm. In Sonderfällen Hochhubventil (Bild 2.5.3-4). Meist ist der Regler mit eingebautem Fühler direkt am Ventil angebaut. Ventilspindel möglichst waagerecht montieren, damit Fühler von Raumluft umströmt wird, andernfalls Korrektur des Sollwerts nötig (ca. 2 K). Bei ungünstigen Einbauverhältnissen erfolgt Trennung des Thermostats vom Ventil und Verbindung mittels *Kapillarrohr* (Bild 2.3.7-3). Spindeldichtung durch O-Ringe oder Faltenbalg. Viele Fabrikate auf dem Markt[2)] (Bild 2.3.7-1 bis Bild 2.3.7-3).

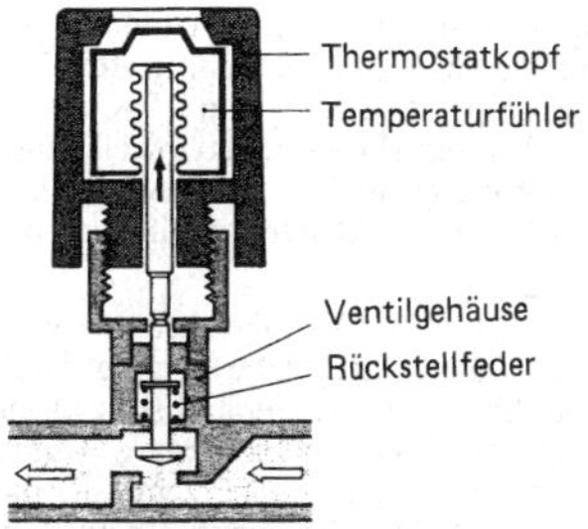

Bild 2.3.7-1. Thermostatisches Heizkörperventil.

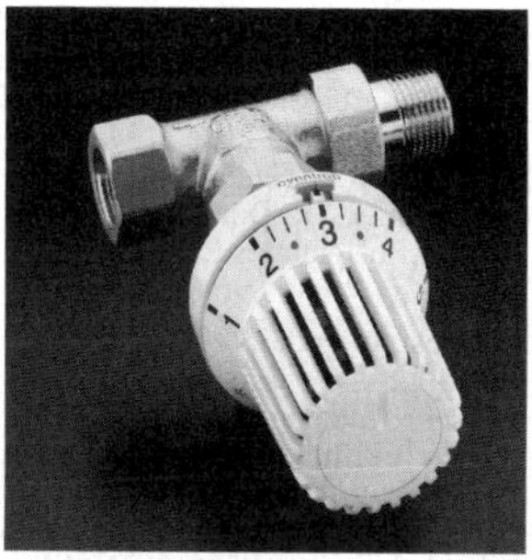

Bild 2.3.7-2. Thermostatisches Heizkörperventil – Ansicht (Oventrop).

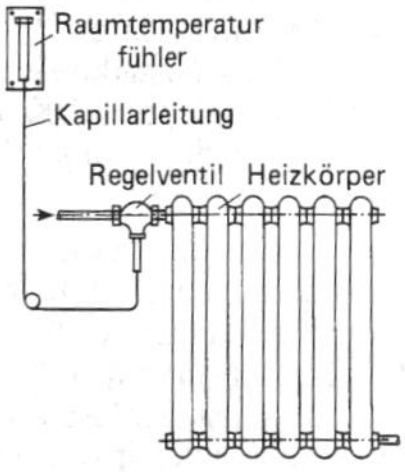

Bild 2.3.7-3. Temperaturregler mit Fernfühler für einen Heizkörper.

1) Bitter, H.: HLH 7/81. S. 272/6.
DIN EN 215 T1 (03.88): Thermostatische Heizkörperventile, Anforderungen, Prüfung.
Hübinger, M.: HR 3/82. S. 118/22 und Wärmetechn. 6/82. S. 622/6.
Frotscher, H.: TAB 6/84. S. 457/67.
BHKS: Merkblatt für Planung von Heizungsanlagen mit Thermostat-Ventilen. 3.84.
Treuner, I.: HLH Heft 6 u. 7/85.

2) test, Heft 3/89.
Wärmetechnik 1/98, S. 33–37.

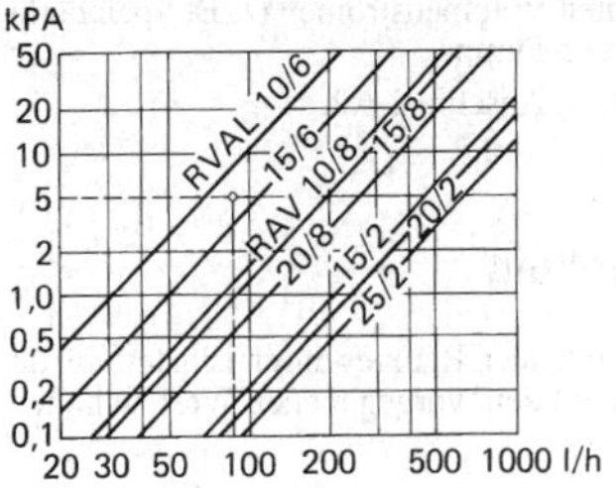

Bild 2.3.7-4. Auslegungsdiagramm für Thermostatventile (Danfoss).

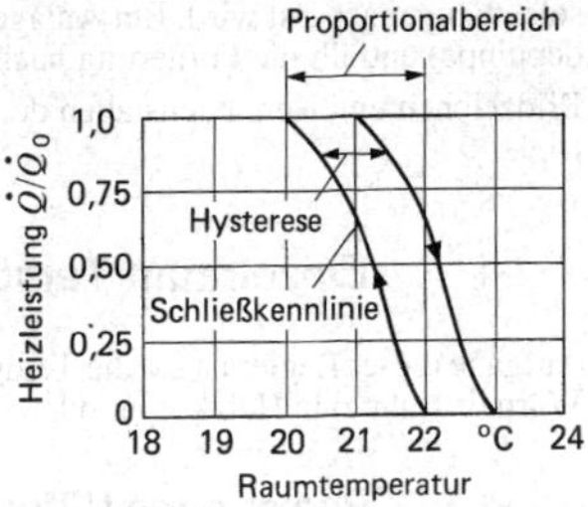

Bild 2.3.7-5. Heizkörperleistung in Abhängigkeit von der Raumtemperatur (Proportionalbereich 2 K).

Die Ventile sind regelungstechnisch gesehen *Proportional-Regler* mit einem Proportionalbereich von 1…3 K, der sich aus der Rohrnetzbemessung und aus der Ventilauswahl ergibt. Zu jeder Fühlertemperatur gehört eine bestimmte Ventilstellung. Bei steigender Fühlertemperatur schließt das Ventil, bei fallender Temperatur öffnet es. Zwischen der Schließ- und der Öffnungskennlinie besteht durch Reibung in der Stopfbuchse eine geringe Temperaturdifferenz (Hysterese), Bild 2.3.7-5. Der Sollwert wird durch Vorspannung einer Gegendruckfeder festgelegt. Der Sollwertbereich (Einstellbereich) liegt meist zwischen 5 und 30 °C.

Die *Heizleistung* des Heizkörpers ist nicht proportional dem Massenstrom oder Ventilhub, sondern hängt ab von der Kennlinie des Heizkörpers. Der Zusammenhang zwischen Massenstrom und Ventilhub ist durch die Ventilkennlinie und die Ventilautorität a_v, d.h. den anteiligen Druckabfall des geöffneten Ventils zum Gesamtdruckabfall des Netzteiles gegeben. Dadurch erhält man für die Heizleistung in Abhängigkeit von der Temperatur Diagramme wie Bild 2.3.7-5. Man erkennt, daß bei einem Temperaturanstieg von 1,0 K bereits etwa 65% der Heizleistung abgedrosselt werden. Das P-Band (Proportionalabweichung) beträgt hier 2 K. Durch Reibung im Ventil entsteht die Öffnungs- und die Schließkennlinie, die im Beispiel des Bild 2.3.7-5 eine Hysteresis von 1 K erzeugt. Dadurch ergibt sich ein *effektives P*-Band von 3 K.

Verbesserung der Regelkennlinie durch konstanten Druckabfall am Ventil empfehlenswert (Bild 2.3.7-6). Verringert Energieverbrauch infolge verringerter Regelabweichung durch bessere Nutzung der Fremdwärme (z.B. Sonneneinstrahlung, elektr. Geräte usw.). Ähnlichen Einfluß wie Fremdenergie hat zu hohe Heizwasser-Vorlauftemperatur. Durch Wärmeleitung im Ventilkörper wird im Fühler eine höhere Temperatur erzeugt als die tatsächliche Raumtemperatur beträgt. Bei Auslegung mit kleinen Proportionalbereichen und hohen Fremdwärmeanteilen verstärkt sich der Wassertemperatureinfluß. Regelschwingungen bzw. Zweipunktverhalten sind möglich. EN 215[1)] gibt 1,5 K pro 30 K Wassertemperaturerhöhung vor (größter Einfluß). Thermostatköpfe von hochwertigen Thermostatventilen weisen einen Einfluß von 0,5–0,8 K pro 30 K auf. Druckregelung über Pumpe s. Abschnitt 2.3.6-1.5. Gemäß EnEV gesetzlich vorgeschrieben für alle Anlagen mit einer Kesselnennwärmeleistung > 25 kW.

Für die Bemessung der Ventile sind aus der Rohrnetzdimensionierung Angaben über den Differenzdruck Δp_v des Ventils und den Massenstrom erforderlich. Mit diesen Werten kann das geeignete Ventil aus den Diagrammen der Hersteller ausgewählt werden. Siehe auch Abschnitt 4.3.1. Beispiel Bild 2.3.7-4, das sich auf einen Proportionalbereich von 2 K bezieht. Max. Differenzdruck 0,15…0,2 bar, da sonst Geräusche entstehen. Ventilautorität a_v möglichst 0,3…0,7, um eine günstige Regelcharakteristik zu erhalten.

Beispiel:

Heizleistung 2 kW bei einer Spreizung von 70/50 °C
Massenstrom = 2 × 3600/(4,2 · 20) = 85 kg/h
Differenzdruck Δp_v des Ventils = 50 mbar (5 kPA)
Erforderliches Ventil RAVL 10/6 oder RAVL 15/6 (aus Bild 2.3.7-4).

1) DIN EN 215 (03.88): Thermostatische Heizkörperventile, Anforderungen und Prüfung.

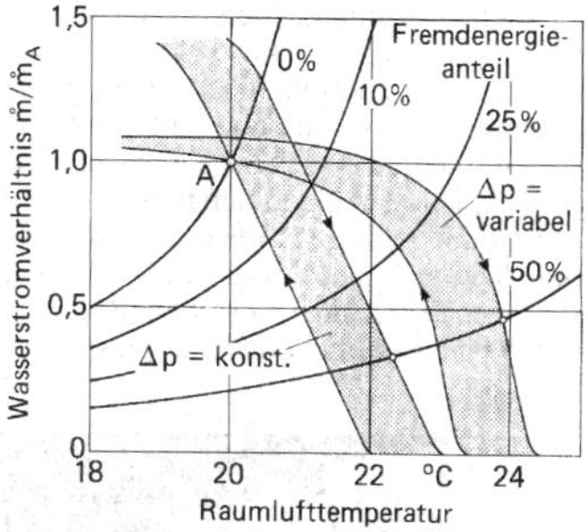

Bild 2.3.7-6. Öffnungs- und Schließkennlinie eines thermostatischen Heizkörperventils bei konstantem und variablem Differenzdruck der Pumpe.
A = Auslegungspunkt.

Bei den meisten Herstellern werden Ventile mit variabler Voreinstellung verwendet, wodurch sich stufenlos Massenstrom und Druckverhältnis den Betriebsverhältnissen anpassen lassen. Sinnvoll ist der Einsatz von Thermostatventilen mit verschiedenen Ventilkegeleinsätzen (verschiedene k_{vs}-Werte), während zusätzlich einstellbare Widerstände im Ventil-Gehäuse die Ventilautorität und damit die Regelgüte verschlechtern. Derartige Ventile sind besonders für Anlagen, z. B. Fern- oder Nahwärmesysteme mit großen Temperaturdifferenzen zwischen Vorlauf und Rücklauf zweckmäßig[1].

Thermostatische Heizkörperventile (THKV) sind die kostengünstigste Lösung für die nach der EnEV geforderten selbsttätigen Einrichtungen zur raumweisen Temperaturregelung.

Die richtige Planung und Auswahl von THKV legt die Grundlage für eine gleichmäßige Versorgung aller Verbraucher (Heizkörper), die Ausnutzung von Fremdwärme und damit verbunden einen niedrigen Jahresheizwärmebedarf und die Einhaltung einer geforderten Solltemperatur unter üblichen Betriebsbedingungen in den beheizten Räumen.[2]

Dazu sind zwei Auslegungsvarianten für THKV zu unterscheiden:

1. Auswahl von THKV mit angepaßtem Durchflußkennwert k_v durch Variation der Ventilkegel unter Beachtung einer angemessenen Ventilautorität a_v und eines ausreichenden Proportionalbereiches X_p; eine hydraulische Einregulierung erfolgt über eine zusätzliche Drosselstelle, z. B. Rücklaufverschraubung.
2. Auswahl von THKV mit Voreinstellmöglichkeit mit relativ überdimensionierten Regelkegel und Anpassung des Gesamtdurchflußkennwertes über eine interne Drossel bei gleichzeitiger hydraulischer Einregulierung, meistens durch eine überzogene Voreinstellung nur mit geringer Ventilautorität a_v und/oder kleinem Proportionalbereich X_p.

Eine witterungsgeführte Vorregelung ist erforderlich wegen des erwähnten negativen Effektes zu hoher Vorlauftemperaturen auf die Regelgüte. Zu große Differenzdrücke durch Pumpen mit flacher Kennlinie oder Drehzahlregelung sowie durch Differenzdruckregler in größeren Anlagen vermeiden. Ferner Rohrnetz so dimensionieren, daß Differenzdruck am Ventil $\leq$ 0,3 bar (Bild 2.3.7-6).

Bei Zweirohrheizungen ist auf ausreichenden Gesamtvolumenstrom auch bei geschlossenen Thermostatventilen zu achten, z. B. durch Bypaßventile oder besser Differenzdruckventile. Für Einrohrheizungen sind Thermostatventile ebenfalls verwendbar. Es gibt Ausführungen mit unterem Anschluß und solche mit 2 Anschlüssen (oben und unten), die günstiger sind.

-1.2 Regler mit Hilfsenergie

Neben den thermostatischen Heizkörperventilen ohne Hilfsenergie gibt es heute Thermostatköpfe mit eingebauter oder zusätzlicher Elektronik, mit der Möglichkeit einer individuellen Heizzeitenprogrammierung über eine einfach zu bedienende und abnehmbare Elektronikbox oder einer separaten Zeitschaltuhr und komplette Einzelraum-Temperaturregelsysteme in Verbindung mit elektrischen Stellantrieben für die Heizkörperventile.

[1]) Bartsch, D.: HLH 10/83. S. 424/6.
[2]) Wolff, D. et. al.: Wärmetechnik 07/98.

Einfache Einzelraum-Temperaturregelsysteme verwenden z. B. eine Zeitschaltuhr in Verbindung mit einem handelsüblichen Thermostat (Bild 2.3.7-7). Das Thermostat selbst hat die Funktion eines üblichen Thermostaten ohne Hilfsenergie. Bei Bedarf lässt es sich mit einem Steckernetzteil und einer Zeitschaltuhr zu einem sogenannten Energiespar-Set aufrüsten. Für den Anschluss des Steckernetzteiles (230 V, 24 V) ist in dem Thermostat eine entsprechende Aufnahmebuchse vorhanden. Ein voreingestellter Sollwert wird am Thermostat um ca. 4 °C während der programmierten Zeitintervalle abgesenkt. Die eingestellten Schaltzeiten können einfach geändert werden. Es lassen sich dabei individuelle Heizzeiten für jeden Wochentag einstellen. Räume, die nicht durchgehend benutzt werden, können dadurch bedarfsgerecht und energiesparend beheizt werden.

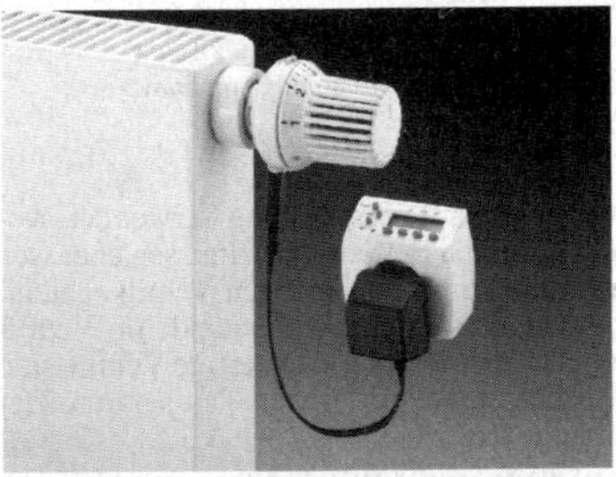

Bild 2.3.7-7.
Energiespar-Set (Oventrop).

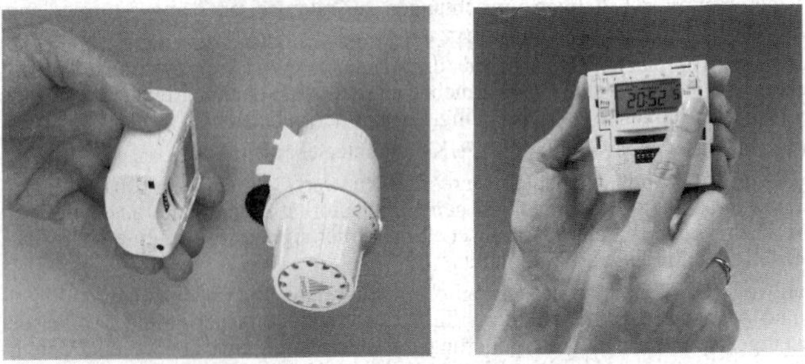

Bild 2.3.7-8. Programmierbarer Heizkörperthermostat.
Links: Ansicht; rechts: Programmierung der Schaltzeiten (Danfoss)

In dem Gerät nach Bild 2.3.7-8 ist die Zeitschaltuhr direkt am Thermostat angebracht. Der Vorteil dieses Gerätes ist, dass es keinen Netzanschluss benötigt, sondern über Batterien versorgt wird, die ca. erst nach 4 Jahren ausgetauscht werden müssen. Dieser Thermostatkopf kann auf gängige Ventilunterteile aufgesetzt werden. Er besitzt einen Elektromotor als Antriebseinheit sowie einen Mikroprozessor. Es stehen zwei individuell veränderbare Zeitprogramme zur Verfügung, z. B. für Werktage und Wochenende. Pro Tag sind bis zu drei Heizphasen einstellbar. Durch die individuelle Programmierung der Heizzeiten kann für 7 Wochentage jeweils pro Tag das passende Heizprogramm (P1 oder P2) gewählt werden, d. h. für Zeiten, in denen nicht geheizt werden soll, kann auf eine ca. 3 °C niedrigere Temperatur abgesenkt werden (Bild 2.3.7-8 rechts). Durch einfaches Betätigen der Komfort-Taste kann jederzeit, unabhängig davon, ob zur Zeit die Heizphase oder die Absenkphase aktiviert ist, in den jeweils anderen Zustand geschaltet werden. Diese Übersteuerung gilt bis zur nächsten einprogrammierten Schaltphase.

Bei dem Uhrenthermostat mit Funksteuerung nach Bild 2.3.7-9 ist der Raumtemperaturregler mit Zeitschaltuhr vom Stellglied räumlich getrennt. Für Heizkreisverteiler, Umwälzpumpen oder Handtuchheizer werden 1- bzw. 2-Kanal-Funkempfänger zur Wandmontage angeboten. Hier können diese Geräte direkt über einen Schuko-Stecker am Funkempfänger angeschlossen werden. Es handelt sich dabei um einen digitalen Temperaturregler mit komfortablem Wochenprogramm, Party- und Ferienprogramm. Weiterhin steht ein Dauerschalter für Komfort und Frostschutz zur Verfügung. Der Regler kann sowohl an der Wand

Bild 2.3.7-9. Uhrenthermostat mit Funksteuerung (Theben AG).

montiert werden als auch mit einem Tischfuß auf dem Tisch aufgestellt werden. Die Reichweite des Funksystems beträgt ca. 25 bis 30 m. Die Inbetriebnahme ist einfach möglich, da Elektroheizgeräte z. B. einfach über einen Zwischenstecker angeschlossen werden können, weil der 1-Kanal-Empfänger einen Schuko-Stecker-Ausgang besitzt. Eine digitale Codierung des Senders und des Empfängers sorgen für eine hohe Störfestigkeit. Die Batterielebensdauer des Uhrenthermostates mit eingebautem HF-Sender (433 MHz) wird mit ca. 2 Jahren angegeben.

In Verbindung mit den Raumtemperaturreglern werden eine Vielzahl von Stellantrieben für die Heizkörperventile angeboten und eingesetzt. Bild 2.3.7-10 links zeigt die Bandbreite der eingesetzten kabelgebundenen Stellantriebe. Diese reichen von den einfachen elektrothermischen Zweipunkt-, Dreipunkt- und Proportionalantrieben bis hin zu den busfähigen EIB- und LON-Proportionalantrieben. Weitere Optimierungsmöglichkeiten bieten Einzelraum-Temperaturregelsysteme, die mit einer zentralen Programmiereinheit über einen Bus vernetzt sind. Neben den kabelgebundenen Systemen werden heute vorwiegend funkgesteuerte Systeme eingesetzt. Dies hat wesentliche Vorteile bei der Nachrüstung, da ein aufwendiges Legen von Kabeln entfällt. Den busfähigen Stellantrieben (Bild 2.3.7-10 links) kann meist ein Fensterkontakt mit aufgeschaltet werden, der dann an die Zentraleinheit weitergeleitet wird und eine Lüftung signalisiert, entsprechend wird dann in dem jeweiligen Raum während der Lüftung die Energiezufuhr abgeschaltet. Andere Heizkörperregler erkennen eine Fensterlüftung sowohl über optional installierbare Fensterkontakte als auch automatisch (Bild 2.3.7-10 rechts).

Bild 2.3.7-11 zeigt das System einer funkgesteuerten Einzelraum-Temperaturregelung. Dieses System kann in Anlagen mit Fußbodenheizung, Radiatorheizung oder auch in gemischten Systemen eingesetzt werden. Das System setzt sich zusammen aus dem Raumthermostat CFR mit integrierter Sendeeinheit und einem Hauptregler CFM mit Empfänger-

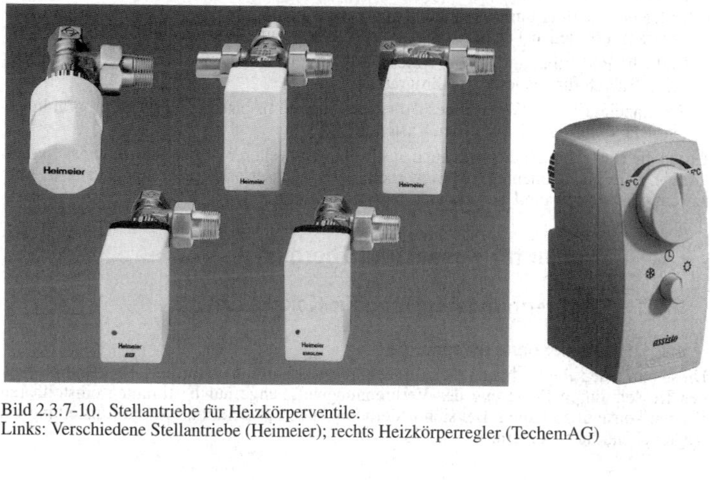

Bild 2.3.7-10. Stellantriebe für Heizkörperventile.
Links: Verschiedene Stellantriebe (Heimeier); rechts Heizkörperregler (TechemAG)

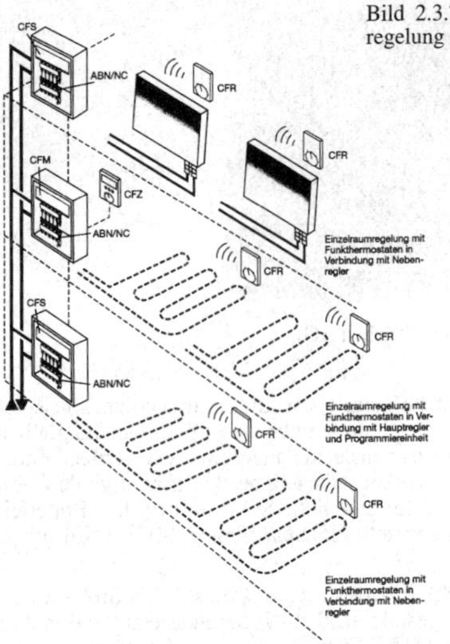

Bild 2.3.7-11. Funkgesteuerte Einzelraum-Temperaturregelung (Danfoss).

einheit sowie 8 Stellantriebausgängen für 8 Regelkreise und den dazugehörigen thermischen Stellantrieben der Serie ABN/NC. Die bisher übliche Verkabelung wird durch die drahtlose Signalübertragung zwischen Raumthermostat CFR (Sender) und Hauptregler CFM (Empfänger) ersetzt. Weiterhin kann das System mit bis zu zwei Nebenreglern CFS mit jeweils 8 zusätzlichen Regelkreisen erweitert werden. Optional kann noch eine externe Programmiereinheit CFZ zur Zonenregelung mit individuell programmierbaren Zeitprogrammen installiert werden. Insgesamt können mit diesem Regelsystem bis zu 24 Regelkreise oder Räume in einem Haus oder Gebäude bedient werden.

Die wesentlichen Merkmale dieser elektronischen Regler sind:

- Einfache Montage auf die marktgängigen Ventilunterteile ohne Entleerung des Heiznetzes und ohne elektrischen Verdrahtungsaufwand.
- Einfache Nachrüstung in bestehenden Anlagen.
- Komfortverbesserung und energiesparende Regelung durch individuell der Nutzung anpassbare Temperatur- und Zeitprogramme.
- Energieeinsparung durch Schließen des Ventils bei Fensterstoßlüftung, Wochenschaltprogramm für jeden Tag oder blockweise Werktage und Wochenende.
- Einfache Bedienbarkeit, leichte Ablesbarkeit durch LCD-Display mit zusätzlichem Anzeige-Balken für das jeweilige Programm.
- Spontaneingriff mit Wechsel des aktuellen Programms bis zum nächsten programmierten Schaltpunkt durch einfachen Tastendruck.

Durch die Bustechnik bietet sich auch das Einbinden weiterer Komponenten in das System an wie z. B. Komponenten zur Sicherheit, Verbrauchserfassung, Fernzugriff u. a. Man spricht dann von einem Hausautomationssystem (Kapitel 2.3.7-4).

-2 Regler für Kessel und Thermen

-2.1 Verbrennungsregelung für Kokskessel

-2.1.1 Regler ohne Hilfsenergie

Diese einfachen Regler haben die Aufgabe, die Vorlauftemperatur bzw. den Dampfdruck des Kessels durch Steuerung der Verbrennungsluftmenge auf bestimmten einstellbaren Werten konstant zu halten. Bei sich ändernden Außentemperaturen ist die Einstellung am Regler ebenfalls zu ändern.

a) *Schwimmerregler*

für Dampfkessel. Bei steigendem Dampfdruck hebt sich der Schwimmer und schließt mittels einer Kette die Luftklappe des Kessels (Bild 2.3.7-12).

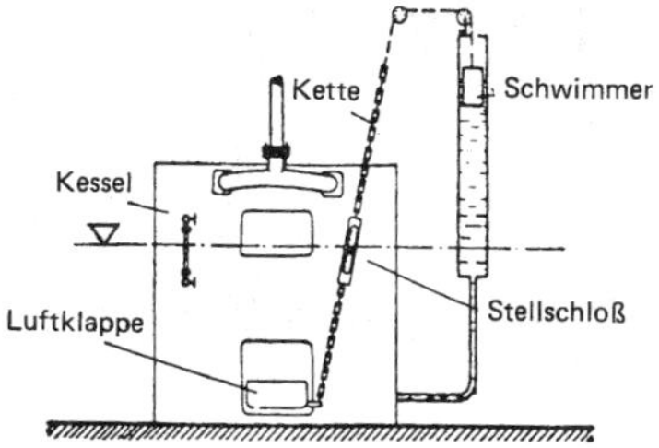

Bild 2.3.7-12. Schwimmerregler für Niederdruckdampfkessel.

b) *Membranregler*

bei Dampfkesseln haben als Fühlorgan eine Gummi- oder Metallmembrane, deren Bewegung durch eine Hebelübersetzung auf die Luftklappe des Kessels übertragen wird.

c) *Federrohrregler (Patronenregler)*

für *Dampfkessel* haben als Fühlorgan ein *Federrohr F,* das bei steigendem Dampfdruck ebenfalls mittels Hebelübersetzung die Luftklappe des Kessels betätigt (Bild 2.3.7-13 links). Klappengewicht Z wird durch Gegengewicht G ausgeglichen. Bei *Warmwasserkesseln* wird der Federkörper direkt in den Kesselraum eingebaut – Patronenregler Bild 2.3.7-13 rechts). Klappengewicht wird durch Feder ausgeglichen. Änderung der Vorlauftemperatur durch Drehknopf.

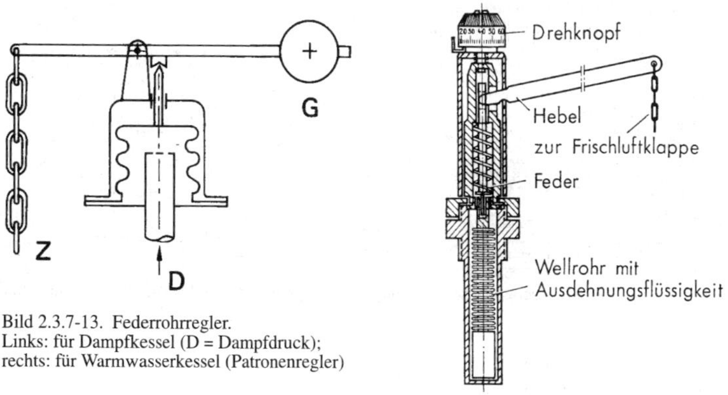

Bild 2.3.7-13. Federrohrregler.
Links: für Dampfkessel (D = Dampfdruck);
rechts: für Warmwasserkessel (Patronenregler)

-2.1.2 Regler mit Hilfsenergie

Regler dieser Art benutzen als Hilfskraft mechanische Triebwerke oder meist elektrischen Strom. Die große Stellkraft ist in der Lage, die Luftklappe in der Aschtür des Kessels und den Schieber im Abgasrohr oder eine Nebenluftklappe im Schornstein zu betätigen, wodurch die Regelung wesentlich genauer arbeitet. Fühlorgan ist bei Warmwasserkesseln der Thermostat im Vorlauf, bei Dampfkesseln der Pressostat im Kessel. Regelorgane sind entweder Klappen für die Verbrennungsluft, Abgase und Nebenluft oder Gebläse, so daß man auch Klappenregler und Gebläseregler unterscheidet. Häufig ist auch noch ein Temperaturfühler im Abgasrohr vorhanden, der bei Unterschreiten einer bestimmten Abgastemperatur Impuls gibt. Beispiel: Bild 2.3.7-14.

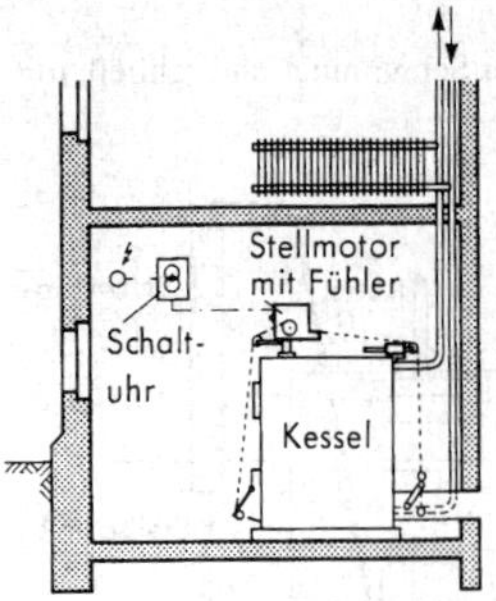

Bild 2.3.7-14. Elektroautomatischer Kesselregler für Kokskessel mit Stellmotor für Luft- und Abgasklappe.

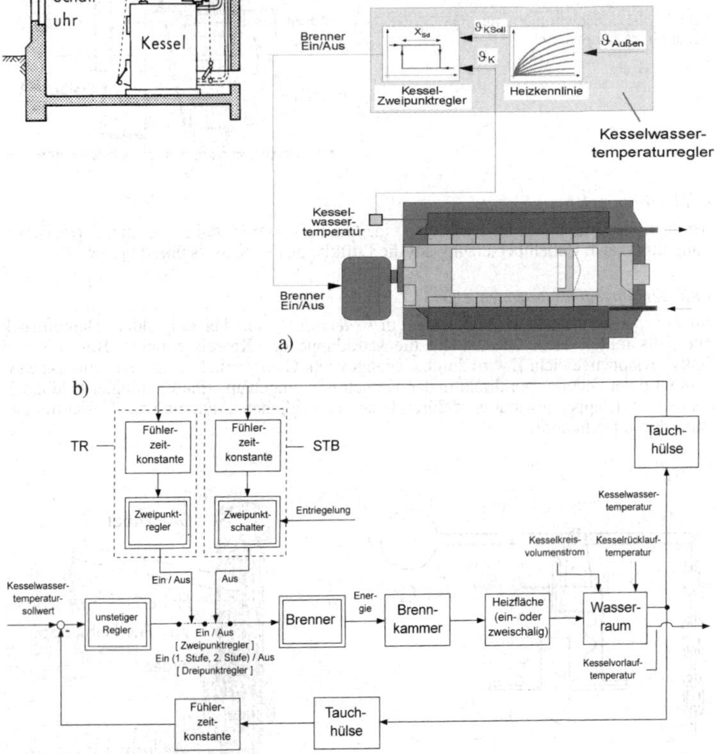

Bild 2.3.7-15. Kesselwassertemperaturregelung mit Zweipunktregler. a) Prinzip; b) Blockschaltbild

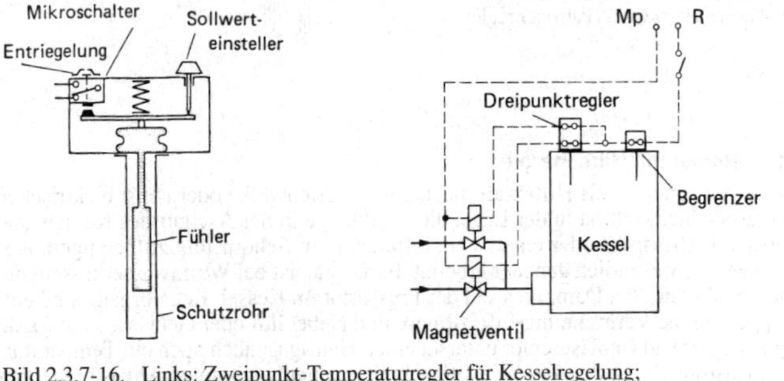

Bild 2.3.7-16. Links: Zweipunkt-Temperaturregler für Kesselregelung; rechts: Dreipunktregelung eines Gas- oder Ölbrenners.

-2.2 Kesselwassertemperaturregelung

Bei Kesseln oder Thermen mit Befeuerung durch Öl, Gas oder elektrischen Strom verwendet man elektro-mechanische oder elektronische Regler mit Zweipunkt-, Dreipunkt- oder stetigem Ausgang. Sie steuern unter Beachtung der Sicherheitseinrichtungen die Brenner ein- oder mehrstufig oder modulierend an oder betätigen Magnetventile, Schütze usw. (Bild 2.3.7-15).

-2.2.1 Regelung mit unstetigem Regler

a) *Kesselwassertemperaturregler,* die die Kesselwassertemperatur auf einem annähernd konstanten Wert halten oder als obere Begrenzung bei Niedertemperatur-Kesseln dienen (75 °C).

aa) *Zweipunktregler* mit Minimalkontakt. Das Meßprinzip beruht meist auf der Ausdehnung von Flüssigkeiten, Gasen oder Metallen (Bild 2.3.7-16, links). Bei Über- oder Unterschreitung des Sollwerts wird die Wärmezufuhr ab- bzw. eingeschaltet. Schaltdifferenz zwischen 4 bis 20 K, z.T. variabel. Herstellung als Aufbau- oder Einbaugeräte. Zur Vermeidung schleichender Kontaktgabe Mikroschalter (mit Sprungfeder) oder Magnete. Von außen verstellbar. Sonstige Bauarten siehe Abschnitt 3.3.7-2.

ab) Elektronische, witterungsgeführte Kesselwassertemperaturregler, die die Kesselwassertemperatur gleitend nach der Außentemperatur oder einer anderen geeigneten Führungsgröße sowie der Zeit zwischen 75 °C und 40 °C oder tiefer regeln.

b) *Kesselwassertemperaturwächter,* die die Wärmezufuhr bei Erreichen eines fest eingestellten Grenzwertes abschalten und erst nach wesentlichem Absinken der Temperatur wieder freigeben. Sie sind gegen Verstellung durch Unbefugte gesichert, nur mit Werkzeug verstellbar, z.B. durch einen Deckel über der Sollwerteinstellung.

c) *Sicherheitstemperaturbegrenzer* schalten bei einer fest eingestellten Grenztemperatur aus und verriegeln. Sie lassen sich von Hand oder mit Werkzeugen wieder in Betrieb setzen, z.B. Abschrauben eines Deckels und Betätigung eines Rückstellknopfes. Häufig geliefert als Doppeltemperaturregler (Regler und Begrenzer). Sie müssen erweiterte Sicherheit nach DIN 3440 erfüllen.

d) *Kesselwassertemperaturbegrenzer* wie vor, jedoch Wiedereinschalten von Hand.

Zur Absicherung der höchsten Vorlauftemperatur werden bei offenen Warmwasserheizungen ein Temperaturregler und ein Temperaturwächter, bei geschlossenen Warmwasserheizungen ein Temperaturregler und ein Sicherheitstemperaturbegrenzer am Kessel installiert.

Dreipunktregler erlauben drei verschiedene Schaltzustände, z.B. aus – klein – groß oder aus – $^1/_2$ – voll. Beispiel Bild 2.3.7-16, rechts mit Stufensteuerung eines Gas- oder Ölbrenners.

-2.2.2 Modulierende Regelung

Moderne Gas-Wandkessel verwenden statt des Zweipunktreglers einen stetigen Regler zur Leistungseinstellung (modulierende Regelung). Der Brenner arbeitet dabei nicht im Ein-/Ausbetrieb, sondern verstellt die Leistung kontinuierlich. Dies führt zu einer längeren Brennerlaufzeit, zu wenigen Brennerstarts und zu einer konstanten Vorlauftemperatur.

Im Gegensatz zum unstetigen Regler liefert der Modulationsregler ein kontinuierliches Ausgangssignal. Begrenzt wird das Ausgangssignal (Modulationsgrad) durch die physikalisch mögliche Leistungseinstellung (min. und max. Leistung). Dieses Signal wirkt auf den Lüfter (Verstellen der Drehzahl) und über den Gas-/Luftverbundregler, der anhand der Luftmenge die Höhe der zugeführten Gasmenge bestimmt, wird die Gasmenge der Luftmenge nachgeführt. Die Kesselwassertemperatur wird wie bei der Kesselwassertemperaturregelung mit unstetigem Regler über den Kesselfühler mit Tauchhülse gemessen. Dieser beeinflusst auch hier das Regelverhalten.

Die Leistung kann nur zwischen einer minimalen und einer maximalen einstellbaren Leistung kontinuierlich variiert werden. Diesen Bereich nennt man „Modulationsbereich“ (Bild 2.3.7-17). Die Leistung wird oberhalb der maximalen Leistung auf diese begrenzt („Begrenzung“). Unterhalb des Minimalwertes schaltet der Brenner aus physikalischen Gründen in den Ein-/Aus-Betrieb um (“Zweipunktbetrieb,,). Die maximale Begrenzung ist notwendig, damit der Brenner z.B. von der maximalen Leistung her an den Kessel ange-

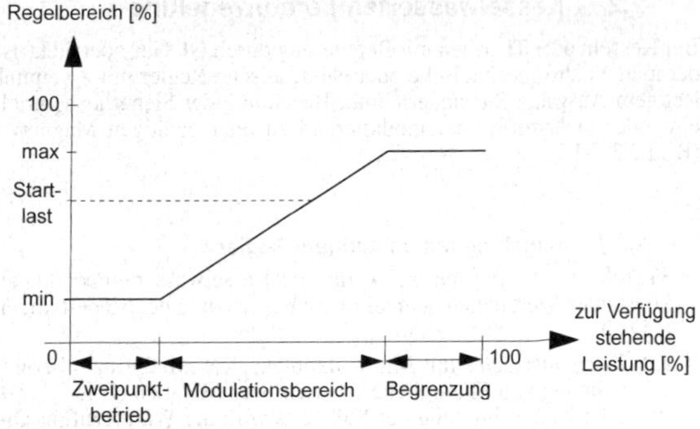

Bild 2.3.7-17. Modulationsbereich einer stetigen Regelung.

passt werden kann bzw. damit für Heiz- und Brauchwassererwärmung unterschiedliche maximale Leistungen zur Verfügung stehen.

-2.3 Regelung nach der Raumtemperatur – Testraumregelung[1])

-2.3.1 Unstetige Regelung

In einem geeigneten Raum des Gebäudes – *dem Testraum* – wird ein Raumthermostat angebracht, der die Temperatur in dem Raum unabhängig vom Wärmebedarf der übrigen Räume konstant hält. Die Wärmeleistung der übrigen Heizkörper des Gebäudes gleicht sich derjenigen des Testraumes an. Anwendung besonders in Etagenheizungen oder kleinen Einfamilienhäusern mit Umlauf-Gaswasserheizer oder bei einfachen Zonenregelungen in Schulen und Verwaltungsgebäuden. Bei größeren Gebäuden mit erheblichen Unterschieden des Wärmebedarfs einzelner Gebäudeteile nicht geeignet.

Ausführung meist mit elektrischen Zwei- oder Dreipunktreglern. Billig, aber wegen der großen Totzeit des Systems Temperaturschwankungen im Raum verhältnismäßig groß. Regler immer mit thermischer Rückführung verwenden, um die Schwingungsbreite zu verringern (Bild 1.7.3-4), gleichzeitig wird dann aber die Schalthäufigkeit erhöht. Wichtig ist die gute Plazierung des Raumthermostaten.

Schema der Regelung bei gas- oder ölbefeuerten Kesseln Bild 2.3.7-18.

Der Raumthermostat im Testraum schaltet den Brenner ein und aus: Auf-Zu-Regelung oder *Brennerregelung*. Kesselregler muß je nach Außentemperatur von Zeit zu Zeit verstellt werden. Auch *Pumpenschaltung* bei konstanter Kesseltemperatur möglich. In beiden Fällen unbedingt thermische Rückführung erforderlich, da sonst erhebliche Temperaturschwankungen.

Bei der *Zonenregelung* nach Bild 2.3.7-19 wird die Kesseltemperatur durch einen Kesselthermostaten annähernd konstant gehalten, während die Raumthermostate die Zonenventile ein- und ausschalten. Bei Verwendung von Thermostaten mit kombinierter Schaltuhr ist auch automatische *Nachtabsenkung* möglich.

-2.3.2 Stetige Regelung

Die Grundschaltung einer *elektronischen Raumtemperaturregelung* mit Motor-Mischer oder Mischventil geht aus Bild 2.3.7-20 hervor.

R_1 bis R_4 sind Widerstände in einer Meßbrücke. Ändert sich die Raumtemperatur am Fühler R_1, wird durch den Diagonalstrom über Verstärker und Relais das Mischventil in Bewegung gesetzt. Dadurch ändert sich auch die Vorlauftemperatur am Fühler R_4, so daß die Brücke wieder ins Gleichgewicht kommt, allerdings bei einer etwas veränder-

---

[1]) Beedgen, O.: Wärmetechnik 6/82. S. 236/40.
Siehe auch Abschn. 1.7.
Ki 3/85: Forum über Regelung.

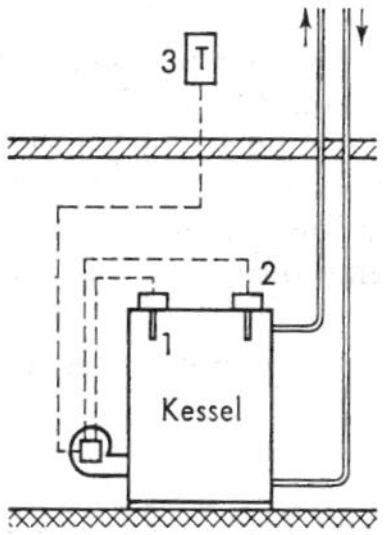

Bild 2.3.7-18. Schema der raumtemperaturabhängigen Kesselregelung bei Gas- oder Ölfeuerung.
1 = Kesseltemperaturregler,
2 = Begrenzungsregler,
3 = Raumthermostat

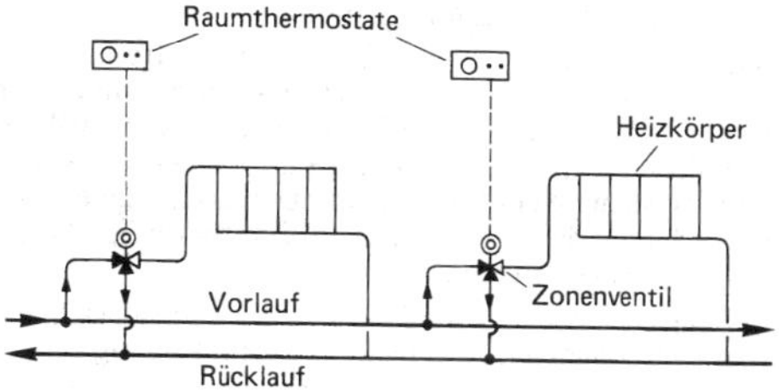

Bild 2.3.7-19. Schema einer Raumtemperaturzonenregelung mit Zonenventilen.

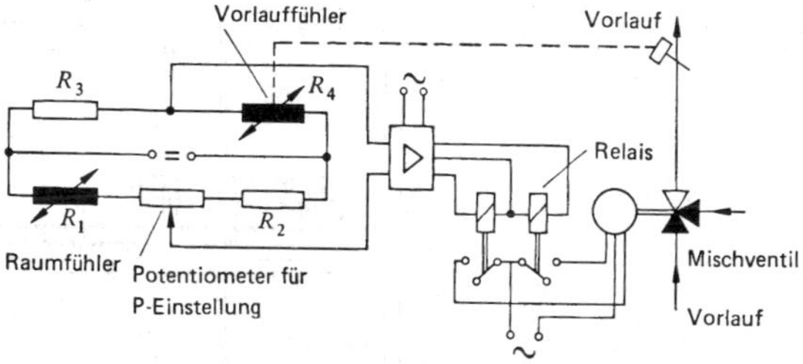

Bild 2.3.7-20. Schaltschema einer elektronischen Raumtemperaturregelung mit Mischventil. R_1, R_2, R_3, R_4 = Widerstände

ten Raumtemperatur *(P-Wirkung)*. Einstellung des Proportionalbereichs am Potentiometer.

-2.3.3 Regelkreisverhalten

Die *Temperaturschwankung* Δx im Raum läßt sich nur ermitteln, wenn die Kennwerte der Regelstrecke – Verzugszeit T_u und Ausgleichszeit T_g – bekannt sind (siehe Abschn. 1.7.2).

Beispiel 1:

Raumthermostat schaltet Ölbrenner. Gegeben sind Verzugszeit T_u = 10 min, Ausgleichszeit T_g = 60 min, Stellwirkung X_h = 35 K, Schaltdifferenz des Reglers X_d = 0,5 K.

Raumtemperaturschwankung

$\Delta x = X_h \cdot T_u/T_g + X_d = 35 \cdot 10/60 + 0{,}5 = 6{,}3$ K

Dauer einer Temperaturschwankung bei mittlerer Leistung:

$T_o \approx 4\,(T_u + T_g \cdot X_d/X_h) = 4 \cdot (10 + 60 \cdot 0{,}5/35) = 43{,}4$ min.

Sehr ungünstig. Verbesserung durch Thermostate mit thermischer Rückführung (dadurch Verringerung der Temperaturschwankung auf etwa $^1/_3$), richtige Lage des Fühlers zum Heizkörper einstellen.

Beispiel 2:

Proportionalregelung nach Bild 2.3.7-20.

Konstante Kesseltemperatur 90 °C, Verzugszeit T_u = 6 min, sonst wie vor.

Optimale *P*-Einstellung

$X_{opt} = T_u/T_g \cdot X_h = 6/60 \cdot 35 = 3{,}5$ K.

-2.3.4 Einzelraumregelung

Soll die Temperatur in einzelnen Räumen unabhängig vom Testraum geregelt werden, sind thermostatische oder elektrische Heizkörperventile zu verwenden (siehe Abschn. 2.3.7-1). Dies gilt in erster Linie für Wohnbauten. Bei Nichtwohnbauten im kommunalen wie im gewerblichen Bereich erfolgt die Einzelraum-Temperaturregelung mehr und mehr über DDC-Systeme. Sensor und meist auch das Stellglied sind dabei im Raum selbst angeordnet, während die Regelung, die Sollwertvorgabe, das Zeitprogramm oder ein manueller Eingriff zentral erfolgen.

Ein entscheidender Vorteil liegt in der möglichen Beeinflussung der Wärmeerzeugung vom Einzelraum aus. Das bietet eine Minimierung des Energieeinsatzes[1].

-2.3.5 Wohnungsweise Regelung

Geringeren Aufwand als die Einzelraumregelung erfordern Systeme zur wohnungsweisen Raumtemperaturregelung mit gleichzeitiger Heizkostenerfassung und mit der Möglichkeit des Rückgriffs auf die zentrale Vorlauftemperaturregelung (siehe Bild 2.3.7-21 und Bild 2.3.7-22).

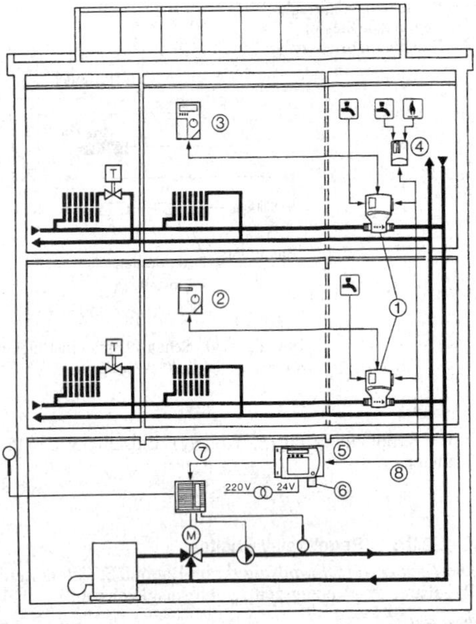

Bild 2.3.7-21. System für Raumtemperaturregelung und Energiekostenerfassung in Wohnbauten: 1. Regel- und Heizkostenverteilventil, 2. Analoges Raumgerät, 3. Digitales Raumgerät, 4. Universaladapter, 5. Gebäudezentrale, 6. Speicherkarte, 7. Steuerung Wärmeerzeugung, 8. Gebäudebus.

Das dargestellte System integriert folgende Funktionen:

- Raumtemperaturregelung und verbrauchsabhängige Heizkostenerfassung mit einem Regel- und Heizkostenverteilventil sowie mit einem Raumbediengerät incl. Raumtemperaturfühler und Energiespartaste,
- Erfassung der Impulse von zusätzlichen Zählern, z.B. Warmwasser, Kaltwasser, Gas etc.,
- Zentrale Steuerung der Wärmeerzeugung in Abhängigkeit des Wärmebedarfs der einzelnen Wohnungen.

[1]) Kunze, H.: HLH 10/88. S. 462.

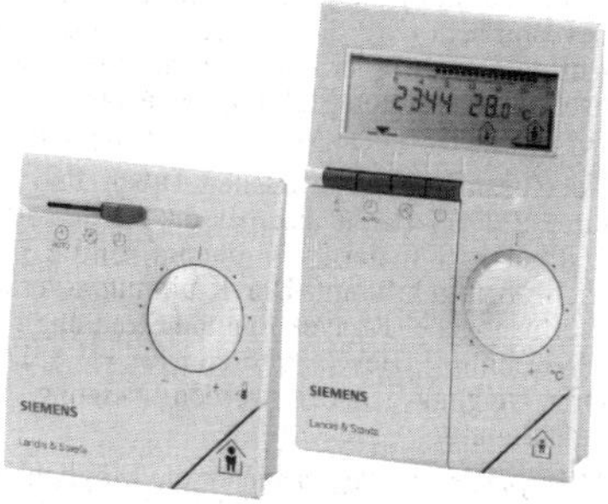

Bild 2.3.7-22. Digitale Raumbediengeräte mit Sollwertverstellung (Siemens Building Technologies).

-2.4 Regelung nach der Außentemperatur[1]

Witterungsgeführte Vorlauftemperatur-Regelung

-2.4.1 Prinzip der außentemperaturgeführten Regelung

Ein in der Außenluft befindlicher *Temperaturfühler* (Bild 2.3.7-23) gibt seinen Meßwert an das elektronisch arbeitende Zentralgerät. Die hier eingestellte Heizkennlinie (Steuerglied) gibt den Zusammenhang zwischen Außen- und Vorlauftemperatursollwert für eine ange-

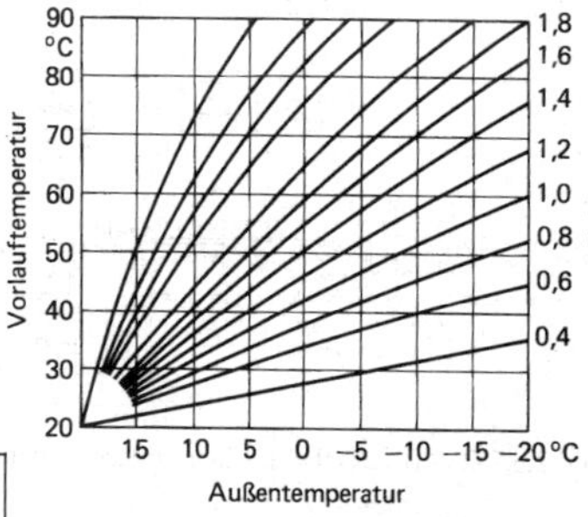

Bild 2.3.7-24. Heizkennlinien bei einer Außentemperaturregelung.

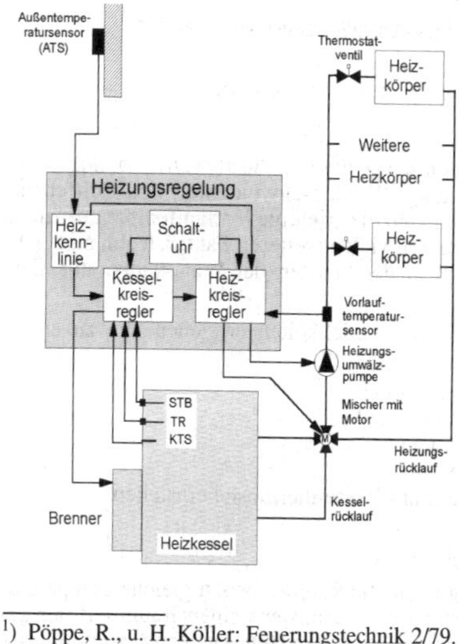

Bild 2.3.7-23. Witterungsgeführte Vorlauftemperatur-Regelung mit Mischer.

---

[1]) Pöppe, R., u. H. Köller: Feuerungstechnik 2/79. 5 S.
DIN EN 12098 T1 (09.96): Meß-, Steuer- und Regeleinrichtungen für Heizungen.
Nitschke, E.: Feuerungstechn. 1/81. S. 8.
Beedgen, O.: Wärmetechnik 7/81. S. 359/64.
Gilch, H.: IKZ 6/81. S. 122.
Winter, A., u. D. Wolff: HLH 3/85. S. 120/9

paßte Wärmezufuhr für das Gebäude. Durch ein Verstellen des Mischers und/oder Schalten des Brenners wird die notwendige Vorlauftemperatur eingehalten. Kontrolle durch Vorlauftemperaturfühler oder Kesselfühler. Der Außentemperaturfühler wird an der klimatisch ungünstigsten Stelle der Hausfassade angebracht, in der Regel sonnengeschützt auf der Nordseite (keine Morgensonne, nicht direkt über Fenster).

Der Zusammenhang zwischen Außen- und Vorlauftemperatur ist den Auslegungstemperaturen der Heizfläche anzupassen, z.B. derart, daß bei –15 °C die Vorlauftemperatur 70 °C und bei + 10 °C nur 37 °C beträgt, Bild 2.3.7-24. Die *Heizkennlinien* sind normalerweise nach oben gekrümmt. Der Krümmungsverlauf ist abhängig vom Heizsystem und seiner Wärmeabgabe (Konvektion und Strahlung), ausgedrückt durch den Faktor m der Heizkörper-Kennlinie. Bei Radiatoren ist $m = 1{,}3$. Die Heizkurve kann parallel verschoben und in ihrer Neigung geändert werden. Neigung = Vorlauftemperaturänderung/Außentemperaturänderung.

Mikroprozessor-Regler bieten die Möglichkeit, die Kennlinie in Krümmung und Neigung automatisch zu adaptieren (Adaption der Heizkennlinie).

Das Prinzip der witterungsgeführten Regelung geht aus dem Bild 2.3.7-25 hervor.

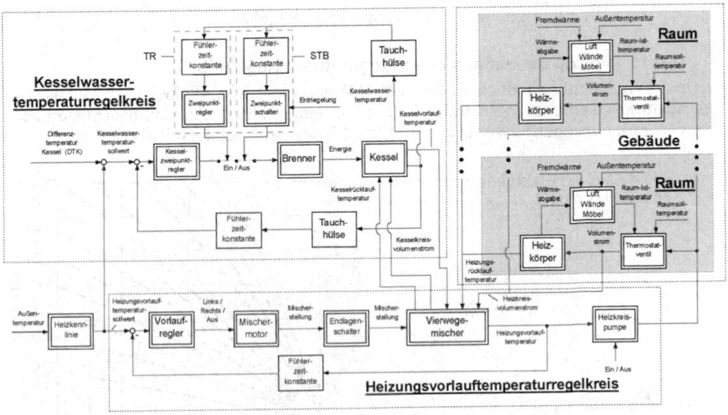

Bild 2.3.7-25. Blockschema einer witterungsgeführten Regelung mit Mischer.

Eine verfeinerte Ausführung ist der Einsatz von *Zusatzfühlern,* die als getrennte oder kombinierte Fühler auch zusätzlich Sonnenstrahlung, Windgeschwindigkeit und Luftfeuchte erfassen können. Dabei ist jedoch zu bedenken, daß die „richtige Vorlauftemperatur" nicht nur von dem Außenluftzustand, sondern auch von vielen weiteren Faktoren abhängt, z.B. der Bauart der Heizung, der Luftdurchlässigkeit der Fenster, der Wandtemperatur, dem Montageort des Außenfühlers usw.

Am Regelgerät lassen sich noch weitere Schaltmöglichkeiten erreichen, die an einem Wahlschalter eingestellt werden, z.B.

1. Raumtemperatur tagsüber normal, nachts reduziert,
2. Raumtemperatur tagsüber normal, nachts abgeschaltet,
3. Reduzierte Raumtemperatur für Tag und Nacht,
4. Normale Raumtemperatur für Tag und Nacht,
5. Automatik ausgeschaltet; Vorlauftemperatur am Kesselthermostat einstellen,
6. Heizung ausgeschaltet.

Mindestanforderungen sind in EN 12098-1 festgelegt.

Es ist einleuchtend, dass bei dieser Regelung nicht alle Räume absolut gleiche Temperaturen haben können. Um z.B. bei Einfamilienhäusern wenigstens einen Raum auf der gewünschten Temperatur zu halten und die Fremdwärme zu nutzen, kann zusätzlich für diesen Raum ein Raumfühler installiert werden, wie in Bild 2.3.7-23 angegeben. Der Raumfühler bewirkt dabei eine Verschiebung des Sollwertes der Vorlauftemperatur in Abhängigkeit von der Raumtemperatur *(Kaskadenschaltung).*

Ansicht eines Regelgerätes in Bild 2.3.7-26, Bild 2.3.7-27 und Bild 2.3.7-28 .

Bild 2.3.7-26. Digitaler multifunktionaler Heizungsregler zur Regelung von Heizgruppe und gleichzeitig bedarfsgeführter Kesselregelung (Siemens Building Technologies).

Moderne Regeleinrichtungen für Wohnbauten umfassen heute nicht nur die Ansteuerung der Wärmeerzeugung und ein oder zwei Mischkreise, sondern regeln auch die Temperatur der Warmwasser-Speicher, schalten bedarfsgeführt die Heizkreispumpen und gestalten einen zeitoptimierten Betrieb der Anlage. *Mikrocomputergesteuerte* Geräte bieten darüber hinaus eine zentrale Überwachung der Betriebszustände und Temperaturen (Ist- und Sollwerte) sowie eine Fehler- und Systemdiagnose. Über Fernbedienungs- und Anzeigegeräte im Wohnraum erfolgt die Kommunikation Mensch–Regeleinrichtung.

Durch Wahl einer entsprechenden *Schaltuhr* (analog oder digital) ist auch ein Wochen- oder Jahresprogramm möglich, z.B. für Geschäftshäuser, Fabriken, Schulen und Verwaltungsgebäude. Bei diesen Objekten mit instationärem Heizbetrieb sind durch Einsatz einer *Heizungsoptimierung* weitere Energieeinsparungen möglich. Zum Funktionsablauf einer Heizungsoptimierung gehört:

Reduzierter Betrieb zum frühestmöglichen Zeitpunkt (optimum off),

Tatsächlich tiefere Absenkung der Nachttemperatur durch Sperrung der gesamten Energiezufuhr (evtl. auch Kessel),

Verlängerung des Absenkbetriebes auf den maximal möglichen Zeitraum, d.h. morgendliche Wiedereinschaltung der Heizung zum spätest zulässigen Zeitpunkt (variabler

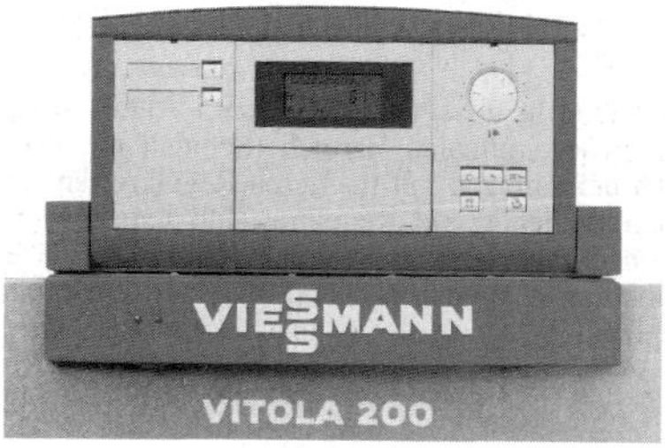

Bild 2.3.7-27. Virotronic 200 – Witterungsgeführte Mikrocomputer-Regelung für Kesseltemperatur und Vorlauftemperatur für 1 Mischerkreis, Warmwasser-Speicher, Pumpensteuerung und Diagnosesystem (Viessmann Werke).

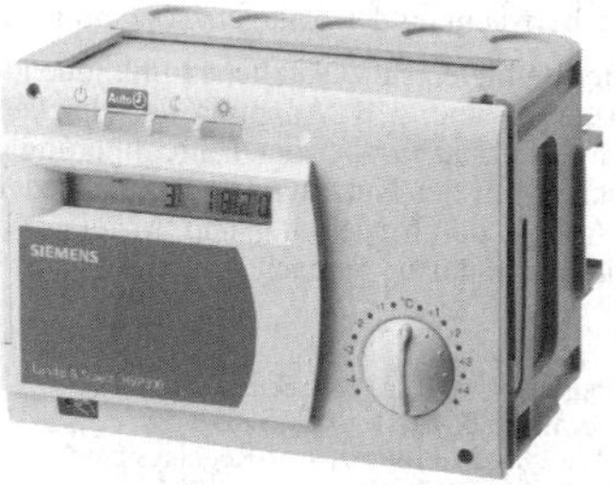

Bild 2.3.7-28. Digitaler Heizungsregler (Siemens Building Technologies).

Einschaltpunkt – optimum on),
Aufheizung in kürzest möglicher Zeit mit der maximal zur Verfügung stehenden Heizleistung.

Der tiefen Absenkung sind, trotz aller wirtschaftlichen Vorteile durch bauphysikalische Gegebenheiten und durch den Problemkreis der Behaglichkeit, nach unten hin Grenzen gesetzt.

Heizungsregelungen gibt es in den verschiedensten Ausführungsformen. Von der Technologie her gesehen sowohl in Analogtechnik als auch in Digitaltechnik, wobei letztere inzwischen überwiegt. Der Markt bietet heute eine Fülle von Heizungsregelungen, die als Baueinheit ein oder mehrere witterungsgeführte Regelungen für verschiedene Heizkreise beinhalten.

Für einzelne Räume oder Raumgruppen müssen laut EnEV zusätzlich Einzelraum-Temperaturregler (z. B. *thermostatische Heizkörperventile* oder Zonenregler) zur Nachregelung eingebaut werden, um hier die Raumtemperatur auf den gewünschten Werten zu halten und Überheizung zu vermeiden.

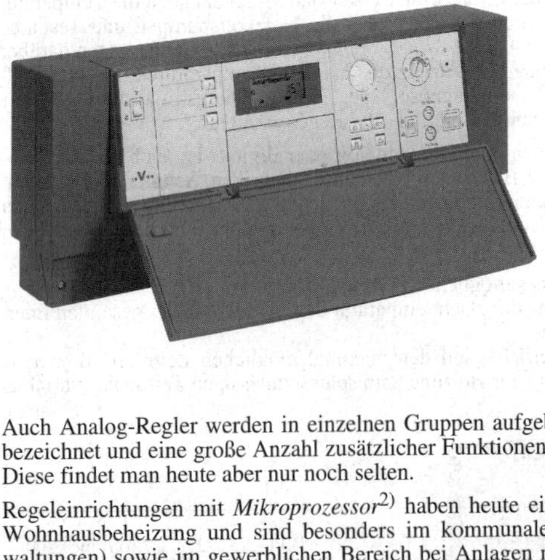

Bild 2.3.7-29. Vitotronic 300 – Witterungsgeführte Mikroprozessor-Regelung für Kesseltemperatur. Brenner 1stufig, mehrstufig, modulierend, 2 Mischkreise, Warmwasserspeicher, Pumpensteuerung, Diagnosesystem, kommunikationsfähig, Wochenuhr, Ferienprogramm (Viessmann Werke).

Auch Analog-Regler werden in einzelnen Gruppen aufgebaut, die man als Steckmodule bezeichnet und eine große Anzahl zusätzlicher Funktionen im Heizbetrieb ermöglichen[1]. Diese findet man heute aber nur noch selten.

Regeleinrichtungen mit *Mikroprozessor*[2] haben heute einen wachsenden Anteil in der Wohnhausbeheizung und sind besonders im kommunalen Bereich (Schulen und Verwaltungen) sowie im gewerblichen Bereich bei Anlagen mit mehreren Regelkreisen von Vorteil. Für die Kommunikation zwischen Bediener und Regelung sind verschiedene Bedienphilosophien und Display-Ausführungen auf dem Markt vertreten. Das geht über Einstellknöpfe, wie beim Analogregler, Funktionstasten mit Vor- und Rücklauftaste, bis zu Funktionstasten mit Bit-Generator, der die Drehbewegung als bedienerverständliches Element einschließt.

Die Displays variieren zwischen Zahlen-Symbol-Kombination und ein- und mehrzeiligen Klartextanzeigen.

Mikroprozessor-Regler ermöglichen dadurch nicht nur eine vereinfachte Einregulierung und Überwachung der Anlagen, sondern auch die Integration von Diagnose-Systemen.

Weiterhin bieten sie zusätzliche Funktionen, die in Analog-Technik nicht oder nur schwer realisierbar sind: z. B. Adaption der Heizkennlinie und der Optimierungsparameter. Dadurch *Zeitersparnis* bei der Einregulierung. Integrierte *Jahresuhren* senken Energieverbrauch durch der Nutzung angepaßte Betriebszeiten. Ferner ständige Funktionskontrolle der Anlage durch Messung und Anzeige von Abgas-Temperatur, feuerungstechnischen Wirkungsgrad usw., je nach Ausführung.

---

[1]) Andreas, U.: HLH 9/81. S. 377/81.
Hartmann, K.: TAB 9/83. S. 693/6.

[2]) ETA 2/85: Mikroprozessor-Regelsysteme.
Pfeifenberger, U.: Ki 2/85. S. 57/60

Folgende Funktionen werden heute u.a. angeboten:

1. *Kesselschaltungen* (auch gestufter oder modulierender Betrieb) mit Einstellung für minimale Kesseltemperatur, Mindestschaltzeit und Schaltdifferenz der Kesseltemperatur. Dabei kann der Kessel auch mit gleitender Temperatur betrieben werden.

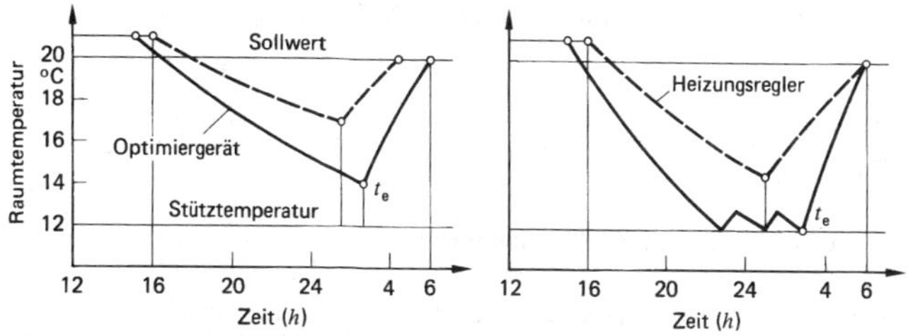

Bild 2.3.7-30. Temperaturverlauf bei Optimierung und Heizungsregelung.

2. *Optimierte Absenkung* in der Nacht auf die tiefstmögliche Temperatur, morgendliche Wiederanschaltung zum spätesten Zeitpunkt und in kürzester Zeit; der Einschaltpunkt der Heizung wird dabei vom Gerät selbständig unter Berücksichtigung des Speicherverhaltens des Gebäudes ermittelt (Bild 2.3.7-30 und Bild 3.3.7-72). Verringert Nachtabsenkung bei tiefen Außentemperaturen, um morgens die Anheizspitze zu dämpfen und Bauschäden zu vermeiden. Frühabschaltung am Nachmittag; bei mehreren Heizkreisen für jeden Kreis ein besonderer Fühler. Im Wohnbereich abends Absenkung der Vorlauftemperatur um z.B. 3 K, um eingeschaltete elektrische Verbraucher zu kompensieren.
3. *Aufschaltungen* zur Kompensation des Einflusses von Wind oder der Sonne.
4. *Begrenzung (minimal oder maximal)* der Vorlauftemperatur bei Niedertemperatur- oder Fernheizung oder der Zulufttemperatur bei Lüftungsanlagen.
5. *Begrenzung* der Rücklauftemperatur z.B. bei der Fernheizung konstant oder gleitend nach der Außentemperatur; Begrenzung der Raumtemperatur z.B. bei Fremdwärme-Einwirkung.
6. *Pumpenabschaltung* z.B. beim Absenkbetrieb in der Nacht oder an Wochenenden. Bei drehzahlgeregelten Pumpen evtl. Erhöhung der Vorlauftemperatur um z.B. 5 K, um Durchfluß zu kompensieren.
7. *Kesselfolgeschaltungen* bei zwei oder mehr Kesseln, ein-, mehrstufig oder modulierender Brenner; verschiedene Strategien; lastmäßig nicht benötigte Kessel werden ausgeschaltet und wasserseitig abgesperrt; Führungskessel-Wahlschaltungen.
8. *Vorrangschaltung* und zeitabhängiger Betrieb des Warmwasserspeichers, periodisch Aufheizung zur Entkeimung (Legionellen).

-2.4.2 Zusatzfunktionen ohne Raumtemperatursensor

Sparfunktion

Der Raumsollwert wird um 2 K abgesenkt. Die Vorlaufsolltemperatur wird dabei über die Heizkennlinie reduziert.

Partyfunktion

Durch Drücken der Partytaste wird die Raumsolltemperatur durch die Partytemperatur ersetzt und nach dieser geregelt. Absenk- oder Abschaltbetrieb wird dadurch aufgehoben. Meist wird mit Einleiten der Partyfunktion auch automatisch die Warmwasserbereitung freigegeben.

Frostgefahr bzw. Frostschutz

Frostgefahr wird anhand der momentanen Außentemperatur erkannt. Wird die Heizungsanlage im Abschaltbetrieb betrieben, so wird z. B. bei Unterschreiten der Außentemperatur von 1 °C der Brenner eingeschaltet und nach Heizkennlinie geregelt. Steigt die Außentemperatur über 3 °C an, so wird die Beheizung wieder abgeschaltet. Es liegt somit hier eine Schalthysterese von 2 K zugrunde.

Ferienfunktion

Für die Dauer des Ferienprogrammes wird die Heizung auf den eingestellten Raumsollwert geregelt. Frostschutz ist während des Ferienprogrammes für Heizung und Warmwasser sichergestellt. Nach Ende des Ferienprogrammes wird die Heizung nach der eingestellten Betriebsart geregelt.

Heizkreispumpenlogik-Funktion

Diese Funktion macht den Vorlaufsollwert zu Null, wenn die Außentemperatur den eingestellten Raumsollwert um mehr als 1 K überschreitet. Die Heizkreispumpe wird abgeschaltet.

Eco-Funktion

Der Vorlaufsollwert wird auf Null gesetzt, wenn der aus der Heizkennlinie berechnete Vorlaufsollwert kleiner als die Außentemperatur ist. Die Heizkreispumpe wird bei dieser Funktion nicht abgeschaltet.

-2.4.3 Zusatzfunktionen mit Raumtemperatursensor

Adaption der Heizkennlinie

Wie bereits beschrieben, handelt es sich bei der Vorgabe des Temperatursollwertes über die Heizkennlinie um eine Steuerung. Bei einer automatischen Adaption der Heizkennlinie wird zusätzlich über einen Raumtemperatursensor die Raumtemperatur erfaßt. Anhand der Abweichung der Raum-Isttemperatur vom eingestellten Raumtemperatur-Sollwert werden Neigung und Niveau der Heizkennlinie in Abhängigkeit der Außentemperatur und damit dem jeweiligen Belastungszustand korrigiert. Hierbei sind zusätzliche Parameter (z.B. Sperrvermerke, in denen nicht adaptiert werden darf), zu berücksichtigen. Bei der Heizkennlinienadaption handelt es sich um eine indirekte Sollwertkorrektur, da der Sollwert (Kessel- bzw. Vorlauftemperatur) über die Verstellung der Heizkennlinie korrigiert wird. In dem für die Gesamtanlage repräsentativen Raum (Testraum), wo der Raumtemperatursensor installiert ist, dürfen keine Thermostatventile vorhanden bzw. nicht im Regeleingriff sein.

Raumtemperaturaufschaltung

Um kurzfristige Schwankungen der Raumtemperatur auszugleichen, ist ein Raumeinfluss einstellbar. Bei einer Raumtemperaturaufschaltung erfolgt in Abhängigkeit von der Soll-Istwertabweichung im Raum eine direkte Korrektur des Vorlauftemperatursollwertes.

Einschaltoptimierung

Die Raumtemperatur soll zu Beginn der Belegungszeit die eingestellte Raumsolltemperatur gerade erreicht haben. Um dies zu erreichen, wird die Aufheizzeit berechnet und die Startzeit für den Heizbeginn nach einer Nachtabsenkung oder Nachtabschaltung wird um diese Zeit vorverlegt.

Ausschaltoptimierung

Die Raumtemperatur soll am Ende der Belegungszeit die eingestellte Raumsolltemperatur z. B. um 1 K unterschritten haben. Um dies zu erreichen, wird die Abkühlzeit berechnet und der Absenk- bzw. Abschaltbetrieb wird um diese Zeit vorverlegt.

Schnellaufheizung

Bei der Schnellaufheizung wird der Vorlaufsollwert solange angehoben, bis der Raumistwert den neuen Raumsollwert erreicht hat.

Schnellabsenkung

Bei der Schnellabsenkung wird der Vorlaufsollwert solange auf Null gesetzt, bis der Raumistwert den neuen Raumsollwert erreicht hat.

Heizkreispumpenlogik-Funktion

Diese Funktion schaltet die Heizkreispumpe ab, wenn die Außentemperatur einen eingestellten Außentemperaturwert überschreitet.

-2.5 Kesselfolgeschaltungen[1)]

Bei großen Anlagen werden zum Teil aus Sicherheitsgründen zwei, drei oder mehr Kessel aufgestellt, die je nach Belastung in Betrieb gehen.

[1)] VDMA Einheitsblatt 24770.
Dittrich, A.: HLH 11/81. S. 451/2.
Schaer, M.: Heizung und Lüftung 4/87. S. 6ff.
Bolfing, L.: Feuerungstechnik Spezial 7/88. S. 12/19 und 8/88. S. 16/19.

Hierfür gibt es folgende Regelungsmöglichkeiten:

1. Freigabe eines Folgekessels über die Vorlauftemperatur. Ein Kessel übernimmt die Grundlast; die weiteren Kessel werden je nach Temperaturabweichung zugeschaltet. Ungünstig, da je nach Belastung die notwendige Vorlauftemperatur nicht erreicht wird. Der Einsatz von PI-Reglern mit großer Nachstellzeit oder die Aufschaltung der Außentemperatur bietet eine Verbesserung.
2. Freigabe über die Außentemperatur; je nach der Außentemperatur werden die Kessel der Reihe nach eingeschaltet. Jeder Kessel hat zusätzlich seinen eigenen Kesselthermostat. Regelung nicht verwendbar bei stoßartig großem Wärmebedarf (z. B. Anheizbetrieb) oder für andere Zwecke als Heizung, z. B. Brauchwasser in Wäschereien, Industriewärme u. a.
3. Freigabe über Rücklauftemperatur (Bild 2.3.7-31); bei fallender Leistung steigt bei konstantem Volumenstrom die Rücklauftemperatur. Zu jeder Leistung gehört eine ganz bestimmte Temperaturdifferenz. Der erste Kessel bleibt dauernd in Betrieb, der zweite und dritte Kessel werden freigegeben, wenn die Rücklauftemperatur auf einen bestimmten Wert gesunken ist, z. B. bei drei Kesseln mit 90/70 °C Auslegung auf 20/3 ≈ 7 °C. Die Freigabe erfolgt jeweils durch Einschalten der Brenner. Die Kesselabsperrung wird erst geöffnet, wenn die Kesseltemperatur den eingestellten Wert erreicht hat.

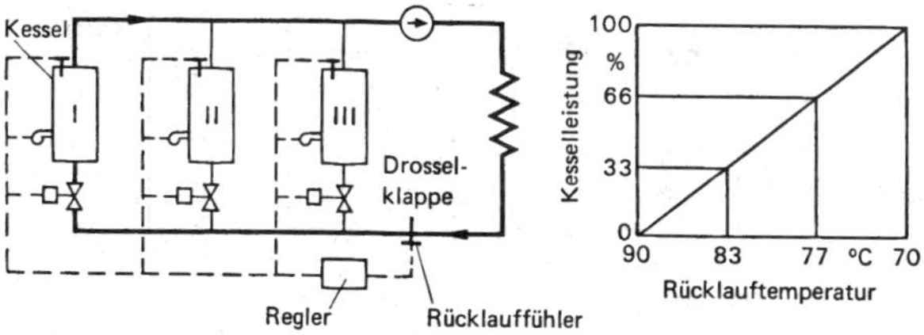

Bild 2.3.7-31. Folgeschaltung bei drei Kesseln abhängig von der Rücklauftemperatur.

4. Da nicht die Temperatur, sondern die von den Wärmeabnehmern benötigte Leistung entscheidend ist, sind durch die Möglichkeiten der *Mikroprozessor-Technik* neue Verfahren der Kesselfolgeschaltungen entwickelt worden. Dabei berücksichtigt die Regelung die Wärmeanforderung der nachgeschalteten Wärmeabnehmer, z. B. durch Messung der Brennerein- und -ausschaltzeiten oder des stetigen Signals für modulierende Brenner, und schaltet durch eine frühzeitige Trendrechnung, auch z. B. über den zeitlichen Kesseltemperaturanstieg, leistungsabhängig die notwendigen Kesseleinheiten zu.

Bei modernen Kesseln mit niedrigen Strahlungs- und Bereitschaftsverlusten, vor allem auch bei sog. Brennwertkesseln, zunehmend Parallel- anstelle Kesselfolgebetrieb, da hierdurch bei zweistufig oder modulierend geregelten Brennern geringere Abgasverluste und höhere Gesamtnutzungsgrade erreicht werden. Dies gilt nicht für Kessel mit atmosphärischen Brennern und größeren inneren Auskühlverlusten.

Voraussetzung für eine einwandfreie Funktion der Kesselfolgeschaltung im Zusammenwirken mit der Heizungsanlage ist eine einwandfreie Hydraulik im Kessel- und im Heizkreis. Die Ausführung – für jeden Kessel eine eigene Pumpe und hydraulischer Ausgleich zwischen Kessel- und Heizkreis (z. B. über einen hydraulischen Entkoppler) – gehört zu den Grundforderungen. Dies gilt nicht für Kessel ohne Anforderungen an einen Mindestvolumenstrom.

Die *„hydraulische Weiche“* dient der Entkopplung von Kesselkreis und nachgeschalteten Heizkreisen, daher auch *hydraulischer Entkoppler* genannt.[1] Sie besteht aus einer Rohrverbindung zwischen Kesselvor- und Kesselrücklauf, die in ihrer Dimension so groß ist,

[1]) Rosemeier, K.: HLH 1/88. S. 25/26.
Greb, F.: HLH 3/88. S. 121.
Parma, W.: HLH 10/88. S. 463/468.

daß bei Auslegungsvolumenstrom die Fließgeschwindigkeit in der hydraulischen Weiche ca. ≤ 0,2 m/s beträgt (Bild 2.3.7-32).

Überwiegt der Volumenstrom im Kesselkreis, so erfolgt der Ausgleich über die „hydraulische Weiche“ vom Kesselvor- zum Kesselrücklauf. Die den Heizkreisen angebotene Temperatur entspricht dann der momentanen Kesseltemperatur.

Ist der von den Heizkreisen abgenommene Volumenstrom größer als der von den Kesseln angebotene, so strömt über den hydraulischen Entkoppler Rücklaufwasser direkt zum Vorlauf zu den Heizkreisen und mischt sich dem Kesselvorlaufwasser bei. Das führt zu einer gewollten Temperatur-Reduktion im Vorlauf. Bei einer evtl. daraus resultierenden Unterschreitung des momentanen Sollwertes der Kesselfolgeschaltung führt dies, je nach Trendrechnung (bei mikroprozessorgesteuerten Regeleinrichtungen), zur Anforderung weiterer Kessel. Ein Drosselventil in jedem Kesselkreis dient zum Abgleich der Kesselvolumenströme. Bei Störungen an einer Kesseleinheit muß, kombiniert mit der entsprechenden Signalisierung, automatisch auf einen anderen Kessel umgeschaltet werden.

Ein defekter Kessel muß auch hydraulisch von der Anlage abgekoppelt werden können. Zukünftig sind einfachere Lösungen möglich, wenn an die Kessel keine Anforderungen an einen Mindestkesselwasserstrom und/oder an eine Mindestrücklauftemperatur gestellt werden.

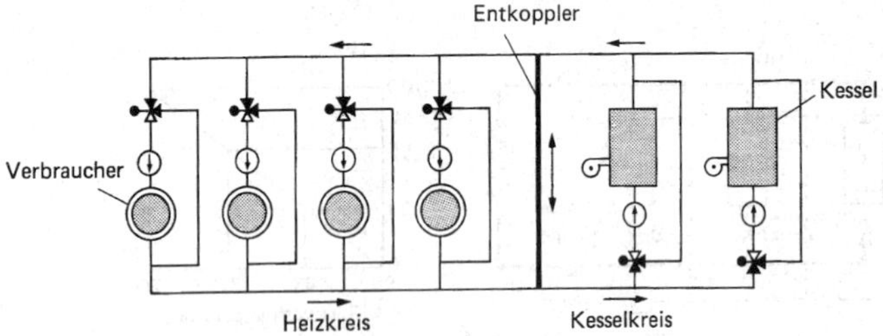

Bild 2.3.7-32. Schema des hydraulischen Entkopplers.

-2.6 Kommunikationsfähige Regelungen[1)]

Elektronische Regelungen in der Heizungstechnik sind heute Stand der Technik. Ohne Elektronik ist ein energiesparender, wirtschaftlicher und zugleich umweltschonender Betrieb von Heizungsanlagen heutzutage nicht mehr möglich.

Im Bereich der Heizungstechnik erlaubt ein digitaler Kommunikationsbus den Datenaustausch zwischen den verschiedenen Regelungssystemen. Über das Bus-System können z. B. mehrere Heizkreisregelungen mit der Kesselregelung kombiniert werden und bei Mehrkesselanlagen kann die Kesselfolgeschaltung über diesen Bus realisiert werden. Uhrzeit, Temperaturen, Fehlermeldungen, Ist- und Sollwerte der Heizkreise oder Daten, die für die Schaltzeitoptimierung, Anfahrschaltung, Trinkwasservorrangschaltung oder zur Regelung eines modulierenden Brenners wichtig sind, werden ausgetauscht. Dadurch kennt die Regelung z. B. immer den aktuellen Bedarf der einzelnen Heizkreise und kann die entsprechend gerade benötigte Wärme bereitstellen. Sind Sonnenkollektoren installiert, so lässt sich dann die Solarregelung mit auf dieses Bus-System aufschalten. Die Heizungsregelung kann z. B. von der Solarregelung über das Bus-System für die Trinkwassererwärmung gesperrt werden, wenn ausreichend Sonnenenergie zur Verfügung steht.

Zusätzlich zu diesem Bussystem, mit dem die unterschiedlichen Heizungsregelsysteme miteinander verbunden werden, kann die Bedieneinheit, wenn sie aus der Regelung herausgenommen wird, auch über ein Bussystem als Fernbedienung an die Regelung angeschlossen werden.

1) Pfannstiel, D., H.-O. Arend: Kommunikation in der Heizungstechnik. HLH (2000), Heft 1.
Winter, M.: Heizungsregelung mit kommunikationsfähigen Systemen. TAB / MSR (1996).
Wolff, D.: Heizungsregelung auf dem Weg zur Kommunikation. Wärmetechnik (1993), Heft 12.

-2.6.1 Fernüberwachung und Fernbedienung von Heizungsanlagen

Mit kommunikationsfähigen Heizungsregelungen ist die Fernüberwachung und Fernbedienung der Heizungsanlagen als 24-Stunden-Service einfach möglich. Die Kommunikationsschnittstelle (Verbindung zwischen Heizungsregelung und Telefonnetz) meldet selbsttätig über das Telefonnetz Daten der Heizungsanlage oder Störungen an Fax-Geräte, Cityruf oder PC der Heizungsfachfirma.

Vorteile einer Fernüberwachung und Fernbedienung von Heizungsanlagen sind:

- Erhöhte Betriebssicherheit durch Fernüberwachung. Unregelmäßigkeiten beim Betrieb der Heizungsanlage können frühzeitig erkannt und abgestellt werden.
- Fernabfrage von Temperaturwerten.
- Aufschaltmöglichkeit zur Übertragung weiterer Überwachungsfunktionen: z. B. Ölstand, Ölleckage, Temperaturüberwachung in Verbindung mit Kühlanlagen.
- Fernbedienung und externe Parametrierung über das Telefonnetz. Z. B. Schaltzeiteneinstellung, Umschalten von Heiz- auf Abschaltbetrieb.
- Übertragung der Informationen an die Leitstelle einer Heizungsfachfirma bzw. Service-Firma oder an ein Telefaxgerät.
- Anfahrt zur Heizungsanlage entfällt. Programmierarbeiten an der Heizungsregelung können direkt vom Büro aus durchgeführt werden (Schaltuhr bzw. Uhr einstellen). Bei Störungen können gleich die richtigen Ersatzteile mitgenommen werden.
- Bei Abwesenheit wird automatisch der Servicetechniker informiert.

-2.6.2 Direktanbindung der Heizungsregelung an verschiedene Bus-Systeme

Die heutigen Heizungsregelungs-Systeme können direkt oder über eine Kommunikationsschnittstelle (Gateway) an andere Bus-Systeme angeschlossen werden und Daten austauschen, z. B. Anbindung der Heizungsregelung an Gebäudeleittechnik-Systeme (GLT-Systeme) oder externe Service-Leitstellen. Durch die Verwendung einer meist genormten Kommunikationsschnittstelle (Gateway), ist man nicht auf ein spezielles GLT-System beschränkt. Mit diesem Gateway lässt sich die Heizungsanlage direkt auf GLT-Systeme der verschiedensten Leittechnik-Hersteller aufschalten. Neben der Funktion der zentralen Überwachung und Bedienung der verschiedenen Gewerke liegt eine wesentliche Aufgabe der GLT im Energiemanagement mit den Schwerpunkten Energieeinsparung und Schadstoffreduzierung.

Mit einer entsprechenden Kommunikationsschnittstelle (externes Gerät oder in der Heizungsregelung integriert) ist auch die Anbindung der Heizungsanlage an den EIB und LON möglich.

Auf die Datenpunkte wie Uhrzeit, Temperaturen (z. B. Außentemperatur, Speichertemperatur, u. a.), Soll- und Istwerte der Heizkreise, Fehlermeldungen kann vom EIB oder LON aus zugegriffen werden, d. h. diese Werte können sowohl gelesen als auch verändert werden. Damit ist dann in Verbindung mit der Heizungsregelung ein energiesparender Betrieb durch Führung der Vorlauftemperatur der dazugehörigen Heizkreise in Abhängigkeit von elektronischen Einzelraumtemperatureglern auch im Hausbereich möglich.

Ist ein Bussystem, wie z. B. der EIB oder LON im Haus installiert und sind zudem elektronische Einzelraumtemperatur-Regler eingebaut, so kann damit auch eine wärmebedarfsgeführte Regelung erfolgen. Zudem kann der Zustand von Fenstern (geschlossen, geöffnet) mit auf den EIB oder LON als Zustandswert gelegt werden. Damit ist es dann auch möglich, dass der Einzelraum-Temperaturregler bei geöffnetem Fenster automatisch die Heizleistung des Heizkörpers reduziert, indem das Ventil geschlossen wird (siehe Abschnitt 2.3.7-1.2).

Sinnvoll ist, wenn elektronische Einzelraumtemperatur-Regler installiert sind, eine lastabhängige Regelung der Vorlauftemperatur in Abhängigkeit vom Wärmebedarf der Räume. Die elektronische Einzelraumtemperatur-Regelung übernimmt die Temperaturfeinregelung im Raum, während die zentrale Regelung für den Wärmeerzeuger oder für den Heizkreis weiterhin als Grobregelung arbeitet. Somit muss die Heizungsregelung auch an den EIB oder LON mit angeschlossen werden und es muss ein Datenaustausch zwischen diesen Systemen möglich sein. Für eine lastabhängige Vorlauftemperaturregelung stehen über den EIB oder LON die Daten der Einzelraumregler wie z. B. aktuelle Ventilstellung und Raumisttemperatur, eingestellter Raumtemperatursollwert, aktuelle Betriebsart und noch andere Datenwerte auf dem Bus zur Verfügung. Diese Datenwerte brauchen von der lastabhängigen Regelung nur noch ausgewertet zu werden. Von der Heizungsregelung stehen auch die entsprechenden Daten zur Verfügung bzw. die Sollwerte der Kessel- und Heizkreisregelung können von extern über den Bus beeinflusst werden. Dies wird dann meist im Rahmen eines Hausautomationssystems realisiert (siehe Abschnitt 2.3.7-4).

-3 Ventile im Regelkreis[1]

(siehe auch Abschn. 3.3.7-4 und 2.2.2-1.2.7)

-3.1 Durchgangsventile

Damit Regelventile, die in der Regel einen elektromotorischen Antrieb haben, für stetige Regelung richtig bemessen werden, müssen drei Größen beachtet werden:

a) Die *Ventilgrundkennlinien;* sie geben den Durchflußkennwert in Abhängigkeit vom Hub bei Wasser (5–30 °C) mit einer Dichte von 1000 kg/m³ und einem konstanten Druckabfall von $\Delta p_v = 1$ bar an. Je nach Kegelausbildung gibt es verschiedene Kennlinien:

lineare (Tellerventile)
gleichprozentige (logarithmische) siehe auch Bild 3.3.7-39 und Bild 3.3.7-40.

Sie gelten nur, wenn der Druckabfall konstant ist. Der *Nenndurchmesser A* des Ventils besagt nichts über die Durchflußkapazität. Für jede Nennweite gibt es mehrere k_{vs}-Werte, d. h. Durchflußmengen bei voller Öffnung und $\Delta p_v = 1$ bar. Für viele Anwendungsfälle der Heizungstechnik kommt die gleichprozentige Kennlinie in Betracht. Ein Ventil mit linearer Kennlinie greift im unteren Hubbereich ungenau in die Regelstrecke ein, d.h. in der Nähe des Schließpunktes ist kein definierter Stelleingriff möglich. Daher das Ventil nicht zu groß bemessen!

b) Der anteilige Druckabfall Δp_v des geöffneten Ventils am gesamten Druckabfall Δp des Netzteils mit variabler Wassermenge muß in Abhängigkeit der Ventilgrundkennlinie an die Regelaufgabe und die Wärmeübertragerkennlinie angepaßt werden. Man nennt das Verhältnis $\Delta p_v/\Delta p$ *Ventilautorität* a_v. Bei Einbau der Ventile im Rohrnetz steht im allgemeinen nur ein Teil des Gesamtdrucks für die Ventile zur Verfügung. Dadurch werden die Ventilkennlinien je nach dem Verhältnis $\Delta p_v/\Delta p$ verformt. Bild 3.3.7-41. Um eine gute Regelung des Volumenstroms zu erhalten, sollte die Ventilautorität je nach Regelaufgabe zwischen 0,25…0,7 liegen. Siehe auch Abschn. 3.3.7-4.

c) Die *Leistungskennlinie* des Wärmeübertragers, d.h. die Kurve der Wärmeleistung in Abhängigkeit vom Durchfluß. Ihr Verlauf ist vom Wärmeübertragerkennwert a des Wärmeübertragers abhängig. Bei bekanntem a-Wert läßt sich der günstigste Wert a_v für die Ventilautorität aus Bild 3.3.7-45 entnehmen.

Beispiel:

Heizwasserkreislauf nach Bild 2.3.7-33.

Heizleistung eines Wärmeübertragers 100 kW, Wärmeübertragerkennwert $a = 0{,}5$, Druckdifferenz des mengenvariablen Netzes ohne Ventil $\Delta p_n = 120$ mbar. Volumenstrom $100/(4{,}2 \cdot 20) = 1{,}19$ kg/s $= 4{,}28$ m³/h. Aus Bild 3.3.7-45 entnimmt man ein Ventil mit gleichprozentiger Kennlinie und eine Ventilautorität $a_v = 0{,}25$. Damit wird die Druckdifferenz des Ventils

$$\Delta p_v = a_v \frac{\Delta p_n}{1 - a_v} = 0{,}25 \frac{120}{1 - 0{,}25} = 40 \text{ mbar}$$

und der k_{vs}-Wert:

$$k_{vs} = \frac{\dot{V}}{\sqrt{\Delta p_v}} 1 \text{ bar} = \frac{4{,}28}{\sqrt{0{,}04}} 1 \text{ bar} = 21{,}4 \text{ m}^3/\text{h}.$$

Dieser Wert kann auch aus Bild 3.3.7-38 entnommen werden.

Nennweite aus Katalogen der Hersteller, z.B. DN 32.

---

[1]) Haueis, J.: SBZ 21/75. 8 S.
Frotscher, H.: TAB 6/74. S. 431/40

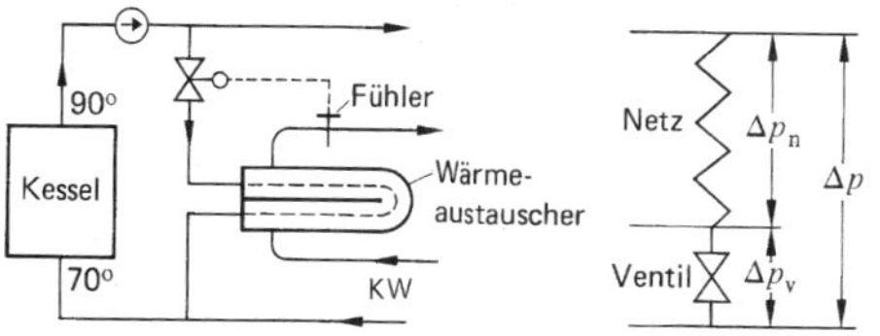

Bild 2.3.7-33. Beispiel eines Heizkreises mit Durchgangsventilen.
KW = Kaltwasser

-3.2 Dreiwegeventile[1)]

Sie haben drei Anschlüsse für zwei Strömungen (Bild 2.3.7-34) und können sowohl zur Verteilung wie zur Mischung von Wassermengen verwendet werden.

Als *Verteilventile* werden sie in Heiznetzen eingebaut, um Druckschwankungen und Fehlströmungen auszuschalten, die bei Verwendung von Durchgangsventilen auftreten (Bild 2.3.7-35). Bei Anordnung auf der Pumpendruckseite können sie Kavitation am Pumpeneintritt verhindern, die bei Verwendung von Mischventilen auftreten könnte. Die im Netz umlaufende Wassermenge bleibt annähernd konstant und ebenso die Pumpenleistung. Die Mischung erfolgt außerhalb des Ventils.

Als *Mischventile* werden die Dreiwegeventile verwendet, um z.B. durch Mischung von Kessel- und Rücklaufwasser die Wärmeleistung zu regulieren. Im Verbraucherkreis ist der Wasserstrom konstant. Die Mischung erfolgt innerhalb des Ventils (Bild 2.3.7-36).

Die *Ventilkegel* können wie bei den Durchgangsventilen mit linearer oder gleichprozentiger Kennlinie ausgeführt werden, und zwar auf beiden Seiten gleich (symmetrisch) oder unterschiedlich (unsymmetrisch).

Die Trennung in Misch- und Verteilventile erfolgt u.a., um den Kegel entgegen der Schließrichtung anströmen zu können. Hierdurch vermeidet man Flattergeräusche.

Der *Gesamtdurchfluß* ist durchaus nicht konstant, sondern kann je nach Kennlinie und Druckanteil im Netz sehr variieren.

Vierwegemischer siehe Abschn. 2.3.7-3.6.

Beispiele einiger Kennlinien in Bild 2.3.7-37.

Bild I zeigt die Kennlinie mit einem gleichprozentigen Regeltor A und einem linearen *Beipaßtor* B bei einer Autorität $a_v = 1{,}0$, d. h. frei auslaufend, wie es allerdings in den Rohrnetzen der Heizungstechnik nicht vorkommt. Summenvolumenstrom stark schwankend.

Bild II zeigt dieselben Kennlinien, jedoch bei einer Autorität $a_v = 0{,}5$, bezogen auf „Tor" A, wie sie z.B. durch einen Lufterhitzer im Regeltor und eine Drossel D im Beipaßtor erzeugt wird. Die Summenkurve ist günstiger als im Fall I.

In Bild III und IV sind die Kennlinien bei einem gleichprozentigen Regeltor A und einem komplementär-gleichprozentigen Beipaßtor B dargestellt. Die komplementäre Kennlinie ergänzt den Hauptstrom durch das Regeltor A so, daß bei der theoretischen Ventilautorität $a_v = 1{,}0$ der Summenstrom im Tor AB annähernd konstant 100% beträgt. Man erkennt, daß bei der Autorität $a_v = 0{,}5$ der Summenstrom wesentlich ansteigt.

Bei der Bemessung der Ventile ist folgendes zu beachten:

Wird das Stellglied bei der Auslegung überdimensioniert, kann eine Instabilität des Regelkreises nicht ausgeschlossen werden, weil das Stellglied bereits unter Auslegungsbedingungen mit verringertem Stellbereich arbeitet bzw. es besteht die Gefahr eines Zweipunktverhaltens. Im Schwachlastbereich erfolgt dann eine ungenügende Ausregelung.

Liegt keine lineare Streckenkennlinie vor, sondern eine Kennlinie mit starker Deformierung (z.B. lineare Grundkennlinie mit kleiner Ventilautorität) verschlechtert sich das Regelverhalten. Der Regelkreis verhält sich im Vollastbetrieb aufgrund der flachen Kennliniensteigung träge und wird im Schwachlastbereich wegen starker Steigung instabil.

Der Mehrwege-Mischverteiler nutzt die im Rücklauf des Radiatorenkreises enthaltene Wärme und kühlt dadurch den Rücklauf zum Heizgerät deutlich tiefer ab, als herkömmli-

[1)] Schrowang, H.: IKZ 23/73. 8 S. und 5/74. 9 S. sowie 7/74. 7 S.
Frotscher, H.: TAB 7/75. S. 523.
Loose, P.: HLH 10/88. S. 469/474.
Roos, H.: Hydraulik der Wasserheizung, Oldenbourg Verlag, München 1995.

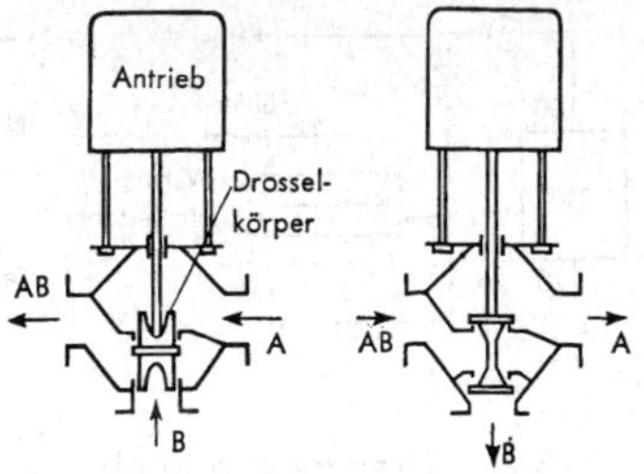

Bild 2.3.7-34. Dreiwegeventil.
Links: Mischventil,
rechts: Verteilventil
A = Regeltor
B = Beipaßtor
AB = gesamter Volumenstrom

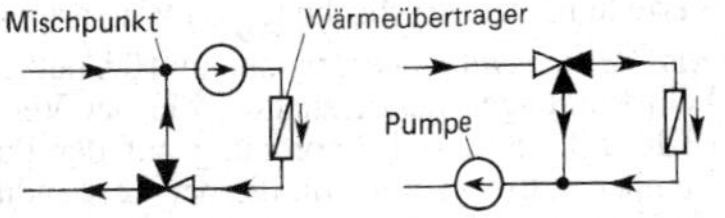

Bild 2.3.7-35. Dreiwegeventile als Verteiler. Links: mit Mischwirkung; rechts: mit Verteilwirkung.

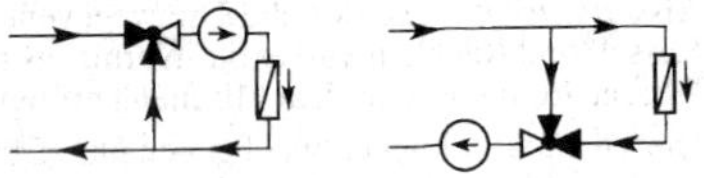

Bild 2.3.7-36. Dreiwegeventile als Mischer. Links: mit Mischwirkung; rechts: mit Verteilwirkung.

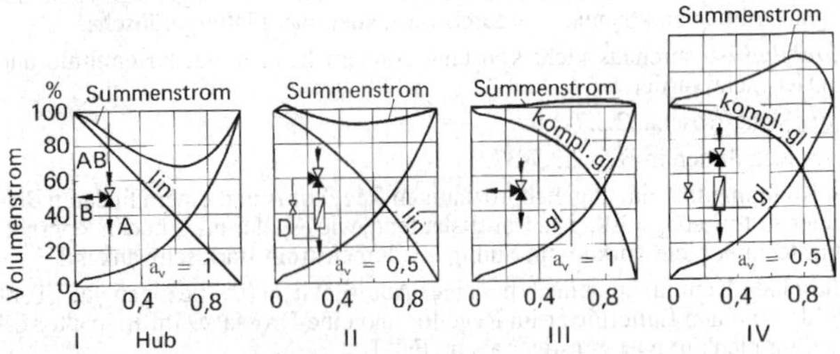

Bild 2.3.7-37. Kennlinien von Dreiwegeventilen.
I u. II: linear + gleichprozentig
III u. IV: gleichprozentig + komplementär – gleichprozentig
a_v = Ventilautorität, D = Drossel

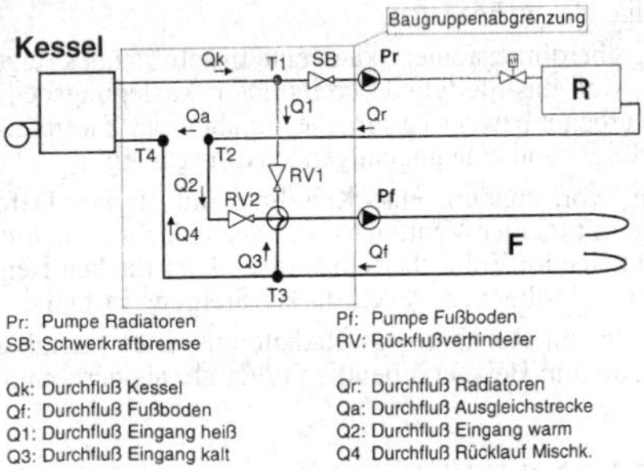

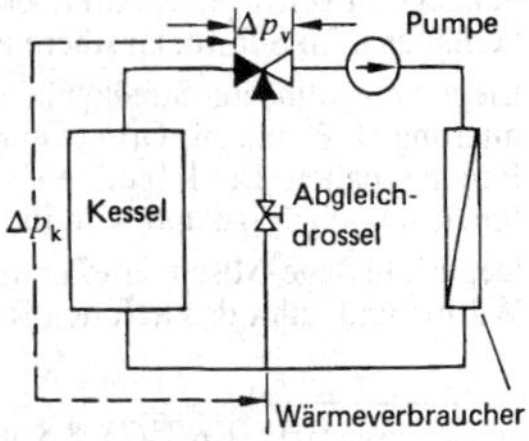

Bild 2.3.7-38. a) Mehrwege-Mischverteiler. b) Beispiel eines Heizkreises mit Dreiwegeventil.

che Mischsysteme, was zu einer Steigerung des Wirkungsgrades um bis zu 5 % führt (Bild 2.3.7-38 a). Die Armatur besitzt drei Eingänge (heiß, warm, kalt) und einen Ausgang. Ein einziger Stellkörper verbindet je nach Stellung zwei der drei Eingänge mit dem Ausgang, so dass entweder nur heiß mit warm oder warm mit kalt vermischt wird. Gemeinsam mit der zugehörigen Rohrgruppe ersetzt sie auch den herkömmlichen Verteiler. Der zugehörige Stellantrieb kann durch jede herkömmliche Regelung angesteuert werden.

-3.3 Hydraulische Schaltungen[1)]

Die wasserseitig Zusammenschaltung eines Stellgliedes mit der Wärmeerzeugung, der Pumpe und dem Wärmeverbraucher zu einer funktionsfähigen Anlage bezeichnet man als hydraulische Schaltung. Als Grundlage der Regelaufgaben in wasserführenden Systemen ist die Kenntnis hydraulischer Schaltungen und deren Wirkungen auf die Anlagenfunktionen Voraussetzung. Die Regelung ermöglicht dann, den Wärmeransport durch das Stellglied zu verändern und so automatisch dem jeweiligen Bedarf anzupassen.

Die in der Heizungs- und Klimatechnik üblichen Schaltungen lassen sich auf einige Grundschaltungen zurückführen, die in Bild 2.3.7-39 dargestellt sind. Die Wahl einer Schaltung ist im wesentlichen von den Anforderungen der Verbraucher und Energieerzeuger abhängig. Erst nach der Festlegung der hydraulischen Schaltung wird die Dimensionierung bzw. Auslegung der einzelnen Systemkomponenten vorgenommen.

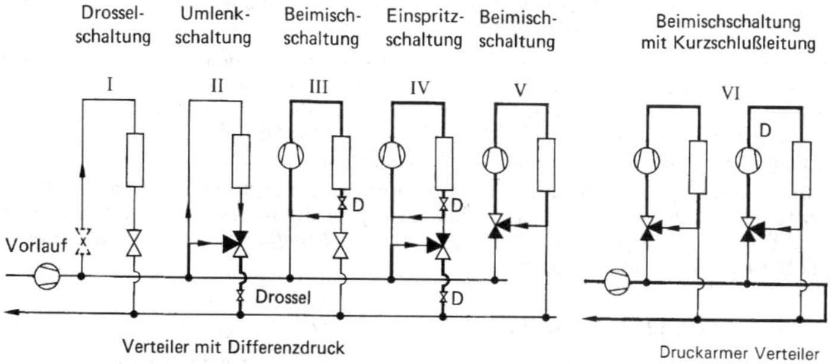

Bild 2.3.7-39. Hydraulische Schaltungen.

Man unterscheidet zwei Hauptschaltungen:

Verteiler ohne Hauptpumpe. Jede Umwälzpumpe einer Heizgruppe fördert nur so viel Wärme, wie dem Bedarf entspricht. Sie muß sowohl den Druckverlust im Verbraucher- wie Kesselstromkreis überwinden. Die im Kesselkreis umlaufende Wassermenge ist variabel. Die Differenzdrücke am Verteiler sind daher unterschiedlich, und die einzelnen Regelkurven können sich untereinander beeinflussen, z.B. bei plötzlicher Laständerung einer Gruppe.

Verteiler mit Hauptpumpe. Im Kesselstromkreis befindet sich eine Pumpe und zwischen Verteiler und Sammler eine Kurzschlußleitung. Der Förderstrom ist konstant und der Differenzdruck gering (druckarmer Verteiler). Jede Gruppe muß eine eigene Umwälzpumpe haben. Eine Beeinflussung der einzelnen Regelkreise findet nicht statt.

Die Strecken mit konstantem Volumenstrom sind durch größere Strichstärken hervorgehoben.

I *Drosselschaltung mit Durchgangsventil.* Leistungsregelung durch Wasserstromänderung. Ventil im Vorlauf oder Rücklauf. Wasserstrom sowohl im Primär- wie Verbraucherkreis veränderlich. Druckschwankungen im Netz, große Temperaturdifferenzen im Heiz-

---

[1)] SWKI-Richtlinien 79-1 (Schweizer Verein von Wärme- u. Klimaingenieuren).
Schmitz, H.: HLH 12/80. S. 445/51.
Die hydraulische Einregulierung. Druckschr. d. TA Tour Andersson GmbH, 1985.
Schaer, M.: Heizung und Lüftung 5/86. S. 13 ff., 2/87. S. 6 ff. u. 4/87. S. 6 ff.

körper. Einfriergefahr bei Lufterhitzern. Stellgliedplazierung in Verbrauchernähe, um kleine Totzeit zu gewährleisten.

II *Umlenkschaltung mit Dreiwegeventil.* Leistungsregelung wie bei I durch Wasserstromveränderung. Ventil im Vorlauf (Verteilventil) oder Rücklauf (Mischventil). Wasserstrom im Primärkreis konstant, im Verbraucherkreis veränderlich. Annähernd konstante Druckverhältnisse im Rohrnetz. Richtige Stellgliedplazierung verbessert Regelung mit geringerem Schwierigkeitsgrad.

III *Beimischschaltung mit Durchgangsventil und Internpumpe.* Schaltung wie I, jedoch mit zusätzlicher Internpumpe. Leistungsregelung erfolgt jetzt durch Mischung von Vorlauf- und Rücklaufwasser. Wasserstrom im Verbraucherkreis konstant, im Primärkreis variabel. Druckschwankungen im Netz.

IV *Einspritzschaltung.* Kombination von II und III. Leistungsregelung durch Änderung der Vorlauftemperatur (Mischung). Dreiwegeventil im Vorlauf oder Rücklauf. Wasserstrom sowohl im Primärkreis wie Verbraucherkreis konstant. Stellgliedplazierung in Verbrauchernähe hält Wasservolumen im Sekundärkreis klein, ermöglicht schnelle Regelung. Für einwandfreien Betrieb aufwendige Abgleicharbeiten an Drossel im Primär- und Sekundärkreis oder durch Einsatz differenzdruckgeregelter Pumpen erforderlich.

V *Beimischschaltung mit Umwälzpumpe für jeden Verbraucher.* Leistungsregelung durch Änderung der Vorlauftemperatur. Ventil im Vorlauf (Mischventil) oder Rücklauf (Verteilventil). Wasserstrom im Verbraucherkreis konstant, im Primärkreis variabel. Gegenseitige Beeinflussung der einzelnen Regelkreise ist möglich. Nicht geeignet, wenn zwischen Wärmeerzeuger und Wärmeverbraucher eine Distanz größer als 20 m vorhanden ist. Lange Transportzeit (= Totzeit) oder hohe Druckverluste in der Verteilleitung mit variablem Volumenstrom erschweren die Regelungsaufgaben erheblich.

VI *Beimischschaltung mit Kurzschlußleitung.* Es ist eine Verbindungsleitung zwischen Verteiler und Sammler installiert, so daß kaum Druckdifferenz zwischen beiden besteht: *Druckarmer Verteiler.* Kesselpumpe überwindet nur die Widerstände im Kesselkreis. Wasserstrom im Primärkreis und Verbraucherkreis konstant. Keine Beeinflussung untereinander bei Zu- und Abschalten einzelner Heizgruppen.

In allen Schaltungen sind Stellventile mit linearer oder gleichprozentiger Kennlinie einzusetzen. Die Ventilautorität und damit die Auslegung der Regelventile sollte nach wirtschaftlichen Gesichtspunkten durchgeführt werden: Kompromiß zwischen Investitions- und Betriebskosten sowie Regelgüte.

-3.4 Regelung mit Heizungsmischern[1)]

Bei großen Heizungsanlagen werden vom Heizkessel für verschiedene Heizkreise verschieden hohe Wassertemperaturen verlangt, beispielsweise für einen Warmwasserbereiter 80 °C konstant, für eine Radiatorheizung mit den Außentemperaturen sich ändernde Wassertemperaturen im Bereich von 90 bis 30 °C, für eine Fußbodenheizung 50 °C. Diese verschiedenen Temperaturen erhält man am einfachsten durch Verwendung von Heizungsmischern.

Dabei wird warmes Vorlauf- mit kaltem Rücklaufwasser so miteinander gemischt, wie es jeweils dem Wärmebedarf entspricht *(Rücklaufbeimischer).* Es gibt Mischer mit Klappen, Drehtellern, Drehscheiben, Küken. Einstellung von Hand oder heute fast ausschließlich automatisch über Stellantrieb durch Temperaturregler. Die Mischung kann direkt in Mischschaltung oder indirekt durch Verteilschaltung erfolgen.

Beispiel für die Anordnung eines Mischers in einer Heizungsanlage mit Warmwasserbereitung zeigt Bild 2.3.7-40. Kesselwasser wird durch einen Thermostaten konstant auf z.B. 90 °C gehalten, während die jeweilige Vorlauftemperatur im Mischer durch Mischung von heißem Kesselwasser und kaltem Rücklaufwasser erzeugt wird. Früher Handbetätigung. Heute nur noch elektromotorischer Antrieb. Der Warmwasserbereiter erhält Kesselwasser. Die Vorlauftemperatur wird automatisch geregelt, entweder in Abhängigkeit von der Raumtemperatur oder von der Außentemperatur.

In großen Gebäuden werden einzelne Gebäudeteile getrennt geregelt wie z.B. Büro und Werkstatt, wobei jeder Heizkreis ein eigenes Mischventil erhält. Bei ausgedehnten Heizungsanlagen sind in der Regel eine große Anzahl derartiger Heizkreise mit Mischventilen vorhanden. Beispiel für zwei Heizkreise siehe Bild 2.3.7-41.

---

1) Ihle, C.: SBZ 23/79. 5 S.
DIN 3334, 3335 u. 3336 (10.68): Heizungsmischer.

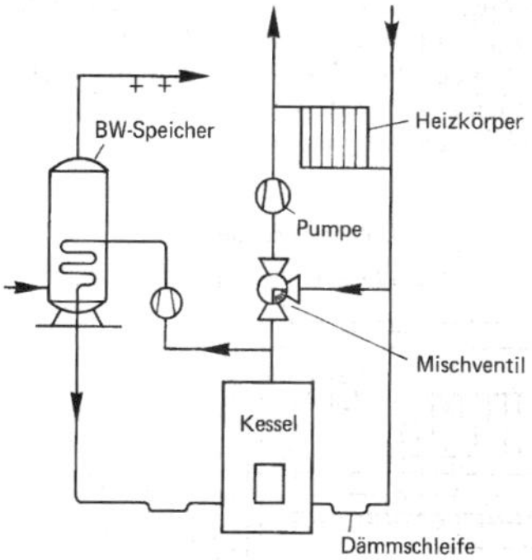

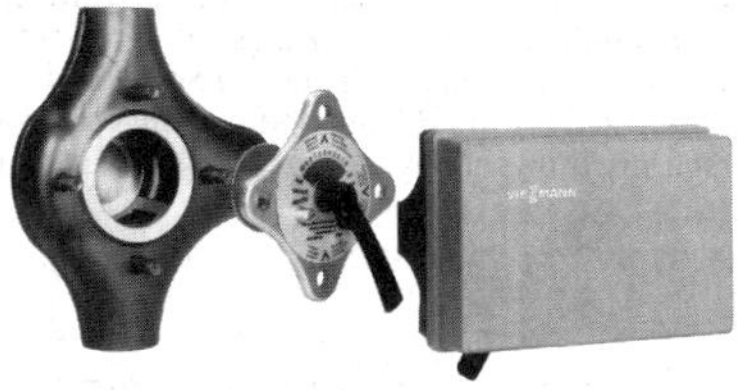

Bild 2.3.7-40. Rücklaufbeimischer bei einer Warmwasser-Zentralheizung.
Links: Warmwasserkreislauf;
rechts: Ansicht des 3-Wege-Mischers mit elektromotorischem Antrieb (Viessmann Werke)

Jeder Mischer soll das Rücklaufwasser seines eigenen Heizkreises erhalten, da sich sonst bei verschiedenem Wärmebedarf der einzelnen Heizkreise diese einander beeinflussen. Für jeden Heizkreis eine eigene Umwälzpumpe.

Mit einem Rückgriff der Kesselregelung auf die Heizkreis-Mischventile kann mit Hilfe dieses Regelungsaufbaus sogar eine Mindestrücklauftemperatur für den Kessel, wenn erforderlich, realisiert werden (siehe auch Bild 2.3.7-45).

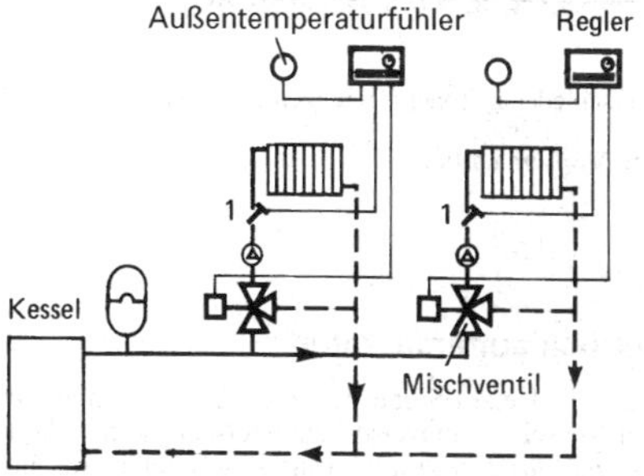

Bild 2.3.7-41. Zwei Heizkreise mit je einem Mischventil und Pumpe.
1 = Vorlauftemperaturfühler

-3.5 Zonenregelung[1]

Eine Methode mit noch weitergehender Regelung besteht darin, für einzelne Räume oder Raumgruppen zusätzlich je einen Raumthermostat mit Zonenventil vorzusehen *(Zonenregelung).* Zweipunktregler, elektrische Proportionsregler oder Ausdehnungsregler. Beispiel 236-80. Hier sind mehrere Wege dargestellt, um einzelne Räume oder Raumgruppen unabhängig von der Außentemperaturregelung auf unterschiedlichen Temperaturen zu halten.

Im Keller befindet sich der Kessel mit Regelung der Vorlauftemperatur nach der Außentemperatur.

Im 1. Geschoß ist eine *Einrohrheizung* vorhanden; die Temperatur im Raum 1 wird durch einen örtlichen Fühler geregelt, der auf das Magnet- oder Motorventil des Heizkörpers einwirkt. Raum 2 hat ebenfalls einen Raumfühler, jedoch in elektronischer Bauart mit Fernverstellung des Sollwerts von einer Schalttafel. Im 2. Geschoß ist eine *Zweirohrheizung* eingebaut; die Temperaturregelung erfolgt hier ebenfalls durch einen fernverstellbaren Raumfühler, jedoch mit Rücksicht auf den Pumpenwiderstand in Verbindung mit Dreiwegeventilen.

Bei Verwendung einer Schaltuhr lassen sich die Temperaturen einzelner Räume nachts

[1]) Laibold, E.: Neue Deliwa-Zeitschr. 11/78. S. 89.
Mayer, E.: Ges.-Ing. 1/81. S. 1/10 u. SHT 2/84. S. 71/75.

oder am Wochenende auch auf tiefere Werte einstellen. Neuzeitliche Regler berücksichtigen auch die effektive Nutzungszeit der einzelnen Räume und schalten automatisch vom Sollwert der Nutzungszeit auf den Sollwert der nicht genutzten Zeit, wobei gleichzeitig die Aufheizzeit für die Räume optimal eingestellt werden kann. Dadurch zusätzliche Energieersparnis. Anwendung z. B. in Schulen, Hotels und Geschäftshäusern.

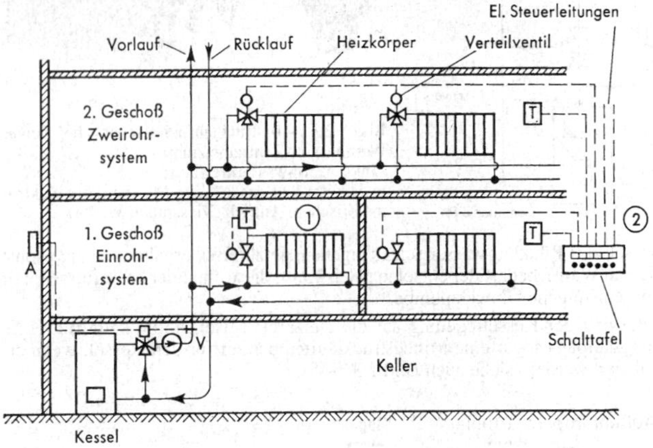

Bild 2.3.7-42. Schematische Darstellung verschiedener Zonenregelungen in einem zentralgeheizten Gebäude.
A = Außenfühler, T = Raumtemperaturfühler, V = Vorlauffühler

-3.6 Anhebung der Kesselrücklauftemperatur

Wenn bei schwefelhaltigen Brennstoffen, z. B. Heizöl S oder EL, die Rücklauftemperatur zu gering ist, besteht die Gefahr, daß im Kessel stellenweise Schwefelsäure H_2SO_4 kondensiert und die sogenannte *Niedertemperatur-Korrosion* verursacht (siehe Abschn. 1.10.5). Neuere Kesselkonstruktionen, sog. *Niedertemperatur-Kessel,* sind durch verbesserte Konstruktion und Materialwahl gegen diese Korrosion geschützt. Für größere Einheiten, insbesondere bei Kesselfolgeschaltungen, empfehlen die Kesselhersteller jedoch in den meisten Fällen eine Anhebung der Kessel-Rücklauftemperatur.

Die Rücklaufanhebung gewinnt auch zunehmend Bedeutung bei der Vermeidung zu niedriger Abgastemperaturen zum Schutz des Schornsteins. Für die Anhebung der Rücklauftemperatur gibt es verschiedene Schaltungen, siehe Bild 2.3.7-43 bis Bild 2.3.7-45.

Vierwegemischer (Bild 2.3.7-43)
Der Mischer dient gleichzeitig zur Regelung der Vorlauftemperatur mit stetiger Regelung und zur Beimischung von heißem Vorlaufwasser zum Kesselrücklauf. Montage über Oberkante Kessel, da Umlauf nur durch Schwerkraftwirkung erfolgt. Bessere Wirkung durch besondere Rücklauf-Temperaturbegrenzung T_2, die Priorität vor T_1 hat, und eigene Kesselpumpe.

Hauptpumpe im Kesselkreis sowie eine oder mehrere Gruppenpumpen. Vierwegemischer vermeidet Fehlzirkulation über offene Kurzschlußleitung und leistet definierte Rücklaufbeimischung im Vor- und Rücklauf. Kessel- und Netzwassermenge konstant. Bei Spitzenlast (Aufheizung) sperrt Rücklaufthermostat stetig Gruppenmischventil und verhindert Absinken der Kesselrücklauftemperatur unter den eingestellten Wert. Verwendung besonders in zentralgeregelten Regelkreisen.

Maßgebend sind folgende Grundsätze:

1. Die Kesselrücklauftemperatur soll mit Sicherheit, namentlich bei Kesseln, die für konstant angehobenen Betrieb konzipiert sind, eine gewisse Mindesttemperatur nicht unterschreiten, etwa 50 °C, um Tieftemperaturkorrosionen zu vermeiden.

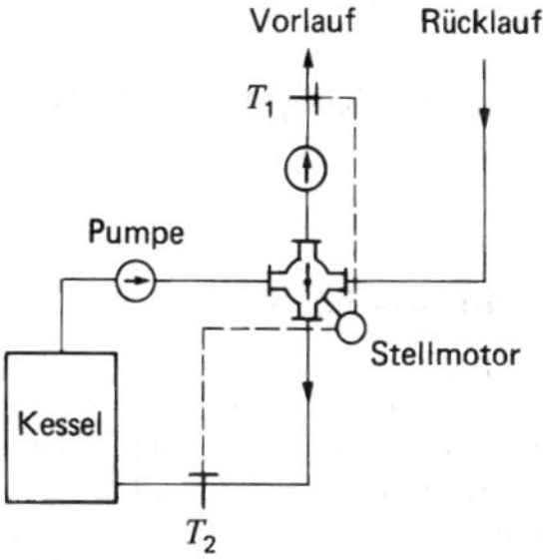

Bild 2.3.7-43. Vierwegemischer.
T_1 = Vorlauftemperaturfühler
T_2 = Rücklauftemperaturfühler

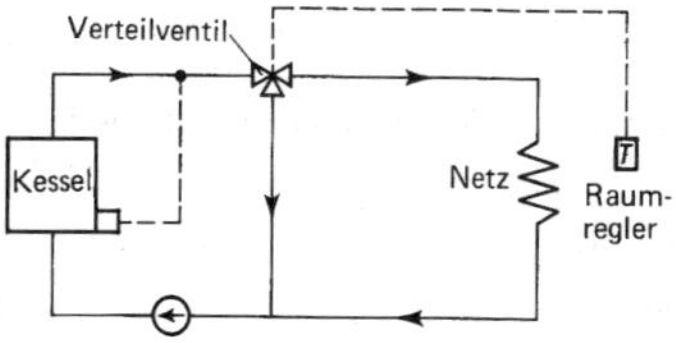

Bild 2.3.7-44. Nur eine Pumpe. Mengenregelung durch Dreiwege-Verteilventil. Netzwassermenge veränderlich je nach Außentemperatur, Kesselwassermenge konstant, kann jedoch sehr tief liegen. Ungünstig. Bei Lufterhitzern Temperaturschichtung mit Einfriergefahr. Regelventil kann auch im Rücklauf liegen. Kommt als Rücklauftemperatur-Regelung bei Kesselfolgeschaltungen (pro Kessel) zum Einsatz.

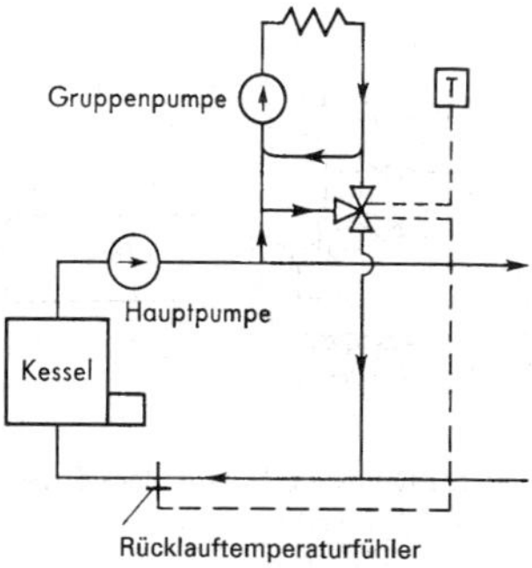

Bild 2.3.7-45. Einspritzsystem.
Hauptpumpe im Kesselkreis sowie eine oder mehrere Gruppenpumpen mit Kurzschlußleitung. Kessel- und Netzwassermenge konstant. Bei Spitzenlast (Aufheizung) sperrt Rücklaufthermostat stetig Gruppenmischventil und verhindert Absinken der Kesselrücklauftemperatur unter den eingestellten Wert. Verwendung besonders in zentralgeregelten Regelkreisen.

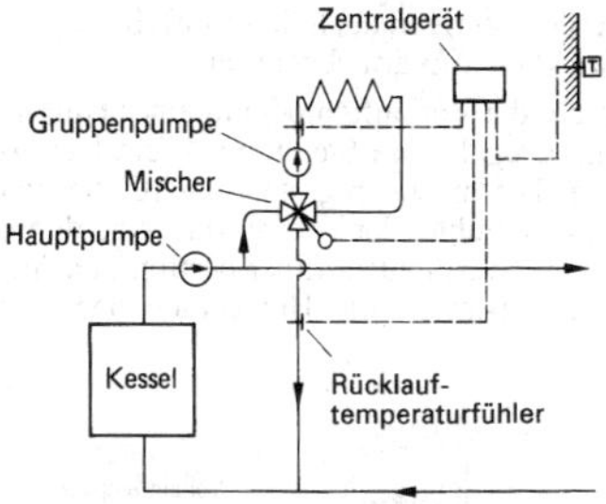

Bild 2.3.7-46. Einspritzsystem über Vierwegemischer.

2. Die umgewälzten Wassermengen sollen in den verschiedenen Heizkreisen und im Kessel sich möglichst wenig ändern.

Bei dichtschließenden Vierwegemischern ist eine drosselbare Verbindung zwischen Kessel- und Heizkreis zu schaffen, durch die sich bei „abgetrenntem“ Heizkreis der Druck ausgleicht, ohne daß die Regelfähigkeit beeinflußt wird.

-4 Regler bei Umformern

Bei diesen Geräten sind die Stellglieder in der Regel Ventile oder Klappen, die von Thermostaten gesteuert werden.

-4.1 Regler ohne Hilfsenergie (Ausdehnungsregler)

Diese Regler eignen sich besonders dazu, gleichbleibende Wassertemperaturen in Heizungs- und Warmwasserbereitungsanlagen zu halten. Sie arbeiten wie die Heizkörper-Temperaturregler Bild 2.3.7-1 nach dem Prinzip der Flüssigkeitsausdehnung. Die Flüssigkeit im Fühler dehnt sich aus und bewegt über ein Kapillarrohr und einen Metallbalg-Arbeitskörper das Ventil (Bild 2.3.7-47). Sollwerteinstellung mittels Schlüssel. Einbaubeispiel Bild 2.3.7-48. Bei Auswahl zulässigen Druck und k_v-Wert beachten. Proportionalbereich etwa 5...10 K.

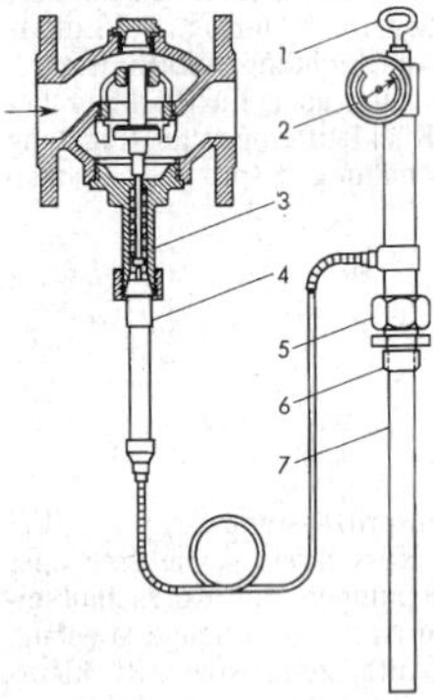

Bild 2.3.7-47. Temperaturregler mit Einsitzventil (Samson).
1 = Schlüssel,
2 = Skala,
3 = Ventilaufsatz,
4 = Arbeitskörper,
5 = Überwurfmutter,
6 = Nippel,
7 = Temperaturfühler

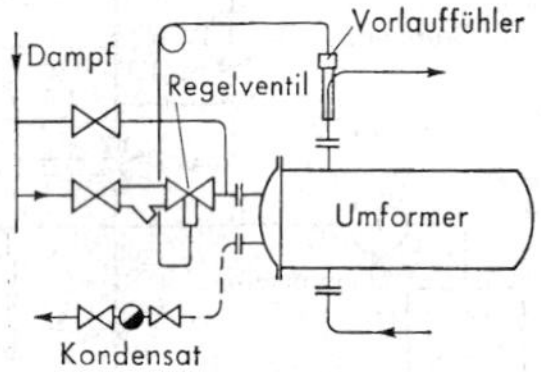

Bild 2.3.7-48. Regelung der Vorlauftemperatur bei einem dampfbeheizten Umformer.

Ventile *entlastet oder nichtentlastet,* im ersten Fall gleicher Druck auf Ventilteller von beiden Seiten. Durchgangs- oder Dreiwegeventile.

Zu unterscheiden sind außerdem:

Öffnungsventile, die bei steigender Temperatur öffnen, und *Schließventile.*

Raum- oder außentemperaturabhängige Regler berücksichtigen auch den Einfluß der Außentemperatur und passen die Heizleistung dem wirklichen Wärmebedarf an.

Bild 2.3.7-49 zeigt einen direkt wirkenden Regler, der die Vorlauftemperatur eines Umformers in einem bestimmten Verhältnis zur Außenluft regelt. Das Stellglied ist ein Durchgangsventil, dessen Stellmotor (Federrohr) von zwei Thermostaten gesteuert wird, die sich in der Außenluft und im Heizungsvorlauf befinden. Die Fühler der Thermostate sind durch biegsame Kapillarrohre mit dem Stellmotor des Ventils verbunden. Einer bestimmten Außentemperatur entspricht eine bestimmte Vorlauftemperatur: die Heizgerade oder die Heizkurve.

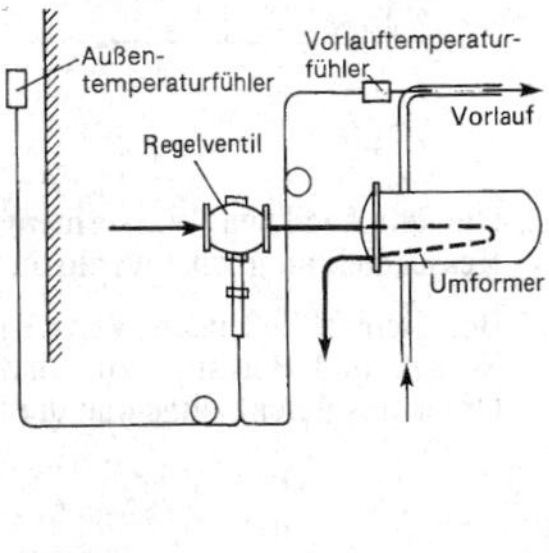

Bild 2.3.7-49. Regelung der Vorlauftemperatur bei einer Warmwasserheizung mit Umformer durch einen direkten Regler in Abhängigkeit von der Außentemperatur.

-4.2 Regler mit Hilfsenergie

Bei diesen Reglern wird elektrischer Strom oder Druckluft als Hilfsenergie verwendet, sonst ist die Wirkungsweise wie vor; siehe Abschn. 2.3.7-3.

-5 Rücklauftemperaturregler[1)]

Heizkraftwerke verlangen manchmal von den Abnehmern, daß die Rücklauftemperatur möglichst einen bestimmten Wert nicht überschreiten soll, z.B. 50 °C, damit die Stromausbeute des Kraftwerkes möglichst groß wird; außerdem Kostenersparnis bei den Rohrleitungen und der Pumpenarbeit. In diesem Fall kann man Rücklauftemperaturregler verwenden. Beispiel Bild 2.3.7-50 und Bild 2.3.7-51. Hauptbestandteil ist das mit einer temperaturempfindlichen Flüssigkeit gefüllte Wellrohrelement. Wasser wird erst durchgelassen, wenn es sich unter die eingestellte Temperatur abgekühlt hat. Sie können in die Rücklaufleitung einer Wohnung oder auch bei einzelnen Heizkörpern oder Lufterhitzern eingebaut werden. Bild 2.3.7-52 zeigt je einen Rücklauftemperaturbegrenzer für den Warmwasserbereiter und den Hausanschluß einer Fernheizung. Sie wirken in der Weise, daß sie das Heizungswasser nur dann in den Rücklauf abfließen lassen, wenn es sich auf den eingestellten Wert abgekühlt hat. Bei Einstellung auf tiefe Temperaturen, z.B. 10 °C, schließt es vollkommen, daher kein Handabsperrventil im Vorlauf erforderlich. Einbaubeispiel Bild 2.2.3-12.

Bei manchen stetigen Regeleinrichtungen ist die Maximalbegrenzung der Fernheizrücklauftemperatur auch Bestandteil oder Zusatzfunktion der elektronischen Regler. Sie ermöglichen auch eine gleitende Begrenzung, wie sie von manchen Fernheizwerken gefordert wird.

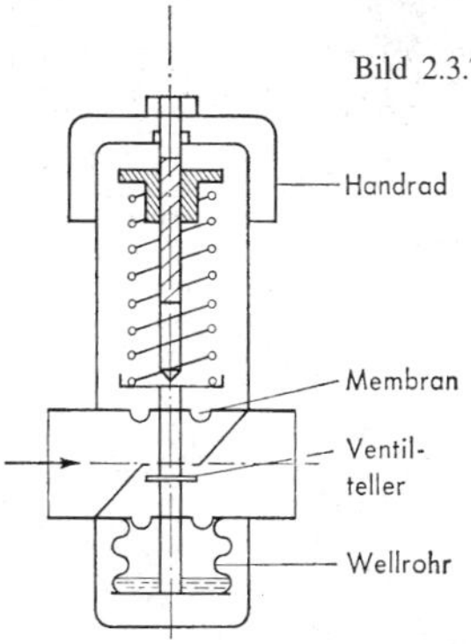

Bild 2.3.7-50. Rücklauftemperaturregler.

Bild 2.3.7-51. Rücklauftemperaturregler – Ansicht (Danfoss).

-6 Strangregulierventile (s. auch Abschn. 2.3.5-2)

Für die präzise Wasserverteilung zwischen den Teilsträngen einer Heizungsanlage gibt es automatische Strangregler. Durch konstanten Druck oder Differenzdruck im Strang und an den Thermostatventilen sorgen die Strangregulierventile für optimale Regelbedingungen, mit denen ungenaue Temperaturen und Strömungsgeräusche vermieden werden. Sie begrenzen den Durchfluß auf den berechneten und eingestellten Wert – unabhängig von den Druckverhältnissen in der Anlage. Sie sind im Vorlauf oder im Rücklauf einsetzbar. Die Montage im Vorlauf ermöglicht die Verwendung des Strangregulierventils sowohl als Durchflußbegrenzer als auch als Differenzdruckregler, letzteres wird durch die Verbindung des Rücklaufs mit dem Strangregulierventil über ein Kapillarrohr erreicht (Bild 2.3.7-53). USV-PV hält einen eingestellten Differenzdruck über den Strang konstant. Der Rück-

1) Dreizler, U. u. W.: Wärmetechn. 3/82. S. 77.

laufdruck wirkt zusammen mit einer Sollwertfeder auf die Unterseite der Regelmembran (7), während der Vordruck über eine Impulsleitung von oben auf die Membran wirkt. Der Differenzdruck kann zwischen 0,05 und 0,25 bar (5 und 25 hPa) eingestellt werden.

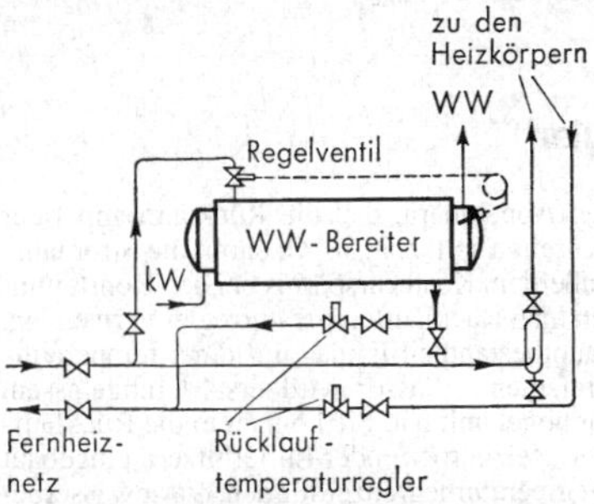

Bild 2.3.7-52. Rücklauftemperaturbegrenzer bei einem Fernheizanschluß.

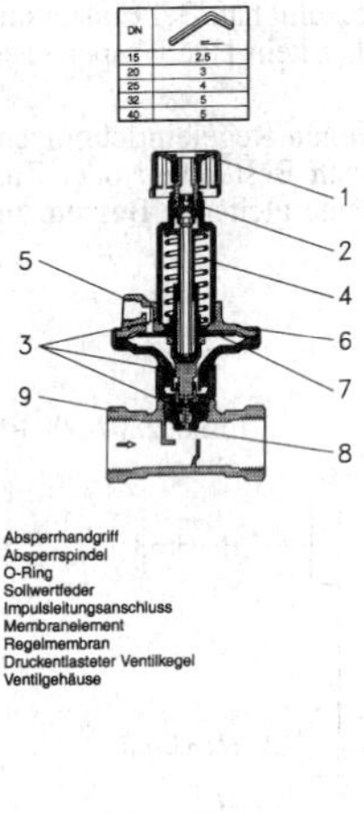

1. Absperrhandgriff
2. Absperrspindel
3. O-Ring
4. Sollwertfeder
5. Impulsleitungsanschluss
6. Membranelement
7. Regelmembran
8. Druckentlasteter Ventilkegel
9. Ventilgehäuse

Umdrehungen (n)	bar
0	0,25
1	0,24
2	0,23
3	0,22
4	0,21
5	0,20
6	0,19
7	0,18
8	0,17
9	0,16
10	0,15
11	0,14
12	0,13
13	0,12
14	0,11
15 *	0,10
16	0,09
17	0,08
18	0,07
19	0,06
20	0,05

* Werkseinstellung

Bild 2.3.7-53. Strangregulierventil für Heizungsanlagen verwendbar als Durchflußbegrenzer oder Differenzdruckregler. Links: Ansicht; rechts: Schema USV-PV (Danfoss).

-7 Hausautomation[1)]

Der intelligenten Haus- und Gebäudetechnik gehört die Zukunft. Vernetzung und Systemtechnik ist heute schon Praxis mit enormem Potenzial für die Zukunft. Erst durch den rasanten Einzug der modernen Informations- und Kommunikationstechniken – wie Internet, Ethernet, Powerline, SMS, WAP u. a. – ergeben sich weitere Innovationen. Die größten Einsparungen lassen sich erreichen, wenn beispielsweise Solaranlage, Heizung, kontrollierte Wohnungslüftung, Raumtemperatur-Regelung, Wärmepumpe, Wärmerückgewinnung aus Abluft, Warmwasserbereitung, Beleuchtung, Türen und Jalousien, Verbrauchserfassung, Kesselansteuerung und Sicherheitskomponenten durch ein intelligentes System verbunden sind und zusammenwirken (Bild 2.3.7-54).

1) Kranz, H. R.: Gebäudeautomation im Wandel. atp – Automatisierungstechnische Praxis 39 (1997), Heft 3.
Das intelligente Haus. Dokumentation zur Veranstaltung des Bundesministerium für Bildung, Wissenschaft, Forschung und Technologie (BMBF), am 6. Juli 1995 im Wissenschaftszentrum in Bonn.
Pfannstiel, D.: Homeautomation: Markt der nahen Zukunft? HLH 48 (1997), Heft 10.
Pfannstiel, D., H.-O. Arend: Entwicklungsstand in der Hausautomation. HLH 52 (2002), Heft 8.

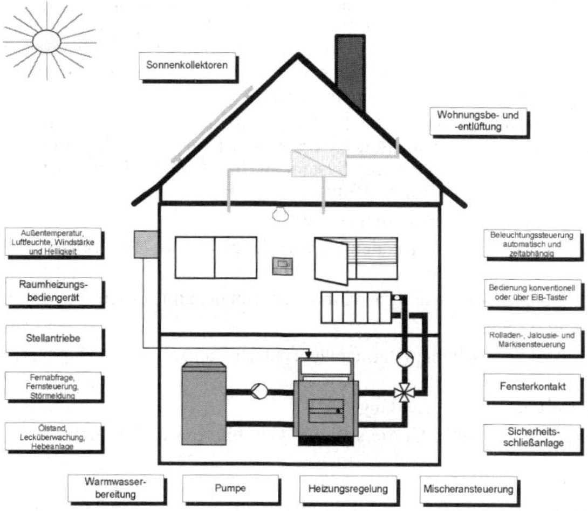

Bild 2.3.7-54. Geräte und Systemkomponenten eines Hausautomationssystems.

-7.1 Was ist Haus-Automation

Unter Haus-Automation wird das Zusammenwirken der bislang getrennten Subsysteme Hausgeräte, Telekommunikation, Unterhaltungselektronik und Ausrüstungstechnik im Hausbereich verstanden. Bild 2.3.7-55 zeigt dazu die verschiedenen Anwendungen bzw. Bereiche innerhalb und außerhalb eines Hauses, die über die „Kommunikationstechnik" miteinander verbunden werden:

- Heizung / Klima / Sanitär
- Elektroinstallation / Hausgeräte / Beleuchtungstechnik
- Überwachung / Sicherheit (innen und außen)
- Bedienung und Überwachung
- Zukünftige Anwendungen
- Telekommunikation (externe Kommunikation).

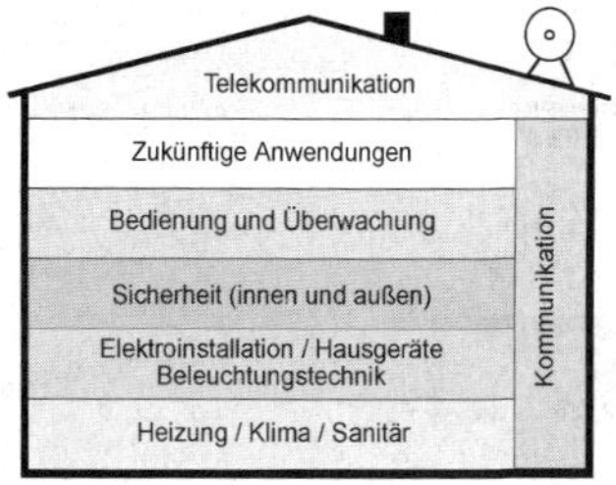

Bild 2.3.7-55. Bereiche der Hausautomation.

Wichtig ist, dass die einzelnen Systeme dabei modular und jederzeit nachrüstbar sind. So ist der Hausbewohner dann leicht in der Lage, je nach seinen Bedürfnissen, sich im Laufe der Jahre sein Hausautomationssystem nach und nach zu komplettieren.

Die Plattform für das „Intelligente Haus" bzw. für die „Haus-Automation" ist somit die Kommunikationstechnik, die die verschiedenen Anwendungen innerhalb des Hauses miteinander verbindet.

Bei der herkömmlichen Installation muss zur Realisierung einer bestimmten Funktion, z. B. einzelne oder zentrale Jalousiensteuerung in Verbindung mit Windsteuerung, erheblicher Aufwand betrieben werden. Ist eine solche Funktion installiert, lässt sie sich meist nur mit erheblichem Aufwand erweitern, z. B. Jalousiensteuerung in Verbindung mit Beleuchtungssteuerung zur Anwesenheitssimulation bei Abwesenheit.

Bei der Vernetzung der Teilsysteme über ein Bus-System, Basis eines jeden Haus-Automationssystems, können alle am Bus angeschlossenen Geräte einfach miteinander kombiniert, das heißt logisch verschaltet werden. An das Bus-System im Haus können die unterschiedlichsten Geräte und Systeme angeschlossen werden:

- Automatische und zeitabhängige Beleuchtungssteuerung
- Einzelraumtemperatur-Regelung in Verbindung mit Stellantrieben für Heizkörperventile, Heizungsregelung
- Warmwasserversorgung und Warmwasserbereitung über Sonnenkollektoren
- Wohnungsbe- und -entlüftung
- Haus-Innen- und -Außenüberwachung, Alarmanlage, optische und akustische Signalgeber
- Fernabfrage, Fernsteuerung und Störmeldung
- Hausgeräte wie Herd, Kühlschrank, Gefrierschrank, Geschirrspüler, Waschmaschine, Trockner
- Hifi, Stereoanlage, TV
- Elektronische Schließanlage
- Glasbruch und Bewegungsmelder
- PC (Home-Assistant)
- Telefon, Fax, PC-Telefonwählgerät.

Sind diese Geräte an ein Bus-System angeschlossen, lassen sich diese über einfache Softwarefunktionen miteinander verschalten. Ein zusätzliches „Kabelziehen" ist nicht notwendig. Der Vorteil ist, dass vorhandene Geräte, Sensoren oder Aktoren von verschiedenen Teilsystemen zu deren Erhöhung der Funktionalität mit verwendet werden.

-7.2 Hausautomationssysteme

In Bild 2.3.7-56 ist ein funkbasiertes Hausautomationssystem mit Full-Service dargestellt. Mit dem Hausautomationssystem *assisto* wird die gesetzlich geforderte Verbrauchserfassung mit Einzelraum-Temperaturregelung und weiteren Anwendungsmöglichkeiten verknüpft. In das System eingeschlossen sind die Regelung von Fußbodenheizungen, die

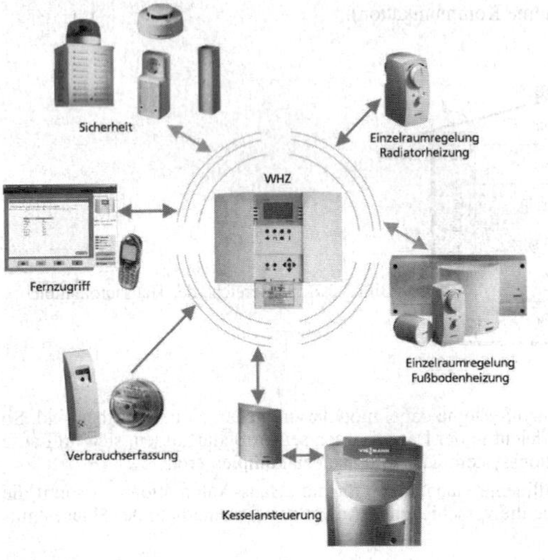

Bild 2.3.7-56. Funkbasiertes Hausautomationssystem „assisto" (Techem AG)

Bild 2.3.7-57. Wohnungs- und Hauszentrale WHZ (Techem AG)

Sicherheitssysteme (Brand, Einbruch, Notfallalarm per Fernbedienung), die Steuerung von Heizkesseln, Licht und Rolläden sowie die Fernbedienung über Mobiltelefon oder PC, sowie die Fernbedienung und Fernauslesung der Verbrauchswerte per Internet – alles auf Basis der Funktechnik. Durch die Funktechnik entfällt das aufwendige Verlegen von Kabeln innerhalb der Wohnung bzw. des Hauses. Deshalb ist *assisto* bestens geeignet auch für den Bestandswohnungsbau, d. h. für die Nachrüstung in bestehenden Gebäuden. Gesteuert werden sämtliche Komponenten wie Regler, Sensoren u. a. über die Wohnungs- und Hauszentrale (WHZ), das Herz und Hirn des Gesamtsystems (Bild 2.3.7-57). Sie verwaltet die einprogrammierten Temperaturwünsche der Nutzer, liefert die aktuellen Informationen

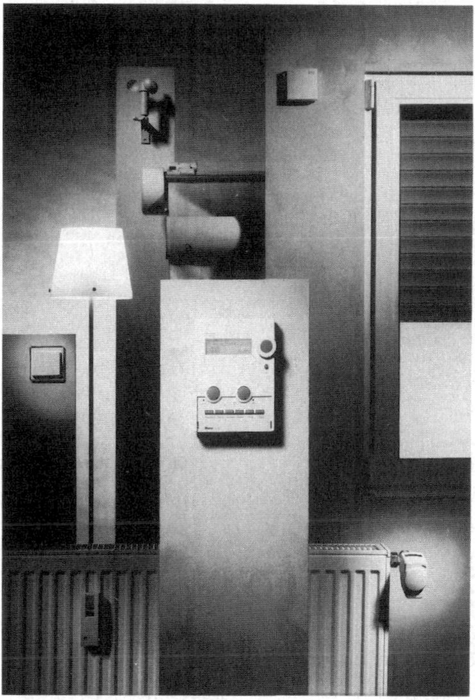

Bild 2.3.7-58. Hausautomationssystem „Hometronic" (Honeywell).

über Energie- und Wasserverbrauch, bietet Periodenvergleiche, kontrolliert die Systemkomponenten und bedient die Datenzentrale zur jährlichen Verbrauchsauslesung außerhalb der Wohnung. Dafür werden Verbrauchsmengen bzw. Zählerstände in Halbmonatsintervallen 18 Monate lang bereit gehalten. Heizkörperregler, Erfassungs- und Sicherheitskomponenten arbeiten mit Batterien, in Verbindung mit der funkbasierten Kommunikation ist dadurch die Installation einfach, schnell und kostengünstig möglich. Die *assisto*-Komponenten kommunizieren im 868-MHz-Band. Die Verbrauchserfassungsgeräte senden traditionell im 433-MHz-ISM-Band.

Ein anderes Hausautomationssystem zeigt Bild 2.3.7-58. Das zentrale Bediengerät des Hometronic-Systems ist der „Hometronic-Manager". Mit seiner Hilfe können die Beleuchtung an- und ausgeschaltet oder gedimmt, Rolläden und Markisen gesteuert sowie die Heizkörper und die Fußbodenheizung geregelt werden. Auch der Wasserhaupthahn lässt sich je nach Bedarf automatisch schließen bzw. öffnen. Fernablesen der Wärmeverbrauchsdaten, die Steuerung von Hausgeräten und die Einbindung von Einbruchmeldeanlagen soll zukünftig möglich sein. Ein eingebautes Modem ermöglicht die Aktivierung von Funktionen extern per Telefon.

2.3.8 Raumheizeinrichtungen[1)]

Raumheizeinrichtungen (Raumheizflächen) teilen sich auf in freie Heizflächen – z. B. Heizkörper – und in im Baukörper integrierte Heizflächen – z. B. Fußbodenheizungen.

Heizkörper haben die Aufgabe, die vom Heizmittel (meist Wasser, gelegentlich noch Dampf) gelieferte Wärme in den zu heizenden Räumen durch Konvektion oder Strahlung an die Raumluft zu übertragen. Es gibt eine große Anzahl Bauarten, die sich sowohl in der Form (Radiatoren, Konvektoren u.a.) als auch im Material (Gußeisen, Stahl, Aluminium usw.) und ihrem Regel- und Leistungsverhalten unterscheiden.

Die Prüfung der *Wärmeleistung* von Raumheizkörpern erfolgt nach international genormten Meßmethoden und Versuchsbedingungen, so daß annähernd vergleichbare und reproduzierbare Leistungswerte erhalten werden. Hierzu dient in Deutschland DIN 4704 T1 und T2 (10.99); international ISO TC 116 und DIN EN 442. Zur Prüfung sind zwei *Prüfkabinen* zugelassen, die sogenannten offenen und die geschlossenen Kabinen, wobei der Heizkörper frei vor einer Rückwand aufgestellt ist. Beide Prüfungen ergeben bei Einhaltung aller Vorschriften dieselben Leistungen.

Für alle auf dem Markt befindlichen Heizkörper erfolgt durch anerkannte *Prüfstellen*[2)] eine Prüfung der Leistung und – damit verbunden – eine Registrierung bei der Deutschen Gesellschaft für Warenkennzeichnung (DGWK, neuerdings umfirmiert in DINCERTCO), wodurch eine einwandfreie Dimensionierung ermöglicht wird. Die *Normwärmeleistung* bezieht sich aus historisch bedingten Gründen (Schwerkraftheizung) auf eine mittlere Temperaturdifferenz von 60 K zwischen mittlerer Wassertemperatur im Heizkörper und Raumluft sowie eine Spreizung von 20 K zwischen Vorlauf- und Rücklauftemperatur. Die Dimensionierung erfolgt nach DIN 4701 T3 (09.88). Die Umrechnung der Wärmeleistung auf andere Heizmittel und Temperaturen ist in DIN 4703 T3 (zurückgezogen) genormt. In der Nachfolgenorm DIN EN 442 ist eine neue Normwärmeleistung definiert. Sie ist die Wärmeleistung eines Heizkörpers bei einer Norm-Bezugslufttemperatur von 20 °C, dem Norm-Luftdruck, einer Vorlauftemperatur von 75 °C und einer Rücklauftemperatur von 65 °C. Die Normübertemperatur beträgt dabei 50 K.

Berechnung der Abweichung von der Norm-Wärmeleistung infolge verschiedener Einflüsse siehe Abschnitt 2.4.4.

Nachstehend sind die Heizkörper in folgende *Gruppen* unterteilt:

- Rohrheizkörper
- Rippenrohrheizkörper
- Flachheizkörper (Plattenheizkörper, Flachradiatoren, Konvektorheizkörper, Strahlplatten)
- Radiatoren
- Rohrradiatoren
- Konvektoren
- Sockelheizkörper

Unter *Flächenheizungen* (oder sog. integrierten Heizflächen) versteht man solche Heizungen, bei denen die Wärmeabgabe in den Räumen durch beheizte Raumflächen, z. B. Dekken, Fußböden oder Wandflächen, erfolgt. Die Flächenheizungen werden fast durchweg mit Warmwasser betrieben, so daß sie im Rahmen der Warmwasserheizungen besprochen werden.

Bei der *Deckenheizung* sind die wärmeabgebenden Heizrohre in der Decke angeordnet. Der größte Teil der Wärme wird von der Decke durch *Strahlung* abgegeben, daher auch der Nahme *Strahlungsheizung*. Die von der beheizten Decke ausgehenden Wärmestrahlen treffen auf die übrigen Wandflächen auf, die dadurch erwärmt werden und ihrerseits wieder Wärme teils durch Strahlung, teils durch Konvektion abgeben. Diese Heizungsart wird heute nur noch selten ausgeführt.

[1)] DIN 4701 T3 (08.89): Auslegung der Raumheizeinrichtungen.
DIN 4703 (12.99) T1: Begriffe, Umrechnung, Einbau. T3: Maße, Norm-Wärmeleistung.
DIN 4704 (09.88) T1: Prüfregeln. T2: Offene Prüfkabine.
Trauner, K.: IKZ 3/78. 8 S.
Ermeler, W.: IKZ 3 u. 5/78 sowie Feuerungstechn. 7 u. 8/81.

[2)] z. B. Hermann-Rietschel-Institut, Techn. Universität Berlin.
Institut für Thermische Verfahrenstechnik, TH Darmstadt.
Institut für Kernenergetik und Energiesysteme, Univ. Stuttgart.

Sinnvoll ist die Deckenheizung in hohen Hallen, um die dort auftretende Temperaturschichtung zu mindern.

Bei der *Fußbodenheizung,* die in letzter Zeit große Verbreitung gefunden hat, sind die Heizschlangen in den Beton, den Estrich oder in Hohlräumen des Fußbodens verlegt. Die Fußbodentemperatur darf auf den begangenen Flächen einen gewissen Wert nicht überschreiten, da andernfalls Fußbeschwerden auftreten.

Bei der *Wandheizung* (Paneelheizung) schließlich sind die Heizflächen in den Wänden, insbesondere den Außenwänden unter den Fensterbrüstungen, angebracht.

Vorteile der Strahlungsheizung:

Kein Platzbedarf für Raumheizkörper im Aufenthaltsbereich;
keine Staubansammlung auf Heizkörpern;
kleiner Temperaturgradient über der Raumhöhe;
geringere Lufttemperatur, somit physiologisch günstige Erwärmung des Menschen;
niedrige Vorlauftemperaturen möglich, günstig für Wärmepumpen und Solarheizungen;
Möglichkeit der Raumkühlung im Sommer durch Verwendung kalten Wassers.

Nachteile:

Größere Trägheit und daher geringere Regelfähigkeit;
höhere Kosten durch baulichen Aufwand;
kaum Möglichkeit nachträglicher Änderung der Heizflächen.

-1 Stahlrohrradiatoren

Stahlrohrradiatoren sind Gliederheizkörper, wobei die einzelnen Glieder im wesentlichen aus senkrecht angeordneten, oben und unten mit einem Sammler verschweißten Rohren bestehen. Stahlrohrradiatoren gibt es in mehreren Bauhöhen und Bautiefen bzw. Anzahl hintereinander angeordneter Rohrreihen (Säulen) (Bild 2.3.8-1). Stahlrohrradiatoren sind sehr hochdruckfest und für Betriebsdrücke von 10 bis 12 bar geeignet. Maße und Norm-Wärmeleistungswerte der üblichen Stahlrohrradiatoren sind in DIN 4703 T3 (09.88) festgelegt (Tafel 2.3.8-1).

Rohre können auch in zwei bis sechs Reihen nebeneinander angeordnet werden (mehrsäulige Ausführung). Ferner gibt es Röhrenradiatoren mit glatten Rohren und Nabenabständen bis 6 m, die stehend angeordnet werden können. Auch waagerechte Anordnung der Rohre ist möglich sowie geknickte und bogenförmige Ausführung.

Modifizierte Ausführungen von Stahlrohrradiatoren sind z.B. Fensterbankradiatoren (liegend angeordnete Rohrreihen), Raumteiler (einreihige Stahlrohrradiatoren) oder sogenannte Handtuch-Radiatoren, Badheizkörper in die nasse Handtücher zum Trocknen eingehängt werden können (Bild 2.3.8-2).

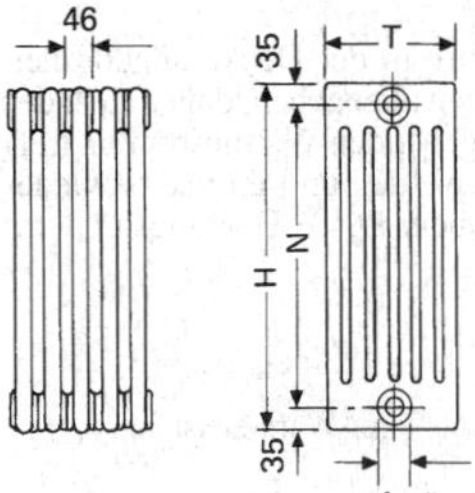

Bild 2.3.8-1. Stahlrohrradiator nach DIN 4703 T3.

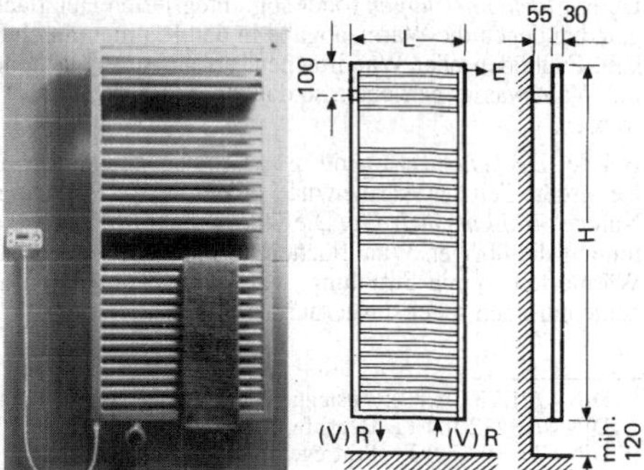

Bild 2.3.8-2. Stahlrohrradiator als Handtuchtrockner. Mit elektr. Heizpatrone für Sommerbetrieb (Buderus).

Tafel 2.3.8-1 Maße und Norm-Wärmeleistungen von Stahlrohrradiatoren

Bauhöhe H in mm	Norm-Wärmeleistung $\dot{q}_n$ in W				
	2säulig, T = 64 mm	3säulig, T = 101 mm	4säulig, T = 139 mm	5säulig, T = 177 mm	6säulig, T = 215 mm
190	19	27	35	41	47
300	29	41	53	64	76
350	34	48	63	74	88
400	38	55	70	85	100
450	44	62	78	97	113
500	49	69	87	107	126
550	55	74	95	117	138
600	59	81	104	127	151
750	74	101	128	157	184
900	90	119	150	185	219
1000	98	131	166	204	241
1100	107	143	181	221	263
1200	116	156	197	240	280
1500	142	192	242	288	335
1800	167	228	287	343	399
2000	188	254	319	378	442
2500	233	316	395	465	541
2800	261	352	440	516	602

Die Baulänge eines Gliedes beträgt 46 mm. Der äußere Rohrdurchmesser beträgt 25 mm. Siehe auch Bild 2.3.8-1.

Es ist zu beachten, daß bei Handtuchradiatoren mit zum Trocknen aufgehängten Handtüchern mit erheblichen Leistungsminderungen zu rechnen ist. Besonders deutlich ist dies bei trocknen Handtüchern mit einem Überdeckungsgrad von über 50 Prozent (Bild 2.3.8-3).

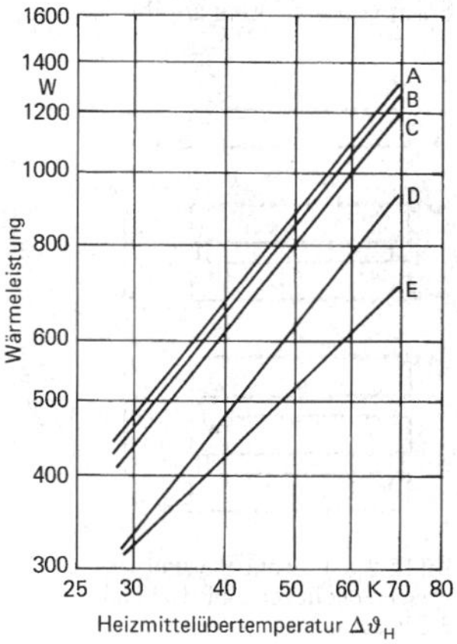

Bild 2.3.8-3. Gemessene Heizkörperkennlinien eines Handtuchradiators.
A: Normkennlinie nach DIN 4704, ohne Handtuch
B: mit 30prozentiger Überdeckung eines nassen Handtuchs
C: mit 50prozentiger Überdeckung eines nassen Handtuchs
D: mit 50prozentiger Überdeckung eines trockenen Handtuchs
E: mit 100prozentiger Überdeckung eines trokkenen Handtuchs

-2 Rippenrohrheizkörper

Sie geben auf kleinerem Raum eine größere Wärmemenge ab als glatte Rohre. Ausführung in Gußeisen und Stahl. Die *gußeisernen* Heizkörper, die früher häufig in Fabriken und Nebenräumen verwendet wurden, haben heute wegen ihres großen Eisengewichts nur noch eine geringe Bedeutung. Desto mehr werden jedoch die *stählernen* Rippenrohrheizkörper verwendet. Man unterscheidet folgende Bauarten:

1. *Bandrippenrohre,* bei denen die Rippen auf das Rohr schraubenförmig aufgewickelt sind,
   a) mit Wellung,
   b) ohne Wellung;
2. *Scheibenrippenrohre,* bei denen auf dem Rohr einzelne Scheiben befestigt sind. Hierzu gehören auch die gußeisernen Rippenrohre.

Die stählernen Rippenrohre finden in der Heizung in den verschiedensten Formen Verwendung. Nachteilig ist gegenüber den glatten Rohren die geringere Reinigungsmöglichkeit, vorteilhaft das kleinere Gewicht und der geringere Preis.

-3 Plattenheizkörper (Flachheizkörper)

Diese zum Teil genormten Heizkörper sind dadurch gekennzeichnet, daß sie bei sehr geringer Tiefe große glatte oder profilierte Heizflächen besitzen und daher einen größeren Teil der Wärmeleistung durch Strahlung abgeben. Sie werden in letzter Zeit zunehmend verwendet, häufig aus dekorativen Gründen. Zur Verhinderung von Kaltlufteinfall sollte ihre Länge möglichst der Breite des Fensters entsprechen. Man unterscheidet folgende Bauarten:

Plattenheizkörper sind plattgedrückten Rohren ähnliche Heizkörper, die jedoch frei von der Wand verlegt werden und daher auch eine größere konvektive Wärmeabgabe haben. Herstellung aus Stahlblech von etwa 2 bis 4 mm Stärke. Plattendicke etwa 25 mm. Zusammenbau der einzelnen Elemente in beliebiger Anzahl übereinander oder auch nebeneinander in senkrechter Anordnung (Bild 2.3.8-4). Auch mehrreihige Ausführungen, wobei 2 oder mehr Plattenheizkörper hintereinander angeordnet sind, werden hergestellt. Vorteilhaft sind die geringe Bauhöhe, die glatte Außenfläche sowie Anpassungsfähigkeit an die Raumverhältnisse.

Die auf die Heizfläche bezogene *spezifische Heizleistung* aller flachen Stahlheizkörper mit glatter oder profilierter Oberfläche hängt von der Höhe ab. Je niedriger, desto größer ist die spez. Heizleistung. Bei mehrlagiger Ausführung (Heizkörper übereinander) entspricht die Heizleistung einem einfachen Heizkörper gleicher Gesamthöhe. Bei zweireihiger Anordnung sinkt die Normwärmeleistung um etwa 35…40% (Bild 2.3.8-5).

Die Rückseite wirkt als Konvektionsheizfläche, während die Vorderseite Wärme auch in Form von Strahlung abgibt.

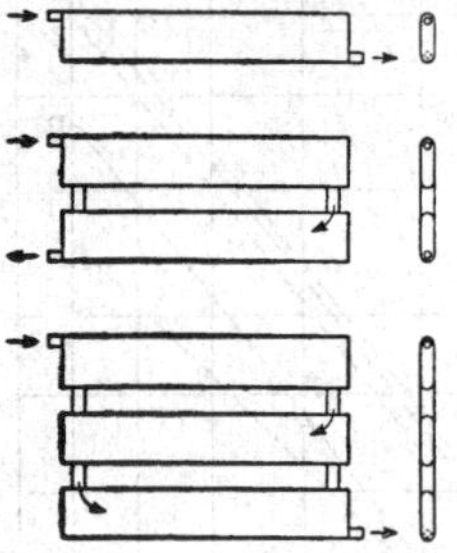

Bild 2.3.8-4. Plattenheizkörper, waagerecht liegend mit 1, 2 und 3 Gliedern.

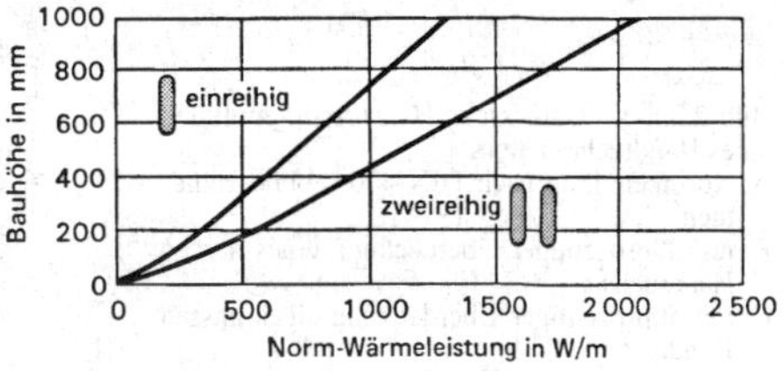

Bild 2.3.8-5. Heizleistung von profilierten Plattenheizkörpern aus Stahl ($\Delta t = 60$ K).

Tafel 2.3.8-2 Norm-Wärmeleistung von Plattenheizkörpern
Glattwandige Plattenheizkörper*)

Bauhöhe in mm		200	300	400	500	600	700	800	900
$\dot{q}_n$ in $\frac{W}{m}$	einreihig	267	400	525	650	773	893	1010	1125
	zweireihig	454	673	881	1078	1263	1436	1599	1750
	dreireihig	641	946	1237	1506	1753	1979	2188	2357

Senkrecht profilierte Plattenheizkörper*)

Bauhöhe in mm		200	300	400	500	600	700	800	900	1000
$\dot{q}_n$ in $\frac{W}{m}$	einreihig	294	425	556	684	810	935	1058	1180	1300
	zweireihig	500	727	945	1157	1360	1556	1744	1924	2093
	dreireihig	706	1029	1334	1630	1910	2177	2430	2668	2886

*) Die Norm-Wärmeleistungen gelten für glattwandige Plattenheizkörper mit einer Plattendicke von (25 ± 3) mm sowie für vertikal profilierte Plattenheizkörper mit einer Plattendicke von (18 ± 3) mm, deren Profilabwicklung mindestens 10% größer ist als die Plattenlänge und deren Profilhöhe mindestens gleich der Bauhöhe minus 100 mm ist. Bei mehrreihigen Plattenheizkörpern muß der lichte Abstand zwischen den Platten mindestens 35 mm sein.

Das Normblatt DIN 4703 T1 (12.99) enthält die Normwärmeleistung glatter und vertikal profilierter Plattenheizkörper in W/m (Tafel 2.3.8-2). Umrechnung der Wärmeabgabe bei anderen Temperaturen wie bei Radiatoren (s. auch Abschn. 2.4.4).

Flachradiatoren sind eine weit verbreitete Bauart von Plattenheizkörpern.

Sie erfordern einen sehr geringen Einbauraum, entsprechen in Form und Aussehen hohen Ansprüchen und erzielen neue architektonische Ansprüche. Bezogen auf die Heizleistung sind sie die billigsten Heizkörper. Als Beispiel siehe Bild 2.3.8-6 bis Bild 2.3.8-9. Bauelemente sind profilierte Stahlbleche, die untereinander verschweißt sind und so waagerechte oder senkrechte Kanäle bilden. Geringer Wasserinhalt, leicht, Bautiefe nur etwa 25…30 mm.

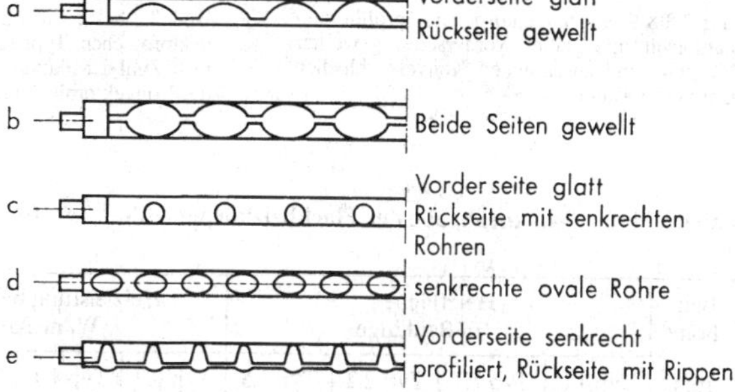

Bild 2.3.8-6. Stählerne Flachheizkörper verschiedener Bauart.

Konvektorplatten gleichen auf der Vorderseite Flachradiatoren, auf der Rückseite befinden sich jedoch zusätzliche senkrechte Leitbleche aus Stahlblech (Lamellen). Dadurch erhöhte *Wärmeabgabe* (Bild 2.3.8-10 und Tafel 2.3.8-3).

Derartige Bauarten gibt es in großer Zahl und mit zunehmendem Marktanteil. Sie werden 1- und 2reihig geliefert und ergeben je lfd. m sehr große Heizleistungen. Vorderseite glatt oder profiliert. Bei Ausführung der Lamellen aus Aluminium statt Stahlblech erhöht sich die Wärmeleistung infolge der besseren Wärmeleitung noch um ca. 20–30%. Heizleistung muß durch autorisierte Institute nachgewiesen werden.

Beim Einbau von Flachheizkörpern ebenso wie bei anderen Heizkörpern (s.a. Abschn. 2.4.4) in *Nischen* ist darauf zu achten, daß oben genügender Abstand zum Fensterbrett vorhanden ist, da sonst die Leistung stark verringert wird, bei mehreren Heizkörpern bis um 10 oder 15%[1] (Bild 2.4.4-9).

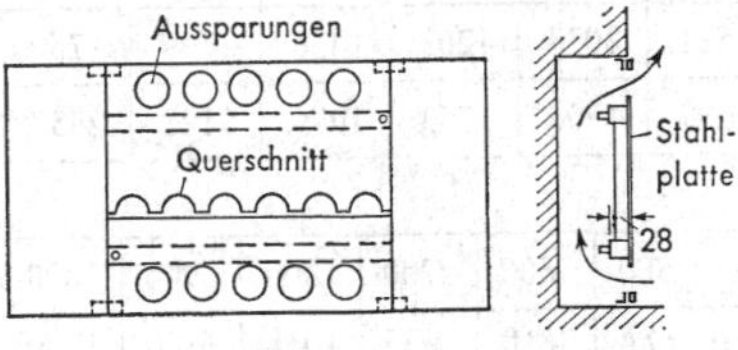

Bild 2.3.8-7. Wandplattenheizkörper mit glatter Vorderseite und gewellter Rückseite in Nische. Obere und untere Abdeckplatte mit Aussparungen.

Bild 2.3.8-8. Ansicht der Plattenheizkörper nach Bild 2.3.8-7.

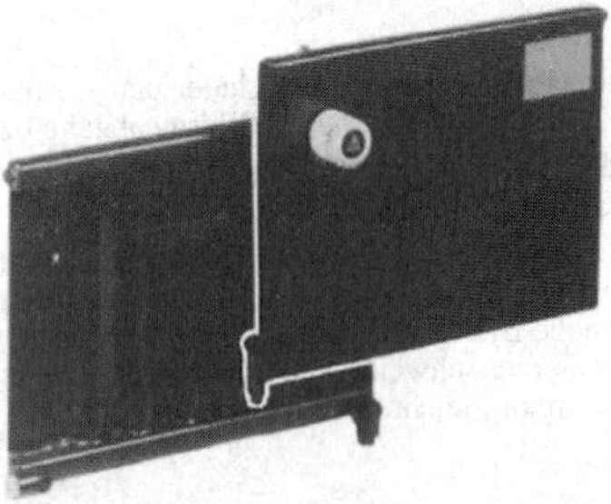

Bild 2.3.8-9. Flachheizkörper aus profiliertem Stahlblech mit glatter Vorderseite, gewellter Rückseite und zusätzlichen Konvektorblechen (Gerhard u. Rauh).

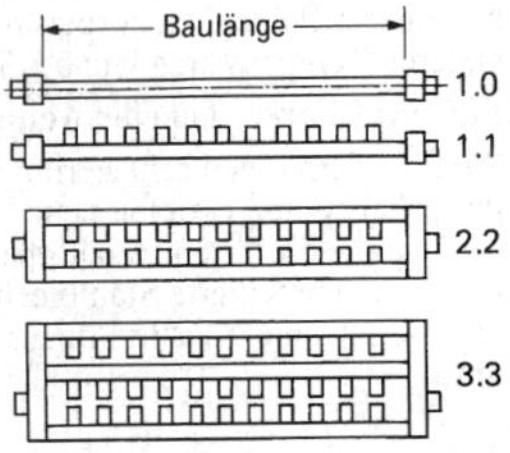

Bild 2.3.8-10. Flachheizkörper mit Konvektorblechen. Typbezeichnung: erste Ziffer = Zahl der Platten; zweite Ziffer = Zahl der Konvektorbleche (Schäfer-Interdomo).

Tafel 2.3.8-3 Wärmeabgabe der Flachheizkörper (Bild 2.3.8-10)

Bauhöhe	Heizfläche m^2/m Baulänge				Heizleistung bei 80/20 °C*) W/m Baulänge			
mm	Typ 1.0	Typ 1.1	Typ 2.2	Typ 3.3	Typ 1.0	Typ 1.1	Typ 2.2	Typ 3.3
300	0,66	1,40	2,79	4,19	425	583	1112	1623
500	1,10	2,57	5,54	7,72	684	945	1684	2482
700	1,54	3,75	7,50	11,24	935	1278	2269	3311
900	1,98	4,85	9,70	14,55	1180	1567	2864	4085

*) Vorlauf 90 °C, Rücklauf 70 °C; Raumtemperatur 20 °C.

[1]) Schlapmann, D.: Ki 5/76. S. 193/6.

-4 Radiatoren (Gliederheizkörper)

Bauarten

Radiatoren, die bisher immer noch am meisten verwendeten Heizkörper (Bild 2.3.8-11 und -18), bestehen aus einzelnen Gliedern gleicher Größe, die in größerer Zahl aneinandergereiht Heizflächen beliebiger Größe ergeben. Die Verbindung der einzelnen Glieder miteinander erfolgt durch Nippel mit Rechts- und Linksgewinde R $1^1/_4''$ (Bild 2.3.8-13). *Dichtung* bei Warmwasser meist Manila-Papier, bei Heißwasser und Dampf Spezialmaterial.

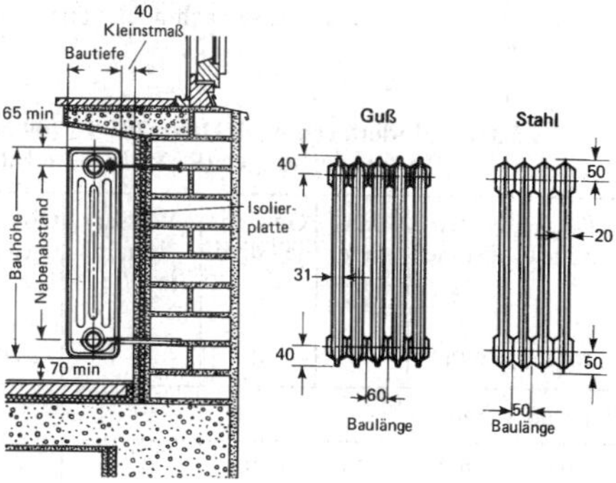

Bild 2.3.8-11. Baumaße von Radiatoren nach DIN 4703 T1–T3 (09.88).

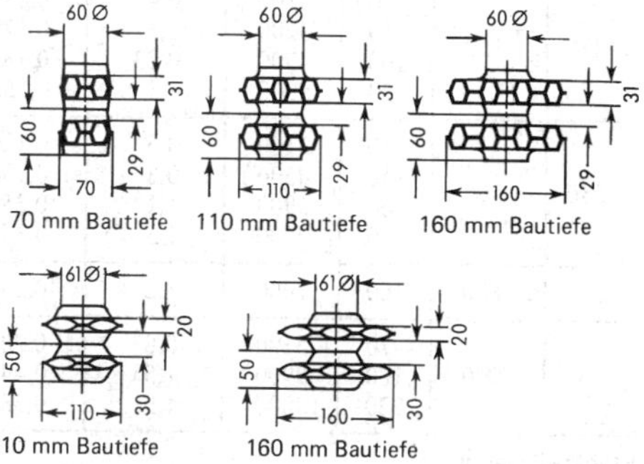

Bild 2.3.8-12. Querschnitt von Gußradiatoren (oben) und Stahlradiatoren (unten).

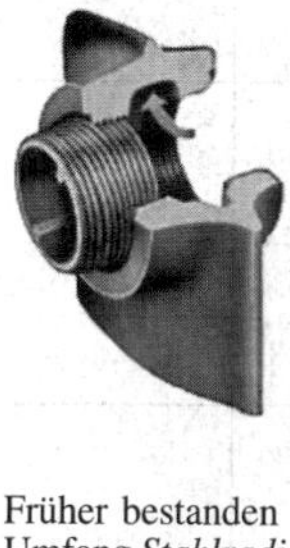

Bild 2.3.8-13. Gewindenippel für Radiatorverbindung.

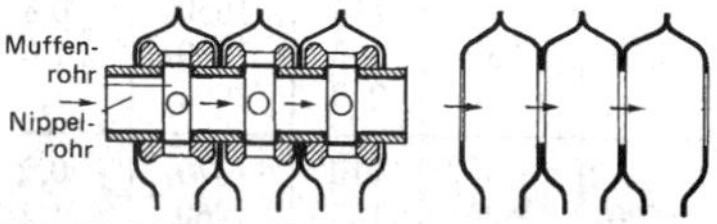

Bild 2.3.8-14. Verbindung bei Stahlradiatoren. Links: Einzelnippel Rechts: Blockschweißung

Früher bestanden die Heizkörper nur aus *Gußeisen,* heute sind jedoch in weit größerem Umfang *Stahlradiatoren* auf den Markt gekommen. Sie sind erheblich leichter, billiger und bei Schaden durch Schweißen reparierbar, bruchsicher, kürzer, doch weniger korrosionsfest, Verwendung daher nur in Warmwasserheizungen. Für Gußradiatoren werden teilweise 30jährige Garantien bezüglich Korrosion gegeben.

Verbindung außer durch einzelne Nippel auch im Block bis zu 20 Gliedern geschweißt (Bild 2.3.8-14). Zur Versteifung zu den Naben Stabilisationsrohre (Zuganker). Stahlblech 1,25 mm dick.

Auch *Aluminium-Gliederheizkörper*[1)] werden hergestellt, ohne sich jedoch bisher trotz eleganter Formen und Farben in größerem Maßstab eingeführt zu haben. Sie sind etwa doppelt so teuer wie Stahlradiatoren. Herstellung mit verhältnismäßig hohem Energieeinsatz durch Druckguß und Strangpressen. Bei ungünstigen Wasserverhältnissen Korrosionsgefahr.

Die *Abmessungen* und Leistungen der Guß- und Stahlradiatoren sind in DIN 4703 T1 genormt. Es gibt bei Gußeisen 13 Modelle, bei Stahl 11. Bauhöhen von 280 bis 980 mm, Bautiefen von 70 bis 250 mm (Tafel 2.3.8-4). Höchster Betriebsdruck bei allen Radiatoren: 4 bar bzw. 40 m WS, höchste Temperatur 110 °C. Sonderausführungen bis 6 bar Überdruck (60 m WS) und 140 °C, teilweise auch noch höher. Radiatoren geringer Bautiefe werden bevorzugt.

Tafel 2.3.8-4 Radiatoren nach DIN 4703 T1 (09.88) – Abmessungen, Wasserinhalte, Heizleistungen (9.88); Maße s. Bild 2.3.8-11

Bauhöhe h_1	Nabenabstand h_2	Bautiefe *b*	Gewicht je Glied	Wasserinhalt je Glied	Oberfläche je Glied	Norm-Wärmeleistung $\dot{q}_n$	
						Warmwasser 90/70 °C	Sattdampf 100 °C
mm	mm	mm	g	ca. l	m²	W/Glied	
Gußradiatoren							
280	200	250	4700	0,9	0,185	92	134
430	350	70	2300	0,4	0,09	55	80
		110	3200	0,6	0,128	70	102
		160	4300	0,83	0,185	93	135
		220	5900	1,1	0,255	122	177
580	500	70	3100	0,5	0,120	68	99
		110	4500	0,8	0,180	92	134
		160	5900	1,1	0,255	126	183
		220	7500	1,3	0,345	162	235
680	600	160	7000	1,2	0,306	147	214
980	900	70	5200	0,8	0,205	111	161
		160	9900	1,5	0,440	204	297
		220	13000	1,9	0,580	260	378
Stahlradiatoren							
300	200	160	1020	0,8	0,105	50	
		250	1540	1,0	0,160	77	
400	350	110	1050	0,8	0,105	55	
		160	1460	1,0	0,155	74	
		220	1990	1,2	0,210	99	
600	500	110	1370	0,9	0,140	73	
		160	1960	1,2	0,205	99	
		220	2680	1,6	0,285	128	
1000	900	110	2320	1,2	0,240	122	
		160	3300	1,7	0,345	157	
		220	4530	2,4	0,480	204	

Die angegebenen Gewichte in g beziehen sich Heizkörperglieder ohne Nippel und Stopfen.

1) Penkert, R.: IKZ 17/76. 3 S.
Witt, C. A., u. R. Penkert: IKZ 17/80. S. 39.

Auch *Kunststoffradiatoren* sind bereits auf dem Markt. Maximale Temperatur 80 °C, maximaler Überdruck 2 bar, geringe mechanische Festigkeit, jedoch leicht zu montieren. Sehr teuer, große Ausdehnungszahl, brennbar. Verwendung recht selten.

Außer den genormten Radiatoren gibt es auch noch eine Anzahl von *Sonderbauarten* mit anderen Abmessungen. Sie besitzen einen steigenden Marktanteil. Insbesondere werden Radiatoren mit geringerer Bautiefe als DIN hergestellt, sogenannte *Schmalsäuler* mit etwa 60…70 mm Bautiefe.

Montage: Heizkörper werden in der Regel unterhalb der Fenster (Behaglichkeit am günstigsten) oder auch an Innenwänden aufgestellt. Lagerung auf Stützen oder *Konsolen* (Bild 2.3.8-15) besser als auf *Füßen* (leichtere Reinigung). Konsole neuerer Bauart verstellbar und für alle gebräuchlichen Heizkörper passend. Beim Einbau in eine Wandnische ist der Abstand zwischen Fensterbrett und Heizkörper ausreichend groß (Bild 2.4.4-9) zu gestalten, damit die Verringerung der Wärmeleistung gegenüber der Normleistung in Grenzen bleibt. Zwecks leichterer Luftströmung ist die Abdeckung zu wölben oder zu neigen und die hinter den Heizkörpern gelegene Wandfläche bei Außenwänden mit Wärmedämmung oder „Heizkörperfolien“ zu versehen.

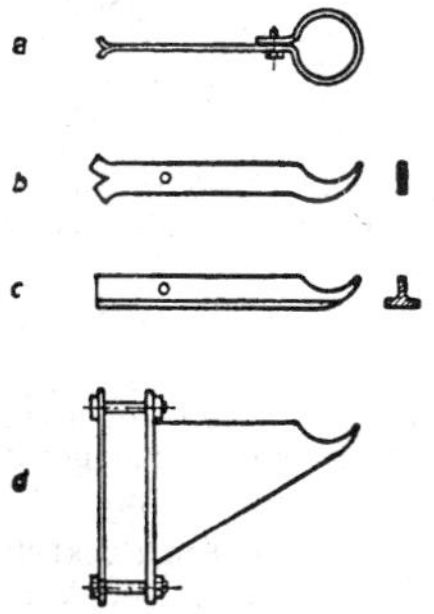

Bild 2.3.8-15. Radiatorbefestigungen.
a Radiatorhalter,
b Flacheisenkonsol,
c T-Eisenkonsol,
d Konsol für Rabitzwände

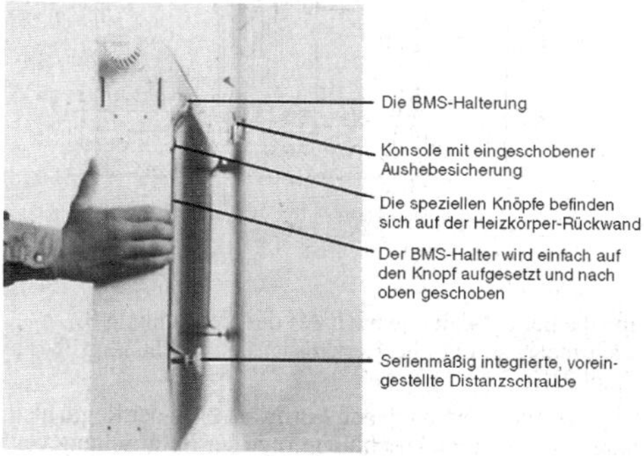

Bild 2.3.8-16. Das Buderus-Montagesystem BMS. Halteschienen werden auf spezielle Knöpfe, die sich auf der Heizkörper-Rückwand befinden, geschoben (Werkbild Buderus).

Ein neues Montagesystem für Flachheizkörper ist das BMS-System (Bild 2.3.8-16).

Wesentliches Merkmal dieser Befestigung sind aufgeschweißte Knöpfe auf der Heizkörperrückseite. Diese in der Heizfläche liegenden Knöpfe werden einfach in eine Halterung eingehängt, die Bestandteil eines speziellen Sets ist. Befestigungssets gibt es sowohl für die Montage an der Rohwand als auch an der Fertigwand. Eine besondere Arbeitserleichterung für den Monteur stellt die Integration des Abstandhalters im BMS-System dar. Anders als bei einer Befestigung mit Laschen muß der Abstandhalter nicht mehr separat montiert werden. Auch ist kein punktgenaues Einhängen des Heizkörpers mehr erforderlich, denn er zentriert sich selbsttätig auf den Bohrkonsolen. Neben der deutlichen Montagezeitersparnis von etwa 20 Prozent ist ein weiterer Vorteil des BMS-Systems die sehr gute Optik des montierten Heizkörpers, denn die Befestigungsteile sind nicht mehr sichtbar. Da außen am Heizkörper keine hervorstehenden Teile vorhanden sind, können Beschädigungen des Heizkörpers bei Lagerung und Transport nahezu ausgeschlossen werden, und Verpackung kann eingespart werden.

Verkleidungen der Heizkörper sind nach Möglichkeit zu vermeiden. Falls eine Verkleidung aus architektonischen Gründen nicht vermeidbar ist, ist sie leicht abnehmbar einzurichten und mit genügend großen Öffnungen an der Vorder- und Oberseite zu versehen, um die Luftströmung so wenig wie möglich zu behindern. Die Verminderung der Wärme-

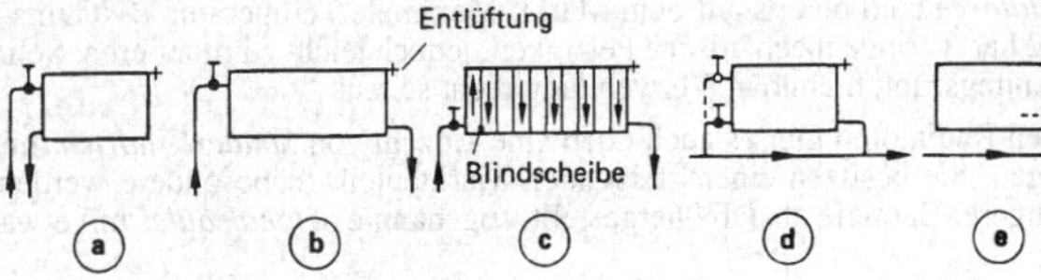

Bild 2.3.8-17. Heizkörperanschlüsse.
a) Normalanschluß, b) wechselseitiger Anschluß, c) Anschluß reitend mit Blindscheibe, d) Anschlußarten beim Einrohrsystem, e) Einrohrsystem mit 4-Wege-Ventil.

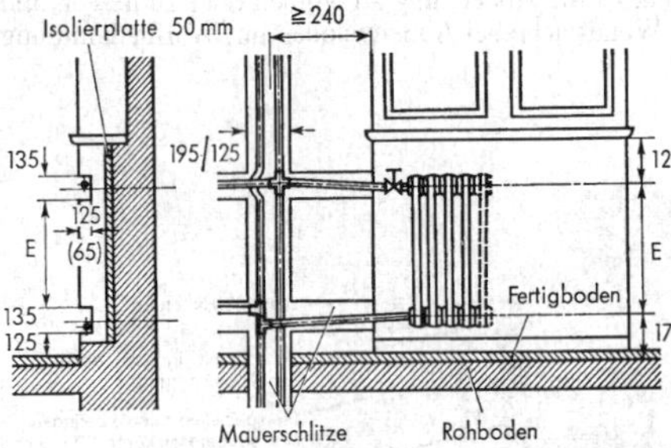

Bild 2.3.8-18. Höhenlage der Mauerschlitze bei Radiatoranschlüssen.

abgabe beträgt dabei je nach Art der Verkleidung 3…7%, bei unsachgemäßer Ausführung auch mehr, so daß die Heizkörper entsprechend größer auszuführen sind[1]. Siehe hierzu Tafel 2.4.4-3.

Anschluß der Leitungen bei Warmwasser in der Regel gleichseitig, Vorlauf oben, Rücklauf unten, bei unterem Anschluß infolge der Beimischung von kühlerem Rücklaufwasser Minderleistung (s. a. Abschn. 2.4.4) von etwa 5…10%, bei Einrohrheizungen sogar 10…15%, falls nicht Blindscheibe nach dem 1. oder 2. Glied[2]. Siehe Bild 2.3.8-17. Bei wechselseitigem Anschluß mit Vorlauf oben, Rücklauf unten keine Leistungsänderung (Bild 2.4.4-4 u. Bild 2.4.4-6).

Auch bei übermäßig langen Heizkörpern – über 40 Glieder oder bei Flachheizkörpern mit einer Baulänge >5 × Bauhöhe – ist ein gleichseitiger Anschluß vorteilhaft. Eine höhere Leistung bei wechselseitigem Anschluß ist nicht zu erwarten[3].

Anstrich (gilt auch für andere Heizkörper: Grundbeschichtung, darüber Lackanstrich, Richtlinien für den Grundanstrich enthält DIN 55900 (02.80). Metallbronzen als Anstrich sind zu vermeiden, da hierdurch eine Verminderung der Wärmeabgabe je nach Heizkörperart bis über 30% (s. Bild 2.4.4-10) eintritt[4]. Manche Hersteller liefern Heizkörper fertig lackiert, mit Ventil und Befestigungselementen, einzeln verpackt; auch emailliert oder kunststoffbeschichtet *(Fertigheizkörper)*.
Radiatoranschlüsse Bild 2.3.8-18.

Gewichte: Gußeiserne Radiatoren etwa 25 kg/m^2, Wanddicke 2,5…3 mm, Stahlradiatoren etwa 10 kg/m^2 Heizfläche, Wanddicke 1,25 mm.

Preise ab Werk bei Warmwasser von 80 °C etwa:

Stahlradiatoren	ca.	50 €/kW,
Gußradiatoren	ca.	75 €/kW,
Al-Radiatoren	ca.	100 €/kW.

---
[1]) Sauter, H.: HLH 4/85. S. 200/3.
[2]) Bach, H., u. D. Schlapmann: Ki 10/77. S. 349/54.
[3]) Abel, H., Bott, H. u. D. Schlapmann: sbz 13/90. S. 928/35.
[4]) Schlapmann, D.: HR 3/87. S. 129/135.

-5 Rohrradiatoren (Sonderbauformen)

Die besonders in Hochdruckanlagen für Hochhäuser und Fernheizungen verwendeten Röhrenradiatoren bestehen aus nahtlosen senkrecht angeordneten runden oder profilierten Rohren, die oben und unten in je ein *gemeinsames Sammelrohr* eingeschweißt sind. Die senkrechten Rohre sind entweder glatt oder es sind zur Vergrößerung der Heizfläche Stahlbleche elektrisch angeschweißt, die verschiedene Formen aufweisen können.

In der einfachsten Form sind es nur gerade Rippen an beiden Seiten der Rohre, meist jedoch sind die Flächen in Form von Flügeln oder Hufeisen ausgebildet. Durch diese Ummantelung entsteht ähnlich wie bei den Konvektoren eine *Kaminwirkung,* die die Wärmeabgabe vergrößert. Außerdem wird ein Berührungsschutz vor den heizmittelführenden Rohren erreicht. Bei einsäuliger Ausführung beträgt die Bautiefe nur 3 cm und der Betriebsdruck bis 20 bar.

Oben erhalten die Heizkörper zwecks besseren Aussehens eine durchlochte Deckhaube, unten evtl. eine Deckleiste. Nabenabstand beliebig, meist 500, 600, 800 und 1000 mm. Verwendung in Hochdruck-Heißwasser- oder Dampfheizungen bei Drücken bis 16 bar Überdruck und darüber sowie in Hochhäusern, wenn gußeiserne Radiatoren nicht mehr verwendet werden können.

Beispiel von Ausführungen siehe Bild 2.3.8-19 und Bild 2.3.8-20 sowie Bild 2.3.8-21.

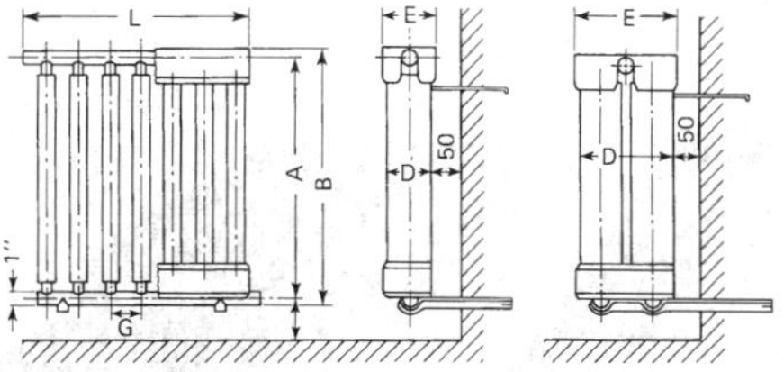

Bild 2.3.8-19. Hochdruckradiator.

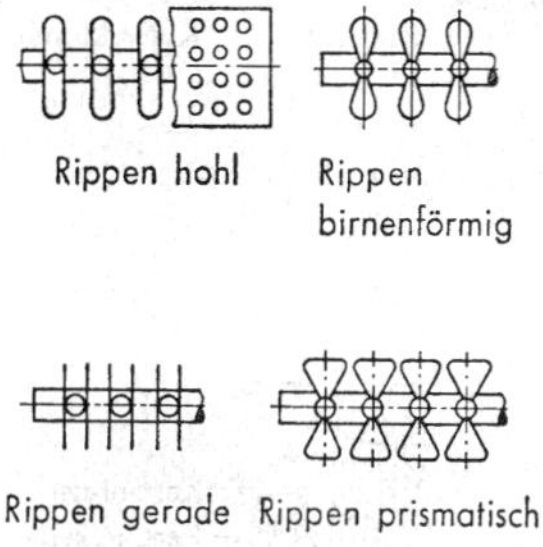

Bild 2.3.8-20. Verschiedene Ausbildung der Rippen an Hochdruckradiatoren.

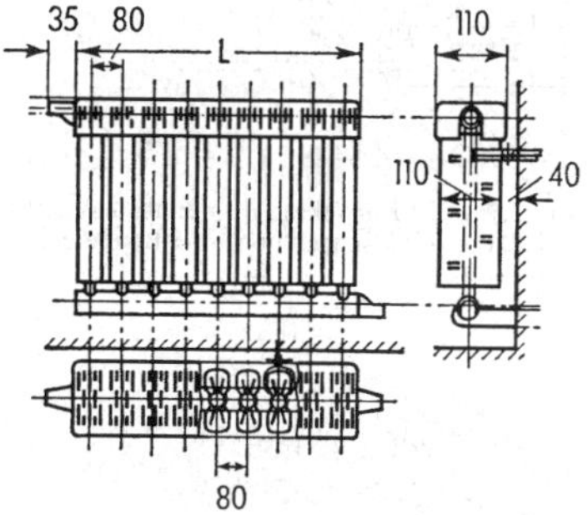

Bild 2.3.8-21. Hochdruckradiator mit U-förmigen Rippen und zusätzlichen angeschweißten Stegen (Gerhard).

Bei einer anderen Bauart sind an der Vorderseite der senkrechten Rohre jalousieartige Spezialrippen aufgeschweißt (Thermal-Radiatoren).

Heizleistung einer Ausführung siehe Tafel 2.3.8-5.

Tafel 2.3.8-5 Heizleistung der Hochdruckradiatoren nach Bild 2.3.8-21
$t_m = 80\,°C$, $t_i = 20\,°C$

	Bauhöhe in mm			
	300	500	800	1000
Heizfläche je Glied in m²	0,210	0,385	0,654	0,834
Heizleistung je Glied in W	69	114	179	209
Masse je Glied in kg	1,22	2,22	3,75	4,80

-6 Konvektoren

Sie bestehen aus stählernen oder kupfernen *Rippenrohren* in einem *Blechgehäuse* oder in einer Mauernische mit vorderer Abdeckung (Bild 2.3.8-22 u. Bild 2.3.8-23). Luft tritt unten in den Heizkörper ein, erwärmt sich an den Heizflächen und tritt nach oben oder vorn aus. Wärmeabgabe fast nur durch Konvektion. Regulierung der Heizleistung meist wasserseitig durch Ventile, gelegentlich luftseitig durch Regulierklappen (Bild 2.3.8-25). Bei Thermostatventilen ist darauf zu achten, daß der Fühler nicht im Warmluftstrom liegt; z.B. Fernfühler.

Kupferrohre meist mit aufgepreßten Aluminiumlamellen; Stahlrohre häufig in Ovalform mit aufgeschweißten Lamellen, oft feuerverzinkt.

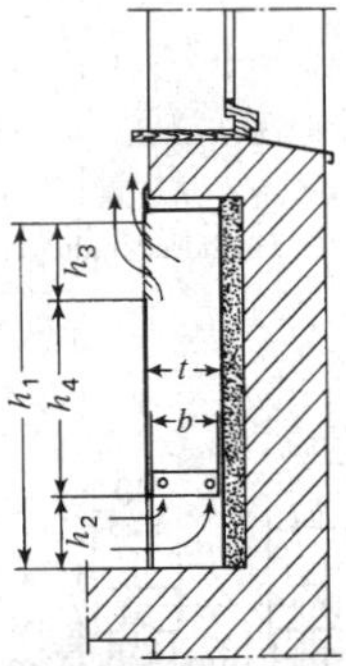

Bild 2.3.8-23. Konvektoren.

Bild 2.3.8-22. Konvektor. h_1 = Einbauhöhe, h_2 = Lufteinlaßhöhe, h_3 = Luftauslaßhöhe, h_4 = Schachthöhe, b = Bautiefe, t = Schachttiefe, = $b + 10$ mm

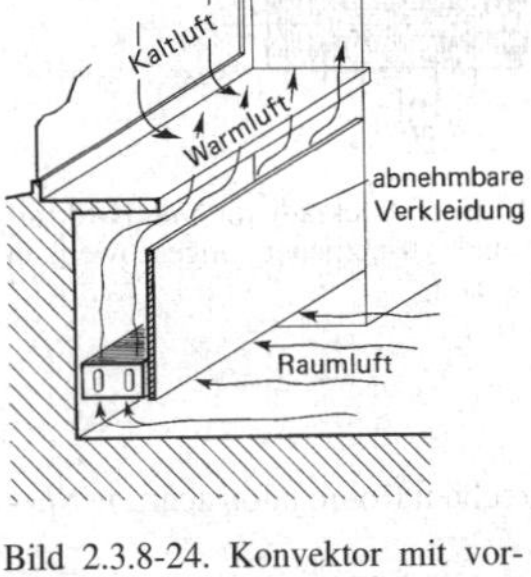

Bild 2.3.8-24. Konvektor mit vorgehängter abnehmbarer Platte.

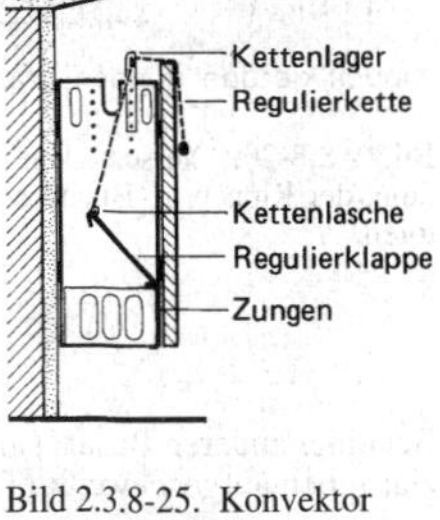

Bild 2.3.8-25. Konvektor mit Regulierklappe.

Die Aufstellung der Konvektoren ist wie bei Radiatoren an den Außenwänden der Räume unter den Fenstern wie auch an den Innenwänden möglich. Im letzten Fall kann der Heizkörper auch so ausgebildet werden, daß er direkt in der Zwischenwand zwischen den Räumen angebracht wird und so gleichzeitig zur Heizung von zwei und mehr Räumen dient (Zentralkonvektor).

Infolge der geringen Abmessungen der Konvektoren sind auch viele andere Anordnungen möglich, z.B. unter Sitzbänken, Verkaufsregalen, Tischen usw.

Als *Vorteile* der Konvektoren gegenüber den Radiatoren sind anzugeben:

Geringe Abmessungen und Gewichte
Geringe Anheizzeit, schnelle Regelung
Viele Einbaumöglichkeiten ermöglichen architektonisch gute Lösungen.

Nachteile:

Zusätzliche Kosten für die Verkleidung
Keine Strahlungswärmeabgabe
Schlechtere Reinigungsmöglichkeit

Die *Heizleistungen* sind, da noch keine Normalgrößen festgelegt sind, bei den Herstellern zu erfragen (Beispiel: Tafel 2.3.8-6). Gegenüber den frei vor der Wand liegenden Rippenrohren ergibt sich eine höhere Wärmeabgabe, da die Luftgeschwindigkeit zwischen den Rippen infolge des Auftriebes im Schacht größer wird[1)].

Die Luftgeschwindigkeit und damit die Heizleistung werden desto höher, je größer die Kaminhöhe, das ist der Abstand von Oberkante Heizkörper bis Unterkante Luftaustrittsöffnung, wird. Von Einfluß ist auch der Rippenabstand.

Die *Verkleidung* der Heizkörper kann aus beliebigem Material hergestellt werden, z.B. Blech, Eternit, Holz, Hartfaserplatten oder dergleichen. In Fällen, wo die Verkleidungsplatten nicht von der Heizungsfirma mitgeliefert werden, ist streng darauf zu achten, daß sie dicht an dem Heizkörper anliegen, da andernfalls die Luft am Heizkörper vorbeistreicht und nicht genügend erwärmt wird. Der Preisvorteil, den Konvektoren gegenüber Radiatoren haben, wird häufig durch die Kosten der Verkleidung wieder aufgehoben, jedoch häufig architektonisch gute Lösungen.

Wegen hygienischer Einwendungen gegen die Verwendung von Konvektoren infolge Staubablagerung, die manchmal erhoben werden, sollten die Verkleidungsplatten leicht abnehmbar oder türartig eingerichtet werden.

Für die Umrechnung auf andere Heizmittel- und Raumtemperaturen dient nachstehende Formel. Der Exponent n im Kennliniengesetz

$$\dot{Q} = \dot{Q}_{60} \left(\frac{\Delta t}{\Delta t_{60}} \right)^n$$

liegt je nach Bauart der Konvektoren zwischen 1,25 bis 1,45 (s. Abschn. 2.4.4). Bei gemeinsamer Verwendung von Radiatoren und Konvektoren ist zu beachten, daß bei Änderung der Wassertemperaturen die Heizleistungen beider Heizkörper sich nicht gleichmäßig ändern.

Den Einfluß auf die relative Wärmeleistung über den Exponenten n kann man aus Bild 2.4.4-3 entnehmen. Die meisten Konvektoren haben demnach bei geringen Vorlauftemperaturen eine etwas kleinere Heizleistung als Radiatoren, so daß sie möglichst nicht an das gleiche Rohrnetz angeschlossen werden sollten. Abhilfe durch thermostatische Heizkörperventile bei leicht erhöhter Vorlauftemperatur.

Der *Wasserwiderstand* ist aus den Listen der Hersteller zu entnehmen, wobei der Widerstand in den Rohren und den Sammelkammern zu berücksichtigen ist.

Bild 2.3.8-24 bis Bild 2.3.8-26 zeigen verschiedene Einbaumöglichkeiten von Konvektoren. Bei den Unterflur-Konvektoren nach Bild 2.3.8-26f, g und h ist die Leistung wesentlich geringer[2)]. Erhöhung durch Ventilator möglich (Bild 2.3.8-31).

Tafel 2.3.8-6 enthält als Ausführungsbeispiel die Heizleistung von Konvektoren bei verschiedener Einbauhöhe und Tiefe, Bild 2.3.8-27 oder vorgenannte Formel dient zur Umrechnung auf andere Temperaturverhältnisse. Die Baulänge versteht sich einschließlich der Heizmittelein- und -austrittskammern. Die geometrischen Maße für Schachthöhe und Luft-

---

1) Hesslinger, S.: HLH 5 und 6/85.
2) DIN 4704 T4 (11.84). Prüfung von Unterflurheizkörpern.
Kast, W., u. H. Klan: Ges.-Ing. 2/84. S. 59/66.

Tafel 2.3.8-6 Heizleistung der Konvektoren Fabrikat GEA K66 in Watt bei Warmwasser 90/70 °C und 20 °C Raumtemperatur (Bauhöhe 70 mm)

Bautiefe mm	Baulänge*) mm	Einbauhöhe h_1 in mm 400	600	800	1000	Gewicht kg	Inhalt l	Heizfläche m^2
50	1000	396	521	590	632	4,4	0,41	1,44
	2000	836	1100	1245	1334	8,7	0,62	3,04
	3000	1276	1679	1900	2036	13,0	0,83	4,64
100	1000	819	1080	1235	1305	8,7	0,86	2,88
	2000	1729	2280	2607	2755	17,3	1,28	6,08
	3000	2639	3480	3979	4205	25,9	1,70	9,28
150	1000	1188	1553	1746	1881	13,1	1,31	4,32
	2000	2508	3278	3686	3971	26,0	1,94	9,12
	3000	3828	5003	5626	6061	38,9	2,57	13,92
200	1000	1494	1967	2250	2448	17,4	1,76	5,76
	2000	3154	4152	4750	5168	34,6	2,60	12,16
	3000	4814	6337	7250	7888	51,8	3,44	18,56
250	1000	1755	2358	2736	3015	21,7	2,21	7,20
	2000	3705	4978	5776	6365	43,2	3,26	15,20
	3000	5655	7598	8816	9715	64,7	4,31	23,20
300	1000	1962	2745	3224	3555	26,1	2,65	8,64
	2000	4142	5795	6806	7505	51,9	3,91	18,24
	3000	6322	8845	10388	11455	77,7	5,17	27,84

*) Zwischenlängen sind möglich.

durchlaßhöhe gem. Bild 2.3.8-22 beeinflussen die Heizleistung erheblich. Diesbezügliche Maße in den Hersteller-Katalogen müssen daher sorgfältig beachtet werden. Bei großen Baulängen Unterteilung des Schachtes durch Zwischenbleche zur Stabilisierung der Strömung (Abstand 0,7…1 m)

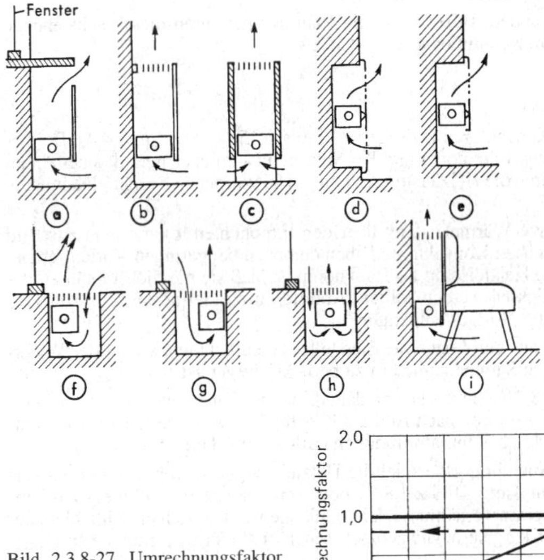

Bild 2.3.8-26. Verschiedene Einbaumöglichkeiten von Konvektoren.
a) Konvektor unter Fenster,
b) Konvektor vor Wand,
c) Konvektor freistehend,
d) Konvektor in Wand eingebaut,
e) Konvektor in Wand eingebaut,
f) Unterflurkonvektor mit Raumluftansaugung,
g) Unterflurkonvektor mit Kaltluftansaugung,
h) Unterflurkonvektor mit beidseitiger Ansaugung,
i) Konvektor hinter Bank

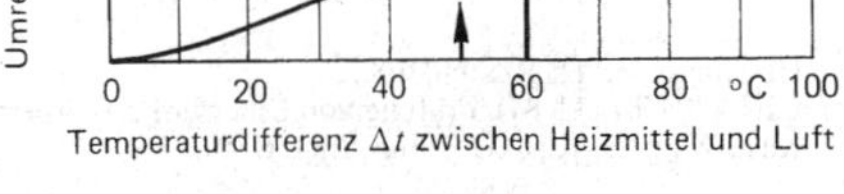

Bild 2.3.8-27. Umrechnungsfaktor für Konvektoren nach Tafel 2.3.8-6 bei verschiedenen mittleren Temperaturdifferenzen Δt (Heizmittelabkühlung 20 K).

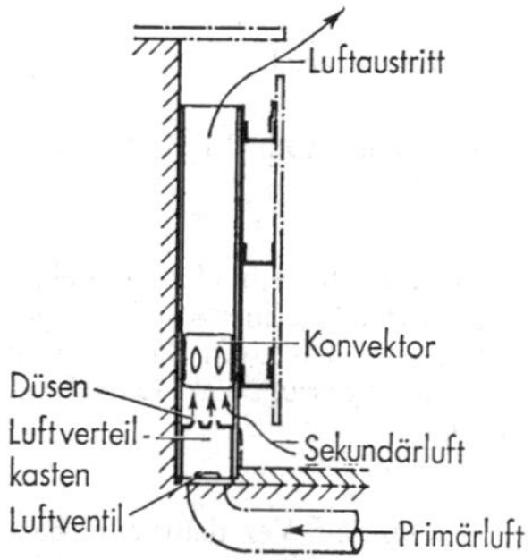

Bild 2.3.8-28. Konvektor mit Primärluftzufuhr (GEA-Klimakonvektor).

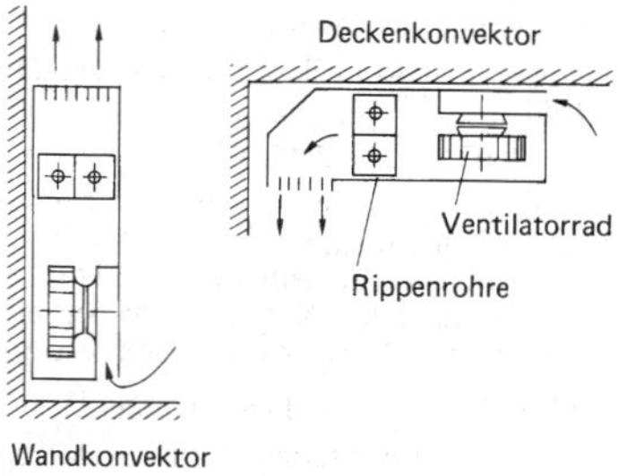

Bild 2.3.8-29. Gebläse-Konvektoren für Wand- und Deckeneinbau.

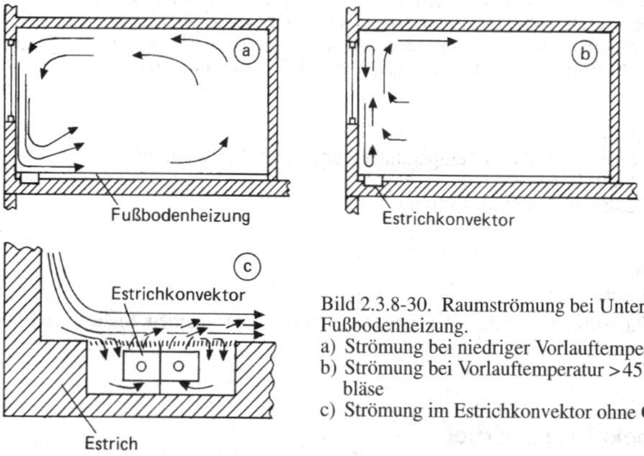

Bild 2.3.8-30. Raumströmung bei Unterflurkonvektor und Fußbodenheizung.
a) Strömung bei niedriger Vorlauftemperatur (<45 °C)
b) Strömung bei Vorlauftemperatur >45°C und mit Gebläse
c) Strömung im Estrichkonvektor ohne Gebläse

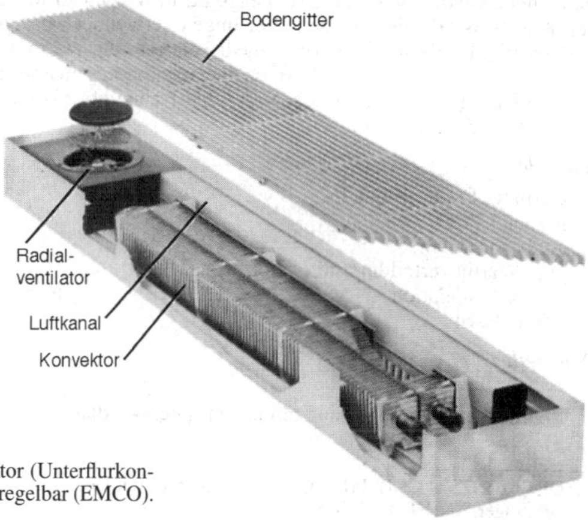

Bild 2.3.8-31. Estrichkonvektor (Unterflurkonvektor) mit Gebläse. Drehzahlregelbar (EMCO).

Beispiel:

Wärmebedarf 2000 W, Heizmittel WW von 80/60 °C, Fensternische 2000 mm lang, 800 mm hoch. Raumtemperatur 20 °C.

Gewählt ein Konvektor 100 mm tief und 800 mm hoch. Leistung nach Tafel 2.3.8-6 und Bild 2.3.8-27:

$\dot{Q} = 2607 \cdot 0{,}77 = 2007$ W

Eine Vergrößerung der Leistung der Konvektoren erhält man durch Verbindung mit einer *Primärluftzuführung,* siehe Bild 2.3.8-28. Die zentral vorgewärmte, gefilterte und evtl. gekühlte Luft tritt unterhalb des Konvektors in einen Sammelkasten und strömt durch Düsen nach oben durch den Konvektor, wobei seitlich Senkundärluft angesaugt wird. Ohne Ventilatorbetrieb, z. B. nachts, nur natürliche konvektive Leistung.

Gebläse-Konvektoren (Fan coil units)[1)]

Sie sind eine Erweiterung der Konvektoren, indem im Gehäuse ein Ventilator eingebaut wird, der die Raumluft zwangsweise über den Wärmeaustauscher bläst oder saugt (Bild 2.3.8-29).

In Verbindung mit Warmwasser-Fußbodenheizungen werden vielfach sogenannte Unterflur- oder Estrichkonvektoren, die eine Bauhöhe von insgesamt etwa 100 mm ab Oberkante Rohdecke haben (Bild 2.3.8-30). Heizleistung nur etwa 220…520 W pro m Kanallänge bei 1…3reihiger Bauweise und WW-Temperatur t_v = 75 °C. Um an kalten Außenwänden die Fallströmung nach oben hin abzulenken und die Heizleistung zu erhöhen, können derartige Konvektoren mit einem Ventilator ausgerüstet werden (Bild 2.3.8-31). Heizleistung dann erhöht auf 500…920 W/m (1…3reihig) bei t_v = 75 °C, 900 U/min und 36 dB(A).

Vorteile:

Große Heizleistung;
schnelles Aufheizen, evtl. durch Temperaturregler und mit Fernsteuerung;
Luftreinigung durch Filter;
möglicher Außenluftanschluß für Lüftung.

Nachteile:

Höhere Kosten;
Ventilatorgeräusche.

Verwendung in Badezimmern, Schulen, Gaststätten, Hotels, Büroräumen. Siehe auch Lüftungstruhen Abschnitt 3.4.1-1.3.

-7 Sockel-Heizkörper

Sockel-Heizkörper (auch Fußleisten-Heizkörper oder Heizleisten genannt) sind langgestreckte, schmale und niedrige Heizkörper, die an den Wänden der Räume, namentlich an den Außenwänden, wie Fußleisten angebracht werden (Bild 2.3.8-32). Sie können sowohl für Warmwasser- wie für Dampfheizungen verwendet werden. Durch Versuche hat man festgestellt, daß diese Heizkörper eine besonders gute Wärmeverteilung im Raum ergeben, was ja auch leicht verständlich ist, da die Heizkörper gewissermaßen einen Wärmeschleier vor die kalten Außenwände legen, der den Kälteeinfall kompensiert. Besonders geeignet für Einrohr-Pumpenheizungen.

Vorteile:

Geringer Platzverbrauch,
geringer Preis,
gutes Aussehen,
gute Wärmeverteilung (guter Heizeffekt),
leichte Installation,
trägheitsarm.

Nachteile:

Erschwerte Reinigung,
Behinderung der Möbelaufstellung an Innenwänden.

[1)] DIN 4704 T5 (11.84): Prüfung von Heizkörpern mit Gebläse.
Döhlinger, M.: HR 4/74. S. 89/92.

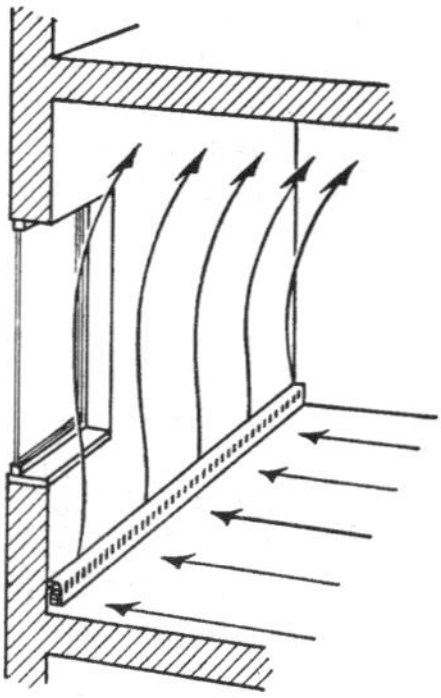

Bild 2.3.8-32. Raum mit Sockelheizkörper.

Bauarten:

Stählerne und kupferne Sockel-Heizkörper bestehen aus Rippenrohren, die von geeigneten Stahlblechgehäusen umgeben sind. Kaltlufteintritt von unten. Warmluftaustritt nach oben oder vorn. Rippenrohre entweder rund, quadratisch oder rechteckig, manchmal auch zwei Rohre übereinander oder nebeneinander. Mehrzahl der Heizkörper aus Kupferrohren mit Aluminiumrippen. Rohrdurchmesser 22…28 mm.

Gehäuse sehr vielseitig hergestellt. Schnelle Befestigung, Beispiele Bild 2.3.8-33 u. Bild 2.3.8-34.

Gußeiserne Sockel-Heizkörper besonders klein und unauffällig, allerdings auch geringe Heizleistung. Vorderseite in der Regel glatt, Rückseite mit Rippen, um die Konvektionswärme zu erhöhen. Wärmeabgabe teils durch Strahlung, teils durch Konvektion. Für Verlegung der Heizkörper an Wänden oder Wandteilen ohne Heizung Zwischenstücke aus Holz oder Blech, für Raumecken Spezialleckstücke.

Heizleistung je m bei 90/70 °C etwa 300 bis 400 W/m. Höhe etwa 150 bis 200 mm, Tiefe 50 bis 70 mm.

Leichtmetall-(Silumin-)Sockelheizkörper

Silumin = Aluminium-Silizium-Legierung. Rohre und Rippen im Kokillenguß hergestellt. Blechverkleidung.

Wärmeabgabe in der Hauptsache durch Konvektion, weniger durch Strahlung. Regelung der Heizleistung ist durch Luftklappen etwa im Verhältnis 1:3 möglich. Klappen durch Hebel oder Knöpfe verstellbar.

Höhe der Heizkörper etwa 100 bis 350 mm, Tiefe 40 bis 150 mm. Heizleistungen siehe Bild 2.3.8-35. Überschlagswert für die Wärmeabgabe einfacher Sockelheizkörper bei 80 °C mittl. Wassertemperatur etwa 450…800 W/m. Häufig Knackgeräusche bei wechselnder Heizwassertemperatur.

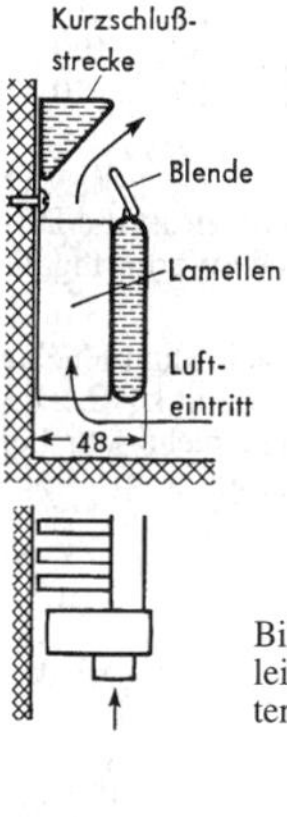

Bild 2.3.8-33. Stählerner Fußleistenheizkörper mit eingebauter Kurzschlußstrecke (Reusch).

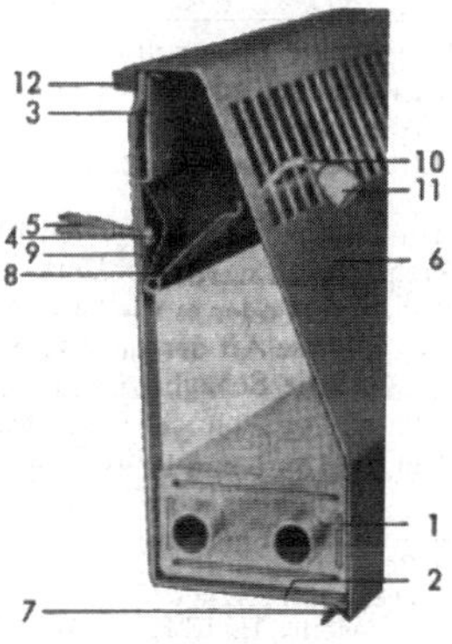

Bild 2.3.8-34. Stählerner Sockelheizkörper mit Regelklappe (Zorn, München).
1 = Rippenrohr
2 = Halter
3 = Rückblech
4 = Schrauben
5 = Dübel
6 = Gehäuse
7 = Abkantung
8 = Regelklappe
9 = Feder
10 = Hebel
11 = Griff
12 = Dichtung

Montage: Verbindung der einzelnen Stöße durch Fittings. Vor Verlegung der Heizkörper Rückwand möglichst isolieren. Ausdehnung der Rohre beachten. Rohre müssen sich bequem ausdehnen können (freie Aufhängung, Kompensatoren, Bogen in den Raumecken). Zwischen Wand und Gehäuse Dichtung anbringen, damit keine *Schmutzfahnen* entstehen. Für Umlenkungen Wellrohre (Flex-Rohre) günstig.

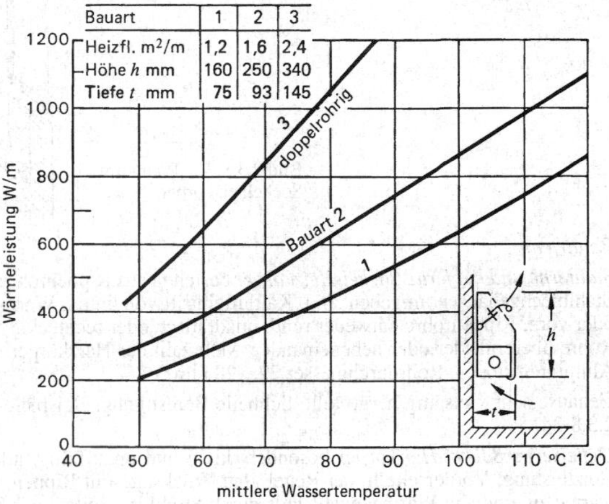

Bild 2.3.8-35. Wärmeabgabe von Sockelheizkörpern nach Bild 2.3.8-33 bei 20 °C Raumtemperatur (Zorn, München).

-8 Fensterrahmen-Heizelement (Fassadenheizung)

Gelegentlich werden im Rahmen von Fenstern oder Fassadenelementen Heizrohre untergebracht oder es wird der Rahmen teilweise von Wasser durchflossen (Gartner-Fassade). Diese Art der Heizkörper soll auch die Strahlung der Fensterscheibe kompensieren, um die Behaglichkeit zu erhöhen.

Bild 2.3.8-36 zeigt ein Fensterelement aus Aluminium, welches mit einem Heizrohr aus Kupfer 12 × 1 mm kombiniert ist. An einem Element H = 2,5 m, B = 1,2 m mit einem zusätzlichen waagerechtem Zwischensteg wurden folgende Leistungen für den Heiz- und Kühlfall gemessen[1]:

	Heizen				Kühlen	
Temperaturdifferenz Δt in K	60	50	40	30	-15	-10
Leistung in W	1200	1000	750	550	230	170
Leistung in W/m	140	115	87	64	27	20

Dabei betrug der Wasserstrom 100…110 l/h. Umfang des Rahmens 8,6 m. Δt ist die Differenz zwischen mittlerer Heiz-/Kühlmittel- und Raumluft-Temperatur. Die Wärmeabgabe erfolgt etwa je zur Hälfte durch Strahlung und Konvektion.

Eine gute Wärmedämmung nach außen ist wichtig. Im Kühlfall ist je nach Raumfeuchte Schwitzwasserbildung zu beachten. Da bei modernen Wärmeschutzgläsern mit k = 2…1,3 W/m²K die innere Oberflächentemperatur dieser Verglasung heute nicht mehr sehr tief liegt (Bild 1.2.3-4), ist die Bedeutung der Heizfläche am Fenster rückläufig.

[1]) Reichel, W.: HLH 11/87. S. 520/3 u. TAB 4/88. S. 295/7.
Dieterle, R.: HLH 2/83. S. 43/6.
Renndorfer, H.: HLH 1/86. S. 23/7.
Schlapmann, D.: Heizungs-Journal 2/84. S. 41/52 und HR 5/87. S. 213/4.

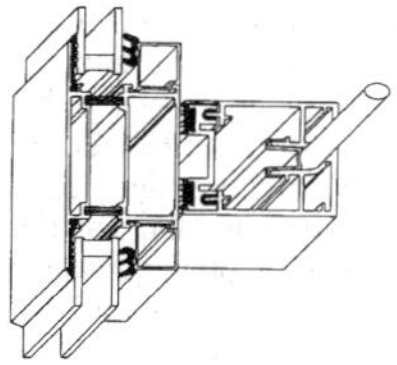

Bild 2.3.8-36. Aluminium-Fensterrahmen kombiniert mit Heizrohr Cu 12 ×1 mm.

-9 Deckenstrahlungsheizflächen

Man unterscheidet bei der Deckenheizung folgende Ausführungen: die Rohrdeckenheizung, die Lamellenrohrdeckenheizung, die Strahlplattenheizung, die Hohlraumdeckenheizung sowie direkt beheizte Hell- und Dunkelstrahler.

a) Rohrdeckenheizung

Die *Rohrdeckenheizung* (Bild 2.3.8-37) ist dadurch gekennzeichnet, daß nahtlose Rohre von $^3/_8''$, $^1/_2''$ oder $^3/_4''$ in der Decke verlegt werden, wobei wiederum zwei Ausführungsarten möglich sind: Rohrverlegung in Beton oder in Deckenputz.

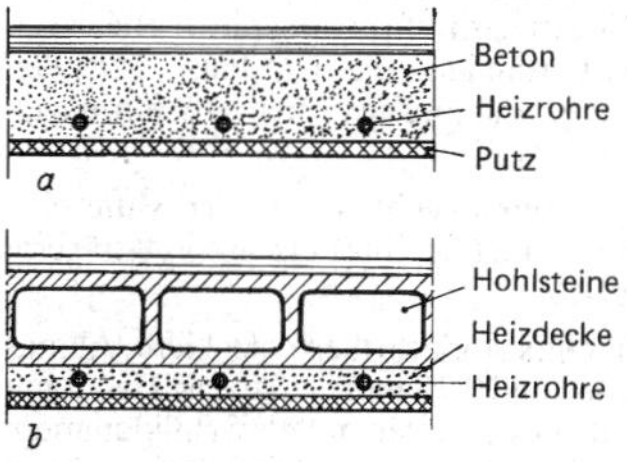

Bild 2.3.8-37. Rohr-Deckenheizungen mit Heizrohren in Beton.
a) Heizrohre im Beton der Tragdecke

b) Heizrohre in einer besonderen Betonheizdecke unterhalb der Hohlstein-Tragdecke

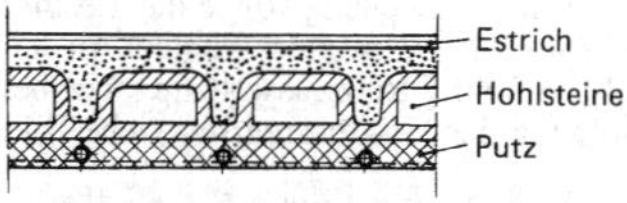

Bild 2.3.8-38. Rohr-Deckenheizung mit Heizrohren im Deckenputz.

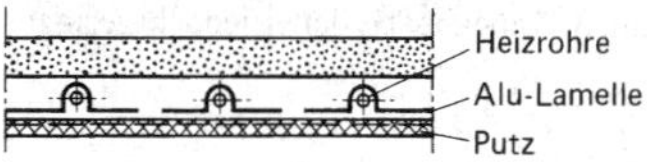

Bild 2.3.8-39. Lamellen-Deckenheizung (Stramax).

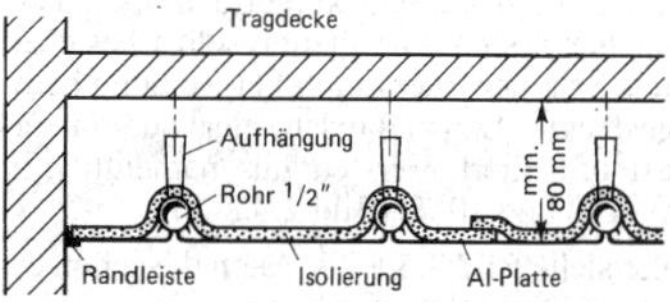

Bild 2.3.8-40. Querschnitt durch eine Frenger-Heizdecke.

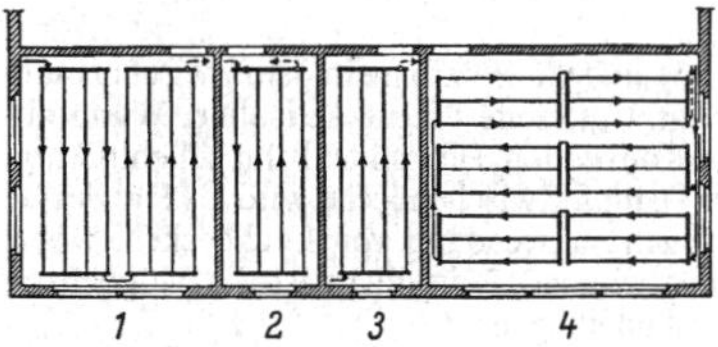

Bild 2.3.8-41. Verschiedene Anordnungen von Heizrohrregistern bei der Frenger-Heizdecke.
1 = Register in Serie, Zuleitung an Außenwand,
2 = Register mit einseitigem Anschluß,
3 = Register diagonal angeschlossen, Zuleitung an Außenwand,
4 = Drei Gruppen von je 2 Registern, 2 Gruppen parallel, 1 Gruppe als Rückleitung

Bei *Vollbetondecken* oder Decken mit unterem Tragbeton werden die Rohre direkt in der Betonschicht eingebettet. Dies ist die älteste Ausführung (Crittall-Decke). Bei anderen Deckenkonstruktionen, z.B. Hohlsteindecken, wird eine besondere, etwa 6 bis 7 cm starke *Betonheizdecke* aufgehängt, in der die Heizrohre liegen. Auf dieser Heizdecke liegt dann die eigentliche Tragdecke. In jedem Fall muß die Verlegung der Heizrohre gleichzeitig mit der Deckenherstellung erfolgen. Die Heizregister werden vor der Betonfüllung auf der Holzschalung über der Stahlbewehrung verlegt, wobei zwischen Schalung und Rohren durch untergelegte Distanzstücke ein Zwischenraum von etwa 2 cm bleibt.

Bei der Verlegung der Heizrohre im *Deckenputz* (Bild 2.3.8-38) wird erst die Decke hergestellt und danach das Rohrregister an der Decke aufgehängt. Der Verputz, der dann in mehreren Schichten aufgetragen wird, ist ein Kalkzementmörtel mit einigen besonderen Beigaben, wie Jutegeweben u.a., um den unterschiedlichen Wärmeausdehnungszahlen Rechnung zu tragen. Der Putzträger (Streckmetallgewebe) wird meist unterhalb der Rohre angebracht. Die gesamte Schicht hat eine Dicke von etwa 5 bis 6 cm.

Besonders einfach wird die Montage der Heizflächen bei Verwendung von $^3/_8$″*-Kupferrohren* an Stelle von Stahlrohren. Der Putz besteht dabei aus Gips mit Kalkzusatz und hat eine Dicke von nur etwa 3 cm.

b) Lamellendeckenheizung

Die *Lamellendeckenheizungen* sind aus den Rohrdeckenheizungen entwickelt worden, um die Trägheit der Heizung zu vermindern und eine schnellere Anpassung an den Wärmebedarf zu erreichen. Sie sind dadurch gekennzeichnet, daß an den Heizrohren Lamellen, das sind meist aus Aluminiumblech bestehende rechteckige Bleche, befestigt werden, die die Wärme schneller von den Rohren ableiten sollen. Die Art der Befestigung dieser Bleche an den Rohren und an der Decke, ihre Größe und ihre Verbindung mit dem Putz ist bei den verschiedenen Konstruktionen unterschiedlich. Einige der bekanntesten Ausführungen sind folgende:

Die *Stramax-Standard-Decke* verwendet breite Aluminiumbleche, die in der Mitte eine Sicke haben, in der die Heizrohre gleiten. Unter den Lamellen Gipsputz mit Putzträgern. Glatte Decke (Stramax A.G., Zürich, Bild 2.3.8-39).

Die *Zent-Frengerdecke* verwendet perforierte oder nichtperforierte thermolackierte Aluminiumbleche ohne Gipsplatten von 625 × 625 mm Größe und 0,75 mm Dicke. Die Heizrohre werden unter der Decke aufgehängt und die Platten dann von unten mittels Stahlklammern an den Rohren befestigt. Platten an der Oberseite mit Isoliermatten abgedeckt, wodurch gleichzeitig eine Schalldämmung erreicht wird. Ein Teil der Lochung sowie die 1,5 mm breiten Schlitze zwischen den Platten können auch zur Lüftung verwendet werden. An den Wänden besondere Randleisten erforderlich (Bild 2.3.8-40). Heizwassertemp. wie bei Radiatoren. Verschiedene Möglichkeiten der Anordnung der Heizrohrregister siehe Bild 2.3.8-41.

Eine alternative Ausführung mit 85 mm breiten Aluminiumstreifen zeigt Bild 2.3.8-42, ballwurffeste *Streifendecke*. Verlegebreite 100 mm. Wärmeabgabe dabei jedoch geringer (Zent-Frenger).

c) Strahlplattenheizung

Die *Strahlplattenheizung* verwendet Heizplatten, die mit der Decke keinerlei direkte Verbindung mehr haben, sondern frei im Raum aufgehängt sind. Die Platten selbst bestehen meist aus Stahlblechen, an denen die Rohre mittels Schellen oder durch Schweißung befestigt sind. Die Platten werden entweder als langgestecktes Band (Bandstrahler) oder in einzelnen Stücken an der Decke angeordnet. Oberseite isoliert. Verwendung namentlich in Fabriken mit Heizwassertemperaturen zwischen 30 °C und 90 °C (Bild 2.3.8-43).

Anordnung von Bandstrahlern in einer Fabrikhalle siehe Bild 2.3.8-44. Auch die schon erwähnte Frengerheizdecke gehört eigentlich zu diesen Strahlplattenheizungen.

d) Hohlraumdeckenheizung

Bei der *Hohlraumdeckenheizung* (Bild 2.3.8-45) sind die Heizrohre in dem Zwischenraum zwischen Tragdecke und Zwischendecke verlegt. Unterseite Tragdecke isoliert. Wärmeabgabe von den Heizrohren durch Strahlung und Konvektion. Heizmittel kann beliebig warm sein, Warmwasser 90/70 °C, Heißwasser oder Dampf. Zwischendecke wird als Putzdecke, Plattendecke oder Metalldecke ausgeführt. Auch Verwendung von Lochdecken, wobei gleichzeitig Lüftung und Schalldämmung möglich sind. Vorteilhaft ist die Möglichkeit nachträglichen Einbaues sowie nachträglicher Änderungen.

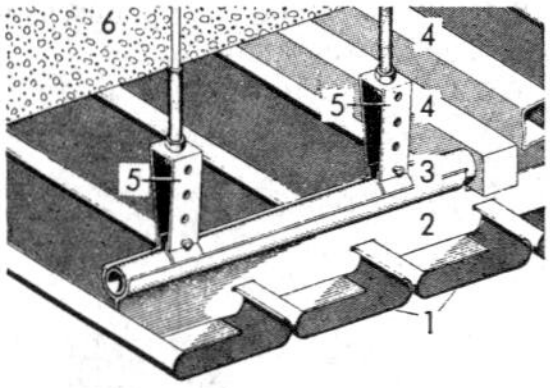

Bild 2.3.8-42. Streifenheizdecke (Zent-Frenger).
1 = Streifen,
2 = Tragprofil,
3 = Heizrohr,
4 = Verteilerrohr,
5 = Aufhängung,
6 = Tragdecke.

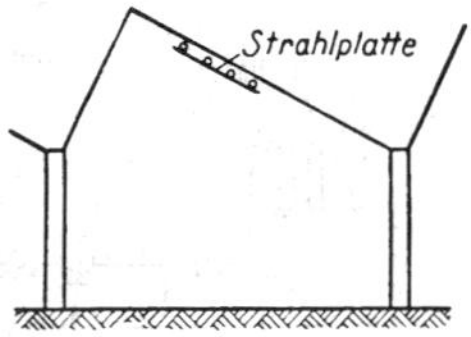

Bild 2.3.8-43. Strahlplattenheizung in einer Fabrikhalle mit Sägedach.

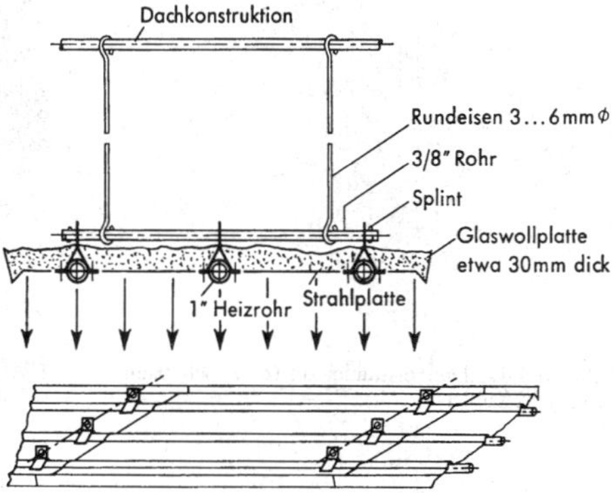

Bild 2.3.8-44. Bandstrahlplatte mit 3 Heizrohren.

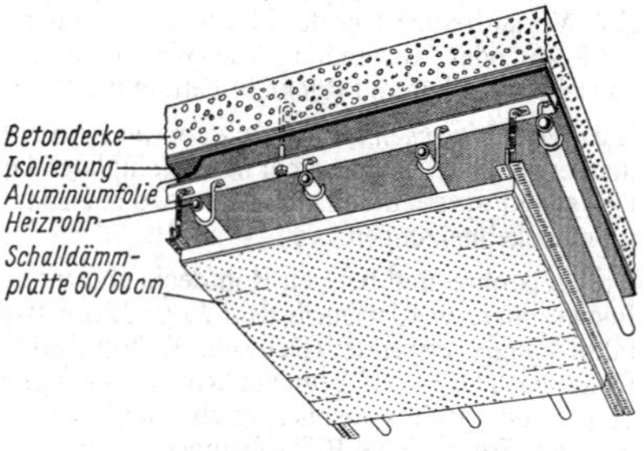

Bild 2.3.8-45. Hohlraum-Deckenheizung mit Akustikplatten 62,5 × 62,5 cm².

e) Rohrführung

Flächenheizungen sind Pumpenwarmwasserheizungen mit unterer Verteilung. Für die Erzeugung des Warmwassers werden die gewöhnlichen Warmwasserheizungskessel der Zentralheizung verwendet. An die Stelle der Raumheizkörper treten jedoch die in Decken eingebetteten *Rohrschlangen* (Rohrregister) der Flächenheizung. Das Heizwasser tritt am tiefsten Punkt in die Register ein und am höchsten Punkt aus (Bild 2.3.8-46). Die Temperatur des Heizwassers wird bei Rohrdeckenheizungen niedriger gewählt als bei den gewöhnlichen Warmwasserheizungen. Als *höchste Temperaturen* läßt man 55 bis 60 °C zu.

Die einzelnen Rohrregister werden meist waagerecht verlegt, was erfahrungsgemäß für die Entlüftung ausreichend ist, während die Vor- und Rücklaufanschlüsse ein leichtes Gefälle erhalten. Die Einzelregister einer Strahlungsheizfläche sollen wegen gleichen Wasserwiderstandes möglichst gleiche Rohrlängen erhalten (Tichelmannsches System). Regulierventil im Vorlauf oder Rücklauf.

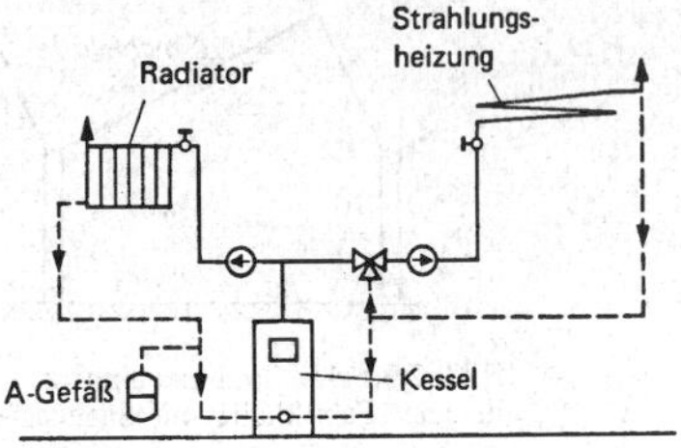

Bild 2.3.8-46. Rohrführung einer gemischten Radiatoren- und Deckenstrahlheizung.

Bild 2.3.8-47. Dunkelstrahler zur Hallenbeheizung (Werkbild Kübler).

Wenn die Kessel auch gleichzeitig Wasser höherer Temperatur erzeugen, wird die geringere Vorlauftemperatur der Flächenheizung durch *Zumischung* von *Rücklaufwasser* (Bild 2.3.8-46) oder Anwendung von Wärmeaustauschern erzeugt. Die Temperaturdifferenz zwischen Vorlauf und Rücklauf beträgt meist 10…15 K.

Bei *Lamellendeckenheizungen* kann die Vorlauftemperatur etwas höher zugelassen werden, etwa 70 °C, während bei den Strahlplattenheizungen beliebig hohe Temperaturen zulässig sind, sofern die Platten genügend hoch angebracht werden ebenso wie bei den Hohlraumdeckenheizungen.

Die Heizrohre sind bei den Rohrdeckenheizungen nahtlose Stahlrohre von $^1/_2''$ oder $^3/_4''$. Insbesondere werden nach dem *Fretz-Moon-Walzverfahren* hergestellte lange Rohre bis 60 m Länge verwendet (Deutsche Röhrenwerke, Düsseldorf), jedoch sind auch nahtlose Rohre nach DIN 2441 geeignet. Rohrverbindungen erfolgen durch Schweißen, Bogen werden aus dem Rohr selbst hergestellt. Bei Wassertemperaturen niedriger als 60 °C sind auch Kunststoffrohre Type PEX geeignet. Abstand der Rohre voneinander 10 bis 30 cm, Abstand Rohrunterkante bis Heizfläche 1 bis 3 cm. Soll bei der Deckenheizung keine Wärme nach oben abgegeben werden, ist oberhalb der Heizrohre eine Dämmschicht vorzusehen. Nach Verlegung der Rohre Dichtigkeitsprobe unter hohem Druck (20 bis 30 bar).

Im Ausland werden z. T. die Rohrschlangen auch als *Stahlbetonbewehrung* zugelassen, wodurch sich u. U. eine Reduzierung der Deckenstärke und der Herstellungskosten ergibt.

f) Hell- und Dunkelstrahler (s. a. Abschn. 2.2.1-6.2.2)

Hell- und Dunkelstrahler sind direkt mit Gas befeuerte Heizeinrichtungen hauptsächlich für Werk- und Produktionshallen. Bei Hellstrahlern erfolgt die Beheizung durch flächige Gasbrenner oder in transparenten Röhren geleitete Gasflammen (Gas-Infrarotstrahler). Bei Dunkelstrahlern strömt Heißluft oder Abgase mit über 300 °C durch unter der Hallendecke angebrachte Rohre (Bild 2.3.8-47). Beim Einsatz von Hell- und Dunkelstrahlern ist aufgrund der hohen Temperaturen auf die richtige Installationshöhe nach Angaben der Hersteller zu achten. Zu tief angebrachte Strahler führen zu thermisch unbehaglichen Strahlungsverhältnissen. Zu hoch angebrachte Strahler (über 5 bis 10 m Höhe je nach Strahlungsart) verlieren stark an Wirkung.

-10 Fußbodenheizflächen[1)]

Überarbeitet von Ing. Peter Wegwerth, Hamburg

Warmwasser-Fußbodenheizungen (Bild 2.3.8-48) werden *berechnet* (Wärmeleistung), *ausgelegt* (Planung) und *eingebaut* (Installation) nach der DIN EN 1264 Teil 1 bis 4. Die Heizrohre werden entsprechend der in der Norm festgelegten Systemunterteilung in die Fußbodenkonstruktion integriert (s. Bild 2.3.8-49). Systeme mit Rohren innerhalb des Estrichs = Typ A und Typ C, Systeme mit Rohren unterhalb des Estrichs = Typ B. In der Praxis werden die beiden Systeme auch als „Naßsytem" und „Trockensystem" , entsprechend der Lage der Rohre, bezeichnet. Systeme die konstruktiv nicht den in der Norm dargestellten Systemen entsprechen, also auch nicht mit den Algorythmen dieser Norm berechnet werden können, wie z. B. das im Bild 2.3.8-49d abgebildete, müssen als Grundlage für die Zertifizierung einer Leistungsmessung in einem dafür zertifizierten Prüfinstitut unterzogen werden. Die *Heizwassertemperatur* von Warmwasser-Fußbodenheizungen beträgt je nach System, Rohrtyp, Rohrüberdeckung und Fußbodenbelag maximal 40 – 60 °C. Sie ist also die klassische *Niedertemperaturheizung*, die sich insbesondere für den Einsatz von Wärmepumpen und Solarenergie eignet. Die Wärme wird von der Fußbodenfläche mit maximal 29 °C durch Strahlung (70%) und Konvektion (30%) an den Raum übertragen, wodurch ein optimales Behaglichkeitsumfeld für den Raumnutzer herstellt wird. Um den Wärmestrom nach unten im energetisch akzeptablen Bereich zu belassen, wird eine in der DIN EN 1264 Teil 4 festgelegte Mindestdämmung eingebracht.

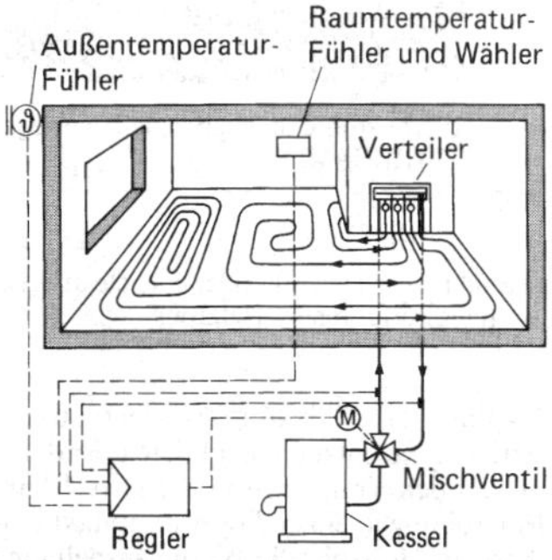

Bild 2.3.8-48. Schema einer Fußbodenheizung.

Praktische Ausführungsarten zeigt Bild 2.3.8-49 und Bild 2.3.8-50.

a) Systemtyp A, mit Rohren im Estrich, Nassverlegung
(Bild 2.3.8-49 a und b sowie Bild 2.3.8-50, links)

Die Heizrohre werden schlangen-(mäander-) oder spiralförmig (bifilar) oberhalb der Wärme- und soweit erforderlich der Trittschalldämmung entweder auf einer Trägermatte mit Rohrhaltern, Schienen mit Rohrclips, einer Noppenplatte oder mit Tackernadeln direkt auf der dafür vorgesehenen Wärmedämmung verlegt. Die Anforderungen aus der DIN EN 1264–4 sind bei allen Verlegearten einzuhalten. Der Systemtyp A und C garantiert den besten Wärmeübergang zwischen Rohr und Estrich. Die Dämmschicht wird durch eine Folie gegen eindringendes Anmachwasser aus der Estricheinbringung geschützt. Nach der Kaltwasserdruckprobe des Systems wird der Betriebsdruck eingestellt, der während der Estricheinbringung aufrecht erhalten werden muss. Die Gesamtestrichdicke ist abhängig von der Traglast, der Estrichart und -güte, des Rohrdurchmessers, sowie der Rohr-

---

1) Elektrische Fußbodenheizung siehe Absch. 2.2.1-7.3.2.
DIN EN 1264 T1–T3 (11.97), T4 (03.94) E: Fußboden-Heizung.
Kast, W., u. H. Klan: Ges.-Ing. 5/81. S. 218/26. Ferner: VDI-Bericht 464 (1982). S. 39/49.
Röttgen, W.: HLH 3/83. S. 113/8.
Langer, K.-H., u. M. Pohl: Kupferrohr-Fußbodenheizung. SBZ 4, 5 u. 7/1983.
Drum, G.: HLH 5/83. S. 228/32.
Konzelmann, M., u. G. Zöllner: SHT 4/84. S. 255/9.
Test Heft 7/84.
Schmidt, P.: Ges.-Ing. Heft 1 u. 2/85 u. SHT 5/85. S. 183 ff.
Brands, K.: Feuerungstechnik 10/88. S. 32/36 u. 11/88. S. 27/29.

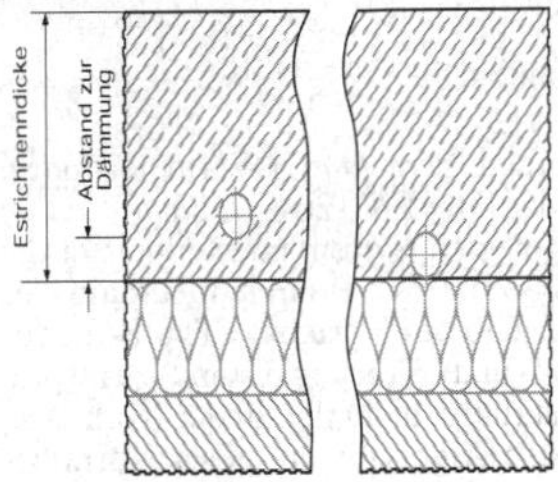

a) Bauart A
(Heizrohre im Estrich verlegt, Naßverlegung)

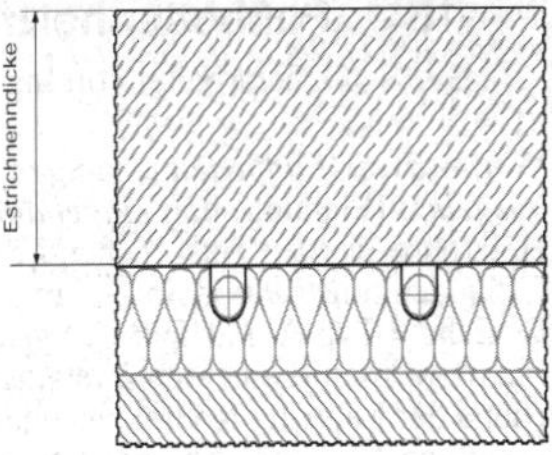

b) Bauart B
(Heizrohre unter dem Estrich verlegt, Trockenverlegung)

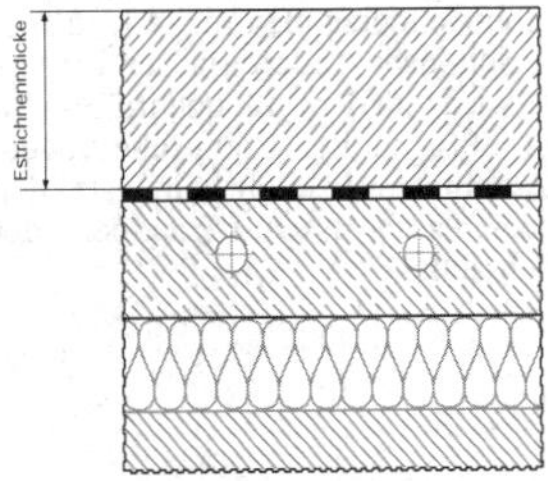

c) Bauart C
(Heizrohre im Schutzestrich verlegt, Naßverlegung, zwischen Estrich und Schutzestrich eine Gleitfolie)

d) Heizrohre in Noppenplatte verlegt (REHAU)

Bild 2.3.8-49. Systeme von Fußbodenheizungen.
In Bauart A und C kann das Heizelement ein warmwasserführendes Heizrohr oder eine elektrische Heizleitung sein. In Bauart B ist das Heizelement ein warmwasserführendes Heizrohr.

überdeckung, und liegt bei einer erforderlichen Traglast von 2.0 kN/m^2 zwischen 50 und 65 mm. Bei höheren Traglasten erhöht sich die Estrichdicke entsprechend. Die erforderlichen Mindest-Estrichdicken sind in Abhängigkeit von den Traglasten in der DIN 18560 Teil 2 tabellarisch aufgeführt. Da der Estrich die Heizrohre wie ein endloser Festpunkt umschließt, muss bei der Verwendung von Kupferrohren als Heizrohr die Wärmeausdehnung der Rohre zum Schutz des Estrichs durch Auspolsterung der Wendebögen ab einer vorgeschriebenen geraden Rohrstrecke berücksichtigt werden. Dies ist bei Kunststoffrohren nicht erforderlich. Die Dehnungkräfte im Kunststoffmaterial sind trotz der wesentlich höheren Wärmedehnung so gering, dass sie vom Estrich gehalten und durch die Besonderheiten des Kunststoffmaterials schadlos in der Rohrwandung, z.T. durch Stauchung, aufgenommen wird.

b) System B, mit Rohren unter dem Estrich, Trockenverlegung
(Bild 2.3.8-49 b und Bild 2.3.8-50, rechts)

Die Rohre werden auf vorgefertigten, mit Rillen oder Kanälen versehenen Wärmedämmplatten verlegt. Darüber werden der Estrich eingebracht oder Trockenplatten verlegt. Zur besseren Wärmeverteilung an den Estrich werden *Leitbleche* aus Aluminium oder verzinktem Stahlblech auf den Rohren aufgeklemmt. Die Heizrohre können sich ungehindert ausdehnen. Estrichdicke über Rohr ca. 45 mm. Statt des Estrichs können auch Trockenausbauplatten auf Calciumsulfat- oder Zementbasis, sowie Holzspanplatten und für Fußbodenhei-

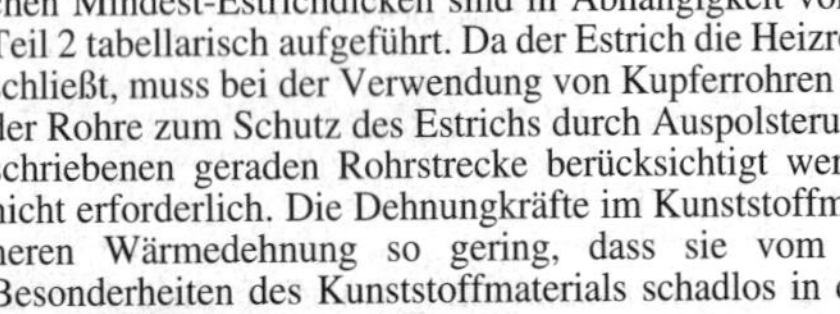

Bild 2.3.8-50. Rohrverlegung mit verschiedenen Fußbodenaufbauten.
Links: nasse Verlegung.
Rechts: trockene Verlegung.

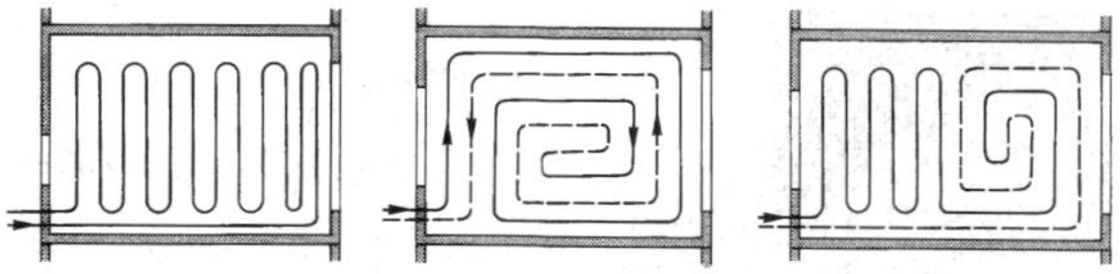

Bild 2.3.8-51. Rohrverlegungsarten
a) schlangen-(mäander-)förmig b) spiralig (bifilar) c) gemischt

zung geeignete Dielung eingesetzt werden. Hierbei entfällt die Speichermasse der Nassverlegung. Trotz der Wärmeleitbleche muss die Heizmitteltemperatur gegenüber der Nassverlegung bei gleicher Heizleistung je nach System um bis zu 25% erhöht werden.

c) Rohre und Rohrführung

Früher wurden in der Hauptsache *Rohre aus Stahl* oder *Kupfer* für die Verlegung verwendet, die sich, abgesehen von gelegentlichen Korrosionen, durchaus bewährt haben. Auch *Kupferrohre mit PVC-Mantel* werden verwendet; dadurch Schutz vor Außenkorrosion und Vermeidung von Spannungen auf die Rohrwandung durch die Einbindung im Estrich.

Heute werde jedoch hauptsächlich *Kunststoffrohre* verwendet, deren Eigenschaften auf die technischen Anforderungen für die Verwendung in der Fußbodenheizung und der Heizkörperanbindung abgestimmt sind. Die gängigen Dimensionen sind Außendurchmesser von 14 bis 25 mm. Als Werkstoffe werden überwiegend eingesetzt:
Vernetztes Polyethylen (PE-X) zu etwa 85 %
Polypropylen (PP) zu etwa 6 %
Polybuten (PB) zu etwa 5 %

Es sollten nur sauerstoffdichte, nach DIN 4726 geprüfte und zertifizierte Rohre zum Einsatz kommen. Bei nicht sauerstoffdichten Rohren ist entweder der Fußbodenheizungsbereich durch einen Wärmeaustauscher abzutrennen und korrosionsfrei zu installieren, oder die gesamte Heizungsanlage von der Inbetriebnahme an mit einem Korrosionsschutz-Inhibitor zu versehen, mit einer jährlichen Kontrolle der Wirksamkeit. Für die Rohrführung gibt es verschiedene Möglichkeiten, die teilweise vom System abhängig sind. So läßt sich bei der klassischen Trockenverlegung mit Rohrkanälen in der Dämmung nur eine schlangenförmige (mäanderförmige) Verlegung (Bild 2.3.8-51 a) durchführen. Bei dieser Verlegeart entsteht ein unterschiedliches Niveau der Bodentemperatur. Über der ersten Schleife im Heizkreis bestimmt die Vorlauftemperatur die Bodentemperatur; über der letzten Schleife wird die Bodentemperatur durch den Rücklauf bestimmt. Deshalb ist es sinnvoll mit der ersten Rohrschleife am der Außenwand mit einem Fenster zu beginnen, bei der auch die höchste Wärmeleistung erforderlich ist. In diesem Bereich kann auch ein geringerer Rohrabstand eingebracht werden, als Randzone mit höherer Wärmeabgabe. Bei den Systemen A und C kann sowohl mäanderförmig als auch spiralförmig (bifilar) (Bild 2.3.8-51 b) verlegt werden; wobei die Verlegung auf Schienen aus arbeitstechnischen Gründen überwiegend mäanderförmig erfolgt. Bei der bifilaren Verlegung liegen die Rohre immer im Wechsel von Vor- zu Rücklauf, und zwar so, dass die Addition zwischen Vor- und Rücklauf-Temperatur an jeder Stelle des Heizkreises gleich ist. Dies führt zu einer über den ganzen Heizkreis nahezu gleichmäßigen Bodentemperatur. Gemischte Verlegung (Bild 2.3.8-51 c) ist ebenso möglich. Die größte Variationsmöglichkeit der Rohrführung ist bei einer Verlegung auf Trägermatte, Noppenplatte oder im Tackersystem möglich. Die Rohrleitungen werden zu Verteiler-/Sammler- Kombinationen auf der gleichen Geschossebene geführt, die möglichst an einer zentralen Stelle, meist Diele, in einem vom Systemhersteller gelieferten Schrank angeordnet sind. Die Heizkreisverteiler müssen mit Armaturen, die sowohl für das manuelle Schließen, das automatische Regeln der Raumtemperatur, als auch die hydraulische Einstellung der Anlage geeignet sind, ausgerüstet sein. Gemäß der Energie-Einsparverordnung § 12, muß auch eine Fußbodenheizungsanlage mit „selbsttätig wirkenden Einrichtungen zur raumweisen Regelung der Raumtemperatur ausgestattet" sein. Hier bieten die Systemhersteller geeignete Regelungen an, die z.T. drahtlos arbeiten und zur Nachrüstung bestehender Anlagen geeignet sind. Im Mehrfamilienhaus-Bereich können auch Verteiler eingesetzt werden, die ein individuelle Regelung für die einzelne Wohnung zulassen (Bild 2.3.8-55)

Bei der Planung einer Fußbodenheizung muss Wärmeleitwiderstand des Bodenbelags beachtet werden. Er wird, wenn bei der Planung keine verlässlichen Angaben vorliegen mit

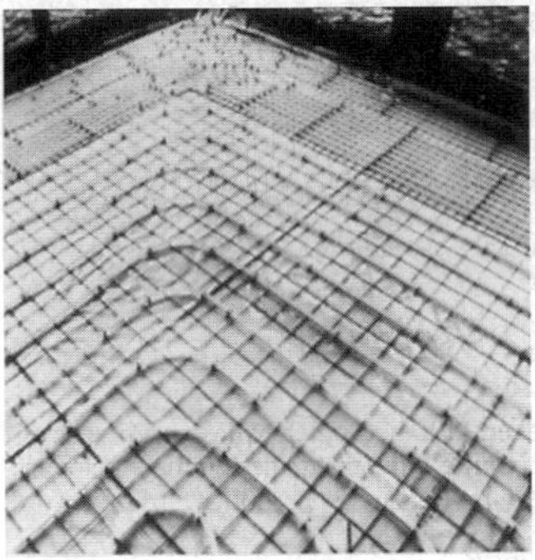

Bild 2.3.8-52. Rohrsystem einer Fußbodenheizung (Velta).

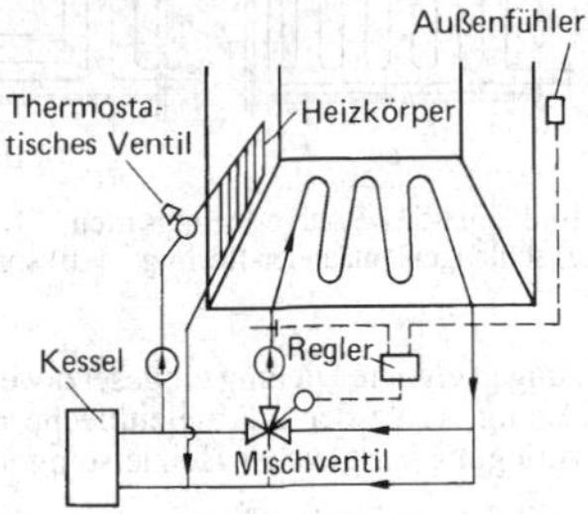

Bild 2.3.8-53. Fußbodenheizung mit zusätzlichem Heizkörper.

Bild 2.3.8-54. Raumluftströmung bei Fußbodenheizung ohne örtliche Heizkörper vor den Fenstern.*)

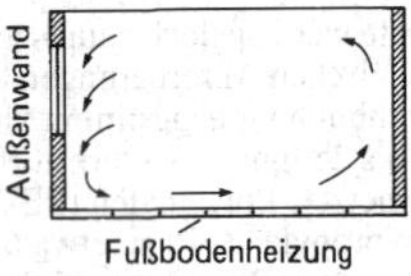

*) Schlapmann, D.: Konvektiver Wärmeübergang an beheizten Fußböden, Diss. (1982), VDI-Verlag.

$R_B = 0{,}10\ m^2\ K/W$ angesetzt; mit Ausnahme für Räume, die von der Nutzung her mit keramischen Bodenbelägen ausgestattet werden. Als Maximalwert ist $R_B = 0{,}15\ m^2\ K/W$ zulässig.

Bei dem heute üblichen Dämmstandard deckt eine Fußbodenheizung problemlos den erforderlichen Wärmebedarf bei Bodentemperaturen ab, die unter den zulässigen Werten von 29 °C in der Aufenthaltszone und 35 °C in der Randzone liegen. Zusätzliche, nach VDI Richlinie 6030 sog. „Freie Raumheizflächen" sind nicht erforderlich. Im Badbereich kann es sinnvoll sein, sowohl für die Heizperiode als auch für die Übergangs- und Sommerzeit einen Handtuchwärmer in den Badheizkreis einzubinden, der mit einem elektrischen Heizstab ausgerüstet ist.

Bild 2.3.8-55. Misch- und Verteilerkasten einer Fußbodenheizung (Genkinger).

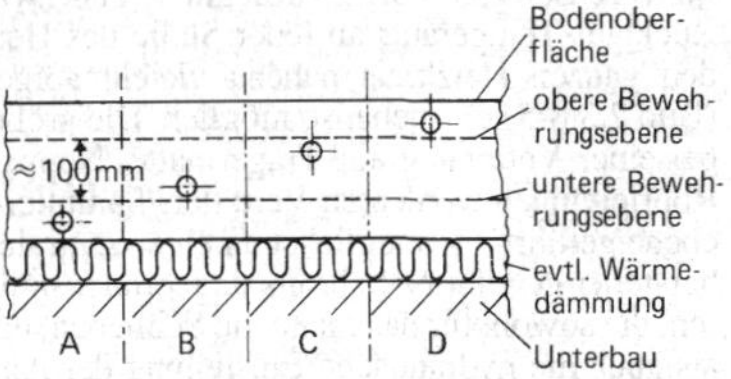

Bild 2.3.8-56. Mögliche Anordnungen von Heizrohren im monolithisch vergossenen Zementboden mit zwei Bewehrungsebenen.
A: unter der unteren Bewehrungsebene
B: über der unteren Bewehrungsebene
C: unter der oberen Bewehrungsebene
D: über der oberen Bewehrungsebene

Bild 2.3.8-57. Detail des Aufbaus einer Freiflächenheizung auf einer Rampe mit durch den Boden geführten Anschlußrohren.

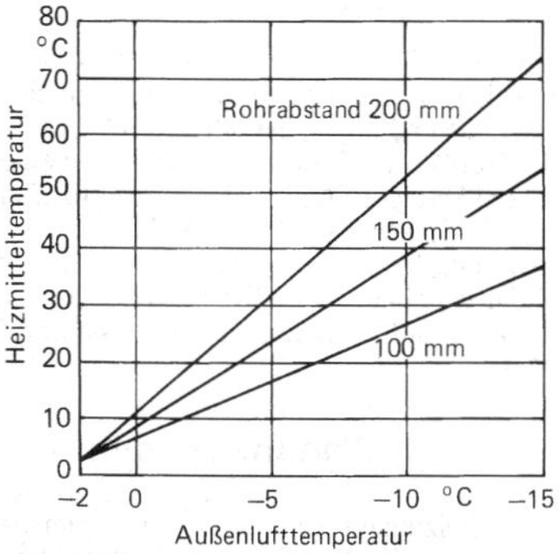

Bild 2.3.8-58. Heizmitteltemperaturen zur Aufrechterhaltung einer mittleren Bodenoberflächentemperatur +2 °C bei Freiflächenheizungen.

d) Industriebodenheizungen

Mit wachsender Beliebtheit wird die Warmwasser-Fußbodenheizung in kommunalen Gebäuden, Werk- und Industriehallen und Sporthallen eingesetzt. Die Belastbarkeit des Industriebodens ist zu beachten. In Bild 2.3.8-56 sind die Möglichkeiten aufgezeigt, wie in einem Industrieboden mit zwei übereinanderliegenden Bewehrungsmatten die Rohre eingebettet werden können. Hierbei bietet die dritte Variante C Vorteile in bezug auf Heizmitteltemperatur, Schutz vor Beschädigungen und Aufschwimmen sowie einem garantierten Abstand zur Bodenoberfläche.

Aus der Industriebodenheizung ist ein neues System, die „Betonkernaktivierung“ entstanden. Hier werden die Rohre auch in den Geschossdecken eingebracht und sowohl zur Raumtemperierung als auch zur Kühlung eingesetzt, bei gleichzeitiger Nutzung der Baumasse als Speichermasse (s. Abschnitt 3.2.9).

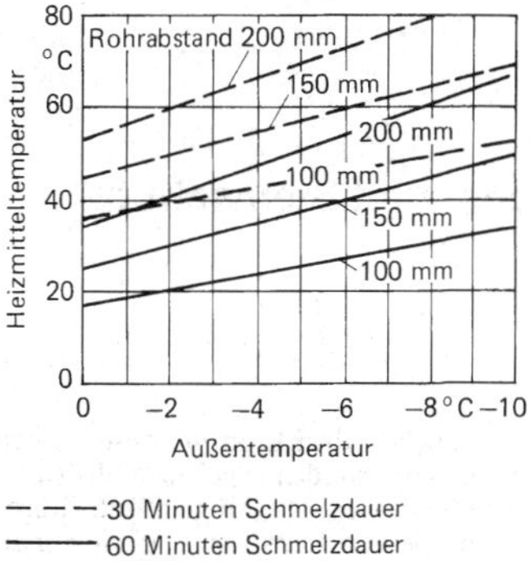

Bild 2.3.8-59. Heizmitteltemperaturen zur Enteisung einer 2 mm dicken Eisschicht innerhalb 30 und 60 Minuten.

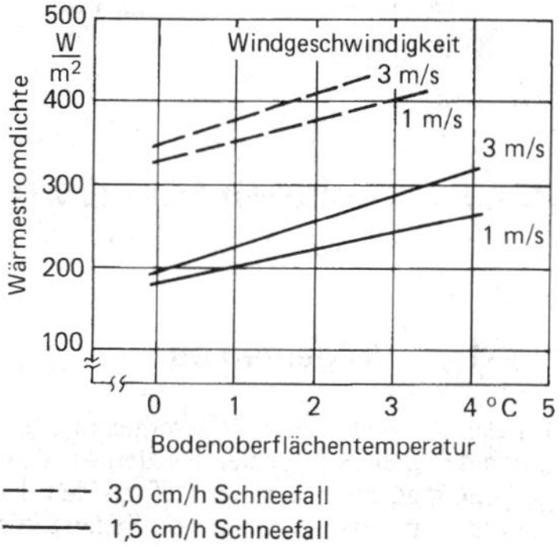

Bild 2.3.8-60. Notwendige Wärmestromdichte der Freiflächenheizung zur Schneeschmelze in Abhängigkeit der Schneefallintensität, Windgeschwindigkeit und Bodenoberflächentemperatur*).

*) Piller, W., und J. Pentrieder, Fernwärme International 1991 Nr. 10, S. 536–548.

e) Freiflächenbeheizung (s. auch Abschnitt 2.5.7-2)

Durch die Beheizung von Garageneinfahrten, Straßen, Plätzen oder Passagen kann eine gefährliche Eisbildung vermieden werden. Die Heizrohre von Freiflächenheizungen sind überwiegend als Naßsysteme direkt im Boden verlegt (Bild 2.3.8-57). Die Überdeckung der Heizrohre mit Beton oder Pflastersteinen sollte je nach Belastungsanforderungen 15 bis 20 cm betragen. Auslegeleistungen für Rampen, Fahr- und Gehwege von 150 bis 300 W/m^2, für Sportplätze 50 bis 150 W/m^2. Für Rasensteinparkplätze werden 120 bis 150 W/m^2 benötigt. Heizmitteltemperaturen zur Aufrechterhaltung einer mittleren Bodenoberflächentemperatur siehe Bild 2.3.8-58; zur Enteisung einer 2 mm dicken Eisschicht siehe Bild 2.3.8-59 und zur Schneeschmelze siehe Bild 2.3.8-60.

-11 Wandheizungen

Wandheizungen werden nach dem gleichen Prinzip wie Fußbodenheizungen erstellt, nur dass sie in eine Wand integriert oder auf einer Wand installiert werden. Sie können wie bei der Fußbodenheizung „nass" oder „trocken" installiert werden. Für die Wärmeleistung und Berechnung ist noch keine Norm erstellt, befindet sich jedoch in Bearbeitung. Im Prinzip kann die Wärmeleistung nach den Gleichungen der DIN EN 1264 berechnet werden, unter Umrechnung des Wärmeübergangskoeffizienten von 11,1 auf 8,0 W/m^2 K. Die Wärmedämmung unter der Wandheizung ist an die Anforderungen der EnEV (Energiesparverordnung) anzupassen. Als Wandheizung lassen sich auch spezielle Heizplatten verwenden, die z.T. als Sandwichelemente mit Trockenbauplatten angeboten werden. Voraussetzung für die Installation sind vor allen Dingen die vorhandenen Platzverhältnisse. So bieten sich vor allen Dingen die Brüstungsflächen an. (Bild 2.3.8-61)

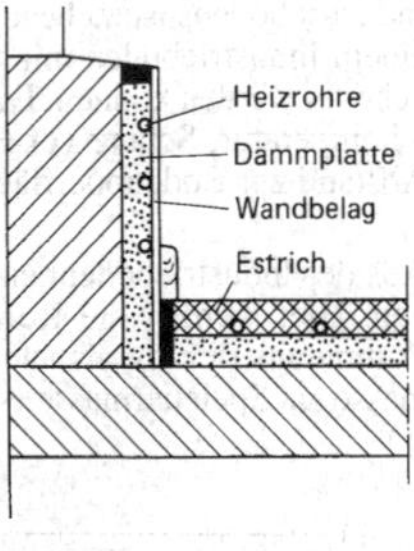

Bild 2.3.8-61. Heizfläche in Fensterbrüstung.

2.3.9 Anlagen zum Korrosions- und Steinschutz[1]

(s. auch Abschn. 1.10)

-1 Allgemeines

Da das Ausmaß der in Wasserheizungsanlagen möglichen Korrosion im wesentlichen durch den Sauerstoffgehalt des Heizwassers bestimmt wird, werden gegebenenfalls Anlagen benötigt, die den Sauerstoff aus dem Heizwasser entfernen. Die Möglichkeit, Korrosion auch bei Anwesenheit von Sauerstoff durch Zugabe von Korrosions-Inhibitoren zu unterbinden, ist als weniger sicher anzusehen. Näheres zu diesen Fragen ist in Abschnitt 1.10.2-12 zu finden.

Bei der Vermeidung von Steinbildung geht es im wesentlichen um die Entfernung des im Wasser enthaltenen Calciumhydrogencarbonats, was vorzugsweise mit Hilfe von Ionenaustauschern (s. Abschnitt 1.10.3-3) erfolgt.

[1]) Neubearbeitung erfolgte für die 67. Ausgabe durch Dr. C.-L. Kruse, Dortmund.

-2 Anlagen zur physikalischen Entgasung

Eine Anlage zur thermischen Entgasung zeigt Bild 2.3.9-1. Das zu entgasende Wasser wird von oben über Rieselbleche geleitet, während von unten Dampf eingeleitet wird. Durch das Aufheizen des Wassers auf nahezu 100 °C und die dadurch verringerte Löslichkeit der Gase Sauerstoff, Stickstoff und Kohlendioxid werden diese praktisch vollständig aus dem Wasser entfernt. Die Entgasung kann auch bei niedrigen Temperaturen ohne Dampf durchgeführt werden, wenn Vakuum-Entgaser zum Einsatz kommen.

Wegen der erheblichen Kosten derartiger Anlagen und der Notwendigkeit, Dampf oder Vakuum zur Verfügung zu haben, ist der Einsatz dieser Verfahren auf Großanlagen beschränkt.

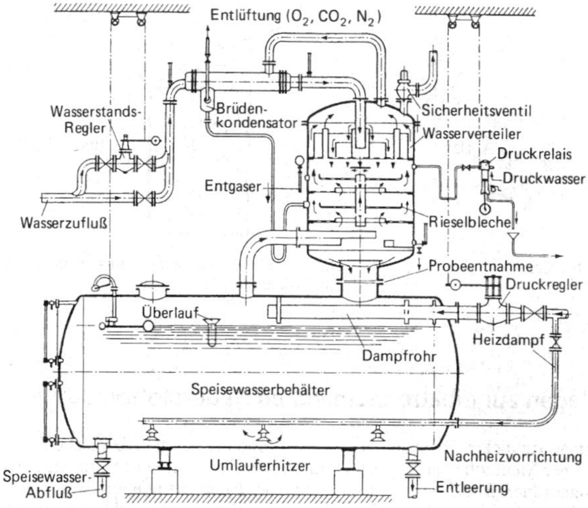

Bild 2.3.9-1. Anlage zur thermischen Entgasung.

-3 Anlagen zur chemischen Sauerstoffbindung

Bei der chemischen Sauerstoffbindung muß dem Heizwasser die erforderliche Menge eines in Wasser gelösten Sauerstoffbindemittels zugegeben werden. Dies kann entweder diskontinuierlich mit einer Handpumpe, über eine Einziehschleuse (Bild 2.3.9-2) oder mit Hilfe einer Dosierpumpe aus einem Vorratsbehälter erfolgen.

Die Art der Ansteuerung der Dosierpumpe wird durch die Art des Sauerstoffzutritts bestimmt. Bei ausschließlichem Zutritt von Sauerstoff mit dem Füll- und Ergänzungswasser wird die Dosierpumpe zweckmäßigerweise über einen Kontaktwasserzähler angesteuert. Bei ständigem Sauerstoffzutritt z.B. über gasdurchlässige Bauteile muß die Zugabe unabhängig von der Menge des Füll- und Ergänzungswassers mit Hilfe einer Zeitschaltuhr auf die täglich erforderliche Menge an Sauerstoffbindemittel eingestellt werden. Eine aufwendigere Lösung für größere Anlagen besteht in der Kombination mit einer Redoxelektrode, die in Verbindung mit einem geeigneten Regler bei Unterschreitung eines (von der Konzentration an Sauerstoffbindemittel abhängigen) Redoxpotentials die Dosierung auslöst.

Die üblichen Dosierstationen sind für eine automatische Zugabe von Sauerstoffbindemittel nicht geeignet, weil der Vorratsbehälter zur Atmosphäre hin offen ist. Ein erheblicher Teil der Sauerstoffbindekapazität geht dann durch Reaktion mit dem Luftsauerstoff verloren. Bild 2.3.9-3 zeigt das Schema einer Anlage, bei der sich das Sauerstoffbindemittel in einem Beutel aus einer sauerstoffdichten Kunststoff-Folie in einem Pappkarton (sog. bag in box) befindet. Der Ansaugstutzen der Pumpe ist so aufgeschraubt, daß keine Verbindung zu Atmosphäre besteht. Dementsprechend faltet sich der Beutel bei der Entnahme des Sauerstoffbindemittels zusammen.

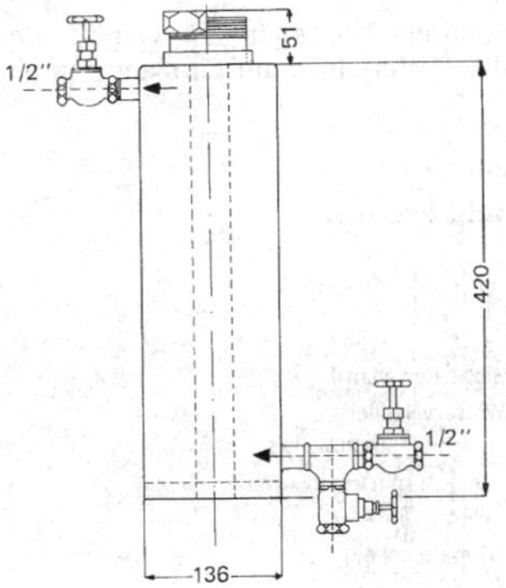

Bild 2.3.9-2. Einziehschleuse.

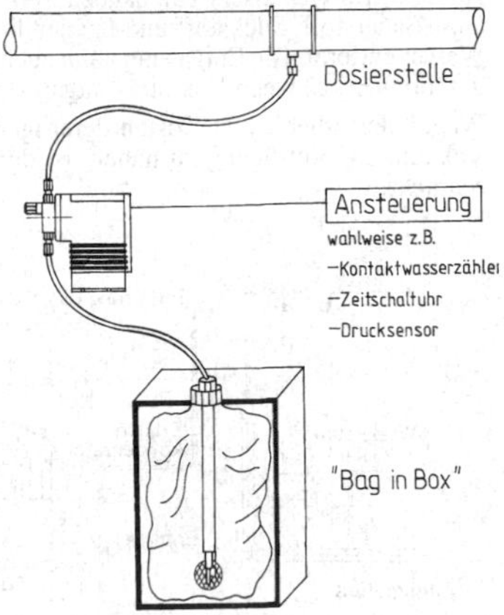

Bild 2.3.9-3. Dosierpumpenanlage für Sauerstoffbindemittel.

-4 Anlagen zur elektrochemischen Sauerstoffbindung

Die einfachste Anlage zur elektrochemischen Sauerstoffbindung durch kathodische Sauerstoffreduktion an einer Metalloberfläche besteht aus einem Behälter, der im Rücklauf vor dem Heizkessel angeordnet (Bild 2.3.9-4) ist. Im Innern des Behälters reagiert der im Heizwasser enthaltene Sauerstoff mit aktivem Metall, das aus Zinkblechen oder aus speziell geformten Eisenblechen mit Edelmetallbeschichtung besteht (OREG, Hünfeld). Bei einem weiteren ähnlichen Verfahren (ELYSATOR, CH Thalwil) ist das aktive Metall in Form von Magnesiumanoden im Innern des Stahlbehälters angeordnet. Ausschlaggebend für die

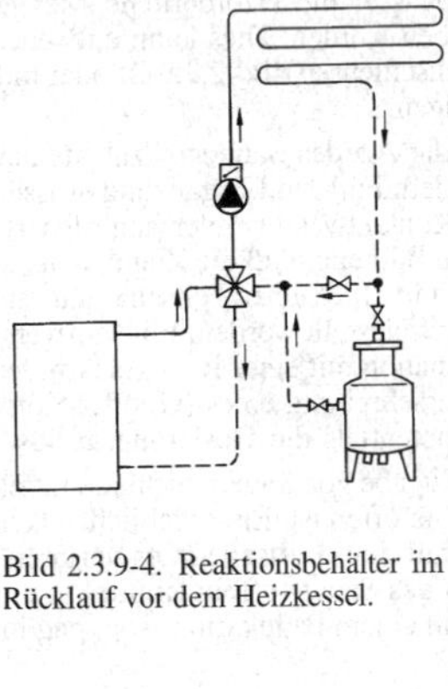

Bild 2.3.9-4. Reaktionsbehälter im Rücklauf vor dem Heizkessel.

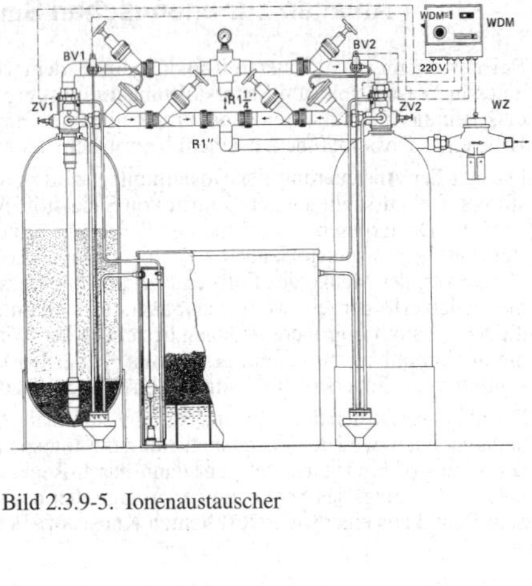

Bild 2.3.9-5. Ionenaustauscher

Sauerstoffabbindegeschwindigkeit ist die Größe der Oberfläche, an der die kathodische Sauerstoffreduktion stattfinden kann.

Gegenüber der chemischen Sauerstoffbindung haben alle diese Verfahren den Nachteil, daß die Sauerstoffentfernung erst am Einbauort einsetzt. Wenn zwischen der Stelle des Sauerstoffzutritts (z.B. über nicht sauerstoffdichte Kunststoffrohre) und dem Behälter Stahl-Rohrleitungen angeordnet sind, findet ein erheblicher Teil der Sauerstoffentfernung bereits durch Korrosion in diesen Rohrleitungen statt. Vorteilhaft sind hingegen der geringere Wartungsbedarf, der bei größeren Anlagen stärker ins Gewicht fallende geringere Preis der metallischen Reduktionsmittel und die gleichzeitige Wirkung des Behälters als Schlammfänger.

Eine Sonderstellung nimmt ein Verfahren mit fremdstromgespeisten Eisenanoden (GULDAGER, Gelsenkirchen) ein, bei dem die Sauerstoffreduktion nicht nur an der Behälterwandung stattfindet, sondern bei der durch den aufgeprägten Gleichstrom eine Elektrolyse stattfindet, die zur Bildung von Eisen(2)-Ionen führt. Die Eisen(2)-Ionen können als chemisches Sauerstoffbindemittel an allen Teilen der Anlage wirksam werden.

-5 Ionenaustauscher

Zur Vermeidung von Steinbildung werden dem Wasser üblicherweise Calcium- und Magnesium-Ionen durch Behandlung in einem Ionenaustauscher entzogen (Bild 2.3.9-5). Die Kunstharz-Kügelchen der Austauschermasse sind mit Natrium-Ionen beladen, die gegen die Calcium- und Magnesium-Ionen des zu behandelnden Wassers ausgetauscht werden. Wenn die Austauscherkapazität erschöpft ist, findet eine Regenerierung mit Natriumchlorid-Lösung statt, wobei die dann in höherer Konzentration vorliegenden Natrium-Ionen die an das Harz gebundenen Calcium- und Magnesium-Ionen wieder verdrängen. Diese Anlagen werden vielfach als Doppelanlagen installiert, wobei nach Erschöpfung der ersten Anlage automatisch auf die zweite Anlage umgeschaltet wird, während die erste Anlage dann in dieser Zeit regeneriert wird.

Auch das entsalzte Wasser, das in speziellen Fällen zweckmäßig sein kann (z.B. beim Betrieb von Schnelldampferzeugern), wird üblicherweise mit Ionenaustauschern hergestellt. Hierbei werden allerdings zwei verschiedene Austauschermassen benötigt, mit Wasserstoff-Ionen beladene Kationenaustauscherharze und mit Hydroxyl-Ionen beladene Anionenaustauscherharze. Die Regenerierung muß einerseits mit Mineralsäure (Salzsäure, Schwefelsäure) und andererseits mit Natronlauge erfolgen.

-6 Anlagen zur Umkehrosmose

Eine andere Möglichkeit zur Herstellung von entsalztem Wasser bietet das Verfahren der Umkehrosmose, bei dem neben dem entsalzten Wasser als Nebenprodukt Wasser mit erhöhtem Salzgehalt anfällt. Dieses Verfahren hat sich vor allem bei größerem Bedarf an entsalztem Wasser als wesentlich preisgünstiger erwiesen. Ein wesentlicher Vorteil gegenüber dem Verfahren mit Ionenaustauscher besteht darin, daß keine vergleichbar aufwendige Regenerierung erforderlich ist. Nachteilig ist der niedrige Entsalzungsgrad. Wenn eine sehr geringe elektrische Leitfähigkeit erforderlich ist, muß ein Mischbett-Ionenaustauscher nachgeschaltet werden.

2.3.10 Wärmeverluste von Rohrleitungen

Anforderungen zur Begrenzung der Wärmeabgabe von Wärmeverteilungs- und Warmwasserleitungen nach Energieeinsparverordnung s. Abschnitt 6.1.5-2.

Für den Wärmeverlust $\dot{q}$ gilt die Formel:

bei ebenen Flächen	*bei Rohren*
$\dot{q} = k \cdot \Delta\vartheta = \Delta\vartheta / R$	$\dot{q}_R = k_R \cdot \Delta\vartheta = \Delta\vartheta / R_R$

$\dot{q}$ = Wärmeverlust in W/m² bzw. bei Rohren in W/m
k = Wärmedurchgangskoeffizient in W/(m² · K)
k_R = Wärmedurchgangskoeffizient in W/(m · K)
$\Delta\vartheta$ = Temperaturunterschied zwischen Rohrinhalt und Luft in K

$R = 1/k$ = Wärmedurchgangswiderstand in m²K/W
$R_R = 1/k_R$ = Wärmedurchgangswiderstand in mK/W

Der Wärmedurchgangskoeffizient k ist der reziproke Wert des Wärmedurchgangswiderstandes $1/k$. Dieser setzt sich wie folgt zusammen:

$$\frac{1}{k} = R = \frac{1}{\alpha_1} + \frac{d}{\lambda} + \frac{1}{\alpha_a} \qquad \frac{1}{k_R} = R_R = \left(\frac{1}{\alpha_i d_i} + \frac{1}{2\lambda}\ln\frac{d_a}{d_i} + \frac{1}{\alpha_a d_a}\right)\frac{1}{\pi}$$

d = Dämmstoffdicke in m
d_a = Außendurchmesser der Dämmung in m
d_i = Innendurchmesser der Dämmung in m
= Rohraußendurchmesser
α_i = innerer Wärmeübergangskoeffizient in W/(m² · K)
α_a = äußerer Wärmeübergangskoeffizient in W/(m² · K)

$$\frac{d}{\lambda} = R_\lambda = \text{Wärmeleitwiderstand in m}^2\text{K/W}$$

Die Werte von k_R sind unter Vernachlässigung des meist geringen inneren Wärmeübergangswiderstandes in Bild 2.3.10-1 dargestellt. Bild 2.3.10-2 zeigt die Wärmeverluste gedämmter Rohre bei einer Wärmeleitzahl von $\lambda = 0{,}05$ W/(m · K) (Mineralfasern u. ä.). Zusätzliche Verluste entstehen durch Einbauten und Aufhängungen, siehe Tafel 2.3.10-1.

Zuschlag für Windanfall im Freien ≈ 10…20%. Bei der Ermittlung der Wärmeleitzahl λ ist genügend genau die mittlere Temperatur zugrunde zu legen. Bei mehreren hintereinander durchströmten Schichten ist der Wärmedurchgangswiderstand gleich der Summe der Einzelwiderstände:

$$\frac{1}{k} = \frac{1}{\alpha_i} + \Sigma\frac{d}{\lambda} + \frac{1}{\alpha_a} = \frac{1}{\alpha_i} + \Sigma R_\lambda + \frac{1}{\alpha_a}.$$

Bei mehreren nebeneinander liegenden Teilen verschiedenen Materials, aber gleicher Dicke (Rippen usw.) ist der Wärmedurchgang:

$\dot{q} = 1/A \cdot (k_1 A_1 + k_2 A_2 + \ldots) \cdot \Delta\vartheta = k \cdot \Delta\vartheta$
A = Gesamtfläche
A_1 = anteilige Fläche

Tafeln zur schnellen Ermittlung von Wärmeverlusten enthält VDI-Richtlinie 2055 (07.94).

Für Wärmeverluste von auf Putz verlegten *Kupferleitungen* mit unterschiedlicher Wärmedämmung siehe Bild 2.3.10-3. Bei Verlegung unter Putz sind die Wärmeverluste ca. 20 bis 50% größer.

Der *Temperaturabfall* in einer Leitung errechnet sich angenähert aus

$$\Delta\vartheta = \frac{\dot{q} \cdot l}{\dot{m} \cdot c} \text{ in K}$$

Tafel 2.3.10-1 Zusätzliche Verluste durch Einbauten in Rohrleitungen bei Innenräumen

Gegenstand	DN	Rohrtemperatur °C 50	100	300
Flanschenpaar	25	0,2 m	0,4 m	1,0 m
	100	0,5 m	1,0 m	2,5 m
	300	1,5 m	3,0 m	7,0 m
Ventil oder Schieber	25	0,5 m	1,0 m	2,5 m
	100	1,2 m	2,5 m	7,0 m
	300	3,0 m	6,0 m	12,0 m
Rohraufhängung		15%	15%	15%

Im Freien sind etwa doppelt so große Werte anzusetzen.

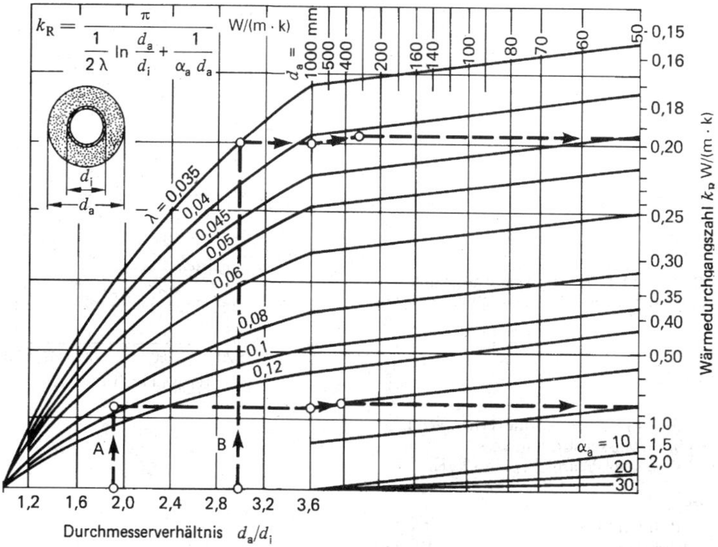

Bild 2.3.10-1. Diagramm zur Ermittlung des Wärmedurchgangskoeffizienten k_R gedämmter Rohre.

Beispiele:

Gegeben:	A	B
Rohrdurchmesser	200/216 mm	100/108 mm
Heizmitteltemperatur	350 °C	90 °C
Raumlufttemperatur	20 °C	20 °C
Wärmeleitzahl λ	0,09 W/(m · K)	0,035 (m · K)
Dämmdicke	100 mm	105 mm
Lösung:		
d_a/d_i	416/216 = 1,93	318/108 = 2,95
aus Diagramm k_R	0,81 W/(m · K)	0,195 W/(m · K)
$\dot{q}_R = k_R \cdot \Delta\vartheta$	0,81 · 330 = 267 W/m	0,195 · 70 = 13,7 W/m

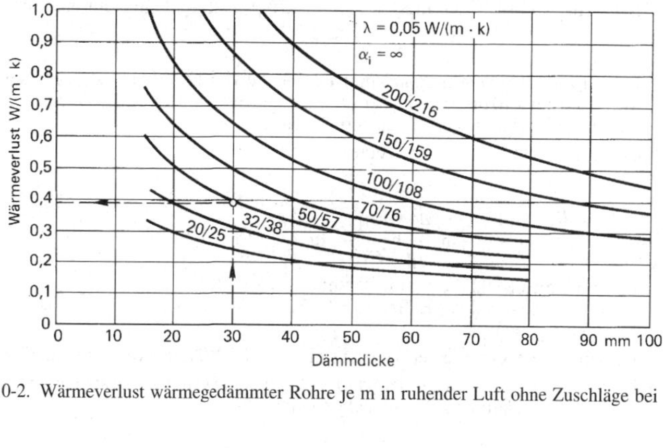

Bild 2.3.10-2. Wärmeverlust wärmegedämmter Rohre je m in ruhender Luft ohne Zuschläge bei $\lambda = 0{,}05$.

Beispiel:

Rohr 50/57 mit $d = 30$ mm Dämmstoffdicke bei einer Temperaturdifferenz $\Delta\vartheta = 80 - 20 = 60$ K ergibt einen Wärmeverlust von $q_R = 0{,}39 \cdot 60 = 23{,}4$ W/m.

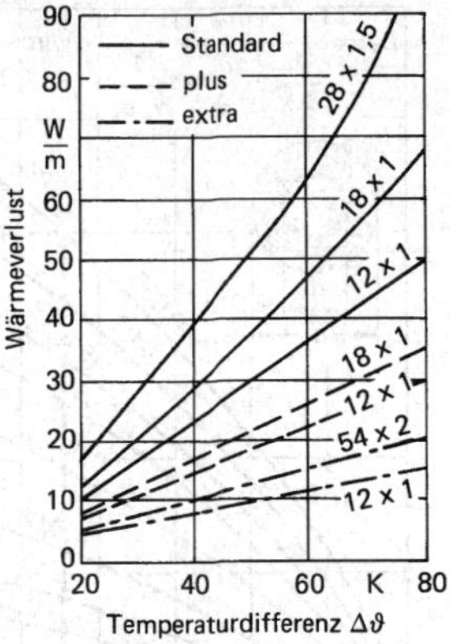

Bild 2.3.10-3. Wärmeverluste gedämmter Kupferleitungen WICU bei Aufputzverlegung.

$\dot{q}$ = $k_R \cdot \Delta\vartheta$ = Wärmeverlust W/m
$\dot{m}$ = Massenstrom in kg/s
c = spez. Wärmekap. in J/kgK.

Beispiel:

Rohrdurchmesser	200/216
Rohrlänge l =	1000 m
Dämmdicke	100 mm
Wassertemperatur	160 °C
Spez. Wärmekap. c =	4200 J/kgK
Massenstrom	18 000 kg/h = 5 kg/s
Wärmeleitzahl λ =	0,09 W/(m · K)
Außentemperatur	10 °C
$\dot{q}$ = 0,81 (160 – 10) =	121 W/m (aus Bild 2.3.10-1)

$$\Delta\vartheta = \frac{121 \cdot 1000}{5 \cdot 4200} = 5{,}76\ \text{K}.$$

Für größeren Temperaturabfall ist genauer:

$$\Delta\vartheta = \Delta\vartheta_a \left(1 - e^{\frac{-k_R \cdot l}{\dot{m} \cdot c}}\right) \text{ in K} \qquad \Delta\vartheta_a = \text{Anfangstemperaturunterschied in K}$$

Bei in *Erdreich verlegten Rohrleitungen* sind die Wärmeverluste geringer als in Luft, im Mittel um etwa 10 bis 35%. Dabei sind sandige und lehmige Böden zu unterscheiden sowie auch die Verlegungstiefe zu berücksichtigen[1].

Angenähert ist der Wärmeverlust eines Einzelrohres

$$\dot{q}_R = \frac{\Delta\vartheta}{R_R} = \frac{\Delta\vartheta}{\frac{1}{2\pi\lambda}\ln\frac{d_a}{d_i} + \frac{1}{2\pi\lambda_E}\ln\frac{4h}{d_a}} \text{ in W/m}$$

λ = Wärmeleitzahl der Wärmedämmung W/(m · K)
λ_E = Wärmeleitzahl des Erdreichs ≈ 1,15 … 1,8 W/(m · K)
h = Verlegetiefe (m)

Bei 2 nebeneinander verlegten Heizleitungen ist der Wärmeverlust um ca. 20% geringer.

Bei kalten Leitungen muß auf der warmen Seite eine *Dampfsperre* angebracht werden, da sonst die Wärmedämmung durchfeuchtet wird.

[1]) Grigull, U., u. G. Franz: Wärmetechn. 1970. S. 229/35.
Ferencik, V.: IKZ 8/78. 5 S.

2.3.11 Schallschutz[1)]

Überarbeitung von Prof. Dr.-Ing. Karl-Josef Albers, Esslingen

a) Geräuschentstehung

Verbrennungsgeräusche bei Öl- und Gasbrennern entstehen durch Wirbelbildungen oder Druckschwankungen am Ventilator oder Verbrennungsraum. Abstrahlung als Luftschall von der Kesselwandung. Verstärkung manchmal durch Resonanz zwischen Verbrennungsraum und Schornstein. Hauptfrequenz im niederen Bereich 100…500 Hz. Brenner-Kessel-Abstimmung erforderlich. Beim Anfahren größere Geräusche durch plötzliche Druckerhöhung.

Weitere *Geräuschquellen* einer Kesselanlage:

Umwälzpumpen bei Unwucht, Lagerschäden, Ablagerungen; Armaturen bei hohen Wassergeschwindigkeiten; Wärmespannungen (Knackgeräusche).

Mindestanforderungen an den Schallpegel in Heizräumen siehe Bild 2.3.11-2 (aus VDI 2050 u. 2715).

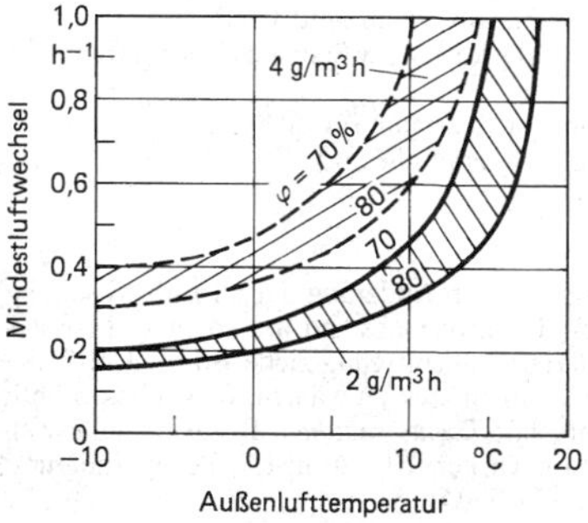

Bild 2.3.11-1. Mindestaußenluftwechsel zur Verhinderung von Kondenswasserbildung bei verschiedener Feuchteproduktion.

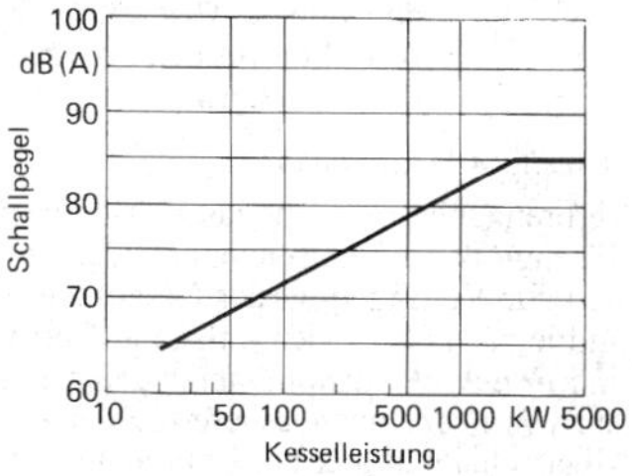

Bild 2.3.11-2. Schallpegel in Heizräumen (Äquivalente Absorptionsfläche 10 m2).

b) Geräuschfortpflanzung

durch Luftschall vom Kessel über Decke, Wände, Schornstein in Nachbarraum; durch Körperschall über das Fundament, Rohrleitungen, Pumpen, besonders bei großen Anlagen und Dachheizzentralen.

c) Zulässige Schallpegel

Übliche Schallpegel in Heizungsräumen bei normalem Bauaufwand etwa bei Kesseln siehe Bild 2.3.11-2.

Die Werte können durch geeignete Maßnahmen um bis 15 dB(A) verringert werden. Hauptfrequenzen 500…2000 Hz.

In angrenzenden Arbeitsräumen ist nach Arbeitsstätten-VO je nach Art der Tätigkeit 55/70/85 dB(A) zugelassen. Wände sind dementsprechend zu dämmen. Im Heizraum soll 85 dB(A) nicht überschritten werden, anderenfalls gilt die Heizzentrale im Sinne VBG 121 als Lärmzone, in der Gehörschutz zu tragen ist.

[1)] VDI 2715 (07.00): Lärmminderung an Warm- und Heißwasserheizungsanlagen.
Gösele, K.: HLH 7/78. S. 257/60.
Fritsch, H.: Gas + Ölfg. 8/78. 5 S.
Ihle, C.: SBZ 6/79. 5 S.
Baade, P. K.: Ki 3/80. S. 125/31.
DIN 4109 (11.89): Schallschutz im Hochbau.
Ihle, C.: SBZ 9/83. S. 696 (5 S.).
Siehe auch Abschn. 3.3.6.

d) Bauliche Schallschutzmaßnahmen

Wände und Decken der Heizzentralen müssen eine ausreichende Schalldämmung aufweisen. Da bei den Geräuschen, die von Heizungsanlagen ausgehen, die tiefen Frequenzanteile sehr hoch sind, sollte im Gebäudeentwurf möglichst vermieden werden, daß Heizzentralen unmittelbar an schutzbedürftige Räume angrenzen. Das erforderliche Schalldämm-Maß der Wände und Decken von Heizzentralen wird entsprechend Abschnitt 1.5.6–2 berechnet. Diese Berechnung ist für alle Terzbänder im Bereich von 100 Hz bis 3150 Hz durchzuführen. Liegen keine frequenzabhängigen Werte für den Schalldruckpegel in der Heizzentrale vor, kann entsprechend VDI 2715 auch mit dem A-bewerteten Gesamtschalldruckpegel gerechnet werden. In der Gleichung in Abschnitt 1.5.6–2 wird dann das Schalldämm-Maß durch das bewertete Schalldämm-Maß (siehe Abschnitt 1.5.6–3) ersetzt. Um die großen tieffrequenten Geräuschanteile zu berücksichtigen, wird zusätzlich ein Korrekturfaktor eingeführt. Die Gleichung lautet damit:

$$R'_{W,erf} = L_{A1} - L_{A2} + 10 \cdot \lg \frac{S_2}{A_2} + K$$

$R'_{W,erf}$ = resultierendes Schalldämm-Maß in [dB]
L_{A1} = A-bewerteter Schalldruckpegel in der Heizzentrale in [dB(A)]
L_{A2} = A-bewerteter Schalldruckpegel im Nachbarraum in [dB(A)]
S_2 = Fläche der trennenden Wand bzw. Decke auf der Seite des Nachbarraumes in [m^2]
A_2 = äquivalente Absorptionsfläche im Nachbarraum [m^2 Sabine]
K = Korrektur für den Frequenzgang des Geräusches. Bei Heizungsanlagen gilt: K = 8 dB

e) Weitere Maßnahmen

Verbrennungsgeräusche lassen sich beeinflussen durch Änderung der Öl-Luft-Mischung, Düsengröße und Düsenwinkel, Pumpendruck, Elektrodenabstand u.a. Weitere Maßnahmen zur Verringerung der Geräusche und Geräuschübertragung siehe Bild 2.3.11-3. Sie sind je nach Größe der Anlage und örtlichen Verhältnissen zu wählen. Besonders wichtig sind *Rauchrohrschalldämpfer* und schalldämmende *Brennerhauben.* Beide Bauteile werden von Fachfirmen geliefert. Brennerhauben bewirken 10...20 dB(A) Pegelminderung, Abgasschalldämpfer bei 1 m Länge etwa 10...15 dB(A).

Bei Dachheizzentralen empfiehlt sich schwimmendes Betonfundament auf Dämmplatten oder sogar elastische Lagerung der ganzen Heizzentrale in einer Betonzelle.

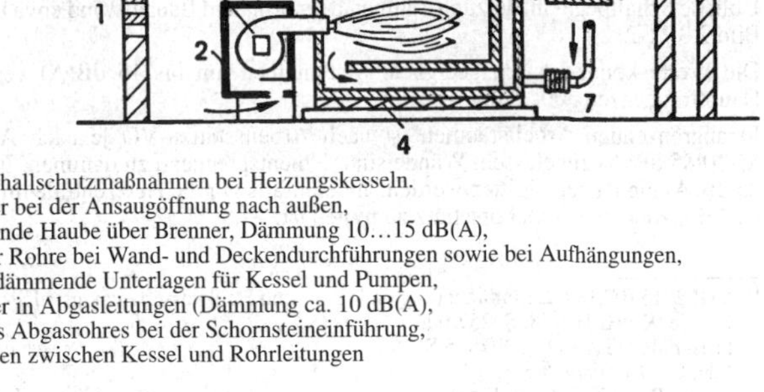

Bild 2.3.11-3. Schallschutzmaßnahmen bei Heizungskesseln.
1 = Schalldämpfer bei der Ansaugöffnung nach außen,
2 = Schalldämmende Haube über Brenner, Dämmung 10...15 dB(A),
3 = Isolierung der Rohre bei Wand- und Deckendurchführungen sowie bei Aufhängungen,
4 = Körperschalldämmende Unterlagen für Kessel und Pumpen,
5 = Schalldämpfer in Abgasleitungen (Dämmung ca. 10 dB(A),
6 = Isolierung des Abgasrohres bei der Schornsteineinführung,
7 = Kompensatoren zwischen Kessel und Rohrleitungen

2.4 Berechnung und Auslegung der Heizungsanlagen

2.4.1 Berechnung des Wärmebedarfs

Das Verfahren zur Berechnung des Wärmebedarfs normaler Räume ist in der DIN 4701[1)] T1 u. T2 (03.83), T3 (08.89) dargestellt. Der *Norm-Wärmebedarf* $\dot{Q}_N$ setzt sich aus dem Transmissionswärmebedarf $\dot{Q}_T$ (Wärmeverlust über die Umschließungsfläche) und dem Lüftungswärmebedarf $\dot{Q}_L$ (zur Aufheizung der eindringenden Außenluft) zusammen.

Die Berechnung, die in der DIN detailliert vorgegeben ist, erfolgt zunächst mit der Ermittlung des *Norm-Transmissionswärmebedarfs* nach der Gleichung:

$$\dot{Q}_T = k \cdot A\,(\vartheta_i - \vartheta_a) = \frac{A\,(\vartheta_i - \vartheta_a)}{R_k}$$

A = Fläche des Bauteils in m²
k = Wärmedurchgangskoeffizient in W/m²K
$\frac{1}{k}$ = R_k = Wärmedurchgangswiderstand in m²K/W
ϑ_i = Temperatur innen in °C
ϑ_a = Temperatur außen in °C

Der *Lüftungswärmebedarf* ist nach folgender Formel zu ermitteln:

$\dot{Q}_L = \dot{V} \cdot \varrho \cdot c\,(\vartheta_i - \vartheta_a)$
$\dot{V}$ = Luftvolumenstrom in m³/s
c = spez. Wärmekapazität der Luft in J/kg K
ϱ = Dichte der Luft in kg/m³

Als *Norm-Innentemperatur* ϑ_i gilt die sog. empfundene Temperatur, die sowohl die Lufttemperatur wie auch die mittlere Temperatur der umgebenden Flächen berücksichtigt. Norm-Innentemperaturen sind in Tafel 2.4.1-1 ausgewiesen. Wahl der *Außentemperatur* ϑ'_a siehe Klimakarte Bild 2.4.1-1. In windstarken Gegenden niedrigere Außentemperaturen.

Aus Platzgründen wird hier auf eine Darstellung der DIN verzichtet und auf die DIN 4701 verwiesen.

1) Weißdrucke der Entwürfe der DIN 4701 T1 und T2 (E 08.95) stehen weiterhin aus.

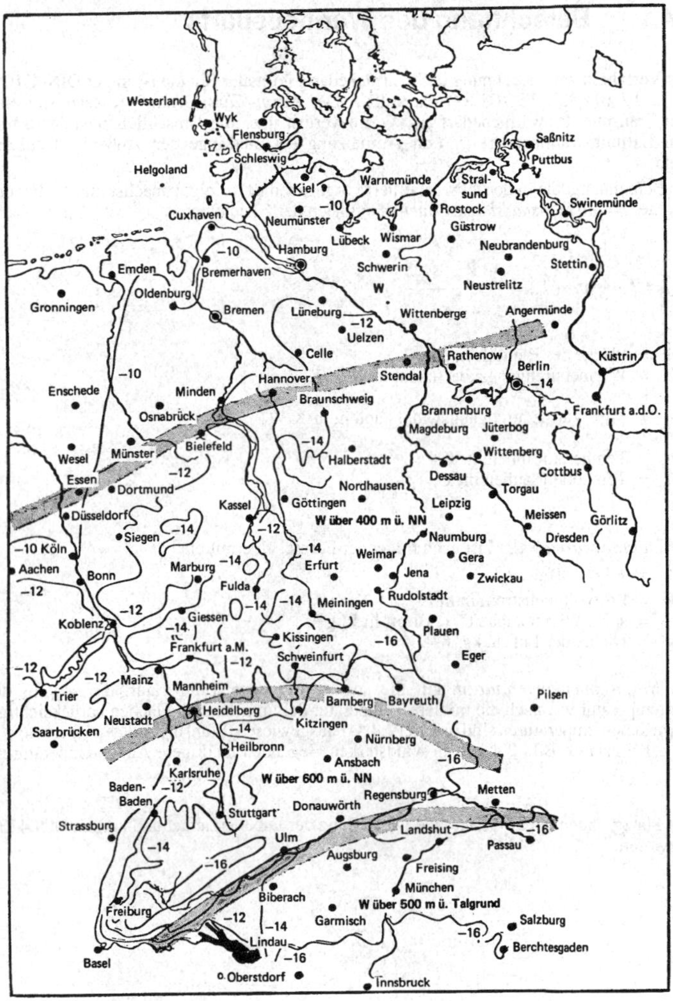

Bild 2.4.1-1. Isothermenkarte (nach DIN 4701 T2). Tiefstes Zweitagesmittel der Lufttemperatur in °C (10mal in 20 Jahren), Zeitraum: 1951 bis 1970. W= windstark.

Tafel 2.4.1-1 Norm-Innentemperaturen ϑ_i für beheizte Räume (nach DIN 4701 T2)

Raumart	ϑ_i °C	Raumart	ϑ_i °C
Wohnhäuser		*Unterrichtsgebäude*	
Wohn- und Schlafräume, Küchen, Aborte	20	Allgem. Räume, Turnhallen, Gymnastikräume	20
Bäder	24	Lehrküchen	18
Flure, geheizte Nebenräume	15	Bade- und Duschräume, Arzt- und Untersuchungszimmer	24
Treppenräume	10	*Theater, Konzerträume*	20
Verwaltungsgebäude		*Kirchen* (allgem.)	15
Alle Räume außer Aborte und Nebenräume	20	*Krankenhäuser* (s. auch DIN 1946 Teil 4)	
Nebenräume	15	OP-Räume, Frühgeborene	25
Geschäftshäuser		Sonstige Räume	22
Verkaufsräume, Läden	20	*Werkstatträume,* mindestens	15
Lebensmittelverkauf, allgem. Lager	18	bei sitzender Tätigkeit	20
Wurstlager, Fleischwaren	15	*Kasernen, Justizvollzugsanstalten*	20
Käselager	12	*Schwimmbäder*	
Hotels		Hallen	28
		Duschen	24
Hotelzimmer, Hotelhallen, Festsäle, Sitzungszimmer	20	Umkleideräume	22
Bäder	24	*Museen, Galerien, Flughäfen*	20

2.4.2 Auslegung der Wärmeerzeuger

Die Leistung der Wärmeerzeuger für Zentralheizungen wird nach dem Norm-Wärmebedarf $\dot{Q}_N$ bestimmt, wie er nach DIN 4701, T. 1 u. 2 berechnet ist.

Die Heizleistung steht in vollem Umfang für die Erwärmung des Heizwassers zur Verfügung. Um die Stillstandsverluste zu verringern, darf die Nennwärmeleistung des Wärmeerzeugers für Zentralheizungen nicht größer sein als der berechnete Wärmebedarf des Gebäudes (HeizungsanlagenVO vom 22. 03. 1994). Eine Ausnahme bilden NT-Kessel, Brennwertkessel und Anlagen mit mehreren Wärmeerzeugern. Zuschläge für die Erwärmung von Brauchwasser sind nur bei Wärmeerzeugern unter 20 kW höchster nutzbarer Leistung zulässig. Abweichend davon ist eine höchste nutzbare Leistung des Wärmeerzeugers von 25 kW zulässig, wenn der Wasserinhalt im Wärmeaustauscher 0,13 l je kW Nennwärmeleistung nicht überschreitet. Beim Ersatz von Wärmeerzeugern in Wohngebäuden (Modernisierung) kann auf die Berechnung verzichtet werden, wenn die Nennwärmeleistung 0,07 kW je Quadratmeter Gebäudenutzfläche nicht überschreitet; für freistehende Gebäude mit nicht mehr als zwei Wohnungen gilt der Wert 0,10 kW je Quadratmeter.

Wenn eine Berechnung des Wärmebedarfs $\dot{Q}_{N1959}$ nach alter DIN 4701 (1959) vorliegt, kann in Anlehnung an VDI 3815 bei Kesselsanierung die neue Kesselleistung annähernd auch wie folgt bestimmt werden:

$$\dot{Q}_K \approx \dot{Q}_{N1959} \cdot \frac{\vartheta_{i1983} - \vartheta_{a1983}}{\vartheta_{i1959} - \vartheta_{a1959}} \cdot 0{,}8$$

$\dot{Q}_{N1959}$ = Normwärmebedarf nach DIN 4701 (1959)
ϑ_i = Raumtemperatur in °C
ϑ_a = Außentemperatur in °C

Hat eine Wärmeerzeugungsanlage auch noch zusätzliche Wärmeverbraucher wie Kochkessel, Warmwasserbereiter, Lüftungsanlagen usw. mit Wärme zu versorgen, so ist ein Wärmeverbrauchsschaubild über 24 Stunden aufzustellen und die Wärmelieferung der Kessel nach dem Höchstwert des Schaubildes zu bemessen. Ziel der Berechnung ist es, eine Überdimensionierung und damit unnötige Bereitschaftsverluste zu vermeiden. Eventuelle Wärmegewinne und Gleichzeitigkeit der Verbraucher sind daher sorgfältig zu beachten.

Auslegung der Abgasanlagen siehe Abschnitt 2.3.3.

2.4.3 Auslegung und Berechnung der Rohrnetze[1]

-1 Heizwasserleitungen

Die Richtlinie VDI 2073 „Hydraulische Schaltungen in Heiz- und Raumlufttechnischen Anlagen" gibt hinreichend Empfehlungen zu hydraulischen Schaltungen in Anlagen.

Nach Festlegung des Heizungssystems ist vor Beginn der Berechnung ein *Strangschema* anzufertigen, aus dem die Lage von Kessel, Pumpe, Heizkörpern, Rohrleitungen und Armaturen ersichtlich ist. Die einzelnen Teilstrecken vom Kessel zu den Heizkörpern und zurück werden systematisch numeriert, Wärmeleistungen und Rohrlängen eingetragen. Damit das Heizwasser im Rohrleitungssystem zirkuliert, muß zur Überwindung der Widerstände ein Druckunterschied vorhanden sein.

Die Berechnungsverfahren gliedern sich, weil die Druckverlustgleichungen ohne Computer nicht nach der Unbekannten *d* (Rohrdurchmesser) gelöst werden können, grundsätzlich in eine *vorläufige Rechnung,* bei der die gesuchten Durchmesser zunächst geschätzt werden, und in eine *endgültige Rechnung.*

Zum Teil werden heute Computer-Programme verwendet, wobei oft über die Rohrdurchmesser ein Strangabgleich erfolgt.[2]

Bei Pumpen-Warmwasserheizungen wird zur Überwindung der Rohrwiderstände und der Verbraucherwiderstände eine *Pumpe* verwendet. Man erreicht dadurch eine schnelle Aufheizung bei guter Regelfähigkeit und kostenoptimierte Rohrnetze bei unterschiedlichen Rohrverlegungen. Je nach der Größe des Pumpendruckes und der Temperaturspreizung sind verschiedene Rohrdurchmesser möglich.

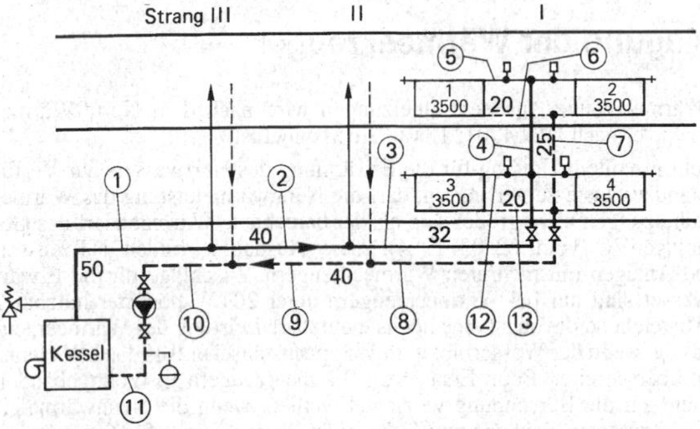

Bild 2.4.3-1. Strangschema zur Berechnung einer Zweirohr-Pumpenheizung.

Bei kleinen Durchmessern fallen niedrige Investitionskosten für das Rohrnetz an, und die Betriebskosten sind relativ hoch. Wählt man große Durchmesser für das Rohrnetz, so entstehen hohe Investitionskosten bei günstigeren Betriebskosten für die Pumpe.

Die optimalen Rohrdurchmesser erreicht man im allgemeinen bei Geschwindigkeiten in den Hauptverteilleitungen von etwa 0,3 bis 1,5 m/s, bei Fernleitungen bis 3 m/s und mehr. Mittlere Druckgefälle bei kleinen Anlagen betragen 50…100 Pa/m, bei großen Anlagen 100…200 Pa/m, in Sonderfällen mehr.

Im Rahmen von Forschungsprojekten beim VDMA wird z. Z. an der Entwicklung eines computergestützten hydraulischen Anpassungsprogramms für große Kollektorfelder gear-

[1]) Siehe auch Abschnitt 1.4.

[2]) Vahlberg, K.: HLH 5/77. S. 183/6.
Paech, W.: SHT Heft 3, 4 u. 6/84.
MW Software GmbH Köln, Software Sammlung Haustechnik (Version 2.0/1993).

beitet[1]). Da kaum eine Rohrnetzabnahme, ähnlich einer Kreiselpumpen-Abnahmemessung, stattfindet, wird man für die Industrie ein Verfahren entwickeln, das die bisher stark vernachlässigte Systemoptimierung, siehe Bild 2.4.3-2, ermöglicht. Dieses Simulationsverfahren wird einen erheblichen Nutzen bezüglich der Energieeinsparung geben und dient der Optimierung des hydraulischen Rohrabgleiches, insbesondere auch bei variablen Betriebsbedingungen. Vorwiegend wird dieses Verfahren bei Netzen von Großgebäuden, Kasernen u. ä. zur Anwendung kommen.

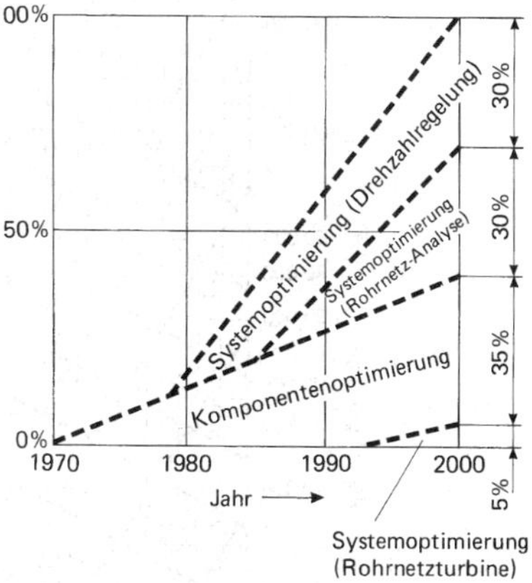

Bild 2.4.3-2. Energiesparpotential infolge Komponenten- und Systemoptimierung.

-1.1 Berechnung

Bei der Berechnung von Neuanlagen bzw. bestehender Anlagen beginnt man unter Benutzung der Tafel 2.4.3-1 oder des Bild 2.4.3-1 mit dem längsten Rohrstrang, wobei die zulässige Wassergeschwindigkeit oder das Druckgefälle angenommen werden und die Einzelwiderstände mit $^1/_3$ des Gesamtdruckverlustes geschätzt werden. Bei Thermostatventilen und zentralem Mischventil erhöht sich der Anteil der Einzelwiderstände auf etwa $^1/_2$ der Gesamtdruckverluste.

Für die Berechnungen werden alle Werte auf einem Formblatt eingetragen. Auf diese Weise erhält man den Druckabfall $\Delta p = \Sigma\,(lR) + \Sigma Z$.

l = Rohrlänge m
R = Widerstand Pa/m
Z = Einzelwiderstand Pa

Daraus ergibt sich die Pumpenleistung:

$$P = \frac{\dot{V} \cdot \Delta p}{\eta} \text{ in W}$$

$\dot{V}$ = Förderstrom m^3/s
Δp = Förderdruck N/m^2 (Pa)
η = Wirkungsgrad

Beispiel:

Heizleistung 50 kW, Wassertemperatur 60/50 °C, Wasserstrom $\dot{V} = 50/(1{,}16 \cdot 10) = 4{,}32$ m^3/h, längster Stromkreis $l = 150$ m, Druckgefälle $R = 200$ Pa/m.

[1]) Schmalfuß, H.-G., Franz, K.: Berichte der Pumpentagungen Karlsruhe.
1988 – Sektion A 7 Systemoptimierung Kreiselpumpe und Rohrnetz.
1992 – Sektion B 2 Theoretische und experimentelle Systemoptimierung von Pumpe und Rohrnetz.
Kochendörfer, Ch., Klein, B.: Großes Energiesparpotential im Verborgenen, Beispiel Rohrnetzsanierung und exakte Pumpendimensionierung, Wärmetechnik, 42. Jahrgang 1997.
Bach, H.: Optimierung von Rohrnetz und Pumpe, 1. WILO-Plenarsymposium '87.

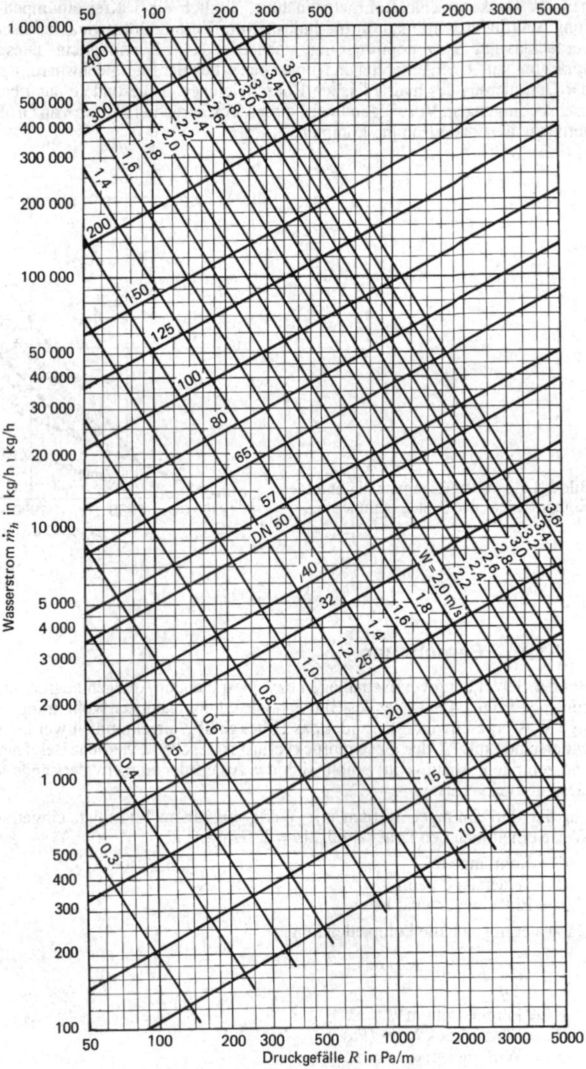

Bild 2.4.3-3. Rohrreibungs-Diagramm für nahtlose Stahlrohre – Pumpen-warmwasserheizung
(Wassertemperatur 80 °C, Rauhigkeit ε = 0,045 mm)
Siehe auch Arbeitsdiagramm als Falttafel am Ende des Buchs.
Korrektur bei anderen Wassertemperaturen siehe Tafel 2.3.4-9.
Beispiel:
Rohr DN 50 (l. W. = 51,2 mm)
Wasserstrom $\dot{m}_h$ = 10 000 kg/h
Wassergeschwindigkeit ca. 1,4 m/s
Druckgefälle R = 400 Pa/m

Man nimmt für die Einzelwiderstände zunächst $^1/_3$ des Gesamtverlustes $\Sigma(lR) + \Sigma Z$ an.

$lR = 150 \cdot 200 = 30\,000$ Pa $\pm\, ^2/_3\, \Delta p$

$\Sigma Z = 0{,}5\, lR = 15\,000$ Pa $\pm\, ^1/_3\, \Delta p$

Pumpendruck: 30000 + 15000 = 45000 Pa = 4,5 m

Pumpenleistung (bei $\eta = 0{,}5$):

$$P = \frac{4{,}32 \cdot 45\,000}{3600 \cdot 0{,}5} = 108 \text{ W.}$$

Die übrigen Rohrstränge werden in der Weise berechnet, daß man zunächst das zur Verfügung stehende Druckgefälle R ermittelt und danach die Rohre nach Tafel 2.3.4-9 dimensioniert. Überschüssige Drücke werden durch kleinere Rohrdimensionen oder durch Voreinstellung der Heizkörperventile weggedrosselt.

Bei ausgedehnten Anlagen stehen die in der Nähe der Pumpe liegenden Steigstränge unter einer starken Druckdifferenz, die durch enge Bemessung der Rohrleitungen oder durch Drosselstellen aufgebraucht werden muß. Diesen Nachteil vermeidet die Rohrführung nach *Tichelmann,* bei der die Summe der Längen der Vorlauf- und Rücklaufleitung an jeder Stelle annähernd gleich groß ist, siehe Bild 2.4.3-4, Rohrnetz jedoch teurer.

Die Zahlenwerte des Diagrammes Bild 2.4.3-3 sind für Warmwasser bei 80 °C gültig. Korrektur für andere Temperatur s. Tafel 2.3.4-9. S. a. Falttafel am Ende des Buches als Arbeitsdiagramm für heute übliche Temperatur 60 °C.

Für Druckverluste in Kupferrohrleitungen siehe Diagramm Bild 2.4.3-10 und Tafel 2.3.4-19.

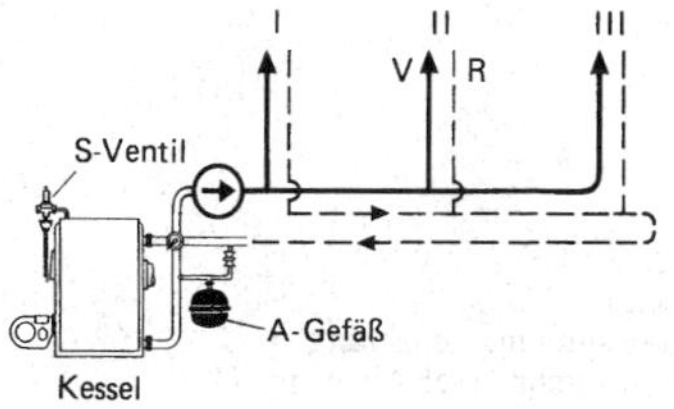

Bild 2.4.3-4. Rohrnetz mit gleichen Vorlauf- und Rücklaufleitungslängen (Tichelmannsche Rohrführung).

Nachstehend *drei Beispiele* für Einrohr- und Zweirohrheizungen. Bei der Berechnung der Einzelwiderstände ist dabei die gleichwertige Rohrlänge l_{gl} benutzt, die eine besonders sinnfällige Darstellung erlaubt (s. auch Abschn. 1.4.8).

1. Beispiel:

Senkrechte Einrohrheizung mit Nebenschluß der Heizkörper. Rohrplan nach Bild 2.4.3-5.

Heizleistung $\dot{Q}_{HK} = 12{,}5$ kW.

Temperaturabfall insgesamt $\Delta t = 70 - 60 = 10$ K, Temperaturspreizung in Heizkörpern gleichmäßig $\Delta t_x = 2$ K.

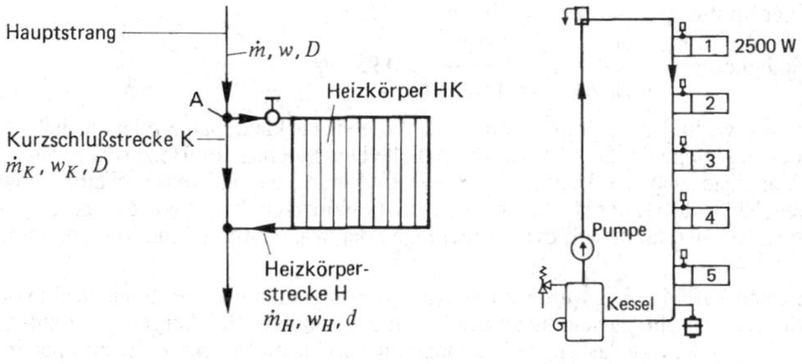

Bild 2.4.3-5. Strangschema zur Berechnung einer Einrohr-Pumpenheizung.

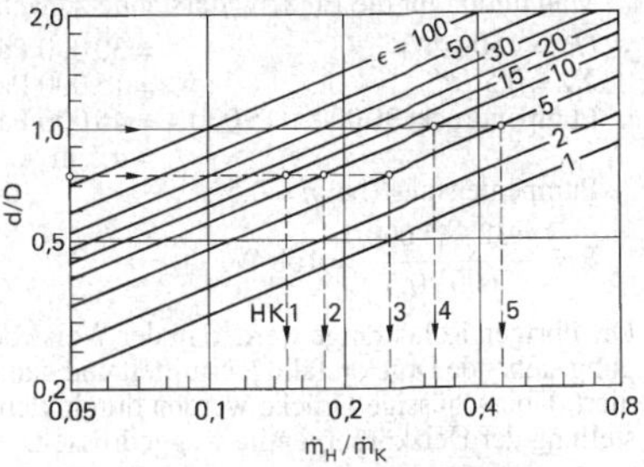

Bild 2.4.3-6. Anteiliger Heizwasserstrom durch die Heizkörper.

Die einzelnen Heizkörper sind mit Vorlauf und Rücklauf an denselben Rohrstrang angeschlossen. Am Verzweigungspunkt A verteilt sich der Heizwasserstrom $\dot{m}$ auf die Kurzschlußstrecke K und die Heizkörperstrecke H. Der Druckverlust über beide Strecken muß gleich groß sein:

$$\Delta p_K = \Delta p_H \quad \text{oder} \quad \zeta_K \cdot \frac{\varrho}{2}\, w^2{}_K = \zeta_H \cdot \frac{\varrho}{2}\, w^2{}_H$$

$$\text{Daraus folgt} \quad \frac{\zeta_H}{\zeta_K} = \frac{w_K^2}{w_H^2} \quad \text{und} \quad w = \frac{\dot{m}/\varrho}{\pi D^2/4}$$

Ferner folgt wenn man setzt: $\varepsilon = \zeta_H/\zeta_K$

$$\frac{\dot{m}_H}{\dot{m}_K} = \frac{\dot{m}_H}{\dot{m} - \dot{m}_H} = \left(\frac{d}{D}\right) / \sqrt{\varepsilon}$$

ζ = Summe der Widerstandsbeiwerte je Strecke
w = Geschwindigkeit in m/s — D = Rohrdurchmesser Strang
$\dot{m}$ = Wasserstrom — d = Rohrdurchmesser Abzweig HK

Diese Gleichung ist in Bild 2.4.3-6 dargestellt. Die Schwierigkeit bei der Berechnung der Rohre liegt in der richtigen Aufteilung der Wasserströme an den Verzweigungspunkten. Je größer der Druckverlust in der Heizkörperstrecke ist, desto geringer sind der Wasserstrom und die mittlere Heizkörpertemperatur.

In dem Bild 2.4.3-5 sind 5 gleich große Heizkörper von je 2500 W an die Rohrleitung angeschlossen, die einen gleichbleibenden Strangdurchmesser D hat.

Heizleistung insgesamt	$\dot{Q}_{HK}$	=	$5 \cdot 2500 = 12\,500$ W
Vorlauftemperatur	t_v	=	70 °C
Rücklauftemperatur	t_r	=	60 °C.
Spreizung Netz	Δt	=	$t_v - t_r = 10$ K

$$\text{Wasserstrom } \dot{V} = \frac{\dot{Q}_{HK}}{c \cdot \varrho \cdot \Delta t} = \frac{12{,}500}{4{,}2 \cdot 1000 \cdot 10} = 0{,}0003 \text{ m}^3/\text{s}$$

Vorläufiger Strangdurchmesser $D = 20$ mm $= 0{,}02$ m

$$\text{Geschwindigkeit } w = \frac{\dot{V}}{\pi D^2/4} = \frac{0{,}0003}{\pi\, 0{,}02^2/4} = 0{,}95 \text{ m/s}$$

Durch geeignete Wahl der Durchmesser und der Widerstände kann man erreichen, daß alle Heizkörper etwa gleiche Größe erhalten. Zusätzliche Druckverluste im Heizkörper werden durch die Voreinstellung der Ventile, im Kurzschlußstrang durch Drosselscheiben oder Einschnürung bewirkt. Bei der Nachrechnung sind die Widerstandsbeiwerte ζ_H und ζ_K genauer festzustellen, wodurch sich evtl. Änderungen der Wasserströme und Temperaturen ergeben.

Im Beispiel nach Tafel 2.4.3-1 wurde der Wasserstrom $\dot{m}_H$ durch entsprechende Wahl von d und ε in Strömungsrichtung ständig angehoben, um die mittlere Heizkörpertemperatur t_m nicht zu stark absinken zu lassen. Das ermöglicht nahezu gleich große Heizkörper im System.

Tafel 2.4.3-1 Berechnung der Einrohrheizung nach Bild 2.4.3-5

Heizkörper			1	2	3	4	5
Heizleistung $\dot{Q}_{HK}$		W	2500	2500	2500	2500	2500
Strangdurchmesser	D	mm	20	20	20	20	20
Heizkörperanschluß	d	mm	15	15	15	20	20
	d/D	–	0,75	0,75	0,75	1	1
Gewählt:	$\varepsilon = \zeta_H/\zeta_K$	–	15	10	5	10	5
Bild 2.4.3-8:	$\dot{m}_H/\dot{m}_K$	–	0,15	0,18	0,25	0,32	0,45
	$\dot{m}_H$	kg/h	137	163	217	259	334
	$\dot{m}_H$	kg/s	0,038	0,045	0,060	0,072	0,093
	Δt_H	°C	15,6	13,1	9,9	8,3	6,4
	Δt_K*)	°C	2	2	2	2	2
Vorlauftemperatur	t_v am HK	°C	70	68	66	64	62
Mitteltemperatur	t_m**)	°C	62,2	61,4	61,1	59,9	58,8

*) $\Delta t_K = \dot{Q}_{HK}/c\dot{m}$ **) $t_m = t_v - 0{,}5 \cdot \Delta t_H$

2. *Beispiel:*

Waagerechte Einrohrheizung

Die Heizkörper sind im Nebenschluß zum Hauptstrang angeordnet, so daß die Vorlauftemperatur von Heizkörper zu Heizkörper absinkt. Zur Berechnung ist hier das Verfahren von *Reichow*[1] benutzt. Das Verhältnis der Durchmesser d für Heizkörperanschluß und D für Hauptstrang (Kurzschlußstrecke) ist dabei (Bild 2.4.3-7):

$$\frac{d}{D} = \frac{\sqrt[4]{\varepsilon}}{\sqrt{n\frac{\Delta t_H}{\Delta t} - 1}}$$

ε = Verhältnis der Widerstandsbeiwerte ζ der Stromwege durch Heizkörper und Hauptstrang
n = $\Sigma \dot{Q}_{HK}/\dot{Q}_{HK}$ = Verhältnis der Wärmeleistungen
Δt_H = Wasserabkühlung im Heizkörper K
Δt = $t_v - t_r$ = Wasserabkühlung (Spreizung) im Netz
t_v = Vorlauftemperatur °C
t_r = Rücklauftemperatur °C

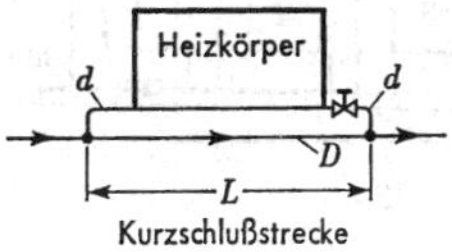

Bild 2.4.3-7. Rohrstrecke der Einrohrheizung.

Gleichung ist in Bild 2.4.3-8 dargestellt. Es empfiehlt sich, zunächst ε = 10 einzusetzen, entsprechend etwa einer ungedrosselten Kurzschlußstrecke. Nachstehend ein Zahlenbeispiel:

Rohrplan Bild 2.4.3-9 mit Kupferrohren. Zahl der Heizkörper = 6. Strangheizleistung = 15 kW. $\Delta t = t_v - t_r$ = 10 °C. Wasserstrom $\dot{m}$ = 15 000/(4200 · 10) = 0,357 kg/s = 1286 kg/h. Strangdurchmesser gewählt aus Tafel 2.3.4-19 und Bild 2.4.3-10: $D = 22 \times 1$ mm. R = 700 Pa/m, wobei w = 1,18 m/s.

[1]) Reichow, W.: Die waagerechte Einrohrheizung. 1964.
Wellsand, R.: IKZ Nr. 19/1970. S. 20/28.
Möker, M.: HLH 1/77. S. 27/34.
Roos, H., u. O. Zaitschek: HLH 6/79. S. 201/10.

HK Nr.	$\dot{Q}_{HK}$ W	Δt_H K	$\dot{m}_H$ kg/h	*n* –	$\frac{\Delta t_H}{\Delta t}$	ε –	*d/D* –	*D* mm	*d* mm
1	1 160	10	100	12,9	1	10	0,52	22 × 1,2	12 × 1
2	2 300	10	197	6,5	1	10	0,76	22 × 1,2	18 × 1
3	2 300	10	197	6,5	1	10	0,76	22 × 1,2	18 × 1
4	2 300	10	197	6,5	1	10	0,76	22 × 1,2	18 × 1
5	2 300	10	197	6,5	1	10	0,76	22 × 1,2	18 × 1
6	4 640	20	200	3,2	2	10	0,76	22 × 1,2	18 × 1
$\sum \dot{Q}_{HK}$ =	15 000								

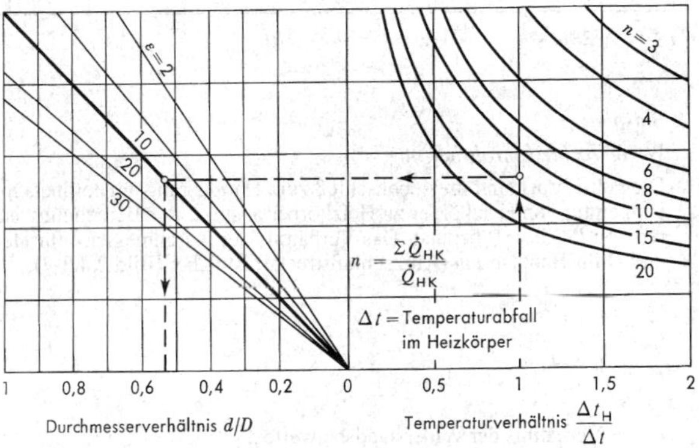

Bild 2.4.3-8. Durchmesserverhältnis *d/D* (Heizkörperanschluß/Hauptstrang) bei Einrohrheizung nach Reichow.

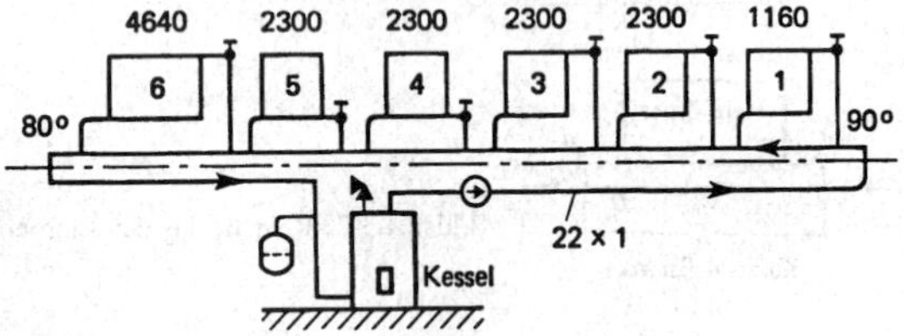

Bild 2.4.3-9. Strangschema zur Berechnung einer waagerechten Einrohrheizung, Kesselleistung 15 kW.

Heizkörperbemessung. Die Abkühlung des Wassers im Hauptstrang ist jeweils

$$\Delta\vartheta_H = \frac{\dot{m}_H}{\dot{m}} (t_v - t_r)$$

Daraus ergeben sich die Eintrittstemperatur des Wassers für den folgenden Heizkörper und die mittleren Heizkörpertemperaturen t_m.

Heizkörper				
HK Nr.	$\Delta\vartheta_H$ K	t_v °C	t_r °C	t_m °C
1	0,8	90	80	85
2	1,5	89,2	79,2	84,2
3	1,5	87,7	77,7	82,7
4	1,5	86,2	76,2	81,2
5	1,5	84,7	74,7	79,7
6	3,0	83,2	63,2	73,2
	9,8 ≈ 10 °C			

3. Beispiel:

Zweirohrheizung. Rohrplan Bild 2.4.3-1 mit Stahlrohr.
Kesselleistung 42 kW; Wassertemperatur 70/60 °C.
Wasserstrom $\dot{m}$ = 42 000/(4200 · 10) = 1 kg/s = 3600 kg/h.
Längster Rohrstrang I mit l = 75 m.

Mittleres Gefälle gewählt mit R = 50 Pa/m. Werte für R nach Tafel 2.3.4-9. Gleichwertige Rohrlängen aus Tafel 2.3.4-13.

Einzelwiderstände

T.-Str. 1:	Kessel	ζ = 2,5		
	2 Bogen	1,0		
		3,5	mit w = 0,45 m/s	l_{gl} = 3,5 · 2,23 = 7,8
T.-Str. 2:	2 T-Stücke	0		
	2 Bogen	1,0		
		1,0	mit w = 0,49 m/s	l_{gl} = 1,0 · 1,75 = 1,75
T.-Str. 3:	1 Ventil	2,5		
	3 Bogen	1,5		
	2 T-Stücke	0		
		4,0	mit w = 0,33 m/s	l_{gl} = 4 · $\underbrace{1,36}_{\text{s. Tafel 2.3.4-13}}$ = 5,45 usw.

Druckverlust des Thermostatventils für HK 1 bei der Ventilautorität

P_v = $\Delta p_v/(\Delta p_v + \Delta p_n)$ = 0,5, wobei Δp_n = anteiliger Netzdruck TS. 3 bis 8 = 1778 Pa:
Δp_v = 1 · Δp_n = 1778 Pa. Bei größeren Anlagen wird vorausgesetzt, daß der Differenzdruck (hier über Strang I) über den Einzelsträngen näherungsweise im Betrieb konstant bleibt. Ggf. Einsatz von Differenzdruckreglern. Nach Abschnitt 3.3.7-4

$$\text{Ventilkenngröße } k_v = \frac{\dot{m}}{\sqrt{\Delta p_v}} = \frac{0{,}300}{\sqrt{0{,}01778}} = 2{,}24 \text{ m}^3\text{/h.}$$

Für den Heizkörper 3 steht der Differenzdruck der Strecken 4 bis 7 zur Verfügung: 741 Pa. Dieser Druck darf durch die Anschlußverbindungen 12 und 13 aufgebraucht werden. Der überschüssige Druck (487 Pa) ist durch die Voreinstellung der Ventile oder durch Rücklaufverschraubungen abzudrosseln.

Berechnung Strang II + III:

Bei gleicher Ausführung sind für Strang II der Druckverlust der TS. 3 und 8 in Höhe von $R \cdot l_{ges}$ = 1037 Pa und für Strang III die Druckverluste der TS. 2, 3, 8 u. 9 in Höhe von $R \cdot l_{ges}$ = 1982 Pa durch Strangventile abzudrosseln.

Pumpendruck: Δp = 5677 + 1778 = 7455 Pa.

$$\text{Pumpenleistung: } P = \frac{\dot{V} \cdot \Delta p}{\eta} = \frac{0{,}001 \cdot 7455}{0{,}3} = 25 \text{ W.}$$

Pumpenwahl aus Katalog der Hersteller mit $H \approx$ 7455 Pa (7,455 kPa) und 3600 kg/h.

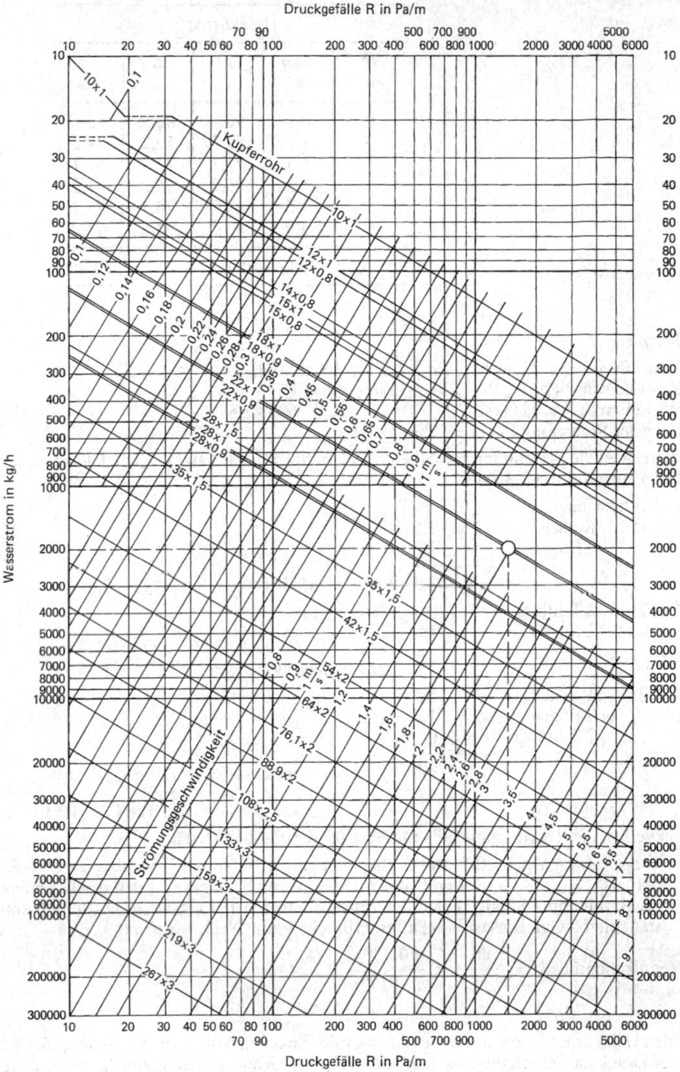

Bild 2.4.3-10. Rohrreibungs-Diagramm für Kupferrohre
(Wassertemperatur 80 °C, Rauhigkeit ε = 0,0015 mm).*)
Beispiel:
Kupferrohr 22 × 1
Wasserstrom $\dot{m}$ = 2000 kg/h
Wassergeschwindigkeit 1,8 m/s
Druckgefälle 1400 Pa/m

*) Deutsches Kupfer-Institut: Kupferrohre in der Heizungstechnik 1985.

Strang I

Aus dem Rohrplan				Berechnung						
TS.	Wärme-leistung $\dot{Q}$	Wasser-strom $\dot{m}$	Rohr-länge l	Rohr-durch-messer d	Ge-schwin-digkeit w	Druck-gefälle R	$\Sigma\zeta$	Gleichw. Rohr-länge l_{gl}	Gesamt-länge l_{ges}	$R\,l_{ges}$
Nr.	W	kg/h	m	DN	m/s	Pa/m	–	m	m	Pa
1	42 000	3600	15	50	0,45	45	3,5	7,8	22,8	1026
2+9	28 000	2400	10	40	0,49	70	2,0	3,5	13,5	945
3+8	14 000	1200	15	32	0,33	40	8,0	10,9	25,9	1037
4+7	7 000	600	8	25	0,29	45	3,0	2,8	10,8	487
5+6	3 500	300	2	20	0,23	42	6,0	4,1	6,1	254
10	42 000	3600	20	50	0,45	45	3,0	6,7	26,7	1201
11	42 000	3600	5	50	0,45	45	5,0	11,1	16,1	726
			75					46,9	121,9	5677
Heizkörper 3										
12+13	3 500	300	2	20	0,23	42	6,0	4,1	6,1	254

-2 Dampf- und Kondensatleitungen[1) 2)]

Neubearbeitet von Dipl.-Ing. Sven Evert, Bremen

Entsprechend den allg. Berechnung von Rohrleitungssystemen für Fluide errechnen sich die Leitungsquerschnitte von Dampf- und Kondensatsystemen nach identischen Grundlagen. Bei Wasserdampf, und hier vor allem bei gesättigtem Wasserdampf, ist der Veränderung des Aggregatzustandes u.a. durch Wärmeverluste während des Transportweges, Rechnung zu tragen. Gleiches gilt für Kondensatleitungen hinter Entwässerungsstellen, über die heißes Kondensat höheren Druckes in ein System geringeren Druckes bzw. geringerer Verdampfungstemperatur abzuleiten ist. Durch Entspannungsdampfbildung entsteht eine Zweiphasenströmung, die es gilt beim Design des Rohrnetzes zu berücksichtigen.

-2.1 Grundlagen

Der Druckabfall in einer Rohrleitung ergibt sich aus den Einzelverlusten aller Rohrleitungsteile wie Rohre, Formstück und Armaturen, aus dem Einfluß der geodätischen Höhe und aus Querschnittsänderungen. Bei Gasen ist noch die Volumenänderung durch Expansion zu beachten. Sie kann aber vernachlässigt werden, sofern der Druckabfall nur einige Prozent des absoluten Druckes beträgt. Unter dieser Voraussetzung sind die Berechnungen der Druckverluste für Flüssigkeiten und Gase gleich.

Es gilt ganz allgemein

$$\Delta p = C \frac{\varrho w^2}{2}$$

Mit $C = \lambda \dfrac{l}{d}$ wird der Druckverlust aus der Wandreibung für Rohre

$$\Delta p = \lambda \frac{l}{d} \frac{\varrho w^2}{2}$$

Bei Armaturen und Formstücken gilt mit $C = \zeta$ die Beziehung

---

1) Gestra Wegweiser, aktualisierte Auflage.
2) Energietechnische Arbeitsmappe VDI 14. Aufl. 1995.

$$\Delta p = \zeta \frac{\varrho w^2}{2}$$

In einer anderen gebräuchlichen Schreibweise wird der Proportionalitätsfaktor C durch $\zeta \cdot a$ ersetzt – mit a als dem sogenannten Körperfaktor.
Daraus ergibt sich

$$\Delta p = \zeta a \frac{\varrho w^2}{2}$$

Mit $a = l/d$ wird für Rohre

$$\Delta p = \zeta \frac{l}{d} \frac{\varrho w^2}{2}$$

Bei Armaturen und Formstücken ist $a = 1$; folglich gilt

$$\Delta p = \zeta \frac{\varrho w^2}{2}$$

Der ζ-Wert entspricht dem λ-Wert und die Gleichungen sind identisch.

Die dimensionslose *Reynoldsche Zahl Re* (s. Abschnitte 1.3.5-2 und 1.4.7) ist das Verhältnis von Trägheitskräften zu Zähigkeitskräften. Sie gibt Auskunft über die Art der vorliegenden Strömung. Eine Strömung verläuft laminar bei $Re < 2000$, u.U. turbulent bei $Re \leqq 2000$ und meist turbulent ab $Re < 2300$ in technichen Rohrleitungen.

$$Re = \frac{wd}{\upsilon} \qquad w = \text{kennzeichnende Geschwindigkeit}$$

$$Re = \frac{\varrho w d}{\eta} \qquad d = \text{typische Längenbemessung}$$

$$Re = \frac{4\varrho \dot{V}}{\pi \eta d} \qquad \upsilon = \text{kinematische Zähigkeit}$$

mit

$$\upsilon = \frac{\eta}{\varrho}; \qquad \varrho = \frac{\gamma}{g}; \qquad w = \frac{\dot{V}}{A}; \qquad A = \frac{d^2 \pi}{4}$$

Der durch Reibung in einem Rohr entstehende *Druckverlust* Δp ist proportional der *spezifischen Rohrlänge* l/d und proportional dem *Staudruck der Strömung* ϱw^2. Als Proportionalistätsfaktor wird die *Rohrreibungszahl* λ eingeführt.

$$\Delta p = \lambda \frac{l}{d} \frac{\varrho w^2}{2}$$

Die *Rohrreibungszahl* λ (s. Abschnitt 1.4.7) ist eine Funktion der *Reynoldschen Zahl Re* und wird in bestimmten Bereichen auch von der Rohrrauhigkeit beeinflußt. Im laminaren Bereich ist λ allein von *Re* abhängig; der Einfluß der Rauhigkeit kann vernachlässigt werden. Bei turbulenter Strömung unterscheidet man hydraulisch glatte Rohre, hydraulisch rauhe Rohre und einen Übergangsbereich. Dabei ist für hydraulisch glatte Rohre λ nur von *Re* abhängig. Das hydraulisch vollständig rauhe Rohr unterliegt allein dem Einfluß der Rauhigkeit. Im Übergangsbereich wird der λ-Wert sowohl von *Re* als auch von der Rauhigkeit beeinflußt.

Der *Druckverlust* Δp (s. a. Abschnitte 1.4.8 u. 1.4.9) in Armaturen und Formstücken ist proportional dem *Staudruck* $\frac{\varrho w^2}{2}$. Als Proportionalitätsfaktor wird der *Widerstandswert* ζ eingeführt.

$$\Delta p = \zeta \frac{\varrho w^2}{2}$$

Bei mehreren Einzelwiderständen gleicher Nennweite wird der *Druckverlust*

$$\Delta p = \Sigma\zeta \frac{\varrho w^2}{2}$$

Der *Widerstandswert* ζ wird durch Versuch ermittelt und ist aus Tabellen oder Diagrammen zu entnehmen. Er ist – soweit nichts anderes vermerkt – stets auf die Anschlußnennweite der Armatur bzw. bei Muffenanschluß auf die anzuschließende Rohrnennweite zu beziehen.

Man kann den durch Rohrleitungsteile, wie Armaturen und Formstücke, gegebenen Strömungswiderstand rechnerisch durch gleichwertige Rohrlänge ersetzen. Aus dem vorgenannten Gleichungen

für Armaturen $\Delta p = \zeta \dfrac{\varrho w^2}{2}$

für Rohre $\Delta p_2 = \lambda \dfrac{l}{d} \dfrac{\varrho w^2}{2}$

wird für $\Delta p_1 = \Delta p_2$

$$\zeta = \lambda \frac{l}{d} \quad \text{und daraus} \quad l = \frac{\zeta}{\lambda} d$$

Mit dieser gleichwertigen Rohrlänge l zuzüglich der tatsächlich gegebenen Rohrlänge wird der Druckverlust der gesamten Rohrleitung in einem Gang berechnet.

Durch Führung einer Rohrleitung nach oben oder unten *(Geodätische Höhe, Niveauhöhe)* verändert man die potentielle Energie des Durchflußstoffes. Nach dem Gesetz von der Erhaltung der Energie (Bernoullische Gleichung s. Abschn. 1.4.1-3) ändert sich demzufolge der Druck. Man kann also durch geeignete Leitungsführung z.B. den Arbeitsdruck für einen Kondensatableiter beeinflussen.

Durch *Querschnittsänderungen* wird die kinetische Energie und damit nach Bernoulli auch der Druck verändert. Hat eine Rohrleitung verschiedene Durchmesser, dann werden die Druckverluste aus der Wandreibung für jeden Querschnitt und die zugehörige Rohrlänge getrennt berechnet. Außerdem werden die Druckveränderungen in den Querschnittsübergängen ermittelt.

Aus der erstgenannten Gleichung erhält man mit SI-Einheiten den *Druckverlust* Δp in der SI-Einheit Pascal (PA).

Für Umrechnungen auf die Einheit Bar: 1 bar = 10^5 Pa

$$\Delta p = C \frac{\varrho w^2}{2} \quad \text{in Pa}$$

$$\Delta p = \frac{C}{10^5} \frac{\varrho w^2}{2} \quad \text{in bar}$$

mit

C	= Widerstandszahl	dimensionslos
ϱ	= Dichte	kg/m³
w	= Geschwindigkeit	m/s

Rohrreibungswiderstände werden mitunter noch als *Widerstandshöhen* H_υ in m *(Druckhöhenverluste)* angegeben.

Mit der Fallbeschleunigung g in m/s² ergibt sich

$$H_\upsilon = C \frac{w^2}{2g} \quad \text{in m}$$

$$\Delta p = H_\upsilon \, \varrho g \quad \text{in Pa}$$

$$\Delta p = H_\upsilon \frac{\varrho g}{10^5} \quad \text{in bar}$$

-2.2 Druckabfall in Dampfleitungen

Allgemein:

$\Delta p = \Sigma C \cdot \rho / 2 \cdot w^2$ [Pa] Armaturen und Formstücke: $C = \zeta$
Rohre: $C = (\lambda \cdot l) / d$

Für die Bestimmung der Rohrreibung gilt die allgemeine Gleichung

$\Delta p = \lambda \cdot (l_{ges} / d) \cdot (\rho \cdot w^2) / 2$ (s. Abschnitt 2.4.3-2.1)

Richtungsänderungen sowie Querschnittsveränderungen als auch Armaturen und Einbauten in dampfdurchströmten Rohrleitungen bewirken gegenüber einer geraden Rohrleitungsführung zusätzliche Druckverluste. Sie können durch den Widerstandsbeiwert ζ berücksichtigt werden.

$\Delta p = \Sigma (\zeta \cdot \rho / 2\, w^2)$ [Pa] (s. Abschnitt 2.4.3-2.1)

Für die gegebene Rohrleitungsteile der gleichen Nennweite werden aus Bild 2.4.3-11 die Widerstandszahl C ermittelt. Bei mehreren Einbauten addieren sich die einzelnen Widerstandszahlen. Mit der Summe aller Einzelwerte ΣC und den Betriebsdaten erhält man aus Bild 2.4.3-12 den gesamten Druckabfall.

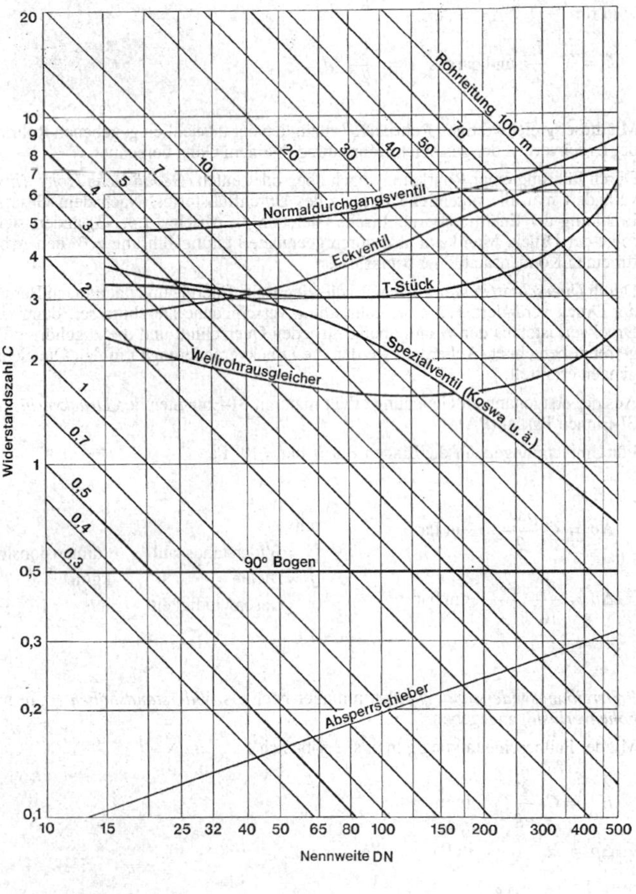

Bild 2.4.3-11. Widerstandszahlen *C* abhängig von den Nennweiten verschiedener Rohrleitungen, Armaturen und Formstücke.

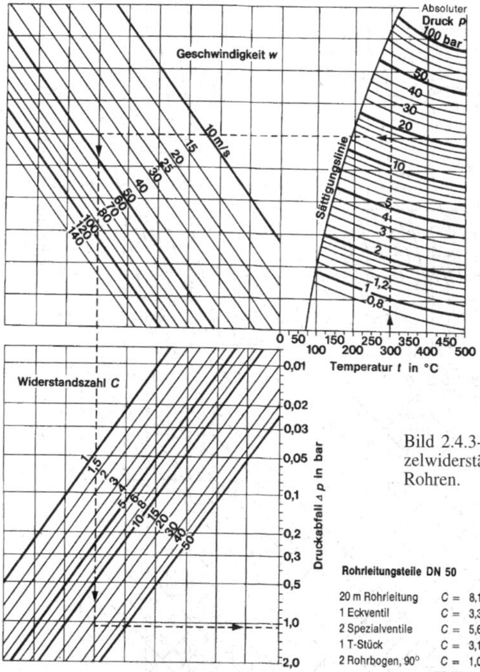

Bild 2.4.3-12. Druckverluste durch Einzelwiderstände in dampfdurchströmten Rohren.

Rohrleitungsteile DN 50	
20 m Rohrleitung	C = 8,1
1 Eckventil	C = 3,3
2 Spezialventile	C = 5,6
1 T-Stück	C = 3,1
2 Rohrbogen, 90°	C = 1,0
	ΣC = 21,1

Betriebsdaten	
Temperatur	t = 300 °C
Absoluter Dampfdruck	p = 16 bar
Geschwindigkeit	w = 40 m/s
Ergebnis:	Δp = 1,1 b

-2.3 Nennweitenbestimmung

-2.3.1 Dampfleitungen

Gegeben sind meistens der Durchfluss und die zugrunde liegenden Dampfparameter sowie ein zulässiger Druckabfall, der sich aus dem Anfangsdruck p_1 (Dampferzeugerdruck oder Druck am Dampfverteiler) und dem Enddruck p_2, dessen Höhe durch den Verwendungszweck festgelegt ist, ergibt. Gesucht wird der erforderliche Rohrdurchmesser.

Die Strömungsgeschwindigkeit und damit der Rohrdurchmesser hängt vom Dampfzustand (Temperatur, Druck) ab.

Für den ersten Rechenansatz kann der Durchmesser unter Annahme einer Geschwindigkeit aus dem Durchfluss berechnet werden (Bild 2.4.3-13):

Die Geschwindigkeit von Dampf durchströmten Rohren errechnet sich aus folgender Beziehung:

$$w = \frac{\dot{m}}{\rho \cdot A} = \frac{4\ \dot{m}}{\rho \cdot \pi \cdot d^2}$$

Anmerkung: Bei Dampf ist analog zu Gasen die Volumenänderung durch Expansion zu beachten. Sie kann vernachlässigt werden, wenn der Druckabfall nur wenige Prozent beträgt (Praxiswert max. 5%)

Bezeichnungen:

w = mittlere Strömungsgeschwindigkeit in m/s
ρ = Dichte des Dampfes in kg/m^3
A = Querschnittsfläche des Rohres in m^2
d = lichter Rohrdurchmesser in m
$\dot{m}$ = Massenstrom in kg/s

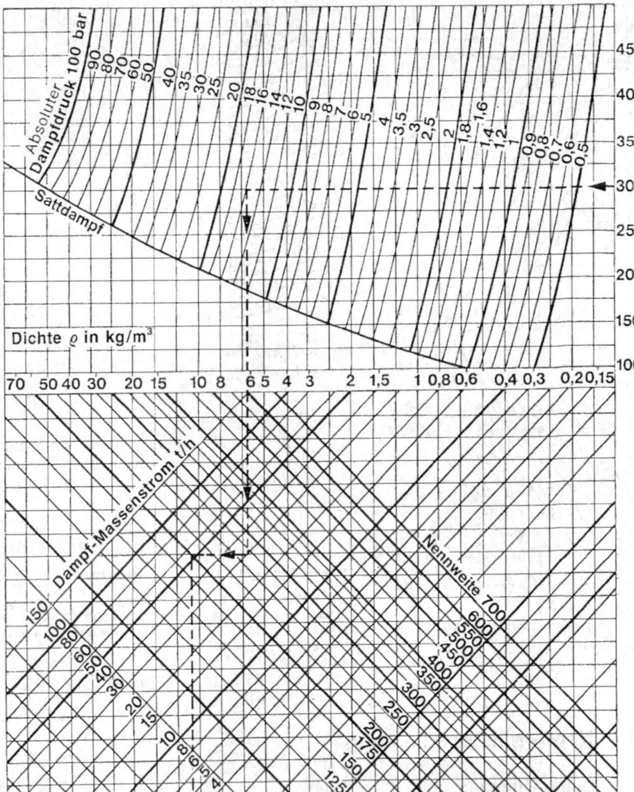

Bild 2.4.3-13. Strömungsgeschwindigkeit in Dampfleitungen abhängig von Nennweite DN, Dampftemperatur t, Dampfdruck p, Dampf-Massenstrom $\dot{M}_D$.

Richtwerte für Strömungsgeschwindigkeiten:

- Brüden- und Abdampfleitungen, Entspannungsdampf in Kondensatleitungen 15-25 m/s
- Sattdampfleitungen 15-40 m/s
- Heißdampfleitungen kleinerer Leistung ca. 35 m/s
- Heißdampfleitungen mittlerer Leistung 40-50m/s
- Heißdampfleitungen großer Leistung 50-65 m/s

Im zweiten Rechengang wird mit dem ermittelten Daten für Rohrdurchmesser und Strömungsgeschwindigkeit der Druckverlust bzw. der Durchfluss (s. oben) überprüft. Gegebenenfalls wird mit korrigiertem Durchmesser ein zweites Mal gerechnet.

-2.3.2 Kondensatleitungen

In dampfbeheizten Wärmeübertragern wird dem Heizdampf die Verdampfungswärme und ggf. die Überhitzungswärme entzogen. Aus dem Kondensatanfall und weiteren Betriebsdaten ergeben sich die Größe des Kondensatableiters, der zu erwartenden Entspannungsdampfmenge sowie die Nennweite der Kondensatleitung, die durchaus nicht immer der Nennweite des Kondensatableiters entsprechen muss. Der hinter der Entwässerungsarmatur anfallende Entspannungsdampf ist bei der Bemessung der Kondensatleitung zu berücksichtigen.

-2.3.2.1 Berechnung des Entspannungsdampfes

Das in einem Wärmeaustauscher anfallende Kondensat hat die zum vorliegenden Druck gehörende Siedetemperatur. Im Wärmeaustauscher wird aber außer der Verdampfungswärme zwangsläufig auch ein Teil der Flüssigkeitswärme ausgenutzt und dadurch eine Temperaturabsenkung des Kondensates erreicht, die einige Kelvin betragen kann. Eine weitere, wenn auch geringfügige Temperaturabsenkung ergibt sich durch die Wärmeverluste in der zum Kondensatableiter führenden Rohrleitung.

Bei Überschlagsrechnungen sollte man jedoch davon ausgehen, daß das Kondensat den Kondensatableiter mit Siedetemperatur erreicht. Dann ist allein die dem Arbeitsdruck (Druck vor abzüglich Druck hinter dem Ableiter) entsprechende Enthalpiedifferenz (freiwerdende Flüssigkeitswärme) maßgebend dafür, wieviel Entspannungsdampf je kg Kondensat entsteht (s. Bild 2.4.3-14).

Für die Berechnungen gilt:

$$\dot{M}_D = \dot{M}\,\frac{h'_1 - h'_2}{r_2}$$

$\dot{M}_D$ = Entspannungsdampfstrom kg/h
$\dot{M}$ = Kondensatstrom kg/h
h'_1, h'_2 = Wärmeinhalt des Kondensates kJ/kg
r_2 = Verdampfungswärme kJ/kg

-2.3.2.2 Kondensatleitungsnennweiten

Für die Rohrleitung zwischen Wärmeübertrager und Kondensatleitung wird normalerweise die Nennweite des Kondensatableiters gewählt. Bei der weiterführenden Kondensatleitung ist die Nachverdampfung in die Betrachtung mit einzubinden (Zweiphasen-Strömung).

Fällt das Kondensat mit großer Unterkühlung an, und ist der Arbeitsdruck des Kondensatableiters (p_{vo}- p_{hinter}) entsprechend niedrig, entsteht wenig bis kein Entspannungsdampf. Bei den üblichen Arbeitsdrücken und entsprechenden Enthalpiedifferenzen ist die Nachverdampfung bezogen auf das Volumen unter Umständen sehr groß, der verbleibende Kondensatrom dagegen vernachlässigbar klein.

Beispiel (s. Bild 2.4.3-14)

Kondensatstrom:	$\dot{m}_K$ = 150 kg/h
Überdruck vor dem Kondensatableiter:	p = 5 bar
Überdruck hinter dem Kondensatableiter:	p = 1 bar (ca. 120 °C)
Nachverdampfung in kg / kg:	= 0,075 kg/kg
Entspannungsdampf:	$\dot{m}_E$ = 150 kg/h · 0,075 kg/kg = 11,25 kg/h
Volumenstrom Entspannungsdampf:	$\dot{V} = \dot{m} \cdot v''$ [m³/h]

Spezifisches Volumen Dampf v'' bei 1 bar(ü) ~ 1,6719 m³/kg *(aus Sattdampftafel)*

Somit errechnet sich ein Volumen von $\dot{V}_E = 11{,}25\ kg/h \cdot 1{,}6719\ m^3/kg$

$\dot{V}_E \approx 19\ m^3/h$

Das vorhandene Wasservolumen beträgt: $(150-11{,}25)\ kg/h \cdot 0{,}001043\ m^3/kg$

$\dot{V}_K \approx 0{,}145\ m^3/h$

Alleine das Volumen des Entspannungsdampfes beeinflusst dann den Leitungsquerschnitt. Sind die Kondensatleitungen im Durchmesser zu klein, entstehen hohe Strömungsgeschwindigkeiten die zu Verschleiß und Beschädigungen im Kondensatnetz führen.

Zur genauen Dimensionierung des Leistungsquerschnittes greift man auf eine Zwei-Phasen-Berechnung zurück. Für die Praxis kann der Durchmesser näherungsweise aus Tafel 2.4.3-2 entnommen werden.

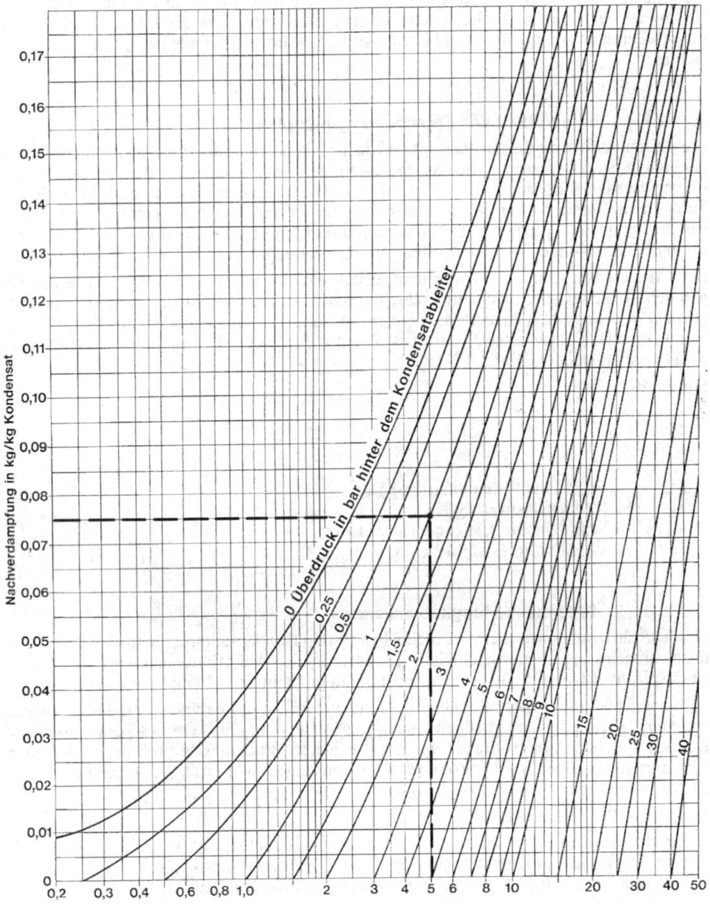

Bild 2.4.3-14. Entspannungsdampfdiagramm, Nachverdampfung bei der Entspannung von Siedekondensat.

Tafel 2.4.3-2 Dimensionierung der Kondensatleitungen nach dem Kondensatableiter

Zustand des Kondensats vor Entspannung: Druck bar absolut	Siedetemperatur °C	Druck am Ende der Kondensatleitung (bar absolut) 0,2	0,5	0,8	1,0	1,2	1,5	2,0	2,5	3,0	3,5	4,0	4,5	5,0	6	7	8	9	10	12	15	18	20
1,0	99	35,7	16,0	7,4	—	—	—	—	—	—	—	—	—	—	—	—	—	—	—	—	—	—	—
1,2	104	37,9	18,0	10,0	6,1	—	—	—	—	—	—	—	—	—	—	—	—	—	—	—	—	—	—
1,5	111	40,1	20,6	12,9	9,5	6,8	—	—	—	—	—	—	—	—	—	—	—	—	—	—	—	—	—
2,0	120	44,2	23,5	15,8	12,6	10,3	7,6	—	—	—	—	—	—	—	—	—	—	—	—	—	—	—	—
2,5	127	46,8	25,5	17,7	14,5	12,3	9,2	5,3	—	—	—	—	—	—	—	—	—	—	—	—	—	—	—
3,0	133	48,8	27,1	19,2	16,0	13,9	10,7	7,3	4,5	—	—	—	—	—	—	—	—	—	—	—	—	—	—
3,5	138	50,4	28,4	20,4	17,1	15,0	11,9	8,5	6,0	3,8	—	—	—	—	—	—	—	—	—	—	—	—	—
4,0	143	52,0	29,6	21,5	18,2	15,7	12,9	9,7	7,3	5,3	3,5	—	—	—	—	—	—	—	—	—	—	—	—
4,5	147	53,3	30,5	22,3	19,0	16,9	13,7	10,5	8,1	6,3	4,7	3,0	—	—	—	—	—	—	—	—	—	—	—
5	151	54,3	31,5	23,1	19,8	17,7	14,4	11,2	8,9	7,1	5,6	4,2	2,8	—	—	—	—	—	—	—	—	—	—
6	155	55,7	32,3	23,9	20,5	18,4	15,2	11,9	9,6	7,9	6,5	5,1	4,0	2,7	—	—	—	—	—	—	—	—	—
7	158	56,5	33,0	24,5	21,1	18,9	15,7	12,4	10,1	8,4	7,0	5,7	4,6	3,5	2,1	—	—	—	—	—	—	—	—
8	170	59,9	35,5	26,7	23,1	20,9	17,6	14,2	11,9	10,2	8,9	7,7	6,7	5,8	4,8	4,0	—	—	—	—	—	—	—
9	175	61,3	36,4	27,5	23,9	21,7	18,3	14,9	12,6	10,9	9,5	8,4	7,4	6,6	5,5	4,8	2,4	—	—	—	—	—	—
10	179	62,3	37,2	28,2	24,6	22,3	18,9	15,5	13,1	11,4	10,0	8,9	7,9	7,1	6,0	5,3	3,3	2,1	—	—	—	—	—
12	187	64,4	38,7	29,5	25,7	23,5	19,9	16,5	14,1	12,3	11,0	9,8	8,9	8,0	7,0	6,2	4,5	3,6	2,8	—	—	—	—
15	197	66,9	40,5	31,0	27,2	24,8	21,5	17,7	15,2	13,4	12,0	10,8	9,9	9,1	8,0	7,2	5,6	4,8	4,2	2,9	—	—	—
18	206	69,0	42,0	32,3	28,4	26,0	22,3	18,7	16,2	14,3	12,9	11,7	10,8	9,9	8,8	8,0	6,5	5,7	5,1	3,9	2,5	—	—
20	211	70,2	42,9	33,0	29,0	26,6	22,9	19,2	16,7	14,8	13,4	12,2	11,2	10,4	9,2	8,4	7,0	6,2	5,6	4,4	3,1	1,7	—
25	223	72,9	44,8	34,7	30,6	28,1	24,2	20,4	17,9	15,9	14,5	13,2	12,2	11,4	10,2	9,3	7,9	7,1	6,5	5,4	4,2	3,1	2,5
30	233	75,1	46,3	36,0	31,8	29,2	25,3	21,4	18,8	16,8	15,3	14,0	13,0	12,1	10,9	10,0	8,6	7,8	7,2	6,1	4,9	4,0	3,4
35	241	76,8	47,5	37,0	32,7	30,1	26,1	22,1	19,5	17,5	15,9	14,6	13,6	12,7	11,4	10,5	9,2	8,4	7,8	6,7	5,5	4,5	4,0
40	249	78,5	48,7	38,0	33,6	31,0	26,9	22,9	20,1	18,1	16,5	15,2	14,1	13,2	12,0	11,0	9,7	8,6	8,2	7,1	6,0	5,0	4,5
45	256	80,0	49,7	38,8	34,4	31,7	27,5	23,5	20,7	18,6	17,0	15,7	14,6	13,7	12,4	11,4	10,1	9,3	8,6	7,5	6,3	5,4	4,9
50	263	81,4	50,7	39,6	35,2	32,5	28,2	24,1	21,2	19,1	17,5	16,2	15,1	14,2	12,8	11,8	10,5	9,6	9,0	7,9	6,7	5,7	5,2

Zur Ermittlung des tatsächlichen Durchmessers in mm müssen die angegebenen Werte mit folgenden Faktoren multipliziert werden.

Kondensatmenge kg/h	100	200	300	400	500	600	700	800	900	1000	1500	2000	3000	5000	8000	10 000	15 000	20 000
Faktor	1,0	1,4	1,7	2,0	2,2	2,4	2,6	2,8	3,0	3,2	3,9	4,5	5,5	7,1	8,9	10,0	12,2	14,1

Für die näherungsweise Berechnung gelten folgende Prämissen:

1. Es wird nur mit der Entspannungsdampfmenge gerechnet
2. Es wird mit 15 m/s Entspannungsdampfgeschwindigkeit gerechnet
3. Für Leitungslängen bis ca. 100 m hinreichend genau.

-3 Gasleitungen[1)]

Der übliche Druck in den städtischen Gasversorgungsleitungen beträgt im Niederdrucknetz bis 100 mbar, im Mitteldrucknetz 100 bis 1000 mbar.

Der *Anschlußdruck* (Fließdruck) bei den Verbrauchern soll für Betrieb mit Stadtgas mindestens 7,5 mbar, mit Erdgas mindestens 18 mbar betragen.

Der *zulässige Druckabfall* in einer Gasleitung richtet sich nach dem Druck am Anfang der Leitung und dem an Verbrauchsgerät geförderten Druck. Er wird berechnet nach der allgemeinen Druckverlustgleichung (Abschn. 1.4.7)

$$\Delta p = \Sigma \lambda \frac{l}{d} \frac{\varrho}{2} w^2 + \Sigma \zeta \frac{\varrho}{2} w^2 = \Sigma Rl + \Sigma Z \text{ in Pa.}$$

Der erste Summand stellt den Rohrreibungswiderstand, der zweite den durch Einzelwiderstände wie Ventile, Bogen usw. verursachten Druckverlust dar.

ζ-Werte in Tafel 1.4.8-1 und Tafel 1.4.8-2, Tafel 2.3.4-10 und TRGI 1986.

Berechnungsgrundlage für das Druckgefälle R in geraden Rohrstrecken ist

$$R = \frac{\lambda}{d} \cdot \frac{\varrho}{2} w^2 = 62{,}5 \cdot 10^6 \cdot \lambda \cdot \varrho \cdot \dot{V}^2/d^5 \text{ in Pa/m}$$

Volumenstrom $\dot{V}$ in m³/h, d in mm.

Diese Gleichung ist in Bild 2.4.3-15 dargestellt, wobei zugrunde gelegt sind:

Erdgas mit der Dichte $\varrho = 0{,}8$ kg/m³
Rohre nach DIN 2441 (06.78): Schwere Gewinderohre
Rauhigkeit der Rohre $\varepsilon = 0{,}5$ mm.

Für Stadt- und Ferngas ist das Druckgefälle ca. 15% geringer.

Die Rechnung geht in der Weise vor sich, daß aus dem Rohrplan zunächst der ungünstigste, d. h. der am weitesten entfernte Verbraucher ermittelt wird. Darauf werden die einzelnen Teilstrecken numeriert und die vorläufigen Durchmesser mit Geschwindigkeiten von 2…3 m/s angenommen. Dann folgt die Berechnung der genauen Druckverluste ($Rl + Z$) der einzelnen Strecken. Übersteigt die Summe den zulässigen Wert, sind einzelne Durchmesser entsprechend zu ändern.

Beispiel:

Es sind die Rohrdurchmesser der Gasleitungen einer Heizungsanlage mit Gasraumheizern nach Bild 2.4.3-16 zu ermitteln. Rohre nach DIN 2441. Zulässiger Druckverlust von der Anschlußstelle bis zum Heizgerät einschl. Gaszähler 280 Pa.

Da der errechnete Druckverlust geringer ist als der verfügbare Druck von 280 Pa, ist der Strang also ausreichend bemessen. Die übrigen Stränge sind in derselben Weise zu berechnen.

Berechnung siehe auch TRGI 1986[2)] sowie das Arbeitsblatt des DVGW für Hauptgasleitungen G 464 (11. 83). *Volumenströme* (Belastungswerte) der verschiedenen Gasverbraucher siehe DVGW-Merkblatt G 661 (zurückgezogen).

Nicht berücksichtigt ist, daß der Druckverlust in Steigleitungen durch den Druckgewinn infolge des Auftriebs zum Teil kompensiert wird.

Auftrieb bei Erdgas: $\Delta p_A = 4 \cdot h$ in Pa (h = Höhenunterschied in m)
Auftrieb bei Stadtgas: $\Delta p_A = 5{,}8 \cdot h$ in Pa.

Ausführung der Anlagen nur durch konzessionierte Installationsfirmen.

---

1) Stobäus, K.-H.: HLH 2/74. S. 51/4 (Kupferrohre).
Beedgen, O.: Öl+Gasfeuerung 2/78. S. 93/8 u. SBZ 9/78. 4 S. u. TAB 10/80. S. 871/6.

2) ζ-Werte in TRGI sind nur grobe Richtwerte, da Einfluß von w_a/w_d bei Vereinigung oder Trennung nicht wie in Tafel 2.3.4-10 berücksichtigt wird.

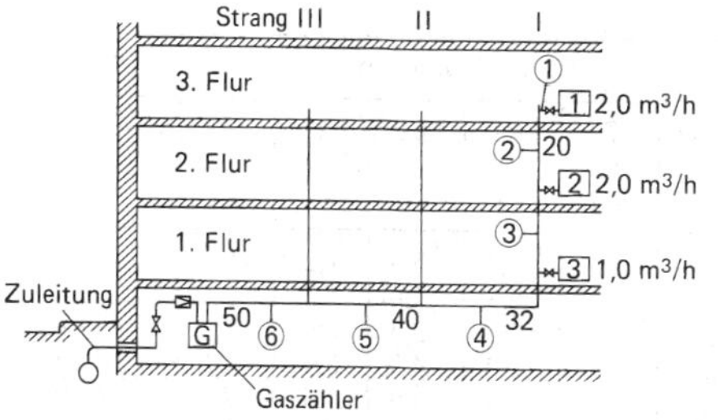

Bild 2.4.3-16. Gaszentralheizung mit Gasraumheizung.

2.4.4 Auslegung der Raumheizeinrichtungen

-1 Allgemeines

Raumheizeinrichtungen sind auf Grundlage des nach DIN 4701 berechneten Norm-Wärmebedarfs (Heizlast) auszulegen.

Die Berechnung des Normwärmebedarfs $\dot{Q}_N$ nach DIN 4701 T1 u. T2 enthält keine Reserven mehr: Es werden keine Anheizzuschläge bei unterbrochenem Betrieb (z.B. Nachtabsenkung) oder Verluste zu zeitweise nicht beheizten Nachbarräumen vorgenommen, außer sie sind vertraglich vereinbart.

Ferner wird aus Gründen einer einfachen Berechnung meist nur die Norminnentemperatur für die Raumtemperatur eingesetzt. Eine Anpassung abhängig davon, ob die Heizkörper die Wärme überwiegend konvektiv oder durch Strahlung abgeben, unterbleibt ebenfalls meist.

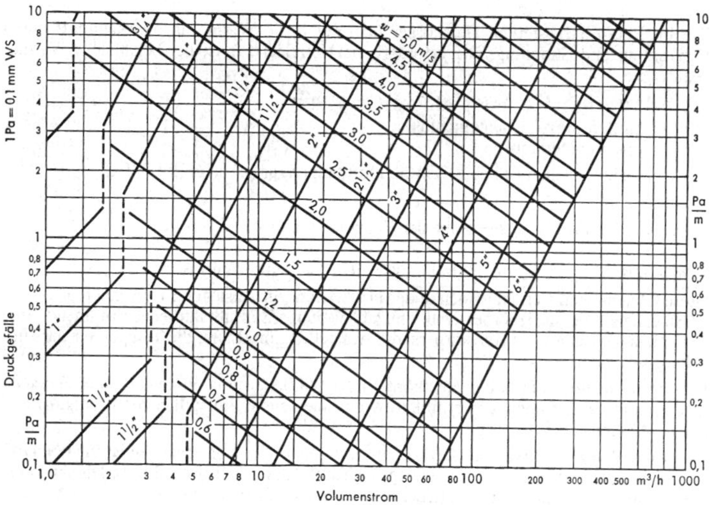

Bild 2.4.3-15. Druckgefälle R für Erdgas bei Rohren nach DIN 2441 – Rauhigkeit ε = 0,5 mm.

Aus dem Rohrplan				Nachrechnung						
TS Nr.	Gas $\dot{V}$ m³/h	Länge l m	Vorl. Ø (DN)″	Geschw. w m/s	R Pa/m	Rl Pa	$\Sigma\zeta$ –	Staudruck Pa	Z Pa	
1	2	2	¾″	1,7	3,6	7,2	15,0	1,2	18,0	
2	2	3	¾″	1,7	3,6	10,8	2,0	1,2	2,4	
3	4	3	1″	2,2	4,1	12,3	2,0	2,0	4,0	
4	5	8	1¼″	1,5	1,5	12,0	4,0	0,9	3,6	
5	10	5	1¼″	3,0	5,1	25,5	2,0	3,6	7,2	
6	15	6	1½″	3,3	5,0	30,0	6,0	4,4	26,4	
						97,8	+		61,6	= 159,4
						Zuzüglich Zähler				= 100,0
										259,4 Pa

Zum Ausgleich dieser komplexen Zusammenhänge soll nach DIN 4701 T3 (08.89) ein Zuschlag von x = 15% auf den Normwärmebedarf $\dot{Q}_N$ gemacht werden[1]:

Auslegungsleistung des Heizkörpers $\dot{Q}_H = (1 + x)\,\dot{Q}_N$ in W

Der Zuschlag x = 0,15 kann entfallen, wenn durch zeitweises Anheben der Heizmitteltemperatur über die Auslegetemperatur eine Leistungssteigerung des Heizkörpers auf 115% erreicht werden kann. Dieser Weg wird oft gewählt, weil er kostengünstiger ist als die Überdimensionierung der Heizfläche.

-2 Raumheizkörper

Die im Raum aufgestellten Heizkörper übertragen die Wärme an die Raumluft durch Konvektion und Strahlung. Die erforderliche Heizfläche A ist bei bekanntem Wärmebedarf $\dot{Q}$:

$$\dot{Q} = A \cdot \alpha_{ges}\,(t_m - t_i) = A \cdot (\alpha_{kon} + \alpha_{str})\,(t_m - t_i) \text{ in W}$$

t_m = mittlere Heizflächentemperatur

t_i = Innentemperatur

Für senkrechte Flächen ist bei 20 °C Raumlufttemperatur (Abschn. 1.3.5-2.4)

$$\alpha_{kon} = 1{,}35\sqrt[4]{\frac{t_m - t_i}{h}}\,; \quad h = \text{Höhe der Heizfläche in m}$$

$$\alpha_{str} = \beta \cdot C; \qquad C = \text{Strahlungszahl}, \quad \beta = \text{Temperaturfaktor}$$

Diese Gleichungen werden jedoch in der Praxis nicht zur Auslegung verwendet, da für die Wärmeabgabe der Heizkörper eine Vielzahl weiterer Einflußfaktoren bestimmend sind, besonders die Bauart des Heizkörpers, die Aufstellung im Raum, die Temperatur der Umgebungswände u. a.

Daher wird heute bei fast allen Heizkörpern die Wärmeleistung durch *genormte Versuche* unter genormten Bedingungen ermittelt, wofür anerkannte Prüfstellen zur Verfügung stehen (s. Abschn. 2.3.8).

Die *Norm-Wärmeleistung* von Heizkörpern mit genormten Abmessungen ist in DIN 4703 T1 (12.99) als $\dot{q}$ in W je Glied festgelegt (s. Tafel 2.3.8-1 u. Tafel 2.3.8-2). Die Angaben entsprechen bei Radiatoren 10 Gliedern. Bei weniger Gliedern bis +15%, bei mehr Gliedern bis –4% Abweichung. Für andere Heizkörper erfolgt die Bestimmung der Norm-Wär-

[1]) DIN 4701 T3 (08.89): Auslegung der Raumheizeinrichtungen.

meleistung durch Messung nach DIN 4704 T2 (09.88) und nach der neuen europäischen Norm DIN EN 442 T2 (02.97) (siehe Kap. 2.3.8).

In Abschnitt 2.3.8 sind die Normwärmeleistungen verschiedener Heizkörper angegeben:

Stahlradiatoren (DIN 4703 T3) Tafel 2.3.8-1,
Plattenheizkörper (DIN 4703 T1) Tafel 2.3.8-2,
Radiatoren (DIN 4703 T1) Tafel 2.3.8-4,
Konvektoren Tafel 2.3.8-6.

Die Wärmeleistungen weiterer Heizkörper sind den Leistungstabellen der Hersteller zu entnehmen.

Den Normwerten liegen folgende Bedingungen zugrunde:

- *Mittlere Übertemperatur*
  bei Warmwasser $\Delta t_N = 60$ K entsprechend $t_v/t_r = 90/70\,°C$ und $t_i = 20\,°C$,
  bei Sattdampf $\Delta t_N = 80$ K entsprechend $t_D = 100\,°C$ und $t_i = 20\,°C$.
- Heizmittel-Massenstrom $\dot{m}_N$ entsprechend Herstellerangabe.
- *Atmosphärischer Luftdruck* $p_o = 1013$ mbar.
- *Einbauart:* frei vor der Wand aufgestellt, ohne Fensterbank und Verkleidung.
- *Anschlußart* von Vorlauf und Rücklauf.
- *Strahlungsanteil* entspr. Anstrich des Heizkörpers z.B. mit Farben oder Lacke nach DIN 55900 T1 u. T2. Dabei z.B. bei Radiatoren Strahlungsanteil je nach Temperatur und Tiefe 20…40% (Tafel 2.4.4-4).

Bei anderen Randbedingungen sind Umrechnungen notwendig, die nachfolgend beschrieben werden:

Mittlere Übertemperatur

Die Leistung $\dot{Q}$ von Heizkörpern ändert sich gegenüber der Norm-Wärmeleistung $\dot{Q}_N$ mit dem mittleren arithmetischen Temperaturunterschied Δt zwischen Heizmittel und Raumluft nach der Gleichung

$$\frac{\dot{Q}}{\dot{Q}_N} = \left(\frac{\Delta t}{\Delta t_N}\right)^n$$

mit $\Delta t = \dfrac{t_v + t_r}{2} - t_L \qquad \Delta t_N = 60$ K (wenn Heizmittel Warmwasser ist)

Diese Gleichung beschreibt die Norm-Kennlinie eines Heizkörpers, die bei der wärmetechnischen Prüfung ermittelt wird. Der Exponent n ist dabei unterschiedlich und beträgt etwa:

bei Radiatoren	$n = 1{,}30$
bei Rohren	$n = 1{,}25$
bei Rippenrohren	$n = 1{,}25$
bei Plattenheizkörpern	$n = 1{,}20 \ldots 1{,}30$
bei Konvektoren	$n = 1{,}25 \ldots 1{,}45$
bei Fußbodenheizungen	$n \approx 1{,}1$.

Die Wärmeleistung ergibt sich in Abhängigkeit des Heizmittelstroms $\dot{m}$ zu

$$\dot{Q} = c_w \cdot \dot{m} \cdot (t_v - t_r)$$

mit c_w der spezifischen Wärmekapazität des Wärmeträgermediums.

Je größer der Strahlungsanteil, desto geringer ist n. Außerdem nimmt n mit steigender Bauhöhe und bei Plattenheizkörpern auch mit zunehmender Reihenzahl zu (Bild 2.4.4-1).

Eine typische Radiator-Kennlinie für die Wärmeleistung abhängig von der *Übertemperatur* Δt bei verschiedenen Wasserströmen $\dot{m}$ zeigt Bild 2.4.4-2.

Die Änderung der Wärmeleistung abhängig von der Übertemperatur Δt für verschiedene *Exponenten n* zeigt Bild 2.4.4-3.

Der Exponent n ändert sich auch mit der Anschlußart und dem Heizmittelstrom (Bild 2.4.4-4).

Die mehr und mehr zum Einsatz kommenden *Niedertemperaturheizungen* (auch mit Wärmepumpen, Solarheizung u.a.) erfordern eine Verringerung der Vorlauftemperaturen auf maximal 55…60 °C. Die geringen Temperaturen sind jedoch mit allen Warmwasser-Heizungssystemen bei geeigneter Auswahl der Heizkörper erreichbar, wozu entsprechende

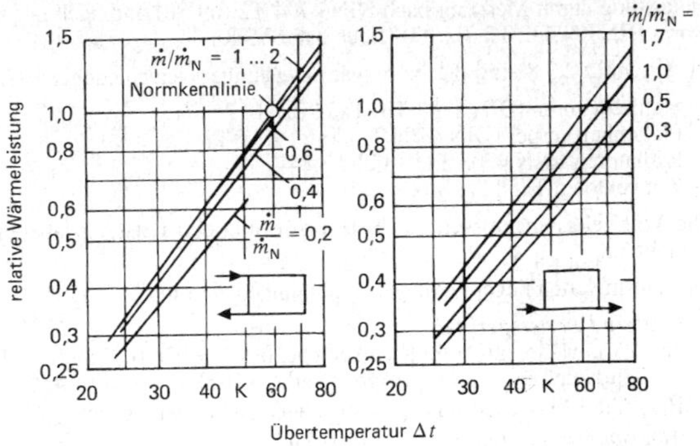

Bild 2.4.4-2. Normkennlinie eines Radiators (n=1,3) und Kennlinien für verschiedenen Wasserstrom $\dot{m}$ abhängig von der Übertemperatur Δt.
Links: Anschluß:Vorlauf oben, Rücklauf unten. Rechts: Anschluß reitend

Bild 2.4.4-3. Abhängigkeit der relativen Wärmeleistung vom Exponenten n und der Übertemperatur Δt, ausgehend von der Wärmeleistung $\dot{Q}_{60}$ bei konstanter Übertemperatur Δt = 60 K.

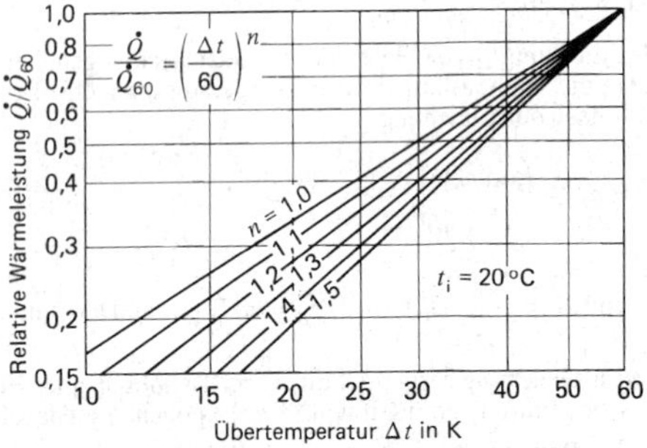

Umrechnung erforderlich wird. Mit der Temperaturabsenkung wird auch Heizenergie eingespart und ein günstiges Temperaturprofil im Raum erreicht.[1)]

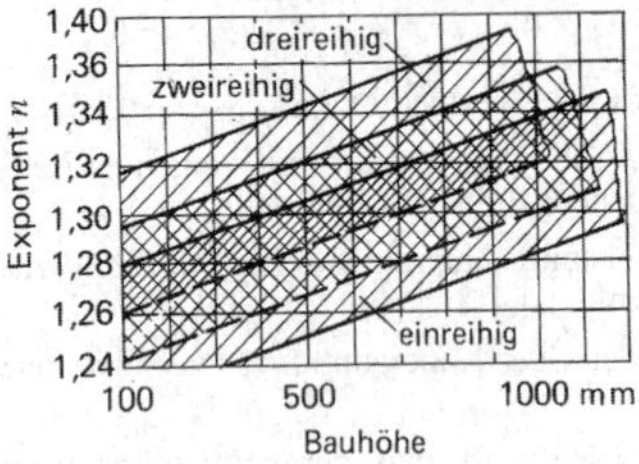

Bild 2.4.4-1. Übliche Exponenten n für Plattenheizkörper, ein-, zwei- und dreireihig, mit Konvektionsblechen.

[1)] Schmitz, H.: HLH 12/78. S. 451/8.
Hesslinger, S.: Oel + Gasfg. 10/80. 6 S.
Läge, F. K.: Wärmetechnik 5/81. S. 282. 5 S.
Adunka, F.: Ges.-Ing. 5/83. S. 230/6.

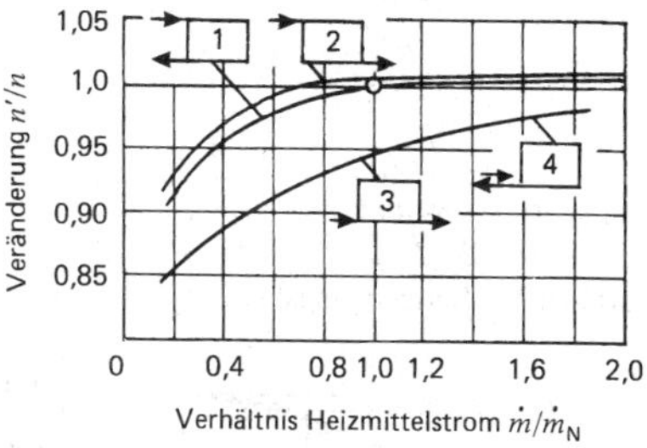

Bild 2.4.4-4. Exponent n in Abhängigkeit der Anschlußart und des Heizmittelmassenstroms.

Die Umrechnung der Wärmeleistung bei anderen Heizmittel- und Raumtemperaturen kann auch rechnerisch mittels eines Korrekturfaktors f_1 erfolgen nach der Gleichung

$$f_1 = \frac{\dot{Q}}{\dot{Q}_N} = \left(\frac{\Delta t}{\Delta t_N}\right)^n$$

Der für Radiatoren, Plattenheizkörper und einlagige Konvektoren gültige Umrechnungsfaktor f_1 für geringe Übertemperaturen Δt ist in Tafel 2.4.4-1 angegeben. Raumtemperatur $t_i = 20\,°C$.

Beispiel:

Ein für 90/70 °C berechneter Radiator hat bei 60/50 °C und bei $t_i = 20\,°C$ Raumtemperatur $\Delta t = {}^1/_2\,(60 + 50) - 20 = 35$ K den Faktor $f_1 = 0{,}5$, eine Heizleistung von $\dot{Q} = 0{,}5\,\dot{Q}_N$. Er muß also doppelt so groß ausgeführt werden als bei 90/70 °C.

Tafel 2.4.4-1 Umrechnungsfaktor $f_1 = (\Delta t/60)^{1,3}$ für verschiedene Übertemperaturen Δt (Exponent $n = 1{,}3$)

Δt K	0	1	2	3	4	5	6	7	8	9
0	0	0,005	0,01	0,02	0,030	0,04	0,05	0,06	0,07	0,09
10	0,10	0,11	0,12	0,14	0,15	0,16	0,18	0,19	0,21	0,22
20	0,24	0,26	0,27	0,29	0,30	0,32	0,34	0,35	0,37	0,39
30	0,41	0,42	0,44	0,46	0,48	0,50	0,51	0,53	0,55	0,57
40	0,59	0,61	0,63	0,65	0,67	0,69	0,71	0,73	0,75	0,77
50	0,79	0,81	0,83	0,85	0,87	0,89	0,91	0,94	0,96	0,98
60	1,00	1,02	1,04	1,07	1,09	1,11	1,13	1,15	1,18	1,20
70	1,22	1,24	1,27	1,29	1,31	1,34	1,36	1,38	1,41	1,43
80	1,45	1,48	1,50	1,52	1,55	1,57	1,60	1,62	1,65	1,67

Für den mittleren Temperaturunterschied Δt (Heizmittel-Raumluft) genügt normalerweise das arithmetische Mittel, bei größeren Temperaturspreizungen (z.B. bei direktem Fernheizanschluß) ist jedoch das logarithmische Mittel einzusetzen, namentlich dann, wenn

$$\frac{t_r - t_i}{t_v - t_i} < 0{,}7 \text{ ist.}$$

t_r = Rücklauftemperatur °C

t_i = Raumtemperatur °C

t_v = Vorlauftemperatur °C

Die Veränderung der Wärmeleistung nach der logarithmischen Übertemperatur ergibt sich zu:

$$\dot{Q} = \dot{Q}_n \cdot \left(\frac{\Delta t_{ln}}{\Delta t_{ln,n}} \right)^n$$

mit $\Delta t_{ln,n} = 59{,}44$ K
bzw. $\dot{Q} = \dot{Q}_n \cdot f_1 \cdot f_2$

Zusätzlicher Berichtigungsfaktor f_2 hierzu siehe Bild 2.4.4-5 und Tafel 2.4.4-2.

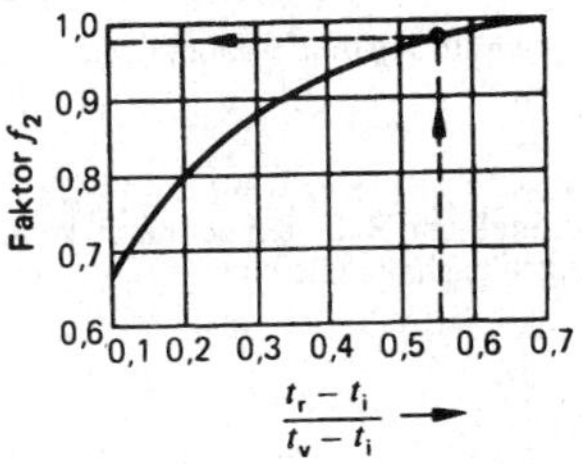

Bild 2.4.4-5. Berichtigungsfaktor f_2 bei großer Temperaturspreizung.

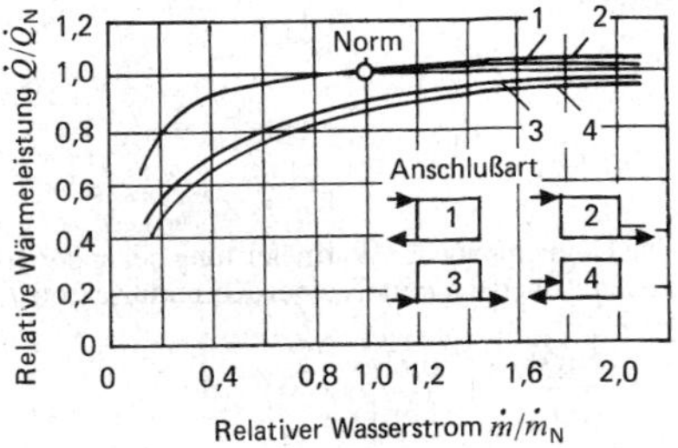

Bild 2.4.4-6. Veränderung der Wärmeleistung abhängig vom Heizmittelstrom.

Tafel 2.4.4-2 Berichtigungsfaktor f_2 bei großen Temperaturspreizungen (s. auch Bild 2.4.4-5)

$$c = \frac{t_r - t_i}{t_v - t_i}$$

c	0,00	0,01	0,02	0,03	0,04	0,05	0,06	0,07	0,08	0,09
0,1	0,65	0,67	0,69	0,70	0,73	0,74	0,75	0,77	0,77	0,78
0,2	0,79	0,80	0,81	0,82	0,83	0,84	0,85	0,85	0,86	0,87
0,3	0,88	0,88	0,89	0,89	0,90	0,90	0,91	0,91	0,92	0,92
0,4	0,93	0,93	0,94	0,94	0,94	0,95	0,95	0,95	0,96	0,96
0,5	0,96	0,96	0,97	0,97	0,97	0,97	0,98	0,98	0,98	0,98
0,6	0,98	0,99	0,99	0,99	0,99	0,99	0,99	0,99	1,00	1,00

Beispiel:

Normleistung eines Gliedes 100 W. Leistung bei t_v = 110 °C, t_r = 70 °C und t_i = 21 °C:

Tafel 2.4.4-1 für $\Delta t = \frac{1}{2}(t_v + t_r) - 21 = 69$ °C: $f_1 = 1{,}20$

$$\frac{t_r - t_i}{t_v - t_i} = \frac{70 - 21}{110 - 21} = \frac{49}{89} = 0{,}57.$$ Nach Bild 2.4.4-5: $f_2 = 0{,}98$

$\dot{Q} = 100 \cdot 1{,}20 \cdot 0{,}98 = 118$ W.

Heizmittelmassenstrom

Die Veränderung der Wärmeleistung mit dem Wasserstrom kann z. B. bei konstanter Übertemperatur $\Delta t_N = 60$ K aus Bild 2.4.4-6 entnommen werden. Sie hängt von der Anschlußart ab.

Beispiel:

Norm-Wärmeleistung $\dot{Q}_N = 1000$ W. Anschluß: Vorlauf oben, Rücklauf unten, Wasserstrom $\dot{m} = 0{,}5 \cdot \dot{m}_N$.
Nach Bild 2.4.4-6 Reduktionsfaktor = 0,95.
Gesuchte Wärmeleistung: $\dot{Q} = \dot{Q}_N \cdot 0{,}95 = 950$ W.
Reduziert sich auch die Übertemperatur auf z.B. $\Delta t = 30$ K, so ist nach Bild 2.4.4-2 der Reduktionsfaktor = 0,41
oder nach Bild 2.4.4-4 $n' = 0{,}965 \cdot 1{,}3 = 1{,}25$ und damit gem. Bild 2.4.4-3 der Reduktionsfaktor ebenfalls = 0,41.
Somit gesuchte Wärmeleistung: $\dot{Q} = \dot{Q}_N \cdot 0{,}41 = 410$ W.

Die Berechnung der Wärmeleistung bei verändertem Heizmittelstrom kann auch nach DIN 4703 T3 iterativ entweder mit der arithmetischen oder mit der logarithmischen Temperaturdifferenz erfolgen. Hierzu sind die Gleichungen

$$\dot{Q} = \dot{m} \cdot c_w \cdot (t_v - t_r) \qquad \text{und}$$

$$\dot{Q} = \dot{Q}_n \cdot \left(\frac{\Delta t}{\Delta t_n}\right)^n \qquad \text{bzw.}$$

$$\dot{Q} = \dot{Q}_n \cdot \left(\frac{\Delta t_{ln}}{\Delta t_{ln,n}}\right)^n \qquad \text{auf logarithmischer Weise}$$

heranzuziehen.

Auf elegantere Weise kann die veränderte Wärmeleistung nach den Niedertemperatur-Auslegungsdiagrammen (Bild 2.4.4-13) mit den Beispielen erfolgen.

Luftdruck

Einfluß des *Luftdrucks p* wird durch den Korrekturfaktor f_p nach DIN 4704 Teil 1[1]) erfaßt:

$$f_p = \frac{p_0^{np}}{p}$$ $p_0 = 1013$ mbar, n_p = Exponent nach DIN 4704 Teil 1 bzw. näherungsweise nach Bild 2.4.4-7.

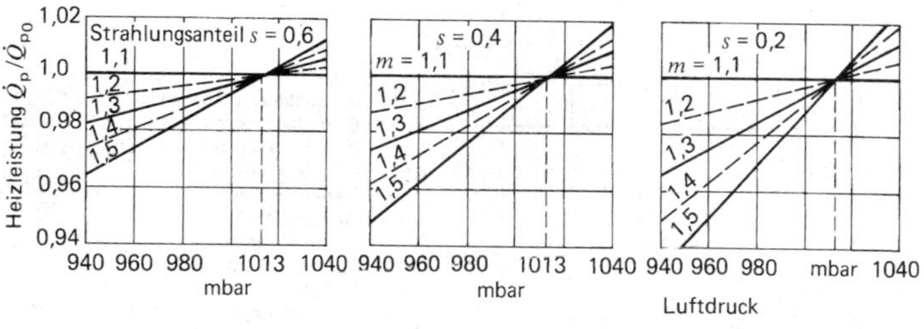

Bild 2.4.4-7. Einfluß des Luftdrucks auf die Leistung von Heizkörpern (mittlere Temperatur-Differenz $\Delta t = 40$ K).

Die Korrektur erstreckt sich nur auf den konvektiven Anteil der Wärmeleistung $\dot{Q}_{gem} \cdot (1 - S_p)$, wobei S_p der Strahlungsanteil ist. Für die korrigierte Wärmeleistung gilt nach DIN 4704 Teil 1 bzw. nach Klan[2])

$$\dot{Q} = \dot{Q}_{gem} \left[S_p + (1 - S_p) \cdot f_p\right]$$

---

[1]) DIN 4704 T1 (10.88): Prüfung von Raumheizkörpern.
Bach, H.: Niedertemperaturheizung.
Schlapmann, D.: Wärmetechnik 4/88. S. 165/167.

[2]) Klan, H., u. Kast: Ges.-Ing. 5/82. S. 217/221.

Hierzu siehe auch Bild 2.4.4-7. Das „m" der Diagramme in Bild 2.4.4-7 ist identisch mit dem „n_p" aus obiger Gleichung. Für große m und niedrige Drücke sind die Werte der Diagramme etwa 8% zu niedrig; für kleine m und alle Drücke etwa 8% zu hoch.

Einbauart

Die Wärmeleistung von Heizkörpern in Nischen unter Fenstern ist geringer als auf dem Normprüfstand. Siehe Bild 2.4.4-8.

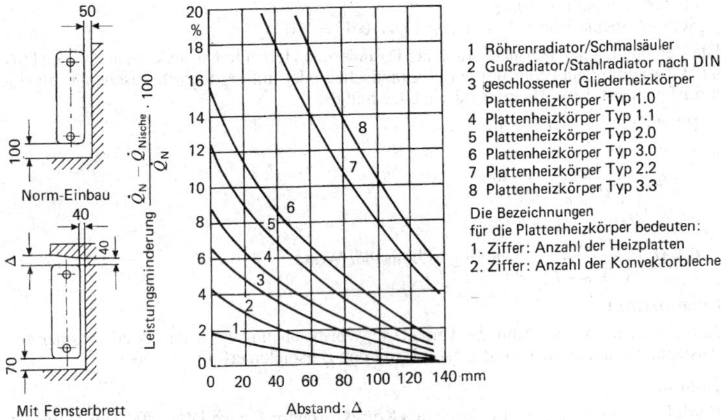

Bild 2.4.4-8. Minderung der Norm-Wärmeleistung bei Einbau in Fensternischen.*)

*) DIN 4705 T3 (07.84): Raumheizkörper.
Schlapmann, D.: Heizungs-Journal 2/95. S. 80/84.

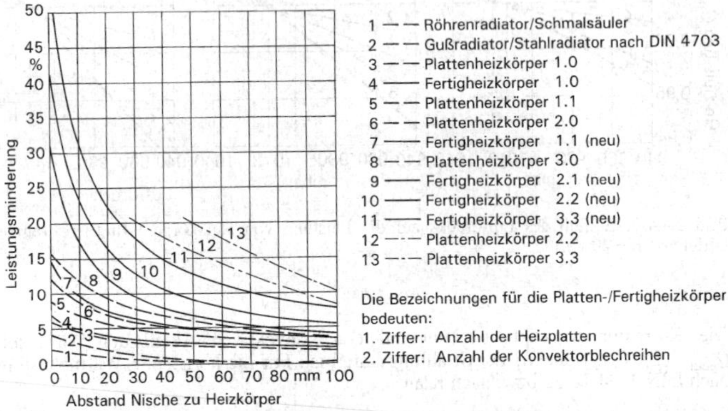

Bild 2.4.4-9. Prozentuale Leistungsminderung unterschiedlicher Heizkörper beim Nischeneinbau in Abhängigkeit des Abstandes Heizkörperoberkante zur oberen Nischenbegrenzung.*)

*) Bodenstein, M., und D. Schlapmann: HLH 3/95. S. 139/42.

Moderne Fertigheizkörper mit Seitenverkleidungen und passenden Abdeckgittern weisen geringere Leistungsminderungen auf als unverkleidete Plattenheizkörper (Bild 2.4.4-9).

Zusätzlich treten Leistungsminderungen auf, je näher die Heizkörper an der Rückwand montiert werden (Bild 2.4.4-11). Als Leistungsminderung durch zu knappen Abstand vom Fußboden können Werte aus Bild 2.4.4-12 angesetzt werden.

Durch eine Verkleidung vor dem Heizkörper tritt ebenfalls Leistungsminderung ein. Richtwerte siehe Tafel 2.4.4-3.

Tafel 2.4.4-3 Leistungsminderung durch Verkleidung des Heizkörpers

– Radiator, offener Gliederheizkörper	0… 3%
– Geschlossener Gliederheizkörper	4… 8%
– Einreihiger Plattenheizkörper ohne Konvektorbleche	5…10%
– Einreihiger Plattenheizkörper mit Konvektorbleche	4… 8%
– Mehrreihige Plattenheizkörper	3… 5%

Anschlußart

Die Norm-Wärmeleistung wird ermittelt mit der Anschlußart: Vorlauf oben, Rücklauf unten.

Tafel 2.4.4-4 Strahlungsanteile gebräuchlicher Heizkörper

Heizkörpertyp		Strahlungsanteil		
		in den Raum	an die Außenwand	Gesamt
Stahlgliederheizkörper DIN 4703		0,28	0,10	0,38
Gußgliederheizkörper DIN 4703		0,26	0,10	0,36
Schmalsäuler-Gliederheizkörper		0,26	0,11	0,37
Stahlrohr-Radiator	2säulig	0,27	0,12	0,39
	3säulig	0,20	0,07	0,27
	4säulig	0,17	0,05	0,22
Gußgliederheizkörper, geschlossene Front		0,21	0,08	0,29
Lamellen-Radiator		0,20	0,07	0,27
Plattenheizkörper*)	1.0	0,38	0,18	0,56
	1.1	0,25	0,11	0,36
	2.0	0,23	0,10	0,33
	2.1	0,20	0,08	0,28
	2.2	0,17	0,07	0,24
	3.3	0,14	0,04	0,18

*) Die Zahlen bedeuten: erste Ziffer: Anzahl der Heizplatten
zweite Ziffer: Zahl der Konvektorblech-Reihen

Der Einfluß anderer Anschlüsse kann aus Bild 2.4.4-4 u. Bild 2.4.4-6 abgelesen werden.

Strahlungsanteil

Die Heizkörper geben die Wärme durch Strahlung und Konvektion ab. Je nach Art des Heizkörpers variiert der Strahlungsanteil (Tafel 2.4.4-4).

Die Strahlung ist teilweise in den Raum gerichtet und beeinflußt die thermische Behaglichkeit, teilweise ist sie zur Außenwand gerichtet. Bei sachgemäßer Wärmedämmung bleibt der Verlust auf der Rückseite unter 1%.

Mit abnehmender Heizmitteltemperatur steigt der Strahlungsanteil geringfügig an.

Wenn ein Heizkörper mit weniger gut wärmestrahlender Oberfläche als Heizkörperlack ($\varepsilon = 0{,}92$) versehen wird, z. B. metallisch glänzender Lack, entsteht eine Leistungsminderung (Bild 2.4.4-10).

Beispiel:

Gliederheizkörper, erforderliche Wärmeleistung $\dot{Q} = 800$ W.
Anstrich Aluminiumbronze $\varepsilon = 0{,}4$.
Leistungsminderung 16,5% (Bild 2.4.4-10).
Erforderliche Normleistung $\dot{Q}_N = 800/(1 - 0{,}165) = 958$ W.

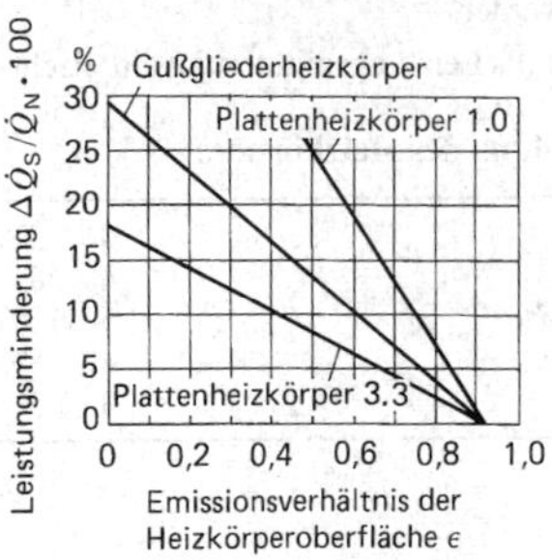

Bild 2.4.4-10. Leistungsminderung in Abhängigkeit des Emissionsverhältnisses der Heizkörperoberfläche.

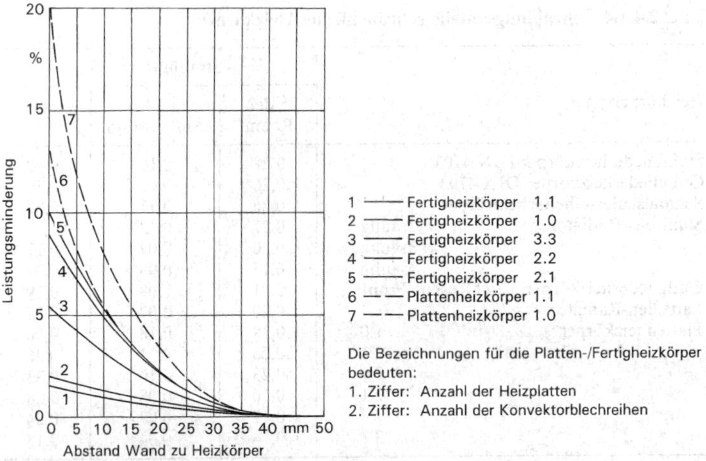

Bild 2.4.4-11. Prozentuale Leistungsminderung unterschiedlicher Fertigheizkörper in Abhängigkeit des Wandabstandes. Abstand 50 mm entspricht Normaufstellung nach DIN 4704.

In vielen Fällen, z. B. beim Anschluß an eine Fernheizung, ändern sich sowohl die Temperaturen wie die Heizmittelströme. Der Zusammenhang zwischen den verschiedenen veränderlichen Größen läßt sich aus dem Diagramm in Bild 2.4.4-13 entnehmen, das sich allerdings nur auf den Exponenten $n = 1{,}30$ bezieht[1)].

[1)] Bach, H.: Ges.-Ing. 8/73. S. 236/41.
Schlapmann, D.: Heizungs-Journal 2/88. S. 42/53.

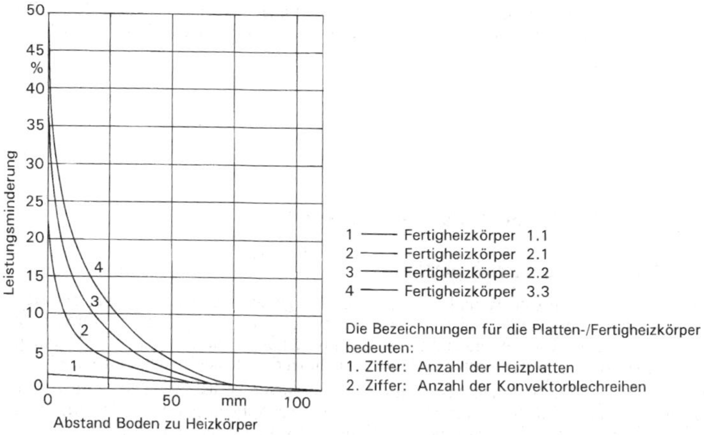

Bild 2.4.4-12. Prozentuale Leistungsminderung unterschiedlicher Fertigheizkörper in Abhängigkeit des Bodenabstandes. Abstand 110 mm entspricht Normaufstellung nach DIN 4704.

Beispiel 1

Eine Heizungsanlage mit den Temperaturen t_v/t_r = 90/70, t_i = 20 °C und Wasserstrom $\dot{m}_N$ = 1000 kg/h soll an eine Fernheizung mit t_v = 100 °C angeschlossen werden, ohne daß sich die Leistung ändert. Wie groß werden die Rücklauftemperaturen t_r und der Wasserstrom $\dot{m}$?

Aus Diagramm in Bild 2.4.4-13, unten:

$t_v - t_i$ = 100 – 20 = 80 K
Mengenstrom $\dot{m}/\dot{m}_N$ = 0,8
$t_r - t_i$ = 56 K
t_r = 56 + 20 = 76 °C

Beispiel 2

Der Heizmittelstrom mit t_v = 90 °C wird in einem Heizkörper auf 50% reduziert. Wasseranschluß reitend. Wie ändern sich die Heizleistung und die Rücklauftemperatur t_r?

$t_v - t_i$ = 90 – 20 = 70 K = konstant
Heizleistung $\dot{Q}/\dot{Q}_N$ = 0,7
$t_r - t_i$ = 42 K
t_r = 42 + 20 = 62 °C

Beispiel 3

Für einen Neubau mit Niedertemperaturheizung sind vorgegeben:
WW-Temperaturen t_v/t_r = 58/51 °C,
Raumtemperatur t_i = 20 °C,
Wärmebedarf des Raumes $\dot{Q}$ = 2000 W,
Heizkörpermaße: Länge max. 2,5 m; Höhe max. 600 mm.
Anschluß reitend.

Lösung:
Vorlauf-Übertemperatur $t_v - t_i$ = 58 – 20 = 38 K,
Rücklauf-Übertemperatur $t_r - t_i$ = 51 – 20 = 31 K,
nach Bild 2.4.4-13, unten Leistungsverhältnis $\dot{Q}/\dot{Q}_N$ = 0,46 und Wasserstromverhältnis $\dot{m}/\dot{m}_N$ = 1,5.
Ergibt erforderliche Norm-Wärmeleistung $\dot{Q}_N$ = 2000/0,46 = 4348 W.
Mit dem Norm-Wasserstrom $\dot{m}_N = 4348 \cdot 10^{-3}/(4{,}18 \cdot 20)$ = 0,052 kg/s = 187 kg/h wird der erforderliche Wasserstrom $\dot{m} = 187 \cdot 1{,}5$ = 280 kg/h.

Bei der max. Heizkörperlänge von 2,5 m benötigt man eine längenbezogen Norm-Wärmeleistung von 4348/2,5 = 1740 W/m, z. B. zweireihiger Flachheizkörper 2.2 nach Tafel 2.3.8-3.

-3 Deckenstrahlungsheizflächen[1)]

-3.1 Deckenstrahlplatten

Deckenstrahlplatten sind Raumheizkörper, die waagerecht oder schräg unter der Decke aufgehängt werden und ihre Wärme überwiegend durch Strahlung abgeben. Ihre Einsatzgebiete sind große Räume und Höhen ab 3,5 m bis zu 30 m und darüber (z. B. Hochregallager). Die Auslegungstemperaturen liegen zunehmend im Niedertemperaturbereich.

Deckenstrahlplatten bestehen aus einem Register wasserdurchströmter Rohre und einem Blech, das mit den Rohren verbunden ist und die nach unten gerichtete Heizfläche bildet. Bei der Konstruktion wird eine möglichst gut wärmeleitende Verbindung zwischen den Rohren und der wärmeabgebenden Fläche (s. Bild 2.4.4-13, Bild 2.4.4-14 und Bild 2.4.4-15) angestrebt (gute Formschlüssigkeit, Schweißung).

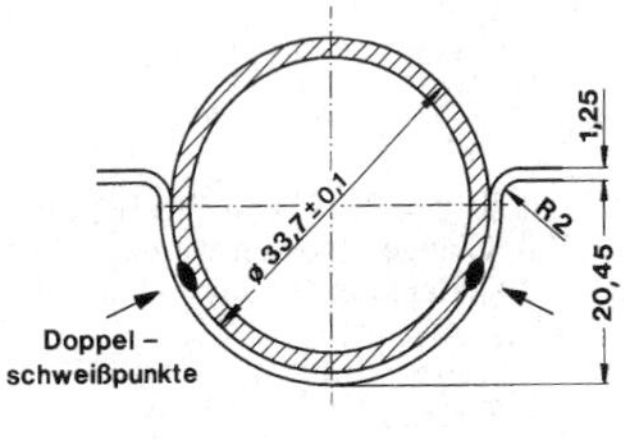

Bild 2.4.4-14. Verbindung Rohr–Strahlplattenblech.

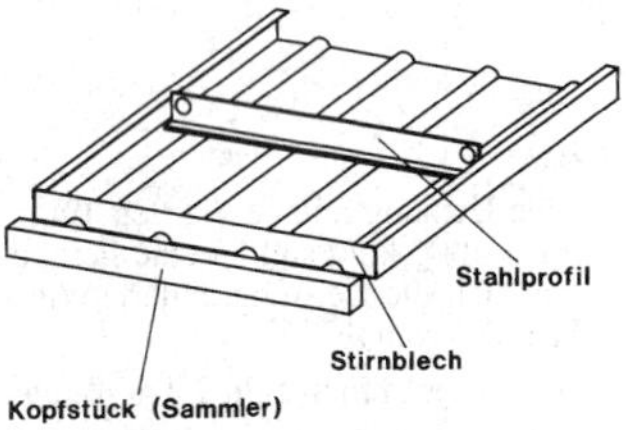

Bild 2.4.4-15. Anordnung von Kopfstück und Stirnblech.

Die Oberseite der Deckenstrahlplatten ist zur Begrenzung der Wärmeabgabe nach oben meist mit einer Wärmedämmumng versehen.

Deckenstrahlplatten können in Bändern bis zu 60 m Länge installiert werden. Dabei werden die vorbereiteten Register auf der Baustelle miteinander verbunden und mit Zwischenblechen versehen, so daß eine geschlossene Heizfläche entsteht.

Wärmeleistung: Seit 1993 wird die Wärmeleistung nach DIN V 4706[2)] durch Prüfstandsmessung mit einheitlicher oberer Wärmedämmung (4 cm, λ = 0,04 W/m^{2}K) ermittelt. Die Bezugstemperatur wird zur Erfassung der Strahlungs- und Konvektionswirkung mit einem Globus-Thermometer ermittelt.

Die Wärmeleistungen liegen bei der Norm-Übertemperatur von 55 K zwischen ca. 630 und 500 W/m^2 Projektionsfläche (Einflüsse durch Bauweise und Breite der Strahlplattenbänder).

Die Umrechnung der Wärmeleistung erfolgt wie bei Heizkörpern nach der Kennliniengleichung $\dot{Q} = \dot{Q}_{55} \cdot (\Delta t/55)^n$. Exponent n liegt zwischen 1,15 und 1,2.

Deckenstrahlplatten können in besonderen Fällen auch als Kühlflächen verwendet werden. Die Kühlleistung nach DIN 4715 beträgt ca. 90 W/m^2 (Δt = 10 K).

[1)] Kollmar, A., u. W. Liese: Die Strahlungsheizung. 1957. Siehe auch Taschenbuch 1983/84.
Weise, E.: Strahlungsheizung. 1973.
Glück, B.: Ges.-Ing. 3/89. S. 113/126.

[2)] DIN V 4706 T1 (06.93): Deckenstrahlplatten, Prüfregeln.

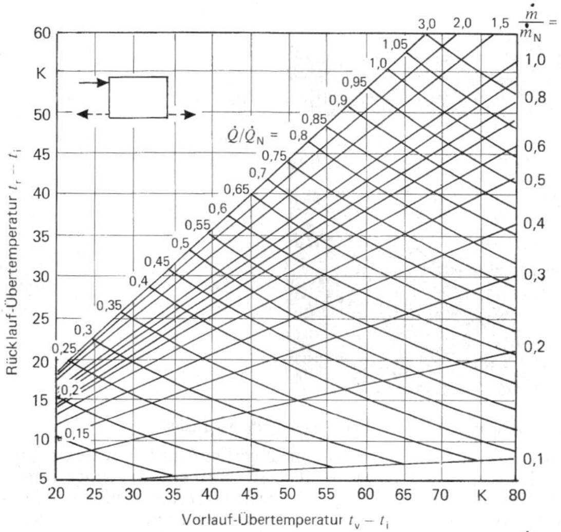

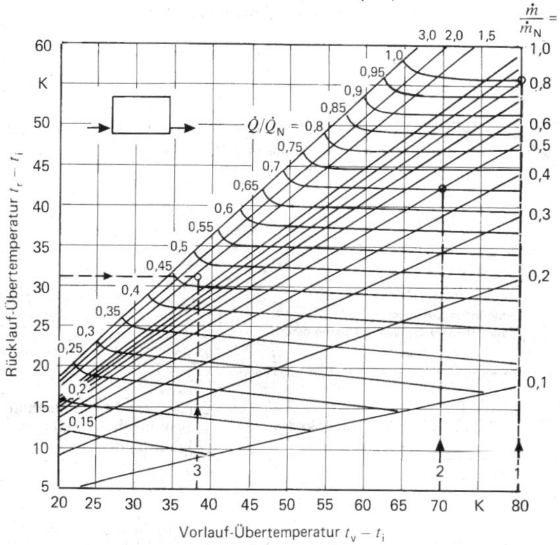

Bild 2.4.4-13. Betriebsdiagramm zur Auslegung von Niedertemperatur-Heizkörpern. Norm-Wärmeleistung $\dot{Q}_N$ bei Heizmitteltemperaturen t_v/t_r = 90/70 °C und Raumtemperatur t_i = 20 °C für zwei verschiedene Anschlußarten. $\dot{m}_N$ = Nenn-Wasserstrom. Exponent n = 1,30.

Bild 2.4.4-16. Anordnungsbeispiel von Deckenstrahlplatten (Zehnder-Beutler).

Vorteile: Heizung mit Deckenstrahlplatten erlaubt niedrige Lufttemperaturen wegen des Ausgleichs der Empfindungstemperatur durch Strahlung. Es ergeben sich geringe Temperaturzunahmen über die Raumhöhe (ca. 0,4 K/m) und erheblich geringere Lüftungswärmeverlusteals als bei Luftheizsystemen. Die Fußbodentemperatur wird durch die Zustrahlung angehoben (ca. 20 °C), wodurch der Aufenthaltsbereich günstig beeinflußt wird.

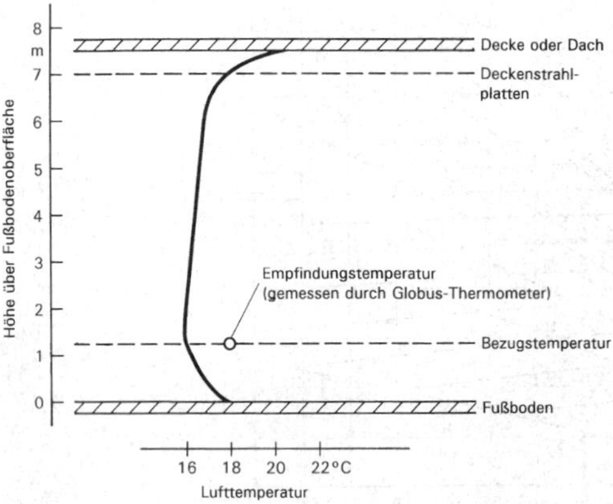

Bild 2.4.4-17. Temperaturschichtungen in einer Produktionshalle.

Es entsteht keine nennenswerte Luftbewegung, so daß Transport von Staub und anderen Verunreinigungen unterbunden wird, die Heizflächen selbst erzeugen keine Luftbelastung.

Wegen des geringen Wasserinhalts besteht sehr gute Regelfähigkeit. Zu empfehlen sind strahlungsempfindliche Temperaturfühler.

Wegen der stärkeren Zunahme der Konvektion mit steigender Übertemperatur ist die Strahlungswsirkung der Heizflächen in der Niedertemperaturanwendung besonders günstig. Der Strahlungsanteil liegt bei 60…70%. Durch die niederen Strahlungstemperaturen ergibt sich eine sehr ausgeglichene Temperaturverteilung im Aufenthaltsbereich.

Anordnung der Heizflächen: Durch die Anordnung der Deckenstrahlplatten kann eine gleichmäßige Temperaturverteilung im Aufenthaltsbereich erzielt werden. Beurteilungsgröße ist immer die Innentemperatur (DIN 4701, DIN 1946 T2) als Mittelwert aus Strahlungs- und Lufttemperatur. Bild 2.4.4-17 zeigt ein Temperaturprofil der Innentemperatur (mittlere Kurve) bei Heizmitteltemperaturen von 80/60 °C im Schnitt einer 40 m × 25 m großen gleichmäßig beheizten Halle. Meist ist eine gleichmäßige Verteilung der Bänder mit Abständen, die mindestens der Abhängehöhe entsprechen, ausreichend. Bei Außenwänden werden häufig breitere Bänder als im Innenbereich eingesetzt. Nachrechnung erfolgt durch Berechnung der Einstrahlung.

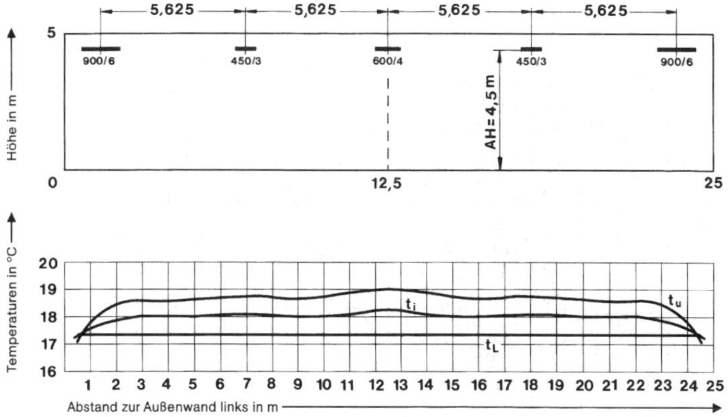

Bild 2.4.4-18. Temperaturverlauf bei Deckenstrahlplattenbändern mit gleichem Abstand, Aufhängehöhe 4,5 m.

-3.2 Stahlrohr-Deckenheizungen

Bei Deckenheizungen ist zu beachten, daß die *Oberflächentemperatur* der Decke, namentlich bei geringen Raumhöhen, nicht zu groß wird, da andernfalls durch Wärmezustrahlung auf den Kopf der Personen im Raum evtl. Unbehaglichkeitsgefühle auftreten. Zulässige Deckentemperaturen bei verschiedenen Raumhöhen und Heizflächenabmessungen siehe Bild 2.4.4-19.

Die Bestimmungsgleichung[1)] für die wärmephysiologisch zulässige Deckentemperatur nach Bild 2.4.4-19 lautet:

$$t_m = (2 - \varphi)\,(18 + 2/\varphi) \text{ in °C.}$$

In Anbetracht der verhältnismäßig geringen Anzahl der sehr kalten Tage und der Speicherfähigkeit von Betondecken genügt es, der Berechnung der Deckentemperatur eine Außenlufttemperatur von –5 °C zugrunde zu legen.

Bei reinen Deckenheizungen, bei denen die Wärmeabgabe nach oben möglichst gering sein soll, ist oberhalb der Heizrohre eine *Wärmedämmschicht* anzubringen.

Zur Berechnung für praktische Zwecke geeignet ist Bild 2.4.4-20, aus dem in Abhängigkeit von der Wärmedurchgangszahl k_D der Decke gleichzeitig die Wärmeabgabe der Decke und des darüberliegenden Fußbodens bei $^1/_2$″-Heizrohren zu entnehmen ist.

Die Wärmeabgabe der Randumgebung einer Heizfläche, die sog. *Randwärme,* ist angenähert bei Hintereinanderschaltung der Heizrohre $\dot{Q}_E = 65\,(a + 0{,}6\,b)$, bei Parallelschaltung $\dot{Q}_E = 65\,(a + 2\,b)$ in W, wobei a = Registerlänge in Rohrrichtung und b = Registerbreite in m sind. Genauere Werte siehe Ges.-Ing. 7/63, Arbeitsblatt 63.

Beispiel:

Ein Raum von 5 × 6 × 3,1 m³ Rauminhalt hat einen Wärmeverlust von $\dot{Q}$ = 3840 W.

---

1) Kollmar, A.: Wärmephysiologische Berechnungen bei Heizdecken, Strahlplatten und Infrarotstrahlen. Ges.-Ing. 1960, S. 65/84.
Kollmar, A.: HR 1971. S. 230/5 u. 262/4.

Wärmedurchgangszahl der Decke $k = 0{,}5$ W/m²K. Wie groß wird die Deckenheizfläche bei einer mittleren Heizwassertemperatur von 55 °C?

Gewählt wird ein $^1/_2$″-Heizrohr mit einem Rohrabstand $l = 20$ cm. Wärmeabgabe der Decke nach Bild 2.4.4-20: $q_D = 186$ W/m². Erforderliche Heizfläche $A = 3840/186 = 20{,}6$ m². Gewählt 3 Rohrzüge von je 7 Rohrlagen. Gesamte Registerbreite $b = 20 \cdot 20$ cm $= 4{,}0$ m. Registerlänge $a = 5$ m. Gesamt Heizfläche $A = 5 \cdot 4 = 20$ m². Randwärme $\dot{Q}_E = 65\,(5 + 0{,}6 \cdot 4) = 481$ W. Gesamte Wärmeabgabe $\dot{Q} = 20 \cdot 186 + 481 = 4201$ W, also etwas reichlich.

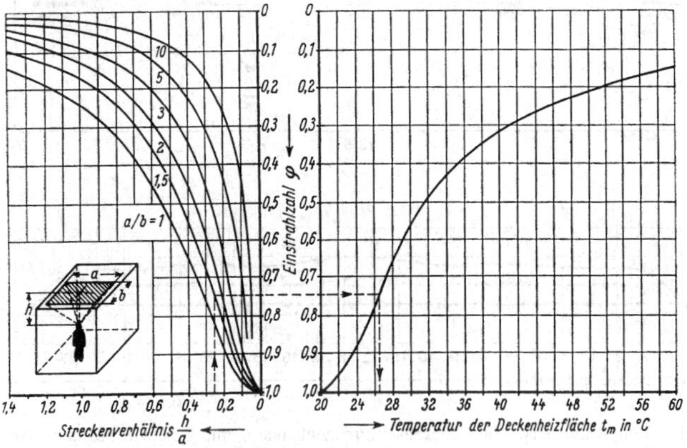

Bild 2.4.4-19. Zulässige Deckenheizflächentemperatur bei 20 °C Raumtemperatur (nach Kollmar).

Belegungsgrad der Heizfläche[1)]

Von wesentlichem Einfluß auf die Wärmeabgabe ist die Größe der Heizfläche innerhalb der Decke. Allgemein ist die spezifische Wärmeabgabe

$$\dot{q} = (\alpha_{\text{konv}} + \alpha_{\text{Str}})\,\Delta t \text{ in W/m}^2$$

$$\alpha_{\text{Str}} = 5{,}8 \text{ W/m}^2\text{K (bei etwa 40 °C Deckentemperatur)}$$

$$\alpha_{\text{konv}} = a\,\sqrt[4]{\Delta t}\,.$$

Der Faktor a schwankt in weiten Grenzen zwischen etwa 0,60 bis 1,25 je nach Größe der Heizfläche und Stärke der Luftbewegung im Raum. Mit $\Delta t = 20$ K ergeben sich dann die Grenzwerte

$$\alpha_{\text{konv}} = 1{,}25 \text{ bis } 2{,}60 \text{ W/m}^2\text{K}$$

Je geringer der Anteil der Heizfläche an der Deckenfläche ist, desto größer wird die spezifische Heizleistung. Man berücksichtigt diese Tatsache durch einen *Korrekturfaktor p*. Bei 50% Belegung der Decke ist $p = 1$, bei anderer Belegung ist der Faktor aus Bild 2.4.4-21 zu entnehmen.

-3.3 Kupferrohr-Deckenheizungen[2)]

Bei Heizungsdecken mit Kupferrohren in Gipsverputz dient zur Berechnung der erforderlichen Heizfläche das Diagramm in Bild 2.4.4-22, das in derselben Weise wie das Diagramm in Bild 2.4.4-20 aufgebaut und auch ebenso zu benutzen ist.

-3.4 Al-Lamellen-Deckenheizungen

Für die Berechnung dieser Heizdecken dienen die Diagramme in Bild 2.4.4-23 und Bild

[1)] Kollmar, A.: Ges.-Ing. 1959, S. 1/11.
Krause, B.: Die konvektive Wärmeabgabe von Heizdecken. Ges.-Ing. 1959. S. 285/305 u. 324/34.

[2)] Deutsches Kupfer-Institut Berlin: Kupferrohre für Strahlungsheizungen 1965 und Kupferrohre in der Heizungstechnik 1985 u. SBZ 2/89.

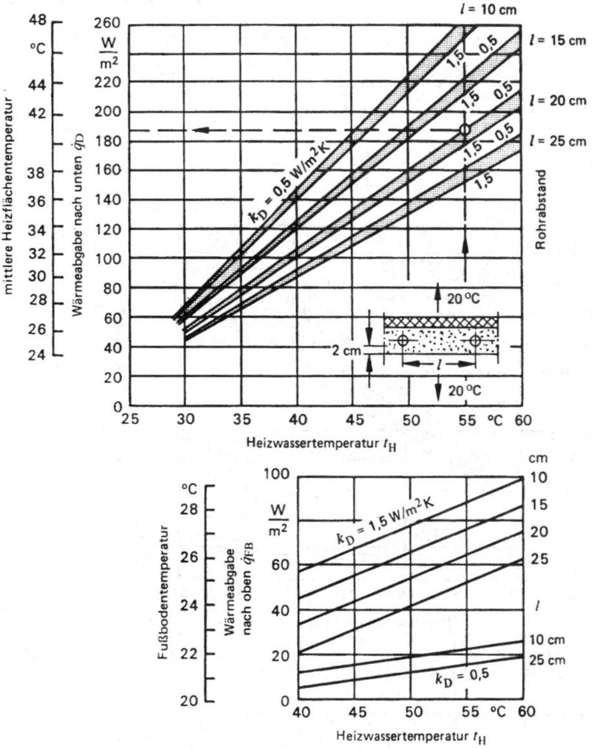

Bild 2.4.4-20. Stahlrohr-Deckenheizung.
$^1/_2''$-Rohre in Beton verlegt. Belegungsgrad der Heizfläche ca. 50%. Wärmeabgabe der Decke $\dot{q}_D$ (oberes Bild) und des darüberliegenden Fußbodens $\dot{q}_{FB}$ (unteres Bild) in Abhängigkeit von der mittleren Heizwassertemperatur und der Wärmedurchgangszahl k_D der Decke, Raumlufttemperatur 20 °C.

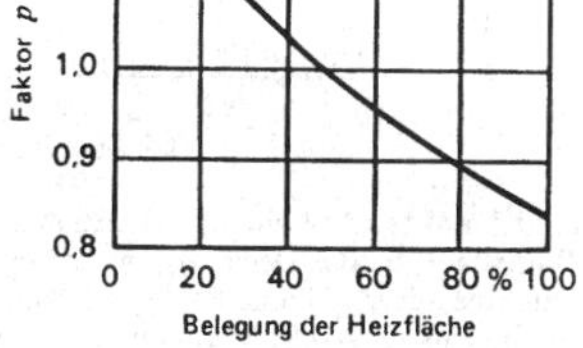

Bild 2.4.4-21. Korrekturfaktor p zur Berücksichtigung des Belegungsanteils der Deckenheizfläche.

2.4.4-24. Bei der Ermittlung der Heizflächen muß man die *direkte Wärmeabgabe* $\dot{q}_D$ der Aluminiumflächen und die Wärmeabgabe der ringsherum liegenden Ränder, die *Randwärme* $\dot{q}_E$, unterscheiden. Die Randwärmeabgabe $\dot{q}_E$ wiederum erfolgt sowohl zwischen den Lamellen, wenn hier ein Abstand gelassen wird, als auch an den äußeren Rändern. Die Gesamtwärmeabgabe ist dann

$$\dot{Q} = A \cdot \dot{q}_D + \Sigma (L \cdot \dot{q}_E) \text{ in W},$$

worin L die äußere Seitenlänge der Lamellen ist.

Beispiel:

Ein Raum von 5 × 6 × 3,1 m³ Rauminhalt mit einem Wärmeverlust $\dot{Q}$ = 2660 W soll eine Al-Lamellen-Deckenheizung erhalten. Größe der Al-Lamellen 0,5 × 0,4 m, mittlere Heizwassertemperatur 65 °C. Anordnung der Lamellen nach Bild 2.4.4-25.

Wärmeabgabe der Decke nach Bild 2.4.4-23: $\dot{q}_D$ = 192 W/m²

Erforderliche Heizfläche $A = \frac{2660}{192} = \frac{\dot{Q}}{\dot{q}_D} = 13{,}9\ \text{m}^2$.

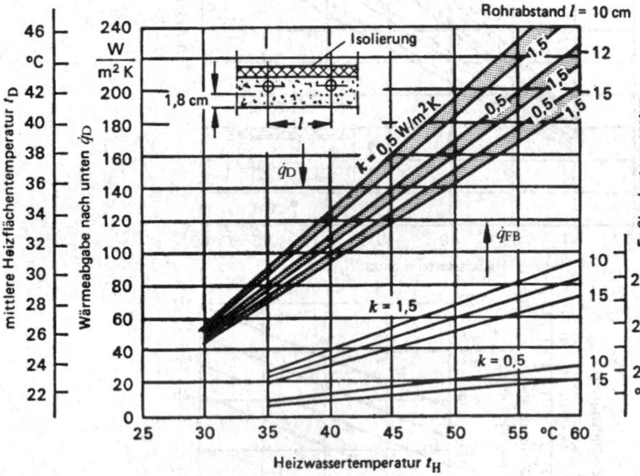

Bild 2.4.4-22. Kupferrohr-Deckenheizung.
Kupferrohre ³/₈″ oder ¹/₂″ in Gips verlegt, Raumtemperatur 20 °C.

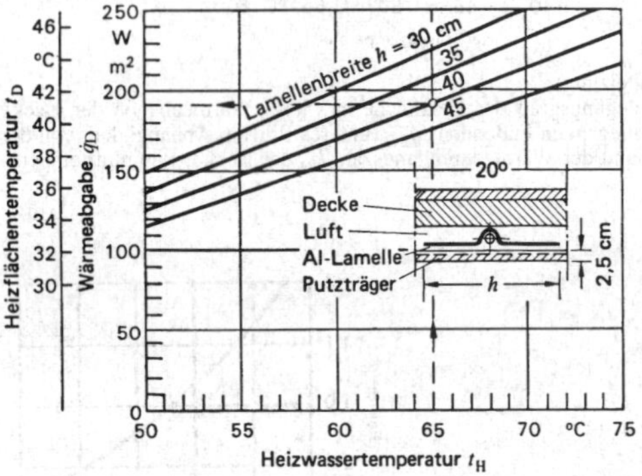

Bild 2.4.4-23. Al-Lamellen-Deckenheizung.
Wärmeabgabe der Decke $\dot{q}_D$ in Abhängigkeit von der mittleren Heizwassertemperatur t_H. Rohrdurchmesser ¹/₂″, Lamellendicke 1 mm, Abstand von Deckenunterkante 2,5 cm, Wärmeabgabe des Fußbodens 12 W/m², Raumtemperatur 20 °C.

Gewählt 8 Al-Streifen von je 4 m Länge, 0,4 m Breite, 10 cm Abstand zwischen den Lamellen.

Heizfläche $A = 8 \cdot 0{,}4 \cdot 4 = 12{,}8\ \text{m}^2$.

Gesamte Wärmeabgabe (Bild 2.4.4-24):

$$\dot{Q} = A \cdot \dot{q}_D + \Sigma (L \cdot \dot{q}_E) = 12{,}8 \cdot 192 + 7 \cdot 4 \cdot 7{,}2 + (2 \cdot 8 \cdot 0{,}4 + 2 \cdot 4)\ 6{,}0$$
$$= 2458 + 201 + 86 = 2772\ \text{W},$$ also ausreichend.

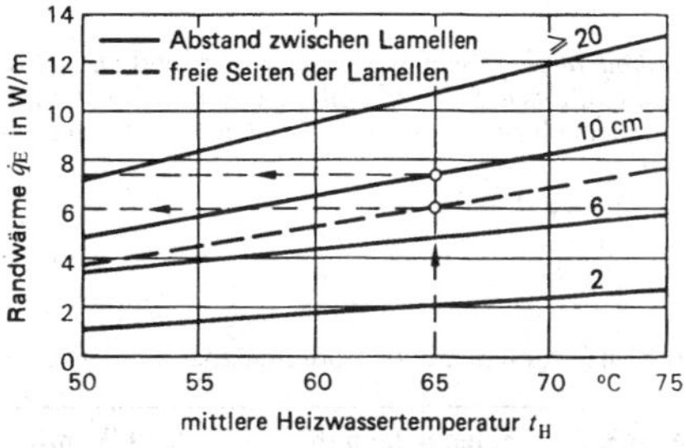

Bild 2.4.4-24. Randwärmeabgabe $\dot{q}_E$ der Aluminiumlamellen.

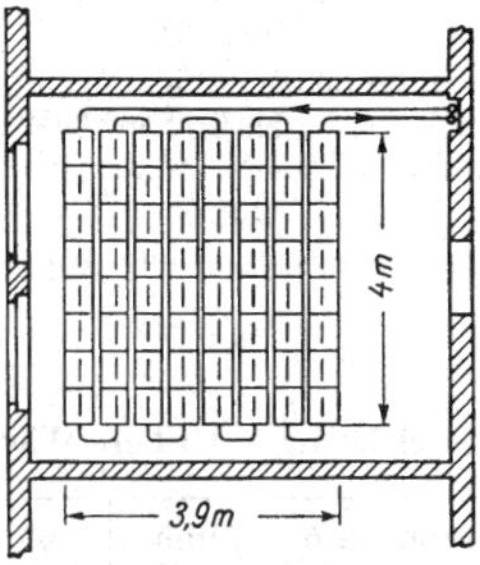

Bild 2.4.4-25. Anordnung der Al-Lamellen in einer Al-Lamellen-Deckenheizfläche.

Bei unrichtiger Annahme der Lamellenheizflächen wäre die Rechnung mit anderen Zahlen zu wiederholen gewesen.

Wesentlich für gute Heizwirkung ist bautechnisch richtige Ausführung. Rohr und Lamelle müssen möglichst fest miteinander verbunden sein (metallische Verbindungsmasse). Gipsverputz muß an Lamelle gut anliegen. Auch bei dauerndem Auf- und Abheizen darf keine Ablösung erfolgen. Feuchtigkeit fernhalten.

-3.5 Hohlraum-Deckenheizung

Die im Hohlraum der Zwischendecke verlegten Rohre geben durch Strahlung und Konvektion Wärme an die darunterliegende Decke ab, die ihrerseits als Strahlungsheizdecke für den zu heizenden Raum dient. Ein Teil Wärme wird auch an den darüberliegenden Fußboden abgegeben, falls keine Dämmung nach oben vorhanden ist. Berechnung siehe [1].

-4 Fußbodenheizung

-4.1 Allgemeines

Die Fußbodentemperatur hat wegen des endlichen Abstandes der Heizrohre eine *Welligkeit,* wobei der Temperaturunterschied zwischen der maximalen und mittleren Temperatur etwa 0,5…2,5 K beträgt.

Bei allen Fußbodenheizungen ist zu beachten, daß die maximale Oberflächentemperatur bei Aufenthaltsräumen 29 °C nicht überschreiten darf. Durch besondere Verlegung der Heizrohre mit engeren Rohrabständen in den Randzonen, wo sich meist niemand länger aufhält, können jedoch auch höhere Temperaturen bis max 35 °C zulässig sein (DIN EN 1264). In Bädern bis 33 °C.

Die *Wärmeübergangszahl* α_t setzt sich aus zwei Teilen zusammen, dem konvektiven Anteil α_k und dem Strahlungsanteil α_s. Die Größe dieser Zahlen ist weitgehend abhängig von der Luftströmung, der Größe der Heizfläche, Zahl der Außenwände, dem Rohrabstand, der mittleren Wandtemperatur und anderen Faktoren. Ausgeführte Versuche haben unterschiedliche Werte ergeben. Mittlere Zahlenwerte bei 27 °C Fußbodentemperatur sind α_{ges} = 10…11 W/m²K. Der Strahlungsanteil beträgt etwa 50…75%.[2]

Bei einer mittleren Oberflächentemperatur von 27 °C und 20 °C Raumtemperatur beträgt dann die abgegebene Wärme 70…80 W/m², in der Randzone ca. 140 W/m².

[1]) Kollmar, A.: Ges.-Ing. 1956, S. 97/100 u. 1959, S. 274/80.
Siehe auch Taschenbuch 1974/5, S. 688.

[2]) Konzelmann, M., u. G. Zöllner: HLH 4/82. S. 136/42.
Schmidt, P.: TAB 8/82. S. 611/3.
Schlapmann, D.: HLH 3/83. S. 119/32.
Kast, W., u. H. Klan: Ges.-Ing 1/84. S. 11/10.
Schlapmann, D.: Konvektiver Wärmeübergang an beheizten Fußböden, VDI-Fortschrittsber. Reihe 6, Nr. 97 (1982).

Die Berechnung der Rohrabstände, der Heizwassertemperatur, der Heizwassermenge und das Verlegesystem ist von der Installationsfirma auf Grund einer *Normkennlinie* vorzunehmen (DIN EN 1266).

Von besonderer Wichtigkeit ist der *Fußbodenbelag*. Sein Wärmeleitwiderstand d/λ sollte nicht größer als 0,15 m² K/W sein, da andernfalls die Heizmitteltemperatur zu hoch wird. In Tafel 2.4.4-5 sind für verschiedene Bodenbelage die Wärmeleitzahlen λ angegeben, in Tafel 2.4.4-6 der Wärmeleitwiderstand d/λ.

Beispiel eines Leistungsdiagramms in Bild 2.4.4-26.

Tafel 2.4.4-5 Mittlere Wärmeleitzahlen λ verschiedener Bodenbelage

Teppiche 6···17 mm	0,08···0,05 W/mK	Linoleum 2,5 mm	0,19 W/mK
Korklinoleum 4,5 mm	0,08 W/mK	Parkett 8···22 mm	0,20···0,25 W/mK
PVC-Filz	0,04 W/mK	Fliesen 13 mm	1,05 W/mK
PVC 2,5 mm	0,19 W/mK	Marmor 30 mm	2,10 W/mK

Tafel 2.4.4-6 Wärmeleitwiderstand d/λ verschiedener Bodenbelage

Estrich	0 m² K/W	12 mm Parkett	0,06 m² K/W
10 mm Fliesen*)	0,02 m² K/W	5 mm Teppich**)	0,08 m² K/W
6 mm PVC	0,04 m² K/W	10 mm Teppich***)	0,10 m² K/W

*) in Mörtel verlegt **) $\lambda = 0{,}06$ W/mK ***) $\lambda = 0{,}1$ W/mK

-4.2 Auslegung nach Norm[1]

Die Wärmeleistung der Fußbodenheizung wird durch Versuche oder Berechnung nach DIN EN 1264 ermittelt, so daß man für jedes Heizsystem ähnlich wie bei Heizkörpern eine *Normwärmeleistung* angeben kann.

Die Wärmeabgabe *(Wärmestromdichte)* des Fußbodens in Abhängigkeit von einer gleichmäßigen Heizflächenübertemperatur wurde festgelegt durch

$\dot{q} = 8{,}92\,(\vartheta_F - \vartheta_i)^{1,1}$ in W/m²

ϑ_F = Fußbodentemperatur

ϑ_i = Innentemperatur

Siehe hierzu Bild 2.4.4-27 *(Basiskennlinie).*

Jedes Fußbodenheizungssystem ist einer wärmetechnischen Prüfung zu unterwerfen, um die Wärmeleistung in Abhängigkeit von der maximalen Oberflächentemperatur $\vartheta_{F\max}$ und der Heizmittelübertemperatur $\Delta\vartheta = \frac{1}{2}(\vartheta_v + \vartheta_R) - \vartheta_i$ zu ermitteln. Die Ergebnisse sind in einem *Kennlinienfeld* darzustellen.

Beispiel eines Kennlinienfeldes zeigt Bild 2.4.4-28. In der linken Hälfte des Bildes ist die Wärmeabgabe in Abhängigkeit von der Temperaturdifferenz $(\vartheta_{F\max} - \vartheta_i)$ angegeben, in der rechten Hälfte die zugehörige Heizmittelübertemperatur $\Delta\vartheta$. Der Zusammenhang zwischen Wärmeabgabe und Heizmittelübertemperatur wird als *Norm-Kennlinie* des Systems

[1]) Systeme und Verlegearbeiten siehe Abschnitt 2.3.8-10.
Deutsches Kupfer-Institut, Berlin. Sonderdruck 179 u. 180: Kupferrohr-Fußbodenheizung.
DIN 4725 T1–T3 (05.92) T4 (09.92): Warmwasser-Fußbodenheizung.
Suter, P., u. M. Nilsson: Ges.-Ing. 11/79. 5 S.
Fanger, P.O., u. B.W. Olesen: VDI-Bericht 367 (1979).
Kast, W., u. H. Klan: VDI-Bericht 464 (1982). S. 39/49 u. Ges.-Ing 1/84. S. 1/10, HLH 4/86. S. 175/82 und HLH 10/86. S. 497/502.
Schlapmann, D.: HR 5/86. S. 271/281.

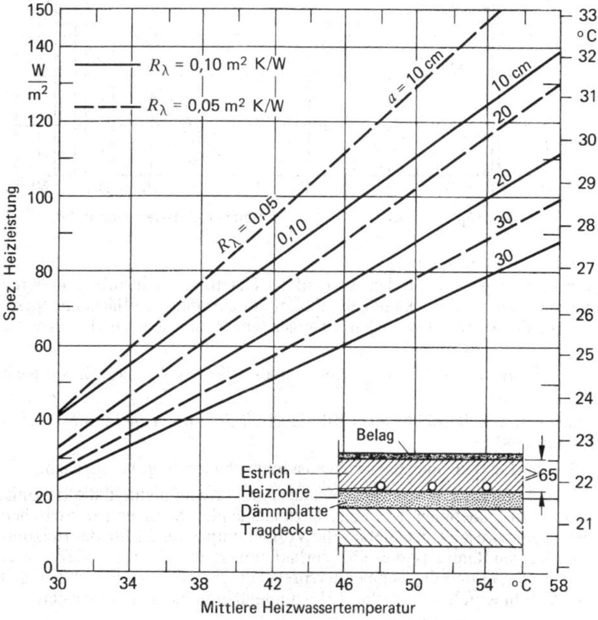

Bild 2.4.4-26. Leistungsdiagramm einer Fußbodenheizung mit kunststoffummanteltem Kupferrohr 14 × 0,8 mm (Wieland-Sulzer). a = Abstand der Heizrohre.

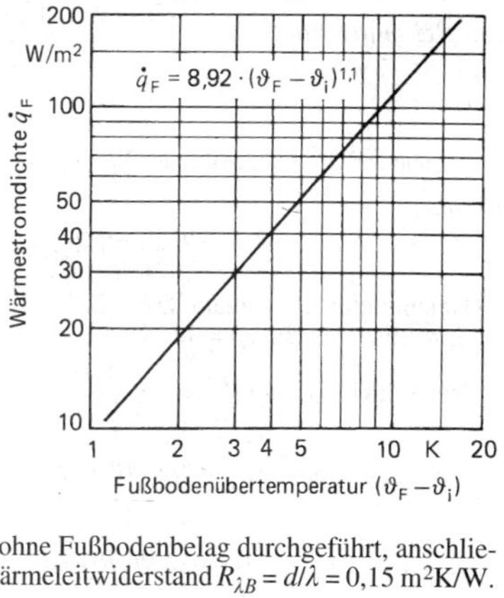

Bild 2.4.4-27.
Basiskennlinie der Fußbodenheizung.

bezeichnet. Die Messungen werden zunächst ohne Fußbodenbelag durchgeführt, anschließend jedoch auch mit einem Belag mit dem Wärmeleitwiderstand $R_{\lambda B} = d/\lambda = 0{,}15$ m²K/W. Richtwerte für $R_{\lambda B}$ siehe Tafel 2.4.4-6.

Da die maximale Fußbodentemperatur von 29 bzw. 35 °C nicht überschritten werden soll, sind im Kennlinienfeld auch die *Grenzkurven* angegeben, aus denen die zulässige Heizmitteltemperatur ersichtlich ist.

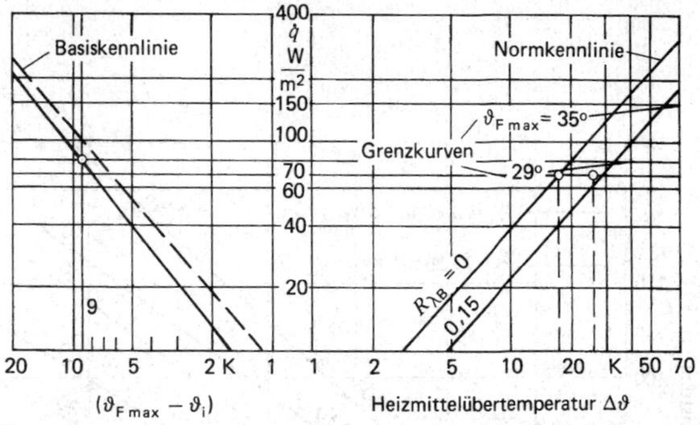

Bild 2.4.4-28. Beispiel eines Kennlinienfeldes.

Die Lage der Grenzkurven wird durch den Abstand der Heizrohre zueinander und durch die Spreizung zwischen Vor- und Rücklauf beeinflußt. Für konstante Oberflächentemperatur, z.B. 29 °C, sinkt die Wärmeabgabe $\dot{q}$ mit steigendem Rohrabstand und steigender Spreizung[1].

Der Wärmestrom nach unten $\dot{q}_u$ soll nicht größer sein als 10% des Wärmestroms $\dot{q}$ nach oben ($\dot{q}_u/\dot{q} < 10\%$).

Die Verluste an unbeheizte Kellerräume zeigt Bild 2.4.4-29 für ein Beispiel mit Naßverlegung 150 mm Rohrabstand.

Bei der *Auslegung* einer Fußbodenheizungsanlage ist nunmehr wie folgt vorzugehen:

Für den Raum mit dem höchsten Wärmebedarf ist aus einem Kennlinienfeld die Heizmittelübertemperatur $\Delta\vartheta$ zu entnehmen. Mit einer anzunehmenden Spreizung *sp* zwischen Vorlauf ϑ_v und Rücklauf ϑ_R ergibt sich hieraus die Vorlauftemperatur ϑ_v und der Heizmittelstrom $\dot{m}$. Für die übrigen Räume ist dieselbe Vorlauftemperatur zugrunde zu legen. Der jeweilige Heizmittelstrom $\dot{m}$ und die Temperaturspreizung *sp* sind so zu berechnen, daß sich die nach dem Kennlinienfeld erforderliche Heizmittelübertemperatur $\Delta\vartheta$ einstellt.

Die *Temperaturspreizung* ist angenähert

$$sp = 2\,(\vartheta_v - \vartheta_i - \Delta\vartheta)$$

bei großen Spreizungen ($sp > 10$ K) siehe Bild 2.4.4-30.

Der *Heizmittelstrom* ist

$$\dot{m} = \frac{\dot{Q}}{c \cdot sp}$$

c = spez. Wärmekapazität des Wassers = 4,18 kJ/kgK.

Beispiel:

Raum 1: $A = 30\ \text{m}^2$, $\dot{Q} = 2100$ W, $R_{\lambda B} = 0{,}12\ \text{m}^2\text{K/W}$, $\dot{q} = \frac{2100}{30} = 70\ \text{W/m}^2$

Heizmittelübertemperatur $\Delta\vartheta = 27$ °C (aus Kennfeld Bild 2.4.4-28)
Spreizung gewählt $sp = 4{,}6$ K

$$\text{Heizmittelstrom} + 10\% = \dot{m} = \frac{1{,}1\dot{Q}}{c \cdot sp} = \frac{1{,}1 \cdot 2{,}100}{4{,}18 \cdot 4{,}6} = 0{,}12\ \text{kg/s} = 432\ \text{kg/h}$$

$$\text{Vorlauftemperatur}\ \vartheta_v = \vartheta_i + \Delta\vartheta + \frac{sp}{2} = 20 + 27 + 2{,}5 = 49{,}5\ °\text{C}$$

Raum 2: $A = 6\ \text{m}^2$, $\dot{Q} = 420$ W, $R_{\lambda B} = 0$, $\dot{q} = \frac{420}{6} = 70\ \text{W/m}^2$

$\Delta\vartheta = 18$ K aus Kennfeld (Bild 2.4.4-28)

---

[1]) Schlapmann, D.: HR 5/86. S. 271/82 u. SBZ 15/86. S. 828/832.

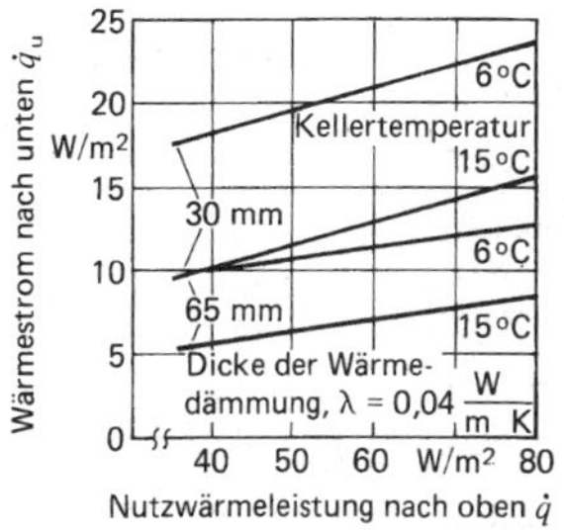

Bild 2.4.4-29. Wärmeverluste $\dot{q}_u$ an unbeheizte Keller, abhängig von der Leistung bei verschiedener Dämmung und Kellertemperatur.

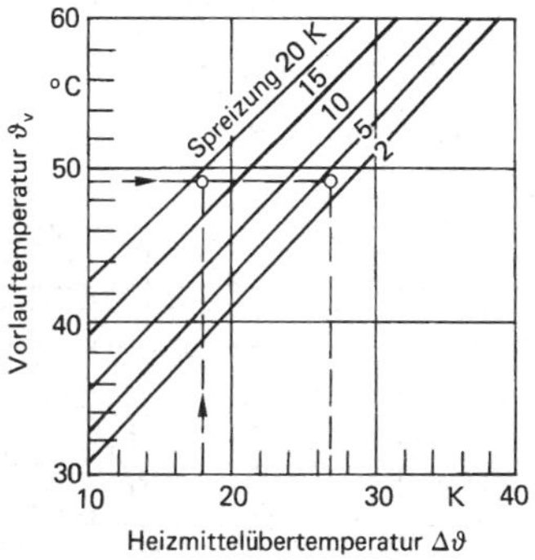

Bild 2.4.4-30. Diagramm zur Berechnung der Temperaturspreizung.

$sp = 18$ K aus Bild 2.4.4-30

$$\dot{m} + 10\% = \frac{1{,}1 \cdot 0{,}42}{4{,}18 \cdot 18} = 0{,}0061 \text{ kg/s} = 22 \text{ kg/h}$$

Bei großen Spreizungen (geringen Heizmittelströmen) ist bei der Ermittlung der Wärmestromdichte ein Korrekturfaktor zu beachten. Siehe hierzu DIN 4725.

Die Bestimmung des Wärmeleitwiderstandes des Fußbodenbelags $R_{\lambda B}$ kann nach Tafel 2.4.4-5 u. Tafel 2.4.4-6 erfolgen. Bild 2.4.4-31 zeigt die erforderliche Anhebung der WW-Mitteltemperatur, wenn der Wärmeleitwiderstand gegenüber dem Boden ohne Belag ($R_{\lambda B} = 0$) zunimmt. $R_{\lambda B}$ sollte möglichst nicht über 0,15 m²K/W liegen, da sonst Verluste nach unten groß werden oder Dämmung unwirtschaftlich groß wird.

Bild 2.4.4-31. Erhöhung der Heizmitteltemperatur mit steigendem Wärmeleitwiderstand des Fußbodenbelags bei vorgegebenem Wärmestrom nach oben.

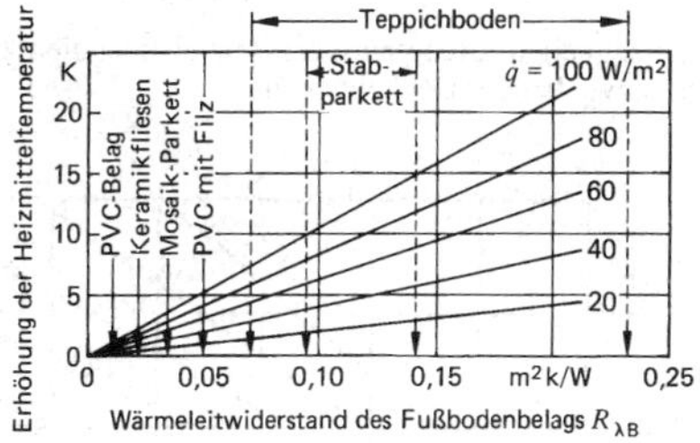

-4.3 Druckverlust in den Rohrregistern

Der Wasserwiderstand in einem Rohrregister, der für die Bemessung der Umwälzpumpe zugrunde zu legen ist, setzt sich aus den Reibungsverlusten in den *geraden Rohrstrecken* und den durch die 180°-Bogen verursachten *Einzelwiderständen* zusammen. Der Gesamtwiderstand ist:

$$\Delta p = l \cdot \frac{\lambda}{d} \cdot \frac{\varrho}{2}\, w^2 + \sum \left(\zeta_u + \frac{\varrho}{2}\, w^2 \right) = Rl + \Sigma Z \text{ in N/m}^2 \text{ (Pa)}.$$

Die Werte für die Reibungszahl λ sind aus dem Bild 1.4.7-3 zu entnehmen. Für den häufigsten Fall, mit Rohren von $^1/_2''$ lichter Weite läßt sich der Druckverlust eines Rohrregisters annähernd aus Bild 2.4.4-32 ermitteln. Bei Rohrabständen über 25 cm kann der durch die Bogen verursachte Widerstand praktisch vernachlässigt werden.

Beispiel:

Gestreckte Rohrlänge $L = 40$ m,
Zahl der 180°-Bogen = 12, Wasserstrom 270 kg/h.
Aus Bild 2.4.4-32 ergibt sich:
Druckgefälle $R = 140$ Pa,
Rohrbogenwiderstand $Z = 34$ Pa,
demnach Druckverlust $\Delta p = Rl + \Sigma Z = 40 \cdot 140 + 12 \cdot 34 = 5600 + 408 = 6008$ Pa.

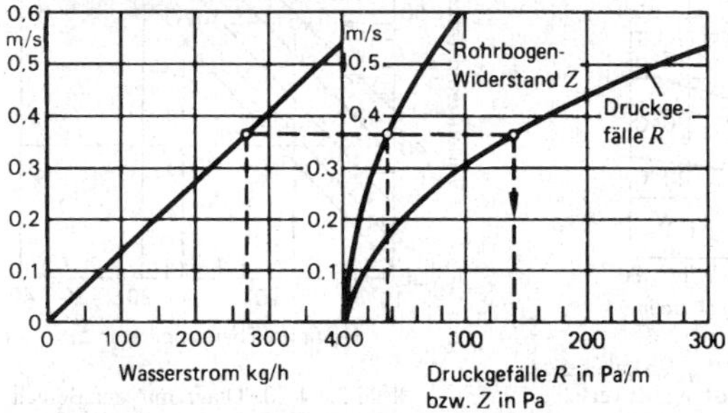

Bild 2.4.4-32. Druckverlust-Berechnung der Rohrregister bei Strahlungsheizungen. Rohrdurchmesser $^1/_2''$ (lichte Weite 16 mm)

-5 Konvektoren und Sockelheizkörper

Für die Wärmeabgabe dieser Heizkörper gibt es bisher noch keine allgemein anerkannte Berechnungsgrundlage. Die Werte der Wärmeabgabe sind daher durch Versuche nach DIN 4704 und DIN EN 442 T2 (02.97) zu ermitteln und für die Auslegung den Leistungslisten der Hersteller zu entnehmen. Siehe Abschnitt 2.3.8-6 und -7.

-6 Wandheizung

Zur schnellen Errechnung der Heizleistung dient das Diagramm Bild 2.4.4-33. Randwärme etwa wie bei der Deckenheizung.

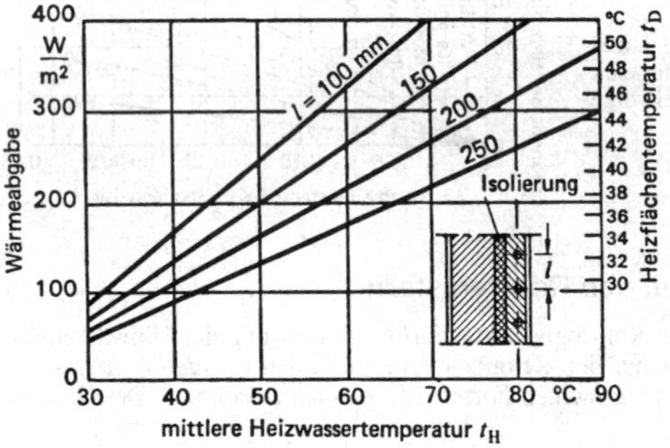

Bild 2.4.4-33. Wärmeabgabe von Wandheizflächen.
Rohrdurchmesser $^1/_2''$, Innentemperatur 20 °C, Außentemperatur −15 °C, Isolierung d/λ = 0,75 m²K/W entsprechend etwa 8 cm Holzwolleplatten (Heraklit o. ä.). Wandstärke 36 cm Ziegel.

2.5 Ausführung der Heizung in verschiedenen Gebäudearten

Mehr als 200 Tage im Jahr müssen in unseren Breiten die Räume geheizt werden. Ohne Heizung wären die Räume im Winter unbewohnbar. Dazu kommt, daß der Betrieb der Heizung wegen des erforderlichen Brennstoffverbrauches dauernd Kosten verursacht, die in Zeiten hoher Energiepreise einen erheblichen Teil der Gesamtkosten einer Wohnung ausmachen können.

Auch aus Gründen der *Energieersparnis* hat die Heizungstechnik große Bedeutung, da annähernd 40% des gesamten Energieverbrauchs in Deutschland zur Heizung von Gebäuden benötigt wird. Die Heizungsanlage ist also ein sehr wichtiger Bestandteil unserer Gebäude. Der Architekt oder Bauherr sollte daher bereits bei der Planung eines Baues diese Tatsache berücksichtigen und die Projektierung und Ausführung der wärme- und heizungstechnischen Einrichtungen nur fachkundigen Ingenieuren übertragen. Bei jedem Neubau sollte die Verbindung mit dem Heizungsfachmann so früh wie möglich aufgenommen werden, damit Forderungen aufgrund des Energiespargesetzes und des Umweltschutzes bereits im Projekt berücksichtigt werden. Dies betrifft besonders den Wärmeschutz des Gebäudes, das Heizsystem, Kesselbauart und Regelung.

Insbesondere bei größeren Projekten ist neben der Energieeinsparung der *Umweltschutz* von Bedeutung. Viele Möglichkeiten stehen hier zur Verfügung: Brennstoffart, Fernwärmeversorgung aus Heizwerken, Heizkraftwerken, Blockheizkraftwerken, industrielle Abwärme, Wärmerückgewinnung u. a.

Dies trifft um so mehr zu, wenn außer der Heizungsanlage auch Klimaanlagen, Speiseräume, Wäschereien, Laboratorien usw. im Gebäude vorhanden sind. Der Kostenanteil der *Technischen Gebäudeausrüstung* an den Gebäudekosten ist erheblich. Gesamtenergiekonzepte sollten schon beim Vorentwurf beachtet werden. *Geeignete* Computersimulationen können zu sogenannten *Low-Energie*-Gebäuden führen. Die Verwendung *alternativer Wärmequellen,* z. B. Elektro- oder Gasmotorwärmepumpen (s. Abschn. 2.2.2-4) und auch die Sonnenenergie (s. Abschn. 2.2.2-5) ist in Erwägung zu ziehen.

2.5.1 Technische und bauliche Entscheidungen

-1 Wahl der Heizungsart[1)]

Für die Wahl der Heizungsart ist eine große Anzahl von Faktoren maßgebend, besonders

- Gebäudeart, z. B. Wohnhäuser, Geschäftshäuser, Krankenhäuser, Altenheime, Fabriken;
- verfügbare Geldmittel;
- Brennstoffart und -kosten;
- Möglichkeit der Fernwärmenutzung;
- Benutzungsdauer der Räume;
- hygienische Anforderungen usw.

Bei jedem Projekt sind sorgfältige Überlegungen erforderlich, wenn man die heiztechnisch, wirtschaftlich und hygienisch günstigste Lösung finden will. Im allgemeinen sind für ein Gebäude mehrere Heizarten möglich, z. B. für Wohnungen: Örtliche Heizung, Warmluftheizung, Warmwasserzentral- oder Stockwerksheizung. Manchmal werden auch in einem Gebäude mehrere Heizsysteme verwendet, z. B. Warmwasserzentralheizung für Büroräume und Luftheizung für Werkstätten. Auch die sog. *alternativen Energien* werden immer mehr in Erwägung gezogen, z. B. die Wärmepumpen und solarunterstützte Heizsysteme.

Bei kleinen Anlagen ist das Heizproblem meist verhältnismäßig leicht zu lösen. Etwas schwieriger ist die Beheizung großer Gebäudeanlagen, z. B. Fabriken oder Krankenanstalten. In den meisten Fällen handelt es sich dabei nicht nur um die Heizung der Gebäude, sondern um die *gesamte Wärmeversorgung* aller angeschlossenen Verbraucher. Dazu gehören z. B. Warmwasserbereitung für Koch- und Waschzwecke, Dampf für Kochkessel,

---

1) Krummlinde, H. H.: TAB 6/78. S. 495/8.
Tepasse, H.: TAB 8/84. S. 583/9.

Dampf für Fabrikation usw. Ferner sind die Fragen der Wärmerückgewinnung und Krafterzeugung sowie zahlreiche andere Probleme zu prüfen. Bei derartigen Bauvorhaben sollte daher der Architekt oder Bauherr möglichst *frühzeitig* mit den Fachingenieuren in Verbindung treten.

Besondere Beachtung verdient der *Wärmeschutz* des Gebäudes, da er großen Einfluß auf Anschaffungs- und Betriebskosten der Heizung hat. Die Bedingungen der *Wärmeschutzverordnung* und der *Heizungsanlagenverordnung* sowie des *Umweltschutzes* (Abschn. 1.9) sind zu beachten.

-1.1 Stockwerksheizungen

Den Übergang von örtlichen Heizungen (s. Abschn. 2.5.2-1.1) zur Zentralheizung bilden die *Stockwerksheizungen,* bei denen ein Kleinkessel in der Küche oder der Diele einer Wohnung aufgestellt wird, während sich in den einzelnen Räumen Radiatoren befinden. Die Küchenkessel werden häufig mit einem *Warmwasserspeicher* ausgerüstet, der sich über oder neben dem Kessel befindet. Für die ganze Wohnung ist nur *eine* Feuerstelle vorhanden, und der Wohnungsinhaber kann nach Bedarf heizen.

Ähnliches gilt für *Kachelofen-Mehrzimmerheizungen,* die jedoch keine so gleichmäßige Wärme wie die Stockwerksheizungen erzeugen.

Zweckmäßig ist die Heizung mit *Gasumlaufheizern* (Thermen), besonders bei gleichzeitiger Warmwasserbereitung.

-1.2 Zentralheizungen

Die Zentralheizungen für einzelne Gebäude werden nach den Wärmeträgern in Dampf-, Warmwasser- und Luftzentralheizung unterschieden.

-1.2.1 Dampfheizungen

können als Niederdruck-, Hochdruck- und Vakuumdampfheizungen ausgeführt werden, sind allerdings bis auf wenige Ausnahmen (z. B. in Gebäuden der Industrie, die Dampf bei Produktionsprozessen einsetzt) ungebräuchlich geworden.

-1.2.2 Wasserheizungen

mit ihren vielen verschiedenen Bauarten haben in Deutschland unter den Zentralheizungen die weiteste Verbreitung gefunden. Ihre Hauptvorteile sind die zentrale Regelbarkeit durch Änderung der Wassertemperatur und die dadurch ermöglichte Anpassung an die jeweiligen Außentemperaturen, ferner die hygienisch günstigen niederen Oberflächentemperaturen der Heizkörper, Einfachheit der Bedienung und große Betriebssicherheit. Sie werden vorzugsweise für solche Gebäude verwendet, in denen eine dauernde gleichmäßige, hygienisch einwandfreie, betriebssichere Heizung verlangt wird, namentlich bei Wohnhäusern, Krankenanstalten, Schulen, Bürohäusern usw. Alle Anlagen werden heute fast ausnahmslos mit Umwälzpumpen ausgerüstet.

Heizkörper gibt es in zahlreichen Bauarten wie Radiatoren, Plattenheizkörper, Konvektoren, ferner Strahlungsheizflächen in Decke oder Fußboden.

Für nachträglichen Einbau in Altbauten sind besonders Heizungsanlagen mit *waagerechter Rohrführung* geeignet, da weniger Durchbrüche erforderlich sind und die Montage weniger Zeit erfordert.

Offene Heizungen, heute kaum noch in Neubauten, hatten mit Temperaturen im Vorlauf und Rücklauf von 90/70 °C oder bei größeren Anlagen auch mit höheren Vorlauftemperaturen bis 110 °C ein Ausdehnungsgefäß an der höchsten Stelle des Gebäudes.

Bei den *geschlossenen Heizungen* unterscheidet man Anlagen mit Vorlauftemperaturen bis 120 °C und solche mit höheren Temperaturen. Die ersteren unterliegen bezüglich der Sicherheitseinrichtungen einfachen gesetzlichen Vorschriften; insbesondere kann bei öl- und gasbefeuerten Anlagen das Ausdehnungsgefäß auch im Kesselraum angeordnet werden. Die letzteren, die namentlich für Fernheizungen in Betracht kommen, unterliegen der Dampfkesselverordnung vom 27. 2. 1980 und DIN 4752 (01. 67) – Für Anlagen bis 130 °C bestehen gewisse Erleichterungen.

Zur Ersparnis an Heizkosten wird neuerdings für Wohngebäude vorzugsweise die *Niedertemperaturheizung* angewendet, bei der geringere Heizmitteltemperaturen, jedoch größere Heizflächen erforderlich sind. Zusätzlich zur Nutzung fossiler Brennstoffe werden manchmal auch *Wärmepumpen* in bivalenter Betriebsweise verwendet. Sie sparen zwar kaum Primärenergie, verringern jedoch erheblich den Heizölverbrauch, sind aber als elektrische Wärmepumpen bei geringen Ölpreisen nicht wirtschaftlich.

-1.2.3 Luftheizungen

werden nach Art der Warmlufterzeugung unterschieden in solche, die direkt mit Öl, Gas oder festen Brennstoffen betrieben werden, und solche, die als Zwischenmedium Dampf, Heiß- oder Warmwasser verwenden.

Die *direkt befeuerten Warmluftheizungen,* deren Hauptbestandteil der mit Gas oder Öl beheizte Wärmeaustauscher ist, sind besonders für kurzzeitig benutzte Großräume geeignet, z. B. Kirchen, Ausstellungshallen, Säle, Turnhallen, namentlich dann, wenn für die Heizung von Büros und anderen kleinen Räumen keine Zentralheizung benötigt wird. Auch in Werkstätten werden sie eingebaut. Weniger geeignet sind sie bei Gebäuden mit vielen Räumen, da es schwierig ist, ohne zeitliche und örtliche Überheizung die Heizluft gleichmäßig auf alle Räume zu verteilen. Eine Ausnahme hiervon ist die Luftheizung von *Einfamilienhäusern,* die im Ausland, namentlich in USA, sehr häufig mit Warmluftautomaten ausgerüstet werden, wobei die Wärmeaustauscher mit Gas oder Öl beheizt sind und dadurch eine gute Regelbarkeit erreicht wird. Bei uns gewinnt dieses Heizungssystem in Verbindung mit *Wohnungslüftung* und *Wärmerückgewinnung* aus der Abluft an Interesse.

Dampf- und Wasserluftheizungen sind im allgemeinen nur Teile gewöhnlicher Zentralheizungen, indem sie in bestimmten Räumen die sonst verwendeten örtlichen Heizkörper ersetzen. Sie sind das bestgeeignete Heizverfahren für Großräume aller Art, z.B. Theater, Säle, Werkstätten, Montagehallen usw., während die zu diesen Räumen gehörenden Nebenräume: Büros, Aborte, Garderoben usw. besser durch Radiatoren oder andere Raumheizkörper geheizt werden. Zur Verwendung kommen je nach Örtlichkeit entweder *örtliche Luftheizgeräte* oder *zentrale Luftheizanlagen,* erstere namentlich in Fabriken und Hallen, letztere bei Sälen und Theatern. Ein besonderer Vorteil der Luftheizungsanlagen beruht darauf, daß mit ihnen gleichzeitig eine Lüftung der Räume und damit eine *Rückgewinnung* der Abluftwärme ermöglicht wird.

Für manche Bauten werden Luftheizungen mit *Nachtstromspeicherblock* verwendet, z. B. für Turnhallen, Aulen, Lagerhallen, auch größere Verkaufsräume.

Eine Sonderbauart ist die *Decken-Strahlungsheizung* mit in Rohren umlaufender aufgeheizter Luft. Geeignet für Werkstätten und Hallen mit größerer Raumhöhe.

-1.3 Fernheizungen

Größere *Gebäudeblocks,* wie z. B. einzelne Stadtteile, Krankenanstalten, Fabriken, Hochschulinstitute usw., können häufig eine Blockheizung oder Fernheizung erhalten, wobei das Heizwerk gleichzeitig die gesamte Wärmeversorgung der angeschlossenen Gebäude und evtl. auch die Kraftversorgung übernimmt. Die Fragen, die sich bei der Errichtung derartiger Werke ergeben, sind so vielseitig, daß jeder Einzelfall gesondert untersucht werden muß.

Auch bei der Errichtung von *Wohnblocks* und *Siedlungen* ist die Möglichkeit der Wärmelieferung durch ein Fernheizwerk in Erwägung zu ziehen *(Blockheizung).* Die Vorzüge sind Umweltfreundlichkeit, hohe Auslastung der Anlagen, günstige Brennstoffausnutzung, niedrige Anlagenkosten und Platzersparnis. Die Hauptschwierigkeiten liegen in den höheren Netzkosten (Schwierigkeiten in der Finanzierung), namentlich bei geringer Wohndichte. Es besteht jedoch kein Zweifel, daß die Fernheizung, wenigstens in dicht bewohnten Stadtteilen, gegenüber der Zentralheizung einen wesentlichen Fortschritt bedeutet und daher mit der Zeit größere Bedeutung gewinnen wird, besonders im Hinblick auf die Ersparnis von Primärenergie.

Auch die Errichtung von *Blockheizkraftwerken,* die gleichzeitig Strom und Wärme liefern, wird mancherorts in Erwägung gezogen. Es sind kleine Heizkraftwerke, die hauptsächlich zur Deckung des Wärmebedarfs von Gebäudegruppen oder Industrieanlagen eingesetzt werden. Sie werden mit Verbrennungsmotoren oder Gasturbinen betrieben, deren Abwärme zur Heizung dient. Der erzeugte Strom wird in das öffentliche Netz eingespeist. Große Investitions- und Wartungskosten, jedoch wesentliche Energieersparnis.

Heizmittel in Europa vorzugsweise Heißwasser, in den USA Hochdruckdampf.

-2 Bautechnische Maßnahmen

Die nachstehenden Angaben sollen dem Architekten Hinweise auf die baulichen Maßnahmen geben, die beim Einbau heiztechnischer Anlagen zu berücksichtigen sind.

Für den Einbau aller, auch kleiner Zentralheizungen ist eine bauaufsichtliche Genehmigung erforderlich. Die *bauaufsichtlichen Vorschriften* sind in den Bauordnungen der einzelnen Bundesländer enthalten, weisen jedoch leider untereinander erhebliche Unterschiede auf. Dazu kommen auch noch unterschiedlich zuständige *Behörden*, Bauaufsichtsbeamte, Technische Überwachungsvereine, Ämter für Umweltschutz u.a. Genehmigungs-, Erlaubnisverfahren und Abnahme siehe VDI 2050, Heizzentralen[1]:

Blatt 1, Heizzentralen in Gebäuden
Blatt 2, Freistehende Heizzentralen
Beiblatt, Gesetze, Verordnungen, Technische Regeln

Eine *Muster-Verordnung* über Feuerungsanlagen und Brennstofflagerung in Gebäuden ist von den bauaufsichtlichen Behörden veröffentlicht worden. Sie wurde im Laufe der Zeit z.T. modifiziert von allen Bundesländern übernommen, womit eine gewisse Einheitlichkeit in der Bundesrepublik erreicht wurde (s.a. Abschn. 6.1).

Alle Feuerungsanlagen unterliegen außerdem dem *Bundes-Immissions-Schutzgesetz* vom 14. 5. 1990 bzw. der Kleinfeuerungsanlagen-VO (15.7.88). Darin sind u.a. Grenzwerte für den Auswurf von Ruß, Staub und Kohlendioxyd angegeben sowie eine regelmäßige Überwachung vorgeschrieben. Ferner ist die TA Luft vom 27.2.86 zu beachten.

Für Feuerungsanlagen über 1 MW besteht darüber hinaus Genehmigungspflicht nach der 4. DurchführungsVO zum BImSchG v. 24.7.85 (siehe hierzu Abschn. 1.9 u. 6.1).

-2.1 Heizräume

a) Lage

Anordnung der Heizzentrale meist im *Keller* oder im Erdgeschoß des Gebäudes, bedingt durch Lage des Schornsteins, Anfuhrmöglichkeit der Brennstoffe, Abfuhr der Rückstände (bei festen Brennstoffen), Lage der Ausdehnungsgefäße (bei Warmwasserheizungen).

Zentrale Anlagen sind anzustreben, jedoch nicht immer durchführbar. Beispiele von Heizzentralen verschiedener Bauart und Leistung siehe Bild 2.5.1-3 bis Bild 2.5.1-5.

Dachheizzentralen[2]

Gelegentlich, namentlich bei Hochhäusern, auch Anordnung der Heizzentrale auf dem Dach oder im *Dachgeschoß*. Nur für Öl- oder Gasfeuerung. Bild 2.5.1-1. Die zu beachtenden Richtlinien sind meist in den Bauordnungen oder Feuerungsverordnungen der Länder enthalten. Einzelgenehmigung der Bauaufsicht erforderlich. Windeinfluß beachten.

Ölkessel, meist als Überdruckkessel, aus Stahl oder Guß. *Öldichte Wanne* unter Kessel und Brenner. Ölleitungen in Schutzrohr verlegt, das unten in einem Sammelgefäß mit Schwimmer endet, damit bei Rohrbruch die Anlage abgeschaltet wird.

Öltank im Keller oder Erdreich üblich. Zusätzliche Ölförderpumpe mit Reserveaggregat fördert das Öl vom Tank zum Ölbrenner oder in einen Tagesbehälter.

Gasbeheizte Kessel sind besonders vorteilhaft, sowohl mit oder ohne Gebläse. Bei Gasbrennern ohne Gebläse ist jedoch der Windeinfluß besonders zu beachten.

Ausdehnungsgefäß geschlossen oder offen (nur noch selten) mit Wassermangelsicherung, um Trockenlaufen des Kessels zu verhindern.

Umwälzpumpe für Heizung muß entgegen dem Schwerkraftauftrieb arbeiten. Es ist auf genügenden Zulaufdruck zu achten, damit Pumpe nicht im Kavitationsbereich arbeitet. Evtl. Pumpen tiefer einbauen (s. auch Abschn. 2.3.6-1). Heizungsrohrnetz entweder mit unterer oder meist oberer Verteilung.

Vorteile der Dachheizzentrale:

Wegfall des Schornsteins mit seinen Nachteilen (Platzbedarf, Wärmeverluste, Versottungsgefahr, Zugschwierigkeiten, Wartungskosten);
Platzersparnis im Keller;

---

[1]) VDI 2050 Bl. 1 u. Bl. 2 (09.95): Heizzentralen. Grundsätze für Planung und Ausführung.
[2]) Philipps, M.: TAB 5/77. S. 493/7.
Usemann, K. W.: TAB 8/9. 74. S. 575/82 u. Öl + Gasfg. 12/78. S. 686/90.

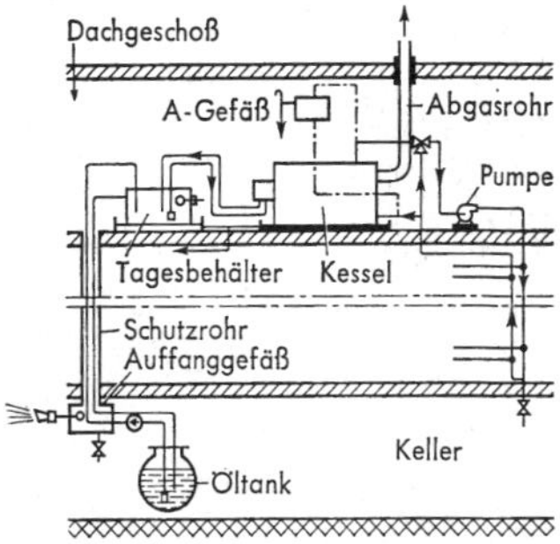

Bild 2.5.1-1. Gebäude mit Dachkesselhaus.

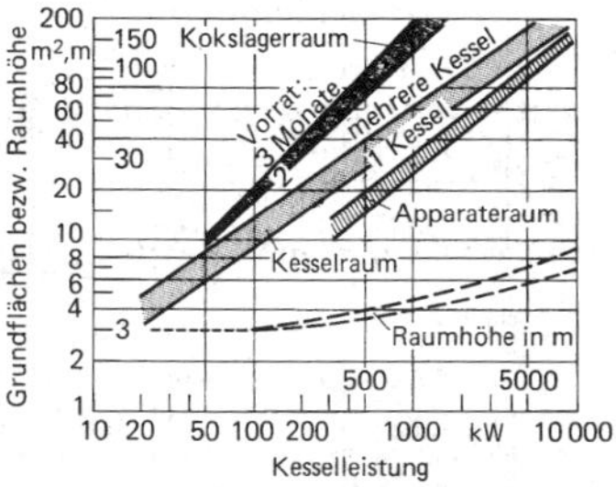

Bild 2.5.1-2. Ungefährer Grundflächenbedarf und Raumhöhe von Kesselräumen, Apparateräumen und Kokslagerräumen. Siehe auch VDI 2050 Bl. 1.
Kesselraum mit WW-Speichern 2...2,5mal größer.

Druckentlastung des Kessels, keine Hochdruckausführung;
Fortfall der Sicherheitsvorlauf- und Rücklaufleitungen;
höherer Kesselwirkungsgrad durch geringere Abgastemperatur.

Nachteile:

Zusätzliche Dachbelastung;
erhöhte Sicherheitsanforderungen gegen auslaufendes Öl;
erhöhte Schallschutzmaßnahmen am Kessel und Brenner;
eventuelle Schwierigkeiten bei Kesselmontage und Kesselreparaturen;
Verlegung der Brennstoffleitungen bis zum Dach.

Kosten. Vergleichsrechnungen über die Gesamtkosten bei Kesselanlagen im Keller oder auf dem Dach sind von Fall zu Fall unterschiedlich. Sie können je nach den örtlichen Verhältnissen zugunsten der einen oder anderen Bauart ausfallen.

b) Grundfläche[1)]

Schon bei Planung des Gebäudes ist möglichst ein Heizungsingenieur zur Festlegung der Zahl, Art und Größe der Kessel und der Abmessungen des Heizraumes hinzuzuziehen.

Die Größe des Kesselraumes ist von Zahl und Art der Kessel abhängig. Richtwerte für den Platzbedarf siehe Bild 2.5.1-2. Besser ist jedoch rechtzeitige Planung und Festlegung der Kesselbauart. Große Anlagen sind mit mehreren Kesseln auszurüsten, z.B. zwei Kessel zu 40% und 60% oder drei Kessel gleicher Größe.

Aufstellung der Kessel derart, daß Wartung und Bedienung von allen Seiten möglich ist.

Bei Kesseln mit festen Brennstoffen

Abstand zwischen Kesselvorderseite und Wand mindestens Kessellänge oder Rostlänge + 1 m.

Bei Spezialkesseln, Öl- und Gasfeuerung auch andere Abstände. Kessel auf Sockeln, um Verrosten zu vermeiden.

Unterteilung der Kesselanlage je nach Betriebssicherheit, Kleinstellbarkeit, Gleichzeitigkeitsfaktor der verschiedenen Wärmeverbraucher. Reservekessel nicht unbedingt erforderlich.

Schallschutzmaßnahmen evtl. vorsehen.

c) Höhe

Lichte Höhe des Kesselraumes mindstens 2 m. Lichte Höhe zwischen Kesseloberseite und Decke (oder Unterzug) bei von oben zu reinigenden Kesseln:

über 150 kW mindestens 1,50 m
über 350 kW mindestens 1,80 m

1) VDI 3803 (11.86): Bauliche und techn. Anforderungen bei RLT-Anlagen.

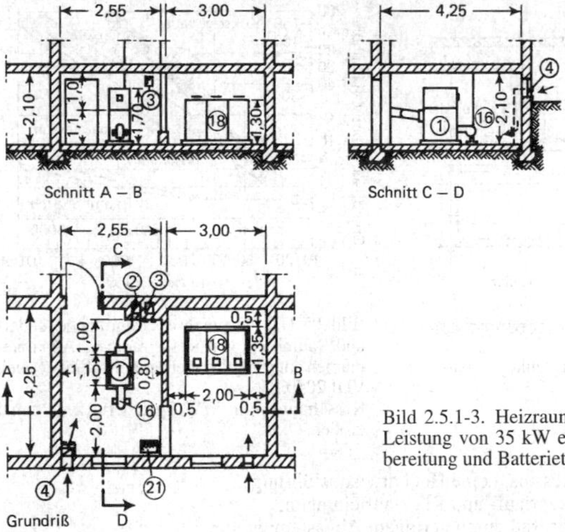

Bild 2.5.1-3. Heizraum für Ölfeuerung mit einer Leistung von 35 kW einschließlich Warmwasserbereitung und Batterietank.

Zahlenerklärung:
1 = Kessel
1a = Kessel
2 = Schornstein
3 = Abluft
4 = Zuluft
5a = Notausstieg
6 = Aschenaufzug
7 = Verteiler- u. Pumpenraum
8 = Rohrkeller
9 = Kesselbühne
10 = Schalttafel
11 = Montageöffnung
12a = Kokskarre
13 = Laufschiene
16 = Heizölbrenner
17 = Heizöltagesbehälter
18 = Öltank
19 = Heizölpumpe
20 = Tisch für Heizer bzw. Heizerraum
21 = Schlammgrube bzw. Entwässerung
22 = Werkraum
24 = Reinigungsöffnung
25 = Müll- u. Aschetonnen
26 = Kokseinwurf
30 = Rollschaufel

Lichte Höhe zwischen Kesselbühne und Decke (oder Unterzug) bei von oben beschickten Kesseln mindestens 2,0 m. Richtwerte siehe auch Bild 2.5.1-2.

Kesselraumvertiefung hängt ab von der Höhe der Kessel. Bei Niederdruck-Dampfheizungen ist der mittlere Wasserstand maßgebend, im Mittel Kesselfußboden etwa 3,25 m unter dem tiefsten Heizkörper bei einer waagerechten Ausdehnung des Gebäudes von etwa 50 m bzw. 4,0 m bei einer Ausdehnung von etwa 100 m.

d) Wände, Decken, Fußböden

Wände und Decken müssen feuerbeständig sein und aus nicht brennbaren Baustoffen bestehen. Fußböden nicht brennbar.

Keine offene Verbindung mit Räumen zum dauernden Aufenthalt von Menschen.

e) Ausgänge, Türen und Fenster

Mindestens ein Ausgang ins Freie oder zu einem Rettungsflur. Über 350 kW zwei Ausgänge, davon einer ins Freie (evtl. ein Ausstieg durchs Fenster). Alle Türen feuerhemmend. Tür, nach außen aufschlagend, zum Hausinnern immer mit Selbstschließer.

f) Lüftung

Heizräume müssen be- und entlüftet werden. Bei natürlichem Auftrieb Abluftöffnung mindestens 180 cm^2. Schachtqerschnitt je nach Schachthöhe und Wärmeleistung nach Bild 2.5.1-4. Der Querschnitt für den Zuluftschacht ist aus dem gleichen Bild abzulesen, jedoch bei 1,5mal Nennwärmeleistung. Abluftöffnung (Abluftschacht) neben dem Schornstein bei festen und flüssigen Brennstoffen mindestens 25% des Schornsteinquerschnittes. Bei Entlüftung mittels Ventilatoren ist ein Volumenstrom von 0,5 m^3/h je kW Feuerungsleistung vorgeschrieben. Die Zuluft muß so bemessen sein, daß bei Leistungen bis 1000 kW der Unterdruck $< 0{,}03$ mbar, darüber $< 0{,}5$ mbar ist.

Abluftöffnung unter Decke, Zuluftöffnung über Fußboden. Nicht absperrbar.

Bei Gasfeuerungen Zuluft und Abluft an der Außenwand.

g) Beleuchtung

durch Tageslicht und elektrisches Licht. *Notschalter-Feuerung* außerhalb des Heizraumes.

h) Entwässerung

durch Anschluß an Kanalisation oder durch Entwässerungsgrube mit handbetätigter oder automatischer Pumpe, ggf. mit Ölabscheider.

i) Aschen- und Schlackenentfernung

Da feste Brennstoffe z. Zt. bei Neuplanungen kaum zum Einsatz kommen, wird hier auf die Darstellungen zuletzt in der 67. Taschenbuchausgabe (94/95) verwiesen. Im Bedarfsfall beantworten die Firmen Ruhrkohle AG und Saarkohle AG Fragen zum Steinkohlen- bzw. Kokseinsatz.

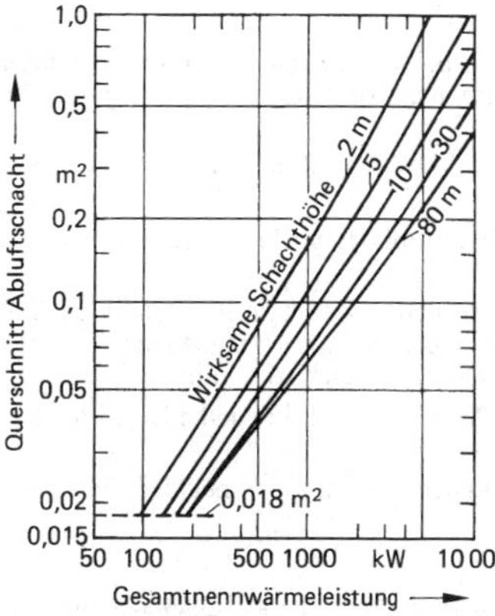

Bild 2.5.1-4. Abluftquerschnitt bei Heizräumen bei natürlichem Auftrieb abhängig von Nennwärmeleistung und Schachthöhe.

-2.2 Abgasanlage[1)]

Siehe auch Abschn. 2.3.3.

Die Abgase von Heizkesseln müssen durch Abgasanlagen wie Schornsteine, Abgasleitungen und Verbindungsstücke (Abgasrohe oder -kanäle) über Dach ins Freie abgeführt werden. Abgasrohre sollen steigend zum Schornstein, mit Prüföffnungen, möglichst kurz, korrosionsgeschützt, meist aus Stahlblech oder Aluminium, in kalten Räumen wärmegedämmt sein.

Die Anforderungen, Planung und Ausführung von Hausschornsteinen und Verbindungsstücken sind in DIN 18160 T1 sowie T5 geregelt. Die Bemessung von Abgasanlagen erfolgt nach DIN 4705.

Abgasanlagen sollten nur mit gleichartigen Feuerstätten mehrfachbelegt werden. Öl- oder Gasfeuerstätten mit Gebläsebrenner sollten also nicht an eine gemeinsame Abgasanlage mit Feuerstätten für feste Brennstoffe oder Gasfeuerstätten ohne Gebläse angeschlossen werden.

Bei der Errichtung oder Änderung von Feuerungsanlagen (Feuerstätten und Abgasanlagen) ist die jeweilige Landesbauordnung nebst Feuerungsverordnung zu beachten. Nach der Musterbauordnung 06.1996 ist die Errichtung von Schornsteinen außer in vor-

---

1) Neubearbeitung erfolgte von Dr.-Ing. Dieter Stehmeier, Langenhagen, für die 68. Auflage, hier Ergänzungen.

handenen Gebäuden baugenehmigungspflichtig, während die Errichtung oder Änderung von Feuerungsanlagen ansonsten genehmigungsfrei ist. Die Feuerungsanlagen dürfen jedoch erst in Betrieb genommen werden, wenn der Bezirksschornsteinfegermeister die Brandsicherheit und die sichere Abführung der Verbrennungsgase bescheinigt hat.

Damit die Bescheinigung nach Errichtung oder Änderung von Feuerungsanlagen möglichst problemlos erfolgen kann, empfiehlt sich eine rechtzeitige Abstimmung der am Bau beteiligten Gewerke. Der Bezirksschornsteinfegermeister sollte möglichst bereits mit in die Planung der Feuerungsanlage eingebunden werden, wie in einigen Bundesländern vorgeschrieben.

Bei größeren Kesselleistungen sind Durchführungsverordnungen zum BImSchG und die TA-Luft zu beachten sowie Genehmigung nach 4. DurchführungsVO zum BImSchG (s. auch Abschnitt 1.9).

-2.3 Brennstoffräume

a) Lage

Für Feuerstätten mit mehr als 150 kW Leistung ist bei *festen Brennstoffen* (heute selten) in den meisten Bundesländern ein besonderer Brennstoffraum erforderlich. (Vergleiche 68. Auflage 96/97.)

In *Wohnungen* darf Heizöl in ortsfesten Behältern bis 100 l, in Kanistern bis 40 l gelagert werden.

Heizöl kann bis zu einer Menge von 5000 l (in Bremen: 3000 l) im Heizkesselraum gelagert werden.

Bei größeren Mengen besonderer Lagerraum erforderlich. Allseitig feuerbeständig. Fußboden ölundurchlässig. Auslaufendes Öl darf nicht in andere Räume gelangen können. Tanks im Gebäude, oberirdisch oder unterirdisch im Freien. Siehe auch Abschnitt 2.3.2-2.

Flüssiggas bis max. 14 kg im Heizraum zulässig. Maximal 8 gefüllte und 8 leere Flaschen gleichzeitig im Lagerraum.

Bei Anlagen mit einer Heizleistung bis 1 MW und auch darüber wird heute die Feuerung mit Heizöl EL oder Gas eindeutig vorgezogen.

b) Bemessung

Für die Bemessung des Lagerraumes ist neben der Leistung der Kesselanlage auch die jährliche Häufigkeit der Anlieferung maßgebend. Kleine Anlagen unter ca. 100 kW erhalten den Jahresbedarf nur einmal angeliefert. Bei großen Anlagen über ca. 1 MW Mindestvorrat für etwa 3…6 Monate, mindestens jedoch für die 4–6 kältesten Wochen des Jahres. Grundfläche für Öltanks siehe Abschn. 2.3.2-2.

c) Ausführung

Brennstofflagerräume benötigen Wände, Decken, Pfeiler und Stützen aus feuerbeständigem Material.

-2.4 Verteilerraum

Bei großen Heizanlagen, etwa ab 600 kW, wird getrennt vom Heizraum ein Verteilerraum *(Apparateraum, Maschinenraum, Unterstation)* erforderlich. Darin befinden sich (Bild 2.5.1-5):

Pumpen, Wärmeaustauscher, Vorlaufverteiler, Rücklaufsammler, Schalt- und Regelgeräte sowie andere Geräte.

Wichtig ist bequeme Zugänglichkeit aller Teile für Ein- und Ausbau bei Reparaturen. Rohrleitungen bei Platzmangel evtl. unterhalb des Raumes in einem Rohrkeller. Grundfläche etwa halb so groß wie die des Kesselraumes (Bild 2.5.1-2). Flächenbedarf und Raumhöhe siehe VDI 3803 (11.86).

Lüftung natürlich oder durch Ventilator, damit Raumtemperaturen nicht zu hoch werden.

Bei sehr großen Anlagen, etwa über 1,5 MW, auch besonderen Heizerraum mit Waschbecken, Duschen, Toiletten sowie evtl. Umkleideraum und Werkstattraum einplanen (Bild 2.5.1-5).

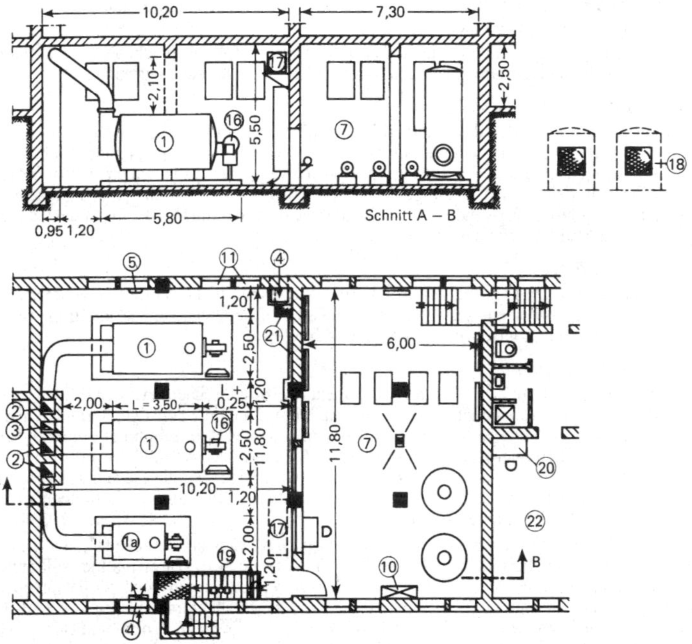

Bild 2.5.1-5. Heizzentrale f. Ölfeuerung mit einer Leistung von 3500 kW. (Legende s. Bild 2.5.1-3)

-2.5 Heizflächen

siehe auch Abschnitt 2.3.8

a) Radiatoren

Für die meisten Heizungsanlagen werden heute neben Flachheizkörpern stählerne oder gußeiserne Radiatoren verwendet. Aufstellung am besten unter den Fenstern zum Ausgleich der Wärmeabstrahlung durch die kalten Außenwand- und Fensterflächen. *Innenwandaufstellung* ist billiger, jedoch heiztechnisch weniger günstig, da bei kaltem Wetter an den Fenstern Zugerscheinungen möglich sind, letzteres gilt nicht bei Niedrigenergiehäusern mit sehr guter Wärmedämmung. Zur Ersparnis an Rohrleitungen ist die Lage der Heizkörper so zu wählen, daß möglichst mehrere Heizkörper an einen Steigestrang angeschlossen werden können. Die in den Normblättern oder Firmenkatalogen angegebenen Mindestabstände von Wand, Fußboden und Fensterbrett sind einzuhalten. Befestigung an Wandkonsolen statt auf Füßen ist günstiger, da Fußbodenreinigung leichter. Die Wandfläche hinter den Heizkörpern ist zur Verringerung des Wärmeverlustes mit Wärmedämmung zu versehen; Wärmedämmung darf nach WSVO hier nicht schlechter sein als bei den übrigen Außenwänden. Heizkörper vor Glasflächen sind auf der Rückseite abzudecken.

Verkleidungen von Heizkörpern verringern die Wärmeabgabe, erfordern also größere Heizflächen. Zur leichteren Reinigung der Heizkörper sollen die Verkleidungen leicht abnehmbar sein.

Außer den genormten Radiatoren gibt es auch eine große Zahl mit anderen Abmessungen, besonders solche mit geringer Höhe oder Tiefe, die in steigendem Maße verwendet werden.

b) Rohrheizkörper

in Form von glatten Rohren, Rohrregistern oder Rippenrohren werden im allgemeinen nur noch in untergeordneten Räumen, z.B. Garagen, Garderoben, Lagerräumen, manchmal auch in Werkstätten, angebracht.

Den Rohrheizkörpern ähnlich sind die plattgedrückten Rohren gleichenden *Plattenheizkörper* und ähnliche Bauarten, die sich durch ihre geringe Bautiefe auszeichnen.

c) Konvektoren (verkleidete Rippenrohre)

werden häufig verwendet, da sie unverkleidet billiger als Radiatoren sind. Sie sind wegen der erschwerten Reinigungsmöglichkeit hygienisch weniger günstig als glatte Radiatoren, ermöglichen jedoch durch Verwendung geeigneter Verkleidungsplatten einen sehr gefälligen Einbau in den Fensterbrüstungen. Die den Konvektoren ähnlichen *Sockelheizkörper* werden gelegentlich verwendet, da gleichmäßige Heizwirkung z.B. an Außenwänden, platzsparend und optisch unauffällig.

d) Flachheizkörper

Diese meist aus Stahl hergestellten Heizkörper werden in vielen Bauformen geliefert. Geringe Bautiefe. Vorderseite glatt, Rückseite meist profiliert, manchmal bündig mit Wand verlegt. Aus architektonischen Gründen häufig bevorzugt.

e) Flächenheizungen

Hierzu zählen die Fußboden-, Wand- und Deckenheizungen. Diese Art der Heizung wird vorzugsweise dann verwendet, wenn aus architektonischen oder sonstigen Gründen in den beheizten Räumen keine Heizkörper sichtbar sein sollen, z.B. in Empfangszimmern, Kassenhallen, Festsälen oder in Bädern. In diesen Fällen muß der Architekt noch frühzeitiger als bei sonstigen Heizungen den Heizungsingenieur hinzuziehen, da die Heizrohre bereits während der Errichtung des Baues verlegt werden müssen. In Fabriken sind in den letzten Jahren häufig Bandstrahler eingebaut worden.

Flächenheizungen mit *Kunststoff- oder Kupferrohren* werden namentlich als Fußbodenheizungen verwendet, besonders geeignet für NT-Systeme wie Wärmepumpe, solarunterstützte Anlagen u.ä. Elektrische *Fußboden-Speicherheizungen* nur noch bei entsprechend günstigem Nachtstromtarif. Deckenheizungen mit Oberflächentemperaturen von 25 °C bis 30 °C sind bei Gebäuden nach der neuen WSVO als Heizfläche in Wohn- und Bürogebäuden vorteilhaft anwendbar (freie Raumgestaltung, Fensterflächen bis zum Boden, trägheitsarmes System etc.). Auch Kühldeckenflächen können als Deckenheizfläche Anwendung finden.

f) Luftheizungen

Bei Luftheizungen für Großräume ist rechtzeitig ein geeigneter Raum für die Ventilatoren und Lufterhitzer anzugeben. Auch die Lage der Zuluft- und Umluftkanäle ist gemeinsam mit der Installationsfirma festzulegen. Bei Einfamilienhäusern findet die *Warmluftheizung* in Deutschland in Verbindung mit kontrollierter Lüftung langsam größere Anwendung.

-2.6 Rohrleitungen

siehe auch Abschnitt 2.3.4

Bei großen Heizungsanlagen bilden die Kessel und Heizkörper miteinander verbindenden Rohrleitungen häufig ein umfangreiches, weitverzweigtes Rohrnetz. Um Behinderungen und Überschneidungen durch andere Installationsleitungen zu verhindern, ist die Rohrführung *frühzeitig* in einem *Rohrplan* festzulegen, aus dem außer der Lage der Rohrleitungen alle erforderlichen Wand- und Deckendurchbrüche sowie Mauerschlitze und Dehnungsausgleicher ersichtlich sein sollen. Rohrabstände einschließlich Dämmung nach WSVO rechtzeitig berücksichtigen.

Neben Stahlrohren sind auch Kupferrohre weit verbreitet, seltener Präzisionsstahlrohre.

Bei Wohnungen, Büroräumen und ähnlichen Gebäuden werden die Rohrleitungen aus hygienischen und architektonischen Gründen meist in *Mauerschlitzen* unter Putz verlegt. Vor dem Schließen der Schlitze sind die Rohre einer sorgfältigen Dichtigkeitsprobe zu unterwerfen.

Alle nicht zur Wärmeabgabe bestimmten Rohrleitungen sind mit Wärmeschutz zu versehen, deren Dicke vorgeschrieben ist (Heizungsanlagenverordnung vom 22.3.94). Wärmeschutz mit Mineralfasern, Kunststoffschaum o.ä.

Bei Verlegung von Rohren unterhalb des Estrichs ist wegen *Korrosionsgefahr* besondere Vorsicht geboten. Keine Verbindungsstellen, keine Beschädigungen der Rohre. Auch diese

Rohre sind nach Heiz.Anl.-VO zu isolieren, was entsprechende Estrichdicke erfordert. Waagerechte Kupferrohrleitungen können auch hinter den Fußleisten der Räume verlegt werden.

Bei Hochhäusern sind für die Hauptsteige- und Falleitungen besteigbare *Rohrschächte* zweckmäßig, die auch zur Aufnahme anderer Hausleitungen verwendet werden können.

Bei der Durchführung von Rohren durch Wände und Decken sind Rohrhülsen mit Rosetten zu verwenden, damit sich die Rohre frei ausdehnen können, ohne den Putz zu beschädigen und Geräusche zu verursachen.

Die *Montagedauer* für eine Heizungsanlage hängt von vielen Umständen ab. Überschlägig kann sie bei Neuanlagen in Tagen ermittelt werden, wenn man die Zahl der Kessel und Heizkörper mit 1,5 multipliziert.

Entsprechend WärmeschutzV (s. Abschn. 6.1.5-1) werden nach Nutzung unterschieden:

Wohngebäude,
Büro- und Verwaltungsgebäude,
Schulen, Bibliotheken,
Krankenhäuser, Altenwohnheime, Altenheime, Pflegeheime, Entbindungs- und Säuglingsheime,
Aufenthaltsgebäude in Justizvollzugsanstalten und Kasernen,
Gebäude des Gaststättengewerbes,
Waren- und sonstige Geschäftshäuser,
Betriebsgebäude,
Gebäude für Sport- oder Versammlungszwecke,
Gebäude mit gemischter oder ähnlicher Nutzung
(s. a. Abschn. 3.6).

2.5.2 Wohngebäude

Eine Übersicht über die Heizenergieart im Bestand der *bewohnten* Wohnungen in Deutschland gibt Tafel 2.5.2-1.

Neubauten von Wohnungen wurden 1993 zu nahezu 100% mit Zentralheizungen ausgerüstet, davon 69% mit Gas als Brennstoff, 20% mit Heizöl und 11% mit Fernwärme/Strom u. a.[1]

Die bisherige und die zu erwartende Beheizungsstruktur in Deutschland ist in Bild 2.5.2-1 dargestellt.

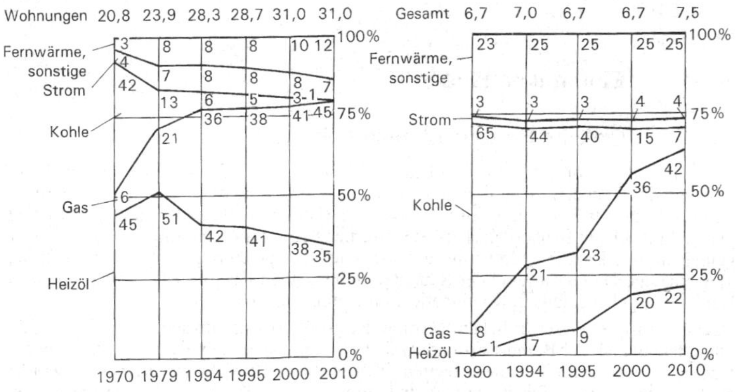

Bild 2.5.2-1. Bisherige und zu erwartende Beheizungsstruktur der Wohnungen in Deutschland*) (Wohnungen in Millionen, Anteile in Prozent).

*) Esso-Energieprognose 12.95.

1) BMBau: Haus und Wohnung im Spiegel der Statistik 1995/96.

Tafel 2.5.2-1 Bewohnte Wohnungen in Gebäuden nach verwendeter Heizenergieart 1993*)

Energieart	Deutschland		früheres Bundesgebiet		neue Bundesländer und Berlin (Ost)	
	1000	%	1000	%	1000	%
Insgesamt	32885,8	100,0	26626,5	100,0	6259,3	100,0
davon Fernheizung	3175,6	9,7	1541,7	5,8	1633,9	26,1
Block-, Zentralheizung	19508,4	59,3	17996,4	67,6	1512,0	24,1
davon beheizt mit:						
Gas	8197,2	42,0	7569,8	42,1	627,4	41,5
Heizöl	10319,1	52,9	9843,5	54,7	475,7	31,4
Strom	248,8	1,3	239,9	1,3	8,9	0,6
Kohlc, Holz etc.	743,3	3,8	343,2	1,9	400,1	26,5
Etagenheizung	2916,4	8,9	2489,5	9,3	426,9	6,8
davon beheizt mit:						
Gas	2412,0	82,7	2203,7	88,5	208,3	48,8
Heizöl	150,4	5,2	138,4	5,6	12,0	2,8
Strom	137,0	4,7	121,2	4,9	15,8	3,7
Kohle, Holz etc.	217,1	7,4	26,3	1,0	190,8	44,7
Einzel-/Mehrraumöfen	5895,4	17,9	3290,8	12,4	2604,5	41,6
davon beheizt mit:**)						
Gas	1414,8	•	934,8	•	480,0	•
Heizöl	1106,5	•	1027,8	•	78,7	•
Strom	898,6	•	651,8	•	246,7	•
Kohle, Holz etc.	4776,5	•	1703,0	•	3037,5	•
Elektrospeicherheizungen	1390,0	4,2	1308,0	4,9	82,0	1,3
Zusätzlich insgesamt vorhanden:						
Kachelofen	2227,1	•	1568,0	•	659,1	•
Offener Kamin	1379,8	•	1332,2	•	47,6	•
Allzweckofen	1755,7	•	1463,0	•	292,7	•

*) Gebäude- und Wohnungsstichprobe 1993, ausgewertet in BMBau: Haus und Wohnung im Spiegel der Statistik 1995/96.
**) Mehrfachnennungen möglich.

-1 Einfamilienhäuser

-1.1 Örtliche Heizung (Zimmerheizung)[1)]

Die Verwendung von *Einzelöfen* mit Braunkohlenbriketts, Kohle oder Koks als Heizmittel in jedem der zu beheizenden Räume ist zweifellos die einfachste und in der Anschaffung billigste Form der Heizung. Öfen jeder Bauart stehen in großer Auswahl zur Verfügung, gleichgültig, ob der Bauherr Kachel- oder eiserne Öfen vorzieht. Zu empfehlen sind im allgemeinen gute Dauerbrandöfen mit automatischer Temperaturregelung, die eine zeitlich gleichmäßige Durchwärmung der Räume gestatten. Auch Küchen sollten eine besondere Heizung, gegebenenfalls in Kombination mit dem Herd, erhalten.

Nachteilig ist bei dieser örtlichen Heizung der große Arbeitsaufwand zur Bedienung der Öfen, namentlich der Brennstoff- und Aschetransport, die Staubbildung bei der Ascheentfernung, wenn auch die heute gebauten Öfen in dieser Hinsicht sehr verbessert worden sind, ferner der große Platzverbrauch und die verhältnismäßig starke Luftverschmutzung durch Ruß und SO_2.

Örtliche Gasheizkörper, die heute in sehr geschmackvollen Formen und ohne Schornsteinanschluß erhältlich sind, werden mit steigendem Angebot mehr und mehr verwendet. Eine weitere Verbreitung ist zu erwarten, namentlich bei der Sanierung von Altbauten, kaum

[1)] Siehe auch Abschnitt 2.2.1.

Umweltbelastung. Bei dichten Fenstern und Türen ist auf genügende Zufuhr von Verbrennungsluft zu achten, da sonst Vergiftungsgefahr durch CO besteht.

Ölöfen mit *Verdampfungsbrennern* werden häufig verwendet, und zwar als eiserne Öfen oder besonders Kachelöfen mit Ölbrennereinsatz. Ihre Vorteile sind Sauberkeit, geringer Bedienungsaufwand, wenig Platzverbrauch für Brennstoff. Die Ölversorgung der einzelnen Öfen kann auch zentral von einem Tank erfolgen. Große Umweltbelastung. Überwachung der vielen Einzelfeuerstätten schwierig. Bild 2.5.2-2.

Elektrische Direktheizung ist für Dauerheizung in der BRD meist zu teuer; in Frankreich häufig. Bei günstigen Nachtstromtarifen können jedoch elektrische Speicherheizgeräte eingesetzt werden.

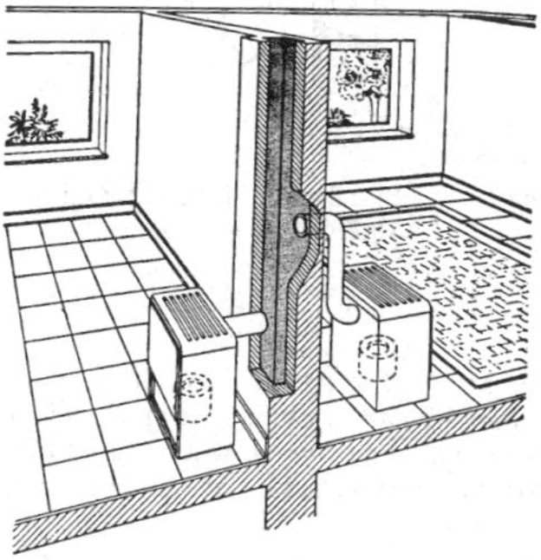

Bild 2.5.2-2. Heizung mit Ölöfen.

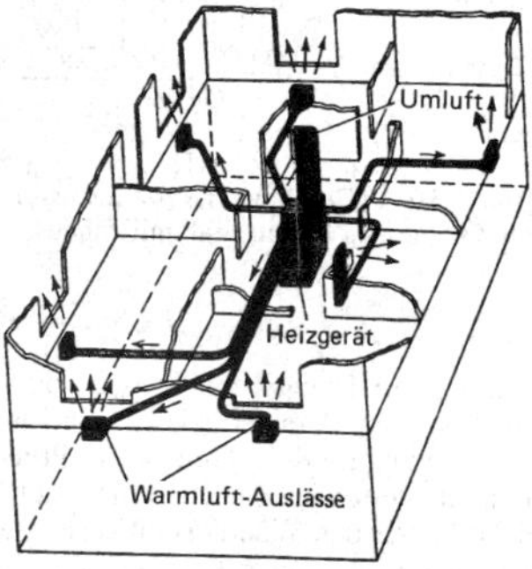

Bild 2.5.2-3. Ventilatorluftheizung mit öl- oder gasbeheiztem Gerät für ein Einfamilienhaus.

-1.2 Mehrzimmer-Kachelofenheizung

Diese Heizung stellte gewissermaßen den Übergang zur Zentralheizung dar, hat nur *eine Feuerstelle* in Küche, Wohnzimmer oder Diele (Bild 2.2.1-16). Der Ofen hat einen Kachelmantel mit Dauerbrandeinsatz. Die ursprünglich günstige Heizungsvariante hat sich bei individueller Raumgestaltung als Zusatzheizung weiterentwickelt und bewährt. Aufgrund der Nachteile der Geräusch- und Geruchsübertragung sowie der ungleichmäßigen Beheizung besonders entfernt gelegener Räume, ist die Anwendung auf reiner Schwerkraftbasis zur Komplettheizung eines Gebäudes heutzutage nicht mehr relevant. Komfortable Lösungen sind über kombinierte Heizeinsätze mit Wassertasche möglich. Hierbei können weiter entfernte Räume über z.B. Radiatoren beheizt werden (s. Abschn. 2.2.2-3.1).

-1.3 Warmwasser-Zentralheizung

Im Keller oder im Erdgeschoß (Stockwerksheizung) ist der *Warmwasserkessel* aufgestellt, der das mittels Pumpe umgewälzte Heizwasser für die in den einzelnen Räumen aufgestellten Heizkörper erwärmt. Der meist öl- oder gasbeheizte Kessel ist häufig kombiniert mit einem Brauchwasserspeicher. Ausführung als offenes oder geschlossenes System. Vorherrschend ist das geschlossene System mit tiefliegendem Membran-Ausdehnungsgefäß. Die Heizkörper (Radiatoren oder Konvektoren) werden im allgemeinen unter den Fenstern aufgestellt. Eine fast ideale Heizung, namentlich, wenn als Brennstoff Gas oder Öl mit Einzelraum-Temperaturregelung verwendet wird (Bild 2.5.2-4 u. Bild 2.5.2-5).

Bei günstigen Nachtstromtarifen kann ein *Elektro-Zentralspeicher,* wie in Abschnitt 2.2.1-7.3.3 behandelt, eingesetzt werden. Allerdings sind dabei Gewicht und Platzbedarf zu beachten.

Zur Verbilligung der Anlagen können die Heizkörper bei sehr guter Wärmedämmung mit Wärmeschutzglas evtl. auch an den *Innenwänden* aufgestellt werden. Falls der Bauherr keine sichtbaren Heizkörper wünscht, können *Flächenheizungen* z.B. in Form von Fußbodenheizungen eingebaut werden, die sich im Preis allerdings teurer stellen. Besonders

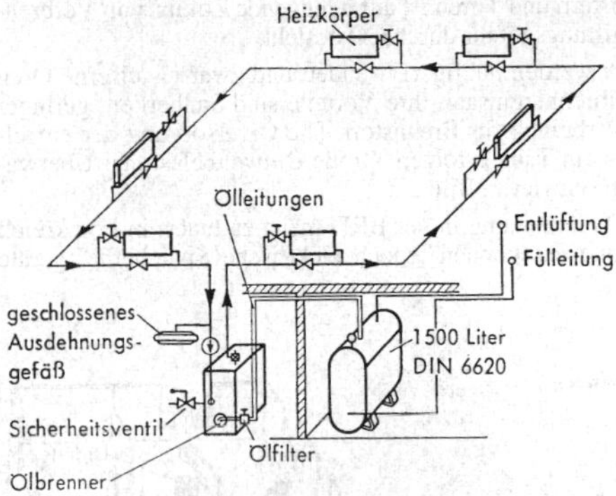

Bild 2.5.2-4. Geschlossene Warmwasser-Zentralheizung mit Ölfeuerung für ein Einfamilienhaus.

Bild 2.5.2-5. Konvektor mit Verkleidung.

Fußbodenheizungen mit Kupfer- oder Kunststoffrohren sind in letzter Zeit häufig eingebaut worden. Auch Heizkörper in Form von *Sockelheizkörpern* werden häufig verwendet (s. Abschn. 2.3.8-7). Günstig im Preis sind *Einrohr-Pumpenheizungen,* wobei die kupfernen Heizleitungen (Wicu-Rohr) oder Weichstahlrohre an der Kellerdecke oder im Erdgeschoß unter den Wandleisten verlegt werden.

Mit zunehmendem Erdgasangebot und besserer Wärmedämmung gewannen die *Umlaufgaswasserheizer* an Bedeutung (siehe Abschnitt 2.3.1-2.2.3). Geringer Platzbedarf und Kombination mit Brauchwasserbereitung im gleichen Gerät. Auch geeignet für Altbausanierung.

-1.4 Sonstige Heizmöglichkeiten

Warmluftheizung siehe Abschn. 2.2.2-3 und 3.6.2-1, Heizung mit Wärmepumpe siehe Abschn. 2.2.2-4 und 2.5.2-2.5, Heizung mit Solarenergie siehe Abschn. 2.2.2-5.

-2 Mehrfamilienhäuser

-2.1 Örtliche Heizung (Zimmerheizung)

Siehe auch Abschnitt 2.2.1.

Die örtliche Heizung mit *Einzelöfen* ist zwar, wie schon gesagt, die einfachste und billigste Heizungsart, hat jedoch die bereits oben erwähnten Nachteile, die bei mehrgeschossigen Häusern besonders ins Gewicht fallen. Einzelöfen werden daher in Neubauten nur noch selten verwendet. Dazu kommt, daß bei Berücksichtigung der baulichen Nebenkosten die Gesamtkosten bei Einzelöfen kaum niedriger sind als bei Zentralheizungen. Bezogen auf die Gesamtbaukosten eines Gebäudes unterscheiden sich die Kosten der verschiedenen Heizsysteme nur wenig voneinander. Koks als Brennstoff ist fast vollständig durch Heizöl und Erdgas verdrängt worden.

Einen Übergang zu den Zentralheizungen stellen Ölheizöfen mit *zentraler Ölversorgung* dar. Für kleinere Häuser Saugpumpen, für größere Druckpumpen mit Windkessel oder Zwischenbehälter im obersten Geschoß. Öltank im Keller oder Erdreich.

-2.2 Elektrische Speicherheizgeräte siehe Abschnitt 2.2.1-7.3.1

Ferner gibt es *elektrische Zentralspeicher* in Verbindung mit Warmwasserheizungen, die allerdings wesentlich höhere Investitionen bedingen. Sie werden in Zukunft sicher eine größere Bedeutung gewinnen. Siehe Abschn. 2.3.1-2.6.

-2.3 Stockwerkswarmwasserheizung (Etagenheizung)

Jede Wohnung hat einen besonderen *Warmwasser-Heizkessel* mit Heizkörpern in den einzelnen Zimmern. Der Heizkessel ist in der Küche oder Diele aufgestellt (Bild 2.5.2-6). Bei dieser Anordnung wird erreicht, daß jeder Mieter unabhängig vom Hauswirt und je nach seinem Einkommen so heizen kann, wie es ihm beliebt. Beheizung mit Öl oder Gas.

Günstig zu installieren (namentlich in Altbauten) ist die Gaszentralheizung mittels Küchenkessel oder *Umlaufgaswasserheizer* (Bild 2.5.2-7). Verlegung der kupfernen Heizrohre unter den Wandleisten im Einrohr- oder Zweirohrsystem. Besonders zweckmäßig ist die Kombination mit der *Warmwasserversorgung* in einem einzigen Gerät (Kombigerät), zumal wenn ein LAS (Luft/Abgas)-Schornstein verwendet werden kann. Diese Bauarten haben an Bedeutung gewonnen, zumal ihre Anschaffungskosten gering sind. Vorteilhaft ist die Messung des Wärmeverbrauchs mittels *Gaszähler,* so daß es eine einfache Heizkostenabrechnung gibt.

Gerät auch mit Wohnungslüftung kombiniert. Abluft und Abgas über Wärmeaustauscher, der auch Kondensationswärme aus Abgas zurückgewinnt (Vaillant).

Die Heizkessel für jede Wohnung können auch im Keller des Gebäudes aufgestellt werden, wobei zwar die Bedienung in der Wohnung fortfällt, jedoch andere Nachteile entstehen: Höhere Anlagekosten, Platzverbrauch im Keller.

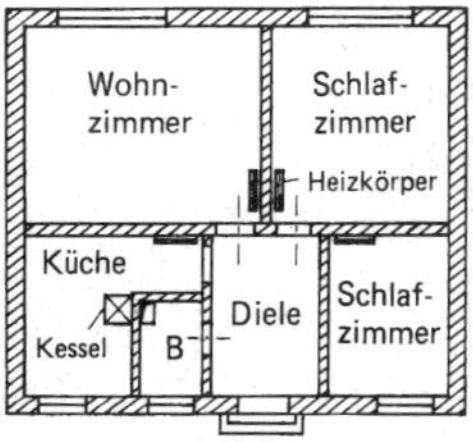

Bild 2.5.2-6. Zentralheizung mit gasbeheiztem Küchenkessel und Warmwasserspeicher.

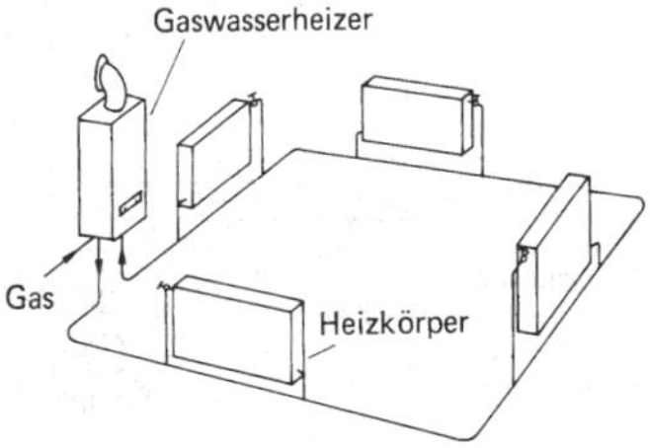

Bild 2.5.2-7. Stockwerksheizungen mit Gasumlaufheizern in einem Mehrfamilienhaus.

-2.4 Warmwasserzentralheizung

Der im Keller des Gebäudes aufgestellte *Warmwasserkessel* mit senkrechten Strangleitungen versorgt die Heizkörper sämtlicher Wohnungen mit Wärme (Bild 2.5.2-8). Die Kessel meist für Öl- oder Gasfeuerung, auch atmosphärische Gasbrenner. Für *Warmwasserversorgung* im Sommer häufig ein zweiter Kessel. Nur eine Feuerstelle für das ganze Haus.

Eine *Verbilligung der Herstellkosten* bringt die Verwendung von gut zugänglichen, gut reinigungsfähigen Konvektoren an Stelle von Radiatoren und bei sehr guter Wärmedämmung die Anordnung der Heizkörper an den Innenwänden statt unter den Fenstern.

Aufgrund der *Heizungsanlagen-Verordnung* müssen die Vorlauftemperaturen des Heizwassers automatisch in Abhängigkeit von der Außentemperatur gesteuert werden (Ausnahme: Zentralheizungen für nicht mehr als 2 Wohnungen), ferner ist thermostatische Einzelraumregelung bis 30. 9. 1987 vorgeschrieben.

Eine andere Anordnung der Heizkörper zeigt Bild 2.5.2-9. Waagerechte Kupferrohr-Einrohrringleitung in jeder Wohnung. Kupferrohr teils an Raumdecke, teils am Boden unter Fußleisten verlegt. Regelventil für jede Wohnung, vorteilhaft ist die einfache Messung des Wärmeverbrauchs durch Wärmezähler.

Die *Heizkostenabrechnung* mit den einzelnen Nutzern ist nach der Heizkostenverordnung vom 23. 2. 1981 vorzunehmen. Der wesentliche Inhalt der Verordnung besagt folgendes: Die Gesamtbetriebskosten (Heizenergie, Hilfsenergie, Schornsteinfeger, Wartung) der zentralen Heizungsanlage und der Warmwasserversorgungsanlage sind getrennt zu ermitteln. Max. 50%, mindestens jedoch 30% der Gesamtbetriebskosten sind für alle Nutzer einzelverbrauchsunabhängig einheitlich nach der Wohn- oder Nutzfläche bzw. nach dem umbauten Raum (oder: nach der beheizten Wohn- oder Nutzfläche bzw. nach dem beheizten umbauten Raum) auf die Nutzer zu verteilen. Die verbliebenen max. 70%, mindestens jedoch 50% der Gesamtbetriebskosten sind für alle Nutzer einheitlich entsprechend dem Einzelverbrauch zu verteilen. Weiteres in DIN 4713/14 (12.80).

Der verbrauchsunabhängige Kostenanteil zwingt Nutzer auch dann zur Kostenbeteiligung, wenn sie selbst tatsächlich keinen Wärmeverbrauch hatten, weil sie bei den Nachbarn Mehrverbräuche verursachen.

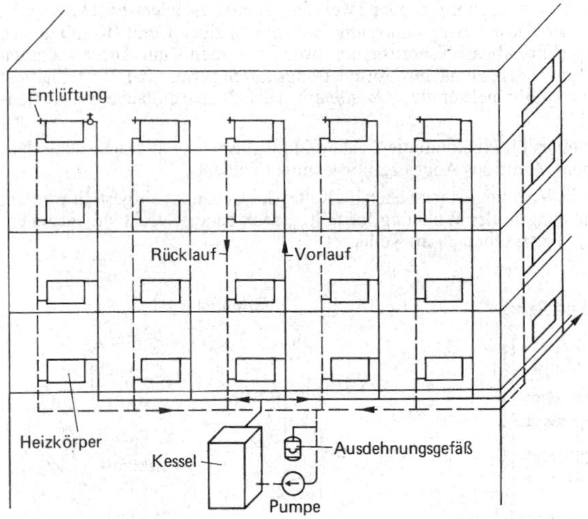

Bild 2.5.2-8. Pumpen-Warmwasserheizung im Zweirohrsystem für ein Mehrfamilienhaus.

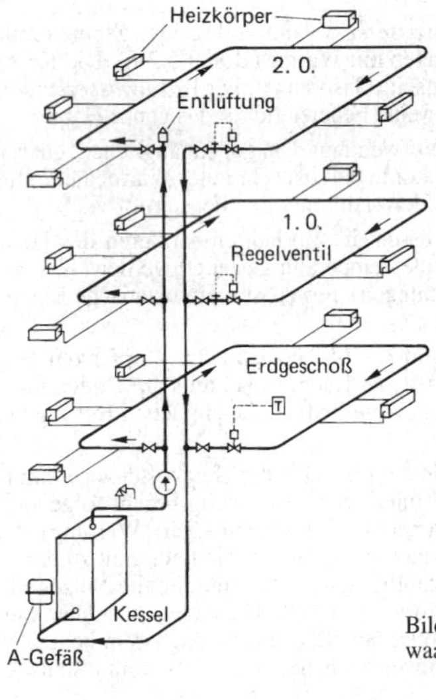

Bild 2.5.2-9. Pumpen-Warmwasserheizung im waagerechten Einrohrsystem.

-2.5 Sonstige Heizmöglichkeiten

Warmluftheizungen siehe Abschn. 2.2.2-3 und 3.6.2-1, Heizung mit Solarenergie siehe Abschn. 2.2.2-5.

Heizung mit Wärmepumpe

Mit zunehmender Wärmedämmung der Gebäude wird der relative Anteil des Wärmebedarfs für Lüftung am Gesamtwärmebedarf immer größer und nähert sich einem Wert von 50%. In diesem Fall kann bei Lüftung mittels Ventilatoren durch Einsatz einer Wärmepumpe die *Abluftwärme* zur Heizung verwendet werden (Bild 2.5.2-10 und Bild 3.6.2-6 bis Bild 3.6.2-8).

Aus der Abluft wird zunächst mittels eines Wärmeaustauschers mit einem Wirkungsgrad von 50…70% ein Teil der Wärme zurückgewonnen. Die Restwärme wird der Abluft in dem Verdampfer einer Wärmepumpe entzogen und bei einer Temperatur von etwa 30…35 °C dem Raum zugeführt.

Die Geräte zur Wohnungslüftung mit Wärmerückgewinnung (Bild 2.5.2-10) können mit einem Erdwärmeaustauscher[1] kombiniert werden. Hierdurch wird das Erdtemperaturniveau im Winter zur Vorerwärmung und im Sommer zur Ankühlung der Zuluft genutzt. Ein weiterer Vorteil besteht darin, daß bei richtiger Auslegung die Zulufttemperatur hinter dem Erdwärmeaustauscher unabhängig von der Außenlufttemperatur stets größer als 0 °C ist. Hierdurch besteht im Winter nicht mehr eine Vereisungsgefahr für den Wärmeaustauscher der Wärmerückgewinnung.

Damit kann der Wärmebedarf der Wohnung bis zu Außentemperaturen von etwa 5 °C gedeckt werden. Bei tieferen Temperaturen ist elektrische oder andere Zusatzheizung erforderlich.

Energieersparnis, jedoch bezüglich Anschaffung und Wartung teuer.

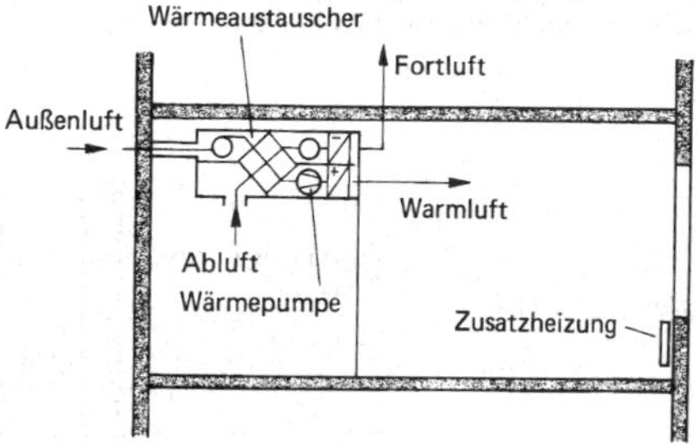

Bild 2.5.2-10. Wohnungslüftung mit Wärmerückgewinnung, bestehend aus Wärmeaustauscher und Wärmepumpe.

-3 Niedrigenergiehäuser[2]

Unter *Niedrigenergiehäusern* werden nach derzeitigem Sprachgebrauch Wohn- oder wohnähnliche Gebäude verstanden, die einen Jahresheizwärmebedarf (Nutzenergie) von ca. 25…60 kWh/m²a aufweisen. Unter *Nahezu-Nullheizenergiehäusern* werden entsprechende Gebäude mit 0…25 kWh/m²a, unter Energiesparhäusern solche mit 60…100 kWh/m²a verstanden. Neubauten weisen z.Zt. 80…120 kWh/m²a aus, während der entsprechende Gebäudebestand in Deutschland bei 190…250 kWh/m²a, in Extremfällen bis zu 500 kWh/m²a einzuordnen ist.

[1]) Albers, K.-J.: Dissertation Universität Dortmund 1991.
[2]) Humm, O.: Niedrig Energie Häuser, Theorie und Praxis, ökobuch Verlag 1991.
Gertis, K.: Niedrigenergie- oder Niedrigentropiehäuser, Vortrag GRE-Kongreß Kassel 10.94, Kurzfassung CCI 04.95.
Hauser, G.: Niedrigenergiehäuser – Bauphysikalische Entwurfsgrundlagen, Holzbauhandbuch, Heft 08.94.

2.5.3 Büro- und Verwaltungsgebäude

-1 Bürogebäude[1)]

-1.1 Allgemeines

Unter der Rubrik „Bürogebäude" oder „Verwaltungsgebäude" sind solche Gebäude zusammengefaßt, die in der Hauptsache Büroräume enthalten, insbesondere also Verwaltungsgebäude von Industriefirmen und Behörden, Geschäftshäuser mit vermieteten Büroräumen (Bürohäuser), Banken, Gerichtsgebäude, Postämter, aber auch die Bettenhäuser von Krankenanstalten, Hotelzimmer u. a.

In der Regel sind auch eine Eingangshalle, mehr oder weniger Sitzungszimmer, Garagen, bei größeren Gebäuden auch ein Speiseraum bzw. Kantine vorhanden. Je nach der Gebäudeart gibt es außerdem noch eine Anzahl von Spezialräumen, z. B.

bei Banken: Schalterhallen, Tresore, Wählerräume,
bei Industriegebäuden: Ausstellungsräume, Werkstätten,
bei Geschäftshäusern: Läden, Lagerräume, Garagen usw.

Nachstehend sind zunächst die allen Gebäuden gemeinsamen Heizsysteme beschrieben, während die Heizung der Sonderräume in getrennten Abschnitten behandelt wird.

-1.2 Heizungssysteme

a) Warmwasserheizung

Die Warmwasserheizung mit 2-Rohr-Verteilung ist das in Deutschland in Vielraumgebäuden bevorzugte und bewährte Heizsystem, auch in Verbindung mit Klimaanlagen oder Lüftungsanlagen. Das Gesamtsystem wird aufgeteilt in einzelne Heizkreise, von denen jeder einzeln zentrale Regelmöglichkeit der Heizleistung und zentrale Absenkungs- oder Abschaltmöglichkeit besitzt (Bild 2.5.3-1).

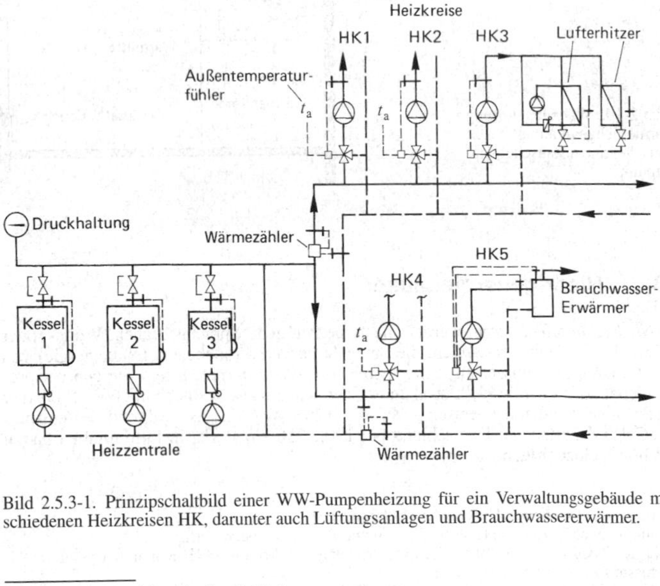

Bild 2.5.3-1. Prinzipschaltbild einer WW-Pumpenheizung für ein Verwaltungsgebäude mit verschiedenen Heizkreisen HK, darunter auch Lüftungsanlagen und Brauchwassererwärmer.

[1)] Klimaanlagen siehe Abschn. 3.6.3-1.
Holler, K.-F.: SHT 3/77. S. 236/46.

Sofern das Heizsystem mit *Eigenwärmeerzeugung* arbeitet, werden öl- oder gasgefeuerte Warmwasser- oder Niederdruckheißwasserkessel (max. zulässige Temperatur 120 °C) eingesetzt. Sofern zusätzlich Dampf für andere Zwecke, z. B. Kochküchen, Dampfbefeuchter für Lüftungsanlagen, benötigt wird, wird ein separater öl- oder gasgefeuerter Dampferzeuger, z. B. in Form eines Schnelldampferzeugers oder eines Produkt-Kessels, aufgestellt. Je nach dem Verhältnis der max. Wärmeverbrauchs-Leistungsanforderungen von Nicht-Dampfverbrauchern zu Dampfverbrauchern und je nach dem Verhältnis der Jahreswärmeverbräuche von Nicht-Dampfverbrauchern zu Dampfverbrauchern können auch andere Lösungen zweckmäßig werden, z. B. Niederdruckdampfkessel mit eingebauten Gegenstromapparaten (sogenannte 2-Kreis-Kessel) oder aber auch öl- oder gasgefeuerte Niederdruckdampferzeuger mit nachgeschalteten Wärmeaustauschern für die Heizwassererwärmung. Beachtet werden muß, daß Dampferzeugungsanlagen im allgemeinen einen erheblichen zusätzlichen Aufwand in Herstellkosten und Betrieb verursachen, durch notwendige Speisewasser- und Kondensataufbereitungsanlagen sowie für die Kondensatrückführung.

Aufteilung der Kesselanlage zur Sicherung der Versorgung und Verbesserung der Wirtschaftlichkeit in 2 oder 3 Einheiten. Für die Brauchwasserversorgung separater Kessel für den Sommerbetrieb u. U. wirtschaftlich.

Da die Wärmeleistungsanforderungen von Heizkörpern in Vielzweckgebäuden zeitlich und örtlich unterschiedlich anfallen, ist es zweckmäßig, die Gesamtanlage in einzelne *Heizkreise* zu unterteilen. Diejenigen Räume, denen Heizkörper jeweils eines Heizkreises zugeordnet werden, müssen mind. gleiche Nutzungszeit haben, um die zugehörige energiesparende Nacht- bzw. Nacht- und Wochenendabsenkung anwenden zu können. Ggf. ist eine weitere darüber hinausgehende Differenzierung von Heizkreisen vorzunehmen, wenn auf unterschiedliches Raumtemperaturniveau abgehoben werden muß oder zusätzlich andere Raumerwärmungsmöglichkeiten vorgesehen sind (z. B. aus raumlufttechnischen Anlagen). Die früher weit verbreitete Zonierung nach Himmelsrichtungen ist nicht mehr nötig, da die dieser zugrunde gelegten Einflüsse durch die gesetzlich vorgeschriebene Einzelraum-Temperaturregelung kompensiert werden.

Bei vielgeschossigen Gebäuden *(Hochhäusern)* kann eine überlagernde vertikale zusätzliche Heizkreiseinteilung zweckmäßig sein, wenn während starken Windanfalls die ansteigende Wärmeleistungsanforderung der Heizkörper in den oberen Geschossen nicht von vornherein durch Heizflächenvergrößerung berücksichtigt wird, sondern durch jeweilige Vorlauftemperaturerhöhung während des tatsächlichen Belastungsfalles. Weiterhin kann eine vertikale Zonierung zweckmäßig sein, wenn anderenfalls die tiefer liegenden Heizkörper wirtschaftlich nicht mehr für die erhöhten Betriebsdrücke vertretbar sind. Allerdings ist dann hydraulische Trennung von den anderen Heizkreisen notwendig.

Umwälzpumpen werden durch Elektromotor angetrieben. Soweit die Leistungsgrößen es zulassen, sollen Rohreinbaupumpen bzw. sog. Inline-Pumpen aus Gründen der Platzersparnis direkt in den Rohrleitungsverband eingebaut werden. Nur für hohe Ansprüche an die Betriebssicherheit ist jeweils eine Reservepumpe zu installieren, ggf. mit automatischer Umschaltung im Störfall und automatischer zeitabhängiger Umschaltung. In Normalfällen genügt die Bevorratung von Pumpen-Austauschsätzen oder kompletten Pumpenaggregaten.

Die max. zulässigen *Heizwassertemperaturen* am Austritt der Wärmeerzeuger liegen nach DIN 4751 T2 bei 120 °C. Dies gestattet mittlere max. Effektiv-Austrittstemperaturen von 100 °C, wenn notwendig. Im übrigen werden die max. Heizwasser-Auslegungstemperaturen der einzelnen Heizkreise mit 90 °C angenommen. Jede andere darunterliegende Vorlauftemperatur von Heizkreisen ist möglich. Diese Vorlauftemperaturen werden durch Abmischen oder durch zweckmäßige Hintereinanderschaltungen mit Verbrauchern höherer Vorlauftemperatur erreicht. Die Zweckmäßigkeit der Hintereinanderschaltung von Heizkreisen bedarf stets genauerer Untersuchungen, insbesondere auch über das Teillastverhalten der voran- und der nachgeschalteten Anlagenteile. Als nachgeschaltete Systeme mit entsprechend niedriger Vorlauftemperatur sind Heizkreise für Lufterhitzer in raumlufttechnischen Anlagen und für Warmwasserbereitung geeignet. Von besonderem Vorteil kann die Hintereinanderschaltung von Heizkreisen bei Fernwärmeanschluß dann werden, wenn der tarifliche Leistungspreisanteil auf Grund des eingestellten max. Fernheizwasser-Durchsatzes gebildet wird.

b) Druckhaltung

Als Einrichtungen zur Druckhaltung und zur Aufnahme des Expansions-Heizwasservolumens bieten sich an Membranausdehnungsgefäße als geschlossene Behälter mit einmaliger Stickstoff-Füllung oder als offene Behälter mit Fremd-Druckluftbeaufschlagung oder mit Eigenkompressor-erzeugter Druckluft. Geschlossene Membranausdehnungsgefäße benötigen erheblich mehr Platz als letztgenannte. Die mit Kompressor ausgestatteten Membranausdehnungsgefäße sind in den Anschaffungskosten höher und benötigen wegen des Kompressors und seiner Steuerung Wartung. Membranausdehnungsgefäße mit Fremd-Druckluft benötigen eine Fremd-Druckluftquelle.

c) Niedertemperaturheizung

Zunehmend werden auch Niedertemperaturheizungen mit max. Vorlauftemperaturen von 55–60 °C eingesetzt. Vor- und Nachteile der Niedertemperaturheizung gegenüber der konventionellen Hochtemperaturheizung sind durch eine Wirtschaftlichkeitsuntersuchung gegenüberzustellen. Niedertemperaturheizsysteme gehen von niedrigeren Wärmeverlusten der Verteilsysteme aus, ferner von niedrigeren Abgastemperaturen, sofern ein dafür geeigneter Heizkessel eingesetzt wird. Sie erschließen grundsätzlich die Möglichkeit, als Wärmeerzeuger auch *Wärmepumpen* einzusetzen, wobei im allgemeinen die wirtschaftlich vertretbare höchste Vorlauftemperatur der Wärmepumpe bei 50 °C liegt, es sei denn, daß der Antrieb der Wärmepumpe über Verbrennungsmotor erfolgt.

Die Herstellkosten für eine Niedertemperatur-Heizung sind wegen der notwendig größeren Heizflächen und der notwendig größeren Rohr- und Armaturen-Querschnitte höher als bei Hochtemperaturanlagen. Fast ohne Herstellkostenerhöhungen können Niedertemperaturheizsysteme zur Versorgung von Lufterhitzern in raumlufttechnischen Anlagen angewendet werden.

d) Einrohrheizungen

Die Warmwasserheizung mit vertikaler (Bild 2.2.2-5 und Bild 2.5.3-2) oder horizontaler Einrohrverteilung (Bild 2.2.2-6) hat Verbreitung gefunden dort, wo die räumliche Konfiguration und die zeitlich gleiche Nutzung von Räumen den Vorteil dieses preiswerten Rohrsystems zuläßt (horizontale Ringe, vertikale Haupt-Steigeleitung in Verbindung mit einer Vielzahl von vertikalen Fall-Leitungen oder umgekehrt).

Funktionsprinzip der Einrohrheizung siehe Abschnitt 2.2.2-1.2.2.

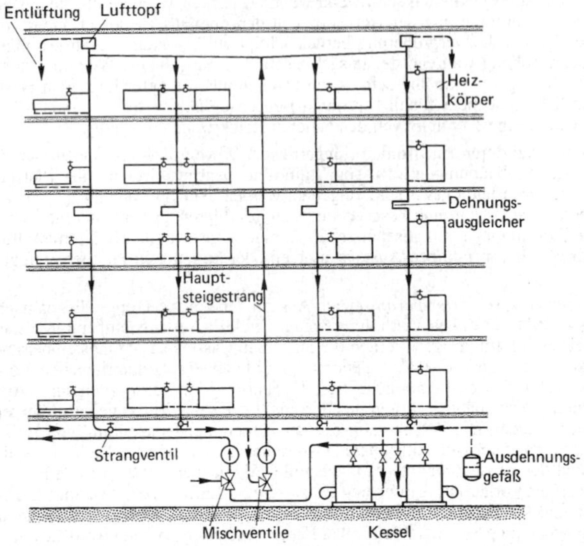

Bild 2.5.3-2. Senkrechte Einrohr-Pumpenheizungsanlage.

Bei kleineren Anlagen kann über Spezial-Heizkörperventile der gesamte Einrohr-Zweigdurchsatz geführt werden. Das Ventil besorgt dann die Verteilung für den Heizkörper einerseits und für die Umgehung des Heizkörpers andererseits. Nachteilig ist die in Strömungsrichtung ständig abnehmende Vorlauftemperatur am jeweiligen Heizkörper.

Besondere Schwierigkeiten können eintreten, wenn Einrohr-Heizungsanlagen an Fernwärmeversorgung angeschlossen werden, die eine möglichst große Abkühlung, zwingend eine Mindestabkühlung, des Gesamtheizwassers verlangen. Abhilfe ist möglich durch Umkehrheizung.

Bei solchen Anlagen würden die Heizkörper am Ende eines Einrohrringes unverhältnismäßig groß werden wegen der geringen Temperaturdifferenz $t_{mHK} - t_i$ (t_i = Raumlufttemp.). Mit dem System der *waagerechten Umkehrheizung* (sogenannte *Perpendikelheizung*) wird dieser Nachteil weitgehend ausgeglichen. Hierbei wird in regelmäßigen Intervallen (ca. 20…30 min) die Fließrichtung des Wasserstroms umgekehrt (Bild 2.5.3-3), so daß über die Betriebsstunde gerechnet alle Heizkörper die gleiche Mitteltemperatur erhalten.

Es können bis 100 und mehr Heizkörper hintereinander angeordnet werden. Maßgebend für die max. Heizkörperanzahl ist der wirtschaftliche Kraftbedarf der Umwälzpumpe (ca. 1…2% des jährlichen Heizenergiebedarfs), abhängig von der Temperaturspreizung $t_V - t_R$, der verwendbaren Ringleitungsdimension und dem Widerstand des Heizkörperanschlusses einschließlich Thermostatventil.

Der Temperaturwechsel im Heizkörper ist wegen der thermischen Trägheit des Gebäudes subjektiv als Raumtemperaturschwankung kaum zu spüren. Ein Ausgleich erfolgt zudem durch die Thermostatventile und dadurch, daß nach jedem Umschaltvorgang sich während 5…10 min (je nach Heizkörperanzahl/Rohrleitungslänge und Förderstrom) der Temperaturwechsel am Heizkörper langsam vollzieht.

Folgende wesentliche *Voraussetzungen* sind bei der Perpendikelheizung zu erfüllen:

- Vierwege-Umschaltventil mit *kürzester Laufzeit* und kleinster Leckrate,
- Thermostatventile mit *geringem Widerstand* (300…600 Pa, Hochhubventil mit ca. 2 mm Hub) und mit *beidseitig anströmbarem* Regulierkegel bei gleichbleibender Regelcharakteristik (Bild 2.5.3-4),

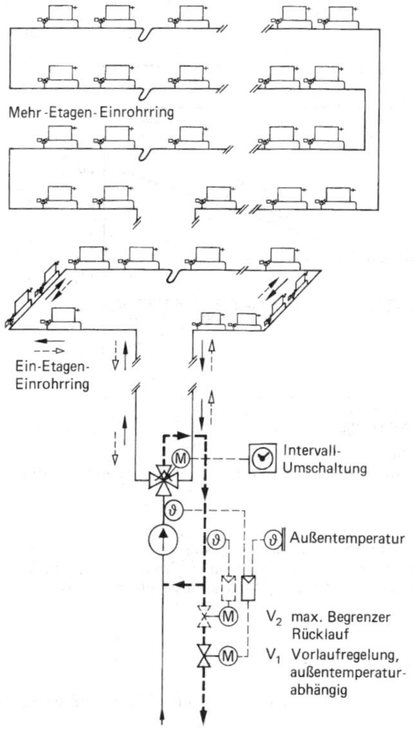

Bild 2.5.3-3. Waagerechte Umkehr-Einrohrheizung (Perpendikel-Heizung) für niedere Rücklauftemperatur (große Spreizung).

Bild 2.5.3-4. Hochhubventil für Umkehrheizung (Sulzer/Temset).

- einwandfrei *dehnungsgerecht* verlegte Ring- und Verteilleitung (sonst ständige Knackgeräusche bei Heizwasser-Temperaturwechsel),
- Heizkörperanordnung *reitend,* um Schwerkrafteinfluß auszuschalten, der bei senkrechter Rohrführung wegen des kleinen Widerstandes im Ventil und Heizkörper sonst zu großen Einfluß nehmen würde,
- Verlegung der Ringleitung in Rund- oder Vierkantrohr über Fußboden, im Estrich oder an der darunterliegenden Decke.

Das Ventil V_1 bewirkt eine von der Außentemperatur abhängige Vorlauftemperatur-Regelung (Bild 2.5.3-3). Ein zweites Ventil V_2 kann als Maximal-Begrenzer dienen, um bei Fernheizungen die Rücklauftemperatur nach oben – z.B. auf 40 °C – zu begrenzen. Dann ist aber zu beachten, daß dieses Ventil kurz nach dem Umschalten der Fließrichtung warmes Vorlaufwasser erhält und für wenige Minuten die Leistungszufuhr (Vorlauftemperatur) drosselt (zum Ausgleich werden die Heizkörper z.B. um 10% überdimensioniert). Ein ähnliches Problem tritt auf, wenn einige Heizkörper außer Betrieb sind.

Bei Rücklaufbegrenzung ist daher große Sorgfalt bei der Auslegung von Regelung, Rohrnetz und Pumpe erforderlich.

Fernheizanschluß gemäß Abschn. 2.2.3-1.1.7 oder Kesselanschluß z.B. nach Bild 2.5.3-1.

Heizkörperberechnung:

Die mittlere Heizflächentemperatur ist für alle gleich großen Heizkörper gleich, sofern auch Kurzschlußstrecke und Anschlußsituation gleich sind. Bei abweichenden Heizkörper-Wärmeleistungen sind entsprechende Berechnungen anzustellen.

Beispiel: Bild 2.5.3-5

50 Heizkörper je 1200 W Leistung, $t_V = 90$ °C, $t_R = 40$ °C
Wasserstrom $\dot{m} = 50 \cdot 1200 / (4200 \cdot 50) = 0{,}286$ kg/s = 0,29 m³/s
Ringleitung: 150 m, 3/4″, $R = 400$ Pa/m, $w = 0{,}81$ m/s.
Umwälzpumpe: $\Delta p = 100$ kPa, $\dot{m} = 0{,}29$ m³/s, $P_2 = 60$ W.
Heizkörpergröße und Kurzschlußstrecke: Berechnung gemäß Abschnitt 2.4.3-1.1, Bild 2.4.3-8.

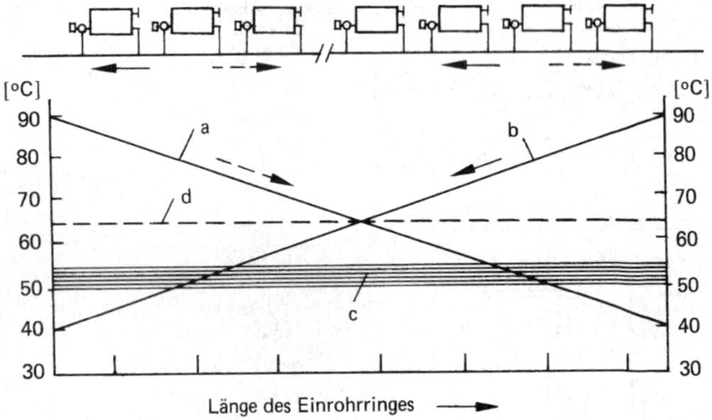

Bild 2.5.3-5. Beispiel für Temperaturverlauf längs des Einrohrringes. Vorlauf $t_V = 90$ °C; Rücklauf $t_R = 40$ °C.
a Temperaturverlauf bei Rechtslauf
b Temperaturverlauf bei Linkslauf
c Heizkörper-Mitteltemperatur t_{mHK} je nach Bypass-/Heizkörper-Strom
d zum Vergleich: Heizkörper-Mitteltemperatur bei Zweirohrheizung; gleichzeitig durchschnittliche Heizkörper-Eintrittstemperatur im Einrohrring innerhalb des Umschalt-Zeitintervalls

e) Niederdruckdampfheizung

ist in Vielraumgebäuden ungeeignet, weil die bereits für Wohngebäude aufgezeigten Nachteile hier noch gravierender greifen.

f) Vakuumheizung

wird demgegenüber im Ausland, namentlich in den USA, häufig verwendet. Die Mehrzahl aller älteren großen amerikanischen Bürogebäude sind mit derartigen Heizungsanlagen ausgerüstet, die sich bei uns jedoch nicht einführen konnten. Die Heizleistung wird je nach Außentemperatur durch ein mehr oder weniger großes Vakuum reguliert. Dampfdruck veränderlich von 0,2 bis 1,1 bar. Besonders gut für Anschluß an Dampffernheizungen geeignet (siehe Bild 2.2.2-54).

g) Klimaanlagen

Klimatisierte Räume mit Außenfenstern oder Außenfassaden erhalten an der Außenfassade dann Heizkörper, wenn die Klimatisierung nicht über Induktionsgeräte an der Fassade vorgenommen wird. Bei Einbau von Induktionsgeräten übernehmen diese auch die Abdekkung des Wärmeverlustes nach außen. Wenn keine Induktionsgeräte installiert werden, dienen die Heizkörper der Grundtemperierung der Räume bei abgeschalteter Klimaanlage und kompensieren im Betrieb der Klimaanlage den Kaltluft- bzw. Kaltstrahlungseffekt der Fassade (siehe Abschn. 3.6.3).

-1.3 Heizkörper

Radiatoren aus Gußeisen oder Stahl oder Flachheizkörper verschiedenster Bauart unter den Fenstern sind die normale Ausführung. Befestigung auf Konsolen oder Füßen. Regulierventil mit Voreinstellung oder thermostatische Ventile.

Die gegenüber Radiatoren oder Flachheizkörpern ohne Strahlungsanteil arbeitenden *Konvektoren* sind billiger, leichter und haben einen geringeren Wasserinhalt und deshalb eine schnellere Auf- und Abheizzeit. Konvektoren sollten nicht eingesetzt werden an Aufstellungsorten, an denen von vornherein erhöhte Verschmutzungsgefahr besteht. Bei der Verwendung von Konvektoren muß unbedingt auf gute Zugänglichkeit zum Zwecke der Reinigung geachtet werden, besonders gilt dies für die Einbauart als Unterflur-Konvektor. Siehe auch Abschnitt 2.3.8.

Die früher gelegentlich eingesetzten *Flächenheizungen* in Form von Deckenheizungen, Fußboden- und Wandheizungen haben sich in Vielzweckgebäuden generell nicht durchgesetzt. Ihrem Hauptvorteil, ohne Platzbedarf im Nutzbereich auszukommen, stehen die Nachteile hoher Herstellkosten, ungünstiger technischer Zugänglichkeit und mangelnder Flexibilität bei Änderung der Raumaufteilung gegenüber.

In Büroräumen, in denen Deckenheizungen verwendet werden, empfiehlt sich die Verwendung zusätzlicher Heizflächen unter den Brüstungen großer Fenster, um den Kaltlufteinfall von den Fenstern her zu verringern. Die Deckenheizungen lassen sich auch im Sommer zu einer allerdings mäßigen Kühlung verwenden, indem durch die Rohre Kaltwasser geleitet wird.

Luftheizungen, die mit Luft als Wärmeträger im Umluftbetrieb ohne weitere Luftbehandlung arbeiten, werden gern in Eingangsbereichen zu Abschirmzwecken eingesetzt, so z.B. in Tür-Schleusenanlagen, Tor-Schleieranlagen und für

Fensterblasanlagen, ferner als Decken- oder Wand-Umluftheizgeräte für Räume untergeordneter Bedeutung, z.B. Lager. Andere Anlagen, die mit erwärmter Luft als Wärmeträger arbeiten, jedoch Außenluftanteil haben oder einer über die Erwärmung hinausgehenden Luftbehandlung unterzogen werden, gehören bereits zu den raumlufttechnischen Anlagen (Abschn. 3.5 u. 3.6).

-1.4 Heizkessel- und Apparateraum

Öl- oder gasgefeuerte *Warmwasserheizkessel* als Gußgliederkessel oder Stahlkessel (s. Abschn. 2.3.1). Größe der erforderlichen Kessel- und Brennstoffräume siehe Abschnitt 2.5.1-2. Beispiele von Heizräumen ebenda.

Gelegentlich befindet sich die Kesselanlage auf dem Dach *(Dachzentralen),* mit dem Vorteil, daß die sonst über sämtliche Geschosse gehende Schornsteinanlage wesentlich verkleinert wird und die entsprechende Unterkellerung für die Aufstellung der Heizanlage selbst entfällt. Besonders günstig ist diese Aufstellungsart, wenn im gleichen Dachgeschoß auch raumlufttechnische Geräte oder Kälteerzeugungsanlagen aufgestellt sind.

Wesentliche Vereinfachungen ergeben sich, wenn statt der Eigenwärmeerzeugung *Fernwärmeanschluß* gewählt werden kann, insbesondere bezüglich der Wartung. In solchen Fällen wird die Fernwärmeübergabestation meist in einem gemeinsamen Raum mit der Einzelheizkreis-Verteilstation kombiniert. Die Verbindung zwischen Fernwärmeteil und Hauswärmeteil kann hydraulisch gekoppelt oder aber hydraulisch entkoppelt, d.h. durch

Trennung über Wärmetauscher erfolgen. Sämtliche kontrollbedürftigen und wichtigen Apparate wie Pumpen, Regelkreise, Steuerungen, Schaltungen und Messungen sowie der Gesamtschaltschrank befinden sich im gleichen Raum.

-1.5 Warmwassererzeugung

Man unterscheidet die Wassererwärmer nach Durchfluß-Wassererwärmer, Speicher-Wassererwärmer und Wasserspeicher (DIN 4753 T1 [03.88]). *Durchfluß-Wassererwärmer* sind Erwärmer, in denen das Trink- oder Betriebswasser im wesentlichen während der Entnahme (des Durchflusses) erwärmt wird. *Speicher-Wassererwärmer* sind Erwärmer, in denen das Trink- oder Betriebswasser im wesentlichen vor der Entnahme erwärmt und zum Verbrauch bereitgehalten wird. *Wasserspeicher* sind unbeheizte Speicherbehälter, die betriebsmäßig mit einem Durchfluß-Wassererwärmer oder einem Speicherwassererwärmer verbunden sind. Weiter wird unterschieden nach der Bauart in offene und geschlossene Wassererwärmer. Die ersten sind solche, die mit der Atmosphäre ständig unmittelbar oder über ein offenes Ausdehnungsgefäß in nicht absperrbarer Verbindung stehen. Geschlossene Wassererwärmer sind solche, die keine offenen Wassererwärmer sind.

Für Brauchwassererwärmungsanlagen, die an eine *Zentralheizungsanlage* angeschlossen sind, muß wegen sparsamer Energieverwendung der Grundsatz gelten, daß das Brauchwasser im Wassererwärmer nie höher erwärmt werden soll, als es der Verwendungstemperatur entspricht. Die Heizmittel-Eintrittstemperatur in den Wassererwärmer sollte aus gleichem Grunde so niedrig wie möglich gehalten werden. Insbesondere bei härteren Wässern sollte die Heizmittel-Eintrittstemperatur 60–70 °C keinesfalls überschreiten.

Wassererwärmer nach dem Durchflußprinzip dürften sich auf kleine Leistungen beschränken. Der Großteil der Wassererwärmungsanlagen wird ausgeführt werden nach dem Speicherwassererwärmer-Prinzip. Bei größeren Wassererwärmungsanlagen empfiehlt sich das *Brauchwasser-Speicherprinzip* mit Durchfluß-Wassererwärmer und Wasserspeicher ohne Heizfläche, beide auf der Brauchwasserseite hydraulisch mit einer Ladepumpe verbunden. Nur das letztgenannte Prinzip gestattet es, definierte Lade- und Entladezeiten sowie definierte Ladeleistungen zu realisieren und damit die Gesamtwärmedarbietung einer Anlage sinnvoll zu vergleichmäßigen (s. auch Abschn. 4.2.1).

Sommerkessel

Bei Wassererwärmungsanlagen, die an Eigenwärmeerzeugungsanlagen angeschlossen sind, ergibt sich jeweils außerhalb der Heizperiode das Problem, daß die Wärmeleistungsanforderung der Warmwassererwärmungsanlage nur einen Bruchteil der Nennleistung der Eigenwärmeerzeugungsanlage beträgt. Sind außerhalb der Heizperiode in größeren Anlagen auch noch Wärmeleistungsanforderungen anderer Verbraucher, z.B. für RLT-Anlagen vorhanden, so ist die Installation eines sog. Sommerkessels zu überlegen.

Besteht außerhalb der Heizperiode Wärmeleistungsanforderung allein für Wassererwärmer, so ist ein eigener, besonderer, direkt warmwassererzeugender öl- oder gasgefeuerter Warmwassererwärmer verwendbar. Bei relativ kleinem Warmwasserbedarf im Vergleich zum sonstigen Heizwärmebedarf kann auch die Umschaltmöglichkeit auf elektrische Warmwasserbereitung mit Speicherung außerhalb der Heizperiode angewendet werden. Heizkessel mit eingebauten Wassererwärmern, diese mit interner Ladepumpe arbeitend, sind für Vielzweckgebäude in den meisten Fällen nicht die geeignete Lösung.

-1.6 Heizung der einzelnen Räume

a) Sitzungszimmer

erhalten normale Heizkörper, jedoch empfiehlt sich, die Heizleistung nur für eine Raumtemperatur von etwa 12–15 °C zu bemessen. Der Wärmebedarf wird in der Nutzungszeit mit der Zuluft aus einer raumlufttechnischen Anlage zugeführt, die gleichzeitig für die Lufterneuerung sorgt.

b) Eingangshallen

in modernen Verwaltungsgebäuden erhalten häufig, soweit nicht eine Radiatorheizung in Frage kommt, eine Luftheizung, namentlich, wenn bis auf den Fußboden herabreichende große Fenster vorhanden sind, so daß sich örtliche Heizkörper nur schlecht verwenden lassen. Der Warmlufteintritt muß in diesem Fall unmittelbar vor den Fenstern erfolgen, oder die Kaltluft hier abgesaugt werden. Auch der Haupteingang ist zweckmäßig an die Luftheizung mit anzuschließen. Bei großen Eingängen besondere Türheizung. Decken- oder Fußbodenheizungen werden häufig aus architektonischen Gründen bevorzugt. Fußbodenheizungen allein decken jedoch meist nicht den Wärmebedarf.

c) Speiseräume

(Kantinen) werden üblicherweise mit Radiatoren oder Flächenheizkörpern ausgestattet. Konvektoren sind hier wegen der Verschmutzungsgefahr ungünstig. Zusätzlich zu den örtlichen Heizkörpern, die auch auf Grundheizung ausgelegt sein können, ist Zu- und Abluft aus einer RLT-Anlage erforderlich.

d) Lagerräume

können zur Verbilligung der Heizungsanlage mit billigeren Heizkörpern wie Konvektoren oder Rohrschlangen oder Lufterhitzern versehen werden.

e) Tresorräume

bei Banken oder anderen Geschäftshäusern werden immer im Kellergeschoß angeordnet. Sie sind mit starken Umfassungswänden versehen und haben ringsherum meist einen Kontrollgang. Der Heizbedarf ist gering und kann häufig durch elektrische Heizkörper gedeckt werden, zumal er auch im Sommer erforderlich ist. Da der Raum fast vollkommen luftdicht ist, ist bei größeren Tresoren auch eine Lüftung erforderlich, die am besten mit der Heizung zu einer Luftheizung verbunden wird. Der Luftein- und -austritt erfolgt durch besondere schlangenhalsförmig gebogene Stahlrohre mit Stahlplatten an beiden Seiten. Der Luftwechsel ist gering zu wählen, etwa 2- bis 3fach je Stunde. Lufterhitzer im Sommer elektrisch oder Anschluß an den Sommerheizkessel, im Winter Anschluß an die Zentralheizung.

2.5.4 Schulen u. ä.

-1 Schulen

-1.1 Allgemeines

Hinweise für die Planung, den Bau und den Betrieb von Heizungs-, Lüftungs- und Warmwasserbereitungsanlagen in Schulen. Hrsg. vom AMEV 1975 (s. Abschn. 6.4).

-1.2 Heizungssysteme[1)]

Bestes Heizungssystem zentrale Warmwasserpumpenheizung mit örtlichen Heizkörpern. Für gleichzeitig benutzte und gleich gelegene Räume eigene Umwälzpumpen (Rohrpumpen) mit Mischwasserregelung. Falls Räume teilweise nicht benutzt sind, *Einzelraumtemperaturregelung* mit Fernsteuerung[2)].

Einzelöfen nur für kleine Schulen, besonders Ölöfen und Gasöfen. Gasöfen wirtschaftlich bei geringen Tarifen und kurzen Unterrichtszeiten. Bemessung der Gasöfen mit 60 bis 80% Zuschlag zur Wärmebedarfsrechnung. Vollautomatik und Fernzündung möglich.

Auch *elektrische Speicherheizung*[3)] bei günstigen Stromtarifen verwendbar. Für Klassenräume Speicheröfen von 2 bis 4 kW Leistung unter den Fenstern, für Großräume Luftheizung mit Blockspeichern. Wirtschaftlichkeitsberechnung erforderlich. Gute Wärmedämmung unerläßlich; spez. Wärmebedarf < 100 W/m^2.

-1.3 Heizkörper

In Einzelzimmern Radiatoren, Konvektoren, Sockelheizkörper, Flachheizkörper. Plattenheizkörper beanspruchen viel Wandfläche. Einbetonierte Deckenheizung wegen Trägheit nicht zweckmäßig. Untergehängte Heizdecken besser, jedoch teurer.

Fußbodenheizung ist möglich, meist jedoch nur für etwa 60...70% des Wärmebedarfs; Rest regelbare Zusatzheizung unter den Fenstern.

In Turnhallen auch *Strahlplattenheizung* und Luftheizung. Eingangsräume auch Fußbodenheizungen.

---

1) Dittmann, K.: San. Hzg. Techn. 3/77. S. 268/72.

2) Mayer, E.: Ges.-Ing. 1970. S. 5/17 u. HR 3/77. 13 S.

3) Jacobi, E.: Wärme-Techn. 1968. S. 7/15.
Merkle, E.: Ges.-Ing. 1969. S. 353/64.
Kühlmann, G.: XIX. Kongreß für HLK 1969.

-1.4 Kesselraum

Siehe Heizraumrichtlinien der Argebau (Abschnitt 6.4). Möglichst zentral gelegen, da dabei Rohrführung billiger. Keine Reserve erforderlich. Brennstoff Öl, Gas.

Bei *Koksfeuerung* Brennstofflager erforderlich, wegen großem Bedienungsaufwand heute nicht mehr verwendet.

Bei *Ölfeuerung* Heizöl *EL* für Wärmeleistung < 5 MW. Tank außerhalb des Gebäudes. (Heizölbehälter-Richtlinien der Argebau. 3.75.)

Gasfeuerung mit Stadt- oder Erdgas. Schornstein möglichst aus versottungsbeständigen Formstücken, wärmegedämmt. Turnhalle, falls auch abends in Benutzung, häufig mit eigenem Kessel.

2.5.5 Krankenhäuser/Kliniken

Neubearbeitet von Dipl.-Ing. Thomas Tech, Essen

-1 Allgemeines

Krankenhäuser und Kliniken stellen in der kommunalen Energieversorgung markante Energieverbrauchsschwerpunkte dar. Die hohe Konzentration medizintechnischer Geräte und der Betrieb der zur Patientenversorgung vorgehaltenen technischen Infrastrukturen erfordern erhebliche Energiemengen in Form von Strom und Wärme.

Der tatsächliche Wärmebedarf ist von verschiedenen Faktoren abhängig:

- vom Krankenhaustyp (z. B. hochtechnisierte Universitätskliniken, allgemeine Krankenhäuser oder psychiatrische Kliniken),
- von der Bettenzahl,
- von den peripheren Versorgungseinrichtungen (Wäscherei, Küche, Zentralisation etc.).

Die spezifischen Wärmebedarfswerte pro Bett bzw. pro Pflegetag stehen daher in verhältnismäßig großer Bandbreite (Tafel 2.5.5-1).

Tafel 2.5.5-1 Wärmebedarfswerte von Krankenhäusern*)

Klasse	I	II	III	IV	V
Betten	bis 250	251 ... 450	451 ... 650	651 ... 1000	über 1000
MWh/(Bett · Jahr)	23	24	27	32	48
kWh/Pflegetag	77	82	89	101	161
kWh/(m^2 · Jahr)	322	336	344	379	402

*) Infas Enermedric GmbH: Bundesweite Erhebung aus dem Jahr 2000.

Der Wärmebedarf von Krankenhäusern resultiert aus der Nachfrage nach

- Raumwärme,
- Warmwasser,
- Niederdruckdampf und
- Hochdruckdampf.

Während Raumwärme und Warmwasser die Mindestanforderungen darstellen, ist die Nachfrage nach Nieder- bzw. Hochdruckdampf hauptsächlich abhängig vom Krankenhaustyp und seinen peripheren Versorgungseinrichtungen.

Niederdruckdampf bis 1 bar erfordern die Küche, sofern sie mit Dampf betrieben wird, und ggf. Dampfbefeuchter in raumlufttechnischen Anlagen.

Hochdruckdampf zwischen 1 … 14 bar erfordern

- Desinfektion und Sterilisation (2 … 4 bar),
- Großwäschereimaschinen (4 … 6 bar) sowie
- Dampfmangeln und Trockner (10 … 14 bar).

-2 Wärmeversorgungsvarianten

Zur Deckung der Wärmenachfrage kommen je nach Krankenhaustyp und -ausstattung verschiedene Wärmeversorgungsvarianten in Frage.

a) nur Raumwärme- und Warmwasserbedarf

Der Wärmebedarf kleiner Krankenhäuser oder psychiatrischer Kliniken beschränkt sich in der Regel auf die Nachfrage nach Raumwärme und Warmwasser. Dieser Bedarf wird üblicherweise mit konventionellen Heizkesseln und daran angebundene Warmwasserspeicher gedeckt. Die insgesamt benötigte Wärmeleistung wird zur Gewährleistung einer hohen Versorgungssicherheit auf zwei oder mehrere erdgas- oder heizölgefeuerte Kessel verteilt.

Die Warmwasserbereitung moderner Anlagen wird als Speicher-Lade-System ausgeführt, um das Speichervolumen zu begrenzen und der Verkeimung durch Legionellen zu begegnen.

Die in kleinen allgemeinen Krankenhäusern zu Sterilisationszwecken oder in der Küche in begrenztem Umfang erforderlichen Dampfmengen werden dezentral durch elektrisch betriebene oder direktgasgefeuerte Kleindampferzeuger bereitgestellt.

b) Raumwärme-, Warmwasser- und Niederdruckdampfbedarf

Mittelgroße Krankenhäuser mit höherem Niederdruckdampfbedarf aber ohne Wäscherei und Zentralsterilisation verfügen neben der zentralen Raumwärme- und Warmwasserversorgung über eine zentrale Niederdruckdampfversorgung. Die gesamte Leistung der Niederdruckdampfverbraucher wird dabei zur Gewährleistung einer ausreichenden Versorgungssicherheit auf zwei oder mehrere Niederdruckdampferzeuger verteilt.

Über einem Dampf-Heizwasser-Umformer (Wärmetauscher) kann die Raumwärmeversorgung und die Warmwasserbereitung zusätzlich gesichert werden (Bild 2.5.5-1).

c) Raumwärme-, Warmwasser-, Niederdruck- und Hochdruckdampfbedarf

Große Krankenhäuser und Kliniken sind bis heute mit zentralen Sterilgutversorgungen, Bettendesinfektionsanlagen und mit einer Wäscherei ausgestattet. Auf Grund der für diese Bereiche erforderlichen Frischdampfzustände verfügen solche Krankenhäuser neben der zentralen Raumwärme- und Warmwasserversorgung über eine zentrale Hochdruckdampf-

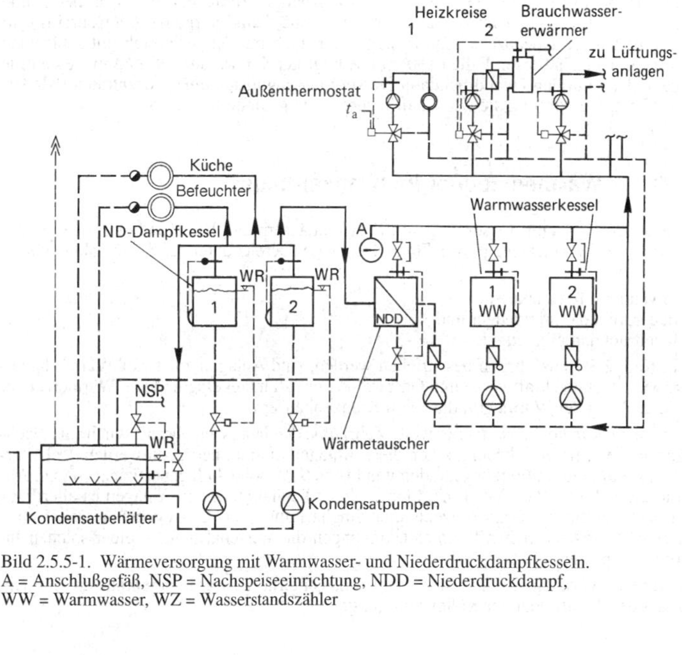

Bild 2.5.5-1. Wärmeversorgung mit Warmwasser- und Niederdruckdampfkesseln.
A = Anschlußgefäß, NSP = Nachspeiseeinrichtung, NDD = Niederdruckdampf,
WW = Warmwasser, WZ = Wasserstandszähler

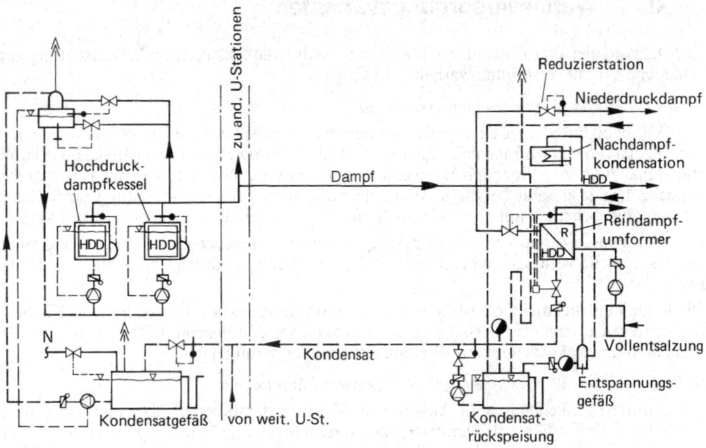

Bild 2.5.5-2. Dampfversorgung mit Hochdruckdampfkesseln.
HDD = Hochdruckdampf, N = Nachspeisung

versorgung. Sie besteht i.d.R. aus mindestens 2 Hochdruckdampferzeugern. Die Dampferzeuger beliefern eine Hochdruckdampfschiene mit bis zu 15 bar. Aus dieser Hochdruckdampfschiene werden der Reindampfumformer (direkt) und über Reduzierstationen die übrigen Hochdruckdampfverbraucher sowie die Niederdruckdampfverbraucher versorgt (Bild 2.5.5-2).

Über einen Hochdruckdampf-Heizwasser-Umformer können auch hier Raumwärme- und Warmwasserversorgung zusätzlich besichert werden.

In zunehmendem Maße werden heute Hochdruckdampfverbraucher, wie Wäscherei- und Zentralsterilisation vom Krankenhaus abgetrennt und fremd vergeben (Outsourcing). In Folge arbeiten die Hochdruckdampferzeuger nur noch im Teillastbetrieb mit schlechten Nutzungsgraden. In diesen Fällen sollte unbedingt geprüft werden, ob und inwieweit die Aufgabe der zentralen Hochdruckdampfversorgung zugunsten einer dezentralen (Niederdruck-)Dampfversorgung die wirtschaftlichere Lösung darstellt.

-3 Wärmeerzeuger im Krankenhaus

Zur Wärme- und Dampfversorgung von Krankenhäusern und Kliniken kommt ein breites Spektrum von Wärmeerzeugern in Frage. Neben den bereits unter 2.5.5-2 erwähnten Wärmeerzeugern

- konventionelle Heizkessel,
- Niederdruckdampferzeuger und
- Hochdruckdampferzeuger,

die in Kap. 2.3.1 ausführlich beschrieben werden, sind Anlagen zur Kraft-Wärme-Kopplung, wie Blockheizkraftwerke und Gasturbinen mit Abhitzekesseln ideale Wärmerzeuger zur Abdeckung der Wärmegrundlast von Krankenhäusern.

Durch die in Krankenhäusern über weite Zeiträume des Jahres annähernd synchrone Nachfrage nach Wärme *und* Strom können diese Anlagen optimal betrieben werden. Dabei erreichen sie mit Gesamtnutzungsgraden von bis zu 90% hohe Anlageneffizienzen (s.a. Abschnitt 2.2.3-2.5 u. -2.6). Vor Einbindung solcher kapitalintensiven Anlagen ist allerdings die Erstellung eines Energiekonzepts unabdingbar, um unter den gegebenen technischen und energiewirtschaftlichen Rahmenbedingungen die Wirschaftlichkeit einer solchen Investition zu prüfen.

Als weitere Wärmequelle kommen krankenhausinterne Abwärmepotentiale in Betracht z.B. aus der Abluft oder der Kälteversorgung.

Häufig lassen sich mit Einsatz zusätzlicher Wärmetauscher und bei überschaubarem Investitionsaufwand nennenswerte Abwärmepotentiale zurückgewinnen. Ausschlaggebend für die Realisierung solcher Lösungen ist das Vorhandensein von Wärmeanwendungen auf niedrigen Temperaturniveau, wie z. B. die Warmwasservorwärmung oder die Beheizung von Bädern der physikalischen Therapie. Ein umfassendes Energiekonzept mit energetischer Bestandsaufnahme liefert Aufschluß über solche Ansatzpunkte.

-4 Besondere Anforderungen

Die Hygiene erfordert in Krankenhäusern besondere Beachtung. Sie stellt besondere Anforderungen an die Heizflächen und die Wärmeversorgung verschiedener Bereiche.

-4.1 Bereiche

a) Operationsabteilung

Die Operationsabteilung besteht üblicherweise aus zwei oder mehreren Operationssälen, dazwischenliegenden Sterilisationsräumen, Vorbereitungs- und Aufwachräumen. Für die Operationsräume bestehen höchste Sterilisationsansprüche. Deshalb werden moderne Operationsräume als fensterlose, vollklimatisierte Räume ausgeführt.

Das Operationsteam wählt sich selbst die Soll-Raumlufttemperatur, die von der Klimaanlage sowohl im Heiz- als auch im Kühlfall gehalten werden muß. Örtliche Heizkörper oder Deckenstrahlungsheizungen werden heute nicht mehr eingesetzt.

Die lokalen Sterilisationseinrichtungen werden i.d.R. elektrisch betrieben.

Die Nebenräume des Operationstraktes werden mit normalen Radiator-Heizungen ausgestattet.

b) Geburtshilfestation

Zur Geburtshilfestation gehören die Kreißsäle, ein Raum für kleine Operationen, Boxen für Frühgeborene, Räume für Säuglinge und Bettenräume. Da hier ganztägig und ganzjährig ein erhöhtes Raumtempeaturniveau gefordert ist, ist hier ein gesonderter Heizkreis erforderlich. Die Wärme kann diesen Räumen sowohl durch statische Heizflächen als auch über raumlufttechnische Anlagen bereitgestellt werden.

c) Bettenstation

Die Patientenzimmer werden i.d.R. mit Spezial-Heizkörpern ausgestattet, die das Verletzungsrisiko verringern.

Erfolgt zur Vermeidung von Geruchsbelästigungen eine Luftabsaugung über eine raumlufttechnische Anlage, müssen die Heizkörper zusätzlich für die Nachwärmeleistung der Zuluft dimensioniert werden. Damit ergibt sich eine verlängerte Heizperiode in der Übergangszeit.

Deshalb werden zweckmäßigerweise die Heizkörper für Bettenräume zu eigenen Heizkreisen zusammengefaßt.

Für den Fall, daß die Naßzellen der Bettenräume mit aus den Bettenräumen überströmender Luft versorgt werden und selbst nur Abluftabsaugung haben, sind auch in den Naßzellen Heizkörper zu installieren.

-4.2 Heizflächen

Radiatoren unterschiedlicher Bauart sind die für die meisten Räume üblichen Heizkörper, oft in sogenannter Krankenhausausführung. Die Aufstellung erfolgt unter den Fenstern; Thermostatventile, Heizkörperverschraubungen mit Drossel-, Entleer- und Absperrfunktion. Keine Heizkörperverkleidung.

Flächenheizung in Form von Fußbodenheizungen, gelegentlich auch in Form von Deckenstrahlungsheizungen, sind für Krankenhäuser nicht ungeeignet, jedoch ihrer höheren Herstellkosten wegen in den Hintergrund getreten.

Flachheizkörper sind wegen der unfallgefährlichen kantigen Ausführung nur in Teilbereichen zweckmäßig.

Konvektoren sind wegen der Verschmutzungsgefahr aus hygienischen Gründen in Krankenhäusern abzulehnen.

Innenliegende Räume oder Räume mit besonderen Anforderungen werden an raumlufttechnische Anlagen angeschlossen. Entweder sind in solchen Räumen zusätzliche örtliche Heizflächen installiert, oder der Wärmeverlust der Räume selbst wird von der Zuluft-Wärmeenergie mitgedeckt.

Induktionsgeräte mit Konvektor-Wärmetauschern sind im Betten-, Untersuchungs- und Behandlungsbereich ungeeignet.

2.5.6 Gebäude für Sport- oder Versammlungszwecke

-1 Sporthallen[1)]

-1.1 Allgemeines

Sporthallen werden in größeren Städten errichtet, einerseits um einzelne große Sportveranstaltungen durchzuführen, andererseits dienen sie Schulen und Vereinen als Übungsstätte. Auch werden sie häufig für andere Zwecke wie Versammlungen, Ausstellungen oder dergleichen verwendet. Die *Benutzungszeit* ist sehr unterschiedlich, so daß für die Heizung dauernde Betriebsbereitschaft und schnelle Aufheizzeit wichtig sind. Daher werden bei der Heizung von Sporthallen fast ausschließlich *Luftheizungen* verwendet, die diese Forderungen am besten erfüllen. Manchmal örtliche Grundheizung.

Alle Sporthallen haben eine mehr oder weniger große Anzahl von Nebenräumen, die ebenfalls zu beheizen sind, insbesondere Garderoben, Wasch- und Brauseräume, Regieräume, die Kassen- und Eingangshalle, Aborte, Geräteräume und eine Hauswartwohnung. Bei großen Sporthallen kommen dazu noch Restaurants oder Erfrischungsräume, Küchen, Übungsräume, Sitzungszimmer und andere Nebenräume.

-1.2 Wärmequellen

a) Gasheizung

Bei kleinen Sporthallen genügt es häufig, für die eigentliche Sporthalle *Öl- oder Gaslufterhitzer* zu verwenden. Die Nebenräume müssen in diesem Fall entweder örtliche Heizkörper erhalten, wie z. B. die Aborte und der Geräteraum, oder es ist für diese Räume eine besondere *öl- oder gasbeheizte Zentralheizung* mit eigenem Kessel aufzustellen. Die letztgenannte Heizart ist günstiger, da dann in allen zu beheizenden Räumen Radiatoren oder andere gegen Beschädigung oder Störung unempfindliche Heizkörper aufgestellt werden können. Die *Hauswartwohnung* erhält auf jeden Fall eine eigene getrennte Heizung (Etagenheizung oder dergleichen), da die Betriebszeit hier eine andere ist als bei der Sporthalle.

b) Dampf- oder Warmwasserheizung

Bei allen größeren Hallen empfiehlt sich der Einbau von Warmwasser- oder Dampfkesseln, die das Heizmittel an alle angeschlossenen Räume liefern. Als Brennstoff wird meist Gas oder Öl, ganz selten noch Kohle oder Koks verwendet. Die eigentliche Halle erhält Lufterhitzer, Nebenräume örtliche Heizkörper.

-1.3 Luftführung[2)]

Bei der Festlegung der *Luftführung* ist darauf Rücksicht zu nehmen, daß in fast allen Sporthallen auch geraucht wird, so daß die Hallen auch gelüftet werden müssen. Da die Rauchabsaugung an der Decke erfolgen muß, ergibt sich hieraus, daß die Luftzuführung am besten über dem Fußboden erfolgt. Die Luftauslässe können dabei entweder unter den Sitzen, an den Seitengängen, an Pfeilern usw. angeordnet werden.

Alle Luftheizungen sind so einzurichten, daß die Halle vor Beginn des Sportbetriebes mit

---

1) Merkle, E.: Sportstättenbau. 11 u. 12/1970. Heft 6.
Mattfeld, C.: Wkt 2/74. S. 1517.
DIN 18032 T1 (04.89): Sporthallen, Grundsätze für Planung und Bau.

2) Siehe auch Abschnitt 3.3.5-4.3.4.

Umluft schnell aufgeheizt werden kann, während nach Beginn der Veranstaltung je nach der Zahl der Zuschauer mehr oder weniger Außenluft zugesetzt werden muß.

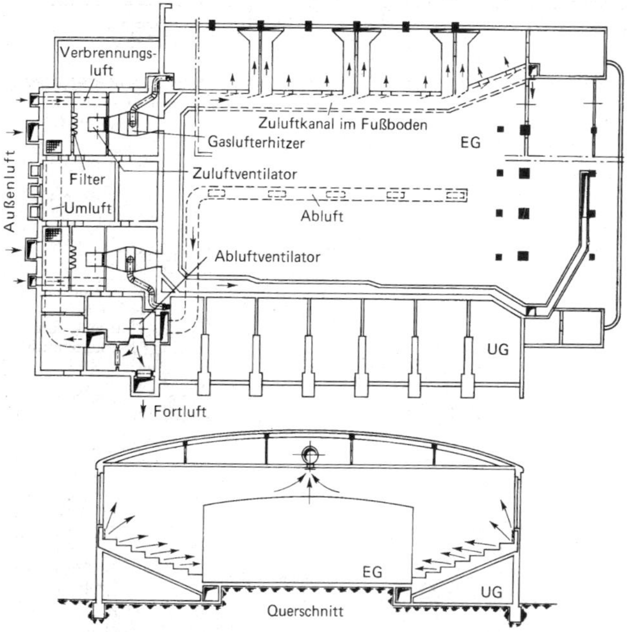

Bild 2.5.6-1. Heizung und Lüftung einer kleinen Sporthalle mit Gas.

Bild 2.5.6-1 zeigt als Beispiel die Heizung einer kleinen Sporthalle. Heizung und Lüftung der eigentlichen Halle durch Gaslufterhitzer, der Nebenräume durch einen gasbeheizten Kessel. Zuluftführung unter den Sitzen, Abluft an der Decke. Der Außenluft-Anteil wird von der Schalttafel aus je nach Besucherzahl geändert.

Bild 2.5.6-2 zeigt die andersartige Luftführung einer *Übungshalle* ohne Zuschauertribünen. Hier wird die Luft aus Verteilrohren an der Decke senkrecht nach unten geblasen, wobei jedoch unter Umständen in Kopfhöhe Luftbewegungen fühlbar werden. Umluftansaugung an einer Querwand.

Im Bild 2.5.6-3 ist die Heizung einer großen Halle mit zahlreichen Nebenräumen dargestellt. Wärmeerzeuger sind gas- oder ölbeheizte Kessel. Die Halle wird durch zwei große Ventilatoren mit Dampflufterhitzern geheizt. Warmluftauslässe unter den Sitzen. Umluftrückführung durch große Gitter in der Halle, Abluftventilatoren auf dem Dach. Heizung der Nebenräume durch örtliche Heizkörper (Radiatoren oder Konvektoren).

-1.4 Luftvolumenstrom

Außenluftrate je Person 30 bis 40 m^3/h. Luftwechsel in der Halle meist etwa 2- bis 3fach. Die Luftgeschwindigkeit bei den Luftauslässen unter den Sitzen < 0,5 m/s, bei den Lufteinlässen an der Decke 3 bis 4 m/s. Antriebsmotore der Ventilatoren polumschaltbar oder mit Drehzahlregulierung.

-1.5 Wärmebedarf

Für die Bestimmung der Kesselleistung ist eine Wärmetransmissionsrechnung aufzustellen. Dem so ermittelten Wärmebedarf ist noch der Wärmeaufwand für die Lüftung hinzu-

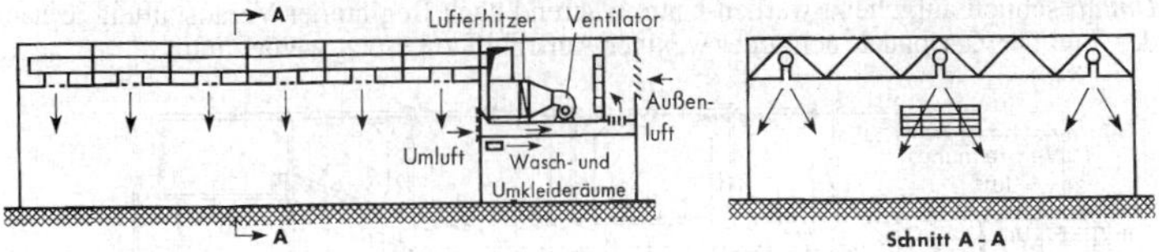

Bild 2.5.6-2. Luftheizung einer Übungshalle ohne Zuschauertribünen.

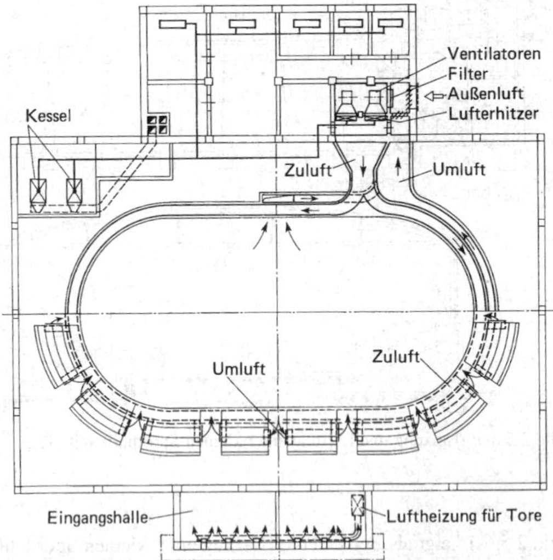

Bild 2.5.6-3. Heizung und Lüftung einer großen Sporthalle mit öl- oder gasbeheizten Kesseln.

zufügen, wobei volle Außenluftmenge bis etwa 0 °C zu berücksichtigen ist. Wärmerückgewinnung ist bei kleinen jährlichen Betriebszeiten nur bedingt wirtschaftlich.

Raumlufttemperatur in der Halle 15…18 °C.

-1.6 Eingangshalle

Die Eingangs- und Kassenhalle kann bei kleinen Anlagen an die Luftheizung der Halle mit angeschlossen werden. Bei großen Anlagen empfiehlt sich jedoch eine getrennte Luftheizung. Warmluftzufuhr unmittelbar an den Türen durch Luftschleier, um den Kaltlufteinfall durch die geöffneten Türen soweit wie möglich zu verringern.

Berichte über ausgeführte Anlagen (Sport- und Kongreßhallen)

Sporthalle Prag, Maca: Ges.-Ing. 1964. S. 240/5.
Madison Square Garden, Adamson: ASHRAE 5/1967. S. 52/6.
Olympia-Sporthalle München: Brockmeyer, H.: Ges.-Ing. 1972. S. 161/70.
Olympiagelände München: R. Passau, VDI-Bericht 184, 1972.
Stadthalle Aachen: Moog, W., u. a.: HLH 11 u. 12/76.
Konzertsaal Vredenburg/Utrecht: Brockmeyer, H., u. a.: Ki 2/79. S. 61/6.

Internationales Kongreß-Centrum Berlin: TAB 7/79. S. 551/73.
Sporthallen Olimpyskij in Moskau: Ki 7/8-82. S. 269/74.
Sporthalle Stuttgart-Zuffenhausen: TAB 4/85. S. 289/98 (Gasmotoren).

-2 Hallenschwimmbäder[1] (Siehe auch Abschn. 3.6.9-1)

-2.1 Allgemeines

Hallenschwimmbäder haben einen erheblichen Wärmebedarf, der allerdings wegen der verschiedenen Bauarten und Einrichtungen sehr unterschiedlich ist. Nachstehend wird eine Berechnung des Wärmebedarfs gebracht, bei der gewisse Annahmen vorausgesetzt sind. In speziellen Fällen kann jedoch leicht durch Änderungen dieser Zahlen eine Umrechnung erfolgen.

-2.2 Maximaler Wärmeverbrauch

Der Verbrauch hängt von einer großen Zahl von Faktoren ab, besonders Bauart des Gebäudes, Zahl der Duschen, Besucher, Umkleideräume usw. In der nachstehenden Berechnung sind alle Zahlen auf 1 m² Beckenoberfläche bezogen. Weiterhin sind folgende, auf Erfahrungswerten beruhende Annahmen gemacht:

Wassertemperatur	+ 28 °C
Lufttemperatur	28…30 °C
maximale Luftfeuchte in der Schwimmhalle	70%
minimale Außenluftmenge in der Schwimmhalle	10 m³/h m²
Frischwasserbedarf	50 kg/m² d
Grundfläche der Umkleideräume	0,5 m²/m²
Grundfläche der Eingangshalle	0,2 m²/m²
Grundfläche der Nebenräume	0,1 m²/m²
Zahl der Duschen	0,08/m²
Betriebstage	300
tägliche Betriebszeit	12 Stunden

Damit ergeben sich folgende maximale Verbrauchszahlen:

a) *Verdunstung*
Bei einer mittleren Feuchte der Raumluft von 60% beträgt die verdunstete Wassermenge etwa 0,1 kg/m² h, entsprechend einem Wärmeverlust von
$2500 \cdot 0{,}1 = 250$ kJ/m² h = 250/3600 = ... 0,07 kW/m²

b) *Heizung*
Der Transmissionswärmeverlust des Gebäudes muß nach DIN 4701 berechnet und dann auf 1 m² Beckenfläche umgerechnet werden. Nach Untersuchung einiger Gebäude ergeben sich dabei Beträge von etwa 0,5…1,0 kW/m². Hier sei der Verlust angenommen zu .... 0,80 kW/m²

c) *Lüftung*
Es werden folgende Außenluftmengen der Berechnung zugrunde gelegt:

Becken	10 m³/m² h
Umkleideräume 20 m³/m² h, das sind bezogen auf das Becken $20 \cdot 0{,}5$ =	10 m³/m² h
Duschen 220 m³/h bezogen auf das Becken $220 \cdot 0{,}08$ =	18 m³/m² h
Eingangshalle 20 m³/m² h bezogen auf das Becken $20 \cdot 0{,}2$ =	4 m³/m² h

---

[1]) Loch, E.: Klimatechn. 4/76. S. 77/81.
VDI 2089 Hallenbäder. Bl. 1 (07.94): Brauchwasserbereitung in Hallenbädern.
Duggen, U.: Ki 1/78. S. 9/12.
Kremer, K.: Ki 10/76. S. 345/8.
KOK-Richtlinien für den Bäderbau (1977).
Tepasse, H.: TAB 1/82. S. 33/38.

Nebenräume 20 m^3/m^2 h
bezogen auf das Becken 20 · 0,1 = 2 m^3/m^2 h

Summe 44 m^3/m^2 h

Bei einer Außentemperatur von –15 °C und einer mittleren Zulufttemperatur von 28 °C ist dann der maximale Wärmeverbrauch für die Lüftung
44 (28 + 15) °C · 1,25/3600 = ... 0,66 kW/m^2

d) *Frischwassererwärmung*
50/12 kg/h (28 – 10) °C · 4,25/3600 = ... 0,09 kW/m^2

e) *Duschen*
Bei einem mittleren Wasserverbrauch einer Dusche von 300 kg/h ist der Wärmebedarf
300 · 0,08 (42 – 10) °C · 4,25/3600 = ... 0,91 kW/m^2

Summe 2,53 kW/m^2

Alle übrigen Wärmeverbraucher können gegenüber den genannten Zahlen vernachlässigt werden, z. B. Transmission durch die Beckenwände, Konvektionsverluste, Wärmegewinn durch Besucher u. a. Mit einem Zuschlag von 15% für allgemeine Wärmeverluste ergibt sich demnach ein maximaler Wärmeverbrauch je m^2 Beckenfläche von

1,15 · 2,53 = rd. 3,0 kW/m^2.

Die Aufteilung des maximalen stündlichen Wärmeverbrauchs auf die verschiedenen Verbraucher hat folgendes Aussehen:

Verdunstung	0,16 kW/m^2 = 3%
Heizung	0,92 kW/m^2 = 31%
Lüftung	0,76 kW/m^2 = 26%
Frischwasser	0,13 kW/m^2 = 4%
Duschen	1,03 kW/m^2 = 36%
	3,00 kW/m^2 = 100%

Bei der Heizung ist zu bemerken, daß ein wesentlicher Teil von der Lüftung übernommen wird, was auf den Gesamtverbrauch jedoch ohne Einfluß ist.

Nach diesen Zahlen sind die Wärmeerzeuger zu bemessen. Für ein öffentliches Schwimmbad von 25 · 12,5 = 312 m^2 Grundfläche ist daher eine Kesselanlage von 312 · 3,0 = 936 kW erforderlich. Durch Vorrangschaltung zwischen den Heizgruppen sowie durch Brauchwasserspeicher läßt sich eventuell eine Verringerung erreichen.

Die Zeit für die erstmalige Erwärmung des Beckenwassers hängt von der Leistung der Wärmeaustauscher ab. Bemißt man sie mit 2 kW/m^2 Beckenfläche, so ist bei 2 m Wassertiefe die Aufheizzeit

$$\frac{2 \cdot 1000\,(28 - 10)\,\mathrm{K} \cdot 4{,}25}{2\,\mathrm{kW} \cdot 3600} = 21{,}2 \text{ Stunden.}$$

-2.3 Jährlicher Wärmeverbrauch

ergibt sich je m^2 Beckenfläche wie folgt:

Verdunstung: 12 St. · 300 Tg. · 0,07 kW	= 252 kWh = 5%
Heizung bei 2000 Vollbetriebsstunden 2000 · 0,80 kW	= 1600 kWh = 33%
Lüftung bei einer mittleren Außentemperatur von 8 °C 44 m^3/h (28 – 8) °C · 1,25 · 12 St. · 300 Tg./3600	= 1100 kWh = 22%
Frischwassererwärmung 50 kg/d · 300 Tg. (28 – 10) °C · 4,25/3600	= 319 kWh = 7%
Duschen bei 50% Belastung 0,91 kW/2 · 12 St. · 300 Tg.	= 1638 kWh = 33%
	Summe 4909 kWh = 100%

Jährlicher Wärmeverbrauch also ≈ 5,0 MWh/m^2

Dies entspricht einer Vollbetriebsstundenzahl von $\frac{5000}{3} = 1667$ Stunden.

Der Wärmeverbrauch ist wegen der Abhängigkeit der Lüftung und Heizung von der Außentemperatur im Jahresverlauf unterschiedlich und hat etwa den Verlauf nach Bild 2.5.6-4. Stark frequentierte öffentliche Hallenbäder liegen mit ihrem Wärmeverbrauch in der Nähe der oberen Grenzlinie, Privatbäder mit geringerer Benutzung bei der unteren Grenzlinie. Für ein öffentliches Schwimmbad mit einer Beckenfläche von $25 \cdot 12{,}5 = 312$ m^2 kann man also unter den angegebenen Voraussetzungen mit einem jährlichen Wärmeverbrauch von $312 \cdot 5{,}0 = 1560$ MWh rechnen. Bei einer täglichen Besucherzahl von zwei Personen je m^2 Beckenfläche ist der jährliche Wärmeverbrauch je Besucher

$$\frac{500}{2 \cdot 300 \text{ Tg.}} = 8{,}3 \text{ kWh.}$$

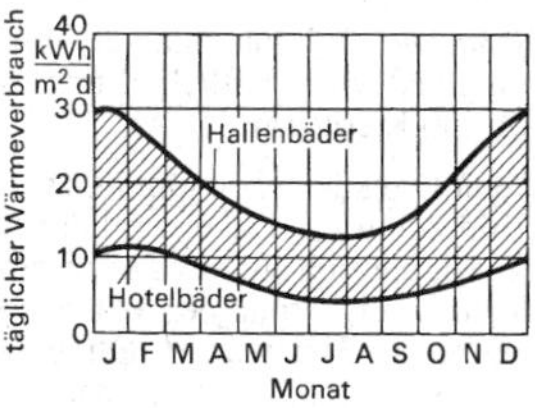

Bild 2.5.6-4. Mittlerer täglicher Wärmeverbrauch von Hallenbädern und angebauten Hotelbädern.

Überschläglich kann man den jährlichen Wärmebedarf wie folgt annehmen:

Kellerbäder	1,0…1,5 MWh/m^2
Hotelbäder, eingebaut	2,0…3,0 MWh/m^2
Hotelbäder, angebaut	3,0…4,0 MWh/m^2
Hallenbäder, öffentlich	6,0…8,0 MWh/m^2

Durch *Wärmerückgewinnung* aus der Fortluft lassen sich erhebliche Energieersparnisse erreichen, siehe Abschn. 2.2.2-4 (Wärmepumpen) und 3.3.8 (Wärmerückgewinnung).

-2.4 Privatschwimmbäder

Bei mäßig benutzten Privatschwimmbädern kann ohne Berücksichtigung von Wärmetransmission und Duschen zugrunde gelegt werden:

Verdunstung	0,1 kg/(m^2h)
Lüftung	10 m^3/(m^2h)

Alle übrigen Wärmeverluste oder Wärmegewinne können praktisch vernachlässigt werden. Die maximale Wärmeanforderung ist dann

Verdunstung:	0,1 kg/(m^2h) · 0,7 kWh/kg	= 0,07 kW/m^2
Lüftung:	10 m^3/(m^2h) · (28 + 15) K · 0,35 Wh/(m^3K)	= 0,15 kW/m^2
		0,22 kW/m^2

Der jährliche Wärmeverbrauch ist

für Verdunstung:	
365 d/a · 24 h/d · 0,07 kW/m^2	= 613 kWh/(m^2a)
für Lüftung	
365 d/a · 24 h/d · 10 m^3/(m^2h) · (28 – 8) K · 0,35 Wh/(m^3K)	= 613 kWh/(m^2a)
	1226 kWh/(m^2a)
abgerundet	1,25 MWh/(m^2a)

Demnach hat ein Privatbad von 30 m^2 Wasseroberfläche einen jährlichen Wärmeverbrauch von

30 m^2 · 1,25 MWh/(m^2a) = 37,5 MWh/a

Dies entspricht etwa dem Wärmeverbrauch eines normalen Einfamilienhauses.

Wird in Nichtbenutzungszeiten die Wasseroberfläche abgedeckt und gleichzeitig der Luftvolumenstrom eingeschränkt, läßt sich der Jahreswärmeverbrauch erheblich senken.

-2.5 Beheizungsarten

Für die Wärmeversorgung sind folgende Heizgruppen erforderlich: Beckenwassererwärmung, Heizung, Lüftung, Duschen.

a) Beckenwassererwärmung

Gegenstromapparate sind am meisten verbreitet (Bild 2.5.6-5). Der Wärmeaustauscher aus Edelstahl wird an den Kessel der Zentralheizung angeschlossen. Außer der üblichen Bauform gibt es noch viele Sondermodelle zur Vergrößerung der Wärmeübergangszahl und zur Verringerung der Abmessungen. Bei geringen Leistungen wird der Wärmeaustauscher auch in den Kessel verlegt (Schwimmbadwassererwärmer), Bild 2.5.6-6a. Billig, jedoch geringer Nutzungsgrad im Sommer. Regelung der Erwärmung durch Mischventile oder Ein-Aus-Schaltung der Umwälzpumpe. Maximaler Wärmebedarf für Verdunstung, Lüftung und Spritzwasser etwa $\dot{Q}$ = 0,18 kW je m^2 Beckenfläche.

Gasheizung. Gasdurchlauferwärmer sind für kleine Anlagen sehr geeignet (Bild 2.5.6-6b); billig und wirtschaftlich. Durch das Gerät wird nur ein Teilstrom geführt, der sich um etwa 20…30 K erwärmt.

Auch Direktbeheizung mit Gas wird gelegentlich ausgeführt, hauptsächlich für Freibäder (Bild 2.5.6-6c). Dabei wird das Beckenwasser in direkte Berührung mit den Abgasen gebracht, die sich auf etwa 45 °C abkühlen. Hygienische Bedenken sollen nicht bestehen, jedoch Anreicherung des Wassers mit CO_2. Hoher Wirkungsgrad, etwa 95% bezogen auf den oberen Heizwert H_o (Brennwert). Bei anderen Bauarten wird ein Wärmeaustauscher dazwischengeschaltet, so daß das Schwimmwasser indirekt erwärmt wird. Näheres in DVGW-Arbeitsblatt G 677 (10.80).

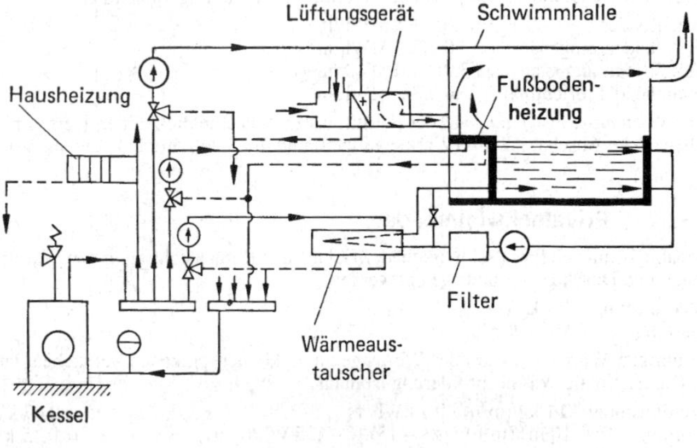

Bild 2.5.6-5. Heizung und Lüftung eines Hallenbades.

Elektrische Heizung. Es kommen sowohl Durchlauferhitzer als auch Elektrodenkessel zur Verwendung. Sie arbeiten mit Schwachlaststrom. Das Beckenwasser wird nur nachts aufgeheizt und dient dabei selbst als Speicher. Schema einer Anlage mit Elektrodenkessel im Bild 2.5.6-7.

Wärmepumpen im Abschn. 2.2.2-4.6.2.

b) Heizung und Lüftung (siehe Abschn. 3.6.9-1)

Die Heizung der Schwimmhalle wird meist zu etwa 50…60% durch statische Heizkörper, der Rest von der Luftheizung übernommen. Heizmittel fast immer Warmwasser.

Statische Heizkörper werden in der verschiedensten Form verwendet: Radiatoren und Plattenheizkörper, Konvektoren und Wärmebänke, vornehmlich Fußbodenheizungen mit Kupfer- oder Kunststoffrohren (Fußbodentemperatur maximal 30 °C), u.a. *Fenster* sollten

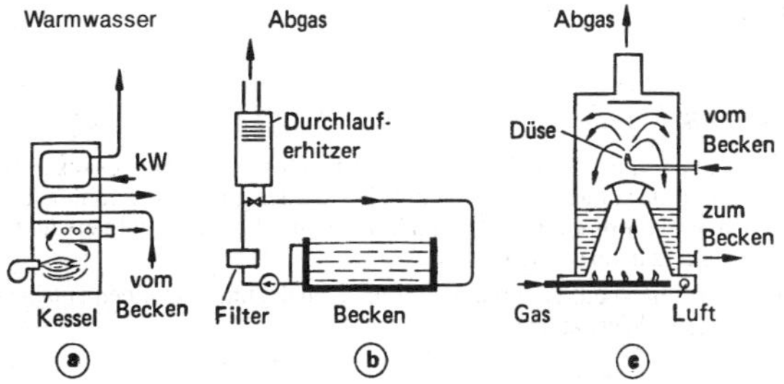

Bild 2.5.6-6. Beheizungsarten von Innenbädern.
a) Kessel und Schwimmwassererwärmer, b) Gasdurchlauferhitzer, c) Gas-Direktheizung

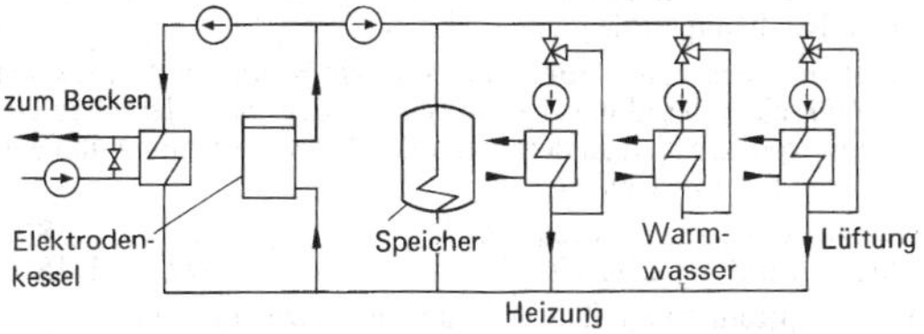

Bild 2.5.6-7. Heizung eines Schwimmbades mit Elektrodenkessel.

einen Warmluftschleier erhalten, um die innere Oberflächentemperatur zu erhöhen. Steuerung der Vorlauftemperatur in Abhängigkeit von der Außentemperatur.

c) Einsparung von Energie ist auf folgende Weise möglich:[1])

1. Verbesserte *Wärmedämmung* des Beckens und der Halle.
2. *Abdeckung* der Beckenoberfläche in der Zeit der Nichtbenutzung; dadurch erhebliche Verringerung der Verdunstungsverluste und des Lüftungswärmebedarfs bei geringem Kapitalaufwand.
3. *Wärmerückgewinnung* aus der Fortluft durch Einbau eines Regenerativ- oder Rekuperativ-Wärmeaustauschers; mittlerer Wirkungsgrad etwa η = 0,5 (siehe Abschn. 3.3.8). Lüftungswärmebedarf sinkt etwa auf die Hälfte. Ebenso kann eine elektrische oder Gaswärmepumpe verwendet werden.
4. Wärmerückgewinnung aus dem *Beckenabwasser* sowie Rückspül- und Duschwasser.
5. Ausnutzung der *Sonnenenergie* mit dem Beckenwasser als Speicher; nutzbare Sonnenwärme etwa 500 kWh/a je m^2 Kollektorfläche (siehe Abschn. 2.2.2-5). Evtl. *Absorberdach* mit elektrischer oder Gaswärmepumpe.
6. Einbau einer *Wärmepumpe* mit geeigneter Wärmequelle, z.B. Flußwasser oder Rohrschlangen im Erdreich; vollelektrischer Betrieb ohne Heizöl oder Gasmotoren, jedoch erheblicher Kapitalaufwand (siehe Abschn. 2.2.2-4).

Durch eine *Wirtschaftlichkeitsrechnung* ist zu prüfen, mit welchen Methoden die geringsten Kosten zu erwarten sind.

[1]) Dobler u.a.: BWK 7/79. S. 285/91.

-3 Kirchen[1) 2)]

-3.1 Allgemeines

Die Berechnung des Wärmebedarfs und die Beheizung von Kirchen ist wegen des instationären Heizbetriebes, aufgrund der ungünstigen Bauphysik und der großen Raumhöhe sowie der hohen Anforderungen von seiten der Denkmalpflege und der Orgelsachverständigen mit gewissen Schwierigkeiten verbunden.

Wegen der hohen Betriebskosten ist auf eine wirtschaftliche Auslegung und einen entsprechenden Heizbetrieb besonderer Wert zu legen.

-3.2 Raumklimatische Daten

Nachdem für die Beheizung von Kirchen keine Normen vorliegen, gilt es, aufgrund von langjährigen Erfahrungen optimale und resalisierbare Richtlinien für die schonende und wirtschaftliche Beheizung von Kirchen festzulegen.

Die nachfolgenden wesentlichen Daten zum Raumklima sind als Kompromiß zwischen den wärmephysiologischen Wünschen der Gottesdienstbesucher, den Anforderungen der Denkmalpflege zur Vermeidung von Schäden an der wertvollen Inneneinrichtung und den Ansprüchen der Orgelsachverständigen zu verstehen:

- Raumlufttemperatur während der benutzungsfreien Zeit etwa 8 °C
- Raumlufttemperatur während des Gottesdienstes etwa 12–15 °C

Dabei sind die gewünschten Temperaturen mit dem Auftraggeber abzustimmen.

Werden Kirchen auch für Konzerte oder andere religiöse Veranstaltungen genutzt, empfiehlt sich eine Auslegungstemperatur von etwa 18 °C.

- Aufheiz- und Abkühlgeschwindigkeit 1,0 bis 1,5 K/Stunde
- Die relative Feuchte soll in der Zeit der Nutzung den unteren Grenzwert von 45% und den oberen Wert von 75% *dauerhaft* nicht unter- bzw. überschreiten. Feuchteschwankungen im Tageszyklus von etwa 10% r.F. und im Jahreszyklus von etwa 30% r.F. zwischen 50% und 80% sind als unkritisch zu bewerten.

  Die durch die kurzzeitigen Temperaturerhöhungen in der Heizphase zu erwartende Absenkung der relativen Feuchte ist in der Auswirkung auf die Orgel und auf die wertvollen Gegenstände aus Holz wegen der günstigen Wärmeeindringzahl von Holz und der ausgleichenden Sorptionsvorgänge als gering zu bewerten.
- Die Zulufttemperatur sollte bei Warmluftheizungen den Wert von 45 °C nicht überschreiten.
- Die Zuluftgeschwindigkeit bei Fußbodengittern sollte auf 1,5 m/s (max. 2,0 m/s) bei gleichmäßiger Verteilung der Luft über die gesamte Gitterfläche begrenzt werden.
- Der Schalldruckpegel bei Nennleistung sollte 35 dB(A) nicht überschreiten.

Das Beheizen von Kirchen unter Einhaltung der vorgenannten Grenzwerte ist grundsätzlich förderlich für die Erhaltung der Bausubstanz und den Schutz wertvoller Einrichtungsgegenstände.

---

[1]) Forschungsbericht des Fraunhofer-Instituts für Bauphysik: Richtiges Heizen in historischen Gebäuden / VDI-Bericht Nr. 896/91.
Gossens, H.: Der Einfluß des Raumklimas auf Menschen und Kunstwerke in Kirchen (Sonderdruck: Das Münster 1973).
Richtlinien für die Beheizung von Kirchen. Tagung der Diözesanbaumeister und Baureferenten in Mainz / 1972.
DIN 4701 T1 Abschnitt 7.1: Wärmebedarf selten beheizter Räume.
VDI 2067: Wirtschaftlichkeitsberechnung von Wärmeverbrauchsanlagen.
Schmidt, K. H.: Die neuzeitliche Warmluftheizung für Kirchen / HLH 68/19.
Breiden, H.: Elektr. Direktheizung für Kirchen / HLH 95/4.
Schmidt, K. H.: Deutsche Bauzeitung 9/82. S. 1227/30.

[2]) Überarbeitet von Dipl.-Ing. Hans-M. Breiden, Dossenheim, für die 70. Auflage

-3.3 Wärmebedarf

Der Wärmebedarf $\dot{Q}$ kurzzeitig benutzter Räume läßt sich nicht nach den normalen Wärmedurchgangszahlen in DIN 4701 berechnen, da kein Beharrungszustand erreicht wird. Es muß eine gesonderte Berechnung[1] für speichernde und nicht speichernde Bauteile vorgenommen werden.

$$\dot{Q} = \dot{Q}_F + \dot{Q}_W + \dot{Q}_L$$

mit

$\dot{Q}_F$ Wärmebedarf für Fenster und andere nichtspeichernde Bauteile (u.a. Decke)
$\dot{Q}_W$ Wärmebedarf zum Aufheizen speichernder Bauteile (auch Fußboden)
$\dot{Q}_L$ Lüftungswärmebedarf,

wobei gilt:

$$\dot{Q}_W = \frac{A_W}{R_Z} \cdot (t_i - t_0)$$

mit

A_W Oberfläche der wärmespeichernden Bauteile in m^2
R_Z von der Aufheizdauer Z abhängiger mittlerer Aufheizwiderstand in m^2K/W
t_i Innentemperatur nach der Aufheizdauer
t_0 Innentemperatur vor dem Aufheizen

In Bild 2.5.6-8 sind die Werte R_Z für verschiedene Wärmeeindringkoeffizienten $\sqrt{\lambda \cdot c \cdot \varrho}$ in Abhängigkeit von der Aufheizdauer angegeben mit

λ Wärmeleitfähigkeit
ϱ Dichte
c spezifische Wärmekapazität

Richtwerte für *Wärmeeindringkoeffizient* $\sqrt{\lambda \cdot c \cdot \varrho}$

Vollziegel	1300 $J/m^2 K s^{0,5}$
Sandstein	1600 $J/m^2 K s^{0,5}$
Beton	1800 $J/m^2 K s^{0,5}$

Die Anfangstemperatur t_0 wird meist mit +5 °C, die Aufheizzeit mit 6…8 Stunden angenommen.

Ferner ist der Wärmebedarf für einen etwa 0,5- bis 1,0fachen stündlichen Luftwechsel zu berücksichtigen.

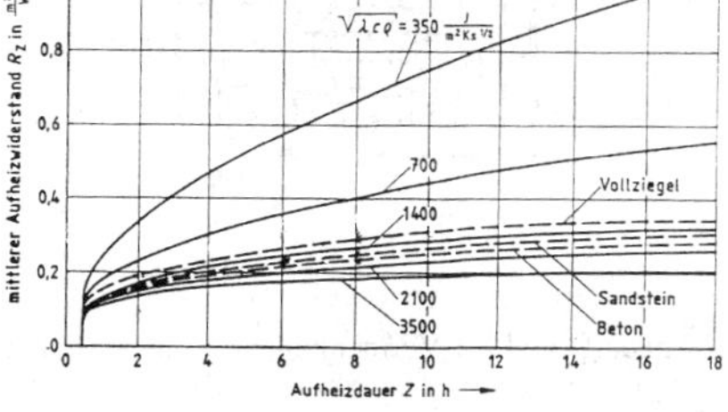

Bild 2.5.6-8. Mittlerer Aufheizwiderstand in Abhängigkeit der Aufheizzeit (DIN 4701, T2 [03.83]) (Wärmeeindringkoeffizient $\sqrt{\lambda c \varrho}$ in $J/m^2 K s^{0,5}$).

-3.4 Heizungssysteme

Grundsätzlich sind die Heizgeräte aus Denkmalschutz- und innenarchitektonischen Gründen möglichst unsichtbar zu gestalten. Da es sich – abgesehen von wenigen Neubauten – im wesentlichen um die Sanierung von veralteten Heizungsanlagen handelt, sind neben anderen Anforderungen die Eingriffe in die Bausubstanz auf ein Minimum zu begrenzen.

[1]) Krischer, O., und W. Kast: Ges.-Ing. 78 (1957). S. 321/25.

Bei der Auslegung der Kirchenheizung ist darauf zu achten, daß die Temperaturverteilung in der Aufenthaltszone der Gottesdienstbesucher möglichst gleichmäßig ist, wobei die Abweichung vom Sollwert ±1,0 Kelvin nicht überschritten werden sollte. Der Temperaturgradient sollte nicht größer als etwa 2 K sein.

Als Heizsysteme stehen zur Verfügung:

- Elektrische Direktheizung
- Warmwasser-Pumpenheizung
- Warmluft-Ventilatorheizung
- Dezentrale Wärmestationen.

Gasstrahlerheizungsanlagen sind aus verschiedenen Gründen nicht zu empfehlen.

Elektrische Direktheizung

Strom als hochwertiger Energieträger sollte nur in Ausnahmefällen bei kleinen Dorfkirchen eingesetzt werden, falls weder ein Heizraum noch ein Schornstein vorhanden ist.

Als Heizgeräte stehen 3-stufig schaltbare Infrarot-Sitzbankstrahler zur Verfügung, die im Gestühlsbereich für eine angenehme Fußwärme sorgen.

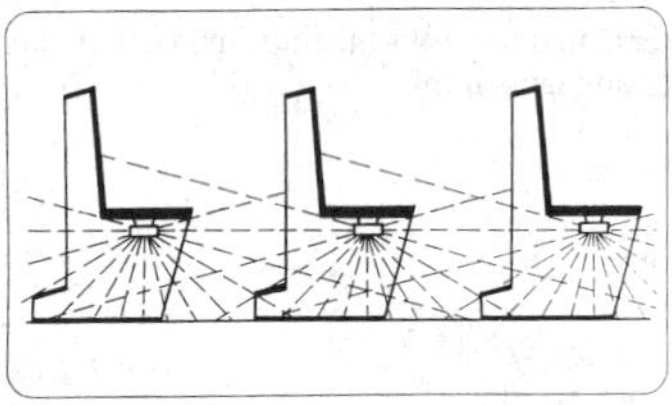

Bild 2.5.6-9. Elektrische Sitzbank-Heizkörper (3-stufig) 230 V / L 1,0 m / 450 W (Werkbilder der Fa. Infera)

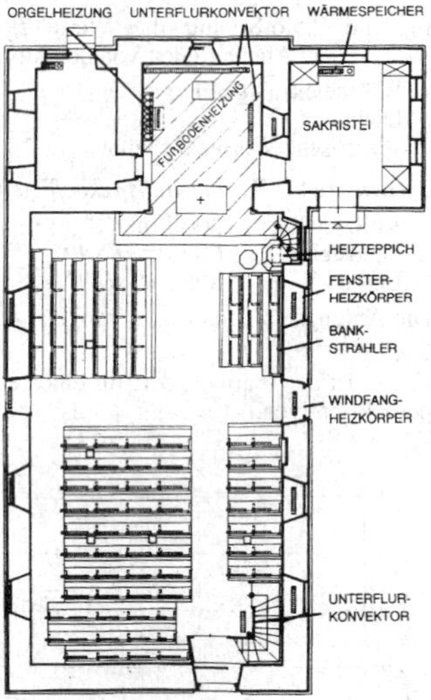

Als Ergänzung zur Deckung des Wärmebedarfs und zur Vermeidung von Zugerscheinungen werden Fenster-Heizkörper und Unterflurkonvektoren in Form von Rippenrohr-Heizkörpern eingesetzt.

Wegen der hohen Energierkosten ist eine ständige Temperierung von etwa 6–8 °C wirtschaftlich in der Regel nicht vertretbar. Die Anheizzeit beträgt je nach Außentemperatur bzw. vorhandener Innentemperatur nur 1 bis 3 Stunden. Bei dieser kurzen Zeit kann die Wärme kaum in Gegenstände aus Holz und Wände eindringen , so daß Schäden vermieden werden.

Warmwasser-Pumpenheizung

Auch bei diesem System werden meist Sitzbank-Heizkörper – insbesondere Mini-Radiavektoren (70 × 70 mm) – mit einer Heizleistung von 200–300 W/m verwendet. Alternativ bietet sich in besonderen Ausnahmefällen auch eine Fußbodenheizung an, wodurch eine angenehme Fußwärme im Gestühlsbereich gewährleistet ist.

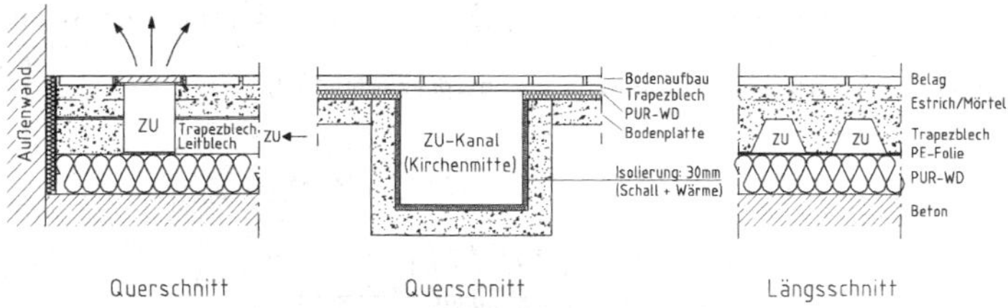

Bild 2.5.6-10. Kombinierte Warmluft-Fußbodenheizung.

Zur Deckung des Wärmebedarfs stehen Unterflurkonvektoren bzw. übliche Heizkörper zur Verfügung.

Aus innenarchitektonischen Gründen kann jedoch dieses Heizungskonzept nur in besonderen Fällen eingesetzt werden.

Warmluft-Ventilatorheizung

Die Warmluftheizung ist die in der Vergangenheit am meisten verbreitete Heizungsart. Als Wärmeerzeuger sollte ein direkt beheizter Lufterhitzer aus hochwertigen VA-Materialien und entsprechender Auslegung zur Erreichung einer langen Lebensdauer, einschließlich einer Filteranlage G4 oder F5, verwendet werden.

Als Richtwert für den Volumenstrom gilt ein Wert von $\dot{V} = 100\ m^3/h \cdot kW$. Alternativ kann die Lufterwärmung auch mittels eines indirekt beheizten Warmwasser-Lufterhitzers erfolgen, wenn ein Niedertemperatur-Heizkessel aufgestellt wird. Vorteilhaft ist dies, wenn Nebenräume vorhanden sind, die dezentral mittels Heizkörpern beheizt und geregelt werden können.

Die Umwälzung der Warmluft erfolgt in der Regel im reinen Umluftbetrieb durch Fußbodenkanäle. Die Zuluftgitter sind dezentral an den Außenwänden anzuordnen, während die Absaugung der Umluft zentral an einer Stelle erfolgen kann. Ein Außenluftanschluß ist nur als Sommerlüftung zu empfehlen.

Bei einem ausreichend dimensionierten Luftkanalsystem und günstig angeordneten Lüftungsgittern sollte die Warmluftheizung im Rahmen einer Heizungssanierung aus wirtschaftlichen Erwägungen erhalten bleiben.

Als optimales Heizsystem für Kirchen kann die kombinierte Warmluft-Fußbodenheizung als Variante der reinen Warmluftheizung bezeichnet werden. Die Wärmeabgabe erfolgt sowohl durch den Fußboden als auch durch die aus den Zuluftgittern austretende Warmluft, wodurch sich alle wärmephysiologischen Vorteile ergeben. Neben der Fußwärme im gesamten Fußbodenbereich ist eine Abschirmung der Außenwände gegen den unerwünschtenb Kaltluftabfall und eine genaue Regelfähigkeit gewährleistet. Wegen der erheblichen Eingriffe in die Bausubstanz und der damit verbundenen hohen Investitionskosten wird dieses Heizungsssystem nur in Ausnahmefällen eingesetzt.

Im Rahmen der Sanierung sind die Brandschutzanforderungen der jeweils gültigen Landesbauordnung, u. a. Einbau von Brandschutzklappen, zu beachten.

Dezentrale Wärmestationen

Dezentrale Wärmestationen bestehen im wesentlichen aus dem warmwasserbeheizten Heizregister, einem langsam laufenden Radialventilator, einer Filteranlage und ausreichend dimensionierten Kulissenschalldämpfern.

Die wasserdicht geschweißten Gehäuse aus Edelstahl mit einer inneren Wärmedämmung werden in den Fußboden eingebaut und schließen bodenbündig mit dem Fußboden ab. Die Heizleistungen liegen zwischen 10 und 40 kW je Station. Die unter Abschnitt -3.2 genannten Grenzwerte sind bei der Auslegung der Wärmeastationen einzuhalten.

Die Auslegung sollte mit 80/60 °C erfolgen. Für Brennwerttechnik sind auch niedrigere Auslegungstemperaturen möglich.

Der Einbau von dezentralen Wärmestationen empfiehlt sich immer dann, wenn das vorhandene Luftkanalsystem nicht ausreichend dimensioniert ist oder sonst keine andere ausreichende Beheizung vorhanden ist. Die Rohrleitungen zur Anbindung der Wärmestationen können entweder in vorhandenen Luftkanälen bzw. in kleinen, neu herzustellenden Bodenkanälen verlegt werden.

Eine hohe Regelgenauigkeit ist bei diesem Konzept gewährleistet.

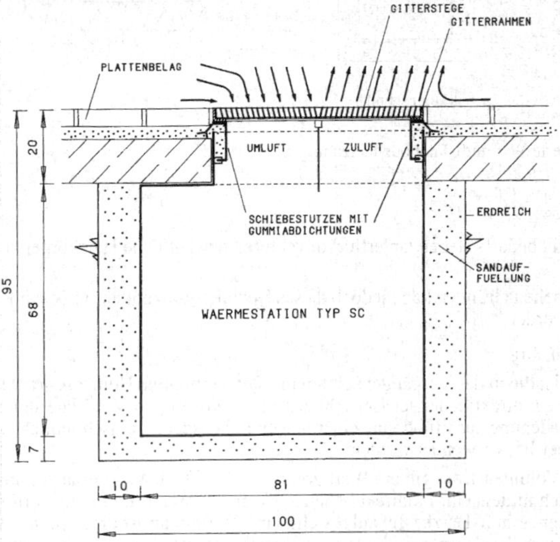

Bild 2.5.6-11. Dezentrale Wärmestation (Werkbild Theod. Mahr Söhne GmbH).

-3.5 Befeuchtung

Gelegentlich wird von der Denkmalpflege bzw. von Orgelsachverständigen die Einhaltung einer relativen Luftfeuchte zwischen 50–60% gefordert. Dies ist aus raumklimatischen Gründen ohne den Einbau einer Befeuchtungsanlage nicht realisierbar. Der Einbau einer Luftbefeuchtungsanlage ist seitens der Kirchenverwaltung genehmigungspflichtig, wobei ein Dampfbefeuchter zu bevorzugen ist.

Wegen der zwangsläufig mit dem Einbau einer Befeuchtungsanlage verbundenen Schwitzwasserbildung an kalten Außenflächen ist sorgfältig zu prüfen, ob nicht eine in einer speziellen Aufheizautomatik der Regelanlage integrierte Feuchtesteuerung die anstehenden Probleme besser löst.

-3.6 Jährlicher Energieverbrauch

Der jährliche Energieverbrauch ist von vielen Faktoren abhängig, insbesondere von der Grundtemperierung, der Wahl der Raumlufttemperaturen, Anzahl und Dauer der Heizzeiten sowie von der Geometrie und der Bauphysik des Gebäudes.

Erfahrungsgemäß können folgende Vollastbenutzungsstunden für Kirchen angenommen werden:

1. Keine Grundtemperierung, nur sonntags beheizt (in der Regel kleine Dorfkirchen, elektrisch beheizt) 120 … 200 h/a
2. Grundtemperatur: ca. 8 °C Heizzeiten: etwa 35× je Heizperiode auf 15 °C 800 … 900 h/a
3. Grundtemperatur: ca. 8 °C Heizzeiten: etwa 70 bis 100× pro Heizperiode auf etwa 14 °C 900 … 1000 h/a

Beispiel (Normaußentemperatur: –12 °C):

– Grundfläche der Kirche	360 m²
– Raumvolumen	5000 m³
– Wärmespeichernde Flächen	1500 m²
– Aufheizwiderstand (Sandstein)	0,22 m² K/W
– Fensterflächen	95 m²
– Grund-/Heiztemperatur	8/15 °C
– Anheizzeit	7 h

Wärmeverlust nach Krischer und Kast:

$\dot{Q}_W + \dot{Q}_F = 110$ kW

zuzüglich Lüftungswärmebedarf für 1,0fachen Luftwechsel bei $t_a = 0$ °C:

$\dot{Q}_L$ = 25 kW

Gesamtwärmebedarf $\dot{Q}_N$ = 135 kW

Luftvolumenstrom bei einer Warmluftheizung

$$\dot{V} = \frac{135 \text{ kW}}{0,34 \cdot (45 - 15)} \approx 13\,000 \text{ m}^3/\text{h (2,6facher Luftwechsel)}$$

Energieverbrauch

B = 900 h/a × 135 kW = 121 500 kWh/a

Spezifische Heizleistungen

q_F = 375 W/m²

q_V = 27 W/m³

2.5.7 Sonstige Anwendungsfälle

-1 Garagen

-1.1 Allgemeines

Bei Garagen ist neben der Heizung das Lüftungsproblem von besonderer Bedeutung, da durch die CO-haltigen *Abgase* der Autos sowie explosionsgefährliche *Benzindämpfe* unter Umständen erhebliche Gefahren entstehen. Daher sind von den Bauaufsichtsbehörden der einzelnen Länder der BR Deutschland besondere Verordnungen erlassen worden, die im wesentlichen der Mustergaragenverordnung der ARGEBAU (s. Abschn. 6.1.1-1) entsprechen. Auf eine Beheizung geschlossener Garagen kann in vielen Fällen verzichtet werden. Bezüglich Lüftung siehe Abschnitt 3.6.10-1.

-1.2 Kleingaragen

Hierunter sind solche Garagen verstanden, die nur Platz für wenige Kraftfahrzeuge bieten. Sie sind häufig im Keller oder Erdgeschoß von Wohnhäusern eingebaut.

Kachel- oder eiserne Öfen müssen von außen mit Brennstoff beschickt werden. Warmlufteintritt in die Garage in mindestens 1,5 m Höhe.

Gasheizkörper müssen ebenfalls von außen bedienbar sein. Die Verbrennungsluft wird also diesen Öfen von außen zugeführt. Die Hersteller von Gasheizöfen haben für diesen Zweck Sonderbauarten, sogenannte „Garagenheizkörper" entwickelt.

Elektro-Heizkörper dürfen keine höhere Oberflächentemperatur als 200 °C besitzen. Öfen dieser Art gibt es in vielen Ausführungen, wobei die Oberflächentemperatur meist unter 100 °C liegt.

Rohrheizkörper, rund oder flach;

Rippenheizkörper derselben Bauart, jedoch mit durch Rippen vergrößerter Oberfläche;

Heizrohre größerer Länge, z. B. Protolith-Heizrohre, mit einen Durchmesser von 14 mm, die beliebig gebogen werden können;

Elektro-Radiatoren mit Wasser- oder Ölfüllung und mit Heizpatrone, fahrbar. Weniger günstig, da träge.

-1.3 Großgaragen

Großgaragen sind für die Unterbringung einer großen Zahl von Kraftfahrzeugen bestimmt.

Die einzelnen Fahrzeugstellplätze befinden sich in Großräumen, d.h., Trennwände zwischen den Stellplätzen sind nicht vorhanden. Sofern eine hinreichend große, natürliche Außenluft-Fortluft-Durchlüftung nicht erzielbar ist, sind mechanische Lüftungsanlagen vorzusehen (Abschnitt 3.6.10-1).

Die Energie- und Anlagekosten lassen nur in Ausnahmefällen die Beheizung zu. Der Frostgefährdung anderer Installationen kann durch andere Maßnahmen begegnet werden, z.B. durch Begleitheizungen mit Warmwasser oder elektrische Begleitheizungen. Wird in Ausnahmefällen eine Temperierung verlangt, so ist eine Beheizungsart zu wählen, die einen möglichst hohen Strahlungsanteil hat, damit die Speicherfähigkeit der umgebenden Raumumschließungsflächen (Decken, Wände, Fußböden) genutzt werden kann. Eine andere energiesparende und wärmeleistungsspitzen-dämpfende Beheizungsart ist die intermittierende zyklisch vertauschte Wärmeabgabe durch Einzelgeräte, deren Leistungsabgabe während der Laufzeit der mechanischen Lüftungsanlage gesperrt bleibt.

Heizkörper mit hohem Strahlungsanteil sind Radiatoren, Plattenheizkörper und Strahlplatten. Sie werden an die bestehende Warmwasserheizung mit eigenem Heizkreis angeschlossen.

Der Einbau von Lufterhitzern in die mechanische Zuluftanlage kann nur dann empfohlen werden, wenn diese mit ohnehin vorhandener Abfallwärme versorgt werden können. Besondere Vorkehrungen zur Vermeidung von Einfriergefahr sind notwendig.

Häufig besteht die Möglichkeit, aus ohnehin vorhandenen raumlufttechnischen Anlagen des Gebäudes Wärme in Form von *Abluft* zur Beheizung und Lüftung der Garage heranzuziehen.

-1.4 Nebenräume

Wagenwaschräume in großen Garagen erhalten Heizung durch örtliche Heizkörper oder Luftheizer. Temperatur etwa 10 °C.

Reparaturwerkstätten. Heizung wie bei Großgaragen, am besten durch örtliche Luftheizer oder zentrale Luftheizanlagen, die gleichzeitig zur Lüftung dienen.

Öllager. Hier gelten bezüglich Heizung und Lüftung die gleichen Bestimmungen wie bei den Garagen.

-2 Freiflächenbeheizung[1)]

-2.1 Allgemeines

Beheizung von freien Flächen wie Straßen, Brücken, Sportplätzen, Flugplätzen, Parkplätzen usw. wird ausgeführt, um die Oberfläche eis-, schnee- und frostfrei zu halten. Die Beheizung erfolgt entweder durch im Boden verlegte Heizleitungen oder durch Bestrahlung. Nachstehende Angaben beziehen sich auf den ersten Fall.

-2.2 Wärmebedarf im Beharrungszustand

Bei Verlegung der Heizleitungen unter der Oberfläche gemäß Bild 2.5.7-1 ist die von der Oberfläche abgeführte Wärme

$\dot{q}_o = \alpha\,(t_o - t_L)$ in W/m²

t_o = Oberflächentemperatur in °C

t_L = Lufttemperatur °C

α = Wärmeübergangszahl W/m² K.

Mit $\alpha = 12$, $t_o = 3$ °C und $t_L = -15$ °C ist

$\dot{q}_o = 12\,(3 + 15) = 215$ W/m².

---

1) Zeise, D.: Ges.-Ing. 1971. S. 105/14.
VDI-Bericht Nr. 162 (1971) mit Arbeiten von W. Kast, U. Poppe, O. P. Braun und L.-E. Janson.
Weise, E.: Heizung 9/73. 6 S.
Keller, H. R.: SHT II/76. S. 710/13.

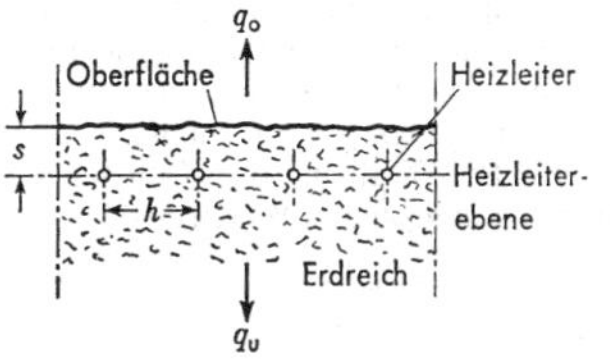

Bild 2.5.7-1. Schnitt durch eine Bodenfläche mit Freiflächenheizung.

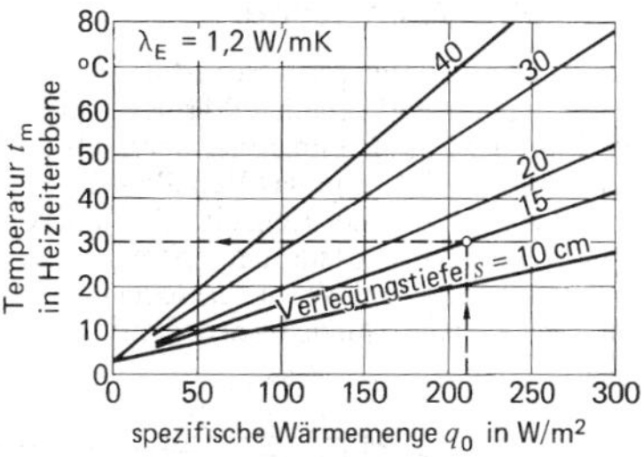

Bild 2.5.7-2. Mittlere Temperatur t_m in der Heizleiterebene.

Die Temperatur t_m in der *Heizleiterebene* ergibt sich aus

$$\dot{q}_o = \frac{\lambda_E}{s}(t_m - 3) \text{ W/m}^2 \text{ (Bild 2.5.7-2).}$$

s = Verlegungstiefe in m
λ_E = Wärmeleitzahl des Erdreichs ≈ 1,2 W/m K.

Bei $s = 0{,}15$ m und $\lambda_E = 1{,}2$ ist $t_m = 30$ °C.

Für *Schneefall* von 1 cm/h ist zum Schmelzen eine Wärmemenge von $\dot{q}_s = 0{,}01 \cdot 125 \cdot 335$ = 420 kJ/m²h ≈ 120 W/m² erforderlich.

125 = ϱ = Dichte des Schnees kg/m³
335 = Schmelzwärme kJ/kg.

Schnee fällt meist nur bei Außentemperaturen von 0 bis –5 °C. Auch während des Schneeschmelzens muß natürlich Wärme von der Oberfläche abgeführt werden, also $\dot{q}_o + \dot{q}_s$.

Die nach unten abgeführte Wärme $\dot{q}_u$ hängt von der Temperaturleitzahl a des Bodens und anderen Faktoren ab. Nimmt man bei aufgeheiztem Boden eine gleichwertige Wärmedurchgangszahl k' an, so ist

$$\dot{q}_u = k'(t_m - t_E) \text{ in W/m}^2$$

t_E = Temperatur des Erdbodens in der Tiefe ≈10 °C.

Mit $k' = 1{,}2$ W/m² K und $t_m = 30$ °C wird

$$\dot{q}_u = 1{,}2\,(30 - 10) = 24 \text{ W/m}^2.$$

Die erforderliche *Heizmitteltemperatur* t_H ergibt sich für verschiedene Verlegungstiefen s und Heizleiterabstände h aus Bild 2.5.7-3.

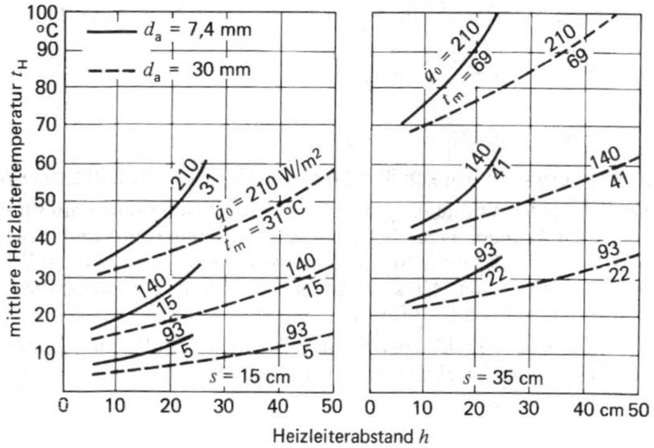

Bild 2.5.7-3. Heizleiterabstand h und mittlere Heizleitertemperatur t_H bei verschiedenen Heizleitern und Verlegungstiefen.
t_m = mittlere Temperatur in der Heizleiterebene, d_a = äußerer Durchmesser des Heizleiters.

-2.3 Aufheizung

Bei Beginn des Heizprozesses ist die nach oben abgegebene Wärme $\dot{q}_o$ annähernd gleich der nach unten abfließenden Wärme $\dot{q}_u$. Infolge der allmählichen Aufheizung des Erdreichs wird mit der Zeit $\dot{q}_u$ immer geringer, um im Beharrungsfall sich einem Grenzwert zu nähern. Bild 2.5.7-4 zeigt das Verhältnis $\dot{q}_u/\dot{q}_o$ in Abhängigkeit von der Zeit sowie die Temperaturzunahme in der Heizleiterebene bezogen auf den Beharrungszustand. Die *Aufheizzeiten* sind also sehr lang und erstrecken sich je nach Verlegungstiefe auf mehrere Tage. Flächenheizung ist daher in der Regel eine *Dauerheizung*. Bei Fahrbahn- oder Gehwegheizung jedoch auch stundenweiser Betrieb mit entsprechendem größeren Wert von $\dot{q}_u$.

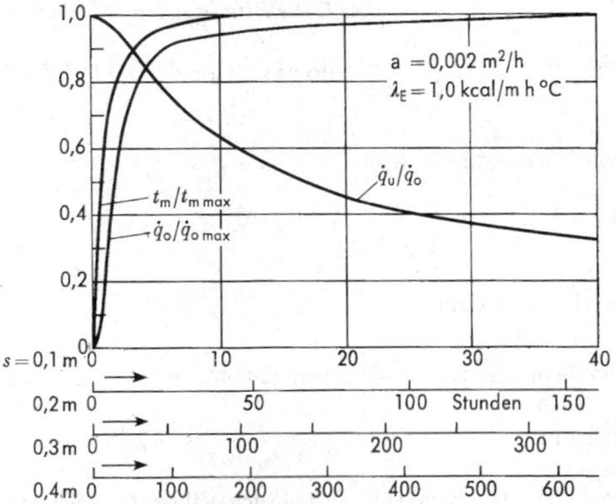

Bild 2.5.7-4. Zeitlicher Verlauf der Temperatur t_m in der Heizleiterebene, des Wärmestroms $\dot{q}_o$ nach oben und des Verhältnisses $\dot{q}_u/\dot{q}_o$, jeweils bezogen auf den Beharrungszustand.
$a = \lambda_E/c\varrho$ = Temperaturleitzahl; s = Verlegungstiefe

-2.4 Ausführung

Bei elektrischer Heizung werden mechanisch widerstandsfähige, temperatur- und alterungsbeständige Heizleitungen nach DIN VDE 0253 verwendet. Oberhalb der Kabel Drahtgeflecht. Anschluß an 230/400 V. Spez. Heizleistung 200…400 W/m². Automatische Einschaltung durch Thermostate sowie Feuchtefühler in der Oberfläche.

Bei Warmwasserheizung Stahlrohre mit Kunststoffmantel oder häufiger Kunststoffrohre, besonders Polyolefine (PE hart u. a.). Einfache Verlegung, Drücke und Temperaturen jedoch begrenzt.

Auch Luft ist als Wärmeträger möglich.

-2.5 Kosten

Anlagekosten schwanken in sehr weiten Grenzen, etwa 40…55 €/m².

Betriebskosten sind abhängig von mittleren Wintertemperaturen und Schneefallhöhe. Bei etwa 2000 Stunden Dauerbetrieb, einer mittleren Temperatur von 0 °C vom Dezember bis Februar/März und einer Schneehöhe von 0,5 m ergibt sich ein Wärmeverbrauch von etwa 0,14 MWh/m² Jahr. Dies entspricht bei einem Wärmepreis von 45 €/MWh jährlichen Betriebskosten von 6,30 €/m².

Bei elektrischer Freiflächenheizung hat man bei allerdings geringer Betriebsstundenzahl und Schneehöhe jährliche Betriebskosten von 5…7 €/m² festgestellt (0,12 €/kWh).

2.6 Verbrauchsgebundene Kosten der Heizung und Warmwasserbereitung[1)]

Ergänzungen von Prof. Dr.-Ing. Dieter Wolff und Dipl.-Ing. Kati Jagnow, Wolfenbüttel

2.6.1 Allgemeines

Die verbrauchsgebundenen Kosten K einer Heizungsanlage setzen sich im wesentlichen aus zwei Teilkomponenten zusammen. Zum einen sind es die anfallenden Brennstoffkosten, die zur Deckung der thermischen Energieanforderung Q des Gebäudes benötigt werden, zum anderen sind es Kosten für elektrische Hilfsenergien Q_{el} der Fördereinrichtungen (Pumpen, Ventilatoren), die unmittelbar bei der Versorgung des Gebäudes mit Wärme auftreten. Jede Gruppe dieser Energien wird zur Kostenermittlung mit ihrem spezifischen Preis k_x je Energieeinheit (z.B. €/kWh) multipliziert.

$$K = k_w \cdot Q + k_{el} \cdot Q_{el}$$

Für die physikalisch korrekte Bilanzierung der benötigten thermischen Energiemenge über ein Jahr lassen sich Bauphysik und Anlagentechnik eines Gebäudes nicht mehr voneinander trennen. Der zunehmende Einfluß der kontrollierten Lüftung in Gebäuden führt zu Luftwechseln, die sich sowohl aus der baulichen Ausführung eines Gebäudes ergeben (Fugenlüftung, Fensterlüftung), als auch anlagentechnisch durch Lüftungsanlagen ergänzt werden. Für die Bereiche Warmwasserbereitung und Raumheizung ergeben sich ähnliche Schwierigkeiten bei der Ausweisung von Einzelanteilen. Wärmeverluste des Warmwassersystems können als nutzbare innere Wärmegewinne für die Heizung wirksam werden. Der in der Praxis nicht meßbare Heizwärmebedarf Q_h für ein Gebäude wird im Gegensatz zu früheren Betrachtungen von so vielen Faktoren beeinflußt, daß seine Angabe schwer möglich ist. Mit einer *Gesamtwärmebilanz*[2)] für Gebäude und Anlage als Einheit ist dies zur Kostenermittlung nicht mehr nötig.

Bild 2.6.1-1 stellt die Verknüpfung der im Gebäude auftretenden Wärmeströme dar. Die Bezeichung der Energien wird in den folgenden Abschnitten erklärt. Der griechische Buchstabe η steht für einen Ausnutzungsgrad der Energie (vgl. Abschn. 2.6.3).

Die Höhe der benötigten thermischen Energie des Gebäudes Q hängt von einer großen Anzahl von Faktoren ab, deren wichtigste folgende sind:

1. Nutzerverhalten, z.B. Komfortansprüche (höhere Raumtemperatur, Sommerheizung, benötigte Warmwassermenge) und Sorgfalt der Bedienung und Wartung;
2. Güte des Wärmeschutzes und der Bauausführung, namentlich der Fenster und bei neuen Gebäuden der Luftdichtheit; Speicherfähigkeit des Gebäudes;
3. Verhältnis der Summe aller Wärmegewinne (passive Solarenergienutzung und innere Wärmequellen, u. a. ungeregelte Wärmeabgabe durch Heiz- und Warmwasserverteilrohre) zu den Transmissions- und Lüftungswärmeverlusten: Gewinn/Verlust-Verhältnis;
4. Dauer von Betriebsunterbrechungen bzw. des eingeschränkten Heizbetriebes;
5. Höhe der Wärmeverluste bei der Erzeugung, Verteilung und Speicherung von Wärme für das Heizsystem und das Warmwassersystem;
6. Regelgüte der zentralen Wärmeerzeugung und der dezentralen Wärmeabgabe;
7. durchschnittliche Ausstattung des Gebäudes mit und Nutzung von Warmwasserzapfstellen;
8. Heizwert bzw. Brennwert der Brennstoffe.

[1)] Erstfassung von Prof. Dr.-Ing. Dieter Wolff und Dipl.-Ing. Kati Jagnow, Wolfenbüttel, für 70. Auflage.

[2)] In Anlehnung an folgende Berechnungsvorschriften:
Vornorm DIN V 4108-6: Wärmeschutz im Hochbau – Teil 6: Berechnung des Jahresheizwärmebedarfs von Gebäuden (2000).
Vorläufige DIN V 4701-10: Energetische Bewertung heiz- und raumlufttechnischer Anlagen – Teil 10: Heizung, Trinkwassererwärmung, Lüftung (2000).
Institut Wohnen und Umwelt, IMPULS-Programm Hessen: Energiepaß Heizung/Warmwasser (1997).
Institut Wohnen und Umwelt: LEG-Leitfaden Energiebewußte Gebäudeplanung (1995).

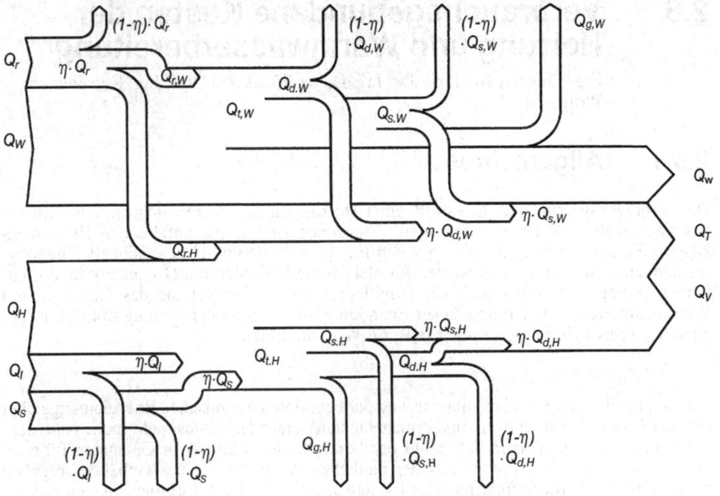

Bild 2.6.1-1. Verknüpfung der im Gebäude auftretenden Wärmeströme.

Tafel 2.6.1-1 Legende der Größen und Indizes von Bild 2.6.1-1

physikalische Größen			
Q	Wärme, Energie	η	Nutzungsgrad einer Wärme/Energie
Indizes			
d	Verteilung (distribution)	H	Jahresheizenergie (heating)
g	Erzeugung (generation)	I	innere Wärmequelle (inner heat source)
r	regenerative Wärmequelle (regenerative heat source)	S	solare Wärmequelle (solar heat source)
s	Speicherung (storage)	T	Transmission (transmission)
t	technisch (technical)	V	Lüftung (ventilation)
w	Warmwassernutzwärme (water)	W	Jahreswarmwasserenergie (water)

2.6.2 Grundgleichungen des Jahresheizenergiebedarfs

Zur Berechnung des spezifischen flächenbezogenen Jahresheizenergiebedarfs q eines Gebäudes kann folgende Gleichung[1)] herangezogen werden:

$$q = \frac{Q}{A_{EB}}$$

Die für diese und alle folgenden Berechnungen maßgebliche Fläche A_{EB} ist die *Energiebezugsfläche* eines Gebäudes, also die Summe aller Wohn- bzw. Nutzflächen, für deren Nutzung eine Beheizung notwendig ist.[2)] Im Gegensatz dazu ist in der EnEV[3)] und der DIN V 4701-10 zur Ermittlung des Jahresheizenergiebedarfs die Nutzfläche $A_N = 0{,}32 \cdot V_e$ (mit V_e als externem Hüllvolumen des Gebäudes) herangezogen. Im Mittel untersuchter Gebäude liegt die Nutzfläche A_N um etwa 27% höher als die Energiebezugsfläche A_{EB}.

Der *Jahresenergiebedarf* Q setzt sich im Wesentlichen aus vier Komponenten zusammen, dem Heizwärmebedarf Q_h und dem Nutzwärmebedarf der Warmwasserbereitung Q_w sowie der Summe aller zu deckenden technischen Anlagenverluste Q_t, abgemindert um den Anteil der Energie, der regenerativen und rückgewinnbaren Energieströmen zugeschrieben werden kann, Q_r.

$$Q = Q_h + (Q_w) + Q_t - Q_r$$

Der Heizwärmebedarf Q_h eines Gebäudes entsteht durch die zu deckenden Verlustenergiemengen aus Transmission von Wärme durch die Gebäudehülle Q_T und Lüftung durch natürliche und/oder auch Zwangslüftung Q_V (ventilation). Dieser Energiebetrag wird reduziert um den Betrag der nutzbaren Energiegewinne Q_G (gain) während der Heizzeit. Die Art der Gewinne kann zunächst in zwei große Gruppen geteilt werden, zum einen die nutzbaren inneren Gewinne $\eta_F \cdot Q_I$, deren Verursacher innerhalb der gedämmten Hülle eines Gebäudes liegen, zum anderen die nutzbaren solaren Gewinne $\eta_F \cdot Q_S$ durch die Fenster.

$$Q_h = Q_T + Q_V - Q_G \quad \text{mit} \quad Q_G = \eta_F \cdot (Q_S + Q_I)$$

Die technischen Anlagenverluste Q_t eines Gebäudes lassen sich jeweils dem Heizsystem $Q_{t,H}$ oder dem System der Warmwasserbereitung $Q_{t,W}$ zuschreiben. Dabei kann für jedes der beiden Systeme in Wärmeverluste der Verteilung $Q_{d,H}$ bzw. $Q_{d,W}$ (distribution), die Wärmeverluste der Speicherung $Q_{s,H}$ bzw. $Q_{s,W}$ (storage) und die Wärmeverluste der Erzeugung $Q_{g,H}$ bzw. $Q_{g,W}$ (generation) unterschieden werden. Verluste der Abgabe der Heizwärme an den Raum, die zum Beispiel aus Regelabweichungen der Regler sowie Trägheit eines Heizsystems entstehen können, werden an dieser Stelle nicht einzeln als Verlustwärmemenge ausgewiesen, sie können als Erhöhung der mittleren Rauminnentemperatur in der Heizzeit ggf. in erhöhten Lüftungswärmeverlusten und verlängerten Heizperioden berücksichtigt werden.

$$Q_t = Q_{t,H} + Q_{t,W} \quad \text{mit} \quad Q_{t,H} = Q_{d,H} + Q_{s,H} + Q_{g,H} \quad \text{und} \quad Q_{t,W} = Q_{d,W} + Q_{s,W} + Q_{g,W}$$

1) Detailliertere Informationen für Neubauten und Bestandsgebäude in: Die neue Energieeinsparverordnung 2002, Jagnow/Horschler/Wolff, DWD Verlag, Köln, 2002.

2) Beheizte Wohnfläche nach BGBl. I: Verordnung über wohnungswirtschaftliche Berechnungen 1990 (ohne Balkone und Wintergärten); beheizte Nutzfläche nach DIN 277 Teil 2: Grundflächen und Rauminhalte im Hochbau; Gliederung der Nutzflächen, Funktionsflächen und Verkehrsflächen (06. 1987).

3) Energieeinsparverordnung als nationale Umsetzung der europäischen DIN EN 832 (s. Abschn. 6.1.5)

2.6.3 Heizwärmebedarf und Nutzwärmebedarf der Warmwasserbereitung

-1 Heizzeit, Heizperiode, Gradtagszahl sowie mittlere Innen- und Außentemperatur

Die *Heizzeit* beginnt in Deutschland am 1. September und endet am 31. Mai (9 Monate). Wird außerhalb dieser Zeit geheizt, wird dies als *Sommerheizung* bezeichnet.

Die *Heizperiode* z entspricht der Anzahl der Tage im Jahr, die ein Gebäude abhängig von der Heizgrenztemperatur durch die Heizungsanlage versorgt wird. Je nach *Heizgrenztemperatur* y (z. B. 12 °C) wird die Heizperiode z_y (z. B. z_{12}) genannt.

Die *Heizgrenztemperatur* ϑ_{HG} beschreibt die Temperatur, ab der ein Gebäude nicht mehr durch die Heizungsanlage versorgt werden muß. Für den Fall, daß keine inneren und solaren Wärmegewinne für ein Gebäude auftreten, liegt die theoretische Heizgrenztemperatur z. B. bei $\vartheta_i = \vartheta_{HG} = 20$ °C.

Für verschiedene Standorte Deutschlands ist die *Gradtagszahl* G_t dokumentiert[1]. Sie stellt die Summe aller Temperaturdifferenzen zwischen Außentemperatur und *mittlerer Innentemperatur* $\vartheta_i = 20$ °C über alle Tage einer *Heizperiode* mit der *Heizgrenztemperatur* $\vartheta_{HG} = 15$ °C dar.

Die mögliche *Heizgrenztemperatur* für ein Gebäude hängt sowohl vom Dämmstandard des Gebäudes als auch der Höhe der nutzbaren Wärmegewinne im Verhältnis zu den Wärmeverlusten (Gewinn/Verlust-Verhältnis) in der *Heizperiode* ab. Fallen in einem Gebäude Wärmegewinne an, dann decken diese abhängig vom Gewinn/Verlust-Verhältnis einen Teil der Jahrestransmissions- und Lüftungswärmeverluste. Mit steigendem Gewinn/Verlust-Verhältnis verkürzt sich die *Heizperiode* z, die *Heizgrenztemperatur* t_{HG} fällt auf niedrigere Werte, die *mittlere Außentemperatur* $\vartheta_{a,m}$ in der Heizzeit sinkt.

Dieser Zusammenhang kann durch die Angabe einer korrigierten *Gradtagszahl* $G_{t,x,y}$ eines Gebäudes ausgedrückt werden. Dabei steht der Index *x* für die *mittlere Innentemperatur* und der Index *y* für die *Heizgrenztemperatur* des Gebäudes (z. B. $G_{t,20,12}$ bei $\vartheta_i = 20$ °C und $\vartheta_{HG} = 12$ °C).

Für andere *mittlere Innentemperaturen* als 20 °C (hervorgerufen durch andere Nutzung eines Gebäudes, aber auch durch Regelabweichungen der Wärmeübergabe) kann der Wert der *Gradtagszahl* Gt (s. Abschn. 1.1.2-3) näherungsweise wie folgt korrigiert werden:

$$G_{t,x,y} = G_{t,20,y} + z_y \cdot (\vartheta_i - 20\,°\mathrm{C})$$

Nach diesem Ansatz bedeutet eine Änderung der Raumtemperatur um $\Delta\vartheta_i = 1\,\mathrm{K}$ eine Veränderung der Gradtagszahl um etwa ± 6...7%.

Die Übersichten in Bild 2.6.3-1 gelten für einen mittleren Standort in Deutschland.

-2 Transmissionswärmebedarf Q_T

Der *Transmissionswärmebedarf* eines Gebäudes Q_T hängt von der Gradtagszahl $G_{t,x,y}$, also der Summe der Temperaturdifferenzen innen – außen über die Heizperiode, sowie dem mittleren Wärmedurchgangskoeffizienten aller Umschließungsflächen des Gebäudes U_m und der Größe der wärmeübertragenden Hüllfläche $A_{Hülle}$ ab. Die Gebäudeeigenschaft $U_m \cdot A_{Hülle}$ kann durch die spezifische Transmissionsheizlast H_T ausgedrückt werden.

$$Q_T = q_T \cdot A_{EB} = H_T \cdot Gt_{x,y} \quad \text{mit} \quad H_T = U_m \cdot A_{Hülle}$$

Für Gebäude verschiedenen Baualters bzw. Dämmstandards können als Näherungswerte mittlere Wärmedurchgangskoeffizienten nach Tafel 2.6.3-1 für die Gebäudehülle herangezogen werden.

[1]) Gradtagszahlen können der VDI 3808, Energiewirtschafliche Beurteilungskriterien heiztechnischer Anlagen (01. 1993), entnommen werden bzw. aus den Wetterdaten der DIN 4710, Meteorologische Daten zur Berechnung des Energieverbrauchs (11. 1982), ermittelt werden.

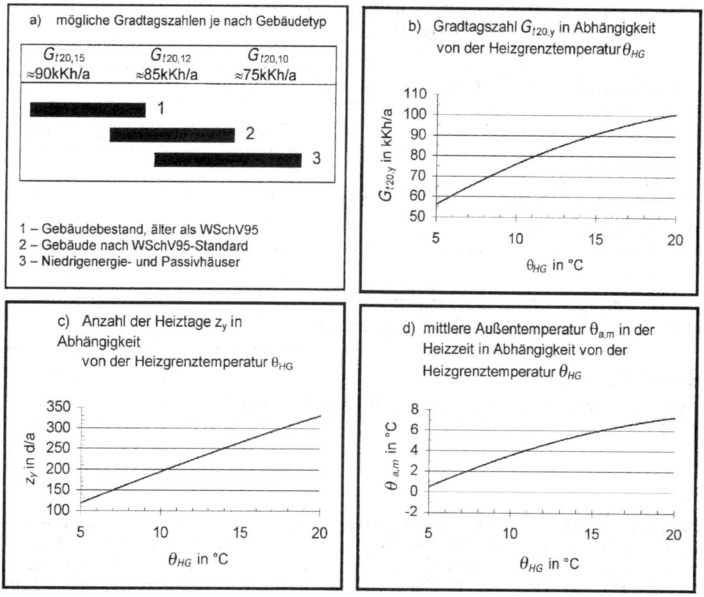

Bild 2.6.3-1. Zuordnung von Gradtagszahlen zu Gebäudetypen (a) sowie Gradtagszahlen $Gt_{x,y}$ (b), Anzahl der Heiztage z_y (c) und mittlere Außentemperatur $\vartheta_{a,m}$ (d) je nach Heizgrenztemperatur ϑ_{HG} für einen mittleren Standort in Deutschland.

Tafel 2.6.3-1 Mittlere Wärmedurchgangskoeffizienten U_m und mittlerer spezifischer Transmissionswärmebedarf q_T je nach Gebäudeart

Gebäudeart	Gebäude-Altbestand	Gebäude nach WSchV95	Niedrigenergie-standard	Passivhaus-standard
U_m in W/m²K	1,0…1,5	0,5…0,8	0,25…0,5	0,1…0,25
q_T in kWh/(m²a)	200…100	100…40	70…30	20…10

-3 Lüftungswärmebedarf Q_V

Zur Bestimmung des *Lüftungswärmebedarfs* Q_V ist der wirksame Luftwechsel *n* für ein Gebäude maßgeblich. Dieser setzt sich wie folgt zusammen:

$$n = (1 - \eta_{WRG}) \cdot n_{Anl} + n_{Rest}$$

Bei durch mechanische Lüftung zwangsbelüfteten Gebäuden wird nur der Teil des Anlagenluftwechsels n_{Anl} den wirklichen Verlusten zugerechnet, der nicht zur Aufheizung frischer Kaltluft in einer Wärmerückgewinnung (mit der Rückwärmzahl η_{WRG}) genutzt wird. Zusätzlich entstehen auch für mechanisch belüftete Gebäude Luftwechsel durch im Gebäude vorhandene Restundichtigkeiten n_{Rest} und natürliches Fensterlüftungsverhalten. Für Gebäude ohne Lüftungsanlage gelten die Anhaltswerte für *n* nach Tafel 2.6.3-2.

Tafel 2.6.3-2 Anhaltswerte für mittlere Luftwechsel n bzw. n_{Anl} (a) und Restluftwechsel n_{Rest} (b)

a) Anhaltswerte für mittlere Luftwechsel in der Heizzeit in h^{-1}

		Wohnen	Heime	Verwaltung	Schulen
natürlicher Luftwechsel durch Fenster und Fugen	n	0,6	0,6	0,43	0,37
mechanischer Luftwechsel	n_{Anl}	0,4	0,4	0,23	0,17

b) Restluftwechsel n_{Rest} durch Undichtigkeiten in h^{-1}

ohne Drucktest	0,2
mit bestandenem Drucktest ($n_{50} \leq 1$ bei 50 Pa Differenzdruck)	0,1

Der jährliche Lüftungswärmeverlust Q_V für ein Gebäude kann analog zum Transmissionswärmeverlust aus der spezifischen Lüftungsheizlast H_V und den Gradtagszahlen $G_{t,x,y}$ bestimmt werden. Dabei ist die Größe H_V nicht mehr allein eine gebäudespezifische Größe, da sie auch von der Anlagentechnik und im besonderen Maße vom Nutzerverhalten bestimmt wird. Die Größe H_V beinhaltet das belüftete Gebäudevolumen (überschlägig $V_L = A_{EB} \cdot 2{,}5$ m), die mittlere Luftwechselzahl n sowie das Produkt aus Dichte und spezifischer Wärmespeicherkapazität der Luft 0,34 Wh/(m³K).

$$Q_V = H_V \cdot Gt_{x,y} = 0,34 \; \frac{Wh}{m^3 K} \cdot n \cdot V_L \cdot Gt_{x,y}$$

Für Gebäude unterschiedlichster Nutzung ergeben sich spezifische flächenbezogene Lüftungswärmeverluste von q_V = 20…50…(75) kWh/(m²a). Den oberen Grenzwert von 75 kWh/(m²a) und höher findet man vor allem in von Rauchern benutzten Räumen.

Eine Änderung der Luftwechselzahl n um $\Delta n = 0{,}1\ h^{-1}$ führt nach diesem Ansatz zu einer Veränderung des spezifischen Lüftungswärmebedarfs um Δq_V = 6...9 kWh/(m²a).

-4 Solare Strahlungswärme Q_S

Die *nutzbaren Strahlungswärmegewinne* $\eta_F \cdot Q_S$ durch Fenster hängen sowohl von der Fensterfläche und -ausrichtung und dem Energiedurchlaßgrad der Fenster als auch vom Ausnutzungsgrad der freien Wärme ab. Der Ausnutzungsgrad der freien Wärme η_F ist in erster Näherung eine Funktion des Verhältnisses von Energiegewinnen aus passiver solarer Strahlung und inneren Wärmequellen ($Q_S + Q_I$) zu den Energieverlusten durch Transmission und Lüftung ($Q_T + Q_V$).

$$\eta_F = 1 - 0{,}3 \cdot \frac{Q_I + Q_S}{Q_T + Q_V}$$

Der Ausnutzungsgrad kann Werte von etwa (0,7)...0,9...(1) annehmen. Dabei tritt der Wert 1,0 für Gebäude mit sehr geringen Energiegewinnen bezogen auf die Energieverluste durch Transmission und Lüftung auf. Der untere Grenzwert der nur 70%igen Nutzung anfallender Energiegewinne ist bei Gebäuden mit sehr hohen Gewinn-Verlust-Verhältnis (zum Beispiel Niedrigstenergiehäuser) anzusetzen.

Die Berechnung erfolgt nach folgender vereinfachter Formel:

$$\eta_F \cdot Q_S = \eta_F \cdot q_S \cdot A_{EB}.$$

Sind genaue Berechnungen erforderlich, dann ist der Wert für Q_S in einem ausführlichen Rechenverfahren aus den Fensterflächen A_F, den Energiedurchlaßgraden g sowie den himmelsrichtungsabhängigen Werten für die Globalstrahlungen G und ggf. Minderungsfaktoren r für Verschattung u. ä. zu ermitteln.

$$Q_S = \Sigma A_F \cdot G \cdot g \cdot r.$$

Überschlägig kann mit Werten für den spezifischen auf die Energiebezugsfläche bezogenen nutzbaren Solarenergiegewinn von $\eta_F \cdot q_S = 10 \ldots 19 \ldots (32)$ kWh/(m²a) gerechnet werden.

-5 Innere Fremdwärme Q_I

Die in einem Gebäude frei werdenden Energien können grundsätzlich der *geregelten* und der *ungeregelten Wärmeabgabe* zugeordnet werden. Unter der geregelten Wärmeabgabe werden alle Energien verstanden, die von den geregelten Heizflächen innerhalb des Gebäudes abgegeben werden. Alle anderen inneren Energiequellen des Gebäudes (Personen, Geräte, Wärmeverteilleitungen u. ä.) geben ihre Energie ungeregelt ab. Die Menge der frei werdenden Energien ist stark von der Nutzungsart aber auch von der Art des Heiz- und Warmwasserverteilsystems eines Gebäudes abhängig.

Ein Teil der von den ungeregelten inneren Energiequellen frei werdenden Energie Q_I kann für die Raumheizung genutzt werden. Diese *nutzbaren inneren Fremdwärmegewinne* $\eta_F \cdot Q_I$ hängen wie die Strahlungsgewinne vom Ausnutzungsgrad der freien Wärme η_F ab.

$$\eta_F \cdot Q_I = \eta_F \cdot q_I \cdot A_{EB} \quad \text{mit} \quad q_I = \dot{q}_i \cdot z_y$$

Die nutzbaren inneren Energiegewinne $\eta_F \cdot Q_I$ setzen sich zusammen aus der Wärmeabgabe von Personen und Geräten sowie Wärmegutschriften der innerhalb der gedämmten Hülle eines Gebäudes verlegten wärmeführenden Leitungen (ggf. mit Speicher und Wärmeerzeuger) des Warmwasser- und Heizsystems.

Für Gebäudetypen verschiedener Nutzung kann ohne Wärmegutschriften aus der Heiz- und Warmwasserverteilung (ggf. auch -speicherung und -erzeugung) mit Anhaltswerten aus Tafel 2.6.3-3 für die spezifische innere Gewinnleistung $\dot{q}_i$ gerechnet werden.

In guter Näherung ergeben sich spezifische anrechenbare innere Gewinne in der Größenordnung von $\eta_F \cdot q_I = 6 \ldots 35$ kWh/(m²a).

Einen genaueren Ansatz liefert die Ermittlung der im Gebäude tatsächlich anfallenden Wärmeenergien. Dazu muß vor allem die mittlere Personenzahl, die Ausstattung mit elektrischen Verbrauchern (Geräte und Beleuchtung), aber auch die zu erwartende Wärmeabgabe und Aufnahme verlegter Rohrleitungen (ggf. mit Speicher und Wärmeerzeuger) betrachtet werden.

Tafel 2.6.3-3 Mittlere spezifische Wärmeabgabeleistung innerer Wärmequellen (ohne Wärmegutschriften aus der Heizung und Warmwasserbereitung)

Mittlere spezifische Wärmeabgabeleistung innerer Wärmequellen $\dot{q}_i$ in W/m²				
Einfamilienhaus	Mehrfamilienhaus	Heim	Verwaltung	Schulen
1,8	2,3	3,1	3,5…(6)	2,8

-6 Nutzwärmebedarf für die Warmwasserbereitung Q_w

Der absolute *Nutzwärmebedarf für die Warmwasserbereitung* kann nach folgender Formel ermittelt werden:

$$Q_w = q_w \cdot A_N$$

Q_w ist ebenfalls stark von der Art der Nutzung des Gebäudes abhängig. Für Wohngebäude kann man mit Energiewerten von etwa 400…700 kWh/(Person · a) für die Bereitung von

Warmwasser rechnen. Dies entspricht einer spezifischen flächenbezogenen Nutzenergiemenge für Wohngebäude von $q_w = 6 \ldots 20$ kWh/(m²a). Bei Gebäuden mit anderer Nutzung müssen Planungswerte eingesetzt werden.

-7 Regenerative Energien Q_r

Als *regenerative Energie* Q_r soll hier von allem die solare Energie zur Heizunterstützung oder Unterstützung der Warmwasserbereitung genannt werden. Für Solaranlagen zur Warmwasserbereitung kann bei optimaler Einbindung in das Gesamtsystem mit einem durchschnittlichen Anteil an der Nutz- und Verlustenergie für Warmwasser Q_W ($= Q_w + Q_{t,W}$) von 55% ausgegangen werden. Für Anlagen mit solarer Heizunterstützung beträgt dieser Anteil nur etwa 10...20% von Q_H ($= Q_h + Q_{t,H}$).

Die rückgewonnenen Energien eines eventuell in der Lüftungsanlage vorhandenen Wärmeübertragers treten als regenerative Energie an dieser Stelle nicht auf, da sie bereits in einem verminderten Lüftungswärmebedarf (energetischer Luftwechsel) ausgedrückt werden.

-8 Mehrzonengebäude

Besteht ein Gebäude aus Zonen verschiedener Nutzung oder auch unterschiedlicher technischer Ausstattung, zum Beispiel ein kombiniertes Wohn- und Bürogebäude, so ist der Heizwärmebedarf Q_h, aber auch der Nutzwärmebedarf der Warmwasserbereitung Q_w für jede Zone separat zu bestimmen. Die Bestimmung des Jahresenergiebedarfs erfolgt anschließend für jede Zone getrennt.[1)]

2.6.4 Jahresenergiebedarf der Heizung und Warmwasserbereitung

Der *Jahresenergiebedarf der Heizung und Warmwasserbereitung* Q beinhaltet sowohl den Nutzen für den Verbraucher (Heizwärme Q_h und Nutzenergie Warmwasser Q_w) sowie alle zu deckenden technischen Verluste, die auf dem Wege der Bereitstellung dieser Wärme auftreten. In der Bilanz für den Jahresenergiebedarf werden Energien aus regenerativen Quellen abgezogen.

$$Q = Q_h + (Q_w) + Q_t - Q_r$$

Im folgenden sollen die Wärmeverluste für die Warmwasserbereitung und Heizung vom Ort der Nutzung zum Ort der Erzeugung hin verfolgt und ihre Ermittlung beschrieben werden. Dabei werden die nachfolgenden vier Stufen durchlaufen: Übergabe der Wärme aus dem Verteilnetz an den Ort der Nutzung, Verteilung der Wärme, Speicherung der Wärme und Erzeugung der Wärme.

-1 Wärmeübergabe

Die technischen *Wärmeverluste der Wärmeübergabe* an den zu beheizenden Raum, z.B. durch Regelabweichungen von Thermostatventilen, können für das Heizsystem durch höhere Innentemperaturen und somit höhere Werte für die Gradtagzahlen $G_{t,x,y}$ ausgedrückt werden. Für die Warmwasserübergabe werden keine Verluste angenommen.

-2 Wärmeverteilung

Die Ermittlung der Wärmeabgabe der Verteilleitungen von Warmwasser- und Heizungsrohren Q_d erfolgt nach zwei verschiedenen Ansätzen. Zum einen wird die Wärmeverlustmenge von ständig durchströmten Rohren ermittelt, zum anderen die Wärmeabgabe von nur periodisch durchflossenen Leitungsteilen. Als ständig durchströmte Leitungen können alle Heizrohre (mit Ausnahme der Stichleitungen) und die ständig auf Temperatur gehaltenen Zirkulations- und Förderleitungen des Warmwassernetzes angesehen werden. Peri-

---

1) Hinweise zur Berechnung von Mehrzonengebäuden in der DIN V 4701-10 und im LEG/Energiepaß.

odisch durchflossen sind Stichleitungen der Heizung und Warmwasserbereitung, die nur bei Zapfung bzw. Wärmeanforderung der Heizflächen erwärmt werden.

Für die Verteilung des Heizsystems ergibt sich folgender Ansatz:

$$Q_{d,H} = (\dot{Q}_{d,H,Z} + \dot{Q}_{d,H,S}) \cdot z_y \quad \text{mit} \quad \dot{Q}_{d,H,Z} = \Sigma[U_Z \cdot (\vartheta_{i,Z} - \vartheta_a) \cdot L]$$
$$\dot{Q}_{d,H,S} = \dot{q}_{d,H,S} \cdot L = \Sigma[U_S \cdot (\vartheta_{i,S} - \vartheta_a) \cdot L]$$

Die jährliche *Verlustwärmemenge des Verteilsystems der Heizung* $Q_{d,H}$ kann aus der mittleren Verlustleistung der Heizungsverteilung ($\dot{Q}_{d,H,Z} + \dot{Q}_{d,H,S}$) und der jährlichen Betriebszeit der Verteilung z_y ermittelt werden. Die Verlustleistung ist die Summe aller Einzelverluste jedes Rohrabschnittes der Länge L. Dabei ergibt sich der Energieverlust für jeden Rohrabschnitt aus der mittleren Rohrinnentemperatur $\vartheta_{i,Z}$ bzw. $\vartheta_{i,S}$ und der mittleren Temperatur der umgebenden Luft ϑ_a sowie der spezifischen Wärmeverlustleistung je Meter Rohr und Kelvin (U).

Die Betriebszeit kann für das Heizungsverteilsystem von z_y verschieden sein, wenn das System am Wochenende oder nachts abgeschaltet ist. Ist dies der Fall, dann muß die vorliegende Betriebszeit zur Berechnung herangezogen werden. Die mittlere Temperatur eines Rohrabschnittes ϑ_i richtet sich nach der mittleren Heizkreistemperatur des angeschlossenen Heizsystems. Für ein auf 55/45 °C ausgelegtes Heizsystem liegt die mittlere Heizwassertemperatur bei etwa $\vartheta_i \approx 38\,°C$.[1)] Die mittlere Temperatur der umgebenden Luft hängt von der Lage des Rohrabschnittes ab. Verläuft er innerhalb der beheizten thermischen Hülle eines Gebäudes wird die mittlere Rauminnentemperatur angesetzt, liegt er jedoch außerhalb der thermischen Hülle, z.B. im Keller, kann mit $\vartheta_a \approx 10...15\,°C$ im Jahresmittel gerechnet werden.

Der oben gemachte Ansatz für das Heizsystem kann auf die Warmwasserverteilung übertragen werden.

$$Q_{d,W} = (\dot{Q}_{d,W,Z} + \dot{Q}_{d,W,S}) \cdot 365\,\text{d/a} \quad \text{mit} \quad \dot{Q}_{d,W,Z} = \Sigma[U_Z \cdot (\vartheta_i - \vartheta_a)_{d,Z} \cdot L]$$
$$\text{und} \quad \dot{Q}_{d,W,S} = \dot{q}_{d,W,S} \cdot L = \Sigma[U_S \cdot (\vartheta_i - \vartheta_a)_{d,S} \cdot L]$$

Die jährliche *Verlustwärmemenge des Verteilsystems der Warmwasserverteilung* $Q_{d,W}$ ergibt sich aus der jährlichen Betriebszeit der Verteilung und der Summe der Verlustleistungen für ständig auf Temperatur gehaltene Leitungsabschnitte $\dot{Q}_{d,W,Z}$ und periodisch durchflossene Leitungsabschnitte $\dot{Q}_{d,W,S}$. Jede dieser Verlustleistungen kann analog zur Verlustleistung der Heizungsverteilung ermittelt werden.

Die Betriebszeit kann auch für das Warmwasserverteilsystem von 365 d/a verschieden sein, wenn das System am Wochenende oder nachts abgeschaltet ist. Ist dies der Fall, dann muß die vorliegende Betriebszeit zu Berechnung herangezogen werden.

Die mittlere Temperatur eines ständig auf Temperatur gehaltenen Rohrabschnittes der Warmwasserverteilung kann mit $\vartheta_{i,d,Z} = 50...55\,°C$ angenommen werden. Für nicht ständig auf Temperatur gehaltene Rohrleitungen hängt sie stark von der Zapfhäufigkeit ab. Die mittlere Temperatur der umgebenden Luft kann – wie bereits bei der Heizungsverteilung beschrieben – angenommen werden.

Näherungswerte für die spezifische Verlustleistung ständig auf Temperatur gehaltener Rohre je Meter Länge und Kelvin Temperaturdifferenz U_Z finden sich in Bild 2.6.4-1.

Für Stichleitungen der Heizungsverteilung, die nicht ständig durchflossen sind, kann mit $U_S \approx 0{,}8 \cdot U_Z$ gerechnet werden.

Für Stichleitungen der Warmwasserverteilung kann die spezifische Verlustleistung je Meter Rohlänge $\dot{q}_{d,W,S}$ bei Verlegung in der gedämmten Hülle aus Bild 2.6.4-2 abgeschätzt werden.

Mit den oben getroffenen Annahmen liegt der spezifische flächenbezogene Wärmeverlust der Verteilung für das Warmwassernetz bei etwa $q_{d,W} = 5\ldots13\ldots(19)$ kWh/(m²a). Für die Heizungsverteilung ergeben sich etwa Werte von $q_{d,H} = 3\ldots13$ kWh/(m²a).

Die Verluste der Verteilung sind um so geringer, je optimierter die Ausführung des Heizungssystems bzw. Warmwassersystems, d.h. je kürzer die Leitungslängen. Für ältere Anlagen kann aufgrund des schlechteren Dämmstandards der Rohre und des Betriebs bei

1) Ermittlung der mittleren Heizkreistemperatur sowie weitere Beispiele in der vorläufigen DIN V 4701-10.

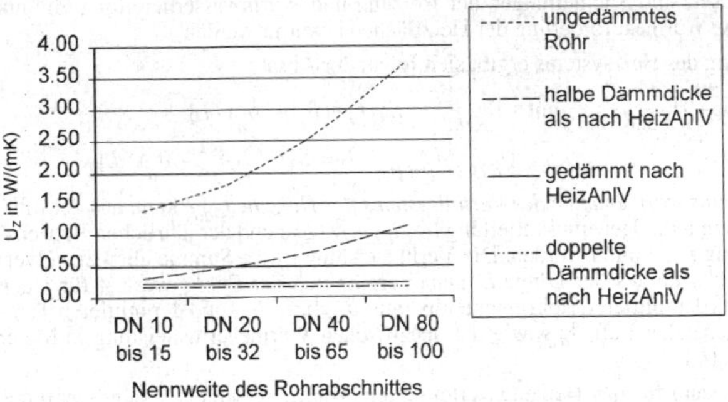

Bild 2.6.4-1. Spezifische Wärmeverlustleistung U_z für Warmwasser-Zirkulationsleitungen und Heizungsleitungen.

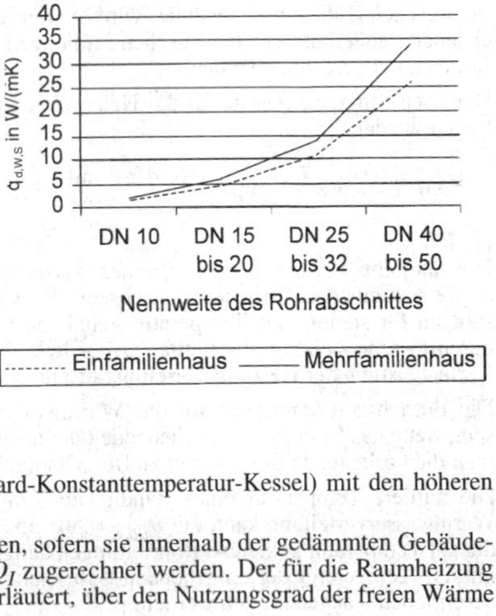

Bild 2.6.4-2. Spezifische Wärmeverlustleistung $\dot{q}_{d,W,S}$ für Warmwasser-Stichleitungen bei Verlegung in der gedämmten Hülle.

höheren Rohrinnentemperaturen (Standard-Konstanttemperatur-Kessel) mit den höheren Werten gerechnet werden.

Die Wärmeverluste der Verteilung können, sofern sie innerhalb der gedämmten Gebäudehülle auftreten, den inneren Gewinnen Q_I zugerechnet werden. Der für die Raumheizung nutzbare Anteil kann, wie bereits oben erläutert, über den Nutzungsgrad der freien Wärme η_F ermittelt werden.

-3 Wärmespeicherung

Die Berechnung der *Wärmeverluste eines Speichers* Q_s können für die Speicherung von Trinkwarmwasser ($Q_{s,W}$), aber auch von Heizwasser ($Q_{s,H}$), nach demselben Ansatz erfolgen. Für die Höhe der zu erwartenden Wärmeverluste des Speichers ist die Betriebszeit des Speichers (z_y oder 365 d/a) und die Verlustleistung $\dot{Q}_S$ des Speichers zu bestimmen. Die Verlustleistung hängt dabei von der mittleren Temperaturdifferenz zwischen Speicherinnerem ($\vartheta_{s,i}$) und der ihn umgebenden Luft ($\vartheta_{s,a}$) sowie der Speicheroberfläche A_S und dem mittleren Wärmedurchgangskoeffizienten k_s der Speicherhülle ab.

$$Q_{s,H} = \dot{Q}_s \cdot z_y \quad \text{bzw.} \quad Q_{s,W} = \dot{Q}_s \cdot 365 d/a \quad \text{mit} \quad \dot{Q}_s = (k \cdot A)_s \cdot (\vartheta_i - \vartheta_a)_s$$

Die Betriebszeit kann für einen Pufferspeicher des Heizsystems von z_y verschieden sein, wenn das System am Wochenende oder nachts abgeschaltet ist. Dies gilt auch für die Betriebszeit eines Warmwasserspeichers. Ist dies der Fall, dann muß näherungsweise die vorliegende Betriebszeit zur Berechnung herangezogen werden.

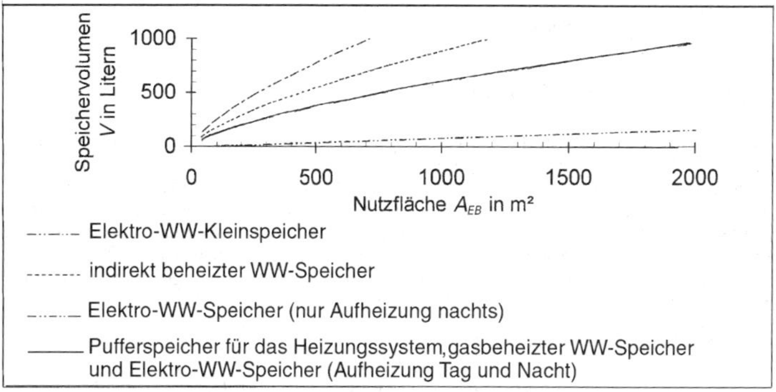

Bild 2.6.4-3. Speichervolumen V in Litern für verschiedene Speicherarten nach Größe der Nutzfläche A_{EB}.

Die mittlere Innentemperatur des Speichers über ein Jahr kann für einen Trinkwasserspeicher mit etwa $\vartheta_{i,s}$ = 50...60 °C angenommen werden. Bei Heizwasser-Pufferspeichern richtet sie sich nach der mittleren Heizkreistemperatur des angeschlossenen Heizsystems. Für einen Pufferspeicher eines auf 55/45 °C ausgelegten Heizsystems kann die mittlere Speichertemperatur etwa bei $\vartheta_{i,s} \approx 38$ °C liegen.[1] Die maßgebliche Umgebungslufttemperatur $\vartheta_{s,a}$ ergibt sich aus dem Aufstellort des Speichers. Innerhalb der beheizten thermischen Hülle eines Gebäudes wird die mittlere Rauminnentemperatur angesetzt, ist der Speicher außerhalb der thermischen Hülle, z. B. im Keller, aufgestellt, kann mit $\vartheta_{a,s} \approx$ 10...15 °C im Jahresmittel gerechnet werden.

Sind über die Größe des Speichers keine Angaben bekannt, dann kann diese mit Hilfe von Bild 2.6.4-3 abgeschätzt werden.

Eine Näherung für die spezifische Verlustleistung eines Speichers je nach Dämmstandard der Speicherhülle $(k \cdot A)_s$ kann der Graphik in Bild 2.6.4-4 entnommen werden.

Mit den oben getroffenen Annahmen liegt der spezifische flächenbezogene Wärmeverlust der Speicherung für Warmwasserspeicherung bei etwa $q_{s,W}$ = 2…10…(14) kWh/(m²a). Für Pufferspeicher sind Werte von $q_{s,H}$ = 1…5…(9) kWh/(m²a) realistisch.

Dabei treten höhere Verluste für schlecht gedämmte Speicher älterer Bauart, aber auch für kleine Gebäude, d. h. einem großen Speichervolumen je Quadratmeter Nutzfläche, auf.

Auch die Wärmeverluste der Speicherung können, sofern sie innerhalb der gedämmten Gebäudehülle auftreten, den inneren Gewinnen Q_I zugerechnet werden. Der für die Raum-

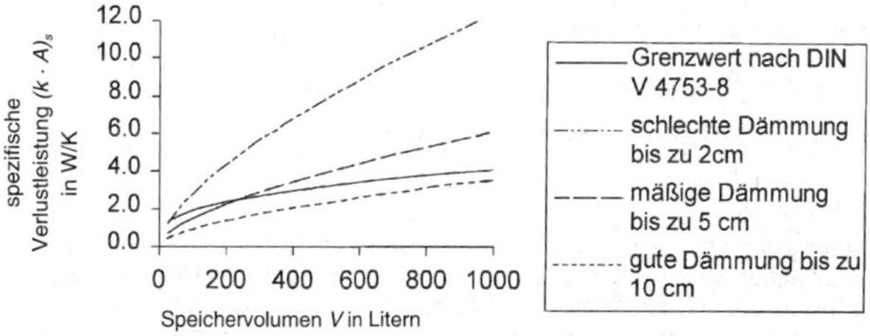

Bild 2.6.4-4. Spezifische Verlustleistung $(k \cdot A)_s$ für Speicher in Abhängigkeit vom Speichervolumen V.

[1]) Ermittlung der mittleren Heizkreistemperatur sowie weitere Beispiele in der DIN V 4701-10.

heizung nutzbare Anteil kann, wie bereits oben erläutert, über den Nutzungsgrad der freien Wärme η_F ermittelt werden.

-4 Wärmeerzeugung

Die *Wärmeverluste der Wärmeerzeugung* Q_g werden näherungsweise mit Hilfe des Jahresnutzungsgrades η_a bzw. der Erzeugungsaufwandzahl e_g bei der Berechnung des *Jahresenergiebedarfs* der Heizung Q_H und Warmwasserbereitung Q_W indirekt ermittelt. Dabei hängt die Höhe des Wärmeverlustes $Q_{g,H}$ oder $Q_{g,W}$ von der Summe der zu deckenden Energien (Nutzenergie Q_h oder Q_w, Energie zur Deckung der Verteilverluste Q_d, Energie zur Deckung der Speicherverluste Q_s) sowie der Art und Betriebsweise des Wärmeerzeugers – ausgedrückt durch den Jahresnutzungsgrad η_a bzw. die Erzeugungsaufwandzahl e_g (beide noch bezogen auf den Heizwert H_U) – ab.

$Q = Q_H + Q_W$ mit:

$$Q_H = \frac{1}{\eta_a} \cdot (Q_h + Q_{d,H} + Q_{s,H}) = e_g \cdot (Q_h + Q_{d,H} + Q_{s,H}) = Q_h + Q_{d,H} + Q_{s,H} + Q_{g,H}$$

und

$$Q_W = \frac{1}{\eta_a} \cdot (Q_w + Q_{d,W} + Q_{s,W}) = e_g \cdot (Q_w + Q_{d,W} + Q_{s,W}) = Q_w + Q_{d,W} + Q_{s,W} + Q_{g,W}$$

Für Wärmeerzeuger mit Jahresnutzungsgraden unter 100% (z.B. Kessel) können die *Wärmeverluste der Wärmeerzeugung* Q_g auch explizit ausgewiesen werden. Dabei ist der Ansatz für die Erzeugung von Trinkwarmwasser ($Q_{g,W}$) – aber auch Heizwasser ($Q_{g,H}$) – derselbe.

$$Q_{g,H} = \left(\frac{1}{\eta_a} - 1\right) \cdot (Q_h + Q_{d,H} + Q_{s,H}) \quad \text{bzw.} \quad Q_{g,H} = (e_g - 1) \cdot (Q_h + Q_{d,H} + Q_{s,H})$$

$$Q_{g,W} = \left(\frac{1}{\eta_a} - 1\right) \cdot (Q_w + Q_{d,W} + Q_{s,W}) \quad \text{bzw.} \quad Q_{g,W} = (e_g - 1) \cdot (Q_h + Q_{d,W} + Q_{s,W})$$

Der Jahresnutzungsgrad η_a stellt das Verhältnis der von einem Wärmeerzeuger abgegebenen Energie zur eingesetzten Energie dar. Die Erzeugungsaufwandzahl e_g ist sein Kehrwert.

$$\eta_a = \frac{1}{e_g}$$

Im folgenden werden Anhaltswerte[1] für Jahresnutzungsgrade η_a bzw. Erzeugungsaufwandzahlen e_g der Wärmeerzeuger näher aufgezeigt, die sowohl für die Warmwasserbereitung als auch für die Heizung eingesetzt werden können (Kessel, Wärmepumpen etc.).

Eine große Gruppe der Wärmeerzeuger stellen die Kessel (Konstanttemperaturkessel, Niedertemperatur-Kessel und Brennwertkessel) dar. Der Jahresnutzungsgrad η_a bzw. die Erzeugungsaufwandzahl e_g ist für alle Kessel eine Funktion der mittleren jährlichen Kesselauslastung φ, des spezifischen Betriebsbereitschaftsverlustes q_B (bezogen auf die Feuerungsleistung des Kessels) und des Kesselwirkungsgrades η_K.

$$\eta_a = \frac{1}{e_g} = \frac{\eta_K}{\left(\frac{1}{\varphi} - 1\right) \cdot q_B + 1} \quad \text{mit} \quad \varphi = \frac{b_{VK}}{b} = \frac{\dot{Q}_m}{\dot{Q}_K}$$

Der Jahresnutzungsgrad eines Kessels wird um so größer, je höher der Kesselwirkungsgrad η_K ist. Dieser hängt wesentlich von den Abgasverlusten ab. Mit geringeren Betriebsbereitschaftsverlusten q_B, die ein Maß der Wärmeverluste der Kesseloberfläche an die Umgebung und der schornsteinabhängigen inneren Auskühlverluste sind, steigt der Jahresnutzungsgrad ebenfalls. Ein weiterer Einflußfaktor auf die Höhe des Jahresnutzungsgrades eines Kessels ist die Kesselauslastung φ. Sie gibt das Verhältnis der mittleren benötigten Leistung $\dot{Q}_m$ zur Kesselnennleistung $\dot{Q}_K$ wieder. Dies kann auch durch das Verhältnis der

[1]) Berechnung von Erzeugungsaufwandzahlen e_g vgl. DIN V 4701-10.

Vollbenutzungsstunden des Kessels b_{VK} zu den Betriebsbereitschaftstunden b ausgedrückt werden. Hat ein für Heizung und Warmwasserbereitung dimensionierter Kessel in den Sommermonaten (außerhalb der Heizzeit) zum Beispiel nur eine Kesselbelastung von etwa 5%, dann läuft er umgerechnet auf Vollbenutzungsstunden nur 5% des Sommers mit seiner vollen Leistung, die restliche Zeit ist er in Bereitschaft. Oder anders ausgedrückt, er läuft während des Sommers durchgängig mit nur 5% seiner Nennleistung.

Dieser Zusammenhang ist für die nachfolgenden Tabellen ausschlaggebend. Mit sinkender Kesselbelastung sinkt für den Standardkessel der Jahresnutzungsgrad η_a bzw. steigt die Wärmeerzeugungsaufwandszahl e_g. Dieser Einfluß ist für Niedertemperatur- und Brennwertkessel aber erst etwa unter 10...30% Kesselbelastung wirksam.

Die Standardwerte in Tafel 2.6.4-1 für Jahresnutzungsgrade bzw. Erzeugungsaufwandzahlen gelten für Niedertemperatur- und Brennwertkessel bei Heizungsnetzauslegungstemperaturen von 75/60 °C. Bei Vorlauftemperaturen unter 60 °C – also auch für die Warmwasserbereitung – kann der tabellierte Wert für den Jahresnutzungsgrad um $\Delta\eta_a = 0{,}03$ erhöht werden. Ist aufgrund einer Überdimensionierung des Kessels mit Belastungsgraden (vor allem für die Warmwasserbereitung in den Sommermonaten) unter etwa 10% zu rechnen, dann müssen die Jahresnutzungsgrade (Erzeugungsaufwandzahlen) für diesen Fall nach einem ausführlichen Berechungsverfahren ermittelt werden[1]. (Tabellierte Werte berücksichtigen die Kesselverschmutzung.)

Tafel 2.6.4-1 Jahresnutzungsgrade η_a (und Erzeugeraufwandzahlen e_g) für Niedertemperatur- und Brennwertkessel (bezogen auf H_U)

Kesselbauart	Leistung in kW	Gasbefeuerter Kessel	Ölbefeuerter Kessel
NT-Kessel mit Brenner ohne Gebläse	bis 50	0,91 (1,10)	–
	> 50... 120	0,91 (1,10)	–
	> 120... 350	0,92 (1,09)	–
	> 350...1200	0,92 (1,09)	–
NT-Kessel mit Gebläse	bis 50	0,92 (1,09)	0,90 (1,11)
	> 50... 120	0,92 (1,09)	0,90 (1,11)
	> 120... 350	0,92 (1,09)	0,90 (1,11)
	> 350...1200	0,92 (1,09)	0,90 (1,11)
Brennwert-Kessel	bis 50	0,97 (1,03)	0,91 (1,10)
	> 50... 120	0,98 (1,02)	0,92 (1,09)
	> 120... 350	0,99 (1,01)	0,93 (1,08)
	> 350...1200	0,99 (1,01)	0,93 (1,08)

Eine vor allem im Altanlagenbestand zu findende Gruppe der Wärmeerzeuger stellen die Konstanttemperaturkessel dar. Aufgrund der hohen Heizlast älterer Gebäude und der früher üblichen Überdimensionierung weisen diese meist sehr hohe Nennleistungen bezogen auf die angeschlossene Nutzfläche auf. Vor allem in der Übergangszeit und bei Warmwasserbereitung im Sommer ist die Auslastung dieser Kessel sehr gering.

Dient der Konstanttemperaturkessel als Grundlastkessel für ein System mit mehr als einem Wärmeerzeuger, dann kann mit mittleren Auslastungsgraden von $\varphi = 0{,}5...1{,}0$ gerechnet werden. Die durchschnittliche Belastung eines korrekt dimensionierten Konstanttemperaturkessels in der Heizzeit liegt zwischen $\varphi = 0{,}3...0{,}5$. Für die kombinierte Warmwasserbereitung und Heizung kann während der Sommermonate mit einer sehr geringen Auslastung ($\varphi < 0{,}06$) gerechnet werden.

Anhaltswerte für Jahresnutzungsgrade bzw. Erzeugungsaufwandzahlen verschieden befeuerter Konstanttemperaturkessel[2] können Tafel 2.6.4-2, Tafel 2.6.4-3 und Tafel 2.6.4-4 entnommen werden (die Werte berücksichtigen die Kesselverschmutzung).

---

[1]) Berechnung von Erzeugungsaufwandzahlen e_g vgl. DIN V 4701-10.
[2]) Nach Energiepass/LEG.

Tafel 2.6.4-2 Jahresnutzungsgrade η_a (und Erzeugungsaufwandzahlen e_g) für gasbefeuerte Konstanttemperaturkessel (bezogen auf H_U)

Kesselbauart	Leistung in kW	Baujahr bis 1978 Auslastungsgrad φ				Baujahr ab 1979 Auslastungsgrad φ			
		< 0,06	0,06…0,2	0,2…0,5	0,5…1,0	< 0,06	0,06…0,2	0,2…0,5	0,5…1,0
Vorrats-Wasserheizer	< 20	0,36 (2,78)	0,63 (1,59)	0,77 (1,30)	0,82 (1,22)	0,39 (2,56)	0,65 (1,54)	0,79 (1,27)	0,83 (1,20)
Umlauf-Wasserheizer	< 37	0,50 (2,00)	0,71 (1,41)	0,79 (1,27)	0,81 (1,23)	0,65 (1,54)	0,80 (1,25)	0,84 (1,19)	0,86 (1,16)
Spezialkessel mit Brenner ohne Gebläse	< 50	0,33 (3,03)	0,60 (1,67)	0,76 (1,32)	0,81 (1,23)	0,48 (2,08)	0,72 (1,39)	0,82 (1,22)	0,85 (1,18)
	> 50… 120	0,39 (2,56)	0,65 (1,54)	0,79 (1,27)	0,83 (1,20)	0,53 (1,89)	0,76 (1,32)	0,85 (1,18)	0,87 (1,15)
	>120… 350	0,52 (1,92)	0,74 (1,35)	0,83 (1,20)	0,85 (1,18)	0,67 (1,49)	0,82 (1,22)	0,87 (1,15)	0,89 (1,12)
	>350…1200	0,59 (1,69)	0,78 (1,28)	0,86 (1,16)	0,88 (1,14)	0,67 (1,49)	0,82 (1,22)	0,87 (1,15)	0,89 (1,12)
automatischer Spezialkessel mit Gebläse	< 50	0,34 (2,94)	0,62 (1,61)	0,78 (1,28)	0,83 (1,20)	0,48 (2,08)	0,72 (1,39)	0,83 (1,20)	0,86 (1,16)
	> 50… 120	0,40 (2,50)	0,67 (1,49)	0,81 (1,23)	0,85 (1,18)	0,54 (1,85)	0,77 (1,30)	0,86 (1,16)	0,88 (1,14)
	>120… 350	0,53 (1,89)	0,76 (1,32)	0,85 (1,18)	0,87 (1,15)	0,68 (1,47)	0,83 (1,20)	0,88 (1,14)	0,90 (1,11)
	>350…1200	–	0,78 (1,28)	0,86 (1,16)	0,88 (1,14)	–	0,83 (1,20)	0,88 (1,14)	0,90 (1,11)
Umstell- und Wechsel-brandkessel	< 50	0,29 (3,45)	0,56 (1,79)	0,73 (1,37)	0,80 (1,25)	0,40 (2,50)	0,66 (1,52)	0,80 (1,25)	0,84 (1,19)
	> 50… 120	0,40 (2,50)	0,65 (1,54)	0,77 (1,30)	0,81 (1,23)	0,52 (1,92)	0,74 (1,35)	0,83 (1,20)	0,85 (1,18)

Tafel 2.6.4-3 Jahresnutzungsgrade η_a (und Erzeugungsaufwandzahlen e_g) für ölbefeuerte Konstanttemperaturkessel (bezogen auf H_U)

Kesselbauart	Leistung in kW	Baujahr bis 1978				Baujahr ab 1979			
		Auslastungsgrad φ				Auslastungsgrad φ			
		< 0,06	0,06…0,2	0,2…0,5	0,5…1,0	< 0,06	0,06…0,2	0,2…0,5	0,5…1,0
automatischer Spezialkessel mit Gebläse	< 50	0,34 (2,94)	0,60 (1,67)	0,76 (1,32)	0,81 (1,23)	0,47 (2,13)	0,71 (1,41)	0,81 (1,23)	0,85 (1,18)
	> 50… 120	0,40 (2,50)	0,66 (1,52)	0,79 (1,27)	0,83 (1,20)	0,53 (1,89)	0,75 (1,30)	0,84 (1,19)	0,87 (1,15)
	>120… 350	0,52 (1,92)	0,74 (1,35)	0,83 (1,20)	0,86 (1,16)	0,67 (1,49)	0,82 (1,22)	0,87 (1,15)	0,88 (1,14)
	>350…1200	–	0,76 (1,32)	0,84 (1,19)	0,87 (1,15)	–	0,82 (1,22)	0,87 (1,15)	0,88 (1,14)
Umstell- und Wechsel-brandkessel	< 50	0,29 (3,45)	0,55 (1,82)	0,72 (1,39)	0,78 (1,28)	0,39 (2,56)	0,65 (1,54)	0,78 (1,28)	0,82 (1,22)
	> 50… 120	0,39 (2,56)	0,64 (1,56)	0,76 (1,32)	0,79 (1,27)	0,51 (1,96)	0,73 (1,37)	0,81 (1,23)	0,84 (1,19)

Tafel 2.6.4-4 Jahresnutzungsgrade η_a (und Erzeugungswandzahlen e_g) für mit Festbrennstoff befeuerte Konstanttemperaturkessel (bezogen auf H_U)

Kesselbauart	Leistung in kW	Baujahr bis 1978				Baujahr ab 1979			
		Auslastungsgrad φ				Auslastungsgrad φ			
		< 0,06	0,06…0,2	0,2…0,5	0,5…1,0	< 0,06	0,06…0,2	0,2…0,5	0,5…1,0
automatischer Spezialkessel mit Gebläse	< 50	0,31 (3,23)	0,55 (1,82)	0,70 (1,43)	0,75 (1,33)	0,44 (2,27)	0,66 (1,52)	0,76 (1,32)	0,79 (1,27)
	> 50… 120	0,36 (2,78)	0,60 (1,67)	0,73 (1,37)	0,77 (1,30)	0,50 (2,00)	0,71 (1,41)	0,79 (1,27)	0,82 (1,22)
	>120… 350	0,48 (2,08)	0,68 (1,47)	0,77 (1,30)	0,79 (1,27)	0,63 (1,59)	0,77 (1,30)	0,82 (1,22)	0,83 (1,20)
	>350…1200	–	0,72 (1,39)	0,80 (1,25)	0,82 (1,22)	–	0,77 (1,30)	0,82 (1,22)	0,83 (1,20)
Umstell- und Wechsel-brandkessel	< 50	0,27 (3,70)	0,51 (1,96)	0,67 (1,49)	0,72 (1,39)	0,36 (2,78)	0,60 (1,67)	0,72 (1,39)	0,76 (1,32)
	> 50… 120	0,37 (2,70)	0,60 (1,67)	0,71 (1,41)	0,75 (1,33)	0,48 (2,08)	0,68 (1,47)	0,77 (1,30)	0,79 (1,27)

Werden Wärmepumpen zur Wärmeerzeugung eingesetzt, so können diese als alleinige Erzeuger installiert sein (monovalenter Betrieb) oder durch einen oder weitere Wärmeerzeuger ergänzt sein. Der Jahresnutzungsgrad η_a entspricht für eine elektrisch betriebene Wärmepumpe der Arbeitszahl β, für eine brennstoffbetriebene Wärmepumpe der Jahresheizzahl ζ. Einen Überblick über Jahresheizzahlen bzw. Jahresarbeitszahlen und Erzeugungsaufwandzahlen monovalent eingesetzter Wärmepumpen der Heizung und Warmwasserbereitung bietet die Tafel 2.6.4-5.[1)] Höhere Jahresarbeitszahlen sind vor allem für niedrige mittlere Heizwassertemperaturen (z.B. für 35/28 °C Auslegung einer Fußbodenheizung) sowie exakte Dimensionierung der Wärmepumpe nach Bedarf des Gebäudes und regelmäßige gewartete Wärmepumpen zu erwarten.

Tafel 2.6.4-5 Jahresarbeitszahlen β und Jahresheizzahlen ζ sowie Aufwandzahlen e_g für Wärmepumpen

Bauart		Wärmequelle Grundwasser	Wärmequelle Erdreich	Wärmequelle Luft
elektrisch betrieben	β	(2,8)...3,2...4,5...(5,4)	(2,7)...3,1...3,8...(4,2)	(2,3)...2,7...3,1...(3,6)
	e_g	(0,36)...0,31...0,22...(0,19)	(0,37)...0,32...0,26...(0,24)	(0,43)...0,37...0,32...(0,28)
brennstoff-betrieben	ζ	1,7...1,8	1,6...1,7	1,5...1,6
	e_g	0,59...0,56	0,63...0,59	0,67...0,63

Werden Fern- oder Nahwärmeübergabestationen als Wärmeerzeuger eingesetzt, so entsprechen die Verluste der Wärmeerzeugung eigentlich Wärmeverlusten der Verteilung. Standardwerte für Jahresnutzungsgrade bzw. Erzeugungsaufwandzahlen von Fern- und Nahwärmeanschlüssen der Raumheizung und Warmwasserbereitung können der Tafel 2.6.4-6 entnommen werden.

Tafel 2.6.4-6 Jahresnutzungsgrade η_a (und Aufwandzahlen e_g) für Wärmeübergabestationen (bezogen auf H_U)

		Raumheizung	Warmwasserbereitung in der Heizzeit	Warmwasserbereitung im Sommer
Kompakt-Übergabestation mit Gehäuse		0,98 (1,02)	1,00 (1,00)	0,90 (1,11)
individuelles System aus Einzelrohrleitungen	gut gedämmt	0,95 (1,05)	1,00 (1,00)	0,85 (1,18)
	mäßig gedämmt	0,90 (1,11)	1,00 (1,00)	0,80 (1,25)

Wird für die Heizung oder Warmwasserbereitung ein Blockheizkraftwerk verwendet, so kann der Jahresnutzungsgrad nach der Tafel 2.6.4-7 abgeschätzt werden.

Neben den Wärmeerzeugern, die sowohl für die Heizung und Warmwasserbereitung eingesetzt werden können, gibt es Geräte, die nur zum Heizen oder nur zur Warmwasserbereitung verwendet werden. Anhaltswerte für Jahresnutzungsgrade und Aufwandzahlen für diese Wärmeerzeuger werden in Tafel 2.6.4-8 und Tafel 2.6.4-9 gegeben.

[1)] nach DIN V 4701-10 und LEG/Energiepaß sowie W. Eicke-Henning und W. Schulz: Anforderungen an Elektrowärmepumpen zur Wohngebäudebeheizung, SBZ, S. 48/57 (05.2000) und D. Wittwer, „Wärmepumpen im Vormarsch“, Wärmepumpe aktuell, S. 2/3, (01.2000).

Tafel 2.6.4-7 Thermische Jahresnutzungsgrade η_a (und Aufwandzahlen e_g) für Motor-Heizkraftanlagen (BHKW)

Brennstoff	elektrische Leistung in kW	η_a (e_g)
Erdgas	bis 15	0,65 (1,54)
Propan	>15...100	0,62 (1,61)
Butan	35...100 100…500 >500	0,59 (1,69) 0,58 (1,72) 0,52 (1,92)
Diesel	bis 15 15...35 35...100 100...500 >500	0,64 (1,56) 0,61 (1,64) 0,52 (1,92) 0,48 (2,08) 0,45 (2,22)

Tafel 2.6.4-8 Jahresnutzungsgrade η_a (und Aufwandzahlen e_g) für dezentrale Geräte zur Warmwasserbereitung

zu deckender Wärmebedarf pro Gerät in kWh/a		250	500	750	1000	1500	2000	3000	5000	8000
Elektrogeräte	Kochendwassergeräte	0,96 (1,04)	0,96 (1,04)	0,96 (1,04)	0,96 (1,04)	0,96 (1,04)				
	Durchlauferhitzer	0,99 (1,01)	0,99 (1,01)	0,99 (1,01)	0,99 (1,01)	0,99 (1,01)	0,99 (1,01)	0,99 (1,01)	0,99 (1,01)	0,99 (1,01)
Gasgeräte	Durchlauferhitzer	0,16 (6,25)	0,27 (3,70)	0,35 (2,86)	0,41 (2,43)	0,49 (2,04)	0,55 (1,82)	0,62 (1,61)	0,69 (1,45)	0,74 (1,35)
	Durchlauferhitzer mit elektronischer Zündung	0,84 (1,19)	0,84 (1,19)	0,84 (1,19)	0,84 (1,19)	0,84 (1,19)	0,84 (1,19)	0,84 (1,19)	0,84 (1,19)	0,84 (1,19)

Tafel 2.6.4-9 Jahresnutzungsgrade und Erzeugungsaufwandzahlen für Einzelöfen (a) und Elektro-Widerstandsheizungen (b)

a) Jahresnutzungsgrade η_a (und Aufwandzahlen e_g) für Einzelöfen	
ölbefeuerter Einzelofen mit Verdampfungsbrenner	0,85 (1,18)
Kachelofen	0,70 (1,43)
kohlebefeuerte eiserne Öfen	0,67 (1,49)
Außenwand-Gasöfen	0,75 (1,33)

b) Jahresnutzungsgrade η_a (und Aufwandzahlen e_g) für Elektro-Widerstandsheizungen	
Nachtspeicherofen bis 50 kW	0,95 (1,05)
Nachtspeicherofen > 50 kW	0,97 (1,03)
Außenwand-Gasöfen	0,98 (1,02)

Für Gebäude unterschiedlichster Nutzung ergeben sich spezifische flächenbezogene Wärmeverluste der Wärmeerzeugung von $q_{g,H} = 5 \ldots 13 \ldots (18)$ kWh/(m²a) (bezogen auf H_U) für das Heizsystem bzw. $q_{g,W} = 2 \ldots 5 \ldots (13)$ kWh/(m²a) (bezogen auf H_U) für die Warmwasserbereitung. Der höhere Wert kann vor allem im Anlagenaltbestand erwartet werden.

Die bei der Wärmeerzeugung innerhalb der thermischen Hülle eines Gebäudes (dezentrale Warmwasserbereitung, wandhängende Kombiwasserheizer zur dezentralen Wohnungsversorgung etc.) anfallenden Wärmeverluste durch Abstrahlung können als innere Gewinne gutgeschrieben werden. Sie müssen – wie Speicherwärmeverluste und Wärmeverluste der Verteilleitungen – noch mit dem Ausnutzungsgrad der freien Wärme η_F bewertet werden.

Wird ein Gebäude von mehreren Wärmeerzeugern versorgt (multivalente Anlage), zum Beispiel mit einer Zweikesselanlage gleicher Leistung oder einer Kombination aus Grundlast- und Spitzenlastwärmeerzeuger, so ist für jeden Wärmeerzeuger der Anteil am Jahresheizwärmebedarf zu bestimmen (Deckungsanteil) und die Berechnung der Wärmeerzeugungsverluste Q_g für jeden Anteil getrennt vorzunehmen.[1)]

2.6.5 Eingeschränkter Heizbetrieb, Einfluß der Regelung der Wärmeabgabe

Wie bereits oben beschrieben kann der erhöhte Energieaufwand, der durch die Regelung der Wärmeabgabe entsteht, in einer erhöhten Innentemperatur oder damit in erhöhten Gradtagszahlen ausgedrückt werden. Gleiches gilt für den Einfluß der Nachtabsenkung oder
-abschaltung des Heizsystems, welche die mittlere Innentemperatur und somit die Gradtagszahlen vermindern. Beide Einflüsse können wie folgt ausgedrückt werden:

$$G_{t,x,y}^{*} = G_{t,x,y} \cdot f_{RED} \cdot f_{INC}$$

Bild 2.6.5-1 bietet einen Überblick über mittlere Reduktionsfaktoren f_{RED} für den Einfluß des *eingeschränkten Heizbetriebes* mit Nachtabsenkung/Wochenendabsenkung des Sollwertes der Raumtemperatur um $\Delta\vartheta_i = 5$K je nach spezifischer Heizlast q_h am kältesten Tag. Reduktionsfaktoren für andere Gegebenheiten können mit Simulationsberechnungen ermittelt werden.

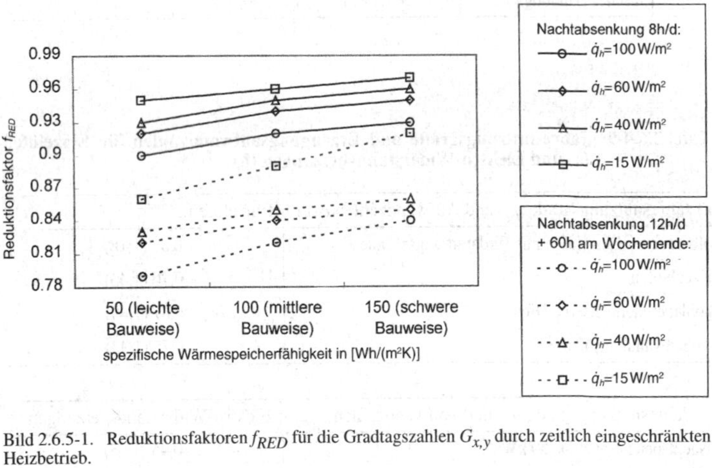

Bild 2.6.5-1. Reduktionsfaktoren f_{RED} für die Gradtagszahlen $G_{x,y}$ durch zeitlich eingeschränkten Heizbetrieb.

1) Nähere Ausführungen zu anderen Betriebsweisen in der vorläufigen DIN V 4701-10 bzw. LEG/Energiepaß.

Der *Einfluß der Art der Regelung der Wärmeübergabe* an den zu beheizenden Raum kann mit den nachfolgend tabellierten Überschlagswerten des Faktors f_{INC} zur Korrektur der Gradtagszahl abgeschätzt werden. Da die Gradtagszahl $G_{t,x,y}$ nur zur Ermittlung des Jahrestransmissions- und Lüftungswärmeverlustes verwendet wird, die Art der Regelung aber den Jahresheizwärmebedarf Q_h (= $Q_T + Q_V - \eta_F \cdot Q_S - \eta_F \cdot Q_I$) beeinflußt, ist der nachstehende Ansatz eine Näherung.

Die in Tafel 2.6.5-1 genannten Werte beziehen sich auf ein mittleres Verhältnis der Wärmegewinne ($Q_I + Q_S$) zu den Verlusten ($Q_T + Q_V$) von 0,5. Genauere Ergebnisse liefern auch hier Simulationberechnungen.

Mit diesem Ansatz kann die Schwankungsbreite des Einflusses der Art der Regeleinrichtung abgeschätzt werden. Als Überschlagswert können hier ΔQ_h = (1)...2...8...(10) kWh/(m²a) verwendet werden.

Tafel 2.6.5-1 Faktor f_{INC} zur Bewertung der Regelgüte

Art der Regelung der Wärmeübergabe	Faktor f_{INC} für die Gradtagszahl $G_{t,x,y}$
elektronische Optimierung der Wärmeübergabe	1,02
Wasserheizung mit Thermostatventilen (P-Bereich von 1K)	1,03
Flächenheizung (Wandheizung, Fußbodenheizung) mit Einzelraumregelung	1,03
Elektroheizung	1,05
Wasserheizung mit Thermostatventilen (P-Bereich von 2K)	1,07
Luftheizung	1,09

2.6.6 Jahresenergiekosten, Jahresbrennstoffverbrauch und Jahresprimärenergiebedarf

Die *Jahresenergiekosten K* können nach der eingangs bereits erläuterten Gleichung ermittelt werden.

$$K = k_w \cdot Q + k_{el} \cdot Q_{el}$$

Neben der in den vorherigen Teilkapiteln erläuterten Berechnung des Jahreswärmeenergiebedarfs Q ist die Menge der Hilfsenergien relevant, die unmittelbar mit der Versorgung eines Gebäudes mit Heizenergie und Nutzenergie der Warmwasserbereitung in Verbindung steht. Der Hilfsenergiebedarf der Elektrohilfsgeräte Q_{el} setzt sich wie folgt zusammen:

$$Q_{el} = Q_{H,HE} + Q_{W,HE} + Q_{L,HE}$$

Dabei steht die Energiemenge $Q_{H,HE}$ für alle Hilfsenergien des Heizungssystems (Umwälzpumpe, Speicherladepumpe, Brenner, Regelung, Solarumwälzpumpe etc.), die Energiemenge $Q_{W,HE}$ für die Hilfsenergien der Warmwasserversorgung (Zirkulationspumpe, Speicherladepumpe, Solarkreispumpe, Regelung etc.) und die Energiemenge $Q_{L,HE}$ für alle Hilfsenergien der kontrollierten Lüftung.

Die Tafel 2.6.6-1 gibt Anhaltswerte für mittlere Leistungen und Laufzeiten für die zu berücksichtigenden Hilfsenergien. (Zwischenwerte können interpoliert werden. Die Größe z_y entspricht der Länge der Heizperiode in d/a je nach Heizgrenztemperatur y.)

Als überschlägigen Wertebereich für den spezifischen flächenbezogenen Hilfsenergiebedarf einer Heizungsanlage mit ggf. Warmwasserbereitung und Gebäudelüftung kann q_{el} = 0,5…4…(19) kWh/(m²a) angesetzt werden.

Die Pumpleistung des Heizsystems kann näherungsweise mit 0,1–5% · $\dot{Q}_{\text{Gebäude}}$ abgeschätzt werden (Gebäudeheizlast $\dot{Q}_{\text{Gebäude}}$ nach DIN 4701 – 1 bis 3).

Tafel 2.6.6-1 Betriebszeiten und mittlere Leistungsaufnahme für Elektrohilfsgeräte

	Jährliche Betriebszeiten bei Nachtabschaltung in h/d				mittlere elektrische Leistungsaufnahme in W/m^2	
	0	4	6	12	Standard	effizient
Umwälzpumpe Heizung	$z_y \cdot 24$ h/d	$^5/_6 \cdot z_y \cdot 24$ h/d	$^3/_4 \cdot z_y \cdot 24$ h/d	$^1/_2 \cdot z_y \cdot 24$ h/d	0,4	0,2
Umwälzpumpe Zirkulation	8760 h/a	$^5/_6 \cdot 8760$ h/a	$^3/_4 \cdot 8760$ h/a	$^1/_2 \cdot 8760$ h/a	0,2	0,1
Regelung Heizung/ Warmwasser	8760 h/a				0,1	0,0 (<0,01)
Regelung Heizung ohne WW	$z_y \cdot 24$ h/d				0,1	0,0 (<0,01)
Umwälzpumpe Solarkreis	z_y 18…24 h/d				0,4	0,2
Abluftanlage	$z_y \cdot 24$ h/d				0,3	0,1
Zu-/Abluftanlage mit Wärmerückgewinnung	$z_y \cdot 24$ h/d				0,6	0,2

Wird die Angabe des *Jahresbrennstoffverbrauches* B_a (in l/a oder m^3/a) eines Gebäudes benötigt, dann ist der Jahresenergiebedarf der Heizung und Warmwasserbereitung Q mit dem unteren Heizwert H_U des Brennstoffes zu multiplizieren.

$$B_a = Q \cdot H_U$$

Heizwerte verschiedener Brennstoffe können der Tafel 2.6.6-2 entnommen werden.

Eine langfristige Umstellung auf den Bezugswert H_O wird empfohlen.

Der *Jahresprimärenergiebedarf* Q_P kann aus dem Jahresenergiebedarf der Heizung und Warmwasserbereitung Q sowie dem Hilfsenergiebedarf Q_{el} gegebenenfalls auch zukünftig der elektrischen inneren Fremdwärme (Geräte, Beleuchtung) bestimmt werden. Dabei wird jede der beiden Energiemengen mit ihrem Primärenergiefaktor f_P multipliziert. Dieser beinhaltet den Aufwand, der bei der Förderung, der Erzeugung und beim Transport des Energieträgers bis zum Endverbraucher anfällt.

$$Q_P = f_P \cdot Q + f_{P,el} \cdot Q_{el}$$

Werden zur Wärmeenergieversorgung eines Gebäude Wärmeerzeuger mit verschiedenen Energieträgern betrieben, zum Beispiel eine Elektrowärmepumpe in Kombination mit einem Erdgas-Spitzenlastkessel, so ist die Bestimmung der Heizenergieanteile $Q_1 ... Q_n$ jedes Energieträgers notwendig. Nur dann kann eine korrekte primärenergetische Bewertung der Anlage erfolgen.

Tafel 2.6.6-2 Heizwerte verschiedener Brennstoffe

Brennstoff	Einheit	Heizwert H_U in kWh/Einheit
Braunkohle Briketts	kg	5,34
Steinkohle, Koks	kg	8,60
Heizöl EL	l	10,00
Heizöl S	kg	11,40
Erdgas H	m^3	10,40

Übliche Primärenergiefaktoren werden in Tafel 2.6.6-3 gegeben[1)].

Tafel 2.6.6-3 Übliche Primärenergiefaktoren

Endenergieträger		Primärenergiefaktor f_P
Brennstoffe Bezugswert ist unterer Heizwert H_U	Heizöl EL Erdgas H Flüssiggas Steinkohle Braunkohle Brennholz Holzhackschnitzel Strommix	1,10 1,07 1,06 1,07 1,20 1,01 1,06 2,97
„Fernwärme" Steinkohle-Kondensations-Krakftwerk = Anteil Kraft-Wärme-Kopplung (KWK) plus Heizöl-Spitzenlastkessel	70% KWK 35% KWK 0% KWK	0,71 1,10 1,49
„Nahwärme" Erdgas-BHKW = Anteil Kraft-Wärme-Kopplung (KWK) plus Erdgas-Spitzenlastkessel	70% KWK 35% KWK 0% KWK	0,62 1,03 1,43

2.6.7 Übersicht der Ergebnisse

Zur Zusammenfassung der Ergebnisse bietet Tafel 2.6.7-1 grobe Überschlagswerte der Höhe und Zusammensetzung des spezifischen Jahresenergiebedarfs der Heizung und Warmwasserbereitung $q = Q/A_{EB}$ je nach Gebäude- und Anlagenstandard.

Die Werte ergeben sich nach folgenden Bilanzgleichungen für den spezifischen Jahresenergiebedarf.

$$q = (q_w + q_{d,W} + q_{s,W} + q_{g,W}) + (q_T + q_V - \eta_F \cdot q_s - \eta_F \cdot q_I + q_{d,H} + q_{s,H} + q_{g,H})$$

bzw.

$$q = q_W + q_H$$

mit:

$$q_W = q_w + q_{d,W} + q_{s,W} + q_{g,W} \quad \text{(spezifischer Jahres-Warmwasserenergiebedarf)}$$

$$q_H = q_h + q_{d,H} + q_{s,H} + q_{g,H} \quad \text{(spezifischer Jahresheizenergiebedarf)}$$

$$q_h = q_T + q_V - \eta_F \cdot q_s - \eta_F \cdot q_I \quad \text{(spezifischer Jahresheizwärmebedarf).}$$

---

1) nach Fritsche/Leuchtner/Matthes/Rausch/Simon „Gesamt-Emissions-Modell Integrierter Systeme" (GEMIS 3.0)

Tafel 2.6.7-1 Überschlagswerte der Höhe und Zusammensetzung des spezifischen Jahresenergiebedarfs *q*

Gebäude- und Anlagenstandard / spezifische Energie in kWh/(m²a)	Standard vor 1977	Standard 1977 bis 1995	Standard WSchV 1995	Niedrig-energiehaus	Passivhaus
η (e_g)–Kessel*)	0,75 (1,33)	0,85 (1,18)	0,87 (1,15)	0,90 (1,11)	0,80 (1,25)
η (e_g)–Wärmepumpe	–	2,7 (0,37)	3,0 (0,33)	3,5 (0,28)	3,5 (0,28)
q_T	200…150	160…100	100…40	70…30	20…10
q_V	80…70	70…60	60…50	40…30	20
$\eta_F \cdot q_S$	32…20	27…17	25…16	22…15	16…10
$\eta_F \cdot q_I$	30…20	25…15	18…12	15…10	11…8
q_h	240…180	190…130	130…60	70…30	20…10
$q_{d,H}$	18…9	11…6	10…5	8…4	5…3
$q_{s,H}$	9…6	5…3	4…2	3…1	3…1
$q_{g,H}$**)	80…50	35…20	20…10	9…4	8…4
q_H	340…230	230…160	170…80	100…40	40…20
q_w	20…6	20…6	20…6	20…6	20…6
$q_{d,W}$	19…14	15…8	13…7	10…6	7…5
$q_{s,W}$	14…10	9…5	7…4	4…1	4…1
$q_{g,W}$**)	17…13	7…5	6…4	4…3	7…5
q_W	70…50	50…35	45…30	40…25	40…25
q	410…280	280…195	215…110	140…65	80…35

*) Bis 1977 Standardkessel, ab 1977 Niedertemperaturkessel.

**) q_g wurde mit der in der Tafel genannten Kesselaufwandszahl e_g ermittelt.

3. LÜFTUNGS- UND KLIMATECHNIK

3.1 Allgemeines

Während die Aufgabe der Heizungsanlage im wesentlichen darauf beschränkt ist, Räume im Winter zu heizen, hat die Lüftungs- und Klimatechnik das weitaus größere Ziel, den *Zustand der Raumluft* hinsichtlich Reinheit, Temperatur und Feuchte innerhalb bestimmter Grenzen zu halten. Die Anforderungen, die an den Raumluftzustand gestellt werden, können je nach Art des Raumes sehr verschieden sein. Bei Wohnräumen begnügt man sich in der Regel mit einer einfachen *Fensterlüftung,* während für manche industriellen Betriebe, wie Chip-, Textil-, Tabakfabriken usw., *Klimaanlagen* verlangt werden, die jeden gewünschten Luftzustand mit großer Genauigkeit innezuhalten in der Lage sind. Zwischen diesen beiden Extremen gibt es zahllose Zwischenstufen mit mehr oder weniger weitgehender Luftbehandlung für Versammlungsräume, Hörsäle, Theater, Krankenhäuser usw.

Energie- und Umwelt-Bewußtsein bedingen bei jeder Anlage eine sorgfältige integrierte Planung, besonders durch geeignete Grundrißformen, wärmedämmende Fenster und Wände, Sonnenschutz, günstiges Klimaanlagensystem, zweckmäßige Beleuchtung, Nutzung des Tageslichts, Wärmerückgewinnung, Abstimmung der Betriebszeiten u. a.[1)].

3.1.1 Geschichte der Lüftungs- und Klimatechnik[2)]

Steinofen-Luftheizungen sind die ersten Lüftungsanlagen, Frischluftzufuhr verbunden mit Lufterwärmung. Später im 19. Jahrhundert gemauerte Öfen und Kalorifere. Ende des 19. Jahrhunderts Fortschritte durch Begründung der *wissenschaftlichen Hygiene* (Max von Pettenkofer 1819–1901). Untersuchungen über Luftaustausch, Luftfeuchte, Luftreinigung, Gasgehalt der Luft (Kohlensäuremaßstab). Mit Aufschwung der Elektrotechnik elektrisch getriebene Ventilatoren mit Gleichstrommotoren zur Lüftung und Luftheizung großer Gebäude. Lufterwärmung durch gußeiserne Rippenrohre, Radiatoren, Röhrenlufterwärmer. Reinigung der Luft durch Tuchfilter oder Kohleschichten. Um 1890 Einführung der *Luftbefeuchtung* durch große dampfbeheizte Wasserwannen, etwas später Zerstäubung von Wasser mittels Düsen, Beginn der *Klimatechnik.*

In Deutschland Anlagen zur Luftaufbereitung mit gemauerten Kammern (Bild 3.1.1-1). In den USA Anfang des Jahrhunderts Klimaaggregate in Blechgehäuse mit Vorwärmer, Befeuchter und Nachwärmer. Vater der Klimatechnik W. H. Carrier, USA (1876–1950). Aufkommen der ersten *Temperatur- und Feuchteregelung* pneumatischer und elektrischer Art.

---

1) Daniels, K.: TAB 3/81. S. 239/45.
Hofmann, W. M.: Ges.-Ing. 4/81. S. 170/81.
Hönmann, W.: Staubjournal Nr. 100 (1983) und ETA 3/85, S. A 82/94.
Drews, G.: TAB 4/86. S. 247 ff.

2) Epperlein, H.: HR 2/83, S. 65/71.

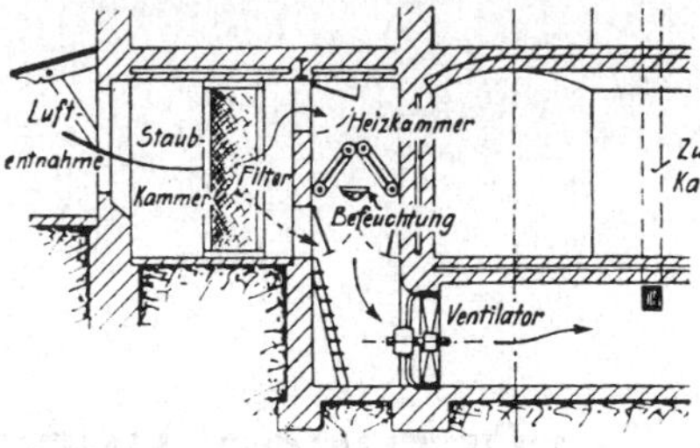

Bild 3.1.1-1. Deutsche Klimaanlage mit gemauerten Kammern, etwa 1905.
(Aus Dietz: Lehrbuch der Lüftungs- und Heizungstechnik 1920.)

Nach 1920 großer Aufschwung der Klimatechnik. Verwendung *zentraler Klimaanlagen* für Komfort (Theater, Kinos, Bürohäuser, Versammlungsräume) und Industrie, namentlich bei Verarbeitung hygroskopischer Stoffe (Tabak, Textilien, Papier). Erstmalig Verwendung von *Kältemaschinen* mit Ammoniak oder Kohlensäure als Kältemittel zur Kühlung und Entfeuchtung der Luft.

Ab 1930 Bau von *Klimageräten,* in denen alle zur Luftaufbereitung erforderlichen Teile, wie Kältemaschinen, Ventilatoren, Erhitzer, Filter usw., eingebaut sind. Neue ungiftige Kältemittel *(Freone),* hermetische Kältemaschinen. Klimageräte in Form von Truhen, Schränken und Kästen, ferner Fenster-Luftkühlgeräte.

Nach 1945 schnelle Weiterentwicklung der Klimatechnik. Einführung *neuer Bauarten:*

Einkanal-Hochdruck-(oder Hochgeschwindigkeits-)*Klimaanlagen* mit Nacherwärmer zur Verkleinerung der Kanalquerschnitte.

Zweikanal-Klimaanlagen mit Warmluft- und Kaltluftleitungen mit konstantem Volumenstrom.

Ein- und Zweikanalanlagen mit *variablem Volumenstrom.*

Induktions-Klimaanlagen kombiniert aus örtlichen Wärmeaustauschern in jedem Raum und einer zentralen Klimaanlage zur Aufbereitung der Außenluft. Temperatur in jedem Raum individuell regelbar mit konstantem oder variablem Volumenstrom.

Umfangreiche *automatische Regelanlagen.* Zunehmende Verwendung großer *Turbo- und Absorptionskälteanlagen.*

Lüftungs- und Klimageräte sowie *Zubehörteile* wie Ventilatoren, Filter, Regler, Befeuchter, Luftauslässe usw. in ständig verbesserter Form.

Ab 1973 wegen Erhöhung der Energiepreise *Energieeinsparung* durch Wärmerückgewinnungsanlagen und ab 1980 digitale Regelungs- und Leittechnik. Ab 1985 erhöhte Anforderung an Zugfreiheit, Reinheit der Innenluft und Geräuschpegel[1)].

3.1.2 Einteilung der Raumlufttechnik[2)]

Ergänzungen von Prof. Dr.-Ing. Tibor Rákóczy, Köln

Die Raumlufttechnik ist ein Teilgebiet der *Lufttechnik,* die 2 Bereiche umfaßt:

Lufttechnik			
Raumlufttechnik			*Prozeßlufttechnik*
Freie Lüftung	Mechanische Lüftung	Freie und mechanische Lüftung	Trockner, Abscheider, Späne- und Fadenabsaugung, Pneumatische Förderanlagen

1) Masuch, J.: HLH 7/86. S. 339/41.
2) DIN 1946 T1 (10.88): Raumlufttechnik, Terminologie und graphische Symbole (VDI-Lüftungsregeln).

1064 b

In der *Raumlufttechnik* wird demnach unterschieden zwischen *Raumlufttechnischen Anlagen* (RLT-Anlagen) und *freien Lüftungssystemen.* Diese beiden Bereiche gliedern sich weiter gemäß DIN 1946 T1 wie folgt:

Raumlufttechnische Anlagen (RLT-Anlagen)	
Anlagen mit Lüftungsfunktion	*Anlagen ohne Lüftungsfunktion*
a) Lüftungsanlage b) Teilklimaanlage c) Klimaanlage	a) Umluftanlage b) Umluft-Teilklimaanlage c) Umluft-Klimaanlage d) Anlagen mit Heiz- und Kühlflächen

Die *Lüftungstechnischen Anlagen* arbeiten also *mit* Lüftungsfunktion (mit *Außenluft*), die Luftumwälzanlage dagegen *ohne* Lüftungsfunktion (nur *Umluft*).

Freie Lüftungssysteme			
Außenhaut- bzw. Fensterlüftung	Klappenlüftung bei Hallen	Schachtlüftung	Dachaufsatzlüftung

Die neuen *Begriffsbestimmungen, Klassifikation* und *Sinnbilder* nach DIN 1946 T1 (10.88) weichen zum Teil von den bisher im Gebrauch befindlichen ab.

-1 Freie Lüftung[1)]

Luftförderung erfolgt nur durch Druckunterschiede infolge Wind und/oder Temperaturunterschied zwischen außen und innen. Außenluftzufuhr bzw. Luftwechsel daher nicht immer kontrollierbar.

Fugenlüftung bei Fenstern und Türen durch Undichtheiten.

Fensterlüftung. Außenluftzufuhr durch Öffnen von Fenstern oder Schlitzen.

Schachtlüftung. Außenluftzufuhr durch die Schornsteinwirkung eines Schachtes.

Dachaufsatzlüftung. Außenluftzufuhr durch Auftriebs- und Windwirkung von Dachaufsätzen mit geeigneten Öffnungen.

-2 Raumlufttechnische Anlagen

RLT-Anlagen haben die *Aufgabe,* folgende Lasten aus Räumen abzuführen:
- Luftverunreinigungen (Geruchs-, Schad-, Ballast-Stoffe)
- Sensible Wärmelasten (Heiz-, Kühl-Lasten)
- Stofflasten (latente Wärmelast beim Befeuchten, Entfeuchten).

Die *Klassifikation* erfolgt einerseits nach der Luftart bzw. Lüftungsfunktionen (also mit oder ohne Außenluft) oder andererseits nach der Anzahl der max. vier thermodynamischen Luftbehandlungsfunktionen: Luftheizung (H), -befeuchtung (B), -kühlung (K) und -entfeuchtung (E).

Abkürzungen nach DIN 1946 T1:

FO = Fortluft
AU = Außenluft
UM = Umluft
MI = Mischluft
H = heizen
K = kühlen
B = befeuchten
E = entfeuchten

Die Benennungen nach DIN 1946 T1 sind in Tafel 3.1.2-1 zusammengefaßt.

1) Wegner, J.: Ges.-Ing. 1/83. S. 1/5.

Tafel 3.1.2-1 Klassifikation und Benennung von RLT-Anlagen
entsprechend DIN 1946 T1 (10.88)

Thermodynamische Luftbehandlungsfunktionen		Raumlufttechnische Anlagen	
		mit Lüftungsfunktion	ohne Lüftungsfunktion
Anzahl	Art	*Lüftungstechnische Anlage*	*Luftumwälzanlage*
keine		Abluftanlage FO	Umluftanlage UM
eine	H K B E	Lüftungsanlage AU oder MI	Umluftanlage UM
zwei	HK HB HE KB KE BE	Teilklimaanlage AU oder MI	Umluft-Teilklimaanlage UM
drei	HKB HKE KBE HBE	Teilklimaanlage AU oder MI	Umluft-Teilklimaanlage UM
vier	HKBE	Klimaanlage AU oder MI	Umluft-Klimaanlage UM

Beispiel: HKBE – MI = Klimaanlage mit Lüftungsfunktion zum Heizen, Kühlen, Be- und Entfeuchten mit Außen- und Umluft.

Bei der Klassifikation und Benennung der RLT-Anlagen werden unterschieden:
- Lüftungsanlagen mit Lüftungsfunktion
- Abluftanlagen mit Entlüftungsfunktion
- Umluftanlagen mit Umluftfunktion

-2.1 Lüftungsanlagen

Lüftungsanlagen können Außenluft (AU) und/oder Umluft (UL), d.h. Mischluft (MI) befördern.

Thermodynamische Luftbehandlungsstufen der Zuluft sind: Heizung (H), Befeuchtung (B), Kühlung (K) und Entfeuchtung (E).

Lüftungsanlagen mit einer thermodynamischen Lüftungsfunktion: z.B.	Heizung
Lüftungsanlagen mit zwei thermodynamischen Lüftungsfunktionen: z.B.	Heizung und Befeuchtung
Lüftungsanlagen mit drei thermodynamischen Lüftungsfunktionen: z.B.	Heizung, Befeuchtung und Kühlung
Lüftungsanlagen mit vier thermodynamischen Lüftungsfunktionen: z.B. Klimaanlagen	Heizung Befeuchtung, Kühlung und Entfeuchtung

-2.2 Abluftanlagen

Entlüftungsanlagen: Ventilator- und luftleitungsunterstützte Luftabsaugung mit freier und unkontrollierter Luftnachströmung für innenliegende Räume wie Toiletten, Technikräume, Nebenräume usw.

Entrauchungsanlagen: wie Entlüftung, im Brandfall mit verstärktem Abluft-Fortluftstrom für Rauchabsaugung nach dem Unterdruckprinzip.

Für Rauchfreihaltung der Fluchtwege u.a. für innenliegende Treppenhäuser wird Überdrucklüftung eingesetzt.

-2.3 Umluftanlagen

Lüftungsanlagen mit thermodynamischer Luftbehandlung ohne Außenluftzufuhr für Kühlung, Heizung, Befeuchtung und/oder Entfeuchtung.

Luftaufbereitung für raumlufttechnische Anlagen kann zentral oder dezentral erfolgen.

Der Nutzbereich in einem Gebäude kann durch RLT-Anlage grundsätzlich mit zentraler oder dezentraler Luftaufbereitung versorgt werden.

Bei zentraler Luftaufbereitung sind Technikzentralen, luftführende Schächte für Außen-, Zu-, Ab- und Fortluftführung innerhalb der zu versorgenden Gebäude notwendig.

Bei dezentraler Luftversorgung wird die Außenluft ditrekt durch die Fassade angesaugt und auf dem kürzesten Weg, nach Schalldämmung, Filterung, Erwärmung und/oder Kühlung, über Ventilatorkonvektor und Schalldämpfer dem Nutzraum zugeführt.

Beim Einsatz von dezentralem RLT-System kombiniert mit Fensterlüftung (freie Lüftung) kann neben optimaler thermischer Behaglichkeit durch individuelle Wahl des Luftstroms und der gewünschten Raumlufttemperatur in jedem Raum, deutliche Einsparung von Investitions- und Betriebskosten sowie Flächen von Technikzentralen und Raumvolumen von luftführenden Schächten erreicht werden.

-3 Industrielle Absaugungsanlagen (s. Abschn. 3.7)

Absaugung von Gasen, Dämpfen, Staub, Rauch, Spänen in Industriegebieten.

-4 Lüftungstechnische Sonderanlagen

Reinraumtechnische Anlagen, Klimaprüfräume, Entnebelungsanlagen.

Letztere haben die Aufgabe, den Wasserdampfnebel, z.B. in Schlächtereien, Färbereien usw., zu beseitigen.

-5 Baueinheiten

Nach der *Bauart* unterscheidet man:

Lüftungs- und Klimazentralen, bei denen die einzelnen Bauelemente am Aufstellungsort in besonderen Räumen installiert werden (Kammerbauweise). Die Bauelemente zusammen sind nicht transportabel oder versetzbar.

Lüftungs- und Klimageräte, bei denen die einzelnen Bauelemente in einem gemeinsamen transportablen Gehäuse eingebaut sind (Blockbauweise).

3.1.3 Sinnbilder

Neben den Symbolen der Heizungstechnik werden in der Lüftungs- und Klimatechnik die in Tafel 3.1.3-1 angegebenen Zeichen für die verschiedenen Teile der Anlagen verwendet. Bildzeichen und Kennbuchstaben für Messen, Steuern, Regeln (MSR) entsprechend DIN 19227 s. Abschn. 2.1.2.

Tafel 3.1.3-1 Sinnbilder der Lüftungs- und Klimatechnik
siehe auch DIN 1946 T1 (10.88)

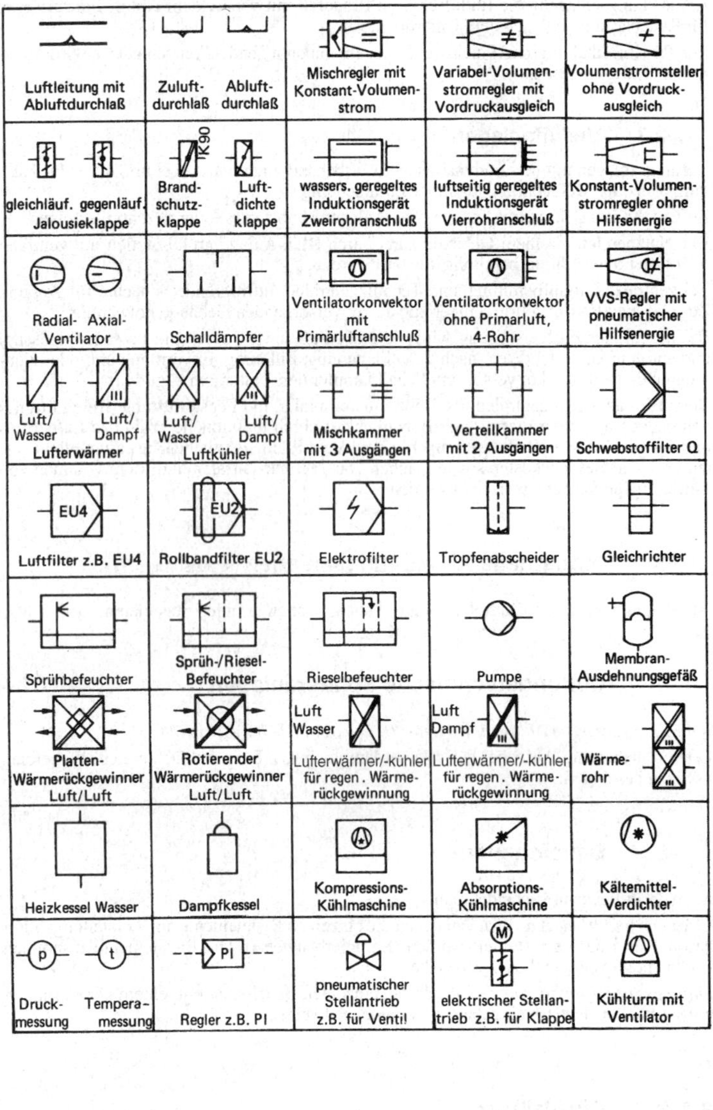

Weitere Zeichen auch in der VDI-Richtlinie 2068 (11.74). Für das *Anlegen in Farben* empfiehlt DIN 1946 T1 (10.88):

	Kurzbezeichnung	Farbe
Zuluft je nach Luftaufbereitung	ZU, VZU*)	grün, rot, blau, violett
Außenluft	AU, VAU*)	grün
Abluft und Fortluft	AB, NAB*), FO	gelb
Umluft	UM	gelb
Mischluft	MI	orange

*) N = nachbehandelte, V = vorbehandelte Luft
Fließbilder für kältetechnische Anlagen in DIN 8972 (06.80).

3.1.4 Bezeichnungen

Die Bezeichnungen der verschiedenen Teile von Lüftungs- und Klimaanlagen sind in Bild 3.1.4-1 eingetragen.

Zuluft ist die dem Raum zugeführte Luft.

Abluft ist die aus dem Raum abströmende Luft.

Außenluft ist die aus dem Freien angesaugte Luft. Der Ausdruck „Frischluft" sollte zur Vermeidung von Verwechslungen nicht gebraucht werden.

Umluft ist der Teil der Abluft, der dem Raum wieder zugeführt wird. Umluft soll nur dann genommen werden, wenn die Qualität der Umluft der der Zuluft entspricht (s. DIN 1946 T2).

Fortluft ist die ins Freie geblasene Abluft.

Mischluft ist die Mischung von Außenluft und Umluft.

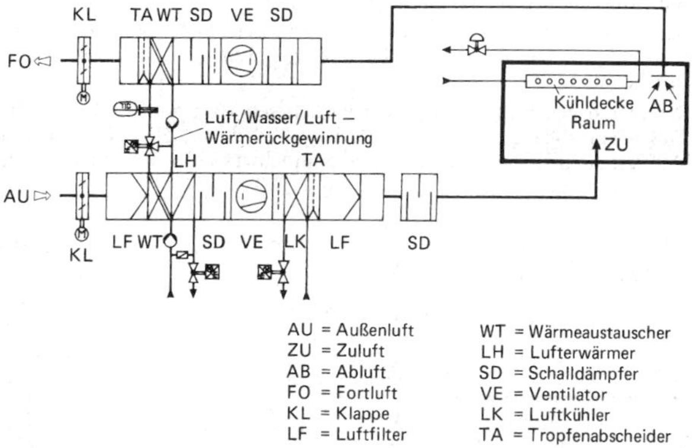

Bild 3.1.4-1. Terminologie der wichtigsten Teile einer Klimaanlage.

Bildzeichen und Kennbuchstaben der MSR-Technik s. Abschn. 2.1.2.

3.2 Lüftungs- und Klimatisierungssysteme

3.2.1 Freie Lüftung[1)]

Unter freier Lüftung versteht man im Gegensatz zu der durch Ventilatoren erzeugten mechanischen, kontrollierten Lüftung den Luftwechsel, der durch Ausnutzung des natürlichen Auftriebs der Luft bei Temperaturunterschieden oder durch Windkräfte hervorgerufen wird. Die Berechnung und Messung dieses Luftwechsels ist schwer durchführbar. Die meisten Meßverfahren beruhen darauf, der Luft Gase wie CO_2, He, O_2 u.a. beizumischen und aus der zeitlichen Konzentrationsabnahme den Luftwechsel zu errechnen[2)]. Wärmerückgewinnung ist nicht möglich.

-1 Fugenlüftung

Fugenlüftung eines Raumes ist dadurch verursacht, daß Luft durch Undichtheiten der Fenster und Türen und zu einem kleinen Teil auch der Wände in den Raum eindringt. Voraussetzung für diese Lüftung ist ein Druckunterschied zwischen innen und außen, der einerseits durch *Temperaturunterschiede,* andererseits durch *Windanfall* zwischen Luv- und Lee-Seite des Gebäudes hervorgerufen wird. Ist die Temperatur im Rauminnern höher als außen, wie es in geheizten Räumen im Winter der Fall ist, entsteht infolge der verschiedenen Dichte der warmen und kalten Luft eine Druckverteilung an der Außenwand nach Bild 3.2.1-1. Danach entsteht oben ein geringer Überdruck und unten ein geringer Unterdruck gegenüber der Außenluft.

Trotz der Bemühungen der Wärmeschutz-VO nach dichter Bauweise ist eine gewisse Zahl solcher Öffnungen in Form von Fugen und Spalten an Fenstern und Türen vorhanden, so daß im Winter bei Windstille durch die unteren Spalten kalte Luft einströmt und durch die oberen warme Luft austritt. Bei hohen Räumen, z.B. *Treppenhäusern,* Kirchen, ferner bei Fahrstuhlschächten ist der durch den Temperaturunterschied bewirkte Druckunterschied bereits sehr erheblich und kann bei ungehindertem Zu- und Abströmen der Luft einen großen *Luftwechsel* verursachen (Bild 3.2.1-2).

Der Lüftungswärmebedarf ist daher bei derartigen Gebäuden *(Schachttypen)* nicht nur im Treppenhaus, sondern auch in den unteren Geschossen immer größer als in den höheren Geschossen.

Die Stärke des Luftwechsels ist natürlich sehr von der Größe der Fugenfläche in der Außenhaut abhängig. Bestimmung der Luftdichtheit eines Gebäudes durch genormtes Meßverfahren[3)]. Die durch Versuche ermittelten Zahlenwerte schwanken daher in weiten

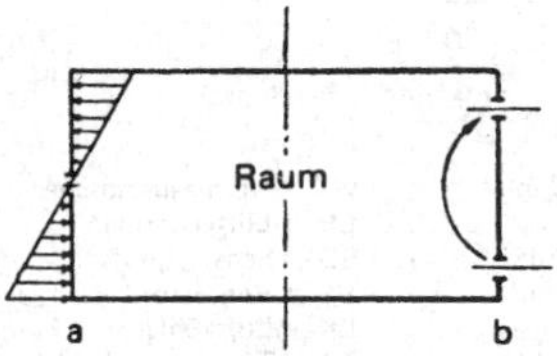

Bild 3.2.1-1. Druckverteilung in einem erwärmten Raum im Winter.
a) Druckverteilung über der Höhe der Wand
b) Strömung durch die Wandöffnung

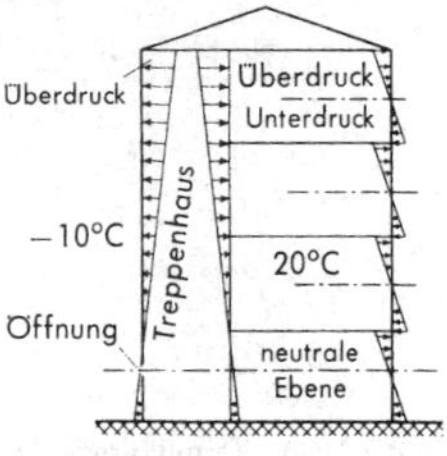

Bild 3.2.1-2. Druckverteilung in einem Hochhaus im Winter.

[1)] Krüger, W., u. G. Hausladen: HLH 11/79. S. 425/32.
DIN 18055 (10.81): Fugendurchlässigkeit von Fenstern.

[2)] Forschungsbericht T 266 der Fraunhofer Ges. 1977.
Esdorn, H.: Ges.-Ing. 6/7-78.
Hausladen, G.: HLH 1/78. S. 21/8.
Gertis, K., u. G. Hauser: HLH 3/79. S. 89/93.
Rákóczy, T.: Ki 2/82. S. 71/80.

[3)] ISO 9972, Wärmedämmung – Bestimmung der Luftdichtheit-Druckmethode.

Grenzen; größenordnungsmäßig ergibt sich bei Wohnräumen im Winter etwa ein stündlich 0,3- bis 0,8facher Luftwechsel[1]. Neue Fenster gemäß WSVO sind oft jedoch so dicht, daß sich durch Fugen nur 0,1 h^{-1} ergibt, so daß Stoßlüftung durch Fensteröffnen erforderlich ist. Anderenfalls besteht die Gefahr zu hohen Schadstoffanteils (CO_2, Formaldehyd, Radon u. a.) und zu hoher Feuchtigkeit.

Windanfall erhöht den natürlichen Luftwechsel durch Fenster und Türen ganz erheblich, da auf der vom Wind getroffenen Seite ein Überdruck entsteht. Bei starkem Windanfall kann dabei der stündliche Luftwechsel auf das Vielfache ansteigen, so daß eine wesentliche *Auskühlung* der Räume erfolgt. Der durch Windanfall in die Räume eindringende Luftstrom läßt sich für die verschiedenen Fensterbauarten annähernd berechnen (siehe Abschn. 2.4.1-5). Bei Hochhäusern mit dichten Geschoßtrennflächen erhöht sich der Lüftungswärmebedarf in den oberen Geschossen auch dadurch, daß die Windgeschwindigkeit mit der Höhe zunimmt.

Für viele Räume, insbesondere Wohnräume, ist die durch die Fugenlüftung herbeigeführte Lufterneuerung ausreichend, um den Luftzustand in den Behaglichkeitsgrenzen zu halten, wenn zusätzlich bei Bedarf die Fensterlüftung benutzt wird. Bei der Heizkörperbemessung ist jedoch der durch die Lüftung verursachte Wärmeverlust zu berücksichtigen (DIN 4701 T1 u. T2 [03.83], T3 [08.89]). Er ist anteilig desto größer, je besser die Wärmedämmung des Hauses ist. Wegen der seit 1977 durch die *Wärmeschutzverordnung* vorgeschriebenen dichteren Fenster findet zeitweise keine ausreichende Lufterneuerung statt. Bei sehr dichten Fenstern in Wohnungen mit Feuerstätten (Gasthermen, Einzelöfen) Gefahr von *CO-Vergiftungen* infolge Luftmangels.

-2 Fensterlüftung[2]

Unter Fensterlüftung versteht man die durch Öffnen von Fenstern hervorgerufene Lufterneuerung. Man spricht dann von *Stoßlüftung*. Ist die Luft außen kälter als im Innern, strömt bei Windstille die Außenluft durch den unteren Teil der Öffnung ein und durch den oberen Teil ab. Dabei sind trotz unter dem Fenster befindlicher Heizkörper *Zugerscheinungen* unvermeidlich, so daß die Fensterlüftung, wenigstens im Winter, nur *vorübergehend* zur kurzzeitigen, schnellen Lufterneuerung geeignet ist. Im Sommer hängt die Stärke der Fensterlüftung im wesentlichen vom Windanfall ab, zu einem Teil jedoch auch von dem durch

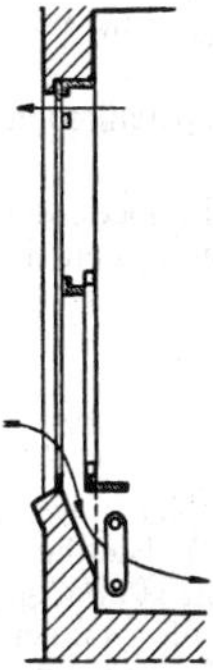

Bild 3.2.1-3. OS-Fenster (nach O. Schmidt).

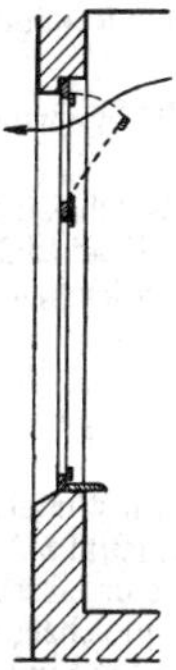

Bild 3.2.1-4. Fenster mit Kippflügeln.

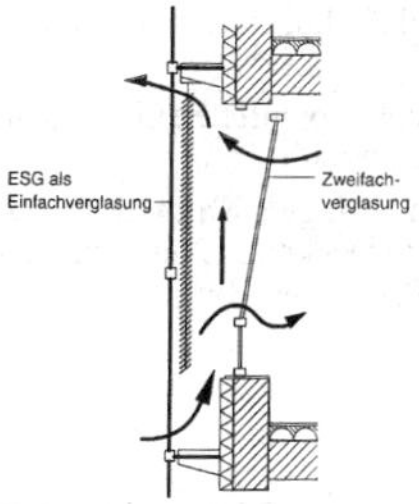

Bild 3.2.1-5. Schutz vor direkter Windeinwirkung für Sonnenschutz und Raum – höherer Schallschutz gegen Außenlärm – Strahlungswärmegewinnung durch Wintergarteneffekt – Sommernachtslüftung.

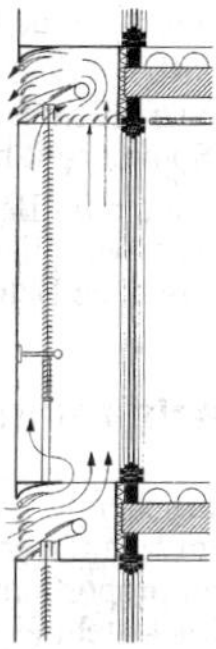

Bild 3.2.1-6. Fassadenschnitt mit Zu- und Abluftführung.

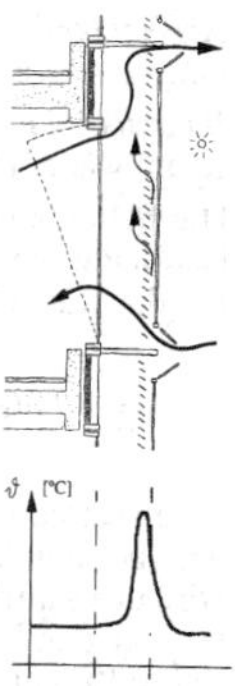

Bild 3.2.1-7.

[1]) Wegner, J.: Ges.-Ing. 1/83. S. 1/5.
Feustel, E.: HLH 8/89. S. 391/402.

[2]) Brockmeyer, H.: Ki 5/83, S. 201/7.
Loewer, H.: Ki 5/83, S. 223/7.
Arbeitsstätten-Richtlinie ASR 5: Lüftung (8.79).

die Sonnenstrahlung bewirkten Temperaturunterschied zwischen den verschiedenen Seiten eines Hauses. Bei *Querlüftung,* d. h. bei zweiseitiger Fensteranordnung, ist die *Lufterneuerung* natürlich besonders groß.

Als grobe Richtwerte werden folgende Luftwechselzahlen genannt:

Fenster, Türen geschlossen	0 … 0,5 h^{-1}
Fenster gekippt, kein Rolladen	0,3… 1,5 h^{-1}
Fenster halb offen	5 …10 h^{-1}
Fenster ganz offen	10 …15 h^{-1}
Fenster, Türen gegenüberliegend offen	bis 40 h^{-1}

Bei Stoßlüftung ist zwar eine schnelle, jedoch sehr unterschiedliche *Lufterneuerung* möglich. Sie sichert den hygienisch erforderlichen Mindestluftbedarf, jedoch ergibt sich selbst bei geringer Fensteröffnung häufig 5- bis 10facher Luftwechsel, der im Winter eine erhebliche Erhöhung des *Wärmebedarfs* bis 100% und mehr bewirken kann.

Bei der Verwendung von Kippfenstern (Bild 3.2.1-4) strömt die Raumluft im Winter durch diese Fenster ab, während die nachströmende Luft ihren Weg durch die Undichtheiten der Fenster und Türen nimmt. Im Raum herrscht dabei, da die Ausgleichsöffnung im oberen Teil liegt, ein geringer Unterdruck, so daß diese Art der Fensterlüftung besonders für Aborte und kleine Küchen geeignet ist.

Die günstigste Lüftung erhält man mit *Schiebefenstern,* da sich bei ihnen je nach Lüftungsbedarf und Windanfall sowohl im oberen wie im unteren Teil des Fensters eine bequem einstellbare Öffnung herstellen läßt. Ähnliche Wirkung bei den Parallel-Oberlichtfenstern.

Ein *kontrollierter* Luftwechsel läßt sich jedoch auch bei dieser Art der Lüftung (Dauerlüftung) nicht erreichen.

Zunehmend kommen *Doppelfassaden,* vor allem bei Hochhäusern, zur Ausführung. Die Fassaden werden zum Teil als „zweite Haut" mit offenem Zwischenraum, zum Teil mit horizontalen und vertikalen Abschottungen erstellt. Die Fassadenzwischenräume werden permanent oder generell natürlich durchlüftet (siehe Bild 3.2.1-5, Bild 3.2.1-6 und Bild 3.2.1-7)[1)].

Vorteile der Doppelfassade sind die Verbesserung des winterlichen Wärmeschutzes, die Realisierung der Fensterlüftung bei Hochhäusern, die im Zwischenraum untergebrachte Sonnenschutzvorrichtung, höherer Schallschutz gegen Außenlärm, annähernde Außensonnenschutzwirkung (jedoch ohne die Problematik des Außensonnenschutzes wie die Wind- und Wetterabhängigkeit) sowie die architektonischen Entfaltungsmöglichkeiten in Hinsicht Ästhetik und Erscheinungsbild des Gebäudes.

Als *Nachteile* der Doppelfassade sind die höheren Investitions- und Reinigungs- bzw. Wartungskosten anzusehen.

Bauteilkühlung kann vor allem bei fensterbelüfteten Gebäuden die Spitzentemperaturen im Raum während der Sommerzeit herabetzen.

Die Bauteilkühlung ist ein im Beton verlegtes Kaltwassernetz, welches die Temperierung des Betons bewirkt. Hierbei sollen die Decken in Nutzräumen nicht abgehängt werden, damit der Kühleffekt durch die Betonflächen im Raum wirksam werden kann.

-3 Schachtlüftung

Einen stärkeren natürlichen Luftwechsel kann man, wenigstens im Winter, erhalten, wenn der zu lüftende Raum einen über Dach geführten Schacht erhält (Bild 3.2.1-8). Hierdurch wird der Auftrieb, der proportional mit der Höhe steigt, erhöht, so daß der ganze Raum unter höherem Unterdruck steht (Schornsteinwirkung). Sorgt man gleichzeitig für geeignete Zuluftöffnungen, so läßt sich bei genügendem Temperaturunterschied zwischen innen und außen ein erheblicher Luftwechsel erzielen. Es stellen sich in solchen Schächten bei verschiedenen Schachtquerschnitten und ungehinderter Strömung etwa die in Bild 3.2.1-9 dargestellten Luftgeschwindigkeiten ein.

Allerdings ist bei Temperaturgleichheit keine Luftbewegung möglich. Im Sommer, wenn es außen wärmer als innen ist, kehrt sich die Bewegungsrichtung der Luft sogar um, und durch den Schacht dringt warme Luft ein.

Um auch im Sommer eine Entlüftung durch den Schacht zu erwirken, wurde früher am Fuße des Schachts eine Heizvorrichtung, z. B. ein elektrischer Heizkörper oder eine offene

---

[1)] Oesterle, E.: Die Doppelschalige Fassade des Düsseldorfer Stadtors, TAB-Technik am Bau 7/97.

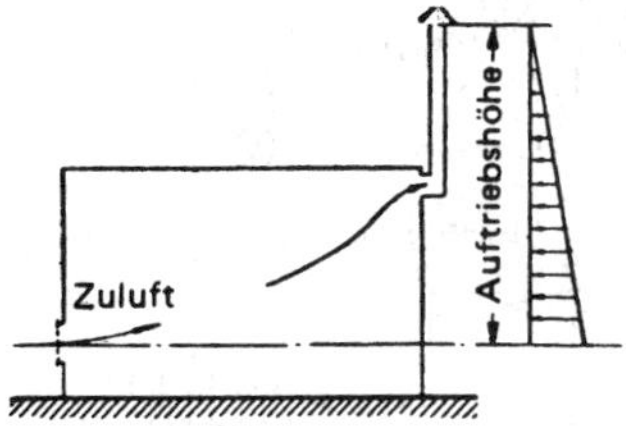

Bild 3.2.1-8. Schema der Schachtlüftung.

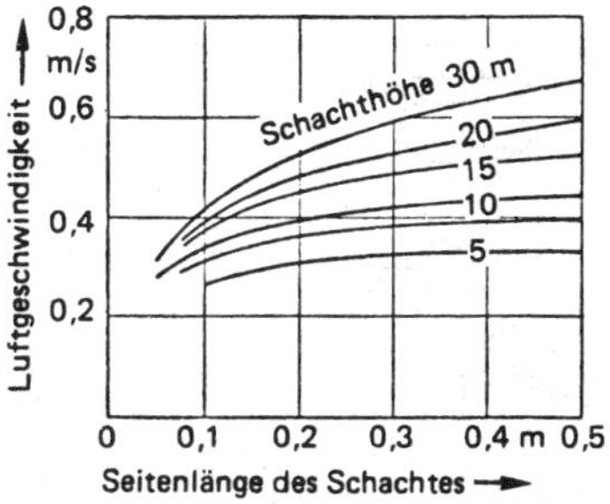

Bild 3.2.1-9. Auftriebsgeschwindigkeit in quadratischen Luftschächten bei $\vartheta = 1$ K Temperaturunterschied (bei anderen Temperaturunterschieden ist mit $\sqrt{\vartheta}$ zu multiplizieren).

Gasflamme, angebracht. Heute ist es jedoch besser, wirksamer und billiger, den Schacht durch einen Ventilator zu ersetzen.

Eine weitere Verbesserung der Schachtlüftung wird ermöglicht durch *Lüftungsaufsätze* (Injektion), die bei Windanfall durch Erzeugung eines Unterdruckes den Auftrieb im Schacht erhöhen, bei Windstille sind sie jedoch wirkungslos.

Ist die abzusaugende Luft erheblich wärmer als die Raumluft, wie z.B. über Öfen und Herden, so ist der Auftrieb natürlich wesentlich wirksamer. Deswegen sind Hauben *(Herdhauben, Dunsthauben),* die die aufsteigende warme oder feuchte Luft sammeln und zum Abluftschacht führen, lüftungstechnisch auch durchaus zweckmäßig. Sie haben andererseits auch Nachteile, wie Sicht- und Lichtbehinderung, Staubansammlung auf den waagerechten und geneigten Flächen der Hauben, ferner Abstrahlung von Wärme, so daß es vorteilhafter ist, die Wärme zwangsweise mit Ventilatoren abzuführen. Der Volumenstrom läßt sich annähernd nach Bild 3.2.1-9 berechnen.

Auf jeden Fall ist die freie Schachtlüftung außerordentlich stark von der Temperaturdifferenz zwischen innen und außen und dem Windabfall abhängig. Sie versagt gerade dann, wenn eine Lüftung am meisten benötigt wird, nämlich an warmen Sommertagen. Ihre Anwendung beschränkt sich daher auf Sonderfälle, wie die Lüftung von Ställen, Aborten, kleinen Waschküchen und ähnlichen Räumen, wenn bei diesen Räumen ein gelegentliches Versagen der Lüftung nicht bedenklich ist.

-4 Dachaufsatz-Lüftung[1]

Unter Dachaufsatz-Lüftung versteht man die freie Lüftung, die sich durch Aufsätze, kurze Schächte oder ähnliche Entlüftungsöffnungen im Dach von Gebäuden einstellt. Die Funktion beruht hauptsächlich auf dem thermischen Auftrieb, der sich durch den Temperaturunterschied zwischen außen und innen ergibt. Häufige Lüftungsmethode in Hallenbauten der Industrie, besonders in Warmbetrieben wie Kraftwerken, Stahlwerken, Gießereien u.a. (Bild 3.2.1-10).

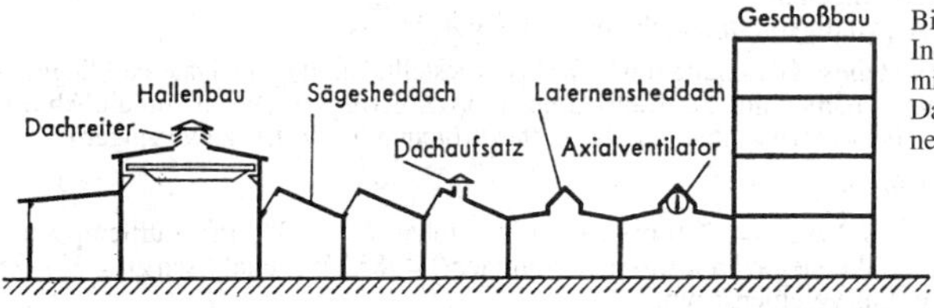

Bild 3.2.1-10. Industriebauten mit verschiedenen Dachkonstruktionen.

[1]) Hansen, M.: VDI-Bericht 147. 1970. S. 83/90.
Dietze, L.: HLH 2/85. S. 73/5.

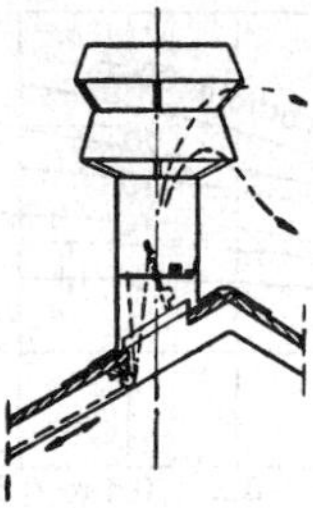

Bild 3.2.1-11. Dachaufsatz mit Sauger und Stellklappe.

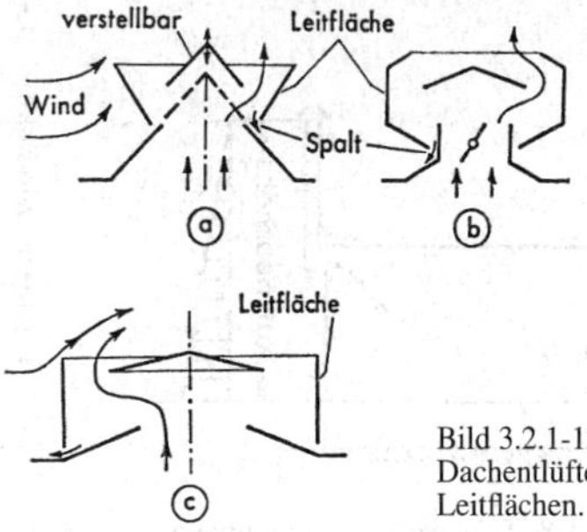

Bild 3.2.1-12. Dachentlüfter mit Leitflächen.

Bei Flachbauten Anwendung von Luftschächten mit Aufsätzen ähnlich den oben beschriebenen Formen. Um den Luftwechsel zu regulieren, müssen alle Schächte mit einer Stellklappe und Stellvorrichtung versehen sein (Bild 3.2.1-11). Die Zahl und Größe der Schächte richtet sich nach dem erforderlichen Luftwechsel. Bei guter Instandhaltung der Stellvorrichtungen stellen diese *Dachaufsätze* eine einfache und billige Lüftungsmethode dar.

Bei Hallenbauten ist die Verwendung von *Dachreitern* sehr verbreitet, namentlich in Warmbetrieben. Es sind dies rechteckige Aufsätze, die an den Seiten feste oder verstellbare Jalousien tragen. Manchmal erstrecken sich diese Aufsätze auch gleichmäßig über eine größere Länge auf dem Dachfirst. Ihre Wirkung beruht bei Windstille in der Hauptsache nur auf dem Temperaturunterschied zwischen innen und außen. Bei Windanfall ist die Wirkung der Dachreiter manchmal unvollkommen, da je nach Windrichtung Luft durch den Schacht teils abgesaugt, teils eingeblasen wird. Die Stellvorrichtungen sind wartungsintensiv.

Verbesserte Ausführungen bemühen sich daher um einwandfreie Konstruktionen und einfache Bedienung sowie Einrichtungen zur Ausnutzung der Saugwirkung des Windes (Leitflächen u. dgl.), Bild 3.2.1-12.

Wichtig für einwandfreie Wirkung der Lüftung ist auch bei der Dachaufsatz-Lüftung die Zufuhr der nachströmenden Außenluft, die meist durch geöffnete Fenster oder Türen erfolgt. Da dabei Zugerscheinungen nicht zu vermeiden sind, sind Arbeitsplätze möglichst nicht in die Nähe dieser Zuluftöffnungen zu legen. Für den Winter empfiehlt sich die Verwendung von *Wandluftheizern* mit Außenluftanschluß o. ä., um die Außenluft erwärmt in die Halle einzuführen.

Die durch Dachaufsätze *erzielbare Lüftung* in einer Halle läßt sich (nach Hansen) angenähert nach folgender Gleichung ermitteln:

$$w_2 = \sqrt{\frac{gH\ \Delta t/T_1}{1 + A_2^2/A_1^2}} \text{ in m/s.}$$

H = Hallenhöhe m
Δt = Temperaturunterschied K
T_1 = Lufteintrittstemperatur K
A_1 = untere Öffnungen m²
A_2 = obere Öffnungen m²
w_2 = Luftgeschwindigkeit in der oberen Öffnung A_2 in m/s.

In Bild 3.2.1-13 ist diese Gleichung mit $A_1 = A_2$ dargestellt. Der ungünstigste Fall liegt natürlich im Sommer, namentlich bei Kaltbetrieben, da Δt gering ist. Daher sind die Abluftöffnungen verstellbar einzurichten, um die Luftabströmung im Winter zu verringern.

Beispiel Warmbetrieb:

Kraftwerkshalle 60 × 20 = 1200 m², H = 15 m, Inhalt I = 18 000 m³. Lufttemperatur T_1 = 298 K. Anfallender Wärmestrom im Sommer $\dot{Q}$ = 385 kW, zugelassen Δt = 35 – 25 = 10 K, ergibt Luftvolumenstrom:

$$\dot{V} = \dot{Q}/c_p\,\varrho\,\Delta t = \frac{385}{1 \cdot 1{,}2 \cdot 10} = 32 \text{ m}^3\text{/s.}$$

Nach Bild 3.2.1-13 ist ($A_1 = A_2$):
bei $\Delta t/T_1 = 10/298 = 0{,}034$
$w_2 = 1{,}6$ m/s.
Erforderliche Abluftfläche $A_2 = \dot{V}/w_2 = 32/1{,}6 = 20$ m².

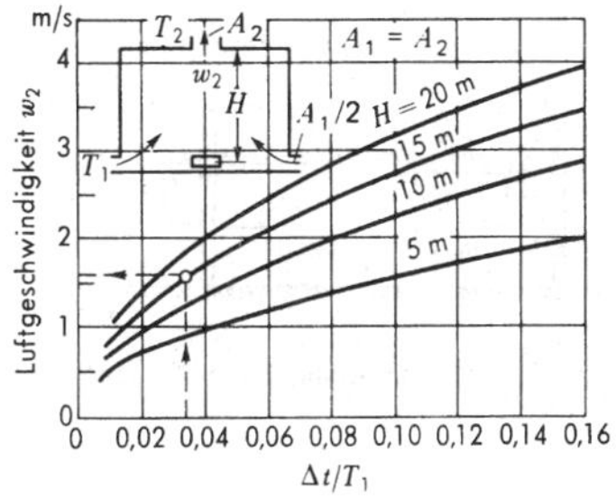

Bild 3.2.1-13. Luftaustrittsgeschwindigkeit bei der Dachaufsatzlüftung.

3.2.2 Entlüftung (Unterdrucklüftung, Absaugung)

Entlüftungsanlagen saugen die Luft mittels eines Ventilators aus einem Raum und führen sie ins Freie, während Luft durch Öffnungen aus den benachbarten Räumen oder aus dem Freien nachströmt. Da die Anlagen in den zu entlüftenden Räumen einen *Unterdruck* erzeugen, sind sie besonders geeignet, die Ausbreitung schlechter Luft zu verhindern. Sie finden daher hauptsächlich Anwendung bei *Räumen* mit starker Luftverschlechterung durch Gase, Dämpfe, Gerüche oder hohe Temperaturen, wie z.B. Küchen, Aborte, Garderoben, Laboratorien, Traforäume, Akkuräume, Bildwerferräume, Dunkelkammern, Tierställe usw.

Wird dafür gesorgt, daß die Luft auf geeigneten Wegen nachströmen kann, ohne Zug zu erzeugen, so sind die Entlüftungsanlagen das einfachste und wirksamste Mittel zur Luftverbesserung. Die Verwendung ist meist jedoch auf kleine Räume beschränkt.

Hauptbestandteile der Entlüftungsanlagen sind Abluftventilator mit Motor, Abluft- und Fortluftleitung, Absaugehaube. Bild 3.2.2-1 zeigt als Beispiel die Entlüftung einer Schweißerei, bei der die Luft durch Tür und Überströmöffnungen aus der benachbarten mechanischen Werkstatt nachströmt.

3.2.3 Belüftung (Überdrucklüftung)

Die Belüftungsanlage saugt im Gegensatz zur Entlüftungsanlage Luft aus dem Freien an und fördert sie in die zu belüftenden Räume, wobei die überschüssige Luft durch Türen, Fenster, andere Öffnungen und Undichtheiten in die umgebenden Räume bzw. ins Freie abströmt. Die Anlagen erzeugen also im Raum einen leichten *Überdruck,* so daß der Zustrom unerwünschter Luft verhindert wird. Im Winter ist es erforderlich, die Zuluft auf annähernd Raumtemperatur mittels eines *Lufterwärmers* zu erwärmen, der an ein Heizmittel, z.B. elektrischen Strom, Gas, Dampf oder Warmwasser, anzuschließen ist, um eine Auskühlung der Räume zu verhindern.

Die Verwendung von Belüftungsanlagen ist in der Hauptsache auf Räume beschränkt, bei denen keine starke Luftverschlechterung vorhanden ist und die eingeblasene Luft durch Fenster und Türen leicht in die Umgebung oder ins Freie entweichen kann, z.B. Büros, Werkstätten, Verkaufsräume, Ausstellungshallen.

Hauptbestandteile: Zuluftventilator mit Motor, Lufterwärmer, Luftfilter, luftführende Leitung. Bild 3.2.3-1 zeigt als Beispiel eine Verkaufsraumbelüftung, bei der die Belüftungsanlage über der Eingangsschleuse angebracht ist.

Wohnungslüftung siehe Abschn. 3.6.2-1.

Verwendung eines Luftfilters ist zweckmäßig, um Verschmutzung des Erwärmers und im Raum zu vermeiden.

Nachteil: Wärmerückgewinnung praktisch nicht möglich, wie bei Fensterlüftung.

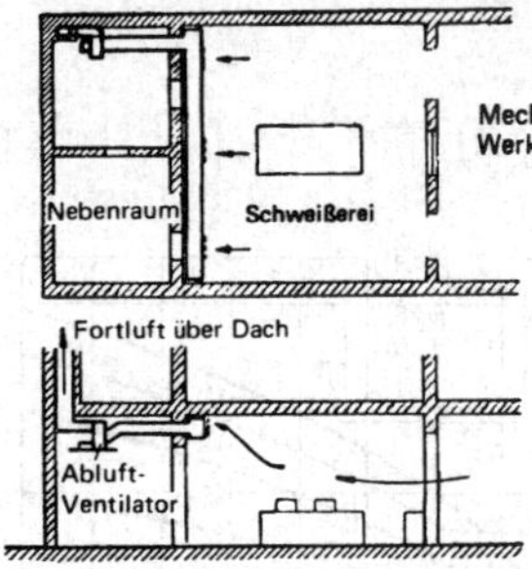

Bild 3.2.2-1. Entlüftungsanlage für eine Schweißerei.

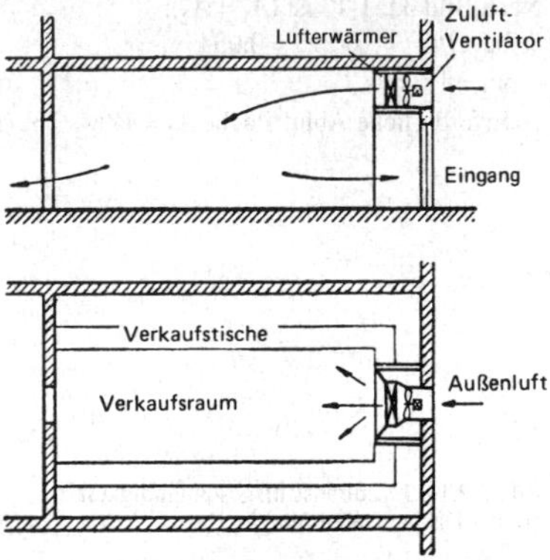

Bild 3.2.3-1. Belüftungsanlage für einen Verkaufsraum.

3.2.4 Be- und Entlüftung

Im allgemeinen, namentlich bei großen Räumen, ist es zweckmäßig, eine Belüftungs- *und* Entlüftungsanlage gleichzeitig zu verwenden. Durch geeignete Bemessung der Volumenströme für Außen- und Fortluft kann dabei nach Bedarf in den Räumen ein geringerer Über- oder Unterdruck (Luftstromüberschuß) erzeugt werden. Bestgeeignete Lüftung für fast alle namentlich größeren Räume, z.B. Säle aller Art, Theater, Lichtspielräume, Gaststätten, Fabrikhallen usw. Insbesondere wird durch die gezielte Führung der Zu- und Abluft die *Wärmerückgewinnung* möglich.

Die Anordnungsmöglichkeiten der Zu- und Abluftventilatoren, der Luftleitungen, Luftdurchlässe usw. sind bei den verschiedenen Nutzungen sehr vielfältig. Die Ausführungen für verschiedene Zwecke werden in Abschnitt 3.6 behandelt. Bild 3.6.9-7 zeigt als Beispiel die Be- und Entlüftung eines Saales oder Lichtspieltheaters.

Der Zuluftventilator befindet sich z.B. im Keller. Die Außenluft wird durch eine Saugleitung möglichst hoch über dem Straßenniveau angesaugt, in einem Luftfilter gereinigt, in einem Lufterhitzer auf Raumtemperatur angewärmt und dann von dem Ventilator in den Zuluftkanal gefördert, der in den Hohlraum unter den Sitzen mündet. Von hier tritt die Luft aus geeigneten Luftdurchlässen in den Raum ein. Die Abluft wird an der Decke abgesaugt und vom Abluftventilator ins Freie geblasen, wobei Wärmerückgewinnung heute zweckmäßig ist (s. Abschn. 3.3.8), wenn die Betriebszeiten nicht zu kurz sind.

3.2.5 Luftkühlung

Die Luftkühlanlage fördert Luft mit einer Temperatur *unterhalb der Raumtemperatur,* um den Raum zu kühlen. Durch Wärmeaufnahme im Innern des Raumes steigt dabei die Lufttemperatur infolge Mischung auf die verlangte Raumtemperatur an. Die Luftkühlung hat Bedeutung bei moderner Bauweise mit großen Fensterflächen, die im Winter einen passiven *Solarwärmegewinn* bringen. An Strahlungstagen können in die Räume sehr große Wärmeströme eindringen, die bei leichter Bauweise des Gebäudes ohne Kühlung und ohne zweckmäßigen Sonnenschutz im Sommer zu erheblichen Temperaturerhöhungen führenursprünglichS. S. können. Wie bei der Luftheizung unterscheidet man:

Außenluftkühlung *Umluftkühlung* *Mischluftkühlung*

Hauptbestandteile der Luftkühlanlagen sind die Kühler, die in *Oberflächenkühler* und *Naßluftkühler* unterschieden werden. Oberflächenkühler entsprechen in der Bauart den Lufterhitzern mit dem Unterschied, daß sie innen von einem Kühlmittel statt einem Heizmittel durchflossen werden, während bei den allerdings in Komfortanlagen selten verwendeten Naßluftkühlern die Luft in direkte Berührung mit strömendem oder zerstäubtem Kaltwasser gebracht wird. Kühlmittel sind

Leitungswasser (teuer) oder *Brunnenwasser* (selten);
maschinell durch Kältemaschinen gekühltes Wasser oder Sole, selten auch Eis;
Kältemittel (Ammoniak u. a.) in den Verdampfern der Kältemaschinen.

Sehr wesentlich ist bei allen Kühlanlagen die Temperatur des Kühlwassers. Das städtische Leitungswasser soll für Kühlzwecke in keinem Fall benützt werden. Möglich ist die Verwendung von Brunnenwasser, das in Deutschland meist mit einer maximalen Temperatur von 8 bis 13 °C zur Verfügung steht. Bei maschineller Kühlung ist man natürlich in der Lage, die Kühlmitteltemperatur nach Bedarf festzulegen.

Verwendung der Luftkühlung in Komfortanlagen für Aufenthaltsräume sowie für zahlreiche industrielle Betriebe, namentlich in der Lebensmittel-, Süßwaren-, pharmazeutischen und mikroelektronische Industrie.

Hauptbestandteile: Ventilator mit Motor, Kühler, Luftfilter, Luftleitungen, Luftdurchlässe. Bauart der Luftkühlanlagen ähnlich den Luftheizungen. Luftheizungen können auch als Luftkühlung betrieben werden, wenn an die Stelle des Lufterhitzers ein Luftkühler tritt.

In vielen Fällen ist es zweckmäßig, statt der Luftkühlanlagen *Luftkühlgeräte* zu verwenden, bei denen alle für die Luftbehandlung erforderlichen Teile, wie Ventilator, Motor, Wärmeaustauscher usw., zu einem kompletten, transportablen Gehäuse zusammengebaut sind. Je nach der Größe und Bauart der Gehäuse unterscheidet man *Raumkühlgeräte, Schrank- und Kasten-Kühlgeräte,* die auch mit eingebauter Kältemaschine erhältlich sind.

3.2.6 Luftbefeuchtung

(s. a. Abschn. 3.3.4, 3.3.5 und -3)

Ohne die moderne *Luftbefeuchtung* wären viele technische Vorgänge und Abläufe nicht mehr denkbar oder teilweise unmöglich. Für die vielfältigsten Aufgabenstellungen gibt es die passende *Befeuchtungs-* bzw. *Gerätetechnik.*

Luftbefeuchtung bedeutet, einen nicht vorhandenen absoluten Feuchtegehalt der Luft durch technische Maßnahmen auf einen auf den Bedarf abgestimmten Wert anzuheben und auch zu halten.

Im Grunde genommen wird nichts anderes bewirkt, als mit Hilfe von technischen Geräten den Aggregatzustand „flüssig" vorhandenen Wassers in den Aggregatzustand „gasförmig" zu wandeln und die Mischung mit der zu befeuchtenden Luft zu ermöglichen.

Die hygienischen Voraussetzungen, vor allem die Möglichkeit der ständigen bzw. regelmäßigen Überprüfung und Wartung, müssen gegeben sein. Es gilt die Luftbefeuchtung so zu planen, zu bauen und zu unterhalten, daß stets ein hygienisch einwandfreier und störungsfreier Betrieb gewährleistet ist. Besondere Beachtung findet dieser Punkt auch in der VDI-Richtlinie 6022, Abschn. 4.3.4.

Die Technik bietet heute für jede Aufgabenstellung unterschiedliche Möglichkeiten bzw. Systeme, die immer wieder auf die drei klassischen Grundarten zurückgeführt werden können:

Verdunstungs-Luftbefeuchtung.

Hierzu werden mit Wasser besprühte oder berieselte Matten- oder Filtersysteme, Waben- bzw. sog. Kontaktsysteme gerechnet. Ein typisches Beispiel hierfür ist die allseits bekannte Saline.

Zerstäubungs-Luftbefeuchtung.

Neben dem ältesten Befeuchtungssystem, dem *Umlauf-* oder *Sprühdüsen*-Luftbefeuchter (geläufigere Bezeichnung *„Wäscher"*), ist die *Scheiben-Zerstäubungstechnik* in ihrer Vielfalt der verschiedenen Arten und Ausführungen verbreitet. Auch unter hygienischen Aspekten wird heute die *Ultraschall-Technik,* kombinierte *Zerstäubungs-/Verdunstungstechniken* und zur direkten Raum-Luftbefeuchtung, die *Zweistoff-Düsentechnik* eingesetzt.

Der Umlauf- oder Sprühdüsen-Luftbefeuchter hat seinen Ursprung eigentlich weniger bei der Luftbefeuchtung als viel mehr beim „Waschen", dem „Auswaschen" von Partikeln aus der angesaugten Luft. Die Befeuchtung der Luft war nur eine Folgeerscheinung. Aufgrund der Tatsache, daß Wasser mittels speziellen Düsen in einen Luftstrom hinein fein zerstäubt wird, kann diese Technik nicht generell der Zerstäubung zugeordnet werden, sondern ist zwischen Verdunstung und Zerstäubung zu sehen.

Dampf-Luftbefeuchtung.

Die moderne Technik bietet heute zwei unterschiedliche Systeme an, die sich durch leichte Handhabung und hohe Regelgenauigkeit auszeichnen. Entsprechend der Aufgabenstellung und der vorhandenen Medien kommt eine *Eigendampf*erzeugung oder eine *Dampfumwandlung* (Verwendung von bauseits vorhandenem Dampf) zur Anwendung.

Aufgabenstellung für die Luftbefeuchtung.

Grundsätzlich kann gesagt werden, daß Luftbefeuchtungstechnik überall dort eingesetzt werden soll, wo die vorhandene Feuchte in der Luft zu niedrig ist. Als typische Einsatzgebiete werden angesehen:

- Wahrung wertvoller Kunstgegenstände in Museen und Kirchen;
- Vermeidung von elektrostatischer Aufladung in der Druck- oder Beschichtungstechnik;
- Verhinderung von Materialschwund und Gewichtsverlusten in der Lebensmittelindustrie, der Holz- und Papier verarbeitenden Industrie;
- Werterhaltung eingelagerter Obstsorten bei Langzeitlagerungen in Kühlhäusern;
- Steigerung des Wohlbefindens und der Behaglichkeit des Menschen in seiner täglichen Umgebung;
- Ertragssteigerung bei der Viehzucht mit Stallhaltung;

Diese Beispiele könnten fortgesetzt werden.

Wasser.

Wenn von Luftbefeuchtung gesprochen wird, muß auch dem Thema Wasser Beachtung geschenkt werden: Wasser verdunstet an der Erdoberfläche, kühlt in der Atmosphäre ab und fällt wieder als Regen auf die Erde. Auf dem Weg durch die Atmosphäre zur Erde werden Gase und Schwebstoffe aufgenommen. Das Gleiche geschieht beim Aufprall auf die Erdoberfläche und beim Durchdringen der verschiedenen Erd- und Gesteinsschichten. Hierbei werden huminöse Stoffe, Tone und die unterschiedlichsten Mineralien aufgenommen. Mit diesen Bestandteilen tritt irgendwann das Wasser wieder an die Erdoberfläche und wird unter anderem zu Trinkwasser aufbereitet und somit auch zur Luftbefeuchtung verwendet. Bei der Aggregatzustandsänderung von flüssig zu gasförmig fallen diese Stoffe wieder aus. Es ist deshalb Aufgabe der Luft-Befeuchtungstechnik trotz dieses Stoffausfalles einen störungs- und hygienisch einwandfreien Betrieb des jeweiligen Systems zu gewährleisten.

3.2.7 Luftentfeuchtung[1)]

Luftentfeuchtungsanlagen verringern den absoluten Feuchtegehalt der Luft. Die *Entziehung der Luftfeuchte* ist dabei auf zwei grundsätzlich verschiedenen Wegen möglich:

1. *Kühlung der Luft* durch ein genügend kaltes Kühlmittel mit einer Temperatur unterhalb des Taupunktes der Luft, dabei Ausscheidung von Wasser *(Kondensationsmethode)*. Für eine wesentliche Wasserausscheidung ist im allgemeinen eine Kältemaschine erforderlich. Im übrigen sind die Anlagen ähnlich der Luftkühlanlagen gebaut.
2. *Absorption des Wasserdampfes* der Luft durch hygroskopische feste Stoffe, wie Kieselgel (Silicagel) oder hygroskopische Salzlösungen, wie Chlorkalzium u.a. *(Absorptionsmethode)*.

Verwendung der Luftentfeuchtung in Klimaanlagen für Aufenthaltsräume, ferner für manche Spezialbetriebe in den chemischen, pharmazeutischen, Elektro- und anderen Industrien, wenn ein möglichst trockener Raumluftzustand benötigt wird.

Für geringe Entfeuchtungsleistungen gibt es auch transportable *Lufttrocknungsgeräte.* Auch bei diesen Geräten erfolgt die Entziehung der Luftfeuchte entweder durch Unterkühlung mittels Kältemaschine oder durch Absorptionsstoffe (Abschnitt -2).

[1)] Zu den Luftentfeuchtungsanlagen gehören nicht die sogenannten Trocknungsanlagen, in denen feuchtem Trockengut, wie Holz, Leder, Gemüse usw., durch Zuführung von Warmluft Wasser entzogen wird.

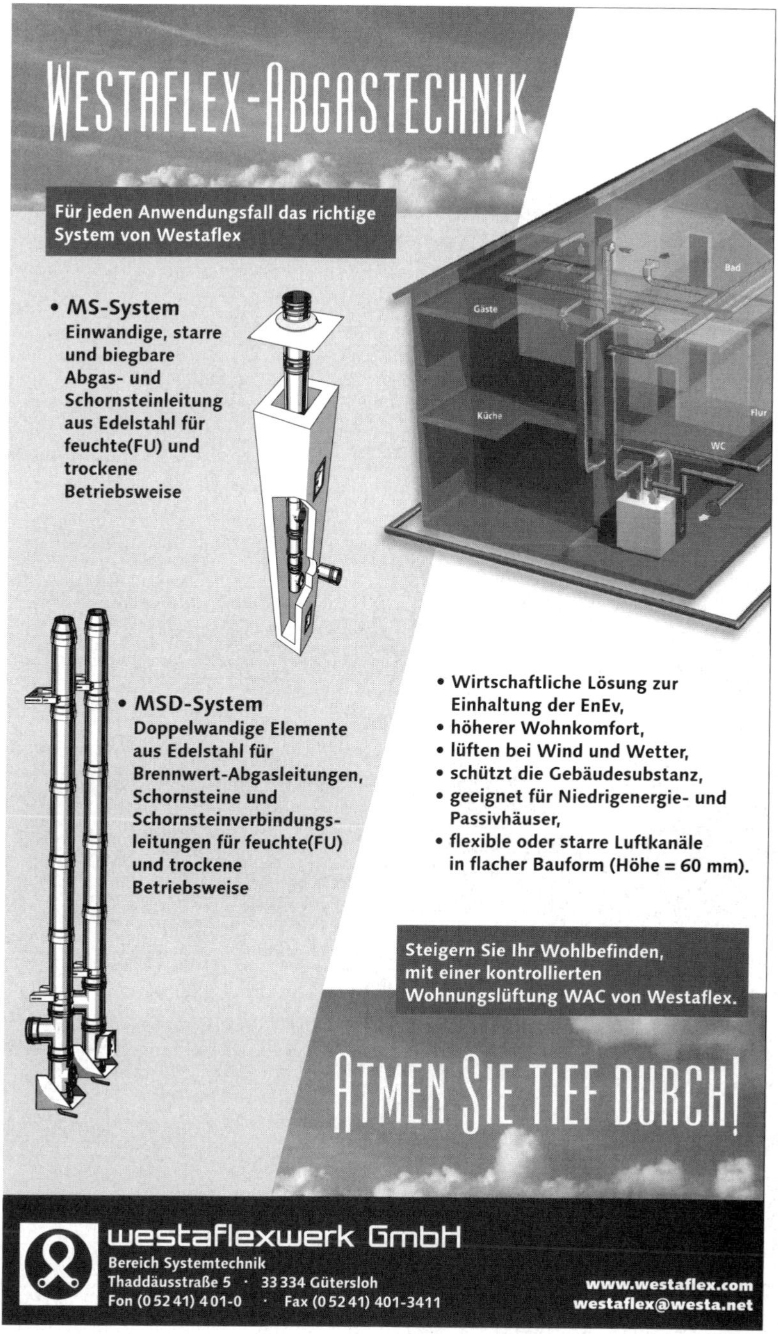
WESTAFLEX-ABGASTECHNIK
Für jeden Anwendungsfall das richtige System von Westaflex
• MS-System Einwandige, starre und biegbare Abgas- und Schornsteinleitung aus Edelstahl für feuchte(FU) und trockene Betriebsweise
Bad
Gäste
Küche
Flur
WC
• MSD-System Doppelwandige Elemente aus Edelstahl für Brennwert-Abgasleitungen, Schornsteine und Schornsteinverbindungsleitungen für feuchte(FU) und trockene Betriebsweise
• Wirtschaftliche Lösung zur Einhaltung der EnEv,
• höherer Wohnkomfort,
• lüften bei Wind und Wetter,
• schützt die Gebäudesubstanz,
• geeignet für Niedrigenergie- und Passivhäuser,
• flexible oder starre Luftkanäle in flacher Bauform (Höhe = 60 mm).
Steigern Sie Ihr Wohlbefinden, mit einer kontrollierten Wohnungslüftung WAC von Westaflex.
ATMEN SIE TIEF DURCH!
westaflexwerk GmbH
Bereich Systemtechnik
Thaddäusstraße 5 · 33334 Gütersloh
Fon (05241) 401-0 · Fax (05241) 401-3411
www.westaflex.com
westaflex@westa.net

3.2.8 Klimaanlagen

-1 Allgemeines[1]

-1.1 Begriffsbezeichnung

Klimaanlagen haben die Aufgabe, Temperatur und Feuchte der Raumluft innerhalb vorgeschriebener Grenzen konstant zu halten. Sie vereinigen in sich alle 4 thermodynamische Luftbehandlungsfunktionen: heizen, kühlen, befeuchten und entfeuchten. Dazu erhalten sie auch eine selbsttätige Temperatur- und Feuchte-Regelanlage. Sie sind das vollkommenste, wenn natürlich auch das aufwendigste Verfahren der technischen Luftbehandlung. Klimaanlagen erfüllen zweckmäßig auch die *Lüftungsfunktion* und werden heute zwecks Energieeinsparung meist mit größeren Temperatur- und Feuchte-Toleranzen und mit Wärmerückgewinnung ausgestaltet (siehe DIN 1946 T2).

Etwas einfacher sind die sogenannten *Teilklimaanlagen,* die sich von den Klimaanlagen dadurch unterscheiden, daß sie nur 2 oder 3 thermische Luftbehandlungsfunktionen enthalten (z. B. heizen, kühlen, entfeuchten). Vielfach werden Teilklimaanlagen auch als Klimaanlagen bezeichnet, was jedoch im Interesse einer genauen Begriffsbezeichnung und eines einwandfreien Geschäftsverkehrs nicht zu empfehlen ist, ohne die Zahl der Luftbehandlungsfunktionen zu nennen.

-1.2 Verwendung

Die Klimaanlagen finden hauptsächlich in zwei großen Gebieten Verwendung, nämlich als Komfort- oder als Industrie-Klimaanlagen.

Komfortanlagen dienen zur Erzeugung des günstigsten Luftzustandes für Aufenthaltsräume von Menschen aller Art, wie Bürogebäude, Theater, Kaufhäuser, Krankenhäuser usw. Sie heißen daher auch *Human-Klimaanlagen.* Sie sollen sowohl im Winter als auch im Sommer das günstigste Raumluftklima aufrechterhalten, d.h. also je nach Wetter oder persönlichen Wünschen eine Temperatur von 20 bis 27 °C und eine relative Luftfeuchte zwischen 30 und 65%. Die absolute Luftfeuchte soll den Wert von 11,5 g/kg_{tr} bei Human-Klimanalagen nicht überschreiten. Bei diesem Raumluftzustand fühlen sich die Menschen im allgemeinen am behaglichsten, und sie haben die größte Arbeitsfreude und Leistungsfähigkeit. Damit ist auch ein *wirtschaftlicher Nutzen* verbunden, da der Ausfall von Arbeitskräften infolge Krankheit oder Unfällen gemindert und Arbeitsergebnisse verbessert werden. Klimaanlagen ermöglichen auch die *Wärmerückgewinnung*, die dazu beiträgt, den Heizenergiebedarf für die Lüftungswärme drastisch zu senken[2]. Auch die Kühlleistung im Sommer wird dadurch reduziert.

Die Komfort-Klimatechnik wird trotz höherer Investitionskosten weiterhin Anwendung finden, da bei *integrierter Planung* zwischen Architekt und Haustechnik eine intensive Gebäudenutzung ermöglicht wird, wobei der Energiebedarf moderner Anlagen gering ist und somit auf die Vorteile ganzjähriger Temperatur- und Feuchte-Kontrolle nicht verzichtet zu werden braucht. In vielen Fällen kann durch Wärmerückgewinnung, Wärmeverschiebung im Gebäude und durch Anwendung der Kältemaschine auch als Wärmepumpe gegenüber nicht klimatisierten Gebäuden sogar Energie eingespart werden.

Industrie-Klimaanlagen haben im Gegensatz zu den Komfort-Klimaanlagen die Aufgabe, den für die Fabrikation günstigsten Luftzustand herzustellen. Viele Produkte lassen sich nur dann einwandfrei herstellen, wenn die Luft einen bestimmten Zustand hat. Beispielsweise ist es in der *Baumwollweberei* erforderlich, daß die Raumluft zur Vermeidung von Kettenfadenbrüchen eine Feuchtigkeit von 70 bis 80% besitzt. Bei diesem Luftzustand haben die Baumwollgarne die größte Festigkeit und Elastizität. Ähnliche Probleme bestehen bei der *Papierherstellung* und Verarbeitung. Es muß ein Gleichgewicht bestehen zwischen dem Wassergehalt des Papiers und dem der Luft, da sonst Schwierigkeiten beim Transport, Drucken, Falzen, Prägen und anderen Prozessen entstehen. Eine große Anzahl weiterer Industriezweige, vor allen Dingen solche, die hygroskopische Materialien verarbeiten, verlangen ebenfalls einen bestimmten Luftzustand, so z. B. die Tabakindustrie, Fotoindustrie, Süßwaren-, Lebensmittel- sowie Mikroelektronik-Fabriken usw. (Tafel 3.2.8-1).

---

[1]) Rákóczy, T.: TAB 4/84. S. 259/262.
[2]) Franzke, H. R.: TAB 11/81. S. 975/77.
Hönmann, W.: Staubjournal Nr. 100 (1983) und LTG Techn. Inf. 61/1986.

Ein weiteres großes Anwendungsgebiet sind die *chemische Industrie* und *Pharmabetriebe* bei der Herstellung von Medikamenten, die Klimatisierung von Prüfräumen und Laboratorien, die Fabrikation von Präzisionsbauteilen u.a. Bei manchen Produktionen, z.B. Halbleiter-Fertigung, ist eine annähernd 100%ige Staub-(Partikel-)Freiheit der Luft erforderlich.

In *Museen* und Bibliotheken dienen Klimaanlagen nicht nur zur Erhaltung von empfindlichen Wertobjekten, sondern gleichzeitig zur Schaffung eines behaglichen Raumluftzustandes. Ebenso haben Klimaanlagen in Operationsräumen, Kliniken und Krankenanstalten eine doppelte Aufgabe: Reinigung der Raumluft und Raumluftkonditionierung.

Einen anderen Anwendungsbereich hat die Klimatechnik bei der Produktion von *Kunstfasern*, in Meß- und Prüfräumen, die in fast allen Industriezweigen vorhanden sind, sowie bei Tierlabors in Pharma-Industrie und in Laborgebäuden bei Instituten und Universitäten.

-1.3 Bauarten[1]

Die Klimaanlagen lassen sich je nach der gewählten Einteilungsmethode in verschiedene Gruppen einteilen. In den folgenden Kapiteln sind sie nach unterschiedlichen Gesichtspunkten wie folgt eingeteilt (Luftaufbereitung, Energietransport, Regelung):

1. *Nur-Luft-Klimaanlagen*
   - 11. Einkanal-Klimaanlagen mit konstantem Luftvolumenstrom
     - 111 Einzonen-Anlagen
     - 112 Mehrzonen-Anlagen
       mit Nachwärmern
       mit Wechselklappen
     - 113 mit örtlichen Heiz- und Kühlflächen (Kühldecken)
   - 12. Einkanal-Klimaanlagen mit variablem Luftvolumenstrom
     - 121 mit örtlichen Kühl- und Heizflächen (u.a. Kühldecken)
   - 13. Zweikanal-Klimaanlagen
     - 131 mit konstantem Luftvolumenstrom
     - 132 mit variablem Luftvolumenstrom
     - 133 mit örtlichen Heiz- und Kühlflächen (Kühldecken)
2. *Luft-Wasser-Klimaanlagen*
   - 21. Anlagen mit örtlichen Nachwärmern oder Kühlern
   - 22. Induktions-Klimaanlagen
     - 221 Zweirohr-System (ern. Zweileiter bed. Anzahl der wasserführenden Leitungen am Induktionsgerät im Raum)
       mit Umschaltung (change over)
       ohne Umschaltung (non change over)
     - 222 Dreirohr-System
     - 223 Vierrohr-System mit 1 oder 2 Wärmeaustauschern
       mit Ventilsteuerung
       mit Klappensteuerung
     - 224 Induktionsanlagen mit variablem Volumenstrom
   - 23. Ventilator-Konvektor-Anlagen
     - 231 mit örtlicher Außenluftversorgung
     - 232 mit zentraler Außenluftversorgung
     - 233 nur mit Umluftbetrieb
3. *Kleinwärmepumpen-Anlagen*
4. *Kombinierte Klimaanlagen* (für Häuserblocks, Krankenhäuser, Universitäten, Tierlabors usw.), das sind
   Primärluft-Zentralanlagen, in denen eine Vorbehandlung der angesaugten Luft erfolgt, mit nachgeschalteten Luftbehandlungsanlagen, in denen die endgültige Aufbereitung der Luft bewirkt wird. Kombinierte Klimaanlagen kommen wegen hoher Energiekosten zunehmend seltener zum Einsatz.

---
[1]) Rákóczy, T.: VDI-Berichte Nr. 353 u. 356, 1980.

Tafel 3.2.8-1 Temperatur- und Feuchtebereich in verschiedenen Betrieben*)

Nr.	Industriezweig	Art des Betriebes	Temperatur °C	relative Feuchte %
1	Bäckerei	Mehllager Hefelager Teigherstellung Zuckerlager	15…25 0… 5 23…25 25	50…60 60…75 50…60 35
2	Bibliotheken	Bücherlager Lesesäle	21…25 21…25	40…50 35…55
3	Brauerei	Gärraum Malztenne	4… 8 10…15	60…70 80…85
4	Druckerei	Papier-Lagerung Drucken Mehrfarbendruck Photodruck alle weiteren Arbeiten	20…26 22…26 24…28 21…23 21…23	50…60 45…60 45…50 60 50…60
5	Elektro-Industrie	allgemeine Fabrikation Fabrikation von Thermo- und Hygrostaten Fabrikation mit kleinen Toleranzen Fabrikation von Isolierungen	21 24 22 24	50…55 50…55 40…45 65…70
6	Gummi-Industrie	Lagerung Fabrikation Vulkanisation chirurgisches Material	16…24 31…33 26…28 24…33	40…50 – 25…30 25…30
7	keramische Industrie	Lagerung Herstellung Verzierungen	16…26 26…28 24…26	35…65 60…70 45…50
8	Linoleum-Industrie	Oxydation des Leinöls Bedrucken	32…38 26…28	20…28 30…50
9	mechanische Industrie	Büros, Zusammensetzung, Montage Präzisions-Montage	20…24 22…24	35…55 40…50
10	Museen	Gemälde	18…24	40…55
11	Papierindustrie	Papiermaschinenraum Papierlager	22…30 20…24	50…60 50…60
12	pharmazeutische Industrie	Lagerung der Vorprodukte Fabrikation von Tabletten	21…27 21…27	30…40 35…50
13	photographische Industrie	Fabrikation normaler Filme Fabrikation von Sicherheitsfilmen Bearbeitung von Filmen Lagerung von Filmen	20…24 15…20 20…24 18…22	40…65 45…50 40…60 40…60

*) Carrier Handbook of Airconditioning System Design. McGraw-Hill, New York. ASHRAE-Handbook und andere Quellen.

(Fortsetzung)

Nr.	Industriezweig	Art des Betriebes	Temperatur °C	relative Feuchte %
14	Pelze	Lagerung	5…10	50…60
15	Pilzplantage	Wachstumsperiode	10…18	–
		Lagerung	0… 2	80…85
16	Streichhölzer	Herstellung	18…22	50
		Lagerung	15	50
17	Süßwaren-Industrie	Lagerung (trockene Früchte)	10…13	50
		Weich-Bonbons	21…24	45
		Herstellung von Hart-Bonbons	24…26	30…40
		Verpackung von Hart-Bonbons	24…26	40…45
		Herstellung von Schokolade	15…18	50…55
		Umhüllen von Schokolade	24…27	55…60
		Verpackung von Schokolade	18	55
		Lagerung von Schokolade	18…21	60…65
		Keks- und Waffelherstellung	18…20	50
18	Tabak-Industrie	Lagerung des Rohtabaks	21…23	60…65
		Vorbereitung	22…26	75…85
		Zigaretten-, Zigarren-Fabrikation	21…24	55…65
		Verpackung	23	65
19	Textil-Industrie s. auch Abschn. 3.6.8–8	Baumwolle:		
		Batteur	22…25	40…50
		Karderie	22…25	50…55
		Kämmerei	22…25	45…55
		Strecke	22…25	50…55
		Flyer	22…25	50…55
		Ringspinnmaschine	22…25	40…45
		Spulerei, Zwirnerei, Scheren und Aufziehen der Kette	22…25	60…70
		Webraum	22…25	75…80
		Konditionieren von Garn und Gewebe	22…25	90…95
		Leinen:		
		Vorbereitung	18…20	80
		Karderie	20…25	50…65
		Spinnerei	24…27	65…75
		Weberei	27	65…70
		Wolle:		
		Vorbereitung	27…29	60
		Karderie	27…29	65…70
		Spinnerei	27…29	50…60
		Weberei	27…29	60…70
		Ausrüsten	24	50…60
		Seide:		
		Vorbereitung	27	60…65
		Spinnerei	24…27	65…70
		Weberei	24…27	60…75
		Kunstseide:		
		Karderie, Spinnerei	21…25	65…75
		Weberei	24…25	60…65

Eine andere Übersicht zeigt Bild 3.2.8-1: Einteilung der Klimaanlagen.

Eine Sonderstellung nimmt die örtliche Kühlung nach Punkt 21 ein, wenn nur mit Wasser gekühlt wird (Kühldecke oder Kühlkonvektor) und keine mechanische Lüftung vorliegt. In solchen Fällen muß eine selbsttätige Feuchtekontrolle erfolgen, damit keine Nässebildung im Bauwerk entsteht.

Nach der Bauart unterscheidet man *Klimazentralen* und *Klimageräte.* Während Klimazentralen an der Baustelle aus einzelnen angelieferten Teilen zu einer Einheit zusammengebaut werden, enthalten die Klimageräte alle für die Aufbereitung der Luft erforderlichen Teile, wie Ventilator, Kühler, Kältemaschine usw., in einer fabrikmäßig zusammengebauten Einheit in Truhen-, Schrank- oder Kastenform. Ihre Wirkungsweise ist jedoch prinzipiell dieselbe wie bei den Zentralen. Naturgemäß sind die Klimageräte für kleinere Leistungen, die Zentralen für größere Leistungen bestimmt.

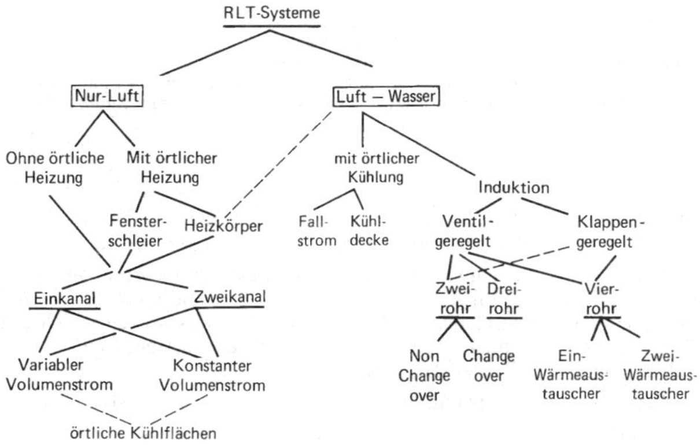

Bild 3.2.8-1. Einteilung der Klimaanlagen.

-2 Wirkungsweise

Der Hauptteil jeder Klimaanlage ist das *Klimagerät,* in dem die Luftaufbereitung stattfindet. Bild 3.2.8-2 zeigt schematisch die Anordnung einer typischen Klimaanlage. Oben ist der zu klimatisierende Raum gezeichnet, darunter das Klimaaggregat, das wie folgt arbeitet:

Außenluft wird aus dem Freien angesaugt, wird durch Wärmerückgewinnung aus der Abluft vorbehandelt oder mischt sich in der Mischkammer mit einem Teil aus dem Raum zurückgesaugter Luft und wird dann in einem Filter gereinigt. Weitere Aufbereitung der Luft:

Vorwärmung durch einen dampf- oder warmwassergeheizten Vorwärmer,

Kühlung bzw. *Entfeuchtung* durch einen Kühler,

Befeuchtung durch einen Befeuchter mittels Sprühdüsen oder Dampf,

Nachwärmung durch einen dampf- oder warmwassergeheizten Nachwärmer.

Der *Ventilator* fördert dann die so behandelte Luft durch den Verteilerkanal in den Raum. Einen Teil der Raumluft fördert der Abluftventilator über einen Wärmerückgewinner ins Freie, der übrige Teil kehrt als Umluft zum Klimaaggregat zurück, wo der Kreislauf von neuem beginnt.

Jede Klimaanlage benötigt als Betriebsmittel sowohl ein *Heizmedium* als auch ein *Kühlmedium.* Zum Heizen wird entweder Dampf, Warmwasser oder Heißwasser aus einem Kessel geliefert, während zum Kühlen entweder eine Kältemaschine oder Brunnenwasser verwendet wird. Im Bild 3.2.8-2 gezeigten Fall steht Warmwasser aus einem Kessel und Kaltwasser aus einem Wasserkühlaggregat (Kältemaschine mit Verdampfer und Kondensator) zur Verfügung.

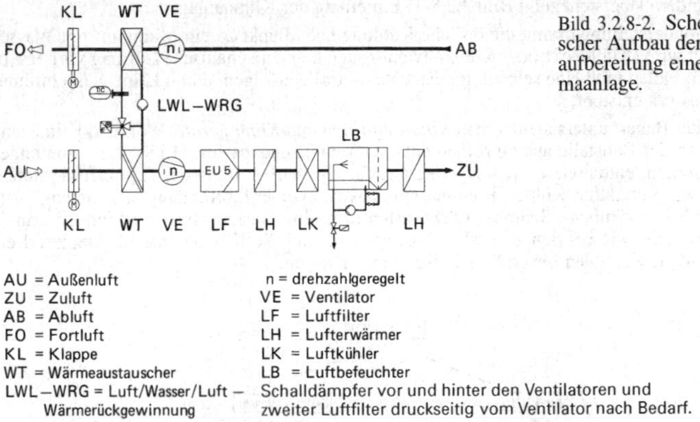

Bild 3.2.8-2. Schematischer Aufbau der Luftaufbereitung einer Klimaanlage.

Die *Steuerung und Regelung* dieser verschiedenen Teile der Luftaufbereitung erfolgt dabei durch je einen im Raum befindlichen Raumlufttemperatur- und Raumfeuchtefühler.

Man unterscheidet pneumatische, elektrische, elektronische *Regelanlagen* (Mess-, Steuer- und Regelanlagen: MSR-Anlagen), erstere mit Druckluft von ca. 1 bar Überdruck als Hilfskraft, letztere zusätzlich mit elektrischem Strom. Es werden auch Mikrocomputer zur Regelung und Steuerung eingesetzt. Jede Regelanlage besteht meistens aus mehreren Regeleinrichtungen, jede Regeleinrichtung wiederum aus

dem *Fühler* für Temperatur oder Feuchte (Thermostat oder Hygrostat),

dem *Regler,*

dem *Stellantrieb* für Klappe oder Ventil

und gelegentlich einem geeigneten *Kraftschalter* (Stellungsrelais) zur Verstärkung der geringen am Regler auftretenden Kräfte.

Die Anzahl der möglichen Anordnungen dieser Elemente ist sehr groß (s. Abschn. 3.3.7). Wirkungsweise der Regelung Bild 3.2.8-2:

Der *Raumthermostat T* im Raum steuert das Heizmittel zum Lufterhitzer und das Kühlmittel zum Kühler. Bei fallender Raumtemperatur wird zunächst die Wärmerückgewinnung (WRG) in Betrieb genommen und anschließend das Heizmittelventil geöffnet, bei steigender Raumtemperatur das Heizventil geschlossen, die WRG gestoppt und bei noch weiter steigender Temperatur das Kaltwasser-3-Wege-Ventil geöffnet.

Der *Raumhygrostat H* öffnet bei fallender Feuchte das Vorwärmerventil und schaltet die Befeuchterpumpe ein, so daß die Luft befeuchtet wird. Bei zu hoher Raumluftfeuchte schließt sich das Vorwärmerventil und das Kaltwasser-3-Wege-Ventil öffnet sich, so daß die Luft gekühlt und entfeuchtet wird; falls erforderlich mit Nachheizung.

Moderne Regler kontrollieren auch die Enthalpie energieoptimierend.

-3 Nur-Luft-Klimaanlagen[1]

Bei diesem Klimasystem wird die Luft in einer Zentrale aufbereitet und durch Kanäle in die zu klimatisierenden Räume gefördert, in denen keine weitere Nachbehandlung stattfindet. Es sind also für die angeschlossenen Räume keine Heiz- oder Kühlwasserinstallationen für die Luftnachbehandlung erforderlich, falls nicht zusätzlich statische Heizkörper installiert werden. Je nach der Geschwindigkeit der Luft in den Kanälen unterscheidet man *Niedergeschwindigkeitsanlagen* mit Geschwindigkeiten unter etwa 8 m/s und *Hochgeschwindigkeitsanlagen,* bei denen die Luftgeschwindigkeit früher bis zu 10…14 m/s er-

[1]) Rákóczy, T.: Ki 6/77. S. 207/10.

reicht und besondere Luftauslässe bzw. Entspannungsgeräte erforderlich sind. Heute überschreitet man i. a. aus Gründen der Energieersparnis (und der Geräusche) den Wert 14 m/s nicht mehr. Die Nur-Luft-Anlagen beanspruchen größeren Raumbedarf im Gebäude und haben kaum Flexibilität bei Lastanpassungen im Fall von Nutzungsänderungen.

-3.1 Einkanal-Klimaanlagen mit konstantem Luftvolumenstrom

-3.1.1 Einzonen-Klimaanlagen

Hierunter versteht man solche Anlagen, bei denen im Zentralgerät aufbereitete Luft durch einen Kanal einem oder mehreren Räumen zugeführt wird. Falls es sich um mehrere Räume handelt, erhalten also alle Räume Luft *desselben Zustandes.* Klimaanlagen dieser Art werden besonders für Großräume, wie Säle, Versammlungsräume, Theater, Kinos usw., verwendet, aber auch für Mehrraumgebäude, wie Bürohäuser, Krankenhäuser usw. Alle Klimaanlagen können so ausgeführt werden, daß sie entweder die Heizung der klimatisierten Räume voll übernehmen oder nur zum Teil oder überhaupt nicht. Man unterscheidet daher in dieser Hinsicht folgende Klimaanlagen:

Klimaanlagen mit Raumheizung
Klimaanlagen mit Teilheizung (Teilheizung örtlich)
Klimaanlage ohne Heizung (Heizung örtlich)

Bei Gebäuden mit einzelnen Räumen, wie beispielsweise Theatern, Kinos, Hallen usw., werden die Klimaanlagen im allgemeinen so ausgebildet, daß sie gleichzeitig die Heizung übernehmen. In diesem Fall soll die Zuluft von unten dem Raum zugeführt werden. Bei Vielraumgebäuden ist es zweckmäßiger, für die Heizung der Räume Heizkörper unter den Fenstern vorzusehen, so daß die Klimaanlage nicht für Heizung der Räume zu sorgen braucht. In einer dritten Gruppe von Räumen, insbesondere solchen, die nicht dauernd benutzt werden, beispielsweise Sitzungssälen, Hörsälen und ähnlichen Räumen, empfiehlt es sich, die örtliche Heizung nur für einen Teil des Wärmebedarfs zu bemessen, während die Klimaanlage den Rest der Heizung übernimmt. Bei Nichtbenutzung werden die Räume dabei durch die Grundheizung dauernd auf etwa 10 bis 15 °C erwärmt, während sie bei Benutzung durch die Klimaanlage schnell aufgeheizt werden können. Eine Überheizung wird dabei vermieden (Energieeinsparung). Bei Auswahl der Luftführungsart und der Luftdurchlässe muß eine Lösung gefunden werden, bei der die Warmluft im Raum – vor allem vertikal – gleichmäßig verteilt wird, z. B. durch Walzenlüftung.

Die *Einzonen-Klimaanlagen* entsprechen in ihrer Wirkungsweise dem Bild 3.2.8-2.

Die früher oft großen Kühllasten führten bei Nur-Luft-Systemen zu großem Volumenstrom, so daß der Platzbedarf für die Kanäle allmählich immer größer wurde. Um diesen Platzbedarf zu verringern, entwickelte man die sogenannten *Hochgeschwindigkeits-Klimaanlagen.* Hier wird die Luft mit höherer Luftgeschwindigkeit, nämlich mit etwa 10 bis 14 m/s durch die Rohrleitung gefördert. Außerdem wird die Temperaturdifferenz zwischen Raumluft und gekühlter Luft von bisher 6 bis 8 K auf bis zu 10 bis 12 K erhöht. Dadurch verringern sich die Kanalquerschnitte etwa auf den dritten Teil. Der Ventilator muß dabei natürlich wesentlich größere Drücke erzeugen, etwa 1000...2000 Pa, daher auch der Name *Hochdruckanlage.* Wegen der gestiegenen Energiepreise hat man die Geschwindigkeit wieder (auf max. 14 m/s) gesenkt, wodurch auch die Gesamtdruckdifferenz auf 500...1500 Pa gesenkt wurde. Auch die Temperaturdifferenz kann mit Rücksicht auf die Zugfreiheit im Raum nur bei sehr guten Luftauslässen, die dann in der Decke angeordnet sein müssen, bei max. 10 bis 12 K gewählt werden.

Das *Klimagerät* selbst unterscheidet sich außer erhöhter Druckfestigkeit in seinem Aufbau nicht von den bei Niederdruckanlagen üblichen Ausführungen, so daß auch die Luftaufbereitung in genau derselben Weise erfolgt. Es werden jedoch sog. *Entspannungsgeräte* für die Luftauslässe erforderlich. In diesen Geräten wird der größere in den Kanalnetzen herrschende Druck verringert bzw. gedrosselt, damit die Zuluft in den angeschlossenen Luftauslässen mit der akustisch zulässigen geringen Geschwindigkeit austreten kann.

Das Entspannungsgerät bzw. der Konstant-Volumenstromregler besteht aus einem schallgedämmten Gehäuse, in dem eine Drosselvorrichtung – z. B. aus gelochtem Blech – eingebaut ist. Außerdem ist manchmal ein mechanisch wirkender Volumenstromregler vorhanden, der den Volumenstrom zwecks automatischem Kanaldruckabgleich auf einem einstellbaren Wert konstant hält. Schema einer Anlage in Bild 3.2.8-3.

In vielen Fällen ist zum Abbau der Luftgeräusche ein *Schalldämpfer* erforderlich.

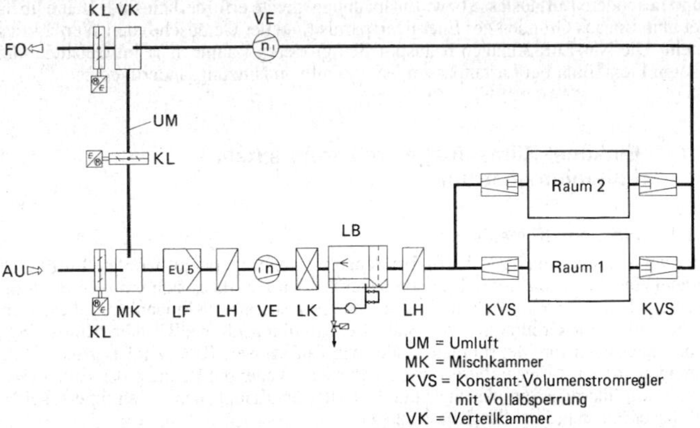

Bild 3.2.8-3. Schematischer Aufbau einer Einkanal-Hochgeschwindigkeits-Klimaanlage mit variablem Volumenstrom (VVS). Weitere Kurzbezeichnungen siehe Bild 3.2.8-2.

-3.1.2 Mehrzonen-Klimaanlagen

a) Anlagen mit Nachwärmern

Die zuvor beschriebenen Einkanal-Klimaanlagen haben den Nachteil, daß sie allen angeschlossenen Räumen Luft des gleichen Zustandes zuführen. Dies ist jedoch nur möglich, wenn das klimatisierte Gebäude auch annähernd gleiche Lasten zu einem bestimmten Zeitpunkt besitzt. Meist ist dies jedoch nicht der Fall. Dann muß die Klimaanlage als *Zonen-Klimaanlage* gebaut werden, so daß es möglich ist, jeder Zone Luft verschiedenen Zustandes zuzuführen und verschiedene Lasten abzuführen.

Für die Zonen-Klimaanlage sind verschiedene Bauarten möglich. Bild 3.2.8-4 und Bild 3.2.8-5 zeigen zwei verschiedene Ausführungen.

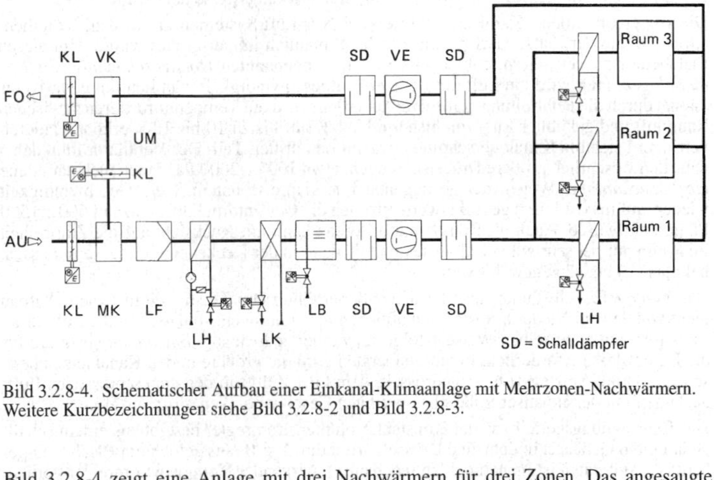

Bild 3.2.8-4. Schematischer Aufbau einer Einkanal-Klimaanlage mit Mehrzonen-Nachwärmern. Weitere Kurzbezeichnungen siehe Bild 3.2.8-2 und Bild 3.2.8-3.

Bild 3.2.8-4 zeigt eine Anlage mit drei Nachwärmern für drei Zonen. Das angesaugte Außenluft-Umluft-Gemisch wird je nach seiner Temperatur vorgewärmt oder gekühlt. Die Regelung erfolgt dabei durch den Temperaturfühler 1 in der Druckkammer 2 des Zuluftventilators, der auf eine Temperatur von z. B. 15 °C eingestellt ist. Bei fallender Temperatur öffnet sich das Ventil des Vorwärmers, bei steigender Temperatur das Ventil des Kühlers.

Die Luft für die drei Zonen wird durch je einen Zonenthermostat bei Bedarf nachgewärmt, so daß damit unterschiedliche Lasten in den Zonen berücksichtigt werden. Nachteilig ist allerdings bei dieser Anordnung, daß die zentrale Kühlung für den ungünstigsten Raum bemessen sein muß, und daher bei einzelnen Zonen durch die Nachwärmung ein erhöhter Energieverbrauch eintritt. Die *Befeuchtung* 4 kann entweder zentral für alle Zonen gemeinsam vorgenommen werden (wie gezeichnet), jedoch auch für jede Zone getrennt, z.B. durch Dampfluftbefeuchter.

b) Anlagen mit Wechselklappen

Bild 3.2.8-5 zeigt eine Anordnung, bei der die unterschiedlichen Zulufttemperaturen der einzelnen Zonen durch Mischung von warmer und kalter Luft erzeugt werden. Das angesaugte Außenluft-Umluft-Gemisch wird hier vom Zuluftventilator 1 in eine Druckkammer gefördert, in der sich ein Luftkühler und ein Lufterhitzer befinden. Der Lufterhitzer erwärmt die Luft auf eine bestimmte Temperatur, z.B. 25...30 °C, der Kühler kühlt sie auf 10...15 °C.

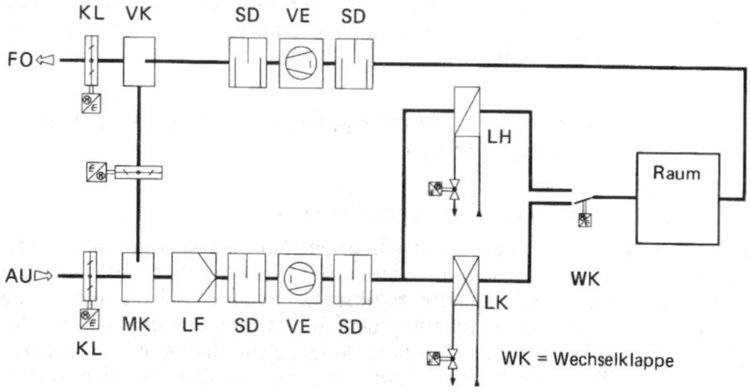

Bild 3.2.8-5. Schematischer Aufbau einer Mehrzonen-Klimaanlage mit Wechselklappen. Weitere Kurzbezeichnungen siehe Bild 3.2.8-2 bis Bild 3.2.8-4.

Zu jeder Zone wird ein Luftkanal verlegt, an dessen Anfang eine Wechselklappe angeordnet ist. Mittels dieser Klappen wird warme und kalte Luft so gemischt, wie es der die Klappe steuernde Raumthermostat verlangt. Es können 10...15 Wechselklappen nebeneinander angeordnet werden, so daß also ebensoviel Zonen angeschlossen werden können.

Anlagen dieser Art sind besonders für kleine Räume mit sehr unterschiedlicher Belastung geeignet, z.B. Schulen, Rundfunk- und Fernsehstudios, Innenräume von Bürogebäuden usw.

Nachteilig sind der große Raumbedarf der Kanäle sowie die Leckverluste bei den Klappen, aber vor allem der hohe *Energieverbrauch* durch Mischung von Kalt- und Warmluft sowie durch den großen vom Ventilator bei allen Lastzuständen zu fördernden Volumenstrom.

Bild 3.2.8-6 zeigt schematisch die Anordnung einer Anlage für zwei Zonen eines Gebäudes, z.B. die Nord- und die Südseite. Jede Zone hat einen Nachwärmer oder eine Wechselklappe in der Klimazentrale.

Das Klimaaggregat im rechten Gebäudeteil fördert die Luft in zwei an der Flurdecke liegende Kanäle, der eine für die Südzone, der andere für die Nordzone, um dem unterschiedlichen Einfluß der Himmelsrichtung Rechnung zu tragen. Luftauslässe verschiedener Bauart: Wandauslässe und Deckenauslässe, alle mit eingebautem Schalldämpfer. Heizung durch örtliche Heizkörper.

Wenn die Klimaanlage auch die Heizung übernimmt und statische Heizkörper entfallen, erfolgt der Luftaustritt in den einzelnen Raum zweckmäßig unter den Fenstern durch sogenannte Unterfenster-Auslässe. Alle Luftauslässe einer Zone führen Luft gleicher Temperatur, wodurch die Räume geheizt und gekühlt werden.

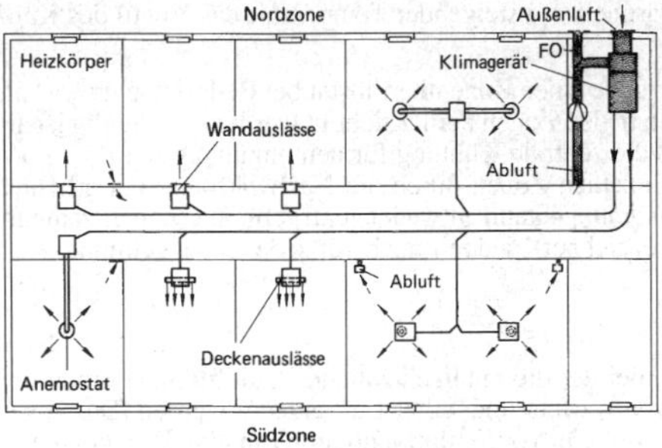

Bild 3.2.8-6. Einkanal-Klimaanlage für 2 Zonen mit verschiedenen Arten von Luftauslässen.

c) Anlagen mit Zusatzventilatoren

Derartige Anlagen werden manchmal bei sehr großen Gebäuden verwendet. In jeder Zone befindet sich dabei ein besonderes *Nachbehandlungsgerät* mit Ventilator, Filter, Mischkammer und Wärmeaustauscher.

-3.2 Einkanal-Klimaanlagen mit variablem Luftvolumenstrom (VVS-Anlagen)[1]

-3.2.1 Allgemeines, Wirtschaftlichkeit

Bei den bisher beschriebenen Anlagen ist der Zuluftstrom konstant und die Temperatur der den Räumen zugeführten Luft variabel. Bei den typischen VVS-Anlagen ist der Zuluftstrom variabel und die Temperatur konstant. Die unterschiedlichen Kühllasten der einzelnen Zonen werden durch Änderung der Zuluftströme mittels *Volumenstromregler* ausgeglichen. In der Hauptsache sind diese Anlagen für Räume mit veränderlichen Lasten bestimmt, z.B. für Bürogebäude, Kaufhäuser, Universitäten, Schulen, Banken u.a.

Die Zuluft wird mit einer konstanten Temperatur von z.B. 15 °C dem Raum zugeführt. Bei steigenden Kühllasten, etwa durch Beleuchtung oder Personen, wird der Zuluftstrom vergrößert, bei fallender Kühllast auf einen Mindestwert verringert; anschließend wird meist mit örtlicher Heizung geheizt. Schema der Anlage siehe Bild 3.2.8-3.

Das Zentralklimagerät fördert die Luft durch Kanäle in die zu klimatisierenden Räume. In jedem Raum oder jeder Raumgruppe befindet sich ein Raumthermostat, der die Volumenstromregler je nach Raumtemperatur öffnet oder schließt, wobei jedoch ein hygienisch erforderlicher Mindestluftstrom nicht unterschritten werden darf. Regelung des Volumenstroms am Ventilator durch *Druckfühler* im Kanalnetz.

Der besondere *Vorteil* der VVS-Anlagen ist darin zu sehen, daß der Energiebedarf für Kälte und Wärme sich mit fallender Luftmenge fast proportional verringert, derjenige für den Ventilator bei guter Regelung noch stärker abfällt, so daß der Betrieb sehr wirtschaftlich ist. Bei der Bemessung des Zentralgerätes läßt sich oft ein *Gleichzeitigkeitsfaktor* von 0,8…0,7 berücksichtigen. Die Zuluft- und Abluftkanäle müssen jedoch in den Verzweigungen jeweils für 100% Volumenstrom ausgelegt werden.

Es muß aber beachtet werden, daß in der Zentrale evtl. *keine Umluft* möglich ist, wenn verschiedene Zonen stark unterschiedliche Lasten haben können, z.B. Nord- und Südseite. Wird bei hoher Last auf der Südseite zentral viel Umluft beigemischt, fällt der Außenluftanteil in der Nordzone stark ab, oft unter die Mindestaußenluftmenge. Daher sinnvoll nur Außenluftbetrieb bei VVS-Anlagen. Umluftbetrieb bei VVS-Anlagen ist also sorgfältig zu prüfen. Nachts und am Wochenende im Heizfall empfiehlt er sich allerdings, evtl. intermittierend.

Das VVS-System wird heute bei *kleinen Kühllasten* häufig angewandt, weil es dann wie das Induktions-System zu günstigen Energiekosten führt, aber nicht dessen Kaltwassersystem benötigt. Insbesondere ist das VVS-System sinnvoll, wenn die Kühllasten so niedrig

[1]) Rákóczy, T.: VDI-Bericht 353 (1979). S. 15/22 u. Ges.-Ing. 2/82. S. 57/69.
Inhelder, P.: Ki 5/82. S. 183/6.

sind, daß der Mindestluftstrom schon einen großen Teil davon deckt, so daß der Aufwand für sekundäre Kühlung bei Induktionsgeräte (Kaltwassersystem) nicht mehr lohnt. Das VVS-System reagiert im Energieverbrauch jedoch empfindlich auf höhere Kühllasten oder wenn höhere Einblastemperaturen als 15 °C gewählt werden müssen, wie bei unterer Einblasung oder Quelluftauslässen (19 °C bis 21 °C).

-3.2.2 Ventilator-Regelung

Der Gesamtvolumenstrom ist in weiten Grenzen veränderlich. Drosselung der Zuluft allein durch die Volumenstromregler wäre unwirtschaftlich (Bild 3.2.8-7) und führt zu hohen Druck- und Leckverlusten sowie Geräuschen. Der Zuluftventilator erhält daher eine Regelung derart, daß ein Druckfühler im Zuluftkanal – am Netzende – bei steigendem Druck den Volumenstrom stufenlos verringert. Hierfür gibt es verschiedene Möglichkeiten, siehe Abschnitt 3.3.1-1.8 bis -2.8.

Im Ventilatorkennfeld liegt dabei der jeweilige Betriebspunkt auf einer Netz-Kennlinie, die für den Kanaldruck einen konstanten Wert hat und im Klimagerät quadratische Abhängigkeit besitzt (Bild 3.2.8-7).

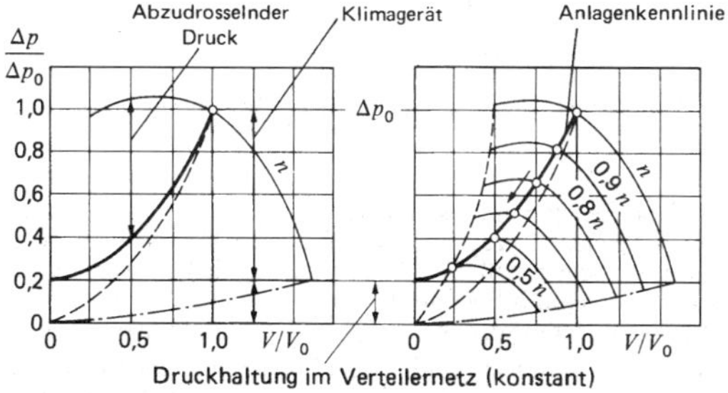

Bild 3.2.8-7. Anlagen- und Ventilatorkennlinien.
Links: ohne Drehzahlregelung (Drosselregelung); rechts: mit Drehzahlregelung.

Energetisch am günstigsten ist bei Radialventilatoren die Drehzahlregelung, bei Axialventilatoren die Laufschaufelregelung. Bei beiden Ventilatortypen ist bei Berücksichtigung des Gleichzeitigkeitsfaktors oft auch Drallregelung evtl. in Verbindung mit polumschaltbaren Motoren wirtschaftlich.

Die zweckmäßigste Anordnung des Druckfühlers muß je nach Größe und Form des Netzes sorgfältig ermittelt werden. Manchmal können auch je nach Verzweigung und zu erwartender Unterschiedlichkeit der Belastung der Zweige des Netzes 2 oder 3 Druckfühler günstig sein[1)].

Auch der *Abluftvolumenstrom* muß geregelt werden. Bei kleinen Anlagen nur zentral, bei großen Anlagen auch dezentral. Dabei erhält jeder Raum oder jede Zone einen Volumenstromregler, der parallel zum Zuluftregler vom Raumthermostat betätigt wird.

-3.2.3 Heizung

Nachteilig ist, falls keine örtliche Heizung vorgesehen ist, daß im Nachtbetrieb die Ventilatoren ebenfalls laufen müssen, allerdings mit stark verringerter Drehzahl oder intermittierend und zweckmäßig nachts nur mit Umluft. Da bei fallender Raumtemperatur die Volumenregler nur den minimalen Zuluftstrom einströmen lassen, muß durch eine besondere *Aufheizschaltung* dafür gesorgt werden, daß vor Betriebsbeginn die Volumenregler voll geöffnet werden. Höhere Kosten durch zusätzliche Regelkreise und regelbare Ventilatoren. Insbesondere ist die *Raumdurchspülung* bei Warmluftbetrieb ungenügend. Am Boden verbleibt bei Deckenauslässen meist ein Kaltluftsee. Erhöhung der Strahlwirkung bei Heizbetrieb zweckmäßig (Bild 3.3.5-27), aber teuer und physikalisch bedingt unvollkommen. Besser daher *statische Heizung*.

1) Rákóczy, T.: Ges.-Ing. 7/8/76. S. 157/163.

Wenn sich die Raumlasten ständig ändern, wie das in Außenzonen der Fall ist, muß das System für Zuluft unbedingt für den Heizfall ergänzt werden, z.B. (Bild 3.2.8-8) durch

örtliche Heizkörper, evtl. auch Fußbodenheizung
Nachwärmer unbedingt meist dezentral[1], manchmal auch zentral
Warmluftkanal (Zweikanal-System).

Heizung ist in Sequenz zum VVS-Luftstrom zu regeln.

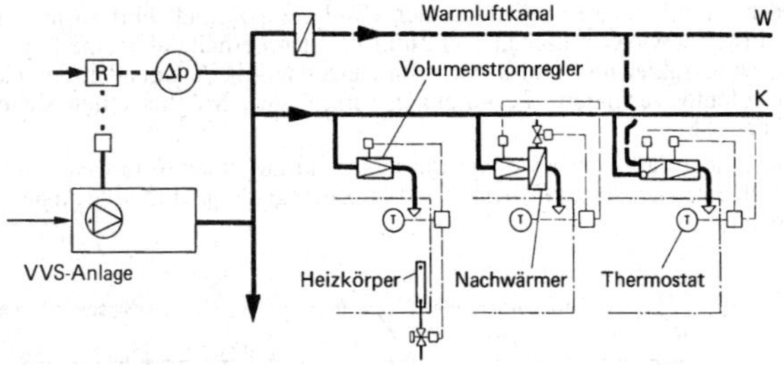

Bild 3.2.8-8. Schematischer Aufbau einer VVS-Anlage für Außenräume.

Örtliche Heizkörper zweckmäßig unter den Fenstern anordnen. Auch diese sind einwandfrei in Sequenz zu regeln. Thermostatische Ventile allein sind problematisch. Es ist stets dafür zu sorgen, daß die Heizung nur zuschaltet, wenn der Luftvolumenstrom bei $\dot{V}_{min}$ liegt. Anderenfalls Energieverschwendung und Zugbelästigung möglich. Wenn *Abluftfenster* verwendet werden, kann örtliche Heizung entfallen.

Bei dem System nach Bild 3.2.8-12 und Bild 3.2.8-13 wird die Luft zentral geheizt. Der Volumenstrom wird auch im Heizbetrieb in jeder Regelzone variiert.

-3.2.4 Volumenstromregler, Luftauslässe *(Terminals)*

Die *Volumenstromregler* enthalten in einem Gerät eine geeignete Drosseleinrichtung, die von einem Stellmotor betätigt wird. Man unterscheidet zwei Prinzipien:

Der Raumthermostat verstellt über den Stellmotor den Sollwert eines mechanischen Konstant-Volumenregler (Selbstregelndes System).

Der Raumthermostat verstellt direkt eine Drosselklappe o.ä. Bei schwankendem Kanaldruck kann sich der Volumenstrom etwas ändern (System mit Fremdenergie).

Weiteres über Volumenstromregler s. Abschn. 3.3.5-5.

Zu beachten ist, daß die Luftmenge bei vielen Auslässen nicht zu stark reduziert werden darf, da dann durch zu geringe Geschwindigkeit der Kaltluft Zugerscheinungen verursacht werden können. Es sind daher nicht alle Luftauslässe geeignet. Günstig sind Luftauslässe mit hoher *Induktionswirkung*[2].

Eine geeignete Bauart ist in Bild 3.2.8-9 dargestellt. Hier ist ein konstanter Stützstrahl mit hoher Geschwindigkeit vorhanden, der aus Düsen austritt, während der durch den Raumthermostat gesteuerte Hauptvolumenstrom variieren kann.

Beim Luftauslaß (Bild 3.3.5-27) bewegt der pneumatische Stellmotor in Sequenz sowohl den kugelförmigen Verteilkörper wie den Düsenteller. Beim Heizbetrieb (min. Luftstrom) Radialspalt nahezu geschlossen, Luftaustritt nach unten. Beim Kühlbetrieb Luftaustritt durch vergrößerten Radialspalt.

Einen VVS-Luftauslaß als Induktionsauslaß zum Einbau in der Brüstung unter dem Fenster zeigt Bild 3.3.5-63.

[1]) Der Sprachgebrauch ist hier nicht konsequent. Wenn dezentrale Heizung mit statischen Heizkörpern unter dem Fenster oder als Fußbodenheizung erfolgt, spricht man noch von Nur-Luft-Systemen. Ein Nachwärmer gemäß Bild 3.2.8-8 wird aber schon Wasser-Luft-System genannt.

[2]) Hönmann, W.: Ki 1/75. S. 23/30 und TAB 6/74. S. 441/50.
Rákóczy, T.: Ki 5/1980. S. 225/32 u. TAB 4/84. S. 259/62.

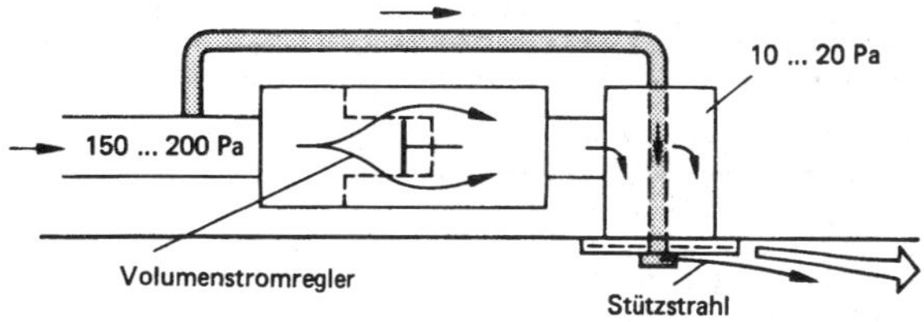

Bild 3.2.8-9. Deckenluftverteiler mit Stützstrahl (Paramix von Fläkt).

Bisher haben sich Luftauslässe mit verstellbarem Auslaßquerschnitt bei VVS-Anlagen nur in begrenztem Umfang durchsetzen können, da der apparative Aufwand recht groß ist und weil Auslässe ohne diesen Aufwand ebenfalls gute Ergebnisse in großem Volumenstrom-Bereich ergeben.

-3.2.5 VVS-Anlagensysteme[1]

a) Kombinationen

Günstig ist die *Kombinationsmöglichkeit* mit anderen Systemen, z. B. einer Anlage mit Induktionsgeräten. Bild 3.2.8-10 zeigt eine Anordnung, bei der für 2 Räume jeweils ein Volumenregler vorgesehen ist, während der dritte Raum, in dem sich ein Induktionsgerät befindet, einen konstanten Primärluftstrom erhält. Der Konstantvolumen-Regler kann ein Druckregler sein, der in diesem Strang für konstanten Druck sorgt.

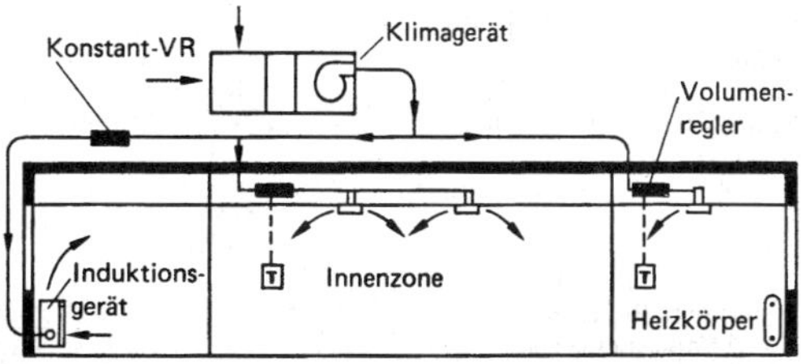

Bild 3.2.8-10. Einkanal-Klimaanlage mit variablem und Konstantvolumenstrom-Regler.

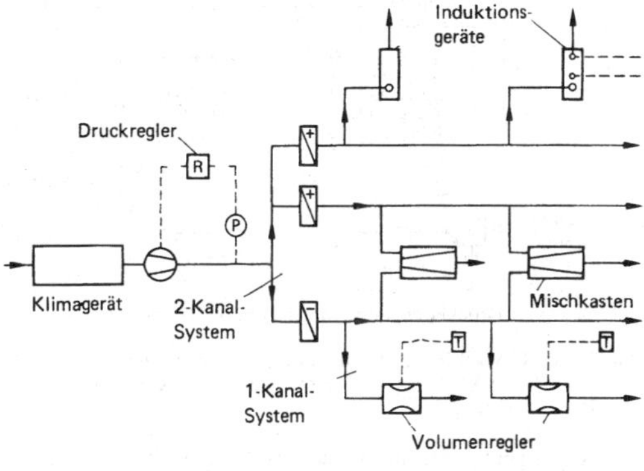

Bild 3.2.8-11. Kombination einer Einkanal-, Zweikanal- und Induktionsklimaanlage.

[1]) Lechner, H.: Ki 11/86. S. 469 ff.
Hartmann, K.: Ki 12/86. S. 515/22.

Das Bild 3.2.8-11 zeigt eine Kombination einer Einkanal- und einer Zweikanalanlage. An das Einkanal-System können sowohl Räume mit konstantem wie mit variablem Volumenstrom angeschlossen werden, außerdem z.B. für Außenräume auch Induktionsgeräte.

b) Zentrale Lufterwärmung

Um auch noch das Wassersystem für dezentrale Nachheizung oder Heizkörper im Raum einzusparen, wurde die *zentrale* Lufterwärmung für den Heizbetrieb eingeführt. Die Raumlasten werden im Heiz- und im Kühlfall durch variablen Volumenstrom ausgeregelt[1]. Der Raumthermostat muß durch zentrales Umschalten von direkt auf indirekt wirkend umgeschaltet werden können. Die Umschaltung von Heizen auf Kühlen erfolgt abhängig von der Außentemperatur. Anlagenschema und Regelcharakteristik s. Bild 3.2.8-12, Geräte arbeiten mit Induktion, um die Raumströmung zu stabilisieren (s. Bild 3.3.5-63).

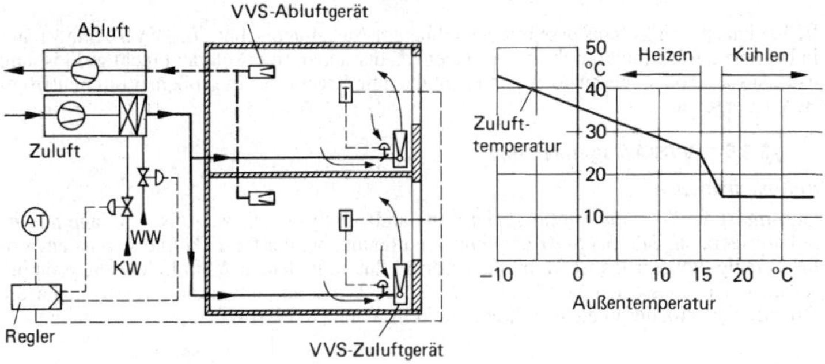

Bild 3.2.8-12. VVS-System mit zentraler Luftheizung.
Links: Anlagenschema
Rechts: Regelcharakteristik

T = Change-over-Raumthermostat
AT = Außentemperatur-Fühler
KW = Kaltwasser
WW = Warmwasser

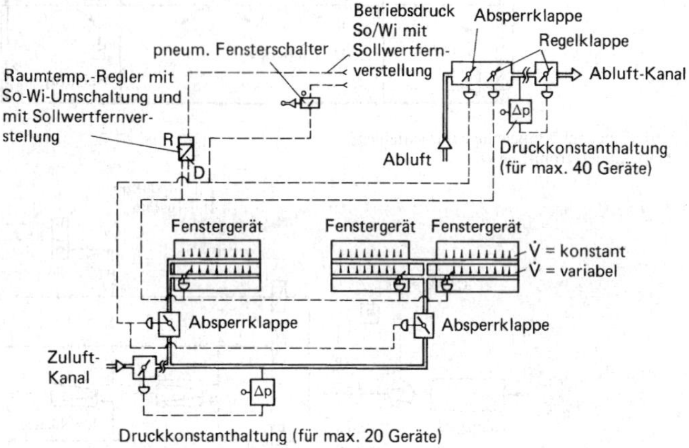

Bild 3.2.8-13. VVS-Regelschema für die Räume mit Kanaldruck-Regler
VVS-Fenstergeräte mit Volumenstromregler und Luftabsperrung bei Fensteröffnen

Das Regelschema für die Induktionsgeräte im Raum zeigt Bild 3.2.8-13. Die Volumenstromregelung erfolgt an einer Düsenreihe gemäß Bild 3.3.5-63. Der Volumenstrom für Zuluft und Abluft wird durch Druckfühler Δp in den entsprechenden Kanälen über

[1]) Rákóczy, T.: TAB 4/84. S. 259/62.

Drallregler an den Ventilatoren variiert, so daß unabhängig vom Volumenstrom der Fenstergeräte in der Zuluft und der Regelklappen in der Abluft (Bild 3.2.8-13) die Kanaldrücke konstant bleiben. Bei geöffnetem Fenster können im Raum Zu- und Abluft über Fenster-Kontaktschalter abgesperrt.

Die Zulufttemperatur wird zentral entsprechend dem Diagramm in Bild 3.2.8-12 geregelt.

Die in Bild 3.2.8-12 gezeigte Heizkurve für die Zulufttemperatur kann mit einem DDC-Regler (s. Abschn. 3.3.7-9) nach oben verschoben werden, wenn der Kanaldruck sinkt. Bei angehobener Zulufttemperatur drosseln die Fenstergeräte den Volumenstrom, was zur Energieeinsparung führt.

Vorteil:

Geringe Installationskosten, da nur Einkanal-Luftsystem und keine Wasserrohre im Gebäude zu verlegen sind.

Nachteil:

Begrenzte Regelfähigkeit, da nur ein Medium zur Verfügung steht. Bei Gebäuden mit stark unterschiedlichen Lasten schlecht geeignet. In der Übergangszeit ist Fensterlüftung durchzuführen.

-3.3 Zweikanal-Klimaanlagen

-3.3.1 Anlagen mit konstantem Volumenstrom

Einige der zuvor beschriebenen Einkanal- und Zonen-Klimaanlagen sind nicht für die Klimatisierung vielräumiger Gebäude, z.B. Wohnhäuser und Bürohäuser, geeignet, denn die Räume dieser Gebäude haben im allgemeinen voneinander unterschiedliche Wärme- und Kühllast, so daß sie Luft verschiedenen Eintrittszustandes erhalten müssen.

Für diesen Zweck ist auch die *Zweikanal-Klimaanlage* geeignet, deren Prinzip aus Bild 3.2.8-14 hervorgeht.

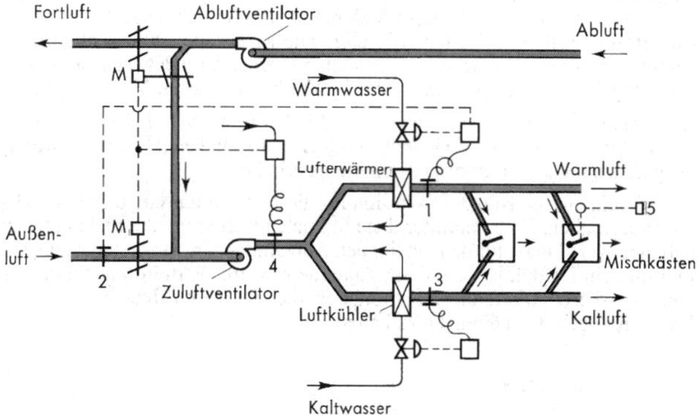

Bild 3.2.8-14. Schema der Luftführung und Regelung bei Zweikanal-Hochdruckklimaanlagen. 1 = Warmluftfühler, 2 = Außenluftfühler, 3 = Kaltluftfühler, 4 = Mischluftfühler, 5 = Raumthermostat

Außenluft wird aus dem Freien angesaugt und nach einer gewissen Grundaufbereitung von dem Zuluftventilator in zwei Kanäle gefördert, den Warmluftkanal und den Kaltluftkanal. Im Warmluftkanal befindet sich ein Lufterhitzer. In entsprechender Weise ist im Kaltluftkanal ein Oberflächenkühler angeordnet.

Jeder einzelne Luftauslaß erhält Anschluß an beide Kanäle, wofür besondere Mischkästen verwendet werden, in denen sich Warmluft und Kaltluft miteinander mischen. Eine besondere Mischvorrichtung, die in der Regel von einem pneumatischen Stellmotor gesteuert wird, regelt die Mischung der warmen und kalten Luft durch zwei Ventile, das Warmluft- und Kaltluft-Ventil. Wenn das Warmluftventil sich öffnet, schließt sich das Kaltluftventil und umgekehrt. Temperaturdiagramm Bild 3.2.8-15.

Räume mit maximaler Kühllast erhalten nur Kaltluft, Räume mit maximaler Heizlast nur Warmluft, Räume mit Teillast eine Mischung von Kalt- und Warmluft. Damit durch die

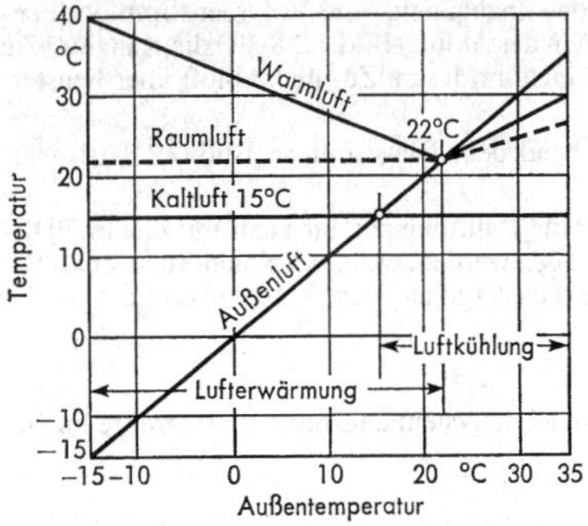

Bild 3.2.8-15. Temperaturdiagramm einer Zweikanalklimaanlage.

Mischung kein allzu hoher Energieverbrauch stattfindet, ist besonderer Wert zu legen auf die *Temperaturregelung* der beiden Luftströme abhängig von der Außentemperatur. Durch variierte Spreizung der Temperaturen im Kalt- und Warmluftkanal erreicht man, daß die Luft in jedem Betriebszustand aus beiden Kanälen entnommen wird. Dies verbessert das Regelverhalten und beschränkt etwas den ohnehin großen Platzbedarf für die Kanäle beim Zweikanal-System, gibt aber zusätzliche Mischverluste.

Prinzip der Regelung (Bild 3.2.8-14): Der Temperaturregler 1 regelt die Zuluft des Warmluftkanals auf eine Temperatur, deren Sollwert durch den Außentemperaturregler 2 verschoben wird. Je kälter es ist, desto höher ist die Zulufttemperatur. Der Temperaturregler 3 regelt die Zulufttemperatur des Kaltluftkanals auf einen konstanten Wert. Der Temperaturregler 4 hinter dem Zuluftventilator hält hier die Zulufttemperatur im Winter auf etwa 15 °C konstant, indem durch die Klappenmotore M der Außenluft/Umluft-Anteil verändert wird. Zwischen 15 und 22 °C wird nur mit Außenluft gefahren. Über 22 °C wird durch einen zweiten (nicht gezeichneten) Außentemperaturregler der Außenluftanteil gleitend verringert, um an Betriebskosten zu sparen. Die Raumtemperatur schließlich wird durch die Raumthermostate 5 kontrolliert, von denen je einer für jeden Mischkasten erforderlich ist. Eine Regelung der *Luftfeuchte* ist nur in sehr beschränktem Maße möglich.

Die Anlagen dieser Art sind sowohl als Niederdruck- wie als Hochdruck-Anlage ausführbar; in der Regel werden sie jedoch als Hochdruckanlagen (Hochgeschwindigkeitsanlagen) ausgeführt, um kleine Rohrquerschnitte zu erhalten.

In der Anlage nach Bild 3.2.8-16 sind für die Außenluftansaugung zwei Klappen oder Kanäle vorgesehen, Kanal min. für den minimalen Luftstrom, der nicht unterschritten werden soll, und Kanal max. für den maximalen Außenluftstrom. Im ersten Kanal sind ein Vorwärmer und ein Luftkühler installiert. Außerdem ist im Warmluftkanal ein *Befeuchter* eingebaut. Mit dieser Anordnung ist es möglich, die relative Luftfeuchte in den angeschlossenen Räumen in gewissen Grenzen zu halten.

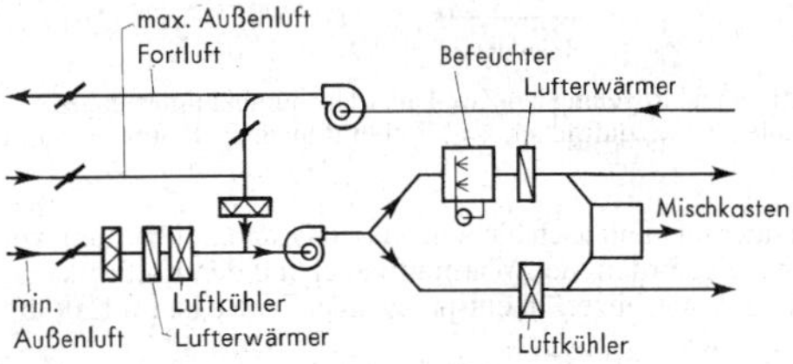

Bild 3.2.8-16. Schema einer Zweikanal-Klimaanlage mit zusätzlichem Lufterwärmer und Luftkühler im Minimal-Außenluftkanal.

Bei der Anlage nach Bild 3.2.8-17 läßt sich die relative Luftfeuchte vollständig kontrollieren. Jedoch ist nun auch im Sommer eine *Nachwärmung* erforderlich. Für Komfortanlagen (Bürogebäude u. a.) daher nicht häufig angewandt, obwohl Energieverbrauch auch nicht mehr wesentlich höher als bei vorgenanntem System.

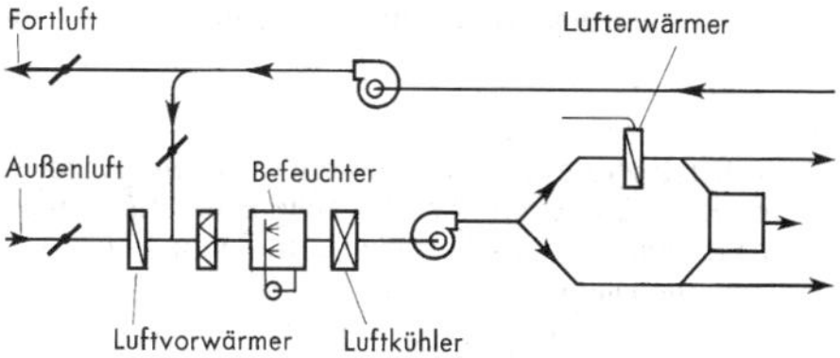

Bild 3.2.8-17. Schema einer Zweikanal-Klimaanlage mit saugseitigem Luftkühler und Befeuchter.

Besondere Aufmerksamkeit beim Bau dieser Anlagen erfordert ebenso wie beim VVS-System die Beseitigung der *Geräusche,* die am Mischkasten und den Volumenstromreglern auftreten.

Wichtig ist die *Konstanthaltung des Luftvolumenstroms.* Dieser und der statische Druck ändern sich, wenn die Luftverteilung auf beide Kanäle geändert wird. Abhilfe durch Volumenstromregler in den Mischkästen. Ferner kann bei längeren Leitungen und vielen Terminals eine Druckdifferenz-Regelung zwischen Warm- und Kaltluftkanal zweckmäßig sein, die die Differenz möglichst klein hält.

Die *Mischkästen* (Bild 3.3.5-64) bestehen im wesentlichen aus Schalldämmkästen, die innen mit schalldämpfendem Material ausgekleidet sind und eine Luftmischeinrichtung – Luftventile – enthalten. Ferner enthalten sie einen meist mechanisch wirkenden *Volumenstromregler,* der den Zuluftvolumenstrom konstant hält. Diese Regler wirken in der Weise, daß sie bei steigender Luftmenge gegen einen Federdruck den Durchflußquerschnitt verringern. Es muß sowohl die bei der Luftdrosselung im Mengenregler entstehende Geräuschabstrahlung von dem Kasten gedämmt werden als auch das über die Niederdruckseite durch die Auslässe gehende Geräusch durch Schalldämpfer gedämpft werden. Die Luftauslässe selbst können in Form von Decken-, Wand- oder Unterfensterauslässen ausgeführt werden.

Übliche Zulufttemperaturen:

Warmlufttemperatur:	30...50 °C
Kaltlufttemperatur:	12...17 °C

Für die Temperatur- und Mengenregelung der Mischkästen gibt es im wesentlichen zwei Methoden:

a) Raumthermostat steuert Kaltluft- und Warmluftventil gegenläufig durch gemeinsamen Klappenmotor oder auch Warmluftventil allein. Luftmenge wird durch einen mechanischen federbetätigten Regler konstant gehalten. Meist verwendete Ausführung.

b) Raumthermostat steuert Kaltluft- und Warmluftventil wie bei a), während Druckregler über ein gekoppeltes Gestänge auf beide Ventile gleichzeitig einwirkt.

Ausführungsbeispiel von Zweikanal-Klimaanlagen siehe Bild 3.2.8-18.

Eine Anordnung der Luftauslässe unter den Fenstern verhindert Kaltluftabfall im Winter.

Nachteilig bei den Zweikanal-Klimaanlagen sind die großen Leitungsquerschnitte, da sowohl der Warmluftkanal wie der Kaltluftkanal für fast den gesamten Luftstrom bemessen werden muß, denn die gesamte Heiz- und Kühllast der angeschlossenen Räume wird durch die Luft getragen. Auch die Klimazentrale ist entsprechend groß. Gesamtluft-Volumenstrom 2- bis 3mal größer als bei Primärluftanlagen eines Induktions-Systems, da ständig die für Maximal-Kühllast berechnete Luftmenge aller Zonen gleichzeitig gefördert werden muß; daher: sehr großer Kraftbedarf, ferner in der Übergangszeit gewisse Verluste. Die *Energiekosten* sind gegenüber Induktions- und VVS-Klimaanlagen in Außenzonen um etwa 30...60% höher. Daher wird das Zweikanal-System mit konstantem Volumenstrom heute in Bürogebäuden kaum noch angewendet.

Vorteile:

Keine Heizkörper in den Räumen, keine Wasserleitungen, keine Zonierung erforderlich, einfache und schnell wirksame individuelle Temperaturregelung, einfache Einregulierung.

Viele Luftzufuhrmöglichkeiten (unter Fenster, vom Flur, von Decke usw.), Kühlung in der Übergangszeit durch Außenluft,

Außen- und Innenzonen eines Gebäudes können von derselben Zentrale versorgt werden.

Nachteile:

Großer Energieverbrauch, besonders in Außenzonen. Großer Platzbedarf für Zentrale und Rohrnetz. Umluftbeimischung energetisch unerläßlich, daher Geruchsübertragung im Gebäude. Geräuschprobleme im Raum durch Mischkästen, daher aufwendige Schallschutzmaßnahmen.

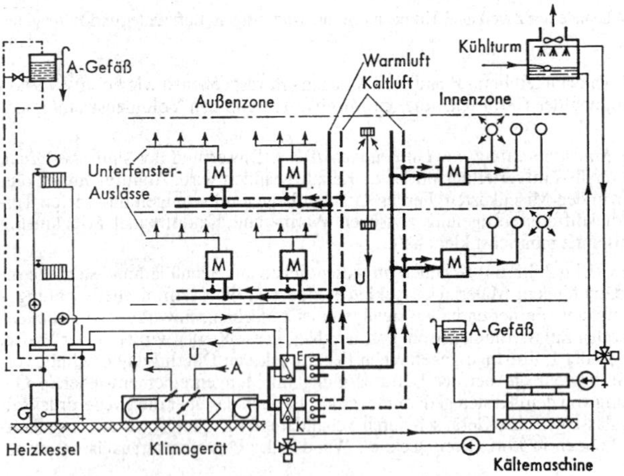

Bild 3.2.8-18. Schematische Darstellung der Luftführung einer Zweikanal-Hochdruckklimaanlage für ein mehrstöckiges Bürogebäude.
A = Außenluft, F = Fortluft, M = Mischkasten, Ö = örtlicher Heizkörper, U = Umluft, E = Lufterwärmer, K = Luftkühler

-3.3.2 Zweikanal-Anlagen mit variablem Volumenstrom

Eine verbesserte Bauart der Zweikanal-Klimaanlagen arbeitet mit variablem Volumenstrom im Kühlbetrieb. Der Kaltluftstrom ist reine Außenluft und wird das ganze Jahr hindurch mit konstanter Temperatur von etwa 15 °C, aber variabler Luftmenge betrieben und dient zur Aufnahme der variablen Kühllasten wie Sonnenstrahlung, Beleuchtung, Maschinenwärme usw.

Erst wenn bei Mindest-Kaltluftmenge = Mindestaußenluftrate die Temperatur im Raum zu gering wird, öffnet der Warmluftregler und mischt die erforderliche Warmluftmenge bei.

Der *Vorteil* besteht darin, daß durch die variablen Luftvolumenströme Energiekosten gespart werden. Es sind jedoch Spezialluftauslässe wie bei den VVS-Anlagen erforderlich, damit bei veränderten Volumenströmen keine Zugerscheinungen auftreten. In den Außenzonen sind örtliche Heizkörper anzubringen, falls die Luftauslässe nicht unter den Fenstern angebracht sind.

-3.4 Zusammenfassung der Nur-Luft-Systeme

Nachstehend werden alle Nur-Luft-Systeme nochmals gegenübergestellt, wobei die vielfältigen Varianten erkennbar werden. Wie schon erwähnt, gibt es grundsätzlich zwei Prinzipien für die *Terminals:*

System mit Fremdenergie regelbar (Bild 3.2.8-19)

System selbstregelnd (Bild 3.2.8-20)

Ein-Kanal-System Konstant-Volumenstrom*)

Variante 1: abgleichen
Variante 2: abgleichen – nachheizen (Ventilregelung)
Variante 3: abgleichen – nachheizen (Klappenregelung)
Variante 4: abgleichen – nachheizen (Klappenregelung)

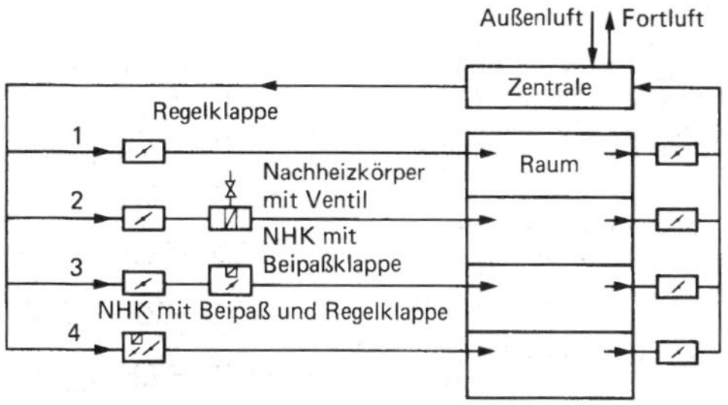

Ein-Kanal-System Variabel-Volumenstrom)**

Variante 1: regeln
Variante 2: regeln – abgleichen
Variante 3: regeln – abgleichen – nachheizen (Ventilregelung)
Variante 4: regeln – abgleichen – nachheizen (Klappenregelung)
Variante 5: regeln – nachheizen (Klappenregelung)

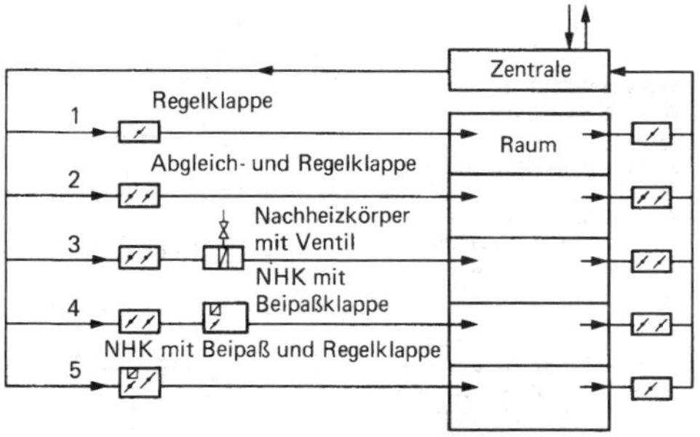

Zwei-Kanal-System*) Konstant-Volumenstrom

Variante 1: mischen
Variante 2: mischen – abgleichen
Variante 3: mischen – absperren – abgleichen

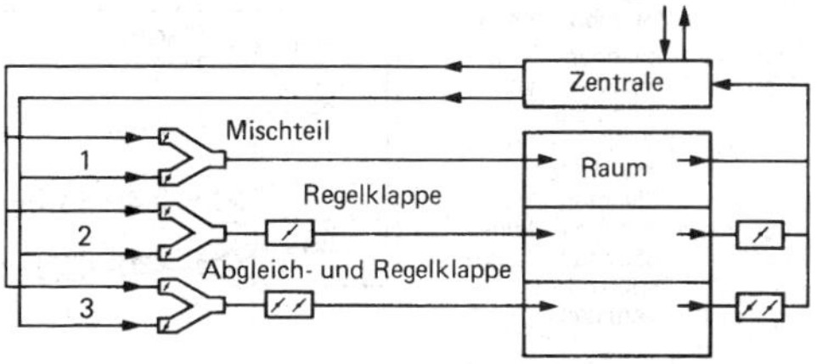

Zwei-Kanal-System Variabel-Volumenstrom)**

Variante 1: mischen – regeln
Variante 2: mischen – regeln – abgleichen oder mischen – regeln – absperren

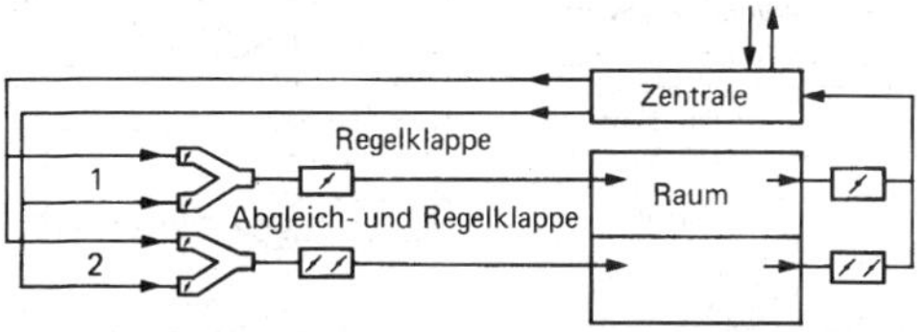

Bild 3.2.8-19. Nur-Luft-Systeme, Volumenstrom mit Fremdenergie regelbar.
*) Volumenstrom fest eingestellt; **) über Motor verstellbar.

In Bild 3.2.8-19 und Bild 3.2.8-20 bedeuten die Funktionen:

abgleichen	=	Einregulieren des Kanalsystems auf gewünschte Verteilung
nachheizen	=	dezentrales Nachheizen durch Nachheizkörper NHK
regeln	=	Regeln der Raumtemperatur im VVS-Prinzip
mischen	=	Regeln der Raumtemperatur nach Zwei-Kanal-Prinzip
absperren	=	bei Nichtbenutzung oder Fensteröffnen Zu- und Abluft absperren
konstant halten	=	Volumenstrom bei schwankendem Kanaldruck selbstregelnd konstant halten.

Ein-Kanal-System
Konstant-Volumenstrom*)

Variante 1: konstanthalten
Variante 2: konstanthalten – schalldämmen
Variante 3: konstanthalten – absperren – schalldämmen
Variante 4: konstanthalten – absperren – nachheizen (Ventilregelung) – schalldämmen
Variante 5: konstanthalten – absperren – nachheizen (Klappenregelung) – schalldämmen

Ein-Kanal-System
Variabel-Volumenstrom)**

Variante 1: regeln
Variante 2: regeln – schalldämmen
Variante 3: regeln – absperren – schalldämmen
Variante 4: regeln – absperren – nachheizen (Ventilregelung) – schalldämmen
Variante 5: regeln – absperren – nachheizen (Klappenregelung) – schalldämmen

Zwei-Kanal-System
Konstant-Volumenstrom*)

Variante 1: mischen
Variante 2: mischen – konstanthalten
Variante 3: mischen – konstanthalten – schalldämmen
Variante 4: mischen – konstanthalten – absperren – schalldämmen

Zwei-Kanal-System
Variabel-Volumenstrom)**

Variante 1: mischen – regeln
Variante 2: mischen – regeln – schalldämmen
Variante 3: mischen – regeln – absperren – schalldämmen

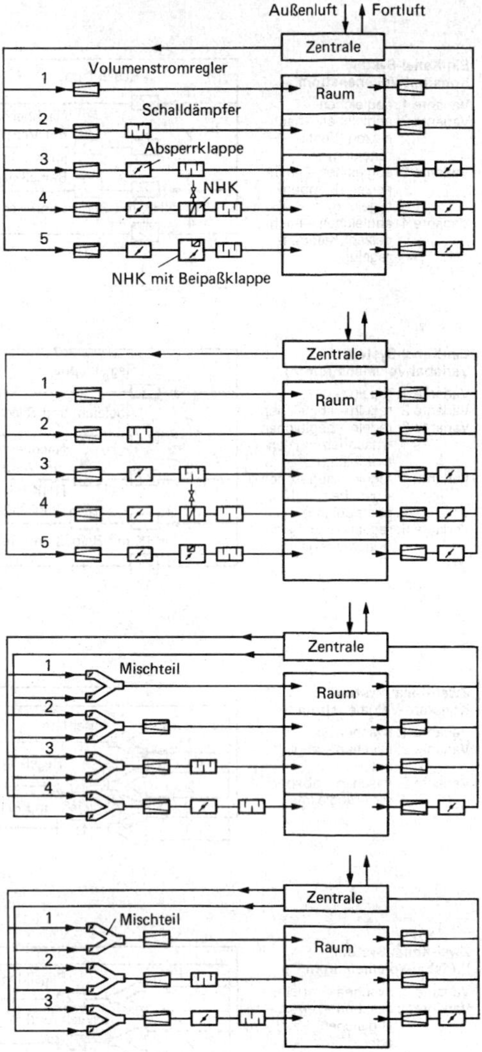

Bild 3.2.8-20. Nur-Luft-Systeme mit selbstregelnden Volumenstromreglern.
*) Volumenstrom fest eingestellt; **) über Motor verstellbar.

Im ersten Fall wird der Volumenstrom durch pneumatische oder elektrische Stellmotoren – also mit *Fremdenergie* – meist über Klappen vom Raumluftthermostat verstellt. Es ist der für die automatischen Volumenregler des zweiten Systems erforderliche Mindestdruckabfall im Terminal (Ansprechdruck) nicht erforderlich. Daher ist ein kleinerer Energieverbrauch gegeben. Auch der Investitionsaufwand ist geringer, da die automatischen Volumenstromregler entfallen. Es ist jedoch ein höherer Konstruktionsaufwand für das Rohrnetz erforderlich, der aber durch EDV-Rechenprogramme zu lösen ist. Dies führt zu konstruktiv gutem Druckabgleich des Netzes, so daß hohe örtliche Drosselung unterbleibt. Daher sind meist keine Schalldämpfer notwendig.

Beim *selbstregelnden* System werden die Volumenstromregler im Werk auf Soll-Volumenstrom (max. und min.) eingestellt, so daß die Inbetriebnahme einfacher ist. Das Rohrnetz kann mit geringerem Konstruktionsaufwand entstehen. Hohe mögliche Abdrosselung im Terminal macht i. a. einen Schalldämpfer erforderlich. Wegen des höheren Druckabfalls in den Terminals ist der Energieverbrauch der Ventilatoren höher.

-4 Luft-Wasser-Klimaanlagen

-4.1 Klimaanlagen mit terminalen Nachwärmern[1]

Die Nur-Luft-Klimaanlagen sind dadurch gekennzeichnet, daß die Aufbereitung der Luft nur in der Klimazentrale erfolgt, während in den klimatisierten Räumen – abgesehen von evtl. örtlicher Heizung – keinerlei Nachbehandlung vor sich geht. Bei den Klimaanlagen mit terminaler Nachwärmung wird die Luft in der Zentrale aufbereitet und auf eine gewisse eventuell von der Außenluft abhängige Temperatur gebracht. In jeder Regelzone befindet sich ein Warmwasser-Nachwärmer (Terminal), der die Primärluft entsprechend der Raumlast nachwärmt.

Es ist also außer dem Luftkanalnetz auch die Installation eines Heizwassernetzes erforderlich: daher Luft-Wasser-System.

Eine schematische Darstellung zeigt Bild 3.2.8-21.

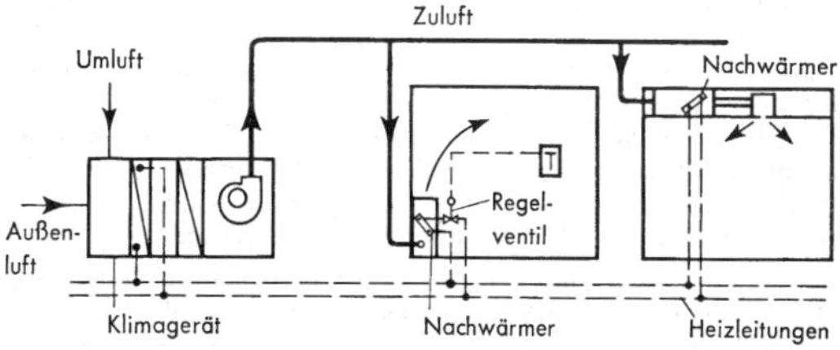

Bild 3.2.8-21. Schema des terminalen Nachwärmesystems.

Im *Winterbetrieb* wird die Luft im Zentralgerät auf etwa 15...17 °C vorgewärmt. Der Nachwärmer im Raum, der die Transmissionsverluste und die eventuelle Kühlleistung der Primärluft deckt, wird von einem Raumthermostat gesteuert.

Das *Nachwärmgerät* kann auch mit Induktion von Raumluft ausgeführt werden, wodurch sich eine bessere Luftverteilung ergibt; keine Fallströmung mit Zugerscheinungen. Auch elektrische Nachwärmung möglich. 2 verschiedene Nachwärmgeräte sind im Bild 3.2.8-22 dargestellt.

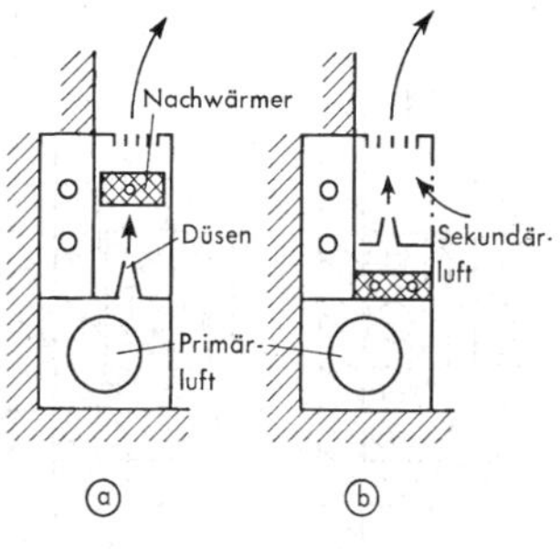

Bild 3.2.8-22. Verschiedene Nachwärmgeräte.
a) ohne Induktion
b) mit Induktion von Raumluft

Im *Sommerbetrieb* hat die Zuluft eine Temperatur von 12...15 °C. Sie hat die gesamte Kühllast des Raumes aufzunehmen, so daß die Kanäle ziemlich groß bemessen werden müssen. Um den Platzverbrauch geringer zu halten, wird daher meist das Hochgeschwin-

[1]) S. auch Fußnote zu Abschn. 3.2.8-3.2.3.

digkeitssystem verwendet. Die Nachwärmer müssen dabei in geeigneten Entspannungskästen angeordnet werden.

Nachteilig ist bei diesem System, daß der Volumenstrom für den ungünstigsten Kühllastfall bemessen sein muß, so daß durch die Nachwärmung Energieverluste auftreten. Betriebskosten daher hoch: 30 bis 60% höher als bei VVS- oder Induktions-Klimaanlagen.

Es ist jedoch eine individuelle Raumtemperaturregelung möglich. Eine Zonierung ist nicht nötig.

Anwendung besonders geeignet für Krankenhäuser und Laboratorien, da keine feuchten Wärmeaustauscherflächen in den Räumen mit der Möglichkeit von Bakterienbildung und Staubablagerung.

-4.2 Induktions-Klimaanlagen[1)]

Diese Anlagen unterscheiden sich von den bisher beschriebenen Klimaanlagen dadurch, daß bei jedem Luftauslaß noch ein besonderer *Wärmeaustauscher* für *Sekundärluft* vorhanden ist, der je nach Jahreszeit von Warmwasser oder Kaltwasser durchflossen wird. Es werden häufig auch zwei getrennte Wärmeaustauscher eingebaut. Auf diese Art wird erreicht, daß die Primärluft nur nach dem Außenluftbedarf dimensioniert wird, während die Sekundär-Wärmeaustauscher die verbleibende Heiz- oder Kühllast abführen.

Die Primärluft ist fast immer reine Außenluft. Umluft wird über die Zentrale dann nicht zurückgeführt; sie wird nur als Sekundärluft (Bild 3.2.8-23) im gleichen Raum ohne Kanäle umgewälzt. Die Abluft ist jedoch zur Zentrale zurückzuführen, wenn Wärmerückgewinnung gem. Bild 3.2.8-25 erfolgen soll. Die Primärluft ist auf die hygienisch erforderliche *Mindestaußenluftrate* beschränkt. Das ergibt eine kleine Klimazentrale und geringe Kanalabmessungen. Das Induktions-System hat bei gleicher Raumluftkondition den geringsten Energieverbrauch gegenüber anderen vergleichbaren Klimaanlagen-Systemen. Nur bei geringen Kühllasten wird es vom VVS-System erreicht. Die Induktions-Klimaanlage wird wieder in steigendem Maße verwendet, da die Kühllasten in Büroräumen infolge zunehmender dezentraler EDV-Rechnerterminals ansteigen.

Der in der Zentrale aufbereitete Primärvolumenstrom ist das ganze Jahr über konstant. Die Menge richtet sich nach der Zahl der Personen oder der Größe des Gebäudes. Bei Büroräumen wählt man heute mit Rücksicht auf sparsamen Energieverbrauch zwischen 25 und 50 m^3/h pro Person oder auf den Rauminhalt bezogen einen 2- bis 3fachen stündlichen Luftwechsel. Das *Induktionsverhältnis* ist das Verhältnis zwischen *Sekundärluft*- und *Primärluft*-Volumenstrom und liegt meist zwischen 4 und 2.

Die Primärluft wird in der Klimazentrale im Sommer entfeuchtet und im Winter befeuchtet und übernimmt somit die Kontrolle der Raumluftfeuchte. Die *Primärlufttemperatur* ist meist das ganze Jahr über nahezu konstant bei 13 bis 16 °C (Ausnahme Zweirohr-System nichtumschaltend mit Primärluftheizung), die relative Feuchte nahe am Taupunkt (85 bis 95% rel. Feuchte). Zur Energieeinsparung läßt man im Winter einen niederen Taupunkt

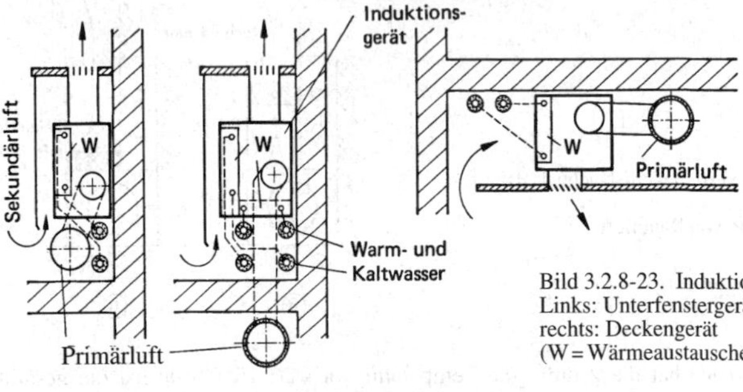

Bild 3.2.8-23. Induktionsgeräte.
Links: Unterfenstergeräte;
rechts: Deckengerät
(W = Wärmeaustauscher).

---

1) Laux, H.: Ges.-Ing. 3/74. S. 63/75.
Fitzner, K., u. H. Laux: HLH 10/76. S. 366/72.
Hönmann, W.: LTG-Information Heft 20 (1977).

Für Ihre Projekte
nur das Beste.
Klima
MENERGA®
ENERGY-SYSTEMS
Technik ist nicht alles,
aber ohne Technik
ist alles nichts.
TÜV
DIN EN ISO 9001:2000
CERT
Recknagel, Sprenger/Schramek ·2002-10
MENERGA Apparatebau GmbH · Gutenbergstr. 51 · D-45473 Mülheim · Tel. (02 08) 99 81-0
Fax -110 · E-Mail menerga_werk@menerga.de · www.menerga.de

1100 b

(z. B. entsprechend Feuchtgehalt x = 6 g/kg) und im Sommer einen höheren (z. B. x = 8,5 g/kg) zu, während man den Taupunkt früher das ganze Jahr über konstant hielt. Die zentrale Aufbereitung der Primärluft erfolgt entweder in einer Vollklimaanlage nach Bild 3.2.8-25 oder als Teilklimaanlage z. B. gem. Bild 3.6.2-4.

Die Primärluft wird in den Induktionsgeräten durch Düsen mit einem Düsendruckabfall von 150 bis 400 Pa mit hoher Geschwindigkeit (15 bis 25 m/s) ausgeblasen. Der Schalleistungspegel liegt heute bei akustisch günstig ausgebildeten Düsen bei 25 bis 35 dBA.

Verstaubung in den Düsen ist durch Feinfilterung der Primärluft in der Zentrale (Filterklasse EU 5... EU 7) zu begegnen.

Durch *Induktion* wird Sekundärluft (Umluft) durch einen oder zwei Wärmeaustauscher gesaugt, wodurch die Raumlasten (Heizung oder Kühlung) abgeführt werden. Die Sekundärluft kontrolliert also die Raumlufttemperatur. Die Wärmetauscher werden von kaltem oder warmem Wasser durchströmt. Die Wärmetauscher werden gelegentlich durch Grobfilter gegen groben Staub geschützt (s. auch Abschn. 3.3.5-6).

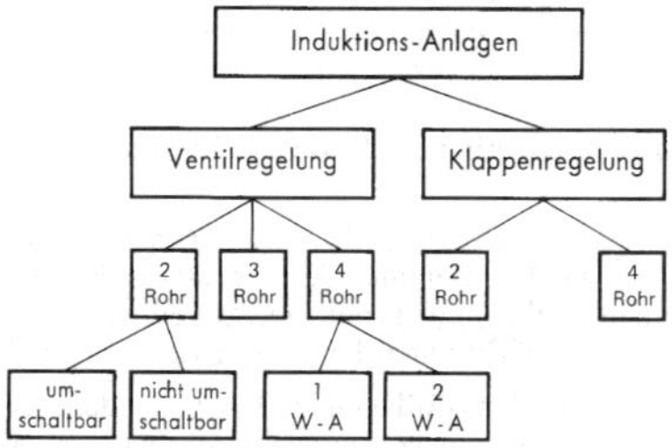

Bild 3.2.8-24. Einteilung der Klimaanlagen mit Induktionsgeräten (W-A = Wärmeaustauscher).

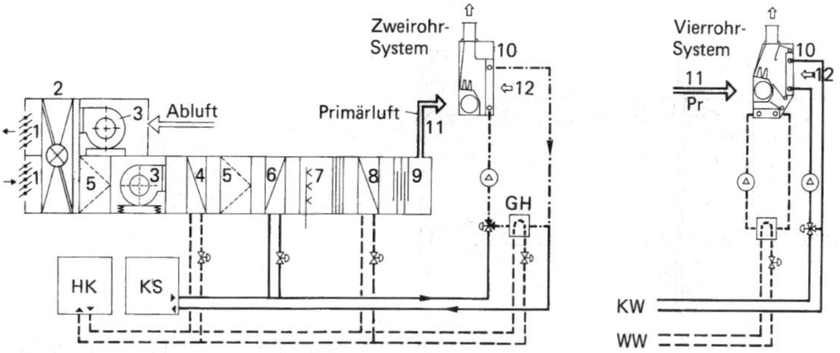

Bild 3.2.8-25. Schema einer Induktions-Klimaanlage; links 2-Rohr-, rechts 4-Rohr-System.

1 Jalousieklappe
2 Wärmerückgewinnung
3 Ventilator
4 Vorerwärmer
5 Filter
6 Kühler
7 Luftbefeuchter
8 Nacherwärmer
9 Schalldämpfer
10 Induktionsgerät
11 Primärluftkanal
12 Sekundärluft
GH Gegenstromwärmetauscher für Heizen
HK Heizkessel
KS Kaltwassersatz
WW Warmwassernetz
KW Kaltwassernetz

Die Induktionsgeräte, auch *Klimakonvektoren* genannt, sind in der Regel unter den Fenstern angebracht. Sie gestatten eine individuelle Raumtemperatur-Regelung, so daß also jeder Raumbenutzer die Raumtemperatur nach seinem Wunsch einstellen kann. Von der Brüstung aus ist eine Raumtiefe bis zu 6 m lufttechnisch zu erfassen. Bei größerer Raumtiefe (Großraumbüros) wählt man in der Innenzone meist Nur-Luft-Systeme, gelegentlich aber auch Induktionsgeräte in der Decke (Bild 3.2.8-23), wobei jedoch besondere Luftaus-

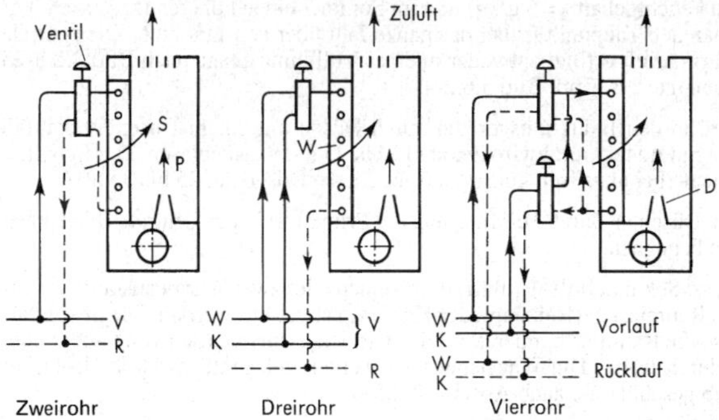

Bild 3.2.8-26. Schematische Darstellung der Induktionsgeräte mit Ventilregelung im 2-, 3- und 4-Rohr-System.
D = Düse, P = Primärluft, S = Sekundärluft, W = Wärmeaustauscher, W = warm, K = kalt

lässe erforderlich sind. Außerdem Gefahr von Schwitzwasserbildung und erschwerte Wartung[1)].

Bei spezifisch hohen Kühllasten (über 50…70 W/m^2) besteht Gefahr der Zugbelästigung beim Kühlen. Bei unter dem Fenster angeordneten Geräten kann die Raumströmung durch einen Treibstrahl in der Decke verbessert werden oder neuerdings auch Luftauslaß als Quelluftzufuhr unter der Fensterbank (s. Abschn. 3.3.5-6.3).

Die Induktions-Anlagen sind insbesondere für vielräumige Gebäude geeignet, wie Bürohäuser, Hotels usw. Sie gewähren bei geringem Energieverbrauch einen guten Komfort, wenn eine individuelle automatische Temperaturregelung vorhanden ist.

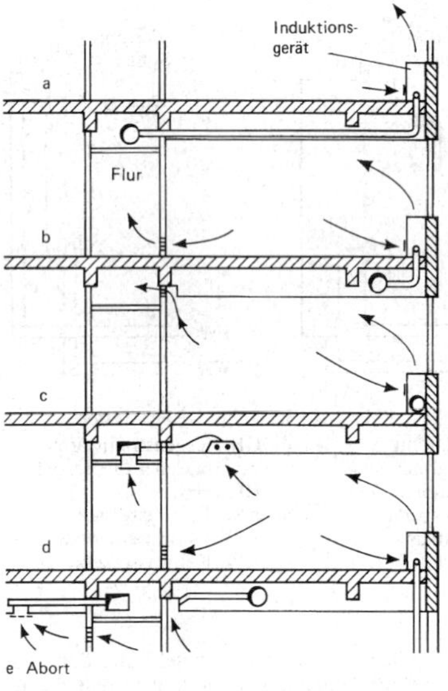

Bild 3.2.8-27. Primärluft- und Abluftführung bei Induktions-Klimaanlagen.

a) Zuluftrohr in Flurunterspannung,
b) Zuluftrohr in abgehängter Decke, Abluft durch Flur,
c) Zuluftrohr vor Brüstung, Abluft in Flutunterspannung,
d) Zuluftrohr senkrecht, Abluft durch Flur und Abluftleuchte zum Abluftkanal,
e) Abluft durch Flur zum Abort bzw. durch Rohrleitung in abgehängter Decke

1) Wenger, P.: Klima-Kälte-Techn. 11/74. S. 155/9.
Fitzner, K., u. H. Laux: HLH 10/76. S. 366/72.
Fitzner, K.: HLH 1/80. S. 23/7.

Nach der Bauart unterscheidet man Klimaanlagen mit Induktionsgeräten für Ventil- oder Klappenregelung. Beide Gruppen werden weiterhin gemäß Bild 3.2.8-24 unterteilt, in dem 2-Rohr-, 3-Rohr- und 4-Rohrsysteme unterschieden werden.

Den schematischen Aufbau einer Induktions-Klimaanlage zeigt Bild 3.2.8-25. Den Aufbau verschiedener Induktionsgeräte mit Ventilregelung zeigt Bild 3.2.8-26.

Das Kanalsystem für die Primärluft wird wegen des hohen Drucks aus *Wickelfalzrohr* hergestellt und wärmeisoliert. Die Abluft wird meist über Leuchten abgesaugt. Für die *Kanalführung* gibt es viele Möglichkeiten (Bild 3.2.8-27). Man bevorzugt heute die waagerechte Rohrführung gemäß Bild 3.2.8-27c, bei der viele Deckendurchbrüche, die Feuerschutzklappen benötigen, vermieden werden.

Für die Abführung des *Schwitzwassers* vom Sekundärluftkühler wird eine Kondenswasserableitung verlegt. Nur wenn die Kühlwassertemperatur oberhalb des Raumtaupunkts gewählt wird (oder gleich ist) und wenn die Fenster nicht zu öffnen sind, kann auf dieses Rohrleitungssystem verzichtet werden. Meist werden aus Sicherheitsgründen jedoch die Leitungen verlegt. Wenn nur vorübergehend Kondensat erwartet wird, schließt man manchmal die Schwitzwasserrinne des Sekundärluftkühlers nur an einen Sammelbehälter (Plastikflasche) je Gerät an. Das angefallene Kondensat soll dann anschließend wieder im Raum verdunsten.

Bei *Betriebsruhe,* d.h. nachts und an Feiertagen bei Nichtbenutzung der Räume, ist eine Lüftung und Feuchtekontrolle nicht nötig, so daß die Ventilatoren abgeschaltet werden können. Die Induktionsgeräte geben dann durch natürliche Konvektion Wärme ab, so daß die Räume nicht zu stark auskühlen. Die Heizwassertemperatur wird dabei jedoch zweckmäßig etwas erhöht, oder es werden spezielle Heizwärmetauscher für Niedertemperatur im Eigenkonvektionsbetrieb eingesetzt. Temperaturregelung des Warmwasservorlaufs wie bei statischer Heizung abhängig von der Außentemperatur. Die Einsparung des Ventilator-Stromverbrauchs in der Ruhezeit ist ein Vorteil gegenüber einem Nur-Luft-System.

-4.2.1 Zweirohr-System

a) Zweirohr-Klimaanlagen mit Umschaltung (Change over)

Die Arbeitsweise einer solchen Klimaanlage geht aus Bild 3.2.8-25 hervor.

Die *Wirkungsweise* der Induktionsgeräte mit Ventilregelung ist in Bild 3.2.8-26 dargestellt.

Die Induktionsgeräte benötigen folgende *Installationsleitungen:*

1 Wasser-Vorlaufleitung,
1 Wasser-Rücklaufleitung,
1 Luftanschlußleitung und schließlich zur Abführung des Schwitzwassers im Sommer
1 Schwitzwasserableitung.

Das Umschalten von Heizen auf Kühlen und umgekehrt erfolgt zentral durch Ventile automatisch oder mit Hand *(Change-over-System).* Der *Umschaltpunkt* liegt etwa da, wo die inneren Wärmequellen (Personen, Beleuchtung usw.) etwa ebenso groß sind wie die Wärmeverluste zuzüglich der Kühlleistung der Primärluft, etwa bei 15...18 °C Außentemperatur je nach den Belastungsverhältnissen (Bild 3.2.8-28).

Beim Umschalten muß dafür gesorgt werden, daß sowohl Wärme- als auch Kälteenergie gleichzeitig verfügbar sind. Wenn z.B. Kaltwasser im Rohrleitungssystem fließt, muß die Zulufttemperatur angehoben werden, zumindest in der Übergangszeit. Dadurch entsteht entweder Energieverlust durch Mischung oder man kann nicht in allen Räumen die gewünschte Raumtemperatur einhalten. Dies ist entscheidender Nachteil des Zweirohr-Systems.

Temperaturregelung durch Ventil in der Wasservorlaufleitung, wobei Benutzer wissen muß, ob Kalt- oder Warmwasser im Kreislauf ist. Sofern Raumlufttemperatur über Thermostat geregelt wird, Umschaltthermostate nötig. Weitere Geräte siehe Abschnitt 3.3.5-6.

Das *Rohrleitungssystem* [1] für das umlaufende Heiz- und Kühlwasser wird so wie bei zentralen Warmwasserheizungen verlegt. Neben dem Rohrleitungsnetz für die Sekundärwärmetauscher gibt es in der Zentrale den Primär-Kaltwasser- und den -Warmwasser-Kreislauf.

Alle Kreise haben je eine Zirkulationspumpe.

Die Kreise kann man voneinander trennen, wenn man einen Wärmeaustauscher verwendet gemäß Bild 3.2.8-25, und es findet keine Mischung von Wassermengen statt.

---

[1]) Nehring, G.: Ges.-Ing. 3/74. S. 76/82.

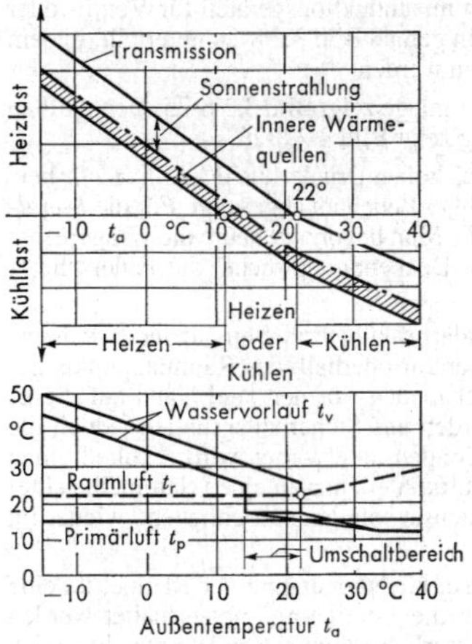

Bild 3.2.8-28. Belastungslinien eines Induktionsgerätes in Abhängigkeit von der Außentemperatur. t_r = Temp. der Raumluft, t_p = Temp. der Primärluft

Bei dem *Mischsystem* (ohne Wärmeaustauscher) werden Umschaltventile verwendet, und es kann im Sekundärkreis sowohl Wasser aus dem Primär-Kaltwasserkreis wie aus dem Primär-Warmwasserkreis umlaufen (Bild 3.2.8-29). Da die Ventile R_1, R_2 und UV nicht immer ganz dicht sein müssen, kann eventuell Warmwasser in den Kaltwasserkreis oder umgekehrt übertreten. Um die hydraulische Trennung der beiden Kreise sicherzustellen, ist die Lösung nach Bild 3.2.8-25 mit nur einem Wärmeaustauscher ein guter Kompromiß für störungsfreien Betrieb.

Regelung der Wassertemperatur erfolgt zentral in Abhängigkeit von der Außentemperatur und gelegentlich auch der Sonnenstrahlung. Manchmal wird auch ein gewisser Einfluß (z.B. 50%) vom Raumthermostaten vorgesehen. Aufteilung der Geräte nach Zonen (Himmelsrichtungen) ist beim 2-Rohr-System meist notwendig, denn es kann durchaus möglich sein, daß auf der Nordseite geheizt und auf der Südseite gekühlt wird, wenn kein wirk-

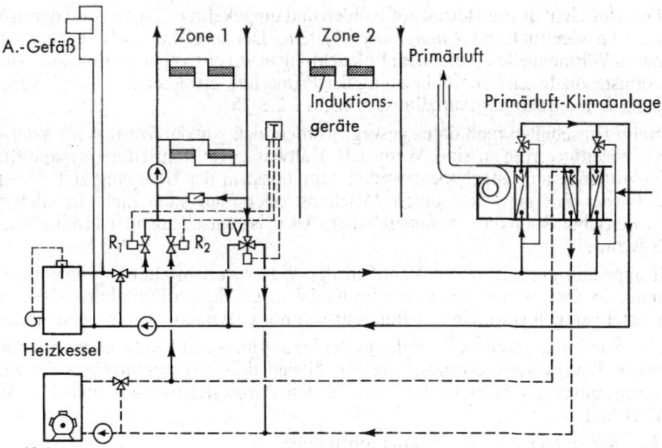

Bild 3.2.8-29. Rohrleitungsschema einer Zweirohr-Klimaanlage mit Umschaltung.
R_1 = Regelventil für Heizung, R_2 = Regelventil für Kühlung, UV = Umschaltventil, T = Außenthermostat

samer Sonnenschutz vorliegt. Die Temperatur in den einzelnen Räumen selbst kann durch Drosselung der Wassermenge oder Verstellung der Beipaßklappe verändert werden.

Erfahrung hat gezeigt, daß bei Außentemperaturen von 10 bis 17 °C wegen zu geringer Wassertemperatur die Heizleistung der Geräte nicht ausreichend ist: Dann zusätzliche Luftheizung durch Primärluft mit höheren Werten, etwa max. 30 °C, siehe Bild 3.6.3-4.

Manuelle Bedienung der Ventile oder Bypass-Klappen an den Induktionsgeräten durch Benutzer in der Übergangszeit erschwert, da nicht erkennbar, ob der Sekundärwärmetauscher heizt oder kühlt. Besser daher Raumthermostate, jedoch teurer, da sie mit einer automatischen Umschalteinrichtung für Heizung bzw. Kühlung versehen sein müssen (Umschaltthermostat).

Schwierigkeiten entstehen beim Zweirohr-System ferner bei unterschiedlicher Kühllast einzelner Räume durch Beleuchtung, Maschinen, Beschattung von angrenzenden Gebäuden, ungeeignetem oder falsch bedienten Sonnenschutz. Weiterer Nachteil ist die Trägheit des Wasser-Systems beim Wechsel zwischen Heizen und Kühlen. Umschaltzeit 15...30 min, mehrfach in der Übergangszeit erforderlich. Nur geeignet, falls das Gebäude nicht mehr als 2 Zonen (Himmelsrichtungen) hat.

b) Zweirohr-Klimaanlagen ohne Umschaltung
(*Non-change-over-System* oder Zweirohr-Kaltwasser-Klimaanlage)

Bei dieser Anlage wird den Induktionsgeräten nicht mehr abwechselnd Warm- oder Kaltwasser, sondern nur noch Kaltwasser zugeführt. Heizung erfolgt nur durch Primärluft, deren Temperatur witterungsabhängig geregelt wird. Kühlung durch das Sekundärkühlwasser, das dauernd, auch in der Heizperiode, zur Verfügung steht. Zeitweise gewisse Energieverluste. Konstante Wassertemperatur bei 14...16 °C, variable Primärlufttemperatur von etwa 14...50 °C. Individuelle Temperaturregelung dadurch, daß dem Wärmeaustauscher durch das Regelventil mehr oder weniger Kaltwasser zugeführt wird. Regelsinn des Ventils bleibt konstant. Beim Öffnen des Ventils wird gekühlt. Auch Beipaß-Klappenregelung möglich.

Im Winter also gelegentlich eine Wärmeabführung durch den Wärmeaustauscher. Wiedergewinnung dieser Wärme durch Vorwärmung der Primärluft mit Sekundärwasser (Freie Kühlung).

Beispiel Bild 3.2.8-30. Besonders geeignet bei mildem Winterklima. Voraussetzung ist, daß alle Räume einer Fassade, d.h. Zone, ungefähr gleiche Heiz- und Kühllast ohne wandernde Schatten haben.

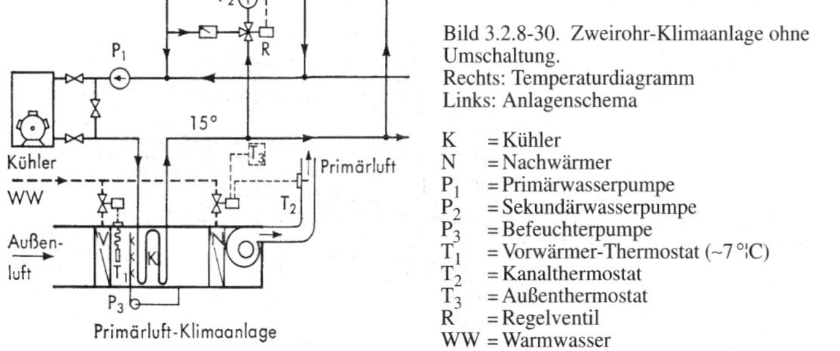

Bild 3.2.8-30. Zweirohr-Klimaanlage ohne Umschaltung.
Rechts: Temperaturdiagramm
Links: Anlagenschema

K = Kühler
N = Nachwärmer
P_1 = Primärwasserpumpe
P_2 = Sekundärwasserpumpe
P_3 = Befeuchterpumpe
T_1 = Vorwärmer-Thermostat (~7 °C)
T_2 = Kanalthermostat
T_3 = Außenthermostat
R = Regelventil
WW = Warmwasser

Vorteile:

Keine Umschaltung von Heizen auf Kühlen. Einfache Temperaturregelung in jedem Raum. Weniger träge.

Nachteile:

Mehr Primärluft erforderlich, hohe Primärlufttemperatur im Winter. Isolierung der Primärluftleitungen,
Energieverluste,
Ventilator muß im Winter auch nachts laufen, wenn nicht change-over auf Warmwasserheizung.

-4.2.2 Dreirohr-System

Bei diesem System erhält jedes Induktionsgerät 2 Vorlaufanschlüsse für Warmwasser und Kaltwasser, aber nur eine gemeinsame Rücklaufleitung. Warmwasser und Kaltwasser stehen gleichzeitig zur Verfügung, so daß mit jedem Gerät entweder geheizt oder gekühlt werden kann.

Keine Zoneneinteilung erforderlich, höchstens für die Rücklaufleitung. Individuelle Steuerung der Raumlufttemperatur durch ein *Sequenzventil* in Abhängigkeit von einem Raumthermostaten.

Sehr nachteilig ist der Energieverlust, der durch Mischung des kalten und warmen Wassers im Rücklauf eintritt.

System wird daher seit Einführung des 4-Rohr-Systems (1966) aus Gründen der Energie- und Investitionskosten sowie Betriebssicherheit nicht mehr verwendet.

-4.2.3 Vierrohr-System[1)]

a) Vierrohr-Klimaanlagen mit Ventilregelung

Fortentwicklung des Dreirohr-Systems: Jedes Induktionsgerät (Schema s. Bild 3.2.8-25 rechts) wird in getrennten Kreisläufen sowohl an das Warmwasser- wie Kaltwassernetz angeschlossen. Benutzer kann also zu jeder Zeit heizen oder kühlen. Die beim Zweirohr- und Dreirohr-System auftretenden Mischverluste werden vermieden.

In Bild 3.2.8-31 zwei Sequenzventile, je eines im Warmwasser- und Kaltwasserkreislauf mit 4 Anschlüssen. Durch den Ventilkegel wird die Wassermenge zum Gerät geändert, jedoch bleibt durch den Beipaß im Ventil die vom Netz kommende Wassermenge konstant. Keine Druckregelung im Wassernetz erforderlich. Auch Sechs-Wege-Ventile wurden verwendet, die jedoch wegen ihrer Empfindlichkeit gegen Verunreinigungen des Wassers nicht genügend betriebssicher sind.

Die Ventilsteuerung hat heute an Bedeutung verloren, da die Ventile nicht genügend betriebssicher waren. Außerdem traten erhebliche Verluste auf:

durch Leitung im Ventilkörper
durch Konvektion an die umgebende Luft
durch Undichtheiten am Ventil.

Eine Verbesserung ergibt sich durch Verwendung zweier getrennter Wärmeaustauscher für Warmwasser und Kaltwasser im Gerät. Die beiden Wasserkreisläufe sind dabei voneinander vollkommen getrennt. Die Regelung erfolgt durch zwei 3-Wege-Ventile, die in Sequenz arbeiten (Bild 3.2.8-32 und Bild 3.3.7-52).

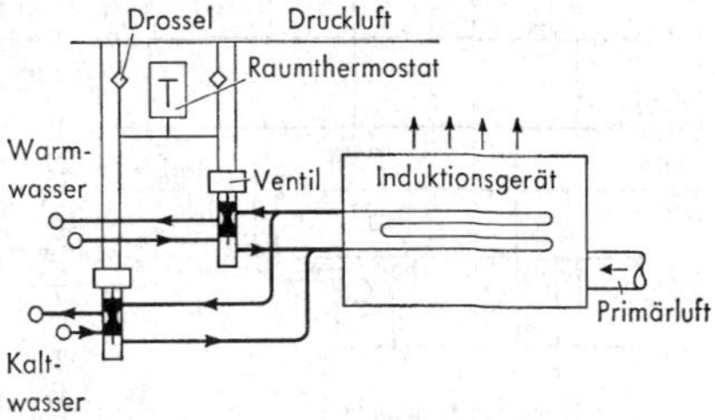

Bild 3.2.8-31. Schema eines Vierrohr-Induktionsgerätes mit zwei Beipaß-Ventilen.

[1)] Hönmann, W.: Ges.-Ing. 12/71. S. 361/6.

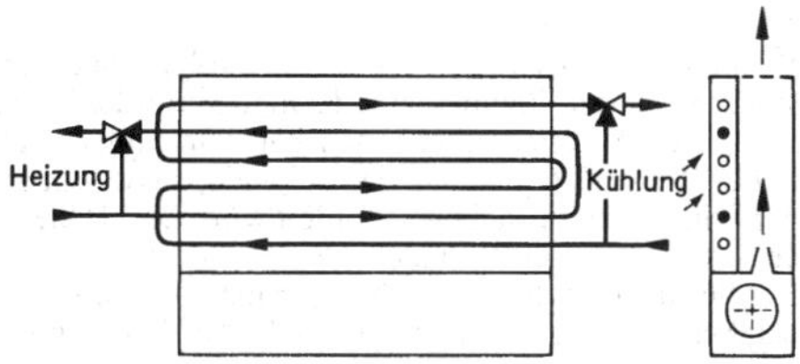

Bild 3.2.8-32. Ventilgeregeltes Induktionsgerät mit zwei wasserseitig getrennten Wegen.

Während das Wasser in dem einen Wärmeaustauscher durch das Ventil geregelt wird, fließt das Wasser des andern Wasserkreises durch den Beipaß. Die Verluste sind bei diesem System wesentlich geringer.

Vorteile:

Größtmögliche individuelle Temperaturregelung, verhältnismäßig einfaches Regelsystem und einfache Berechnung,
keine wasserseitige oder luftseitige Zoneneinteilung.

Nachteile:

Umfangreiches Rohrleitungssystem für Warmwasser, Kaltwasser und Entwässerung, meist teurer, nicht genügende Betriebssicherheit der Ventile (Festsitzen nach längerem Stillstand).

b) Vierrohr-Klimaanlagen mit Klappenregelung

Der letzte Schritt in der Entwicklung der Induktionsgeräte führte dahin, anstelle der Ventile *Klappen* zu verwenden, die je nach der Anforderung durch den Thermostaten entweder den einen oder den andern Wärmeaustauscher abdecken. Schema Bild 3.2.8-25.

Die *Wasserströme* fließen ohne Drosselung ununterbrochen durch beide Wärmeaustauscher. Die Temperaturregelung erfolgt sekundär luftseitig, indem der Raumthermostat mittels Stellmotor die Klappen betätigt. Beim Kühlen strömt die angesaugte Raumluft (Sekundärluft) nur durch den Kühler, beim Heizen nur durch den Lufterhitzer. Wird weder geheizt noch gekühlt, wird Raumluft durch den Beipaß angesaugt. In Zwischenstellungen strömt die Luft teils durch den einen der beiden Wärmeaustauscher, teils durch den Beipaß. Siehe Abschnitt 3.3.5-6.

Klappen müssen möglichst dicht schließen, Warmwassertemp. tagsüber max. 40…50 °C wählen. Bei mehreren an einen Thermostat angeschlossenen Geräten muß wie bei mehreren Ventilen für unbedingten Gleichlauf gesorgt werden.

Verluste treten dadurch auf, daß einerseits Wärme bzw. Kälte durch Konvektion und Strahlung verlorengeht, andererseits durch Undichtheiten der Klappen Nebenströme entstehen. Jedoch sind bei gut ausgeführten und gut geregelten Anlagen die jährlichen Verlustkosten gering, unter 5% der sekundären Energiekosten.

Die Wasserkreisläufe sind bei diesem System besonders einfach und übersichtlich, siehe Bild 3.2.8-25, rechts. Der sekundäre Kühlwasserkreis ist mit dem primären Kühlwasserkreis durch ein Mischventil verbunden. Je nach der Außentemperatur wird durch dieses Ventil ein Teil Primärkühlwasser in den Sekundärkreis gefördert. Im Heizkreis trennt man dagegen über einen Wärmetauscher gerne Primär- und Sekundär-Heizwasserkreis wegen der stärker unterschiedlichen Temperaturanforderungen.

Vorteile:

Größtmögliche individuelle Temperaturregelung, einfaches Regelsystem, einfache Berechnung, keine Zonierung erforderlich
keine Verschmutzung, Korrosion oder Undichtheiten in den Ventilen
geringe Trägheit, schnelle Wirkung bei Temperaturverstellung
größte Betriebssicherheit
einfache nachträgliche Änderung der Raumaufteilung
vereinfachte Rohranschlüsse
billiger als Ventilregelung und geringere Energieverluste

Nachteile:

umfangreiches Rohrleitungssystem, größere Schwitzwassergefahr.

Winterkühlung (freie Kühlung)[1)]

Wenn auch in der kalten Jahreszeit infolge starker innerer Wärmequellen oder Sonnenstrahlung in den Räumen eine Kühlung erforderlich ist, liegt es nahe, zur Einsparung an Energie die Kältemaschine abzuschalten und mit der kalten *Außenluft* zu kühlen. Dies kann in der Weise erfolgen, daß das Sekundärwasser der Induktionsgeräte durch einen Kühler der Primärluftklimaanlage gefördert wird. Der Kühler dient dabei also dazu, das umlaufende Sekundärwasser zu kühlen. Durch zusätzliche Wasserberieselung des Kühlers kann die Kühlleistung infolge Wasserverdunstung noch erhöht werden. Beginn der freien Kühlung bei Außentemperaturen unter etwa 8…10 °C. Erhebliche Betriebskostenersparnisse.

Mehrere Möglichkeiten für die freie Kühlung:

1. Separater Wärmeaustauscher für Sekundärwasserkühlung in der Primärluftanlage; einfache Anordnung.
   Nachteil: Ständiger Druckverlust für Primärluft.
2. Bei annähernd gleichen Wassermengen im Primär- und Sekundärkreislauf Schaltung nach Bild 3.2.8-33. Vorhandener Primärluftkühler wird zur Kühlung des Sekundärwassers verwendet. Bei Umschaltung auf „Freie Kühlung" wird die Kältemaschine durch ein Umschaltventil umgangen. Der Luftkühler in der Primärluft arbeitet jetzt als Lufterhitzer, die Stellwirkung des Regelventils ist durch Umkehrrelais umzukehren.

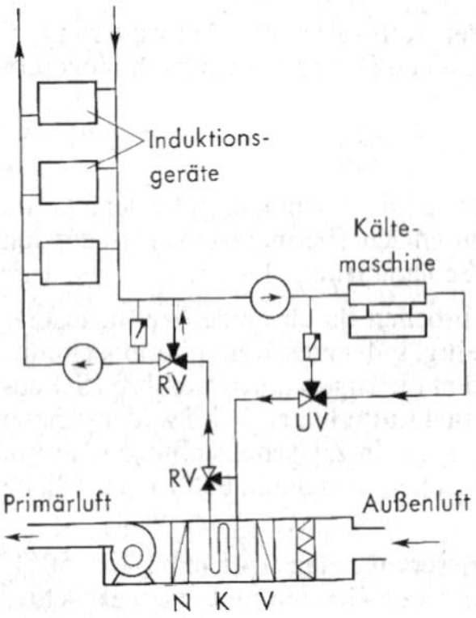

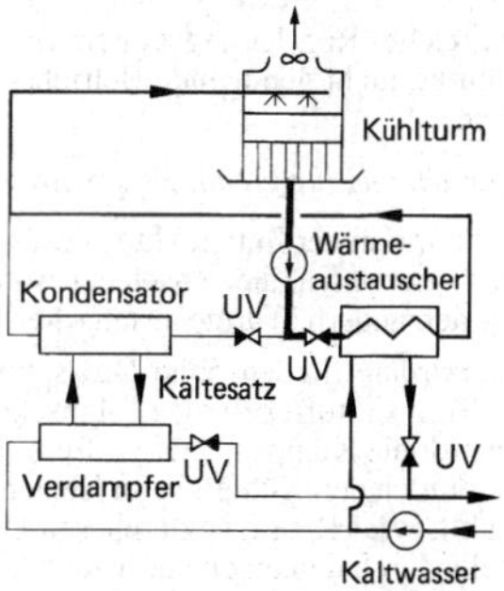

Bild 3.2.8-34. Freie Kühlung mit Kühlturm.

Bild 3.2.8-33. Rohrleitungsschema bei freier Kühlung mit einem Umschaltventil.
K = Kühler, N = Nachwärmer, RV = Regelventil, UV = Umschaltventil, V = Vorwärmer

3. Eine andere, sehr einfache Methode[2)] der freien Kühlung besteht in der Verwendung des durch den Kühlturm rückgekühlten Wassers zur Absenkung der Kaltwassertemperatur, Bild 3.2.8-34.

   Hier muß ein Wärmeaustauscher zwischen Kalt- und Kühlwasserkreislauf eingeschaltet werden, der beim Umschalten von Sommer- auf Winterbetrieb in Betrieb genommen wird. Es ergibt sich bei dieser Methode eine wesentliche Energieersparnis, allerdings sind größere Zusatzwassermengen beim Kühlturm erforderlich. Auch nachträglicher Einbau möglich.

Bei nicht allzu hohen örtlichen Kühllasten reicht bei Bürogebäuden im Winter die Primärluft (t_{pr} = 14…16 °C) allein aus. Das Sekundär-Kaltwasser-System kann dann ab Außentemperaturen unter ca. 15 °C stillgelegt werden.

Wärmepumpenbetrieb s. Abschn. 3.3.8-5.

1) Müller, K. G.: SHT 10/78. S. 725/34.
2) Vielsack, W.: HLH 7/79. S. 267/270.
Böttcher, C.: Ki 5/87. S. 238/242.
Smentek, M.: Ki 9/87. S. 383/4.

Vierrohr-Klimaanlagen sind vorzuziehen, wenn die Gebäude komplizierte geometrische Formen haben, die Kühllasten unterschiedlich sind, z.B. durch wandernde Schatten, und vor allem, wenn individuelle Temperaturregelung gewünscht wird, was heute allgemein der Fall ist. Schattenwanderung verliert an Einfluß, wenn konsequenter Sonnenschutz vorhanden. Bei klappengeregelten Geräten besonders flexible Raumaufteilung möglich.

Alle Anlagen können im übrigen auch so gebaut werden, daß sie nur zur Heizung und Lüftung der Räume dienen, wobei die Kältemaschine zunächst fortfällt und evtl. später beschafft werden kann.

Die *Betriebskosten* [1)] für elektrischen Strom, Wärme und Kälte sind im Vergleich zu anderen Klimasystemen niedrig.

-4.2.4 Induktions-Klimaanlagen mit variablem Volumenstrom

Bei kleinen Kühllasten, die durch guten (variablen) Sonnenschutz am Fenster und moderne Beleuchtungsanlagen heute überwiegend in Bürogebäuden geplant und realisiert werden, kann die zur Lüftung vorgesehene und zur Feuchteregulierung auf ca. 15 °C Taupunkt gekühlte Luft der RLT-Anlage einen beachtlichen Teil der Kühllast übernehmen, wenn Außen-Luftwechsel von 2 bis 3 pro h vorliegen. Die Sekundärkühlung eines Induktionsgeräts wird dann sehr klein und rechtfertigt kaum mehr ein Kaltwassersystem. Das in bezug auf Betriebs- und Investitions-Kosten wirtschaftlichste System ist dann ein VVS-System mit statischer Heizung, die in Sequenz zum VVS-System geregelt wird. Das VVS-System in Fensterblasanordnung kann auch ohne statische Heizung zum Einsatz kommen. In diesem Fall übernimmt das System auch die Raumbeheizung.

Das Induktionsgerät hat *zwei Düsenreihen,* von denen die eine stets geöffnet ist und dem Raum die hygienisch erforderliche Mindestvolumenstrom $\dot{V}_{min}$ zuführt, die zweite über Drosselklappen der Kühllast entsprechend nach dem VVS-System feingestuft zusätzliche Luft ausströmen läßt bis zu $\dot{V}_{max} \approx 5 \cdot \dot{V}_{min}$. Der Wärmeaustauscher für Heizung ist in diesem Regelbereich durch eine Klappe geschlossen. Die Heizung wird nur freigegeben, wenn die Drosselorgane im Primärluftstrom die Mindestluftmenge eingestellt haben. Dieses Gerät hat wasserseitig den Aufwand eines Zweirohrsystems, ermöglicht durch das VVS-Prinzip jedoch im Rahmen der maximalen Kühlleistung von $\dot{V}_{max}$ ähnlichen Komfort bezüglich individueller Temperaturregelung wie ein Vierrohr-System. Die Primärluftzentrale ist wie beim VVS-System (Abschn. 3.2.8-3.2) aufgebaut. Das Wassersystem wird im Normalfall nur zum Heizen als Non-change-over-System ausgeführt, kann aber bei höheren Kühllasten auch als Change-over-System konstruiert werden (Umschaltthermostat erforderlich). Dabei werden durch größere Kühlkapazität mittels VVS-Kühlung die Probleme der Umschaltung in der Übergangszeit gegenüber dem normalen Zweirohr-Induktionssystem weitgehend vermieden. – Zur Stabilisierung der Raumströmung enthält das Gerät noch eine Zusatzklappe, die die Beipaß-Luftmenge im VVS-Regelbereich mit zunehmender Primärluftmenge abdrosselt.

Das Gerät ist besonders geeignet für die Sanierung alter Zweirohranlagen. Vorteil gegenüber anderen VVS-Systemen:

> Sequenzregelung von Heizung und Luftkühlung apparativ zusammengefaßt und Luftgeschwindigkeit bei allen Volumenströmen geregelt (Auslaßquerschnitt der Luftmenge angepaßt).
>
> Nachteilig ist, daß raumströmungstechnische Anforderungen wie bei Induktionsgeräten (glattes Fenster, glatte Decken) gestellt werden müssen.

Neuerdings wird das VVS-Gerät auch als 4-Leiter-Gerät angeboten. Über den größten Teil des Jahres arbeitet das Gerät mit Minimal-Volumenstrom, um Energie zu sparen und Zugbelästigung beim Kühlen in der Übergangszeit zu vermeiden durch reduzierte Kühlleistung. Nur bei voller Kühllast wird Volumenstrom erhöht, dabei gleichzeitig höhere Raumtemperatur, bei der höhere Raumströmungsgeschwindigkeit erträglich ist (Bild 3.3.5-70).

-4.2.5 Zusammenfassung der Induktionsklima-Anlagen

Nachteile:

> Bei allen Anlagen mit Induktionsgeräten ist ein gewisser Wartungsaufwand an den Induktionsgeräten notwendig (Wechsel des Sekundärluftfilters alle 1 bis 3 Jahre oder Staubsaugen der Wärmeaustauscher). Gelegentlich Schwierigkeiten mit der Raumströmung bei strukturierten Decken (z.B. Rasterdecken o.dgl.) bei hohen Kühllasten und bei Vorhängen über den Luftauslässen. Dann Stabilisierung der Raumströmung durch

---

[1)] Hönmann, W.: HLH 10/79. S. 388/399.

Treibdüsen in der Decke (Abschn 3.3.5-6.3). Wenn Regelbereich der Raumluftthermostaten zu groß oder P-Bereich zu eng ist, kann viel Energie für Heizen und Kühlen verbraucht werden. Abhilfe: Sollwertanhebung im Sommer.

Vorteile:

Dauernd vorhandene und regelmäßige Außenluftzufuhr, geringer Platzbedarf für Luftkanäle und Zentrale, gute individuelle Temperaturregelung in jedem Raum, besonders bei 4-Rohr-Systemen; keine Geruchsübertragung von Raum zu Raum, da keine Umluft; nachts volle Heizung durch die Induktionsgeräte auch ohne Ventilatorbetrieb. Energetisch günstigstes Klimatisierungssystem, vor allem bei höheren Kühllasten. Günstige Voraussetzung für Energieeinsparung durch Wärmeverschiebung.

-4.3 Klimaanlagen mit Ventilator-Konvektoren

(Fan-Coil-Anlagen)

Die Ventilator-Konvektoren (Bild 3.2.8-35) bestehen im wesentlichen aus einem Gehäuse, in dem eingebaut sind:

1 Ventilator mit meist stufenweise geschaltetem Motor
1 Wärmeaustauscher für Warmwasser und Kaltwasser
1 Filter
1 Ansaug- und 1 Ausblasgitter

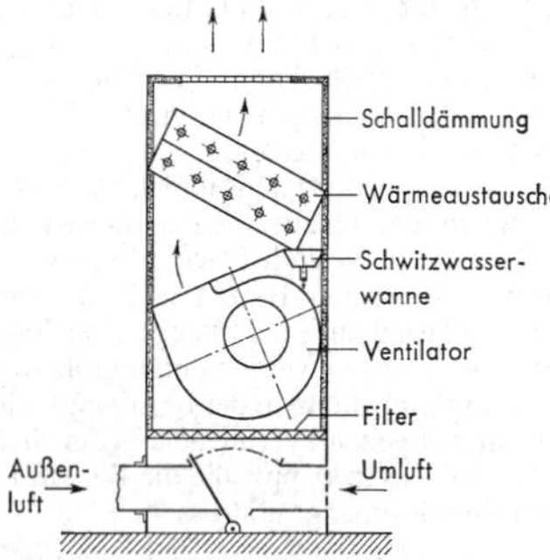

Bild 3.2.8-35. Schnitt durch einen Ventilatorkonvektor.

Der Wärmeaustauscher kann, wie bei den Induktionsanlagen, sowohl im Zwei-, Drei- oder Vierrohr-System an das Wassernetz des Gebäudes angeschlossen werden.

Rohrleitungsführung nach dem Zweirohr-System mit Umschaltung oder 4-Rohr-System wie bei Induktionsgeräten (Bild 3.2.8-25). Der Ventilator im Gerät saugt Raumluft und Primärluft an und fördert das Gemisch in den Raum. Die Geräte sind gruppenweise in einzelne Zonen aufgeteilt, z. B. Nord- und Südseite eines Gebäudes.

Die örtliche Regelung erfolgt meist durch Dreiwegeventile in den Geräten oder durch Klappen wie bei Induktionsgeräten.

Für die Zufuhr von *Außenluft* gibt es drei Methoden (Bild 3.2.8-36):

a) Außenluft wird durch eine Öffnung in der Außenwand angesaugt. Sehr ungünstig: Einfriergefahr, ungenügende Reinigung, Winddruckeinfluß u. a.

b) Außenluft wird wie bei den Induktionsgeräten durch eine Primärluftklimaanlage aufbereitet und durch ein Kanalsystem den einzelnen Geräten zugeführt. (Bei Gerät nach Bild 3.2.8-37 z. B. durch Primärluftdüsen.)

c) Außenluft wird durch eine getrennte Primärluftklimaanlage den einzelnen Räumen unabhängig von den Geräten durch separate Leitungen zugeführt; Luftauslaß von der Decke oder Wand.

Bei dem Gerät nach Bild 3.2.8-37 ist ein Querstromventilator mit einem Induktionsgerät kombiniert. Die Leistungsregelung erfolgt durch Verstellung der Beipaßklappen mittels Stellmotor. Verwendung in Vierrohr- oder Zweirohr-System, klappen- oder ventilgeregelt.

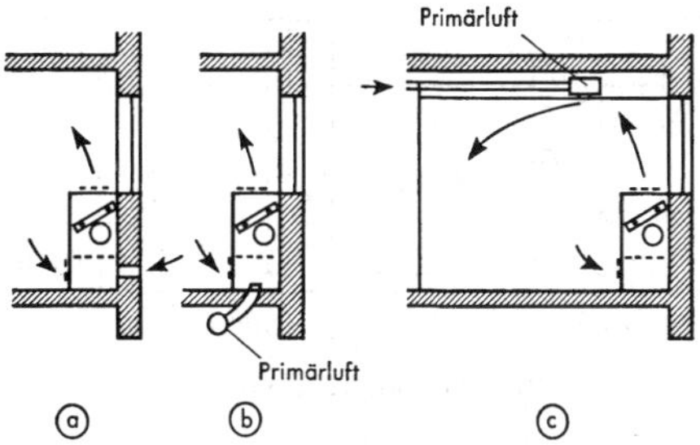

Bild 3.2.8-36. Zufuhr von Außenluft bei Ventilator-Konvektoren, a) Außenluft durch Außenwandöffnung, b) Außenluft durch getrennte Zuluftanlage, Primärluft-Zufuhr zu den Geräten, c) Primärluft durch getrennte Auslässe.

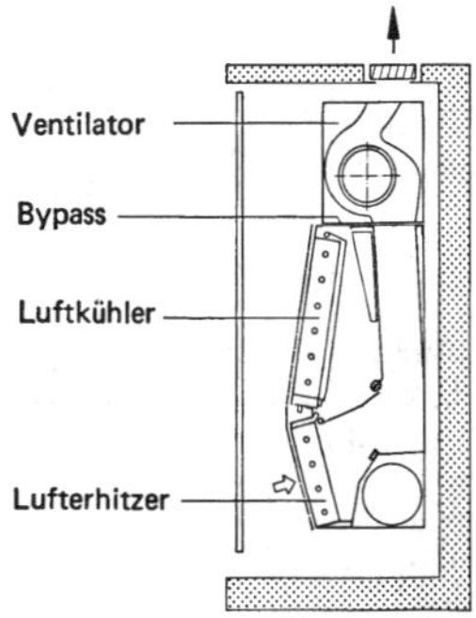

Bild 3.2.8-37. Ventilator-Konvektor kombiniert mit klappengeregeltem Induktionsgerät (LTG).

Außer den in den Fensterbrüstungen aufgestellten Geräten gibt es auch *Deckeneinbaugeräte,* die z. B. für Hotelzimmer verwendet werden.

Nachteilig ist bei allen Systemen dieser Art, daß der Wartungsaufwand wegen der Ventilator-Motoren und die Notwendigkeit der häufigen Reinigung der Wärmeaustauscher und Ventilatoren im Nutzraum etwas größer ist als bei den Induktions-Klimaanlagen. Außerdem größerer Kraftbedarf (s. auch Bild 3.6.6-1).

Vorteilhaft ist: Geräte einzeln abstellbar bei Nichtbenutzung des Raumes (Hotelzimmer). Schnellaufheizung durch hohe Drehzahl des Ventilators, ebenso Schnellkühlung. Niedertemperatur-Heizung bei Fernwärme oder Wärmepumpe möglich.

-5 Sorptionsgestützte Klimatisierung[1) 2)]

Das im englischen Sprachgebrauch als „Desiccant Cooling" (Abkürzungen: DCS oder DEC) bezeichnete Luftkühlsystem ermöglicht im Sommer die Entfeuchtung und Kühlung der Luft, ohne daß dazu eine Kältemaschine benötigt wird. Durch den Verzicht auf Kältemittel kommen keine Stoffe zum Einsatz, die die Ozonschicht schädigen, Anteil am Treibhauseffekt haben, toxisch, brennbar oder explosibel sind.

Durch ein Sorptionsverfahren wird die Luft entfeuchtet und durch adiabate Verdunstung auf die gewünschte Zulufttemperatur gebracht. Die Entfeuchtung kann mit flüssigen (Absorption) oder festen (Adsorption) Sorbentien erfolgen (siehe Abschn. 3.3.4-2). In beiden Fällen wird für die Regenerierung der Sorptionsmittel Wärmeenergie benötigt.

Während die Verfahren mit flüssigen Sorptionsmitteln sich noch in der Entwicklungsphase befinden, werden Kühlsysteme mit festen Sorbentien seit einigen Jahren in der Praxis eingesetzt.

Für eine Anlage mit adsorptiver Luftentfeuchtung ist ein Luftschema in Bild 3.2.8-38 dargestellt zusammen mit einem typischen Zustandsverlauf im *h*-*x*-Diagramm bei Sommerbetrieb.

Die Außenluft (Zustand (1)) wird nach der üblichen Filterung zunächst in einem Adsorptionsrad entfeuchtet. Der Rotorkörper besteht aus einer Keramik-Silicagelverbindung mit geordneter Struktur. Die adsorptive Luftentfeuchtung findet kontinuierlich statt (siehe Abschnitt 3.3.4-2.2) und erfolgt nahezu adiabat. Die freiwerdende Adsorptionswärme wird an

[1)] Erstbearbeitung erfolgte von Prof. Dr.-Ing. Ulrich Busweiler, Darmstadt, für die 67. Auflage.

[2)] s. a. Busweiler, U.: Klimatisieren ohne Kältemaschine; CCI 6/91.
ASHRAE: Desiccant Cooling and Dehumidification; Code 90315; 1993.
Heinrich, G.; Franzke, U.: Sorptionsgestützte Klimatisierung; C. F. Müller; 1997.
FIA Forschungsbericht: Sorptionsgestützte Klimatisierung, Dresdner Kolloquium; Fachinstitut Gebäude Klima e.V. 1997.

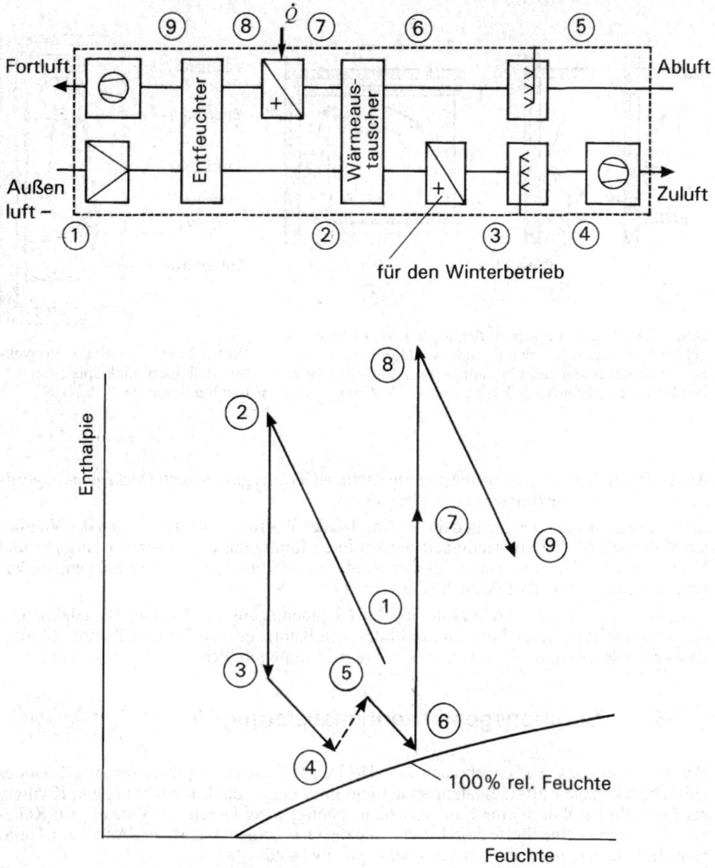

Bild 3.2.8-38. Kühlung durch Entfeuchtung und adiabate Verdunstung.

den Luftstrom abgegeben. Damit ist neben der Feuchteabnahme eine Erwärmung der Luft auf den Zustandspunkt (2) verbunden.

Die trockene warme Luft wird anschließend durch den Austausch sensibler Wärme mit der Abluft vorgekühlt. Als Apparat kommt dabei ein rotierender regenerativer Wärmerückgewinner zum Einsatz, da hohe Rückwärmzahlen bei niedrigeren Druckverlusten erforderlich sind (siehe Abschnitt 3.3.8). Das Regenerationsrad wird ansonsten im Winter zur Wärmerückgewinnung aus Abluft genutzt.

Die vorgekühlte Luft vom Zustand (3) wird zum Schluß durch Verdunstungsbefeuchtung auf die geforderte Zulufttemperatur und Feuchte (4) gebracht.

Durch Kühl- und Stofflasten im Raum erfolgt eine Temperatur- und Feuchtezunahme auf den Abluftzustand (5). Die Abluft wird durch einen weiteren Verdunstungsbefeuchter in der Temperatur abgesenkt zur besseren Vorkühlung der Zuluft durch Wärmeaustausch. Dabei wird die Abluft auf den Zustand (7) erwärmt. Es erfolgt eine Nacherwärmung auf Zustand (8). Die Temperaturanhebung ist für die Regeneration des Entfeuchterrades notwendig. Im Sorptionsregenerator erfährt die Abluft eine Temperaturabnahme und Feuchtezunahme (adiabate Desorption). Sie verläßt den Entfeuchter mit dem Zustand (9).

Es werden keine umweltgefährdenden oder toxischen Stoffe verwendet, ein Rückkühlwerk ist ebenfalls nicht notwendig. Für den Betrieb wird thermische Energie benötigt, der jährliche Energieverbrauch (bezogen auf Primärenergieeinsatz) ist in den meisten Fällen geringer als bei konventioneller Kältetechnik.

Eine Vorlauftemperatur des Heizmediums von 90 °C ist für alle üblichen Anwendungsfälle ausreichend. Die Kombination mit Anlagen der Kraft-Wärme-Kopplung ist dadurch ohne Probleme möglich (Kraft-Wärme-Kälte-Kopplung).

3.2.9 Thermisch aktive Raumflächen[1)]

Neubearbeitet von Prof. Dr.-Ing. habil. Bernd Glück, Jößnitz

-1 Allgemeines

Mit thermisch aktiven Flächen können Kühl- und/oder Heizlasten, die im Raum wirken, kompensiert werden. Sie arbeiten stationär (z. B. Kühldecken, Wandheizungen) oder instationär (Massivdeckenspeicher). Die Größe der mit dem Raum getauschten Wärmeströme wird *aktiv* durch ein mit der Fläche verbundenes System – in der Regel durch ein wasserführendes Rohrregister – beeinflusst. Im engeren Sinne handelt es sich um Raumumschließungsflächen (z. B. Kühldecken), teilweise werden die aktiven Flächen aber auch freihängend im Raum angeordnet (z. B. Kühlsegel). Abhängig von der Anordnung, der Oberflächengestaltung und der Konstruktion ergeben sich unterschiedliche Wärmestromanteile für Strahlung und Konvektion.

Kühlkonvektoren oder Kühlschächte sind keine thermisch aktiven Raumflächen nach dem üblichen Verständnis. Sie arbeiten rein konvektiv, weshalb markante Behaglichkeitsvorteile der Flächensysteme entfallen. Dennoch werden nachfolgend diese Konvektionssysteme mit vorgestellt, da sie einerseits mitunter in Kombination mit thermisch aktiven Raumflächen betrieben werden und andererseits oftmals eine direkte Wettbewerbssituation besteht.

Mit der Zunahme der inneren Lasten (z. B. Bürotechnik) sowie infolge der niedrigeren Grenzwerte bezüglich Raumluftgeschwindigkeit und Turbulenzgrad (z. B. DIN 1946 T2) hat sich der Einsatz von thermisch aktiven Flächen zur Raumkühlung in sehr großem Umfang durchgesetzt. Zunehmend werden diese Systeme wechselweise auch zur Raumheizung verwendet.

Vorteile der thermisch aktiven Raumflächen:

1. hohe thermische Behaglichkeit (bei richtiger Flächenplatzierung ausgezeichnete Kompensation des Fassadeneinflusses, kein Zugrisiko, keine Geräusche, geringe Luftgeschwindigkeit)
2. verstärkte Umweltenergienutzung (große Wärmeübertragerflächen im Raum gestatten die Nutzung von Wärmesenken und -quellen, deren Temperaturen nahe an der Umgebungstemperatur liegen, z. B. freie Kühlung, Erdwärme)
3. niedrige Betriebskosten (geringe Transportenergie bei Einsatz von Wassersystemen, geringerer Primärenergieverbrauch durch Umweltenergienutzung, hohe Leistungszahlen bzw. geringer Exergieeinsatz beim Betrieb von Kältemaschinen und Wärmepumpen)
4. kein Stellflächenverlust im Raum.

Die Vorteile 2 und 3 gelten auch für Konvektionssysteme mit großen Wärmeübertragerflächen.

-1.1 Gestaltungsvarianten

Die Vielfalt der thermisch aktiven Raumflächen ist sehr groß und erweitert sich fortlaufend. Dies betrifft die Systemgestaltung (Bild 3.2.9-1 bis Bild 3.2.9-5, ausführliche Hinweise in den Bildunterschriften) und die detaillierten Konstruktionen (Abschnitte 3.2.9-2 bis -7). Bild 3.2.9-1 bis Bild 3.2.9-5 stellen Lösungsbeispiele dar und sollen zu innovativen Entwicklungen anregen. Weitergehende Vorschläge verwenden zur Kompensation der äußeren Lasten eine thermoaktive Dämmung[2)]. Erste Auswahlhinweise für Raumkühlsysteme sind in Tafel 3.2.9-1 gegeben. Sonderkonstruktionen und Anordnungen können verän-

[1)] Erstbearbeitung erfolgte durch Prof. Dr.-Ing. habil. Bernd Glück, Jößnitz, für die 70. Auflage.
[2)] Glück, B.: Ges.-Ing. 1/01. S. 23 ff.

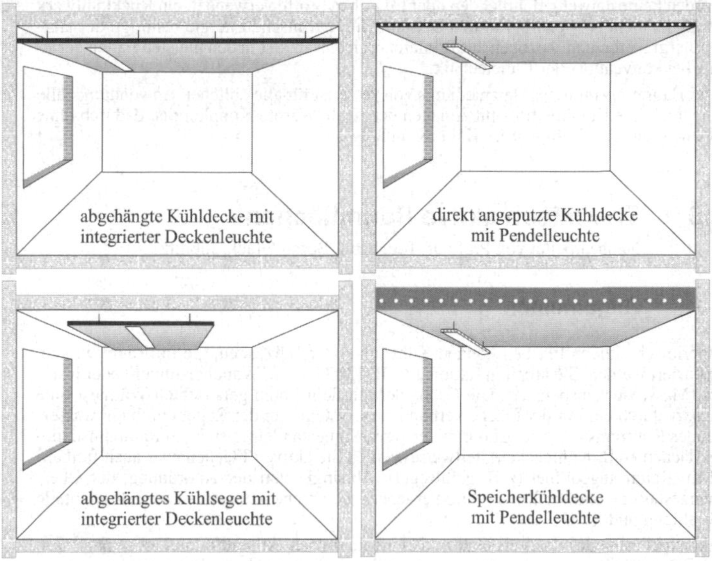

Bild 3.2.9-1. Prinzipielle Gestaltungsmöglichkeiten von bewährten Deckenkühlsystemen
- Abgehängte, geschlossene Kühldecken mit Einbauleuchten erfüllen höchste ästhetische Ansprüche. Bei geringer Masse und aufliegender Dämmung ist eine schnelle Regelbarkeit gegeben.
- Direkt an der Betondecke angeputzte Kühldecken nutzen die Speicherkapazität der Massivdecke bei Lastspitzen zusätzlich mit (Selbstregelungseffekt). Dennoch liegt ein gutes Regelungsverhalten vor. Eine nächtliche „Kälteeinlagerung" aus freier Kühlung stammend ist teilweise möglich. Der Einsatz von Pendelleuchten und die gute Anpassbarkeit von Kapillarrohrmatten als Rohrregister im Putz ermöglicht es, die gesamte Deckenfläche zu aktivieren. Geschlossene Kühldecken erreichen den maximalen Strahlungsanteil von ca. 65%.
- Kühlsegel stellen eine kostengünstige Lösung dar (Vorfertigung) und haben aufgrund der Hinterlüftung sehr hohe spezifische Leistungen. Sie können als Multifunktionselement gestaltet werden (Einbauleuchte, Luftdurchlasselement, Rauchmelder).
- Speicherkühldecken werden weitestgehend nachts mit „Umweltkälte" beladen, am Tage erfolgt eine nicht regelbare Entladung. Eine regelbare Nachkühlung am Tage ist nur bei unten liegenden Rohrregistern möglich. Dann ist allerdings die Nachtladung begrenzt. Ideal ist die Anordnung von zwei Rohrregistern, eine gute Kompromisslösung stellte eine Filigrandecke mit integriertem Rohrregister dar. Untergehängte Decken verbieten sich. Die Kühlwirkung nach oben ist vom Fußbodenaufbau abhängig, meistens aber sehr gering.

derte Aussagen rechtfertigen. Bezüglich der Investitionskosten sollten stets *leistungsbezogene Werte verglichen* werden.

Eine Klimaanlage sollte die *hygienisch bedingten Luftvolumenströme* sicherstellen und die *Raumluftfeuchte* auf *max. 50%* begrenzen, um die Raumkühlflächen voll nutzen zu können.

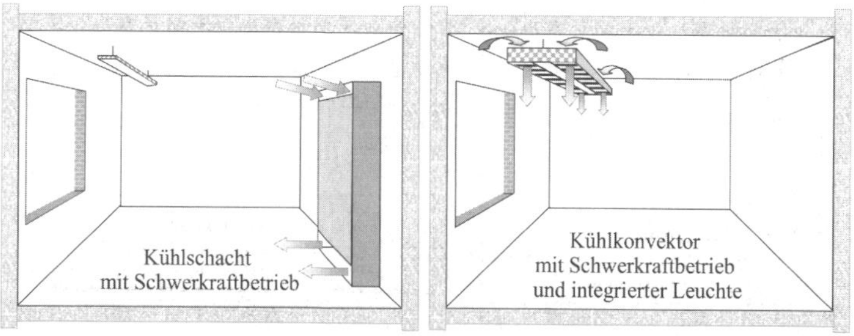

Bild 3.2.9-2. Übliche Konstruktionsvarianten von rein konvektiv arbeitenden Kühlsystemen

- Kühlschächte entsprechen in ihrer Wirkungsweise den Quellluftanlagen. Sie sind gut nachrüstbar und eignen sich besonders für individuelle Lösungen (z. B. Praxen). Die Leistungsbegrenzung beim Einsatz in Aufenthaltsräumen ist in der Regel durch die Luftaustrittsgeschwindigkeit gegeben. Sehr schnelle Regelbarkeit. Bei entsprechenden hygienischen Vorkehrungen ist mit den Kühlschächten auch eine gezielte Luftentfeuchtung möglich.
- Kühlkonvektoren bieten eine sehr kostengünstige Möglichkeit zur Luftkühlung. Die Leistung ist in Aufenthaltsräumen aus wärmephysiologischen Gründen begrenzt.

Beide Lösungen können beispielsweise in Produktionsstätten, Maschinenräumen und Einkaufzentren mit hoher Leistung betrieben werden.

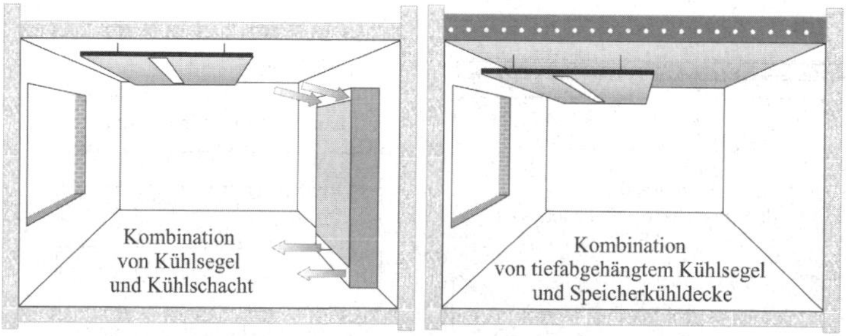

Bild 3.2.9-3. Einfache Kombinationslösungen zur Leistungssteigerung und zur Regelung der Raumtemperatur

- Bei der Kombination von Kühlsegel und Kühlschacht wird letzterer nur bei hohen Raumlasten zugeschaltet. Es ergeben sich sehr gute wärmephysiologische Raumbedingungen. Die Lösung ist beispielsweise für Gebäude mit stark mieterabhängiger Nutzung zu empfehlen. Die Ausrüstung mit dem Kühlsegel stellt den Standardfall dar, die vorbereiteten Schachtanschlüsse werden bei maximaler Belastung genutzt.
- Die Kühlschacht-Kühlsegel-Kombination könnte evtl. auch gezielt zur ungeregelten Luftentfeuchtung bei Fensterlüftung genutzt werden, indem das Segel dem Schacht nachgeschaltet ist. Damit wird die feuchte Luft an der vorlaufbeaufschlagten Fläche im Schacht soweit entfeuchtet, dass es am wärmeren Kühlsegel nicht mehr zur Kondensation kommen kann. Die beiden Wärmeübertragerflächen sind aufeinander abzustimmen.
- Da die Leistung von Massivspeicherdecken im Tagesgang normalerweise nicht regelbar ist und die Raumtemperatur somit nicht gewährleistet werden kann, ist die zusätzliche Anordnung eines Kühlsegels mit regelbarer Leistung sinnvoll. Die Raumtemperatur kann dann fast trägheitslos eingehalten werden. Voraussetzung ist ein möglichst großer Deckenabstand, um die Hinterlüftung nicht zu behindern.

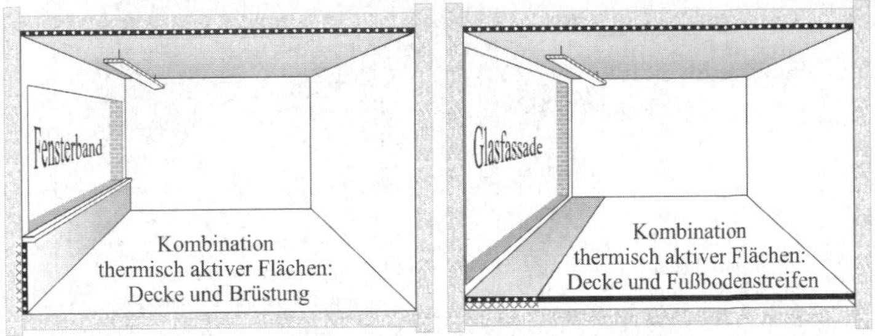

Bild 3.2.9-4. Erweiterte Kombinationslösungen zur Erreichung einer idealen Wärmephysiologie im Raum im Kühl- und Heizfall bei Nutzung einer einfachen Konstruktionsidee („Baukasten" der Fa. Clina, Berlin)
Die Decke wird stets thermisch aktiv gestaltet, wobei vorzugsweise Kapillarrohrmatten im Putz eingesetzt werden. Zusätzlich werde bei einem Fensterband oder einer Lochfassade die Brüstung aktiv gestaltet (Putz oder Paneele aus Metall, furnierten Platten usw. mit Kapillarrohrmatten). Bei Vollglasfassaden ist ein außenwandnaher Fußbodenstreifen zu aktivieren. Die Kapillarrohrmatten werden in Platten des Doppelbodens werksseitig eingearbeitet. Die Wärmeleitwiderstände der verschiedenen Flächen sind so aufeinander abgestimmt, dass stets beide Raumflächen mit der gleichen Wassertemperatur beaufschlagt werden. Damit ist nur eine Regeleinrichtung pro Raum erforderlich. Es erfolgt eine optimale Kompensation des Fassadeneinflusses und aufgrund der großen Flächen ergeben sich raumnahe Wassertemperaturen sowohl beim Kühlen als auch beim Heizen.

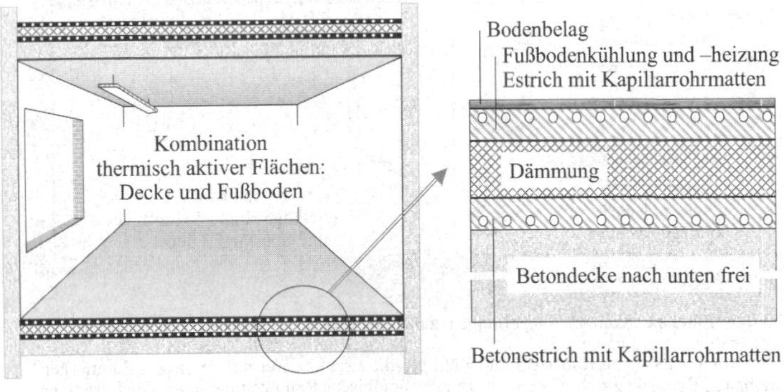

Bild 3.2.9-5. Kombinierte Decken- und Fußbodenaktivierung mit einem aufliegenden Modul
Die Variante ist besonders zur nachträglichen Nutzung der Speicherkapazität von Massivdecken gedacht (Sanierungsfall). Die regelbare Leistung wird durch das Fußbodensystem erbracht.

Tafel 3.2.9-1 Bewertungsmatrix für den Einsatz typischer Raumkühlflächen im Normalfall

Bauart	Leistung				Gestaltung	Behaglichkeit			
	maximal in W/m²	regelbar	gewährleistbar	abrechenbar			Mindestwasser-temperatur in °C	komb. Heizbetrieb möglich	Nachrüstbarkeit
Kühldecke	95[1)] 120[2)3)]	ja	ja	ja	wie jede Decke	sehr gut	16	ja[7)]	bedingt
Kühldecke + Brüstung oder Bodenstreifen	100 120[3)]	ja	ja	ja	wie jede Decke, Brüstung oder Doppelboden	ideal	16 … 20	ideal	bedingt
Kühlsegel	120[3)]	ja	ja	ja	sehr vielfältig[4)]	sehr gut	16	ja[7)]	ja
Kühlkonvektoren	200 50[3)]	ja	ja	ja	sehr vielfältig[4)]	gut bei kleinen Lasten	16	nein	ja
Betonkernaktivierung	40	nein[5)]	nein	nein	wie jede Decke[6)]	gut bei kleinen Lasten	18	teilweise[8)]	nein [9)]

[1)] geschlossene Decke
[2)] offene Decke
[3)] Behaglichkeitsgrenze
[4)] als Multifunktionselement gestaltbar
[5)] deshalb nur bei bevorzugter Umweltenergienutzung sinnvoll
[6)] keine untergehängte Decke möglich
[7)] wenn große Strahlfläche zum Raum gegeben ist
[8)] nur Grundlast, regelb. Ergänzungssystem erforderlich
[9)] Sonderlösung nach Bild 3.2.9-5 möglich

-1.2 Behaglichkeitsanforderungen

Nach DIN 1946 T2 gelten für Arbeits- und Versammlungsräume die Forderungen und abgeleiteten Größen:

- *Operative Raumtemperatur (Empfindungstemperatur)* $t_i \equiv t_E = 0{,}5\ (t_L + t_U)$ für Büroräume: Sommer 25 °C, Winter 22 °C; kurzzeitiger Anstieg bei hohen thermischen Lasten bis 26 °C; bei hoher Außentemperaturen bis 27 °C.
- Mindestlufttemperatur in Knöchelhöhe (0,1 m) $t_{L0,1}$= 21 °C
- Maximaler, vertikaler Lufttemperaturgradient g_{Lt} = 2 K/m
- – Mindestlufttemperatur in Referenzhöhe (1,1 m Höhe) t_L = 22 … 23 °C bei g_{Lt} = 1 … 2 K/m
- – Maximale Strahlungstemperatur t_U= 28 … 27 °C bei t_i = 25 °C (Berechnung der Strahlungstemperatur nach Abschn. 1.3.5–3.9).

Die Strahlungstemperatur-Asymmetrie stellt eine partikuläre Behaglichkeitsgröße dar. Es ist dem Menschen unbehaglich, wenn Körperpartien eine zu große Zu- oder Abstrahlung erfahren. Zulässige Werte auf Grundlage der Fanger-Versuche[1)], aber teilweise abweichend von DIN 1946 T2: Kühldecken 14 K; Kühlwände und Heizdecken 8 K; Heizwände 11 K.

[1)] Glück, B.: Wärmetechnisches Raummodell. Heidelberg: C. F. Müller Verlag 1997 (ISBN 3–7880–7615–1). S. 228 ff.

Die maximale Kühlleistung des Fußbodens[1] ergibt sich für g_{Lt} = 2 K/m bei bodennaher Lasteinbringung zu ca. 35 W/m² sowie bei Lasteinbringung in Sitzhöhe zu ca. 20 W/m². Große Leistungen (100 W/m²) können im Sonderfall der direkten Besonnung des Fußbodens[2] – z. B. hinter Glasfassaden – realisiert werden.

-1.3 Ergebnisse von Behaglichkeitsuntersuchungen

In Tafel 3.2.9-2 und Tafel 3.2.9-3 finden sich Auszüge der Ergebnisse umfangreicher wärmephysiologischer Betrachtungen für Eckräume mit zwei aneinanderstoßenden Außenwänden (ungünstigster Fall) sowie für unterschiedliche Systeme, Kühllasten und Einbringungsarten (innere bzw. äußere Lasten, Strahlungsanteile)[3][4]. Ideale wärmephysiologische Bedingungen werden im Komfortbereich erreicht, wenn die Wärmeabfuhr durch Kühlflächen mit einem hohen Strahlungsanteil in Kombination mit einer hygienischen Luftversorgung erfolgt. Die alleinige Luftkühlung liefert keine umfassend behaglichen Verhältnisse (zu hohe Umfassungstemperatur, da keine Flächenkühlung; hoher Lufttemperaturgradient; zu niedrige Lufttemperatur im Knöchelbereich). Auch beim instationären Betrieb sind die Flächensysteme wärmephysiologisch vorteilhafter als die Luftsysteme, da sich Strahlungstemperatur des Raumes und Lufttemperatur nahezu synchron verändern. Bei Luftsystemen folgt die Strahlungstemperatur der Lufttemperatur erst mit sehr großer Zeitverzögerung[5].

Bei Kühldecken wird die zulässige Strahlungsasymmetrie in Normalräumen nie überschritten, bei Kühlflächen im Innenwandbereich und bei Heizdecken ist eine detaillierte Nachrechnung z. B. mit [6] erforderlich. Heizdecken zur alleinigen Beheizung sind in Abhängigkeit des Wärmedurchgangskoeffizienten der Außenwand, der Deckengeometrie und der Nutzungsbereiche zu betrachten. Bezüglich der Strahlungstemperaturverteilung im

Tafel 3.2.9-2 Ergebnisse von Behaglichkeitsuntersuchungen für einen Eckraum unter sommerlichen Bedingungen mit unterschiedlichen Kühlsystemen bei t_i = 25 °C

$t_{L1,1;min}$ °C	$t_{U;max}$ °C	$g_{Lt;max}$ K/m	$\Delta t_{S;max}$ K	$t_{L0,1;min}$ °C	Wärmephysiologische Empfindung
maximale bzw. minimale zulässige Grenzwerte					
22...23	28...27	2	14	21	
1. *Kühldecke* + *Quellluft* (3 h^{-1}, $t_{L,zu}$ = 22 °C) $\dot{q}_{K,ges}$ = 77 W/m²					
23,9...25,5	25,2...27,2	0,6...2,0	4,2...6,3	23,2...23,6	ideal
2. *Umluftkühler* (13,3 h^{-1}; Zugrisiko) $\dot{q}_{K,ges}$ = 77 W/m²					
21,2...22,7	**29,9**...**27,9**	1,9...**2,5**	1,9...3,8	**18,4**...**20,5**	mangelhaft
3. *Kühlsegel* (halb belegt) + *Umluftkühler* (8 h^{-1}) $\dot{q}_{K,ges}$ = 77 W/m²					
22,6...24,2	**28,7**...26,5	1,3...1,9	4,1...5,6	21,1...23,0	gut
4. *Kühldecke* + *Kühlbodenstreifen* + *Quellluft* (2,2 h^{-1}, $t_{L,zu}$ = 22 °C) $\dot{q}_{K,ges}$ = 70...90 W/m² bei Vollglasfassaden					
24,7...24,4	26,0...26,5	1,2...0,9	5,1...6,8	23,4	ideal
5. *Kühldecke* + *Kühlbrüstung* + *Quellluft* (2,2 h^{-1}, $t_{L,zu}$ = 22 °C) $\dot{q}_{K,ges}$ = 50...90 W/m² bei Fensterbändern					
24,8...24,4	25,7...26,0	1,8...0,9	3,5...4,6	23,2...23,6	ideal

Varianten 1 bis 3: Schwankungsbereiche ergeben sich durch Variation der Lasteinbringungsart[3]
Varianten 4 und 5: Schwankungsbereiche folgen aus der Größe der Kühlleistung[4]

[1]) Daniel. T.; Gräff, B.: DKV-Tagung 1996
[2]) Børresen, B.: Velta-Kongress 1994
[3]) Glück, B.: HLH 9/00. S. 54 ff. und HLH 11/00 S. 38 ff.
[4]) Glück, B.: HLH 4/02. S. 38 ff.
[5]) Glück, B.: Ges.-Ing. 4/01. S. 179 ff.
[6]) Glück, B.: Wärmetechnisches Raummodell. Heidelberg: C. F. Müller Verlag 1997 (ISBN 3-7880-7615-1)

Tafel 3.2.9-3 Ergebnisse von Behaglichkeitsuntersuchungen für einen Eckraum unter winterlichen Bedingungen mit Flächenheizsystemen bei t_i = 22 °C

$t_{L1,1;min}$ °C	$t_{U;min}$ °C	$g_{Lt;max}$ K/m	$\Delta t_{S;max}$ K	$t_{L0,1;min}$ °C	Wärmephysiologische Empfindung
maximale bzw. minimale zulässige Grenzwerte					
20	20	2	8	20	
4. *Heizdecke + Heizbodenstreifen + Quellluft* (2,2 h^{-1}, $t_{L,zu}$ = 20 °C) $\dot{q}_{H,ges}$ = 46 W/m² bei Vollglasfassaden					
21,4	21,7	0,7	5,7	20,7	sehr gut
5. *Heizdecke + Heizbrüstung + Quellluft* (2,2 h^{-1}, $t_{L,zu}$ = 20 °C) $\dot{q}_{H,ges}$ = 33 W/m² bei Fensterbändern					
21,2	22,0	0,5	3,3	20,7	ideal

Bei $t_{L,zu}$ = 20 °C und t_i = 22 °C sind Quelllüftungen auch im Heizfall noch funktionstüchtig!

Raum sind im Falle der Volldeckenbeheizung bei Normalräumen $k_{AW} \leq 1{,}3$ W/(m²K), bei Eckräumen $k_{AW} \leq 1$ W/(m²K) erforderlich[1]. Der Kaltluftabfall ist besonders kritisch zu untersuchen[2].

Werden zusätzlich zur Decke weitere aktive Raumflächen (bei Vollglasfassaden als Fußbodenstreifen, bei Fensterbändern im Brüstungsbereich) angeordnet, ergeben sich ideale wärmephysiologische Bedingungen für den Kühl- und Heizfall (Bild 3.2.9-6)[3]. Besonders vorteilhaft sind thermisch aktive Brüstungsflächen, da diese die Strahlungstemperatur in Fassadennähe anheben, ihre Asymmetrie reduzieren und dem Kaltluftabfall an den Fensterflächen entgegen wirken.

-1.4 Energieeinsatz

Um die Umweltenergiepotenziale direkt oder nach geringen Temperaturtransformationen zu nutzen, sind große Wärmeübertragerflächen im Raum und kleine Spreizungen (2…4 K) der Wärmeträger zu realisieren. So können im Kühlfall z. B. die Kaltwasservorlauftemperaturen (bei üblicher Luftkonditionierung 6 °C) auf 16 °C bei Kühldeckeneinsatz und auf 18 °C bei der sog. Betonkernaktivierung oder bei mehreren thermisch aktiven Flächen (Bild 3.2.9-4) angehoben werden.

Tafel 3.2.9-4 zeigt die theoretische Nutzbarkeit der freien Kühlung bei 5 K Grädigkeit (Temperaturdifferenz zwischen Kühlwasser und charakteristischer Lufttemperatur t oder t_f) gemäß einer Auswertung der in der DIN 4710 gegebenen Korrelationen (Lufttemperatur, Luftfeuchte, Häufigkeit)[4]. Vor der Nutzung der Testreferenzjahrdaten bei Simulationen wird gewarnt, da beim Kühlturmeinsatz die Luftfeuchte bedeutungsvoll ist[5]. Die mit den angegebenen Wassertemperaturen erreichbaren Kühlleistungen sind den Leistungsdiagrammen zu entnehmen, z. B. Bild 3.2.9-9.

Die Kaltwasserbereitstellung für Kühldecken bei Kühlturmeinsatz ist über rund zwei Drittel des Jahres (67% … 69%) möglich. Dieser Zeitraum stellt die untere Grenze dar, da bei verringerter Kühldeckenleistung während der Übergangszeit auch höhere Wassertemperaturen einsetzbar sind. Die nächtliche Kühlmöglichkeit liegt um 7% bis 10% höher.

Die Betonkühlung ergibt die beste Nutzungsmöglichkeit. Die nächtliche Betriebszeit kann sich über 86% bis 88% des Jahres erstrecken, wobei in der Übergangszeit angehobene Wassertemperaturen zusätzlich bereitgestellt werden können. Die Nachkühlung am Tage ist zu fast 80% des Jahres gegeben.

Flächenkühl- und Flächenheizsysteme bieten große exergetische Vorteile mit beträchtlichem Entwicklungspotenzial. Besonders vorteilhaft sind kleine Rohrabstände und oberflä-

---

[1]) Glück, B.: HLH 6/94. S. 293 ff.
[2]) Kriegel, B.: Diss. TU Berlin 1972
[3]) Glück, B.: HLH 4/02. S. 38 ff.
[4]) Glück, B.: KI 6/02. S. 285 ff.
[5]) Glück, B.: Vergleichsprozesse der Klimatechnik. Heidelberg: C. F. Müller Verlag 1998 (ISBN 3–7880–7643–7). S. 184 ff.

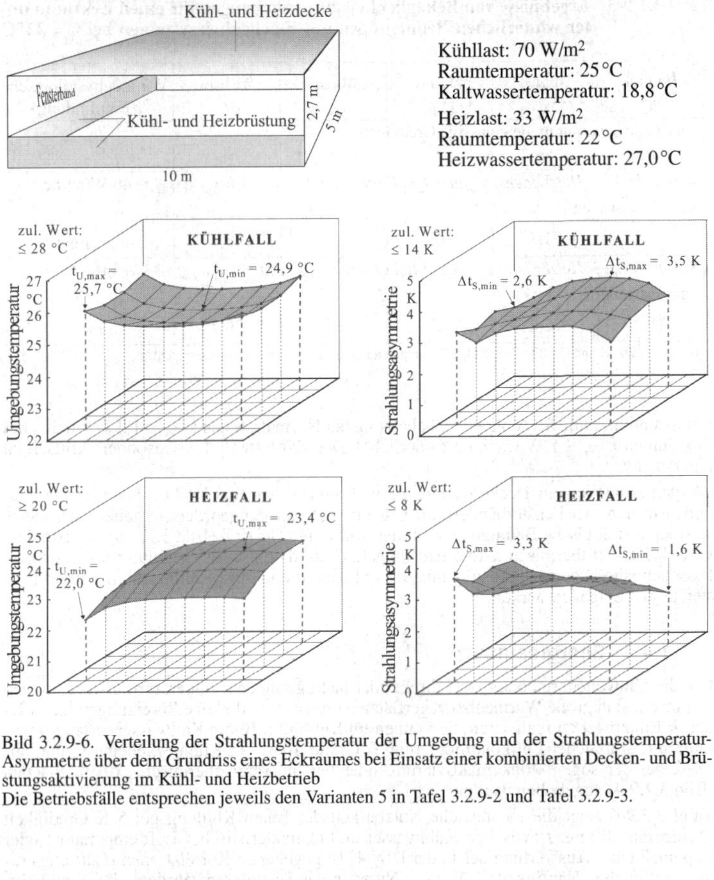

Bild 3.2.9-6. Verteilung der Strahlungstemperatur der Umgebung und der Strahlungstemperatur-Asymmetrie über dem Grundriss eines Eckraumes bei Einsatz einer kombinierten Decken- und Brüstungsaktivierung im Kühl- und Heizbetrieb
Die Betriebsfälle entsprechen jeweils den Varianten 5 in Tafel 3.2.9-2 und Tafel 3.2.9-3.

chennahe Anordnungen der Rohrregister, da dann raumnahe Wassertemperaturen nutzbar und gute dynamische Leistungsanpassungen erreichbar sind[1)2)]. Um gleichzeitig den Druckverlust zu begrenzen, muss mitunter ein Paralleldurchfluss durch das Rohrregister erfolgen (Mattensysteme). Die nach Bild 3.2.9-4 denkbaren Kombinationssysteme zeigen deutlich erweiterte Nutzungszeiträume (Tafel 3.2.9-4).

Besteht die Nutzungsmöglichkeit von *Grundwasser, Erdwärme, solarer Energie* usw. als Wärmesenke oder Wärmequelle, dann sind in der Regel genaue Voruntersuchungen über die Ergiebigkeit und behördliche Genehmigungsverfahren notwendig. Gegenüber Luft ergeben sich meistens weitere Energieeinsparpotenziale, die jedoch oftmals eine spezielle Systemanpassung der thermisch aktiven Flächen erfordern.

---

1) Glück, B.: Ges.-Ing. 4/00. S. 189 ff.
2) Glück, B.: HLH 6/00. S. 26 ff.

Tafel 3.2.9-4 Jahreszeiträume zur Nutzung der freien Kühlung in Abhängigkeit der Kaltwassertemperatur bei einem Abstand zwischen der Kaltwassertemperatur und der Lufttemperatur t bzw. der Feuchtkugeltemperatur t_f von 5 K (Grädigkeit) *)

markante Anwendungsfälle	t_{KW}	t / t_f	*Berlin*				*München*			
			tags		*nachts*		*tags*		*nachts*	
	°C	°C	h/a	%	h/a	%	h/a	%	h/a	%
Trockenkühler (Bezugstemperatur t)										
Luftkonditionierung	6	1	713	**16**	867	**20**	868	**20**	1132	**26**
Kühldecke	16	11	2259	**52**	2695	**62**	2301	**53**	3015	**69**
Betonkühlung	18	13	2556	**58**	3083	**70**	2617	**60**	3438	**78**
Kombinationssysteme[1]	20	15	2897	**66**	3493	**80**	2979	**68**	3824	**87**
Nasskühler (Bezugstemperatur t_f)										
Luftkonditionierung	6	1	1085	**25**	1233	**28**	1151	**26**	1424	**33**
Kühldecke	16	11	3029	**69**	3328	**76**	2944	**67**	3381	**77**
Betonkühlung	18	13	3502	**80**	3786	**86**	3391	**77**	3857	**88**
Kombinationssysteme[1]	20	15	3914	**89**	4095	**93**	3803	**87**	4128	**94**

[1]Flächenanordnungen nach Bild 3.2.9-4 und Kühlleistungen von ca. 50 W/m²

*) Glück, B.: KI 6/02. S. 285 ff.

-2 Kühldecken[1)]

Eine günstige Lösung zur leistungsstarken und behaglichen Lastabfuhr bietet der Einbau einer Kühldecke kombiniert mit einem hygienisch bedingten Luftvolumenstrom[2)]. Die zugeführte Außenluft ist selbstverständlich hinsichtlich Temperatur und Feuchte zu konditionieren. Die Luft-Wasser-Systeme bieten bei veränderten Lasten, z.B. bei Nutzungsänderungen im Gebäude, sehr gute Möglichkeiten zur Leistungsanpassung.

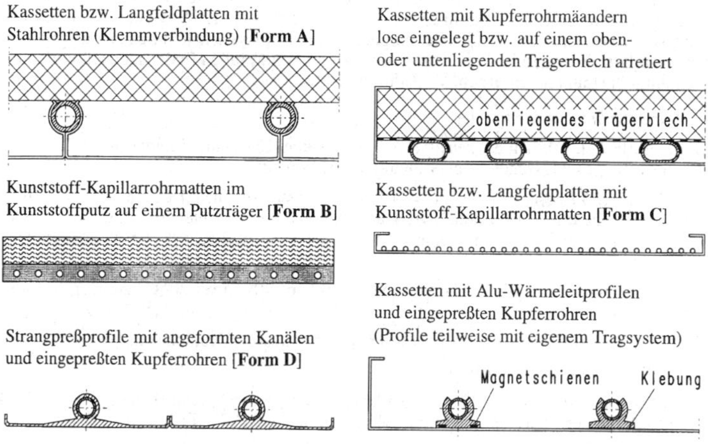

Bild 3.2.9-7. Konstruktionsbeispiele geschlossener Kühldecken (Leistungen der Formen A bis D im Bild 3.2.9-9).

1) Neubearbeitung erfolgte durch Dr.-Ing. habil. B. Glück, Jößnitz, für die 67. Auflage.
2) Külpmann, R., u. Esdorn, H.: Bericht XXII. Int. Kongreß TGA, Berlin 10/88. S. 331 ff.

a) Bauformen

Geschlossene Kühldecken schließen eine Hinterlüftung der Kühlpaneele mit Raumluft aus. Sie sollten auf der Oberseite gedämmt sein[1]. Sie sind hygienisch und wärmephysiologisch optimal. *Offene Kühldecken* haben Schlitze zwischen den Paneelen oder nicht abgedeckte Perforationen in den Paneelen, so daß die Raumluft aufgrund des thermischen Auftriebs auch die Rückseiten der Kühlelemente beaufschlagt. In Sonderfällen werden lamellenförmige Kühlkörper auf der Unterseite nur durch Rasterdecken verkleidet. Als *Kühlsegel* bezeichnet man geschlossene oder offene Kühldeckensegmente, die nur in bestimmten Bereichen (z. B. über den Arbeitsplätzen), abgependelt von der Decke, angeordnet sind. Sie werden von der Raumluft allseitig umströmt.

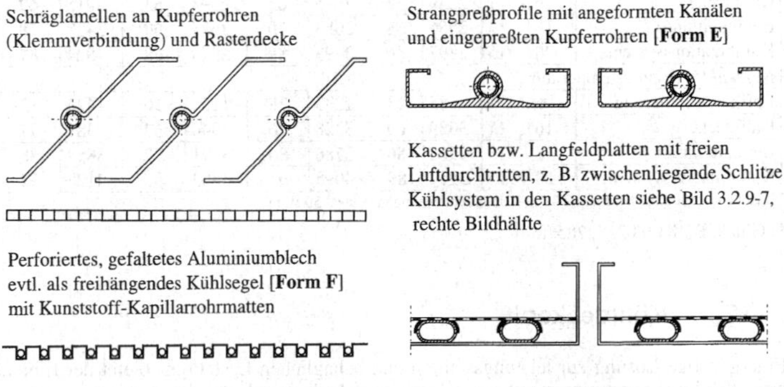

Bild 3.2.9-8. Konstruktionsbeispiele offener Kühldecken (Leistungen der Formen E, F im Bild 3.2.9-9).

Die Kühlflächen sind form- und kraftschlüssig (Klemmverbindungen, Magnetschienen, Gewichtsanpressung) oder stoffschlüssig (Klebeverbindungen) mit Rohren oder Kanälen verbunden, die von Kaltwasser in geschlossenen Kreisläufen durchströmt werden. Es sind auch Elemente mit angeformten oder eingegossenen Kühlsystemen üblich (Strangpreßprofile, Kapillarrohrmatten im Putz, Blähglas usw.). In Sonderfällen findet auch Kühlluft Verwendung, die dann in den Raum als Zuluft eintritt.

b) Wärmetechnische Merkmale

Die Kühlflächen nehmen die *sensible Wärme* aus dem Raum unmittelbar durch Strahlung (bis 65% bei geschlossenen Decken) und Konvektion auf.

Spezifische Kühlleistungen bei Δt = 10 K: bei geschlossenen Decken 40…80…max. 100 W/m²; bei offenen Decken durch hohen konvektiven Anteil bis 150 W/m²; über 100 W/m² besteht Zuggefahr (versuchstechnische Überprüfung der Einsatzbedingungen erforderlich).

Wärmetransport durch *Wasser* bei Temperaturen: 16…18…max 20 °C; Temperaturspreizung 2…3 K.

Für den *Gesamtwärmeübergang* vom Raum an geschlossene Kühldecken gilt

$$\alpha = 8{,}92\,(t_i - t_D)^{0{,}1} \text{ in W/(m}^2\text{K)}$$

bzw. für die *raumseitige Wärmestromdichte (spezifische Leistung)* die *Basiskennlinie* (identisch mit der Basiskennlinie für Fußbodenheizung nach DIN EN 1264 T2)[2]

$$\dot{q}_i = 8{,}92\,(t_i - t_D)^{1{,}1} \text{ in W/m}^2.$$

t_i °C Raumtemperatur
t_D °C mittlere Deckentemperatur an der Unterseite.

[1]) Glück, B.: HLH 7/92. S. 365 ff.
[2]) Glück, B.: HLH 3/91. S. 213 ff.

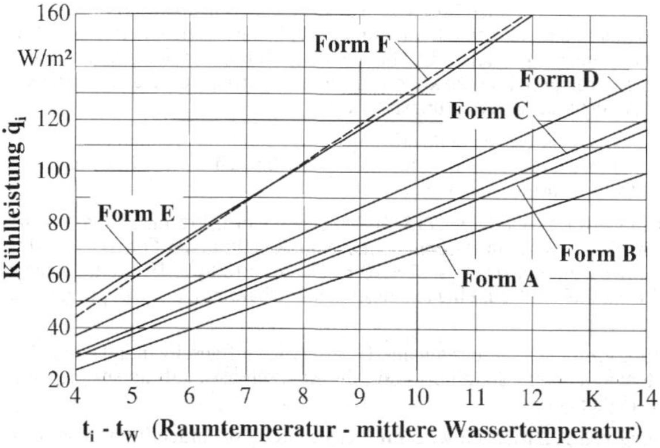

Bild 3.2.9-9. Leistungsdiagramm für ausgewählte geschlossene und offene Kühldecken sowie für Kühlsegel (Form A bis F nach Bild 3.2.9-7 und Bild 3.2.9-8). Die speziellen Werte sind von der detaillierten Konstruktion abhängig und durch einen Prüfbericht nach DIN 4715 zu belegen.

A geschlossene Kühldecke: Kassetten bzw. Langfeldplatten, perforiert mit Akustikvlies, Rohrklemmverbindung
B geschlossene Kühldecke: Kapillarrohrmatten im Kunststoffputz auf einem Putzträger
C geschlossene Kühldecke: Kapillarrohrmatten in Kassetten bzw. Langfeldplatten, perforiert mit Akustikvlies, eingeklebt)
D geschlossene Kühldecke: Aluminium-Strangpreßprofile mit eingepreßtem Kupferrohr
E offene Kühldecke: Profile wie D, jedoch Schlitze 16 mm zwischen den Paneelen 184 mm
F Kühlsegel: Aluminiumblech, perforiert, gefaltet mit Kapillarrohrmatten

Der *innere Wärmedurchgangskoeffizient* $\varkappa$ quantifiziert den Wärmedurchgang von der Deckenunterseite bis zum Kühlwasser[1])

$$\varkappa = \frac{\dot{q}_i}{t_D - t_W} \text{ in W/(m}^2\text{K)}$$

t_W °C mittlere Kühlwassertemperatur

Blechlamellen mit Kühlrohren (Abstand 150…300 mm)	$\varkappa \approx 15…35$ W/(m²K)
Kapillarrohrmatten (eingeputzt, eingegossen)	$\varkappa \approx 30…100$ W/(m²K)
Alu-Strangpreßprofil mit angegossenem Rohr (Breite 150 mm)	$\varkappa \approx 180$ W/(m²K).

Je größer $\varkappa$, desto höher kann die mittlere Kühlwassertemperatur t_W bei gleicher spezifischer Leistung $\dot{q}_i$ sein.

Die *Leistung* von Kühldecken im *praktischen Einsatz* wird von verschiedenen Faktoren beeinflußt. Der *konvektive Anteil* ist vom Lüftungssystem und bei offenen Decken stark von der Verteilung und Wirksamkeit der Wärmequellen im Raum abhängig. Beispielsweise beträgt die Leistungszunahme nach [2]) bei Lüftung mit turbulenten Deckenstrahlen bis 6%, bei Quellüftung 0 bis –1% sowie nach [3]) bei integrierten Deckenauslässen und 4- bis 8fachem Luftwechsel 10 bis 15%. Der *Strahlungsanteil* wird von der Geometrie und den Oberflächentemperaturen – somit also von Raumhöhe, Fassadenform, Kühlflächenbelegung – beeinflußt. Ob eine *Korrektur der Prüfstandswerte* für die praktische Auslegung sinnvoll ist oder analog der Heizkörperfestlegung unterbleiben kann, bedarf noch einer genauen Untersuchung[4]). Dabei sollte von einer auf den Kühldeckeneinsatz abgestimmten Kühllastbe-

[1]) Glück, B.: CCI 14/90. S. 43 ff. und Wärmetechnisches Raummodell. Heidelberg: C. F. Müller Verlag 1977 (ISBN 3-7880-7615-1). S. 137 ff.
[2]) Schiller, H.: CCI 4/92.
[3]) Kochendörfer, C.: DKV-Tagung 1994.
[4]) Glück, B.: CCI 11/95.

rechnung ausgegangen werden[1]. Nach Simulationen, die die Wärmeübertragung im Raum einbezogen, kann in guter Näherung eine Korrektur der Prüfstandswerte unterbleiben. Eine Superponierbarkeit der unterschiedlichen Einflüsse auf die Kühldeckenleistung ist keinesfalls gegeben[2]. Eine vornehmlich konvektive Leistungssteigerung sollte aus wärmephysiologischen Gründen nicht das Entwicklungsziel sein.

Die entscheidende *Leistungsbegrenzung* der Kühldecke ist durch die Taupunkttemperatur der Raumluft gegeben, die an den Kühlelementen – vornehmlich an den Kaltwasservorlaufleitungen – nicht unterschritten werden darf.

Die *Leistungsmessung* erfolgt nach DIN 4715 T1[3] in einem Norm-Prüfraum (4 m × 4 m × 3 m) bei freier Konvektion mit dem Ergebnis einer Normkennlinie der Form $\dot{Q} = C\,\Delta t^n$. Die *Normkühlleistung* $\dot{Q}_N$ gilt bei $\Delta t = t_i - t_W = 10$ K. Daraus ermittelte Herstellerangaben beziehen die spezifische Leistung auf eine technisch realisierbare Einheit, z.B. pro m² oder pro Modul (Bild 3.2.9-9).

Bei der Normprüfung werden weitere relevante Größen wie Luftgeschwindigkeiten, Turbulenzgrade, Lufttemperaturverteilung bestimmt, die Rückschlüsse auf die späteren Einsatzverhältnisse ermöglichen.

Die *Abnahmeprüfung* von Kühlflächen wird im Rahmen der Abnahmeprüfung von RLT-Anlagen geregelt.[4]

Die Leistung geschlossener Kühldecken kann unter Annahme der Basiskennlinie (≡ Annahme des Wärmeübergangskoeffizienten) und spezieller konstruktionsbedingter Wärmeleitwiderstände (z.B. Luftspalte bei Klemmverbindungen) mit sehr guten Ergebnissen analytisch[5] oder numerisch[6] bestimmt werden. Bei offenen Decken ist dies nur näherungsweise möglich, da der die Kühldeckenrückseite beaufschlagende Luftstrom in der Regel geschätzt werden muß.

c) Raumlüftung

Eine Lüftungsanlage ist für den Einsatz einer Kühldecke unerläßlich, um die Raumluftfeuchte zu begrenzen. Öffenbare Fenster können dennoch vorgesehen werden; die Kühldeckenregelung muß allerdings eine Sicherheitsabschaltung aufweisen, die die Kondensatbildung an allen Bauteilen wirksam verhindert. Bei ausschließlicher Fensterlüftung würde bei höheren Außenluftfeuchten das Raumkühlsystem abgeschaltet oder mit stark reduzierter Leistung arbeiten. Simulationsrechnungen[7] zeigen, daß dies bei normalen Bürogebäuden mehrere hundert Stunden pro Jahr sind. Zukünftig könnte jedoch eine Kühldecke mit gleichzeitiger Raumluftentfeuchtung verfügbar sein, wobei Kapillarrohre aus wasserdampfpermeablen Hohlmembranen durchströmt von einem absorptiven Kühlmittel Verwendung finden[8].

Es wird von einem minimalen Luftvolumenstrom ausgegangen, um die hygienischen Bedingungen – beispielsweise 50 m³/(h Person) – zu erfüllen und die Feuchtelasten aus dem Raum abzuführen (aus Feuchtebilanz Eintrittsparameter festlegen!). Die relative Luftfeuchte im Raum sollte 50% nicht überschreiten, um der Kondensationsgefahr wirksam zu begegnen. Aus $t_i = 26$ °C und $\varphi_i = 50\%$ folgt Taupunkttemperatur $t_\tau = 14{,}8$ °C. Bei Begrenzung der Kaltwasservorlauftemperatur $t_{W,V} \geq 16$ °C ist ausreichende Sicherheit gegen Kondenswasserbildung gegeben.

Eine gleichmäßige Verteilung der relativ geringen Zuluftmenge und eine niedrige Schadstoffkonzentration im Aufenthaltsbereich wird mit der *Quellüftung* (vgl. Abschnitte 3.3.5-4.1 und 3.3.5-4.6) erreicht. Ein turbulenzarmer Luftaustritt mit Geschwindigkeiten um 0,2 m/s und Untertemperaturen von 2 bis 5 K speist einen bodennahen Frischluftsee, aus dem die thermische Auftriebsströmung (Personen, elektrische Geräte) schöpft. Der vertikale Lufttemperaturgradient ist relativ klein[9]. Er sollte 2 K/m im Komfortbereich nicht

---

[1]) Esdorn, H.: HLH 4/94.
[2]) Glück, B.: DKV-Tagung 1997; Ki 5/98. S. 232ff.
[3]) DIN 4715 T1 (07.94).
[4]) VDI 2079 Beiblatt 1 (08.96): Funktionsprüfung von Raumkühlflächen.
[5]) Glück, B.: CCI 14/90 und Strahlungsheizung – Theorie und Praxis. Berlin: Verlag für Bauwesen, u. Karlsruhe: C. F. Müller 1982, und Ges.-Ing. 1/02. S. 1ff.
[6]) Kast, W.: Klan, H.; Rosenberg, J.: HLH 3/94 und 6/94.
[7]) Schiller, H.: CCI 3/95.
[8]) Hilke, R. u. a.: CCI 7/98, S. 30ff..
[9]) Külpmann, R.: Diss. TU Berlin 1991, Krühe, H.: Diss. TU Berlin 1995.

überschreiten. Die spezifische Kühlleistung beträgt je nach Luftwechsel und Temperaturdifferenz bis 15 W/m².

Die geringen Zuluftströme können auch über *andere bewährte Lüftungssysteme* (z. B. Deckendralldurchlässe) dem Raum zugeführt werden.

d) Auslegung der Kühldecke

Um ein iteratives Vorgehen zu vermeiden, wird ein vereinfachter Berechnungsgang empfohlen.

Gegebene Größen:

t_i	°C	Raumtemperatur
x_i	g_W/kg_{tL}	Raumluftfeuchte
t_{AB}	°C	Ablufttemperatur
x_{AB}	g_W/kg_{tL}	Abluftfeuchte
t_{ZU}	°C	Zulufttemperatur
$\dot{V}_L$	m³/h	Luftvolumenstrom
$\dot{Q}_{K,t}$	W	trockene Kühllast
$\dot{m}_W$	g_W/h	Feuchtelast.

Berechenbare Größen:

absolute Zuluftfeuchte

$x_{ZU} = x_{AB} - 0{,}87\ \dot{m}_W/\dot{V}_L$ in g_W/kg_{tL}

trockener Wärmestrom, den die Lüftung abführt

$\dot{Q}_{L,t} = 0{,}33\ \dot{V}_L\ (t_{AB} - t_{ZU})$ in W

Wärmestrom, den die Kühldecke ableitet

$\dot{Q}_{KD} = \dot{Q}_{K,t} - \dot{Q}_{L,t}$ in W.

Nach Festlegung der aktiven Kühldeckenfläche A_K (Erarbeitung eines *Deckenspiegels*) folgt die spezifische Leistung $\dot{q}^*_i$, die aus dem Raum abzuführen ist:

$\dot{q}^*_i = \dot{Q}_{KD}/A_K$ in W/m².

Dieser Wert stellt das leistungsmäßige Auswahlkriterium dar.

Für die typspezifische Leistung $\dot{q}_i$ (gemäß Normprüfung) des zu wählenden Kühldeckensystems muß gelten:

$\dot{q}^*_i \leq \dot{q}_i$.

Dieses Auswahlkriterium gilt unter der Bedingung, daß die minimale Vorlauftemperatur nicht unterschritten wird (Tauwassergefahr). Gelingt dies nicht, so können folgende Maßnahmen getroffen werden:

- aktive Kühldeckenfläche A_K vergrößern
- Kühllast $\dot{Q}_{KD}$ beispielsweise durch verbesserten Sonnenschutz reduzieren
- Raumtemperatur t_i anheben.

Ist ein geeignetes System gefunden, das den maximalen Lastfall abdeckt, so sind bei gewünschter *gleitender Fahrweise* der Raumtemperatur t_i in Abhängigkeit der Außentemperatur t_a auch die Teillastfälle zu überprüfen. Bei maßgeblichen inneren Lasten sind Teillastfälle oft kritischer.

Beispiel

Ein Büroraum (A = 32 m²) ist mit drei Personen besetzt. Es gelten: $\dot{Q}_{K,t}$ = 1300 W; t_i = 26 °C; φ_i = 50% (x_i = 10,63 g_W/kg_{tL}). Über ein Quelluftsystem werden pro Person 65 m³/h Zuluft (t_{ZU} = 24 °C) eingebracht. Die Ablufttemperatur liegt 1 K über t_i. Wie groß ist die erforderliche spezifische Kühlleistung bei einem Belegungsgrad mit aktiven Kühlelementen von 65% der Gesamtdeckenfläche?

Zuluftvolumenstrom:	$\dot{V}_{ZU} = 3 \cdot 65 = 195$ m³/h
Wärmeabfuhr durch Lüftung:	$\dot{Q}_{L,t} = 0{,}33 \cdot 195\ (27 - 24) = 193$ W (Dies sind nur 6 W/m²!)
Wärmeabfuhr durch Kühldecke:	$\dot{Q}_{KD} = (1300 - 193) = 1107$ W
erforderliche Kühldeckenleistung:	$\dot{q}^*_i = 1107/(0{,}65 \cdot 32) = 53{,}2$ W/m².

Wie ist die Zuluft zu konditionieren?

Feuchtelast

$\dot{m}_W = 3 \cdot 65 = 195\ g_W/h$ (nach Tafel 1.2.2-1)

erforderliche Zuluftfeuchte

$$x_{ZU} = 10{,}63 - 0{,}87\,\frac{195}{195} = 9{,}76\ g_W/kg_{t,L}.$$

e) Behaglichkeitskriterien

Die große Strahlungswärmeabgabe der Personen wird als außerordentlich angenehm empfunden. Ausgeglichene Strahlungs- und Lufttemperaturen über die Raumnutzungsfläche bieten nahezu konstante Raum- bzw. Empfindungstemperaturen. Umfangreiche Simulationsrechnungen zum Strahlungsaustausch ergaben, daß die zulässigen Strahlungstemperatur-Asymmetrien (14 K bei 5% Unzufriedenen) für Kühldecken stets eingehalten werden (vgl. auch Tafel 3.2.9-2). Für Wandkühlflächen sind mitunter detailliertere Untersuchungen erforderlich[1]. Die Luftbewegung im Raum bei gleichmäßig gekühlter Deckenfläche wird vor allem durch die Auftriebsströmungen der Wärmequellen geprägt. Deshalb ist die Gefahr herabfallender Kaltluft im Aufenthaltsbereich von Personen praktisch nicht gegeben. Trotz der Überlagerung mit dem Lüftungssystem sind die Luftgeschwindigkeiten in der Regel auf Werte kleiner 0,15 m/s begrenzt.

Bei Einsatz örtlich konzentrierter Kühlelemente (Kühlkonvektoren) sind Kaltluftströme nach unten, die auch die Raumströmung maßgeblich beeinflussen, möglich. Hinweise darauf liefert das Normprüfverfahren nach DIN 4715 T1.

f) Kaltwassersystem (Bild 3.2.9-10)

Das vertikale Verteilsystem im Gebäude ist nach dem Zweirohrprinzip zu erstellen, die geschoßweise Verteilung den speziellen Bedürfnissen anzupassen. Üblicherweise wird ein horizontaler Tichelmann-Ring verlegt. An diesem sind Einzelregister bzw. zusammengeschaltete Paneele direkt über Drosselventile oder Beimischstationen anschließbar. Die Wahl der Anschlußart sollte nach regelungstechnischen Gesichtspunkten erfolgen. Ein indirekter Anschluß der Kühldecke über Plattenwärmeübertrager ist notwendig, wenn statische Druckbegrenzungen bestehen oder aus Gründen des Korrosionsschutzes eine Trennung der Wasserkreisläufe gefordert wird. Jedes abgeschlossene System muß selbstverständlich mit einem Ausdehnungsgefäß, einem Sicherheitsventil und evtl. mit einem Überströmventil, das bei zu hohem Pumpendifferenzdruck anspricht, ausgerüstet sein. Auf eine sichere Entlüftung des Systems ist zu achten.

In den wasserführenden Rohren der Kühlpaneele sind turbulente Strömungsverhältnisse zu sichern (Ausnahme: Kapillarrohre), da bei laminarer Durchströmung große Leistungsabfälle eintreten können.

Mindestwassergeschwindigkeit:

$w_{min} = 4/d_i$ in m/s; $\quad d_i$ mm Rohrinnendurchmesser.

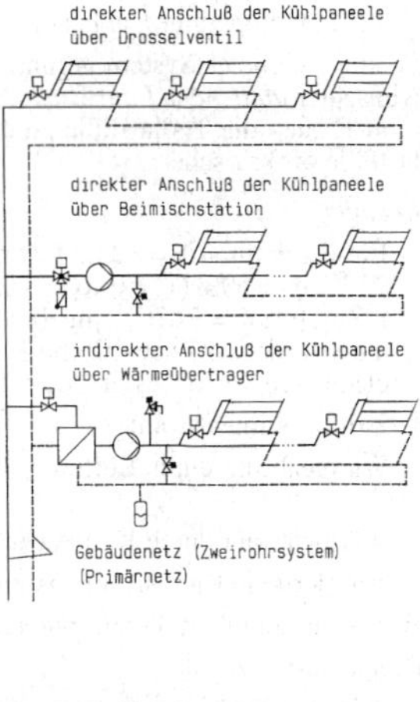

Bild 3.2.9-10. Prinzipielle Anschlußvarianten von Kühldecken an das Kaltwassersystem.

[1]) Glück, B.: Ges.-Ing. 2/91. S. 65 ff.; HLH 9/91. S. 502 ff.; Ges.-Ing. 6/94. S. 285 ff. und Wärmetechnisches Raummodell. Heidelberg: C. F. Müller Verlag 1997.

g) Regelungskonzept

In vielen Fällen ist es technisch sinnvoll

- große Funktionsbereiche mit gleicher Nutzung
- Versorgungsbereiche gleicher Rechtsträger
- Zonen gleicher Himmelsrichtung

über Beimischstationen mit gleicher Vorlauftemperatur zu versorgen und die individuelle Leistungsanpassung an Einzelräume, Innenzonen von Großraumbüros usw. durch Drosselung des Massestroms vorzunehmen (Bild 3.2.9-11). Eine *DDC*-Regelung (Bild 3.2.9-12) könnte folgende Funktionen erfüllen:

- Führen der Raumtemperatur – Sollwerte in Abhängigkeit von t_a
- Steuerung der Kaltwasservorlauftemperatur am Austritt der Beimischstation in Abhängigkeit von t_a
- Regelung der einzelnen Raumtemperaturen
- Drehzahlregelung der Pumpe als Funktion des Differenzdruckes; Abschaltung bei völlig geschlossenen Drosselventilen
- Anheben der Vorlauftemperatur oder Schließen der Drosselventile bei Gefahr der Tauwasserbildung.

Tauwasserbildung kann durch Feuchtefühler am Vorlauf oder indirekt durch Messung des Abluftzustandes, Errechnung der Taupunkttemperatur und Vergleich mit der Vorlauftemperatur festgestellt werden. Bei nichthomogenen Raumluftzuständen ist ein kombiniertes Verfahren sinnvoll, z.B. in Eingangsbereichen zusätzlich direkte Feuchtefühler. Vielfach

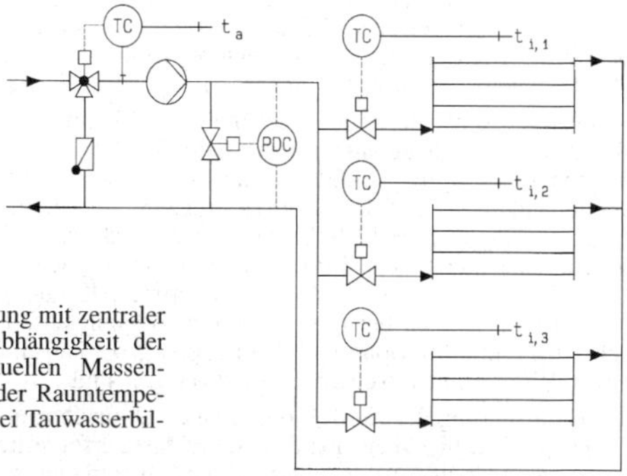

Bild 3.2.9-11. Kombinierte Schaltung mit zentraler Vorlauf-Temperatursteuerung in Abhängigkeit der Außentemperatur t_a und individuellen Massenstromregelungen in Abhängigkeit der Raumtemperaturen t_i (Sicherheitsabschaltung bei Tauwasserbildung ist noch zu ergänzen!)

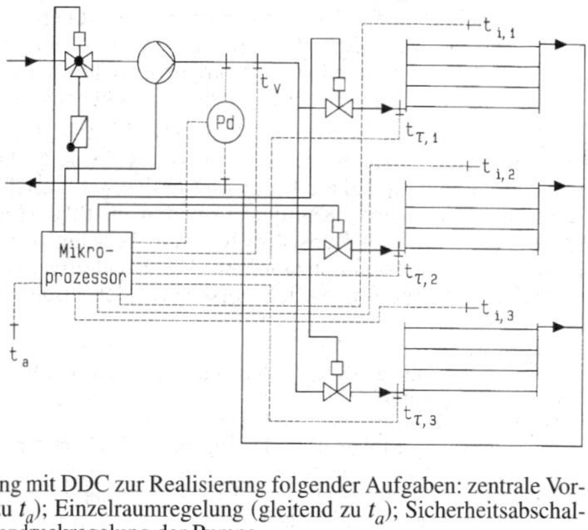

Bild 3.2.9-12. Kombinierte Schaltung mit DDC zur Realisierung folgender Aufgaben: zentrale Vorlauftemperatursteuerung (gleitend zu t_a); Einzelraumregelung (gleitend zu t_a); Sicherheitsabschaltung bei Tauwasserbildung; Differenzdruckregelung der Pumpe.

werden auch Fensterkontakte angebracht, die beim Öffnen die Kühldecke abschalten. Die exakte Wärmemengenzählung für abgeschlossene Nutzerbereiche (Messung von Massestrom und Temperaturdifferenz) kann in die DDC-Konzeption integriert werden. Für Bürogebäude mit mehreren Nutzern ist auch eine „Kühlkostenverteilung“ möglich: 50% der Kosten pro m^2 installierte Kühldecke umlegen; 50% entsprechend der entnommenen Primärwassermenge (Wasserzähler) berechnen.

h) Anlage- und Betriebskostenvergleich

Allgemeine Untersuchungen für die Klima-, Kälte- und Wärmeversorgungsanlage für Bürogebäude ergaben bezüglich der Anlagekosten[1]: Kühldecke mit Lüftung: (100…145)%; VVS-Anlage: (89…117)%. Da die Lufttemperatur in Räumen mit Kühldecken um (2…3) K höher liegen kann als in nur-luftgekühlten Räumen, ergeben sich dadurch systemimmanente, energetische Einsparungen von (5…10)%[2]. Die hauptsächlicheren Betriebskostenreduzierungen folgen aus den höheren Kaltwassertemperaturen (längere Nutzung der freien Kühlung) und niedrigeren Luftvolumenströmen. Somit sind für Deckenkühlsysteme um (20…48)%[3] niedrigere Betriebskosten als für Nur-Luftsysteme zu erwarten.

-3 Kühlkonvektoren[4]

Konvektoren werden in den verschiedensten Bauformen zur Luftkühlung eingesetzt (Wand- und Deckenanordnung). Mitunter dienen sie auch zur Kühlung von Deckenhohlräumen, wobei die Decken dann als Kühldecken wirken. Weiterhin gibt es Kombinationsformen von direkter Kühlung der Raumluft und der Deckenhohlraumkühlung[5]. Eine kostengünstige Variante, die auch sehr gut zur Nachrüstung geeignet ist, stellen Kapillarrohrmatten über offenen Lamellen – oder Rasterdecken dar (Normkühlleistung bis 90 W/m^2). Die Leistung der Konvektoren ist durch Einhausung in einem Schacht – analog Heizkonvektor – enorm steigerbar *(Schwerkraft-Kühlung)*[6].

Konvektionsschächte können beispielsweise beim System „Gravivent“ durch doppelte Schrankrückwände gebildet werden (Bild 3.2.9-13). Unter den senkrechten oder leicht geneigten Konvektoren werden Wannen angeordnet, um gelegentlich auftretendes Kondenswasser aufzufangen[7]. Die Konvektoren, in Verbindung mit einem Schacht, geben bei $t_{Luft,ein} - t_{Wasser,ein}$ = 12 K bis zu 350 W/m ab. Die Kühlleistung wird stark beeinflußt durch: Schachthöhe und -form, Dämmung des Schachtes, Konvektorbauform (1 bis 3-reihig), Temperaturdifferenz (Selbstregulierung), Kondenswasserbildung. Ohne besondere Maßnahmen können bei Einhaltung der Behaglichkeit (Temperaturgradient 2 K/m zwischen 0,1 und 1,1 m Höhe, Geschwindigkeit $\leqq$ 0,15 m/s nur spezifische Kühlleistungen von ca. 20 W/m^2 erreicht werden. Sonderlösungen sind:

1. Weiterführung der Kaltluft durch einen Doppelboden mit raumseitiger Wärmeaufnahme; großflächige, begehbare Luftdurchlässe erforderlich, um den Druckverlust zu minimieren. Ständige Aufenthaltsbereiche 1 m vom Durchlaß: Kühlleistungen 50 W/m^2 realisierbar.
2. Anordnung von Blasstrahlen (Luftsprudler) mit geringer Neigung zur Senkrechten. Blasluft als Umluft oder zentral aufbereitete Außenluft: 15 ... 30 m^3/(hm) bei 200 ... 20 Pa Düsenvordruck (Schalldruckpegel beachten). Zu starke Blasstrahlen bewirken Kurzschlussströmung. Ständige Aufenthaltsbereiche 2 m vom Durchlaß: Kühlleistungen 40 W/m^2 möglich. Die Luftgeschwindigkeiten überschreiten teilweise 0,15 m/s[8].

Das Konstruktionsprinzip der Fa. Clina (Bild 3.2.9-14) füllt die gesamte Schachthöhe mit Kunststoff-Kapillarrohrmatten aus, die mit Kaltwasser durchströmt werden. Die Schachtquerschnitte und die äußere Form sind individuell gestaltbar (Wandschränke oder frei im Raum stehende Säulen). Kapillarrohrmatten aus PP sind inkrustationsfrei, das Kaltwasser-Verteilsystem muß aus Kunststoff sein, an Übergängen zu Stahlrohrleitungen sind Wärmeübertrager aus Edelstahl anzuordnen. Die Kondenswasserbildung kann zur Entfeuchtung zugelassen (Wanne mit Abfluß vorsehen) oder ausgeschlossen (Feuchtefühler am Kalt-

---

[1]) Thode, R.: Kühlung – Büroflächen, interner Bericht der Fa. ROM, Hamburg 1992.
[2]) Glück, B.: Ges.-Ing. 1/92. S. 3ff.
[3]) Brunk, M.: Ges.-Ing. 5/91. S. 259ff.
[4]) Neubearbeitung erfolgte durch Dr.-Ing. habil. B. Glück für die 67. Auflage.
[5]) Hesslinger, S.: DKV-Tagung 1997.
[6]) Mengede. B.: DKV-Tagung 1997; Diss. Universität Essen GHS 1997.
[7]) Schmidt, F. H.: CCI 3/89. S.14ff.
[8]) Stark, I.: Versuchsbericht. Fa. ROM, Nr. 259. Schwerkraftkühlung. 1992.

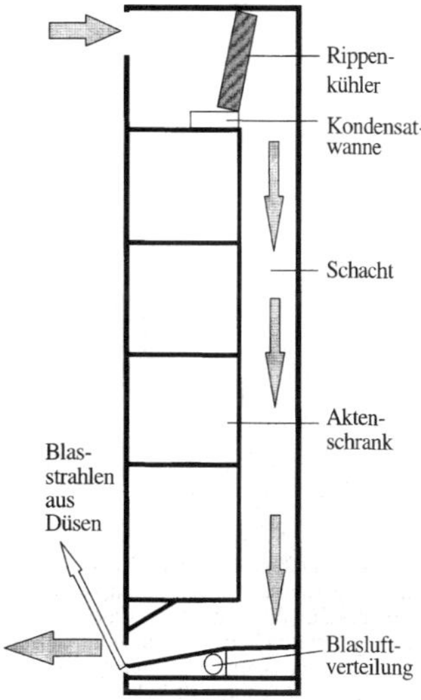

Bild 3.2.9-13. Schwerkraftkühlung (System „Gravivent"), in Schrankwand integriert mit zusätzlichen Blasstrahlen.

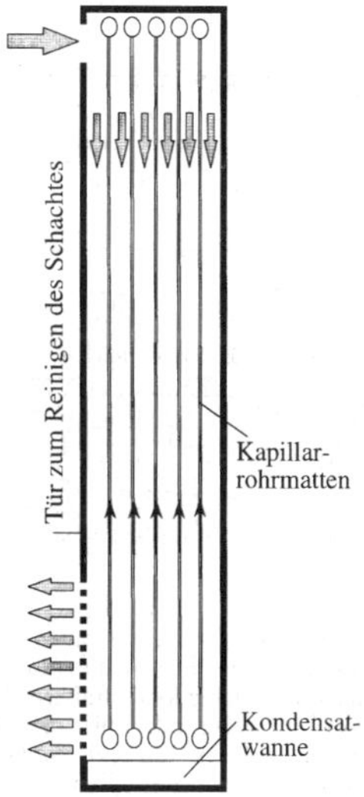

Bild 3.2.9-14. Schwerkraftkühlung (System „Clina") als Wandschrank oder freistehende Säule mit individuell gestaltbarer Form. Zusätzliche Zwangsdurchlüftung möglich.

wasservorlauf mit Stellventil) werden. Bei einem freien Säulenquerschnitt von 0,16 m^2 werden im Schwerkraftbetrieb bei $t_{Luft,ein} - t_{Wasser,ein}$ = 12 K bis zu 600 W erreicht. Bei Zusatzinstallation eines Lüfters (400 m^3/h) erhöht sich die Leistung bei gleicher Temperaturdifferenz bis auf 1200 W[1]. Damit sind z. B. spezifische Kühlleistungen von 30 W/m^2 bis 60 W/m^2 realisierbar. Die Geometrie und die Gestaltung des Luftaustritts ist vielfältig möglich. Bei der Anlehnung an Quelluftdurchlässe[2] und unter Beachten des Abschnittes 3.3.5-4.6.2 sind die genannten Kühlleistungen auch im Komfortbereich umsetzbar, der vertikale Lufttemperaturgradient von 2 K/m ist dann einhaltbar. Wird die Zuluftöffnung mit der Atmosphäre verbunden, kann ganzjährig eine Zufuhr thermisch aufbereiteter Außenluft auch im Schwerkraftbetrieb erfolgen. Der Kühlschacht ist auch für den Heizbetrieb einsetzbar.

Die hohen Leistungen der Kühlschachtsysteme sind in Verkaufs- und Produktionsbereichen besonders effizient nutzbar.

-4 Massivdeckenkühlung (Betonkernaktivierung)[3) 4) 5)]

Die neuzeitliche thermische Bauteilaktivierung setzt wasserdurchflossene Rohrsysteme im Inneren von Speicherbauteilen ein, die gleichzeitig eine Raumbegrenzung darstellen. Vorzugsweise handelt es sich um Massivdecken (Bild 3.2.9-15). Die Be- und die Entladung erfolgt zeitversetzt, womit ein instationärer Betrieb gegeben ist. Der Begriff „Aktivierung"

[1]) Illing, B.: Untersuchungsbericht. Westsächsische Hochschule Zwickau (FH), FG Versorgungs- und Umwelttechnik. Kühlsäule mit Kapillarrohrmatten. 1999.
[2]) Fitzner, K.: Ki Luft- und Klimatechnik 3/97. S. 110ff.
[3]) Glück, B.: Thermische Bauteilaktivierung. Heidelberg: C. F. Müller Verlag 1999 (ISBN 3-7880-7674-7).
[4]) Oesterle, E.; Koenigsdorff, R.: HLH 1/99. S. 22 ff.
[5]) Meierhans, R.; Olesen, B.: Betonkernaktivierung. Norderstedt: Velta 1999 (ISBN 3-00-004092-7).

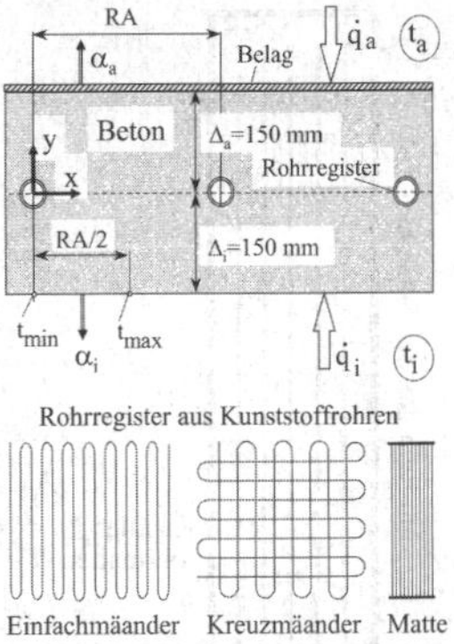

Bild 3.2.9-15. Querschnitt durch eine Stahlbetondecke mit mittiger Einordnung des Rohrregisters. Zur Fixierung des Registers wird meistens eine zusätzliche Trägermatte aus Bewehrungsstahl vorgesehen. Um eine gute thermische Ankopplung der Massivdecke an die Räume zu erreichen, muß die Deckenunterseite frei und die Oberseite möglichst geringe Wärmeleitwiderstände aufweisen. Die Geometrie des Rohrregisters beeinflußt die Speicherwärme sehr stark. Als Rohrregister sind Einfachmäander analog wie bei der Fußbodenheizung 20×2 mm, 17×2 mm, 10,5×1,25 mm usw., Kreuzmäander ohne Trägermatte (Fa. Polytherm) 20,2×2,6 mm und auch Kapillarrohrmatten wie im Kühldeckenbau 4,3×0,8 (Sondermatte Fa. Clina) einsetzbar. Bezüglich der Rohrabstände und der Betonierbarkeit von Bauteilen sind DIN 1045 und DBV-Merkblatt (Deutscher Betonverein) zu beachten.

bezieht sich auf das gezielte Speichern von Wärme („Kälte") im Bauteil, die Entladung erfolgt rein passiv ohne Eingriffsmöglichkeit durch den Nutzer. Der Einsatz von Wassersystemen (→ Transportkostenersparnis) sowie von großen Kühlflächen (→ Anheben der Kaltwassertemperatur) wirkt ebenso positiv wie bei Kühldecken und -segeln. Zusätzlich wird noch die Temperaturschwankung des Tagesganges genutzt, indem die vorhandenen Zeitunterschiede zwischen Angebot und Bedarf durch die Phasenverschiebung bei der Speicherung egalisiert werden. So ist es möglich vorzugsweise *Umweltenergie* einzusetzen, indem beispielsweise nachts mittels Verdunstungskühlung bereitgestelltes Kaltwasser ein Rohrregister in der Decke beaufschlagt und diese abkühlt, sodass am folgenden Tag über die Deckenoberfläche ein Wärmestrom aus dem Raum aufgenommen werden kann. Im Heizfall ist dies leider nicht in dieser Idealform gegeben, denn die solare Wärmeaufnahme kann nur im Bereich 10 ... 16 Uhr erfolgen, womit der morgendliche Bedarf i. d. R. nicht abdeckbar ist. Regelbare Zusatzheizungen sind üblich.

Die Größe der Speicherwärme wird von den Temperaturen (Raum, Wasser) und der Geometrie des Bauteils (Dicke, Wärmeleitwiderstände an den Oberflächen → keine untergehängten Decken möglich, Lage des Rohrregisters) und der Registergeometrie (Bild 3.2.9-16) bestimmt. Kleine Rohrabstände liefern homogene Temperaturverläufe und damit hohe Speicherwärmen (Bild 3.2.9-17). Bei mäanderförmig verlegtem Rohrmaterial (17 x 2 mm) werden üblicherweise Abstände von 150 ... 300 mm, bei Kapillarrohrmatten (4,3 x 0,8 mm) 30 mm realisiert. Allgemeine Betrachtungen zur Gestaltung der Rohrregister aus thermodynamischer und hydraulischer Sicht ergeben Vorteile für Kapillarrohrmatten[1)].

Übliche Betriebswerte: Wassertemperatur Sommer 18 °C, Winter 26 °C; Spreizung 2 ... 4 K; Temperaturen Deckenunterseite 21 °C ... 24 °C; Kühlleistungen (oben + unten) über 10 h Nutzungszeit: 25 ... 40 W/m².

Die geringen Temperaturunterschiede zum Raum bewirken eine *gute Selbstregulierung*:

$t_{Decke} < t_{Raum} \Rightarrow$ Kühlfall; $t_{Decke} > t_{Raum} \Rightarrow$ Heizfall.

1) Glück, B.: Ges.-Ing. 4/00. S. 189 ff.

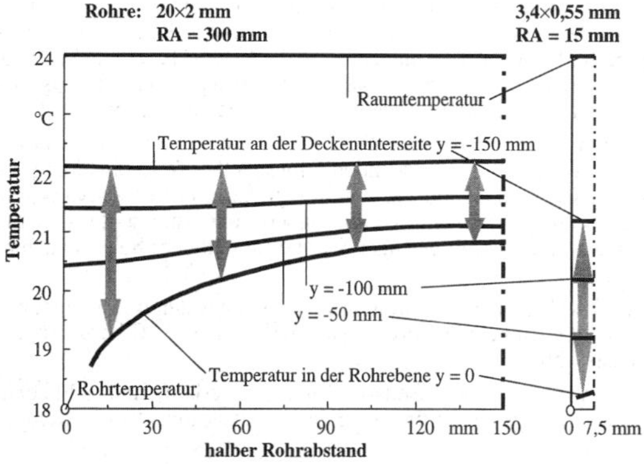

Bild 3.2.9-16. Temperaturverläufe bei Kühlung einer Massivdecke der Dicke 300 mm mit einer mittleren Kühlwassertemperatur von 18 °C bei einer Raumtemperatur von 24 °C unter stationären Bedingungen. Auf der Oberseite befindet sich nur ein Textilbelag (Dicke 10 mm). Das Rohrregister liegt mittig in der Decke. Die eingesetzten Rohrregister stellen Extremwerte dar, zwischen denen alle real üblichen Varianten liegen. Links: mäanderförmige Rohrschlangen mit sehr großem Rohrabstand. Rechts: Kapillarrohrmatten mit sehr kleinem Rohrabstand. Dargestellt ist jeweils eine Symmetriehälfte von Mitte Rohr bis zur Mitte zwischen zwei Rohren. Die y-Achse beginnt in Höhe der Rohrebene und ist nach oben orientiert (Bild 3.2.9-15). Die Vertikalpfeile kennzeichnen den Temperaturbereich des Betons als Indiz für die Speicherwärme („Speicherkälte") im Bauteil.

Hinweise zum Betrieb:

- Im Tagesgang können Raumtemperaturabweichungen von der DIN 1946 T2 auftreten und die in den Raum eingetragenen Lasten sind bei anhaltender Hitzeperiode möglicherweise auch in einer 24-Stundenperiode nicht kompensierbar (Vertragsgestaltung beachten!).
- Gewährleistung der Raumtemperatur nur bei regelbarem Zusatzsystem möglich (Umluftkühler, zusätzliches oberflächennahes Rohrregister in der Decke, abgehängtes Kühlsegel usw.)
- Entladung des Speicherbauteils erfolgt rein passiv ohne Einflussmöglichkeit des Nutzers, was Akzeptanzwillen voraussetzt.

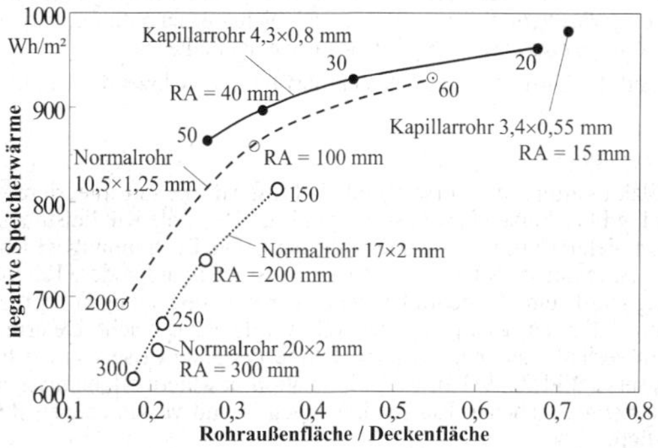

Bild 3.2.9-17. Korrelation zwischen der Rohroberfläche, die im Bauteil integriert ist, und der Speicherwärme (Maß für die Leistungsfähigkeit der Decke) unter gleichen Randbedingungen wie im Bild 3.2.9-16 beschrieben. Im Bild sind auch die Extremvarianten von Bild 3.2.9-16 als Punkte vermerkt.

– Eine Abrechenbarkeit der verbrauchten Energie ist bei kleinen Mietbereichen meistens nicht gegeben. Im „Normalfall" wird die gesamte Deckenfläche ohne Rücksicht auf spätere Raumaufteilungen mitunter sogar über unterschiedliche Nutzer- bzw. Mietbereiche hinweg mit Rohrregistern eines steuerbaren Wasserkreises belegt. Außerdem ist die Wirkung der Kühl- und/oder Heizfunktion geschossübergreifend gewünscht.
– Ist keine RLT-Anlage vorhanden, muss die Wassertemperatur angehoben werden (→ Kühlpotential bleibt ungenutzt), denn bei Kondensationsgefahr (Wetteränderung) ist im Gegensatz zu üblichen Kühldecken oder -segeln infolge der großen Systemträgheit das Absperren des Wasserkreises wirkungslos. Besonders ungünstig wirkt sich die ungleiche Raumnutzung aus. Räume mit geringer Wärmelast und/oder hoher Feuchtelast sind besonders gefährdet.
– Heizen und gleichzeitiges Kühlen bei installiertem Zusatzsystem durch „Energienullband", in dem weder geheizt noch gekühlt wird (z. B. unterhalb $t_i = 22\,°C$ heizen, oberhalb $t_i = 25\,°C$ kühlen), ausschließen.
– Steuerung der Beladung nach Prognose (Bedarf, Witterungsverlauf) und zeitlichem Temperaturangebot der Quelle optimieren. Indiz für den Ladezustand: Rücklauftemperatur, Spreizung.

⇒ Die Zuständigkeit für die thermische Bauteilaktivierung sollte beim Anlagenbau liegen!

Hinweise zur Entscheidungsfindung – Primärenergieeinsatz:

– Die Selbstregelung ist stets mit Energieverschwendung verbunden, da letztendlich die Raumtemperaturen vom Sollwert abweichen (Deckenspeicher verkörpert „direktwirkenden Proportionalregler").
– Durch Speicherverluste und nicht beeinflussbare, oftmals unnötige Wärmeströme vom Bauteil an den Raum bzw. umgekehrt treten höhere Verbräuche als bei zeitgleicher Bedarfsdeckung auf.
– Kann die Energie ohne Mengenbegrenzung und Mehrkosten während der Nutzungszeit bereitgestellt werden, dann ist die thermische Bauteilaktivierung nicht wirtschaftlich einsetzbar. Dies trifft auf die konventionelle Kälte- und Wärmebereitstellung sowie auf die meisten geothermischen Nutzungen zu.
– Die Energiespeicherung in Bauteilen mit passiver Entladung zu realisieren, um unterschiedliche Elektroenergietarife beim Antrieb von Kältemaschinen/Wärmepumpen zu nutzen, ist in den meisten Fällen nicht gerechtfertigt. Gleiches gilt für den nächtlichen Betrieb der Kältemaschinen, nur um die Maschinen zur Investitionskostenersparnis kleiner gestalten zu können. Wegen des in der Regel erhöhten Mehrverbrauchs an Primärenergie infolge der Verluste verbietet sich beides ohnehin.
– Wenn kostengünstige Energie nur zeitlich begrenzt zur Verfügung steht (z. B. infolge Temperaturtagesgang), ist es aus umweltrelevanten und aus kostenmäßigen Gesichtspunkten vorteilhaft diese Energie bis zur Bedarfsanforderung zwischenzuspeichern. Wenn die Masse des Baukörpers ohnehin verfügbar ist – d. h. die Geschossdecken massiv in einer Dicke von etwa 300 mm ausgeführt sind -, liegen *optimale Bedingungen für den Einsatz der thermischen Bauteilaktivierung* vor. Der Speicher ist zu optimieren, wobei die Geometrie des Rohrsystems eine maßgebliche Größe darstellt.

⇒ Nur was nichts kostet und die Umwelt nicht belastet, darf evtl. verschwendet werden!

Hinweise zur konstruktionsabhängigen Leistung:

Für die thermische Bauteilaktivierung, die vorwiegend als Massivdecke mit integriertem Rohrregister realisiert wird, gibt es keine Normleistungsprüfung. Der reale Kühlleistungsverlauf über den Tag ist von vielen Einflussparametern abhängig. Die Bestimmung ist sehr aufwändig, gilt nur für den betrachteten Raum bzw. Zone und ist kaum auf andere Räume übertragbar. Sehr frühzeitig wurde ein „Standard bezüglich der Randbedingungen" vorgeschlagen[1)], der die Leistungsfähigkeit der Speicherbauteile vergleichbar macht. Determiniert wurden die Temperaturverläufe der angrenzenden Räume, des Kühlwassers sowie die Durchflusszeiten des Wassers (Bild 3.2.9-18). Eine Simulation des thermodynamischen Verhaltens der Decke unter den gegebenen Randbedingungen ist mit verschiedenen Rechenprogrammen[1)2)] möglich.

1) Glück, B.: Thermische Bauteilaktivierung. Heidelberg: C. F. Müller Verlag 1999 (ISBN 3–7880–7674–7).
2) Fraaß, M.: Diss. TU Berlin 2001

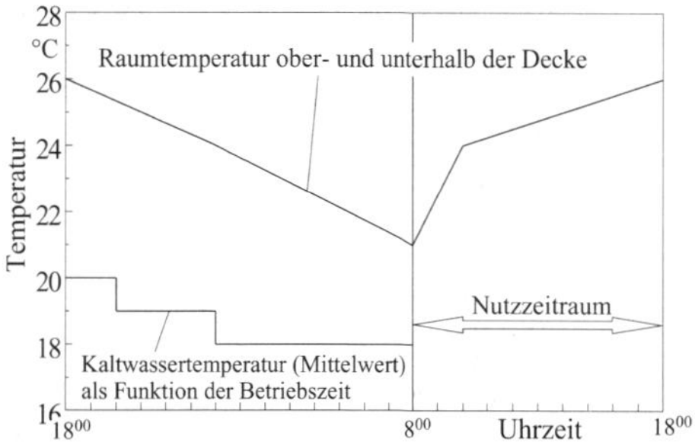

Bild 3.2.9-18. Annahme des Raumtemperatur- und des mittleren Wassertemperaturverlaufes als Grundlage für vergleichende Kühlleistungsberechnungen von Massivspeicherbauteilen

Subjektiv sind die Annahmen: *Wärmeleitfähigkeit* und *Bewehrungseinfluss*. Eine detaillierte Untersuchung[1)] ergab, bezogen auf eine homogene, 300 mm dicke Decke (ϱ = 2400 kg/m^3; l = 1,4 W/m^2 (ungünstigster Wert); c = 1050 J/(kg K)) mit einem oberen Textilbelag und mittiger Rohrlage:

- Steigt die Wärmeleitfähigkeit der homogenen Betonplatte von 1,4 W/(m K) auf 2,1 W/(m K) an, so verbessert sich die Kühlleistung je nach Rohrregisterkonstruktion um 11% bis 15%. Die Verbesserung liegt bei den leistungsstärksten Konstruktionen an der unteren Grenze.
- Die Wirkung der Bewehrung führt zu etwa 5% bis 6% Leistungssteigerung.
- Die Ergebnisse verdeutlichen, dass beide Einflüsse oftmals überschätzt werden.

Sehr bedeutungsvoll ist der *Rohrabstand* und mitunter auch die *Verlegeart*.

- Je kleiner der Rohrabstand ist, umso homogener erfolgt die Beladung (Bild 3.2.9-16) und umso größer ist die Leistungsfähigkeit der Decke – vor allem am Nachmittag –, wie die Leistungsverläufe für den Standardfall zeigen (Bild 3.2.9-19).
- Einfachmäander und Kreuzmäander (Bild 3.2.9-15) haben bei gleichem Rohr und gleicher Verlegelänge pro m^2 nahezu identische Leistungsverläufe[2)].
- Rohrverlegungen in reiner Schleifenform (Haarnadelprinzip) sollten nicht erfolgen, da dann ortsabhängige Leistungsschwankungen auftreten[3)].

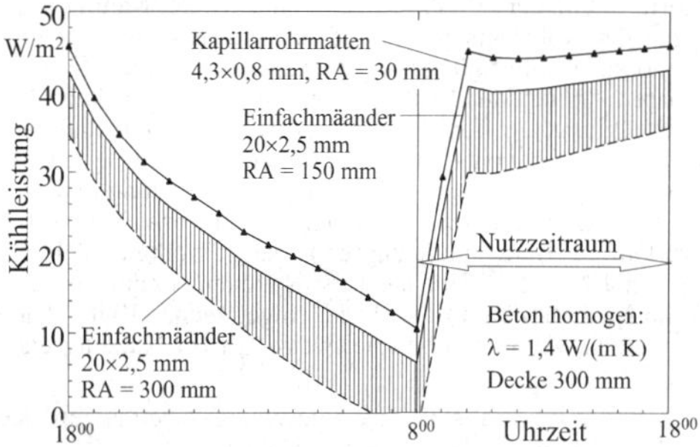

Bild 3.2.9-19. Kühlleistungsverläufe im Tagesgang unter den Randbedingungen von Bild 3.2.9-18 für Massivdecken mit drei unterschiedlichen Rohrregistern

1) Glück, B.: HLH 2/02. S. 42 ff.
2) Glück, B.: TAB 3/02. S. 69 ff.
3) Glück, B.: HLH 5/01. S. 64 ff.

Einflussreich erweist sich erwartungsgemäß auch die *Deckendicke* und der *Fußbodenaufbau* (Bild 3.2.9-20).

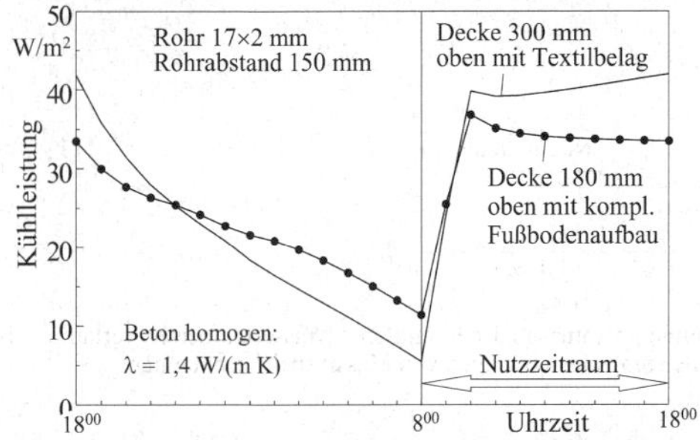

Bild 3.2.9-20. Kühlleistungsverläufe im Tagesgang unter den Randbedingungen von Bild 3.2.9-18 für Massivdecken zwei unterschiedliche Dicken und Fußbodenaufbauten (Textilbelag $R_\lambda = 0{,}143$ m^2K/W; kompletter Fußbodenaufbau $R_\lambda = 0{,}925$ m^2K/W)

– Das geringere Speichervermögen von dünnen Decken bewirkt einen Leistungsabfall mit der Nutzungszeit (nachmittags).
- Ein bauphysikalisch richtiger Fußbodenaufbau (Trittschalldämmung, schwimmender Estrich, Bodenbelag) führt zu einer sehr geringen Wärmestromaufnahme aus dem oberen Raum. Damit sinkt zwar die Gesamtkühlleistung der Decke, der Leistungsabfall über die Nutzzeit wird aber flacher.

Entscheidend für die Betriebsweise ist die *Höhenanordnung der Rohrlage* in der Decke.

– Untenliegende Rohrregister bewirken während der nächtlichen Beladung eine starke Raumauskühlung, weshalb die Ladezeit verkürzt werden muss. Die Nutzbarkeit des Speichers verringert sich.
– Raumnahe Rohrregister ermöglichen aber mit dem gleichen System eine gut regelbare Nachkühlung am Tage, sodass die Raumtemperatur gewährleistet werden kann.
– Ein Beispiel für ein *untenliegendes Rohrregister* in einer *Filigrandecke* ist im Bild 3.2.9-21 gezeigt[1]. Der bautechnische Vorteil dieser Lösung liegt im enorm vereinfachten Bauablauf. Die präzise Vorfertigung der Filigrandecke mit integrierter Kapillarrohrmatte schließt Beschädigungen der Rohrregister aus und der Baustellenprozess entspricht der traditionellen Geschossdeckenfertigung ohne Zusatzaufwendungen. Es zeigt sich, dass die nachts verfügbare „Umweltkälte" auch in relativ dünnen Decken (180 mm) nutzbar ist, eine Bedarfskühlung am Tage zur Komfortverbesserung und Leistungsanpassung ermöglicht wird sowie bei entsprechender Gestaltung der Filigrandekken und der Anschlussverrohrung sogar eine raumweise Temperaturregelung realisiert werden kann. Die nächtliche Ladezeit ist verkürzt worden und ein am Vormittag rascher steigender Raumtemperaturverlauf der Berechnung zugrunde gelegt worden. Während der regelbaren Nachkühlung von $12^{00} \ldots 17^{00}$ Uhr kann die Raumtemperatur konstant gehalten werden. Die durch die Nachkühlung in die Decke eingetragene „Kälte" kann dem Raum wieder zugeführt werden, wenn man beispielsweise 1 h vor Nutzungsende die Nachkühlung abbricht.
– Ein extrem *obenliegendes Rohrregister* ist im Bild 3.2.9-5 gezeigt. Speziell angepasste Betriebsweisen ermöglichen ebenfalls gute Nutzungsbedingungen[2].

[1] Glück, B.: TAB 1/01. S. 25 ff.
[2] Glück, B.: KI 4/02. S. 191 ff.

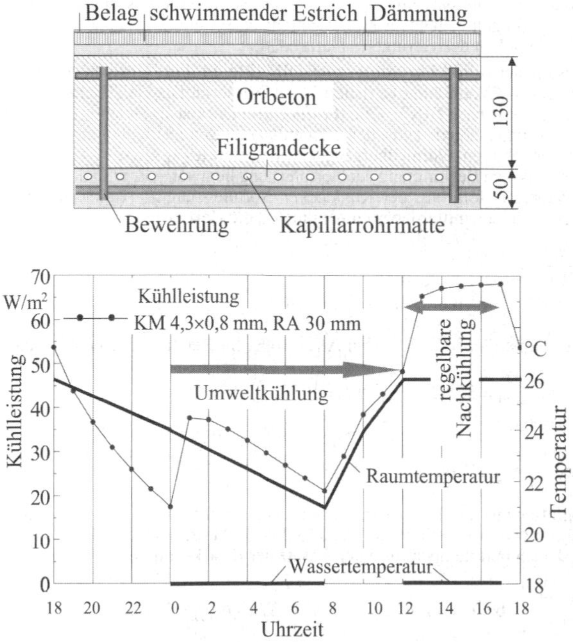

Bild 3.2.9-21. Konstruktion einer vorgefertigten Filigrandecke mit integrierter Kapillarrohrmatte, aufgebrachtem Ortbeton sowie mit komplettem Fußbodenaufbau ($R_\lambda = 0{,}925\ m^2K/W$) und Darstellung des Kühlleistungsverlaufs im Tagesgang unter den im Bild dargestellten thermischen Randbedingungen

-5 Kombinierte Kühl- und Heizdecken

Vielfach werden Kühldecken auch zum Heizen eingesetzt. Sie sind grundsätzlich dazu geeignet, wenn sie große geschlossene Strahlungsflächen zum Raum besitzen. Vorwiegend konvektiv arbeitende Kühlsysteme sind nicht einsetzbar. Gegen geschlossene Heizdecken bestehen keine wärmephysiologischen Bedenken, wenn die durch sie verursachte Strahlungstemperatur-Asymmetrie kleiner 8 K beträgt[1)] (DIN 1946 T2 gibt 3,5 K an). Entscheidend für die Asymmetrie ist der Wärmedurchgangskoeffizient des Fensters bzw. der Außenwand und die Form der Heizdecke (fassadennahe Streifen sind günstiger als Volldecken)[2)]. Sehr gute Bedingungen liegen in Normalräumen (Fensterhöhe bis 2 m) bei $k_{Fenster}$= 1...1,3 W/(m² K) vor. Problematisch sind Eckräume, zusätzliche Brüstungsheizungen oder Heizflächen an den Eckpfeilern sind zu empfehlen. Weiterhin ist der Kaltluftabfall an den Fensterflächen zu beachten, geschosshohe Verglasungen sind sehr kritisch.[3)][4)] Die Untersuchungen sind unter genauer Fixierung des Aufenthaltsbereiches (DIN 1946 T2 oder separate Festlegungen) zu führen. Sehr günstig ist der Einsatz von kombinierten Systemen nach Bild 3.2.9-4, wie die Ergebnisse in Bild 3.2.9-6 und in Tafel 3.2.9-3 verdeutlichen.

1) Glück, B.: Ges.-Ing. 6/94. S. 285 ff. und Wärmetechnisches Raummodell. Heidelberg: C. F. Müller Verlag 1997 (ISBN 3-7880-7615-1), S. 228.
2) Glück, B.: HLH 6/94. S. 293 ff.
3) Kriegel, B.: Diss. TU Berlin 1972.
4) Heisselberg, P.:ASHRAE Trans. 1994, V.100; PT.1.

Zur Versorgung der kombinierten Kühl- und Heizdecken sind Vierleitersysteme vorzusehen. Die Kosteneinsparungen gegenüber zweier getrennter Systeme sind somit relativ gering. Vorteilhaft ist vor allem der verringerte Platzbedarf.

Die Leistungsmessung der Kühldecke erfolgt nach DIN 4715 T1. Für Deckenheizungen in üblichen Räumen (Büro- /Wohnräume) existiert keine Prüfnorm. Die Heizflächenleistungen können näherungsweise nach DIN V 4706 (Prüfnorm für Deckenstrahlplatten) bestimmt werden. Die Leistungsunterschiede zwischen Kühlen und Heizen resultieren aus den sehr unterschiedlichen konvektiven Wärmeübergangskoeffizienten ($\alpha_{K,Heizen} < \alpha_{K,Kühlen}$). Ein Vorschlag zur rechnerischen Bestimmung der Normleistung liegt vor[1]. Er wird durch [2] gestützt. In grober Näherung folgt aus der Kühldecken-Normleistung $\dot{q}_N$ (Untertemperatur 10 K) bei einer mittleren Heizmittel-Übertemperatur Δt_H die Heizleistung zu:

$$\dot{q}_H \approx 0{,}7\,\dot{q}_N \frac{\Delta t_H}{10}.$$

Beispiel

Die Normkühlleistung beträgt 83,5 W/m² bei $\Delta t_U = 10$ K. Im Heizfall gelten die Verhältnisse:

$$t_{\text{Vorlauf}} = 36\,°\text{C}\,;\ t_{\text{Rücklauf}} = 32\,°\text{C}\,;\ t_{\text{Raum}} \equiv t_i = 20\,°\text{C}.$$

Die Heizleistung beträgt:

$$\dot{q}_H = 0{,}7 \cdot 83{,}5\,\frac{14}{10} \approx 82\ \text{W/m}^2.$$

Eine genauere Ermittlung ist möglich, wenn man aus der Normmessung zunächst die Kühldeckenkonstruktion rechnerisch eliminiert (siehe 3.2.9-2). Ausgehend von der Normleistung gilt für die Deckenuntertemperatur unter Ansatz der Basiskennlinie

$$\Delta t_{KD} = \left(\frac{\dot{q}_N}{8{,}92}\right)^{1/1{,}1}$$ bei einer Leistung von 83,5 W/m² $\Delta t_{KD} = 7{,}64$ K.

Die Kühldecke und die Heizdecke sind identisch in der Konstruktion, lediglich der deckenseitige Wärmeübergangskoeffizient ist stark unterschiedlich. Für die Kühldecke gilt in guter Näherung die Basiskennlinie für die Fußbodenheizung. Bei der Deckenheizung liegt er in der Größenordnung von 6,7 W/(m²K). Es gelten:

Wärmeübergangskoeffizient gemäß Basiskennlinie

$$\alpha_{KD} = 8{,}92\ \Delta t_{KD}^{0{,}1} = 8{,}92 \cdot 7{,}64^{0{,}1} = 10{,}9\ \text{W/(m}^2\text{K)};$$

Teilwärmedurchgangskoeffizient der Decke

$$\left(\frac{1}{\kappa} + \frac{1}{\alpha_{KD}}\right)^{-1} (t_i - t_{KW}) = \dot{q}_{KD}$$

$$\kappa = \left(\frac{t_i - t_{KW}}{\dot{q}_N} - \frac{1}{\alpha_{KD}}\right)^{-1} = \left(\frac{10}{83{,}5} - \frac{1}{10{,}9}\right)^{-1} = 35{,}7\ \text{W/(m}^2\text{K)}.$$

Damit kann die Heizleistung der Decke berechnet werden:

$$\dot{q}_{HD} = \left(\frac{1}{\kappa} + \frac{1}{\alpha_{HD}}\right)^{-1} (t_{HW} - t_i) = \left(\frac{1}{35{,}7} + \frac{1}{6{,}7}\right)^{-1} (34 - 20) = 79\ \text{W/m}^2.$$

-6 Kombinierte Kühl- und Heizwände

Selbstverständlich können Wandflächen auch thermisch aktiv gestaltet werden. Sie sind in der Praxis jedoch weniger bedeutungsvoll, da sie meistens als Stellflächen genutzt werden. Die Kühlleistung wird hauptsächlich aus wärmephysiologischen Gründen begrenzt. Der

[1]) Glück, B.: Ges.-Ing. 1/02. S. 1 ff.
[2]) Fraaß, M.: Diss. TU Berlin 2001

Kaltluftabfall und die Strahlungsasymmetrie (zul. Wert ≤ 8 K) bewirken ungünstigere Bedingungen als beispielsweise bei Decken. Dagegen sind Heizwände im Fassadenbereich wärmephysiologisch sehr vorteilhaft. Einen optimalen Kompromiss stellt das Einbeziehen einer aktiven Brüstungsfläche in eine Gesamtlösung mit einer aktiven Decke gemäß Bild 3.2.9-4 dar.

Der Wärmeübergangskoeffizient ist als Superposition aus den Abschnitten 1.3.5–2.4.1 und 1.3.5–3.8 zu bilden

$$\alpha_{\mathrm{Wand}} \approx 1{,}6\,|t_{\mathrm{Wand}} - t_{\mathrm{Raum}}|^{0{,}3} + 5{,}1 \text{ in W/(m}^2\text{K)}$$

wobei dieser unabhängig von der Wärmestromrichtung (Kühlen oder Heizen) gilt.

Ein Berechnungsverfahren und ausgewählte Leistungsangaben für Kühl- und Heizwände in Abhängigkeit der Konstruktion sind in [1)] enthalten. Vorliegende Messwerte für die Kühlleistung nach DIN 4715 T1 können aber auch analog dem in Bild 3.2.9-5 gezeigten Verfahren auf veränderte Bedingungen umgerechnet werden.

-7 Kombinierter Kühl- und Heizboden

Die Kühlleistung des Bodens wird durch die zulässige Mindestlufttemperatur von 21 °C in 0,1 m Höhe und den zulässigen vertikalen Lufttemperaturgradienten von 2 K/m (jeweils DIN 1946 T2) begrenzt (siehe Abschnitt 3.2.9-1.2). In der Regel kommen Kühlböden zur Anwendung, wenn man Fußbodenheizungen im Sommer zur Wärmeabfuhr zusätzlich nutzen möchte. Bei der Konzeption der Fußbodenheizung sind dann besonders kleine Rohrabstände vorzusehen. Im Weiteren können thermisch aktive Böden zusammen mit der aktiven Decke bei Vollglasfassaden (Bild 3.2.9-4) wärmephysiologisch gut wirksam sein (Bild 3.2.9-6; Tafel 3.2.9-2 und Tafel 3.2.9-3).

Die exakte Ermittlung der Kühlleistung von Böden hat nach DIN 4715 T1 zu erfolgen. Die Heizleistung ergibt sich aus einem rechnerischen Verfahren nach DIN EN 1264 T2.

Die näherungsweise Leistungsbestimmung des Kühlfalles kann auch gemäß einer Umrechnung analog Abschnitt 3.2.9-5 aus der Heizleistung erfolgen. Der Wärmeübergangskoeffizient ist im Kühlfall niedrig, da die kalte Luft am Boden verbleibt (gegensätzliche Analogie zur Deckenheizung). Es ist näherungsweise für den Kühlfall α_{KB} = 6,7 W/(m²K) anzunehmen. Die Normleistung bei Fußbodenheizungen wird dagegen für die Basiskennlinie gemäß DIN EN 1264 T2 (vgl. auch Abschnitt 2.4.4-4.2) mit $\alpha_{HB} = 8{,}92\,(t_{HB} - t_i)^{0{,}1}$ W/(m²K) bestimmt.

1) Glück, B.: Thermische Bauteilaktivierung. Heidelberg: C. F. Müller Verlag 1999 (ISBN 3-7880-7674–7). S. 162 ff.

3.3 Bestandteile

3.3.1 Ventilatoren[1)]

Ventilatoren sind Strömungsmaschinen zur Förderung von Luft oder anderen Gasen bis zu einem Druck von 30000 N/m² (Pa). Bei höheren Drücken spricht man von *Gebläsen.*

Man unterscheidet *Radialventilatoren,* die Luft axial ansaugen und radial fördern (Bild 3.3.1-2 und Bild 3.3.1-3), und *Axialventilatoren,* die Luft in axialer Richtung ansaugen und fördern (Bild 3.3.1-29 und Bild 3.3.1-31). Dazwischen liegen im Übergangsbereich halbaxiale oder halbradiale Ventilatoren, beide vorzugsweise mit axialer Abströmung. Sie kommen selten zum Einsatz[2)]. Übersicht in Bild 3.3.1-1.

	Bauart	Schema	Lieferzahl φ	Druckzahl ψ	Anwendung
Axialventilatoren	Wandventilator	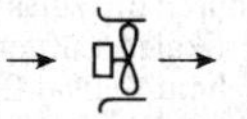	0,1 ... 0,25	0,05 ... 0,1	für Fenster- und Wandeinbau
Axialventilatoren	ohne Leitrad	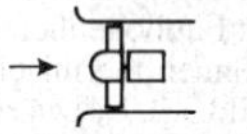	0,15 ... 0,30	0,1 ... 0,3	bei geringen Drücken
Axialventilatoren	mit Leitrad	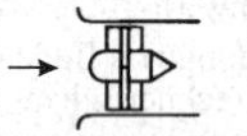	0,3 ... 0,6	0,3 ... 0,6	bei höheren Drücken
Axialventilatoren	Gegenläufer	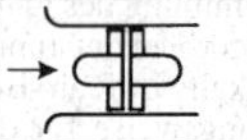	0,2 ... 0,8	1,0 ... 3,0	höchste Drücke, in Sonderfällen
mixed flow	halbaxial (meridianbeschleunigt)	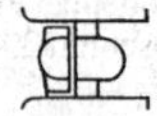	0,2 ... 0,5	0,4 ... 0,8	hohe Drücke, in Sonderfällen
mixed flow	halbradial (Rohrventilator)	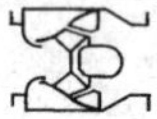	0,2 ... 0,3	0,4 ... 0,6	bei Rohreinbau
Radialventilatoren	rückwärts gekrümmte Schaufeln		0,2 ... 0,4	0,6 ... 1,0	bei hohen Drücken und Wirkungsgraden
Radialventilatoren	gerade Schaufeln	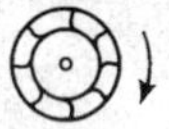	0,3 ... 0,6	1,0 ... 2,0	für Sonderzwecke
Radialventilatoren	vorwärts gekrümmte Schaufeln	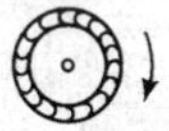	0,4 ... 1,0	2,0 ... 3,0	bei geringen Drücken und Wirkungsgraden
Querstromventilatoren		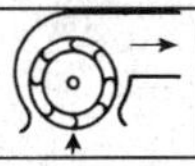	1,0 ... 2,0	2,5 ... 4,0	niedrige Drücke bei geringem Platzverbrauch

Bild 3.3.1-1. Bauarten von Ventilatoren – Übersicht.

---

1) Prüfbestimmungen siehe Abschnitt 3.3.1-3.
Terminologie siehe Eurovent 1/1 (1985).
Moog, W., u. Jäger, W.: HLH 10/83. S. 427/42.

2) Schlender, F.: HLH 8/89. S. 426/8.

1138 a

Außerdem gibt es noch *Querstrom-Ventilatoren* – manchmal auch Tangentialventilator genannt –, bei denen die Luft über einen Teil des Umfangs des Laufrades eintritt und über einen anderen Teil austritt[1]. (Bild 3.3.1-4.) Die Schaufeln werden also zweimal von der Luft durchströmt. Dabei entsteht ein *Luftwirbel*, der die Funktion eines Leitapparates übernimmt. Der Volumenstrom ist proportional der Laufradlänge.

Dachventilatoren werden in Abschnitt 3.4.1-2.1 behandelt.

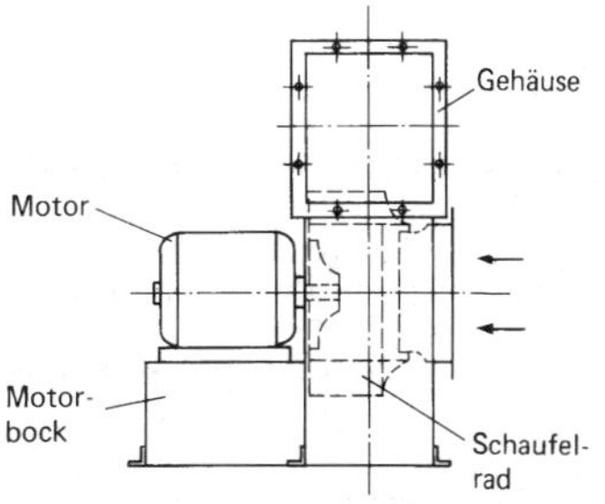

Bild 3.3.1-2. Radialventilator, einseitig saugend, mit direkt angetriebenem Laufrad.

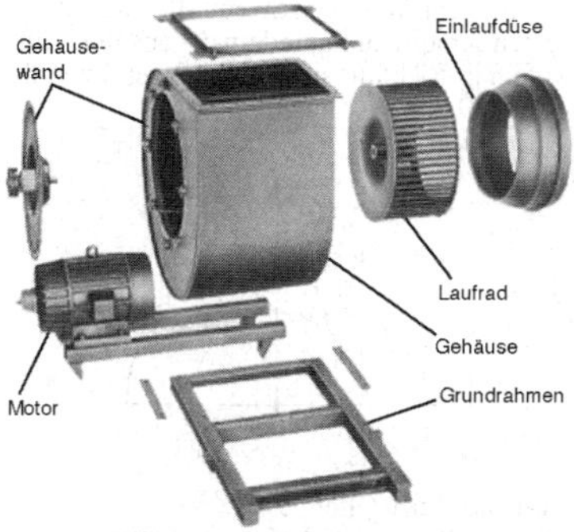

Bild 3.3.1-3. Bestandteile eines Radialventilators für Keilriemenantrieb, einseitig saugend (Pollrich).

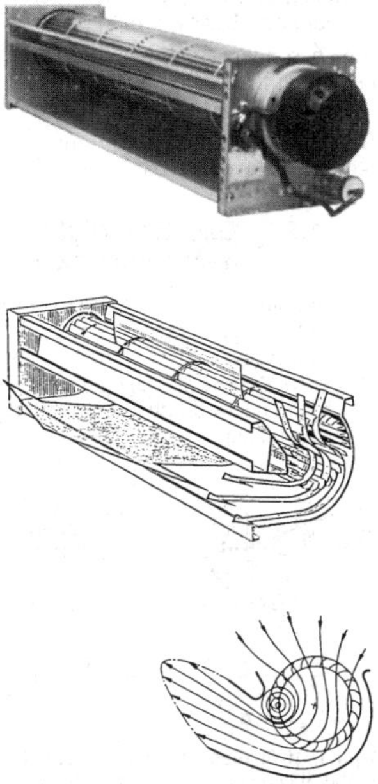

Bild 3.3.1-4. Querstromventilator (LTG).
Oben: Ansicht
Unten: Schema

-1 Radialventilatoren[2]

-1.1 Einteilung

nach der Druckerhöhung:

Niederdruckventilator, etwa bis 700 Pa Gesamtdruck
Mitteldruckventilator, etwa 700 bis 3000 Pa Gesamtdruck
Hochdruckventilator, etwa 3000 bis 30000 Pa Gesamtdruck und mehr;

---

[1]) TAB 2/80. S. 109/12: Querstromventilatoren.
[2]) Bommes, L.: HLH 1963. S. 159/66, 106/9, 228/33 u. HLH 12/74. S. 420/5.
Leist, H., u. a.: HLH 11/79. S. 443/7.
Zierep u. a.: FLT-Bericht 3/1/65/79: Trommelläufer.
Mürmann, H.: KKT 9/81. S. 314/8.
Linke, W.: HLH 7/82, ferner 8/82 u. 11/82.

nach der Schaufelanordnung:

Trommelläufer mit vielen vorwärtsgekrümmten Schaufeln (ca. 30…70) am Umfang des Laufrades wie auf einer Trommel (s. Bild 3.3.1-3),

Schaufelräder mit wenigen (ca. 5…12) rückwärtsgekrümmten Schaufeln, profiliert oder einfaches Blech (Skelettschaufel);

nach der Schaufelform (Bild 3.3.1-5):

vorwärts gekrümmte Schaufeln ($\sphericalangle\beta_2 > 90°$)
rückwärts gekrümmte Schaufeln ($\sphericalangle\beta_2 < 90°$)
gerade endende Schaufeln ($\sphericalangle\beta_2 = 90°$);

nach den Betriebsbedingungen:

Rauchgas-, Brandgas-, Heißgasventilator, explosionsgeschützter Ventilator, Transportventilator, Dachventilator u. a.

Eine besondere Bauart sind die *Kapillargebläse* System de Fries, bei denen das Schaufelrad durch einen Rotor aus feinem Drahtgewirr oder ähnlicher Faserstruktur ersetzt ist. Dabei Filter- und Wärmeübertragungseffekte (siehe Abschn. 3.3.8-4).

Bestandteile eines Radialventilators siehe Bild 3.3.1-2 und Bild 3.3.1-3. Weitere Bezeichnungen in Eurovent 1/1 (1985).

-1.2 Geschwindigkeitsdreiecke und Umfangsgeschwindigkeiten

stellen graphisch die Luftgeschwindigkeiten am Ein- und Austritt der Schaufeln dar (Bild 3.3.1-5). Die *Eintrittsdreiecke* sind meist *rechtwinklig,* da die Luft im allgemeinen senkrecht zur Achse in die Schaufeln eintritt, und für alle drei Arten von Schaufelformen gleich. Die *Austrittsdreiecke* dagegen sind im allgemeinen schiefwinklig, indem die absolute Luftgeschwindigkeit durch die umlaufenden Schaufeln in Richtung der Umfangsgeschwindigkeit abgebogen wird.

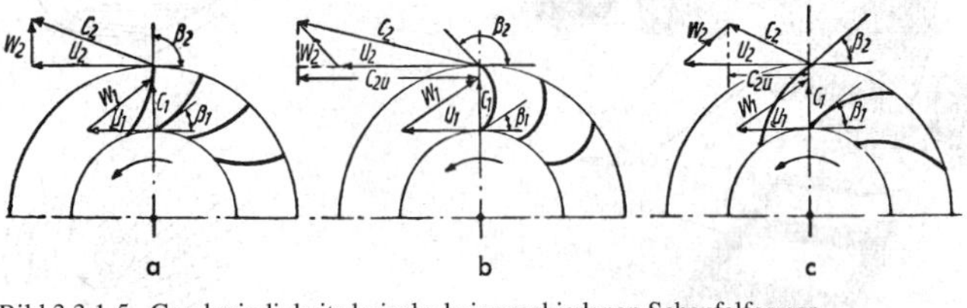

Bild 3.3.1-5. Geschwindigkeitsdreiecke bei verschiedenen Schaufelformen.
a) radial endende gekrümmte Schaufeln, b) vorwärts gekrümmte, c) rückwärts gekrümmte

-1.3 Druckerhöhung

Theoretische Gesamtdruckdifferenz (auch Druckerhöhung oder Förderdruck genannt) (s. auch Abschnitt 1.4.1-8):

$$\Delta p_{th} = \frac{\varrho}{2}\left[\underbrace{(u_2^2 - u_1^2) + (w_1^2 - w_2^2)}_{\text{statische Druckerhöhung}} + \underbrace{(c_2^2 - c_1^2)}_{\text{dynamische Druckerhöhung}}\right] \text{ in Pa} = \text{N/m}^2 \text{ (1. Form der Druckgl.)}$$

$$\Delta p_{th} = \varrho\,(u_2 c_{2u} - u_1 c_{1u}) \text{ in Pa} = \text{N/m}^2$$ (2. Form der Druckgleichung, Eulersche Grundgleichung)

oder bei $c_{1u} = 0$;

$$\Delta p_{th} = \varrho u_2\, c_{2u}$$

u	= Umfangsgeschwindigkeit des Laufrades	m/s
w	= relative Luftgeschwindigkeit	m/s
c	= absolute Luftgeschwindigkeit	m/s
ϱ	= Dichte in	kg/m³
c_u	= Umfangskomponente der Geschwindigkeit c	m/s

Beide Gleichungen sind einander überführbar.

Aus der letzten Gleichung geht hervor, daß die Gesamtdruckdifferenz bei gleicher Umfangsgeschwindigkeit u_2 für vorwärts gekrümmte Schaufeln am größten, bei rückwärts gekrümmten am kleinsten ist (Bild 3.3.1-6). Das Verhältnis statischer Druck Δp_{st}/Gesamtdruck Δp_t heißt *Reaktionsgrad* (Bild 3.3.1-7). Bei Dralldrosselregulierung wird absichtlich ein Mitdrall c_{1u} am Laufradeintritt erzeugt, wodurch Δp_t reduziert wird.

$$\frac{\varrho}{2}(u_2^2 - u_1^2) = \text{Druckerhöhung durch die Zentrifugalkraft}$$

$$\frac{\varrho}{2}(w_1^2 - w_2^2) = \text{Druckerhöhung durch verzögerte Strömung}$$

$$\frac{\varrho}{2}(c_2^2 - c_1^2) = \text{Erhöhung der kinetischen Energie}$$

Beispiel:

Wie groß ist die theoretische Gesamtdruckdifferenz eines Ventilators mit radial endenden Schaufeln ($c_{2u} = u_2$ und $c_{1u} = 0$) bei einer Umfangsgeschwindigkeit $u_2 = 25$ m/s?

$$\Delta p_{th} = \varrho\, u_2 \cdot c_{2u} = \varrho\, u_2^2 = 1{,}2 \cdot 25^2 = 750 \text{ Pa.}$$

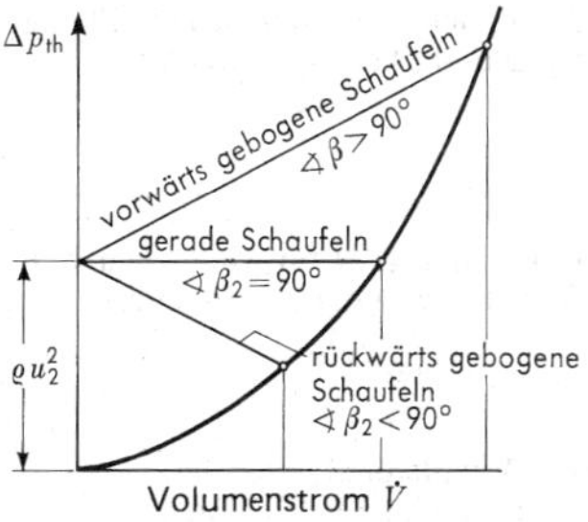

Bild 3.3.1-6. Theoretischer Förderdruck bei Radialventilatoren.

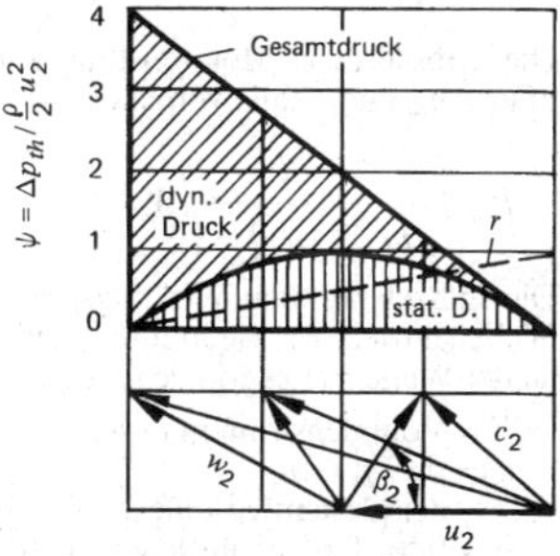

Bild 3.3.1-7. Aufteilung von Gesamtdruckerhöhung im Laufrad in statischem und dynamischem Druck abhängig vom Schaufelaustrittswinkel β_2 sowie Reaktionsgrad r.

-1.4 Leistungsbedarf[1)]

Die theoretische Nutzleistung P_{th} läßt sich aus dem Produkt des Luftvolumenstromes und der Totaldruckerhöhung bestimmen.

$$P_{th} = \dot{V} \cdot \Delta p_t \quad [W]$$

Hierbei ist $\dot{V}$ in [m³/s] der Luftvolumenstrom und Δp_t in [Pa] die Totaldruckerhöhung des Ventilators. Die Totaldruckerhöhung setzt sich aus dem statischen Δp_{st} und dem dynamischen Druck p_{dyn} am Austritt des Ventilators zusammen.

$$\Delta p_t = \Delta p_{st} + p_{dyn} \quad [Pa]$$

Nach Berücksichtigung des Ventilatorwirkungsgrades läßt sich die tatsächliche Antriebsleistung am Eingang des Ventilatorlaufrades (Wellenleistung) wie folgt ermitteln

$$P_L = \frac{\dot{V} \cdot \Delta p_t}{\eta_L} \quad [W]$$

1) Bommes, A.: HLH 1969. S. 47/55 u. 113/7.
Andritzky, H.: HLH 1970. S. 146/52.
DIN 24163 (01.85): Ventilatoren, T1 Normkennlinie, T2 u. T3 Leistungsmessung.

Die wichtigsten *Verluste* sind (s. auch Bild 3.3.1-13)

1. Druckabfall Δp_1 infolge der endlichen Schaufelzahl. Dies ist kein Energieverlust, sondern nur eine geringere Umlenkung als bei unendlicher Schaufelzahl *(Minderleistung).*
2. Gehäuseverlust bzw. Umtrittsverlust Δp_2 bei der Umsetzung der höheren Luftaustrittsgeschwindigkeit c_2 in der Spirale in die geringere Geschwindigkeit c_3 am Luftaustrittsstutzen.
3. Druckverlust Δp_3 im Laufrad durch Reibung und Ablösung der Strömung von der Wand und der Schaufel.
4. Druckverlust Δp_4 (Stoßverlust) beim Eintritt der Luft in das Laufrad.
5. Spaltverlust an Luft $\dot{V}_{\text{verl}}$ durch den Spalt zwischen Laufrad und Gehäuse und an der Wellendurchführung.
6. Mechanischer Verlust P_m durch Reibung des Laufrades an der Luft und der Welle in den Lagern.

Der Gesamtwirkungsgrad ist dann

$$\eta_L = \frac{\dot{V} \cdot \Delta p_t}{(\dot{V} + \dot{V}_{\text{verl}})\,(\Delta p_t + \Delta p_2 + \Delta p_3 + \Delta p_4) + P_m}$$

Die erforderliche Motorleistung kann durch die Berücksichtigung des Motorwirkungsgrades η_M und – falls vorhanden – Antriebswirkungsgrades η_W berechnet werden.

$$P_M = \frac{\dot{V} \cdot \Delta p_t}{\eta_L \cdot \eta_M \cdot \eta_W} \quad [W]$$

Die Indizes bei dem Wirkungsgrad sind: *L* für Laufradeingang, *M* für Motor und *W* für Wellenantrieb. Bei Beurteilung und Auswahl eines Ventilators wird die Ventilatorleistung an der Welle P_L) zugrunde gelegt.

$\dot{V}$ = Volumenstrom in m³/s; Δp_t = Gesamtdruck Pa;

$\eta_t = \eta_L \cdot \eta_M \cdot \eta_W$

der Gesamtwirkungsgrad = 0,6…0,8 bei großen Ventilatoren,
= 0,5…0,6 bei mittleren Ventilatoren, = 0,3…0,5 bei kleinen Ventilatoren.

Temperaturerhöhung $\Delta T \approx \dfrac{\Delta p_t}{1200 \cdot \eta_t}$ in K

also je 1000 Pa Druckerhöhung ungefähr 1 K. Genauer nach Abschn. 1.3.2-8d.

Der *Wirkungsgrad* η_t bezieht sich hier auf die Druckerhöhung zwischen Ventilator-Eintritt und Ventilator-Austritt, enthält also auch den dynamischen Druck in der Ausblasöffnung. Falls dieser, wie z. B. bei frei ausblasenden Ventilatoren, als Verlust anzusehen ist, ist der Wirkungsgrad natürlich geringer.

Bei der Berücksichtigung aller strömungstechnischen Erkenntnisse können mit Radialventilator-Wirkungsgrade von 85% und mehr erreicht werden *(Hochleistungs-Ventilatoren).* Sie sind trotz hohen Preises häufig vorteilhaft, namentlich bei großen Leistungen und langen Betriebszeiten.

Ventilatoren mit vorwärts gekrümmten Schaufeln haben einen geringeren Wirkungsgrad als bei rückwärts gekrümmten Schaufeln, da die Umsetzung der hohen Luftgeschwindigkeit c_2 in statischen Druck mit größeren Verlusten verbunden ist.

Prüfung von Leistungsdaten siehe Abschnitt 3.3.1-3.

Es bedeuten:

p_{st} = statischer Druck in Pa,
p_d = dynamischer Druck = $\varrho/2 \cdot w^2$ in Pa,
p_t = Gesamtdruck = $p_{st} + p_d$ in Pa,
Δp_{st} = statische Druckdifferenz in Pa,
Δp_d = dynamische Druckdifferenz in Pa,
Δp_t = Gesamtdruckunterschied in Pa.

Man unterscheidet zwischen Differenz der statischen Drücke und derjenigen der Gesamtdrücke (zwischen Ventilator-Austritt und Eintritt):

Differenz der statischen Drücke: $\Delta p_{st} = p_{st2} - p_{st1}$
Differenz der Gesamtdrücke: $\Delta p_t = p_{t2} - p_{t1}$

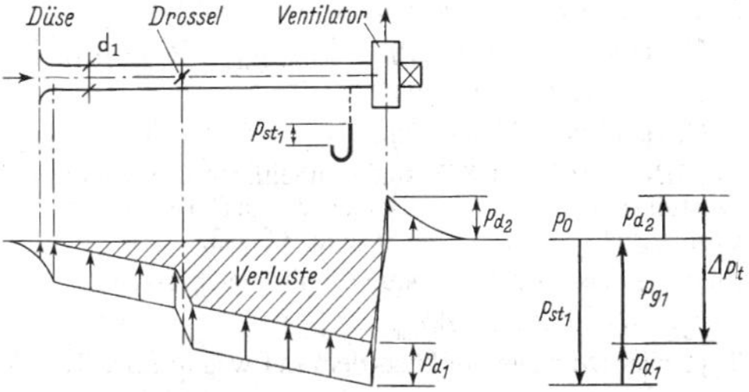

Bild 3.3.1-8. Druckverlauf bei frei ausblasendem Ventilator mit Saugleitung.

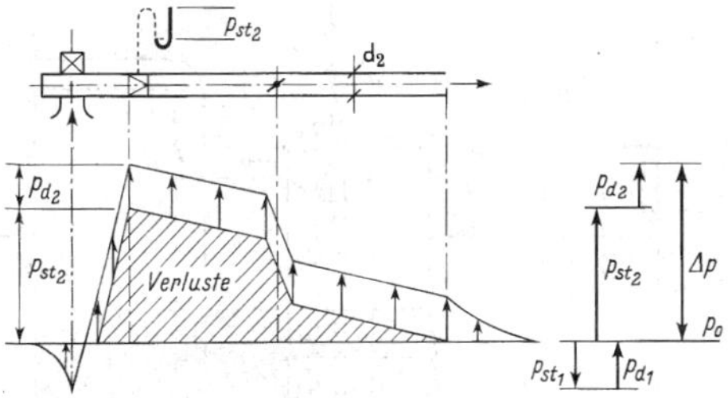

Bild 3.3.1-9. Druckverlauf bei frei ansaugendem Ventilator mit Druckleitung.

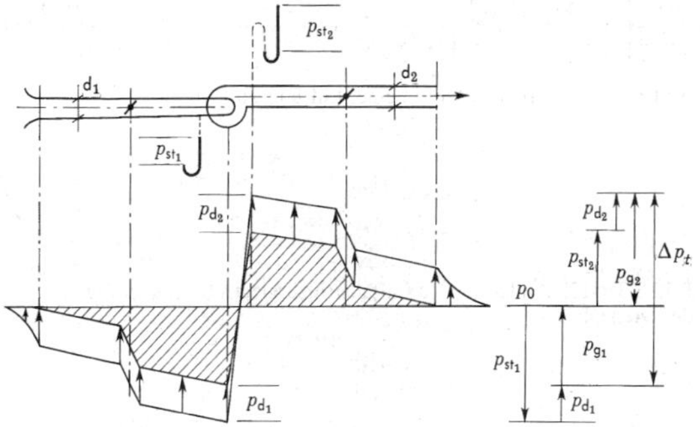

Bild 3.3.1-10. Druckverlauf bei einem Ventilator mit Saug- und Druckleitung.

Falls der dynamische Druck wie in Bild 3.3.1-8 am Ventilator-Austritt verlorengeht, definiert man als freiausblasende Druckdifferenz (manchmal auch statischer Druckerhöhung genannt):

$$\Delta p_f = \Delta p_t - p_{d2}$$

Es gibt 4 Einbauarten:

1. *Saugseitiger Betrieb* (Bild 3.3.1-8). Der Ventilator hat nur auf der Saugseite Widerstand zu überwinden und bläst frei aus.

   Gesamtdruckerhöhung $\Delta p_t = p_{st1} + (p_{d2} - p_{d1})$.

   statische Druckerhöhung $\Delta p_f = \Delta p_t - p_{d2}$.

2. *Druckseitiger Betrieb* (Bild 3.3.1-9). Der Ventilator hat nur auf der Druckseite Widerstand zu überwinden und saugt frei durch eine Düse an.

   Gesamtdruckerhöhung $\Delta p_t = p_{st2} + p_{d2}$.

3. *Saug- und druckseitiger Betrieb* (Bild 3.3.1-10).
   Gesamtdruckerhöhung $\Delta p_t = p_{st1} + p_{st2} + (p_{d2} - p_{d1})$.
4. Frei saugend und blasend.
   Gesamtdruckerhöhung $\Delta p_t = p_{d2}$.

In DIN 24163 (01.85) sind einheitliche Bedingungen für die *Normkennlinien* und Leistungsmessungen vorgeschlagen, ebenso im Rahmen des ISO durch das Technische Comitee TC 117[1]), s. auch Abschn. 3.3.1-3.

Sind Ausblas- und Ansaugquerschnitt gleich, so ist

$p_{d1} = p_{d2}$ und $\Delta p_t = \Delta p_{\text{stat}}$.

Typischer Druckverlauf längs dem Luftweg in einer RLT-Anlage siehe Bild 3.3.1-11.[2])

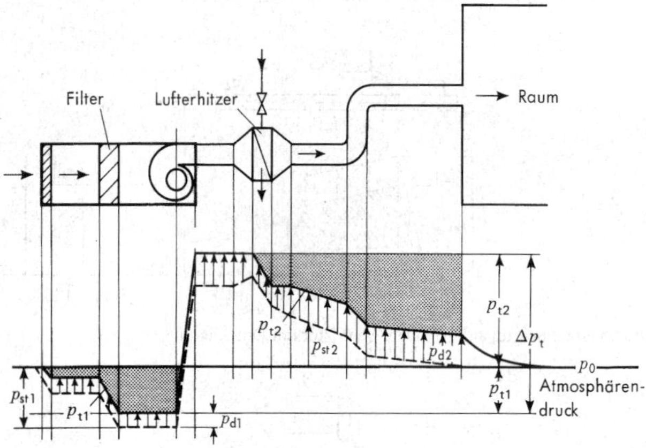

Bild 3.3.1-11. Druckverlauf in einer Lüftungsanlage.

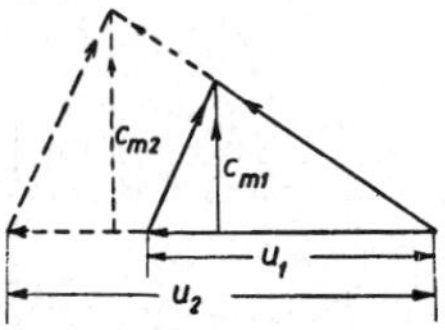

Bild 3.3.1-12. Änderung des Luftaustrittsdreiecks bei Änderung der Drehzahl.

-1.5 Proportionalitäts- und Affinitätsgesetze

Proportionalitätsgesetze

Aus der Betrachtung der Luftaustrittsdreiecke bei Änderung des Volumenstroms (Bild 3.3.1-12) ergeben sich für einen bestimmten Ventilator folgende Gesetze:

Der *Volumenstrom* ist proportional der Drehzahl.

Der *Druck* ist proportional dem Quadrat der Drehzahl.

Der *Leistungsbedarf* ist proportional der 3. Potenz der Drehzahl.

Diese Gesetze, die in weitem Bereich der Reynolds-Zahl gültig sind, können mit genügender Genauigkeit verwendet werden. Vorausgesetzt ist, daß die *Anlagenkennlinie* (Rohrnetzkennlinie, Bild 3.3.1-15) eine quadratische Parabel durch den Nullpunkt im $\dot{V}$, Δp-Diagramm ist.

---

[1]) Vasilescu, D.: HLH 1/79. S. 34/6. 3/82. S. 112/20 u. 5/82. S. 186/91.
[2]) Hönmann, W.: LTG-Inform. 11/12 Okt. 74.

Beispiel:

Ein Ventilator fördert $\dot{V}_1 = 10\,000$ m³/h Luft gegen einen Gesamtdruck Δp_1 von 200 Pa bei $n_1 = 950$ U/min, mit $\eta_t = 0{,}56$ ist der Leistungsbedarf $P_1 = 1{,}0$ kW.

Dann ist bei $n_2 = 1450$ U/min:

$$\text{der Volumenstrom } \dot{V}_2 = \dot{V}_1 \frac{n_2}{n_1} = 10\,000 \cdot \frac{1450}{950} = 15\,300 \text{ m}^3\text{/h}$$

$$\text{der Förderdruck } \Delta p_2 = \Delta p_1 \left(\frac{n_2}{n_1}\right)^2 = 200 \left(\frac{1450}{950}\right)^2 = 470 \text{ Pa}$$

$$\text{der Leistungsbedarf } P_2 = P_1 \left(\frac{n_2}{n_1}\right)^3 = 1{,}0 \left(\frac{1450}{950}\right)^3 = 3{,}6 \text{ kW.}$$

Affinitätsgesetze

Bei geometrisch ähnlichen, aber verschieden großen Ventilatoren gilt bei gleicher Drehzahl:

Der *Volumenstrom* ist proportional der 3. Potenz der Durchmesser oder einer anderen geometrischen Vergleichsgröße.

Der *Druck* ist proportional der 2. Potenz der Vergleichsgröße.

Der *Leistungsbedarf* ist proportional der 5. Potenz der Vergleichsgröße.

Zwei Ventilatoren sind geometrisch ähnlich, wenn die Winkel gleich sind und die Längen-Abmessungen alle mit einem konstanten Faktor verändert werden.

Beispiel:

Ein Ventilator mit dem Saugdurchmesser $d_1 = 300$ mm fördert bei $n = 1000$ U/min einen Volumenstrom von $\dot{V}_1 = 1500$ m³/h. Wieviel fördert ein Ventilator von $d_2 = 400$ mm bei derselben Drehzahl?

$\dot{V}_2 = \dot{V}_1 (d_2/d_1)^3 = 1500\,(400/300)^3 = 3550$ m³/h.

-1.6 Kennlinien (auch Drossel-Kurven oder Charakteristiken genannt)[1)]

Das betriebliche Verhalten von Ventilatoren wird durch Druck-Volumenstrom-Kurven, die sogenannten Kennlinien, dargestellt. Auf der Abszisse ist der Volumenstrom, auf der Ordinate die Druckdifferenz dargestellt. Bei verlustloser Strömung sind die theoretischen Kennlinien im *Druck-Volumen-Schaubild* gerade Linien, d. h., der Förderdruck des Ventilators ändert sich geradlinig bei sich änderndem Volumenstrom. Die verschiedenen Verluste bewirken jedoch bei der wirklichen Strömung eine wesentliche Änderung der Geraden zu einer Kurve, die stetig fallend sein kann, aber auch einen Scheitel oder Wendepunkt haben kann (Bild 3.3.1-13 u. Bild 3.3.1-15). Bei einem bestimmten Ventilator ergibt sich für jede Drehzahl n eine Kurve, die versuchsmäßig festgestellt wird. Darstellung siehe Bild 3.3.1-14.

Der Widerstand des Leitungsnetzes einschließlich der darin eingebauten Apparate – die Anlagenkennlinie – stellt sich meist in Form einer durch den Nullpunkt gehenden quadratischen *Parabeln* dar. Dies ergibt sich daraus, daß die Druckdifferenz proportional dem Quadrat des geförderten Volumenstroms ist, also $\Delta p = \text{konst.} \cdot \dot{V}^2$. Der jeweilige *Betriebspunkt* eines Ventilators liegt auf dem Schnittpunkt einer n-Linie und einer Rohrnetzkennlinie (Anlagenkennlinie). Abweichungen von diesem quadratischen Zusammenhang liegen bei Filterwiderständen vor, die sich linear mit $\dot{V}$ ändern (laminare Strömung).

Der *Betriebspunkt* soll möglichst in der Nähe des höchsten Wirkungsgrades liegen. Er soll auf keinen Fall auf dem linken abfallenden Teil der Ventilatorkennlinie liegen bei Ventilatoren mit rückwärtsgekrümmten Schaufeln, da dann ein unstabiles Arbeiten *(Pumpen)* besonders bei Axialventilatoren und Trommelläufern erfolgen kann (Bild 3.3.1-15).

Die Wirkungsgrade zeigen sich in dem Druck-Volumenstrombild als Parabeln wie die

---

1) Kizaoui, J.: HLH 11/74. S. 371/80.
Vasilescu, D.: HLH 3/82. S. 112/20.
Vandevenne, J.: HLH 9/82. S. 343/6.
Rákóczy, T.: GI 8/74. S. 224/230

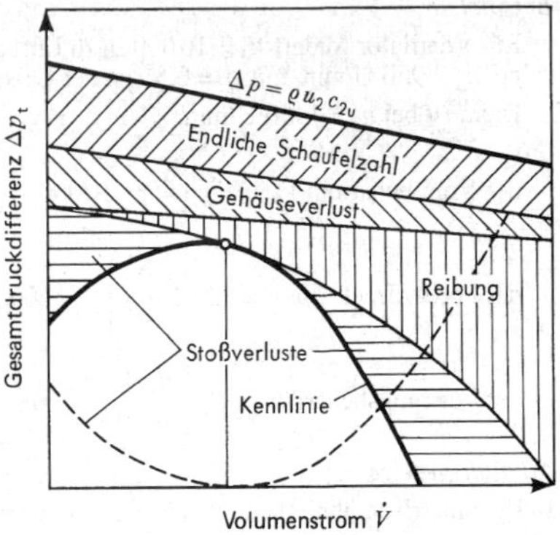

Bild 3.3.1-13. Änderung der Kennlinie des verlustlosen Ventilators durch Druckverluste.

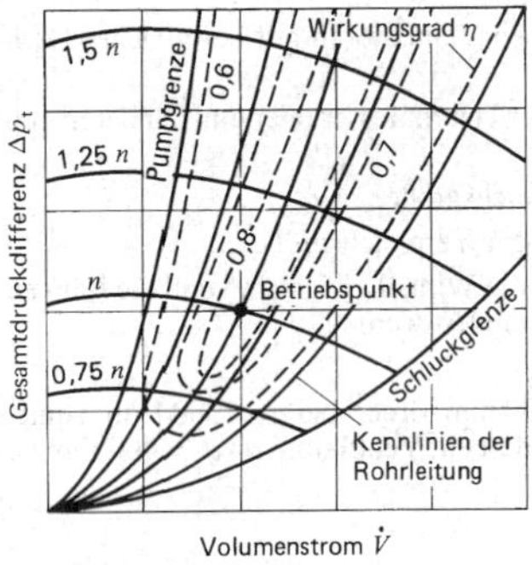

Bild 3.3.1-14. Kennfeld eines Radialventilators, linearer Maßstab.

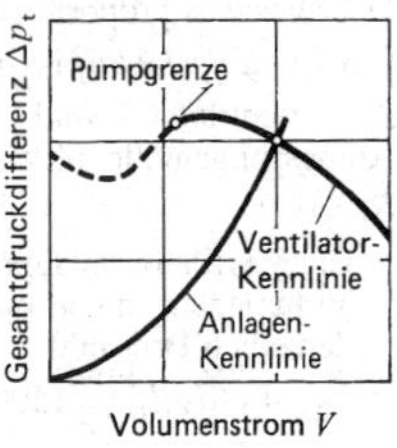

Bild 3.3.1-15. Ventilatorkennlinie und Anlagenkennlinie.

Widerstände der Luftleitungen oder Anlage. Nur bei kleinen Drehzahlen ist das Proportionalitätsgesetz nicht mehr erfüllt.

Eine wesentlich übersichtlichere Darstellung ergibt die Auftragung der Kennlinien im *doppeltlogarithmischen* Diagramm, siehe Bild 3.3.1-16. Die Anlagenkennlinien sind Gerade, die mit der Steigung 2 : 1 gegen die Abszisse geneigt sind. Da die Wirkungsgradkurven in den normalen Arbeitsbereichen ebenfalls parabelförmig verlaufen, sind sie im doppeltlogarithmischen System auch durch Gerade darstellbar. Alle wichtigen Daten wie Volumenstrom, Drehzahl, Umfangsgeschwindigkeit, statischer und dynamischer Druck, Sauggeschwindigkeit und Drehzahl können aus dem Diagramm abgelesen werden, manchmal auch die Schalleistung (Bild 3.3.1-30). Das Diagramm ist für alle Baugrößen einer bestimmten Typenreihe darstellbar.

Beispiel:

Gesucht: *Volumenstrom* $\dot{V} = 9500$ m³/h, Gesamtdruck $\Delta p_t = 920$ Pa.

Gewählt: Größe 450, Sauggeschwindigkeit c_s = 16,8 m/s. Wirkungsgrad η = 84%, Umfangsgeschwindigkeit u = 47 m/s, Drehzahl n = 1540 U/min, Leistungsbedarf

$$P = \frac{9500 \cdot 920}{3600 \cdot 0{,}84} = 2890 \text{ W} = 2{,}89 \text{ kW}$$

Parallelbetrieb von Ventilatoren

Hierbei arbeiten 2 oder mehrere gleiche oder ungleiche Ventilatoren nebeneinander auf ein gemeinsames oder teilweise gemeinsames Netz. Die *resultierende Kennlinie* ergibt sich aus der Addition der Volumenströme bei gleichen Drücken.

Der jeweilige Arbeitspunkt ist der Schnittpunkt dieser Kennlinie mit der *Anlagenkennlinie*. Bild 3.3.1-17 zeigt links das Verhalten bei einer Anlage mit 2 gleichen Ventilatoren mit rückwärts gekrümmten Schaufeln. Jeder Ventilator hat die Kennlinie 1, beide zusammen die Linie 2. Wird ein Ventilator abgeschaltet, so erhöht sich sein Volumenstrom bei fallender Gesamtdruckdifferenz von $\dot{V}_t/2$ auf $\dot{V}_1$. Es ändert sich auch sein Wirkungsgrad, so daß der Antriebsmotor entsprechend zu bemessen ist.

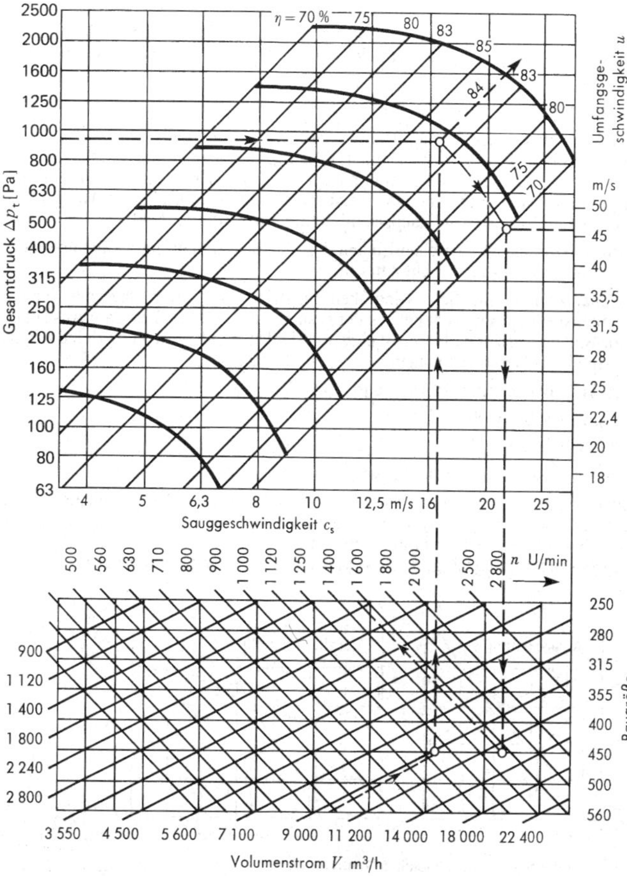

Bild 3.3.1-16. Typisches Kennfeld eines Radialventilators mit rückwärts gekrümmten Schaufeln im doppeltlogarithmischen Diagramm.

Es ist darauf zu achten, daß der Schnittpunkt mit der Anlagenkennlinie auf dem fallenden Teil der resultierenden Ventilatorkennlinie liegt, da sonst nur geringe Volumenstromzunahmen durch den zweiten bzw. einen dritten Ventilator erfolgen.

Bei *Trommelläufern,* deren Kennlinien einen Scheitel- oder Wendepunkt haben, können in der Nähe des Scheitels 2 oder sogar 3 verschiedene Volumenströme bei gleichen Drücken auftreten. Beim Abschalten eines Ventilators kann sich je nach Form der Kennlinie der Volumenstrom verringern oder vergrößern. In Bild 3.3.1-17 rechts erfolgt eine Vergrößerung mit meist erheblich größerer Antriebsleistung. Ein Ventilator erbringt hier also einen größeren Volumenstrom als beide zusammen. Diese Ventilatoren sind daher für Parallelbetrieb wenig geeignet.

Beim Parallelbetrieb mit 2 ungleichen Ventilatoren ergibt sich eine Erhöhung des Volumenstroms nur dann, wenn der kleinere Ventilator (Kennlinie 1a) eine genügende Druckerhöhung hat (Bild 3.3.1-18). Auf der Anlagenkennlinie ergeben sich dann 3 mögliche Betriebspunkte 1a (es läuft nur der kleinere), 1b (es läuft nur der größere Ventilator) und 2 (beide Ventilatoren laufen).

Serienbetrieb von Ventilatoren

Hier arbeiten zwei oder mehrere Ventilatoren hintereinander in die gleiche Anlage. Die resultierende Kennlinie ergibt sich aus der Addition der Drücke bei gleichem Volumenstrom (Bild 3.3.1-19).

Einbauverluste [1)]

Die von den Herstellern angegebenen Kennlinien beziehen sich meist auf Laborversuche mit einem bestimmten Prüfstand, z.B. mit saugseitigem Kanalanschluß. Der Ventilator wird jedoch häufig anders eingebaut, so daß wegen der unterschiedlichen Einbauverhältnisse die Kennlinien nicht mehr übereinanderstimmen. Die beim Einbau in Anlagen oder Geräte entstehenden Verluste sind hauptsächlich folgende (Bild 3.3.1-20):

1. Drallverluste beim asymmetrischen Einbau des Ventilators oder durch Riemenscheibe unmittelbar im Saugstutzen, Ansauggitter (ζ_1).
2. Ausblaskanal zu kurz für Geschwindigkeitsausgleich (ζ_2). Ohne Übergang für Geschwindigkeitsverzögerung geht nahezu der gesamte dynamische Druck am Austritt des Ventilator-Stutzens verloren. Daher ist es zu empfehlen, Ventilatoren mit kleinem dynamischen Anteil ins Gerät einzubauen.
3. Kammerverlust bei begrenztem Saugraum (ζ_3).
4. Kammerverlust beim Ausblas (ζ_4).
5. Verlust bei Saugtaschen (ζ_5).
6. Krümmerverlust beim Ausblas (ζ_6) usw.

Die Summe der Einbauverluste kann durchaus Beträge von $\Sigma\ \zeta = 2 \ldots 3$ erreichen, so daß die nutzbaren Druckerhöhungen wesentlich verringert werden. Für einige der vorgenannten Verluste können die ζ-Werte entnommen werden aus Bild 3.3.1-20. Vielfältigkeit der Einflüsse, insbesondere saugseitig, macht oft Prüfstandsmessung erforderlich.

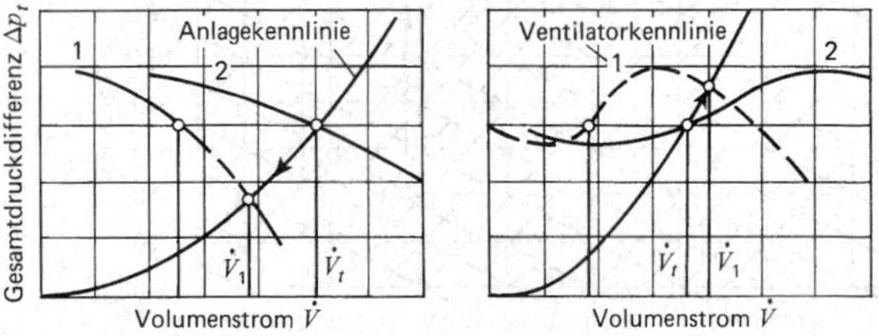

Bild 3.3.1-17. Parallelbetrieb mit 2 gleichen Ventilatoren.
Links: rückwärts gekrümmte Schaufeln; rechts: Trommelläufer

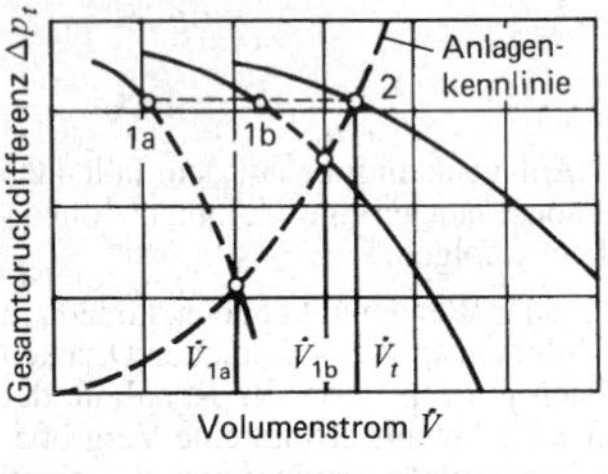

Bild 3.3.1-18. Parallelbetrieb von 2 ungleichen Ventilatoren:
1a = kleiner, 1b = größerer Ventilator.

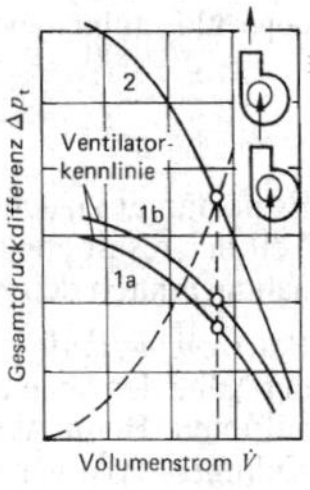

Bild 3.3.1-19. Serienbetrieb von 2 ungleichen Ventilatoren.

[1)] Lexis, J.: Ki 10/84. S. 389/92.
Wieland, H.: HLH 4/84. S. 161/5 u. 6/84. S. 266/70 u. Heizung-Lüftung-Klimatechnik 3/86. S. 194 ff. u. 4/86.

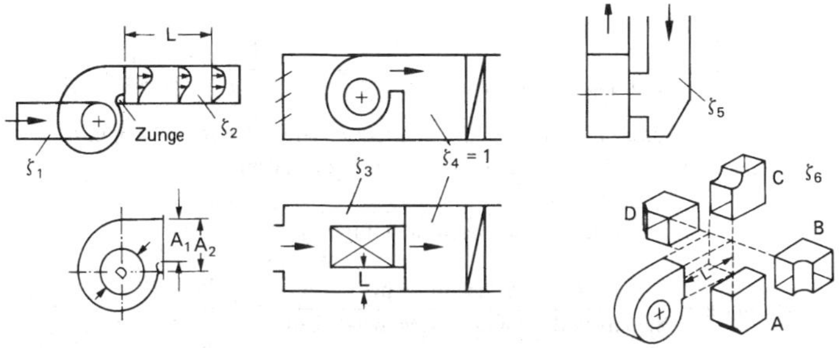

Beiwerte für ζ_2

A_1/A_2	Kanallänge L *) 12%	25%	50%	100%
0,4	1,0	0,4	0,2	
0,5	1,0	0,4	0,2	
0,6	0,7	0,35	0,15	
0,7	0,4	0,15		
0,8	0,25	0,1	normale	
0,9	0,15	Beiwerte für Kanäle		
1,0				

*) $L_{100\%} = 2{,}5 \cdot \sqrt{4 A_2/\pi}$

Beiwerte für ζ_3

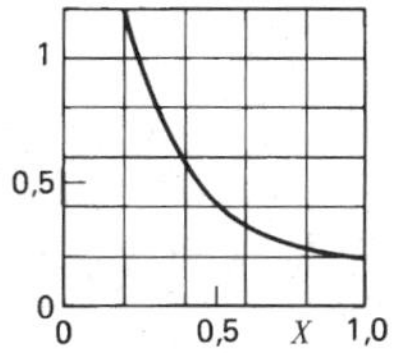

Abstand $L = X \times D$

Beiwert $\zeta_4 = 1$

Beiwerte für ζ_6

A_1/A_2	Pos.	Kanallänge L*) 0%	12%	25%	50%
0,6	A	1,6	1,4	1,0	0,4
	B	2,0	1,6	1,2	0,6
	C	2,8	2,3	1,8	0,8
	D	2,5	2,0	1,4	0,7
0,8	A	0,8	0,7	0,5	0,25
	B	1,2	1,0	0,7	0,35
	C	1,6	1,4	1,0	0,4
	D	1,4	1,2	0,8	0,35
0,9	A	0,7	0,6	0,4	0,2
	B	1,0	0,8	0,6	0,3
	C	1,2	1,0	0,7	0,35
	D	1,0	0,8	0,6	0,3
1,0	A	1,0	0,8	0,6	0,3
	B	0,7	0,6	0,4	0,2
	C	1,0	0,8	0,6	0,3
	D	1,0	0,8	0,6	0,3

Bild 3.3.1-20. Einbauverlustfaktoren ζ bei Ventilatoranlagen.

Beim Einbau der Ventilatoren sind daher geringe Anströmgeschwindigkeiten und optimale Strömungsverhältnisse anzustreben, womit gleichzeitig Energie gespart wird.

Liegt stromab des Ventilators in der Druckkammer einer Klimazentrale ein Wärmeaustauscher, Filter, Luftwäscher o.dgl., so sind zu vollflächiger Luftbeaufschlagung Einbauten erforderlich (z.B. Lochblech, Prallplattendiffusor usw.)[1]. Zusatzwiderstände sind entsprechend zu beachten. Am besten, Ventilatorkennlinie im Gerät messen *(Gerätekennlinie)*.

Auch Diffusoren am Druckstutzen sind energetisch bei Ventilatoren mit hoher Austrittsgeschwindigkeit von Vorteil, speziell bei Drücken >800 Pa und wenn der dynamische Anteil >15% ist. Bei Platzmangel in Zentralgeräten soll wenigstens Kurzdiffusor oder -Verteiler zum Einbau kommen (Bild 3.3.1-38).

-1.7 Dimensionslose Kennlinien[2]

Volumenstrom und Druckerhöhung werden dabei in Beziehung zu charakteristischen Konstruktionsgrößen des Ventilators gesetzt. Hierfür eignen sich der Außendurchmesser *d* des Laufrades und seine Umfangsgeschwindigkeit *u*.

Auf der Ordinatenachse wird nicht mehr der Druck, sondern das Verhältnis des Druckes zum fiktiven Staudruck der Umfangsgeschwindigkeit, auf der Abszissenachse das Verhältnis des wirklichen Volumenstroms zu einem hypothetischen Volumenstrom aufgetragen.

[1]) VDI 3803 (11.86): Bauliche und techn. Anforderungen bei RLT-Anlagen.
Rákóczy, T.: HLH 3/71. S. 105/8.

[2]) Regenscheit, B.: HLH 1956. S. 82/87.
Muslow: HLH 1957. S. 298/300.
Laasko, H.: Wärmetechnik 1960. S. 51/53.

Es wird definiert

$$\text{Lieferzahl } \varphi = \frac{\text{Volumenstrom}}{\text{Laufradscheibenfläche}} = \frac{\dot{V}}{\pi d^2/4 \cdot u} = \frac{\dot{V}}{A \cdot u}$$ *(auch Durchflußzahl genannt)*

A = Fläche des Außendurchmessers des Laufrades, hieraus $\dot{V} = A \cdot u \cdot \varphi$ in m^3/s.
Man kann auch für A die Saugfläche ansetzen und erhält dann

$\varphi = \frac{c_s}{u}$, was für manche Betrachtungen sinnfälliger ist.

$$\textit{Druckzahl } \psi = \frac{\text{Gesamtdruckdifferenz}}{\text{Staudruck der Umfangsgeschwindigkeit}} = \frac{\Delta p_t}{\frac{\varrho}{2} u^2},$$

hieraus $\Delta p_t = \psi \cdot \frac{\varrho}{2} u^2$ in Pa.

Ferner ist die

$$\textit{Leistungszahl } \lambda = \frac{\dot{V} \cdot \Delta p_t}{\eta \cdot A \cdot u \cdot \frac{\varrho}{2} u^2} = \frac{\varphi \cdot \psi}{\eta},$$

hieraus $P = \lambda \cdot A \cdot u \cdot \frac{\varrho}{2} u^2$ in W ($kg\, m^2/s^3$).

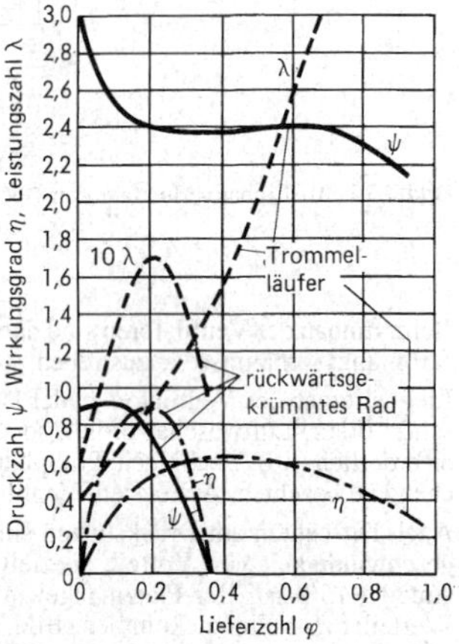

Bild 3.3.1-21. Typische dimensionslose Kennlinien von Radialventilatoren der Lüftungstechnik.

Bild 3.3.1-21 zeigt die dimensionslosen Kennlinien für verschiedene Bauarten von Radial-Ventilatoren der Raumlufttechnik. Aus dem Vergleich dieser Kurven ergeben sich folgende Schlüsse:

1. Bei gleicher Drehzahl haben vorwärts gekrümmte Räder eine *größere Förderleistung* als rückwärts gekrümmte, d.h., sie erzeugen bei gleichem Volumenstrom einen größeren Druck oder fördern bei gleichem Druck einen größeren Volumenstrom.
2. Bei steigender Luftförderung nimmt der *Leistungsbedarf* (Kurve für λ) der rückwärts gekrümmten Räder nur wenig zu, während er bei vorwärts gekrümmten Rädern stark ansteigt, so daß hier die Widerstandsbestimmung sorgfältig vorzunehmen ist; anderenfalls Motorüberlastung auftritt. Dieser Fehler kommt häufig bei kombinierten Zu- und Abluftgeräten im Umluftbetrieb vor.[1]

[1]) Lexis, J.: CCI 3/84. S. 50/51.

3. Der *Wirkungsgrad* ist bei rückwärts gekrümmten Schaufeln wesentlich höher als bei vorwärts gekrümmten.
4. Bei steigendem Widerstand der Anlage ändert sich der *Volumenstrom* beim Trommelläufer mehr als beim rückwärtsgekrümmten Rad.

Die dimensionslosen Kurven gelten genau nur für die Baugröße, mit der die Messung gemacht wurde. Bei kleineren und größeren Ventilatoren treten geringe Abweichungen auf, weil die Strömungen nicht mehr genau einander ähnlich sind. Bei Laufrädern von 200 bis 1000 mm Durchmesser halten sich die Abweichungen jedoch in geringen Grenzen. Voraussetzung für die Verwendbarkeit der Kurven ist natürlich, daß die verschiedenen Größen der Ventilatoren einer Typenreihe geometrisch ähnliche Maße haben. Werden, wie es häufig geschieht, bei größeren Rädern irgendwelche Maße geändert, z.B. die Schaufelzahl oder die Schaufeldicke, so ändern sich die Kennlinien.

Beispiel

zur Verwendung der dimensionslosen Kurven, Bild 3.3.1-21.

Wieviel leistet ein Ventilator der Bauart Trommelläufer, Größe 800 (Laufrad-Außendurchmesser $D = 800$ mm) bei $n = 400$ U/min?

$$D = 0{,}8\ \text{m} \qquad u = \frac{\pi \cdot D \cdot n}{60} = 16{,}6\ \text{m/s}$$

$$A = \frac{\pi D^2}{4} = 0{,}5\ \text{m}^2$$

$$\text{Staudruck } \frac{\varrho}{2}\, u^2 = \frac{1{,}25}{2} \cdot 16{,}6^2 = 172\ \text{Pa}$$

Aus Bild 3.3.1-21 folgt bei

φ =		0,4	bzw. 0,6
$\dot V = A \cdot u \cdot \varphi =$			
	$0{,}5 \cdot 16{,}6 \cdot 0{,}4$	= 3,32 m³/s	4,98 m³/s
		= 12 000 m³/h	18 000 m³/h
ψ =		2,38	2,4
$\Delta p_t = \psi \cdot \frac{\varrho}{2} u^2 =$			
	$2{,}38 \cdot 172$	= 410 Pa	413 Pa

-1.8 Antrieb und Regelung[1)]

Praktisch alle Ventilatoren werden bei raumlufttechnischen Anlagen durch Elektromotore angetrieben. Die verschiedenen Methoden siehe in Bild 3.3.1-22.

Die *Regelung* von Volumenstrom oder Druck hängt von der Aufgabe ab. Die grundsätzlichen Fälle sind in Bild 3.3.1-23 dargestellt, wobei Abwandlungen oder Mischfälle vorkommen. Insbesondere ist oft nicht der Gesamtdruck Δp_t, sondern der statische Druck in einer Kammer oder einer bestimmten Stelle im Rohrnetz konstant zu halten. Die Anpassung an den Bedarf ist auf verschiedene Weise möglich:

a) *Drosselregelung* mit verstellbarer Klappe bei konstanter Drehzahl. Herstellung preiswert, aber hohe Energieverluste. Regelbereich etwa 100 bis 50%. Nur für kleine Leistungen.
b) *Bypass-Regelung* mit Hilfe einer Kurzschluß-Verbindung und Drosselklappe zwischen Druck- und Saugseite eines Ventilators. Regelbereich: 100 bis 85%.
c) *Drallregelung* bei konstanter Drehzahl; dabei wird dem Volumenstrom vor Eintritt in das Laufrad durch verstellbare Schaufeln ein Vordrall in Laufrichtung erteilt; besonders für große Leistungen. Regelbereich etwa 100 bis 65%. Darunter kombiniert mit Polumschaltung.

---

1) Rákóczy, T.: HLH 7/75. S. 244/8 u. Ges.-Ing. 7/8 – 76, S. 153/63.
Rasmussen, K. N., u.a.: Ges.-Ing. 12/77. S. 333/9.
Moser: TAB 6/80. S. 503/4.
Häussermann, G.: CCI 7/84. S. 22/3 u. HLH 8/85. S. 414/7.
Mürmann, H.: TAB 5/86. S. 361/4.

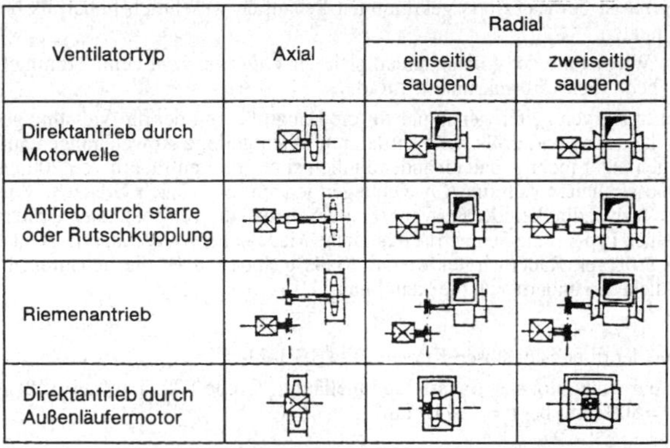

Bild 3.3.1-22. Antriebsarten von Ventilatoren.

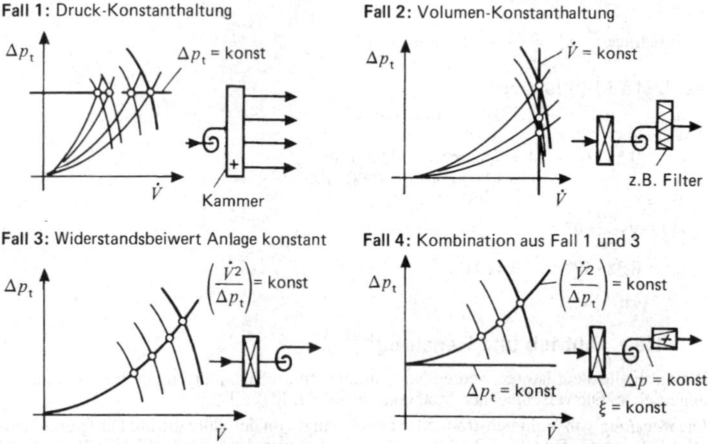

Bild 3.3.1-23. Verschiedene Regelungsaufgaben für Ventilatoren in RLT-Anlagen.

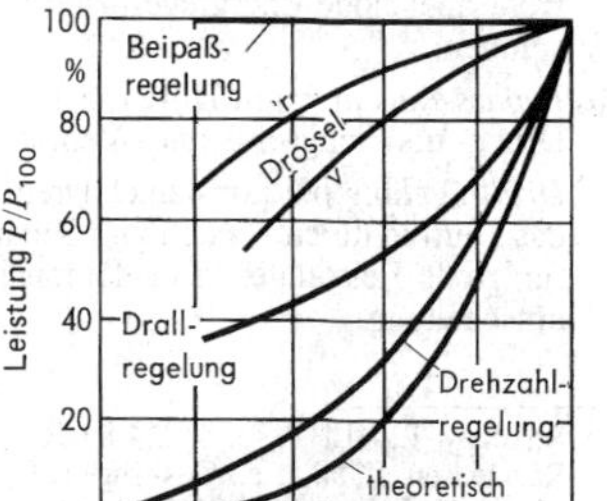

Bild 3.3.1-24. Relativer Leistungsbedarf von Radial-Ventilatoren bei verschiedenen Regelmethoden (ohne Verluste des Antriebsmotors). Laufschaufelregelung bei Axialventilatoren angenähert wie Drehzahlregelung.
r = rückwärts gekrümmt,
v = vorwärts gekrümmt (Trommelläufer)
theoretisch = Anlagenkennlinie mit $\Delta_{pt} \sim \dot{V}^2$

d) *Drehzahlregelung* durch verschiedene elektrische Antriebe wie
Schleifringläufer mit Regulierwiderstand (große Verluste);
Nebenschlußmotor (Kommutator);
Gleichstromnebenschlußmotor;
Frequenzgeregelter Drehstrommotor;
Drehstrommotor mit Phasenanschnitt;
ferner mechanische Regelbetriebe (Simpla–Belt, Becker-Antriebe u.a.).

Für kleine Leistungen bis etwa 5 kW sind besonders Scheibenankermotore verwendbar, bei denen die Drehzahl durch Änderung der Klemmenspannung mittels Spannungstransformator von 0 bis 100% geregelt wird (Bild 3.3.1-25 und Bild 3.3.1-26).

e) *Polumschaltbare Motore;* stufenweise Drehzahländerung, evtl. mit zusätzlicher Drosselregelung (preiswerte Lösung).

f) *Parallelbetrieb* mehrerer kleinerer Ventilatoren statt einer großen Maschine, wobei einer drosselgeregelt wird, während die anderen je nach Belastung ein- oder ausgeschaltet werden.

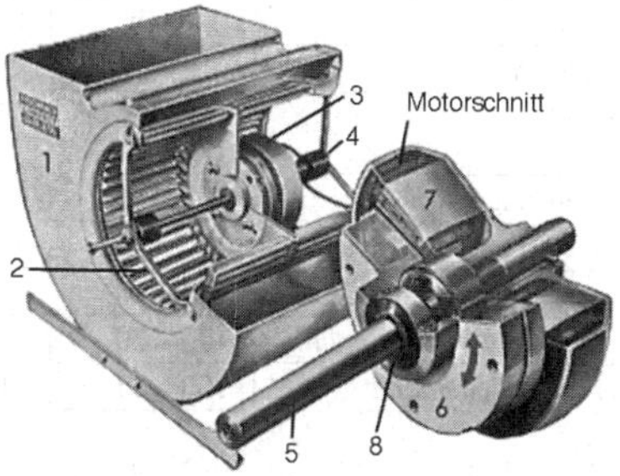

Bild 3.3.1-25. Doppelseitig saugender Radialventilator mit Scheibenankermotor (Fischbach-Gebläse).
1 = Gehäuse,
2 = Laufrad,
3 = Motor,
4 = Gummi-Metall-Verbindung,
5 = feststehende Welle,
6 = Rotor,
7 = Stator,
8 = 2 Kugellager,
9 = Wicklung

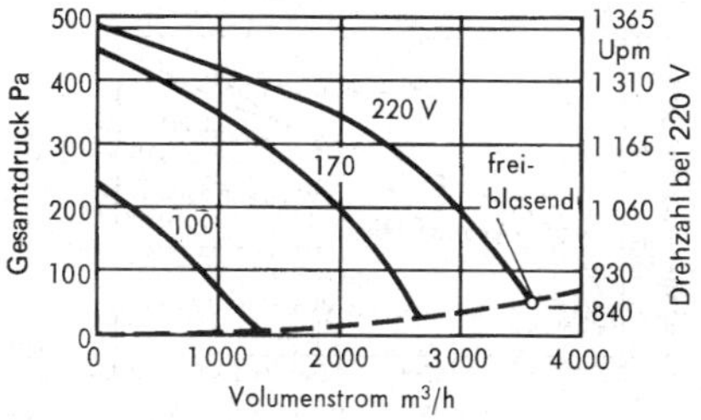

Bild 3.3.1-26. Kennlinie eines Fischbach-Kompakt-Gebläses Größe D 670/E 350/4.

Die günstigste Regelungsart kann Fall zu Fall in Abhängigkeit der Betriebsweise der Anlage bestimmt werden.

Die Drehzahlregelung ist im Betrieb meist am günstigsten auch bezüglich Geräuschbildung, falls keine Druckkonstanthaltung im Netz verlangt wird.

Die relative Änderung des Leistungsbedarfs P bei Verringerung des Volumenstroms $\dot{V}$ gegenüber dem optimalen Betriebszustand $\dot{V}_o$ ist aus Bild 3.3.1-24 ersichtlich. Der theoretisch günstigste Verlauf für P ist gemäß den Proportionalgesetzen durch die Parabel $(\dot{V}/\dot{V}_o)^3$ gegeben entsprechend Fall 3 in Bild 3.3.1-23. Es wurde hier *kein* konstanter Druckanteil angenommen, wie er z.B. häufig bei VVS-Systemen vorkommt (Fall 4 in Bild 3.3.1-23. S.a. Bild 3.2.8-7 und Bild 3.3.1-41).

In allen Fällen sind auch die *Investitionskosten* für den Antrieb zu beachten, die manchmal recht hoch sind, besonders bei der Drehzahlregelung.

Je nach erforderlichem Regelbereich des Volumenstroms und der Häufigkeit können die in Tafel 3.3.1-1 nach gesamtwirtschaftlichen Gesichtspunkten (Energie- und Investitionskosten) aufgeführte Regelung empfohlen werden.

Regelung bei konstantem Netzdruck siehe Abschn. 3.3.1-2.8 und 3.2.8-3.2.2.

Tafel 3.3.1-1 Wirtschaftliche Regelung von Ventilatoren

Regelungsarten von Radialventilatoren	Möglicher Bereich	Empfohlener Bereich	Leistungs-bereich
Bereich:	von – bis %	von – bis %	von – bis kW
Drossel	100 – 60	100 – 90	1 – 5
Bypass	100 – 0	100 – 80	1 – 10
Drall	100 – 30	100 – 70	10 – 70
Drehzahl			
Nebenschlußmotor	100 – 20	100 – 30	3 – 30
Frequenzumformer	100 – 20	100 – 30	5 – 100
Induktionskopplung	100 – 20	100 – 30	1 – 80

Regelungsarten von Axialventilatoren	Möglicher Bereich	Empfohlener Bereich	Leistungs-bereich	Bemerkungen
Bereich:	von – bis %	von – bis %	von – bis kW	
Drall	100 – 70	100 – 85	2 – 5	bedingt zu empfehlen
Drehzahl				
Nebenschlußmotor	100 – 30	100 – 40	3 – 30	aufwendig
Frequenzumformer	100 – 20	100 – 40	5 – 70	günstig
Induktionskopplung	100 – 20	100 – 40	2 – 80	günstig
Laufschaufel	100 – 5	100 – 10	15 – 120	aufwendig

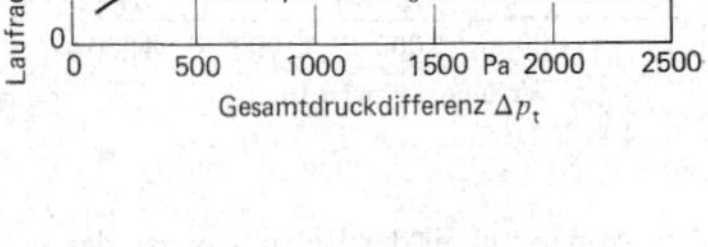

Bild 3.3.1-27. Übliche Umfangsgeschwindigkeiten verschiedener Lüftungsventilatoren. Empfehlung nach VDI 3803.

-1.9 Auswahl der Radialventilatoren[1]

Für eine bestimmte Ventilatorleistung sind mehrere Größen möglich. Die Auswahl erfolgt nach Investitions- und Energiekosten, Geräusch, Platzbedarf, Form der Kennlinie, Einbausituation, Betriebssicherheit, Wirkungsgrad und Wartungsaufwand. Praktisch werden zur Auswahl der geeigneten Größen von den Lieferanten Leistungs- und Maßtabellen geliefert.

Wesentlicher Gesichtspunkt ist bei RLT-Anlagen die *Geräuschfrage* (s. Abschnitt 3.3.6): Geräusche steigen mit der Druckerhöhung Δp.

Geringe Ausblasgeschwindigkeit ist nicht unbedingt gleichbedeutend mit geringen Geräuschen. Sie ist jedoch bei freiausblasenden Ventilatoren wichtig, um den Verlust des dynamischen Drucks am Ausblas klein zu halten (Tafel 3.3.1-2).

[1]) Andritzky, H.: HLH 5/70. S. 146/52.
Ossenkopp, Th.: HLH 7/74. S. 221/5.
Siegel, T., u. K.-O. Felsch: HLH 11/81. S. 441/6.

Tafel 3.3.1-2 Typische Wirkungsgrade bei freiausblasendem Einbaufall:

Radialventilator	Wirkungsgrad η_f freiausblasend, Kammer (ohne p_{d2})	Wirkungsgrad η_t druckseitig angeschlossen (mit p_{d2})
Trommelläufer	40%	60%
Hochleistungsventilator	78%	87%
Quadrovent-Ventilator	73%	75%

Geringe Ausblasgeschwindigkeit $c_s = < 10$ m/s
Mittlere Ausblasgeschwindigkeit $c_s = 10$ bis 15 m/s
Hohe Ausblasgeschwindigkeit $c_s = > 15$ m/s

Um möglichst geräuscharme Ventilatoren zu erhalten, ist es wichtig, mit geringen Umfangsgeschwindigkeiten zu arbeiten, wodurch allerdings die Ventilatoren größer und teurer werden. Übliche Umfangsgeschwindigkeiten zeigt Bild 3.3.1-27. Weiteres siehe Abschn. 3.3.6.

Die *Anschaffungskosten* sind im Bereich geringer Drücke bei Trommelläufern meist am geringsten, im Bereich hoher Drücke bei Ventilatoren mit rückwärts gekrümmten Schaufeln. Trommelläufer nur bis zu Drücken von etwa 600...650 Pa, da sonst die Biegebeanspruchung der Schaufeln zu groß. Flache Kennlinien.

Der *Wirkungsgrad* ist bei den Ventilatoren der Lüftungstechnik nicht immer vorrangig, nur bei großen Volumenströmen, hohem Druck und langer Laufzeit. Dann sind Hochleistungsventilatoren mit rückwärts gekrümmten Schaufeln zu wählen.

Üblicher Maximal-Wirkungsgrad bei rückwärts gekrümmten Schaufeln ≈80...85%, bei vorwärts gekrümmten ≈45...60%.

Eine geringe Druckänderung (z.B. Filterverschmutzung) bewirkt bei flachen Kennlinien (Trommelräder) eine große Volumenstromänderung, bei steilen Kennlinien (Hochleistungsventilatoren) dagegen nur eine geringe Volumenstromänderung.

Zu beachten ist auch, daß Trommelläufer bei steigendem Volumenstrom eine stark steigende Leistungsaufnahme haben, so daß die Antriebsmotoren leicht überlastet werden.

Der Bezugsquerschnitt des dynamischen Druckes bzw. der Ausbreitungsgeschwindigkeit muß bei den Kennlinien bzw. charakteristischen Daten des Herstellers angegeben werden. In Abhängigkeit des Einbaus sind die dynamischen Drücke bei einem Ventilator unterschiedlich zu berücksichtigen.

Ventilatoren in Klimazentralen blasen oft in eine Kammer aus, so daß der dynamische Druck am Austritt verloren ist. Trommelläufer dann besonders schlecht, da hoher dynamischer Austrittsdruck[1]). Hochleistungsradialventilatoren wesentlich besser. Beim Einsatz von Klimageräten sollten Ventilatoren von größerer Bauart ausgewählt werden, damit der dynamische Druck und somit der Austrittsverlust so gering wie möglich gehalten werden kann (siehe VDI 3803).

Die Aufstellung zeigt, daß für den freiausblasenden Ventilator die Auslegung mit gutem Wirkungsgrad für η_f nicht zu einem wirtschaftlichen Ventilator führt, wenn p_{d2} groß ist (kleiner Reaktionsgrad bei Trommelläufer). Das Maximum für η_f liegt stets bei kleinerem Volumenstrom als das für η_t, also links von max. η_t im Kennfeld.

Keilriemengetriebene Ventilatoren sind in vielen Fällen auch bei kleinen Leistungen gegenüber direktem Antrieb vorzuziehen, da der Aus- und Einbau der Antriebsmotoren leichter und eine nachträgliche Änderung des Volumenstroms oder des Förderdruckes durch Änderung der Riemenübersetzung möglich ist. Versperrung der Ansaugöffnung durch Riemenschutz bei zweiseitig saugenden Ventilatoren kann insbesonderer bei Baugrößen < 450 mm zu Minderleistung führen.

Auch muß beachtet werden, daß in Keilriementrieben besonders bei kleiner Motorleistung prozentual erhebliche Verluste entstehen, die bei der Motorauslegung berücksichtigt werden müssen. Richtwerte zeigt Bild 3.3.1-28. Flachriemen sind wesentlich günstiger, aber nur bei größeren Leistungen (> 100 kW) sinnvoll.

[1]) Hönmann, W.: LTG-Information 11/12 Okt. 74.

Bei Förderung von aggressiven Gasen oder Dämpfen werden Ventilatoren aus *Kunststoff* oder Edelstahl verwendet. Bei ersterem Förderdruck begrenzt. Die hauptsächlich verwendeten Kunststoffe sind Polyvinylchlorid (PVC), Polyäthylen (PP), Polystyrol, Polyamid und glasfaserverstärktes Polyesterharz. Zulässige Temperatur in keinem Fall über 100°C.

Prüfbestimmungen siehe Abschnitt 3.3.1-3.

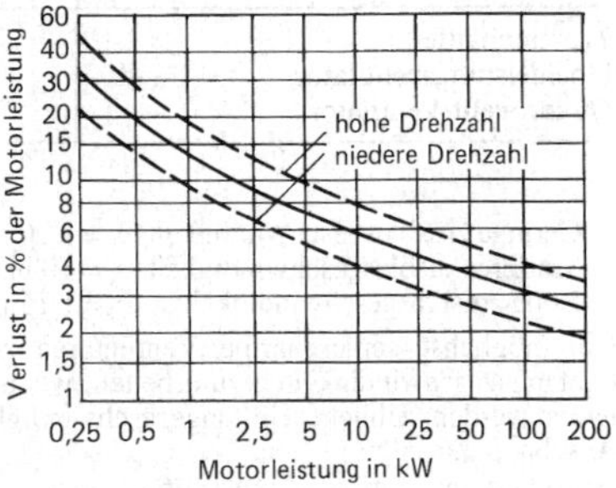

Bild 3.3.1-28. Verluste in Keilriementrieben, Richtwerte.

-2 Axialventilatoren[1)]

Bei diesen Maschinen strömt die Luft in Richtung der Achse durch das Laufrad, Bild 3.3.1-29.

Hauptbestandteile aller Axialventilatoren:

Nabe mit Schaufeln, gleichmäßig am Umfang verteilt,
Gehäuse oder Wandring,
Antriebsmotor.

Einrichtungen zur Verbesserung des Wirkungsgrads:

Einlaufdüse,
Leitrad vor oder nach dem Laufrad,
Profilierung der Laufradschaufeln,
Diffusor bzw. Nabendiffusor am Ausblas,
Verstelleinrichtung für die Laufschaufeln,
Dralldrosselvorrichtung,
Stabilisierungsring.

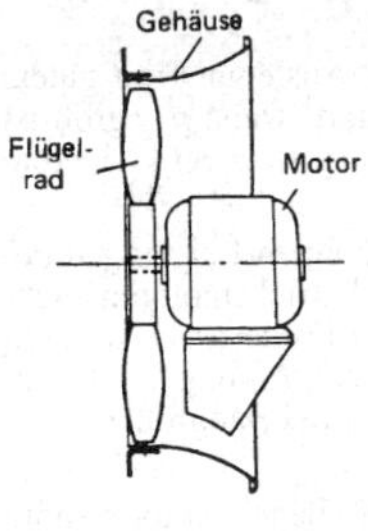

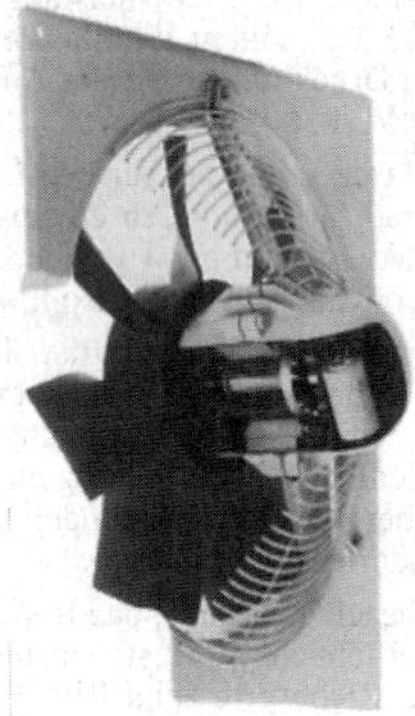

Bild 3.3.1-29. Axialventilator für Wandeinbau.
Links: Schnitt. Rechts: Ansicht (Foto Helios).

1) Bard, H.: Ki 11/83. S. 439/42.

-2.1 Einteilung nach Bauart

Propellerventilatoren (Umwälzventilatoren), nur mit Schaufeln, ohne Ring oder Gehäuse.

Wand- und Fensterventilatoren mit Wandring sowie Rohrventilatoren.

Axialventilatoren ohne Leitrad für geringe Drücke.

Axialventilatoren mit Leitrad und mit oder ohne Diffusor für höhere Drücke und besseren Wirkungsgrad.

Gegenläufige Axialventilatoren für sehr hohe Drücke (etwa dreimal so hoch wie bei Axialventilatoren ohne Leitrad), mit 2 Antriebsmotoren[1]).

Axialventilatoren mit im Lauf *verstellbarem* Schaufelwinkel oder mit *Dralldrossel* für VVS-Anlagen.

Weitere Einteilungsarten

nach der Form der Schaufeln: Skelettschaufeln aus Blech, profilierte Schaufeln;

nach dem Material der Schaufeln: Stahlblech, Gußeisen, Aluminium, Kunststoff, Holz;

nach dem Förderdruck:

Niederdruckventilatoren für Drücke bis etwa 300 Pa
Nabenverhältnis $\nu = 0{,}3 \ldots 0{,}4$,

Mitteldruckventilatoren für Drücke bis etwa 1000 Pa
Nabenverhältnis $\nu = 0{,}4 \ldots 0{,}5$,

Hochdruckventilatoren für Drücke über 1000 Pa
Nabenverhältnis $\nu = 0{,}5 \ldots 0{,}7$;

nach der Befestigung der Laufschaufeln:

feststehende Schaufeln,

im Stillstand verstellbare Schaufeln, einzeln oder zentral verstellbar, hierbei lassen sich durch Änderung der Einstellwinkel der Laufschaufeln Volumenstrom und Druck in weiten Grenzen verändern (Bild 3.3.1-30),

im Lauf verstellbare Schaufeln (Bild 3.3.1-39 u. Bild 3.3.1-43);

Ansicht eines Axialventilators mit Leitschaufeln siehe Bild 3.3.1-32.

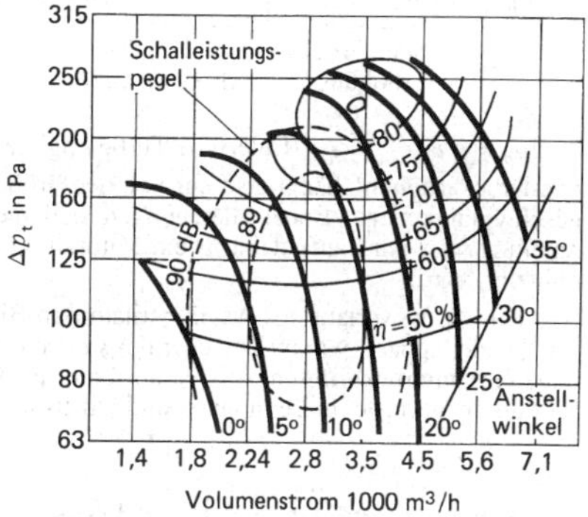

Bild 3.3.1-30. Axialventilator mit im Stillstand verstellbaren Schaufeln, Anstellwinkel $\beta_1 = 0$ bis 35°. (Babcock-BSH) Links: Laufrad. Rechts: Kennfeld mit Leitrad bei $D = 400$ mm, $n = 1400$ U/min.

-2.2 Geschwindigkeitsdreiecke

Strömung im Laufrad wird durch Eintritts- und Austrittsdreiecke der Geschwindigkeiten gekennzeichnet. Bei einem zylindrischen Schnitt durch den Axialventilator und Abwicklung auf eine Ebene erhält man das Schaufelgitter. Bei axialem Eintritt der Luft Eintrittsdreieck rechtwinklig, Austrittsdreieck schiefwinklig infolge Ablenkung der Luftströmung in Drehrichtung, Bild 3.3.1-31. Strömung erhält stets eine Dralländerung.

Bei vorgeschaltetem Leitrad wird gegenüber dem Laufrad ein Gegendrall erzeugt, der im Laufrad wieder aufgehoben wird, Bild 3.3.1-33.

---

[1]) Rákóczy, T.: HLH 69. S. 104/9 und Klimatechn. 5/70. S. 6/12.

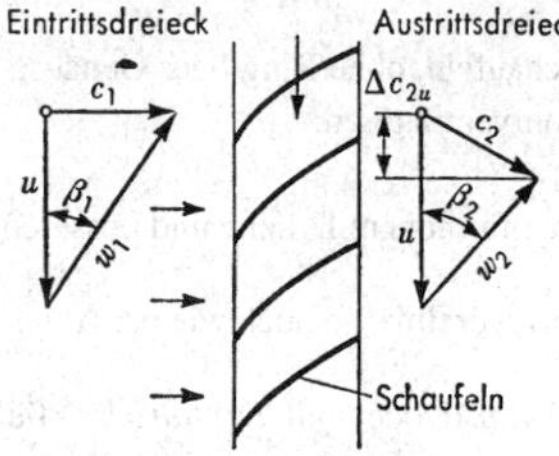

Bild 3.3.1-31. Geschwindigkeitsdreiecke bei axialem Lufteintritt.

Bild 3.3.1-32. Axialventilator mit Laufrad und Leitrad. (Foto Helios)

Ähnliche Darstellung bei nachgeschaltetem Leitrad. Leitrad vermindert bei gleichzeitiger Umlenkung die hohe Luftaustrittsgeschwindigkeit und setzt deren Umfangskomponente c_2u in Druck um (Geschwindigkeitsverzögerung).

Gezeichnete Dreiecke beziehen sich auf den größten Durchmesser des Laufrades. Bei der Strömung weiter innen wird β_1 größer, daher Schaufeln verwunden, an der Nabe steiler als am Umfang.

-2.3 Druckerhöhung, Druckdifferenz

Die Druckerhöhung – oft auch Förderdruck genannt – erfolgt teils durch Vergrößerung der absoluten Eintrittsgeschwindigkeit von c_1 auf c_2, teils durch Verzögerung der Relativgeschwindigkeit w_1 auf w_2 und damit verbundene Druckerhöhung.

Theoretischer Förderdruck (Gesamtdruckdifferenz)

$$\Delta p_{th} = \underbrace{\frac{\varrho}{2}\,(w_1^2 - w_2^2)}_{\text{stat. Druckerhöhung}} + \underbrace{\frac{\varrho}{2}\,(c_2^2 - c_1^2)}_{\text{dyn. Druckerhöhung}} \quad \text{in N/m}^2\text{ (Pa)}$$

oder

$\Delta p_{th} = \varrho\, u\, (c_{2u} - c_{1u})$ (Eulersche Turbinengleichung, siehe auch Abschnitt 1.4.1-8)

Die Druckerhöhung hängt also nur von der Größe der Ablenkung der absoluten Eintrittsgeschwindigkeit ab. Beide Gleichungen sind ineinander überführbar. Bei Dralldrosselregelung wird am Laufradeintritt ein Mitdrall c_{1u} erzeugt, wodurch der Förderdruck Δp_{th} reduziert wird.

Aus dem Druckverlauf des Axialventilators in Bild 3.3.1-34 ist zu erkennen, wie sowohl im Nachleitapparat wie im Diffusor der *statische* Druck sich erhöht. Die im Bild angegebene Gesamtdruckdifferenz Δp_t ist am Laufradaustritt am größten (Druck der Stufe) und fällt durch Verluste im Leitapparat und Diffusor etwas ab.

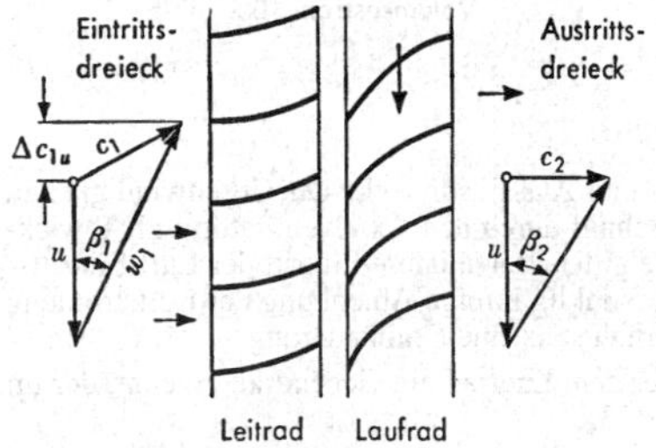

Bild 3.3.1-33. Geschwindigkeitsdreiecke bei vorgeschaltetem Leitrad.

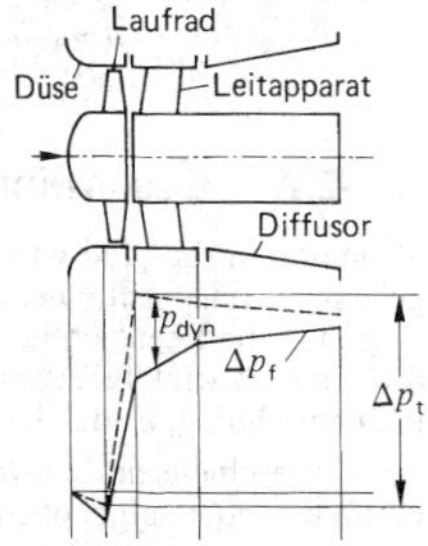

Bild 3.3.1-34. Druckverlauf im Axialventilator mit Nachleitrad.

-2.4 Leistungsbedarf

Durch die bei der Strömung entstehenden unvermeidlichen Verluste wird die theoretische Druckerhöhung nicht erreicht. Verluste entstehen durch Reibung, Stoß, Umlenkung, Ablösung, Spaltströmung usw. Der Leistungsbedarf ist

$$P_L = \frac{\dot{V} \cdot \Delta p_{th}}{\eta_L} \text{ in W} \left(\frac{\text{Nm}}{\text{s}} \right)$$

$\dot{V}$ = Volumenstrom in m³/s
Δp_{th} = Gesamtdruckdifferenz in Pa
η_L = Gesamtwirkungsgrad

Wirkungsgrad η_L sehr unterschiedlich, im Bereich von 0,3 bis 0,9, je nach Ausführung, abhängig vom aerodynamischen Wirkungsgrad, Lagerwirkungsgrad, Spalt zwischen Laufrad und Schacht.

Maximalwerte

Wandventilator	0,3…0,4
Axialventilator ohne Leitrad	0,6…0,7
Axialventilator mit Leitrad	0,7…0,9
Gegenläufige Axialventilatoren	0,8…0,9

Genauere Werte aus Kennbildern zu entnehmen, siehe Bild 3.3.1-30, Bild 3.3.1-36, Bild 3.3.1-39 und Bild 3.3.1-43.

Richtwert für Spalteinfluß:

$1\,^0/_{00}$ Spaltveränderung (bezogen auf d_a) gibt 1…2% Wirkungsgradveränderung.

-2.5 Affinitätsgesetze

Bei Axialventilatoren gelten dieselben Gesetze wie bei den Radialventilatoren, also

Volumenstrom $\dot{V}$ proportional n (Drehzahl)
Förderdruck Δp proportional n^2
Leistungsbedarf P proportional n^3.

-2.6 Kennlinien

Die Druck-Volumenstrom-Kurve (Kennlinie) eines Axialventilators muß durch Versuche auf dem Prüfstand festgestellt werden. Auf Grund der Proportionalgesetze kann daraus ein Kennfeld hergestellt werden, aus dem man bei beliebigen Drehzahlen die Leistung des Ventilators ermitteln kann. Es ist darauf zu achten, daß die Kennlinien den entsprechenden Einbauarten entsprechen (siehe auch Bild 3.3.1-8 bis Bild 3.3.1-10).

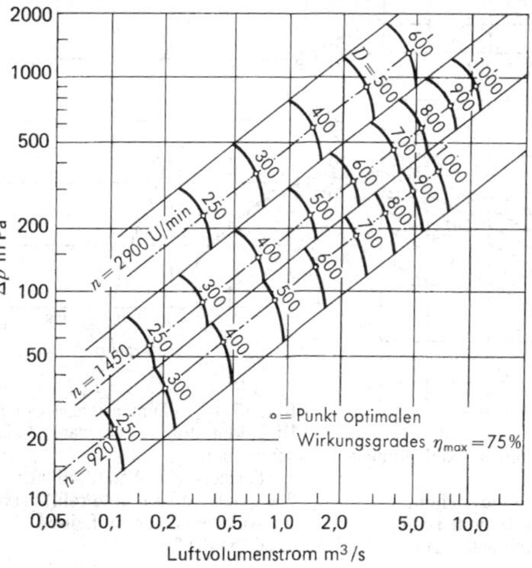

Bild 3.3.1-35.
Kennfeld eines Axialventilators ohne Leitrad.

Auch für Axialventilatoren empfiehlt sich die Darstellung im doppelt logarithmischen Koordinatensystem (Bild 3.3.1-35). Dabei sind alle Größen einer Ventilatorbauart erfaßt, während die Drehzahlen auf die normalen Drehstrommotor-Drehzahlen n = 920, 1450 und 2900 U/min beschränkt sind, da der Antrieb hier direkt durch Drehstrommotoren erfolgt.

Sind die Schaufeln verstellbar, muß man für jede Größe und jede Drehzahl ein Kennfeld aufstellen, wobei je nach Einstellwinkel der Schaufeln unterschiedliche Drücke und Volumenströme erreichbar sind. Beispiel Bild 3.3.1-30. Aus diesem Diagramm ist ersichtlich, in welch großem Umfang durch Drehung der Schaufeln die Leistung verändert werden kann. Auch die Kurven für Wirkungsgrad und Schalleistungspegel in dB werden im Kennfeld angegeben.

Der Antriebsmotor soll entweder passend zur *maximalen* Leistungsaufnahme des Ventilators gewählt werden oder es muß der Schaufelwinkel so begrenzt werden, daß der Motor nicht überlastet werden kann.

Sind die Schaufeln nicht verstellbar und ist die Drehzahl beliebig (z.B. durch Riementrieb), werden die Kennlinien wie in Bild 3.3.1-36 dargestellt.

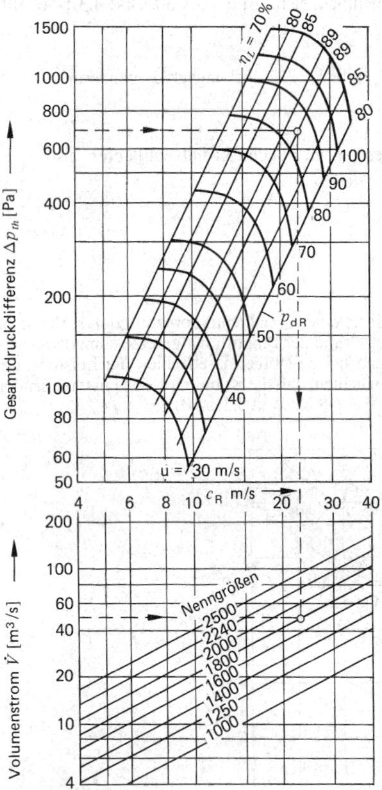

Bild 3.3.1-36. Typisches Kennfeld einer Axialventilatoren-Baureihe.
c_R in m/s Geschwindigkeit im Ringquerschnitt
p_{dR} in Pa dynamischer Druck im Ringquerschnitt
u in m/s Umfangsgeschwindigkeit außen am Laufrad

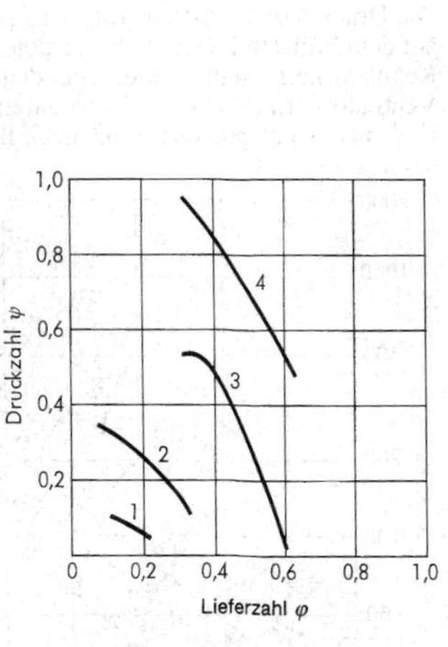

Bild 3.3.1-37. Dimensionsloses $\varphi\psi$-Diagramm für verschiedene Axialventilatoren.
1 = Fenster- oder Wandventilator
2 = Axialventilator mit Profilflügeln
3 = Axialventilator mit Leitrad
4 = Gegenläufer

Beispiel:

Volumenstrom $\dot{V} = 48\ m^3/s$
Gesamtdruck $\Delta p = 700$ Pa
Gewählt:
Nenngröße 1800: $d = 1{,}8$ m
$u = 85$ m/sec

$$n = \frac{60 \cdot u}{\pi \cdot 1{,}8} = 900 \text{ U/min}$$

$\eta_L = 89\%$
$p_{dR} = 320$ Pa

Einbauverluste (s. a. Abschn. 3.3.1-1.6)

Drallfreie, ungestörte Zuströmung ist Voraussetzung dafür, daß die Katalog-Kennlinien anwendbar sind. Für gute Zuströmung nachfolgender Bauteile und zur Rückgewinnung von dyn. Druck sollten auch bei beengten Platzverhältnissen ein Kurzdiffusor oder Verteiler eingebaut werden. Bei Axialventilatoren daher manchmal Zusammenlegen von Leitrad mit Diffusor oder Schalldämpfer mit Diffusor (Bild 3.3.1-38).

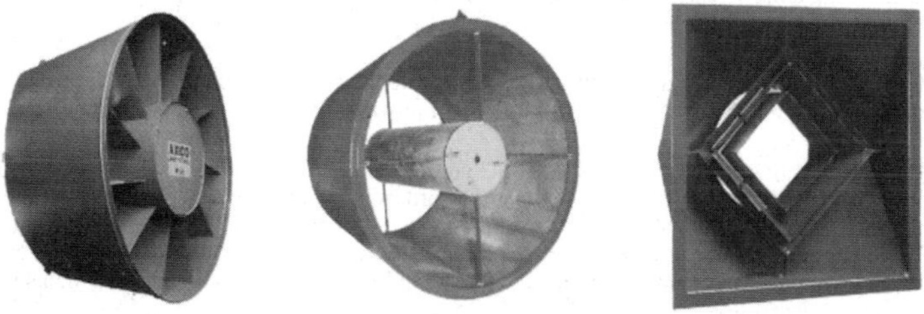

a) Leitrad in Diffusor integriert
$f = 1{,}3$
$\zeta_R = 0{,}1$; $\zeta_K = 0{,}4$

b) Schalldämpfer 10 dB in Diffusor integriert
$f = 1{,}64$
$\zeta_R = 0{,}12$; $\zeta_K = 0{,}5$

c) Luftverteiler für Kammeranschluß
$f > 6$
$\zeta_K = 0{,}65$

Bild 3.3.1-38. Platzsparende Diffusoren für Axialventilatoren (Axico, Fläkt)
ζ-Werte in Bezug auf dyn. Druck im Ringquerschnitt des Laufrads ($\nu = 0{,}4$). f = Flächenverhältnis Diffusor. ζ_R bei Rohranschluß; ζ_K bei Kammeranschluß. Ohne Diffusor gilt: $\zeta_R = 0{,}02$; $\zeta_K = 1$.

Zur Verbesserung der Zuströmung auf nachfolgende Bauteile und zur Verkürzung eines konischen Diffusors kann ein Prallplatten-Diffusor[1)] nachgeschaltet werden (Bild 3.3.1-44), der auch mit einem Stellmotor versehen als Absperrorgan dienen kann.

Abnahme- und Leistungsregeln s. Abschn. 3.3.1-3.

-2.7 Dimensionslose Kennlinien

Wie bei den Radialventilatoren ist, bezogen auf den Außendurchmesser des Flügelrades,

$$\text{Lieferzahl } \varphi = \frac{\dot{V}}{A \cdot u} = \frac{\dot{V}}{\pi \frac{d^2}{4} u} \qquad \text{Druckzahl } \psi = \frac{\Delta p_t}{\frac{\varrho}{2} u^2}.$$

Für eine bestimmte Bauart mit geometrisch ähnlichen Rädern gibt es nur eine Kennlinie, gleichgültig, ob der Ventilator groß oder klein ist. Bei Darstellung in einem dimensionslosen $\varphi\psi$-Diagramm lassen sich verschiedene Bauarten miteinander vergleichen. Übersicht über verschiedene Räder siehe Bild 3.3.1-37 als Beispiel.

Wandventilatoren haben sehr kleine Liefer- und Druckzahlen. Axialventilatoren mit strömungsgerecht ausgebildeten Schaufeln dagegen erreichen Druckzahlen etwa in der

1) Hagenbruch, D.: TAB 10/82. S. 785/6.

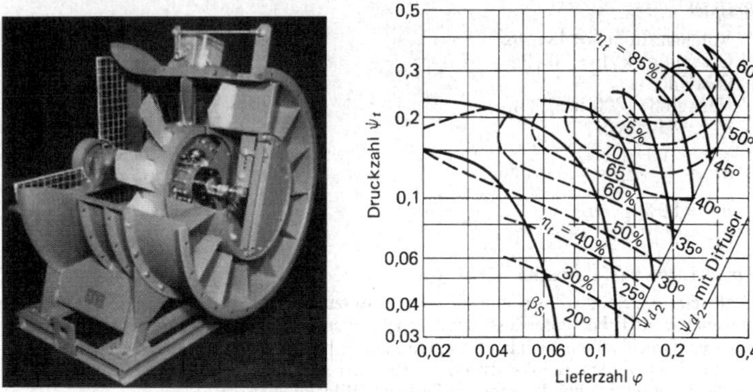

Bild 3.3.1-39. Axialventilator mit im Lauf verstellbaren Schaufeln (LTG, Typ VAS). Links: Schnittbild. Rechts: Dimensionsloses Kennfeld

Größenordnung von Radialventilatoren mit rückwärts gekrümmten Schaufeln ($\psi \approx 0{,}6\ldots0{,}8$), Lieferzahl φ noch wesentlich größer, etwa $\varphi \approx 0{,}4\ldots0{,}6$. (Zum Vergleich siehe Bild 3.3.1-21.)

Bei Axialventilatoren mit verstellbaren Schaufeln (Bild 3.3.1-39 und Bild 3.3.1-43) ist zur Darstellung der Betriebsdaten ein *Kennfeld* erforderlich, worin die Einstellwinkel Parameter sind. Die dimensionslosen Typenkennfelder sind unabhängig von Laufradgröße und Drehzahl und typisch für eine bestimmte Bauart. Aus ihnen können leicht Diagramme entwickelt werden, mit denen Baugröße und Drehzahl für einen Bedarfsfall auszuwählen sind.

-2.8 Antrieb und Regelung[1)]

Antrieb erfolgt in der Regel direkt durch Motor mit oder ohne Kupplung, manchmal auch mit Keil- oder Flachriemenantrieb. Bild 3.3.1-40.

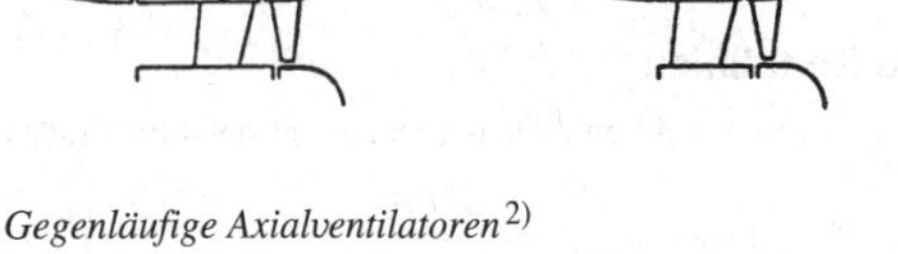

Bild 3.3.1-40. Antrieb von Axial-Ventilatoren.
Rechts: direkter Antrieb durch Elektromotor;
links: Keilriemenantrieb.

Gegenläufige Axialventilatoren[2)]

haben 2 Laufräder mit 2 getrennten Motoren und entgegengesetztem Drehsinn. Geeignet für Volumenströme >80000 m³/h. Geringe Baulänge, jedoch teuer.

Regelung des Volumenstromes

zur Anpassung an den Bedarf ist auf verschiedene Weise möglich (siehe auch Abschnitt 3.3.1-1.8):

---

1) Andritzky, H.: HLH 4/71. S. 126/31.
Hagenbruch, D.: TAB 1/78. S. 53/7.
Rasmussen, K. N., u. a.: Ges.-Ing. 12. 77. S. 333/9.

2) Berliner, A.: HLH 1970. S. 161/2.
Rákóczy, T.: HLH 1969. S. 104/9 und 380/2 und Klimatechnik 5/1970. S. 6/12.

a) *Drosselregelung* mit verstellbarer Klappe bei konstanter Drehzahl. Billig, aber unwirtschaftlich. Daher ist diese Regelung nicht zu empfehlen. Regelbereich etwa 100% bis 70%. Nur für kleine Leistungen.

b) *Drallregelung* bei konstanter Drehzahl. Durch vorgeschaltetes Leitrad wird ein Gegendrall erzeugt.

c) *Drehzahlregelung.* Meist bzgl. Energiekosten am günstigsten, jedoch bei einigen Arten zusätzliche Verluste bei den Elektromotoren und bei einigen Motorarten Wartung bei deren Bürsten (Kohlen)[1].

d) *Laufschaufelregelung* während des Laufens bei konstanter Drehzahl kann bei größeren Ventilatoren gewählt werden. Wenn der Ventilator in einem großen variablen Volumenbereich arbeitet, erzielt man günstigere Wirkungsgrade auch bei extrem niedrigen Teillastbetrieb.

Regelung bei VVS-Anlagen (s. Bild 3.2.8-7 und Bild 3.3.1-23)

Der Verlauf der Volumenstromregelung auf einem Kennfeld bei einer Anlage mit Konstanthaltung des Druckes im Netz und Drehzahlregelung zeigt das Bild 3.3.1-41. Aus dem Bild ist zu erkennen, daß die Betriebspunkte auf der fiktiven Netzkennlinie nicht nach dem Affinitätsgesetz verlaufen. Infolgedessen verläßt die resultierende Netzkennlinie das brauchbare Gebiet des Ventilatorkennfeldes (Pumpgrenze).

Bei Drosselung des Luftvolumenstromes im Netz würde der Betriebspunkt ohne Drehzahlregelung in Richtung höheren Druckes wandern.

Im Falle stufenloser Regelung des Volumenstromes am Ventilator bei Konstanthaltung des Druckes im Kanal oder in der Druckkammer ergibt sich eine fiktive Anlagenkennlinie als Parabel, die beim Null-Volumenstrom den konstant geregelten Kanaldruck erreicht. So teilt sich der resultierende Anlagenwiderstand (fiktive Netzkennlinie) auf zwei Teilwiderstände auf. Der *Kanalwiderstand* Δp_K entspricht dem Druckwert, der konstant gehalten wird. Der zweite Teilwiderstand Δp_z ist veränderlich in Abhängigkeit vom Volumenstrom und entspricht dem Druckverlust in der Zentrale und im Kanalanteil bis vor dem Druckregler.

Es ist aus dem Bild 3.3.1-41 zu ersehen, daß die je nach Drosselstellung der VVS-Geräte resultierende Netz- bzw. Anlagenkennlinie das *brauchbare Kennfeld* eines Ventilators bei einer Drehzahlreduktion von ca. 50% verlassen kann *(Pumpgrenze).* Das bedeutet, daß eine Drehzahlminderung des Ventilators bei Druckkonstanthaltung im Kanal meist unter ca. 50% nicht realisierbar ist, ohne daß die Gefahr des Pumpens des Ventilators besteht. Inwieweit eine Drehzahlregelung bei solchen Anlagensystemen vertretbar ist, muß in Abhängigkeit vom Kennlinienverlauf des Ventilators und des erforderlichen Volumen-Regelbereichs von Fall zu Fall geprüft werden.

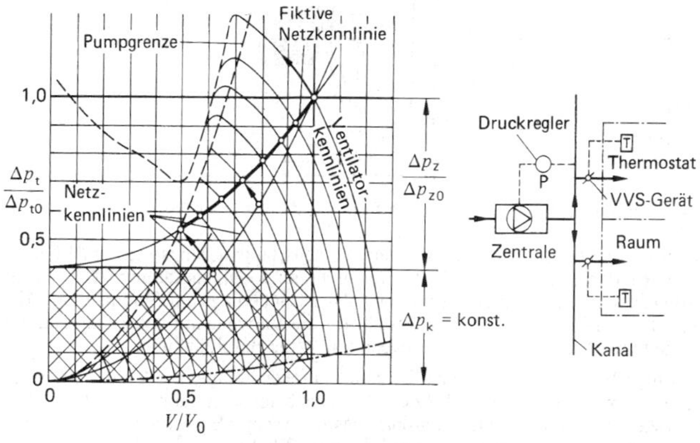

Bild 3.3.1-41. Drehzahlregelung mit Druck-Konstanthaltung im Luftkanal.
Δp_z = Druckverlust in der Zentrale, Δp_K = Druckverlust im Kanal

[1]) Für Drehstrom-Nebenschlußmotoren begrenzt baufachliche Richtlinie NRW v. 1. 11. 82 Schwingschnelle am Motor auf <4,5 mm/s (bis 15 kW) bzw. <5,5 mm/s (über 15 kW), um Kohlenverschleiß infolge Schwingung zu begrenzen.

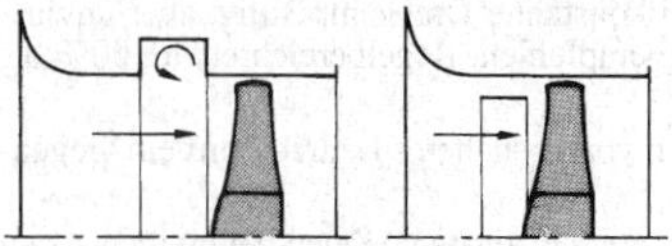

Bild 3.3.1-42. Stabilisierungsring bei Axialventilator zur Vermeidung der Pumpgrenze.
Links: mit ringförmiger Kammer (Axico, Fläkt)
Rechts: mit zylindrischem Ring

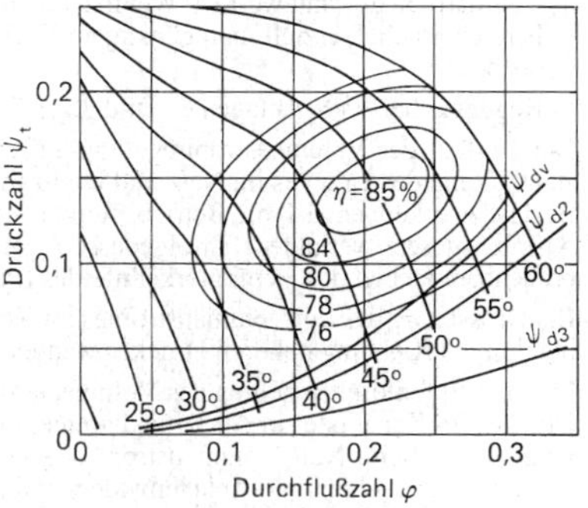

Bild 3.3.1-43. Axialventilator mit verstellbaren Schaufeln und Stabilisierungsring (Axico, Fläkt).
Links: Ansicht.
Rechts: Kennlinien, geeignet für Parallelbetrieb.
ψ_t = Druckzahl in Laufrad-Ringquerschnitt
ψ_{dv} = dazugehöriger dynam. Druckanteil
ψ_{d2} = dyn. Druck im Rohrquerschnitt
ψ_{d3} = dyn. Druck mit Diffusor
Übergangsverluste s. Bild 3.3.1-38

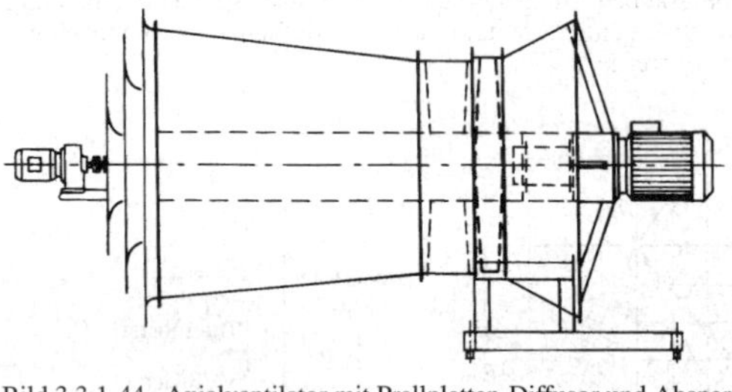

Bild 3.3.1-44. Axialventilator mit Prallplatten-Diffusor und Absperrorgan (Novenco).

Die Pumpgrenze kann bei Axialventilatoren durch einen Stabilisierungsring vor dem Laufrad vermieden werden. Auch bei *Parallelbetrieb* mehrerer Axialventilatoren ist der Pumpgrenze besondere Aufmerksamkeit zu widmen. Es ist unbedingt ein Stabilisierungsring vorzusehen[1]. Siehe Bild 3.3.1-42. Dann besteht für die Verwendung von Axialventilatoren wie bei Radialventilatoren mit stabiler Kennlinie keine Beschränkung.

Gut geeignet für VVS-Systeme ist auch die Laufschaufelverstellung bei Axialventilatoren. Mit Stabilisierungsring nach Bild 3.3.1-42 ergeben sich beim Ventilator nach Bild 3.3.1-43 durchgehend stabile Kennlinien. Der Ventilator besitzt in seiner Einströmdüse eine geeichte Druckbohrung für Volumenstrommessung und einen Regler.

Wenn Ventilatoren mit nicht stabilisierter Kennlinie längere Zeit im Pumpgebiet arbeiten, kann infolge Schwingungen Schaufelbruch auftreten[2].

---

[1]) Bard, H.: Ki 11/83. S. 439/441.
[2]) Zwiener, K.-P.: HLH 8/89. S. 429/436.

-2.9 Auswahl der Axialventilatoren[1]

Für richtige Auswahl sind mehrere Gesichtspunkte von Bedeutung, insbesondere

Anschaffungskosten,
Schallpegel (s. hierzu Abschn. 3.3.6-1),
Betriebskosten (Wirkungsgrad),
Raumbedarf.

Geeigneter Ventilator ist aus den Listen der Hersteller zu entnehmen, z.B. billige geräuschstarke Ventilatoren mit geringem $\eta \approx 0{,}50$ oder teure geräuscharme Ventilatoren mit großem $\eta \approx 0{,}85$. Letztere werden wegen der hohen Strompreise zunehmend eingesetzt. Übliche Umfangsgeschwindigkeit s. Bild 3.3.1-27.

Vorteile der Axialventilatoren gegenüber Radialventilatoren:

Geringer Raumbedarf,
niedrige Anschaffungskosten,
Regelung durch Schaufelverstellung während des Laufens.

Nachteile:

größere Abrißgebiete im Kennfeld, größere Geräusche,
schwierigere Motorauswechslung bei Direktantrieb, außer bei Flanschmotor,
schwierigere Leistungsanpassung, falls nicht Riemenantrieb oder Schaufelverstellung,
genauere Berechnung der Widerstände (Netzkennlinie) und Auswahl des Ventilators.

-3 Prüfbestimmungen[2]

Für die genaue Ermittlung der Totaldruckerhöhung und des Leistungsbedarfs von Ventilatoren sind im allgemeinen Versuche auf besonderen *Ventilatorprüfständen* erforderlich (Kammer- und Rohrprüfstand).

Abnahme- und Leistungsversuche erfolgen nach VDI 2044 (08.93)

Aufbau der *Prüfstände* für Normkennlinien siehe DIN 24163 (01.85).

Für den Leistungsbedarf an der Welle sind drei Meßverfahren üblich: Drehmomentermittlung mit Pendelmotor oder elektr. Meßaufnehmer und die elektrische Messung der Motorleistung nach VDE 0530.

Technische Lieferbedingungen nach DIN 24166 regeln die Toleranzen (Tafel 3.3.1-3) entsprechend vereinbarter Genauigkeitsklasse.

Tafel 3.3.1-3 Zulässige Toleranz der Betriebswerte*)

Toleranz für	Genauigkeitsklasse			
	0	1	2	3
Volumenstrom $\Delta\dot{V}/\dot{V}$	±1%	±2,5%	±5%	±10%
Druck $\Delta\Delta p/\Delta p$	±1%	±2,5%	±5%	±10%
Antriebsleistung $\Delta P/P$	+2%	+3%	+8%	+16%
Wirkungsgrad $\Delta\eta$	−1%	−2%	−5%	–
Schallpegel ΔL_{WA}	+3 dB	+3 dB	+4 dB	+6 dB

*) DIN 24166 (01.89) Ventilatoren, Technische Lieferbedingungen.

Geräusche von Ventilatoren siehe Abschnitt 3.3.6-1.

[1]) Siegel, Th., u. K.-O. Felsch: HLH 11/81. S. 441/6.
[2]) VDI 2044 (08.93): Abnahme- und Leistungsversuche an Ventilatoren.
DIN 24163 (01.85): Leistungsmessung. T1 Normkennlinien, T2 u. T3 Normprüfstände.

3.3.2 Lufterwärmer und Luftkühler

-1 Lufterwärmer für Dampf und Wasser

-1.1 Bauarten

Lamellenrohr-Lufterwärmer (auch Rippenrohr-Lufterwärmer genannt) bestehen aus neben- und hintereinander befindlichen *berippten Rohren,* die an beiden Enden in gemeinsame *Sammelkammern* eingeschweißt sind (Bild 3.3.2-1). Die Luft strömt quer zu den Rohren zwischen den Rippen, das Heizmittel, Dampf- oder Warmwasser, innerhalb der Rohre. Rohre und Rippen gewöhnlich aus Stahl, im Vollbad verzinkt, aus Kupfer verzinnt, oder aus Kupfer mit Aluminiumrippen. Rippenabstand etwa 1,6 bis 6 mm, Rippenstärke 0,1 bis 0,4 mm. Rippen rund, quadratisch, rechteckig, sechseckig, dreieckig usw. Häufig sind zwei, drei oder mehr Rohre durch gemeinsame Rippen geführt. Die Rippenrohre können senkrecht wie in Bild 3.3.2-1, aber auch waagerecht liegen.

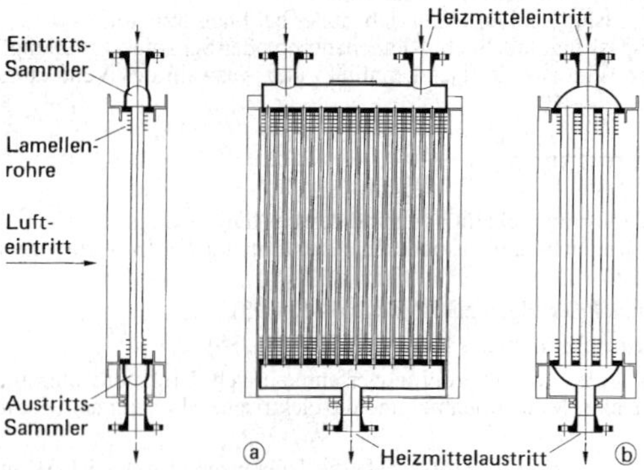

Bild 3.3.2-1. Schema eines Lamellenrohr-Lufterwärmers für Dampf.
a) Lufterwärmer mit einer Rohrreihe, b) Lufterwärmer mit drei Rohrreihen

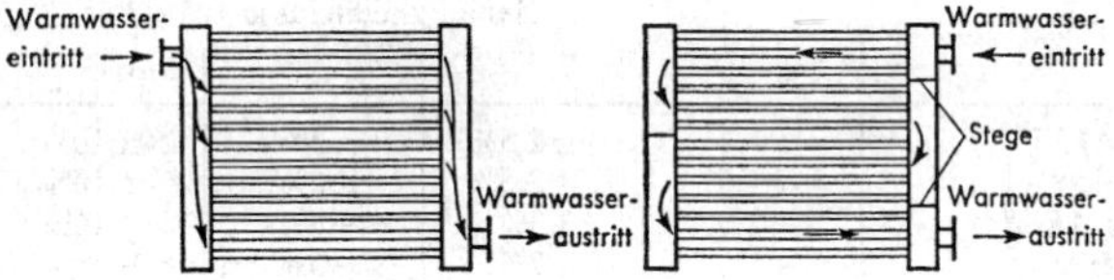

Bild 3.3.2-2. Strömung des Wassers in Lufterwärmern bei Schwerkraft- und Pumpenheizung.
Links: Warmwasser-Schwerkraftheizung; rechts: Warmwasser-Pumpenheizung.

Einen Heizkörper, der nur aus einer Reihe nebeneinander befindlicher Rohre besteht, nennt man einen *einreihigen* Lufterwärmer. Ist die Heizleistung einer Rohrreihe nicht ausreichend, setzt man zwei, drei oder mehr Rohrreihen hintereinander, so daß auf diese Weise größere Heizleistungen erreichbar sind. Dann meist auch gemeinsame Verteiler und Sammler am Eintritt und Austritt des Heizmittels.

Temperaturverhältnisse bei Dampf- oder Wasserbetrieb vgl. Bild 3.3.2-6 und Bild 3.3.2-7.

Gas- und Öllufterwärmer s. Abschn. 2.3.1-2.5.

-1.2 Wärmedurchgang[1)]

Bei Lamellenrohr-Lufterwärmern ist die allgemeine Wärmedurchgangszahl

$$k = \frac{1}{\frac{1}{\alpha_i}\frac{A_a}{A_i} + \frac{\delta}{\lambda}\frac{A_a}{A_i} + \frac{1}{\alpha_a}} \text{ in W/m}^2\text{ K}$$

A_a = äußere Oberfläche einschließlich Rippen m²
A_i = innere Oberfläche m²
α_i = innere Wärmeübergangszahl W/m² K
α_a = scheinbare äußere Wärmeübergangszahl W/m² K
δ = Wanddicke m
λ = Wärmeleitzahl des Wandmaterials W/m K

Bei *Dampfbetrieb* und $A_a/A_i < 10$ vereinfacht sich die Formel zu:

$k \approx \alpha_a$,

da $\frac{\delta}{\lambda}$ und $\frac{1}{\alpha_i}$ gegenüber $\frac{1}{\alpha_a}$ klein sind.

Bei *Wasserbetrieb:*

$$k \approx \frac{1}{\frac{1}{\alpha_i}\frac{A_a}{A_i} + \frac{1}{\alpha_a}}, \text{ wobei}$$

$\alpha_i = 2040\,(1 + 0{,}015\, t_w)\, w^{0{,}87} \cdot d^{-013}$

(Stendersche Formel, siehe Abschnitt 1.3.5-2.1.2).

Bei Rechnungen mit Rippenrohren wird häufig auch der Ausdruck *Rippenwirkungsgrad* η_R gebraucht, es ist

$$\eta_R = \frac{t_L - t_{RM}}{t_L - t_{RO}} = \frac{\text{mittlere Übertemperatur der Rippen}}{\text{mittlere Übertemperatur der Rohroberfläche}}$$

Die *k*-Werte lassen sich theoretisch nur näherungsweise erfassen und müssen daher genauer durch Versuche ermittelt werden. Sie werden durch zahlreiche Faktoren beeinflußt, z. B. Turbulenzgrad der Luft, Rohranordnung, Verbindungsart zwischen Rippe und Rohr, Verschmutzung, Zahl der Rohrreihen usw. Alle Berechnungsverfahren haben daher beschränkte Genauigkeit. Bild 3.3.2-3 zeigt die versuchsmäßig ermittelten *k*-Werte bei Dampfbetrieb für 6 verschiedene Bauarten von Lufterwärmern, deren technische Daten in Tafel 3.3.2-1 aufgeführt sind.

Tafel 3.3.2-1 Datum der Lufterwärmer I bis VI in Bild 3.3.2-3

Bauart	I	II	III	IV	V	VI
Heizfläche je m Rohr in m²	0,65	0,81	0,83	0,83	2,04	1,63
Heizfläche je m² Ansichtsfläche	18,6	12,0	14,5	23,0	25,5	27,0
Innere Rohrdurchmesser in mm	12	12	12	12	12	16
$\frac{\text{Äußere Fläche}}{\text{Innere Fläche}} = \frac{A_a}{A_i}$	17,5	21,5	11,0	11,0	14,5	32,5

Sie folgen im allgemeinen dem Gesetz $k = c \cdot v^n$ mit $n = 0{,}4$ bis $0{,}6$ (v = Luftgeschwindigkeit, c = Konstante). Umrechnung auf Warmwasserbetrieb vermittels der oben angegebenen Gleichung und der Stenderschen Formel, Bild 3.3.2-4. Bei Warmwasser als Heizmittel

[1)] Schmidt, Th. E.: Kälte-Techn. 1963. S. 98/102 und 1966. S. 135/8.
Dreher, E.: HLH 1965. S. 228/32 u. 273/8.
Bayer, C., u. W. Koch-Emmery: Ges.-Ing. 1969. S. 87/93.
VDI-Wärmeatlas 5. Aufl. 1988.
Müller, K.: HLH 9/80. S. 331/6.

ist ein Unterschied zwischen Schwerkraft- und Pumpenheizung zu machen. Bei Schwerkraftheizung sind nur geringe Wassergeschwindigkeiten zulässig, damit der Durchflußwiderstand gering bleibt, etwa 0,05 bis 0,25 m/s, während bei Pumpenheizung die Wassergeschwindigkeit erheblich größer gewählt werden kann, etwa 0,5 bis 2 m/s, je nach dem zulässigen Druckverlust. Praktisch wird die höhere Wassergeschwindigkeit dadurch erreicht, daß in den Sammelkammern Trennstege angebracht werden (Bild 3.3.2-2).

-1.3 Luftwiderstand

Der *Luftwiderstand* Δp muß ebenfalls durch Versuche ermittelt werden. Er ändert sich mit dem Quadrat der Luftgeschwindigkeit v, wobei v auf die Ansichtsfläche bezogen ist:

$\Delta p = c \cdot v^2$ in N/m² (Pa)

c = eine Konstante

v = Luftgeschwindigkeit m/s.

Zahlenwerte für Δp siehe Bild 3.3.2-3.

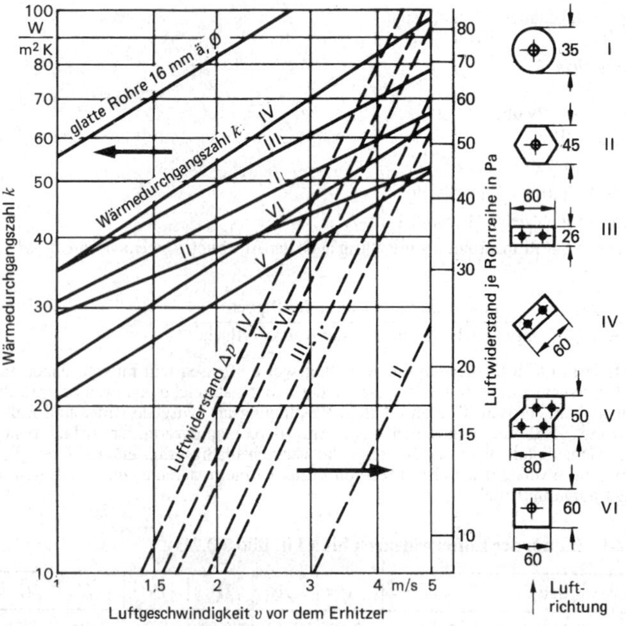

Bild 3.3.2-3. Wärmedurchgangszahl k und Luftwiderstand Δ_p von Lufterwärmern bei Dampfbetrieb in Abhängigkeit von der Luftgeschwindigkeit.

-1.4 Wasserwiderstand

Der *Wasserwiderstand* bei Warmwasser-Lufterwärmern ist überschlägig je Umlenkung:

$\Delta p_w \approx k \cdot w^2 \cdot l$ in Pa

k = 1500…2000 bei Kaltwasser

k = 1000…1500 bei Wasser von 80 °C

l = Rohrlänge in m

w = Wassergeschwindigkeit in m/s

Dabei sind in dem angegebenen Wert die Umlenkungswiderstände in den Sammelkammern eingeschlossen. Genauere Rechnung nach Abschnitt 1.4.7 und 1.4.8.

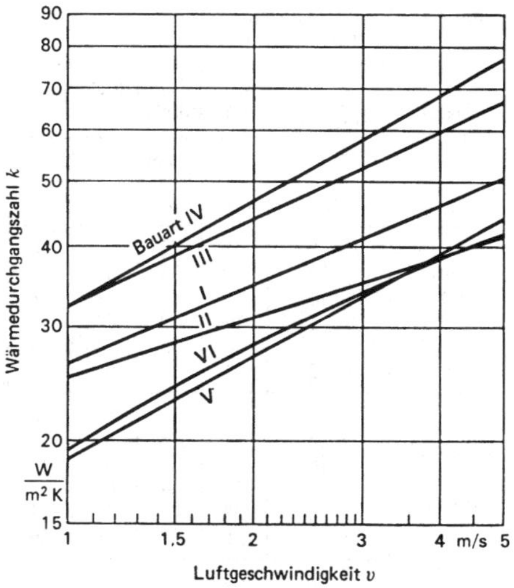

Bild 3.3.2-4. Wärmedurchgangszahl verschiedener Lufterwärmerbauarten bei Warmwasser-Pumpenheizung (Bauarten siehe Bild 3.3.2-3)
(Wassergeschwindigkeit ≈ 0,5 m/s, Wassertemperatur ≈ 80 °C).

-1.5 Auswahl der Lufterwärmer

Die *Auswahl* der Erwärmer erfolgt bei standardisierten Abmessungen meist aus Leistungs- und Maßlisten der Lieferanten. Beispiel siehe Tafel 3.3.2-2. Große Einheiten werden vom Lieferanten meist individuell mit EDV-Programmen ausgelegt. Eine wichtige Variante bei der Dimensionierung ist die Schaltung der Rohre.

Beispiel:

Es wird ein Lufterwärmer Bauart III zur Erwärmung von 10000 m³/h von 0 auf 60 °C mittels Dampf von 0,1 bar Überdruck gewünscht.

Max. Widerstand Δp_{max} = 100 Pa
Gewählt aus Tafel 3.3.2-2
Luftgeschwindigkeit v = 3 m/s
Zahl der Rohrreihen 4
Luftaustrittstemperatur t_a = 63 °C
Luftwiderstand (nach Bild 3.3.2-3) $\Delta p = 22 \cdot 4 = 88$ Pa

Ansichtsfläche $A = \dfrac{10\,000}{3600 \cdot 3} = 0{,}92\ m^2$

Die lichte Breite B des Lufterwärmers ist wegen der Rippengröße ein Vielfaches von 60 mm. Demnach sind verschiedene Größen wählbar, z.B. Breite B = 840 mm; H = 1100 mm (14 Rohre nebeneinander, 1100 mm lang)

B_1 = 920 mm; $H_1 = 1100 + 2 \cdot 27 + 2 \cdot 54 = 1262$ mm

oder

Breite B = 780 mm; H = 1200 mm (13 Rohre nebeneinander, 1200 mm lang)
B_1 = 860 mm; H_1 = 1362 mm.

Tiefe T = 108 mm.

Tafel 3.3.2-2 Leistung von Lufterwärmern für Warmwasser, Dampf, Heißwasser, Bauart III in Bild 3.3.2-3

Heizmittel	Lufteintrittstemp.	Warmluftaustrittstemperatur in °C bei nachstehenden Luftgeschwindigkeiten v in m/s*) und verschiedenen Rohrreihen n								
		$v = 2$ m/s			$v = 3$ m/s			$v = 4$ m/s		
	°C	$n = 1$	2	4	1	2	4	1	2	4
Warmwasser 90/70	−20	4	22	45	0	16	37	−3	12	32
	−15	8	25	47	4	19	40	2	15	35
	−10	12	28	49	8	22	43	6	19	38
	− 5	16	32	52	12	26	46	10	23	41
	0	20	35	54	16	29	48	15	27	44
	+ 5	24	38	56	21	32	51	19	30	47
Dampf 0,1 bar	−20	10	35	61	5	26	52	2	20	46
	−15	14	38	64	9	29	55	6	24	49
	−10	19	42	66	14	33	57	11	28	51
	− 5	23	44	68	18	37	61	15	32	55
	0	27	47	71	22	41	63	20	35	57
	+ 5	31	52	73	26	45	66	24	39	60
Heißwasser 130/90	−20	9	31	62	4	25	53	−1	18	48
	−15	13	35	66	8	29	57	4	23	51
	−10	17	38	68	12	32	59	8	26	54
	− 5	22	41	70	16	36	62	12	30	57
	± 0	26	45	73	21	40	65	17	34	60
	+ 5	29	48	74	24	43	66	21	37	62
Luftwiderstand	Pa	10	20	40	25	50	100	40	80	160
Tiefe T	mm	60	60	120	60	60	120	60	60	120

*) Luftgeschwindigkeit auf Ansichtsfläche bezogen

-1.6 Kennbilder

Das Verhalten der Lufterwärmer im Betrieb bei wechselnden Temperaturen und Luftmengen läßt sich durch Kennbilder darstellen. Gut für die Praxis geeignet ist ein Diagramm, auf dessen Abszisse die Luftgeschwindigkeit v und dessen Ordinate die *Betriebscharakteristik* (auch Aufwärm- oder Temperaturänderungszahl genannt) aufgetragen ist:

$$\Phi = \Delta t/\vartheta = \frac{t_a - t_e}{t_H - t_e}$$

t_e = Lufteintrittstemperatur °C
t_a = Luftaustrittstemperatur °C
Δt = Lufterwärmung °C
t_H = (mittlere) Heizmitteltemperatur °C
ϑ = Anfangstemperaturdifferenz °C

Dampfbetrieb

Nach der allgemeinen Berechnungsmethode für Wärmeaustausch (Abschn. 1.3.5-4.4) ist bei Dampf (t_H = konst):

$$\Phi = 1 - e^{-\frac{k \cdot a}{v \cdot \varrho \cdot c}}$$

a = äußere spezifische Rohroberfläche m²/m²
v = Luftgeschwindigkeit m/s
c = spez. Wärme der Luft J/kg K
k = in W/m² K

Nach dieser Gleichung ist das Diagramm in Bild 3.3.2-5 für die *Aufwärmzahl* einer Rohrreihe bei 6 verschiedenen Bauarten aufgestellt.

Beispiel 1:

Wie hoch ist die Lufterwärmung bei einem Lufterwärmer der Bauart III, wenn die Luft eine Geschwindigkeit $v = 3{,}5$ m/s und eine Eintrittstemperatur von + 5 °C hat? Heizmittel Dampf von 0,5 bar Überdruck ($t_H = 111$ °C).

Aus Bild 3.3.2-5: $\Phi = \Delta t/\vartheta = 0{,}21$

$\Delta t = 0{,}21 \cdot \vartheta = 0{,}21\ (111\text{-}5) = 22$ °C

Luftaustrittstemperatur $t_a = t_e + \Delta t = 5 + 22 = 27$ °C

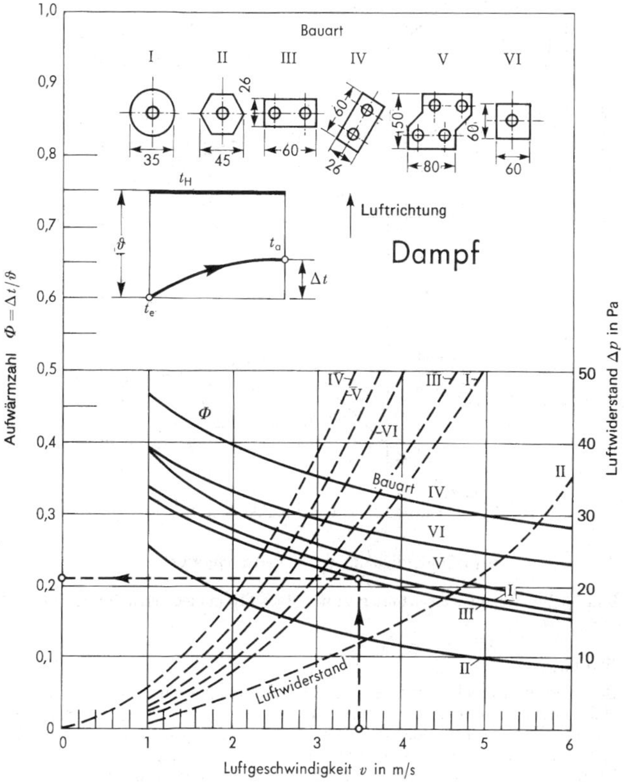

Bild 3.3.2-5. Lufterwärmer-Kennbild für Dampfbetrieb bei 6 verschiedenen Bauarten mit je 1 Rohrreihe.

Hat man mehrere Rohrreihen hintereinander, lassen sich die Aufwärmzahlen leicht von Reihe zu Reihe errechnen. Man erhält Diagramme wie Bild 3.3.2-6, das jedoch nur für eine bestimmte Bauart, in diesem Fall III, gültig ist.

Beispiel 2:

Wie groß ist die Lufterwärmung in dem Lufterwärmer nach Beispiel 1, wenn 3 Rohrreihen vorhanden sind?

Aus Bild 3.3.2-6: $\Phi = \Delta t/\vartheta = 0{,}51$
$\Delta t = 0{,}51 \cdot \vartheta = 0{,}51\ (111\text{-}5) = 54$ °C
Luftaustrittstemperatur $t_a = t_e + \Delta t = 5 + 54 = 59$ °C.
Luftwiderstand $\Delta p \approx 3 \cdot 30 = 90$ Pa.

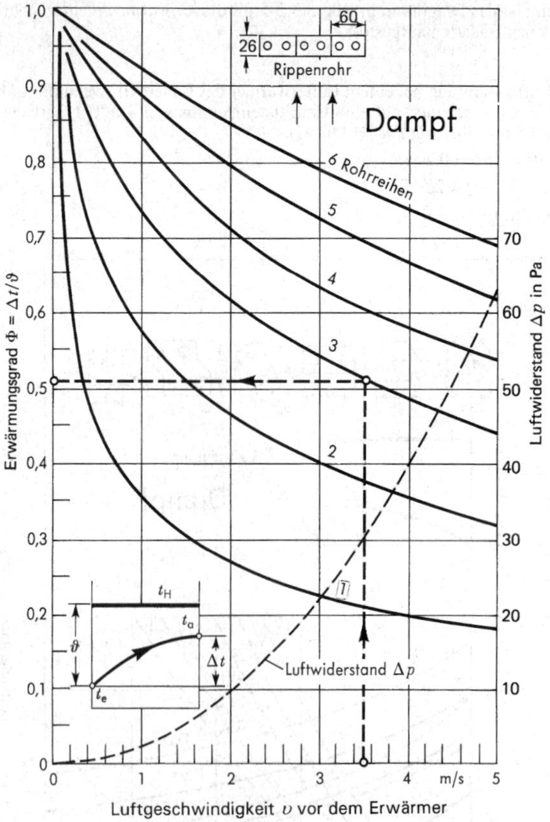

Bild 3.3.2-6. Kennbild eines Lufterwärmers Bauart III mit mehreren Rohrreihen bei Dampfbetrieb.

Warmwasser

Bei Warmwasserheizung lassen sich ähnliche Diagramme aufstellen, wenn man für das Heizmittel die mittlere Temperatur t_H zugrunde legt und außerdem *Kreuzstrombetrieb* annimmt, wie es bei den meisten Lufterwärmern vorausgesetzt werden kann. Bei mehrreihigen Lufterwärmern werden die Wassermengen meist so geschaltet, daß sich ein gemischter Kreuzstrom-Gegenstrom-Betrieb ergibt, wobei die Aufwärmzahl größer wird.

Beispiel für das Lufterwärmer-Kennbild eines bestimmten Fabrikates mit 1 bis 6 Rohrreihen siehe Bild 3.3.2-7.

Stellt man jeweils für eine bestimmte Bauform ein derartiges Diagramm auf, so lassen sich daraus bei wechselnder Temperatur und Luftmenge leicht alle gewünschten Daten entnehmen.

Beispiel 3:

Wie groß ist die Lufterwärmung bei einem Lufterwärmer der Bauart III mit 3 Rohrreihen im Kreuzstrombetrieb, wenn die Luft eine Geschwindigkeit $\upsilon = 3{,}5$ m/s und eine Anfangstemperatur von 5 °C hat? Heizmittel WWP von 120/90 °C.

Aus Bild 3.3.2-7: $\Phi = \Delta t / \vartheta = 0{,}43$
$\Delta t = 0{,}43 \cdot \vartheta = 0{,}43\ (105\text{-}5) = 43$ °C
Luftaustrittstemperatur $t_a = t_e + \Delta t = 5 + 43 = 48$ °C
Luftwiderstand $\Delta p = 3 \cdot 30 = 90$ Pa.

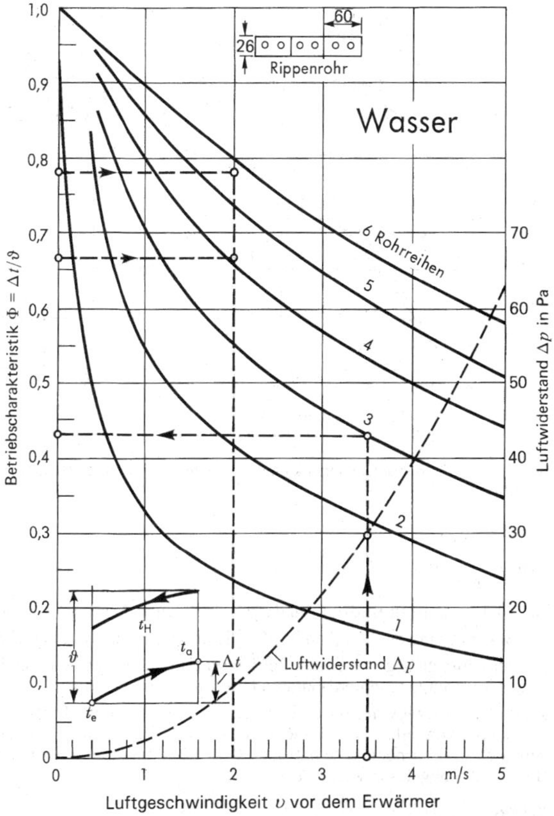

Bild 3.3.2-7. Kennbild eines Lufterwärmers Bauart III bei Warmwasserbetrieb (Kreuzstrom).

-1.7 Umrechnung auf Garantiewerte[1]

Bei der Leistungsabnahme von Lufterwärmern entsprechen die Luft- und Heizmitteldaten meist nicht den der Garantie zugrunde gelegten Zahlenwerten. Es sind entweder die Temperaturen unterschiedlich oder die durchströmende Masse oder beides, so daß zur Prüfung eine Umrechnung erforderlich ist.

Bei der Untersuchung des Betriebsverhaltens von Wärmeaustauschern sind nach Abschn. 1.3.5-4.4 drei dimensionslose Kennzahlen zu unterscheiden (Bild 3.3.2-8 links oben):

Die Betriebscharakteristik (Aufwärmzahl) $\Phi = \Delta t_1 / \vartheta$
das Wärmekapazitäts-Verhältnis $\tau = W_1/W_2 = \Delta t_2/\Delta t_1$
die Wärmeaustauscher- oder Leistungs-Kennzahl $\kappa = \Delta t_1/\Delta t_m = kA/W_1$.

Diese 3 Größen stehen in einer bestimmten Beziehung zueinander, die für die in der Lüftungstechnik üblichen Kreuzstrom-Wärmeaustauscher durch folgende Gleichung (von Bosnjakovic) dargestellt ist:

---

[1]) Bayer, C.: Ges.-Ing. 7/72. S. 193/202 und 6/74. S. 157/61.
Bayer, C., und W. Koch-Emmery: Ges.-Ing. 3/1969. S. 87/93.
Eurovent Dokument 7/1 (1972) und 7/2 (1974).
VDI-Richtlinie 2076 (10.95): Leistungsnachweis für Wärmeaustauscher.

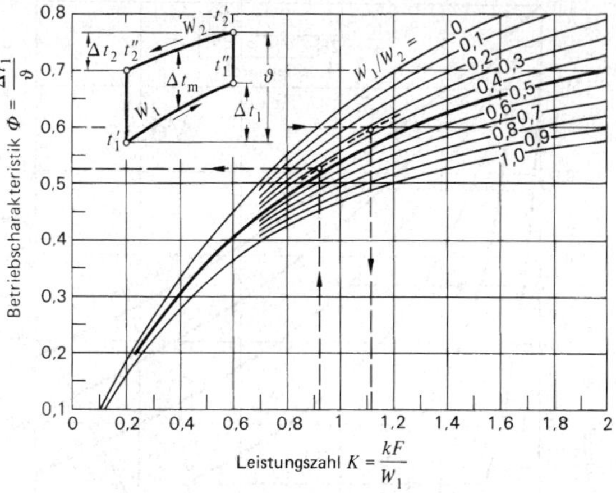

Bild 3.3.2-8. Betriebscharakteristik (Aufwärmzahl) bei Wärmeaustauschern, Kreuzstrom (einseitig gerührt).

$$\Phi = \frac{1}{\tau}\left(1 - e^{-\tau\,(1-e^{-\kappa})}\right) \quad .$$

Die Gleichung ist in Bild 3.3.2-8 dargestellt (s. auch Abschnitt 1.3.5-4.4).

Bei Bekanntsein von 2 Größen ist also die dritte aus dem Bild entnehmbar.

Bei der Umrechnung von einem Betriebszustand in einen andern sind je nach den vorhandenen Änderungen mehrere Garantiefälle zu unterscheiden:

a) Die *Eintrittstemperaturen* ändern sich, die Massenströme (Luft und Wasser) bleiben unverändert. Wenn man die Wärmedurchgangszahl k dabei als unveränderlich annimmt, ändern sich weder τ noch κ, so daß auch Φ konstant bleibt und das Ergebnis unmittelbar aus Bild 3.3.2-8 abgelesen werden kann.

Beispiel 1:

Garantiert ist Lufterwärmung von −10 auf +50 °C (Δt_1 = 60 K) mit dem Heizmittel Wasser, das sich von 90 auf 70 °C abkühlt (Δt_2 = 20 K). Wie groß ist die Lufterwärmung $\Delta t_1'$, wenn bei der Abnahme die Lufteintrittstemperatur t_1' = 0 °C ist? (ϑ' = 90 K). Im Garantiefall ist $\Phi = \Delta t_1/\vartheta = 60/100 = 0{,}60$. Φ bleibt unverändert; also ist

$\Delta t_1' = \Phi \cdot \vartheta' = 0{,}60 \cdot 90 = 54$ K.

Demnach Erwärmung von 0 auf 54 °C.

b) Es ändern sich die *Massenströme* von Luft oder Wasser oder beide, während die Temperaturen unverändert bleiben. In diesem Fall ändern sich sowohl die τ-Werte wie die κ-Werte. Man muß daher wissen, wie sich die Wärmedurchgangszahlen k bei sich verändernder Luft- und Wassergeschwindigkeit verhalten. In erster Näherung kann man für die in der Lüftungstechnik üblichen Rippenrohr-Wärmeaustauscher bei konstanten Temperaturen die Änderung der Leistungszahl κ aus Bild 3.3.2-9 entnehmen. Mit bekannten Werten von κ und τ findet man dann die Betriebscharakteristik Φ aus Bild 3.3.2-8.

Beispiel 2:

In dem Beispiel 1 erhöhen sich die Luftmenge m_1 um 50% und die Wassermenge m_2 um 15% also

$$\frac{m_1'}{m_1}\ 1{,}50 \text{ und } \frac{m_2'}{m_2} = 1{,}15.$$

Wie groß ist dann die Lufterwärmung $\Delta t_1'$?

Im Beispiel 1 ist das Wärmestromverhältnis $\tau = W_1/W_2 = \Delta t_2/\Delta t_1 = 20/60 = 0{,}33$ und die Leistungszahl $\kappa = 1{,}13$ (aus Bild 3.3.2-8).

Bei der Abnahme ist

$$\tau' = W_1'/W_2' = \frac{1{,}50}{1{,}15} \cdot 0{,}33 = 0{,}43$$

und die Leistungskennzahl (Wärmeaustauscher-Kennzahl) aus Bild 3.3.2-9:

$\kappa' = 0{,}82 \cdot 1{,}13 = 0{,}93$.

Damit wird $\Phi' = 0{,}53$ und die Lufterwärmung

$\Delta t_1' = \Phi'\ (90 + 10) = 0{,}53 \cdot 100 = 53$ K.

Die Luftaustrittstemperatur muß also 53 – 10 = 43 °C sein, damit die Garantie erfüllt ist.

c) Bei *Dampflufterwärmern* ist mit $\tau = W_1/W_2 = \Delta t_2/\Delta t_1 = 0$ zu rechnen.

d) Die erwähnten Beziehungen gelten genügend genau, wenn die Temperaturen beider Massen sich in begrenztem Maßstab ändern, etwa ±20 K. Bei größeren Differenzen sind Berichtigungsdiagramme zu berücksichtigen, da die *k*-Werte auch von der Temperatur abhängen.

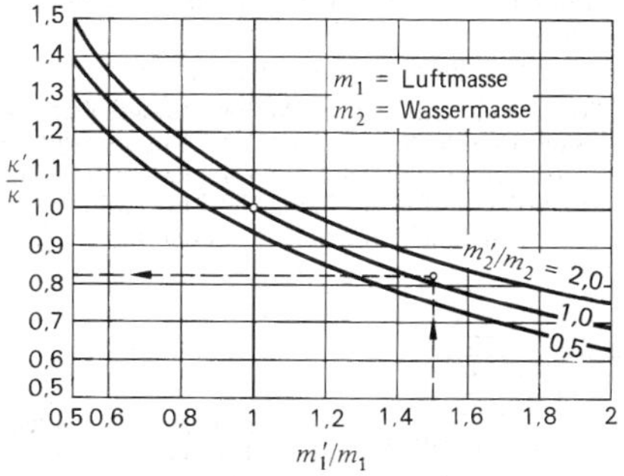

Bild 3.3.2-9. Änderung der Leistungszahl κ'/κ in Abhängigkeit vom Luft- und Wasserstrom bei Lufterwärmern aus Kupfer oder Stahl.

-2 Elektrische Lufterwärmer

Elektrische Lufterwärmer bis 750 kW Anschlußwert bzw. Heizleistung werden zur Raumheizung, in Lüftungs-, Klima- und Trocknungsanlagen wie auch in der Verfahrenstechnik eingesetzt. Sie bestehen aus einem Gehäuse aus Stahlblech, in dessen Innerem sich die elektrischen Heizelemente befinden, die die durchströmende Luft bis auf 200 °C erwärmen können (Bild 3.3.2-10). Der Klemmenkasten ist berührungssicher abgedeckt.

Heizelemente sind:

Blanke Heizleiter aus Nickel- und Chromlegierungen, die frei ausgespannt und von keramischen Haltern getragen werden, oder

Rohrheizkörper aus Kupfer oder Stahl, die mit einer Isoliermasse, z. B. Magnesia oder Quarzsand, gefüllt sind, in der die Heizleiter wendelförmig gelagert sind. Sie sind entweder rund, oval oder flach, lassen sich biegen und werden in verschiedenen Längen hergestellt, auch in Form von *Rippenrohrheizkörpern.*

Aus diesen Heizelementen können die elektrischen Lufterwärmer in beliebiger Größe zusammengesetzt werden.

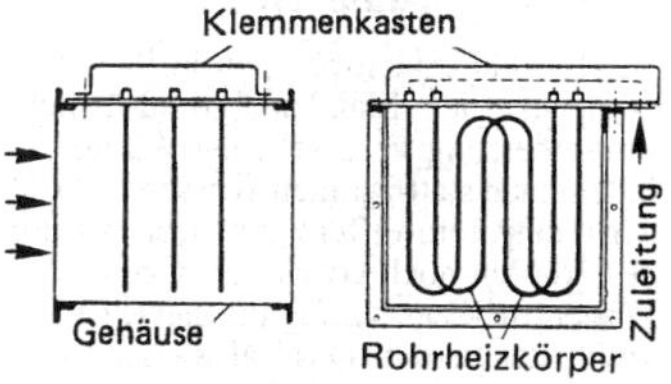

Bild 3.3.2-10. Elektrischer Lufterwärmer für den Einbau in Luftkanalsystemen.

Die *elektrischen Anschlüsse* bleiben außerhalb des Gehäuses. Die Zahl der einzelnen Heizelemente hängt von der erforderlichen Leistung und Spannung ab. Bei sehr kleinen Leistungen wird man nur einstufige Schaltung anwenden; große Heizregister erfordern jedoch fast immer eine Unterteilung der Heizleistung in mehreren Stufen. Spannung meist 230 V oder 400 V.

Bei Anschluß an Drehstrom ist darauf zu achten, daß Heizregister von mehr als 3 kW Leistung auf alle 3 Außenleiter möglichst gleichmäßig verteilt werden. Luftgeschwindigkeit möglichst hoch.

Der *Brandgefahr* ist bei allen elektrischen Lufterwärmern besondere Aufmerksamkeit zu widmen. Oberflächentemperatur ≈ 400...600 °C. Bei Ausfall der Luftströmung nehmen die Heizelemente sehr hohe Temperaturen an und können im ungünstigsten Falle einen Brand verursachen. *Sicherheitsvorrichtungen* dagegen sind:

Kupplung des Motorschalters mit dem Schütz der Heizkörper,

Einbau eines sogenannten Windfahnenrelais (Luftströmungswächter), das bei Versagen des Ventilators das Schütz des Heizkörpers ausschaltet,

Einbau eines Schutz-Temperaturbegrenzers, der vor Erreichung einer gefährlichen Temperatur den Lufterwärmer ausschaltet.

Bei großen Leistungen (> 15 kW) Nachlaufzeit für Ventilator vorsehen.

Schaltung eines elektrischen Lufterwärmers mit einer Stufe, Motorschutzschalter und Windfahnenrelais siehe Bild 3.3.2-11. Nach Einschalten des Ventilator-Motors wird die Fahne des Windfahnenrelais (Strömungswächters) durch den Luftstrom aus der Ruhelage abgelenkt und schließt dadurch den Steuerstromkreis für das Schütz des Lufterwärmers, so daß also der elektrische Lufterwärmer nur bei wirklich vorhandener Luftströmung Spannung erhält.

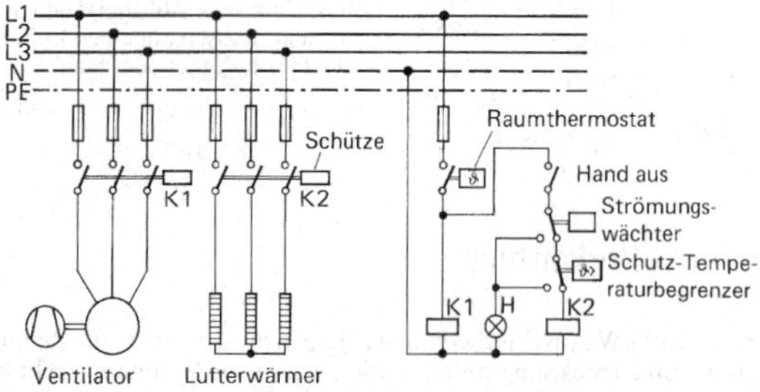

Bild 3.3.2-11. Schaltbild eines einstufigen elektrischen Lufterwärmers mit Strömungswächter (Windfahnenrelais), Schutz-Temperaturbegrenzer, Motorschütz K 1, Erwärmerschütz K 2, Störlampe H.

Regelungsmethoden

Bei kleinen Leistungen Ein- und Aus-Schaltung des Heizkörpers mittels Thermostat; sehr ungenau.

Bei größeren Leistungen mehrstufiger Lufterwärmer, wobei eine oder zwei Stufen durch Thermostate, die andern durch Hand geschaltet werden.

Proportionalthermostat schaltet Heizelemente in Kaskaden.

Thyristoren (Silicium-Gleichrichter) werden den Heizkörpern vorgeschaltet und lassen ähnlich wie Ventile nur soviel elektrische Energie zum Heizelement, wie der Regler (Fühler) erfordert. Gepulste stufenlose Steuerung von 0...100% (Schwingungspaketsteuerung).

-3 Luftkühler

-3.1 Bauarten

Die Luftkühler entsprechen in ihrer Bauart genau den Lufterwärmern für Warmwasserpumpenbetrieb. Man kann grundsätzlich einen für Lufterwärmung in einer Pumpenwarmwasserheizung vorgesehenen Wärmeaustauscher auch zur Kühlung der Luft verwenden, indem man statt warmen Wassers kaltes Wasser durch die Rohre fördert. Wegen der geringen Temperaturdifferenz zwischen Luft und Wasser wird die Wassergeschwindigkeit in den Rohren noch etwas höher gewählt als bei der Pumpenheizung, falls ein genügender Förderdruck zur Verfügung steht. Ferner müssen meist mehrere Elemente hintereinandergeschaltet werden. Das Kaltwasser fließt dabei in der Regel im *Kreuz-Gegenstrom* zur Luft

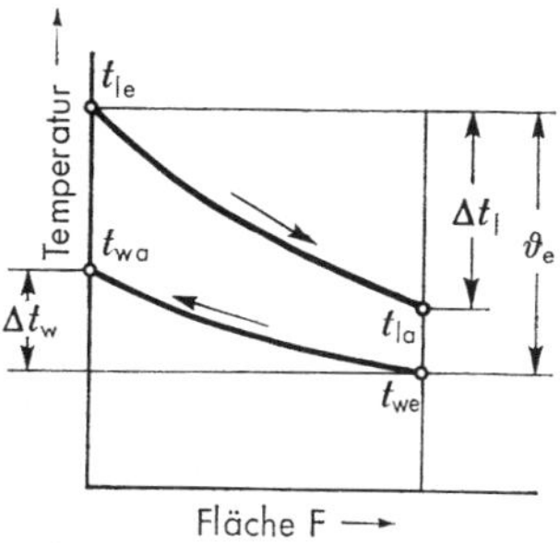

Bild 3.3.2-12. Temperaturdiagramm von Oberflächenkühlern bei Gegenstrombetrieb.

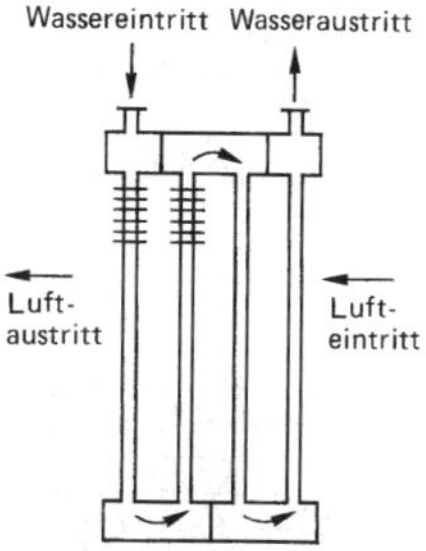

Bild 3.3.2-13. Schema eines Oberflächenkühlers.

von einem Element ins andere, wobei die Wasserkammern der einzelnen Elemente miteinander verbunden sind (Bild 3.3.2-12 und Bild 3.3.2-13).

Wichtig ist die richtige Anordnung der Entlüftungs- und Entleerungshähne, damit einerseits der Kühler in allen Rohren von Wasser durchflossen wird, andererseits eine leichte Entleerung möglich ist.

-3.2 Wärmedurchgang

Bei der Ermittlung der Wärmedurchgangszahl sind zwei Fälle zu unterscheiden, je nachdem, ob bei der Kühlung Wasser aus der Luft ausgeschieden wird oder nicht.

a) Kühler ohne Wasserausscheidung

Für den Wärmedurchgang gilt auch hier die bereits bei den Warmwasserlufterwärmern benutzte Formel (Abschnitt 3.3.2-1.2)

$$\dot{Q} = k \cdot A \cdot \Delta t_m, \text{ worin } k = \frac{1}{\frac{1}{\alpha_1}\frac{A_a}{A_i} + \frac{1}{\alpha_a}} \text{ in W/m}^2\text{ K.}$$

α_i ergibt sich aus der Stenderschen Formel (s. Abschn. 1.3.5-2.1.2) für den Wärmeübergang bei Strömung von Wasser in Rohren zu

$$\alpha_i = 2040\,(1 + 0{,}015\; t_w)\; w^{0{,}87}\; d^{-0{,}13} \text{ in W/m}^2\text{ K}$$

oder mit den am meisten verwendeten Durchmessern d = 0,012 bis 0,015 m:

$$\alpha_i = 3500\,(1 + 0{,}015\; t_w)\; w^{0{,}87} \text{ in W/m}^2\text{ K.}$$

Die *Wassergeschwindigkeit* w in den Rohren wird je nach dem zur Verfügung stehenden Druck zwischen 0,5 bis 2 m/s gewählt. Nach Möglichkeit sollte eine Wassergeschwindigkeit von w = 1 m/s nicht unterschritten werden, da bei geringeren Werten der Wärmedurchgang erheblich geringer wird. Die meist auftretenden Wassertemperaturen liegen zwischen 0 und 20 °C. Überschlägig kann man mit w = 1,0 m/s und t_w = 10 °C rechnen und erhält dann α_i = 4000 W/m² K. Die sich ergebenden Wärmedurchgangszahlen stimmen praktisch überein mit den Werten für Warmwasserlufterwärmer in Bild 3.3.2-4. Die Kurven sind aber nur gültig bei Wassergeschwindigkeiten von $w \approx 1$ m/s. Bei kleineren Wassergeschwindigkeiten ändern sich die Werte, bei größeren Geschwindigkeiten jedoch nur wenig.

b) Kühler mit Wasserausscheidung[1)]

Wasserausscheidung aus der Luft findet immer dann statt, wenn die *Rohroberflächentemperatur unterhalb der Taupunkttemperatur* der Luft liegt. Im h, x-Diagramm liegt die Zustandsänderung der Luft auf der geraden Verbindungslinie vom Zustandspunkt der Luft zum Zustandspunkt gesättigter Luft von der Temperatur der *Rohroberfläche* (nicht etwa

---

1) Paikert, P.: Kältetechn. Klimat. 1971. S. 8/14.
Thiel, G.: Diss. Aachen 1971.
Urbach, D.: Ges.-Ing. 1972. S. 11/15.
Uhlig, H.: Diss. Aachen 1978.
Ober, C.: HLH 9/80. S. 337/43.

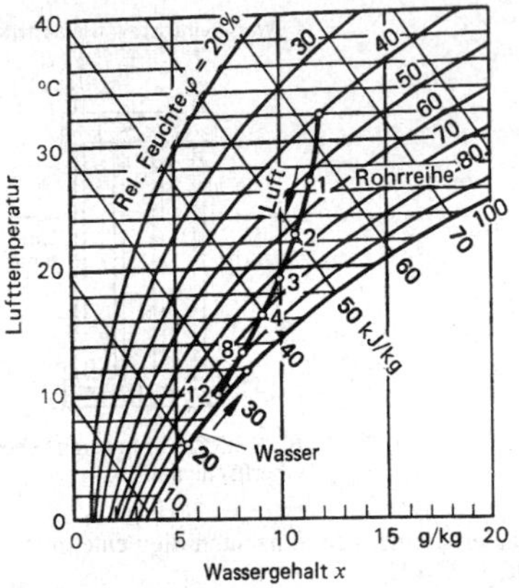

Bild 3.3.2-14. Zustandsänderung der Luft bei Kühlern mit Wasserausscheidung und mit verschiedenen Rohrreihen, dargestellt im *h, x*-Diagramm, Kaltwasser 6/12 °C.

des Wassers!), wobei die Temperatur der Rohroberfläche als konstant angenommen ist. Man stellt sich den Vorgang als *Mischungsprozeß* zwischen zuströmender Luft und Luft aus der Grenzschicht des Rohres dar.

Da sich jedoch die Wassertemperatur und damit die Rohroberflächentemperatur von Rohrreihe zu Rohrreihe ändert, verläuft die Zustandsänderung der Luft auf einer mehr oder weniger gekrümmten Kurve, wie in Bild 3.3.2-14 dargestellt. Dies ist besonders bei gerippten Rohren zu beachten, wo die Rippen teils naß, teils trocken sein können.

Die Wärme wird von der Luft auf das Wasser in doppelter Weise übertragen. Einmal in Form der *trockenen fühlbaren Wärme,* wie eben beschrieben wurde, und dann in Form der *feuchten latenten Wärme,* indem Wasserdampf aus der Luft an den kalten Flächen des Kühlers niedergeschlagen wird, wobei die Verdampfungswärme des Wassers frei wird und auf das Kühlwasser in den Rohren übergeht. Das Kühlwasser erwärmt sich also unter sonst gleichen Verhältnissen mehr, wenn Wasser niedergeschlagen wird, als wenn dies nicht der Fall ist.

Für die Übertragung der Gesamtwärme von der Luft an die feuchte Oberfläche des Rohres gilt

$$\dot{Q} = \dot{Q}_{tr} + \dot{Q}_f = \alpha_{tr} A\,(t_L - t_G) + \sigma A\, r\,(x_L - x_G)$$

$$= \alpha_{tr} A \left[(t_L - t_G) + \frac{r\,(x_L - x_G)}{c} \right]$$

$$= \alpha_{tr} \cdot A\,(t_L - t_G) \left(1 + \frac{r\,\Delta x_G}{c\,\Delta t_G} \right)$$

$$= \alpha_{tr} A\,(t_L - t_G) \cdot \frac{\Delta h}{c \cdot \Delta t_G} = \alpha_{tr} \cdot A \cdot \frac{\Delta h}{c} = \sigma \cdot A \cdot \Delta h$$

α_{tr} = Wärmeübergangszahl für die fühlbare Wärme W/m² K
σ = α_{tr}/c = Verdunstungszahl kg/m²s
t_L = Lufttemperatur °C
t_G = Oberflächentemperatur (Grenzschichttemperatur) °C
x_L = Wassergehalt der Luft kg/kg
x_G = Wassergehalt der Luft in der Grenzschicht am Rohr kg/kg
c = spez. Wärmekapazität der trockenen Luft in J/kg K ≈ 1000.

In dieser Gleichung bedeutet $\Delta h/\Delta t$ die Richtung der Zustandsänderung der Luft im *h, x*-Diagramm. Der Gesamtwärmeübergang ist um den Faktor $\Delta h/c\Delta t$ größer als bei trockener Kühlung. Einzige Unbekannte ist in der Gleichung die Grenzschichttemperatur t_G, die sich mit der Belastung ändert.

Man kann nach dieser Gleichung den Wärmeübergang durch eine schrittweise (iterative) Rechnung ermitteln, indem man $\Delta h/\Delta t$ zunächst schätzt und später korrigiert, was jedoch sehr zeitraubend ist, falls nicht ein Digitalrechner zur Verfügung steht. Ein Näherungsverfahren ist im nächsten Abschnitt angegeben.

-3.3 Luftkühler-Kennbild

Meist handelt es sich bei der Berechnung der Kühler um die Fragen:

a) Wie groß wird der Kühler zur Erreichung einer bestimmten Luftabkühlung Δt?

b) Wie groß ist die Abkühlung der Luft Δt bei einem bestimmten Kühler?

Beide Fragen lassen sich mit Hilfe von Kennbildern schnell beantworten.

a) Trockener Kühler

Für den trockenen Luftkühler empfiehlt sich (wie bei den Warmwasser-Lufterwärmern) die Einführung der Betriebscharakteristik Φ (auch Abkühlzahl genannt) nach der Gleichung für konstante mittlere Kühlmitteltemperatur

$$\Phi = \Delta t/\vartheta = \frac{t_e - t_a}{t_e - t_w} = 1 - e^{-\frac{k \cdot a}{\upsilon \cdot \varrho \cdot c}}$$

a = äußere spez. Kühleroberfläche m^2/m^2
υ = Luftgeschwindigkeit m/s
t_e = Lufteintrittstemperatur °C
t_a = Luftaustrittstemperatur °C
t_w = mittlere Kaltwassertemperatur °C
Δt = Luftabkühlung K
c = spezifische Wärmekapazität der Luft J/kg K

Für jede Luftkühlerbauart (Rippenart) läßt sich ein Diagramm ähnlich Bild 3.3.2-7 aufstellen, aus dem alle gewünschten Daten leicht zu entnehmen sind. Bild 3.3.2-7 kann sowohl bei der Lufterwärmung wie Luftabkühlung verwendet werden. Das Diagramm bezieht sich auf Kreuzstrom mit mittlerer Wassertemperatur; bei Gegenstrom kann es näherungsweise auch benutzt werden mit der mittleren Wassertemperatur, wenn die Spreizung nicht zu groß ist.

Beispiel:

In einem Oberflächenkühler der Bauart III soll im Kreuzstrom Luft von 32 °C auf 18 °C mittels Wasser von 12/16 °C gekühlt werden. Luftgeschwindigkeit υ = 2 m/s. Wieviel Rohrreihen sind erforderlich?

Betriebscharakteristik $\Phi = \Delta t/\vartheta = \frac{32 - 18}{32 - 14} = 0{,}78.$

Aus Bild 3.3.2-7: 6 Rohrreihen.

b) Feuchter Kühler

Beim feuchten Kühler geht man zunächst in derselben Weise vor wie beim trockenen Kühler, indem man die Betriebscharakteristik (Abkühlungszahl) Φ ermittelt. Zusätzlich ist jedoch der *Entfeuchtungszahl* Φ_x der Luft zu ermitteln. Hierzu wird angenommen, daß der Mischungsprozeß zwischen zuströmender Luft und der Luft in der Grenzschicht der Rohre bezüglich Temperatur und Wasserdampf in gleicher Weise erfolgt. Anstatt mit der mittleren Wassertemperatur t_w wie im Fall a) wird mit der Kühleroberflächentemperatur t_o gerechnet. Dann ist gemäß Bild 3.3.2-15:

$$\Phi_x = \frac{x_1 - x_2}{x_1 - x_0} = \frac{\Delta x}{x_1 - x_0}$$

x_1: Feuchtegehalt der eintretenden Luft
x_2: Feuchtegehalt der austretenden Luft
x_0: Feuchtegehalt der Luft an der Rippenrohroberfläche.

Die Entfeuchtungszahl Φ_x ist als ähnlich der Abkühlzahl definiert.

Mit großer Annäherung kann man für die in der Klimatechnik verwendeten Luftkühler den *Rippenwirkungsgrad* $\eta_R = 0{,}85$ setzen, d. h. x_0 wird festgelegt durch die Temperatur, die um $0{,}15 \cdot \vartheta$ höher liegt als die mittlere Wassertemperatur. Damit läßt sich in einfacher Weise der Luftaustrittszustand ermitteln.

Beispiel (Bild 3.3.2-15):

In einem Luftkühler der Bauart III (Bild 3.3.2-7) soll Luft im Kreuzstrombetrieb von 32 °C/40% r. F. auf 16 °C mittels Wasser von 6/10 °C gekühlt werden; Luftgeschwindigkeit υ = 2 m/s.

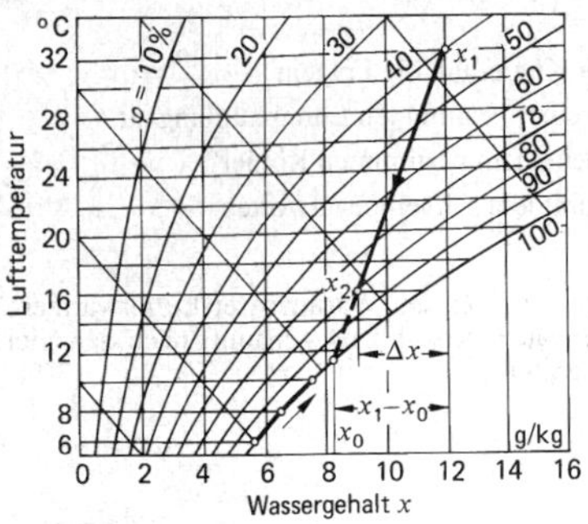

Bild 3.3.2-15. Zustandsänderung der Luft bei Kühlung und Entfeuchtung.

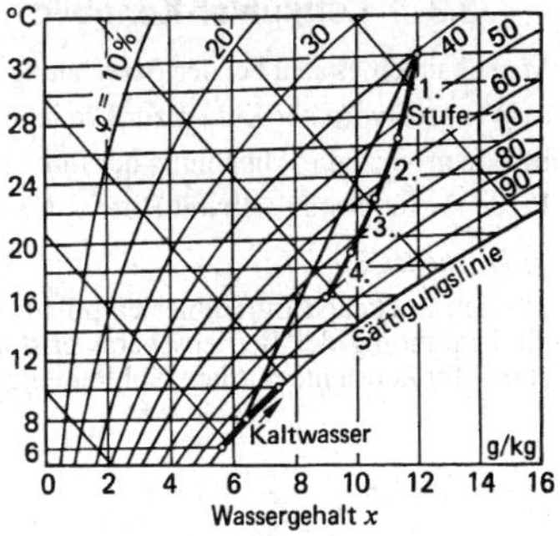

Bild 3.3.2-16. Kühl- und Entfeuchtungsverlauf im *h, x*-Diagramm.

$$\Phi = \frac{\Delta t}{\vartheta} = \frac{16}{32-8} = 0{,}67$$

Zahl der Rohrreihen n (Bild 3.3.2-7) = 4

x_1 = 12,1 g/kg

x_0 = (bei 8 + 0,15 (32 – 8) = 11,6 °C) = 8,6 g/kg

$$\Phi' = \frac{\Delta t}{\vartheta'} = \frac{16}{32-11{,}6} = 0{,}78$$

$\Delta x = 0{,}78\,(x_1 - x_0) = 0{,}78\,(12{,}1 - 8{,}6)$ = 2,7 g/kg

$x_2 = x_1 - \Delta x = 12{,}1 - 2{,}7$ = 9,4 g/kg

Dem entspricht eine relative Feuchte φ = 82%

Die gezeichnete Gerade gibt jedoch den Kühlverlauf nicht genau an.

Will man genauer rechnen, so zerlege man den Kühl- und Entfeuchtungsprozeß in mehrere *Stufen,* wobei die mittlere Oberflächentemperatur jeweils um 15…20% (je nach Luftgeschwindigkeit) der Temperaturdifferenz Wasser/Luft oberhalb der jeweils mittleren Wassertemperatur angenommen wird. Man erhält dann für den Kühlverlauf eine Kurve wie in Bild 3.3.2-16, wo 4 Stufen angesetzt sind.

Die eingezeichnete Gerade in Bild 3.3.2-16 deutet den Fehler an, wenn man mit der mittleren Kaltwasser-Temperatur rechnen würde, was früher verschiedentlich empfohlen wurde. Bei einem Lamellenabstand unter etwa 3 mm kann bei Wasserausscheidung das Wasser nicht mehr als Film ablaufen. Die Querschnitte können blockiert werden, und es sind deutliche Abweichungen von den vorgenannten Gesetzmäßigkeiten möglich. Eine Vorausberechnung wird dann fast unmöglich.

Der *Luftwiderstand* ist bei den feuchten Kühlern infolge der Verengung des Querschnitts durch das niedergeschlagene Wasser größer als bei den trockenen Kühlern. Den Vergrößerungsfaktor φ für den Luftwiderstand, der von der Rippenzahl und der Luftgeschwindigkeit abhängig ist, zeigt Bild 3.3.2-17. Abhilfe gegen zu große Widerstände durch Unterteilung in der Höhe und Abführen des Wassers durch Fangrinnen.

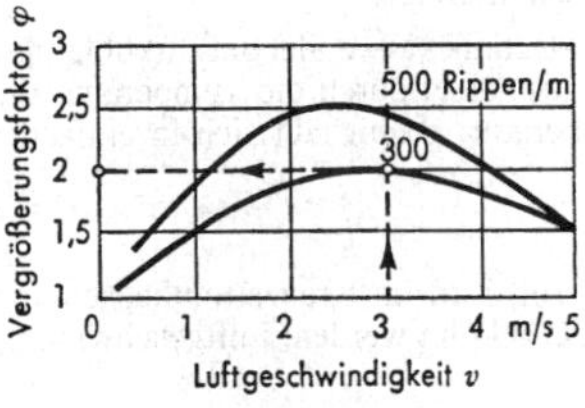

Bild 3.3.2-17. Vergrößerungsfaktor φ des Luftwiderstandes beim feuchten Kühler gegenüber dem trockenen Kühler.

-3.4 Kühler mit Sole

(s. auch Abschnitt 5.3.4)

Wenn dem Wasser Frostschutzmittel beigegeben wird, erhöht sich die Dichte und Zähigkeit, und es verringert sich die spezifische Wärmekapazität abhängig von der Konzentration (Bild 5.3.4-1 und Bild 3.3.2-18). Dies hat Einfluß auf die Druckverluste und den Wärmeübergang. Bei Luftkühlern wird der Wärmedurchgangskoeffizient (k-Wert) hauptsächlich durch die niedrige Wärmeübergangszahl auf der Luftseite bestimmt, so daß der Einfluß der Wasserseite auf den k-Wert gering ist. Bei Wärmetauschern, die Wärme von einer Wasser/Frostschutz-Lösung auf eine andere Flüssigkeit übertragen, müssen dagegen die Wärmetauscherflächen entsprechend dem verringerten k-Wert vergrößert werden. Richtweite hierzu s. Bild 3.3.2-19.

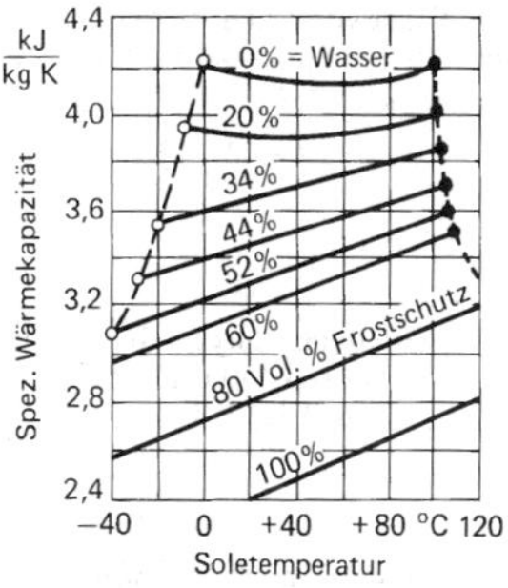

Bild 3.3.2-18. Spezifische Wärmekapazität von Wasser-Frostschutz-Lösungen (Antifrogen N, Hoechst).

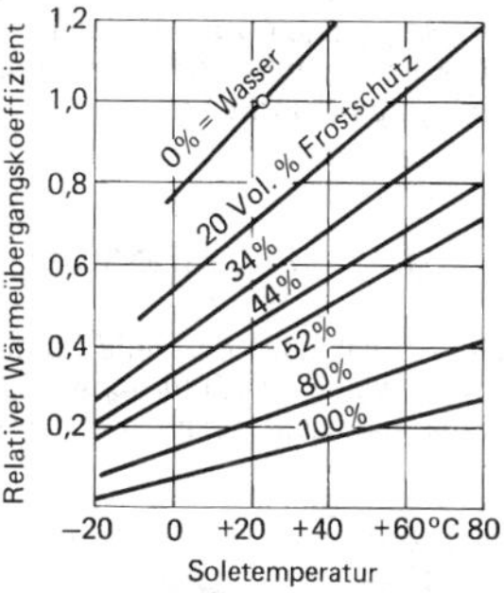

Bild 3.3.2-19. Wärmeübergangskoeffizient k von Wasser-Antifrogen N-Lösung im Vergleich zu reinem Wasser (20 °C), bei turbulenter Strömung.

-3.5 Umrechnung auf Garantiewerte[1)]

Ebenso wie bei den Lufterwärmern tritt auch bei der Abnahme von Luftkühlern meist, man kann ohne weiteres auch sagen fast immer, der Fall ein, daß die bei der Garantieleistung zugrunde gelegten Größen nicht vorhanden sind, sondern andere. Ist z.B. bei einem Kühler die Kühlung von 30 °C auf 20 °C garantiert, ist aber die bei der Abnahme herrschende Lufttemperatur nur 25 °C, so muß der Kühler auf die Garantiewerte umgerechnet werden. Auch hierfür ist das Kennbild sehr geeignet. Haben sich nur die Temperaturwerte, nicht jedoch die Wasser- und Luftmenge geändert, so bleibt das *Verhältnis* $\Delta t/\vartheta$ unverändert.

Aber auch bei beliebigen Änderungen irgendwelcher Größen, z.B. Luft-, Wasser-Volumenstrom, Wassereintrittstemperatur usw., läßt sich aus dem Bild 3.3.2-7 leicht entnehmen, wie sich dabei die davon abhängigen Temperaturen ändern. Gerade diese bequeme Übersicht ist es, die der Vorteil der graphischen Darstellung gegenüber der Rechnung ist.

Beispiel: Trockener Kühler

Ein Kühler soll nach Garantie Luft von 30 auf 20 °C mittels Wasser von 15 °C mittlerer Wassertemperatur kühlen. Beim Versuch ist die Lufteintrittstemperatur 25 °C und die mittlere Wassertemperatur 12 °C. Wie groß muß die Abkühlung Δt_v der Luft sein, damit die Garantie erfüllt wird?

$\Delta t_v/\vartheta_v = \Delta t/\vartheta = 10/15 = 0{,}67$ bleibt unverändert.

Daher $\Delta t_v = 0{,}67 \cdot \vartheta_v = 0{,}67\ (25 - 12) = 8{,}7$ °C.

Luftaustrittstemperatur $t_a = 25 - 8{,}7 = 16{,}3$ °C.

Für genauere Leistungsnachweise siehe [1)], Meßgenauigkeit siehe [2)].

[1)] Bayer, C.: Ges.-Ing. 1972. S. 192/202.
VDI 2076 (10.95) und Eurovent Dokument 7/2 (1971).

[2)] VDI 2080 (04.96): Meßverfahren und Meßgeräte für RLT-Anlagen.

3.3.3 Luftfilter[1)]

Luftfilter sind Geräte und Komponenten der Luftaufbereitung, mit denen teilchen- und gasförmige Verunreinigungen aus der Luft gefiltert und abgeschieden werden. Die atmosphärische Luft ist durch verschiedene Stoffe unterschiedlicher Teilchengröße und unterschiedlichen Materials verunreinigt; die Teilchen bilden ein disperses Gemisch, der Durchmesser liegt in der Größe zwischen 0,001 und ca. 500 Mikrometer. Für dieses große Teilchenspektrum kommen für die Abscheidung verschiedene physikalische Effekte zum Tragen; gasförmige Verunreinigungen werden durch chemische und/oder physikalische Sorptionsvorgänge abgeschieden; die Schadstoffe werden damit an das Sorptionsmaterial gebunden. Die natürliche Luft weist Verunreinigungen auf in der Konzentration zwischen 0,05 und 3,0 mg/m³; industriell werden Luftfilter wirtschaftlich eingesetzt für Konzentrationen bis ca. 20 mg/m³.

Die Abgrenzung zur Entstaubungstechnik ist fließend; als Richtwert kann gelten, daß bei der Entstaubungstechnik die Verunreinigungen in Konzentrationen von >100 mg/m³ bis zu einigen g/m³ auftreten.

-1 Filtertheorie

Die Abscheidung der Teilchen in dem Filter beruht auf verschiedenen physikalischen Effekten, wobei der *Diffusions*-Effekt, der *Trägheits*-Effekt, der *Sperr*-Effekt und der *Sieb*-Effekt die wichtigsten Abscheideeffekte darstellen (Bild 3.3.3-1 bis Bild 3.3.3-3).

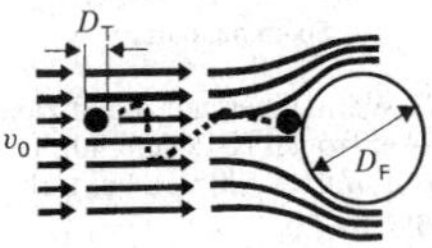

Bild 3.3.3-1. Abscheidung durch *Diffusions*-Effekt an der Einzelfaser.
v_o = Anströmgeschwindigkeit
D_T = Teilchendurchmesser
D_F = Faserdurchmesser

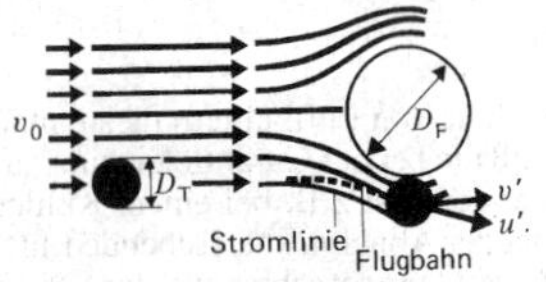

Bild 3.3.3-2. Abscheidung durch *Trägheits*-Effekt an der Einzelfaser.

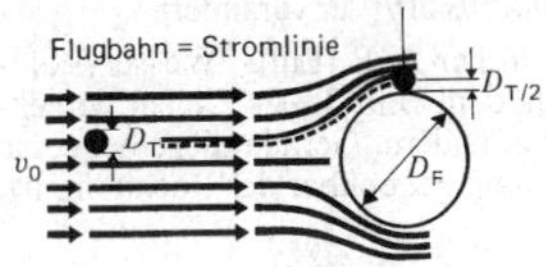

Bild 3.3.3-3. Abscheidung durch *Sperr*-Effekt an der Einzelfaser. Masse vernachlässigbar klein.

Die Abscheidemechanismen in einer Filterschicht können exemplarisch dargestellt werden für eine Einzelfaser; der Abscheidegrad einer Filterschicht läßt sich für den Anfangszustand theoretisch daraus ableiten.

[1)] Siehe auch Abschnitt 1.1.1 und 1.6.9-7.
Strauss, H.-J.: Werkstattblatt 671. Hanser-Verl.
Mürmann, H.: HR 12/78. S. 577/81 u. 1/79. S. 25/31 u. KKT 9/85. S. 46.
Rabbel, R.: TAB 11/79. S. 955/8.
Ochs, H.-J.: TAB 2/81. S. 117/8, TAB 10/86. S. 697 ff. u. TAB 6/87. S. 491 ff.
Lorenz, W.: TAB 7/83. S. 573/4.
VDMA: Luftfilter-Information 1/85.

Der wirksame Abscheidemechanismus an einer Einzelfaser ist abhängig von

- Faserdurchmesser
- Teilchendurchmesser
- Strömungsgeschwindigkeit
- Partikelverteilung vor der Faser

Der *Diffusions*-Effekt ist eine Folge der Brownschen Molekularbewegung und ist deshalb nur für sehr kleine Teilchen wirksam. Die Brownsche Molekularbewegung bewirkt eine diffuse Bewegung des Teilchens um eine gedachte Stromlinie; es wird an der Faser abgeschieden, wenn es genügend nah und lange in der Nähe der Faser verweilt.

Der *Trägheits*-Effekt bewirkt dann eine Abscheidung an der Faser, wenn zum einen das Teilchen eine bestimmte Größe aufweist und somit dem Verlauf der Stromlinie nicht folgen kann und wenn es zum anderen innerhalb eines kritischen Abstandes von der Mittellinie liegt.

Der *Sperr*-Effekt tritt immer dann auf, wenn ein Teilchen auf einer Stromlinie liegt, deren Abstand von der Faser bei der Umströmung kleiner ist als der halbe Teilchendurchmesser.

Der *Sieb*-Effekt tritt nur ein für Partikel, deren Durchmesser größer ist als der freie Querschnitt zwischen den Fasern (Porenweite).

Für alle vier oben genannten Effekte läßt sich ein Diagramm aufstellen, aus dem die qualitative Wirkung der Abscheidemechanismen und deren Überlagerung ersichtlich ist (Bild 3.3.3-4).

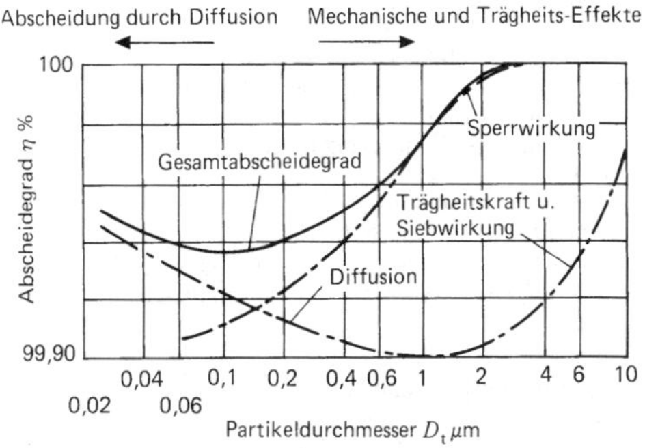

Bild 3.3.3-4. Einfluß der Abscheide-Mechanismen auf den Gesamtabscheidegrad in einem Glasfaserfilter.

Für das Haften der Teilchen auf der Faseroberfläche sind *elektrostatische Kräfte* (van der Waalsche Kräfte) verantwortlich. Der Abscheidegrad einer Einzelfaser und einer Faserschicht wird beeinflußt von dem Material des Partikels und der Faser sowie vom Oberflächenzustand der Faser.

Man unterteilt in Filter für Grob- und Feinstäube (meist auch als *Vorfilter* bezeichnet) und in Filter für Feinst- oder Schwebestäube (auch bezeichnet als *Schwebstoff-Filter*), wobei die Unterteilung aufgrund von genormten Prüfverfahren vorgenommen wird.

Die Abscheidung wird bestimmt durch das Verhältnis

$$\frac{\text{abgeschiedene Staubmasse}}{\text{angebotene Staubmasse}}$$

Die Messung erfolgt über die Staubkonzentration von Roh- und Reinluft (g_{roh} und g_{rein}). Damit wird der Abscheidegrad

$$\eta = \frac{g_{roh} - g_{rein}}{g_{roh}} \cdot 100 \text{ in } \%.$$

Der *Durchlaßgrad* ist dann $Dg = 100 - \eta$.

Kontrolle durch Wägung des Prüflings.

Bei allen Filtern ist zu bedenken, daß der Abscheidegrad nicht konstant ist, sondern veränderlich. Er steigt bei mechanischen Filtern mit zunehmender Verschmutzung infolge der zusätzlichen Filtration durch den eingespeicherten Staub. Der in der Praxis vorhandene Abscheidegrad weicht meist von dem auf dem Prüfstand gemessenen Wert etwas ab, weil der Staub der Außenluft sehr verschiedenartig ist.

Ein neu entdecktes Problem ist die Möglichkeit, daß bereits abgeschiedene Pilzsporen im Laufe der Zeit und bei extrem hoher relativer Luftfeuchte (>90%) durch das Filtermedium hindurchwachsen und sich auf der Reinluftseite wieder ablösen. Allergie-Gefahr[1)].

-2 Filterprüfung[2)]

Zur Ermittlung der Leistungsfähigkeit eines Luftfilters muß dieses einem Testverfahren unterzogen werden, welches die Bedingungen der Praxis möglichst gut nachbildet.

Für Filter zur Abscheidung von Teilchen sind diese Testverfahren in Deutschland beschrieben in den Normen DIN 24185 (für *Grob- und Feinstaubfilter*) und DIN 24184 (für *Schwebstoff-Filter*). Das Testverfahren für Grob- und Feinstaubfilter hat sich international durchgesetzt; die Norm DIN 24185 ist wortgleich mit der Europäischen Norm EUROVENT 4/5 und der amerikanischen Richtlinie ASHRAE 52-76, welche auch die Basis für die anderen Normen bildete.

Für die Schwebstoff-Filter konkurrieren heute noch mehrere Verfahren: England Sodium-Flame-Test nach BS 3928, Frankreich NF-X44011, USA DOP-Test nach MIL-Standard 282 spezifiziert durch US-Federal Standard 209c, Deutschland Ölnebel- oder Flammen-Photometer-Test nach DIN 24184).

a) Grob- *und Feinstaubfilter*

Nach der Norm DIN 24185 werden zur Beurteilung der Leistungsfähigkeit eines Grob- und Feinstaubfilters folgende Parameter ermittelt:

- Volumenstrom
- Anfangs- und Enddruckdifferenz
- Abscheidegrad
- Wirkungsgrad
- Staubspeicherfähigkeit.

Das Testverfahren arbeitet zur Bestimmung des Abscheidegrades und der Staubspeicherfähigkeit mit einem *synthetischen Prüfstaub*, welcher aus einer Mischung von

72% Gesteinsmehl
25% Ruß
3% Baumwoll-Linters

besteht.

Der *Abscheidegrad* für eine beliebige Staubaufgabe-Periode wird bestimmt durch die Beziehung

$$A = 100\left[1 - \frac{W_2}{W_1}\right] \ldots \%,$$

wobei

W_2 die Masse des durch den Prüfling nicht abgeschiedenen synthetischen Staubes,
W_1 die Masse des aufgegebenen synthetischen Staubes

bedeuten; das Ergebnis wird durch Wägung ermittelt. Der mit diesem Verfahren erzielte Abscheidegrad wurde auch als gravimetrischer Abscheidegrad bezeichnet[3)].

Im Gegensatz zu dem gravimetrisch ermittelten *Abscheidegrad* wird für die Ermittlung des *Wirkungsgrades* die natürliche Luftverunreinigung benutzt. Vor und hinter dem Testfilter wird durch Sonden eine bestimmte Luftmenge isokinetisch abgesaugt, welche jeweils mit hochwertigen Filterpapieren gefiltert wird; das Ergebnis der Messung erhält man aus dem Vergleich der Absaugzeiten. Zur Erzielung einer bestimmten Schwärzung dieser Filterpa-

---

[1)] Elixmann, J. H.: CCI 3/89. S. 18/25.
Ki-Forum, Ki 7–8/89. S. 357 ff.

[2)] DIN 24184 (12.90): T1: Typprüfung von Schwebstoff-Filtern. T2: Prüfung von S-Filtern, Flammen-Photometrische Prüfung.
DIN 24185 T. 1 und 2 (10.80): Prüfung von Luftfiltern.
Hayn, P., u. a.: VDI-Bericht 386, 1980. S. 17/21.

[3)] Mürmann, H.: KKT 3/81. S. 77.

piere müssen die Absaugzeiten so gewählt werden, daß sich die Schwärzungsgrade nur um einen bestimmten Prozentsatz voneinander unterscheiden (Bild 3.3.3-5).

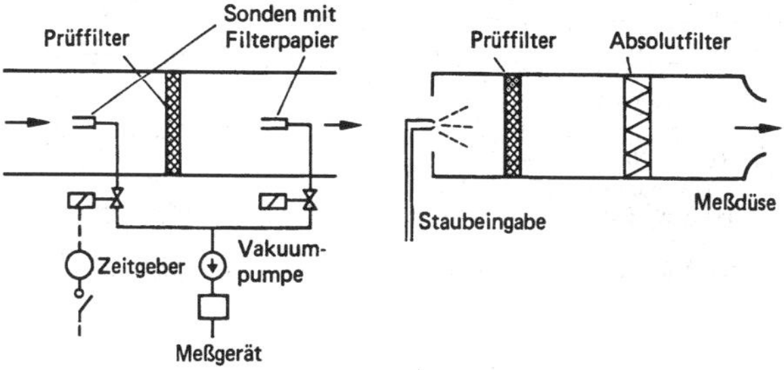

Bild 3.3.3-5. Filterprüfung nach DIN 24185.
Links: Messung des Wirkungsgrades; rechts: Messung des Abscheidegrades.

Das Ergebnis der Prüfung sind also 2 Meßgrößen: der gravimetrisch gemessene *Abscheidegrad* und der *Verfärbungsgrad* mit atmosphärischem (natürlichem) Staub.

Die Ergebnisse einer derartigen Untersuchung werden in einem Kombinationsdiagramm zusammengefaßt, in dem die Größen:

- Druckdifferenz
- Staubspeicherfähigkeit
- Abscheidegrad
- Wirkungsgrad

in Abhängigkeit des Luftvolumenstromes dargestellt sind (Bild 3.3.3-6).

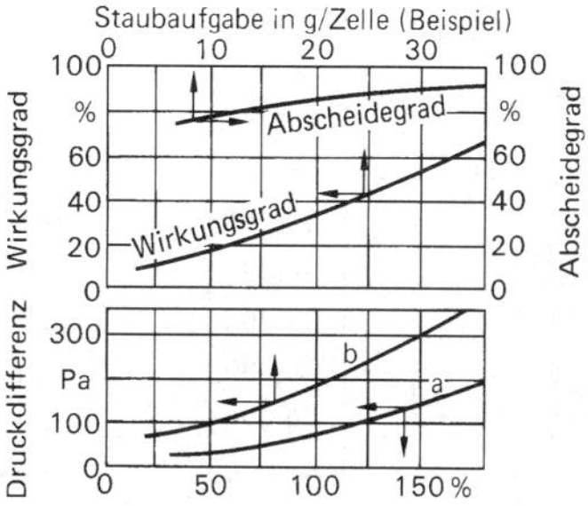

Bild 3.3.3-6. Darstellung der Testergebnisse für Wirkungsgrad, Abscheidegrad und Druckdifferenz eines Filters nach DIN 24185.
a = Druckdifferenz abhängig vom Volumenstrom bei sauberem Filter
b = Druckdifferenz abhängig von der Staubaufgabe bei Nennvolumenstrom

Durch das *Testverfahren* ist es möglich, Filter unterschiedlicher Bauart miteinander zu vergleichen. Für Filter mit einem mittleren Wirkungsgrad unter 40% wird als vergleichendes Kriterium zur Klassifizierung nur der Abscheidegrad angegeben. Für Filter mit mehr als 90% Abscheidegrad verwendet man zur Klassifizierung nur den Wirkungsgrad, da ein Abscheidegrad von über 90% kein eindeutiges Unterscheidungsmerkmal mehr liefert. Ein Zusammenhang zwischen Abscheidegrad und Wirkungsgrad konnte bisher nicht festgestellt werden (Bild 3.3.3-7).

Aufbauend auf der Prüfmethode DIN 24185 wurde von der EUROVENT-Arbeitsgruppe 4b eine Einteilung in neun Filterklassen eingeführt, siehe Tafel 3.3.3-1.

Die *Filterklassen-Einteilung* berücksichtigt die vom Arbeitskreis „Luftfilter" der Fachgemeinschaft „Allgemeine Lufttechnik" im VDMA herausgegebene Empfehlung, wonach eine Unterteilung der untersten Filterklassen G1 bis G4 vom technischen Fortschritt als überholt gelten kann, eine feinere Unterteilung der Filterklasse F5 bis F9 dagegen sinnvoll ist.

Die Unterscheidungsmethode *Abscheidegrad* und *Wirkungsgrad* sind Größen, welche fast ausschließlich vom Filtermedium abhängen, während die Staubspeicherfähigkeit vom Fil-

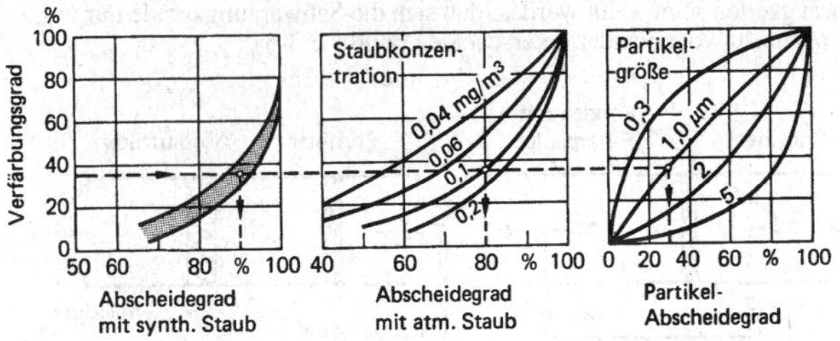

Bild 3.3.3-7. Ungefähre Beziehung zwischen Abscheidegrad und Verfärbungsgrad (nach Camfil).

Tafel 3.3.3-1 Luftfilter-Klasseneinteilung nach DIN EN 779

Filterklasse	Integralwert		Alte Bezeichnungen	Bezeichnung
	Abscheidegrad %	Durchlaß %		
G 1	< 65		EU 1/A	Großstaub-filter
G 2	65 < 80		EU 2/B_1	
G 3	80 < 90		EU 3/B_2	
G 4	≥ 90		EU 4/B_2	
F 5	–		EU 5	Feinstaub-filter
F 6	–		EU 6	
F 7	–		EU 7	
F 8	–		EU 8	
F 9	–		EU 9	
EU 10	85	15	Q	Schwebstoff-filter
EU 11	95	5	R	
EU 12	99,5	0,5	S	
EU 13	99,95	0,05	S	
EU 14	99,995	0,005	ST	
EU 15	99,9995	0,0005	T	
EU 16	99,99995	0,00005	U	
EU 17	99,999995	0,000005	V	

termedium und von der vorhandenen Filterfläche beeinflußt wird; die Druckdifferenz hängt bei einem vorgegebenen Volumenstrom von der Filterfläche, von der geometrischen Anordnung des Filtermediums und von der Masse des eingespeicherten Staubes ab.

b) Schwebstoffilter

Für die Prüfung von Schwebstoff-Filtern gilt in Deutschland die Norm DIN 24184 „Typprüfung von Schwebstoffiltern“. Die Prüfung erfolgt mit drei unterschiedlichen Prüfaerosolen 1, 2 und 3 (Bild 3.3.3-8).

Die Testschritte sind im einzelnen:

1. Bestimmung des Durchlaßgrades gegen einen heiß erzeugten Ölnebel (Aerosol 1), dessen Tröpfchen-Durchmesser <1 μm ist bei einem Häufigkeitsmaximum zwischen 0,3 und 0,5 μm.

2. Bestimmung des Durchlaßgrades gegen radioaktiv markierte Teilchen der atmosphärischen Luft (Aerosol 2) mit einem Teilchen-Durchmesser <0,3 μm und einem Häufigkeitsmaximum zwischen 0,05 und 0,08 μm.

3. Bestimmung des Durchlaßgrades gegen Quarzstaub (Aerosol 3) mit einem Teilchendurchmesser < 5 μm und einem Häufigkeitsmaximum zwischen 1 und 2 μm. Diese Messung dient zusätzlich der Überprüfung der Widerstandsfähigkeit des Filters bei Staubeinspeicherung.

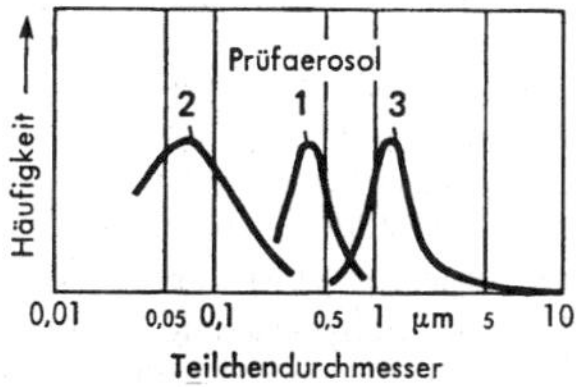

Bild 3.3.3-8. Verteilung der Teilchenhäufigkeit der Prüfaerosole für Schwebstoffilter (nach DIN 24184).

Der Durchlaßgrad wird bei den Aerosolen 1 und 3 indirekt durch Messung der Streulichtintensität vor und hinter dem Filter ermittelt; bei Aerosol 2 wird dieser über die Radioaktivität ermittelt.

Entsprechend dem Durchlaßgrad werden die Schwebstoff-Filter in die Klassen EU 10, EU 11 und EU 12 eingeteilt (Tafel 3.3.3-2)[1].

Tafel 3.3.3-2 Klasseneinordnung von Schwebstoffilter-Elementen (nach DIN 24184)

Schwebstoff-filterklassen	Grenzwerte der Durchlaßgrade gegenüber Prüfaerosol in %				Nachweis der Leckfreiheit an Schwebstoffilter-Elementen
		1	2	3	
EU 10	D_g	15	30	5	nicht erforderlich
EU 11	D_g	2	10	1	nicht erforderlich
EU 12	D_g	0,03	0,03	1	visuell erkennbare Ölfäden dürfen nicht vorhanden sein

Für die ständig steigenden Anforderungen in Reinräumen wurden inzwischen weitere Klassen geschaffen:

	Filterklasse	Abscheidegrad*)
	EU 17	>99,999995
Neu:	EU 16 (ULPA)**)	>99,99995%
	EU 15 (ULPA)	>99,9995%
Zum Vergleich:	EU 14	99,995
	EU 13/12	>99,95%
	EU 11	>95
	EU 10	>85

*) bestimmt nach DIN 24184 mit Prüfaerosol 1.[2]
**) ULPA FILTER = Ultra Low Penetration Air Filter

International wurde im europäischen Raum von EUROVENT für die Prüfung von Schwebstoff-Filtern die Prüfmethode „Flammenphotometrische Prüfung von Luftfiltern mit einem Natriumchlorid-Aerosol" eingeführt; die Prüfmethode ist in EUROVENT-Dokument 4/4 ausführlich beschrieben.

Für diesen Test wird ein künstlich erzeugtes, festes Aerosol verwendet, welches aus einer wäßrigen Natriumchlorid-Lösung gewonnen wird. Die Teilchen-Durchmesser liegen hier zwischen 0,02 und 2 μm. Der mittlere Massendurchmesser beträgt 0,6 μm. Vor und hinter dem Filter werden Teilluftströme entnommen und über eine Flamme geleitet, wobei das Natrium mit der typisch gelben Flamme verbrennt. Die Intensität der Flamme für die Teilströme ist ein Maß für den Durchlaßgrad.

[1]) entspricht DIN 24184 T2 (12.90).
[2]) Lippold, H.: Reinraumtechnik 2/88. S. 30/36.

Schwebstoffilter, die nach dieser Methode geprüft sind, gelten als *typgeprüft* und erhalten eine Prüfzeugnis-Nummer der Prüfstelle.

-3 Druckdifferenzen, Standzeiten

Typische *Anfangsdruckdifferenzen* liegen bei

Grobstaub-Filtern im Bereich von 30 bis 50 Pa,
Feinstaub-Filtern im Bereich von 50 bis 150 Pa,
Schwebstoff-Filtern im Bereich von 100 bis 250 Pa

bei Anströmgeschwindigkeit von 2–3 m/s.

Durch die Einspeicherung von Staub steigt die Druckdifferenz der Filter an, bei Grobstaub-Filtern etwa quadratisch und bei Schwebstoff-Filtern etwa linear. Die heute erreichbaren und empfohlenen Enddruckdifferenzen liegen bei

Grobstaub-Filtern im Bereich von 200 bis 300 Pa,
Feinstaub-Filtern im Bereich von 300 bis 500 Pa,
Schwebstoff-Filtern im Bereich von 1000 bis 1500 Pa.

Der unterschiedliche Verlauf des Druckanstieges der Filter läßt Variationen bei der Auslegung von Filteranlagen zu. Ausgehend vom Nennvolumenstrom können besonders Grob- und Feinstaub-Filter unter- oder überbeaufschlagt werden, was im ersteren Fall zu einer überproportionalen Verlängerung der Betriebszeit bis zum Erreichen der zulässigen Enddruckdifferenz führt; im zweiten Fall kann damit durch Verkleinerung der Anlage eine Verringerung des Investitionsumfanges erreicht werden. In beiden Fällen sind jedoch die *Gesamtkosten* der Anlage, bestehend aus Investitionen, Energiekosten, Kosten für Ersatzfiltermedien usw. zu beachten.

Bei einer Beaufschlagung der Luftfilter mit Nennvolumenstrom und einer normalen atmosphärischen Staubkonzentration kann bei achtstündiger Betriebsweise etwa mit folgenden *Betriebszeiten* bis zur Erreichung der zulässigen *Enddruckdifferenz* gerechnet werden:

Grobstaub-Filter	$^1/_4$ bis $^1/_2$ Jahr,	
Feinstaub-Filter	$^1/_2$ bis $^3/_4$ Jahr	(Grobstaub-Filter vorgeschaltet),
Schwebstoff-Filter	1 bis 4 Jahre,	je nach Betriebsstunden und Anströmgeschwindigkeit (Grob- und Feinstaub-Filter vorgeschaltet).

Filterwechsel soll nach gewisser Standzeit und nicht unbedingt nach Erreichen der Enddruckdifferenz erfolgen

-4 Filterbauarten

Die auf dem Markt befindliche Zahl von Luftfiltern ist sehr groß, die Bauarten sind vielfältig. Die folgende Übersicht enthält verschiedene Begriffe, welche für Luftfilter benutzt werden und mit dem Material, der Einbauart, der Benutzung, der Filterklasse und der Betriebsart in Verbindung zu bringen sind.

Material	Metallfilter Faserfilter Aktivkohlefilter Ölbadfilter Elektrofaserfilter
Einbauart	Vertikalfilter Kanalfilter Wandfilter Deckenfilter endstelliger Filter (Auslaßfilter)
Benutzung	Wegwerffilter (Einmalfilter) Dauerfilter (regenerierbar)
Filterklasse	siehe Tafel 3.3.3-1.
Betriebsart	stationäres Filter Umlauffilter Bandfilter/Rollbandfilter Elektrofilter automatisches Filter

Bauart	Schrägstromfilter Rundluftfilter Trommelfilter Kesselfilter Umlauffilter Taschenfilter/V-Form-Filter

-4.1 Metallfilter

Die als Zellen oder Platten aufgebauten Filter werden vollständig aus Metall hergestellt. Das Filtermedium besteht aus Stahlwolle, metallgestrickten Formkörpern, Streckmetall und gelochten Blechen. Die Zellen werden in Aufnahmerahmen eingesetzt, welche zu beliebig großen Anlagen zusammengestellt werden können (Bild 3.3.3-9).

Einsatzzwecke sind die Abscheidung von Öl- und Fettnebeln, Grobstaubabscheidung, Farbnebelabscheidung. Die Benetzung der Metalloberflächen erfolgt mit einem Benetzungsöl; die Reinigung der Filter von Staub und Benetzungsmitteln erfolgt durch Auswaschung in Öl oder Lösungsmitteln.

Die Filterwirkung beruht darauf, daß der Luftstrom beim Durchströmen der Filterschicht in eine große Zahl von Teilströmen zerlegt wird, welche vielfachen Richtungsänderungen unterworfen werden. Der Abscheidungsmechanismus basiert hier auf dem Sperreffekt und Trägheitseffekt.

Bei benetzten Filterschichten tritt zusätzlich eine Staubeinspeicherung auf, die darauf beruht, daß die Staubteilchen an den benetzten Flächen kleben bleiben. Die Reinigung der verschmutzten Filterschichten kann durch Abklopfen oder durch Ausblasen mit Druckluft erfolgen; eine Reinigung im Reinigungsbad ist ebenfalls möglich.

Nachteilig ist besonders die unbequeme schmutzige Reinigungsarbeit und der nicht ausreichende Entstaubungsgrad. Verwendung daher heute nur noch selten, manchmal in Wüstengegenden, besonders im Ansaug von Kolbenmaschinen.

Bild 3.3.3-9. Metallfilter, hier Farbnebelabscheideplatten.

Bild 3.3.3-10. Taschenfilter.

-4.2 Faserfilter

Das Filtermedium dieser in verschiedenen Formen hergestellten Filter ist ein Vlies, welches aus Fasern unterschiedlicher Werkstoffe, wie Glas, Kunststoff, Naturprodukten oder Metallen, hergestellt wird.

Die angebotenen Formen der Filter sind auf den Werkstoff und auf das Einsatzgebiet abgestimmt; als generelle Grundforderungen sind lange Betriebszeit und niedrige Druckdifferenz zu sehen. Dies wird dadurch realisiert, daß möglichst viel Filterfläche in einem konfektionierten Filter untergebracht wird. Vliese für Grob- und Feinfilter weisen eine größere Dicke und niedrigere Druckdifferenz auf als Vliese für Feinst- oder Schwebestäube.

Typische Bauformen für diese Filter sind ebene Filterzellen, bei denen das Filtermedium mit einer Gesamtdicke von ca. 50 mm innerhalb eines Kartonrahmens von gelochten Blechen oder Pappen abgestützt wird. Eine weitere Ausführungsform weist ein zickzackförmig gefaltetes Medium auf, welche mit Abstandshaltern aus Pappe, Kunststoff oder anderen Werkstoffen auf Abstand gehalten wird. Die bei diesen Filtern wohl am meisten verbreitete Bauform ist das *Taschenfilter,* wobei Einrichtungen wie keilförmig ausgeführte Naht, einzelne Heftfäden, eingeklebte oder genähte keilförmige Vliesstreifen oder geschweißte Nähte ein Aufblähen der Taschen verhindern. Das Filter besteht aus 6 bis 12 Taschen, welche in einem gemeinsamen Rahmen untergebracht sind.

Taschenfilter haben besonders hohe Staubspeicherfähigkeit und geringe Einbaumaße (Bild 3.3.3-10). Material: Kunststoff- oder Glasfasern für alle Güteklassen. Das *Flächenverhältnis* Filterfläche : Ansichtsfläche beträgt dabei etwa 20 : 1 bis 25 : 1. Anströmgeschwindigkeit ≈ 2,5 m/s bezogen auf die Ansichtsfläche und ≈ 0,1 m/s bezogen auf die Filterfläche. Sie sind nicht reinigungsfähig, haben jedoch eine lange Standzeit.

Eine besondere Ausführung dieser Filter sind Filtermatten, die durch entsprechende Materialauswahl (Kunststoffasern) mit Wasser gereinigt werden können. Die Ausführungsformen dieser Filtermatten sind eigensteife Matten oder in Rahmen eingespannte Matten.

Unter den *Faserfiltern* nehmen die Filter zur Abscheidung von Feinst- oder Schwebstäuben einen besonderen Platz ein. Das verwendete Filtermedium, ein Vlies aus mikrofeinen Fasern aus Glas, Kunststoff, Zellulose, Mineralien, Metalloxid oder Metall ist zickzackförmig gefaltet in einem Rahmen untergebracht. Die einzelnen Falten werden mit Abstandshaltern aus Metall, Papier oder Kunststoff auseinandergehalten. Der Verbund zum Rahmen wird durch eine Vergußmasse hergestellt (Ein- und Zweikomponenten-Kunststoffmaterial).

Diese Filter werden dort als letzte Filterstufe eingesetzt, wo es auf besonders hohe Abscheidegrade für kleine und kleinste Partikel ankommt. Einsatzgebiete sind Laboratorien, Operations- und Intensivpflegeräume in Krankenhäusern, Reine Räume für den industriellen Bereich (Elektrotechnik, Pharmazie) sowie Abluftanlagen von Kernkraftwerken. Zur optimalen Nutzung der Filter sind hier Grob- und Feinstaubfilter vorzuschalten.

Die Anfangsdruckdifferenz bei Nennvolumenstrom und bei Anströmungsgeschwindigkeiten von 2–3 m/s liegt bei 250 Pa und steigt bei guter Vorfilterung während des Betriebes geringfügig an; empfohlene Enddruckdifferenz 350 Pa.

Schwebstoffilter

Für besonders hohe Abscheidegrade dienen hochwertige *Schwebstoffilter-Elemente,* die auch für Stäube und Schwebstoffe unter 0,5 μm geeignet sind, namentlich für radioaktive Schwebstoffe, ferner Bakterien, Viren, Aerosole u.a. Sie werden meist als Endstufe eines mehrstufigen Filters verwendet, und zwar für industrielle Zwecke bei hochempfindlichen Erzeugnissen, in Laboratorien, Operationsräumen sowie in Kernkraftwerken, Isotopenlaboratorien und Reaktorräumen, pharmazeutischen Betrieben.

Vorfilter unbedingt erforderlich, um Grob- und Feinstaub zurückzuhalten.

Herstellung in einzelnen Rahmen mit zickzackförmig angeordnetem Filtermaterial, bestehend aus Mikroglasfasern, Zellulose, Papier und Gemischen davon. Wirksame Filterfläche etwa 20…50mal Anströmfläche. Bei Anströmgeschwindigkeiten von 1,5 m/s Luftgeschwindigkeit im Medium nur ≈ 2,5 cm/s. Nicht regenerierbar (Bild 3.3.3-11, Bild 3.3.3-12 u. Bild 3.3.3-13).

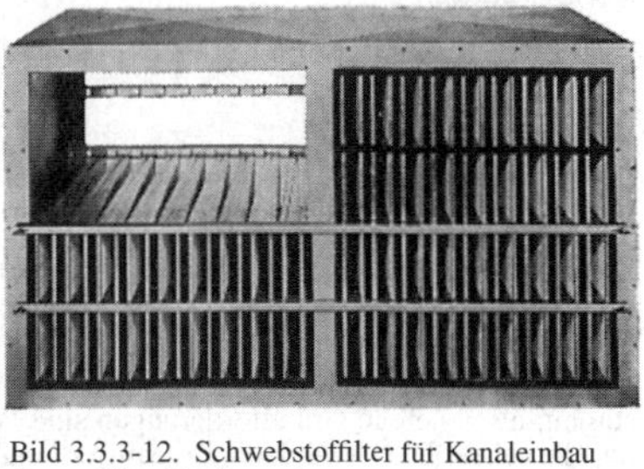

Bild 3.3.3-12. Schwebstoffilter für Kanaleinbau (Luwa-Ultrafilter).

Bild 3.3.3-11. Schwebstoffilter für Kanaleinbau in kerntechnischen Anlagen (DELBAG).

Bild 3.3.3-13. Schwebstoff-Filter (Debag).

Diese Filtermedien weisen einen gravimetrischen Abscheidegrad von praktisch 100% auf. Sie müssen daher auf eine andere Weise beurteilt werden. Siehe hierzu Abschn. 3.3.3-2b).

Dichtschließender Einbau ist erforderlich. Nachprüfung z.B. mit Prüfrille.

Ferner werden sie häufig als letzte Stufe vor den zu lüftenden Räumen in Kombination mit Luftauslässen verwendet, z.B. in Operationsräumen, Säuglingsstationen u.a.

Die Schwebstoffilter haben besondere Bedeutung bei der Lüftung der sogenannten *„Reinen Räume"* nach VDI 2083 (siehe Abschn. 3.6.8-6).

Anfangsdruckdifferenz etwa 150...200 Pa, bei ausreichender Vorfilterung später wenig steigend, bis etwa 1000 Pa.

Der Druckabfall im Filter ist speziell bei Reinräumen wegen der großen Volumenströme und ununterbrochenem Betrieb eine maßgebende Größe für den Energieverbrauch des Ventilators. Interessant sind daher neue Filterentwicklungen in den Klassen S, T und U mit etwa 90...150 Pa Anfangsdruckverlust[1].

Eine weitere Neuentwicklung sind *elektrostatische Schwebstoffilter* mit noch geringeren Anfangsdruckdifferenzen von 55...90 Pa in den Filterklassen S...U. Hier werden in einem dem Filtermedium vorgeschalteten Ionisator die Partikel aufgeladen und agglomerieren. Zusätzlich zum mechanischen Abscheideeffekt tritt in den polarisierten Filterfasern elektrostatischer Abscheideeffekt auf (Bild 3.3.3-14).

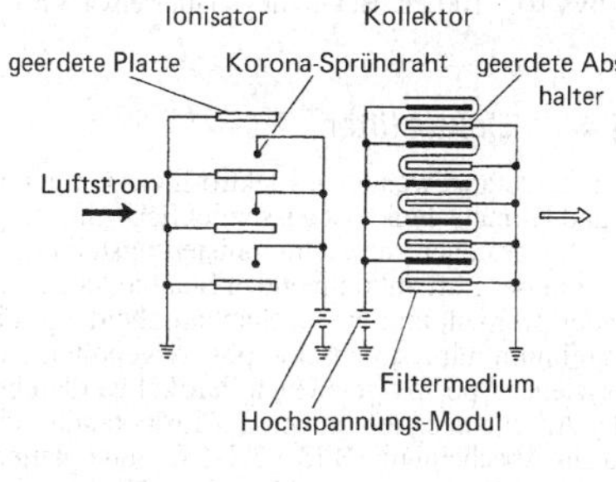

Bild 3.3.3-14. Funktionsprinzip eines elektrostatischen Schwebstoffilters (Debag).

-4.3 Aktivkohlefilter[2]

Filter mit Aktivkohle dienen zur *Adsorption* von schädlichen oder unerwünschten gas- und dampfförmigen Verunreinigungen der Luft. Zu diesen Verunreinigungen zählen Gerüche aus Küchen, Toiletten, Versammlungsräumen, Dämpfe und Gase aus industriellen Prozes-

[1]) Lippold, H.: Reinraumtechnik 2/88. S. 30/36.
[2]) Schütz, H.: Klimatechn. 4/74. S. 62/6.
Mürmann, H.: TAB 9/82. S. 707/8.
Brauer, H.: Ceag-Journal 6/83. S. 39/41.

sen sowie radioaktive Gase. Die Wirkung der Aktivkohle beruht je nach Schadstoff- und Kohlezustand auf der physikalischen und/oder chemischen Adsorption.

Das Basismaterial für Aktivkohle ist Steinkohle, Kokosschalen oder auch Holz; in einem speziellen Prozeß wird das Grundmaterial so aufbereitet, daß ein Körper mit zahlreichen Poren entsteht. Porendurchmesser zwischen 1 nm und 1 μm. Dadurch erhält der Grundwerkstoff eine sehr große Oberfläche, an der sich die Schadstoffmoleküle anlagern können. Im Gegensatz zu der sichtbaren makroskopischen Gestalt und Oberfläche spricht man bei der durch die Poren gebildeten Oberfläche von der „inneren" oder spezifischen Oberfläche der Aktivkohle; diese Oberfläche wird mit einem bestimmten Verfahren ermittelt[1)].

Als Anhaltspunkt kann gelten, daß 1 g Aktivkohle einem Volumen von ca. 2 cm^3 entspricht und eine „innere" oder spezifische Oberfläche von 900 bis 1200 m^2 besitzt.

Ein optimales Adsorptionsverhalten läßt sich nur erzielen, wenn die Aktivkohle, die Imprägnierung und der zu adsorbierende Stoff aufeinander abgestimmt sind. Gase wie N_2, O_2, CO_2 können mit Aktivkohle nicht adsorbiert werden, da sie ständig vorhanden sind und die Aktivkohle bereits mit diesen Molekülen belegt ist; ein Konzentrationsgefälle baut sich nicht auf.

Der Einbau der Aktivkohleschichten als lose Schüttung, als Patrone oder Platte hat so zu erfolgen, daß Bypaßströmungen vermieden werden; sonst ist starkes Absinken des Abscheidegrades zu erwarten. In der Raumlufttechnik ist dies keine unabdingbare Forderung; in der Gasreinigungstechnik und bei Kernkraftwerken eine unumstößliche Forderung.

Für Verwendung in Lüftungsanlagen Herstellung in einzelnen Zellen oder Patronen. *Außenluftreinigung,* wenn atmosphärische Luft verunreinigt ist. Zur *Fortluftreinigung,* um schädliche Gase oder Dämpfe zurückzuhalten, sind derartige Zellen nur in Sonderfällen einsetzbar; im Regelfall verfahrenstechnische Auslegung und entsprechende Apparate. *Umluftreinigung* zur Ersparnis an Heiz- und Kühlenergie.

Aktivkohleplatten für geringe Geruchsstoffkonzentration zickzackförmig in Zellen- oder Kanalfiltern angeordnet, um große Filterflächen bei kleiner Anströmstirnfläche zu erhalten. *Kontaktzeit* dabei 0,08…0,1 s. Keine vollkommene Abdichtung erreichbar. Wegwerffilter.

Für höhere Ansprüche werden *Aktivkohlepatronen* verwendet, die auf Einbaurahmen gasdicht aufgeschraubt werden. Unterschiedliche Schichtdicken. Auch kombiniert mit Vorfilter. Ausführung als Wand- oder Kanalfilter. *Vorfilter* sind in allen Fällen erforderlich, um die Wirksamkeit der Aktivkohle nicht durch Staubverschmutzung zu beeinträchtigen. *Luftdichter Einbau* zu beachten. Standzeit etwa 1 Jahr.

Dicke der Schicht je nach Art der zu adsorbierenden Dämpfe verschieden.

Max. Temperatur etwa 35 bis 40 °C, darüber nimmt die Wirkung schnell ab. Luftgeschwindigkeit 1…3 m/s bezogen auf Ansichtsfläche. Dichte 0,45…0,52 g/cm^3. Druckdifferenz dabei etwa 10…100 Pa. Benutzungsdauer etwa 3 bis 12 Monate.

-4.4 Elektrofilter[2)]

Von den heute angewendeten Elektrofiltersystemen (Cotrell, Penney) werden in der Lüftungs- und Klimatechnik fast ausschließlich Filter eingesetzt, die nach dem Penney-System arbeiten. Sie bestehen aus einem Ionisierungsteil mit positiv geladenen Wolframdrähten, in dem die mit der Luft ankommenden Staubteilchen durch Anlagerung von Ionen elektrisch aufgeladen werden, und einem Staubabscheidungsteil in Form eines Plattenkondensators aus Aluminium mit abwechselnd positiv gepolten und auf Erdpotential liegenden Platten. Die vorwiegend positiv geladenen Partikel werden beim Durchgang durch das elektrische Feld der Abscheidezone von den auf Erdpotential liegenden Platten angezogen und kommen so zur Abscheidung (Bild 3.3.3-15). Staubplatten manchmal mit wasserlöslichem mineralölfreiem Staubbindemittel benetzt. (Abwasserproblem!) Reinigung durch Abspritzen mit Wasser von etwa 30…40 °C. Ölsprüh- und Wasserwaschvorrichtung können auch automatisch ausgebildet werden. Herstellung der Filter in Zellen von etwa 600 × 600 mm Größe, die zu beliebig großen Einheiten zusammengesetzt werden können.

Guter Entstaubungsgrad auch bei kleinsten Staubteilchen bis 0,1 μm und darunter (Tabakrauch, Nebel, Pollen, Bakterien). Obere Grenze etwa 40 μm. Geringer Luftwiderstand,

---

1) DIN 66131 (07.93): Bestimmung der Oberfläche.
2) Ochs, H. J.: Wärme-Techn. 1968. S. 15/20.
Nachtigäller, E.: Ges.-Ing. 6/80. S. 169/72.

etwa 40…60 Pa, konstant bleibend. Hochspannungsanlage mit 12 bis 16 kV für Ionisationszone und 6 bis 8 kV für die Abscheidezone erforderlich. Stromaufnahme einer Standardzelle etwa 2 bis 5 mA, d.h. Leistungsaufnahme ca. 24…80 Watt. Luftgeschwindigkeit bezogen auf die Ansichtsfläche je nach dem gewünschten Abscheidegrad 1,0…3,0 m/s. Normalwert ca. 2,0 m/s mit etwa 90% Wirkungsgrad nach ASHRAE 52. Hohe Abscheidewirkung nur bei geringen Luftgeschwindigkeiten. Hauptnachteil der hohe Preis, da sie gegenwärtig wesentlich teurer als mechanische Filter sind. Sie können trotz des hohen Preises wirtschaftlich sein, wenn große Luftströme mit hohem Staubgehalt zu reinigen sind oder rund um die Uhr aufbereitet werden müssen. Vorteilhaft die geringen Bedienungskosten und der geringe Strömungswiderstand. Ansicht eines Gerätes Bild 3.3.3-16.

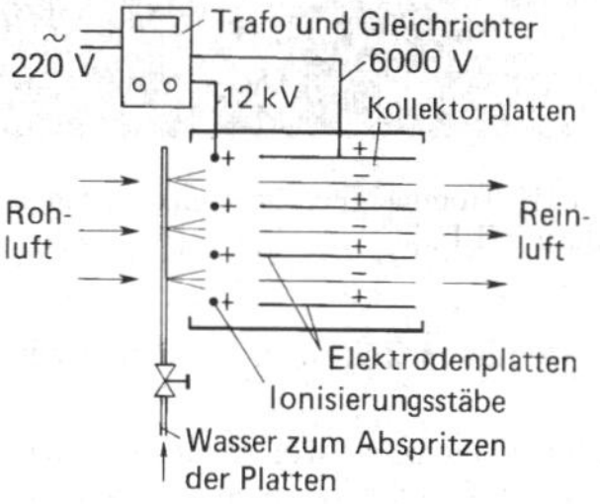

Bild 3.3.3-15. Schematischer Aufbau eines Elektrofilters für Lüftungs- und Klimaanlagen.

Bild 3.3.3-16. Ansicht eines Elektroluftfilters.

Nur geringe Ozon-Erzeugung, etwa 15 $\mu g/m^3$.

Zweckmäßig ist die Kombination eines Elektrofilters mit davor und/oder dahinter befindlichem Faserstoff- oder Rollbandfilter. Dadurch gleichmäßige Beaufschlagung des Elektrofilters und Abscheidung größerer Partikel, die im Elektrofilter nicht abgeschieden oder wieder abgerissen worden sind.

Elektrofilter werden in Sonderfällen, z.B. bei Ölnebeln, auch zur Abluftreinigung verwendet.

Eine weitere Bauart von Elektroluftfiltern sind die *elektrostatischen Filter,* welche keinen Ionisierungsteil besitzen. Die Filtermedien sind hier keine Platten, sondern bestehen aus faserigen Stoffen, welche entweder durch ein spezielles Verfahren mit elektrischen Dipolen versehen sind oder welche in einem von außen aufgeprägten elektrostatischen Feld angeordnet sind. Je nach angelegter Spannung und Struktur des Filtermediums werden mit bzw. ohne elektrisches Feld Abscheidegrade von 15% bzw. 90% erzielt.

-4.5 Automatische Filter

Unter diesem Begriff sind die Filterbauarten zusammengefaßt, bei denen das Filtermedium oder die Filterschicht während des Betriebes intermittierend oder permanent erneuert oder gereinigt wird. Man unterscheidet im wesentlichen die *Bandluftfilter* und die *ölbenetzten Umlauffilter*.

Bei dem Bandluftfilter wird das saubere Filtermedium (Faserfilter) von einer Rolle abgespult und bei zunehmender Verschmutzung auf eine zweite Rolle aufgewickelt. Der Bandtransport erfolgt durch einen Elektromotor (Bild 3.3.3-17).

Ausgelöst wird der Bandtransport meist durch ein Kontaktmanometer, welches bei Erreichen einer eingestellten maximalen Druckdifferenz den Elektromotor einschaltet. Der Bandtransport wird unterbrochen, wenn eine bestimmte minimale Druckdifferenz unterschritten wird. Andere Steuerungsarten sind ebenfalls in Benutzung, wie Zeitsteuerung

Bild 3.3.3-17. Rollbandfilter.

Bild 3.3.3-18. Trommelfilter für Klimaanlagen der Textilindustrie (LTG).

(druckunabhängig, löst Bandtransport nach einer bestimmten Zeit aus). Bandende wird durch Abtasten des Bandvorrates angezeigt.

Die Filter arbeiten mit nahezu konstanter Betriebsdruckdifferenz; sie weisen eine höhenabhängige Luftverteilung auf. Im oberen Teil tritt eine höhere Geschwindigkeit auf als im unteren Teil, verursacht dadurch, daß im oberen Teil jeweils das unbestaubte Filter am Filterprozeß teilnimmt, während im unteren Teil die höchste Verschmutzung (längste Betriebszeit) vorliegt.

Der Abscheidegrad je nach Filtermaterial 80…90%; mittlere Anströmgeschwindigkeit ≈2,0…3,0 m/s, Betriebsdruckdifferenz 120…180 Pa.

Die Bandluftfilter haben wegen ihrer Automatik und dadurch bedingten geringen Wartung große Verbreitung erlangt. Sie werden auch für Kanal- oder Geräteeinbau hergestellt. Nachteil der Filter beim veränderlichen Volumenstromsystem die Abnahme des Abscheidegrades.

Nachteile: Ungleichmäßige Geschwindigkeitsverteilung, kein Schutz gegen Insekten.

Eine Bauvariante der Umlauffilter sind die *Trommelfilter;* hier läuft das Filtermedium nicht in der Art eines Paternosters um, sondern ist in Form einer Trommel angeordnet. Die Filter arbeiten je nach Medium als trockene oder als ölbenetzte Filter; das Filtermedium ist endlos (Umlauffilterprinzip) oder endlich (Bandfilterprinzip). Bild 3.3.3-18 zeigt ein trockenes Filter, belegt mit Kunststoff-Filter und mit Absaugung zur Anwendung in der Textiltechnik. Auch als feststehende Trommel mit umlaufender Absaugdüse ausgeführt. Siehe auch Abschnitt 3.6.8-8.4.

Die *ölbenetzten* Umlauffilter arbeiten nicht mit einem endlichen Filterband, sondern mit einem endlos umlaufenden Band aus Zellen oder Platten. Der Umlauf des Bandes erfolgt derart, daß die gereinigten Schichten der Lufteintrittsseite zugewandt sind; die Reinigung der Schichten erfolgt in dem Ölbehälter mit einem Waschvorgang durch bewegtes Öl. Der ausgewaschene Staub sammelt sich am Boden des Ölbehälters; Entfernung des Staubes durch Ablassen des Öles, Auskratzen des Schlammes und Neubefüllung mit Öl. Manuell angetriebener Schlammräumer (Ölverlust ausgleichen) oder ein ständiger Ölkreislauf mit Reinigung des Öles gehören zu den marktgängigen Reinigungssystemen (Bild 3.3.3-19).

Die Betriebsdruckdifferenz ist nahezu konstant; gleichmäßige Geschwindigkeitsverteilung, da Luft durch zwei Schichten strömen muß, deren Einzeldruckdifferenzen nahezu die gleiche Summe ergeben. Erreichbare Abscheidegrade 70% bis 80%.

Für die Reinigung der Verbrennungsluft von stationären Dieselanlagen haben sich für trokkene Zonen die *Ölbadfilter* als zuverlässige Filterbauart erwiesen. Sie lassen sich zu den automatischen Filtern rechnen, da durch die Strömungsverhältnisse im Filter das Öl in Umlauf gesetzt wird. Die Wirkung der Filter beruht darauf, daß der mit Staub beladene Luftstrom ganz oder teilweise durch ein Ölbad geleitet und das Öl durch entsprechende Strömungsführung zu feinen Tröpfchen zerteilt wird; die Tröpfchen lagern sich an den Staubteilchen ab. Das Gemisch aus Luft, Staub und Öltröpfchen wird durch eine Filterschicht aus Metallfasern geleitet; an den Metallfasern scheiden sich die Öltröpfchen und der Staub ab; der Ölstrom, der sich in diesen Filtern im Umlauf befindet, reinigt die Filterschicht und verhindert so ein Verstopfen und einen Druckanstieg in der Filterschicht. Der im Ölsumpf sich ablagernde Staub muß von Zeit zu Zeit entfernt werden (Bild 3.3.3-20).

Bild 3.3.3-19. Ölbenetztes Umlauffilter mit Motorantrieb (DELBAG).

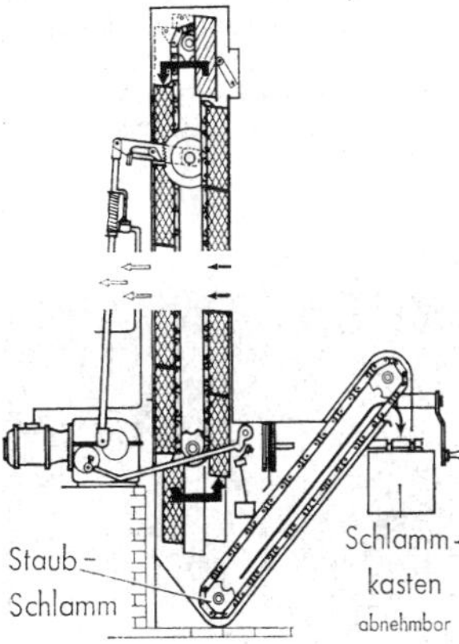

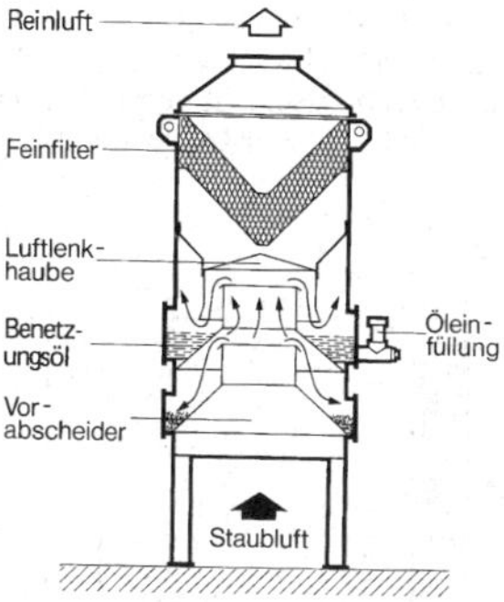

Bild 3.3.3-20.
Zentrifugal-Großluftfilter (DELBAG).

-4.6 Mehrstufige Filter[1])

sind Kombinationen der oben beschriebenen Filterbauarten, um durch geeignete Staffelung der Filtermedien und Abscheidegrade ein Optimum an Staubspeicherfähigkeit, Abscheidegrad und Betriebszeit zu erzielen (Bild 3.3.3-21).

Verschiedene Kombinationen haben sich in der Praxis bewährt; einige Beispiele seien im folgenden dargestellt:

Klimazentralen, Klimageräte, einfache Filteranlagen:

Kombination von Grob- und Feinfilter.

Klimazentralen mit besonderen Anforderungen an die Luftreinheit (Krankenhäuser, Reine Räume):

Kombination von Grob-, Fein- und Feinstfilter.
Das Feinstfilter (Schwebstoff-Filter) wird zur Vermeidung von Verschmutzung und Staubablagerungen im Kanalsystem oft direkt am Luftaustritt in den Raum angeordnet.

Klimazentralen für Flughäfen:

Kombination von Grob-, Fein- und Aktivkohlefiltern.
Als Feinfilterstufe kommen zum Einsatz Elektroluftfilter oder Faserfilter (Bandluftfilter, Taschenfilter). Die anschließend angeordnete Aktivkohlefilterstufe dient zur Abscheidung von Schadgasen und Geruchsstoffen, welche durch die Abgase der Triebwerke hier unvermeidlich sind.

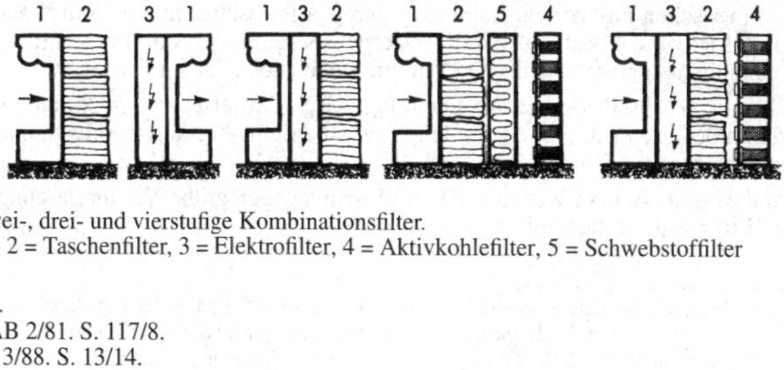

Bild 3.3.3-21. Zwei-, drei- und vierstufige Kombinationsfilter.
1 = Rollbandfilter, 2 = Taschenfilter, 3 = Elektrofilter, 4 = Aktivkohlefilter, 5 = Schwebstoffilter

[1]) Ochs, H. J.: TAB 2/81. S. 117/8.
TGA-Magazin 3/88. S. 13/14.

Neuerdings werden mehrschichtige Filtermedien (in Luftauslaßkomponenten integriert = endständig) angeboten, die entsprechend Bild 3.3.3-22 aus verschiedenen Schichten bestehen. In der Feinfilterschicht werden schwebfähige Stoffe wie Pollen, Sporen, Asbest abgeschieden (s. a. Abschn. 1.2.5). Die nachgeschaltete Physisorptionsschicht (speziell modifizierte Aktivkohle) kann organische Schadstoffe und Gerüche eliminieren (Gasmoleküle werden angelagert). Die weitere Chemisorptionsschicht (Trägermaterial Aktivkohle mit chemischem Zusatz) ist abgestimmt auf die Erfassung saurer Bestandteile der Luft (z.B. Schwefel- oder Stickstoffoxide) mit einem Salz als Endprodukt. Ein bei Faserfiltern festgestelltes Durchwachsen mikrobiologischer Pollutanten[1] durch den Filter wird bei der Chemisorptionsschicht verhindert. Die endständige Filterinstallation (s. als Beispiel Bild 3.3.3-23) bringt akustische Vorteile.

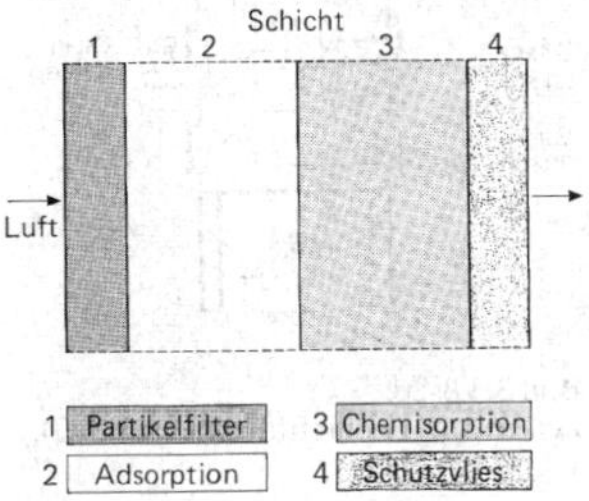

Bild 3.3.3-22. Mehrschichtiger Filter mit verschiedenen Sorptionsstufen (System KesslerTech)

Bild 3.3.3-23. Beispiel eines endständigen Filters (KesslerTech).

-4.7 Sonstige und Spezialfilter

Für bestimmte Anwendungsfälle sind Spezialfilter entwickelt worden. Bauart und Wirkungsweise werden vom praktischen Einsatz bestimmt. Die Auslegung der Filter erfolgt nach empirisch ermittelten Daten oder anhand von Versuchen.

Zu diesen Fällen zählen

- Automobilfilter für Verbrennungsluft
- Staubsauger-Filtertüten
- Abreinigbare Filter für Gasturbinenanlagen
- Atemschutzfilter
- Filter für Schutzbauten

Fettfilter werden bei Küchenlüftungsanlagen verwendet, um Fett- und Kochdünste zurückzuhalten und dadurch eine Verschmutzung der Absaugkanäle und des Ventilators zu verhindern. Bauart ähnlich den Staubfiltern. Füllung der Filterplatten mit Metallgeweben, synthetischen Fasern u. a. Reinigung durch Auswaschen mit heißem Wasser mit Lösungsmittel (P3 o.ä.). Für vollständige Geruchsbeseitigung Aktivkohlefilter, jedoch nur nach leistungsfähigen mechanischen Filtern. Siehe auch Abschn. 3.6.11-1.

Säurenebelabscheider zur Abscheidung von Schwefelsäure in Akkuräumen, bestehend aus durchlöcherten Bleiplatten, an denen sich die Schwefelsäuretröpfchen durch Prallwirkung abscheiden (s. auch Abschn. 3.6.8-3).

Siebe mit mehr oder weniger feinen Maschen gegen grobe Verunreinigungen und Insekten an Luftansaugstellen anbringen.

---

[1]) Möritz, M.: Verhalten von Mikroorganismen auf Luftfiltern in RLT-Anlagen in Abhängigkeit von den klimatischen Bedingungen der Lufttemperatur und der relativen Luftfeuchtigkeit, Diss. TU Berlin, 1996, Reihe Hygiene Berlin (Hrsg.: Rüden und Dott)

Farbnebel-Abscheider werden in Spritzereien zur Abscheidung von Farb- und Lacknebeln verwendet, um Explosionen und Verschmutzungen von Rohrleitungen und Ventilatoren zu verhindern. Sie bestehen aus mehreren hintereinander angeordneten gelochten Blechen oder Sprühdüsen bzw. Wasserschleier (s. auch Abschn. 3.6.10-3).

Luftschönung

Geruchsbeseitigung durch Verdunstung von ätherischen und anderen Ölen, die Gerüche neutralisieren, ohne selbst zu riechen (Air fresh). Verfahren unschädlich, jedoch nur Behelfsmittel.

Elektrische Luftreiniger für Wohnungen, die in vielen unterschiedlichen Bauarten angeboten werden, enthalten außer einem Ventilator meist ein oder mehrere Filter zur Luftreinigung von Staub, Gerüchen, Keimen. Ihre Leistungsfähigkeit ist jedoch begrenzt und nicht mit der kurzfristigen Fensterlüftung vergleichbar, die wesentlich wirkungsvoller ist.

Luftwäscher gemäß Abschnitt 3.3.4 ermöglichen eine direkte Berührung der Luft mit der Waschflüssigkeit, wobei die Reinigungswirkung aber nur für grobe Staubpartikel stattfindet; Fein- und Feinststäube müssen mit anderen Systemen abgeschieden werden. Jedoch Abscheidung von Gasen (z.B. SO_2) möglich.

UV-Strahler[1)], eingebaut in Luftkanälen oder direkt im Raum, töten Keime, Mikroorganismen (Desinfektion, Sterilisation).

[1)] Hillebrecht, J., u. N. Kohler: TAB 2/89. S. 65/68.

3.3.4 Luftbefeuchter und Luftentfeuchter

In Sprühbefeuchtern, auch Luftwäscher genannt, sowie in Riesel-Befeuchtern wird die Luft in *direkte Berührung* mit strömendem oder zerstäubtem Wasser gebracht, daher kommt es nicht nur zu einer Wärme-, sondern auch zu einer Stoffübertragung. Je nach der Temperatur des Wassers sind dabei beliebige Luftzustandsänderungen möglich: Erwärmung, Kühlung, Befeuchtung und Trocknung. Die Verhältnisse lassen sich im *h, x*-Diagramm verfolgen. Dabei ist zu beachten, daß die jeweilige Zustandsänderung der Luft in Richtung nach dem Zustandspunkt gesättigter Luft von Wassertemperatur erfolgt. Ist der Luftzustand durch den Punkt *A* (Bild 3.3.4-1) dargestellt, so verlaufen die Zustandsänderungen der Luft (bei großen Wassermengen) je nach der Wassertemperatur wie folgt:

Richtung *AB* Erwärmung und Befeuchtung
Richtung *AC* Abkühlung und Befeuchtung
Richtung *AD* Abkühlung ohne Feuchteänderung
Richtung *AE* Abkühlung und Entfeuchtung
Richtung *AF* Adiabate Zustandsänderung.

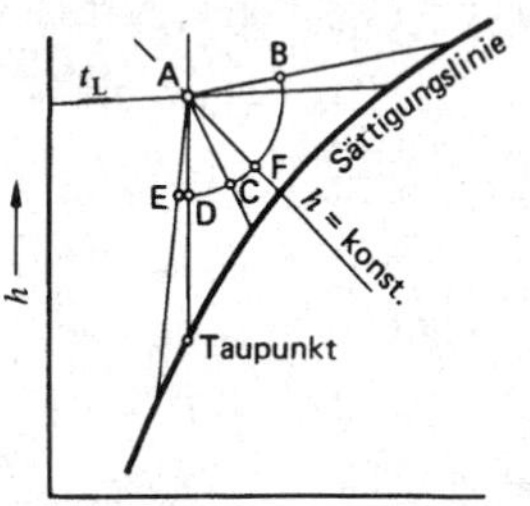

Bild 3.3.4-1. Zustandsänderungen der Luft im Luftwäscher bei verschiedenen Wassertemperaturen, dargestellt im *h, x*-Diagramm.

Auf diesen vielseitigen Möglichkeiten der Luftzustandsänderung beruht in der Hauptsache die häufige Verwendung von Befeuchtungstechniken in Klimaanlagen, wobei allerdings die adiabate Zustandsänderung (Befeuchtung und Abkühlung) der Luft die größte Bedeutung hat. Eine Waschung oder Reinigung der Luft, findet dagegen in den Luftwäschern nur für grobe Staubteilchen und einige Gase statt, z. B. SO_2 (siehe unter Filter, Abschnitt 3.3.3), so daß die Bezeichnung Luftwäscher nur teilweise zutrifft.

Eine Nebenwirkung wird beim Luftwäscher noch durch eine gewisse elektrische Aufladung der Luft erreicht *(Lenard-Effekt),* ein Effekt der heute bei RLT-Anlagen kaum Beachtung findet.

Aufgabe der Luft-Befeuchtungs- und der Luft-Entfeuchtungstechnik (-Trocknungstechnik) ist es, einen Feuchtegehalt der Raumluft so herzustellen, daß

- industrielle Verfahren störungsfrei, problemlos und gefahrlos ablaufen können,
- wertvolle Exponate in Museen und Ausstellungen vor Zerfall geschützt werden,
- Menschen eine behagliche Atmosphäre zu Hause und am Arbeitsplatz vorfinden.

Dabei wird mit Hilfe der Luft-Befeuchtung ein zu niedriger Feuchtegehalt in der Luft auf den gewünschten oder geforderten höheren Wert und mit Hilfe der Luft-Entfeuchtung ein zu hoher Feuchtegehalt auf den entsprechend niedrigeren Wert gebracht und auch gehalten.

Es wird Feuchtigkeit in Form von Wasserdampf zu- oder abgeführt bis der gewünschte Luftzustand erreicht ist. Hierbei bildet die Grundlage für die Luft-Be- und -Entfeuchtung die Physik der Gase allgemein besonders aber die entsprechenden Gasgesetze von Dalton, Boyle-Mariott und Gay-Lussac (s. Abschn. 1.3.2).

-1 Luftbefeuchter[1) 2)]

Ergänzungen von Reinhard Steiner, Offenbach/M.

Für die drei Luft-Befeuchtungstechniken (s. Abschn. 3.2.6) bietet die Industrie für jeden Bedarfsfall das entsprechend wirtschaftliche Gerät oder System an.

-1.1 Verdunstungs-Luftbefeuchter

Die wohl älteste und bekannteste Art der Verdunstungs-Luftbefeuchtung ist die Anwendung bei den Salinen von Kurbädern, beim Topf auf dem Ofen oder den Schalen und Behälter auf oder an Heizkörpern. Allerdings ist der Verdunstungseffekt der an Heizkörpern angebrachten Wasserschalen, bedingt durch die geringe Oberflächentemperatur bei modernen Heizungsanlagen, sehr gering, deshalb heute nicht mehr sinnvoll und auch hygienisch bedenklich.

Verdunstung liegt immer dann vor, wenn Wasser aus Wasseroberflächen oder von befeuchteten Medien in die umgebende Luft diffundiert. Die hierzu erforderliche Umwandlungsenergie wird der Umgebung entzogen, d.h., die Luft kühlt sich – wie auch im h,x-Diagramm nachvollziehbar – an der Enthalpielinie adiabat in Richtung der Sättigungslinie ab. Lufttemperatur und Luftgeschwindigkeit beschleunigen den Verdunstungsvorgang, wogegen die Wassertemperatur darauf nur bedingt einen Einfluß ausübt (s. Abschnitt 3.3.4-1.4).

Es werden meistens Kunststoffmatten oder ähnliche Elemente als Befeuchtungsmedien verwendet, die direkt besprüht, von oben berieselt oder sich, auf Trommeln aufgespannt, in einem Vorratsbehälter benetzen. Diese Elemente sind selbst resistent gegen Algen und Bakterien. Das bedeutet jedoch nicht, daß sich nicht Partikel bzw. Stäube anlagern können, die dann selbst wiederum in Verbindung mit Feuchtigkeit ideale Nährböden für Mikroorganismen bilden. Hinzu kommt, daß Mineralrückstände aus dem zur Befeuchtung verwendeten Wasser an den Elementen auskristallisieren. Deshalb ist die regelmäßige und gründliche Reinigung unabdingbare Voraussetzung. Außerdem sollte, auch unter hygienischen Gesichtspunkten, die Vorschaltung einer Wasseraufbereitung in Form einer Membrantechnik überdacht werden.

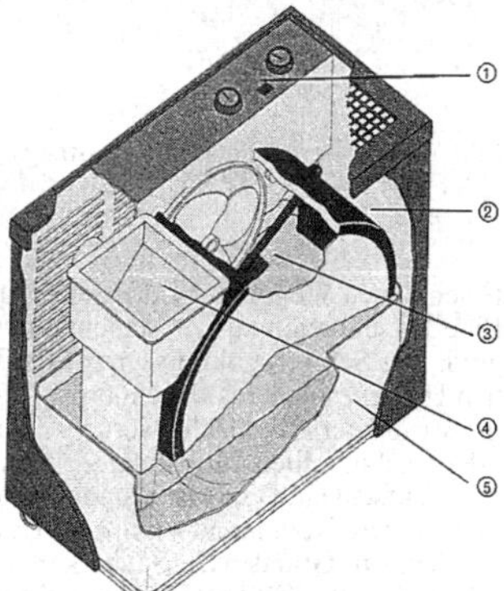

Bild 3.3.4-2. Schema eines Haushalts-Verdunstungs-Luftbefeuchters (Barth & Stöcklein, Garching).

Die einfachste Form eines industriell hergestellten Verdunstungs-Luftbefeuchters ist in Bild 3.3.4-2 dargestellt. Bei diesem hauptsächlich im Haushalt und im Büro eingesetzten Gerät ist auf eine Trommel eine endlose Kunststoffmatte (2) gespannt, die sich in einer mit Wasser gefüllten Wanne (5) benetzt. Der Ventilator (3) saugt die Raumluft an und drückt diese durch die nasse Matte. Die Raumluft nimmt bis annähernd zu ihrem Sättigungszu-

[1]) Neubearbeitung erfolgte von Reinhard Steiner, Offenbach/M., für die 68. Auflage.
[2]) Henne, E.: Luftbefeuchtung, 4. Auflage, Oldenbourg-Verlag, München.
Socher, H. J.: Luftbefeuchtung, TAB 12/82, S. 939/43; Düsenbefeuchtung in der Industrie, TAB 6/87, S. 495/98.
Hofmann, W. M.: KI 6/74, S. 235/38, Kongreß-Bericht 74.
Schartmann, H.: Luftbefeuchtung in der Raumlufttechnik, IKZ-Haustechnik, Heft 19, 1994.

stand Feuchte auf, um sich anschließend wieder mit der Raumluft zu vermischen. Die erforderliche Umwandlungsenergie wird der Umgebung entzogen. Einige Geräte können direkt an das Rohwassernetz angeschlossen werden. Zusätze in das zur Luftbefeuchtung verwendete Wasser zur Vermeidung von Algen- und Bakterienwachstum sind nicht zu empfehlen, da die mit Feuchtigkeit angereicherte Luft eingeatmet wird und keine toxikologischen Unbedenklichkeitsgutachten für diese im Handel erhältlichen Mittel vorliegen.

Unter dem Aspekt sehr kurzer Vermischungsstrecken wird diese Technik bei RLT-Anlagen eingesetzt. Das zur Luftbefeuchtung verwendete Wasser strömt über ein Schwimmer- oder Regelventil in eine über einem Wabenpaket aus glasfaserverstärktem Material oder über einer Filterfläche angeordneten Wanne und rieselt über das Material in die darunter liegende Auffangwanne, aus der es entweder frei abfließt oder mittels einer Umwälzpumpe wieder nach oben geführt wird. Ein durch das Medium strömender Luftmassenstrom nimmt bis annähernd Sättigungszustand Feuchtigkeit auf. Eine Feuchteregelung ist einfach mittels eines Temperatur- oder Feuchtefühlers in der abströmenden Luft zu erreichen. Bild 3.3.4-3.

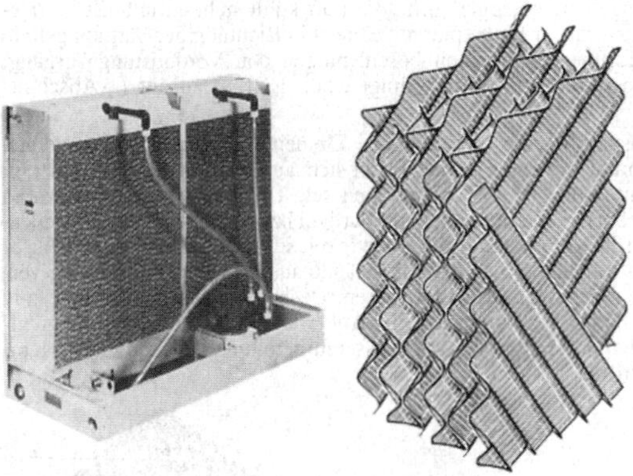

Bild 3.3.4-3. Beispiel eines Verdunstungs-Luftbefeuchters (Munters, Hamburg/Aachen).

Einen neuen Weg in der Luft-Befeuchtungstechnik stellt die Dual-(Hybrid-) Technik dar. Eine Kombination aus Zerstäubung und Verdunstung mit hohem Verdunstungswirkungsgrad. Der Schwerpunkt dieser Art der Luft-Befeuchtung liegt in der Einhaltung eines hohen Hygienestandards. Hochporöse, widerstandsfähige 40 mm starke Keramikplatten mit großer innerer Oberfläche werden V-förmig in einer Befeuchtungskammer aufgestellt und gleichmäßig mittels Molekular-Zerstäubungsdüsen ganzflächig und gleichmäßig mit Wasser beaufschlagt. Die Düsen sind Vollkegeldüsen, die mit vollentsalztem Wasser von einer kleinen Druckerhöhungspumpe mit konstantem Druck zwischen 4 und 8 bar versorgt werden. Aus Gründen der Sauberkeit und Hygiene wird meist mittels Umkehr-Osmose entmineralisiertes Wasser (VE-Wasser, vollentsalztes Wasser) zur Luft-Befeuchtung verwendet. Als zusätzliche hygienische Maßnahme wird das Wasser entsprechend der Durchflußmenge (= Befeuchtungsleistung) ionisiert, d.h. entsprechend der Wasserdurchlaufmenge dosiert mit Silberionen angereichert. Diese Silberionen haben die Eigenschaft sich in den Zellaufbau von Keimen und Bakterien einzulagern, diese zu schädigen und dabei abzutöten. Gleichzeitig schlagen sich die Silberionen auf den Keramikplatten nieder und verhindern dabei präventiv das Wachstum von Mikroorganismen auf der Oberfläche. Weiterhin haben diese Silberionen eine keimneutralisierende Wirkung auf den durchströmenden Luftmassenstrom. Die Keramikplatten können leicht ausgebaut und mit Hochdruckreinigern (Dampf oder Wasser) bis 30 bar gereinigt werden. Sie sind damit vielfach verwendbar. Außerdem können sie, wenn die Luftbefeuchtung nicht benötigt wird – z.B. in der Sommerzeit – von Hand zusammengeklappt werden, um den Luftwiderstand zu reduzieren bzw. die Platten vor zusätzlichen Verunreinigungen zu schützen. Ein Vorteil, wenn der Luftmassenstrom erhöht werden soll. Durch Kombination von Zerstäubung und Verdunstung wird das eingebrachte Befeuchtungswasser optimal ausgenutzt. Die anfallenden

Überschußwassermenge ist sehr gering und kann deshalb, auch aus Gründen der Hygiene, frei abgeleitet werden und wird nicht mehr dem Befeutungswasserkreislauf zugeführt. Bild 3.3.4-4.

Techn. Daten (Herstellerangaben):

Luftmassenstrom:	min. 5000m³/h
Geräte-/Kanalabmessungen B/H	min. 600/600 mm
Befeuchtungswirkungsgrad	bis 95%
Befeuchterstrecke	ca. 900 mm
Baulänge der kpl. Einheit	max. 1200 mm
WLZ	< 0,01
Abwasseranteil	ca. 15% der Befeuchtungsmenge
Filterklasse vor dem Luftbefeuchter	mind. EU 6
Druckverlust bei 2,5 m/s	70 Pa

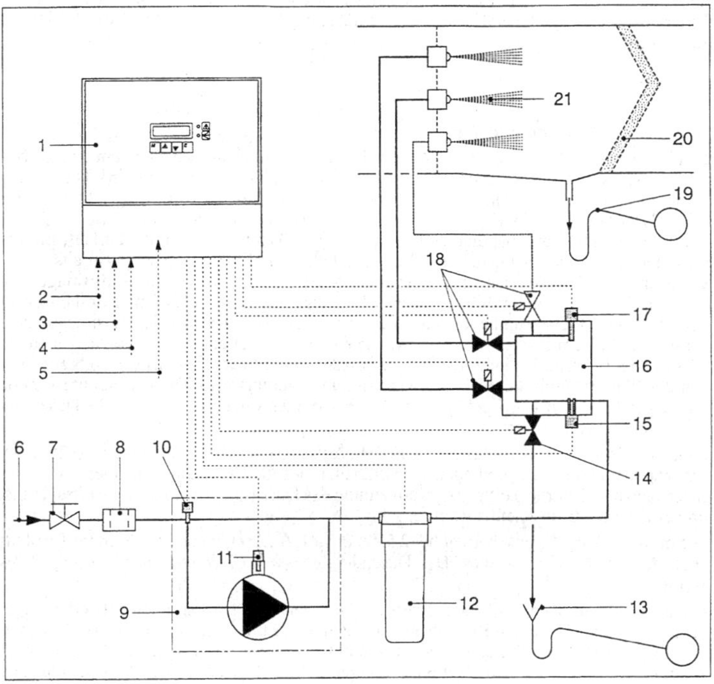

1 Steuergerät
2 Spannungsversorgung
3 Regel- bzw. Sensorsignaleingang
4 Anschluss externe Sicherheitskette
5 Optionen (Einbau im Steuergerät):
Betriebs- und Störungsfernmeldung (Option Z401)
Stufenregelungsprint (Option Z402)
Pneumatikadapter (Option Z403)
Serielle Schnittstelle RS232 (Option Z404)
Serielle Schnittstelle RS485 (Option Z405)
6 Anschluss VE-Wasser
7 Absperrventil (bauseitig)
8 Filter (bauseitig, max. Maschenweite 0.125 mm)
9 Druckerhöhungseinheit
10 Minimaldruckschalter
11 Übertemperaturschalter Pumpe
12 Silberionisierung
13 Spülablauf mit Siphon (bauseitig)
14 Spülventil
15 Leitwertsensor
16 Anschlussbox mit 2 Sprühventilen (3-stufig)
Anschlussbox mit 3 Sprühventilen (7-stufig, Option Z407)
17 Maximaldruckschalter
18 Sprühventile
19 Kanalablauf mit Siphon (bauseitig)
20 Nachverdunsterelemente (poröse Keramik)
21 Zerstäuberdüsen

Bild 3.3.4-4. Schematische Darstellung eines Dual-(Hybrid-)Luftbefeuchtungssystems.

-1.2 Zerstäubungs-Luftbefeuchter

Bekannt sind heute die

- Zerstäubungsdüsen, wie sie in Umlauf- oder Sprühdüsen-Luftbefeuchtern Anwendung finden;
- Zweistoff-Düsen, die mit Hilfe von Druckluft Wasser zerstäuben und hauptsächlich zur direkten Raum-Luftbefeuchtung eingesetzt werden;
- mechanische Scheiben-Zerstäubung und die
- Ultraschall-Technik.

Alle genannten Befeuchtungstechniken dienen der Herstellung sog. Aerosole (3), d.h. der Produktion kleinster in der Luft schwebefähiger Wasserpartikel. Diese Aerosole haben – je nach Gerätetechnik – die Größe <20 μm und sind in der Luft schwebefähig. Durch die Bewegung in der Luft wird dieser die zum Übergang in Wasserdampf nötige Energie entzogen. Partikel, die größer sind, gelten als Wassertropfen und werden an sog. Tropfabscheidern aufgefangen und dem Befeuchtungswasser wieder zugeführt. Die Darstellung im *h, x*-Diagramm ist die gleiche wie bei der Verdunstungsbefeuchtung entlang der *h*-Linie in Richtung Sättigungskurve.

-1.2.1 Düsenbefeuchter

In den Düsenbefeuchtern wird das Wasser durch Zerstäubungsdüsen zu einem dichten Nebel von Wassertröpfchen zerstäubt, durch den die Luft hindurchgeführt wird. Die Düsenkammern bestehen aus *Tank* und *Gehäuse,* beide meist aus sendzimierverzinktem Stahlblech, Edelstahl oder aus Kunststoff hergestellt, sowie mindestens einem Düsenstock und einer Pumpe. Der Tank hat eine Höhe von 300 bis 500 mm und ist mit Überlauf, Entleerung und Schwimmerhahn für den Wasserzufluß sowie Flößleitung zum Abschlämmen versehen. Das Gehäuse, das auf den Tank aufgesetzt wird, wird von der Luft waagerecht bei 2 bis 3 m/s, in Sonderfällen (Hochgeschwindigkeitswäscher) bis 7 m/s Geschwindigkeit durchströmt. Die Pumpe, die das Wasser aus dem Tank ansaugt, ist meist neben dem Wäscher auf einem Sockel oder einer Konsole montiert oder auch direkt von außen an die Wanne angeflanscht. Im Innern sind in einer oder zwei Ebenen die *Düsen* angebracht, denen das Wasser durch Sammel- und Verteilrohre zugeführt wird. Die Düsenrohre werden vorwiegend aus Kunststoff gefertigt und mit Bohrungen versehen, an denen die Düsen mit Montageschellen montiert werden.

Länge des Wäschers meist 1,5…3 m. Einbau oft saugseitig (bezogen auf den Ventilator), um Wasseraustritt bei eventuellen Undichtheiten des Gehäuses zu vermeiden, bei Industrieanlagen meist druckseitig. Zur Vermeidung des Durchschlagens von Wassertropfen ist immer ein Tropfenabscheider erforderlich.

Die mittlere *Tropfengröße* beträgt bei 2,5 bar etwa 120…260 μm und die mittlere Tropfenoberfläche 230…350 cm^2/cm^3. Der Düsendurchmesser am Wasseraustritt beträgt 3 bis 10 mm.

Die aus Messing, Kunststoff oder Edelstahl bestehenden Düsen sprühen entweder entgegen, mit der Luft, in beiden Richtungen oder quer zum Luftstrom. Die Düsen, von denen es viele Konstruktionen gibt, zerstäuben das mit einem Druck von 1,5 bis 4,5 bar Überdruck zugeführte Wasser zu einem mehr oder weniger dichten Regen oder Nebel von kleinen und kleinsten Wassertröpfchen. Am besten haben sich Exzenterdüsen bewährt. Die zerstäubte Wassermenge ändert sich mit der Wurzel des Wasserdrucks. Zu kleine Öffnungen verstopfen leichter. Wasserluftzahl (WLZ) liegt bei etwa 0,3 bis 1,5 kg Wasser je kg Luft.

Kleine Wasserluftzahl für Stoffaustausch (adiabate Befeuchtung), große Zahlen für Wärmeaustausch (Kühlwäscher) (Bild 3.3.4-5).

Der Tropfenabscheider besteht meist aus zickzackförmig angebrachten Schikanen mit überstehenden Kanten, die die Tröpfchen aus der Luft durch Prallwirkung abscheiden (Bild 3.3.4-6). Tropfen unter 20…60 μm folgen jedoch der Luft. Sie verdunsten im Luftstrom sehr schnell, wenn der Mineralgehalt des Wassers nicht zu hoch ist.

Auf der Lufteintrittsseite vor den Düsen ist ein Gleichrichter vorzusehen, der die gleichmäßige Anströmung der Luft auf den erzeugten Wassernebel über den Gehäusequerschnitt gewährleistet.

Weitere Bestandteile des Sprühbefeuchters sind eine dichtschließende Inspektionstür mit Beobachtungsfenster und eine wasserdichte Beleuchtung an der Decke, ferner ein Schwimmerventil für die automatischen Nachspeisung von Frischwasser.

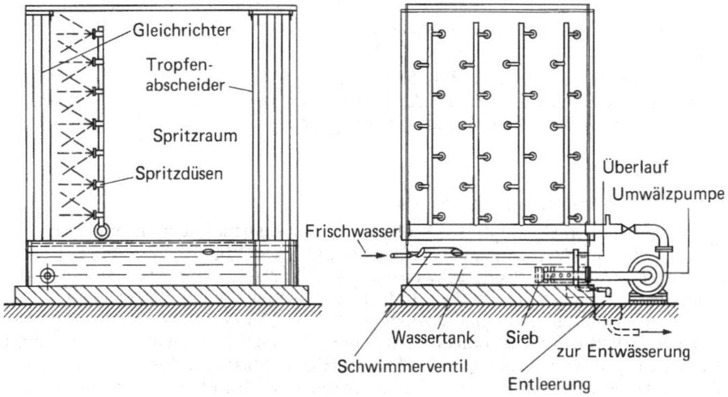

Bild 3.3.4-5. Düsenbefeuchter mit einer Düsenreihe.

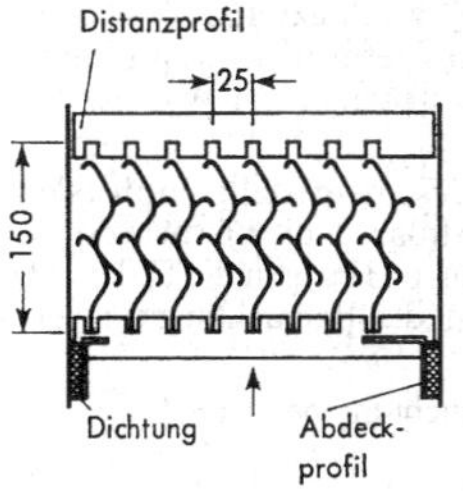

Bild 3.3.4-6. Tropfenabscheider aus Kunststoff (Euroform T 200).

Der *Salzgehalt* des umlaufenden Wassers wird infolge der Verdunstung mit der Zeit immer größer und führt zu Steinbildung und Korrosion[1]. Daher muß mehr Frischwasser zugeführt werden als Wasser verdunstet, z.B. durch ein Schwimmerventil in der Frischwasserleitung und ständig offenem Abfluß auf der Pumpendruckseite (Flöß-Leitung) oder durch *Leitfähigkeitsmesser* im Kreislaufwasser, die bei Überschreiten einer max. Leitfähigkeit ein Abschlämmventil öffnen.

Ferner ist zu beachten, daß die im Wasser enthaltenen Salze bei der Zerstäubung in der Luft bleiben und sich in den klimatisierten Räumen als Staub niederschlagen. Abhilfe dagegen durch *Vollentsalzung* des Wassers (VE-Wasser). Dabei allerdings Korrosionsgefahr. Bei *Enthärtung* nach dem Ionenaustauschverfahren keine wesentliche Verbesserung, da Salze im Wasser bleiben.

Schließlich hat der Salzgehalt auch einen Einfluß auf die Tropfenabscheidung, da er den Dampfdruck des Tropfens erniedrigt. Die in der Luft mitgetragenen kleinen Tropfen, die den Tropfenabscheider passieren, benötigen dadurch mehr Zeit zum Verdampfen. Die Folge sind dann nasse Anlagenkomponenten hinter dem Wäscher. Übliche Tropfenabscheider sind je nach Luftfeuchte bis 1000...1500 μS/cm dicht[2].

Empfohlene Grenzwerte für die Beschaffenheit des Sprühwassers in VDI 3803 (11.86). Für die hier geforderte Keimzahl von weniger als 1000 Keimen/ml Wasser (vgl. Tafel 1.1.1-6) ist ein 0,5...1facher stündlicher Wechsel des Wäscherwassers unbedingt erforderlich.

Hygienisch bedenklich ist auch die mögliche Versprühung von *Keimen,* da der Wassertank eine Brutstätte für Mikroorganismen ist. Gemessene Werte 10000...1000000 Keime je ml. Daher ist regelmäßige Reinigung und Desinfektion des Wäschers wichtig.

[1]) Hofmann, W.-M.: Ki 1/77. S. 19/22.
Herre, E.: HLH 2/78. S. 75/6.
Scharmann, R.: Ki 12/78. S. 465/9 u. Rationelle Energieverwendung 4/87. S. 14/15.

[2]) Fitzner, K.: Ki 11/84. S. 467/71.

Durch automatische *Intervalldosierung* von Desinfektionsmitteln ist eine dauerhafte Keimfreiheit des Wäscherwassers zu erreichen, für die UV-C-Bestrahlung in Wanne oder Wasserleitung zu den Düsen gilt das gleiche[1)2)].

Der *Luftwiderstand* eines normalen Wäschers hängt von der zerstäubten Wassermenge, der Luftgeschwindigkeit und insbesondere der Bauart der Tropfenabscheider ab und beträgt ca. 100…200 Pa bei 2,5…3,5 m/s Luftgeschwindigkeit.

-1.2.2 Zweistoff-Zerstäubungsdüsen[3)]

Unter Verwendung von Druckluft und Wasser werden nach dem Injektionsprinzip mittels Präzisionsdüsen feinste Aerosole mit einer Partikelgröße von 5 bis 10 μm erzeugt, die aufgrund ihrer Größe sehr leicht und schwebefähig sind und schnell unter Entzug der Umwandlungsenergie aus der umgebenden Luft ihren Aggregatzustand ändern können. Die Druckluft durchströmt die Düse und erzeugt ein Vakuum, in die Wasser nachströmt. Ein Vakuumventil regelt die nachströmende Wassermenge. Nach Wegschalten der Druckluft über ein Regelorgan (von Hand oder auch über ein über Zeittakt gesteuertes Umschaltventil) schiebt eine Gegendruckfeder eine Reinigungsnadel in den Düsenmund; gleichzeitig verringert sich die Höhe der Wassersäule nach dem Gesetz der kommunizierenden Röhren in den Versorgungsleitungen, so daß kein Wasser nachtropfen kann. Der Vorteil dieser Technik liegt aus der Sicht der Luft-Befeuchtung in der geringen Größe der Aerosole von 5 bis 10 μm, der garantierten tropfenfreien Befeuchtung und aus hygienischer Sicht in der Tatsache, daß es sich um ein geschlossenes System handelt, das direkt und ohne offene Vorratsbehälter an das Trinkwassernetz angeschlosen ist. Zur Vermeidung von Mineralablagerungen des Wassers im Raum empfiehlt sich die Vorschaltung einer Wasseraufbereitung z. B. in Form einer Membrantechnik (Umkehr-Osmose).

In Bild 3.3.4-7 ist der Schnitt durch eine solche Zweistoffdüse dargestellt. Vorhandene Druckluft – sie sollte auf jeden Fall Atemluft entsprechen – strömt in die hierfür vorgesehene Kammer und drückt den Kolben (10) mit der Kolbenstange (3) gegen die Feder (11). Durch das entstehende Vakuum in der Wasserkammer strömt das Befeuchtungswasser – dosiert über ein Vakuumventil – nach.

Hauptsächlich wird diese Technik zur direkten Raumluftbefeuchtung bei der

- Holz- und Druckindustrie,
- Obst- und Gemüselagerung,
- direkten Produktbefeuchtung,
- Staubbindung z. B. in Bühnenräumen in Theatern

eingesetzt.

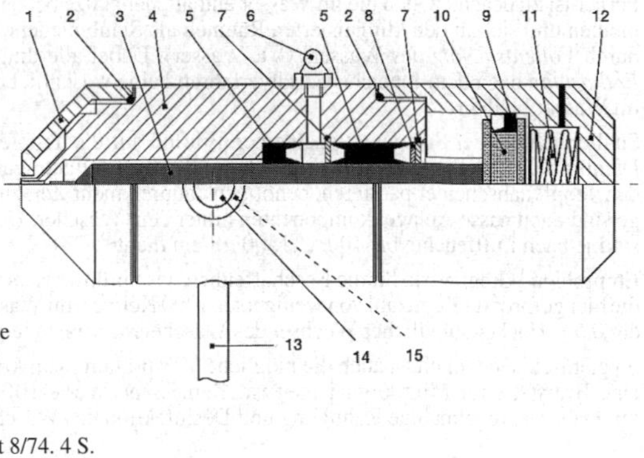

Bild 3.3.4-7.
Zweistoff-Zerstäubungsdüse
(Axair GmbH, Garching).

[1)] Grün, L., u. N. Pitz: Wkt 8/74. 4 S.
Scharmann, R.: Ki 4/79. S. 187/9.

[2)] Zwimpfer, W.: CCI 3/84. S. 48/9.
Martiny, H. u. a.: Bericht XXII. Int. Kongreß TGA, Berlin, 10/88. S. 149/153.
Haltiner, E.: CCI 9/89. S. 29.

[3)] Steiner, R.: Luftbefeuchtungssysteme und -techniken, IKZ-Haustechnik 1/96, S. 72/79.

-1.2.3 Mechanische Zerstäuber[1]

Die wohl älteste, industriell in Serie hergestellte Befeuchtungstechnik ist die Scheiben-Zerstäubungstechnik. Luft-Befeuchter dieser Art werden heute in der Hauptsache nur noch zur direkten Raumluftbefeuchtung eingesetzt. Bild 3.3.4-8 zeigt die Darstellung eines solchen Gerätes aus dem Jahr 1947. Dieses Gerät wird heute noch in fast unveränderter Form hergestellt.

Bekannt ist der Einsatz dieser Technik in früheren Jahren in Verbindung mit großflächigen sog. Naßfiltern, die den Befeuchtern nachgeschaltet wurden, um die sonst erforderliche sehr lange Vermischungsstrecke zu verkürzen. Zwangsläufig ergab sich damit eine Kombination aus Zerstäubungs- und Verdunstungs-Luftbefeuchtung.

Ein klassischer Zerstäubungs-Luftbefeuchter ist im Schnitt in Bild 3.3.4-9 dargestellt. Das zur Luftbefeuchtung verwendete Wasser strömt über das Zulaufventil (7) in ein Vorratsbecken (2), das über moderne elektronische Steuerungstechnik ständig gespült und entleert wird. Ein Elektromotor treibt die Rotationsteller und die Zentrifuge, über die das Wasser „angesaugt" und auf die Rotationsteller gebracht wird, an. Aufgrund der hohen Umlaufgeschwindigkeit der Teller bildet sich ein feiner Wasserfilm, der zum Ende des Tellers hin immer dünner wird, an der Kante dann abreißt und gegen den Zerstäuberkranz (3) geschleudert wird, der wiederum größere Partikel als Wassertropfen in das Vorratsbecken zurückleitet. Schwebfähige Partikel, Aerosole (4), durchdringen den Kranz und werden von einem vorbeiströmenden Luftstrom (6) mitgerissen und an die umgebende Luft abgegeben, um hier unter Entzug der Umwandlungsenergie in Wasserdampf überzugehen. Die Aerosole haben eine Größe von 5 bis 15 μm.

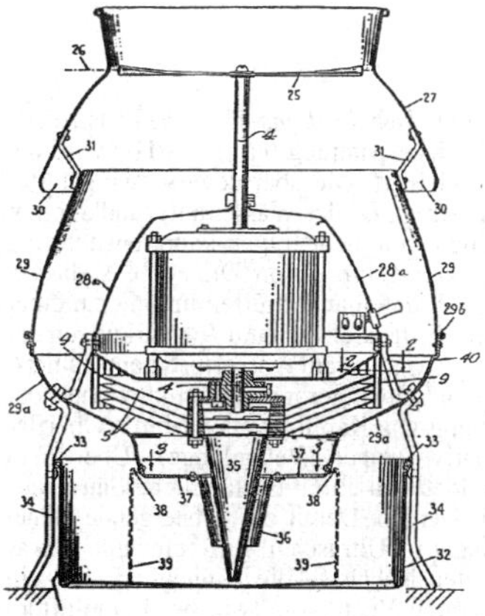

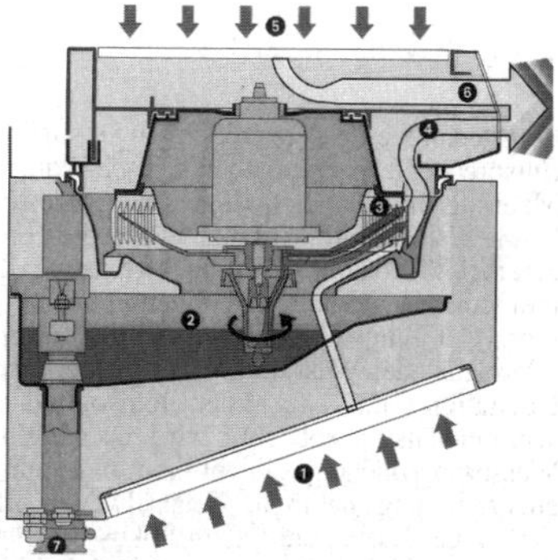

Bild 3.3.4-9. Schema eines Scheiben-Zerstäubungs-Luftbefeuchters (Defensor, Schweiz).

Bild 3.3.4-8. Luftbefeuchter der Scheiben-Zerstäubungstechnik aus dem Jahr 1947 (Werkbild Defensor, offensichtlich aus Patentunterlagen).

-1.2.4 Ultraschall-Zerstäuber[2]

Eine weitere Technik in der Luftbefeuchtung ist die Ultraschalltechnik, die vor allen Dingen in Verbindung mit RLT-Anlagen zur Luft-Befeuchtung eingesetzt wird. Der Vorteil dieser Art der Befeuchtung (im Grunde genommen ebenso eine Zerstäubungs-Luftbefeuchtung wie die beiden vorher beschriebenen Techniken) sind vor allem die Größe der erzeugten Aerosole von <1 μm.

Über ein piezo-keramisches Schwingerplättchen (auch Transducer genannt), das am Boden eines Wassergefäßes installiert ist, wird der Wasserstand in engen Toleranzen konstant gehalten und elektrische in mechanische Energie umgesetzt. Die in der Ultraschall-Befeuch-

[1]) Steiner, R.: Luftbefeuchtungssysteme und -techniken, IKZ-Haustechnik 1/96, S. 72/79.
[2]) Steiner, R.: Ultraschalltechnik der Luftbefeuchtungstechnik, IKZ-Haustechnik 10/94, S. 51/58.

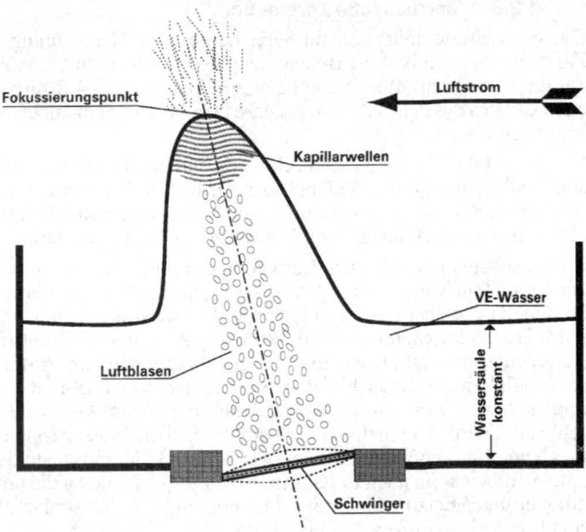

Bild 3.3.4-10. Schema der Ultraschall-Befeuchtungstechnik (Barth + Stöcklein, Garching).

tungstechnik eingesetzten Schwinger sind nach der *Dickenvibrations-Methode* konstruiert: Entsprechend einer gegebenen hochfrequenten Wechselspannung (ca. 1,7 MHz) wird die Materialstärke des Schwingers vergrößert und verkleinert. Die über dem Schwinger stehende Wassersäule wird mit der gleichen Frequenz erregt. Da das Wasser aufgrund der ihm eigenen Viskosität diesen hochfrequenten Schwingungen nicht folgen kann, entsteht ein momentanes Vakuum verbunden mit einer sehr starken Kompression. Die Folge ist die explosive Bildung von Luftblasen, die mit großer Kraft aufeinandertreffen und die zu einer „Porosität" des Wassers an dessen Oberfläche führt. Es handelt sich um Auswirkungen der Kavitation (Hohlraum- oder Hohlsogbildung), wie sie auch an Wasserturbinen, Schiffsschrauben usw. beobachtet wird. Da der Vorgang im Schwingerbrennpunkt kurz unter der Wasseroberfläche geschieht, kommt es zur Brechung von Kapillarwellen (durch Oberflächenspannung bedingte Kräuselwellen mit relativ kleiner Wellenlänge). Über dem Schwinger-Brennpunkt, dem Fokussionspunkt, bildet sich eine rüsselähnliche Säule, aus der feinste Nebelteilchen nach oben geschleudert werden. Damit der aufsteigende Nebel nicht wieder in sich zusammenfällt, ist der Schwinger im Ultraschall-Luftbefeuchter etwas schräg angeordnet. Zum Transport dieses erzeugten Nebels in die Umgebung muß ein Luftstrom vorhanden sein, der mittels eines separaten Ventilators (wie bei Raumluftbefeuchtern üblich) erzeugt wird oder der innerhalb eines RLT-Systems schon vorhanden ist. In Bild 3.3.4-10 sind die Zusammenhänge schematisch dargestellt.

Wenn sich Bestandteile von Rohwasser an den Schwingern anlagern bzw. festsetzen, isolierend wirken und diesen damit die Möglichkeit nehmen, ihre durch die hochfrequenten Schwingungen entstehende Energie an das Befeuchterwasser in der Wanne abzugeben, werden die Schwinger nach kurzer Betriebsdauer zerstört. Es ist deshalb unbedingt erforderlich, diese Technik mit vollentsalztem (VE-)Wasser zu betreiben. Hierbei ist die Technik der Umkehrosmose (schon aufgrund der Eigenschaft, einen Teil der vom Wasser mitgeführten Bakterien zurückzuhalten) allen anderen Aufbereitungsarten vorzuziehen.

Moderne Ultraschall-Luftbefeuchter werden in modularer Bauweise hergestellt. Bei einfacheren Ausführungen sind die Gehäuse aus Kunststoff und bei höherwertigen Einheiten aus Edelstahl in einreihiger und in zweireihiger Ausführung. Das Leistungsspektrum für RLT-Systeme pro Geräte geht bis 25 kg/h und für die Raumluftbefeuchtung bis 6 kg/h. Proportionale Ansteuerung ist schon bei einigen Ausführungen im Bereich 0 bis 100% Befeuchtungsleistung möglich. Regelmäßige Entleerung der Wasserwanne und gleichzeitige Spülung der Versorgungsleitung ist aus hygienischen Gründen heute Stand der Technik. Für den Betrieb dieser Technik muß eine vorhandene 230-V-Spannung über Transformatoren auf die Betriebsspannung von 48 VAC bei einer Toleranz von ±10% gebracht werden. Zur Vermeidung größerer Spannungsverluste sind die Transformatoren immer in der

Nähe der Befeuchter anzuordnen. Bei größeren Abständen – z.B. Schaltschrankeinbau – sind die Kabelquerschnitte entsprechend der örtlichen Vorschriften und den Herstellerangaben vorzusehen.

Aufgrund langjähriger Erfahrung in Theorie und Praxis sollten für einen einwandfreien Betrieb dieser Technik in Verbindung mit RLT-Systemen nachstehende Kriterien berücksichtigt werden:

- Luftgeschwindigkeit im freien Querschnitt >2,5 m/s
- Vermischungsstrecke >2,5 m
- Lufttemperatur vor dem Luftbefeuchter >20 °C
- Befeuchtungsleistung Δ x <4 g/kg Luft
- Lebensdauer der Schwinger (Herstellerangaben) 8000 bis 10000 Betriebsstunden.

Hygieneuntersuchungen mit kontaminierten Wässern belegen, daß durch die hohe Schwingungsfrequenz Bakterien im Befeuchtungswasser zerstört werden und damit nicht mehr lebens- und populationsfähig sind.

-1.3 Dampf-Luftbefeuchter[1)]

Die ideale Befeuchtungstechnik für die Raum-Luftbefeuchtung und für RLT-Systeme ist (schon aus Gründen der besseren Regelbarkeit und vor allem auch aus Gründen der Hygiene) die Dampf-Luftbefeuchtung. Hinzu kommt, daß diese Befeuchtungsart nahezu isotherm, also annähernd auf der Temperaturkonstanten – und nicht, wie bei den vorher beschriebenen Techniken adiabat, also auf der *h*-Linie – abläuft und evtl. eine Nacherwärmung notwendig wird.

Verwendet werden

- Eigendampf-Luftbefeuchter und
- Druckdampf-Luftbefeuchter.

Obwohl bei der Eigendampf-Luftbefeuchtung aufgrund moderner Prozessortechniken mit Kombinationen (sog. Master-/Slave-Systeme) ohne weiteres Befeuchtungsleistungen bis 320 kg/h erreicht werden können, ist aus wirtschaftlichen Gründen und auch aus langjähriger Erfahrung heraus für die Mehrzahl der Anwendungsfälle die Grenze für diese Technik bei ca. 180 kg/h zu sehen. Darüber hinaus sollte, trotz der höheren Anschaffungskosten aufgrund der geringeren Betriebs- und Unterhaltskosten, das Druckdampf-System Anwendung finden.

-1.3.1 Eigendampf-Luftbefeuchter

Bei der Eigendampf-Luftbefeuchtung wird in Dampfzylindern aus Kunststoff oder auch aus Edelstahl unter Verwendung elektrischer Energie Dampf erzeugt. Der Markt bietet die zwei Prinzipien

- Elektroden-Dampferzeugung,
- Widerstands-Dampferzeugung.

Aufgrund der Tatsache, daß in dem zur Befeuchtung verwendeten Wasser Mineralien, Schwebstoffe und andere Bestandteile enthalten sind, ist es unbedingt erforderlich, daß das zu verdampfende Wasser in den Dampfzylindern durch dosiertes Ablassen und dosierte Nachspeisung ständig bei gleicher Konzentration bzw. gleicher Leitfähigkeit gehalten wird. Dies geschieht heute durch moderne Sensortechnik, Stromflußmessungen des zur Befeuchtung verwendeten Wassers und entsprechende elektronische Prozessortechnik, man spricht auch von auto-adaptiven (selbstanpassenden) Wasserregelungen in den Dampfzylindern. Besondere Aufmerksamkeit gilt dabei vor allem den Härtebildnern im Wasser, die (s. Abschn. 1.10), dort wo sie ausfallen, durch Verhärten bzw. Versteinen Probleme verursachen können.

Aufgrund der Tatsache, daß in den meisten Fällen Rohwässer in Trinkwasserqualität aus den öffentlichen Versorgungsnetzen verwendet werden, sind außer den einschlägigen Vorschriften für den Betrieb von Elektrogeräten (VDE-Vorschriften) auch die Vorschriften des DVGW nach DIN 1988 zu beachten und einzuhalten.

Der erzeugte Dampf wird in den meisten Fällen über flexible Schlauchleitungen – oft wird aber gedämmtes Cu-Rohr verwendet – und entsprechend dimensionierte Dampfverteiler in RLT-Systeme gespeist oder über einen Ventilator direkt in den Raum abgegeben.

---

1) Steiner, R.: Luftbefeuchtungssysteme und -techniken, IKZ-Haustechnik 1/96, S. 72/79.

a) Elektroden-Dampfluftbefeuchter

Bei dieser Technik wird der elektrische Widerstand, d.h. die Leitfähigkeit des Wassers genutzt. Elektrodenfläche, Elektrodenabstand, Eintauchtiefe der Elektroden bestimmen den Stromfluß und damit die Dampfmenge. Um den Härtebildern im Wasser eine möglichst große Oberfläche anzubieten, an der sie sich ansetzen können, werden großflächige Gitter-Elektroden eingesetzt. Die Härtebildner kristallieren (versteinen) an diesen Elektroden aus und wirken als elektrische Isolatoren. Da das Wasser zur Verdampfung eine der Stromaufnahme zugeordnete Eintauchtiefe der Elektroden benötigt, wandert der Wasserspiegel im Dampfzylinder stetig nach oben bis die zur Verfügung stehende Elektrodenfläche immer kleiner und damit die Dampfabgabeleistung geringer wird. Ein elektrisches Signal über die Elektronik der Befeuchter meldet den Zylindervollstand optisch. Dann werden je nach Art des Zylinders, dieser entweder gegen einen neuen getauscht (Einwegprinzip) oder nach Reinigung des Behälters die Elektroden gegen neue ersetzt (Reinigungsprinzip). Um auch bei Gerätestillstand die ständige Startbereitschaft gewährleisten zu können, bleiben die Elektroden im Wasser eingetaucht. Die proportional regelbare Dampfabgabe ist deshalb im unteren Bereich auf, je nach Wasserqualität, 10 bis 20% der Dampfabgabeleistung begrenzt.

In Bild 3.3.4-11 ist die Funktion eines Elektroden-Dampfluftbefeuchters dargestellt. Über einen elektrischen Steuerimpuls wird der Heizstrom über einen Schütz eingeschaltet. Das Einlaßmagnetventil (1) öffnet verzögert und läßt Wasser, auf die Dampfabgabeleistung bezogen, dosiert über den Füllbecher (2) in den eigentlichen Dampfzylinder (3) von unten gegen die Elektroden (4) strömen. Über die Steuerelektronik werden Einlaß- und Auslaß-Magnetventil (6) kontinuierlich so erregt, daß im Dampfzylinder immer diegleiche Wasserqualität bzw. Leitfähigkeit herrscht. Die Technik spricht hier von einer auto-adaptiven Anpassung an vorhandene Rohwässer.

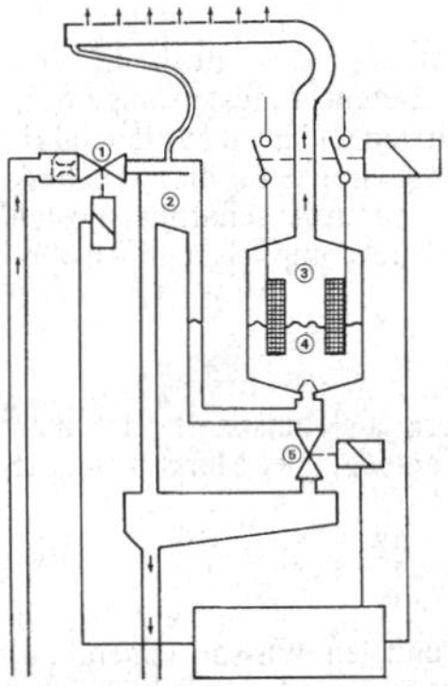

Bild 3.3.4-11. Schema eines Elektroden-Dampfluftbefeuchters (Condair, Schweiz).

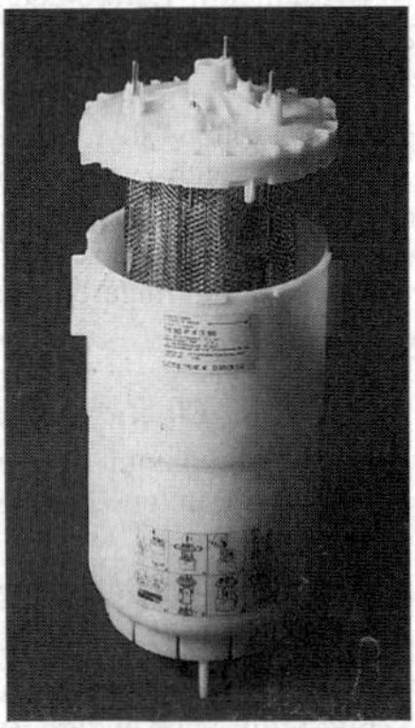

Bild 3.3.4-12. Elektroden-Dampfluftbefeuchter mit auswechselbaren Elektroden (Condair, Schweiz).

Ein reinigbarer Dampfzylindertyp ist in Bild 3.3.4-12 dargestellt, bei dem das Öffnen und Tauschen der Elektroden ohne Werkzeug möglich ist. Zudem ist die kritische Nahtstelle zum Zylinderdeckel hin verlegt. Die Möglichkeit, durch Veränderung der Elektrodenabstände eine noch bessere Anpassung an die Rohwasserqualitäten zu erreichen, ist gegeben.

b) Widerstand-Dampfluftbefeuchter

Der zur Luftbefeuchtung verwendete Dampf wird in einem leicht reinigbaren Edelstahlzylinder, der zum Schutz gegen das Anwachsen der Härtebildner mit einer mehrfach verwendbaren Kunststoffolie ausgekleidet ist, durch Wärmeentwicklung in einem elektrischen Widerstand (Tauchsieder-Prinzip) erzeugt. Da mit Widerstandselementen gearbeitet wird, ist diese Technik nicht von der Leitfähigkeit der vorhandenen Wässer abhängig und kann deshalb auch mit vollentsalztem Wasser betrieben werden. Einen weiteren Vorteil bietet der stufenlose Regelbereich von 0 bis 100% der Dampfabgabeleistung.

Das Schema eines Dampf-Luftbefeuchters mit Wiederstandsheizung ist in Bild 3.3.4-13 dargestellt. Das zur Luftbefeuchtung verwendete Wasser strömt über das Einlaß-Magnetventil (10) und den Überlauftrichter (5) von unten in den Edelstahl-Dampfzylinder (27).

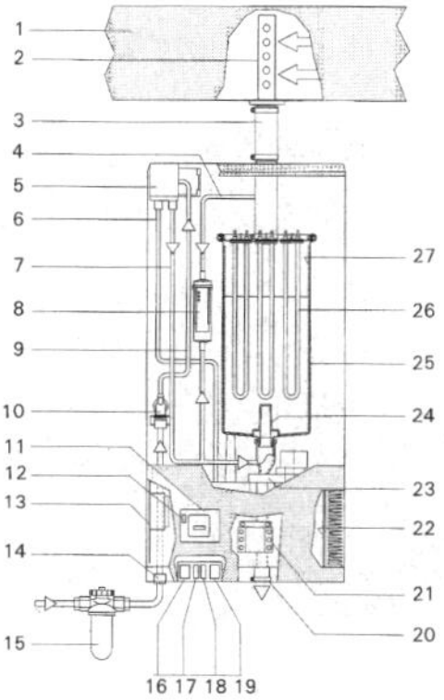

Bild 3.3.4-13. Schema eines Widerstand-Dampfluftbefeuchters (Defensor, Schweiz).

1 = Lüftungskanal, 2 = Dampfverteilrohr Zubehör „Z200" bis „Z215", 3 = Dampfleitung Zubehör „Z10", 4 = Druckausgleichsleitung, 5 = Einlaßbecher, 6 = Überlaufleitung, 7 = Füllleitung, 8 = Niveaueinheit, 9 = Wasserzulaufleitung, 10 = Einlaßventil, 11 = Betriebsstundenzähler („ST"-Geräte), Eingabeeinheit („IT"-Geräte), 12 = Sichtfenster für Störungscode („ST"-Geräte), 13 = Steuerprint, 14 = Wasseranschluß, 15 = Siebfilterventil Zubehör „Z15", 16 = Hauptschalter (Ein/Aus), 17 = Störungsanzeige (rot), 18 = Dampfproduktionsanzeige (grün), 19 = Abschlämmtaste, 20 = Ablaufstutzen, 21 = Hauptschütz, 22 = Leistungsprint, 23 = Abschlämmventil, 24 = Dampfzylindersieb, 25 = Dampfzylinder aus CrNi-Stahl, 26 = Widerstandsheizelemente, 27 = Kalkauffangfolie

Über die Niveauregulierung (8) wird das Wasser im Dampfzylinder auf gleichem Niveau gehalten. Der erzeugte Dampf strömt über die Schlauchverbindung (3) in den Dampfverteiler (2). Anfallendes Kondensat fließt im Dampfschlauch zurück in den Zylinder.

-1.3.2 Druckdampf-Luftbefeuchter

Die Technik spricht auch von einer „Dampf-Umwandlung". Der zentral erzeugte Dampf wird über Regeleinheit, Kondensatabscheidung und entsprechend ausgelegte Dampfverteilung dosiert an ein RLT-System abgegeben. – Direkte Raumluftbefeuchtung ist selten und nur mit hohem technischem Aufwand möglich. – Häufig wird der zur Befeuchtung verwendete Dampf aus vollentsalztem Wasser erzeugt. Dieser Tatsache ist bei der Auswahl der jeweiligen Geräte und der Rohrleitungen besondere Beachtung zu schenken. Weiterhin ist zu beachten, daß die DIN 1946 T4 Abschn. 5.5.5 und neuerdings VDI 6022, die Zudosierung dampfflüchtiger Sauerstoffbindemittel verbieten.

Aufgrund der Temperaturbeständigkeit der Stopfbüchsen an der Ventilspindeldurchführung sind die Betriebsdrücke dieser Technik bis auf einzelne Ausnahmen auf einen Überdruck von 4 bar, entsprechend einer Sattdampftemperatur von 150 °C, begrenzt.

Man unterscheidet zwei unterschiedliche Systeme, die als gleichwertig anzusehen sind, und die sich in Verbindung mit RLT-Anlagen seit Jahren bewähren. Die Definition zur Unterscheidung der beiden Techniken hat sich im langjährigen Sprachgebrauch gebildet und beschreibt die Wirkungsweise:

Offenes System, bei dem der zur Befeuchtung verwendete Dampf direkt über den integrierten Schmutzfänger, die Abscheider-/Regeleinheit, in der die Trennung des vom Dampf noch mitgeführten Restkondensates stattfindet, in den Dampfverteiler gelangt und von da aus an die umgebende Atmosphäre abgegeben wird. Im Dampfverteiler anfallendes Kondensat wird über eine separate Kondensatleitung und einen Sekundärkondensatableiter drucklos abgeführt. Anfallendes Kondensat aus der Abscheidereinheit kann unter Druck an ein Sammelkondensatnetz abgeführt werden, soweit der Gegendruck im Kondensatsystem nicht mehr als 50% des Vordruckes beträgt. Das System bietet den Vorteil, daß sofort nach Schließen des Regelventiles die ganze Einheit Umgebungstemperatur annimmt und so im RLT-System keine zusätzliche Wärmebelastung darstellt.

Das in Bild 3.3.4-14 dargestellte System mit stehenden Dampfverteilern mit integrierten Düsen auf einem Verteilkollektor und Abströmung quer zum Luftstrom ist mit einem Keramik-Scheibenventil ausgerüstet, das absolut dicht schließt, sehr widerstandsfähig ist und eine hohe Regelgenauigkeit garantiert. Aufgrund der geringen Reibungsverluste kann mit relativ kleinen Drehantrieben gearbeitet werden. Die Sphäroguß-Abscheider-/Regeleinheit ist TÜV-geprüft und zugelassen für PN 6 bar.

Der Dampfverteiler ist in Bild 3.3.4-14b im Schnitt dargestellt. Im Dampfverteiler herrscht ein geringer Überdruck mit ca. 0,15 bar gegen die Umgebung. Dieser Überdruck bewirkt, daß der Dampf beim Durchströmen durch die definierte Düsenbohrung eine Geschwindigkeitszunahme im Bereich 150 bis 170 m/s erfährt. Durch die entstehende Reibungswärme

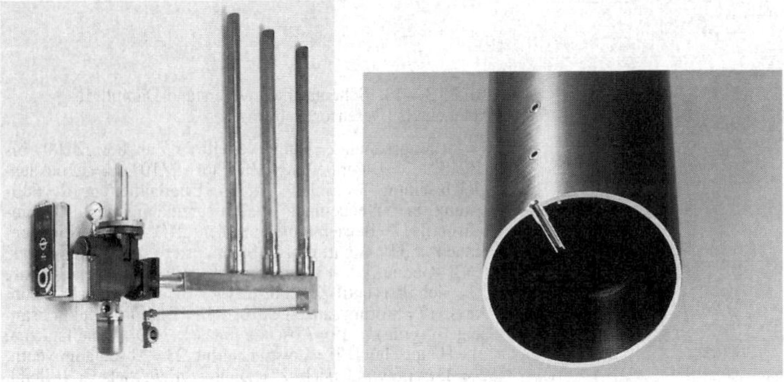

a) b)

Bild 3.3.4-14. Druckdampf-Luftbefeuchter, offenes System (Axair, Schweiz).

erfolgt ohne zusätzliche Energiezufuhr eine Nachverdampfung von mitgerissenem Restkondensat.

Aufgrund vorhandener Gebäudegeometrien stehen der Dampf-Luftbefeuchtung in Verbindung mit RLT-Systemen oft nur kurze Vermischungsstrecken zur Verfügung. Das in Bild 3.3.4-14 a dargestellte System zeigt die Lösung, die sehr kurze Vermischungsstrecken auf Grund der dosierten Abströmung quer zum Luftstrom erlaubt.

Geschlossenes System, bei dem der Dampf zuerst in den Außenmantel des Dampfverteilers und dann über Regel- und Abscheidereinheit in das eigentliche Innenrohr strömt, ist in Bild 3.3.4-15 dargestellt. Das Innenrohr wird über den Außenmantel erwärmt, so daß noch mitgerissenes Kondensat nachverdampfen kann. Der Dampfverteiler hat deshalb auch die Wirkung eines Wärmeaustauschers und muß auch bei geschlossenem Regelventil unter Dampfdruck und -temperatur gehalten werden. Aus der Dampfverteilung anfallendes Kondensat wird in die Abscheidereinheit zurückgeführt und abgeleitet, wobei für den Gegendruck im Kodensatnetz das gleiche gilt wie bei dem vorgenannten offenen Systemen.

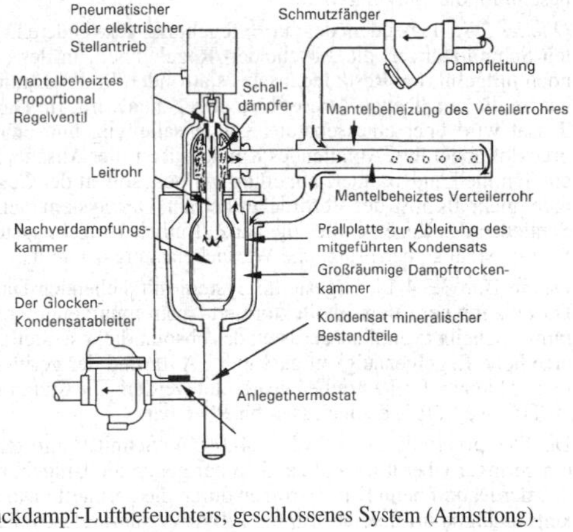

Bild 3.3.4-15. Schema eines Druckdampf-Luftbefeuchters, geschlossenes System (Armstrong).

-1.4 Energiebedarf bei der Luftbefeuchtung[1]

Im Zusammenhang mit der Luftbefeuchtung muß auch die dazu erforderliche Umwandlungsenergie, die Verdampfungsenthalpie, angesprochen werden. Vor allen Dingen muß der immer wieder aufgestellten Behauptung, die Dampf-Luftbefeuchtung sei „teurer" als die Verdunstungs- oder Zerstäubungs-Luftbefeuchtung, widersprochen werden. Es wird außer acht gelassen, daß für die Energiekosten ausschließlich der Preis des vorhandenen Energieträgers – Strom, Heizöl, Gas, Wärmeträgeröl o. ä. – entscheidend ist.

Aufgabe der Luft-Befeuchtungstechnik ist es, die Aggregatzustandsänderung von Wasser (flüssig) zu Wasserdampf (gasförmig) unter wirtschaftlichen Gesichtspunkten technisch zu vollziehen. Hierzu ist in jedem Fall die Verdampfungsenthalpie erforderlich.

Beispiel:

Aus Tafel 1.3.3-2 (Zustandsgrößen für Wasser und Dampf bei Sättigung) werden die Enthalpiewerte h' und h'' und die Verdampfungsenthalpie r abgelesen (gerundete Werte):

Wasser	(bei 0 °C)	$h' =$	0 kJ/kg
Wasser	(bei 20 °C)	$h' =$	84 kJ/kg
Wasser	(bei 50 °C)	$h' =$	209 kJ/kg
Wasser	(bei 100 °C)	$h' =$	419 kJ/kg
Dampf	(bei 100 °C)	$h'' =$	2.676 kJ/kg und
Dampf	(bei 100 °C)	$r =$	2.257 kJ/kg

Zur Aggregatzustandsänderung für Wasser (flüssig) bei einer Temperatur von 100 °C in Wasserdampf (gasförmig) bei gleicher Temperatur ist demnach für jeden Fall der Dampferzeugung die latente Verdampfungsenthalpie r von 2257 kJ/kg erforderlich. Hierzu addiert sich die sensible Wärme, die zudem erforderlich ist, um Wasser von 0 °C auf 100 °C (419 kJ/kg) oder von 20 °C auf 100 °C (335 kJ/kg) zu erwärmen. Es spielt deshalb keine Rolle, welche Luft-Befeuchtungstechnik gewählt wird, die erforderliche Energiemenge ist grundsätzlich immer die gleiche, um die Aggregatszustandsänderung zu bewirken. Es kann deshalb auch nicht von einer nennenswerten Energieeinsparung gesprochen werden, wenn bei der Zerstäubungs- oder Verdunstungstechnik das zur Befeuchtung verwendete Wasser vorher erwärmt wird.

Abgesehen vom Energieeinsatz für Hilfsaggregate wie Ventilatoren, Pumpen, Schwinger usw. ist daher der Wärmebedarf für die Aggregatzustandsänderung Wasser in Dampf bei Dampf- und bei Verdunstungs- oder Zerstäubungs-Luftbefeuchtung der gleiche bei gleicher Befeuchtungsleistung. Lediglich die Preise der Energieträger (Strom, Gas, Heizöl usw.) bestimmen neben den Kosten für die Investition die Kosten der Luftbefeuchtung. Ist der bei adiabater Verdunstungs- und Zerstäubungs-Befeuchtung auftretende Luftkühleffekt erwünscht, mindert dies natürlich den Wärme- bzw. Kältebedarf in der Energiebilanz und damit die Kosten in der Kostenbilanz.

-1.5 Vermischungsstrecken und Befeuchtungstechnik[2]

Unter Vermischungsstrecke wird der Raum verstanden, der hinter der Luftbefeuchtungsanlage zur Verfügung steht und in dem der Übergang von Wasser in Wasserdampf und damit die Feuchteaufnahme in der Luft ohne Kondensation bzw. Niederschläge vonstatten geht.

Aufgrund der Tatsache, daß Wasserdampf optisch nur sehr schwer darstellbar ist, gibt es nur sehr wenige, auch unterschiedliche Aussagen über die erforderliche Länge von Vermischungsstrecken. Hinzu kommt, daß z. Zt. für solche Untersuchungen keine RLT-Versuchsstände zur Verfügung stehen, die variabel bezüglich Luftmassenstrom, Eingangs-Temperatur und -Feuchte und Mischungsverhältnis der Luftmassenströme betrieben werden können.

Auch für die Zerstäubungs-Luftbefeuchtung gibt es, obwohl es die älteste Luft-Befeuchtungstechnik ist, keine definitiven Aussagen über erforderliche Längen von Vermischungsstrecken.

---

[1]) Steiner, R.: Befeuchtung und Hygiene, Sonderdruck CCI 11/92.

[2]) Steiner, R.: Vermischungsstrecken bei verschiedenen Befeuchtungstechniken, TAB 8/95.

Für die Dampf-Luftbefeuchtung existieren die aussagefähigsten Unterlagen. Das Bild 3.3.4-16 zeigt die einzelnen Abstände nach einem Dampf-Luftbefeuchter mit stehenden Dampfverteilern und quer zum Luftstrom abströmendem Dampf. Die Kurzbezeichnungen für die einzelnen Abstände nach dem Luft-Befeuchter gelten sinngemäß auch für andere Luft-Befeuchtungstechniken und bedeuten im einzelnen:

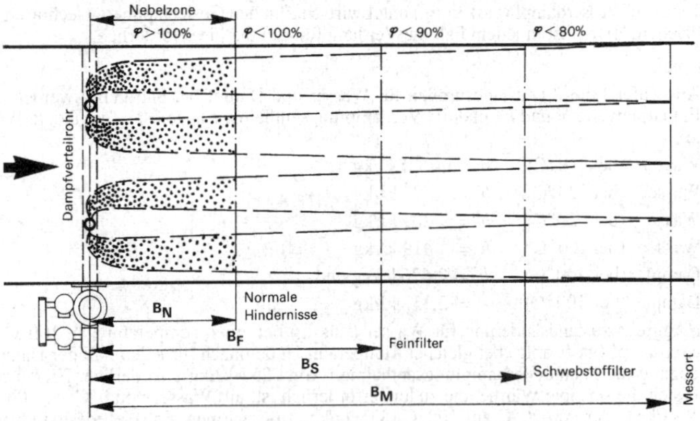

Bild 3.3.4-16. Kurzbezeichnungen für Vermischungsstrecken nach Dampf-Luftbefeuchtern.

B_N bezeichnet die Nebelzone nach dem Befeuchter und den Mindestabstand zum nächsten Hindernis (wie Ventilator, Abzweig, Übergang, Krümmer o. ä.). Diese Nebelzone ergibt sich nach den Gesetzen der Physik – heißer Dampf trifft auf kalte Luft in der Umgebung. Ein geringer Teil des Dampfmassenstromes kondensiert. Aufgrund der Tatsche, daß die erforderliche Verdampfungsenthalpie im Dampf vorhanden ist, geht dieser Nebel in kurzer Zeit (nach kurzer Strecke) in Wasserdampf über. Was nicht verdampfen kann, wird beim nächsten widerstandsbildenden Bauteil (Filter, Bogen, Abzweiger u. ä.) abgeschieden.

B_F bezeichnet den Abstand zum nächsten Filter, B_S den zum nächsten Schwebstoffilter, B_M den zum nächsten Meßpunkt, d. h. der möglichen Position des Sicherheitshygrostaten. Erst in diesem Abstand kann davon ausgegangen werden, daß der Dampf sich über den gesamten Kanal-Querschnitt eines RLT-Systems gleichmäßig ausgebreitet hat. Aufgrund der Anlagengeometrie ist es nicht immer möglich den in der Praxis ca. 5- bis 6fachen Wert von B_N einzuhalten, so daß immer wieder Kompromißlösungen gefunden werden müssen.

Ein Nomogramm für unterschiedliche Abstände nach einem Dampf-Luftbefeuchter mit Düsenverteilung quer zum Luftstrom für B_N, B_F und B_S bei unterschiedlichen Temperaturen und unterschiedlichen Befeuchtungsleistungen mit einem Feuchtegehalt vor dem Befeuchter von 1 g/kg und unter Einbezug der Luftgeschwindigkeit ist in Bild 3.3.4-17 dargestellt. Mit dieser Hilfe ist die erforderliche Vermischungsstrecke relativ leicht zu bestimmen. Anders verhält es sich mit waagrecht in ein System integrierte Dampfverteiler.

Der austretende Dampf bildet ebenfalls die beschriebene Nebelzone. Nur ist die sich bildende Nebelfahne nach dem Verteiler wesentlich dichter und kompakter und benötigt deshalb mehr Zeit (Strecke), um den Übergang in Wasserdampf zu ermöglichen. Um diese Strecken-Verlängerung bildlich und auch rechnerisch darzustellen, ist die Vermischungsstrecke um einen Korrekturfaktor, wie er aus dem Nomogramm Bild 3.3.4-18 abgelesen werden kann, dem oben beschriebenen Nomogrammwert hinzuzurechnen.

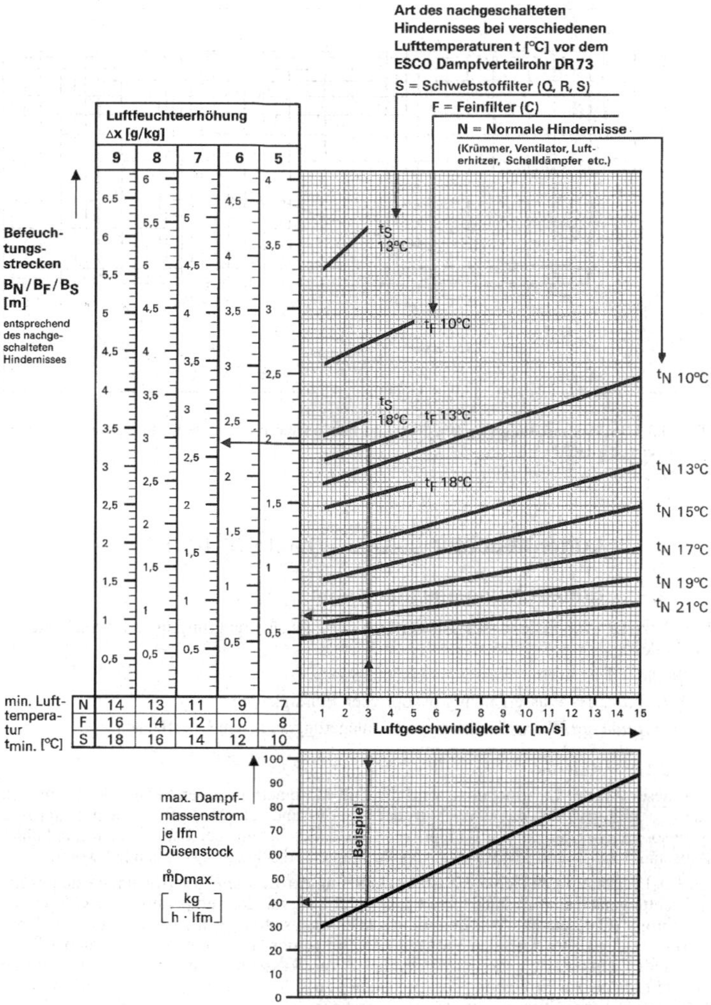

Bild 3.3.4-17. Vermischungsstrecken-Nomogramm
für Luftfeuchte vor dem Befeuchter von x = 1 g/kg tr. Luft.

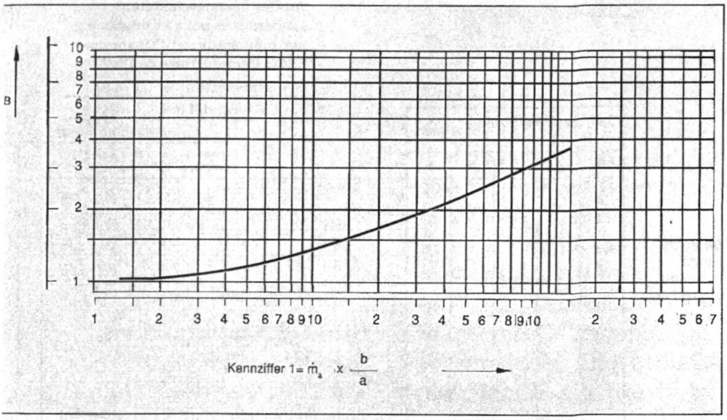

Bild 3.3.4-18. Vermischungsstrecken-Korrekturfaktoren für horizontale Dampfverteileranordnung (a = Breite, b = Höhe).

-2 Luftentfeuchter[1] (siehe auch Abschn. 3.3.4-2.2)

-2.1 Entfeuchtungsmechanismen

Das Entziehen von Feuchtigkeit aus der Luft erfolgt nach drei grundsätzlich verschiedenen Methoden:

Kühlung der Luft mit Wasserausscheidung.

Absorption des Wassers in hygroskopischen Flüssigkeiten.

Adsorption des Wasserdampfes durch Anlagerung an festen Oberflächen.

-2.1.1 Kühlung

Bei dieser Art der Lufttrocknung wird die Luft mit einem genügend kalten Kühlmittel so stark gekühlt, daß sich das Wasser aus der Luft ausscheidet. Der Luftentfeuchtungsprozeß ist also gleichzeitig ein Luftkühlprozeß und daher bereits bei dem Oberflächenkühler (Abschn. 3.3.2-3) und Luftwäscher (Naßluftkühler, Abschn. 3.3.4) behandelt worden.

Im h, x-Diagramm läßt sich die Zustandsänderung der Luft leicht verfolgen, da sie jeweils in Richtung nach dem Zustandspunkt gesättigter Luft von der Temperatur der *Kühloberfläche* erfolgt (Gerätetaupunkt). Sinnbildlich kann man sich die Luftzustandsänderung durch *Mischung* der zu trocknenden Luft mit der Luft in der Grenzschicht der Kühloberfläche entstanden denken. Bemerkenswert ist, daß es zur Wasserausscheidung nicht erforderlich ist, die Luft bis zur Erreichung des Taupunktes zu kühlen, wie man oft annimmt. Wesentlich ist nur, daß die Temperatur der Kühloberfläche, gleichgültig ob diese fest oder flüssig ist, *unterhalb der Taupunkttemperatur* der Luft liegt.

Es ist auch nicht erforderlich, daß der Kühler sehr groß sein muß. Denn auch bereits bei einer sehr geringen Abkühlung der Luft findet Wasserausscheidung statt. Beispielsweise kann man bei Betrieb einer Umluftentfeuchtungsanlage die Luft durch Abkühlung und Wiedererwärmung nach und nach immer weiter entfeuchten, bis sie nahezu einen Taupunkt entsprechend der Kühloberflächentemperatur erreicht hat. Die Zustandsänderung der Luft erfolgt dabei in zickzackförmigen Kurven (Bild 3.3.4-19), wobei vorausgesetzt ist, daß nach jeder Kühlung eine Nachwärmung der Luft bis auf Anfangstemperatur erfolgt.

Zur Entfeuchtung können alle Kühlmittel verwendet werden, die auch bei der Kühlung von Luft üblich sind, also Leitungswasser, Brunnenwasser, künstlich gekühltes Wasser, Sole sowie bei der direkten Kühlung die verschiedenen Kältemittel wie Ammoniak, Freon usw.

---

[1]) Socher, H.-J.: TAB 6/82. S. 481/6.

Ein Beispiel einer Luftentfeuchtungsanlage nach der Kühlmethode mit direktem Verdampfer zeigt Bild 3.3.4-20. Der im Raum befindliche Hygrostat *H* steuert die Kältemaschine, während der Thermostat *T* die Heizmittelzufuhr am Erhitzer regelt.

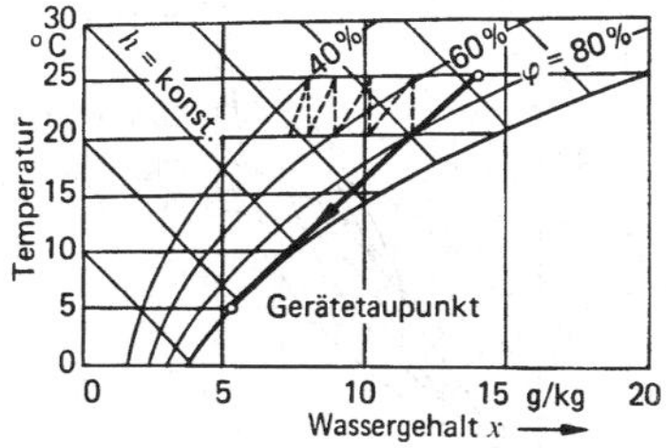

Bild 3.3.4-19. Luftentfeuchtungsprozeß im *h, x*-Diagramm.

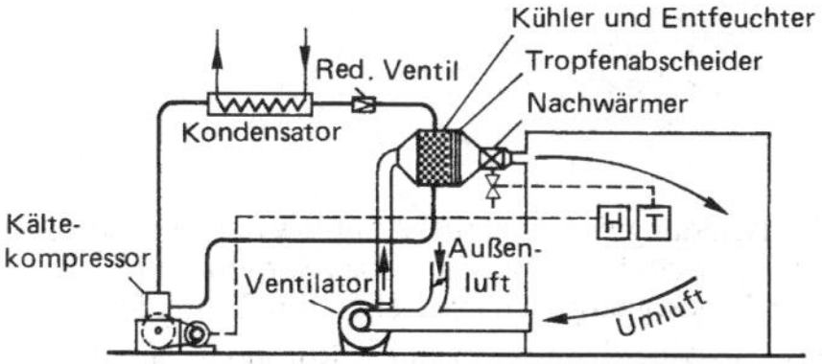

Bild 3.3.4-20. Luftentfeuchtung durch Kühlung mit Kältemaschine.

-2.1.2 Absorption

Der Wasserdampf geht in hygroskopischen Flüssigkeiten in Lösung und verdünnt die Flüssigkeit. Die Wasserdampfaufnahme nimmt zu mit steigender Wasserdampfkonzentration der Luft, mit steigendem Druck und mit sinkender Temperatur. Die Regenerierung der hygroskopischen Flüssigkeiten erfolgt üblicherweise durch Erwärmen.

Verwendet werden in der Regel wäßrige Salzlösungen von Lithiumchlorid, Lithiumbromid oder Calciumchlorid.

Schema einer mit Lithiumchlorid arbeitenden Anlage siehe Bild 3.3.4-23. Ein Teil der umlaufenden Lösung wird im Regenerator eingedickt. Die mit diesen Stoffen betriebenen Anlagen haben jedoch bisher keine große Verwendung gefunden. Ein in den USA entwickeltes System ist das „Kathabar-Gerät", das mit Lithiumchloridlösung arbeitet.

Ein Trockenventilator saugt über ein Filter die feuchte Luft durch den Trockner, in dem sie durch Berührung mit der zerstäubten Lösung getrocknet wird. Ein Kühler entfernt die Kondensationswärme. Die jetzt weniger konzentrierte Lösung wird durch eine Pumpe in den Regenerator gefördert, wo sie ebenfalls zerstäubt wird und wo eine Heizschlange zur Ausdampfung von Wasser aus der Lösung dient. Ein Feuchtluftventilator fördert die feuchte Luft ins Freie.

-2.1.3 Adsorption

Adsorption bezeichnet die Bindung von Molekülen aus einer fluiden Phase (gasförmig oder flüssig) an einer Phasengrenze. Im Fall der Luftentfeuchtung wird der Wasserdampf an der Oberfläche eines festen Körpers – des Adsorbens – angelagert, wobei die Oberfläche vorwiegend durch die innere Struktur mit Poren kleinster Abmessungen gebildet wird.

Für die Adsorption von Wasserdampf wird bevorzugt Kieselgel eingesetzt, das auch unter dem Handelsnamen Silicagel bekannt ist. Es besteht zu 90% aus SiO_2 und hat innere Oberflächen von 800…1000 m^2/g.[1)]

[1)] Kast, W.: Adsorption aus der Gasphase. Weinheim 1988.

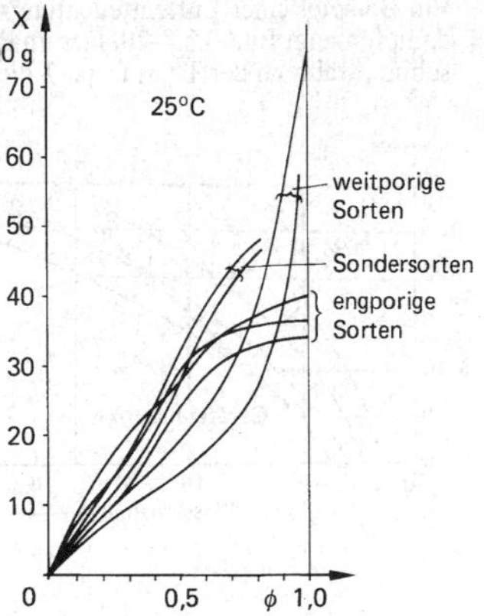

Bild 3.3.4-21. Sorptionsisothermen von Wasser an verschiedenen Kieselgelen.*)

*) Kast, W.: Adsorption aus der Gasphase. Weinheim 1988.

Die Beladung des Adsorbens mit Wasser ist abhängig von der Wasserdampfkonzentration der Luft und der Temperatur. Das Sorptionsgleichgewicht wird üblicherweise in Form von Sorptionsisothermen dargestellt (Bild 3.3.4-21).

Bei der Adsorption wird die Adsorptionswärme (Summe aus Kondensationswärme und Bindungswärme) im Adsorbens freigesetzt, was zu einer Temperaturerhöhung der Luft führt. Die entfeuchtete Luft muß ggf. anschließend gekühlt werden.

Die Regenerierung erfolgt durch Erhitzen auf max. 150 °C... 200 °C mittels heißer Luft. Nach Abkühlung ist das Sorptionsmittel wieder verwendungsfähig.

Silicagel ist handelsüblich in Granulatform erhältlich und wird in Schüttungen eingesetzt (Festbettadsorption). Die Anlagen arbeiten periodisch. Für kontinuierlichen Betrieb müssen mindestens zwei Schüttungen arbeiten, von denen eine adsorbiert, während die andere regeneriert und gekühlt wird (Bild 3.3.4-22).

Kontinuierliche Verfahren arbeiten auf der Basis von Schüttungen, die auf einem rotierenden Gestell angeordnet sind und wechselweise von der zu entfeuchtenden Luft und der Regenerierluft durchströmt werden.[1)]

Ein weiteres kontinuierliches Verfahren arbeitet mit Rotoren aus Silicagelfolien, die in eine Honeycombstruktur (wabenförmige Struktur) gebracht wurden und so eine Vielzahl axialer Kapillaren bilden (Abschn. 3.3.4-2.2). Form und Aussehen dieser Sorptionsrotoren entsprechen den regenerativen Wärmetauschern für die Wärmerückgewinnung (Abschn. 3.3.8).

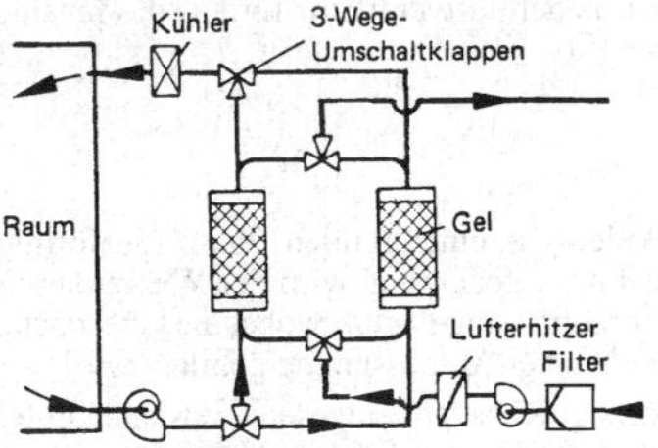

Bild 3.3.4-22. Kieselgel-Lufttrocknungsanlage.

1) Busweiler, U.; Kalmbach, C.: Luftentfeuchtung mit rotierenden Sorptionskörpern, CCI 14/89.

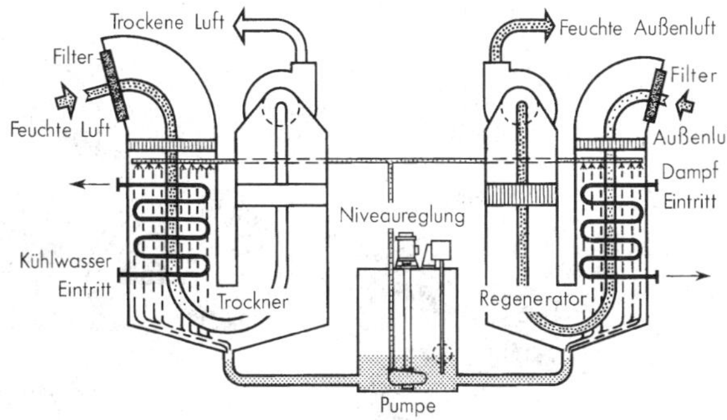

Bild 3.3.4-23. Lithiumchlorid-Absorptionsanlage (Kathabar).

-2.2 Luftentfeuchtungsgeräte[1]

Die Geräte sollen den absoluten Feuchtegehalt der Luft in einem Raum verringern. So benötigt man z.B. in der Fotochemie und anderen chemischen Betrieben, in Laboratorien, Warenlagern, feinmechanischen Betrieben, manchmal auch in Kellern, Räumen, in denen die relative Luftfeuchte bei gewöhnlichen Raumtemperaturen einen bestimmten Wert, z.B. 40 oder 50%, nicht überschreiten soll. Im Winter ist dies zwar leicht möglich, nicht jedoch im Sommer. Korrosionen oder andere Schäden treten bei empfindlichen Gütern bereits auf, wenn die relative Luftfeuchte einen gewissen Wert überschreitet, z.B. Rostbildung bei Metallen, Schimmelbildung bei Lebensmitteln und Arzneien, Muffigwerden bei Textilien u.a.

Die Lufttrocknung erfolgt grundsätzlich nach zwei Methoden:

a) *Kühlung der Luft* mit Wasserausscheidung und nachfolgender Erwärmung. Derartige manchmal fahrbare Geräte (Bild 3.3.4-24) bestehen aus einem Gehäuse mit einer darin befindlichen *Kältemaschine.* Die aus dem Raum angesaugte Luft wird in dem Verdampfer (Kühler) gekühlt und zum Teil entfeuchtet und darauf in dem Kondensator wieder nachgewärmt. Unter dem Gehäuse ist ein Wasserbehälter angebracht, in dem sich das abgeschiedene Wasser sammelt. Da die Kondensatleistung größer ist als die Kühlerleistung, tritt eine gewisse Raumerwärmung ein. Entfeuchtungsleistung der Geräte je nach Größe und je nach Höhe der Luftfeuchte etwa 0,2 bis 3 l/h Wasserabscheidung, bei großen Geräten auch mehr.

b) *Adsorption* des Wasserdampfes in der Luft durch technische Adsorption, insbesondere *Kieselgel.*

Ein kontinuierliches Verfahren nach Bild 3.3.4-25 arbeitet mit einem rotierendem *Sorptionskörper,* der aus einer Vielzahl axialer Kapillaren besteht. Die Speichermatrix des Rotors besteht aus einer Verbindung aus Keramik und Silicagel. Beim Durchströmen des Sorptionskörpers wird die Luftfeuchte vom Silicagel adsorbiert und nach Drehung in den Regenerationssektor durch erhitzte Luft wieder ausgetrieben.

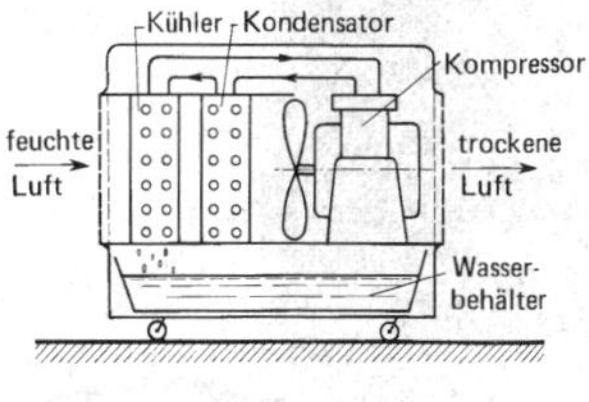

Bild 3.3.4-24. Transportables Lufttrocknungsgerät mit eingebauter Kältemaschine.

[1]) Steiner, R.: TAB 7/88, S. 529/532.

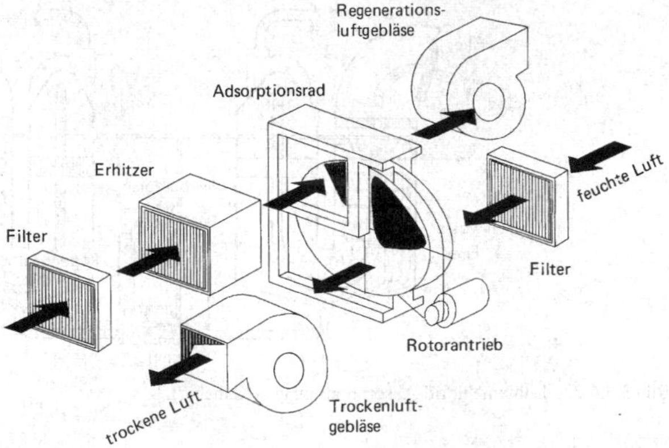

Bild 3.3.4-25. Luftentfeuchtungsgerät mit Adsorptionsrad.

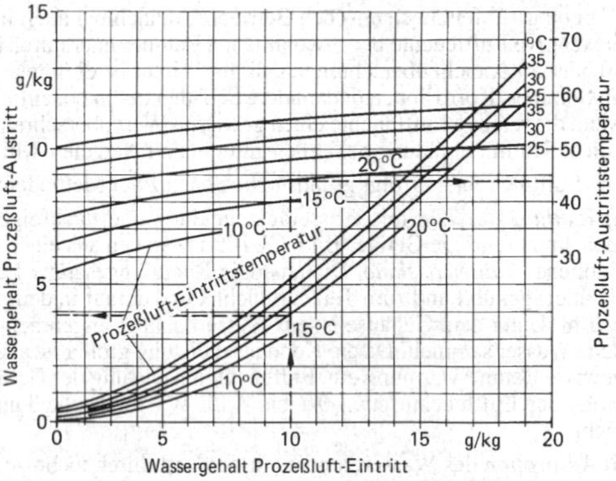

Bild 3.3.4-26. Diagramm für Entfeuchtungsleistung.

Bild 3.3.4-27. Anschlußfertiges Luftentfeuchtungsgerät.

Die Trockenluft tritt infolge der frei werdenden Adsorptionswärme mit erhöhter Temperatur aus.

Das zu trocknende und das regenerierende Gas sind durch Dichtungen voneinander getrennt und durchströmen die Kanäle in dem jeweils dargebotenen Sektor der rotierenden Trommel. Die Wasserentzugsleistung kann durch Wahl des Luftstroms den jeweiligen Anforderungen bis zu tiefen Taupunkten angepaßt werden. Luftvolumenstrom bis zu 100000 m^3. Drehzahl ≈7 U/min.

Ein typisches Leistungsdiagramm zeigt Bild 3.3.4-26, ein komplettes anschlußfertiges Gerät ist in Bild 3.3.4-27 dargestellt.

Ein anderes System arbeitet mit einem Trockner-Karussell, in dem die einzelnen Kassetten mit Silicagel gefüllt sind. Erhitzte Luft regeneriert in einem Sektor das Material.

3.3.5 Luftverteilung[1]

Ergänzungen von Dr.-Ing. Franc Sodec, Bergisch Gladbach
(ausgenommen Abschn. 3.3.5-4 und 3.3.5-5)

Unter Luftverteilung versteht man den Transport der Luft zu den behandelten Räumen, wobei Luftleitungen mit Formstücken und Klappen sowie Terminals benötigt werden, wie Luftdurchlässe, Volumenstromregler, Nachheizgeräte usw.

-1 Luftleitungen[2]

Kanäle und Rohre dienen zur Förderung der Luft in die Räume oder zur Abführung aus den Räumen. Sie stellen einen wesentlichen Bestandteil der Anlagen sowohl hinsichtlich der Kosten wie der Bedeutung dar und sollten daher sorgfältig geplant und ausgeführt werden. Da Luftleitungen leicht verschmutzen, sind an geeigneten Stellen *Reinigungsöffnungen* vorzusehen.

Anforderungen an das Material: Innen glatt, nicht staubansammelnd und leicht zu reinigen,[3] ferner dauerhaft, nicht hygroskopisch, nicht brennbar, korrosionsbeständig, leicht und luftdicht.

Luftleitungen müssen die Brandschutzanforderungen erfüllen[4]. Siehe Abschnitt 3.3.9-4.

-1.1 Material

-1.1.1 Stahlblech und Al-Blech

Stahlblech ist das geeignetste Material. Meist verzinkt, gelegentlich *Schwarzblech* mit Anstrich. Querschnitte rechteckig oder rund. Längsnähte gefalzt, Quernähte (Stöße) gebördelt, mit Winkeleisenverbindung, mit losen Flanschen, mit punktgeschweißten profilierten Flanschen, mit Sickenschellen oder Schiebern. Runde Rohre auch mit spiralförmig um das Rohr laufendem Falz *(Wickelfalzrohre)*. Diese Rohre gelegentlich auch mit flachovalem Querschnitt. Verbindung durch Muffen oder Steckverbindungen. Dichtung durch Klebebänder oder Gummi. Krümmer bei kleinen Durchmessern gepreßt, bei größeren gefalzt und gebördelt. Aufhängung mittels Rohrschellen oder Flacheisen- und Winkeleisenkonstruktionen. Blechdicken siehe Tafel 3.3.5-1 und Tafel 3.3.5-2. Für Sonderausführungen Kanäle aus verbleitem Blech (bei säurehaltigen Gasen), Aluminium- oder Kupferblech.

Verschiedene Arten von Verbindungen siehe Bild 3.3.5-1.

Tafel 3.3.5-1 Wanddicken für Blechkanäle nach DIN 24190 u. 24191 (12.98)
Maße in mm

	Form F (gefalzt)		Form S (geschweißt)	
	Über-/Unterdruck		Über-/Unterdruck	
Nennweite mm	1000 Pa	2500 Pa	2500 Pa	6300 Pa
100··· 250	0,6	0,7	1,5	1,5
265··· 530	0,6	0,7	1,5	2,0
560···1000	0,8	0,9	1,5	2,0
1060···2000	1,0	1,1	2,0	3,0
2120···4000	1,1	1,2	3,0	4,0
4250···8000	–	–	4,0	5,0

[1]) Terminologie der Luftverteilung siehe Eurovent-Dokument Nr. 2/1. 1971.
[2]) Mürmann, H.: San. Heizg. Techn. 3/73. S. 305/13 u. HR Heft 11/79 u. 1/80.
Wagner, W.: HLH 6/84. S. 263/5.
[3]) VDI 6022 (07.98).
[4]) DIN 4102 T6 (09.77) Brandverhalten von Lüftungsleitungen.

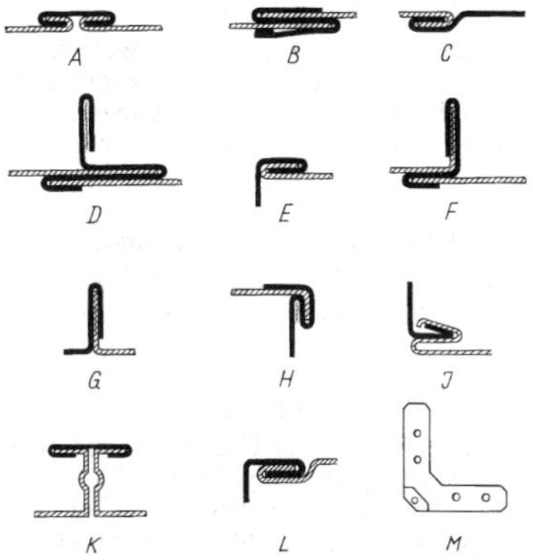

Bild 3.3.5-1. Verschiedene Arten von Stoßverbindungen bei Blechkanälen.

A = Treibschieber
B = S-Schieber
C = Längsfalz
D = S-Schieber mit Stehfalz
E = Eckfalz
F = Taschenschieber
G = Stehfalz
H = Pittsburghfalz
I = Schnappfalz
K = S-Schieber mit Steg
L = Maschinen-Eckfalz
M = Einsteckwinkel

Normung:	Rohre, Flansche, Winkelflansche	DIN 24154 (07.90)
	Blechdicke für Rohre (Tafel 3.3.5-2)	DIN 24151 (12.98)
	Blechkanäle, Formstücke, Flansche	DIN 24190 (12.98)
	Blechdicken für Kanäle (Tafel 3.3.5-1)	DIN 24190 (12.98)
	Wickelfalzrohre	DIN 24145 (12.92)
	Blechkanäle, diverse Formstücke, 13 Teile	DIN 24147 (06.93)

Normung der Dichtheitsprüfung für Blechkanäle nach DIN 24194 (11.85) in 4 Klassen[1)].

Die für die Abrechnung erforderlichen *Aufmaßregeln* sind in DIN 18379 (05.98) festgesetzt.

Tafel 3.3.5-2 Wanddicken für Rohre nach DIN 24151 (12.98)
Maße in mm

geschweißte Rohre DIN 24151				längsgefalzte Rohre DIN 24152	
Reihe 1		Reihe 2			
Nennweite DN	Wanddicke	Nennweite DN	Wanddicke	Nennweite DN	Wanddicke
100 – 250	1,0	100 – 250	1,5	100 – 180	0,6
280 – 1000	1,25	280 – 500	2	200 – 560	0,8
1120 – 2000	1,5	560 – 2000	3	630 – 900	1,0
				1000 – 1250	1,2

Aluminiumblech

wird in ähnlicher Weise wie Stahlblech verwendet. Leicht, korrosionsbeständig gegen viele Stoffe, funkenfrei. Verwendung häufig in chemischen Betrieben, in der Lebensmittelindustrie u. a.

1) Wagner, W.: KKT 2/83. S. 38, Ges.-Ing. 1/83. S. 25/8 und TAB 9/83. S. 739/40.
VDI 3803 (11.86): Bauliche u. technische Anforderungen bei RLT-Anlagen.

-1.1.2 Faser-Zement

Kanäle aus asbestfreiem Zement werden in allen Größen und Formen hergestellt (Euronit-Lüftungrohr). Wanddicke 7 bis 12 mm je nach Kanalgröße. Stoßverbindung durch Muffen oder Manschetten mit Dichtungsmasse. Auch Formstücke der verschiedensten Art lieferbar. Korrosionsfest, wasserabweisend.

-1.1.3 Mauerwerk und Beton

Mauerwerkkanäle insbesondere für große Kanäle und senkrechte Schächte. Innen verputzt oder sauber gefugt. Große Wärmespeicherung.

-1.1.4 Kunststoffe

werden ebenfalls zur Herstellung von Kanälen verwendet, insbesondere PVC (Vinidur, Trovidur u. a.) und Polyäthylen (Hostalen u. a.). Anfertigung aus Platten, die geklebt oder mit Heißluftbrenner zu beliebigen Formen zusammengeschweißt werden können. Verbindungen durch Schiebemuffen. Runde und vierkantige Rohre mit kleinen Abmessungen werden fertig ab Fabrik geliefert. Korrosionsfest gegen fast alle aggressiven Gase und Dämpfe. Temperaturbeständigkeit jedoch nur je nach Grundstoff 60...80 °C. Sehr teuer. Bei Kälte leicht zerbrechlich.

-1.1.5 Plattenkanäle

Kanäle werden gelegentlich aus Platten hergestellt.

An den Längsstößen erfolgt die Verbindung in der Regel durch Blechwinkel, an den Querstößen durch Winkeleisen oder geeignete Blechschieber.

Innen lassen sich die Kanäle mit verschiedenen Stoffen auskleiden, so daß gleichzeitig ein gewisser Wärme- oder Schallschutz erreicht werden kann. Man unterscheidet mehrere Hauptgruppen von Platten:

Platten auf Faser-Zement-Basis, erhältlich unter verschiedenen Firmennamen wie Internit u. a.

Platten auf Kalzium-Silikat-Basis, wie Ästulan u. a.

Platten auf Gips-Basis, wie Rigips-Platten u. a.

Platten auf Kunststoff-Basis, wie Hartschaum mit Aluminiumfolie, z. B. Kapa-Platten u. a.

Platten aus Mineralfasern, Innen- und Außenflächen beschichtet mit Zement, Glasseidengewebe u. a. Vorteilhaft ist die große Schallabsorption und die Wärmedämmung, jedoch geringe Festigkeit.

Alle Platten lassen sich in der Regel leicht durch Sägen, Bohren und Nageln verarbeiten. Daher leicht anpaßbar an der Baustelle. Nicht brennbar, glatt, korrosionsbeständig.

Feuergeschützte Lüftungsleitungen siehe Abschn. 3.3.9-4.

-1.1.6 Flexible Rohre, Schläuche

finden bei Lüftungs- und Klimaanlagen in großem Umfang Verwendung. Wesentliche Erleichterung der Montage. Durchmesser bis etwa 400 mm. Auch in ovaler Form erhältlich. Besonders geeignet bei Abzweigen von Hauptkanälen und zum Anschluß von Geräten und Luftdurchlässen an Rohrleitungen.

Schnelle Montage. Verbindung untereinander oder mit Geräten durch Rohr- oder Schlauchschellen auf Steckmanschette aus Blech. Dichtung durch Umwickeln mit selbstklebendem Band oder Schrumpfmanschette (flexible Kunststoffmanschette, die durch Erwärmen mit Brennerflamme schrumpft), letztere besonders dicht, auch bei Wickelrohren verwendet. Normung in DIN 24146 (02.79).

Die Anforderungen betreffen Druckfestigkeit, Biegeradius, Durchhang, Leckverlust u.a. Da Lüftungsleitungen aus unbrennbarem Material bestehen sollen, überwiegend aus Aluminiumfolie hergestellt.

-2 Druckverluste[1)]

Der *Rohrreibungsverlust* errechnet sich aus der Gleichung (s. auch Abschn. 1.4.7)

$$\Delta p = \lambda \frac{l}{d} \frac{\varrho}{2} w^2 \text{ in N/m}^2 \text{ (Pa).}$$

λ = Reibungszahl (siehe Bild 1.4.7-3).
ϱ = Dichte der Luft kg/m³.

Bild 3.3.5-2 enthält die Druckverluste R_0 je m Rohr für Strömung von Luft mit ϱ = 1,2 kg/m³ in geraden, runden Blechleitungen, für die mit genügender Genauigkeit die Rauhigkeit

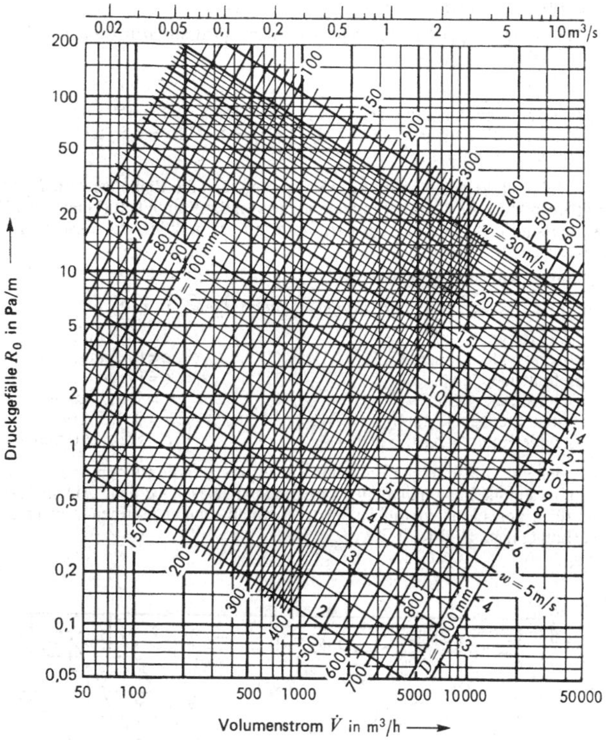

Bild 3.3.5-2. Grundrohrreibungsdiagramm für glatte Rohre, Rauhigkeit ε = 0 (nach Rötscher)*).

*) Rötscher, H.: Ges.-Ing. 1964. S. 107/12 u. 335/8 und Wkt 1970. S. 114/24.
Rötscher, H.: Druckverluste biegsamer Schläuche. Ges.-Ing. 8/1970. Arbeitsblatt 79.

1) Rákóczy, T.: HLH 1965. S. 467/72 u. 1966. S. 175/8.
Idel'chik, J. E.: Handbook of Hydraulic Resistance 1966 und 1986.
Laux, H.: Ges.-Ing. 1967. S. 1/13.
Rötscher, H.: Wärme-Techn. 1966. S. 2/11.
Usemann, K. W.: HR 1971. S. 271/72.
ASHRAE Handbook-Fundamentals 1989.
FLT-Veröffentl.: Widerstandsbeiwerte, Bericht L 171.2,1999.
VDI 2087 (05.98).

$\varepsilon = 0$ gesetzt werden kann (glattes Rohr). Bei rechteckigen Kanälen mit den Kantenlängen a und b ist der hydraulische Durchmesser $d_H = \frac{2\,ab}{a+b}$ zu verwenden, wobei dann das Druckgefälle bei *gleicher Geschwindigkeit* unverändert bleibt.

Beispiel:

1. Wie groß ist das Druckgefälle R_0 in einem glatten Rohr von $D = 150$ mm Durchmesser bei einer Luftgeschwindigkeit $w = 10$ m/s?

   Lösung:

   Druckgefälle nach Bild 3.3.5-2 $R_0 = 7{,}5$ Pa/m.
   Luftvolumenstrom = 635 m³/h

2. Wie groß ist das Druckgefälle bei einem quadratischen Rohr $a = b = 150$ mm bei $w = 10$ m/s?

   Lösung:

   Hydraulischer Durchmesser $d_H = 2 \cdot 150^2/(150 + 150) = 150$ mm
   Druckgefälle nach Bild 3.3.5-2 für $D = d_H = 150$ $R_0 = 7{,}5$ Pa/m
   Volumenstrom $= 0{,}15^2 \cdot 10 = 0{,}22$ m³/s = 810 m³/h

Für Rohre und Kanäle bestimmter Rauhigkeit sind die Reibungswerte R_0 aus Bild 3.3.5-2 mit Korrekturzahlen zu multiplizieren, die von der Rauhigkeit ε abhängen. Die Korrekturzahlen sind nicht konstant, sondern desto größer, je höher die Geschwindigkeit ist (Bild 1.4.7-3).

Rauhigkeiten ε in mm siehe Tafel 1.4.7-4.

Für die wichtigsten *Lüftungsleitungen* gelten folgende ε-Werte:

PVC-Rohre	$\varepsilon = 0{,}01$ mm
Blechkanäle, gefalzt	$\varepsilon = 0{,}15$ mm
Betonkanäle, glatt	$\varepsilon = 0{,}5$ mm
Betonkanäle, rauh	$\varepsilon = 1{,}0 \ldots 3{,}0$ mm
gemauerte Kanäle, rauh	$\varepsilon = 3 \ldots 5$ mm
flexible Rohre je nach Bauart	$\varepsilon = 0{,}2 \ldots 3{,}0$ mm

Aus der Einschlagtafel am Ende des Buches können die Reibungsverluste R bei verschiedenen Rauhigkeiten ε näherungsweise direkt abgelesen werden. (Abhängigkeit der Korrektur für ε von Geschwindigkeit im turbulenten, rauhen Bereich vernachlässigt.) Genaue Rechnung nach Bild 1.4.7-3.

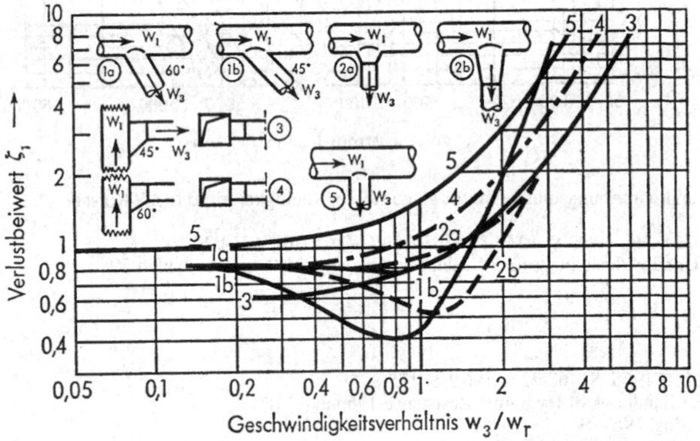

Bild 3.3.5-3. Widerstandsbeiwerte ζ_1 von verschiedenen Abzweigen, bezogen auf w_1 (nach Laux, Ges.-Ing. 1967).

Beispiel:

Wie groß ist das Druckgefälle in einem flexiblen Schlauch von
d = 100 mm ∅ bei w = 6 m/s
ε = 0,8 mm
R_0 = 5 Pa/m (Einschlagtafel)
Druckgefälle R = 9 Pa/m (Einschlagtafel)

Einzelverluste entstehen durch Richtungs- und Querschnittsänderungen und werden durch folgende Gleichung bestimmt:

$$\Delta p = \zeta \cdot \frac{\varrho}{2} w^2 \text{ in N/m}^2 \text{ (Pa)}$$

ζ = Widerstandsbeiwert

Die ζ-Werte sind durch Versuche zu ermitteln. Zahlenwerte in Bild 3.3.5-4 bis Bild 3.3.5-9. Zahlenwerte verschiedener Autoren zeigen häufig infolge unterschiedlicher Versuchsbedingungen wesentliche Abweichungen voneinander. Siehe auch Tafel 1.4.8-1. Bei unsymmetrischer Geschwindigkeitsverteilung in der Zuströmung, z.B. hinter Umlenkungen, können die Werte um 20...30% zunehmen[1].

Bei *Bögen* gelten folgende Grundsätze:

geringster Verlust bei vielen Leitblechen
einzelne Leitbleche möglichst nahe der inneren Rundung

Stromtrennungen

Die Verluste in Abzweigleitungen (Trennverluste) sind besonders von Bedeutung. Einen Überblick über die *Widerstandsbeiwerte* verschiedener Abzweige gibt Bild 3.3.5-3. Sie hängen stark vom Geschwindigkeitsverhältnis zwischen Haupt- und Abzweigstrom ab.

Der ζ_1-Wert in diesem Bild ist der Widerstandsbeiwert des Abzweigs für den *Gesamtdruckverlust* bezogen auf die Geschwindigkeit w_1 im Hauptkanal:

$$\Delta p_{ges} = \zeta_1 \cdot \varrho/2 \cdot w_1^2$$

Bezogen auf die Geschwindigkeit w_3 im Abzweigkanal ist

$$\Delta p_{ges} = \zeta_3 \cdot \varrho/2 \cdot w_3^2$$

wobei

$$\zeta_1/\zeta_3 = (w_3/w_1)^2.$$

Für den häufig verwendeten *stumpfen 90°-Abzweig* ist nach Versuchen

$$\zeta_1 = 1 + 0{,}5\ (w_3/w_1)^2.$$

Bei den stumpf angesetzten 60°-Abzweigen ist

$$\zeta_1 = 0{,}8 + 0{,}33\ (w_3/w_1)^2$$

und bei 45°-Abzweigen

$$\zeta_1 = 0{,}6 + 0{,}2\ (w_3/w_1)^2.$$

Auf ζ_3 umgerechnete Widerstandsbeiwerte siehe Bild 3.3.5-6.

Beispiel:

Rechtwinkliger stumpfer Abzweig mit w_1 = 6 m/s und w_3 = 4 m/s.

Gesamtdruckverlust des Abzweigs (mit Bild 3.3.5-3):

$$\Delta p_{ges} = \zeta_1 \cdot \varrho/2 \cdot w_1^2 = 1{,}22 \cdot 1{,}20/2 \cdot 6^2 = 26 \text{ Pa}$$

oder bezogen auf w_3:

$$\Delta p_{ges} = \zeta_3 \cdot \varrho/2 \cdot w_3^2 = 2{,}75 \cdot 1{,}20/2 \cdot 4^2 = 26 \text{ Pa}.$$

Der ζ_3-Wert ist auch aus Bild 3.3.5-6 entnehmbar (ζ_3 = 2,75).

Auch im durchgehenden *Hauptstrom* entstehen beim Abgang von Teilströmen Druckverluste. Bei gleichbleibendem Querschnitt verringert sich die Geschwindigkeit w_1 auf w_2 und setzt sich dabei zum größten Teil in Druck um. Hinter dem Abzweig ist also der statische Druck größer als davor *(statischer Druckrückgewinn)*.

Der *Druckverlust* ist bezogen auf die Anfangsgeschwindigkeit w_1:

$$\Delta p_{ges} = \zeta_1 \cdot \varrho/2 \cdot w_1^2$$

Widerstandsbeiwerte ζ_1 bei stumpfen 90°-Abzweigen siehe Bild 3.3.5-6.

---

[1]) Rákóczy, T.: Kanalnetzberechnungen von RLT-Anlagen, VDI-Verl. 1979.

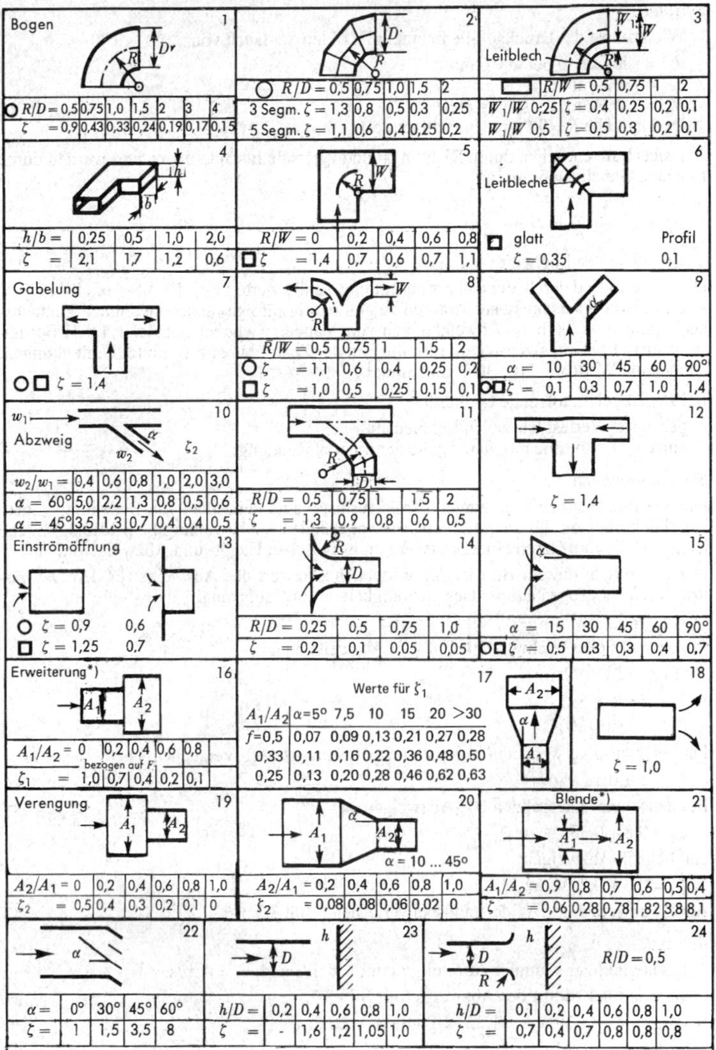

1 Bogen

○ R/D =	0,5	0,75	1,0	1,5	2	3	4
ζ =	0,9	0,43	0,33	0,24	0,19	0,17	0,15

2

○ R/D =	0,5	0,75	1,0	1,5	2
3 Segm. ζ =	1,3	0,8	0,5	0,3	0,25
5 Segm. ζ =	1,1	0,6	0,4	0,25	0,2

3 Leitblech

	▭ R/W =	0,5	0,75	1	2
W_1/W 0,25	ζ =	0,4	0,25	0,2	0,1
W_1/W 0,5	ζ =	0,5	0,3	0,2	0,1

4

h/b =	0,25	0,5	1,0	2,0
ζ =	2,1	1,7	1,2	0,6

5

R/W =	0	0,2	0,4	0,6	0,8
□ ζ =	1,4	0,7	0,6	0,7	1,1

6 Leitbleche

□	glatt	Profil
ζ =	0,35	0,1

7 Gabelung

○□ ζ = 1,4

8

R/W =	0,5	0,75	1	1,5	2
○ ζ =	1,1	0,6	0,4	0,25	0,2
□ ζ =	1,0	0,5	0,25	0,15	0,1

9

α =	10	30	45	60	90°
○□ ζ =	0,1	0,3	0,7	1,0	1,4

10 Abzweig

w_2/w_1 =	0,4	0,6	0,8	1,0	2,0	3,0
α = 60°	5,0	2,2	1,3	0,8	0,5	0,6
α = 45°	3,5	1,3	0,7	0,4	0,4	0,5

11

R/D =	0,5	0,75	1	1,5	2
ζ =	1,3	0,9	0,8	0,6	0,5

12

ζ = 1,4

13 Einströmöffnung

○ ζ =	0,9	0,6
□ ζ =	1,25	0,7

14

R/D =	0,25	0,5	0,75	1,0
ζ =	0,2	0,1	0,05	0,05

15

α =	15	30	45	60	90°
○□ ζ =	0,5	0,3	0,3	0,4	0,7

16 Erweiterung*)

A_1/A_2 =	0	0,2	0,4	0,6	0,8
bezogen auf F_1					
ζ_1 =	1,0	0,7	0,4	0,2	0,1

17 Werte für ζ_1

A_1/A_2	α=5°	7,5	10	15	20	>30
f=0,5	0,07	0,09	0,13	0,21	0,27	0,28
0,33	0,11	0,16	0,22	0,36	0,48	0,50
0,25	0,13	0,20	0,28	0,46	0,62	0,63

18

ζ = 1,0

19 Verengung

A_2/A_1 =	0	0,2	0,4	0,6	0,8	1,0
ζ_2 =	0,5	0,4	0,3	0,2	0,1	0

20 α = 10 ... 45°

A_2/A_1 =	0,2	0,4	0,6	0,8	1,0
ζ_2 =	0,08	0,08	0,06	0,02	0

21 Blende*)

A_1/A_2 =	0,9	0,8	0,7	0,6	0,5	0,4
ζ =	0,06	0,28	0,78	1,82	3,8	8,1

22

α =	0°	30°	45°	60°
ζ =	1	1,5	3,5	8

23

h/D =	0,2	0,4	0,6	0,8	1,0
ζ =	-	1,6	1,2	1,05	1,0

24 R/D = 0,5

h/D =	0,1	0,2	0,4	0,6	0,8	1,0
ζ =	0,7	0,4	0,7	0,8	0,8	0,8

Lochblech:

Freier Querschnitt in %	5	10	15	20	25	30
ζ =	1040	242	99	51	29	18
Freier Querschnitt in %	35	40	45	50	55	60
(ζ bezogen auf Geschwindigkeit im Gesamtquerschnitt)	11,6	7,6	5,1	3,4	2,3	1,5

Bild 3.3.5-4. Widerstandsbeiwerte ζ von Einzelwiderständen. Siehe auch Abschn. 1.4.8.

*) Anmerkung zu Teilbild 16 und 21: Ausgleichlänge nach Erweiterung $L \approx 10\,(\sqrt{A_2} - \sqrt{A_1}\,)$; zu Teilbild 17: Ebene Leitbleche reduzieren ζ_1 bei $\alpha = 5 \ldots 90°$ auf 75…65%, Luftschwingungen jedoch dann möglich; Verluste einschl. Rohrreibung bei turbulent ausgebildetem Zuströmprofil.

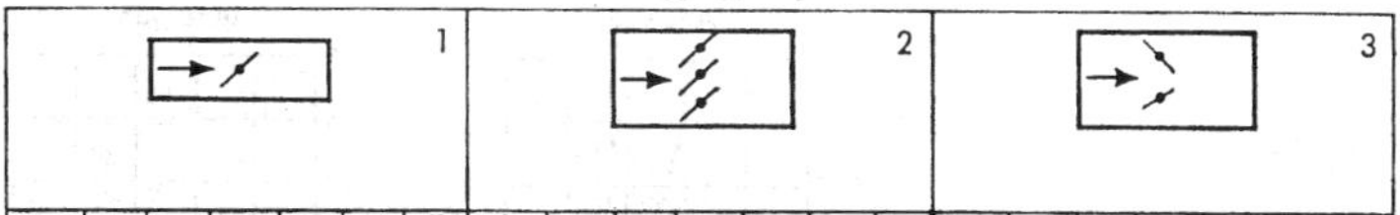

1: $\alpha°=$	0	15	30	45	60	75
ζ =	0,25	0,6	3,5	17	95	600

2: $\alpha°=$	0	15	30	45	60	75
ζ =	0,25	0,7	2,2	6,5	20	60

3: $\alpha°=$	0	15	30	45	60	75
ζ =	0,25	1,1	3,3	10	30	90

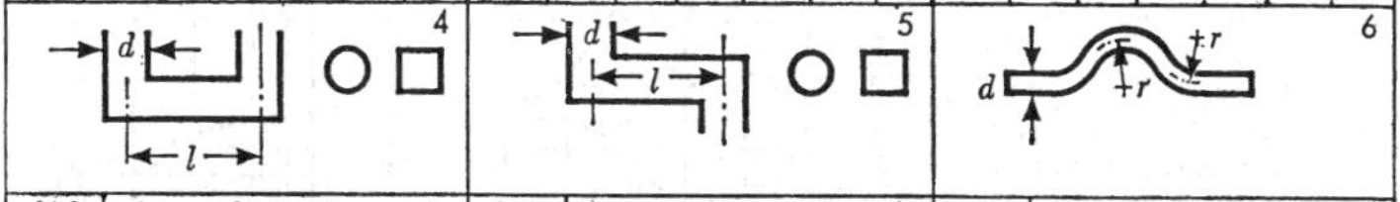

4: l/d	1	2	3	4
ζ	3,5	1,7	1,6	1,7

5: l/d	0	0,5	1	2
ζ	0	1,6	1,9	2,1

6: r/d	2	4	6	8
ζ	0,6	0,4	0,2	0,1

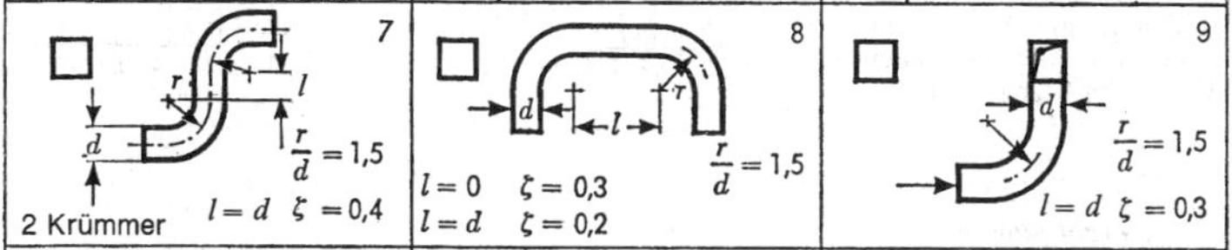

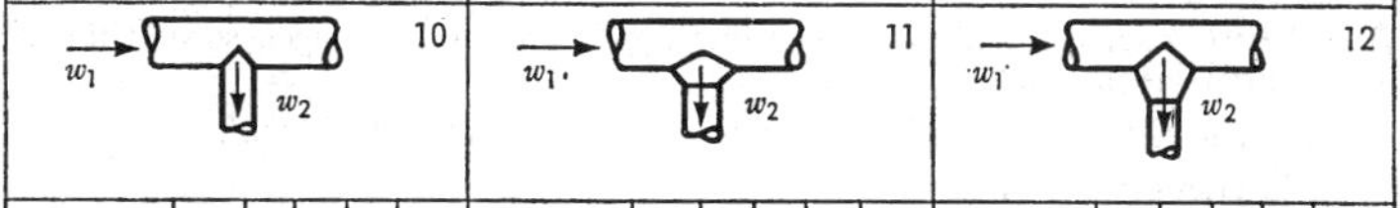

10: $w_2/w_1=$	0,4	0,6	0,8	1,0	1,5
$\zeta_{2\,ges}$ =	7,0	3,4	2,0	1,5	0,9
$\zeta_{2\,st}$ =	1,5				

11: $w_2/w_1=$	0,4	0,6	0,8	1,0	1,5
$\zeta_{2\,ges}$ =	5,0	2,2	1,2	0,9	0,5
$\zeta_{2\,st}$ =	0	0,3	0,7	0,9	1,0

12: $w_2/w_1=$	0,4	0,6	0,8	1,0	1,5
$\zeta_{2\,ges}$ =	4,7	1,9	0,9	0,6	0,4
$\zeta_{2\,st}$ =	0	0	0,3	0,6	0,9

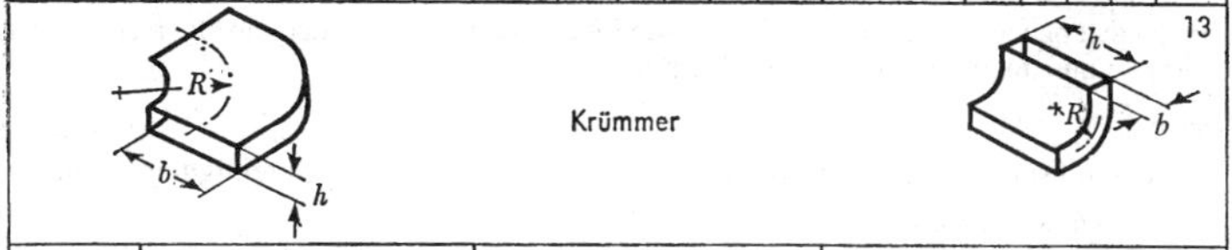

$h/b=$	0,25				0,50				0,75 … 3,0			
$R/b=$	0,75	1,0	1,5	2,0	0,75	1,0	1,5	2,0	0,75	1,0	1,5	2,0…3,0
ζ =	0,55	0,45	0,3	0,2	0,45	0,3	0,2	0,15	0,4	0,2	0,15	0,10

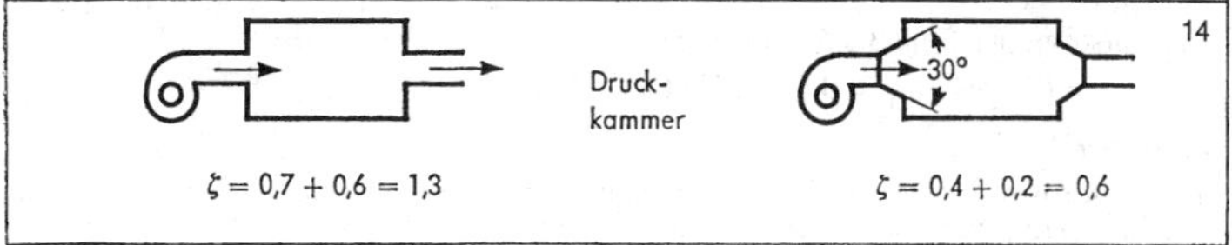

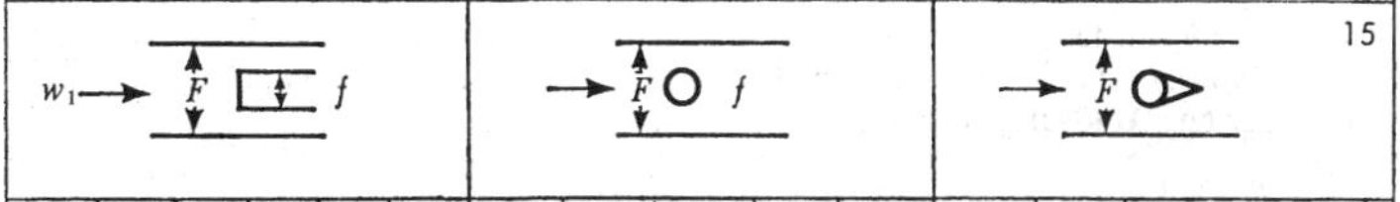

f/F	0,1	0,2	0,3	0,4	0,5	0,1	0,2	0,3	0,4	0,5	0,1	0,2	0,3	0,4	0,5
ζ_1	0,7	1,0	1,8	2,9	4,0	0,2	0,4	0,75	1,3	2,0	0,07	0,15	0,35	0,6	0,9

Bild 3.3.5-5. Widerstandsbeiwerte ζ von Einzelwiderständen bei Strömung von Luft.

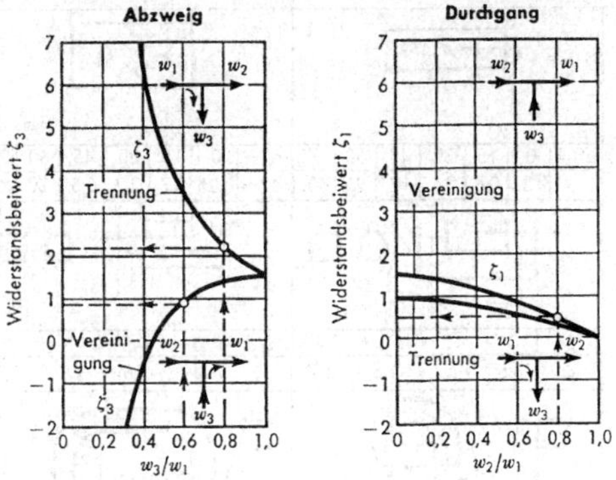

Bild 3.3.5-6.
Links: Widerstandsbeiwerte ζ_3 für Abzweigstrom bei Trennung und Vereinigung von rechtwinkligen stumpfen Abzweigen bezogen auf w_3.

Rechts: Widerstandsbeiwert ζ_3 für Durchgangsstrom bei Trennung und Vereinigung von rechtwinkligen stumpfen Abzweigen bezogen auf w_1.

Stromvereinigungen

Bild 3.3.5-6 zeigt die Widerstandsbeiwerte ζ bei Stromvereinigungen sowohl für den Zweigstrom wie für den Hauptstrom.

Zu beachten ist dabei, daß die ζ-Werte z. T. negativ werden (Treibwirkung).

Verlust des geraden Stroms:

$\Delta p_{\text{ges }1} = \zeta_1 \cdot \varrho/2 \cdot w_1^2$

Verlust des Zweigstroms:

$\Delta p_{\text{ges }3} = \zeta_3 \cdot \varrho/2 \cdot w_3^2$.

Die angegebenen Zahlen in Bild 3.3.5-6 sind nur Richtwerte, da auch die Querschnittsverhältnisse und andere Umstände von Einfluß sind.

Beispiel:

Wie groß sind die Druckverluste bei einer rechtwinkligen Stromvereinigung, wenn $w_1 = 8$ m/s, $w_2 = 6$ m/s, $w_3 = 4$ m/s sind?

$w_3/w_1 = 0{,}5 \qquad w_2/w_1 = 0{,}75$

Abzweig (aus Bild 3.3.5-6):

$\Delta p_{\text{ges }3} = \zeta_3 \cdot \varrho/2 \cdot w_3^2 = 0{,}4 \cdot 1{,}2/2 \cdot 16 = 4$ Pa

Hauptstrom (aus Bild 3.3.5-6, rechts):

$\Delta p_{\text{ges }1} = \zeta_1 \cdot \varrho/2 \cdot w_1^2 = 0{,}6 \cdot 1{,}2/2 \cdot 64 = 23$ Pa.

Diffusoren[1)]

Im Diffusor wird kinetische Energie (dynamischer Druck) in statischen Druck umgewandelt. Für energiesparende Kanaldimensionierung hat dieses Element große Bedeutung.

Für einen ebenen Diffusor mit geraden Wänden und Kanalanschluß sind in Bild 3.3.5-7 Dimensionierungsangaben für *maximalen statischen Druckrückgewinn* angegeben, wobei bereits geringe Ablösung vorliegt,

$$c_p = \frac{p_{s2} - p_{s1}}{\varrho/2u_1^2} \quad \text{(Druckanstiegsbeiwert)}$$

Darin bedeuten:

p_s = statischer Druck an der Stelle 1 bzw. 2 (Bild 3.3.5-7)
u = mittlere Strömungsgeschwindigkeit

1) Gersten, K. u. a.: FLT-Bericht 3/1/9/87 Optimierung von Diffusoren, Feb. 87 und Ki 5/84. S. 195/9.
VDI 2087 (05.98).

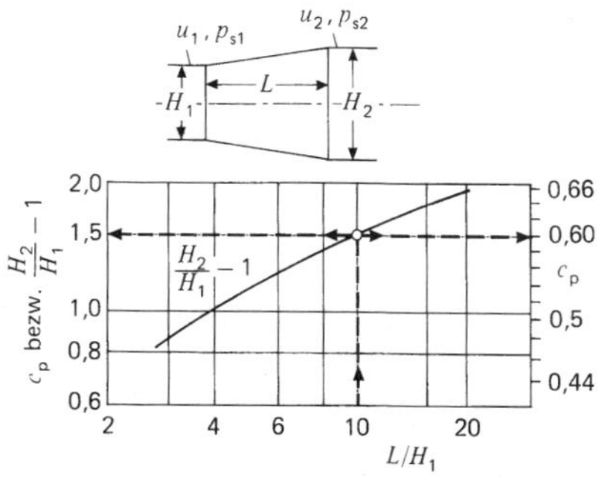

Bild 3.3.5-7. Dimensionen ebener Diffusoren mit geraden Wänden und Kanalanschluß für maximalen statischen Druckgewinn.

Beispiel:

Eintrittsgeschwindigkeit $u_1 = 8$ m/sec, d. h. $\frac{\varrho}{2}\,u_1^2 = 38$ Pa
Statischer Druck am Eintritt $p_{s1} = 200$ Pa
$H_1 = 0{,}3$ m. Verfügbare Länge L = 3 m

Lösung:

Bei $L/H_1 = 3/0{,}3 = 10$
$c_p = 0{,}60$ und $(H_2/H_1) - 1 = 1{,}5$
$H_2 = 2{,}5 \cdot 0{,}3 = 0{,}75$ m

Statischer Druck am Austritt:

$$p_{s2} = c_p \cdot \frac{\varrho}{2}\,u_1^2 + p_{s1} = 0{,}60 \cdot 38 + 200 = 223 \text{ Pa}$$

-3 Wärmeverluste von Luftleitungen

Der Wärmeverlust oder Kälteverlust eines warme oder kalte Luft führenden Kanals ermittelt sich aus der Gleichung

$$\dot{Q} = k \cdot A \cdot \vartheta_m = \dot{m} \cdot c \cdot \Delta t \text{ in W}$$

$\dot{m}$ = Luftstrom in kg/s
c = spez. Wärmekapazität = 1000 J/kg K
k = Wärmedurchgangskoeffizient in W/m² K
A = Kanaloberfläche in m²

Hieraus die Abkühlung oder Erwärmung der Luft:

$$\Delta t = \frac{k \cdot A \cdot \vartheta_m}{\dot{m} \cdot c} \text{ in K}$$

$$k = \frac{1}{\frac{1}{\alpha_i} + \frac{\delta}{\lambda} + \frac{1}{\alpha_a}} \text{ W/m}^2\text{ K}$$

$$\alpha_i = 4{,}2\,\frac{w_0^{0{,}75}}{d^{0{,}25}} \text{ W/m}^2\text{ K (Abschnitt 1.3.5-2.1.1).}$$

ϑ_m = mittlerer Temperaturunterschied zwischen Luft im Kanal und umgebendem Raum ist zunächst zu schätzen. Bei unrichtiger Schätzung ist die Rechnung zu wiederholen.

Beispiel:

Um wieviel kühlt sich Luft von 40 °C in einem Blechrohr von 300 mm Durchmesser ab, wenn das Rohr 15 m weit durch einen Raum von 20 °C Raumtemperatur führt? Luftgeschwindigkeit $w = 6$ m/s.

$$w_0 = w \cdot \frac{273}{313} = 5{,}2 \text{ m/s (bezogen auf 0 °C)}$$

$$\alpha_i = \frac{4{,}2 \cdot 5{,}2^{0{,}75}}{0{,}3^{0{,}25}} = 4{,}2 \cdot 4{,}65 = 20 \text{ W/m}^2\text{ K}$$

ϑ_m = geschätzt auf 18 K
$\alpha_a = \alpha_{ges}$ = 8 W/m² K (Bild 1.3.5-20)

$$k = \frac{1}{\frac{1}{20} + \frac{1}{8}} = 5{,}7 \text{ W/m}^2\text{ K} \qquad (\frac{\delta}{\lambda} \text{ kann bei Blechrohren vernachlässigt werden})$$

$$\text{Luftstrom } \dot{m} = \frac{\pi d^2}{4} \cdot w \cdot \varrho = \frac{\pi \cdot 0{,}3^2}{4} \cdot 6 \cdot 1{,}14 = 0{,}49 \text{ kg/s}$$

$$\text{Abkühlung } \Delta t = \frac{5{,}7 \cdot 15 \cdot \pi \cdot 0{,}3 \cdot 18}{0{,}49 \cdot 1000} = 3{,}0 \text{ K}$$

$$\text{Kontrolle: } \vartheta_m = \frac{40 + 37}{2} - 20 = 18{,}5 \text{ K}$$

-4 Luftauslässe (Zuluft-Durchlässe)

Ergänzungen von Dr.-Ing. habil. Klaus Guntermann, Neukirchen-Vluyn

-4.1 Allgemeines

Luftauslässe gehören zu den wichtigsten Bestandteilen jeder Raumlufttechnischen Anlage, die mit größter Sorgfalt ausgelegt und ausgeführt werden sollten, um Zugerscheinungen, Kurzschlußströmung und Geräuschbildung in den gelüfteten Räumen zu vermeiden. Luftauslässe unterscheiden sich in ihren Funktionsmerkmalen und in ihrer Ausführung. Herstellung erfolgt aus Stahl, Aluminium, Kunststoff. Beispiele verwendeter Luftauslässe siehe Tafel 3.3.5-3 und Tafel 3.3.5-6.

Bezeichnungen:

Luftdurchlaß = Öffnung, durch die Luft in den Raum eintritt oder aus dem Raum abströmt;

Zuluftdurchlaß = Öffnung, durch den Zuluft in einen Raum eintritt (Luftauslaß, Verteiler);

Abluftdurchlaß = Öffnung, durch die Abluft aus einem Raum abgesaugt wird (Lufteinlaß);

Deckendurchlaß = Öffnung in Decke für Zuluft (Deckenluftverteiler) oder Abluft;

Wanddurchlaß = Öffnung in Wand für Zuluft (Wandluftverteiler) oder Abluft;

Gitter = Vorrichtung zur Luftverteilung und Luftlenkung in einer Öffnung, auch für Abluft verwendet;

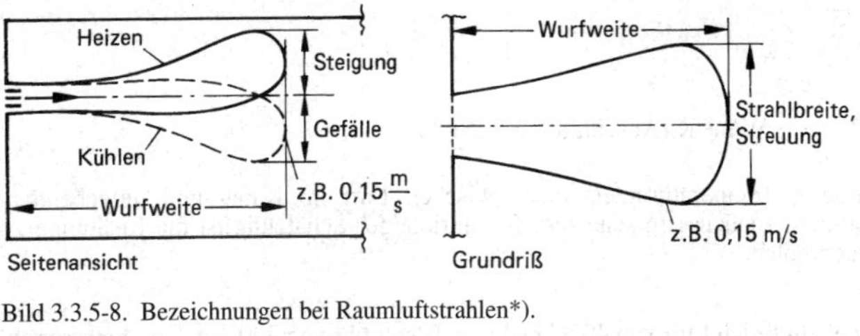

Bild 3.3.5-8. Bezeichnungen bei Raumluftstrahlen*).

*) ISO 3258 (5/76), Luftverteilung und Luftströmung – Vokabular.
Eurovent 2/1/5 (6.86) Luftverteilung und Luftströmung – Terminologie.

Freier Querschnitt	=	derjenige Querschnitt, durch den Luft strömt, häufig in % des Gesamtquerschnitts angegeben;
Gesamtquerschnitt	=	Querschnitt der Öffnung; Strahlkontraktion ist gegebenenfalls zu beachten (Kontraktionszahl μ);
Primärluft	=	aus der Öffnung austretender Luftstrom (Treibluft beim Induktionsvorgang);
Sekundärluft	=	durch den Luftstrahl längs des Strahlwegs zunehmende, mitgeführte (induzierte) Raumluft.
Wurfweite	=	Entfernung, bei der die mittlere Geschwindigkeit des Luftstrahls auf einen bestimmten Wert, meist 0,15 m/s, abgesunken ist;
Streuung (Strahlbreite)	=	quer zur Hauptströmungsrichtung gemessene Ausdehnung am Ende des Luftstrahls;
Gefälle, Steigung	=	Vertikaler Abstand zwischen Mitte Luftauslaß und der tiefsten (höchsten) Stelle, wo die Geschwindigkeit auf einen bestimmten Wert (z. B. 0,15 m/s) abgesunken ist.

Luftauslässe bilden den Übergang zwischen dem Luftverteilsystem und dem behandelten Raum. Sie haben maßgebenden Einfluß auf die Form der Raumströmung und den Energieaustausch zwischen Zuluft und Raumluft. Sie haben die primäre Aufgabe des Luftbehandlungssystems zu erfüllen: Sicherstellung einer guten *Luftqualität* in der Aufenthaltszone durch Beseitigen von Luftverunreinigungen und Zufuhr sauberer Luft sowie Einhaltung des thermischen Komforts mit gleichmäßiger Temperatur und Temperaturverteilung bei behaglicher (zugfreier) Raumluftgeschwindigkeit.

Man unterscheidet bezüglich der Luftführung[1]:

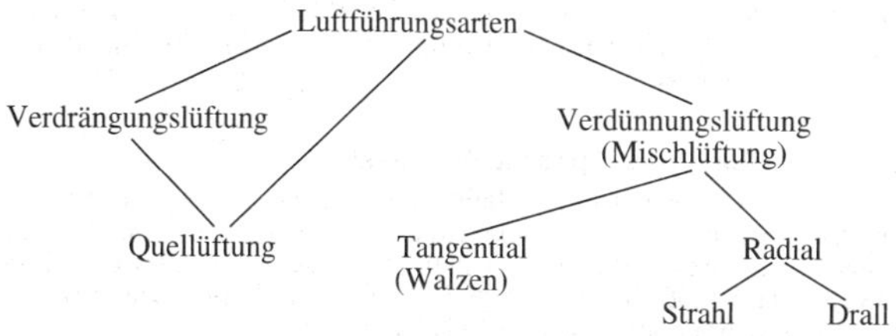

Die *Verdrängungslüftung* wird angewandt bei Reinräumen, Operationsräumen, Labors und einer Vielzahl industrieller Anwendungen. Hierbei kann der Produktschutz, aber auch der Schutz des Menschen vor Emissionen im Vordergrund stehen (Farbspritzstände u. a.). Die Luft tritt hierbei gleichmäßig mit einer Geschwindigkeit von mindestens 0,15 m/s über die Eintrittsfläche in den Raum ein, durchströmt den Raum gleichmäßig und verläßt ihn auf der gegenüberliegenden Seite. Thermische Auftriebskräfte sind vernachlässigbar. Das Ziel ist es, Querbewegungen zur Hauptströmungsrichtung zu vermeiden. Übliche Luftauslässe hierfür sind:

Lochdecken, Filterdecken oder -wände, Gewebeabdeckungen (Laminarisatoren), Fußboden-Gitterroste (Bild 3.3.5-9).

In Räumen mit Kühllast und insbesondere bei gleichzeitigem Auftreten von Wärme- und Verunreinigungsquellen wird im Aufenthaltsbereich impulsarm Luft mit geringer Untertemperatur (2…5 K) eingeführt *(Quellüftung)*[2]. Wärmequellen geben die Wärme durch Auftrieb nach oben ab (*thermisch gesteuerte Luftführung* s. auch Abschn. 3.3.5-4.6).

Bei *Verdünnungslüftung* – auch *Mischlüftung* oder Strahllüftung genannt – wird Induktion angestrebt. Folgt die Luft zunächst *tangential* einer Wand oder Decke, so bilden sich Strömungswalzen aus. Dies geschieht meist bei Induktionsgeräten oder Auslässen mit *Coanda-Effekt* (s. Bild 3.3.5-10). Bei *diffuser* Raumströmung wird der Coanda-Effekt bewußt ver-

[1]) Rákóczy, T.: Ki 5/80. S. 225/32. u. HLH 3/89. S. 154/7.
[2]) Fitzner, K.: HLH 3/93. S. 190/191.
Socher, H.-J.: TAB 4/85. S. 279 ff.
Mayer, E. (Hrsg.): Bauforschung für die Praxis, Bd. 13, IRB Verlag 1995.

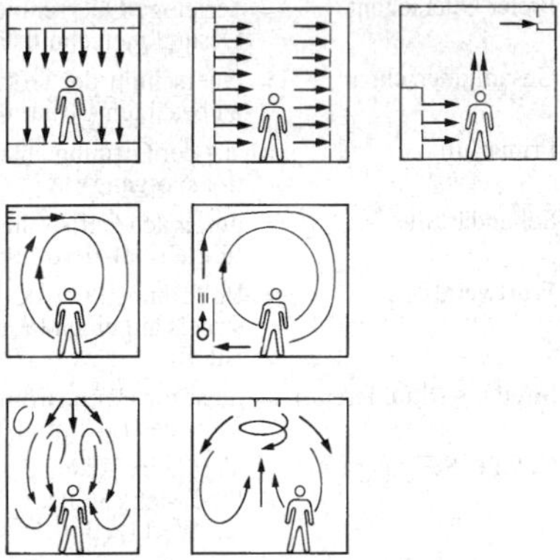

Bild 3.3.5-9. Verschiedene Formen der Raumströmung.

a) Verdrängungsströmung, rechts als Quellüftung

b_1) Mischungsströmung, tangentiale Strömungswalzen

b_2) Mischungsströmung, diffuse Strömungswalzen

mieden. Die Induktion ist dabei noch größer; Geschwindigkeit und Temperaturdifferenz werden schnellstmöglich abgebaut. Realisierung durch Strahldüsen, Drallauslässe und einige Schlitzauslässe (s. auch Abschn. 3.3.5-4.3.3).

Häufig wird die Raumströmung auch durch *thermische Kräfte* bestimmt, die Wärmequellen oder auch kalte Flächen wie Wände und Fenster im Raum auslösen (freie Konvektion). Die Mischlüftung (Mischungsströmung) versucht deren Auswirkung zu unterdrücken. Quellüftung hingegen wird wesentlich durch thermische Effekte bestimmt.[1)]

Von *Kurzschlußströmung* spricht man, wenn Zuluft in die Abluftöffnung gelangt, ohne vorher die Aufenthaltszone gelüftet zu haben (s. auch Abschn. 3.5.1-1.5). Abluft-Durchlässe *(Lufteinlässe)* s. Abschnitt 3.3.5-7.

-4.1.1 Coanda-Effekt und Wirbelgrenzflächeneffekt[2)]

Werden ebene Strahlen aus Schlitzen nicht unmittelbar unter der Decke ausgeblasen, sondern in einem gewissen Abstand a, so legt sich der Strahl, infolge des induzierten Wirbels und einseitig höheren Unterdrucks an die Fläche an; er „klebt" gewissermaßen daran, solange a einen Wert von etwa 30…50 · b (b = Strahldicke) nicht überschreitet. Dieser Betrag ist geringfügig von Volumenstrom und Geschwindigkeit abhängig.

Dasselbe geschieht, wenn der Strahl unter einem gewissen Winkel α aus einer Fläche austritt. Bei einem ebenen Strahl erfolgt die Umlenkung, solange α kleiner oder gleich 45° ist. Bei *Einzelstrahlen* oder kurzen Schlitzen $b < 25$ · Länge kann α auch kleiner sein, ohne daß der Strahl anliegt. Die Verwendung einzelner Strahlen ist daher günstiger als ein durchlaufender langer Strahl, da die Induktion größer ist und die Geschwindigkeit schneller abnimmt (Bild 3.3.5-10). Siehe auch Bild 3.3.5-37 o. Bild 3.3.5-38).

Ähnlich sind die Strömungsvorgänge bei zwei benachbarten Strahlen. Es bilden sich zwei Wirbel, und die Stellen legen sich aneinander, wenn der Abstand einen gewissen Wert unterschreitet (Bild 3.3.5-10, rechts). Man nennt diese Erscheinungen gelegentlich Wirbelgrenzflächen-Effekt.

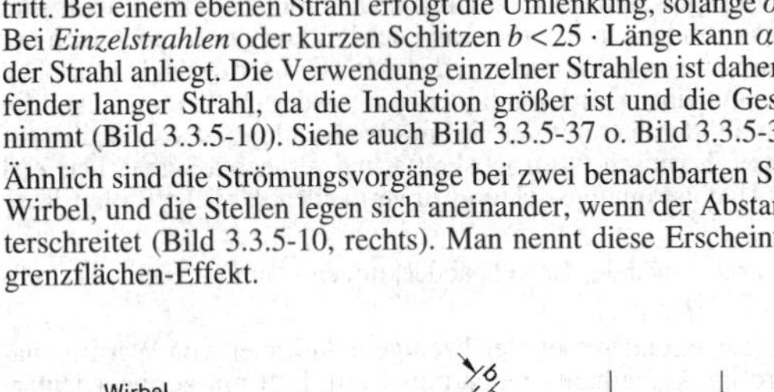

Bild 3.3.5-10. Coanda-Effekt bei Luftstrahlen.

1) Krühne, H., Fitzner, K.: HLH 9/95. S. 475/81.
2) Katz, P.: Ges.-Ing. 6/73. S. 169/74.
Hönmann, W.: Ki 1/75. S. 23/30.
Moog, W.: Ki 11/78. S. 405/12.

Wenn das Wirbelgebiet durch eine gekrümmte Fläche ersetzt wird, spricht man vom *Coanda-Effekt.* Meist werden beide Effekte einheitlich Coanda-Effekt genannt.

Maßgebend für das Auftreten ist das Unterdruckgebiet im Bereich der vom Strahl injizierten Sekundärluft bzw. die Haftkraft an der gekrümmten Wand. Kann diese Luft nicht frei nachströmen, zieht sich der Strahl selbst in dieses Gebiet hinein bzw. folgt der gekrümmten Wand.

Wenn ein Luftstrahl aus einer Wand etwa in halber Raumhöhe ausgeblasen wird, kann es vorkommen, daß sich der Strahl mal an der Decke, mal am Boden anlegt, was auch durch thermische Strömungen im Raum ausgelöst werden kann. Unkontrollierte Raumluftströmungen sind die Folge mit auftretenden Zugerscheinungen.

-4.1.2 Archimedes-Zahl [1)]

Beim Heizen oder Kühlen hat die zuströmende Luft eine Temperaturdifferenz und somit einen Dichteunterschied zur Raumluft, der eine Schwerkraft auslöst. Für die Raumströmungsform und -geschwindigkeit ist das Verhältnis der *Schwerkraft* zu der im Strahl enthaltenen *Trägheitskraft* von Bedeutung. Es kommt sowohl auf die Größe als auch die Richtung der Kräfte an.

Man unterscheidet zwei Fälle:

Trägheits- und Schwerkraft sind gleich gerichtet, wenn kalte Luft aus der Decke oder warme Luft aus dem Fußboden strömt.

Trägheits- und Schwerkraft sind entgegengerichtet, wenn warme Luft aus der Decke oder kalte Luft aus dem Fußboden strömt.

In letzterem Fall kann die Strahlgeschwindigkeit durch Schwerkräfte zu Null werden und die Strömungsrichtung wird umgekehrt. Beispiele: Kalte Luft aus dem Fußboden gelangt nicht ohne Auftriebsströmungen durch Wärmequellen in den Deckenbereich. Vielmehr bildet sich eine Warmluftschicht unter der Decke, durch die jedoch eine Beheizung der Aufenthaltszone nicht möglich ist (s. auch Abschn. 3.3.5-4.2.2 und -4.2.3).

Das Verhältnis der beiden erwähnten Kräfte wird beschrieben durch die

$$\textit{Archimedes-Zahl } Ar = \frac{\text{Schwerkraft}}{\text{Trägheitskraft}} \triangleq \frac{\text{freie Konvektion}}{\text{erzwungene Konvektion}}$$

Herleitung der Ar-Zahl (Bild 3.3.5-11).

Die durch Schwerkraft (Thermik) ausgelöste Luftgeschwindigkeit ist

$$v_x^2 = 2 \cdot g \cdot H \cdot \Delta T / T_u$$

Die Trägheitskraft ist proportional dem Quadrat der Einblasgeschwindigkeit. Wählt man z. B. gem. Bild 3.3.5-11 die auf die Grundrißfläche des Raumes bezogene Verdrängungsgeschwindigkeit $u_0 = \dot{V}/A$, so ist

$$Ar^* = \frac{v_x^2}{v_0^2} = \frac{2 \cdot g \cdot H \cdot \Delta T}{v_0^2 \cdot T_u}$$

Es ist üblich, den Faktor 2 wegzulassen und manchmal anstatt der Raumhöhe *H* eine beliebige charakteristische Länge zu wählen.

Somit definiert man folgende Archimedes-Zahlen:

für durchströmte Räume (Verdrängungsströmung):

$$Ar = \frac{g}{T_u} \cdot \frac{\Delta T_o}{H} \cdot \left(\frac{3600}{n}\right)^2 (1-\varepsilon)^2 = \frac{g \cdot \Delta T_o \cdot H}{T_u \cdot v_0^2} (1-\varepsilon)^2$$

für runde Einzel-Strahlen:

$$Ar = \frac{g \cdot \Delta T_o \cdot d}{T_u \cdot v_0^2}$$

[1)] Regenscheit, B.: Ges.-Ing. 6/70. S. 172/77 und Ki Extra Nr. 12 (1981).
Presser, K. H.: Ges.-Ing. 6/89. S. 286/307.

für ebene Einzel-Strahlen:

$$Ar = \frac{g \cdot \Delta T_o \cdot h}{T_u \cdot v_0^2}$$

Dabei bedeuten

ΔT_o = Temperaturdifferenz Raum–Zuluft in K
v_0 = Verdrängungs- bzw. Strahlaustrittsgeschwindigkeit in m/s
n = Luftwechselzahl in h^{-1}
d = Strahldurchmesser bei rundem Strahl in m
h = Strahldicke bei ebenem Strahl in m.

Weitere Bezeichnungen s. Legende zu Bild 3.3.5-11.

ε ist das Verhältnis von freier zur Gesamtbodenfläche, wenn bei Verdrängungsströmung von unten nach oben durch Möbel oder Maschinen die freie Strömungsfläche verengt ist.

Für T_u = 293 K (20 °C) ist

$$\underbrace{Ar = 0{,}0335\ d \cdot \Delta T_o / v_0^2}_{\text{runder Stahl}} \quad \text{oder} \quad \underbrace{Ar = 0{,}0335 \cdot h \cdot \Delta T_o / v_0^2}_{\text{ebener Stahl}}$$

Diese Gleichung ist für ΔT_o = 1 K im Bild 3.3.5-12 dargestellt.

Anwendung der Ar-Zahl bei Strahllüftung siehe Abschnitt 3.3.5-4.3.3 und -4.3.4.

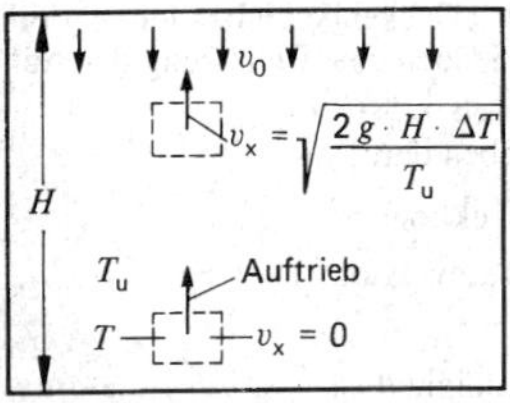

Bild 3.3.5-11. Herleitung der Archimedes-Zahl.

v_x = thermische Auftriebsgeschwindigkeit in m/s
v_0 = Verdrängungsgeschwindigkeit im Raum, m/s
g = 9,81 m/s² = Erdbeschleunigung
H = Raumhöhe in m
T = abs. Temperatur des Volumenelements in K
T_u = abs. Temperatur der Umgebung in K
$\Delta T = T - T_u$

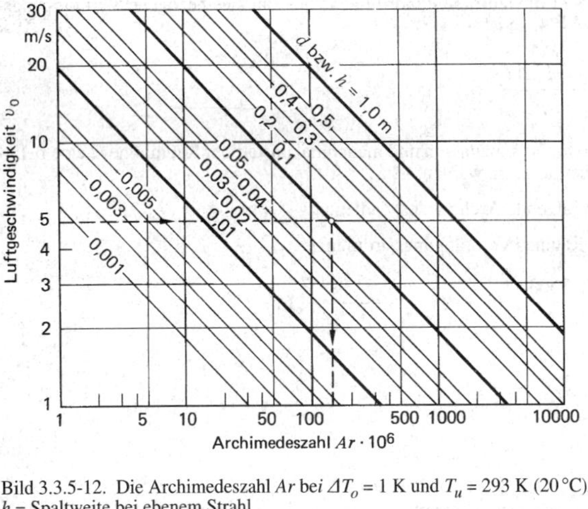

Bild 3.3.5-12. Die Archimedeszahl Ar bei ΔT_o = 1 K und T_u = 293 K (20 °C).
h = Spaltweite bei ebenem Strahl
d = Durchmesser bei rundem Strahl

Bei *Verdrängungsströmung* erhält man nach Regenscheit aus einer Arbeit von Linke im Heizfall gerade noch stabile Strömung ohne Strömungsumkehr, wenn bei

Strömung von oben nach unten $Ar < 46$
Strömung von unten nach oben $Ar < 360$

eingehalten wird. Als Temperaturdifferenz ΔT ist hier die Differenz zwischen Abluft- und Zuluft und als T_u die Raumtemperatur einzusetzen.

Beispiel:

Strömung von oben nach unten	ε	=	0
Heizen: Temperaturdifferenz Zuluft–Abluft	ΔT_o	=	5 K
Raumtemperatur	T_u	=	20 °C = 293 K
Raumhöhe	H	=	3 m
Verdrängungsgeschwindigkeit	v_0	=	$H \cdot n/3600$ in m/s

$$\text{Aus } Ar = \frac{g \cdot \Delta T_o}{T_u \cdot H}\left(\frac{3600}{n}\right)^2 < 46$$

$$\text{folgt Luftwechsel} \quad n > 3600 \sqrt{\frac{g \cdot \Delta T_o}{46 \cdot T_u \cdot H}} = 125\ \text{h}^{-1}$$

Das entspricht einer Verdrängungsgeschwindigkeit $v_0 > H \cdot n/3600 = 0{,}105$ m/s.

Will man diese Luftgeschwindigkeit nicht überschreiten (Zuggefahr), muß man den recht großen Luftwechsel von $n > 125\ \text{h}^{-1}$ einhalten. Man bevorzugt daher bei Heizung die Luftführung von unten nach oben. Da hier $Ar < 360$ sein kann, reicht im vorstehenden Beispiel (bei $\varepsilon = 1$) ein Luftwechsel von $n = 45\ \text{h}^{-1}$.

Da man aus baulichen Gründen oder aus Anforderungen durch die Nutzung die Luft oft nicht von unten nach oben führen kann, wählt man statt der *Verdrängungsströmung* meist die *Strahllüftung* von oben nach unten oder von der Seite (Abschn. 3.3.5-4.3.4).

Die Archimedeszahl ist eine wichtige Kennzahl bei Modellversuchen zur Ermittlung der *Raumluftgeschwindigkeit.* Die *Ar-Zahl* gibt bei Modellversuchen mit von 1:1 abweichendem Größenmaßstab Richtwerte für den Versuch.

Beispiel:

Im Modellversuch ist die Raumhöhe nur ein Viertel der Großausführung ($H_m = {}^1/_4 \cdot H$). Dann ist, um die *Ar*-Zahl konstant zu halten, entweder

die Temperaturdifferenz ΔT viermal größer oder
die Raumtemperatur T_u viermal kleiner oder
die Geschwindigkeit v_0 zweimal kleiner zu wählen.

-4.2 Wandluftauslässe [1)]

Diese Auslässe bilden waagerecht in den Raum eintretende Strahlen. Auslässe mit Einblasung von der Decke s. Abschn. 3.3.5-4.3, vom Fußboden s. Abschn. 3.3.5-4.5. Wenn die Luftstrahlen gleiche Temperatur wie die Raumluft hat, spielt die Strahlrichtung im Verhältnis zur Schwerkraft keine Rolle *(isotherme Strahlen).* Die nachstehend angegebenen Strahlgesetze gelten dann auch für senkrechte Strahlen.

-4.2.1 Freie isotherme runde und ebene Strahlen (Freistrahlen)

Tritt ein Luftstrahl z. B. mittels einer Düse aus einer *runden freien Öffnung* aus, so breitet er sich im Raum allseitig aus, wobei der gesamte Ausbreitungswinkel unabhängig von der Geschwindigkeit 23 bis 25° ist (Bild 3.3.5-13).

[1)] Fitzner, K.: Ges.-Ing. 12/76. S. 293/300.
Rákóczy, T.: HLH 5/77. S. 173/5 u. Ki 5/80. S. 924/31.
Detzer, R.: KI 4 (1973). S. 47/53 und Diss. Stuttgart 1972.
Regenscheit, B.: KI 1/74. S. 9/16 und Klima-Kälte-Tech. 6/7/8, 1975, ferner HLH 4/76. S. 122/6, DKV-Bericht Nov. 1975 und Ki Extra Nr. 12 (1981).
Gersten, G., u. a.: Wärme- und Stoffübertragung 1980. S. 145/62.
Egolf, W. P.: Ges.-Ing. 4/92. S. 198/204.
Schwarz, W.: KI 11 (1995). S. 518/21.

Bild 3.3.5-13. Ausbreitung eines isothermen Luftstrahls aus einer Düse in freier Luft (Schema).

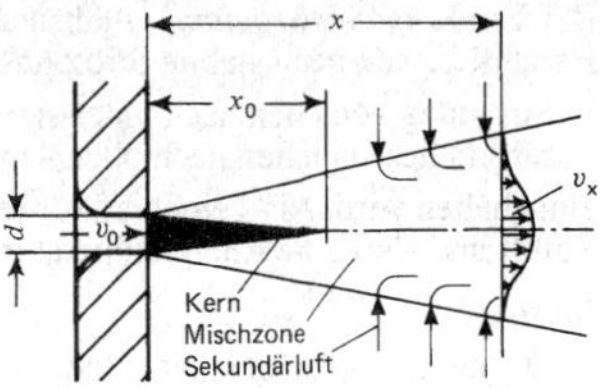

Die Anfangsgeschwindigkeit bleibt nur in einem kegelförmigen Teil der Strömung, dem Kern, erhalten. Länge x_0 der Kernzone abhängig vom Turbulenzgrad des Strahles. Bei kleiner Turbulenz ist die Kernzone länger als bei großer Turbulenz. Vom Ende des Kerns an vermindert sich die axiale Luftgeschwindigkeit v_0 nach einem kurzen *Übergangsgebiet* umgekehrt proportional der Entfernung vom Auslaß: $v_x/v_0 \approx 1/x$. Um den Kern herum liegt die *Mischzone,* in der sich in stark wirbelnden Bewegungen die Raumluft mit der ausgeblasenen Luft mischt. Die gesamte vom Luftstrahl in Bewegung gesetzte Luftmenge wird durch die induzierte Raumluft *(Sekundärluft)* immer größer, während die Geschwindigkeit immer geringer wird.

Bei einer *runden Düse* lassen sich die axialen Geschwindigkeiten des Luftstrahls durch folgende einfache Gleichung darstellen (s. auch Tafel 3.3.5-4):

$$\frac{v_x}{v_0} = \frac{x_0}{x} = \frac{1}{m} \cdot \frac{d}{x} \quad \text{worin } x_0 = \frac{d}{m} \text{ ist.}$$

v_0 = Anfangsgeschwindigkeit im Auslaßquerschnitt in m/s
v_x = axiale Geschwindigkeit in der Entfernung x in m/s
m = d/x_0 = Mischzahl
x = Entfernung vom Luftauslaß in m
d = Durchmesser in m
x_0 = Kernlänge in m

Diese Gleichung ist in dem doppelt-logarithmischen Diagramm Bild 3.3.5-14 dargestellt. Der Faktor *m,* die sogenannte *Mischzahl,* hängt vom Turbulenzgrad, der am Auslaß vorliegt (oder später durch Thermik beeinflußt wird), ab und hat bei geringer Turbulenz Werte von etwa 0,1…0,2, bei großer Turbulenz 0,2…0,5 (Tafel 3.3.5-5). Je geringer die Turbulenz, desto größer ist die *fiktive Kernlänge* $x_0 = d/m$. Für $m = 0{,}15$ ist $x_0 = 6{,}7\ d$.

Bei kleinen Austrittsöffnungen und kleinen Geschwindigkeiten (d.h. kleinen Re-Zahlen, also laminarem Anlauf) folgt die Mittengeschwindigkeit nicht mehr dem Gesetz $v_x/v_0 = (x_0/x)^n$ mit $n = 1$, sondern sie verringert sich schneller mit $n = 1 \ldots 2$[1]. Der laminare Bereich ist aber meist kürzer als die Kernlänge bei turbulentem Ausblasen. Den Strahlweg x_u, bei dem der Übergang von laminarer in turbulente Strömung erfolgt, zeigt Bild 3.3.5-15. Der rechteckige Strahl wird bei gegebener Reynoldszahl nach kürzerer Laufstrecke x_u turbulent als der runde.

Bei *Strahlenbündeln,* bestehend aus mehreren benachbarten Luftstrahlen (Lochdecken, Düsenpaketen u. a.), verringert sich die Geschwindigkeit langsamer.[2]

Geschwindigkeitsprofil des Strahls

Die Geschwindigkeit v_y der Luft außerhalb der Achse eines runden Freistrahls ändert sich nach dem Gesetz (Bild 3.3.5-16 und Bild 3.3.5-17):

[1]) Gräff, B.: DKV-Bericht 2 (1975). S. 477.
[2]) Frings, P., u. J. Pfeifer: HLH 2/81. S. 49/61.

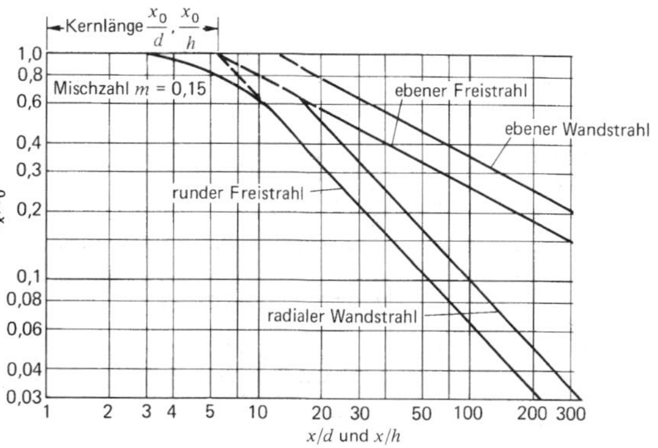

Bild 3.3.5-14. Abnahme der axialen Luftgeschwindigkeit v_x mit der Entfernung x bei rundem und ebenen isothermen Freistrahl und bei einseitig anliegendem Wandstrahl ($m = 0{,}15$). h = Dicke eines ebenen Strahls, d = Durchmesser eines runden Strahls.

$$\frac{v_y}{v_x} = e^{-2\,(y/mx)^2} = e^{-0{,}69\,(y/y_a)^2}$$

y = Entfernung von der Achse
y_a = Entfernung y, wo $v_y = 0{,}5\ v_x$ ist.

Alle Profile sind für $x > x_0$ einander ähnlich und lassen sich durch eine einzige Kurve darstellen, wenn man die Geschwindigkeiten v_y auf die Entfernung y_a bezieht.

Bei *rechteckigen Luftdüsen* ist das Profil ähnlich derjenigen der runden Auslässe, so daß man bei einer größeren Entfernung vom Auslaß keinen Unterschied mehr feststellen kann, ob die Luft aus einem runden oder rechteckigen Auslaß ausströmt.

Je größer das Seitenverhältnis $\lambda = b/h$ der Öffnung ist, desto mehr nähert sich die Geschwindigkeitsabnahme derjenigen eines ebenen Strahles (Schlitzes), siehe Bild 3.3.5-18[1].

Bei *ebenen Schlitzen* (Bild 3.3.5-18) verringert sich infolge der fehlenden seitlichen Ausdehnung die axiale Geschwindigkeit v_x aber erheblich weniger als bei runden Auslässen, so daß die Wurfweite größer wird. Allerdings ist auch der Volumenstrom entsprechend größer. Bei gleichem Volumenstrom und gleicher Anfangsgeschwindigkeit v_0 sind die Wurfweiten für langen ebenen und rechteckigen Strahl ungefähr gleich.

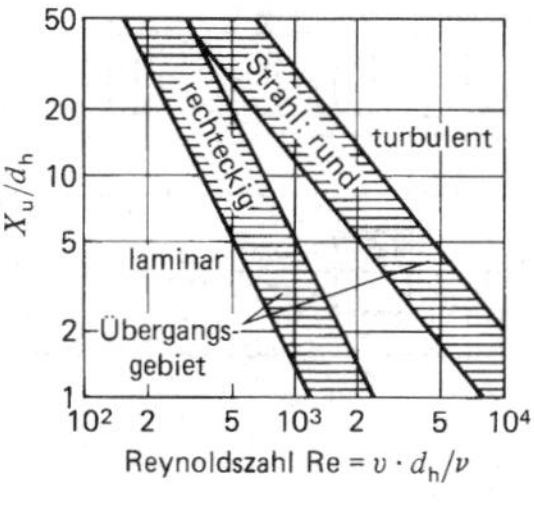

Bild 3.3.5-15. Übergang laminar – turbulent bei runden und rechteckigen Freistrahlen.

[1]) Regenscheit, B.: Ki extra 12 (1981).

Tafel 3.3.5-3 Verschiedene Arten von Wand-Luftdurchlässen

1. **Lochgitter und Drahtgitter** mit und ohne Mengeneinstellung durch V-Jalousie oder Schlitzschieber	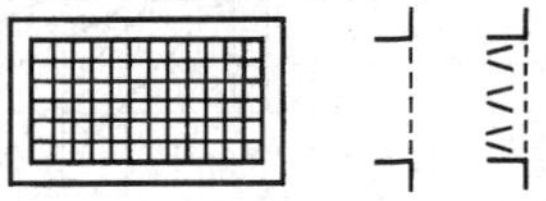
2. **Steggitter mit waagerechten Lamellen** Stege fest oder drehbar Strömung kann nach oben und unten gerichtet werden	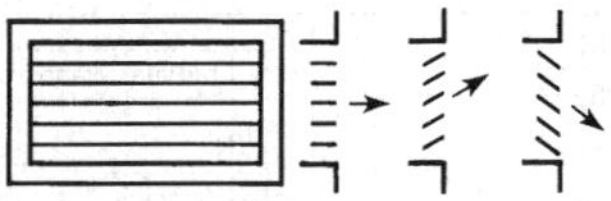
3. **Steggitter mit senkrechten Lamellen** Stege fest oder drehbar Strömung kann nach rechts und links gerichtet werden	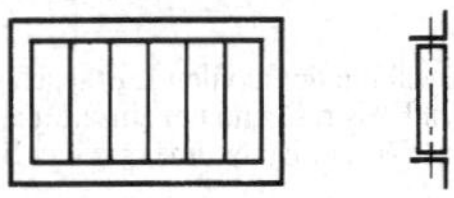
4. **Steggitter mit doppelter Luftlenkung, waagerecht und senkrecht** Stege einzeln oder insgesamt drehbar	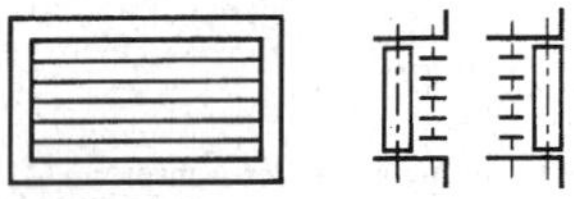
5. **Steggitter mit einfacher Luftlenkung und Mengeneinstellung** Luftlenkung durch waagerechte Stege Mengeneinstellung durch V-Jalousie	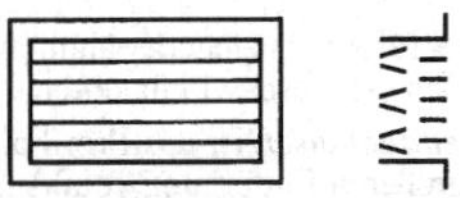
6. **Steggitter mit doppelter Luftlenkung und Mengeneinstellung** Luftlenkung durch waagerechte und senkrechte Stege Mengeneinstellung durch V-Jalousie oder Einstellzunge	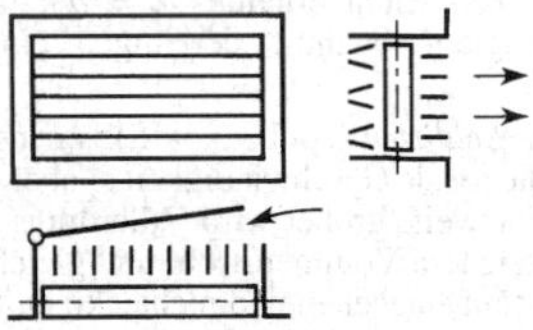
7. **Gitterband** mit senkrechten (oder waagerechten Stegen), dahinter zusätzliche Lamellen oder Mengeneinsteller	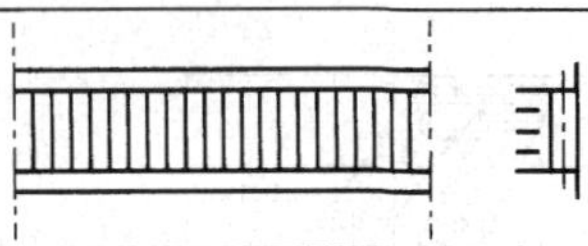
8. **Düsen** rund rechteckig	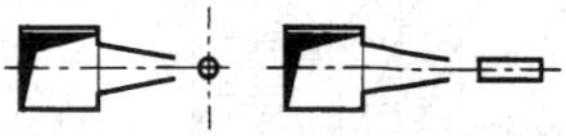

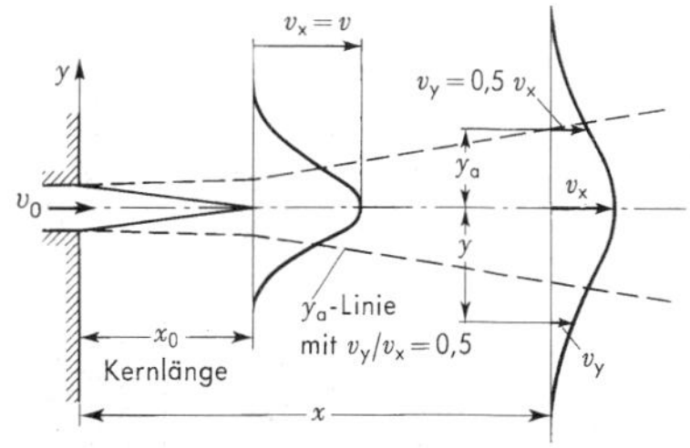

Bild 3.3.5-16. Strahlprofil beim runden Freistrahl.

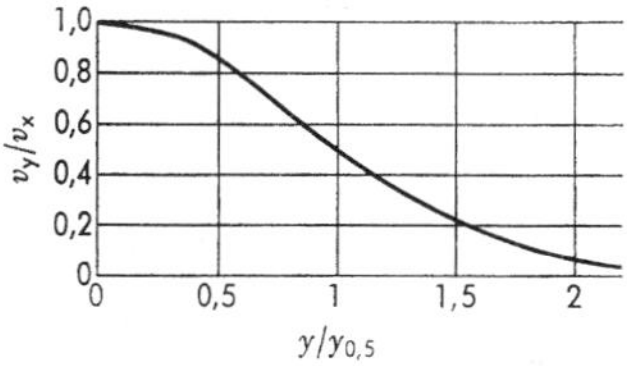

Bild 3.3.5-17. Dimensionslose Strahlprofilkurve beim runden Freistrahl.

Die Abnahme der Geschwindigkeit ist umgekehrt proportional der Wurzel aus der Entfernung x vom Auslaß (siehe Tafel 3.3.5-4):

$$\frac{v_x}{v_0} = \sqrt{\frac{x_0}{x}} = \sqrt{\frac{h}{m \cdot x}}$$ h = Schlitzhöhe, in m

Mit $m = 0{,}15$ wird

$$\frac{v_x}{v_0} = 2{,}6\sqrt{\frac{h}{x}}$$ (Bild 3.3.5-14)

Die Wurfweite wird mit $v_x = 0{,}5$ m/s: $L \approx 26{,}7\ v_0^2\ h$ in m

Bei durch Gitter oder auf andere Weise verengten Auslässen sind die nachstehend erwähnten Faktoren μ und r zu berücksichtigen; statt h ist also $h/\mu r$ einzusetzen.

Die Kernlänge $x_0 = h/m$ ist von der Mischzahl m abhängig (Tafel 3.3.5-4). Der Ausbreitungswinkel ist größer als beim runden Strahl und beträgt etwa 33°.

Bei *scharfkantigen* und durch Jalousien, Lochgitter oder andere Gitter verengten *Auslässen* ist die Lufteinschnürung zu berücksichtigen. Für die Geschwindigkeitsverteilung bei diesen Auslässen gilt die Gleichung:

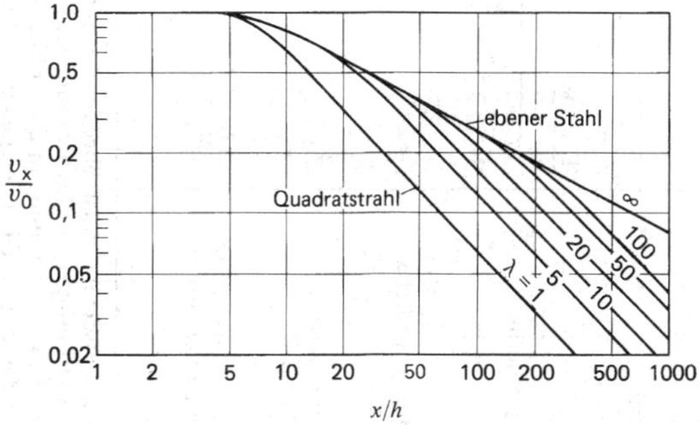

Bild 3.3.5-18. Geschwindigkeitsabnahme bei Rechteckstrahlen. λ = Seitenverhältnis = b/h. Mischzahl $m = 0{,}2$.

Tafel 3.3.5-4 Grundgleichungen für Luftstrahen (nach Regenscheit)

	Runder Freistrahl	Ebener Freistrahl	Ebener Wandstrahl	Rechteckiger Freistrahl
				gültig ab $\frac{x}{h} = \frac{1}{m} \cdot \frac{b}{h}$
Kernlänge x_0	$x_0 = d/m$	$x_0 = h/m$	$x_0 = 2\,h/m$	$x_0 = h/m$
Mittengeschwindigkeit v_x				
isotherm	$\frac{v_x}{v_0} = \frac{x_0}{x} = \frac{d}{mx}$	$\frac{v_x}{v_0} = \sqrt{\frac{x_0}{x}} = \sqrt{\frac{h}{mx}}$	$\frac{v_x}{v_0} = \sqrt{\frac{x_0}{x}} = \sqrt{\frac{2\,h}{mx}}$	$\frac{v_x}{v_0} = \frac{x_0}{x}\sqrt{\frac{b}{h}} = \frac{h}{mx}\sqrt{\frac{b}{h}}$
nicht isotherm	$\frac{v_x}{v_0} = \frac{x_0}{x} \pm \sqrt{\frac{Ar}{m}\left(1 + \ln\frac{2x}{x_0}\right)}$	$\frac{v_x}{v_0} = \sqrt{\frac{x_0}{x}} \pm \sqrt{\frac{Ar}{m}\left(2{,}83 \cdot \sqrt{\frac{x}{x_0}} - 1\right)}$		
Ausbreitungswinkel α (isotherm)	$\approx 24°$	$\approx 33°$	$\approx 16{,}5°$	$\approx 24°$
Im Strahl bewegtes Luftvolumen $\dot{V}_x$	$\frac{\dot{V}_x}{\dot{V}} = 2\frac{x}{x_0} = 2\,m\frac{x}{d}$	$\frac{\dot{V}_x}{\dot{V}} = \sqrt{\frac{2\,x}{x_0}} = \sqrt{\frac{2\,mx}{h}}$	$\frac{\dot{V}_x}{\dot{V}} = \sqrt{\frac{2\,x}{x_0}} = \sqrt{\frac{mx}{h}}$	$\frac{\dot{V}_x}{\dot{V}} = 2 \cdot \frac{x}{x_0}\sqrt{\frac{h}{b}} = 2\frac{m \cdot x}{h}\sqrt{\frac{h}{b}}$
Temperaturabnahme im nichtisothermen Strahl	$\frac{\Delta T_x}{\Delta T_0} = \frac{3}{4}\frac{x_0}{x} = \frac{3}{4}\frac{d}{mx}$	$\frac{\Delta T_x}{\Delta T_0} = \sqrt{\frac{3}{4}\frac{x_0}{x}} = \sqrt{\frac{3}{4}\frac{h}{mx}}$	$\frac{\Delta T_x}{\Delta T_0} = \sqrt{\frac{3}{4}\frac{x_0}{x}} = \sqrt{\frac{3}{2}\frac{h}{mx}}$	$\frac{\Delta T_x}{\Delta T_0} = \frac{3}{4}\frac{x_0}{x}\sqrt{\frac{b}{h}} = \frac{3}{4}\frac{h}{m \cdot x}\sqrt{\frac{b}{h}}$

d = Durchmesser; b = Auslaßbreite; h = Schlitzhöhe; m = Mischzahl, bei kleiner Turbulenz (Düsen) $m \approx 0{,}15$, bei großer Turbulenz $m \approx 0{,}25$; x = Entfernung von Öffnung; v_0 = Geschwindigkeit in Öffnung; v_x = Geschwindigkeit in der axialen Entfernung x; Ar = Archimedeszahl; $\dot{V}$ = Luftvolumen in der Öffnung; $\dot{V}_x$ = Luftvolumen in der Entfernung x; ΔT_0 = Temperaturdifferenz zwischen Strahl und Umgebung in der Öffnung; ΔT_x = Temperaturdifferenz in der Entfernung x. Die Gleichungen gelten für $x > x_0$ und $x > 40 \ldots 300 \cdot d$ bzw. h.

Tafel 3.3.5-5 Richtwerte für Mischzahl m verschiedener Auslässe

Auslaß	m	Auslaß	m
Düsen	0,14…0,17	Lochgitter, $r = 0,1 \cdots 0,2$	0,22…0,28
Rechteckige freie Auslässe	0,17…0,2	„ $r = 0,01 \cdots 0,1$	0,28…0,4
Schlitze		Steggitter, gerade	0,18…0,25
Seitenverhältnis	0,2 …0,25	„ divergierend 40°	0,28
$s = 20 \cdots 25$		60°	0,4
		90°	0,5

$$\frac{v_x}{v_0} = \frac{1}{m} \frac{\sqrt{A}}{x\sqrt{\mu r}}$$

μ = Kontraktionszahl
r = Verhältnis freie Fläche/Gesamtfläche A

Die Mischzahl m hängt ab von der Höhe der Turbulenz direkt hinter dem Auslaß (bei $x = 0$). Sie hängt von der Bauart des Auslasses ab. Einige durch Versuche über die Formel $x_0 = h/m$ bzw. d/m ermittelte Werte für m zeigt Tafel 3.3.5-5.

Mischungsverhältnis

Das Verhältnis des gesamten bewegten Luftstroms $\dot{V}_x$ zum eingeblasenen Luftstrom $\dot{V}$ nennt man Mischungs- oder gelegentlich auch Induktionsverhältnis[1]. Es läßt sich nach Tafel 3.3.5-4 berechnen. Vergleicht man danach den runden mit dem rechteckigen Freistrahl, so gilt:

runder Strahl $$\frac{\dot{V}_x}{\dot{V}} = 2\ m \sqrt{\frac{\pi}{4}} \cdot \frac{x}{\sqrt{A}} \quad \text{mit } A = \frac{\pi}{4} d^2$$

eckiger Strahl $$\frac{\dot{V}_x}{\dot{V}} = 2\ m \cdot \frac{x}{\sqrt{A}} \quad \text{mit } A = b \cdot h$$

Der eckige Strahl hat demnach bei gleichem relativen Abstand $x/\sqrt{A}$ und gleicher Austrittsfläche ein um ca. 13% ($\sqrt{\pi/4} = 1,13$) höheres Induktionsverhältnis (Bild 3.3.5-19).

Beim Rechteckstrahl ist nach vorstehender Formel das Induktionsverhältnis nur von der Größe der Fläche A abhängig, dagegen nicht von b/h.

Wurfweite

Für manche Anwendungen ist die *Wurfweite* des Luftstrahls interessant, d. h. diejenige Entfernung vom Luftauslaß, bei der die axiale Geschwindigkeit der Luft auf einen gewissen Betrag, z. B. 0,5 m/s, gesunken ist. Die mittlere Geschwindigkeit der Luft ist dabei nur etwa

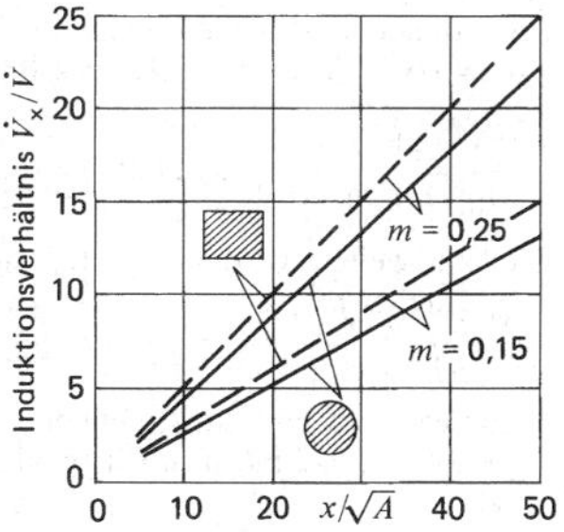

Bild 3.3.5-19. Mischungsverhältnis $\dot{V}_x/\dot{V}$ bei runden und rechteckigen Luftstrahlen (m = Mischzahl).

[1]) Ausdruck entspricht Eurovent 2/1/5, Terminologie der Luftverteilung.

ein Drittel dieses Wertes, liegt also etwa im Bereich derjenigen Geschwindigkeiten, die als Grenze für Zugerscheinungen angegeben werden. Dabei ergibt sich aus der obigen Gleichung für die Wurfweite L des runden bzw. rechteckigen Freistrahls

$$L_{\bigcirc} = \frac{v_0}{v_x} \cdot \frac{d}{m} = \frac{v_0}{v_x}\sqrt{\frac{4}{\pi}}\frac{\sqrt{A}}{m} \quad \text{bzw.} \quad L_{\square} = \frac{v_0}{v_x}\frac{\sqrt{A}}{m} \text{ in m}$$

Bei gleichen Ausgangswerten für A und v und gleicher Endgeschwindigkeit v_x ist die Wurfweite des runden Strahls also ca. 13% größer als die rechteckigen.

Es ist jedoch zu beachten, daß der Begriff der Wurfweite hier zunächst nur für freie Strömungen betrachtet wird. Bei *Raumströmungen* mit Wandeinfluß gelten andere Gesetze.

Eine Näherungsformel für wenig verengte Luftauslässe ist mit $v_x = 0{,}5$ m/s und $m = 0{,}2$:

$$L_{\bigcirc} = 10 \cdot v_0 \cdot d = 11{,}3 \cdot v_0 \cdot \sqrt{A} \quad \text{bzw. } L_{\square} = 10 \cdot v_0 \cdot \sqrt{A} \text{ in m.}$$

1. Beispiel:

Wie groß ist die Wurfweite eines aus einer 20 × 40 cm großen Düse austretenden Luftstrahls bei einem Volumenstrom von $\dot{V} = 0{,}3$ m³/s?

$A = 20 \cdot 40 = 800$ cm² $= 0{,}08$ m²; $v_0 = 0{,}3/0{,}08 = 3{,}75$ m/s; $m = 1/6{,}5$;

$$\text{Wurfweite } L = \frac{2\ v_0\sqrt{A}}{m} = 6{,}5 \cdot 2 \cdot 3{,}75\sqrt{0{,}08} = 13{,}8 \text{ m}$$

2. Beispiel:

Wie groß ist die Wurfweite L bei derselben Luftmenge, wenn der Düsenauslaß durch ein Lochgitter mit $r = 50\%$ freiem Querschnitt ersetzt wird?

$A = 0{,}08$ m²; $\mu = 0{,}8$; $r = 0{,}5$; $A \cdot \mu \cdot r = 0{,}08 \cdot 0{,}8 \cdot 0{,}5 = 0{,}032$ m²; $m = 1/4$

$$\text{Wurfweite } L = \frac{2\ v_0\sqrt{A}}{m\sqrt{\mu\, r}} = \frac{4 \cdot 2 \cdot 3{,}75\sqrt{0{,}08}}{\sqrt{0{,}8 \cdot 0{,}5}} = 13{,}4 \text{ m}$$

Durch Verwendung von *divergierenden Stegen* im Auslaßquerschnitt läßt sich, wie man aus Tafel 3.3.5-6 für die Mischzahl m entnehmen kann, die Wurfweite wesentlich verringern, wobei die Streubreite zunimmt. Bei Stegen mit einem maximalen Winkel von 90° erhält der Luftstrahl etwa einen Ausbreitungswinkel von 60° bei einer auf rund ein Drittel verringerten Wurfweite.

Gelegentlich wird der Ausdruck Wurfweite durch Eindringtiefe ersetzt.

-4.2.2 Ebene isotherme Strahlen an Decke (Halbstrahlen, Wandstrahlen)

Befindet sich der Schlitz unmittelbar unter der Decke, so kann sich der Luftstrahl nur einseitig durch Induktion ausdehnen. Das Geschwindigkeitsbild erhält man dabei angenähert in der Art, daß man sich einen spiegelbildlichen Strahl oberhalb der Decke vorstellt und dann nach der obigen Gleichung, aber mit doppelter Höhe h, rechnet. Die Kernlänge ist $x_0 = 2\,h/m$.

Die Abnahme der Geschwindigkeit in Strahlmitte (unterhalb der Grenzschicht) ist $v_x/v_0 \approx 1/x^{0{,}5}$ (Tafel 3.3.5-4). Es gilt also angenähert (Bild 3.3.5-20):

$$\frac{v_x}{v_0} = \sqrt{\frac{2\ h}{m \cdot x}} \quad \text{und mit } m = 0{,}15\text{: } \frac{v_x}{v_0} = 3{,}6\sqrt{\frac{h}{x}}.$$

Die Wurfweite L wird mit $v_x = 0{,}5$ m/s (und $m = 0{,}15$)

$L \approx 50\ v_0^2\ h$ in m.

Beispiel:

Ein waagerechter Luftstrahl von 2 cm Höhe tritt unter der Decke mit einer Geschwindigkeit von $v_0 = 2$ m/s aus. Die axiale Geschwindigkeit v_x in einer Entfernung von $x = 1$ m ist

$$v_x = 2{,}6 \cdot 2\sqrt{\frac{2 \cdot 0{,}02}{1{,}0}} = 1{,}04 \text{ m/s}$$

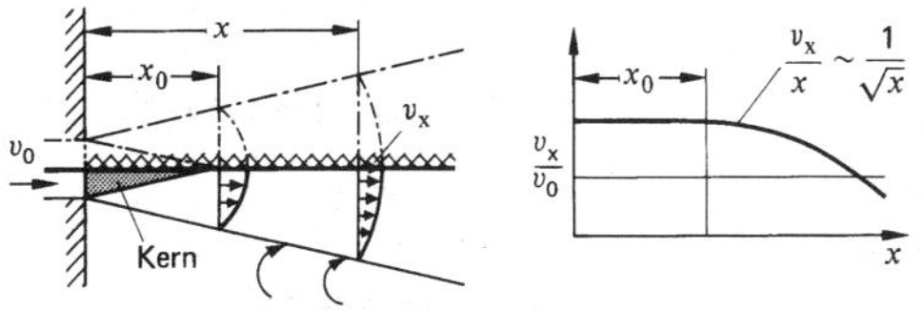

Bild 3.3.5-20. Geschwindigkeiten bei einem ebenen Wandstrahl.

Die Wurfweite (v_x = 0,5 m/s) ist
$L = 50 \cdot 2^2 \cdot 0{,}02 = 4$ m.
Radialer Wandstrahl s. auch Bild 3.3.5-14.

-4.2.3 Nichtisothermer waagerechter Luftstrahl (Freistrahl)

Besteht zwischen Raumtemperatur und Luftstrahltemperatur eine Differenz, so fällt oder steigt der Luftstrahl zusätzlich zu der durch die Ausbreitung bedingten *Höhenänderung,* je nachdem, ob seine Temperatur niedriger oder höher als die der Raumluft ist. Eine entsprechende Formel[1] bei einem Freistrahl für den zusätzlichen Höhenunterschied lautet:

$$\frac{Y}{d} = \pm 0{,}06 \cdot Ar \cdot \left(\frac{X}{d}\right)^3$$

oder bei 20 °C Umgebungstemperatur

$$\frac{Y}{d} = \pm 0{,}002 \cdot \frac{\Delta t \cdot d}{v_0^2} \cdot \left(\frac{X}{d}\right)^3$$

Y = Gefälle (Fall) oder Steigung der Achse des Luftstrahls in m
Δt = Temperaturunterschied in K
d = hydraulischer Durchmesser in m
v_0 = Geschwindigkeit im Luftauslaß in m/s
X = Entfernung vom Luftauslaß in m.

Die Wurfweite eines freien Strahls ändert sich dadurch meist nicht wesentlich. Die Meßergebnisse verschiedener Untersuchungen sind allerdings recht unterschiedlich.

Eine Zusammenstellung für runde Freistrahlen ergibt eine Bandbreite von etwa[2]

$$Y/d = 0{,}066 \ldots 0{,}088 \cdot Ar \left(\frac{X}{d}\right)^3$$

oder bei 20 °C Raumtemperatur

$$Y/d = 0{,}0022 \ldots 0{,}003 \cdot \frac{\Delta t \cdot d}{v_0^2}\left(\frac{X}{d}\right)^3$$

Bei Raumströmungen siehe Bild 3.3.5-24.

Beispiel:

Um wieviel hat sich in 10 m Entfernung die Geschwindigkeitsachse eines Luftstrahls gesenkt, der mit einer Geschwindigkeit von 6 m/s und einer Untertemperatur von 10 K austritt?

[1]) Koestel, A.: Heat Pip. Air Cond. 27 (1955), Heft 1. S. 221.
[2]) Hanel, B., u. B. Weidemann: Ki 4/89. S. 205/210.
Die jahrelang zitierte Formel von Katz-Wittkind (HLH 3/74. S. 91 ff.) enthielt einen Druckfehler, fällt aber auch in korrigierter Form völlig aus dem Rahmen anderer Angaben.

$d = 0{,}2$ m; $\Delta t = 10$ K; $X = 10$ m; $v_0 = 6$ m/s

$$\frac{Y}{d} = 0{,}0022\ldots0{,}003 \cdot \frac{10 \cdot 0{,}2}{6^2} \cdot \left(\frac{10}{0{,}2}\right)^3 = 0{,}0022\ldots0{,}003 \cdot 0{,}055 \cdot 125\,000 = 15{,}2\ldots20{,}7.$$

Demnach ist der Fall der Achse

$Y = 15{,}2\ldots20{,}7 \cdot d = 15{,}2\ldots20{,}7 \cdot 0{,}2 = 3\ldots4{,}1$ m.

Eine universellere Formel zur Berechnung des Strahlweges und der Geschwindigkeit von runden und ebenen Strahlen hat Regenscheit[1)] aufgestellt für aus einer Wand austretende anisotherme Freistrahlen. Dabei kann der Winkel α zur Wand beliebig sein.

Unter Berücksichtigung der Ergebnisse auch anderer Untersuchungen gelten näherungsweise für den *Fall* bzw. die *Steigung* des Freistrahls folgende Gleichungen

runder Strahl: $$\frac{Y}{d} = \frac{X}{d} \cdot \text{tg}\alpha \pm 0{,}33 \cdot m \cdot Ar\left(\frac{X}{d \cdot \cos\alpha}\right)^3 = \pm 0{,}0022 \frac{\Delta t \cdot d}{v_0^2} \cdot \left(\frac{X}{d}\right)^3$$

ebener Strahl: $$\frac{Y}{h} = \frac{X}{h} \cdot \text{tg}\alpha \pm 0{,}4 \cdot \sqrt{m} \cdot Ar\left(\frac{X}{h \cdot \cos\alpha}\right)^{2,5} = \pm 0{,}006 \frac{\Delta t \cdot h}{v_0^2} \cdot \left(\frac{X}{h}\right)^{2,5}$$

(linker Teil: allgemein; rechter Teil: Raum 20 °C; $m = 0{,}2$; $\alpha = 0°$)

Dabei bedeuten

X = waagerechte Koordinate der Strahlbahn
Y = senkrechte Koordinate der Strahlbahn (Fall oder Steigung)
α = Strahlwinkel zur Horizontalen (positiv nach oben, negativ nach unten)
Ar = Archimedes-Zahl (positiv wenn Strahl wärmer, negativ wenn kälter als Umgebungsluft). Definition der Ar-Zahl gem. Abschn. 3.3.5-4.1.2
m = Mischzahl = 0,12…0,2 bei rundem Strahl
= 0,15…0,22 bei ebenem Strahl (s. auch Tafel 3.3.5-6)
niedriger Wert für m bei kaltem, hoher bei warmem Strahl. Da warme Strahlen oft höhere Werte für Δt haben als kalte, sind auch schon größere m-Werte wegen dann zunehmender Turbulenz beobachtet worden; m bis 0,6…0,7.

Ergebnisse für ein Beispiel mit ebenem Strahl zeigt Bild 3.3.5-21. Man erkennt das Gefälle des kalten Luftstrahls sowie die Steigung des warmen Strahls.

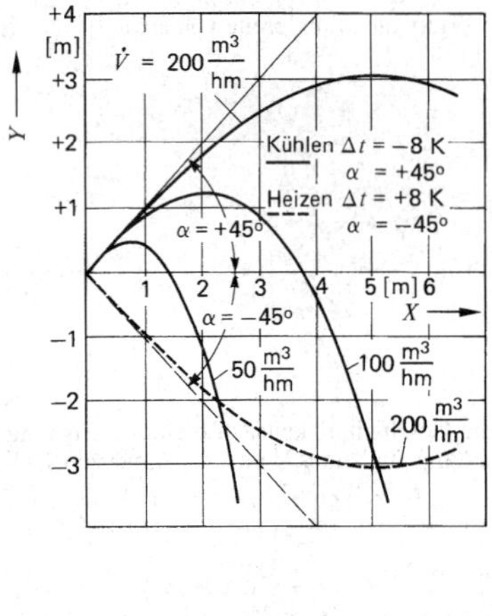

Bild 3.3.5-21. Einfluß des Volumenstroms auf die Strahlbahn. Kühlen mit $\Delta t = -8$ K und $\alpha = 45°$ nach oben. Heizen mit $\Delta t = +8$ K und $\alpha = -45°$ nach unten ist spiegelbildlich. Schlitzhöhe $h = 1$ cm, $m = 0{,}2$.

Beispiel:
$\Delta T_0 = \Delta t = \pm 8$ K

für $\dot{V} = 200$ m³/h $v_0 = \frac{200}{3600 \cdot 0{,}01} = 5{,}55$ m/s

$$Ar = \frac{g \cdot \Delta T_0 \cdot h}{T_u \cdot v_0^2} = \pm \frac{9{,}81 \cdot 8 \cdot 0{,}01}{298 \cdot 5{,}55^2} =$$

$\pm 8{,}5 \cdot 10^{-5}$

1) Regenscheit, B.: Kältetechn. 11./59., Ges.-Ing. 6/70, Ki 1/74. S. 9/16 u. KT 6. u. 7./75.

Einen verstellbaren Wandauslaß in Gitterform, der sich der wechselnden Temperaturdifferenz durch veränderte Strahlwinkel anpaßt, zeigt Bild 3.3.5-22. Verstellung über Elektromotor und Kanaltemperaturfühler oder selbsttätig durch Dehnstoffelement.

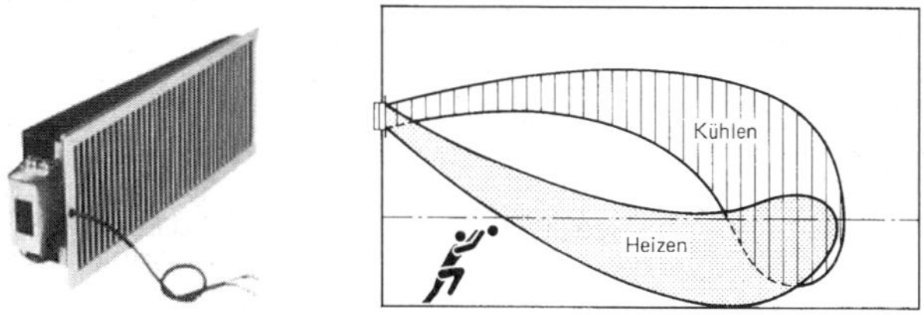

Bild 3.3.5-22. Zuluftgitter mit automatischer Anpassung der Strahlrichtung bei wechselnder Zulufttemperatur (Hesco).

-4.2.4 Nichtisotherme Strahlen in begrenzten Räumen[1)]

Bei allen bisher betrachteten Strömungen waren die geometrischen Abmessungen der Räume nicht berücksichtigt worden. In geschlossenen Räumen ergeben sich jedoch wesentliche Abweichungen von den Gesetzen für Freistrahlen. Während bei einem Freistrahl die mitgeführte Luft aus der Umgebung frei zuströmen kann, ist dies in geschlossenen Räumen nur am Anfang des Strahlweges der Fall.

Tritt in einem Raum durch eine Wandöffnung ein Luftstrom aus, so kehrt der Luftstrahl bei genügend tiefen Räumen in einer gewissen Entfernung um und bildet einen Wirbel (Primärwirbel). Die *Eindringtiefe* ist nach Katz[2)] in der Hauptsache von der Raumhöhe H abhängig und liegt zwischen 3 und 4,5 H.

An den Primärwirbel schließen sich in der Tiefe des Raumes ein oder mehrere Sekundärwirbel an (Bild 3.3.5-23).

Dieses Strömungsbild ist nahezu unabhängig davon, ob es sich um runde, rechteckige oder schlitzförmige Öffnungen handelt. Einigen Einfluß hat der Abstand s der Zuluft-Öffnung von der Decke. Mit zunehmendem Wert s geht die Eindringtiefe zurück, da der Strahl auch

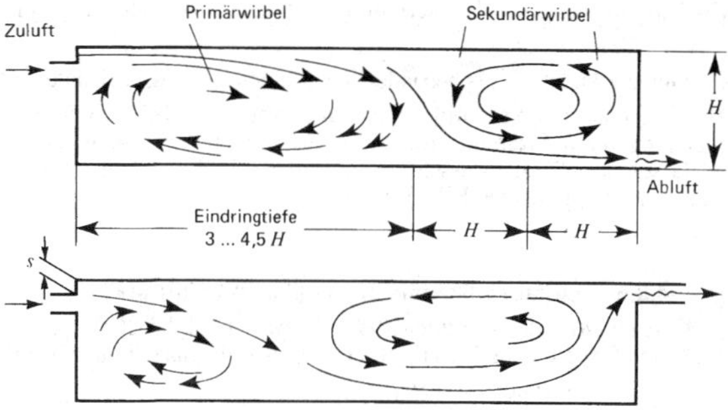

Bild 3.3.5-23. Strömungsbild bei Zuluftstrahlen in Räumen;
oben: isothermer oder warmer Luftstrahl, unten: kalter Luftstrahl.

[1)] Nielsen, P. V.: Ki 11/75. S. 351/8.
Wenger, P.: LTG-Information Nr. 5.–7/72.
Finkelstein, Fitzner, Moog: HLH 1973. S. 37/40.

[2)] Katz, Ph.: HLH 3/74. S. 91/5.
Regenscheit, B.: Ki 1/74. S. 9/16 und Klima-Kälte-Techn. 6. u. 7/75.

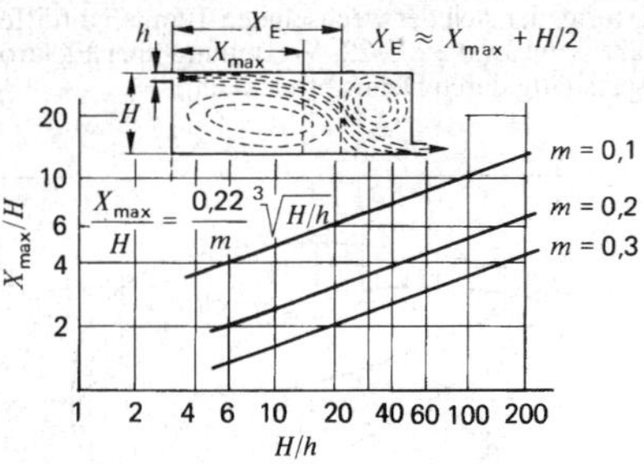

Bild 3.3.5-24. Eindringtiefe des isothermen Strahls.

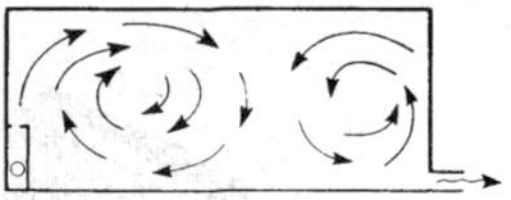

Bild 3.3.5-25. Strömungsbild in Räumen bei senkrecht nach oben blasendem Luftstrahl.

von oben her induzieren kann. Es soll jedoch $h = s < 0{,}25 \cdot H$ sein, sonst können Instabilitäten auftreten.

Die *Eindringtiefe* (Wurfweite) hängt von der Mischzahl *m* und dem Verhältnis *h*/*H* ab (Bild 3.3.5-24)[1]. Der Wert X_{max} ist ein Rechenwert, der bei isothermer Strömung unabhängig ist von der Einblasgeschwindigkeit. Eindringtiefe $X_E \approx X_{max} + H/2$. Mit steigender Mischzahl nimmt die Eindringtiefe ab. Die Lage der Abluftöffnung ist ohne Bedeutung.

Auch senkrecht vor den Fenstern wie bei Induktionsgeräten eingeblasene Luftstrahlen zeigen dieselbe Erscheinung (Bild 3.3.5-25). Die Eindringtiefe ist jedoch je nach Einblastemperatur und Anfangsimpuls geringer, etwa 1,5 … 2 *H*. Die Temperatur der Fassade hat erheblichen Einfluß. Bei warmer Scheibe kann X_{max} die gesamte Raumtiefe erfassen. Die Lage der Abluftöffnung ist meist ohne Bedeutung.

Es ist einleuchtend, daß die Untersuchung derartiger Strömungen in klimatisierten Räumen außerordentlich wichtig ist, um das Entstehen von Zugerscheinungen zu verhindern. Die wirklichen Strömungsverhältnisse sind sehr kompliziert, da sich ja in den Räumen Möbel, Personen und evtl. auch wärmeabgebende Geräte befinden. In schwierigen Fällen sollten daher *Modellversuche* durchgeführt werden.

Um bei kälterer Zuluft den Raum hinreichend zu durchlüften, muß deren Impuls je Volumeneinheit des Raumes hinreichend groß sein. Diese Forderung ist erfüllt, wenn die Zuluftgeschwindigkeit

$v_o \geq 30/n.$
v_o = Zuluftgeschwindigkeit in m/s
n = Luftwechsel in h^{-1}.

Zur Abschirmung von Fenstern durch senkrecht nach oben ausgeblasene Strahlen genügt

$v_o \geq 10/n.$

Probleme können daraus besonders bei kleinen Luftwechselzahlen entstehen.

Die Strömung mit walzenförmiger Luftbewegung in Bild 3.3.5-23 bis Bild 3.3.5-25 nennt man *tangentiale* Strömungsform. Die Strömung bei verteilt angeordneten Decken-Schlitzauslässen oder Drallauslässen, wie in Bild 3.3.5-34 und Bild 3.3.5-38 gezeigt, heißt *diffuse* Raumströmung (s. auch Bild 3.3.5-9).

-4.2.5 Luftauslaßkanäle mit seitlichen Schlitzen[2]

1. Konische Kanäle mit Luftauslaßschlitzen (Bild 3.3.5-26a) ergeben bei allen Geschwindigkeiten fast gleichmäßigen Luftaustritt über die ganze Länge des Kanals.

Austrittswinkel $\cot\alpha = \mu f/F_0 = v_0/u_0$

μ = Kontraktionszahl ≈ 0,60 bei scharfkantigem Schlitz
≈ 1,00 bei abgerundetem Schlitz

Senkrechter Luftaustritt durch Umlenkbleche realisierbar.

[1]) Müller, H.-J.: LKT 2/1975. S. 83/86.
Müller, H.-J.: Diss. TU Dresden 1976.
Schwenke, H.: LKT 1/1976. S. 11/14.
Petzold, K.: Raumlufttemperatur 2. Aufl. Bauverlag Wiesbaden 1983.

[2]) Regenscheit, B.: VDI-Berichte, Bd. 34 (1959). S. 21/34.

2. Gerader Kanal mit Schlitzen konstanter Höhe (Bild 3.3.5-26b). Ausblasluftmenge annähernd nur dann einigermaßen gleichmäßig, wenn $\mu f/F_0 \leqq 0{,}30$. Dabei hoher Druck im Kanal, große Ausblasgeschwindigkeiten. $\sphericalangle\, \alpha$ steigend von etwa 74° bis 90° am Ende des Kanals. Statischer Druck im Kanal ebenfalls steigend, daher am Kanalende meist höhere Ausblasluftmenge.

$w_0 = v_0/\cos\alpha_0 \approx 3{,}6\, v_0$ am Anfang. Senkrechter Ausblas durch Umlenkbleche. Ausblasgeschwindigkeit evtl. durch Diffusoren verringern. Gesamtdruck am Anfang des Kanals: $\Delta p_{ges} \approx 13 \cdot \varrho/2 \cdot v_0^2 \approx 0{,}8\, v_0^2$.

3. Gerader Kanal mit konischem Schlitz (Bild 3.3.5-26c), Luftaustrittsmenge annähernd gleichmäßig, wenn $\mu f/F_0 \leqq 0{,}6$ und $h_e/h_0 \approx 0{,}85$. α steigend von etwa 60° bis 90° am Ende des Kanals, im Mittel 75°. Statischer Druck im Kanal steigend, $w_0 = v_0/\cos\alpha_0 \approx 2\, v_0$ am Anfang.

Senkrechter Luftaustritt durch Umlenkbleche. Gesamtdruck am Anfang des Kanals $p_{ges} \approx 4 \cdot \varrho/2 \cdot v_0^2 \approx 0{,}24\, v_0^2$.

Saugschlitze siehe Abschnitt 3.3.5-8.1??.

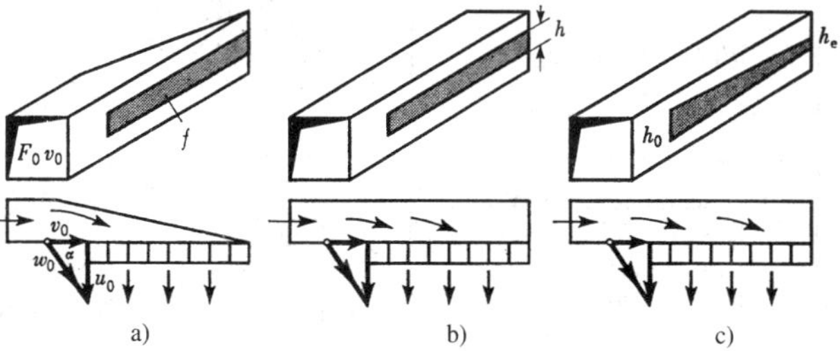

Bild 3.3.5-26.

-4.3 Deckenluftauslässe[1]

Allgemeines

Die Deckenauslässe (Tafel 3.3.5-6) sind meist dadurch gekennzeichnet, daß durch Lenkbleche, Düsen oder Dralleinsätze die Luft in mehr oder weniger waagerechter Richtung abgelenkt wird. Ein senkrechter Luftaustritt eines örtlich konzentrierten großen Volumenstroms nach unten ist – außer im Heizfall – meist nicht möglich, da er zu Zugerscheinungen führt. Oft sind die Lenkbleche konisch angeordnet (*Anemostate,* Fächerauslässe, Diffusoren). Viele Deckenauslässe sind auch verstellbar eingerichtet, so daß sowohl der Volumenstrom als auch die Luftrichtung geändert werden können.

Deckenluftauslässe werden zweckmäßig über Rohre oder Schläuche an die Luftleitungen angeschlossen. Als Druckraum benutzte abgehängte Decken mit eingebauten Luftauslässen haben den Nachteil, daß die Luft oft unkontrolliert ausströmt.

Einige weitere Deckenluftauslässe zeigen Bild 3.3.5-27 bis Bild 3.3.5-29 und Bild 3.3.5-35 bis Bild 3.3.5-37. Der Luftauslaß Bild 3.3.5-27 ist rund und hat einen verstellbaren horizontalen und vertikalen Ausblas. Er ist erhältlich für konstanten Volumenstrom und für variable Volumenströme mit eingebautem pneumatischen oder elektrischen Motor.

Der Deckenluftauslaß in Bild 3.3.5-28 besteht aus einer Frontplatte mit einstellbaren Lamellen. Je nach Einstellung der Lamellen kann die Richtung und die Drallstärke geändert werden.

Bild 3.3.5-29 zeigt den vorgenanten Drallauslaß mit dem Anschlußkasten sowie mit verschiedenen Lamellenstellungen und Luftrichtungen.

---

[1]) Waschke, G.: Diss. Aachen 1974 u. Ki 7–8/76. S. 277/84.
Regenscheit, B.: KI extra 12 (1981).
Fitzner, K.: KKT 11/85. S. 530 ff.
Bley, H.: HLH 3/93. S. 183/189.

Tafel 3.3.5-6 Verschiedene Arten von Deckenluftauslässen

1. Plattenluftverteiler einplattig fest oder verstellbar mehrplattig	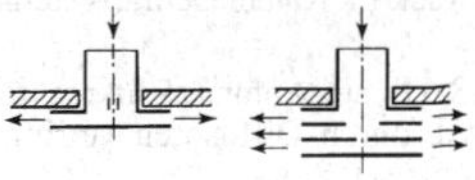
2. Runde konische Luftverteiler in Decke (flach) fest oder verstellbar mit und ohne Gleichrichter oder Mengeneinsteller unter Deckte (vorstehend) fest oder verstellbar mit Abluftansaugung	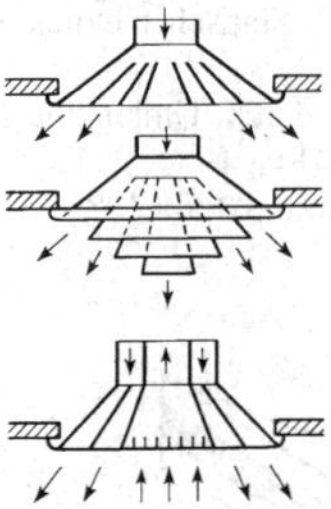
3. Quadratische Luftverteiler in Decke unter Decke mit Anschlußkasten verstellbar oder fest	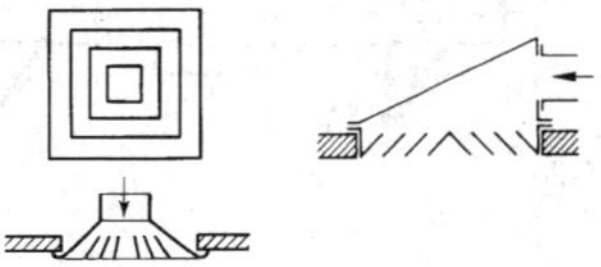
4. Rechteckige Luftverteiler einseitig (auch für Wände) zweiseitig und vierseitig	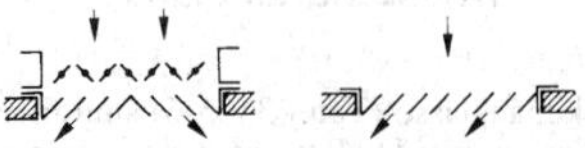
5. Schlitzauslässe mit und ohne Gleichrichter oder Mengeneinsteller	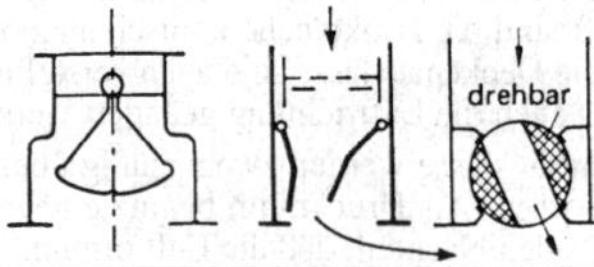
6. Lochplattenluftdurchlässe Platte aus Blech, Gips usw.	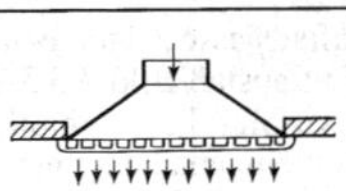
7. Drallauslaß in Decke unter Decke (auch im Fußboden) fest oder verstellbar	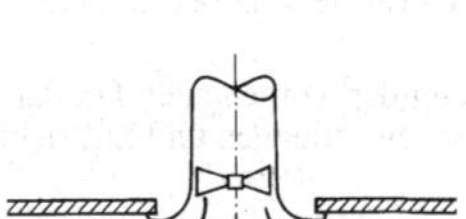

Durch das gleichzeitige Ausblasen zu den Stirnseiten wird ein ebener Radialstrahl mit schnellem Geschwindigkeitsabbau erzeugt.

Bei *isothermen* Freistrahlen gelten die Strahlgesetze wie bei Wandstrahlen (Abschnitt 3.3.5-4.2). Bei *nichtisothermen* Strahlen treten jedoch erhebliche Abweichungen gegenüber den Gesetzen isotherme Strahlen auf.

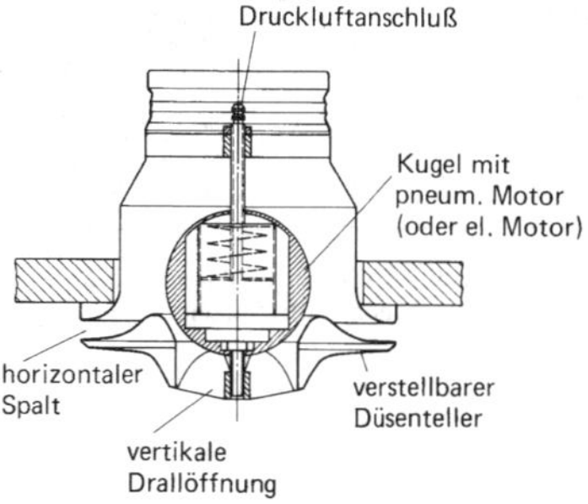

Bild 3.3.5-27. Runder Deckenluftauslaß Varidrall (LTG, KTech).

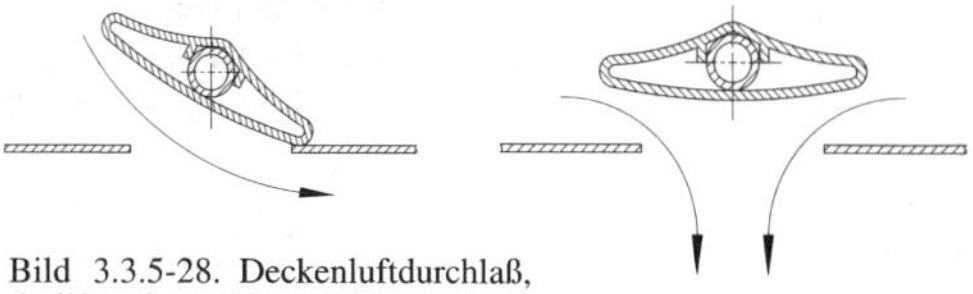

Bild 3.3.5-28. Deckenluftdurchlaß, drallförmig ausblasend (Schako) mit verstellbaren Lamellen.

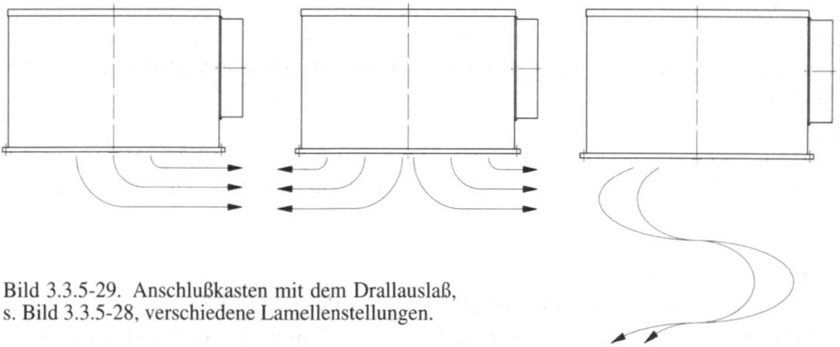

Bild 3.3.5-29. Anschlußkasten mit dem Drallauslaß, s. Bild 3.3.5-28, verschiedene Lamellenstellungen.

-4.3.1 Frei isotherme ebene und runde Strahlen

Bei senkrecht nach unten austretenden *isothermen,* ebenen Luftstrahlen (Bild 3.3.5-30) folgt die axiale Geschwindigkeit dem Gesetz für *ebenen Freistrahl* (Tafel 3.3.5-4)

$$v_x/v_0 = \sqrt{x_o/x}$$

Da Induktion von Raumluft nur auf zwei Seiten möglich ist, verringert sich die Geschwindigkeit langsamer als bei runden Strahlen, wie Bild 3.3.5-15 und Bild 3.3.5-31 zeigt.

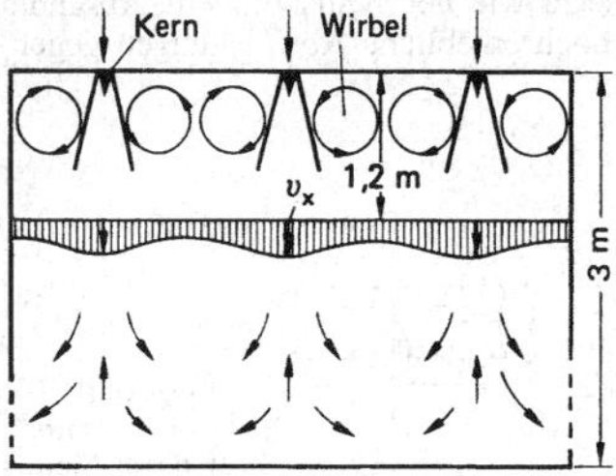

Bild 3.3.5-30. Strömungsbild unter Decke bei durchlaufenden Luftschlitzen.

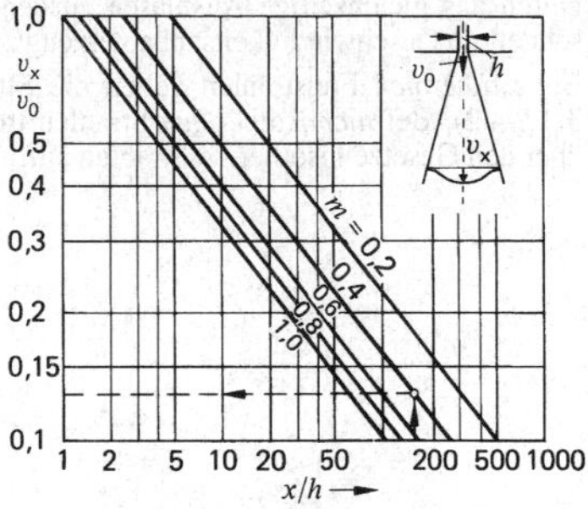

Bild 3.3.5-31. Abnahme der axialen Luftgeschwindigkeit bei isothermen Strahlen aus durchlaufenden Schlitzen.

-4.3.2 Radialer Wandstrahl (unter der Decke)[1]

Bei Luftverteilern mit waagrecht unter der Decke austretenden Luftstrahlen nach Bild 3.3.5-32 *(radiale Wandstrahlen)* folgt die Luftgeschwindigkeit angenähert dem Gesetz (nach Becker)

$$\frac{v_x}{v_0} = 3{,}1 \sqrt{\frac{r \cdot h}{x\,(x-r)}}$$

oder in größerer Entfernung

$$\frac{v_x}{v_0} = 3{,}1 \sqrt{\frac{r \cdot h}{x^2}} \quad \text{oder } v_x = 3{,}1 \sqrt{\frac{v_0 \cdot \dot{V}}{2\pi x^2}} = \frac{1{,}23}{x} \sqrt{\dot{V} \cdot v_0}$$

$\dot{V}$ = Volumenstrom in m³/s

Diese Gesetze gelten angenähert auch für runde und quadratische Luftverteiler (Anemostate) verschiedener Art.

Beispiel:

Bei einem Diffusor mit den Abmessungen r/h = 250/25 mm = 10 tritt Luft radial mit einer Geschwindigkeit v_0 = 10 m/s aus. Wie groß ist die Luftgeschwindigkeit v_x in einer Entfernung von x = 3 m?

x = 3,0 m; h = 0,025 m; x/h = 120.

Aus Bild 3.3.5-32:

v_x/v_0 = 0,08, somit $v_x = 0{,}08 \cdot v_0 = 0{,}08 \cdot 10 = 0{,}8$ m/s.

Für ebene isotherme Strahlen an der Decke gelten die Angaben für Wandstrahlen gem. Abschn. 3.3.5-4.2 und Bild 3.3.5-14.

-4.3.3 Freie nichtisotherme senkrechte Strahlen (Freistrahlen)[2]

Bei *anisothermen* Strahlen wirkt die *Schwerkraft* je nach dem Temperaturunterschied Δt zwischen Raumluft und Zuluft und Strahlrichtung – abwärts oder aufwärts gerichtet – verzögernd oder beschleunigend auf den Luftstrahl. Die sich dadurch ergebende Geschwin-

[1]) Reinartz, A., u. U. Renz: Ki 6/84. S. 237/41.
[2]) Regenscheit, B.: Ges.-Ing. 6/70. S. 172/7.
Dittes, W., u. Mangelsdorf, R.: HLH 7/81. S. 265/71.

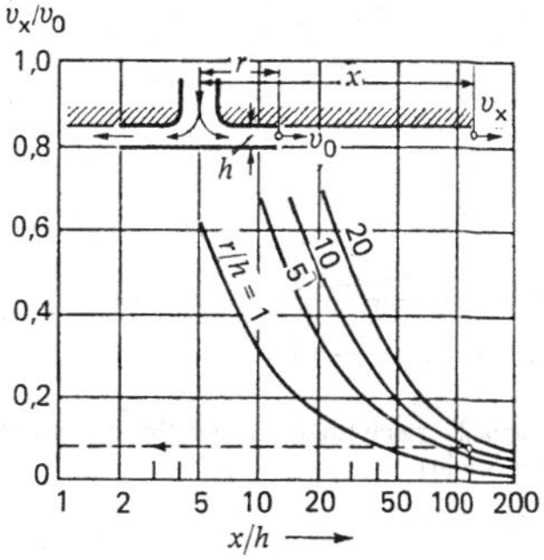

Bild 3.3.5-32. Abnahme der Radialgeschwindigkeit bei radialen Deckenauslässen.

digkeit kann man zur Geschwindigkeit des isothermen Strahles addieren bzw. von ihr subtrahieren (s. auch Abschn. 3.3.5-4.1.2).

Wenn Trägheitskraft und Schwerkraft gleichgerichtet sind, erhöht sich die Geschwindigkeit, wenn Trägheitskraft und Schwerkraft entgegengerichtet sind, reduziert sich die Geschwindigkeit gegenüber dem isothermen Fall.

Bei einem *ebenen* Strahl gilt für den Geschwindigkeitsverlauf

$$\frac{v_x}{v_0} = \underbrace{\sqrt{\frac{x_0}{x}}}_{\text{isothermer}} \pm \underbrace{\sqrt{\frac{Ar}{m}\left(2{,}83\sqrt{\frac{x}{x_0}} - 1\right)}}_{\text{Schwerkraft-Anteil}}$$

Beim *runden* Strahl gilt

$$\frac{v_x}{v_0} = \underbrace{\frac{x_0}{x}}_{\text{isothermer}} \pm \underbrace{\sqrt{\frac{Ar}{m}\left(1 + \ln 2\,\frac{x}{x_0}\right)}}_{\text{Schwerkraft-Anteil}}$$

Dabei bedeuten

Ar = Archimedes-Zahl gemäß Abschnitt 3.3.5-4.1.2, für ebenen Strahl gebildet mit Spaltweite h, für runden Strahl mit Durchmesser d

x_0 = Kernlänge = d/m bei rundem bzw. h/m bei ebenem Strahl (s. auch Tafel 3.3.5-4)

v_0 = Anfangsgeschwindigkeit in der Öffnung

m = Mischzahl (Tafel 3.3.5-6)

Beide Gleichungen gelten für den Fall, daß kein Temperaturgradient im Raum existiert.

Die Geschwindigkeitsabnahme für den runden Strahl abhängig vom Strahlweg x ist in Bild 3.3.5-33 dargestellt, wobei Ar/m Parameter ist.

Im Bereich A vergrößert die Schwerkraft, im Bereich B verringert sie die Geschwindigkeiten des isothermen Strahls.

Beispiel 1: Kühlfall

Wie groß ist die Geschwindigkeit v_x eines senkrechten Kaltluftstrahls von der Decke bei einer Düse d = 0,1 m ∅ bei Luftaustrittsgeschwindigkeit v_0 = 5 m/s bei einer Entfernung von x = 10 m und $\Delta t_0 = -8$ K, Mischzahl m = 0,15?

Nach Bild 3.3.5-12 für $\Delta T_0 = 1$ K: Archimedeszahl $Ar = 135 \cdot 10^{-6}$.

Für $\Delta t_0 = -8$ K: $Ar = 135 \cdot 10^{-6} \cdot 8 = 1{,}08 \cdot 10^{-3}$.

$x_0 = d/\text{m} = 0{,}1/0{,}15 = 0{,}667$ m.

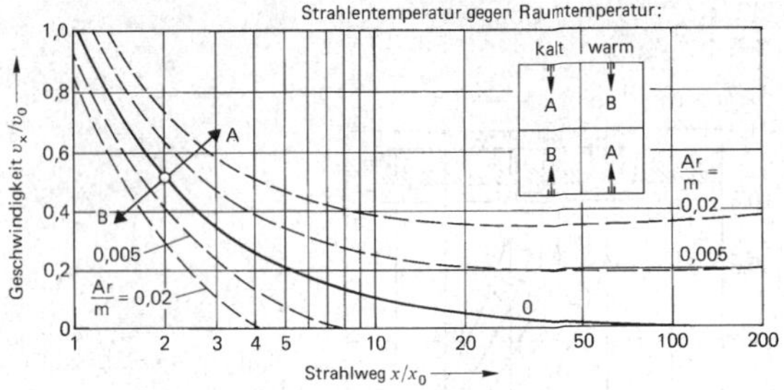

Bild 3.3.5-33. Abnahme der Strahlgeschwindigkeit bei anisothermen runden senkrecht strömenden Strahlen nach Regenscheit ($Ar/m = 0$ bedeutet isothermer Strahl).

$$\frac{v_x}{v_0} = \frac{x_0}{x} + \sqrt{\frac{Ar}{m}\left(1 + \ln 2\,\frac{x}{x_0}\right)} = 0{,}0667 + \sqrt{7{,}2 \cdot 10^{-3}\,(1 + \ln 30)} = 0{,}244$$

$v_x = 0{,}244 \cdot v_0 = 0{,}244 \cdot 5 = 1{,}22$ m/s

Beispiel 2: wie vor, jedoch Mischzahl $m = 0{,}6$

$x_0 = d/\mathrm{m} = 0{,}1/0{,}6 = 0{,}167$ m

$$\frac{v_x}{v_0} = 0{,}0167 + \sqrt{1{,}8 \cdot 10^{-3}(1 + \ln 120)} = 0{,}119$$

$v_x = 0{,}119 \cdot v_0 = 0{,}119 \cdot 5 = 0{,}59$ m/s.

Eine Erhöhung von m z. B. mittels Drall verringert also die Geschwindigkeit.

Beispiel 3: Heizfall

Wie Beispiel 1, jedoch $\Delta t_0 = +2$ K

$Ar = 135 \cdot 10^{-6} \cdot 2 = 0{,}27 \cdot 10^{-3}$

$x_0 = d/\mathrm{m} = 0{,}1/0{,}15 = 0{,}667$ m

$$\frac{v_x}{v_0} = 0{,}0667 - \sqrt{1{,}8 \cdot 10^{-3}(1 + \ln 30)} = -0{,}022$$

Der negative Wert zeigt, daß der Luftstrahl im Heizfall nicht mehr 10 m tief in den Raum dringt. Man sieht dies direkt auch am Bild 3.3.5-33, da für $Ar = 0{,}27 \cdot 10^{-3}$ und $m = 0{,}15$, d. h. $Ar/m = 0{,}0018$ bei $x/x_0 = 10$, d. h. bei $x = 10 \cdot 0{,}667 = 6{,}67$ m die Geschwindigkeit $v_x = 0$ wird. Abhilfe durch Erhöhung der Anfangsgeschwindigkeit v_0.

Für einen *ebenen* Strahl ist in Bild 3.3.5-34 ein Beispiel für die Schlitzweite $h = 0{,}01$ m und eine Mischzahl $m = 0{,}2$ dargestellt für zwei verschiedene Anfangsgeschwindigkeiten $v_0 = 1$ bzw. 5 m/s, wobei die Temperaturdifferenz ΔT_0 Parameter ist.

Man erkennt, daß z. B. ein warmer, senkrecht von der Decke mit $v_0 = 1$ m/s ausgeblasener Strahl bei einer Temperaturdifferenz von $\Delta T_0 = +12$ K nur bis $x = 0{,}4$ m in den Raum eindringt und dann umkehrt. Will man 3 m weit eindringen, muß man die Geschwindigkeit auf $v_0 = 5$ m/s erhöhen.

Für die Eindringtiefe x_{max} eines runden Strahls gilt[1]:

$$\frac{x_{max}}{d} = 1{,}6/\sqrt{Ar} \quad \text{bzw. bei } 20\,°\mathrm{C} \quad \frac{x_{max}}{d} = 8{,}74 \cdot \frac{v_0}{\sqrt{d\Delta T_0}}$$

[1]) Hanel, B., u. B. Weidemann: Ki 4/89. S. 205/210.

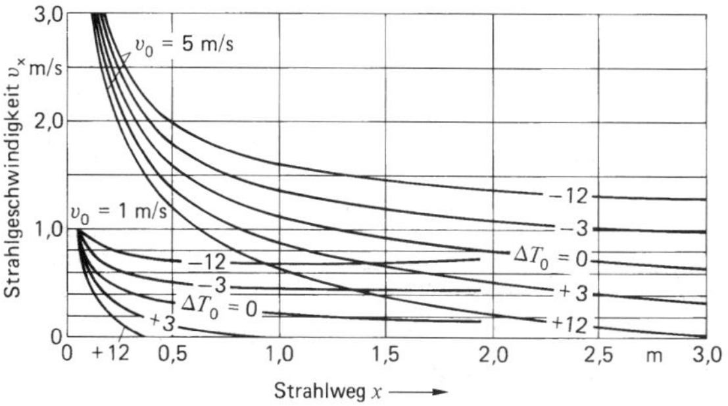

Bild 3.3.5-34. Abnahme der Strahlgeschwindigkeit eines ebenen senkrechten Strahls von der Decke mit Spaltweite $h = 10$ mm, Mischzahl $m = 0{,}2$. Anfangsgeschwindigkeiten $v_0 = 1$ bzw. 5 m/s, Raumlufttemperatur 293 K = 20 °C. ΔT_0 = Temperaturdifferenz Zuluft–Raum.

Beispiel:

$d = 0{,}1$ m; $\Delta T_0 = 12$ K

v_0 in m/sec = 1	2,5	5
x_{max} in m = 0,8	2,0	4

Genauigkeit ± 10…20%.

Für den Fall, daß die Schwerkraft entgegengesetzt zur Blasrichtung wirkt, gibt es eine *Reichweite* x_{max}, bei der die Geschwindigkeit v_x zu Null wird (s. auch Bereich B in Bild 3.3.5-33). Andererseits erreicht der Auslaß beim Kühlen mit nur $\Delta T_0 = -3$ K selbst bei $v_0 = 1$ m/s keine zugfreie Raumströmung bei z.B. 3 m Raumhöhe. Abhilfe: Auffächern in Einzelstrahlen ergibt höhere Mischzahl und größere Strahlwege oberhalb der Aufenthaltszone.

Die Darstellungen zeigen, daß es sehr schwierig ist, mit *einem* Auslaß von der Decke sowohl warme als auch kalte Luft auszublasen, wenn man im Heizfall Eindringen in die Aufenthaltszone und im Kühlfall Zugfreiheit erreichen will.

Warme Luft mit $\Delta T_0 > 5$ K nur von der Decke in den Raum einzuspeisen ist nicht möglich, wenn gleichzeitig in Kopfhöhe die maximal nach DIN 1946 T2 zulässigen Geschwindigkeiten (s.a. Bild 1.2.3-13) nicht überschritten werden sollen. Auch mit für Heiz-/Kühl-Betrieb umstellbare Auslässe (z.B. nach Bild 3.3.5-27) kann dies nicht erreicht werden. Man nimmt im Heizbetrieb auftretende Übergeschwindigkeit entweder vorübergehend in Kauf oder legt die Zeit vor Betriebsbeginn, wenn der Raum nach der Nachtabsenkung der Raumtemperatur hochgeheizt wird. In hohen Hallen versucht man durch abwärtsgerichtete Strahlen die sonst hohen Temperaturunterschiede zwischen oben und unten zu vermeiden. Man ist bestrebt, die Warmluft durch verstellbare Auslässe gleich in den Aufenthaltsbereich zu blasen[1)]. Vorzugsweise werden verstellbare Drallauslässe verwendet (Bild 3.3.5-35). Volumenstrom bis ca. 10000 m³/h bei DN 630 mm ∅. Neben Drallauslässen existieren noch andere Prinzipien, z.B. senkrecht unter der Decke hängende Lochblechzylinder, aus denen die Luft radial beim Kühlen und in axialer Richtung nach unten beim Heizen strömt. Verstellung der Richtung durch innere Leitbleche (TKT) oder Öffnen einer Düse am Zylinderboden (Krantz, LTG).

Statische Heizsysteme im Fensterbereich vermeiden diese Probleme. Wenn statische Heizung nicht erwünscht oder möglich ist, sind besonders hohe Anforderungen an die Auslässe zu stellen, insbesondere wenn im Kühlbetrieb mit variablem Volumenstrom Kaltluft ausgeblasen wird, aber bei minimalem Volumenstrom auch im Heizbetrieb Warmluft auszublasen ist. In diesem Fall ist eine Verstellung der Strahlrichtung und Anpassung an den Volumenstrom mit Drallauslässen zweckmäßig.

Es hat sich herausgestellt, daß eine optimierte Raumluftströmumg vorliegt, wenn die Fläche, die ein Radial- oder Drallauslaß abdeckt, dem Quadrat der Raumhöhe entspricht. Dies

---

1) Brunk, M.: HLH 8/87. S. 379/84.

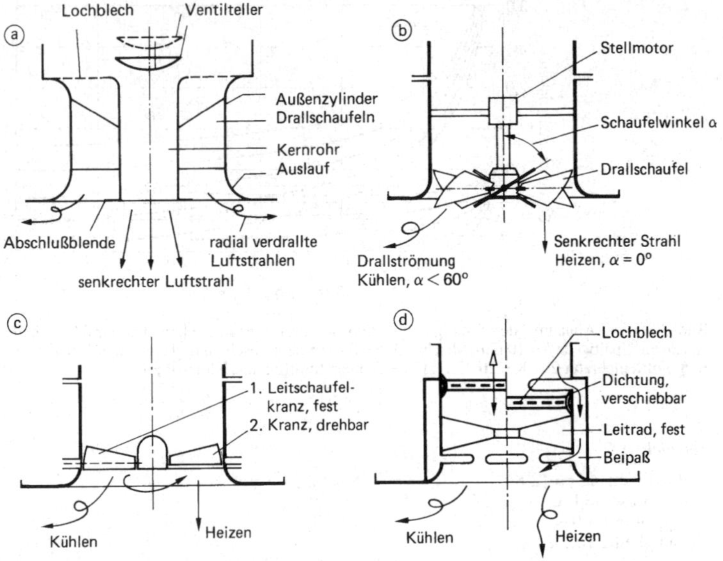

Bild 3.3.5-35. Verstellbare Drallauslässe für Warm- und Kaltluft mit unterschiedlichem Lenkprinzip.

a) Kernrohr mit Ventil für Warmluft (Krantz)
b) Leitschaufelwinkel verstellbar (KTech)
c) Leitschaufelteilung verstellbar (Trox)
d) Beipaß beim Heizen lenkt Strahl nach unten (Strulik)

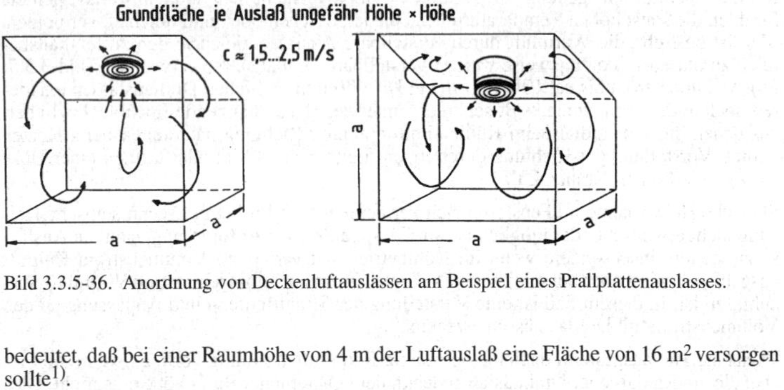

Bild 3.3.5-36. Anordnung von Deckenluftauslässen am Beispiel eines Prallplattenauslasses.

bedeutet, daß bei einer Raumhöhe von 4 m der Luftauslaß eine Fläche von 16 m^2 versorgen sollte[1)].

1) Fitzner, K.: KK 10, 11, 12, 1985.

Die spezifische Luftmenge sollte bei linearen Schlitzauslässen 20 m³/(h m²) nicht überschreiten. Bei Drall- bzw. Radialauslässen sollten 35 m³/(h m²) nicht überschritten werden.

Eine gewisse Anpassungsmöglichkeit an Raumformen oder individuelle Wünsche ergibt sich, wenn man in den durchlaufenden Schlitzen verstellbare Elemente, z.B. Lamellen, Zungen, Walzen u.a., anbringt, durch die die Richtung des Luftstrahles geändert werden kann (Bild 3.3.5-29). Der Austrittwinkel zur Senkrechten kann von 0 bis 45° verändert werden, er kann also senkrecht oder schräg in den Raum blasen. Bei größeren Winkeln legt er sich aufgrund des Coanda-Effektes an die Decke an.

Linearauslässe sind auch mit aneinander gereihten Kugeldüsen (Hesco, Schako) oder kleinen Drallauslässen (Krantz, Kiefer) erhältlich.

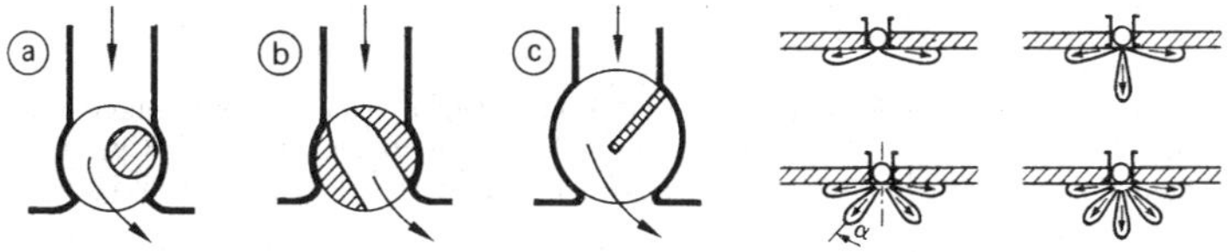

Bild 3.3.5-37. Schlitzauslässe mit drehbaren Walzen. Rechts: Mögliche Strömungsformen. Links: Verschiedene Luftlenkelemente: a) Verdrängungskörper (EMCO), b) Schlitzwalze (LTG), c) Lamelle (Trox).

Zusätzlich können an jedem Auslaß Mengeneinsteller und Gleichrichter angebracht werden, damit die Luft gleichmäßiger austritt.

Alle beliebigen Winkel von 0 bis 90° sind dann möglich, wenn runde oder rechteckige verstellbare Luftstrahlen abwechselnd nach beiden Seiten austreten können. Die *Einzelstrahlen* saugen durch Induktion eine größere Menge Umluft an und haben den entscheidenden Vorteil, daß sie den Coanda-Effekt vermeiden. Auf diese Weise sind viele verschiedene Strömungsformen möglich (Bild 3.3.5-37). Die Belastung kann bei 2,5…3 m Raumhöhe auf 150 m³/h m und mehr gesteigert werden.

Bild 3.3.5-38 zeigt Geschwindigkeitsfelder bei verschiedenen Ausströmungsformen der Luftauslässe.

Die vorgenannten Auslässe werden meist nur einmal bei der Montage oder bei Umnutzung des Raums eingestellt. Eine automatische oder manuelle Verstellung abhängig vom Volumenstrom wird i.a. nicht vorgenommen, da zu teuer und auch bei VVS-Systemen nicht unbedingt notwendig. Raumluftinduzierende Deckenluftauslässe verursachen je nach Verunreinigungsbelastung im Raum im Laufe der Zeit unvermeidbar sichtbare Verschmutzungen an der Decke[1].

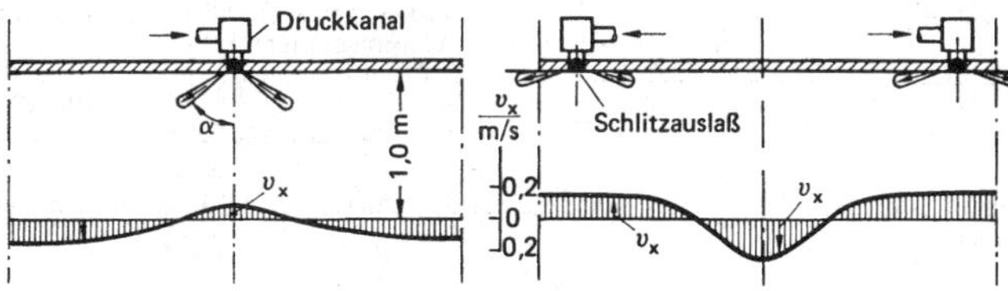

Bild 3.3.5-38. Geschwindigkeitsfelder bei verstellbaren Luftauslässen (nach Bild 3.3.5-37). Links: ohne Coanda-Effekt; rechts: mit Coanda-Effekt

[1]) Timmer, H., Zeller, M.: HLH 7/00, S. 65–67.

-4.3.4 Strahllüftung von Sälen

Zur Kühlung von Theater- oder Festsälen bevorzugt man Luftauslässe im Boden gem. Abschnitt 3.3.5-4.5, da dann eine stabile Raumströmungsform vorliegt. Bei flexibler Nutzung der Säle ist diese Form jedoch häufig nicht durchführbar. Man muß dann kalte Luft von oben einblasen. Diese instabile Strömungsform beherrscht man nur durch *Raumströmungsversuche,* die die Geometrie des Raumes und die Verteilung der Kühllast berücksichtigen. Bewährt hat sich Strahllüftung durch Düsen von der Decke und seitlich aus der Wand[1)].

Der Austrittsimpuls aus den Düsen ist durch Versuche zu optimieren. Bei zu kleiner Geschwindigkeit entsteht durch die Thermik eine Walzenströmung (Bild 3.3.5-39b). Diese führt oft zu erheblicher Zugbelästigung. Bei optimalem Strömungsimpuls ergibt sich eine stabile Raumströmung (Bild 3.3.5-39 a): Bei über der Grundfläche gleichmäßig verteilter Last (z. B. Theaterbestuhlung) Richtwert für *Archimedes-Zahl* (s. Bild 3.3.5-11)

$$Ar = \frac{g \cdot \varDelta T_0 \cdot d}{T_u \cdot v_0^2} \approx 0{,}7 \cdot 10^{-3}$$

Bei geänderter Kühllast ist Ar möglichst konstant zu halten, damit Raumströmung stabil bleibt. Daher für Klimaanlage Volumenstrom $\dot{V}$ und Zulufttemperatur aufeinander abgestimmt regeln, d. h. Temperaturdifferenz $\varDelta T_0$ proportional Ausblasgeschwindigkeit v_0^2 ändern.

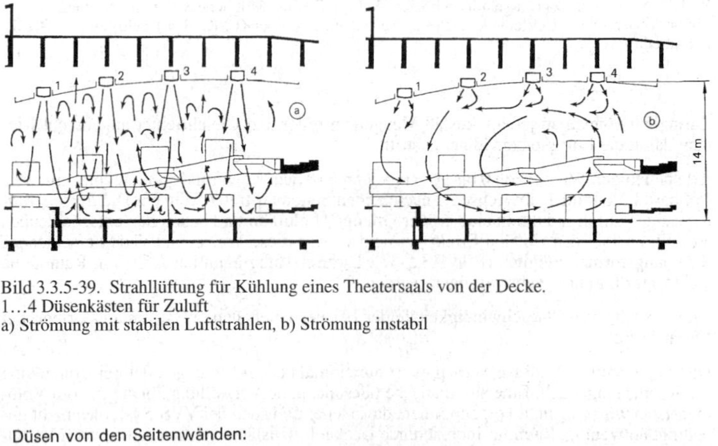

Bild 3.3.5-39. Strahllüftung für Kühlung eines Theatersaals von der Decke.
1…4 Düsenkästen für Zuluft
a) Strömung mit stabilen Luftstrahlen, b) Strömung instabil

Düsen von den Seitenwänden:

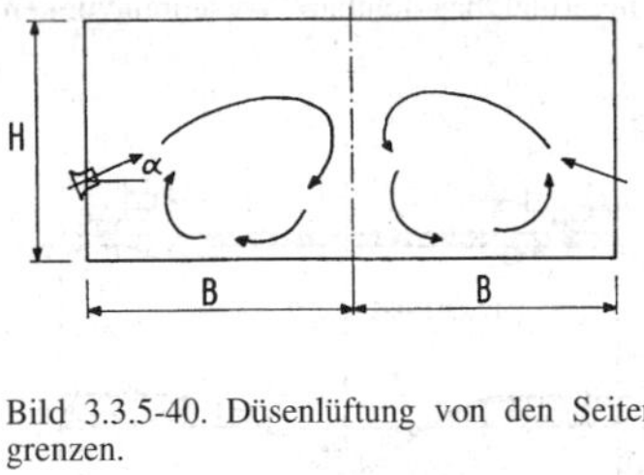

Mindesthöhe	H ≥ 5 m
Mindestbreite	B ≥ H
Maximalbreite	B ≤ 2H
Volumenstrom je Person max.	30 m^3/h
größte mögliche Kühlleistung	100 W/m^2
Temperaturdifferenz Raum-Zuluft max.	6…8 K
Anstellwinkel α	10…20°
Temperaturdrift von 23° bis 25 °C erlaubt	

Bild 3.3.5-40. Düsenlüftung von den Seitenwänden. Angabe von Parametern und Leistungsgrenzen.

---

1) Masuch, J.: HLH 8/83. S. 331/5.
Sodec, F.: HLH 7/86. S. 342/6.
Fitzner, K.: Ki 3/86. S. 93/98.
Schwarz, W.: KI 11/95. S. 518/21.

Beispiel:

Wird bei Teillast die Temperaturdifferenz ΔT_o auf 90% des Wertes bei Maximallast zurückgenommen, ist der Volumenstrom, d.h. die Ausblasgeschwindigkeit v_0 auf $\sqrt{0,9} = 95\%$ zurückzunehmen.

Die Kühlleistung ist dann $\dot{Q} = 0{,}9 \cdot 0{,}95 \cdot \dot{Q}_{max} = 0{,}85 \cdot \dot{Q}_{max}$

Anstatt durch die Ausblasgeschwindigkeit kann man die Eindringtiefe auch durch Veränderung der Mischzahl ändern, z.B. mit verstellbaren Drallauslässen (Bild 3.3.5-35). In jedem Fall muß zur ausreichenden Durchspülung der Aufenthaltszone mindestens 50% der Abluft im Bodenbereich liegen.

Nachteile der Strahlluft von der Decke sind:

Die Zuluftstrahlen müssen das Warmluftpolster unter der Decke durchstoßen, was die vorgenannten Stabilitätsprobleme der Raumströmung aufwirft. Ferner wird die verbrauchte Warmluft teilweise durch Induktion wieder in den Aufenthaltsbereich transportiert. Der hohe Austrittsimpuls bedeutet höheres Geräusch, welches aber durch strömungsgünstige Düsen beherrschbar ist.

Die Raumströmung ist besser zu beherrschen, wenn Düsenauslässe in der Wand oder Empore mit angenähert waagerechter Strahlrichtung verwendet werden. Das Warmluftpolster unter der Decke wird umgangen.

Die Düsen sind in einer oder mehreren Reihen gewöhnlich in Gruppen angeordnet. Die Düsen erhalten zur Wandnormalen eine Neigung nach oben, manchmal auch zur Seite. Die Auslegung des Systems erfolgt in zwei Schritten[1]:

1. Auslegung der isothermen Düsenstrahlbündel auf ausreichend niedrige Luftgeschwindigkeit bei relevanter Wurfweite.
2. Auslegung auf den Kühlfall und weitere Absenkung des Geschwindigkeitsniveaus über Festlegen von Ausblasgeschwindigkeit, Ausblaswinkel sowie Ausblastemperatur.

Bild 3.3.5-40 zeigt die Düsenlüftung von den Seitenwänden und gibt die Einsatzgrenzen an[2].

-4.4 Lüftungsdecken[3]

Bei dieser Art der Lüftung, die vorzugsweise bei Büroräumen angewandt wird, ist die unter der Tragdecke befindliche Lüftungsdecke mit Luftdurchlässen versehen, durch die die Luft nach unten austritt. Die Abluft wird meist über die Leuchten, die in die Lüftungsdecke integriert sind, abgesaugt.

Es gibt viele verschiedene Ausführungen sowohl für das Deckenmaterial wie für die Anordnung und Größe der Luftaustrittsöffnungen. Bei Verlegung von schallschluckenden Stoffen oberhalb der Decke wird gleichzeitig eine akustische Wirkung erzielt.

-4.4.1 Lochdecken

Hierunter versteht man Decken, bei denen die ganze Fläche oder wenigstens ein großer Teil davon durch *perforierte Platten* gebildet wird. Die Zuluft tritt in einen Druckraum oberhalb der Decke ein und strömt durch die Löcher senkrecht nach unten aus. Im Druckraum, der absolut dicht sein muß, herrscht dabei ein Überdruck von 10…40 Pa. Die freie Lochfläche beträgt etwa 1…3% der Gesamtdeckenfläche.

Bei dieser Strömung stellt sich jedoch nicht etwa eine Verdrängungsströmung mit sehr kleiner mittlerer Strömungsgeschwindigkeit ein, sondern es bilden sich erfahrungsgemäß infolge fehlender Durchmischung sehr labile Strömungen aus, die nicht kontrollierbar sind und bei Kühlung leicht Zugerscheinungen verursachen. Daher kaum noch verwendet.

Bei entsprechender Ausführung kann die Kühlung bis zu 50% durch Strahlung erfolgen. Als eine Weiterentwicklung dieses Systems kann auch die luftgekühlte Kühldecke (s. Abschn. 3.2.8-2) angesehen werden.

---

[1]) Schwarz, W.: KI 11/95. S. 518/21.
[2]) Fitzner, K.: KI 3/86.
[3]) Johannis, G.: Ges.-Ing. 1968. S. 193/202 u. 226/37.
Regenscheit, B.: Ges.-Ing. 1972. S. 211/15.
Gräff, B.: DKV-Bericht 2/1975. S. 477/92.
Müller, K. G.: SHT 3/79. S. 298/304.

-4.4.2 Partielle Lochdecken

Hier sind einzelne perforierte Platten *(Kassetten)* in einer sonst glatten Decke in gewissem Abstand voneinander angebracht. Die einzelnen Primärstrahlen schließen sich in einiger Entfernung von der Decke zu einem Strahlenbündel zusammen, das einen Sekundärstrahl bildet. Die Raumströmung wird dadurch stabiler als bei durchgehenden Lochdecken.

Die mittlere Geschwindigkeit v_x im Sekundärstrahl läßt sich annähernd aus folgender Gleichung ermitteln (Bild 3.3.5-41):

$$\frac{v_x}{v_0} = \frac{a}{x/l}\sqrt{i}$$

x = Entfernung von der Lochdecke
l = Kantenlänge der Lochdecke
i = Lochflächenverhältnis
$a \approx 1 \ldots 2$ (dünne … dicke Lochplatten)

Beispiel:

Dicke Lochplatte 625 · 625 mm, Lochflächenverhältnis $i = 0{,}01$, Austrittsgeschwindigkeit $v_0 = 5$ m/s.

Im Abstand $x = 1{,}25$ von der Decke (Kopfhöhe) ist $x/l = 1{,}25/0{,}625 = 2{,}0$; $v_x/v_0 = 0{,}1$; $v_x = 0{,}1 \cdot 5 = 0{,}5$ m/s (Bild 3.3.5-41).

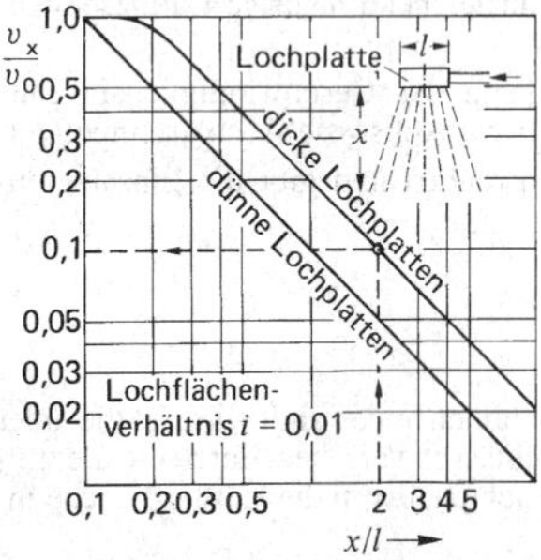

Bild 3.3.5-41. Geschwindigkeit bei isothermer Strömung aus Lochplatten. Lochdurchmesser 5 mm. Lochflächenverhältnis $i = 1\%$

Je nach der Lufttemperatur ist jedoch die *Eindringtiefe* der Luftstrahlen unterschiedlich, bei Kaltluft größer, bei Warmluft kleiner.

Bei der praktischen Ausführung verwendet man einzelne Lochplatten aus z.B. Gips.

Bei dünnen Lochdecken, z.B. aus Blech, besteht die Möglichkeit, daß die Luft nicht senkrecht austritt, wenn zu hohe Vorgeschwindigkeiten im Druckraum vorliegen. Abhilfe: größerer Druckraum. In letzter Zeit werden diese Deckensysteme in der Weise eingesetzt, daß Zuluft mit Untertemperatur impulsarm und unter Vermeidung von Raumluftinduktion zugeführt wird. Die Luft fällt zu Boden, und es bildet sich qualitativ eine Quellluftströmung aus (s. Abschn. 3.3.5-4.6).

-4.4.3 Raster-Decken[1)]

Sogenannte Rasterdecken werden von Architekten besonders für Großraumbüros vorgesehen, um die Blendwirkung der Beleuchtung zu vermindern und auch aus akustischen Gründen. Für die *Luftverteilung* gibt es dabei mehrere Möglichkeiten, von denen zwei erwähnt seien:

1. Schlitzauslaß über der Rasterdecke in teils waagerechter, teils senkrechter Strahlrichtung (Bild 3.3.5-42). Abluftabsaugung über den Leuchten durch Öffnungen in der Zwischendecke. Luftverteilung verhältnismäßig günstig, jedoch gewisser Kurzschluß zwischen Zu- und Abluft. Deckenhohlraum wird sehr warm, Zuluftrohre müssen wärmegedämmt sein. Erhöhter Energiebedarf für Kühlung.

---

1) Schröder, D.: TAB 2/87. S. 107 ff.

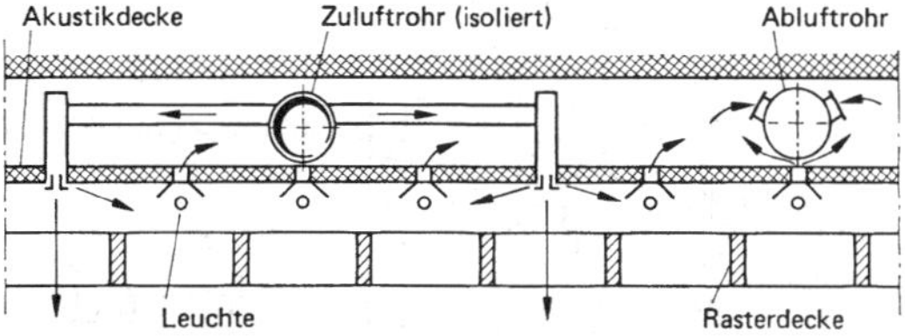

Bild 3.3.5-42. Rasterdecke mit Luftauslaß oberhalb der Decke.

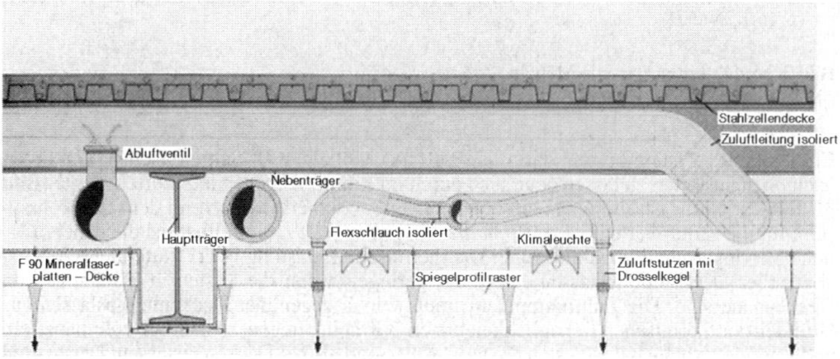

Bild 3.3.5-43. Spiegelprofildecke mit Luftauslaß aus den Rasterlamellen (Kiefer).

2. Bei der Rasterdecke in Bild 3.3.5-43 tritt die Zuluft aus Schlitzauslässen an der Unterkante der Lamellen mit großer Induktionswirkung aus. Verwendung daher auch in VVS-Anlagen. Lamellen aus Aluminium mit Reflexionswirkung zur Verbesserung der Raumausleuchtung. Zuluftleitungen wärmegedämmt; Abluftleitungen ungedämmt.

Anstelle der Schlitzdüsen werden oft auch Drallauslässe eingesetzt.

In allen Fällen ist es wichtig, daß die Leuchtenwärme möglichst so abgeführt wird, daß von der Zuluft wenig in die Aufenthaltszone transportiert wird (thermischer Raumbelastungsgrad dann schlecht) und daß keine Zuluft im Kurzschluß in die Abluftleuchten gelangt.

-4.5 Fußboden-, Stuhl-, Pult- und Tisch-Luftauslässe

Bei dieser Gruppe von Auslässen hat man die Luftführungsform „von unten nach oben" (s. Abschn. 3.3.5-4.6). Die Abluft liegt in der Decke. Beim Kühlen treten keine Stabilitätsprobleme bei Raumströmung auf. Strahlgeschwindigkeit und -richtung sind sorgfältig auszulegen.

Lochbleche in Treppenstufen von Theatern, Hörsälen usw. führen bei zu kalter Luft und zu hohen Luftgeschwindigkeiten leicht zu Zugerscheinungen, wenn Luftauslaßtemperatur $< 18 \ldots 19\,°C$. Günstig ist eine Anordnung mit Ablenkblech vor dem Gitter, wobei die Beine vor direktem Kaltluftstrom geschützt sind. Gelochte Stuhlbeine lassen verhältnismäßig große Luftmengen ohne Zugerscheinungen zu, bis etwa 50 m^3/h je Sitz. Minimale Zulufttemperatur 18 °C (Bild 3.3.5-44a).

Luftverteilung innerhalb des Auslasses und Lochung müssen sorgfältig bemessen und an die Stuhlgeometrie angepaßt werden. Mittlere Ausblasgeschwindigkeit

$$v_m = 0{,}2 \ldots 0{,}5 \text{ m/s}.$$

Die sog. *Pultlüftung* ist eine Sonderausführung für Hörsäle, wobei die Zuluft als Mischung von Primär- und Umluft aus der Vorderkante des Pultes austritt (Bild 3.3.5-44b)[1].

[1]) Laakso, H.: VDI-Bericht 162. 1971. S. 61/7 und KI 6/73. S. 49/53.

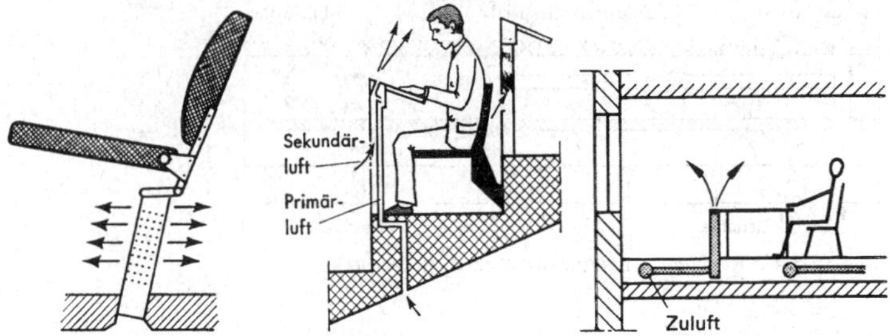

a) Gelochter Stuhlfuß (KTech, Nickel) b) Pultlüftung (Krantz) c) Luftauslaß aus dem Arbeitstisch

Bild 3.3.5-44. Luftauslässe in Möbeln.

Ein ähnliches System besteht darin, die Luft aus Möbeln, z.B. Schreibtischen, von unten nach oben austreten zu lassen oder auch durch im Raum freistehende Zuluftelemente (Bild 3.3.5-44c). Dafür ist allerdings ein doppelter Fußboden erforderlich, in dem das Rohrsystem für die Zuluft verlegt wird (*Klimadrant*-System u. a.)[1]. Vorteilhaft ist die dabei mögliche Verringerung der Kühlleistung. Die thermische Belastung in der Aufenthaltszone ist gegenüber Deckenluftauslässen etwa 20% geringer, wenn die Lasten in Tischhöhe und Deckennähe sind. Die Zulufttemperatur muß jedoch gegenüber Deckenluftauslässen aus Gründen der thermischen Behaglichkeit um ca. 3 K höher liegen, so daß Luftvolumenstrom und Energieverbrauch bei diesem System größer sind als bei Deckenauslässen. Der Vorteil des Klimadrant-Systems liegt allein im Großraumbüro, wo es dem Benutzer eine gewisse *individuelle* Klimatisierung ermöglicht.

Die Auslässe nach Bild 3.3.5-44a–c versorgen vornehmlich einen kleinen Raumbereich in der Aufenthaltszone, weswegen man auch von *Mikroklima* spricht.

In manchen Räumen mit sehr großemWärmeanfall, z.B. EDV-Anlagen, sind Luftauslässe im Fußboden zweckmäßig *(Fußbodenauslässe),* um den thermischen Auftrieb für die schnelle Abführung der Wärme auszunutzen. Es muß jedoch dabei Vorsorge getroffen werden, daß der Schmutzanfall auf dem Fußboden aufgefangen werden kann. Beispiel Bild 3.3.5-45[2]. Staubaufwirbelung durch Fußbodenauslässe ist zwar umstritten, Messungen zeigen jedoch, daß keine Gefahr zu bestehen scheint. Drallauslässe auch mit Anschluß an Zuluftkanal, um Trägheit der Regelung infolge Speicherwirkung zu reduzieren.

Auch *Schlitzplatten* im Fußboden mit darüber befindlichem luftdurchlässigem Textilbelag werden gelegentlich verwendet, ohne daß hygienische Bedenken dagegen erhoben werden.

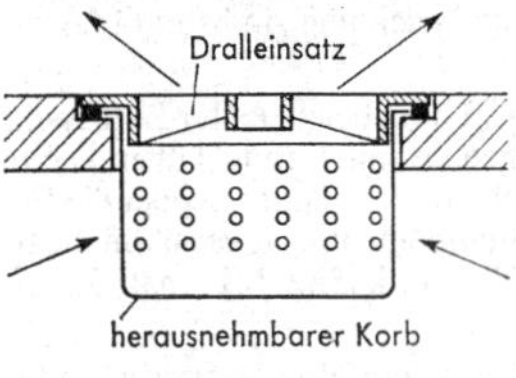

Bild 3.3.5-45. Fußboden-Drallauslaß (Krantz, KTech, LTG, Rox, Trox).

Sodec, F.: HLH 7/86. S. 342/6.
[1]) Brockmeyer, H.: Ki 10/74. S. 431/8.
Detzer, R., u. a.: HLH 7/81. S. 256/64.
Radtke, W.: HLH 8/81. S. 327/37.
Masuch, J.: Ges.-Ing. 1 u. 2/79. S. 36/41.
[2]) Zeller, E.: HLH 11/76. S. 401/4 und 5/79. S. 187/9.

-4.6 Quellüftung – Grundlagen und Auslegungshinweise[1)][2)][3)]

-4.6.1 Grundlagen der Raumluftströmung

Wesentlich für die Gewährleistung thermischer Behaglichkeit ist die Beherrschung der Raumluftströmung und die Einhaltung der maximal zulässigen Raumluftgeschwindigkeiten.

Die Raumluftgeschwindigkeiten werden beeinflußt durch die vom Luftdurchlaß erzeugte Strömungscharakteristik, durch den Ort der Lufteinbringung und wesentlich durch die Kühlleistung.

Als Luftführungsarten im Raum werden die Prinzipien der Verdünnung und Verdrängung angewandt.

Konventionelle Mischluftsysteme arbeiten nach dem Prinzip der Verdünnung. (Bild 3.3.5-47)

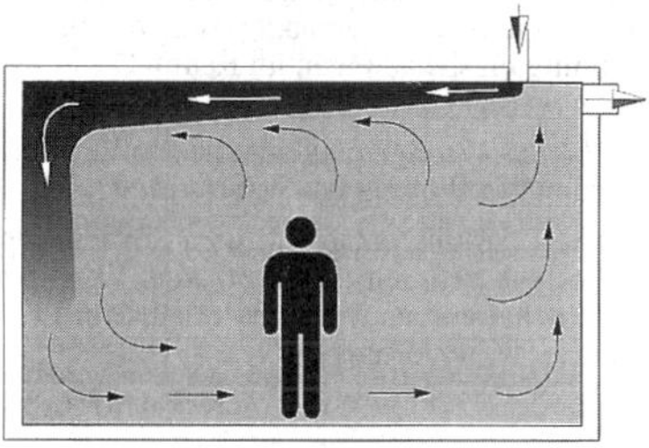

Bild 3.3.5-46. Raumluftströmung bei Mischlüftung.

Bild 3.3.5-47. Raumluftströmung bei Quellüftung.

Der Luftdurchlaß in der Decke, er könnte auch in den Seitenwänden oder in der Fensterbrüstung untergebracht sein, bläst die Zugluft mit großem Impuls in den Raum. Es tritt durch Induktion eine Vermischung mit der umgebenden Raumluft ein, wodurch ein schneller Geschwindigkeitsabbau längs des Strömungsweges erreicht wird. Die Vermischung der Zuluft mit der Raumluft ist so gut, daß, abgesehen von der näheren Umgebung des Luftdurchlasses, Temperaturen und Verunreinigungen überall gleich sind (Mischluftqualität). Nachteil der Mischlüftung ist, daß die Raumluftgeschwindigkeiten nicht beliebig klein eingestellt werden können. Sie steigen mit zunehmender Luftmenge und Kühlleistung. Verdrängungssysteme mit einer quasi-kolbenförmigen Durchströmung des Raumes kommen bei Komfortanwendungen praktisch nicht vor. Es gibt sie im Bereich der Industrielüftung und hier insbesondere in der Reinraumtechnik.

Als Sonderform einer Verdrängungslüftung hat sich die Quellüftung seit einigen Jahren als eigenständiges System etabliert.

[1)] Finkelstein, W.; Guntermann, K.; Külpmann, R.; Sefker, Th.: Druckschrift Gebr. Trox GmbH, 1997.

[2)] Krühne, H.: Experimentelle und theoretische Untersuchungen zur Quelluftströmung, Dissertation TU-Berlin 1996 D83.
Mundt, E.: Convection flows in rooms with temperature gradients – Theory and measurements, Proceedings of Roomvent '92, Aalborg pp. 70, ISBN 87-982652-6-1, 1992.

[3)] Neubearbeitung von Dr.-Ing. habil. Klaus J. Guntermann, Neukirchen-Vluyn, für die 69. Auflage.

a) Funktionsprinzip und Eigenschaften der Quellüftung

Quellüftung, teilweise auch als Schichtlüftung bezeichnet, kennzeichnet eine Sonderform einer nach oben gerichteten Verdrängungsströmung, bei der die Zuluft mit Untertemperatur in Bodennähe in den Raum eingebracht wird. Hierbei sind Mittelwert und Turbulenz der Geschwindigkeit niedrig. Es breitet sich über die gesamte Bodenfläche eine Zuluftschicht aus (Bild 3.3.5-47).

Wärmequellen im Raum (Personen, elektrische Einrichtungen) überlagern dieser Verdrängungsströmung zusätzliche Auftriebsströmungen. Der vertikale Lufttransport durch diese Auftriebsströmungen ist größer als der Luftstrom durch Verdrängung. Da aus Kontinuitätsgründen Abwärtsströmungen auftreten, die jedoch durch die Erwärmung nicht mehr die bodennahe Zuluftschicht erreichen, bildet sich das für die Quellüftung charakteristische Strömungsbild aus: mit einer Verdrängungsströmung in Bodennähe (Zuluftschicht mit Zuluftqualität) und einer darüber liegenden durch Lage, Anordnung und Stärke der Wärmequellen bestimmte Mischungsschicht. Kennzeichnend für Quellüftung sind relativ niedrige Luftgeschwindigkeiten, die in der Nähe des Durchlasses ihren größten Betrag haben. Quellüftung erzeugt prinzipbedingt nach oben ansteigende Temperaturen und Verunreinigungsbeladungen im Raum. Die Abluft muß daher immer im Deckenbereich abgesaugt werden.

Bild 3.3.5-47 zeigt qualitativ die Profile von Temperatur, Geschwindigkeit und Konzentration bei Quellüftung und Mischlüftung.

Die Quellüftung entspricht vom Strömungsprinzip im wesentlichen einer freien Lüftung mit öffenbaren Fenstern; Luft- und Wärmetransport erfolgen analog. Tafel 3.3.5-7 nennt Eigenschaften und Voraussetzungen für Quellüftung, Tafel 3.3.5-8 zeigt die Vorteile gegenüber Mischlüftung auf.

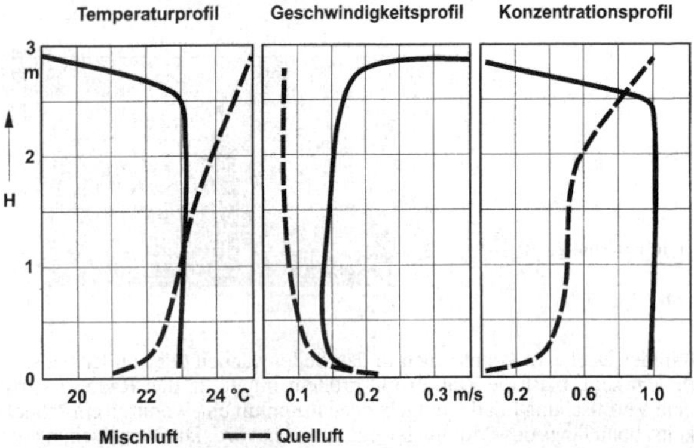

Bild 3.3.5-48. Vertikale Temperatur-, Geschwindigkeits- und Konzentrationsprofile im Raum bei Quellüftung und Mischlüftung.

b) Grenzen der Quellüftung und bauliche Voraussetzungen

Die abführbare Kühllast bei Quelluft-Systemen wird im wesentlichen durch die Raumlufttemperatur und den zulässigen Temperaturanstieg in der Aufenthaltszone begrenzt. Häufig stehen auch nicht ausreichend bodennahe Flächen zur Anbringung der Durchlässe zur Verfügung. Üblicherweise liegen die maximalen Kühlleistungen je nach Art und Anordnung der Wärmequellen und Zuluftdurchlässe im Raum bei ca. 30–60 W/m². Die Austrittsgeschwindigkeit der Zuluft sollte bei Komfortanwendungen nicht über 0,2 m/s liegen, wobei die Höhe des Durchlasses 0,8 m nicht überschreiten sollte. Bei industriellen Anwendungen sind je nach Anforderung Geschwindigkeiten bis 1 m/s möglich, wobei eine Begrenzung der Durchlaßhöhe nicht besteht.

Der Druckverlust eines Quelluftdurchlasses sollte so bemessen sein, daß eine gleichmäßige Luftverteilung sichergestellt ist. Große Druckverluste führen bei Undichtigkeiten zu lokal hohen Luftgeschwindigkeiten und verursachen Geräusche.

Tafel 3.3.5-7 Eigenschaften und Voraussetzungen für Quellüftung

Eigenschaften
– Erhaltung und Nutzung von Auftriebsvolumenströmen – Luftschichtung im Raum mit Zuluftqualität in der Aufenthaltszone und Abluftqualität nur im deckennahen Bereich – Temperaturanstieg im Raum – Zugfreiheit im Raum infolge Geschwindigkeits- und Temperaturbegrenzung
Voraussetzungen
– impulsarme Zuführung von Zuluft mit geringer Untertemperatur möglichst in Fußbodennähe – Abluftabsaugung in Deckennähe

Tafel 3.3.5-8 Vorteile der Quellüftung gegenüber Mischlüftung und bevorzugte Anwendungsgebiete

- verbesserte Luftqualität in der Aufenthaltszone
- bessere thermische Behaglichkeit durch niedrigere Luftgeschwindigkeiten und Turbulenzgrade
- gutes Teillastverhalten
- bevorzugt anwendbar bei hohem Luftbedarf und niedriger Kühllast bei großer Raumhöhe
- typische Gebäude und Nutzungen sind Verwaltungsgebäude, Versammlungsstätten (Theater, Sporthallen, Atrien), Restaurants
- bei industriellen Anwendungen ist eine gewünschte Luftqualität im Aufenthaltsbereich energetisch günstiger erreichbar
- bevorzugt anwendbar bei gleichzeitigem Auftreten von Wärme- und Verunreinigungen (Produktions- und Montagehallen, Küchen, Laboratorien)

Quelluftdurchlässe sind aufgrund der niedrigen Geschwindigkeit und Turbulenz nahezu geräuschlos. Der Schallpegel wird im allgemeinen von der Art der Anströmung und durch das Luftleitungssystem bestimmt.

Die Möblierung sollte so ausgeführt und angeordnet sein, daß sie die Luftausbreitung nicht behindert.

Die Anwendung von Quelluftsystemen ist ungeeignet, wenn Luftverunreinigungen schwerer als Luft sind und nicht von den Auftriebsvolumenströmen erfaßt werden.

-4.6.2 Auslegung von Quelluft-Systemen

Konventionelle Auslegungsverfahren, gestützt durch Normen und Richtlinien, orientieren sich an Mischlüftung – gleiche Temperaturen und Verunreinigungen im gesamten Raum. Durch den vertikalen Anstieg von Temperaturen und Verunreinigungen im Raum bei Quellüftung, werden jedoch die Lasten nur zum Teil im Aufenthaltsbereich wirksam (Bild 3.3.5-47 und Bild 3.3.5-47). Dies ist bei der Auslegung zu berücksichtigen.

Zwischen Temperaturanstieg im Aufenthaltsbereich und Temperaturdifferenz zwischen Abluft und Zuluft wurde[1)] näherungsweise ein Verhältnis C ermittelt, das nur von der Lage der Wärmequellen abhängt und nicht von dem Betrag der abzuführenden Kühllast:

$$C = \frac{\Delta t_{AZ}}{\Delta t_R} = \frac{t_{1,1} - t_{0,1}}{t_{Abl} - t_{Zul}}$$

[1)] Krühne, H.: Experimentelle und theoretische Untersuchungen zur Quelluftströmung, Dissertation TU-Berlin 1996 D83.

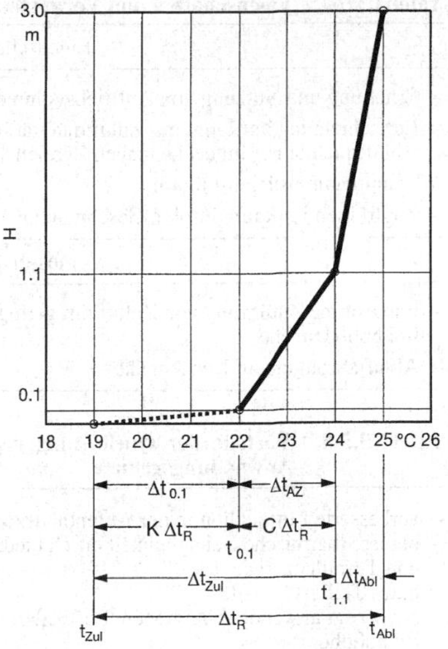

Bild 3.3.5-49. Temperaturverläufe bei Quellüftung.

Tafel 3.3.5-9 gibt Werte für dieses Verhältnis an in Abhängigkeit von der Raumnutzung. Bei Vorgabe einer zulässigen Temperaturerhöhung in der Aufenthaltszone Δt_{AZ} ergibt sich hieraus die Temperaturerhöhung im Raum (s. auch Bild 3.3.5-47).

Normen, Richtlinien und Empfehlungen (Tafel 3.3.5-10) geben für minimale Lufttemperaturen im Raum und maximal zulässigen Temperaturanstieg in der Aufenthaltszone Werte vor.

Die Akzeptanz von Raumlufttemperatur und Temperaturanstieg hängt besonders vom Aktivitätsgrad ab. Tafel 3.3.5-11 gibt hier Erfahrungswerte an. Der Temperaturanstieg K im Bodenbereich

$$K = \frac{\Delta t_{0,1}}{\Delta t_R} = \frac{t_{0,1} - t_{Zul}}{t_{Abl} - t_{Zul}}$$

Tafel 3.3.5-9 Vertikaler Temperaturanstieg im Raum bei Quellüftung

Temperaturanstieg in der Aufenthaltszone $C = \frac{\Delta t_{AZ}}{\Delta t_R}$	Kühllastanteil am Boden in %	Raumnutzung und Anwendungen
0,16	0–20	deckennahe Beleuchtung z. B. Museen, Studios
0,25	20–60	Büroräume
0,33	60–100	Quelluftinduktion
0,4	60–100	thermisch hoch belastete Büroräume, Kühldecke, Versammlungsräume

hängt vom spezifischem Volumenstrom der Luft ab. Näherungswerte sind in Tafel 3.3.5-12 angegeben. Beim Mindestaußenluftstrom erfolgt bereits die Hälfte des Temperaturanstiegs im Bodenbereich; $K = 0{,}5$.[1)]

Aus diesen Angaben lassen sich mit den Vorgaben die charakteristischen Lufttemperaturen im Raum ermitteln (Bild 3.3.5-50).

Tafel 3.3.5-10 Beispielhafte Angaben über zulässige Lufttemperaturen und Temperaturanstiege nach europäischen Normen und Richtlinien

Komfort-kriterium	DIN 1946/2 (1/1994)	SIA* V382/1 (1992)	CIBSE** (1990)	ISO 7730 (1990)
Δt_{AZ}	≤ 2 K	< 2 K	< 3 K	< 3 K
$t_{0,1\ \text{min, Winter}}$	21 °C	19 °C	20 °C	k. A.
$t_{0,1\ \text{min, Sommer}}$	21 °C	22 °C	22 °C	k. A.

* SIA: Schweizerischer Ingenieur- und Architektenverein.
** CIBSE: Charted Institute of Building Services Engineers.

Tafel 3.3.5-11 Empfehlungen aus der Praxis für den max. Lufttemperaturanstieg in Abhängigkeit vom Aktivitätsgrad der Personen

Art der Tätigkeit	Wärmeabgabe in W	t_R in °C	$t_{1.1}-t_{0.1}$ in K
sitzende Tätigkeit	120	22	≤ 2,0
leichte Tätigkeit, stehend	150	19	≤ 2,5
mittelschwere Tätigkeit, stehend	190	17	≤ 3,0
schwere Tätigkeit, stehend	270	15	≤ 3,5

Tafel 3.3.5-12 Temperaturanstieg im Bodenbereich bei Quellüftung

Temperaturanstieg im Bodenbereich $K = \dfrac{t_{0,1} - t_{Zul}}{t_{Abl} - t_{Zul}}$	Spezifischer Luftstrom in $m^3/(m^2h)$	Raumnutzung und Anwendungen
0,5	5 – 10	Mindestaußenluftstrom
0,33	15 – 20	Quelluftinduktion, VVS
0,2	> 25	Versammlungsräume

1) Mundt, E.: Convection flows in rooms with temperature gradients – Theory and measurements, Proceedings of Roomvent '92, Aalborg pp. 70, ISBN 87-982652-6-1, 1992.

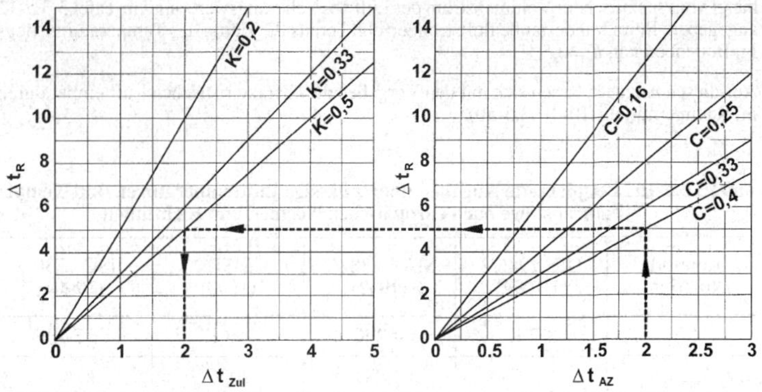

Bild 3.3.5-50. Temperaturverhältnisse bei Quellüftung.

Das im folgenden vorgestellte Auslegungsverfahren ist für Quelluft-Systeme in Verwaltungsgebäuden und industriellen Gebäuden geeignet. Für Sonderanwendungen sind individuelle Betrachtungen erforderlich.

-4.6.3 Berechnung des erforderlichen Zuluftstromes

a) Minimaler Außenluftstrom $\dot{V}_{min}$

Zunächst wird der hygienisch erforderliche Außenluftstrom $\dot{V}_{min}$ ermittelt. Er wird üblicherweise aus dem personen- ($\dot{V}_{per}$) oder flächenbezogenen ($\dot{V}_A$) Mindestaußenluftstrom bestimmt:

$\dot{V}_{min} = n\,\dot{V}_{per}$ bzw.

$\dot{V}_{min} = A\,\dot{V}_A$

Der jeweils größere Wert von $\dot{V}_{min}$ ist als der minimale Außenluftstrom zu verwenden.

Wenn luftgetragene Schadstoffe abzuführen sind (Industrie, Krankenhaus), ist der erforderliche Außenluftstrom $\dot{V}_{MAK}$ nach der zulässigen Raumkonzentration (z.B. nach MAK-Wert Angaben) zu ermitteln. Hierbei wird vom ungünstigen Fall einer Mischlüftung ausgegangen. Es gilt:

$\dot{V}_{MAK} = G/(c_{Abl} - c_{Zul})$

mit

G = freigesetzter Schadstoffstrom in mg/h,

c_{Abl} = zulässige Konzentration (z. B. MAK-Wert) in mg/m³,

c_{Zul} = Konzentration des Schadstoffes in der Zuluft in mg/m³.

Wenn die Schadstoffe schwerer als Luft sind und nicht von Auftriebsströmungen erfaßt werden, sollte Quellüftung nicht angewendet werden.

b) Kühllastbedingter Zuluftvolumenstrom $\dot{V}_{KR}$

Für die Abfuhr einer gegebenen Raumluftkühllast $\dot{Q}_{KR}$ (z.B. ermittelt nach VDI 2078, VDI-Kühllastregeln) gilt unabhängig von der Luftführung im Raum:

$$\dot{V}_{KR} = \frac{\dot{Q}_{KR}}{0{,}335 \cdot (t_{Abl} - t_{Zul})} = \frac{\dot{Q}_{KR}}{0{,}335 \cdot \Delta t_R}$$

Zur Vereinfachung der Berechnung werden für die Energiebilanzen zugeschnittene Größengleichungen verwendet.

$$\dot{Q}[W] = \dot{V}\left[\frac{m^3}{h}\right]\Delta t\,[K]\cdot\rho c_p\left[\frac{Wh}{Km^3}\right]$$

$$\rho c_p = 1{,}2\,\frac{kg}{m^3}\cdot 1000\,\frac{Ws}{kgK}\cdot\frac{1h}{3600s} \qquad \rho c_p = 0{,}335\,\frac{Wh}{Km^3}$$

Bei Angabe des Temperaturanstieges im Aufenthaltsbereich (Δt_{AZ}) und des Faktors der Lastanordnung im Raum C, ergibt sich der erforderliche Zuluftvolumenstrom $\dot{V}_{KR}$ zu:

$$\dot{V}_{KR} = \frac{\dot{Q}_{KR}\cdot C}{0{,}335\cdot\Delta t_{AZ}}$$

c) Luftqualitätsoptimierter Außenluftstrom $\dot{V}_{QL}$

Eine optimale Luftqualität wird erreicht, wenn die Zuluftschichthöhe (H) das Niveau, der Atemzone von sitzenden oder stehenden Personen erreicht.

$$\dot{V}_{QL} = \Sigma\dot{V}_{Auf\,i}\,(H)$$

Die Größe der Auftriebsvolumenströme $\dot{V}_{Auf}$ von Wärmequellen hängt wesentlich von der Wärmequelle, ihrer Geometrie, ihrer Anordnung und vom Lufttemperaturanstieg im Raum ab. Auftriebsvolumenströme lassen sich nur näherungsweise angeben. Als obere Grenzwerte gelten die in Tafel 3.3.5-13 aufgeführten Anhaltswerte.

Tafel 3.3.5-13 Anhaltswerte für Auftriebsvolumenströme von Wärmequellen (Δt_{AZ}) = 0

Art der Wärmequelle	Richtwert zur effektiven Leistung in W	Volumenstrom in ca. 1,1 m Höhe in m^3/h	Volumenstrom in ca. 1,8 m Höhe in m^3/h
Personen: sitzen oder stehen, leichte bis mittelschwere Tätigkeit	100–200	80–100	180–210
Büroausstattung:			
Tischlampe	60	40	100
PC/Telefax-Gerät	300	100	200
OH-Projektor	300	100	200
Tischkopierer/Drucker	400	120	250
Standkopierer	1000	200	400
Heizkörper	400	40	100
Maschinen:			
ca. 1 m ∅ , 1 m hoch	2000		600
ca. 1 m ∅ , 2 m hoch	4000		800
ca. 2 m ∅ , 1 m hoch	6000		900
ca. 2 m ∅ , 2 m hoch	8000		1000

d) Berechnung des Zuluftstromes bei der Kombination mit einer Kühldecke

Bei hohen Raumkühllasten bietet sich eine Systemtrennung an, bei der die Kühlaufgabe im wesentlichen von einem Wassersystem und die Lüftungsaufgabe vom Quelluft-System übernommen wird. Die Luftmenge wird auf das hygienisch erforderliche Maß reduziert. Der Wärmetransport erfolgt auf dem Wasserweg sowie durch Wärmeüberträger im Raum (Kühldecke, Wärmeaustauscher). Hierdurch reduzieren sich der Energieaufwand für die Förderleistung der Medien und der Platzbedarf erheblich.

Bei einer Kombination von Quellüftung mit einer Kühldecke erfolgt eine Aufteilung der Kühlleistung.

Das Verhältnis $\omega_L = \frac{\dot{Q}_L}{\dot{Q}_{KR}}$

gibt den Leistungsanteil der Luft an. Liegt der Leistungsanteil der Quellüftung (ω_L) bei mindestens 30% so kann mit einer Luftqualität gerechnet werden, die deutlich besser ist als bei Mischlüftung. Aus Wirtschaftlichkeitsgründen wird das Quelluft-System häufig nur nach $\dot{V}_{min}$ ausgelegt. Bei hohen Kühllasten ist dann jedoch in der Aufenthaltszone Mischluftqualität zu erwarten. Aufgrund der Kühlung durch die Decke werden die Kühllasten wesentlich im Bodenbereich wirksam. Die Temperaturen werden analog Gleichungen 1 und 2 mit $C = 0{,}4$ und $K = 0{,}5$ ermittelt.

e) Berechnung des Zuluftstromes bei raumluftinduzierenden Quelluftdurchlässen

Die Zulufttemperatur ist bei Quellüftung nach unten begrenzt. Häufig ist jedoch die Zuluft nach Entfeuchtung bei niedrigerem Temperaturniveau vorhanden. Hierbei bieten sich Luftdurchlässe mit Raumluftinduktion an. Bei Induktions-Quelluftdurchlässen wird im oberen Durchlaßbereich Raumluft angesaugt und mit der Primärluft zur Zuluft vermischt (Bild 3.3.5-51).[1)]

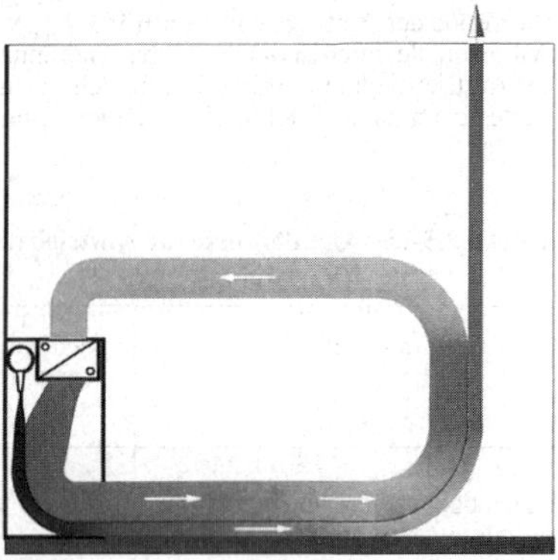

Bild 3.3.5-51. Quellüftung mit Induktion.

Dadurch können die Auslegungswerte der Primärluft gegenüber denen der Zuluft hinsichtlich der Menge und des Temperaturniveaus gesenkt werden. Das Induktionsverhältnis (i) ist als der Quotient von Zuluftvolumenstrom und Primärvolumenstrom für den Durchlaß definiert.

$$i = \frac{\dot{V}_{Zul}}{\dot{V}_{Pr}}$$

Eine erhebliche Leistungssteigerung der induzierenden Quelluftdurchlässe ist möglich, wenn die Sekundärluft über einen Wärmeaustauscher geführt und zusätzlich gekühlt wird. Die Raumluft wird im unteren Raumbereich mehrfach umgewälzt. Die Verwendung dieser Durchlässe setzt voraus, daß sich die Kühllasten weitgehend in der Rezirkulationszone befinden. Ansonsten tritt ein starker Temperaturanstieg in der oberen Raumhälfte ein. Vorteilhaft wäre bei Auftreten hoher thermischer Lasten eine Rezirkulation aus dem Deckenbereich zu ermöglichen. Dies wäre zwischen einer dritten Scheibe möglich oder zwischen Scheibe und Blendschutz. Obwohl dann nur noch Mischluftqualität vorliegt, ist ein deutlich höherer thermischer Komfort vorhanden.

---

1) Guntermann, K., Plitt, U.: Einsatzmöglichkeiten und Grenzen von Quelluft-Endgeräten, HH 7/94. S. 337/40.
Fitzner, K.: Anlagenerneuerungen mit Quelluft-Induktionsgeräten, HLH 7/94, S. 333/336.

Die thermischen Lasten liegen weitgehend im unteren Raumbereich. Trotz Rezirkulation und Kühlung des unteren Raumbereiches, werden die Kühllasten auch im oberen Bereich wirksam und führen dort zu einem höheren Temperaturanstieg. Für Quelluftinduktion gilt bei Annahme der Luftansaugung auf Niveau $t_{1,1}$ nach Tafel 3.3.5-9 $C = 0{,}33$ und nach Tafel 3.3.5-12 $K = 0{,}33$. Nach Gleichungen im Abschnitt 3.3.5-4.6.2 ergibt sich

$$\Delta t_R = \frac{\Delta t_{AZ}}{C} = \frac{\Delta t_{AZ}}{0{,}33} = 3 \cdot \Delta t_{AZ}$$

$$\Delta t_{0,1} = K \cdot \Delta t_R = \frac{K}{C}\,\Delta t_{AZ} = \Delta t_{AZ}$$

Hieraus ergeben sich

$$\Delta t_{Zul} = t_{1,1} - t_{Zul} = \Delta t_{0,1} + \Delta t_{AZ} = \Delta t_{AZ} \cdot \left(\frac{K}{C} + 1\right) = 2\Delta t_{AZ}$$

$$\Delta t_{Abl} = t_{Abl} - t_{1,1} = \Delta t_{AZ} \cdot \left(\frac{1-K}{C} - 1\right) = \Delta t_{AZ}$$

Unter Berücksichtigung der Temperatur und des Temperaturanstieges im Aufenthaltsbereich, lassen sich dann alle zur Auslegung erforderlichen Temperaturen ermitteln. Aus Bild 3.3.5-50 ergeben sich für $K = 0{,}33$ und $C = 0{,}33$ die Werte in Tafel 3.3.5-14.

$$\dot{Q}_{Abl} = 0{,}335 \cdot \dot{V}_{Pr} \cdot \Delta t_{Abl}$$

$$\dot{Q}_{Zul} = \dot{Q}_{KR} - \dot{Q}_{Abl}$$

$$\dot{V}_{Zul} = \frac{\dot{Q}_{Zul}}{0{,}335 \cdot \Delta t_{Zul}}$$

Für Induktionsdurchlässe ohne Wärmetauscher gilt:

$\dot{Q}_{Zul} = \dot{Q}_{PR}$

$\dot{Q}_{Pr}$ = Kühlleistung des Primärluftvolumenstroms in *W*.

Für Induktionsdurchlässe mit Wärmetauscher gilt:

$$\dot{Q}_{Zul} = \dot{Q}_{Pr} + \dot{Q}_{Sek}$$

$$\dot{Q}_{Pr} = 0{,}335 \cdot \dot{V}_{Pr} \cdot (t_{1,1} - t_{PR})$$

$$\dot{Q}_{Sek} = \dot{Q}_{Zul} - \dot{Q}_{Pr}$$

Bei Rezirkulation in der unteren Raumhälfte ist die Kühlleistung durch das Temperaturniveau der angesaugten Raumluft und einem starken Temperaturanstieg in der oberen Raumhälfte begrenzt.

Für Komfortanwendungen liegt die Kühlleistungsgrenze bei etwa 60 W/m^2.

Der beschriebene Berechnungsablauf für Quelluft-Systeme und die Zusammenstellung der erforderlichen Gleichungen sind in Bild 3.3.5-52 in der Übersicht dargestellt.

Tafel 3.3.5-14 Temperaturdifferenzen bei Quellüftung mit Induktion

Δt_{AZ}	[*K*]	2	2,5	3
Δt_R	[*K*]	6	7,5	9
Δt_{Zul}	[*K*]	4	5,0	6
Δt_{Abl}	[*K*]	2	2,5	3

1. Systemfestlegung

Festlegung der Konstanten *C* und *K* aufgrund der Raumnutzung und der Systemwahl aus Tafel 3.3.5-9 bis Tafel 3.3.5-12.

2. Bestimmung der Temperaturen

Temperaturanstieg in der Aufenthaltszone $C = \frac{t_{1,1} - t_{0,1}}{t_{Abl} - t_{Zul}} = \frac{\Delta t_{AZ}}{\Delta t_R}$

Temperaturanstieg im Bodenbereich $K = \frac{t_{0,1} - t_{Zul}}{t_{Abl} - t_{Zul}} = \frac{\Delta t_{0,1}}{\Delta t_R}$

Temperaturverhältnisse im Raum bei Vorgabe von $t_{1,1}$ und Δt_{AZ}

$$t_{Zul} = t_{1,1} - \Delta t_{AZ} \cdot \left(\frac{K}{C} + 1\right) \quad t_{Abl} = t_{1,1} + \Delta t_{AZ} \cdot \left(\frac{1-K}{C} - 1\right)$$

3. Bestimmung des Außenluftstroms

Personen
$\dot{V}_{min} = n\,\dot{V}_{per}$

Fläche
$\dot{V}_{min} = A\dot{V}_A$

Schadstoffe
$\dot{V}_{MAK} = G/(c_{Abl} - c_{Zul})$

Luftqualität
$\dot{V}_{QL} = \Sigma_{Auf\,i}\,(h)$

4. Bestimmung des kühllastbedingten Luftvolumenstroms:

$$\dot{V}_{KR} = \frac{\dot{Q}_{KR}}{0,335 \cdot (t_{Abl} - t_{Zul})} = \frac{\dot{Q}_{KR}}{0,335 \cdot \Delta t_R} = \frac{\dot{Q}_{KR} \cdot C}{0,335 \cdot \Delta t_{AZ}}$$

5. Quellüftung mit Kühldecke

Es wird empfohlen den Kühlleistungsanteil der Luft auf minimal 0,3 zu begrenzen.

$$\omega_L = \frac{\dot{Q}_L}{\dot{Q}_{KR}} = \frac{\dot{V}_L}{\dot{V}_{KR}} \geq 0{,}3 \text{ dann } \dot{V}_L = \dot{V}_{min}$$

6. Quellüftung mit Induktion

Nur Luft-Induktiondurchlaß

$$\dot{Q}_{Zul} = \dot{Q}_{Pr} \qquad i = \frac{\dot{V}_{Zul}}{\dot{V}_{Pr}} = \frac{t_{1,1} - t_{Pr}}{t_{1,1} - t_{Zul}} \qquad \dot{V}_{Pr} = \frac{\dot{Q}_{KR}}{0{,}335 \cdot (t_{Abl} - t_{PR})}$$

Luft-Wasser Induktiondurchlaß

$$\dot{Q}_{Zul} = \dot{Q}_{Pr} + \dot{Q}_{Sek} = \dot{Q}_{KR} - \dot{Q}_{Abl}$$
$$\dot{Q}_{Pr} = 0{,}335 \cdot \dot{V}_{PR} \cdot (t_{1,1} - t_{PR})$$
$$\dot{Q}_{Sek} = \dot{Q}_{Zul} - \dot{Q}_{Pr}$$

Bild 3.3.5-52. Berechnungsablauf bei der Auslegung von Quelluft-Systemen.

-4.6.4 Auslegungsdetails für den Komfortbereich

a) Auswahl und Anordnung von Durchlässen im Raum

Für Quellüftung ist eine große Zahl von Durchlaßvarianten erforderlich (Bild 3.3.5-53), da die Aufgabenstellungen sehr unterschiedlich sein können. Durch die niedrige Austrittsgeschwindigkeit der Zuluft ist die Flächeninanspruchnahme von Quelluftdurchlässen groß. Es ist daher notwendig, die Durchlässe sowohl funktional als auch den Anforderungen der Raumnutzung entsprechend unterzubringen. Standardauslässe sind nicht immer einsetzbar. Sonderkomponenten, die objektspezifisch modifiziert werden, kommen dann zum Einsatz. Dies erfordert Kenntnisse über andere Gewerke des Innenausbaus und eine entsprechende Abstimmung (s. Bild 3.3.5-55).

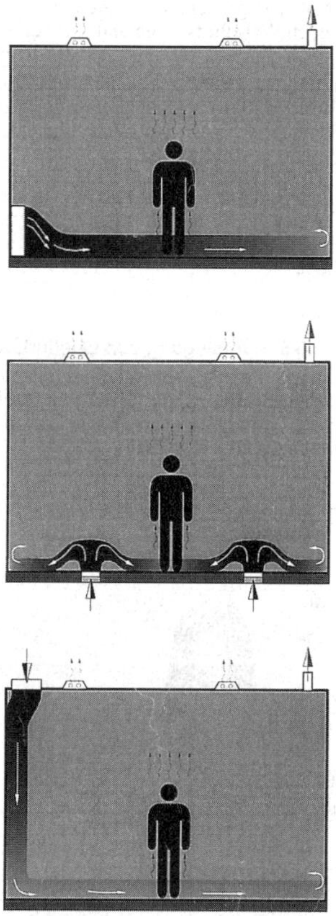

Bild 3.3.5-53. Bauformen von Quellluftdurchlässen.

Wanddurchlässe, Säulendurchlässe

Wanddurchlässe finden am häufigsten Anwendung. Je nach erforderlicher Luftmenge werden Auslässe in Bodennähe an der Innen- oder Außenwand plaziert. In einigen Fällen tritt die Luft auch aus Trennwänden, aus Säulen oder auch aus Stellwänden aus. Die Luft sollte möglichst gleichmäßig über die gesamte Fläche austreten.

Bodendurchlässe

Die Strömung läßt sich so einstellen, daß die Eindringhöhe nur etwas höher als die Zuluftschicht ist. Hierbei sind niedrige Ausblastemperaturen möglich. Der Anschluß des Durchlasses erfolgt über Luftleitungen oder über einen luftführenden Doppelboden. Die unmittelbare Umgebung muß aus dem Aufenthaltsbereich ausgeklammert werden, da sowohl

Temperaturen als auch Luftgeschwindigkeiten außerhalb des Behaglichkeitsbereiches liegen können.

Deckendurchlässe

Die Durchlässe sind oberhalb des Aufenthaltsbereiches angebracht. Die Zuluft tritt turbulenzarm aus und sinkt durch die Untertemperatur zu Boden. Aufgrund der turbulenzarmen Ausströmung vermischt sich die Zuluft hierbei kaum mit der Raumluft. Die Luftverteilung am Boden erfolgt dann analog wie bei den anderen Quelluftdurchlässen. Der Bereich unterhalb der Durchlässe ist kein ständiger Aufenthaltsbereich.

Abluftdurchlässe

Die Abluft ist grundsätzlich in Deckennähe abzusaugen. Es sollten Abluftdurchlässe direkt oberhalb von großen, stationären Wärmequellen angeordnet sein, um die von ihnen ausgehenden Warmluftströme und Luftverunreinigungen direkt aufnehmen zu können.

In großen, aber niedrigen Räumen (z.B. Großraumbüros) kann eine horizontale Warmluftströmung unter der Decke durch die Anordnung von mehreren Abluftdurchlässen verhindert werden. Bei Unterzügen oder sonstigen Behinderungen für eine frei Luftströmung in Deckennähe sind Abluftöffnungen in jedem Decken-Teilbereich vorzusehen.

b) Regelung von Quelluft-Systemen

Quelluft-Systeme, die nur den hygienisch notwendigen Außenluftvolumenstrom fördern, sollten ganzjährig mit konstanter Zulufttemperatur von etwa 18–20°C betrieben werden. Quelluft-Systeme lassen sich bei Betrieb mit größeren Luftmengen wirtschaftlich als Variable-Volumenstrom-Systeme (VVS) betreiben.

-4.6.5 Auslegung von Quellüftung für den industriellen Bereich

Industrielle Prozesse sind häufig durch gleichzeitiges Auftreten von Wärme und Verunreinigungen gekennzeichnet. Hier stellt Quellüftung eine ideale Lösung dar. Häufig kann mit geringen Luftmengen eine bessere Luftqualität bei gleichzeitig angenehmeren Temperaturbedingungen erzielt werden.

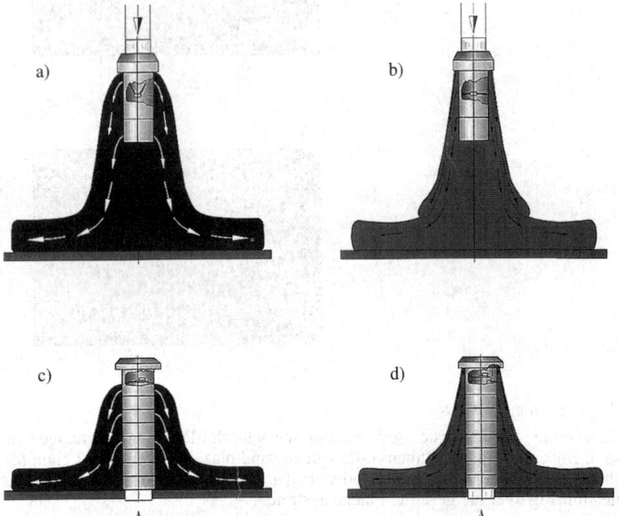

Bild 3.3.5-54. Quelluftdurchlässe für industrielle Anwendungen: Hängende Montage (a) Kühlbetrieb, b) Heizbetrieb und stehende Montage, c) Kühlbetrieb d) Heizbetrieb) mit Verstellmöglichkeiten.

Die Auslegung von Luftdurchlässen für Industrieanwendungen erfolgt analog zu Komfortanwendungen. Die Anordnung von Luftleitungen und Luftdurchlässen muß sich den Anforderungen der Prozesse anpassen. Zur Verfügung stehen Bereiche oberhalb der Kranbahnen, Unterzüge, Raumecken und gegebenenfalls Hauptverkehrswege, die auf Dauer unverändert bleiben. Beispiele für die Anordnung von fußbodennahen Zuluftdurchlässen in industriellen Bereichen sind in Bild 3.3.5-54 wiedergegeben.

Zuluftdurchlässe oberhalb der Aufenthaltszone

Häufig stehen die Bodenbereiche für Luftdurchlässe nicht zur Verfügung. Um dennoch eine qualitative Quellluftströmung mit nach oben ansteigender Temperatur und Verunreinigung der Raumluft zu erreichen, kommen sogenannte Verdrängungsdurchlässe zur Anwendung. Sie werden möglichst niedrig oberhalb des Aufenthaltsbereiches angebracht.

Quelluft-Systeme in Verbindung mit Heizungen

Quelluft-Systeme sollten nach Möglichkeit immer mit einer statischen Heizung betrieben werden. Falls mit der Zuluft dennoch geheizt werden muß, sind in diesen Zuluftdurchlässen Klappen und verstellbare Umlenkeinrichtungen eingebaut, die die erwärmte Zuluft mit großem Austrittsimpuls in Fußbodenrichtung lenken. Verstellbare Luftdurchlässe sind sowohl oberhalb als auch innerhalb der Aufenthaltszone einsetzbar. In Bild 3.3.5-54 werden die Strömugsverläufe für Heiz- und Kühlbetrieb verdeutlicht.

-4.6.6 Auslegungsbeispiele

Beispiel 1: Komfortbereich

Klimatisierung eines Büroraumes mit folgenden Angaben:

$A = 18$ m², 2 Personen, $\dot{Q}_{KR} = 1200\ W$ (Kühllasten: 2 PC, 2 Tischlampen, 1 Drucker, ca. 200 W installierte deckennahe Beleuchtung), $t_{1,1} = 24$ °C, $\Delta t_{AZ} = 2\ K$.

a) Welche Auslegungswerte für ein Quelluft-System ergeben sich aus diesen Angaben, wenn nur ein Quelluft-System vorgesehen ist und in der Aufenthaltszone Zuluftqualität gewünscht wird?

b) Welche Auslegungswerte ergeben sich für ein Quelluft-System, daß mit Induktionsdurchlässen ($t_{PR} = 17$ °C, $\Delta t_{AZ} = 2{,}5\ K$) ausgelegt werden soll? Hierbei soll zunächst für den Nur-Luft Durchlaß die erforderliche Primärluftmenge ermittelt werden. Für den Luft-Wasser Durchlaß beträgt die Primärluftmenge $\dot{V}_{PR} = 150$ m³/h.

c) Ist eine Systemkombination mit Kühldecke sinnvoll und welche Auslegungswerte ergeben sich dann für das Quelluft-System?

Lösung zu Fragestellung a)

Der hygienisch erforderliche Außenluftstrom $\dot{V}_{min}$ beträgt nach DIN 1946/2 für Personen 40–60 m³/h Pers. bzw. 4–6 m³/m²h flächenbezogen. Es ergeben sich dann folgende minimale Außenluftströme:

$$\dot{V}_{min} = 2 \cdot 60 = 120 \text{ m}^3/\text{h. bzw. } \dot{V}_{min} = 18 \cdot 6 = 108 \text{ m}^3/\text{h.}$$

Schadstoffe sind nicht zu erwarten, so daß eine Berechnung des Volumenstromes $\dot{V}_{MAK}$ entfällt. Der kühllastbedingte Zuluftvolumenstrom $\dot{V}_{KR}$ beträgt mit $C = 0{,}4$ und $\Delta t_{AZ} = 2\ K$

$$\dot{V}_{KR} = \frac{1200 \cdot 0{,}4}{0{,}335 \cdot 2} = 716 \text{ m}^3/\text{h}$$

Für den luftqualitätsoptimierten Außenluftstrom $\dot{V}_{QL}$ folgt mit den Werten aus Tafel 3.3.5-13 bei 1,1 m über dem Fußboden:

2 Personen	200 m³/h
2 PC	200 m³/h
2 Tischlampen	80 m³/h
1 Drucker	120 m³/h
$\dot{V}_{QL}$	600 m³/h

Für den Zuluftstrom ist der Maximalwert der oben berechneten Volumenströme zu verwenden, der hier der kühllastbedingte Volumenstrom $\dot{V}_{KR} = 716$ m³/h ist.

$$\dot{V}_{Zul} = \dot{V}_{KR} = 716 \text{ m}^3/\text{h.}$$

In der Aufenthaltszone ist auch im Auslegungsfall wegen

$\dot{V}_{QL} < \dot{V}_{KR}$ Zuluftqualität zu erwarten.

Die Temperaturdifferenz zwischen Zu- und Abluft beträgt:

$t_{Abl} - t_{Zul} = \Delta t_{AZ}/C = 2/0{,}4 = 5\ K.$

Die Zulufttemperatur ist mit $K = 0{,}33$ zu errechnen (s. S. ••••12??•••••):

$t_{Zul} = t_{0,1} - 0{,}33\ (t_{Abl} - t_{Zul}) = 22 - 0{,}33 \cdot 5 = 20{,}4\ °C.$

Die Ablufttemperatur beträgt dann

$t_{Abl} = t_{Zul} + (t_{Abl} - t_{Zul}) = 20{,}4 + 5 = 25{,}4\ °C.$

Lösung zur Fragestellung b)

Aus Bild 3.3.5-50 und Tafel 3.3.5-14 ergeben sich mit

$\Delta t_{AZ} = 2{,}5\ K;\ C = 0{,}33$ sowie $K = 0{,}33$:

$\Delta t_R = 7{,}5\ K;\ \Delta t_{0,1} = 2{,}5\ K$ und

$t_{Zul} = t_{0,1} - \Delta t_{0,1} = 21{,}5 - 2{,}5 = 19\ °C$

$t_{Abl} = t_{Zul} + \Delta t_R = 19 + 7{,}5 = 26{,}5\ °C.$

für den Nur-Strom Induktionsdurchlaß gilt:

$$i = \frac{\dot V_{Zul}}{\dot V_{Pr}} = \frac{t_{1,1} - t_{Pr}}{t_{1,1} - t_{Zul}} = \frac{24-17}{24-19} = 1{,}4$$

$\dot V_{Pr} = \dot Q_{KR}/0{,}335/(t_{Abl} - t_{PR}) = 1200/0{,}335/(29 - 17) = 300$ m3/h

$\dot V_{Zul} = \dot V_{PR} \cdot \mathrm{i} = 300 \cdot 1{,}4 = 420\ m^3/h.$

für den Luft-Wasser Induktionsdurchlaß gilt:

$\dot Q_{Abl} = 0{,}335 \cdot \dot V_{PR} \cdot \Delta t_{Abl} = 0{,}335 \cdot 150 \cdot 2{,}5 = 125\ W$

$\dot Q_{Zul} = \dot Q_{KR} - \dot Q_{Abl} = 1200 - 125 = 1075\ W$

$$\dot V_{Zul} = \frac{\dot Q_{Zul}}{0{,}335 \cdot \Delta t_{Zul}} = 1075/0{,}335/5 - 640\ m^3/h.$$

Lösung zur Fragestellung c)

Bei der Auslegung des Quelluft-Systems mit dem hygienisch erforderlichen Mindestluftstrom ergibt sich ein Kühlleistungsanteil für das Lüftungssystem von:

$$\omega_L = \frac{\dot Q_{V\,min}}{\dot Q_{KR}} = \frac{\dot V_{min}}{\dot V_{KR}} = \frac{120}{716} = 0{,}17$$

Um die Luftqualität in der Aufenthaltszone besser als Mischluftqualität werden zu lassen sollte aber $\omega_L = 0{,}3$ angestrebt werden. Der hierfür erforderliche Außenluftvolumenstrom ergibt sich

$\dot V_{Zul} = 0{,}3 \cdot \dot V_{KR} = 716 \cdot 0{,}3 = 215\ m^3/h.$

Berechnung der Temperaturverhältnisse erfolgt analog Fragestellung a)

$t_{Abl} - t_{Zul} + \Delta t_{AZ}/C = 2/0{,}4 = 5\ K.$

Die Zulufttemperatur ist mit K = 0,5 zu errechnen:

$t_{Zul} = t_{0,1} - 0{,}5\,(t_{Abl} - t_{Zul}) = 22 - 0{,}5\ \ 5 = 19{,}5\ °C.$

Die Ablufttemperatur beträgt dann

$t_{Abl} = t_{Zul} + (t_{Abl} - t_{Zul}) = 19{,}5 + 5 = 24{,}5\ °C.$

Beispiel 2: Industrieller Bereich

In einem Industriebetrieb werden produktionsbedingt Schadgase freigesetzt.

- A = 100 m², 10 Personen, $\dot Q_{KR} = 8500\ W$ (Wärmequellen: 6 Lampen, 2 Maschinen mit ca. 1 m∅, 1 m hoch, 2000 *W* effektive Leistung, 1 Maschine, ca. 1 m∅, 2 m hoch, 4000 *W* effektive Leistung), 1500 *W* deckennahe Beleuchtung.
- luftgetragener Schadgasstrom von $G = 40\,000$ mg/h.
- zulässige Konzentration des Schadgases beträgt $c_{MAK} = 10\ mg/m^3$.

Bild 3.3.5-55. Quelluftauslässe in eine Holzverkleidung integriert (Nickel).

– In der Außenluft ist keine Schadgaskonzentration vorhanden: $c_{zul} = 0$.
– Die gewünschte Auslegungslufttemperatur beträgt: $t_{1,1} = 24\,°C$.

Lösung

Personen- bzw. flächenbezogene Mindestvolumenströme ergeben sich zu:

$\dot{V}_{min} = 10 \cdot 60 = 600\ m^3/h$,
$\dot{V}_{min} = 100 \cdot 6 = 600\ m^3/h$.

Zur Abfuhr der Schadstoffe wird der folgende Volumenstrom $\dot{V}_{MAK}$ benötigt:

$\dot{V}_{MAK} = 40\,000 / (10 - 0) = 4000\ m^3/h$.

Für den luftqualitätsoptimierten Außenluftstrom $\dot{V}_{QL}$ folgt mit den Werten aus Tafel 3.3.5-13 für eine Schichthöhe von 1,8m (weil stehende Personen):

10 Personen	2100 m^3/h
2 Maschinen (2000 *W*)	1200 m^3/h
1 Maschine (4000 *W*)	800 m^3/h
6 Lampen	600 m^3/h
$\dot{V}_{QL}$:	4700 m^3/h

Der kühllastbedingte Zuluftvolumenstrom $\dot{V}_{KR}$ beträgt mit $\Delta t_{AZ} = 3\ K$ nach Tafel 3.3.5-11 sowie mit $C = 0{,}4$ und $K = 0{,}2$:

$\dot{V}_{KR} = (0{,}4 \cdot 8500) / (0{,}335 \cdot 3) = 3380\ m^3/h$.
$\Delta t_R = 7{,}5$ ergibt sich aus Bild 3.3.5-50.

Für den Zuluftstrom soll aus Wirtschaftlichkeitsgründen nur der zur Verdünnung der Luftschadstoffe notwendige Volumenstrom verwendet werden:

$\dot{V}_{Zul} = \dot{V}_{MAK} = 4000\ m^3/h$.

Da der Zuluftstrom größer ist als durch die Kühllast erforderlich, reduzieren sich die Temperaturdifferenzen um dieses Verhältnis.

$\dot{V}_{KR} / \dot{V}_{MAK} = 3380 / 4000 = 0{,}85$.

Die Lufttemperaturerhöhung im Raum beträgt:

$\Delta t_R = 0{,}85 \cdot 7{,}5 = 6{,}4\ K$
$\Delta t_{AZ} = 0{,}85 \cdot 3 = 2{,}6$.

Die Zulufttemperatur ist nach Tafel 3.3.5-12 zu errechnen:

$$t_{Zul} = t_{0,1} - \Delta t_{Zul} = t_{0,1} - K \cdot \Delta t_R$$
$$t_{Zul} = (24 - 2{,}6) - 0{,}2 \cdot 6{,}4 = 20{,}1\ °C.$$

Die Ablufttemperatur beträgt:

$$t_{AB} = t_{Zul} + \Delta t_R = 20{,}1 + 6{,}4 = 26{,}5\ °C.$$

-4.7 Kombinierte Luft-Leuchten[1]

Häufig werden von den Architekten *Kombinationen* von Leuchten und Luftauslässen verlangt *(Klimaleuchten)*. Für diese Zwecke gibt es eine Anzahl von Konstruktionen. Sie bestehen in der Regel aus zwei- oder mehrteiligen Stahlblechkästen, von denen ein Teil zur Aufnahme der Leuchte mit Abluftabsaugung, der andere zum Ausblasen der Luft dient. Beispiel Bild 3.3.5-56. Hier tritt die Luft aus Schlitzen in waagerechter Richtung horizontal unter der Decke aus, während die Raumluft über die Leuchten abgesaugt wird.

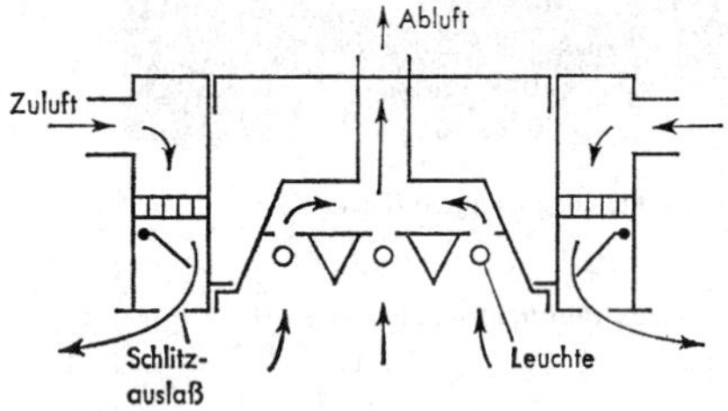

Bild 3.3.5-56.
Kombinierte Luft-Leuchte.

Je nach Konstruktion der Leuchten kann man erreichen, daß bis 80% der installierten elektr. Leistung mit der Abluft abgeführt wird und nicht in den Raum übergeht. Die Absaugung der Leuchtenwärme kann stark von der Zuluftführung beeinflußt werden. Daher ist es besser, Zuluftauslaß und Leuchte möglichst weit voneinander in der Decke zu trennen: Luftauslaß in der Mitte zwischen zwei benachbarten Leuchten. Der Luftauslaß soll nicht mit Coanda-Effekt arbeiten, um Kurzschluß zwischen Zu- und Abluft zu vermeiden.

Der Deckenhohlraum erhält bei dieser Art der Lüftung ein ausgedehntes Rohrleitungssystem. Das Zuluft-Rohrsystem wird fast immer isoliert, das Abluftkanalsystem dagegen aus Kostengründen selten. Oft wird der Abluftdom der Leuchte aus Kostengründen nicht direkt an das Abluftrohr angeschlossen. Die Abluft strömt dann durch Schlitze in den Deckenhohlraum. Einfluß auf den Restwärmefaktor je nach Anschluß und Leuchtenart s. Abschn. 3.5.3-5.

-4.8 Auswahl des Luftauslasses[2]

Die Führung der Luft in den zu lüftenden Räumen, d.h. Anordnung und Auswahl der Luftaus- und -einlässe, ist eine der schwierigsten Aufgaben der gesamten Lüftungstechnik, deren Lösung große Erfahrung erfordert. Bestimmte Vorschriften über die günstigste Art der Luftführung lassen sich nicht immer aufstellen. Deshalb ist man häufig auf *Modellversuche*

---

[1]) TAB 10/83. S. 835/8.
Hentschel, H.-J., u. K. Schmoll: TAB 2/85. S. 103/8.

[2]) Masuch, J.: Ges.-Ing. 1/2–79. S. 36/41.
Moog, W.: KI 1/81. S. 13/21.
Fitzner, K.: KI 1/81. S. 23/28 u. HLH 8/81. S. 316/26.
Detzer, R., u. E. Jungbäck: HLH 7/81. S. 256/64.
Dittes, W., u. R. Mangelsdorf: HLH 7/81. S. 265/71.
Radtke, W.: HLH 8/81. S. 327/37.
Sodec, F., u. W. Veldboer: TAB 2/82. S. 123/7.
Moog, W., u. W. Jäger: HLH 9/84. S. 451/67.
CCI Diskussion 9/88.

angewiesen, besonders in Räumen mit hoher thermischer Belastung oder komplizierten geometrischen Abmessungen. Viele Firmen haben hierfür Prüfstände errichtet. Zur aerodynamischen Prüfung und Bewertung für die Anwendung von Luftauslässen liegen Norm-Entwürfe vor: DIN EN 12239 (02.96) E beschreibt die Vorgehensweise bei Verdrängungsströmung und DIN EN 12238 (02.96) E bei Mischungsströmung. Dazu kommt, daß sich die lufttechnisch beste Anordnung durchaus nicht immer ausführen läßt, da ihr entweder die Wünsche des Architekten oder bauliche Schwierigkeiten entgegenstehen. Immerhin liegen aber inzwischen einige Erfahrungen vor und so kann man folgende Regeln bei der Luftführung beachten:

- Es ist sowohl eine Lüftung mit Luftströmung von unten nach oben wie umgekehrt möglich, wie auch von oben nach oben (s. Bild 3.3.5-9). Die Luftführung von unten nach oben bietet Vorteile in bezug auf Behaglichkeit und Luftqualität.
- Quelluftauslässe im Wandbereich sollten im Komfortbereich eine Höhe von 0,8 m nicht überschreiten. Die Luftgeschwindigkeit am Luftauslaß ist auf 0,2 m/s zu begrenzen. Bei Fußbodenauslässen ist zu beachten, daß sich in ihnen Schmutz ansammeln kann (Anwendung bei Sälen, Fabriken, EDV-Räume). *Tischauslässe* ermöglichen individuelle Einstellbarkeit. Anwendung setzt Doppelboden voraus.
- Obere Wandauslässe oder Deckenauslässe (Schlitz- oder Drall-Auslaß) sind hinsichtlich Volumenstrom, Eindringtiefe, Streubreite, Fall oder Steigung genau zu bemessen. Es ist darauf zu achten, daß durch Bauteile (Pfeiler, Unterzüge) die Ausbreitung des Luftstrahls nicht behindert wird. Bei Mischlüftungssystemen besteht ein direkter Zusammenhang zwischen Kühlleistung und Raumluftgeschwindigkeit. Diese Abhängigkeit wurde in einer neueren Untersuchung bestätigt (s. Bild 3.3.5-57).[1)]
- Lochgitter sind als Luftauslässe (Zuluftdurchlässe) nur bedingt geeignet, meist nur als Abluftdurchlässe.
- Falls die Zuluft in Höhe der Fensterbrüstung senkrecht nach oben ausgeblasen wird, erhält man eine günstige Luftbewegung im Raum, wenn Decke und Fenster glatt ausgebildet sind. Eindringtiefe in den Raum jedoch nur ca. 6 m. Ein warmes Fenster erhöht die Eindringtiefe.
- Alle Luftauslässe in Niederdruckanlagen sollten mengenregulierbar sein, worauf nur dann verzichtet werden kann, wenn die Luftverteilung nicht wichtig ist oder genau vorher berechnet werden kann (Hochdruckanlage).
- Die Lage der Abluftdurchlässe ist für die Luftverteilung zwar von geringerer Bedeutung als die der Zuluftdurchlässe, jedoch nicht ganz zu vernachlässigen. Bei Quellüftung muß

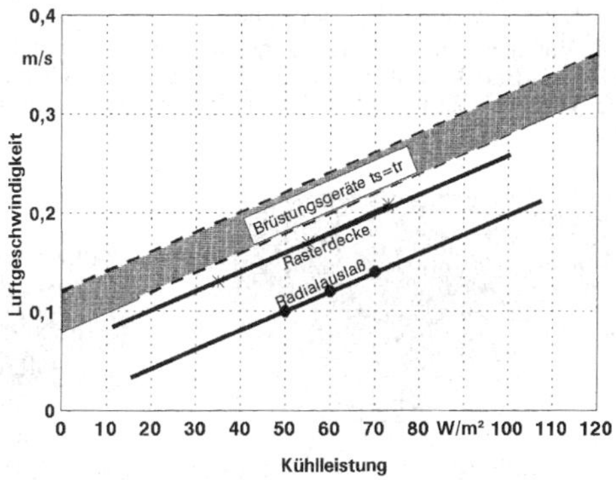

Bild 3.3.5-57. Raumluftgeschwindigkeiten im Aufenthaltsbereich in Abhängigkeit von der spezifischen thermischen Belastung bei Mischlüftung bei verschiedenen Luftauslässen ($t_s = t_r$ gleiche Temperatur von Fenster und Raum).

[1)] Fitzner, K.: KI 4/96. S. 153/56.

die Abluft immer oben abgesaugt werden. In Räumen, in denen geraucht wird, sollte immer oben abgesaugt werden.

- In geruch-, wärme- oder feuchteentwickelnden Räumen (Aborte, Küchen, Beizereien usw.) sind die Abluftöffnungen möglichst nahe den Quellen der schlechten Luft anzubringen.

Welche Luftführung zu bevorzugen ist, hängt von nachstehend ausgeführten Kriterien ab. Bei *großen Kühllasten* (z.B. EDV-Räume) oder hohen Räumen mit Kühllast (z.B. Theater) ist eine Luftführung von unten nach oben thermisch stabil und daher zu bevorzugen. Falls aus baulichen Gründen dieses nicht möglich ist, sind sorgfältige Auswahl hochinduktiver Auslässe und eventuelle Raumströmungsversuche erforderlich. Luftführung im Heizfall meist weniger problematisch, jedoch für Eindringen der Warmluft in Aufenthaltszone Sorge tragen: *Temperaturschichtung* vermeiden am besten durch Einbringen der Warmluft unter dem Fenster, sonst verstellbare Luftauslässe.

Schließlich muß auch beachtet werden, daß die Luft in die Aufenthaltszone und nicht im Kurzschluß zur Abluftöffnung gelangt. Die DIN 1946 T2 hat hierfür den Begriff Lüftungseffektivität eingeführt[1] (s. Abschn. 3.5.1-1.5).

Ein weiteres Kriterium ist die Höhe, in der der Auslaß ausbläst. Kritisch sind Raumhöhen unter 2,2 m. Hier empfehlen sich diffuse Wandauslässe mit horizontalen Strahlen, Quelluft- oder Fußbodenauslässe. Ebenfalls kritisch sind Ausblashöhen oberhalb 4 m. Hier empfehlen sich in der Strahlrichtung verstellbare Auslässe, um sich schwankenden Lasten anpassen zu können.

-5 Volumenstromregler, Variable Volumenstrom-(VVS-), Einkanal- und Zweikanal-Geräte

-5.1 Volumenstromregler

Volumenstromregler haben die Aufgabe, einen vorgegebenen Sollwert für den Luftvolumenstrom für Zuluft und Abluft unabhängig vom schwankenden Kanaldruck einzuhalten. Man unterscheidet Konstantvolumenstromregler mit einem festen Sollwert, Volumenstromregler mit Umschaltung zwischen zwei Sollwerten ($\dot{V}_{min}$ und $\dot{V}_{max}$) sowie Volumenstromregler mit variablen Sollwerten für VVS-Anlagen.

Einsatz von Volumenstromreglern mit nachgeschalteten Schalldämpfern erfolgt in sogenannten Entspannungsgeräten.

Bei hohen Differenzdrücken stellen Volumenstromregler zum Teil erhebliche Schallquellen dar, deshalb oftmals schallgedämmte Ausführungen und zum Raum hin schalldämpfende Maßnahmen im Kanalsystem.

Die Volumenstromregelung erfolgt durch Drosselung im Kanal, meist mit Hilfe von Drehklappen (Bild 3.3.5-58 bis Bild 3.3.5-62), aber auch Gummimembrane, Verdrängungskörper oder variable Lochblechflächen. Bei Drehklappen häufig auch Vollabsperrung möglich.

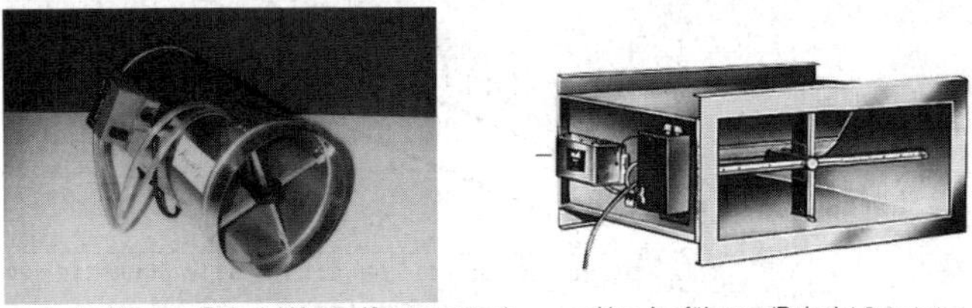

runde Ausführung (Beispiel Krantz-Komponenten) eckige Ausführung (Beispiel Schako)

Bild 3.3.5-58. Meßkreuz für Volumenstrommessung (Schako, Krantz-Komponenten).

[1]) CCI 3/87, i-Thema. S. 47/50.
Raatschen, W.: Ki 5, 6, 7-8/1988.

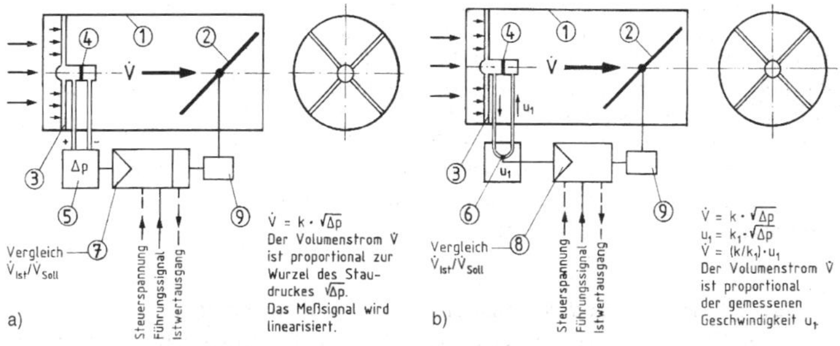

1 = Gehäuse, 2 = Klappenblatt, 3 = Meßkreuz, 4 = Sperrscheibe, 5 = statischer Drucksensor, 6 = dynamischer Drucksensor, 7, 8 = Regler, 9 = Stellmotor

Bild 3.3.5-59. Verfahren der Druckdifferenzmessung: a) statischer Drucksensor, b) dynamischer Drucksensor.

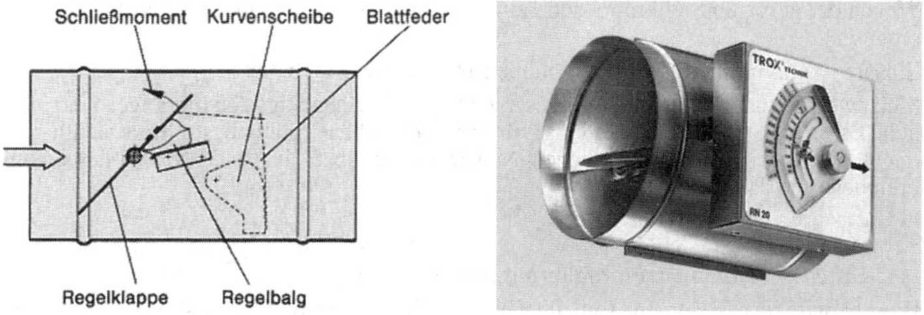

Bild 3.3.5-60. Volumenstromregler mit Drehklappe (Trox). Links: Schema; rechts: Ansicht.

Bild 3.3.5-61. Mechanisch selbsttätiger Volumenstromregler mit elektrischer Verstellung des Sollwertes (Schako).

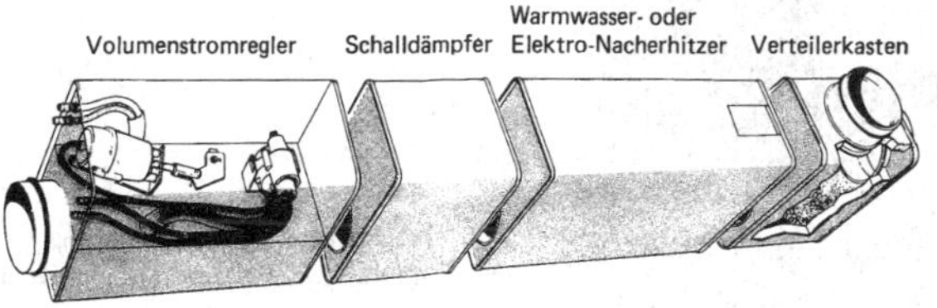

Bild 3.3.5-62. Entspannungskasten für variablen Volumenstrom mit Drosselklappe und Nachwärmer. Pneumatische oder elektronische Regelung.

Volumenstromregler vereinfachen die Kanalnetzauslegung, da die Volumenströme unabhängig vom Kanaldruck eingehalten werden. Aus akustischen und energetischen Gründen sollten jedoch niedrige Vordrücke angestrebt werden.

Baugrößen für runde Volumenstromregler sind normalerweise DN 100 bis DN 500, für rechteckige Volumenstromregler bis 400 mm × 1000 mm und größer. Maximale Geschwindigkeitsbereiche sind oft 6 m/s, 10 m/s oder 15 m/s.

Die Volumenstromregler unterscheiden sich auch durch die Art der Regelung

ohne Fremdenergie, d.h. selbsttätig mit Hilfe des Kanaldrucks

mit Fremdenergie, d.h. mit Stellmotor.

-5.1.1 Selbsttätige Volumenstromregler ohne Fremdenergie

Bei diesen Geräten erfolgt die Regelung selbsttätig vom Kanaldruck bzw. der Strömungsgeschwindigkeit her. Die Genauigkeit liegt je nach Konstruktion im Bereich 5–10%. Der gewünschte Volumenstrom wird meist werksseitig vorher eingestellt, teilweise sind nachträgliche Veränderungen möglich (Bild 3.3.5-60). Bei älteren Bauformen ist oft ein minimaler Vordruck von 200…300 Pa nötig, bei neuen Geräten um 30–50 Pa.

Beispiel im Bild 3.3.5-60 zeigt eine Drehklappe mit dahinter befindlichem aufblasbarem Balg. Dem durch die Luftströmung verursachten Schließmoment wirkt eine verstellbare Feder entgegen. Einstellbereich 1:4.

Wegen der geringen Stellkräfte sind keine dichtschließenden Klappen für Vollabsperrung möglich.

Einsatz erfolgt meist als Konstantvolumenstromregler (Bild 3.3.5-61).

Meist werden runde Bauformen eingesetzt, aber auch rechteckige Ausführungen sind möglich. Es erfolgt keine Rückmeldung, ob der vorgegebene Volumenstrom tatsächlich erreicht wird, was einen wesentlichen Nachteil gegenüber elektronischen Systemen mit Fremdenergie darstellt.

-5.1.2 Volumenstromregler mit Fremdenergie

Hierbei wird der Volumenstrom über entsprechende Meßvorrichtungen gemessen und dann über Regler und Stellmotor geregelt.

Der Volumenstrom wird nach folgenden Prinzipien gemessen:

- Geschwindigkeitsmessung im Kanal mit thermischen Geschwindigkeitssensor (heute nur noch selten).
- Druckdifferenzmessung (Bild 3.3.5-59)

  Die an einer Blende, Düse, Meßrohr oder Meßkreuz entstehende Druckdifferenz (Bild 3.3.5-58) wird mit einem Drucksensor gemessen. Dabei bestehen folgende Möglichkeiten:

Bild 3.3.5-63. Rechteckiger Volumenstromregler mit luftdichter Klappe (Krantz-Komponenten).

- *statischer Drucksensor* (Druckmeßdose mit Membrane)

  Vorteil: keine Durchströmung des Drucksensors, deshalb kaum Verschmutzung oder Beschädigungen bei leicht aggressiver Luft

  Nachteil: hoher Preis: Lageabhängigkeit, begrenzte Genauigkeit

- *dynamischer Drucksensor*

  Dabei fließt ein kleiner Luftstrom über die Druckmeßleitungen durch den Sensor, die Durchflußmenge ist ein Maß für die Druckdifferenz.

  Vorteil: hohe Genauigkeit auch bei kleinen Druckdifferenzen, günstiger Preis

  Nachteil: Verschmutzungsgefahr wegen Durchströmung, deshalb nicht für verunreinigte oder aggressive Luft geeignet.

Im Sensor oder Regler wird das Meßsignal linearisiert, so daß ein volumenstromproportionales Signal als Ausgang zur weiteren Verarbeitung zur Verfügung steht. Dadurch Überprüfung möglich, ob tatsächlich der geforderte Volumenstrom vorhanden ist.

Als Stellglieder sind zumeist Klappen üblich. Durch Fremdenergie können entsprechend hohe Kräfte erzeugt werden, so daß in der Regel dichtschließende Klappen (luftdicht nach DIN 1946 T4) eingesetzt werden (Bild 3.3.5-63).

Der Sollwert wird entweder am Regler (für konstanten Volumenstrom) oder durch externe Signale vorgegeben (z. B. von Raumtemperaturregler, Zentrale). Zwangssteuerungen (z. B. Absperrung bei Fensteröffnung) sind möglich.

Bei DDC-geregelten Volumenstromreglern für VVS-Anlagen (Bild 3.3.5-64) ist die Kommunikation zwischen den Räumen und der Zentrale möglich. Dadurch ergeben sich viele Möglichkeiten bzgl. Information, Regelung und Steuerung.

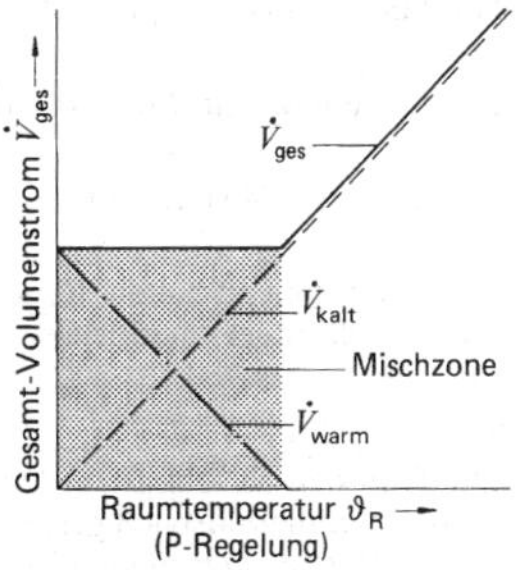

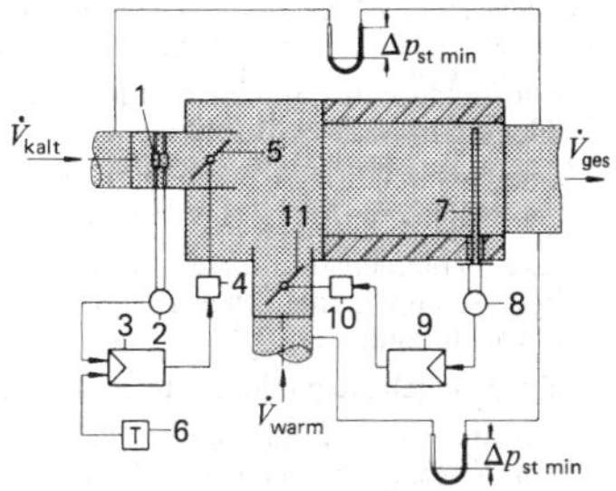

1 Meßsensor Kaltkanal
2 Druck- bzw. Luftgeschwindigkeitsfühler für $\dot{V}_{kalt}$
3 Regler für $\dot{V}_{kalt}$
4 Stellantrieb für Kaltkanal
5 Stellklappe für Kaltkanal
6 Raumtemperatur-Fühler
7 Meßsensor für $\dot{V}_{ges}$
8 Drucktransmitter für $\dot{V}_{ges}$
9 Regler für $\dot{V}_{warm}$ bzw. $\dot{V}_{ges}$
10 Stellantrieb für Warmkanal
11 Stellklappe für Warmkanal

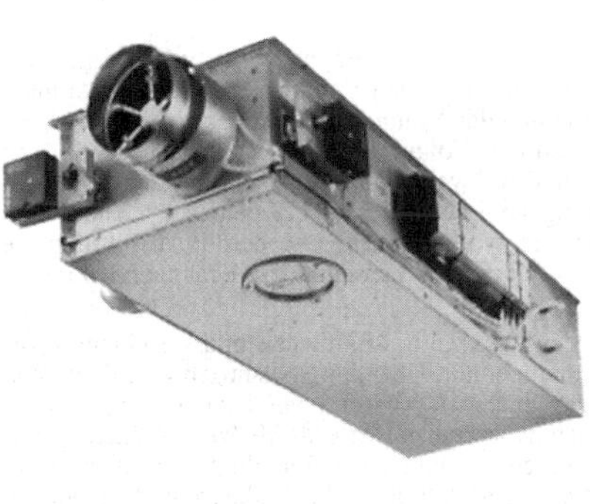

Bild 3.3.5-64. 2-Kanal-Mischgerät für VVS-System mit integrierter DDC-Regelung (TROX). Ausführung auch für 1-Kanal.

-5.2 Variable Volumenstrom-Geräte (Einkanalgeräte)

Bei VVS-Anlagen soll der Luftvolumenstrom in den einzelnen Zonen (oder Räumen) dem Bedarf angepaßt werden. Meist verbreitet sind VVS-Anlagen zur Raumtemperaturregelung, wobei bei konstanter Zulufttemperatur bei steigender Last im Raum der Volumenstrom angehoben wird. Der minimale Volumenstrom wird zur Aufrechterhaltung des hygienischen Mindestaußenluftwechsels begrenzt. Kombination von Volumenstromregler und Schalldämpfer in sogen. VVS-Entspannungsgeräten möglich. Auch Integration von zusätzlichen Nacherhitzern (elektrisch oder mit Warmwasser) (Bild 3.3.5-62) möglich, die Regelung von Volumenstrom und Nacherhitzer erfolgt dann in Sequenz.

Neuerdings werden VVS-Anlagen auch mit einer Volumenstromregelung über Luftqualitätsfühler (CO_2-, oder Mischgassensoren) ausgeführt, um den Luftvolumenstrom z.B. an die Personenzahl anzupassen.

Bei VVS-Geräten werden meistens Volumenstromregler mit Fremdenergie (elektrisch, manchmal pneumatisch) eingesetzt, seltener mechanische Volumenstromregler ohne Fremdenergie, bei denen dann der Sollwert über einen elektrischen oder pneumatischen Motor verstellt wird (Bild 3.3.5-61).

Vorteil bei elektrischen Volumenstromreglern mit Fremdenergie ist u.a. die Möglichkeit der zentralen Volumenstromüberwachung mit Anpassung der Ventilatorleistung.

Wichtig bei VVS-Anlagen ist eine entsprechende Regelung der Abluft, um ungewollte Druckunterschiede im Gebäude zu vermeiden (vgl. Abschnitt 3.3.5-5.4).

-5.3 Zwei-Kanal-Geräte (Mischluftgeräte)

Die Mischluftgeräte werden in 2-Kanal-Anlagen verwendet, um warme und kalte Luft miteinander zu mischen und gleichzeitig den Volumenstrom konstant zu halten. Sie enthalten im wesentlichen folgende Teile:

Ein Gehäuse aus Stahlblech mit Auskleidung zur Geräuschdämmung, ein Mischventil oder ein bzw. zwei Mischklappen,

einen pneumatischen oder elektrischen Stellmotor zur Betätigung des Mischventils oder der Klappen in Abhängigkeit von der Raumtemperatur,

einen Volumenstromregler, um den Zuluftstrom des Gerätes konstant zu halten, Regelung durch den statischen Druck der Mischluft oft selbsttätig oder über Fremdenergie mit Stellmotor,

einen eingebauten oder nachgeschalteten Schalldämpfer.

Durch die beiden Eintrittstutzen gelangt Warm- bzw. Kaltluft in den Mischkasten. Die Klappen werden durch einen Stellmotor betätigt, der von einem Raumthermostaten gesteuert wird. Die Mischlufttemperatur entspricht dann der vom Thermostaten geforderten Einblastemperatur.

Bei großen Druckunterschieden zwischen Warmluft- und Kaltluftkanal ist bei einigen Bauarten ein Überströmen von Warmluft in den Kaltluftkanal (oder umgekehrt) möglich, deshalb Kontrolle der Vordrücke wichtig.

Bei Zweikanalanlagen mit *variablem Volumenstrom* werden 2 Klappenversteller verwendet, der eine für die Mischklappe, der andere für den Volumenstromregler. Bei maximaler Kühlleistung ist die Kaltluftklappe und der Volumenstromregler voll geöffnet. Bei fallender Temperatur wird zunächst durch den Volumenstromregler der kalte Volumenstrom bis auf ein Minimum verringert und bei weiter fallendem Kühlbedarf die Warmluftklappe geöffnet. Dadurch Einsparung an Energiekosten bei dem sonst energetisch ungünstigen Zweikanalsystem mit Konstantvolumenstrom. Moderne Ausführung mit DDC-Regelung am Gerät. Als 2-Kanal-Gerät mit VVS arbeitet das Gerät nach Bild 3.3.5-64 wie folgt:

Der Raumtemperaturfühler 6 wirkt auf den Regler 3 des Kaltkanals und verschiebt dessen Sollwert von 0 nach 100% je nach Raumtemperatur. Über den Stellantrieb 4 wird die Stellklappe 5 verstellt. Gleichzeitig wird über einen Meßsensor 7 vor dem Geräteaustritt der Gesamtvolumenstrom erfaßt und über den Drucktransmitter 8 als Meßwert auf den zweiten Regler 9 gegeben. Dieser Regler ist auf einen konstanten Gesamtvolumenstrom einjustiert und steuert über einen Stellantrieb 10 die Warm-Stellklappe 11. Dadurch wird ein entsprechender Warmluftanteil beigemischt. Bei steigendem Kühlbedarf schließt die Warm-Stellklappe, und es fließt nur noch Kaltluft.

Die Volumenströme der Geräte sind aus den Listen der Lieferanten zu entnehmen. Dabei sind die Geräusche bei den verschiedenen Drosseldrücken und die Mindestansprechdrücke für selbsttätige Volumenstromregler zu beachten.

-5.4 Regelungsmöglichkeiten VVS-Anlagen und Raumdruckregelung

Bei VVS-Anlagen wird der Zuluftvolumenstrom bedarfsgerecht variiert. Der Sollwert für den Zuluftvolumenstromregler wird von einem Temperatur- oder Luftqualitätsregler vorgegeben, seltener über einen manuellen externen Sollwertgeber. Die Regelung der Abluft kann auf zwei Arten erfolgen:

Parallelregelung

Der Abluftvolumenstromregler erhält den Sollwert vom gleichen Geber wie der Zuluftvolumenstromregler. Die Regelung von Zu- und Abluftvolumenstrom ist unabhängig voneinander, allerdings mit gleichem Sollwert.

Folgeregelung

Der Abluftvolumenstromregler (Folgeregler, „Slave") bekommt als Sollwert das Ausgangssignal (Ist-Wert des Volumenstroms) des Zuluftreglers (Führungsregler, „Master"). Beim Folgeregler Möglichkeit einer prozentualen (z.B. $\dot{V}_{Abluft} = 80\%\ \dot{V}_{Zuluft}$) oder absoluten Verschiebung (z.B. $\dot{V}_{Abluft} = \dot{V}_{Zuluft} - 200$ m³/h) des Volumenstroms, um bestimmte Volumenstromunterschiede zwischen Zu- und Abluft zu realisieren.

Manchmal auch Abluftregler als Führungsregler und Zuluftregler als Folgeregler.

Vorteil der Folgeregelung ist die Einhaltung der vorgegebenen Volumenstromdifferenz auch bei Änderung des Sollwertes des Führungsreglers. Bei Parallelregelung kann durch unterschiedlich schnelles Einschwingen bei Sollwertänderungen die gewünschte Volumenstromdifferenz nicht jederzeit garantiert werden.

Raumdruckregelung

Unterschieden werden muß zwischen einer echten Raumdruckregelung (etwa +/– 10…50 Pa) in dichten Räumen (z.B. Reinraumtechnik) und einer Regelung mit Volumenstromdifferenzen zwischen Zu- und Abluft, wie unter Folgeregelung beschrieben.

In normalen Räumen, die weitgehend undicht sind, kann z.B. durch eine Folgeregelung mit Volumenstromüberschuß von 25% in der Zuluft gegenüber der Abluft ein leichter Überdruck im Raum aufgebaut werden, der das unbeabsichtigte Einströmen von Leckageluft von außen weitgehend verhindert. Wegen der Undichtigkeiten ist dieser Überdruck äußerst gering und kaum meßbar.

Bei der echten Raumdruckregelung wird eine Regelklappe (z.B. Abluft) direkt durch einen Differenzdruckregler angesteuert. Die Druckdifferenz wird als Ist-Wert gemessen und die Regelklappe verstellt, bis der gewünschte Differenzdruck im Raum vorhanden ist. Nur bei dichten Räumen möglich, bei denen sich mit dem maximalen Volumenstrom eine entsprechende Druckdifferenz aufbauen läßt.

-6 Induktions-Geräte[1]

-6.1 Allgemeines

Induktionsgeräte sind Teile der Hochdruck-Klimaanlagen, siehe Abschn. 3.2.8-4.2. Aufstellung in der Regel unter den Fenstern (Fenster-Geräte), aber auch an der Decke.

Hauptbestandteile:

1. Ein Verteilerrohr mit Anschluß an die Primärluftleitung.
2. Eine Anzahl von Düsen.
3. Ein Wärmeaustauscher, der im Winter von warmem Wasser, im Sommer von kaltem Wasser durchströmt wird (Zweileitersystem), oder zwei Wärmeaustauscher, je einer für Heizen und Kühlen (Vierleitersystem), einschließlich Tropfwanne für Schwitzwasser.
4. Ein Gehäuse mit Gitter zum Ausblasen der Zuluft.
5. Ein Regelorgan (Handventil, automatisches Ventil, Beipaßklappe mit Stellmotor).

---

[1]) Laux, H.: Ges.-Ing. 3/74. S. 63/75.
Hönmann, W.: LTG Lufttechn. Information 20. Dez. 77.

-6.2 Wirkungsweise

Die Geräte sind an ein Primärluft-Verteilnetz angeschlossen. Primärluft tritt mit hoher Geschwindigkeit aus Düsen im Gerät aus. Durch Injektion wird Raumluft über Wärmeaustauscher angesaugt und je nach Bauart nach oben oder unten ausgeblasen. Die Raumluft wird im Wärmeaustauscher im Winter erwärmt, im Sommer gekühlt.

Je nach Anordnung der einzelnen Bauelemente, besonders von Verteilrohr und Wärmeaustauscher, lassen sich verschiedene Einbaumöglichkeiten erreichen (Bild 3.3.5-65).

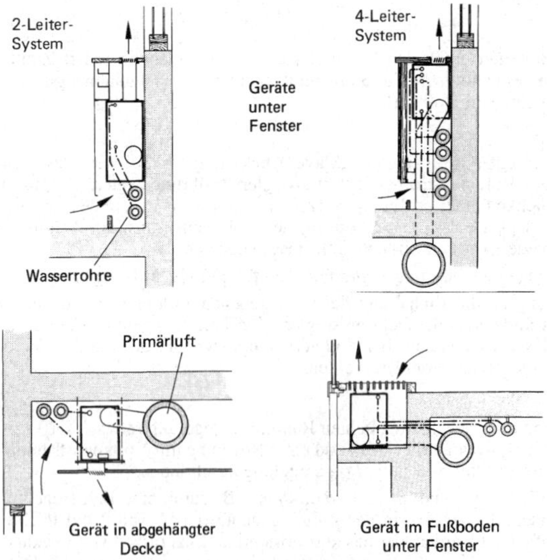

Bild 3.3.5-65. Installationsbeispiele von Induktionsgeräten.

-6.3 Induktionsgeräte und Raumluftströmung

Induktionsgeräte sind zwar als Wasser-Luft-System für sehr wirtschaftlichen Betrieb bekannt, haben bei Kühlbetrieb jedoch oft zu Klagen wegen Zugbelästigung geführt. Sie müssen bezüglich der Raumströmung sehr sorgfältig ausgelegt werden, was früher häufig nicht geschah.

Bei der vorwiegenden Anwendung als Brüstungsgerät fällt der starke Einfluß der Scheibentemperatur auf. Bei mittleren Verhältnissen liegt die Grenze mit $v_{50} = 0{,}15$ m/s bei 50...60 W/m^2 spezifischer Kühlleistung (bezogen auf Bodenfläche).

Um diese spez. Kühllasten zugfrei zu realisieren, müssen folgende Punkte bei der Planung berücksichtigt werden:[1)]

- Glatte Oberfläche von Innenseite Fenster und Decke (keine Störkörper)
- Ausblasgitter mit geringem Strömungswiderstand. Freier Querschnitt > 85%
- Ansaugöffnung für Sekundärluft mit geringem Widerstand
- Luftfilter am Wärmeaustauscher nicht zu stark verschmutzen lassen
- Ausblasender Luftstrahl soll mit dem des benachbarten Geräts zusammengeflossen sein, bevor der Strahl an der Decke umgelenkt wird. Evtl. Auffächerung durch Gitter.

[1)] Roth, W.: Ki 11/89.

– Treibender Austrittsimpuls der Primärluft (= Produkt aus Primärluftstrom und Düsenaustrittsgeschwindigkeit) ist in richtigem Verhältnis zur Kühlleistung unter Berücksichtigung des Induktionsverhältnisses nach Herstellerangaben zu wählen.

Tendenz: zu großer Impuls gibt zwar große Eindringtiefe in den Raum, aber Zugbelästigung im Bereich der Rückströmung am Fußboden; bei zu kleinem Impuls fällt Strahl bei zu geringer Eindringtiefe von der Decke herab mit Zug in diesem Bereich.

Richtwert für Mindest-Impuls als Erfahrungsformel

$\dot{V}_P \cdot \Delta p^{2/3} = 2000 \cdot L^{0,4}$

Für Max-Impuls: $\dot{V}_P \cdot \Delta p^{2/3} = 2100 \cdot L^{0,4}$

Dabei: $\dot{V}_P$ = Primärluftstrom in m^3/h
Δp = Düsendruck in Pa
L = Gerätegröße (Breite) in m.

Beispiel:

Gegeben: Baugröße 800, d. h. $L = 0{,}8$ m, $\dot{V}_P = 50$ m^3/h.
Gesucht: Min. Düsendruck $\Delta p = (2000 \cdot L^{0,4}/\dot{V}_P)^{3/2}$
$= (2000 \cdot 0{,}91/50)^{3/2} = 220$ Pa.
Max. Düsendruck $\Delta p = (2100 \cdot 0{,}91/50)^{3/2} = 237$ Pa.

Die Brüstungsgeräte eignen sich für Raumtiefen bis 6 m.

Eine neue Form eines Induktions-Brüstungsgerätes zeigt Bild 3.3.5-66. Hier wird der Zuluftstrom aufgefächert in eine Kombination mehrerer Luftstrahlen mit schnellerem Geschwindigkeitsabbau. Auf diese Weise wird die Raumluftwalze abgeschwächt, was zu geringeren Luftgeschwindigkeiten im Aufenthaltsbereich führt. Ein Teilstrom schirmt die Fassade ab, der zweite Teilstrom dient zur direkten Frischluftzufuhr zum Arbeitsplatz.

Die *Auswahl* der Induktionsgeräte erfolgt aus den Leistungstabellen oder Diagrammen der Hersteller. Daraus sind für verschiedene vorgegebene Daten der Primärluftvolumenstrom, die Heiz- und Kühlleistung, der Düsendruck und der Schallpegel zu entnehmen.

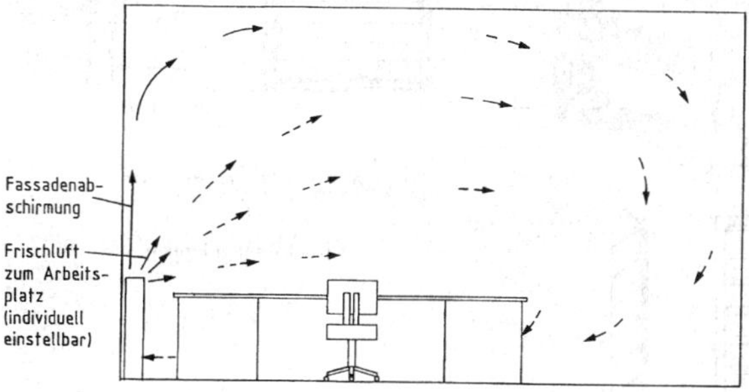

Bild 3.3.5-66. Verbesserung der Raumluftströmung durch Auffächerung des Luftstromes (Krantz Komponenten).

-7 **Sonstiges Zubehör** (Bild 3.3.5-67 und Bild 3.3.5-68)

Abluftdurchlässe
Abzweig-Regulierklappen
Absperrklappen
Brandschutzklappen
Drosselklappen
Druckentlastungsklappen
Jalousieklappen
Rauchabsperrklappen
Rückschlagklappen
Wetterschutzgitter
Regenhauben u. a.

Bei *Drossel- und Jalousieklappen*[1] ist zu beachten, daß eine gute Drosselwirkung nur dann eintritt, wenn der Widerstand der geöffneten Klappe einen gewissen Teil φ des Gesamtwiderstandes des betreffenden Kanalsystems ausmacht. Siehe Abschnitt 3.3.7-5.

[1]) Koch-Emmery, W.: HLH 1965. S. 193/5.
Jung, R.: BWK 1968. S. 478/84.
Ober, A.: Kältetechn. 1968. S. 30/7.
Müller, K. G.: Ki 9/78. S. 319/28.

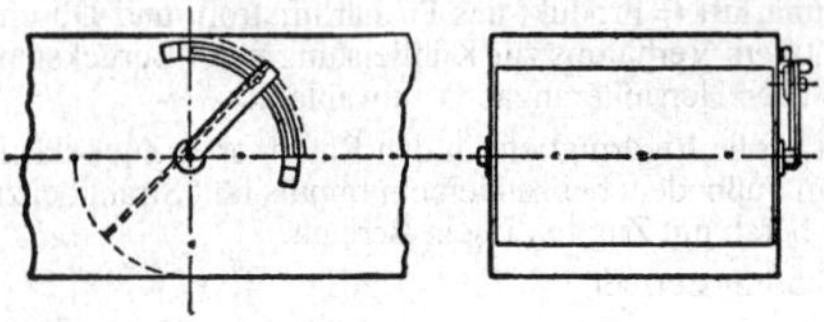

a) Klappe mit Stellvorrichtung

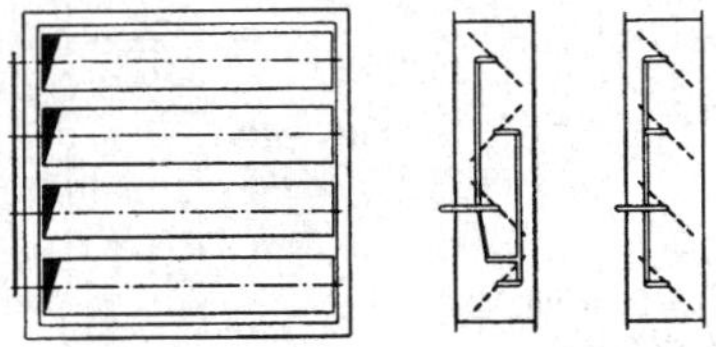

b) Jalousieklappe mit Stellvorrichtung
links: gegenläufige Glieder
rechts: gleichlaufende Glieder

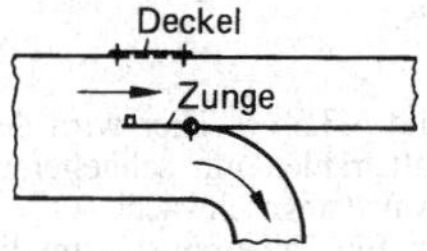

c) Abzweig mit Einstellzunge

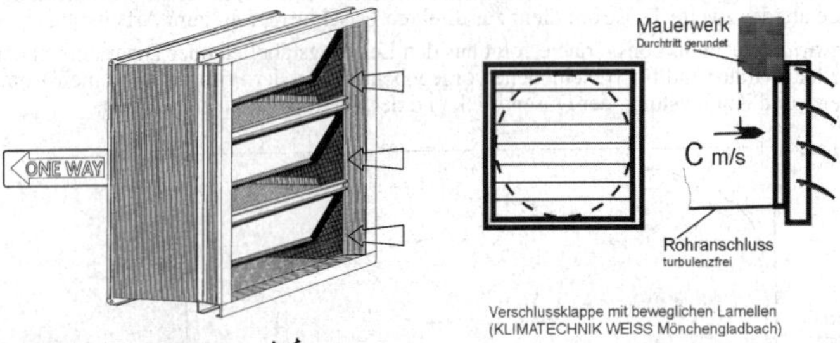

d) Rückschlagklappen

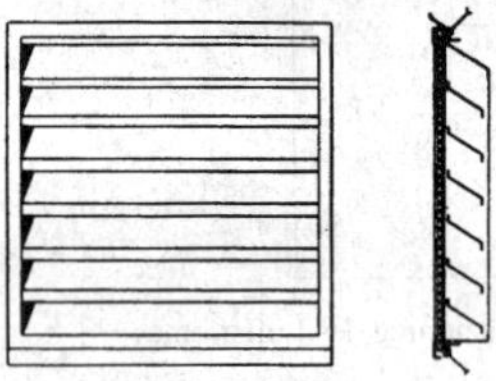

e) Wetterschutzgitter

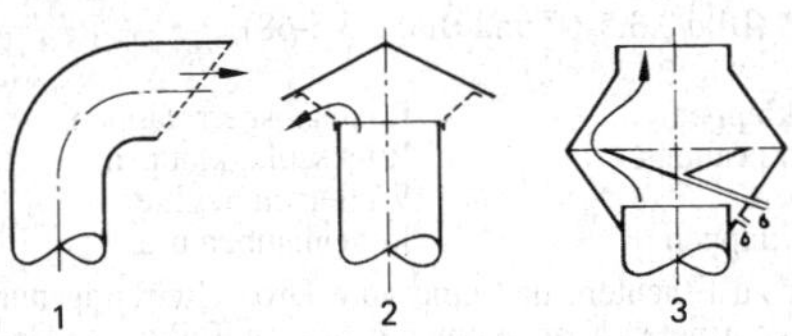

f) Fortlufthauben
1 = Fortluftkrümmer
2 = Dachhaube
3 = Deflektorhaube

Bild 3.3.5-67. Zubehörteile von Lüftungsrohrleitungen.

Bild 3.3.5-68. Zubehörteile für Lüftungsrohrleitungen

a) Absperrklappen, rechteckig (Krantz-TKT)

b) Absperrklappen, rund (Krantz-TKT)

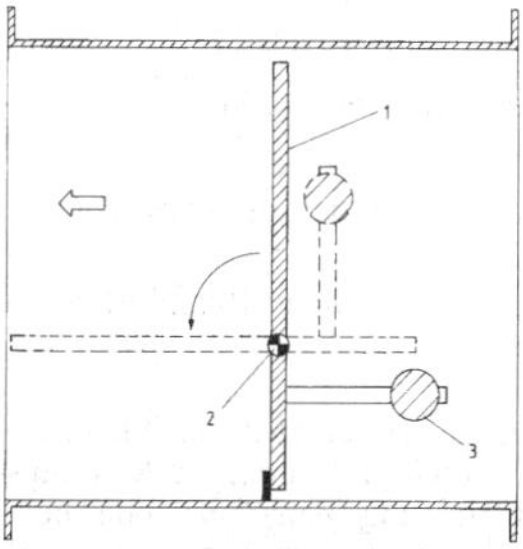

c) Druckentlastungsklappen (Krantz-TKT)

Brandschutzklappen und *Rauchabsperrklappen* sollen die Ausbreitung von Feuer und Rauch verhindern. Näheres s. Abschn. 3.3.9-6.

Wetterschutzgitter für Frischluft und Fortluft verhindern Eintritt von Regen und Vögeln in Luftkanäle. Oft auch in formschöner Ausführung als Teil der Fassade. Auch beheizbare zur Vermeidung von Eisbildung lieferbar.

Rückschlagklappen haben die Aufgabe, bei umkehrender Strömungsrichtung in Luftleitungen (Ausfall von parallel geschalteten Ventilatoren) diese selbsttätig abzusperren.

Absperrklappen schließen durch Stellmotor den Kanalquerschnitt in einem Wartungs-, Reparatur- oder Störfall ab. Je nach Ausführung gibt es luftdichte (nach DIN 1946 T4) oder gasdichte (nach DIN 25414) Absperrklappen.

Druckentlastungsklappen werden in Kanalwänden, Gerätewänden oder Raumwänden eingesetzt und öffnen selbsttätig, wenn der zulässige Druck im betrachteten Bauteil überschritten wird. Im Normalbetrieb sind sie geschlossen.

Abluftdurchlässe (Lufteinlässe). Bei der Wahl von Abluftdurchlässen sind in erster Linie die Forderungen im Hinblick auf Volumenstrom, Druckabfall und Schallpegel zu berücksichtigen. Diesbezügliche Daten sind den Katalogen der Hersteller zu entnehmen.

In Räumen mit Zuluft- und Abluftdurchlässen sind letztere so anzubringen, daß ein direkter Kurzschluß vermieden wird.

Wo mit Luftstagnations-Zonen zu rechnen ist, sind die Abluftdurchlässe möglichst in deren unmittelbarer Nähe anzubringen. Im allgemeinen wird das Strömungsbild im Raum nur geringfügig durch Abluftdurchlässe beeinflußt.

-8 Berechnung von Luftleitungen (s. auch Abschn. 3.3.5-2)

-8.1 Luftverteilung in einem Kanalstrang[1) 2)]

Bei einem geraden *Zuluftkanal* von konstantem Querschnitt mit vielen gleichgroßen Luftaustrittsöffnungen tritt die Luft durchaus nicht gleichmäßig aus allen Öffnungen aus, sondern die einzelnen Volumenströme werden zum Ende des Kanals hin größer. Das ist darauf zurückzuführen, daß sich hinter einem Luftduchlaß im Hauptkanal die Geschwindigkeit verringert, wodurch nach dem Gesetz von Bernoulli der statische Druck ansteigt. Wenn dieser errechenbare Druckanstieg größer ist als der Strömungsverlust, erhöht sich der statische Druck zum Kanalende, und damit wachsen auch die Abzweigvolumina.

Die Gleichmäßigkeit der Volumenstromverteilung über die Luftaustrittsöffnungen (Luftdurchlässe) eines Zuluftkanals hängt von der dimensionslosen Zahl α[3)] ab:

$$\alpha_{Zu} = \frac{n \cdot A_i}{A_K} \cdot \sqrt{\frac{0,8}{\xi}}$$

A_i Querschnitt der Luftaustrittsöffnung
n Anzahl der Austrittsöffnungen im Kanal
A_K Kanalquerschnitt
ξ Widerstandsbeiwert der Austrittsöffnung.

Nach Bild 3.3.5-69 ist die Verteilung desto gleichmäßiger, je kleiner α_{Zu} ist.

Es ist anzustreben, $\alpha_{Zu} \leq 0,3$ zu wählen.

Je größer A_K und ξ, desto kleiner ist α_{Zu} und damit gleichmäßiger die Luftverteilung.

Für $\alpha_{Zu} \geq \frac{\pi}{2}$ wird durch die ersten Austrittsöffnungen eines Kanalstranges Raumluft in den Zuluftkanal angesaugt.

Bei *Abluftkanälen* mit konstantem Querschnitt wird durch die seitlich zuströmenden Luftvolumina die Geschwindigkeit im Hauptkanal erhöht. Dadurch und durch die Reibungsverluste sinkt der statische Druck im Kanal in Strömungsrichtung. Am Kanalende (beim Ventilator) ist der Druck am geringsten. Auch hier läßt sich die Gleichmäßigkeit der Luftverteilung in einem Kanalstrang durch die dimensionslose Zahl α[3)] berechnen:

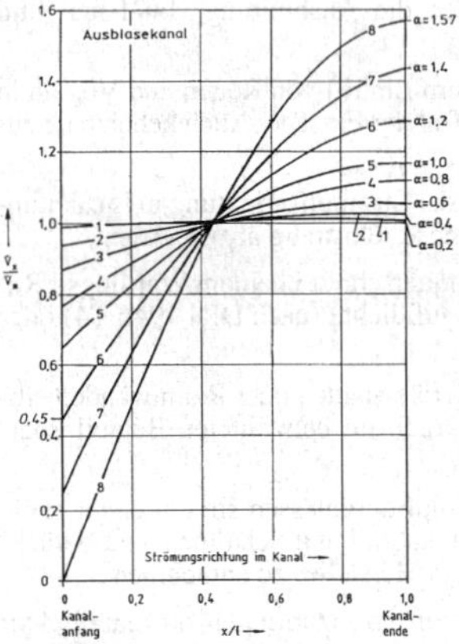

Bild 3.3.5-69. Relative Verteilung der Teilvolumenströme $\dot{V}_x$ zum mitleren Volumenstrom $\dot{V}_m$.

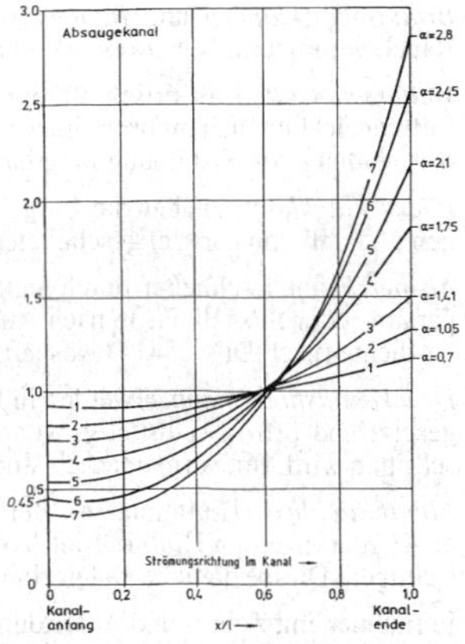

Bild 3.3.5-70. Relative Verteilung der Teilvolumenströme $\dot{V}_x$ zum mitleren Volumenstrom $\dot{V}_m$.

[1)] Rákóczy, T.: Ki 6/77. S. 207/10.
[2)] Regenscheit, B.: VDI-Berichte Bd. 34, 1959.
[3)] Regenscheit, B.: VDI-Berichte Bd. 34, 1959.

$$\alpha_{\text{Ab}} = \frac{\sqrt{2} \cdot \varepsilon \cdot n \cdot A_i}{A_K \sqrt{1+\xi}}$$

ε Kontraktionszahl der Abluftöffnung ($\varepsilon \sim 0{,}8$)
A_i Querschnitt der Abluftöffnung
n Anzahl der Abluftöffnungen im Kanal
A_K Kanalquerschnitt
ξ Widerstandsbeiwert der Abluftöffnung

Nach Bild 3.3.5-70 ist die Verteilung über der Kanallänge desto gleichmäßiger, je kleiner α_{Ab} ist.

Es ist anzustreben, $\alpha_{\text{Ab}} \leq 0{,}3$ zu wählen.

Sowohl für α_{Zu} als auch für α_{Ab} gilt, daß sich A_i entweder auf die Brutto- oder auf die Nettofläche beziehen kann. Wichtig ist nur, daß der Widerstandsbeiwert auf denselben Querschnitt bezogen wird.

Die Luftverteilung könnte man auch dadurch vergleichmäßigen, daß A_i oder n reduziert werden. Dieser Weg ist jedoch meistens nicht realisierbar, da er mit Erhöhung des Schallleistungspegels der Öffnungen und bei den Zuluftöffnungen zusätzlich mit erhöhten Raumluftgeschwindigkeiten verbunden wäre.

Die zitierten Gleichungen für α_{Zu} und α_{Ab} sind unmittelbar nur für Kanäle konstanten Querschnittes anzuwenden. Bei Kanälen veränderlichen Querschnittes ist die Berechnung komplizierter. Hier sei auf einschlägige Literatur[1)][2)] verwiesen.

-8.2 Verteilung des Luftstromes im verzweigten Kanalsystem

Die Luftgeschwindigkeiten in den verschiedenen Kanalabschnitten werden nach Erfahrungszahlen gewählt und mit diesen Werten die Druckverluste nach den in Abschn. 3.3.5-2 gemachten Angaben für den Kanal mit dem größten Widerstand, im allgemeinen den längsten Kanal, berechnet. Richtwerte für die Wahl der Geschwindigkeiten siehe Tafel 3.3.5-15. Maßgebend ist der zulässige Geräuschpegel und der Druckverlust.

Tafel 3.3.5-15 Wahl der Geschwindigkeiten

Teil	Ungefähre Luftgeschwindigkeit in m/s bei	
	Komfortanlagen	Industrieanlagen
Außenluftjalousien	2···3	4··· 6
Hauptkanäle	4···8	8···12
Abzweigkanäle	3···5	5··· 8
Abluft- oder Umluftgitter	1,5···2,0	3··· 4

Höchste Geschwindigkeit am Ventilatorausblas, im Kanal allmählich abnehmende Geschwindigkeit. Zur Berechnung empfehlenswert ein Vordruck gemäß Tafel 3.3.5-16.

Bei Komfort-Anlagen wird die hohe Geschwindigkeit im Druckstutzen des Zuluftventilators zunächst durch ein Übergangsstück abgebaut mittels Diffusor, Kurzdiffusor, Prallplatten-Diffusor oder Luftverteiler.

Bei den *abzweigenden Kanälen* kann man dieselbe Methode der Geschwindigkeitswahl anwenden. Ist der ermittelte Druckverlust geringer als der an der Abzweigstelle zur Verfügung stehende Druck, muß der überschüssige Druck durch eine Drosselklappe oder Lochblech beseitigt werden. Man kann, um dies zu vermeiden, auch den Kanal durch Wahl geringerer Dimensionen so bemessen, daß der zur Verfügung stehende Druck gerade aufgebraucht wird. Dabei jedoch auf die Geschwindigkeit achten, daß keine zu hohen Geräusche entstehen. Die Berechnung der Abluftleitungen erfolgt analog.

1) Rákóczy, T.: HLH 3/76, S. 88/92 u. Kanalnetzberechnung RLT-Anlagen, VDI-Verl. 1979.
2) Regenscheit, B.: VDI-Berichte, Bd. 34 (1959), S. 21/34.

Tafel 3.3.5-16 Beispiel einer Kanalwiderstandsberechnung mit Geschwindigkeitsannahmen (Kanalplan s. Bild 3.3.5-71)

Nr.	l	$\dot{V}$	A	w	R	$\Sigma\zeta$	Z	$R \cdot l$	Bemerkungen
	m	m³/s	m²	m/s	Pa/m	–	Pa	Pa	
a	b	c	d	e	f	g	h	i	
1	1	1,67	0,6	2,8	–	1,0	5	–	Wetterschutz $\zeta = 1$
2	–	1,67	0,6/0,8	2,8/2,1	–	0,06	1	–	$\zeta = (1 - A_1/A_2)^2$
3	–	1,67	0,8	2,1	–	–	–	–	Apparatewiderstand s. unten
4	–	1,67	0,8/0,2	2,1/8,3	–	0,08	3	–	$A_2/A_1 = 0{,}25$; $\zeta_2 = 0{,}08$
5	–	1,67	0,2/0,3	8,3/5,6	–	0,12	5	–	$A_1/A_2 = 0{,}66$; $\zeta_1 = 0{,}12$
6	30	1,67	0,3	5,6	0,75	0,55	11	23	Bogen $\zeta = 0{,}25$, Knie $\zeta = 0{,}3$
7	4	1,11	0,24	4,6	0,60	0	–	2	R aus Bild 3.3.5-3 zuzügl. 25%, da rauh
8	6	0,56	0,18	3,1	0,40	1,4	8	2	Knie 45°, $\zeta = 2 \times 0{,}7 = 1{,}4$
	Kanalwiderstand Summe $(Z + Rl)$ =						33 + 27		= 60 Pa

Apparatewiderstände:	Filter	60 Pa
	Erhitzer	50 Pa
	Schalldämpfer	30 Pa
	Zuluftdurchlaß (Gesamtdruck)	30 Pa
	Gesamtwiderstand Δp_g	230 Pa

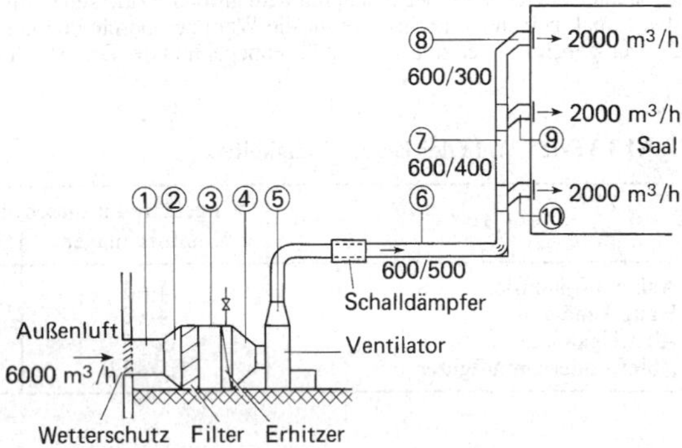

Bild 3.3.5-71. Lageplan zum Berechnungsbeispiel einer Lüftungsanlage.

Um ein gewisses System in der Wahl der Geschwindigkeiten zu erhalten, kann man die Querschnitte an den verschiedenen Stellen auch so bestimmen, daß das *Druckgefälle* im längsten Kanal konstant bleibt. Man nennt dies die Methode des *„gleichen Druckgefälles"*.

Um den Förderdruck des Ventilators zu bestimmen, sind zusätzlich zu den Kanalwiderständen noch die Widerstände der verschiedenen Komponenten der Luftaufbereitung, wie Filter, Erhitzer, Kühler usw., festzustellen. Diese Werte sind den Katalogen der Hersteller zu entnehmen. Bläst der Ventilator in eine Kammer, z.B. in der Zentrale, so ist der Verlust des dynamischen Drucks am Ventilator zu beachten

Beispiel:

Es ist das Kanalnetz einer Lüftungsanlage für einen Saal zu berechnen. Luftvolumenstrom 6000 m^3/h. Lageplan siehe Bild 3.3.5-71. Die Berechnung ist in Tafel 3.3.5-16 enthalten.

Heute stehen zur Berechnung der Druckverluste und der Luftverteilung im Anlagensystem Computerprogramme zur Verfügung.

-8.3 Optimierung[1)]

Kanäle mit kleinem Querschnitt haben hohe Luftgeschwindigkeit und damit hohen Druckverlust und Energieverbrauch. Die Investitionskosten sind dagegen geringer als bei großem Querschnitt. Berechnungsschema zur Kostenoptimierung s.[2)]. Das Optimum hängt nicht nur vom Kanal- und Strompreis ab, sondern auch vom Formstückanteil und der jährlichen Betriebsstundenzahl.

Die Berechnung (s. a. Abschn. 1.11) erfolgt als Summe aus Stromkosten und Kapitalkosten (Abschreibung und Verzinsung) der Investitionskosten für verschiedene Kanalquerschnitte.

– Stromkosten für Lufttransport

$$E_K = 6 \cdot 10^{-4} \cdot \frac{\dot{V} \cdot \zeta \cdot w^2}{\eta_v} \cdot z \cdot a_{EL} \quad \text{in €/a}$$

wobei: $\dot{V}$ = Volumenstrom in m^3/s
ζ = Widerstandsbeiwert des Kanalstrangs [–]
w = Luftgeschwindigkeit in m/s
η_v = Ventilatorwirkungsgrad [–]
z = jährliche Betriebsstundenzahl in h/a
a_{EL} = Strompreis in €/kWh

– Kapitalkosten für den Kanal

$A_K = A \cdot a \cdot a_K$ in €/a

wobei: A = Oberfläche des Kanalstücks einschl. Formstückanteil in m^2
a = Annuitätsfaktor für Abschreibung und Verzinsung (s. Abschn. 1.11-2)
a_K = Flächenbezogener Kanalpreis in €/m^2

Beispiel:

Volumenstrom $\dot{V} = 6{,}28$ m^3/s, Ventilatorwirkungsgrad $\eta_v = 0{,}7$,
jährliche Betriebszeit $z = 3200$ h/a, Kanallänge $L = 40$ m
Nutzungsdauer 25 Jahre und Zins 8% ergibt $a = 9{,}4\%$
Kanalpreis: $a_K = 40$ €/m^2, Strompreis $a_{EL} = 0{,}12$ €/kWh
Reibungsbeiwert $\lambda = 0{,}017$ (Bild 1.4.7-3)
Einzelwiderstände $\zeta_e = 0{,}32$

Lösung:

Luftgeschwindigkeit	w	m/s	4	6	8	10	12
Rohrdurchmesser	d	m	1,41	1,15	1,00	0,89	0,82
Kanaloberfläche	A	m^2	177,7	145,1	125,6	112,4	102,6
Kapitalkosten	A_K	€/a	633	517	448	400	365
$\zeta = \lambda \cdot L / d + \zeta_e$		–	0,80	0,91	1,00	1,08	1,15
Stromkosten	E_K	€/a	26	68	132	223	343
Gesamtkosten	$E_K + A_K$	€/a	659	585	580	623	708

1) Rákóczy, T.: Kanalnetzberechnung von RLT-Anlagen, VDI- Verlag 1979.
2) VDI 2078 (07.96).

Das Ergebnis ist in Bild 3.3.5-72 dargestellt. Es zeigt, daß der wirtschaftlichste Kanal bei $d = 1$ m mit $w = 8$ m/s liegt. Das Ergebnis muß eventuell akustisch überprüft werden.

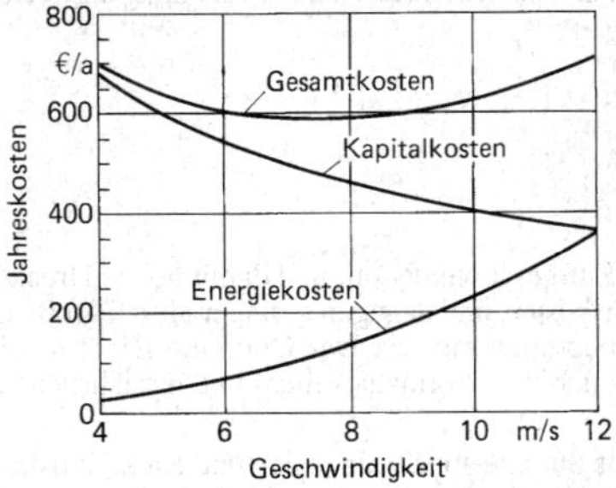

Bild 3.3.5-72. Energie- und Kapitalkosten eines Luftkanals (Beispiel).

3.3.6 Geräuschminderung[1)]

Überarbeitung von Prof. Dr.-Ing. Karl-Josef Albers, Esslingen,

Die vom Ventilator erzeugten Geräusche werden in den angeschlossenen Kanal stromauf und stromab und damit auch in die angeschlossenen Räume übertragen. Ein Teil wird in den umgebenden Raum abgestrahlt, ein weiterer Teil durch Körperschall auf den Boden übertragen.

Grundsätzlich gilt die Regel, die Geräusche am Ort ihrer Entstehung so gering wie möglich zu halten, also geräuscharme Ventilatoren und Motoren zu wählen. Wo dies nicht möglich ist, sind geeignete Maßnahmen zur Schalldämmung und -Dämpfung zu treffen, um die Ausbreitung des Schalles zu verhindern.

-1 Geräuschentstehung

-1.1 Ventilatorgeräusche[2)]

Sie hängen von einer großen Anzahl von Faktoren ab, insbesondere Schaufelzahl, Schaufelform, Volumenstrom, Druckdifferenz, Umfangsgeschwindigkeit, Zu- und Abströmbedingungen u. a. Größen. Hauptquellen sind die breitbandigen Wirbelgeräusche infolge der turbulenten Luftbewegung an den Schaufeln und der einem Ton entsprechende Drehklang. Letzterer ergibt sich aus dem Produkt von Drehzahl n (Umdrehung je min) und Schaufelzahl z zu

$$f = z \cdot n/60 \text{ in Hz}$$

Er liegt bei den in Lüftungs- und Klimaanlagen verwendeten Ventilatoren meist im Bereich von 200 bis 800 Hz je nach Größe und Bauart. Hauptgeräusche also in niedrigem Frequenzbereich. Zum Vergleich verschiedener Ventilatorgeräusche verwendet man den Begriff des

Schalleistungspegels:

$$L_W = 10 \lg \frac{P}{P_0}$$

P = Schalleistung in Watt
P_0 = Bezugsschalleistung = 10^{-12} Watt

Der Schalleistungspegel ist im Gegensatz zum Schalldruck eine eindeutige Kennzahl zur akustischen Beschreibung einer Geräuschquelle. Er läßt sich aus den gemessenen Schalldrücken errechnen, wenn die Absorptionseigenschaften des Meßraumes bekannt sind.

Gemessene Werte an 2 Ventilatoren gleicher Luftleistung, aber mit verschiedenen Laufrädern (vorwärts und rückwärts gekrümmt) zeigen Bild 3.3.6-1 und Tafel 3.3.6-1.

Genaue systematische Messungen über den Schalleistungspegel verschiedener Ventilatorbauarten[3)] zeigen, daß trotz erheblicher Unterschiede in Bauart und Wirkungsweise verhältnismäßig einfache Formeln anwendbar sind. Angenähert kann man (nach Madison-

---

1) Siehe auch Abschnitt 1.5.
VDI 2081 (07.01): Geräuscherzeugung und Lärmminderung in RLT-Anlagen.
DIN 45635: Geräuschmessung an Maschinen. Mehrere Teile, u. a.:
T38 (04.86): Ventilatoren; Hüllflächen-, Hallraum- und Kanal-Verfahren,
T56 (10.86): Luftbehandlungsgeräte; Hüllflächen- und Kanal-Verfahren.
Brockmeyer, H.: HLH 1969. S. 97/103 u. 317/8 und KI 1973. S. 19/22.
Bommes, L.: HLH 1969. S. 113/7.
Sonderheft Akustik HLH Heft 7/72 mit Beiträgen von H. Kopp, W. Finkelstein, H. Brockmeyer.
LTG – Techn. Information Nr. 20 (1972/3), Nr. 22/1975 u. Nr. 29/1975.
Neise, W.: HLH 7 u. 8/76.
Moll, W.: Ges.-Ing. 1/2 – 77. S. 7/11.

2) VDI 3731 Bl. 2 (11.90): Emissionskennwerte technischer Schallquellen; Ventilatoren.
Hönmann, W.: LTG Lufttechn. Inf. 11/12 (1974).
Bommes, L.: Ki 7/8-1984. S. 307/13 u. HLH 8/85. S. 407/13.

3) Gikadi, T., u. M. Bartenwerfer: Ki 10/77. S. 331/6.
Bommes, L.: HLH 5/80. S. 173/80 u. 6/80. S. 210/18 und HLH 7/82. S. 245/57.
Siegel, Th., u. K.-O. Felsch: HLH 11/81. S. 441/6.
Lexis, J.: KKT Heft 3 u. 4/82.
Bommes, L.: HLH 7/82. S. 245/57 u. FLT-Bericht 3/1/3/84, 1/84.

Tafel 3.3.6-1 Akustischer Vergleich verschiedener Ventilatoren frei ausblasend, Volumenstrom 2,89 m³/s. Förderdruck Δp_f = 377 Pa

	Axial-ventilator	Axial-ventilator	Trommel-läufer	Radial-ventilator	Radial-ventilator
Ventilatortyp und ∅	Ax 12/560	VAH/710	TLE/710	VRN/800	VRK/800
Schaufelzahl	12	12	42	8	8
Drehzahl min^{-1}	1480	1380	460	710	730
Umfanggeschw. m/s	43,5	51	17	35	36
Schaufelfrequenz f	296	276	322	95	98
Schalleistungspegel					
unbewertet dB L_W	93	95	86	88	84
A-bewertet dB(A) L_{WA}	90	90	78	82	79
Leistungsbedarf kW	1,92	1,50	2,06	1,38	1,50

Graham oder nach Allen) für alle Ventilatoren im optimalen Betriebspunkt bei ungestörter Zu- und Abströmung den Schalleistungspegel am Saug- oder Druckstutzen setzen (Bild 3.3.6-2):

Schalleistung:

$$L_w = L_{ws} + 10 \lg \dot{V} + 20 \lg \Delta p_t \text{ in dB}$$
$$= L_{ws} + 10 \lg P + 10 \lg \Delta p_t \text{ in dB}$$

$\dot{V}$ = Volumenstrom in m³/h bzw. m³/s
Δp_t = Gesamtdruckdifferenz in Pa
P = Luftleistung in kW

Dabei gilt für die *spezifische Schalleistung* für alle Ventilatoren ungefähr:

L_{ws} = 1 ± 4 dB wenn $\dot{V}$ in m³/h
oder
L_{ws} = 37 ± 4 dB wenn $\dot{V}$ in m³/s

in die Gleichung für L_w eingesetzt wird.

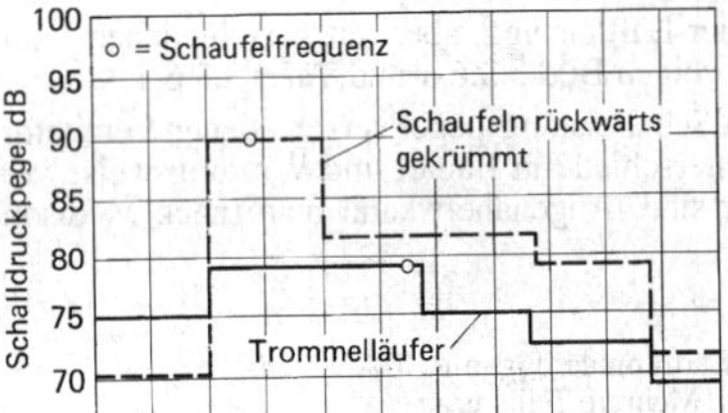

Bild 3.3.6-1. Schalldruckpegel an zwei Ventilatoren gleicher Luftleistung. Ausblasseitiger Oktavpegel im schallharten Raum.

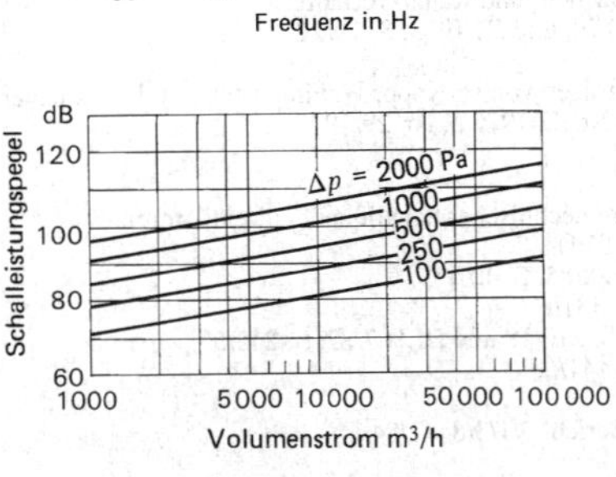

Bild 3.3.6-2. Schalleistungspegel von Ventilatoren.

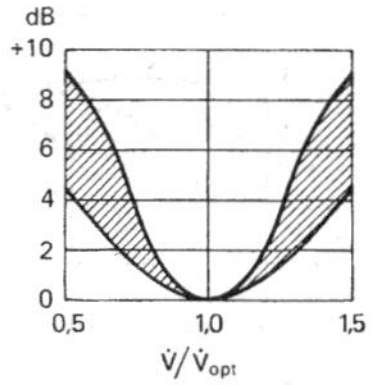

Bild 3.3.6-3. Geräuschpegeländerung bei Axial- und Radialventilatoren mit rückwärts gekrümmten Schaufeln, wenn der Betriebspunkt vom Bestpunkt abweicht.

Der spezifische Schalleistungspegel L_{ws} kann genauer durch Versuche für jeden Ventilatorentyp auch abhängig vom Kennlinienpunkt und der Einbausituation[1] ermittelt werden. Demnach hat ein Radialventilator von 10 kW Leistung eine um 10 dB größere Schalleistung als ein Ventilator mit 1 kW Leistung. Arbeitet der Ventilator nicht im günstigsten Betriebspunkt, kann die Schalleistung durchaus um 5 dB höher liegen (Bild 3.3.6-3). Bei Störungen im Zu- und Abfluß können oktavweise Pegelspitzen von 10 bis 15 dB auftreten.

Die Ventilatoren haben ein akustisches Minimum in der Nähe des höchsten Wirkungsgrades (Bild 3.3.6-3), ausgenommen Trommelläufer, bei denen das Geräusch links vom Wirkungsgradmaximum weiter abnimmt.

Umrechnung auf andere Drehzahlen bei allen Ventilatoren:

$$L_{W2} = L_{W1} + 50 \lg n_2/n_1$$

Die Schalleistung steigt also mit der fünften Potenz der Drehzahl; bei Drehzahlverdoppelung also um 50 lg 2 = 15 dB.

Umrechnung auf einen anderen Durchmesser:

$$L_{W2} = L_{W1} + 20 \lg D_2/D_1.$$

Die Differenz zwischen Gesamtschalleistungspegel und Oktavleistungspegel von Axial- und Radialventilatoren, d.h. die spektrale Schallverteilung, zeigt Bild 3.3.6-4. Man ermittelt die Schalleistung in jeder Oktave durch Subtraktion des Differenzpegels ΔL_{WOkt} vom Gesamtpegel L_W. In der Oktave, in der die Schaufelfrequenz $f = z \cdot n/60$ liegt, ist folgender Zuschlag zu machen: Radialventilator 0…8 dB, Trommelläufer 0 dB, Axialventilator mit Leitrad 0…6 dB, ohne Leitrad 0 dB.

Beispiel:

Trommelläufer, n = 750 U/min

Volumenstrom: $\dot{V}_{opt} = 35\,000$ m³/h, $\Delta p_{ges} = 400$ Pa

Schalleistungspegel: L_W = 100 dB aus Bild 3.3.6-2

Frequenzgang bei n = 750 U/min nach Bild 3.3.6-4:

Frequenz in Hz:	63	125	250	500	1000	2000	4000
ΔL_{WOkt}	6	8	10	13	17	22	28
Oktavpegel = $L_w - \Delta L_{WOkt}$ in dB	94	92	90	87	83	78	72

Mit dem Frequenzverlauf nach Bild 3.3.6-4 läßt sich entsprechend der Bewertungskurve für dB(A) der bewertete Schalleistungspegel L_{WA} in dB(A) nach ausgeführten Messungen berechnen oder abschätzen:

Axialventilatoren:	$L_{WA} = L_W - 3 \ldots 5$ dB
Radialventilatoren mit rückwärts gekrümmten Schaufeln:	$L_{WA} = L_W - 5 \ldots 6$ dB
Radialventilatoren mit vorwärts gekrümmten Schaufeln:	$L_{WA} = L_W - 8 \ldots 10$ dB.

Die vorstehend dargestellten einfachen Zusammenhänge reichen für grobe Überschlagsrechnungen meistens aus. Die VDI 2081[2] berücksichtigt neuere Meßergebnisse. Dieses führt allerdings zu etwas komplizierteren Formeln, da hier auch die drei dominierenden

[1]) Reinartz, D.: HLH 8/89. S. 417 ff.
Wiemann, E.: HLH 8/80. S. 437 ff.

[2]) E VDI 2081 (07.01): Geräuscherzeugung und Lärmminderung in Raumlufttechnischen Anlagen.

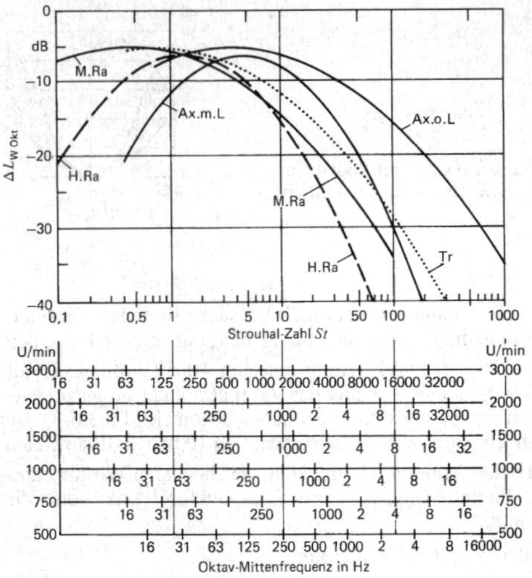

Bild 3.3.6-4. Normiertes Oktavspektrum verschiedener Ventilatortypen (VDI 3731).
Oberes Bild: Abhängig von der Strouhalzahl $St = f \cdot D/u$.
Unteres Bild: Umrechnung von Strouhalzahl auf Frequenz f (Hz) bei verschiedenen Drehzahlen n (U/min).

H. Ra	Hochdruck-Radialventilator
M. Ra	Mitteldruck-Radialventilator
Tr	Trommelläufer (vorwärts gekrümmte Schaufeln)
Ax. m. L	Axialventilator mit Leitrad
Ax. o. L	Axialventilator ohne Leitrad

Emissionskenngrößen – das Schallumsetzungsmaß L_{US}, der Machzahlexponent γ und die Druckzahl φ – berücksichtigt werden.

Für die Berechnung des Schalleistungspegels gilt:

$$L_{W4} = L_{WS} + 10 * \lg V + 5 * (\gamma - 1) * \lg \Delta p_t$$

mit

$$L_{WS} = 192{,}6 + L_{US} - 24{,}2 * \gamma - 5 * (\gamma - 3) * \lg \Psi$$

L_{W4} = Ausblas-Kanalschalleistungspegel gemäß DIN EN 25136 in dB
L_{WS} = spezifischer Schalleistungspegel in dB
L_{US} = spezifisches Schallumsetzungsmaß in dB
γ = Machzahlexponent
Ψ = Druckzahl

Können Werte für L_{US}, Ψ und γ vom Ventilatorhersteller nicht zur Verfügung gestellt werden, so kann der Schalleistungspegel wie folgt abgeschätzt werden:

$$L_{W4} = L_{WSM} + 10 * \lg V + 20 * \lg \Delta p_t$$

mit

$$L_{WSM} = 71{,}6 + L_{USM} - 10 * \lg \Psi$$

L_{WSM} = mittlerer spezifischer Schalleistungspegel in dB
L_{USM} = mittleres spezifisches Schallumsetzungsmaß in dB

Diese Abschätzung beruht auf vielen Prüfstandsmessungen, wonach der Machzahlexponent γ zwischen 4 und 6 liegt. So ist es zweckmäßig für diese Abschätzung den Wert $\gamma = 5$ zugrunde zulegen, zumal dieser Wert auch Grundlage für die zuerst dargestellte grobe Überschlagsrechnung ist.

Ist die Druckzahl Ψ nicht bekannt, so gelten nach VDI 3731 Bl. 2[1)] die folgenden, nach Baugruppen differenzierten Zusammenhänge für den mittleren spezifischen Schalleistungspegel L_{WSM}:

Baugruppe RR;
Radialventilatoren mit rückwärtsgekrümmten Schaufeln: $0{,}63 < \Psi < 1{,}00$
$L_{WSM} = 72 \pm 1{,}5 + L_{USM}$

[1)] VDI 3731 Bl. 2 (11/90): Emissionskennwerte technischer Schallquellen – Ventilatoren.

Baugruppe T;
Radialventilatoren mit vorwärtsgekrümmten Schaufeln: $2{,}4 < \Psi < 3{,}0$
$L_{WSM} = 68 \pm 1 + L_{USM}$
Baugruppe AM;
Axialventilatoren mit nachgeschaltetem Leitrad: $0{,}25 < \Psi < 0{,}63$
$L_{WSM} = 76 \pm 2 + L_{USM}$

Die Werte für das spezifische Schallumsetzungsmaß L_{US} schwanken bei den oben erwähnten Prüfstandsmessungen im Optimum zwischen –45 und –30 dB. Gemäß VDI 3731 Bl. 2 können für die einzelnen Baugruppen die folgenden Richtwerte für das mittlere spezifische Schallumsetzungsmaß eingesetzt werden:

Baugruppe RR; L_{USM} = -38 dB
Baugruppe T; L_{USM} = -32 dB
Baugruppe AM; L_{USM} = -34 dB

Der Oktavschalleistungspegel wird wie bei der zuerst dargestellten groben Überschlagsrechnung mit Hilfe von Bild 3.3.6-4 ermittelt.

Alle vorstehenden Angaben beziehen sich auf das Geräusch im druckseitig angeschlossenem Kanal. Nimmt man die Hochdruckradialventilatoren aus, so ist dieses gleich dem Geräusch im Kanal auf der Saugseite. Bei Ventilatoren, die aus Kammern ansaugen oder in solche einblasen, gibt es eine Mündungsreflexion, so daß in der Kammer ein etwas geringerer Pegel herrscht. Die Reflexionsdämpfung ist abhängig von der Frequenz des Geräusches sowie von der Größe der Ventilatoransaug- und Ausblasöffnung und kann dem Bild 3.3.6-5 entnommen werden.

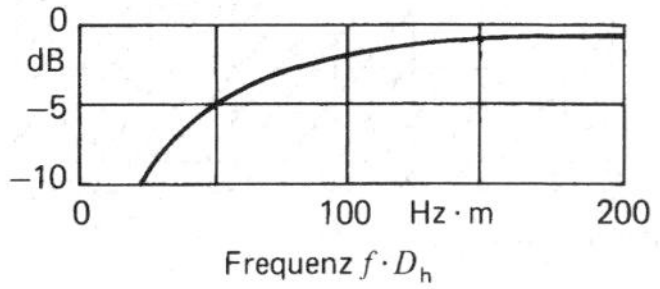

Bild 3.3.6-5. Pegelsenkung für Druck- und Saugseite des Ventilators infolge Mündungsreflexion (t = 20 °C).
f = Frequenz in Hz,
D_h = hydraulischer Durchmesser (= 4 A/U).

Bei hohen akustischen Anforderungen empfiehlt sich, die Berechnung mit vom Hersteller gemessenem Pegel in den einzelnen Frequenzbereichen vorzunehmen, da die gemessenen Werte doch teilweise von dem theoretischen Verlauf nach dem Bild 3.3.6-4 abweichen. Aber auch bei gemessenen Werten ist bei der Umrechnung immer mit einer Toleranz von bis zu ±3 dB zu rechnen, da das akustische Zusammenwirken von Ventilator und Anlage sehr komplex und noch nicht vollständig vorausberechenbar ist[1)].

Um geringe Geräusche zu erhalten, ist es besonders wichtig, den Förderdruck möglichst gering zu halten, also die Widerstände in Apparaten und Rohrleitungen klein zu halten. Falls dies nicht möglich ist, müssen Schalldämpfer verwendet werden. Weitere Bedingungen für geräuscharmen Lauf:

Statisch und dynamisch gut ausgewuchtete Laufräder.
Betrieb beim günstigsten Wirkungsgrad.
Vermeidung von Resonanz z. B. bei der Gehäusewand.
Möglichst ungestörte Zuströmung zum Ventilator.

Die Geräuschabstrahlung von in Geräten eingebauten Ventilatoren ist abhängig von der Wandmasse, der Auskleidung und der Anordnung der Segeltuchstutzen[2)]. Minderung etwa 20 ... 30 dB(A).

-1.2 Kanal- und Luftdurchlaßgeräusche

entstehen in den Luftkanälen durch Geschwindigkeitsschwankungen und Wirbelbildung an scharfen Ecken und Kanten, Umlenkungen, T-Stücken, Luftdurchlässen usw., und

[1)] FLT-Bericht 3/1/21/71 u. 3/1/4/84, FLT Frankfurt/M.
[2)] Laux, H.: Ki 2/74. S. 59/62.
Kipp, E. E.: Ki 2/74. S. 55/8.

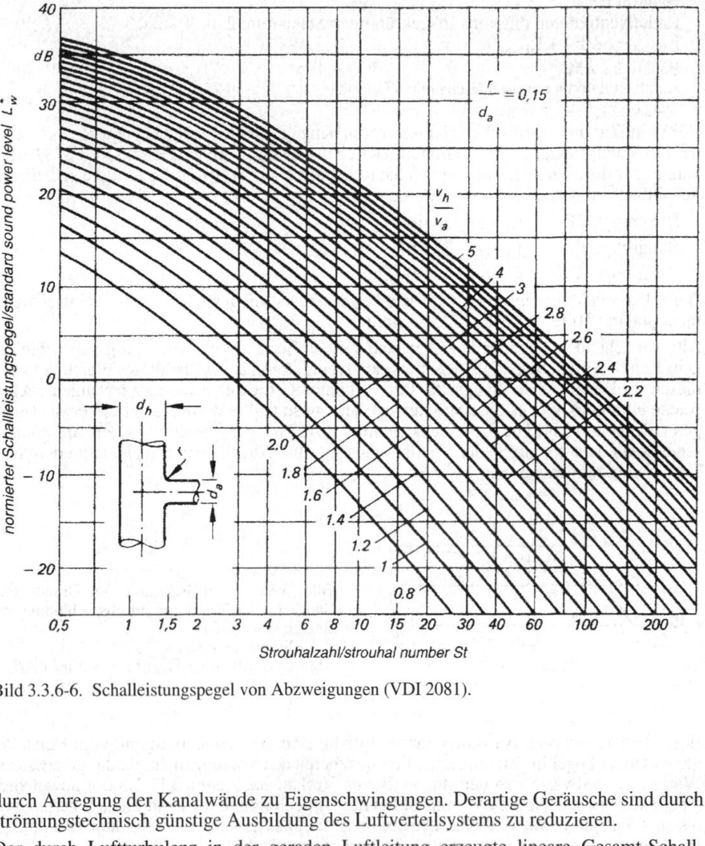

Bild 3.3.6-6. Schalleistungspegel von Abzweigungen (VDI 2081).

durch Anregung der Kanalwände zu Eigenschwingungen. Derartige Geräusche sind durch strömungstechnisch günstige Ausbildung des Luftverteilsystems zu reduzieren.

Der durch Luftturbulenz in der geraden Luftleitung erzeugte lineare Gesamt-Schallleistungspegel L_W berechnet sich näherungsweise zu

$$L_w = 7 + 50 \cdot \lg v + 10 \cdot \lg S \qquad \text{mit}$$

L_W = Gesamt-Schalleistungspegel in dB
v = mittlere Geschwindigkeit im Strömungsquerschnitt in m/s
S = Strömungsquerschnitt in m^2

Der lineare Oktav-Schalleistungspegel $L_{W,Okt}$ ergibt sich dann aus der folgenden Gleichung

$$L_{w,Okt} = L_w + \Delta L_w \qquad \text{mit}$$

ΔL_W = Differenz Oktavschallpegel zu Gesamtschallpegel in dB gemäß Bild 3.3.6-7.

Abzweigungen (T-Stücke, Kreuzstücke usw.), die in einen Raum münden, lassen sich in ihrem Schalleistungsspektrum berechnen; nach Brockmeyer[1)] gilt für die Schalleistung eines Abzweigs

[1)] Brockmeyer, H.: Ges.-Ing. 10/70. S. 278/286.

$$L_w = L_w^* + 10 \cdot \lg \Delta f + 30 \cdot \lg d_a + 50 \cdot \lg v_a \qquad \text{mit}$$

L_w = Gesamt-Schalleistungspegel in dB
L_w^* = normierter Schalleistungspegel nach Bild 3.3.6-6 in dB
d_a = Durchmesser des Abzweigkanals in m *)
Δf = Breite des Oktavbandes (siehe Tafel 1.5.4-2) in Hz
v_a = Strömungsgeschwindigkeit im Abzweigkanal in m/s

*) Bei Rechteckleitungen wird näherungsweise der Durchmesser des flächengleichen Kreisquerschnitts d_g verwendet: $d_g = \sqrt{\frac{4}{\pi}} \cdot S$

Die in Bild 3.3.6-6 auf der x-Achse aufgetragene Strouhal-Zahl St wird wie folgt ermittelt:

$$St = \frac{f \cdot d_a}{v_a}$$

Der normierte Schalleistungspegel kann auch nach der folgenden Gleichung berechnet werden:

$$L_w^* = 12 - 21{,}5 \cdot (\lg St)^{1{,}268} + (32 + 13 \cdot \lg St) \cdot \lg \frac{v_h}{v_a}$$

Das Bild 3.3.6-6 gilt nur für einen relativen Abrundungsradius $r/d_a = 0{,}15$. Für abweichende Werte muß entsprechend der VDI 2081 die obige Gleichung um einen Korrekturfaktor ergänzt werden. In der Praxis hat sich aber gezeigt, daß i. d. R. eine Berücksichtigung dieses Korrekturfaktors nicht erforderlich ist, da die tatsächlichen Werte des relativen Abrundungsradius, von Ausnahmen abgesehen, nur wenig um 0,15 schwanken.

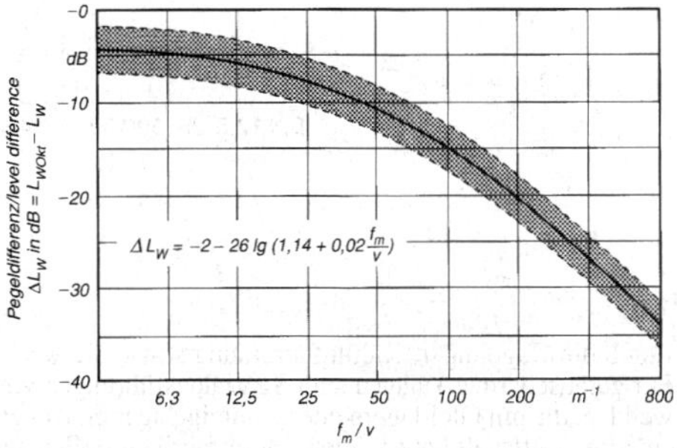

Bild 3.3.6-7. Relatives Frequenzspektrum beim Strömungsrauschen in Luftleitungen (VDI 2081).

Luftdurchlässe üblicher Bauart (Lamellengitter, Steggitter, Luftverteiler) geben bei Anströmung eine Schalleistung ab, die abhängig ist von der Größe, Luftgeschwindigkeit und dem Strömungswiderstand. Nach Hubert[1] gilt für den linearen Gesamt-Schalleistungspegel L_W näherungsweise:

$$L_w = 10 + 60 \cdot \lg v + 30 \cdot \lg \varsigma + 10 \,.\, \lg S \qquad \text{mit}$$

L_w = Gesamt-Schalleistungspegel in dB
ς = Widerstandswert des Luftdurchlasses
Δp_t = Totaldruckdifferenz in Pa
v = Anströmgeschwindigkeit in m/s
S = Anströmfläche des Durchlasses in m^2
ρ = Luftdichte in kg/m^3

[1]) Hubert, M.: Forschungsbericht FLT Heft 7. 1970.

Mit $\varsigma = \frac{2 \cdot \Delta p_t}{\rho \cdot v^2}$ kann diese Gleichung auch wie folgt umgeformt werden:

$$L_w = 17 + 30 \cdot \lg \Delta p_t + 10 \cdot \lg S$$

Der lineare Oktav-Schalleistungspegel $L_{W,Okt}$ ergibt sich dann aus der folgenden Gleichung

$$L_{w,Okt} = L_w + \Delta L_w \qquad \text{mit}$$

ΔL_w = Differenz Oktavschallpegel zu Gesamtschallpegel in dB gemäß Bild 3.3.6-8

Da der Luftdurchlaß das letzte Bauelement der RLT-Anlage zum Raum ist, sollten statt der hier angegebenen Näherungsrechnung bevorzugt die technischen Herstellerangaben über die Schalleistung verwendet werden.

Bild 3.3.6-8. Frequenzspektrum von Luftdurchlässen.

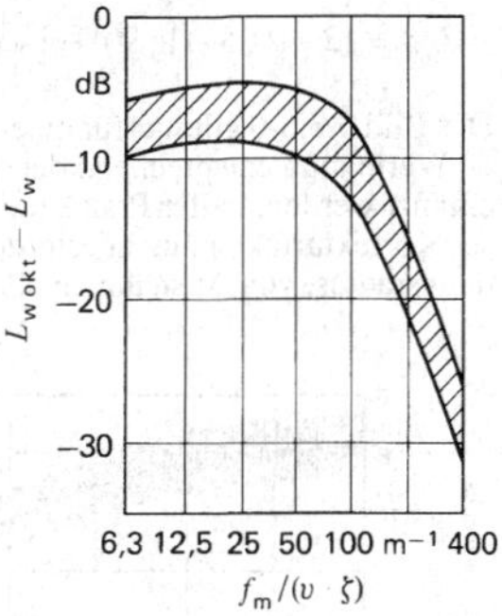

-1.3 Motorgeräusche

werden im Motor insbesondere durch die Kugellager, Kühlluftströmung sowie die wechselnde Magnetisierung erzeugt. Für geräuscharme Anlagen sind Spezialausführungen von Motoren für ruhigen Lauf zu verwenden, die mit Gleitlagern oder gummigelagerten Kugellagern versehen sind und einen größeren Luftspalt haben. Viele Motorfabriken stellen außer den gewöhnlichen mit Kugellagern ausgerüsteten Motoren je nach Anforderungen an den Geräuschgrad mehrere Ausführungen her, teilweise bereits mit Angabe der Geräuschpegel.

-1.4 Drosselklappen

und ähnliche Einrichtungen können erhebliche Geräusche verursachen, namentlich in geschlossenem Zustand, ebenso Entspannungs- und Mischgeräte.

-2 Geräuschfortpflanzung

Die von einem Ventilator oder Motor erzeugten Geräusche pflanzen sich als *Körperschall* und *Luftschall* fort (Bild 3.3.6-9).

-2.1 Körperschall

wird in festen Körpern, also Fundamenten, Wänden, Fußböden sowie in den Wandungen der Luftkanäle fortgeleitet. Er wird durch Abstrahlung von den Begrenzungsflächen in Luftschall umgewandelt und dadurch hörbar. Weiteres siehe Abschn. 3.3.6-6.

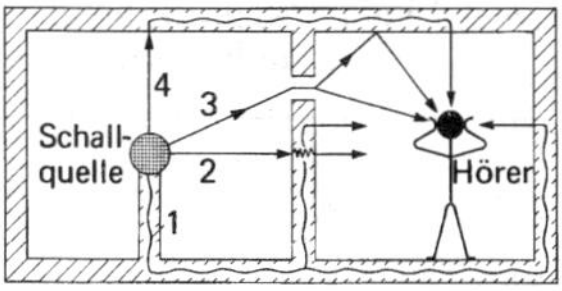

Bild 3.3.6-9. Schallwege von der Quelle zum Empfänger.
1 Körperschall–Luftschall
2 Luftschall–Körperschall–Luftschall
3 Luftschall
4 Luftschall–Körperschall–Luftschall

-2.2 Luftschall

breitet sich in den geräuscherzeugenden Quellen unmittelbar in der Luft aus, insbesondere durch die Kanäle der Luftverteilung und gelangt so in den gelüfteten Raum. Ist der Kanal kurz oder ist seine natürliche Schalldämpfung gering, sind zusätzliche Schalldämmaßnahmen erforderlich.

Die kugelförmige Ausbreitung von Schall im Freien[1] ist im Abschnitt 1.5.5 beschrieben. Danach führt eine Abstandsverdoppelung zu einer Pegelsenkung von 6 dB.

Bei großen Schallquellen, z.B. Dachventilatoren, muß man berücksichtigen, daß das Schallfeld erst in einer gewissen Entfernung r_1 von der Schallquelle voll ausgebildet ist. So erhält man mit dem Bezugsradius r_1 = 1 m und Berücksichtigung von Reflexionen und Richtwirkung des Bodens ($Q = 2$) die Schallpegelsenkung angenähert aus der Gleichung

$$\Delta L_S = 20 \lg r_2 + 14 \text{ dB(A)}$$

Beispiel:

Bild 3.3.6-10.

Schalleistung des Dachventilators L_W = 85 dB(A)
Entfernung r_2 = 50 m
Schallpegelsenkung ΔL_S = 20 lg 50 + 14 = 34 + 14 = 48 dB(A)
Schalldruck bei r_2: L_p = 85 – 48 = 37 dB(A).
Genauere Rechnung nach VDI 2714 [1] unter Berücksichtigung von Absorption der Luft, Bodeneinfluß, Bewuchs oder Bebauung, Abschirmung, Reflexionen.

Zu beachten ist auch die *Schallabstrahlung* von Kanälen auf den angrenzenden Raum. Die Schallpegelminderung durch die Kanalwand wird in Bild 3.3.6-34 angegeben.

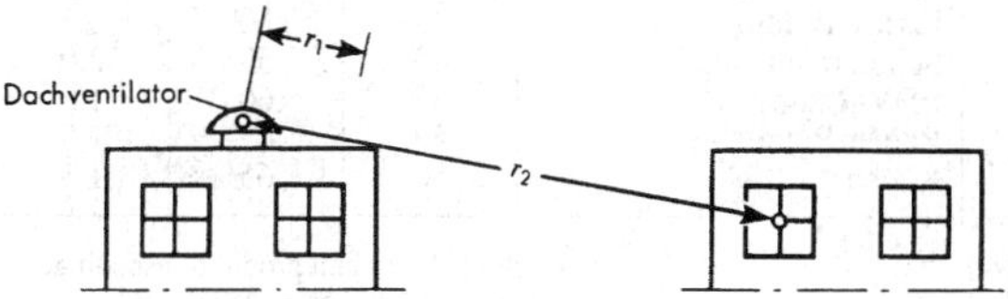

Bild 3.3.6-10. Schallpegel bei Dachventilatoren.

-3 Geräuschniveau

nennt man den Schalldruckpegel, der in einer Umgebung vorhanden ist. Die Tafel 1.5.4-3 gibt ungefähre Werte.

Tafel 3.3.6-2 und Tafel 3.3.6-3 enthalten den zulässigen Schallpegel in gelüfteten Räumen. Er wird mittels Schallpegelmesser ermittelt. In manchen Fällen kann zusätzlich die Einhaltung von *Grenzkurven* gefordert werden, siehe Bild 1.5.4-3. Dabei ist dann der Schalldruck oktavweise zu messen. Weitere Werte sind in[2] gegeben.

---

[1]) VDI-Richtlinie 2714 (01.88): Schallausbreitung im Freien.
[2]) DIN 4109 (11.89) und Berichtigung 1 (08.92): Schallschutz im Hochbau.
DIN 1946 T2 (01.94): Raumlufttechnik; Gesundheitstechnische Anforderungen (VDI-Lüftungsregeln).

Tafel 3.3.6-2 Richtwerte für Schalldruckpegel und mittlere Nachhallzeit in Räumen

Raumart	Beispiel	A-Schalldruckpegel [dB(A)][1) Anforderungen hoch	niedrig	Mittlere Nachhall-zeit[2) [s]
Arbeitsräume	Einzelbüro[3)	35	40[4)	0,5
	Großraumbüro	45	50	0,5
	Werkstatt	50	[5)	1,5
	Labor	[6)	[6)	2,0
Versammlungsräume	Konzertsaal, Opernhaus	25	30	1,5
	Theater, Kino	30	35	1,0
	Konferenzraum	35	40	1,0
Wohnräume	Hotelzimmer[3)	30[7)	35[7)	0,5
Sozialräume	Ruheraum[3), Pausenraum[3)	30	40[4)	1,0
	Wasch- und WC-Raum	45	55	2,0
Unterrichtsräume	Lesesaal	30	35	1,0
	Klassen- und Seminarraum[3), Hörsaal[3)	35	40[4)	1,0
Räume mit Publikumsverkehr	Museum	35	40	1,5
	Gaststätte	40	55	1,0
	Verkaufsraum	45	60	1,0
Sportstätten	Turn- und Sporthalle, Schwimmbad	45	50	1,5
Sonstige Räume	Rundfunkstudio	15[8)	25[8)	0,5
	Fernsehstudio	25[8)	30[8)	0,5
	Schutzraum	45	55	2,0
	EDV-Raum	45	60	1,5
	Reiner Raum	50	65	1,5
	Küche	50	65	1,5

1) nach DIN 1946 (01.94).
2) nach VDI 2081 (07.01).
3) schutzbedürftiger Raum nach DIN 4109 (11.89).
4) nach DIN 4109 (11.89) nur zulässig, wenn es sich um Dauergeräusche ohne auffällige Einzeltöne handelt.
5) dieser Wert kann produktionsbedingt wesentlich höher ausfallen.
6) siehe DIN 1946-7 (06.92).
7) Nachwerte um 5 dB niedriger.
8) Anhaltswert, es müssen die Grenzkurven nach DIN 15996 (04.96) eingehalten werden.

Tafel 3.3.6-3 Zulässiger Beurteilungspegel am Arbeitsplatz nach ArbStättV*)

bei überwiegend geistigen Tätigkeiten	55 dB(A)
bei einfachen oder überwiegend mechanischen Bürotätigkeiten und vergleichbaren Tätigkeiten	70 dB(A)
bei allen sonstigen Tätigkeiten	85 dB(A)
in Pausen-, Bereitschafts-, Liege- und Sanitätsräumen	55 dB(A)

*) Arbeitsstättenverordnung § 15, Schutz gegen Lärm.

Tafel 3.3.6-4 Immissionsrichtwerte für den Beurteilungspegel an Immissionsorten außerhalb von Gebäuden nach TA Lärm*)

	Beurteilungspegel [dB(A)]	
	tags (6:00 bis 22:00 Uhr)	nachts (22:00 bis 6:00 Uhr)
in Industriegebieten	70	70
in Gewerbegebieten	65	50
in Kern-, Dorf- und Mischgebieten	60	45
in allgemeinen Wohngebieten und Kleinsiedlungsgebieten	55	40
in reinen Wohngebieten	50	35
in Kurgebieten sowie für Krankenhäuser und Pflegeanstalten	45	35

*) Technische Anleitung zum Schutz gegen Lärm – TA Lärm, Gemeinsames Ministerialblatt (GMBl. 1998 S. 503 ff), Bonn 28.08.1998.

Der auf die Nachbarschaft wirkende Lärm wird durch Immissionsrichtwerte begrenzt, die in Tafel 3.3.6-4 aufgeführt sind.

In allen Fällen ist der *Störschallpegel* zu beachten, d. h. die Geräusche bei abgeschalteten Lüftungsanlagen. *Addition* von Schallpegelwerten siehe Bild 1.5.4-1.

-4 Luftschalldämpfung

Der am Ausblas eines Ventilators vorhandene Schalleistungspegel L_{W1} verringert sich in der Regel im Kanalsystem bis zu den Luftauslässen auf L_{W2} und bewirkt im Raum am nächstgelegenen Sitzplatz einen vom menschlichen Ohr empfundenen Schalldruck. Nennt man diesen Schalldruckpegel L_{p1} und den zulässigen geringeren Pegel L_{p2}, so ist der Mindestwert der erforderlichen Schallpegelsenkung

$$D = L_{p1} - L_{p2} \text{ in dB}$$

Hierfür ist normalerweise ein Schalldämpfer erforderlich, der im Luftkanal eingebaut wird, wenn die natürliche Dämpfung des Kanalsystems nicht ausreicht. Die gesamte Dämpfung (Schallpegelsenkung) läßt sich in zwei Teile gliedern: Die *natürliche* und die *künstliche Dämpfung*.

-4.1 Natürliche Schalldämpfung

Die vom Ventilator erzeugte Schalleistung nimmt auf dem Weg über den Lüftungskanal in den zu belüftenden Raum auch ohne zusätzliche Schalldämpfer ab.

-4.1.1 In geraden Kanälen

wird das dünnwandige Blech in Schwingungen versetzt, was in Strömungsrichtung eine *Längsdämpfung* ergibt. Die Kanaloberfläche strahlt allerdings diese Schallenergie entsprechend seiner Dämmwirkung teilweise in den umgebenden Raum ab. Die *Längsdämpfung* hängt von der Steifigkeit des Kanals ab. Bei tiefen Frequenzen wird mehr gedämpft als bei hohen, entsprechend umgekehrt ist die Dämmung. Rechteckkanäle haben daher höhere Längsdämpfung als runde Kanäle. Die Dämmwirkung ist entsprechend umgekehrt: Rechteckkanäle strahlen mehr Geräusch an die Umgebung ab als runde Kanäle.

Die Schallpegelminderungen, die in Luftleitungen pro Meter Leitungslänge erreicht werden, sind in Tafel 3.3.6-5 tabelliert. Werden rechteckige Luftleitungen absorbierend ausgekleidet, so lassen sich dadurch die Schallpegelminderungen erhöhen. In Tafel 3.3.6-6 sind Pegelsenkungen für solche Luftleitungen angegeben.

Tafel 3.3.6-5 Pegelsenkung ΔL_w gerader Luftleitungen aus Stahlblech (Näherungswerte).

Abmessung	ΔL_W in [dB/m] bei den Oktavmittenfrequenzen in [Hz]				
	63	125	250	500	> 1000
rechteckige Stahlblechleitung (größte Seitenlänge)					
0,10 m < a ≤ 0,20 m	0,6	0,6	0,45	0,3	0,3
0,20 m < a ≤ 0,40 m	0,6	0,6	0,45	0,3	0,2
0,40 m < a ≤ 0,80 m	0,6	0,6	0,3	0,15	0,15
0,80 m < a ≤ 1,00 m	0,45	0,3	0,15	0,1	0,05
runde Leitung					
0,10 m < d ≤ 0,20 m	0,1	0,1	0,15	0,15	0,3
0,20 m < d ≤ 0,40 m	0,05	0,1	0,1	0,15	0,2
0,40 m < d ≤ 0,80 m	–	0,05	0,05	0,1	0,15
0,80 m < d ≤ 1,00 m	–	–	–	0,05	0,05

Tafel 3.3.6-6 Pegelsenkung ΔL_w absorbierend ausgekleideter rechteckiger gerader Luftleitungen aus Stahlblech (Näherungswerte).

Abmessungen der lichten Querschnitte	ΔL_W in [dB/m] bei den Oktavmittenfrequenzen in [Hz]					
	125	250	500	1000	2000	4000
0,15 m x 0,15 m	4,5	4	11	16,5	19	17,5
0,15 m x 0,30 m	3,5	3	8,5	16,5	18	15,5
0,30 m x 0,30 m	2,5	2	7	15,5	15	10
0,30 m x 0,60 m	1,5	1,5	6	15	10	7
0,60 m x 0,60 m	1	1,5	5	12	7	4,5
0,60 m x 0,90 m	1	2	3,5	8	4,5	3
0,60 m x 1,20 m	0,5	1,5	3,5	7,5	4	2,5
0,60 m x 1,80 m	0,5	1,5	4	7,5	4	2

-4.1.2 Kanalumlenkungen

Umlenkungen, wie Bögen und Kniestücke, bewirken eine frequenzabhängige Schalldämpfung. Die Schalleistungspegelminderung einer 90°-Umlenkung mit Rechteckquerschnitt ist auch abhängig von der Ausführung der Umlenkung. In Tafel 3.3.6-7 sind Pegelminderungen für 6 verschiedene Ausführungen von Umlenkungen mit Rechteckquerschnitten angegeben. In der letzten Zeile dieser Tabelle sind auch Werte für eine Umlenkung mit Kreisquerschnitt angegeben. Für die Berechnung der Pegelminderung mit Hilfe der Tafel 3.3.6-7 gilt die folgende Vorgehensweise:

1. Berechnung der Grenzfrequenz f_G im Kanal, unterhalb der sich im Kanal nur ebene Wellen ausbreiten können.

   rechteckige Luftleitung: $f_G = \frac{c}{2a} \approx \frac{170}{a}$

   runde Luftleitung: $f_G = 0{,}586 \cdot \frac{c}{d} \approx \frac{200}{d}$

   mit

   f_G Grenzfrequenz in Hz
   c Luftschallgeschwindigkeit in der Luftleitung in m/s
   a größte Seitenlänge der Luftleitung in m
   d innerer Rohrdurchmesser der Luftleitung in m

Tafel 3.3.6-7 Schalleistungspegelminderung ΔL_W verschiedener 90°-Umlenkungen mit Rechteck- und Kreisquerschnitt, bezogen auf die Seitenlänge 1250 mm und eine Grenzfrequenz im Oktavband von 125 Hz

	Schalleistungsminderung ΔL_W [dB]								
Oktavmittelfrequenz in Hz	31	63	125	250	500	1000	2000	4000	8000
90°-scharfkantig, ohne Auskleidung	0	3	7	6	3	3	3	3	3
90°-scharfkantig, ohne Auskleidung, mit einem Umlenkblech	0	1	6	6	1	1	1	1	2
90°-scharfkantig, mit Auskleidung*) vor und hinter der Umlenkung	0	3	10	10	14	18	18	18	18
90°-scharfkantig, mit Auskleidung*) vor und hinter der Umlenkung und einem Umlenkblech	0	1	9	10	14	14	14	14	14
90°-scharfkantig, mit Auskleidung*) vor bzw. hinter der Umlenkung	0	2	8	6	8	10	10	10	10
90°-gebogen mit Krümmungsradius ohne Auskleidung	0	1	2	3	3	3	3	3	3
90°-Umlenkung mit Kreisquerschnitt und Krümmungsradius r < 2D, ohne Auskleidung	0	1	2	3	3	3	3	3	3

*) Länge der Auskleidung mindestens zweimal Kanalbreite B; Dicke der Auskleidung 10% der Kanalbreite.

Liegt die Grenzfrequenz in der 125-Hz-Oktave, erübrigen sich die Schritte 2 und 3.

2. Ermittlung der Oktavmittenfrequenz, in deren zugehörigen Oktavband die Grenzfrequenz liegt. Die Grenzen der Oktavbänder sind wie folgt definiert (siehe auch Tafel 1.5.4-2):

$$f_u = \frac{f_m}{\sqrt{2}}; f_o = f_m \cdot \sqrt{2}$$

mit

f_m Oktavmittenfrequenz in Hz
f_u untere Grenze des Oktavbandes in Hz
f_o obere Grenze des Oktavbandes in Hz

Für Tafel 3.3.6-7 liegt die maßgebliche Oktavmittenfrequenz bei 125 Hz.

3. Verschiebung des Dämpfungsspektrums mit der maßgeblichen Oktavmittenfrequenz von 125 Hz, so daß es bei der Oktavmittenfrequenz liegt, die im 2. Schritt berechnet wurde.

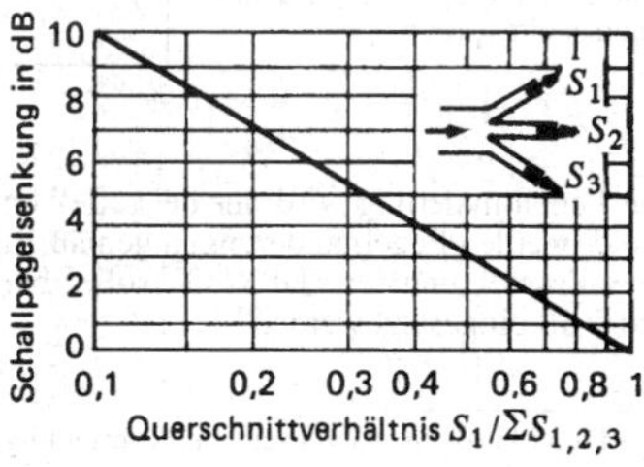

Bild 3.3.6-11. Schalleistungsabnahme ΔL_w bei Kanalverzweigungen.

-4.1.3 Kanalverzweigungen

Die durch *Kanalverzweigungen* erzeugte Schallpegelabnahme ΔL_w läßt sich aus dem Bild 3.3.6-11 entnehmen. Die Gleichung für die Verringerung des Schalleistungspegels lautet:

$$\Delta L_w = 10 \cdot \lg \frac{S_1}{\sum_{i=1}^{n} S_i}$$

S_1 = Fläche des Abzweigs

$\sum_{i=1}^{n} s_i$ = Summe der Flächen aller Abzweige

Die Dämpfung ist frequenzunabhängig.

Ist die Verzweigung mit einer Umlenkung verbunden, kann die Dämpfung D_1 nach vorangegangenen Abschnitt 3.3.6-4.1.2 addiert werden.

-4.1.4 Querschnittssprünge

bewirken eine Schalleistungspegelminderung. Diese kann Bild 3.3.6-12 entnommen werden. Die in diesem Bild angegebene Frequenz f_{G1} ist die Grenzfrequenz f_G nach Abschnitt 3.3.6-4.1.2, wobei diese auf den Querschnitt S_1 bezogen ist. Handelt es sich nicht um einen plötzlichen sondern um einen stetigen Querschnittssprung, wie z.B. ein im Verhältnis zur Wellenlänge langes konisches Zwischenstück, so ist die Pegelminderung vernachlässigbar klein.

$r = \frac{S_1}{S_2}$	Querschnitts-änderung	Frequenz f Hz	ΔL_{Wi} dB
Plötzliche Erweiterung r < 1	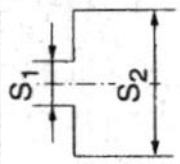	$f \le f_{G1}$	$10 \lg \frac{(r+1)^2}{4r}$
		$f > f_{G1}$	≈ 0
Plötzliche Verengung r > 1	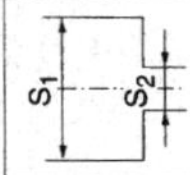	Kein Einfluß	$10 \lg \frac{(r+1)^2}{4r}$

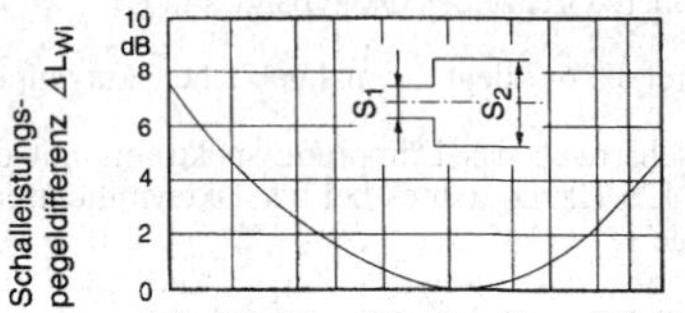

Bild 3.3.6-12. Schalleistungspegelminderung bei einem Querschnittssprung

Die Pegelminderung wird nur bei reflexionsarm abgeschlossenen Luftleitungen erreicht. Daher werden Pegelminderungen gemäß Bild 3.3.6-12 in der Praxis selten erreicht. Nach einer Empfehlung der VDI 3733[1)] sollen bei einer Berechnung nur Minderungen bis maximal 5 dB eingesetzt werden.

[1)] VDI 3733 (07/96) Geräusche bei Rohrleitungen.

-4.1.5 Luftdurchlässe

bewirken oft eine sehr wesentliche Schalleistungsverringerung ΔL_w. Diese Wirkung ist darauf zurückzuführen, daß die Luftauslässe meist kleine Abmessungen im Verhältnis zur Wellenlänge des Schalles haben, so daß ein Teil des Schalles in den Kanal zurückreflektiert wird *(Mündungsreflexion)*.

Die Schalleistungspegeldifferenz ist abhängig vom Produkt aus Frequenz und der Wurzel aus der Auslaßfläche, ferner auch von der Lage des Auslasses im Raum (Richtungsfaktor Q). Zahlenwerte siehe Bild 3.3.6-13.

Bereits Holbl[1] hatte herausgefunden, daß die Mündungsreflexion neben der Öffnungsfläche und der Lage der Öffnung im Raum auch von dem Höhen-Längen-Verhältnis m der Öffnung abhängig ist. So sind im Bild 3.3.6-13 für jede Lage der Öffnung im Raum jeweils ein Bereich der Mündungsreflexion eingezeichnet, der durch die Kurven für m = 1 (durchgezogene Linie) und m = 30 (gestrichelte Linie) begrenzt wird. Anstelle die Mündungsreflexion aus dem Diagramm abzulesen, kann sie auch nach der folgenden Gleichung berechnet werden:

$$\Delta L_w = 10 \cdot \lg\left[1 + \left(\frac{c}{4 \cdot \pi \cdot f}\right)^2 \cdot \frac{\Omega}{S}\right] + m \cdot [0{,}04283 \cdot lg\,(f \cdot S^{0,5}) - (0{,}0303\,])\ \text{mit}$$

ΔL_W = Pegelsenkung in dB
c = Luftschallgeschwindigkeit in m/s (c Ó 340 m/s)
f = Oktavfrequenz in Hz
Ω = Raumwinkel; Lage der Leitungsmündung:
im Raum: $\Omega = 4\pi$; in Wand: $\Omega = 2\pi$; an Kante: $\Omega = \pi$; in Ecke: $\Omega = 0{,}5\pi$
S = Fläche der Leitungsmündung in m^2
m = Höhen-Längen-Verhältnis der Leitungsmündung

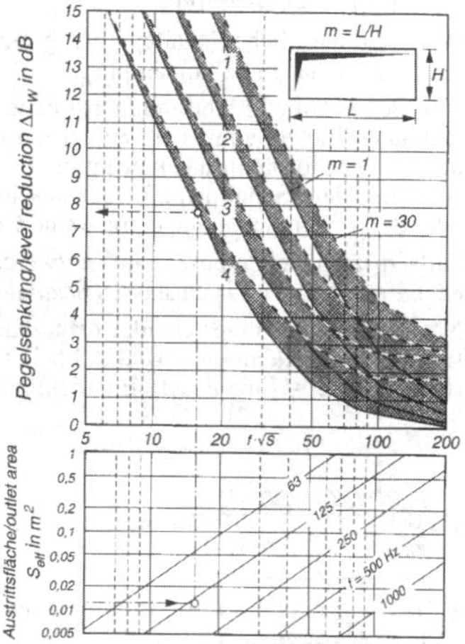

Bild 3.3.6-13. Pegelsenkung ΔL_w infolge Reflexion am offenen Leitungsende (Mündungsreflexion).

Bereich 1: Leitungsende im Raum;
Bereich 2: Leitungsende in Wand;
Bereich 3: Leitungsende an Kante;
Bereich 4: Leitungsende in Ecke (VDI 2081)

-4.1.6 Sonstige Schallpegelabnahmen

Die Größe der Eigendämpfung sonstiger Glieder zwischen Ventilator und Raum ist sehr unterschiedlich und sollte jeweils experimentell ermittelt werden. Jedes Glied hat jedoch immer einen gewissen typischen Verlauf des Geräuschspektrums. Z. B. ist bei der Mündungsreflexion die Dämpfung bei tiefen Frequenzen am größten, bei Krümmern und Entspannungskästen dagegen bei hohen Frequenzen. Einige weitere Beispiele siehe Bild 3.3.6-14[2].

---

[1]) Holbl, J. F.; Kampf dem Lärm 1979, S. 74-80.
[2]) Finkelstein, W.: Klima-Techn. 5/76. 5 S.

Schallpegelabnahmen etwa zwischen 125 und 500 Hz:

Erhitzer, Kühler je nach Zahl der Rohrreihen	2…3 dB
Düsenbefeuchter (Luftwäscher)	2…3 dB
Umlauffilter	3…5 dB
Wetterschutzgitter	3 dB

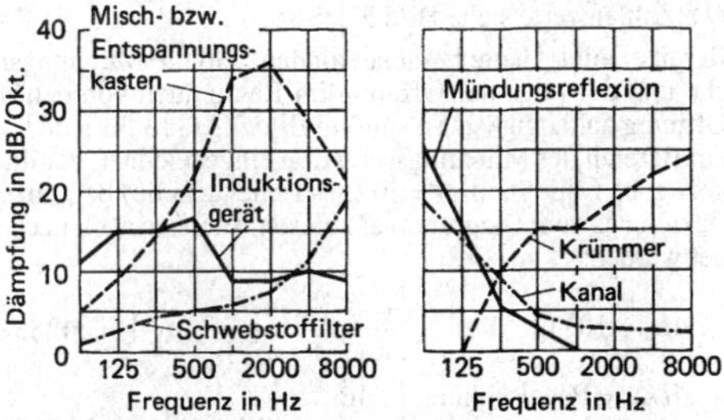

Bild 3.3.6-14. Typische Eigendämpfung verschiedener Bauelemente.

-4.2 Künstliche Schalldämpfung[1) 2)]

-4.2.1 Allgemeines

Wenn die natürliche Schalldämpfung nicht ausreicht, sind künstlich Maßnahmen zu treffen. Hierzu dienen Schalldämpfer.

Alle Schalldämpfer sind möglichst nahe hinter dem Ventilator anzubringen. Bei der Berechnung sind vor allem die Frequenzen 125 und 250 Hz von Bedeutung. Bei höheren Frequenzen ist die Dämpfung meist größer als nötig. Bei hohem Schallpegel in der Umgebung ist hinter dem Schalldämpfer der anschließende Kanal schalldämmend mit Gipsmantel oder dergl. zu ummanteln, damit keine Geräusche eingestrahlt werden.

Falls zusätzliche Geräusche in Verzweigungen, Umlenkungen usw. entstehen, sind gegebenenfalls vor den Luftauslässen *Sekundär-Schalldämpfer* anzubringen.

Nach der Bauart unterscheidet man zwischen Absorptionsschalldämpfern, Drossel- und Reflexionsschalldämpfer (Bild 3.3.6-15) sowie Resonanz- und Relaxationsschalldämpfer (Bild 3.3.6-21). Eine neuere Entwicklung sind sog. aktive Schalldämpfer (Bild 3.3.6-26).

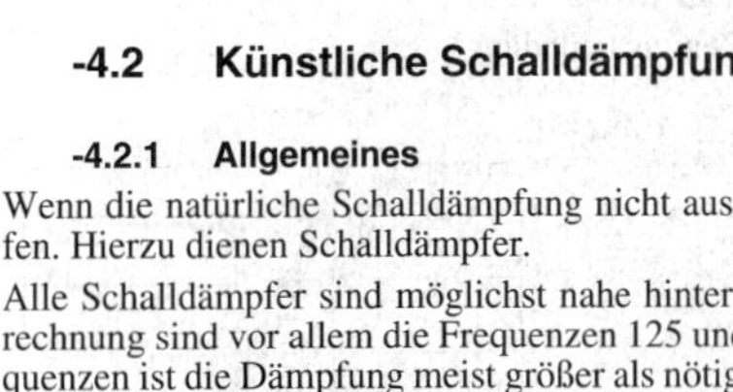

Bild 3.3.6-15. Aufbau von Schalldämpfern.
a) Strömungskanal
b) Außenmantel
c) Lochblechabdeckung
d) Schallschluckstoff
e) poröser Stoff
f) Querschnittssprung
g) Reihenresonator
h) Abzweigresonator

1) Neubearbeitung erfolgte von Prof. Dr.-Ing. Karl-Josef Albers, Esslingen, für die 69. Auflage.
2) Finkelstein, W.: HLH 1972. S. 226/8.
Brockmeyer, H.; Finkelstein, W.; Kopp, H.; HLH 1972. S. 234/7.
Mechel, F.P.; Schalldämpfer; Kapitel 20 in: Heckl, M.; Müller, H.A.; Taschenbuch der Technischen Akustik; 2. Auflage, Berlin, Springer-Verlag 1994.
Frommhold, W.; Absorptionsschalldämpfer; Kapitel 9 in: Schirmer, W.: Technischer Lärmschutz; Düsseldorf, VDI-Verlag 1996.
VDI 2081 (07.01): Geräuscherzeugung und Lärmminderung in Raumlufttechnischen Anlagen.
DIN EN ISO 14163 (05.99): Akustik – Leitlinien für den Schallschutz durch Schalldämpfer

Reflexionsschalldämpfer arbeiten mit Rückwurf des Schalls zur Schallquelle. Sie spielen in der Raumlufttechnik keine Rolle, so daß nicht näher auf sie eingegangen wird. Sie werden vielmehr bei Verbrennungsmaschinen eingesetzt. Die in der Raumlufttechnik am häufigsten vorkommende Bauform von Schalldämpfern sind Kulissenschalldämpfer. Bild 3.3.6-17 zeigt einen Absorptionsschalldämpfer in Form eines Kulissenschalldämpfers. Resonanzschalldämpfer werden ebenfalls als Kulissenschalldämpfer hergestellt.

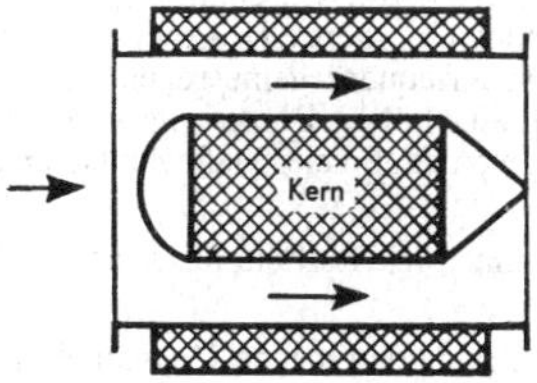

Bild 3.3.6-16. Absorptionsschalldämpfer mit Kern für runde Rohre.

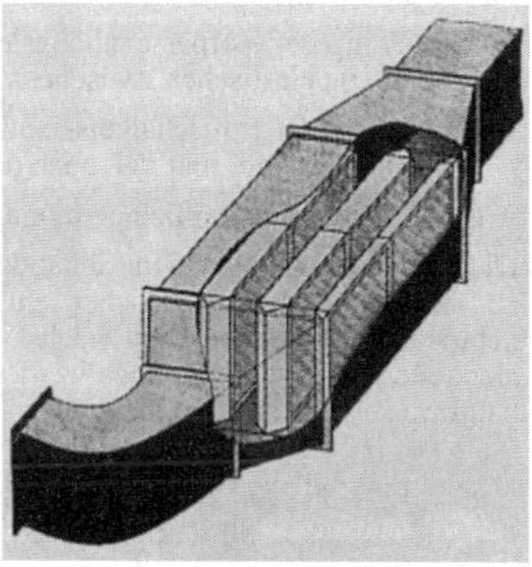

Bild 3.3.6-17. Absorptionsschalldämpfer für rechteckige Kanäle (Kulissenschalldämpfer).

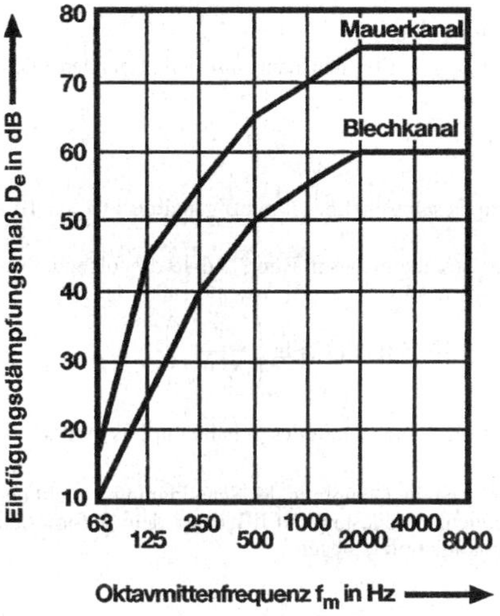

Bild 3.3.6-18. Grenzwerte für das mit einem zusammenhängenden Kulissenschalldämpfer im Mauer- oder Blechkanal erreichbare Einfügungsdämmaß nach Esche.*)

*) Esche, V.; Lüftungstechnische Anlagen und Schalldämpfer; Kapitel 6.7 in: Fasold, W.; Kraak, W.; Schirmer, W., Taschenbuch Akustik Teil 2; Berlin, Verlag Technik 1984.

Akustische Kenngrößen von Schalldämpfern sind die Schallpegelminderung sowie das im Schalldämpfer erzeugte Strömungsrauschen. Die durch die Schalldämpfer erreichte Schallpegelminderung kann durch das Einfügungsdämpfungsmaß oder durch das Durchgangsdämpfungsmaß angegeben werden. Das Einfügungsdämpfungsmaß ergibt sich aus der Messung an einem Kanal mit und ohne eingebauten Schalldämpfer, wobei bei der Messung ohne Schalldämpfer dieser durch ein schallhartes Kanalstück ersetzt werden muß. Prüfstandsmessungen zur Ermittlung des Einfügungsdämpfungsmaß von Schalldämpfern erfolgen nach DIN EN ISO 7235[1]. Die DIN EN ISO 7235 (Ersatz für DIN 45646) bildet auch die Grundlage für die Gütesicherung der Gütegemeinschaft Schalldämpfer e.V.[2]. Das weniger gebräuchliche Durchgangsdämpfungsmaß ergibt sich aus den Schallpegelmessungen vor und hinter dem Schalldämpfer, wobei die Meßwerte um eventuelle Reflexionen durch Querschnittssprünge zu korrigieren sind.

Die Einfügungsdämpfung von Schalldämpfern wird in raumlufttechnischen Anlagen durch unvermeidbare Schallnebenwege, sowie gelegentlich durch Schalleinstrahlung in die Luftleitung begrenzt. Grenzwerte für das Einfügungsdämmaß von Kulissenschalldämpfern in Luftleitungen sind in Bild 3.3.6-18 angegeben. Die Schalldämpferhersteller geben in ihren Prospekten auch meistens nicht die im Prüfkanal je Oktavfrequenz gemessenen Dämpfungswerte an, sondern begrenzen diese auf 45 bis 50 dB. Sind höhere Dämpfungswerte erforderlich, so müssen zusätzliche Maßnahmen getroffen werden. Solche Maßnahmen sind im wesentlichen:

- Minderung der Körperschallängsleitung durch Entdröhnen der Luftleitungswände und Einbau von elastischen Zwischenstücken.
- Minderung der Luftschallaus- und einstrahlung durch schalldämmende Ummantelung der Schalldämpfer und ggf. auch der angeschlossenen Luftleitungen.
- Anordnung von räumlich getrennten Teilschalldämpfern.

Die Luftgeschwindigkeit im Schalldämpfer darf nicht so groß gewählt sein, da sonst ein zusätzliches Strömungsrauschen entsteht, das durch Turbulenzen entsteht und mit zunehmender Geschwindigkeit wächst. Das Strömungsgeräusch im Schalldämpfer muß den Herstellerangaben entnommen werden und kann aber auch für Schalldämpfer in Kulissenbauform sowie Rohrschalldämpfer näherungsweise wie folgt berechnet werden:

$$L_W = 7 + 50 \cdot lg\left(v \cdot \frac{S}{S_i}\right) + 10 \cdot lg S$$

L_W = Gesamt-Schalleistungspegel in dB
v = Anströmgeschwindigkeit bezogen auf den Anströmquerschnitt S in m/s
S = Anströmquerschnitt in m^2
S_i = freier Querschnitt im Schalldämpfer in m^2

Der lineare Oktav-Schalleistungspegel $L_{W,Okt}$ ergibt sich dann aus der folgenden Gleichung:

$$L_{W,Okt} = L_w + \Delta L_w \text{ dB} \qquad \text{mit}$$

ΔL_w = Differenz Oktavschallpegel zu Gesamtschallpegel in dB gemäß Bild 3.3.6-19

Frommhold[3] gibt für die Mittelwerte des Streubereiches in Bild 3.3.6-19 die folgende Näherungsgleichung an:

$$\Delta L_w = -4{,}08 + C \cdot [1{,}09 + C \cdot (-9{,}58 + 1{,}42 \cdot C)] \text{ mit } C = \lg\left(\frac{f}{5 \cdot v_m}\right)$$

f = Oktavmittenfrequenz in Hz
v_m = Strömungsgeschwindigkeit im freien Querschnitt des Schalldämpfers in m/s

Damit das Schalldämpfer-Strömungsgeräusch die Dämpfung des Schalldämpfers nicht beeinträchtigt, muß es in jeder Oktavfrequenz mindestens 10 dB unter dem geforderten Schalleistungspegel am Ausgang des Schalldämpfers liegen.

---

[1]) DIN EN ISO 7235 (09.95): Akustik – Messungen an Schalldämpfern in Kanälen – Einfügungsdämpfungsmaß, Strömungsgeräusch und Gesamtdruckverlust.

[2]) Kulissenschalldämpfer für raumlufttechnische Anlagen; Gütesicherung RAL – GZ 595; RAL, Deutsches Institut für Gütesicherung und Kennzeichnung e.V., Sankt Augustin 1988.

[3]) Frommhold, W.; Absorptionsschalldämpfer; Kapitel 9 in: Schirmer, W.: Technischer Lärmschutz; Düsseldorf, VDI-Verlag 1996.

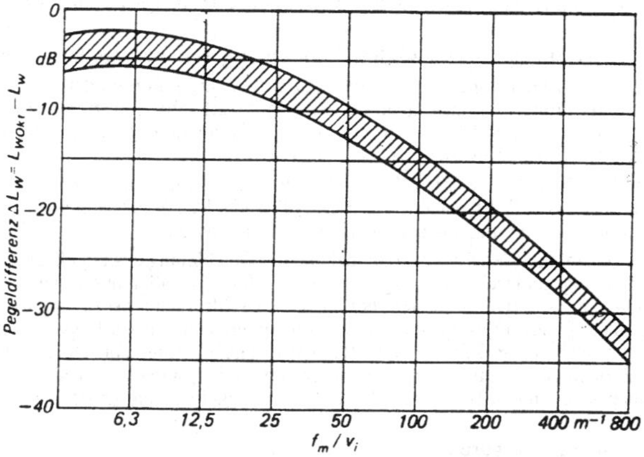

Bild 3.3.6-19. Relatives Frequenzspektrum des Schalldämpfer-Strömungsgeräusches.

Neben den akustischen Kenngrößen ist bei der Dimensionierung von Schalldämpfern auch der Druckverlust zu berücksichtigen. Der Druckverlust berechnet sich zu

$$\Delta p_t = \frac{\rho}{2} \cdot v_i^2 \, \lambda \cdot \frac{l}{d_h}$$

Δp_t = Gesamtdruckverlust in *Pa*
v_i = Strömungsgeschwindigkeit der Luft im freien Querschnitt des Schalldämpfers in m/s
ζ = Widerstandsbeiwert der Querschnittssprünge am Ein- und Austritt
λ = Reibungszahl der Schalldämpferwände
l = Länge des Schalldämpfers in m
d_h = hydraulischer Durchmesser in m
ρ = Dichte in kg/m³

Um die Reibungszahl der Schalldämpferwände nach den Widerstandsgesetzen der Strömungsmechanik berechnen zu können, muß deren Rauhigkeit bekannt sein. Liegen hierüber keine Angaben vor, so kann bei üblichen Kulissenbauarten mit $\lambda \approx 0{,}035$ als Anhaltswert gerechnet werden.

Der Widerstandsbeiwert der Querschnittssprünge am Ein- und Austritt läßt sich nach DIN EN 14163 wie folgt berechnen:

$$\zeta_S = (d/s)^2 \, [0{,}5 \, \zeta_1 \, (s/d + 1) + \zeta_2]$$

ζ_S = Widerstandsbeiwert der Querschnittssprünge am Ein- und Austritt
d = Kulissendicke
s = Spaltweite
ζ_1 = Formfaktor der Anströmseite, für Rechteckkulissen $\zeta_1 = 1$, für Kulissen mit halbkreisförmigen Anströmprofilen $\zeta_1 \approx 0{,}1$
ζ_2 = Formfaktor der Abströmseite, für Rechteckkulissen $\zeta_2 = 1$, für Kulissen mit halbkreisförmigen Abströmprofilen $\zeta_2 \approx 0{,}7$

Da ζ_S auf die Anströmgeschwindigkeit und nicht auf die Strömungsgeschwindigkeit im freien Querschnitt des Schalldämpfers bezogen ist, muß, um den Gesamtdruckverlust nach der o. g. Gleichung berechnen zu können, ζ_S wie folgt in ζ umgerechnet werden:

$$\zeta = \zeta_S \, (v/v_i)^2$$

v_i = Strömungsgeschwindigkeit der Luft im freien Querschnitt des Schalldämpfers in m/s

v = Strömungsgeschwindigkeit der Luft im Anströmquerschnitt in m/s

Aus dieser Gleichung wird deutlich, daß mit Anströmprofilen der Druckverlust im Querschnittssprung am Eintritt in den Schalldämpfer erheblich reduziert werden kann. Dagegen führen Abströmprofile nur zu einer mäßigen Reduzierung des Druckverlustes im Querschnittssprung am Austritt.

In der VDI 2081[1)] werden für die Berechnung des Strömungsgeräusches und des Druckverlustes von Kulissen- und Rohrschalldämpfer Regressionsgleichungen angegeben, die auf der Auswertung von zahlreichen Meßwerten basieren.

Insgesamt muß beachtet werden, daß bei der Berechnung des Druckverlustes wie auch des Strömungsgeräusches vorausgesetzt wird, daß der Schalldämpfer gleichmäßig angeströmt wird. In Extremfällen können bei einer sehr schlechten Anströmung des Schalldämpfers sich der Druckverlust gegenüber der Berechnung mehr als verdoppeln und das Strömungsgeräusch kann um 9 dB über dem Rechenwert liegen. Eine sehr schlechte Anströmung liegt u.a. dann vor, wenn der Schalldämpfer unmittelbar hinter einem Knie- oder einem Übergangsstück mit einem sehr großen Öffnungswinkel angeordnet ist.

-4.2.2 Absorptionsschalldämpfer,

fertig zusammengebaut, sind die am häufigsten verwendeten Mittel zur Schalldämpfung in lufttechnischen Anlagen. Sie werden von mehreren Herstellern in verschiedenen Bauarten angeboten. Sie bestehen im allgemeinen aus einem Gehäuse aus Stahlblech mit im Innern eingebauten Absorptionswänden (Kulissen) aus porösen Stoffen, insbesondere Glas- oder Mineralwolle, die die Schallenergie durch Absorption verringern. Beispiel Bild 3.3.6-16 und Bild 3.3.6-17.

Von wesentlicher Bedeutung ist die *Dicke der Kulissen* und der Zwischenraum für den Durchgang der Luft. Die Absorption steigt mit der Frequenz und mit der Dicke der Kulissen (bis $\lambda/4$). Die Spaltweite s zwischen den Kulissen muß kleiner sein als die Wellenlänge des zu absorbierenden Schalls, sonst laufen die Schallwellen ungedämpft durch den Schalldämpfer.

Das *Dämpfungsmaß D* eines Absorptionsschalldämpfers ist:

$$D = 1,5\alpha \frac{U}{S} = 1,5\alpha \frac{2}{s} \quad \text{in dB/m}$$

α = Schallschluckgrad des Schluckstoffes (s. Tafel 3.3.6-8)
U = schallabsorbierender Umfang in m
S = freier Querschnitt in m^2
s = Spaltweite bei Kulissenschalldämpfer in m

Die Gleichung zeigt, daß die Dämpfung groß wird, wenn im freien Querschnitt A ein möglichst großer Umfang von Schallschluckstoff untergebracht wird, was durch *Kulissendämpfer* verwirklicht wird. Für die Dämpfung tiefer Frequenzen müssen die Kulissen dick sein, für die der hohen Frequenzen muß die Spaltweite s klein sein. Übliche Werte für s =

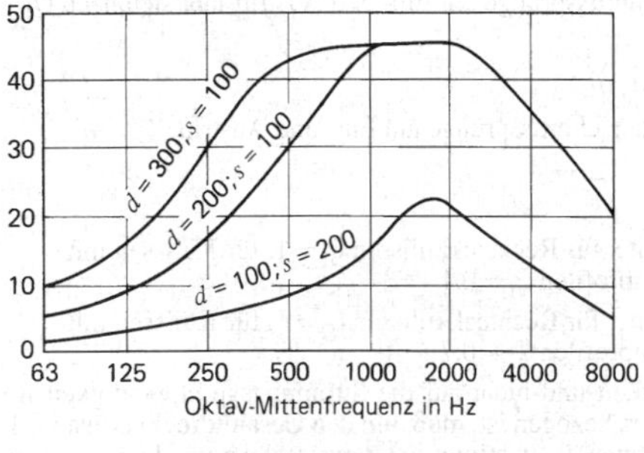

Bild 3.3.6-20. Typische Frequenzkurven von Absorptionsschalldämpfern mit verschieden dicken Kulissen.

1) VDI 2081 (07.01): Geräuscherzeugung und Lärmminderung in Raumlufttechnischen Anlagen.

100 ... 200 mm. Die Schalldämpfung ist der Dämpferlänge annähernd proportional und umgekehrt proportional zum Kulissenabstand *s*.

Erreichbare Dämpfungswerte bei 250 Hz je nach Spaltbreite etwa 10 ... 20 dB/m. Die Schalldämpfung bei den verschiedenen Oktavfrequenzen kann aus Schalldämpferkurven abgelesen werden (Bild 3.3.6-20).

Abriebfestigkeit wird durch Abdeckung der Kulissenoberfläche mittels Lochbleche, Glasvliese oder dergl. erreicht. Der Schallschluckstoff soll nicht brennbar und nicht hygroskopisch sein, geruchlos, genügend stabil und glatt sein und außerdem einen hohen Absorptionsfaktor besitzen. Am meisten verwendet werden gegenwärtig Schichten von Glas- oder Mineralwolle, wobei die Oberflächen durch Gewebe, gelochte Bleche, Folien oder dergl. abgedeckt sind.

Tafel 3.3.6-8 Schallschluckgrade α verschiedener Materialien*)

Stoff	Frequenz	
	250 Hz	1000 Hz
Kalkputz	0,03	0,04
Glättputz auf Mauerwerk	0,02	0,03
Marmor, Blech, Klinker	0,01	0,02
Holz	0,03	0,04
Beton, Rabitz	0,10	0,05
Asbestputz, 1,2 cm dick	0,30	–
Glasfaserputz, 1 cm dick	0,15	–
Holzwolleplatte, 2,5 cm dick	0,25	0,50
5,0 cm dick	0,35	0,75
2,5 cm dick mit 3 cm Wandabstand	0,30	0,75
2,5 cm dick mit 3 cm Mineralwolle auf harter Wand	0,80	0,80
Holzfaserdämmplatte, gelocht oder geschlitzt, 1,3 cm dick	0,20	0,40
1,3 cm dick mit 5 cm Wandabstand	0,30	0,40
Mineralfaserplatte, 1,0 cm dick	0,15	0,50
2,0 cm dick	0,20	0,70
3,0 cm dick	0,40	0,80
5,0 cm dick	0,60	0,90
Mineralfaserplatten, 2,5 cm mit Wandabstand	0,40	0,80
5,0 cm mit Wandabstand	0,65	0,95
Mineralfaserplatten, 2 cm dick, vor 3 cm Luftraum abgedeckt mit gelochten Platten, Lochflächenanteil 10%	0,40	0,80
20%	0,50	0,90
Holzpaneel, 5 cm, direkt auf Wand	0,07	0,05
Sperrholz, 8 mm, auf 5 cm dicken Riegeln	0,22	0,09
Weicher Teppich, 1 cm, auf Beton	0,08	0,26
Gardinen, schwer, 9 cm Wandabstand	0,10	0,63
Fensterglas	0,30	0,17

*) Weitere Angaben in der Schallabsorptionsgrad-Tabelle des „Deutschen Normenausschuß", Berlin, Beuth-Vertrieb. 1968.

-4.2.3 Telefonieschalldämpfer[1)]

Bei Lüftungskanälen, an die viele nebeneinander liegende Räume angeschlossen sind, besteht häufig die Gefahr, daß Luft- und Körperschall durch die Kanäle übertragen werden. Das Schalldämmaß der Wände zwischen den Räumen oder der Decken wird dadurch unter Umständen stark verringert.

[1)] Sälzer, E.: Ges.-Ing. 3/84. S. 148/52.

Zur Vermeidung dieser Schallnebenwegübertragung werden in die Abzweige der Luftleitungen jeweils sog. Telefonieschalldämpfer eingebaut. Sie sind in ihrer Bauart eine besondere Form von Absorptionsschalldämpfern. Entsprechend ihrem Namen werden sie hauptsächlich zur Dämpfung von Schallpegeln in dem Frequenzbereich 500 bis 2000 Hz eingesetzt. Sie werden meistens als biegsame Rohrschalldämpfer (Bild 3.3.6-23) ausgeführt. Bei Platzproblemen stehen sie auch in rechteckiger Bauform zur Verfügung (Bild 3.3.6-24).

-4.2.4 Resonanz- und Relaxationsschalldämpfer

Resonanzschalldämpfer sind dadurch gekennzeichnet, daß Membranen vor einem Hohlraum (Plattenresonatoren) oder Luftpfropfen (Loch- bzw. Helmholtzresonator) durch Mitschwingen Schallenergie in Wärmeenergie umwandeln (Bild 3.3.6-21). Sie sind besonders für die Dämpfung bei tiefen Frequenzen geeignet, haben aber eine schmalbandige Wirkung.

Eine für die Lufttechnik brauchbare Bandbreite läßt sich dadurch erreichen, daß mehrere, auf unterschiedliche Frequenzen abgestimmte Helmholtzresonatoren zu einer Schalldämpferkulisse zusammengefaßt werden[1]. Wird eine solche in der 63 Hz und 125 Hz Oktave breitbandig wirkende Resonatorkulisse mit einer Absorptionskulisse kombiniert, so läßt sich ein über das gesamte Frequenzband hochwirksamer Schalldämpfer[2] realisieren (Bild 3.3.6-22). Ein weiterer breitbandig wirkender Resonatorschalldämpfer ist der Membran-Absorber[3]. Er besteht aus einer Kombination von Helmholtz- und Plattenresonator und wird ebenfalls in Form von Schalldämpferkulissen gebaut.

Relaxationsschalldämpfer enthalten luftdurchlässige Absorptionsschichten mit zusätzlichen Hohlräumen, die senkrecht zur Schallrichtung durch Zwischenwände in Kammern unterteilt sind. Zusammenbau beliebig großer Schalldämpfer aus einzelnen Kulissen (Bild 3.3.6-21).

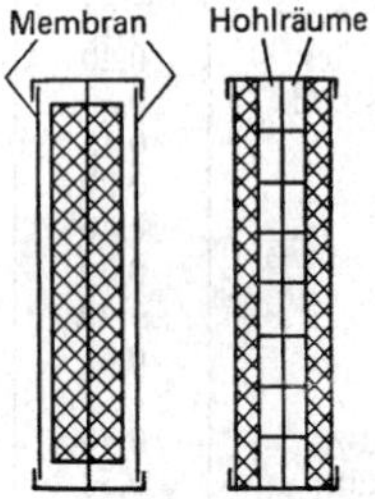

Bild 3.3.6-21.
Links Resonanzschalldämpfer, rechts Relaxationsschalldämpfer.

-4.2.5 Aktive Schalldämpfer

Aktive Schalldämpfer arbeiten nach dem Prinzip der Interferenz. Durch die Erzeugung einer gegenphasigen Schallwelle wird der eigentliche Störschall, auch Primärschall genannt, teilweise oder vollständig ausgelöscht[4][5]. Neben sog. Feedback-Systemen[6] kommen be-

[1]) Schmidt, L.; Resonatorkulissen für heiße und staubbeladene Gase; Freiberger Forschungsheft A737, S. 101-118, Leipzig, Verlag für Grundstoffindustrie 1987.

[2]) Albers K.-J.; Besonderheiten der Raumlufttechnischen Anlage des Plenarsaals im umgebauten Reichstag Berlin; Deutsche Kälte-Klima-Tagung 1999 Berlin, Tagungsband IV; und: Spezial-RLT-Anlagen für den neuen Plenarsaal; CCI 3/2000.

[3]) Fuchs, H.V., u.a.; HLH 10/88, S. 475/7; und: XII. Int. Kongr. TGA, Berlin 10/88, S. 103/5.

[4]) Scheuren, J.; Aktive Lärmminderung (Antischall); Kapitel 24 in: Heckl, M.; Müller, H.A.; Taschenbuch der Technischen Akustik; 2. Auflage, Berlin, Springer-Verlag 1994.

[5]) Tokhi, M.O.; Leitch, R.R.; Active Noise Control; Oxford Engineering Science Series Nr. 29; Oxford, Oxford University Press.

[6]) Auspitzer, Th.; Guicking D.; Elliot S.J.; Einsatz eines adaptiven Feedback-Reglers zur Schallfeldkompensation in einem Kanal; Tagungsunterlagen zur DAGA 96, 22. Deutsche Jahrestagung für Akustik 1996 in Bonn.

Bild 3.3.6-22. Kombinierter Resonator-/Absorberschalldämpfer der Abluftanlage Plenarsaal des Reichstagsgebäude mit hohen Einfügungsdämpfungen über das gesamte Frequenzspektrum. (Werksbild LBF Industrietechnik GmbH)

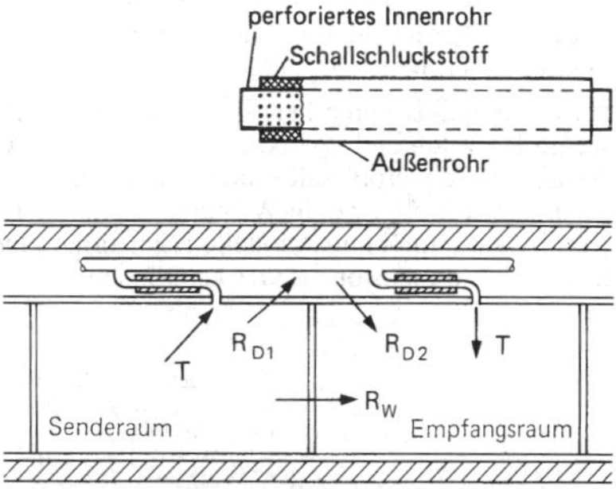

Bild 3.3.6-23. Telefonie-Schalldämpfer.
Rechts: Aufbau
Unten: Einbaubeispiel
R_W Übertragung durch Wand
R_D Übertragung durch Decken
T Telefonie-Übertragung durch Luftkanal

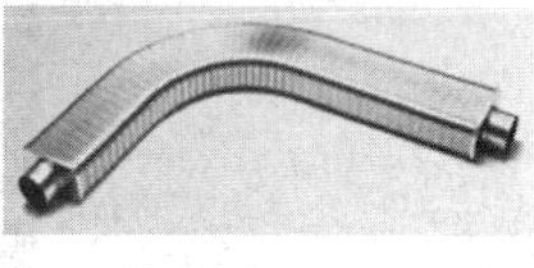

Bild 3.3.6-24. Flexibler Rohrschalldämpfer in platzsparender Rechteckform, vorzugsweise in abgehängten Decken (Quadrosilent, Westaflex).

sonders in der Klimatechnik adaptive Feed-Forward-Systeme mit Ein- oder Mehrlautsprecheranordnungen[1] [2] zum Einsatz.

Das Funktionsprinzip eines Feed-Forward-Systems ist in Bild 3.3.6-25 dargestellt. Ein sog. Primär- oder Referenzmikrofon mißt den Primärschall. Ein Steuergerät, im allgemeinen bestehend aus analoger und digitaler Signalverarbeitungselektronik, erzeugt über einen entsprechenden Algorithmus das gegenphasige Signal, welches über einen Schallerzeuger (z.B. Lautsprecher) in den Kanal abgestrahlt wird. Aufgrund der Gegenphasigkeit kommt es zur Kompensation des Störschalls. Ein zweites, sogenanntes Fehlermikrofon mißt den Restschall. Dieses Signal wird für die kontinuierliche Nachstellung und Optimierung der Parameter des Kompensationsalgorithmusses gebraucht (adaptiver Regler).

---

1) Schirmacher, P.; Maier, H.; Fastl, H., Scheuren, J.; Aktive Geräuschminderung an einem Lüftungskanal; Tagungsunterlagen zur DAGA 97 23. Deutsche Jahrestagung für Akustik 1997 in Kiel.

2) Produktinformation: Geräuschgedämpftes Klimazentralgerät; ABB Fläkt Produkte GmbH, Butzbach.

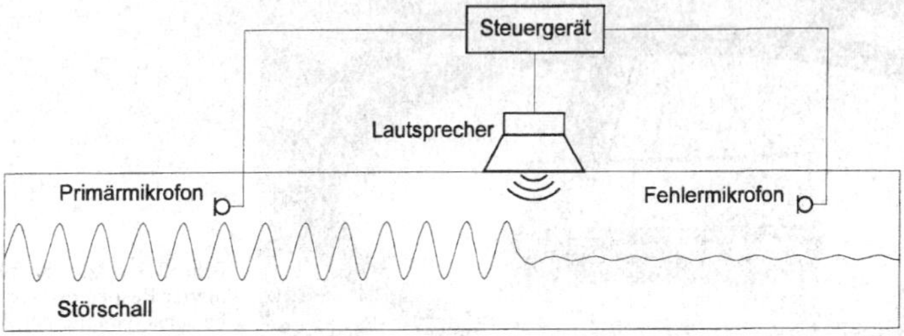

Bild 3.3.6-25. Funktionsprinzip aktiver Schalldämpfer (Feed-Forward-System).

Aktive Schalldämpfer sind besonders für tiefe Frequenzen geeignet. Die obere Frequenz, die gedämpft werden kann, ist abhängig von der Kanalgeometrie. Es gilt:

$$f_{cut} \approx 165/d$$

f_{cut} = höchste dämpfbare Frequenz in Hz
d = max. Ausdehnung des Kanalquerschnittes in m

In diesem Bereich arbeiten solche Systeme breitbandig, ihre Wirkung ist aber um so besser, je tonhaltiger der Störschall ist.

Aktive Schalldämpfer beanspruchen im Vergleich zu konventionellen Schalldämpfern wenig Bauraum und verursachen keine Druckverluste. Sie lassen sich auch in bestehende Anlagen relativ problemlos integrieren (Bild 3.3.6-26). Da aktive Schalldämpfer bei hohen Frequenzen ($> f_{cut}$) wenig Wirkung zeigen, werden sie in raumlufttechnischen Anlagen in Kombination mit konventionellen Schalldämpfern eingesetzt, wobei letztere dann wesentlich kleiner dimensioniert werden können.

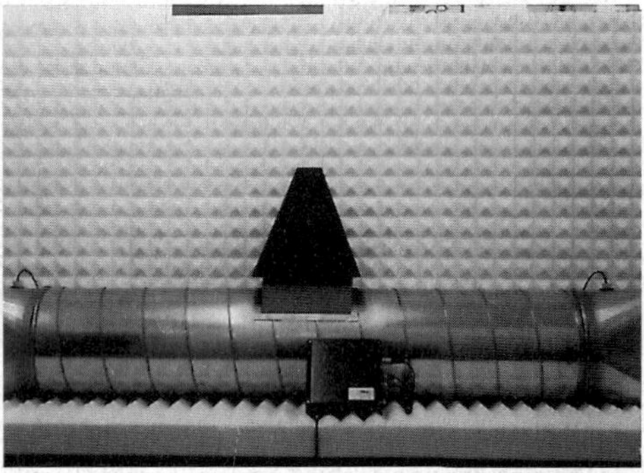

Bild 3.3.6-26. Installation eines aktiven Schalldämpfers (Feed-Forward-System) an einem Wickelfalzrohr (Werksfoto Fa. ABS GmbH).

-4.3 Schallpegel im Raum

Die bisherigen Angaben bezogen sich auf die Schalleistung des Ventilators und die Schalleistungspegelsenkungen, die auf natürliche oder künstliche Weise bis zu den Luftauslässen im Raum erreicht werden können. Abschließend muß noch die Schallausbreitung vom Luftdurchlaß bis zum Aufenthaltsbereich, der i.d.R. durch den nächstgelegenen Sitzplatz repräsentiert wird, beachtet werden. Der Raumtyp, der fast ausschließlich bei der Schallausbreitung in der Raumlufttechnik vorkommt, ist der sog. kubische Raum. Für die Schallausbreitung in diesem Raumtyp gilt:

$$L_p = L_W + 10 \cdot \lg\left(\frac{Q}{4 \cdot \pi \cdot r^2} + \frac{4}{A}\right)$$

L_W = Schalleistungspegel nach dem Luftdurchlaß in dB
L_p = Schalldruck am nächstgelegenen Sitzplatz in dB
Q = Richtungsfaktor
A = Absorptionsvermögen des Raumes in m² Sabine
r = Abstand des Sitzplatzes vom Luftdurchlaß in m

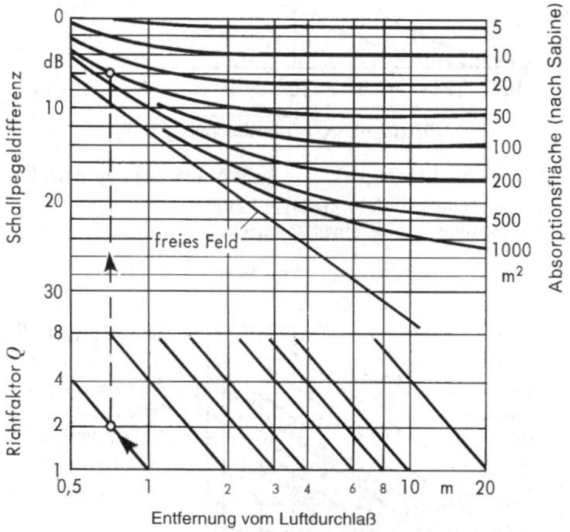

Bild 3.3.6-27. Differenz zwischen Schalleistungspegel und Schalldruckpegel im Raum.

Die Pegeldifferenz $L_W - L_p$ ist in Bild 3.3.6-27 dargestellt. L_p ist abhängig vom Absorptionsvermögen A (äquivalente Absorptionsfläche in m² Sabine)des Raumes, der Entfernung r des Kopfes vom Gitter und dem Winkelverhältnis Kopf zu Gitter. Der *Richtfaktor* ist das Verhältnis der Schallstärke in einer bestimmten Richtung zur Schallstärke an derselben Stelle bei einer kugelförmigen Schallquelle gleicher Leistung. Für den Kugelstrahler ist $Q = 1$.

Mit dieser Gleichung kann man jetzt also den Schalldruckpegel und damit die Lautstärke an jeder beliebigen Stelle des gelüfteten Raumes ermitteln. Bei großen Werten von r vereinfacht sich die Gleichung zu

$$L_p = L_W + 10 \lg\left(\frac{4}{A}\right)$$

oder mit der Nachhallzeit $T = 0{,}163 \cdot \frac{V}{A}$ zu

$$L_p = L_W + 14 - 10 \cdot \lg\left(\frac{V}{T}\right).$$

Das Absorptionsvermögen A verschiedener Räume ist sehr unterschiedlich und hängt außer von dem Absorptionsgrad α der Flächen auch von Größe, Benutzungsart des Raumes und anderen Faktoren ab. Mittlere Werte Bild 3.3.6-29 und Tafel 3.3.6-8.

Beispiel:

Bei 50 m² Absorptionsfläche (nach Sabine, s.a. Abschn. 1.5.5 und 1.5.9), Entfernung $r = 1$ m und Richtungsfaktor $Q = 2$ ist die Schallpegeldifferenz $L_W - L_p = 6$ dB, bei r = 10 m jedoch 11 dB. Derselbe Wert ungefähr im ganzen Raum (Nachhallfeld).

Werte des Richtungsfaktors Q siehe Bild 3.3.6-28. Er ist abhängig von Größe und Lage des Luftdurchlasses und Frequenz.

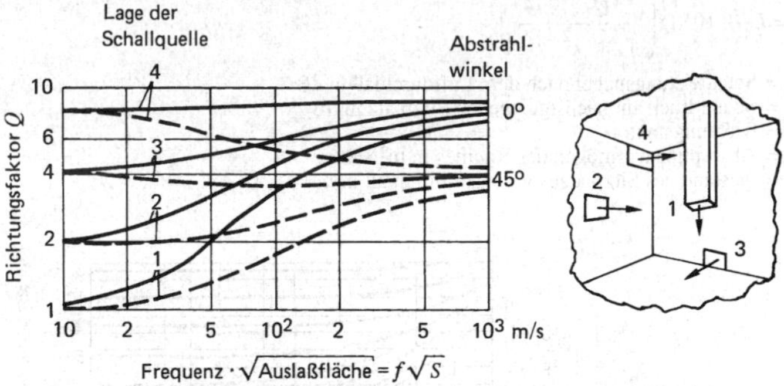

Bild 3.3.6-28. Richtungsfaktor Q für verschiedene Lagen der Schallquelle.
1 in Raummitte 3 in Mitte einer Raumkante
2 in Wandmitte 4 in einer Raumecke

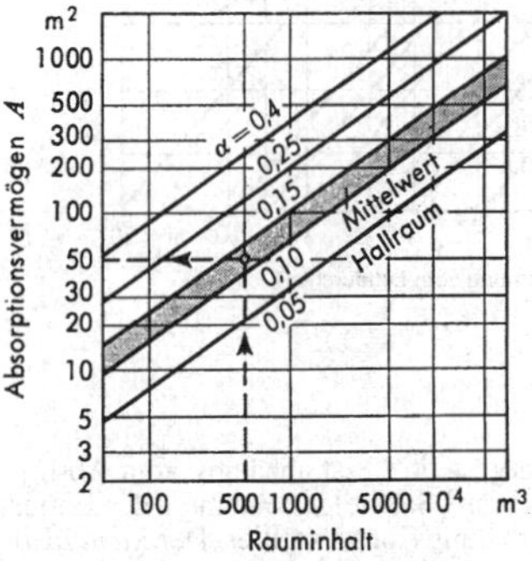

Rundfunkstudios	$\alpha = 0{,}30 \cdots 0{,}40$
Kaufhäuser	$\alpha = 0{,}15 \cdots 0{,}25$
Büroräume	$\alpha = 0{,}12 \cdots 0{,}15$
Theater	$\alpha = 0{,}10 \cdots 0{,}12$
Schulzimmer	$\alpha = 0{,}07 \cdots 0{,}10$
Kirchen	$\alpha = 0{,}03 \cdots 0{,}08$
Fabriken	$\alpha = 0{,}02 \cdots 0{,}06$

Bild 3.3.6-29. Absorptionsvermögen verschiedener Räume. Schraffierter Bereich = normale Aufenthaltsräume.

-4.4 Akustische Anlagenberechnung

Um zu ermitteln, ob in einem Raum der geforderte Schalldruckpegel eingehalten wird, oder ob zur Einhaltung dieses Wertes der Einbau von Schalldämpfern in das Luftleitungsnetz erforderlich ist, muß eine akustische Anlagenberechnung durchgeführt werden. Mit Hilfe dieser Berechnung werden auch die erforderlichen Schalldämpfer ausgelegt.

Bei dem für den Raum geforderten Schalldruckpegel ist zu beachten, daß sich dieser auf das Gesamtgeräusch bezieht. Deshalb ist es falsch, daß für die Berechnung der einzelnen Anlage dieser Wert als Sollwert verwendet wird. Jede RLT-Anlage besteht aus Zu- und Abluftanlage. Damit gibt es bezogen auf den Raum mindestens 2 Geräuschquellen. Sind keine weiteren Geräuschquellen zu beachten und dimensioniert man diese zwei Anlagen so, daß sie im Raum den gleichen Schalldruckpegel verursachen, ergibt sich für die Sollwerte der Zu- und Abluftanlage, daß sie 3 dB unter dem für den Raum geforderten Schalldruckpegel liegen müssen.

Die akustische Anlagenberechnung muß für alle 8 Oktav-Bänder zwischen 63 Hz und 8000 Hz durchgeführt werden. Diese Berechnung wird damit so umfangreich, daß sie sinnvollerweise nur mit EDV-Unterstützung durchgeführt wird. Als Hilfsmittel bietet sich dabei ein Tabellenkalkulationsprogramm an. Für die Berechnung mit Hilfe eines Tabellenkalkulationsprogramms eignet sich besonders gut die sog. Überlagerungsmethode. Diese Methode berücksichtigt beim Ventilator beginnend systematisch alle dämpfenden und geräuscherzeugenden Elemente der RLT-Anlage bis zum Raum. Die Vorgehensweise ist dabei die folgende:

- Vom Oktavschalleistungspegel der 1. Komponente (Pos. n), die in der Regel der Ventilator ist, wird die Dämpfung der folgenden Komponente abgezogen (Pos. n+1). Dieses ist das Restgeräusch an der Pos. n+1.
- Zum Restgeräusch an der Pos. n+1 wird logarithmisch das Strömungsgeräusch dieser Komponente addiert (überlagert). Dieses ergibt das Gesamtgeräusch (Oktavschalleistungspegel) am Ende der Pos. n+1.
- Vom Oktavschalleistungspegel am Ende der Pos. n+1 wird die Dämpfung der folgenden Komponente abgezogen (Pos. n+2). Dieses ist das Restgeräusch an der Pos. n+2.
- u.s.w., bis im letzten Schritt das Oktavraumdämpfungsmaß vom Oktavschalleistungspegel am Ende der letzten Komponente (dem Luftdurchlaß) abgezogen wird. Dieses ist dann der Oktavschalldruckpegel im Raum.

-4.5 Berechnungsbeispiel

In Bild 3.3.6-30 ist eine Zuluftanlage skizziert, die u. a. den dort dargestellten Raum lufttechnisch versorgt. Vom Raum und von der Lüftungsanlage sind neben den Angaben in der Skizze noch die folgenden Daten bekannt:

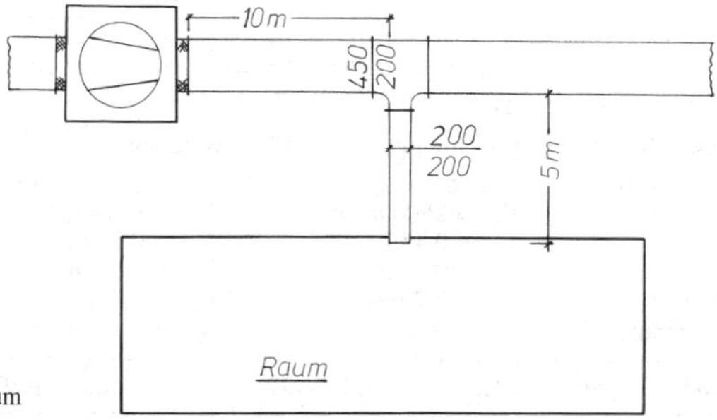

Bild 3.3.6-30.
Berechnungsbeispiel:
Zuluftanlage für einen Raum

- Kubischer Raum mit einem Raumvolumen von 95 m^3 und einer Nachhallzeit von 0,5 s
- Der Aufenthaltsbereich hat einen Abstand zum Deckengitter von 2 m.
- Gitter in der Mitte der Decke mit Abstrahlwinkel 45 °
- Maximal zulässiger, nur durch die Zuluftanlage verursachter Schalldruckpegel im Aufenthaltsbereich: 37 dB(A)
- Oktav-Schalleistungspegel des Ventilators lt. Herstellerangaben (siehe Tafel 3.3.6-9)

Für die akustische Anlagenberechnung müssen zunächst die Schalldämpfung und Geräuscherzeugung der einzelnen Anlagenelemente (Zwischenrechnungen) berechnet werden:

<u>*Gerader Hauptkanal*</u>

Zwischenrechnung Dämpfung gerader Kanal:

Oktavfrequenz	in Hz	63	125	250	500	1000	2000	4000	8000
L_W *)	in dB/m	0,6	0,6	0,3	0,15	0,15	0,15	0,15	0,15
ΔL **)	in dB	6,0	6,0	3,0	1,5	1,5	1,5	1,5	1,5

*) Werte aus Tafel 3.3.6-5; **) Länge des Kanals: 10 m

Zwischenrechnung Strömungsrauschen Kanal:

Eingabedaten V_h = 2500 m^3/h
a = 0,45 m
b = 0,2 m

Nebenrechnung: S = 0,090 m²
υ = 7,7 m/s

Oktavfrequenz	in Hz	63	125	250	500	1000	2000	4000	8000
L_W *)	in dB	40,9	40,9	40,9	40,9	40,9	40,9	40,9	40,9
ΔL **)	in dB	–5,0	–6,3	–8,6	–12,1	–16,9	–22,8	–29,6	–36,8
L_{WOkt}	in dB	35,9	34,6	32,4	28,9	24,0	18,1	11,3	4,1

*) gemäß Gleichung in Abschnitt 3.3.6-1.2; **) gemäß Gleichung in Bild 3.3.6-7

Verzweigung

Zwischenrechnung Dämpfung Verzweigung

Eingabedaten *Hauptleitung*: a = 0,45 m; b = 0,20 m — *abzweigende Leitung*: a = 0,20 m; b = 0,20 m

Nebenrechnung $S_h = S_2 = 0{,}090\ m^2$ — $S_a = S_1 = 0{,}040\ m^2$

Oktavfrequenz	in Hz	63	125	250	500	1000	2000	4000	8000
ΔL *)	in dB	5,1	5,1	5,1	5,1	5,1	5,1	5,1	5,1

*) gemäß Gleichung in Abschnitt 3.3.6-4.1.3;
Hinweis: Die so berechnete Schallpegelminderung ist negativ. Die Dämpfung ist der Betrag der Schallpegelminderung.

Zwischenrechnung Strömungsrauschen Verzweigung

Eingabedaten *Hauptleitung*: V_h = 2500 m³/h; a = 0,45 m; b = 0,20 m — *abzweigende Leitung*: V_a = 600 m³/h; a = 0,20 m; b = 0,20 m

Neben-Rechnung: υ_h = 7,7 m/s — υ_a = 4,2 m/s; $d_{a,g}$ = 0,23 m

Oktavfrequenz	in Hz	63	125	250	500	1000	2000	4000	8000
Δf_{Okt}	in Hz	45	88	177	354	707	1414	2828	5657
Str		3,4	6,8	13,5	27,1	54,2	108,3	216,6	433,3
L_W* ˣ)	in dB	12,7	6,5	–0,6	–8,4	–16,6	–25,3	–34,3	–43,8
L_{WOkt}	in dB	40,9	37,5	33,4	28,7	23,5	17,8	11,8	5,3

ˣ) gemäß Gleichung in Abschnitt 3.3.6-1.2.

Gerader Abzweig-Kanal

Zwischenrechnung Dämpfung gerader Kanal:

Oktavfrequenz	in Hz	63	125	250	500	1000	2000	4000	8000
L_W *)	in dB/m	0,6	0,6	0,45	0,3	0,3	0,3	0,3	0,3
ΔL **)	in dB	3,0	3,0	2,3	1,5	1,5	1,5	1,5	1,5

*) Werte aus Tafel 3.3.6-5; **) Länge des Kanals: 5 m

Zwischenrechnung Strömungsrauschen Kanal:

Eingabedaten V_a = 600 m³/h
a = 0,2 m
b = 0,2 m

Nebenrechnung: S = 0,040 m²
υ = 4,2 m/s

Oktavfrequenz	in Hz	63	125	250	500	1000	2000	4000	8000
L_W *)	in dB	24,0	24,0	24,0	24,0	24,0	24,0	24,0	24,0
ΔL **)	in dB	–6,1	–8,3	–11,6	–16,3	–22,1	–28,8	–36,0	–43,5
L_{WOkt}	in dB	17,9	15,8	12,4	7,7	1,9	–4,8	–12,0	–19,5

*) gemäß Gleichung in Abschnitt 3.3.6-1.2; **) gemäß Gleichung in Bild 3.3.6-7

Zuluftgitter

Zwisachenrechnung Mündungsreflexion am offenen Kanalende:

Eingabedaten a = 0,2 m
b = 0,2 m
Ω = 6,283 m
c = 340 m/s

Nebenrechnung: S = 0,040 m²

Oktavfrequenz	in Hz	63	125	250	500	1000	2000	4000	8000
$\Delta L_{Mündung}$ *)	in dB	14,8	9,3	4,6	1,7	0,5	0,2	0,1	0,1

*) gemäß Gleichung in Abschnitt 3.3.6-4.1.5

Zwischenrechnung Strömungsrauschen Gitter:

Eingabedaten V_a = 600 m³/h
a = 0,2 m
b = 0,2 m
ζ = 4
c = 340 m/s

Nebenrechnung: S = 0,040 m²
υ = 4,2 m/s

Oktavfrequenz	in Hz	63	125	250	500	1000	2000	4000	8000
L_W *)	in dB	51,3	51,3	51,3	51,3	51,3	51,3	51,3	51,3
$fm/(\upsilon \cdot \zeta)$	in m^{-1}	3,8	7.5	15,0	30,0	60,0	120,0	240,0	480,0
ΔL **)	in dB	–8	–7	–7	–8	–11	–19	–30	–40
L_{WOkt}	in dB	43,3	44,3	44,3	43,8	40,3	32,3	21,3	11,3

*) gemäß Gleichung in Abschnitt 3.3.6-1.2; **) gemäß Bild 3.3.6-8

Abschließend muß noch die Raumdämpfung berechnet werden.

Zwischenrechnung Raumdämpfung:

Eingabedaten V =95 m³
T = 0,5 s (Anhaltswert, keine Berücksichtigung der Frequenzabhängigkeit der Nachhallzeit)
r = 2,0 m
S = 0,040 m²

Tafel 3.3.6-9 Zahlentafel zur akustischen Berechnung einer Lüftungsanlage nach Bild 3.3.6-30.

Oktavfrequenz	in HZ	63	125	250	500	1000	2000	4000	8000
Oktavschall-leistungspegel Ventilator	in dB	84,3	80,9	82,0	80,3	80,5	80,4	77,8	69,5
Einfügungs-dämpfung des SD	in dB	Bei der akustischen Anlagenberechnung wird zunächst kein Schalldämpfer berücksichtigt. Das Einfügen von Werten für die Einfügungsdämpfung sowie für das Strömungsrauschen des Schalldämpfers erfolgt erst später bei der Schalldämpferauslegung.							
Restgeräusch am SD	in dB								
Strömungs-geräusch des SD	in dB								
Oktavschall-leistungspegel nach SD	in dB								
Dämpfung Kanal	in dB	6,0	6,0	3,0	1,5	1,5	1,5	1,5	1,5
Restgeräusch am Kanal	in dB	78,3	74,9	79,0	78,8	79,0	78,9	76,3	68,0
Strömungs-geräusch Kanal	in dB	35,9	34,6	32,4	28,9	24,0	18,1	11,3	4,1
Oktavschall-leistungspegel nach Kanal	in dB	78,3	74,9	79,0	78,8	79,0	78,9	76,3	68,0
Dämpfung Verzweigung	in dB	5,1	5,1	5,1	5,1	5,1	5,1	5,1	5,1
Restgeräusch an Verzweigung	in dB	73,2	69,8	73,9	73,7	73,9	73,8	71,2	62,9
Strömungs-rauschen der Verzweigung	in dB	40,9	37,5	33,4	28,7	23,5	17,8	11,8	5,3
Oktavschall-leistungspegel nach Verzweigung	in dB	73,2	69,8	73,9	73,7	73,9	73,8	71,2	62,9
Dämpfung Kanal	in dB	3,0	3,0	2,3	1,5	1,5	1,5	1,5	1,5
Restgeräusch am Kanal	in dB	70,2	66,8	71,6	72,2	72,4	72,3	69,7	61,4
Strömungs-geräusch Kanal	in dB	17,9	15,8	12,4	7,7	1,9	–4,8	–12,0	–19,5
Oktavschall-leistungspegel nach Kanal	in dB	70,2	66,8	71,6	72,2	72,4	72,3	69,7	61,4
Mündungs-reflektion	in dB	14,8	9,3	4,6	1,7	0,5	0,2	0,1	0,1
Restgeräusch am Gitter	in dB	55,4	57,5	67,1	70,5	71,8	72,1	69,6	61,3
Strömungs-geräusch Gitter	in dB	43,3	44,3	44,3	43,8	40,3	32,3	21,3	11,3
Oktavschall-leistungspegel nach Gitter	in dB	55,7	57,7	67,1	70,5	71,8	72,1	69,6	61,3
Raumdämpfung ΔL_{Raum}	in dB	7,7	7,7	7,6	7,4	7,2	7,0	6,9	6,9
$L_{RaumOkt}$	in dB(A)	47,9	50,0	59,5	63,1	64,6	65,1	62,6	54,4
A-Bewertung	in dB(A)	–26,2	–16,1	–8,6	–3,2	0	1,2	1	–1,1
$L_{RaumOkt,A}$		21,7	33,9	50,9	59,9	64,6	66,3	63,6	53,3
$L_{Raum,A}$ = 70 dB(A)									

Weitere Angaben: Zuluftgitter in Deckenmitte, Abstrahlwinkel 45°

Oktavfrequenz	in Hz	63	125	250	500	1000	2000	4000	8000
Nachhallzeit T	in s	0,5	0,5	0,5	0,5	0,5	0,5	0,5	0,5
Äquivalente Absorptions-fläche A_3	in m^2	31,0	31,0	31,0	31,0	31,0	31,0	31,0	31,0
$f*S^{0,5}$	in m/s	12,6	25,0	50,0	100,0	200,0	400,0	800,0	1600,0
Richtungs-faktor *)		2,0	2,0	2,2	2,6	3,0	3,5	3,7	3,8
Raumdämpfung ΔL_{Raum} **)	in dB	7,7	7,7	7,6	7,4	7,2	7,0	6,9	6,9

*) gemäß Bild 3.3.6-28; **) gemäß Gleichung in Abschnitt 3.3.6-4.3

Die Ergebnisse aller bisher durchgeführten Zwischenrechnungen werden in die eigentliche akustische Anlagenberechnung nach der Überlagerungsmethode eingesetzt (Tafel 3.3.6-9). Das Ergebnis dieser Berechnung weist einen A-bewerteten Gesamtschalldruckpegel von 70 dB(A) aus.

Dieser Wert liegt erheblich über dem maximal zulässigen Schalldruckpegel von 37 dB(A). Zur Einhaltung des maximal zulässigen Schalldruckpegels sind daher Schalldämpfer erforderlich.

-4.6 Schalldämpferauslegung zum Berechnungsbeispiel

Zunächst wird nur ein Schalldämpfer (sog. Primär-Schalldämpfer) betrachtet, der hinter der größten Geräuschquelle (Ventilator) angeordnet wird. Im 1. Schritt der Schalldämpferauslegung wird nur die Einfügungsdämpfung ermittelt. Die erforderliche Einfügungsdämpfung D_e ergibt sich aus der Differenz zwischen Ist-Wert (berechneter Wert) des Schalldruckpegels in der Aufenthaltszone des Raumes und dem Soll-Wert (maximal zulässiger Schalldruckpegel). Diese Differenz ist für alle 8 Oktav-Bänder zu ermitteln. Bei Vorgabe einer Grenzkurve als Soll-Wert ist die erforderliche Einfügungsdämpfung eindeutig bestimmt. In dem Berechnungsbeispiel ist allerdings ein A-bewerteter Gesamtschalldruckpegel als Soll-Wert vorgegeben. Hier geht man zunächst davon aus, daß alle 8 A-bewertete Oktavschalldruckpegel gleich groß sind. Da die Summe von 8 gleich lauten Pegeln einen Gesamtpegel ergibt, der um $10*\lg 8 = 9$ dB größer ist (siehe auch Abschnitt 1.5.4), lautet damit für das Berechnungsbeispiel der Sollwert für alle 8-Oktav-Bänder 37 – 9 = 28 dB.

Somit erhält man die Werte für die erforderliche Einfügungsdämpfung D_e. Negative Differenzen sind gleichbedeutend mit $D_e = 0$. Setzt man diese Werte für die Einfügungsdämpfung in die akustische Berechnung in Tafel 3.3.6-9 ein, muß nun der Soll-Wert des maximal zulässigen Schalldruckpegel von 37 dB(A) eingehalten werden. Ist dieses nicht der Fall, deutet dieser Umstand auf eine Komponente zwischen Primär-Schalldämpfer und Raum hin, deren Geräusch so hoch ist, daß es zu einer Pegelerhöhung führt. Diese Komponente ist in dem Berechnungsblatt leicht zu identifizieren. Hinter dieser Komponente muß nun ein Sekundär-Schalldämpfer angeordnet werden. Werden mehrere Komponenten identifiziert, die zu einer Pegelerhöhung führen, wird der Sekundär-Schalldämpfer hinter der Komponente angeordnet, die am nächsten zum Raum liegt. Die Auslegung dieses Sekundär-Schalldämpfers erfolgt dann analog zu der des Primär-Schalldämpfers. Identifiziert man, wie es in dem Berechnungsbeispiel der Fall ist, den Luftdurchlaß als eine Komponente, die zu einer Pegelerhöhung führt, gibt es natürlich nicht die Möglichkeit einen Sekundär-Schalldämpfer zu plazieren. Jetzt besteht i.d.R. nur die Möglichkeit einen leiseren Luftdurchlaß zu suchen oder die Luftmenge pro Luftdurchlaß zu reduzieren. Letztere Möglichkeit hat eine Umplanung des Zuluftnetzes zur Folge, da jetzt mehr Luftdurchlässe benötigt werden. Ggf. kann der Soll-Wert noch durch einen überdimensionierten Primär-Schalldämpfer erreicht werden. Das Restgeräusch am Zuluftgitter muß in diesem Fall nämlich so weit reduziert werden, daß die Oktav-Schalleistungspegel hinter dem Gitter gleich den Oktav-Schalleistungspegeln des Gittergeräusches sind.

Mit den Werten für die erforderliche Einfügungsdämpfung kann man nun einen Schalldämpfertyp aus den technischen Unterlagen der Hersteller auswählen. Die Anzahl der

Kulissen wird nun im 2. Schritt der Schalldämpferauslegung ermittelt. Diese wird durch das maximal zulässige Strömungsrauschen des Schalldämpfers bestimmt. Damit es nicht zu einer Anhebung des Restgeräusches kommt, soll es in jeder Oktav 10 dB niedriger als das jeweilige Restgeräusch sein. Da man in der Praxis keinen Schalldämpfer findet, der genau die Werte für die erforderliche Einfügungsdämpfung besitzt, sucht man quasi einen leicht überdimensionierten Schalldämpfer aus. Dieser Umstand läßt es zu, daß von der o. g. Regel für das maximal zulässige Strömungsrauschen abgewichen werden kann. Da man nun auch die Werte für das Strömungsrauschen in die akustische Berechnung in Tafel 3.3.6-9 einsetzt, kann unmittelbar beurteilt werden, ob das Strömungsrauschen niedrig genug ist. Denn letztendlich zählt nur das Ziel, den maximal zulässigen Schalldruckpegel in der Aufenthaltszone im Raum einzuhalten.

-5 Luftschalldämmung

Allgemein wird die Luftschalldämmung von Bauteilen im Abschnitt 1.5.6 behandelt. Wichtig für die akustische Auslegung von RLT-Anlagen ist die Schallabstrahlung von Luftleitungen, die Schalleinstrahlung in Luftleitungen sowie die Schallübertragung zwischen zwei Räumen über eine geschlossene Luftleitung (Bild 3.3.6-33 bis Bild 3.3.6-35). Neuere Untersuchungen haben gezeigt, daß das Schalldämm-Maß von Luftleitungen abhängig von der Schallausbreitungsrichtung ist.

Für die Schallausbreitungsrichtung von innen nach außen gilt für das Schalldämm-Maß R_{ia} von Wickelfalzrohren näherungsweise:

$$R_{ia} = 89 + 20 \cdot \lg\left(\frac{h}{d}\right) + B + K \qquad \text{mit}$$

$$B = -17 \cdot \lg\left(\frac{f_{Okt}}{f_{R-Okt}}\right) \qquad \text{für } 0{,}004 < \frac{f_{Okt}}{f_{R-Okt}} \leq 1$$

$$B = 40 \cdot \lg\left(\frac{f_{Okt}}{f_{R-Okt}}\right) \qquad \text{für } 1 < \frac{f_{Okt}}{f_{R-Okt}} \leq 2{,}5$$

$$B = 55 \cdot \lg\left(\frac{f_{Okt}}{f_{R-Okt}}\right) \qquad \text{für } 2{,}5 < \frac{f_{Okt}}{f_{R-Okt}} \leq 4$$

R_{ia} = Schalldämm-Maß für die Schallausbreitungsrichtung von innen nach außen in dB
h = Wanddicke in mm
d = Rohrdurchmesser in mm
f_{Okt} = Oktav-Frequenz in Hz
K = Korrekturwert für den Einfluß der Strömungsgeschwindigkeit nach Tafel 3.3.6-10
$f_{R\text{-}Okt}$ = Oktav-Ringdehnfrequenz in Hz nach Tafel 3.3.6-11

Tafel 3.3.6-10 Korrekturfaktor K zur Berücksichtigung des Einflusses der Strömungsgeschwindigkeit auf das Schalldämm-Maß von Wickelfalzrohren

$f_{Okt}/f_{R\text{-}Okt}$		0,008	0,016	0,031	0,063	0,125	0,250	0,5	1	2
5 m/s	dB	-3,0	-2,7	-2,4	-2,1	-1,8	-1,5			
10 m/s	dB	-6,0	-5,3	-4,6	-3,9	-3,2	-2,5			
20 m/s	dB	-7,5	-6,7	-5,9	-5,1	-4,3	-3,5			
5-20 m/s	dB							2	2	2

Tafel 3.3.6-11 Oktav-Grenzfrequenz und Oktav-Ringdehnfrequenz für runde Luftleitungen

Durchmesser	mm	80	100	125	160	200	250	315	400	500	630	800	1000
$f_{g\text{-}Okt}$	Hz		2000			1000			500			250	
$f_{R\text{-}Okt}$	Hz		16000			8000			4000			2000	

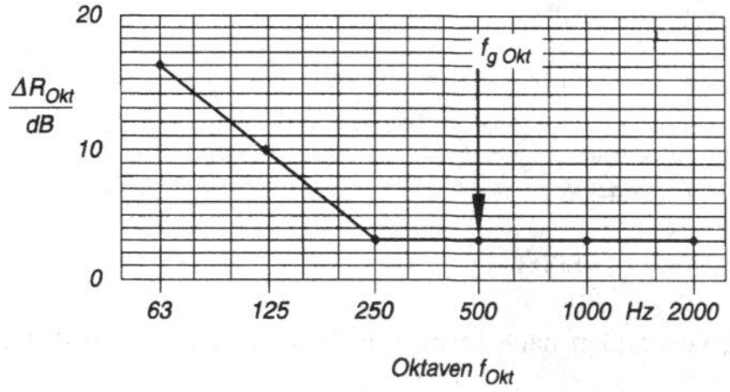

Bild 3.3.6-31. Differenz zwischen R_{ia} und R_{ai} bei Wickelfalzrohren (VDI 2081).

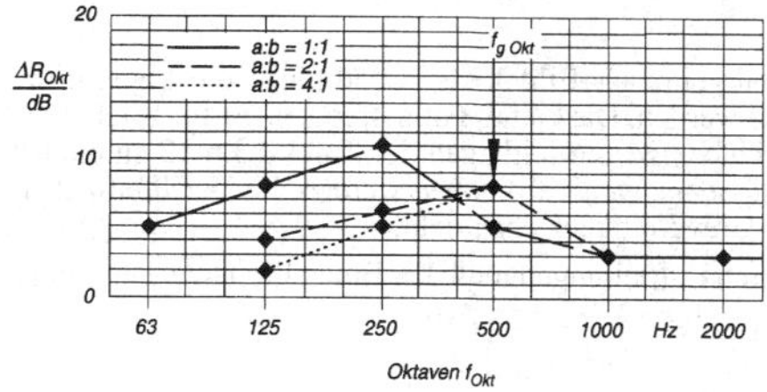

Bild 3.3.6-32. Differenz zwischen R_{ia} und R_{ai} bei rechteckigen Luftleitungen (VDI 2081).

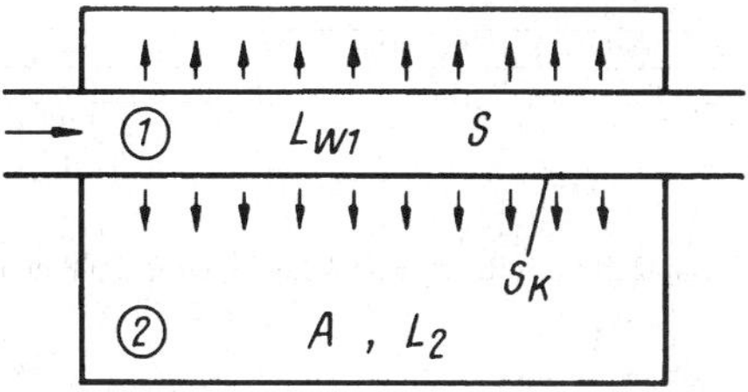

Bild 3.3.6-33. Schallabstrahlung von einer Luftleitung in einem Raum.

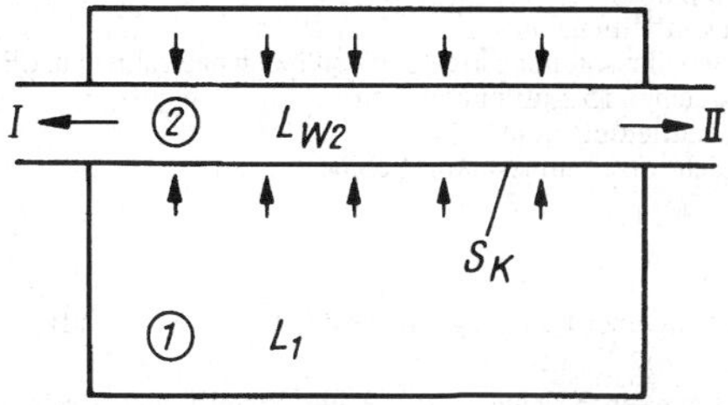

Bild 3.3.6-34. Schalleinstrahlung in eine Luftleitung in einem Raum.

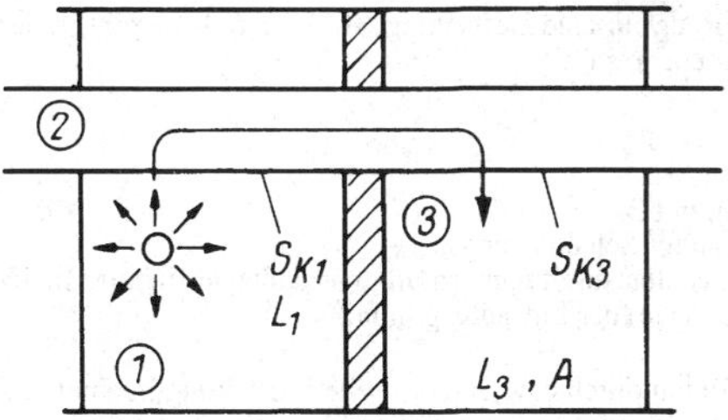

Bild 3.3.6-35. Schallübertragung zwischen zwei Räumen über eine geschlossene Luftleitung.

Für rechteckige Luftleitungen gilt näherungsweise:

$$R_{ia} = -0{,}873 + 20 \cdot \lg\left(\frac{h}{1\,\text{mm}}\right) + B \qquad \text{mit}$$

$$B = 12{,}18 \cdot \lg f_{Okt} \qquad \text{für } 63 \le f_{Okt} < 4000$$

$$B = 43 \qquad \text{für } 4000 \le f_{Okt} \le 8000$$

Für die Schallausbreitungsrichtung von außen nach innen gilt für das Schalldämm-Maß R_{ai} näherungsweise:

$$R_{ai-Okt} = R_{ia-Okt} - \varDelta R$$

Die Differenz $\varDelta$R kann für Wickelfalzrohre aus Bild 3.3.6-31 und für rechteckige Luftleitungen aus Bild 3.3.6-32 entnommen werden. Die Oktav-Grenzfrequenz ist für Wickelfalzrohre der Tafel 3.3.6-11 und für rechteckige Luftleitungen der Tafel 3.3.6-12 zu entnehmen. Die Kurven in den Bildern müssen soweit verschoben werden, bis der Pfeil auf die Oktavfrequenz zeigt, die der Oktav-Grenzfrequenz entspricht.

Das Schalldämm-Maß von gedämmten Luftleitungen muß den Herstellerdaten entnommen werden.

Tafel 3.3.6-12 Oktav-Grenzfrequenz für rechteckige Luftleitungen

a	mm	3778 ÷ 1889	1888 ÷ 945	944 ÷ 479	478 ÷ 239	238 ÷ 121	120 ÷ 61
$f_{g\text{-}Okt}$	Hz	63	125	250	500	1000	2000

Die Schallabstrahlung von einer Luftleitung in einen Raum (Bild 3.3.6-33) ergibt im Raum den folgenden Schalldruckpegel:

$$L_2 = L_{W1} - R_{ia} + 10 \cdot \lg \frac{S_K}{S \cdot A} + K_0 + 3 \qquad \text{mit}$$

L_2 = Schalldruckpegel im Raum in dB
L_{W1} = Schalleistungspegel in der Luftleitung
R_{ia} = Schalldämm-Maß für die Schallausbreitungsrichtung von innen nach außen in dB
S_K = Oberfläche (Übertragungsfläche) der Luftleitung in m^2
S = Strömungsquerschnitt der Luftleitung in m^2
A = äquivalente Absorptionsfläche des Raumes in m^2 Sabine
K_0 = Raumwinkelmaß

Für das Raumwinkelmaß K_0 gilt:

$K_0 = 3$, wenn die Luftleitung entlang einer Raumbegrenzungsfläche (z. B. : Wand) geführt wird.

$K_0 = 6$, wenn die Luftleitung entlang einer Kante (z. B. : Kante Wand/Decke) geführt wird.

Die Schalleinstrahlung von einem Raum in eine Luftleitung (Bild 3.3.6-34) ergibt in der Luftleitung den folgenden Schalleistungspegel:

$$L_{W2} = L_1 - R_{ai} + 10 \cdot \lg S_K - 6 \qquad \text{mit}$$

L_2 = Schalldruckpegel im Raum in dB
L_{W2} = in die Luftleitung eingestrahlter Schalleistungspegel
R_{ai} = Schalldämm-Maß für die Schallausbreitungsrichtung von außen nach innen in dB
S_K = Oberfläche (Übertragungsfläche) der Luftleitung in m2

Die Schallübertragung von einem Raum durch eine geschlossene Luftleitung in einen anderen Raum (Bild 3.3.6-35) ergibt dort den folgenden Schalldruckpegel:

$$L_3 = L_1 - R_{ai} - R_{ia} + 10 \cdot \lg \frac{S_{K1} \cdot S_{K3}}{S \cdot A} + K_0 - 6 \qquad \text{mit}$$

L_3 = Schalldruckpegel im Empfangsraum in dB
L_1 = Schalldruckpegel im Senderaum in dB
R_{ia} = Schalldämm-Maß für die Schallausbreitungsrichtung von innen nach außen in dB
R_{ai} = Schalldämm-Maß für die Schallausbreitungsrichtung von außen nach innen in dB
S_{K1} = Oberfläche (Übertragungsfläche) der Luftleitung innerhalb des Senderaums in m²
S_{K3} = Oberfläche (Übertragungsfläche) der Luftleitung innerhalb des Empfangsraums in m²
S = Strömungsquerschnitt der Luftleitung in m²
K_0 = Raumwinkelmaß (siehe oben)

-6 Körperschalldämmung und Schwingungsisolierung[1]

-6.1 Grundsätzliche Zusammenhänge

Eine Lüftungszentrale stellt eine allgemeine Geräusch- und Erschütterungsquelle dar, welche nicht nur auf dem Luftwege, sondern auch auf den verschiedensten Wegen durch die bzw. entlang der angrenzenden Bauteile Schall und Schwingungen weitergibt (s. Bild 3.3.6-9). Daher sind sämtliche unmittelbar angeregten Elemente (Ventilatorgehäuse, Fundament, unter Umständen die umhüllende Kammerwandung) elastisch von der Umgebung zu trennen.

Die Begriffe *Körperschall* und *Schwingungen* unterscheiden sich physikalisch nur durch die Frequenz. Körperschalldämmung erfordert, das Augenmerk auf die besonders kritischen Frequenzbereiche von im allgemeinen 63–250 Hz zu legen, wobei Ventilatorkammern vor allem im Drehklang des Ventilators angeregt werden.

$f_0 = z_s \cdot n/60$ in Hz
z_s = Laufschaufelzahl
n = Drehzahl in min^{-1}

Bei Schwingungen infolge Unwucht des Laufrades ist die Erregerfrequenz

$f_s = n/60$ in Hz.

Tieffrequente Schwingungen *unterhalb* des hörbaren Bereichs dagegen werden insbesondere durch die sich mit der Drehzahl n selbst auswirkende Restunwucht des Ventilators ausgelöst. Hauptfrequenzbereich: 10 bis 25 Hz.

Dieser Bereich heißt auch *Infraschall,* d.h. Schall unterhalb der Hörbarkeit (<20 Hz), dessen Auswirkungen auf den Menschen seit einigen Jahren von Medizinern genauer untersucht werden[2].

Die Trennung der Begriffe Körperschalldämmung und Schwingungsisolierung ist noch aus einem weiteren Grunde erforderlich: Es müssen unterschiedliche Gegenmaßnahmen getroffen werden.

Beispiel:

1. Schwingungsisolatoren (Stahlfedern) können Körperschall durchlassen.
2. Körperschalldämmelemente (Gummimatten) können Eigenfrequenzen im Bereich der anfallenden Grundschwingungen besitzen und damit die Schwingungsisolierung verschlechtern.

Dies führt zu einer *mehrstufigen* Isolierung schwingender Elemente. Schwingungen werden möglichst dicht am Entstehungsort bekämpft. Ventilator und Motor werden auf einen Grundrahmen – eventuell mit Betonausguß – starr befestigt. Darunter stehen Schwin-

---

[1]) Dierl, R.: KI 4/74. S. 137/42.
LTG – Lufttechn. Informationen Heft 14 (9.75) und 15 (12.75).
DIN 4150 T1 (09.75): Erschütterungen im Bauwesen; Grundsätze, Vorermittlung und Messung von Schwingungsgrößen; T2 (12.92): –; Einwirkungen auf Menschen in Gebäuden; T2/A1 (08.95): –; Änderung A1; –; T2/A2 (02.97): –; Änderung A2.
VDI 2057 Bl. 1 (05.87): Einwirkung mechanischer Schwingungen auf den Menschen; Grundlagen, Gliederung, Begriffe; Bl. 2 (05.87): – Bewertung; Bl. 3 (05.87): –; Beurteilung Bl. 4.1 (05.87): –; Messung und Beurteilung von Arbeitsplätzen in Gebäuden.

[2]) Hönmann, W.: Ges.-Ing. 4/86. S. 209/212.

gungsisolatoren und in der Regel zusätzliche körperschalldämpfende Elemente. Auf Ansaug- und Ausblasseite müssen etwaige Kanal- oder Kammeranschlüsse flexibel ausgeführt werden *(Segeltuchstutzen)*. Damit ist eine Fortleitung von Schwingungen auf die Umgebung weitestgehend unterbunden.

Grundsätzlich falsch ist es, Ventilator und Motor fest mit weiteren schwingungsfähigen Bauteilen zu verbinden, z.B. starr auf einem Kammerboden zu befestigen.

Ein starres Anbringen von Ventilatoren in Gebäuden ist nur in Industrieanlagen ohne besondere Anforderungen zu vertreten.

Maßnahmen zur Körperschalldämmung können meist nicht auf dem Niveau der Schwingungsisolierung enden, da die den Ventilator umschließende Kammer besonders im Drehklangfrequenzbereich auch auf dem Luftwege angeregt wird und diesen Schall erneut als „Körperschall" weiterleitet. Man trennt daher bei Kammerbauweisen die Kammer nochmals vom Gebäude, z.B. durch Gummiplatten. Unter den Fundamenten wird häufig zusätzlich eine *Weichfaserdämmschicht* angeordnet, die verhindern soll, daß eingedrungener Luftschall ins Gebäude weitergeleitet wird. Der Gesamtaufwand für die Maßnahmen hängt von den speziellen Aufstellungsbedingungen ab und wird nachfolgend präzisiert.

-6.2 Bauelemente zur Körperschalldämmung

In Frage kommen biegeweiche Matten oder Platten mit ausreichend niedrigen Eigenfrequenzen, um den Körperschall zu sperren, d.h. unter etwa 50 Hz. Analog zur Eigenfrequenz f_0 des eindimensionalen Schwingers

$$f_0 = \frac{1}{2\pi} \cdot \sqrt{\frac{c}{m}}$$

f_0 = Eigenfrequenz in Hz
c = Federkonstante in N/m
m = Masse, die auf der Feder lastet in kg bzw. $N\ \text{sec}^2/m$

hat sich in der Bauakustik eine Beziehung

$$f_0 = K \sqrt{\frac{s'}{m'}} \text{ in Hz}$$

K = Proportionalitätsfaktor = 160, wenn s' in N/cm³ und m' in kg/m²
s' = dynamische Steifigkeit in N/cm pro cm²
m' = Flächengewicht der aufliegenden Masse in kg/m² bzw. $N\ \text{sec}^2/m$ pro m²

eingebürgert.

Die dynamische Steifigkeit ist definiert als

$$s' = \frac{P_0}{X} \text{ in N/cm}^3$$

P_0 = auf die Flächeneinheit bezogene Wechselkraft in N/cm²
X = Dickenänderung der Dämmschicht infolge P_0 in cm.

Korrespondierend zur dynamischen Steifigkeit wird ein dynamischer Elastizitätsmodul definiert durch

$$E_{dyn} = s' \cdot d \text{ in N/cm}^2$$

d = Dämmschichtdicke im eingebauten Zustand in cm.

Tafel 3.3.6-13 zeigt die dynamischen Kenndaten einiger Dämmstoffe. Im Regelfall sind Materialien mit $s \leqq 50$ N/cm³ geeignet.

Mit *Abstimmung* bezeichnet man das Frequenzverhältnis

$$\eta = \frac{f_s}{f_0} = \frac{\text{Erregerfrequenz}}{\text{Eigenfrequenz}}$$

Der Bereich

$\eta < 1$ heißt *unterkritische* Erregung
$\eta > 1$ heißt *überkritische* Erregung
$\eta = 1$ bedeutet *Resonanz.*

Tafel 3.3.6-13 Dynamische Kenndaten einiger Dämmstoffe

Material	E_{dyn} [N/cm²]	d [cm]	$s' = E_{dyn}/d$ [N/cm³]
Sandschüttung	780	2,6	300
Holzwolleleichtbauplatten	520	2,5	210
Korkplatten	1000…1500	4,0	250…380
Korkschrotmatten	120	0,8	150
Polystyrol-Hartschaumplatten	60…170	1,0	60…170
dto., durch Walzen gewalkt	17	1,3	13
Kokosfasermatten	25	0,7	36
Mineralwolleplatten	20	1,0	20
Mineralwolle-Rollfilz	23	1,2	19
Gummiplatten, extrem weich			
(Regum-Dämmplatten)	22,2	3	7,4
	23	5	4,6

Wichtig ist das Verhältnis von durchgeleiteter Restkraft F_0 zur Erregerkraft P_0; man nennt diesen Wert *Durchlässigkeit* oder Vergrößerungsfunktion:

$$V_D = F_0/P_0.$$

Es gilt

$$|V_D| = \sqrt{\frac{1 + 4D^2\eta^2}{(1-\eta^2)^2 + 4D^2\eta^2}},$$

wobei

D = innere Materialdämpfung (Lehrsches Dämpfungsmaß, Tafel 3.3.6-14)

Für reibungsfreie Schwingungsisolatoren ohne innere Dämpfung ist $D = 0$.

Den Zusammenhang zwischen Durchlässigkeit V_D und der Abstimmung η zeigt Bild 3.3.6-36 mit dem Parameter D für die Dämpfung infolge Reibung.

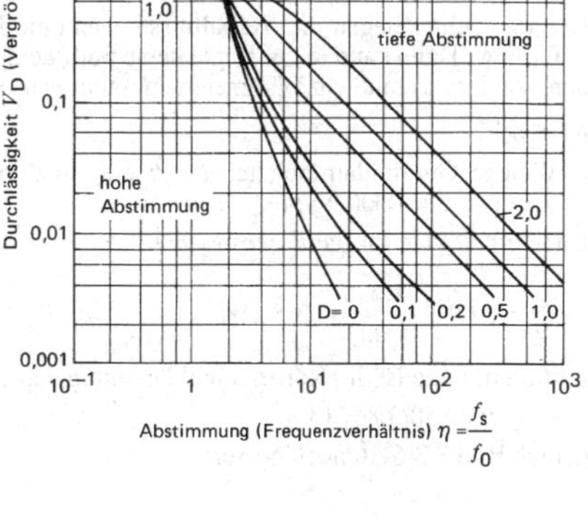

Bild 3.3.6-36. Schwingungsdämpfung für die dynamischen Kräfte, Durchlässigkeit V_D abhängig von Abstimmung η und innerer Materialdämpfung D.

In der Praxis wird häufig der *Isolierfaktor* angegeben, auch Isoliergrad genannt:

Isolierfaktor $I = 1 - V_D$

Nach Bild 3.3.6-36 ist nur bei einer Abstimmung

$\eta > \sqrt{2}$

eine Reduzierung der Restkraft F_0 gegenüber der Erregerkraft P_0 zu erreichen. Es wird also die Durchlässigkeit $V_D < 1$: tiefe Abstimmung, überkritischer Betrieb.

Bei stärkerer Dämpfung D wird die Isolierwirkung bei tiefer Abstimmung schlechter. Federisolatoren aus Stahlfedern haben kleine Dämpfung (Tafel 3.3.6-14).

Tafel 3.3.6-14 Dämpfungsgrad verschiedener Federwerkstoffe nach VDI 2062 Bl. 2 (01.76)

Werkstoff	Innere Dämpfung D
Stahl	0,0002
Gummi	0,025···0,15
Kork	0,05···0,1
Filz, organisch mineralisch	0,10···0,15

Grundsätzlich sind alle *biegeweichen* Stoffe zur Körperschalldämmung geeignet, wobei sich jedoch zum Teil erhebliche Unterschiede in den Eigenfrequenzen ergeben.

Beispiel:

Eine Ventilatorkammer soll durch eine $d = 5$ cm dicke Dämmschicht akustisch vom Gebäude getrennt werden. Untersucht werden die Wirksamkeit von *Kork* und *Mineralwolleplatten* (E_{dyn} nach Tafel 3.3.6-13). Die Massenbelastung beträgt $m' = 350$ kg/m². Ventilatordrehzahl $n = 3000$ min⁻¹.

Erregerfrequenz $f_s = n/60 = 50$ Hz.

		Korkplatte	Mineralwolle
Dynamische Steifigkeit	$s' = E_{dyn}/d$	250 N/cm³	4 N/cm³
Eigenfrequenz	$f_0 = 160 \cdot \sqrt{s'/m'}$	135 Hz	17 Hz
Abstimmung	$\eta = f_s/f_0$	0,37	2,9
Durchlässigkeit V_D (Bild 3.3.6-36 bei $D = 0$)		1,5	0,13

Daraus folgt: *Kork* ist für Ventilatorfundamente *unbrauchbar,* da häufig der Ventilatordrehklang im Bereich der Eigenfrequenz der Korkplatte liegt.

Die Mineralwolle führt auf eine gute Körperschalldämmung im Bereich von Frequenzen ab 100 Hz. Zu beachten ist, daß möglicherweise Resonanz mit der Ventilatordrehzahl besteht. Schwingungen müssen also bereits oberhalb dieser Körperschalldämmschicht abgeschirmt werden.

Noch günstiger liegen die Verhältnisse, wenn die Eigenfrequenz des Dämmaterials noch tiefer liegt. Dann kann in der Regel keine vollflächige Verlegung mehr vorgenommen werden, sondern es muß ein Dämmelement punktweise verlegt werden.

Beispiel:

Weiche Gummidämmplatte, $d = 5$ cm, so dimensioniert, daß *Flächengewicht* $m' = 0{,}8$ kg/cm² = 8000 kg/m².

Dann erhält man für die *Eigenfrequenz*

$$f_0 = 160\sqrt{\frac{4{,}6}{8000}} = 3{,}8 \text{ Hz.}$$

In diesem Falle ist die Körperschalldämmung entsprechend der noch tieferen *Abstimmung*

$\eta = f_s/f_0 = 50/3{,}8 = 13$

gemäß Bild 3.3.6-36 noch besser:

bei $D = 0 \quad V_D = 0{,}006$
oder
bei $D = 0{,}2 \quad V_D = 0{,}03$.

Gummiplatten und auf Gummibasis hergestellte Kunststoffplatten eignen sich gut zur Herstellung unregelmäßiger Konturen, z. B. an der Oberfläche gerillt oder mit Noppen versehen (Bild 3.3.6-37), womit die dynamische Steifigkeit des profilierten Elementes gegenüber der des Grundmaterials herabgesetzt wird.

a) Rillengummiplatte

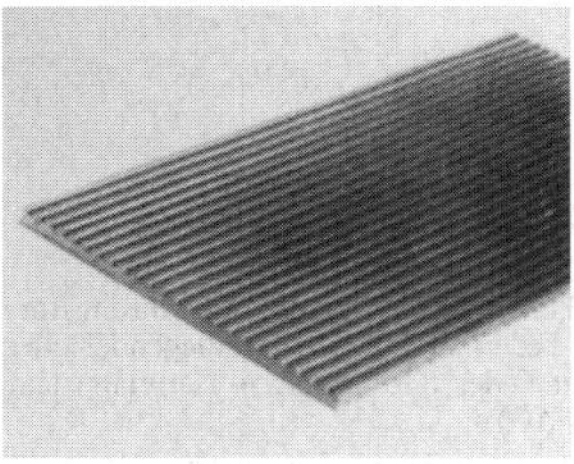

b) Warzengummiplatte

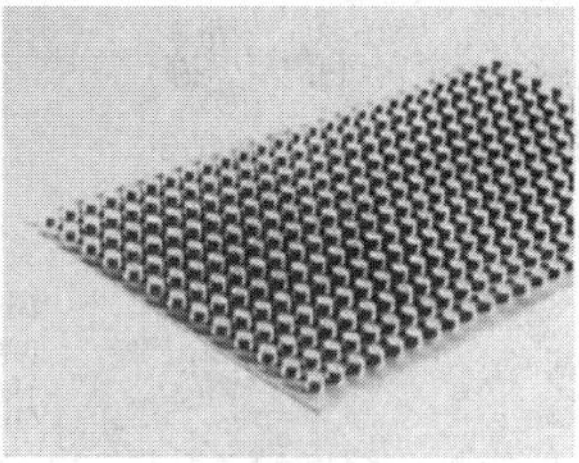

Bild 3.3.6-37. Unterlegelemente zur Körperschalldämmung von Kastengeräten (Hersteller: G + H und Glasfaser AG).

Zusammenfassung: Zur Körperschalldämmung ist es günstig, möglichst weiches Material (von Natur oder durch Formgebung weich) einzusetzen, das um so besser wirksam ist, je tiefer seine Eigenfrequenz ist. Häufig ist es ausreichend, Materialien einzusetzen, welche – wie Mineralwolle – Eigenfrequenzen im Bereich von 20 bis 30 Hz haben. Die Eigenfrequenz des Materials sollte auf die kritischen Erregerfrequenzen abgestimmt sein.

Kork ist für Ventilatorfundamente *ungeeignet.*

-6.3 Bauelemente zur Schwingungsisolierung

Je nach Frequenzverhältnis ist mit den Körperschalldämmplatten grundsätzlich auch eine Schwingungsisolierung erreichbar, wenn

$$\frac{f_s}{f_0} = \eta > \sqrt{2}\,.$$

Nennenswert wird der Isoliergrad erst, wenn $\eta > 3$.

Für den Fall ohne Materialdämpfung ($D = 0$) wird der *Isolierfaktor* (Isoliergrad):

$$I = 1 - V_D = 1 - \frac{1}{\eta^2 - 1}\,.$$

Bei $\eta = 3$ ist $I = 0{,}875$,
bei $\eta = 5$ ist $I = 0{,}96$.

Das bedeutet: 87,5 % bzw. 96 % der von der Maschine auf das Fundament einwirkenden Restkräfte werden zurückgehalten.

Für die Schwingungsdämpfung wurden besondere Formen von Gummi- oder Elastoelementen entwickelt, die zur besseren Kraftübertragung häufig anvulkanisierte Metallteile enthalten. Bild 3.3.6-38 zeigt einige Beispiele. Es ist zu beachten, daß Gummielemente bei Schubbeanspruchung erheblich weicher sind als bei Druckbeanspruchung.

Da Gummielemente bei extrem tiefen Frequenzen vielfach nicht mehr ausreichend wirksam sind, wurden Stahlfedern entwickelt, bei denen stärkere Einfederungen und damit tiefere Eigenfrequenzen erreicht werden können.

Während man mit dem Einsatz von Gummielementen als Schwingungsdämpfer gleichzeitig die Körperschalldämmaufgabe löst, lassen Federisolatoren auch bei extrem tiefer Eigenfrequenz höherfrequente Schwingungen im Körperschallbereich hindurch, wobei die

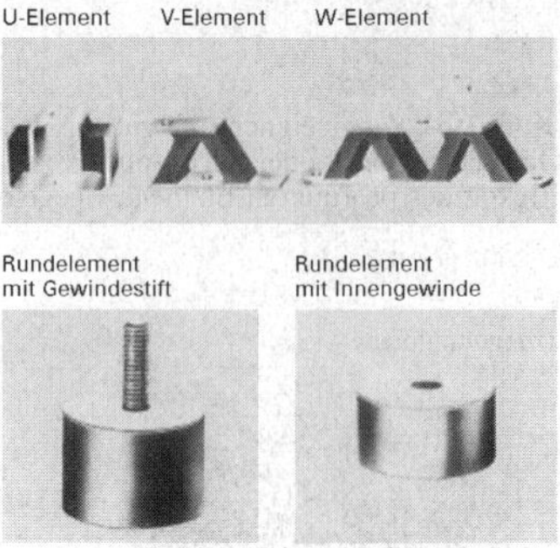

Bild 3.3.6-38. Elasto-Sonderelemente und Rundelemente (Grünzweig + Hartmann und Glasfaser AG).

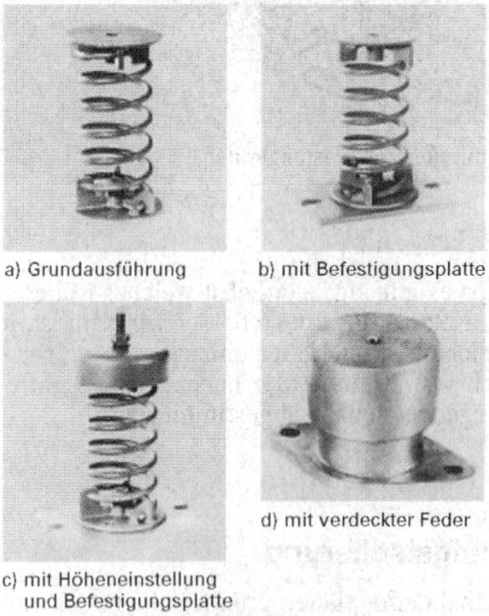

Bild 3.3.6-39. Verschiedene Ausführungsformen von Federisolatoren mit freiliegender oder verdeckter Feder (Grünzweig + Hartmann und Glasfaser AG).

Ursache in der Längsleitung der Federn liegt. Diese Schallbrücken sind zwar auf recht enge Frequenzbänder beschränkt, dürfen aber nicht vernachlässigt werden.

Federisolatoren erfordern eine zusätzliche Körperschalldämmung!

Tafel 3.3.6-15 Eigenschwingzahlen und statische Einfederung verschiedener Schwingungsdämpfertypen

Schwingungsdämpfer	Eigenschwingzahl $[min^{-1}]$	statische Einfederung [mm]
Federisolatoren (weich)	120– 150	75–40
Federisolatoren (normal)	200– 250	22–14
Elasto-Rundelemente auf Schub beansprucht, weich (ca. 40 Shore)	250– 750	20– 2
normal (ca. 55 Shore)	350–1000	10– 1,5
Elasto-Rundelemente auf Druck beansprucht, weich	400–1000	6– 1
normal	500–1200	6– 1

Tafel 3.3.6-15 zeigt den Zusammenhang zwischen Eigenfrequenz (Eigenschwingzahl) und statischer Einfederung verschiedener Schwingungsdämpfertypen.

Aus den Gleichungen

$$f_0 = \frac{1}{2\pi}\sqrt{\frac{c}{m}} \quad \text{und} \quad m \cdot g = c \cdot x$$

g = Erdbeschleunigung in cm/s²
x = Einfederung in cm

folgt für die Eigenschwingungszahl

$$n_0 \approx \frac{300}{\sqrt{x}} \quad \text{in min}^{-1}.$$

Aus der Forderung nach ausreichend hohem Frequenzverhältnis folgen die Angaben für den Anwendungsbereich der verschiedenen Schwingungsdämpfer (Tafel 3.3.6-16).

Tafel 3.3.6-16 Einsatzbereich von Schwingungsdämpfern

Schwingungsdämpfer	Niedrigste Betriebsdrehzahl [min⁻¹]
Federisolatoren (weich)	250– 600
Federisolatoren (normal)	600– 800
Gummiisolatoren (Schub)	800–1600
Gummiisolatoren (Druck)	1600

Genaue Angaben sind jeweils den Herstellerkatalogen zu entnehmen.

Zur Dimensionierung von Schwingungsdämpfern ist neben dem Gewicht des Geräts oder des Ventilators die dynamische Belastung durch Luftkräfte, statische Drücke usw. zu berücksichtigen (siehe Bild 3.3.6-40). Die Anordnung hat symmetrisch zum Schwerpunkt zu erfolgen oder bei unterschiedlicher Gewichtsbelastung entsprechend unterschiedliche Schwingungsdämpfer anwenden. Zu beachten sind Horizontalkräfte (bei horizontalem Ausblas), die Belastung gegenüber dem Ruhezustand erheblich verändern können.

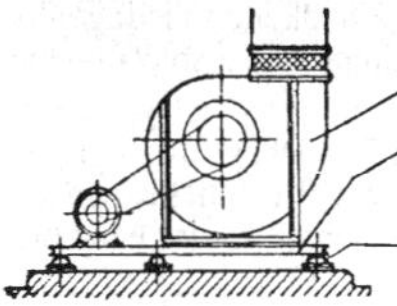

Bild 3.3.6-40. Erschütterungsdämmung eines riemengetriebenen Ventilators durch Schwingungsdämpfer.

Anforderungen an die Schwingungsisolierung sind in DIN 4150 von der Bauseite und in VDI 2057 von der Maschinenbauseite festgelegt, wobei in beiden Richtlinien Maßstäbe für die zulässige Einwirkung auf den Menschen genannt werden. Beurteilungsmaßstäbe für Maschinenschwingungen sind in VDI 2057 festgelegt[1]).

[1]) DIN 4150: Erschütterungen im Bauwesen; T1 (E 02/99) Vorermittlung von Schwingungsgrößen; T2 (06/99) Einwirkungen auf Menschen in Gebäuden; T3 (02/99) Einwirkungen auf bauliche Anlagen.
VDI 2057 Bl. 1 (05.87): Einwirkung mechanischer Schwingungen auf den Menschen; Grundlagen, Gliederung, Begriffe; Bl. 2 (05.87): Bewertung; Bl. 3 (05.87): Beurteilung Bl. 4.1 (05.87): Messung und Beurteilung von Arbeitsplätzen in Gebäuden.

Aus Bild 3.3.6-41 ist der Zusammenhang zwischen Federung, Drehzahl und *Isoliergrad I* ersichtlich. Außerdem sind noch *Grenzlinien* für den Wirkungsgrad bei verschiedenem Untergrund eingetragen.

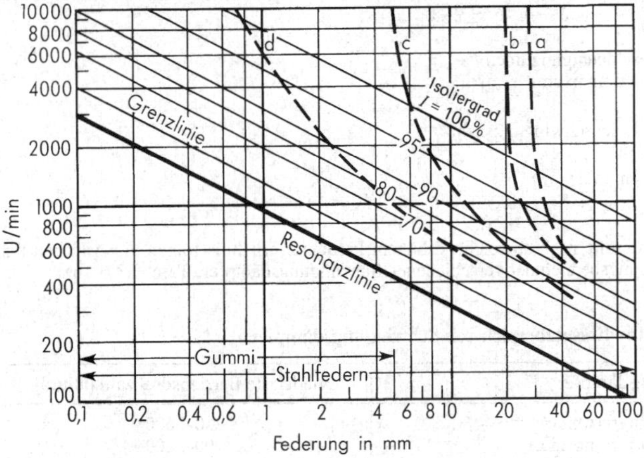

Bild 3.3.6-41. Schwingungsdämpfer-Diagramm: Isoliergrad I.
a = Holzdecke c = normale Betondecke
b = leichte Betondecke d = Betondecke auf Baugrund

-7 Entdröhnung

Die Schwingungen, die zum Beispiel ein Ventilator erzeugt, werden zum Teil von den Oberflächen als Luftschall an die Umgebung übertragen. Besonders groß ist die Abstrahlung bei großen, dünnen Flächen, wie zum Beispiel Kanälen, die dabei als Membranen wirken und sogar dröhnen können.

Verminderung der *Schallabstrahlung* ist durch Anbringen eines schwingungsdämpfenden Belages möglich. Er wird in der Regel durch Spritzgeräte oder Handkellen als fugenlose Masse aufgebracht. Die Schallenergie der Schwingungen wird durch einen solchen Überzug absorbiert.

Wichtig ist die richtige Wahl der Dicke des *Entdröhnungsmittels.* Die Dämpfung steigt mit der relativen Belagsdicke, d.h. dem Verhältnis der Belagsdicke zur Blechdicke, zunächst stark an und erreicht schließlich einen Grenzwert, der auch bei noch stärkerer Dicke nicht überschritten wird. Normale Belagstärke etwa 1- bis 3fache Blechstärke.

-8 Bauakustische Maßnahmen

Um Geräuschübertragungen aus der Lüftungszentrale in anliegende Räume zu verhindern, sind außer den bereits erwähnten Maßnahmen auch in baulicher Hinsicht Vorkehrungen zu treffen. Dies betrifft insbesondere folgende Maßnahmen:

1. Wände und Decke der Lüftungszentrale müssen genügende Schalldämmung besitzen (siehe Abschn. 1.5.6 und [1)]), um Luftschallübertragung zu verhindern, z.B. 2schalige Wände. Zur Verringerung des Geräusches im Raum selbst Anbringung von schalldämpfenden Akustikplatten.

[1)] DIN 4109 (11.89) und Berichtigung 1 (08.92): Schallschutz im Hochbau.

2. Für den Fußboden gilt ähnliches. Zusätzlich sind zur Verhinderung der Körperschallübertragung die Maschinen auf Federn zu lagern mit höherer oder meist tieferer Abstimmung. In vielen Fällen schwimmender Estrich zweckmäßig.
3. Bei Luftkanälen und Rohrleitungen ist außer der Verwendung von elastischen Zwischengliedern darauf zu achten, daß die Durchführungen durch Wände gegen Körperschall isoliert werden, z. B. Mantelrohre mit Dämmstoffen zwischen Rohr und Mantel oder auch nur Dämmstoffe zwischen Kanal und Mauer.
4. Ansaug- oder Ausblasöffnungen von Ventilatoren sind so anzuordnen, daß Nachbarn nicht gestört werden, evtl. zusätzliche Schalldämpfer an den Kanalenden.

Bild 3.3.6-42 zeigt als Beispiel eine Lüftungszentrale mit einer Anzahl von Schalldämm-Maßnahmen.

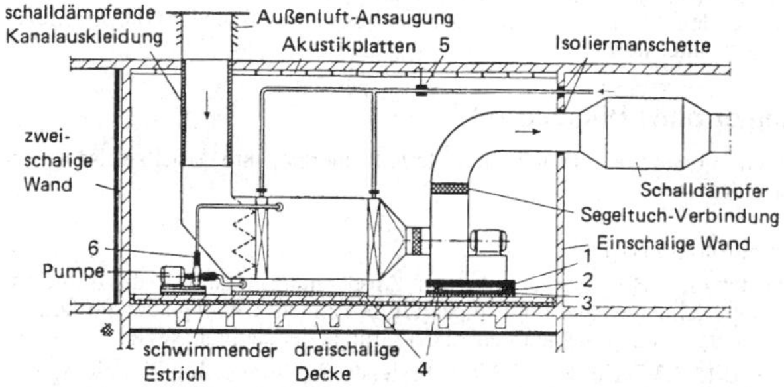

Bild 3.3.6-42. Schalldämm-Maßnahmen bei einer Lüftungszentrale.
1 = Betonplatte unter Ventilator
2 = Schwingungsdämpfer
3 = Fundament mit Weichfaserplatte
4 = Weichfaserplatte
5 = Rohraufhängung mit Dämmstreifen in Hülse
6 = Federrohre oder Gummirohr

3.3.7 Regelung

Korrekturen von Dr.-Ing. Dieter Pfannstiel, Breitenbach

Die theoretischen Grundlagen der Regelungstechnik werden in Abschnitt 1.7 behandelt. Der folgende Abschnitt befaßt sich mit der Beschreibung der verschiedenen Teile des Regelkreises und ihrer Anwendung in der Klimatechnik.

Bildzeichen und Kennbuchstaben der MSR-Technik s. Abschn. 2.1.2.

-1 Regler (Regelgeräte)[1]

Unter einem Regler versteht man ein Gerät, welches vollautomatisch einen physikalischen Zustand an bestimmter Stelle, entsprechend den Vorgaben, einhält. In dieser einfachsten Form werden der Meßfühler und Regler zu einem Thermostat, Hygrostat oder Pressostat zusammengebaut. Moderne Systeme bestehen aus pneumatischen, elektrischen oder mikroelektronischen Reglern, die mit getrennten Meßfühlern und Stellgliedern (Peripheriegeräten) zusammengeschaltet werden.

-1.1 Regler ohne Hilfsenergie

Diese Regler arbeiten ohne von außen zugeführte Hilfsenergie. Ihre Arbeitsweise beruht auf mechanischen Gesetzen.

-1.1.1 Unmittelbare Regler

Diese Regler arbeiten ohne Hilfsenergie mit einem Ausdehnungssystem. In der Lüftungstechnik werden hauptsächlich Regler für Temperatur, in kleinem Umfang auch für Drücke und Volumenströme verwendet. Sie gehören zu der Gruppe der stetigen Regler.

Temperaturregler (Bild 3.3.7-1 u. Bild 3.3.7-2) bestehen aus Fühler, Kapillarleitung und Ventil. Bei Temperaturerhöhung dehnt sich die im System enthaltene Flüssigkeit aus und bewegt den Steuerkolben des Ventils (Heizventil oder Kühlventil). Der Fühler zur Messung der Temperatur wird für Wasser als Stab, für Luft dagegen als Spirale ausgeführt, um schnellere Reaktionen zu erhalten. Er kann auch getrennt vom Ventil als Sollwerteinsteller ausgeführt werden.

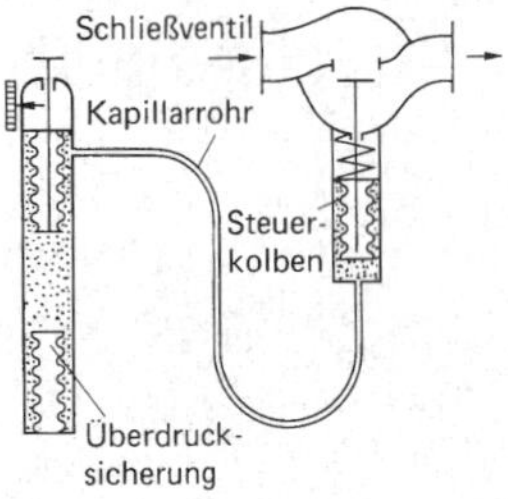

Bild 3.3.7-1. Unmittelbarer Temperaturregler.

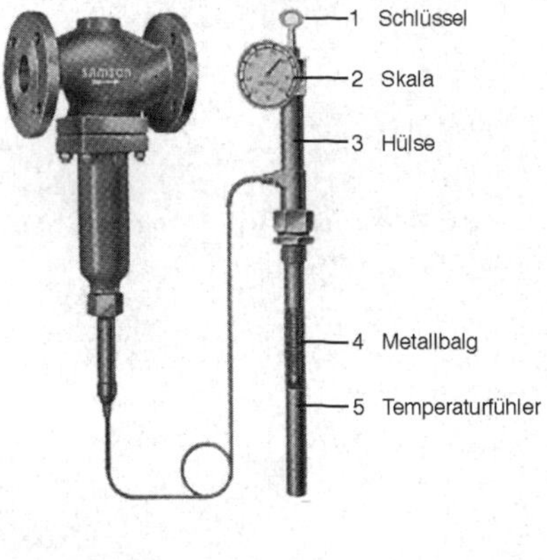

Bild 3.3.7-2. Ausdehnungsregler.
1 = Schlüssel für Sollwerteinstellung

---

[1]) Begriffe und Benennungen in DIN 19226: Regelungstechnik und Steuerungstechnik.
VDI/VDE 3525 Bl. 1 (12.82): Regelung von RLT-Anlagen; Grundlagen.
Weber, D.: Regelungstechnik. Ehningen 1993.
Arbeitskreis der Dozenten für Regelungstechnik: Regelungstechnik in der Versorgungstechnik. Karlsruhe 1994.
Knabe, G.: Gebäudeautomation. Berlin, München 1992.

Anwendung meist nur bei kleinen und in älteren Anlagen. Temperatur wird nicht genau eingehalten, da es sich um Proportionalregler handelt, Proportionalbereich etwa 3…6 K, Hub 2…3 mm.

Das Ventil wird bei geringen Drücken als nichtentlastetes *Einsitzventil* ausgeführt, das durch eine Feder geöffnet wird. Bei größeren Drücken muß man entlastete Ventile verwenden, z. B. *Doppelsitzventile* oder Einsitzventile mit besonderer äußerer Entlastungsleitung. Auch Dreiwegeventile sind in Benutzung, wobei der eine Sitz geschlossen wird, während der andere öffnet.

Beim Einbau ist zu beachten, daß der Fühler die Temperatur richtig erfaßt und daß das Ventil eine dem Anwendungsfall angepaßte Ventilautorität bzw. Druckabfall aufweist (k_v-Wert). Neue Erkenntnisse zur Hydraulik zeigen verbesserte Wirtschaftlichkeit der Ventilauslegung, wenn das Verhältnis des Druckabfalls im „volumenkonstanten" zum „volumenvariablen" Teil berücksichtigt wird.[1)]

Weitere Beispiele von Reglern dieser Art sind thermostatische *Heizkörperventile,* Rücklauf-Temperaturbegrenzer, Druckregler, Mengenbegrenzer u. a.

Vorteil: Unabhängig von Hilfsenergie wie Strom, Druckluft. Daher häufiger Einsatz in Sicherheits-Regelkreisen; preiswert.

Nachteil: Der Proportionalbereich ist nicht einstellbar, daher keine Anpassung an die Regelstrecke möglich.

-1.1.2 Mechanisch-elektrische Regler

Bei diesen Reglern handelt es sich um *unstetige* Regler. Sie werden in der Regel als *Zwei- oder Dreipunktregler* eingesetzt. Ihr Ausgangssignal kann nur 2 bzw. 3 Zustände einnehmen, z. B. Auf–Zu. Sie werden vielfältig eingesetzt als Temperatur-, Feuchte- und Druckregler. Zur Messung der Temperatur kommen *Bimetalle* (Materialien verschiedener Ausdehnungswerte) oder auch Flüssigkeitsausdehnungsfühler zur Anwendung. Feuchtemessung erfolgt über hygroskopische Harfen aus Baumwolle oder Kunststoffbänder. Beim Druckregler wird über einen federbelasteten Metallbalg oder eine Membran gemessen. Das Stellglied hat nur 2 Endstellungen mit Minimalkontakt (Heizungsregler), Maximalkontakt (Kühlungsregler) oder Umschaltkontakt (siehe auch Abschn. 1.7.3-3.1). Zur Vermeidung schleichender Kontakte Magnetschnappschalter, Mikroschalter oder Quecksilberschalter.

Die Temperatur schwankt bei einer Heizungsregelung in einer sägeartigen Kurve um einen Mittelwert. Schwingungszeit und Schwingungsbreite X_{max} lassen sich bei gegebenen Kennwerten (Totzeit T_t, Zeitkonstante T, Schaltdifferenz X_d, Stellwirkung X_h) aus Bild 3.3.7-3 entnehmen.

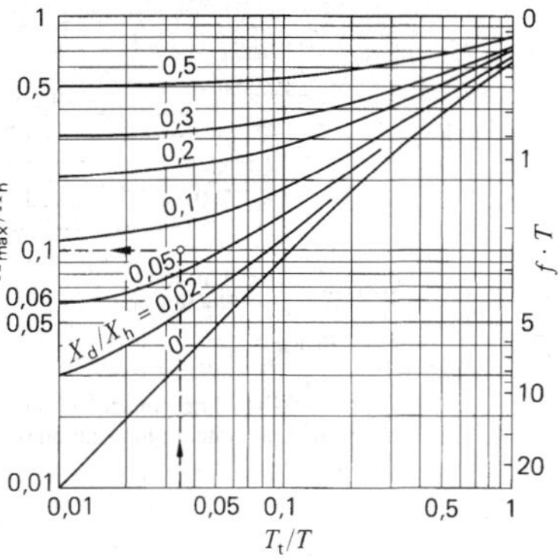

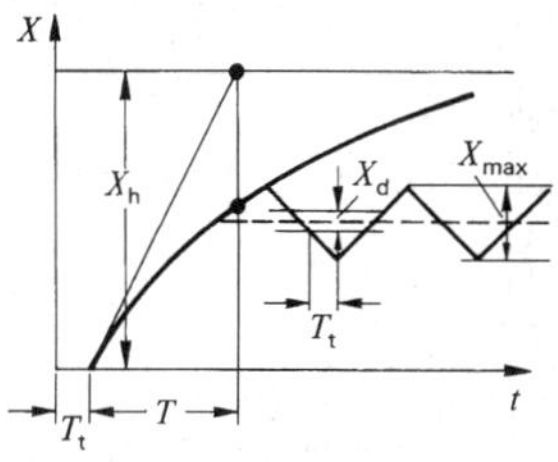

Bild 3.3.7-3. Schwingungsbreite X_{max} und Schwingungsfrequenz f bei Zweipunktregelungen.
T_t = Totzeit der Anlage,
T = Zeitkonstante,
X_d = Schaltdifferenz des Reglers,
X_h = Stellwirkung Regelbereich der Strecke

[1)] Roos, H.: Hydraulik der Warmwasserheizung. München, Wien 1995.

Totzeit T_t und *Zeitkonstante* T müssen durch Versuche ermittelt werden. Die Schaltdifferenz X_d des Reglers ist meist bekannt, die Stellwirkung X_h läßt sich leicht aus Kenndaten der Regelstrecke ermitteln.

Beispiel:

Ventilator mit elektrischem Lufterhitzer von $\dot{Q} = 5$ kW, Volumenstrom $\dot{V} = 1000$ m³/h = 0,278 m³/s.

Außenlufttemperatur $t_a = 0$ °C. Totzeit $T_t = 0{,}1$ min, Zeitkonstante $T = 3$ min.

$$\text{Stellwirkung } X_h = \frac{\dot{Q}}{\dot{V} \cdot \varrho \cdot c} - t_a = \frac{5}{0{,}278 \cdot 1{,}25 \cdot 1} - 0 = 14{,}4 \text{ K}$$

Schaltdifferenz $X_d = 1$ K.
$X_d / X_h = 1/14{,}4 = 0{,}07$.
$T_t / T = 0{,}1/3 = 0{,}033$.
Aus Bild 3.3.7-3 folgt $X_{max}/X_h = 0{,}1$.

Demnach ist die Schwingungsbreite
$X_{max} = 0{,}1 \cdot X_h = 0{,}1 \cdot 14{,}4 \approx 1{,}5$ K und
$f \cdot T = 2{,}5$.
f = Zahl der Temperatur-Schwingungen = $2{,}5/T = 2{,}5/3 = 0{,}83$ min^{-1}
Dauer einer Temperaturschwingung $T_0 = 1/f = 1/0{,}83 = 1{,}2$ min.

Näherungswerte für $T_t/\ T < 0{,}3$ und $X_d/X_h < 0{,}04$: Schaltperiode näherungsweise

$$T_0 \approx 4 \left(T_t + \frac{T \cdot X_d}{X_h} \right).$$

Schwingungsbreite $X_{max} \approx (T_t/T)\, X_h + X_d$.

Alle Zweipunkt-Regler erzeugen bei kleiner Speichermasse (T_t bzw. T_u – s. Abschn. 1.7.2 –klein) große Schaltfrequenz, was unerwünscht ist. Verbesserung durch thermische Rückführung im Thermostat (Heizwiderstand), dabei jedoch Sollwertverschiebung und häufigeres Schalten.

Dreipunktregler sind eine Variante dieser Reglerart. Sie arbeiten ähnlich wie die Zweipunktregler, jedoch sind Zwischenstellungen des Stellgliedes (Neutrale Zone) möglich (Bild 3.3.7-4). Bei Änderung der Regelgröße, z.B. der Temperatur oder des Kammerdrukkes, läuft das Stellglied nach der einen oder anderen Richtung. Je ein Endausschalter in den beiden Endlagen des Stellmotors stoppen diesen bei Erreichen der Endlage. Ist am Regler der Sollwert = Istwert erreicht, bleibt der Stellmotor in seiner momentanen Lage stehen. Bei Verwendung solcher Regler in kleinen Klimageräten kann auch die Folgeschaltung Heizen–Neutral–Kühlen verwirklicht werden (Bild 3.3.7-5).

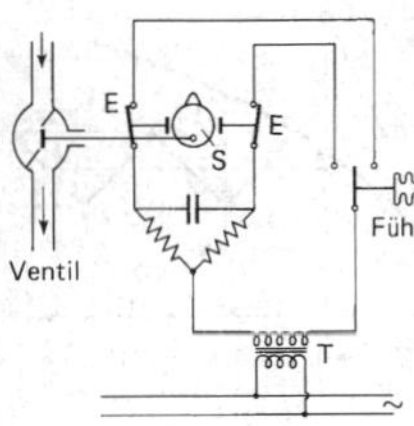

Bild 3.3.7-4. Schwebende Regelung.
E = Endausschalter
S = Stellmotor
T = Transformator

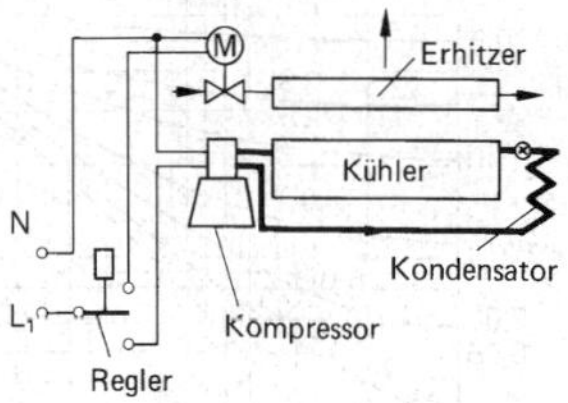

Bild 3.3.7-5. Dreipunktregelung eines Klimagerätes mit Kältemaschine.

In der Regel ist für solche Regelungen die Laufzeit der Stellmotore zwischen den beiden Endlagern zu kurz, so daß kein befriedigendes Regelergebnis ohne Überschwingen erreicht werden kann. Man schaltet dann noch ein Schrittschaltrelais (mechanisch oder elektronisch) zwischen Reglerausgang und Stellmotor, welches den Strom zum Stellmotor in einem wählbaren Rhythmus unterbricht und damit die Laufzeit des Motors verlängert. Damit kann durch entsprechende Algorithmen ein stabiles Regelverhalten erreicht werden.

Zu diesen Reglern gehören auch die sogenannten *Uhrenthermostate,* an welchen man zeitabhängig oder von Hand zwei verschiedene Sollwerte, z.B. für Tag/Nacht, einstellen kann (Bild 3.3.7-6). Eine andere Ausführung speziell mit Ausgang für bis zu 10 Thermostat-Ventilköpfen zeigt Bild 3.3.7-7.

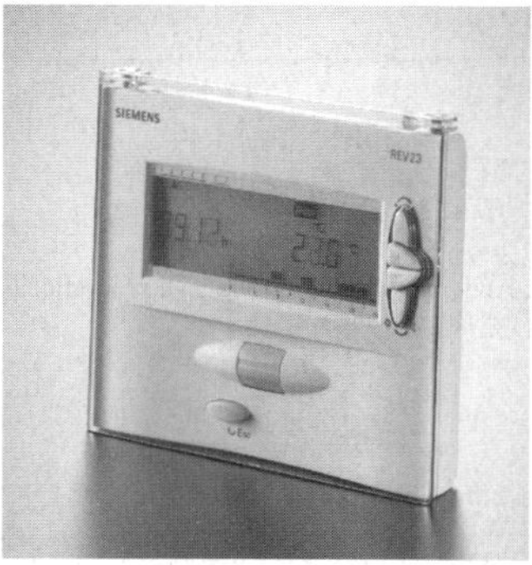

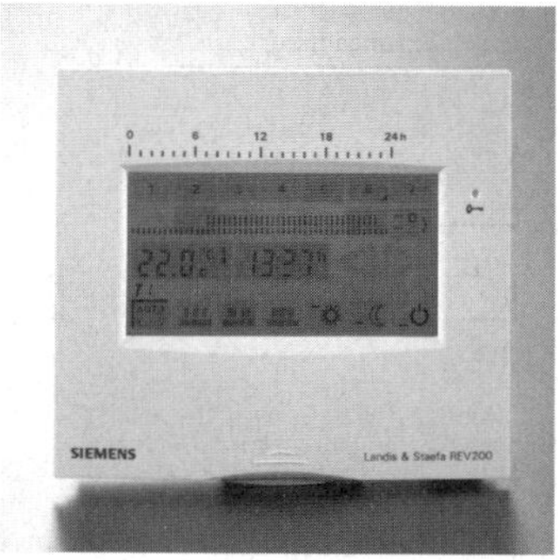

Bild 3.3.7-6.
a) Selbstlernender Raumtemperaturregler für automatischen Wochenbetrieb mit individueller Eingabe der Einzeltage (Siemens Building Technologies)

b) Selbstlernender Raumtemperaturregler für Heizen und Kühlen mit Touch-Screen-Bedienung (Siemens Building Technologies).

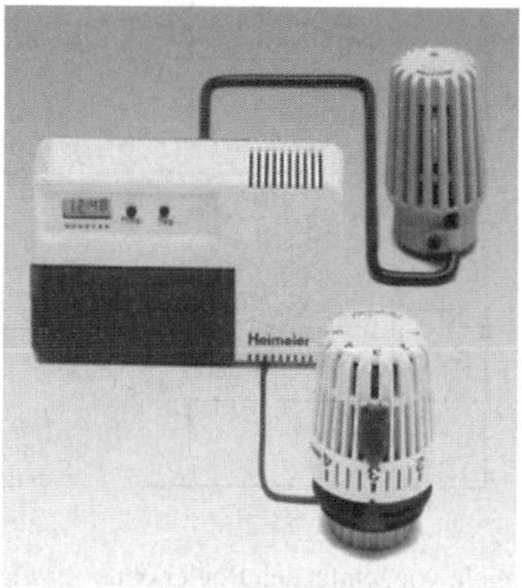

Bild 3.3.7-7. Uhrenthermostat mit Wochenprogramm zur Temperaturabsenkung um 5 K an Thermostat-Ventilen (Heimeier).

-1.2 Elektrische Regler[1)]

Elektrische Regler verwenden den elektrischen Strom als Hilfskraft. Da heute in diesen Reglern fast ausschließlich elektronische Bauteile eingesetzt werden, nennt man sie häufig auch *elektronische Regler.* Die zu regelnde physikalische Größe – meist Temperatur, Feuchte und Druck – wird im Meßfühler in ein analoges elektrisches Signal umgesetzt. Im Regler wird dieses Signal als Ist-Wert verarbeitet. Der Regler selber arbeitet mit elektronischen Bauteilen und gibt wiederum ein elektrisches Signal an das angeschlossene Stellglied. Im wesentlichen arbeiten alle diese Regler mit den Regelalgorithmen (Übergangsfunktionen) *Proportional* (P-Regler), *Proportional-Integral* (PI-Regler) und *Proportional-Integral-Differential* (PID-Regler) sowie Kombinationen dieser 3 Verfahren (Bild 3.3.7-8).

Ferner gibt es noch Zusatzschaltungen wie *Hilfsgrößen-* oder *Störgrößen-Aufschaltung, Strukturumschaltung, Kaskadenschaltung* usw. Die Ausstattungsvielfalt ist sehr groß und

1) Dollfus, A., u. J. Kriz: Ki 3/85. S. 121/3.

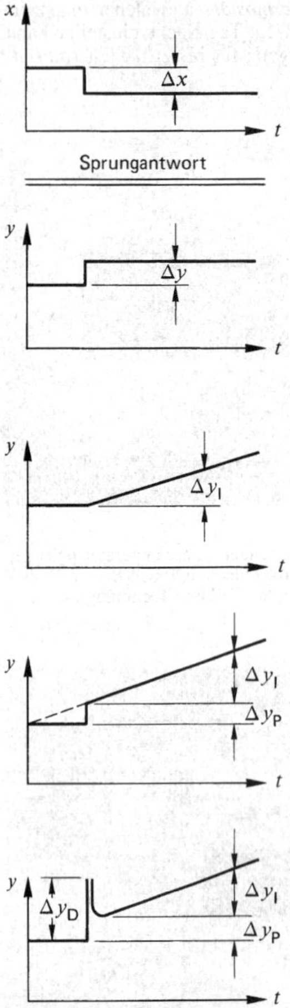

Bild 3.3.7-8. Regelübergangsfunktionen.

P-Regler: Die Änderung der Stellgröße *y* ist proportional der Änderung der Regelgröße *x*.

I-Regler: Die Stellgröße *y* ändert sich mit einer Geschwindigkeit proportional zur Regelabweichung *x*.

PI-Regler: Die Stellgröße *y* ändert sich mit einem P- und I-Anteil.

PID-Regler: Die Stellgröße *y* wird zusätzlich zur PI-Wirkung durch eine Vorhaltzeit T_v, die der Regelabweichung entgegenwirkt, beeinflußt.

reicht vom einfachen Regler ohne Anzeige bis zum Regler mit digitaler Istwertanzeige, digitaler Sollwerteingabe sowie kompletten Leitgeräten, über welche das angeschlossene Stellglied bei Umschaltung auf Handbetrieb in jede beliebige Stellung gefahren werden kann.

Diese Regler sind heute noch sogenannte *Einheitsregler,* welche je nach dem verwendeten Fühler für die Regelung von Temperatur, Feuchte oder Druck eingesetzt werden können. Werden sogenannte *aktive Fühler* verwendet, welche ein einheitliches Ausgangssignal unabhängig von der Art der Meßgrößen herausgeben, kann der Regler ohne Änderung (außer der Skala) für alle Regelaufgaben verwendet werden.

Werden *passive Fühler* verwendet (in der Regel Widerstandsfühler), dann muß die Eingangsschaltung des Reglers für diesen speziellen Fall geeignet sein.

Auf der Ausgangsseite der Regler gibt es Unterschiede, je nachdem welche Stellglieder betätigt werden sollen. Als Ausgänge stehen zur Verfügung 2-Punkt-, 3-Punkt- sowie Analogausgänge mit den üblichen Ausgangssignalen 0 (2)…10 V oder 0 (4)…20 mA.

Der untere Wert des Ausgangssignals wird auf 2 V oder 4 mA begrenzt, um beispielsweise einen Kabelbruch vom Signalwert 0% zu unterscheiden.

In Bild 3.3.7-9 ist der prinzipielle Aufbau eines solchen Reglers dargestellt.

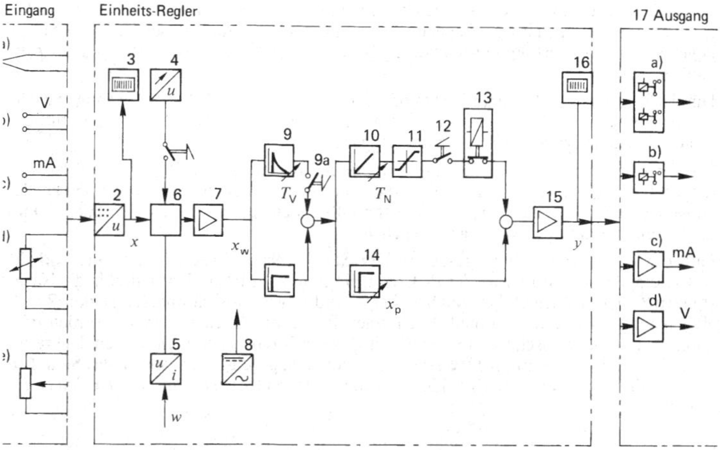

Bild 3.3.7-9. Blockschaltbild eines elektrischen Reglers.

1 Eingang (wahlweise):
  a) Thermoelement
  b) Gleichspannung 0–10 V
  c) Gleichstrom 0–20 mA
  d) Widerstandsthermometer
  e) Widerstandsferngeber

Einheitsregler:
2 Meßumformer für Istwert x
3 Istwertanzeiger
4 Sollwertgeber intern
5 Meßumformer für Sollwert w extern
6 Vergleichsstelle
7 Vorverstärker für Regelabweichung x_w
8 Stabilisiertes Netzteil
9 Differenzierglied
10 Integrierglied
11 Störungseinfluß-Begrenzer für I-Glied
12 Schalter für I-Anteile
13 Strukturumschaltung
14 P-Bereich Einsteller
15 Ausgangsverstärker für Stellgröße y
16 Anzeige Ausgangssignal
17 Ausgang (wahlweise):
  a) 3-Punkt-Ausgang
  b) 2-Punkt-Ausgang
  c) Stetiger Ausgang (Strom)
  d) Stetiger Ausgang (Spannung)

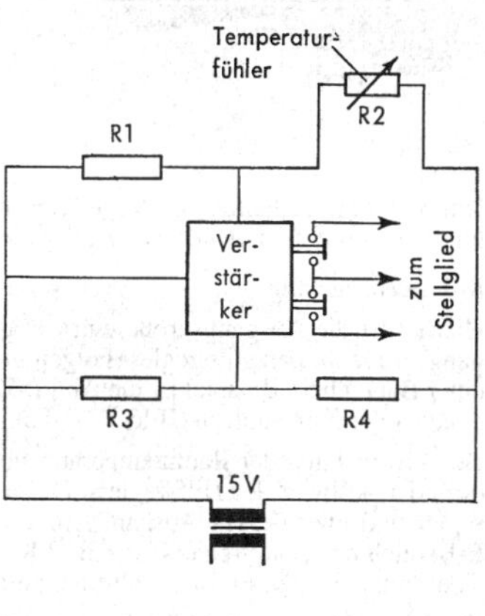

Bild 3.3.7-10. Prinzipschaltbild der elektronischen Regelung (Wheatstonesche Brücke). R_3 = Sollwertgeber

Die Arbeitsweise dieser Regler beruht darauf, daß das eingehende Meßsignal des Fühlers mit dem Signal des Sollwertgebers verglichen wird. Dies erfolgte früher fast ausschließlich in einer Brückenschaltung (Wheatstonsche Brücke), Bild 3.3.7-10. Neuerdings wird sowohl das Istwert- wie das Sollwertsignal in ein einheitliches Gleichspannungssignal umgewandelt, welches dann in einem Gleichspannungsverstärker mit Differenzeingang verglichen und daraus abgeleitet als Regelabweichung zur Verarbeitung an den Regelteil weitergegeben wird. Dort erfolgt je nach vorgegebenem Regelalgorithmus die Bildung des Ausgangssignals.

Durch Einsetzen verschiedener Steckmodule in den Regler nach Bild 3.3.7-9 kann er an die unterschiedlichsten Fühler 1 a...d angepaßt werden. Ebenso stehen Steckmodule für verschiedene Ausgangsarten 17 a...d zur Verfügung.

Das Eingangssignal wird im Meßumformer 2 dem Einheitsregler als Regelgröße x (Istwert) eingegeben und bei 3 angezeigt. In 6 wird der Istwert x mit dem Sollwert w verglichen, der entweder intern in 4 eingestellt ist oder extern über 5 eingeht. Über den Verstärker 7 wird die Regelabweichung $x_w = x - w$ ausgegeben.

Falls erwünscht, wird in 9 bei geschlossenem Schalter 9a ein D-Anteil, d.h. eine Vorhaltzeit T_v eingegeben. In 14 wird der P-Bereich eingestellt, in 10 der I-Anteil, d.h. die Nachstellzeit T_n, falls die nachfolgenden Schalter 12 und 13 geschlossen sind. Bei starker Regelabweichung x_w muß der I-Anteil durch einen Begrenzer 11 eingeschränkt werden oder durch den Strukturumschalter 13 von PI auf P völlig herausgenommen werden. Die resultierende Stellgröße y wird in 15 verstärkt und bei 16 angezeigt; Ausgabe an das Stellglied bei 17 wahlweise über a...d. Bild 3.3.7-11 zeigt einen modernen *elektronischen Universalregler.*

Bild 3.3.7-11. Digitaler Modulreglerbaustein als Ersatzregler für analoge Modulregler (Siemens Building Technologies).

Um das Regelverhalten von Regelkreisen mit großer Totzeit (z.B. Raumtemperaturregelung) zu verbessern, wählt man häufig die *Kaskadenregelung*.

Kaskadenregelung

Hierbei ist die Ausgangsgröße eines Reglers, des Haupt- oder Führungsreglers, die Eingangsgröße für den Hilfsregler (Folgeregler). Es sind also zwei Regler vorhanden, meist in einer Baueinheit. Beispiel ist die Abluft-Zuluft-Kaskadenregelung bei einer Luftheizungsanlage oder Klimaanlage (Bild 3.3.7-12).

Bei Abweichung der Raumtemperatur vom Sollwert wird nicht das Ventil verstellt, sondern der Sollwert des Hilfsreglers. Der momentane *Istwert* bestimmt über den Führungsregler und über dessen Ausgangsgröße den momentanen *Sollwert* des Hilfsreglers. Der P-Bereich des Hauptreglers ist z.B. 2 K, der des Hilfsreglers 20 K. Dann ergibt sich eine Zuordnung der Zuluft- und Ablufttemperatur gemäß Bild 3.3.7-12 rechts.

Der Übertragungsbeiwert des Reglers ist hier 20/2 = 10, d.h., die Zulufttemperatur ändert sich um 10 K, wenn sich die Raumtemperatur um 1 K ändert.

Es ist leicht einzusehen, daß bei dieser Kaskadenregelung die Raumtemperaturschwankung sehr viel geringer ist, als wenn man, wie sonst üblich, in der Zuluft einen Maximal- und Minimalregler anordnet.

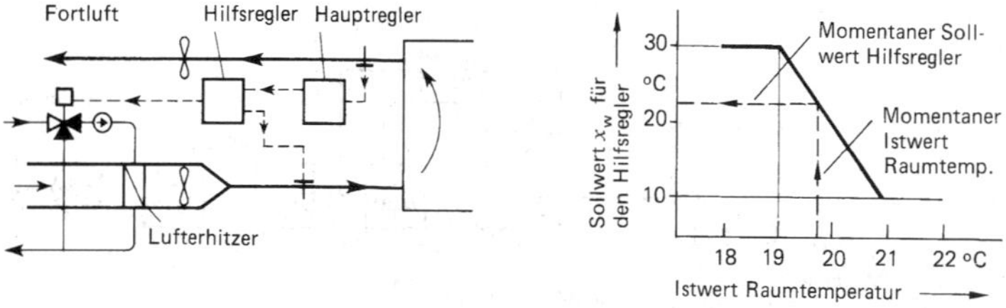

Bild 3.3.7-12. Abluft-Zuluft-Kaskadenregelung bei einer Luftheizungsanlage.
Links: Schema; rechts: Diagramm der Sollwertverschiebung

Kaskadenregelungen, die elektrisch, elektronisch oder z.T. noch pneumatisch ausgeführt werden, sind besonders dann geeignet, wenn auf eine verzugsarme Strecke (z.B. Zuluft) eine verzögerungsreiche Strecke, wie Luftheizung oder Luftkühlung, folgt. Der Hauptregler wird üblicherweise als reiner P-Regler ausgeführt, der Hilfsregler als PI-Regler.

Weitere Anwendungsmöglichkeiten bei der Raumtemperatur-Vorlauf-Kaskadenregelung.

Eine andere Möglichkeit, die Regelung an den Bedarf besser anzupassen, ist die

Störgrößenaufschaltung.

Will man einen Fühler durch einen oder mehrere andere beeinflussen, verwendet man außer der Hauptbrücke eine oder mehrere weitere Meßbrücken, wobei sich die Signale der einzelnen Brücken addieren (Bild 3.3.7-13). Der Einfluß der zusätzlichen Fühler kann dabei durch besondere *Einflußpotentiometer* von 0 bis 100% geändert werden. Verwendung etwa bei außentemperaturabhängigen Regelungen.

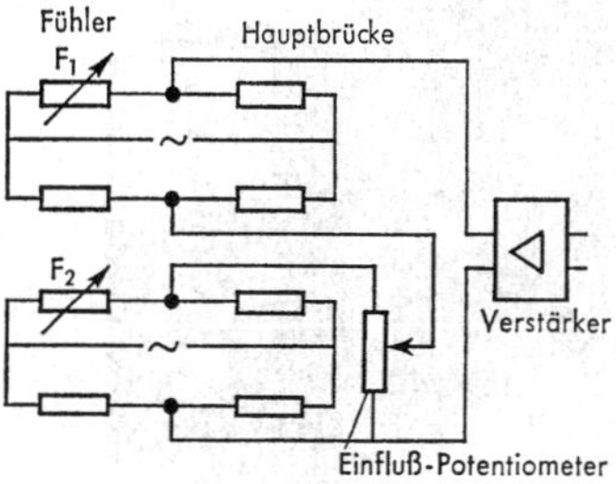

Bild 3.3.7-13. Elektronische Regelung mit Hauptbrücke und zusätzlicher Brücke für Regeleinfluß.
F_1 = Hauptfühler
F_2 = Nebenfühler

Beispiel:

Soll die Zulufttemperatur bei einer Luftheizung von 20 auf 30 °C steigen, wenn die Außentemperatur von 20 auf 0 °C fällt, dann ist der Einfluß des Außentemperaturfühlers

$$\varphi = \frac{30-20}{20-0} = 0{,}5 \mathrel{\widehat{=}} 50\%.$$

Eine sehr flexible *elektronische Regelung* mit 2 Meßumformern und zusätzlichen Führungsgrößen, Aufschaltungen, Halbleiter-Temperaturfühlern, Strukturumschaltung P/PI zeigt Bild 3.3.7-14. Über die Meßumformer 1 und 2 wird der von den Fühlern F_1 und F_2 gemessene Temperaturwert in ein analoges 0…10-Volt-Signal umgeformt und in dem Differentialverstärker verarbeitet, auf welchen noch weitere Führungsgrößen E aufgeschaltet werden können. Über die Ausgangsstufe mit Relais wird das Stellglied angesteuert.

Abmessungen der Geräte wegen der elektronischen Bauelemente sehr gering. Beispiel siehe Bild 3.3.7-15.

Anwendungsbeispiel Bild 3.3.7-16.

Ein weiteres Mittel, um die Regelgeräte bei schwierigen Regelkreisen zu verbessern, ist die

Strukturumschaltung.

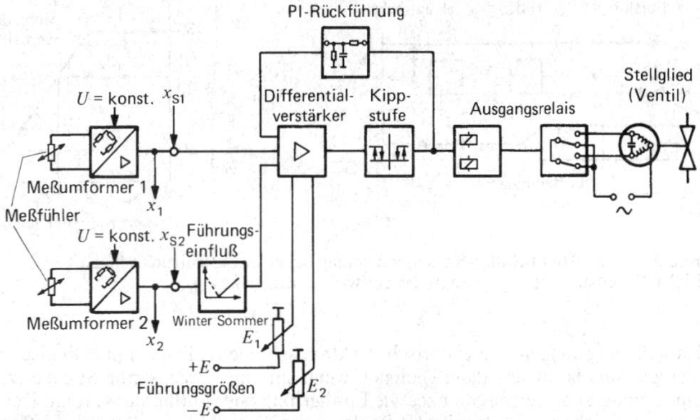

Bild 3.3.7-14. Elektronische Regelung mit Meßumformern, Verstärkern, Führungsgrößenaufschaltung mit P- oder PI-Verhalten.

x_{s1}, x_{s2} = Sollwertvorgabe; $+E, -E$ = Eingang für Führungsgrößen,
x_1, x_2 = Ausgang für Istwertanzeige, E_1, E_2 = Einflußvorgabe für E

Bild 3.3.7-15. Elektronischer Regler gemäß Bild 3.3.7-14 (JCI-Regler, System Deperm H_3).

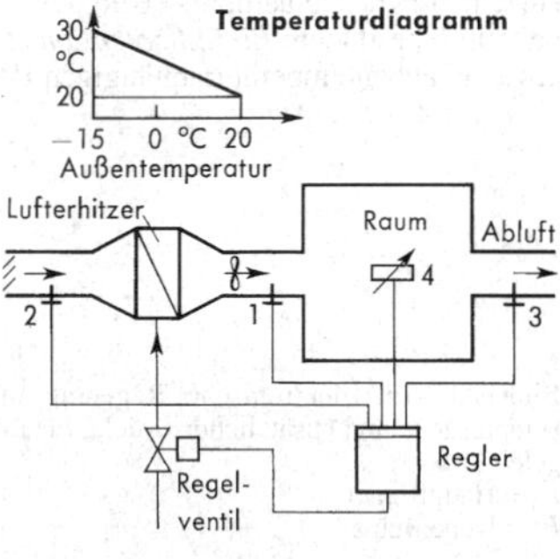

Bild 3.3.7-16. Regelung für Luftheizungsanlage mit Anhebung der Zulufttemperatur 1 im Winter durch Außenfühler 2 sowie Aufschaltung der Ablufttemperatur 3 auf Zulufttemperatur, 4 = Sollwertfernverstellung

Diese Regler können ihren Regelalgorithmus selbsttätig von P auf PI und umgekehrt umschalten. Ist die Regelabweichung sehr groß, arbeitet er als reiner P-Regler, welcher die Regelabweichung schnell ausregelt, aber leicht zum Pendeln neigt. Ist die Regelabweichung auf einen wählbaren Wert zurückgegangen, wird automatisch der PI-Algorithmus eingeschaltet. Damit vermeidet man das langsame Einschwingen des reinen PI-Reglers bei großen Sollwertabweichungen und erreicht ein weitgehend schwingungsfreies Arbeiten bei kleinen Sollwertabweichungen.

Zur Erweiterung der Einsatzmöglichkeit stehen eine ganze Reihe von Zusatzgeräten zu den Reglern zur Verfügung. Sie sind meist, wie die Regler selber, als Steck-Einheit ausgebildet und lassen sich in 19″-Rahmen zu einer funktionsfähigen Regelanlage zusammenbauen.

-1.3 Pneumatische Regler (Druckluftregler)[1]

Pneumatische Regelanlagen benutzen Druckluft als Hilfsenergie zur Kraftverstärkung. Sie bestehen in der Hauptsache aus folgenden Teilen:

Druckluftkompressor einschl. Motor und Druckluftbehälter,
den *Fühlern* für Temperatur, Feuchte, Druck usw.,
den *Membranmotoren* für Ventile und Klappen (Membranventile, Membranklappen),
den *Verbindungsleitungen* zwischen Kompressor, Fühlern und Membranmotoren aus Kupfer- oder Kunststoffrohr.

Alle Druckluftregler arbeiten mit Proportionalwirkung, d.h., daß zu jedem Wert für Temperatur, Druck oder Feuchte eine ganz bestimmte Stellung des Stellorgans gehört. P-Bereich meist einstellbar. Damit zusammenhängende Regelabweichung wird durch eine Rückführung ganz beseitigt (PI-Regler).

Man unterscheidet bei den Reglern:

d.w.-Regler (direkt wirkend),
steigender Steuerdruck bei steigendem Istwert (Temperatur, Feuchte usw.),

u.w.-Regler (umgekehrt wirkend),

bei den Stellgliedern:

d.a. = drucklos auf

d.z. = drucklos zu.

Vorteile:

Einfache Bauart, betriebssicher (explosionsgefährdete Räume), stufenlose weiche Regelung, große Stellkräfte, schnelle Bewegung möglich.

Nachteile:

Nur bei großen Anlagen billiger als elektr. Regler. Betriebsdruckluft muß sauber, trocken und ölfrei sein. Im Vergleich zu DDC wenig flexibel.

Aufgrund des rückläufigen Einsatzes pneumatischer Regler erfolgte eine ausführliche Darstellung der verschiedenen Systeme letztmalig in der 67. Ausgabe (94/95)des Fachbuches.

-2 Fühler

Ein wesentlicher Bestandteil einer Regelanlage ist der *Fühler* (Sensor), welcher die Erfassung der Regelgröße x zur Aufgabe hat. Er formt die zu messende Größe in eine für den Regler verarbeitbare physikalische Größe um. Die Eingangsgröße des Fühlers ist die zu messende Regelgröße, in der Raumlufttechnik im wesentlichen Temperatur, Feuchte und Druck. Die Ausgangsgröße kann je nach Fühlerart eine mechanische Bewegung (Ausdehnungsfühler), ein ohmscher Widerstand (Widerstandsfühler, Potentiometergeber) oder bei sogenannten aktiven Fühlern ein Einheitssignal (0 (2)–10 V, 0 (4)–20 mA, 0,2–1 bar) sein.

Die in der Heizungs- und Klimatechnik vorkommenden Meßgrößen sind in Tafel 3.3.7-1 zusammengestellt.

Tafel 3.3.7-1 Meßgrößen in Klima- und Heizungsanlagen

Temperaturen bis 150 °C	Durchfluß	Enthalpie
Temperaturen über 150 °C	Windgeschwindigkeit	Energieverbrauch elektrisch
Relative Luftfeuchtigkeit	Sonneneinstrahlung	Präsenz (Anwesenheit)
Absolute Luftfeuchtigkeit	Gaskonzentration CO_2	Position
Luftgeschwindigkeit	Raumluftqualität	Bewegung
Druck	Abgase vom Kessel	Weg
Differenzdruck	Sonstige Gaskonzentration	Niveau
Feindruck	Wärmemenge	Luftvolumen

[1]) Bender, E., u.a.: HLH 1971. S. 164/6.
Schrowang, H.: IKZ 15/72 ff.

-2.1 Temperaturfühler (siehe auch Abschnitt 1.6.3)

Temperaturfühler bestehen aus einem temperaturempfindlichen Element, welches bei Temperaturänderung (Eingang) seinen Ausgang verändert.

In der einfachsten Form ist der Fühler mit dem Regler zu einer Einheit *(Thermostat)* zusammengebaut. Dafür werden Ausdehnungsfühler verschiedener Art verwendet (siehe Bild 3.3.7-17 und Bild 3.3.7-18).

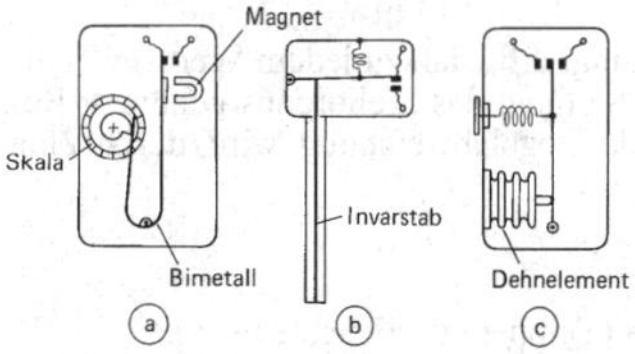

Bild 3.3.7-17. Verschiedene elektrische Thermostate (Schema).
a = Bimetallthermostat
b = Stabthermostat
c = Membranthermostat

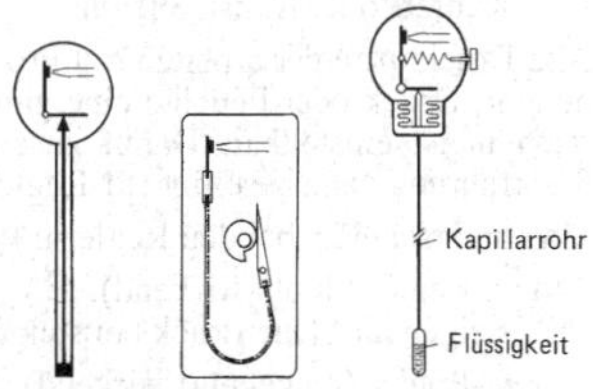

Bild 3.3.7-18. Verschiedene pneumatische Thermostate (Schema).
links: Stabthermostat
Mitte: Bimetallthermostat
rechts: Membranthermostat mit Kapillarrohr

Bei der *Bimetallfeder* sind 2 Metallstreifen von unterschiedlichem Temperaturausdehnungskoeffizient zusammengewickelt.

Beim *Stabfühler* ist ein Stab aus sich mit der Temperatur stark dehnenden Material mit einem Invarstab verbunden, welcher kaum temperaturabhängige Dehnung aufweist. Beim *Membran- und Kapillarrohrfühler* wird die temperaturabhängige Dehnung von Flüssigkeiten (z. B. Petroleum) oder Gasen (Butan, Fluorkohlenwasserstoff, z. B. Frigen) ausgenutzt.

Für die sogenannten Einheitsregler werden heute ausschließlich Meßelemente benutzt, welche ihren elektrischen Widerstand mit der Temperatur ändern. Im wesentlichen sind es Draht- oder Schichtwiderstände aus Platin oder Nickel sowie spezielle Halbleiterelemente. Letztere verändern ihren elektrischen Widerstand wesentlich stärker als die Platin- und Nickelfühler. Dafür ist die Linearität schlechter, und es muß beim Austausch auf die Kennlinie geachtet werden. Diese Fühler werden je nach Regler direkt in den Meßkreis des Reglers geschaltet (passive Fühler). Sie können aber auch mit einem Meßwertwandler zusammengebaut sein, welcher die temperaturbedingte Ohm-Wert-Änderung direkt in ein elektrisches (pneumatisches) Einheitssignal 0 (2)–10 V, 0 (4)–20 mA, (0,2–1 bar) umwandelt. Der Vorteil dieser Methode liegt vor allem in der Unabhängigkeit von der Entfernung zwischen Meßort und Regler (Bild 3.3.7-19).

Daneben werden auch weiterhin noch Thermoelemente verwendet, vorwiegend für Temperaturen > 100 °C. Diese bestehen aus 2 zusammengelöteten Metallpaaren (z. B. Kupfer-Konstantan). Bei Erwärmung entsteht eine Thermospannung, welche als Eingang für den Regler dient.

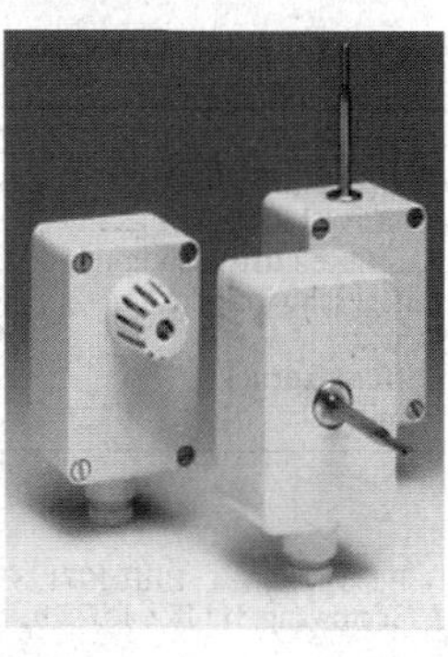

Bild 3.3.7-19. Widerstandsthermometer für Raum-, Kanal- und Außenlufttemperatur (Juchheim).

-2.2 **Feuchtefühler** (siehe auch Abschnitt 1.6.9)

Feuchtefühler benutzen als feuchteempfindliches Element hygroskopische Körper, die sich bei Änderung der relativen Feuchte ausdehnen oder zusammenziehen, z.B. Haarbündel, Seide, Baumwolle oder Kunststoffe. Zusammengebaut mit einem Schaltelement ergeben sich sogenannte *Hygrostate* (Bild 3.3.7-20 und Bild 3.3.7-21a).

Wird statt des Schaltelementes ein Potentiometer betätigt, kann der Feuchtefühler als Meßeingang für einen Regler dienen.

Moderne Feuchtefühler für Regelungen verwenden elektrische Meßverfahren, welche auf Veränderung des elektrischen Widerstandes oder der elektrischen Kapazität bestimmter Stoffe bei Feuchteänderung basieren (Bild 3.3.7-21).

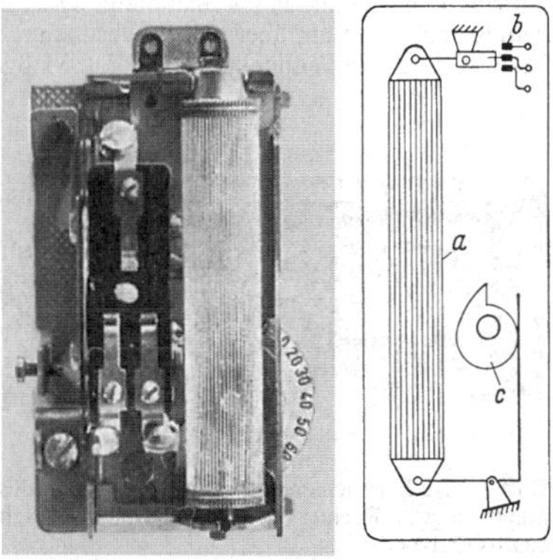

Bild 3.3.7-20. Haarhygrostat (Sauter);
rechts: Schema, links: Ansicht.
a = Haarharfe
b = Schaltkontakte
c = Sollwerteinstellung

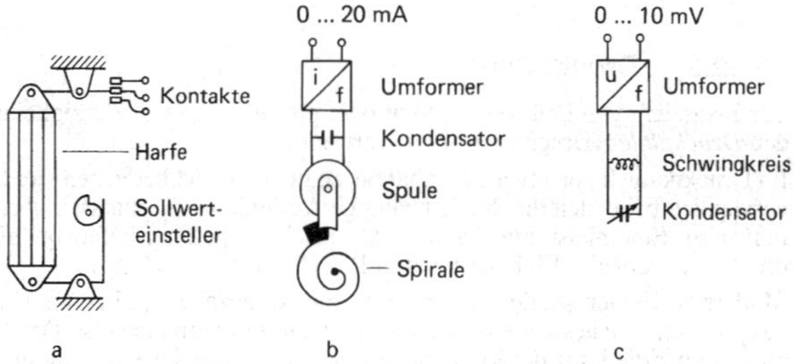

Bild 3.3.7-21. Verschiedene Feuchtefühler.
a) mit Haarharfe
b) mit Kunststoffspirale
c) mit Kondensator

Bild 3.3.7-21b zeigt einen Feuchtefühler, der aus einer Metallspirale mit feuchteempfindlicher *Kunststoffauflage* besteht; bei Feuchteänderung wird ein elektrischer Schwingkreis verstimmt und die veränderliche Frequenz durch Frequenz-Strom-Wandler in einen der Feuchte proportionalen Strom umgewandelt.

Ähnlich wirkt der Feuchtefühler in Bild 3.3.7-21c.

Das Meßelement ist hier ein feuchteempfindliches *Dielektrikum* eines Kondensators, dessen Kapazität sich mit der Luftfeuchte ändert und durch einem Frequenz-Spannungs-Wandler in eine der Feuchte proportionale Spannung umgewandelt wird.

Alle diese Verfahren haben den Nachteil, daß die Geräte relativ oft nachgeeicht werden müssen.

Ein exakter Fühler für Feuchte ist der *Taupunktspiegel.* Dieses Gerät liefert physikalisch einwandfreie Meßergebnisse, ohne daß laufend Nacheichungen notwendig sind. Diese Geräte sind aber sehr teuer und werden daher nur eingesetzt, wenn sehr genaue Regelergebnisse erforderlich sind.

Das Gerät arbeitet wie folgt (Bild 3.3.7-22): Eine vergoldete Kupferplatte wird durch ein Peltierelement abgekühlt. Unterhalb der Taupunkttemperatur beschlägt dieser Spiegel, an welchem die zu messende Luft vorbeigeführt wird, mit Tautröpfchen. Dadurch wird der zunächst gebündelte Lichtstrahl der Lampe diffus gestreut. Über den Photowiderstand und einen Regler wird die Kühl- oder Heizleistung des Peltierelements so geregelt, daß der Spiegel immer an der Grenze des Beschlagens bleibt. In diesem Zustand hat die Spiegeloberfläche definitionsgemäß Taupunkttemperatur. Diese wird durch einen Pt100 Temperaturfühler erfaßt und in ein Spannungssignal umgesetzt. Ein Anzeigeinstrument zeigt den gemessenen Wert an; über eine Buchse kann ein Regelgerät angeschlossen werden. Bild 3.3.7-22 zeigt ein Taupunktspiegelgerät. Meßgenauigkeit bis ±0,1 °C möglich.

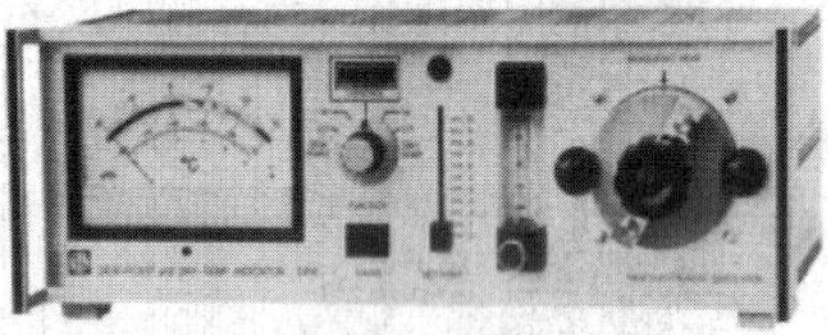

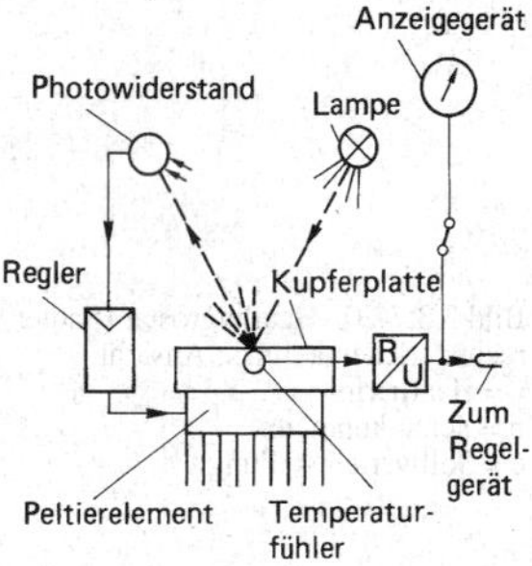

Bild 3.3.7-22. Feuchteregler nach dem Prinzip des Taupunktspiegels. Rechts: Prinzipbild; links: Ansicht des Geräts (MBW).

-2.3 Druckfühler

Zur Erfassung von Drücken (absolut oder als Differenz) in Flüssigkeiten und Gasen werden *Druckfühler* (Drucktransmitter) verwendet.

Im Druckbereich von etwa 100 mbar bis zu hohen Druckbereichen werden Membrandosen verwendet, bei denen die druckabhängige Auslenkung mechanisch über Potentiometer erfaßt wird. Eine meist eingebaute elektronische Schaltung liefert bei *aktiven Fühlern* ein druckproportionales Einheitssignal 0(2)…10 V oder 4…20 mA.

Modernste Fühler werden mit einer Keramikmeßzelle (gesintertes Oxidkeramik Al_2O_3) ausgerüstet, welches mit einem Plattenkondensator verbunden ist. Das Meßsignal wird kapazitiv über die Lage der Membran erfaßt, wobei sich die Kapazität umgekehrt proportional zum Druck an der Meßzelle verhält. Der aktive Fühler gibt über eine integrierte elektronische Schaltung ein druckproportionales Einheitssignal 4…20 mA heraus.

Verschiedene Meßbereiche von 2…10 bis 600…3000 mbar (Bild 3.3.7-23).

Vorteile dieser Fühlergeneration: Hohe Meßgenauigkeit und weitgehend driftfrei. Hohe Spanne zwischen kleinen und großen Drücken. Relativ hoch überlastbar. Meßorgan (Keramik) korrosionsfest gegen fast alle Medien.

Für die in RLT-Anlagen häufig zu messenden Drücke von 0…10 Pa (0,1 mbar) werden spezielle Fühler verwendet.

Einen Membrandruckfühler mit elektrischer Meßumformung zeigt im Schema Bild 3.3.7-24.

Arbeitsprinzip: Der zu messende Druck wird über Anschlußtüllen 1 auf die Meßmembran 2 gegeben. Die von bandgelagerten Lenkern 3 geführte Membran ist über eine Durchführung 4 kraftschlüssig mit einer in einem Magnetfeld 5 befindlichen Tauchspule 6 verbunden. Ein von einem Lagesensor 7 angesteuerter Regler 8 steuert den elektrischen Strom in der Tauchspule, bis die Kraft der Tauchspule die von der Membran erzeugten Kraft

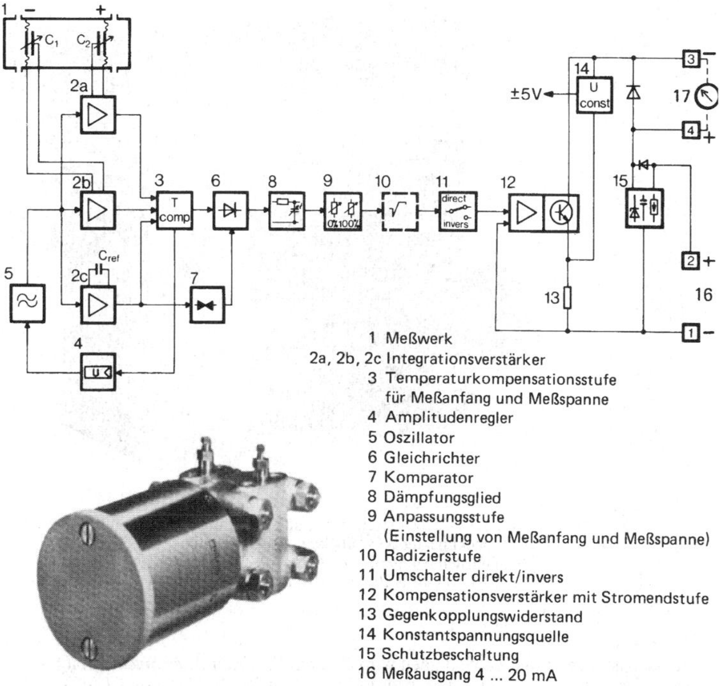

1 Meßwerk
2a, 2b, 2c Integrationsverstärker
3 Temperaturkompensationsstufe für Meßanfang und Meßspanne
4 Amplitudenregler
5 Oszillator
6 Gleichrichter
7 Komparator
8 Dämpfungsglied
9 Anpassungsstufe (Einstellung von Meßanfang und Meßspanne)
10 Radizierstufe
11 Umschalter direkt/invers
12 Kompensationsverstärker mit Stromendstufe
13 Gegenkopplungswiderstand
14 Konstantspannungsquelle
15 Schutzbeschaltung
16 Meßausgang 4 ... 20 mA
17 Wahlweise örtliche Ist-Anzeige

Bild 3.3.7-23. Aktiver Druckfühler mit Keramik-Meßzellen für verschiedene Druckbereiche von 2…10 mbar bis 600…3000. Blockschaltbild und Ansicht (Philips).

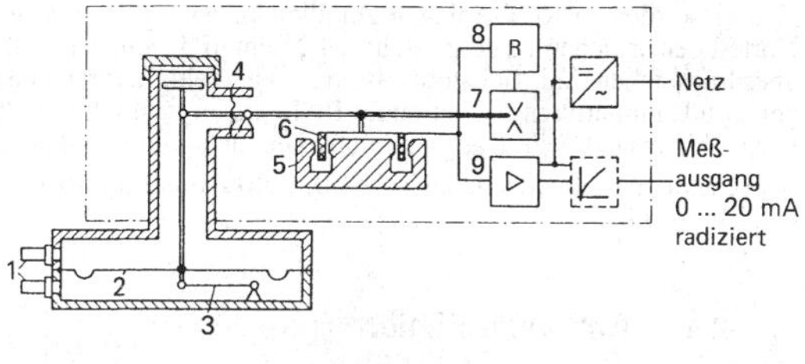

Bild 3.3.7-24. Aktiver Membran-Druckfühler mit elektrischer Meßumformung. Verschiedene Meßbereiche zwischen 0…10 Pa und 0…1000 Pa. Ausgang linear oder radiziert 0…20 mA. Legende siehe Text (Grillo).

kompensiert. Der elektrische Strom in der Tauchspule ist somit ein Maß für den Druck. Eine Elektronik-Schaltung 9 setzt den Tauchspulstrom um in 0…20 mA.

Für Durchflußmessungen nach dem Wirkdruckverfahren oder für Geschwindigkeitsmessungen nach dem Staudruckverfahren kann der Meßumformer auch mit einem radizierenden Ausgangssignal ausgeführt werden.

Ein anderes Meßprinzip für sehr kleine Druckdifferenzen arbeitet mit der Umwandlung des Druckes in eine Geschwindigkeit. Bei dem Gerät nach Bild 3.3.7-25 strömt in einem Meßbehälter eine kleine Luftmenge über die Meßleitung entsprechend dem Differenzdruck, der

Bild 3.3.7-25. Differenzdruckfühler für Luft und nicht aggressive Gase. Mit drucklinearer oder druckradizierter Kennlinie. Mediumstemperatur 0…70 °C, Ansprechzeit <10 ms, Ausgangssignal DC 0…10 V (Siemens Building Technologies).

zu messen ist. Die Luftgeschwindigkeit wird über ein *Hitzdraht-Anemometer* erfaßt und in einer elektronischen Schaltung in ein druckproportionales Ausgangssignal 0(2)…10 V umgesetzt.

Der Vorteil dieses Geräts liegt in seinem einfachen Aufbau. Dieses ergibt einen günstigen Preis. Für nicht aggressive Gase bis max. 50 °C geeignet, z. B.: Regeln des Überdrucks belüfteter Räume, des Kanaldrucks in VVS- oder 2-Kanal-Anlagen, des Unterdrucks in Feuerungsräumen von Kesseln.

Häufig werden in RLT-Anlagen zur Druckmessung auch *Ringwaagen* eingesetzt. Dem Vorteil der örtlichen Anzeige steht der Nachteil gegenüber, daß diese Geräte nur bedingt überdrucksicher sind. Bei stoßweise oder kurzzeitig auftretenden Drücken, z. B. Zuschlagen von Kammertüren bei laufender RLT-Anlage, wird die Meßflüssigkeit aus dem Ringkörper hinausgedrückt. Das Gerät muß dann neu gefüllt und geeicht werden.

Verschiedene Meßbereiche zwischen 0…200 Pa und 0…10 000 Pa. Aktiver Ausgang mit 4…20 mA (Grillo).

-2.4 Enthalpie-Fühler

Diese werden für energieoptimierten Betrieb von Klimaanlagen benötigt, z. B. zur Erfassung der Enthalpie-Differenz zwischen Außen- und Abluft zur Regelung insbesondere regenerativer *Wärmerückgewinner*. Die Enthalpie wird gemessen mit je einem Fühler für die relative Feuchte und die Temperatur, Elektronik bestimmt daraus die Enthalpie (Bild 3.3.7-26).

-2.5 Sonstige Fühler

sind Niveaufühler, CO_2-Fühler[1)], Helligkeitsfühler, Luftqualitätsfühler (s. Abschn. 3.5.1-1.4) u. a.

[1)] Blodau, A.: Hard and Soft 4/88. S. Xff.

Bild 3.3.7-26.
Raumfühler für relative Feuchte und Temperatur
Meßbereich Feuchte 0…100 %rH
Meßbereich Temperatur 0…50 / –35…+35 °C
Meßgenauigkeit bei 20 °C im Bereich 0…90 %rH: ±2 %rH
Ausgangssignal DC 0…10 V
Ausgangssignal Temperatur DC 0…10 V
(Siemens Building Technologies).

-3 Stellantriebe

Bei den *elektrischen Stellmotoren* dient zum Antrieb im allgemeinen ein Kondensatormotor mit 2 Wicklungen und konstanter Drehzahl, der je nach dem Steuerimpuls rechts- oder linksherum läuft und dabei über ein Rädergetriebe oder eine Hebelübersetzung das Stellglied (Ventil oder Klappe) in Bewegung setzt.

Der Hub kann bei den meisten Fabrikaten verstellt werden. Die jeweilige Lage des Stellarmes soll außen sichtbar sein.

Für kleine Leistungen werden auch federbelastete Stellmotoren verwendet, die bei Stromausfall in eine Endlage zurücklaufen, oder *Magnetantriebe* für Auf- und Zubewegung (Magnetventile und magnetbetätigte Klappen).

Elektrothermische Antriebe wirken durch einen Dehnstoff, der bei Erwärmung einen Hub erzeugt.

Bei Auswahl der Motoren für Klappen ist die Größe zu berücksichtigen. Große Klappen erfordern stärkere Motoren.

Ausführungsbeispiele Bild 3.3.7-27 bis Bild 3.3.7-30.

Eine Sonderbauart ist das stufenlos arbeitende *Magnetventil,* Bild 3.3.7-31. Es wird mittels einer elektronischen Schaltung durch einen mit Phasenanschnitt geänderten Gleichstrom betätigt. Der reibungsarm gelagerte Anker überträgt seine Bewegung bei jeder Spannungsänderung auf den Ventilkegel. Auch mit Normschnittstelle für Eingang 0(2)…10 V für DDC.

Eingesetzt werden *intelligente* Stellantriebe[1)] mit integrierter Mikroelektronik (Bild 3.3.7-32). Die Funktionen, die konventionell Endschalter und Stellungsmelde-Potentiometer übernehmen, werden durch Zählen der Umdrehungen und Drehrichtung durch den Inkrementgeber (2 Hall-Sensoren) softwaremäßig übernommen. Die Elektronikeinheit ermöglicht folgende Funktionen: Adaptiver, schaltender Stellungsregler; zuschaltbarer P- und PI-Führungsregler; Stellungserfassung und Endlagenerkennung (schaltet Motor ab, automatisiert Inbetriebsetzung), Störmeldung.

Bei den *pneumatischen Stellmotoren* dient zum Antrieb im allgemeinen eine Membran oder ein Federkörper (Faltenbalg), deren durch den Steuerdruck bewirkte Bewegung direkt oder durch eine Hebelübersetzung auf die Klappe bzw. das Ventil übertragen wird. Ihre

---

[1)] Grieb, H., u. E. Linzenkirchner: Ki 3/89. S. 125/9.

Bild 3.3.7-27. Elektrischer Stellmotor (links) zum Antrieb einer Klappe mit elektr. Volumenstromregler (Belimo).

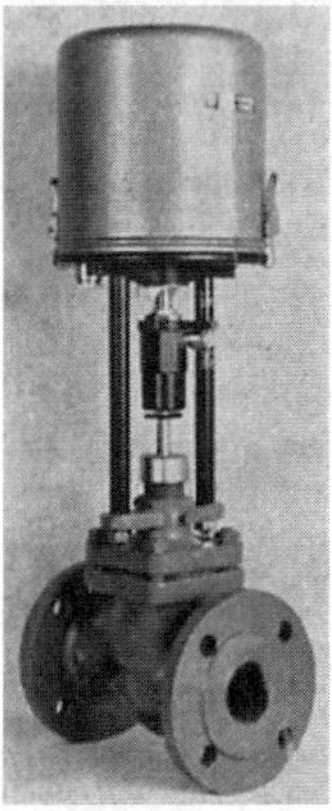

Bild 3.3.7-28. Elektrisches Regelventil mit Kondensatormotor und Räderübersetzung (Kieback & Peter).

Bild 3.3.7-29. Elektrisches Regelventil mit Kondensatormotor und Gestänge für die Ventilspindel (Honeywell).

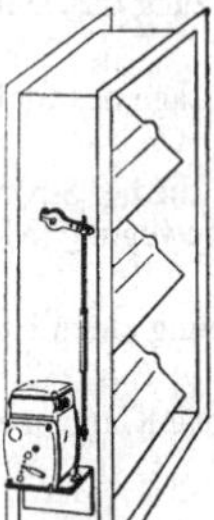

Bild 3.3.7-30. Elektrischer Stellmotor mit Gestänge an Klappe angebaut (Modutrolmotor Honeywell).

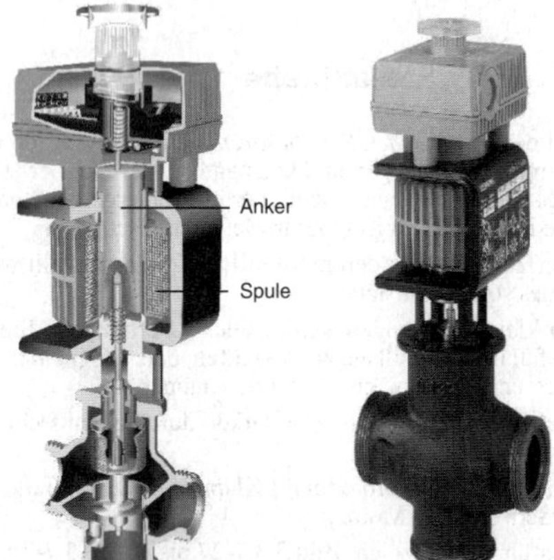

Bild 3.3.7-31. Misch- bzw. Durchgangsventil mit Magnetantrieb und Mikroprozessorsteuerung zur stetigen Regelung von Kalt- und Warmwasseranlagen. Links: Schnitt; rechts: Ansicht (Siemens Building Technologies).

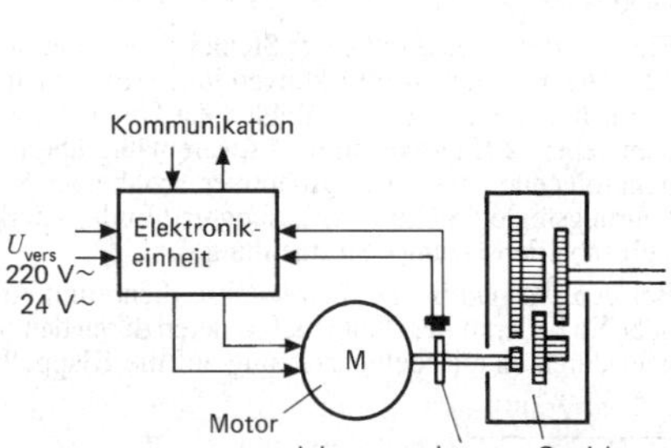

Bild 3.3.7-32. Intelligenter elektr. Stellantrieb; Schema (INA, Siemens).

Antriebskraft ist meistens größer als die der elektrischen Motore (Bild 3.3.7-33). Bei der Schaltung der Ventile ist zu beachten, ob sie bei Druckabfall öffnen oder schließen.

Für Induktions- und Mischgeräte verwendet man pneumatische, proportional wirkende Stellantriebe, die nach dem Kolbenprinzip mit Rollmembran aus Gummi und einer Druckfeder arbeiten. Beispiel Bild 3.3.7-34.

Bild 3.3.7-35 zeigt als Beispiel einen Stellmotor zum Antrieb einer Klappe. Im Druckgehäuse befindet sich der Federkörper, der durch eine Hebelübersetzung das Gestänge für die Klappe betätigt. Die Übersetzung zwischen Hebel und Klappe kann verstellt werden. Beim Sinken des Steuerdruckes Rückholung durch Feder. Je nach Lage des Motors ist Klappe drucklos auf oder zu. Für genaue Regelung und zum Ausgleich der Lagerreibung Stellungsrelais, wodurch Stellgrößenbewegung proportional dem Steuerdruck wird.

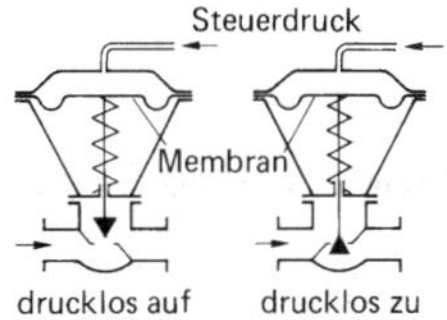

Bild 3.3.7-33. Durchgangsventile mit pneumatischem Antrieb.

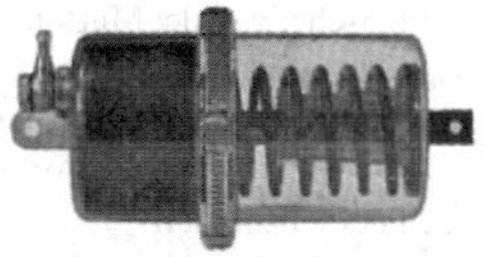

Bild 3.3.7-34. Pneumatischer Stellmotor für VVS- und Induktionsgeräte (LTG).

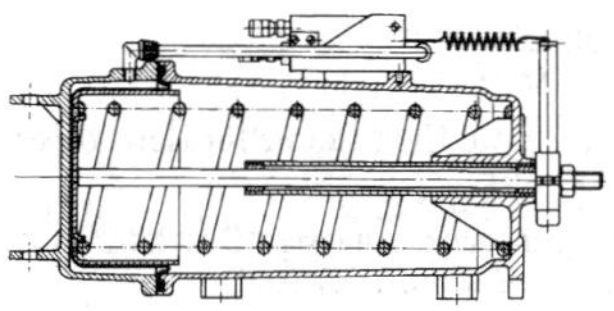

Bild 3.3.7-35. Pneumatischer Stellmotor für Klappen mit Rollmembrane und angebautem Stellungsrelais (JCI).
Links: Schema; rechts: Ansicht

Bild 3.3.7-36 zeigt Stellmotor für Ventilantrieb. Antriebselement ist eine Membran, die über Membranteller direkt die Spindel betätigt. Rückholung der Spindel durch Feder. Außen Stellungsanzeiger. Ventil mit Schlitzkegel.

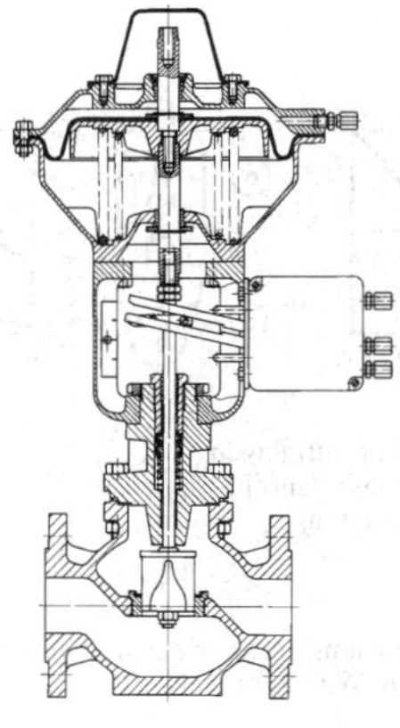

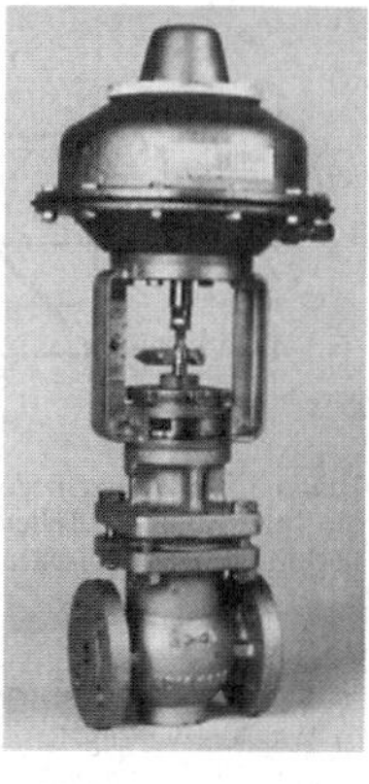

Bild 3.3.7-36. Pneumatisches Ventil mit Membran und angebautem Stellungsrelais (JCI).
Links: Schnitt; rechts: Ansicht

-4 Stellventile[1]

Allgemeines (siehe auch Abschn. 2.3.7-3)

Stellventile sind diejenigen Teile im Regelkreis, die auf Grund eines Signals vom Regler den Energiestrom (Wasser oder Dampf) verändern. Fast in jeder Regelung von Klimaanlagen sind Stellventile vorhanden. Ihre richtige Auswahl ist von großer Bedeutung. Das Stellventil soll dem Vollastfall genügen und einen möglichst linearen Zusammenhang zwischen Stellgröße und Regelgröße herstellen.

Man unterscheidet außer nach Nennweite *DN* und Nenndruck *PN* folgende Grundformen:

nach dem Material des Gehäuses
Gehäuse aus Grauguß, Rotguß, selten Stahlguß, Sitz und Kegel aus Rotguß, rostfreiem Stahl

nach der Verbindungsart
Flanschenventile, Muffenventile (DN 6, 10, 16, 25)

nach der Bauform
Durchgangsventile, Dreiwegeventile als Misch- oder Verteilventile, Vierwegeventile, Einsitz- und Doppelsitzventile

nach der Antriebsart
Elektrische und pneumatische Ventile, Magnetventile, Thermostatventile

nach der Ventilöffnung
siehe Bild 3.3.7-37

nach der Arbeitsweise
bei pneumatischen Ventilen: „drucklos auf“ und „drucklos zu“
bei elektrischen Ventilen je nach Schaltung „auf“ oder „zu“.

Außerdem gibt es noch eine Anzahl *Spezialausführungen* wie Kleinventile für Heizkörper, Sequenzventile, Expansionsventile u.a.

Bei der Bemessung aller Ventile sind zu beachten: Nenndruck, zulässige Druckdifferenz über dem Ventil, der k_v-Wert und die Ventilkennlinie (s. Abschn. 2.3.7-3).

k_v-Werte

Der k_v-Wert dient zur Angabe der Durchflußkapazität eines Ventils. Er bezeichnet den Durchfluß in m³/h von Wasser (ϱ = 1000 kg/m³) bei einem Druckabfall von 1 bar und ist durch Messungen festzustellen. (In den USA ist der C_v-Wert üblich, entsprechend dem Durchfluß in gal/min bei einem Druckabfall von 1 lb/sq in. $k_v = 0{,}86\ C_v$, $C_v = 1{,}17\ k_v$.)

Man berechnet bei Wasser k_v nach der Formel:

$$k_v = \dot{V} \cdot \sqrt{\frac{1\ \text{bar} \cdot \varrho}{\Delta p_v \cdot 1000\ \text{kg/m}^3}} \quad \text{in m}^3\text{/h}$$

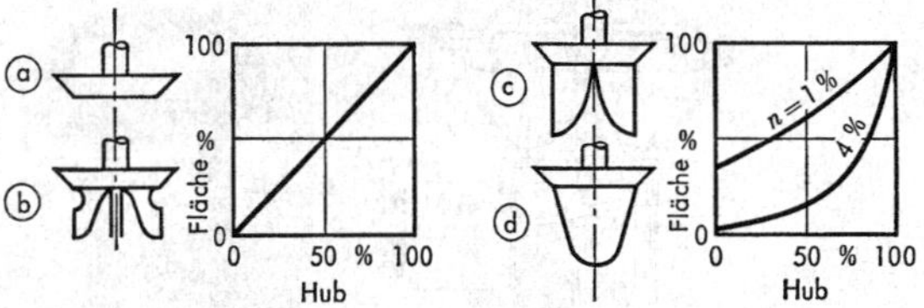

Bild 3.3.7-37. Verschiedene Ventilöffnungen.
a = Tellerventil, *b* = Tellerventil mit Führungsrippen, *c* = Ventil mit logarithmischen Toren, *d* = Vollkegel mit logarithmischer Profilierung

[1]) VDI/VDE 2173(09.92): Strömungstechn. Kenngrößen von Stellventilen.
Wagner, W.: Regelarmaturen. Würzburg 1996.

mit ϱ = Dichte des Mediums in kg/m³ (temperaturabhängig)

Mit k_{vs} wird der k_v-Wert einer Ventilserie beim Hub H = 100% bezeichnet, mit k_{vo} der extrapolierte k_v-Wert beim Hub H = 0. Die k_{vs}-Werte werden durch Versuche ermittelt und vom Hersteller in seinen Listen angegeben.

Regelventile der Hersteller werden für jede Nennweite mit verschiedenen k_v-Werten geliefert. Übliche Werte von k_v = 0,25 bis 500 m³/h. Bild 3.3.7-38.

Ventile schließen gegen die Strömungsrichtung.

Beispiel:

Wie groß ist bei einem Stellventil mit k_{vs} = 3 (in m³/h) und einem Druckabfall von 0,01 bar (10 mbar) der Durchfluß $\dot{V}$ für ϱ = 1000 kg/m³?

$$\dot{V} = k_{vs} \cdot \sqrt{\frac{\Delta p_v}{1 \text{ bar}}} = 3 \ \frac{\text{m}^3}{\text{h}} \cdot \sqrt{\frac{0{,}01 \text{ bar}}{1 \text{ bar}}} = 0{,}3 \ \frac{\text{m}^3}{\text{h}}$$

Für *Stellklappen* in Rohrleitungen gelten ähnliche Kenngrößen, siehe VDI/VDE 2176 Bl. 1 (02. 71).

Grundformen der Kennlinien

Unter der Ventilkennlinie versteht man die Abhängigkeit des k_v-Wertes vom Hub. Die k_v-Werte werden häufig in Prozent von k_{vs} angegeben.

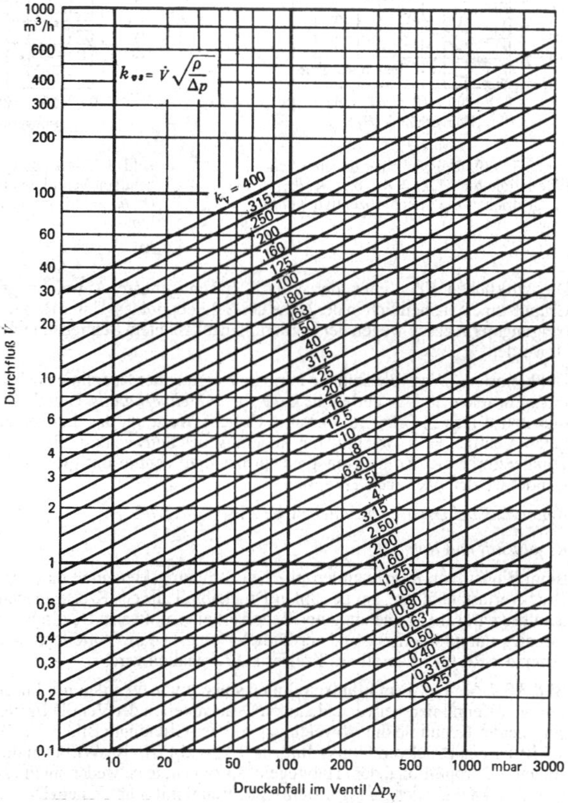

Bild 3.3.7-38. Diagramm zur Bestimmung der k_v-Werte von Ventilen.

Bei der *linearen Kennlinie* gehören zu gleichen Änderungen des Hubes H gleiche Änderungen des k_v-Wertes (Bild 3.3.7-39). Bezeichnung z.B. Ventil lin 25.

Bei der *gleichprozentigen* Kennlinie gehören zu gleichen Änderungen des Hubes gleiche prozentuale Änderungen des jeweiligen k_v-Wertes bezogen auf den Ausgangs-k_v-Wert vor der Änderung (Bild 3.3.7-40). Gerade Linie bei logarithmischer Ordinatenachse. Verschiedene Neigungen (Schnittpunkt mit der Ordinatenachse) möglich. Neigungskennlinie $n = \ln k_{vs}/k_{vo}$. Bezeichnung z.B. Ventil gl 100/4 = gl 25 mit der Neigung $n = \ln 25 = 3{,}2$.

Beispiel:

Vergrößert man den Hub um 1%, so erhöht sich k_v/k_{vs} bei der linearen Kennlinie ebenfalls um 1%;

bei der gleichprozentigen Kennlinie gl 25 dagegen ist

$k_v/k_{vs} = k_{vo}/k_{vs} \cdot e^{n \cdot H/H_{100}} = 0{,}04 \cdot e^{3{,}2 \cdot 0{,}01} = 0{,}04 \cdot 1{,}032$,

so daß sich k_v/k_{vs} an jeder beliebigen Stelle um 3,2% erhöht, wenn der Hub H um 1% vergrößert wird.

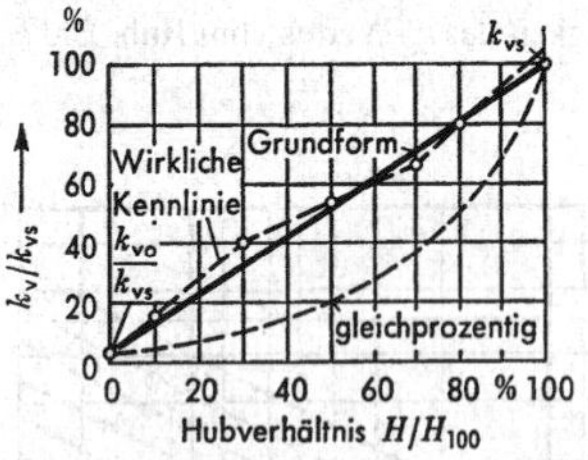

Bild 3.3.7-39. Beispiel einer linearen Ventilkennlinie mit k_{vo}/k_{vs} = 4% bzw. k_{vs}/k_{vo} = 25, gestrichelt die gleichprozentige Kennlinie.

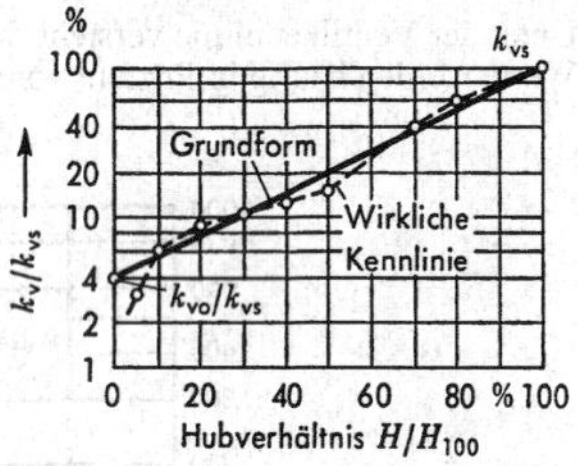

Bild 3.3.7-40. Beispiel einer gleichprozentigen Ventilkennlinie mit k_{vo}/k_{vs} = 4% (k_{vs}/k_{vo} = 25) in logarithmischer Darstellung.

Die wirklichen Kennlinien der Ventile haben gewisse Abweichungen gegenüber den Grundformen, namentlich in der Nähe des Schließpunktes. Unter Hub H = 10% braucht die Neigung der Kurven wegen der Forderung nach dichtem Schließen nicht mehr eingehalten zu werden.

Der kleinste k_v-Wert, bei dem die normale Neigung der Kennlinie noch vorhanden ist, wird mit k_{vr} bezeichnet. Das Verhältnis k_{vs}/k_{vr} heißt *Stellverhältnis*. Unterhalb k_{vr} wird Regelung (aus konstruktiven Gründen) unstabil. Übliche Werte für das Stellverhältnis ≈20…30, bei guten Ventilen ≈50. Wichtig für Regelung bei Schwachlast. Bei Regelung im unteren Temperaturbereich sollten nur gleichprozentige Ventile mit großem Stellverhältnis verwendet werden oder auch 2 Ventile.

Kennlinien bei Dreiwegeventilen siehe Abschn. 2.3.7-3.

Regelventil und Rohrnetz

Beim Einbau von Regelventilen in einen Strömungskreis muß das Ventil einen gewissen Druckverlustanteil Δp_v am gesamten Druckabfall Δp des Kreises haben (Ventilautorität), damit es wirksam ist und ein gutes Regelverhalten aufweist. Dadurch steigt jedoch die notwendige Pumpförderhöhe und der Pumpleistungsbedarf. Vorteilhaft sind Schaltungen, bei denen der Restdruckabfall des Kreises klein gehalten wird.

Bild 3.3.7-41 zeigt Durchflußkennlinien sowohl von Ventilen mit linearen wie gleichprozentigen Kennlinien bei verschiedenen Druckanteilen der Ventile im Netz. Man sieht, daß bei linearer Kennlinie die Abweichung von der Grundlinie Bild 3.3.7-39 um so größer ist, je kleiner das Druckverhältnis *(Autorität)* $P_v = \Delta p_v/\Delta p$ ist. Will man die Durchflußmenge annähernd proportional dem Hub regeln, so kann man entweder ein lineares Ventil mit großem Druckabfall oder ein logarithmisches Ventil mit sehr kleinem Druckabfall wählen. Für die Berechnung des Volumenstroms bei konstanter Gesamtdruckdifferenz gilt die Beziehung

$$\dot{V}/\dot{V}_{100} = \frac{1}{\sqrt{1 + P_v \left[\left(\frac{k_{vs}}{k_v} \right)^2 - 1 \right]}}$$

Beispiel:

Wie groß ist der Volumenstrom $\dot{V}$ bei einem gl 25-Ventil mit k_{vs} = 10, Autorität P_v = 0,5, Druckabfall im Ventil Δp_v = 0,2 bar, Hub = 50%, ϱ = 1000 kg/m³?
$\dot{V}/\dot{V}_{100}$ = 0,28 aus Bild 3.3.7-41 rechts

$$\dot{V}_{100} = k_{vs} \cdot \sqrt{\frac{\Delta p_v}{1\ \text{bar}}} = 10\ \frac{\text{m}^3}{\text{h}} \cdot \sqrt{\frac{0{,}2\ \text{bar}}{1\ \text{bar}}} = 4{,}47\ \frac{\text{m}^3}{\text{h}}$$

$\dot{V}$ = 0,28 · 4,47 = 1,25 m³/h.

Neue elektrisch angetriebene Ventile haben eine elektronisch einstellbare Kennlinie, umschaltbar von linear auf gleichprozentig (L & G).

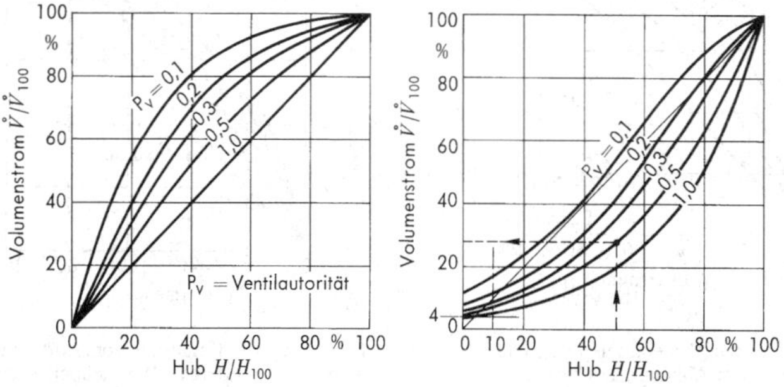

Bild 3.3.7-41. Durchflußkennlinie von Regelventilen mit linearer und gleichprozentiger Kennlinie bei verschiedenen Autoritäten P_v
Links: lineare Kennlinie; rechts: logarithmische Kennlinie

Regelventil und Wärmeübertrager[1)]

Bei allen Wärmeübertragern ist die übertragene Wärme nicht der durchfließenden Wassermenge proportional. Sie ist von vielen Faktoren abhängig, z.B. Art der Durchströmung (Gegenstrom, Kreuzstrom), Temperaturunterschied, Art der Schaltung usw. Die aufgestellten Kennlinien, die das Verhältnis der Wärmeleistung zur Wassermenge angeben, sind daher sehr unterschiedlich. Bei geringer Durchflußmenge wird bereits eine relativ große Wärmeleistung erreicht.

Angenähert läßt sich der Verlauf der Kennlinie (nach Würstlin) durch folgende Formel angeben:

$$\frac{Q}{Q_{100}} = \frac{1}{1 + a\, \dfrac{1 - \dot{V}/\dot{V}_{100}}{\dot{V}/\dot{V}_{100}}}$$

a = Auslegungskennwert

---

1) Scheurer, E.: HLH 1971. S. 279/84 u. 341/6.
VDI/VDE-Richtlinie 3525 Bl. 1 (12.82): Regelung von RLT-Anlagen; Grundlagen.
Junker, B.: Ki 3/77. S. 89/94.
Rasch, H.: HLH 9/79. S. 325/9.
Paikert, P.: HLH 8/80. S. 285/8.

Diese Gleichung ist in Bild 3.3.7-42 dargestellt. Der *Wärmeübertrager-Kennwert a* ist darin für Kreuzstromwärmeaustauscher (Temperaturen bei V=100%)

bei Wasserstromregelung

Vorwärmer $a = 0{,}6 \dfrac{\Delta tw}{t_{we} - t_{La}}$

Nachwärmer $a = 0{,}6 \dfrac{\Delta tw}{t_{we} - t_{Le}}$

bei Mischregelung wie vor ohne den Faktor 0,6,
bei Dampf $a = 1{,}0$.

Je kleiner a ist, desto stärker ist die Krümmung der Kennlinie.
Übliche Wärmeleistungs-Kennlinien in Bild 3.3.7-43.

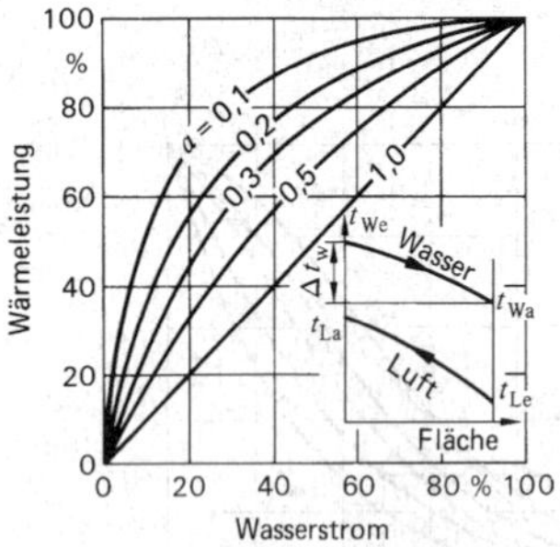

Bild 3.3.7-42. Betriebskennlinien von Wärmeaustauschern in Abhängigkeit vom Auslegungswert a.

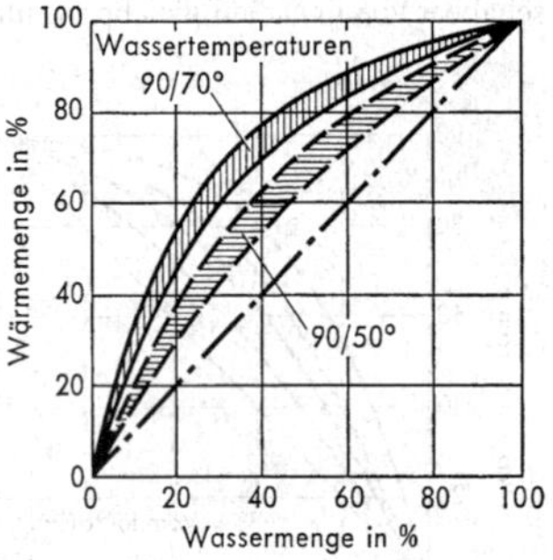

Bild 3.3.7-43. Kennlinie von Lufterhitzern bei mittleren Wärmeübertrager-Kennwerten a.

Beispiel:

Heizwasser 90/70 °C, Vorwärmung von –15 auf +20 ° ergibt
bei Wasserstromregelung $a = 0{,}6 \cdot 20/(90 - 20) = 0{,}17$
bei Mischregelung $a = 0{,}28$.

Übliche a-Werte bei Lufterhitzern 0,15…0,30.

Große *Temperaturspreizung* auf der Wasserseite ist regeltechnisch günstig und bringt die Kennlinie der geradlinigen Idealform näher, wie deutlich aus Bild 3.3.7-43 ersichtlich ist.

Durch Verbindung der Diagramme aus Bild 3.3.7-42 und Bild 3.3.7-43 erhält man das Diagramm in Bild 3.3.7-44, aus dem die *Wärmeabgabe* des Austauschers bei verschiedenen Druckabfallanteilen des Ventils und verschiedenen a-Werten ersichtlich ist. Man nennt die Darstellung *Betriebskennlinie* oder *Leistungskennlinie*. Man erkennt sofort, daß auch hier Ventile mit linearen Kennlinien sehr ungünstig sind. Bei einem Hub von 20% und einem Druckverhältnis $\Delta p_V/\Delta p = 0{,}1$ ergibt sich bei $a = 0{,}15$ bereits eine Wärmeabgabe von 88%. Daher für Drosselregelung von Wärmeaustauschern soweit möglich nur Ventile mit gleichprozentiger Kennlinie verwenden; $\Delta p_V/\Delta p \approx 0{,}20 \ldots 0{,}50$.

Man erkennt auch, daß bei größerer Temperaturspreizung und damit größerem a-Wert die Kennlinien günstiger werden.

Ähnliches gilt für Beimischregelung mit Dreiwegeventilen. Auch hier ist auf genügenden Druckabfall im Ventil zu achten. Als Einflußgröße kommt das Verhältnis Druckverlust im volumenkonstanten zum Druckverlust im volumenvariablen Teil hinzu; ist dieses größer als 3, spielt die Ventilautorität für die Auslegung eine untergeordnete Rolle.[1)]

[1)] Roos, H.: Hydraulik der Wasserheizung. München, Wien 1995.

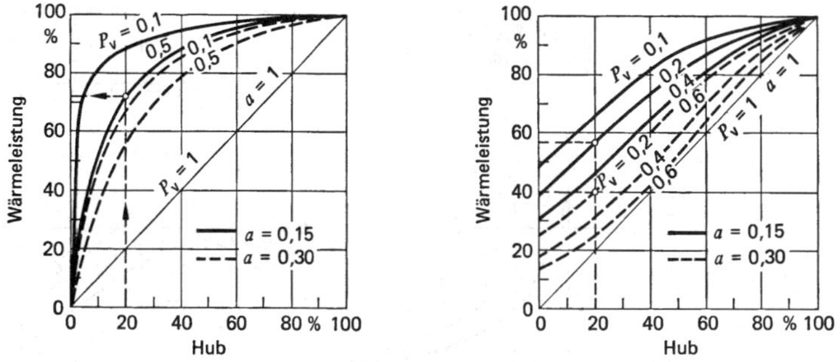

Bild 3.3.7-44. Leistungskennlinien von Lufterhitzern in Abhängigkeit vom Ventilhub und von der Ventilautorität P_v
Links: lineare Ventile; rechts: gleichprozentige Ventile

Beispiel:

Ein WW-Lufterhitzer habe einen Regelbereich von 40 K und das dazugehörige gleichprozentige Ventil eine Autorität von $P_v = 0,2$. Dann ist gemäß Bild 3.3.7-44 rechts bei einem Hub von 20% die Temperaturänderung Δt beim Wärmeübertrager-Kennwert

$a = 0,15 \quad \Delta t_L = 0,57 \cdot 40 = 23$ K
$a = 0,30 \quad \Delta t_L = 0,40 \cdot 40 = 16$ K

Die günstigste *Ventilautorität* läßt sich bei bekanntem Auslegungskennwert a angenähert aus Bild 3.3.7-45 entnehmen. Auf der *Grenzlinie* sind die linearen und gleichprozentigen Kennlinien einander gleichwertig. Links davon liegt das Optimum für gleichprozentige, rechts für lineare Stellglieder. Bei den beiden ausgezogenen Kurven ist die *Schwankungsbreite* des Übertragungswertes am geringsten.

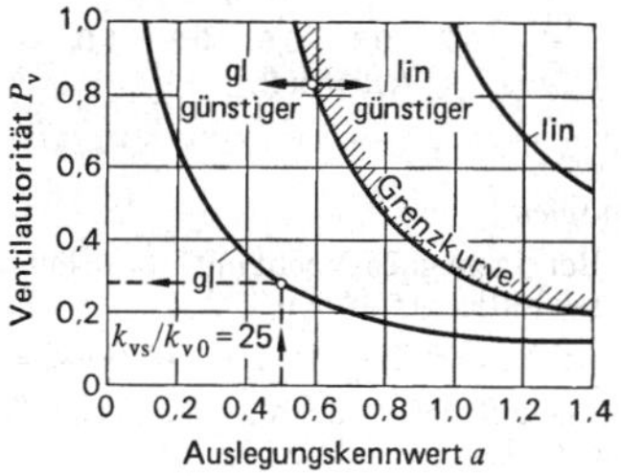

Bild 3.3.7-45. Diagramm zur Auswahl der günstigsten Ventilautorität.

Übertragungsbeiwerte

Eine anschauliche Darstellung des Verhältnisses beim System Ventil-Wärmeaustauscher erhält man, wenn man den Übertragungsbeiwert K_s verwendet. Darunter versteht man

$$K_s = \frac{\text{Änderung der Lufttemperatur in \% der maximalen Temperaturdifferenz}}{\text{Änderung des Hubs in \%}}$$

K_s ist mit anderen Worten die Neigung der Betriebskennlinie Bild 3.3.7-44 und wird durch die Tangente an diese dargestellt. Der Idealfall $K_s = 1$ bedeutet, daß bei einer Hubänderung von 1% sich auch die Luftaustrittstemperatur um 1% verändert.

In Wirklichkeit hängt jedoch K_s sowohl von der Ventilautorität P_v wie von dem Auslegungsbeiwert a ab. Bild 3.3.7-46 zeigt einige Übertragungsbeiwerte für lineare und gleichprozentige Ventile. Man ersieht, daß lineare Ventile wegen der großen Unterschiede von K_s in jedem Falle unzweckmäßig sind, während gl-Ventile eine wesentlich günstigere Konstanz der K_s-Werte haben.

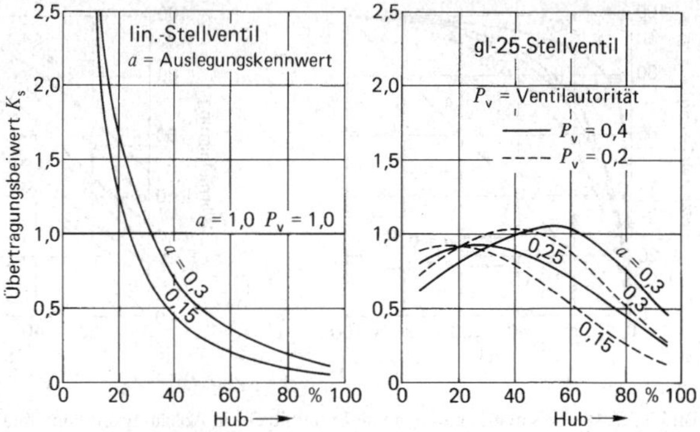

Bild 3.3.7-46. Übertragungsbeiwerte beim System Ventil-Lufterhitzer.

Der Schließpunkt

In der Nähe des Schließpunktes haben alle Ventile einen wesentlich größeren Übertragungsbeiwert, da die Kennlinien der Ventile aus konstruktiven Gründen hier nicht mehr eingehalten werden können. K_s kann dabei Werte von 10 bis 20 und mehr annehmen, d.h., eine Regelung ist in diesem Bereich nicht mehr möglich. Die kleinste noch regelbare Lufttemperaturänderung hängt sowohl von P_v als auch von a ab (Bild 3.3.7-47).

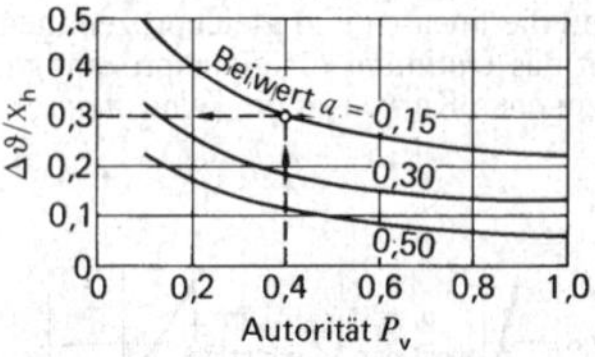

Bild 3.3.7-47. Kleinste regelbare Lufttemperaturänderung $\Delta\vartheta/X_h$ in Abhängigkeit von a und P_v bei gl-Ventilen (Schrowang).

Beispiel:

Bei einem gl 25-Ventil mit $P_v = 0,4$ und $a = 0,15$ ist die kleinste noch regelbare Temperaturdifferenz $\Delta\vartheta = 0,3 \cdot X_h$.

Bei $X_h = 40$ K ist also $\Delta\vartheta = 0,30 \cdot 40 = 12$ K.

Für gute Regelung beim System Ventil–Wärmeübertrager auch in der Nähe des Schließpunktes ist also wichtig:

1. P_v und a möglichst groß ($P_v \approx 0,5$), große Wärmespreizung, Mischregelung.
2. Keine Überdimensionierung des Wärmeaustauschers und des Ventils.
3. Stellventil gl 50 statt gl 25.
4. Eventuelle Verwendung von zwei Stellventilen in Parallelschaltung.
5. Berücksichtigung der Druckverhältnisse im volumenvariablen und im volumenkonstanten Teil.

Bei der *Schaltung der Ventile* ist zu beachten, ob konstante oder gleitende Temperatur des Heizwassers vorliegt. Bei konstanter Vorlauftemperatur von z.B. 90 °C ist eine Mengenregelung wie im Bild 3.3.7-48a und b unzweckmäßig, da die Ventile häufig in der Nähe des Schließpunktes arbeiten und große Temperaturunterschiede im Lufterhitzer auftreten. Regelung unstabil, Einfriergefahr.

In diesem Fall sind Anordnungen nach Bild 3.3.7-48c und d günstiger, wobei besondere interne Umwälzpumpen für die Lufterhitzer verwendet werden. Konstante Umlaufwassermenge im Lufterhitzer, gleichmäßige Temperatur.

Bei mehreren Regelkreisen kann eine zentrale außentemperaturabhängige Vorlaufregelung

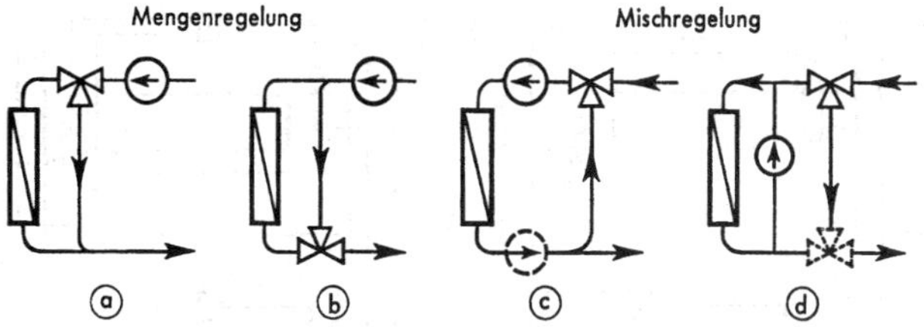

Bild 3.3.7-48. Schaltung von Dreiwegeventilen bei Lufterhitzern.
a = Verteilventil im Vorlauf, *b* = Mischventil im Rücklauf, *c* = Mischventil im Vorlauf mit Lufterhitzer-Umwälzpumpe, *d* = Verteilventil im Vorlauf mit Lufterhitzer-Internpumpe (Einspritzschaltung)

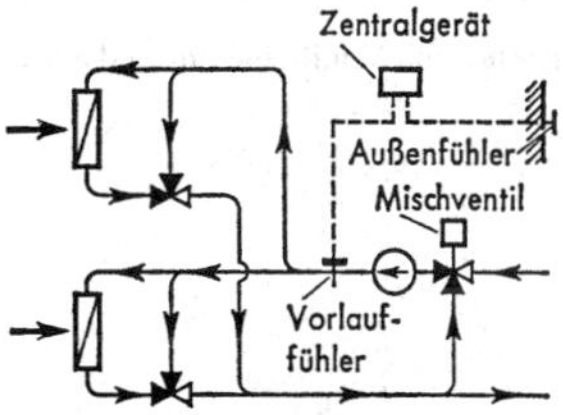

Bild 3.3.7-49. Zentrale Vorlauftemperaturregelung bei mehreren Lufterhitzern.

nach Bild 3.3.7-49 eingesetzt werden, wobei in jedem Kreislauf eine Mengenregelung mittels Mischventil im Rücklauf erfolgt.

Regelventile für Induktionsgeräte[1)]

Beim *Zweirohrsystem* befindet sich in der Wasserleitung nur ein Durchgangs- oder 3-Wege-Ventil, das im change-over-Betrieb bei Heizbetrieb umgekehrt als bei Kühlbetrieb arbeiten muß. Die Umschaltung erfolgt bei pneumatischen Regelanlagen durch zentrale Änderung des Betriebsdrucks am Regler, der mit einem Sommer-Winter-Umschaltrelais ausgerüstet wird. Im Nicht-change-over-Betrieb bleibt der Regelsinn unverändert. Um möglichst konstante Druckverhältnisse im Wasserkreislauf zu erhalten, werden Ventile mit eingebautem Beipaß verwendet.

Dreirohrsysteme werden nicht mehr verwendet.

Beim *Vierrohrsystem* mit einem gemeinsamen Wärmeaustauscher sind Kaltwasser- und Warmwasserkreislauf auch im Rücklauf getrennt.

Verschiedene Möglichkeiten der Regelung (Bild 3.3.7-50):

a) 1 Sequenzventil im Vorlauf, 1 Umschalt-3-Wege-Ventil im Rücklauf; Druckschwankungen, da kein Beipaß

b) 1 Umschaltventil im Vorlauf, 2 Sequenzventile im Rücklauf: konstanter Wasserumlauf, aber teuer.

c) 2 Sequenz-Ventile mit Beipaß im Vorlauf. Konstanter Wasserumlauf.

d) 1 Vierleiter-Sequenzventil mit 6 Anschlüssen und innerem sowie äußerem Beipaß für konstanten Wasserumlauf. Heute nicht mehr hergestellt wegen zu großer Verluste durch Wärmeleitung und Undichtigkeit.

Ein Doppelventil mit 3 Anschlüssen und pneumatischem Antrieb zeigt Bild 3.3.7-51. Bei einem Steuerdruck von 0,2…0,5 bar regelt das eine Ventil den Warmwasserdurchfluß, bei 0,5…0,7 bar neutrale Mittelstellung, bei 0,7…1,0 bar regelt das andere Ventil den Kaltwasserdurchfluß.

Vierrohr-Systeme mit *einem* Wärmeaustauscher werden jedoch heute nicht mehr verwen-

---

1) Hönmann, W.: LTG – Lufttechn. Inform. Heft 2 (9.71).
Laux, H.: Ges.-Ing. 3/1974. S. 63/75.

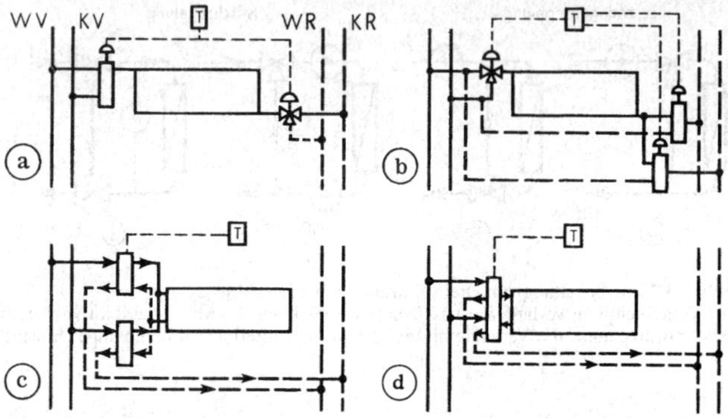

Bild 3.3.7-50. Regelung der Induktionsgeräte beim Vierrohrsystem mit Ventilsteuerung und einem gemeinsamen Wärmeaustauscher.

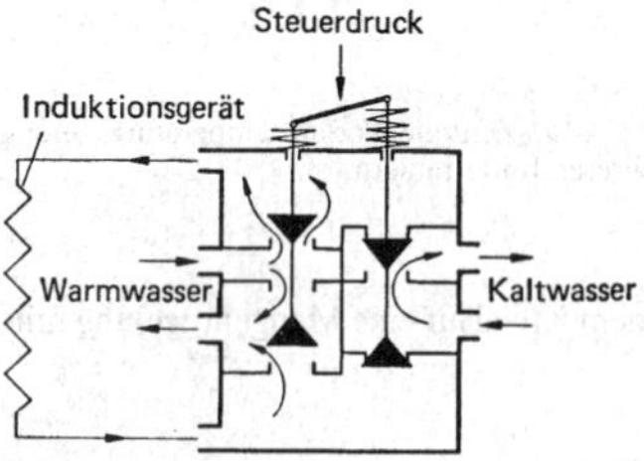

Bild 3.3.7-51. Pneumatisches Vierrohrsequenzventil mit Kegelsitz (Sauter).

det, da sich bei ihnen erhebliche Nachteile durch Verschmutzung, Leck- und Wärmeverluste zeigten. Statt dessen werden in neuen Anlagen mit Vierrohr-System 2 *Wärmeaustauscher* für Heizung und Kühlung bevorzugt. Regelung durch 2 getrennte 3-Wege-Ventile mit Kegelsitz. *Getrennte Wasserläufe.* Anordnung dabei in verschiedener Weise möglich, siehe Bild 3.3.7-52.

Beide Wärmeaustauscher übereinander; unerwünschter Beipaß für Sekundärluft.
Beide Wärmeaustauscher hintereinander; größerer Widerstand, geringere Leistung.
Beide Wärmeaustauscher ineinander mit gemeinsamem Rippensystem; günstigste Ausführung.

Außer den pneumatischen Regelventilen gibt es auch *thermostatische Ventile,* bei denen die Steuerung in Abhängigkeit von der Raumtemperatur ohne Fremdenergie erfolgt (Sulzer, Danfoss). Heute jedoch bei Induktionsgeräten kaum noch in Anwendung.

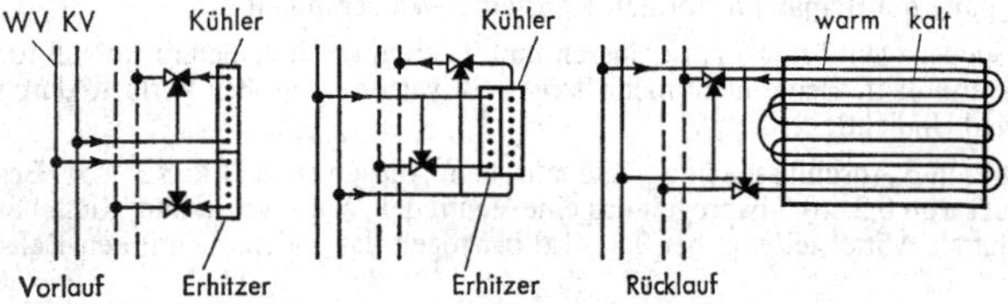

Bild 3.3.7-52. Regelung der Induktionsgeräte beim Vierrohrsystem mit zwei Wärmeaustauschern.
a) Wärmeaustauscher übereinander
b) Wärmeaustauscher hintereinander
c) Wärmeaustauscher ineinander

-5 Stellklappen[1]

Regelklappen oder Stellklappen werden in lufttechnischen Anlagen verwendet, um Luftmengen oder Luftdrücke in Abhängigkeit von gegebenen Größen, z. B. der Temperatur, zu verändern.

Sie werden ausgeführt: einteilig oder mehrteilig, diese ihrerseits als Jalousieklappen mit gleichlaufenden oder gegenläufigen Lamellen (siehe Abschnitt 3.3.5-7).

Wie bei den Ventilen unterscheidet man auch hier verschiedene Kennlinien:

Öffnungskennlinien enthalten in Abhängigkeit vom Stellwinkel das Verhältnis des freien Querschnitts zum Querschnitt bei voll geöffneter Klappe (Bild 3.3.7-53). Stellwinkel $\alpha = 0$ bei geschlossener Klappe.

Die *Widerstandskennlinien* von Klappen sind sehr unterschiedlich. Die Beiwerte ζ für geöffnete Klappen schwanken von etwa 0,2…0,5 je nach Konstruktion, Lamellenzahl usw. Die qualitative Abhängigkeit vom Stellwinkel ist aus Bild 3.3.7-54 ersichtlich. Gegenläufige Klappen haben einen größeren Widerstand als gleichlaufende. Außerdem besteht eine Abhängigkeit von der Einbauart, z. B. im Kanal, am Ende eines Kanals usw. Der Leckverlust bei geschlossener Klappe ist oft erheblich, 5…20% von $\dot{V}_{max}$.

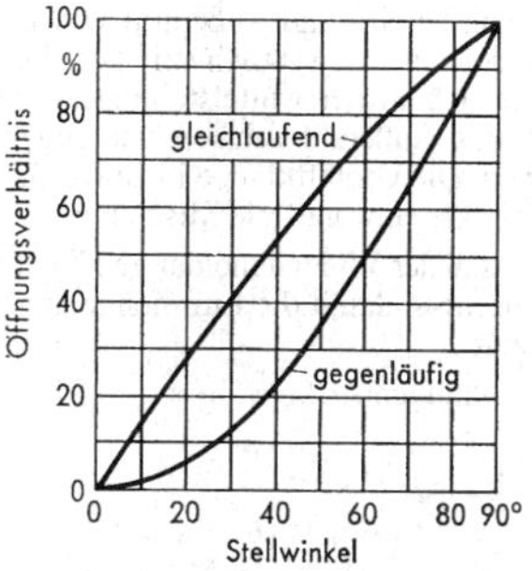

Bild 3.3.7-53. Öffnungskennlinie von Klappen.

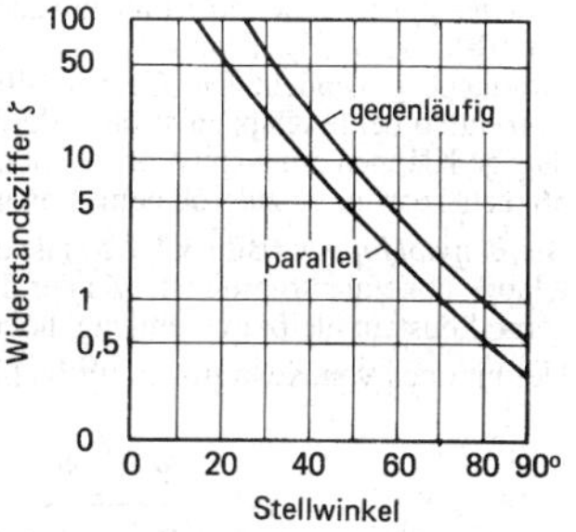

Bild 3.3.7-54. Widerstandskennlinie von Klappen.

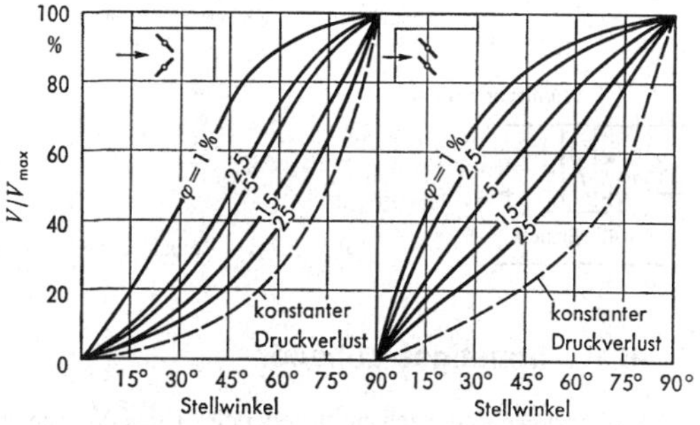

Bild 3.3.7-55. Durchflußkennlinie von Jalousieklappen.

[1]) Gräff, B., u. F. Steimle: Kältetechn. 1971. S. 301/5.
Müller, K. G.: Ki 9/78. S. 319/28.
Schaal, G.: Ki 3/86. S. 99 ff.

Das *Drehmoment* zur Betätigung der Klappen hängt von der Luftgeschwindigkeit und den Lager- und Klappenreibungskräften ab. Es ist etwa $M = 10\ldots20\,A$ in Nm (A = Ansichtsfläche in m²).

Durchflußkennlinien. Wie bei den Ventilen ist auch bei Klappen eine wesentliche Änderung der Luftmenge nur dann möglich, wenn die Klappe einen gewissen anteiligen Widerstand am Gesamtwiderstand des Kanalnetzes hat. Das geht aus der Durchflußkennlinie Bild 3.3.7-55 hervor.

Durchflußkennlinien zeigen die durchfließenden Luftmengen von Klappen in Abhängigkeit vom Stellwinkel bei verschiedenem anteiligen Widerstand

$$\varphi = \frac{\Delta p_k}{\Delta p} = \frac{\text{Widerstand der Klappe}}{\text{Widerstand der Anlage}}$$

wobei Δp_k der Klappenwiderstand im *geöffneten* Zustand ist. Damit der Volumenstrom sich in etwa proportional zum Stellwinkel ändert, muß φ bei gleichlaufenden Klappen etwa 5…15%, bei gegenläufigen 2,5…5% betragen.

Anwendung der Klappen:

Außenluft- und Fortluftjalousien am Anfang und Ende lufttechnischer Anlagen dienen häufig nur zum Abschluß und haben daher nur eine Auf-Zu-Stellung.

Drosselklappen zur Änderung von Luftmengen sollen, damit sie wirksam sind, in der Regel mit gegenläufigen Lamellen ausgeführt werden.

Mischklappen werden in Klimaanlagen zur Mischung von Umluft und Außenluft verwendet (Bild 3.3.7-56). Klappen sind meist miteinander und auch zusätzlich mit der Fortluftklappe gekoppelt. Die Gesamtluftmenge verändert sich in der Mittelstellung, wenn Luft durch beide Klappen strömt. Bei langen Fortluft- und Außenluftkanälen sind gegenläufige Klappen günstiger, sonst gleichlaufende Klappen. Die Umluftklappe in Bild 3.3.7-56 rechts darf nicht zu groß bemessen werden, da sonst keine einwandfreie Mischung.

Bei *Beipaßklappen* (Bild 3.3.7-57) ist darauf zu achten, daß der Widerstand der geöffneten Klappe ungefähr so groß ist, wie der des Wärmeaustauschers, damit die Luftmenge annähernd konstant bleibt (Verengung, hohe Geschwindigkeit).

Definitionen von Kenngrößen für Stellklappen in Rohrleitungen s. [1].

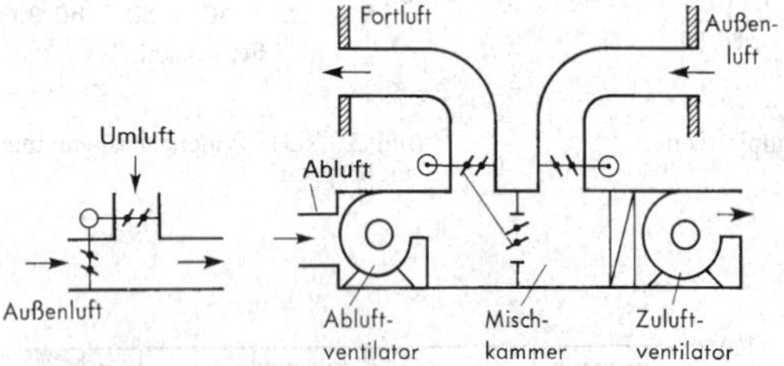

Bild 3.3.7-56. Anordnung von Mischklappen.
Links: Umluft-Außenluftklappen
Rechts: Umluft-Außenluft-Fortluftklappen

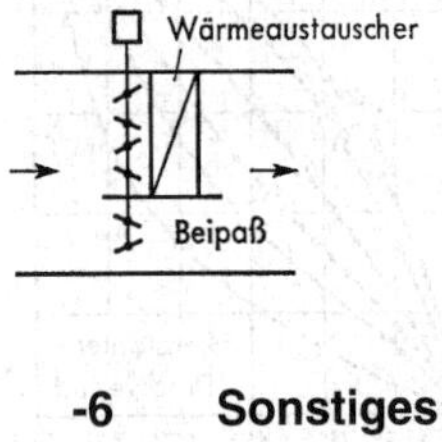

Bild 3.3.7-57. Beipaßklappe für einen Wärmeaustauscher.

-6 Sonstiges Zubehör

a) *Rückführungen* sind mechanische oder elektrische Vorrichtungen, durch die nach einer Verstellung des Regelorgans bei Abweichung vom Sollwert die Meßeinrichtung des Fühlers, z. B. beim Fallbügelregler der Zeiger, vorübergehend auf den Sollwert zurück-

[1] VDI/VDE-Richtlinie 2176 Bl. 1 (02.71): Strömungstechn. Kenngrößen von Stellklappen.

geführt wird, bis die durch die Verstellung des Regelorgans bewirkte Änderung sich ausgewirkt hat. Es wird also dem Regler die Erreichung des Sollwertes vorgetäuscht. Man unterscheidet *starre* und *elastische* Rückführungen.

b) *Mehrwegeschalter* sind handbetätigte Schalter, um unabhängig von der Regelung bestimmte Schaltfunktionen auszuüben, z.B. ein Ventil zu öffnen, eine Klappe zu schließen usw. Pneumatische und elektrische 2-Wege-, 3-Wege- und 4-Wege-Schalter.

c) *Stellungsschalter* für stufenlose oder mehrstufige Fernverstellung einer Klappe oder eines Ventils, elektrisch oder pneumatisch.

d) *Elektro-pneumatische Relais* sind elektrisch betätigte Druckluftventile, wodurch z.B. pneumatische Stellmotoren Klappen oder Ventile öffnen oder schließen.

e) *Pneumatisch-elektrische Relais* öffnen oder schließen durch Druckluft einen elektrischen Kontakt wodurch elektrische Geräte, z.B. ein Ventilator-Motor mit einem pneumatischen Regelsystem verbunden sind.

f) *Elektropneumatische Umformer* siehe Abschn. 3.3.7-1.2.

-7 Regelanlagen[1)]

Sie dienen in der Lüftungs- und Klimatechnik dazu, die Lufttemperatur und Feuchte selbsttätig auf den vorgeschriebenen Werten zu halten. Jede Regelanlage besteht aus einem oder mehreren Reglern, jeder Regler wiederum aus Fühlorgan, Regelorgan, Kraftschalter und Zubehör.

Die Zahl der möglichen Anordnungen dieser Elemente ist groß. Bild 3.3.7-58 bis Bild 3.3.7-67 zeigen eine Auswahl der am meisten verwendeten Regelanlagen in Schaltbildern.

Hierbei werden folgende Abkürzungen verwendet:

A = Außenluft (AU)	H = Hygrostat	T = Thermostat
Ab = Abluft (AB)	K = Klappenmotor	U = Umluft (UM)
AV = Abluftventilator	KM = Kältemaschine	V = Ventil
B = Befeuchter	M = Mischkammer	WRG = Wärmerückgewinnung
F = Fortluft (FO)	P = Pumpe	Z = Zuluft
FT = Frostschutzthermostat		ZV = Zuluftventilator

a) Regelung einer Lüftungsanlage (s. Bild 3.3.7-58)

Bei Inbetriebnahme öffnen die Klappenmotore K Außenluft- und Fortluftklappe. Ein Temperaturfühler T im Zuluftkanal vergleicht die gemessene mit der am Regler eingestellten Temperatur. Bei Abweichung verstellt der Regler das Ventil V des Lufterwärmers. Der Frostschutzthermostat FT schaltet bei Einfriergefahr über Schütze den Ventilator

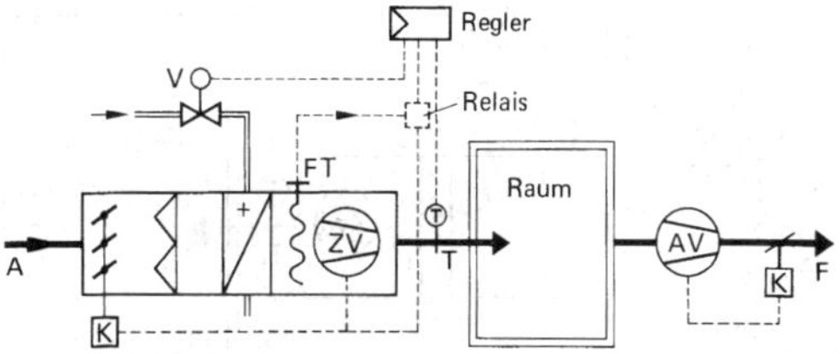

Bild 3.3.7-58. Regelung einer Lüftungsanlage.

[1)] Arbeitskreis der Dozenten für Regelungstechnik: Digitale Regelung und Steuerung in der Versorgungstechnik (DDC-GA). Springer-Verlag, Berlin 1993.
Odendahl, D.: Ges.-Ing. 1973. S. 82/90.
Schrowang, H., u. U. Andreas: Regelungstechnik für Heizungs- und Lüftungsbauer. Düsseldorf 1994.
Heck, E.: Regelungstechn. Praxis 8/80. S. 273/9.
Reeker, J. B.: HR 3/84. S. 141.

ab, schließt die Außenluftklappe und öffnet durch Ausschaltung des Reglers das Erhitzerventil V.

b) Regelung einer Luftheizungsanlage mit Lüftung (s. Bild 3.3.7-59)

Ein Temperaturfühler T in der Abluft (oder im Raum) vergleicht die gemessene mit der am Regler eingestellten Temperatur. Bei Abweichung verstellt der Regler das Ventil V des Lufterwärmers. Ein Minimalregler T1 im Zuluftkanal verhindert zu kaltes Einblasen (Zugerscheinung).

Der Winterthermostat T_w im Außenluftkanal schließt stetig bei fallender Außenlufttemperatur z. B. zwischen 15 und °C die Außenluft/Fortluftklappe und öffnet die Umluftklappe.

Der Sommerthermostat T_s wirkt ebenso bei Außentemperaturen von z. B. 25 bis 32 °C. Zwischen 15 und 25 °C besteht voller Außenluftbetrieb.

Frostschutz wie im Bild 3.3.7-58.

Der minimale Außenluftanteil kann an einem Sollwertgeber S eingestellt werden.

Falls örtliche *Heizkörper* vorhanden sind, ist die Wärmezufuhr außentemperaturabhängig zu steuern, möglichst als Grundlastheizung.

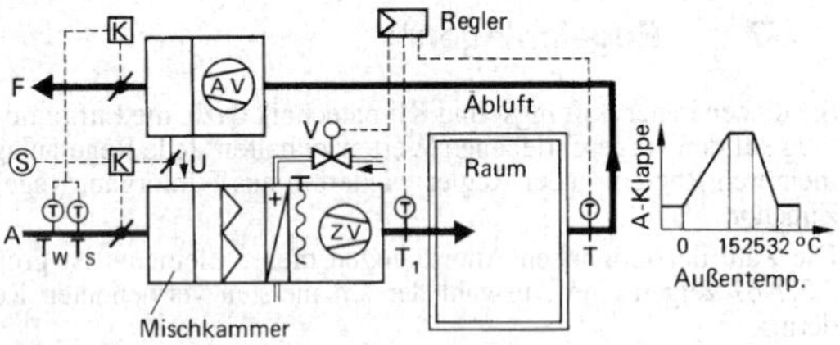

Bild 3.3.7-59. Regelung einer Luftheizungsanlage mit Lüftung.

c) Regelung einer Luftheizungsanlage mit Lüftung und regeneratvem Wärmerückgewinner (s. Bild 3.3.7-60)

Ein Temperaturfühler T_2 in der Abluft oder im Raum vergleicht die gemessene mit der am Regler eingestellten Temperatur. Bei Abweichungen verstellt der Regler die Drehzahl des Wärmerückgewinners und in Folge das Ventil V des Lufterwärmers. Ein Temperaturfühler T_1 im Zuluftkanal verhindert über den Regler zu kaltes Einblasen. Die Anlage fährt immer mit Außenluft. Nur zum Anheizen und Stützbetrieb in der Nacht wird mit offener Umluftklappe und geschlossener Außen- und Fortluftklappe gefahren.

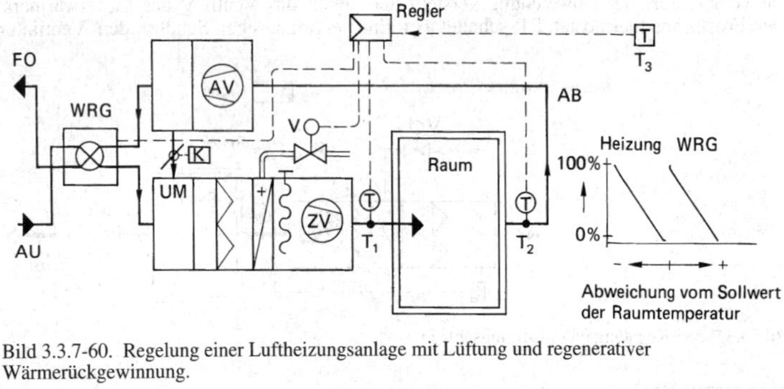

Bild 3.3.7-60. Regelung einer Luftheizungsanlage mit Lüftung und regenerativer Wärmerückgewinnung.

d) Regelung bei Lüftungsanlagen mit Heizung und Kühlung (s. Bild 3.3.7-61)

Thermostat T im Abluftkanal (oder im Raum) steuert in Sequenz Erhitzerventil V_1 und Kühlerventil V_2. Zwischen Erwärmer und Kühler Totzone. Minimalbegrenzer T_1 öffnet bei Unterschreiten einer bestimmten Zulufttemperatur (z. B. 16 °C) das Lufterwärmerventil V_1.

Außenluftthermostat T_s schließt im Sommer bei hohen Temperaturen Außenluftklappe und Fortluftklappe, während sich die Umluftklappe öffnet. Außenluftthermostat T_w wirkt ebenso im Winter bei tiefen Temperaturen. Beim Ausschalten der Anlage schließen sich Außenluft- und Fortluftklappe.

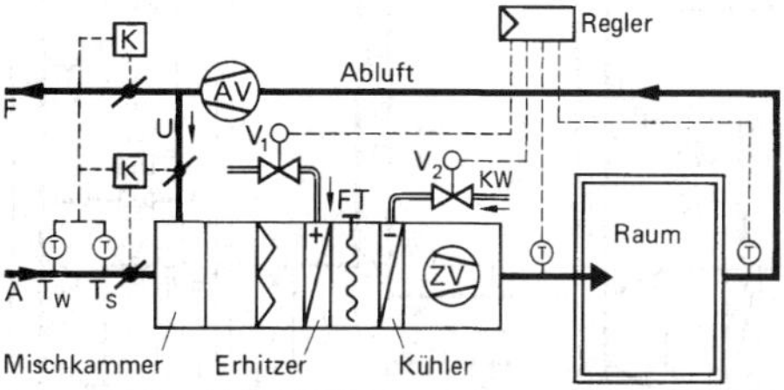

Bild 3.3.7-61. Regelung bei Lüftungsanlagen mit Heizung und Kühlung.

e) Regelung bei Lüftungsanlagen mit Befeuchtung (s. Bild 3.3.7-62)

a) Befeuchtung durch Dampf. Thermostat T im Raum (Abluftkanal oder Zuluftkanal) steuert Ventil V_1 des Lufterwärmers. T_1 = Minimalbegrenzer. Hygrostat H wirkt auf Dampfventil V_2; Außenluftklappe K schließt sich beim Abschalten.

b) Befeuchtung durch Düsenkammer mit Umwälzpumpe. Thermostat T und T_1 wie in Bild 3.3.7-62a. Hygrostat H schaltet Wäscherpumpe P ein und aus.

Außenthermostat T_2 schließt Außenluftklappe mit fallender Temperatur.

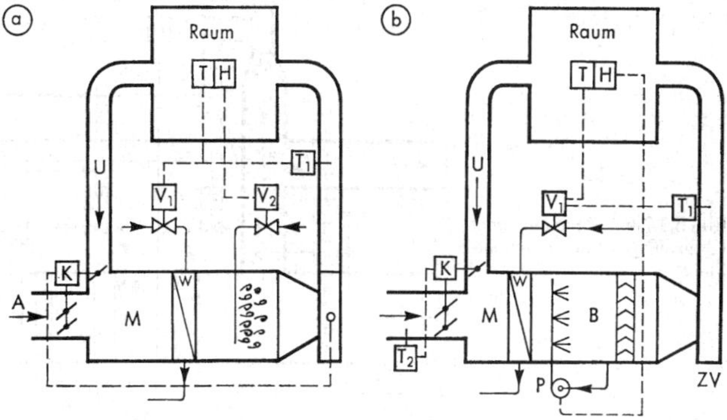

Bild 3.3.7-62. Regelung bei Lüftungsanlagen mit Befeuchtung.

f) Regelung bei Lüftungsanlagen mit Entfeuchtung (s. Bild 3.3.7-63)

a) Entfeuchtung durch Oberflächenkühler. Thermostat T im Raum steuert Ventil V_1 des Lufterwärmers und in Sequenz das Ventil V_2 des Oberflächenkühlers. T_1 = Minimalbegrenzer, T_2 = Maximalbegrenzer. Hygrostat H wirkt ebenfalls auf das Kühlerventil V_2 ein, falls Feuchte zu hoch. Außenthermostat T_2 wie in Bild 3.3.7-62b.

b) Entfeuchtung durch Verdampfer. Thermostat T im Raum steuert Ventil V_1 des Lufterwärmers und schaltet in Sequenz über ein Relais die Kältemaschine KM ein. T_1 = Minimalbegrenzer. Hygrostat H schaltet ebenfalls über ein Relais die Kältemaschine ein, sobald die rel. Luftfeuchte den eingestellten Wert überschreitet. Außenthermostat T_2 wie in Bild 3.3.7-62b.

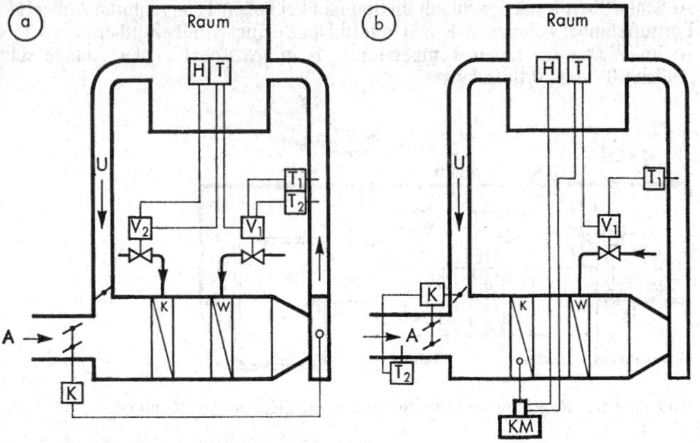

Bild 3.3.7-63. Regelung bei Lüftungsanlagen mit Entfeuchtung.

g) Regelung einer Klimaanlage mit Taupunktfühler (s. Bild 3.3.7-64)

Taupunktfühler T_4 steuert in Sequenz das Ventil V_1 für den Vorwärmer und das Ventil V_2 für den Oberflächenkühler und hält damit den Taupunkt konstant. Raumtemperaturfühler T steuert das Nachwärmerventil V_3. T_1 = Minimalbegrenzer; Außentemperaturfühler T_2 und T_3 wie in Bild 3.3.7-61. Hygrostat H schaltet bei zu hoher Feuchte die Wäscherpumpe ab.

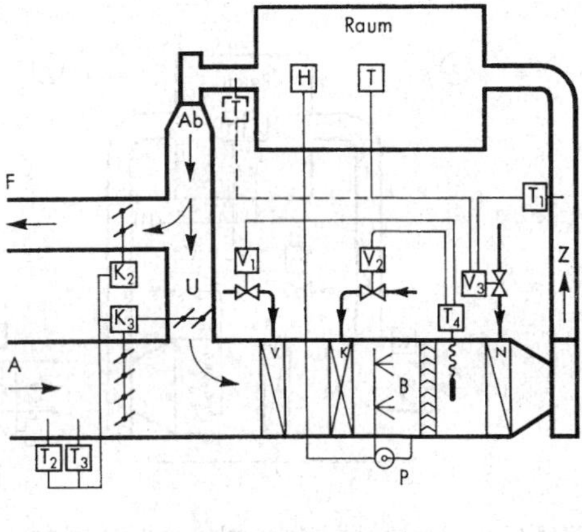

Bild 3.3.7-64. Regelung einer Klimaanlage mit Taupunktfühler.

h) Regelung einer Klimaanlage mit Spritzwasserregelung (s. Bild 3.3.7-65)

Kaskadenregler R_1 vergleicht gemessene Ist-Temperaturen an Raumtemperaturfühler T_1 und Zulufttemperaturfühler T_2 mit eingestellten Sollwerten. Bei steigender Raum- oder Zulufttemperatur schließt Regler R_1 zunächst Heizkörper über Ventil V_1, öffnet dann Außenluft- und Fortluftklappe bei parallel schließender Umluftklappe über Klappenmotore K_1 und K_2. Bei weiterem Anstieg der Temperatur öffnet Kühlerventil V_2.

Bei steigender Raumfeuchte (über Raumhygrostat H_1 gemessen) wird Spritzwasserventil V_3 geschlossen. Steigt Raumfeuchte weiter an, wird über Auswahlrelais R_2 Kühlerventil V_2 zum Entfeuchter geöffnet. Dadurch eventuell fallende Raumtemperatur wird durch Öffnen der Umluftklappe und/oder des Heizkörperventils korrigiert.

Das System ist für Räume mit hoher sensibler Last geeignet. Wenn dagegen Nachheizen häufig zu erwarten ist, muß Nachheizkörper wie in Bild 3.3.7-64 vorgesehen werden.

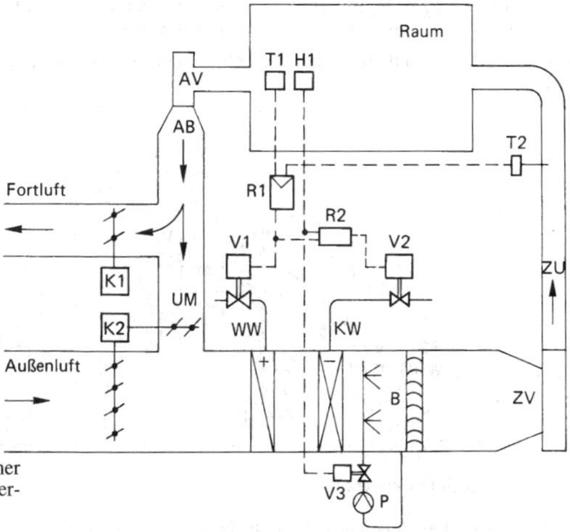

Bild 3.3.7-65. Regelung einer Klimaanlage mit Spritzwasserregelung.

i) Regelung einer Klimaanlage mit Dampfbefeuchtung (s. Bild 3.3.7-66)

Thermostat T im Abluftkanal (oder im Raum) steuert in Sequenz das Erhitzerventil V_1 und das Kühlerventil V_2 und hält damit die am Regler eingestellte Raumtemperatur konstant. T_1 = Minimalbegrenzer.

Hygrostat H im Abluftkanal (oder im Raum) regelt die relative Luftfeuchte. Bei fallender Feuchte öffnet er das Dampfventil V_4, bei steigender Feuchte schließt er zunächst das Dampfventil und öffnet das Kaltwasserventil V_2, so daß die Luft entfeuchtet wird. H_1 = Maximalbegrenzer der Feuchte.

Außenluft/Umluft-Steuerung wie in Bild 3.3.7-59 oder Bild 3.3.7-61.

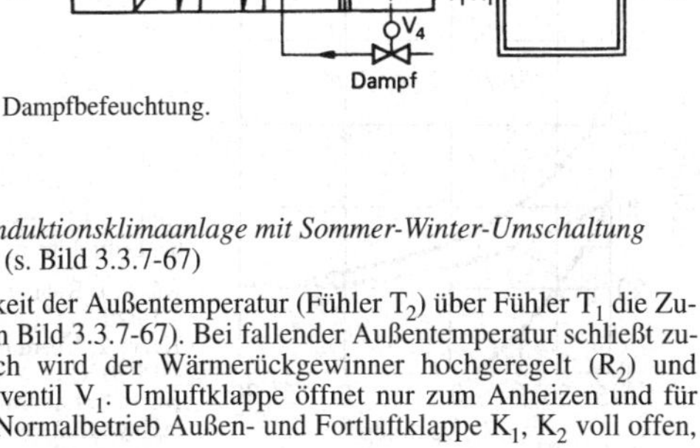

Bild 3.3.7-66.
Regelung einer Klimaanlage mit Dampfbefeuchtung.

j) Regelung einer Zweirohr-Induktionsklimaanlage mit Sommer-Winter-Umschaltung und Wärmerückgewinnung (s. Bild 3.3.7-67)

Regler R_1 regelt in Abhängigkeit der Außentemperatur (Fühler T_2) über Fühler T_1 die Zuluft-Temperatur (Diagramm in Bild 3.3.7-67). Bei fallender Außentemperatur schließt zunächst Kühlventil V_2, danach wird der Wärmerückgewinner hochgeregelt (R_2) und schließlich öffnet Heizkörperventil V_1. Umluftklappe öffnet nur zum Anheizen und für Nacht-Stützbetrieb (K_3). Bei Normalbetrieb Außen- und Fortluftklappe K_1, K_2 voll offen, Umluftklappe K_3 zu.

Regler R_3 schaltet Wasserkreislauf der Induktionsgeräte von Sommer- auf Winterbetrieb durch Umschaltventile V_5 und V_6 und regelt außentemperaturabhängig (T_2) Wasservorlauftemperatur über Ventil V_4. Regelung der Raumtemperatur über Raumthermostat T_3, welcher von Regler R_3 auf Heiz- oder Kühlbetrieb umgeschaltet wird. (Umschaltung kann auch örtlich über Anlegefühler auf Wasserrohr erfolgen.)

Ein Ablufthygrostat H_1 regelt Feuchte über Spritzwasserventil V_3 des Umlaufsprühbefeuchters.

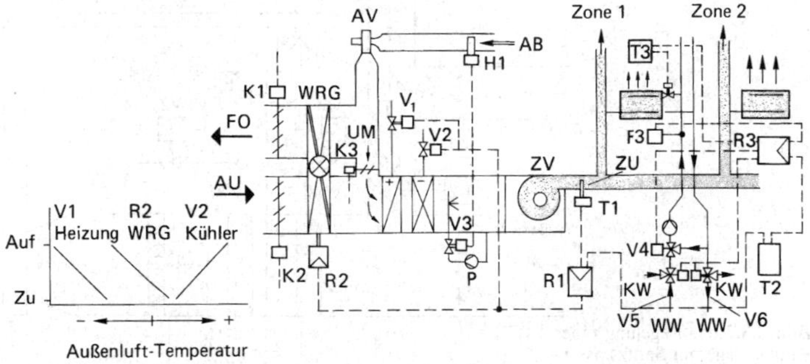

Bild 3.3.7-67. Regelung einer Zweirohr-Induktionsklimaanlage mit Sommer-Winter-Umschaltung und Wärmerückgewinnung.

-8 Frostschutz[1]

Bei Außenlufttemperaturen unter 0 °C besteht für Lufterhitzer häufig *Einfriergefahr* mit sehr nachteiligen Folgen: Platzen der Rohre, Undichtheiten, Zerstörung des Lufterhitzers. Ursache ist darin zu suchen, daß infolge unrichtiger Dimensionierung des Lufterhitzers, ungünstiger Ventile, Ausfalls der Heizungspumpe oder aus sonstigen Gründen das Wasser in den Rohren sich unter 0 °C abkühlt und gefriert. Die Gefahr ist besonders groß bei großer Temperaturspreizung, z. B. 90/40 °C und bei Lufterwärmung auf Temperaturen von 10 °C oder weniger (Luftvorwärmer in Klimaanlagen). Bild 3.3.7-68. Man kann dem Wasser *Frostschutzmittel* (Glykol, Antifrogen) beimischen. Dadurch erhöht sich die Zähigkeit des Wassers mit der Folge, daß die Förderhöhe der Pumpe abnimmt und der Widerstand des Rohrnetzes zunimmt[2]. Siehe hierzu auch Bild 5.3.4-2 und Bild 3.3.2-19.

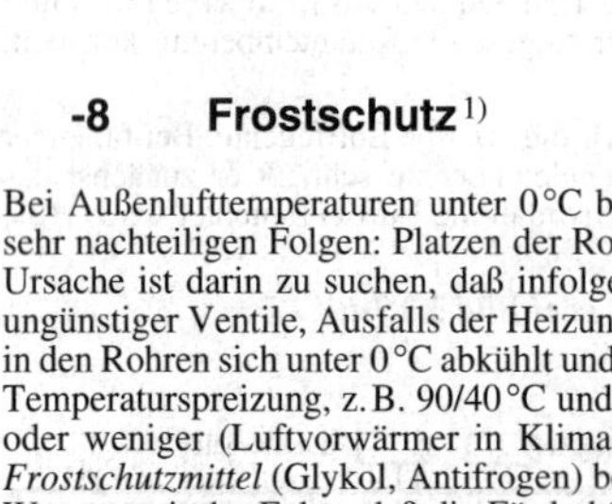

Bild 3.3.7-68. Warmwasserrücklauftemperatur bei Lufterhitzern.

Kurve 1: Richtig dimensionierter Lufterhitzer – 15/20 °C
Kurve 2: Überdimensionierter Lufterhitzer – 15/20 °C
Kurve 3: Lufterhitzer überdimensioniert und geringe Lufterwärmung – 15/5 °C

---

[1]) SBZ 18/78. S. 1481/3 u. 21/78. S. 1804/5.
[2]) Gautner, M.: HLH 9/83. S. 376/9.

Anlagentechnisch gibt es folgende Frostschutz-Maßnahmen:

- Keine Überdimensionierung des Lufterhitzers, da die Wassermenge dabei stark verringert wird und das Wasser tiefere Temperaturen annimmt.
- Gleichprozentige Ventile sind günstiger als lineare.
- Temperaturschichtung vor und hinter Lufterhitzer vermeiden; Warmwassereintritt unten; hohen Wasserwiderstand vorsehen (≈5000 Pa).
- Frostschutzthermostat hinter Lufterhitzer an kältester Stelle einbauen; schaltet bei ≈5 °C Ventilator ab und schließt Außenluftklappe, öffnet Heizventil. Am günstigsten Kapillarrohr-Temperaturfühler mit langem Kapillarrohr, der bei Unterschreitung der Temp. von 5 °C an irgendeiner Stelle sofort Kontakt gibt.
- Umgehungsleitung am Lufterhitzerregelventil mit Ventil für ≈5% der Wassermenge vorsehen, damit keine Unterbrechung des Heizmittelkreislaufes eintreten kann. Im Winter bleibt Umgehungsleitung immer geöffnet, evtl. mit thermostatisch gesteuertem Ventil.
- Beim Ausschalten der Anlage Lufterhitzerventil etwas geöffnet lassen, falls Einfriergefahr im Ventilatorraum.
- Wenn Lufterhitzerventil bei Stillstand geschlossen, beim Anfahren Außenluftklappe gegenüber Ventil zeitverzögert öffnen.
- Bei Luftvorwärmern Frostschutzpumpe vorsehen, siehe Bild 3.3.7-69. Dadurch immer volle Wassermenge im Lufterhitzer, große Wassergeschwindigkeit, gleichmäßigere Wassertemperatur.
- Bei mehreren Geräten zentrale Luftvorwärmung vorsehen.

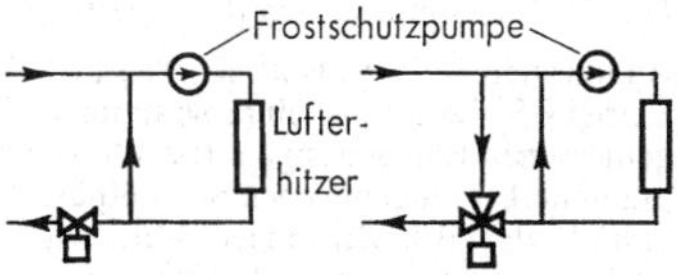

Bild 3.3.7-69. Frostschutzpumpen für Lufterhitzer.
Links: Durchgangsventil, rechts: Dreiwegeventil

-9 Mikroelektronik (DDC)

Siehe auch Abschn. 1.7.3-4.

Die moderne digitale Elektronik mit ihren *Mikroprozessoren* und *Mikrocomputern* wird seit 1979/80 allgemein in der Haustechnik und speziell auch in der Klimatechnik angewandt. Dabei werden Verbesserungen in der Steuerung und Regelung erreicht. Der Einsatz erfolgt in folgenden Bereichen:

- *Regelung und Steuerung*
- *Optimierung*
- *Gebäude-Leittechnik (GLT, ZLT)*

-9.1 DDC-Regelung[1]

DDC-Regler (Direct Digital Control) sind auf Basis eines *Microcomputers* aufgebaute Geräte, bei welchen die Regelaufgabe nicht mehr mechanisch (Hebel, Membranen, Federn) oder elektrisch (Potentiometer, Verstärker, Vergleicher) verarbeitet wird. Hier werden die

---

[1]) Kranz, H.R., u. a.: Building Control. Ehningen 1955.
Würstlin, D.: Regeltechn. Praxis, 8.80. S. 268/73.
Gilch, H.: IKZ, 6.81. S. 122.
Grosche, R.: Ki 11/81. S. 495/99 u. Ki 5/86. S. 219/21.
Herbst, D.: Ges.-Ing. 8.81, 10.81, 12.81, 4/82 u. HR 3/85. S. 141/9.
Blodau, A.: Feuerungstechn. 1/84. S. 14/17.
Prochaska, E.: Ki 2/84. S. 61/66.
Brickmann, U., u. Hönmann, W.: ETA 9/86. S. 161/5.
Baumgarth, S., u. a.: Digitale Regelung und Steuerung in der Versorgungstechnik (DDC-GA), Springer-Verlag, 1993.

in Form von mathematischen Gleichungen dargestellten Regelalgorithmen in einem Rechner abgearbeitet. Dazu werden dem DDC-Regler über *Analog-Digitalwandler* (A/D-Wandler) die Meßwerte der Fühler in digitaler Form eingegeben. Als Meßwerte liefern aktive Fühler meist die Normwerte 0(2)...10 V oder 0/4...20 mA. Bei passiven Fühlern (z.B. für Temperatur Pt 100, Pt 1000, Ni 1000) wird dazu von der DDC über den Fühler stoßweise ein konstanter Strom von etwa 1...4 mA geleitet und der Spannungsabfall über den Meßwiderstand erfaßt. Durch den niedrigen Strom und die stoßweise Belastung entfällt der bei konventionellem System (Wheatstone-Brücke) unerwünschte Eigenerwärmungs-Effekt durch den Meßstrom. Das analoge Eingangssignal in den Regler wird z.B. durch einen 12-bit-D/A-Wandler in 4096 Schritte aufgelöst und dem Rechner als Eingang zugeführt.

Um die relativ teuren A/D-Wandler kostengünstig zu halten, wird in der Regel mit Meßstellenumschaltung *(Multiplexer)* gearbeitet. Bis zu 16 Meßeingänge haben nur einen A/D-Wandler, welcher die Fühler zyklisch abfragt. Die hohe Arbeitsgeschwindigkeit des Mikroprozessors sowie die Verwendung von Mehrprozessor-Systemen erlaubt diese Technik, wobei Zyklus-Zeiten von 0,5...120 s möglich sind. Für schnelle Regelstrecken, wie Druckregelung bei VVS-Anlagen, wählt man 0,5 s, während die großen Zyklen-Zeiten z.B. beim Erfassen der Außentemperatur ausreichen. Nach Verarbeitung der Meßwerte wird im Microcomputer nach den vorgegebenen Regelalgorithmen die notwendige Reaktion errechnet und über Digital-Analogwandler als analoges Signal zu den einzelnen Stellgliedern herausgegeben. Bei einfacheren Anforderungen – z.B. in Heizungsanlagen – auch nur 3-Punkt-Steuerung, also Digital-Ausgang (Bild 3.3.7-70). *Ein* DDC-Regler regelt also eine *Vielzahl* von Regelkreisen. Die hierbei mögliche Anzahl ist abhängig von der Arbeitsgeschwindigkeit des Mikroprozessors, die sich wiederum aus dem vom *Taktgeber* erzeugten Systemtakt ergibt (gebräuchlich sind heute Frequenzen zwischen 4 und 16 MHz).

Die Parameter eines jeden Regelkreises können vom Anwender verändert werden.

Angewandt werden bisher P-, PI-, PID-Regelalgorithmen, die bereits vom Hersteller als Betriebs-Software fest einprogrammiert sind. Der Computer berechnet entsprechend dem gemessenen Eingangssignal (Ist-Wert) unter Vergleich mit dem vom Anwender frei programmierbar eingegebenen Sollwert die Ausgangsgröße für das Stellglied. Über einen *Digital/Analog-Wandler* (meist 8-bit) wird für jedes Stellglied das Ausgangssignal vorher noch in analoge Form, z.B. in einen stetigen Stromausgang von 0(4)...20 mA umgeformt. Jedes Stellglied hat einen eigenen D/A-Wandler, da das Analogsignal ständig am Stellglied anstehen muß. Es sind aber auch Systeme bekannt, die auch auf der Ausgangsseite mit

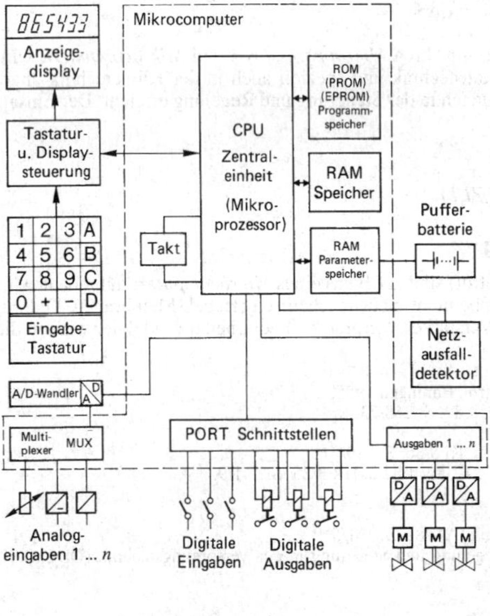

Bild 3.3.7-70. Blockschaltbild eines DDC-Reglers.

Multiplexern arbeiten, wobei dann pro Ausgang auch eine Spannungshaltung (hold-Schaltung) vorhanden sein muß. Es werden auch Stellglieder eingesetzt, die digitale Signale empfangen können, so daß der D/A-Wandler nicht nötig ist (Siemens). Die Zuordnung der Fühler zu den Stellgliedern ist ebenfalls frei programmierbar, d.h., sie kann jederzeit geändert werden. Für gleitende Sollwerte können dem Regelkreis Führungsgrößen aufgeschaltet werden.

Das *Programmieren* der Mikrocomputer-Regelsysteme erfolgt meist in zwei Stufen:

Der Hersteller liefert im Programmspeicher ein festes Programm *(Betriebssystem),* das bei allen Geräten des gleichen Typs unabhängig vom späteren Einsatz identisch ist.

Das anlagenspezifische Programm kann vom Anwender über Tastatur und Bildschirm direkt an der DDC-Station oder an einem anderen Rechner (z.B. PC) erstellt werden, von dem es dann über eine serielle Schnittstelle oder durch EPROM-Tausch in die DDC-Station übertragen wird. Hierfür verwenden einige Hersteller BASIC-ähnliche Programmiersprachen, andere bevorzugen eine tabellarische Darstellung von Regelungs- und Steuerungsstrukturen, bei der sich das Erlernen einer Programmiersprache erübrigt.

In diesem *anlagenspezifischen* Programm bleiben sogenannte „Eingabefenster" offen, in die der Installateur oder auch der Betreiber der Klimaanlage die für den Betrieb notwendigen Eingaben über eine alpha-numerische, nur numerische Tastatur oder über eine „Maus" eingibt.

Für den DDC-Regler nach Bild 3.3.7-71 werden z.B. vom Anwender folgende *Parameter* eingegeben:

Für den Fühler:

- Fühlerkennlinie (Meßbereich), Eichung.
- Zuordnung des Fühlers als Führungsgröße oder als Fühler zum Regelkreis.

Für den Regler:

- Sollwert 1, Sollwert 2, Grenzwert.
- Regelparameter: Proportional-Bereich P,
I-Anteil (Nachstellzeit)
D-Anteil (Vorhaltzeit)
sowie Zyklus-Zeit.
- Evtl. Zuordnung zu einem Zeitkanal.
- Zuordnung des Ausgangskanals zum Stellglied.

Für den Stellmotor:

- Ausgangscharakteristik: Zweipunkt,
Dreipunkt,
stetig.

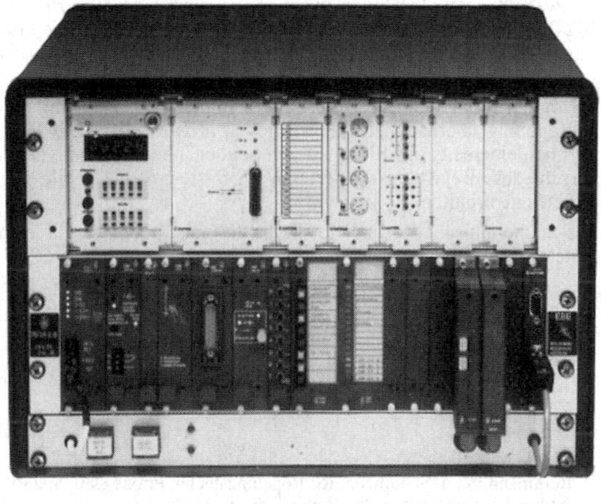

Bild 3.3.7-71. DDC-Regler für max. 48 Regelkreise (Sauter, Micos 4000 SR). Kombiniert mit frei programmierbarer Steuerung mit 1024 Ein-/Ausgängen.

Die Eingabe kann sowohl am Gerät über die Tastatur erfolgen als auch „im Büro" auf einen Datenträger gegeben werden und auf der Baustelle in den Speicher elektrisch übertragen werden.

Bild 3.3.7-70 zeigt die Komponenten eines DDC-Reglers. Der gestrichelte Block enthält die Teile eines *Single Chip Mikrocomputers.*

Die *Zentraleinheit* (CPU) führt die im Programmspeicher enthaltenen Instruktionen in der vorgegebenen Reihenfolge aus. Um die unterschiedlichen Laufzeiten der vielen tausend in der CPU enthaltenen Logikgattern zu synchronisieren, verwendet man einen *zentralen Takt.*

Der *Programmspeicher* enthält die auszuführenden Programme, eine Folge von logisch zusammenhängenden einzelnen Instruktionen. In der Regel handelt es sich hierbei um nichtflüchtigen ROM/EPROM-Speicher. Sollen Teile vom Anwender modifizierbar sein, muß hierfür RAM- oder EEPROM-Speicher verwendet werden.

Veränderbare Daten enthält der Datenspeicher, der als RAM- oder EEPROM-Speicher aufgebaut ist. Wenn die Daten bei einem Stromausfall nicht verlorengehen dürfen, muß ein RAM-Speicher batteriegepuffert sein (Wartung!). Ein (teurerer) EEPROM-Speicher behält seine Daten auch ohne Batteriepufferung, jedoch kann jede Speicherzelle nur ca. 10000mal beschrieben werden, weshalb er überwiegend für Daten benutzt wird, die nicht laufend verändert werden (Parameter, keine Zwischenergebnisse). In der Vergangenheit wurde vielfach aus Gründen der Batterielebensdauer und aus Kostengründen nur ein Teil des RAM-Speichers mit einer Pufferbatterie versehen.

Wie man sieht, ist die logische Zuordnung Programm/Datenspeicher zur Hardware EPROM/RAM fließend.

Die *Schnittstelle* (PORT) ist für Eingangsinformationen binärer Form, z.B. Schalterstellungen und für entsprechende Ausgangssignale, z.B. für Kontrollampe oder Relais, vorgesehen. Die Ausgänge können auch an Drucker zur Betriebsprotokollführung, an übergeordnete Rechner für Optimierungsaufgaben oder an zentrale Leitwarten angeschlossen werden.

Der *Netzausfall-Detektor (Watch-Dog)* sorgt bei einem Stromausfall dafür, daß keine unkontrollierten Daten in die Speicher geschrieben werden und daß danach der Prozeß-Zyklus wieder richtig einsetzt. Weitere Bezeichnungen s. Abschn. 1.7.3-4.

Der Watch-Dog ist ein unabhängig arbeitendes Zeitglied, das, wenn es nicht regelmäßig vom Mikrocomputer bedient wird, diesen nach Ablauf einer bestimmten Zeit (meist im Millisekundenbereich) in einen definierten Zustand (Reset) versetzt. Man vermeidet hierdurch weitgehend unkontrollierte Aktionen, die sich bei Störungen bzw. Ausfällen der Zentraleinheit oder einzelner Komponenten in ihrem unmittelbaren Einflußbereich ergeben können.

Einen DDC-Regler für maximal 64 Meßwert-Eingänge und 48 Stellausgänge zeigt Bild 3.3.7-71. Zusätzlich können in einer *speicherprogrammierbaren* Steuerung maximal je 1024 digitale Ein- und Ausgänge verarbeitet werden. Über je eine Koppeleinheit können Regel- und Steuerteil verbunden werden und das Datum austauschen.

Neben den bekannten Regelalgorithmen mit P-, PI- oder PID-Verhalten werden neue Algorithmen entwickelt (Dead Beat oder Minimal-Varianz)[1)] mit dem Ziel, eine *adaptierende* Regelung zu erhalten. Mit Hilfe dieser *parameteradaptiven* Regelalgorithmen beabsichtigt man einerseits das Einregulieren bei der Inbetriebnahme abzukürzen, andererseits für verschiedene Belastungsfälle (z.B. VVS-Systeme) eine stabile Regelung in allen Betriebspunkten zu erhalten.

Die mathematische Formel für die heute meist noch verwendeten Regelarten P, PI, PID lautet für das Stellsignal

$$y = y_0 + K_p \left(x_d + \frac{1}{T_n} \int x_d \; dt + T_v \frac{dx_d}{di} \right)$$

[1)] Bergmann, S., u. Schumann, R.: Regelungstechn. Praxis 8/80. S. 280/6.
Junker, B.: Regelungstechn. Praxis 8/80. S. 257/8.
Zastrow, F.: HR 11/88. S. 421/5.
Linzenkirchner, E., u.a.: Bericht XII. Int. Kongr. TGA, Berlin 10/88. S. 206/210.

Dabei bedeuten (s. auch Abschn. 1.7)
x_d = Istwert
K_p = Proportionalbeiwert
T_n = Nachstellzeit (I-Anteil)
T_v = Vorhaltezeit (D-Anteil)

Für die optimale Strukturierung und Parametrierung dieser Regler können die bisherigen Einstellkriterien (Tot-, Verzugs-, Ausgleichszeit usw.) verwendet werden. Es muß aber zusätzlich die Zykluszeit berücksichtigt werden. Im allgemeinen muß der P-Bereich etwas höher gewählt werden, insbesondere bei großer Zykluszeit.

Da DDC-Regler in keiner Weise mechanisch begrenzt sind, ist eine automatisch arbeitende Strukturumschaltung notwendig, welche bei großer Abweichung zwischen Soll- und Ist-Wert auf reinen P-Regler umschaltet.

Oft werden die mikroelektronischen Steuer- und Regelgeräte auch zur *Optimierung* benutzt, um haustechnische Anlagensysteme jeweils zum kostenmäßig günstigsten Zeitpunkt ein- oder abzuschalten. Im einfachsten Fall genügt eine freiprogrammierbare Mikrocomputer-Steuerung[1] kombiniert mit einer Uhr. Die Mikroprozessoren erlauben eine längerfristige Programmierung der Belegungszeiten (z.B. Jahreskalender) und ermöglichen so bemerkenswerte Energieeinsparungen. Es werden Geräte mit *selbstoptimierenden* Ein- und Abschaltzeiten für Heizungsanlagen angeboten. Ein solcher Mikrocomputer enthält einen *lernfähigen* (selbstoptimierenden) *Algorithmus,* der bei periodisch genutzten Gebäuden und bei eingegebenen Betriebszeiten und Raumtemperaturwerten die günstigsten *Ein- und Ausschaltzeiten* berechnet[2]. Bild 3.3.7-72 zeigt ein *Optimierungsgerät* für max. 4 Heizungsregler mit Tastenfeld für Eingabe des Tages-, Wochen- und Jahreszeitprogramms und der Sollwerte für Raumtemperatur im Normalbetrieb sowie reduzierter Sollwert und Stütztemperatur. Der Verlauf der Raumtemperatur über der Zeit während der Nutzungspause für selbstoptimierende und konventionelle Regelung mit festen Aus- und Einschaltzeiten zeigt Bild 3.3.7-73.

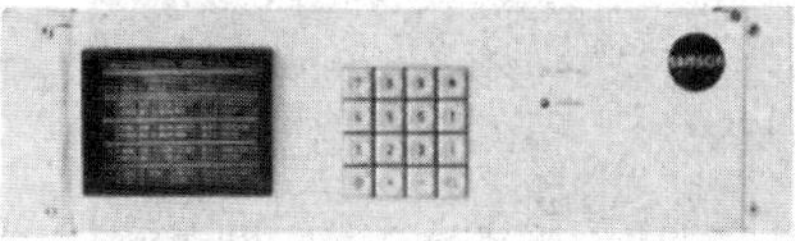

Bild 3.3.7-72. Selbstoptimierender Heizungsregler für periodisch genutzte Gebäude (Samson, Typ T 5500).

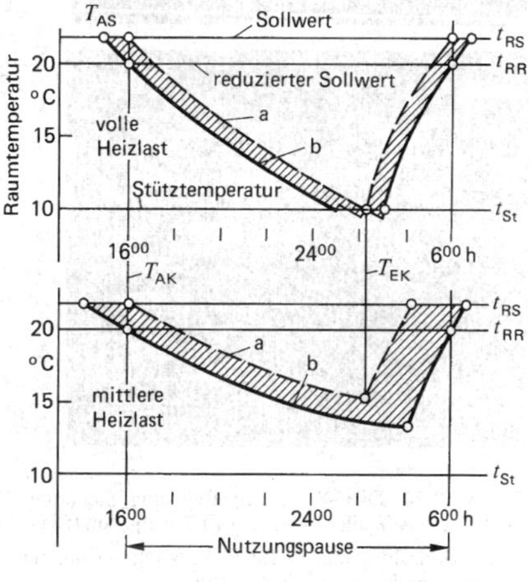

Bild 3.3.7-73. Temperaturverlauf für konventionelle Regelung mit selbstoptimierender Aus- und Einschaltung (Samson).

Kurve a: mit konventioneller Schaltuhr

Kurve b: mit selbstoptimierendem Regler

T_{AK}, T_{EK} feste Schaltzeiten bei konventioneller Schaltuhr

T_{AS}, T_{ES} lastabhängige Schaltzeiten bei selbstoptimierendem Regler

t_{RS} Sollwert der Raumtemperatur

t_{RR} Reduzierter Sollwert der Raumtemperatur

t_{St} Stütztemperatur während der Nutzungspause

---

[1]) Prochaska, E.: LTG – Lufttechn. Inform. Heft 27, 12. 80.
[2]) Schaffrath, G.: Ki 11/81. S. 491/4.
Hartmann, R.: TAB 9/83. S. 693/6.

Durch frühes Abschalten und insbesonders späteres Einschalten bei durchschnittlicher Heizlast wird über längere Zeit eine niedere Raumtemperatur und damit eine größere Heizenergieersparnis erzielt gegenüber konventionellem Regler mit festem Ein- und Ausschaltpunkt. Einsparpotential abhängig von Wärmedämmung und Bauartschwere des Gebäudes bzw. Raumes.

Andere Optimierungsprogramme führen zu Energiekostenersparnis durch zeitweises Abschalten elektrischer Verbraucher[1)].

Es werden Abschaltprogramme über Mikrocomputer eingegeben, die innerhalb eines Gebäudes oder Werkes nach wählbaren Prioritäten einzelne zeitweise entbehrliche Lasten abschalten (Maximum-Überwachung), um den mit dem Elektrizitäts-Versorgungs-Unternehmen (EVU) vereinbarten Spitzentarifwert nicht zu überschreiten. Die Programmierung muß sich nach den Notwendigkeiten des Betriebs der Verbraucher und nach dem Tarif des EVU richten. Da häufig nur kurzzeitig Verbrauchsspitzen auftreten und in dieser Zeit wegen der großen Zeitkonstanten von Heizungs- und Klimaanlagen deren Abschalten keine erheblichen Auswirkungen bringt, kann durch vorübergehendes Abwerfen tarifschädlicher Spitzlasten häufig eine schnelle Amortisation der Investition trotz der oft nicht unerheblichen Verkabelung

erreicht werden. Auch das Verlegen von Speicheraufheizung in tarifgünstige Zeiten ist in diesem Zusammenhang zu erwähnen.

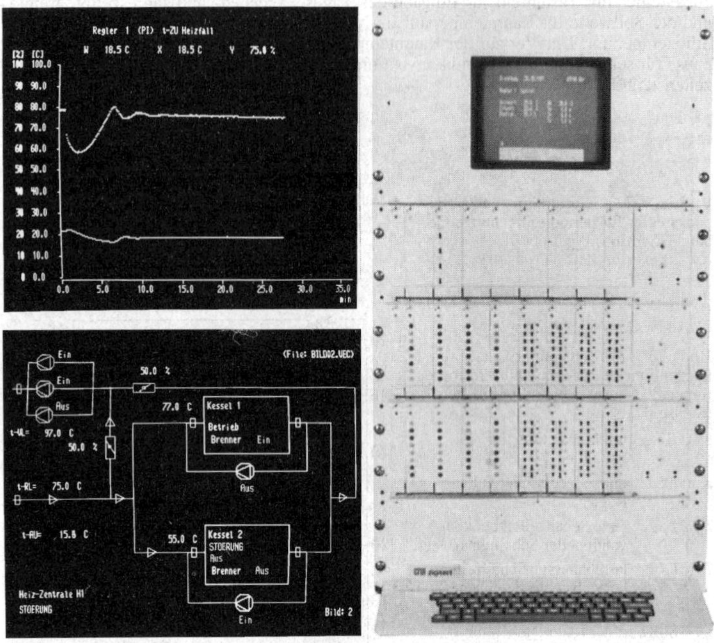

Bild 3.3.7-74. DDC-System für Regelung, Steuerung, Optimierung mit Jahresuhr. Verarbeitet zusätzlich ca. 70% aller möglicher ZLT-Aufgaben (LTG, Digivent).

Links: Bildschirmanzeige für Einschwingvorgang eines Regelkreises (oben) und Anlagenschema mit aktuellen Meß- und Zustandswerten (unten).

---

1) Fischer, A.: Ges.-Ing. 12. 80. S. 361/70.
Brendel, Th., u. a.: Ki 11/81. S. 507/15.

Klimaanlagen mit DDC-Regelung können leicht über Telefon (MODEM) überwacht werden. Dadurch kann eine Fachfirma von einer Zentrale aus mehrere Anlagen ständig überwachen hinsichtlich Wartung, Energieverbrauch sowie bei der Inbetriebnahme.

Moderne DDC-Regelsysteme ermöglichen alle vorgenannten Funktionen, nämlich freiprogrammierbare Steuerung und Regelung mit Jahresuhr, Selbstoptimierung, Adaptieren, Maximumüberwachung, MODEM-Anschluß. Das Gerät nach Bild 3.3.7-74 hat z.B. folgende Kapazität:

je 128 analoge Ein- und Ausgänge,
je 640 digitale Ein- und Ausgänge für Steuerung,
32 Impulseingänge für z.B. Energieverbrauchsmessung,
30 Anlagenschemata auf Farbbildschirm mit dynamischer Anzeige aktueller Daten.

Bei umfangreichen Anlagen arbeiten mehrere Geräte parallel. Meist wird heute ein *Personal-Computer* (PC-AT) als Bedienstation eingesetzt, über welche zentral alle angeschlossenen DDC-Unterstationen überwacht und bedient werden können.

Die DDC-Regelung wird bisher überwiegend für die Regelung von Heiz-, Klima- und Kältezentralen verwendet. Die Regelung des Einzelraums war bisher ausschließlich analog. Neuere Entwicklungen ermöglichen jetzt auch hier die DDC-Regelung. Dadurch wird eine adernsparende Vernetzung und Kommunikation von allen Räumen zur Zentrale wirtschaftlich möglich. Dadurch ergeben sich weitreichende Möglichkeiten für Energiemanagement, Überwachung, Sicherheitstechnik etc. Näheres siehe Abschnitt 3.3.7-9.3.

-9.2 Zentrale Leittechnik (ZLT)[1)]

Die *Zentrale Leittechnik* (ZLT) für betriebstechnische Anlagen (BTA) in Gebäuden[1)] (Gebäudeautomation) benötigte bisher bei der konventionellen, analogen Regelung meist eine doppelte Installation von Leitungen und manchmal auch von Fühlern für die Leittechnik einerseits und die Regelung andererseits. Die DDC-Regelung ermöglicht dagegen die *direkte* digitale Verbindung zwischen intelligenten *DDC-Unterstationen* und Leitzentrale. Die Unterstationen verdichten die Daten bereits. Die Abfrage der Unterstationen erfolgt *seriell,* d.h. im Takt nacheinander, so daß das Datenübertragungsnetz zur *Leitzentrale* ebenfalls einfacher wird. Damit wird der Einsatz der Leittechnik schon bei kleineren Anlagensystemen als bisher wirtschaftlich. Bei der Anwendung der Mikroelektronik steigt der Lieferanteil von Software, deren Kostenzuordnung VDMA-Einheitsblatt 24191 regelt. Die mikroprozessor-gesteuerte Leittechnik hat inzwischen die konventionelle Leittechnik verdrängt, da sich durch freie Programmierbarkeit mehr Flexibilität und damit mehr Erfolg insbesondere beim Energiemanagement ergibt. Der Leitstand ist heute meist ein PC.

Typische *Energiemanagementfunktionen* der *GLT* (Gebäudeleittechnik) u.a. sind:

- Begrenzung der Außenluftrate bei tiefen und hohen Außentemperaturen,
- Gleitenlassen der Raum-Temperaturen und -Feuchten abhängig von der Außentemperatur,
- Optimieren von Nacht- und Wochenendabsenkungen,
- Enthalpiegesteuerte Wärmerückgewinnung,
- Regelung der Zuluftfeuchte nur noch außerhalb eines Feuchtebereichs, z.B. außerhalb 35 – 65% rel. Luftfeuchte,
- Ausnutzen von freier Kühlung bei Nur-Luft- und Wasser-Luft-Systemen,
- Steuerung bei bivalentem Wärmepumpenbetrieb,
- Kopplung der Brauchwassererwärmung mit Kältemaschinenrückkühlung,
- Wärme-Kälte-Verschiebung zwischen verschiedenen Zonen mit gleichzeitigem Kälte- und Wärme-Bedarf (Nord-/Süd-Zone),

[1)] VDI 3814 Bl. 1 (06.90), Bl. 2 (10.95), Bl. 3 (06.97), Bl. 4 (06.86): Gebäudeautomation (GA).
VDMA 24191: Dienstleistungen für MSR-Einrichtungen.
Gebäudeautomation, in: Technische Mitteilungen, H.d.T. Essen, H. 1, 3/93.
Kranz, H. R.: Digitale Gebäudeautomation im Zeichen der Telematik, TAB 3/93. S. 273–284.
AMEV-Richtlinie ZLT/DDC 86.
Möhl, U.: HLH 12/84. S. 569/74.
Schlägel, F.: VDI-Bericht 446. S. 35/45 (1982) u. CCI 7/89. S. 48.
Lezius, A.: HLH 1/87. S. 15/7.

- Anlagenkopplung zwecks Verbesserung der Jahresnutzungsgrade von z.B. Heizkesseln,
- Überwachung von CO_2-Gehalt und Rauchgastemperatur bei Kesselanlagen,
- Helligkeits- oder Zeit-gesteuerte Beleuchtungsschaltung oder Zonierung,
- Intelligente Jalousiebedienung zur Ersparnis von Kühl- und Beleuchtungs-Energie einerseits und passivem Solarwärmegewinn andererseits,
- Einschaltdauer parallel arbeitender Maschinen (Kompressoren, Ventilatoren) bei Teillast zwecks Wirkungsgradoptimierung, aber auch zwecks Laufzeitausgleich (Verschleißminimierung, Wartungsplan),
- Zeitlich auf Lücke gesetztes Betreiben mehrerer intermittierend arbeitender Anlagen zur Vermeidung von Stromspitzen,
- Lastabwurf von Anlagen nach programmierter Priorität bei Überschreiten des elektrischen Tarif-Maximalwerts,
- Speichern von Wärme oder Kälte in tarifgünstigen Zeiten,
- Entspeichern von Gebäudewärme durch mechanische Lüftung in Sommernächten abhängig vom Witterungstrend.

Die übrigen Aufgaben der Leittechnik wie Betriebsführung der Anlagen, Systemüberwachung mit Druckern oder Bildschirmen sind ebenfalls wie bisher möglich und leicht in verschiedenen nachträglichen Ausbaustufen zu realisieren.

Aufrüstung zur vollständigen Gebäudeautomation möglich. Diese schließt dann ein: Fahrstuhlsteuerung, Zugangskontrolle, Brandschutz, Sicherheitssystem, Instandhaltungsmanagement u. a.

Den *prinzipiellen Aufbau* eines Zentralen Leitsystems, geeignet für vorzugsweise größere Gebäude und Komplexe, zeigt Bild 3.3.7-75.

Die dezentrale Automatisierung in autarken Unterstationen ergibt erhöhte Betriebssicherheit: Bei Ausfall einer Station sind die anderen Unterstationen und die Leitzentrale ebenso funktionstüchtig wie umgekehrt beim Ausfall der Leitzentrale die Unterstationen funktionstüchtig bleiben. Eine Risikoerhöhung bezüglich der Betriebssicherheit ist lediglich darin zu sehen, daß *ein* DDC-Regler meist mehrere Regelkreise bedient, so daß bei dessen Ausfall alle diese Regelkreise der Unterstation betroffen sind. Bei konventioneller analoger Regelung hat dagegen jeder Regelkreis seinen eigenen Regler.

-9.3 DDC-Einzelraumregler [1]

Die schnelle und breite Einführung der DDC-Regelung für Heizung, Klima und Kälte war bisher weitestgehend auf die Regelung der zentralen Anlagen oder die Regelung standardmäßiger Kessel, Klimageräte und Kältemaschinen begrenzt (Primärregelung). In zunehmendem Maße erfolgt auch die dezentrale Regelung in den Räumen (Sekundärregelung – Einzelraumregelung) mit DDC-Regelung.

Grund für die relativ langsame Markteinführung dürfte die Preissituation sein, die sich für die Regelung – bestehend aus Fühler, Regler, Stellglied, Verkabelung/Verschlauchung – z. B. in einem Büro- oder Hotelraum 1993 etwa noch wie folgt darstellt:

pneumatischer Regler	153 € pro Raum
elektrischer Regler	205 €
elektronisch (DDC)	310 €.

Inzwischen haben viele Hersteller Geräte und Systeme entwickelt und im Markt eingeführt, die den konsequenten Schritt auch zur DDC im Raum bedeuten. Damit wird über einfache adernsparend Verkabelung/Vernetzung (BUS) aller Räume mit der Zentrale die *Kommunikation* in beiden Richtungen zusätzlich zur Regel- und Steuerfunktion möglich, was eine Vielzahl von vorteilhaften Möglichkeiten (s. Abschn. 3.3.7-9.2) eröffnet.

Beispiel:

In Vielraumgebäuden wird Heiz- *und* Kühlenergie in der Zentrale für alle Räume während einen Großteil des Jahres vorsorglich vorgehalten, weil ein Bedarf bestehen *könnte.* Die DDC mit Gebäude-Netzwerk ermöglicht ständige Kommunikation mit allen Räu-

---

[1]) Wehrli, P.: Heizung u. Lüftung 1/88. S. 5/8.
Kuhlmann, H.: Ki 3/88. S. 115/7.
Schlaegel, F.: CCI 7/89. S. 49.

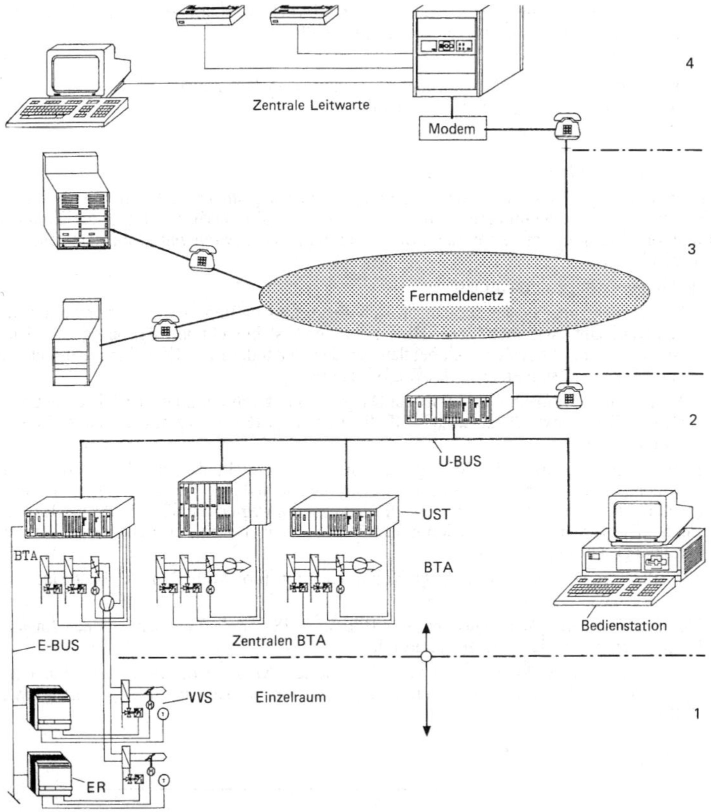

Bild 3.3.7-75. Systemaufbau einer Zentralen Leittechnik mit DDC-Reglern in den Unterstationen und DDC-Reglern in den Räumen (JCI).

Ebene 1: Einzelräume
VVS = terminale Luftaufbereitung. Im Beispiel VVS mit Nachwärmen
ER = DDC Einzelraum-Regler
E-BUS = Kommunikationsbus zwischen Räumen und Unterstation

Ebene 2: HLK-Zentralen
BTA = Betriebstechnische Anlagen (Heiz-, Klima-, Kältezentrale)
UST = DDC-Unterstation
U-BUS = Kommunikationsbus zwischen Unterstationen und Bedienstation

Ebene 3: Datenfernübertragung (Post)

Ebene 4: Zentrale Leitwarte, auch für mehrere Gebäude. Mit Micro-Computer, Bedienstation, Ereignis- und Protokoll-Drucker.

men, so daß die Energiebereitstellung dem wirklichen Bedarf exakt angepaßt werden kann, was *Komfort und Energieeinsparung* erhöht[1)].

Typische Einsatzgebiete:

- Nur-Luft-Anlagen (VVS-, Konstantvolumen-, 2-Kanal-Anlagen)
- Wasser/Luftsysteme (Induktion, Fancoil)
- reine Heizungsanlagen.

-9.3.1 Aufbau der Systeme

Einzelraumregler haben i. a. eine eigene Stromversorgung (meist 24 V), arbeiten auch autonom, haben eine Kommunikationsschnittstelle, sind adressierbar und über die Kommunikationsleitung mit einer zentralen Bedienstation (*front end computer,* meistens ein PC) verbunden.

Es gibt nun 2 Integrationsstufen:

- Das vorgenannte System arbeitet in sich abgeschlossen und eine Kommunikation mit den DDC-Unterstationen für die HLK-Zentralen besteht nicht oder nur beschränkt. Dies ist zur Zeit meist noch der Fall bei den von den Herstellern von RLT-Terminal-Geräten entwickelten Systemen (z. B. Trox, LTG, Kiefer).
- Voll integrierte Lösung: Es findet ein Datenaustausch mit der DDC der HLK-Zentralen statt (z. B. Honeywell-Excel, JCI DR 9100, Landis & Gyr Monogyr-Dialog, Staefa-pronto-IRC).

Bild 3.3.7-75 und Bild 3.3.7-76 zeigen die Struktur/Architektur einer solchen Lösung für ein Gebäude mit mehreren Räumen, in denen unterschiedliche Heiz- oder RLT-Systeme arbeiten. Die dezentralen, autonomen DDC-Einzelraumregler sind über BUS mit der zentralen DDC vernetzt. Diese wiederum kann an Leitrechner, Drucker und zentrale Bedienstation angeschlossen werden.

Bild 3.3.7-77 zeigt die verschiedenen Kommunikationsprotokolle in der Gebäudeautomation.

Die verschiedenen Systembausteine zeigt Bild 3.3.7-78. Für die unterschiedlichen Anwendungen werden spezielle Geräte hergestellt.

Andere Hersteller wählen dagegen hochintegrierte ASICs, in denen die verschiedenen Anwendungen alle softwaremäßig hinterlegt sind und je nach Bedarf aktiviert werden (ASI-Controls).

Bild 3.3.7-76. Raumautomationssystem DESIGO RXC mit Heizkörper-/Kühldeckenregelung, Licht-/Jalousiensteuerung und integrierte Raumbedienung (Siemens Building Technologies).

[1)] Kunze, J.: ETA 2/89. S. A 51/9.

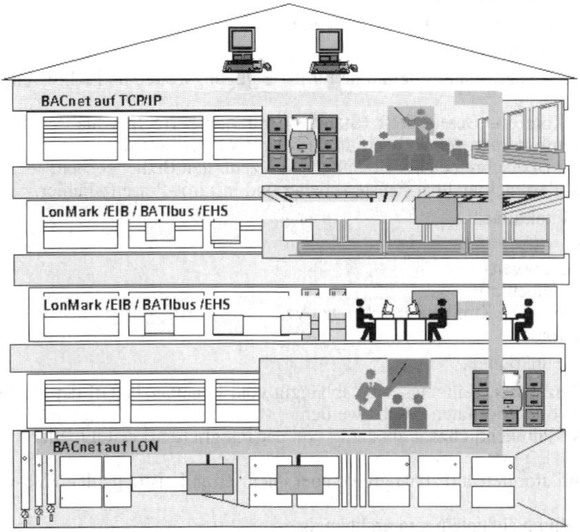

Bild 3.3.7-77. Offene Kommunikationsprotokolle in der Gebäudeautomation (Siemens Building Technologies)

Bild 3.3.7-78. Systembausteine für Einzelraum-DDC-Regler mit PC zur System-Konfiguration und Inbetriebnahme (Excel IRC, Honeywell).

Funktion der Geräte (von links nach rechts):

- Raumbediengerät mit eingebautem Temperaturfühler, Sollwertversteller, Anschluß für Infrarot-Präsenzmelder. Ausgang über Ausgangsmodul.
- Autonomer Raumtemperaturregler, arbeitet auch ohne BUS, kann aber bei Bedarf später angeschlossen werden. Mit eigener Zeituhr, mit eingebautem Temperaturfühler, Sollwertversteller, Anschluß für Infrarot-Präsenzmelder und Fensterkontakt. Ausgang: ein Stellmotor.
- Raumtemperaturfühler für öffentl. Räume als Eingang für Unitmodul, Ausgangsmodul oder VVS-Modul.
- Komfort-Bediengerät mit eingebautem Temperaturfühler, Sollwertversteller, Anschluß für Infrarot-Präsenzmelder und Fensterkontakt. Ausgang: ein Stellmotor oder zwei über Ausgangsmodul.
- Ausgangsmodul zur Ansteuerung von 2 Stellmotoren. Auch als VVS-Modul mit eingebautem Geschwindigkeits/Druck-Sensor (Mikrobridge).
- Raumbus-Controller. Regelt, steuert, überwacht bis zu 32 Raumgeräte. Verwaltet Zonen-Zeit- und Anwenderprogramme, die über PC parametriert und eingegeben wurden. Liefert über Schnittstelle zum Gebäudebus aufbereitete Daten an Zentrale.
- Unitmodul für externen Temperaturfühler, mit Sollwertversteller, Anschluß für Infrarot-Präsenzmelder und Fensterkontakt. Ausgang für zwei Stellmotore in Sequenz.

-9.3.2 Technische Möglichkeiten

DDC-Einzelraumregler haben u. a. folgende Funktionen:

- Benutzerspezifische Funktionen:

  Zeitprogramme; z. B. Tagesschaltprogramme für die Belegungszeiten und Jahresschaltuhr für Ferien, Feiertage.
  Betriebsart; z. B. Komfort, Bereitschaft (Standby), Energiesperre (Nachtabsenkung). Bei Betriebsart Komfort kann der Sollwert durch Nutzer verstellt werden.
  Override-Funktion; Überschreiben der Zeittabelle von zentralen Bedienebenen.
  Schalten der Sekundärregelung über Fensterschalter und Infrarot-Präsenz-Fühler.

- Zonenspezifische Funktionen:

  Schnellaufheizung
  Schnellüftung z. B. morgens
  Nachtkühlung mit Außenluft
  Umschalten von Heiz- auf Kühlbetrieb (change over)
  Mindestvolumenstrom.

- Bedarfsabhängige Funktionen:

  Zuschalten von Heizkessel, Kältemaschine abhängig vom Leistungsbedarf der Räume, dabei können sinnvolle Prioritäten gesetzt werden.
  Regelung der WW-Pumpendrehzahl abhängig von der integrierten Leistung aller Ventilstellungen.
  Regelung der Ventilatordrehzahl abhängig von der integrierten Leistung aller VVS-Geräte.
  Sollwertfernverstellung außentemperaturabhängig.

Für das Betriebspersonal ergibt sich ferner eine Arbeitserleichterung durch frühzeitiges Erkennen von Störungen durch Grenzwertmeldung sowie Ferndiagnose durch Lesen der Daten pro Einzelraum.

-9.4 Netzwerke für die Kommunikation[1)]

Bei der Anwendung der DDC- und Leittechnik kommt bei größeren Anlagen und Liegenschaften den digitalen Datenübertragungs-Systemen (Netzwerken) besondere Bedeutung zu. Dabei wird zukünftig auch eine Integration mit den Netzen für Telefon, Telex, EDV, Video etc. angestrebt, um Verkabelungsaufwand zu sparen. Hierzu führt die Deutsche Bundespost wie bekannt schrittweise *ISDN* (Integrated Services Digital Network) ein.

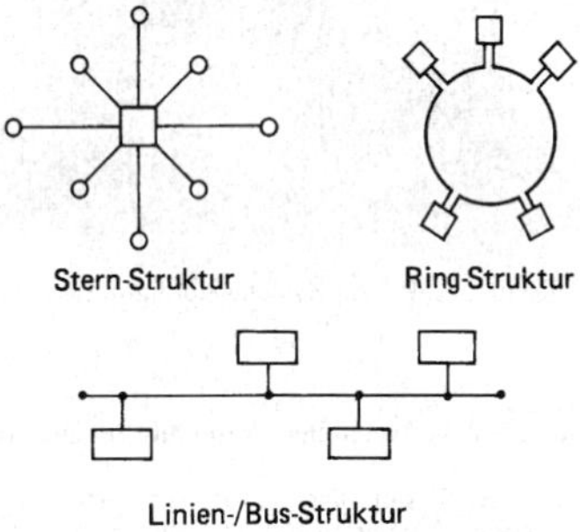

Bild 3.3.7-79. Topologien für Netzwerke.

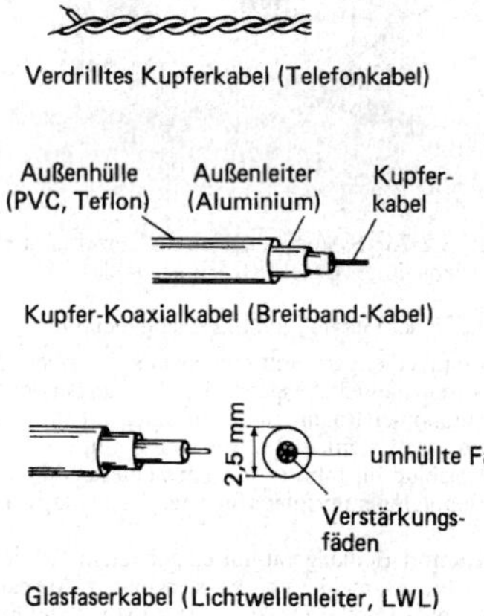

Bild 3.3.7-80. Übertragungsmedien für Netzwerke.

---
1) Fehse, M.: Ki 4/86. S. 144/6.
Gulle, A.: ATP 11/86. S. 517/23.

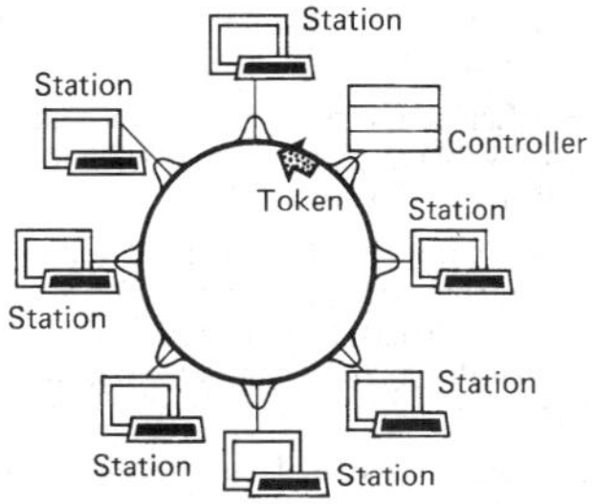

Bild 3.3.7-81. Zugriffsverfahren am Beispiel des Token-Ring.

Wenn das Netzwerk das Grundstück nicht überschreitet, spricht man von *LAN* (Local Area Network), anderenfalls von *WAN* (Wide Area Network). Sogenannte *Gateways* haben die Aufgabe, die Schnittstelle LAN und WAN zu überbrücken.

Die LAN lassen sich nach drei Gesichtspunkten unterscheiden:

nach der Topologie des Netzes (Bild 3.3.7-79),
nach dem Medium, von dem das verfügbare Frequenzspektrum abhängt (Bild 3.3.7-80),
nach dem Zugriffsprotokoll (Bild 3.3.7-81).

Die verschiedenen *Topologien* (Bild 3.3.7-79) zeigen drei Basisformen:

Sternstruktur
Ringstruktur
Bus-/Baumstruktur

Die Sternstruktur ist die konventionelle Form, wie sie bei herkömmlichen Telefonnetzen üblich ist. Die Ringstruktur ist aufwendig, da zu jedem Teilnehmer zwei Leitungen gelegt werden müssen (eine kommende und eine gehende). Langfristig die günstigste Verkabelung ist die Baumstruktur, da Erweiterungen durch Äste und Zweige möglich sind.

Das verwendete *Medium* ist die Art der *Verkabelung*. Man verwendet verdrillte Kupferleitungen (Twisted Pair) oder Koaxialkabel, zunehmend auch Glasfaserkabel (siehe Bild 3.3.7-80). Dabei steigt die Kapazität der Informationsübertragung (Datenübertragungsrate) gemessen in Mega Bits pro Sekunde (MBps) bedingt durch den verwendbaren Frequenzbereich in der genannten Reihenfolge. Entsprechend spricht man beim Telefonkabel von schmalbandiger, bei Koaxialkabeln von breitbandiger Übertragung:

Verdrillte Kupferkabel (Schmalband bis 1 MHz)	bis 10 MBps
Koaxialkabel (Breitband bis 300 MHz)	bis 300 MBps
Glasfaserkabel (Breitband, Frequenz unbegrenzt)	bis über 1000 MBps.

Für die DDC-Technik reicht verdrilltes Kabel aus. Bei voll integrierter Kommunikation wird aber Breitband-Kabel benötigt.

Zwei wichtige *Zugriffsverfahren* entsprechend Norm IEEE 802 sind

CSMA (Carrier Sense Multiple Access) und
Token-Passing (als Token-Bus oder Token-Ring)

Beim Token-Passing wird ein Bitmuster *(Token)* von Station zu Station in einem logischen Ring weitergereicht. Will eine Station senden, muß sie auf ein freies Token warten und übernimmt dann das Token wie den Stab beim Staffellauf. Die zu sendenden Daten werden an das nun *besetzte* Token angehängt und an die gewünschte Adresse gesendet, von dort quittiert, und an der Ausgangsstation wird das Token wieder *frei* gesetzt zur Benutzung durch eine andere Station. Zum An- und Abschalten der Stationen ist ein Controller notwendig (Bild 3.3.7-81).

Jede Station hat bei diesem Verfahren eine maximale Wartezeit, die sich aus Datenübertragungsrate und Datenmenge abschätzen läßt. Diese kann relativ lange sein, was bei einer Prozeßsteuerung Probleme bringt. Dafür ist aber sichergestellt, daß jede Station innerhalb dieser Zeit Zugriff findet.

Beim CSMA-Verfahren herrscht dagegen spontaner Zugriff. Jede Station „hört", ob die Leitung frei ist. Will sie senden, setzt sie ihre Nachricht mit Ziel- und Herkunftsadresse ab. Dabei kann es aber zu Kollisionen kommen, wenn zwei Stationen zur gleichen Zeit auf die freie Leitung zugreifen. Ein Kollisionskontroller (CD = Collision Detection) bringt die Nachrichten dann in eine Warteschleife. Die Zugriffswahrscheinlichkeit innerhalb kurzer Zeit ist bei diesem Verfahren größer, weil bei freier Leitung unmittelbar gesendet werden kann. Allerdings können bei zu starkem Nachrichten-Verkehr die Wartezeiten sehr lang werden.

Bei Echtzeitproblemen (Prozeßsteuerung) ist also das Token-Passing-Verfahren vorteilhaft, wobei allerdings hohe Datenübertragungsraten (Breitbandtechnologie) notwendig ist, z. B. Industrial LAN, MAP. Das CSMA-Verfahren ist dagegen z. Zt. preisgünstiger.

Eine Normung der Nachrichtentechnik ist durch ISO vorgesehen. Das sogenannte 7-Schichten-Modell heißt *OSI* (Open Systems Interconnection), ist aber bisher nur teilweise realisiert. Hierin werden die Kommunikationsprotokolle und Funktionen festgelegt. Es wurden inzwischen verschiedene lokale Netzwerke realisiert, z. B. LAN/1, Ethernet, Lisby etc.

In *firmen-eigenen* Netzen können meist nur Geräte des gleichen Herstellers miteinander kommunizieren (geschlossene Netze). Um den Wettbewerb offenzuhalten, sind die Bauherren aber daran interessiert, Geräte *verschiedener* Hersteller an ein einmal gewähltes System (z. B. mit Leitrechner) anschließen zu können[1)]. Man spricht dann von *offenen Netzen.* Im AMEV wurde daher ein firmen-neutrales Datenübertragungssystem (FND 87) entwickelt. Eine andere weiterreichende Entwicklung ist der *PROFIBUS* (Process Field Bus)[2)].

Beim Konzept *FND 87* nach Bild 3.3.7-82 können in sich abgeschlossene DDC- (oder auch GLT-)*Inselsysteme* verschiedener Hersteller (in Ebene 3) durch Zwischenschalten des *FND* mit einer Leitzentrale eines anderen Herstellers (Ebene 4) kommunizieren. Das Kommunikations-Netz zwischen Ebene 3 und 4 selbst ist ein beliebiges LAN oder WAN und nicht FND-spezifisch.

Der Zugang von den Inselzentralen (Ebene 3) einerseits und der Leitzentrale (Ebene 4) andererseits erfolgt über *Netzzugangsgeräte NZG* des Netzherstellers. Diese lassen die physikalische und logische Struktur des Netzwerks nicht nach außen in Erscheinung treten, da sie die durch das FND-Konzept festgelegte *Standard-Schnittstelle X.25/Datex P10* aufweisen.

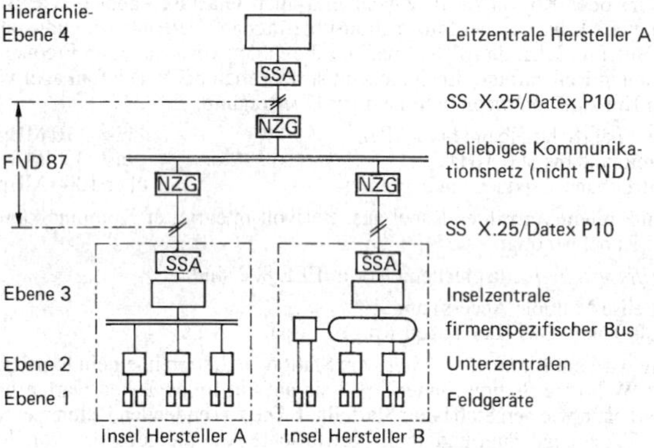

Bild 3.3.7-82. Architektur des firmenneutralen Datenübertragungssystems FND 87.
SS = Standardschnittstelle X.25/Datex P10
SSA = Standard-Schnittstellen-Adapter
NZG = Netzzugangsgerät

1) Nadolph, U., u. Ziller, J.: HLH 2/87. S. 87/9.
Benez, H., u. J. Hörger: CCI 12/87. S. 46 ff.
Schenk, W.: Hard and Soft 4/88. S. VIII ff.
Ludger, K., u. a.: Hard and Soft 4/88. S. VI ff.
2) Frank, L.: TAB 3/89. S. 222/4.
Schlaegel, F.: CCI 7/89. S. 48.
Hartmann, R.: ETA 3/89. S. A 107/9 u. CCI 9/89. S. 41.

Die DDC- und GLT-Herstellerspezifischen Telegrammformate, Adressierungsarten und Protokolle werden über *Standard-Schnittstellen-Adapter (SSA)* umgesetzt. Diese als *Gateways* wirkende Einheiten sind in der Insel- und Leit-Zentrale vom jeweiligen Hersteller zu integrieren.

Ähnliche Möglichkeiten auf IBM-Leitrechnern bietet das IBM-Verfahren *FACN*.

Während der Nachrichtenaustausch beim FND-Konzept zwischen zwei Inseln stets über die Leitzentrale erfolgen muß, da das FND nur die Ebene 3 und 4 verbindet, sieht der noch in Entwicklung befindliche *PROFIBUS* diesen Querverkehr vor. Die Kommunikation kann hier zwischen allen Hierarchie-Ebenen 1 bis 4 erfolgen (Bild 3.3.7-83). Der Einsatzbereich erstreckt sich also von der Feldebene (Sensoren, Stellglieder) über die Unterstationen, DDC-Stationen, Unterzentralen bis zur Leitzentrale, wobei verschiedene Hersteller an den Bus angeschlossen sein können. Eine erste Entwicklung eines DDC-Reglers mit Schnittstelle für einen Feldbus zeigt Bild 3.3.7-84. Dieses vom BMFT geförderte Konzept bietet mehr Funktionalität, ist aber sicher auch aufwendiger.

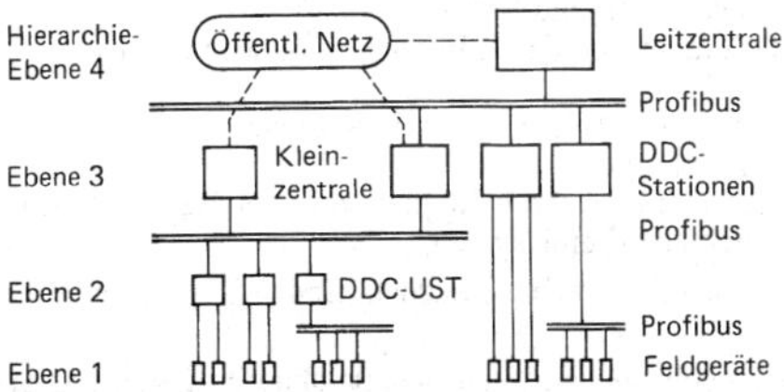

Bild 3.3.7-83. Architektur des offenen Kommunikationssystems PROFIBUS.

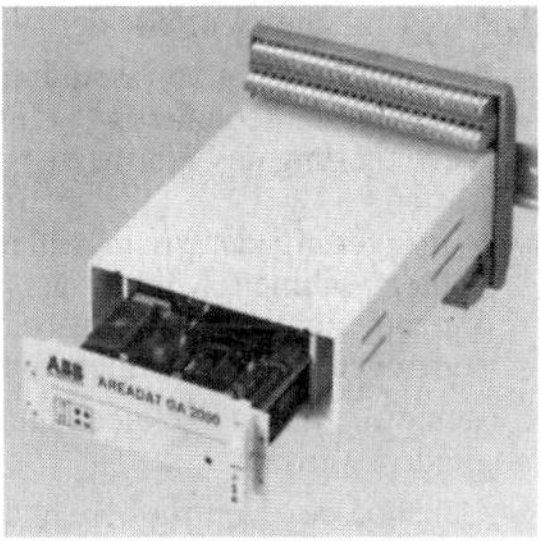

Bild 3.3.7-84. DDC-Regler mit Schnittstelle für Feld-BUS (ABB).

Nachstehend ein Vergleich der beiden offenen Kommunikationssysteme:

	FND 87	PROFIBUS
Verbindung der Ebene	3 und 4	1, 2, 3 und 4
Netzart	Punkt zu Punkt	Bus
Netzzugang	ein Gateway je Teilnehmer	direkt
Zugang zu öffentl. Netz	ja (Datex P10)	geplant (DIN 19244)
Querverkehr	nein	ja (Token)
Nachricht an alle	nein	ja

3.3.8 Wärmerückgewinnung[1)]

Korrekturen von Dipl.-Ing. Frank Dehli, Heidelberg

-1 Allgemeines

Lüftungs- und Klimaanlagen benötigen Wärme- und Kälteenergie zur Aufbereitung der Außenluft. Eine wesentliche Verringerung der dafür bereitzustellenden Leistungen sowie des jährlichen Energieverbrauchs läßt sich durch Rückgewinnung des Wärmeinhalts der Abluft erreichen. Hierfür gibt es verschiedene gerätetechnische Verfahren (Bild 3.3.8-1). *Umluftbetrieb* ist in diesem Sinne keine Wärmerückgewinnung, da Umluft lediglich zum Energietransport genutzt wird, der auch von der Außenluft übernommen werden könnte. Die Umluft bewirkt Energieeinsparung dadurch, daß durch Mischung mit der Außenluft zur Zuluft die Zulufttemperaturen des Raumes mit dem zulässigen maximalen Temperaturabstand gefahren werden können, ohne den Außenluftvolumenstrom zu erhöhen und damit zusätzliche Energie für dessen Aufbereitung zu verwenden.

Die wesentlichen Vorteile der Wärmerückgewinnung sind:

- Verringerung der zu installierenden Leistungen für Heizung und Befeuchtung und damit Kostenreduzierungen für Kesselanlagen und Rohrleitungen,
- Verringerung des Wärmeenergieverbrauchs und damit Reduzierung der Betriebskosten,
- Verringerung der zu installierenden Leistungen und damit Kostenreduzierungen für Kältemaschinen, Kühltürme und Rohrleitungen,
- Verringerung des Kälteenergieverbrauchs und damit Reduzierung der Betriebskosten,
- Verringerung der energiebedingten Schadstoffemissionen.

Systeme zur Wärmerückgewinnung können entsprechend nachstehenden Einsatzbereichen gegliedert werden:

- Gebäude des Komfortbereiches (Bürogebäude, Schulen, Krankenhäuser, Hotels, Kaufhäuser, Wohngebäude und dergleichen),
- Industriegebäude (Fertigungshallen und Werkstätten in den verschiedenen Industriezweigen, z. B. Automobil-Industrie, Elektronik-Industrie, pharmazeutische Industrie und dergleichen),
- prozeßlufttechnische Anlagen (Lackier-, Trocknungs-, Absauganlagen und dergleichen).

Leistungskennwerte

Die *Rückwärmzahl* läßt sich auf die Außenluftseite (Index 2) oder die Abluftseite (Index 1) beziehen (Bild 3.3.8-2)

$$\Phi_2 = \frac{t_{22} - t_{21}}{t_{11} - t_{21}} \text{ oder } \Phi_1 = \frac{t_{11} - t_{12}}{t_{11} - t_{21}} \text{ wobei } \frac{\Phi_2}{\Phi_1} = \frac{\dot{m}_1 \cdot c_1}{\dot{m}_2 \cdot c_2}.$$

Bei Übertragung von nur sensibler Wärme und gleichen Massenströmen

$$\Phi_2 = \Phi_1 = \Phi = \frac{t_{22} - t_{21}}{t_{11} - t_{21}}$$

Darstellung im h, x-Diagramm siehe Bild 3.3.8-3.

---

1) Eurovent 10/1 u. 2 (1982): Wärmerückgewinner.
VDI-Richtlinie 2071 (12.97): Wärmerückgewinnung in RLT-Anlagen.
SWKI-Richtlinien 89-1: Wärmerückgewinnung in lufttechnischen Anlagen (Schweizer Norm SN 546 89-1).
Handbuch der Energiespartechniken; Kompendium für Lehre und Praxis, C. F. Müller-Verlag, Heidelberg 1983.
Jüttemann, H.: Wärme- und Kälterückgewinnung in raumlufttechnischen Anlagen, Werner-Verlag, Düsseldorf 2001.
Reinmuth, F.: Lufttechnische Prozesse, C. F. Müller-Verlag, Heidelberg 1991.
Reinmuth, F.: Energieeinsparung in der Gebäudetechnik, Vogel-Verlag, Würzburg 1994.
Heinrich, G., u. U. Franzke: Wärmerückgewinnung in lüftungstechnischen Anlagen, C. F. Müller-Verlag, Heidelberg 1993.
VDI-Berichte 1464, Kosten sparen durch Wärmerückgewinnung, VDI-Verlag, Düsseldorf 1999.
Beck, E., u. Hausladen, G.: Energieverbrauch von RLT-Anlagen, ISH-Jahrbuch 1999.

1386 b

Kategorie nach VDI 2071	Bezeichnung	Aufbau	Feuchte-austausch
I	Rekuperator oder Trennflächen-Wärmeaustauscher z.B. Platten-Wärmeaustauscher	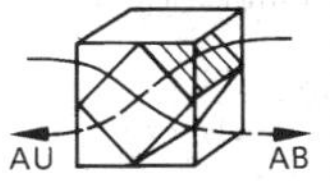	nein
II	Kreislaufverbund-Wärmeaustauscher	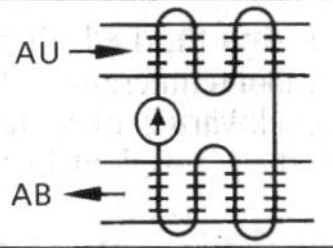	nein
	Wärmerohr-Wärmeaustauscher	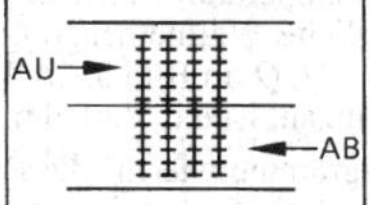	nein
III	Rotations-Wärmeaustauscher 1. Sorptions-Wärmeaustauscher mit hygroskopischer Speichermasse 2. Kondensations-Wärmeaustauscher ohne hygroskopischer Speichermasse		ja gering
IV	Wärmepumpe	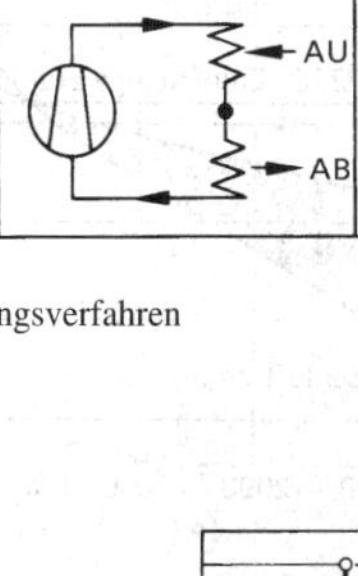	nein

Bild 3.3.8-1. Übersicht verschiedener Wärmerückgewinnungsverfahren
AU = Außenluft AB = Abluft

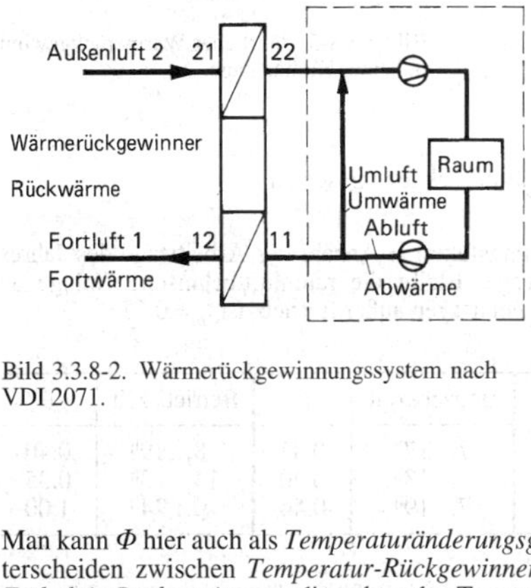

Bild 3.3.8-2. Wärmerückgewinnungssystem nach VDI 2071.

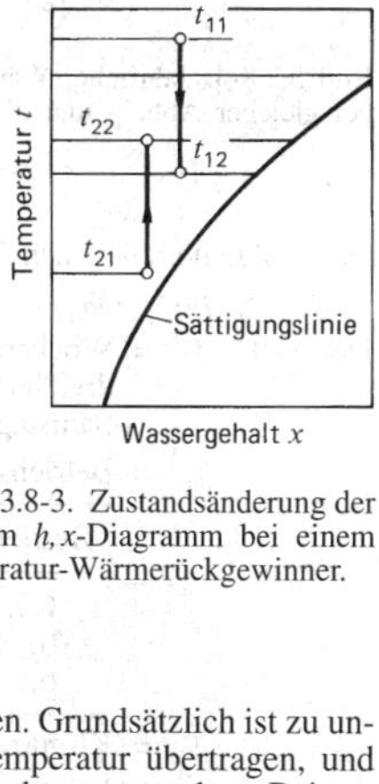

Bild 3.3.8-3. Zustandsänderung der Luft im h,x-Diagramm bei einem Temperatur-Wärmerückgewinner.

Man kann Φ hier auch als *Temperaturänderungsgrad* bezeichnen. Grundsätzlich ist zu unterscheiden zwischen *Temperatur-Rückgewinnern,* die nur Temperatur übertragen, und *Enthalpie-Rückgewinnern,* die neben der Temperatur auch Feuchte austauschen. Bei zusätzlicher Übertragung von Feuchte ist der Feuchte-Rückgewinn durch die *Rückfeuchtzahl* bestimmt. Auch sie läßt sich auf die Außen- oder Abluftseite beziehen

$$\Psi_2 = \frac{x_{22} - x_{21}}{x_{11} - x_{21}} \text{ und } \Psi_1 = \frac{x_{11} - x_{12}}{x_{11} - x_{21}}$$

Bei gleichen Luftmassenströmen gilt auch hier

$$\Psi_2 = \Psi_1 = \Psi = \frac{x_{22} - x_{21}}{x_{11} - x_{21}}$$

Jährlicher Wärmerückgewinn

Die Werte für Φ sind für die Luftzustandsänderungen ohne Feuchteübertragung definiert. Bei niedrigen Außentemperaturen tritt jedoch auf der Fortluftseite Kondensation ein, wodurch sich die Rückwärmzahl etwas erhöht. Zur Ermittlung der *jährlichen Rückgewinnung* lassen sich z. B. die Häufigkeitskurven für Temperatur bzw. Enthalpie der Außenluft verwenden.

Ist die Ablufttemperatur gleich der Zulufttemperatur, dann ist das Verhältnis zurückgewonnene jährliche Wärmemenge Q_r zur zugeführten Wärmemenge Q gleich der Rückwärmzahl $\Phi = Q_r/Q$. In Bild 3.3.8-4 ist die rückgewonnene Wärme schraffiert dargestellt. Die Rückwärmzahl ist das Verhältnis der Strecken *a* und *b*.

Ähnliche Diagramme wie für die Rückgewinnung fühlbarer Wärme lassen sich auch für die Feuchte und die Enthalpie aufstellen. In der Richtlinie VDI 2071 sind Verfahren zur Berechnung der Rückwärme und der damit verbundenen Schadstoffreduktion beschrieben.

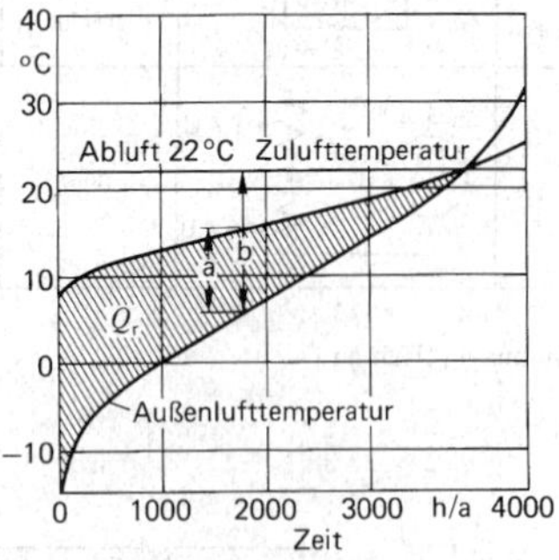

Bild 3.3.8-4. Jährlicher Wärmerückgewinn bei gleicher Abluft- und Zulufttemperatur.

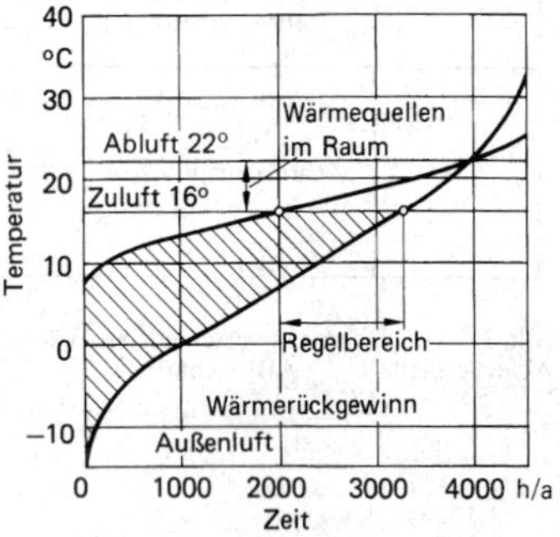

Bild 3.3.8-5. Jährlicher Wärmerückgewinn bei einer Klimaanlage.

Ganz allgemein läßt sich für den Jahreswärmerückgewinn setzen

$$Q_r = f_a \cdot f_z \cdot f_{zo} \cdot \dot{m}_a \cdot q_r \text{ in MWh/a}$$

Darin ist f_a = Wochenendeinschränkungsfaktor = Anzahl der Arbeitstage des Jahres dividiert durch 365 Tage. Bleibt die raumlufttechnische Anlage an Samstagen, Sonn- und Feiertagen außer Betrieb, ist $f_a = 0{,}67$.

f_z = Betriebszeitfaktor

Betriebszeit	f_z	Betriebszeit	f_z	Betriebszeit	f_z
6…17^h	0,41	7…17^h	0,37	8…19^h	0,40
6…18^h	0,45	7…18^h	0,40	14…23^h	0,35
6…19^h	0,49	7…19^h	0,44	0…24^h	1,00

f_{zo} = Klimazonenfaktor

Klimazone 1 (Orte mit weniger als 3800 Gradtagen) … $f_{zo} = 0{,}9$
Klimazone 2 (Orte mit 3800 bis 4200 Gradtagen) … $= 1{,}0$
Klimazone 3 (Orte mit mehr als 4200 Gradtagen) … $= 1{,}1$

$\dot{m}_a$ = Außenluftdurchsatz in kg/s.
q_r = Wärmerückgewinn bei verschiedenen Rückwärmzahlen Φ in MWh/a je kg/s (Bild 3.3.8-6 bis Bild 3.3.8-8).

Für die komplementären Betriebszeiten in der Nacht gelten die zum Wert 1 ergänzten Betriebszeitfaktoren, z.B. Betriebszeit 17 bis 6^h: $f_2 = 1 - 0{,}41 = 0{,}59$.

Die Kurven in Bild 3.3.8-6 bis Bild 3.3.8-8 beziehen sich auf eine Ablufttemperatur t_{11} von 24 °C und eine Abluftfeuchte von x_{11} = 7 g/kg. Außerdem ist vorausgesetzt, daß der Außenluftdurchsatz = Abluftdurchsatz ist. q_{fin} ist die spez. Jahresenergie, die man ohne Wärmerückgewinn aufwenden muß, um den Grenzwert t_{fin} bzw. h_{fin} der Zuluft zu erreichen. Der spez. Vorerhitzerbedarf ist $q_v = q_{fin} - q_r$.

Beispiel 1:

Eine raumlufttechnische Anlage mit einem Temperaturrückgewinner in Hamburg habe eine Betriebszeit von $7\ldots18^h$, die Zulufttemperatur t_{fin} wird angenommen mit 20 °C, $\Phi = 0{,}5$, $f_{zo} = 1{,}0$, $\dot{m}_a$ = 100 000 kg/h (27,78 kg/s) und $f_a = 0{,}7$. Gesucht ist der Jahreswärmerückgewinn Q_r und der jährliche Vorerhitzerwärmebedarf Q_v.

Lösung: Für Betriebszeit $7\ldots18^h$ ist $f_z = 0{,}40$. Nach Bild 3.3.8-6 ist q_r = 63 MWh/a je kg/s. Damit ist

$$Q_r = f_a \cdot f_z \cdot f_{zo} \cdot \dot{m}_a \cdot q_r = 0{,}7 \cdot 0{,}4 \cdot 1{,}0 \cdot 27{,}78 \cdot 63 = 490 \text{ MWh/a}$$

Spez. Vorerhitzer-Restwärmebedarf $q_v = q_{fin} - q_r = 102 - 63 = 39$ MWh/a je kg/s.
Jährlicher Vorerhitzer-Restwärmebedarf $Q_v = 0{,}7 \cdot 0{,}4 \cdot 1{,}0 \cdot 27{,}78 \cdot 39 = 303$ MWh/a.

Beispiel 2:

Eine raumlufttechnische Anlage mit einem Enthalpierückgewinner und Wäscherbefeuchtung mit Taupunktregelung in Berlin habe eine Betriebszeit von 6 bis 18 h; die Zuluftenthalpie wird mit 32 kJ/kg angenommen; die Rückwärmzahl sei gleich der Rückfeuchtzahl und betrage 0,5; der Luftmassenstrom sei $\dot{m}_a = \dot{m}_f$ = 25 kg/s und der Wochenendeinschränkungsfaktor $f_a = 0{,}8$.

Lösung: Für Betriebszeit 8 bis 18^h ist $f_z = 0{,}45$.

Nach Bild 3.3.8-8 ist q_r = 73 MWh/a je kg/s.
Damit ist

$$Q_r = f_a \cdot f_z \cdot f_{zo} \cdot \dot{m}_a \cdot q_r$$
$$= 0{,}8 \cdot 0{,}45 \cdot 1 \cdot 25 \cdot 73 = 657 \text{ MWh/a}$$

Spezifischer Vorerhitzer-Restwärmebedarf:

$$q_v = q_{fin} - q_r = 95 - 73 = 22 \text{ MWh/a je kg/s}$$

Jährlicher Vorerhitzer-Restwärmebedarf:

$$Q_v = 0{,}8 \cdot 0{,}45 \cdot 1 \cdot 25 \cdot 22 = 198 \text{ MWh/a.}$$

Systeme der Wärmerückgewinnung

Grundsätzlich unterscheidet man 3 Systeme:

Beim *Regenerativ-Verfahren* werden Speichermassen verwendet, die Wärme oder Feuchte oder beides aufnehmen und wieder abgeben. Beim Rotationswärmeaustauscher ist die Speichermasse fest, beim kreislaufverbundenen Wärmeaustauscher dagegen flüssig.

Beim *Rekuperativ-Verfahren* werden feste Austauschflächen verwendet, wobei gewöhnlich nur sensible Wärme übertragen wird (Trennflächen-Wärmeaustauscher).

Beim *Wärmepumpen-Verfahren* wird ein Kältemittel verwendet, das unter Energiezufuhr Wärme überträgt.

Alle Wärmerückgewinnungssysteme sparen erhebliche Mengen von Energie. Den Mehrkosten für den Wärmerückgewinner stehen Minderkosten für Heizungs- und Kühlanlagen gegenüber. Deshalb sind Wirtschaftlichkeitsrechnungen zweckmäßig. Übersicht Bild 3.3.8-1.

Wärmerückgewinnung mittels Wärmepumpe erbringt mehr zurückgewonnene Wärme als alle übrigen Wärmeaustauscher, erfordert dafür jedoch vergleichsweise hohen Energieaufwand. Deshalb und wegen der hohen Investitionskosten im allgemeinen nur sinnvoll, wenn eine Kältemaschine für Kühlaufgaben erforderlich ist. Weitere Aussagen deshalb im Abschnitt 5.6.5.

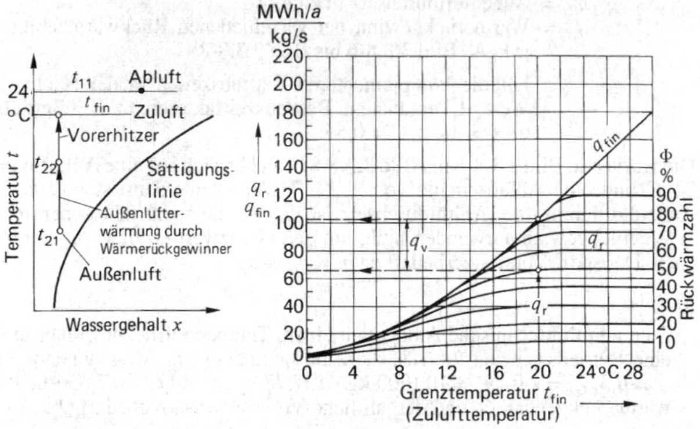

Bild 3.3.8-6. Diagramm zur Bestimmung des jährlichen Wärmerückgewinnes q_r mit Temperatur-Rückgewinner.
Links: Zustandsänderung im *h, x*-Diagramm; rechts: Bestimmungsdiagramm für q_r.

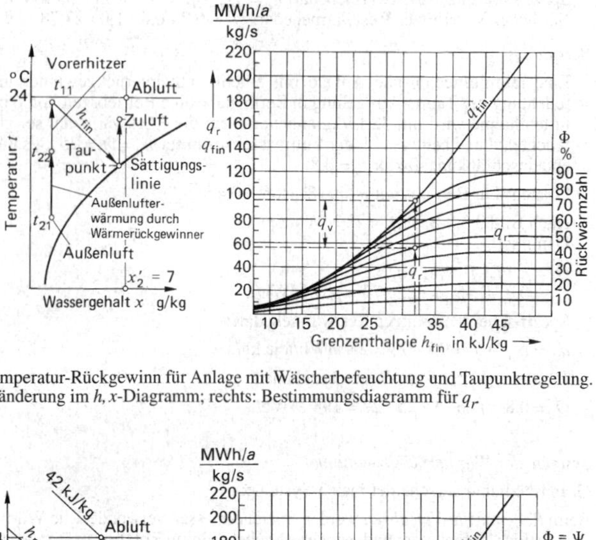

Bild 3.3.8-7. Temperatur-Rückgewinn für Anlage mit Wäscherbefeuchtung und Taupunktregelung.
Links: Zustandsänderung im *h, x*-Diagramm; rechts: Bestimmungsdiagramm für q_r.

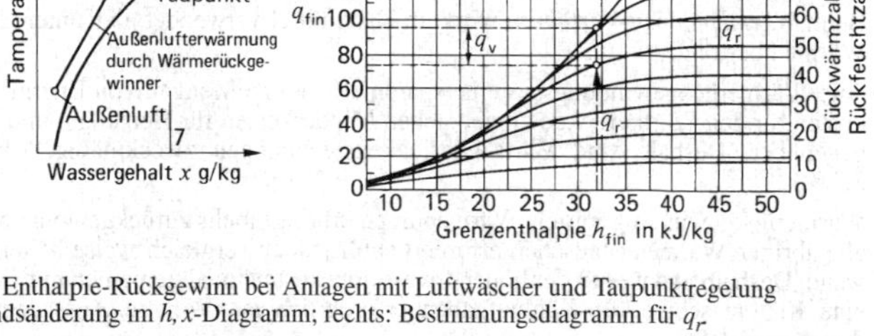

Bild 3.3.8-8. Enthalpie-Rückgewinn bei Anlagen mit Luftwäscher und Taupunktregelung
Links: Zustandsänderung im *h, x*-Diagramm; rechts: Bestimmungsdiagramm für q_r.

-2 Regenerativ-Wärmeaustauscher mit umlaufender Speichermasse (Rotationswärmeaustauscher)

Ein langsam rotierender Speicher (5...15 U/min) wird in der einen Richtung von Fortluft, in der anderen Richtung von Außenluft durchströmt (Bild 3.3.8-9 u. Bild 3.3.8-10). Die Speichermasse wird abwechselnd von einem warmen und kalten Luftstrom durchströmt. Speicher besteht aus wellenförmiger Aluminium-Folie mit nichthygroskopischer oder hygroskopischer Oberfläche. Hydraulischer Durchmesser der Rotorkapillaren ≈ 1,5 mm. Sowohl fühlbare Wärme wie Feuchte werden ausgetauscht. Stoffaustausch durch Absorption/Adsorption sowie Kondensation[1]. Rückwärm- und Rückfeuchtzahlen je nach Luftgeschwindigkeit und Druckverlust 70...90%. Dadurch erhebliche Verringerung sowohl der Anlagekosten für Heizungs- und Kühlanlage als auch der Betriebskosten für Erwärmung, Befeuchtung und Kühlung der Außenluft. Leistung 1000...150 000 m^3/h bei Druckverlusten von 50...350 Pa und Durchmessern von 950...5500 mm. Luftzustandsänderung Bild 3.3.8-11. Zur Verhinderung eines Übertritts von Abluft in die Zuluft (Mitrotation) dient eine *Spülzone*, in der der Abluftinhalt durch Außenluft ausgeblasen wird. Ventilatoren saugen möglichst durch den Wärmeaustauscher (Bild 3.3.8-12).

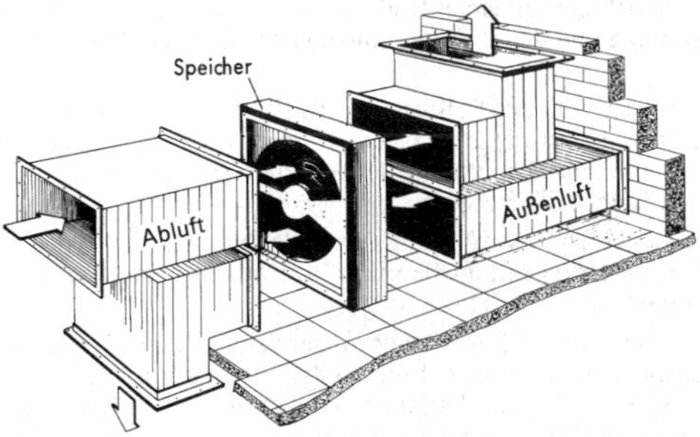

Bild 3.3.8-9. Regenerativ-Wärmeaustauscher für Zuluft und Abluft.

Bild 3.3.8-10. Regenerativ-Wärmeaustauscher (Rototherm).

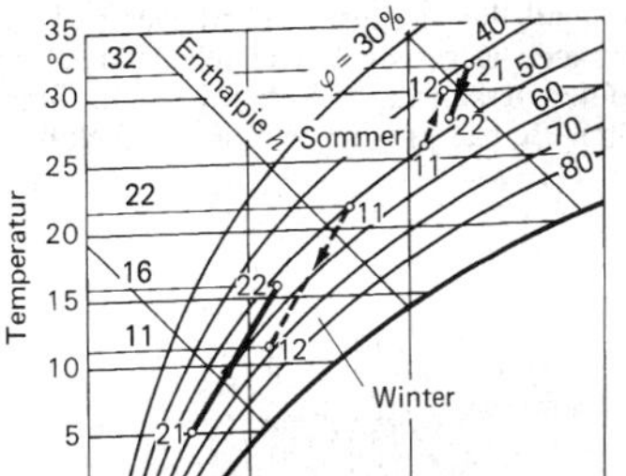

Bild 3.3.8-11. Zustandsänderung der Zuluft und Abluft bei Durchgang durch den Wärmewechsler, dargestellt im *h, x*-Diagramm.

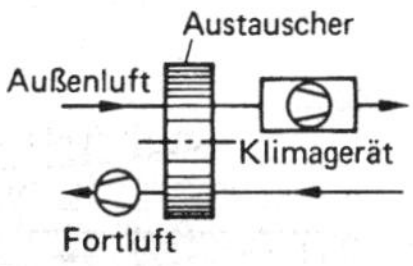

Bild 3.3.8-12. Anordnung des Regenerativwärmeaustauschers.

Andere Bauarten verwenden als Füllung Keramik oder Folie aus Kunststoff, rostfreiem Stahl u. a. mit oder ohne Beschichtung. Dabei wird dann meist nur sensible Wärme oder Feuchte durch Kondensation übertragen. Mit der Feuchte erfolgt evtl. auch eine Übertragung von Gerüchen, wodurch die Anwendung besonderer Rotor-Bauarten erforderlich sein kann.

[1]) Dreher, E.: Feuchteaustausch rotierender Wärmerückgewinner, Ki Luft- und Kältetechnik 1/1996.

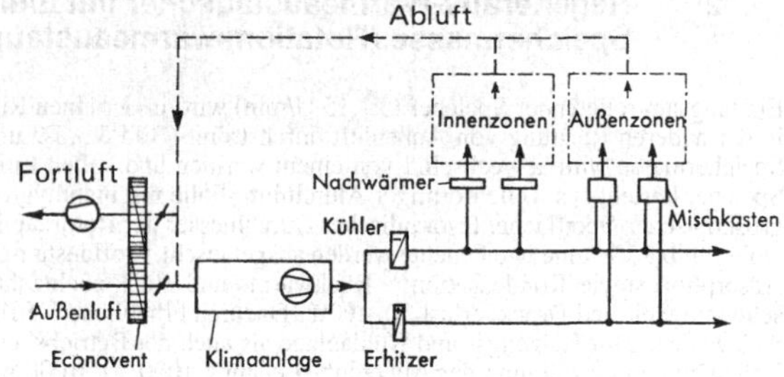

Bild 3.3.8-13. Schaltbild für Luftkanäle bei Anlagen mit Rotations-Wärmeaustauscher für Bürogebäude.

Bei der Planung der lufttechnischen Anlagen ist von vornherein darauf Rücksicht zu nehmen, daß die Fortluft- und Außenluftkanäle in der Zentrale zusammengeführt werden müssen (Bild 3.3.8-13).

Der *Austauschgrad* der Wärmeübertragung (Rückwärmzahl und Rückfeuchtzahl) ist aus Diagrammen der Hersteller zu entnehmen. Beispiel Bild 3.3.8-14, worin auch der Druckverlust angegeben ist. Austauschgrad und damit Zulufttemperatur kann über Drehzahl geändert werden.

Ist bei RLT-Anlagen mit Luftaufwärmung der Sollwert für die Zulufttemperatur wesentlich geringer als die Fortlufttemperatur, ist die Drehzahl des Rotors in Abhängigkeit von einem Zulufttemperatur-Regler in einem bestimmten Bereich zu verringern, so daß der Sollwert nicht überschritten wird (siehe Bild 3.3.8-5).

Zur Verhinderung von *Eisbildung* geringe Vorwärmung der Außenluft oder Verringerung der Rotordrehzahl. Rotierende Speichermassen, insbesondere solche mit hygroskopischer Rotormasse, sind gegen Eisbildung unempfindlich.

Eine wichtige Anwendung von rotierenden Wärmerückgewinnern sind Werkhallen für gewerbliche oder industrielle Fertigungen und Lager. Bild 3.3.8-15 zeigt die Energiebilanz einer Werkhalle mit Wärmerückgewinnung. In der Regel werden hierfür standardisierte Lüftungszentralen (auch für Dachaufstellung geeignet) verwendet. Dabei nutzen die Wärmerückgewinner auch den hohen internen Wärmeanfall. Bild 3.3.8-16 zeigt Aufbau und Ansicht von Lüftungszentralen mit rotierenden Wärmerückgewinnern.

Anwendung eines Regenerativ-Wärmeaustauscher für den Heizbetrieb eines *Verbrauchermarktes* (Supermarktes) zeigt Bild 3.3.8-17. Im Winter wird durch den Wärmeaustauscher ein großer Anteil (60 bis 70%) der in der Fortluft enthaltenen sensiblen und latenten Wärme zurückgewonnen und auf die Außenluft übertragen. Regelung durch Drehzahländerung des Wärmeaustauschers. Nachwärmung auf Solltemperatur durch Lufterhitzer. Im Sommer wird der Regenerativ-Wärmeaustauscher mit Beipaß umgangen. Nachts Umluftbetrieb. Ersparnis an Heizenergie ca. 50%.

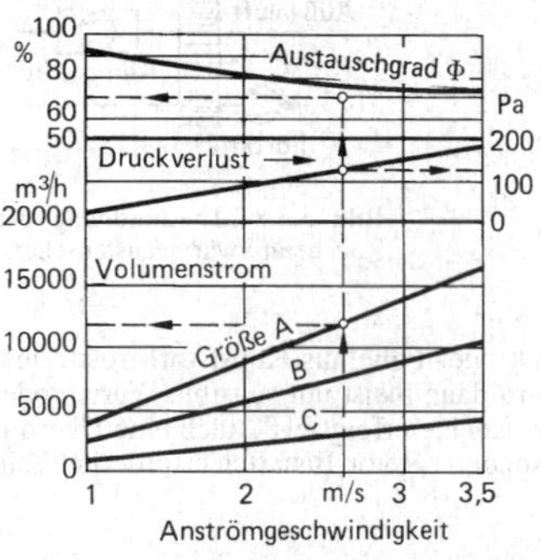

Bild 3.3.8-14. Diagramm zur Auswahl von Rotationswärmeaustauschern (Beispiel).

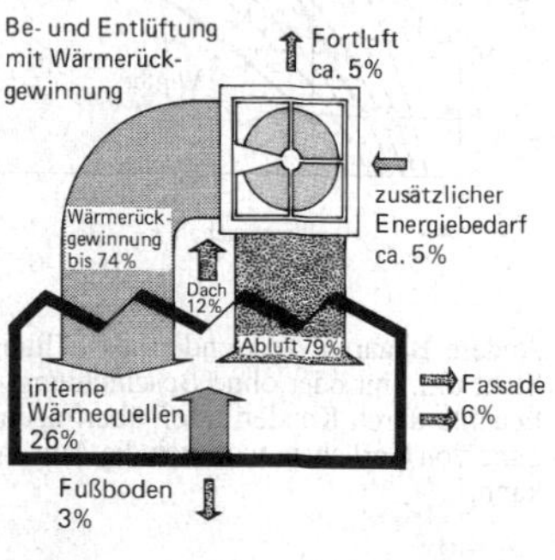

Bild 3.3.8-15. Energiebilanz einer Werkhalle.

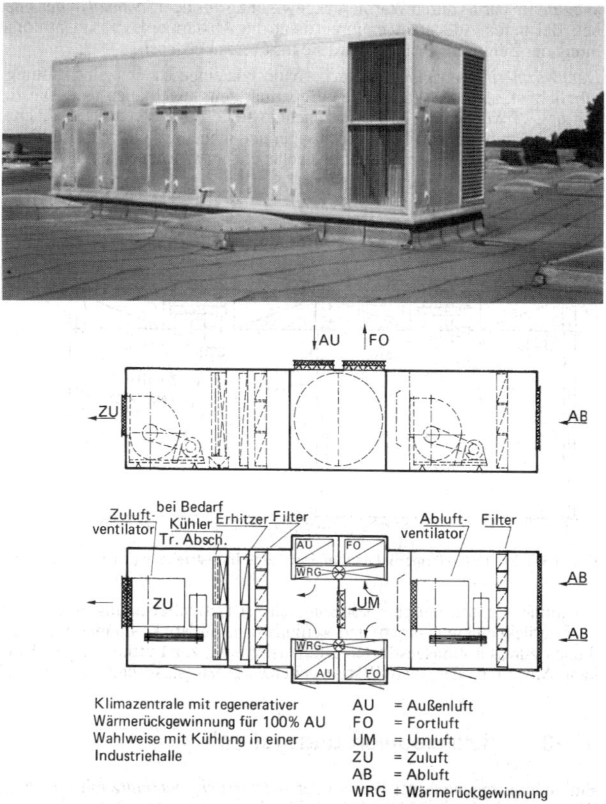

Bild 3.3.8-16. Lüftungszentralen mit Wärmerückgewinnung (Werkbild Siegle + Epple) Außenansicht und gerätetechnische Anordnung.

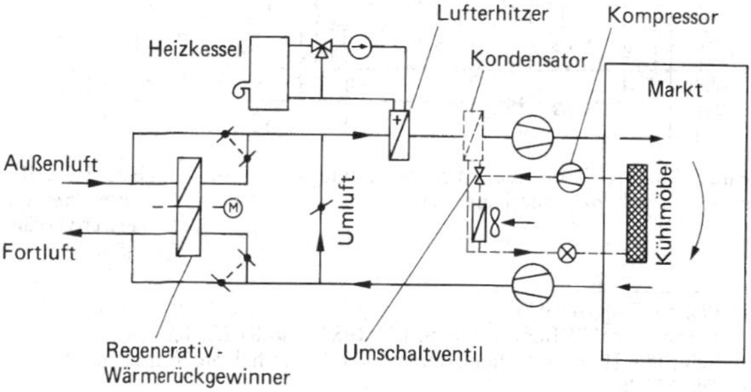

Bild 3.3.8-17. Wärmerückgewinnung in einem Verbrauchermarkt.

Weitere Ersparnis durch Wärmerückgewinnung aus dem *Sammelkondensator* der Kühlmöbel. Bei tiefen Außentemperaturen dient die Abwärme des Kondensators zur Nachwärmung der Zuluft, im Sommer wird sie ins Freie abgegeben.

Dachwärmerückgewinner werden besonders da eingesetzt, wo eine Lüftung vom Dach her möglich ist, z.B. bei Werkshallen, Supermärkten, Lagerhallen usw. Die zur Heizung und Lüftung verwendbaren Geräte bestehen aus einem Zuluftventilator, einem Abluftventilator, einem rotierenden Wärmeaustauscher und manchmal einem Lufterhitzer zur Nachwärmung der Zuluft. Für Umluftbetrieb nachts und an Wochenenden läßt sich auch ein Mischkasten anbringen (Bild 3.3.8-18).

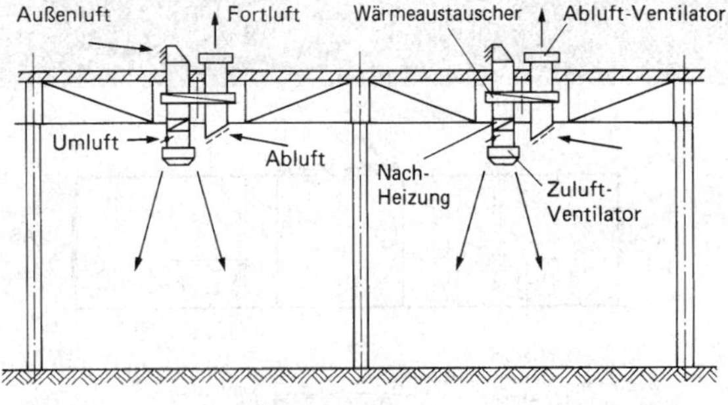

Bild 3.3.8-18. Dachwärmerückgewinner für eine Industriehalle (Turbo-Lufttechnik).

Rotationswärmeaustauscher können auch zur Luftentfeuchtung eingesetzt und mit einem Wärmerückgewinnungsrotor und Verdunstungskühlern kombiniert werden. Diese Systeme dienen zur „sorptionsgestützten Klimatisierung"; zur Luftkühlung und Luftentfeuchtung kann Abwärme oder solare Wärme genutzt werden (s. Abschn. 3.2.8-5 und Bild 3.2.8-38).

-3 Kreislaufverbundsystem[1)]

Ein anderes regeneratives System der *Wärmerückgewinnung* mit umlaufendem flüssigen Wärmeträger zeigen Bild 3.3.8-19 u. Bild 3.3.8-20. Im Abluftkanal ist hier ein Rippenrohr-Wärmeübertrager eingebaut, der die Abluftwärme auf umlaufendes Wasser überträgt. Diese Wärme dient dann in einem Lufterhitzer zur Erwärmung von Außenluft. Besonders geeignet für Nachrüstung bestehender Anlagen sowie zum Verbund mit externen Energiesystemen.

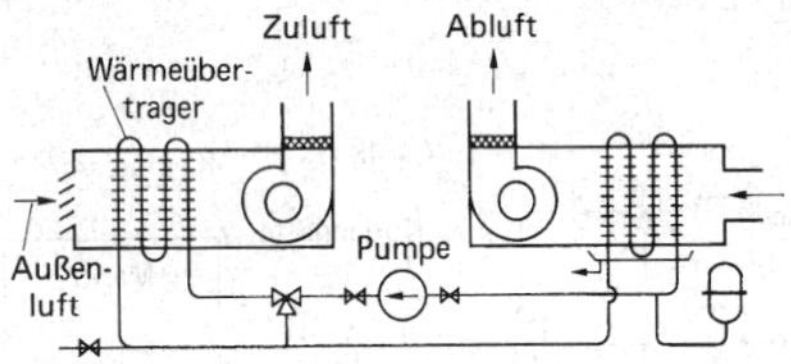

Bild 3.3.8-19. Wärmerückgewinn bei Lüftungsanlagen durch Wasserumlaufsystem.

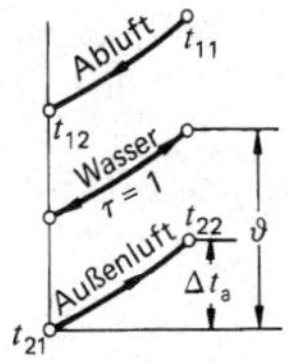

Bild 3.3.8-20. Temperaturverlauf beim Wasserumlaufsystem. Wasserwertverhältnis Luft/Wasser $\tau = 1$.

1) Paikert, P.: Ki 4/1975.
Dreher, E.: VDI-Bericht 446. S. 1/8 (1982) und Ki 2/1985.
Schilling, H.: Mehrfachnutzeffekt durch hocheffiziente Wärmetauschersysteme, IKZ-Haustechnik 7/1996.
Kamp, C.: Hochleistungs-Wärmerückgewinnung auf Basis des KV-Systems, ISH-Jahrbuch 1997.

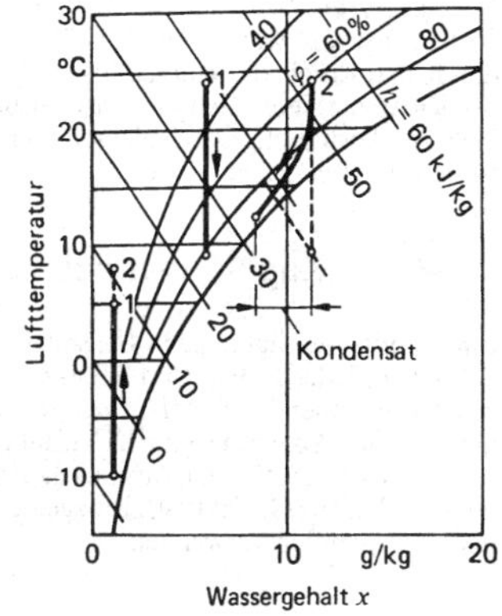

Bild 3.3.8-21. Zustandsverlauf der Luft beim Wasserumlaufsystem.
Kreislauf 1 ohne, Kreislauf 2 mit Kondensation der Abluft.

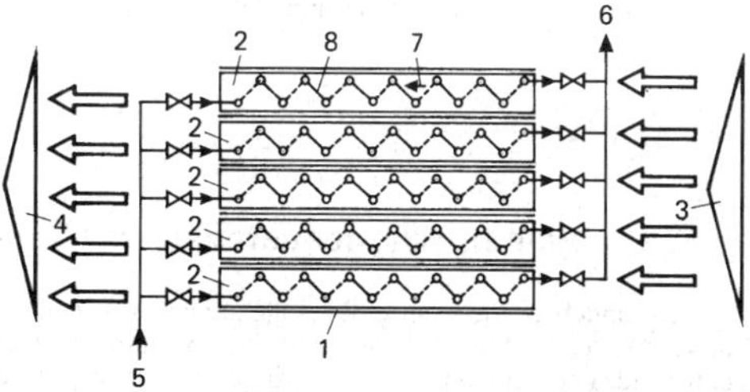

Bild 3.3.8-22. Schema der Medienführung beim Gegenstrom-Schicht-Wärmeaustauscher, 1 Wärmeaustauscherschicht, 2 einstückige, parallel zueinander liegende Wärmeleitlamellen, 3 Luftstrom-Eintritt, 4 Luftstrom-Austritt, 5 Wasserstrom-Eintritt, 6 Wasserstrom-Austritt, 7 Luftteilstrom „Wärmeaustauscherschicht", 8 Rohrführungen quer zum Luftstrom (SEW).

Außenluft- und Abluftströme können räumlich getrennt voneinander sein. Dem Umlaufwasser ist ein Frostschutzmittel zuzusetzen (Glykol).

Ein Beipaß mit einem Dreiwegeventil dient zur Begrenzung der rückgeführten Wärme. In den Übergangszeiten werden auf diese Weise zu hohe Raumtemperaturen vermieden. Ferner vermeidet man mit dem Beipaß eine *Eisbildung* im Abluftwärmeaustauscher (Bild 3.3.8-21). Die Abluft darf nie so weit abgekühlt werden, daß sich Eis an den Rippenrohren bildet.

Beispiel:

Luftvolumenstrom 1 kg/s, Außenluft −10 °C, Abluft 22 °C, Rückwärmzahl der Anlage $\Phi = 0{,}48$ beim Luft/Wasserverhältnis $\tau = 1$.
Gesucht: Erwärmung der Außenluft.
Der Wasserstrom ist 1/4,2 = 0,24 kg/s.
Lufterwärmung der Außenluft: 0,48 (22 + 10) = 15,3 K, also auf 5,3 °C.

Eine Verbesserung der Rückwärmzahl im Sommerbetrieb läßt sich durch adiabate Befeuchtung der Abluft vor dem Wärmeaustauscher erreichen.

Kreislaufverbundsysteme können auch aus einzeln absperrbaren Austauschereinheiten (Schichten) zusammengesetzt werden. Durch damit einstellbare Einzelwasserströme können bei Zwangs-Gegenstromführung hohe Rückwärmezahlen (Bild 3.3.8-22) erreicht werden.

Bei der *Betriebskostenrechnung* ist zu beachten, daß wegen der Druckverluste der Wärmeaustauscher und wegen der Umwälzpumpe ein zusätzlicher Energiebedarf entsteht. Hierdurch und durch die Kapitalkosten für die Investition verringern sich die Ersparnisse. Jedoch amortisieren sich die Anschaffungskosten bei Neubauten meist in wenigen Jahren. Höchste Austauschgrade bedeuten nicht größte Ersparnis. Eine *Energiekostenberechnung* sollte immer gemacht werden.

-4 Kapillarventilatoren

Ein Kapillarventilator kann bei Ausführung mit 2 Spiralen und 2 Ansaugöffnungen als Wärmewechsler gemäß Bild 3.3.8-23 verwendet werden. Die poröse Masse des aus Polyurethan bestehenden Rotors dient gleichzeitig als Ventilator und Speicher. Dadurch Ausnützung der Abwärme von Klimaanlagen. Auch Feuchteaustausch. Enthalpieaustauschgrad etwa 40…50%. Der Austauscherring muß von Zeit zu Zeit gereinigt werden. Ein gewisser Mischungseffekt ist zu beachten. Volumenstrom bis etwa 20000 m³/h. Wird nur noch gelegentlich verwendet.

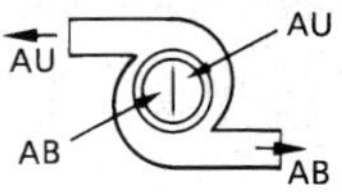

Bild 3.3.8-23. Kapillar-Ventilator (Frivent).
AU = Außenluft, AB = Abluft

-5 Platten-Wärmeaustauscher[1)]

Hierbei handelt es sich um einen sogenannten *rekuperativen Austauscher,* bei dem die Luftströme durch dünne Platten, z.B. aus Aluminium, Kunststoff u.a., voneinander getrennt sind. Die Scheiben sind in geringem Abstand parallel eingebaut. Die beiden Luftströme werden zwischen den Platten im Kreuzstrom durchgeführt. Keine Luftmischung, keine Feuchteübertragung (Bild 3.3.8-24). Leichte Reinigung durch Abspritzen mit Wasser. Ausführung in kubischer oder diagonaler Bauform und auch in verschiedenen Breiten.

Durch veränderliche Plattenmaße, Spaltbreiten und Zahl der Platten sind verschiedene Ausführungen möglich. Spaltbreite ≈5…10 mm. Luftwiderstand 100 bis 250 Pa.

Einbaubeispiel Bild 3.3.8-25. Ein entscheidendes Kriterium für den Betrieb ist die konstruktive Ausbildung der Abdichtungen zwischen den Platten sowie die strömungsgünstige Gestaltung der Plattenoberflächen (s. Bild 3.3.8-26).

Ein für Werkstätten geeignetes Gerät zeigt Bild 3.3.8-27. Durch Einbau eines Nachwärmers kann dieser Dachwärmerückgewinner auch zur Heizung verwendet werden. Der Luftauslaß ist als verstellbarer Drallauslaß ausgebildet, dessen Strahlrichtung temperaturabhängig automatisch gesteuert wird.

Für den praktischen Gebrauch werden von den Herstellern Diagramme herausgegeben, aus denen man die Rückwärmzahl Φ bei verschiedenen Verhältnissen entnehmen kann. Beispiel Bild 3.3.8-28, das sich auf trockene Luft bezieht.

Enthält die Abluft mehr Wasserdampf als die Außenluft, setzt bei genügend kalten Flächen Kondensation der Abluft ein. Dabei vergrößert sich die Rückwärmzahl, weil die Kondensationswärme von der Außenluft aufgenommen und der Temperaturunterschied zwischen Außenluft und Abluft größer wird. Die Vergrößerung der Rückwärmzahl läßt sich aus Angaben der Hersteller entnehmen. Bei sehr geringen Außentemperaturen kann das Kondensat gefrieren, wobei der Luftwiderstand steigt. Die *Einfriergrenzen* sind aus Tafeln der Hersteller zu entnehmen. Sie liegen desto tiefer, je trockener die Luft ist.

1) Beck, E.: Über das Einfrieren von Plattenwärmetauschern, TGA-Report 4/92.
Beck, E.: Lüften, Heizen und Kühlen mit dezentralen Dachgeräten, TAB 2/91
Reinmuth, F.; Mechanische Lüftung von Wohnungen, ISH-Jahrbuch 1995.

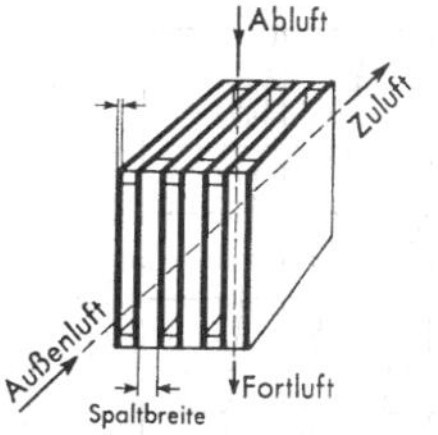

Bild 3.3.8-24. Plattenwärme-austauscher.

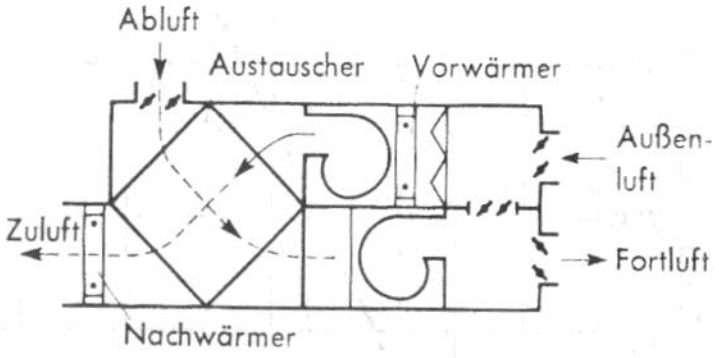

Bild 3.3.8-25. Lüftungsgerät mit Platten-Wärme-austauscher.

a)

b)

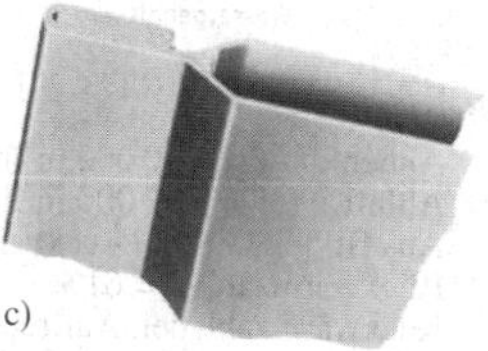

c)

Bild 3.3.8-26. Plattenwärmeaustauscher (Hoval)
a) Schnittbild
b) Plattenstruktur
c) Plattenabdichtung

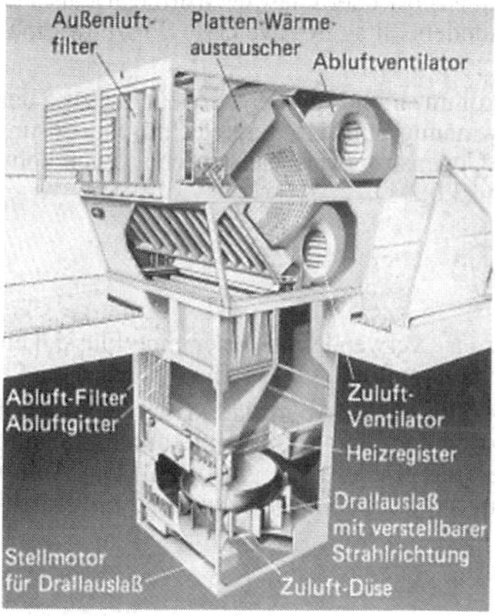

Bild 3.3.8-27. Dachluftheizgerät mit Platten-Wärmeaustauscher mit temperaturabhängig verstellbarem Drallauslaß (Hoval).

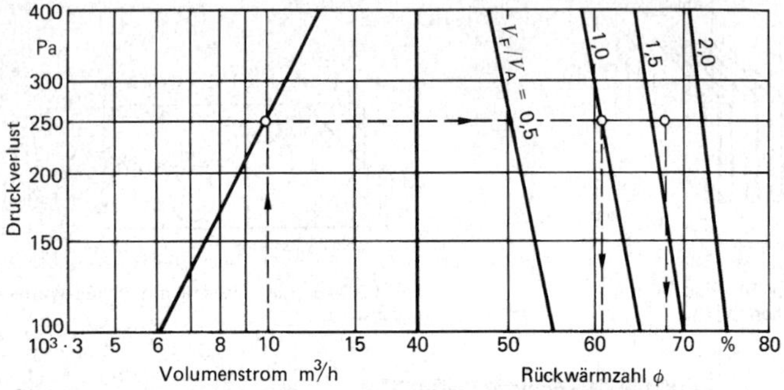

Bild 3.3.8-28. Kennbild eines kubischen Plattenwärmeaustauschers von ca. 1000 × 1000 mm Größe (Beispiel).
V_F = Fortluft-, V_A = Außenluft-Volumenstrom

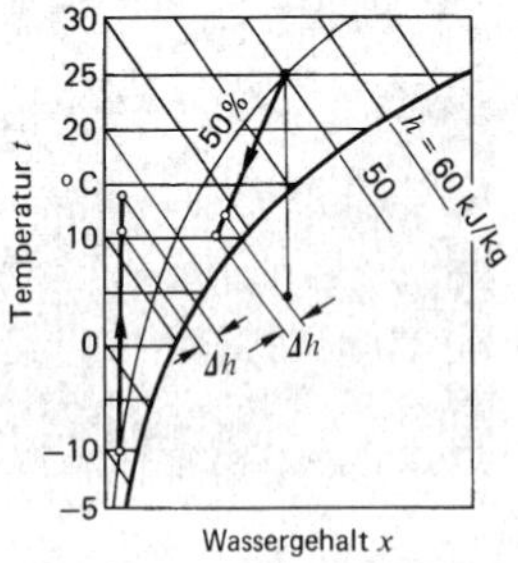

Bild 3.3.8-29. Zustandsänderung im h,x-Diagramm bei Kondensatbildung mit zusätzlicher Wärmeübertragung Δh.

Beispiel:

Außenluft $\dot{V}_{21}$ = 10 000 m³/h, −10 °C
Abluft $\dot{V}_{11}$ = 10 000 m³/h, 25 °C u. 50% rel. Feuchte
Aus Bild 3.3.8-28: Druckverlust Δp = 250 Pa
Rückwärmzahl Φ = 61%
Rückwärmzahl bei Auftreten von Kondensation siehe besondere Angaben der Hersteller.

Anstelle von Platten werden auch *Rohre* aus Kunststoff oder Glas als Wärmeaustauscher verwendet. Glasrohrwärmeaustauscher sind besonders für aggressive Gase (Prozeßwärme) geeignet.

Der kontrollierten Lüftung im Wohnungsbau kommt immer größere Bedeutung zu. Hier bringen Plattenaustauscher zur Wärmerückgewinnung günstige gerätetechnische Lösungen und bei Einbau besonderer Bauarten (z. B. Gegenstromwärmeaustauscher) auch hohe Rückwärmezahlen von über 85% (siehe Abschn. 3.6.2-1).

-6 Wärmerohre (Heat Pipes)[1)]

Bei diesem System werden *evakuierte Rippenrohre* verwendet, in denen eine Flüssigkeit (meist Kältemittel) bei konstanter Temperatur verdampft und sich verflüssigt.

Die Arbeitsweise geht aus Bild 3.3.8-30 hervor. Die warme Abluft läßt das Kältemittel in der unteren Rohrhälfte verdampfen, während es in der oberen Rohrhälfte durch die kalte Außenluft kondensiert und infolge der Schwerkraft wieder nach unten fällt. Die Abluft kühlt sich ab, die Außenluft wird erwärmt. Bei waagerechter Ausführung sind zum Rück-

1) Paikert, P.: Haus der Technik 412/1980.

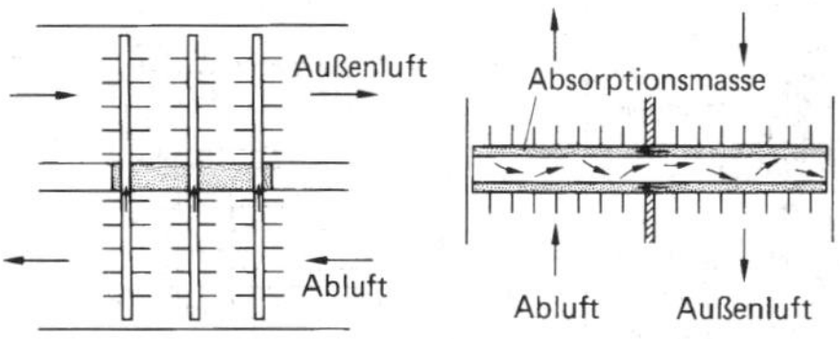

Bild 3.3.8-30. Wärmerückgewinnung mit Wärmerohren.
Links: senkrechte Anordnung
Rechts: waagerechte Anordnung

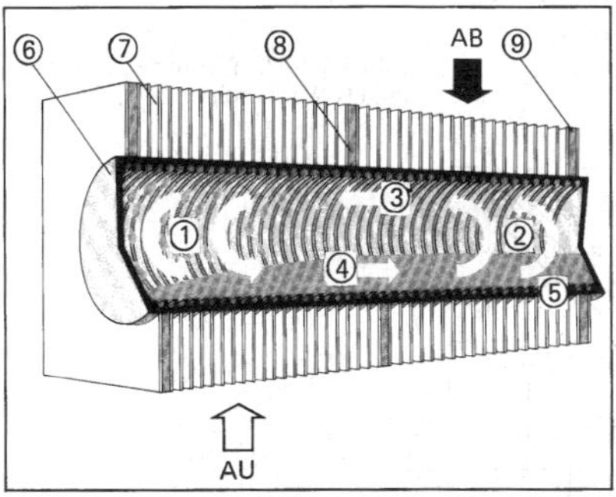

Bild 3.3.8-31. Wärmerohr (QDT)

1 = Kondensationszone
2 = Verdampfungszone
3 = Gasförmiger Wärmeträger
4 = Flüssiger Wärmeträger
5 = Kapillarstruktur
6 = Wärmerohr
7 = Lamellen
8 = Trennwand
9 = Seitenwand

transport des Kältemittels die Rohre auf der Innenseite mit einer porösen, durch Kapillarkraft wirkenden Auskleidung versehen (Bild 3.3.8-31). Die Leistung ist dabei geringer. Durch schwaches Neigen der horizontalen Rohre läßt sich der rückfließende Wärmestrom regeln.

Flüssigkeit und Dampf stehen bei jeder Temperatur miteinander im Gleichgewicht. Jedes einzelne Rohr oder jede Rohrschlange ist eine selbständige Einheit. Mehrere Rohre oder Rohrschlangen werden zu einem Wärmeaustauscher zusammengeschaltet, wobei jedes hintereinandergeschaltete Rohrsystem auf einem anderen Temperaturniveau arbeitet (Bild 3.3.8-31). Regelung durch Verändern des Kältemittelstromes durch Kippstellungen (Bild 3.3.8-32).

Verwendung auch bei industriellen Wärmeprozessen wie Brennöfen, Trockenanlagen, Gießereien u. a. (Bild 3.3.8-33).

Optimaler Austauschgrad etwa 50…70%.

Vorteile: Geringes Gewicht, keine bewegten Teile, wartungsarm, platzsparend.

Die Rückwärmzahl Φ ist aus den Tabellen oder Diagrammen der Hersteller zu entnehmen. Beispiel Bild 3.3.8-34.

Beispiel:

Außenluftstrom 2 m³/s, Abluftstrom 2,4 m³/s, Luftstromverhältnis 1,2. Mittlere Luftgeschwindigkeit 2,5 m/s.

Bei 6 Rohrreihen ergibt sich eine Rückwärmzahl für die Außenluft von $\Phi = 0{,}65$.

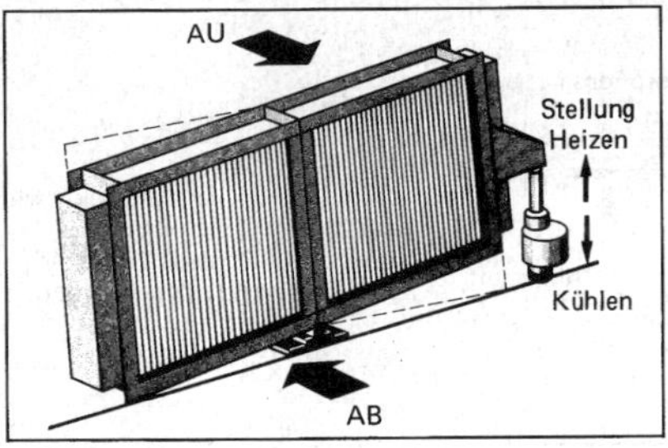

AU = Außenluft (Kalt) AB = Abluft (Heiß)

Bild 3.3.8-32. (QDT)

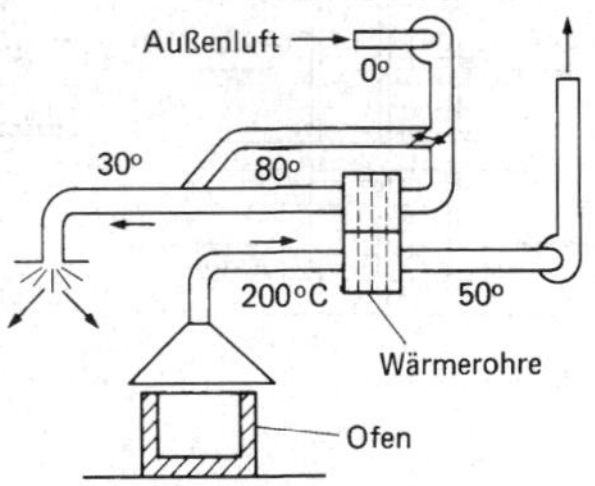

Bild 3.3.8-33. Wärmerückgewinnung mittels Wärmerohren bei Öfen.

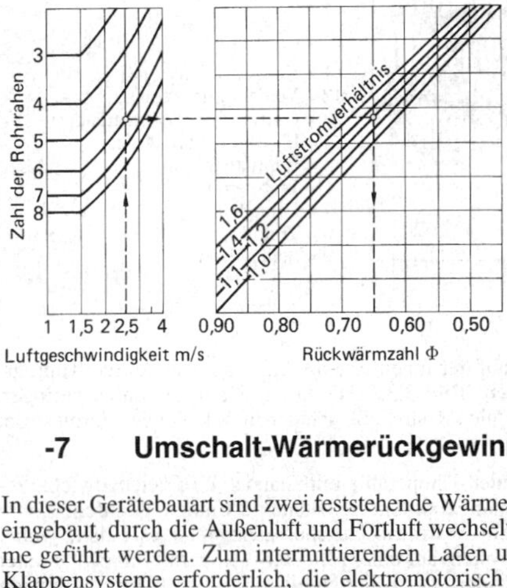

Bild 3.3.8-34. Wärmerückgewinnung bei Wärmerohren (Weiß-Technik).

-7 Umschalt-Wärmerückgewinner

In dieser Gerätebauart sind zwei feststehende Wärmespeicherpakete aus Aluminiumplatten eingebaut, durch die Außenluft und Fortluft wechselweise durch Umschalten der Luftströme geführt werden. Zum intermittierenden Laden und Entladen der Wärmespeicher sind Klappensysteme erforderlich, die elektromotorisch und dynamisch in sehr kurzen Umschaltintervallen arbeiten. Bei den Umschaltvorgängen ergeben sich Luftvermischungen zwischen den Luftströmen. Regelung durch Veränderung der Umschaltintervalle; Rückwärmzahlen 0,6–0,9.

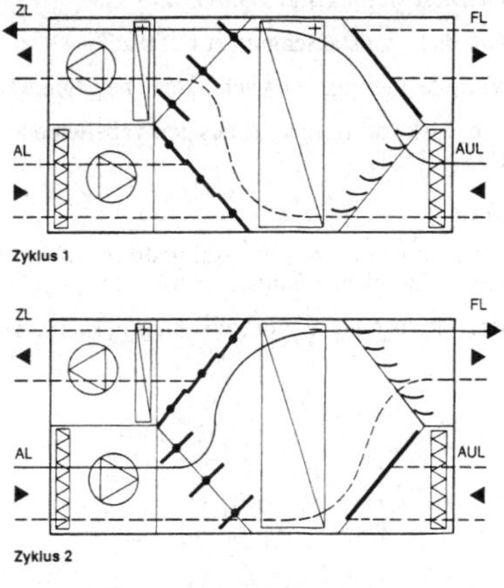

Bild 3.3.8-35. Umschalt-Wärmerückgewinner mit Speicherplatten (Menerga).

-8 Wirtschaftlichkeit[1)]

Jede Wärmerückgewinnungsanlage bringt eine Energieersparnis und bewirkt eine Verkleinerung der zu installierenden Heiz- und Kühlanlage. Aus wirtschaftlichen Gründen lohnt sich jedoch eine derartige Anlage nur, wenn die aufgewendeten Kosten sich in einer möglichst kurzen Zeit amortisieren. Daher ist für jeden Bedarfsfall eine *Vergleichskosten-* oder *Ersparniskostenrechnung* aufzustellen, an der die zu erwartenden Kosten mit oder ohne Wärmerückgewinnung ersichtlich werden. Nachstehend ein Beispiel mit vereinfachten Annahmen.

Beispiel:

Bei einer Lüftungsanlage mit 10000 m³/h Volumenstrom, die 10 Stunden von 8 bis 18 Uhr mit Außenluft in Betrieb ist, ergeben sich folgende Kosten:

Max. Wärmeleistung $10000 \cdot 1{,}2 \cdot 1{,}0\,(22+15)/3600 = 123$ kW

Jährlicher Wärmeverbrauch $Q_w = G_L \cdot \dot{V} \cdot c \cdot \varrho \cdot 10^{-6}$ GJ/a

$= 34\,236 \cdot {}^5/_7 \cdot 10000 \cdot 1{,}2 \cdot 10^{-6}$

$= 293$ GJ/a $= 82$ MWh/a

(Lüftungsgradstunden G_L s. Abschn. 1.1.2-4)

Wärmepreis bei Ölheizung	40 €/MWh
Anlagekosten für Ölfeuerung (Kessel, Rohrleitungen, Lufterhitzer)	100 €/kW
Kapitalwertfaktor	0,10
Anlagekosten Wärmerückgewinnung einschl. Zubehör	0,70 €/m³/h
Rückwärmzahl Φ	0,60

Die Investition ist in diesem Fall also rentabel, da sich eine wesentliche Ersparnis ergibt.

Vergleichskostenrechnung

Kostenart		Ölheizung ohne Wärmerückgewinnung	Ölheizung mit Wärmerückgewinnung
Anlagekosten			
Heizung	€	12300,–	6000,–
Wärmerückgewinnung	€		7000,–
Summe	€	12300,–	13000,–
Investitionsmehraufwand	€		700,–
Jährl. Kapitalkosten 10%	€	1230,–	1300,–
Jährl. Wärmekosten			
(82 × 40)	€	3280,–	
(82 × 40) · (1 – 0,6)	€		1310,–
Zusätzl. Kosten für Wartung, Strom usw. 20%	€		380,–
Jährliche Gesamtkosten	€	4510,–	2990,–
Jährliche Betriebskostenersparnis	€	3280 – (1310 + 380) = 1590,–	

Die *Kapitalrückflußdauer,* d.h. die Zeit, in der die jährlichen Betriebskostenersparnisse den Wert des Kapitalmehraufwandes erreichen, ist

$$\frac{13\,000 - 12\,300}{3280 - (1310 + 380)} = \frac{700}{1590} \approx ½ \text{ Jahr.}$$

Zu beachten ist noch, daß der größte Wärmeaustauschgrad nicht immer der günstigste ist. Je höher der Austauschgrad ist, desto größer sind auch die Kapitalkosten. Die Betriebskosten erhöhen sich um so mehr, je größer der Energiebedarf für Ventilatoren, Pumpen oder Kompressoren ist.

1) VDI-Richtlinie 2071 (12.97): WRG in RLT-Anlagen.

Für große Anlagen ist es daher zweckmäßig, durch eine *Optimierungsrechnung* festzustellen, bei welchem Rückgewinnungsgrad die geringsten Betriebskosten entstehen. Von besonderem Einfluß ist dabei die jährliche Betriebsstundenzahl, die möglichst hoch sein sollte. Je größer diese ist, um so höher kann auch der Wärmerückgewinnungsgrad sein. Gewöhnlich liegt das Optimum zwischen 0,5 und 0,8.

Eine Zusammenfassung von technischen und wirtschaftlichen Kennwerten der verschiedenen Wärmerückgewinnungs-Systeme zeigt Tafel 3.3.8-1.

Tafel 3.3.8-1 Übersicht verschiedener Systeme zur Wärmerückgewinnung

Eigenschaft	Zu- und Abluft müssen zusammengeführt sein	Stoffaustausch ist möglich	Bewegte mech. Teile sind vorhanden	Rückwärmzahl (ohne Kondensation)	Gesamtkosten einschl. Installation in € pro m³/h	Spezifisches Bauvolumen in m³ pro 10000 m³/h
Plattenwärmetauscher	ja	nein	nein	45–65%	0,35–0,65	1–1,8
Kreislaufverbundenes System	nein	nein	ja	40–70%	0,70–1,40	0,80–1,40
Wärmerohr	ja	nein	nein	35–70%	0,70–1,20	0,80–1,40
Rotationswärmetauscher (ohne hygrosk. Beschichtung)	ja	ja (gering)	ja	65–80%	0,5–0,8	1,00–1,60
Rotationswärmetauscher (mit hygrosk. Beschichtung)	ja	ja (gut)	ja	65–80%	0,6–0,9	1,10–1,60

3.3.9 Brandschutz[1][2]

Überarbeitet von Prof. Dipl.-Ing. Wolfgang A. Voltz, Hamburg

-1 Richtlinien und Normen

Zentral aufgebaute raumlufttechn. Anlagen berühren mit ihren Lüftungsleitungen viele Räume des Gebäudes. Lüftungsleitungen von oftmals erheblichen Dimensionen überschreiten dabei Brandabschnitte, Fluchtwege und Geschoßdecken. Sie bilden damit Schwachstellen innerhalb des Gebäudes, die im Brandfall in ungeschützter Ausführung der Ausbreitung von Feuer und Rauch keinen Widerstand entgegensetzen. Daher müssen an raumlufttechn. Anlagen bauaufsichtliche Forderungen gestellt werden, die dem vorbeugenden Brandschutz dienen.

Um eine einheitliche Behandlung aller Brandschutzfragen zu gewährleisten, ist vom Deutschen Institut für Bautechnik[3] eine Muster-Fassung:

„Bauaufsichtliche Richtlinien über die brandschutztechnischen Anforderungen an Lüftungsanlagen“

(Fassung Januar 1984) veröffentlicht worden.

Sie soll von den Behörden der Bundesländer als Grundlage für die Baugenehmigungen verwendet werden. Von mehreren Bundesländern ist die Musterrichtlinie zur Ausfüllung der jeweiligen Landesbauordnung – teilweise mit Anpassungen an die jeweilige Landesbauordnung – übernommen worden, z. B. als Technische Baubestimmung, wobei höhere Anforderungen der Bauordnungen i. d. R. vorrangig gelten.

Ferner sind für Brandschutzmaßnahmen in raumlufttechn. Anlagen von Bedeutung:

DIN 4102, Brandverhalten von Baustoffen und Bauteilen
- T4 (03.94) regelt in Abschn. 8.5 die Anforderungen an Lüftungsleitungen hinsichtlich der Feuerwiderstandsklasse
- T6 (09.77) enthält die brandschutztechn. Begriffe und regelt die Anforderungen und Prüfungen von Lüftungsleitungen

DIN 18230, Baulicher Brandschutz im Industriebau
- T1 (05.98) Rechnerisch erforderliche Feuerwiderstandsdauer
- Berichtigung 1 zu 18230-1 (12.98).
- T2 (01.99) Ermittlung des Abbrandverhaltens von Materialien in Lageranordnung, Werte für den Abbrandfaktor m

DIN 18232, Rauch- und Wärmeabzugsanlagen
(Titel zukünftig „Rauch- und Wärmefreihaltung“)
- T1 (02.02) Begriffe, Aufgabenstellung
- T2 (11.89) Rauchabzüge, Bemessung, Anforderungen, Einbau
- T2 Entwurf (12.01)
- T3 (09.84) Rauchabzüge, Prüfungen
- T3 Entwurf (02.92) Rauchabzüge, Prüfungen
- T4 Entwurf (11.01) Wärmeabzüge (WA)
- T5 Vornorm (12.99) Maschinelle Rauchabzugsanl, (MRA), Anforderungen, Bemessung
- T6 Vornorm (10.97) Maschinelle Rauchabzüge (MRA), Anforderungen an Einzelbauteile und Eignungsnachweise

VDI 3819 Brandschutz in der Gebäudetechnik
- T1 Entwurf (10.00) Gesetze, Verordnungen, techn. Regeln

---

[1]) Erstbearbeitung erfolgte von Prof. Dipl.-Ing. Wolfgang A. Voltz, Hamburg, für die 68. Ausgabe.

[2]) Linck, J.: Die Kälte- und Klimatechnik 10/79, S. 532.
Zitzelsberger, J.: Ki 11/79, S. 463.
Ki 11/79 mit 5 Beiträgen zum Brandschutz.
Zitzelsberger, J., und Ostertag, D.: HLH 7/86, S. 373.
Ostertag, D., und Zitzelsberger, J.: HLH 7/87, S. 321.
Eidmann, J.: HR 10/87, S. 430.
Wittek, B.: HR 10/87, S. 412.
Quenzel, H.-J.: Vorbeugender Brandschutz in raumlufttechnischen Anlagen, Brain-Verlag, Berlin 1990, 142 S.

[3]) Deutsches Institut für Bautechnik, Kolonnenstraße 30, 10829 Berlin.

Hinzuweisen ist auch auf die von der Fachkommission Bauaufsicht der Bauministerkonferenz[1] ausgearbeitete

„Musterrichtlinie über brandschutztechnische Anforderungen an Leitungsanlagen" (Fassung März 2000.)

Zwar betreffen diese Richtlinien elektr. Leitungen sowie Rohrleitungsanlagen für brennbare und nichtbrennbare Flüssigkeiten, Dämpfe, Gase oder Stäube sowie Installationsschächte und -kanäle, Unterdecken und Durchführungen durch Decken und Wände, nicht aber raumlufttechn. Anlagen und Warmluftheizungen. Jedoch kann sich z.B. aus diesen Richtlinien die Notwendigkeit ergeben, feuerwiderstandsfähige Unterdecken einzubauen. Dies hat dann evtl. Rückwirkungen auf Planung und Einbau von Lüftungsanlagen, etwa den erforderlichen Einbau von Brandschutz-Absperrvorrichtungen an Luftdurchlässen in den Unterdecken oder die Brandschutz-Isolierung von Lüftungskanälen im Zwischendeckenbereich. Von mehreren Bundesländern sind diese Richtlinien ebenfalls als Ergänzung der jeweiligen Landesbauordnung aufgenommen worden.

Im allgemeinen zielen die bauaufsichtlichen Anforderungen an raumlufttechn. Anlagen hinsichtlich des Brandschutzes nicht auf deren Einsatz zum Schutz des Gebäudes. Es können jedoch für Gebäude besonderer Art und Nutzung (z.B. Krankenhäuser, Versammlungsstätten usw.) weitergehende Anforderungen gestellt werden, z.B. daß die Anlagen im Brandfall zur Rauchgasabführung eingesetzt werden. In der Regel stellen solche Forderungen nicht darauf ab, daß der Brandraum rauchfrei gehalten werden soll. Um eine solche Forderung zu erfüllen, müßte der Luftvolumenstrom mind. 1 Zehnerpotenz größer ausgelegt sein als zur Erfüllung normaler raumlufttechnischer Anforderungen.

-2 Baustoffe und Bauteile

Baustoffe werden nach ihrem Brandverhalten in mehrere Klassen unterteilt, siehe Tafel 3.3.9-1.

Das Brandverhalten von Bauteilen wird durch Feuerwiderstandsklassen gekennzeichnet. Sie bezeichnen die Mindestdauer, während der ein Bauteil die vorgeschriebenen Anforderungen bei definierten Prüfbedingungen erfüllt. Werden die Prüfkriterien bis zu 60 Minuten erfüllt, wird das Bauteil als „feuerhemmend" eingestuft, ab 90 Minuten als „feuerbeständig". Siehe Tafel 3.3.9-2.

Genaue Bauteil-Kennzeichnung mit Feuerwiderstandsklasse und Bauteilklasse, z.B. T 30 – A = feuerhemmende Tür aus nichtbrennbarem Material.

Die Feuerwiderstandsdauer der Bauteile wird nach einem Brandmodell des Vollbrandes unter Verwendung der in ISO R 834 festgelegten und in DIN 4102 T2 aufgenommenen Einheits-Temperatur-Zeit-Kurve (ETK) geprüft. Siehe Bild 3.3.9-1.

In Brandräumen muß mit einem Temperaturanstieg auf ca. 1000°C gerechnet werden. Brandabschnittswände entsprechen der Feuerwiderstandsklasse F 90 ebenso wie Wände und Decken von Heizräumen, Lüftungszentralen und elektr. Betriebsräumen.

Tafel 3.3.9-1 Baustoffklassen (DIN 4102 T1 [05.98])

Klasse	Benennung	Beispiele gemäß DIN 4102 T4 (03.94)
A	nichtbrennbare Baustoffe	
A_1		Zement, Gips, Beton, Ziegel, Glas, Metalle
A_2		Gipskartonplatten mit geschlossener Oberfläche
B	brennbare Baustoffe	
B_1	schwer entflammbar	Holzwolle-Leichtbauplatten, Gipskartonplatten mit gelochter Oberfläche, Wärmedämmputzsysteme
B_2	normal entflammbar	Holz (Dicke >2 mm), Gipskarton-Verbundplatten, Bitumen-, Dach- und Dichtungsbahnen, elektr. Leitungen
B_3	leicht entflammbar	Holz (Dicke <2 mm), Papier, Heu

[1]) Bauministerkonferenz (ARGEBAU) – Konferenz der für Städtebau, Bau- und Wohnungswesen zuständigen Minister und Senatoren der Länder, Kurfürstenstr. 130, 10785 Berlin.

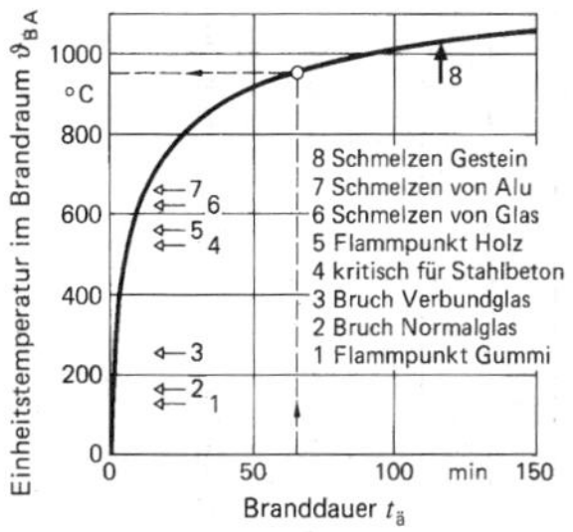

Bild 3.3.9-1. Einheits-Temperatur-Zeit-Kurve nach DIN 4102 T2, mit Angabe kritischer Temperaturen.

Zum Nachweis des Brandverhaltens von Bauteilen werden von bestimmten Prüfinstituten Zeugnisse ausgestellt und vom Deutschen Institut für Bautechnik Zulassungsbescheide erteilt.

Nach den Landesbauordnungen dürfen Bauprodukte und Bauarten nur eingesetzt oder verwendet werden, wenn sie den Anforderungen des Gesetzes entsprechen. Die gesetzlichen Anforderungen an Bauprodukte und Bauarten sind in der Bauregelliste vorgeschrieben. Das Zusammenfügen von Bauprodukten zu baulichen Anlagen oder Teilen von baulichen Anlagen definieren die Landesbauordnungen als Bauart. Die Bauregelliste ist per Gesetz Technische Baubestimmung und wird vom Deutschen Institut für Bautechnik im Einvernehmen mit den Obersten Bauaufsichtsbehörden bekannt gemacht.

-3 Lüftungszentralen

Nach den Landesbauordnungen dürfen in Gebäuden mit mehr als 2 Vollgeschossen Luftaufbereitungseinrichtungen und Ventilatoren nur in besonderen Räumen (Lüftungszentralen) aufgestellt werden, wenn die anschließenden Lüftungsleitungen in mehrere Geschosse oder Brandabschnitte führen. Lüftungszentralen mit brandschutztechn. Anforderungen können aber auch in Flachbauten erforderlich sein, wenn an die zu versorgenden Räume besondere Brandschutz-Anforderungen gestellt werden und deren Umschließungsflächen entsprechenden Feuerwiderstandsklassen genügen müssen.

Sofern Luftaufbereitung und Luftverteilung innerhalb eines Brandabschnittes bzw. im gleichen Geschoß geschehen, können Lüftungsgeräte ohne besondere Maßnahmen aufgestellt werden. Beispiel: Lüftungsanlage eines Konferenzraumes in einem mehrgeschossigen Gebäude, Geräteaufstellung in einem Nebenraum (im gleichen Geschoß und Brandabschnitt). Sofern besondere brandschutztechn. Anforderungen an benachbarte Räume zu stellen sind, kann evtl. der Einbau von Brandschutzklappen oder Brandschutz-Isolierungen der Lüftungskanäle erforderlich werden. Die Brandschutz-Belange sind im Einzelfall zu prüfen.

Decken und Wände von Lüftungszentralen zu anderen Räumen mind. Feuerwiderstandsklasse F 90–A, Fußböden aus nichtbrennbaren Baustoffen, Türen mind. T 30–A. Türen müssen in Richtung der Fluchtwege aufschlagen. Brennbare Baustoffe müssen durch eine mind. 2 cm dicke Schicht aus mineralischen, nichtbrennbaren Baustoffen gegen Entflammen geschützt werden.

Durchführung von Leitungen durch feuerbeständige Decken und Wände von Lüftungszentralen nur, wenn Vorkehrungen gegen Brandübertragung getroffen sind.

Keine unmittelbare Verbindung zu Aufenthaltsräumen zulässig. Innerhalb der Lüftungszentrale muß in höchstens 40 m ein Ausgang erreichbar sein. Ausgänge zu Fluchtwegen oder ins Freie. Ausgänge können auf denselben Fluchtweg führen.

Lüftungszentralen dürfen nur bestimmungsgemäß genutzt werden. Brandlasten müssen so gering wie möglich gehalten werden. Jegliche Materiallagerung ist dort unzulässig. Brandgefahren können von Schaltschränken der Lüftungsanlagen, Verkabelungen, Bauteilen aus Kunststoff ausgehen.

Diese Voraussetzungen gelten gleichermaßen für Lüftungsleitungsabschnitte, in denen Ventilatoren oder Luftaufbereitungseinrichtungen aufgestellt sind.

Tafel 3.3.9-2 Zusammenstellung der Feuerwiderstandsklassen der Bauteile und Sonderbauteile nach DIN 4102

Bauteil		DIN 4102	Feuerwiderstandsklasse entsprechend einer Feuerwiderstandsdauer Min. ≧30	≧60	≧90	≧120	≧180
Wände, Decken, Stützen*)		Teil 2	F 30	F 60	F 90	F 120	F 180
Brandwände		Teil 3	F 90 (F 120, F 180) + Stoßbeanspruchung				
Nichttragende Außenwände*), Brüstungen			W 30	W 60	W 90	W 120	W 180
Feuerschutzabschlüsse (Türen, Tore, Klappen)		Teil 5	T 30	T 60	T 90	T 120	T 180
Brandschutzverglasungen – strahlungsundurchlässig	Sonderbauteile	Teil 13	F 30	F 60	F 90	F 120	
– strahlungsdurchlässig			G 30	G 60	G 90	G 120	
Rohre und Formstücke für Lüftungsleitungen		Teil 6	L 30	L 60	L 90	L 120	
Absperrvorrichtungen in Lüftungsleitungen			K 30	K 60	K 90		
Kabelabschottungen		Teil 9	S 30	S 60	S 90	S 120	S 180
Installationsschächte und Kanäle		Teil 11	I 30	I 60	I 90	I 120	
Rohrdurchführungen			R 30	R 60	R 90	R 120	
Funktionserhalt elektrischer Leitungen		Teil 12	E 30	E 60	E 90		

*) Für die Bewertung im bauaufsichtlichen Nachweisverfahren werden die Bezeichnungen der Feuerwiderstandsklassen mit Zusatzbezeichnungen für die verwendeten Baustoffe versehen (DIN 4102 Teil 2, Tabelle 2, und Teil 3, Abschn. 5.4):
A wenn das Bauteil in dem für die Klassifizierung maßgebenden Querschnitt aus nichtbrennbaren Baustoffen besteht (z. B. F 90 – A)
AB wenn das Bauteil in den wesentlichen Teilen aus nichtbrennbaren Baustoffen besteht (als wesentlich gelten alle tragenden und aussteifenden Teile, bei raumabschließenden Bauteilen auch eine in Bauteilebene durchgehende Schicht) (z. B. F 90 – AB)
B wenn das Bauteil über die Klassifizierung AB hinausgehend brennbare Baustoffe enthält (z. B. F 30 – B)

-4 Lüftungsleitungen

-4.1 Feuerwiderstandsklassen

Lüftungsleitungen bestehen grundsätzlich aus nichtbrennbaren Baustoffen (Klasse A). Schwer entflammbare Baustoffe (Klasse B1) sind nur innerhalb eines Brandabschnittes zulässig, sofern keine branschutztechn. Bedenken bestehen (baurechtl. Bestimmungen des jeweiligen Bundeslandes beachten). Lüftungsleitungen müssen so hergestellt und verlegt sein, daß Feuer und Rauch nicht in andere Geschosse oder Brandabschnitte übertragen werden können. Je nach Zahl der Geschosse werden bei größeren Anlagen verschiedene Feuerwiderstandsklassen verlangt. Sie werden mit dem Buchstaben L gekennzeichnet, siehe Tafel 3.3.9-3.

Hiervon abweichend sind nach einigen Landesbauordnungen alle Deckendurchführungen der Feuerwiderstandsklasse L 90 entsprechend auszuführen, unabhängig von der Zahl der

Tafel 3.3.9-3 Feuerwiderstandsklasse L für Lüftungsleitungen in Minuten

Gebäudehöhe	Überbrückung von		
	Decken	Brandwänden	Flur- oder Trennwänden F 30 o. F 90
bis 2 Geschosse	–	L 90	L 30
3 bis 5 Geschosse	L 30	L 90	L 30
über 5 Geschosse	L 60	L 90	L 30
Hochhäuser	L 90	L 90	L 30

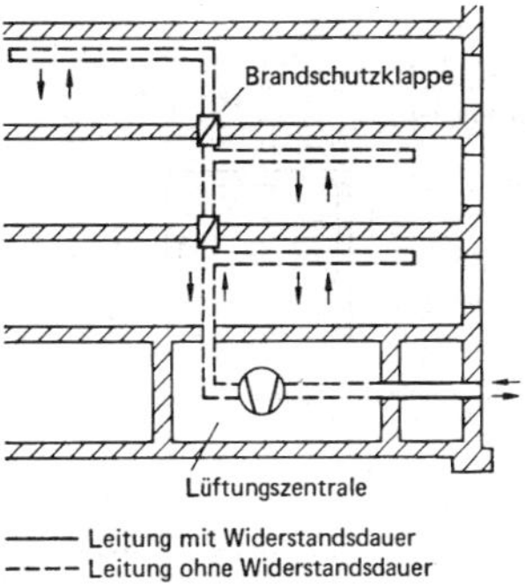

Bild 3.3.9-2. Lüftungsanlage mit gemeinsamer Hauptleitung und Brandschutzklappen in den Geschoßdecken.

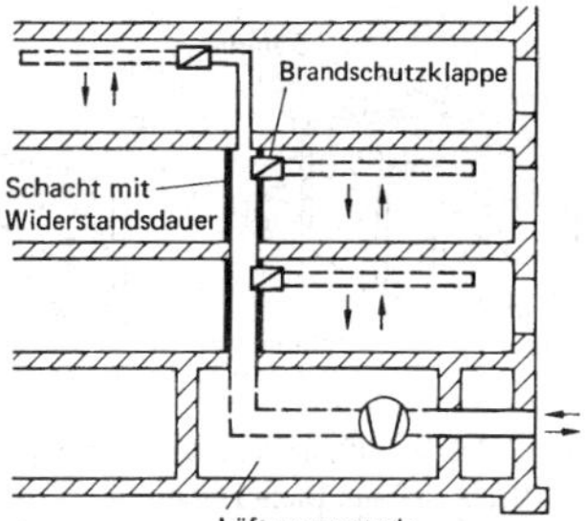

Bild 3.3.9-3. Lüftungsanlage mit gemeinsamem feuerwiderstandsfähigem Schacht und Brandschutzklappen in den abzweigenden Leitungen.

Geschosse. Ebenso können feuerbeständige Wände und Decken gefordert sein, z.B. für Heizräume, Heizöllagerräume, elektr. Betriebsräume usw., die nur mit Einrichtungen zu überbrücken sind, die eine Feuerwiderstandsdauer von 90 Minuten aufweisen.

Bild 3.3.9-2 und Bild 3.3.9-3 zeigen die schematische Darstellung häufig angewendeter Brandschutz-Maßnahmen in Lüftungsanlagen.

Bild 3.3.9-4 und Bild 3.3.9-5 zeigen die Leitungsführung durch Brandwände und andere feuerwiderstandsfähige Wände.

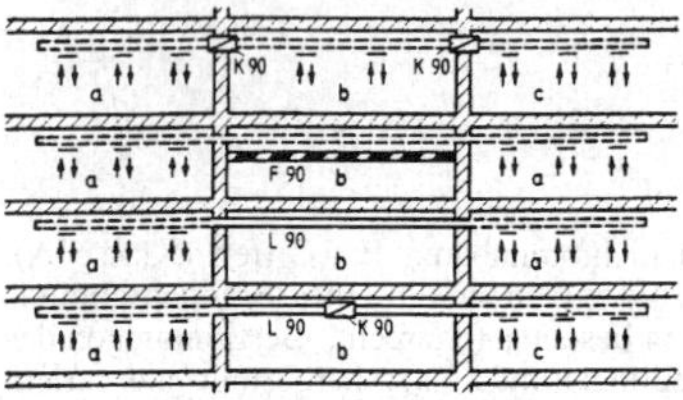

a, b, c Verschiedene durch Brandwände getrennte Abschnitte

d, e, f, g Allgemein zugänglicher Flur oder durch Trennwände abgetrennte Bereiche

═══ Leitung mit Feuerwiderstandsdauer. In Fluren mit Wänden F 30 kann bei Stahlblechleitungen auf die äußere Dämmschicht (s. auch DIN 4102 T. 4, Abschn. 7.3.7.4) verzichtet werden.

Bild 3.3.9-4. Überbrückung von Brandwänden und Heizraumwänden.

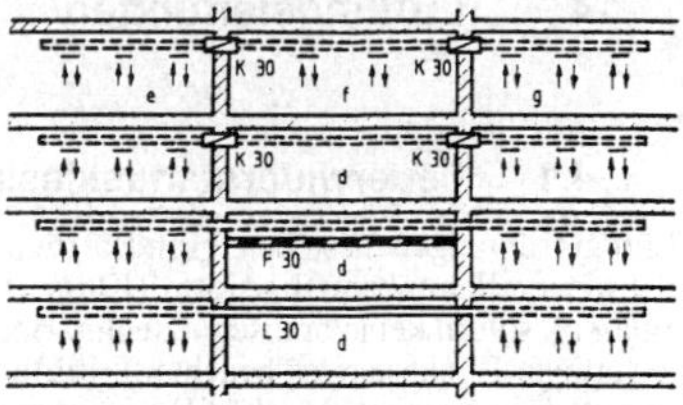

==== Leitung ohne Widerstandsdauer

Zuluft- bzw. Abluftöffnung

Absperrvorrichtung mit Feuerwiderstandsdauer

Besondere Decke mit Widerstandsdauer, auch bei Beanspruchung von oben; die Decke schließt die Leitung vollständig gegen das Innere des Brandabschnittes bzw. Rettungsweges ab.

Bild 3.3.9-5. Leitungsführung durch Trennwände und Flurwände, an die Anforderungen wegen der Feuerwiderstandsdauer gestellt werden müssen.

-4.2 Ausführung feuerwiderstandsfähiger Lüftungsleitungen

Folgende Ausführungen sind nach DIN 4102 T4 möglich, wenn Anforderungen einer Feuerwiderstandsklasse zu erfüllen sind:

a) *Lüftungsleitungen aus Stahlblech*

Sie sind nicht brennbar, entsprechen jedoch keiner Feuerwiderstandsklasse. Durch Aufbringen einer 2lagigen Dämmschicht mit versetzten Fugen aus Mineralfasermatten (Schmelzpunkt > 1000 °C, Dichte 80 bis 150 kg/m^3), auf Drahtgeflecht gesteppt, oder aus Silikat-Platten (Bild 3.3.9-6) erfüllen sie, je nach Dicke der Dämmschicht, die Feuerwiderstandsklassen L 30 bis L 90, wenn sie aus max. 1,5 mm dickem verzinktem Stahlblech hergestellt sind und keine Öffnungen enthalten.

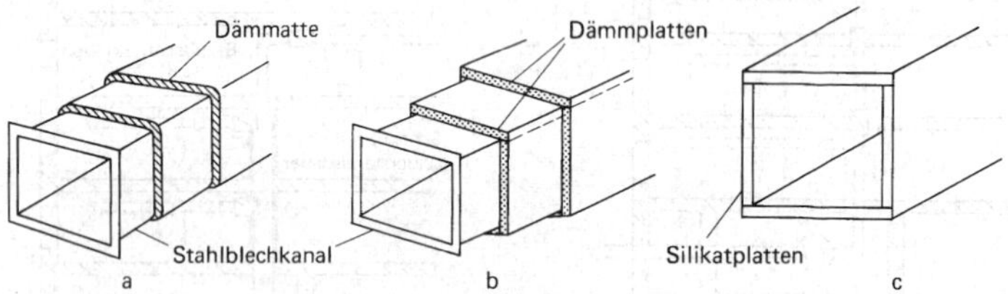

a b c

Bild 3.3.9-6. Lüftungsleitungen mit Feuerwiderstandseigenschaften.

a) Blechkanal mit Dämmatten
b) Blechkanal mit Dämmplatten
c) Lüftungsleitungen aus selbsttragenden Dämmplatten

In DIN 4102 T4 sind weitere Anforderungen bezügl. Kanalverbindungen, Falze, Versteifungen, Befestigungen der Dämmschichten, Wanddurchführungen (Bild 3.3.9-7) u.a. enthalten.

Waagrechte Leitungen dürfen nur an Stahlbetonbalken und -decken bzw. -dächern befestigt werden. Die Befestigungen müssen einen Abstand ≤1,5 m aufweisen und sind aus Stahl ohne elastische Zwischenglieder herzustellen. Aufhängungen müssen eine Mindestdicke von 1,5 mm haben und sind so zu dimensionieren, daß die rechnerischen Spannungen die Grenzwerte nach Tafel 3.3.9-4 nicht überschreiten. Die Aufhängungen sind U-förmig enganliegend um die Leitungen herumzuführen. Sie werden von der Dämmschicht überdeckt.

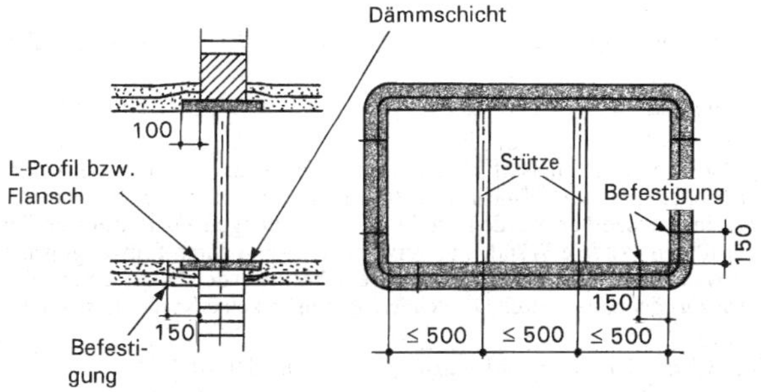

Bild 3.3.9-7. Wanddurchführung eines rechteckigen Lüftungskanals mit einer Breite ≥300 mm.

Tafel 3.3.9-4 Grenzwerte der Spannungen in N/mm² in Aufhängungen in Abhängigkeit von der Feuerwiderstandsklasse

Beanspruchung	Bemessung für die Feuerwiderstandsklasse	
	L 30 oder L 60 N/mm²	L 90 oder L 120 N/mm²
Zugspannung σ in allen senkrecht angeordneten Teilen	9	6
Scherspannung τ in Schrauben – der Festigkeitsklasse 4.6 nach DIN ISO 898 T1	15	10

Werden für die Befestigung an Stahlbetonteilen Dübel verwendet, müssen sie den Angaben gültiger allgemeiner bauaufsichtl. Zulassungen entsprechen. Dübel, deren brandschutztechn. Eignung mit dem Zulassungsbescheid bzw. Prüfzeugnis nachgewiesen ist, sind wie im Zulassungsbescheid bzw. Prüfzeugnis gefordert einzubauen und zu belasten. Dübel ohne brandschutztechn. Eignungsnachweis müssen aus Stahl mind. der Größe M8 bestehen und sind doppelt so tief wie im Zulassungsbescheid gefordert – mind. jedoch 60 mm tief – einzubauen. Sie dürfen rechnerisch max. mit 500 N belastet werden.

Senkrechte Leitungen dürfen – soweit erforderlich – nur an Massivwänden befestigt werden. Für die Befestigung der Halterungen gelten vorstehende Regeln sinngemäß.

Besondere Beachtung ist der Leitungsdehnung durch Wärmeeinwirkung im Brandfall zu schenken. Erwärmung von Lüftungskanälen aus Stahlblech bis 700 °C möglich, bevor Zerstörung eintritt. Längenausdehnung von Stahl bei Temperatur-Erhöhung von 100 K:

Stahl, unlegiert	1,10 bis 1,20 mm/m
Stahl, legiert (Cr, Ni)	1,10 bis 1,95 mm/m
Stahl, V2A	1,6 mm/m

Bis zum Erreichen der Grenztemperatur von 700 °C ist pro lfm. Stahlblechkanal demnach mit einer Längendehnung von ca. 8 bis 11 mm zu rechnen. Zum Ausgleich dieser Längenänderungen und zur Verhinderung daraus resultierender Horizontalkräfte sind für waagrechte Leitungen mit ≥5 m Länge zwischen Wänden, die einer Feuerwiderstandsklasse angehören müssen, Kompensatoren anzuordnen. Größter Abstand zwischen Kompensatoren 10 m.

b) *Lüftungsleitungen aus Silikat-Platten* (Bild 3.3.9-6c)

Selbsttragend mit unterschiedlichen Wanddicken für Feuerwiderstandsklassen L30 bis L90. Nur rechteckige Ausführung möglich. Im Vergleich zu Stahlblechkanälen höherer Luftwiderstand, weniger dicht, unbedeutende Längenausdehnung bei Wärmeeinwirkung, begrenzte Druckfestigkeit abhängig vom Kanal-Querschnitt.

c) *Lüftungskanäle aus Leichtbeton-Formstücken*

Mindestwandstärke 50 mm. Formstücke müssen auf Erdboden oder massiven Bauteilen aufliegen.

d) *Lüftungsschächte aus klassifizierten Wänden* nach Abschn. 3.3.9-4, DIN 4102, T4

Als Lüftungsschächte der Feuerwiderstandsklassen L30 bis L120 gelten Schächte, die durch Wände aus Baustoffen der Baustoffklasse A, mindestens der entspr. Feuerwiderstandsklasse nach Abschn. 3.3.9-4, DIN 4102 T4 gebildet werden. Sofern die Schachtwände nicht als Massivwände ausgeführt werden, ist die Luft in Leitungen aus Baustoffen der Baustoffklasse A zu führen. Andere Wände nur verwendbar, wenn durch Prüfzeugnis die Eignung als Schachtwand bestätigt wird. Nichttragende Schachtwände sind geschoßweise zu errichten und so anzuordnen, daß durch Deckenverformungen keine Kräfte in sie eingeleitet werden.

e) *Lüftungskanäle aus klassifizierten Wänden und Decken* nach DIN 4102 T4

Für Lüftungskanäle aus Wänden nach Abschn. 3.3.9-4, DIN 4102 T4 gilt Abschn. d) sinngemäß, wenn die Wände auf dem Erdboden oder auf massiven Bauteilen aufliegen. Die obere Begrenzung der Kanäle ist durch Decken nach Abschn. 3.4 bis 3.11, DIN 4102 T4 herzustellen.

Die Klassifizierungen der Lüftungsleitungen setzen voraus, daß Decken, Balken, Träger usw., an denen Lüftungsleitungen befestigt oder aufgelagert werden, mind. den entsprechenden Feuerwiderstandsklassen F30 bis F120 angehören.

-4.3 Anforderungen an die Installation

Nach der Bauaufsichtlichen Richtlinie über die brandschutztechnischen Anforderungen an Lüftungsanlagen (Musterentwurf, Fassung Januar 1984) werden an die Installation von Lüftungsleitungen u. a. folgende Anforderungen gestellt:

a) Lüftungsleitungen mit erhöhter Brand-, Explosions- oder Verschmutzungsgefahr

Lüftungsleitungen, in denen sich in besonderem Maße brennbare Stoffe ablagern können (z. B. Abluftleitungen für gewerbliche Küchen, auch mit Filtern, Abluftleitungen von Dunstabzugshauben in Wohnungsküchen) oder die der Lüftung von Räumen mit erhöhter Brand- oder Explosionsgefahr dienen, dürfen untereinander und mit anderen Lüftungsleitungen nicht verbunden sein, es sei denn, die Übertragung von Feuer und Rauch ist durch geeignete Absperrvorrichtungen verhindert. Abluftleitungen aus Stahlblech von Dunstabzugshauben in Wohnungsküchen dürfen gemeinsam in einem feuerwiderstandsfähigen Schacht nach DIN 4102 T4 Abschn. 8.5.2 bis 8.5.6, verlegt sein. Die Schächte dürfen keine anderen Leitungen enthalten.

b) Mündungen

Außenluftansaug- und Fortluftöffnungen (Mündungen) von Lüftungsleitungen, aus denen Brandgase ins Freie gelangen können, müssen so angeordnet oder ausgebildet sein, daß aus ihnen Feuer oder Rauch nicht in andere Geschosse oder Brandabschnitte übertragen werden können. Dies gilt durch eine der folgenden Anforderungen als erfüllt:

1) Außenluftansaugöffnungen müssen von Fortluftöffnungen mind. 2,5 m entfernt sein. Mündungen müssen von Fenstern, anderen Außenwandöffnungen und von Außenwänden mit brennbaren Baustoffen und entspr. Verkleidungen mind. 2,5 m entfernt sein; dies gilt nicht für die Holzlattung hinterlüfteter Fassaden. Ein Abstand zu Fenstern und anderen ähnlichen Öffnungen in Wänden ist nicht erforderlich, wenn diese Öffnungen gegenüber der Mündung durch 1,5 m auskragende, feuerbeständige und öffnungslose Platten aus nichtbrennbaren Baustoffen geschützt sind. Die Mündungen von Lüftungsleitungen über Dach müssen Bauteile aus brennbaren Baustoffen mind. 1 m überragen oder von diesen – waagrecht gemessen – 1,5 m entfernt sein. Diese Abstände sind nicht erforderlich, wenn diese Baustoffe von den Außenflächen der Lüftungsleitungen bis zu einem Abstand von mind. 1,5 m gegen Brandgefahr geschützt sind (z. B. durch eine mind. 5 cm dicke Bekiesung oder durch mind. 3 cm dicke, fugendicht verlegte Betonplatten).

2) Die Mündungen von Lüftungsleitungen sind durch Absperrvorrichtungen gesichert.

3) Die Außenluftansaugöffnungen liegen tiefer als die versorgten Räume; die Fortluftöffnungen sind entspr. Ziffer 1) oder 2) angeordnet.

c) Einrichtungen in Lüftungsleitungen

In Lüftungsleitungen (auch innerhalb der brandschutztechnischen Ummantelung von Lüftungsleitungen, z. B. Schächten) dürfen nur Einrichtungen von Lüftungsanlagen und zugehörige Leitungen vorhanden sein. Diese Leitungen dürfen keine brennbaren oder toxischen

Stoffe wie z.B. Brennstoffe, organische Wärmeträger oder Flüssigkeiten für hydraulische Systeme und keine Stoffe mit Temperaturen von mehr als 110 °C führen; zulässig sind jedoch Leitungen, die Lufterhitzern von außen Wärmeträger mit höheren Temperaturen auf dem kürzesten Wege zuführen.

In Lüftungsschächten und -kanälen, jedoch außerhalb des luftführenden Querschnitts, sind außerdem Leitungen für Wasser und Wasserdampf bis 110 °C sowie für Druckluft zulässig, wenn sie aus nichtbrennbaren Stoffen bestehen.

d) Verlegung von Lüftungsleitungen

Lüftungsleitungen sind so zu führen oder herzustellen, daß sie infolge ihrer Dehnung durch Erwärmung bis zu 900 °C auf Wände und Stützen keine erheblichen zu den Bauteilen geneigte Kräfte ausüben können; für Wände und Stützen gelten senkrecht hierzu gerichtete Kraftkomponenten von mehr als 1 kN als erheblich, sofern kein rechnerischer Nachweis geführt wird. Hierzu müssen insbesondere lange, gerade, zu den Wänden geneigte Leitungsabschnitte mit erheblicher Längssteifigkeit, sofern sie nicht mit Kompensatoren versehen sind,

1) genügend Abstand von den Wänden haben,
2) leicht verschieblich durch Wände geführt sein,
3) unverschieblich an Bauteilen befestigt sein, die die im Brandfall von der Lüftungsleitung entstehenden Kräfte aufnehmen können, oder
4) unverschieblich an Decken befestigt sein.

Leitungsführungen durch Decken oder Wände, die feuerhemmend oder feuerbeständig sein müssen, sind durch nichtbrennbare mineralische Baustoffe dicht zu verschließen.

Leitungsabschnitte, deren äußere Oberflächen im Betrieb Temperaturen von mehr als 85 °C erreichen können, müssen von flächig angrenzenden, ungeschützten Bauteilen mit brennbaren Baustoffen einen Abstand von mind. 40 cm einhalten.

e) Leitungsabschnitte im Freien und Bauteile für Außenluft- und Fortluftöffnungen

Für Leitungsabschnitte im Freien, die im Brandfall von Brandgas durchströmt werden können, genügen anstelle von feuerwiderstandsfähigen Leitungsbauteilen Bauteile aus Stahlblech.

Leitungsteile aus Stahlblech müssen jedoch von Bauteilen aus brennbaren Baustoffen mind. 40 cm Abstand haben; der Abstand braucht nur 20 cm zu betragen, wenn die brennbaren Baustoffe durch eine mind. 2 cm dicke Schicht aus mineralischen, nichtbrennbaren Baustoffen gegen Entflammen geschützt sind. Für Leitungsabschnitte im Bereich der Durchführungen durch Warmdächer und Außenwände einschließlich der Bauteile für Außenluftansaug- und Fortluftöffnungen genügen anstelle der feuerwiderstandsfähigen Leitungsbauteile Bauteile aus Stahlblech, wenn vorgenannte Dächer und Wände aus nichtbrennbaren Baustoffen bestehen oder diese Leitungsabschnitte außen mind. 8 cm dick mit mineralischen Baustoffen (DIN 4102 – A) ummantelt sind.

Für Leitungsabschnitte auf Flachdächern, die im Brandfall von Brandgas durchströmt werden, genügen anstelle von feuerwiderstandsfähigen Leitungsbauteilen Bauteile aus schwerentflammbaren Baustoffen (DIN 4102 – B1). Die Bauteile der Leitungsabschnitte müssen gegen Herabfallen, auch im Hinblick auf den Brandfall, gesichert sein; der Abstand von Bauteilen aus brennbaren Baustoffen muß – im Grundriß gemessen – mind. 1,5 m betragen, sofern nicht diese Baustoffe dort gegen Entflammen geschützt sind (z.B. durch eine mind. 5 cm dicke Bekiesung oder durch mind. 3 cm dicke, fugendicht verlegte Betonplatten).

-5 Brandschutz-Absperrvorrichtungen

-5.1 Allgemeines

Brandschutz-Absperrvorrichtungen sollen die Übertragung von Feuer und Rauch durch Lüftungsleitungen in andere Brandabschnitte oder Geschosse verhindern und sind einzusetzen in Wände und Decken, die nach bauaufsichtlichen Bestimmungen einer Feuerwiderstandsklasse angehören müssen. Die Feuerwiderstandsdauer der Absperrvorrichtungen entspricht jeweils derjenigen der Wände bzw. Decken, in die sie eingebaut sind. In DIN 4102 T4 (03.94.), ist die Feuerwiderstandsdauer für alle klassifizierten Wände und Decken angegeben. Im Brandfall werden die Absperrvorrichtungen automatisch ausgelöst, i.d.R. über ein Schmelzlot bei einer Soll-Temperatur von 72 °C.

Für alle denkbaren Anwendungsfälle stehen Brandschutz-Absperrvorrichtungen in der jeweils erforderlichen Ausführung zur Verfügung. Sie unterliegen einer Prüfpflicht und werden vom Deutschen Institut für Bautechnik zugelassen. Im Zulassungsbescheid des Instituts sind neben den konstruktiven Anforderungen an die jeweilige Absperrvorrichtung auch deren zulässige Verwendung mit genauen Einbaurichtlinien, die zur Sicherstellung der Schutzfunktion strikt einzuhalten sind, enthalten.

Als Absperrvorrichtungen der Feuerwiderstandsklassen K30, K60, K90 (verwendungsbedingt) stehen zur Verfügung:

- Brandschutzklappen (Bild 3.3.9-8) zum Einbau in, vor und außerhalb von massiven Wänden und Decken sowie Leichtbauwänden.
- Brandschutzventile (Bild 3.3.9-9) zum Einbau in massive Wände und Decken, Leichtbauwände und abgehängte Unterdecken. Sie verbinden die Funktion eines stufenlos einstellbaren Zu- bzw. Abluft-Ventils mit den Eigenschaften einer Absperrvorrichtung.

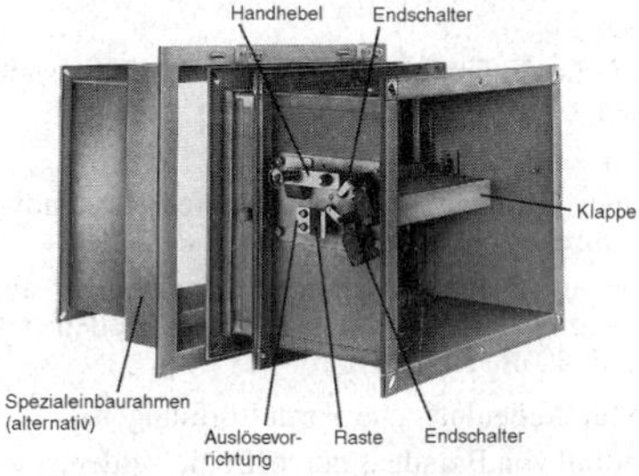

Bild 3.3.9-8. Brandschutzklappe (Trox).

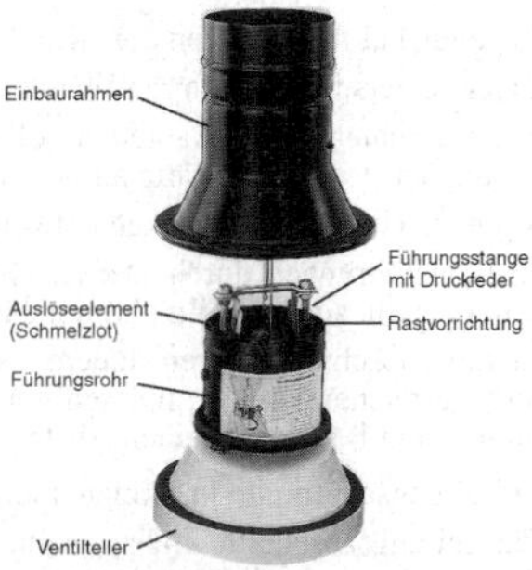

Bild 3.3.9-9. Brandschutzventil (Trox).

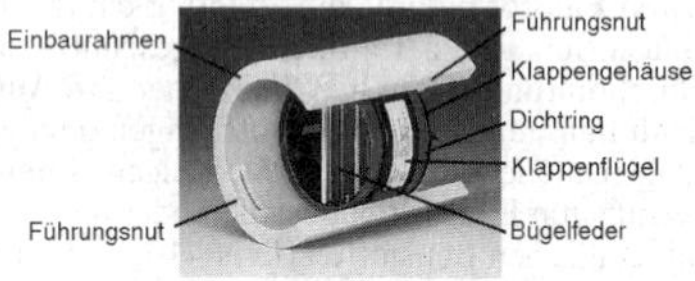

Bild 3.3.9-10. Brandschutz-Flügelklappe mit Einbaurahmen (Strulik).

Schmelzlot zwischen den Klappenflügeln (hier nicht sichtbar)

- Brandschutz-Flügelklappen (Bild 3.3.9-10) bis DN 200 mit Einbaurahmen zum Einbau in massive Wände und Decken, Leichtbauwände und abgehängte Unterdecken.

Für die Verwendung in Abluftanlagen nach DIN 18017 (Lüftung von Sanitärräumen) stehen Brandschutzventile und Brandschutz-Flügelklappen der Feuerwiderstandsklassen K30 – 18017 und K90 – 18017 zur Verfügung, die nur in diesen Abluftanlagen und nur in Abluftleitungen aus nichtbrennbaren Stoffen verwendet werden dürfen. Max. Querschnitt der Hauptleitung 1000 cm^2, lichter Querschnitt der durch die Absperrvorrichtung zu schützenden Leitung max. 350 cm^2. Siehe Bild 3.3.9-11.

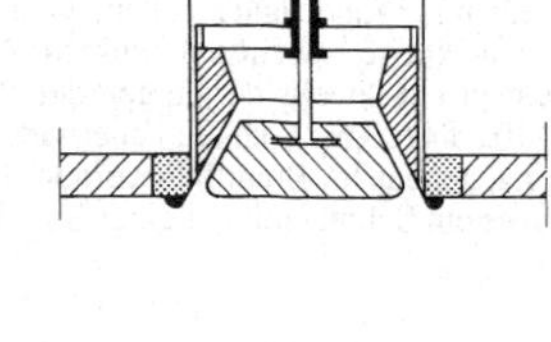

Bild 3.3.9-11. Brandschutzventil für Entlüftung von Sanitärräumen K 90 – 18017.

Brandschutzklappen werden auch geliefert mit magnetischer Auslösevorrichtung sowie mit elektr. oder pneumat. Klappenantrieb zur Fernbetätigung. Fernauslösung auch über Rauchmelder und Fernbedienung zur gezielten Entrauchung möglich.[1] Elektr. Endschalter an den Absperrvorrichtungen gestatten zentrale Anzeige der Klappenstellung.

Brandschutzklappen älterer Bauart enthalten vielfach Bauteile aus Asbest. Infolge der hohen Luftaustauschrate in lufttechn. Anlagen ist bei Normalbetrieb keine Gesundheitsgefährdung zu erwarten.[2][3]

Nach den „Technischen Baubestimmungen Asbest" – in den einzelnen Bundesländern jeweils als „Asbest-Richtlinie" eingeführt – werden Brandschutzklappen daher i.d.R. in die Sanierungs-Dringlichkeitsstufe III eingeordnet. D.h., sie brauchen auf absehbare Zeit nicht ausgetauscht zu werden. Dies gilt jedoch nur für ordnungsgemäß eingebaute Brandschutzklappen ohne weitere Brandschutzmaßnahmen, für die Asbest verwendet wurde (z.B. Verschluß von Spalten).

Bei Austausch aus anderen Gründen (z.B. Brandschutz-Anforderungen) sind die Verordnungen der Bundesländer zur Asbestsanierung zu beachten.

Eine wohldurchdachte Planung raumlufttechn. Anlagen wird darauf abstellen, eine Führung der Lüftungsleitungen zu realisieren, die mit der geringsten Zahl von Durchdringungen feuerwiderstandsfähiger Wände und Decken auskommt.

Es wird sich vielfach auch die Frage stellen, ob ein gleichwertiger Brandschutz durch den Einbau von Absperrvorrichtungen oder die Installation von Lüftungsleitungen in feuerwiderstandsfähiger Ausführung zu erzielen ist. Der Einbau von Absperrvorrichtungen ist im allgemeinen die kostenaufwendigere Lösung.

Zu bewerten sind dabei nicht nur die Kosten für Beschaffung, Einbau und Abnahme der Absperrvorrichtungen, sondern auch die für die regelmäßigen Wartungen und wiederkehrenden Prüfungen in der Folge. Dem stehen die einmaligen, überschaubaren Aufwendungen für die Lüftungskanäle in feuerwiderstandsfähiger Ausführung gegenüber.

In vielen Fällen lassen die baulichen und betrieblichen Gegebenheiten beide Möglichkeiten zu. Durch einen Kostenvergleich sollte die wirtschaftlichste Lösung festgestellt und – selbstverständlich unter Voraussetzung gleicher Brandschutz-Qualität – gewählt werden.

-5.2 Einbau

Die erwartete Feuerwiderstandsdauer von Brandschutz-Absperrvorrichtungen wird nur sichergestellt, wenn ein dem Zulassungsbescheid entsprechender Einbau vorgenommen wird. I.d.R. werden andere Gewerke wie Maurer, Ersteller von Leichtbauwänden usw. mit dem Einsetzen von Absperrvorrichtungen in die Umschließungsflächen betraut. Es ist unbedingt erforderlich, diesen Handwerkern die jeweiligen Zulassungsbescheide anhand zu geben, um den vorschriftsmäßigen Einbau sicherzustellen. Voraussetzung ist jedoch, daß die Lüftungsleitungsführung den fachgerechten Einbau zuläßt. Auf ausreichende Abstände von Wänden, Decken, benachbarten Absperrvorrichtungen, anderen Leitungsführungen usw. ist zu achten. Abstand zu Fremdinstallationen wie Kabel und Rohrleitungen, die neben der Absperrvorrichtung durch die Wand oder Decke geführt werden, mind. 10 cm. In der Planungsphase ist den Einbauvorschriften der Brandschutz-Absperrvorrichtungen und der Festlegung der Installationen vor allem vermehrte Aufmerksamkeit zu schenken.

Das Ablegen von Kabeln und Kabel-Schutzrohren auf Gehäusen von Brandschutzklappen und Lüftungskanälen ist unzulässig. Gehäuse von Brandschutzklappen können im Brandfall auf der dem Brand abgewandten Seite der Wand bzw. Decke Temperaturen annehmen, die erheblich über der Zündtemperatur der Kabel liegen. Dadurch wäre die Gefahr der Brandfortleitung in einen zunächst nicht vom Brand betroffenen Brandabschnitt gegeben.

Zu beachten ist, daß in den Zulassungsbescheiden der Absperrvorrichtungen unterschiedlicher Konstruktion für gleiche Anwendungsfälle durchaus voneinander abweichende Vorgaben in den Einbauvorschriften enthalten sein können. Der jeweils zugehörige Zulassungsbescheid ist maßgebend.

---

[1]) Hütte, A.: CCI 3/89. S. 46/47.
[2]) Beutler, M. u. Schumm, H.-P.: HLH 9/89, S. 478/9.
[3]) TÜV Stuttgart, Bericht über die Untersuchung von Brandschutzklappen auf Asbestfaseremissionen, 1989.

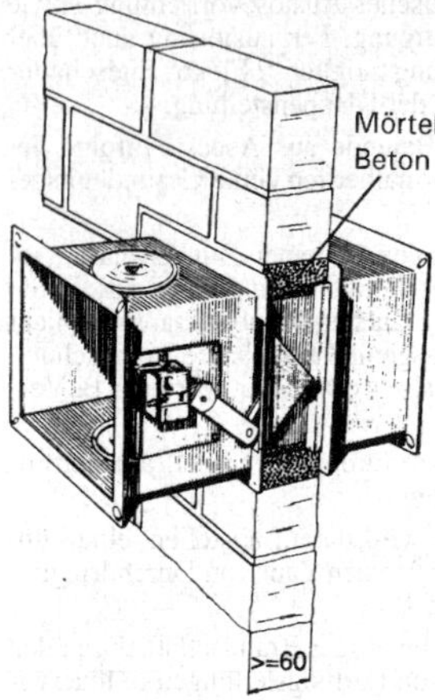

Bild 3.3.9-12. Einbau von Brandschutzklappen in Wände.

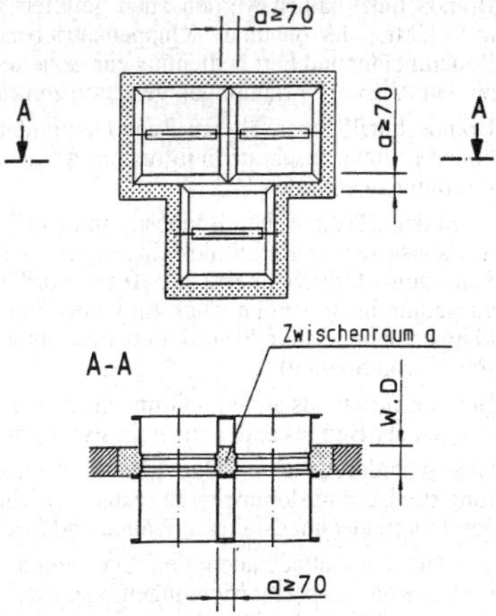

Bild 3.3.9-13. Schließen umlaufender Spalte um Klappengehäuse.

Im folgenden beispielhafte Darstellung der häufigsten Einbaufälle:

a) Einbau von Brandschutzklappen in Massivwände und Decken:

Einbau in Wände mit waagrechter oder senkrechter Klappenachse, in Decken stehend oder hängend möglich, Einbaulage mit Rücksicht auf gute Zugänglichkeit für Wartung wählen, siehe Abschnitt 3.3.9-5.3.

Bild 3.3.9-12 zeigt den richtigen Einbau einer Brandschutzklappe in eine Wand im Schnitt. Die Lage des geschlossenen Klappenblattes in der Ebene der Wand oder Decke ist für die brandschutztechn. Wirkung ausschlaggebend. Ein Einbau, bei dem das geschlossene Klappenblatt teilweise oder vollständig außerhalb der Wand oder Decke liegt, ist unzulässig. Ein solcher Mangel ist nicht, wie gelegentlich anzutreffen, durch eine Ummantelung mit Kalzium-Silikat-Platten zu beheben.

Umlaufende Spalte um das Klappengehäuse sowie zwischen benachbarten Brandschutzklappen sind mit Beton oder Mörtel der Gruppe II oder III nach DIN 1053 zu schließen. Zur Gewährleistung ausreichender Verfüllung müssen Zwischenräume mit a ≥70 mm bis a ≤100 mm durch Ausmörtelung im Preßverfahren mit Mörtelpumpe ausgefüllt werden. Siehe Bild 3.3.9-13. Zwischenräume ≥100 mm dürfen durch Ausmörteln von Hand verfüllt werden.

An schwer zugänglichen Stellen kein Einmörteln der Klappengehäuse erforderlich. Zur Abdichtung an Wänden und Decken Ausfüllen mit Mineralfaser (Rohdichte ≥100 kg/m^3) an max. 2 Seiten zulässig. Siehe Bild 3.3.9-14.

Brandschutzklappen können auch unmittelbar Flansch an Flansch aneinandergesetzt werden. Auch in diesem Fall ist das Auffüllen der Zwischenräume mit Mineralfaser ausreichend. Siehe Bild 3.3.9-15.

Sofern anstelle der Ausmörtelung zur Abdichtung an Wänden und Decken bzw. zwischen Brandschutzklappen Mineralfaser verwendet wird sowie auch bei Einbau in Wände aus Gips- oder Kalzium-Silikat-Bauplatten, ist der Anschluß von Lüftungsleitungen beidseits der Brandschutzklappen nur über flexible Stutzen von mind. 10 cm flexibler Länge (in eingebautem Zustand) zulässig. Dadurch soll verhindert werden, daß bei Dehnungen infolge Erwärmung der angeschlossenen Lüftungsleitungen im Brandfall Kräfte auf die Absperrvorrichtungen einwirken (siehe Bild 3.3.9-14 – Schnitt).

Werden keine Lüftungsleitungen angeschlossen, sind Schutzgitter mit max. 20 mm Maschenweite anzubringen.

b) Einbau von Brandschutzklappen außerhalb von Wänden und Decken:

Brandschutzklappen, die für den Einbau außerhalb von Wänden und Decken zugelassen sind, können mit waagrechter oder senkrechter Klappenachse außerhalb von Wänden

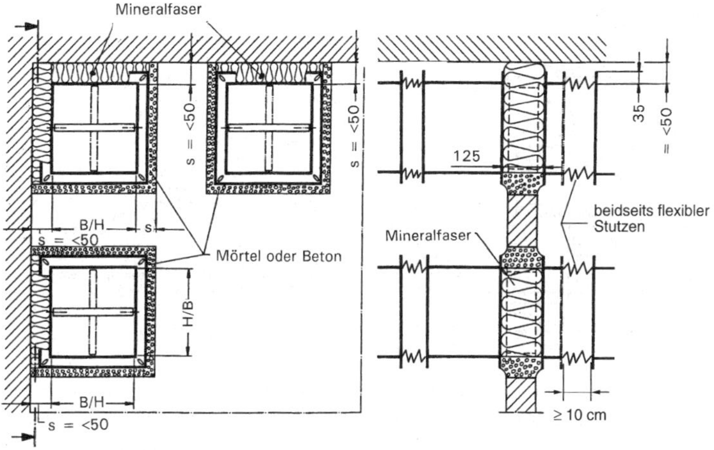

Bild 3.3.9-14. Abdichtung der Spalte mit Mineralfaser.

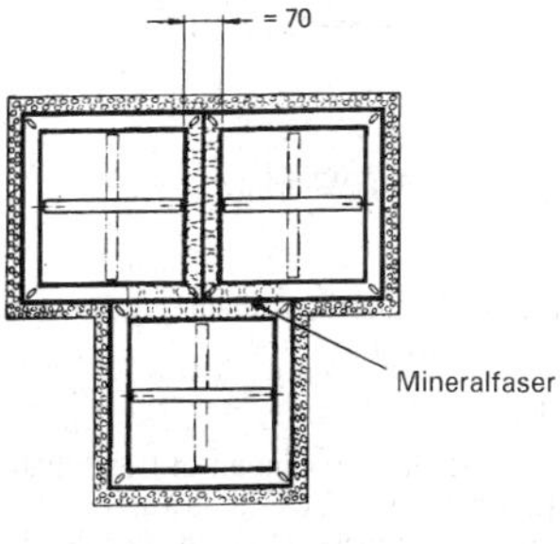

Bild 3.3.9-15. Brandschutzklappen-Anordnung „Flansch an Flansch".

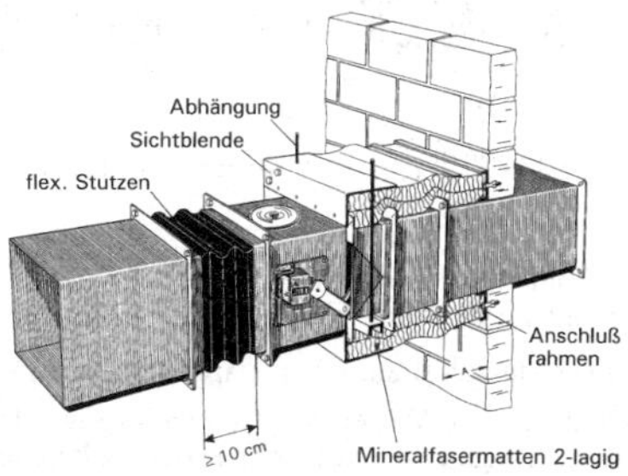

Bild 3.3.9-16. Einbau einer Brandschutzklappe außerhalb der Wand.

sowie hängend oder stehend unmittelbar unter bzw. auf Massivdecken verwendet werden, wenn zwischen der zu schützenden Wand bzw. Decke eine öffnungslose Lüftungsleitung mit nachgewiesener Feuerwiderstandsdauer angeordnet ist. Diese Lüftungsleitungen können aus Stahlblech mit äußerer Dämmschicht aus 2 Lagen Mineralfasermatten (Rohdichte ≥ 100 kg/m^3) oder Silikatplatten bestehen. Siehe Bild 3.3.9-16. Es können auch Lüftungsleitungen aus Silikatplatten verwendet werden.

Bei Verwendung von Platten als Dämmschicht muß der Zwischenraum zwischen Dämmschicht und Klappengehäuse im Bereich des Klappenblattes mit Mineralfaser ausgefüllt sein.

Der Abstand zwischen neben- bzw. untereinander liegenden Absperrvorrichtungen muß mind. 15 cm betragen bzw. so gewählt werden, daß die Montage der Dämmschichten und Abhängungen möglich ist. Parallel geführte Lüftungsleitungen sind jeweils für sich mit einer Dämmschicht, jede Absperrvorrichtung mit eigener Aufhängung zu versehen. Angaben zur Deckenbefestigung der Aufhängungen im jeweiligen Zulassungsbescheid beachten.

An der der feuerwiderstandsfähigen Leitung abgekehrten Seite der Absperrvorrichtung ist ein elastischer Stutzen aus mindestens normal entflammbaren Baustoffen (DIN 4102 – B2) von mind. 10 cm flexibler Länge (in eingebautem Zustand) anzuschließen. Dadurch soll

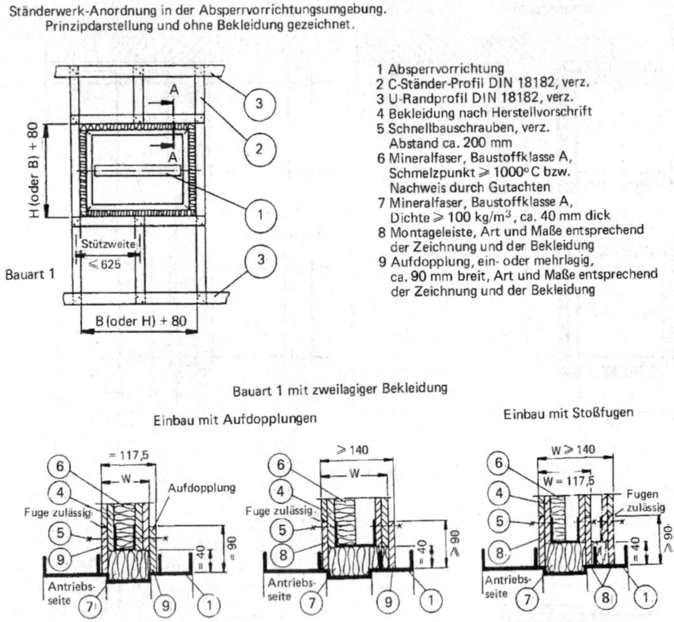

Bild 3.3.9-17. Einbau einer Brandschutzklappe in eine Leichtbauwand (Wildeboer).

verhindert werden, daß bei Dehnungen infolge Erwärmung der angeschlossenen Lüftungsleitung im Brandfall Kräfte auf die Absperrvorrichtung einwirken.

c) Einbau von Brandschutzklappen in Leichtbauwände:

Es dürfen nur Absperrvorrichtungen verwendet werden, die für den Einbau in Leichtbauwänden zugelassen sind. Wegen der Vielfalt der Ausführungen von Leichtbauwänden sind die Einbauvorschriften für Brandschutzklappen in den Zulassungsbescheiden sehr detailliert enthalten.

In Bild 3.3.9-17 ist als Beispiel der Brandschutzklappen-Einbau für den am häufigsten vorkommenden Einbaufall in eine Leichtbauwand mit Metallständerwerk, Mineralfaserisolierung und doppelter Beplankung mit Gipskartonplatten, Wanddicke mind. 100 mm, dargestellt.

Beim Einbau von Absperrvorrichtungen in das Metallständerwerk müssen Isolierstreifen aus Mineralfaser (Rohdichte ≥ 100 kg/m^3) – bei einigen Brandschutzklappen-Fabrikaten auch Streifen aus Wandbauplatten – zwischen das Gehäuse der Absperrvorrichtung und den Ständern und Traversen der Leichtbauwand eingefügt werden. Absperrvorrichtung und Mineralfaserausfüllung werden durch die Wandbeplankungen und Aufdopplungen gehalten.

Beidseits der Absperrvorrichtung sind elastische Stutzen aus mindestens normal entflammbaren Baustoffen (DIN 4102 – B2) von mind. 10 cm flexibler Länge (in eingebautem Zustand) anzuschließen, um das Einwirken von Kräften auf die Absperrvorrichtung infolge Dehnung der angeschlossenen Lüftungsleitungen bei Erwärmung im Brandfall zu verhindern.

d) Einbau von Brandschutzventilen in feuerwiderstandsfähige Unterdecken:

Feuerwiderstandsfähige Unterdecken stehen in zahlreichen unterschiedlichen Konstruktionen zur Verfügung. Bei Auswahl eines Brandschutzventils ist anhand des zugehörigen Zulassungsbescheides festzustellen, ob diese Absperrvorrichtung zum Einbau in die betreffende Unterdecken-Konstruktion zugelassen ist. Beachtung der geforderten Feuerwiderstandsklasse. Absperrvorrichtungen K 30 – 18017 und K 90 – 18017 sind nur in Abluftanlagen von Sanitärräumen zugelassen!

Bild 3.3.9-18 zeigt als Beispiel den Einbau eines Brandschutzventils in eine Unterdecke der Feuerwiderstandsklasse F 90, als Decke gespachtelt und geschraubt.

Der Einbau der Brandschutzventile in die Deckenelemente sollte vor deren Einsetzen in die Unterdecke am Boden erfolgen.

Die Absperrvorrichtungen dürfen nur mit solchen Lüftungsleitungen verbunden sein, die nach ihrer Bauart oder Verlegung infolge Erwärmung im Brandfall keine erheblichen Kräfte auf die Absperrvorrichtungen oder die Decken bzw. Wände ausüben können. Bei Anschluß von Alu-flex-Rohr sollte eine Mindestlänge von ca. 1 m nicht unterschritten werden.

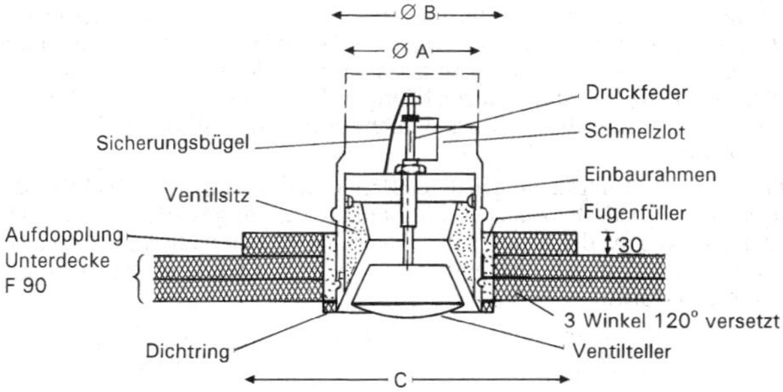

BCF	A	B	C
125	124	185	400
160	159	220	
200	199	260	

Bild 3.3.9-18. Brandschutzventil K 90 in Unterdecke.

-5.3 Wartung von Absperrvorrichtungen

Staubhaltige und feuchte Luft kann durch Verschmutzung der Auslösevorrichtung und Verfestigung der Verschmutzung im Laufe der Zeit die ständige Funktionssicherheit beeinträchtigen. Eine wesentliche Überschreitung der Soll-Auslösetemperatur von 72 °C, u. U. bis weit über 100 °C, kann im Brandfall die Folge solcher Verschmutzung sein. Daher kommt auch der inneren Wartung der Absperrvorrichtungen, wie sie in den Zulassungsbescheiden vorgeschrieben ist, eine nicht zu unterschätzende Bedeutung zu. Dabei dürfen für die Schmierung von Bauteilen ausschließlich harz- und säurefreie Fette verwendet werden.

Die Absperrvorrichtungen müssen so eingebaut sein, daß die Schließvorrichtungen von Hand betätigt werden können und die innere Besichtigung, Wartung und Reinigung im eingebauten Zustand leicht und ohne Entfernung von Leitungsbauteilen möglich sind. Ein häufig festzustellender Mangel ist das Fehlen ausreichend großer Revisionsöffnungen (nach VDI-Richtl. 3803 mind. 60 × 60 cm) in Zwischendecken und Schachtwänden.

Alle Absperrvorrichtungen müssen nach Inbetriebnahme in halbjährlichem Abstand gewartet werden. Zeigen sich bei zwei aufeinanderfolgenden Wartungen keine Funktionsmängel, so ist in der Folge die Wartung der Absperrvorrichtungen nur in jährlichen Abständen erforderlich.

Werden bei einer Wartung Mängel festgestellt, so ist die Instandsetzung, ggf. auch Einbau einer neuen Absperrvorrichtung, unverzüglich durchzuführen (Instandhaltung nach DIN 31051).

Der mit der Herstellung der Lüftungsleitungen mit Absperrvorrichtungen verantwortliche Unternehmer hat den Bauherrn auf die Wartungspflicht hinzuweisen und ihm den Zulassungsbescheid zu übergeben. Der Zulassungsbescheid enthält detaillierte Angaben zur Durchführung der äußeren und inneren Überprüfung und Wartung.

Bauherren und ihre Rechtsnachfolger ohne genügende Sachkunde müssen die Wartung Sachkundigen übertragen. Werden Wartungsverträge für raumlufttechnische Anlagen abgeschlossen, empfiehlt es sich, die Wartung der Absperrvorrichtungen in die Wartungsaufträge mit einzubeziehen. Der Auftragnehmer sollte dazu verpflichtet werden, Aufzeichnungen über die durchgeführten Wartungen an den Absperrvorrichtungen vorzulegen.

-6 Schutz vor Rauchübertragung durch lufttechnische Anlagen

Der möglichen Rauchübertragung durch lufttechn. Anlagen im Brandfall wird im allgemeinen zu wenig Beachtung geschenkt. In der Brandentstehungsphase werden große Rauchgasmengen mit zunächst relativ niedrigen Temperaturen freigesetzt. Eine Auslösung der Brandschutzklappen über Schmelzlot wird erst sehr spät erfolgen, so daß der Kaltrauch sich über weite Bereiche ausdehnen kann. Zudem schließen die Absperrvorrichtungen infolge Verschmutzung der Auslöseeinrichtungen häufig nicht bei der Soll-Temperatur von 72 °C, so daß sich noch Kaltrauch mit Temperaturen über 100 °C über das Lüftungsleitungssystem ausbreitet.

Bei der Durchführung von Lüftungsleitungen durch Brandwände und Geschoßdecken sollten die dort eingebauten Brandschutzklappen mit Stellmotoren ausgestattet werden. Bei Abschalten der Anlagen können die Absperrvorrichtungen dann automatisch, zentral ausgelöst, geschlossen werden, so daß eine unbemerkte Rauchausbreitung über mehrere Brandabschnitte verhindert wird.

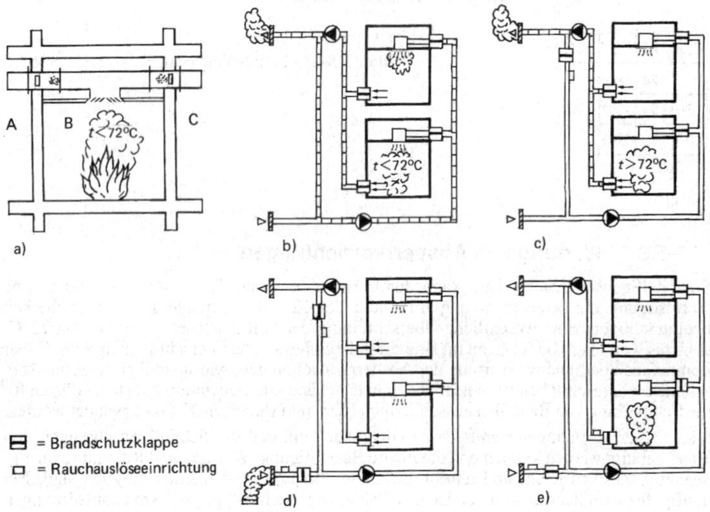

Bild 3.3.9-19. Möglichkeiten des Schutzes vor Rauchübertragung.

a) Brandschutzklappen schließen bei Brandrauch-Temperaturen über 72 °C.
b) Rauchübertragung in andere Abschnitte über Umluftleitung bei fehlender Brandschutzklappe mit Rauchauslöseeinrichtung in der Umluftleitung.
c) Absperrung der Umluftleitung durch Brandschutzklappe mit Rauchauslöseeinrichtung, Rauchabführung ins Freie über Fortluftleitung, Anlage kann – ohne Umluft – weiter betrieben werden.
d) Raucheintritt mit Außenluft. Absperrung der Außenluftansaugung durch Brandschutzklappe mit Rauchauslöseeinrichtung. Anlage kann mit Umluft weiter betrieben werden.
e) Absperren des betroffenen Brandabschnitts bereits in der Brandentstehungsphase. Ansteuern und Schließen der Brandschutzklappen in Zuluft und Abluft durch Rauchauslöseeinrichtung in der Abluftleitung. Anlage kann im Normalbetrieb weiter betrieben werden.

Werden zur Überwachung des Lüftungsleitungssystems Rauchmelder installiert, die bei Auftreten von Rauch das sofortige Schließen der Absperrvorrichtungen bewirken, so ist damit eine ständig wirksame Schutzmaßnahme gegen Rauchübertragung getroffen.

Bild 3.3.9-19 zeigt schematisch verschiedene Möglichkeiten der Rauchübertragung bei in Betrieb befindlicher Lüftungsanlage und des Rauchschutzes durch Brandschutzklappen mit Rauchauslöseeinrichtungen.

Nach den Bauaufsichtlichen Richtlinien über die brandschutztechn. Anforderungen an Lüftungsanlagen muß die Zuluft von Anlagen mit Umluftbetrieb gegen Rauchübertragung durch Absperrvorrichtungen mit Rauchauslöseeinrichtungen (Rauchmelder) geschützt sein. Bei Lüftungsanlagen nur für Außenluftbetrieb sind die Außenluftansaugöffnungen möglichst so anzuordnen, daß Rauch nicht angesaugt werden kann (z.B. kurz über dem Boden einer Fassade aus nichtbrennbaren Baustoffen ohne Fenster). Wenn dies nicht möglich ist, muß die Übertragung von Rauch aus anderen Geschossen oder Brandabschnitten über die Außenluft durch Absperrvorrichtungen mit Rauchauslöseeeinrichtungen verhindert sein. Die Rauchauslöseeinrichtungen sind in der Zuluftleitung anzuordnen. Bei Auslösung müssen sie gleichzeitig die Zuluftventilatoren ausschalten.

Werden Doppelböden oder Hohlraumestriche zur Luftführung von RLT-Anlagen verwendet, so sind in den Hohlräumen Rauchmelder einzubauen, die im Brandfall die RLT-Anlage sofort abschalten. (Muster-Richtlinie über brandschutztechn. Anforderungen an Hohlraumestriche und Doppelböden – Fassung 12.98.)

Bei Durchführung von Lüftungsleitungen durch Rauchabschnittsbegrenzungen (z.B. Abschottungen über Rauchabschnittstüren) sind Rauchschutzklappen einzubauen, um Rauchübertragung zu verhindern (Bild 3.3.9-20).

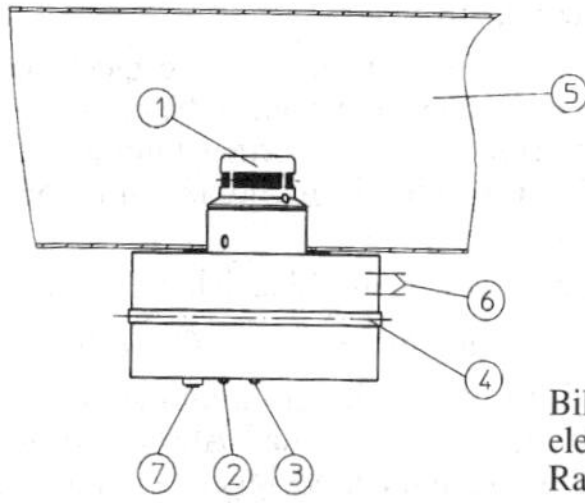

Bild 3.3.9-21. Optisch-elektronischer Streulicht-Rauchmelder.

Bild 3.3.9-20. Rauchschutzklappe als Absperrvorrichtung in Lüftungsleitungen (Fabr. Trox).

Rauchschutzklappen sind mit Federrücklaufmotoren ausgerüstet, die von Rauchauslöseeinrichtungen angesteuert werden. Zur Ansteuerung ist für jede Rauchschutzklappe mind. eine Rauchauslöseeinrichtung erforderlich. Bei Überschreiten einer zulässigen Rauchkonzentration schließen Rauchschutzklappen automatisch, ebenso bei Stillstand des zugeordneten Ventilators. Sowohl für die Rauchschutzklappe als auch die Rauchauslöseeinrichtung ist eine allg. bauaufsichtl. Zulassung erforderlich, mit der die Verwendbarkeit im Sinne der Landesbauordnungen nachgewiesen ist.

Rauchschutzklappen sind nicht geeignet, die Funktion von Brandschutzklappen zu übernehmen. Die Anforderungen bezügl. der Verwendung von Brandschutzklappen und/oder feuerwiderstandsfähiger Lüftungsleitungen bleiben bei Einbau von Rauchschutzklappen unberührt.

Die Wartungsvorschriften für Rauchschutzklappen entsprechen sinngemäß denen für Brandschutzklappen (siehe Abschnitt 3.3.9-5.3).

Als Rauchauslöseeinrichtungen sind Ionisations-Rauchmelder oder optisch-elektronische Streulichtmelder verfügbar, die speziell für den Einsatz in lufttechn. Anlagen mit hohen Luftströmungsgeschwindigkeiten in den Lüftungskanälen konstruiert sind. Siehe Bild 3.3.9-21.

Die ordnungsgemäße Installation der Rauchauslöseeinrichtungen und ihre einwandfreie Funktion, insbesondere das einwandfreie Zusammenwirken mit den Absperrvorrichtungen, sind unmittelbar vor der ersten Inbetriebnahme der Lüftungsanlagen zu prüfen. Diese Prüfung ist von dem für die Herstellung der Lüftungsanlagen mit Rauchauslöseeinrichtungen verantwortlichen Unternehmer zu veranlassen.

Rauchauslöseeinrichtungen enthalten entsprechend ihrer Funktion empfindliche Bauteile. Zur Sicherstellung der Funktion müssen sie entsprechend der Wartungsanweisung des zugehörigen Zulassungsbescheides regelmäßig gewartet werden. Der für die Herstellung von Lüftungsleitungen mit Rauchauslöseeinrichtungen verantwortliche Unternehmer hat den Bauherrn auf die Wartungspflicht hinzuweisen und ihm den Zulassungsbescheid zu übergeben.

-7 Besondere Anforderungen

Nach den Bestimmungen der Landesbauordnungen können für Gebäude besonderer Art und Nutzung (z.B. Krankenhäuser, Versammlungsstätten, Hochhäuser) spezielle Anforderungen an den Brandschutz gestellt werden.

a) Abluftleitungen gewerblicher Küchen

Sie müssen ab Austritt aus der Küche mind. der Feuerwiderstandsklasse L 90 entsprechen. Brandgefahr durch Fettablagerungen. Wegen starker Verschmutzung der Auslöseeinrichtungen durch Fett und Wasserdampf sind Absperrvorrichtungen nicht brauchbar. In allen Zulassungsbescheiden findet sich der ausdrückliche Hinweis, daß die Eignung der Absperrvorrichtungen nicht nachgewiesen ist.

Abluftkanäle aus Stahlblech geschweißt, innere Oberfläche muß leicht zu reinigen sein. Reinigungsöffnungen ausreichender Größe in bestimmten Abständen und an jeder Umlenkung erforderlich. die Brandschutzisolierung muß gegen Eindringen von Fett geschützt sein. An geeigneter Stelle ist eine Einrichtung zum Ablassen von Kondensat und Reinigungsmitteln vorzusehen.

In Herd-Absaughauben flammdurchschlagsichere Filter einsetzen.

b) Abführung stark verunreinigter Abluft aus Gewerbebetrieben

Für Abluftleitungen, durch die stark verunreinigte Abluft geführt wird (z.B. durch Farbaerosole, Stäube), gilt gleichermaßen, daß Absperrvorrichtungen wegen der Verschmutzung der Auslöseeinrichtungen nicht geeignet sind. Abluftleitungen sind in solchen Fällen mit Brandschutzisolierungen zu versehen.

c) Labor-Abluftleitungen und vergleichbare Abluftleitungen

Abluftleitungen von Laborabzügen (Digestorien) und vergleichbaren techn. Einrichtungen bestehen wegen korrosiver Abgase i.d.R. aus Kunststoff. Absperrvorrichtungen in üblicher Ausführung sind wegen Korrosionsgefahr nicht geeignet. Gegen korrosive Einflüsse einer Reihe bestimmter Chemikalien geschützte Absperrvorrichtungen (z.B. Gehäuse und Klappenblatt aus Silikat-Platten, Beschichtung einzelner Bauteile) sind bei einigen Herstellern erhältlich. Zusammensetzung der Abluft muß jedoch schon im Planungsstadium bekannt sein. Wesentlich verkürzte Wartungsintervalle bei diesen Absperrvorrichtungen. Sehr gute Zugänglichkeit dabei erforderlich.

Bis zu Leitungsdurchmessern von ca. 400 mm ist an der Durchführung durch Wände und Decken der Anbau von Brandschutzmanschetten möglich, die durch Aufschäumen infolge Wärmeeinwirkung bei Bränden den Querschnitt der Kunststoffrohre verschließen (s. Bild 3.3.9-22).

Nach Möglichkeit Einbau von Abluftleitungen mit Brandschutzisolierung der erforderlichen Feuerwiderstandsklasse, um auf Absperrvorrichtungen verzichten zu können. Für Kunststoffleitungen sind nur Brandschutz-Isolierungen einzusetzen, die für diesen speziellen Anwendungsfall geprüft und zugelassen sind. Verwendbar sind z.B. Silikat-Platten (2-lagig, fugenversetzt). Mineralfasermatten sind nicht zulässig. Bei unzureichender Isolierung besteht die Gefahr, daß im Brandfall die Temperaturen innerhalb der Isolierung derart ansteigen, daß sich die Kunststoffleitung entzündet und Feuer und Rauch in andere Brandabschnitte übertragen werden.

Abluft-Ventilatoren im obersten Geschoß installieren. Einbau von Rauchauslöseeinrichtungen zur Ventilator-Abschaltung. An die Entrauchung der Lüftungszentrale sind besondere Anforderungen zu stellen.

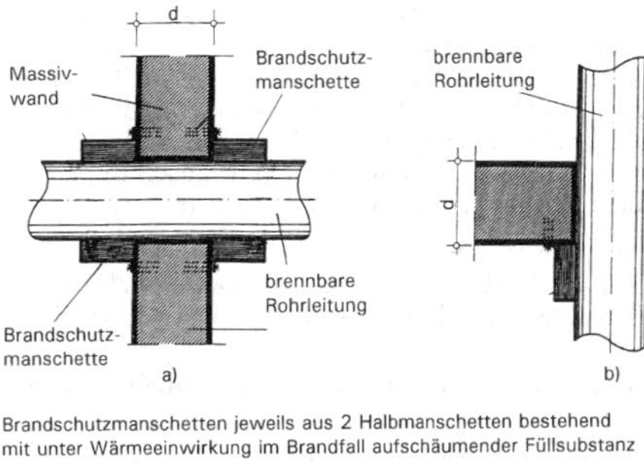

Bild 3.3.9-22. a) Wanddurchführung und b) Deckendurchführung eines Kunststoffrohres mit Brandschutzmanschetten.

d) Induktionsanlagen

Induktionsgeräte einschl. Düsen müssen nichtbrennbar sein, Anschlußstutzen max. 100 mm ∅. Bei waagrechter Stahlblech-Verteilleitung im darunter liegenden Geschoß Durchmesser der durch die Decke geführten Rohrstutzen max. 150 mm. Rohrstutzen fest einbetoniert, Korrosionsschutz des Rohrstutzens durch brennbare Folie oder Anstrich zulässig.

Bei senkrechter Verteilleitung Durchmesser max. 200 mm mit mind. 30 mm dicker Isolierung aus Mineralfasermatten (Schmelzpunkt >1000 °C, Dichte ≥100 kg/m^3). Keine Beschränkung des Durchmessers, wenn Vertikalleitung brandschutzisoliert L 30 bis L 90 gemäß Tafel 3.3.9-3 bzw. Vorschrift der Landesbauordnung oder in Schächten mit entspr. Feuerwiderstandsklasse verlegt. Siehe Bild 3.3.9-23.

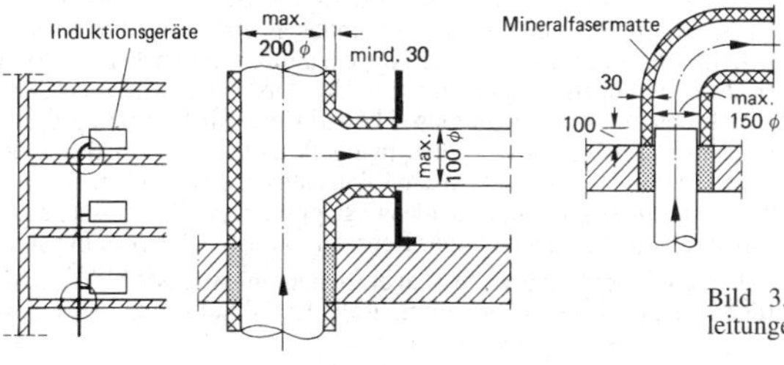

Bild 3.3.9-23. Verbindungsleitungen für Induktionsgeräte.

-8 Anlagen zur Rauch- und Wärmeableitung[1]

-8.1 Natürlich wirkende Rauchabzugsanlagen (NRA)[2]

-8.1.1 Allgemeines

Rauchabzugsanlagen sollen im Brandfall durch Abführung von Rauch und Wärme eine rauchfreie Schicht über dem Boden schaffen, die möglichst lange ausreichende Sichtverhältnisse sicherstellt. Dadurch wird die Voraussetzung zur Rettung von Menschen und Tieren sowie zur unverzüglichen Brandbekämpfung geschaffen.

[1]) Quenzel, K.-H.: Rauch- und Wärme-Abzugsanlagen im Rahmen des vorbeugenden Brandschutzes, Office 213-Verlag, Berlin, 2. Aufl. 1996.
Schneider, U., Oswald, M., Max U.: vfdb-Zeitschr. Heft 3/01, S. 105–110, und Heft 4/01, S. 155–164.

[2]) Quenzel, K.-H.: TAB 11/85, S. 769–773.
Strackerjahn, U.: TAB 4/86, S. 263–267.
DIN 18232, T1–T3: Rauch- und Wärmeabzugsanlagen.
VdS-Richtlinie 2098 (05.90), Rauch- und Wärmeabzugsanlagen.
VdS-Merkblatt 215 (03. 01) Zusammenwirken von Wasserlöschanlagen und Rauch- u. Wärmeabzugsanlagen.
Herausgeber der VDS-Richtlinien und -Merkblätter im Gesamtverband der Deutschen Versicherungswirtschaft e. V: VDS-Schadenverhütung GmbH, Amsterdamer Str. 174, 50735 Köln.

Zum Antrieb der Abzugsströmung steht die Druckdifferenz zwischen Brandraum und Außenatmosphäre zur Verfügung, die durch die Temperaturerhöhung beim Brand erzeugt wird. Bei richtiger Dimensionierung der RA- und Nachström-Öffnungen stellt sich im Brandraum gewissermaßen ein Gleichgewichtszustand ein, da bei Vergrößerung der Brandfläche die Rauchgastemperatur und die Rauchgasschichtdicke zunehmen und dadurch eine Vergrößerung des abströmenden Rauchgasvolumens und des nachströmenden Außenluftvolumens bewirkt wird. Durch die eintretende Außenluft werden

- die Brandbeanspruchung der Bauteile vermindert,
- der Feuerübersprung (flash over), der durch schlagartige Zündung von Schwelgasen erfolgt und den Vollbrand durch rasch ablaufende Brandausbreitung einleitet, verzögert und
- die Brandfolgeschäden durch Brandgase und thermische Zersetzungsprodukte verringert.

Bei den natürlich wirkenden Anlagen wird aufgrund der physikalischen Grundlagen für die Funktion nicht zwischen Rauchabzug- und Wärmeabzug-Anlage unterschieden.

Im Sinne ihrer Aufgabenstellung sollen NRA vorgesehen werden bei

- eingeschossigen Gebäuden mit übergroßen Flächen und Abmessungen,
- Gebäuden mit überlangen Rettungswegen, wenn diese nicht auf andere Weise und ausreichend lange rauchfrei gehalten werden können,
- Gebäuden, bei denen aufgrund von Vorschriften ein besonderer Sachschutz im Einzelfall erforderlich ist, und
- Gebäuden mit besonders wertvollen und rauchempfindlichen Stoffen oder Einrichtungen, wenn besondere Gründe für einen erhöhten Sachschutz gegeben sind.

Einsetzbar sind NRA – abgesehen von Sonderfällen – nur in eingeschossigen Gebäuden sowie in den obersten Geschossen mehrgeschossiger Bauten.

Bild 3.3.9-24 zeigt eine NRA als Dachkuppel, die gleichzeitig der Belichtung und Belüftung des Raumes dient. Das NRA-Gerät muß mit einer automatisch wirkenden thermischen Einzelauslösung (Schmelzlot oder Glasfaß, statische Auslösetemp. thermischer Auslöser sollte i. d. R. nicht höher als 72 °C liegen) ausgerüstet sein. Bei Auslösung wird eine CO_2-Flasche geöffnet, der Druck des ausströmenden Gases bewirkt die NRA-Öffnung durch den pneumatischen Stellantrieb. Zusätzlich muß eine manuelle Auslösung im Brandfall von sicherer Stelle aus über eine CO_2- oder elektrische Fernauslösung möglich sein. Auslösung kann auch durch eine automatische Brandmeldeanlage geschehen. Bei Einsatz einer elektr. Auslöseeinrichtung muß ein netzunabhängiger Betrieb (Akkus) sichergestellt sein.

Um das Haupt-Schutzziel – Erhalt der Fluchtwege – zu erreichen, müssen NRA möglichst frühzeitig wirksam werden. Die Auslösung über automatische Brandmeldeanlagen ist deshalb ratsam.

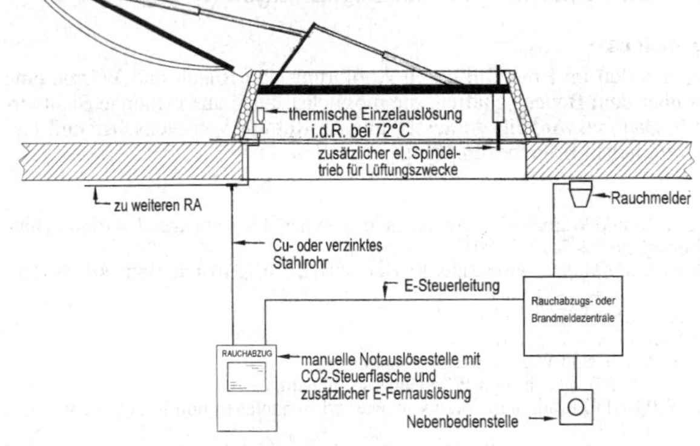

Bild 3.3.9-24. Rauchabzugs-Dachkuppel.

In Anbetracht ihrer aerodynamischen Eigenschaften sind NRA geeignet, zu Lüftungszwekken genutzt zu werden. Sie können Lüftungsanlagen ergänzen oder ersetzen. Mit elektr. Antrieb sind NRA zu Lüftungszwecken stufenlos zu öffnen. Witterungsfühler können zum automatischen Schließen der NRA bei Niederschlag und starkem Wind eingesetzt werden. Im Brandfall wird diese Automatik außer Funktion gesetzt.

Die Abströmung von Rauch kann durch Windströmungen beeinflußt werden. Dies ist insbesondere bei Einbau von NRA auf Flachdächern bei seitlicher Anströmung der Fall. Um störende Windeinflüsse auszuschalten, können Windleitbleche oder Eckspoiler angebaut werden.

Als Ausführungsarten stehen neben Dachkuppeln auch Klappen in Oberlichtbändern, Jalousien, Dachlüfter oder Fenster zur Wahl.

-8.1.2 NRA in Industriebauten

Im industriellen und gewerblichen Bereich können NRA entweder nach den Anforderungen der DIN 18232 oder der VdS-Richtlinie 2098 ausgeführt werden.

Im Dezember 2001 ist ein Entwurf der DIN 18232-T2 erschienen, der gegenüber der DIN 18232-T2 (11.89) wesentliche Änderungen enthält, wie Veränderungen der Bemessungsregeln für Rauchabzugs- und Zuluft-Flächen sowie Berücksichtigung des Windeinflusses, unterschiedlicher Plume-Modelle und des Zusammenwirkens mit Sprinkler-Anlagen. Eine Einschränkung der Anwendung in Industriebauten besteht nicht mehr[1]. Da die Auslegung von NRA nach dem Normentwurf von der nach der vorliegenden Fassung abweichen kann, ist die Anwendung des Entwurfs besonders zu vereinbaren.

Nachfolgend ist die Bemessung der NRA nach der vorliegenden Fassung der DIN 18232-T2 (11.89) behandelt.

Nach DIN 18232 ist die Bemessung der NRA abhängig von der Brandentwicklungsdauer, der Brandausbreitungsgeschwindigkeit, der angestrebten Dicke der rauchfreien Schicht sowie der Raumhöhe. Die angestrebte Dicke d der rauchfreien Schicht muß mind. der halben Raumhöhe h entsprechen, darf jedoch nicht geringer als 2 m sein. Die Bemessung der NRA setzt voraus, daß die Dachflächen ≤ 1600 m^2 groß sind oder bei größeren Flächen durch Rauchschürzen mit einer Höhe $h_{Sch} \geq 0{,}5\ h$ in max. 1600 m^2 große Rauchabschnittsflächen A_R zur Verhinderung der Rauchausbreitung unterteilt werden. Sind diese Voraussetzungen nicht gegeben, ist anstelle von d ein Wert d_{Korr} zugrunde zu legen.

$$d_{Korr} = 0{,}5 \cdot h + 0{,}25 \cdot h \cdot \frac{A_R - 1600}{1600}$$

darin und in Bild 3.3.9-25 bedeuten:

h = lichte Raumhöhe in m

h_{Sch} = Höhe der Rauchschürze in m

d = angestrebte Dicke der rauchfreien Schicht in m

d_{Korr} = korrigierte angestrebte Dicke der rauchfreien Schicht in m

A_R = Rauchabschnittsfläche in m^2

A_T = Teilfläche eines Rauchabschnitts in m^2

Wird die Rauchabschnittsfläche A_R durch Rauchschürzen mit $h_{Sch} < 0{,}5\ h$ in Teilflächen T < 1600 m^2 unterteilt, darf d_{Korr} um die halbe Höhe der Rauchschürze h_{Sch} gemindert werden. Dabei darf der Wert $d_{Korr} = 0{,}5\ h$ nicht unterschritten werden.

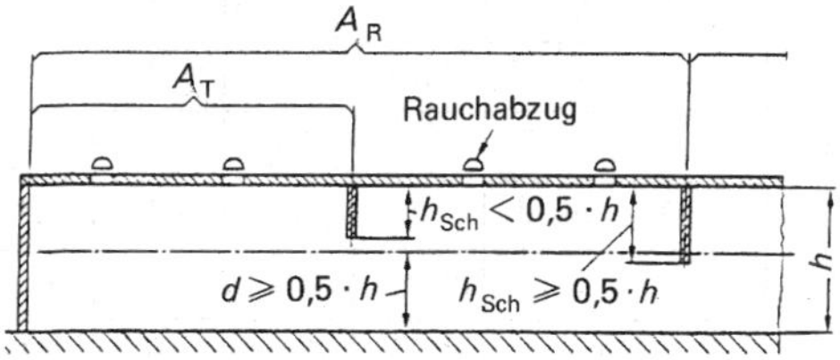

Bild 3.3.9-25. Darstellung der Rechengrößen.

[1]) Hegger, B.: vfdb-Zeitschr. 1/2000, S. 26–32.

Tafel 3.3.9-5 Bemessungsgruppen nach DIN 18232 T2, Tabelle 1

	1	2	3	4
	Erwartete Brandentwicklungsdauer (siehe Abschnitt 2.4) min	Bemessungsgruppe		
		Brandausbreitungsgeschwindigkeit		
		besonders gering	mittel*)	besonders groß
1	≤ 5	1	2	3
2	≤ 10	2	3	4
3	≤ 15	3	4	5
4	≤ 20	4	5	6
5	≤ 25	5	6	7

*) Durchschnittswerte ohne besonderen Nachweis.

Zur Auswahl der Bemessungsgruppe (siehe Tafel 3.3.9-5) ist die erwartete Brandentwicklungsdauer festzulegen. Diese umfaßt die Zeit von der Brandentstehung bis zum Beginn der Brandbekämpfung. Der Zeitraum von Brandentstehung bis Brandmeldung ist mit 5 min anzunehmen, bei Einsatz automatischer Brandmelder bleibt er unberücksichtigt. Für Anfahrt der Feuerwehr und Einleitung des Löschangriffs ist eine mittlere Zeit von 10 min, bei günstigen Verhältnissen (Werkfeuerwehr) von 5 min anzusetzen. Bei ungünstigen Verhältnissen sind 15 min, bei außergewöhnlich ungünstigen Verhältnissen 20 min anzunehmen. Die Addition der Werte ergibt die erwartete Brandentwicklungsdauer.

Die rechnerische Brandfläche ergibt sich aus der Brandausbreitungsgeschwindigkeit und der erwarteten Brandentwicklungsdauer. I. d. R. sind die Werte der Spalte 3 in Tafel 3.3.9-5 einzusetzen. Der Anteil der aerodynamisch wirksamen Öffnungsfläche an der Grundfläche des Rauchabschnitts ist nach Tafel 3.3.9-6 zu bestimmen.

Beispiel:

Hallenfläche 1000 m^2, erforderl. rauchfreie Schicht 0,5 · Hallenhöhe h
Brandentwicklungsdauer 15 min
(5 min für Meldung, 10 min Anfahrt der Feuerwehr)
Erforderlich: $A_w = 0{,}8\%$ von 1000 m^2 = 8 m^2
Gewählt: 8 Rauchabzüge mit je 1 m^2 aerodyn. wirksamer Öffnungsfläche.

Tafel 3.3.9-6 Anteil der aerodyn. wirksamen Öffnungsfläche nach DIN 18232 T2

	Dicke der rauchfreien Schicht d bzw. d_{Korr} (siehe Abschnitt 2.3) m	Anteil der aerodynamisch wirksamen Öffnungsfläche A_w in %						
		Bemessungsgruppe						
		1	2	3	4	5	6	7
1	0,5 · h	0,3	0,4	0,6	0,8	1,0	1,2	1,4
2	0,55 · h	0,35	0,5	0,7	1,0	1,2	1,5	1,7
3	0,6 · h	0,4	0,6	0,9	1,2	1,5	1,8	2,1
4	0,65 · h	0,5	0,7	1,0	1,5	1,8	2,2	2,5
5	0,7 · h	0,7	0,9	1,3	1,8	2,2	2,7	3,0
6	0,75 · h	0,85	1,1	1,5	2,1	2,6	3,2	3,6

Zwischen den Werten darf linear interpoliert werden.

Die aerodynamisch wirksame Öffnungsfläche unterscheidet sich von der geometrischen Öffnungsfläche durch Berücksichtigung des Durchflußbeiwertes c_v. Die aerodynamisch wirksame Öffnungsfläche ist im Windkanal zu ermitteln.

NRA sind gleichmäßig über den Rauchabschnitt zu verteilen. Bei Nutzungen mit wesentlich unterschiedlichen Brandausbreitungsgeschwindigkeiten dürfen NRA auch ungleichmäßig verteilt werden. I. a. ist es zweckmäßiger, eine größere Zahl kleinerer als eine kleine Zahl größerer NRA vorzusehen. DIN 18232 enthält in Teil 2 detaillierte Regeln für den NRA-Einbau.

Im Unterschied zu DIN 18232, in der die Brandfläche ganz allgemein aus der Brandausbreitungsgeschwindigkeit und der Brandentwicklungsdauer bestimmt wird, werden in der VdS-Richtlinie 2098 bestimmte Betriebsarten und Lagermaterialien einschl. deren Verpackung einer Klassifikation nach Brandgefahren (BG) zugeordnet. Bei Lagern wird zusätzlich die max. Lagerguthöhe bewertet. Aus der so ermittelten Brandgefahrenklasse ergibt sich dann die Bemessungsgruppe. Die rauchfreie Schicht muß mind. die Hälfte der rechnerischen Raumhöhe, mind. jedoch 3 m betragen. Die Auslegung nach der VdS-Richtlinie führt in vielen Fällen zu einer Erhöhung des Sicherheitsniveaus. Neben den Bemessungsregeln enthält die VdS-Richtlinie detaillierte Angaben zu Anordnung und Auslösung der NRA sowie Einbau- und Wartungshinweise.

Die volle Wirksamkeit der NRA ist nur gegeben, wenn das abströmende Brandgasvolumen durch nachströmende Außenluft ersetzt wird. D.h., ausreichend große Nachströmöffnungen sind unerläßlich. Deren geometr. Öffnungsfläche muß nach DIN 18232 T2 (03.96) E mind. 1,5mal so groß, nach VdS-Richtlinie 2098 mind. doppelt so groß bemessen sein wie die geometr. Öffnungsfläche aller NRA des Rauchabschnitts mit der größten aerodynamisch wirksamen Öffnungsfläche. Eine kleinere geometr. Fläche der Zuluftöffnungenist in bestimmten Grenzen zulässig, wenn die geometr. Eintrittsöffnungen der NRA entsprechend vergrößert werden. Fenster im unteren Hallenbereich, Türen und Tore, die im Brandfall manuell von außen geöffnet werden können, dürfen angerechnet werden.

Nachströmöffnungen sollten – sofern nicht gewichtige Gründe dagegen sprechen – mit mechan. Antrieben ausgestattet werden und unmittelbar nach Öffnen der Rauchabzugsöffnungen automatisch öffnen. Sofern keine automatische Öffnung vorgesehen ist, manuelle Öffnung durch Personen während der Betriebszeit. In betriebsfreien Zeiten, in denen auch keine Personengefährdung besteht, obliegt das Öffnen der Feuerwehr. Schnelle Alarmierung der Feuerwehr in betriebsfreien Zeiten deshalb wichtig und über automatische Brandmeldeanlagen möglich.

Aufsteigende Rauchgase breiten sich unter der Raumdecke aus, sinken infolge Wärmeverlust nach einer gewissen Strecke wieder ab und können in die rauchfreie Schicht eindringen. Rauchschürzen verhindern das seitliche Abströmen der Rauchgase. Sie müssen bis unmittelbar unter das Dach führen, abgehängte Decken dürfen ihre Wirksamkeit nicht beeinträchtigen. Bei 30 min andauernder Brandbeanspruchung mit einer Temperaturbelastung, die der ETK folgt (siehe Bild 3.3.9-1) und mind. 600 °C erreicht, dürfen sie nicht zerstört werden. Geeignet sind z. B. Gipskartonplatten, Stahlblech oder Fiber-Silikat-Platten mit entspr. geeigneter Befestigung. Sind feststehende Rauchschürzen nicht anwendbar, z. B. aus optischen Gründen in Ladenstraßen, so können einrollbare Rauchschutzvorhänge aus beschichtetem, nichtbrennbarem Glasfasergewebe eingesetzt werden, die sich im Brandfall automatisch entrollen. Rauchschutzvorhänge müssen den Anforderungen der allg. bauaufsichtl. Zulassung entsprechen.

-8.1.3 NRA in Bauten besonderer Art und Nutzung

Für Bauten besonderer Art und Nutzung wie Versammlungsstätten, Ladenstraßen, Gaststätten, Geschäftshäuser, Garagen usw. bestehen von ARGEBAU[1)] erarbeitete Musterverordnungen, in denen Hinweise zum Einbau von NRA enthalten sind. Diese Musterverordnungen sollen als Grundlage für Baugenehmigungen von den Baubehörden der Länder verwendet werden.

Von den Baugenehmigungsbehörden werden i. d. R. NRA nach DIN 18232 oder VdS-Richtlinie 2098 vorgeschrieben. (Siehe Abschn. 3.3.9-8.1.2).

Bei der heute üblichen Bauweise von Ladenstraßen, Versammlungsstätten usw. mit großen Glasdachflächen sind Lüftung und Wärmeabführung von außerordentlicher Bedeutung. Diese Aufgaben können die zur Rauchabführung im Brandfall bestimmten NRA ebenfalls

---

[1)] Bauministerkonferenz (ARGEBAU) – Konferenz der für Städtebau Bau- und Wohnungswesen zuständigen Minister und Senatoren der Länder, Kurfürstenstr. 130, 10785 berlin.

übernehmen, so daß zusätzliche Lüftungsanlagen in ihrer Leistung wesentlich reduziert werden können oder nicht erforderlich sind. Eingesetzt werden NRA mit Lüftungsfunktion als ersatzstromversorgte 24-Volt-Systeme (mit Akkus), manuell und zusätzlich auch über Brandmeldesysteme auszulösen oder durch in die NRA integrierte Auslöseeinrichtung. Einbau von Witterungsfühlern zum automatischen Schließen der NRA bei Niederschlag und starkem Wind. Die elektr. Verkabelung ist entspr. Funktionserhaltsklasse E 30 (DIN 4102 T12) auszuführen, ausgenommen Anlagen, die bei Störung der Stromversorgung selbsttätig öffnen, sowie Leitungsanlagen in Räumen, die durch automatische Rauchmelder überwacht werden und die Anlage bei Ansprechen des Rauchmelders selbsttätig öffnet (Musterrichtl. brandschutztechn. Anfordgn. an Leitungsanlagen – Fassung 03./2000)[1)].

-8.1.4 NRA in außenliegenden Treppenräumen

Nach den Landesbauordnungen sind an Außenwänden liegende Treppenräume in Gebäuden mit mehr als 5 oberirdischen Geschossen (in Bauten besonderer Art und Nutzung u.U. schon bei mehr als 2 oberirdischen Geschossen) an der obersten Stelle mit NRA auszurüsten, deren geometrische Öffnungsfläche mind. 5% der Treppenraumgrundfläche, mind. jedoch 1 m^2 betragen muß. Die manuelle Auslösung muß vom Erdgeschoß und vom obersten Treppenabsatz aus möglich sein. Zusätzliche Auslösestellen in weiteren Geschossen können verlangt werden. Im Eingangsgeschoß ist im Treppenraum eine Zuluftöffnung vorzusehen, deren geometrische Öffnungsfläche mind. derjenigen der NRA entspricht. Als Nachströmöffnung kann die Gebäudeeingangstür dienen, sofern sie ausreichend bemessen und mit einer Feststelleinrichtung ausgerüstet ist.

Die Anlagen können mit netzunabhängiger elektr. oder pneumatischer CO_2-Auslösung ausgestattet werden. Soll die NRA auch zu Lüftungszwecken genutzt werden, dann ist eine elektr. Steuerung anzuwenden. In Sonderfällen, z.B. Alten- und Pflegeheime, kann zusätzlich zur manuellen eine automatische Auslösung über eine Brandmeldeanlage verlangt werden.

-8.1.5 NRA in Aufzugschächten

An der obersten Stelle von Aufzug-Fahrschächten ist nach den Landesbauordnungen eine NRA mit einer geometrischen Öffnungsfläche von mind. 2,5% der Fahrschachtgrundfläche, mind. jedoch 0,1 m^2 vorzusehen. Die Auslösung erfolgt über eine thermische Auslösevorrichtung, evtl. über eine Brandmeldeanlage.

-8.1.6 Wartung von NRA

In regelmäßigen Zeitabständen, mind. jedoch jährlich, müssen NRA sowie alle einzelnen Bauteile der Anlagen auf Funktionsfähigkeit und Betriebsbereitschaft geprüft, gewartet und ggf. instandgesetzt werden. Prüfungen sind in einem Prüfbuch zu vermerken.

-8.2 Maschinelle Rauchabzugsanlagen (MRA)[2)]

-8.2.1 Bemessung, Anforderungen und Einbau

Maschinelle Rauchabzugsanlagen (MRA) werden in Fällen eingesetzt, in denen natürlich wirkende Rauchabzugsanlagen (NRA) aus baulichen Gegebenheiten oder das zu erwartende Brandverhalten nicht anwendbar sind. Dies betrifft tiefe und nicht von Außenflächen begrenzte Räume innerhalb mehrgeschossiger Gebäude sowie Räume, in denen aufgrund der niedrigen Brandbelastung oder des Abbrandverhaltens hohe, den thermischen Auftrieb bewirkende Rauchgastemperaturen nicht zu erwarten sind.

MRA haben die gleiche Aufgabe wie NRA und müssen im Brandfall die gleiche Sicherheit gewährleisten. Die Bemessung der MRA geschieht nach den gleichen Theorien und Rand-

---

1) Rauchabführung aus glasüberdachten Innenhöfen und Einkaufspassagen, vfdb-Zeitschr. Heft 2/92.

2) John, R.: Forschungsbericht Nr. 79 (Dez. 91.) der Forschungsstelle für Brandschutztechnik an der Universität Karlsruhe.
Ostertag, D., und Zitzelsberger, J.: Bundesbaublatt 6/94, S. 456–460.
Schneider, U., Lebeda, M., und Kersken-Bradley, M.: vfdb-Zeitschrift Forschung und Technik im Brandschutz 4/94, S. 157–160, und 1/95, S. 35–40.
Hagen, E., und Zitzelsberger, J.: vfdb-Zeitschrift Forschung und Technik im Brandschutz 1/95, S. 29–34.
Zitzelsberger, J., und Ostertag, D.: Bundesbaublatt 7/95, S. 523–529.
DIN 18232 T5 Vornorm (12.99).
DIN 18232 T6 Vornorm (10.97).

bedingungen wie denjenigen der NRA, wobei den grundlegenden Unterschieden zwischen beiden Anlagenarten Rechnung zu tragen ist:

- der im Gegensatz zur NRA unmittelbar nach Inbetriebnahme der MRA einsetzenden Absaugung mit vollem Volumenstrom und
- dem Umstand, daß sich kein Gleichgewicht zwischen dem in die Rauchgasschicht eintretenden und aus der Rauchgasschicht austretenden Massenstrom einstellt, da Ventilatoren konstante Volumenströme fördern. Mit steigender Temperatur sinkt der durch Ventilatoren geförderte Massenstrom. Daher werden Ventilatoren bei Unterschätzung der Rauchgastemperatur den abzuführenden Massenstrom infolge seiner Volumenzunahme nicht mehr bewältigen (vgl. Diagramm Bild 3.3.9-31).

Für die Bemessung der MRA ausschlaggebend ist die zeitliche Entwicklung der Brandgasschichtdicke unter der Raumdecke und damit die Verringerung der rauchfreien Schicht. Sie ist abhängig von der Ausdehnung des Brandes und damit von dessen Ausdehnungsgeschwindigkeit, von der Raumgeometrie und dem von den Ventilatoren geförderten Volumenstrom. In Anbetracht der thermischen Rauchgasexpansion ist außerdem die Rauchgastemperatur und damit die je Zeit- und Flächeneinheit freigesetzte Energie zu berücksichtigen.

Für großflächige Räume (Erläuterung s.u.) mit einer lichten Raumhöhe von mind. 3 m regelt DIN V 18232 T5 (12.99) die Bemessung der MRA anhand eines Rechenmodells, das auf Untersuchungen von Thomas und Hinkley basiert.[1)] Dieses Rechenmodell liegt auch der Bemessung der NRA zugrunde.

Die Bemessung nach diesem Teil der Norm gilt nicht für:

- Räume mit stationären Löschanlagen
- Lagerräume mit Lagerguthöhen über 1,5 m
- Gefahrstofflager
- explosionsgefährdete Räume.

MRA für solche Räume, für deren Bemessung diese Norm nicht anwendbar ist, sind nach anderen Berechnungsverfahren, die ggf. auch die Vollbrandphase berücksichtigen, auszulegen.

DIN V 18232 T5 gilt ferner nicht für die Rauchabführung aus Treppenräumen und Fluren.

Die Parameter für die Auslegung nach DIN 18232 T5 Vornorm (12.99) berücksichtigen die Besonderheiten der MRA, stimmen aber weitgehend mit dem Bemessungsverfahren für NRA überein:

- Aus der erwarteten Brandentwicklungsdauer (Eingreifzeit der Feuerwehr), die in 5-Minuten-Schritten ausgewiesen wird, und der Brandausbreitungsgeschwindigkeit wird – wie in DIN 18232 T2 – eine Bemessungsgruppe bestimmt. Dabei ist zwischen geringer, mittlerer und besonders großer Brandausbreitungsgeschwindigkeit zu unterscheiden. Jeder Bemessungsgruppe wird eine bestimmte Brandfläche zugeordnet. Siehe Tafel 3.3.9-8.
- Die Berechnung des Rauchgasmassenstromes geschieht – wie auch bei den NRA – nach dem Verfahren von Thomas und Hinkley.

Als großflächige Räume gelten bei Anwendung der Plume-Formel nach Thomas-Hinkley Räume mit $L > D_f \cdot 5$, wobei

L = gößere Seitenlänge eine Raumes in m

D_f = Durchmesser des Feuers mit einer kreisförmig angenommenen Brandfläche A_f in m^2.

Es folgen daraus die in Tafel 3.3.9-7 angegebenen Mindest-Raumabmessungen in Abhängigkeit von den Bemessungsgruppen nach Tafel 3.3.9-10.

Das Seitenverhältnis 2 : 1 sollte nicht wesentlich überschritten werden, da die Bemessungstabellen für sehr schmale Räume (z.B. Flure oder Tunnel) nicht anwendbar sind.

---

1) Thomas, P. H., Hinkley, P. L., Theobald, C. R. und Simms, T. L.: Investigations into the flow of hot gases in roof venting, Fire Research Technical Paper, No. 7, London, 1963.
Hinkley, P. L.: Rates of production of hot gases in roof venting experiments, Fire Safety Journal 10 (1986), S. 57–58.
Hinkley, P. L.: Comparison of an established method of calculation of smoke filling of large scale spaces with recent experiments, Fire Science and Technology 8 (1) 1988, S. 1–8.

Tafel 3.3.9-7 Mindest-Raumabmessungen für den Anwendungsbereich der Plume-Formel nach Thomas-Hinkley nach DIN 18232 T5 Vornorm (12.99), Tab. B.1

Bemessungsgruppe	1	2	3	4	5
L in m	≥ 12,5	≥ 18	≥ 25	≥ 36	≥ 50
A_{Raum} *) in m^2	≥ 80	≥ 160	≥ 320	≥ 640	≥ 1280

*) für ein Seitenverhältnis $L : B = 1 : 1$ bis $2 : 1$.

Tafel 3.3.9-8 Zuordnung von Bemessungsgruppen und Brandflächen nach DIN 18232 T5 Vornorm (12.99), Tab. B.2

Bemessungsgruppe	1	2	3	4	5
Brandfläche A_f in m^2	5	10	20	40	80

Den Bemessungsgruppen nach Tafel 3.3.9-10 wurden die in Tafel 3.3.9-8 angegebenen Brandflächen zugeordnet.

Der abzuführende Rauchgasvolumenstrom wird aus dem Rauchgasmassenstrom mit Hilfe einer Energiebilanz und unter Berücksichtigung des in der Rauchschicht unter der Decke gespeicherten Rauchgases für den Zeitpunkt der erwarteten Brandentwicklungsdauer bei mittlerer Brandausbreitungsgeschwindigkeit berechnet. Dazu wurde festgelegt:

- Durch den Brand freigesetzte Wärmeleistung (Wärmefreisetzungsrate) 600 kW/m². Mit diesem Wert werden die von festen brennbaren Stoffen bis 1,5 m Lagerhöhe freigesetzten Wärmeleistungen weitgehend erfaßt (In Anhang A zu DIN 18232 T5 V sind zusätzl. Tabellen zur Bemessung der MRA für eine Wärmefreisetzungsrate von 300 KW/m² bei sonst unveränderten Parametern enthalten).
- Als konvektiv wirksame Wärme, die die Temperatur der Rauchgasschicht und damit den notwendigen Volumenstrom der MRA bestimmt, wird ein im Rauchgas enthaltener Energieanteil von 80% der freigesetzten Energie angenommen.
- Für die physikalischen Eigenschaften des Rauchgases werden die temperaturabhängigen Werte für trockene Luft verwendet (ϱ_{Luft} und $c_{p\,Luft}$). Siehe Tafel 3.3.9-9.
- Bis zur Wirksamkeit der MRA wird ab Inbetriebnahme ein Zeitbedarf von 2 min berücksichtigt.

Für die Berechnung der Tabellenwerte wurde ein Rauchabschnitt mit einer Fläche von 400 m² eingesetzt.

Für die Bemessung wird unterstellt:

- Frühzeitiges Einschalten der MRA durch eine Brandmeldeanlage nach VDE 0833-2 E (VDE 0833 T2) mit Rauchmeldern nach DIN EN 54-7 oder ständig anwesendes geschultes Personal.
- Rechtzeitiges Eingreifen der Löschkräfte (geringe Brandentwicklungsdauer). Für Anfahrt und Einleitung des Löschangriffs der Feuerwehr ist für übliche Anwendungen eine mittlere Zeit von 10 min anzusetzen, bei günstigen Verhältnissen (z.B. Werkfeuerwehr) kann auf 5 min reduziert werden, bei ungünstigen Verhältnissen ist auf 15 min, bei außergewöhnlich ungünstigen Verhältnissen auf 20 min zu erhöhen. Siehe Tafel 3.3.9-10. Die Zeit von der Brandentstehung bis Brandmeldung (Annahme 2 min) bleibt unberücksichtigt, da frühzeitige Alarmierung sichergestellt ist (s.o.).

  Bei einer Eingreifzeit von mehr als 20 min ist bei mittlerer Brandausbreitungsgeschwindigkeit eine MRA ohne automatische Löschanlage nicht mehr sinnvoll.

Tafel 3.3.9-9 Stoff- und Rechenwerte für Luft bei verschiedenen Temperaturen

Temperatur t_L K	Temperatur t_L °C	Dichte ρ kg/m³	Kinem. Zähigkeit $10^{-6} \cdot \upsilon$ m²/s	Reibungszahl λ ./.
293	20	1,19	15,1	$0{,}020 / \sqrt[4]{w \cdot d}$
373	100	0,93	23,2	$0{,}022 / \sqrt[4]{w \cdot d}$
473	200	0,74	34,9	$0{,}024 / \sqrt[4]{w \cdot d}$
673	400	0,52	63,0	$0{,}028 / \sqrt[4]{w \cdot d}$
873	600	0,40	96,1	$0{,}031 / \sqrt[4]{w \cdot d}$
1073	800	0,32	133,6	$0{,}034 / \sqrt[4]{w \cdot d}$
1273	1000	0,27	175,1	$0{,}036 / \sqrt[4]{w \cdot d}$

Tafel 3.3.9-10 Bemessungsgruppen nach DIN 18232 T5 Vornorm (12.99), Tabelle 1

	1	2	3	4
		Bemessungsgruppe		
	Eingreifzeit der Feuerwehr (siehe Abschnitt 3.5) min	Brandausbreitungsgeschwindigkeit besonders gering	mittel*)	besonders groß
1	≤ 5	1	2	3
2	≤ 10*)	2	3	4
3	≤ 15	3	4	5
4	≤ 20	4	5	

*) Durchschnittswerte ohne besonderen Nachweis.

- Ausreichend groß dimensionierte und großflächig verteilte Zuluft-Zuführung, die mit Einschalten der MRA wirksam wird, damit eine Verwirbelung des Rauches vermieden wird (Zuluft-Geschwindigkeit in den Zuluft-Öffnungen ≤3 m/s). (Dieser Wert scheint nach Versuchsergebnissen[1]) sehr hoch angesetzt und sollte bei 1 m/s liegen. Andernfalls wird der erzeugte Impuls so groß, daß eine starke Verwirbelung der Zuluft und der Rauchgase eintritt und Rauchgase in die rauchfrei zu haltende Zone eintreten können.)
- Unterteilung großer Räume in Rauchabschnitte ≤ 1600 m² mit Hilfe von Rauchschürzen. Diese müssen in der Höhe von der Decke bis zur Oberkante der rauchfreien Schicht reichen und eine Mindesthöhe von 1 m haben.
- Wärmefreisetungsraten von Feststoffbränden.
- Zu erwartende Brandfläche ≤80 m² bis zum Beginn der Löschmaßnahmen.
- Rauchgastemperatur vor Erreichen der Vollbrandphase (550 °C).

In der Regel sind die Werte aus Tafel 3.3.9-10, Spalte 3, anzusetzen. Können besonders geringe Brandausbreitungsgeschwindigkeiten angenommen werden (z. B. brennbare Stoffe in nichtbrennbarer Verpackung), sind Werte der Spalte 2, bei besonders großer Brandausbreitungsgeschwindigkeit (z. B. Lagerung von Stoffen mit hoher Flammenausbreitungsgeschwindigkeit) sind die Werte der Spalte 4 anzuwenden.

[1]) Detzer, R.: Entrauchung – Modelluntersuchungen, VDI-Berichte Nr. 1499, 1999.

Die Bemessungsgruppe darf bei Vorhandensein einer Sprinkleranlage ohne besondern Nachweis um eine Stufe reduziert werden, da Wärmefreisetzungsraten, Rauchgas-Temp. und -mengen bei Einsatz von Sprinkleranl. reduziert werden. Die Bedingungen, die zum Auslösezeitpunkt der Sprinkleranlage herrschen, sind maßgebend für die Auslegung (Volumenstrom, Temperaturbeständigkeit) der MRA.

Die Bemessungsgruppe entspricht einer rechnerischen Brandfläche, die sich aus der Brandausbreitungsgeschwindigkeit und der Eingreifzeit der Feuerwehr ergibt.

Anhand der Bemessungsgruppe kann aus Tabellen der DIN 18232 T5 V der von der MRA abzuführende Volumenstrom $\dot{V}$ aus Räumen unterschiedlicher Höhe h von mind. 3 m bis mind. 10 m in Abhängigkeit der Dicke d der rauchfreien Schicht abgelesen werden. Die rauchfreie Schicht soll eine Dicke d zwischen 0,5- und 0,75facher Raumhöhe h haben, mind. jedoch 2,0 m. Diese Mindestdicke muß eingehalten werden, um Verwirbelungen des Rauches infolge Luftströmungen durch 2 m hohe Außentüren zu vermeiden.

Tafel 3.3.9-11 Anforderungen an Entrauchungs-Ventilatoren, -Leitungen und -Klappen nach DIN 18232 T6 Vornorm (10.97), Tab. 1

Maschinelle Abzüge der	Dauer des Funktionserhaltes	Temperaturbeanspruchung
Kategorie 1	≥ 30 min	300 °C *)
Kategorie 2	5 min, anschließend ≥ 45 min	ETK **) ***) anschließend konstant
Kategorie 3	≥ 30 min ****)	ETK **)

*) Vorausgehend steiler Temperaturanstieg, maximal 5 min bis zum Erreichen der angegebenen Temperatur.
**) ETK: Einheits-Temperaturzeitkurve nach DIN 4102 T2 (09.77). Siehe Bild 3.3.9-1.
***) Temperaturerhöhung über Anfangstemperatur nach 5 min 556 K.
****) Wird die Dauer des Funktionserhaltes für ≥ 50 min nachgewiesen, so gelten die Anforderungen der Kategorien 1 und 2 als erfüllt.

Weitere Tabellen in Teil 5 geben anhand der Bemessungsgruppen für die Räume unterschiedlicher Höhe h in Abhängigkeit von den Mindestdicken d der rauchfreien Schichten bestimmte Kategorien der einzusetzenden Bauteile der MRA an. Die zur Rauchableitung eingesetzten Bauteile, wie Entrauchungs-Ventilatoren, -Leitungen und -Klappen, müssen bestimmte Anforderungen erfüllen, die in DIN 18232 T6 Vornorm (10.97) festgelegt und in 3 Kategorien eingeteilt sind. Siehe Tafel 3.3.9-11.

MRA bestehen im wesentlichen aus 4 Hauptbauteilen:

- Entrauchungs-Ventilator
- Leitungssystem
- Klappen
- Energieversorgung und Steuerung.

Als Entrauchungsventilatoren können Dach-, Wand- oder Zentral-Ventilatoren eingesetzt werden. Die Lage der Rauchaustrittsstellen muß so gewählt werden, daß an Zuluft-Öffnungen kein Rauch angesaugt werden kann.

Zur Rauchgasabführung können Sammelleitungen eingesetzt werden, die mit Entrauchungsklappen an den Einmündungen der Absaugleitungen der einzelnen Rauchabschnitte in die Sammelleitungen versehen sind. Akustische Gesichtspunkte brauchen bei Bemessung der Entrauchungsleitungen nicht berücksichtigt zu werden. Gleichwohl sollte die Strömungsgeschwindigkeit in diesen Leitungen 15 m/s nicht überschreiten.

Absaugstellen in Kanälen sowie Dachventilatoren (Einzelventilatoren) sind gleichmäßig verteilt unter der Decke des zu entrauchenden Raumes anzuordnen. Ebenso sind Wandventilatoren (Einzelventilatoren) gleichmäßig verteilt einzubauen. Die gleichmäßige Verteilung ist notwendig, da bei Anordnung weniger Absaugstellen in großen Räumen die Raumströmung ungünstig beeinflußt werden kann, so daß die Möglichkeit der Bildung kalter Rauchschichten und deren Absinken besteht.

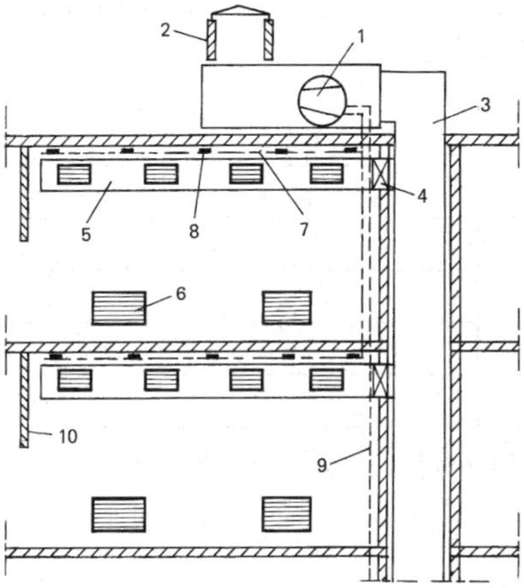

Bild 3.3.9-26. Schematische Darstellung einer MRA mit Zentral-Ventilator.

1 Entrauchungsventilator
2 Abströmöffnung mit Wetterschutzgitter
3 Entrauchungsleitung außerhalb des zu entrauchenden Geschosses
4 Entrauchungsklappen, geöffnet im zu entrauchenden Geschoß, geschlossen in nicht vom Brand betroffenen Bereichen
5 Entrauchungsleitung mit Absaugöffnungen im zu entrauchenden Raum
6 Zuluft-Nachström-Öffnung
7 Steuerleitung
8 Rauchmelder
9 Stromversorgungsleitung
10 Rauchschürze

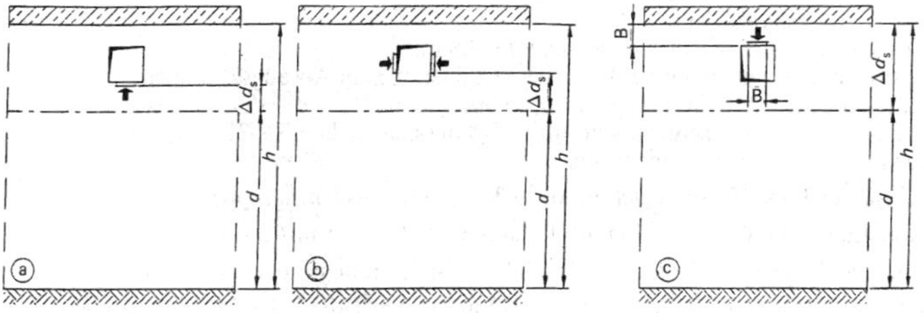

a) Δd_s für nach unten gerichtete Absaugöffnungen
b) Δd_s für horizontal angeordnete Absaugöffnungen
c) $\Delta d_s = h - d$ für nach oben gerichtete Absaugöffnungen

Bild 3.3.9-27. Für die Bemessung der Absaugstellen oder Einzelventilatoren anzusetzende Dicke Δd_S der Rauchschicht nach DIN 18232 T5 Vornorm (12.99), Bild 1.

Die Mindestzahl der Absaugstellen bzw. Einzelventilatoren richtet sich jedoch nach der Dicke Δd_S der Rauchschicht unter der Absaugstelle bzw. dem Einzelventilator. Siehe Bild 3.3.9-27. Die Bemessung ist nach Tafel 3.3.9-12 vorzunehmen.

Je Absaugstelle bzw. Einzelventilator ist ein max. Volumenstrom festgelegt. Siehe Tafel 3.3.9-12.

Anzahl der Absaugstellen:

$N \geq$ abzuführender Volumenstrom/Volumenstrom je Absaugstelle

Bei der Bemessung von nicht nach oben gerichteten Absaugstellen oder Einzelventilatoren sollte eine höchste rechnerische Absauggeschwindigkeit von 6 m/s, bezogen auf den freien Querschnitt der Absaugöffnung, eingehalten werden.

Eine ausreichend bemessene Zuluft-Zuführung ist – ebenso wie bei den NRA – unerläßlich für die Funktion der MRA. Es können sowohl eine mechan. Belüftung als auch alle nach außen führenden Öffnungen hierfür genutzt werden. Die Zuluft muß innerhalb der rauchfreien Schicht eintreten, damit eine Verwirbelung der Rauchschicht vermieden wird. Bei Zuführung der Zuluft durch ein Kanalsystem sollten die Luftdurchlässe im Bodenbereich angebracht werden. Die Eintrittsgeschwindigkeit der Zuluft darf 3 m/s nicht übersteigen (s. Anmerkung hierzu S. 1429).

Tafel 3.3.9-12 Maximaler Volumenstrom je Absaugstelle oder Einzelventilator nach DIN 18232 T5 Vornorm (12.99), Tabelle 12

Dicke Δd_s der Rauchschicht an der Absaugstelle oder am Ansaugquerschnitt eines Einzelventilators in [m]	Volumenstrom je Ansaugstelle oder Einzelventilator in [m³/s]
≥ 0,5*)	≤ 0,2
≥ 1,0	≤ 1,2
≥ 1,5	≤ 3,5
≥ 2,0	≤ 7,0
≥ 2,5	≤ 12,0

*) Auch für Rauchschichten < 0,5 m anwendbar, sofern Absaugstellen nach Bild 3.3.9-27 c) (nach oben gerichtet) verwendet werden.

Beispiel:

Lagerhalle mit einer Grundfläche A = 800 m² – Länge 40 m, Breite 20 m, Raumhöhe h = 6,0 m

Lagergut mit mittlerer Brandausbreitungsgeschwindigkeit,
Lagerguthöhe bis 1,5 m,
Mindestdicke der rauchfreien Schicht d = 3,0 m,
Entrauchungskanal unter der Raumdecke mit seitlichen Absaugöffnungen,
Unterkante der Absaugöffnungen 5,0 m über Fußboden,
anzusetzende Rauchschichtdicke Δd_S = 2,0 m (siehe Bild 3.3.9-27)
Eingreifzeit der Feuerwehr 10 min.

Aus Tafel 3.3.9-10 ergibt sich für die MRA die Bemessungsgruppe 3.

Abzuführender Volumenstrom nach Tafel 3.3.9-13: 30,5 m³/s.

Bauteile der MRA müssen nach Tafel 3.3.9-14 der Kategorie 2 entsprechen.

Bei einer Rauchschichtdicke von Δd_S = 2 m ist nach Tafel 3.3.9-12 an der Absaugstelle ein Volumenstrom ≤ 7,0 m³/s zulässig.

Demnach sind mind. 5 Absaugstellen erforderlich.

Bei der Bemessung von nicht nach oben gerichteten Absaugstellen oder Einzelventilatoren ist eine höchste rechnerische Absauggeschwindigkeit von 6 m/s einzuhalten. Bei 5 Absaugstellen erforderl. freier Querschnitt je Absaugstelle 1,02 m².

Erford. geometr. freie Fläche der Zuluft-Nachströmöffnungen ≥ 10,2 m².

Tafel 3.3.9-13 Abzuführender Volumenstrom $\dot{V}$ in m³/s je Rauchabschnitt in mindestens 6 m hohen Räumen nach DIN 18232 T5 Vornorm (12.99), Tabelle 4

Zeile	Dicke der rauchfreien Schicht in m	Bemessungsgruppe*)				
		1	2	3	4	5
1	2	3,65	8,9	30,5	69,3	144
2	2,5	6,08	12,4	30,5	69,3	144
3	3	8,6	15,8	30,5	69,3	144
4	4	13,6	22,3	38,8	69,3	144
5	5	18,5	28,5	**47,5****)	82	∘ 144

*) Grau hinterlegte Werte: Die Temperatur der Rauchschicht liegt über 300 °C.
**) Für die übliche Bemessung anzusetzender Wert des Volumenstroms.

Tafel 3.3.9-14 Temperatur-Kategorien der Bauteile von MRA für mindestens 6 m hohe Räume nach DIN 18232 T5 Vornorm (12.99), Tabelle 9

Zeile	Dicke der rauchfreien Schicht in m	Bemessungsgruppe				
		1	2	3	4	5
1	2	1	2	2	2	2
2	2,5	1	2	2	2	2
3	3	1	2	2	2	2
4	4	1	1	2	2	2
5	5	1	1	1	2	2

-8.2.2 Bestandteile

Alle Einzelbauteile müssen so beschaffen sein, daß die Funktion der maschinellen Rauchabzüge nicht durch Korrosion oder Alterung beeinträchtigt wird. Soweit sie im Freien oder frostgefährdet verlegt oder aufgestellt werden, müssen sie ausreichend widerstandsfähig gegen Witterungseinflüsse (wie Wind, Niederschlag und Frost) sein.

a) Entrauchungsventilatoren

Sie werden nach DIN 18232 T6 Vornorm (10.97) in 3 Kategorien eingeteilt. Siehe Tafel 3.3.9-11.

Kategorie 1 Temperaturbeanspruchung t = 300 °C (steiler Temperaturanstieg in 5 min). Entrauchungsventilator für geringe Brandlast, reiner Rauchabzug (Definition: bis 300 °C Rauchabzug, >300 °C Rauch- und Wärmeabzug), Anwendung z. B. Tiefgaragen mit Sprinkleranlage, Flurbereiche.

Kategorie 2 Temperaturanstieg über Anfangstemperatur 556 K nach 5 min entspr. Einheits-Temperaturzeitkurve (ETK), anschließend 45 min konstant. Entrauchungsventilator für Räume mit mittlerer Brandlast, Schwelbrände. Rauch- und Wärmeabzug. Anwendung z. B. in niedrigen Hallen mit Warenstapel < 1,6 m, Garagen ohne Sprinkleranlagen.

Kategorie 3 Temperaturanstieg über Anfangstemperatur 556 K nach 5 min, 822 K nach 30 min entspr. ETK. Entrauchungsventilator für hohe Brandlast. Rauch- und Wärmeabzug. Anwendung z. B. in Lagern mit Warenstapelung.

Die Ventilatorkonstruktion muß der hohen Temperaturbelastung durch entspr. Ausführung des Gehäuses und des Laufrades sowie Schutz des Motors und der Antriebsteile vor Überwärmung Rechnung tragen.

Der Motor liegt außerhalb des Medienstromes. Geeignet sind Radial- und Axial-Ventilatoren entsprechender Bauweise. Bei Axialventilatoren auch besonderes Lüftungssystem zur Motorkühlung. Siehe Bild 3.3.9-28 bis Bild 3.3.9-30.

Für die Förderung von Brandgasen mit einer Temperatur von 1000 °C während 90 min stehen Ventilatoren mit verstärkter Gehäuseausführung und Laufrädern aus Sonderstahl zur Verfügung (Kategorie 3).

Bei der Aufstellung von Entrauchungsventilatoren in Innenräumen ist die erhebliche Wärmeabgabe der Ventilatoren an die Umgebung bei der Förderung des Brandgases zu bedenken. Wärmeisolierte Ausführung wählen. Für Aufstellung der Ventilatoren in potentiellen Brandräumen innerhalb von Gebäuden eignen sich feuerbeständige Gehäuse (Brandkapseln). In den Aufstellungsräumen darf die Umgebungstemperatur der Entrauchungsventilatoren 60 °C nicht übersteigen. Zuführung von Kühlluft, die gemeinsam mit dem Brandgas-Volumenstrom abgeführt wird, ist erforderlich. Dadurch erhöht sich der zu fördernde Volumenstrom. Die Mischlufttemperatur läßt sich mit der allgemeinen Mischungsgleichung überschlägig ermitteln.

Bei Auslegung des Ventilators ist zu beachten, daß mit steigender Temperatur des Fördermediums die Kennlinie des Ventilators flacher verläuft und der Volumenstrom in Anbetracht der bei Temperaturanstieg zunehmenden Reibungszahl abnimmt. Dies bedeutet, daß ein entspr. größerer Volumenstrom bei der Auslegung, die auf den Betriebspunkt bei 20 °C

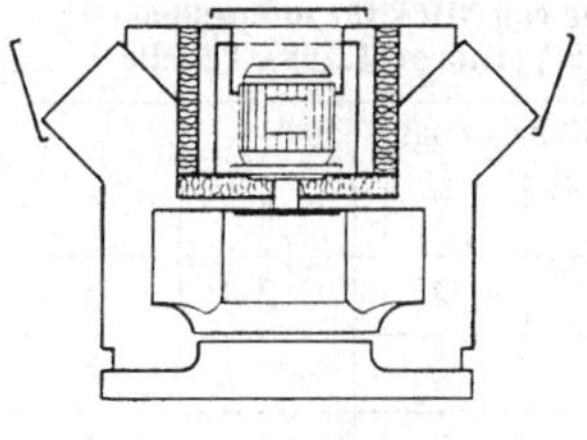

Bild 3.3.9-28. Entrauchungs-Dach-Radial-Ventilator (Gebhardt).

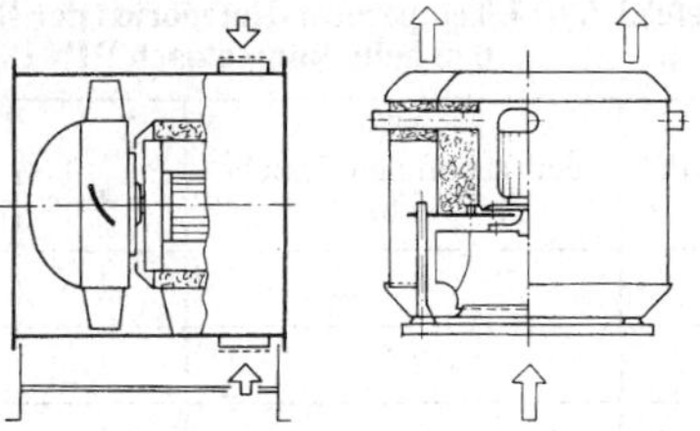

Bild 3.3.9-29. Entrauchungs-Axial-Ventilator (BSH). Links: Schachtausführung für Kanalanschluß
Rechts: Dachventilator

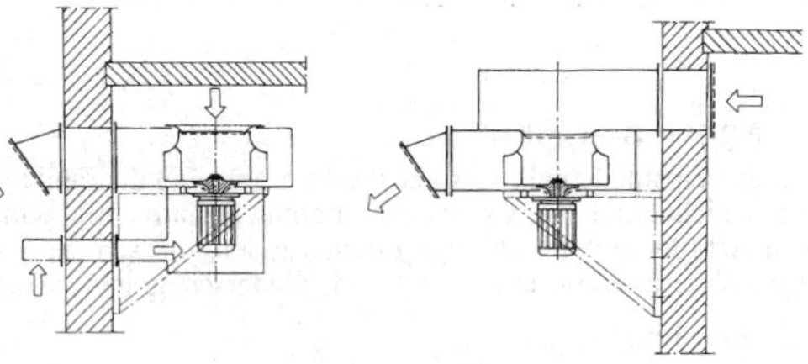

Bild 3.3.9-30. Entrauchungs-Radial-Ventilator für Wandanbau (BSH). Links: Einbau in Raum, Motorkühlung mit Fremdluft; rechts: Anordnung außerhalb des Gebäudes

Alle im Rauchgasstrom oder Brandraum befindlichen Zubehör- und Befestigungsteile müssen für die Beanspruchung bei Auslegungstemperatur der Anlage bemessen sein

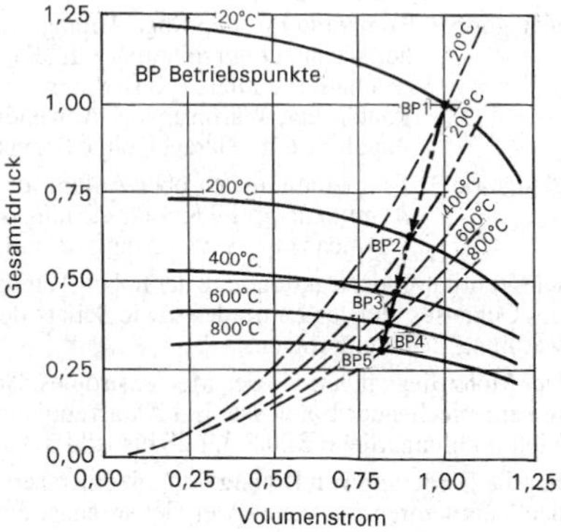

Bild 3.3.9-31. Kennfeld eines Entrauchungs-Ventilators mit Angabe temperaturabhängiger Betriebspunkte.

bezogen wird, anzunehmen und gleichzeitig die Abnahme der erforderlichen Antriebsleistung bei steigender Temperatur des Fördermediums zu berücksichtigen ist. Temperaturabhängige Stoff- und Rechenwerte für Luft siehe Tafel 3.3.9-9.

Entrauchungs-Ventilatoren sollten eine möglichst steil ansteigende Kennlinie haben und der Betriebspunkt im steigenden Bereich liegen. Entsprechend der zunehmenden Temperatur des Fördermediums wird sich die Lage des Betriebspunktes im Kennlinienfeld ändern, wobei die Änderung des Volumenstromes so gering wie möglich gehalten werden soll. Siehe Bild 3.3.9-31.

Für zur Entrauchung eingesetzte Ventilatoren sowie deren Einschaltvorrichtungen und zugehörige Rauchmelder werden allg. bauaufsichtl. Zulassungen verlangt. Die Rauchgastemperatur darf vor dem Ventilator den im Zulassungsbescheid angegebenen Wert nicht übersteigen.

b) Entrauchungs- und Zuluft-Leitungen

Bei den Entrauchungsleitungen muß zwischen solchen im zu entrauchenden Raum und solchen außerhalb des zu entrauchenden Raumes unterschieden werden.

An die Entrauchungsleitungen innerhalb des zu entrauchenden Raumes sind keine besonderen Anforderungen an die Dichtigkeit der Leitungen zu stellen. Wichtig ist jedoch, daß bei dem im Entrauchungsfall auftretenden Unterdruck der Querschnitt in den Leitungen erhalten bleibt. Es dürfen ausschließlich Leitungen mit allg. bauaufsichtl. Prüfzeugnis verwendet werden.

Entrauchungsleitungen außerhalb des Brandraumes müssen so beschaffen sein, daß sie ausreichend dicht sind und im Brandfall die Strömungsquerschnitte erhalten bleiben. Bei Prüfungen müssen nach DIN 18232 T6 Vornorm (10.97) die in Tafel 3.3.9-15 angegebenen Differenzdrücke eingehalten werden. Bei den Prüfungen dürfen keine größeren Leckagen als 10 m^3/h je m^2 innerer Oberfläche auftreten und die lichten Abmessungen sich an keiner Stelle um mehr als 10% verringern. Es dürfen ausschließlich Leitungen mit allg. bauaufsichtl. Prüfzeugnis verwendet werden.

Tafel 3.3.9-15 Differenzdrücke von Entrauchungs- und Zuluft-Leitungen nach DIN 18232 T6 Vornorm (10.97), Tabelle 2

Druckstufe	maximaler Differenzdruck (positiv oder negativ) im Betrieb und bei der Prüfung bei Raumtemperatur	Differenzdruck (positiv oder negativ) bei der Brandprüfung von Entrauchungsleitungen der Kategorien 2 und 3
1	500 Pa	200 Pa
2	1 000 Pa	400 Pa
3	1 500 Pa	600 Pa

Es ist also nicht jede Lüftungsleitung der Feuerwiderstandsklassen L 30 bis L 90 als Entrauchungsleitung geeignet. Lediglich gemauerte und betonierte Kanäle können entspr. Klassifikation nach DIN 4102 T4 uneingeschränkt als Entrauchungsleitungen genutzt werden. Hier ist aber das Problem der dauerhaften Dichtigkeit zu beachten (Gefahr der Rißbildung).

Entrauchungsleitungen müssen aus nichtbrennbaren Baustoffen bestehen (DIN 4102 – A) und glatte Innenflächen haben. I. d. R. werden Leitungen aus Stahlblech mit Brandschutz-Isolierung oder aus Material auf Silikat- oder Blähglimmer-Basis verwendet. Ausführung, Isolierung und Aufhängungen der Entrauchungs- und Zuluft-Leitungen müssen die Anforderungen der allg. bauaufsichtl. Prüfzeugnisse erfüllen.

Bei Stahlblechleitungen ist die Leitungsdehnung infolge Wärmeeinwirkung im Brandfall zu beachten (vgl. Abschn. 3.3.9-4.2). Entspr. Dehnungsausgleich mit wärmebeständigen Kompensatoren aus beschichtetem Glas- oder Silikat-Gewebe, insbes. bei langen Leitungsstrecken, ist vorzusehen. Demgegenüber ist die Leitungsdehnung bei Leitungen aus Material auf Silikat- oder Blähglimmer-Basis unerheblich. Bei diesen Leitungen ist das Problem der Leckagen zu beachten. Die Montage der Entrauchungsleitungen hat mit der gebotenen Sorgfalt zu geschehen, um die in den Prüfzeugnissen gestellten Anforderungen zu erfüllen.

Entrauchungs- und Zuluft-Leitungen, die andere Geschosse oder Brandabschnitte oder Bereiche mit erhöhter Brandgefahr überbrücken, müssen zusätzlich mindestens der Feuerwiderstandsklasse L 90 entsprechen.

c) Entrauchungs- und Zuluft-Klappen

An der Einmündung von Entrauchungsleitungen aus dem Brandraum in feuerwiderstandsfähige Entrauchungsleitungen, z. B. in Schächten, werden Entrauchungsklappen eingebaut, die eine von Rauchmeldern angesteuerte Auslöseeinrichtung, eine Handauslöseeinrichtung und eine Fernauslöseeinrichtung (z. B. pneumat. Auslösung, elektr. Hubmagnet) haben sowie unabhängig vom Betriebszustand der MRA nach Auslösung selbsttätig und sicher öffnen und in Offenstellung verriegeln. Die in Lüftungsanlagen verwendeten Brandschutzklappen sind für Entrauchungsanlagen nicht verwendbar. Brandschutzklappen schließen bei Temperaturanstieg und dürfen nicht mehr geöffnet werden. In Entrauchungsanlagen sind dagegen Klappen einzusetzen, die bei Auftreten von Rauch oder bei Temperaturanstieg öffnen. Dies ist eine wesentliche Voraussetzung für die Funktion der MRA.

Entrauchungsklappen müssen im wesentlichen aus Baustoffen der Klasse A nach DIN 4102 T1 bestehen und eine lichte Querschnittsfläche von mind. 0,2 m^2 haben. Höhe (Abmessung senkrecht zur Klappenachse) mind. 400 mm. Entrauchungsklappen für MRA aller Kategorien, die im Zuge von Entrauchungsleitungen mit notwendiger Feuerwiderstandsdauer eingesetzt werden, müssen eine entspr. Feuerwiderstandsdauer aufweisen. Bei Entrauchungsklappen werden 3 Druckstufen für den Unterdruck unterschieden. Prüfdrücke bei Raumtemperatur nach Tafel 3.3.9-15. Dabei zulässige Leckagen ≤ 200 m^3/h je m^2 Querschnittsfläche. Bei Brandbeanspruchung mit 300 Pa Differenzdruck zulässige Leckagen ≤ 600 m^3/h je m^2 Querschnittsfläche, bezogen auf die Temperatur im Brandraum.

Zuluftklappen müssen zur Entrauchung offen sein oder geöffnet und in geöffneter Stellung verriegelt werden und so bemessen und angeordnet sein, daß die Entstehung einer Raumströmung, die die rauchfreie Schicht durch Verwirbelungen in der Rauchschicht beeinträchtigt, vermieden wird. Für Zuluftklappen, die für den Einbau in Öffnungen von Außenwänden vorgesehen sind, ist durch Prüfzeugnis oder Gutachten einer zugelassenen Prüfstelle die aerodynamisch wirksame Fläche nachzuweisen. Ohne besonderen Nachweis darf für scharfkantige Öffnungen (Türen, Fenster, die vollständig geöffnet sind) als aerodynamisch wirksame Fläche 60% der geometrischen Öffnung angenommen werden.

d) Steuerung und Stromversorgung

Die Inbetriebsetzung der MRA geschieht nach DIN 18232 T5 V über Brandmeldeanlagen mit Rauchmeldern oder unverzüglich durch ständig anwesendes, geschultes Personal von Hand. Auslösetaster zur Handauslösung werden i.d.R. an den Zugängen bzw. Angriffswegen der Feuerwehr installiert. Ihre Lage wird von der Bauaufsichtsbehörde oder der Feuerwehr bestimmt. Die Schaltung und die automatische Auslösung durch Brandmeldesysteme sollte in der Planungsphase unbedingt mit der Feuerwehr abgesprochen werden. Die Brandmeldeanlage ist nach den Anforderungen der E DIN VDE 0833-2 (VDE 0833-2) zu errichten.

Die Aufrechterhaltung der elektr. Energieversorgung und der Steuerung der Entrauchungsventilatoren, Branderkennungs- und Auswerte-Einrichtungen, Entrauchungs- und Zuluft-Klappen usw. muß im Brandfall sichergestellt sein. Elektr. Kabelanlagen für MRA müssen deshalb entweder außerhalb des zu entrauchenden Bereiches verlegt sein, oder es ist mindestens eine Funktionserhaltsklasse E 30 nach DIN 4102 T12 nachzuweisen. Die Schalttafel der MRA ist in einem Raum zu installieren, der keiner Brandgefährdung ausgesetzt ist.

Die Zuleitung zur MRA, wie auch zu anderen Sicherheitseinrichtungen, sollte unmittelbar hinter der Haussicherung abgenommen werden, um sicherzustellen, daß bei einer Abschaltung der elektr. Versorgung des Gebäudes über den Hauptschalter durch die Feuerwehr die Sicherheitseinrichtungen weiterhin versorgt werden. Die MRA werden i.d.R. durch das öffentliche Netz versorgt. Sofern eine Eigenstrom- bzw. Ersatzstrom-Versorgung im Gebäude vorhanden ist, wird diese auch zur Versorgung der MRA genutzt.

An die Versorgungsleitungen für MRA, wie auch für andere Sicherheitseinrichtungen, dürfen keine anderen Verbraucher angeschlossen werden.

-9 Rauchfreihaltung innenliegender Treppenräume[1)]

Innenliegende Treppenräume können zugelassen werden, wenn ihre Benutzung nicht durch Raucheintritt im Brandfall gefährdet wird. Die Bestimmungen in den Bauordnungen und den weiterführenden bauaufsichtlichen Festlegungen der einzelnen Bundesländer sind hinsichtlich der Sicherstellung der Entrauchung und Rauchfreihaltung innenliegen-

---

1) John, R.: Tagungsband 5. Internationales Brandschutz-Seminar der Vereinigung zur Förderung des Deutschen Brandschutzes (vfdb), Karlsruhe 1976, Band I, S. 39–61.
John, R.: vfdb-Zeitschrift 1/78, S. 34–36, und 2/78, S. 56–58.
John, R.: Ki Klima – Kälte – Heizung, 11/79, S. 455–461.
Knorr, H.-H.: Brandschutz/Deutsche Feuerwehr-Zeitung 10/92, S. 672–680.
Rahn, B.: Überdruckanlagen – Rauch-Druckanlagen, VDI-Berichte Nr. 1499, 1999.
John, R.: S+S-Report (VDS, Amsterdamer Str. 147, 50735 Köln), 5/2000, S. 20–22.
Ostertag, D. und Zitzelsberger, J.: vfdb-Zeitschr. 3/2001, S. 120–122.
Ostertag, D.: vfdb-Zeitschr. 2/2002, S. 50–52, DIN EN 12101, Teil 6, Entw. (11. 2001).

der Treppenräume sehr unterschiedlich. Derzeit gelten überwiegend folgende Anforderungen:

a) Gebäude geringer Höhe

An oberster Stelle des innenliegenden Treppenraumes ist eine Rauchabzugseinrichtung mit einer Größe von mind. 5% der Treppenraum-Grundfläche, mind. jedoch von 1 m^2 vorzusehen. Auslösung von Hand im Erdgeschoß und obersten Geschoß.

b) Gebäude, die nicht geringer Höhe sind, bis zur Hochhausgrenze

Für diese Gebäudegruppe gelten die unterschiedlichsten Regelungen in den einzelnen Bundesländern, abhängig auch von der Geschoßzahl der Gebäude. Weitestgehende Regelung:

Rauchabzugseinrichtung wie bei Gebäuden geringer Höhe.

Zugang zum Treppenraum aus allen Geschossen nur über einen Vorraum mit einer Grundfläche von mind. 3 m^2 und einer Mindestbreite von 1 m. Die Türen von den Vorräumen zu den Geschossen müssen selbstschließend und mind. feuerhemmend, zum Treppenraum selbstschließend und mind. rauchdicht sein. Sie müssen einen Abstand von mind. 3 m haben.

Der Treppenraum muß eine eigene maschinelle Lüftungsanlage als Entrauchungsanlage erhalten, die den Treppenraum mit einem Volumenstrom von mind. 10000 m^3/h von unten nach oben durchspült. Dabei muß im Treppenraum bei geschlossenen Türen ein Überdruck gegenüber den Vorräumen von max. 50 Pa gehalten werden. Ein höherer Überdruck ist nicht zulässig, da sonst ein zu hoher Kraftaufwand flüchtender Personen beim Öffnen der Türen erforderlich wird, max. zul. Türöffnungskraft 100 N. Fahrschächte von Aufzügen, die vom notwendigen Treppenraum zugänglich sind, müssen bei der Überdruckbemessung berücksichtigt werden. Die Rauchabzugseinrichtung ist entspr. selbsttätig zu steuern. Die Anlage muß über Rauchmelder, die in allen Geschossen außerhalb der Vorräume in der Nähe des Zugangs zu den Vorräumen anzubringen sind, selbsttätig in Betrieb gesetzt werden.

Rauchführende Teile der Entrauchungseinrichtung sind so auszulegen, daß ihre Betriebssicherheit bei einer Temperatur des Rauch-Luft-Gemisches von 200°C über einen Zeitraum von 90 min gewährleistet bleibt. Die Zuluft-Leitung muß feuerbeständig (L 90) ausgeführt werden. Der Einbau von Brandschutz- oder Rauchschutz-Klappen in die Zuluft-Leitung ist unzulässig. An den Zuluft-Ventilator werden keine brandschutztechnischen Anforderungen gestellt. Die elektr. Versorgungs- und Steuer-Leitungen der Anlage müssen den Richtlinien über die brandschutztechn. Anforderungen an Leitungsanlagen bzw. der Funktionserhaltsklasse E 90 nach DIN 4102 T12 entsprechen.

Die beschriebene Durchlüftung des Treppenraumes bewirkt eine Verdünnung und Abführung des eingetretenen Rauches. Ein Eindringen von Rauch aus einem vom Brand betroffenen Geschoß kann damit nicht ausgeschlossen werden.

c) Hochhäuser

Für Hochhäuser sind die bauaufsichtl. Bestimmungen zur Entrauchung innenliegender Treppenräume weitgehend übereinstimmend. Für Hochhäuser, deren Fußboden im obersten Geschoß max. 60 m über Erdboden liegt, gelten i.a. die in Abschn. 3.3.9-9b) genannten Anforderungen. Zusätzlich sind Schleusen vor den Treppenräumen mit einem bestimmten Luftwechsel zu be- und entlüften.

Liegt der Fußboden des obersten Geschosses mehr als 60 m über Erdboden, dann sollen alle notwendigen Treppen in Sicherheitstreppenräumen liegen, mindestens müssen jedoch 2 Treppen in Sicherheitstreppenräumen vorhanden sein. Hierzu siehe Abschn. 3.3.9-9d).

d) Innenliegende Sicherheits-Treppenräume

Ein Sicherheits-Treppenraum ist notwendig, wenn außer einer als erster Rettungsweg bezeichneten Treppe (notwendige Treppe) kein zweiter Rettungsweg vorhanden ist. Ferner werden Sicherheits-Treppenräume in Hochhäusern über 60 m Höhe verlangt.

Es muß sichergestellt werden, daß Feuer und Rauch nicht in den Sicherheits-Treppenraum eindringen können. Wird ein innenliegender Sicherheits-Treppenraum mit Zugang über Sicherheits-Schleusen in jedem Geschoß zugelassen, so erfordert dies den Einbau einer Rauchschutz-Druckanlage für den Treppenraum.

Die Sicherheits-Schleusen zwischen Treppenraum und Geschoß-Nutzflächen sind bei Sicherheits-Treppenräumen unerläßlich. Sie müssen geschoßseitig mit mind. feuerhemmenden, rauchdichten Türen und treppenraumseitig mit rauchdichten Türen ausgestattet sein. Mindestbreite der Schleusen 1,5 m, Mindestabstand der Türen voneinander 3 m.

Um im Brandfall das Eindringen von Brandrauch in den Sicherheits-Treppenraum zu verhindern, wird der Treppenraum mit einer Zuluftanlage ausgestattet, deren Luftstrom den Treppenraum von unten nach oben durchspült. Das Einströmen von Brandrauch in den Treppenraum bei beiderseits geöffneten Schleusentüren läßt sich verhindern, wenn eine durch Überdruck erzwungene Strömung vom Treppenraum zum Brandraum und weiter ins Freie erzeugt wird.

Die Druckdifferenzen werden durch die Temperaturunterschiede zwischen Brandraum und Vorraum sowie das absolute Druckniveau im Brandraum beeinflußt. In einer bestimmten Höhe der Türöffnung stellt sich eine neutrale Druckzone ein. Oberhalb dieser Druckzone herrscht im Raum mit der höheren Brandgas-Temperatur ein Überdruck und unterhalb ein Unterdruck gegenüber dem Raum mit der niedrigeren Lufttemperatur. Durch die Türöffnung strömen daher oberhalb der neutralen Druckzone Brandgase in die Schleuse, unterhalb der neutralen Druckzone kalte Luft in den Brandraum. Um den Austritt von Brandgasen zu verhindern, muß die neutrale Druckzone bis zur Oberkante der Türöffnung der Schleuse angehoben werden. Der hierzu mindestens erforderliche Luftvolumenstrom bei ungünstigstem Druck im Treppenraum, mit dem das Eindringen von Rauch aus dem Brandgeschoß in die Schleuse verhindert wird, läßt sich mit folgender Formel nach John bestimmen:

$$\dot{V} = k \cdot b \cdot h^{1,5} \quad m^3/s$$

wobei:

$\dot{V}$ = Luftvolumenstrom m^3/s

k = Faktor, abhängig von der Temperatur, die im Brandfall im Bereich der Nutzungsfläche vor der Schleuse auftreten kann. Es ist $k = 1,5$, wenn ein allgemein zugänglicher Flur ohne oder mit vernachlässigbar geringer Brandlast an die Schleuse anschließt (angenommene Temperatur im Brandbereich ca. 400 °C), in allen anderen Fällen ist $k = 1,8$ (angenommene Temperatur im Brandbereich ca. 800 °C)

b = Breite der Tür m

h = Höhe der Tür m

Bei einer Tür von 1,0 m Breite und 2,0 m Höhe ergibt sich bei $k = 1,5$ ein Volumenstrom von $\dot{V} = 4,24\ m^3/s$, bei $k = 1,8$ ein Volumenstrom von $\dot{V} = 5,09\ m^3/s$.

Diese Formel wird zur Berechnung von Rauchschutz-Druckanlagen in der Musterrichtlinie der ARGEBAU „Bauaufsichtliche Behandlung von Hochhäusern" – Fassung Mai 1981 – sowie auch in der Verw.-Vorschr. zur Landesbauordnung von Nordrhein-Westfalen vom 12. 10. 2000 genannt.

In die Trennwand zwischen dem Treppenraum und den Schleusen ist jeweils eine rauchdicht schließende Überstrom-Rückschlagklappe einzubauen, die im Brandgeschoß einen Druckausgleich zwischen Treppenraum und Schleuse ermöglicht.

Geschlossene Türen der Schleusen dürfen nicht mit einem höheren Druck als 50 Pa belastet werden, damit ein Öffnen ohne erheblichen Kraftaufwand möglich ist. Dies ist durch selbsttätig wirkende, im Treppenraumkopf eingebaute Druckentlastungsklappen zum Freien sicherzustellen.

Um ein Überströmen einer geringen Brandgasmenge durch die Schleuse bei öffnender Treppenraum-Schleusentür in den Treppenraum zu verhindern, sollte eine Abluft-Absaugung am Schleusen-Eingang auf der Nutzflächenseite vorgesehen werden. Sollten geringe Brandgasmengen in den Treppenraum einströmen, so wäre deren Verdünnung und Abführung durch den Vertikal-Zuluftstrom bei ausreichend bemessenem Volumenstrom gegeben. Bei Festlegung des Volumenstromes ist allerdings der Durchström-Druckverlust im Treppenraum zu berücksichtigen.

Bei einer Rauchschutz-Druckanlage ist bei geöffneten Schleusentüren ein permanenter Zuluftstrom vom Treppenraum in das Brandgeschoß notwendig. Diese Luftströmumg ist jedoch nur wirksam aufrechtzuerhalten, wenn ein entsprechendes Brandgas-Luft-Volumen aus dem Brandgeschoß ins Freie abströmen kann. Erforderlich ist deshalb die Schaffung entsprechender automatisch öffnender Abström-Querschnitte (evtl. geeignete Fenster mit über Brandmelder gesteuerten Stellmotoren oder auch eine mechanische Entrauchungsanlage) in den Geschossen. Die für den errechneten Volumenstrom erforderliche Druckdifferenz richtet sich nach der Art, wie das Brandgas-Luft-Gemisch aus den möglichen Brandräumen abgeführt wird.

Im Brandverlauf können Fensterscheiben durch Wärmeeinwirkung zerstört werden. Ob und wann dieser Fall eintritt, ist nicht im voraus bestimmbar. Evtl. zerstörte Fenster sind nicht als Abströmöffnung zu planen.

An den Abströmöffnungen für das Brandgas-Luft-Gemisch sowie bei Räumen mit Fenstern, deren Scheiben infolge Brandeinwirkung zerstört wurden, ist der Einfluß des Winddruckes auf die Strömumgsvorgänge zu berücksichtigen.

Unmittelbar nach Öffnung von Schleusentüren im Brandgeschoß muß in Anbetracht des sofort eintretenden Druckabfalls oder der Änderung des Überdrucks aufgrund z.B. des Winddruck-Einflusses auf Abströmöffnungen bzw. zerstörte Fenster eine unverzügliche Anpassung des Zuluft-Volumenstroms im Treppenraum erfolgen, um den erforderlichen Überdruck zu erhalten. Dies erfordert entsprechend schnell wirkende Regeleinrichtungen. Denkbar wäre z.B. den Zuluft-Ventilator für eine erheblich höhere Förderleistung auszulegen, als sie an einer offenen Schleuse erforderlich ist, und den Ventilator mit konstanter Drehzahl zu betreiben. Eine Zuluft-Klappe regelt den in den Treppenraum eingeführten Volumenstrom. Ein Teil-Volumenstrom tritt durch die geöffneten Schleusentüren in das Brandgeschoß ein, der übrige Volumenstrom entweicht am Kopf des Treppenraumes über eine zweite Regulierklappe ins Freie. Entsprechend schnell wirkende Regelkreise steuern die beiden Regulierklappen.

Bei der Planung einer Rauchschutz-Druckanlage für ein sehr hohes Gebäude ist die Thermik im Treppenraum, die sich bei Temperaturunterschieden zwischen Innen- und Außenluft einstellt, zu bedenken. Bei entsprechenden Temperaturdifferenzen kann sich in Abschnitten des Treppenraumes ein Überdruck einstellen, der erheblich über dem zulässigen Treppenraum-Überdruck von 50 Pa liegt. Andererseits kann sich aber auch ein Unterdruck einstellen, durch den bei Öffnen der Schleusentüre Brandgase in den Treppenraum gesaugt werden. Eine Möglichkeit, die Thermik in beherrschbaren Grenzen zu halten, wäre eine bauliche Unterteilung der Treppenraumhöhe und getrennte Belüftung der einzelnen Treppenraumabschnitte begrenzter Höhe. Eine andere Möglichkeit bietet die Regelung des Zuluft- und Fortluftstromes mit Hilfe von Regulierklappen.

Die Rauchschutz-Druckanlagen werden über automatische Rauchmelder, die in allen Geschossen in den vor den Sicherheitsschleusen liegenden Räumen in der Nähe der Schleusentüren zu installieren sind, bei Auftreten von Rauch selbsttätig in Betrieb gesetzt. Außerdem müssen sie im Erdgeschoß von Hand eingeschaltet werden können.

Für die Ausführung der zu den Rauchschutz-Druckanlagen gehörenden Lüftungsleitungen, der Zuluft-Ventilatoren sowie der elektr. Versorgungs- und Steuer-Leitungen gelten entspr. die in Abschn. 3.3.9-9b). genannten Anforderungen.

Rauchschutz-Druckanlagen sind sehr komplizierte Anlagen. Die Bemessung und Planung muß mit größter Sorgfalt vorgenommen werden. Die Muster-Richtlinie der ARGEBAU „Bauaufsichtliche Behandlung von Hochhäusern“ schreibt deshalb vor, daß die Funktions- und Leistungsfähigkeit solcher Anlagen durch einen Sachverständigen nachzuweisen ist.

Eine Rauchfreihaltung innenliegender Treppenräume ist nur mit Rauchschutz-Druckanlagen möglich.

3.4 Lüftungstechnische Geräte[1)]

Ergänzungen von Prof. Dr.-Ing. Karl-Josef Albers, Esslingen (ausgenommen Abschnitt 3.4.3-2)

Lüftungstechnische Geräte sind Baueinheiten raumlufttechnischer Anlagen. *Baueinheiten* sind Zentraleinheiten im Sinne der VOB, Teil C, DIN 18379 „Lüftungstechnische Anlagen", sofern diese mit dem Baukörper fest verbunden sind. Sie beinhalten eine Kombination von Bauelementen zur Luftbehandlung in Form der thermodynamischen Zuluftbehandlungsfunktionen H = Heizen, K = Kühlen, B = Befeuchten, E = Entfeuchten sowie der nicht-thermodynamischen Luftbehandlungsfunktionen „Filtern" und „Fördern".

Zur Erwärmung der Luft muß ein Heizmittel zur Verfügung stehen, z.B. Dampf, Warmwasser oder elektrischer Strom, zur Kühlung ein Kühlmedium wie Kaltwasser oder ein Kältemittel (bei einem Direktverdampfer). Eine Sondergruppe bilden die Luftheizgeräte, in denen die Luft direkt durch Verbrennung von Öl, Gas oder festen Brennstoffen erwärmt wird.

Eine Klassifikation der Geräte mit Begriffsbestimmungen ist in DIN 1946 T1[2)] enthalten (s. auch Abschn. 3.1.2). Danach werden die Baueinheiten raumlufttechnischer Anlagen unterschieden nach der Bauweise als *Kammerzentrale,* eine Kombination von Bauelementen in Kammerbauweise, bei der die Bauelemente in am Aufstellungsort aufgebaute Kammern eingesetzt werden, deren gemeinsames Transportieren und Versetzen aufgrund ihres konstruktiven Aufbaues nicht vorgesehen ist, sowie als Aggregate und Geräte in *Blockbauweise,* wobei die Bauelemente in einem gemeinsamen Gehäuse montiert und zusammen transportabel und versetzbar sind. Weitere Unterscheidungsmöglichkeiten sind die nach den Luftbehandlungsfunktionen analog der Klassifikation raumlufttechnischer Anlagen, nach der Luftverbindung zum Raum sowie nach dem Aufstellungsort als Außengerät, Zentralgerät, Raumgerät usw.

Nachstehend ist entsprechend der Funktion der Geräte folgende *Einteilung* gewählt:

Lüftungsgeräte
Teilklima- und Klimageräte
Sondergeräte

Den Endkunden und Planern lüftungstechnische Geräte mit einem ständig geprüften hohen Qualitätsstandard bereitzustellen, hat sich die RAL Gütegemeinschaft Raumlufttechnische Geräte e.V. zur Aufgabe gemacht. Geräte die den hohen qualitätsmäßigen und sicherheitstechnischen Anforderungen der Gütesicherung RAL – GZ 652[3)] an Konstruktion, Reinigbarkeit und Hygiene sowie Wirtschaftlichkeit und Langlebigkeit entsprechen, werden mit dem Gütezeichen RAL Raumlufttechnische Geräte gekennzeichnet. Die in den Güte- und Prüfbestimmungen aufgeführten Klassifikationen beziehen sich auf die DIN EN 1886.[4)]

Tafel 3.4.1-1 Zulässige Leckluftrate für Gehäuse von zentralen Raumlufttechnischen Geräten nach DIN EN 1886

Dichtheitsklasse	Sektion im Unterdruck		Sektion im Überdruck
	Filterklasse	max. Leckluftrate*) $l/(s^{*)}\,m^2)$	max. Leckluftrate**) $l/(s^{**)}\,m^2)$
3A	G 1–4	3,96	5,7
A	F 5–7	1,32	1,9
B	F 8–9	0,44	0,63

*) Ermittlung bei einem Unterdruck von 400 Pa.
**) Ermittlung bei einem Überdruck von 700 Pa.

[1)] Neubearbeitung erfolgte für die 69. Auflage von Prof. Dr.-Ing. Karl-Josef Albers, Esslingen, und Dr.-Ing. Heinz Brockmeyer, München (ausgenommen Abschnitt 3.4.3-2).
[2)] DIN 1946 T1 (10.88): Raumlufttechnik, Terminologie und Symbole (VDI-Lüftungsregeln).
[3)] Raumlufttechnische Geräte; Gütesicherung RAL – GZ 652; RAL, Deutsches Institut für Gütesicherung und Kennzeichnung e.V., Sankt Augustin 1996.
[4)] DIN EN 1886 (07.98): Lüftung von Gebäuden – Zentrale raumlufttechnische Geräte – Mechanische Eigenschaften und Meßverfahren.

1440 b

Die Gehäuse von raumlufttechnischen Geräten sollen weitgehend dicht sein. In der Tafel 3.4.1-1 sind die maximal zulässigen Leckluftraten nach DIN EN 1886 getrennt für die Sektionen, die im Unter- und Überdruck stehen, angegeben. Die Dichtheitsklasse für die Sektion im Unterdruck hängt von der Klasse des Luftfilters ab. Wenn der Betriebsdruck unmittelbar nach dem Ventilator nicht einen Wert von 250 Pa übersteigt, ist für das Gerät eine einzige kombinierte Unterdruckprüfung zulässig.

3.4.1 Lüftungsgeräte

Diese Geräte werden in Blockbauweise im Werk fertig montiert. Werden die einzelnen Bauelemente in Kammern untergebracht und auf der Baustelle montiert, spricht man von *Kammerzentralen.* Sie enthalten in einem Stahlblechgehäuse alle für die lufttechnische Behandlung erforderlichen Teile wie: Ventilator mit Motor, Lufterhitzer, Filter, Regler, Schaltgeräte und sonstiges Zubehör. Sie werden für Volumenströme bis etwa 100000 m^3/h hergestellt. Zugänglichkeit aller Teile in der Regel durch Türen. Je nach Bauform unterscheidet man zwischen Schrank-, Kasten- oder Truhen-Geräten.

-1 Zuluftgeräte

-1.1 Lüftungstruhen

Diese Geräte, die auch als Ventilator-, Gebläsekonvektor oder Fan Coil bezeichnet werden, dienen zur Lüftung kleinerer Räume, wie Wohnzimmer sowie Büros, Schulräume und Sitzungszimmer. Sie übernehmen in der Regel auch die Heizung des betroffenen Raumes. In diesem Fall ist eine druckverlustarme Konstruktion vorteilhaft, die auch bei abgeschalteten Gebläse (Nachtbetrieb) eine ausreichende statische Heizleistung besitzt (Bild 3.4.1-1).

Lüftungstruhen (siehe Bild 3.4.1-3) bestehen aus einem Gehäuse aus Stahlblech, in dem alle Komponenten, wie Ventilator, Motor, Wärmeaustauscher, Filter etc. zu einer funktionstüchtigen Einheit integriert sind. Konventionell wird die Raumluft über dem Fußboden angesaugt und die Zuluft senkrecht nach oben ausgeblasen. Bei einem Quelluft-Gebläsekonvektor ist die Strömungsrichtung umgekehrt. Hier wird die Raumluft auf der Geräteoberseite angesaugt und mit geringen Impuls turbulenzarm über dem Fußboden ausgeblasen (Bild 3.4.1-2). Die Außenluft wird entweder über eine Öffnung in der Außenwand oder über einen Zuluftanschluß von einer Zentralanlage eingebracht. Da die Geräte direkt im zu lüftenden Raum stehen, ist hier besonders auf eine geräuscharme Ausführung zu achten. Oft werden die Geräte im Vollastbetrieb als zu laut empfunden. Daher sind die Ventilatoren zwei- oder dreistufig ausgeführt, so daß sie im Teillastbetrieb (häufigster Fall) mit reduzierter Drehzahl und damit leiser betrieben werden können. Bild 3.4.1-4 zeigt ein Gerät, das sowohl als normales Standgerät als auch als Deckengerät lieferbar ist. Im Bild 3.4.1-6 sind verschiedene Einbaumöglichkeiten unterhalb von Fenstern dargestellt. Entsprechend werden die Geräte mit eigenem Gehäuse oder für bauseitige Verkleidung geliefert (Bild 3.4.1-5).

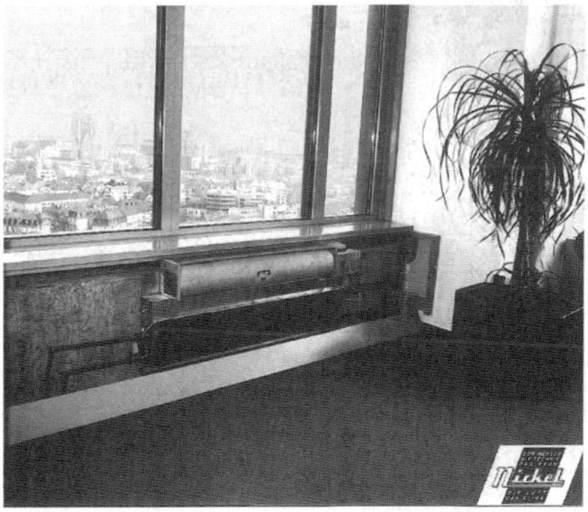

Bild 3.4.1-1. Gebläsekonvektor in druckverlustarmer Ausführung, geeignet für den statischen Heizbetrieb

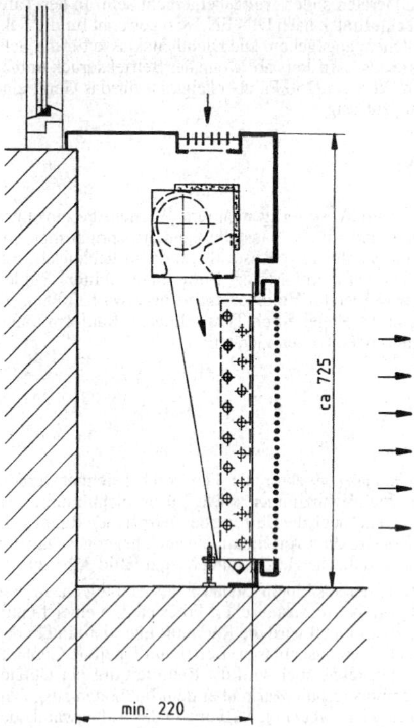

Bild 3.4.1-2. Quelluft-Gebläsekonvektor (Nickel).

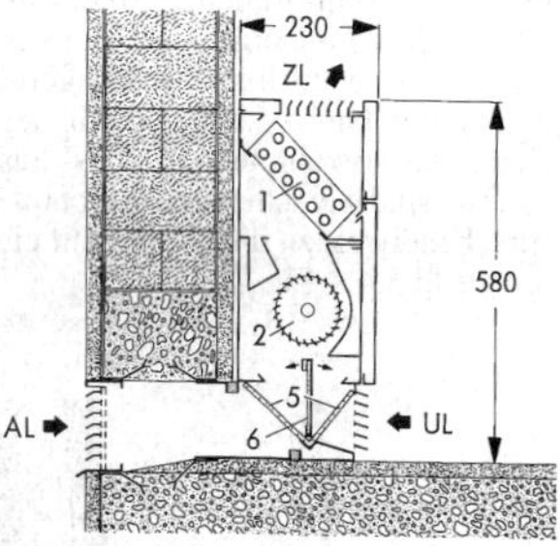

Bild 3.4.1-3. Lüftungstruhe mit Querstromventilator für Einbau unter Fenster (Viessmann).
1 = Wärmeaustauscher
2 = Querstromventilator
3 = Außenläufermotor
4 = Schaltplatte
5 = Filter
6 = Mischluftklappe
AL= Außenluft
ZL= Zuluft
UL= Umluft

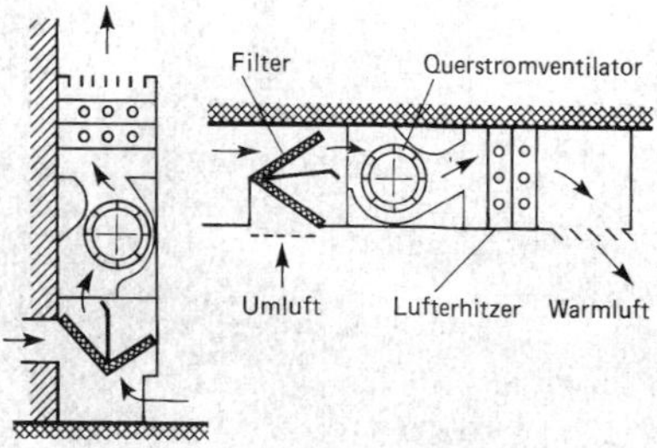

Bild 3.4.1-4. Ventilatorkonvektor. Links: Stehendes Normalgerät; rechts: Gerät an Decke.

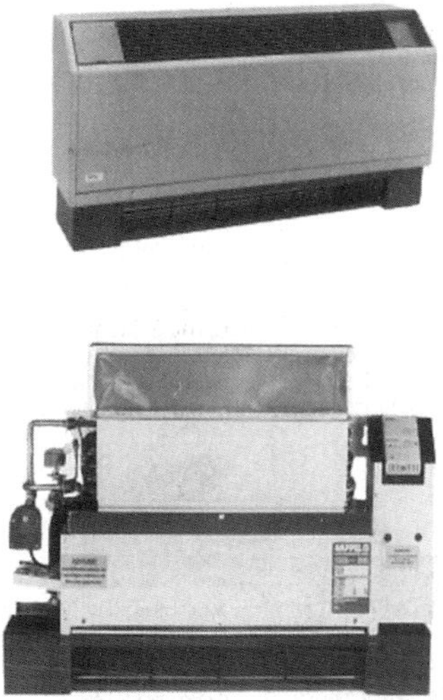

Bild 3.4.1-5. Ventilator-Konvektor für Wand- und Deckeneinbau.
Unten: Für bauseitige Verkleidung;
oben: Mit Stahlblech-Verkleidung (GEA-Happel).

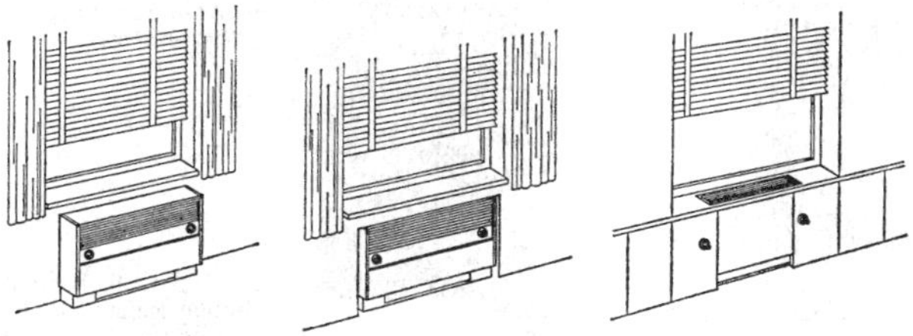

Bild 3.4.1-6. Einbaumöglichkeiten von Ventilator-Konvektoren.

-1.2 Schrankgeräte

Die Anordnung der einzelnen Teile innerhalb des Gehäuses ist auf verschiedene Weise möglich, siehe Bild 3.4.1-7.

Luftansaug meist unten, Luftausblas oben. Auch mit Kanalanschluß. Türen meist an der Vorderseite. Volumenströme bis ca. 20000 m³/h.

Anwendungsmöglichkeiten sehr vielseitig:

Aufstellung in dem zu lüftenden Raum selbst mit einem oder mehreren Ausblasgittern am Ausblaskasten.

Aufstellung in einem Nebenraum, wobei an dem Ausblaskasten an beliebiger Stelle eine Luftleitung anzuschließen ist.

Luftansaugung der Außenluft am Ansaugkasten von allen Seiten möglich: seitlich, hinten, unten oder vorn.

Mischluftverwendung leicht durch Klappen zu erreichen.

Spätere Erweiterung für Luftkühlung durch Einbau von Oberflächenkühlern häufig möglich.

Der besondere Vorteil der Geräte gegenüber den auf der Baustelle montierten Anlagen besteht im geringen Platzbedarf und schneller Montage.

Ausführungsbeispiel Bild 3.4.1-8 u. Bild 3.4.1-9.

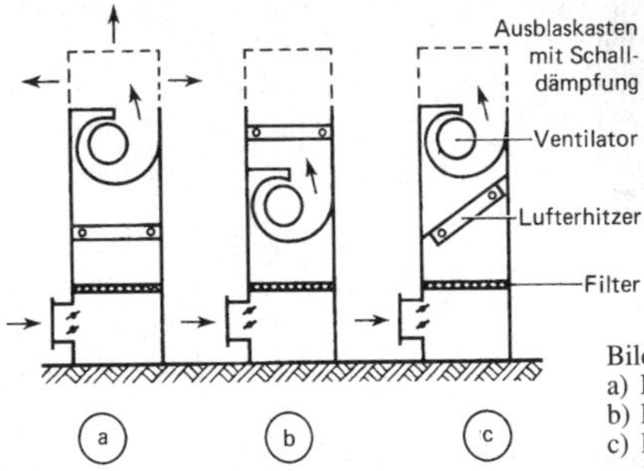

Bild 3.4.1-7. Schema von Schrankgeräten.
a) Lufterhitzer waagerecht auf Saugseite
b) Lufterhitzer waagerecht auf Druckseite
c) Lufterhitzer schräg auf Saugseite

Bild 3.4.1-8. Schranklüftungsgerät (MAH).

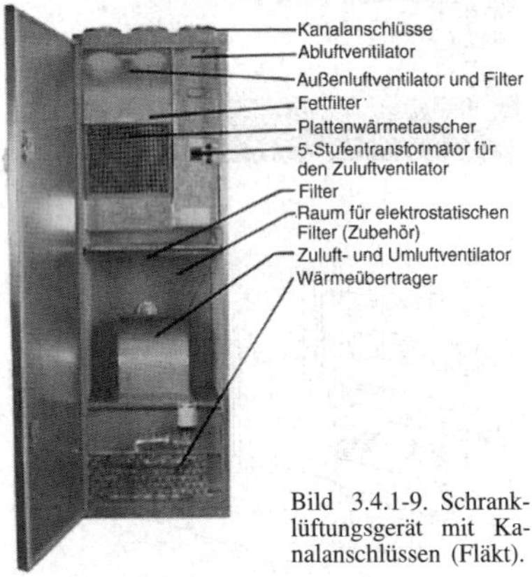

Bild 3.4.1-9. Schranklüftungsgerät mit Kanalanschlüssen (Fläkt).

-1.3 Kastengeräte

Sie enthalten prinzipiell dieselben Teile wie die Schrankgeräte, jedoch in einem kastenförmigen Gehäuse nebeneinander oder übereinander liegend. Befestigung gewöhnlich an der Decke oder bei größeren Einheiten auf dem Fußboden. Beispiele sind in Bild 3.4.1-10 bis Bild 3.4.1-13 dargestellt, wobei im Bild 3.4.1-11 neben dem Zuluftgerät auch Abluft- sowie Teil- und Vollklimageräte in Kastenbauweise gezeigt werden.

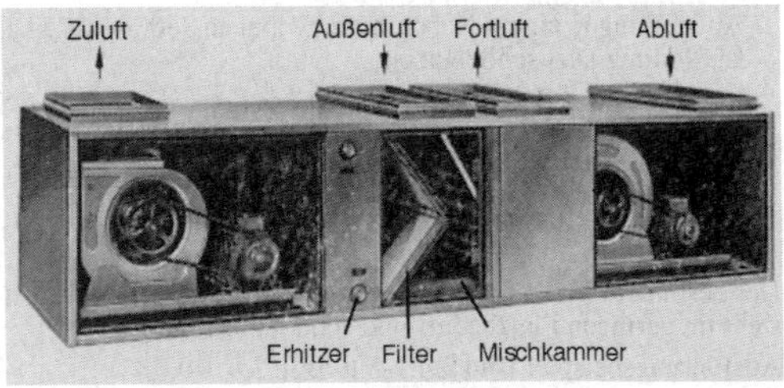

Bild 3.4.1-10. Kastengerät.

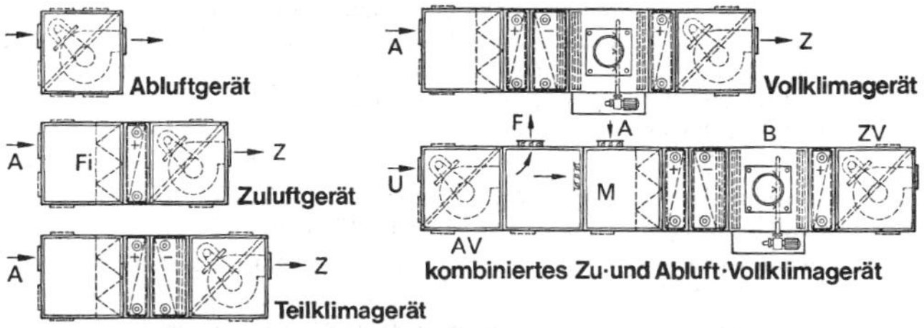

Bild 3.4.1-11. Kasten- und Klimageräte nach dem Baukastensystem.

A = Außenluft	*F* = Fortluft	*U* = Umluft
AV = Abluftventilator	*Fi* = Filter-Bauteil	*Z* = Zuluft
B = Befeuchter	*M* = Mischkammer-Bauteil	*ZV* = Zuluftventilator-Bauteil

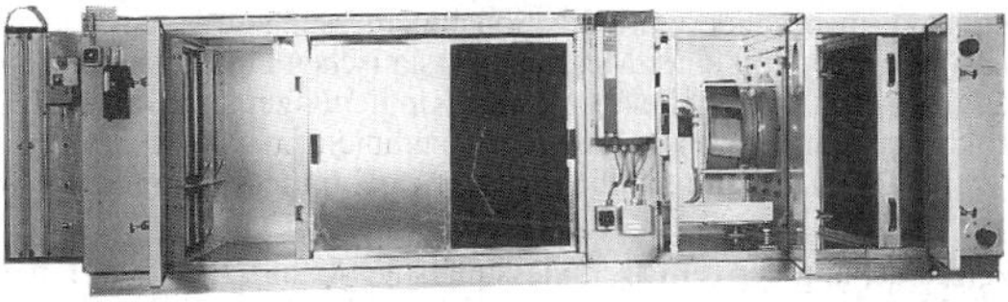

Bild 3.4.1-12. RAL-Hygienegerät; innen pulverbeschichtet, Edelstahlboden ohne Rillen oder Vertiefungen (Robatherm).

Bild 3.4.1-13. Mischtasche für intensive Durchmischung von Außen- und Umluft in der Mischkammer (Wolf).

Volumenströme bis etwa 100000 m³/h.

In Luftrichtung gesehen folgen nacheinander folgende Bestandteile:

Mischkammer, falls eine Mischung von Außen- und Umluft gewünscht wird,

Filter,

Wärmerückgewinner,

Lufterhitzer zum Anschluß an eine Zentralheizung,

Ventilator mit Motor,

2. Filter, falls Motor mit Riemenantrieb.

Vorteilhaft ist insbesondere, daß das Gerät weitgehend im Werk montiert wird und im Bauwerk wenig Nutzfläche benötigt. Bei Aufstellung im Nutzraum sind kurze Kanäle möglich.

In der Mischkammer muß auf kürzestem Weg eine möglichst gute Durchmischung zwischen Außenluft und Umluft erfolgen. Anderenfalls können Störungen auftreten durch partielles Einfrieren des Erhitzers oder durch unbeabsichtigtes Ansprechen des Frostschutzes. Meist überläßt man diese Aufgabe den Jalousieklappen. Hinweise hierzu siehe VDI 3803.

Verbessern läßt sich die Durchmischung mittels zusätzlicher *Mischtaschen,* welche die beiden Luftströme in dünnen Schichten kammartig zusammenführen (Bild 3.4.1-13). Eine Temperaturschichtung kann damit wirkungsvoll vermieden werden[1)].

[1)] Detzer, R., u. a.: Ki 6/78. S. 306/9.
Möllers, P., u. a.: HLH 9/85. S. 458/462.

Gerätekennlinien [1]) stellt man dar, um den anteiligen Förderdruck des Ventilators für externe Widerstände außerhalb des Geräts anzugeben. Es hat sich gezeigt, daß die rechnerische Ermittlung Schwierigkeiten bereitet. Man geht zwar häufig von der Normkennlinie des Ventilators aus, ermittelt den Verlust an dynamischem Druck sowie die Druckverluste der Einbauteile nach den Angaben des jeweiligen Herstellers; dieses Verfahren läßt jedoch folgende Einflüsse unberücksichtigt:

- Änderung der Ventilatorkennlinie durch behinderte oder veränderte Zuströmung (Platzmangel, Riementrieb, Riemenschutz) oder durch Herstelltoleranz,
- tatsächlicher gegenüber rechnerischem Verlust an dynamischem Druck am Ventilatorausblas,
- tatsächliche Druckverluste der Komponenten im eingebauten Zustand (ungleichmäßiger Anströmung),
- zusätzliche Verluste durch Rohrleitungen, Sammler, Wannen etc.

Um genaue Angaben über den verfügbaren externen Druck eines Geräts zu erhalten, müssen daher die Gerätekennlinien auf Prüfständen ermittelt werden.

Darüber hinaus versucht man dabei, im Gerät Referenzdruck-Meßstellen zu finden, mit denen man durch eine einfache Druckmessung auf den Volumenstrom des Geräts im eingebauten Zustand schließen kann, insbesondere um die Abnahmemessung zu vereinfachen. Das hierzu vorgeschlagene Verfahren mit einer Messung der statischen Druckdifferenz an der Gerätewand zwischen Saug- und Druckseite über je eine Ringleitung mit mehreren Anbohrungen[2]) ist beschränkt auf Ventilatoren mit *steilen* Kennlinien im Anwendungsbereich. Dies ist i.a. nur bei Radialventilatoren mit rückwärts gekrümmten und stabilen Kennlinien der Fall.

Andere Lösungen zur Vereinfachung der Luftstrommessung sind Axial- (z.B. Fläkt) und Radialventilatoren (z.B.Gebhardt) mit kalibrierter Einlaufdüse oder Staugitter im Kanal (z.B. Happel).

-2 Abluftgeräte

Abluftventilatoren werden häufig in ein Gehäuse eingebaut, teils um sicherheitstechnische Gesichtspunkte zu berücksichtigen, teils um bequemere Saug- und Druckanschlüsse zu haben. Man nennt diese Einheiten *Abluftgeräte.* Volumenströme bis 100000 m^3/h.

Die Gehäuse sind quadratisch oder rechteckig und durch Türen oder Klappen zugänglich. Die Anschlußmöglichkeiten für die Saug- und Druckleitung sind in vielen Variationen möglich.

-2.1 Dachventilatoren

Dachventilatoren bilden die einfachste Art der mechanischen Lüftung und werden häufig in Fabriken, namentlich Wärmebetrieben wie Gießereien, Stahlwerken usw. sowie für Entrauchungszwecke verwendet. Ferner auch für WC- und Küchenlüftung. Montage auf dem Dach. Die nachströmende Luft kommt im Sommer durch Türen und Fenster aus dem Freien oder wird namentlich im Winter besser durch Lüftungsgeräte bzw. Lüftungsanlagen dem Raum zwangsweise zugeführt. Geräusche beachten, insbesondere auch die Auswirkung auf die Nachbarschaft.

Bestandteile sind:

Blechgehäuse mit Regenhaube, korrosionsfest, auch Kunststoffgehäuse.

Axial- oder Radialventilator mit Motor.

Verschlußklappe automatisch durch den Luftstrom geöffnet oder mit Klappenmotor.

Nachteilig ist es, daß der Volumenstrom infolge des meist direkten Motorantriebs nachträglich nicht geändert werden kann. Häufig Geräuschbelästigung. Günstiger sind in dieser Hinsicht keilriemenangetriebene Radialventilatoren, die aber sehr selten verwendet wer-

---

[1]) FGK-Information Gerätekennlinie/1990.

[2]) Bohl, W., u. P. Boehm: CCI 12/87.
Schobel, R.: CCI 10/88. S. 9/10.
CCI-Diskussion CCI 2/89. S. 8/11 u. CCI 9/89. S. 36.
Böhm, P.: Bericht XII. Int. Kongr. TGA, Berlin 10/88. S. 354/7.

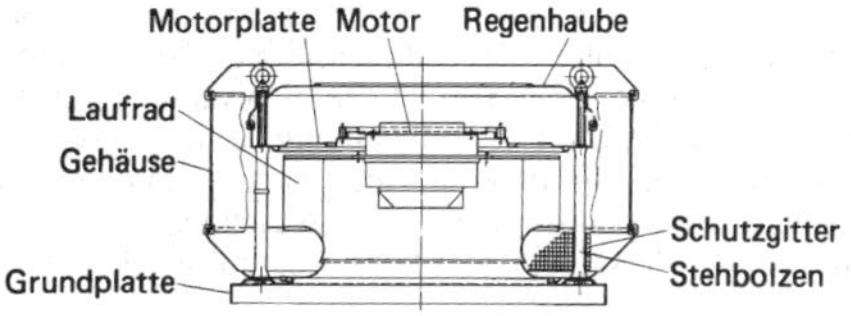

Bild 3.4.1-14. Dach-Radialventilator (Babcock-BSH). Oben: Ansicht. Unten: Schnitt

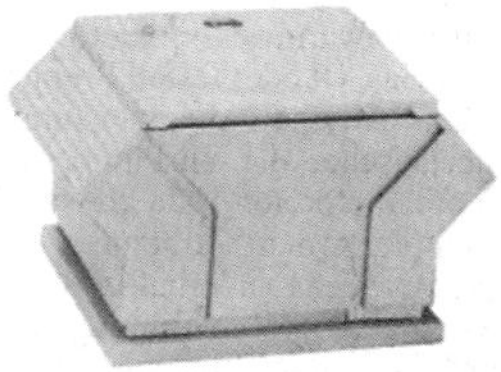

Bild 3.4.1-15. Dachventilator mit drehzahlregelbarem Motor (Gebhardt).

den. Heute dann öfter Spannungsregelung, z. B. mit Scheibenankermotoren mit stufenloser Regelung von 100 bis 0%. Frequenzregelung bei kleinen Leistungen meist noch zu teuer.

Ausführungsbeispiele Bild 3.4.1-14 und Bild 3.4.1-15.

Manche Bauarten mit Axialventilator sind in der Drehrichtung umschaltbar, so daß sie sowohl zur Belüftung wie auch Entlüftung verwendet werden können.

Dachventilatoren mit WRG s. Abschn. 3.3.8, für Brandgase s. Abschn. 3.7.4-6.

-2.2 Wandventilatoren

Die gleiche Lüftungsfunktion wie Dachventilatoren erfüllen die Wandventilatoren, die meist als Axialventilator ausgebildet sind. Beispiel siehe Bild 3.3.1-29.

-3 Kombinierte Zu- und Abluftgeräte

Von vielen Firmen werden *Kombinationsgeräte* hergestellt, bei denen die verschiedenen Bauteile ähnlich einem Baukastensystem in verschiedenen Gruppierungen zusammengesetzt werden können. Zusätzlich zu dem Zuluftgerät wird häufig auch das Abluftgerät in Kastenform angebaut. Die Abluft kann dabei als Fortluft ins Freie geblasen werden oder auch als Umluft in eine zwischen Zuluft- und Abluftteil installierte Mischkammer. Der Vorteil für die Hersteller besteht darin, daß verhältnismäßig wenig Grundbauteile zu sehr vielen Anordnungen kombiniert werden können. Beispiel Bild 3.4.1-11.

-4 Kompaktgeräte

Für die Be- und Entlüftung von Wohnungen, Häusern, Gaststätten und anderen zu belüftenden Räumen wurden Kompakt-Geräte entwickelt, in denen auch wieder Zu- und Abluftventilator, Luftfilter, -erhitzer und Wärmerückgewinnungseinrichtungen werksseitig komplett montiert sind.

Durch eine Vorverdrahtung der elektrischen Verbraucher und teilweise integrierte Regel- und Steuerausrüstung wird der Montageaufwand bei den Kompakt-Lüftungsgeräten auf ein Minimum reduziert. Es sind lediglich noch die Kanalverbindungen für Zu- und Abluft, elektr. und Heizmittel-Anschlüsse zu erstellen.

3.4.2 Teilklima- und Klimageräte

Teilklimageräte dienen im Vergleich zu Lüftungsgeräten zusätzlich der Kühlung der Zuluft in einem oder mehreren Räumen. Sie bestehen aus einem Gehäuse mit eingebauten Ventilator, Motor, Erhitzer, Kühler, Filter(n) und sonstigem Zubehör. Ein Sonderfall sind Kühlgeräte, die im reinen Umluftbetrieb arbeiten. Bei diesen Geräten fehlt der Erhitzer. Soll mit dem Teilklimagerät die Zuluft auch entfeuchtet werden, so ist hinter dem Kühler ein zweiter Erhitzer, der Nacherhitzer eingebaut. Kann die Zuluft im Gerät nicht nur erwärmt, gekühlt und entfeuchtet sondern auch befeuchtet werden, so spricht man entsprechend der Terminologie der DIN 1946 T1[1)] von einem Vollklima- oder Klimagerät.

Je nach dem zur Verfügung stehenden Medium bzw. je nach dem Anwendungsfall werden verschiedene Methoden zur Erwärmung, Kühlung, Entfeuchtung und Befeuchtung der Zuluft benutzt. Zur Erwärmung der Zuluft werden Wärmeaustauscher verwendet, die mit Pumpenwarmwasser oder Dampf als Heizmedium durchströmt sind (s. a. Abschnitt 3.3.2). Mit Gas, Öl oder festen Brennstoffen direktbefeuerte Erhitzer kommen nur bei Luftheizgeräten (Abschnitt 3.4.3-1) zum Einsatz. Zur Kühlung der Zuluft werden entweder Wärmeaustauscher, die mit Pumpenkaltwasser durchströmt sind, verwendet, oder aber direkt die Verdampfer von Kältekreisläufen (s. a. Abschnitt 3.3.2). Ist im letzteren Fall nur der Verdampfer in dem Gerät integriert und die übrigen Bauteile der Kältemaschine (Kondensator, Kompressor) außerhalb, so spricht man von einem Split-System. Split-Systeme kommen vor allem bei Raumklimageräten zur Anwendung. Zur Luftentfeuchtung werden entweder die Luftkühler, die mit einer Kühlertemperatur, die unterhalb der Taupunkttemperatur liegt, betrieben werden, verwendet, oder aber Sorptionstrockner (s. a. Abschnitt 3.3.4). Bei der Luftbefeuchtung kommen Verdunstungs-, Zerstäubungs- oder Verdampfungsbefeuchter zum Einsatz (s. a. Abschnitt 3.3.4).

-1 Schrank-Klimageräte

Diese Geräte, die auch als Klimaschränke bezeichnet werden, enthalten steckerfertig alle für die Konditionierung der Luft nötigen Komponenten. Hierzu gehören neben dem Gerätegehäuse der Ventilator, die Filter, die Wärmeaustauscher, die Kälteerzeugung, der Befeuchter, die Mischluftkammer sowie das Elektroteil mit Steuerung, Regelung und Bedienung. Bild 3.4.2-1 zeigt in schematischer Darstellung ein Beispiel für einen Klimaschrank. Bei der Gehäusekonstruktion muß insbesondere auf glatte Innenflächen und das Vermeiden von Einschnürungen und Umlenkungen geachtet werden. Wärmeverluste werden durch doppelschalige Aufbauten mit zwischenliegender verdichteter Isolierung, großen Wanddicken und Vermeidung von Wärmebrücken minimiert. Durch ausreichend dimensionierte Blechstärken wird ein hohes Schalldämmaß erreicht.

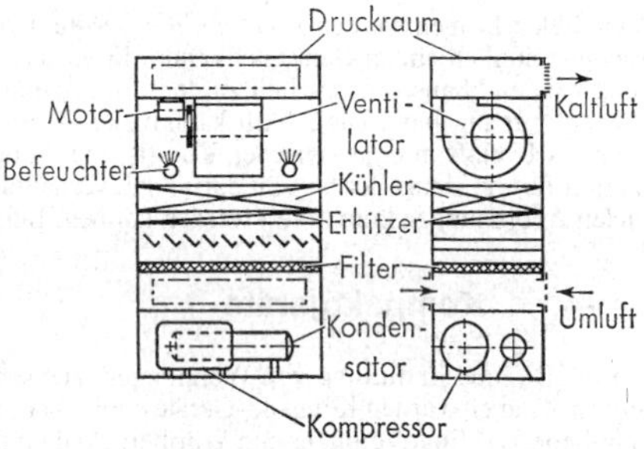

Bild 3.4.2-1. Schematischer Aufbau von Klimaschränken mit Kältemaschine und Dampfbefeuchter.

Im Gerätedesign abgestimmte Gehäuseerweiterungen bieten Platz zum Einbau von Schalldämpfern, zusätzlichen Filtern oder zur Realisierung besonderer Anschlußvarianten in Ansaug und Ausblas (Bild 3.4.2-2). Kommen Schrankklimageräte direkt in wärmebelasteten Räumen mit Ständerboden zur Aufstellung, werden auf die Gehäusegrößen und Bodenhöhe abgestimmte Untergestelle eingesetzt. Die Aufstellung erfolgt entweder frei im Raum - die Umluft wird in der Regel frei angesaugt - oder in separaten Maschinenräumen mit Anschluß von Luftleitungen zu den zu klimatisierenden Räumen.

Schrankklimageräte werden hauptsächlich mit einem hohen Umluftanteil betrieben. Der Außenluftanteil beträgt in der Regel bis 20%. Es werden jedoch auch Geräte angeboten, die einsatzbedingt mit bis zu 100% Außenluftanteil arbeiten können. Unter ihnen finden sich Geräte mit einer Vielzahl von Kombinationsmöglichkeiten der Funktionsteile wie z.B.

1) DIN 1946 T1 (10.88): Raumlufttechnik, Terminologie und Symbole (VDI-Lüftungsregel).

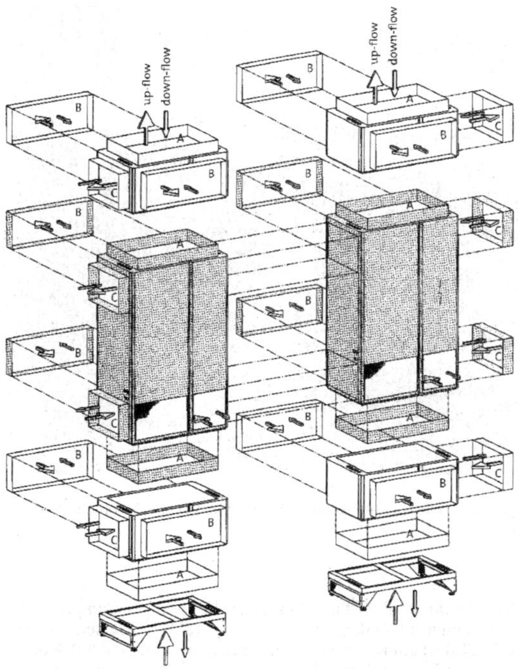

Bild 3.4.2-2. Anschlußvarianten für die Ansaug- und Ausblasöffnung von Klimaschränken (Weiss).

Außenluftaufbereitung mit Maschinenteil, Befeuchterteil mit Schalldämpfer und Abluft/Fortluft-Teil mit WRG und Kondensator (Bild 3.4.2-3).

Bisher wurden die Ventilatoren meist als Trommelläufer ausgeführt, die durch Keilriemen und verstellbare Keilriemenscheiben angetrieben werden. Vermehrt kommen direktgetriebene, drehzahlgeregelte freilaufende Radialventilatoren zum Einsatz. Günstigere Wirkungsgrade, der kompakte Aufbau, eine bedarfsorientierte Anpassung der Luftfördermenge mittels Frequenzumformer sowie der Verzicht auf eine druckseitige Filterstufe sind Vorteile dieses Ventilatortyps. Der optimale Einsatz wird nur durch eine intensive Prüffeldarbeit in der Konstruktionsphase erreicht.

Der Einbau von Filtern und Wärmeaustauschern erfolgt unter dem Gesichtspunkt, möglichst geringe Anströmgeschwindigkeiten und damit geringe Druckverluste zu erzielen. Große effektive Flächen, leichte Zugänglichkeit für Revisionsarbeiten minimieren die Wartungs- und Betriebskosten. Bei Kühlern muß zur Energieoptimierung auf die richtige Oberflächentemperatur geachtet werden. In der Regel werden Schrankklimageräte zur Abfuhr von hohen sensiblen, aber nur geringen latenten Kühllasten eingesetzt. Optimal ausgelegte Oberflächentemperaturen sorgen für hohe sensible Leistungen bei nur niedrigen latenten Leistungsanteilen. Im Entfeuchtungsbetrieb läßt „bewußtes" Tieferlegen der Oberflächentemperatur von Wärmeaustauscherteilflächen (Entfeuchtungssparschaltung) Energie sparen. Durch den Einsatz von bedarfsgesteuerten Bypaßklappen läßt sich der interne Druckverlust und damit der Energiebedarf weiter reduzieren.

Die Kälteerzeuger für Schrankklimageräte werden nach zentraler und dezentraler Kälteversorgung differenziert. Kaltwassersätze liefern zentral das Kühlmedium Pumpenkaltwasser. In den Schrankklimageräten werden mit Kaltwasser durchströmte Wärmeaustauscher als Kühler eingesetzt. Dagegen wird bei Geräten mit eingebauter dezentraler

Bild 3.4.2-3. Modular aufgebautes Schrankklimagerät zu Realisierung unterschiedlichster Kombinationsmöglichkeiten (Weiss).

Kältemaschine der Verdampfer direkt als Kühler eingesetzt. Die vom Verdampfer aufgenommene Wärme wird über einen luft- oder wasser/glykol-gekühlten Kondensator nach außen abgegeben. In Bild 3.4.2-4 ist ein Kältemittelkreislauf mit wassergekühlten Kondensator dargestellt. Eine Variante bilden Geräte in Splitbauweise, bei denen Kompressor und Kondensator als eine Außeneinheit aufgestellt werden (Bild 3.4.2-6). Der Vorteil dieser Variante ist die geringe Schallimmission am Aufstellungsort, da der Verdichter außerhalb des Nutzungsbereiches angeordnet ist. Üblicherweise werden hermetisch gekapselte Hubkolbenverdichter eingesetzt. Wirtschaftliche Gesichtspunkte führen zum Einsatz von Scrollverdichtern, die mit günstigen Anlaufmomenten und einer wesentlich geringeren

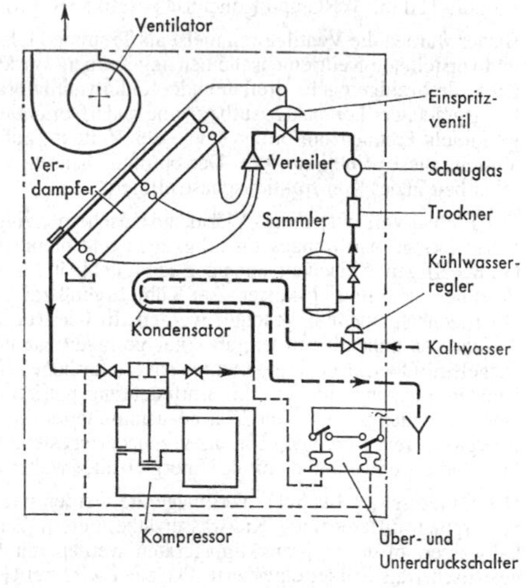

Bild 3.4.2-4. Kältemittelkreislauf von Klimageräten in Schrankform mit wassergekühltem Kondensator.

Anzahl von Verschleißteilen auskommen. Eine weitere energetische Optimierung wird z.B. durch Leistungssplitting 1:2 in Verbindung mit polumschaltbaren Motoren erwirkt. Bereits durch eine 9-stufige Kälteleistungsregelung kann so eine Genauigkeit von ±0,5 K erreicht und die konventionelle energievernichtende Leistungsregelung durch Drosselung mit Heißgasbypaß-Ventilen ersetzt werden. Weitere Einsparpotentiale ergeben sich mit der Verwendung eines zweiten Kondensators als Nacherwärmer. Die Verflüssigerwärme wird so im Entfeuchtungsbetrieb nach dem erforderlichen Unterkühlen der Luft wieder zugeführt.

Bei der Befeuchtung gibt es wenige Möglichkeiten. Ultraschallbefeuchter bieten aufgrund niedriger elektrischer Anschlußwerte einen Vorteil. Unvermeidbar sind hierbei aber der Einsatz von Wasseraufbereitungsanlagen sowie sehr kurze Wartungsintervalle. Darüber hinaus sind ihre hygienischen Eigenschaften umstritten. Ein anderes System der Zerstäubungsbefeuchtung sind Sprühbefeuchter, die bei Sonderkonstruktionen zum Einsatz kommen (Bild 3.4.2-5). Eine weitere Alternative bieten Dampfbefeuchtungssysteme (siehe Abschnitt 3.3.4). Neben zentralen Dampfsystemen kommen häufig Eigendampferzeuger, die im Gerät integriert sind, zum Einsatz.

Komplettiert werden Schrankklimageräte üblicherweise durch das steckerfertig eingebaute Elektroteil mit Steuerung, Regelung (DDC) und Bedienungsfeld.

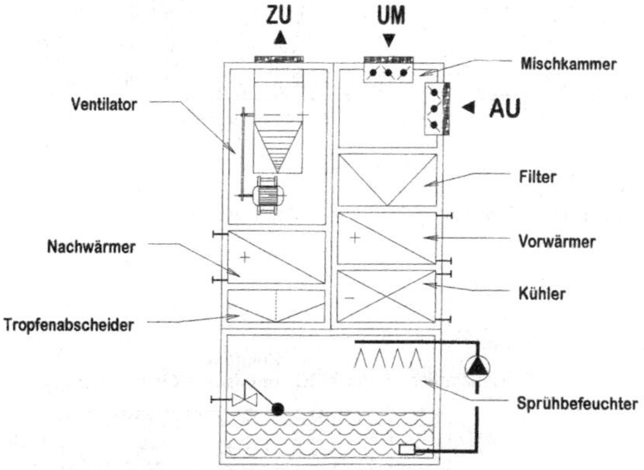

Bild 3.4.2-5. Klimaschrank in stehender Bauart mit Befeuchter (ROX).

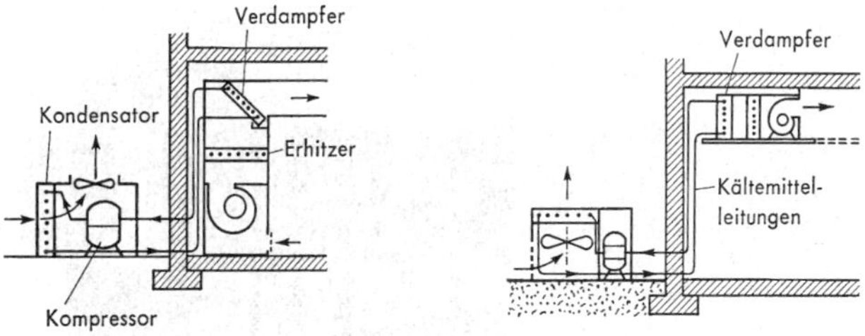

Bild 3.4.2-6. Luftkühlung durch Splitgeräte.
Links: Verdampfer in Schrankgerät; rechts: Verdampfer in Deckengerät

-2 Kasten-Klimageräte

enthalten prinzipiell dieselben Teile wie die Schrankgeräte, jedoch in waagerechter Richtung nebeneinander angeordnet.

Die Geräte bestehen in ihrer einfachsten Bauart aus einem Ventilator und einem Oberflächenkühler. Sie werden in dieser Form häufig für Hotels, Geschäfte usw. in abgehängten Decken montiert *(Deckenklimageräte).* Der Wärmeaustauscher kann meist wahlweise mit dem Kaltwasser eines Wasserkühlaggregats oder auch mit *Warmwasser* betrieben werden. Es sind also kombinierte Lüftungsgeräte für Kühlung und Heizung. Der Kühler soll mit einer Kondenswasserwanne versehen sein.

Kasten-Klimageräte werden nach dem *Baukastenprinzip* hergestellt, d.h., die einzelnen Teilkammern wie Ventilatorkammer, Wärmeübertragerkammer usw. werden je nach Erfordernis zu kompletten Aggregaten zusammengesetzt. Auf diese Weise ist es möglich, mit verhältnismäßig wenig Einzelteilen sehr verschiedene Kombinationen aufzubauen (Bild 3.4.2-7, s. auch Bild 3.4.1-11). Ansicht eines Gerätes, dessen Elemente mit wenigen Änderungen teilweise auch übereinander aufgestellt werden können, in Bild 3.4.2-9 u. Bild 3.4.2-8.

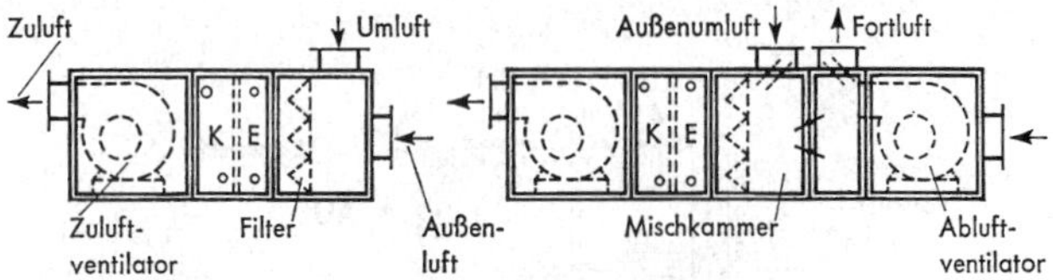

Bild 3.4.2-7. Kasten-Klimageräte.
Links: mit Lufterhitzer E und Kühler K; rechts: zusätzlich mit Abluftventilator

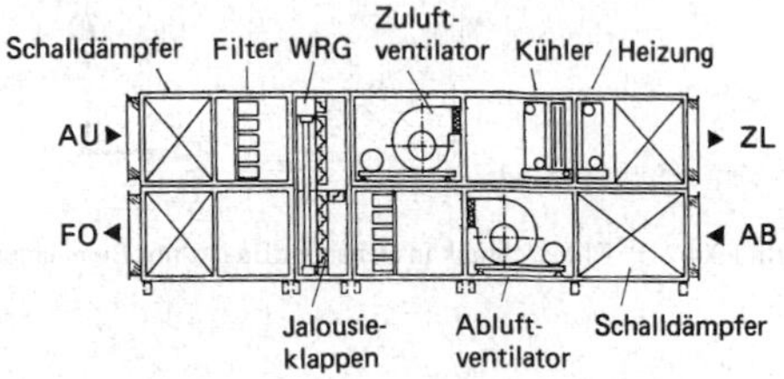

Bild 3.4.2-8. Kastengerät in zweistöckiger Bauweise mit Wärmerückgewinner und Kühler.

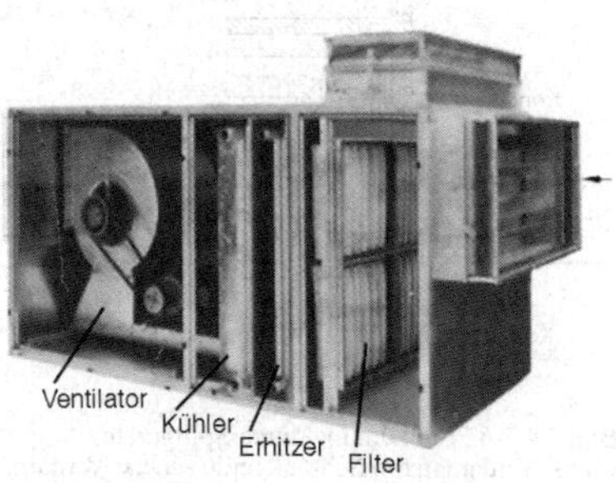

Bild 3.4.2-9. Kasten-Klimagerät (WEISS TECHNIK, Typ KW).

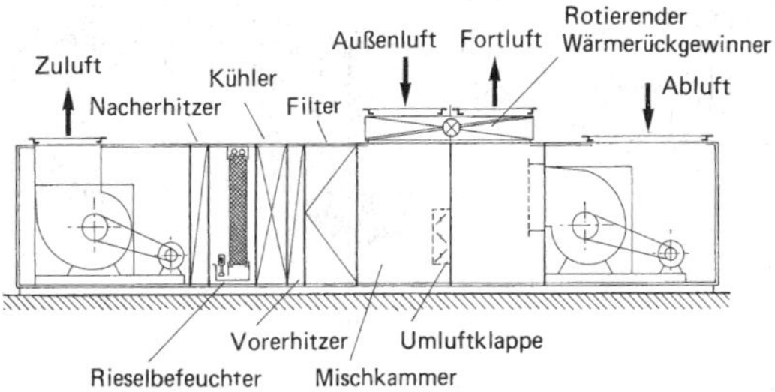

Bild 3.4.2-10. Vollständiges Zentral-Klimagerät mit Rieselbefeuchter und regenerativer Wärmerückgewinner Regotherm (Fläkt).

Jede Kammer besteht aus einem Profileisenrahmen mit eingesetzten Deckblechen, die auf der Innenseite schall- und wärmeisolierend ausgekleidet sind. Die Deckbleche sind zum Teil abnehmbar, um das Innere zugänglich zu machen.

Ein größeres, aus einzelnen Bauelementen zusammengesetztes, komplettes Zentral-Klimagerät zeigt Bild 3.4.2-10. In Luftrichtung gesehen gibt es hier folgende Baueinheiten:

Abluftventilator,
Fortluftkammer mit Umluftklappe und Wärmerückgewinner,
Mischkammer mit Außenluftklappe,
Filter,
Vorerhitzer,
Oberflächenkühler,
Rieselbefeuchter,
Nacherhitzer,
Zuluftventilator.

Die genannten Baueinheiten können auch in anderer Anordnung miteinander kombiniert werden. Daher der Name *Baukastensystem.*

Hergestellt mit Leistungen bis etwa 100000 m^3/h.

Siehe auch Bild 3.4.1-11.

Bild 3.4.2-12 zeigt die Ansicht eines Zentralklimagerätes mit Befeuchter in sog. *Hygiene-Ausführung*. Diese Geräte unterscheiden sich von den normalen Bauarten dadurch, daß alle Innenflächen glatt sind und die Einbauteile leicht herausgenommen, gereinigt und evtl. desinfiziert werden können. Besonders geeignet für Krankenhäuser und pharmazeutische Betriebe. Das Hauptproblem ist der Kühler, an dessen feuchter Oberfläche leicht *Bakterienherde* entstehen können. Regelmäßige Wartung daher hier besonders wichtig, ebenso beim Tropfenabscheider. Hierfür Geräte mit herausziehbaren Bauelementen (Bild 3.4.2-11).

Bild 3.4.2-11. Klimagerät mit Komponenten, die auf Tragschienen zur Wartung herausgezogen werden können (Fläkt).

Bild 3.4.2-12. Ansicht eines Zentral-Klimagerätes in Blockbauweise (ROX).

Bei energieoptimierten Kastengeräten kommt es nicht nur auf eine optimale Konstruktion und Anordnung der einzelnen Bauelemente an. Genauso wichtig ist die richtige Regelstrategie. Daher werden energieoptimierte Kastengeräte als sog. Komplettgeräte angeboten. Im Gegensatz zu herkömmlichen Geräten werden diese mit integrierter Regelung geliefert. Ein Beispiel für ein solches Komplettgerät zeigt Bild 3.4.2-13. An thermodynamischen Behandlungsfunktionen besitzt dieses Gerät eine Wärmerückgewinnung mit integrierter adiabater Abluftbefeuchtung, ein Warmwasser-Heizregister sowie einen Direktverdampfer. Im winterlichen Lüftungsbetrieb wird die Zuluft in der Wärmerückgewinnung vorgewärmt und im Warmwasser-Heizregister auf die erforderliche Temperatur nachgewärmt. In der Übergangszeit erfolgt die Temperaturregelung der Zuluft in der jetzt geregelten Wärmerückgewinnung. Hierzu wird ein Teilluftvolumenstrom über Bypass-Klappen an der Wärmerückgewinnung vorbei geführt. Im Frühsommer erfolgt eine freie Kühlung, indem die Zuluft komplett über den Bypass an der Wärmerückgewinnung vorbei geführt wird. Im Sommer wird durch die in der Wärmerückgewinnung integrierten adiabaten Abluftbefeuchtung die Zuluft gekühlt. Ist zusätzlich eine Entfeuchtung erforderlich, wird die Zuluft im nachgeschalteten Direktverdampfer nachgekühlt und entfeuchtet. Um den Kältebetrieb energetisch optimal fahren zu können, ist die gesamte Kälteanlage im Komplettgerät integriert. Damit kann die Verdampfungstemperatur entsprechend den Anforderungen der Luftkühlung geregelt und die Kondensatorwärme über einen Zusatzkondensator für die Nacherwärmung der Zuluft im Entfeuchtungsbetrieb genutzt werden.

Bild 3.4.2-13. Beispiel für ein energieoptimiertes Kastengerät / Komplettgerät (Menerga)

-3 Klimageräte in Kammerbauweise

Für noch größere Leistungen besteht die Möglichkeit, vorgefertigte Wandteile zu verwenden, die auf der Baustelle zu Kammern zusammengesetzt werden. In diesen Kammern befinden sich dann die verschiedenen Bestandteile der Klimaanlagen wie Ventilator, Lufterhitzer usw. (Bild 3.4.2-14).

Die Wände bestehen im allgemeinen aus einer Rahmenkonstruktion aus Profilstahl, die für die erforderliche Festigkeit sorgt. Zur Verkleidung werden *Wandplatten* verwendet, die aus einer Außen- und Innenhaut mit dazwischen befindlichen Wärmedämmstoffen bestehen

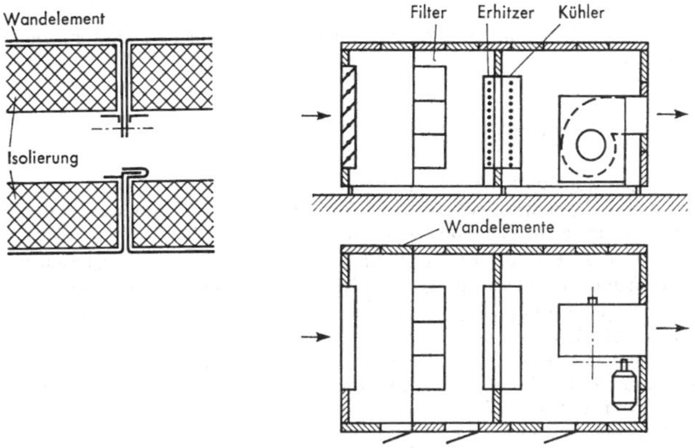

Bild 3.4.2-14. Aggregatraum einer Klimaanlage aus vorgefertigten Wand- und Deckenelementen. Links: Details der Wandkonstruktion

(sog. *Sandwichbauweise*). Als Haut wird in den meisten Fällen Stahl- oder Aluminiumblech verwendet. Für die Füllung kommen Steinwolle, Glaswolle, Kunststoffschäume und andere Materialien in Frage, so daß sich günstige Wärmedämmwerte ergeben, etwa 0,3 bis 0,8 W/m^2 K je nach Wanddicke. Masse ≈30…40 kg/m^2. Schalldämm-Maß bis 40 dB (s. Abschnitt 3.3.6).

Die Verbindung der einzelnen Platten miteinander und mit der Rahmenkonstruktion ist bei den einzelnen Fabrikaten unterschiedlich, ebenso die Verbindung mit den Zwischenwänden. Es werden Steck-, Klemm- oder Schraubverbindungen verwendet. Beispiel s. Bild 3.4.2-14.

Die einzelnen Teile der Einbauten wie Klappen usw. werden in der Regel mittels Schrauben an Profilen befestigt. Türen kann man in Druckrichtung anschlagen lassen, dadurch bessere Abdichtung. Ferner schlagen die Türen beim Öffnen nicht der Person entgegen, wenn der Ventilator läuft. Allerdings verlangt man manchmal auch umgekehrte Anschlagvorrichtung, damit die Personen nicht in der Klimazentrale eingesperrt werden, da bei höheren Drücken manuelles Öffnen schwierig bis unmöglich ist.

Diese Methode der Klimakammerherstellung, die man auch Fertigkammerbauweise oder *Elementbauweise* nennt, ersetzt gewissermaßen die früher üblichen betonierten oder gemauerten Kammern, die fest mit dem Gebäude verbunden sind. Diese Bauweise hat sich bei großen Klimazentralen durchgesetzt. (Bild 3.4.2-15).

Bild 3.4.2-15. Kammer-Klimazentrale in Elementbauweise mit Axialventilatoren während der Montage (LTG).

Vorteile:

Gute Wärme- und Schalldämmung bei geringem Gewicht, geringer Transport- und erträglicher Montageaufwand.

-4 Dach-Klimazentralen

Diese Klimaanlagen werden als betriebsfertige Einheit in Block- oder Kammerbauweise auf dem Dach eines Gebäudes montiert. Die aufbereitete Luft wird durch Luftleitungen oder Kanäle den verschiedenen zu klimatisierenden Räumen zugeführt[1)].

Die *Zentrale* selbst enthält alle erforderlichen Bestandteile in einem korrosionsfesten, wärme- und schallgedämmten und selbsttragenden Gehäuse mit wasserdichtem Dach.

Kältemaschine mit meist luftgekühltem Kondensator
Verdampfer zur Kühlung der Luft
Lufterhitzer, der an das Heiznetz des Gebäudes anzuschließen ist
Ventilator mit Motor für Zuluft, evtl. auch für Abluft
Mischkammer mit Außenluft-Umluftklappen
Luftbefeuchter, falls gewünscht, meist mit Dampf
Schaltschrank
Wärmerückgewinnung zwischen Abluft u. Zuluft.

Schema einer derartigen Anlage siehe Bild 3.4.2-16. Ansicht einer anderen Bauart Bild 3.4.2-17.

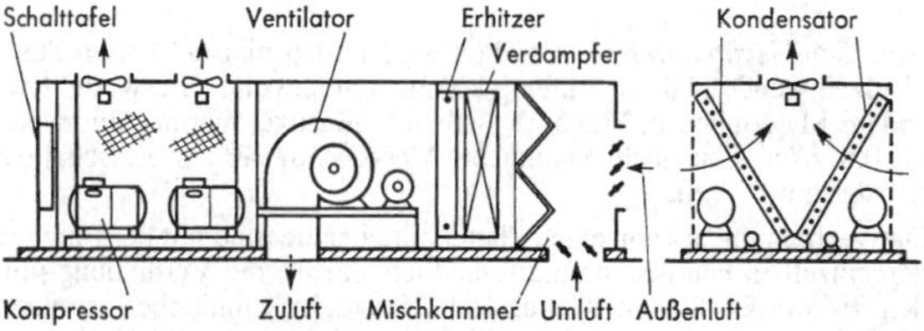

Bild 3.4.2-16. Dachklimazentrale mit Warmwasser-Luft-erhitzer (Trane).

Bild 3.4.2-17. Dachklimazentrale in wetterfester Ausführung mit Ansaughaube und Gerätegrundrahmen (Robatherm).

Vorteile:

Geringe Montagekosten und Platzersparnis im Gebäude.
Bei Anordnung auf dem Dach über den Räumen einfaches Luftleitungssystem.
Gute Möglichkeit der Wärmerückgewinnung, da Zuluft und Abluft leicht zusammengeführt werden können.

---

1) Bockwyt, H.: Kälte- u. Klimatechn. 10/78. 6 S.
VDMA-Einheitsblatt 24175 (2. 80): Lufttechnische Geräte und Anlagen; Dach-Zentraleinheiten für die Raumlufttechnik, Anforderungen an das Gehäuse.

Die *Kältemaschinen* müssen ihre Leistung dem Kühlbedarf anpassen, wofür verschiedene Möglichkeiten bestehen:

Verwendung mehrerer Kältemaschinen mit je einem Verdampfer
Heißgasbypaß oder Saugdruckregelung
Abschaltung von Zylindern.

Bei großen Abmessungen sind besondere Vorkehrungen für den Transport erforderlich. Korrosionsfeste Ausführung. Bauaufsichtliche Vorschriften beachten.

Statische Berechnung nach einschlägigen Normen ist häufig durchzuführen. Es sind auch Dachzentralen mit *Typenprüfung* lieferbar, so daß der statische Nachweis für die Standsicherheit nicht mehr in jedem Bedarfsfall einzeln berechnet werden muß.

Diese Zentralen entsprechen folgenden Vorschriften und Richtlinien:

Für die Lastannahmen: DIN 1055 T1
Für den Stahl: DIN 55928; DIN EN 10210 T2.

Bei einzelnen Großräumen kann auch statt des Warmwasserlufterhitzers ein öl- oder gasbefeuerter *Warmlufterzeuger* eingebaut werden (Bild 3.4.2-18), so daß evtl. keine weitere Heizzentrale benötigt wird.

Bei Warmwasserbetrieb der Lufterhitzer besteht Einfriergefahr. Frostschutz evtl. durch elektrische Beheizung.

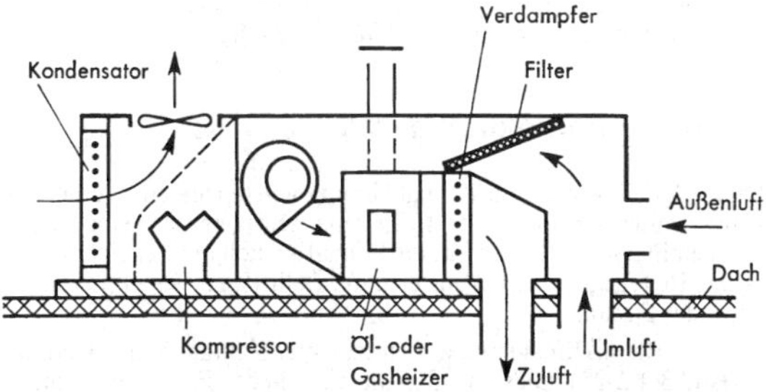

Bild 3.4.2-18.
Dachklimazentrale mit Gas- oder Öllufterhitzer.

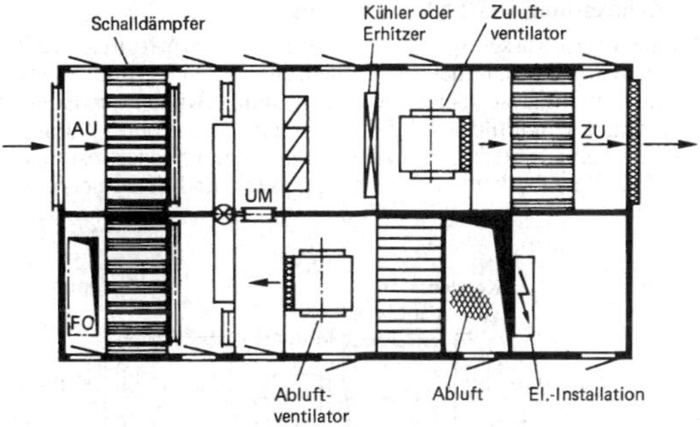

Bild 3.4.2-19.
Dachlüftungszentrale mit regenerativer Wärmerückgewinnung für eine Industriehalle.
AU = Außenluft
FO = Fortluft
ZU = Zuluft
UM = Umluft

Wärmerückgewinnung. Manche Geräte sind für Wärmerückgewinnung nach dem Wasserumlaufsystem eingerichtet. Dabei sind je ein Wärmeaustauscher im Fortluft- und Außenluftstrom erforderlich, die durch eine Umwälzpumpe miteinander verbunden sind. Andere Geräte verwenden zur Wärmerückgewinnung rotierende *regenerative Wärmeaustauscher* oder auch *Wärmepumpen* (Bild 3.4.2-19 u. Bild 3.4.2-20).

Bild 3.4.2-20. Ansicht einer Dachklimazentrale mit luftgekühltem Kaltwassersatz und Wärmerückgewinnung, durch Kreislauf- Verbundsystem, 43 000 m³/h, Kühlleistung 90 kW (GEA-Aerotherm).

-5 Mehrzonenklimageräte

Diese Geräte werden verwendet, wenn mehrere Zonen mit verschiedenen Heiz- und Kühllasten an ein gemeinsames Gerät mit konstantem Volumenstrom angeschlossen werden sollen. Die im Klimagerät vorgewärmte oder gekühlte Luft wird entsprechend den unterschiedlichen Lasten über Zonennacherwärmer nachgewärmt. Die Nacherwärmer werden über Zonenthermostate geregelt (Bild 3.2.8-4).

-6 Raumklimageräte

Diese Geräte werden zur Klimatisierung von einzelnen Räumen (Büros, Hotelzimmer, Sitzungszimmer etc.) eingesetzt. Sie sind häufig in der selben Art wie die Lüftungstruhen (Abschnitt 3.4.1-1.1) gebaut (daher häufig auch die Bezeichnung Klimatruhe) und werden in der Regel unter dem Fenster aufgestellt. Eine weitere Möglichkeit ist die Installation unter der Decke.

Kleinste Raumklimageräte mit eingebauter Kältemaschine sind die sog. Fensterklimageräte (Bild 3.4.2-21). Diese werden meistens in das Fenster bzw. die Fassade integriert, woher auch der Name für diese Gerätegattung rührt. Jedoch ist auch die Anordnung in einer Außenwand möglich (Bild 3.4.2-22 und Bild 3.4.2-23). Fensterklimageräte werden in verschiedenen Größen mit Antriebsleistungen von 0,5 bis 3 kW Motorleistung hergestellt. Je kW Motorleistung ist eine Kälteleistung von 2,5 kW erreichbar.

Raumklimageräte mit Pumpenwarmwasser bzw. -kaltwasser als Wärme- bzw. Kältemedium können mit einem Wärmeaustauscher als gemeinsamer Kühler und Erhitzer (sog. 2-Rohr-System) oder mit zwei Wärmeaustauschern als getrennte Kühler und Erhitzer (sog. 4-Rohr-System) ausgestattet sein (Bild 3.4.2-24). Während das 2-Rohr-System gegenüber dem 4-Rohr-System erheblich niedrigere Installationskosten erfordert, ist das 4-Rohr-System in Bezug auf die Regelbarkeit in der Übergangszeit und den Energiever-

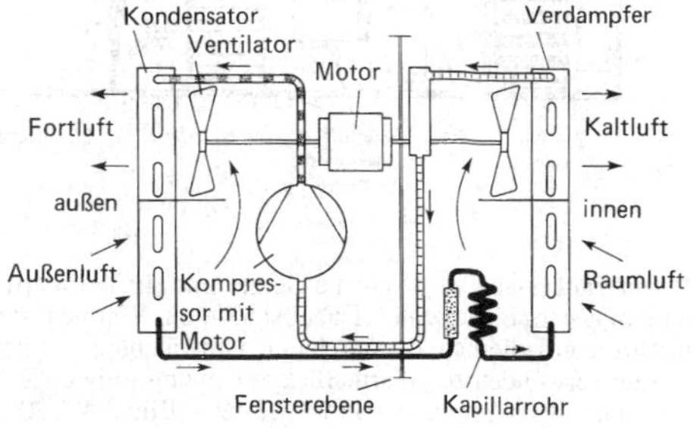

Bild 3.4.2-21. Kreislauf für Kältemittel und Luft bei Fenster-Klimageräten.

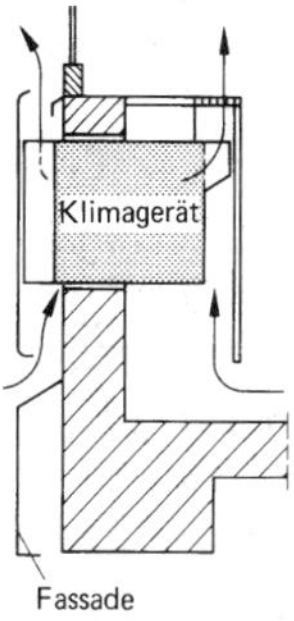

Bild 3.4.2-22. Fenster-Klimagerät mit Fassaden-Verkleidung.

Bild 3.4.2-23. Fensterklimagerät mit Gehäuse (Happel-Daikin).

brauch vorteilhafter. Im Bild 3.4.2-25 ist die Einbindung von Raumklimageräten in einem 4-Rohr-System dargestellt. Raumklimageräte mit Wärmeaustauscher für Pumpenwarmwasser und -kaltwasser kommen immer dann zum Einsatz, wenn viele Räume innerhalb eines Gebäudes (z.B. Hotel oder großes Bürogebäude) mit diesem System ausgestattet werden sollen und daher eine zentrale Energieversorgung günstiger ist. Werden dagegen nur wenige Räume mit Raumklimageräten ausgestattet, so werden Geräte mit eingebauter Kältemaschine günstiger.

Klimageräte mit eingebauter Kältemaschine enthalten eine *Klein-Kältemaschine,* deren Verdampfer als Rippenrohrsystem ausgebildet und im Luftstrom eingebaut ist. Der Kondensator der Kältemaschine kann für Luft- oder Wasserkühlung eingerichtet sein. Günstiger ist die Installation mit *Luftkühlung des Kondensators,* da in diesem Fall das Gerät überhaupt nur einen elektrischen Anschluß benötigt. Die Luft für die Kondensatorkühlung wird durch eine Öffnung in der Wand aus dem Freien entnommen und wieder ins Freie geblasen. Dabei allerdings größere Geräusche als bei Wasserkühlung; auch sind die Wandöffnungen nicht immer möglich. Bild 3.4.2-26.

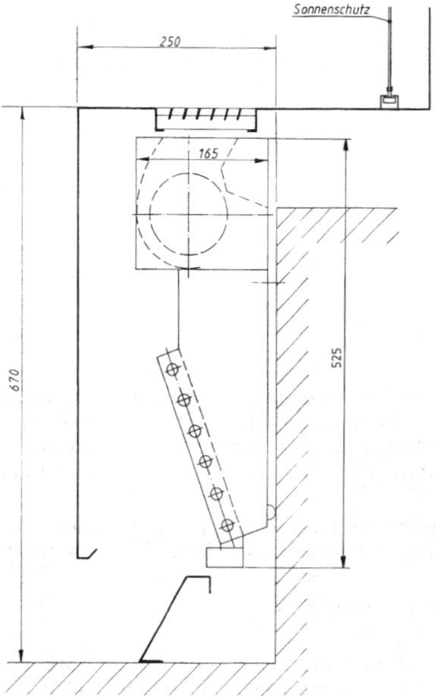

Bild 3.4.2-24. Gebläsekonvektor (Fan-Coil) mit Heiz- und Kühlregister für den Anschluß an ein 4-Rohrsystem (Nickel).

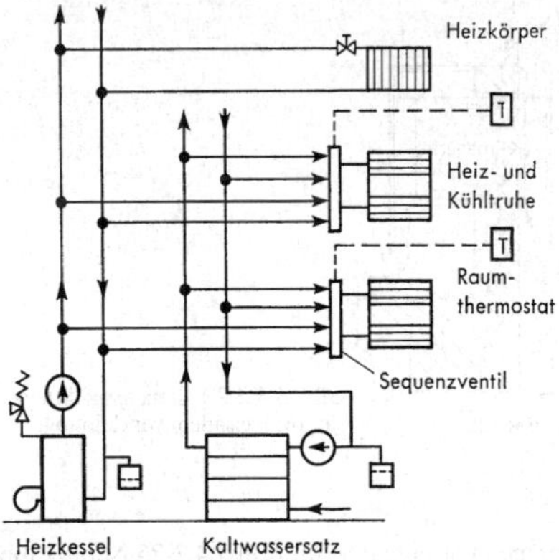

Bild 3.4.2-25. Raumklimageräte in einem Vierrohrnetz zur Heizung und Kühlung einzelner Räume.

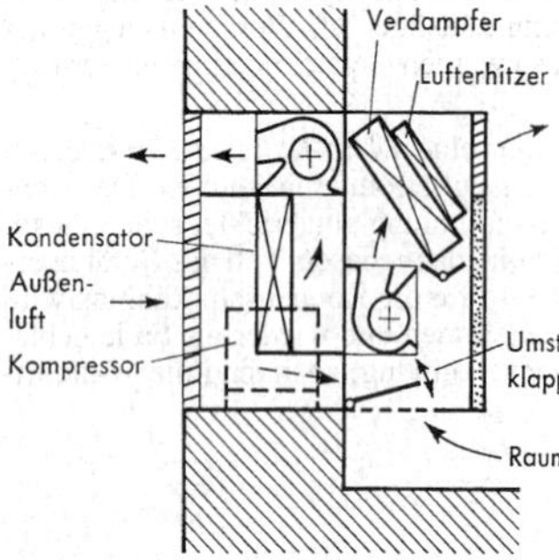

Bild 3.4.2-26. Raumklimagerät mit luftgekühlter Kältemaschine.

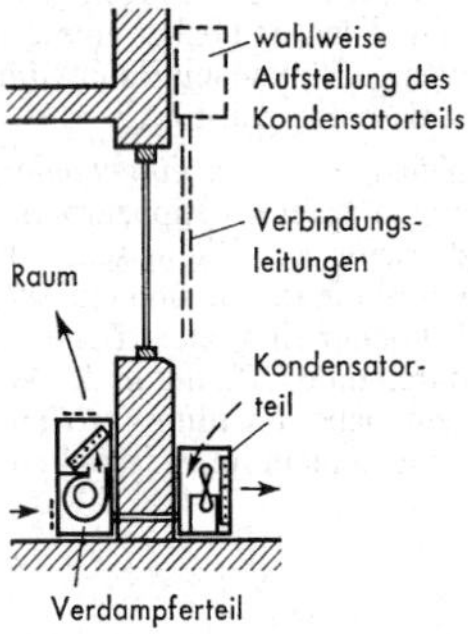

Bild 3.4.2-27. Raumklimagerät in Split-Bauweise.

Erforderliche Anschlüsse für

- elektrischen Strom,
- Heizmittel,
- Kaltwasser bei wassergekühlten Kondensatoren,
- Schwitzwasserabführung.

Volumenstrom der Geräte 1000…3000 m³/h,
Kühlleistung 2…10 kW,
Heizleistung 2…20 kW.

Manche Geräte arbeiten bei tiefen Temperaturen als *Wärmepumpe,* so daß sie die Raumluft erwärmen. Falls zusätzlich ein Warmwasserlufterhitzer eingebaut wird, kann eine automatische Umschaltung von Wärmepumpenbetrieb auf Warmwasserheizung vorgesehen werden. Auf diese Weise läßt sich die Raumtemperatur im Winter und Sommer konstant halten.

Die Öffnung in der Wand kann man vermeiden, wenn man die Klimatruhen in der *Split-Bauweise* verwendet. Dabei ist eine Aufteilung in 2 getrennte Bauelemente vorgenommen (Bild 3.4.2-27 u. Bild 3.4.2-6):

- 1 Kondensatorteil mit Kompressor im Freien aufzustellen,
- 1 Verdampferteil mit Ventilator im Raum.

Die beiden Teile werden durch die Kältemittelleitungen miteinander verbunden (Schnellschlußkupplungen). Die Splitgeräte und die Verbindungsleitungen sind mit Kältemittel

Bild 3.4.2-28. Ansicht eines Klimagerätes mit Kältemaschine und mit wassergekühltem Kondensator (ATE).

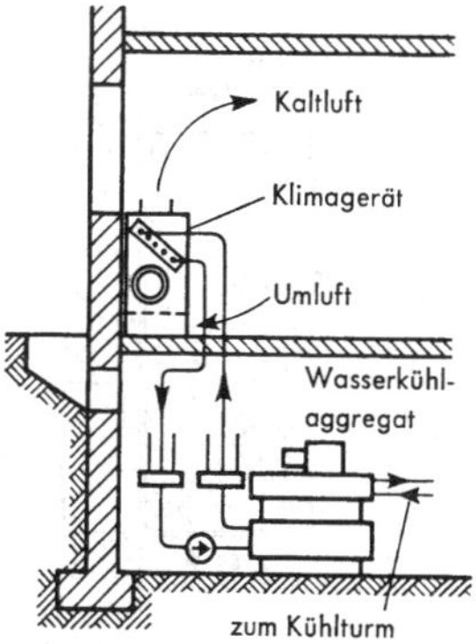

Bild 3.4.2-29. Raumklimageräte mit getrennt aufgestellter wassergekühlter Kältemaschine.

vorgefüllt. *Spezialkupplungen* (Schneidringkupplungen) sind vor Benutzung in beiden Hälften durch federbelastete Plattenventile oder durch Membranen verschlossen, die bei der Verbindung durch eingebaute Messer aufgeschnitten werden (Aeroquip).

Ansicht eines Klimagerätes siehe Bild 3.4.2-28.

Klimatruhen mit getrennt aufgestellter Kältemaschine sind dann zweckmäßig, wenn mehrere nahe zusammenliegende Räume durch eine *gemeinsame Kälteanlage* mit Kühlmitteln versorgt werden sollen, wie z.B. in Hotels, Bürogebäuden usw. In diesem Fall wird die Kältemaschine im Keller oder einem Nebenraum aufgestellt und das Kältemittel zu den Kühlern der einzelnen Geräte gefördert. Bei größeren Anlagen ist es zweckmäßiger, ein Wasserkühlaggregat zu verwenden und den Geräten gekühltes Wasser zuzuführen. Wassertemperatur 5 bis 10 °C. Dabei ist jedoch aus wirtschaftlichen Gründen ein Rückkühlwerk für das Kondensatorwasser zweckmäßig. Kühlung mit Trinkwasser sehr teuer (Bild 3.4.2-29).

Manche Geräte sind mit einem Lufterwärmer ausgerüstet, der im Winter nicht nur die Außenluft auf Raumlufttemperatur erwärmt, sondern die volle *Raumheizung* übernimmt. Diese Geräte sind also ganzjährig in Betrieb und halten die Raumlufttemperatur auf einstellbaren Werten konstant.

Bild 3.4.2-25 zeigt eine derartige Anlage in einem Warm- und Kaltwassernetz. Das Warmwassernetz wird von einem Heizkessel versorgt, das Kaltwassernetz von einem Kaltwassersatz. Die Klimageräte sind mittels Ventilen an beide Netze angeschlossen. Regelung der Raumtemperatur durch Raumthermostate, die auf die Sequenzventile oder Klappen (s. Bild 3.2.8-37) wirken. Untergeordnete Räume, wie z.B. Aborte, werden nur an das Warmwassernetz angeschlossen.

3.4.3 Sondergeräte

-1 Luftheizgeräte

-1.1 Luftheizgeräte für Wasser und Dampf

Wandluftheizer werden üblicherweise nach Bild 3.4.3-1 gebaut. Kennzeichnend ist der im Gehäuse eingebaute Lufterhitzer, der an das Dampf-, Warmwasser- oder Heißwasserleitungsnetz anzuschließen ist. Je nach der Stellung der Luftklappe kann sowohl Umluft, Außenluft als auch Mischluft angesaugt werden. Oft werden diese Geräte auch ohne Außenluftanschluß nur mit Umluft betrieben. Meistens blasen diese Geräte die Zuluft direkt aus. Es können aber sowohl auf der Saug- als auch auf der Druckseite Luftleitungen ange-

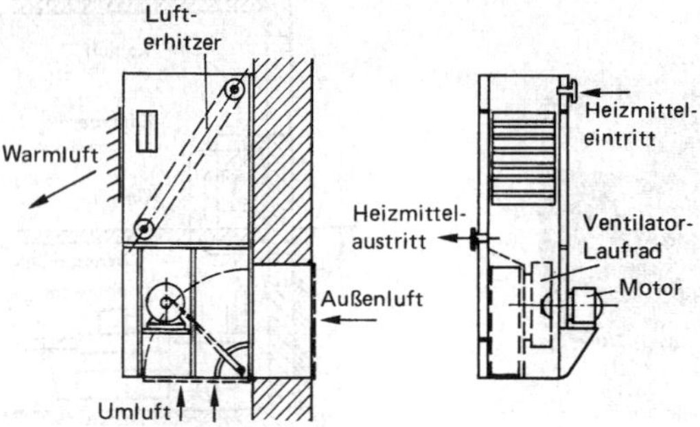

Bild 3.4.3-1. Wandluftheizer, Schema.

Bild 3.4.3-2. Wandluftheizer.

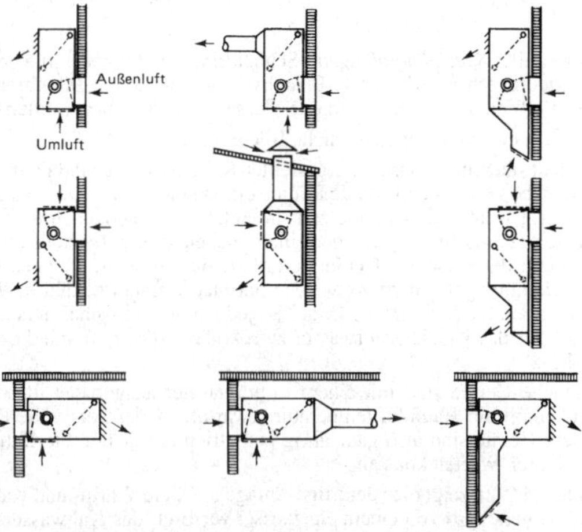

Bild 3.4.3-3. Einbauarten von Wandluftheizern mit Außenluftanschluß.
Obere Reihe: Geräte oben ausblasend, unten ansaugend.
Mittlere Reihe: Geräte unten ausblasend, oben ansaugend.
Untere Reihe: Geräte in liegender Ausführung, unten ansaugend.

schlossen werden (Bild 3.4.3-3). Ansaugen der kalten Luft in Fußbodenhöhe und Ausblas der warmen Luft nach unten verringert Temperaturschichtung im Raum.

Herstellung in mehreren Größen. Maximaler Volumenstrom etwa 10000 m^3/h, maximale Heizleistung etwa 150 kW. Ansicht eines Gerätes in Bild 3.4.3-2.

Deckenluftheizer werden vorwiegend unter der Decke angeordnet, wobei sie entweder direkt an der Decke, oder falls Stützen im Raum vorhanden sind, an diesen befestigt werden. Sie sind meist auch für Wandmontage eingerichtet. Sie bestehen wie die Wandluftheizer aus einem Gehäuse mit eingebautem Ventilator, Motor und Lufterhitzer.

Die meisten Deckenluftheizer sind so konstruiert, daß sie mit geringen Änderungen sowohl für waagerechten wie senkrechten Ausblas verwendet werden können. Ferner ist der Einbau von Mischklappen möglich sowie der Anbau von Staubfiltern, Luftkanälen, Klappenmotoren und elektrischen Lufterhitzern. Ein Beispiel für die auf diese Weise sehr vielseitig verwendbaren Geräte zeigt Bild 3.4.3-4.

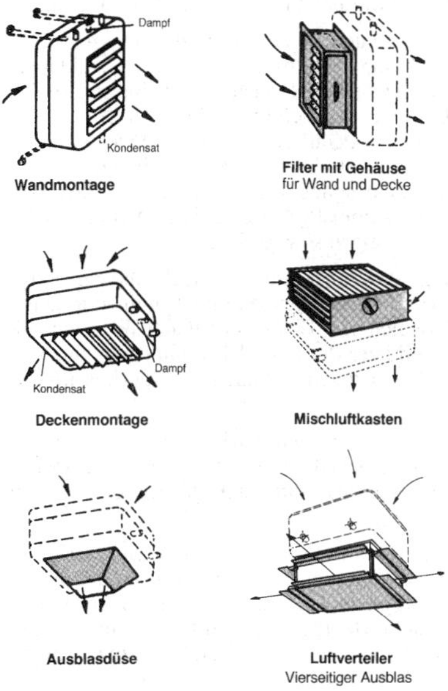

Bild 3.4.3-4. Anordnungsarten von Deckenluftheizern (GEA-Happel).

Bild 3.4.3-5. Deckenluftheizer mit Luftaustritt nach unten und mit Mischkasten.

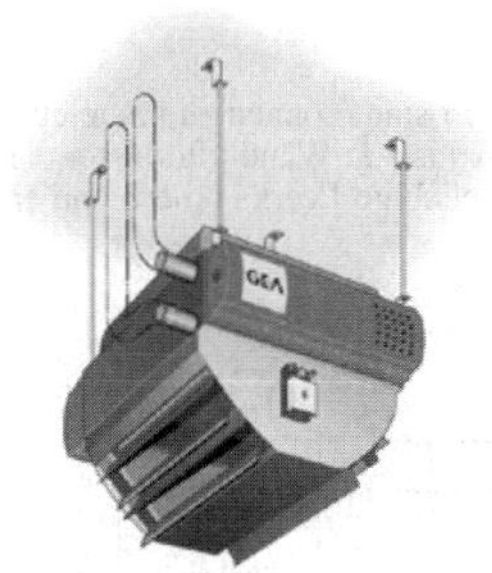

Bild 3.4.3-6. Deckenlufterhitzer mit Luftaustritt nach unten und mit motorisch verstellbarer Strahlrichtung durch Sekundärluft-Jalousien (GEA-Happel).

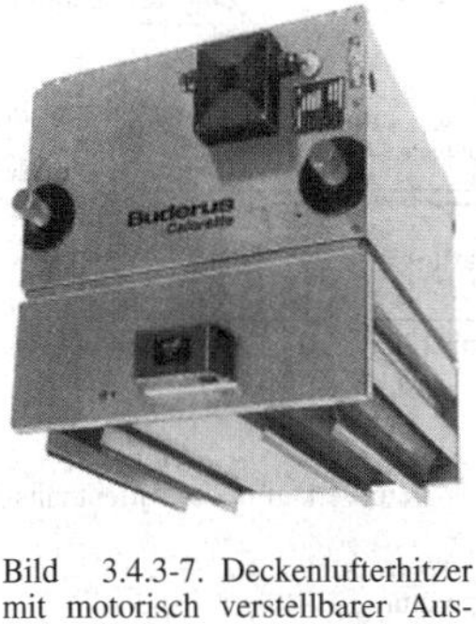

Bild 3.4.3-7. Deckenlufterhitzer mit motorisch verstellbarer Auslaßgitter, gesteuert abhängig von der Zuluft- und Raumtemperatur (Buderus).

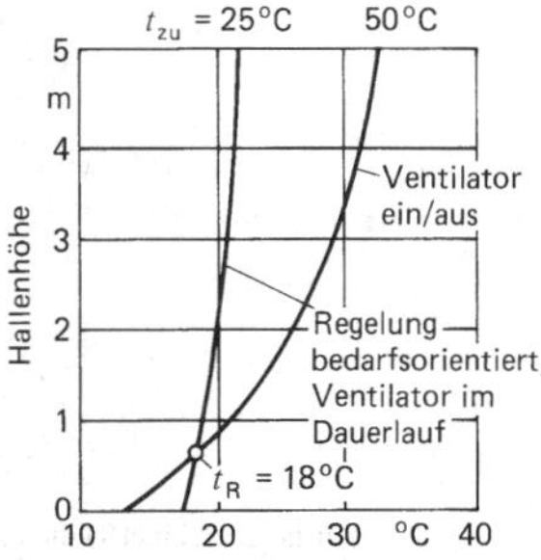

Bild 3.4.3-8. Verlauf der Raumtemperatur über der Höhe bei einer bedarfsorientierten Regelung der Zulufttemperatur mit Ventilator-Dauerbetrieb im Vergleich zu einfacher 2-Punkt-Regelung (Ein/Aus).

Einsatzbereich hauptsächlich zur Beheizung und Lüftung industriell genutzter Räume.

Um Zugerscheinungen und zu starke Temperaturschichtungen in der Übergangszeit zu vermeiden, verwendet man an der Ausblasseite besondere Ausblaskästen mit Lenkklappen, Lamellen, Luftverteilern u.a., wodurch der austretenden Luft nach Bedarf eine andere Strömungsrichtung gegeben wird. Auch diese Geräte lassen sich für Außenluft-, Umluft- oder Mischluftbetrieb einrichten. Bild 3.4.3-5 zeigt ein derartiges Gerät mit Mischluftkasten und Luftverteiler am Ausblas. Hier erfolgt die Verstellung der Strahlrichtung zwischen Winter und Übergangszeit von Hand. Um die Eindringtiefe bei geänderten Zulufttemperaturen anpassen zu können, werden zunehmend automatisch verstellbare Ausblasvorrichtungen verwendet. Bild 3.4.3-6 und Bild 3.4.3-7 zeigen solche Geräte.

Außer der temperaturabhängigen Verstellung der Strahlrichtung ist auch eine der Teillast angepaßte Zuluft-Temperatur vorteilhaft. Mittels außentemperaturabhängiger Regelung der Vorlauf-WW-Temperatur wird im Vergleich zur Ein/Aus-(2-Punkt-)Regelung der Ventilatoren der Decken- (oder Wand-)Lufterhitzer die hohe Übertemperatur unter der Hallendecke wirkungsvoll verringert. Dadurch reduzieren sich auch die Transmissionsverluste durch das Dach (Bild 3.4.3-8).

Ein weiterer energierelevanter Aspekt ist die *Aufheizzeit* nach Betriebspausen (Wochenend oder nachts). Auch hier ist eine bedarfsgerecht angepaßte (abgesenkte) Zulufttemperatur und Verstellung der Strahlrichtung zweckmäßig, da der Startpunkt später liegen kann und der Temperaturgradient geringer ist (Bild 3.4.3-9).

Eine zur Energieeinsparung entwickelte Bauart ist der Luftheizer mit Wärmerückgewinnung. Bild 3.4.3-11 zeigt einen Deckenluftheizer mit einem Plattenwärmeaustauscher zur Wärmerückgewinnung. Eine andere Konstruktion mit einem rotierenden regenerativen Wärmeaustauscher ist in Bild 3.4.3-12 dargestellt. Bei dieser Bauart kann nicht nur sensible sondern auch latente Wärme zurückgewonnen werden. Der Wandlufterhitzer im Bild 3.4.3-13 ist mit einem weiteren System zur Wärmerückgewinnung, dem Kreislaufverbundsystem ausgestattet. Als Wärmeübertragungsmedium dient ein Wasser/Glykol-Gemisch.

Weitere Geräte mit WRG s. Abschnitt 3.3.8.

Wandlufterhitzer, die nach dem Baukastenprinzip konstruiert sind, können zu kompletten dezentralen Zuluftanlagen erweitert werden. In Bild 3.4.3-10 ist ein Wandlufterhitzer dargestellt, der um eine Filtereinheit mit Mischluftkammer, beliebige Leerkammern und ein Außenluftgitter erweiterbar ist.

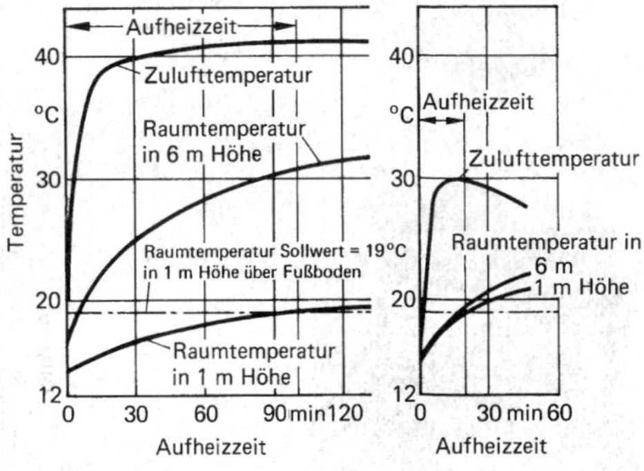

Bild 3.4.3-9. Aufheizzeit einer Halle nach Betriebsruhe und Temperaturverlauf in der Aufenthaltszone und in 6 m Höhe.
Links: mit statischen Luftauslässen und ungeregelter Zulufttemperatur
Rechts: mit steuerbaren Luftauslässen und geregelter Zulufttemperatur

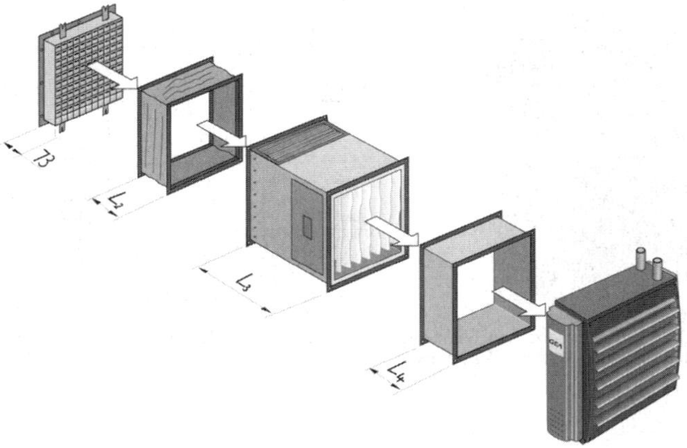

Bild 3.4.3-10. Zur dezentralen Zuluftanlage erweiterbarer Wandlufterhitzer (GEA-Happel).

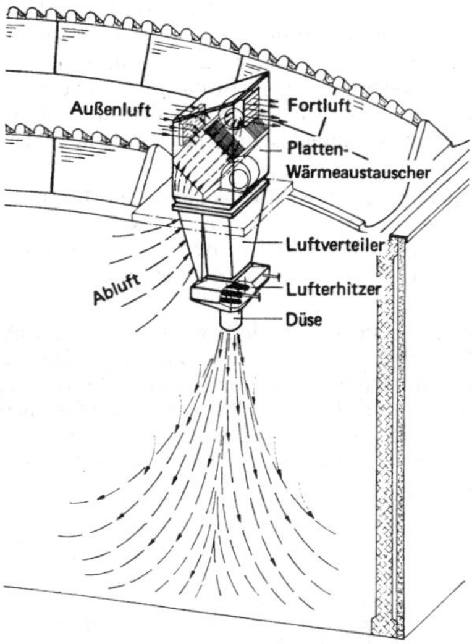

Bild 3.4.3-11. Luftheizer mit Platten-Wärmerückgewinnung. Siehe auch Bild 3.3.8-26 (Hoval).

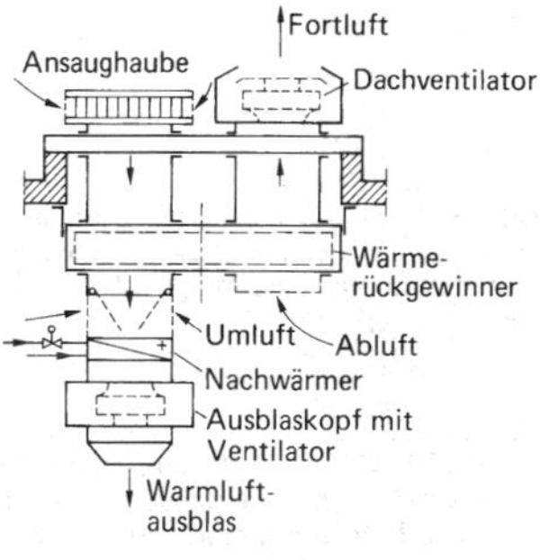

Bild 3.4.3-12. Luftheizer mit rotierendem Regenerativ-Wärmerückgewinner (Babcock-BSH).

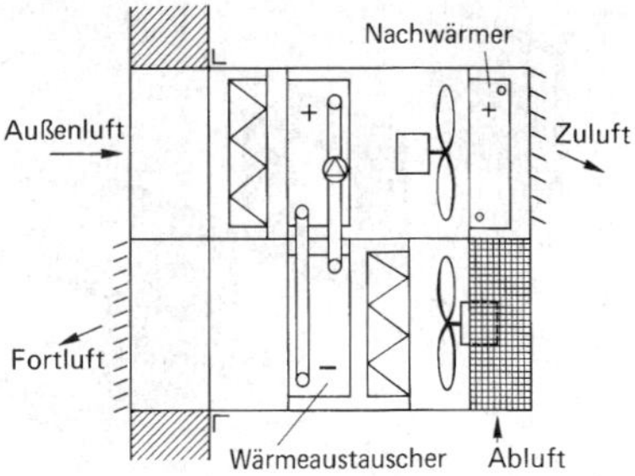

Bild 3.4.3-13. Wandluftheizer mit Wärmerückgewinnung nach dem Kreislaufverbundsystem mit Pumpe und Ausdehnungsgefäß (Wolf). Links: Ansicht; rechts: Funktionsschema.

-1.2 Direktbefeuerte Luftheizgeräte

-1.2.1 Gasbefeuerte Warmlufterzeuger[1)]

Gasbefeuerte Warmlufterzeuger bestehen aus einem Gehäuse, in dem Ventilator, Motor, Wärmeaustauscher und Gasbrenner zu einer vollständigen Einheit zusammengebaut sind. Aufstellung an der Wand oder Decke oder bei größeren Leistungen auch frei im Raum. Der *Vorteil* dieser Geräte besteht darin, daß sie unabhängig von einer Heizzentrale und einem Zwischenmedium schnell Wärme erzeugen und dem zu beheizenden Raum unmittelbar zuführen. Anschluß von Wasser- oder Dampfleitung entfällt, dafür Gaszufuhr und Abgaskamin notwendig.

Der *Wärmeaustauscher* selbst besteht in der Regel aus einer Brennkammer mit Heizrohren oder Heiztaschen, durch die innen die Heizgase strömen, während die zu erwärmende Luft im Kreuzstrom quer zu den Rohren geblasen wird (Bild 3.4.3-14). Andere Konstruktionen haben z. B. gußeiserne Elemente mit außen und innen durch Rippen oder Nadeln vergrößerter Oberfläche.

Die *Brenner* werden für kleine und mittlere Leistungen bis 95 kW als atmosphärische Brenner, für große Leistungen als *Gasgebläsebrenner* ausgeführt. Die *Zündung* erfolgt bei kleinen Brennern ohne Gebläse durch eine von Hand betätigte Zündflamme in Verbindung mit einer thermoelektrischen Zündsicherung. Bei halb- und vollautomatischen Brennern mit Gebläse werden *Gasfeuerungsautomaten* verwendet, die aus einem Flammenwächter und einem Steuergerät bestehen. Das Steuergerät schaltet den Brenner aufgrund von Reg-

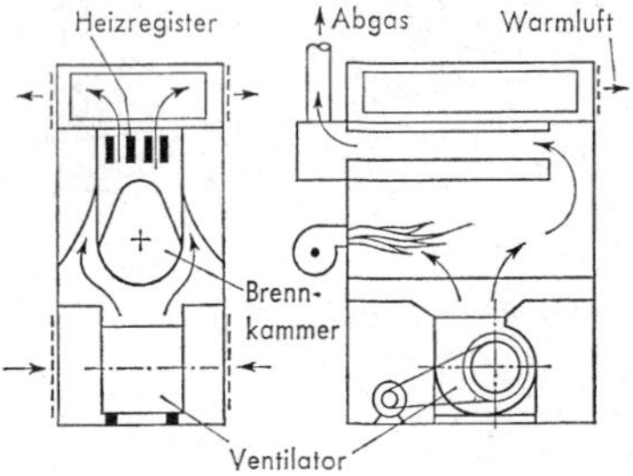

Bild 3.4.3-14. Gasbefeuerter Warmlufterzeuger mit Brennkammer aus Spezialstahl und mit taschenförmigem Heizregister.

1) DIN 4794 T1 u. T3 (12.80), T5 (06.80) und T7 (01.80): Ortsfeste Warmlufterzeuger.
DIN 4756 (02.86): Gasfeuerungen in Heizanlagen; Sicherheitstechn. Anforderungen.
Uechtrik, V., u. Steinkirch: IKZ 18/83. S. 64.

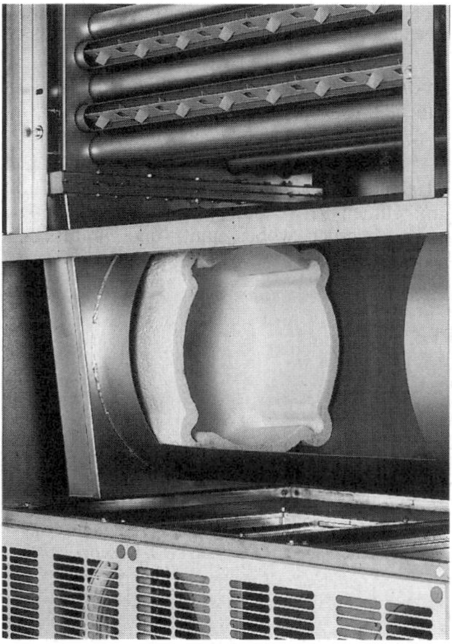

Bild 3.4.3-15. Schnittmodell eines Warmlufterzeugers; RWE-Brennkammer mit Flammtopf aus keramischer Faser (Robatherm).

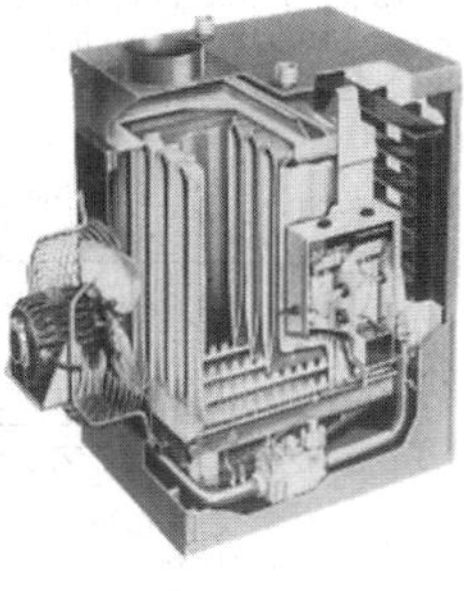

Bild 3.4.3-16. Warmlufterzeuger mit atmosphärischem Gasbrenner und Axialventilator.

lersignalen ein bzw. aus und überwacht den Betrieb nach einem vorgegebenen Programm. Je nach Leistung dürfen beim Anlauf und Betrieb bestimmte Sicherheitszeiten, in denen Gas ohne Zündung austreten kann, nicht überschritten werden. Bei Gas-, Strom- oder Luftmangel erfolgt sofortige Abschaltung (siehe Abschn. 2.2.1-6.3 u. -6.4).

Für Lager- und Fabrikhallen geeignete Geräte zeigt Bild 3.4.3-15 u. Bild 3.4.3-16.

Wandluftheizer siehe Bild 3.4.3-17. Dabei werden sowohl Gasgebläse- wie atmosphärische Brenner verwendet.

Die *Abgase* müssen in der Regel durch einen Schornstein abgeführt werden. In der Abgasleitung ist (außer bei Gebläsebrennern) ein Zugunterbrecher vorgesehen, der meist von den Herstellern der Geräte mitgeliefert wird und der den Einfluß der Außenluft (Rückstrom,

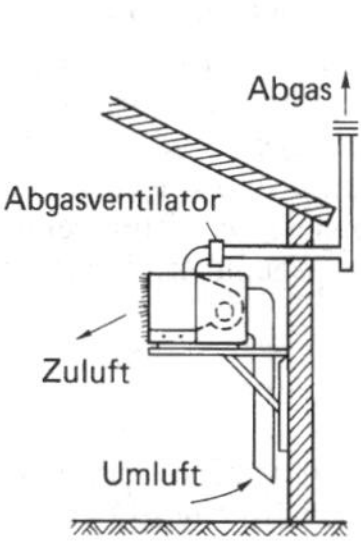

Bild 3.4.3-17. Warmlufterzeuger für Wandmontage mit atmosphärischen Gasbrenner und Radialventilator; Luftleitungsanschluß möglich (ITT-Reznor).

Bild 3.4.3-18. Warmlufterzeuger mit regelbaren Bypass (Robatherm).

Stau) von den Brennern fernhalten soll. Es gibt jedoch auch Warmlufterzeuger mit eingebautem Abgasventilator sowie Außenwand-Warmlufterzeuger, die keinen Schornstein benötigen.

Den Aufbau eines Warmlufterzeugers mit *atmosphärischem* Brenner zeigt Bild 3.4.3-18. Ein Axialventilator bläst die zu erwärmende Luft über den Wärmeaustauscher aus Stahlblech. Die Heizgase strömen senkrecht nach oben und geben dabei ihre Wärme an die Luft ab.

Die Geräte werden vorzugsweise für die Heizung in Hallen, Sälen, Schlachthöfen, Großmärkten, Werkstätten und ähnlichen Großräumen verwendet, gewöhnlich im Umluftbetrieb. Sie können auch auf Dächern montiert werden, wobei Zuluft- und Umluftkanäle angeschlossen werden können (Bild 3.4.3-19).

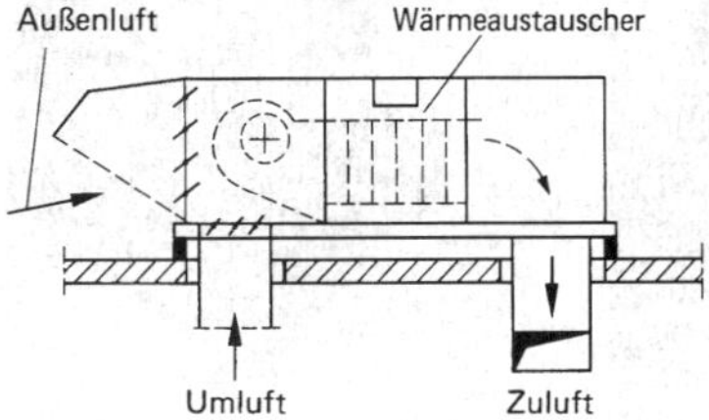

Bild 3.4.3-19. Warmlufterzeuger für Außenmontage auf Dächern (ITT-Reznor).

Zum sparsamen Verbrauch des Heizgases empfiehlt sich immer der Einbau eines *Temperaturreglers* (Abschnitt 2.3.1-2.2), damit nicht mehr Gas verbraucht wird als unbedingt nötig ist.

Die Regelung der Heizleistung erfolgt dabei durch einfache Ein- und Ausschaltung mittels Magnetventil (Zweipunkt-Regelung) in Abhängigkeit von einem Raumtemperaturfühler. Auch *Abgastemperaturregler* werden manchmal verwendet, die die Temperatur der Abgase auf einem bestimmten Wert, z. B. 180 °C, konstant halten und damit einen gleichmäßigen Wirkungsgrad von 80...85% dauernd gewährleisten.

Für die *Sicherheit* sorgen 3 Thermostate: Ein Regler verhindert das Kaltblasen beim Anfahren, ein Wächter schaltet den Brenner bei einer festeingestellten Temperatur von z.B. 90 °C ein und aus, ein Sicherheitsbegrenzer schaltet den Brenner bei Übertemperatur aus.

Um gleichmäßige *Zulufttemperatur* zu erhalten, werden auch Beipaß-Klappen am Wärmeaustauscher verwendet.

Die Warmlufterzeuger können auch mit Umschaltkasten versehen werden, so daß sie sowohl mit Außenluft als auch mit Umluft oder Mischluft betrieben werden können.

Abgasverluste für Neuanlagen gemäß Kleinfeuerungsanlagen-VO von 1988 maximal 10...12% je nach Leistung. Abgastemperaturen 160 °C...300 °C. Die *Jahreswirkungsgrade* (Nutzungsgrade) derartiger direkt befeuerter Warmlufterzeuger sind einerseits größer als bei Luftheizern mit Dampf oder Wasser, da die Verteilungs- und weitestgehend auch die Stillstandsverluste entfallen. Dem steht als Nachteil die höhere Hallentemperatur im Bereich der Decke infolge der relativ hohen Zuluft-Temperatur gegenüber (Transmissionsverluste).

-1.2.2 Ölbefeuerte Warmlufterzeuger [1)]

Diese Geräte, die in ähnlicher Weise wie die gasbefeuerten eingesetzt werden, verwenden Öl als Heizmittel zur Erwärmung der Luft, wobei die Verbrennungswärme des Öls direkt auf die Luft übertragen wird. Bestandteile der Öllufterhitzer sind

der *Brenner,* der den sonst üblichen Ausführungen mit Steuer- und Sicherheitsgeräten entspricht; meistens ist er ein Öldruckbrenner für Betrieb mit leichtflüssigem Öl;

1) DIN 4794 T1 u. T2 (12.80), T5 (06.80): Ortsfeste Warmlufterzeuger.
DIN 4755 T1 (09.81): Ölfeuerungen in Heizanlagen: Sicherheitstechn. Anforderungen.
Bauaufsichtliche Richtlinien siehe Mitteilungen des Instituts für Bautechnik Nr. 6 – 1975.

die *Brennkammer,* meist aus Spezialguß oder Edelstahl;

der *Wärmeaustauscher,* ein im Rauchgasweg liegender Röhren- oder Taschen-Wärmeaustauscher, meist aus hitzebeständigem Chromnickelstahl;

der *Ventilator* (Axial- oder Radialventilator), der Luft durch den Wärmeaustauscher fördert;

das *Abgasrohr* aus Stahlblech zur Abführung der Verbrennungsgase.

Verschiedene Bauarten: Flammenachse waagerecht oder senkrecht, symmetrisch oder unsymmetrisch, auch Umkehr- und Sturzflammen (Bild 3.4.3-20). Der Ventilator und Warmluftaustritt teils oben, teils unten im Gerät angeordnet. Bei den meisten Ausführungen ist es auch möglich, Luftleitungen anzubringen, so daß die Warmluft besser verteilt werden kann. Maximale Abgasverluste gem. Kleinfeuerungsanlagen-VO von 1988 10...12%. Abgastemperatur >180 °C.

Für die Aufstellung Genehmigung der Bauaufsichtsbehörden einholen. Aus Umweltschutzgründen werden mehrere kleinere Schornsteine heute auf einem Werksgelände nicht mehr zugelassen (TA-Luft). Zwang zum Zusammenführen der Abgase in großen Schornstein führt dann zu zentraler Heizkesselanlage.

Allgemeine und lufttechnische Anforderungen sowie Prüfmethoden sind in DIN 4794 T1 u. T2 (12.80) enthalten.

Die *Temperaturdifferenz* zwischen eintretender und austretender Luft soll zwischen 20 und 40 K liegen. Der Nennluftvolumenstrom und der Wirkungsgrad werden auf die Normal-Temperaturdifferenz von 45 K bezogen, ebenso die Nenn-Wärmeleistung. Es wird empfohlen, die Geräte mit folgenden Leistungen und Drücken herzustellen:

Nennleistung:	12...120 kW
Volumenstrom:	800...820 m^3/h
Ventilatordruck:	30... 90 Pa

Die für die Verbrennung erforderliche Luft wird aus der Halle entnommen.

Stand-Warmlufterzeuger werden frei im Raum, z.B. in einer Werkhalle, aufgestellt. Dabei sind jedoch sicherheitstechnische Gesichtspunkte zu beachten[1].

Bild 3.4.3-21 zeigt ein Standgerät. Unten über dem Fußboden befindet sich ein Radialventilator, der Luft aus dem Raum ansaugt und nach oben über den Wärmeaustauscher fördert. Warmluftaustritt nach allen Seiten. Abgasabführung seitlich. Auch Luftleitungsanschluß möglich.

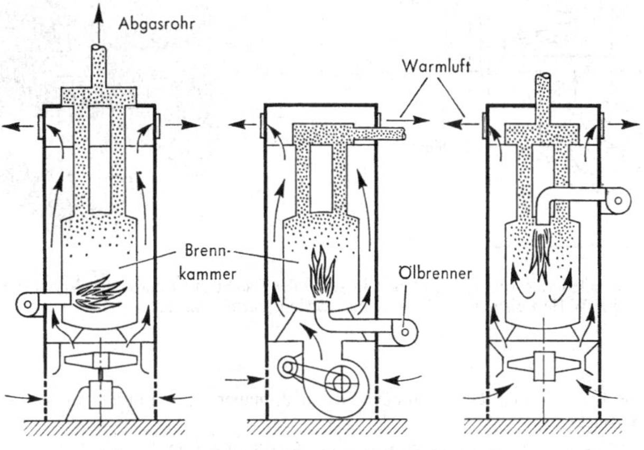

Bild 3.4.3-20. Ölbefeuerte Warmlufterzeuger verschiedener Bauart
a) mit Axialventilator und waagerechter Flammenachse,
b) mit Radialventilator und senkrechter Flammenachse,
c) mit Axialventilator (Außenläufer) und Sturzbrenner.

[1]) ARGEBAU: Richtlinien für die Aufstellung von Feuerstätten >50 kW in anderen Räumen als Heizräumen (5.78).

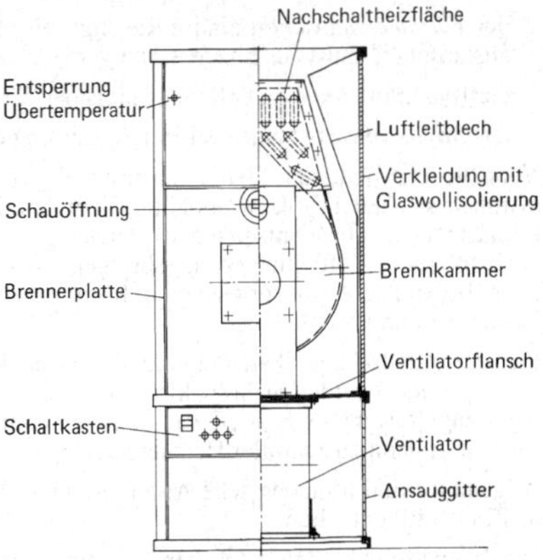

Bild 3.4.3-21. Ölbefeuerter Warmlufterzeuger mit Radialventilator (Buderus). Leistung von 46 bis 465 kW. Links: Äußere Ansicht; rechts: Schnitt durch Vorderseite.

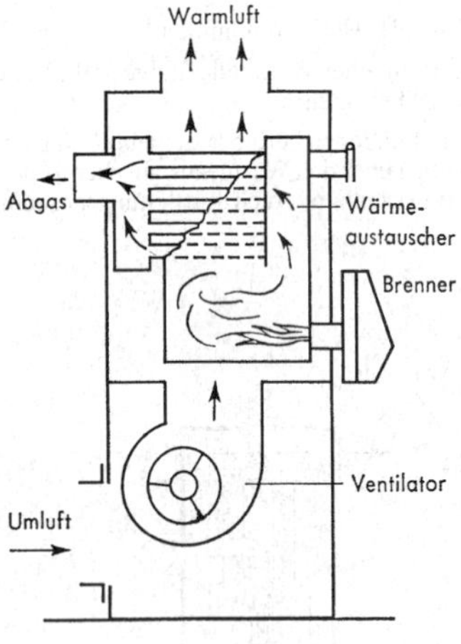

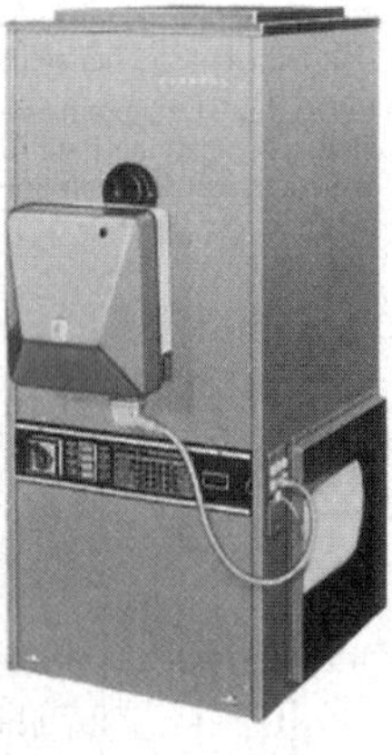

Bild 3.4.3-22. Ölbefeuerter Warmluft-Automat in stehender Bauart mit Rohren als Wärmeübertrager für 20 ... 50 kW Heizleistung (Buderus). Links: Schnitt; rechts: Ansicht.

Wärmeaustauscher aus Stahl, Gußeisen oder Edelstahl, manchmal mit durch Rippen vergrößerter Oberfläche.

Ein weiteres Beispiel für kleinere Heizleistungen siehe Bild 3.4.3-22.

Bei großen Hallen werden mehrere Geräte aufgestellt, wobei das Heizöl aus einem gemeinsamen Vorratsbehälter geliefert wird (Bild 3.4.3-23). An diesen Behälter kann auch ein ölbeheizter Warmwasserkessel angeschlossen werden, falls eine Zentralheizung, z.B. für Büroräume, gewünscht wird (Bild 3.4.3-24).

Die Innenseiten der Gehäuse sind mit einer Dämmschicht von Glaswatte oder ähnlichem Material ausgefüttert.

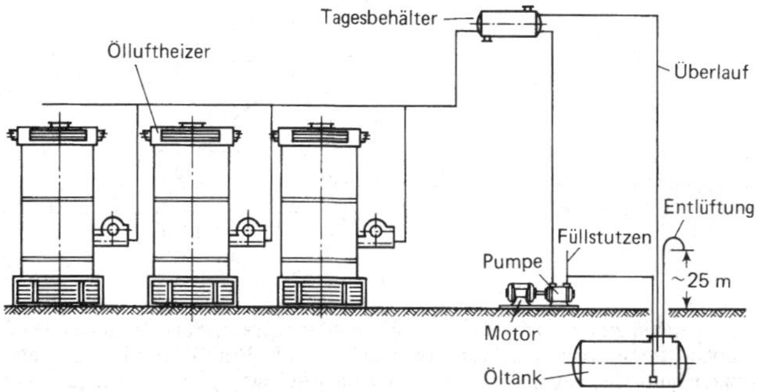

Bild 3.4.3-23. Zentrale Ölversorgung für mehrere Warmlufterzeuger in einer Werkhalle.

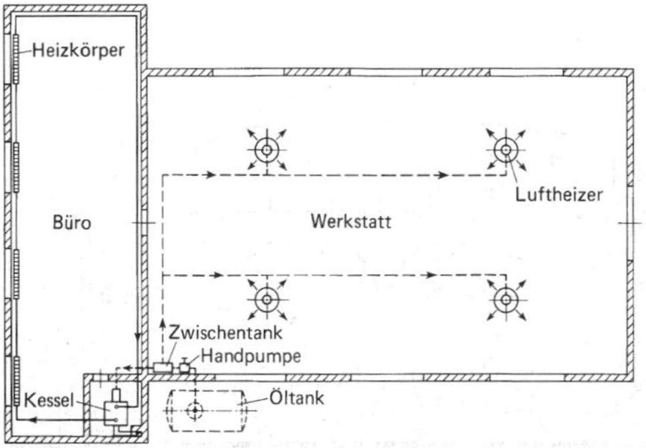

Bild 3.4.3-24. Werkhalle mit mehreren Warmlufterzeugern, ölbeheiztem Warmwasserkessel für die Büroräume und gemeinsamem Öltank.

Anforderungen an die Geräte und ihre Prüfung sind in DIN 4794 Bl. 1 (12.80) enthalten. Für Geräte bis 50 kW sollen 3 Drehzahlen mit den Temperaturerhöhungen 35, 45 und 55 K möglich sein (Stufe 1, 2 und 3). Für Geräte bis 120 kW genügen 2 Drehzahlen. Für jedes Gerät ist ein Kennfeld aufzustellen, aus dem Luftstrom, Förderdruck und Lufterwärmung entnommen werden können (Bild 3.4.3-26).

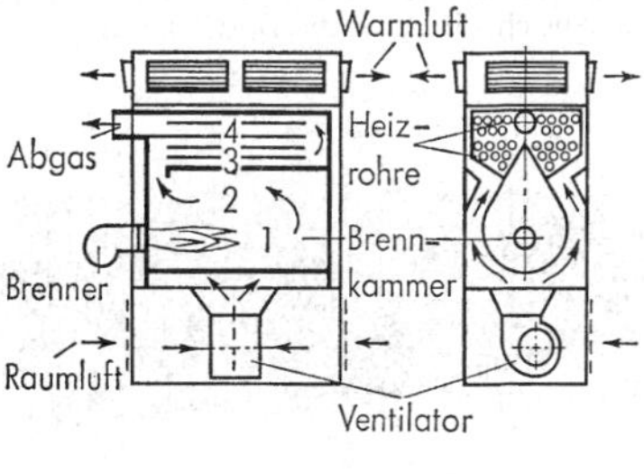

Bild 3.4.3-25. Ölbeheizter Warmlufterzeuger für Wandmontage mit Umkehrflamme (1) und Rohren als Wärmeaustauscher – 3 Züge (2…4).

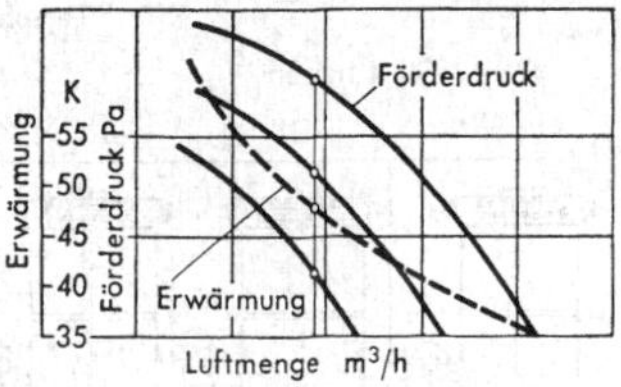

Bild 3.4.3-26. Kennfeld eines Warmlufterzeugers mit 3 Drehzahlen bei konstanter Brennstoffzufuhr.

Außer den Standgeräten gibt es auch *ölbeheizte* Warmluftheizer für Wandmontage, die wie die gewöhnlichen Luftheizer an der Wand befestigt werden (Bild 3.4.3-25). Abgesehen vom Strom- und Ölanschluß benötigen diese Geräte natürlich auch eine Abgasleitung, was ihre Verwendung häufig beeinträchtigt. Im übrigen werden sie jedoch ähnlich wie die dampf- und wassergeheizten Wandluftheizer namentlich für Werkhallen, Lagerräume usw. verwendet. Anordnung sowohl stehend wie liegend. Beispiel einer Hallenheizung siehe Bild 3.4.3-27. Absaugung kalter Luft in Fußbodenhöhe reduziert Temperaturschichtung in Halle (rechte Bildseite). Ölversorgung ähnlich Bild 3.4.3-23 und Bild 3.4.3-24.

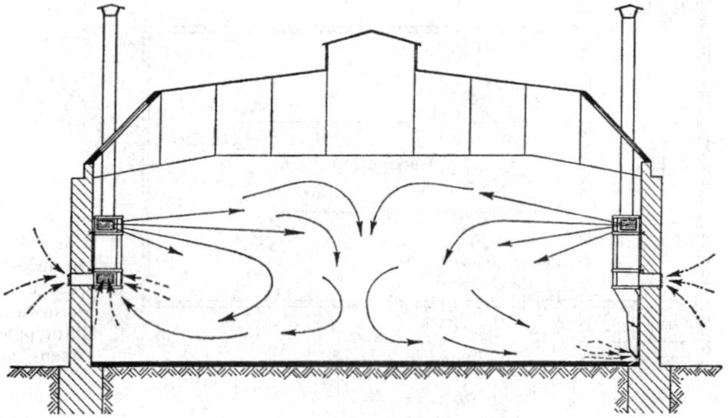

Bild 3.4.3-27. Beheizung und Lüftung einer Fabrikhalle durch ölbefeuerte Warmlufterzeuger.

Ein für Wand- oder Deckenmontage bestimmtes Gerät zeigt Bild 3.4.3-28. Es kann mit Außenluft, Umluft oder Frischluft betrieben werden.

Sonderausführungen für Garagen und Kraftfahrzeugwerkstätten mit luft- und gasdichtem Verbrennungsraum. Für die Verfahrenstechnik und für Luftstrahlheizungen auch Geräte mit hohen Ausblastemperaturen, z.B. 300 °C.

Fahrbare Warmlufterzeuger (s.a. Abschn. 2.2.2-3.4) werden für Trocknungszwecke, z.B. zum Austrocknen von Neubauten, verwendet. Ansicht eines Gerätes Bild 3.4.3-29.

Bild 3.4.3-28. Öl- (oder gas)befeuerter Warmlufterzeuger in liegender Ausführung (Alko-Therm).

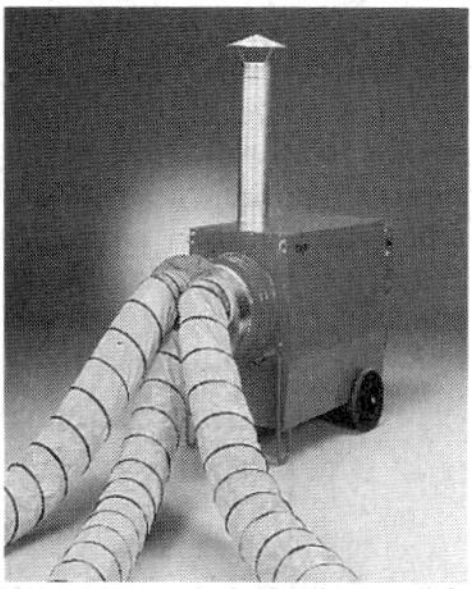

Bild 3.4.3-29. Fahrbarer ölbefeuerter Warmlufterzeuger (Heylo).

-2 Luftschleier (Lufttüren)[1) 2)]

-2.1 Verwendung

in Verkehrsgebäuden, z.B. Warenhäusern, Aufenthaltsbereiche in Bahnhöfen etc., aus werbetechnischen Gründen zur Vermeidung von Türen. Ferner in Fabriken und Frachthallen zur Verhinderung von Zugerscheinungen und Wärmeverlusten bei geöffneten Toren. Häufig automatisches Einschalten durch Tür. Heizkostenersparnis an Fabriktoren bis 80%[3)].

-2.2 Ausführungsarten

Unterscheidung nach Strahlarten (s = Gesamt-Schlitzweite der Luftschleierdüse, H = Öffnungsweite der Tür):

a) Anlagen mit schmalen Schlitzdüsen ($s/H < 0{,}1$)

b) Anlagen mit breiten Schlitzdüsen ($0{,}1 < s/H < 0{,}5$)

c) Anlagen mit Doppelstrahl[4)] (geteilte Düse mit getrennter Versorgung von äußerer und innerer Strahlhälfte, $s/H = 2 \times 0{,}15$)

Unterscheidung nach Strahlrichtung:

d) Horizontal ausblasend (Industrietore)

e) Vertikal von oben nach unten (Verkaufsräume)

f) Vertikal von unten nach oben,

meist kombiniert mit Absaugung im Bereich des Strahlauftreffpunktes. Schmale Schlitzdüsen werden i.d.R. nur im Bereich von Industrietoren eingesetzt, da sehr hohe Strahlgeschwindigkeiten notwendig (bis 40 m/s). Durch Einmischung von Umgebungsluft in den Luftschleier sind erhebliche Wärmeverluste im Türbereich möglich, daher keine Anwendung in Warenhäusern etc.

-2.3 Randbedingungen

Die notwendige Luftgeschwindigkeit im Austritt muß den windklimatischen Bedingungen im Türbereich angepaßt sein und ist von der Einbau-Situation, der Gebäudehöhe und der näheren Umgebungsbebauung abhängig. Die vorliegenden Bedingungen müssen gegebenenfalls im Rahmen einer Windkanalstudie ermittelt werden. Bei Türhöhen über 2,5 m muß die Thermik durch Temperaturdifferenzen innen/außen zusätzlich berücksichtigt werden.

---

1) Neubearbeitung erfolgte von Dr.-Ing. Eckehard Fiedler, Aachen, für die 68. Auflage.

2) Danielsson, P. P.: Ki 5/1973. S. 41/5.
Lajos, T., u. L. Prezler: HLH 5/75. S. 171/6, und 6/75. S. 226/35.
Mürmann, H.: Klima-Kälte-Technik 11/75. S. 238/44, und HR 4/77 und 5/77.
Detzler, R., und D. Gersch: Ki 6/84. S. 255/9.

3) Mürmann, H.: Kälte- und Klimatechnik 9/79. S. 414, 4 S., und TAB 10/88. S. 752/6.

4) Gerhardt, H. J., und Kramer, C.: Vorrichtung zur berührungsfreien Abdichtung einer Öffnung gegen aus- oder eintretendes Gas, Patent DE 3743598 A1 Aachen, 22.12.87.

Windeinfluß

Durch Windeinfluß werden Druckdifferenzen zwischen unterschiedlichen Fassadenbereichen eines Gebäudes induziert. Diese sind abhängig von der Gebäudeform, der Umgebungsbebauung, dem Standort und der Ausrichtung des Gebäudes relativ zur Hauptwindrichtung. Freistehende Gebäude sind i.d.R. wesentlich höheren Winddrücken ausgesetzt als Gebäude im Innenstadtbereich. Die Druckwirkung wird beschrieben über Druckbeiwerte c_p, mit denen der Staudruck in Firsthöhe multipliziert wird.

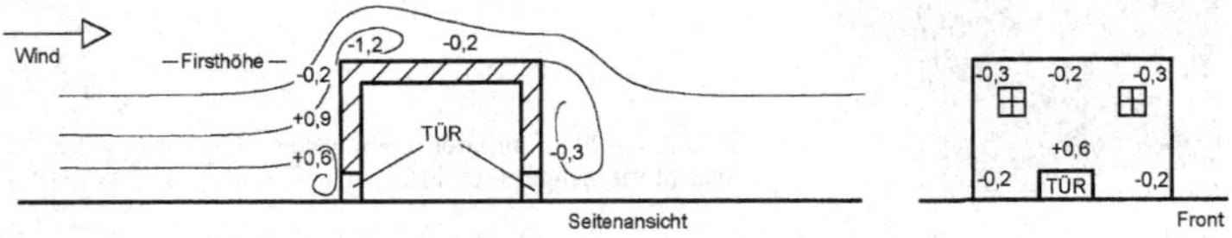

Luftschleieranlagen müssen so ausgelegt sein, daß sie den resultierenden Winddrücken standhalten. Gegebenenfalls sind hier Windkanalstudien durchzuführen, mit denen c_r-Werte im Einzelfall bestimmt werden. Insbesondere muß untersucht werden, ob sich lokal im Türbereich hohe Windgeschwindigkeiten einstellen, die die Wirkung von Luftschleieranlagen beeinflussen oder einen Einsatz von mechanischen Türen notwendig machen. Für den Auslegedruck gilt:

Berechnung: $$\Delta p_{\text{Wind}} = c_p \cdot \frac{\rho}{2}\, u^2_{\text{Wind, Bezugshöhe}} - p_{\text{innen}}$$

Thermik

Eine Temperaturdifferenz ΔT zwischen Innen- und Außenluft ruft eine zusätzliche Druckdifferenz hervor, die vom Luftschleier abgefangen werden muß. Die Druckwirkung ist im Bodenbereich nach innen, im Deckenbereich nach außen gerichtet. Die Druckdifferenz kann näherungsweise berechnet werden aus der Türhöhe H und der Temperaturdifferenz. Bei horizontal ausblasenden Anlagen wird diese Druckdifferenz voll wirksam, bei vertikal ausblasenden Anlagen hebt sich die Druckwirkung zum Teil auf:

horizontal ausblasende Anlagen: $$\Delta p_{\text{Thermik}} \approx 0{,}045 \cdot H \cdot \Delta T \cdot \left[\frac{\text{Pa}}{\text{m} \cdot {}^\circ\text{C}}\right]$$

vertikal ausblasende Anlagen: $$\Delta p_{\text{Thermik}} \approx 0{,}015 \cdot H \cdot \Delta T \cdot \left[\frac{\text{Pa}}{\text{m} \cdot {}^\circ\text{C}}\right]$$

-2.4 Auslegung

Luftgeschwindigkeit

Genauere Berechnungsdaten liegen für vertikal ausblasende Anlagen mit Schlitzweiten von s/H = 0,3 und Anlagen nach dem Doppelstrahlprinzip vor[1]. Hier gilt:

für s/H = 0,3 $$c_{\text{Düse}} \approx 2 \cdot \sqrt{\Delta p_{\text{Wind}} + \Delta p_{\text{Thermik}}} \cdot \left[\frac{\text{m}}{\text{s} \cdot \sqrt{\text{Pa}}}\right]$$

allgemein $$c_{\text{Düse}} > \sqrt{\frac{(\Delta p_{\text{Wind}} + \Delta p_{\text{Thermik}}) \cdot H_{\text{Tür}}}{\rho_{\text{Luft}} \cdot s_{\text{Düse}}}}, \quad \rho_{\text{Luft}} \approx 1{,}2 \text{ kg/m}^3$$

Weitere Auslegungsdaten siehe [2]. Auslegung von Portalanlagen in Warenhäusern mit Volumenströmen bis 19000 m³/h je Meter Breite bei Ausblasgeschwindigkeit bis 7 m/s. Teilweise Ausrüstung mit Leitgittern zur Veränderung der Ausblasrichtung. Energetisch

[1]) Fiedler, E.: Aerodynaymische Abgrenzung von Trocknerzonen, Dissertation RWTH 1994, Verlag Shaker, Aachen.

[2]) Baturin, W. W.: Lüftungsanlagen für Industriebauten. VEB-Verlag Berlin 1959. S. 397.
Lajos, T., und L. Prezler: HLH 5/75. S. 171/6, und 6/75. S. 226/35.
Mürmann, H.: Klima-Kälte-Technik 11/75. S. 238/44, und 9/79. S. 414, 4 S., und TAB 10/88. S. 752/6, und HR 4/77 und 5/77.

günstiger Betrieb durch Steuerung der Düsenaustrittsgeschwindigkeit *proportional zur mittleren Windgeschwindigkeit.* Messung der Windgeschwindigkeit am Gebäudedach mit Klimastation.

Luftüberschuß der Hausklimaanlage

Für den ganzjährigen Betrieb von Luftschleieranlagen ist ein ausreichender Luftüberschuß der Hausklimaanlage vorzusehen. I.d.R. müssen 25%–50% des gesamten Strahlvolumens des Luftschleiers nach außen abgeführt werden, um im Winterfall eine ausreichende Wirkung zu erreichen.

Lufttemperatur

Im Industriehallenbereich z.T. ohne Lufterwärmung. In Verkehrsgebäuden Ausblastemperaturen zwischen 20°C und 30°C. Bei s/H < 0,3 immer Luftvorwärmung nötig, Ausblastemperatur bei schmalen Schlitzweiten höher. Z.T. werden erhebliche Heizleistungen benötigt, bis 80 kW je m Türbreite. Bei Warenhäusern mit Luftüberschuß und Doppelstrahl ist Betrieb ohne Lufterwärmung möglich.

Bei Einbausituation mit geringem Windeinfluß kann eine Ausblasung vartikal von unten nach oben erfolgen. Hier werden Bodengitter mit einer Breite bis zu 0,5 H und geringe Luftgeschwindigkeiten verwendet bis 1 m/s. Schrägstellung der Bodengitter nach außen und Beheizung bis ca. 30°C verbessert die Wirkung gegen Kaltlufteinfall.

-2.5 Ausführungsbeispiele

Warenhaus

Luftschleieranlagen in Warenhäusern sollen immer vertikal *von oben nach unten* ausblasend sein und mit einer Absaugung im Bodenbereich kombiniert werden. Richtwert für die Schlitzweite $s = 0{,}3\ H_{Tür}$. Energetisch optimierte Anlagen werden nach dem Doppelstrahlprinzip[1)] ausgeführt. Die Bodenabsaugung ist von der Strahlachse 0,4 Türhöhen nach innen verlegt. Der am Boden abgesaugte Volumenstrom beträgt mindestens 75% des

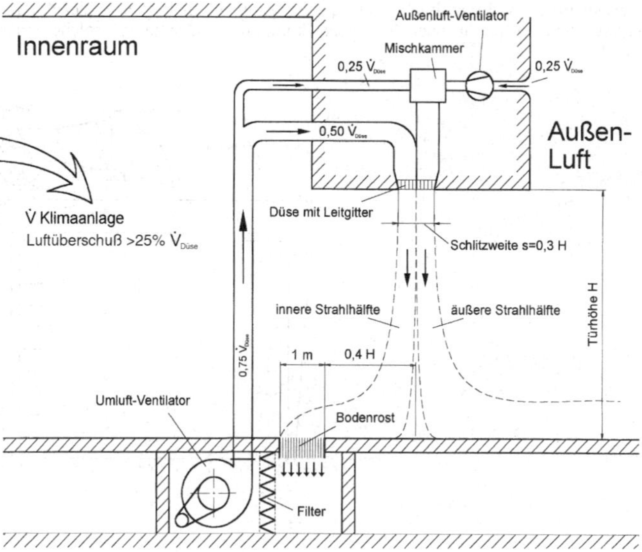

Bild 3.4.4-1. Luftschleieranlage in einem Warenhaus.

1) Gerhardt, H.J., und Kramer, C.: Parameterstudie zur Auslegung von Türluftschleieranlagen, Aachen 1992, unveröffentlicht.

gesamten Strahlvolumenstromes, um Zugerscheinungen im Verkaufsraum zu verhindern.
Auslegungsbeispiel:

max. Windgeschwindigkeit bezogen auf Eingangshöhe (ausgehend von u_{Wind} in 10 m Höhe) .... 4,1 m/s

Resultierender Winddruck $\Delta p_{Wind} = c_p \cdot \frac{\rho}{2} u^2_{Wind}$ mit $c_p = 0{,}6$ 6 Pa

Wirksame thermische Druckdifferenz $\Delta p_{Thermik} \approx 0{,}015 \cdot H \cdot \Delta T \cdot \left[\frac{Pa}{m \cdot {}^\circ C}\right]$ ...... 0,75 Pa

Düsenaustritts-geschwindigkeit $c_{Düse} \approx 2 \cdot \sqrt{\Delta p_{Wind} + \Delta p_{Thermik}} \cdot \left[\frac{m}{s \cdot \sqrt{Pa}}\right]$ .... 5,2 m/s

Für eine Türöffnung von 2,5 m × 3 m (H × B) ergeben sich folgende Daten: Die Schlitzweite *s* beträgt 2 × 0,375 m (Doppelstrahl), Gesamtvolumenstrom $V_{Düse} = 2 \times 21\,060$ m³/h bei 5,2 m/s Ausblasgeschwindigkeit. Die Bodenabsaugung wird mit 31590 m³/h betrieben. Auf eine Zusatzheizung kann verzichtet werden, wenn die Hausklimaanlage mit einem Luftüberschuß von ca. 15000 m³/h gefahren wird. Bei geringeren Luftüberschüssen muß die innere Strahlhälfte im Winterfall beheizt werden.

Die Düsenaustrittsgeschwindigkeit wird *proportional zur mittleren Windgeschwindigkeit* gesteuert. Die Windgeschwindigkeit wird am Gebäudedach mit einer Klimastation ermittelt.

Fabrikhalle

Ein weiteres Beispiel zeigt Bild 3.4.4-2 mit der Darstellung eines Lufttores für eine Fabrik. Ventilator und Lufterhitzer oberhalb des Tores auf einer Konsole, Lufteinblasung von beiden Seiten. Auch Öl- uind Gaslufterhitzer verwendbar. Häufig auch ohne Lufterhitzer. Strahlrichtung z. T. einstellbar. Bei gelegentlichem Öffnen ist Kaltluftschleier energiesparender als Warmluftschleier. Grundsätzlich haben Lufttüren mit Heizung einen hohen Energieverbrauch. Wo möglich sollten sie daher mit automatischen Schiebetüren, schnellschließenden Rolltoren oder Schleusen kombiniert oder durch solche ersetzt werden.[1)]

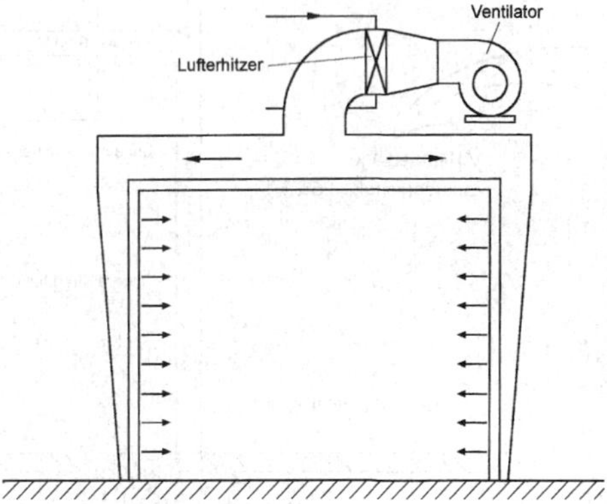

Bild 3.4.4-2. Luftschleieranlage an einem Fabriktor.

[1)] Schmidt, M.: Funktion und Berechnung von Luftschleusen, Fortschr. Ber. VDI-Z. R6, Nr. 99, 1982, VDI-Verlag Düsseldorf.

-3 Ozongeräte

Verwendung von Ozon (3-atomiger Sauerstoff O_3) zur Geruchsverminderung oder -beseitigung durch Beimischung in der Zuluft von Lüftungsanlagen und in gewerblichen Räumen mit starker Geruchsentwicklung, zum Beispiel Kühlräume für Lebensmittel, Fischlager, Leichenräume, Toiletten usw. Wirkung beruht auf der starken Oxydationsfreudigkeit des Ozons, das nicht beständig ist und beim Zerfall in 2-atomige Moleküle oxydierende Verbindungen mit zahlreichen Stoffen (Geruchs- und Ekelstoffen, Tabakrauch, Küchengerüchen usw.) eingeht. Ferner evtl. auf Menschen stimulierende Wirkung wie etwa Coffein oder Nikotin.

Erzeugung durch elektrische Aufladung (Blitz) und UV-Bestrahlung. Für gewerbliche Zwecke kleine handliche Geräte erhältlich, die im Innern eine gasgefüllte Ozonröhre enthalten. Spannung 2000…3000 V. Lebensdauer 2500…3000 Stunden. Stromverbrauch je nach Größe 3…50 Wh. Für große Anlagen Ozon-Einbaugeräte.

Zulässige Konzentration in Aufenthaltsräumen 0,1…0,2 mg/m³ (0,05…0,1 ppm), keine Schädigung für Lagergut oder Menschen[1]. Darüber Reizung von Schleimhäuten und Augen (MAK-Wert 0,1 ppm). Gewöhnliche Raumgerüche werden bereits bei einer Konzentration von 0,01 bis 0,02 mg/m³ beseitigt. Große Konzentrationen giftig. Nachteilig ist die ungenügende Kontrollmöglichkeit. Kontrolle nur durch Geruchssinn, der jedoch durch Ozon zum Teil abgestumpft wird. Daher Verwendung in Aufenthaltsräumen und in Lüftungsanlagen zwecks Verringerung der normalen Zuluftrate bedenklich[2].

---

[1]) Malter, R.: Klima-Techn. 10/1966. S. 12/14. mit ein
Seifert, B. u. A.: Ges.-Ing. 9/76. S. 225/8.
Wanner, H.-U.: CCI 1/86. S. 8.

[2]) Kröling, P.: Luftionisatoren: nützlich, schädlich oder unwirksam, Atemwegs-, Lungenkrankheiten, Jahrgang 17 (12.91). S. B 87 / B 92.
Hüttemann, U.: Die medizinische Relevanz von Ozon, Atemwegs-, Lungenkrankheiten, Jahrgang 22 (1996). S 39 / S 40.
Höppe, P., Lindner, J., Praml, G., Edrich, F.: Vergleichende Untersuchungen der Lungenfunktion von Waldarbeitern an Tagen mit niedrigen und erhöhten Ozonkonzentrationen, Zbl. Arbeitsmed. 44 (1994). S. 236/42.

3.5 Berechnung der Lüftungs- und Klimaanlagen

3.5.1 Lüftungsanlagen

-1 Luftstrom (Luftvolumenstrom)

Die Bemessung des Volumenstroms[1] erfolgt je nach Art der Anlage von verschiedenen Gesichtspunkten.

-1.1 Bestimmung nach dem stündlichen Außenluftwechsel

des Raumes, bei einfachen Lüftungsanlagen am meisten gebräuchlich. Stärke der erforderlichen Lüftung hängt jedoch nicht nur vom Rauminhalt, sondern auch von der Höhe des Raumes, seiner Lage, dem Grad und dem Ort der Luftverschlechterung usw. ab. Auch die Art der Luftführung („von oben nach oben" oder von „unten nach oben" u.a.) ist von Einfluß. Sie bestimmt die Effektivität der Lüftung. Erfahrungszahlen schwanken daher in weiten Grenzen (Tafel 3.5.1-1). Tafelwerte sind mit Überlegung zu benutzen.

-1.2 Bestimmung nach der Luftrate,

d. h. nach der je Person erforderlichen Luftmenge. Auch hierfür lassen sich nicht unbedingt feste Zahlen angeben, da die Luftmenge auch von anderen Umständen abhängt. Verfahren am besten geeignet für Versammlungsräume (Theater, Kinos, Säle). In DIN 1946 T2 (01. 94) sind folgende Außenluftraten angegeben:

Theater, Konzertsäle, Kinos, Lesesäle, Messehallen, Verkaufsräume,
Museen, Turn- und Sporthallen ....20 m³/h Pers.
Ruheräume, Kantinen, Gaststätten, Konferenzräume, Klassenräume,
Hörsäle, Pausenräume.................................30 m³/h Pers.
Einzelbüros.................................40 m³/h Pers.
Großraumbüros.................................60 m³/h Pers.

Immerhin sollte man sich nicht unbedingt an diese Zahlen halten. Unter besonderen Umständen ist es durchaus zu verantworten, auch 15 oder sogar 10 m³/h je Person der Berechnung zugrunde zu legen, z. B. in Luftschutzräumen.

In anderen Ländern werden andere Werte für die Luftrate angegeben, z. B. in

USA (ASHRAE 62/Entwurf 1987)	35 m³/h Pers.
Schweden	9,0 m³/h Pers.
England	25,0 m³/h Pers.

Die geringen Werte in den USA aus 1981 mit 8,5 m³/h hatten jedoch zu Unzufriedenheit („Gebäude-Krankheit") geführt und werden jetzt wieder erhöht.

Bei Außentemperaturen unter 0 °C und über 26 °C kann die Luftrate nach DIN 1946 T2 zwecks Energieeinsparung auf 50% verringert werden. Bei belästigenden Geruchsquellen (z. B. Tabakrauch) sollen die Werte um 20 m³/h Pers. erhöht werden.

Da neben Personen noch andere Geruchsquellen existieren, werden neuerdings auch höhere Außenluftraten empfohlen (s. Abschn. 1.2.4-2).

-1.3 Bestimmung nach der Kühllast

Oft ist die Temperatur der Zuluft nicht beliebig abzusenken (Zugerscheinung, Luft zu trocken). Je nach der Art des Luftauslasses sind gegenüber der Raumtemperatur nur Unter-

---

[1]) Brockmeyer, H.: Ki 1/81. S. 29/34.
Leiner, W.: TAB 1/81. S. 43/7.
Wanner, H. U.: Kongreßbericht Berlin 1980. S. 115/8 u. Ges.-Ing. 4/82. S. 207/10.
Loewer, H.: TAB 6/85. S. 423/30 u. 9. 85. S. 581/90.

Tafel 3.5.1-1 Erfahrungszahlen für den stündlichen Luftwechsel bei verschiedenen Raumarten

Raumart	Stündlicher Luftwechsel etwa
Aborte	siehe 3.6.11-2
Akkuräume	siehe 3.6.8-3
Baderäume	4... 6fach
Beizereien	5...15fach
Bibliotheken	3... 5fach
Brauseräume	20...30fach
Büroräume	3... 6fach
Färbereien	5...15fach
Farbspritzräume	20...50fach
Garagen (siehe Abschn. 3.6.10-1)	4... 5fach
Garderoben	3... 6fach
Gasträume	5...10fach
Hörsäle	8...10fach
Kantinen	6... 8fach
Kaufhäuser	4... 6fach
Kinos und Theater mit Rauchverbot	4... 6fach
ohne Rauchverbot	5... 8fach
Krankenhäuser	siehe 3.6.5
Küchen	siehe 3.6.11-1
Laboratorien (siehe auch 3.6.8-2)	8...15fach
Lackieranlage	siehe 3.6.8-7
Läden	6... 8fach
Operationsräume (siehe auch 3.6.5-1.5)	15...20fach
Plättereien	8...10fach
Schulen	siehe 3.6.4-1
Schwimmhallen	3... 4fach
Sitzungszimmer	6... 8fach
Speiseräume	6... 8fach
Toiletten	4... 6fach
Tresore	3... 6fach
Umkleideräume in Schwimmhallen	6... 8fach
Verkaufsräume	4... 8fach
Versammlungsräume	5...10fach
Wäschereien	10...15fach
Warenhäuser	4... 6fach
Werkstätten ohne besondere Luftverschlechterung (siehe auch Abschn. 3.6.8-1)	3... 6fach

temperaturen von $\Delta\vartheta = 5\ldots12$ K in Abhängigkeit der Luftführungsart zu empfehlen. Dann ergibt sich aus der Kühllast $\dot{Q}_K$ (in kW) der Volumenstrom $\dot{V}$ nach der Gleichung

$$\dot{V} = \frac{\dot{Q}_K}{c \cdot \varrho \cdot \Delta\vartheta} \text{ in m}^3\text{/s}$$

c = spezifische Wärmekapazität der Luft = 1,0 kJ/kg K

ϱ = Dichte $\approx$1,2 kg/m³

Ist der Volumenstrom kleiner als nach DIN 1946, ist nach Abschn. -1.1 oder -1.2 zu dimensionieren.

-1.4 Bestimmung nach der Luftverunreinigung

Sind die Quellen der Luftverschlechterung bekannt, so läßt sich die zur Erreichung einer bestimmten Luftreinheit erforderliche Luftmenge berechnen. Eine solche Rechnung läßt sich z.B. durchführen, wenn die in einem Raum aus Apparaten stündlich entweichende Menge an schädlichen Gasen, Stäuben oder Dämpfen bekannt ist und der zulässige Gehalt der Luft an diesen Gasen angenommen wird. Oft ist dieses Verfahren zur Bestimmung der

Luftmenge das richtigste, jedoch sind meist die zahlenmäßigen Unterlagen nicht genügend bekannt, so daß die Anwendung des Verfahrens auf bestimmte Sonderfälle beschränkt bleibt, z. B. Lüftung von Transformatorenräumen, Garagen, Waschräumen, Färbereien und ähnliche Anlagen.

Der erforderliche Volumenstrom $\dot{V}$ errechnet sich aus der Gleichung:

$$\dot{V} = \frac{\dot{K}}{k_i - k_a} \text{ in m}^3\text{/h}$$

$\dot{K}$ = Schadstoffmengenstrom in m³/h
k_i = zulässige Konzentration des Schadstoffes im Raum in m³/m³ Luft (MAK-Wert) (MAK-Werte s. Tafel 1.2.3-3);
k_a = in der Luft vorhandene Schadstoffkonzentration in m³/m³ Luft (MIK-Wert).

Die Einheit für den MAK-Wert wird bei Gasen, Dämpfen und flüchtigen Schwebstoffen in ml/m³ (ppm) und bei den nicht flüchtigen Schwebstoffen (Staub, Rauch, Nebel) in mg/m³ angegeben[1)]. Die Umrechnung lautet:

$$\frac{mg}{m^3} = \frac{ml}{m^3} \cdot \frac{M}{v_m}$$

M = Molmasse in kg/kmol
v_m = Molvolumen in m³/kmol

Dabei ist zu beachten, daß die Konzentrationen dieselben Einheiten haben bzw. in dieselben Einheiten umgerechnet werden. Die in der Zuluft vorhandene Schadstoffkonzentration kann oft Null gesetzt werden, wenn die Außenluft einigermaßen frei von Schadstoffen ist. Grenzwerte finden sich in VDI 2310 (Maximale Immissions-Werte).

Beispiel 1:

In einem Raum von $V = 4000$ m³ strömt bei 20 °C in 1 kg/h Ammoniak NH_3 aus. Welcher Luftwechsel β ist erforderlich, damit der MAK-Wert nicht überschritten wird?

MAK-Wert: 50 ppm = $50 \cdot 10^{-6}$ m³/m³ (s. Tafel 1.2.3-3)
v_m^0: 22,12 m³/kmol (molares Normvolumen s. Tafel 1.3.2-1)
M: 17,03 kg/kmol (Molmasse s. Tafel 1.3.2-1)

Molvolumen bei 20 °C nach dem allgemeinen Gasgesetz bei konstantem Druck:

$$v_m = \frac{v_m^0}{T^0} \cdot T = \frac{22{,}12}{273{,}15} \cdot 293{,}15 = 23{,}74 \text{ in m}^3\text{/kmol}$$

$$\dot{V} = \frac{\dot{K}}{k_i - k_a} = \frac{1 \cdot 10^6}{50 \cdot \frac{17{,}03}{23{,}74} - 2{,}5 \cdot 10^{-3}} = 27.882 \text{ in m}^3\text{/h}$$

$$\beta = \frac{\dot{V}}{V} = \frac{27.882}{4.000} = 7 \text{ in h}^{-1}$$

Die in einem Raum bei konstantem Schadstoffanfall sich über der Zeit einstellende Konzentration $k(t)$ errechnet sich aus

$$k(t) = \frac{\dot{K}}{\beta \cdot V} \cdot (1 - e^{-\beta \cdot t}) \text{ in cm}^3\text{/m}^3 = \text{ppm}$$

V = Rauminhalt in m³
t = Zeit in h
β = Außenluftwechsel in h⁻¹

Beispiel 2:

Massenstrom Schadstoff $\dot{K}$ von 1 kg/h, Luftwechsel $\beta = 1$ h⁻¹, Zeit $t = 2$ h, Raumvolumen $V = 4.000$ m³.

$$k = \frac{\dot{K}}{\beta \cdot V} \cdot (1 - e^{-\beta \cdot t}) = \frac{1{,}4 \cdot 10^6}{1 \cdot 4.000} (1 - e^{-1 \cdot 2}) = 303 \text{ ppm.}$$

[1)] Ihle, C.: Lüftung und Luftheizung, 6. Aufl., 1997.

Wenn die Außenluft mit einer Schadstoffkonzentration k_a vorbelastet ist und der Raum zur Zeit $t = 0$ bereits eine Anfangskonzentration k_0 hat, berechnet sich der zeitliche Verlauf der Konzentration zu

$$k(t) = k_a + (k_0 - k_a)\, e^{-\beta \cdot t} + \frac{\dot{K}}{\beta \cdot V} \cdot (1 - e^{-\beta \cdot t}) \text{ in cm}^3/\text{m}^3$$

k_a = Schadstoffkonzentration der Außenluft in cm³/m³;

k_0 = Schadstoffkonzentration in zur Zeit $t = 0$ in cm³/m³.

Beispiel 3:

Büroraum $V = 30$ m³
1 Person atmet aus $\dot{K} = 18$ l/h = 18 000 cm³/h CO_2
Luftwechsel $\beta = 1\ h^{-1}$ ($\dot{V} = V \cdot \beta = 30$ m³/h)
Zeit $t = 2$ h.
$k_0 = k_a = 350$ ppm = 350 cm³/m³
(weitere Bedingungen wie Beispiel 1 und 2)
Ergibt:
CO_2-Konzentration

$$k = 350 + \frac{18\,000}{1 \cdot 30}(1 - e^{-1 \cdot 2}) = 350 + 600 \cdot 0{,}86 = 870 \text{ cm}^3/\text{m}^3 = 870 \text{ ppm.}$$

Den Anstieg der CO_2-Konzentration in Räumen, abhängig vom Luftwechsel und dem Raumvolumen, zeigt Bild 3.5.1-1; dabei ist angenommen: pro Person 18 l/h CO_2 (leichte Büroarbeit), Außenluft $k_a = 350$ ppm CO_2, Anfangswert $k_0 = k_a = 350$ ppm.

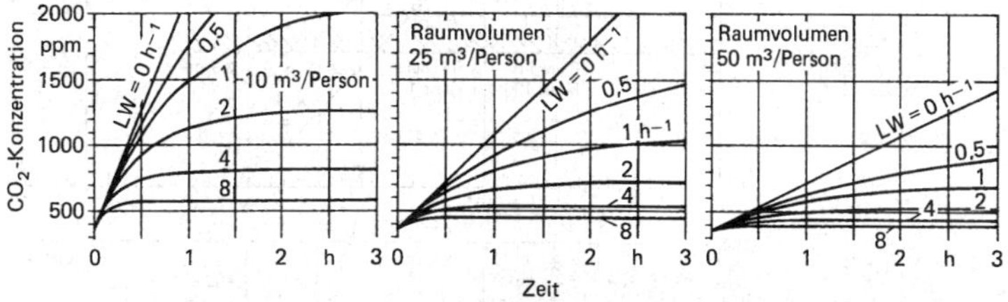

Bild 3.5.1-1. Anstieg der Bild 3.5.1-1CO_2-Konzentration in belüfteten Räumen, abhängig vom Luftwechsel bei verschiedenen Raumvolumen pro Person.

Im allgemeinen ändert sich die Belastung der Raumluft durch Schadstoffe und Gerüche, so daß der Außenluftanteil angepaßt werden sollte. Eine *bedarfsgeführte* Regelung des Außenluftanteils nach der *Luftqualität* ist mit Geruchsfühlern[1)] oder über die CO_2- *oder CO-Konzentration* der Raumluft möglich[2)], im Wohnbereich sinnvoll auch über die Luftfeuchte[3)].

In USA wird für Aufenthaltsräume nach ASHRAE 62 (Entw. 1987) eine max. CO_2-Konzentration von 0,1% zugelassen (bisher 0,25%).

In Reinräumen und Operationssälen bestimmt sich der Volumenstrom aus der Forderung nach Staub- oder Keimfreiheit im Arbeitsbereich. Es kann bei entsprechender Filterung teilweise auch Umluft verwendet werden (Abschn. 3.6.8-6 u. 3.6.5-1.4).

---

¹) Specker, C.: Ki 9/83. S. 355/7.
Halter, F.: CCI 10/83. S. 40.
Geerts, J.: HLH 7/85. S. 354/8.
Sautter, L.: HLH 8/87. S. 401/5.

²) Makulla, D., u. a.: HLH 12/85. S. 588/90.
Rauscht-Froemsdorf, W.: Ki 5/87. S. 222/5.
Blodau, A.: Hard and Soft 4/88. S. Xff.
Möbius, G.: XXII. Int. Kongreß TGA Berlin 1988. Bericht S. 133/5.

³) Werner, H.: CCI 7/89. S. 31 ff.

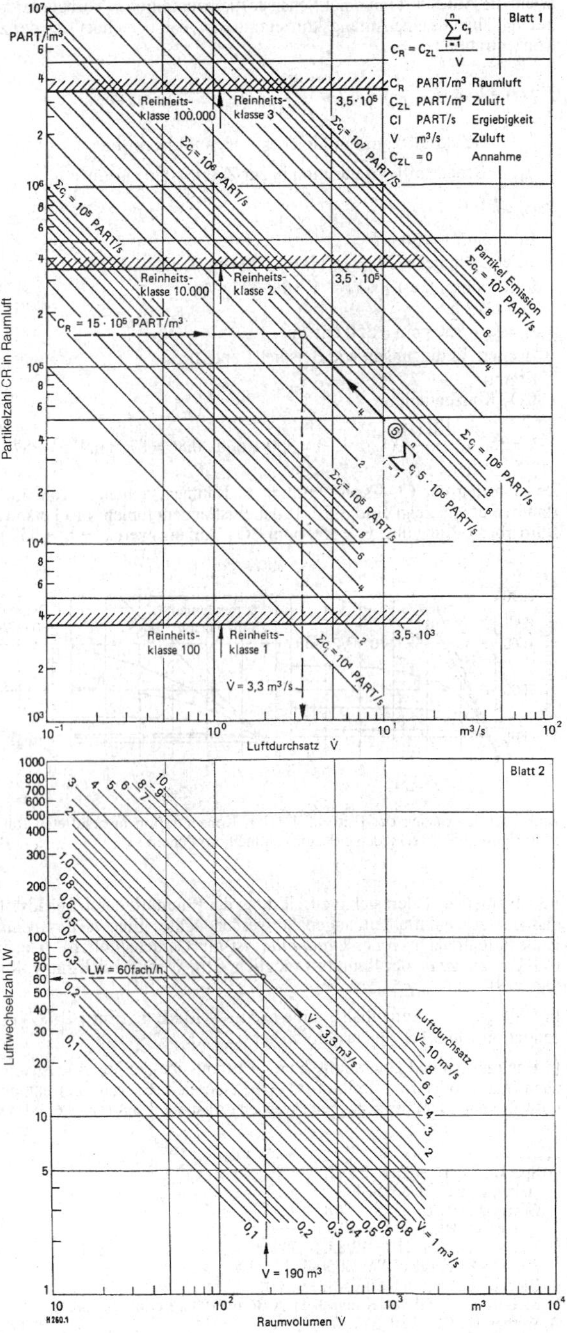

Bild 3.5.1-2. Nomogramme zur Ermittlung des Luftdurchsatzes und der Luftwechselzahl. Blatt 1: Ermittlung des Luftdurchsatzes Blatt 2: Ermittlung der Luftwechselzahl

Zur Bestimmung von erforderlichem Luftstrom bzw. Luftdurchsatz siehe Bild 3.5.1-2.[1]

Manchmal ist es zweckmäßig, den Volumenstrom, soweit möglich, nach allen Verfahren zu bestimmen und dann einen geeigneten Mittelwert unter Berücksichtigung der besonderen Umstände zu wählen. Zulässige Konzentration von Gasen und Dämpfen in der Luft siehe Tafel 1.2.3-3.

Falls die Lüftungs-Zentralen oder -Leitungen undicht sind (s. Abschn. 1.6.5-10 und 3.4), ist der *Leckluftstrom* bei der Dimensionierung der Ventilatoren und Luftleitungen als Zuschlag zu berücksichtigen; es sei denn, der Leckluftstrom kommt dem gewünschten Raum zugute. Zulässige Leckrate siehe Abschnitt 3.4.

-1.5 Gütegrade der Lüftung (Lüftungseffektivität)[2]

Ergänzungen von Prof. Dr.-Ing. Tibor Rákóczy, Köln

Bisher war es – von Ausnahmen abgesehen – üblich, den auf den ganzen Raum bezogenen *stündlichen Luftwechsel* als Maß für die Wirksamkeit der Lüftung zu betrachten. Diese Größe ist global und gibt keine Auskunft über die Strömungsform und über die Wirkung in der Aufenthaltszone. Man ging dabei – wie in Abschnitt -1.4 geschehen – implizit von der Annahme einer gleichmäßigen Durchmischung von Luft und Schadstoffen im ganzen Raum aus.

Inzwischen hat man insbesondere in Skandinavien, USA und England eine differenziertere Betrachtung der Raumdurchströmung und verfeinerte Kennzahlen und Begriffe entwikkelt.

Diese haben sich an den folgenden *zwei Zielen* der Lüftung auszurichten:

- Die Zuluft *(Außenluft)* soll möglichst vollständig in die Aufenthaltszone gelangen, d.h. möglichst keine Kurzschlußströmung außerhalb der Aufenthaltszone.
- Die Luft soll in bezug auf Schadstoffquellen im Raum so geführt werden, daß diese schnellstmöglich in die Abluft gelangen und möglichst nicht die Menschen belästigen.

Die Wirksamkeit der Lüftung wird also gemessen an ihrer Fähigkeit

alte Raumluft in der Aufenthaltszone durch *frische* Außenluft zu ersetzen und Schadstoffe abzuführen.

In diesem Zusammenhang entstanden sowohl in der deutsch- wie auch der englischsprachigen Literatur Begriffe wie Belastungsgrad, Spülgrad, Lüftungseffektivität, Lüftungswirksamkeit, Alter der Luft und ventilation-efficiency und ventilation-effectiveness.

Die Gütegrade für *Austausch der Luft* und *Schadstoffabfuhr* hängen im wesentlichen ab von der Verweilzeit der Luft und der Verweilzeit der Schadstoffe im Raum. Für die Berechnung der Gütegrade werden die verschiedenen möglichen Raumströmungsformen in 4 Extremfälle klassifiziert (Bild 3.5.1-3):

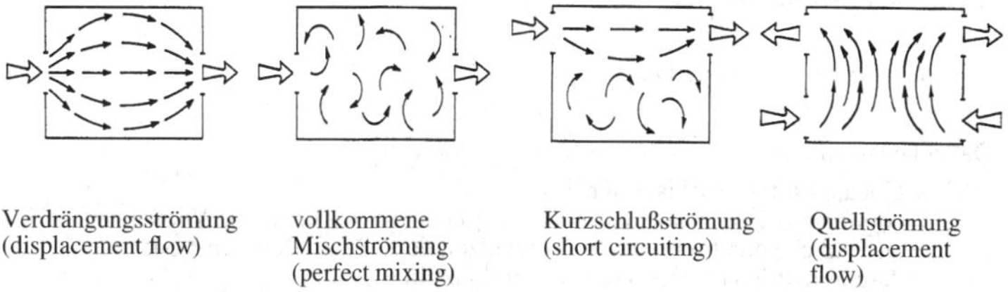

Bild 3.5.1-3. Extremfälle von Raumströmungsformen, idealisiert.

[1]) Rákóczy, T.: HLH 6/1974.
[2]) Skåret, E.: Heizung und Lüftung 1/86. S. 11/13.
Air Infiltration and Ventilation Centre (AIVC): Technical Note AIVC 21 (7.87).
Raatschen, W.: Ki 5 bis 7/88.
Trepte, L.: CCI-Seminar Frankfurt 6/88.

-1.5.1 Luftaustausch

Es gelten folgende Definitionen (siehe hierzu auch Bild 3.5.1-4):

$$\textit{Globale Luftwechselzahl}\ \beta = \frac{\dot{V}_Z}{V_R} \quad \text{in } h^{-1} \text{ (oder } s^{-1}\text{)} \qquad [1]$$

$$\textit{nominale Zeitkonstante}\ \tau_n = \frac{1}{\beta} \quad \text{in h (oder s)} \qquad [2]$$

Die nominale Zeitkonstante ist die kürzest mögliche *durchschnittliche* Verweilzeit der Luft im Raum. Verweilzeit = Zeit zwischen Eintritt in den Raum und Austritt aus dem Raum (Bild 3.5.1-4).

Die tatsächliche durchschnittliche Verweilzeit der Luft im Raum (Bild 3.5.1-4) ist nach *Sandberg* bei der idealen Verdrängungsströmung gleich der nominalen Zeitkonstante

$\tau_{r,v} = \tau_n$ *(Verdrängungsströmung).*

Bei vollständiger Durchmischung der in den Raum eintretenden Luft ist die tatsächliche durchschnittliche Verweilzeit nach *Sandberg* doppelt so lang:

$\tau_{r,v} = 2 \cdot \tau_n$ *(vollständige Durchmischung).*

Bei *Kurzschlußströmung* erhöht sich die tatsächliche durchschnittliche Verweilzeit, so daß sie ein Vielfaches der nominalen Zeitkonstanten beträgt.

Für den Austausch der Raumluft ist also die Verdrängungsströmung der Idealfall (kürzeste durchschnittliche Verweilzeit). Das Verhältnis der idealen zur tatsächlichen durchschnittlichen Verweilzeit definiert man nach Skåret als

$$\textit{Luftaustauschwirkungsgrad}\ \eta_a = \frac{\tau_n}{\tau_{r,v}} \quad \text{(air exchange efficiency)} \qquad [3]$$

wobei
$\eta_a = 1$ bei *idealer Verdrängungsströmung,*
$1 > \eta_a > 0{,}5$ bei *praktischer Verdrängungslüftung,*
$\eta_a = 0{,}5$ bei *vollständiger Durchmischung,*
$0{,}5 > \eta_a > 0$ bei *Kurzschlußströmung.*

Der mit der *durchschnittlichen* Verweilzeit definierte Luftaustauschwirkungsgrad sagt nur etwas über die Strömungsform des Gesamtlufthaushalts des Raums aus, nicht aber speziell etwas über die Aufenthaltszone. Hierzu benötigt man lokale Werte.

Es ist noch zu erwähnen, daß nach Skåret (Bild 3.5.1-4) immer gilt

durchschnittliches Alter der Luft = 0,5 durchschnittliche Verweilzeit der Luft

$\tau_v = 0{,}5 \cdot \tau_{r,v}$.

Alter der Luft = Zeit zwischen Eintritt in den Raum und Ankunft an einem Punkt P (Bild 3.5.1-4). Je *jünger* die Luft ist, desto *frischer* ist sie, da i. a. noch nicht so viel Schadstoffe beigemischt sind.

Damit gilt dann auch für den

$$\textit{Luftaustauschwirkungsgrad}\ \eta_a = \frac{\tau_n}{2 \cdot \tau_v} \qquad [3a]$$

Dabei bedeuten:

β = globale Luftwechselzahl in h^{-1} oder s^{-1}
τ_n = nominale Zeitkonstante = kürzeste mögliche durchschnittliche Verweilzeit
$\tau_{r,v}$ = tatsächliche durchschnittliche Verweilzeit der Luft im Raum in h oder s
τ_v = durchschnittliches Alter der Luft im Raum in h oder s
η_a = Luftaustauschwirkungsgrad
$\dot{V}_Z$ = Gesamtvolumenstrom in m^3/h (oder m^3/s)
V_R = Gesamtes Raumvolumen in m^3

Die Messung des lokalen Alters der Luft und des Luftaustauschwirkungsgrades erfolgt nach der *Spurengas-Methode* ähnlich der Messung des lokalen Luftwechsels (s. Abschn. 1.6.4-5). Erstere ersetzen wegen besserer Aussagefähigkeit zunehmend die Messung des lokalen Luftwechsels. Näheres siehe [1)].

[1)] Raatschen, W.: Ki 5 bis 7/88.

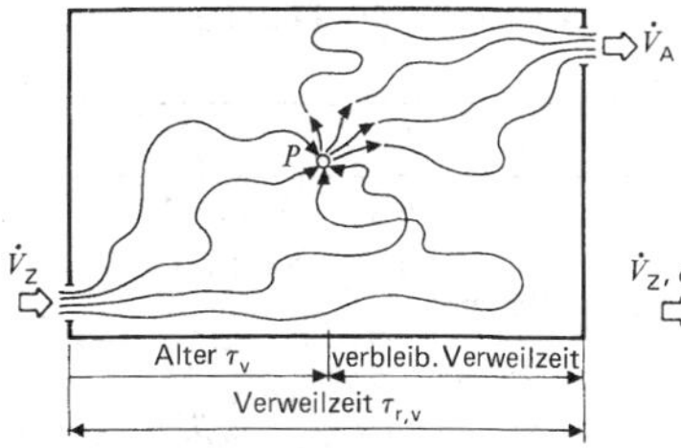

Bild 3.5.1-4. Strompfade der Luft zu einem Raumpunkt P (nach Sandberg) und Darstellung von durchschnittlichem Alter und Verweilzeit der Luft.
$\dot V_Z$ = Zuluftvolumenstrom;
$\dot V_A$ = Abluftvolumenstrom

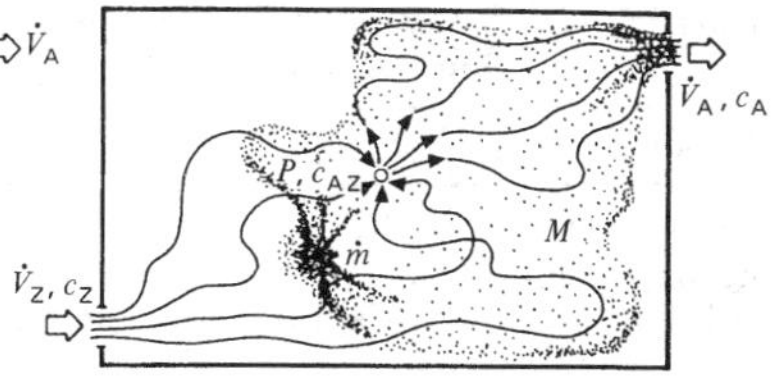

Bild 3.5.1-5. Verschiedene Strompfade der Luft und der Schadstoffe zu einem Raumpunkt P (nach Sandberg).
$\dot V_Z$ = $\dot V_A$ = Luftvolumenstrom;
c_Z = Schadstoffkonzentration der Zuluft;
c_A = Schadstoffkonzentration der Abluft;
c_{AZ} = Schadstoffkonzentration im Raumpunkt P (z. B. Aufenthaltszone)

-1.5.2 Schadstoffabfuhr

Für die Beschreibung der Schadstoffabfuhr sind weitere Kennwerte erforderlich (Bild 3.5.1-5).

Neben der schon für den Luftaustausch eingeführten vorgenannten

nominale Zeitkonstante $\tau_n = \frac{1}{\beta}$ in h (oder s) wie [2]

wird definiert für die *mittlere Zeit,* die Schadstoffmoleküle von der Quelle bis zum Abluftkanal benötigen:

Umsatzzeit $\tau_t \; \frac{M}{\dot m}$ in h (oder s) [4]

Definitionsgemäß gilt weiter für die durchschnittliche Schadstoffkonzentration im Raum:

$$c_{RA} = \frac{M}{V_R} \text{ in g/m}^3 \qquad [5]$$

und für die durchschnittliche Schadstoffkonzentration in der Abluft:

$$c_{AB} = \frac{\dot m}{\dot V_A} \text{ in g/m}^3 \qquad [6]$$

Aus den beiden vorstehenden Gleichungen [5] u. [6] und mit $\tau_n = V_R/\dot V_Z$ gemäß [1] und [2] folgt:

$$\frac{c_{AB}}{c_{RA}} = \frac{V_R \cdot \dot m}{\dot V_Z \cdot M} = \tau_n \cdot \frac{\dot m}{M} \qquad [7]$$

Aus Gleichung [4] und [7] folgt schließlich für das Verhältnis von Schadstoffkonzentration in der Abluft zu mittlerer Schadstoffkonzentration im Raum die sogenannte

Lüftungswirksamkeit bezogen auf Abluft $\varepsilon_{AB} = \frac{c_{AB}}{c_{RA}} = \frac{\tau_n}{\tau_t}$ *(ventilatio effectiveness)* [8]

Die Umsatzzeit τ_t ist ähnlich der mittleren Verweilzeit $\tau_{r,v}$ meßbar. Die Zahlenwerte für die Lüftungswirksamkeit ε_{AB} können sich zwischen 0 und unendlich bewegen, also nicht wie bei einem Wirkungsgrad zwischen 0 und 1.

Die *Lüftungswirksamkeit* ε_{AB} beschreibt die Güte eines Systems bezüglich der Schadstoffabfuhr.

Bei *vollständiger Durchmischung* der Schadstoffe mit der Luft gilt:

$\tau_t = \tau_n$ womit $\varepsilon_{AB} = 1$ wird, während $\eta_a = 0{,}5$ war.

Tafel 3.5.1-2 Zusammenstellung der Begriffe für Güteart der Lüftung (Lüftungseffektivität)

1. Luftaustausch				
Globale Luftwechselzahl		$\beta = \dot{V}_Z/V_R$ in h^{-1}		
nominale Zeitkonstante = kürzest mögl. Zeit zwischen Eintritt und Austritt Raum		$\tau_n = 1/\beta = V_R/\dot{V}_Z$ in h		
		V*)	M	K
wirkliche durchschn. Verweilzeit von Eintritt bis Austritt	$\tau_{r,v} =$	$1/\beta$	$2/\beta$	$> 2/\beta$
Alter der Luft	$\tau_v = 0{,}5 \cdot \tau_{r,v} =$	$0{,}5/\beta$	$1/\beta$	$> 1/\beta$
Luftaustausch-Wirkungsgrad	$\eta_a = \tau_n/\tau_{r,v} =$	1	0,5	$< 0{,}5$
2. Schadstoffabfuhr				
Umsatzzeit = mittlere Zeit von Quelle bis Austritt		$\tau_t = M/\dot{m}$ in h		
		V*)	M	K
Lüftungswirksamkeit	$\varepsilon_V = \tau_n/\tau_t =$	> 1	1	< 1
Lüftungswirkungsgrad	$\eta_V = \varepsilon_V/1 + \varepsilon_V =$	$> 0{,}5$	0,5	$< 0{,}5$
Belastungsgrad	$\zeta = 1/\varepsilon_V$	< 1	1	> 1

*) V = Verdrängungsströmung; M = Mischströmung; K = Kurzschlußströmung.
$\dot{V}_z$ = Zuluft-Volumenstrom in m^3/h; V_R = Raumvolumen in m^3.

Ist der Schadstoff schwerer als Luft und kann er nur schwer von der Luft zum Abluftkanal transportiert werden, so ist die Umsatzzeit τ_t größer als die nominale Zeitkonstante $\tau_n = 1/\beta$ und die Lüftungswirksamkeit ist $\varepsilon_{AB} < 1$.

Bei *Verdrängungsströmung* ist $\varepsilon_{AB} > 1$.

Dabei bedeuten:

c_{ZU} = Schadstoffkonzentration der Zuluft (Masse/Volumen) in g/m^3
c_{AB} = Schadstoffkonzentration der Abluft (Masse/Volumen) in g/m^3
c_{AZ} = Schadstoffkonzentration im Raumpunkt P (z. B. Aufenthaltszone) in g/m^3
c_{RA} = durchschnittliche Schadstoffkonzentration im Raum in g/m^3
M = Summe eines Schadstoffes im Raum in g
$\dot{m}$ = Schadstoffstrom der Quelle in g/h oder g/s
τ_n = nominale Zeitkonstante = kürzeste mögliche durchschnittliche Verweilzeit
τ_t = Umsatzzeit = mittlere Zeit der Schadstoffe von der Quelle bis zur Abluft
ε_v = Lüftungswirksamkeit
$\dot{V}_Z$ = Luftvolumenstrom in m^3/h (oder m^3/s)
V_R = Raumvolumen in m^3
μ_{RA} = Raumbelastungsgrad nach DIN 1946 T4

Um die Zahlenwerte > 1 bei der Lüftungswirksamkeit zu vermeiden, wird definiert:

Lüftungswirkungsgrad $\eta_v = \varepsilon_v/(1 + \varepsilon_v)$ *(ventilation efficiency),*

wobei Werte $0 < \eta_v < 1$ auftreten.

Um die Lüftungswirksamkeit speziell in der Aufenthaltszone zu bestimmen, definiert man ferner nach DIN 1946 T2

$$\varepsilon_v = \frac{1}{\mu_{RA}} = \frac{c_{AB} - c_{ZL}}{c_{AZ} - c_{ZL}}. \qquad [9]$$

Wenn der Schadstoffgehalt der Zuluft $c_Z = 0$ ist, gilt

$$\varepsilon_{vo} = c_{AB}/c_{AZ}. \qquad [10]$$

-1.5.3 Zusammenhänge mit deutscher Literatur

Der *Belastungsgrad ist* $\zeta = (c_{AZ} - c_Z)/(c_A - c_Z)$ und somit der Kehrwert der Lüftungswirksamkeit $\varepsilon_{r,v}$ (s. Gleichung [9]).

Der *Spülgrad* lautet mit $c_Z = 0$

$$\alpha = c_A/c_{AZ}$$

und ist somit identisch mit dem *air quality index* nach Gleichung [10].

Eine Zusammenstellung der vorstehend definierten Begriffe und der mögliche Wertebereich zeigt Tafel 3.5.1-2.

Die Bestimmung der Kennwerte durch Tracergas-Messungen ist noch wenig weit verbreitet und befindet sich stellenweise noch in der Entwicklung. Die Anwendung der Kennwerte in der Praxis ist daher noch kaum üblich.

-2 Lufterwärmer

Nachdem der Luftvolumenstrom $\dot{V}$ ermittelt ist, bestimmt man die erforderliche Heizleistung $\dot{Q}_L$ des Lufterwärmers zur Erwärmung der Luft im Winter aus der Gleichung:

$$\dot{Q}_L = \dot{V} \cdot c \cdot \varrho \cdot (\vartheta_a - \vartheta_e) \text{ in kW (kJ/s)}$$

$\dot{V}$ = Volumenstrom m³/s

ϑ_e = Lufttemperatur vor Erwärmer °C

ϑ_a = Lufttemperatur nach Erwärmer °C

Die Lufteintrittstemperatur ϑ_e ist bei Außenluftbetrieb gleich der Außenlufttemperatur. Da bei kaltem Wetter das Lüftungsbedürfnis im allgemeinen geringer ist, begnügt man sich bei Komfortanlagen meist damit, die volle Luftmenge bis zu einer Außentemperatur von 0 °C oder –5 °C zu fördern und bei geringerer Außentemperatur die Außenluftmenge zu drosseln und möglichst Umluft zuzusetzen. Die Luftaustrittstemperatur ϑ_a ist gleich der Raumtemperatur, wenn keine Heizlast zu übernehmen ist. Bei bekanntem Volumenstrom $\dot{V}$ und bekannten Lufttemperaturen ϑ_e und ϑ_a wird die Größe des Lufterwärmers aus den Leistungslisten der Hersteller entnommen, wobei der zulässige Luftwiderstand und gleichmäßige luftseitige Beaufschlagung zu berücksichtigen sind.

-3 Luftkanäle

Die Bemessung der Luftkanäle erfolgt im allgemeinen unter Annahme gewisser *Erfahrungszahlen* für die Luftgeschwindigkeit v (Tafel 3.3.5-15). Nach Wahl der Geschwindigkeiten berechnet man den Luftwiderstand des längsten Kanalteils nach der Gleichung

$$Z_1 + Z_2 = Rl + \Sigma\zeta \frac{\varrho}{2} v^2 \text{ in Pa (N/m}^2\text{)}.$$

Die Bemessung der Luftauslässe (Gitter, Düsen usw.) hängt von der Bauart derselben ab und ist an Hand von Tafeln oder Diagrammen vorzunehmen, aus denen die Leistung der Auslässe, insbesondere Eindringtiefe und Streubreite, ersichtlich ist (siehe Abschnitt 3.3.5-4). Auch die Geräuschentwicklung ist zu beachten (Abschn. 3.3.6).

-4 Ventilatoren

Für die Bemessung des Ventilators ist außer dem Volumenstrom $\dot{V}$ noch die Gesamt*druckerhöhung* Δp_g zu bestimmen, die sich aus der Differenz der statischen Drücke Δp_s und der dynamischen Drücke Δp_d zusammensetzt:

$$\Delta p_g = \Delta p_s + \Delta p_d.$$

Die *Widerstände* in einer Anlage, für die die Druckerhöhung erforderlich ist, sind im wesentlichen:

Z_1 = Kanalreibung	$= R \cdot \beta$	Pa
$+ Z_2$ = Kanaleinzelwiderstände	$= \Sigma\zeta \frac{\varrho}{2} v^2$	Pa
$+ Z_3$ = Apparatewiderstände		Pa

Die Kanalreibung Z_1 ist häufig, namentlich bei kurzen, innen glatten Leitungen, gering. Z_2 dagegen ist meist größer und daher genauer zu bestimmen. Am größten ist meist der Summand Z_3, der die Widerstände der einzelnen Bauteile, wie Filter und Erwärmer, erhält. Die Widerstände dieser Teile hängen von ihrer Größe ab und können in einem gewissen Rahmen frei gewählt werden. Bei geringen Widerständen erhält man zwar einen ruhig laufenden Ventilator, jedoch teure Apparate, bei großen Widerständen geräuschvolle Ventilatoren mit größerem Energieverbrauch, aber billigere Apparate.

Normale Widerstände siehe Tafel 3.5.1-3. Nach VDI 3803 empfehlen sich folgende Gehäusequerschnitte:

Betriebszeit in h/a	<1500	<3000	<6000	<8760
Mittlere Luftgeschwindigkeit in m/s	<4	<3	<2,5	<2

Durch Volumenstrom $\dot{V}$ und gesamte Druckerhöhung Δp_g ist die Leistung des Ventilators festgelegt. Seine Auswahl erfolgt unter Berücksichtigung der zulässigen Geräusche und des Wirkungsgrades aus den Leistungs- und Preislisten der Hersteller. Zu beachten ist dabei auch der Verlust des dynamischen Druckes bei Ausströmen in den freien Raum oder eine große Kammer[1)].

Tafel 3.5.1-3 Mittlere Apparatewiderstände

Teil	Mittlerer Widerstand Pa
Filter, normal	40···80
Filter, Hochleistung	80···250
Lufterwärmer für Dampf und Heißwasser	20···80
Lufterwärmer für Warmwasser	40···100
Luftkühler für Brunnenwasser	80···120
Luftkühler für Leitungswasser	80···150
Luftkühler für gekühltes Wasser	50···100
Außenluftklappen	10···30
Sprühbefeuchter mit Düsen	80···250
Befeuchter mit Matten oder Füllkörper	80···150

3.5.2 Luftheizanlagen

-1 Luftvolumenstrom

Bei Umluftheizanlagen wird der sekundliche Volumenstrom $\dot{V}$ aus dem Wärmeverlust $\dot{Q}_H$ (in kW) des zu heizenden Raumes und der Übertemperatur $\Delta\vartheta$, mit der die Heizluft in den Raum eintritt, ermittelt.

$$\dot{V} = \frac{\dot{Q}_H}{\Delta\vartheta \cdot \varrho \cdot c} \quad \text{in m}^3/\text{s}.$$

Dabei wird $\Delta\vartheta$ bzw. die Lufteintrittstemperatur $\vartheta_{Le} = \vartheta_r + \Delta\vartheta$ etwa wie folgt gewählt:

Industrieanlagen $\vartheta_{Le} = 40$ bis 60 °C,
Komfortanlagen $\vartheta_L = 30$ bis 45 °C,
Raumtemperatur $\vartheta_r = 20$ bis 22 °C.

Soweit Luftheizanlagen auch gleichzeitig zur Belüftung von Räumen dienen, empfiehlt es sich, die errechnete Luftmenge auch nach den für Lüftungsanlagen gemachten Angaben zu kontrollieren (Abschn. 3.5.1-1).

1) DIN 24163, T1–T3 (01.85): Ventilatoren; Normprüfstände.
Hönmann, W.: LTG-Lufttechn. Inform. Nr. 11/12 (1974).

-2 Lufterwärmer

Die Heizleistung $\dot{Q}$ des Lufterwärmers ist bei Umluftheizanlagen gleich dem Wärmeverlust des Raumes: $\dot{Q} = \dot{Q}_H$, zuzüglich eventueller Wärmeverluste der Kanäle. Bei Lüftungs- und Luftheizanlagen ist hierzu noch der Wärmebedarf $\dot{Q}_L$ für die Erwärmung der Außenluft $\dot{V}$ von der Außentemperatur ϑ_a auf Raumtemperatur ϑ_r zu addieren:

$$\dot{Q} = \dot{Q}_H + \dot{Q}_L = \dot{Q}_H + \dot{V}_a \cdot \varrho \cdot c\,(\vartheta_r - \vartheta_a) = \dot{V} \cdot \varrho \cdot c\,(\vartheta_{Le} - \vartheta_m) \text{ in kW}$$

V_a = Außenluftvolumenstrom m³/s
$\dot{V}$ = Summe aus $\dot{V}_a$ und Umluftvolumenstrom
ϑ_m = Mischtemperatur von Außenluft und Umluft in °C

Ermittlung von ϑ_m nach Abschn. 1.3.4-7.1.

Auswahl der Größe des Lufterwärmers aus den Leistungslisten der Lieferanten. Bei langen Kanälen ist zu beachten, daß auch die Wärmeverluste durch die Kanalwandungen berücksichtigt werden.

3.5.3 Luftkühlanlagen[1)]

Bei Luftkühlanlagen wird der Volumenstrom $\dot{V}$ (m³/s) des Ventilators aus der *Kühllast* $\dot{Q}_K$ (kW) des Raumes und der Erwärmung der Luft $\Delta\delta$ im Raum errechnet:

$$\dot{V} = \frac{\dot{Q}_K}{c \cdot \varrho \cdot \Delta\vartheta} = \frac{\dot{Q}_K}{1 \cdot 1{,}2 \cdot \Delta\vartheta} \text{ in m}^3\text{/s}$$

bzw. stündlicher Luftwechsel

$$\beta = \frac{3{,}6\,\dot{q}_K}{c \cdot \varrho \cdot \Delta\vartheta} = \frac{3{,}6\,\dot{q}_K}{1 \cdot 1{,}2 \cdot \Delta\vartheta} = 3\,\frac{\dot{q}_K}{\Delta\vartheta} \text{ je Stunde}$$

$\dot{Q}_K$ = Kühllast des Raumes kW
$\dot{q}_K$ = Kühllast je m³ Rauminhalt W/m³ (spezifische Kühllast)

Die Kühllast $\dot{Q}_K$ setzt sich im allgemeinen gemäß nachfolgenden Abschnitten aus einer großen Anzahl einzelner Quellen zusammen, die sorgfältig zu berechnen sind. Verfahren zur Berechnung mit EDV-Programmen sind häufig in Benutzung[2)]

-1 Von Menschen abgegebene Wärme $\dot{Q}_P$

Die Kühllast durch von Personen abgegebener Wärme $\dot{Q}_P$ ist aus der Tafel 1.2.2-1 zu entnehmen, wobei fühlbare und latente Wärme (Feuchteabgabe) zu unterscheiden sind.

-2 Von Maschinen abgegebene Wärme $\dot{Q}_M$

Hierunter fallen die von Büromaschinen, Elektromotoren, Heizungs- und Kocheinrichtungen sowie sonstigen Wärmequellen abgegebenen Wärmemengen. Bei der Wärmeabgabe der Elektromotoren ist zu beachten, daß im allgemeinen nicht die auf dem Leistungsschild des Motors angegebene Leistung nach der Gleichung voll in Rechnung zu setzen ist, sondern nur die wirklich abgegebene Wärme, die von Fall zu Fall zu ermitteln ist, wobei der Wirkungsgrad der Motoren und ihre durchschnittliche Belastung zu berücksichtigen sind (Tafel 3.5.3-1). Manchmal wird ein Teil der Motorleistung auch im Kühlwasser abgeführt, z. B. bei Drahtziehmaschinen, Computer u. a.

Faktoren für Gleichzeitigkeit, Restwärme, Speicherung sind gegebenenfalls zu berücksichtigen. Siehe VDI 3804 (10.94)

---

1) ASHRAE, Fundamentals 1985.
VDI-Kühllast-Regeln VDI 2078 (07.96).
Masuch, J.: HLH 9/78. S. 338/40 und Bericht XXII. Int. Kongr. TGA Berlin 1988. S. 281/5.

2) Rákóczy, T., u. K. Irion: HLH 1972. S. 52/6.
Steinbach, W.: LTG Lufttechn. Inform. Heft 4, 4.72.
Brendel, T. H., u. G. Güttler: Ges.-Ing. 1973. S. 1/7

Tafel 3.5.3-1 Durchschnittliche Wirkungsgrade von Drehstrom-Asynchronmotoren bei Vollast

Nennleistung in kW	0,2	0,5	0,8	1,1	1,5	2,2	3,0	5,5	7,5	15	22	40
Kurzschlußläufer, η in %	63	70	73	77	79	80	81	85	86	89	91	92
Schleifringläufer, η in %	–	–	–	–	77	80	82	85	87	89	90	91

Die von Heiz- und Kocheinrichtungen, z.B. Herden, Öfen, Warmwasserbehältern usw., abgegebenen Wärmemengen müssen einzeln berechnet werden. Auch hier ist die fühlbare und latente Wärme zu unterscheiden. Mittelwerte siehe Tafel 3.5.3-2.

Bei mehreren Maschinen oder sonstigen wärmeabgebenden Einrichtungen ist auch der *Gleichzeitigkeitsfaktor* zu beachten.

Beispiel:

Wieviel Wärme geben 10 Kurzschlußmotore von je 5 kW Leistung mit einem Wirkungsgrad $\eta = 0{,}85$ ab, wenn sie durchschnittlich zu 80% belastet sind und der Gleichzeitigkeitsfaktor 0,7 beträgt?

$$\dot{Q}_M = 10 \cdot 5 \cdot 0{,}7 \cdot 0{,}8\,(1 - 0{,}85) = 4{,}2\ \text{kW}.$$

Erhöhung der Lufttemperatur in einem Ventilator s. Abschn. 3.3.1-1.4.

Tafel 3.5.3-2 Wärmeabgabe verschiedener elektrischer Geräte

Gerät	Anschl.-Wert Watt	Benutz.-dauer min/h	Wasser g/h	Wärmeabgabe fühlb. Wärme W	Wärmeabgabe Gesamt W
elektr. Schreibmaschine	50	60	–	50	50
Tisch-Computer (PC)	100···150	60	–	40···50*)	80···100
Bildschirm/Terminal	60···90	60	–	20···30	40···50
Drucker	20···30	15	–	5···7	5···7
Plotter	20···60	15	–	5···15	5···15
Elektroherd	3000	60	2100	1450	3000
	5000	60	3600	2500	5000
Staubsauger	200	15	–	50	50
Waschmaschine	3000	60	2100	1450	3000
	6000	60	4200	2900	6000
Wäscheschleuder	100	10	–	15	15
Kühlschrank					
(Kompressor) 100 l	100	60	–	300	300
200 l	175	60	–	500	500
Bügeleisen	500	60	400	230	500
Radiogerät	40	60	–	40	40
Heizsonne	1000	60	–	1000	1000
Fernsehgerät	175	60	–	175	175
Kaffeemaschine	500	30	100	180	250
	3000	30	500	1200	1500
Toaster	500	30	70	200	250
	2000	30	300	800	1000
Haartrockner	500	30	120	175	250
	1000	30	240	350	500
Kochplatte	500	30	200	120	250
	1000	30	400	250	500
Grill für Fleisch	3000	30	500	1200	1500
Dauerwellengerät	1500	15	120	300	375
Sterilisierapparat	1000	30	500	175	500

*) VDI 3804

-3 Transmissionswärme durch Wände $\dot{Q}_w$ [1]

Hierunter werden die Wärmemengen verstanden, die durch Wände und Dächer von außen nach innen dringen.

Grundsätzlich gilt für den Wärmedurchgang ebenfalls die allgemeine Gleichung

$$\dot{Q}_w = k \cdot A \cdot (\vartheta_a - \vartheta_i) \text{ in W}$$

Hiernach läßt sich der Wärmedurchgang der inneren Raumumfassungen berechnen, wobei für angrenzende Räume und das Erdreich Temperaturen nach Tafel 3.5.3-3 angenommen werden können. Bei *Außenwänden* ist jedoch die Ermittlung des Wärmestromes wesentlich schwieriger.[2]

Tafel 3.5.3-3 Temperaturen angrenzender, nicht klimatisierter Räume und des Erdreichs im Sommer nach VDI 2078 (07.96)

	°C
Nicht ausgebaute Dachräume, je nach Konstruktion und Durchlüftung	40 bis 50
Ausgebaute Dachräume	35
Sonstige Nachbarräume	30
Erdreich	20
Raum zwischen Schaufenster und Innenfenster, je nach Sonnenschutz	35 bis 45

Die Schwierigkeit der Berechnung besteht darin, daß

a) die Außenluft-Temperatur ϑ_a periodisch schwankt,

b) der Einfluß der ebenfalls periodisch schwankenden Sonnenstrahlung den Wärmedurchgang wesentlich erhöht.

Die *Sonnenlufttemperatur*

Um den Einfluß der Sonnenstrahlung zu berücksichtigen, kann als Rechengröße die *Sonnenlufttemperatur* ϑ_s verwendet werden. Unter Sonnenlufttemperatur ist diejenige hypothetische Außenlufttemperatur verstanden, bei der die Wand ohne Bestrahlung denselben Wärmedurchgang hätte wie unter dem Einfluß der Bestrahlung bei der wirklichen Außentemperatur. Wäre die Sonnenstrahlung konstant (stationär), so wäre der Wärmedurchgang

$$\dot{q}_{st} = a \cdot I + \alpha_a (\vartheta_a - \vartheta_o) \text{ in W/m}^2$$

a = Absorptionszahl ≈ 0,7
I = Intensität der Sonnenstrahlung W/m²
ϑ_a = Außenlufttemperatur °C
ϑ_o = Oberflächentemperatur der Außenwand °C
α_a = äußere Wärmeübergangszahl W/m² K

Setzt man die Sonnenlufttemperatur

$$\vartheta_s = \vartheta_a + \frac{aI}{\alpha_a},$$

so wird

$$\dot{q}_{st} = \alpha_a (\vartheta_s - \vartheta_o).$$

Mit $a = 0{,}7$, $\alpha_a = 17{,}5$ W/m² K und den Strahlungsintensitätswerten (Bild 1.1.4-7) ergeben sich die in Tafel 3.5.3-4 angegebenen Sonnenlufttemperaturen für die verschiedenen Tageszeiten und Himmelsrichtungen (s. auch Bild 3.5.3-1).

Bei periodisch veränderlicher Sonnenstrahlung schwankt die Oberflächentemperatur der Außenwand mit einer gewissen Amplitude ϑ annähernd um einen Mittelwert. Diese periodische Änderung setzt sich in das Innere der Wand fort, jedoch mit einer gewissen zeitlichen *Phasenverschiebung* φ, d.h., das Temperaturmaximum tritt immer um eine gewisse Zeit φ später auf und mit einer geringeren Amplitude $f \cdot \vartheta$ (Bild 3.5.3-2). Die Werte der

---

[1]) s. auch Abschnitt 1.12.

[2]) Nehring, G.: Ges.-Ing. 1962. S. 185/9, 230/42 u. 253/69.
Masuch, J.: Ges.-Ing. 1966. S. 315/25.
Berichte aus der Bauforschung. Heft 66. 1970.
Koch, H. A., u. U. Pechinger: Ges.-Ing. 10/77, 11 S.
Kieper, G.: Ges.-Ing. 3/78. S. 49/57.

Tafel 3.5.3-4 Außenlufttemperaturen und Sonnenlufttemperaturen an heißen Tagen mit maximaler Lufttemperatur ϑ_{max} = 32 °C in Berlin

Zeit h	Außenlufttemperatur ϑ_a °C	Sonnenlufttemperatur ϑ_s in °C				
		Flachdach	N	S	O	W
0	21	21	21	21	21	21
2	16	21	16	16	16	16
4	15	21	15	15	15	15
6	16	23	23	19	38	16
8	21	40	21	24	47	21
10	27	58	27	41	44	27
12	31	67	31	49	31	31
14	32	63	32	46	32	49
16	31	50	31	34	31	57
18	29	36	36	29	29	51
20	26	26	26	26	26	26
22	23	23	23	23	23	23
Mittelwert	24	38	25	29	30	30

Phasenverschiebung φ und des Verkleinerungsfaktors f hängen von der Wärmedurchgangszahl k der Wand und der Wärmeeindringzahl $b = \sqrt{\lambda c \varrho}$ der Baustoffe ab. Annähernde Werte für einschichtige Wände sind aus Bild 3.5.3-3 und Bild 3.5.3-4 zu entnehmen (nach Nehring).

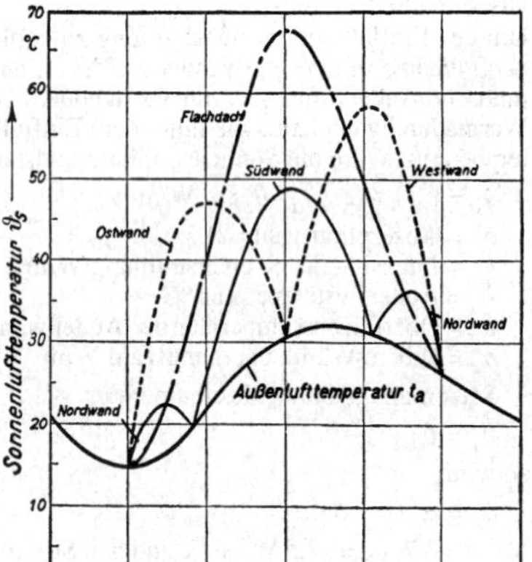

Bild 3.5.3-1. Sonnenlufttemperaturen und Außenlufttemperaturen an Tagen mit max. Temperatur ϑ_{max} = 32 °C in Berlin.

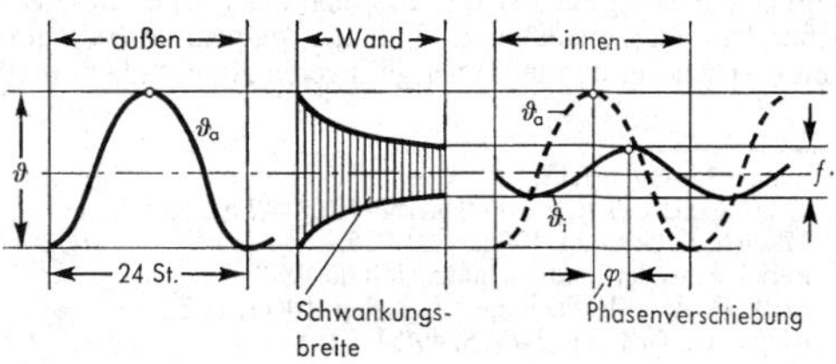

Bild 3.5.3-2. Temperaturverlauf in einer Wand bei periodisch veränderlicher äußerer Oberflächentemperatur.

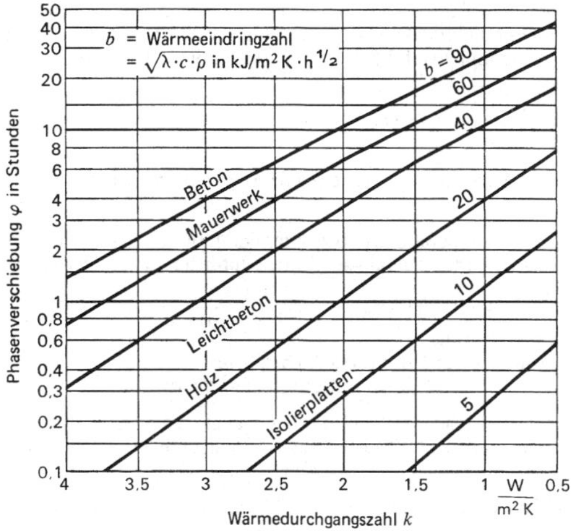

Bild 3.5.3-3. Phasenverschiebung des Maximums der Oberflächentemperatur für einschichtige Wände bei periodischem Wärmedurchgang. b = Wärmeeindringzahl in kJ/m² K $h^{0,5}$.

Bei *mehrschichtigen Wänden* ist die Berechnung der Faktoren wesentlich schwieriger. Sie hängen nicht nur vom Wandgewicht, sondern auch von der Dicke der einzelnen Schichten und deren Anordnung ab[1)].

Für praktische Zwecke hat man den Begriff der „äquivalenten Temperaturdifferenz" eingeführt.

Die äquivalente Temperaturdifferenz

Der augenblickliche Wärmedurchgang zu einer beliebigen Zeit wird wie folgt gesetzt:

$\dot{q}_w = k\,(\vartheta_{s_m} - \vartheta_i) + f \cdot k\,(\vartheta_s - \vartheta_{s_m}) = k \cdot \Delta\vartheta_{äq}$ in W/m²

ϑ_s = Sonnenlufttemperatur zu einer um die Phasenverschiebung früheren Zeit °C

ϑ_{s_m} = mittlere Sonnenlufttemperatur °C

f = Verkleinerungsfaktor der Amplitude

$\Delta\vartheta_{äq} = (\vartheta_{s_m} - \vartheta_i) + f\,(\vartheta_s - \vartheta_{s_m})$ = äquivalente Temperaturdifferenz

Die *äquivalente Temperaturdifferenz* $\Delta\vartheta_{äq}$ berücksichtigt die Stärke der Sonnenstrahlung zu den verschiedenen Tageszeiten und die Phasenverschiebung bei verschiedenen Bauarten. Weiter ist vorausgesetzt:

Max. Außentemperatur	32 °C
Min. Außentemperatur	18 °C (in der Nacht)
Tägliche Temperaturschwankung also	14 K
Nördliche Breite	50°
Max. Raumtemperatur	26 °C
Mittl. Außentemperatur	ϑ_{a_m} = 24,5 °C
Zeit	Juli
Trübung	Großstadttrübung
Absorptionsfaktor der Baustoffe	a = 0,7…0,9
Äußere Wärmeübergangszahl	α_a = 17,5 W/m² K
Innere Wärmeübergangszahl	α_i = 6…8 W/m² K

Es läßt sich leider keine einfache Abhängigkeit der äquivalenten Temperaturdifferenz vom Wandgewicht oder vom k-Wert der Wände feststellen. Daher müssen die $\Delta\vartheta_{äq}$-Werte für jede Wandkonstruktion gesondert berechnet werden. Für eine Anzahl neuzeitlicher Wand-

[1)] Raiss, W., u. J. Masuch: Ges.-Ing. 1969. S. 67/71.
Ges.-Ing. Arbeitsblätter HL 1 bis 8. 1968/9.
Raiss, W., u. J. Masuch: Äquivalente Temperaturdifferenzen 1970.
Masuch, J.: HLH 3/1980. S. 107/12.

und Dachkonstruktionen liegen in VDI 2078 Tabellenwerte vor. Da jedoch der Wärmedurchgang bei den Außenwänden zahlenmäßig verhältnismäßig gering ist, genügt es meist, die Zahlenwerte der Tafel 3.5.3-5 und Tafel 3.5.3-6 zu benutzen, die auf das spezifische Flächengewicht bezogen sind.

Die *Berechnung* des Wärmedurchgangs bei sonnenbestrahlten *Wand*- oder Dachflächen ist damit außerordentlich vereinfacht.

Für andere als die angegebenen Verhältnisse sind folgende *Korrekturen* zu berücksichtigen:

1. Bei andern Werten der Raumtemperatur als 26 °C oder der mittleren Außentemperatur ϑ_a = 24,5 °C ist die korrigierte äquivalente Temperaturdifferenz zu verwenden:

   $\Delta\vartheta_{äq}{}^{*} = \Delta\vartheta_{äq} + (\vartheta_{am} - 24{,}5) + (26 - \vartheta_r) + a_T$

   ϑ_r = geforderte Raumtemperatur
   a_T = Trübungskorrektur = + 1,5 K für reine Atmosphäre
   − 1,5 K für Industrie-Atmosphäre

2. Bei hellfarbigen Wänden und Dächern kann die äquivalente Temperaturdifferenz wesentlich geringer werden, etwa um 20 bis 40%, bei sehr dunklen entsprechend höher.

3. Für isolierte Wände sind dieselben Zahlenwerte wie für unisolierte Wände gültig.

4. Äußere Isolierung gibt kleineren Wärmegewinn als innere.

Man beachte, daß auch die Nordseite und beschattete Wände und Dächer infolge der *diffusen Sonnenstrahlung* (Strahlung der Atmosphäre, Reflexion von der Umgebung, Häusern, Bäumen usw.) einem Wärmedurchgang unterliegen.

Beispiel:

Wie groß ist im Sommer der Wärmedurchgang bei einer nach Süden gerichteten Wand der Bauartklasse 2 um 20 Uhr? Raumtemperatur = 26 °C.

Wärmedurchgangszahl aus Tafel 2.4.1-1 und Tafel 2.4.1-19: $k \approx 2$ W/m² K
Äquivalenter Temperaturunterschied aus Tafel 3.5.3-5: $\Delta_{äq}$ = 8,4 K
Wärmedurchgang $\dot{q} = k \cdot \Delta_{äq} = 2 \cdot 8{,}4 = 16{,}8$ W/m²

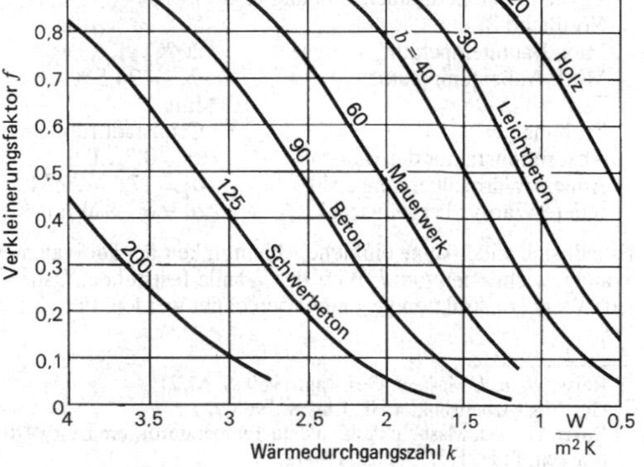

Bild 3.5.3-4. Amplituden-Verkleinerungsfaktor f für einschichtige Wände bei periodischer Sonnenbestrahlung.
b = Wärmeeindringzahl in kJ/m² K h^{0,5} (siehe Tafel 1.3.5-10)

Tafel 3.5.3-5 Äquivalente Temperaturdifferenzen $\Delta\vartheta_{äq}$ für 6 Bauartklassen für Wände bei Raumlufttemperatur 22 °C

		Wahre Ortszeit in h																		
	Himmelsr.	2	4	6	7	8	9	10	11	12	13	14	15	16	17	18	19	20	22	24
BAUARTKLASSE 1	NO	−6,4	−5,6	4,9	9,9	12,1	12,3	9,3	8,0	8,2	9,2	10,0	9,9	9,1	7,9	6,4	4,4	1,9	−2,3	−3,7
	O	−6,3	−5,7	6,6	14,9	20,9	22,9	21,0	17,0	13,3	11,1	10,3	10,1	9,5	8,3	6,4	4,2	1,8	−2,1	−3,9
	SO	−6,2	−6,7	1,3	8,4	15,8	21,7	24,7	24,5	21,7	17,9	14,2	11,5	9,8	8,4	6,7	4,4	1,9	−2,1	−3,9
	S	−5,9	−7,3	−6,0	−2,9	2,1	8,6	15,4	21,1	24,7	25,7	24,2	20,7	16,3	11,8	7,8	4,5	2,0	−1,6	−4,2
	SW	−6,0	−7,4	−5,9	−4,4	−2,2	0,8	5,2	11,0	17,7	24,2	29,1	31,1	29,5	24,6	17,8	10,6	4,7	−1,6	−3,6
	W	−5,9	−7,3	−6,1	−4,4	−2,0	0,6	3,2	5,9	9,8	15,5	22,5	28,9	32,0	30,1	23,6	14,9	6,9	−1,4	−3,5
	NW	−6,1	−7,2	−5,9	−4,5	−2,2	0,7	3,6	5,8	7,3	9,0	12,3	17,0	21,2	22,6	19,7	13,4	6,3	−1,8	−3,4
	N	−6,1	−6,4	−3,4	−1,9	−0,5	1,2	3,4	5,8	7,8	8,9	9,3	9,6	9,9	9,9	8,9	6,5	3,2	−1,9	−3,9
	diffus	−6,0	−7,1	−5,4	−3,6	−1,3	1,1	3,6	5,8	7,5	8,8	9,5	9,8	9,6	8,7	7,0	4,7	2,1	−1,9	−4,0
	S im Sept.	−10,6	−12,3	−11,9	−8,3	−2,1	5,8	13,8	20,4	24,7	26,1	24,5	20,1	13,9	7,1	1,2	−3,0	−5,5	−8,1	−9,9
BAUARTKLASSE 2	NO	−3,6	−6,0	−2,7	1,5	5,6	8,3	9,0	8,5	8,0	8,1	8,8	9,5	9,7	9,4	8,6	7,5	5,9	1,7	−1,3
	O	−3,8	−6,0	−2,7	2,6	8,9	14,6	17,8	18,3	16,7	14,6	12,9	12,0	11,4	10,8	9,7	8,1	6,2	1,9	−1,3
	SO	−3,7	−6,1	−4,8	−1,3	4,0	10,0	15,5	19,3	21,0	20,4	18,5	16,2	14,0	12,3	10,8	9,1	7,0	2,3	−1,1
	S	−3,4	−5,7	−7,0	−6,4	−4,4	−0,8	4,1	9,8	15,2	19,4	21,8	22,1	20,7	18,1	14,8	11,5	8,4	3,4	−0,5
	SW	−2,4	−5,4	−6,6	−6,3	−5,4	−3,8	−1,5	1,9	6,6	12,2	18,1	23,2	26,4	27,0	24,9	20,7	15,4	6,1	1,0
	W	−2,0	−5,1	−6,5	−6,3	−5,3	−3,7	−1,6	0,6	3,1	6,5	11,2	17,0	22,8	26,8	27,4	24,3	18,8	7,6	1,6
	NW	−2,4	−5,4	−6,3	−6,0	−5,2	−3,7	−1,5	0,9	3,1	4,9	6,8	9,7	13,5	17,3	19,5	18,7	15,2	5,8	0,7
	N	−3,3	−5,6	−5,3	−4,3	−3,1	−1,9	−0,4	1,4	3,5	5,5	7,0	7,9	8,6	9,2	9,5	9,0	7,6	2,8	−0,9
	diffus	−3,5	−5,7	−6,3	−5,7	−4,5	−2,9	−0,9	1,2	3,3	5,2	6,8	7,9	8,7	9,0	8,7	7,7	6,1	2,1	−1,1
	S im Sept.	−9,0	−10,7	−12,4	−12,0	−9,8	−5,5	0,5	7,2	13,5	18,4	21,4	22,0	20,2	16,4	11,5	6,6	2,4	−3,1	−6,6
BAUARTKLASSE 3	NO	−1,9	−4,4	−3,6	−1,0	2,3	5,2	6,9	7,5	7,4	7,5	8,0	8,7	9,1	9,1	8,8	8,0	7,0	3,7	0,5
	O	−1,9	−4,3	−3,6	−0,5	4,1	9,2	13,2	15,3	15,6	14,7	13,5	12,6	11,9	11,3	10,5	9,4	7,9	4,2	0,7
	SO	−1,7	−4,3	−4,7	−2,9	0,5	5,1	10,0	14,3	17,1	18,3	18,0	16,7	15,1	13,6	12,2	10,7	9,0	4,8	1,1
	S	−1,2	−3,8	−5,6	−5,8	−4,9	−2,8	0,6	5,0	9,8	14,1	17,4	19,3	19,5	18,4	16,4	13,8	11,1	6,2	2,0
	SW	0,3	−3,1	−5,2	−5,4	−5,1	−4,3	−2,8	−0,4	2,9	7,3	12,3	17,2	21,2	23,5	23,7	21,7	18,3	10,3	4,3
	W	0,8	−2,7	−4,9	−5,3	−5,0	−4,2	−2,8	−1,0	1,0	3,6	7,1	11,6	16,8	21,2	23,8	23,5	20,8	12,0	5,2
	NW	0,0	−3,2	−5,1	−5,3	−5,0	−4,2	−2,8	−0,9	1,0	2,8	4,6	6,8	9,8	13,2	16,0	17,0	15,8	9,2	3,5
	N	−1,6	−4,0	−4,8	−4,4	−3,6	−2,7	−1,6	−0,2	1,6	3,4	5,0	6,2	7,2	7,9	8,5	8,6	8,0	4,7	1,1
	diffus	−1,9	−4,1	−5,5	−5,4	−4,9	−3,8	−2,4	−0,6	1,2	3,1	4,7	6,1	7,1	7,8	8,0	7,7	6,8	3,7	0,6
	S im Sept.	−6,9	−9,0	−10,9	−11,2	−10,4	−7,9	−3,7	1,5	7,1	12,2	16,2	18,4	18,7	17,1	14,0	10,2	6,4	0,3	−3,9
BAUARTKLASSE 4	NO	−0,4	−2,4	−2,3	−0,8	1,4	3,6	5,2	6,1	6,5	6,8	7,2	7,7	8,0	8,2	8,0	7,5	6,7	4,3	1,7
	O	0,0	−1,9	−1,8	0,0	3,1	6,6	9,9	12,1	13,1	13,0	12,5	11,9	11,4	10,9	10,2	9,3	8,1	5,2	2,2
	SO	0,2	−1,9	−2,5	−1,4	0,8	3,9	7,5	10,9	13,5	15,1	15,5	15,1	14,2	13,1	12,0	10,7	9,3	6,0	2,7
	S	0,6	−1,8	−3,4	−3,6	−3,1	−1,7	0,6	3,7	7,2	10,7	13,6	15,5	16,4	16,1	15,0	13,3	11,4	7,3	3,6
	SW	2,4	−0,8	−2,9	−3,3	−3,2	−2,6	−1,6	0,2	2,6	5,8	9,5	13,3	16,7	19,0	19,8	19,1	17,2	11,4	6,2
	W	2,9	−0,4	−2,7	−3,2	−3,2	−2,7	−1,7	−0,4	1,2	3,2	5,9	9,2	12,9	16,5	18,9	19,6	18,4	12,7	7,0
	NW	1,6	−1,3	−3,2	−3,6	−3,6	−3,1	−2,2	−0,8	0,7	2,3	3,8	5,6	7,8	10,2	12,5	13,7	13,5	9,5	4,9
	N	−0,4	−2,5	−3,5	−3,4	−2,9	−2,3	−1,4	−0,4	1,0	2,4	3,7	4,8	5,8	6,5	7,0	7,2	6,9	4,8	2,0
	diffus	−0,8	−2,8	−4,1	−4,2	−3,9	−3,2	−2,2	−0,9	0,5	2,0	3,3	4,5	5,5	6,2	6,6	6,5	6,0	3,9	1,4
	S im Sept.	−4,9	−7,0	−8,5	−8,7	−8,2	−6,6	−3,9	−0,2	4,0	8,1	11,5	13,9	14,8	14,3	12,6	10,1	7,2	2,1	−2,0
BAUARTKLASSE 5	NO	2,4	0,7	−0,5	−0,5	0,2	1,2	2,5	3,5	4,3	4,8	5,2	5,7	6,1	6,5	6,8	6,8	6,7	5,7	4,0
	O	3,5	1,6	0,3	0,4	1,2	2,8	4,8	6,9	8,5	9,5	10,0	10,1	10,1	10,0	9,9	9,6	9,1	7,5	5,5
	SO	4,0	2,0	0,4	0,1	0,5	1,5	3,3	5,4	7,6	9,5	10,9	11,6	11,9	11,8	11,5	11,0	10,4	8,6	6,3
	S	4,6	2,3	0,4	−0,3	−0,8	−0,8	−0,2	1,0	2,7	4,9	7,1	9,2	10,9	11,9	12,3	12,2	11,6	9,6	7,1
	SW	6,8	4,0	1,6	0,6	0,0	−0,3	−0,3	0,1	0,9	2,3	4,2	6,5	9,1	11,5	13,4	14,5	14,8	13,0	9,9
	W	7,2	4,3	1,8	0,8	0,1	−0,3	−0,3	0,0	0,5	1,4	2,6	4,3	6,4	8,9	11,4	13,3	14,3	13,4	10,3
	NW	4,8	2,5	0,4	−0,4	−1,0	−1,3	−1,3	−0,9	−0,3	0,5	1,5	2,5	3,8	5,3	7,0	8,6	9,7	9,6	7,3
	N	2,0	0,3	−1,1	−1,5	−1,7	−1,7	−1,4	−1,0	−0,4	0,3	1,2	2,1	3,0	3,8	4,5	5,0	5,3	5,1	3,7
	diffus	1,5	−0,1	−1,6	−2,1	−2,4	−2,4	−2,2	−1,7	−1,1	−0,2	0,7	1,7	2,6	3,4	4,1	4,5	4,8	4,3	3,0
	S im Sept.	−0,4	−2,7	−4,5	−5,3	−5,8	−5,8	−5,1	−3,6	−1,5	1,0	3,7	6,2	8,2	9,4	9,8	9,4	8,4	5,4	2,4
BAUARTKLASSE 6	NO	4,0	3,3	2,6	2,3	2,1	2,2	2,4	2,7	3,0	3,4	3,6	3,8	4,1	4,3	4,5	4,7	4,8	4,9	4,5
	O	6,0	5,2	4,3	4,0	3,8	3,9	4,2	4,8	5,4	6,0	6,5	6,9	7,2	7,3	7,5	7,6	7,6	7,4	6,8
	SO	6,7	5,7	4,8	4,4	4,1	4,0	4,2	4,5	5,1	5,9	6,6	7,2	7,7	8,1	8,3	8,4	8,4	8,2	7,5
	S	6,5	5,6	4,6	4,1	3,7	3,3	3,1	3,1	3,3	3,7	4,4	5,1	5,9	6,6	7,3	7,7	7,9	7,9	7,4
	SW	8,1	7,0	5,9	5,3	4,8	4,4	4,0	3,8	3,7	3,8	4,1	4,6	5,4	6,2	7,2	8,0	8,7	9,3	9,0
	W	7,9	6,9	5,8	5,2	4,7	4,2	3,9	3,6	3,5	3,5	3,7	4,0	4,4	5,1	6,0	6,9	7,8	8,8	8,7
	NW	5,2	4,4	3,5	3,1	2,6	2,3	2,0	1,8	1,8	1,8	2,0	2,2	2,6	3,0	3,5	4,2	4,8	5,7	5,8
	N	2,6	2,0	1,3	1,0	0,8	0,6	0,4	0,4	0,4	0,6	0,8	1,0	1,4	1,7	2,0	2,3	2,6	3,0	3,0
	diffus	2,0	1,5	0,8	0,5	0,2	0,0	−0,2	−0,2	−0,2	0,0	0,2	0,5	0,8	1,2	1,5	1,8	2,1	2,4	2,4
	S im Sept.	2,3	1,2	0,1	−0,3	−0,8	−1,2	−1,4	−1,4	−1,1	−0,6	0,2	1,1	2,0	2,9	3,6	4,1	4,3	4,1	3,3

Tafel 3.5.3-6 Korrekturwerte $\Delta\vartheta_{\text{äq, as}}$ der äquivalenten Temperaturdifferenzen bei Veränderung des Absorptionsgrades Δ_{a_s} = 0,2 für Wände

		Wahre Ortszeit in h																		
	Himmelsr.	2	4	6	7	8	9	10	11	12	13	14	15	16	17	18	19	20	22	24
BAUARTKLASSE 1	NO	−0,1	0,5	3,6	4,8	5,0	4,2	3,0	2,1	1,7	1,7	1,6	1,5	1,2	0,9	0,7	0,5	0,3	−0,1	0,1
	O	−0,1	0,5	4,1	6,2	7,5	7,5	6,4	4,7	3,2	2,2	1,7	1,5	1,3	1,0	0,7	0,5	0,2	0,0	0,1
	SO	−0,1	0,2	2,6	4,4	6,0	7,2	7,4	6,8	5,6	4,1	2,8	1,9	1,4	1,1	0,8	0,6	0,3	0,0	0,1
	S	0,0	0,0	0,5	1,1	2,1	3,4	4,8	5,9	6,5	6,4	5,7	4,5	3,2	2,0	1,1	0,6	0,3	0,1	0,0
	SW	0,0	0,0	0,5	0,7	0,9	1,2	1,9	3,0	4,4	6,0	7,1	7,5	7,0	5,7	4,0	2,3	1,1	0,1	0,1
	W	0,0	0,1	0,5	0,7	1,0	1,2	1,3	1,5	2,2	3,5	5,2	6,9	7,7	7,3	5,7	3,5	1,7	0,2	0,2
	NW	−0,1	0,1	0,5	0,7	0,9	1,2	1,4	1,5	1,5	1,6	2,3	3,5	4,6	5,1	4,5	3,1	1,5	0,1	0,2
	N	−0,1	0,3	1,2	1,4	1,4	1,3	1,4	1,5	1,6	1,6	1,4	1,4	1,4	1,5	1,5	1,1	0,7	0,0	0,1
	diffus	0,0	0,1	0,7	0,9	1,1	1,3	1,4	1,5	1,5	1,5	1,5	1,4	1,3	1,2	0,9	0,6	0,3	0,0	0,0
	S im Sept.	0,0	−0,1	0,2	1,1	2,7	4,5	6,3	7,7	8,3	8,3	7,5	6,0	4,2	2,4	1,1	0,4	0,2	0,1	−0,1
BAUARTKLASSE 2	NO	0,0	−0,1	1,3	2,5	3,6	4,1	3,9	3,3	2,7	2,2	2,1	1,9	1,7	1,5	1,2	1,0	0,8	0,3	0,1
	O	0,0	−0,1	1,3	2,8	4,5	5,9	6,4	6,1	5,2	4,1	3,2	2,6	2,2	1,9	1,6	1,2	0,9	0,3	0,1
	SO	0,0	−0,1	0,7	1,7	3,1	4,6	5,8	6,4	6,4	5,8	4,8	3,8	3,0	2,3	1,9	1,5	1,1	0,4	0,1
	S	0,1	−0,0	0,1	0,3	0,7	1,5	2,5	3,7	4,7	5,5	5,8	5,5	4,9	4,0	3,0	2,2	1,5	0,7	0,3
	SW	0,4	0,1	0,1	0,3	0,5	0,6	0,9	1,4	2,3	3,4	4,7	5,8	6,5	6,5	5,9	4,8	3,5	1,5	0,7
	W	0,5	0,2	0,2	0,3	0,5	0,7	0,9	1,0	1,3	1,8	2,7	4,1	5,5	6,5	6,6	5,8	4,5	1,9	0,9
	NW	0,4	0,1	0,2	0,4	0,5	0,7	0,9	1,1	1,3	1,3	1,5	2,0	2,8	3,8	4,3	4,2	3,5	1,4	0,7
	N	0,1	0,0	0,5	0,9	1,1	1,2	1,2	1,3	1,4	1,5	1,5	1,5	1,4	1,4	1,5	1,5	1,3	0,6	0,2
	diffus	0,1	0,0	0,2	0,5	0,7	0,9	1,1	1,2	1,3	1,4	1,5	1,5	1,4	1,4	1,3	1,1	0,9	0,4	0,2
	S im Sept.	0,1	−0,1	−0,1	0,1	0,7	1,8	3,2	4,8	6,1	7,1	7,5	7,2	6,4	5,2	3,8	2,6	1,7	0,8	0,4
BAUARTKLASSE 3	NO	0,2	0,0	0,7	1,6	2,5	3,3	3,5	3,3	2,9	2,5	2,3	2,1	2,0	1,7	1,5	1,3	1,1	0,6	0,3
	O	0,2	0,0	0,7	1,7	3,1	4,4	5,3	5,6	5,2	4,6	3,9	3,2	2,8	2,4	2,0	1,7	1,3	0,7	0,4
	SO	0,2	0,0	0,4	1,1	2,0	3,2	4,4	5,3	5,7	5,6	5,1	4,4	3,7	3,0	2,5	2,0	1,6	0,9	0,5
	S	0,4	0,2	0,1	0,2	0,5	1,0	1,7	2,6	3,6	4,4	5,0	5,2	4,9	4,4	3,7	2,9	2,3	1,3	0,7
	SW	0,8	0,4	0,3	0,3	0,4	0,6	0,7	1,1	1,6	2,5	3,5	4,6	5,4	5,9	5,8	5,2	4,3	2,5	1,4
	W	1,0	0,5	0,3	0,4	0,5	0,6	0,7	0,9	1,1	1,4	2,0	3,0	4,1	5,2	5,8	5,7	5,0	3,0	1,8
	NW	0,7	0,3	0,3	0,4	0,4	0,6	0,7	0,9	1,1	1,2	1,3	1,6	2,2	2,9	3,6	3,9	3,6	2,2	1,2
	N	0,3	0,1	0,4	0,6	0,9	1,0	1,1	1,2	1,2	1,4	1,4	1,4	1,4	1,4	1,4	1,4	1,4	0,9	0,4
	diffus	0,2	0,1	0,2	0,3	0,5	0,7	0,9	1,0	1,2	1,3	1,3	1,4	1,4	1,4	1,3	1,2	1,0	0,6	0,3
	S im Sept.	0,4	0,2	0,0	0,1	0,4	1,1	2,1	3,4	4,6	5,7	6,4	6,7	6,4	5,7	4,7	3,7	2,7	1,5	0,9
BAUARTKLASSE 4	NO	0,4	0,3	0,7	1,3	2,0	2,6	2,9	2,9	2,7	2,5	2,3	2,1	2,0	1,8	1,6	1,4	1,2	0,8	0,5
	O	0,5	0,5	0,9	1,6	2,5	3,4	4,2	4,6	4,6	4,3	3,8	3,3	2,9	2,6	2,3	1,9	1,6	1,1	0,7
	SO	0,6	0,5	0,7	1,1	1,8	2,7	3,5	4,3	4,7	4,9	4,7	4,3	3,7	3,2	2,8	2,3	2,0	1,3	0,8
	S	0,7	0,5	0,5	0,5	0,7	1,1	1,6	2,2	2,9	3,6	4,1	4,4	4,4	4,1	3,6	3,1	2,6	1,7	1,1
	SW	1,2	0,8	0,6	0,6	0,7	0,8	1,0	1,2	1,6	2,2	3,0	3,7	4,4	4,9	5,0	4,7	4,2	2,9	1,8
	W	1,4	0,9	0,6	0,6	0,7	0,8	0,9	1,1	1,2	1,5	1,9	2,6	3,4	4,2	4,7	4,9	4,6	3,2	2,1
	NW	1,0	0,6	0,5	0,5	0,6	0,7	0,8	0,9	1,1	1,2	1,3	1,5	1,9	2,4	2,9	3,2	3,2	2,3	1,5
	N	0,4	0,3	0,4	0,6	0,8	0,9	1,0	1,1	1,1	1,2	1,3	1,3	1,3	1,3	1,3	1,3	1,3	1,0	0,6
	diffus	0,3	0,2	0,3	0,3	0,5	0,6	0,8	0,9	1,0	1,1	1,2	1,2	1,3	1,3	1,2	1,1	1,0	0,7	0,5
	S im Sept.	0,8	0,6	0,5	0,5	0,7	1,2	1,9	2,8	3,8	4,7	5,3	5,7	5,7	5,3	4,7	3,9	3,2	2,0	1,3
BAUARTKLASSE 5	NO	0,8	0,7	0,7	0,8	1,2	1,5	1,9	2,2	2,3	2,3	2,2	2,1	2,1	2,0	1,9	1,7	1,6	1,3	1,0
	O	1,1	0,9	0,9	1,1	1,5	2,0	2,6	3,1	3,5	3,6	3,6	3,4	3,2	3,0	2,8	2,5	2,3	1,8	1,4
	SO	1,3	1,1	0,9	1,0	1,2	1,6	2,1	2,7	3,2	3,6	3,8	3,8	3,7	3,5	3,2	3,0	2,7	2,1	1,7
	S	1,5	1,1	0,9	0,9	0,9	1,0	1,1	1,4	1,8	2,3	2,8	3,1	3,4	3,5	3,5	3,3	3,0	2,4	1,9
	SW	2,1	1,6	1,3	1,2	1,1	1,1	1,1	1,2	1,3	1,6	1,9	2,4	2,9	3,4	3,8	4,0	3,9	3,4	2,7
	W	2,2	1,7	1,3	1,2	1,1	1,1	1,1	1,1	1,2	1,3	1,5	1,7	2,1	2,7	3,2	3,6	3,8	3,5	2,8
	NW	1,5	1,2	0,9	0,9	0,8	0,8	0,8	0,9	1,0	1,1	1,1	1,2	1,4	1,6	1,9	2,3	2,5	2,4	1,9
	N	0,7	0,6	0,5	0,5	0,6	0,7	0,8	0,9	0,9	1,0	1,1	1,1	1,2	1,2	1,2	1,2	1,2	1,1	0,9
	diffus	0,6	0,5	0,4	0,4	0,4	0,5	0,6	0,7	0,8	0,8	0,9	1,0	1,0	1,1	1,1	1,1	1,1	0,9	0,7
	S im Sept.	1,8	1,4	1,1	1,1	1,0	1,1	1,3	1,7	2,3	2,9	3,5	4,0	4,4	4,5	4,5	4,2	3,8	3,0	2,4
BAUARTKLASSE 6	NO	1,3	1,2	1,1	1,1	1,2	1,2	1,4	1,5	1,6	1,7	1,7	1,7	1,7	1,7	1,7	1,7	1,7	1,6	1,4
	O	1,9	1,8	1,6	1,6	1,6	1,7	1,9	2,1	2,3	2,4	2,5	2,6	2,6	2,6	2,6	2,5	2,4	2,3	2,1
	SO	2,1	1,9	1,8	1,7	1,7	1,8	1,9	2,0	2,2	2,4	2,6	2,7	2,8	2,8	2,8	2,7	2,7	2,5	2,3
	S	2,1	1,9	1,7	1,7	1,6	1,6	1,6	1,6	1,7	1,8	1,9	2,1	2,3	2,4	2,5	2,5	2,5	2,4	2,3
	SW	2,5	2,3	2,1	2,0	1,9	1,9	1,8	1,8	1,8	1,8	1,9	2,0	2,1	2,3	2,5	2,6	2,8	2,8	2,7
	W	2,4	2,2	2,1	2,0	1,9	1,8	1,8	1,7	1,7	1,7	1,7	1,8	1,8	2,0	2,1	2,3	2,5	2,7	2,6
	NW	1,7	1,5	1,4	1,4	1,3	1,3	1,2	1,2	1,2	1,2	1,2	1,3	1,3	1,3	1,4	1,5	1,6	1,8	1,8
	N	0,9	0,9	0,8	0,8	0,8	0,8	0,8	0,8	0,8	0,9	0,9	0,9	1,0	1,0	1,0	1,0	1,0	1,0	1,0
	diffus	0,8	0,7	0,6	0,6	0,6	0,6	0,6	0,6	0,7	0,7	0,7	0,8	0,8	0,8	0,9	0,9	0,9	0,9	0,8
	S im Sept.	2,6	2,4	2,2	2,1	2,0	1,9	1,9	2,0	2,1	2,2	2,4	2,6	2,8	3,0	3,2	3,2	3,2	3,1	2,8

-4 Wärmedurchgang durch Fenster[1)2)]

Treffen Sonnenstrahlen der Intensität I auf Fensterglas, so wird ein Teil der Strahlung ungehindert hindurchgelassen: $I\varepsilon = \varepsilon I$; ($\varepsilon$ = Durchlaßfaktor); ein Teil reflektiert: $I_r = rI$ (r = Reflexionsfaktor); ein weiterer Teil vom Glas absorbiert und dann durch Konvektion an die Luft teils nach innen, teils nach außen als sekundäre Wärme abgegeben: $I_a = aI$ (a = Absorptionsfaktor) = $a_1 \cdot I + a_2 \cdot I$ (s. Bild 3.5.3-5).

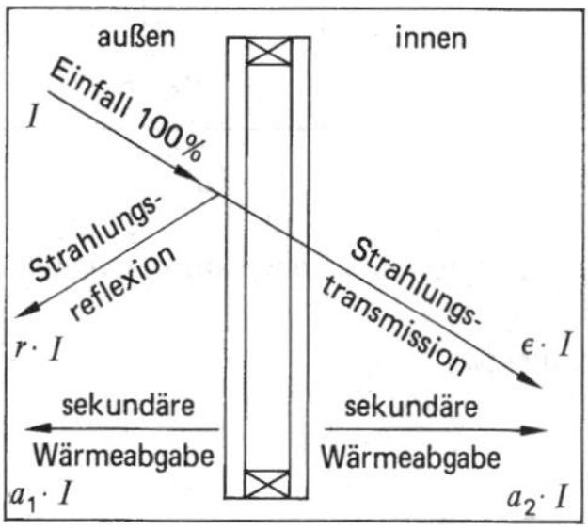

Bild 3.5.3-5. Schematische Darstellung der strahlungstechnischen Eigenschaften am Beispiel Zweifachisolierglas.

Insgesamt ist $I = \varepsilon I + rI + aI$.

In den Raum herein gelangt

$$\varepsilon \cdot I + a_2 \cdot I = g \cdot I$$

Darin ist g der *Gesamtenergie-Durchlaßgrad.*

Der Anteil der durchgelassenen Sonnenstrahlung ist von der Wellenlänge der Strahlung, dem Einfallswinkel und der Zusammensetzung des Glases abhängig. Bei Einfachverglasung mit gewöhnlichem Fensterglas (Klarglas) ist für Wellenlängen von 0,29 μm bis etwa 3 μm ist $g \approx 0{,}87$, so daß also der weitaus größte Teil der Strahlungwärme in das Rauminnere gelangt, wo sie von den Wandungen und Möbeln absorbiert wird.

Sie wird dabei z. T. in langwellige Strahlung umgewandelt, die nicht entweichen kann und den Raum aufheizt *(Treibhauseffekt).* Bei Wellenlängen größer als 3 μm ist das Verhältnis etwa umgekehrt, ungefähr 90 bis 95% der Strahlung werden vom Glas absorbiert. Versuchsergebnisse für verschiedene Glassorten siehe Tafel 3.5.3-7. Die absorbierte Wärme wird durch Konvektion und langwellige Strahlung teils nach außen, teils nach innen abgegeben (Bild 3.5.3-6).

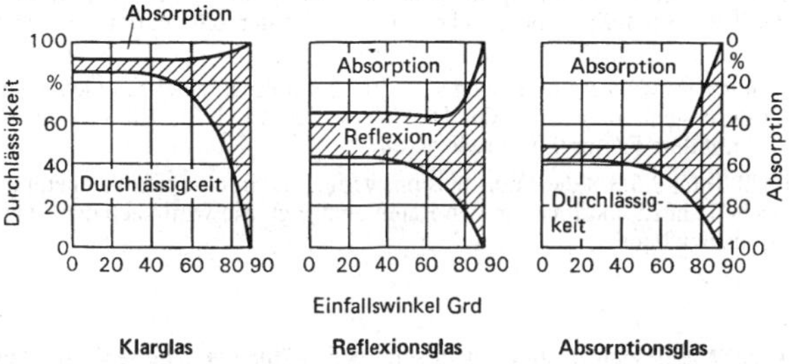

Bild 3.5.3-6. Strahlungsdurchlässigkeit, Absorption und Reflexion verschiedener Glasscheiben.

---

1) siehe auch Abschnitt 1.12.

2) Heindl, W., u. H. A. Koch: Ges.-Ing. 12/76. 9 S.
Aydinli, S., u. J. Krochmann: Ki 5/80. S. 219/23, Forsch. Ber. VDI-Z R. 6, Nr. 79 (1981).
Fahrenkrog, H.-H.: Dt. Architektenblatt 7/86. S. 859/862.
Krochmann, E. u. J.: TAB 8/87. S. 645/7.

Tafel 3.5.3-7 Strahlungsdurchlässigkeit von Glasarten bei senkrechtem Strahlungseinfall

Glasarten	Scheiben-dicke mm	Gesamtenergie-Durchlaßgrad g in %	Mittl. Temperatur-erhöhung über Luft in °C
Klarglas, einfach	2,8	87	11
Absorptionsglas	5,6	52	36
Reflexionsglas	5,6	46	14
Isolierverglasung, 2fach	11,4	79	19
Isolierverglasung, 3fach	17,9	70	21
Isolierverglasung, 2fach mit Gasfüllung	12	34–42	26–28

Diffuse Sonnenstrahlung ist vom Einfallswinkel unabhängig. Sie ist auch auf beschatteten Flächen und auf der Nordseite von Gebäuden wirksam.

Verteilung der *Strahlungsenergie* im Sonnenspektrum etwa

$\lambda < 0{,}4\ \mu m$ (UV-Bereich) 6%
$\lambda = 0{,}4$ bis $0{,}75\ \mu m$ (sichtbar) 50%
$\lambda > 0{,}75\ \mu m$ (infrarot) 44%

Energiemaximum bei 0,5 μm (Bild 1.1.4-1).

Allgemein gilt für die momentan durch Einfachglas eingestrahlte Wärmeenergie $\dot{Q}_s$ die Gleichung:

$\dot{Q}_s = [A_1 \cdot I_{max} + (A - A_1) \cdot I_{diff.\,max}] \cdot b \cdot S_a$ in W
A_1 = besonnte Glasfläche
$A = g_v \cdot A_M$ gesamte Glasfläche
G_v = Glasflächenanteil der Fensterfläche
I_{max} = maximale Gesamteinstrahlung für den Auslegungsmonat nach Tafel 3.5.3-8
$I_{diff.\,max}$ = Maximalwert für Diffusstrahlung für den Auslegungsmonat nach Tafel 3.5.3-8
b = Durchlaßfaktor der Fenster und Sonnenschutzeinrichtungen (s. VDI 2078)
S_a = Kühllastfaktor für äußere Strahlungslasten (s. VDI 2078)

Zur praktischen schnellen Berechnung dient die Tafel 3.5.3-8. Sie enthält für jeden Monat des Jahres und für jede Stunde des Tages den *direkten momentanen Wärmedurchgang* infolge der Sonnenstrahlung bei *Einfach*fenstern verschiedener Himmelsrichtung. Hierbei ist auch die diffuse Sonnenstrahlung berücksichtigt sowie der Teil der *Absorptionswärme,* der in den Raum übergeht.

Die Zahlenwerte beziehen sich auf die *einfach* verglaste Fläche *ohne* Sonnenschutz. Falls die Glasfläche bei der Projektierung nicht bekannt ist, kann sie nach der Maueröffnung mittels der Tafel 3.5.3-9 in Abhängigkeit von der Fensterkonstruktion geschätzt werden.

Nach der *Wärmeschutzverordnung* sind jedoch seit 1977 bei normal beheizten Gebäuden Isolier-(2fach-)Verglasungen vorgeschrieben. Die Werte der Tafel 3.5.3-8 sind daher gemäß Tafel 3.5.3-7 mit dem Faktor 0,9 zu reduzieren.

Nicht enthalten ist in Tafel 3.5.3-8 die Transmissionswärme, die infolge des Temperaturunterschiedes zwischen außen und innen in den Raum eindringt. Sie wird nach der allgemeinen Transmissionsgleichung

$$\dot{Q} = k \cdot A\,(\vartheta_a - \vartheta_i) \text{ in W}$$

berechnet.

Für den winterlichen Wärmeschutz gibt es etwa seit 1985 *Wärmeschutzgläser*[1)], die bei weitestgehend farbneutralem Zweifachglas und einem Scheibenabstand von 12…16 mm k-Werte von 2,0…1,3 W/m²K erreichen. Der Zwischenraum ist mit Argon gefüllt und innen einseitig mit sehr dünner Metallschicht (Gold, Kupfer und vorzugsweise Silber) bedampft. Die Metallschicht bewirkt eine hohe Infrarot-Reflexion und somit eine geringe Emission. Die Lichtdurchlässigkeit bleibt mit $\tau = 0{,}7 \ldots 0{,}75$ verhältnismäßig groß.

1) Fahrenkrug, H.: DAB 7/86. S. 859ff.

Tafel 3.5.3-8 Tagesgänge der Gesamt- und Diffusstrahlung hinter Zweifachverglasung in W/m² (geographische Breite 50°) nach VDI 2078
Monatsmittelwerte*) – Standardabweichung für Trübungsfaktor *T*

Himmelsr.	Wahre Ortszeit in h																
	4	5	6	7	8	9	10	11	12	13	14	15	16	17	18	19	20
24. Januar $T = 2,7$																	
normal	0	0	0	0	194	434	569	632	650	632	569	434	194	0	0	0	0
	0	*0*	*0*	*0*	*20*	*57*	*77*	*84*	*86*	*84*	*77*	*57*	*20*	*0*	*0*	*0*	*0*
horiz.	0	0	0	0	10	47	101	149	168	149	101	47	10	0	0	0	0
	0	*0*	*0*	*0*	*9*	*25*	*32*	*36*	*38*	*36*	*32*	*25*	*9*	*0*	*0*	*0*	*0*
NO	0	0	0	0	20	26	34	39	41	39	33	24	8	0	0	0	0
	0	*0*	*0*	*0*	*10*	*26*	*34*	*39*	*41*	*39*	*33*	*24*	*8*	*0*	*0*	*0*	*0*
O	0	0	0	0	457	279	239	113	46	41	33	23	8	0	0	0	0
	0	*0*	*0*	*0*	*17*	*44*	*52*	*50*	*46*	*41*	*33*	*23*	*8*	*0*	*0*	*0*	*0*
SO	0	0	0	0	491	426	526	514	420	266	108	29	8	0	0	0	0
	0	*0*	*0*	*0*	*19*	*56*	*73*	*76*	*71*	*59*	*44*	*28*	*8*	*0*	*0*	*0*	*0*
S	0	0	0	0	103	307	475	578	612	578	475	307	103	0	0	0	0
	0	*0*	*0*	*0*	*14*	*46*	*69*	*82*	*86*	*82*	*69*	*46*	*14*	*0*	*0*	*0*	*0*
SW	0	0	0	0	8	29	108	266	420	514	526	426	191	0	0	0	0
	0	*0*	*0*	*0*	*8*	*28*	*44*	*59*	*71*	*76*	*73*	*56*	*19*	*0*	*0*	*0*	*0*
W	0	0	0	0	8	23	33	41	46	113	238	279	157	0	0	0	0
	0	*0*	*0*	*0*	*8*	*23*	*33*	*41*	*46*	*50*	*52*	*44*	*17*	*0*	*0*	*0*	*0*
NW	0	0	0	0	8	24	33	39	41	39	34	26	20	0	0	0	0
	0	*0*	*0*	*0*	*8*	*24*	*33*	*39*	*41*	*39*	*34*	*26*	*10*	*0*	*0*	*0*	*0*
N	0	0	0	0	8	23	33	39	41	39	33	23	9	0	0	0	0
	0	*0*	*0*	*0*	*8*	*23*	*33*	*39*	*41*	*39*	*33*	*23*	*9*	*0*	*0*	*0*	*0*
20. Februar $T = 3,1$																	
normal	0	0	0	93	370	550	644	691	706	691	644	550	370	93	0	0	0
	0	*0*	*0*	*6*	*60*	*89*	*100*	*105*	*107*	*105*	*100*	*89*	*60*	*6*	*0*	*0*	*0*
horiz.	0	0	0	3	43	116	201	263	286	263	201	116	43	3	0	0	0
	0	*0*	*0*	*3*	*27*	*39*	*46*	*50*	*52*	*50*	*46*	*39*	*27*	*3*	*0*	*0*	*0*
NO	0	0	0	34	68	44	50	53	54	52	47	37	24	3	0	0	0
	0	*0*	*0*	*4*	*32*	*43*	*50*	*53*	*54*	*52*	*47*	*37*	*24*	*3*	*0*	*0*	*0*
O	0	0	0	88	312	373	292	140	62	55	47	37	24	3	0	0	0
	0	*0*	*0*	*6*	*53*	*71*	*73*	*68*	*62*	*55*	*47*	*37*	*24*	*3*	*0*	*0*	*0*
SO	0	0	0	83	352	524	581	543	429	261	102	42	25	3	0	0	0
	0	*0*	*0*	*6*	*57*	*86*	*98*	*98*	*90*	*76*	*60*	*42*	*25*	*3*	*0*	*0*	*0*
S	0	0	0	21	168	350	500	594	627	594	500	350	168	21	0	0	0
	0	*0*	*0*	*4*	*40*	*69*	*90*	*103*	*108*	*103*	*90*	*69*	*40*	*4*	*0*	*0*	*0*
SW	0	0	0	3	25	42	102	261	429	543	581	524	352	83	0	0	0
	0	*0*	*0*	*3*	*25*	*42*	*60*	*76*	*90*	*98*	*98*	*86*	*57*	*6*	*0*	*0*	*0*
W	0	0	0	3	24	37	47	55	62	140	292	373	312	88	0	0	0
	0	*0*	*0*	*3*	*24*	*37*	*47*	*55*	*62*	*68*	*73*	*71*	*53*	*6*	*0*	*0*	*0*
NW	0	0	0	3	24	37	47	52	54	53	50	44	68	34	0	0	0
	0	*0*	*0*	*3*	*24*	*37*	*47*	*52*	*54*	*53*	*50*	*43*	*32*	*4*	*0*	*0*	*0*
N	0	0	0	3	24	37	47	52	54	52	47	37	24	3	0	0	0
	0	*0*	*0*	*3*	*24*	*37*	*47*	*52*	*54*	*52*	*47*	*37*	*24*	*3*	*0*	*0*	*0*

*) 1. Wert: Gesamtstrahlung, 2. Wert: Diffusstrahlung (*kursiv* gesetzt).

Fortsetzung: Tagesgänge der Gesamt- und Diffusstrahlung

Himmelsr.	Wahre Ortszeit in h																
	4	5	6	7	8	9	10	11	12	13	14	15	16	17	18	19	20
22. März $T = 3{,}3$																	
normal	0	0	66	350	552	664	725	753	762	753	725	664	552	350	66	0	0
	0	*0*	*2*	*63*	*96*	*109*	*113*	*112*	*112*	*112*	*113*	*109*	*96*	*63*	*2*	*0*	*0*
horiz.	0	0	1	44	134	254	361	431	455	431	361	254	134	44	1	0	0
	0	*0*	*1*	*28*	*43*	*53*	*60*	*64*	*65*	*64*	*60*	*53*	*43*	*28*	*1*	*0*	*0*
NO	0	0	45	179	159	79	68	70	70	67	62	52	40	24	1	0	0
	0	*0*	*2*	*43*	*58*	*64*	*68*	*70*	*70*	*67*	*62*	*52*	*40*	*24*	*1*	*0*	*0*
O	0	0	66	337	477	468	346	168	78	71	62	52	40	25	1	0	0
	0	*0*	*2*	*60*	*87*	*95*	*93*	*86*	*78*	*71*	*62*	*52*	*40*	*25*	*1*	*0*	*0*
SO	0	0	45	285	485	590	607	542	407	226	88	58	42	24	1	0	0
	0	*0*	*2*	*54*	*88*	*107*	*115*	*114*	*105*	*90*	*74*	*58*	*42*	*24*	*1*	*0*	*0*
S	0	0	1	53	179	340	480	569	599	569	480	340	179	53	1	0	0
	0	*0*	*1*	*32*	*60*	*84*	*104*	*116*	*120*	*116*	*104*	*84*	*60*	*32*	*1*	*0*	*0*
SW	0	0	1	24	42	58	88	226	407	542	607	590	485	285	45	0	0
	0	*0*	*1*	*24*	*42*	*58*	*74*	*90*	*105*	*114*	*115*	*107*	*88*	*54*	*2*	*0*	*0*
W	0	0	1	25	40	52	62	71	78	168	346	468	477	337	66	0	0
	0	*0*	*1*	*25*	*40*	*52*	*62*	*71*	*78*	*86*	*93*	*95*	*87*	*60*	*2*	*0*	*0*
NW	0	0	1	24	40	52	62	67	70	70	68	79	159	179	45	0	0
	0	*0*	*1*	*24*	*40*	*52*	*62*	*67*	*70*	*70*	*68*	*64*	*58*	*43*	*2*	*0*	*0*
N	0	0	1	26	41	53	62	67	69	67	62	53	41	26	1	0	0
	0	*0*	*1*	*26*	*41*	*53*	*62*	*67*	*69*	*67*	*62*	*53*	*41*	*26*	*1*	*0*	*0*
20. April $T = 3{,}5$																	
normal	0	0	292	512	642	715	756	774	780	774	756	715	642	512	292	0	0
	0	*0*	*58*	*97*	*113*	*116*	*115*	*111*	*110*	*111*	*115*	*116*	*113*	*97*	*58*	*0*	*0*
horiz.	0	0	36	120	250	384	493	561	585	561	493	384	250	120	36	0	0
	0	*0*	*26*	*43*	*55*	*64*	*71*	*75*	*77*	*75*	*71*	*64*	*55*	*43*	*26*	*0*	*0*
NO	0	0	225	307	247	128	82	83	82	79	73	64	53	39	22	0	0
	0	*0*	*47*	*72*	*79*	*81*	*82*	*83*	*82*	*79*	*73*	*64*	*53*	*39*	*22*	*0*	*0*
O	0	0	284	485	551	505	364	181	91	83	74	65	53	39	22	0	0
	0	*0*	*55*	*93*	*108*	*112*	*107*	*99*	*91*	*83*	*74*	*65*	*53*	*39*	*22*	*0*	*0*
SO	0	0	169	363	502	570	562	483	340	175	85	69	54	39	22	0	0
	0	*0*	*41*	*78*	*103*	*118*	*123*	*121*	*112*	*99*	*84*	*69*	*54*	*39*	*22*	*0*	*0*
S	0	0	24	50	133	268	395	479	509	479	395	268	133	50	24	0	0
	0	*0*	*24*	*47*	*70*	*92*	*109*	*120*	*125*	*120*	*109*	*92*	*70*	*47*	*24*	*0*	*0*
SW	0	0	22	39	54	69	85	175	340	483	562	570	502	363	169	0	0
	0	*0*	*22*	*39*	*54*	*69*	*84*	*99*	*112*	*121*	*123*	*118*	*103*	*78*	*41*	*0*	*0*
W	0	0	22	39	53	65	74	83	91	181	364	505	551	485	284	0	0
	0	*0*	*22*	*39*	*53*	*65*	*74*	*83*	*91*	*99*	*107*	*112*	*108*	*93*	*55*	*0*	*0*
NW	0	0	22	39	53	64	73	79	82	83	82	128	247	307	225	0	0
	0	*0*	*22*	*39*	*53*	*64*	*73*	*79*	*82*	*83*	*82*	*81*	*79*	*72*	*47*	*0*	*0*
N	0	0	35	44	56	66	74	79	81	79	74	66	56	44	35	0	0
	0	*0*	*28*	*44*	*56*	*66*	*74*	*79*	*81*	*79*	*74*	*66*	*56*	*44*	*28*	*0*	*0*

*) 1. Wert: Gesamtstrahlung, 2. Wert: Diffusstrahlung (*kursiv* gesetzt).

Fortsetzung: Tagesgänge der Gesamt- und Diffusstrahlung

Himmelsr.	Wahre Ortszeit in h																
	4	5	6	7	8	9	10	11	12	13	14	15	16	17	18	19	20
21. Mai $T = 3{,}7$																	
normal	0	198	431	584	677	730	759	773	778	773	759	730	677	584	431	198	0
	0	*43*	*91*	*112*	*120*	*118*	*113*	*108*	*107*	*108*	*113*	*118*	*120*	*112*	*91*	*43*	*0*
horiz.	0	23	85	201	341	473	574	638	659	638	574	473	341	201	85	23	0
	0	*20*	*40*	*54*	*65*	*74*	*80*	*84*	*85*	*84*	*80*	*74*	*65*	*54*	*40*	*20*	*0*
NO	0	184	351	384	308	177	95	92	90	87	81	72	62	49	34	17	0
	0	*40*	*77*	*91*	*94*	*94*	*93*	*92*	*90*	*87*	*81*	*72*	*62*	*49*	*34*	*17*	*0*
O	0	179	403	533	563	500	358	181	98	90	82	72	62	49	35	17	0
	0	*39*	*85*	*108*	*119*	*120*	*115*	*106*	*98*	*90*	*82*	*72*	*62*	*49*	*35*	*17*	*0*
SO	0	61	204	352	460	507	489	404	269	137	90	76	63	49	34	17	0
	0	*25*	*59*	*87*	*108*	*120*	*125*	*122*	*114*	*103*	*90*	*76*	*63*	*49*	*34*	*17*	*0*
S	0	17	37	56	96	192	298	374	400	374	298	192	96	56	37	17	0
	0	*17*	*37*	*56*	*76*	*95*	*110*	*120*	*123*	*120*	*110*	*95*	*76*	*56*	*37*	*17*	*0*
SW	0	17	34	49	63	76	90	137	269	404	489	507	460	352	204	61	0
	0	*17*	*34*	*49*	*63*	*76*	*90*	*103*	*114*	*122*	*125*	*120*	*108*	*87*	*59*	*25*	*0*
W	0	17	35	49	62	72	82	90	98	181	358	500	563	533	403	179	0
	0	*17*	*35*	*49*	*62*	*72*	*82*	*90*	*98*	*106*	*115*	*120*	*119*	*108*	*85*	*39*	*0*
NW	0	17	34	49	62	72	81	87	90	92	95	177	308	384	351	184	0
	0	*17*	*34*	*49*	*62*	*72*	*81*	*87*	*90*	*92*	*93*	*94*	*94*	*91*	*77*	*40*	*0*
N	0	72	78	59	67	76	83	87	88	87	83	76	67	59	78	72	0
	0	*26*	*46*	*58*	*67*	*76*	*83*	*87*	*88*	*87*	*83*	*76*	*67*	*58*	*46*	*26*	*0*
21. Juni $T = 4{,}3$																	
normal	33	229	430	566	653	703	730	743	747	743	730	703	653	566	430	228	33
	4	*62*	*107*	*127*	*133*	*130*	*123*	*118*	*116*	*118*	*123*	*130*	*133*	*127*	*107*	*62*	*4*
horiz.	2	36	106	222	357	480	577	637	657	637	577	480	357	222	106	36	2
	2	*29*	*49*	*64*	*76*	*85*	*92*	*96*	*97*	*96*	*92*	*85*	*76*	*64*	*49*	*29*	*2*
NO	32	212	355	385	316	192	105	97	94	91	85	77	67	55	41	24	2
	4	*58*	*92*	*104*	*105*	*102*	*99*	*97*	*94*	*91*	*85*	*77*	*67*	*55*	*41*	*24*	*2*
O	26	200	393	507	533	474	341	180	103	94	86	77	66	54	40	23	2
	4	*55*	*99*	*121*	*130*	*129*	*122*	*112*	*103*	*94*	*86*	*77*	*66*	*54*	*40*	*23*	*2*
SO	3	65	187	319	416	458	439	360	237	126	94	81	68	54	40	23	2
	2	*34*	*67*	*95*	*116*	*127*	*131*	*127*	*118*	*106*	*94*	*81*	*68*	*54*	*40*	*23*	*2*
S	2	23	42	62	89	163	254	322	347	322	254	163	89	62	42	23	2
	2	*23*	*42*	*62*	*81*	*99*	*114*	*124*	*128*	*124*	*114*	*99*	*81*	*62*	*42*	*23*	*2*
SW	2	23	40	54	68	81	94	126	237	360	439	458	416	319	187	65	3
	2	*23*	*40*	*54*	*68*	*81*	*94*	*106*	*118*	*127*	*131*	*127*	*116*	*95*	*67*	*34*	*2*
W	2	23	40	54	66	77	86	94	103	180	341	474	533	507	393	200	26
	2	*23*	*40*	*54*	*66*	*77*	*86*	*94*	*103*	*112*	*122*	*129*	*130*	*121*	*99*	*55*	*4*
NW	2	24	41	55	67	77	85	91	94	97	105	192	316	385	355	212	32
	2	*24*	*41*	*55*	*67*	*77*	*85*	*91*	*94*	*97*	*99*	*102*	*105*	*104*	*92*	*58*	*4*
N	19	93	96	70	74	81	88	91	93	91	88	81	74	70	96	93	19
	3	*38*	*56*	*66*	*74*	*81*	*89*	*91*	*93*	*91*	*88*	*81*	*74*	*66*	*56*	*38*	*3*

*) 1. Wert: Gesamtstrahlung, 2. Wert: Diffusstrahlung (*kursiv* gesetzt).

Fortsetzung: Tagesgänge der Gesamt- und Diffusstrahlung

Himmelsr.	Wahre Ortszeit in h																
	4	5	6	7	8	9	10	11	12	13	14	15	16	17	18	19	20
23. Juli $T = 4{,}3$																	
normal	0	163	384	539	636	693	723	738	743	738	723	693	636	539	384	163	0
	0	*46*	*99*	*124*	*133*	*132*	*126*	*121*	*119*	*121*	*126*	*132*	*133*	*124*	*99*	*46*	*0*
horiz.	0	24	82	191	324	449	548	609	631	609	548	449	324	191	82	24	0
	0	*22*	*44*	*61*	*73*	*83*	*90*	*94*	*96*	*94*	*90*	*83*	*73*	*61*	*44*	*22*	*0*
NO	0	150	314	357	294	174	98	94	92	88	83	74	64	51	36	18	0
	0	*42*	*84*	*98*	*100*	*98*	*96*	*94*	*92*	*88*	*83*	*74*	*64*	*51*	*36*	*18*	*0*
O	0	147	359	492	528	475	344	180	100	92	84	74	64	51	36	17	0
	0	*42*	*92*	*118*	*128*	*127*	*120*	*110*	*100*	*92*	*84*	*74*	*64*	*51*	*36*	*17*	*0*
SO	0	53	183	327	433	481	466	388	261	137	92	78	65	51	36	17	0
	0	*26*	*63*	*94*	*116*	*128*	*132*	*128*	*118*	*106*	*92*	*78*	*65*	*51*	*36*	*17*	*0*
S	0	17	38	59	98	186	287	359	385	359	287	186	98	59	38	17	0
	0	*17*	*38*	*59*	*80*	*99*	*115*	*125*	*129*	*125*	*115*	*99*	*80*	*59*	*38*	*17*	*0*
SW	0	17	36	51	65	78	92	137	261	388	466	481	433	327	183	53	0
	0	*17*	*36*	*51*	*63*	*78*	*92*	*106*	*118*	*128*	*132*	*128*	*116*	*94*	*63*	*26*	*0*
W	0	17	36	51	64	74	84	92	100	180	134	475	528	492	359	147	0
	0	*17*	*36*	*51*	*64*	*74*	*84*	*92*	*100*	*110*	*120*	*127*	*128*	*118*	*92*	*42*	*0*
NW	0	18	36	51	64	74	83	88	92	94	98	174	294	357	314	150	0
	0	*18*	*36*	*51*	*64*	*74*	*83*	*88*	*92*	*94*	*98*	*98*	*100*	*98*	*84*	*42*	*0*
N	0	62	77	62	70	78	85	89	90	89	85	78	70	62	77	62	0
	0	*27*	*50*	*61*	*70*	*78*	*85*	*89*	*90*	*89*	*85*	*78*	*70*	*61*	*50*	*27*	*0*
24. August $T = 4{,}1$																	
normal	0	0	241	458	592	670	712	733	739	733	712	670	592	458	241	0	0
	0	*0*	*61*	*106*	*125*	*130*	*128*	*125*	*123*	*125*	*128*	*130*	*125*	*106*	*61*	*0*	*0*
horiz.	0	0	37	114	236	362	466	532	554	532	466	362	236	114	37	0	0
	0	*0*	*29*	*49*	*63*	*73*	*81*	*86*	*87*	*86*	*81*	*73*	*63*	*49*	*29*	*0*	*0*
NO	0	0	187	278	233	128	85	85	84	80	74	66	55	41	23	0	0
	0	*0*	*50*	*78*	*85*	*85*	*85*	*85*	*74*	*80*	*74*	*66*	*55*	*41*	*23*	*0*	*0*
O	0	0	235	433	508	474	347	178	93	85	76	66	55	41	23	0	0
	0	*0*	*59*	*101*	*118*	*120*	*113*	*103*	*93*	*85*	*76*	*66*	*55*	*41*	*23*	*0*	*0*
SO	0	0	141	325	463	534	531	458	326	172	87	71	56	41	23	0	0
	0	*0*	*43*	*84*	*111*	*127*	*131*	*127*	*117*	*102*	*86*	*71*	*56*	*41*	*23*	*0*	*0*
S	0	0	25	53	130	255	375	455	483	455	375	255	130	53	25	0	0
	0	*0*	*25*	*50*	*74*	*97*	*115*	*127*	*131*	*127*	*115*	*97*	*74*	*50*	*25*	*0*	*0*
SW	0	0	23	41	56	71	87	172	326	458	531	534	463	325	141	0	0
	0	*0*	*23*	*41*	*56*	*71*	*86*	*102*	*117*	*127*	*131*	*127*	*111*	*84*	*43*	*0*	*0*
W	0	0	23	41	55	66	76	85	93	178	347	474	508	433	235	0	0
	0	*0*	*23*	*41*	*55*	*66*	*76*	*85*	*93*	*103*	*113*	*120*	*118*	*101*	*59*	*0*	*0*
NW	0	0	23	41	55	66	74	80	84	85	85	128	233	278	187	0	0
	0	*0*	*23*	*41*	*55*	*66*	*74*	*80*	*84*	*85*	*85*	*85*	*85*	*78*	*50*	*0*	*0*
N	0	0	34	46	58	68	75	80	82	80	75	68	58	46	34	0	0
	0	*0*	*29*	*46*	*58*	*68*	*75*	*80*	*82*	*80*	*75*	*68*	*58*	*46*	*29*	*0*	*0*

*) 1. Wert: Gesamtstrahlung, 2. Wert: Diffusstrahlung (*kursiv* gesetzt).

Fortsetzung: Tagesgänge der Gesamt- und Diffusstrahlung

Himmelsr.	Wahre Ortszeit in h																
	4	5	6	7	8	9	10	11	12	13	14	15	16	17	18	19	20
22. September $T = 3{,}9$																	
normal	0	0	43	297	497	612	676	707	716	707	676	612	497	297	43	0	0
	0	*0*	*3*	*69*	*107*	*122*	*127*	*127*	*126*	*127*	*127*	*122*	*107*	*69*	*3*	*0*	*0*
horiz.	0	0	2	45	129	240	341	408	431	408	341	240	128	45	2	0	0
	0	*0*	*2*	*32*	*49*	*61*	*69*	*74*	*75*	*74*	*69*	*61*	*49*	*32*	*2*	*0*	*0*
NO	0	0	30	154	150	81	70	72	72	69	63	54	42	26	1	0	0
	0	*0*	*3*	*46*	*63*	*68*	*70*	*72*	*72*	*69*	*63*	*54*	*42*	*26*	*1*	*0*	*0*
O	0	0	43	285	429	433	327	165	81	73	65	54	42	26	1	0	0
	0	*0*	*3*	*65*	*96*	*104*	*100*	*91*	*81*	*73*	*65*	*54*	*42*	*26*	*1*	*0*	*0*
SO	0	0	29	241	436	542	565	508	383	217	90	60	44	26	1	0	0
	0	*0*	*3*	*58*	*97*	*117*	*125*	*122*	*111*	*95*	*78*	*60*	*44*	*26*	*1*	*0*	*0*
S	0	0	2	50	166	316	447	533	563	533	447	316	166	50	2	0	0
	0	*0*	*2*	*34*	*65*	*91*	*112*	*125*	*130*	*125*	*112*	*91*	*65*	*34*	*2*	*0*	*0*
SW	0	0	1	26	44	60	90	217	383	508	565	542	436	241	29	0	0
	0	*0*	*1*	*26*	*44*	*60*	*78*	*95*	*111*	*122*	*125*	*117*	*97*	*58*	*3*	*0*	*0*
W	0	0	1	26	42	54	65	73	81	165	327	433	429	285	43	0	0
	0	*0*	*1*	*26*	*42*	*54*	*65*	*73*	*81*	*91*	*100*	*104*	*96*	*85*	*3*	*0*	*0*
NW	0	0	1	26	42	54	63	69	72	72	70	81	150	154	30	0	0
	0	*0*	*1*	*26*	*42*	*54*	*63*	*69*	*72*	*72*	*70*	*68*	*63*	*46*	*3*	*0*	*0*
N	0	0	2	28	44	55	64	69	71	69	64	55	44	28	2	0	0
	0	*0*	*2*	*28*	*44*	*55*	*64*	*69*	*71*	*69*	*64*	*55*	*44*	*28*	*2*	*0*	*0*
23. Oktober $T = 3{,}0$																	
normal	0	0	0	99	378	554	645	691	705	691	645	554	378	99	0	0	0
	0	*0*	*0*	*6*	*59*	*86*	*96*	*101*	*102*	*101*	*96*	*86*	*59*	*6*	*0*	*0*	*0*
horiz.	0	0	0	3	43	116	200	263	286	263	200	116	43	3	0	0	0
	0	*0*	*0*	*3*	*26*	*37*	*44*	*48*	*50*	*48*	*44*	*37*	*26*	*3*	*0*	*0*	*0*
NO	0	0	0	36	68	43	49	52	53	51	46	37	24	3	0	0	0
	0	*0*	*0*	*4*	*31*	*42*	*49*	*52*	*53*	*51*	*46*	*37*	*24*	*3*	*0*	*0*	*0*
O	0	0	0	94	318	376	291	139	60	54	46	36	23	3	0	0	0
	0	*0*	*0*	*6*	*51*	*69*	*70*	*66*	*60*	*54*	*46*	*36*	*23*	*3*	*0*	*0*	*0*
SO	0	0	0	89	358	528	581	543	429	260	101	41	24	3	0	0	0
	0	*0*	*0*	*6*	*55*	*83*	*94*	*95*	*88*	*74*	*58*	*41*	*24*	*3*	*0*	*0*	*0*
S	0	0	0	22	170	352	500	595	626	595	500	352	170	22	0	0	0
	0	*0*	*0*	*4*	*38*	*67*	*87*	*100*	*104*	*100*	*87*	*67*	*38*	*4*	*0*	*0*	*0*
SW	0	0	0	3	24	41	101	260	429	543	581	528	358	89	0	0	0
	0	*0*	*0*	*3*	*24*	*41*	*58*	*74*	*88*	*95*	*94*	*83*	*55*	*6*	*0*	*0*	*0*
W	0	0	0	3	23	36	46	54	60	139	291	376	318	94	0	0	0
	0	*0*	*0*	*3*	*23*	*36*	*46*	*54*	*60*	*66*	*70*	*69*	*51*	*6*	*0*	*0*	*0*
NW	0	0	0	3	24	37	46	51	53	52	49	43	68	36	0	0	0
	0	*0*	*0*	*3*	*24*	*37*	*46*	*51*	*53*	*52*	*49*	*42*	*31*	*4*	*0*	*0*	*0*
N	0	0	0	3	23	36	46	51	53	51	46	36	23	3	0	0	0
	0	*0*	*0*	*3*	*23*	*36*	*46*	*51*	*53*	*51*	*46*	*36*	*23*	*3*	*0*	*0*	*0*

*) 1. Wert: Gesamtstrahlung, 2. Wert: Diffusstrahlung (*kursiv* gesetzt).

Fortsetzung: Tagesgänge der Gesamt- und Diffusstrahlung

Himmelsr.	Wahre Ortszeit in h																
	4	5	6	7	8	9	10	11	12	13	14	15	16	17	18	19	20
20. November *T* = 2,9																	
normal	0	0	0	0	167	402	539	603	622	603	539	402	167	0	0	0	0
	0	*0*	*0*	*0*	*19*	*59*	*81*	*88*	*90*	*88*	*81*	*59*	*19*	*0*	*0*	*0*	*0*
horiz.	0	0	0	0	10	45	97	143	161	143	97	45	10	0	0	0	0
	0	*0*	*0*	*0*	*9*	*26*	*34*	*39*	*40*	*39*	*34*	*26*	*9*	*0*	*0*	*0*	*0*
NO	0	0	0	0	18	27	35	40	41	39	34	24	8	0	0	0	0
	0	*0*	*0*	*0*	*10*	*27*	*35*	*40*	*41*	*39*	*34*	*24*	*8*	*0*	*0*	*0*	*0*
O	0	0	0	0	134	259	226	111	47	41	34	24	8	0	0	0	0
	0	*0*	*0*	*0*	*16*	*45*	*53*	*52*	*47*	*41*	*34*	*24*	*8*	*0*	*0*	*0*	*0*
SO	0	0	0	0	164	394	498	492	402	256	105	29	8	0	0	0	0
	0	*0*	*0*	*0*	*19*	*57*	*76*	*79*	*73*	*61*	*45*	*28*	*8*	*0*	*0*	*0*	*0*
S	0	0	0	0	89	285	451	552	586	552	451	285	89	0	0	0	0
	0	*0*	*0*	*0*	*14*	*47*	*72*	*85*	*89*	*85*	*72*	*47*	*14*	*0*	*0*	*0*	*0*
SW	0	0	0	0	8	29	105	256	402	492	498	394	164	0	0	0	0
	0	*0*	*0*	*0*	*8*	*28*	*45*	*61*	*73*	*79*	*76*	*57*	*19*	*0*	*0*	*0*	*0*
W	0	0	0	0	8	24	34	41	47	111	226	259	134	0	0	0	0
	0	*0*	*0*	*0*	*8*	*24*	*34*	*41*	*47*	*52*	*53*	*45*	*16*	*0*	*0*	*0*	*0*
NW	0	0	0	0	8	24	34	39	41	40	35	27	18	0	0	0	0
	0	*0*	*0*	*0*	*8*	*24*	*34*	*39*	*41*	*40*	*35*	*27*	*10*	*0*	*0*	*0*	*0*
N	0	0	0	0	8	24	33	39	41	39	33	24	8	0	0	0	0
	0	*0*	*0*	*0*	*8*	*24*	*33*	*39*	*41*	*39*	*33*	*24*	*8*	*0*	*0*	*0*	*0*
20. Dezember *T* = 2,7																	
normal	0	0	0	0	0	325	484	563	586	563	484	325	0	0	0	0	0
	0	*0*	*0*	*0*	*0*	*41*	*65*	*76*	*79*	*76*	*65*	*41*	*0*	*0*	*0*	*0*	*0*
horiz.	0	0	0	0	0	26	62	98	113	98	62	26	0	0	0	0	0
	0	*0*	*0*	*0*	*0*	*19*	*28*	*32*	*34*	*32*	*28*	*19*	*0*	*0*	*0*	*0*	*0*
NO	0	0	0	0	0	18	28	33	34	33	27	17	0	0	0	0	0
	0	*0*	*0*	*0*	*0*	*18*	*28*	*33*	*34*	*33*	*27*	*17*	*0*	*0*	*0*	*0*	*0*
O	0	0	0	0	0	202	194	96	39	34	27	17	0	0	0	0	0
	0	*0*	*0*	*0*	*0*	*31*	*42*	*43*	*39*	*34*	*27*	*17*	*0*	*0*	*0*	*0*	*0*
SO	0	0	0	0	0	321	452	464	386	249	103	23	0	0	0	0	0
	0	*0*	*0*	*0*	*0*	*40*	*61*	*68*	*63*	*52*	*37*	*20*	*0*	*0*	*0*	*0*	*0*
S	0	0	0	0	0	239	416	526	561	526	416	239	0	0	0	0	0
	0	*0*	*0*	*0*	*0*	*33*	*58*	*73*	*77*	*73*	*58*	*33*	*0*	*0*	*0*	*0*	*0*
SW	0	0	0	0	0	23	103	249	386	464	452	321	0	0	0	0	0
	0	*0*	*0*	*0*	*0*	*20*	*37*	*52*	*63*	*68*	*61*	*40*	*0*	*0*	*0*	*0*	*0*
W	0	0	0	0	0	17	27	34	39	96	194	202	0	0	0	0	0
	0	*0*	*0*	*0*	*0*	*17*	*27*	*34*	*39*	*43*	*42*	*31*	*0*	*0*	*0*	*0*	*0*
NW	0	0	0	0	0	17	27	33	34	33	28	18	0	0	0	0	0
	0	*0*	*0*	*0*	*0*	*17*	*27*	*33*	*34*	*33*	*28*	*18*	*0*	*0*	*0*	*0*	*0*
N	0	0	0	0	0	17	27	33	35	33	27	17	0	0	0	0	0
	0	*0*	*0*	*0*	*0*	*17*	*27*	*33*	*35*	*33*	*27*	*17*	*0*	*0*	*0*	*0*	*0*

*) 1. Wert: Gesamtstrahlung, 2. Wert: Diffusstrahlung (*kursiv* gesetzt).

Tafel 3.5.3-9 Überschlagswerte g_v für den Glasflächenanteil bei verschiedenen Fensterkonstruktionen

Fensterbauart	Innere Laibung der Maueröffnung in m² (Maueröffnungsmaß A_M)								
	0,5	1,0	1,5	2,0	2,5	3	4	5	6	8
Holzfenster, einfach oder doppelt verglast, Verbundfenster	0,47	0,58	0,63	0,67	0,69	0,71	0,72	0,73	0,74	0,75
Holzdoppelfenster	0,36	0,48	0,55	0,60	0,62	0,65	0,68	0,69	0,70	0,71
Stahlfenster	0,56	0,77	0,83	0,86	0,87	0,88	0,90	0,90	0,90	0,90
Schaufenster, Oberlichte	0,90									
Balkontür mit Glasfüllung	0,50									

Abschläge für Fenster mit Kämpfer – 0,05
für Fenster mit senkrechtem Mittelstück – 0,05
für Fenster mit Sprossen – 0,03

Beispiel:

Wieviel Wärme dringt infolge Sonnenstrahlung durch ein nach Süden gelegenes, nicht beschattetes, einfach verglastes Holzfenster ohne Kämpfer und Mittelstück um 14 Uhr im Juli auf 50° nördlicher Breite? Maueröffnung A_m = 4 m²; Glasflächenanteil nach Tafel 3.5.3-9: $g = 0{,}72$.

Außentemperatur $\vartheta_a = 32\,°C$, Innentemperatur $\vartheta_i = 26\,°C$.

Direkter Wärmedurchgang

aus Tafel 3.5.3-8: $I \cdot A_m \cdot g = 287 \cdot 4 \cdot 0{,}72 = 800$ W

Konvektion: $k \cdot A\,(\vartheta_a - \vartheta_i) = 5{,}2 \cdot 4\,(32-26) = 125$ W

(k nach Tafel 2.4.1-7)

Summe 925 W

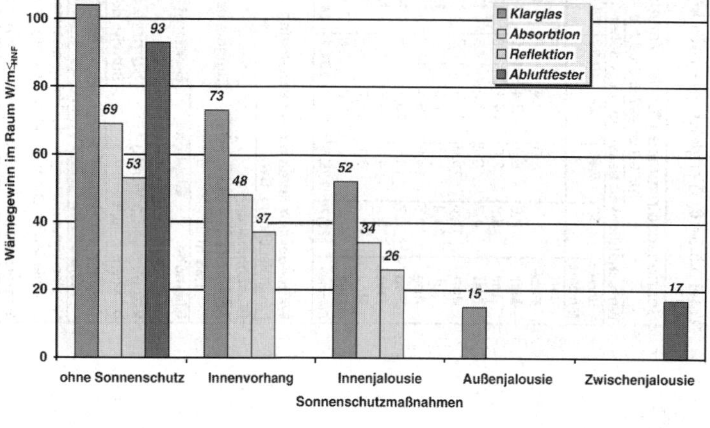

Bild 3.5.3-7. Solarer Wärmegewinn im Raum durch Fenster bei verschiedenen Verglasungs- und Sonnenschutzkombinationen.

Tafel 3.5.3-10 Vergleich zwischen konventioneller und voller Verglasung bei Bürogebäuden (Beispiel: Sony-Center Berlin)

Sonnenscheinstunden für die Monate und das Jahr für ***Berlin-Dahlem*** nach DIN 4710
für Bürobetrieb 6:00 bis 18:00

Wirtschaftlichkeit bei voller gegenüber konventioneller Verglasung für Bürogebäude in Berlin

Uhrzeit / **Monate**	*7,00*	*8,00*	*9,00*	*10,00*	*11,00*	*12,00*	*13,00*	*14,00*	*15,00*	*16,00*	*17,00*	*18,00*	**Summe:h/a**
Jan			2,1	5,5	7,1	8,0	8,1	8,2	6,9	3,2	0,1		**49,2**
Feb		1,0	4,9	7,9	9,3	9,4	9,6	9,5	8,9	6,9	2,5	0,1	**70,0**
Mär	2,6	8,9	12,4	14,0	14,5	14,8	15,2	14,7	14,1	13,5	10,6	3,3	**138,6**
Apr	9,8	12,6	14,1	14,8	15,3	15,5	15,7	15,4	14,9	14,3	12,7	10,0	**165,1**
Mai	14,7	16,7	17,2	17,5	17,5	17,2	16,3	**16,1**	15,9	15,0	14,6	12,1	**190,8**
Jun	15,6	16,6	17,4	17,7	18,1	***18,2***	**18,4**	**18,4**	**18,0**	**16,9**	**15,9**	14,6	**205,8**
Jul	14,4	16,3	17,0	17,6	17,6	***17,3***	***17,3***	**16,6**	**16,7**	**16,1**	**15,7**	**13,8**	**196,4**
Aug	12,5	14,8	16,4	17,3	17,5	17,0	17,4	***17,0***	**16,7**	**15,1**	**14,7**	***12,6***	**189,0**
Sep	6,7	13,6	16,1	17,8	18,4	18,3	17,8	17,4	**16,7**	**15,4**	***13,6***	8,6	**180,4**
Okt	0,4	4,9	9,8	11,7	13,5	14,1	14,3	13,7	***12,7***	***11,5***	6,8	0,8	**114,2**
Nov		0,1	2,7	5,5	7,0	7,6	7,6	7,2	6,4	3,9	1,2		**49,2**
Dez			0,6	3,8	5,5	6,1	6,6	6,2	4,6	1,0	1,0		**35,4**
Summen	***76,7***	***105,5***	***130,7***	***151,1***	***161,3***	***163,5***	***164,3***	***68,1***	***84,0***	***63,1***	***109,4***	***75,9***	**1.353,6**

Sonnenscheindauer bei	
Heiz:	
Neutral:	
Kühl:	

BETRIEB

Wärmegewinn durch die Vollverglasung
Himmelsrichtung: **SW**

Glasabmessungen:	
Achsbreite **1,35** m	Raumtiefe **5,4** m
Glashöhe 3 m	**Glashöhe 1,8 m**
k-Zahl:	**1,3 W(mK)**
b-Faktor:	**0,5**

Summe. Kühlstunden h/a: ***18,4 51,1 68,1 63,5 46,3 13,8*** **261,2**

Summe der Kühlstunden im Bürobetrieb h/a: **184,6**

Neutrale h/a: 35,5 17,3 17,0 12,7 11,5 13,6 12,6 **120,2**

Summe der gesamten Heizstunden h/a: ***1.075,1***

Summe der Heizstunden im Bürobetrieb h/a: **759,9**

Differenz-Wärmeverlust
0,7 W/m$^2_{HNF}$
0,4 W/m$^2_{HNF}$
0,3 W/m$^2_{HNF}$ ***Minimal***

Differenz-Energiekosten ***zu vernach-lässigen !***
0,031 DM/m$^2_{HNF}$a

Wärmegewinn bez.auf 1 m Hauptnutzfläche in W.
123,5 74,1 W/m$^2_{HNF}$ Kühllastdifferenz: 49,4 W/m$^2_{HNF}$

Kühllastzunahme wegen der Vollverglasung: **-6,4 kWh/m$^2_{HNF}$a**
Energiegewinn durch die Vollverglasung im Winterbetrieb: **26,3 kWh/m$^2_{HNF}$a**

Energiegewinn durch die passive Sonnenenergienutzung: **19,9 kWh/m$^2_{HNF}$a** **Jährliche Energieersparnis im Bürobetrieb!**

Bei *Überschlagsrechnungen* kann man im Juli/August etwa mit folgenden Zahlenwerten für den maximalen Wärmeeinfall durch Sonnenstrahlung bei *nicht* oder wenig beschatteten Fenstern ohne Sonnenschutz rechnen:

Einfachfenster	Ost oder West	500 W/m^2
Einfachfenster	Süd	400 W/m^2
Doppelfenster	Ost oder West	450 W/m^2
Doppelfenster	Süd	350 W/m^2

Zu bemerken ist auch, daß die Sonneneinstrahlung durch die Fenster sich nicht sofort in Raumluftwärme umsetzt, sondern daß infolge Erwärmung des Fußbodens, der Wände, des Mobilars usw. immer eine gewisse Verzögerung eintritt. Aus diesem Grund und wegen der höheren Außentemperatur sind Räume auf der Ostseite eines Gebäudes trotz gleicher einfallender Sonnenwärme kühler als auf der Westseite. Weiteres siehe Abschn. 3.5.3-6.

Die Wirkung der Glas- und Sonnschutzarten zeigt das Bild 3.5.3-7. Aus der maximalen Sonneneinstrahlung resultierender Wärmegewinn wurde auf die Nutzfläche des Raumes bei 5 m Raumtiefe und 1,2 m Achsbreite gleichmäßig verteilt und als Meßgröße der Effektivität der möglichen Sonnenschutzvarianten dargestellt.

Die Solarwärmegewinne der „winterlichen" Sonnenstrahlung bei Fassaden mit Vollverglasung gegenüber Fassade mit Brüstung zeigt Tafel 3.5.3-10. Aus der Tafel läßt sich die erhöhte Kältearbeit im Sommerbetrieb und die Einsparung der Wärmearbeit außerhalb der Sommerzeit bezogen auf die Nutzfläche entnehmen. Als Ergebnis ergibt sich bei Vollverglasung eine deutliche Energieeinsparung gegenüber der Brüstungs- und Glas-Kombination.

Hinweise zum sommerlichen Wärmeschutz s. Abschnitt 1.12-2.

-5 Beleuchtungswärme[1)]

Die Leistung der elektrischen Beleuchtungskörper setzt sich fast vollkommen in Wärme um und wird als Kühllast $\dot{Q}_B$ des Raumes oder Gebäudes wirksam. Allgemein gilt für die spezifische Beleuchtungswärme, bezogen auf die Bodenfläche A

$$\dot{q}_B = \dot{Q}_B/A = P/A \cdot l_1 \cdot \mu_B \cdot s_B \text{ in W/m}^2$$

P = gesamte Anschlußleistung der Leuchten einschließlich Vorschaltleistung in W
l_1 = Gleichzeitigkeitsfaktor
μ_B = Raumbelastungsgrad (oder l_2 = Restwärmefaktor)
s_B = Speicherfaktor (siehe Abschn. 3.5.3-6.3 und Tafel 3.5.3-15)

Der Anteil der verschiedenen *Energiearten* an der Gesamtwärmeabgabe ist bei ruhender Luft etwa:

Energieart	Standard-Leuchtstofflampen ohne Vorschaltgerät 65 W	Glühlampen 100 W
sichtbare Strahlen	20%	10%
infrarote Strahlen	40%	80%
Leitung und Konvektion	40%	10%

Bei den Standard-*Leuchtstofflampen* wird also nur $^1/_5$ der el. Leistungsaufnahme in Licht umgesetzt. Moderne 3-Banden-Leuchtstofflampen mit 26 mm ∅ erreichen etwa $^1/_3$. Ein Teil der sichtbaren und der unsichtbaren infraroten Strahlung wird innerhalb der Leuchte absorbiert, erhöht die Temperatur der Leuchtenbauteile, die nun ihrerseits wieder infrarote Strahlen aussenden. In erster Näherung kann man annehmen, daß eine Leuchtstofflampe etwa 50% der eingeführten Energie in Strahlung umsetzt.

Einheit des *Lichtstromes* ist das Lumen (lm), Einheit der *Beleuchtungsstärke* E das Lux (lx) = 1 lm/m^2.

---

1) Bodmann, H. W.: Kältetechnik 1970. S. 142/9.
Steck, B.: HR 1972. S. 55/60 und Ges.-Ing. 5/79. S. 142 (9 S.)
Schröder, G.: Ki 7/73. S. 33/44.
Hentschel, H., u. Klein, G.: TAB 4/81, S. 11/16.

Tafel 3.5.3-11 Richtwerte der Nennbeleuchtungsstärken nach DIN 5035 „Innenraumbeleuchtung mit künstlichem Licht" sowie Anhaltswerte für in dieser Norm nicht genannte Raumzwecke*) und Tätigkeiten

Raumzweck und Art der Tätigkeit	Nennbeleuchtungsstärke E_N lx	Bezog. Anschlußleistung p/A W/m² – Allgemeine Gebrauchs-Glühlampen	Bezog. Anschlußleistung p/A W/m² – Hochdruck- und Niederdruck-Entladungslampen
Lagerräume mit Suchaufgabe, Verkehrswege in Gebäuden für Personen und Fahrzeuge, Treppen, Flure, Treppen und Eingangshallen in Unterrichtsstätten, Produktionsanlagen mit gelegentlichen manuellen Eingriffen, Wohnräume, Theater	100	20 bis 25	3 bis 8
Lagerräume mit Leseaufgabe, Versand, Kantinen, Empfang, Speiseräume in Hotels und Gaststätten, ständig besetzte Arbeitsplätze in Produktionsanlagen, grobe Arbeiten, einfache Montagearbeiten, Räume mit Publikumsverkehr	200	40 bis 50	6 bis 16
Büroräume mit Arbeitsplätzen ausschließlich in Fensternähe (Einzelbüro), Mehrzweckräume, Bibliotheken, Vorschulräume, Unterrichtsräume in Unterrichtsstätten, Sitzungs- und Besprechungszimmer, Verkaufsräume, mittelfeine Montagearbeiten, Schalter- und Kassenhallen	300	60 bis 75	8 bis 18
Büroräume (Gruppenräume), Raum für Datenverarbeitung (dort obere Grenzwerte), Unterrichtsräume mit unzureichendem Tageslicht sowie für vorwiegende Abendnutzung oder für Erwachsenenbildung, spezielle Unterrichtsräume in Unterrichtsstätten, Hörsäle mit Fenstern, feine Maschinen- und Montagearbeiten, Küche in Hotel und Gaststätten, Forschungslaboratorien, Kaufhäuser, Ausstellungs- und Messehallen, Leder- und Holzverarbeitung	500	100 bis 120	10 bis 25
Großraumbüro (hohe Reflexion), technisches Zeichnen (auf Zeichenbrett), Kontrollplätze, Färben, Gravieren, Nähen, Supermärkte, Hörsäle ohne Fenster	750	–	15 bis 30
Farbprüfung, Montage feiner Geräte in der Elektroindustrie, feinmechanische Arbeiten, Schmuckwarenherstellung, Großraumbüro (Sonderfälle)	1000	–	20 bis 40
Montage feinster Teile, Bearbeitung von Edelsteinen, Optiker- und Uhrmacherwerkstatt, Qualitätskontrolle bei sehr hohen Ansprüchen	1500**)	–	30 bis 60
	2000**)	–	40 bis 80

*) Weitere Hinweise für die Beleuchtungsauslegung siehe „Arbeitsstättenrichtlinien (§7)" und „Richtlinien für die Innenbeleuchtung mit künstlichem Licht in öffentlichen Gebäuden und Schulen (Ribelög)", aufgestellt von AMEV.

**) Nennbeleuchtungsstärken dieses Niveaus werden in der Regel durch eine Platzbeleuchtung in Verbindung mit einer allgemeinen Beleuchtung von etwa 500 lx erreicht (siehe DIN 5035). In diesem Fall kann nicht formal nach Gl. (2) gerechnet werden.

Grundlage für die Bemessung der Beleuchtungsstärke ist DIN 5035 T2 (09.90): Innenraumbeleuchtung mit künstlichem Licht. Wenn eine genaue Ermittlung der installierten Beleuchtung nicht möglich ist, können bei normalhohen Räumen die Zahlen in Tafel 3.5.3-11 für die Wärmeabgabe benutzt werden. Bei Angabe der Beleuchtungsstärke in Lux ist je Kilolux und je m² Bodenfläche mit einer Glühlampenleistung von etwa 240…200 W/m²klx zu rechnen. Bei modernen Leuchtstofflampen ist der Energiebedarf

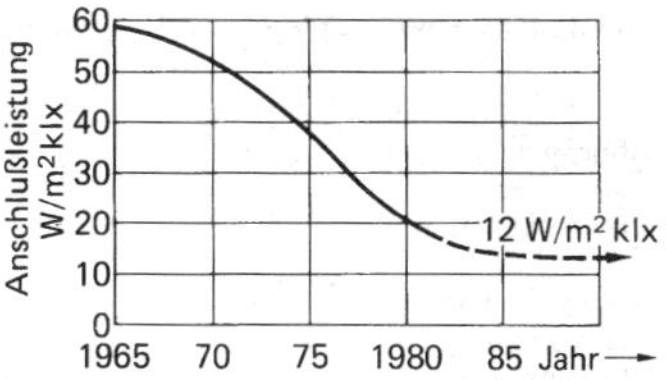

Bild 3.5.3-8. Entwicklung der Beleuchtungs-anschlußleistung im Großraum (nach Hentschel).

wesentlich geringer, etwa 40…20 W/m²klx. Neuere Entwicklung (s. Bild 3.5.3-8) mit elektronischen Vorschaltgeräten sogar nur ca. 15 W/m² klx.

Bei einer Beleuchtungsstärke von 1000 lx muß man also bei Leuchtstofflampen mit 20…40 Watt je m² Bodenfläche rechnen. (Die Sonne gibt eine Beleuchtungsstärke von 80000 bis 100000 lx, Tageslicht bei bedecktem Himmel 5000 lx, Vollmondnacht 0,25 lx).

Die *Lichtausbeute* einer Leuchte ist kein fester Wert, sondern abhängig von der gewünschten Farbwiedergabe, der Temperatur in der Leuchte, Alterung und Verschmutzung.

Lichtausbeute η verschiedener Lichtquellen:

Glühlampen 220 V	η = 14 lm/W
Standard-Leuchtstofflampen, 38 mm ∅ mit Drossel	η = 52 lm/W
3-Banden-Leuchtstofflampe, 26 mm ∅ mit Drossel	η = 76 lm/W
dito mit elektronischem Vorschaltgerät	η = 95 lm/W
Quecksilberdampf-Hochdrucklampen	η = 50…60 lm/W
Natriumdampf-Lampen	η = 60…70 lm/W

Der *Beleuchtungswirkungsgrad* η_B ist das Verhältnis des für die Beleuchtung wirksamen Lichtstromes zum gesamten Lichtstrom und berücksichtigt die geometrischen Verhältnisse des Raumes, Anordnung der Leuchten, Reflexion der Flächen, direkte und indirekte Beleuchtung usw. Er kann Werte zwischen 0,3 (sehr ungünstig) und 0,9 (sehr gut) annehmen.

Die auf die Bodenfläche bezogene elektrische Anschlußleistung ist

$$\frac{P}{A} = E_n \cdot p \cdot \frac{1{,}25}{\eta \cdot \eta_{LB} \cdot \eta_{12}} \text{ in W/m}^2$$

E_n = Nennbeleuchtungsstärke in klx
p = spezifische Anschlußleistung in W/m² klx
η_{LB} = Beleuchtungswirkungsgrad
η = Lichtausbeute der Lampe
η_{12} = Raumwirkungsgrad

Nennbeleuchtungsstärken nach Tafel 3.5.3-11 u. Tafel 3.5.3-12, ebenda Werte für P/A.

Der Faktor 1,25 berücksichtigt Alterung und Verschmutzung.

Gleichzeitigkeitsfaktor l_1. Dieser ist fallweise zusätzlich zu berücksichtigen. Z.B. wird man in einem Großraumbüro annehmen können, daß an sonnigen Tagen in den Außenzonen $l_1 \approx 0$ und in den Innenzonen $l_1 \approx 1$ ist.

Tafel 3.5.3-12 Nennbeleuchtungsstärken E_n nach DIN 5035 T2 (09.90), Richtwerte für Arbeitsstätten

E_n = 100…200 lux	300…500 lux	500…1000 lux
Lagerräume, Treppen, Flure, Tankstellen, Kantinen, Arbeitsplätze in Verfahrenstechnik, Schmieden, Grobmontage, Walzwerk	Büroplätze an Fenstern, Sitzungszimmer, Labors, mittelfeine bis feine Montage, Modellbau, Zuschneiden, Küchen	Büroräume ohne Tageslicht, Sanitätsräume, Großraumbüro, Technisches Zeichnen, Anreißen, Farbkontrolle, Retusche

Weitere Richtwerte s. auch Arbeitsstättenrichtlinie 7/1: Künstliche Beleuchtung, 1979.

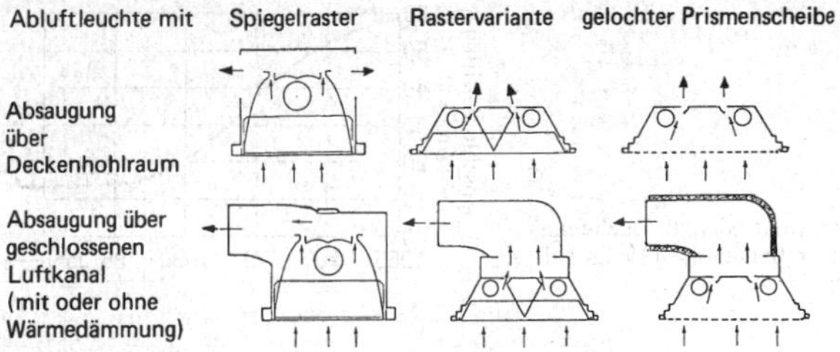

Bild 3.5.3-9. Leuchten für Leuchtstofflampen mit Absaugung.
oben: über Deckenhohlraum; unten: über geschlossenen Luftkanal

Abluftleuchten

Um die durch die Beleuchtungswärme vergrößerte Kühllast zu verringern, verwendet man Abluftleuchten, d.h., man saugt die Raumluft über die Leuchten ab. So wird die Konvektionswärme und ein Teil der Strahlungsenergie an die Abluft übertragen. Dabei unterscheidet man gemäß Bild 3.5.3-9 und Bild 3.5.3-10 drei *Hauptarten* von Abluftleuchten:

mit Spiegelraster
mit Rastervarianten
mit gelochter Prismenscheibe

und zwei Arten der *Abluftführung:*

Absaugung über Deckenhohlraum
Absaugung über Kanäle (isolierte oder nicht isolierte)

Tafel 3.5.3-13 gibt für jeden dieser Fälle den *Raumbelastungsgrad* μ_B (früher Restwärmefaktor l_2) an, der bei der Kühllastberechnung zu berücksichtigen ist. Bei günstiger Konstruktion der Leuchten und Abluftführung kann bis zu 75% der Lampenleistung mit der Luft abgeführt werden. In manchen Fällen kann diese Luft auch als *Umluft zur Heizung* verwendet werden, in Wärmerückgewinnungsanlagen ihre Wärme an die Außenluft abgeben oder über Wärmepumpenbetrieb der Warmwasserheizung zugeführt werden (Wärmeverschiebung).

Auch Bild 3.5.3-10 zeigt den Einfluß des Abluftvolumenstroms auf den nach unten dringenden Wärmestrom. Schon ein geringer Luftstrom führt einen beträchtlichen Teil der Leuchtenwärme ab. Gleichzeitig erhöht sich die temperaturabhängige Lichtausbeute.

Bei starker Beleuchtung ist es zur Verminderung der Kühllast immer zweckmäßig, die Konvektionswärme der Leuchtkörper gesondert abzuführen, z.B. durch die Raumabluft. Es sind auch Leuchten bekannt, die im *Heizfall* dem Raum die Wärme dann durch Umschalten des Luftstroms zuführen. Regelung durch Raumthermostat und Klappen in der Leuchte. Sie haben jedoch praktisch noch keine Bedeutung. Wassergekühlte Leuchten haben sich auch nicht durchsetzen können.

Das austretende Licht wird im Raum in Wärme umgewandelt. Bei manchen Luftführungssystemen interessiert die Frage, wo diese Wärme anfällt. Hier kann man angenähert die Wärme auf die Raumumschließungswände entsprechend den lichttechnischen Absorptionswerten verteilen.

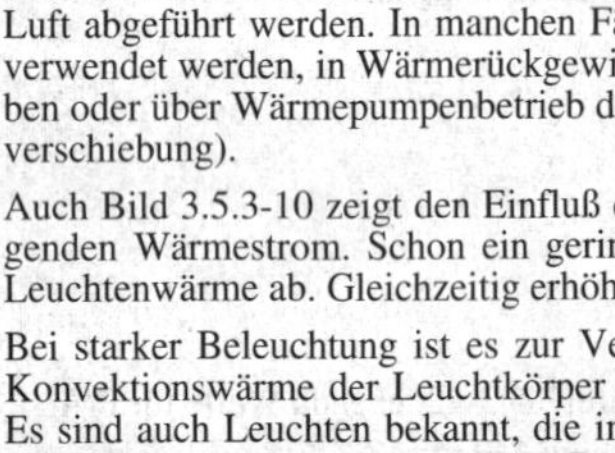

Bild 3.5.3-10. Nach unten dringender Energiestrom verschiedener Abluftleuchten von 200 Watt in Abhängigkeit vom Abluftvolumenstrom (nach Söllner).

Tafel 3.5.3-13 Anhaltswerte für Raumbelastungsgrade μ_B bei Abluftleuchten*)
Leuchtstofflampen in Deckensystemen

Luftdurchsatz bezogen auf die Leuchtenanschlußleistung	0,2	0,3	0,5	1 $m^3/(hW)$
Absaugung über Deckenhohlraum**)	0,80	0,70	0,55	0,45
Absaugung durch nicht gedämmte Luftleitungen	0,45	0,40	0,35	0,30
Absaugung durch gedämmte Luftleitungen	0,40	0,35	0,30	0,25

*) Wird die Zuluft im Deckenbereich eingeblasen, so treten evtl. Kurzschlüsse mit dem Abluftsystem auf. In diesen Fällen sind die Tabellenwerte zu erhöhen, u. U. beträchtlich. Bei unbelüfteten Leuchten und Leuchten nur mit Zuluftkühlung ist normalerweise $\mu_B = 1$.
Wird in solchen Fällen die Abluft in Deckennähe entnommen, so kann $\mu_B < 1$ werden. Der Wärmedurchgangswiderstand der Unterdecke wurde zu 0,55 m^2K/W angenommen.

**) Diese Werte gelten für Zwischengeschosse und Obergeschoß. Befindet sich im Geschoß unterhalb des zu berechnenden Raumes keine gleichartige Anlage, so sind die Tabellenwerte „Absaugung über Deckenhohlraum" mit einem Faktor 0,9 zu multiplizieren.
Beim Ansatz des an den Leuchten abgesaugten Luftstromes muß je nach Dichtheit der Deckenausführung eine Leckluftrate für den durch die Fugen gesaugten Anteil berücksichtigt werden.

-6 Wärmespeicherung[1) 2)]

-6.1 Allgemeines

Bei den bisherigen Betrachtungen war angenommen, daß die Wärme, die durch die verschiedenen Wärmequellen, z. B. die Sonnenstrahlung, in die Räume eindringt, sofort von der Luft aufgenommen und abgeführt werden muß. Bei vielen Wärmequellen wird jedoch ein Teil der anfallenden Wärme zunächst durch Strahlung an die Raumumfassungswände übertragen, die sich dadurch erwärmen. Fällt z. B. Sonnenstrahlung durch Fenster auf den Fußboden, so erwärmt sich dieser zuerst schnell, dann langsamer. Die Wärme wird also im Fußboden gespeichert und braucht nicht sofort als Kühllast der Klimaanlage berücksichtigt zu werden.

Durch diesen Vorgang der *Wärmespeicherung* wird die Kühllast der Anlage unter Umständen erheblich vermindert. Dasselbe trifft auch auf die Beleuchtungswärme zu, da die Leuchtkörper einen erheblichen Teil ihrer Energie in Form von Strahlung abgeben, z. B. geben Leuchtstofflampen etwa 60% ihrer Leistung als Strahlung und 40% als Konvektionswärme ab.

Auch die von Menschen abgegebene fühlbare Wärme ist etwa je zur Hälfte Strahlungs- und Konvektionswärme.

-6.2 Speicherung der Sonnenwärme

Der momentane Wärmedurchgang infolge direkter und diffuser Sonnenstrahlung durch ungeschützte Einfachfenster auf der Westseite eines Gebäudes ist gemäß Tafel 3.5.3-8 in Bild 3.5.3-11 dargestellt. Infolge der Speicherung durch die Umfassungswände einschließlich Fußboden wird die *Kühllastspitze* wesentlich verringert, so daß eine kleinere Kältemaschine möglich ist.

Die *Gesamtkühlenergie* der Klimaanlage bleibt natürlich unverändert, da die zugeführte Gesamtwärme auch wieder abgeführt werden muß. Die schraffierten Flächen sind einander gleich. Die *zeitliche Verschiebung* des Kühllastmaximums ist hier etwa eine Stunde.

---

[1]) s. auch Abschnitt 1.12.1-5.

[2]) Masuch, J.: HLH 1970. S. 430/48 und 448/53 u. Ges.-Ing. 1971. S. 317/31 u. 349/61.
Engelbrekt, I.: Ki 10/73. 4 S.
Masuch, J.: HLH 8/76. S. 278/82 u. LTG Lufttechn. Inf. Heft 15 (12. 75).
Jahn, A.: HLH 9/77. S. 319/30.

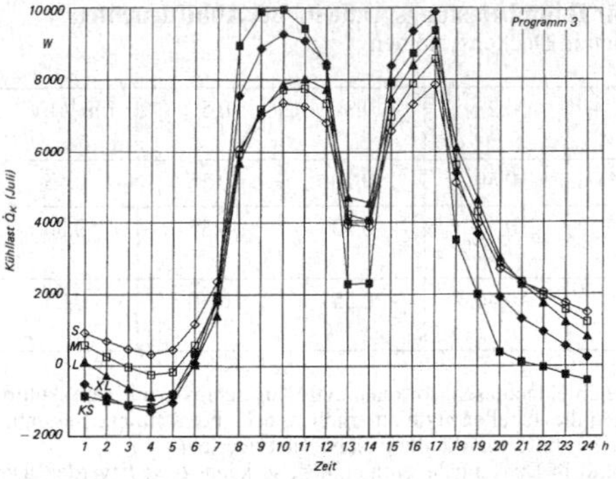

Bild 3.5.3-11. Einfluß der Bauschwere auf die Kühllast, Programm 3: Juli, Grundluftwechsel LW = 0,3 h^{-1} mit Außenluft.

Symbol	Raumtyp
KS	Rechnung ohne Speicherung
XL	sehr leicht
L	leicht
M	mittel
S	schwer

Die Speicherung ist desto größer, je größer die *Wärmekapazität* des Bauwerks ist. Da die spez. Wärmekapazität für alle Baustoffe annähernd gleich groß ist, nämlich ≈ 0,9 kJ/kg K, kann man auch sagen, daß die Wärmespeicherung mit dem Gewicht der Umfassungsflächen zunimmt. Je schwerer der Bau ist, desto größer die Speicherung.

Bild 3.5.3-12 zeigt deutlich den Unterschied der Speicherwärme bei leichter und schwerer Bauweise, bezogen auf nach Süden gelegene Fenster. Bei leichter Bauweise (150 kg Masse sämtlicher Umfassungswände einschl. Fußboden je 1 m^2 Bodenfläche) beträgt das Maximum der Kühllast um 13.30 Uhr etwa 400 W/m^2, bei schwerer Bauweise (750 kg/m^2) um 14.30 Uhr rund 220 W/m^2. Im letzteren Fall hat sich also durch die Berücksichtigung der Speicherung die Kühllast auf fast die Hälfte vermindert.

Teppiche, Holzmöbel, Holzverkleidungen der Wände vermindern die Wärmespeicherung, ebenso Deckenunterspannungen und schwimmende Estriche.

Der die Kühllast verkleinernde Faktor *s* ist abhängig von der *Wärmespeicherfähigkeit* des Raumes und der Art des Sonnenschutzes[1)]. Bei dicken nicht isolierten Raumumfassungen

[1] Die VDI 2078 (07.96) enthält zwei verschiedene Berechnungsverfahren für S_a:

a) *Kurzverfahren* für manuelle Berechnung wie bisher mit äquivalenter Temperaturdifferenz und Speicherfaktor *(Kühllastfaktor)* S_a. Die äquivalente Temperaturdifferenz für die Berechnung des Wärmedurchgangs $\dot{Q}_w$ durch Wände ist jedoch straffer dargestellt als bisher. Man unterscheidet nur noch 4 Raumtypen, für die die Temperaturverläufe angegeben sind. Eine Vielzahl technischer Ausführungen verschiedener Wände und Dächern ist aufgelistet und einer dieser 6 Bauarten zugeordnet.
Die Berechnung der Sonnen- und Beleuchtungswärme erfolgt weiterhin mit Speicherfaktoren S_a. Dabei ist die Strahlungsbelastung weiterhin als stetige Kurve vorgegeben. Schlagschatten oder plötzlich geänderter Sonnenschutz sind in bezug auf die Wärmespeicherung damit nicht korrekt berechenbar. Dies ist aber möglich bei dem

b) EDV-Verfahren, d. h. *Methode der Gewichtsfaktoren**).
Das Lastprofil über der Zeit kann beliebig, z. B. auch unstetig vorgegeben werden. Es wird aus einzelnen zeitlich aufeinanderfolgenden Lastimpulsen (Laststößen) zusammengesetzt.
Je nach Speicherfähigkeit des Raumes gibt es eine *Gewichtsfunktion G* über der Zeit. Diese ist die zeitliche Ableitung der Übergangsfunktion *Ü*, die als Antwort auf einen Sprung folgt (Bild 3.5.3-13):

$$G = \frac{d\ddot{U}}{dt}.$$

Die Funktion G zeigt das Abklingverhalten des Lastimpulses zur Zeit $t = 0$. Durch Addition der verschiedenen zeitlich versetzten Impulse und ihrer Auswirkungen in Form zugehörigen Abklingens erhält man die Gesamtreaktion der Raumtemperatur über der Zeit. Man beachte, daß die Übergangsfunktion *Ü* auch eine Verzugszeit T_u haben kann und somit die maximale Raumreaktion bei $t > 0$ auftritt.
Die Gewichtsfunktion nach Bild 3.5.3-13a stellt sich ein, wenn Strahlungswärme durch Fenster im Raum wirksam wird; die Kurvenform gem. Bild 3.5.3-13b liegt vor, wenn die Wärme durch Wände eindringt (mit Speicherung).

*) Masuch, J.: VDI-Forschungsheft 557 (1973). VDI-Verlag
Jahn, A.: Diss. TU Berlin, 1978, und Ges.-Ing. 10/77. S. 253/88.

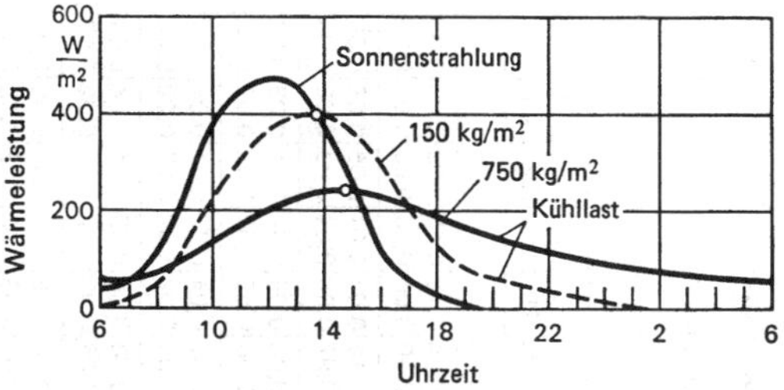

Bild 3.5.3-12. Speicherung von Sonnenstrahlungswärme bei Fenstern auf Südseite für leichte und schwere Bauweise, 24stündiger Betrieb.

ist s klein (die Speicherung groß), bei dünnen, leichten Wänden oder bei gut isolierten Raumumfassungen dagegen ist s groß, die Speicherung gering. Der Unterschied des Faktors s bei äußerem bzw. innerem Sonnenschutz ist darauf zurückzuführen, daß der Konvektionsanteil, der die Klimaanlage direkt belastet, im ersten Fall wesentlich kleiner ist als im zweiten Fall.

In Bild 3.5.3-14 ist der *Speicherfaktor* S_a angegeben, der sich jeweils bei der *maximalen Sonnenstrahlung* auf die verschiedenen Flächen ergibt. Beispielsweise beträgt im Juli auf der Westseite nach Tafel 3.5.3-8 der maximale Strahlungsanfall 590 W/m². Der dazugehörige Speicherfaktor hat bei wenig speichernden Wänden und innerem Sonnenschutz nach Bild 3.5.3-14 den Wert $S_a = 0{,}83$.

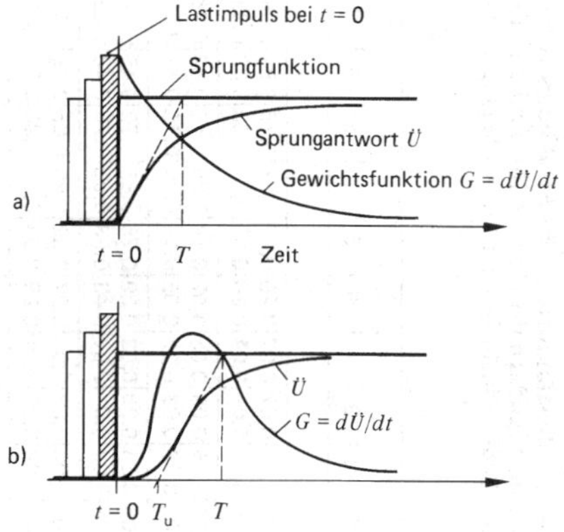

Bild 3.5.3-13. Gewichtsfunktion G zur Berechnung der Raumreaktion auf einen Lastimpuls:
a) ohne Totzeit
b) mit Verzugszeit

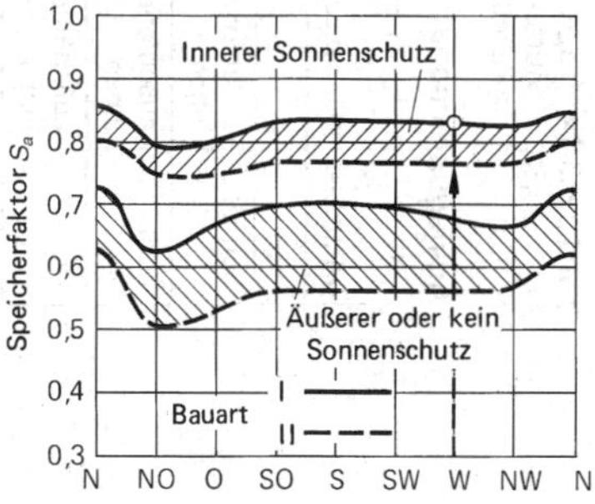

Bild 3.5.3-14. Speicherfaktor S_a bei Sonnenstrahlung durch Fenster bezogen auf jeweils maximale Werte der Sonnenstrahlung.
Bauart I: schwimmender Estrich, Teppiche, keine oder leichte Zwischenwände.
Bauart II: Massivfußboden ohne Teppiche, dicke Zwischenwände.
Nicht speichernde Flächen: wie vor, zusätzlich abgehängte Decke (S_a =1,0).

Tafel 3.5.3-14 Tagessätze der Kühllastfaktoren S_a für Strahlungswerte hinter Zweifachverglasung (geographische Breite 50°), Monatsmittelwerte minus Standardabweichung für Trübungsfaktor T

Tabellen für das Sommerhalbjahr ohne die Auslegungsmonate Juli und September (siehe dazu Tabelle A16)

Auslegungsmonat Mai S_a

Himmelsr.	Sonnenschutz	Wahre Ortszeit in h																							
		1	2	3	4	5	6	7	8	9	10	11	12	13	14	15	16	17	18	19	20	21	22	23	24
		RAUMTYP XL																							
normal	außen/ohne	0,08	0,07	0,07	0,07	0,26	0,50	0,67	0,78	0,84	0,88	0,90	0,91	0,91	0,90	0,88	0,83	0,73	0,58	0,34	0,12	0,10	0,09	0,09	0,08
	innen	0,04	0,04	0,04	0,04	0,26	0,53	0,71	0,82	0,89	0,93	0,94	0,95	0,95	0,94	0,91	0,85	0,74	0,57	0,30	0,06	0,05	0,05	0,05	0,04
horiz.	außen/ohne	0,05	0,05	0,05	0,05	0,07	0,14	0,28	0,45	0,62	0,76	0,85	0,88	0,87	0,80	0,68	0,52	0,34	0,20	0,11	0,07	0,07	0,06	0,06	0,06
	innen	0,03	0,03	0,03	0,02	0,05	0,14	0,29	0,48	0,67	0,81	0,90	0,94	0,92	0,83	0,70	0,52	0,33	0,16	0,07	0,04	0,04	0,03	0,03	0,03
NO	außen/ohne	0,03	0,03	0,03	0,03	0,39	0,75	0,86	0,72	0,45	0,27	0,25	0,24	0,24	0,22	0,20	0,18	0,15	0,12	0,08	0,04	0,04	0,04	0,03	0,03
	innen	0,02	0,02	0,01	0,01	0,43	0,83	0,92	0,76	0,46	0,26	0,24	0,24	0,23	0,22	0,20	0,17	0,14	0,11	0,06	0,02	0,02	0,02	0,02	0,02
O	außen/ohne	0,03	0,03	0,03	0,03	0,27	0,59	0,80	0,86	0,79	0,60	0,34	0,21	0,19	0,17	0,16	0,14	0,12	0,10	0,07	0,04	0,04	0,04	0,04	0,03
	innen	0,02	0,02	0,02	0,01	0,29	0,65	0,87	0,93	0,84	0,61	0,33	0,19	0,17	0,16	0,14	0,13	0,11	0,08	0,05	0,02	0,02	0,02	0,02	0,02
SO	außen/ohne	0,04	0,04	0,03	0,03	0,12	0,34	0,59	0,77	0,86	0,85	0,73	0,52	0,30	0,21	0,19	0,16	0,14	0,11	0,08	0,05	0,05	0,04	0,04	0,04
	innen	0,02	0,02	0,02	0,02	0,12	0,37	0,64	0,84	0,93	0,90	0,76	0,52	0,29	0,20	0,17	0,14	0,12	0,09	0,06	0,03	0,02	0,02	0,02	0,02
S	außen/ohne	0,04	0,04	0,04	0,04	0,07	0,11	0,14	0,22	0,41	0,63	0,80	0,87	0,83	0,69	0,48	0,28	0,18	0,14	0,10	0,06	0,05	0,05	0,05	0,04
	innen	0,02	0,02	0,02	0,02	0,06	0,10	0,14	0,23	0,44	0,69	0,86	0,93	0,88	0,71	0,48	0,26	0,16	0,12	0,07	0,03	0,03	0,03	0,02	0,02
SW	außen/ohne	0,05	0,04	0,04	0,04	0,06	0,09	0,11	0,14	0,16	0,18	0,25	0,45	0,68	0,83	0,87	0,81	0,65	0,42	0,18	0,07	0,06	0,06	0,05	0,05
	innen	0,02	0,02	0,02	0,02	0,05	0,08	0,11	0,13	0,15	0,18	0,26	0,49	0,73	0,89	0,93	0,86	0,67	0,41	0,15	0,04	0,03	0,03	0,03	0,03
W	außen/ohne	0,04	0,04	0,04	0,04	0,06	0,08	0,10	0,12	0,14	0,15	0,16	0,17	0,29	0,54	0,75	0,86	0,84	0,66	0,35	0,08	0,06	0,05	0,05	0,05
	innen	0,02	0,02	0,02	0,02	0,05	0,07	0,10	0,12	0,13	0,15	0,16	0,17	0,30	0,58	0,82	0,93	0,89	0,69	0,33	0,04	0,03	0,03	0,03	0,02
NW	außen/ohne	0,04	0,04	0,04	0,04	0,07	0,10	0,13	0,16	0,18	0,20	0,22	0,23	0,23	0,24	0,40	0,67	0,85	0,81	0,48	0,09	0,05	0,05	0,05	0,04
	innen	0,02	0,02	0,02	0,02	0,06	0,10	0,13	0,16	0,19	0,21	0,22	0,23	0,23	0,24	0,43	0,73	0,92	0,86	0,48	0,05	0,03	0,03	0,02	0,02
N	außen/ohne	0,09	0,08	0,08	0,07	0,69	0,80	0,65	0,70	0,79	0,86	0,90	0,92	0,92	0,88	0,82	0,74	0,67	0,83	0,79	0,17	0,11	0,10	0,10	0,09
	innen	0,05	0,04	0,04	0,04	0,75	0,84	0,66	0,73	0,82	0,90	0,94	0,96	0,95	0,91	0,84	0,75	0,67	0,85	0,80	0,09	0,06	0,05	0,05	0,05

Fortsetzung: Tagessätze der Kühllastfaktoren

Himmelsr.	Sonnenschutz	Wahre Ortszeit in h																							
		1	2	3	4	5	6	7	8	9	10	11	12	13	14	15	16	17	18	19	20	21	22	23	24
		RAUMTYP L																							
normal	außen/ohne	0,19	0,17	0,15	0,14	0,23	0,37	0,49	0,58	0,65	0,71	0,75	0,78	0,81	0,82	0,82	0,81	0,76	0,67	0,53	0,38	0,32	0,28	0,25	0,22
	innen	0,10	0,09	0,08	0,07	0,24	0,46	0,61	0,72	0,79	0,83	0,86	0,89	0,90	0,90	0,88	0,84	0,76	0,62	0,40	0,20	0,17	0,15	0,13	0,12
horiz.	außen/ohne	0,13	0,11	0,10	0,09	0,10	0,13	0,21	0,32	0,44	0,54	0,63	0,69	0,71	0,70	0,66	0,58	0,47	0,37	0,29	0,24	0,21	0,19	0,16	0,14
	innen	0,07	0,06	0,05	0,05	0,07	0,13	0,26	0,41	0,57	0,70	0,79	0,84	0,83	0,78	0,69	0,55	0,39	0,26	0,17	0,13	0,11	0,10	0,09	0,08
NO	außen/ohne	0,07	0,06	0,05	0,05	0,25	0,47	0,57	0,55	0,43	0,34	0,32	0,30	0,29	0,27	0,26	0,23	0,21	0,18	0,15	0,12	0,10	0,09	0,08	0,07
	innen	0,03	0,03	0,03	0,03	0,36	0,68	0,78	0,67	0,45	0,29	0,28	0,27	0,26	0,24	0,22	0,20	0,17	0,14	0,10	0,06	0,05	0,05	0,04	0,04
O	außen/ohne	0,07	0,06	0,06	0,05	0,18	0,37	0,52	0,61	0,61	0,54	0,41	0,33	0,30	0,27	0,25	0,22	0,20	0,17	0,15	0,12	0,10	0,09	0,08	0,07
	innen	0,04	0,03	0,03	0,03	0,25	0,54	0,72	0,79	0,74	0,58	0,37	0,26	0,23	0,21	0,19	0,17	0,15	0,12	0,09	0,06	0,05	0,05	0,04	0,04
SO	außen/ohne	0,08	0,07	0,07	0,06	0,11	0,23	0,38	0,52	0,61	0,65	0,62	0,52	0,41	0,34	0,31	0,27	0,24	0,21	0,18	0,14	0,13	0,11	0,10	0,09
	innen	0,04	0,04	0,03	0,03	0,11	0,31	0,53	0,70	0,80	0,80	0,70	0,53	0,34	0,27	0,23	0,20	0,17	0,14	0,11	0,08	0,07	0,06	0,05	0,05
S	außen/ohne	0,10	0,09	0,08	0,07	0,08	0,10	0,12	0,17	0,29	0,43	0,56	0,64	0,66	0,61	0,51	0,40	0,33	0,28	0,23	0,19	0,16	0,14	0,13	0,11
	innen	0,05	0,05	0,04	0,04	0,06	0,10	0,13	0,20	0,38	0,58	0,74	0,81	0,79	0,67	0,50	0,32	0,24	0,19	0,14	0,10	0,09	0,08	0,07	0,06
SW	außen/ohne	0,13	0,11	0,10	0,09	0,09	0,10	0,11	0,13	0,14	0,16	0,20	0,32	0,47	0,59	0,65	0,66	0,60	0,48	0,34	0,26	0,22	0,19	0,17	0,15
	innen	0,07	0,06	0,05	0,05	0,07	0,09	0,11	0,13	0,15	0,17	0,23	0,42	0,62	0,77	0,82	0,78	0,64	0,44	0,24	0,14	0,12	0,10	0,09	0,08
W	außen/ohne	0,13	0,11	0,10	0,09	0,09	0,10	0,11	0,12	0,13	0,14	0,15	0,16	0,22	0,37	0,52	0,62	0,65	0,59	0,43	0,27	0,23	0,20	0,17	0,15
	innen	0,07	0,06	0,05	0,05	0,06	0,08	0,10	0,11	0,13	0,14	0,15	0,17	0,27	0,50	0,69	0,80	0,79	0,65	0,38	0,14	0,12	0,10	0,09	0,08
NW	außen/ohne	0,13	0,11	0,10	0,09	0,10	0,11	0,13	0,14	0,16	0,18	0,19	0,20	0,21	0,22	0,31	0,48	0,61	0,63	0,48	0,27	0,22	0,19	0,17	0,14
	innen	0,07	0,06	0,05	0,05	0,07	0,10	0,13	0,15	0,17	0,19	0,21	0,22	0,22	0,23	0,38	0,63	0,79	0,76	0,48	0,14	0,12	0,10	0,09	0,08
N	außen/ohne	0,22	0,20	0,18	0,16	0,49	0,58	0,53	0,59	0,66	0,72	0,77	0,80	0,82	0,83	0,80	0,77	0,72	0,80	0,79	0,45	0,37	0,33	0,28	0,25
	innen	0,12	0,10	0,09	0,08	0,64	0,72	0,60	0,67	0,75	0,83	0,87	0,90	0,90	0,88	0,83	0,76	0,70	0,84	0,80	0,24	0,20	0,17	0,15	0,13

Fortsetzung: Tagessätze der Kühllastfaktoren

Himmelsr.	Sonnenschutz	Wahre Ortszeit in h 1	2	3	4	5	6	7	8	9	10	11	12	13	14	15	16	17	18	19	20	21	22	23	24
		RAUMTYP M																							
normal	außen/ohne	0,23	0,21	0,20	0,18	0,27	0,40	0,50	0,67	0,63	0,67	0,71	0,73	0,75	0,76	0,77	0,75	0,71	0,63	0,50	0,37	0,33	0,30	0,27	0,25
	innen	0,12	0,11	0,10	0,09	0,26	0,47	0,62	0,71	0,77	0,82	0,84	0,86	0,87	0,86	0,85	0,81	0,73	0,59	0,38	0,19	0,17	0,16	0,14	0,13
horiz.	außen/ohne	0,16	0,14	0,13	0,12	0,13	0,16	0,23	0,33	0,43	0,52	0,59	0,64	0,66	0,64	0,60	0,52	0,43	0,34	0,28	0,24	0,22	0,20	0,18	0,17
	innen	0,08	0,08	0,07	0,06	0,08	0,15	0,27	0,42	0,57	0,69	0,77	0,81	0,81	0,75	0,65	0,52	0,37	0,24	0,16	0,13	0,12	0,11	0,10	0,09
NO	außen/ohne	0,08	0,08	0,07	0,07	0,26	0,46	0,54	0,50	0,39	0,30	0,29	0,28	0,27	0,26	0,25	0,23	0,21	0,19	0,16	0,13	0,12	0,11	0,10	0,09
	innen	0,04	0,04	0,04	0,04	0,36	0,67	0,76	0,65	0,42	0,28	0,27	0,26	0,25	0,24	0,22	0,20	0,17	0,14	0,10	0,07	0,06	0,06	0,05	0,05
O	außen/ohne	0,09	0,08	0,07	0,07	0,19	0,37	0,50	0,57	0,56	0,48	0,36	0,29	0,27	0,25	0,24	0,22	0,20	0,18	0,16	0,13	0,12	0,11	0,10	0,09
	innen	0,05	0,04	0,04	0,04	0,25	0,53	0,71	0,77	0,72	0,56	0,34	0,24	0,22	0,20	0,19	0,17	0,15	0,12	0,10	0,07	0,06	0,06	0,05	0,05
SO	außen/ohne	0,10	0,10	0,09	0,08	0,12	0,24	0,38	0,50	0,57	0,60	0,56	0,47	0,36	0,31	0,29	0,26	0,24	0,21	0,18	0,16	0,14	0,13	0,12	0,11
	innen	0,05	0,05	0,05	0,04	0,12	0,32	0,53	0,69	0,78	0,77	0,67	0,50	0,32	0,25	0,22	0,20	0,17	0,14	0,11	0,08	0,08	0,07	0,06	0,06
S	außen/ohne	0,12	0,11	0,10	0,10	0,11	0,12	0,14	0,18	0,29	0,42	0,53	0,59	0,60	0,55	0,46	0,35	0,30	0,26	0,22	0,19	0,17	0,16	0,14	0,13
	innen	0,06	0,06	0,05	0,05	0,08	0,11	0,14	0,21	0,38	0,57	0,72	0,78	0,76	0,64	0,47	0,30	0,22	0,18	0,14	0,10	0,09	0,08	0,08	0,07
SW	außen/ohne	0,15	0,13	0,12	0,11	0,12	0,13	0,13	0,14	0,15	0,17	0,21	0,32	0,45	0,55	0,61	0,60	0,54	0,43	0,31	0,23	0,21	0,19	0,17	0,16
	innen	0,08	0,07	0,06	0,06	0,08	0,10	0,12	0,13	0,15	0,17	0,24	0,42	0,61	0,75	0,79	0,75	0,61	0,42	0,22	0,12	0,11	0,10	0,09	0,08
W	außen/ohne	0,14	0,13	0,12	0,11	0,11	0,12	0,13	0,13	0,14	0,15	0,15	0,16	0,22	0,36	0,49	0,58	0,59	0,53	0,38	0,24	0,21	0,19	0,17	0,16
	innen	0,07	0,07	0,06	0,06	0,07	0,09	0,11	0,12	0,13	0,15	0,16	0,17	0,27	0,49	0,68	0,78	0,76	0,62	0,35	0,12	0,11	0,10	0,09	0,08
NW	außen/ohne	0,14	0,12	0,11	0,11	0,11	0,13	0,14	0,16	0,17	0,18	0,19	0,20	0,20	0,21	0,30	0,45	0,57	0,58	0,43	0,23	0,20	0,18	0,16	0,15
	innen	0,07	0,07	0,06	0,06	0,08	0,11	0,14	0,16	0,18	0,20	0,21	0,22	0,22	0,23	0,38	0,62	0,77	0,74	0,45	0,12	0,11	0,10	0,09	0,08
N	außen/ohne	0,26	0,24	0,22	0,20	0,52	0,59	0,53	0,58	0,64	0,69	0,73	0,76	0,77	0,77	0,75	0,72	0,68	0,76	0,75	0,42	0,37	0,34	0,31	0,28
	innen	0,14	0,12	0,12	0,11	0,66	0,73	0,60	0,66	0,74	0,81	0,85	0,87	0,88	0,85	0,80	0,74	0,68	0,82	0,78	0,22	0,20	0,18	0,16	0,15

Fortsetzung: Tagessätze der Kühllastfaktoren

Himmelsr.	Sonnenschutz	1	2	3	4	5	6	7	8	9	10	11	12	13	14	15	16	17	18	19	20	21	22	23	24
		Wahre Ortszeit in h																							
		RAUMTYP S																							
normal	außen/ohne	0,29	0,28	0,26	0,25	0,32	0,43	0,50	0,56	0,60	0,63	0,66	0,68	0,69	0,70	0,70	0,69	0,65	0,59	0,48	0,38	0,36	0,34	0,32	0,30
	innen	0,15	0,15	0,14	0,13	0,29	0,49	0,62	0,71	0,76	0,80	0,82	0,83	0,83	0,83	0,81	0,77	0,70	0,57	0,38	0,20	0,19	0,18	0,17	0,16
horiz.	außen/ohne	0,20	0,19	0,18	0,17	0,18	0,20	0,26	0,34	0,42	0,49	0,54	0,58	0,59	0,57	0,53	0,47	0,40	0,33	0,29	0,26	0,24	0,23	0,22	0,21
	innen	0,10	0,10	0,10	0,09	0,11	0,17	0,28	0,42	0,56	0,67	0,74	0,78	0,77	0,71	0,62	0,49	0,36	0,24	0,17	0,14	0,13	0,12	0,12	0,11
NO	außen/ohne	0,12	0,11	0,11	0,10	0,26	0,42	0,48	0,44	0,35	0,28	0,27	0,26	0,26	0,25	0,24	0,23	0,21	0,19	0,17	0,15	0,14	0,14	0,13	0,12
	innen	0,06	0,06	0,06	0,05	0,36	0,65	0,73	0,61	0,40	0,26	0,25	0,25	0,24	0,23	0,21	0,20	0,17	0,14	0,11	0,08	0,07	0,07	0,07	0,06
O	außen/ohne	0,12	0,12	0,11	0,11	0,21	0,35	0,45	0,50	0,49	0,42	0,33	0,27	0,26	0,25	0,23	0,22	0,21	0,19	0,17	0,16	0,15	0,14	0,13	0,13
	innen	0,06	0,06	0,06	0,06	0,26	0,52	0,69	0,74	0,68	0,52	0,32	0,23	0,21	0,20	0,18	0,17	0,15	0,13	0,11	0,08	0,08	0,07	0,07	0,07
SO	außen/ohne	0,14	0,14	0,13	0,12	0,16	0,25	0,36	0,45	0,51	0,53	0,49	0,42	0,33	0,29	0,27	0,26	0,24	0,22	0,20	0,18	0,17	0,16	0,16	0,15
	innen	0,07	0,07	0,07	0,07	0,14	0,32	0,52	0,67	0,74	0,73	0,64	0,47	0,30	0,24	0,21	0,19	0,17	0,15	0,12	0,10	0,09	0,09	0,08	0,08
S	außen/ohne	0,16	0,15	0,14	0,14	0,14	0,16	0,17	0,20	0,29	0,39	0,48	0,52	0,53	0,48	0,41	0,32	0,28	0,25	0,23	0,20	0,19	0,18	0,17	0,16
	innen	0,08	0,08	0,07	0,07	0,10	0,13	0,16	0,22	0,38	0,56	0,69	0,75	0,72	0,61	0,44	0,28	0,21	0,18	0,14	0,11	0,10	0,10	0,09	0,09
SW	außen/ohne	0,17	0,16	0,16	0,15	0,15	0,16	0,17	0,17	0,18	0,19	0,22	0,31	0,42	0,49	0,53	0,53	0,47	0,38	0,29	0,23	0,22	0,20	0,19	0,18
	innen	0,09	0,09	0,08	0,08	0,10	0,12	0,13	0,15	0,17	0,18	0,24	0,42	0,60	0,72	0,75	0,71	0,58	0,39	0,21	0,12	0,11	0,11	0,10	0,10
W	außen/ohne	0,16	0,16	0,15	0,14	0,14	0,15	0,16	0,16	0,17	0,17	0,17	0,18	0,23	0,34	0,44	0,51	0,52	0,46	0,34	0,22	0,21	0,19	0,18	0,17
	innen	0,09	0,08	0,08	0,07	0,09	0,11	0,12	0,14	0,15	0,16	0,17	0,18	0,27	0,48	0,65	0,74	0,72	0,58	0,33	0,12	0,11	0,10	0,10	0,09
NW	außen/ohne	0,16	0,15	0,14	0,13	0,14	0,15	0,16	0,17	0,18	0,19	0,20	0,20	0,21	0,21	0,29	0,41	0,50	0,50	0,38	0,22	0,20	0,18	0,17	0,16
	innen	0,08	0,08	0,07	0,07	0,10	0,12	0,15	0,17	0,19	0,20	0,21	0,22	0,22	0,23	0,37	0,60	0,74	0,70	0,43	0,11	0,10	0,10	0,09	0,09
N	außen/ohne	0,32	0,31	0,29	0,28	0,53	0,59	0,54	0,57	0,62	0,66	0,69	0,71	0,72	0,72	0,70	0,67	0,64	0,71	0,70	0,44	0,40	0,38	0,36	0,34
	innen	0,17	0,16	0,15	0,15	0,67	0,73	0,60	0,66	0,73	0,79	0,83	0,85	0,85	0,82	0,78	0,71	0,66	0,79	0,76	0,23	0,21	0,20	0,19	0,18

In den *Kühllastregeln* VDI 2078 (07.96) ist der Speicherfaktor S_a in Form einer Tabelle für die Monate: Mai, Juni und August und alle Tagesstunden von 1 bis 24 Uhr und für die 4 Raumtypen angegeben (Tafel 3.5.3-14). Zur Berechnung der durch die Speicherwirkung verringerten Kühllast $\dot{Q}_s$ ist jeweils das tägliche Maximum der Strahlungsenergie I_{max} bzw. $I_{diff\,max}$ mit dem Speicherfaktor s zu multiplizieren:

$$\dot{Q}_s = A_1 \cdot I_{max} \cdot b \cdot S_a \text{ in W}$$

bzw. bei beschatteten Flächen

$$\dot{Q}_s = (A_1 \cdot I_{max} + (A - A_1)\, I_{diff\,max}) \cdot b \cdot S_a \text{ in W}$$

A_1 = besonnte Glasfläche
A = gesamte Glasfläche

Dabei sind wenig und stärker speichernde Bauarten unterschieden.

Wenig speichernd (Bauart I)$G < 350$ kg/m²
Stärker speichernd (Bauart II)$G > 350$ kg/m²

Bei teilweise beschatteter Glasfläche ändert sich der Flächenanteil ständig mit dem Sonnengang. Dies hängt von der geometrischen Form eines Mauervorsprungs ab. Die oben angegebene Formel für $\dot{Q}_s$ kann daher nur eine Näherung sein, wenn man sich auf die Flächen A und A_1 bezieht, die zum Zeitpunkt bei I_{max} vorliegen. Je nach geometrischer Lage des Sonnenschutzes kann man genauere Speicherfaktoren berechnen[1)].

Tafel 3.5.3-15 Richtwerte für den spezifischen Beleuchtungswert p
Die Tabelle gilt bei Leuchtstofflampen unter Annahme einer Lichtfarbe *nw* (neutralweiß) nach DIN 5035 bei einer Beleuchtungsstärke von 100 lx und Reflexionsgraden Decke/Wand/Boden ϱ = 70/50/20%

Lampentyp	Vorschaltgerät	Systemlichtausbeute η einschl. Vorschaltgerät in lm/W	Bezogene Anschlußleistung p je 1000 lx Beleuchtungsstärken in W/(m² klx)		
			Grundfläche A in m²		
			ca. 20 m² Einzelbüro	ca. 42 m² Gruppenbüro	ca. 168 m² Großraumbüro
			Beleuchtungswirkungsgrad η_B		
			0,54	0,61	0,70
Standard-Leuchtstofflampe 26 mm ∅	VVG*)	60	38	34	29
3-Banden-Leuchtstofflampe 26 mm ∅	VVG*)	82	28	24	22
3-Banden-Leuchtstofflampe 26 mm ∅	EVG**)	95	24	21	19
Glühlampe	–	14	200	–	–
Halogen-Niedervolt-Glühlampe	KTR***)	20	110	–	–

Die Tabelle gilt unter Annahme eines mittleren Leuchtenbetriebswirkungsgrades η_{LB} = 0,66 und der gemittelten Systemlichtausbeute von 1,2 und 1,5 m langen Leuchtstofflampen (Typbezeichnung L 58 W und L 36 W) und vorzugsweise direkt strahlendem Beleuchtungssystem.
*) verlustarmes Vorschaltgerät
**) elektronisches Vorschaltgerät
***) konventioneller Transformator: Verlustleistung ca. 10% der Lampenleistung

1) Todorovi129c, B.: Ki 2/88. S. 76/79 u. XXII. Int. Kongr. TGA, Berlin 10/88. Bericht S. 254.

-6.3 Speicherung der Beleuchtungswärme

Ähnliche Bedingungen gelten für die *Beleuchtungswärme*. Beim Einschalten der Beleuchtungskörper entsteht sofort Wärme – Licht, infrarote Strahlung und Konvektionswärme –, die zu einem Teil gespeichert wird. Beim Ausschalten entfällt sofort die primäre Wärmequelle, jedoch muß jetzt bei konstanter Raumtemperatur die gespeicherte Wärme durch die Luftkühlung abgeführt werden.

In Bild 3.5.3-15 ist angenommen, daß frei hängende Leuchtstofflampen mit einer Leistung von 30 Watt/m² in einem fensterlosen Raum von 8 bis 18 Uhr in Betrieb sind, wobei mittleres Wandgewicht und 24stündiger Betrieb vorausgesetzt sind. Die schraffierten Flächen sind wieder einander gleich.

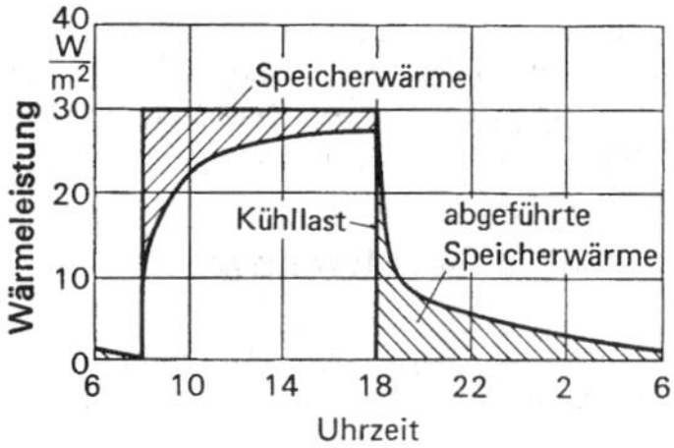

Bild 3.5.3-15. Speicherung der Wärme von Leuchtstofflampen 30 Watt/m², mittlere Wandmasse ≈ 500 kg/m², 24stündiger Betrieb.

Speicherfaktor s_B bei Beleuchtung

Dieser Faktor wird dann in der Kühllastberechnung benutzt, wenn die Leuchten nicht dauernd im Betrieb sind, wie es wohl meist der Fall ist. Je kürzer die Betriebszeit, desto geringer der Faktor. Bei Dauerbeleuchtung ist $s_B = 1$.

Nach Tafel 3.5.3-15 unterscheidet man

2 Bauarten:
  wenig speichernd
  stärker speichernd

2 Leuchtenanordnungen: frei hängend und eingebaut

2 Zeiträume: vor und nach Einschalten der Beleuchtung.

Die Größe des Faktors s_B kann für jeden Bedarfsfall aus der Tafel entnommen werden. Beispielsweise wird man in einem Großraumbüro für die Innenzone mit dauernder Beleuchtung $s_B = 1$ annehmen, für die Außenzone wesentlich geringer.

Die neue Kühllastregel VDI 2078 (07.96) verwendet anstelle der Speicherfaktoren *Gewichtsfunktionen* (Bild 3.5.3-13).

-6.4 Die Abkühlwärme

Wird die Luftkühlung nach Schluß der Arbeitszeit abgestellt, so verbleibt namentlich auf der Westseite von Gebäuden innerhalb der Räume noch eine erhebliche Speicherwärme, die am nächsten Morgen bei Inbetriebnahme der Klimaanlage abgeführt werden muß. Dadurch ergibt sich am Morgen eine verhältnismäßig große Kühllast oder die Notwendigkeit, einige Zeit vor Nutzungsbeginn die Klimaanlage einzuschalten.

In Bild 3.5.3-16 ist für nach Süden gelegene Fenster die Kühllast bei 12- und bei 24stündigem Betrieb dargestellt. Man sieht, daß bei dem kurzzeitigen Betrieb am Morgen eine große Kühllast für die Beseitigung der Speicherwärme erforderlich ist. Man nennt diese Wärmemenge die *Abkühllast.* Sie ist desto kleiner, je länger die Kältemaschine läuft.

Die maximale Kühllast verringert sich durch die Verlängerung der Betriebszeit von 325 W/m² bei 12stündigem Betrieb auf 275 W/m² bei 24stündigem Betrieb.

Eine Verringerung der Kühlleistung und des Energieverbrauchs ist möglich, wenn man in der Nacht die tagsüber eingebrachte Wärme durch *Kühlung mit Außenluft* zum Teil abführt. Dies ist besonders bei schwerer Bauweise zweckmäßig. Tags werden die Räume mit minimalem Außenluftanteil versorgt, nachts ist der Außenluftstrom 2- bis 4mal so groß. Der *Umschaltbetrieb* liegt zweckmäßig etwa zwischen 23 und 8 Uhr. Die dabei erreichbare Reduzierung der Spitzenlast ist allerdings schwer zu errechnen, da sehr viele Faktoren zu

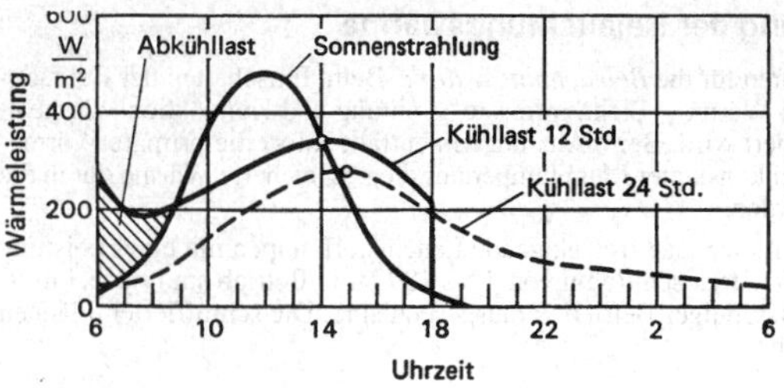

Bild 3.5.3-16. Speicherung von Sonnenwärme durch Fenster auf Südseite bei 12- und 24stündigem Betrieb, mittlere Wandmasse 500 kg/m².

berücksichtigen sind, wie Speichermasse, Dämmung, Möblierung, Teppiche u.a. Am besten wählt man die Umschaltzeiten durch Versuche am ausgeführten Gebäude. Dies ist auch ein zweckmäßiges Anwendungsgebiet selbstoptimierender DDC-Regler, wobei diese vielleicht zukünftig auch den Witterungstrend beachten.

-7 Luftwechsel

Nachdem $\dot{q}_K = \dot{q}_M + \dot{q}_s \ldots$ ermittelt ist, ergibt sich der stündliche Luftwechsel aus der bereits am Anfang von Abschn. 3.5.3 erwähnten Gleichung

$$\beta = \frac{3{,}6 \cdot \dot{q}_K}{c \cdot \varrho \cdot \Delta\vartheta} = \frac{3{,}6 \cdot \dot{q}_K}{1 \cdot 1{,}2 \cdot \Delta\vartheta} = \frac{3\dot{q}_K}{\Delta\vartheta} \text{ je h} \qquad (\dot{q}_K \text{ in W/m}^3)$$

bzw. die sekundliche Luftmenge

$$\dot{V}_s = \frac{\dot{Q}_K}{c \cdot \varrho \cdot \Delta\vartheta} = \frac{\dot{Q}_K}{1 \cdot 1{,}2 \cdot \Delta\vartheta} \text{ in m}^3\text{/s.} \qquad (\dot{Q}_K \text{ in kW})$$

In dieser Gleichung ist entweder der *Luftwechsel* β oder die *Untertemperatur* $\Delta\vartheta$ frei wählbar. Die Wahl der Untertemperatur $\Delta\vartheta$ der eintretenden Luft gegenüber der Raumluft hängt von dem zur Verfügung stehenden Kühlmittel ab. Um Zugerscheinungen zu vermeiden, soll $\Delta\vartheta$ bei normalen Luftkühl- oder Klimaanlagen etwa 6 bis 8 K betragen. Bei Anlagen mit starker Induktionswirkung kann $\Delta\vartheta$ auch größer sein: 10 bis 12 K. Bei Luftauslässen am Boden soll $\Delta\vartheta < 5$ bis 6 K sein. Dabei thermische Belastungsgrade < 1 durch thermische Entlastung der Aufenthaltszone infolge aufsteigender Wärme besonders bei hohen Räumen. Der Luftwechsel β bestimmt sich nach den bei Lüftungsanlagen gemachten Angaben (Tafel 3.5.1-1).

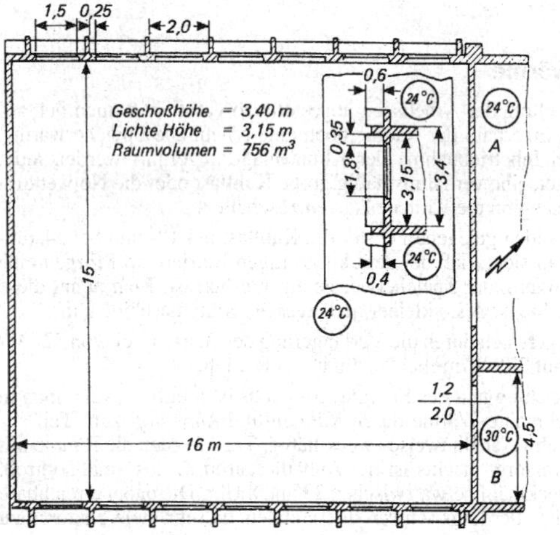

Bild 3.5.3-17. Zeichensaal im Zwischengeschoß eines Bürogebäudes (Beispiel).

-8 Beispiel einer Kühllastberechnung

nach VDI 2078 (07.96)

-8.1 Aufgabe

Ein achtgeschossiges Bürogebäude soll klimatisiert werden. Gesucht ist die maximale Kühllast für einen in einem Zwischengeschoß befindlichen Zeichensaal, s. Bild 3.5.3-17, bei $\vartheta_{LR} = 24\,°C$.

-8.2 Allgemeines

Vorgegebene Daten

Das Gebäude befindet sich in Kühllastzone 3.

Gebäudetyp:	Bauart L
Saalbelegung:	48 Personen
Beleuchtungsleistung	
Gefordert:	Beleuchtungsstärke 750 lx
Vorgesehen:	Im Gebäudekern (4 m Abstand von den Fenstern) Abluftleuchten (durchlüftete 3-Banden-Leuchtstofflampen 26 mm ∅ mit elektronischem Vorschaltgerät), Luftabsaugung im Deckenhohlraum, Zuluftzufuhr ebenfalls im Deckenbereich
Luftdurchsatz durch die Abluftleuchten: 30 m³/h je 100 W Lampenleistung	
Zusätzlich:	Zeichenbrettbeleuchtung (48 · 60 W)
Beleuchtungszeit:	7 Uhr bis 12 Uhr und 14 bis 17 Uhr (wahre Ortszeit)
Innenwand:	150-mm-Wandbauplatten aus Schlackenbeton
Außenwände:	Schwerbetonwand mit Außendämmung (Wandkonstruktion 4b)
Fenster:	Isolierglas mit 9 mm Luftzwischenraum und wärmegedämmten Metallrahmen, Innenvorhänge (Nessel)

-8.3 Wahl der Berechnungszeitpunkte

Bei Räumen mit erheblichem Anteil zeitlich veränderlicher Wärmequellen an der Kühllast gilt es zunächt, den Zeitpunkt des voraussichtlichen Maximums abzuschätzen. Er liegt bei Räumen mit großen Fensterflächen und einer Außenwand häufig in zeitlicher Nähe des Höchstwertes der Sonnenstrahlung. Bei mehreren Fensterwänden ist die Berechnung zumeist für verschiedene Zeitpunkte durchzuführen. In unserem Beispiel werden anhand der Kühllastfaktoren für äußere Belastung im Juli als mögliche Zeitpunkte für das Maximum 10 Uhr und 17 Uhr angenommen.

Nach Festlegung der maßgeblichen Zeiten führt man die Berechnung in der Reihenfolge der im Textteil angegebenen Einzellasten durch.

Die Berechnung ist hier für wahre Ortszeit durchgeführt; bei Sommerzeit gelten die Werte für eine Stunde später.

-8.4 Durchführung der Berechnung

-8.4.1 Juli, 10 Uhr

a) Innere Kühllast $\dot{Q}_I$

Kühllast infolge der Wärmeabgabe der Personen $\dot{Q}_P$

Trockene Wärmeabgabe

$q_{P,tr} = 75$ W/Pers.

Kühllastfaktor für innere Lasten mit Konvektionsanteil 50%,
Raumtyp L: $S_i = 0{,}81$

$\dot{Q}_{P,tr} = 48 \cdot 75 \cdot 0{,}81 = 2916$ W.

Feuchte Wärmeabgabe

$q_{P,f} = 40$ W/Per.

$\dot{Q}_{P,f} = 48 \cdot 40 \cdot 1 = 1920$ W

Kühllast infolge Beleuchtungswärme $\dot{Q}_B$

Annahme: Zur Zeit hoher Außenbelastung werden die Außenzonen des Raumes bis in jeweils 4 m Tiefe genügend ausgeleuchtet. Daher sind nur die Abluftleuchten im Gebäudekern (7 m der 15 m Raumtiefe) zu berücksichtigen.

Gleichzeitigkeitsfaktor $l = 7/15 = 0{,}47$
Raumbelastungsgrad $\mu_B = 0{,}7$

Der flächenbezogene Anschlußwert $p = 19\ \mathrm{W/(m^2\ klx)}$ ist den 3-Banden-Leuchtstofflampen entnommen. Damit läßt sich die Anschlußleistung berechnen:

$$P = 0{,}75\ \mathrm{klx} \cdot 19\ \frac{\mathrm{W}}{\mathrm{m^2\ klx}} \cdot 240\ \mathrm{m2} = 3420\ \mathrm{W}$$

Der Kühllastfaktor für innere Strahlungslasten (Konvektivanteil der Leuchten 0%) beträgt $S_i = 0{,}63$. Der Kühllastanteil durch die Abluftleuchten ergibt sich dann zu

$$\dot{Q}_{B1} = 3420 \cdot 0{,}47 \cdot 0{,}7 \cdot 0{,}63 = 709\ \mathrm{W}$$

Zusatzbeleuchtung

Es soll damit gerechnet werden, daß 25% der Zeichenbrettleuchten eingeschaltet sind:

$$\dot{Q}_{B2} = 60 \cdot 12 = 720\ \mathrm{W}$$

Andere innere Wärmequellen sind nicht vorhanden.

Kühllast infolge eines Wärmestroms aus dem Gebäudeinnern $\dot{Q}_R$

Von den angrenzenden Räumen sei nur Raum B unklimatisiert. Seine Raumtemperatur betrage 30 °C. Nach DIN 4701 gilt für die Innentür IT mit

$A = 1{,}2 \cdot 2{,}0 = \mathrm{m^2}$: $k = 2{,}0\ \mathrm{W/(m^2\ K)}$

Innenwand:

$A = 4{,}5 \cdot 3{,}4 - 2{,}4 = 12{,}9\ \mathrm{m^2}$ und
$k = 1{,}66\ \mathrm{W/(m^2\ K)}$

Damit wird

$$\begin{aligned}\dot{Q}_{R,IT} &= kA\Delta\vartheta = 2 \cdot 2{,}4 \cdot 6 = 29\ \mathrm{W}\\ \dot{Q}_{R,IW} &= = 1{,}66 \cdot 12{,}9 \cdot 6 = 128\ \mathrm{W}\\ & \qquad\qquad\qquad\quad \overline{157\ \mathrm{W}}\end{aligned}$$

b) Äußere Kühllast $\dot{Q}_A$

Kühllast infolge Wärmedurchgang durch Außenwände $\dot{Q}_W$

Im Wandtypenkatalog findet man den k-Wert (0,65 W/(m² K)), die Bauartenklasse (6) und die Zeitverschiebung (+ 2 h) der Schwerbetonwand mit Außendämmung. Da die Zeitkorrektur 2 h beträgt, sind die Werte für die äquivalente Temperaturdifferenz um 2 h später, d. h. um 12 Uhr der VDI 2078-Tabelle zu entnehmen. Die Raumtemperatur von 24 °C ist um + 2 K höher, als bei der Berechnung der äquivalenten Temperaturdifferenzen vorausgesetzt wurde. Deshalb gilt:

$$\begin{aligned}\Delta\vartheta_{\text{äq1}} &= \Delta\vartheta_{\text{äq}} + (24{,}6 - 24{,}5) + 22 - 24)\\ &= \Delta\vartheta_{\text{äq}} - 1{,}9\ \mathrm{K}\end{aligned}$$

c) Flächenberechnung

Die Wandfläche ergibt sich aus lichter Breite mal Geschoßhöhe abzüglich Gesamtfensterfläche. Das Maueröffnungsmaß der Fenster beträgt in diesem Fall $A_M = 3{,}1\ \mathrm{m^2}$. Damit berechnen sich die Wandflächen zu

SO-Wand:	$A_{SO} = 16 \cdot 3{,}4 - 7 \cdot 3{,}1$	$= 32{,}7\ \mathrm{m^2}$
SW-Wand:	$A_{SW} = 15 \cdot 3{,}4$	$= 51{,}0\ \mathrm{m^2}$
NW-Wand:	A_{NW}	$= 32{,}7\ \mathrm{m^2}$

Die Berechnung des Kühllastanteils $\dot{Q}_W$ mit Hilfe der äquivalenten Temperaturdifferenzen wird in Tafel 3.5.3-16 zusammengefaßt. Sie enthält auch die 17-Uhr-Werte.

Kühllast infolge Transmission durch Fenster $\dot{Q}_T$

Der Rechenwert des Wärmedurchgangskoeffizienten k_F des Fensters (nach DIN V 4108 T4, Tabelle 2, Konstruktion 2.1 mit wärmegedämmten Metallrahmen) beträgt 3,0 W/m² K). Als Bezugsfläche gilt das vorher bestimmte Maueröffnungsmaß

$$A_{Mges} = 14 \cdot A_M = 43{,}4\ \mathrm{m^2}$$

Tafel 3.5.3-16 Berechnung des Kühllastanteils $\dot{Q}_W$ mit Hilfe der äquivalenten Temperaturdifferenz (Juliwerte)

			10 Uhr			17 Uhr		
Richtung	k	A	$\Delta\vartheta_{äq}$ (12 Uhr)	$\Delta\vartheta_{äq1}$	$\dot{Q}$	$\Delta\vartheta_{äq}$ (19 Uhr)	$\Delta\vartheta_{äq1}$	$\dot{Q}$
SO	0,65	32,7	5,1	3,2	68 W	8,4	6,5	138 W
SW	0,65	51,0	3,7	1,8	60 W	8,0	6,1	202 W
NW	0,65	32,7	1,8	− 0,1	− 2 W	4,2	2,3	49 W
					$\dot{Q}_W$ = 126 W			$\dot{Q}_W$ = 389 W

Aus Tabelle A 8 der VDI 2078 entnimmt man als Außenlufttemperatur um 10 Uhr 25,9 °C. Damit wird

$$\dot{Q}_T = 3 \cdot 43{,}4\,(25{,}9 - 24) = 247\ \text{W}$$

Kühllast infolge Strahlung durch Fenster $\dot{Q}_S$

Südost-Fenster: Aus Tabelle A 9 bzw. A 11 (VDI 2078) entnimmt man das Maximum der Gesamtstrahlung im Juli um 9 Uhr (im Gegensatz zum infolge von Speichervorgängen verzögerten Berechnungszeitpunkt 10 Uhr) zu I_{max} = 481 W/m² und aus Tabelle A 10 für die Diffusstrahlung $I_{diff,\,max}$ = 132 W/m².

Für 9 Uhr – dem Zeitpunkt der maximalen Gesamtstrahlung – muß die Beschattung untersucht und die besonnte Fensterfläche A_1 bestimmt werden. Nach der Bauskizze in der VDI 2078 mit

$$B = 1{,}5\ \text{m} \quad H = 1{,}8\ \text{m} \quad d = 0{,}6\ \text{m} \quad c = 0{,}4\ \text{m}$$

$$b = 0{,}25\ \text{m} \quad f = 0{,}35\ \text{m}$$

und der Beschattungsrechnung im Formblatt 1 folgt je Fenster die sonnenbeschienene Fläche A_1:

$$A_1 = 1{,}5 \cdot 1{,}73 = 2{,}6\ \text{m}^2.$$

Weiter ist mit der gesamten Glasfläche $A = B \cdot H = 2{,}7\ \text{m}^2$ $A - A_1 = 0{,}1\ \text{m}^2$. Für die 7 Fenster der SO-Fassade sind das insgesamt

$$7\,A_1 = 18{,}2\ \text{m}^2 \quad 7\,(A - A_1) = 0{,}7\text{m}^2$$

Der Durchlaßfaktor des Fensters mit innerem Nesselvorhang beträgt $b = 1{,}0 \cdot 0{,}5 = 0{,}5$.

Der Kühllastfaktor für äußere Strahlungslasten s_a beträgt 0,80 nach Tabelle A 16 (Raumtyp L, innerer Sonnenschutz) der VDI 2078.

Damit wird

$$\dot{Q}_S\,(\text{SO}) = (18{,}2 \cdot 481 + 0{,}7 \cdot 132) \cdot 0{,}5 \cdot 0{,}80 = 4423 \cdot 0{,}80 = 3539\ \text{W}$$

Nordwest-Fenster: auch hier muß für die besonnte Fläche A_1 die Fläche eingesetzt werden, die z. Z. des Maximunms der Gesamtstrahlung auf diese Fläche direkt bestrahlt wird. Dies ist um 17 Uhr der Fall:

$$I_{max} = 357\ \text{W/m}^2$$
$$I_{diff,\,max} = 100\ \text{W/m}^2$$

Die Beschattungsrechnung für die Nordwestfassade um 17 Uhr ergibt für die gesamte Fassade (siehe Formblatt VDI 2078):

$$7 \cdot A_1 = 15\ \text{m}^2 \qquad 7 \cdot (A - A_1) = 3{,}9\ \text{m}^2$$

Von den übrigen Größen ändert sich lediglich der Kühllastfaktor gegenüber der Südost-Seite. Er wird der Tabelle A 16 (VDI 2078) für den Berechnungszeitraum (10 Uhr) entnommen: $s_a = 0{,}21$.

Damit erhält man

$$\dot{Q}_S\,(\text{NW}) = (15 \cdot 357 + 3{,}9 \cdot 100) \cdot 0{,}5 \cdot 0{,}21 = 2870 \cdot 0{,}21 = 603\ \text{W}$$

Die gesamte Kühllast des Zeichensaals um 10 Uhr beträgt:

$$\dot{Q}_{KR,\,tr} = 9017\ \text{W}.$$

Die feuchte Kühllast $\dot{Q}_{KR,f} = \dot{Q}_{P,f}$ = 1920 W gilt für alle Berechnungszeiten.

Zu prüfen ist, ob zu diesem Zeitpunkt tatsächlich das Maximum auftritt. Betrachtet man dazu die Kühllastfaktoren der Südost-Richtung, so erkennt man, daß sie sehr schnell abnehmen, während die Kühllastfaktoren der Nordwest-Richtung bis 14 Uhr etwa konstant bleiben. Da der Einfluß der anderen zeitlich veränderlichen Komponenten (Beleuchtung,

Wärmedurchgang durch die Fassade, Transmission durch die Fenster) relativ gering ist, steht der gefundene Wert zumindest als Vormittagsmaximum fest,

-8.4.2 Juli, 17 Uhr

a) Innere Kühllast $\dot{Q}_P$

Kühllast infolge der Wärmeabgabe der Personen $\dot{Q}_P$

$\dot{Q}_{P,tr} = 48 \cdot 75 \cdot 0{,}87 = 3600 \cdot 0{,}87 = 3132$ W

Bei diesem Kühllastanteil (und dem infolge von Beleuchtungswärme) ändert sich lediglich der Kühllastfaktor für innere Strahlungslasten.

Kühllast infolge Beleuchtungswärme $\dot{Q}_B$

$\dot{Q}_{B1} = 3420 \cdot 0{,}47 \cdot 0{,}7 \cdot 0{,}74 = 1125 \cdot 0{,}74 = 833$ W

$\dot{Q}_{B2} = 720$ W

Kühllast infolge eines Wärmestroms aus dem Gebäudeinnern $\dot{Q}_R$

$\dot{Q}_R = 157$ W

b) Äußere Kühllast $\dot{Q}_A$

Kühllast infolge Wärmedurchgang durch Außenwände $\dot{Q}_W$

$\dot{Q}_W = 389$ W (wurde schon berechnet, siehe Tafel 3.5.3-16 bei Juli, 17 Uhr)

Kühllast infolge Transmission durch Fenster $\dot{Q}_T$

ϑ_{La} (17 Uhr) = 31,7 °C

$\dot{Q}_T = 3 \cdot 43{,}4 \cdot (31{,}7 - 24) = 1003$ W

Kühllast infolge Strahlung durch Fenster $\dot{Q}_S$

Südost-Fenster:

$\dot{Q}_S$ (SO) = 4423 · 0,18 = 796 W

Nordwest-Fenster: (NW)

$\dot{Q}_S$ (NW) = 2873 · 0,80 = 2298 W

Zusammenstellung

Die gesamte Kühllast im Juli um 17 Uhr beträgt daher

$\dot{Q}_{KR,tr} = 9328$ W

Der 17-Uhr-Wert liegt also höher als das Vormittagsmaximum.

-8.4.3 September

Unter Umständen bewirkt der tiefere Sonnenstand in der Übergangszeit eine höhere Wärmebelastung als im Juli. In der Regel wird der September als Auslegungsmonat zwar nur für die Südfassade kritisch, es soll jedoch hier aus Gründen der Vollständigkeit diese Kontrollrechnung angedeutet werden.

Die *innere Kühllast* nimmt dieselben Werte an wie im Juli.

Äußere Kühllast

Kühllast infolge Wärmedurchgang durch Außenwände

Die äquivalenten Temperaturdifferenzen im September ergeben sich aus den Juli-Werten mit folgender Korrektur:

$$\Delta\vartheta_{\text{äql Sept}} = \Delta\vartheta_{\text{äq}} + (18{,}9 - 24{,}5) + (22 - 24) = \Delta\vartheta_{\text{äq}} - 7{,}6 \text{ K}$$

Die Ergebnisse für 10 Uhr und 17 Uhr sind in Tafel 3.5.3-17 zusammengefaßt.

Tafel 3.5.3-17 Ermittlung der Kühllast durch Außenwände für den Monat September

			10 Uhr			17 Uhr		
Richtung	k	A	$\Delta\vartheta_{\text{äq}}$ (12 Uhr)	$\Delta\vartheta_{\text{äq1, Sept}}$	$\dot{Q}$	$\Delta\vartheta_{\text{äq}}$ (19 Uhr)	$\Delta\vartheta_{\text{äq, Sept}}$	$\dot{Q}$
SO	0,65	32,7	5,1	−2,5	− 53 W	8,4	0,8	17 W
SW	0,65	51,0	3,7	−3,9	−129 W	8,0	0,4	13 W
NW	0,65	32,7	1,8	−5,8	−123 W	4,2	− 3,4	−72 W
					$\dot{Q}_W = -305$ W			$\dot{Q}_W = -42$ W

Kühllast infolge Transmission durch Fenster $\dot{Q}_T$

$\dot{Q}_T = 3 \cdot 43{,}4 \cdot (20{,}3 - 24) = -482$ W (10 Uhr)

$\dot{Q}_T = 3 \cdot 43{,}4 \cdot (26{,}0 - 24) = +260$ W (17 Uhr)

Kühllast infolge Wärmestrahlung durch Fenster $\dot{Q}_S$

Südost-Fassade:	I_{max} (10 Uhr) = 565 W/m²
Keine Beschattung:	$A_I = A = 2{,}7$ m²
Kühllastfaktoren:	$S_a = 0{,}80$ (10 Uhr)
	$S_a = 0{,}13$ (17 Uhr)
Durchlaßfaktor:	$b = 0{,}5$

$\dot{Q}_S$ (SO) = (18,9 · 565) · 0,5 · 0,80 = 5340 · 0,80 = 4271 W (10 Uhr)

$\dot{Q}_S$ (SO) = 5340 · 0,13 = 694 W (17 Uhr)

Nordwest-Fenster:

I_{max} (17 Uhr) = 154 W/m² $I_{diff,max}$ = 72 W/m²;

Beschattung: (17 Uhr)

$A_1 = 1{,}5$ m² $(A - A_1) = 1{,}2$ m²

-8.5 Ergebnis der Kühllastberechnung (siehe Tafel 3.5.3-18)

Raum Nr. ....

Rauminhalt .... 756 m³

Temperatur außen .... ϑ_a = 32 °C/40% r. F (h = 63,0 kJ/kg)

Temperatur innen .... ϑ_r = 26 °C/50% r. F (h = 53,0 kJ/kg)

Sonnendurchlaßfaktor .... $b = 0{,}5 \cdot 0{,}8 = 0{,}4$

Beleuchtung .... 8 W/m²

Anzahl der Personen 48

Außenluftrate je Person .... 60 m³/h

Außenluftmenge .... $\dot{V}_a = 48 \cdot 60 = 2880$ m³/h = 0,8 m³/s

Luftzustandsänderung im h, x-Diagramm Bild 3.5.3-18.

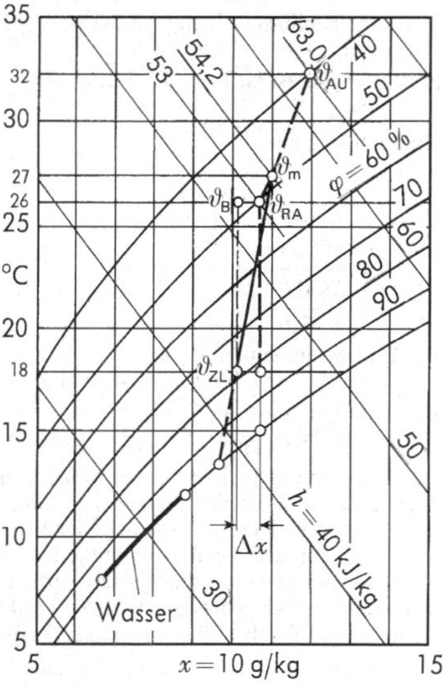

Bild 3.5.3-18. Zustandsänderung im h, x-Diagramm (zum Beispiel Bild 3.5.3-17).
ϑ_{AU} = Außenluft
ϑ_{RA} = Raumluft
ϑ_{ZU} = Eintrittsluft (Zuluft)
ϑ_m = Mischluft

Luftzustand	Zustands-punkt im *h, x*-Diagramm	Temp. °C	Rel. F. %	Wasser-gehalt g/kg tr. L.	Wärme-inhalt kJ/kg
Raumluft	*RA*	ϑ_{RA}	φ_{RA}	x_{RA}	h_{RA}
Raumluft abzüglich Wasserdampfaufnahme	*B*	ϑ_b	φ_b	x_b	h_b
Außenluft	*AU*	ϑ_{AU}	φ_{AU}	x_{AU}	h_{AU}
Mischluft	*M*	ϑ_m	φ_m	h_m	h_m
Eintrittsluft	*E*	ϑ_{ZU}	φ_{ZU}	x_{ZU}	h_{ZU}

-8.6 Luftkühler

Die Kühlleistung $\dot{Q}_{Kü}$ des Luftkühlers ist nur dann gleich der oben errechneten Kühllast $\dot{Q}_K$, wenn die Raumluft keinen Wasserdampf aufnimmt und keine Außenluft zugesetzt wird. Im allgemeinen ist jedoch beides der Fall, so daß die Kühlleistung des Luftkühlers wird:

$$\dot{Q}_{Kü} = \dot{Q}_{AU}\,\text{(Außenluftkühlung und Entfeuchtung)} = \frac{\dot{V}}{3{,}6} \cdot \varrho \cdot (h_{AU} - h_{RA})$$

$$+ \dot{Q}_V\,\text{(Ventilatorkühlung)} = \frac{\dot{V} \cdot \Delta p}{\eta_v}$$

$$+ \dot{Q}_{Ktr}\ \text{(trockene Kühllast)}$$

$$+ \dot{Q}_{Kf}\ \text{(feuchte Kühllast)}$$

$\dot{V}_{ZL} = \dot{V}_{AU} = 48 \cdot 60 = 2880$ m³/h bei 48 Personen und 60 m³/h Pers. Außenluftrate. Kein Umluftbetrieb.

Außenluftkühlung:

$$\dot{Q}_{AU} = \frac{2880}{3{,}6} \cdot 1{,}2 \cdot (63 - 53) = \qquad 9\,600\ \text{W}$$

Ventilatorkühlung: (bei Δp= 1200 Pa, $\eta_v = 0{,}7$)

$$Q_V = \frac{2880 \cdot 1200}{3{,}6 \cdot 0{,}7} = \qquad 1\,371\ \text{W}$$

Trockene Kühllast (s. Tafel 3.5.3-18):

$$Q_{Ktr} = \qquad 9\,328\ \text{W}$$

Feuchte Kühllast (s. Tafel 3.5.3-18):

$$Q_{Kf} = \qquad 1\,920\ \text{W}$$

Kühlerauslegung

$$\dot{Q}_{Kü} = \qquad 22\,219\ \text{W}$$

Die max. Enthalpiedifferenz

$$\Delta h = \frac{22\,219}{\dfrac{2880 \cdot 1{,}2}{3{,}6}} \cong 23\ \text{kJ/kg}_{tr}$$

Die Eintrittsenthalpie:

$$h_{ZU} = h_{AU} - \Delta h = 63 - 23 \cong 40\ \text{kJ/kg}_{tr}$$

Der Zulufttaupunkt ist:

$$\vartheta_{ZU} = 15\,°\text{C};\ \varphi_{ZU} = 0{,}5\%\ \text{r. F.}$$

Bei *Brunnenwasser und Leitungswasser* ist die Kühlmitteltemperatur meist festgelegt. Man muß in diesem Fall untersuchen, ob die gewünschte Eintrittstemperatur t_e überhaupt erreicht werden kann. Ist das nicht der Fall, muß der Luftwechsel vergrößert oder eine tiefere Kühlung und Nachwärmung oder ein Beipaß vorgesehen werden. Bei *künstlich gekühltem Wasser* kann die Wassereintrittstemperatur nach Wunsch festgelegt werden. Die sich im Raum bei gegebener Wasserdampfaufnahme und gegebenem Außenluftanteil einstellende Luftfeuchte läßt sich am besten graphisch im *h, x*-Diagramm ermitteln.

Berechnung eines Luftkühlers s. Abschn. 3.3.2-3.

Tafel 3.5.3-18 Kühllastberechnung

Bauobjekt:	Bürogebäude		Seite:	Raumlufttemperatur ϑ_{LR} = 24 °C
Raumbezeichnung:	Zeichensaal	Ort: Berlin	Kühllastzone: 3	Raumvolumen V_R = 756 m³
Raumnummer:	....		Raumtyp: L	
Bearbeiter:	....		Datum:	

Innere Kühllast $\dot{Q}_I$

Wärmequelle	Berechnung			Monat/Zeit					
				Juli/10 Uhr			Juli/17 Uhr		
				$\dot{Q}$ in W					
Personen	Anzahl	$\dot{Q}_{Ptr}$/Pers		s_i		$\dot{Q}_{Ptr}$	s_i		$\dot{Q}_{Ptr}$
$\dot{Q}_{Ptr}$	48	75		0,81		2916	0,87		3130
Beleuchtung	P in W	l	M_B	s_i		$\dot{Q}_B$	s_i		$\dot{Q}_B$
$\dot{Q}_B$	3420 60 · 48	0,47 0,25	0,7 1	0,63 1		709 720	0,74 1		833 720
Sonstiges	$\dot{Q}_{R,IT}: kA\,\Delta\vartheta = 2 \cdot 2{,}4 \cdot 6$ $\dot{Q}_{R,IW}$ 1,66 · (15,3 − 2,4) · 6					29 128			29 128
	Zwischensumme $\dot{Q}_I$ =					4502			4842

Äußere Kühllast $\dot{Q}_A$

Wärmedurchgang durch Außenwände und Dächer $\dot{Q}_W$			12 Uhr			19 Uhr		
Rückgang	k in W/m²K	A in m²	$\Delta\vartheta_{äq}$	$\Delta\vartheta_{äq1}$	$\dot{Q}_W$	$\Delta\vartheta_{äq}$	$\Delta\vartheta_{äq1}$	$\dot{Q}_W$
SO	0,65	32,7	5,1	3,2	68	8,4	6,5	138
SW	0,65	51,0	3,7	1,8	60	8,0	6,1	202
NW	0,65	32,7	1,8	− 0,1	−2	4,2	6,3	49
	Zwischensumme $\dot{Q}_W$ =				126			389

Transmission durch Fenster $\dot{Q}_T$						
	k	A	$\Delta\vartheta$	$\dot{Q}_T$	$\Delta\vartheta$	$\dot{Q}_T$
	3	43,4	1,9	247	7,7	1003

Strahlungswärme durch Fenster $\dot{Q}_S$									
Richtung	I_{max}, $I_{diff\,max}$ in $\frac{W}{m^2}$		$A_1,(A-A_1)$	b	s_a	$\dot{Q}_S$	s_a	$\dot{Q}_S$
SO	481		18,2	0,5	0,80	3502	0,18	788
SO		132	0,7	0,5	0,80	37	0,18	8
NW	357		15,0	0,5	0,21	562	0,80	2142
NW		100	3,9	0,5	0,21	41	0,80	156
	Zwischensumme $\dot{Q}_S$ =					4142		3094
Gesamte trockene Kühllast $\dot{Q}_I + \dot{Q}_W + \dot{Q}_T + \dot{Q}_S$ =						9017		9328

Maximum: $\dot{Q}_{Ktr}$ = 9328 W

Bezogen auf $\dot{V}_R$: $q = \frac{9328}{756} = 12{,}3$ W/m³

Feuchte Kühllast $\dot{Q}_{Kf}$

Quelle	Berechnung		
Personen	48 · 40	1920	1920

Gesamte feuchte Kühllast $\dot{Q}_{Kf}$ = 1920 W

-9 Luftkanäle und Ventilatoren

werden wie bei den Lüftungsanlagen berechnet (Abschn. 3.5.1).

Bei der Widerstandsberechnung ist zu beachten, daß bei *Kondensatbildung* der Luftwiderstand des Kühlers erheblich größer wird, je nach Luftgeschwindigkeit bis zu 150% mehr als beim trockenen Betrieb (s. Bild 3.3.2-17).

Bei der Bemessung des Kühlers ist auch zu beachten, daß bei der Verdichtung der Luft im Ventilator Wärme erzeugt wird.

Die Leistung des Ventilators, die durch die Gleichung $P = \dfrac{\dot{V} \cdot \Delta p_g}{\eta}$ in W ausgedrückt ist, setzt sich letzten Endes durch Reibung ebenfalls in Wärme um, die die Lufttemperatur erhöht, soweit nicht ein Teil durch Transmission in den Kanälen und Apparaten verlorengeht. Bei vollkommener Umsetzung ist

$$\dot{Q}_{Lü} = \frac{\dot{V} \cdot \Delta p_g}{\eta} \text{ in W}$$

Bezogen auf den Rauminhalt ist

$$\dot{q}_{Lü} = \frac{\beta \cdot \Delta p_g}{3660 \cdot \eta} \text{ in W/m}^3 \text{ oder mit } \eta \approx 0{,}75$$

$\dot{q}_{Lü}$ = 0,00037 · $\beta \cdot \Delta p$ in W je m³ Rauminhalt

Δp_t = Gesamtdruck Pa (N/m²)

β = Luftwechsel je Stunde

Beispiel:

Bei einem Druck von Δp_g = 300 Pa und 5fachem Luftwechsel ist die Wärmeerzeugung durch die Ventilatorarbeit:

$\dot{q}_{Lü}$ = 0,00037 · 5 · 300 = 0,55 W je m³ Rauminhalt.

3.5.4 Luftbefeuchtungsanlagen mit Luftwäscher

Ist w = im Raum durch Waren und dgl. aufgenommene Wassermenge kg/h

x_r = Feuchtegehalt der Raumluft kg/kg

x_a = Feuchtegehalt der Außenluft kg/kg

L_a = Außenluftstrom kg/h,

so ist die stündlich dem Raum zuzuführende Wassermenge:

$W = L_a (x_r - x_a) + w$ in kg/h.

Je nach Aufbau der Klimazentrale ist die Berechnung des Luftwäschers (Abschnitt 3.3.4) verschieden (w ist vernachlässigt):

-1 Mischung von Außenluft und Umluft

derart, daß durch adiabate Abkühlung des Gemisches im Luftwäscher mit umlaufendem Wasser gerade der verlangte Feuchtegehalt erreicht wird, gegebenenfalls Nachwärmung (Bild 3.5.4-1).

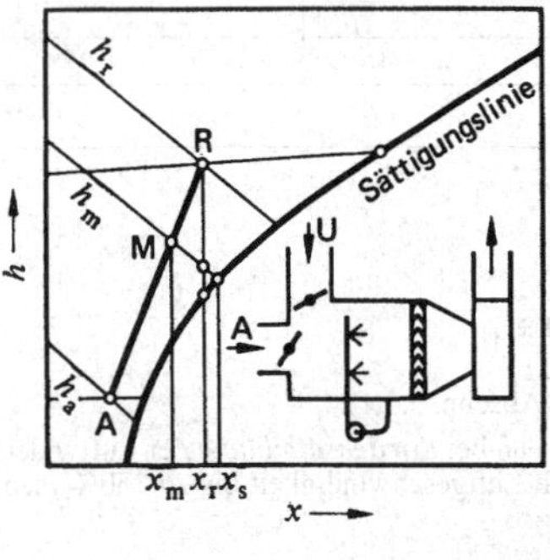

Bild 3.5.4-1. Befeuchtung im Luftwäscher bei Mischung von Außenluft und Umluft.

Verdunstete Wassermenge:

$W = L\,(x_r - x_m) = (L_a + L_u)\,(x_r - x_m)$ in kg/h

Außenluftanteil:

$$L_a = \frac{h_r - h_m}{h_r - h_a} \cdot L$$

Umluftanteil:

$$L_u = \frac{h_m - h_a}{h_r - h_a} \cdot L$$

Wirkungsgrad der Befeuchtung:

$$\eta_b = \frac{x_r - x_m}{x_s - x_m}$$

-2 Vorerwärmung der Außenluft

oder des Außenluft-Umluft-Gemisches L in kg/h (L_s in kg/s), annähernd adiabate Abkühlung im Luftwäscher mit umlaufendem Wasser, gegebenenfalls Nacherwärmung (Bild 3.5.4-2).

Verdunstete Wassermenge: $W = L\,(x_r - x_m)$ in kg/h

Heizleistung des Vorerwärmers: $\dot{Q} = L_s \cdot (h_v - h_m)$ in kW (kJ/s)

Lufteintrittstemperatur vor Vorerwärmer: ϑ_m in °C

Luftaustrittstemperatur nach Vorerwärmer: $\vartheta_v = \vartheta_m + \dfrac{\dot{Q}}{L \cdot c}$ in °C

$$= \vartheta_m + \frac{h_v - h_m}{c}$$

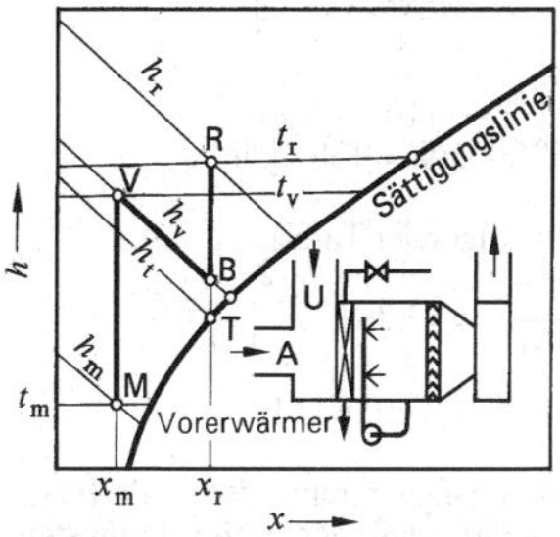

Bild 3.5.4-2. Befeuchtung im Luftwäscher durch Vorerwärmung und adiabate Kühlung.

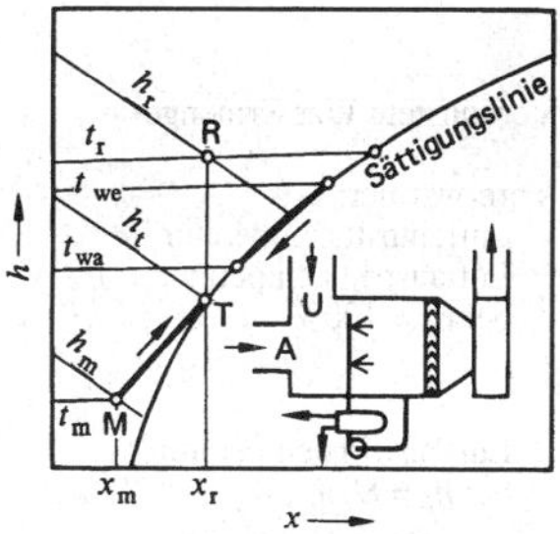

Bild 3.5.4-3. Befeuchtung im Luftwäscher durch Wassererwärmung.

-3 Wassererwärmung durch Gegenstromapparat

Erwärmung und Befeuchtung des Außenluft-Umluft-Gemisches auf den Taupunkt der Raumluft durch das erwärmte umlaufende Wasser (Bild 3.5.4-3).

Verdunstete Wassermenge:

$W = L\,(x_r - x_m)$ in kg/h

Heizleistung des Gegenstromapparates:

$\dot{Q} = L_s\,(h_t - h_m) = W_u \cdot c\,(\vartheta_{we} - \vartheta_{wa})$ in kW (kJ/s)

ϑ_{we} = Wassereintrittstemperatur
ϑ_{wa} = Wasseraustrittstemperatur
W_u = umlaufende Wassermenge in kg/s

Häufig werden auch zwei Methoden der Befeuchtung gleichzeitig angewendet, z.B. Methode 1 und 2 oder 1 und 3.

Beispiel:

Ein Raum von 10000 m³ Inhalt soll im Winter dauernd auf 22 °C bei 60% rel. Feuchte gehalten werden. Volumenstrom gewählt zu $\dot{V}$ = 50000 m³/h (L = 60000 kg/h, L_s = 16,67 kg/s) (bezogen auf 22 °C bei 60%). Außenluftanteil 25%. Wärmetransmission $\dot{q}_{tr}$ = 29 W/m³. Wasseraufnahme durch Waren w = 0. Es ist der Befeuchter zu berechnen.

Gewählt ein Befeuchter mit zwei Düsenreihen, Vorerwärmer und Nacherwärmer, Befeuchtungswirkungsgrad η_b = 80%. Zustandsänderung im h,x-Diagramm siehe Bild 3.5.4-4.

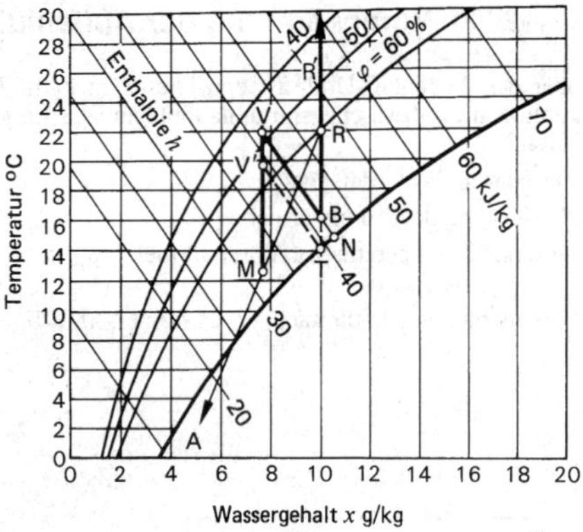

Bild 3.5.4-4. h, x-Diagramm zum Berechnungsbeispiel einer Befeuchtung.

Verdunstete Wassermenge: $L \cdot (x_r - x_m)$ = 60000 · (10,1 – 7,8) = 138000 g/h = 138 kg/h

Vorerwärmer:

Lufteintrittstemperatur: ϑ_m = 12,8 °C (aus folgender Tafel)

Luftaustrittstemperatur bei η_b = 100%:

$$\vartheta_v' = 12{,}8 + \frac{h_t - h_m}{1{,}0} = 12{,}8 + \frac{39{,}5 - 32{,}7}{1{,}0}$$

$$= 12{,}8 + 6{,}8 = 19{,}6\ °\text{C (Punkt } V')$$

Luftaustrittstemperatur bei η_b = 80%: ϑ_v = 22 °C (aus h,x-Diagramm) durch Probieren ermittelt derart, daß der Befeuchtungswirkungsgrad $\eta_b = \frac{VB}{VN} = 0{,}80$ wird

Heizleistung des Vorerwärmers: $\dot{Q}_v = L_s\,(h_v - h_m) = 16{,}67\,(41{,}9 - 32{,}7) = 153{,}4$ kW

Befeuchter:

Lufteintritt: ϑ_v = 22 °C

Feuchtkugeltemperatur: ϑ = 14,9 °C (aus h,x-Diagramm)

Luftaustritt: ϑ_b = 16,3 °C (aus h,x-Diagramm)

Wirkungsgrad: $$\eta_b = \frac{22 - 16{,}3}{22 - 14{,}9} \approx 0{,}80 \text{ (zur Kontrolle)}$$

ebenso: $$\eta_b = \frac{x_r - x_m}{x_n - x_m} = \frac{10{,}1 - 7{,}8}{10{,}7 - 7{,}8} \approx 0{,}80$$

Nacherwärmer:

Lufteintritt	$\vartheta_b = 16{,}3\ °C$
Heizleistung für Luftnacherwärmung von B nach R	$\dot{Q}_{n1} = L_s \cdot c \cdot (\vartheta_r - \vartheta_b) = 16{,}67 \cdot 1 \cdot (22 - 16{,}3) = 95$ kW
für Transmissionsverlust	$\dot{Q}_{n2} = 10\,000 \cdot 29 \cdot 10^{-3} = 290$ kW
Gesamt für Nacherwärmer	$\dot{Q}_{n1} = \dot{Q}_{n1} + \dot{Q}_{n2} = 385$ kW
Luftaustritt	$\vartheta_r' = \vartheta_b + \dfrac{\dot{Q}_n}{c \cdot L_s} = 16{,}3 + \dfrac{385}{1 \cdot 16{,}67} = 16{,}3 + 23{,}1 = 39{,}4\ °C$

Luftzustandsdaten

Luftzustand	Zustandspunkt im *h,x*-Diagramm	Temp. ϑ °C	Rel. F. %	Wärmeinhalt *h* kJ/kg	Wassergehalt *x* g/kg tr. Luft
Raumluft	*R*	22	60	47,7	10,1
Taupunkt	*T*	14	100	39,5	10,1
Außenluft	*A*	– 15	100	– 12,5	1,0
Mischluft	*M*	12,8	82	32,7	7,8
Befeuchtereintritt	*V*	22	–	41,9	7,8
Naßkugeltemperatur nach Vorerwärmer	*N*	14,9	100	41,9	10,7
Befeuchteraustritt	*B*	16,3	–	41,9	10,1

3.5.5 Luftentfeuchtung

-1 Kühlmethode

Die Luft wird in Naßluft- oder Oberflächenkühlern durch Kühlwasser von genügend tiefer Temperatur gekühlt, wobei sich Wasser ausscheidet, und wieder nachgewärmt. Die verschiedenen Luftzustandsarten werden wie folgt zusammengestellt (Bild 3.5.5-1):

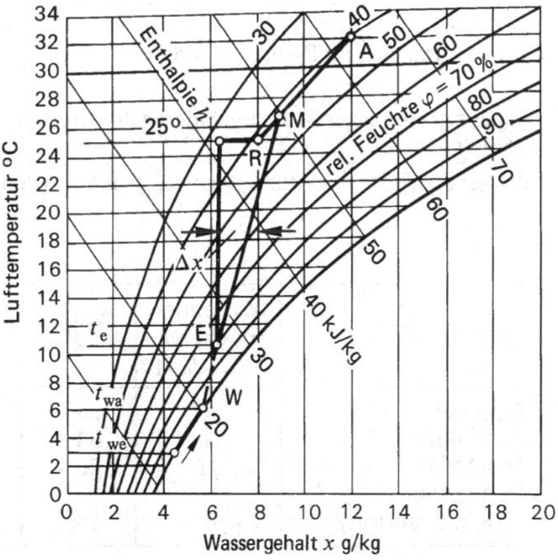

Bild 3.5.5-1. *h,x*-Diagramm zum Berechnungsbeispiel einer Kühlung.

Luftzustand	Zustandspunkt im h,x-Diagramm	Temp. °C	Rel. F. %	Wärmeinhalt h kJ/kg	Wassergehalt x g/kg tr. Luft
Raumluft	R	ϑ_r	φ_r	h_r	x_r
Außenluft	A	ϑ_a	φ_a	h_a	x_a
Mischluft	M	ϑ_m	φ_m	h_m	x_m
Lufteintritt (Kühleraustritt)	E	ϑ_e	φ_e	h_e	x_e

Ist ferner:

$\dot{V}$ = gesamter Luftvolumenstrom m³/h
$\dot{V}_a$ = Außenluftvolumenstrom m³/h
$w = \dot{V} \cdot \varrho \cdot \Delta x$ = Wasseraufnahme der Luft im Raum in kg/h, wenn x in g/kg,

so ist die stündlich abzuführende Wassermenge

$$W = \dot{V}_a \cdot \varrho\,(x_a - x_r) + w = \dot{V} \cdot \varrho\,(x_m - x_e) \text{ in g/h}$$

und die Kühlleistung

$$\dot{Q} = \dot{V}_s \cdot \varrho\,(h_m - h_e) \text{ in kW (kJ/s)}$$

Der Luftvolumenstrom $\dot{V}$ ist im allgemeinen frei wählbar. Je größer $\dot{V}$, desto kleiner Δx und desto höher die zulässige Wassertemperatur. Die erforderlichen Wasserein- und -austrittstemperaturen ergeben sich aus der Kühlerberechnung. Die Temperatur des Kühlwassers muß tiefer sein als der Taupunkt der in den Raum eintretenden Luft mit dem Wassergehalt $x_e = x_r - \Delta x$. Bei geringer Wassererwärmung, z. B. Naßluftkühlern ($\Delta\vartheta_w$ = 2 bis 3 K), erhält man die erforderliche Lufteintrittstemperatur ϑ_e (Kühleraustrittstemperatur) annähernd als Schnittpunkt E der x_e-Linie mit der Verbindungslinie von M zum Zustandspunkt gesättigter Luft von Wasseraustrittstemperatur (Punkt W); bei größerer Wassererwärmung, wie sie bei Oberflächenkühlern meist angewandt wird, ist eine genaue Kühlerberechnung vorzunehmen (siehe Abschnitt 3.3.2-3.3).

Eine Abkühlung der Luft bis unterhalb des Taupunktes ist bei den Oberflächenkühlern zur Trocknung nicht unbedingt erforderlich (siehe Abschnitt 3.3.4-2.1).

Beispiel:

In einem Raum von 100 m³ Inhalt soll ein Luftzustand von 25 °C/40% aufrechterhalten werden. Stündlich abgegebene Wassermenge w = 1,5 kg/h = 1500 g/h, Außenluftanteil 20%, keine Wärmequellen. Man berechne die Kühlerdaten, die erforderlichen Wassertemperaturen und die Nacherwärmerleistung. Außenluft 32 °C/40% rel. Feuchte.

Luftvolumenstrom gewählt: $\dot{V}$ = 850 m³/h

Wasseraufnahme im Raum: $$\Delta x = \frac{w}{\dot{V} \cdot \varrho} = \frac{1500}{850 \cdot 1{,}20} \approx 1{,}5 \text{ g/kg}$$

Dabei erforderlicher Wassergehalt der in den Raum eintretenden Luft x_e = 8,0 – 1,5 = 6,5 g/kg.

Wasseraustrittstemperatur ϑ_{wa} gewählt zu 6 °C (Punkt W).

Luftzustand	Zustandspunkt im Bild 3.5.5-1	Temp. ϑ °C	Rel. F. φ %	Wärmeinhalt h kJ/kg	Wassergehalt x g/kg tr. Luft
Raumluft	R	25	40	45,4	8,0
Außenluft	A	32	40	63,0	12,1
Mischluft	M	26,4	–	48,9	8,8
Lufteintritt (Kühleraustritt)	E	10,9	–	27,4	6,5

Die Verbindungslinie *MW* schneidet die Linie $x_e = 6{,}5$ in Punkt *E* mit dem Wärmeinhalt h_e= 27,4 kJ/kg und der Temperatur

$\vartheta_e = 10{,}9\,°C$.

Kühlleistung: $\dot{Q} = V_s \cdot \varrho\,(h_m - h_e) = 0{,}236 \cdot 1{,}2\,(48{,}9 - 27{,}4) = 6{,}1$ kW.

Wassereintritt: $\vartheta_{we} = 3\,°C$ (angenommen)

Wasseraustritt $\vartheta_{wa} = 6\,°C$

$$\text{Wasserverbrauch } W = \frac{\dot{Q}}{(\vartheta_{wa} - \vartheta_{we}) \cdot c} = \frac{6{,}1}{3 \cdot 4{,}2} = 0{,}5 \text{ kg/s} = 1{,}8 \text{ m}^3\text{/h}$$

Nacherwärmer:

Lufteintritt $\vartheta_e = 10{,}9\,°C$

Luftaustritt $\vartheta_a = 25\,°C$

Heizleistung $\dot{Q} = 0{,}236 \cdot 1{,}2 \cdot 1{,}0\,(25 - 10{,}9) = 4{,}0$ kW.

-2 Adsorptionsmethode

Bei der Adsorption mittels Kieselgel wird die zu trocknende Luft durch eine Schicht Kieselgel gefördert, die den Wasserdampf zum größten Teil adsorbiert. Die adsorbierte Wasserdampfmenge hängt von einer großen Zahl von Faktoren ab, insbesondere Lufttemperatur und Dampfdruck. Mittlere Werte siehe Bild 3.3.4-21. Die Luft erwärmt sich adiabat beim Durchgang durch das Gel infolge Aufnahme der Kondensationswärme. Mittlere Erwärmung etwa 2,5 K je g/kg Luft. Ist $w = \dot{V} \cdot \varrho \cdot \Delta x$ die Wasserdampfaufnahme der Luft im Raum, so ist die gesamte Trocknungsleistung des Adsorbers

$$W = \dot{V}_a \cdot \varrho \cdot (x_a - x_r) + w = L \cdot (x_m - x_{aa})$$

x_{aa}= Wasserdampfgehalt der Luft beim Adsorberaustritt in g/kg (≈ 1 bis 3 g/kg).

Die Kühlleistung, die zur Abkühlung der aus dem Adsorber austretenden Luft erforderlich ist, beträgt, wenn keine Wärmequellen im Raum vorhanden sind:

$$\dot{Q} = V_s \cdot \varrho \cdot c\,(\vartheta_{aa} - \vartheta_r) \text{ in kW.}$$

ϑ_{aa}= Temperatur der Luft beim Adsorberaustritt °C.

Beispiel:

Daten wie unter -1. Gefragt ist nach dem erforderlichen Luftvolumenstrom und der Kühlerleistung bei Umluftbetrieb.

Luftzustand	ϑ °C	φ %	*h* kJ/kg	*x* g/kg tr. Luft
Raumluft	25	40	45,4	8,0
Adsorber Austritt	38,7	–	–	2,5

Zu adsorbierende Wassermenge *w*= 1,5 kg/h

Erforderliche Luftmenge

bei $x_{aa} = 2{,}5$ g/kg $\quad \dot{V} \cdot \varrho = \frac{w}{\Delta x} = \frac{w}{x_r - x_{aa}} = \frac{1500}{8{,}0 - 2{,}5} = 273 \text{ kg/h} = 0{,}076 \text{ kg/s}$

Lufterwärmung im Gel $\quad \Delta\vartheta = \frac{1{,}5 \cdot r}{273} = \frac{1{,}5 \cdot 2500}{273} = 13{,}7$ K

Lufttemp. Adsorberaustritt $\quad \vartheta_{aa} = 13{,}7 + 25 = 38{,}7\,°C$

Kühlerleistung $\quad \dot{Q} = \dot{V} \cdot \varrho \cdot c\,(\vartheta_{aa} - \vartheta_r) = 0{,}076 \cdot 1{,}2 \cdot 1{,}0 \cdot 13{,}7 = 1{,}25$ kW.

3.5.6 Klimaanlagen

In den Klimaanlagen treten im allgemeinen alle vorgenannten Luftzustandsänderungen ein, sowohl Erwärmung wie Kühlung als Befeuchtung und Entfeuchtung der Luft (4 thermodynamische Behandlungsstufen). Daher gelangen bei der Berechnung der Klimaanlagen auch alle zuvor beschriebenen Berechnungsmethoden in verschiedenen Kombinationen zur Verwendung. Es empfiehlt sich, die Rechnung getrennt für Sommer- und Winterbetrieb durchzuführen, wobei die verschiedenen Luftzustandsdaten zweckmäßigerweise in je einer Tafel zusammengestellt werden.

-1 Sommerbetrieb

Luftzustandsbezeichnungen beim Sommerbetrieb (Bild 3.5.6-1)

Luftzustand	Luftzustands-punkt im h,x-Diagramm	Temp. ϑ °C	Rel. F. φ %	Wärme-inhalt h kJ/kg	Wasser-gehalt x g/kg tr. Luft
Raumluft	R	t_r	φ_r	h_r	x_r
Taupunkt	T	t_t	φ_t	h_t	x_t
Außenluft	A_s	t_{a_s}	φ_{a_s}	h_{a_s}	x_{a_s}
Mischluft	M_s	t_{m_s}	φ_{m_s}	h_{m_s}	x_{m_s}
Lufteintritt Raum	E_s	t_{e_s}	φ_{e_s}	h_{e_s}	x_{e_s}
Kühleraustritt	K	t_{Ka}	φ_{Ka}	h_{Ka}	x_{Ka}

-1.1 Kühllast

Man berechne zunächst die trockene Kühllast des Raumes, bezogen auf 1 m³ des Rauminhalts I_R.

Kühllast $\dot{q}_K = \Sigma\dot{q}$ in W/m³

$\dot{q}_M$ = von Menschen abgegebene fühlbare Wärme
$\dot{q}_N$ = von Maschinen abgegebene fühlbare Wärme
$\dot{q}_W$ = Sommertransmissionswärme durch Wände und Dächer
$\dot{q}_s$ = Sonnenwärme durch Fenster
$\dot{q}_B$ = Beleuchtungswärme
$\dot{q}_R$ = sonstige Wärmequellen

-1.2 Trocknungslast

$\dot{q}_x$ = die im Raum von der Luft aufgenommene Wassermenge g/m³h
$\dot{q}_{xM}$ = von Menschen abgegebene Wasserdampfmenge
$\dot{q}_{xN}$ = von Wasserbehältern, Maschinen usw. abgegebene Wasserdampfmenge.

-1.3 Luftvolumenstrom

Der im Sommerbetrieb erforderliche Volumenstrom $\dot{V}_s$ (m³/s) ergibt sich aus der Beziehung

$$\text{Volumenstrom } \dot{V}_s = \frac{\dot{Q}_K}{c \cdot \varrho \cdot \Delta\vartheta_s} \text{ in m}^3/\text{s} \qquad (\dot{Q}_K \text{ in kW})$$

$$\text{Luftwechsel } \beta = \frac{3{,}6 \cdot \dot{q}_K}{c \cdot \varrho \cdot \Delta\vartheta_s} \text{ in } h^{-1} \qquad (\dot{q}_K \text{ in W/m}^3)$$

Dabei ist entweder der Luftwechsel β oder die Untertemperatur $\Delta\vartheta_s$ der in den Raum eintretenden Luft zu wählen.

-1.4 Lufteintrittszustand

Der Lufteintrittszustand für den Raum ist durch die Untertemperatur $\Delta\vartheta_s$ und die Unterfeuchte $\Delta x = \Sigma\dot{q}_x/\varrho l$ festgelegt (Punkt E_s in Bild 3.5.6-1).

-1.5 Kühlleistung

Der Lufteintrittszustand des Kühlers ergibt sich aus der Mischung von Außenluft und Umluft, während der Luftaustrittszustand durch Abschn. -1.4 berechnet war. Die erforderliche Kühlleistung des Kühlers ist daher

$\dot{Q}_{Kü} = \dot{V}_s \cdot \varrho\ (h_{m_s} - h_{e_s})$ in kW (kJ/s).

Diese Rechnung ist jedoch nur richtig, wenn der Lufteintrittszustand E_s durch den Kühler tatsächlich erreichbar ist. In vielen Fällen, namentlich bei geringer Raumluftfeuchte oder hoher Kühlwassertemperatur, wird dies jedoch nicht möglich sein. Dann ist es erforderlich, die Luft stärker zu kühlen und den Lufteintrittszustand entweder durch Nacherwärmung der Luft oder Beimischung ungekühlter Luft zu erreichen. Auch die Wahl eines anderen Luftwechsels ist manchmal angebracht. Im Diagramm, Bild 3.5.6-1, ist Nacherwärmung angenommen, wobei die Kühlleistung $\dot{Q}_{Kü} = \dot{V}_s \cdot \varrho\ (h_{m_s} - h_{Ka})$ in kW ist.

-1.6 Wasserverbrauch

Die Wassertemperatur und der Wasserverbrauch des Kühlers sind wie folgt zu bestimmen:

Bei *Naßluftkühlern* ist die erforderliche Wasseraustrittstemperatur des Kühlers annähernd durch den Punkt gegeben, in dem die verlängerte (M_s–K)-Gerade die Sättigungslinie schneidet (s. a. Abschn. 3.3.4-1).

Bei *Oberflächenkühlern* und *Verdampfern* muß die erforderliche Wassereintrittstemperatur mindestens 2 bis 3 K unterhalb des Taupunktes der Luftaustrittstemperatur liegen. Berechnung der Abmessungen des Kühlers siehe Abschnitt 3.3.2-3.

-1.7 Nacherwärmung

Heizleistung $\dot{Q}_N = \dot{V}_s \cdot \varrho \cdot (h_{e_s} - h_{Ka}) = \dot{V}_s \cdot \varrho \cdot c\ (\vartheta_{e_s} - \vartheta_{Ka})$ in kW.

-2 Winterbetrieb

Luftzustandsbezeichnungen beim Winterbetrieb (Bild 3.5.6-1)

Luftzustand	Luftzustandspunkt im h,x-Diagramm	Temp. ϑ °C	Rel. F. φ %	Wärmeinhalt h kJ/kg	Wassergehalt x g/kg tr. Luft
Raumluft	R	ϑ_r	φ_r	h_r	x_r
Taupunkt	T	ϑ_t	φ_t	h_t	x_t
Außenluft	A_w	ϑ_{a_w}	φ_{a_w}	h_a	x_{a_w}
Mischluft	M_w	ϑ_{m_w}	φ_{m_w}	h_{m_w}	x_{m_w}
Naßkugeltemperatur der Mischluft	O	ϑ_o	φ_o	h_o	x_o
Vorerwärmeraustritt	V	ϑ_v	φ_v	h_v	x_v
Naßkugeltemperatur hinter Vorerwärmer	N	ϑ_n	φ_n	h_n	x_n
Befeuchteraustritt	B	ϑ_b	φ_b	h_b	x_b
Lufteintritt Raum	E_w	ϑ_{e_w}	φ_{e_w}	h_{e_w}	x_{e_w}

-2.1 Heizlast

Man berechne zunächst die Heizlast $\dot{q}_H$, die im allgemeinen gleich der Winterwärmetransmission $\dot{q}_{tr}$ ist. Die Wärmequellen im Raum sind dabei gleich Null angenommen, da der Raum auch ohne Wärmequellen die vorgeschriebene Temperatur haben soll. Damit ergibt sich die Übertemperatur der in den Raum eintretenden Luft

$$\Delta\vartheta_w = \frac{3{,}6 \cdot \dot{q}_{tr}}{\beta \cdot c \cdot \varrho} \text{ in K.}$$

-2.2 Befeuchtungslast

Diese ist im allgemeinen gleich Null zu setzen. Nur bei Räumen, in denen stark hygroskopische Ware verarbeitet wird, ist $\dot{q}_x$ aus der Wasseraufnahme der Ware zu berechnen.

-2.3 Lufteintritt

Die Lufteintrittstemperatur für den Raum ist durch die Übertemperatur $\Delta\vartheta_w$ bei $\Delta_x = 0$ festgelegt (Punkt E_w im h, x-Diagramm):

Lufteintrittstemperatur $\vartheta_{e_w} = \vartheta_r + \Delta\vartheta_w$.

-2.4 Befeuchtung

Die im Befeuchter zu verdunstende Wassermenge ist $W = \dot{V} \cdot \varrho\ (x_t - x_{m_w})$. Je nach der Größe von x_{m_w} und dem Befeuchtungswirkungsgrad η_b ist jetzt festzustellen, um wieviel die Luft vor Eintritt in den Befeuchter vorzuwärmen ist.

$$\text{Befeuchtungswirkungsgrad } \eta_b = \frac{x_t - x_v}{x_n - x_v} = \frac{VB}{VN}.$$

Bei gegebenen η_b ermittelt sich hieraus entweder durch Probieren oder einfacher graphisch im h, x-Diagramm die erforderliche Vorerwärmung von h_{m_w} auf h_v.
Vorerwärmer-Heizleistung $\dot{Q}_o = \dot{V}_s \cdot \varrho\ (h_v - h_{m_w}) = \dot{V}_s \cdot \varrho \cdot c\ (\vartheta_v - \vartheta_{m_w})$ in kW. Statt des Luftgemisches kann auch die Außenluft allein vorerwärmt werden.

-2.5 Nacherwärmung

Die Lufteintrittstemperatur des Nacherwärmers ist durch den Schnittpunkt der VN-Geraden mit der Senkrechten durch den Raumluftzustand gegeben (Punkt B).

Heizleistung $\dot{Q}_N = \dot{V}_s \cdot \varrho \cdot c\ (\vartheta_{e_w} - \vartheta_b)$ in kW.

Beispiel:

Es soll die Klimaanlage für einen fensterlosen Prüfraum von $V_R = 300\ \text{m}^3$ Rauminhalt berechnet werden, in dem Winter und Sommer dauernd eine Lufttemperatur von 20°C bei 50% rel. Feuchte aufrechterhalten werden soll.

Gegeben:

Zahl der Personen		10
Maschinenleistung		3 kW (Motorwirkungsgrad $\eta_m = 0{,}8$; Gleichzeitigkeitsfaktor 0,64)
Transmissionswärme	im Winter	$\dot{q}_{tr_w} = 23{,}3\ \text{W/m}^3$
	im Sommer	$\dot{q}_{tr_s} = 4{,}5\ \text{W/m}^3$
Wasserdampfabgabe	im Raum	$w = 1{,}2$ kg/h
Außenluftanteil		25%

Bauart der Klimaanlage nach Bild 3.5.6-1, bestehend aus Mischkammer, Vorerwärmer, Oberflächenkühler, Befeuchter, Nacherwärmer, Ventilator, Regelung.

Sommerbetrieb

1. *Trockene Kühllast* $\dot{q}_K$

Menschliche Wärme	$\dot{q}_M = \dfrac{10 \cdot 93}{300}$	$= 3{,}1\ \text{W/m}^3$
Maschinenwärme	$\dot{q}_N = \dfrac{3000 \cdot 0{,}64}{0,(8 \cdot 300)}$	$= 8\ \text{W/m}^3$
Transmissionswärme	$\dot{q}_{tr_s} =$	$= 4{,}5\ \text{W/m}^3$
Ventilatorleistung	$\dot{q}_{Lü} = \dfrac{\beta \cdot \Delta p_t}{3600 \cdot \eta} = \dfrac{10 \cdot 600}{3600 \cdot 0{,}75}$ (${\Delta p_t}$ und β geschätzt, ebenso η.)	$= 2{,}2\ \text{W/m}^3$
Kühllast	$\dot{q}_K = 17{,}8\ \text{W/m}^3$	

2. *Trockungslast* $\dot{q}_x$

Feuchteabgabe der Menschen	$\dot{q}_{xM} = \frac{10 \cdot 40}{300}$	= 1,33 g/m³h
Feuchtequellen im Raum	$\dot{q}_{xN} = \frac{1200}{300}$	= 4,0 g/m³h
Feuchte Kühllast	$\dot{q}_x$	= 5,33 g/m³h

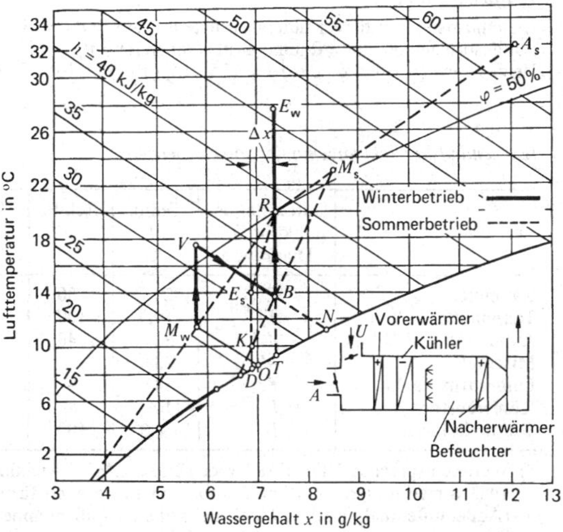

Bild 3.5.6-1.
h,x-Diagramm zum Berechnungsbeispiel einer Klimaanlage.

3. *Volumenstrom*

Bei einer Untertemperatur der eintretenden Luft von $\Delta\vartheta_s = 6$ K ist der erforderliche Luftwechsel

$$= \frac{3{,}6 \cdot \dot{q}_K}{c \cdot \varrho \cdot \Delta\vartheta_s} = \frac{3{,}6 \cdot 17{,}8}{1 \cdot 1{,}2 \cdot 6} = 9\text{fach je Stunde}$$

Luftmenge $\dot{V} = 9 \cdot 300 = 2700$ m³/h = 0,75 m³/s.

4. *Lufteintritt*

$\Delta\vartheta_s = 6$ K

$$\Delta x = \frac{\dot{q}_K}{1{,}20 \cdot \beta} = \frac{5{,}33}{1{,}20 \cdot 9} = 0{,}5 \text{ g/kg.}$$

Daraus ergibt sich der Lufteintrittszustand Punkt E_s:

Lufteintrittstemperatur $\vartheta_{es} = 20 - 6 = 14$ °C
Lufteintrittsfeuchte $x_{es} = 7{,}4 - 0{,}5 = 6{,}9$ g/kg.

5. *Kühler*

Da dieser Luftzustand nicht durch Kühlung der Luft erreicht werden kann (siehe *h,x*-Diagramm in Bild 3.5.6-1), muß die Luft tiefer gekühlt und nacherwärmt werden. Kühlung auf $\vartheta_{Ka} = 10$ °C angenommen, wobei der Wärmeinhalt $h_{Ka} = 27{,}4$ kJ/kg.

Kühlleistung

$$\dot{Q}_{Kü} = \dot{V}_s \cdot \varrho\,(h_{m_s} - h_{Ka}) = \\ = 0{,}75 \cdot 1{,}2\,(44{,}8 - 27{,}4) \\ = 15{,}7 \text{ kW.}$$

6. Wasserverbrauch

Die Wassereintrittstemperatur wird mit 4,3° unterhalb des Taupunktes der Kühleraustrittstemperatur zu 8,3 – 4,3 = 4,0 °C gewählt. Bei einer Wassererwärmung um 3 K ist der Wasserverbrauch

$$W = \frac{\dot{Q}_{Kü}}{c_w \cdot \Delta\vartheta} = \frac{15{,}7}{4{,}2 \cdot 3} \quad \frac{\text{kJ} \cdot \text{kg} \cdot \text{K}}{\text{s} \cdot \text{kJ} \cdot \text{K}} = 1{,}25 \text{ kg/s} = 4500 \text{ kg/h}.$$

Der Kühler selbst ist nach den Angaben in Abschnitt 3.3.2-3 zu berechnen. Bei Kühlung und Entfeuchtung mittels *Kältemaschine* mit direkter Verdampfung müßte die Oberflächentemperatur des Verdampfers bei 7 °C liegen.

7. Nacherwärmung

Lufteintrittstemperatur = Kühleraustrittstemperatur = ϑ_{Ka} = 10 °C
Luftaustrittstemperatur = Raumeintrittstemperatur = ϑ_{e_s} = 14 °C
Heizleistung $\dot{Q}_N = \dot{V}_s \cdot \varrho \cdot c \cdot \Delta\vartheta = 0{,}75 \cdot 1{,}2 \cdot 1 \cdot (14 - 10) = 3{,}60$ kW.

Luftzustandsbezeichnungen beim Sommerbetrieb

Luftzustand	Luftzustandspunkt im h, x-Diagramm	Temp. ϑ °C	Rel. F. φ %	Wärmeinhalt h kJ/kg	Wassergehalt x g/kg tr. Luft
Raumluft	R	20	50	38,7	7,4
Taupunkt	T	9,3	100	27,9	7,4
Außenluft*)	A_s	32	40	63,0	12,1
Mischluft	M_s	23	–	44,8	8,5
Lufteintritt Raum	E_s	14	–	31,3	6,9
Kühleraustritt	K	10	–	27,4	6,9
Taupunkt hierzu	D	8,3	100	25,7	6,9

*) Werte entsprechen VDI 2078. Aber gemäß AMEV-Richtlinie ***RLT-Anlagen-Bau***, 1983 dimensioniert man bei Bürobauten heute auch für $\vartheta_{aS} = 26$ °C, $\varphi_{aS} = 50\%$ (Außenluftenthalpie 52,5 kJ/kg). Bei höheren Außentemperaturen steigt dann die Raumlufttemperatur ***(abgebrochene Kühlung)***.

Winterbetrieb

1. Heizlast ist nur die Wärmetransmission $\dot{q}_{tr_w}$.

Hieraus die Übertemperatur $\Delta\vartheta_w$ der in den Raum eintretenden Luft:

$$\Delta\vartheta_w = \frac{3{,}6 \cdot \dot{q}_{tr_w}}{\beta \cdot \varrho \cdot c} = \frac{3{,}6 \cdot 23{,}3}{9 \cdot 1{,}2 \cdot 1} = 7{,}8 \text{ K}$$

2. Befeuchtungslast $\dot{q}_x = 0$.

3. Lufteintritt $\Delta\vartheta_w = 7{,}8$ °C
$\Delta x = 0$.

Daraus ergibt sich der Lufteintrittszustand

$\vartheta_{e_W} = \vartheta_r + \Delta\vartheta_w = 20 + 7{,}8 = 27{,}8$ °C.

4. Befeuchtung. Zu verdunstende Wassermenge

$W = \dot{V} \cdot \varrho\,(x_t - x_{m_W}) = 2700 \cdot 1{,}2\,(7{,}4 - 5{,}8) = 5200$ g/h.

Befeuchtungswirkungsgrad eines Luftwäschers mit einer Düsenreihe in Luftrichtung spritzend, angenommen zu $\eta_b = 65\%$.

Vorerwärmung von $\vartheta_{m_W} = 11{,}2$ auf 17,5 °C (durch Probieren zu ermitteln oder graphisch aus h, x-Diagramm in Bild 3.5.6-1).

Nachrechnung des Befeuchtungswirkungsgrades:

$$\eta_b = \frac{x_t - x_v}{x_n - x_v} = \frac{7{,}4 - 5{,}8}{8{,}4 - 5{,}8} \approx 0{,}65.$$

Vorerwärmer-Heizleistung

$$\dot{Q}_v = \dot{V}_s \cdot \varrho \cdot c\,(\vartheta_v - \vartheta_m)$$
$$= 0{,}75 \cdot 1{,}2 \cdot 1\,(17{,}5 - 11{,}2)$$
$$= 5{,}70 \text{ kW}$$

5. Nacherwärmer

Lufteintrittstemperatur $\vartheta_{ne} = \vartheta_b = 13{,}5\,°C$

Luftaustrittstemperatur $\vartheta_{na} = \vartheta_{ew} = 27{,}8\,°C$

Heizleistung $\dot{Q}_n = 0{,}75 \cdot 1{,}2 \cdot 1\,(27{,}8 - 13{,}5) = 12{,}8$ kW.

Luftzustandsbezeichnungen beim Winterbetrieb

Luftzustand	Luftzustands-punkt im h,x-Diagramm	Temp. ϑ °C	Rel. F. φ %	Wärme-inhalt h kJ/kg	Wasser-gehalt x g/kg tr. Luft
Raumluft	R	20	50	38,7	7,4
Taupunkt	T	9,3	100	27,9	7,4
Außenluft	A_w	– 15	100	– 12,5	1,0
Mischluft	M_w	11,2	–	25,9	5,8
Naßkugeltemperatur der Mischluft	O	8,4	100	25,9	6,9
Vorerwärmeraustritt	V	17,5	–	32,2	5,8
Naßkugeltemperatur hinter Vorerwärmer	N	11,3	100	32,2	8,4
Befeuchteraustritt	B	13,5	–	32,2	7,4
Lufteintritt Raum	E_w	27,8	–	46,7	7,4

Regelung

Thermostat T im Raum steuert bei fallender Temperatur den Nacherwärmer, bei steigender Temperatur den Oberflächenkühler, Hygrostat H im Raum steuert bei fallender Feuchte gleichzeitig oder nacheinander den Befeuchter und Vorerwärmer, bei steigender Feuchte den Oberflächenkühler bzw. die Kältemaschine.

3.6 Ausführung der Lüftung in verschiedenen Gebäude- und Raumarten

3.6.1 Technische und bauliche Entscheidungen

-1 Allgemeines

Lüftung von Räumen hat im allgemeinen zum Ziel, behagliche Klimaverhältnisse für die sich dort aufhaltenden Personen zu schaffen. Falls in den Räumen keine übermäßige Verschlechterung der Raumluft vorliegt, z.B. durch

- Luftverunreinigungen (Geruchs- und Schadstoffe),
- Wärmelasten (Kühllast aus Sonneneinstrahlung, Maschinen, Personen),
- sonstige Lasten (z.B. Wäscherei- oder Küchenwrasen),

kann Freie Lüftung ausreichend sein. Der Luftaustausch erfolgt dabei durch Wind und/oder natürlichen Auftrieb infolge der Temperaturdifferenz innen/außen. Wegen der veränderlichen Witterungsverhältnisse unterliegt die Wirkung der Freien Lüftung erheblichen Schwankungen. Voraussetzung für die Anwendung einer Freien Lüftung ist außerdem, daß die äußeren Umweltbedingungen wie Geräusche (z.B. Verkehrslärm, Fluglärm), Gerüche u.ä. nicht dagegensprechen.

Mechanische Lüftungsanlagen, d.h. Raumlufttechnische Anlagen im Sinne der DIN 1946 T1 (10.88) werden erforderlich, wenn ein Raumklima sicherzustellen ist, bei welchem maximal zulässige Abweichungen (Toleranzen) für die Raumtemperatur und/oder die Raumluftfeuchte vereinbart und zugesichert werden.

Zur Lösung des Lüftungsproblems sollte der Architekt rechtzeitig einen Fachingenieur zu Rate ziehen. Zu spät oder gar nachträglich eingeplante Raumlufttechnische (RLT-)Anlagen sind in der Regel nicht nur weniger wirksam, sondern auch teurer, und zwar in ihren Herstellungs-, insbesondere aber in ihren Betriebskosten.

Raumlufttechnische Anlagen sollten – von Ausnahmen abgesehen – immer mit Einrichtungen zur Wärmerückgewinnung ausgestattet werden. Hierzu siehe auch Energieeinsparverordnung (s. Abschnitt 6.1.5 und insbesondere Abschnitt 6.1.5-2.4.5). Zur Wirtschaftlichkeit von Wärmerückgewinnungsanlagen siehe VDI 2071.

Bei höheren Ansprüchen an die Raumluftqualität, beim Einsatz von wärmeabgebenden Büromaschinen (Personal-Computer) oder bei zu hohem Verkehrslärm außen können RLT-Anlagen notwendig werden. Deren Luftaufbereitungszentralen und Luftverteilsysteme (Schächte, Höhen in abgehängten Decken) haben wesentlichen Einfluß auf die Konstruktion und den Energiehaushalt des Gebäudes, so daß hier eine besonders frühzeitige Hinzuziehung des Fachingenieurs erforderlich ist.

Noch mehr trifft dies zu bei industriellen Klimaanlagen für verfahrenstechnische Zwecke, bei denen oft sowohl Temperatur als auch Feuchte in engen Grenzen zu gewährleisten sind.

Zur Vermeidung hoher Investitions- und Betriebskosten von RLT-Anlagen ist bereits bei den ersten Planungsüberlegungen deren Wirtschaftlichkeit zu berücksichtigen, wobei folgende Gesichtspunkte zu beachten sind (zu bauphysikalischen Zusammenhänge s. Abschn, 1.12):

- Wärmedämmung des Gebäudes – mindestens gemäß Forderungen der z.Z. geltenden Wärmeschutzverordnung;
- Guter, beweglicher Sonnenschutz;
- Optimierung der Fenstergröße (siehe DIN 4108 T2 Abschnitt 7);
- Wärmerückgewinnung mit Optimierung der Auslegung;
- Optimierung der Regelung;
- Sorgfältige Betriebsführung und Wartung;
- Rechtzeitig disponierte Reparaturen.

Der Einfluß des Wärmespeichervermögens wird häufig diskutiert. Es sind zwei Wirkungsfälle zu unterscheiden: Sommer und Winter.

Im Sommer bezieht sich die Verringerung der Kühllast hauptsächlich auf den „nicht eingeschwungenen“ Zustand, d.h. auf die Übergangszeit, in der mit einer länger andauernden Hitzeperiode nicht zu rechnen ist, bzw. auf den Beginn einer Hitzeperiode. Nach dem Hochschwingen der Temperatur der Bauwerksmassen während einer mehrtägigen Wärmeperiode (Hochsommer) ist der Effekt der Kühllastminderung, insbesondere bei Freier Lüftung, nur noch gering.

Im Winter bewirkt ein höheres Speichervermögen eine geringe Einsparung des Wärmeverbrauches durch Nacht- und Wochenendabsenkung. Demgegenüber ergeben sich bei Gebäuden mit niedriger Speicherfähigkeit (kleine Gebäudekonstante) entsprechend hohe Werte für Wärmeeinsparungen infolge Nacht- bzw. Wochenendabsenkung.

Die Fenster sollen groß sein, einen kleinen k-Wert (Wärmedurchgangskoeffizient) sowie einen großen g-Wert (Gesamtenergiedurchlaßgrad der Verglasung) aufweisen und mit beweglichem Sonnenschutz ausgestattet sein[1]), s.a. Bild 3.6.3-13.

Gelegentlich sind Architekt und Klimaingenieur unterschiedlicher Ansicht, so daß anerkannte Richtlinien zu Rate zu ziehen sind.

Bei großen und besonders komplexen Gebäuden bzw. Anlagen sollen systemvergleichende Betriebskosten- und Wirtschaftlichkeitsberechnungen durchgeführt werden.

Die wichtigste Norm betreffend Raumlufttechnische Anlagen ist die DIN 1946 „Raumlufttechnik“ (VDI-Lüftungsregeln). Zur Zeit gibt es folgende Teile:

- DIN 1946 T1 (10.88) Terminologie und graphische Symbole
- DIN 1946 T2 (01.94) Gesundheitstechnische Anforderungen
- DIN 1946 T3 (06.62) Lüftung von Fahrzeugen
- DIN 1946 T4 (03.99) Raumlufttechnische Anlagen in Krankenhäusern
- DIN 1946 T6 (10.98) Lüftung von Wohnungen; Anforderungen, Ausführung, Prüfung
- DIN 1946 T7 (06.92) Raumlufttechnische Anlagen in Laboratorien

Eine ganze Reihe von VDI-Richtlinien behandelt ebenfalls Raumlufttechnische Anlagen. Hier eine auszugsweise Aufzählung:

- VDI 2052 (06.99) Raumlufttechnische Anlagen für Küchen
- VDI 2054 (09.94) Raumlufttechnische Anlagen für Datenverarbeitung
- VDI 2082 (07.00) Raumlufttechnik für Geschäftshäuser und Verkaufsstätten
- VDI 2088 (11.92) Lüftungsanlagen für Wohnungen
- VDI 2089 (07.94) Blatt 1: Heizung, Raumlufttechnik und Wassererwärmung in Hallenbädern

Seit der Einführung des Binnenmarktes sind auch die „Europäisch harmonisierten Normen und EG-Rechtsvorschriften“ zu beachten.

Sinngemäß das gleiche gilt für „International harmonisierte Normen“.

Außerdem sind folgende Arbeitsstätten-Richtlinien zu beachten:

- ASR 5, 10.79 Lüftung Ventilation
- ASR 6/1, 04.76 Raumtemperaturen

-2 Wahl der Lüftungsart

-2.1 Lüftungsanlagen mit zusätzlicher Luftbehandlung[2])

Einfache Be- und Entlüftungsanlagen enthalten im allgemeinen neben einem Luftfilter nur einen Lufterhitzer zur Erwärmung der Luft im Winter auf Raumtemperatur. Für bestimmte Zwecke sind folgende zusätzliche Luftbehandlungen möglich:

Luftheizung (Abschn. 2.2.2-3) läßt sich sehr häufig mit der Lüftung verbinden. Die Lufterwärmung erfolgt dabei auf höhere Werte als Raumtemperatur, um auch die Transmissionsverluste zu decken. Wenn sonst keine Einwendungen gegen die Wahl einer Luftheizung bestehen, sind kombinierte Lüftungs- und Luftheizungsanlagen zweckmäßig. Die Investitionskosten der Heizung sind dabei gering, da die Mehrkosten einer Luftheizung gegenüber einer Lüftung unbedeutend sind. Alle Luftheizungsanlagen arbeiten mit Um-

---

[1]) Hauser, G.: Bauphysik I, 1.79, S. 12/17 u. HLH 34.83, Nr. 4, 5, 6.
Gertis, K.: HLH 5.82, S. 169/173.
Hönmann, W.: FTA-Energiekongreß 82, Tagungsbericht, u. LTG Techn. Info 61.86.
Steinbach, W.: FLT-Bericht 3/1/70/86, Nov. 86.
DIN 4108 T2.

[2]) Begriffserklärungen sind in DIN 1946 T1 gegeben.

luft oder Mischluft. Wärmerückgewinnung aus Abluft ist auf Wirtschaftlichkeit zu prüfen und ggf. einzusetzen.

Für einzelne Räume sind *Lüftungstruhen* (Ventilatorkonvektoren) zweckmäßig, bei denen auch gleichzeitig eine Heizung und Raumkühlung möglich ist, wenn Kaltwasser zur Verfügung steht.

Luftkühlung (Abschn. 3.2.5) im Sommer in Komfortanlagen, insbesondere in Versammlungsräumen und bestimmten Industrieanlagen, z. B. Süßwarenbetrieben, Laboratorien, Lebensmittelfabriken usw. Hierfür ist fast immer eine Kältemaschine erforderlich, wobei die Abführung der Kondensatorwärme zu beachten ist (Kühlturm).

Für Einzelräume gibt es viele Ausführungen von *Luftkühlgeräten* (Luftkühltruhen und Luftkühlschrankgeräte) mit oder ohne Kältemaschine mit „trockener" und „nasser" Kühlung – letztere gleichzeitig mit Entfeuchtung.

Luftbefeuchtung mit Sprüh- oder Dampfbefeuchtern (Abschn. 3.2.6) wird namentlich in solchen Betrieben benötigt, die hygroskopische Stoffe verarbeiten, z. B. Textil-, Tabak- und Papierfabriken. Auch in Rechenzentren, OP-Räumen, Laboratorien und Museen ist Luftbefeuchtung vorzusehen. Der Wasserverbrauch ist bei Dampfbefeuchtung gering, bei Sprühbefeuchtern (Wäschern) wegen stetiger Abschlämmung um das 3- bis 4fache höher. Zahlreiche Ausführungen von *Befeuchtungsgeräten* sind auf dem Markt (s. a. Abschn. 3.3.4-1).

Luftentfeuchtung (Abschn. 3.2.7) ist häufig bereits mit der Kühlung verbunden. Stärkere Entfeuchtung ist nur in wenigen Spezialfällen (chemische Industrie, graphisches Gewerbe) erforderlich. Für kleine Räume gibt es bewegliche Luftentfeuchtungsgeräte mit eingebauter Kältemaschine (s. a. Abschn. 3.3.4-2).

-2.2 Klimaanlagen (s. a. Abschn. 3.2.8)

Klimaanlagen für Aufenthaltsräume

Für die verschiedenen Arten von Räumen und Gebäuden gibt es eine große Anzahl unterschiedlicher Klimasysteme. Welches System für den jeweiligen Bedarfsfall wirtschaftlich und baulich am günstigsten ist, muß von Fall zu Fall untersucht werden.

Industrie-Klimaanlagen (s. Abschn. 3.6.8-1)

Hierbei ist im Gegensatz zu den Komfortanlagen der Produktionsprozeß für den Raumluftzustand maßgebend (Tafel 3.2.8-1).

Um die *Investitions- und Betriebskosten* in wirtschaftlichen Grenzen zu halten, sollen schon bei der Planung rechtzeitig Bauherr, Architekt und Klimafachmann oder erfahrene Klimafirmen gemeinsam die beste Lösung suchen. Dabei sind bezüglich der Anlagentechnik u. a. folgende Gesichtspunkte zu beachten:

Auswahl eines günstigen Anlagen- und Regelungssystems,
Energieersparnis durch Wärmerückgewinnung oder Mehrfachverwendung der Luft,
Lage und Größe der Klimazentrale sowie deren Zugänglichkeit,
Lage und Größe des Kältemaschinenraumes und der Rückkühlanlage,
Günstige Größe und Zuordnung von Außenluftansaug- und Fortluftausblasöffnungen,
Platz für Kanäle und Steigeschächte,
Konstruktionshöhen für abgehängte Decken,
Energiesparende Beleuchtung (und Fenstergröße),
Sonnenschutz,
Schallschutz,
Brandschutz,
Genügend Zeit für Einregulierung und Unterrichtung des Wartungspersonals,
Wartungsverträge mit den Herstellerfirmen.

-3 Bautechnische Maßnahmen[1)]

-3.1 Betriebsmittel

Alle Klimaanlagen benötigen für ihren Betrieb ein Heiz- und ein Kühlmittel sowie elektrischen Strom. Bei pneumatischer Regelung muß auch Druckluft zur Verfügung stehen.

[1)] Siehe auch VDI-Lüftungsregeln, DIN 1946 T1 u. T2.
Rákóczy, T.: Ges.-Ing. 6/79. S. 185/91.

Hierfür sind rechtzeitig vom planenden Ingenieur bzw. von den Firmen für Heizungs-, Kälte-, Sanitär-, Elektro- und MSR-Technik der erforderliche Platzbedarf sowie die Leistungs- und Größenangaben dem Gebäudeplaner (i.d.R. Architekt) anzugeben.

-3.2 Raumlufttechnische Zentralen

Kleine Einzelventilatoren (Volumenstrom < 5000 m^3/h) können in einem Nebenraum u.U. untergebracht werden (Geräuschentwicklung berücksichtigen, d.h. Luft- und insbesondere Körperschall ausschalten!). Innerhalb von Gebäuden mit mehr als zwei Vollgeschossen dürfen Ventilatoren und Luftaufbereitungsanlagen nur in besonderen Räumen *(RLT-Zentralen)* aufgestellt werden, wenn die anschließenden Leitungen in mehrere Geschosse oder Brandabschnitte führen.

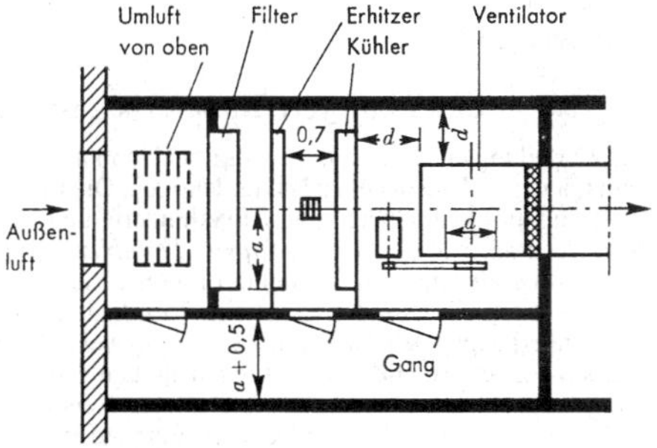

Bild 3.6.1-1. Lüftungszentrale mit bauseitigen Wänden.

Der ungefähre *Flächenbedarf* ist aus Tafel 3.6.1-2 zu entnehmen. Eine RLT-Zentrale mit bauseitigen Wänden zeigt Bild 3.6.1-1. Vorgefertigte Wandelemente s. Abschn. 3.4.2-6. Weitere Beispiele s. Abschnitt 3.4.

Tafel 3.6.1-1 Ungefährer Platzbedarf für RLT-Anlagen*)

Volumenstrom	Raumhöhe	Zuluft- und Abluftanlage			Abluft
		HKB**)	HK	H	Z
m^3/h	m	m^2	m^2	m	m^2
10000	2,5	75··· 65	60··· 50	30	20
25000	3,5	100··· 85	80··· 65	40··· 35	25
50000	4,0	140···120	110··· 90	60··· 50	40···35
75000	4,5	180···155	145···120	80··· 65	55···40
100000	5,0	220···190	180···150	100··· 80	70···50
150000	6,3	300···260	250···210	140···110	100···70

Anmerkung: Die großen Zahlen gelten, wenn nur ein Gerät im Raum steht. Bei mehreren Geräten in einem gemeinsamen Raum gelten die kleineren Zahlen für den Flächenbedarf.

*) nach VDI 3803 (11.86)
**) H = Heizen; K = Kühlen; B = Befeuchten. S. a. Abschnitt 312.

Platzbedarf für heiztechnische Versorgung s. Abschnitt 2.5.1, für Kälteversorgung s. Abschnitt 5.8.

Von Bedeutung für die Anordnung der Zentrale im Gebäude ist eine günstige Lage der Außenluftansaugung, die möglichst auf der Schattenseite des Gebäudes erfolgen soll. Abluft- und Zuluft-Kanäle sollen zweckmäßig in einem zentralen Raum nebeneinandergeführt werden, um die Wärmerückgewinnung optimal, d.h. ohne nennenswerte Zusatzkosten für Luftleitungen, durchführen zu können. Bei allen Ventilatoren, Kältemaschinen und

Pumpen ist die Übertragung von Luft- und Körperschall durch geeignete Maßnahmen zu verhindern. Ein *Entwässerungsanschluß* ist in solchen RLT-Zentralen notwendig, die mit Wasser als Heiz-, Befeuchtungs- oder Kühlmittel betrieben werden, oder wo Wasser als Kondensat anfällt. Fußbodenentwässerungen sind so anzuordnen, daß bei ausgetrocknetem Geruchverschluß keine Kanalgase von der RLT-Anlage angesaugt werden können. Der Fußboden muß wasserdicht sein. Sind mehrere Anlagen in einer Zentrale untergebracht, muß für jede dieser Anlagen der Raumbedarf ermittelt werden. Bei mehreren Geräten in einem zentralen Raum gelten die kleineren Werte in Tafel 3.6.1-1.

Beispiel:

Gemeinsame Zentrale für Zu- und Abluft mehrerer RLT-Anlagen:
1 Anlage HKB $\dot{V} = 50\,000$ m³/h .... 130 m²
2 Anlagen HK $\dot{V} = 2 \times 10\,000$ m³/h .... $2 \times 50 = 100$ m²

Gesamter Flächenbedarf: .... 230 m²
Raumhöhe: 4 m

-3.3 Luftleitungen (Kanäle) (s. a. Abschn. 3.3.5-1)

zur Verteilung der Luft sind grundsätzlich so kurz wie möglich zu halten, ohne die Wirksamkeit der Anlage dabei zu beeinträchtigen. Die Luftleitungen müssen luftdicht und innen glatt sein, um Staubablagerung zu verhindern, und aus nichtbrennbaren Baustoffen bestehen. Geeignetes Material ist *verzinktes Stahlblech.* In Industrieanlagen können Luftleitungen aus diesem Material frei in dem Raum verlegt werden. Bei Komfortanlagen wird aus architektonischen Gründen meist eine Verkleidung erforderlich. Rabitzkanäle sind – falls heute überhaupt noch angewendet – absatzweise herzustellen, damit sie innen geglättet werden können. Bei den Luftleitungen sind an geeigneten Stellen dichtschließende Reinigungsklappen vorzusehen. Bei bauseitiger Herstellung der Luftleitungen müssen Lüftungsfirma und Bauleiter die Überwachung auf richtige Bauausführung übernehmen. Ungefährer Platzbedarf von Luftleitungen in Schächten s. Tafel 3.6.1-2.

Tafel 3.6.1-2 Platzbedarf von Luftleitungen in Schächten und Trassen*)

Volumenstrom	Einkanal-Anlagen		Zweikanal-Anlagen
	Hoch-geschwindigkeit	Nieder-geschwindigkeit	Hoch-geschwindigkeit
m³/h	m²	m²	m²
10000	0,9	1,1	1,4
25000	1,6	2,0	2,5
50000	2,9	3,7	4,5
75000	4,1	5,4	6,5
100000	5,3	7,0	8,5
150000	7,8	10,4	12,0

***) nach VDI 3803 (11.86), Bild 8 – für nicht begehbare Schächte und Trassen.**

-3.4 Luftdurchlässe (s. a. Abschn. 3.3.5-4)

sind meist die einzigen Teile einer Lüftungsanlage, an denen im Raum das Vorhandensein einer Lüftung erkennbar ist. Ihre richtige Anordnung und Ausführung ist für die Wirksamkeit der Lüftung von größter Wichtigkeit, weswegen der Architekt die Vorschläge des Lüftungsingenieurs genau beachten sollte. Es gibt zahllose verschiedene Bauarten für Zuluft und Abluft wie Steggitter, Düsen, Schlitze, Luftverteiler, Gitterbänder. Lochdecken werden nur noch selten verwendet. Die richtige Wahl des Luftverteilungssystems und der Luftauslässe erfordert große Sorgfalt und Erfahrung, um Zugerscheinungen zu vermeiden.

-3.5 Steuerung, Regelung, Schalttafeln

Die Elektromotoren jeder RLT-Anlage müssen mit Hilfe einer elektrischen Steuerung betätigt werden, z. B. Motorschutzschalter, Schütz mit Drucktasten. Jede Zuluftanlage soll eine automatische Temperaturregelung haben. Schalter, Taster, Signallampen sollen auf einer Schalttafel untergebracht werden. Zweckmäßig sind ferner Fernthermometer, die die Lufttemperaturen an verschiedenen Stellen anzeigen.

Bei größeren Anlagen enthalten die Schalttafeln auch alle sonst zum Betrieb und zur Überwachung der Lüftung erforderlichen Instrumente, wie Amperemeter, Klappenstellungsanzeiger, Temperatur- und Feuchteregler, Fernmeß- und Schreibgeräte usw. Bei umfangreichen Anlagen werden zunehmend freiprogrammierbare Steuerung und Regelung über Mikroprozessoren *(DDC-Regelung)* angewandt. Bei komplexeren Objekten erfolgt der Ausbau häufig bis zur *zentralen Leittechnik* (ZLT), wodurch einwandfreie Betriebsführung, -überwachung oder Energiemanagement möglich werden (Abschnitt 3.3.7).

Kein Motor sollte ohne Überstrom- und Kurzschlußsicherung laufen. In ihrer unmittelbaren Nähe sind *Reparaturschalter* vorzusehen (Maschinenschutzgesetz).

-3.6 Montage

Hierbei ist es wichtig, daß der *Montageablauf* von der Bauleitung laufend überprüft wird, damit kein Leerlauf und keine Störungen bei der Tätigkeit der verschiedenen Gewerke entstehen. Ein *Terminplan* für alle Gewerke am Bau ist notwendig, um die Arbeiten aufeinander abzustimmen.

Nach Fertigstellung aller Teile ist der Fachfirma genügend Zeit zur Einregulierung der lufttechnischen Anlagen zu lassen, wofür bei größeren Anlagen meist mehrere Wochen erforderlich sind.

-3.7 Gebäudenutzungen

Nach Nutzung werden unterschieden: Wohngebäude / Büro- und Verwaltungsgebäude / Schulen, Bibliotheken /Krankenhäuser, Altenwohnheime, Altenheime, Pflegeheime, Entbindungs- und Säuglingsheime, Aufenthaltsgebäude in Justizvollzugsanstalten und Kasernen / Gebäude des Gaststättengewerbes / Waren- und sonstige Geschäftshäuser / Betriebsgebäude / Gebäude für Sport- und Versammlungszwecke / Gebäude mit gemischter oder ähnlicher Nutzung (s. a. Abschn. 2.5).

3.6.2 Wohngebäude

-1 Wohnungen

Ergänzungen von Dr.-Ing. Udo Peter Banck, Darmstadt

-1.1 Allgemeines

Die Systeme der Wohnungslüftung unterscheiden sich entsprechend Bild 3.6.2-1. Weiterführende Literatur siehe[1)].

Im Gegensatz zu Dänemark und Schweden, wo Wohnungslüftungssysteme mit Wärmerückgewinnung bei Neubauten zwingend vorgeschrieben sind, findet in Deutschland in Ein- und Zweifamilienhäusern vorwiegend die Lüftung durch Fensteröffnen *(Stoßlüftung)* und Fensterkippen *(Dauerlüftung)* statt. In Mehrfamilienhäusern sind in Deutschland einfache Systeme der mechanischen Wohnungslüftung (ohne Wärmerückgewinnung zur Reduzierung des Lüftungswärmebedarfs) aufgrund der Anordnung von Sanitärräumen und Küchen im Gebäudeinnern häufiger im Einsatz. Die Wohnungslüftung sichert die Durchlüftung der Räume und verhindert *Geruchsbelästigungen, Feuchtigkeitsschäden* und *Schimmelpilzbildung*. Darüber hinaus kann die Wohnungslüftung im Gebäude das allergene Potential durch z.B. Hausstaubmilben verringern und bei einer definierten Zuluftführung mit vorhergehender Filterung auch den Eintrag von Allergenen (z.B. Pollen) verhindern.

---

1) DIN 1946 T6 (10.98): Raumlufttechnische Anlagen, Lüftung von Wohnungen.
Trümper, H.: ETA 1/93 S. A 8/14.
Richter, W.: Lüftung im Wohnungsbau, VEB Verlag für das Bauwesen (1983).
BMFT-Tagungsbericht: Lüftung im Wohnungsbau, München 4.84, Verlag TÜV Rheinland.
HEA: Broschüre Wohnungslüftung mit Wärmerückgewinnung, Fachinformation I (95), Fachinformation II (04.93), Fachinformation III (96).
VEW: Wohnungslüftung mit Wärmerückgewinnung (95), System- und Anbieterübersicht (04.97).
BMBau: Wege zum Niedrigenergiehaus (1992).

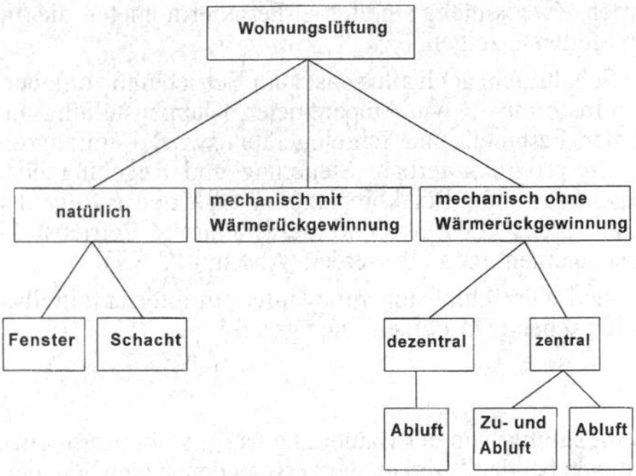

Bild 3.6.2-1. Systemübersicht Wohnungslüftung.

-1.2 Luftwechsel[1])

Die Luftverschlechterung in Wohnungen ist hauptsächlich auf Körperausdünstungen, Tabakrauch, Wasserdampf (z.B. beim Kochen und Duschen), Abort- und Küchengerüche sowie auf Ausdünstungen aus Möbeln, Baustoffen und Textilien (z.B. Formaldehyd) zurückzuführen. Erfahrungswerte[2]) für Mindestluftwechsel siehe Tafel 3.6.2-1. Unterscheidung in *Grund-* (bauphysikalisch) und *Bedarfslüftung* (hygienisch erforderlicher Luftwechsel). Bei geringer Belastung durch Feuchte-, Geruchs- und Schadstoffquellen Reduzierung des hygienisch erforderlichen Luftwechsels auf ca. 0,3 h^{-1} zur Energieeinsparung möglich.

Aus dem Mindestluftwechsel ergeben sich bei einer lichten Raumhöhe von 2,5 m die auf die Wohnfläche bezogenen spezifischen Luftmengen zwischen 1,25 m^3/m^2h und 2,5 m^3/m^2h. Für eine Wohnung mit 75 m^2 Wohnfläche beträgt damit die bauphysikalisch notwendige Luftmenge 56 m^3/h und die hygienisch erforderliche Luftmenge zwischen 94 und 188 m^3/h (in Abhängigkeit der Größe der Luftverunreinigungen).

Tafel 3.6.2-1 Hygienisch empfohlene Luftwechsel n in h^{-1}

Wohn-, Aufenthalts- und Schlafräume	innenliegende Sanitärräume*)	Küchen
0,5–1	4–6	0,5–25**)

*) Fensterbelüftete Sanitärräume wie Aufenthaltsräume, da in der Regel die anfallende Feuchtigkeit sowie Geruchsbelästigungen durch Stoßlüftung abgeführt werden.

**) Die große Schwankungsbreite des Luftwechsels ergibt sich aus dem stoßweisen Wasserdampfanfall bzw. kurzzeitiger Geruchsbelästigungen während der Nutzungszeit der Küche (s. auch Abschnitt 361-12).

-1.3 Fensterlüftung

Vor 1973 bzw. 1979 (Energiepreiskrisen, siehe auch Abschnitt 1.8) reichte bei Neu- und Umbauten die natürliche Lüftung durch die Fugen von Außenfenstern und Türen *(Fugenlüftung)* aus, den Mindestluftwechsel sicherzustellen. Lage der Wohnungen, Windrichtung und -geschwindigkeit, thermischer Auftrieb in mehrgeschossigen Gebäuden, Gebäudehöhe und -dichtheit bewirken sehr unterschiedliche Luftwechsel (etwa 0,3 – 0,7 h^{-1} und mehr). Seit der Begrenzung der Fugendurchlässigkeit von Außenfenstern und Türen durch die Wärmeschutzverordnung (1977) und deren Novellierungen (1982, 1995) wurde der Luftwechsel auf ca. 0,1 – 0,3 h^{-1} reduziert. Die aktuellen Anforderungen der Energieeinsparverordnung 2002 (EnEv 2002), welche die Fugendurchlässigkeit nach den Vorgaben der

---

[1]) Höper, F., Schramek, E.-R.: Untersuchung zu Fragen des vorbeugenden Gesundheitsschutzes bei der Auswahl und Anordnung von Raumlüftung und Raumheizung, Universität Dortmund.

[2]) Huber, G., und Wanner: GI 4/82 S. 207/210; s. auch TAB 8/83 S. 645/8.
DIN 1946 T2 (01.94): Raumlufttechnische Anlagen, Gesundheitstechnische Anforderungen.

DIN EN 12207-1 (06.2000) regelt, werden den Luftwechsel noch weiter verringern. Ohne Einrichtungen zur Wohnungslüftung ist eine ausreichende Frischluftzufuhr nur noch durch energetisch ungünstige Dauerlüftung (Kippen der Fenster) und durch kurzzeitiges Vollöffnen der Fenster (Stoßlüftung) möglich. Aus diesem Grunde wird nach DIN V 4701-10 (02.2001) mit einem energetisch wirksamen Luftwechsel von $n = 0{,}7\ h^{-1}$ gerechnet. Dieser theoretische Luftwechsel kann nur nach entsprechendem Nachweis der Dichtigkeit des Gebäudes bzw. dem einbau von Lüftungsanlagen noch weiter gesenkt werden. Die individuelle Handhabung durch die Bewohner führt zu unterschiedlichen und unkontrollierbaren Luftwechselzahlen.

	Luftwechsel [h^{-1}]
Dichte Häuser ($n_{50} \leq 3\ h^{-1}$)	0,1 – 0,3
Undichte Häuser ($n_{50} > 5\ h^{-1}$)	≤2,0
Regulierbare Lüftungseinrichtungen	0,2 – 0,8
Fenster gekippt ohne Querlüftung	0,8 – 2,5
Fenster gekippt mit Querlüftung	2 – 4
Fenster offen ohne Querlüftung	9 – 15
Fenster offen mit Querlüftung	>20

Luftwechsel in Abhängigkeit von der Fensterstellung und der Gebäudedichtigkeit

-1.4 Wohnungslüftung ohne Ventilator[1)]

Systeme *ohne Ventilator* kommen hauptsächlich bei der Belüftung innenliegender Feuchträume von Mehrfamilienhäusern zum Einsatz und arbeiten nach dem Prinzip des natürlichen Auftriebs. Um Geruchsübertragungen zu vermeiden, sind solche Systeme als Einzelschachtanlagen auszuführen. Ausnahme hiervon bilden direkt nebeneinanderliegende Toiletten und Bäder einer Wohneinheit. Bei ungünstigen Wetterlagen (Sommer) ist die Möglichkeit der Umkehrung des Luftvolumenstromes gegeben.

-1.5 Mechanische Wohnungslüftungsanlagen ohne Wärmerückgewinnung

Mechanische Wohnungslüftungssysteme ohne Wärmerückgewinnung, die den Einsatz von Ventilatoren notwendig machen, werden bis heute meist nur zur Entlüftung innenliegender Sanitärräume und in Küchen (Dunstabzugshauben) ausgeführt. Die Steuerung der Ventilatoren kann durch einen separaten Schalter oder durch den Lichtschalter mit einer eingebauten Zeitverzögerung erfolgen. Moderne Systeme können durch in den Sanitärräumen angebrachte Feuchtefühler bedarfsgerecht angesteuert werden.

Die mechanische Wohnungslüftung ohne Wärmerückgewinnung kann neben der Bedarfslüftung auch die Grundlüftung einer Wohnung übernehmen. Hierzu sind jedoch Zuluft-Ventile raumgrößenabhängig in den Außenwänden anzubringen.

-1.6 Mechanische Wohnungslüftung mit Wärmerückgewinnung

Die mechanische Wohnungslüftung mit Wärmerückgewinnung bietet neben einer definierten *Grund- und Bedarfslüftung* den Vorteil, daß der in der Abluft enthaltene Energiestrom zurückgewonnen und den *Wärmebedarfsstellen* des Gebäudes (Zuluft, Heizung, Warmwasserbereitung) zur Verfügung gestellt wird. Der Umluftbetrieb ist wegen Abort- und Küchengerüchen meist nicht möglich. Dabei muß die freie Entscheidung des Fensteröffnens bei allen Systemen mit Wärmerückgewinnung erhalten bleiben (für den Sommer-

---

[1)] DIN 18017 T 1 (02. 87): Lüftung von Bädern und Toilettenräumen ohne Außenfenster; Einzelschachtanlagen ohne Ventilator.
Bley, H.: Diss. Dortmund 1983.
Maiß, M.: Diss. Dortmund 1981.
Siehe auch Abschnitt 3.6.11-2.

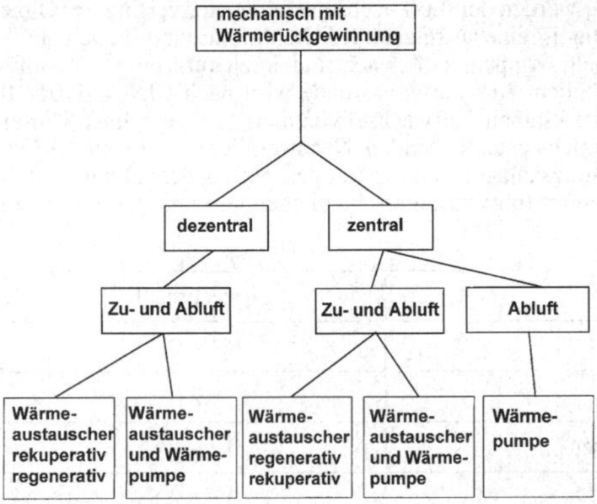

Bild 3.6.2-2. Systemübersicht Wohnungslüftung mit Wärmerückgewinnung

betrieb und ebenso für den Winterbetrieb mit starker Belastung der Wohn- und Aufenthaltsräume durch Feuchte, Wärme- oder Geruchsquellen).

-1.6.1 Wärmeaustauscher

Die einfachste Möglichkeit der Wärmerückgewinnung besteht in dem Einsatz eines Wärmeaustauschers (s. Bild 3.6.2-3, Bild 3.6.2-4), welcher der Abluft Wärme entzieht und an die Zuluft überträgt. Aufgrund der kompakten Bauweise fast ausschließlich Plattenwärmeaustauscher (Kreuzstrom oder Gegenstrom, s. Bild 3.6.2-3). Regenerative Wärmeaustauscher nur bei Einzelanlagen (Gefahr der Geruchsübertragung). Einsatzgrenze des Plattenwärmeaustauschers bei Außentemperaturen von etwa – 4 °C und einer relativen Feuchte von 35 – 40%. Tiefere Außentemperaturen können zur Eisbildung auf der Abluftseite und damit zur Unterbrechung der Luftzufuhr führen. Eine derartige Deaktivierung des Wohnungslüftungssystems wird durch Abtauheizungen oder Abtauschaltungen entgegengewirkt. In jedem Fall Anschluß an das Abwassersystem notwendig, um Kondenswasser bei der Unterschreitung des Taupunktes im Wärmeaustauscher abzuführen.

Da der Einsatz eines Plattenwärmeaustauschers zur Deckung der Heizlast nicht ausreicht und der Plattenwärmeaustauscher bei tiefen Außentemperaturen möglicherweise außer Betrieb genommen werden muß, ist die Installation einer *Zusatzheizung* notwendig. Dazu meist öl- oder gasbefeuerte, zentrale *Warmwasserheizung,* aber auch aufgrund des geringeren Restwärmebedarfs zunehmend elektrische Direktheizung. Eine weitere Möglichkeit besteht in dem Anschluß eines gasbefeuerten Heizkessels an das Wohnungslüftungssystem (s. Bild 3.6.2-5). Wärmeabgabe in einem Plattenwärmeaustauscher von den Abgasen an die Zuluft unter *Brennwertnutzung.* Unterscheidung in Wohnungslüftungssysteme mit einem Plattenwärmeaustauscher (kombinierte Abluft-/Abgasführung) und Geräte mit zwei Plattenwärmeaustauschern (getrennte Abluft-/Abgasführung).

-1.6.2 Wärmepumpen

Zur Leistungssteigerung werden Wohnungslüftungsgeräte auch mit elektrisch angetriebenen Kompressionswärmepumpen ausgerüstet (s. auch Abschnitte 2.2.2-4.6 und 5.2.1). Hierbei Unterscheidung in die mechanischen Wohnungslüftungssysteme:

Luft/Luft-Wärmepumpe

Das Wohnungslüftungsgerät ist mit einem Wärmeaustauscher und einer Kompressionswärmepumpe zur weiteren Erwärmung der Zuluft ausgerüstet (s. Bild 3.6.2-6 und Bild 3.6.2-7). Während des größten Zeitraums der Heizperiode wird durch den kombinierten Betrieb beider Wärmerückgewinnungssysteme die Heizlast alleine von dem Wohnungslüftungsgerät gedeckt. Der Betrieb der Wärmepumpe wird über einen Raumthermostaten geregelt. Nur wenn die Außentemperaturen unter etwa –5 °C sinken (ca. 20 Tage/Heizperiode), wird eine Zusatzheizung notwendig. Wegen des geringen Leistungsbedarfs in Niedrigenergiehäusern bietet sich hierfür eine elektrische Direktheizung an, wodurch eine verbrauchsabhängige Heizkostenabrechnung in Mehrfamilienhäusern wesentlich erleichtert wird. Die EVU befürchten jedoch bei verbreiteter Anwendung an kalten Tagen eine Stromspitze, denen die Kraftwerke und Netze nicht gewachsen sind. Eine angepaßte Leistungsbereitstellung wäre unwirtschaftlich. Daher werden als Zusatzheizsysteme die elektrische Nachtstromspeicherheizung und die öl- oder gasbefeuerte Warmwasserheizung verwendet. Auch eine Kombination des Wohnungslüftungsgerätes mit einer gasbefeuerten Luftheizung ist möglich.

Luft/Wasser-Wärmepumpe

Bei dem Einsatz von Luft/Wasser-Wärmepumpen wird die der Abluft entzogene Wärme an die Warmwasserheizung und/oder an das Warmwasser abgegeben. Als Zusatzheizung bei tiefen Außentemperaturen werden öl- oder gasbefeuerte Heizkessel eingesetzt. Eine weitere Form der Zusatzheizung ist durch den kombinierten Betrieb eines mechanischen Wohnungslüftungssystems mit Wärmepumpe und eines gasbefeuerten Wärmeerzeugers möglich. Bei tiefen Außentemperaturen oder erhöhter Warmwasser-Anforderung wird der Gasbrenner in Betrieb genommen, und die Heizgase im Verdampfer der Wärmepumpe werden zusätzlich unter den Taupunkt zur *Brennwertnutzung* abgekühlt (siehe Bild 3.6.2-8).

Derartige Systeme mit Wohnungslüftung und Wärmepumpe, Gaskessel und Warmwasserspeicher sind in sehr kompakter Bauform erhältlich.

-1.6.3 Bauaufsichtliche Zulassung und Übereinstimmungs-Zeichen

Neu installierte Wohnungslüftungssysteme dürfen in Deutschland nur mit einer bauaufsichtlichen Zulassung eingesetzt werden. Zur Erlangung dieser bauaufsichtlichen Zulassung werden technische und energetische Prüfungen durch öffentlich benannte Prüfstellen durchgeführt und die Zulassung durch das Deutsche Institut für Bautechnik (DIBT) erteilt.

Geräte, die über eine bauaufsichtliche Zulassung verfügen, tragen ein *Übereinstimmungszeichen* (Ü-Zeichen) indem die Prüfungsnummer eingetragen ist. Das unter dieser Nummer öffentlich erhältliche Prüfungszeugnis enthält unter anderem energetische Kennzahlen wie z.B. den Wärmebereitstellungsgrad, der nach DIN V 4701-10 (02.2001) zur Bestimmung des Jahres-Primärenergiebedarfs herangezogen wird.

-1.6.4 Energiebedarf und Leistungskennzahlen

Zum Betrieb von Wohnungslüftungssystemen mit Wärmerückgewinnung wird elektrische Energie benötigt. Zu den Energieverbrauchern in Wohnungslüftungsgeräten zählen neben den Ventilatoren (Aufnahmeleistung je nach Bauart, Volumenstrom und externer Pressung 25 - 150 W), die Wärmepumpe (400-600 W) und die für den Betrieb des Wohnungslüftungsgerätes notwendigen Randbedingungen.

Um die energetische Effizenz von Wohnungslüftungsgeräten mit Wärmerückgewinnung zu beurteilen, wurden in den vergangenen Jahren unterschiedliche Kennzahlen auf Grundlage der Anforderungen der WSchV'95 erarbeitet und eingeführt. Von diesen wurden die Primärenergieeinsparung sowie der sich daraus ergebende Abminderungsfaktor für den Lpüftungswärmebedarf durch die Verabschiedung der EnEV (2002) bzw. durch den darin enthaltenen Bezug zu den Berechnungsverfahren und Kennzahlen der DIN V 4701-10 (2001) abgelöst.

-1.6.5 Energieeinsparung

Der Transmissionsbedarf ist in den letzten Jahren durch Wärmeschutzmaßnahmen drastisch gesenkt worden, wohingegen der Lüftungswärmebedarf aus hygienischen Gründen konstant geblieben ist. Bei Gebäuden und Anlagen, die nach der EnEV 2002 geplant wurden, besitzt der Lüftungswärmebedarf etwa die gleiche Größenordnung wie der Transmissionswärmebedarf. Eine weitere Reduzierung des Gebäudewärmebedarfs zur *Primärenergieeinsparung* muß daher auch den Lüftungswärmebedarf mit einschließen. Die Untersuchung von Wohnungslüftungsgeräten mit Wärmerückgewinnung auf Prüfständen hat gezeigt, daß hochwertige Geräte in der Lage sind, je nach Bauart mehr als 30% Primärenergie bezogen auf den Lüftungswärmebedarf einzusparen.

-1.6.6 Randbedingungen

Der technisch einwandfreie und energetisch effiziente Betrieb von Wohnungslüftungssystemen mit WRG kann nur unter Einbeziehung der gesamten Lüftungsanlage als auch des gesamten Gebäudes garantiert werden. Insbesondere die *Dichtigkeit von Gebäuden* ist zu beachten. Der Luftwechsel, der durch das Wohnungslüftungsgerät garantiert wird, wird durch die Leckagen des Gebäudes überlagert. Die anzustrebenden n_{50}-Werte (Luftwechsel nach DIN EN 13829 (02.2001) bei 50 Pa Druckdifferenz) liegen für Gebäude mit raumlufttechnischen Anlagen bei 1,5 h^{-1}.

Die regelmäßige Wartung der Systeme, insbesondere Kontrolle und Reinigung der Filter und die entsprechende Auslegung der Lüftungsanlagen gemäß den geltenden Regeln der Technik ist ebenfalls notwendig.

-1.6.7 Wohnungslüftung in Mehrfamilienhäusern mit WRG

Bei Mehrfamilienhäusern ist zwischen *Zentrallüftungsanlagen* zur gesamten Gebäudeversorgung, *Einzellüftungsanlagen* zur Versorgung einzelner Wohnungseinheiten und *Raumlüftungsgeräten* zu unterscheiden. Für jede Nutzeinheit sollte die Wärmerückgewinnung getrennt erfolgen:

Zentrallüftungsanlagen (bezogen auf das gesamte Gebäude)

– dezentrale WRG wegen verbrauchsabhängiger HK-Abrechnung
– Mehrkosten und erhöhter Platzbedarf für Kanaltrassen
– Problematische Nachrüstung bei Altbaumodernisierung
– Zusatzinvestition wegen notwendiger Brandschutzmaßnahmen
– Hoher mechanischer Wirkungsgrad des Ventilators

Einzellüftungsanlagen (bezogen auf eine Wohneinheit, s. Bild 3.6.2-4)

– Problemlose verbrauchsabhängige HK-Abrechnung
– Einfache und kostengünstige Kanalführung
– Geringer mechanischer Wirkungsgrad des Ventilators

Raumlüftungsanlagen (s. Bild 3.6.2-3)

– geringer mechanischer Wirkungsgrad des Ventilators
– einfache Nachrüstung bei Altbaumodernisierung

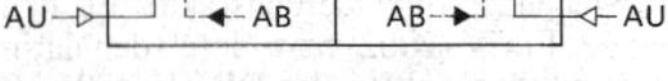

Bild 3.6.2-3. Mechanische Be- und Entlüftungsanlage für einzelne Räume mit Plattenwärmeaustauscher

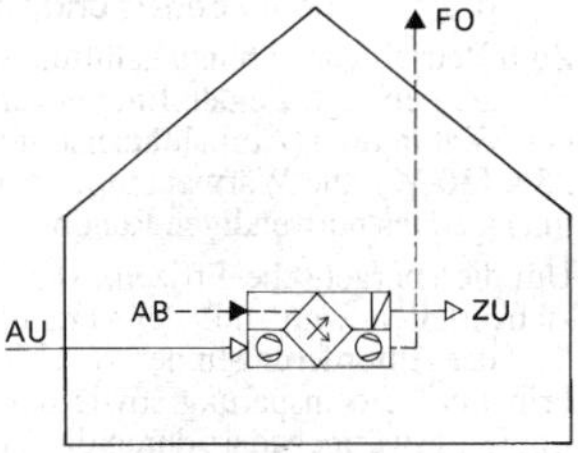

Bild 3.6.2-4. Mechanische Be- und Entlüftungsanlage mit Plattenwärmeaustauscher

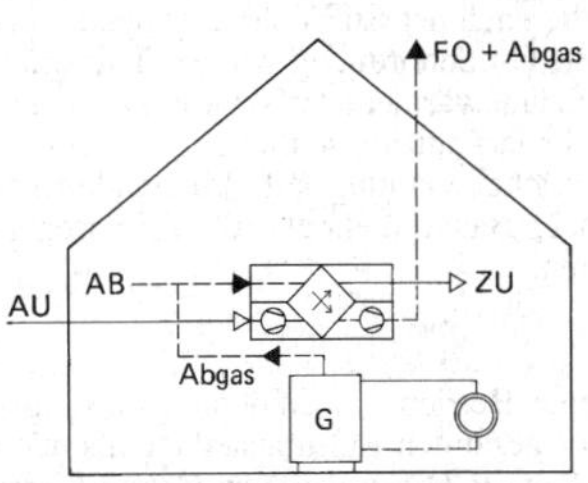

Bild 3.6.2-5. Mechanische Be- und Entlüftungsanlage mit Plattenwärmeaustauscher Abluft-/Abgasgemisch/Zuluft

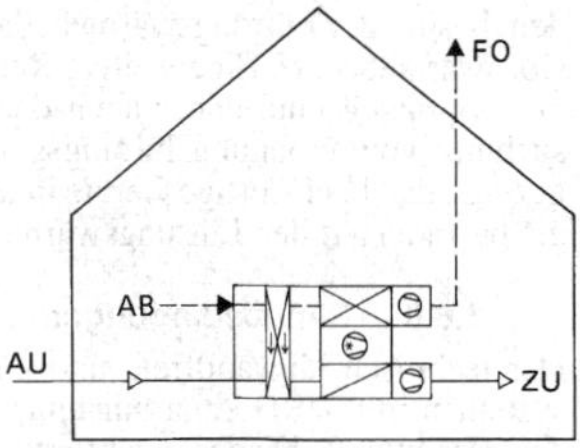

Bild 3.6.2-6. Mechanische Be- und Entlüftungsanlage mit Wärmerohraustauscher und nachgeschalteter Wärmepumpe

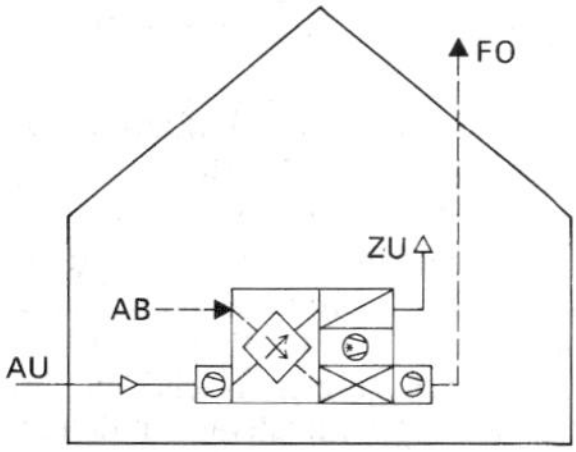

Bild 3.6.2-7. Mechanische Be- und Entlüftungsanlage mit Plattenwärmeaustauscher und nachgeschalteter Wärmepumpe

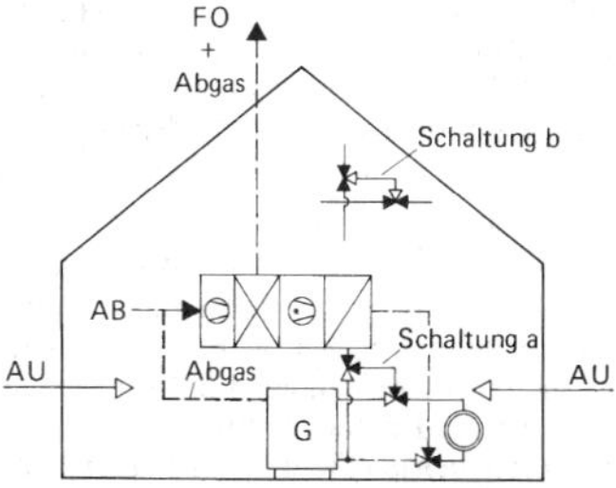

Bild 3.6.2-8. Mechanische Entlüftungsanlage mit freier Außenluftnachströmung mit Wärmepumpe Abluft-/Abgasgemisch/Heizwasser bzw. Warmwasser

3.6.3 Büro- und Verwaltungsgebäude[1)]

-1 Bürogebäude

-1.1 Allgemeines

Unter diese Gruppe fallen besonders Büro- und Verwaltungsgebäude, in beschränktem Maße auch Wohngebäude, Schulen und die Bettenhäuser von Krankenanstalten. Unterscheidungsmerkmale gegenüber Versammlungsräumen wie Theater, Säle u.a.:

Fast alle Räume haben mehr oder weniger große, manchmal fest verglaste Fenster, daher nicht nur zeitlich, sondern auch von Raum zu Raum stark wechselnde Heiz- und Kühllasten. Möglichkeit der individuellen Temperaturregelung (keine Durchschnittstemperatur wie z.B. im Theater); Hauptbestimmungsfaktor: Sonnenstrahlung durch Fenster, Büromaschinen, Beleuchtung, wechselnde Personenbelegung.

Die meisten Büro-Hochhäuser wurden bis zur Ölkrise 1973 mit Klimaanlagen ausgerüstet, die z.T. erhebliche Energiekosten verursachen. Heute werden moderne Klimaanlagen mit *Energieverbrauchszahlen* realisiert, die nur noch $^1/_2 \ldots ^1/_3$ der früheren Werte ausmachen[2)] (Bild 3.6.3-12). Es wurden realisiert:

energieoptimiertes Klimasystem (Induktions- oder VVS-System)
optimalen Wärmeschutz bei Außenwänden und Dächern
Isolierverglasung
wirksamen außenliegenden Sonnenschutz
Anlagen mit Wärmerückgewinnung, Nachtabsenkung bei Heizung, abgebrochener Kühlung und Feuchteregelung mit gespreiztem Sommer- und Wintertaupunkt (tote Zone), optimierte Regelung
nächtliche Sommer-Kühlung mit Außenluft.

Der durchschnittliche jährliche *Energieverbrauch* in kWh/m²a betrug früher und heute (Bild 3.6.3-12) vergleichsweise etwa:

	1965/70		heute	
	Primärenergie	Endenergie	Primärenergie	Endenergie
Strom	330 : 3 =	110	150 : 3 =	50
Wärme	585 : 1,5 =	390	225 : 1,5 =	150
Gesamt	915 ≈	500 kWh/m²a	375 ≈	200 kWh/m²a

[1)] Hofmann, W. M.: Ges.-Ing. 4.81. S. 170/8.
Daniels, K.: TAB 3/82. S. 195/202.
Fitzner, K.: KKT 4/83. S. 158.
Rákóczy, T.: TAB 4/84. S. 259/62.
Fitzner, K.: KK Heft 10, 11, 12/85.
VDI 3804 (10.94): RLT-Anlage für Bürogebäude.

[2)] Hönmann, W.: ETA 3/85. S. A 82/94.

Während also früher 500 kWh/m²a (davon etwa 110 kWh/m²a für Strom und 390 kWh/m²a für Wärme) verbraucht wurden, sind bei *Neuanlagen* 250 bis 150 kWh/m²a zu erwarten (50 kWh/m²a Strom, Rest für Wärme). Alle Werte gelten für Vollklimaanlagen (Wärme und Strom für Kälte, Luftförderung, Beleuchtung).

Klimaanlagen in Büro- und Verwaltungsgebäuden bewirken behaglichen Luftzustand zu jeder Tages- und Jahreszeit, sie verhindern Zugerscheinungen an den Fenstern, das Eindringen von Staub, andern Schadstoffen und Lärm, sie erhöhen die Arbeitseffizienz.

Die hohen Investitionskosten und Energiekosten haben vorübergehend z.T. dazu geführt, daß manchmal in Bürogebäuden statt Klimaanlagen nur *Lüftungsanlagen* ohne Kühlung, dann mit zu öffnenden Fenstern gebaut werden. Zur Kühlung des Gebäudes wird die Lüftung in der Nacht mit erhöhtem Fördervolumen in Betrieb gesetzt (Nachtkühlung). Dadurch werden die in den Räumen auftretenden sommerlichen Maximaltemperaturen gedämpft, besonders in Gebäuden mit großer Speicherkapazität[1]. Behaglichkeitsgrenzen werden jedoch bei steigender Wärmelast überschritten. Außerdem Gefahr der Schimmelbildung durch Kondensation an ausgekühlten Gebäudeteilen.

-1.2 Klimasysteme[2] (siehe auch Abschn. 3.2.8)

-1.2.1 Induktions-Klimaanlagen (Bild 3.6.3-1, s. auch Abschn. 3.2.8-4.2)

Diese früher häufig ausgeführten Anlagen haben unter den Fenstern oder seltener in der Zwischendecke eingebaute Induktionsgeräte mit Wärmeaustauschern, die von Kalt- oder Warmwasser durchflossen werden (Abschn. 3.3.5-6). *Primärluft* (Ventilationsluft) wird durch eine zentrale Hochdruckklimaanlage zugeführt, meist 100% Außenluft. Kühlung des umlaufenden Kaltwassers durch Kältemaschine, Heizung durch Heizkessel (oder Fernwärme). Die Primärluft tritt durch Düsen in die Induktionsgeräte ein und bewirkt durch Injektion Ansaugung von zirkulierender Raumluft.

Zentrale Regelung der Wassertemperatur in Abhängigkeit von der Außentemperatur. Schwitzwasserabführung nur bei niedrigen Kaltwassertemperaturen. Einwirktiefe etwa 5…6 m. Bei *Großraumbüros* zusätzliche Klimaanlage für die Innenzone erforderlich.

Der Aufbau der verschiedenen Ausführungsformen ist ausführlich in Abschn. 3.2.8-4.2 beschrieben. Dieses Klimasystem ergibt den geringsten Gesamtenergieverbrauch im

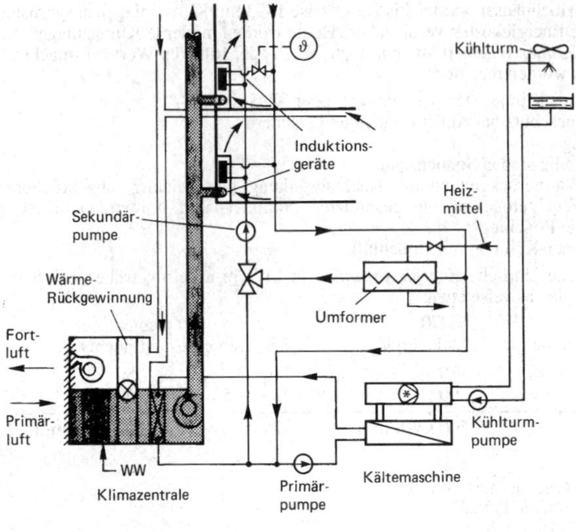

Bild 3.6.3-1. Schema der Induktions-Klimaanlage – Zweirohrsystem.

---
[1] Thiel, D.: HLH 10/84. S. 505/9.

[2] Hönmann, W.: LTG, Lufttechn. Inform. Nr. 20 (12.77).
Rákóczy, T.: Ki 2/82. S. 1147/56 u. 3/85. S. 105/9.

Vergleich zu anderen Systemen. Die Kühllast wird überwiegend durch Wasser in den Wärmeaustauschern abgeführt. Bei Gebäuden mit sehr geringen Kühllasten reicht die Kühlleistung der Primärluft, die sich nach der Personenbelegung richtet, aus. Hier bevorzugt man heute *Nur-Luft-Systeme,* meist als VVS-System mit variablem Volumenstrom ausgebildet.

Die sekundären Wärmeaustauscher für Heizung arbeiten meist im Niedertemperaturbereich, so daß sich beim Induktions-System die Heizung mit *Wärmepumpen* besonders anbietet. Insbesondere zur Energiesanierung bestehender Induktions-Klimaanlagen bietet sich diese Maßnahme an (Wärmeverschiebung), (s. Bild 3.3.8-27).

Beim *Zweirohrsystem* hat jedes Gerät einen Wasserzufluß und einen Wasserabfluß.

In den Übergangszeiten Umschaltung von Sommer- auf Winterbetrieb und umgekehrt *(Change-over-System oder Umschaltsystem).* In der Übergangszeit kann es in Räumen mit kleiner Kühllast zu Schwierigkeiten in der Raumtemperatur-Regelung kommen (Auskühlen).

Temperaturverlauf von Wasser und Luft in Bild 3.6.3-2.

Beim *„Nicht-Umschaltsystem“* (Non-Change-over) zirkuliert dauernd, auch im Winter, nur kaltes Wasser im Rohrsystem. Heizung durch Primärluft. Hauptsächlich geeignet für Gebiete mit mildem Winterklima, und bei Klimafassaden mit Abluftfenster, keine Umschaltung erforderlich. Energieverluste durch Nachkühlung im Heizfall vor allem bei Sonnenstrahlung. Sonnenabhängige Regelung erforderlich.

Aufbau einer Klimafassade siehe Bild 3.6.3-3 (Abluftfenster).

Beim *Vierrohrsystem* hat jedes Gerät zwei Wasserzuflüsse und zwei Wasserabflüsse, getrennt für Heizung und Kühlung mit einem gemeinsamen oder meist zwei Wärmeaustauschern. Noch bessere individuelle Regelung durch Ventile oder Klappen. Keine Zoneneinteilung. Heute häufig verwendet, jedoch höhere Investitionskosten.

Besonders geeignet bei hohen Anforderungen, verschiedenartig geformten Gebäuden (sternförmig, rund), bei wandernder Beschattung, flexible Raumaufteilung leicht möglich.

Vorteile der Induktions-Klimaanlagen:

Geringer Raumbedarf für Zentrale und Luftkanäle.
Gute individuelle Temperaturregelung, namentlich beim Vierrohrsystem. Geringe Energiekosten.
Wenig Wartung an den Fenstergeräten.
Zentrale Aufbereitung der Primärluft.
Grundheizung im Nachtbetrieb.
Energieoptimierung durch Wärmeverschiebung gut möglich.

Nachteile:

Investition teuer durch aufwendige Wasseranschlüsse, Regelung, Brüstungsverkleidung und Raumverlust im Fensterbereich.
Ungünstige Raumdurchspülung bei Rasterdecken und geringer Raumhöhe und -tiefe.

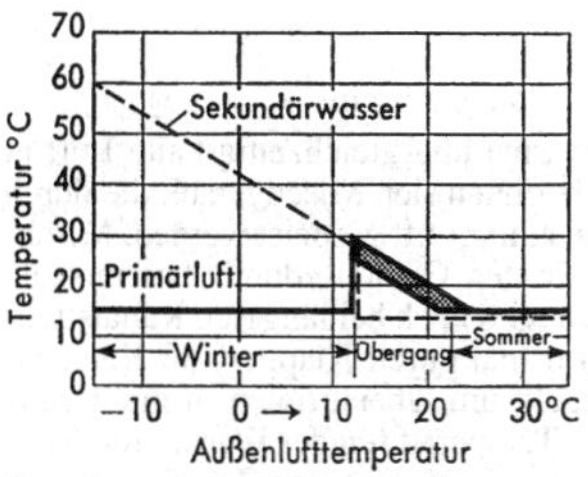

Bild 3.6.3-2. Typischer Temperaturverlauf von Wasser und Luft bei Zweirohr-Induktionsklimaanlagen.

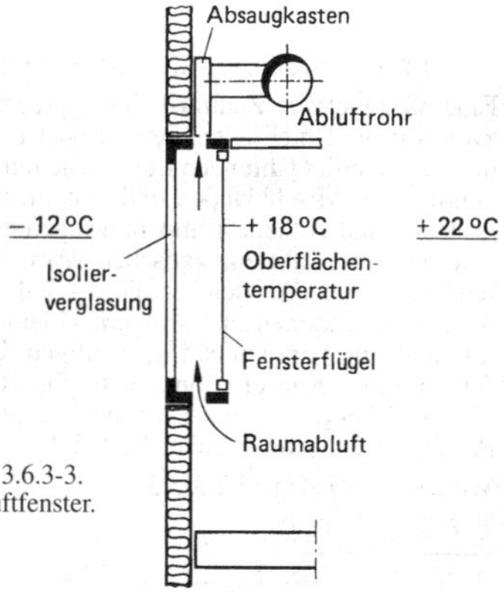

Bild 3.6.3-3. Abluftfenster.

-1.2.2 VVS-Anlagen (siehe auch Abschnitt 3.2.8-3.2)[1])

Hierunter sind Anlagen mit *variablem Volumenstrom* (VVS) verstanden. Sie sind dadurch gekennzeichnet, daß die Luft mit konstanter Temperatur, aber mit verschiedenem Volumenstrom in die Räume eintritt. In jedem Raum befinden sich geeignete Volumenregler für Zuluft und Abluft, die von einem Raumthermostaten gesteuert werden. Bei zunehmender Raumtemperatur mehr Luft, bei abnehmender Temperatur weniger Luft. Nur für *Kühllasten* geeignet. Zusätzliche *statische Heizung* ist meistens erforderlich.

Die VVS-Anlagen sind besonders für Innenräume mit veränderlicher Kühllast geeignet, aber auch für Außenräume. Da aber das VVS-System in üblicher Ausführungsform keine Heizlasten abdecken kann, muß es in der Außenzone durch andere Heizsysteme unterstützt werden, z.B.: Heizkörper, Fußbodenheizung, Fensterblasanlage, mit Nacherhitzer im Zuluftstrom oder Warmluftkanal, dann Prinzip der 2-Kanal-Anlage. Oder im Winter zentrale Anhebung der Zulufttemperatur.

Vorteilhaft ist die Reduzierung der *Energiekosten* für Luftförderung, Wärme und Kälte mit abnehmendem Volumenstrom. Nachteilig ist die bei sinkender Zuluftmenge sich ändernde Luftströmung, die unter Umständen Zugerscheinungen verursachen kann. Daher sind solche Zuluftauslässe zweckmäßig, die mit großer Induktion arbeiten oder deren Auslaßquerschnitt sich mit dem Volumenstrom ändert (selten angewandt).

Auf die Einhaltung des Mindestaußenluftwechsels ca. l = 2- bis 3fach je h bzw. der Mindestluftrate je Person ist zu achten, da sonst eine ausreichende Außenluftversorgung nicht gewährleistet ist. Zur Vermeidung von Mischungsverlusten statische Heizung und Volumenregelung in Sequenz regeln.

Beispiel für die Außenräume eines Gebäudes Bild 3.6.3-4.

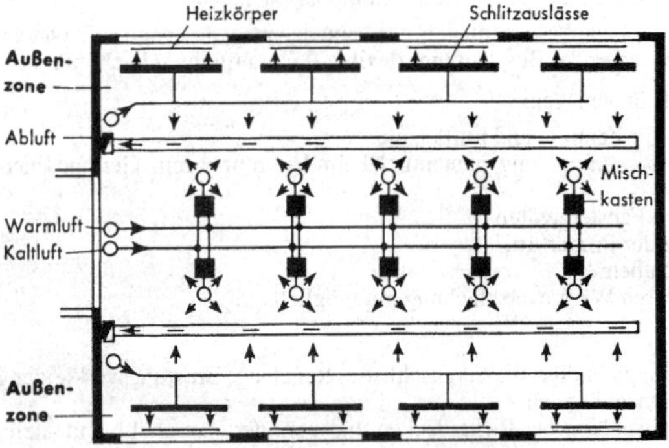

Bild 3.6.3-4. VVS-Anlage für die Außenräume eines Gebäudes, Zweikanal-Klimaanlage für die Innenräume.

-1.2.3 Zweikanal-Klimaanlagen (Bild 3.6.3-5, s. auch Abschn. 3.2.8-3.3)

Eine oder mehrere Zentral-Klimaaggregate fördern warme und gleichzeitig kalte Luft in zwei Kanäle. Unter jedem Fenster oder in der Decke befinden sich Mischgeräte, die durch die zwei parallel laufenden Luftkanäle mit warmer und kalter Luft gespeist werden. Mischventile oder Mischklappen und Volumenstromregler in den Geräten, durch Thermostate gesteuert, individuelle Temperaturregelung. Manchmal wird auch bei längeren Kanalstrecken die Druckdifferenz zwischen Warm- und Kaltluftkanal durch Klappen am Kanalanfang auf möglichst gleichen Wert („auf Null") geregelt, um Überströmen in nicht ganz dichten Mischboxen zu verringern. Oder man kann die Temperaturen der Warm- und Kaltluft abhängig vom Druck im jeweiligen Kanal regeln, was auch zu einem Druckausgleich führen kann. Kaltluftleitung wird für 70…100% der Gesamtluft, Warmluftleitung für 50…30% bemessen. Nur-Luft-System, keine Wasserleitungen in den Räumen. Bauart von Mischgeräten siehe Abschn. 3.3.5-5.3.

Weiteres s. Abschn. 3.2.8-3.3.

[1]) Rákóczy, T.: Ges.-Ing. 2/82. S. 57/69.

Wegen hoher Energiekosten und des großen Platzbedarfs[1] heute selten verwendet; sinnvoll nur noch als variables Volumenstrom-2-Kanal-System (Abschn. 3.2.8-3.3.2).

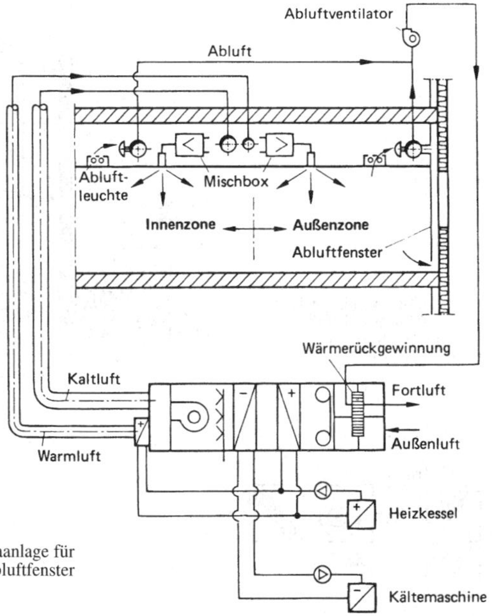

Bild 3.6.3-5. Zweikanal-Klimaanlage für Außen- und Innenzonen mit Abluftfenster und Wärmerückgewinnung.

-1.2.4 Ventilator-Konvektor-Klimaanlagen mit zentraler Außenluftbereitung

(Bild 3.6.3-6, s. auch Abschn. 3.2.8-4.3)

Unter jedem Fenster Geräte mit Filter, Ventilator, Motor, Wärmeaustauscher für Umluftbetrieb (Bild 3.6.3-7). Beim *Zweirohrsystem* ein Wärmeaustauscher mit Wasseranschluß für Warm- bzw. Kaltwasser je nach Jahreszeit. Ventilationsluft wird durch ein getrenntes Lüftungs- oder Klimaaggregat geliefert. Primär-Luftanschluß entweder an jedem Gerät, z. B. von unten; oder auch mit separatem Deckenluftauslaß. Temperaturregelung in jedem Raum von Hand oder durch Thermostat mit Regelventil im Wasserkreislauf.

Die Ventilator-Konvektoren können auch an anderer Stelle des Raumes angeordnet werden, z. B. an Flurdecke, wobei allerdings an den Fenstern Heizkörper erforderlich sind. In Gegenden mit mildem Klima eventuell auch ohne diese. Zoneneinteilung erforderlich, wenn nicht 4-Rohr-System (Abschn. 3.2.8-4.3).

Bessere individuelle Temperaturregelung durch *Vierrohrsystem,* wobei jedes Gerät Anschluß an Warmwasser und Kaltwasser hat (Bild 3.2.8-37). Regelung durch Klappen oder Ventile mit zwei getrennten Sekundärwasserkreisläufen.

Vorteile (s. auch 3.2.8-4.3):

Kleines Luftrohrsystem (nur für Primärluft).
Gute individuelle Temperaturregelung.

Nachteile:

Ventilator mit Motor in jedem Gerät, daher wartungsintensiv.
Teurer als Induktionsanlagen.
Geräuschbelästigungen.

[1]) VDI 3803 (11.86).

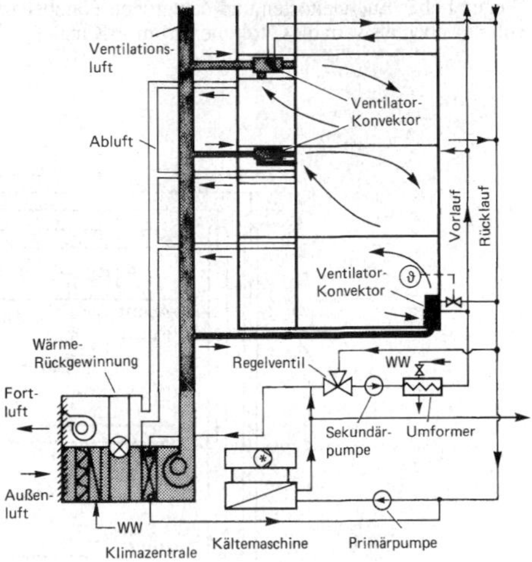

Bild 3.6.3-6. Ventilator-Konvektor-Klimaanlage mit zentraler Luftaufbereitung für die Ventilationsluft.

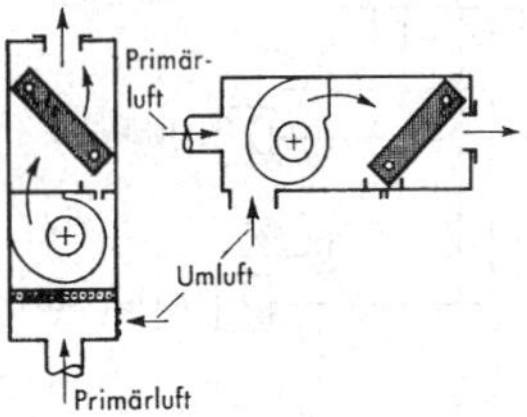

Bild 3.6.3-7. Ventilator-Konvektoren.
Links: Unterfenstergerät
Rechts: Liegendes Gerät

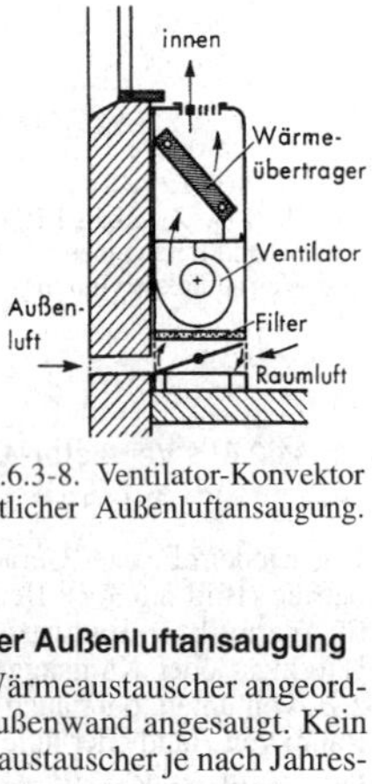

Bild 3.6.3-8. Ventilator-Konvektor mit örtlicher Außenluftansaugung.

-1.2.5 Ventilator-Konvektor-Klimaanlagen mit örtlicher Außenluftansaugung

Unter jedem Fenster sind Geräte mit Filter, Ventilator, Motor, Wärmeaustauscher angeordnet (Bild 3.6.3-8). Außenluft wird anteilig durch Öffnung in Außenwand angesaugt. Kein Luftkanalsystem erforderlich. Motor häufig regulierbar. Wärmeaustauscher je nach Jahreszeit mit Warmwasser oder Kaltwasser gespeist; Zoneneinteilung.

Ausführung auch möglich im Vierrohrsystem.

Außenluftöffnung häufig aus architektonischen Gründen nicht durchführbar, daher Anlagen nicht häufig gebaut.

Vorteile:

Anlage erweiterungsfähig; es können je nach Bedarf mehr Räume klimatisiert werden.

Nachteile:

Einfriergefahr.
Windeinfluß durch Außenluftöffnung.

-1.2.6 Ventilator-Konvektoren ohne Außenluft (Bild 3.2.8-36 u. Bild 3.2.8-37)[1)]

Um hohe Kühllasten aus den Räumen zu transportieren, können Umluftkühlgeräte, genannt *„Sensible Cooler"*, vor Ort eingesetzt werden. Die Umluftgeräte bestehen aus

[1)] Rákóczy, T.: Ki 3/85. S. 105/9.

Ventilator, Luftkühler und Schalldämpfer. Die Kühler werden mit zentralem Kaltwassersystem, das innerhalb des Gebäudes geführt wird, versorgt. Die Vorlauftemperatur soll nicht niedriger als +14 °C gewählt werden, damit keine Schwitzwasserbildung zustande kommen kann.

Anwendung meist in Räumen ohne Heizlast, z. B. EDV-Räumen in Zusammenhang mit Einkanal-Klimaanlage, die für die erforderliche Außenluftzufuhr sorgt.

Vorteile:

Flexible Anpassung an die Raumnutzung, auch nachträglicher Geräteeinbau nach Bedarf möglich, wenn Kaltwassernetz vorhanden.
Individuelle Ein- und Ausschaltung am Ort.
Niedrige Anschaffungs- und Energiekosten.
Kein großer Raumbedarf in Schächten und Zwischendecken.

Nachteile:

Raumbedarf im Nutzbereich am Aufstellungsort.
Größerer Wartungsaufwand.

-1.2.7 Abluftfenster[1)]

Der Energieverbrauch der Klimaanlagen kann etwas verbessert werden, wenn ein *Abluftfenster* (Bild 3.6.3-3) vorgesehen wird.

Vorteile des Abluftfensters:

Heizlast um ca. 50...60%, Raumkühllast um ca. 10...20% (mit Jalousie zwischen den Scheiben 90%) geringer, damit reduzieren sich die Betriebskosten und Anlagenkosten.

Optimale Behaglichkeit im Fensterbereich; innere Scheibentemperatur im Winter ca. 18 °C, im Sommer ca. 28 °C.

Wirksamer, betriebssicherer variabler Sonnenschutz zwischen den Scheiben auch bei windgefährdeten Hochhäusern. Im geschlossenen Zustand ist der Sonnenschutzfaktor $b \approx 0,1...0,2$, ermöglicht winterlichen *Solarwärmegewinn.*

Heizkörper unter Fenstern können entfallen, dadurch größere Nutzfläche, kein Kaltluftfall am Fenster.

Unproblematische Raumluftströmung, geringe Lastunterschiede zwischen Außen- und Innenzonen.

Nachteile des Abluftfensters:

Fensteröffnen meist nicht möglich.
Nachtheizung mit Luft evtl. teuer, wenn keine Heizkörper vorgesehen sind.
Höherer Wärmeverlust der Abluft nach außen verringert WRG-Kapazität.
Investition und Pflege, Reinigung sehr teuer.

Die Wärmedurchgangszahl k des Abluftfensters ist desto geringer, je größer der Volumenstrom ist. Übliche Werte bei 2 m Fensterhöhe etwa 0,5...0,8 W/m²K (Dreifachfenster). Bei Stillstand der Klimaanlage $k \approx 2,0$ W/m²K (Bild 3.6.3-9). Abluftvolumenstrom ca. 20...50 m³/h je m² Fensterfläche; Scheibenabstand 10...20 mm.

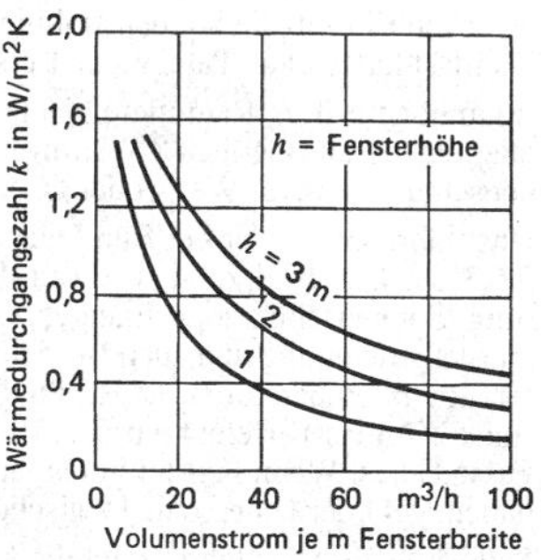

Bild 3.6.3-9. Wärmedurchgangszahlen k von Abluftfenstern.

[1)] Raczek, H.: SHT 6/77. S. 485/8.
Müller, H., u. a.: HLH 10/83. S. 412/7.

Bei zu großer Raumluftfeuchte *Schwitzwassergefahr.* Heute aus Kostengründen nur noch selten angewendet, insbesondere nachdem es seit etwa 1985 Wärmeschutzgläser (2fach) mit $k = 1{,}3 \ldots 2{,}0$ W/m² K gibt. Lediglich noch interessant, um bei Hochhäusern windgeschützten, guten beweglichen Sonnenschutz ($b = 0{,}15$) realisieren zu können.

-1.3 **Kühllast** (s. a. Abschn. 3.5.3 u. VDI 2078/[07.96])

Die wesentlichen *Wärmequellen* für die Kühllast sind:

1. *Sonnenstrahlung* durch die Fenster einschl. Transmission bringt, begünstigt durch die moderne Architektur mit ihren großen Fensterfassaden, den bei weitem größten Anteil des Wärmeeinfalls. Verringerung durch geeigneten vorzugsweise beweglichen Sonnenschutz soweit als möglich (Außenjalousien, Reflexionsgläser, wärmeabsorbierendes Glas usw.). Max. Wärmeeinfall meist auf Westseite um 16 Uhr.
2. *Fühlbare Personenwärme* 70 W je Person bei 25 °C.
3. *Beleuchtung in normalen Räumen*
   bei Glühlampen 50…100 Watt/m²
   bei Leuchtröhren 10… 30 Watt/m²
   mit Leuchten-Absaugung nur 5… 20 Watt/m² berücksichtigen.
4. *Bürogeräte* aller Art, Warmwasserbereiter usw.
5. *Außenluftkühlung* und -entfeuchtung,
   Außenluftanteil etwa 20 …50 m³/h je Person
   oder entsprechend einem 1,5…2,5fachen Außenluftwechsel
   ≙ 20 …25 W/m² ($\Delta h = 10$ kJ/kg).

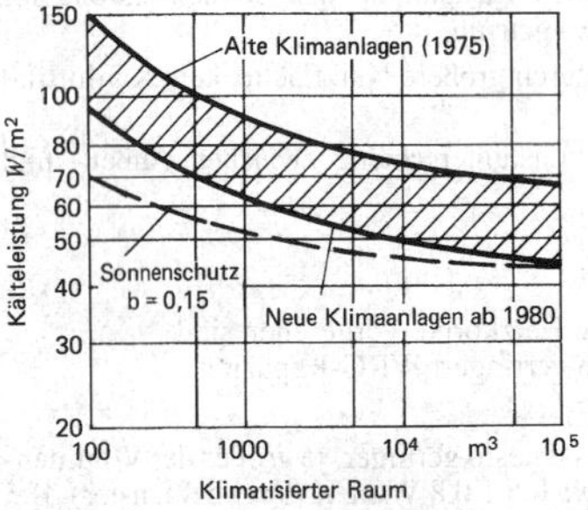

Bild 3.6.3-10. Spezifische Kälteleistung der Klimaanlagen von Bürogebäuden.

Welchen Einfluß die Sonnenstrahlung bei gutem Sonnenschutz ($b = 0{,}15$) auf die maximale Kühllast hat, ist aus Tafel 3.6.3-1 ersichtlich. Dabei ist angenommen:

Raumhöhe = 3 m, Raumtiefe = 6 m, Raumbreite = 1 m, 1 Person je 10 m², Beleuchtung oder elektrische Geräte 10 Watt/m², Außenluft entsprechend 2,1fachem Luftwechsel, Sonnenschutz $b = 0{,}15$, West- oder Ostfassade.

Ungefähre Werte der bei Bürohäusern erforderlichen maximalen Kälteleistung siehe Bild 3.6.3-10. Das Bild zeigt, wie seit der Energiepreiskrise durch verbesserte Fensterisolierung, Sonnenschutzvorrichtungen, evtl. Abluftfenster, Beleuchtungswirkungsgrade, Wärmerückgewinnung und auch Betriebsweise (z. B. Nachtlüftung), aber auch Zulassen höherer Raumtemperaturen (z. B. 26 °C) eine deutliche Verringerung der Kühllastspitze (max. Kühllast) erreicht wurde. Der Anstieg bei kleinen Gebäuden drückt den Einfluß der Fassade aus. Wenn Fenster guten, außenliegenden (beweglichen) Sonnenschutz ($b = 0{,}15$) haben, geht der Unterschied zwischen Außen- und Innenzone deutlich zurück.

Seit Mitte der 80er Jahre steigt die Kühllast jedoch wieder an, da inzwischen an fast jedem Arbeitsplatz ein Computer oder Bildschirm steht (180…250 W).

Die Anwendung der verschiedenen Klimasysteme bzw. Luftauslässe ist über die Behaglichkeitsforderung begrenzt. Richtwerte zeigt Bild 3.6.3-11.

Bild 3.6.3-11. Richtwerte für max. zulässige spezifische Kühllasten in W/m2 für verschiedene Klimasysteme bzw. Luftauslässe.
Grenze: Behaglichkeit (Raumhöhe 2,6...3 m)

1. Decken- und Wandluftauslässe	40... 60 W/m²
2. Diffuse Deckenauslässe (Schlitz- und Drallauslaß)	80...100 W/m²
3. Induktionsgeräte in Brüstung	50... 60 W/m²
Induktionsgeräte in Brüstung mit Stützstrahl	80...100 W/m²
Induktionsgeräte in Decke	80...100 W/m²
4. Quelluftauslässe (ohne Induktion bei ca. 10 m³/h pro m²)	30 W/m²
Quelluftauslässe (mit Induktion bei ca. 10 m³/h pro m²)	40 W/m²
5. Kühldecke (ohne Luft)	60... 80 W/m²
Kühldecke (mit Luft nach 2. oder 4.)	100 W/m²
6. Schwerkraft-Kühlung	30 W/m²
Schwerkraft-Kühlung (mit Luftsprudler)	60... 70 W/m²
7. Fußboden-Auslässe (Aufenthaltsbereich eingeschränkt)	80...100 W/m²

-1.4 Jahresenergieverbrauch

Die im vorangegangenen Abschnitt behandelte Spitzen-Kühlleistung und die Spitzen-Heizleistung bestimmen primär die Investitionskosten. In die Energie*kosten* gehen die Spitzenwerte aber meist auch ein, und zwar über den Leistungspreis des EVU. Dies gilt für leitungsgebundene Energieträger, also bei der Kühlung für den Strom und bei der Heizung für Gas oder Fernwärme. Sicherheitszuschläge bei der Dimensionierung sollen also moderat erfolgen. Außerdem laufen Maschinen allgemein bei Teillast meist mit schlechteren Wirkungsgraden, so daß bei unnötiger Überdimensionierung der Energieverbrauch hierdurch steigen kann.

Für den *Jahres-Energieverbrauch* von Büro-Klimaanlagen existieren umfangreiche EDV-Rechenergebnisse[1)], die aufgrund einiger Messungen als abgesichert bezeichnet werden können[2)].

Diese Berechnungen liefern i.a. zunächst den Bedarf an *Nutzenergie.* Mit Hilfe der Wirkungsgrade der Maschinen, Nutzungsgrade von Kesseln, Leistungszahlen von Kältemaschinen, Verlusten bei der Verteilung etc. werden die Verbräuche an *Endenergie* bestimmt. Das ist die Energiestufe, die der Verbraucher beim EVU oder dem Brennstofflieferanten zu bezahlen hat.

Der Gesamtenergie-Verbrauch klimatisierter Büros enthält zweckmäßig:

- Energien zur Abführung der Raumlasten für Heizung und Kühlung (Transmission, Infiltration, Strahlung),
- Energien zur Luftaufbereitung (Heizen, Kühlen, Be- und Entfeuchten),
- Energien zur Förderung von Luft und Wasser (Ventilatoren, Pumpen etc.)
- Beleuchtung der Arbeitsplätze.

Die Energie wird genutzt in Form von

Wärme E_W
Kälte E_K
und Strom E_S

Um die verschiedenen *Nutz-Energien* bezgl. ihres Verbrauchs an *Primärenergie* miteinander vergleichbar zu machen, rechnet man diese auf *Primärenergie* hoch und bezieht meist den jährlichen Verbrauch auf den m² Nutzfläche: Verbrauch in kWh/m²a, genannt *Energiekennzahl E* :

$$E = \underbrace{u \cdot E_S}_{\text{Strom}} + \underbrace{u \cdot v \cdot E_K}_{\text{Strom/Kälte}} + \underbrace{w \cdot E_W}_{\text{Wärme}} \text{ in kWh/m}^2\text{a}$$

[1)] Hönmann, W.: CCI 12/83. S. 16/26 und Dt. Architektenblatt 2/86. S. 155/8.
Schaal, G.: Diss. TU Stuttgart 1983.
Steinbach, W.: FLT-Bericht 3/1/70/86. Nov. 86.
Kast, W. u. Otten: HLH 12/88. S. 558/561.

[2)] Fox, Hönmann, Steinbach: Ges.-Ing. 2/87. S. 61/66.

Für die Umrechnungsfaktoren gilt beispielsweise[1]:

Strom $u = 3$ entsprechend einem Wirkungsgrad von 33% bei thermischen Kraftwerken

Kälte: $u \cdot v = 1{,}2 = 3/(3{,}0 \cdot 0{,}9 \cdot 0{,}92)$
entsprechend 3,0 für Leistungszahl Kältemaschine
0,9 für Wirkungsgrad Elektro-Motor
0,92 für Verluste der Verteilung
3 für Faktor u Strom → Primärenergie

Wärme: $w = 1{,}5 = 1/(0{,}8 \cdot 0{,}92 \cdot 0{,}92)$
entsprechend 0,75…0,85 für Jahresnutzungsgrad Kessel
0,92 für Verluste der Verteilung
0,92 für Umwandlung Rohöl in Heizöl

Die Energiekennzahl lautet somit

$$E = 1{,}5 \cdot E_{\text{Nutz-Wärme}} + 1{,}2 \cdot E_{\text{Nutz-Kälte}} + 3 \cdot E_{\text{Nutz-Strom}}$$

Seit der Energiepreiskrise hat sich die Energiekennzahl durch Verbesserungen in mehreren Bereichen verringert (Bild 3.6.3-12). Das Bild zeigt den historischen Verlauf für eine typische Büro-Klimaanlage (Induktions- oder VVS-Anlage). Das Bild zeigt auch die 3 beeinflussenden Disziplinen:

Klimaanlagentechnik – Fassade – Beleuchtung.

Oben im Bild sind die Veränderungen der technischen Daten angegeben. Unter dem Bild sind die Fortschritte bezüglich der Energieeinsparung für die 3 Bereiche aufgezeigt.

Bemerkenswert ist die zum Vergleich gestrichelt eingezeichnete Kurve für das Gebäude ohne Klimanlage, mit Fensterlüftung. Der Energieverbrauch ist heute mit und ohne Klimaanlage dank der Wärmerückgewinnung bei Klimaanlagen praktisch gleich.

Es ist streng zu beachten, daß der Bezug auf die *Primärenergie* ausschließlich energie*politisch* zu sehen ist (Verbrauch an Ressourcen). Wenn man die verschiedenen Komponenten *physikalisch* (thermisch) miteinander vergleichen will, muß man mit *Nutzenergien* rech-

Klimaanlage:	Luftwechsel [h⁻¹]	4	3	3	2
	Wärmerückgewinn	ohne	ohne	mit	mit
	Sonnenschutz – b	fest–0,55	fest–0,5	bewegl.–0,5	bewegl.–0,15
Fassade:	$k_{m,W+F}$ [W/m² K]	2,1	2,1	1,55	1,2
	Fugen-Luftw. [h⁻¹]	0,5	0,5	0,06	0,06
Beleuchtung:	W/m² – Lux	40–1000	32–900	20–750	20–750

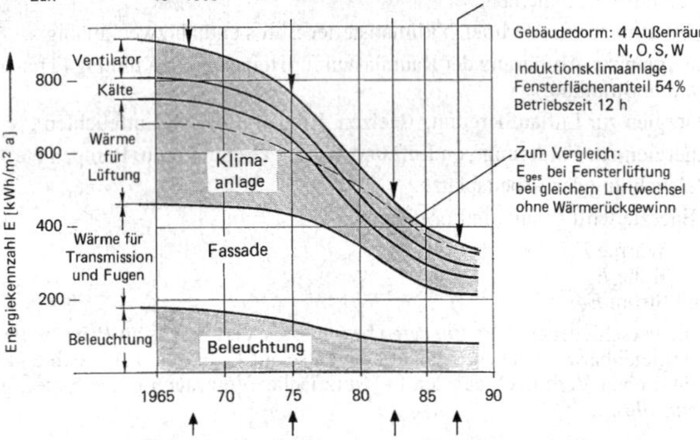

Klimaanlage:	100%	76%	48%	31%
Fassade:	100%	100%	67% 1)	43% 2)
Beleuchtung:	100%	80%	50%	50%
Gesamt:	100%	85%	50%	39% (36% mit 1/3 Innenzone)

1) WSVO I 1977
2) WSVO II 1982/84

Bild 3.6.3-12. Gesamtenergieverbrauch klimatisierter Bürogebäude, historische Entwicklung und Aufteilung auf die Verbrauchs-Komponenten.

[1]) Hönmann, W.: ETA Ed. A Mai/85, S. A82/94 und LTG Luftt. Inform. 61, 8. 86.

nen. Will man dagegen *wirtschaftlich* vergleichen (Kosten des Energieverbrauchs), muß man *Endenergien* betrachten.

Die optimale Fenstergröße wurde erst 1983/85 erkannt. Vorher glaubte man, daß kleine Fenster energieoptimal sind.

Man gewinnt jedoch auch im Winter Solarwärme und Tageslicht durch das Fenster, so daß der *Gesamtenergie-Verbrauch* über ein Jahr bei großen Fenstern günstiger sein kann. Insbesondere soll der Sonnenschutz beweglich sein, um die Spitzenkühllast zu brechen, aber Sonne und Licht nicht durch festen Sonnenschutz fernhalten.

Beispiele:

Berechnung von Energiekennzahlen = Energieverbrauch pro m² und Jahr [kWh/(m²a)]

A) Bezug auf **Nutzenergie** (physikalischer, thermischer Vergleich)

	Primärenergie Verbrauch	Wirkungsgrad Umwandlung	Endenergie Verbrauch	Wirkungsgrad, Umwandlungsgrad Verbrauch	**Nutzenergie**
1. Kälte					
Verteilung				0,93	
Elektro-Motor				0,90	
Leistungszahl				3,00	
	Kohle	th. Kraftw.	Strom		Kälte
Form Endenergie: Strom	120% ←	33%	40% ←	2,51 ←	100,0%
2. Wärme/Heizung					
2.1 Öl					
Verteilung				0,92	
Jahresnutzungsgrad Kessel				0,80	
Umwandlung Rohöl–Heizöl		91%			
	Rohöl		Heizöl		Wärme
Form Endenergie: Heizöl	150% ←	91%	136% ←	0,74 ←	100,0%
2.2 Strom					
Verteilung				1	
	Kohle	th. Kraftw.	Strom		Wärme
Form Endenergie: Strom	300% ←	33%	100% ←	1,00 ←	100,0%
3. Beleuchtung etc.					
Verteilung				1	
	Kohle	th. Kraftw.	Strom		Strom
Form Endenergie: Strom	300% ←	33%	100% ←	1,00 ←	100,0%

B) Bezug auf **Endenergie** (Kosten)

Preise: 1 l Öl = 10 kWh = 20,5 ct, Strom 1 kWh = 12,8 ct

	Primärenergie Verbrauch	Wirkungsgrad Umwandlung	**Endenergie** Verbrauch	Wirkungsgrad, Umwandlungsgrad Verbrauch	Nutzenergie
1. Heizöl	110% ←	91%	100%	0,74 →	136%
Form Endenergie: Heizöl	1,85 ct/kWh		2,05 ct/kWh	–	2,78 ct/kWh
2. Strom	300% ←	33%	100%	1,00 →	100%
Form Endenergie: Strom	4,26 ct/kWh		12,78 ct/kWh	–	12,78 ct/kWh
3. Kälte	300% ←	33%	100%	2,51 →	40%
Form Endenergie: Strom	4,26 ct/kWh		12,78 ct/kWh	–	5,09 ct/kWh

Den Gesamtenergieverbrauch für verschiedene Fenstergrößen zeigt Bild 3.6.3-13. Die Darstellung als Energiekennzahl entspricht der vorgenannten Definition. Das Bild gilt für ein Induktionssystem mit Wärmerückgewinnung ($\Phi = \Psi = 75\%$), Luftwechsel 2,5fach pro Stunde, Beleuchtungslast entspr. 500 lx 6,1 W/m² (installiert 12,5 W/m²), Personen-

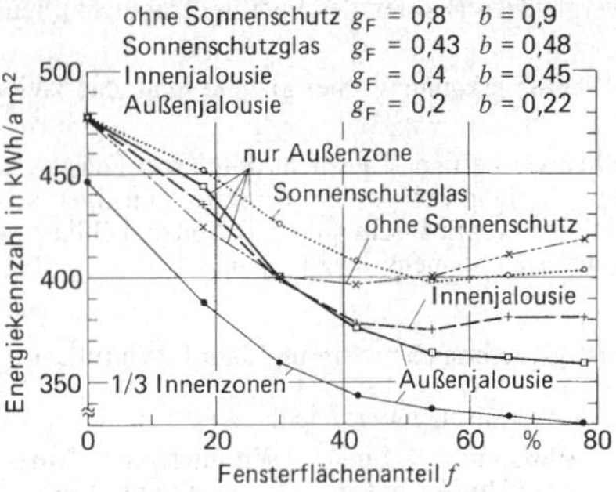

Bild 3.6.3-13. Energiekennzahl eines klimatisierten Bürogebäudes abhängig vom Fensterflächenanteil bei verschiedenem Sonnenschutz (einschließlich Beleuchtung).
g_F = Gesamtenergiedurchlaßgrad
b = Sonnendurchlaßfaktor

last 9 W/m², Raumhöhe 3 m, Isolierverglasung Klarglas wahlweise mit beweglichem Sonnenschutz (Außenjalousie) b = 0,22, Innenjalousie b = 0,45 oder ohne jeden Sonnenschutz (b = 0,9) und schließlich mit festem Sonnenschutz (Reflexionsglas, b = 0,48). Mittlerer Wärmedurchgangskoeffizient für Wand und Fenster $k_{m(W+F)}$ = 1,55 W/m² K. Summenmittel aus 4 Räumen in Außenzonen nach allen vier Himmelsrichtungen. Zum Vergleich ist auch ein Gebäude behandelt, dessen Nutzfläche zu 1 3 in Innenzonen liegt. Betriebszeit 12 h.

Bei großem Fensterflächenanteil an der Fassadenfläche im Bereich 60…70% ist für Fenster mit Sonnenschutz die *Energiekennzahl E* am geringsten, obwohl die Kälteenergie bei großem Fenster und mittlerem (festen) Sonnenschutz ansteigt. Dieser Anstieg wird aber durch gegenläufige Tendenz bei Beleuchtung und Wärme überkompensiert. Fester Sonnenschutz mit b = 0,56 ergibt auch bei großem Fensterflächenanteil sogar höhere Energiekennzahlen als gar kein Sonnenschutz (b = 0,9).

Tafel 3.6.3-1 Aufteilung der max. Kühllast für einen Büroraum bei verschieden großen Fenstern

Fensterfläche je m² Fassade	25%		50%		75%	
Kühllast je m² Raum	W/m²	%	W/m²	%	W/m²	%
Personen	7	13	7	11	7	9
Beleuchtung, Maschinenwärme	10	18	10	15	10	13
Außenwand	6	11	6	9	6	8
Sonnenstrahlung	11	20	22	33	33	43
Außenluftkühlung	21	38	21	32	21	27
Summe	55	100	66	100	77	100

-1.5 Zoneneinteilung

Infolge der durch die Sonnenwanderung bedingten, wechselnden Kühllast ist es bei Zweirohr-Klimaanlagen immer erforderlich, das Gebäude in mehrere *Zonen* aufzuteilen, in der Regel 4 Zonen: Nord, Süd, Ost, West. Bei langgestreckten, schmalen Gebäuden auch 2 Zonen. Falls Innenräume vorhanden, eine weitere Zone, da hier die Belastung abweichend ist (annähernd konstant).

Im Sommer muß in der Regel in jeder Zone das Kühlmittel, im Winter das Heizmittel zur Verfügung stehen. In Übergangszeiten beide Quellen gleichzeitig, da ein Teil der Räume Kühlung, ein anderer Teil Heizung verlangen können. Primärlufttemperatur konstant. Bei Vierrohr-Klimaanlagen sowie bei Zweikanalanlagen keine Zoneneinteilung. Maximale Kühllast muß von Zone zu Zone errechnet werden.

-1.6 Wärme- und Kälteversorgung

Die für die Klimaanlage benötigte *Wärme* wird in der Regel von Heizkesseln oder als Fernwärme geliefert, gelegentlich auch durch Wärmepumpen.

Für die Lieferung von *Kälte* sind Kältemaschinen (Kaltwassersätze) erforderlich, sofern nicht kaltes Brunnenwasser zur Verfügung steht. Bis etwa 300 kW Kolbenkompressoren, darüber häufig Turbokompressoren (siehe Abschn. 5.4.2). Kältespeicher können Lastspitzen brechen (s. auch Abschnitt 5.6.4).

Absorptionskältemaschinen dann, wenn genügend Heizwärme im Sommer zur Verfügung steht. Sehr geräuscharm; teurer.

Für Abführung der Kondensationswärme ist fast immer ein *Kühlturm* erforderlich, der meist auf dem Dach des Gebäudes aufgestellt wird.

-1.7 Wärmerückgewinnung

Diese ist bei modernen Neuplanungen fast immer wirtschaftlich. Es wird nicht nur die Luftaufbereitungsenergie für das Erwärmen der Luft im Winter während der Betriebszeit der Klimaanlage weitestgehend eingespart. Es wird auch im Sommer die Spitze der *Kühllast* deutlich reduziert, was zu einer kleineren Kältemaschine führt und den Tarif für den Leistungspreis des elektrischen Stroms meistens verbessert. Die Entfeuchtungsenergie im Sommer und die Befeuchtungsenergie im Winter werden bei *regenerativer Wärmerückgewinnung* mit rotierenden Wärmetauschern mit Feuchterückgewinn weitestgehend zurückgewonnen (Abschn. 3.3.8).

Wärmerückgewinnung ist um so wirtschaftlicher, je größer die täglichen Betriebszeiten einer Klimaanlage sind (z. B. 24-Stunden-Betrieb bei Krankenhäusern).

-1.8 Kosten der Klimaanlage[1)]

Baukosten. Diese schwanken je nach Art des Gebäudes, schwerer oder leichter Bauweise, Fensteranteil, Sonnenschutz, Beleuchtung usw. naturgemäß in weiten Grenzen. Auf alle Fälle sind sie verhältnismäßig hoch im Vergleich zu Zentralheizungsanlagen. Tafel 3.6.3-2 gibt ungefähre Werte bezogen auf die *klimatisierten Räume.* Die angegebenen Zahlenwerte beziehen sich auf eine Vollklimaanlage für Außenzonen.

Für vollständige Induktions-Klimaanlagen einschl. Heizung und Kühlung wird auch folgender Wert genannt:

2000 ... 2600 € je Arbeitsplatz (12 m^2).

Tafel 3.6.3-2 Ungefähre Anlagekosten von heizungstechnischen und raumlufttechnischen Anlagen für Außenzonen (1990)

Art	€ je m^3 Nutzraum	€ je m^2 Nutzfläche	Gesamtluftwechsel h^{-1}	€ je m^3/h Zuluft-Volumenstrom
Heizungsanlage				
Zentralheizung mit Radiatoren	10 ... 15	30 ... 45		–
Zentralheizung mit Lüftung	23 ... 28	75 ... 90	2	10 ... 15
RTL-Anlagen*) einschl. Heizung und Kälteanlage				
Induktionsanlage	50 ... 70	140 ... 210	3	18 ... 25
Zweikanalanlage	70 ... 90	200 ... 250	5	15 ... 18
Einkanalanlage mit variablem Volumenstrom (VVS)	50 ... 75	140 ... 210	4	13 ... 18

*) Lichte Höhe 2,75 m.

1) Jacoby, E.: VDI-Bericht 184 (1972). S. 43/54.
Lenz, H., u. T. Rákóczy: HLH 11/75. S. 384/92.
LTG-Lufttechn. Informationen Heft 17 (1976) u. 18 (1977).
Siehe auch Abschn. 1.13.
Hönmann, W.: HLH 7/79. S. 249/55 u. 8/79. S. 295/301.
Rákóczy, T.: VDI-Bericht 353 (1980). S. 15/22 und TAB 1/84. S. 15.

Betriebskosten entstehen durch Verbrauch an elektrischen Strom, Wärme, Kälte und Wasser. *Richtwerte* in Tafel 3.6.3-3, wesentliche Abweichungen möglich, bei älteren Anlagen nach oben, bei neuen Anlagen mit geringerem Außenluftwechsel auch nach unten. Für *Innenzonen* sind die Energiekosten wegen des geringeren Wärmebedarfs wesentlich geringer, etwa 50%.

Bei anderen Einheitspreisen für die Energieträger lassen sich die in Tafel 3.6.3-3 angegebenen Zahlen leicht umrechnen.

Für *Wartung und Reparaturen* sind noch etwa 2,5…4% der Investitionskosten hinzuzufügen.

Der *Kapitaldienst* (Verzinsung und Abschreibung des Anlagekapitals) erfordert wegen der hohen Baukosten der Anlage ziemlich hohe Beträge, etwa 20…23 €/m². Die Gesamtkosten

Tafel 3.6.3-3 Ungefährer Netto-Energiebedarf und Energiekosten je m² Nutzfläche einer modernen Induktions- und Einkanalanlage mit variablem Volumenstrom sowie einer Zweikanalanlage mit konstantem Volumenstrom mit Wärmerückgewinnung, für Außenzonen bei ca. 3000 Betriebsstunden je Jahr. Zum Vergleich: Heizung mit Radiatoren oder Lüftungsanlage (1990).

Energieart	Induktions-Anlage		VVS-Anlage	
	kWh/(m²a)	€/(m²a)*)	kWh/(m²a)	€/(m²a)*)
Wärme für Transmission (tags und nachts)	100…110	2,56…2,81	100…110	2,56…2,81
Wärme für Lüftung (tags)	50…60	1,28…1,53	55…65	1,41…1,66
Kälte	45…30	1,94…1,30	43…28	1,87…1,23
el. Strom für Lufttransport	32…25	4,09…3,20	40…28	5,11…3,58
el. Strom für Pumpen	8…5	1,02…0,38	7…4	0,89…0,51
Summe	235…230	10,90…9,23	245…235	11,84…9,79
	Heizungsanlage mit Radiatoren		Heizungsanlage mit Lüftung und WRG	
	kWh/(m²a)	€/(m²a)*)	kWh/(m²a)	€/(m²a)*)
Wärme für Transmission (tags und nachts)	80…100	2,05…2,56	80…100	2,05…2,56
Wärme für Lüftung (tags)	90…100	2,30…2,81	15…20	0,38…0,51
Kälte	–	–	–	–
el. Strom für Lufttransport	–	–	15…20	1,92…2,56
el. Strom für Pumpen	3…5	0,38…0,64	3…5	0,38…0,64
Summe	173…225	4,73…6,01	113…135	4,73…6,26
	Zweikanalanlage mit konst. Volumenstrom			
	kWh/(m²a)	€/(m²a)*)		
Wärme für Transmission	100…110	2,56…2,81		
Wärme für Lüftung	70…140	1,79…3,58		
Kälte	90…60	3,91…2,61		
el. Strom für Lufttransport	90…60	11,50…7,67		
el. Strom für Pumpen	10…5	1,28…0,64		
Summe	360…375	21,04…17,31		

*) Wärme: 0,026 €/kWh Luftwechsel und lichte Höhe nach Tafel 3.6.4-2
Kälte: 0,043 €/kWh
el. Strom: 0,128 €/kWh

(Wirtschaftskosten) einschl. Wartung, Reparaturen und Kapitaldienst erreichen daher für die angegebene Anlage bei ca. 205 €/m² Investitionskosten, 20 Jahre Abschreibung und 10% Zins Beträge von etwa

Energiekosten	10 €/(m²a)
Wartung und Instandhaltung	5 €/(m²a)
Kapitaldienst	26 €/(m²a)
	Summe 41 €/(m²a)

Die jährlichen *Gesamtkosten* pro Arbeitsplatz (ca. 12 m²) betragen also ca. 510 €/a. Der Investor einer Klimaanlage sollte diesen Betrag ins Verhältnis zu den Lohn- oder Gehaltskosten des Mitarbeiters setzen (durchschnittlich ca. 30700 €/a). Die Kosten für eine bessere Leistungsfähigkeit und Gesunderhaltung sind also vergleichsweise gering.

Eine weitere Energiekostenberechnung für eine *Zweikanalanlage* ist ebenfalls in Tafel 3.6.3-3 enthalten.

Voraussetzung ist:

- Optimale Wärmedämmung $k_{max} < 1{,}6$ W/(m² K) im Mittel
- Isolierverglasung
- Fensteranteil 50%
- Beweglicher Sonnenschutz, Durchlaßfaktor ca. 0,15
- Beleuchtungsanschluß ca. 20 Watt für 750 lux mit 50% Wärmeabfuhr.

Grundsätzlich läßt sich sagen, daß *Induktionsklimaanlagen* und Anlagen mit *variablem Volumenstrom* energetisch günstiger sind als Zweikanalanlagen und Anlagen mit konstantem Volumenstrom. Dies ist in der Hauptsache auf den geringeren Energiebedarf der Ventilatoren und die geringere Luftaufbereitungsenergie in den beiden erstgenannten Systemen zurückzuführen.

Zusätzlich muß beim Zweikanal-System und in gewissem Umfang auch beim VVS-System wegen der größeren Luftmengen (gem. Tafel 3.6.3-2) gegenüber dem Induktions-System mit sekundären Anlagekosten wegen größeren Platzbedarfs für Klimazentralen und Luftkanäle (Geschoßhöhe) gerechnet werden. Unterschied um so größer, je größer die Kühllasten sind

Heizungsanlagen mit *Lüftung und Wärmerückgewinnung* sind zwar teurer als normale Heizungsanlagen mit öffenbaren Fenstern. Ihr Energieverbrauch ist jedoch wegen der kontrollierten Lüftung mit WRG geringer. Allerdings sind bei den derzeit günstigen Ölpreisen die Energiekosten insgesamt nicht mehr niedriger, wie dies noch 1980 bis 1984 der Fall war, als die Kostenrelation Öl/Gas zu Strom größer war.

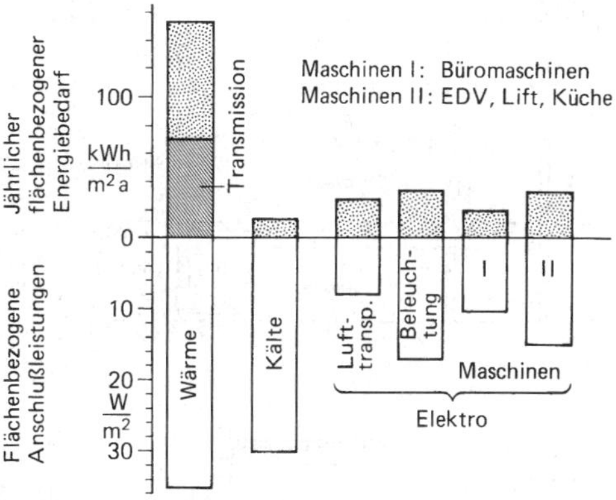

Bild 3.6.3-14. Meßwerte für moderne Büroklimaanlage. Oben: Jährlicher flächenbezogener Energieverbrauch. Unten: Anschlußleistungen

Gemessene Werte für den jährlichen Energieverbrauch eines modernen klimatisierten Bürogebäudes zeigt Bild 3.6.3-14. Zum Vergleich sind die Anschlußleistungen mit angegeben. Das Büro hat einen Außenluftwechsel von 2,2 h^{-1} sowie eine Kühlung und Befeuchtung, die nur die Spitzen abdecken (VVS-Anlage).

-1.9 Lüftung einzelner Räume

Sitzungszimmer

Diese Räume benötigen immer eine Lüftungs- oder Klimaanlage, da die Luftverschlechterung durch Personenwärme und Tabakrauch erheblich ist. *Grundheizung* durch Radiatoren mit thermostatischen Regelventilen auf etwa 12…15 °C, Restheizung durch Luft.

Das Lüftungsgerät wird in einem Nebenraum, im Keller oder Dach aufgestellt. Luftverteilung wie bei Büroräumen. Zahllose Möglichkeiten: einige Beispiele siehe Bild 3.6.3-15. Außer dem Gerät für die Zuluft sollte auch immer ein *Fortluftgerät* vorhanden sein, um die verbrauchte Luft ins Freie zu blasen. Im Winter sollte *Umluftbetrieb* für schnelle Aufheizung und Reduzierung des Außenluftanteils möglich sein.

Schaltgerät im Raum selbst oder im Vorraum mit Signallampe und Temperaturanzeiger. Luftrate je Person etwa 30…50 m^3/h, stündlicher Luftwechsel 8…10fach.

Einzelne Büroräume

Häufig ist es erwünscht, nur einzelne Räume eines Bürogebäudes zu klimatisieren, z.B. Direktionsräume, Warteräume usw. Hierfür sind die *Klimatruhen* am besten geeignet, die in einem Gehäuse Ventilator, Motor, Lufterhitzer, Luftkühler und alle sonst erforderlichen Teile enthalten.

Aufstellungsmöglichkeiten:

An *Außenwand* unter Fenster; zur Ansaugung von Außenluft ist dabei in der Regel eine Öffnung in der Wand erforderlich, was nicht immer durchführbar ist (Bild 3.6.3-16). Fortluft meist ohne Ventilator nur durch Überdruck im Raum.

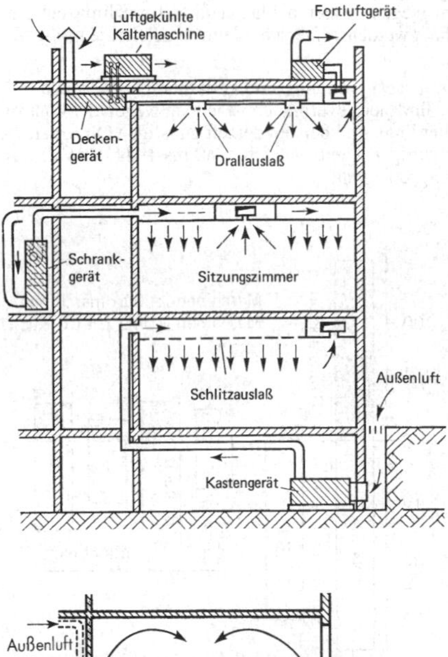

Bild 3.6.3-15. Verschiedene Möglichkeiten der Anordnung von Lüftungs- oder Klimageräten für Sitzungszimmer.

Bild 3.6.3-16. Klimatruhen in einem Büroraum.
Links: Gerät an Innenwand
Rechts: Gerät an Außenwand

Heizkörper zur Deckung des Wärmeverlustes des Raumes muß außerdem vorhanden sein.

An *Innenwand* oder im Nebenraum. Die Außenluft muß durch einen Kanal von geeigneter Stelle angesaugt werden.

Im Deckenzwischenraum bei abgehängter Decke.

3.6.4 Schulen, Museen u. ä.

-1 Schulen[1)]

Klassenzimmer der konventionellen Schulgebäude werden in Deutschland aus Kostengründen meist auf natürliche Weise gelüftet: Fensterlüftung und Schachtlüftung. Technisch nicht zweckmäßig. Besser und hygienisch einwandfreier ist mechanische Lüftung durch zentrale oder örtliche Geräte.

Bei *zentraler Lüftung* gemeinsame Anlage für mehrere Klassen. Zoneneinteilung zweckmäßig. Zuluft vom Flur oder aus Fensterbrüstung oder aus Decke (Bild 3.6.4-1). Abluft durch Überdruck zum Flur. Bei *örtlicher Lüftung* eine oder mehrere Lüftungstruhen je Klasse. Allerdings etwas teurer. Mindestaußenluftstrom je Person 30 m³/h (DIN 1946 T2 [01.94]) oder 4…5facher Luftwechsel.

Chemieraum

Abzugsschrank mit Ventilator. Nachströmende Luft vom Flur.

Physik- und Biologieraum.

Wegen Verdunklung Lüftung erforderlich. Lüftungstruhe an Außenwand. Abluft zum Flur (schalldicht). Luftwechsel 4…5fach.

Aula

benötigt in der Regel Lüftungs- und Luftheizungsanlage oder Klimaanlage wie bei Versammlungsräumen. Örtliche Heizkörper für etwa 50% bis 75% der Transmission. Luftrate 30 m³/h je Person. Umluftbetrieb soll möglich sein.

Toilettenräme

Fensterlüftung oder bei ungünstiger Lage besser Absaugung mit Ventilator. Nachströmende Luft vom Flur. Siehe Abschnitt 3.6.11-2. Luftwechsel 5- bis 8fach.

a) Zuluft von Flurdecke

b) Zuluft durch Deckenluftauslässe

c) Zuluft unter Fenster

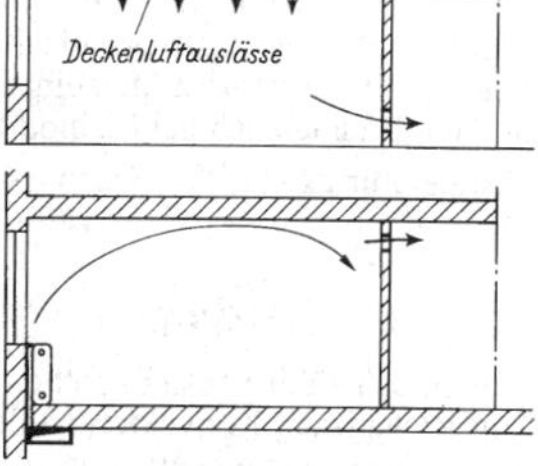

Bild 3.6.4-1. Verschiedene Luftführungsarten bei der Lüftung von Schulzimmern.

---

1) DIN 1946 T5 (08.67), Lüftung von Schulen. Norm wurde inzwischen zurückgezogen.
Eser, K.: Klimatechn. 12/73. S. 244/9.
Schulbauinstitut der Länder: Lufttechn. Anlagen in Schulen. Berlin 1975, (K. H. Lillich).
Dittmann, K.: San. Hzg. Techn. 3/77. S. 268/72.
Hall, M.: DKV-Bericht 1977 (Hannover) S. 539/57.
Petzold, K.: Energetische Sanierung von Schulen. Ki 6/1995, 279/285.

Turnhallen (s. auch Abschn. 2.5.6)

benötigen wegen des großen spezifischen Luftraumes je Person meist keine Lüftung, falls nicht stark belegt. Bei Zuschauerplätzen Lüftungsanlagen erforderlich; ebenso in der Regel Gymnastikräume. Häufig Lüftung mit Luftheizung.

Richtlinien für den Bau von Turnhallen in DIN 18032 T1 (04.89).

Lehrschwimmbäder

Wegen hoher Luftfeuchte immer Lüftungsanlagen mit teilweiser Luftheizung. Temperatur 26…28 °C. Siehe Abschnitt 3.6.9-1.

Brauseräume

Bei mehr als 8 Duschen Be- und Entlüftung. Luftwechsel 8- bis 10fach oder 220 m^3/h je Dusche. Vorwärmung der Außenluft auf 30 °C.

Lehrküchen

Siehe Küchenlüftung Abschnitt 3.6.11-1.

-2 Größere Schulen

Die zunehmende Technisierung zusammen mit der Durchsetzung neuer pädagogischer Grundsätze hat zum Bau von größeren Schulkomplexen, z.B. von *Gesamtschulen,* geführt, die völlig andere Grundrisse besitzen als bisher: veränderbare Raumaufteilung, viele fensterlose Räume, große Raumtiefen, geringere Raumhöhen, leichte Bauweisen mit wenig Speicherkapazität, hohe Beleuchtungsstärken u.a.

Dies hat zur Folge, daß Lüftungs- und Klimaanlagen in großem Maßstab erforderlich werden, um ein gutes Raumklima zu gewährleisten. Dabei kommen viele verschiedene Arten von Klimaanlagen, ähnlich wie bei Hochschulen oder Bürohäusern zur Verwendung, z.B. Nur-Luft-Klimaanlagen, Anlagen mit thermischer Nachwärmung, Induktionsklimaanlagen u.a. Diese Anlagen können nicht nur hohe Investitionskosten verursachen, sondern auch erhebliche Betriebskosten, so daß sorgfältige Planung erforderlich ist.

Als besonders zweckmäßig sind *zentrale Anlagen* mit örtlich angeordneten Regel- und Absperrgeräten für die Zu- und Abluft. Eine Teilklimatisierung mit einer Zulufttemperatur von 18…20 °C ist wirtschaftlich. Die Raumtemperatur schwankt dabei zwischen 21…28 °C je nach Sonnenstrahlung und Belegungsdichte. Raumtemperaturen über 24 °C kommen nur selten vor.

-3 Hörsäle[1]

Hörsäle sind wichtige Räume, vornehmlich in Hochschulen und Universitäten, jedoch finden sie sich auch in großen Industriebetrieben, Bibliotheken, Instituten und anderen Gebäuden.

Alle Hörsäle benötigen eine *Lüftungs- oder Klimaanlage,* da durch die anwesenden Personen sonst eine Luftverschlechterung eintritt, die die Aufmerksamkeit beeinträchtigt. Fensterlüftung ist im allgemeinen nicht möglich, da Straßengeräusche eindringen würden und die Räume auch bei Lichtbildvorträgen verdunkelt werden müssen.

Temperatur 22…25 °C, Feuchte 40…60%.

-3.1 Heizung

Alle Hörsäle mit Fenstern sollten örtliche Heizkörper mit eigenem Heizungskreis in Form von Radiatoren, Konvektoren oder Heizplatten unter den Fenstern erhalten, um eine dauernde Grundheizung auf etwa 10 bis 15 °C zu gewährleisten. Die Lüftung übernimmt dann die zusätzliche Heizung auf 22 °C. Auf diese Weise wird am besten eine Überheizung der Räume vermieden. Bei Hörsälen ohne Fenster sind örtliche Heizkörper nicht unbedingt erforderlich.

[1]) Nemecek, Wanner u. Grandjean: Ges.-Ing. 1971. S. 232/7.
Laakso, H.: Ki 6/73. S. 49/53.

-3.2 Volumenstrom

Die Besonderheit der Hörsaallüftung besteht darin, daß bei Beginn der Vorlesung eine *plötzliche Wärmebelastung* durch die ankommenden Hörer auftritt, etwa 100 W je Person. Diese Wärme wird auf dreifache Weise abgeführt:

durch den Luftstrom,
durch Transmission der Umschließungsflächen,
durch Speicherung in Wänden und Möbeln.

Die Anteile dieser drei Verlustquellen sind unterschiedlich. Von der Luft werden größenordnungsmäßig etwa 50% der Gesamtwärme aufgenommen. Daraus ergeben sich je nach der zulässigen Differenz Δt zwischen Zulufttemperatur und Raumtemperatur folgende *Luftraten l* (Gesamtluft) je Person:

$$l = \frac{0{,}5 \cdot 0{,}1\ \text{kW}}{\varrho \cdot c_p \cdot \Delta t} = \frac{0{,}05}{1{,}2 \cdot 1 \cdot \Delta t}\ \text{m}^3/\text{s} = \frac{150}{\Delta t}\ \text{m}^3/\text{h}$$

z. B. $\Delta t = 5$ K … $l = 30$ m³/h
$\Delta t = 10$ K … $l = 15$ m³/h

Da man die Zulufttemperatur nicht beliebig tief wählen kann und der Luftstrom aus wirtschaftlichen Gründen begrenzt ist, wird die Raumtemperatur in der Regel vom Beginn der Vorlesung bis zum Ende steigen, etwa 1…3 °C.

Nach DIN 1946 T2 (01.94) beträgt die erforderliche Mindestluftrate (Außenluft) je Person 30 m³/h; falls geraucht wird 50 m³/h. Der sich hieraus ergebende Luftwechsel ist meist etwa 6- bis 8fach je Stunde, bei niederen Räumen auch höher. Bei sehr tiefen oder hohen Außentemperaturen Verringerung der Außenluftmenge um 50%.

-3.3 Luftführung[1)]

Siehe auch Abschnitt 3.3.5-4.

Für die Führung der Zuluft und Abluft gibt es je nach Lage der Räume und innerer Ausgestaltung sehr viele Möglichkeiten, die bei richtiger Ausbildung zu guten Ergebnissen führen, nämlich zugfreier und geräuschloser Lüftung. Bei Räumen, in denen die Kühllast groß oder viel geraucht wird, empfiehlt sich die Lüftung von unten nach oben, um die Last leichter zu beseitigen.

Jede Person gibt an die umgebende Luft etwa 50 Watt Wärme und 40 g/h Wasserdampf. Dadurch entsteht eine Konvektionsströmung nach oben mit einer Temperaturzunahme von 1…2 °C und einer Geschwindigkeit von 0,1…0,2 m/s.

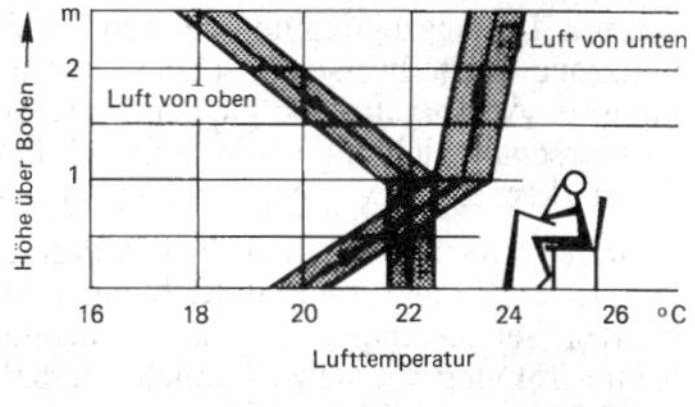

Bild 3.6.4-2. Vertikale Temperaturänderung bei der Lüftung von oben nach unten und umgekehrt (nach Linke).

Grundsätzlich läßt sich etwa folgendes sagen:

Lüftung von unten nach oben (Bild 3.6.4-3). Luftaustritt aus Treppenstufen, Stuhlfüßen, Luftauslaßpilzen, am Pultvorderkanten u. a. Absaugung oben. Luft strömt ziemlich gleichmäßig nach oben. In Aufenthaltszone zunehmende Lufttemperatur von Fuß bis Kopf (Bild 3.6.4-2). In waagerechter Richtung kaum Temperaturunterschiede. Besonders geeignet bei ansteigendem Boden, Galerien, geometrisch komplizierten Formen. Im allgemeinen die günstigste Lösung, die beim Betrieb die geringsten Beanstandungen verursacht, da hierbei die Lüftung die natürliche Konvektion unterstützt.

---

1) Laakso, H.: VDI-Bericht 162 (1971) S. 61/7.
Sprenger, H.: Ges.-Ing. 1971. S. 225/31.

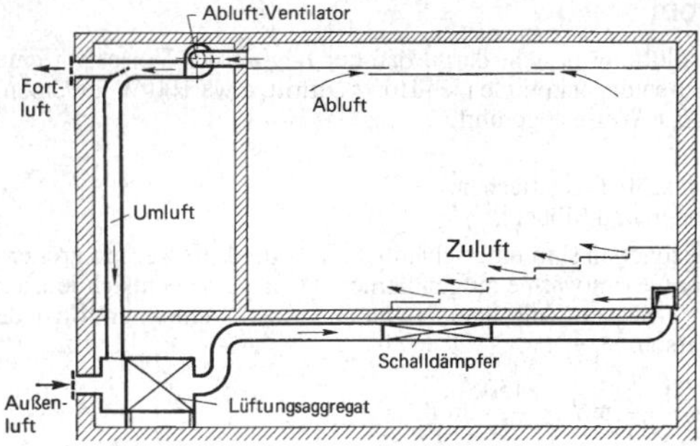

Bild 3.6.4-3. Lüftung eines Hörsaales von unten nach oben. Zuluftaustritt unter den Sitzen, Luftgeschwindigkeit $v \leqq 0{,}5$ m/s. Abluft in Decke. Umluft wird durch einen besonderen Kanal zur Zuluftanlage zurückgeführt. Abluftgitter abnehmbar zur Reinigung. Abluftschlitze oft unsichtbar.

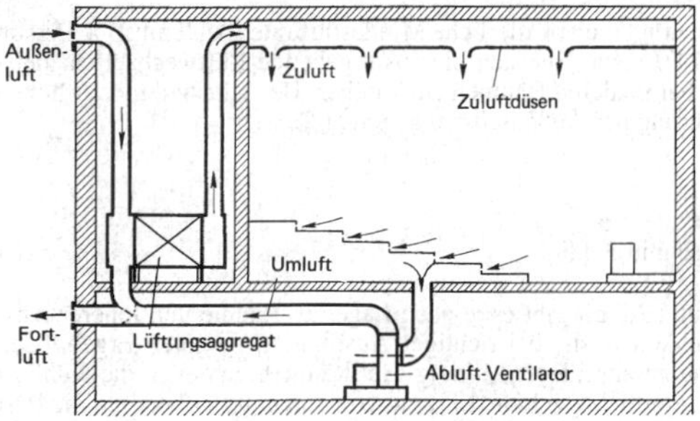

Bild 3.6.4-4. Lüftung eines Hörsaales durch Düsen von oben nach unten. Wurfweite nach Angabe Abschnitt 3.3.5 wählen. Abluft unter den Sitzen, an Wand oder Decke des Saales. Abluftgeschwindigkeit $v \approx 1$ m/s unter den Sitzen, an Decken- oder Wandeinlässen $v \approx 2$ m/s. S. auch Abschn. 336-424.

Lüftung von oben nach unten (Bild 3.6.4-4). Luftaustritt aus Düsen, Luftverteilern, Schlitzen u. a. Luftabsaugung unter Sitzen, an Wänden über Fußboden. Raumluft über Aufenthaltszone bei teilweiser Besetzung mit instabilen Zirkulationen verschiedener Ausdehnung. In Aufenthaltszone gleichmäßige Temperatur von Kopf bis Fuß (Bild 3.6.4-2). In waagerechter Richtung bei instabiler Strömung häufig wesentliche Temperaturunterschiede. Stärkere Luftbewegung, leichter Zugerscheinungen.

Lüftung waagerecht. Luftauslässe waagerecht in der Wand möglichst mit etwas Abstand zur Decke (Strahllüftung) in Richtung auf Podium. Luftabsaugung unter Sitzen oder unten an den Seitenwänden. Genaue Berechnung der Strahlausbreitung erforderlich, besser Raumströmungsversuche. Ähnliche Verhältnisse wie bei der Lüftung von oben nach unten (Bild 3.6.9-7 u. Bild 3.6.9-9).

Pultlüftung und Lochfußlüftung siehe Abschnitt 3.3.5-4.5.

Alle Anlagen sollten zur Ersparnis an Heiz- und Kühlkosten für *Umluftbetrieb* eingerichtet sein, d. h., die abgesaugte Luft wird zu einem mehr oder weniger großen Teil wieder der Zuluft zugeführt. Vor Beginn der Benutzung des Hörsaales wird nur mit Umluft gefahren, während nach Beginn, je nach der Zahl der Hörer und je nach Außentemperatur, ein größerer oder kleinerer Teil Außenluft zugesetzt wird. Bei voller Besetzung soll die Anlage in der Regel mit reiner Außenluft betrieben werden.

Die Umschließungswände sollten möglichst eine Temperatur von 20°C haben. Das Bild 3.6.4-3 und Bild 3.6.4-4 zeigen verschiedene Ausführungen von Hörsaal-Lüftungen, die bei richtiger Bemessung der einzelnen Teile wie Luftauslässe, Lufteinlässe, Kanäle usw. alle einwandfrei arbeiten.

Projektionsräume und *Filmkabinen* erfordern gesonderte Lüftung.

-3.4 Luftkühlung

Luftkühlung mittels Kältemaschine ist bei allen Hörsälen erforderlich, da an warmen Tagen im Sommer die eingeblasene Außenluft die Raumtemperatur zu stark erhöht. Die erforderliche *Kühlleistung* ist nach den Angaben Abschnitt 3.5.3 zu berechnen. *Überschlagswerte* erhält man bei Annahme einer Abkühlung der Außenluft von 32 °C/40% rel. Feuchte auf etwa 18 °C/80% rel. Feuchte. Bei einer Luftrate von 30 m^3/h ergibt sich dann die erforderliche Kühlleistung je Person zu

$$\dot{q} = 30 \cdot 1{,}2\,(63{,}0 - 44{,}3) = 673 \text{ kJ/h} = 187 \text{ W je Person}$$

Ein Hörsaal für 400 Personen benötigt demnach eine Kühlleistung von

$$\dot{Q} = 400 \cdot 187 = 75\,000 \text{ W} = 75 \text{ kW}.$$

Handelt es sich um die Kühlung eines kleinen Hörsaales, so wird der Kühler auch als *direkter Verdampfer* einer Freon-Kältemaschine ausgebildet. Bei mehreren Hörsälen wird man eine gemeinsame Kältemaschine aufstellen, die *Wasser* auf etwa 5 bis 8 °C kühlt, das dann durch Pumpen den verschiedenen Kühlern der Klimaanlage zugeführt wird. Bei Wärmerückgewinnung ergeben sich kleinere Kühlleistungen.

-3.5 Temperaturregelung

Alle Lüftungs- und Klimaanlagen sollten mit einer selbsttätigen Temperaturregelanlage mit Proportional- oder PI-Reglern ausgerüstet werden. Die Raumtemperatur wird von einem Fühler im Hörsaal oder in der Abluft mit dem Sollwert verglichen. Bei Abweichung verstellt der Regler die in Folge geschalteten Dreiwegeventile des Lufterhitzers und Kühlers. Ein Minimalregler verhindert das Einblasen von zu kalter Luft.

-3.6 Schaltung

Alle erforderlichen Schalt- und Kontrollgeräte sind auf einer *Schalttafel* anzubringen, auf der auch die Raumtemperatur und die Zulufttemperatur abgelesen werden können. Von der Schalttafel aus erfolgt auch die Einstellung des Außenluftanteiles bei der Lüftung.

Das Ein- und Ausschalten der Anlage ist auf verschiedene Weise möglich. Ist nur ein Hörsaal vorhanden, kann die Schalttafel im Hörsaal selbst oder in einem Nebenraum angeordnet werden. Bei mehreren Hörsälen, wie es bei Hochschulen und Universitäten die Regel ist, ist dies jedoch nicht zweckmäßig, da eine richtige Bedienung der Schalttafel nicht gewährleistet ist. In diesem Fall ist es besser, im Hörsaal nur einen Druckknopf mit Signallampe anzubringen, bei dessen Betätigung die Lüftung in Betrieb gesetzt wird. Die *Überwachung* der einzelnen Anlagen erfolgt dann von einer zentralen Schalttafel durch den Hausmeister oder noch besser durch zentrale Leittechnik.

-4 Museen[1)][2)]

-4.1 Allgemeines

In Museen dienen Klimaanlagen nicht vorrangig dem Wohlbefinden des Menschen, sondern vielmehr der Erhaltung von Kunstwerken (Museen sind keine Versammlungsstätten nach DIN 1946 T2 [01.94]). Es handelt sich bei den Ausstellungsgegenständen z. T. um Gemälde, Holzskulpturen, Musikinstrumente, auch Handschriften und Zeichnungen zählen dazu. Viele der Ausstellungsstücke bestehen aus hygroskopischem Material und reagieren auf Schwankungen der Temperatur und vor allem aber der relativen Luftfeuchte durch Quellen oder Schwinden. Um Schäden an den meist sehr wertvollen Ausstellungsstücken zu vermeiden, muß sichergestellt werden, daß durch ein in verhältnismäßig engen Grenzen konstant gehaltenes Raumklima weder Feuchtigkeitsaufnahme noch Feuchtigkeitsabgabe stattfindet und äußere Einflüsse durch jahreszeitliche Schwankungen vermieden werden. Bei früheren Museumsbauten wurde angestrebt, dieser Forderung durch eine entsprechende massive Bauweise gerecht zu werden, was aber nur bedingt gelungen ist. Heute ergeben sich durch eine moderne Bauweise, mit großen Fensterflächen und intensiver Beleuchtung der Räume, hohe Kühllasten, die den Einsatz von Klimaanlagen notwendig machen. Dazu kommt noch, daß die Museumsbauten meist in den Stadtzentren liegen.

---

1) Erstbearbeitung erfolgte durch Dipl.-Ing. Leo Nitsch, Essen, und Dipl.-Ing. Kurt Schloz, Bad Liebenzell, für die 67. Ausgabe.

2) Hilbert, G. S.: HLH 8/73. S. 240/4.

Dort herrscht eine hohe allgemeine Luftverschmutzung, und es fällt z.B. Abgasruß aus Kraftfahrzeugen an, durch den u.a. Ölgemälde erheblich geschädigt werden. Bauten etwa ab 1950 sind i.d.R. mit Klimaanlagen ausgerüstet.

-4.2 Raumklima

Für die Planung kann folgendes Sollwertprogramm für das Raumklima in musealen Ausstellungen mit feuchteempfindlichen Exponaten bei europäischem Festlandklima[1] zugrunde gelegt werden.

	Monat	1.	2.	3.	4.	5.	6.	7.	8.	9.	10.	11.	12.
Temperatur	°C	20	20	21	22	23	24	24	24	23	22	21	20
rel. F.	%	45	45	50	50	50	55	55	55	50	50	50	45

Tafel 3.6.4-1 zeigt die Planungswerte für einige ausgeführte Museeumsbauten.

Für häufig vorkommende Materialien gibt Tafel 3.6.4-2 die zulässigen Bereiche für die relative Feuchte an. Die endgültige Festlegung dieser Werte muß bei der Planung mit den jeweils Verantwortlichen erfolgen.

-4.3 Kühllast (s. a. Abschn. 3.5.3)

Die Kühllast ergibt sich aus den äußeren, d.h. über die Außenbauteile (Wände, Fenster, Dach) anfallenden Lasten und den in den Ausstellungsräumen selbst erzeugten Lasten. Dabei handelt es sich meist um die Wärme durch Strahlung von stärkeren Lichtquellen zur Anstrahlung einzelner Ausstellungsstücke und auch intensiv beleuchteter Vitrinen. Die von den Besuchern abgegebenen Lasten sind demgegenüber verhältnismäßig unbedeutend. Aus Tafel 3.6.4-3 sind die durch gelegentliche Zählungen ermittelten Besucherzahlen ersichtlich.

Wie aus Tafel 3.6.4-1 ersichtlich, ergeben sich Gesamtlasten zwischen ca. 140 und 280 W/m^2 und dementsprechend große Zuluftvolumenströme. Eine objektbezogene Ermittlung ist jeweils erforderlich.

-4.4 Klimaanlage (s.a. Abschnitt 3.2.8)

Zum Einsatz kommen Klimaanlagen mit zentraler Luftaufbereitung, u.U. mit dezentraler Volumenstromregelung (VVS). Der Aufbau der Klimazentrale erfolgt meist als Kammerkonstruktion in Elementbauweise (s.a. Abschn. 3.4.2-6). In Anbetracht des meist empfindlichen Ausstellungsgutes sind die geeigneten Filtereinrichtungen vorzusehen. Die verschiedenen Filterklassen sind in DIN EN 779 festgelegt. Die Auswahl erfolgt nach den gegebenen Reinheitsforderungen. Als grobe Richtlinie kann gelten:

- bei weniger staubempfindlichem Ausstellungsgut Außenluftfilter nach Güteklasse F 5 bis 6. Zuluftfilterung nach F 6 bis 7
- bei staubgefährdeten Exponaten, z.B. Gemälde und Skulpturen, Außenluftfilter nach Güteklasse F 7, Zuluftfilter nach F 8 (nach Befeuchter angeordnet).

Museumsgebäude befinden sich meist in zentraler Lage (Innenstadt), so daß der Lage der Außenluftansaugung besondere Sorgfalt zu schenken ist und die Ansaugung von Abgasruß aus Fahrzeugen so gering wie möglich ist. Da in den Ausstellungsräumen Rauchverbot herrscht, ist eine Außenluftrate von 12 bis 15 m^3/h pro Person ausreichend. Zur Luftbefeuchtung werden vorwiegend Sprühbefeuchter (Luftwäscher) verwendet (s.a. Abschn. 3.2.6, 3.3.4). Im Einzelfall ist zu prüfen, ob bei einem oft geringen Außenluftanteil am Gesamtvolumenstrom der Einsatz einer Wärmerückgewinnungseinrichtung aus energiewirtschaftlichen Gründen zweckmäßig ist.

In Anbetracht der hohen abzuführenden Wärmelasten ist die Möglichkeit des Einsatzes von Kühldecken (s.a. Abschn. 3.2.8-2) zu prüfen. Damit können sensible Lasten abgeführt und der Volumenstrom der Klimaanlage entsprechend vermindert werden.

---

[1]) Hilbert, G. S.: Sammlungsgut in Sicherheit, Teil 2, Lichtschutz, Klimatisierung; Berlin; Mann 1987.

Tafel 3.6.4-1 Klimatechnische Planungswerte von Museumsbauten
(Ergebnis einer Umfrage 1983)[1]

Museum	Ausstellungsfläche A	Raumklima ‹Soll›		Zuluftstrom bezogen auf A	Außenluftanteil	Kühllast bezogen auf A
		Temp.	rel. F.			
	m^2	°C	%	$m^3/h\,m^2$	%	W/m^2
Neue Pinakothek München	6640	Wi: min. 18 So: max. 26 gleitend	45 50 ±5	27	10 20	136
Staatsgalerie Stuttgart	2950	Wi: 19±1,5 So: 26±1,5 gleitend	55 ±5	43	15 bis 100 variabel	281
Wallraff-R. Museum und M. Ludwig, Köln	10 770	Wi: 20/22 So: max. 26 gleitend	50 60 ±5	54	20 bis 100 variabel	288
Abteiberg-M. Mönchengladbach	3700	22±1	55±5	20…30	15 konstant	146
Neubau Gemäldegalerie SMPK*) Berlin	9100	Wi: 19 So: 24 ±0,5 Programm	52,5±2,5	20…40 variabel	10 bis 100	170

*) SMPK = Staatliche Museen Preußischer Kulturbesitz; ältere Planungsdaten

[1]) Hilbert, G. S.: Sammlungsgut in Sicherheit, Teil 2, Lichtschutz, Klimatisierung; Berlin; Mann 1987.

Tafel 3.6.4-2 Empfohlene Sollwerte für die relative Feuchte nach Stolow[1])

Sammlungstyp	rel. Feuchte in %
Pergament	55…60
Elfenbein, Lackobjekte	50…60
Holztafelgemälde, gefaßte Skulpturen, Musikinstrumente	45…60
Anatomische und botanische Sammlungen	
Holz, Leder, Faserstoffe, Federn, Sisal, Möbel, Glas	40…60
Leinwandgemälde	40…55
Papier	40…50
Textilien, Kostüme, Teppiche	30…50
Photographien, Filmmaterial	30…45
Keramik, Stein, abhängig vom Salzgehalt	20…60
Münzen, Metallobjekte, abhängig vom Korrosionszustand	20…30
Waffen, Rüstungen, Metalle oxidiertes Material	15…40

[1]) Hilbert, G. S.: Sammlungsgut in Sicherheit, Teil 2, Lichtschutz, Klimatisierung; Berlin; Mann 1987.

Tafel 3.6.4-3 Besucherzahlen in Museen[1])

Gleichzeitig verweilende Personen pro 100 m^2 Ausstellungsfläche	
Jahresdurchschnitt	5
Tagesdurchschnitt bei stärkerem Besuch	10
Maximalwert (Dauer ca. 1 Stunde)	25

[1]) Hilbert, G. S.: Sammlungsgut in Sicherheit, Teil 2, Lichtschutz, Klimatisierung; Berlin; Mann 1987.

-4.5 Kälte-Anlage (s. a. Abschn. 5.4)

Es ist zweckmäßig, mehrere Kaltwassersätze vorzusehen, so daß ein günstiges Teillastverhalten möglich ist, da die maximale Kühlleistung nicht immer benötigt wird.

-4.6 Luftführung[1] (s. a. Abschn. 3.3.5)

Zweierlei Systeme der Luftführung stehen derzeit in einer gewissen Konkurrenz miteinander, die Mischungslüftung (s. Abschnitt 3.3.5-4.2, 3.3.5-4.3) und die Quellüftung (s. Abschnitt 3.3.5-4.6). Bei ersterer wird die Zuluft auf herkömmliche Weise im Decken- oder Wandbereich zugeführt und die Abluft in Fußbodennähe abgeführt. Die Luftauslässe teilen den Zuluftstrom in mehrere schräg nach unten gerichtete Strahlen mit höherer Geschwindigkeit, die ihrerseits ruhende Luft ansaugen und mitreißen. Es kommt zu einer intensiven Durchmischung von Zuluft und Raumluft, so daß im gesamten Raum annähernd der gleiche, durch Temperatur, Feuchtegehalt und Konzentration von Verunreinigungen gekennzeichnete Luftzustand vorherrscht. Oft wird im Aufenthaltsbereich ein unangenehmer Luftzug verspürt und beklagt.

Abhilfe bietet die Quellüftung (s. auch Abschn. 3.3.5-4.6). Beim Quelluftsystem wird die Luft in Bodennähe impulsarm in den Raum eingebracht, wobei die Luftauslaßgeschwindigkeit < 0,2 m/s beträgt. Die Zulufttemperatur ist niedriger als die Ablufttemperatur (max. 4 °C höher als die Raumtemperatur). Dadurch breitet sich die Zuluft zunächst am Boden aus und steigt dann gleichmäßig über den gesamten Raum verteilt nach oben auf.

Der Vorteil der Quellüftung liegt in der geringen Ausströmgeschwindigkeit; dadurch kommt es zu keinerlei Zugerscheinungen. Außerdem wird die Schadstoffkonzentration der Luft auf ein Minimum beschränkt.

Bei der Mischungslüftung werden infolge der höheren Luftgeschwindigkeiten auch solche Partikel im Luftstrom mitgerissen, die aufgrund ihres spezifischen Gewichtes am Boden liegen bleiben würden. Dadurch erfolgt eine ständige Umwälzung der Partikel im Raum. Bei der Quellüftung werden hingegen nur sogenannte Schwebstoffe im Luftstrom mitgeführt, die dann über die Abluft aus dem Raum transportiert und im Umluftfilter abgeschieden werden.

Die erste in einem Museum installierte Anlage dieser Art hat im Neubau des Museums Folkwang, Essen, ihre Bewährungsprobe bestanden. Hier wurde 1990 in mehreren Räumen die bestehende Klimaanlage vom System Mischungslüftung in eine Quelluftanlage umgebaut.

Durch Abführung der Luft über Beleuchtungseinrichtungen (sofern konstruktiv möglich) kann die Kühllast vermindert werden.

In Museen ist ein *Schalldruckpegel* von 40 dB(A) üblich. Für den Fall, daß höhere Anforderungen gestellt werden, sind Maßnahmen zur Schalldämpfung erforderlich (s.a. Abschn. 3.3.6-4).

Besondere Beachtung bedarf die Behandlung von *Vitrinen,* die im Raum aufgestellt sind. Sofern diese nicht mit sehr intensiver Beleuchtung ausgestattet sind oder von Scheinwerfern angestrahlt werden, kann eine Durchströmung mit Raumluft, eventuell unterstützt durch ein Gebläse, ausreichende Klimazustände herstellen. Auch kann der Installationsraum der Beleuchtungskörper vom Ausstellungsteil der Vitrine abgetrennt und gesondert behandelt werden. Es kann in besonderen Fällen notwendig sein, den Klimazustand durch ein eigenes Klimagerät sicherzustellen. Da die zu treffenden Maßnahmen wesentlich vom Ausstellungsgut abhängig sind, ist eine Abstimmung mit dem verantwortlichen Fachpersonal wichtig.

Magazine, Restaurierungswerkstätten und *ähnliche Nebenräume* erhalten, sofern sie an die Klimaanlage für die Ausstellungsräume angeschlossen werden, getrennte Regelkreise oder aber eine getrennte Klimaanlage.

Innerhalb klimatisierter Räume muß besonders die Möglichkeit von *Schwitzwasserbildung* beachtet werden. Schwitzwasser tritt an Oberflächen auf, deren Temperatur die Taupunkttemperatur der Raumluft unterschreitet. Dies ist z.B. möglich, wenn etwa durch Stellwände, Möbelstücke oder Bilder in der kalten Jahreszeit die Temperatur an der inneren Außenwandoberfläche und der Temperaturverlauf in der Außenwand abgesenkt wird und dadurch der Taupunkt in diesem Bereich mit den bekannten Folgen erreicht wird. Abhilfe

[1]) Hilbert, G. S.: Restauro 1/93, S. 36ff.

durch richtige bauphysikalische Auslegung der Außenwände (Taupunktberechnung) und vorsorgliche Absenkung der relativen Feuchte im Winter. Kritisch sind Fensterflächen und deren Rahmen (hier evtl. Schwitzwasserauffangrinnen erforderlich).

Bei der Anwendung von Kühldecken (s. a. Abschnitt 3.2.8-2) darf deren Oberflächentemperatur die Taupunkttemperatur des Raumes nicht unterschreiten.

-4.7 Regelanlage (s. a. Abschn. 1.7 u. 3.3.7)

Der festgelegte Klimazustand des Raumes wird mit der Regelanlage in den zugelassenen Grenzen konstant gehalten. In Sonderfällen kann es erforderlich sein, auf eine Anhebung der Temperatur im Sommer zu verzichten. Der Betrieb der Klimaanlage erfolgt durchgehend während der Tag- und Nachtzeit. Da sich in der Nacht keine Personen in den Ausstellungsräumen aufhalten, ist in dieser Zeit Umluftbetrieb möglich und aus Gründen der Energieersparnis zweckmäßig.

Die regeltechnischen Grundlagen und die verschiedenen Regelgeräte sind in den Abschnitten 1.7 und 3.3.7 behandelt.

Zur Messung und Überwachung des Raumluftzustandes dient das Aspirations-Psychrometer (s. Abschn. 1.6.9). Die Aufstellung von Schreibgeräten für Temperatur und relative Feuchte (Thermohygrographen) ist zu Dokumentationszwecken angebracht.

3.6.5 Krankenhäuser u. ä.

Ergänzungen von Prof. Dr.-Ing. Klaus Fitzner, Berlin

-1 Krankenhäuser[1)]

-1.1 Allgemeines

Eine der schwierigsten Aufgaben in Krankenhäusern ist der Kampf gegen die Krankenhausinfektionen durch Mikroorganismen (nosokomiale Infektionen). Da sich ein Teil der Mikroorganismen, und zwar diejenigen, die die „aerogenen" Infektionen auslösen können, auf dem Luftwege ausbreitet, spielen RLT-Anlagen eine wichtige Rolle.

Aerogene Keime sind so klein, daß sie in Luft „schweben" – ihre Sinkgeschwindigkeit ist viel kleiner als die Geschwindigkeit der normalen Luftbewegungen – und sie folgen deshalb jeder Luftbewegung fast trägheitslos. Neben der Fähigkeit, mit der Luft zu schweben, zeichnen sich die aerogenen Keime dadurch aus, daß sie in der Luft eine bestimmte Zeit überleben können.

RLT-Anlagen haben im Prinzip drei Möglichkeiten, auf diese Keime einzuwirken.

1. Mit Schwebstoffiltern lassen sich die Mikroorganismen fast vollständig aus der Luft entfernen.
2. Die Konzentration der Keime im Raum wird durch die eingebrachte Luft verringert (Verdünnungsprinzip).
3. Durch gerichtete Strömungen lassen sich die Mikroorganismen von Orten, wo sie schädlich sein können, zu anderen Orten bewegen, wo sie weniger schädlich sind. Das setzt allerdings eine entsprechende Beherrschung der Raumströmung voraus.

Neben der üblichen Aufgabe, in Räumen thermisch behagliche Bedingungen zu schaffen, haben RLT-Anlagen in Krankenhäusern also die zusätzliche Aufgabe, die Zahl der Mikroorganismen in der Luft zu reduzieren und ihre Ausbreitung zu verhindern.

Genaue Angaben über den Anteil aerogener Infektionen an der Gesamtzahl der Krankenhausinfektionen liegen nicht vor. Man geht davon aus, daß sie nur einen kleinen Anteil ausmachen. Da die absolute Zahl der Krankenhausinfektionen außerordentlich groß ist, sollten sie aber nicht vernachlässigt werden. Die Zahl der Krankenhausinfektionen insgesamt liegt trotz großer Erfolge auf dem Gebiet der Hygiene heute in deutschen Krankenhäusern immer noch bei 6% aller Patienten (Norden). Im Jahre 1987 waren davon in der damaligen Bundesrepublik immerhin 700000 Patienten betroffen, was sieben Millionen infektionsbedingte Krankheitstage zur Folge hatte.

Es besteht selbstverständlich eine große Problematik in der Entscheidung, welcher Aufwand wirtschaftlich vertretbar ist und wie das Schicksal der Patienten bei dieser Rechnung zu berücksichtigen ist. Häufig wird ein Ausweg in der Anwendung von Antibiotika gesehen. Wegen der Gefahr, daß sich dann vermehrt resistente Mikroorganismen bilden, ist das sicher keine gute Lösung.

Neben den Mikroorganismen sind häufig auch noch Staub, Geruchsstoffe, Narkosegase und Schadstoffe durch RLT-Anlagen aus dem Krankenhaus zu entfernen, so daß sie in vielen Abteilungen unentbehrlich sind. Man denke nur an Infektionsabteilungen, Operationstrakte, Isotopenstationen, Schwerverbranntenstationen, oder Bereiche, in denen sich Patienten mit Immunsuppression aufhalten.

RLT-Anlagen für Krankenhäuser haben einen hohen technischen Standard. Die Investitionskosten für solche Anlagen werden in einer Größenordnung von 8 bis 10% der gesamten Baukosten veranschlagt. Die Anlagen sollten deshalb auch von entsprechend qualifizierten Firmen ausgeführt werden. Hoher Standard soll aber nicht heißen, daß die Anlagen kompliziert sein müssen. Wegen der großen jährlichen Betriebsstundenzahl sollten die Betriebskosten bei der Anlagenauslegung berücksichtigt werden (niedrige Luftgeschwindigkeiten in den Kanälen, Wärmerückgewinnung[2)], gute Wärmedämmung, geringe Leckagen, raumweise Regelung bei Räumen mit Mischlüftung usw.)

---

1) Esdorn, H.: Ges.-Ing. 6/77. S. 153/9.
Rákóczy, T.: TAB 8/79. S. 653/7 u. Ki 11/83. S. 459/62 u. 1/84. S. 39/41.
Fachverlag Krankenhaustechnik Hannover: Betriebstechnik u. Bautechnik 1984.
Norden, G.: Das Krankenhaus 8/1989.

2) von Cube, H. L. u. E. Denker: TAB 5/84. S. 357/66.

-1.2 DIN 1946 T4[1)]

Eine Basis für die Beurteilung, wo RLT-Anlagen erforderlich sind, gibt die Norm DIN 1946 T4. Einen Überblick über die Raumarten gibt Tafel 3.6.5-1 aus dieser Norm. Je nach geforderter Keimarmut werden für die unterschiedlichen Räume die Klassen I und II unterschieden. In den Spalten 4 und 5 der Tafel sind mit „+" die Raumarten gekennzeichnet, in denen aus klimaphysiologischen oder infektionsprophylaktischen Gründen RLT-Anlagen benötigt werden. Die Tabelle enthält auch Vorgaben für den Mindestaußenluftvolumenstrom und die thermischen und akustischen Anforderungen.

Für die Raumklasse I wird dreistufige, für die Raumklasse II zweistufige Filterung verlangt. Dabei sind bei Klasse I mindestens folgende Filterklassen vorzusehen:

1. Filterstufe, mindestens G 4, nahe an der Außenluftansaugung,
2. Filterstufe, mindestens F 7, am Anfang der Luftleitungen (es ist in vielen Fällen empfehlenswert und wirtschaftlicher, bessere Filterstufen als hier gefordert zu verwenden),
3. Filterstufe mindestens EU 12, EU 13, unter bestimmten Bedingungen auch EU 11, dicht vor dem zu versorgenden Raum.

Umluft ist nur unter bestimmten Bedingungen zulässig: nur aus demselben Raum oder derselben Raumgruppe und Durchströmung der geforderten Filterstufen, zulässige Schadgaskonzentrationen dürfen nicht überschritten werden.

Luftströmungen von Raum zu Raum dürfen nur von der höheren zur niederen Anforderung an die Keimarmut stattfinden. Das Überströmen setzt entsprechende Unterschiede in den Zu- und Abluftströmen der betroffenen Räume und definierte Überströmöffnungen voraus. Wenn auch bei geöffneten Türen Strömungen entgegen der gewünschten Richtung vermieden werden müssen, sind Schleusen oder sehr große Luftüberschüsse erforderlich.

Die Norm enthält detaillierte Anforderungen für die technische und hygienische Abnahmeprüfung und für die Wartung und Kontrolle der RLT-Anlagen, die sehr ernst genommen werden sollten. Zur hygienischen Kontrolle gehören vor allem Messungen der Luftkeimkonzentration, Nachweis der Strömungsrichtung, Dichtsitz der Filter, Funktion von Absperrklappen, Untersuchung der Befeuchter und gegebenenfalls der Wärmerückgewinner. Die Einzelheiten sind der DIN 1946 T4 zu entnehmen.

-1.3 Verwaltungsräume

Verwaltungsräume wie Büros, Kassen, Registratur, Aufnahmeabteilungen unterscheiden sich nur gering von den entsprechenden Räumen in anderen Verwaltungsgebäuden und werden im allgemeinen nicht mit RLT-Anlagen versehen, falls sie nicht wegen Lärms in der Gebäudeumgebung, nicht öffenbarer Fenster oder hoher thermischer Lasten erforderlich sind. Die thermischen Lasten sollten in diesem Fall kleiner als 30 W/m^2 sein[2)]. Das wird besonders für Warteräume, Sitzungszimmer und ähnliche Räume nicht zutreffen.

-1.4 Bettenstationen[3)]

-1.4.1 Bettenräume

Allgemeines

Tafel 3.6.5-1 ist zu entnehmen, in welchen Bettenräumen RLT-Anlagen erforderlich sind. Das sind vor allem die Räume der Klasse I und die durch „+" gekennzeichneten Räume der Klasse II. Sie sind außerdem erforderlich bei ungünstigen Umgebungsbedingungen (Lärm oder hoher Staub- und Schadstoffgehalt der Außenluft) und hohen thermischen Lasten. Häufig grenzen innenliegende Sanitärräume, die entlüftet werden, an Bettenräume. Dabei sollte darauf geachtet werden, daß zugfreies Nachströmen über die Fassade und nicht aus dem Flurbereich eintritt. Entsprechende Zuluftanlagen wären vorzuziehen. Dabei ist an einfache Quelluftanlagen mit konstantem Luftstrom und konstanter Zulufttemperatur (20 °C) zu denken. Für Bettenräume im Bereich der Klasse I sind die einzuhaltenden

---

1) DIN 1946 T4 (03.99): Raumlufttechnische Anlagen in Krankenhäusern.

2) Zeidler, O.: Grenzen der thermischen Last bei Fensterlüftung in Bürogebäuden, Dissertation, TU Berlin, 2000.

3) Maus, D.: HLH 1971. S. 22/7 Bettenräume.
Trümper, H.: TAB 10/78. S. 847/50.

Bedingungen in DIN 1946 T4 vorgegeben (siehe Tafel 3.6.5-1), und entsprechende RLT-Anlagen sind erforderlich. Als Beispiel sei genannt:

Intensivmedizin, Bettenzimmer für infektionsgefährdete oder -gefährdende Patienten (2.1.1.1 in DIN 1946 T4 oder Spezialpflege (Immunsuppression) (2.2.1)

Tafel 3.6.5-1 Anforderungen an die Lüftung in Krankenhäusern (Auswahl aus DIN 1946, T4)

1	2	3	4	5	6	7	8	9	10
Nr	Krankenhausbereich Raumgruppe Raumart	Raumklasse	RLT-Anlagen unentbehrlich 1) Klimaphysiologisch	Infektionsprophylaxe	Hygienischer Mindest-Außenluftvolumenstrom 2) $m^3/(m^2 \cdot h)$	Raumluftzustände 3) 4) Temperaturen min. °C	max. °C	Feuchte 5)	Richtwerte für den maximalen Anlagen-Schallpegel 6) dB(A)
1	**Untersuchungs- und Behandlungsbereiche**								
1.1	**OP-Abteilungen**								
1.1.1	OP-Räume Typ A oder B, einschließlich Unfall- und Entbindungs-OP-Räume	I	+	+	siehe 6.6	22 7)	26 7)	+	40
1.1.2	Versorgungsflure oder Versorgungslager für Sterilgut, Waschräume, Ein- und Ausleitungsräume, gegebenenfalls Geräteräume	I	+	+	15	8)	8)	+	40
1.1.3	Aufwachräume 9)	I	+	+	30	22 7)	26 7)	+	35
1.1.4	Sonstige Räume, Flure	I	+	+	15	8)	8)	+	40
1.2	**Entbindung**								
1.2.1	Entbindungsräume	II			15	24			40
1.2.2	Sonstige Räume, Flure 4)	II			10				40
1.3	**Endoskopie**								
1.3.1	Eingriffsräume (z. B. Arthroskopie, Thorakoskopie oder Mediastinoskopie)	I		+	30				40
1.3.2	Untersuchungsräume (aseptisch, septisch)	II			30				40
1.3.3	Sonstige Räume, Flure 4)	II			10				40
1.4	**Physikalische Therapie**								
1.4.1	Wannenbäder, Bewegungsbäder, Schwimmbäder	II	+		10)	11)	11)		50
1.4.2	Sonstige Räume, Flure 4)	II			10				45
1.5	**Sonstige Bereiche**								
1.5.1	Räume für kleine Eingriffe 12)	II			15				40
1.5.2	Aufwachräume außerhalb der OP-Abteilung	II	+ 13)		30		26	+	35
1.5.3	Sonstige Räume und Flure 4), z. B.								
1.5.3.1	Röntgendiagnostik	II	14)		15			14)	40
1.5.3.2	Untersuchungsräume	II			15				40
2	**Pflegebereiche**								
2.1	**Intensivmedizin**								
2.1.1	Bettenzimmer, gegebenenfalls einschließlich Vorraum								
2.1.1.1	für Intensivtherapie (infektionsgefährdete oder infektionsgefährdende Patienten 15))	I	+	+	30	24	26	+	30
2.1.1.2	für Intensivbeobachtung (übrige Patienten)	II	+ 16)		15	24	26	+	30
2.1.2	Notfallraum	I	+	+	30 17)	24	26	+	40
2.1.3	Sonstige Räume, Flure 4)	II			15	8)	8)		40

1) bis 14) siehe Seite 1562

(fortgesetzt)

Fortsetzung: Anforderungen an die Lüftung

1	2	3	4	5	6	7	8	9	10
Nr	Krankenhausbereich Raumgruppe Raumart	Raum-klasse	RLT-Anlagen unentbehrlich[1] Klima-physiologisch	Infektions-prophylaxe	Hygienischer Mindest-Außenluft-volumen-strom[2] $m^3/(m^2 \cdot h)$	Raumluft-zustände[3][4] Tempe-raturen min. °C	max. °C	Feuchte[5]	Richtwerte für den maximalen Anlagen-Schallpegel[6] dB(A)
2.2	**Spezialpflege[18]**								
2.2.1	Bettenzimmer	I	+	+	30	24	26	+	30
2.2.2	Notfallraum	I	+	+	30[17]	24	26	+	40
2.2.3	Sonstige Räume, Flure[4]	II			15	[8]	[8]		40
2.3	**Infektionskrankenpflege[19]**								
2.3.1	Bettenzimmer, gegebenenfalls einschließlich Vorraum	II		[20]	10				35[21]
2.3.2	Sonstige Räume, Flure[4]	II			10				40
2.4	**Frühgeborenenpflege**								
2.4.1	Bettenzimmer	II	+[22]		15	24	26	+[23]	35[21]
2.4.2	Sonstige Räume, Flure[4]	II			10	[8]	[8]		40
2.5	**Neugeborenen-, Säuglings- und Allgemeinpflege**								
2.5.1	Bettenzimmer	II			10				35[21]
2.5.2	Sonstige Räume, Flure[4]	II			10				40
2.6	**Sonstige Bereiche**	II			10				
3	**Ver- und Entsorgungsbereiche**								
3.1	**Apotheke**								
3.1.1	Sterilräume	I		+	10				45
3.1.2	Sonstige Räume[24], Flure[4]	II			10				40
3.2	**Sterilisation[25]** unreine Seite, reine Seite, Sterilgutlager	II	[26]	[27]	[28]				50
3.3	**Bettenaufbereitung, Wäscheaufbereitung, Wäscherei** unreine Seite, reine Seite	II	[26]	[27]	[28]				50
3.4	**Pathologie/Prosektur**	II					22[29]		50
3.5	**Laboratorien** hygienisch-mikrobiologische, klinisch-chemische, histologische	II			[30]				45
3.6	**Umkleide- und Sanitärräume**								
3.6.1	Umkleideräume	II			[31] [32]				50
3.6.2	WCs	II			[32] [33]				[34]
3.6.3	Stationsbäder	II			[32] [35]				[34]
3.6.4	Naßzellen	II			[32] [36]				[34]
3.7	**Sonstige Bereiche**	II			10				

[1] bis [36] siehe Seite 1562

(fortgesetzt)

Fortsetzung: Anforderungen an die Lüftung

[1] Außer den hier genannten klimaphysiologischen und infektionsprophylaktischen Gründen können RLT-Anlagen auch aus anderen, in Abschnitt 4 im 2. Absatz genannten Gründen notwendig werden.

[2] Aus den in Abschnitt 4 im 1. und 2. Absatz genannten Gründen können im Einzelfall auch höhere Luftvolumenströme erforderlich werden.

[3] Soweit hier keine Angaben enthalten sind, gelten die Werte nach DIN 1946-2; vergleiche 5.1.1 bis 5.1.3.

[4] Siehe Anhang C, Erläuterungen zu Tabelle 2.

[5] + bedeutet, daß die in DIN 1946-2 genannten Grenzwerte einzuhalten sind.

[6] Diese Werte gelten nur für Räume, die dem ständigen Aufenthalt von Personen dienen.

[7] Ganzjährig von min. bis max. frei wählbar, zusammenhängend mit den zugehörigen Räumen der OP-Abteilung. Für die Bemessung der Kälteanlage kann eine Außentemperatur zugrunde gelegt werden, die um 4 K niedriger liegt als in VDI 2078 angegeben. Für OP-Räume gelten die Temperaturen für das Operationsfeld.

[8] Gleiche Zulufttemperatur und Zuluftfeuchte wie für OP-Räume bzw. Bettenzimmer.

[9] Wenn in OP-Abteilung integriert.

[10] Festlegungen müssen nach Erträglichkeit und bauphysikalischen Anforderungen erfolgen.

[11] Raumtemperatur 2 bis 4 K über Wassertemperatur bis zu einer Raumtemperatur von 28 °C. Bei Wassertemperatur ab 28 °C sollten beide Temperaturen gleich sein.

[12] Zur Definition der „kleinen Eingriffe" siehe RKI-Richtlinie Krankenhaushygiene und Infektionsprävention, Anlage zu Ziffern 5.1 und 4.3.3.

[13] Auch aus Gründen der Narkosegasabführung.

[14] In Einzelfällen können medizinisch-technische Geräte den Einsatz von RLT-Anlagen und die Einhaltung bestimmter Feuchtewerte erforderlich machen.

[15] Entsprechend der RKI-Richtlinie Krankenhaushygiene und Infektionsprävention.

[16] Für einzelne Bettenzimmer darf auf RLT-Anlagen verzichtet werden, nicht jedoch für die für Patienten mit Herz-, Kreislauf- und Atemwegserkrankten bestimmten.

[17] In Bereitschaftszeit nur 15 $m^3/(m^2 \cdot h)$.

[18] Für immunsupprimierte (abwehrgeschwächte) Patienten.

[19] Siehe auch Abschnitt 1, letzter Satz.

[20] Es ist vom Hygieniker zu entscheiden, ob für bestimmte aerogen übertragbare Krankheiten aus infektionsprophylaktischen Gründen eine RLT-Anlage unentbehrlich ist.

[21] Nachtwerte etwa 5 dB niedriger in Verbindung mit Senkung des Luftvolumenstromes, jedoch nicht unter 50 $m^3/(h \cdot \text{Person})$.

[22] RLT-Anlagen dürfen entfallen, wenn alle Frühgeborenen in Inkubatoren untergebracht sind.

[23] Mindestfeuchte 45 % relative Feuchte.

[24] Für Laborräume siehe DIN 1946-7.

[25] Wenn der OP-Abteilung direkt zugeordnet, gilt Nr 1.1.2.

[26] Bei chemischer Desinfektion oder Sterilisation ist für eine Schadstoffabfuhr Sorge zu tragen; siehe hierzu DIN 58948-7.

[27] Es ist durch geeignete bauliche Maßnahmen Sorge dafür zu tragen, daß ein Luftaustausch zwischen reiner und unreiner Seite weitgehend vermieden wird.

[28] Außenluftvolumenstrom nach Schadstoffbilanz.

[29] Gilt nur für Obduktionsräume, sonst gilt auch hier DIN 1946-2.

[30] Nach DIN 1946-7.

[31] Nur Abluft 100 $m^3/(\text{Kabine} \cdot h)$.

[32] Dabei muß eine sichere und zugfreie Zuluftnachströmung, erforderlichenfalls durch RLT-Anlagen, sichergestellt werden.

[33] Nur Abluft 60 $m^3/(\text{Objekt} \cdot h)$.

[34] In benachbarten Bettenzimmern dürfen tags 35 dB(A) und nachts 30 dB(A) nicht überschritten werden.

[35] Nur Abluft 150 $m^3/(\text{Raum} \cdot h)$.

[36] Nur Abluft 100 $m^3/(\text{Zelle} \cdot h)$.

Die Zuluftvolumenströme liegen im Bereich von 10 bis 30 $m^3/h/m^2$, was pro Bett etwa 80 bis 250 $m^3/h/m^2$ oder einen 3- bis 10fachen stündlichen Luftwechsel ausmacht. In Räumen, die nicht die DIN-Anforderung erfüllen müssen, mit geringen thermischen Lasten und wenigen Geruchsquellen ist geringerer Luftwechsel möglich, wenn die Fenster öffenbar sind (ca. 6 $m^3/h/m^2$).

Der A-bewertete Schalldruckpegel soll 30 dBA nicht überschreiten.

Auf Bild 3.6.5-1 ist ein möglicher Grundriß einer Bettenstation wiedergegeben. Die Fenster sind öffenbar und haben außenliegenden Sonnenschutz. Zu- und Abluftkanal sind an der Flurdecke verlegt mit Stichkanälen zu den Räumen. Im Krankenzimmer und in den Betriebsräumen sind Quelluftdurchlässe in Bodennähe an den Innen- oder Querwänden angebracht. Abluftöffnungen befinden sich im Sanitärbereich, im Flur und in den Betriebsräumen. Ein Vorteil der Quellüftung wurde oben schon erwähnt. Einzelraumregelung kann weitgehend entfallen, wenn normale thermische Lasten (bis 30 W/m^2) vorliegen. Umluft sollte nicht verwendet werden.

Bei den Luftdurchlässen sind hygienische Gesichtspunkte zu beachten. Sie müssen leicht zugänglich, öffenbar und desinfizierbar sein. Rückströmung der Luft in den Durchlaß darf nicht möglich sein. Deshalb scheiden zum Beispiel Induktionsgeräte mit Lamellenwärme-

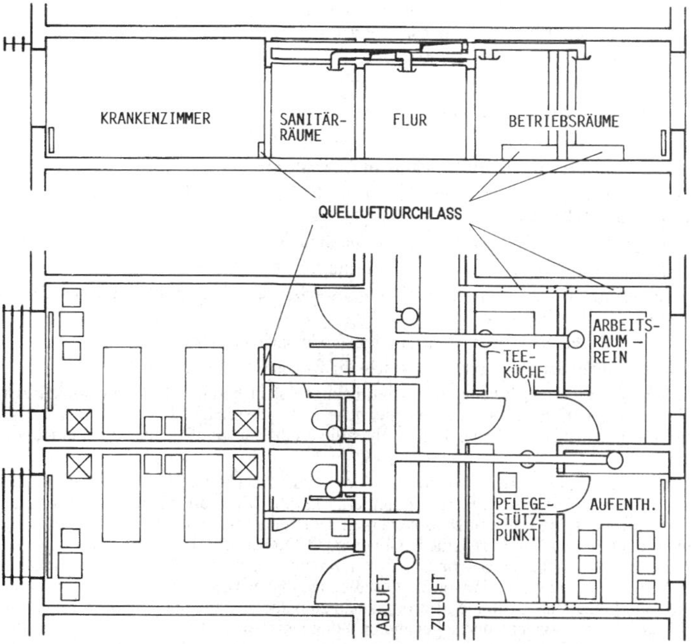

Bild 3.6.5-1. Normale Bettenstation (nach Labryga, TU Berlin) mit RLT-Anlage (Quelluft).

austauschern aus. Eine mögliche Lösung stellen Quelluftauslässe ohne Filtermatten bevorzugt an der Flurseite und Heizkörper im Fensterbereich dar. Bei großen thermischen Lasten im Raum sollte Deckenkühlung verwendet werden.

Bei Deckendurchlässen, die Mischlüftung erzeugen, sind VVS-Anlagen angebracht, dann ist raumweise Regelung erforderlich.

Während der Nacht sind reduzierte Volumenströme möglich (50%), auch bei Quelluftanlagen.

Als Besonderheit ist in allen RLT-Anlagen in Krankenhäusern dafür zu sorgen, daß über die Kanalnetze auch bei Anlagenstillstand durch Wind- und Auftriebskräfte kein Lufttransport erfolgt, der die hygienische Qualität des Gebäudes mindert. Dazu sind luftdichte Klappen in verschiedenen Bereichen der Anlagen anzubringen (siehe DIN 1946 T4), die bei Ausfall der Anlage selbsttätig schließen. Das ist auch für den Fall der Entrauchung und Schließen von Brandschutzklappen zu beachten.

Kosten

Die Investitionskosten sind je nach Anlagenart sehr unterschiedlich. Schätzwerte bewegen sich zwischen 90 und 150 € je m^2 für die kleinen Volumenströme von z. B. 10 $m^3/(h \cdot m^2)$. Die jährlichen Energiekosten dürften bei den geringen Volumenströmen in einer Größenordnung von 9 bis 12 €/m^2 liegen. Für Wartung und Reparaturen dürften um 4% der Investitionskosten anfallen.

-1.4.2 Nebenräume (Betriebsräume)

Toiletten und innenliegende Naßräume, Bäder sind immer zu entlüften. Entlüftungsöffnung im Deckenbereich des Naßraumes. Bei Überströmung vom Nachbarraum spezielle Überströmöffnung eventuell mit Schalldämpfer in Wand, Decke oder Tür, bei Quelluft im Nachbarraum Überstromöffnung oben, sonst Lage beliebig.

Volumenströme sind in den Fußnoten zu Tafel 3.6.5-1 angegeben. Wenn kontrolliertes Überströmen nicht bei allen Betriebszuständen sichergestellt ist, sollten kombinierte Zu- und Abluftanlagen verwendet werden.

-1.5 Operationsräume[1)]

-1.5.1 Aufgabe der RLT-Anlage im Operationsraum

Operationsräume gehören zur Raumklasse I, und RLT-Anlagen gelten für die meisten Operationen als unentbehrlich.

Die Aufgaben lassen sich zu folgenden Schwerpunkten zusammenfassen:

- Schaffung thermisch behaglicher Raumbedingungen,
- Begrenzung des Luftkeimpegels in den besonders zu schützenden Bereichen Operationsfeld und Instrumententisch,
- Begrenzung der Narkosegaskonzentrationen oder anderer Schadstoffe,
- Sicherstellung der gewünschten Luftrichtung zu den Nachbarräumen.

Die Schaffung thermisch behaglicher Bedingungen stellt bereits eine Schwierigkeit dar, weil die Personen im OP sehr unterschiedliche Aktivitätsgrade haben. Ausgleich ist nur durch entsprechende Kleidung möglich, eigentlich selbstverständlich, aber nicht immer beachtet.

Die wichtigste Aufgabe besteht in der Reduzierung der Anzahl der Mikroorganismen in der Luft, und genau genommen ist zu verhindern, daß die Mikroorganismen in der offenen Wunde oder auf den Operationsinstrumenten sedimentieren. Als Quelle der Keime sind beim ordnungsgemäßen Betrieb die Personen im OP zu betrachten. Die Zahl der abgegebenen Keime schwankt in einer sehr großen Bandbreite je nach dem Gesundheitszustand und der Aktivität der einzelnen Personen. Verläßliche Angaben sind deshalb kaum zu finden. Es kommt hinzu, daß nicht alle Mikroorganismen pathogen sind und daß häufig nicht die Zahl der Keime, sondern der sogenannten koloniebildenden Einheiten (KBE) ermittelt werden kann. Das sind mit mehreren Keimen besetzte Partikel. Die Größenordnung der von Personen im OP stündlich abgegebenen KBE liegt bei 10^5 bis 10^6. Während Bakterien allein Abmessungen im Bereich 3 bis 8 μm haben, liegen die koloniebildenden Einheiten bei einer Größenordnung von 15 μm (Hygiene Berlin[2)]). Keimzahlbestimmungen im Raum mit Personen als Quellen sind wegen der nicht konstanten Keimabgabe ein sehr ungeeignetes Mittel, die Qualität einer RLT-Anlage zu beurteilen.

Die Begrenzung der Keimzahl-Konzentration in der Luft wird zunächst durch entsprechend große Zuluftströme vorgenommen, im Prinzip also eine Reduzierung der Keimkonzentration durch Verdünnung. Die Zuluft, die durch Schwebstoffilter geströmt ist, kann als nahezu keimfrei betrachtet werden. Bei einer Mischströmung im Raum werden alle im Raum abgegebenen Keime gleichmäßig in der Raumluft verteilt, denn man kann von einem Kontaminationsgrad von ungefähr 1 ausgehen. Als Kontaminationsgrad μ_s wird die am OP-Tisch gemessene Konzentration bezogen auf die Konzentration der Abluft bezeichnet. Mit speziellen OP-Decken ist es möglich, in den Schutzbereichen kleinere Kontaminationsgrade zu erreichen, indem die Luftströmung eine vollkommene Mischung mit allen abgegebenen Keimen in diesem Bereich verhindert. Das stellt also neben der Verdünnung ein zweites angewendetes Prinzip dar, das der Verdrängung. Eine weitere Maßnahme, bei gegebener Keimkonzentration die Sedimentation der Mikroorganismen zu reduzieren, bie-

---

[1)] DIN 4799 (06.90): Luftführungssysteme für OP-Räume, Prüfung.
Nouri, Z.: Ges.-Ing. 3/82. S. 110/16 u. a.
Schmid, P.: HLH 9/88. S. 440 ff.
Martiny, Rüden u. a.: Ges.-Ing. 3/83. S. 109/15.
Rákóczy, T.: Ki 117/3. S. 459/30 u. 1/84. S. 39/41.
N.N.: SKI Band 35 (1987).
Thomas, G.; Meierhans, med-orthop. Techn. 99 (1979) S. 216 ff.
Krauppner, K.-W.: Krankenhaustechnik 6/87 S. 48 ff.
Bartz, H.: VDI-Berichte 919/91.
N.N.: Hygiene Berlin 9/92. S. 4/8 ISBN 3 9/92.
Gundermann, Sonntag, Rüden: Lehrbuch der Hygiene. G. Fischer-Verlag, Stuttgart 1991.
Laabs, K. D.: TAB 12/79. S. 1043/5 u. R. Ulbrich: HLH 3/89. S. 158/160.
Maus, D.: HLH 11/83, S. 465/8.
Esdorn, H.; Nouri, Z.: HLH 28 (1977) S. 427–437.

[2)] Hygiene Berlin, 1992, ISBN 3798315159.

tet die laminare Strömung. Untersuchungen von Koller[1] deuteten schon an, daß die Sedimentation in laminaren Strömungen geringer ist als in turbulenten. Inzwischen wurde bestätigt,[2] daß die Sedimentation von Mikroorganismen in einer Verdrängungsströmung mit einem Turbulenzgrad von 20% doppelt so groß ist wie in einer laminaren Strömung mit einem Turbulenzgrad von 1%.

-1.5.2 Prinzipien der Raumströmung[3]

Entsprechend ergeben sich die in Bild 3.6.5-2 dargestellten Prinzipien der OP-Raumluftdurchlässe. Das obere der Bilder deutet eine Mischströmung an mit einem Kontaminationsgrad von ungefähr 1 im ganzen Raum. Die Begrenzung der Keimkonzentration in der Luft wird durch Verdünnung erreicht. Als Luftdurchlässe für diese Strömung sind am besten Radialauslässe geeignet. Die mittlere und die untere Skizze auf Bild 3.6.5-2 deuten den nächsten Schritt an: Reduzierung des lokalen Kontaminationsgrades durch eine OP-Decke oberhalb des OP-Tisches. Hier sind nun prinzipiell zwei Deckenarten zu unterscheiden, die sich durch die Ausbildung der Austrittsebene ergeben. Düsenförmige oder lochblechähnliche Austrittsebenen führen zur Ansaugung und Durchmischung mit Umgebungsluft. Die Kontaminationsgrade liegen im günstigsten Falle ungefähr bei 0,5. Bei Ausbildung der Austrittsebene als Laminarauslaß wird weniger Umgebungsluft angesaugt und beigemischt und dadurch der Kontaminationsgrad weiter abgesenkt (etwa 0,1 und weniger), 10^{-6} wäre möglich.

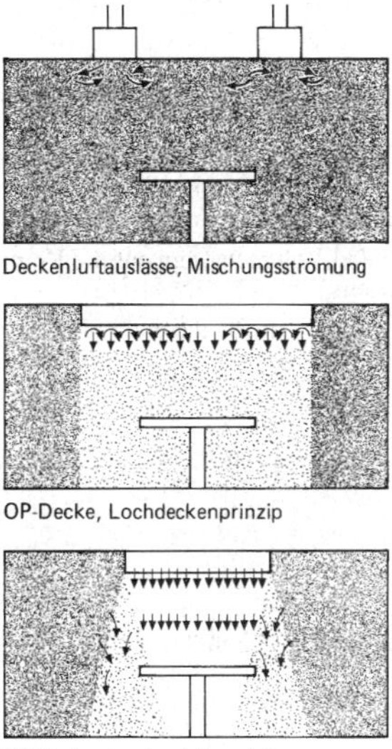

Bild 3.6.5-2. Möglichkeiten der OP-Raumbelüftung.

Da eine Beurteilung und ein Vergleich der verschiedenen Deckenarten sehr schwierig ist, wurde in DIN 4799[4] ein Meßverfahren für den Kontaminationsgrad unter OP-Decken genormt, um vergleichbare Werte zu erhalten.

Da die Kontaminationsgrade außerdem von den thermischen Lasten im Raum und von den Zuluftvolumenströmen abhängen, werden die Werte bei zwei Lasten für verschiedene Volumenströme und festgelegter Geometrie des Versuchsraumes gemessen (Nachweis durch anerkannte Fachinstitute nach DIN 4799). Die Messungen setzen stationäre Bedingungen bei relativ hohen Kühllasten voraus. Sie lassen sich deshalb nur im Labor durchführen. Die Messungen werden nach DIN 4799 mit Spurengas durchgeführt. Wenn die Kontaminati-

[1]) Koller, W.: Ges.-Ing. 5/88. S. 237ff.; 6/88. S. 293.
[2]) Scheer, F.-A.: Einfluß der Turbulenz einer Verdrängungsströmung in Operationsräumen auf Transport und Sedimentation von Mikroorganismen, Dissertation TU Berlin 1998.
[3]) Fitzner, K.: HLH 4/1990.
[4]) DIN 4799 (06.90): Luftführungssysteme für OP-Räume, Prüfung.

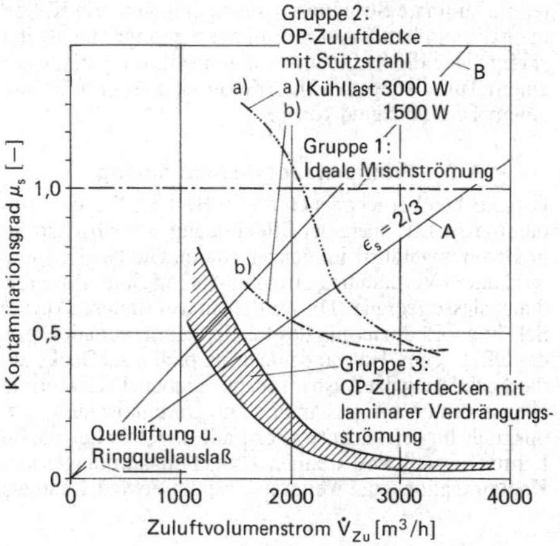

Bild 3.6.5-3. Kontaminationsgrade verschiedener OP-Luftführungssysteme.

onsgrade in der Größenordnung von 10^{-6} gesenkt werden sollen, müssen die Untersuchungen mit Aerosolen und Partikelzählern ausgeführt werden

Bild 3.6.5-3 zeigt Meßergebnisse[1)] für verschiedene Deckenfabrikate. Das Bild enthält auch zwei Grenzkurven, die für die OP-Räume Typ A (besonders hohe Anforderungen nach DIN 1946 T4) oder B (hohe Anforderungen) nicht überschritten werden dürfen.

Zur Veranschaulichung, wie sich Kontaminationsgrade und Volumenstrom auf die Keimkonzentration auswirken, soll das folgende Beispiel dienen:

Mit Hilfe des Kontaminationsgrades läßt sich bei bekannter Keimabgabe und bekanntem Volumenstrom die Keimkonzentration berechnen.

$K = n \cdot Q \cdot \mu_s / \dot{V}$

K = Koloniebildende Einheiten je m³ Luft
n = Zahl der Personen im OP
Q = Quellstärke der Keimquellen
μ_s = Kontaminationsgrad
$\dot{V}$ = Volumenstrom m³/h

Beispiel:

Q Keimabgabe 30000 je Person je Stunde (Annahme) 8 Personen im OP
Kontaminationsgrad $\mu_s \leq 0{,}1$
Volumenstrom 2400 m³/h

$K = 8 \cdot 30\,000 \cdot 0{,}1/2400 = 10$ KBE/m³

Die Luftaustrittsgeschwindigkeit und die Turbulenzgrade bei beiden Deckentypen sind unterschiedlich. Sie liegen bei den Laminardecken im Bereich von 0,15 bis 0,25 m/s. Bei Mischdecken liegen sie wegen der größeren Austrittsfläche etwa bei einem Drittel dieser Werte.

Bei den Mischdecken tritt durch die Luftbeimischung eine Temperaturerhöhung im Zuluftstrahl hinter der Eintrittsebene auf. Deshalb werden niedrigere Eintrittstemperaturen als bei der Laminardecke verwendet. Bei beiden Decken liegen die Luftgeschwindigkeiten im üblichen Volumenstrombereich bei thermisch behaglichen Werten. Dem Laminarauslaß kommt dabei zugute, daß der Turbulenzgrad der Strömung niedrig ist und die Luftgeschwindigkeit höher sein kann.

Bei den OP-Decken muß die Zulufttemperatur immer niedriger als die Raumlufttemperatur sein, und wenn es sich auch nur um eine Untertemperatur von 0,5 K handelt. Mit den OP-Decken kann nicht geheizt werden. Bei OP-Räumen mit Außenwänden muß deshalb eine separate Heizung vorgesehen werden für die Zeit, in der der Raum nicht benutzt wird.

1) Behne, M.: DKV-Jahrestagung Band IV, 1991.

-1.5.3 Keimzahl und Infektionshäufigkeit

Es gibt einige Operationen, bei denen extrem hohe Anforderungen an die Keimarmut zu stellen sind. Dazu gehören Knochenoperationen. Für den speziellen Fall von Knie- und Hüftgelenksoperationen liegen sehr ausführliche Untersuchungen über den Zusammenhang von Keimzahlkonzentration in der Luft und Infektionsrate vor[1]. Über eine Zeit von mehr als 5 Jahren wurden in Großbritannien und Skandinavien mehr als 8000 Patientenschicksale verfolgt. In Bild 3.6.5-4 ist der ermittelte Zusammenhang zwischen der Infektionsrate und der Keimzahl in der Luft dargestellt. Die Abszisse hat in dieser Darstellung keinen linearen Maßstab. Man erkennt, daß der Aufwand überproportional zunimmt, wenn das Infektionsrisiko bei kleinen Werten noch verringert werden soll. Trotzdem läßt sich abschätzen, daß zumindest für hochaseptische Operationen der nach DIN 1946 T4 in Klasse A geforderte Mindestaufwand recht niedrig ist.

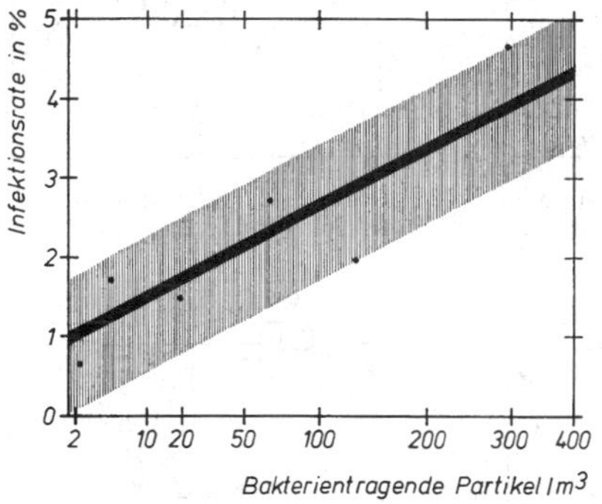

Bild 3.6.5-4. Luftkontamination und Risiko einer nachfolgenden Infektion.*)

*) Lidwell, o. M.: Hyg. + Med. 1 (1984).

-1.5.4 Kontaminationsgrade verschiedener OP-Decken[2]

Bild 3.6.5-5 bis Bild 3.6.5-9 zeigt verschiedene Skizzen möglicher Luftdurchlaßanordnungen, über die teilweise Kontaminationsgradmessungen vorliegen.

Die Schrägschirmdecke (Bild 3.6.5-5) dürfte bestenfalls Werte der Mischströmung erreichen. Sie ist vor allem dann problematisch, wenn Personen zwischen Luftdurchlaß und OP-Tisch stehen.

Wie oben schon erwähnt, wird mit Radialauslässen an der Decke eine Mischströmung im Raum erreicht. Ein solcher Durchlaß erfüllt bei einem Volumenstrom von 2400 m^3/h die DIN-Klasse B. Den Kontaminationsgrad gibt Gruppe 1 auf Bild 3.6.5-3 wieder. Der Volumenstrom 2400 m^3/h ist, weil er bei einem Mischluftauslaß die Klasse B erfüllt, als Bezugsvolumenstrom in die Norm DIN 4799 eingegangen.

Im Hinblick auf den Kontaminationsgrad stellt das Lochdeckenfeld die nächste Stufe der Verbesserung dar. Der Verlauf des Kontaminationsgrades für eine solche Decke mit Stützstrahl ist in Bild 3.6.5-3 Gruppe 2 dargestellt.

Die niedrigsten Kontaminationsgrade werden mit einer ähnlich angeordneten OP-Decke aber mit Laminarisator am Austritt erreicht (Gruppe 3 auf Bild 3.6.5-3). Nach Untersuchungen von Koller[3] und Scheer[4] hat die Laminarströmung außerdem eine geringere Keimsedimentation zur Folge. Koller hat einen Kontaminationsgrad aufgrund der Keimsedimentation definiert und gemessen. Das Lochblechfeld mit Stützstrahl ergab einen Sedimentationsgrad von 130% ± 70, die Laminardecke weniger als 1%. Nach Seipp[5] ist die laminare

[1]) Lidwell, o. M.: Hyg. + Med. 1 (1984).
[2]) Schmid, P.: HLH 3/87. S. 145 ff. u. HLH 9/88. S. 440 ff.
Esdorn, H.: Ges.-Ing. 10/73. S. 289/99.
Schlösser, P.: HLH 12/86. S. 595 ff.
Schäfer, B., u. a.: Luft- und Kältetechnik 2/83. S. 87/91.
[3]) Koller, W.: Ges.-Ing. 5/88. S. 237 ff.; 6/88. S. 293.
[4]) Scheer, F.-A.: Einfluß der Turbulenz einer Verdrängungsströmung in Operationsräumen auf Transport und Sedimentation von Mikroorganismen, Dissertation TU Berlin 1998.
[5]) Seipp, H.-M.; Bart, U.: HLH 3/93. S. 196–202; HLH 9/92. S. 500/6.

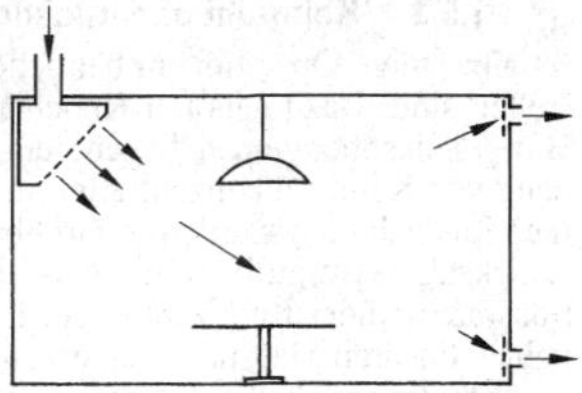

Bild 3.6.5-5. Zuluft durch Schrägschirm.

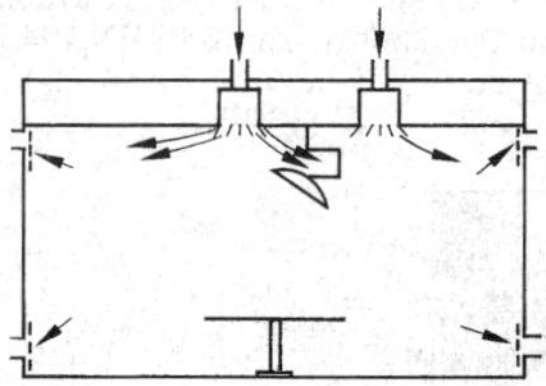

Bild 3.6.5-6. Zuluftzufuhr durch Radialluftdurchlässe an Decke.

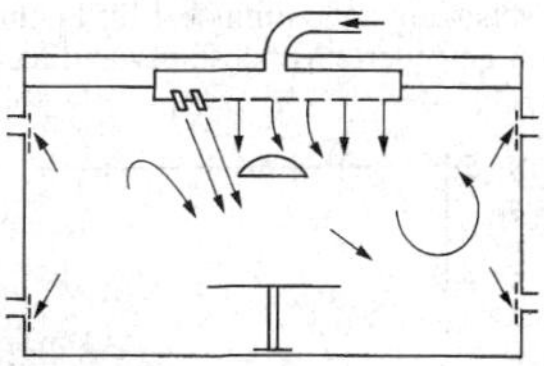

Bild 3.6.5-7. Lochdeckenfeld mit Stützstrahl.

Bild 3.6.5-8. Zuluftzufuhr durch Laminardecke über OP-Tisch.

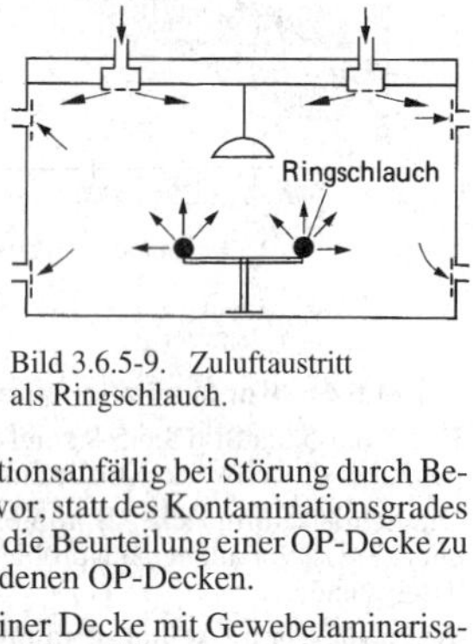

Bild 3.6.5-9. Zuluftaustritt als Ringschlauch.

Strömung auch weniger instabil und weniger kontaminationsanfällig bei Störung durch Bewegungen im Raum oder geöffnete Türen. Seipp schlägt vor, statt des Kontaminationsgrades das Abklingen der Partikelkonzentration als Maßstab für die Beurteilung einer OP-Decke zu machen. Bild 3.6.5-10 zeigt Meßergebnisse an verschiedenen OP-Decken.

Man kann erkennen, daß die Partikelkonzentration bei einer Decke mit Gewebelaminarisator extrem schnell abklingt. Als quantitativer Maßstab schlägt Seipp vor, das Integral der Abklingkurven zu verwenden. Seine an 29 OP-Decken durchgeführten Messungen ergeben folgende Mittelwerte. Je kleiner der Wert, um so besser die OP-Decke.

	Partikel min/m³	Anzahl der untersuchten Decken
Laminar flow (Gewebe)	14 000	3
Laminar flow (Lochblech)	61 100	4
Stützstrahlsystem	201 000	9
Schrägschirmsystem	281 000	12

Die von Seipp vorgeschlagenen Maßstäbe verdeutlichen besonders gut die Vorteile der Laminardecke mit Gewebelaminarisator. Der vorgeschlagene Maßstab läßt sich in den Kontaminationsgrad bei stationärer Strömung umrechnen.

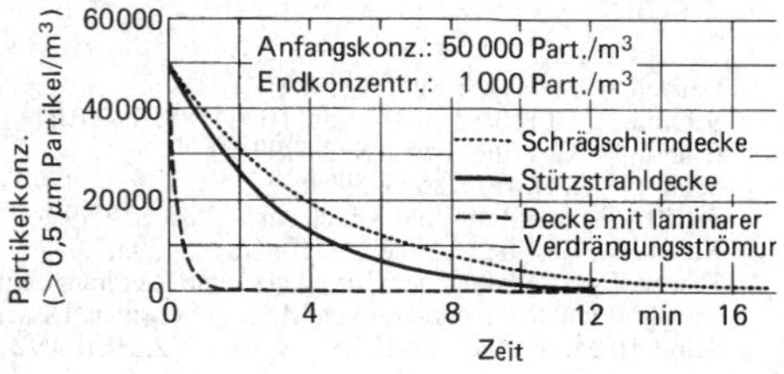

Bild 3.6.5-10. Zeitlicher Verlauf der Partikelelimination im Schutzbereich dreier verschiedener Zuluftsysteme nach standardisierter Emission.

Die Messung läßt sich nur im instationären Betrieb durchführen: Partikel bei abgeschalteter Anlage verteilen und dann Anlage einschalten. Der Einfluß der thermischen Last läßt sich deshalb nicht richtig ermitteln.

Eine Meßmethode, die den Einfluß der Strömung auf den Kontaminationsgrad und die Sedimentation zu beurteilen gestattet, besteht darin, die Sedimentation mit Keimen auf Agarschalen[1)] zu ermitteln. Aufschlußreiche Meßergebnisse dieser Art gibt Seipp an:

OP ohne RLT-Anlage	40 Keime/h
OP mit Stützstrahldecke	20 Keime/h
OP mit Laminardecke	<2 Keime/h

In letzter Zeit wird häufig gefordert, die Anforderungen an OP-Decken zu erhöhen und zwar ähnlich hoch zu setzen wie bei der Desinfektion von Instrumenten, bei denen eine Reduktion der Keimzahl von 10^{-6} verlangt wird[2)]. Mit Laminardecken ist eine solche Reduktion durchaus möglich, wie die Messungen von Seipp gezeigt haben.

Weil große OP-Decken mit laminarer Strömung außerdem sehr stabile Raumströmungen erzeugen, die durch Störungen in der Umgebung wenig beeinflußt werden, geht die Tendenz zur Zeit dahin, größere OP-Decken mit Umluft aus dem gleichen Raum zu bauen und dafür die Unter- oder Überdruckschleusen, die die Vorräume des OP darstellen, entfallen zu lassen. Bild 3.6.5-11 zeigt eine solche größere OP-Decke, die mit einem geringen Außenluftvolumenstrom von einem Zentralgerät und mit zusätzlicher Umluft durch Ventilatoren in der Decke versorgt wird. Solche Decken arbeiten mit Volumenströmen von 6000 bis 10000 m³/h, wobei der Außenluftanteil nur etwa 1000 bis 2000 m³/h betragen kann. Wenn die Umluftventilatoren direkt in die Decke integriert werden, führt das allerdings zu höheren Geräuschpegeln im OP. Die Skizze auf Bild 3.6.5-11 zeigt einen Primärluftanschluß für aufbereitete Luft (1), Umluftöffnungen (2), Schalldämpfer (3), Vermischungseinrichtungen (4) der Luft im Druckraum für eine gleichmäßige Geschwindigkeits- und Temperaturverteilung am Laminarauslaß (8), Schwebstoff-Filter (5), und Abluftöffnung (7).

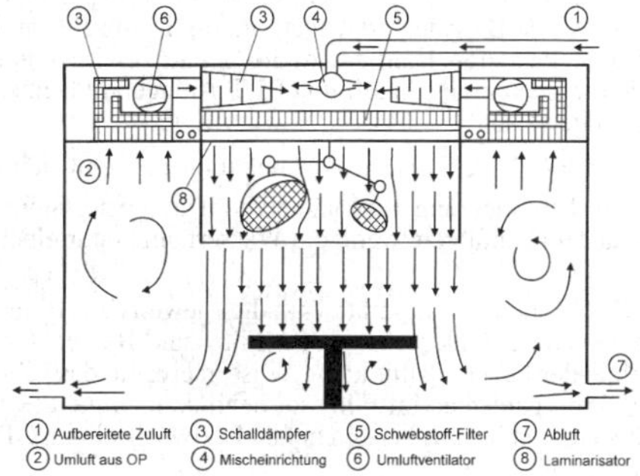

Bild 3.6.5-11. OP-Decke mit Umluft für ein großes Deckenfeld (Zeichnung Heinrich Nickel GmbH).

Bei allen Luftdurchlässen muß das letzte endständige Filter möglichst unmittelbar vor der Austrittsebene liegen. Der fast immer unvermeidliche Luftverteiler danach stellt leider eine kritische Stelle dar, weil viele Verteiler (Ausnahme: vollflächiger Laminarverteiler) Raumluft ansaugen. Sie müssen entsprechend häufig desinfiziert werden.

Bei entsprechender Anlagenkonzeption können die Zuluftströme außerhalb der Betriebszeit erheblich reduziert werden (5%).

-1.5.5 RLT-Gerät und Kanäle

Die Klimageräte für OP-Räume selbst unterscheiden sich nicht grundsätzlich von anderen Geräten, müssen jedoch bezüglich Reinigung, Wartung und Dichtheit hohen Anforderungen genügen (Hygiene-Ausführung mit zugänglichen oder ausbaubaren Bauteilen). Sie enthalten die üblichen Bestandteile, wie Filter, Vorwärmer, Kühler, Befeuchter, Ventilator usw. Die Filterung der Luft erfolgt dreistufig. 1. Stufe min. G 4, möglichst dicht an der Ansaugöffnung (Reinhaltung der Klimazentrale). 2. Stufe min. F 7 am Ausgang der Klima-

---

1) Seipp, H. M.: in Beck-Eikmann, Hygiene in Krankenhaus und Praxis, III-3,8. S. 1/21.

2) Seipp, H. M., A. Schrot, H. Besch: Operative Reinraumtechnik, Hyg. Med. 1998; 23 (12): 526–546.

zentrale (Reinhaltung des Kanalnetzes). 3. Stufe EU-12-Filter möglichst nahe am zu versorgenden Raum. Bild 3.6.5-12 zeigt als Prinzipskizze eine übliche Anordnung.

Befeuchtung mit Dampf- oder Sprühdüsen.

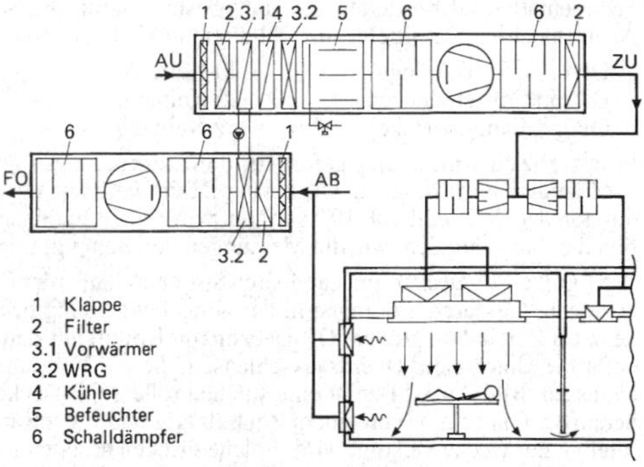

Bild 3.6.5-12. Prinzipschaltbild einer RLT-Anlage für einen OP-Raum mit OP-Zuluftdecke für laminare Luftströmung.

Es wird viel für die eine oder andere Lösung aus hygienischer Sicht argumentiert. Dampf ist beim Eintritt in den Luftstrom sicher keimfrei und wird deshalb häufig bevorzugt. Die Gefahr zu großer Befeuchtung und anschließender Kondensation in der Anlage ist aber nicht auszuschließen. Luftwäscher sind unbedenklich, wenn sie Maßnahmen gegen Keimwachstum enthalten und entsprechend gewartet werden. Beides sollte im Krankenhaus kein Problem mehr sein[1)]. Es werden entweder UV-Strahler im Wasserkreislauf oder rückstandsfreie Biozide verwendet, um die Keimzahl im Wäscher auf dem Niveau von Trinkwasser zu halten. Häufig wird die Gefahr von Legionellenausbreitung befürchtet. Nach Rüden wurden in der Zuluft von RLT-Anlagen in Deutschland bis jetzt noch nie Legionellen nachgewiesen.

Als zusätzliche Sicherheitsmaßnahme empfiehlt sich folgendes:

Wäscherentleerung mit Magnetventil an tiefster Stelle einbauen. Automatische Entleerung und Trockenfahren, wenn die Wassertemperatur einen Grenzwert (z.B. 22 °C) überschreitet.

Die Zu- und Abluftgeräte enthalten jeweils am Eintritt dichtschließende Klappen, die im Stillstand geschlossen werden. Filter und Befeuchter sollten hinreichenden Abstand voneinander haben, damit keine Wasseraerosole das Filter erreichen. Um das Wachstum von Mikroorganismen im Filter zu behindern, sollte die relative Feuchte am Filter 70% nicht überschreiten, was bei den hohen Luftwechseln im OP trotz der großen thermischen Lasten gut möglich ist.

Bei allen Filtern ist auf dichten Filtersitz zu achten, besonders bei der dritten Filterstufe, wo der Dichtsitz zu prüfen ist. Am besten sind natürlich Filteranordnungen, bei denen die Zuluft bei undichtem Sitz nicht in den OP, sondern in die Abluft gelangt.

Wärmerückgewinnung ist erforderlich. Kreislaufverbundene Wärmetauscher sind unproblematisch, weil eine Gas- oder Partikelübertragung nicht möglich ist. Für Wärmerückgewinner, bei denen Gas- oder Partikelaustausch von der Fort- zur Zuluftseite möglich ist, muß die hygienische Unbedenklichkeit durch Gutachten nachgewiesen werden. Die Übertragungsrate muß kleiner als $1:10^3$ sein.

-1.5.6 Kosten

Häufig werden zu hohe Kosten als Argument gegen RLT-Anlagen mit laminarer OP-Decke angeführt. Seipp[2)] hat Investitions- und Betriebskosten für laminare OP-Decken mit Zuluftströmen von 2400 und 3400 m^3/h für 200 bzw. 300 Operationstage je Jahr berechnet. Bild 3.6.5-13 zeigt die Kosten für eine Operation abhängig von der Zahl der Operationen je Tag. Man erkennt, daß sie im Vergleich zu den übrigen Kosten fast vernachlässigbar klein sind.

---

1) Scharmann: DKV-Jahrestagung Band IV, 1993.
2) Seipp, H.-M.; M. Sprengel; K. H. Wagner: HLH 2/93. S. 93/97.

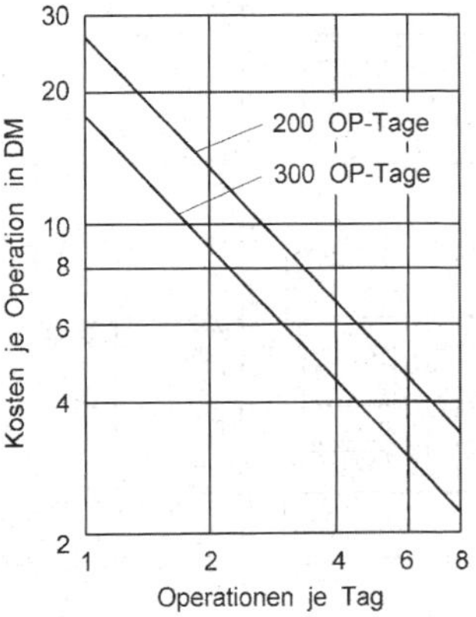

Bild 3.6.5-13. Kosten für Investition und Betrieb einer Laminardecke mit 2400 m^2/h je Operation*)

*) Seipp, H.-M.; M. Sprengel; K. H. Wagner: HLH 2/93. S. 93/97.

3.6.6 Gebäude des Hotelgewerbes u. ä.

-1 Hotels[1]

-1.1 Allgemeines

Klimaanlagen für Hotelzimmer unterscheiden sich gegenüber Anlagen für Bürohäuser im wesentlichen durch die *Betriebsweise.* Während beim Büro in der Regel das ganze Gebäude überwiegend zur gleichen Zeit benutzt wird, ist bei Hotelzimmern oft ein gewisser Teil der Zimmer unbenutzt. Die durchschnittliche Belegung beträgt häufig nur 60%. Aus Gründen der Betriebskosten-Optimierung wird somit dezentrales Abschalten der Heizung/Kühlung erwünscht. Ferner unterscheiden sich Hotel und Büro voneinander durch die jährliche Betriebsdauer der Klimazentrale. Beim Büro ist nachts und an Wochenenden die Klimaanlage abgeschaltet (jährlich ca. 3000 Betriebsstunden). Bei der Hotelklimaanlage ist dagegen die zentrale Luftaufbereitung für die Hotelzimmer permanent in Betrieb (8760 jährliche Betriebsstunden).

Daher haben sich für Büro und Hotel unterschiedliche *Systeme* entwickelt:

Im Büro vorwiegend das Induktionssystem wegen günstiger Energiekosten und geringem Platzbedarf; im Hotel überwiegt wegen der Möglichkeit der dezentralen Abschaltung das Ventilatorkonvektorgerät oder Raumklimagerät.

Klimaanlagen für Hotels bestehen im Prinzip aus zwei Komponenten:

Zentrale Luftaufbereitungsanlage, die über ein Luft-Kanalsystem jedem Zimmer aufbereitete Zuluft zuführt. Die Bauart dieser Zentralanlagen unterscheidet sich in nichts von den normalen Ausführungen mit Filter, Lufterhitzer, Kühler, evtl. Befeuchter, Ventilator. Abluft wird zwecks Geruchsbeseitigung über das Bad abgeführt.

Dezentrales Raumgerät mit Wärmeaustauschern in jedem Hotelzimmer.

-1.2 Örtliche Heizung mit zentraler Lüftung

Dabei ist im einfachsten Fall nach Bild 3.6.6-1a nur ein Heizkörper (meist unter dem Fenster) angebracht, dessen Vorlauftemperatur witterungsabhängig geregelt wird. Die Zentralanlage führt jedem Raum Zuluft zu, die je nach der Außentemperatur erwärmt bzw. gekühlt wird.

-1.3 Ventilatorkonvektoren

Eine bewährte Anordnung nach Bild 3.6.6-1b ist der Ventilatorkonvektor im Zimmer entweder unter dem Fenster, häufiger jedoch in der Decke im Flurbereich eingebaut (Zweilei-

[1]) Hönmann, W.: LTG-Information Nr. 22 (12. 78).

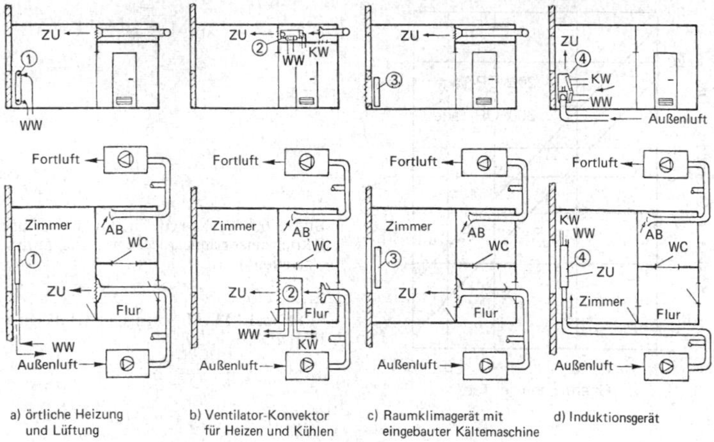

Bild 3.6.6-1. Klimatisierungssysteme von Hotelzimmern.
AB = Abluft, ZU = Zuluft, WW = Warmwasser, KW = Kühlwasser
1 = Heizkörper, 2 = Ventilatorkonvektor, 3 = Fensterklimagerät mit eingebauter Kältemaschine (und elektrischer Heizung), 4 = Induktionsgerät

ter- oder Vierleiter-Geräte mit getrennten Wärmeaustauschern für Kühlen und Heizen). Der Ventilator hat in der Regel eine Vier-Stufen-Schaltung:

0 = Ventilator steht, Zimmer nicht benutzt,
1 = kleine Drehzahl, geringes Geräusch für Nachtbetrieb,
2 = mittlere Drehzahl für Dauerbetrieb tags bei größerer Kühlleistung, mittleres Geräusch,
3 = hohe Drehzahl, hohes Geräusch, zum schnellen Aufheizen bzw. Abkühlen nach vorausgegangenem längeren Stillstand wegen Nichtbelegung des Zimmers.

Außer dem Stufenschalter für den Ventilator ist ein Thermostat vorgesehen, der die gewählte Raumtemperatur bei eingeschaltetem Ventilator durch Ventil- oder Klappenregulierung der Wärmeaustauscher des Ventilatorkonvektors konstant hält.

-1.4 Raumklimageräte

In warmen Ländern wird häufig auf das Warm- und Kaltwassersystem verzichtet und gemäß Bild 3.6.6-1c ein Raumklimagerät oder Fensterklimagerät mit Kältemaschine unter oder neben dem Fenster eingebaut. Zur Luftkühlung des Kondensators ist dabei ein *Durchbruch* nach außen notwendig, wodurch die Anwendung sehr beeinträchtigt wird. Zusätzlich ist eine elektrische Heizung vorhanden.

Der Ventilator des Fensterklimagerätes hat, wie im Fall des Ventilatorkonvektors, einen Stufenschalter, mit dem Leistung und Geräusch variiert werden können. Die Temperatur wird über einen zusätzlichen Thermostaten konstant gehalten, der elektrisch den Kältekompressor oder die Heizung schaltet.

-1.5 Induktionsgeräte unter Fenstern

In Bild 3.6.6-1d ist die gelegentlich in Hotels angewandte Technik des Induktionsgerätes gezeigt. Die dem Raum ohnehin zugeführte Zuluft wird im Induktionsgerät aus Düsen ausgeblasen. Da die Zuluft aber aus Belüftungsgründen stets läuft, wird auch die Sekundärluft stets durch die Wärmeaustauscher geführt. Ein direktes Abschalten der Heiz- und Kühlleistung bei nicht benutztem Zimmer ist nicht möglich, so daß diese Bauart nur bei dauernd vollbelegten Hotelbauten zweckmäßig ist.

-1.6 Induktionsgeräte mit variablem Volumenstrom

Die Kombination eines Induktionsgerätes mit Regel- und Absperreinheiten in Zuluft und Abluft ergeben für das Hotelzimmer ein Klimatisierungssystem, das die Nachteile der erwähnten herkömmlichen Systeme, nämlich den dauernd vollen Luftbetrieb, vermeidet. Gemäß Bild 3.6.6-2 ist ein Induktionsgerät für Zwei- oder Vierleiteranschluß in der Decke über dem Flur eingebaut. Die dem Raum zugeführte Luft wird im Gerät über Düsen ausgeblasen, wodurch Sekundärluft im Flurbereich angesaugt und je nach thermischer Last erwärmt oder gekühlt wird. Regelung elektrisch, pneumatisch oder elektronisch.

Primärluft-Volumenstrom maximal 40 bis 80 m^3/h.

In der Zu- und Abluftleitung eines jeden Zimmers befinden sich je eine Absperr- und Regeleinheit *(Drosselvorrichtung)*, die über einen angebauten Stellmotor mittels eines von Hand zu bedienenden Schalters 5 im Zimmer betätigt werden. Betätigung kann auch vom Hotelempfang aus erfolgen, z. B. durch Zimmerschlüssel-Schalter. In modernster Ausführung mit DDC-Einzelraumreglern werden die Zimmer über Bus mit dem Hotel-Buchungscomputer verknüpft.[1)]

Mit den Drosselvorrichtungen können Zuluft und Abluft bis auf ca. 15% heruntergedrosselt werden. Entsprechend der Zahl der abgeschalteten Zimmer wird über einen Druckfühler im Kanalsystem wie bei den üblichen VVS-Systemen der *Volumenstrom* des Zuluft- und Abluftventilators reduziert (Dralldrossel oder Drehzahlregelung). Während der Zeit reduzierter Luftmenge werden die für Zuluftaufbereitung und Luftförderung erforderlichen Energien eingespart.

Gegenüber konventionellen Systemen nach Bild 3.6.6-1a–d werden ca. 20–30% Energiekosten eingespart. In den Zimmern keine drehenden Teile (Motor, Ventilator, Kompressor). Je nach angenommener Gleichzeitigkeit des Bedarfs kann die Klimazentrale für Zuluft und Abluft außerdem um zum Beispiel 20% kleiner ausgelegt werden als sonst üblich (geringere Investitionskosten).

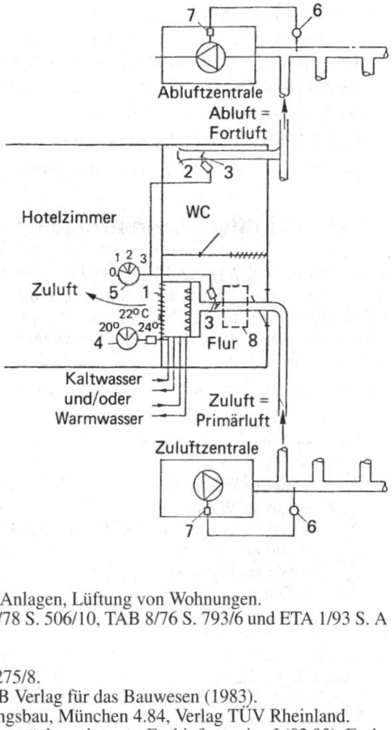

Bild 3.6.6-2. Hotelklimatisierung mit Induktionsgerät und abschaltbarer Primär- und Abluft.
1 = Induktionsgerät in Decke,
2 = Abluftventil,
3 = Absperr- und Regeleinheit in Zu- und Abluft,
4 = Thermostat,
5 = Schalter für Klima (ein–aus),
6 = Regler für konstanten Kanalluftdruck,
7 = zentrale Volumenstromregelung am Ventilator, z. B. Dralldrossel,
8 = Sekundärluftgitter mit Filter an Flurdecke oder über Fußboden

1) DIN 1946 T6 (10.98): Raumlufttechnische Anlagen, Lüftung von Wohnungen.
Trümper, H.: ETA 3/78 S. A 92/100, HR 11/78 S. 506/10, TAB 8/76 S. 793/6 und ETA 1/93 S. A 8/14.
Hausladen, G.: HLH 1/78, S. 21/28.
Henseler, H.-J., u. Trepte, L.: KI 7/8-82 S. 275/8.
Richter, W.: Lüftung im Wohnungsbau, VEB Verlag für das Bauwesen (1983).
BMFT-Tagungsbericht: Lüftung im Wohnungsbau, München 4.84, Verlag TÜV Rheinland.
HEA: Broschüre Wohnungslüftung mit Wärmerückgewinnung, Fachinformation I (02.93), Fachinformation II (04.93).
VEW: Wohnungslüftung mit Wärmerückgewinnung (04.93).
BMBau: Wege zum Niedrigenergiehaus (1992).

3.6.7 Verkaufsstätten[1)]

-1 Allgemeines

Verkaufsstätten sind Gebäude oder Gebäudeteile, die
- ganz oder teilweise dem Verkauf von Waren dienen,
- mindestens teilweise dem Verkauf von Waren dienen,
- mindestens einen Verkaufsraum haben und
- keine Messebauten sind.

Zu einer *Verkaufsstätte* gehören Räume, die unmittelbar oder mittelbar, insbesondere durch Aufzüge oder Ladenstraßen, miteinander in Verbindung stehen; als Verbindung gilt nicht die Verbindung durch Treppenräume notwendiger Treppen sowie durch Leitungen, Schächte und Kanäle haustechnischer Anlagen.
Verkaufsräume sind Räume, in denen Waren zum Verkauf oder sonstige Leistungen angeboten werden oder die dem Kundenverkehr dienen, ausgenommen Treppenräume notwendiger Treppen, Treppenraumerweiterungen sowie Garagen. Ladenstraßen sind überdachte oder überdeckte Flächen, an denen Verkaufsräume liegen und die dem Kundenverkehr dienen.
Die Verkaufsräume erfordern wegen der großen Raumtiefe sowie der erheblichen Kühllast durch Beleuchtung und Personen im allgemeinen raumlufttechnische Anlagen.

-2 Vorschriften, Richtlinien

Zu beachten bzw. verbindlich anzuwenden sind im besonderen:
- Die jeweiligen Bauordnungen und Verkaufsstättenverordnungen (VerkStVO) der Länder einschließlich Ausführungsanweisungen, ARGEBAU[2)]
- die Arbeitsstättenverordnung mit den Arbeitsstätten-Richtlinien (ASR),
- die Unfallverhütungsvorschriften,
- die VDI 2082 (12.88): Lüftung von Geschäftshäusern und Verkaufsstätten,
- die Auflagen des vorbeugenden Brandschutzes.

-3 Luftvolumenströme und Raumlufttemperaturen

In ASR und VDI 2082 (s. Tafel 3.6.7-1) sind die Außenluftvolumenströme festgelegt. Da Waren in *Verkaufsräumen* in der Regel die Luft nicht verunreinigen (Ausnahme z.B. Grillstation, Frischfisch-Abteilung), genügt demnach ein Außenluftvolumenstrom von 40 m³/h Person, in bestimmten *Nebenräumen* (Lebensmittel-, Sozial-, Dienstleistungsräume) 30…45 m³/h Person; früher 20 m³/h Person nach DIN 1946 T2 (01.83).
Der sich aus der Wärmebilanz der Räume ergebende *Zuluftvolumenstrom* ist

$$\dot{V} = \frac{\dot{Q}_i + \dot{Q}_a + \dot{Q}_{HK}}{\varrho \cdot c_p \cdot \Delta t} \quad \text{in m}^3/\text{s}$$

$\dot{Q}_i$	= innere Wärmelast	kW
$\dot{Q}_a$	= äußere Wärmelast	kW
$\dot{Q}_{HK}$	= örtliche Heiz- bzw. Kühlanlagen	kW
ϱ	= Dichte der Luft	kg/m³
c_p	= Wärmekapazität der Luft	kJ/kg K
Δt	= Temperaturdifferenz Zuluft-/Raumtemperatur	max. 8 K

1) Lehmann, J.: HLH (1971) S. 14/18.
Schramek, E. R.: DKV-Bericht 1977 (Hannover) S. 559/91.
Schramek, E. R.: HLH 26 (1975) S. 264/273.
Schramek, E. R.: HLH 29 (1978) Heft 7, S. 269/75, und Jahrbuch der Wärmerückgewinnung, 4. Ausg. 1981/82. Vulkan-Verl. Essen.
Rast, F.: HLH (1977), S. 403/6.

2) Arbeitsgemeinschaft der für die Bauaufsicht zuständigen Ministerien in Deutschland.

Tafel 3.6.7-1 Mindestaußenluftvolumenstrom in Verkaufsstätten nach VDI 2082 (07.00)

Raum	Besetzung	Geruchsverschlechterung			
		ohne		mit	
	Pers./m²	m³/h Pers.	m³/h m²	m³/h Pers.	m³/h m²
Verkaufsräume**) ***) †) ††)	0,1 bis 0,15	–	6	–	9
Verkaufsräume mit geringer Besetzung z. B. Möbel, Hausrat***) ††)	0,05	–	2	–	5
Dienstleistungsräume mit Publikumsverkehr*) ***)†) ††)	nach Personenzahl	30	6	45	12
Personal-Aufenthaltsräume***) ††)	nach Personenzahl	30	–	40	–
Personal-Umkleideräume	–	–	–	–	18
Lebensmittelverarbeitungs- und -vorbereitungsräume*)	nach Personenzahl	–	–	45	12
Werkstätten und Ateliers*) ***)	nach Personenzahl	30	6	45	12
Läger ohne Kühleinrichtung*) ††)	nach Personenzahl	30	3	45	9

*) Es sind jeweils die höheren Werte zu nehmen (m^3/h Pers. im Vergleich zu m^3/h m^3).

**) Der Mindestaußenluftstrom entspricht bei der vorgegebenen Besetzung von 0,15 Pers./m^2 dem in ASR 5 genannten Wert von 40 m^3/h Pers. In den Verkaufsstätten-Verordnungen sind für Verkaufsflächen größer als 2000 m^2 keine Mindestaußenluftströme genannt.

***) Bei Außentemperaturen über 26 bis 32 °C und 10 bis –12 °C kann eine lineare Verringerung auf den Mindestaußenluftstrom zugelassen werden.

†) Dies gilt auch bei sonstigen verkaufsschwachen Zeiten.

††) Umluftbetrieb ohne Außenluftanteil ist nur in Zeiten ohne Personenbesetzung zulässig (z.B. Aufheizbetrieb vor Betriebsbeginn).

Die innere Wärmelast im Verkaufsbereich wird verursacht durch die Beleuchtung, Geräte und Personen. Dabei ist die Wärmelast durch Personen im wesentlichen abhängig von der Kundenfrequenz; die durch die Beleuchtung von der Beleuchtungsstärke. Typische Werte für Personen im Verkaufsraum liegen zwischen 6 und 25 W/m^2; die für die Beleuchtung zwischen 20 und 40 W/m^2. Inwieweit äußere Wärmelasten berücksichtigt werden müssen, hängt vorwiegend von den Dämmungseigenschaften der Fassade und von der Fensterfläche ab. Nahezu fensterlose Verkaufsstätten mit moderner Fasssadentechnik verhalten sich in erster Näherung adiabatisch und müssen wegen der vorhandenen inneren Wärmelasten zu jeder Jahreszeit gekühlt werden.

Die Temperatur im Verkaufsraum muß nach den ASR größer als 19 °C sein und sollte auf dem gewünschten Niveau (z. B. 21 °C) bis zu einer Außenluftenthalpie h von 52 kJ/kg (entsprechend 26 °C, 50% r. F.) konstant gehalten werden. Bei einer Außenluftenthalpie von größer 52 kJ/kg kann die Raumtemperatur bis zu einer Außentemperatur von 32 °C gleitend angehoben werden.

-4 Reinigung der Luft

Für Außenluft und Umluft nach VDI 2082 und VDI 6022 mindestens Filterklasse EU 7.

-5 Geräusche

Zulässige Geräusche am Empfangsort siehe Tafel 3.6.7-2. Messungen in Kopfhöhe, Raum unbesetzt.

-6 Zugfreiheit

In VDI 2082 ist die zulässige *Luftgeschwindigkeit* in ähnlicher Form wie DIN 1946 T2 angegeben. In Bereichen ohne ständig besetzte Arbeitsplätze ist eine Erhöhung der oberen Grenzkurve um 0,1 m/s vertretbar. Bei stärkerer Verkaufstätigkeit dürfen die Werte kurzzeitig um bis zu 20% überschritten werden.

Tafel 3.6.7-2 Zulässiger Schallpegel nach VDI 2082 (07.00)

Raumart	Schallpegel L_{pa} in db (A)
Büro, Schulungsräume	45
Vorbereitungsräume, Ateliers, Warenannahme, Expedition	55
Verarbeitungsräume, Küchen, Werkstätten, Kantinen, Garderoben	55
Verkaufs-, Dienstleistungsräume, Restaurants	55
Verkaufsräume mit erhöhter Luftförderung	60
Selbstbedienungsläden	60
Luftschleierbereich	70

-7 Luftschleier an den Eingängen

Teilweise werden türlose Eingänge mit Luftschleiern (Lufttüren) verwendet (siehe Abschn. -2).

Wirtschaftlicher als eine Lufttür ist jedoch in den meisten Anwendungen ein *Windfang* mit Doppeltüranlage (mind. 3,0 m tief) mit 3000…5000 m³/h m, 4…6 m/s und 28 °C Einblastemperatur.

-8 Brandschutz (s. auch Abschnitt 3.3.9)

Luftführende Leitungen müssen aus nicht brennbaren Baustoffen bestehen; soweit sie *Brandabschnitte* überbrücken, müssen sie feuerbeständig sein oder so ausgebildet sein, daß eine Brandübertragung verhindert wird (z. B. durch Brandschutzklappen BSK in Wänden und Decken).

In jedem Fall ist eine Abklärung der brandschutztechnischen Maßnahmen mit der zuständigen Behörde bei der Planung der lüftungstechnischen Anlage erforderlich.

Nach der gültigen Musterverkaufsstättenverordnung, die in den meisten Bundesländern gilt, müssen Verkaufsräume ohne notwendige Fenster sowie Ladenstraßen in einer Verkaufsstätte ohne Sprinkleranlagen Rauchabzugsanlagen haben. Dagegen müssen in gesprinklerten Verkaufsräumen und Ladenstraßen die Lüftungsanlagen im Brandfall so betrieben werden können, daß sie nur entlüften, soweit es die Zweckbestimmung der Absperrvorrichtungen gegen Brandübertragung zuläßt.

Zur Entlüftung im Brandfall in gesprinklerten Verkaufsstätten können danach entweder die Abluftanlagen oder auch, wie im nachfolgenden Beispiel gezeigt, die Zuluftanlagen verwendet werden. Um einen ausreichenden Volumenstrom mit den vorhandenen Lüftungs-

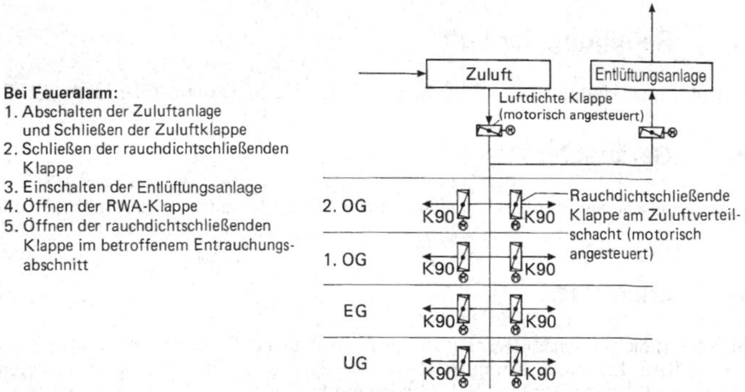

Bild 3.6.7-1. Konzeption der Entlüftung im Brandfall für eine mehrgeschossige Verkaufsstätte.

anlagen zu gewährleisten, kann es notwendig sein, die gesamte zur Verfügung stehende Kapazität auf ein Brandgeschoß zu konzentrieren. Dieses Konzept (s. Bild 3.6.7-1)wird im allgemeinen von den zuständigen Behörden akzeptiert.

-9 RLT-Anlagensysteme für Verkaufsstätten

Unterscheidung nach

- Lage und Art der Lüftungsgeräte (s. z.B. Bild 3.6.7-2 und Bild 3.6.7-3):
  Zentrale Anordnung: Zu- und Abluftgeräte auf Dach oder im Keller.
  Dezentrale Anordnung: Zu- und Abluftgeräte jeweils in der Nähe der belüfteten Zonen.

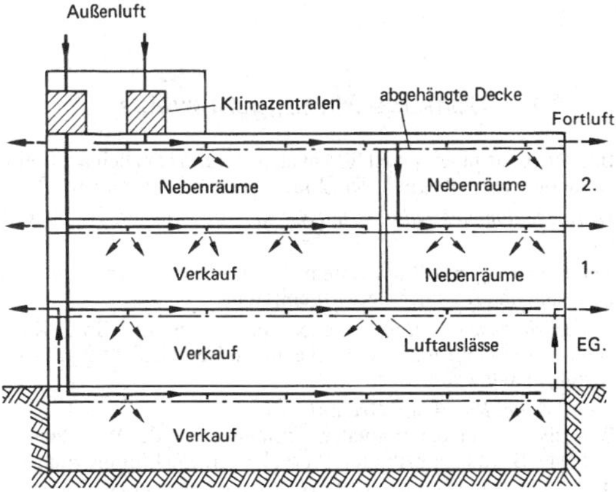

Bild 3.6.7-2. Zuluftverteilung in einem Warenhaus durch zentral gelegene Zuluftanlage, Lüftungsgeräte, Fortluft dezentral.

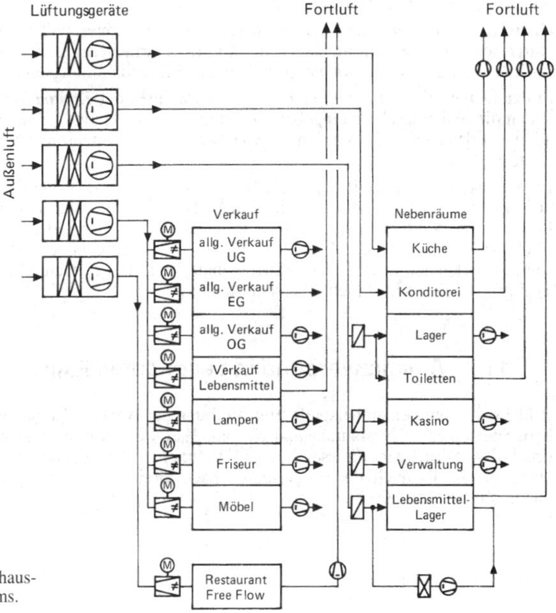

Bild 3.6.7-3. Beispiel eines Warenhaus-Luftverteilungssystems.

- Regelung der Anlage (Verkauf):
  Bereiche des Verkaufs z. B. über Volumenstromregler (VVS-Geräte), geregelt über Mittelwert mehrerer Raumtemperaturfühler. Mittelwert der Regelstellung ‚VVS' bestimmt die Ventilatordrehzahl (Motore frequenzgeregelt); Regelbereich nach innerer Wärmelast ca. 70…100%.
- Energieoptimieung:
  Optimierte Auslegung der Kältevorhalteleistung z. B. auf 0,8 $\dot{V}_{max}$ und Δh = ca. 20 kJ/kg; gleitendes Herunterregeln der Zuluftmenge ab ca. 52 kJ/kg bis etwa 63 kJ/kg von 100% auf 80%. Ausnutzung der Außenenthalpie über Betrieb von RLT-Anlagen außerhalb der normalen Betriebszeit zum „Vorkühlen" der Bereiche bzw. Nachtentspeicherung und rechnerisch ermittelte Einschaltverzögerung der Großkältemaschinen.
  Optimierter Außen- und Umluftbetrieb oder Einsatz von geeigneten Energierückgewinnungsverfahren.

-10 Sonstige Planungshinweise

Bei der Auslegung von RLT-Anlagen ist grundsätzlich auf optimale Dimensionierung der Komponenten bezüglich der Widerstände bei vertretbaren Investitionskosten zu achten.

Wärmegedämmtes Zuluftverteilsystem (Mineralfaser A_1 mit Alufolienkaschierung, dauerhaft).

Abluft über eigenes Kanalsystem (bei offenen Decken) bzw. über Abluftöffnungen in den Leuchten und frei über Deckenhohlraum.

Geruchsintensive Abluft (Küchen, Fischabteilung, Grill, Konditorei u. ä.) über Dachventilatoren saugend, nicht drückend, um Geruch nicht durch Überdruck an Leckstellen am Kanal austreten zu lassen.

Fettfilter bei Koch- und Grillanlagen
Bereiche mit von den normalen Öffnungszeiten des Warenhauses *abweichenden Betriebszeiten* (z. B. Küche, Konditorei) erhalten eigene Lüftungsanlagen.

Bereiche mit *hohen lokalen Wärmelasten* (z. B. Lampenabteilung) erhalten eigene Abluftanlagen. Der Bereich oberhalb der abgehängten Decke sollte dazu gegenüber dem Restbereich luftdicht abgeschottet werden.

Örtliche statische Heizkörper können vor allem im Erdgeschoß an Außenwand- oder in Durchsichtbereichen erforderlich sein, um dort Wärmeverluste zu kompensieren. Die Erforderlichkeit ergibt sich im wesentlichen aus Wärmedämmungseigenschaften.

In der *Lebensmittelabteilung* sind die Auswirkungen der *Kühlmöbel* zu berücksichtigen. Wenn die Kältemaschine eingebaut ist (steckerfertige Geräte), fällt Wärme als Raumlast an; wenn das Kühlmöbel an den externen Kältemaschinenverbund angeschlossen ist, fällt Kälte an.

Eine *Befeuchtung der Luft* ist gewöhnlich nicht erforderlich. Störende *elektrostatische Aufladungen* sollten durch andere Maßnahmen als Befeuchtungseinrichtungen (hohe Energiekosten bzw. Wasserkosten, wenn keine latente WRG) verhindert werden: antistatisches Fußbodenmaterial, ableitfähige Verklebung der Teppichböden, Behandlung mit antistatisch wirkenden Mitteln. Der Feuchtgehalt der Luft soll nach ASR 5 einen Betrag von 11,5 g/kg trockene Luft nicht überschreiten.

-11 Anlagenverbund in besonderen Fällen

Bild 3.6.7-4 zeigt einen beispielhaften Verbund der Anlagen Küche, Free Flow (unmittelbare Speisenwahl), Restaurant und Kasino. Hier werden in besonderem Maße die Überdruck-/Unterdruckverhältnisse in den Räumen entsprechend den Forderungen der Hygiene-VO als auch die Forderungen nach Geruchsvermeidung (Küchengerüche) in anderen Bereichen beachtet.

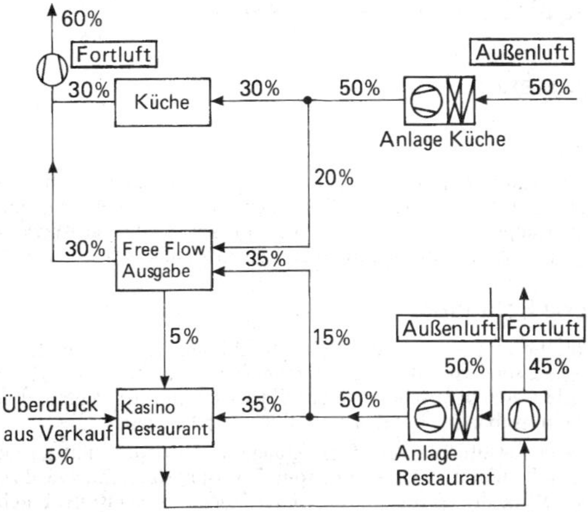

Bild 3.6.7-4. Lüftungsverbund Küche, Free Flow, Restaurant, Kasino in einem Warenhaus, der die Ausbreitung von Gerüchen aus diesen Bereichen in den Verkauf verhindert.

-12 Energiebedarf für Lüftungsanlagen in Verkaufsstätten

Nach VDI 3807, Bl. 2 (06.98) E sind unter Berücksichtigung der durchschnittlich anzunehmenden Benutzungsstunden als *Gesamtenergiemengen* bezogen auf die Nutzfläche anzusetzen. Die nachfolgenden Werte sind beispielhaft für ein typisches Warenhaus.

– Energieverbrauch Strom	140 kWh/m²a
– Energieverbrauch Wärme	125 kWh/m²a
– Benutzungsstunden RLT	2800 h/a
– Vollaststunden Kälte	500 h/a
– Vollaststunden Wärme	900 h/a

-13 Einkaufszentren (EKZ)

Einkaufszentren sind bauliche Anlagen, die über Ladenstraßen oder gemeinschaftliche Erschließungshallen (mit oder ohne Fahrtreppenanlagen) mehrere *Verkaufsräume* verschiedener Größe und *Branche* in sich beherbergen.

Sie sind aus Sicht der Behörde ebenfalls nach den Auflagen gemäß der *Verkaufsstätten-Verordnung* zu bewerten, wenn die Summe der Flächen ohne Ladenstraße mehr als 2000 m^2 beträgt.

Die HKL-Anlagen in EKZ sollten so konzepiert werden, daß eine größtmögliche Flexibilität in den Mietgrenzen bei hoher Wirtschaftlichkeit und eindeutiger, verbrauchsbezogener Abrechnungsgrundlage gewährleistet ist.

Für vermietete *Verkaufsflächenbereiche bis ca. 800 m²* bietet sich bei einer geeigneten Anordnung eine zentrale Lüftungsversorgung an. Der zur Verfügung stehende aufbereitete Luftvolumenstrom (Außenluft: gekühlt oder erwärmt und gefiltert) sollte eine Mindestmenge von 6 $m^3/h \cdot m^2$ nicht unterschreiten. Die zu einer ausreichenden Klimatisierung erforderliche Menge sollte aber im Einzelfall ermittelt und zwischen Vermieter und Mieter vereinbart werden.

Zusammenhängende *Verkaufsflächenbereiche größer ca. 800 m²*, Gastronomiebetriebe und vermietete Verkaufsflächenbereiche bei ungünstiger Anordnung sollten eigene Zu- und Abluftanlagen erhalten.

Beim Erstellen des Gesamtkonzeptes ist im Vorwege eine Abstimmung der Einzelanlagen, im besonderen die Über-/Unterdruckverhältnisse, erforderlich.

3.6.8 Betriebsgebäude und -anlagen

-1 Fertigungsstätten[1) 2)]

-1.1 Allgemeines

Durch die Forderung zur Humanisierung der Arbeit ist die physische und psychische Spannkraft der Menschen am Arbeitsplatz durch das Fernhalten vermeidbarer Belastungen weitgehend zu erhalten. Eine Hauptforderung hierbei ist der wirksame Schutz der Werktätigen gegen die Einwirkungen von Gefahrstoffen, im folgenden luftfremde Stoffe genannt.

-1.2 Mechanische Belüftung

Im Gegensatz zur freien Lüftung kann man mit der geführten Lüftung nicht nur den Luftaustausch kontrolliert einstellen, sondern zudem das Strömungsmuster innerhalb der Halle vorgeben. Dabei läßt sich die Raumluftströmung so ausbilden, daß mit der zugeführten Luft die höchste Effizienz beim Abbau der Raumlasten erreicht werden kann.

Wesentliche Auslegungsgrößen für lufttechnische Einrichtungen in Fertigungsstätten sind Erfassungsluftströme, der Zuluftstrom und der Abluftstrom. Erfassungsluftströme sind so zu dimensionieren, daß eine vollständige Aufnahme örtlich freigesetzter Schadstoffe durch die Erfassungseinrichtung ermöglicht wird.

Bemessungsgrundlage für den Zuluftstrom bilden Wärme- und Stofflasten im Arbeitsbereich. In bezug auf die Stofflasten sind hier geltende Richtlinien über Stoffgrenzwerte einzuhalten. Hinsichtlich der Wärmelasten müssen Anforderungen an das thermische Umfeld

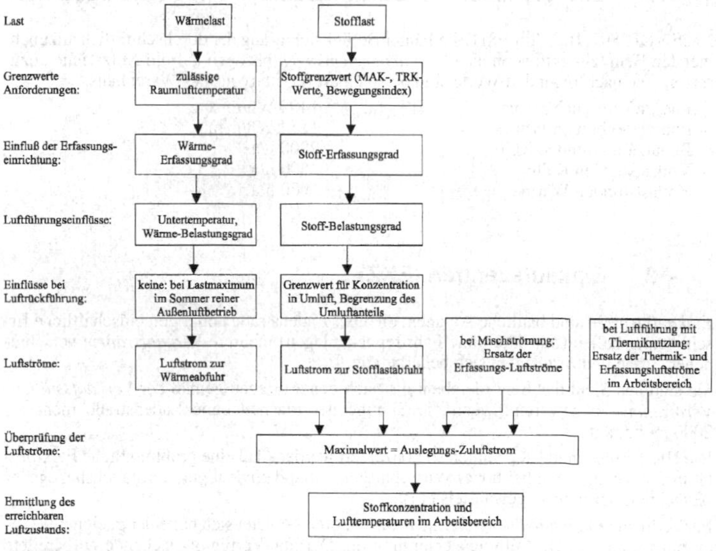

Bild 3.6.8-1. Schema der Vorgehensweise zur Ermittlung der Zuluftströme.

---

[1]) Neubearbeitung von Prof. Dr.-Ing. Rüdiger Detzer, Hamburg, für die 69. Auflage

[2]) VDI 3802 (12.98) E: Raumlufttechnische Anlagen für Fertigungsstätten
Bach, H. u. a.: Gezielte Belüftung der Arbeitsbereiche in Fabrikhallen zum Abbau der Schadstoffbelastung; Forschungsbericht HLH 1/92, Herausgeber: Verein der Förderer der Forschung im Bereich Heizung-, Lüftungs-, Klimatechnik e. V., 2. Auflage September 1993)
Klima am Arbeitsplatz (DIN 33403 T1 bis T3)
Detzer, R.; Dittes, W.: Belüftung von Fabrikhallen, Staub 54 (1994) 155/162

eingehalten sein, die durch die wärmephysiologischen Empfindungen des Menschen bestimmt sind. Gegebenenfalls müssen neben den erwähnten Kriterien zur Bestimmung des Zuluftstromes auch nachzuliefernde Erfassungsluftströme berücksichtigt werden. Bild 3.6.8-1 zeigt ein Schema der Vorgehensweise zur Ermittlung der Zuluftströme.

Zum Abbau von Wärme- und Stofflasten unterscheidet man nach ihrer Strömungsart drei Grundströmungsmuster, die im Raum oder in Teilbereichen eines Raumes durch die Luftzufuhr entstehen (Bild 3.6.8-2).

Bei den verschiedenen Luftführungssystemen ist das Raumströmungsbild abhängig von der Temperaturdifferenz zwischen Raumluft und Zuluft. Insbesondere ist hier zwischen Kühlfall und Heizfall zu unterscheiden.

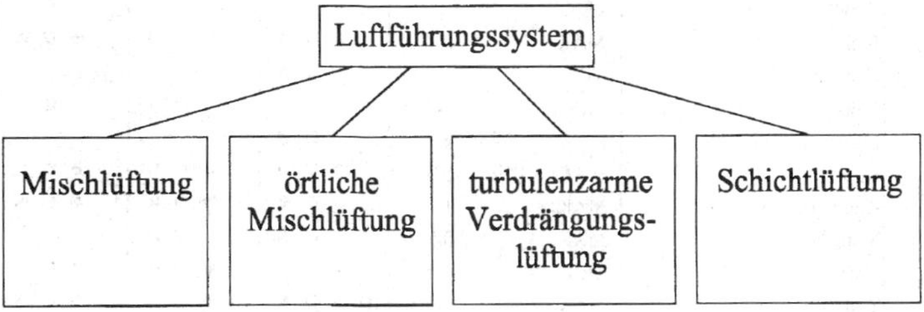

Bild 3.6.8-2. Grundströmungsmuster abhängig von Luftzufuhr.

-1.3 Grundlagen für die Auslegung

-1.3.1 Stofflasten und Stoffgrenzwerte

Die Art und Menge freigesetzter Schadstoffe ist in erster Linie abhängig vom eingesetzten industriellen Fertigungsverfahren. Bei der Ermittlung der Stofflasten der metallverarbeitenden Industrie ist deswegen zu klassifizieren in die Bereiche Gießerei, mechanische Fertigung und Umformtechnik.

Beispielhaft sei die Gießerei etwas detaillierter betrachtet.

Innerhalb der Gießerei sind als wesentliche Prozeßbereiche die Sandaufbereitung, die Kernherstellung und -lagerung, der Schmelzbetrieb, die Abguß- und Gußkühlung und die Putzerei zu nennen. Bei den freigesetzten luftfremden Stoffen handelt es sich im wesentlichen um Quarz- und Metallstaub, um organische und anorganische Stoffe, die als Härte-, Binde- und Trennmittel bei der Kern- und Formherstellung verwendet werden, sowie um Reaktionsprodukte, die bei der thermischen Zersetzung der organischen Stoffkomponenten entstehen. Die vorrangig auftretenden Substanzen sind für die einzelnen Prozeßbereiche in Tabelle 1 aufgeführt. Quantifizierte Angaben finden sich in VDI 3802 und in [1)].

In der mechanischen Fertigung ist insbesondere mit staubförmigen Emissionen und Aerosolen sowie gasförmigen Stoffen, die durch die Verwendung von Kühlschmierstoffen[2)] entstehen, zu rechnen. Als Kühlschmierstoffe werden insbesondere Mineralöle und Mineralölemulsionen eingesetzt. Die Arbeitsplatzkonzentration für Mineralöle und Mineralölemulsionen darf einen Wert von 10 mg Aerosol und Dampf/m^3 Luft nicht überschreiten.

In der Umformtechnik werden Trennmittel eingesetzt, die durch die technologisch bedingten Reibvorgänge in Form von Aerosolen und Aerosol-Dampfgemischen in der Luft in Erscheinung treten.

-1.3.2 Wärmelasten

In Anlehnung an die Gliederung der Stofflasten sind auch die auftretenden Wärmelasten nach den oben erwähnten Prozeßbereichen zu gliedern. Hier lassen sich Erfahrungswerte

1) Jaeger, E. W.; Müller, G.: Beurteilung der prozeßabhängigen Parameter bei der Verarbeitung organisch gebundener Formstoffe zur Minimierung der Schadstoffbelastung an gießereispezifischen Arbeitsplätzen, Förderkennzeichen 01 HH 1293 BMFT

2) BIA-Report Kühlschmierstoffe 7/96, Hauptverband der gewerblichen Berufsgenossenschaften (HVBG, St. Augustin)

Tafel 3.6.8-1 Luftfremde Stoffe in Gießereien, Leitsubstanzen

	Substanz	Grenzwert mg/m³ Stand 1995		Betriebsart		
				Eisen + Stahl	NE + Leichtmetall	Schwermetall
a)	Cristobalit (Feinstaub)	MAK	0.15	□ ■		
	Feinstaub (< 1% Quarz)	MAK	6	○ ● □ ■	○ ● □ ■	○ ● □ ■
	Quarz (Feinstaub)	MAK	0.15	○ ● □ ■	○ ● □ ■	○ ● □ ■
	Quarzhaltiger Feinstaub	MAK	4	○ ● □ ■	○ ● □ ■	○ ● □ ■
	Beryllium u. Verb.	TRK	0.002		□	□
	Blei	MAK	0.100	● □ ■	● □ ■	● □ ■
	Chromate (als CrO_3)	TRK	0.100	□ ■		
	Cobalt	TRK	0.100	□	□	□
	Eisenoxid (Feinstaub)	MAK	6	□ ■		
	Kupfer (Rauch)	MAK	0.1	● □ ■	● □ ■	● □ ■
	Kupfer (Staub)	MAK	1	● □ ■	● □ ■	● □ ■
	Mangan	MAK	0.5	□ ■	□ ■	
	Nickel u. Verb.	TRK	0.5	● □ ■	● □ ■	● □ ■
	Zinkoxid (Rauch)	MAK	5	○ ● □ ■	○ ● □ ■	○ ● □ ■
	Kohlenmonoxid	MAK	33	□	□	□
	Stickstoffdioxid	MAK	9	□	□	□
b)	Benzol	TRK	8	□		□
	Dimethylamin	MAK	75	●	○ ● □	
	Ethanol	MAK	1900	● □ ■		
	Formaldehyd	MAK	0.6	○ ● □	○ ● □	○ ● □
	Furfurylalkohol	MAK	40	○ ● □	○ ● □	○ ● □
	Iso-Propanol	MAK	980	● ■		
	Kresol	MAK	22	○ ● □	○ ● □	
	Methanol	MAK	260	● □		
	Mineralöl-Aerosol	ARW*)	5	□	□	
	Mineralöl-Dampf + Aerosol	ARW*)	20		□	
	Phenol	MAK	19	○ ● □	○ ● □	○ ● □
	Toluol	MAK	190	● ■	○ ● □	
	Triethylamin	MAK	40	●	○ ● □	
	Xylol	MAK	440	● □ ■	○ ● □	

*) Arbeitsrichtwerte ARW keine Grenzwertangabe, Empfehlung des Berufsgenossenschaftlichen Institutes für Arbeitssicherheit (BIA)
a) Metalle und anorganische Verbindungen
b) organische Verbindungen
Prozeßbereiche: ○ Sandaufbereitung und Lagerung,
● Kernherstellung,
□ Abguß und Gußkühlung,
■ Putzerei

für die flächenbezogenen Wärmelasten angeben, wobei diese einer realtiv weiten Streuung unterliegen. Aus diesem Grund sei hier ausdrücklich darauf hingewiesen, daß diese Lasten im Einzelfall nach Möglichkeit meßtechnisch zu bestimmen sind..

Innerhalb von Gießereien ist mit den schon oben erwähnten Prozeßbereichen zu rechnen, für die folgende flächenbezogene Erfahrungswerte in bezug auf die Wärmelasten angegeben werden können:

- Schmelzbetrieb 300–500 W/m²
- Sandaufbereitung 50–100 W/m²
- Kernherstellung und -lagerung
  - Kaltverfahren 50–80 W/m²
  - Warmverfahren 100–150 W/m²

- Abguß- und Gußkühlung
  - Formguß 300–400 W/m
  - Druckguß 200–300 W/m²
  - Kokillenguß 200–300 W/m²
- Putzerei ca. 100 W/m²

Bei der mechanischen Fertigung liegen die Wärmelasten zwischen 50 W/m² und 250 W/m², wobei ca. 30–70% der Wärme über Kühlschmierstoffe und Späne abgeführt werden.

In der Umformtechnik laassen sich Erfahrungswerte für die zu erwartenden Wärmelasten wie folgt angeben:

- Kaltumformen 100–200 W/m²
- Warmumformen 150–300 W/m²

Grundsätzlich ist bei der Ermittlung der Wärmelasten darauf zu achten, daß die Gesamtwärmelasten in der Regel nicht auf Basis der Anschlußleistungen der Maschinen, sondern über die tatsächlich aufgenommenen elektrischen Leistungen zu ermitteln sind, die darüber hinaus noch mit einem Gleichzeitigkeitsfaktor bewertet werden müssen

-1.3.3 Behaglichkeit – Erträglichkeit

Der Einfluß der Kleidung auf die Wärmeabgabe des Menschen läßt sich durch ihren Wärmeleitwiderstand berücksichtigen. Angegeben wird dieser üblicherweise in der Einheit clo (clothing value), s. a. Abschnitt 1.2.3-4.

Mit steigender Aktivität und Zunahme der Schwere der Kleidung werden niedrigere Raumlufttemperaturen als behaglich empfunden, wobei gleichzeitig auch höhere Raumluftgeschwindigkeiten zulässig sind. Den Zulässigkeitsbereich der Raumluftgeschwindigkeiten für Fertigungsstätten zeigt Bild 3.6.8-3.

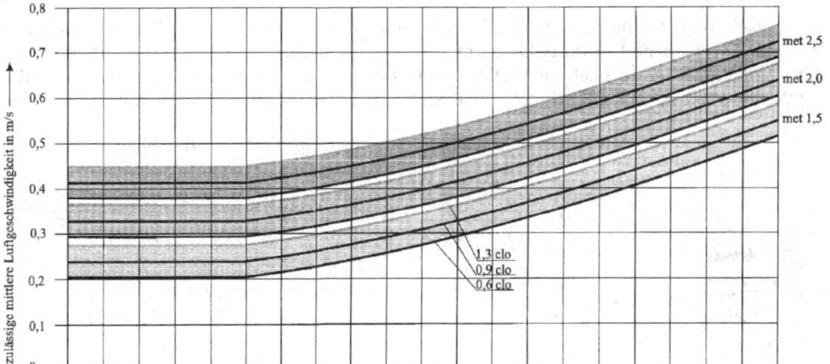

Bild 3.6.8-3. Zulässige Raumluftgeschwindigkeiten in Fertigungsstätten (VDI 3802).

Die thermische Behaglichkeit für den Menschen ist gegeben, wenn er mit der Temperatur, der Feuchte und den Luftgeschwindigkeiten in seinem Umfeld zufrieden ist. Werte hierfür werden in DIN 1946 T2 mitgeteilt, wobei sie aus fertigungstechnischen Gründen in Produktionshallen nicht immer eingehalten werden können.

Im Erträglichkeitsbereich liegen Beanspruchungen des menschlichen Herz-Kreislaufsystems vor, die nur für bestimmte Expositionszeiten tolerierbar sind. Diese Zeiten sind abhängig von Temperatur, Feuchte, Luftgeschwindigkeit, Bekleidung und Aktivitätsgrad. Angaben hierzu finden sich in DIN 33403 T3.

-1.4 Dimensionierung der Zu- und Abluftströme

-1.4.1 Mischlüftung

Das Mischlüftungsprinzip zeichnet sich durch eine bewußte, mit Hilfe von Freistrahlen erzielte Mischung von Zuluft und Raumluft aus. Hierbei kommen hochinduzierende Luftdurchlässe zur Anwendung. Die Beimischung von Umgebungsluft aus dem Raum ist so groß, daß sich im Raum ein nahezu homogenes Durchmischungsfeld einstellt.

Luftführungsarten mit Mischströmungen sind in Industriehallen Stand der Technik und weit verbreitet.

a) Luftzufuhr von der Seite (Tangentiallüftung)

Bei dieser Art der Mischlüftung wird die Zuluft dem Raum über eine oder mehrere Öffnungen in den Wandflächen zugeführt. Die Anordnung erfolgt oberhalb des Aufenthaltsbereiches, damit der erforderliche Temperatur- und Geschwindigkeitsabbau im Kühlfall außerhalb der Aufenthaltszone stattfinden kann.

Bei horizontaler Luftzufuhr unter dem Hallendach bewirken die Zuluftstrahlen in der gesamten Halle walzenförmige Strömungsbereiche (Bild 3.6.8-4 und Bild 3.6.8-7).

Belastete Luft wird in den Arbeitsbereich zurückgeführt und Zuluft- und Thermikluftströme mischen sich. Durch die Art der Luftzuführung können vorhandene Erfassungsströmungen gestört werden. Bei Räumen mit einer Raumhöhe von $H > 4$ m ist die Anordnung der Zuluftdurchlässe zwischen 3,5 m und 5 m zu empfehlen.

Wird die Raumlufttechnische Anlage sowohl im Heiz- als auch im Kühlfall betrieben, so liegt physikalisch unterschiedliches Verhalten der Zuluftstrahlen vor. Es ist nicht möglich, mit einem in bezug auf die Ausblasrichtung fest eingestellten Luftdurchlaß den gesamten Betriebsbereich zufriedenstellend zu betreiben. Für diesen Anwendungsfall sind motorisch verstellbare Luftdurchlässe zu verwenden, die in Abhängigkeit der Temperaturdifferenz zwischen Zu- und Raumluft die Ausströmrichtung anpassen.

b) Luftzufuhr von oben

Bei dieser Ausführungsvariante (Bild 3.6.8-5 und Bild 3.6.8-6) werden flächenförmige mit Einbauten versehene Luftdurchlässe unter der gesamten Deckenfläche verteilt angeordnet. Die Einbauten sind je nach Hersteller unterschiedlich und haben die Aufgabe, das Luftstrahlverhalten so zu beeinflussen, daß sich um jeden Zuluftstrahl ein eigener stabiler

Raumluftströmungen bei unterschiedlicher Luftzufuhr:

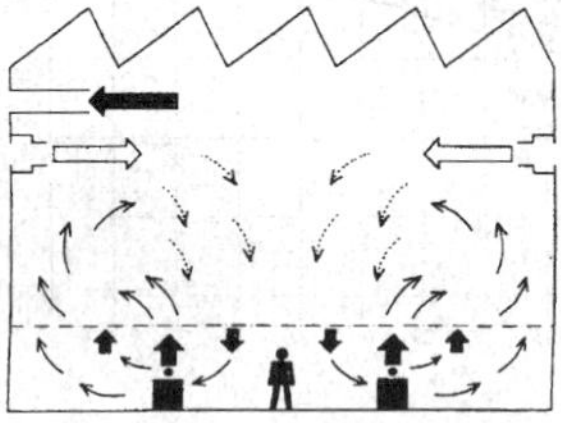

Bild 3.6.8-4

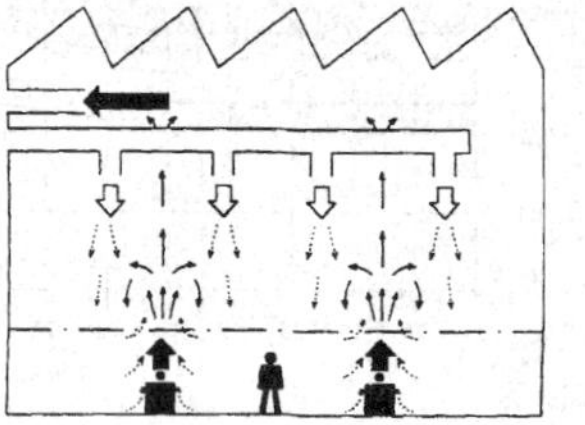

Bild 3.6.8-5

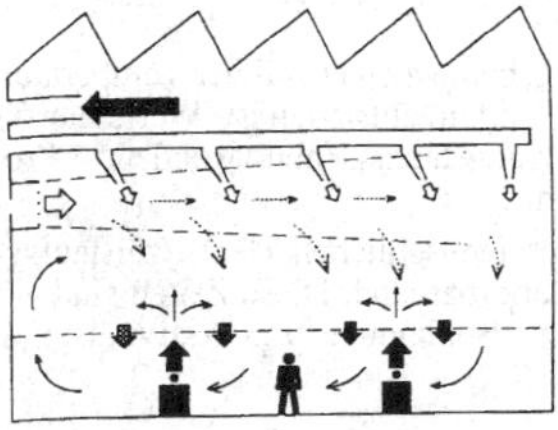

Bild 3.6.8-6

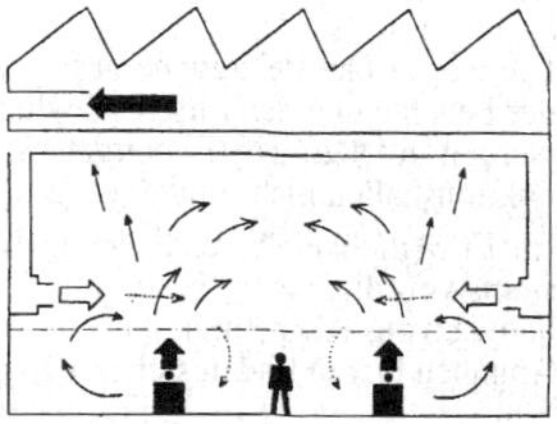

Bild 3.6.8-7

Misch- und Rückströmbereich bildet. Um die Luftaustrittsform den jeweiligen räumlichen und thermischen Gegebenheiten anpassen zu können, muß eine Einstellung der Leitelemente möglich sein. Hierdurch kann der Zuluftstrahl von einem reinen Radialstrahl bis hin zu einem Axialstrahl variiert werden.

Bei Mischströmungen ist davon auszugehen, daß die gesamte im Raum freigesetzte Last – vermindert um den direkt erfaßten Lastanteil – durch die Zuluft abzuführen ist. Anzusetzen sind daher die bekannten Beziehungsgleichungen zur Dimensionierung von Mischlüftungskonzepten.

-1.4.2 Schichtlüftung

Grundprinzip der Schichtlüftung bildet die Verwendung von Luftdurchlässen, mit deren Hilfe die Zuluft impulsarm in den Aufenthaltsbereich eingebracht werden kann. Als Transportmedium innerhalb des Gebäudes wird der sich an warmen Oberflächen (z.B. Maschinen) ausbildende Thermikvolumenstrom genutzt. Unter der Voraussetzung, daß der Thermikvolumenstrom ungestört nach oben abströmen kann, werden vom Arbeitsprozeß emittierte Schadstoffe und der konvektive Wärmeanteil aus dem Arbeitsbereich in höher gelegene Hallenbereiche transportiert. Der Thermikvolumenstrom ist abhängig von der Temperaturdifferenz zwischen Oberfläche und Umgebung sowie von der Flächengröße selbst und nimmt mit steigenden Werten zu. Darüber hinaus verhält er sich wie ein Freistrahl, d.h. mit zunehmendem Strahlweg nimmt das Strahlvolumen durch Induktion von Umgebungsluft zu.

Aus Kontinuitätsgründen muß das im unteren Hallenbereich nach oben transportierte Luftvolumen ersetzt werden. Geschieht dies nicht durch gezielte Maßnahmen, strömt die durch den Thermikstrom nach oben bewegte Luft an den Umfassungsflächen des Raumes wieder in den Aufenthaltsbereich zurück und führt dabei auch die sich unter dem Hallendach angesammelten luftfremden Stoffe wieder in die Aufenthaltszone des Menschen.

Unterbinden läßt sich dieser Kreislauf durch gezielte impulsarme Luftzufuhr unmittelbar in den Aufenthaltsbereich.

Der durch Thermik nach oben bewegte Luftstrom wird durch Zuluft ersetzt. In der Raumhöhe, in der der nach oben bewegte und der zugeführte Luftstrom gleich groß sind, bildet sich eine Schichtgrenze aus.

Die im oberen Hallenbereich befindliche Luftschicht ist mit luftfremden Stoffen angereichert und wird unter der Raumdecke abgesaugt.

In der unteren Luftschicht erreicht die Luft nahezu die Qualität der Außenluft. Bild 3.6.8-8 und Bild 3.6.8-9 verdeutlichen schematisch das Strömungsprinzip.

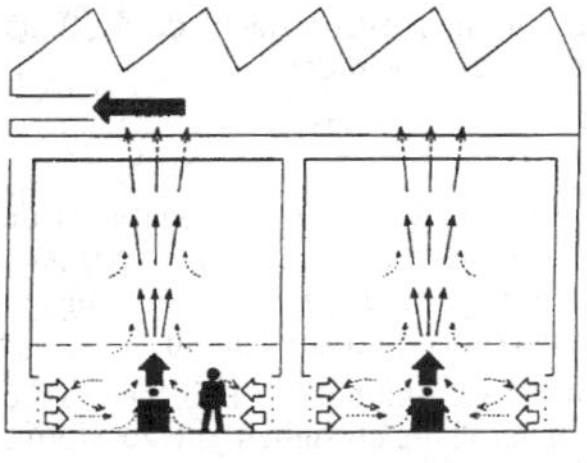

Bild 3.6.8-8

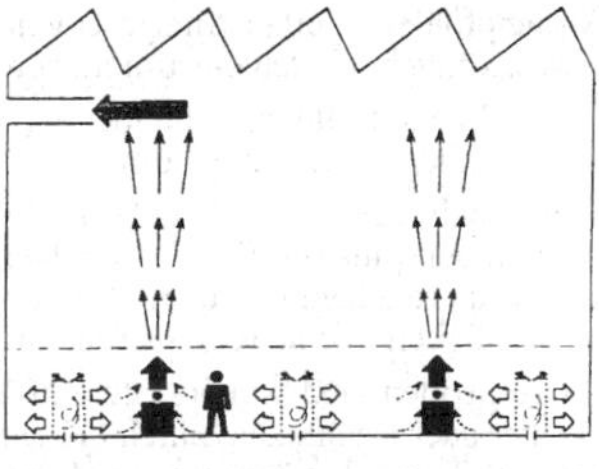

Bild 3.6.8-9

Die Quantifizierung erfolgt durch den Belastungsgrad (Bild 3.6.8-10), wobei man grundsätzlich zwischen dem stofflichen Belastungsgrad und dem thermischen Belastungsgrad unterscheidet; hierbei stellt der Belastungsgrad das Verhältnis der Belastung am Arbeitsplatz der Person und der in den Raum abgegebenen Emission dar. Berechnungshinweise für den Belastungsgrad gibt die VDI 3802.

Während bei allen Systemen der Mischlüftung der Belastungsgrad den Wert 1 annimmt, aufgrund der homogenen Vermischung von Zuluft, Raumluft und den freigesetzten luftfremden Stoffen, kann durch die Ausbildung der thermischen Schicht die Belastungssituation im Aufenthaltsbereich deutlich niedrigere Werte annehmen. Strömungstechnische Voraussetzung ist, daß die Thermikströme durch externe Einflüsse nicht gestört sind. Hier-

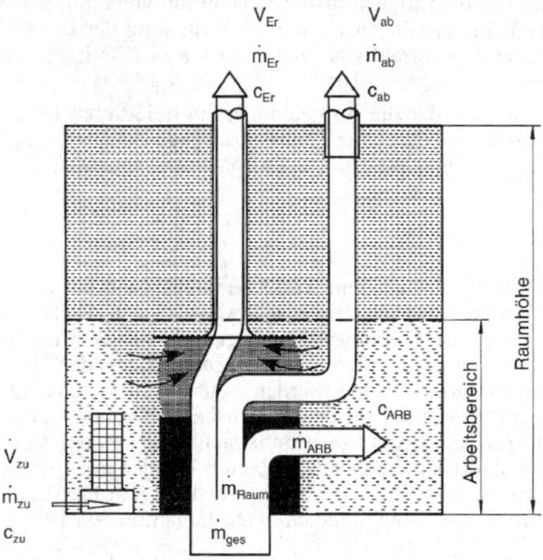

Erfassungsgrad:

$$\varepsilon = \frac{\dot m_{Erf}}{\dot m_{ges}}$$

Belastungsgrad:

$$\eta = \frac{\dot m_{ARB}}{\dot m_{Raum}} = \frac{\dot m_{ARB}}{\dot m_{Ab} + \dot m_{ARB}}$$

Systembelastungsgrad:

$$\eta_m = \frac{\dot m_{ARB}}{\dot m_{ges}} = \eta\,(1 - \varepsilon)$$

Bild 3.6.8-10. Detinition des stofflichen Belastungsgrades.

zu gehört insbesondere, daß die Zuluft so impulsarm in den Raum eingebracht wird, daß auch bei geringen Konvektionsströmungen kein Ausspülen luftfremder Stoffe aus dem Thermikstrom entsteht.

Schichtströmung – Luftdurchlässe am Boden

Die Schichtströmung durch Luftdurchlässe am Boden wird erreicht durch großflächige Luftauslaßfelder, so daß die Austrittsströmung sehr impulsarm erfolgen kann. Auslässe können in Seitenwänden, Zwischenwänden oder ähnlich eingesetzt sein. Zu empfehlen sind jedoch runde Luftdurchlässe in Form von Zuluftsäulen.

Um Strömungsbeschleunigungen im auslaßnahen Bereich – bedingt durch die Thermik – in vertretbaren Grenzen zu halten, sollte der luftdruchlässige Teil der Auslaßsäule die Höhe von 1,5 m nicht überschreiten und der Luftdurchlaß sollte möglichst unmittelbar am Boden aufgestellt sein.

Als empfohlene Luftaustrittsgeschwindigkeit, bezogen auf die Anströmfläche des Luftauslasses, können bei Schichtströmungen folgende Werte genannt werden:

Ebene Luftdurchlaßfelder $W_A \leq 0{,}25 - 0{,}3$ m/s
runde Luftdurchlässe $W_A \leq 0{,}4$ m/s

Wesentlich dabei ist auch, daß die Zuluft möglichst gleichmäßig und orthogonal über die Mantelfläche austritt. Dies ist durch entsprechende Einbaumaßnahmen innerhalb des Auslasses zu erreichen, um die in den Auslaß eintretende Axialströmung hoher Strömungsgeschwindigkeit in eine Radialströmung geringer Geschwindigkeit umzuwandeln.

Zu vermeiden sind weitere Störeinflüsse auf die Thermikströmung wie geöffnete Tore, Fenster oder Dachluken, durch die Querströmungen in der Halle entstehen, die zu Störungen der Thermikströmungen und damit zu Ausspülungen führen. Lassen sich derartige Störgrößen nicht vermeiden, sind sie bei der Dimensionierung der Anlage durch Ausspülfaktoren zu berücksichtigen (VDI 3802).

Als erreichbare Belastungsgrade in ausgeführten Fertigungsstätten sind zu nennen:

stofflicher Belastungsgrad $\eta_s = 0{,}2 - 0{,}3$
thermischer Belastungsgrad $\eta_t = 0{,}45 - 0{,}6$

Der Unterschied zwischen stofflichem und thermischem Belastungsgrad ergibt sich aus der Tatsache, daß ein Teil der freigesetzten Wärme in Form von Wärmestrahlung an den Raum übertragen wird. Dieser Anteil wird zum überwiegenden Teil unmittelbar in der Aufenthaltszone wirksam, ist daher auch unmittelbar fühlbar, während nur der konvektive Anteil lastmindernd wirkt.

Bei einer Anordnung der Luftdurchlässe am Boden, läßt sich auch die Hallenbeheizung und die Aufheizphase der Fertigungsstätte realisieren. Entgegen der Kühlsituation im Produktionsfall ergibt sich bei dieser Betriebsweise der Raumlufttechnischen Anlage jedoch keine Schichtströmung. Die aus dem Auslaß mit gegenüber der Raumluft erhöhter Temperatur austretende Zuluft strömt aufgrund ihres geringeren spezifischen Gewichtes zur Raumdecke ab. Die Induktion dieser Raumluftstrahlen reicht im allgemeinen aus, eine ausreichende Beheizung in Form einer Mischströmung sicherzustellen. Zu empfehlen ist ein Temperaturabstand zwischen Zuluft und Raumluft, der nicht größer als 8 K gewählt werden sollte.

Schichtströmung – Luftdurchlässe in 3–4 m über Fußboden – (Bild 3.6.8-11)

Die Anordnung von Luftdurchlässen an Säulen, Stützen oder Wandbauelementen kann ebenfalls zu einer lastmindernden Schichtströmung führen, wenn der Lufteintritt impulsarm erfolgt und der Thermikstrom an den Produktionseinrichtungen ungestört bleibt. Zu empfehlen sind ebenfalls rotationssymmetrische Auslaßsäulen, die in 3–4 m über Fußboden angeordnet werden können. Derartige Einbausituationen ergeben sich dann, wenn aus produktionstechnischen Gesichtspunkten eine Anordnung der Luftdurchlässe in Bodennähe nicht möglich ist. Erreichbare Belastungsgrade:

Stoffbelastungsgrad η_s ungefähr 0,5
Thermikbelastungsgrad η_t ungefähr 0,7

Erkennbar liegen die Belastungsgrade höher als bei Zuluftzuführung über Luftdurchlässe am Boden. Diese Tatsache ist dadurch zu begründen, daß die Zuluft bei Anordnung der Luftdurchlässe in größeren Raumhöhen zunächst einen stärker belasteten Bereich durchströmt, ehe sie in den Aufenthaltsbereich gelangt. Auf diesem Wege wird ein Teil höher belasteter Raumluft in den Zuluftstrahl eingemischt und in die Aufenthaltszone zurückgeführt.

Erforderlich sind jedoch hier Verstelleinrichtungen für die Zuluftstrahlen, um im Heizbetrieb die Zuluft nach unten in den Aufenthaltsbereich zu führen. In Abhängigkeit des Temperaturabstandes zwischen Zuluft und Raumluft wird der Strahl mit mehr oder weniger erhöhtem Impuls entgegen der wirksamen Thermik nach unten geblasen, um das Entstehen und Verbleiben von unerwünschten Kaltluftzonen im Heizbetrieb zu verhindern.

Die Austrittsgeschwindigkeit über die Mantelfläche im Schichtströmungsbetrieb kann etwas höher gewählt sein, als bei Anordnung der Luftdurchlässe am Boden. Zu empfehlen sind Austrittsgeschwindigkeiten von $w_A = 0{,}5$ bis 0,6 m/s bezogen auf die Anströmfläche des Auslaßelementes. Jedoch ist darauf zu achten, daß der Zuluftstrom den Thermikstrom in der Nähe des Auslasses angeordneter Produktionseinrichtungen nicht stört.

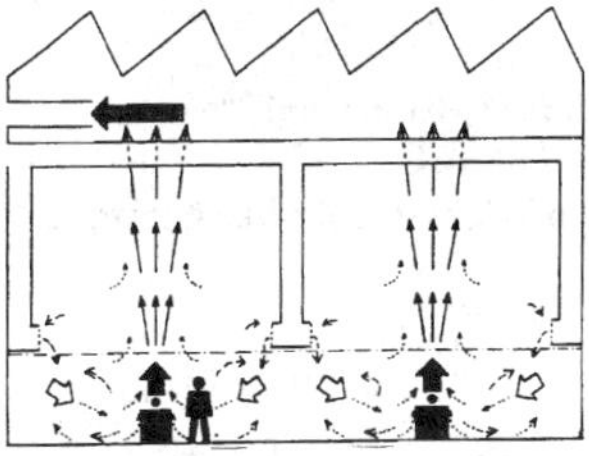

Bild 3.6.8-11. Dimensionierungen von Anlagensystemen nach dem Prinzip der Schichtströmung.

Das Bemessen des Luftstromes für Anlagen, die nach dem Prinzip der Schichtströmung arbeiten, ergibt sich aus der Luftstrombilanz im Aufenthaltsbereich. Berechnet werden die durch Konvektion an den Produktionseinrichtungen und den Personen bewegten Luftströme zuzüglich der durch Induktion bewegten Luft bis zu einer Raumhöhe von 2,5 m über Fußboden (zu empfehlen ist es, für die Schichthöhe eine Grenze von 2,5 m über Fußboden nicht zu unterschreiten, da derartige Berechnungen gewissen Unsicherheiten unterliegen und – wie in den meisten Fällen – nicht alle Wärmequellen rechnerisch erfaßbar sind).

Sind die Flächendimensionen und Oberflächentemperaturen bekannt, lassen sich die Thermikströme sowohl an horizontalen wie auch an vertikalen Flächenelementen gemäß Bild 3.6.8-12 errechnen. Der Berechnung zugrundeliegende Wärmeübergangskoeffizienten sind in Bild 3.6.8-13 wiedergegeben; z stellt den Abstand zwischen der Schichthöhe und der Oberkante der Produktionseinrichtung dar.

Thermik an vertikalen Flächen:

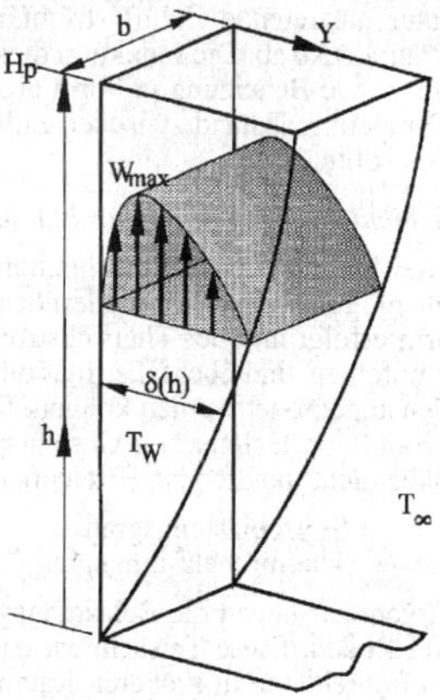

1. laminarer Strömungsbereich $Gr(h)\cdot \Pr < 10^8$ **:**

Luftstrom:

$$\dot{V}_V(h) = 1{,}79\cdot \nu_W\cdot Gr(h)^{1/4}\cdot b$$

Geschwindigkeit für y≤δ(h):

$$w(y,h) = 0{,}75\cdot\left(\frac{\upsilon}{h}\right)\cdot Gr(h)^{0{,}75}\cdot\left(\frac{y}{h}\right)\left[1-\frac{\left(\frac{y}{h}\right)}{5{,}33\cdot Gr(h)^{-0{,}25}}\right]^2$$

$$w_{\max}(h) = 0{,}60\cdot\left(\frac{\upsilon}{h}\right)\cdot Gr(h)^{0{,}5}$$

$$\delta(h) = 5{,}33\cdot h\cdot Gr(h)^{0{,}25}$$

2. turbulenter Strömungsbereich $Gr(h)\cdot \Pr > 10^8$ **:**

Luftstrom:

$$\dot{V}_V(h) = 0{,}104\cdot \nu_W\cdot Gr(h)^{0{,}4}\cdot b$$

$$Gr(h) = \frac{g\cdot h^3\cdot\left(T_W - T_\infty\right)}{\nu_W{}^2\cdot T_\infty}\quad ;\quad \Pr_{Luft} = 0{,}72$$

Geschwindigkeit für y≤δ(h):

$$w_{\max}(h) = 0{,}54\cdot\left(\frac{\nu}{h}\right)\cdot Gr(h)^{0{,}5}$$

$$w(y,h) = 1{,}056\cdot\left(\frac{\nu}{h}\right)\cdot Gr(h)^{0{,}514}\cdot\left(\frac{y}{h}\right)^{1/7}\cdot\left[1-\frac{\frac{y}{h}}{0{,}706\cdot Gr(h)^{-0{,}1}}\right]^4$$

$$\delta(h) = 0{,}706\cdot h\cdot Gr(h)^{-0{,}1}$$

Auftriebsstrahl über horizontalen Flächen:

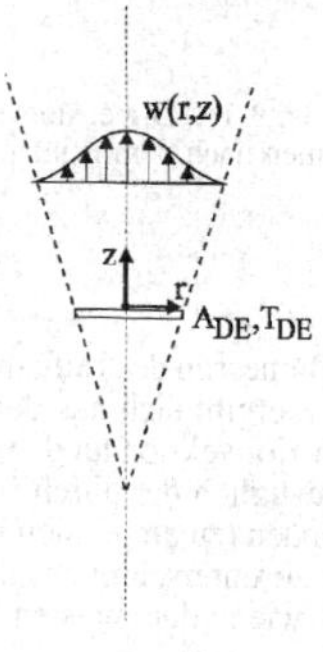

Luftstrom:

$$\dot{V}_H(z) = k_1\cdot \dot{Q}_K{}^{1/3}\cdot\left(z+1{,}7\cdot d_{hyd}\right)^{5/3}$$

$$k_1 = 0{,}005\, m^{4/3}\cdot W^{-1/3}\cdot s^{-1}$$

$$\dot{Q}_{K,DE} = \alpha_K\cdot A_{DE}\cdot\left(T_{DE} - T_\infty\right)$$

Geschwindigkeit für y≤δ(h):

$$w(r,z) = k_2\cdot \dot{Q}_{K,DE}{}^{1/3}\cdot(z+1{,}7\cdot d_{hyd})^{-1/3}\cdot e^{-60\cdot\left(\frac{r}{z+1{,}7\cdot d_{hyd}}\right)^2}$$

$$w_{\max}(z) = w(r=0,z) = k_2\cdot \dot{Q}_{K,DE}{}^{1/3}\cdot(z+1{,}7\cdot d_{hyd})^{-1/3}$$

$$k_2 = 0{,}135\, m^{4/3}\cdot W^{-1/3}\cdot s^{-1}$$

Bild 3.6.8-12. Berechnung der Thermikströme für horizontale und vertikale Flächen.

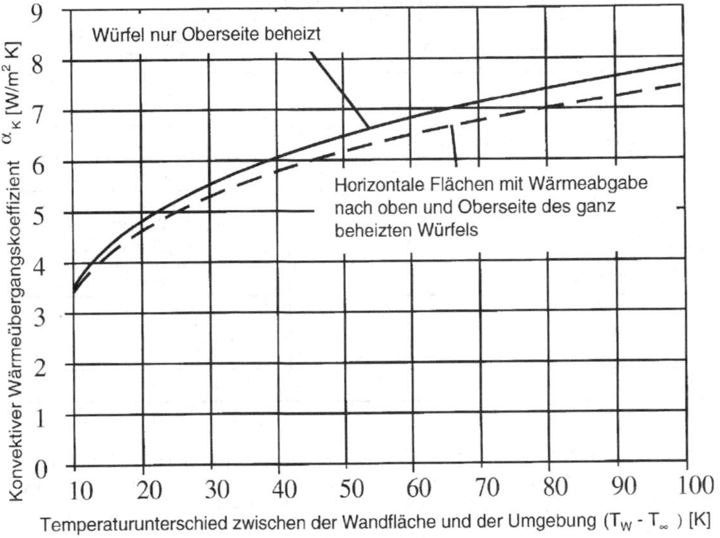

Bild 3.6.8-13. Konvektive Wärmeübergangskoeffizienten abhängig vom Temperaturunterschied Wandfläche/Umgebung.

Wärmeströme an Oberflächen von Produktionseinrichtungen lassen sich ermitteln durch:

- Ist-Aufnahme bei bestehenden Produktionseinrichtungen

  Bei bestehenden Produktionseinrichtungen können die Wärmeströme an den Flächenteilen der Produktionseinrichtungen durch tabellarisches Erfassen der Flächengröße und Messen der mittleren Oberflächentemperatur des jeweiligen Flächenfeldes erreicht werden.

- Erfahrungswerte bei Neuanlagen:

  Bei neu zu planenden Produktionsstätten muß auf Erfahrungswerte bei der Dimensionierung zurückgegriffen werden. Bekannt sind im allgemeinen die zu erwartenden elektrischen Anschlußwerte der Maschineneinrichtungen, die konkrete Hinweise zur Dimensionierung liefern. Aus Untersuchungen von verschiedenen ausgeführten Anlagen ist bekannt, daß von der angegebenen Anschlußleistung im Mittel nur ca. 40% tatsächlich genutzt werden. Berücksichtigt man noch weitere Energieträger wie Kühlschmierstoffe im Bereich der spanenden Fertigung die tatsächlichen Gleichzeitigkeitsfaktoren, verbleiben als thermisch wirksame Wärmeströme ca. 20% der Anschlußleistungen der Produktionseinrichtungen. Berücksichtigt man als wirksamen Temperaturabstand zwischen Abluft und Zuluft einen Wert von 8–9°C, so läßt sich der erforderliche Luftstrom abschätzen.

Hinweise:

Einige Hinweise zur Dimensionierung:

- Zu berücksichtigen für die thermische Volumenstrombilanz sind nur wärmeabgebende Produktionseinrichtungen, die innerhalb der Aufenthaltszone angeordnet liegen. Befinden sich derartige Einrichtungen mehr als 3 m über Fußboden, können sie bei der Dimensionierung der Luftströme unberücksichtigt bleibt. Dies betrifft insbesondere Schaltschränke und Hydraulikaggregate, die entweder auf Podesten in der Halle oder außerhalb der Produktionshallen aufgestellt werden können.

- Erfahrungswerte:

  Für verschiedene Produktionsstätten können die in Tafel 3.6.8-2 aufgeführten Erfahrungswerte angesetzt werden.

Tafel 3.6.8-2 Erfahrungswerte flächenbezogener Zuluftströme

Produktionsbereich	Flächenbezogene Zuluftströme $m^3/(h \cdot m^2)$
Gießerei Sandaufbereitung	50–60
Kernherstellung und -lagerung	60–80
Schmelzbetrieb	90–140
Abguß- und Gußkühlung Formguß Druckguß	 100–200 60–80
Mechanische Fertigung	20–75
Umformtechnik Kaltverformen Warmverformen	 20–30 30–50
Montage	20–30

Die Dimensionierung durch derartige Erfahrungswerte ist jedoch nur zu Vorplanungszwecken zu verwenden. In jedem Fall sollte im Zusammenhang mit einer Ausführungsplanung eine Überprüfung der angenommenen Werte folgen.

– Abluftströme:

Bei Luftführungen, die Thermik an Produktionseinrichtungen zum Lasttransport aus dem Arbeitsbereich nutzen, muß an der höchsten Stelle der Halle Abluft entnommen werden. Dieser Hallenabluftstrom muß mindestens 15–20% des Gesamtabluftstromes betragen. Die aus der Halle fortgeführte Luft darf nicht nur aus Erfassungsluft bestehen, da sonst die mit der Thermik in den ungenutzten Hallenbereich getragenen Wärme- und Stoffströme aus Kontinuitätsgründen wiederum in den Arbeitsbereich zurückgeleitet werden.

-2 Laboratorien[1)]

Ergänzungen von Dr.-Ing. Udo Peter Banck, Ober-Ramstadt

-2.1 Allgemeines

In den Laboratorien der Industrie, Lehranstalten und Institute entstehen schädliche Gase oder Dämpfe, ferner auch Bakterien, Viren, radioaktive Aerosole, die wegen Gesundheitsgefährdung abgesaugt und direkt bzw. in Abhängigkeit von der möglichen Gefährdung nach entsprechender Aufbereitung ins Freie geblasen werden müssen. Für die nachströmende Luft ist in der Regel, abgesehen von sehr kleinen Anlagen, eine Zuluftanlage erforderlich.

-2.2 Volumenstrom

Bei *Abzügen* (Digestorien) wird der Abluftstrom nach der Gefährlichkeit der Arbeitsstoffe abgestuft (s. BG-Chemie und DIN 12924 bzw. zukünftig DIN EN 14175). Näherungsweise beträgt er je m Frontlänge mindestens:

Tischabzüge	400 m^3/m h	
Tiefabzüge	600 m^3/m h	
Begehbare Abzüge	700 m^3/m h	(Bild 3.6.8-14).

Der Druckverlust im Abzug darf 150 Pa nicht überschreiten.

Bei *Abkochabzügen* (geheizten Bädern) 50% mehr.

---

1) DIN 1946 T7 (06.92).
Eser, L.: Klimatechn. 12/73. S. 244/9.
Bunse, F., u. B. Gräff: Ki 7–8/85. S. 283/8.
Gräff, B., u. a.: Ki 1/87. S. 41/6.
DIN 12924 T1 (08.91); T2 (01.94); T3 (04.93); T4 (01.94): Laboreinrichtungen; Abzüge.
prEN 14175-1 bis 3:2001-09

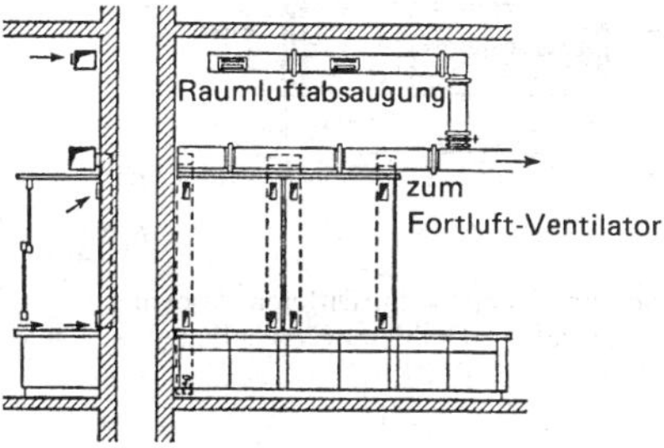

Bild 3.6.8-14. Abzugsschrank mit Abluftkanal und Raumabsaugung.

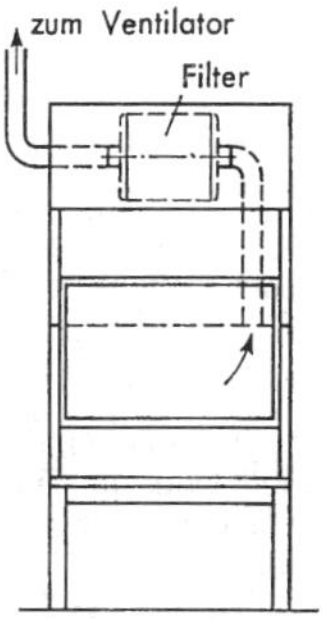

Bild 3.6.8-15. Isotopen-Abzug mit eingebautem Schwebstoffilter.

Bei *Kurssälen* in Hochschulen zusätzlich zu der Absaugung durch Abzüge Raumentlüftung erforderlich. Luftwechsel etwa:

bei kleinen Sälen (ungefähr 30 Personen) ... l = 8- bis 12fach,
bei großen Sälen (ungefähr 100 Personen) ... l = 6- bis 8fach.

In *Isotopenlabors* Abluftmenge wesentlich höher, etwa 1000 m^3/h je lfd. m, manchmal auch zusätzlicher Schnellauf der Ventilatoren mit Luftmengen bis 1500 m^3/h je lfd. m. *Handschuhkästen* (Glove boxes) müssen dauernd unter starkem Unterdruck gehalten werden, etwa 500 Pa.

In jedem Labor soll auch eine *Bodenabsaugung* vorhanden sein, Mindestleistung 2,5 m^3/m^2 h.

Zuluft-Volumenstrom mindestens 25 m^3/h pro m^2 Nutzfläche des Raumes oder etwa 10% geringer als Abluftvolumenstrom. Nur Außenluft bis zu tiefster Außentemperatur. Bei Anlagen mit geringer Luftverschlechterung auch Umluft zulässig (z.B. physikalische Arbeiten, Hörsäle), nicht jedoch in Laboratorien und bei Digestorien.

Bei kurzzeitig benutzten Digestorien (z.B. Schulen) kann auf eine besondere Zuluftanlage verzichtet werden, wenn Abluftmenge nicht größer als 9 m^3/h pro m^2 Nutzfläche.

Lösungsmittelschränke sind an eine Abluftanlage anzuschließen. Leistung 60 m^3/m^2 h. Der Anschluß an die Schränke muß derart erfolgen, daß die Möglichkeit besteht, die eingesetzten Brandschutzklappen zu warten

Schnüffelleitungen 1 bis $1^1/_2$", Luftgeschwindigkeit 15...18 m/s. Unterdruck ≈200 Pa.

Ventilatoren aus Kunststoff, Edelstahl, kunststoffbeschichtetem Stahl oder Sonderwerkstoffen. Am Saugstutzen Fanggitter zur Zurückhaltung größerer Teile. Bei Kunststoffventilatoren Maßnahmen vorsehen zur Unterbindung elektrostatischer Aufladung, da Explosionsgefahr.

-2.3 Filter

Reinigung der Zuluft bei normalen Anlagen durch einstufige Filter der Stufe EU6 (Feinstaubfilter), siehe Abschn. 3.3.3. Bei besonderen Ansprüchen (Bakteriologische Laboratorien, Isotopen-Labors usw.) 2- oder 3stufige Reinigung mit Hochleistungsfiltern, z.B.

1. Stufe: Glasfaser-Umlauffilter für Staub > 5 μm, Stufe EU 3 oder 4
2. Stufe: Trockenschichtfilter für Staub von 1 bis 5 μm, Stufe EU 5...7
3. Stufe: Hochwertige Feinststaubfilter Klasse EU 9 (Q, R oder S)

Die *Fortluft* wird in der Regel nicht gefiltert, falls nicht besondere Anforderungen vorliegen. Bei Absaugung von Dämpfen und Gerüchen können Aktivkohlefilter verwendet werden; dann Vorfilter erforderlich, damit die Aktivkohle sich nicht verstopft.

Bei Isotopen-Labors auch Reinigung der Abluft in der Regel derart, daß am Digestorium selbst ein Vorfilter und beim Ventilator ein Nachfilter (Schwebstoffilter) angebracht wird. Bild 3.6.8-15 zeigt eine Ausführung, bei der das Schwebstoffilter unmittelbar über dem Digestorium angebracht ist. Nach Erschöpfung Auswechslung des ganzen Filters. Bild 3.6.8-16 größeres Filter für mehrere Abzüge, auf gute Zugriffsmöglichkeit zur Filterwartung ist zu achten. Da der Widerstand des Filters mit der Verschmutzung erheblich

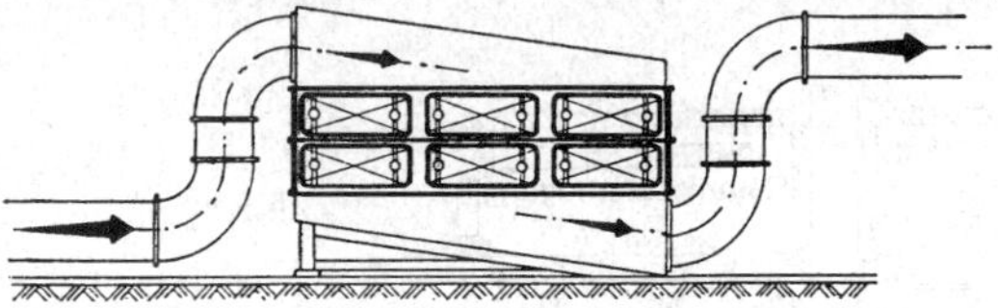

Bild 3.6.8-16. Isotopen-Abzug mit 2stufigem Kanalfilter.

steigt, ist automatische *Druckregelung* des Ventilators nötig: Differenzdruckmessung an Meßblende mit Ventilatorregelung durch Schaufel-, Dralldrosselverstellung oder Drehzahlveränderung.

-2.4 Raumluftzustand

Lufttemperatur im Labor 20 bis 22 °C, Grundheizung zweckmäßig vollständig durch örtliche Heizkörper, weil dann die Lüftungsanlage mit einheitlicher Zulufttemperatur gefahren werden kann und volles Heizen auch bei Abschalten der Lufttechnik erfolgt. Thermostatventile an den Heizkörpern vorsehen (Überhitzung). Kühlung der Zuluft im Sommer erforderlich, bei besonderen Ansprüchen auch Klimaanlagen. Zugfreiheit nach DIN 1946 T2, siehe Abschn. 1.2.3-3. Geräusche der RLT-Anlage im Arbeitsraum max. 52 dB (A).

-2.5 Luftführung

Verdrängungsströmung anstreben, denn Strahllüftung ist nicht unproblematisch, da schnell eine gleichmäßige Verteilung der Schadstoffe im Raum bewirkt wird. Spezielle Laborauslässe wurden für hohe Luftwechselzahlen mit geringer Induktionswirkung entwickelt.

Bei dem Auslaß nach Bild 3.6.8-19 wird ein Treibluftstrom $\dot{V}_p$ an der Decke entlanggeblasen. Die unvermeidbare Induktionswirkung führt überwiegend Zuluft $\dot{V}_s$ in den Strahl, die aus einem Schlitzbrückenlochblech mit kleinerer Geschwindigkeit ausströmt. Somit wird weniger schädliches Gas umgewälzt. Luftwechselzahlen bis 10…15 h^{-1} sind zugfrei möglich[1]. Darüber hinaus ermöglicht der Einsatz von waschbaren Textilschläuchen zur Verteilung der Zuluft die Realisierung von hohen Luftwechseln ohne Zugerscheinungen.

Abschirmung von Labortischen durch Luftschleier von unten nach oben gerichtet und aus der Tischkante austretend sind wegen der Induktionswirkung problematisch[2].

Einzelabsperrung von Laborräumen ist aus wirtschaftlichen Gründen vorzuziehen. Die Absperr- und Regelgeräte können drei Betriebsarten sicherstellen

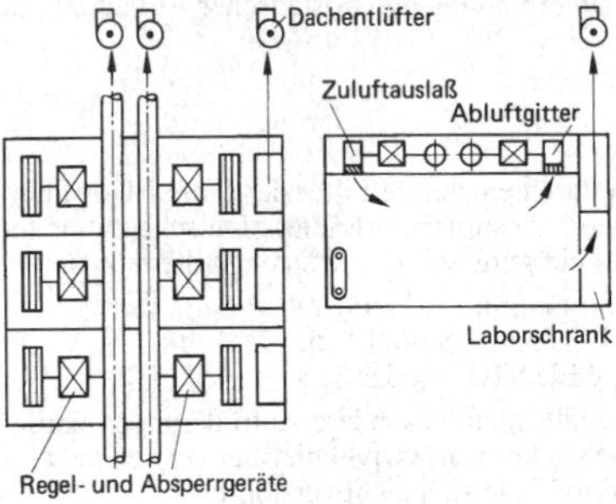

Bild 3.6.8-17. Lüftungsanlage für Laborräume mit Regel- und Absperrgeräten.

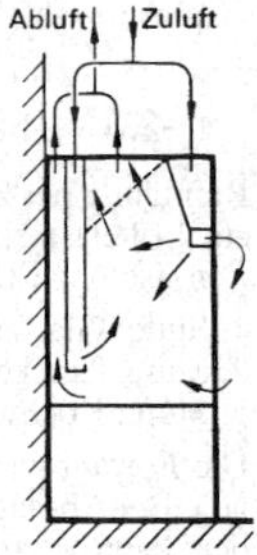

Bild 3.6.8-18. Laborschrank mit Belüftung (Fläkt).

[1]) Eser, L.: LTG-Lufttt. Inform. Nr. 3, 12/71 S. 19/24, u. Nr. 4, 4/72 S. 23/4.
[2]) Hilbers, H.: TAB 2/83. S. 109/112.

- Lüftung mit Laborschrank (l = 10…20 l/h)
- Lüftung ohne Laborschrank, sogenannte Grundlüftung (l = 5…10 l/h)
- keine Lüftung

Schema einer Lüftung mit Einzelabsperrung siehe Bild 3.6.8-17.

Zentrale Anlagen mit Drehzahlregelung sind zu empfehlen. Die Wartungs- und Energiekosten sind hier geringer. Bei einem direkt belüfteten Laborschrank (siehe Bild 3.6.8-18) können die Raumluftströmung entlastet und Nachwärmeenergien eingespart werden. Höhere Anlagenkosten durch zusätzliches Kanalsystem. Moderne Anlagen können in gewissen Grenzen darüber hinaus geregelt werden, indem über den Öffnungsgrad des Frontschiebers der notwendige Abluftstrom im Abzug und damit auch der Zuluftstrom ermittelt und eingeregelt wird. Über die Festlegung von Gleichzeitigkeitsfaktoren ist eine Reduktion der installierten Luftleistung und der damit verbundenen Investitions- und Betriebskosten möglich.

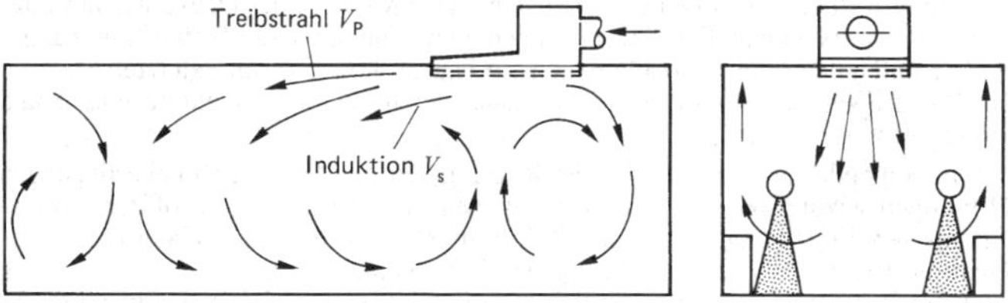

Bild 3.6.8-19. Laborauslaß für hohe Luftwechselzahl und geringe Umluftinduktion mit Treibstrahl $\dot{V}_p$ und Zuluftinduktion $\dot{V}_s$.

-2.6 Kanäle

Abluftkanäle möglichst senkrecht, reichlich Reinigungsöffnungen, schwer entflammbar, Entwässerungsstutzen, Luftgeschwindigkeit 3 bis 10 m/s.

Zur Energieeinsparung bereichsweise Absperrung durch Klappen, wenn keine Nutzung. Material:

Kunststoff (PVC, PE, Teflon und Polypropylen) für fast alle Medien beständig, außer Lösemitteldämpfen wie Benzol, maximale Temperatur 60 bis 70 °C, teilweise auch bis 100 °C. Mindestens schwer entflammbar. Rohre, Formstücke und Rechteckkanäle aus PVC siehe auch DIN 4740, aus PP s. DIN 4741.

Kupfer und Edelstahl nicht für alle Stoffe beständig.

Steinzeug, wenig besser, besonders geeignet bei Lösungsmitteldämpfen, aber großer Raumbedarf und teilweise undicht, außerdem schwer und unhandlich zu montieren.

Gemauerte Kanäle nur für schwache chemische Angriffe.

Schwarzblech, plastopheniert, für stark aggressive Medien.

-2.7 Sicherheitswerkbänke

Der Einsatz von Sicherheitswerkbänken (Cleanbenches, Laminar Flow Einheiten) nimmt in modernen Laboratorien einen immer höheren Stellenwert ein. Je nach Einsatzbereich steht dabei der Personen- oder der Produktschutz im Vordergrund. Bei Biotechnologie-Laboren sind je nach Anforderungen spezielle anlagentechnische Voraussetzungen zu berücksichtigen, um vorgeschriebene Funktionstests (z.B. Filterintegrationstest) durchzuführen (DIN EN 12469:2000-09).

-3 Akkumulatorenräume (Batterieräume)

-3.1 Allgemeines

In Akkumulatoren- und Batterie-Räumen entstehen beim Laden der Zellen, sobald die Spannung eine bestimmte Größe erreicht hat, durch Zerlegung des Wassers Sauerstoff und Wasserstoff, deren Gemisch explosionsgefährlich ist *(Knallgas).* Außerdem bilden sich in Bleibatterien *Schwefelsäurenebel* am Ende der Ladeperiode, wenn, wie man sagt, die Zellen kochen, wodurch die Schleimhäute gereizt werden und Korrosionsschäden entstehen. Eine ausreichende Lüftung dieser Räume ist daher unerläßlich. DIN 57510/VDE 0510.

-3.2 Entlüftung

Wasserstoff ist leicht und sammelt sich an der Decke der Räume an, während die Schwefelsäuredämpfe schwer sind und sich am Boden lagern. Bei kleinen Akkumulatoren-Räumen genügt Fensterlüftung. Die Fenster werden beim Laden der Akkumulatoren geöffnet, so daß die Gase und Dämpfe abziehen können.

Bei größeren Akkumulatoren-Räumen ist die natürliche Lüftung nicht mehr möglich, so daß man die Räume mittels Ventilatoren zwangsweise entlüften muß (Bild 3.6.8-20).

Der explosionsgeschützte *Abluftventilator* wird außerhalb des Raumes aufgestellt. Die Ansaugöffnung im Raum soll so eingerichtet sein, daß sowohl an der Decke wie am Fußboden abgesaugt werden kann. Dies läßt sich leicht durch einen vor der Saugöffnung angebrachten oben und unten offenen abnehmbaren Vorbau aus korrosionsgeschützten Material erreichen. Bei großen Räumen ist ein Abluftkanal vorzusehen, der mehrere untere und obere Absaugöffnungen hat.

Für die nachströmende Luft genügt es in der Regel, in der der Abluft gegenüberliegenden Wand Öffnungen anzubringen bzw. Jalousieklappen in den Fenstern zu öffnen, so daß Außenluft aus dem Freien angesaugt wird. Zuluft im Bodenbereich. Im Winter kühlen die Akkumulatoren-Räume dabei zwar stark aus, was jedoch ohne Bedenken ist. Eine Heizung ist jedenfalls nicht erforderlich, jedoch soll der Raum frostfrei sein. Ist die Umgebung sehr staubig oder liegen die Akkumulatoren-Räume an belebten Straßen, ist es zweckmäßig, die Zuluft durch einen besonderen Zuluftventilator mit Staubfilter zuzuführen. Auch bei sehr großen Akkumulatoren-Räumen ist dies zu empfehlen. Zuluftmenge etwa 20% geringer als Abluftmenge.

-3.3 Volumenstrom

Eine theoretisch einwandfreie Berechnung des erforderlichen Volumenstroms ist auf Grund der stündlich entstehenden Wasserstoffmenge und der zulässigen Wasserstoffkonzentration möglich. Berechnung nach DIN 57510/VDE 0510:

Wasserstofferzeugung je Ampere Ladestrom w = 0,42 l/h bei einer Zelle.

Untere Explosionsgrenze 3,8 Vol.-%.

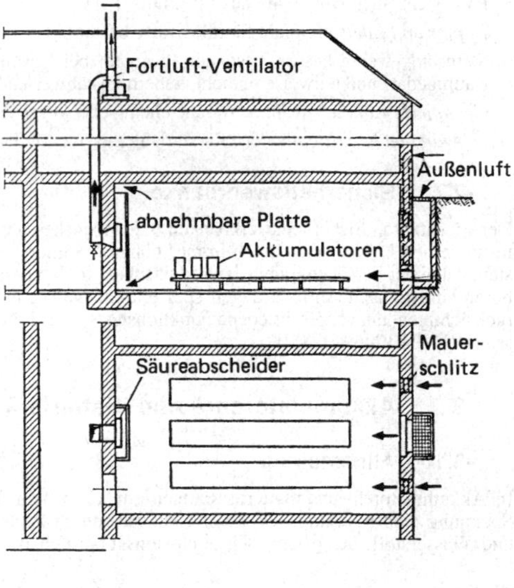

Bild 3.6.8-20. Entlüftung eines Akku-Raumes.

Erforderlicher Zuluft-Volumenstrom:

$\dot{V} = v \cdot w \cdot s \cdot n \cdot I$ in l/h

v = Verdünnungsfaktor = 100/3,8 = 26
s = Sicherheitsfaktor = 5 (bei Wasserfahrzeugen s = 10)
n = Zahl der Zellen
I = max. Ladestrom in A

$\dot{V} = 26 \cdot 0{,}42 \cdot 5 \cdot n \cdot I$ l/h $= 0{,}055\, n \cdot I$ m³/h

Beispiel:

Rauminhalt 100 m³, Zahl der Zellen 120,
max. Ladestrom 60 Ampere,
erforderlicher Volumenstrom $\dot{V} = 0{,}055 \cdot 60 \cdot 120 = 400$ m³/h.
Dies entspricht einem 4fachen stündlichen Luftwechsel.

Der Ladestrom ist je nach Art des Ladeverfahrens und der Batterie unterschiedlich.

Der Maximalwert tritt am Ende des Ladevorgangs auf (Ladeschlußstrom). Bei Ladeeinrichtung mit Strombegrenzung I = 1…4 A je 100 Ah Nennkapazität, wobei 1 für Silber/Zink-, 2 für Blei- und 4 für Nickel/Cadmium-Batterien gilt.

Im allgemeinen begnügt man sich damit, den stündlichen Luftwechsel nach Erfahrung festzusetzen und rechnet bei dicht belegten niederen Räumen: Luftwechsel l = 4…6fach, bei hohen Räumen 3…4fach.

Die abgesaugte Luft soll möglichst über Dach geblasen werden, damit anliegende Räume nicht durch die Säurenebel enthaltende Luft belästigt werden oder Beschädigungen eintreten.

-3.4 Material

Ventilator und Rohrleitungen dürfen durch die in der abgesaugten Luft entwickelte Schwefelsäure nicht angegriffen werden. Daher Herstellung aus verbleitem und innen mit Chlorkautschuk gestrichenem Blech, aus innen gummiertem Blech, oder noch besser aus Kunststoff, die Rohrleitung auch aus Faser-Zement.

-3.5 Säureabscheider

Um die Säuredämpfe nicht ins Freie auszublasen, Verwendung sogenannter *Säureabscheider* in den Akkumulatoren-Räumen. Sie bestehen aus mehreren hintereinander angeordneten durchlochten Bleiplatten. Empfindlich gegen Verschmutzung. Häufige Reinigung erforderlich.

-3.6 Stahl-Akkumulatoren

enthalten als Flüssigkeit nicht Schwefelsäure, sondern *Kalilauge.* Die positiven Elektroden enthalten Nickeloxide, die negativen Cadmium oder Eisen. Auch diese Akkumulatoren entwickeln *Knallgas,* so daß eine Entlüftung erforderlich ist. Da die Nennspannung einer Stahlzelle jedoch nur 1,2 V – statt 2 V bei der Bleizelle – beträgt, ist die erforderliche Luftmenge ca. 60% kleiner.

-4 EDV-Anlagen, Telefonvermittlungssysteme, CAD-Arbeitsplätze[1)]

In Räumen mit Geräten, die elektronische Bauelemente und Datenträger enthalten, werden meist erhebliche Wärmemengen freigesetzt. Das sind beispielsweise Computer-Anlagen, Telefonvermittlungssysteme, Informationssysteme, Prüf- und Meßanlagen, aber auch Bildschirm-Arbeitsplätze, Work Stations, CAD- und CIM-Systeme usw. In allen Fällen müssen die Spezifikationen des Herstellers beachtet werden. Bei personenbesetzten Räumen sind Behaglichkeits- und Komfortbedingungen einzuhalten.

---

1) Bundesministerium des Innern: Klimatisierung von DV-Räumen. 8.76.
Daniels, K.: Ki 8/73. S. 27/32 u. Kälte- u. Klima-Fachmann 2/3-78. S. 7/12.
Henne, P.: Ki 10/78. S. 349/52.
Glagowski, H.: Kälte- u. Klimatechn. SBZ 5/79. 3 S. u. KKT 3/82. S. 76/8.
Rákóczy, T.: TAB 1/84. S. 15/9.
Bodický, J.: unveröffentlicht.

Der erforderliche Volumenstrom der Klimaanlage errechnet sich aus der Kühllast des Raumes (Transmission, Personen, Beleuchtung usw.) und insbesondere der von den Maschinen abgegebenen Wärme. Obwohl die Wärmeabgabe der Bauelemente ständig reduziert wird, ist wegen dichterer Packung der Bauelemente in den Gehäusen bzw. Gestellen der Wärmeanfall pro m^2 Bodenfläche ständig gestiegen. Er liegt heute im Durchschnitt bei 300…500 W/m^2 und in besonderen Fällen bis max. ca. 1000 W/m^2. Außenluftanteil gering (gemäß DIN 1946 T2), konstant, max. 5% der Gesamtluftmenge (wegen der korrosiven Schadstoffe). Abluftabsaugung über den Maschinen. Die hohe Wärmelast bedingt einen großen Zuluftstrom; – die Luftwechselzahlen liegen zwischen ca. 40- und 60fach. Dadurch kommt es zu einer turbulenzarmen Aufwärtsströmung im Raum. Wenn die Lage der Luftauslässe sorgfältig gewählt wird, treten trotz höherer Volumenströme im Raum keine Zugerscheinungen auf. Neben geschlitzten Bodenplatten werden auch Ausblasgitter und Drallauslässe verwendet. Volumenströme pro m^2 Bodenfläche 200…400 m^3/h.

Die elektronischen Bauelemente und die Datenträger – das sind beispielsweise Magnetbänder und Magnetplatten – sind heute teilweise voll gekapselt. Die zulässigen Bereiche der Temperatur, relativer Feuchte, Staub- und Schadstofffreiheit sind teilweise erheblich erweitert worden.

Jeder Hersteller schreibt für den Betrieb seiner EDV-Anlagen eigene Umweltbedingungen vor, wie aus Beispielen für Großrechner (in klimatisierten Rechenzentren) ersichtlich

EDV-Anlage in Betrieb: 18…27 °C und 20…75% rel. Feuchte, außer Betrieb: 15…30 °C und 10…75% rel. Feuchte (Siemens-Nixdorf)

bzw.

EDV-Anlage in Betrieb: 21…23 °C und 42…48% rel. Feuchte, außer Betrieb: 16…32 °C und 20…80% rel. Feuchte (IBM).

Dabei gelten die hohen Temperaturen natürlich nur für Räume ohne Personal, z.B. automatische Vermittlungsstellen. Bei Räumen mit Personal 20…26 °C. Wegen der elektrostatischen Aufladungen, die das Wohlbefinden des Personals sowie die Verarbeitungsfähigkeit des Druckerpapiers beeinträchtigen und die zu Störungen der DV-Systeme führen können, sollte die relative Luftfeuchte nicht unter 40% absinken.

Die definierten klimatischen Umweltbedingungen müssen sowohl im Raum (1,5 m über dem Boden) als auch im Lufteintrittsbereich der EDV-Geräte eingehalten werden. Die konstante Zulufttemperatur (im Doppelboden) soll wegen der vollen Ausnutzung der installierten Klimaleistung nur knapp oberhalb der unteren Temperaturgrenze liegen. Die Ablufttemperaturen liegen in diesen Fällen zwischen 26 und 36 °C.

Die meisten Computerhersteller verfügen über zwei unterschiedliche Systeme (Großrechner und Mehrplatzsysteme) mit den voneinander abweichenden Umweltbedingungen. Auch deshalb ist eine projektbezogene Rücksprache mit dem Computerhersteller unerläßlich.

Die Forderungen an die Staubfreiheit sind meist mit Filterklasse G 3 oder F 5 – in Ausnahmefällen mit F 7 – erfüllbar.

Die elektronischen Systeme werden ständig weiterentwickelt und damit ändern sich auch die Spezifikationen für die Klimatisierung.

In der Regel wird die Luft heute über *Doppelboden* von unten zugeführt und durch eine *abgehängte Decke* oberhalb der Computer abgesaugt (Bild 3.6.8-21). Damit geht ein großer Teil der Maschinenwärme direkt in die Abluft (kleiner Belastungsgrad). Die Computer sind meistens mit eigenen Kühlluftventilatoren ausgestattet und saugen die Luft entweder aus dem Raum (links im Bild 3.6.8-21) oder aus dem Doppelboden (rechts im Bild 3.6.8-21) an.

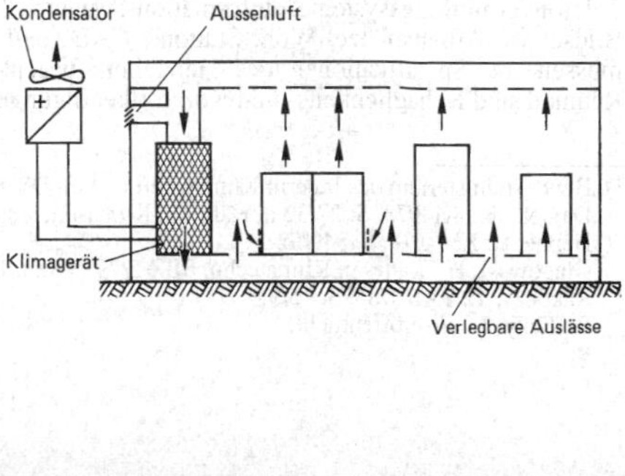

Bild 3.6.8-21. Luftführung mit Zuluft aus Doppelboden und Abluft über Maschinen.

Die mit Luftdurchlässen versehenen zuluftführenden Bodenplatten und die Abluftgitter in der abgehängten Decke sind versetzbar und an veränderte Maschinenaufstellung anpaßbar.

Weitere Einzelheiten sind der Richtlinie VDI 2054: Raumlufttechnische Anlagen für Datenverarbeitung zu entnehmen.

-4.1 Klimageräte

Die speziellen Forderungen

- Flexibilität bei Veränderungen und Erweiterungen
- Installation von Ersatzgeräten wegen hoher Betriebssicherheit
- geringer Platzbedarf
- niedrige Energiekosten für den Lufttransport

führten zu dezentralen Anlagensystemen. Die Klimageräte werden vor Ort, d.h. direkt im klimatisierten Raum oder in einem benachbarten, abgetrennten Maschinenraum installiert. Dies sind meist Klimaschrankgeräte mit Luftführung von oben nach unten. Bis zu Kühllasten von ca. 400 bis 600 kW werden, wenn im Gebäude kein Kaltwasser zur Verfügung steht, kompakte Klimaschrankgeräte mit eingebauter Kälteeinrichtung und Direktverdampfung aufgestellt (Bild 3.6.8-22). Die Geräte mit eingebauter Kälteeinrichtung haben ab Kälteleistungen von ca. 20 kW aus Sicherheits- und Wirtschaftlichkeitsgründen zwei getrennte Kältekreisläufe. Bei noch größeren Anlagen und wenn Kaltwasser zur Verfügung steht, werden diese Geräte mit Kaltwasserkühlern ausgestattet.

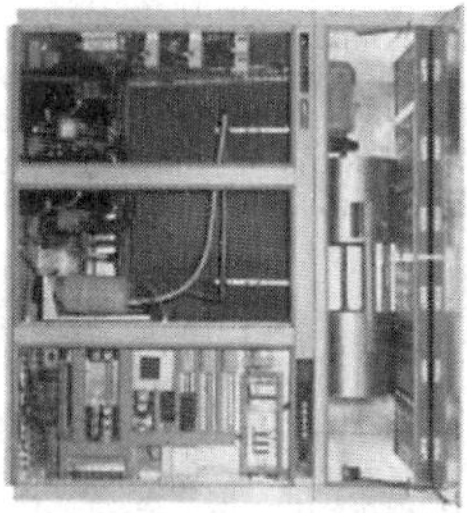

Bild 3.6.8-22. Klimaschrankgerät für Computerräume mit eingebauter Kältemaschine und Direktverdampfung. Volumenströme 6000…24 000 m³/h. Kühlleistung 24…80 kW (AL-KO Aero Tech).

Befeuchtung am besten mit Dampf (kein Kalk), um Schäden in EDV-Anlage zu vermeiden. Akustische oder optische *Warnanlagen* zweckmäßig, die bei Über- oder Unterschreiten der Temperatur- und Feuchtegrenze ansprechen. Bei wichtigen Anlagen Reserveteile vorsehen oder noch besser komplette Ersatzgeräte. Auf Brand- und Wasserschadenschutz ist besonders zu achten. In den Luftkanälen Feuerschutzklappen, die von Rauchmeldern betätigt werden.

Die Regelung jedes Einzelgeräts erfolgt durch eine übergeordnete Regelung mit automatischer Umschaltung auf das Ersatzgerät und Sequenzumschaltung für eine gleichmäßige Abnutzung der Klimageräte. Die seitherigen elektronischen Regelungen werden durch mikroprozessorgestützte DDC-Regelungen abgelöst. Dies gilt insbesondere auch für Überwachungssysteme, für Filter, Luftzustände, Luftströmungen, Wasser im Doppelboden usw. Bedienung und Überwachung dieser Klimaanlagen wird sehr häufig auf Gebäude-Leitsysteme aufgeschaltet.

-4.2 Anwendung der freien Kühlung[1)]

Da diese Anlagen ganzjährig gekühlt werden müssen, sind der Energieverbrauch bzw. die Betriebskosten für die Klimaanlage hoch. Sie liegen bei ca. 3 bis 10% der Gesamtkosten einer Computeranlage. Es sollte deshalb bei jeder Anlage untersucht werden, ob mit freier Kühlung die Kosten zu reduzieren sind.

Verwendet werden die Komponenten der Wärmerückgewinnung – das sind Wärmerad, Wärmerohr, Plattentauscher und kreislaufverbundenes System. In Kompaktgeräte werden Wärmerohre wegen ihrer kleinen Abmessung und wegen des geringen Energieverbrauches

---

1) Schmidt, G.: CCI 3.
Reuter, R.: TAB 7/89. S. 541/2.

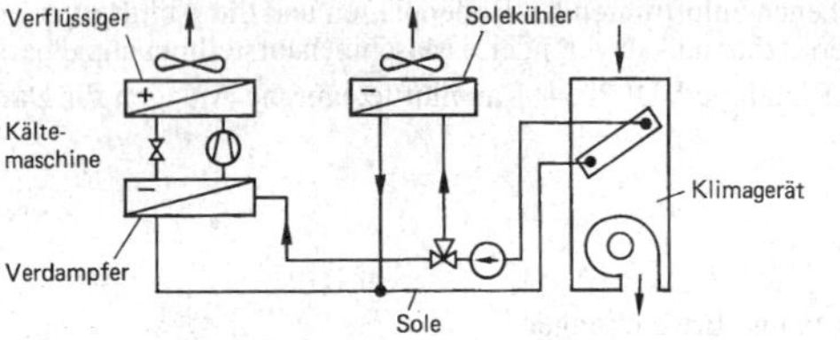

Bild 3.6.8-23. Klimagerät mit Solewärmeaustauscher mit luftgekühltem Wasserkühlsatz.

integriert. Das Kreislaufverbund-System findet häufig Anwendung. Dabei gibt es verschiedene Kombinationsmöglichkeiten zwischen Wasserrückkühlern und luftgekühlten Verflüssigern. Bei zentraler Kälteversorgung kann auch ein Wasserkühlsatz mit freier Kühlung ausgestattet werden (Bild 3.6.8-23).

Bei größeren Anlagen mit durchgehendem Betrieb können bei indirekter freier Kühlung Energiekosteneinsparungen bis zu ca. 50% erzielt werden. In jedem Fall ist bei der Planung eine Wirtschaftlichkeitsberechnung durchzuführen, wobei auch alle Nebenantriebe, wie Ventilatoren der Wasserrückkühler, Pumpen usw., in die Berechnung mit einfließen müssen. Bei schlechter Auslegung kann der Energiebedarf für diese Nebenantriebe höher sein, als die Einsparung durch freie Kühlung.

-4.3 Rückgewinn der Verflüssigungswärme

Falls im gleichen Gebäude ein größerer Heizbedarf besteht und das Einspeisen der Verflüssigerwärme in das Heizungssystem zu günstigen Heizkosten führt, kann die Verflüssigerwärme zum Heizen benutzt werden (Bild 3.6.8-24). Bei Verflüssigungstemperaturen von 50…55 °C sind Warmwasser-Vorlauftemperaturen von 45…50 °C erzielbar. In diesem Fall wird allerdings während der Heizperiode auf die freie Kühlung verzichtet.

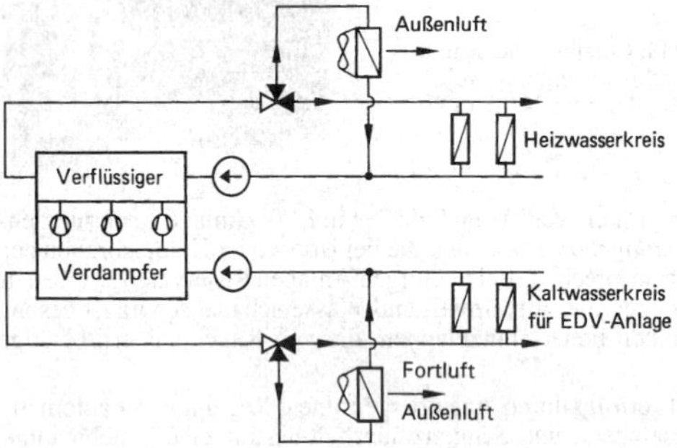

Bild 3.6.8-24. Schema einer Wärmepumpenanlage mit Heizwasser- und Kaltwasserkreislauf und Wärmeübertragern für Außenluft und Fortluft.

-4.4 Direkte Kühlung von Computereinheiten mit Kaltwasser

In zunehmendem Maße werden Computereinheiten mit direkter Wasserkühlung eingesetzt. Besondere Forderungen sind hier wiederum hohe Betriebssicherheit und hohe Regelgenauigkeit. Deshalb wurden für diese Anwendung spezielle Wasserkühlsätze mit mehreren Kältekreisläufen entwickelt, wobei ein Kältekreislauf immer in Reserve ist. Bei Ausfall eines Kreislaufes erfolgt eine automatische Umschaltung. Diese Wasserkühlsätze haben ein formschönes, stehendes Gehäuse und können damit auch direkt im klimatisierten Raum installiert werden.

-4.5 Kleine Computersysteme im Kühllastbereich von ca. 2…20 kW

Für diese kleinen Leistungen sind speziell entwickelte Klimatruhen mit hoher sensibler Kälteleistung verfügbar. Diese Truhen können die Zuluft direkt in den Doppelboden oder auch über Gitter in den Raum einblasen. Temperatur- und Feuchteregelung sowie Filterung in der Klasse EU 3 sind möglich (Bild 3.6.8-25).

Bild 3.6.8-25. Computer-Klimatruhe mit eingebauter Kältemaschine. Luftausblas nach unten. Kühlleistung 7...17 kW (AL-KO AeroTech). Frontplatte geöffnet.

-4.6 Verflüssiger luft- oder wassergekühlt

Für sehr kleine Anlagen werden auch sogenannte Split-Klima-Truhengeräte mit eingebauter Befeuchtungseinrichtung eingesetzt. Bei diesen Geräten wird die luftgekühlte Kälteeinheit im Freien angeordnet.

-5 Klimaprüfkammern[1]

In zahlreichen Bereichen der Industrie und Forschung werden Klimaprüfschränke oder, für große Teile, Prüfkammern benötigt, um Geräte, Bauteile, Pflanzen, Tiere u.a. bei unterschiedlichen Klimaverhältnissen zu prüfen. Die dabei verlangten Temperaturen und Feuchten schwanken in weiten Grenzen. Häufig wird auch ein *Wechselklima* gewünscht, bei dem sich Temperatur und Feuchte in einem bestimmten Rhythmus ändern. Je nach Art der Prüflinge und Aufgabenstellung gibt es zahlreiche Bauarten, von denen einige erwähnt seien:

Prüfsystem mit direkter Verdampfung (Bild 3.6.8-26)

Hierbei wird zur Kühlung und Entfeuchtung der umgewälzten Luft der *Verdampfer* einer Kältemaschine verwendet, während für die Befeuchtung Dampf oder ein kleiner Teil gesät-

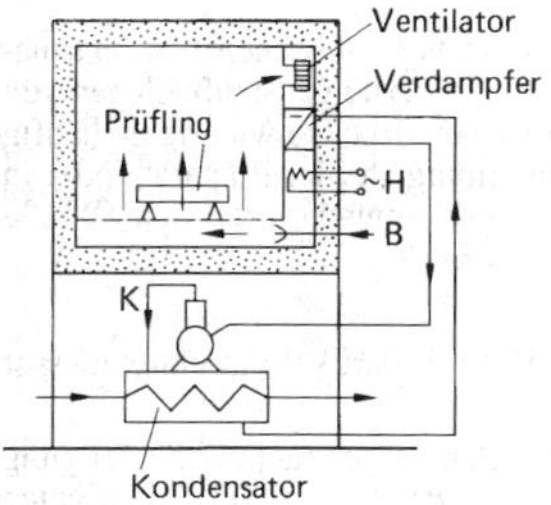

Bild 3.6.8-26. Klimaprüfgerät mit direkter Kühlung.
H = elektrische Heizung
B = Befeuchtung
K = Kältemaschine

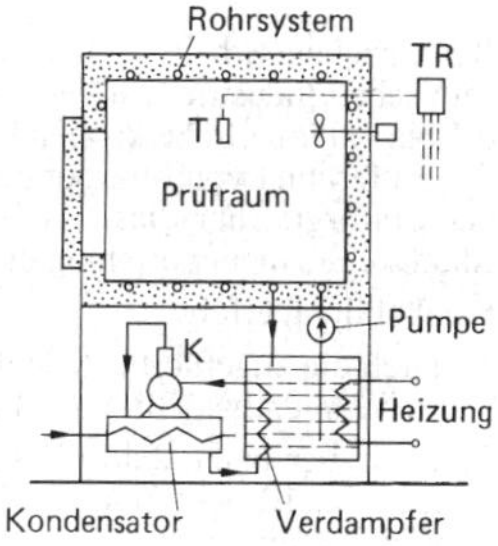

Bild 3.6.8-28. Klimaprüfgerät mit Rohrwänden
T = Thermostat
TR = Temperaturregler
K = Kältemaschine

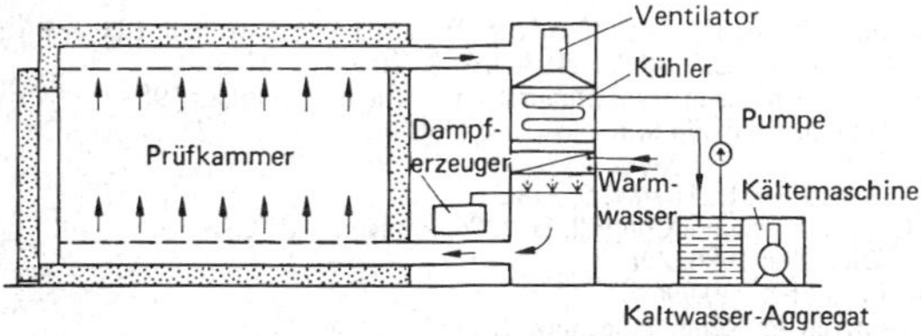

Bild 3.6.8-27. Klimaprüfkammer mit Sole als Zwischenkreis.

[1]) Bach, Zitzelsberger: Ki 3/75. S. 79/82.

tigter Luft von Taupunkttemperatur eingeblasen wird. Zur Erwärmung dient ein elektrischer Lufterhitzer. Infolge der stoßweisen Arbeitsweise der Kältemaschine ergeben sich große Differenzen sowohl bei der Temperatur als auch bei der Feuchte. Verwendung daher nur für solche Zwecke, wo keine große Genauigkeit verlangt wird.

Prüfsystem mit indirekter Kühlung (Bild 3.6.8-27)

Als Kühlmittel ist hier *Sole* zwischengeschaltet, die durch eine Kältemaschine gekühlt wird und in einem Wärmeaustauscher die umgewälzte Luft kühlt bzw. entfeuchtet. Dadurch ist stetige Temperatureinstellung möglich. Zur Erwärmung der Luft wird ein Warmwasserlufterhitzer mit ebenso stetiger Einstellung verwendet.

Prüfsystem mit Rohrwänden (Bild 3.6.8-28)

In den Wänden des Prüfraumes ist hier ein *Rohrsystem* verlegt, durch das warme bzw. kalte Sole fließt. Der Solebehälter enthält den Verdampfer der Kältemaschine zur Kühlung des Wassers, während zur Erwärmung elektrische Heizpatronen dienen. Trotz der Ein-Aus-Schaltung der Kältemaschine und der elektrischen Heizung läßt sich hierbei infolge der Trägheit des Wassersystems eine stetige räumlich und zeitlich günstige Temperaturkonstanz erreichen. Falls zusätzlich noch Umluft zur Kühlung benötigt wird, so kann deren Leistung gering sein. Feuchteregelung wie vor.

Außer den angegebenen Bedingungen können noch weitere Klimafaktoren berücksichtigt werden, z. B. Luftdruck (Überdruck und Unterdruck), Luftzusammensetzung (SO_2, CO_2 u. a.), Luftgeschwindigkeit, Beleuchtung usw.

Richtlinien für klimatechnische Untersuchungen:

DIN 40046 (diverse Teile) Umweltprüfung für die Elektronik

DIN 50010 T1 (10. 77) u. T2 (08. 81): Klimate und ihre technischen Anwendungen. Betrifft Werkstoffprüfung bei Konstantklimaten, Wechsel- und Schwitzwasserklimaten u. a.

-6 Reinraumtechnik[1)]

Bei manchen Arbeitsvorgängen, besonders in der elektronischen, optischen und pharmazeutischen Industrie, wird eine ganz besonders staubfreie Luft verlangt. Staubteilchen von 0,1 bis 1,0 μm Größe können hier bereits Schäden verursachen. Ebenso wichtig ist häufig die Entfernung von Mikroorganismen, z. B. bei der Zubereitung steriler Präparate oder in der Chirurgie. Für diese Aufgaben ist die *Reinraumtechnik* entwickelt worden (Weiße Räume). Sie dient vorrangig dem Produktschutz.

Staubbildung erfolgt:

1. durch die zugeführte Außenluft, die je m^3 etwa 10…50 Mill. Partikel mit Durchmesser >0,5 μm enthält (Bild 3.6.8-32);
2. durch Personen; Partikelabgabe ≥0,3 μm bei einer Person je nach Beschäftigung etwa 1…10 Mill./min (s. Tafel 3.6.8-3); Keimabgabe ≈ 4000…15 000/h; siehe auch VDI 2083 Bl. 1;
3. durch Arbeitsprozesse, etwa in ähnlicher Größenordnung.

Räume mit RLT-Anlagen haben zwar i. a. geringeren Staubgehalt in der Raumluft als solche ohne mechanische Lüftung, insbesondere wenn die Zuluft mit Hochleistungsfiltern gereinigt wird. Durch entsprechend hohen Luftwechsel kann man mit einer *turbulenz-*

[1)] VDI 2083: Reinraumtechnik. Bl. 1 (04. 95) Bl. 2 (02. 96) Bl. 3 (02. 93) E. Weitere Blätter i. V.; s. hierzu Müller, K. G.: Reinraumtechnik 3/88. Heft 3–4, S. 16/20 u. H. 5, S. 31/4.
VDI-Bericht 783: Entwicklungstrends in der Reinraumtechnik, Tagung Stuttgart 1989.
Apelt, J., u. W. Keidel: Ki 6/83. S. 269/74 u. Ki 11/83. S. 453/8.
CCI 2/84, i-Thema, S. 22/30.
Müller, K. G.: Ki 10/85. S. 415/9 u. HLH 7/89. S. 373/5.
8. Intern. Symposium On Contamination Controll, Sept. 86, Mailand, ASCCA.
Reinraumtechnik VIII. SRRT. Mai 1986, Zürich.
Gail, L.: Chem. Ing. Techn. 3/86. S. 204/9.
VDI-Bericht 654: Perspektiven der Reinraumtechnik. Tagung Stuttgart 1987.
TAB Sonderheft zur AGI-Tagung Reinraumtechnik 1987.
Ziemer, W.: Bericht XII. Int. Kongr. TGA Berlin, 10/88. S. 295/8.
VDI-Bericht 919: Reinraumtechnik. Tagung Bielefeld 1991.

Tafel 3.6.8-3 Partikelemission des Menschen mit Reinraumkleidung nach Austin u. Timmermann*)

Partikelemission pro Minute (≥ 0,3 μm)	Bewegungsart
100 000	Stehen oder Sitzen – ohne Bewegung
500 000	Sitzen mit leichter Kopf-, Hand oder Unterarmbewegung
1 000 000	Sitzen mit mittlerer Körper- und Armbewegung und etwas Fußbewegung
2 500 000	Aufstehen mit voller Körperbewegung
5 000 000	langsames Gehen, ca. 3,5 km/h
7 500 000	Gehen, ca. 6 km/h
(15 000 000 bis 30 000 000	Freiübungen und Spiele)

*) Design and Operation of Clean Rooms. Detroit, Business News Publ. 1965
Neuere Werte s. a. ICCCS-Symposium, Mailand 1986

reichen Verdünnungslüftung die Partikelkonzentration im Raum senken. Es ist jedoch bei üblicher Luftführung infolge Wirbelbildung der Luft der Staub im ganzen Raum verteilt. Das Berühren der Verunreinigung mit dem reinen Produkt kann hier nicht grundsätzlich vermieden werden.

Man erreicht eine große Verbesserung bei Anwendung der *turbulenzarmen Kolbenströmung oder Verdrängungsströmung* (nicht ganz korrekt manchmal auch als *Laminarströmung* = **L**aminar **F**low, daher mit **LF**-System bezeichnet) durch den Raum. Dabei erfolgt hochwertige Reinigung der Luft durch *Hochleistungs-Schwebstoffilter* (HEPA-Filter[1]) oder ULPA-Filter[2]). Hierbei bewegt sich die Luft auf parallelen Strombahnen mit gleichförmiger Geschwindigkeit, wobei der im Raum freigesetzte Staub erfaßt und abgeführt wird, möglichst so, daß er von dem zu schützenden Produkt weggeführt wird. Luftgeschwindigkeit 0,35…0,5 m/s. Dabei ergeben sich je nach Anforderungen an die Partikelkonzentration *(Reinraumklasse)* sehr hohe Luftwechselzahlen bis zu 500…600 h^{-1}, was zu hohen Investitions- und Betriebskosten führt. Die spezifischen Investitions- und Betriebskosten von Reinen Räumen steigen immens mit steigenden Anforderungen an Reinraumklassen (Tafel 3.6.8-4). Zwei Ausführungen (Bild 3.6.8-29):

Vertikale Luftführung von oben nach unten. Austritt der Luft durch Filterdecke nach unten; Absaugung unten über Doppelboden. Staub wird gleich nach dem Freisetzen nach unten abgeführt. Mindestluftgeschwindigkeit $v = 0{,}35$ m/s.

Horizontale Luftführung; eine ganze Wand als Filterwand ausgebildet, bestehend aus mehreren Baueinheiten. Stromaufwärts dürfen hier keine Staubquellen vorhanden sein. Billiger, da weniger Filter. Wartung einfacher. Mindestluftgeschwindigkeit $v = 0{,}45$ m/s.

Schema der Luftführung in Bild 3.6.8-30. Die Anlage arbeitet im wesentlichen mit *Umluft.* Zur Erneuerung der Raumluft, Prozeßabluft und Abführung von Wärmelasten wird nur ein geringer Teil, etwa 2…10% Außenluft (meist 5…6%) zugesetzt. Diese Außenluft wird wie in einer normalen Klimaanlage aufbereitet. Umluftgerät oft auch mit Kühler.

Tafel 3.6.8-4 Kostenvergleich der spezifischen Investitions- und Betriebskosten von Reinen Räumen

Reinraumklasse nach		Kostenverhältnis	
VDI 2083	US-FS 209	Investitionskosten	Betriebskosten
6	100 000	1,0	1,0
5	10 000	1,5	1,5
4	1 000	2,5	3,8
3	100	5,0	10
konventionelle RLT-Anlage		0,2–0,4	0,25–0,5

[1]) **H**igh **E**fficiency **P**articualte **A**ir Filter
[2]) **U**ltra **L**ow **P**enetration **A**ir Filter

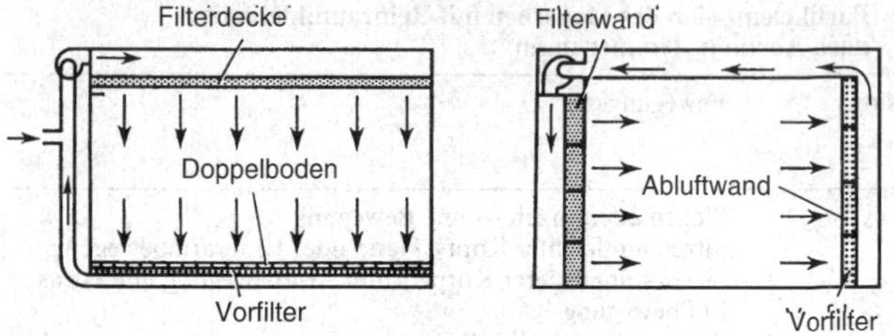

Bild 3.6.8-29. Schema der Luftströmung bei Reinräumen mit turbulenzarmer Verdrängungsströmung. Links: Vertikale Strömung; rechts: Horizontale Strömung.

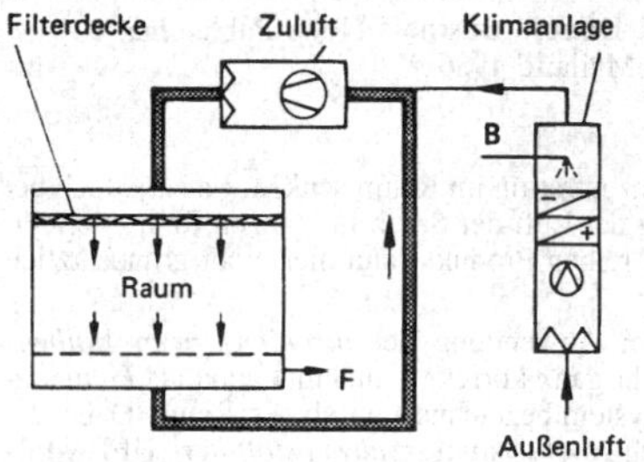

Bild 3.6.8-30. Luftaufbereitung und Luftführung für „Reine Räume"
B = Befeuchtung, F = Fortluft

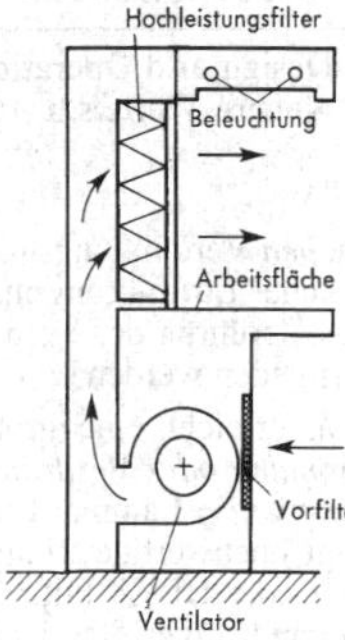

Bild 3.6.8-31. Reine Werkbank.

Trotz der großen Luftgeschwindigkeit liegt der Raumluftzustand noch im Rahmen der *Behaglichkeit.* Dies ist offenbar auf die Gleichmäßigkeit der Temperatur und den geringen Turbulenzgrad der Strömung zurückzuführen, wie auch auf die Kleidung (Kopfbedekkung)[1)].

Für kleine Arbeitsvorgänge *„Reine Werkbänke"* nach Bild 3.6.8-31. Luft wird unten über Vorfilter von einem Ventilator angesaugt und über ein Hochleistungs-Schwebstoffilter über die Arbeitsfläche geblasen. Etwas größere Bauarten sind *„Reine Kabinen"*, die begehbar sind. Beide Bauarten sind örtlich flexibel und können in vorhandenen Werkräumen aufgestellt werden.

Je nach Anspruch an die Staubfreiheit der Luft – ausgedrückt als Teilchenkonzentration = Partikelanzahl je m^3 Luft – werden die reinen Räume in *Reinheitsklassen* eingeteilt gemäß VDI 2083 Blatt 1 (04.95):

Meist erfolgt Anwendung der amerik. Norm (Federal Standard Nr. 209E, 09.92) mit sechs Klassen: 1, 10, 100, 1000, 10000, 100000. Damit ist die maximale Zahl der Partikel je cft bei 0,5 μm angegeben. Umrechnung: 100 Partikel je cft = 3500 Partikel je m^3.

Inzwischen werden auch Räume der US-Klasse 10 und 1 gebaut, entsprechend der zunehmenden Miniaturisierung der Chips. Klasseneinteilung siehe Tafel 3.6.8-6:

Bei Reinheitsklasse mit geringerer Anforderung (ab US-Klasse 10000) werden die Filterflächen und Auslässe schachbrettartig in der Decke angeordnet, um Volumenstrom und damit Energie zu sparen (turbulente Durchströmung)[2)].

Die Grenze für *turbulenzarme Verdrängungsströmung* (Laminar Flow) und *turbulenter Verdünnungsströmung* (Turbulent Flow) liegt (abhängig von der Partikel-Emission) etwa bei der US-Klasse 1000 = VDI Klasse 4. S. a. Bild 3.6.8-35.

---

1) Rákóczy, T.: Swiss Contamination Control 2/89. S. 15/24.
VDI 2083 Bl. 5 (02.96): Reinraumtechnik – Thermische Behaglichkeit.

2) Palm, U.: VDI-Berichte 542 (1984). S. 89/97 u. TAB-Sonderheft AGI-Tagung 1987.
Sodec, F., u. Schierp.: Ki 2/89. S. 56/62.

Tafel 3.6.8-5 Reinheitsklassen der Luft in Reinräumen, VDI 2083 Bl. 1 (04.95)

Reinheitsklasse VDI 2083	Partikelanzahl je m³ / Partikelgröße in µm						entspricht ungefähr US-Klasse
	≥ 0,1	≥ 0,2	≥ 0,3	≥ 0,5	≥1,0	≥ 5,0	
1	$15 \cdot 10^2$	$3{,}3 \cdot 10^2$	$14 \cdot 10^1$	$4{,}5 \cdot 10^1$	$1 \cdot 10^1$	—	1
2	$15 \cdot 10^3$	$3{,}3 \cdot 10^3$	$14 \cdot 10^2$	$4{,}5 \cdot 10^2$	$1 \cdot 10^2$	—	10
3	—	$3{,}3 \cdot 10^4$	$14 \cdot 10^3$	$4{,}5 \cdot 10^3$	$1 \cdot 10^3$	—	100
4	—	—	—	$4{,}5 \cdot 10^4$	$1 \cdot 10^4$	$3 \cdot 10^2$	1 000
5	—	—	—	$4{,}5 \cdot 10^5$	$1 \cdot 10^5$	$3 \cdot 10^3$	10 000
6	—	—	—	$4{,}5 \cdot 10^6$	$1 \cdot 10^6$	$3 \cdot 10^4$	100 000

Siehe auch Bild 3.6.8-32.

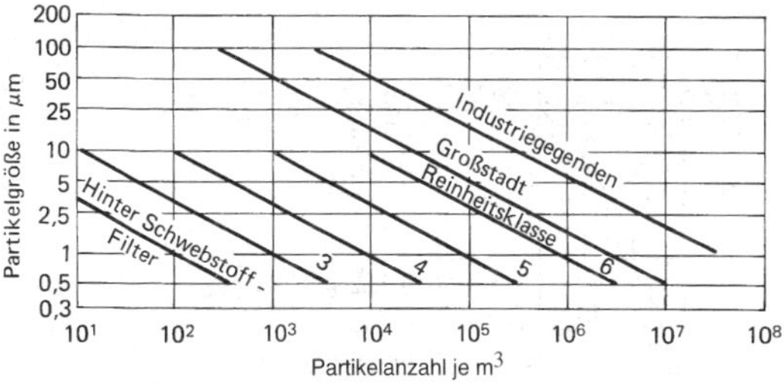

Bild 3.6.8-32. Partikelanzahl je m³ Luft abhängig von der Partikelgröße.

Tafel 3.6.8-6

US-Klasse Fed. Std. 209	Partikelanzahl je cft Partikelgröße in µm					entspricht ungefähr VDI-Klasse
	0,1	0,2	0,3	0,5	5,0	
1	35	7,5	3	1	n. a.	1
10	350	75	30	10	n. a.	2
100	n. a.	750	300	10^2	n. a.	3
1 000	n. a.	n. a.	n. a.	10^3	7	4
10 000	n. a.	n. a.	n. a.	10^4	70	5
100 000	n. a.	n. a.	n. a.	10^5	700	6

n. a. = nicht anwendbar

Die Decke ist dann nur noch teilweise mit Luftauslässen belegt. Es werden vorzugsweise Drallauslässe mit direkt stromaufliegenden Schwebstoffilter eingesetzt (Bild 3.6.8-33 und Bild 3.6.8-34).

Richtwerte für Luftwechselzahlen, Geschwindigkeit und installierte elektr. Leistung N in kW/m² (s. auch Bild 3.6.8-35):

US-Klasse	10	$n = 500 \ldots 600\ h^{-1}$	$v = 0{,}2 \ldots 0{,}5$ m/s	$N = 1{,}2$ kW/m²
US-Klasse	100	$n = 400 \ldots 500\ h^{-1}$	$v = 0{,}2 \ldots 0{,}5$ m/s	$N = 1{,}0$ kW/m²
US-Klasse	1 000	$n = 200 \ldots 300\ h^{-1}$	$v = 0{,}1 \ldots 0{,}3$ m/s	$N = 0{,}7$ kW/m²
US-Klasse	10 000	$n = 20 \ldots 60\ h^{-1}$	turbulent	$N = 0{,}4$ kW/m²
US-Klasse	100 000	$n = 10 \ldots 25\ h^{-1}$	turbulent	$N = 0{,}2$ kW/m²

Leistungsbedarf etwa $^1/_3$ für Kühlung, $^2/_3$ für Luftförderung.

Wenn die Zahl der freigesetzten Partikel (z. B. nach Tafel 3.6.8-3) bekannt ist, kann der erforderliche Luftwechsel unter bestimmten Voraussetzungen für die verlangte Reinheitsklasse auch berechnet werden (s. Abschn. 3.5.1-1.4).

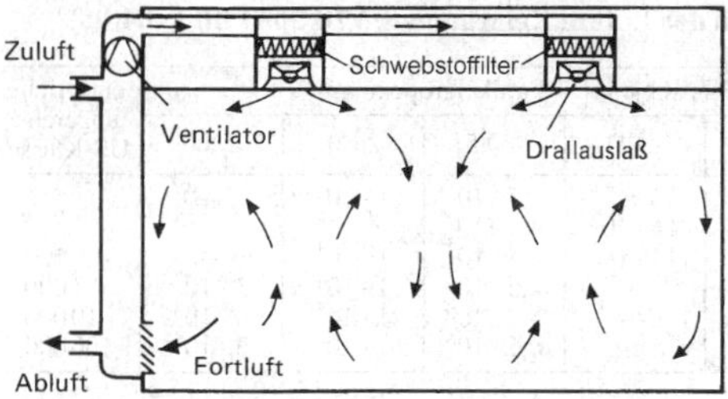

Bild 3.6.8-33. Reinraum mit turbulenter Verdünnungsströmung für US-Klasse ≧1000. Drallauslässe nach Bild 3.6.8-34.

Bild 3.6.8-34. Drallauslaß mit eingebautem Schwebstoffilter (KRANTZ-TKT).

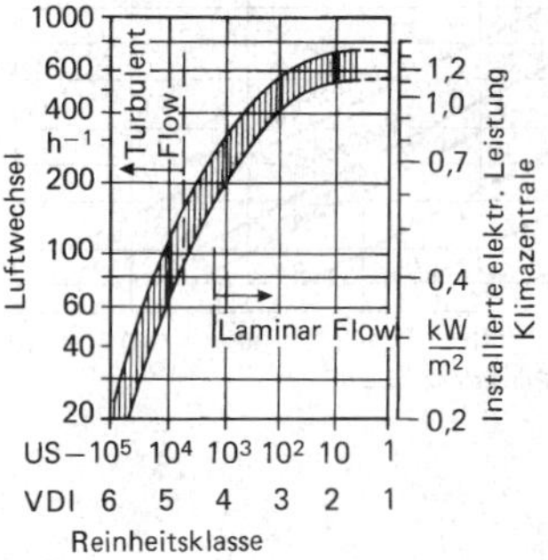

Bild 3.6.8-35. Richtwerte für Luftwechselzahl in Reinräumen verschiedener Reinheitsklassen und Leistungsbedarf für Luftförderung und Kühlung.

Ausführung von Reinräumen

Bei hohen Anforderungen wie z.B. in der Chip-Fertigung wurden bisher *Groß-Reinräume* gewählt, um die das Gebäude herumgebaut wurde. Im ganzen Raum ist die Luftgeschwindigkeit gleich. Luftförderung durch zentrale Klimaanlage (Bild 3.6.8-36). Diese Version hat hohe Investitions- und Betriebskosten[1].

Zur Kostenreduzierung können *unterschiedliche Reinheitsklassen* in verschiedenen Raumbereichen definiert und durch unterschiedliche Luftgeschwindigkeit realisiert werden (Bild 3.6.8-37 links). In den Grenzzonen muß die gegenseitige Beeinflussung der Strömung beachtet werden. Stabilisierung der Strömung durch Schürzen oder Wände[2]. Nach Bild 3.6.8-37 rechts kann man aber auch je nach Klassen-Anforderung turbulente Verdünnungsströmung mit laminarer Verdrängungsströmung oder mit reinen Werkbänken kombinieren.

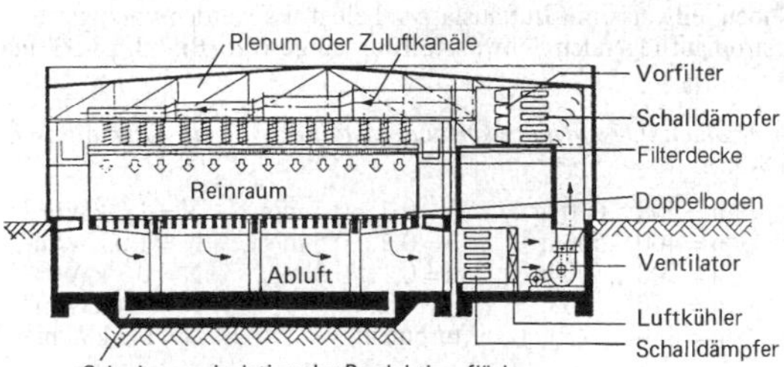

Bild 3.6.8-36. Groß-Reinraum im Gebäude integriert.

[1]) Eidam, H.: Ki 10/88. S. 410/5 und Ki 11/88.S. 462/5.
[2]) Sodec, F., u. Schierp: Ki 2/89. S. 56/62.

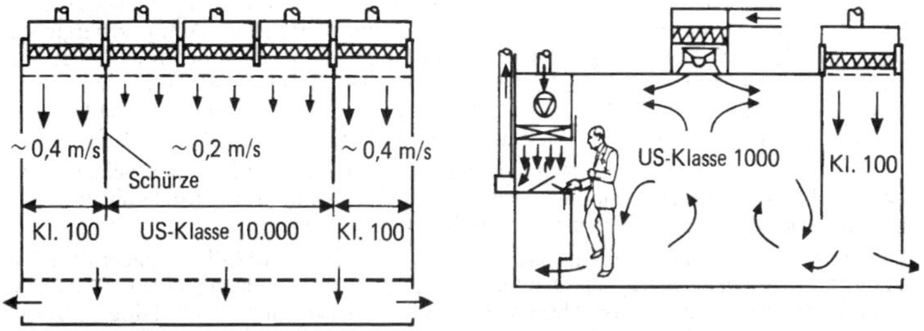

Bild 3.6.8-37. Reinräume mit unterschiedlichen Reinraumklassen.

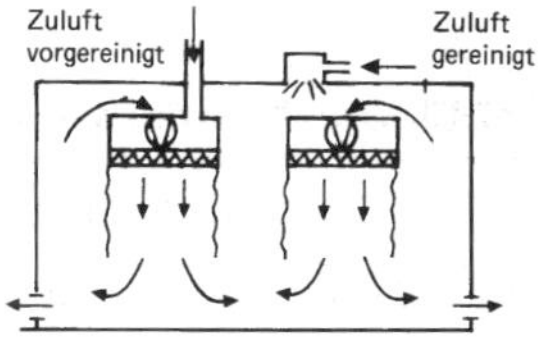

Bild 3.6.8-38. Reinräume mit unterschiedlichen Reinraumklassen und Mehrfachnutzung der Luft.

Eine andere Ersparnismöglichkeit liegt in der Mehrfachverwendung der gereinigten Luft. Die Abluft aus der hochwertigen Zone wird durch eine Zone geringerer Anforderung geführt (Bild 3.6.8-38). Dabei ist der Wärmehaushalt zu beachten. Die Zuluft kann direkt in das Plenum des Reinraummoduls oder vorher durch den Raum mit der geringeren Anforderung geführt werden.

Aus Kostengründen bemüht man sich, den Groß-Reinraum zu vermeiden. Diesem Trend kommt die Automatisierung der Fertigung entgegen, die quasi eine Kapselung der Produktion mit hochwertiger Klasse auf kleinem Raum ermöglicht als auch die Notwendigkeit des Zugangs der Personen zum Produkt reduziert.

Bei dem System nach Bild 3.6.8-38 ist in dem Plenum der Umluft-Ventilator eingebaut. Die Zuluft aus der Klimazentrale muß nach der Kühlleistung dimensioniert werden. Der große Umluftvolumenstrom zur Erfüllung der hochwertigen Reinraumklasse muß nur die

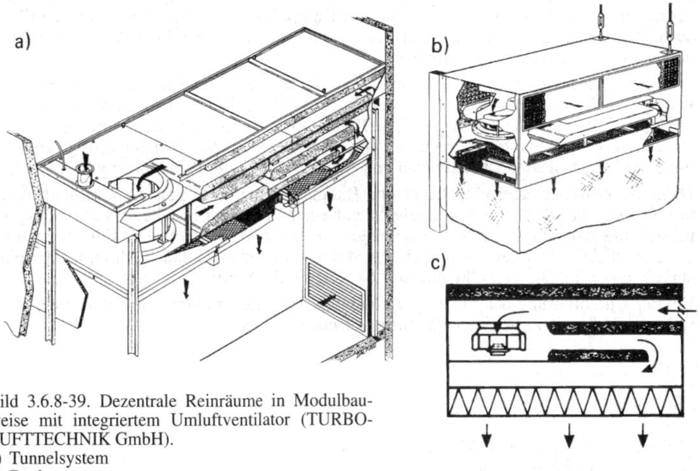

Bild 3.6.8-39. Dezentrale Reinräume in Modulbauweise mit integriertem Umluftventilator (TURBO-LUFTTECHNIK GmbH).
a) Tunnelsystem
b) Deckensystem
c) Schnittbild Ventilator/Filter/Schalldämpfer-Einheit

Strömungswiderstände für Schwebstoffilter und Schalldämpfer überwinden. Diese *dezentrale Anordnung* kann gegenüber der zentralen Version ca. $^1/_3$ elektr. Antriebsenergie sparen, wenn Ventilatoren mit rückwärts gekrümmten Schaufeln – also hohem statischen Wirkungsgrad – gewählt werden[1]. Hohe Auswuchtgüte der Laufräder ist erforderlich. Die dezentrale Anordnung erlaubt ähnlich wie bei den reinen Werkbänken die wirtschaftliche Serienfertigung von Modulen in Tunnelform oder als Deckenmoduln (Bild 3.6.8-39).

Als *lufttechnisches Zubehör* für Reinräume gibt es Material- und Personen-Schleusen mit Luftdusche und Reinraum-Garderobenschränke. Diese Geräte sollen Kontamination beim Eingang von Material und Personen in den Reinraum vermeiden[2].

Die eingesetzten Filter werden nach DIN EN 1822 T1 (07.98) typgeprüft (siehe Tafel 3.6.8-7). Dabei wird der Durchlaßgrad des Filters gegenüber einem Prüfaerosol (Paraffinölnebel) gemessen (s. Abschn. 3.3.3-4.2). Der Einbau muß sorgfältig überwacht werden, ebenso die Wartung. Nach Einbau der Schwebstoffilter ist zu prüfen, ob die Filter in sich und an der Kontaktfläche zur Decke dicht sind und ob die Deckenkonstruktion dicht ist[3].

Tafel 3.6.8-7 Klassifizierung von Schwebstoffiltern.

Bezeichnung	Filterklasse	Abscheidegrad in % nach MPPS*)
Standard-(HEPA-)Schwebstoffilter	H 10	85
	H 11	95
	H 12	99,5
	H 13	99,95
	H 14	99,995
Hochleistungs-(ULPA-)Schwebstoffilter	U 15	99,9995
	U 16	99,99995
	U 17	99,999995

*) **M**ost **P**enetrating **P**article **S**ize nach DIN EN 1822 (Partikelgröße 0,15 bis 0,3 μm)

Lecktest als *Ölfadentest* (DIN 24184), mit *Aerosol-Photometer* oder *Streulicht-Partikelzähler* (VDI 2083 Bl. 3). Letzteres mit Weißlicht oder Laser (z.B. Fabrikat TSI) für Partikel $\geqq$ 0,3 μm. Funktion: Beim Durchströmen einer Lichtschranke erzeugen Partikel einen Streusignal, das photometrisch erfaßt und ausgewertet wird. Für Partikel $\geqq$ 0 ,01 μm *Kondensationskernzähler* (z.B. TSI). Funktion: Ein mit Butanoldampf gesättigter Aerosolstrom wird in der Meßstrecke abgekühlt. Der Dampf kondensiert an den kleinen Partikeln, die als Kondensationskerne wirken und ca. 10 μm große Tropfen bilden, die dann im Streulicht-Zähler gemessen werden können.

Beim Test Beaufschlagung der Filter mit max. 80 mg/m^3 Prüfaerosol, welches früher **D**i**o**cty**lp**hthalat war (daher der Name *DOP-Test*). Da für DOP der MAK-Wert 10 mg/m^3 beträgt, wählt man heute Octoil S (DOS/DEHS-Test). Wenn reinluftseitig die Partikelkonzentration $> 10^{-4}$ der rohluftseitigen ist, liegt ein Leck vor. Zweckmäßig erfolgt Messung mit einer Mehrfachsonde, Multiplexer und Auswert-Computer (*Scanning*-System, Fläkt)[4].

Dichtung zwischen Schwebstoffilter und Rahmen erfolgt entweder als *Trockendichtung* mit Neopren-Profil. Dieses mit möglichst nur einer Verbindungsstelle, besser endlos. Anpressen mit federbelasteten Spannelementen. Oder *Fluid-Dichtung:* Der Filterrahmen hat ein zusätzliches umlaufendes Messer, welches in ein U-Profil eintaucht, das mit einer Flüssigkeit ausgefüllt ist. Vergußtemperatur 60 °C (Bild 3.6.8-40).

Bei der Durchführung der Versorgungsleitungen für Medien durch die Decke muß ebenfalls auf Dichtheit und Druckverhältnisse geachtet werden.

[1] Eidam, H.: Ki 10/88. S. 410/5 und 11/88. S. 462/5.
[2] Zeiner, F.: CCI 8/88. S. 23/24.
[3] Ziemer, W.: VDI-Bericht 783 (1989). S. 165/185.
[4] Ziemer, W.: 9. Int. Symposium ICCCS, Los Angeles 9/88. S. 115/122.

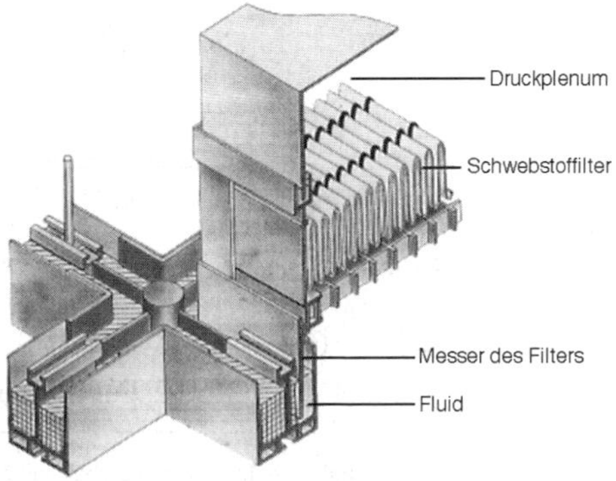

Bild 3.6.8-40. Schwebstoff-filter mit Fluid-Dichtung (Fläkt).

-7 Lackieranlagen[1)]

-7.1 Allgemeines

Der Farbanstrich für industrielle Produkte erfolgt heute fast ausschließlich in Lackierräumen durch Farbspritzanlagen, wobei die in einem Lösungsmittel gelöste Farbe mittels Druckluft fein zerstäubt und aufgespritzt wird. Das Lösungsmittel ist jedoch gesundheitsschädlich und zum Teil auch explosiv, so daß alle Farbspritzereien Absaugungsanlagen zum Entfernen der Farbnebel benötigen. Zu beachten: Unfallverhütungsvorschriften VBG 23: Verarbeiten von Beschichtungsstoffen (4.88).

Grundsätzlich sollen bei Neubauten alle Lackierarbeiten in besonderen Räumen vorgenommen werden, für die bestimmte Vorschriften bestehen. Wo dies nicht möglich ist, dürfen nach Genehmigung des Gewerbeaufsichtsamtes auch einzelne Lackierplätze in anderen Arbeitsräumen eingerichtet werden.

Lufttechnische Anlagen werden für alle drei Bereiche der Lackieranlagen benötigt:

a) *Vorbehandlung* (chemisch-wäßrige oder Lösemittel-Dampf-Reinigung und Entfettung sowie Passivieren/Phosphatieren mit anschließendem Wassertrockner)

b) *Beschichten* (Lackieren, naß oder trocken mit Pulver. Entweder Spritzen oder Tauchen)

c) *Trocknen und Einbrennen* (mit vorgeschalteter Abdunstzone bei Naßlackieren und heute meist mit nachgeschalteter Abluftverbrennung zur Luftreinhaltung).

-7.2 Spritzstände (Spritztische)

dienen zum Farbspritzen kleiner Teile. Sie werden von vielen Firmen als komplette Einheiten mit Gehäuse, Farbfilter und Ventilator geliefert.

Als *Farbfilter* (Farbnebelabscheider) zur Abscheidung überflüssiger Farbe dienen Filterplatten mit auswechselbaren Füllungen, wie Glaswatte, Stahlwolle oder mehrere gelochte Bleche, die hintereinander mit versetzten Lochungen angeordnet sind und die gereinigt und wieder verwendet werden können. Farbfilter dürfen nicht brennbar sein. Oft auch Wasserschleier zur Farbnebelabscheidung. *Sauggeschwindigkeit* an der Vorderseite des Spritztisches 0,6…0,75 m/s. Motor geschlossen und explosionsgeschützt. Ventilator aus Aluminium oder funkengeschützt. Abführung der abgesaugten Luft ins Freie. Zur Ersparnis an Wärme für die Erwärmung der nachströmenden Luft kann auch ein Teil der abgesaugten Luft oder Außenluft an der Einströmseite wieder zugeführt werden, etwa 50…25% (Bild 3.6.8-41). Zur Verringerung der abgesaugten Luftmenge ist elektrische Abschaltung des Ventilators durch Kontakt am Ablegehaken der Spritzpistole zweckmäßig.

[1)] Unfallverhütungsvorschrift VBG 23 (4.88).
Van der Bruggen: Klima-Techn. 10/68. S. 20/33.
Mürmann, H.: IKZ 7/74. 9 S. u. HR 12/76, 1 bis 3/77.

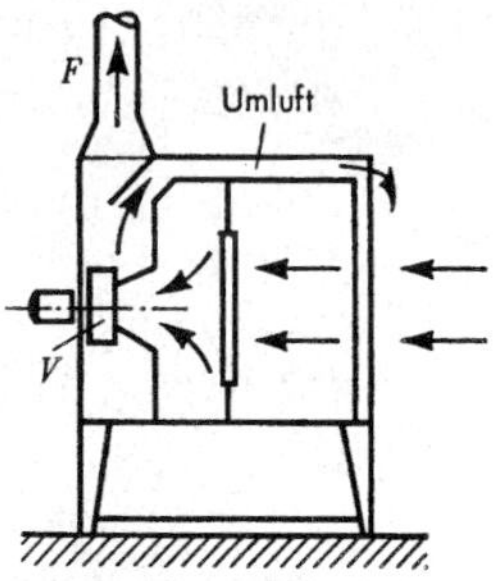

Bild 3.6.8-41. Spritzstand mit Absaugventilator und Farbfilter.
F = Fortluft
V = Ventilator

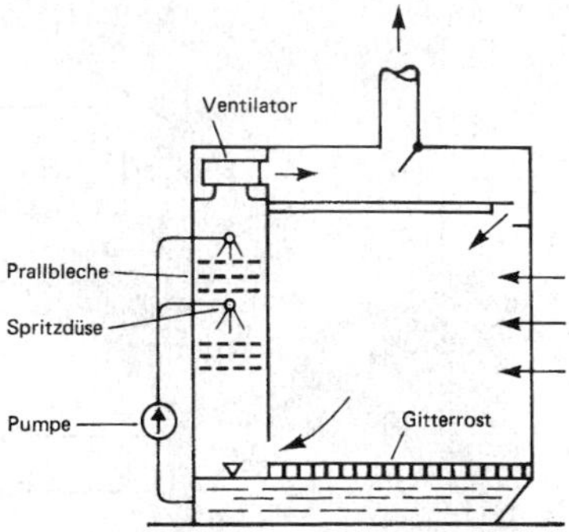

Bild 3.6.8-42. Farbspritzkabine mit Naßabscheidung der Farbnebel.

-7.3 Spritzkabinen (Spritzkammern)

für das Farbspritzen größerer Teile sind ähnlich den Spritzständen gebaut, jedoch haben sie größere Abmessungen und sind an der Vorderseite ganz offen, so daß die Farbspritzer darin stehen können. Der Abluftventilator wird meist hinter dem Spritzstand oder oberhalb desselben aufgestellt. Farbfilter wie bei den Farbspritzkabinen.

In manchen Spritzständen und Spritzkabinen werden zur Farbabscheidung auch wasserberieselte Wände verwendet, namentlich bei Dauerbetrieb. Die farbnebelhaltige Abluft strömt hinter der Kabine gegen wasserberieselte Prallbleche oder Kaskaden, wobei die Lackteilchen im Wasser abgeschieden werden und sich im Wasserbecken ansammeln (Bild 3.6.8-42). Dem durch eine Pumpe umgewälzten und zeitweise erneuerten Wasser wird dabei zur Lackrückgewinnung evtl. ein Zusatz beigemischt. Vorteile der Wasserfilter sind gleichmäßige Wirkung, keine Feuergefährlichkeit, geringere Wartung, nachteilig ist der höhere Preis und ein gewisser Wasserverbrauch.

Sauggeschwindigkeit an der Vorderseite etwa 0,5…0,6 m/s.

-7.4 Spritzräume

haben noch größere Abmessungen als die Spritzstände. Es sind geschlossene Räume als Mauerwerk oder Stahlkonstruktion ausgeführt, in denen namentlich Karosserien von Autos (PKW u. LKW), Omnibussen sowie Straßenbahnwagen und Eisenbahnwagen gespritzt werden. Diese Räume haben außer der Absaugungsanlage auch eine besondere *Zuluftanlage.* Die Zuführung der Frischluft erfolgt meistens von der Decke, wobei besonders Lochdecken sowie Luftfilterdecken, bei denen die Decke die Filterplatten enthält, geeignet sind. Dadurch gleichmäßige staubfreie Luftverteilung über der ganzen Fläche.

Die Absaugung der Farbnebeldämpfe wird entweder durch Fußbodenkanäle oder seitliche Öffnungen über dem Fußboden vorgenommen, da die Farbnebel schwerer als Luft sind. Fußbodenkanäle sind mit befahrbaren Gitterrosten abgedeckt, darunter Grobfilter. Der Luftwechsel ist je nach der Zahl der gleichzeitig benutzten Spritzpistolen ziemlich hoch, etwa 100…250fach und mehr in der Stunde, so daß die Ventilatoren sowohl wie Staubfilter, Erhitzer, Farbfilter und Motoren verhältnismäßig viel Platz beanspruchen. Anordnung der Ventilatoren entweder oberhalb des Spritzraumes oder daneben.

Soll nach dem Farbspritzen auch gleich getrocknet werden, so lassen sich die Lüftungsanlagen auch auf Umluftbetrieb einstellen, wobei gleichzeitig eine höhere Raumtemperatur entsteht, etwa 80…100 °C. Auch Öllufterhitzer zur Lufterwärmung sind verwendbar. Bei kontinuierlichem Lackierbetrieb sind jedoch Spritz- und Trockenräume voneinander getrennt.

Zur Vermeidung häufigen Wechsels der Filter in der Filterdecke empfiehlt sich mehrstufige Reinigung der Zuluft wie in Bild 3.6.8-43.

Unfallverhütungsvorschriften beachten, siehe Abschn. 6.4.

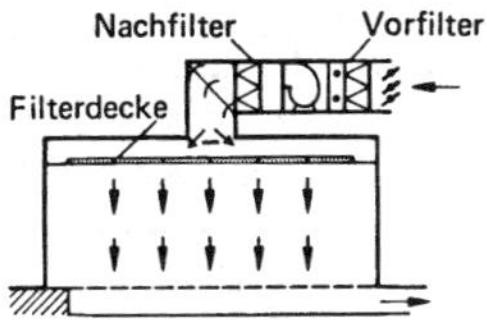

Bild 3.6.8-43. Zuluftgerät für Farbspritzraum mit Filterdecke.

-7.5 Automatische Spritzkabinen

sind zur Vermeidung von Gesundheitsschäden die beste Lösung des Farbspritzproblems bei Massenfabrikation. Bei diesen Anlagen läuft ein *Förderband* durch die Kabine. Die Spritzpistole wird durch eine *Fotozelle* oder einen Roboter gesteuert und ist nur in Tätigkeit, wenn sich ein Werkstück auf dem Band befindet. Luftgeschwindigkeit an den seitlichen Öffnungen für die nachströmende Luft etwa 0,75...1,0 m/s (Bild 3.6.8-44).

Automatische Spritzkabinen benötigen geringere Luftmengen, da Lösemittelgehalt der Luft höher sein kann (max. 0,8 Vol.-%). Dagegen bei Personen in Kabinen Luftgeschwindigkeit nach VBG 23 einzuhalten.

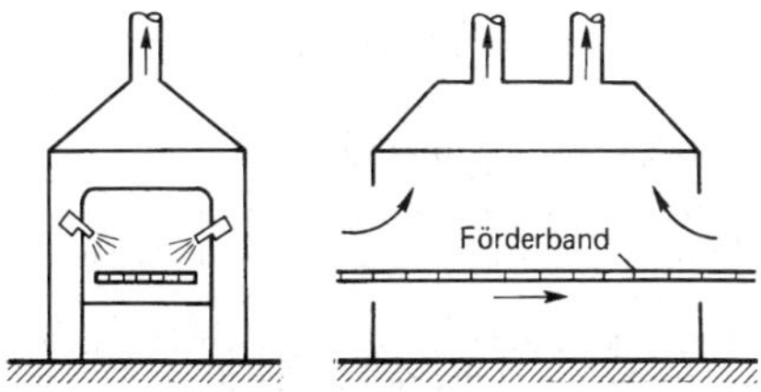

Bild 3.6.8-44. Entlüftung bei einer automatischen Spritzkabine.

-7.6 Zuluft

Die abgesaugte Luft muß in allen Fällen durch nachströmende Raum- oder Außenluft ersetzt werden. Je nach den Ansprüchen an die Güte des Farbspritzens ist die Zuluft besonders gut durch *Staubfilter* zu reinigen (z.B. bei Kühlschränken, Radiogehäusen usw.). Zweckmäßig ein Vorfilter für groben Staub und ein Nachfilter (Feinfilter oder Feinstfilter) für feinen Staub. Außerdem ist die Zuluft im Winter auf etwa 22...25 °C vorzuwärmen, wofür erhebliche Wärmemengen erforderlich sind. Wärmerückgewinnung aus der Abluft ist problematisch wegen der Verschmutzung der Wärmeaustauscher durch Farbnebelreste in der Abluft. Türen und Fenster sind möglichst dicht auszuführen. Die *Zuluftmenge* soll um etwa 5...10% größer gewählt werden als die Abluftmenge.

-7.7 Abluft

Abluftreinigung ist unter Umständen notwendig *(TA-Luft)*, s. Tafel 3.6.8-8. Abscheidung von Farbteilchen durch Filter. Abscheidung bzw. Vernichtung von Lösemitteln aus Vorbehandlung durch Lösemittel-Rückgewinnungsanlagen bzw. bei Abluft aus Trocknern meist durch thermische, seltener katalytische Nachverbrennung.

Thermische Nachverbrennung der Lösemittel hinter Trocknern bei 750...800 °C, nach TA-Luft max. Kohlenstoff-Gehalt im Abgas 50 mg C/m^3_n, max. Staubgehalt (Lackpartikel) 3 mg/m^3. Bei Automobil-Serienlackierung dürfen die organischen Lösemittel im Abgas der Gesamtanlage bei Uni-Lackierung 60 g, bei Metalleffekt-Lackierung 120 g je m^2 Rohkarosse nicht überschreiten. Durch Wärmerückgewinn aus thermischer Nachverbrennung und Lösemittelverbrennung Brennstoffersparnis möglich. Dazu meist Abgas/Luftwärmeaustauscher verwendet für Aufheizung der Abluft bzw. Umluft und der Frischluft des Trockners. Gelegentlich auch Abwärme zur Raumheizung oder Brauchwassererwärmung benutzt.

Bei kleinen Lösemittel-Konzentrationen auch *katalytische* Abluftreinigung.

Tafel 3.6.8-8 Max. zulässige Emissionswerte von organischen Stoffen in mg/m_n^3 Abluft bzw. Abgas gemäß TA-Luft vom 28.2.86. Siehe auch [1]).

Organische Verbindungen	Bei einem Massenstrom von	Maximale Emission*)
Klasse I**)	≧ 0,1 kg/h	20 mg/m^3
Klasse II	≧ 2 kg/h	100 mg/m^3
Klasse III	≧ 3 kg/h	150 mg/m^3

*) Bei Lacktrocknern unabhängig von Klasseneinteilung 50 mg C/m_n^3
**) Klasseneinteilung der Lösemittel je nach Giftigkeit s. TA-Luft.

[1]) VDI 2280 (03.85) E: Emissionsminderung Lösemittel.

Feuerungsanlagen für Trockner, deren Abgase die Güter direkt berühren, müssen nach TA-Luft mit Gas, Heizöl EL oder Kohle mit weniger als 1% Schwefelgehalt beheizt werden.

-8 Textilbetriebe[1])

-8.1 Allgemeines

Textilbetriebe fertigen Garne und Gewebe auf modernen Hochleistungsmaschinen. Die Rohstoffe sind meist pflanzlicher (z.B. Baumwolle), tierischer (z.B. Wolle) oder synthetischer Herkunft.

Natürliche Textilfasern sind hygroskopisch. Durch Feuchtigkeitsaufnahme werden sie geschmeidiger, und eine richtige Garnfeuchte verringert die Gefahr der Fadenbrüche bei der Verarbeitung. Der Arbeitsprozeß erfordert für die verschiedenen Stufen unterschiedliche Luftfeuchten: siehe Tafel 3.6.8-9 und Tafel 3.2.8-1. Um optimale klimatische und lufthygienische Verhältnisse sicherzustellen, sind RLT-Anlagen erforderlich. Für die Auswahl der Systeme und deren Betriebsweise ist der zu verarbeitende Rohstoff und die jeweilige Verarbeitungsstufe ausschlaggebend.

Tafel 3.6.8-9 Empfohlene relative Luftfeuchte in Textilfabriken

	Öffnerei, Karderie	Vor-Spinnerei, Spinnerei	Vorbereitung, Weberei	Weberei
Faserart	% rel. Feuchte	% rel. Feuchte	% rel. Feuchte	% rel. Feuchte
Baumwolle	50···60	48···55	60···65	75···80
Wolle	65	65···75	65···70	65···70
Chemiefaser	50···60	55···65	60···70	60···70

Die Textillufttechnik umfaßt außer der Raumluftaufbereitung und Luftverteilung auch die Luftabsaugung, d.h. Entstaubung, Faserabsaugung, Fasertransport und Faserkompaktierung. Ein Beispiel für eine Spinnerei-Vorbereitung zeigt Bild 3.6.8-45.

[1]) Stüble, H.: Lufttechn. Information LTG Nr. 24, 12/79. S. 7/12.
Liebe, S.: Melliand-Textilberichte 4/86. S. 233/5.
Schulze, S., u. Ch. Schmelzer: Mittex 8/86.
Schicht, H.: Melliand-Textilberichte 11/86. S. 788/793.
Sachs, A.: Mittex 8/87.
Hintermann, K., u.a. Chemiefasern/Textilindustrie. Vol. 37/89, 9/87. S. 488/6.
Schicht, H., u.a.: Textil-Praxis 2/89. S. 114/7.

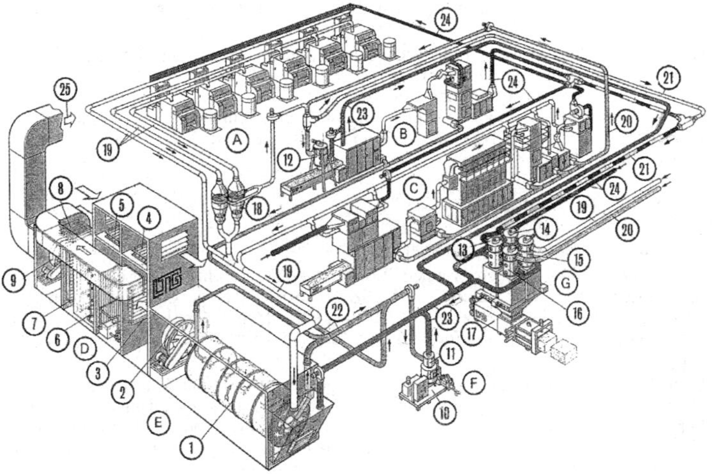

Bild 3.6.8-45. Schema einer RLT-Anlage in einer Spinnerei-Vorbereitung (LTG).

A Karderie 70 000 m³/h
B Putzerei 40 000 m³/h
C Ballenlager/Öffnerei 20 000 m³/h
D Klimaanlage 130 000 m³/h
E Abluftanlage 130 000 m³/h
F Staubabscheidung und Brikettierung
G Faserabscheidung und Deponie

1 Trommelfilter
2 Absaugventilator
3 Umluftklappe
4 Fortluftklappe
5 Außenluftklappe
6 Luftwäscher
7 Regelklappe
8 Bypassklappe mit Lufterhitzer
9 Zuluftventilator
10 Brikettieranlage
11 Staubabscheider
12 Faserkompaktor für Abfälle
13 – für Gutfaser
14 – für Kämmlinge
15 – für Absaugung an Spinnmaschine
16 – für Abfall Wanderreiniger
17 Ballenpresse
18 Vorfilter
19 Maschinenabluft, Staub und Fasern
20 Intermittierender Abfalltransport
21 Mischluft aus 19 und 20
22 Staubluft und Abfall
23 Rückluft von Staub- und Faserdeponie
24 Gutfaser
25 Zuluft Raum

-8.2 Aufgaben der Textillufttechnik

Um wirtschaftlich und mit hoher Qualität zu produzieren, muß die RLT-Anlage folgende Größen einhalten:

Relative Luftfeuchte

Durch die nötige Erhöhung der relativen Luftfeuchte bzw. Prozeßluftfeuchte erhält z.B. ein Baumwollgarn höhere Festigkeit und Elastizität. Somit entstehen weniger Fadenbrüche und weniger Staub durch Abrieb und Faserverletzungen.

In meteorologisch gemäßigten Klimazonen erfolgt dies allein mit adiabatischen Luftwäschern (Sprühbefeuchtern), während in tropisch-feuchten Ländern die Luftkühlung mit Hilfe einer Kältemaschine unterstützt werden muß (Kühlwäscher). Es können auch Schleuderscheiben-Luftbefeuchter eingesetzt werden. In der Hauptsache bestimmen Raumluftfeuchte und abzuführende Maschinenwärme den Luftvolumenstrom des RLT-Systems.

Lufttemperatur

Die Ableitung der im Produktionsbetrieb, insbesondere durch die installierten Maschinen, anfallende Wärme ist die zweite Aufgabe der RLT-Anlage. Bei Bedarf sind die Anlagen auch in der Stillstandzeit und im Winter zu beheizen, um Schwitzwasserbildung bei der Inbetriebnahme zu vermeiden.

Luftreinheit

Wanderreiniger an den Textilmaschinen (s. Abschn. 3.6.8-8.4) befördern abgelagerten Staub und Flusen auch aus den toten Winkeln der Maschine hervor, um ihn abzuleiten. Wegen des relativ großen Zuluft-Volumenstroms und dem daraus resultierenden Luftwechsel, ist die Luftführung im Raum so zu planen, daß möglichst wenig Staub abgelagert und wieder aufgewirbelt wird.

Die im Raum herrschenden Luftzustände beeinflussen die Leistungsfähigkeit und teils auch die Gesundheit des Betriebspersonals, weshalb auch diesem Punkt besondere Aufmerksamkeit zu widmen ist. Baumwollstaub unter 5 μm ist lungengängig und kann zur lebensgefährdenden *Byssinose* führen. National unterschiedliche Bestimmungen der Gesundheitsbehörden sind zu beachten und durch die RLT-Anlage zu gewährleisten (s. Abschn. 1.1.1-2.2).

-8.3 RLT-Systeme

-8.3.1 Übersättigungsanlagen

Außen- und Umluft werden in einem Kompaktgerät gemischt und anschließend durch Sprühdüsen, Schleuderscheiben- oder Prallzerstäuber übersättigt. Letzterer ist manchmal auch mit dem Ventilator gekoppelt. Das Fehlen eines Tropfenabscheiders ermöglicht feinen Wasserteilchen in Aerosolform mit der Zuluft in den Raum zu gelangen und dort zu verdunsten.

Übersättigungsanlagen sind zwar kostengünstiger als konventionelle Anlagen, da sie mit kleinerem Volumenstrom auskommen. Die Zuluftauslässe benötigen dann eine bestimmte Form mit Wasserfangnasen, die ein Abtropfen von Wasser vermeiden. Diese Anlagen erfüllen aber die heutigen Anforderungen nicht mehr ganz: es kann zu Feuchtigkeitsniederschlägen im Raum und zu Feststoffablagerungen durch mineralhaltiges Wasser kommen mit entsprechender Korrosionsgefahr. Manchmal wird die Zuluft erst nach dem Austritt aus dem Zuluftkanal in den Raum mit Preßluft/Wasser-Düsen übersättigt.

-8.3.2 Konventionelle Anlagen

Konventionelle Textilklimaanlagen bestehen aus den bekannten Komponenten unter Einsatz eines Luftwäschers (Sprühbefeuchters) (Bild 3.6.8-46). Die Abluft wird über Filter geführt, die automatisch gereinigt werden. Der gewünschte Luftzustand im Raum wird mittels Hygrostat und Thermostat überwacht. Die Zuluft wird von der Decke her eingeführt und die Abluft durch Bodenöffnungen unterhalb der Maschinen abgesaugt. So muß der gesamte Wärmeanfall der Antriebsmotoren, der Beleuchtung und Transmissionen durch Umfassungswände sowie die Personenwärme bei der Berechnung der Kühllast und der Luftvolumenströme berücksichtigt werden. Richtwerte für übliche Kühllasten und Volumenströme bzw. Luftwechselzahlen in Webereien gibt Tafel 3.6.8-10, für moderne Baumwoll-Spinnereien Tafel 3.6.8-11.

Bei den sich ergebenden relativ großen Luftvolumenströmen muß die Lufteinführung sorgfältig geplant werden, um Staubtransport durch Luftturbulenzen innerhalb des Raumes zu vermeiden (Bild 3.6.8-48).

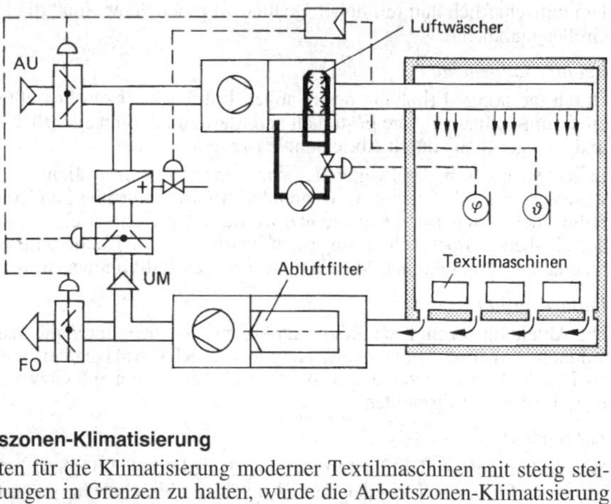

Bild 3.6.8-46 Konventionelles Klimasystem für Textilverarbeitung.

-8.3.3 Arbeitszonen-Klimatisierung

Um die Betriebskosten für die Klimatisierung moderner Textilmaschinen mit stetig steigenden Antriebsleistungen in Grenzen zu halten, wurde die Arbeitszonen-Klimatisierung entwickelt (System CONDIFIL, Sulzer), Bild 3.6.8-49.

Tafel 3.6.8-10 Richtwerte für spezifische Kühllast und Luftwechselzahlen in Webereien. Konventionelles Klimasystem

Webmaschinentyp	Wärmelast W/m²	rel. Feuchte %	Volumenstrom m³/h pro m²	Raumhöhe m	Luftwechsel ca. 1/h
Luftmaschinen 2,8 kW je Masch.	75···150	75···80	51···130	4,0···4,5	10···35
Projektil 4,0 kW je Masch.	75···150	75···80	51···130	4,0···4,5	10···35
Greifer 6,0 kW je Masch.	125···175	75···80	85···152	4,0···4,5	20···40

Tafel 3.6.8-11 Richtwerte für spezifische Kühllast und Luftwechselzahlen in modernen Baumwollspinnereien.

Abteilung	Wärmelast W/m²	rel. Feuchte %	Volumenstrom m³/h pro m²	Raumhöhe m	Luftwechsel ca. 1/h
Putzerei/Öffnerei	100···150	50···60	24··· 51	5,0···6,0	5···10
Karderie	200···250	50···55	48··· 71	4,0···4,5	10···20
Strecken	150···250	50···55	36··· 71	4,0···4,5	10···20
Kämmerei	150···200	48···52	34··· 51	4,0···4,5	10···15
Flyer	180···220	50···55	44··· 62	4,0···4,5	10···15
Ringspinnerei	350···450	40···45	66··· 95	4,0···4,5	15···25
OE-Spinnerei	200···250	55···60	57··· 86	4,0···4,5	15···20
Spulerei	200···250	65···70	85···134	4,0···4,5	20···35
Spulerei (Verbundmasch.)	180···220	50···55	44··· 62	4,0···4,5	10···15

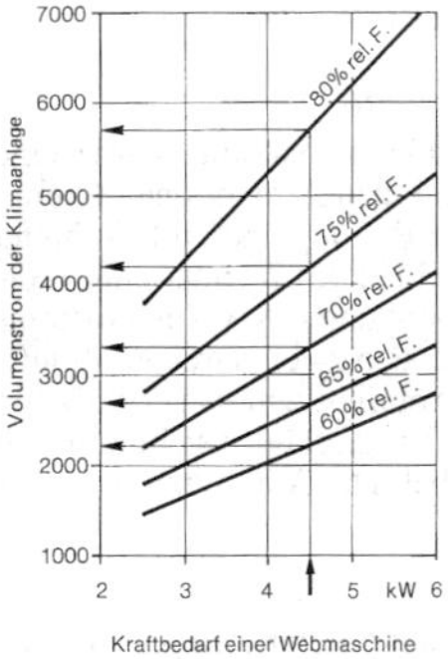

Bild 3.6.8-47. Richtwerte für den Volumenstrom der RLT-Anlage bei Arbeitszonen-Klimatisierung, abhängig bei unterschiedlichen Anforderungen an die Luftfeuchte, abhängig vom Kraftbedarf der Maschinen einschl. Anteil für Beleuchtung und Transmission (Sulzer).

Die Lufteinführung erfolgt hierbei direkt in die Arbeitszone der Maschine. Die Luft strömt von unten nach oben durch die Maschine und als thermisch gesteuerte Luftführung *(Quellüftung)* durch den Raum. Somit haben Wärmeanfall durch Beleuchtung, Transmissionswärme usw. nur noch einen indirekten, beschränkten Einfluß auf die Auslegung des Luftvolumenstroms. Durch den freien Wärmeauftrieb über den Maschinen gelangt nur ein reduzierter Anteil der Maschinenabwärme in den Prozeßbereich (thermischer Belastungsgrad < 1). Dadurch ist es möglich, gegenüber konventionellen Klimasystemen, den Luftvolumenstrom bis auf 55–50% zu senken. Der Volumenstrom hängt ab von der Kühllast, die meist überwiegend vom Kraftbedarf der Maschinen, aber auch von Beleuchtung und Transmission bestimmt wird, und der geforderten relativen Feuchte im Raum (Bild 3.6.8-47).

Die Luftführung bei Arbeitszonen-Klimatisierung zeigt Bild 3.6.8-49.

Das hat erhebliche Einsparung der Investitions- wie auch der Betriebskosten zur Folge. Ein geringerer Luftvolumenstrom verläßt die Zuluftöffnung unter der Maschine. Der Weg zur Arbeitszone ist kurz. Durch eine geringe Temperaturerhöhung im Maschinenbereich stellt

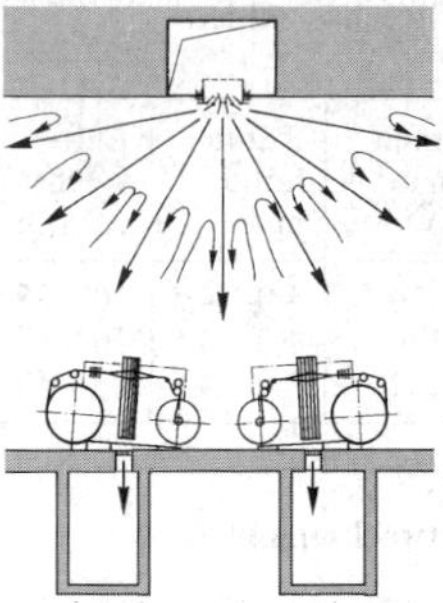

Bild 3.6.8-48. Luftführung beim konventionellen Textilluftsystem mit Lamellenauslässen in der Decke, Abluft im Boden.

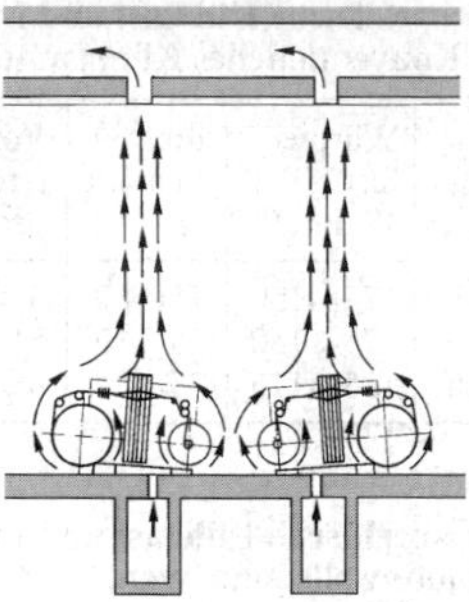

Bild 3.6.8-49. Luftführung von unten nach oben beim Prinzip der Arbeitszonen-Klimatisierung (CONDIFIL, Sulzer).

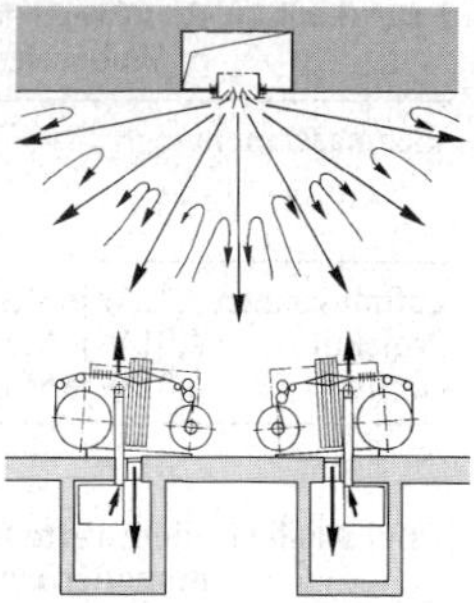

Bild 3.6.8-50. Luftführung beim gemischten Klimatisierungssystem (CONDIFIL-Mix, Sulzer)

sich eine Luftfeuchte auf der geforderten Höhe automatisch ein. Bei der Absaugung im Deckenbereich kann der *Wärmeinhalt* bedeutend höher sein als bei konventionellen Anlagen. Da die Zuluft über die gesamte Länge und Breite der Maschinen eingeführt wird, ist auch die Luftfeuchte im gesamten Arbeitsbereich gleichmäßiger.

Vorteile:

- Einsparung bei Investitionskosten, Energiekosten, Platzbedarf
- Bessere Qualität des gefertigten Produkts.

Nachteil:

- Staubansammlungen am Boden möglich. Reinigung erforderlich.

-8.3.4 Gemischtes Klimatisierungssystem für Webereien

Zur Erweiterung des Einsatzgebiets der direkten Maschinenklimatisierung wurde eine Kombination zwischen dem konventionellen Klimasystem und dem Arbeitszonen-Klimasystem entwickelt. Hier wird ein Teil der Zuluft direkt in den Raum eingeführt, während ein restlicher Teil der Zuluft durch ein Luftverteilsystem unterhalb der Webmaschinen direkt in die Arbeitszone geführt wird. Daraus resultiert eine Senkung des Volumenstroms bis auf ca. 65% eines konventionellen Klimasystems. Es sind also zwei getrennte Zuluftaufbereitungszentralen vorhanden, jedoch ein gemeinsames Abluftsystem. Die Zuluft von unten und damit die Luftfeuchte im Maschinenbereich kann bei diesem System konstant und voreingestellt werden; die Zuluft für den Raum ist variabel. Die Aufteilung der Luftmenge unten: oben ist etwa 1:9. Siehe Bild 3.6.8-50.

Es ergeben sich dabei folgende Vorteile:

- 75% relative Luftfeuchtigkeit nur im Bereich der Fachbildung der Kettfäden vor den Schäften,
- 65% relative Luftfeuchtigkeit im übrigen Raum,
- Abluftentnahme durch Bodenöffnungen innerhalb der Maschine, dadurch bessere Staubabfuhr.

Das System eignet sich speziell für die Erneuerung und den Umbau bestehender Anlagen. Auch für Spinnerei geeignet.

-8.4 Spezielle Textilluft-Komponenten

Um den großen Faseranteil aus der Umluft zu filtern, werden für die Textiltechnik speziell entwickelte Filter mit automatisch arbeitender Staubabsaugung des Filtermaterials verwendet.

-8.4.1 Absaugdrehfilter (Trommelfilter)

Eine drehbare Trommel kann mit verschiedenen Filtervliesen bespannt werden. Das Material ist abhängig vom verarbeiteten Rohstoff, z.B. Baumwolle, Wolle oder Synthetik.

Der Abluftventilator ist in Strömungsrichtung nach dem Filter angeordnet (Bild 3.6.8-46). Das Filtermedium umspannt die Filtertrommel. Fasern und Staub lagern sich dabei außen ab. Ein Druckdifferenzschalter steuert den Reinigungsvorgang. Bei Erreichen einer vorgewählten Druckdifferenz werden automatisch Trommelantrieb, Düsenwagen und Absaugeventilator in Betrieb gesetzt. Diese saugen den Faser- und Staubbelag in einer schraubenförmigen Bahn vom Filter ab und führen ihn einer zentralen Sammelanlage zu. Die Fasern können also einer Wiederverwertung oder Aufbereitung zugeführt werden. Der Luftwiderstand am Filtermedium verringert sich dadurch bis zum Ausschaltdruck (Bild 3.6.8-51 u. Bild 3.3.3-18). In Spinnereien auch mit Faserseparator zur Trennung von Fasern und Staub.

Mittlere Anströmgeschwindigkeit in der Filterfläche 0,5…1 m/s. Druckabfall je nach Filtermedium und Anströmgeschwindigkeit 50…500 Pa.

Absaugventilator: Volumenstrom 15…30 m^3/h je m^2 Filterfläche.

Trommelfilter werden auch mit feststehender Trommel und rotierender Absaugdüse mit Durchströmung von innen nach außen angeboten.

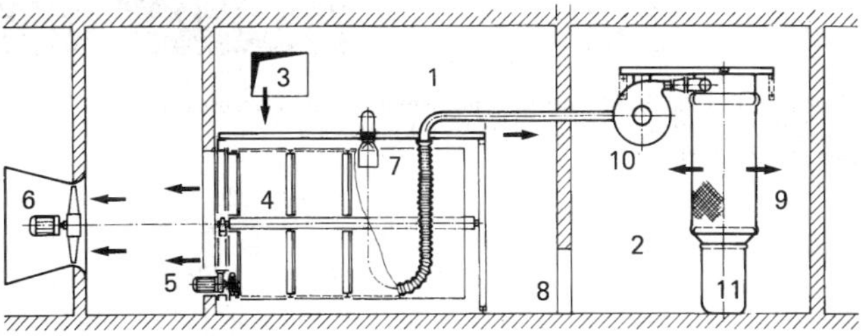

Bild 3.6.8-51. Automatisch gesteuertes Absaugdrehfilter (Sulzer).

1 Filterkammer
2 Kammer für Staubsammeleinheit
3 Abluftkanal (zu reinigende Luft)
4 Trommelfilter
5 Trommelantrieb
6 Abluftventilator (Reinluft)
7 Wanderdüse
8 Maueröffnung
9 Staubfilter
10 Absaugventilator
11 Staubsammelsack

-8.4.2 Paneel-Filter

Trommelfilter benötigen relativ viel Platz. Diesen Nachteil vermeidet ein sogenanntes Paneel-Filter. U-förmig angeordnete Filterflächen werden von einem Wagen mit beweglicher Düse abgesaugt. Druckdifferenzschalter steuert Absaugung. Siehe Bild 3.6.8-52.

-8.4.3 Vliesdrehfilter

Die Funktionsweise ist ähnlich der des Absaugdrehfilters, jedoch wird hier nicht mit einer Absaugvorrichtung gearbeitet. Von einer Rolle wird sauberer Vliesstoff über die Trommel geführt. Auf einer Gegenrolle wird das mit Staub, Öl und Klebstoffen befrachtete Vlies aufgewickelt. Ein Druckdifferenzschalter steuert auch hier den Trommelantrieb (Bild 3.6.8-53).

-8.4.4 Luftwäscher

Zur Befeuchtung und Unterstützung der Luftreinigung werden vorwiegend Luftwäscher installiert. Näheres hierzu siehe Abschnitt 3.3.4. Die Luftwäscher enthalten statische oder automatische, drehende Wasserfilter, um Faserrückstände auszuscheiden.

-8.4.5 Wanderreiniger[1)]

Fahrbare Abblas- und Absaugvorrichtungen *(Wanderreiniger)* über den Textilmaschinen befördern abgelagerten Staub und Flusen auch aus toten Winkeln der Maschine hervor, um ihn abzuleiten (Bild 3.6.8-54).

---

1) Keller, A.: Melliand Textilberichte 9/83. S. 643/7.

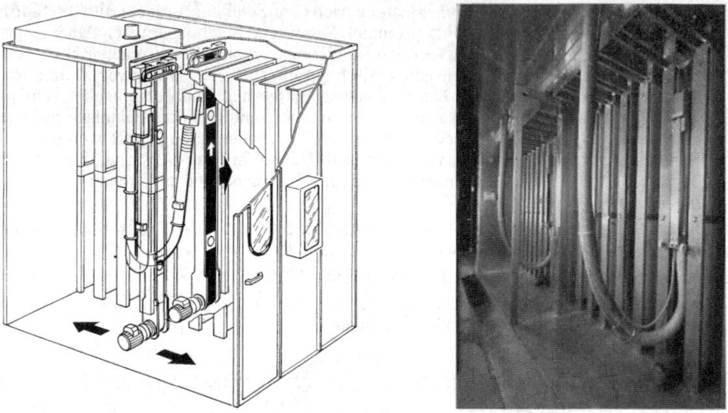

Bild 3.6.8-52. Paneelfilter für Textilklimaanlage mit automatischer Staubabsaugung. Volumenstrom 20 000…200 000 m^3/h; Druckverlust 150…300 Pa (Luwa). Links: Schema. Rechts: Ansicht.

Bild 3.6.8-53. Automatisches Drehfilter; die Trommeloberfläche ist mit einem automatischen regenerierbaren Vliesmaterial belegt, das von einer Rolle abgespult und einer zweiten Rolle aufgespult wird (Sulzer).

Bild 3.6.8-54. Fahrbare Abblas- und Absaugvorrichtung, Wanderreiniger (Pneumablo, Luwa).

Bild 3.6.8-55. Faserkompaktor und Ballenpresse (LTG).

Der abgeblasene Staub soll über die Bodenkanäle der Klimaanlage abgesaugt werden, um manuelle Reinigung zu vermeiden.

-8.4.6 Faserkompaktor, Ballenpresse

Abgesaugte Fasern werden, wenn sie nicht gleich wieder dem Prozeß zugeführt werden, durch Faserkompaktoren verdichtet und in Silos abgefüllt. Oder die verdichteten Fasern werden weiter zu Ballen verpreßt (Bild 3.6.8-55).

-8.4.7 Brikettierpresse

Der vom Trommel- oder Paneelfilter abgesaugte Staub wird in Gewebefiltern abgeschieden, die durch z.B. Preßluft gereinigt werden. Der ausgetragene Staub wird in Säcken abgefüllt oder umweltfreundlich in brennbare Briketts gepreßt (Bild 3.6.8-45 Pos. 10).

3.6.9 Gebäude für Sport- und Versammlungszwecke

-1 Hallenschwimmbäder[1] (siehe auch Abschn. 2.5.6-2)

-1.1 Allgemeines

Lüftungsanlagen haben folgende zusätzliche Aufgaben:

1. Aufnahme und Abführung des Wasserdampfes, der aus dem Schwimmbecken verdunstet,
2. Verhinderung von Schwitzwasserbildung an kalten Flächen (Bauschäden).

Die Lüftung übernimmt meist auch etwa 50 bis 70% der Heizung; die restlichen Wärmeverluste werden durch örtliche Heizflächen gedeckt (Radiatoren, Flächenheizungen, Konvektoren u. a.).

Raumtemperatur		28…30 °C
Wassertemperatur		2…3 K tiefer
Maximale relative Luftfeuchte	im Winter	50…60%
	im Sommer	60…70%.

-1.2 Luftführung

Moderne Schwimmbäder werden meist mit großen Fensterflächen gebaut. *Warmluftausblas* möglichst unter den Fenstern nach oben oder auch zwischen den Fenstern sowie unter Sitzbänken (Bild 3.6.9-1); an Außenwänden über Kopfhöhe; bei Tribünen aus Treppenstufen (wie Bild 2.5.6-1). *Zulufttemperatur* maximal 40…45 °C. Luftabsaugung an Hallendecke über Schwimmbecken, evtl. auch zum Teil über Boden am Beckenrand, um Gerüche schneller zu entfernen. Alle Kanäle und Luftdurchlässe korrosionsfest (Kunststoffe, beschichtetes Stahlblech). Abluftkanäle isoliert, um Wasserkondensation zu vermeiden. Zur Vermeidung von Nebelbildung in der Mischkammer Außenluft vorwärmen, heute vorzugsweise durch rekuperative Wärmerückgewinner oder Wärmepumpen.

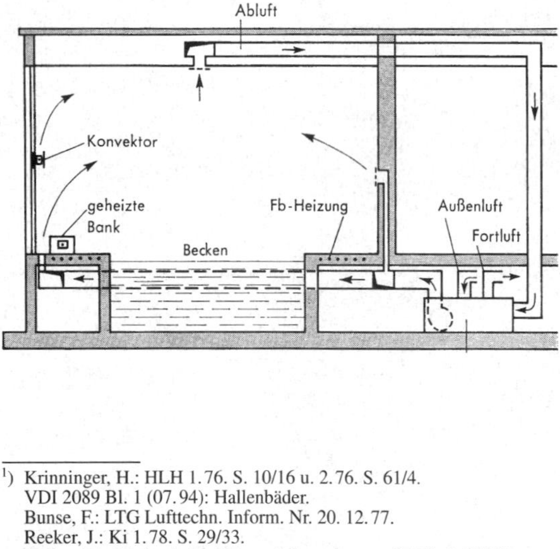

Bild 3.6.9-1. Luftführung bei Hallenbadlüftungen.

[1]) Krinninger, H.: HLH 1.76. S. 10/16 u. 2.76. S. 61/4.
VDI 2089 Bl. 1 (07.94): Hallenbäder.
Bunse, F.: LTG Lufttechn. Inform. Nr. 20. 12.77.
Reeker, J.: Ki 1.78. S. 29/33.
Rolles, W.: Jahrbuch der Wärmerückgewinnung 77.78. S. 203/8.
Doering, E.: HLH 6.79. S. 211/16.
Schmitz, R. M. Diss. 1985 und Ahl, J. P. Diss. 1987, TH Aachen.

-1.3 Verdunstung

Die genaue Berechnung der verdunsteten Wassermenge ist mit vielen unsicheren Faktoren behaftet, wie benetzte Fläche, Zahl der Personen, Größe des Verdunstungsfaktors u.a. Angenähert ist die verdunstete Wassermenge bei ruhender Wasserfläche und darüber strömender Luft

$W = \sigma\,(x_s - x)$ in kg/m²h

σ = Verdunstungszahl (s. Abschn. 1.3.5-2.8)

In Hallenbädern fand man folgende Richtwerte:

bei ruhendem Wasser	$\sigma = 10$ kg/m²h
bei mäßig bewegtem Wasser	$\sigma = 20$ kg/m²h
bei stark bewegtem Wasser	$\sigma = 30$ kg/m²h

Die Verdunstungsmengen nach dieser Berechnung sind im Bild 3.6.9-2 dargestellt, wobei die Lufttemperatur – wie heute in Bädern meist üblich – jeweils um ca. 3 K höher angenommen ist als die Wassertemperatur. Bei Wassertemperatur = Lufttemperatur ist die Verdunstung wesentlich größer (Bild 3.6.9-2). Bei Messungen in Hallenbädern hat man während der Benutzungszeit bei schwach bewegter Wasseroberfläche 0,1 kg/m²h und bei stark bewegter Oberfläche 0,2 kg/m²h verdunstete Wassermenge gefunden. Das ergibt Verdunstungs-Wärmeverluste von 65…130 W/m². Diese tatsächlichen Werte sind wesentlich kleiner, als VDI 2089 Bl. 1 (07.94) u. Bl. 2 (01.83) empfiehlt. Während der Nichtbenutzung ist die Verdunstungsmenge 0,08…0,1 kg/m²h entsprechend 54 W/m², bei guter Abdeckung nur 5…10 W/m². Vorgenannte Werte gelten bei Wassertemperatur 26 °C, Raum 28 °C und 60% relativer Feuchte (Lufttemperatur 2 K höher als Wassertemperatur).

Bei Sprudelbecken (Whirl-Pool) ist W = 0,8 kg/m²h ohne und ca. 2 kg/m²h mit eingeschaltetem Gebläse bei 37 °C Wassertemperatur und Raumluft 25 °C/60% rel. Feuchte.

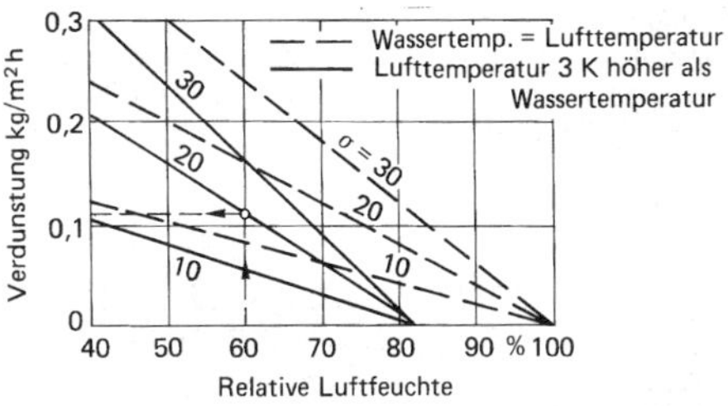

Bild 3.6.9-2. Richtwerte der Wasserverdunstung *W* in Hallenbädern.
Wassertemperatur 24…26 °C.

-1.4 Volumenstrom

Im *Beharrungsfall* ist die verdunstete Wassermenge *W* gleich der von der Luft aufgenommenen Wassermenge:

$W = \sigma \cdot (x_s - x_R) = m_a\,\varrho\,(x_R - x_a)$ in kg/h m²

x_R = Wassergehalt der Raumluft (Abluft) kg/kg
x_a = Wassergehalt der Außenluft kg/kg
m_a = Außenluftvolumenstrom je m² Wasserfläche in m³/h m²

Demnach ist der bei reinem Außenluftbetrieb erforderliche Volumenstrom

$$m_a = \frac{\sigma\,(x_s - x_R)}{\varrho\,(x_R - x_a)} \text{ in m}^3/\text{h m}^2$$

Setzt man als maximale Schwülegrenze für unbekleidete Personen $x_R = 14{,}5$ g/kg entsprechend 28 °C und 60% relative Feuchte und nimmt man eine Wassertemperatur von 28 °C mit $x_s = 24{,}4$ g/kg (nach Tafel 1.3.4-1) an, so wird die Auslegungs-Luftmenge im Sommer für $x_a = 9$ g/kg

$$m_a = \frac{\sigma\,(24{,}4 - 14{,}5)}{\varrho\,(14{,}5 - 9)} = \frac{\sigma \cdot 9{,}9}{1{,}16 \cdot 5{,}5} = 1{,}55\,\sigma \text{ in m}^3/\text{h m}^2$$

im Winter für $x_a = 2$ g/kg

$$m_a = \frac{\sigma\ (24{,}4 - 14{,}5)}{\varrho\ (14{,}5 - 2)} = \frac{\sigma \cdot 9{,}9}{1{,}25 \cdot 12{,}2} = 0{,}63\ \sigma \text{ in m}^3/\text{hm}^2.$$

Im Winter sind die Volumenströme geringer, da x_a dann gegen Null geht. Die errechneten Werte zeigt Tafel 3.6.9-1. Nach VDI 2089 Bl. 1 (07.94) u. Bl. 2 (01.83) ergeben sich höhere Werte, die jedoch erfahrungsgemäß zu hoch sind.

Tafel 3.6.9-1 Außenluftvolumenstrom bei Schwimmbädern in m³/h m²

Schwimmbadtyp	Privatbad	Hallenbad	Wellenbad
Verdunstungszahl σ in kg/m²h	10	20	30
Außenluftvolumenstrom im Sommer im Winter	 15 6,3	 31 13	 46 20

Im Sommer wird die Anlage nur mit Außenluft betrieben, wobei die sich einstellende Raumluftfeuchte desto geringer wird, je geringer die Außenluftfeuchte ist. Bei feuchtwarmer Witterung ist es natürlich auch im Schwimmbad schwüler.

Im Winter wird zur Ersparung von Heizkosten zum Teil mit Umluft gefahren, soweit es die Raumluftfeuchte zuläßt. Zusätzlich ist zur Wärmeersparnis eine *Wärmerückgewinnung* vorzusehen, z.B. wie in Bild 3.6.9-3 durch ein Wasserumlaufsystem. Dabei wird die Außenluft durch Wärmeentzug aus der Fortluft vorgewärmt. (Siehe auch Abschn. 3.3.8.) Statt dessen kann auch ein Platten-Wärmeaustauscher oder ein Rotationswärmeaustauscher verwendet werden. In beiden Fällen müssen jedoch Zuluft- und Abluftventilator örtlich nebeneinander installiert werden[1]. Wärmerückgewinn mittels Wärmepumpe s. Abschn. 2.2.2-4.6.2.

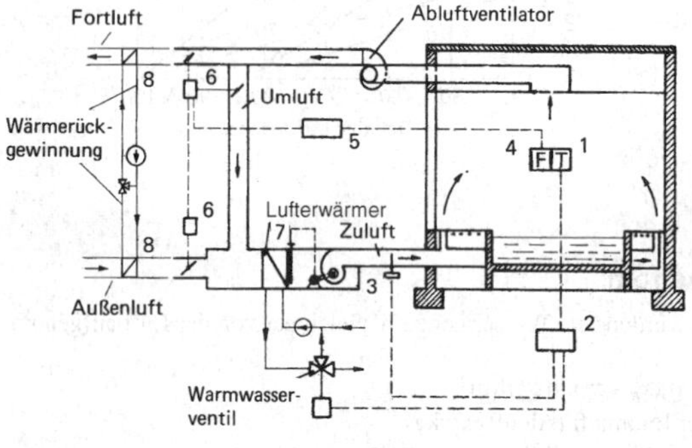

Bild 3.6.9-3. Regelung bei Hallenbadlüftungen.
1 = Raumluftthermostat, 2 = Temperaturregler, 3 = Zuluftthermostat, 4 = Feuchtefühler, 5 = Feuchteregler, 6 = Klappenstellmotor, 7 = Lufterwärmer, 8 = WRG-Wärmeaustauscher

Als Grundfläche ist bei der Berechnung die Wasserfläche angenommen. Die Vergrößerung der nassen Oberfläche in der Umgebung des Bassins ist durch die Luftgeschwindigkeit berücksichtigt. Aus Gründen der Geruchsfreiheit ist ein minimaler *Außenluftanteil* von 20 m³/h je Person erforderlich oder 10 m³/m²h, bezogen auf die Beckenfläche ($^1/_2$ Person je m² Beckenfläche). Bei Thermal- oder Mineralbädern ist evtl. der MAK-Wert zu berechnen (Tafel 1.2.3-3).

[1]) Lautner, R.: HLH 5/84. S. 193/8.

-1.5 Kondens-(Schwitz-)Wasserbildung

Um Kondens-(Schwitz-)Wasserbildung im Winter zu vermeiden, dürfen je nach Raumluftfeuchte, welche die Klimaanlage einhalten kann, bestimmte Wärmedurchgangszahlen k der Umschließungsflächen nicht unterschritten werden, siehe Bild 3.6.9-4. Um beispielsweise bei 70% rel. F. kein Schwitzwasser zu erhalten, ist erforderlich:

$k < 0{,}9$ W/m²K bei $\alpha_i = 6$ W/m²K
$k < 1{,}7$ W/m²K bei $\alpha_i = 12$ W/m²K.

Die einzusetzenden α_i-Werte hängen von der jeweiligen Luftgeschwindigkeit ab; in toten Ecken $\alpha_i \approx 6$, an belüfteten Fenstern $\alpha_i \approx 12$. Isolierverglasung ist immer erforderlich. Bei ihr läßt sich Schwitzwasserbildung durch Wärmeluftschleier vollkommen verhindern. Nach VDI-Richtlinie 2089 Bl. 1 (07.94): Wände $k < 0{,}5$; Decken $k < 0{,}3$; Fenster $k < 3{,}1$ W/m²K.

Bei Außenwänden und an die Außenluft grenzenden Decken *Dampfsperrschichten* (s. Abschn. 1.3.5-5) vorsehen, damit eventuelle Feuchte nicht in die Wände oder Decken eindringen kann. *Wärmedämmung* außen.

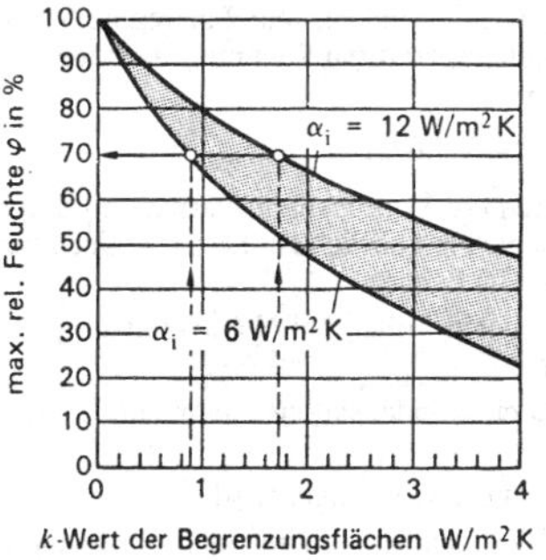

Bild 3.6.9-4. Maximale rel. Feuchte zur Verhinderung von Schwitzwasserbildung. Hallenlufttemperatur 26...28 °C Außenlufttemperatur −12...−15 °C

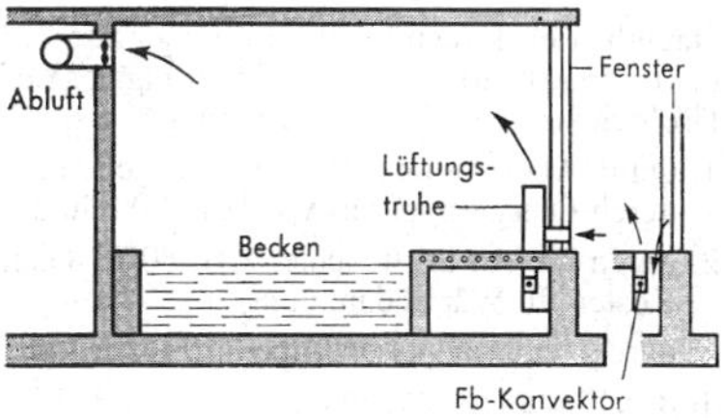

Bild 3.6.9-5. Lüftung eines Privatschwimmbades mit Lüftungstruhe.

-1.6 Regelung[1)]

Schaltung siehe Bild 3.6.9-3. Raumluftthermostat 1 wirkt auf Warmwasserregelventil, Feuchtefühler F erhöht die Außenluftmenge bei steigender Feuchte durch Betätigung der Mischklappen (oder durch Vergrößerung der Gesamtluftmenge). Besser ist die Verwendung eines Oberflächenfühlers am Fenster, der die Feuchte im Raum so steuert, daß der Taupunkt nicht unterschritten wird. Taupunkt der Raumluft ca. 1 K unter innerer Fenstertemperatur.

-1.7 Privatschwimmbäder

Hier gelten prinzipiell dieselben Bedingungen wie bei Hallenbädern, jedoch mit vereinfachter Ausführung. Bei sehr kleinen Bädern (z.B. Kellerbädern) genügt wegen der kurzen Betriebszeit eine Lüftungstruhe mit einem Volumenstrom von 10...15 m³/hm², die vom Hygrostaten gleichzeitig mit der Lüftungsanlage eingeschaltet wird. Der Lüftungswärmebedarf wird also nur durch die Verdunstung des Beckenwassers verursacht. Heizung örtlich. Bild 3.6.9-5. Bei größeren Schwimmbädern ein Zuluft- und Abluftgerät mit automatischer Temperaturregelung der Zuluft (Hotelbäder u.ä.). *Wärmepumpen* zur Schwimmbadheizung und -entfeuchtung siehe Abschnitt 2.2.2-4.6.2.

---
1) Wild, E.: Die Kälte 1972. S. 175/7.

-1.8 Duschräume

Zur Abführung des Wasserdampfes ist eine Zuluft- und Abluftanlage erforderlich. Größte Luftmenge im Sommer erforderlich, da dann die Feuchte der Außenluft am größten ist. Berechnung der Luftmenge theoretisch schwer möglich.

Erfahrungswerte:

Raumtemperatur	25 °C
Luftmenge je Dusche im Sommer	220 m³/h
Luftmenge je Dusche im Winter	75…100 m³/h
Luftwechsel maximal	25…30fach
Zulufttemperatur	40…45 °C.

Heizung örtlich durch statische Heizflächen.

-1.9 Umkleideräume

Erforderlich sind Zuluft- und Abluftanlage. Örtliche Heizkörper. Luftwechsel 8…10fach (nach VDI 2089: 15…20 m³/h m²). Temperatur 22…24 °C. Günstig ist Zuluftaustritt unter Sitzen oder Schränken. Abluftabführung an Decke.

Haben Umkleide- und Duschräume eine gemeinsame Zuluftanlage, sind 2 getrennte Nachwärmer vorzusehen, um den unterschiedlichen Raumtemperaturen Rechnung zu tragen.

-1.10 Betriebskosten (siehe auch Abschn. 2.5.6-2)

Hauptbetriebskosten bei der Lüftung entstehen durch die Verdunstungswärme und durch die Lüftungswärme, die zur Abführung der Luftfeuchte erforderlich ist. Der Energiebedarf läßt sich annähernd wie folgt verringern (s. Abschn. 2.5.6-2):

1. durch Abdecken der Wasseroberfläche mit geeigneten Folien bei Nichtbenutzung, dadurch Energieersparnis von etwa 80% und mehr
2. durch höhere Luftfeuchte, z.B. 80%, dabei jedoch Kondensationsgefahr oder höhere Kosten für Wärmedämmung
3. durch niedere Wassertemperatur, so daß die Verdunstung geringer wird
4. durch Wärmerückgewinnung mit z.B. Platten-Wärmeaustauschern oder Wärmepumpen. Dabei allerdings zusätzliche Investitionskosten (s. Abschn. 2.2.2-4.6.2).

-2 Theater, Saalbauten

Der Zuschauerraum in Lichtspiel- und anderen Theatern oder ähnlich genutzten Sälen wird meist mit *Luftheizungsanlagen* geheizt, die gleichzeitig auch zur Lüftung dienen, häufig auch mit Klima- oder wenigstens *Teilklimaanlagen.* Örtliche Heizkörper sind dabei nicht zweckmäßig, da sie zu träge sind und den sich schnell ändernden Schwankungen der Heiz- bzw. Kühllast nicht folgen können.

-2.1 Heizmittel

Soweit das Theater in einem größeren Gebäude eingebaut wird, empfiehlt es sich, die Hausheizung auch für die Theaterheizung zu verwenden. Der Wärmeverbrauch läßt sich meßtechnisch leicht erfassen, wenn dies bei der Planung bereits berücksichtigt wird.

Warmwasser zur Heizung ist die Normalausführung, namentlich wenn das Gebäude eine Warmwasser-Zentralheizung hat. Das Aufheizen dauert jedoch dabei etwas länger als bei Luftheizung. Einfriergefahr bei Betriebsunterbrechung.

Zweckmäßig erhalten Kassenraum, Vorraum oder Foyer sowie Aborte *örtliche Heizkörper* in einem gesonderten Heizkreis. Ist ein Büro mit dem Theater verbunden, so erhält dieses am besten eine gesonderte Heizung, da Theater und Büros verschiedene Benutzungszeiten haben.

Gasheizungen mit Gaslufterhitzer sind für Theater sehr günstig, wenn täglich nur zwei Vorstellungen gegeben werden. Vorteilhaft ist die geringe Bedienungsarbeit (kein Heizer, keine Ölbevorratung), gute Temperaturregelung und die Sauberkeit. Zu beachten ist das Arbeitsblatt G 600 (11.86) des DVGW.

-2.2 Kühlmittel

Soweit Teil- und Vollklimaanlagen zur Verwendung gelangen, ist für ein geeignetes Kühlmittel zu sorgen. Hierfür kommen in der Regel nur *Kältemaschinen* in Frage, bei kleinen Anlagen mit direkter, bei großen Anlagen mit indirekter Kühlung der Luft.

Für die Abführung der *Kondensatorwärme* gibt es 2 Möglichkeiten:

1. Luftgekühlte Kondensatoren, die im Freien aufgestellt werden;
2. wassergekühlte Kondensatoren mit einem Wasserrückkühlwerk, das im Freien untergebracht werden kann oder auch mit zusätzlichen Luftkanälen im Innern des Gebäudes.

Näheres über Kältemaschinen siehe Abschnitt 5.

-2.3 Anlagenschema und Luftführung[1)]

Es sind ein Zuluft- und Abluftventilator erforderlich. Aufstellung möglichst gemeinsam, damit die Bedienung vereinfacht ist und *Wärmerückgewinnung* angewendet werden kann. Auf die Beseitigung der unvermeidlichen Ventilatorgeräusche ist größter Wert zu legen. In den Zu- und Abluftkanälen sind *Schalldämpfer* erforderlich.

Die Anlage muß sowohl Betrieb mit Außenluft wie Umluft oder Mischluft ermöglichen (siehe Bild 3.6.9-6). Zum Anheizen des Theaters vor Beginn der Vorstellung wird nur mit Umluft gefahren, während nach Beginn der Vorstellung je nach der Zahl der Besucher mehr oder weniger Außenluft zugegeben wird. *Wärmerückgewinnung* nur vorsehen, wenn längere Betriebszeiten vorliegen.

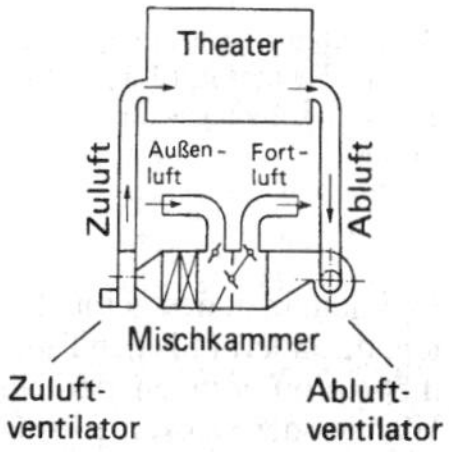

Bild 3.6.9-6. Schema der Zentrale für Heizung und Lüftung des Zuschauerraums eines Kinos.

Teil- oder Vollklimaanlagen unterscheiden sich bezüglich der Kanalführung nicht grundsätzlich von den einfachen Lüftungsanlagen.

Für die Art der Luftführung in Theatern gibt es verschiedene Möglichkeiten. Grundsätzlich kann man die Luft an verschiedenen Stellen einblasen und jedesmal eine *gute Luftverteilung* erhalten, wobei die Luftströmung und die Luftauslässe sehr sorgfältig ausgebildet werden müssen. Siehe hierzu auch Abschnitt 3.3.5-4.

Das Bild 3.6.9-7 bis Bild 3.6.9-11 zeigen verschiedene Arten der Luftführung, die bei sorgfältiger Ausbildung der Luftaus- und -einlässe einen einwandfreien Betrieb ergeben.

Im Theater erfolgt die Luftführung am besten wie in Bild 3.6.9-8 gezeigt. Hier wird mit der Abluft über die Theaterdecke der größte Teil der dort anfallenden Beleuchtungswärme direkt – ohne den Raum zu belasten – abgeführt.

Um bei tiefen Außentemperaturen Zugbelästigungen im Orchestergraben und den ersten Stuhlreihen, bei geöffnetem Vorhang, auszuschließen, erhält der Bühnenturm im oberen Bereich, in dem sich auch Rauchklappen befinden, entweder stationäre Heizung oder eine Luftheizanlage. Die Foyers erhalten Luftheiz- und Kühlanlagen. Durch entsprechende Abstimmung der Zu- und Abluftmengen und geeignete Luftführung ist sicherzustellen, daß kein Luftaustausch zwischen Raucher- und Nichtraucherbereich stattfindet.

---

1) Fitzner, K.: Ki 3/86. S. 93/8.

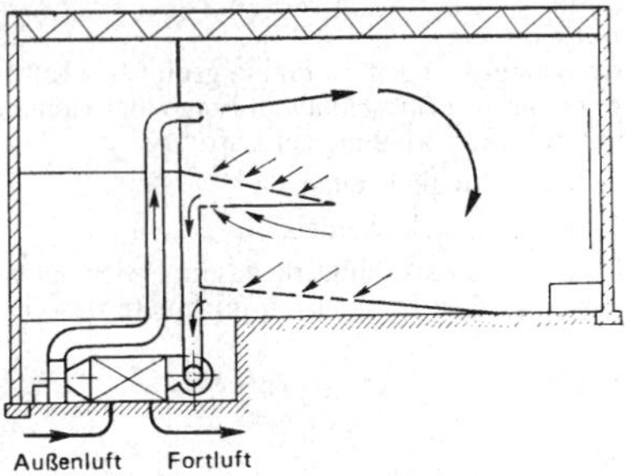

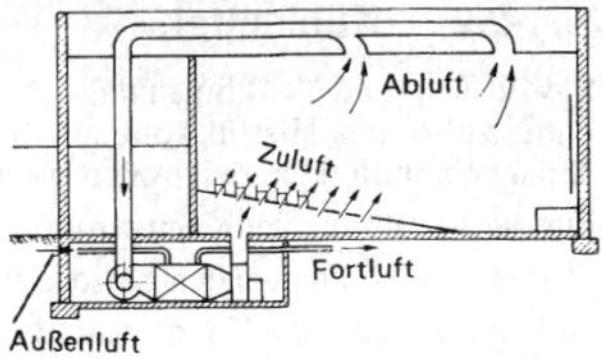

Bild 3.6.9-8. Lüftungs- oder Klimaanlage für ein Theater mit Luftauslaß unter den Sitzen, Luftabsaugung an der Decke.

Bild 3.6.9-7. Lüftungs- oder Klimaanlage für ein Kino mit Düsen-Wandauslaß über dem Rang und Luftabsaugung unter den Sitzen im Rang und Parkett. Zur Verhinderung von Wärmestau wird außerdem Luft unterhalb des Ranges abgesaugt (Strahllüftung). Siehe auch Bild 3.3.5-39.

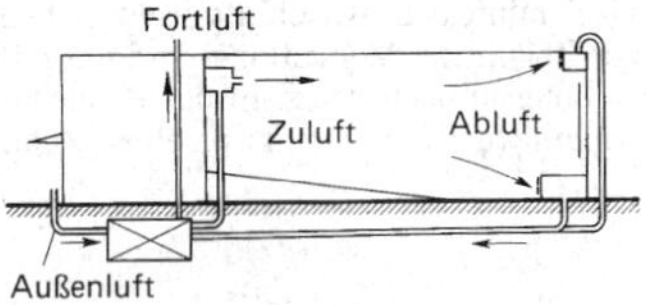

Bild 3.6.9-9. Lüftungs- oder Klimaanlage für ein Theater mit Längslüftung, Luftauslaß an der Eingangsseite, Lufteinlaß an der Bühne.

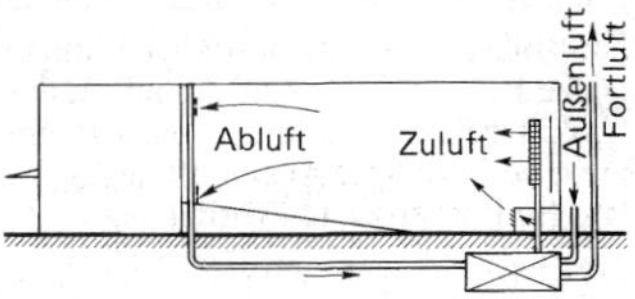

Bild 3.6.9-10. Lüftungs- oder Klimaanlage für ein Theater mit Längslüftung, Luftauslaß neben der Bühne, Lufteinlaß an der Eingangsseite.

In Sälen, in denen geraucht wird, ist nur eine Luftführung von unten nach oben zu empfehlen, da andernfalls der Tabakrauch nicht einwandfrei abgesaugt werden kann. Dem können die Anforderungen der Nutzung mit variabler Bestuhlung entgegenstehen. Dann sind Wand- oder Decken-Auslässe notwendig mit Abluftöffnungen möglichst im Aufenthaltsbereich.

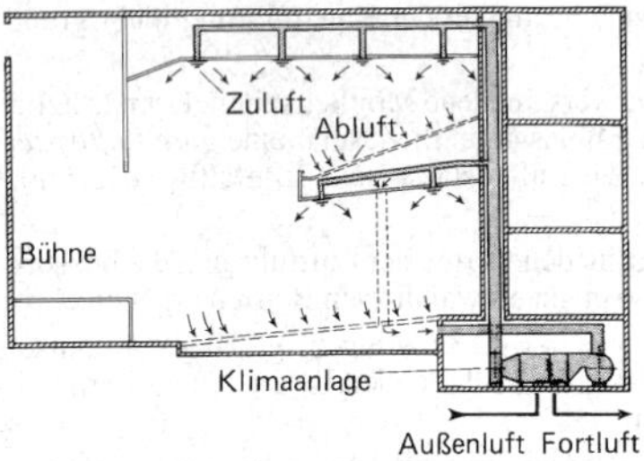

Bild 3.6.9-11. Klimaanlage für ein Kino mit Luftauslaß durch Deckenauslässe.

-2.4 Luftvolumenstrom

Der für die Heizung und Lüftung erforderliche Volumenstrom wird meist auf Grund der *Luftrate,* das ist der Außenluft-Volumenstrom je Person und Stunde, ermittelt. Normale Werte für die Luftrate sind 20 bis 40 m³/h. Der Volumenstrom des Abluftventilators ist etwa 15 bis 20% kleiner zu wählen.

Der stündliche *Luftwechsel n,* der sich dabei ergibt, hängt von dem Luftraum je Zuschauer ab, der etwa 4 bis 6 m³ beträgt. Rechnet man im Mittel mit 5 m³, so ist der Luftwechsel

n = 4- bis 8fach.

-2.5 Wärmebedarf

Der gesamte Wärmebedarf $\dot{Q}$ für den Theaterraum setzt sich aus zwei Teilen zusammen:

$\dot{Q}_1$ = Wärmebedarf für die *Heizung* des Raumes, durch Transmissionsrechnung nach DIN 4701 zu ermitteln. Dieser Betrag ist meistens gegenüber dem Wärmebedarf der Lüftung gering. Überschläglich ist der auf die Raumeinheit bezogene Betrag $\dot{q}_1 \approx 10 \ldots 15$ W/m³. Bei vollbesetztem Raum ist die Wärmeabgabe der Zuschauer meist ausreichend, die Transmissionsverluste zu decken.

$\dot{Q}_2$ = Wärmebedarf für die *Lüftung.*
Dieser Betrag ergibt sich, soweit keine Wärmerückgewinnung vorgesehen ist, aus der Erwärmung der angesaugten Außenluftmenge $\dot{V}_a$ von der Außentemperatur t_a auf die Raumtemperatur t_i zu

$Q_2 = \dot{V}_a \cdot C \cdot (t_i - t_a)$ in kW.
C = spez. Wärmekapazität der Luft ≈ 1,25 kJ/m³ K
$\dot{V}_a$ = Außenluftmenge in m³/s

Die tiefste Außentemperatur ist im allgemeinen mit 0 °C anzunehmen. Bei tieferen Außentemperaturen ist entsprechend mehr Umluft zuzusetzen. Die Raumtemperatur beträgt meist 22 °C.

Eine *Überschlagszahl* für den maximalen Gesamtwärmeverbrauch des Zuschauerraumes erhält man aus der Beziehung

$\dot{Q} = \dot{V} \cdot C \cdot (t_z - t_a) = \dot{V} \cdot 1{,}25 \cdot (30 - 0) = 37{,}5\ \dot{V}$ in kW.
$\dot{V}$ = Luftvolumenstrom m³/s
t_z = Zulufttemperatur °C

Der Wärmebedarf für Foyer, Aborte und sonstige Nebenräume ist nach den Vorschriften von DIN 4701 zu ermitteln.

-2.6 Kältebedarf

Die Lufttemperatur in einem gekühlten Theater soll im Sommer nicht konstant = 22 °C sein, sondern mit der Außentemperatur steigen, da bei zu großen Differenzen zwischen Außen- und Raumluft die Besucher an heißen Tagen sich leicht erkälten können (siehe Bild 1.2.3-8). Außerdem geringerer Energieverbrauch.

Die drei *Hauptwärmequellen,* die den Aufenthalt im ungekühlten Theater im Sommer unangenehm machen, sind:

Die Wärmeabgabe der Menschen, ungefähr 60 bis 80 W je Person, je nach Raumtemperatur, siehe Abschnitt 1.2,
der Wärmeeinfall durch Wände und Decken,
die Wärmezufuhr durch die an heißen Tagen eingeblasene Außenluft,
die Beleuchtung.

Eine genaue Berechnung der Temperaturverhältnisse im Zuschauerraum ist ziemlich schwierig, da der Einfluß der Umfassungswände durch Speicherung und Strahlung von Wärme nicht genau berechenbar ist. Man erhält jedoch genügend genaue Zahlen, wenn man im ungünstigsten Fall die Luft mit etwa t_z = 16 bis 18 °C zuführt. Die sich dabei im Zuschauerraum einstellenden Lufttemperaturen liegen dann etwa im Bereich der hygienisch günstigsten Werte. Der max. Kühlbedarf beträgt bei 32 °C max. Außentemperatur und 26 °C Raumtemperatur etwa 200…250 W je Person.

-2.7 Regelung

Jede RLT-Anlage soll eine *automatische Temperaturregelung* erhalten sowie eine *Schalttafel,* von der die Ventilatoren eingeschaltet und die Temperatur der Zuluft und des Zuschauerraumes kontrolliert werden können. Ferner soll von der Schalttafel aus der Außenluftanteil der Lüftung nach Bedarf geändert und an einem Anzeigegerät abgelesen werden können. Siehe auch Abschnitt 3.3.7.

3.6.10 Sonstige Gebäude und Gebäudeteile

-1 Garagen [1)]

-1.1 Allgemeines

Die Lüftung von Garagen ist von ganz besonderer Wichtigkeit, weil in den Abgasen der Verbrennungsmotoren giftige Stoffe enthalten sind, neben Kohlenwasserstoffen aller Art Schwefel- und Bleiverbindungen, Ruß, Ölnebel, insbesondere *Kohlenmonoxid* (CO). Dieses Gas ist auch in geringer Konzentration je nach der Zeit der Einwirkung bereits lebensgefährlich, siehe Tafel 1.2.3-3. Aufgabe der Lüftung ist es, die Abgase möglichst schnell ins Freie abzuführen bzw. sie zu verdünnen.

Allgemeine Richtlinien über die Lüftung von Garagen sind in den *Garagenverordnungen* der Bundesländer enthalten, die im wesentlichen der Garagenverordnung des Landes NRW vom 02. 11. 1990, zuletzt geändert am 05. 12. 1995, entsprechen. Berechnungsunterlagen siehe VDI 2053 Bl. 1 (08. 95): RLT-Anlagen für Garagen. Prüfung gemäß VSR 201 (Mai 86)[2)]. Der Größe nach unterscheidet man:

Kleingaragen mit einer Fläche bis	100 m^2
Mittelgaragen mit einer Fläche bis	1000 m^2
Großgaragen mit einer Fläche über	1000 m^2

Flächenbedarf ≈ 25 m^2 je Personenwagen-Stellplatz.

-1.2 Abgasmengen

Die Abgasmengen und der CO-Gehalt der Abgase sind je nach Fahrzeugart, Größe, Zustand, Geschwindigkeit sehr unterschiedlich.

Richtwerte siehe Tafel 3.6.10-1.

Bei Dieselmotoren enthalten die Gase auch noch andere Reiz- und Giftstoffe, besonders auch Ruß.

Tafel 3.6.10-1 Richtwerte für Schadstoffemissionen von Kraftfahrzeugen (nach VDI 2053 Bl. 1 [08.95])

	Verbrauch	Abgasvolumen		CO-Gehalt	CO-Volumen
	l/h	m_n^3/100 km	m_n^3/h je Kfz	Vol.-%	m_n^3/h je Kfz
Pkw mit Otto- oder Dieselmotor					
Leerlauf (Motor kalt)	1,34	–	11,0	5	0,55
Leerlauf (Motor warm)	1,24	–	10,5	4,5	0,47
Stockende Fahrt (10 km/h)	2,16	175	17,5	2,9	0,60
Freie Fahrt in der Ebene	4,74	64	38,4	2,7	1,04
Freie Fahrt bei einer Steigung von 4%	5,7	64	30,4	3,2	1,2

-1.3 Freie Lüftung

Die Garagen können durch freie (natürliche) Lüftung gelüftet werden oder durch mechanische Lüftungsanlagen.

---

1) VDI 2053 Bl. 1 (08.95): RLT-Anlagen für Garagen.
Haerter, A.: VDI-Bericht 147. 1970. S. 69/75.
Schumm, H. P.: HLH 4/75. S. 143/4.
Greif, K.-G.: HR 12/79. S. 576/81 u. 5/80. 8 S.
Gottfried, E.: Ki 10/85. S. 395/9.

2) VSR 201 (5. 86): Prüfung von Luft. Anlagen in Garagen, Verein selbst. Revisionsing. e. V.

Für die *freie Lüftung* sind an entgegengesetzten Seiten der Garage zur Erreichung einer Querlüftung gleichmäßig verteilte Öffnungen mit max. 35 m Entfernung in oberirdischen bzw. max. 20 m in unterirdischen Garagen anzubringen. Der gesamte Querschnitt soll betragen:

In Mittel- und Großgaragen 0,15 m^2 je Stellplatz

Für Garagen bis 100 m^2 Fläche genügen Öffnungen in den Außentüren von 150 cm^2 freier Fläche je Stellplatz.

-1.4 Mechanische Lüftung

Wenn freie Lüftung nicht zulässig ist, sind mechanische Lüftungsanlagen einzubauen. Abluftmenge ohne besonderen Nachweis gemäß Garagenverordnung bei geringem Verkehr (Wohnhausgaragen) 6 m^3/h je m^2, bei anderen Garagen 12 m^3/h je m^2 Garagennutzfläche. Bei einer Grundfläche von 25 m^2 je Kraftfahrzeug entspricht dies im zweiten Fall $25 \times 12 = 300$ m^3/h je Kfz oder bei einer Raumhöhe von 2,4 m einem stündlichen Luftwechsel von $l = 12 : 2{,}4 = 5$fach.

Außerdem wird verlangt, daß die Abluftanlage aus 2 gleich großen Ventilatoren besteht, die zusammen den genannten Volumenstrom erbringen.

Die Zuluft soll vorzugsweise aus dem Freien angesaugt werden. Die Nutzung der Abluft anderer Räume ist nur zulässig, wenn sie geruchfrei ist und keine giftigen oder entzündbare Bestandteile enthält. Abluft aus Küchen, Aborten, Duschanlagen, chemischen Betrieben oder ähnlich ist nicht zulässig.

-1.5 Volumenstrom

In vielen Fällen empfiehlt sich wegen der erheblichen Anschaffungs- und Betriebskosten, die eine Garagenlüftung verursacht, eine genaue Berechnung des erforderlichen Volumenstroms auf Grund der *MAK-Werte* des in den Abgasen enthaltenen Kohlenoxyds. Zu rechnen ist nach VDI 2053. Dabei werden die Fortschritte in der Motoren- und Abgastechnik berücksichtigt und so ergeben sich meist kleinere Volumenströme (s. Beispiel 1 und 2). Es ist jedoch vorher zu prüfen, ob die Baubehörde die VDI 2053 Bl. 1 anerkennt, oder doch die höheren Werte nach GaragenVO verlangt.

Der Halbstundenmittelwert der maximal zulässigen *Konzentration* von CO beträgt für Garagen mit Stoßbetrieb, gemessen nach der Garagenverordnung NRW:

$CO_{zul} = 100 \text{ ppm} = 100 \cdot 10^{-6} \text{ m}^3_n \text{ CO/m}^3_n$ Luft.

Der erforderliche Außenluftvolumenstrom pro Kraftfahrzeug (Kfz) ist

$$\dot{V}_A = \frac{q_{CO}}{CO_{zul} - CO_A}$$

Daher bedeuten

q_{CO} = CO-Emission je Kfz in m^3_n/h nach Tafel 3.6.10-1, Dauer des Startvorgangs und mittlere Weglänge in der Garage s. Beispiele.

CO_A = CO-Gehalt der Außenluft (Vorbelastung) in m^3_n CO/m^3_n Luft
= $10 \ldots 20 \cdot 10^{-6}$ an Straßen mit durchschnittlichem Verkehr
= $30 \cdot 10^{-6}$ an Straßen mit starkem Autoverkehr
= $0 \ldots 5 \cdot 10^{-6}$ in Wohnbereichen.

Man unterscheidet noch zwischen Garagen
- mit geringem Zu- und Abgangsverkehr und
- öffentlichen Parkgaragen.

In beiden Fällen ist die zulässige CO-Belastung $CO_{zul} = 100$ ppm. Es gibt jedoch unterschiedliche Bewegungshäufigkeit (Auslastungsfaktor f_A). Im ersten Fall werden 60% der Kfz je Stunde bewegt ($f_A = 0{,}6$), im zweiten Fall können die Werte schwanken zwischen 75 und 40 min ($f_A = 0{,}8 \ldots 1{,}5$, d.h., 80…150% der Fahrzeuge werden innerhalb 1 h bewegt), je nach Gebäudenutzung.

Zur Ermittlung des Volumenstroms $\dot{V}_A$ muß man noch die Zahl der stündlich startenden Wagen und ihre Leerlaufzeit bzw. Fahrzeit in der Garage kennen. Die Zahlen hierfür sind jedoch sehr schwankend.

Beispiel 1: Wohnhausgarage

16 Stellplätze, Mittel zwischen kürzestem und längstem Fahrweg in der Garage 29 m, Fahrgeschwindigkeit 10 km/h. Dauer des Startvorgangs: 20 Sekunden. CO-Emission je Kfz demnach (Tafel 3.6.10-1)

$$q_{CO} = \left(\underbrace{0{,}55\ \text{m}_n^3/\text{h} \cdot \frac{20\ \text{s}}{3600\ \text{s/h}}}_{\text{Leerlauf}} + \underbrace{0{,}60\ \text{m}_n^3/\text{h} \cdot \frac{29\ \text{m}}{10000\ \text{m/h}}}_{\text{stockende Fahrt}} \right) \cdot 0{,}6\ \text{h}^{-1}$$

$$= (0{,}0031 + 0{,}0017) \cdot 0{,}6 = 0{,}0029\ \text{m}^3/\text{h CO je Kfz}$$

Volumenstrom je Fahrzeug:

$$\dot{V}_A = \frac{q_{CO}}{CO_{zul} - CO_A} = \frac{0{,}0029}{(100-5) \cdot 10^{-6}} = 30{,}5\ \text{m}^3/\text{h je Kfz}$$

Bei 16 Stellplätzen ist der erforderliche Außenluftvolumenstrom

$$\dot{V}_A = 16 \cdot 30{,}5 = 488\ \text{m}^3/\text{h}$$

Beispiel 2: Tiefgarage Warenhaus

196 Stellplätze, Fahrweg von Eingang bis Ausgang 80 m. CO-Emission je Fahrzeug mit 0,55 m^3_n/h beim Startvorgang (Dauer 20 s) und 60 m^3_n/h bei stockender Fahrt (10 km/h) und $f_A = 0{,}8$ (Parkdauer 75 min, d.h., alle 14,7 s fährt ein Kfz ein und aus)

$$q_{CO} = \left(0{,}55 \cdot \frac{20}{3600} + 0{,}60 \cdot \frac{80}{10000} \right) \cdot 0{,}8 = 0{,}0063\ \text{m}^3/\text{h je Kfz}$$

Außenluftvolumenstrom mit $CO_A = 30 \cdot 10^{-6}$ m^3_n CO/m^3_n Luft (starker Verkehr)

$$\dot{V}_A \frac{0{,}0063}{(100-30) \cdot 10^{-6}} \cdot 196 = 90 \cdot 196 = 17\,640\ \text{m}^3/\text{h}.$$

In einigen Ländern, z.B. USA, ist die *Entgiftung* der Abgase von Kraftwagen verordnet. Maximalwerte bei CO sollen 1 bis 2% betragen. In Deutschland Vorschrift: max. 3,5 Vol.-% im Leerlauf.

-1.6 CO-Warnanlagen

Geschlossene Großgaragen mit nicht nur geringem Verkehr müssen nach der Garagenverordnung CO-Anlagen zur Messung, Regelung und Warnung haben. Diese Anlagen arbeiten derart, daß sie über Rohrleitungen Garagenluft an verschiedenen Stellen ansaugen und dem Meßgerät zuführen. Bei Überschreiten einer Grenze von 100 cm³/m³ (ppm) als Halbstundenmittelwert erfolgt Signalabgabe (Bild 3.6.10-1). Bei 40% des Grenzwertes muß bei 2stufiger Lüftung die 1. Stufe einschalten, bei 80% die 2. Stufe.Die Geräte arbeiten entweder nach dem Wärmetönungs- oder dem Infrarot-System (siehe Abschn. 1.6.8). Jährliche Prüfungen und ¹/₄jährliche Funktionskontrolle mit Prüfprotokoll erforderlich.

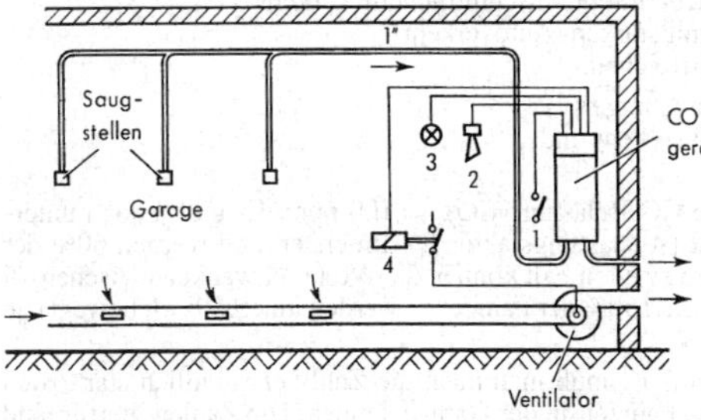

Bild 3.6.10-1. Schema einer CO-Warnanlage.
1 = Hauptschalter, 2 = Signalhorn, 3 = Leuchttransparent, 4 = Schütz für Ventilatormotor

-1.7 Nebenräume

Arbeitsgruben sollten am Boden eine Ablufteinrichtung haben, um die Ansammlung von Gasen zu verhindern.

Prüfstände und Reparaturplätze, bei denen Motore längere Zeit laufen, sollen mit örtlicher Absaugung der Abgase versehen sein; Leistung etwa 400 m^3/h je Wagen. Bild 3.6.10-2.

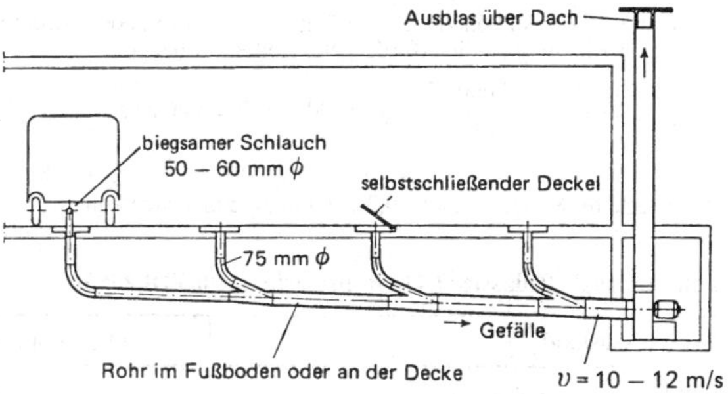

Bild 3.6.10-2. Abgasabsaugung in Garagen.

-2 Tunnel[1]

-2.1 CO-Anfall

In Tunnels (Großstadt- und Gebirgstunnels) verschlechtert sich ähnlich wie in Garagen die Luft hauptsächlich durch CO-Abgase der Benzinmotore und durch den Ruß von Dieselfahrzeugen. Die stündlich erzeugte CO-Menge beträgt für Pkw mit etwa 50 km/h Geschwindigkeit

$V_{CO} = 0{,}025$ m^3/km je Kfz

für Lastwagen

$V_{CO} = 0{,}070$ m^3/km je Kfz (Benzin- oder Dieselmotor)

Bei 30% Anteil der Lastwagen ist im Mittel der CO-Anfall

$V_{CO} = 0{,}038$ m^3/km je Kfz

Wesentliche Erhöhungen ergeben sich durch die Höhenlage, die Geschwindigkeit und die Steigung der Fahrbahn. Bei zähflüssigem Verkehr, z.B. 10 km/h, vergrößert sich der CO-Anfall auf das Dreifache. Genauere Werte siehe VDI 2053 Bl. 2.

-2.2 Außenluftmenge

Der zur Verdünnung der Luft auf den zulässigen CO-Wert CO_{zul} erforderliche Volumenstrom ist

$$\dot{V}_{CO} = \frac{V_{CO} \cdot M \cdot L}{CO_{zul}} \text{ in } m^3/h$$

M = Zahl der Kfz je Stunde
L = Länge des Tunnels in km
CO_{zul} nach Tafel 3.6.10-2.

[1]) VDI-Richtlinie 2053: RLT-Anlagen für Garagen und Tunnel. Bl. 2 (06.86): Tunnel.
Haerter, A.: VDI-Bericht 147 (1970) S. 69/75.
Fett, W.: Ges.-Ing. 1972. S. 129/37 (Natürliche Lüftung).
Olmos-Bartual u. Richarts: HLH 8/78 u. 9/78.
Baum, F.: Ges.-Ing. 12/78. S. 353/60.
Herzke, K.: VDI Bericht Nr. 486 (1983). S. 31/40.

Außerdem ist auch die *Sichttrübung* durch den Rußgehalt der Dieselabgase zu berücksichtigen. Grenzwerte für die Sichttrübung $K_{zul} = 5 \ldots 9 \text{ km}^{-1}$. Typische mittlere Rauchemisson pro 20-t-Lkw Q_T = 1000 m³/h. Erforderlicher Volumenstrom

$$\dot{V}_T = \frac{Q_T \cdot M \cdot L}{K_{zul}} \quad \text{in m}^3\text{/h.}$$

Beispiel:

Bei einem Tunnel von L = 3 km Länge und einem Verkehrsstrom von M = 2000 Kfz/h in jeder Richtung ist die erforderliche Außenluftmenge

$$\dot{V}_{CO} = \frac{0{,}038 \cdot 2 \cdot 2000 \cdot 3}{150 \cdot 10^{-6}} = 3\,040\,000 \text{ m}^3\text{/h} = 844 \text{ m}^3\text{/s}$$

$$\triangleq 280 \text{ m}^3\text{/s je km.}$$

Richtwerte für Straßentunnels: 0,2…0,3 m³/s je m Tunnellänge.

Tafel 3.6.10-2 Zulässige CO-Grenzwerte (nach VDI 2053)

Verkehrszustand	CO_{zul} in ppm = 10^{-6} m³/m³
flüssiger Maximalverkehr	150
täglich auftretender Stau	150
gelegentlicher Stau oder Stillstand	250

-2.3 Bauarten (Bild 3.6.10-3)

Natürliche Lüftung durch Windeinfluß und Kolbenwirkung der Fahrzeuge nur bei kurzen Tunnels, etwa 200 m bei Gegenverkehr, 400 m bei Richtungsverkehr.

Längslüftung wird erzeugt durch Einblasen oder Absaugen von Luft an den Enden oder in Tunnelmitte, auch *Treibstrahlventilatoren* an Tunneldecke; für Tunnels bis 1,5 km, besonders mit Richtungsverkehr. Starker Zug, Gefahr bei Bränden durch Rauch.

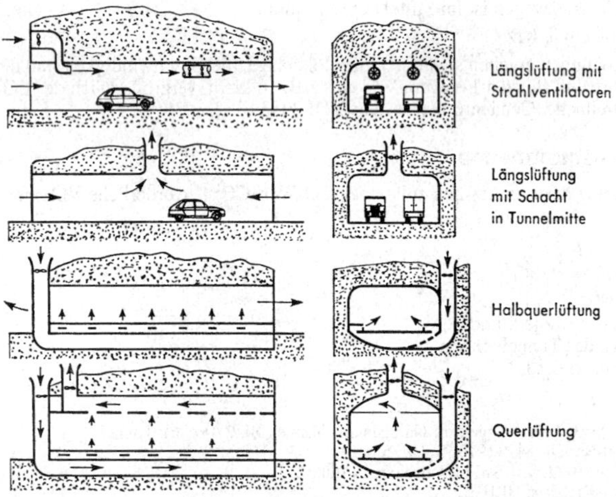

Bild 3.6.10-3. Schematische Darstellung verschiedener Tunnel-Lüftungssysteme.

Halbquerlüftung wird erzeugt durch Einblasen von Luft mittels Luftkanal auf der ganzen Länge; Luftausblas unten, Abluft durch die Tunnelenden. Nachteile wie vor.

Querlüftung verwendet je einen Kanal für Zuluft und Abluft, Zuluft unten, Abluft oben; beste Methode, aber auch teuer. Wird bei langen Gebirgstunnels angewandt.

-3 Tierställe

Tierställe werden gelüftet oder klimatisiert, um den Wasserdampf- und Kohlendioxid-Haushalt der Raumluft sowie deren Temperatur zu kontrollieren. Daneben haben Luftgeschwindigkeit, Licht und Akustik einen Einfluß auf die Tierhaltung. In landwirtschaftlichen *Ställen* bestimmen die Gesichtspunkte einer intensiven Produktion, in *Tierlabors* die Reproduzierbarkeit der Versuche die Anforderungen an die RLT-Anlagen. In der Landwirtschaft kommt hierzu die Frage der Belüftung von *Heustöcken*[1)] sowie die Nutzung der Wärmequellen im Tierstall zur Heizung und Brauchwassererwärmung.

-3.1 Landwirtschaftliche Tierställe[2)]

-3.1.1 Stallklima

Leistungsfähigkeit und Gesundheit der Tiere können durch kontrolliertes Stallklima beeinflußt werden. Wasserdampf und Gasanfall können dem Gebäude und den Menschen schaden.

Wasserdampf wird von den Tieren direkt abgegeben, aber auch durch Verdunstung von Harn, Kot und Reinigungswasser. *Kohlendioxid* entsteht durch die Tiere direkt oder durch Zersetzung von Kot und Harn. Ferner entstehen Ammoniak NH_3 und Schwefelwasserstoff H_2S, wodurch Korrosion ausgelöst werden kann.

Der *Wärmeanfall* hängt vom Gewicht und der Aktivität der Tiere ab. Er kann erheblich sein und ist durch Lüftung, manchmal auch durch Kühlung abzuführen. Nach ASHRAE ist die Abgabe sensibler Wärme je Tier im Ruhestand

$$\dot{Q}_o = 3{,}6 \cdot m^{0{,}75} \text{ in W/Tier,}$$

bei normaler Aktivität etwa

$$\dot{Q} = 2{,}0 \cdot \dot{Q}_o \text{ in W/Tier}$$

mit

m = Tiergewicht in kg.

In Tafel 3.6.10-3 sind für verschiedene Tierarten angegeben: Sensible Wärme-, Wasserdampf- und CO_2-Abgabe, bezogen auf angegebene Raumtemperatur und -feuchte im Winter, ferner Optimalwerte für das Stallklima. Bei den angegebenen Temperaturen gelten die höheren Werte für Jungtiere, die niederen Werte bei älteren Tieren.

Die Lüftung hat außerdem die Aufgabe, den Wärmehaushalt des Stalles so zu kontrollieren, daß ein Gleichgewicht besteht einerseits zwischen der von den Tieren abgegebenen Wärme und andererseits der Transmissionswärme des Gebäudes und der mit der Luft abgeführten sog. Lüftungswärme. Diese Forderungen können nur durch eine ausreichende und geeignete Lüftung der Tierställe erfüllt werden.

In baulicher Hinsicht muß wegen der hohen Luftfeuchte im Stall der *Wärmeschutz* so ausgebildet sein, daß sich an den Wänden kein Schwitzwasser bildet.

-3.1.2 Lüftungssysteme

Früher erfolgte der Luftaustausch in den Viehställen zur Entfernung des Wasserdampfs und Kohlendioxids durch Schwerkraftlüftung, wobei die Abluft in der Regel durch Schächte über Dach abgeführt wurde, während die Zuluft durch geeignete Öffnungen nachströmte.

Heute werden jedoch zur Förderung der Luft Ventilatoren, hauptsächlich Axialventilatoren verwendet, die Luft aus den Ställen absaugen (Unterdrucklüftung) (Bild 3.6.10-4) oder Außenluft in die Ställe einblasen (Überdrucklüftung) oder beides bewirken (Gleichdrucklüftung). Bei der Zuluftführung kann die Außenluft erwärmt werden und dient dann zur Heizung des Stalles (Warmluftheizung).

---

1) Blätter für Landtechnik. Eidg. Forschungsanstalt für Betriebswirtschaft und Landtechnik, CH-8355 Tänikon, Nr. 216 (12.82) und Nr. 205 (7.82).

2) DIN 18910 (05.92): Klima in geschlossenen Ställen.

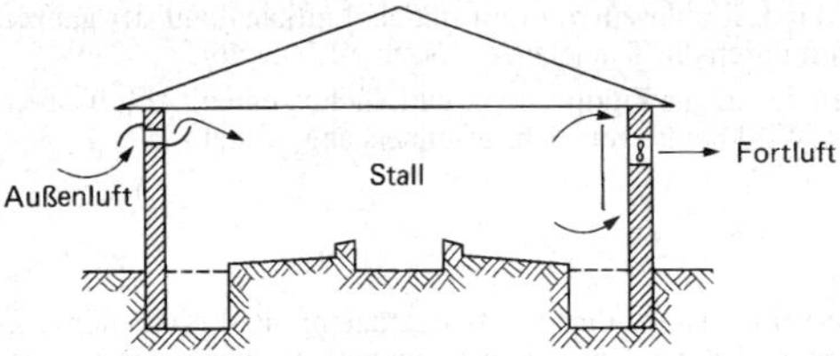

Bild 3.6.10-4. Unterdrucklüftung eines Schweinestalles.

-3.1.3 Luftvolumenstrom

Der Volumenstrom im *Sommer* (Tafel 3.6.10-3) gilt als Richtwert bei Außentemperaturen unter 26 °C, wodurch die Übertemperatur im Stall auf 4 bis 2 K beschränkt werden soll. Bei höheren Außentemperaturen soll der Volumenstrom erhöht werden, um die Übertemperatur gegenüber außen in vorgenannter Grenze zu halten.

Im *Winter* richtet sich der Luftvolumenstrom nach der Wasserdampf- und CO_2-Abgabe der Tiere. Es müssen aber auch die MAK-Werte für NH_3 und H_2S eingehalten werden (Geruchsverschluß zur Jauchegrube). Der zulässige Wasserdampfgehalt entspricht den Rechenwerten für t_i und φ im Winter nach Tafel 3.6.10-3. Der MAK-Wert für CO_2 im Tierstall lautet

$K_i \leqq 3500$ cm³/m³ (ppm) = 0,35 Vol.-%.

Außerdem muß die Wärmeabgabe der Tiere und der Transmissionswärmeverlust des Stalles berücksichtigt werden, damit die gewünschte Lufttemperatur eingehalten werden kann.

Beispiel:

Gesucht Mindestluftvolumenstrom im Winter: Rechnung erfolgt mit den Grenzwerten nach Tafel 3.6.10-3 für Wasserdampf, CO_2 und Wärme.

Gegeben: 20 Kühe je 500 kg, Außenlufttemperatur –12 °C, Transmission 8 KW. Wassergehalt der Außenluft: $x_a = 1$ g/kg

a) Zulässiger Wasserdampfgehalt der Raumluft entsprechend $t_i = 10$ °C, $\varphi = 80\%$ nach Tafel 1.3.4-2 $x_i \approx 6$ g/kg

Wasserdampfabgabe von 20 Kühen $W = 20 \cdot 322 = 6400$ g/h
Erforderlicher Luftvolumenstrom

$$\dot{V}_W = \frac{W}{\varrho\,(x_i - x_a)} = \frac{6400}{1{,}2\,(6-1)} = 1067 \text{ m}^3/\text{h}$$

b) Zulässiger CO_2-Gehalt der Stalluft $K_i \leqq 3500$ cm³/m³
CO_2-Gehalt der Außenluft $K_a = 300$ cm³/m³
CO_2-Abgabe von 20 Kühen $K = 20 \cdot 133 \cdot 1000 = 2{,}66 \cdot 10^6$ cm³/h
Erforderlicher Luftvolumenstrom

$$\dot{V}_K = \frac{K}{K_i - K_a} = \frac{2{,}66 \cdot 10^6}{3500 - 300} = 831 \text{ m}^3/\text{h}$$

c) Wärmeabgabe der Kühe 20 · 887 = 17 740 W
Wärmetransmission 8000 W
Erforderliche Lüftungswärme 17 740 – 8000 = 9740 W

$$\text{Erforderlicher Volumenstrom } \dot{V} = \frac{9740 \text{ W}}{22 \text{ K} \cdot 0{,}36 \text{ Wh/m}^3\text{K}} = 1229 \text{ m}^3/\text{h}$$

Dies entspricht bei einem Stallraum von 25 m³ je Kuh einem Luftwechsel von

$$\frac{1229}{20 \cdot 25} = 2{,}5\text{fach.}$$

Der Volumenstrom wird also durch die Wärmeabgabe der Kühe bestimmt.

Wenn die Heizung direkt mit Abgasen von Lufterhitzern, z. B. Flüssiggas-Gasstrahlern, erfolgt, ist die zusätzliche Erzeugung von CO_2 und H_2O zu beachten (s. Tafel 3.6.10-4 oder Abschn. 1.3.7).

Tafel 3.6.10-3 Stallklima und Abgabe von sensibler Wärme, Wasserdampf und Kohlendioxid sowie sommerlicher Mindestvolumenstrom je Tier in geschlossenen Tierställen*)

Tierart	Stallklima				Tier-gewicht	sensible Wärme	Wasser-dampf	CO_2**)	Volumen-strom***) Sommer
	Optimum	Sommer	Rechenwert Winter						
	t_i in °C	φ in %	t_i in °C	φ in %	kg	W/Tier	g/h	l/h	m³/h
Milchkühe, Kälber, Bullen, Jungvieh-aufzucht	0…20	60…80	10	80	60	180	77	28	50
					200	452	172	70	120
					500	887	322	133	240
					800	1114	400	160	300
Jungviehmast, Mastbullen	20…12	60…80	16	80	200	452	193	70	120
					500	887	361	133	240
Mastkälber	20…16	60…80	18	70	60	180	115	28	50
					200	452	258	70	120
Jungsauen, Sauen, Eber	5…15	60…80	12	80	30	87	39	13	30
					60	139	54	22	50
					100	197	75	33	70
					300	487	182	90	175
Sauen mit Ferkeln	12…16	60…80	18	70	10	46	31	7	17
					200	341	145	62	120
					300	487	206	90	175
Mastschweine	18…15	60…80	16	80	30	87	42	13	30
					100	197	83	33	70
					150	269	113	47	100
Ferkel in Käfig-haltung	26…22	40…60	26	60	5	36	32	5	10
					20	68	43	10	25

(Fortsetzung)

Hühnerküken	32…18	60…70	26	60	0,055 0,52	0,7 4,8	0,6 2,8	0,1 0,7	0,4 2,5
Jung- und Legehennen	15…20	60…80	18	70	0,7 2,2	5,9 11,8	2,9 5,5	0,9 1,5	3,2 6,4
Putenküken	36…18	60…70	22	60	0,055 0,52	0,7 4,8	0,5 2,6	0,1 0,7	0,4 2,5
Mastputen	18…10	60…80	16	80	0,7 2,2	5,9 11,8	2,8 5,3	0,9 1,5	3,2 6,4
Zuchtschafe	6…14	60…80	10	80	10 50 100	46 122 197	28 47 72	7 19 33	– – –
Mastschafe	16…14	60…80	16	80	10 60	46 139	30 59	7 22	– –
Arbeitspferde	10…15	60…80	12	80	100 500 800	261 887 1114	110 335 416	41 133 160	– – –
Reit- und Rennpferde	15…17	60…80	16	80	100 300 600	261 621 986	119 258 399	41 95 146	– – –

*) nach DIN 18910 (E. 10.87)
**) MAK-Wert nach *) für CO_2: 3500 cm³/m³
***) Werte für Außentemperatur $t_a \leqq 26\,°C$. Bei $t_a \geqq 26\,°C$ Werte bis 50%, bei Geflügel bis 100% erhöhen

Der Volumenstrom im Sommer ergibt sich aus Tafel 3.6.10-3.

Bei Außentemperatur $t_a \leqq 26\,°C$ $\dot{V} = 20 \cdot 300 = 6000\ m^3/h$
$t_a > 26\,°C$ $\dot{V} = 9000\ m^3/h$

Die zulässige Raumluftgeschwindigkeit beträgt im Winter 0,2 m/s, im Sommer bis 0,6 m/s.

Tafel 3.6.10-4 Richtwerte für Wasserdampf- und CO_2-Anfall aus Abgas, bezogen auf den Energieeinsatz

Brennstoff	H_2O in g/kWh	CO_2 in l/kWh
Heizöl EL	95	140
Butan	120	110
Propan	120	110
Erdgas	120…150	100

-3.1.4 Luftentfeuchtung

Um Lüftungswärme zu sparen, trocknet man manchmal Umluft durch eine Kälteanlage mit anschließendem Wiederaufheizen im Kondensator, jedoch müssen die Grenzwerte für CO_2 und Schadstoffe eingehalten werden. Der Außenluftvolumenstrom kann dann verringert werden (s. Abschn. 2.2.2-4.6.2).

Korrosionsprobleme bei den Wärmeaustauschern sind zu beachten.

-3.1.5 Wärmerückgewinnung[1)]

Meistens reicht die Wärmeabgabe der Tiere aus, um die Transmissionswärme zu decken. Nur bei Jungtieren oder bei nicht voller Belegung des Stalles liegt im Winter ein Heizbedarf vor, der mit einer Luft- oder Strahlungsheizung gedeckt wird. Zur Wärmerückgewinnung aus der Abluft können auch Glasrohrwärmetauscher eingesetzt werden (Bild 3.6.10-5). Reinigungsmöglichkeit wegen Staubablagerung ist vorzusehen.

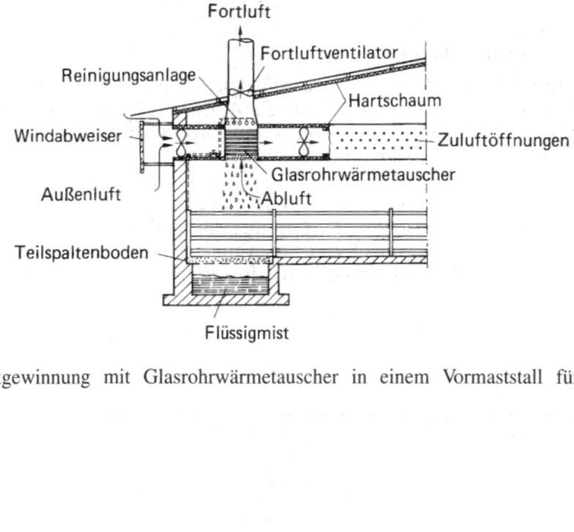

Bild 3.6.10-5. Wärmerückgewinnung mit Glasrohrwärmetauscher in einem Vormaststall für Schweine.

1) Goll, W.: HLH 8/80. S. 295/302 und TAB 12/81. S. 1035/41.
Kellermann, D.: HLH 2/81. S. 71/5.
I-Thema: CCI 10/81.
Pauls, J., u. a.: CCI 2/86. S. 34/5.

Das Wärmeflußschema bei einem Stall mit 220 Schweinen zeigt Bild 3.6.10-6 gemäß nachfolgendem Beispiel.

Beispiel:

Tierstall mit 220 Schweinen von je 30 kg.
Außenluft –10 °C, Transmission 7000 W (bei t_i = 12 °C).
Wärmeabgabe der Tiere (Tafel 3.6.10-3) $\dot{Q} = 220 \cdot 87 = 19\,000$ W.
Volumenstrom für Stalltemperatur t_i = + 12 °C (Tafel 3.6.10-3)

$$\dot{V} = \frac{19000 - 7000}{22\ \text{K} \cdot 0{,}36\ \text{Wh/m}^3\text{K}} = 1515\ \text{m}^3\text{/h}.$$

Bei $t_a = -10$ °C; t_i = 12 °C ist die Lüftungswärme $\dot{Q}_{L1} = 22 \cdot 1515 \cdot 0{,}36 = 12\,000$ W.
Mit Wärmerückgewinnung ist eine höhere Stalltemperatur möglich, z.B. t_{im} = 20 °C. Dann muß der Wärmeaustauscher die Zuluft um Δt = 8 K aufwärmen entsprechend einer

Wärmemenge	$\dot{Q}_{L2} = 1515 \cdot 8 \cdot 0{,}34$	= 4100 W
zuzüglich erhöhter Transmission	$\dot{Q}_T = 7000 \cdot \left(1 - \frac{30}{22}\right)$	= 2500 W
Erforderlicher Wärmerückgewinn	$\dot{Q}_{WRG}$	= 6600 W
Die Abluft enthält die Wärmemenge	$\dot{Q}_{AB}$	= 16100 W
Demnach erforderlicher Wirkungsgrad	$\eta = \frac{6600}{16100}$	= 41%

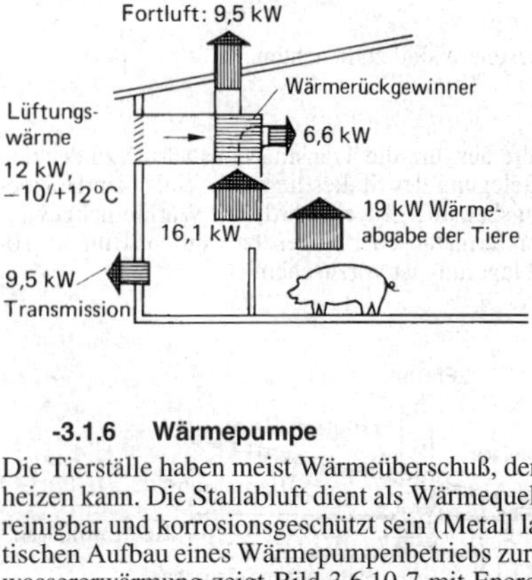

Bild 3.6.10-6. Wärmebilanz für Anlage nach Bild 3.6.10-5 bei 220 Schweinen.

-3.1.6 Wärmepumpe

Die Tierställe haben meist Wärmeüberschuß, der über *Wärmepumpen* benachbarte Räume heizen kann. Die Stallabluft dient als Wärmequelle. Der Kühler der Wärmepumpe muß abreinigbar und korrosionsgeschützt sein (Metall lackiert oder aus Kunststoff). Den schematischen Aufbau eines Wärmepumpenbetriebs zur Wohnhausheizung und eventuelle Warmwassererwärmung zeigt Bild 3.6.10-7 mit Energiefluß in Bild 3.6.10-8. Im Beispiel wird bei 12 °C Temperatur der Stalluft die Abluft um ca. 5 K abgekühlt, womit bei –10 °C Außentemperatur etwa 36% der Lüftungswärme entsprechend 5 kW bei einer Leistungszahl der Wärmepumpe von 3,5 zurückgewonnen werden, die dem Wohnhaus zugeführt werden. Das sind im Beispiel etwa 42% des Bedarfs.

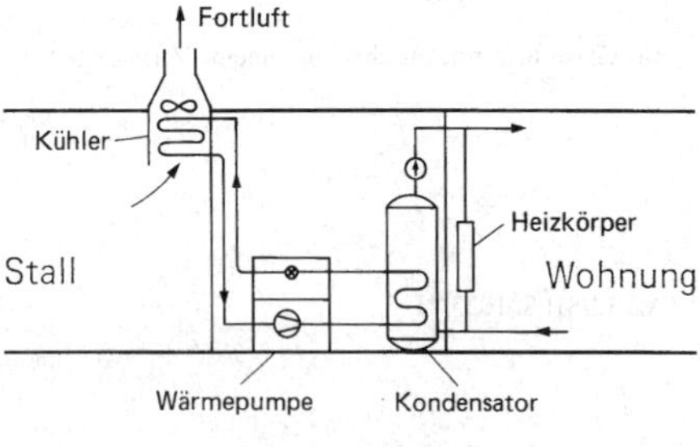

Bild 3.6.10-7. Luft/Wasser-Wärmepumpe zur Wohnhaus-Heizung.

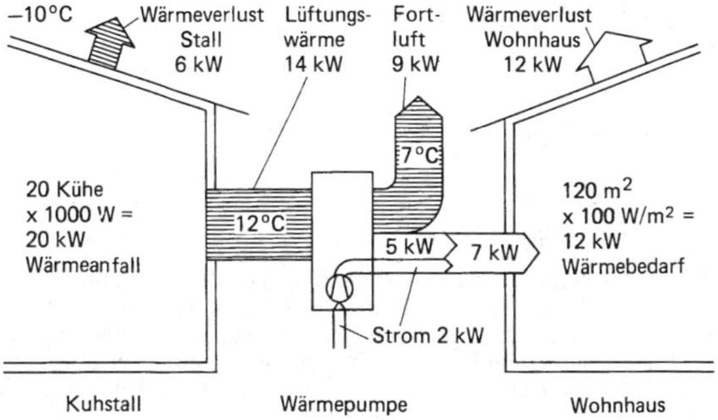

Bild 3.6.10-8. Wärmebilanz für Anlage nach Bild 3.6.10-7.

Beispiel:

20 Kühe je 650 kg, Stalluft 12 °C/80% rel. Feuchte, Außenluft −10 °C.
Luftvolumenstrom gewählt 20 · 90 m³/h je Kuh = 1800 m³/h
Sensible Wärmeerzeugung (Tafel 3.6.10-3) = 20 · 1000 = 20 000 W
Lüftungswärme = 1800 · 22 K · 0,36 Wh/m³K = 14 000 W
Abkühlung der Abluft auf 7 °C/90% rel. Feuchte

Enthalpieabnahme je kg (Tafel 1.3.4-2)	Δh	$= 29{,}8 - 21{,}2$	$= 8{,}6$ kJ/kg
		$= 8{,}6 \cdot 1{,}2$	$= 10{,}3$ kJ/m³
		$= \dfrac{10{,}3}{3{,}6}$	$= 2{,}8$ Wh/m³
Gesamte Enthalpieabnahme	Δh	$= 1800 \cdot 2{,}8$	$= 5000$ W
Leistungszahl			$\varepsilon = 3{,}5$
Heizleistung	$5000 \cdot \dfrac{\varepsilon}{\varepsilon - 1}$	$= 5000 \cdot 3{,}5/2{,}5$	$= 7000$ W
Rückgewinnanteil	5000/14 000	$= 0{,}36$	≙ 36%

Warmwasser wird häufig auch im Wärmepumpenbetrieb einer Milchkühlanlage erwärmt.

-3.2 Tierlabors[1]

Bei der Versuchstierhaltung werden reproduzierbare Verhältnisse in der physikalischen Umwelt der Tiere durch Klimatisierung der Tierräume geschaffen. Lufttemperatur, Feuchte, Luftgeschwindigkeit sind für den Energiehaushalt der Tiere von Bedeutung. Zur Dimensionierung der Klimaanlagen ist die sensible und latente Wärmeabgabe[2] einerseits maßgebend, andererseits ein ausreichender Luftwechsel zur Verdünnung der Geruchsstoffe. Üblicher Luftwechsel: 10…20 h^{-1}.

Die Temperatur in den Käfigen für Kleintiere liegt meist etwas höher als im Raum (bis 3 K). Zur Vergleichmäßigung der Temperatur werden induktive Luftauslässe benutzt (Mischlüftung). Abluftkanäle am Boden.

Bei Verwendung von Umluft sind Feinstfilter vorzusehen, um die Übertragung von Mikroorganismen zu vermeiden.

Bei pathogenfreier (SPF-)Tierhaltung müssen Zu- und Abluft mit HOSCH-(Hochleistungs-Schwebstoff-)Filtern gefiltert werden. Umluft ist nur innerhalb eines Raumes möglich; Überdruck gegenüber Umgebung ist notwendig. Luftaustausch zwischen den Tierräumen muß unterbunden werden.

---

¹) Weihe, W. H.: Zeitschrift Versuchstierkunde Bd. 7 (1965). S. 116/127.
Mixdorf, E.: ebenda, S. 128/143.
Tente, H.-W. u. a.: TAB 4/89. S. 341/8.
Unterlöhner, O.: Bericht XII. Int. Kongr. TGA Berlin, 10. 88. S. 414/7.

²) Sodec, F., u. a.: Ki 12/81. S. 551/64.

3.6.11 Sonstige Räume

-1 Küchen[1)]

-1.1 Allgemeines

Raumlufttechnische Anlagen für Küchen sind erforderlich für alle Arten von gewerblichen Küchen, bei denen die Gesamtanschlußwerte wärmeabgebender Geräte > 25 kW beträgt. Dabei sind neben Ablufteinrichtungen auch Zuluftanlagen so zu installieren, daß Gerüche, luftfremde Stoffe und Feuchtigkeit abgeführt, Beeinträchtigungen von Räumen, die nicht zum Küchenbereich gehören, vermieden werden und keine hygienisch bedenkliche Luft zugeführt wird, bzw. nachströmen kann.

-1.2 Schadstoffsituation in Küchen

Schadstoffe für den Menschen in der Küche gewinnen zunehmend an Bedeutung, denn nach der Statistik der Berufsgenossenschaft Nahrungs- und Genußmittel ist die Zahl der in den vergangenen Jahren auf Verdacht angezeigten obstruktiven Atmungserkrankungen im Gastgewerbe auf mehr als einhundert Fälle pro Jahr angestiegen.

Schadstoffe entstehen beim Erhitzen von Lebensmitteln, wobei sich eine Vielzahl flüchtiger Reaktionsprodukte bilden, von denen einige als gesundheitsschädlich zu betrachten sind. So können bei Grill- und Batprozessen bis zu 200 Verbindungen nachgewiesen werden, deren Art und Menge vor allem vom Fettgehalt des Lebensmittels und der Temperatur bestimmt sind, sie können gasförmig in Form von Dampf oder als Aerosol auftreten.

Als besonders kritisch sind toxikologisch bedeutsame Inhaltsstoffe zu betrachten, die auch krebserzeugende und mutagene Eigenschaften aufweisen. Hierzu zählen insbesondere kurzkettige Aldehyde, wie Formaldehyd, Acrolein, Acetaldehyd, tr-2-Hexanal u.a. Weiter bilden sich in ungünstigen Fällen nachgewiesenermaßen krebserzeugende Substanzen, z.B. Nitrosamine beim Grillen von gepökeltem Fleisch, und polyzyklische, aromatische Kohlenwasserstoffe beim Erhitzen von Lebensmitteln über 250 °C.

Aus all dem wird deutlich, welche Bedeutung der Raumlufttechnik in Küchen zukommt und daß es nicht damit getan sein kann, nur Luft oberhalb der Koch- und Bratstelle abzusaugen.

Der große Einfluß der Luftzuführung in Küchen auf die Belastungssituation am Arbeitsplatz wurde in neuerer Zeit von der Berufsgenossenschaft Nahrungs- und Genußmittel nachgewiesen.[2)]

-1.3 Freisetzungsprozesse von Schadstoffen und Wärme

Freisetzungen gasförmiger Stoffe oder Aerosole sind in Küchenbetrieben immer verbunden mit thermischen Einwirkungen, d.h. oberhalb des Garbereiches entsteht eine Thermikströmung, die auch freigesetzte luftfremde Stoffe nach oben in einen Bereich transportiert, der außerhalb der Aufenthaltszone des Menschen liegt.

Auf dem Weg nach oben wirkt diese Thermikströmung wie ein impulsbehafteter Luftfreistrahl, d.h. durch Impulsübertragung in die Querrichtung wird Raumluft aus der Umgebung angesaugt und dem Thermikstrahl beigemischt. Aufgrund dieses physikalischen Effektes vergrößert der Thermikstrahl mit zunehmender Lauflänge sein Volumen (Bild 3.6.11-1).

Die Volumenzunahme wird bestimmt durch die Anordnung der Geräte im Raum. Die höchste Volumenzunahme erfolgt bei freier Aufstellung in Raummitte, da der Thermikstrahl dabei am gesamten Umfang induzieren kann. Deutlich geringere Thermikluftströme ergeben sich, wenn die Kochgeräte an Wandflächen plaziert werden können.

[1)] Neubearbeitet von Prof. Dr.-Ing. Rüdiger Detzer, Hamburg, für die 69. Auflage.

[2)] FSA-Bericht (Forschungsgesellschaft für angewandte Systemsicherheit und Arbeitsmedizin e.V.): Einfluß der Zuluftzuführung auf die Konzentration verschiedener Schadstoffe im Arbeitsbereich von Küchengeräten, Berufsgenossenschaft für Nahrungsmittel und Gaststätten, Mannheim 1997.

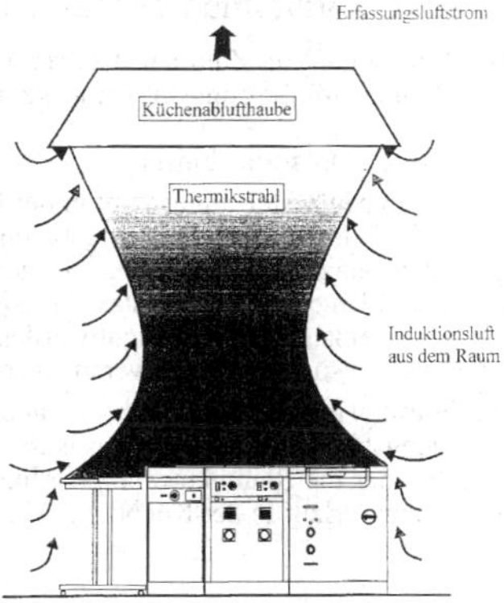

Bild 3.6.11-1. Thermikstrahl oberhalb von Küchengeräten.

-1.4 Ablufterfassung

Küchenablufthauben

Werden oberhalb der Garstellen Erfassungseinrichtungen in Form von Küchenablufthauben angeordnet, kann der aufsteigende Thermikstrom unmittelbar erfaßt und abgeführt werden. Küchenablufthauben sind mit einem Haubenüberstand von ca. 0,2 m bei Anordnung von 2,1 m über Fußboden auszuführen. Bei größeren Abhängehöhen oder bei Einsatz über Geräten mit Türöffnungen sind größere Überstände zu wählen (VDI 2052 [06.99]).

Die im Thermikstrom mitgetragenen Aerosole werden in entsprechend ausgebildeten Aerosolabscheidern aus dem Luftsttrom entfernt, sofern sie von den gewählten Abscheidemechanismen erfaßbar sind.

Gewählt werden im allgemeinen mechanische Aerosolscheider, bei denen der Luftstrom eine ein- oder mehrfache Umlenkung erfährt. Teilchen, die aufgrund ihrer Masse nicht in der Lage sind, den Umlenkungen der Stromlinien zu folgen, verlassen ihre Bahn und werden an den Wandungen des Aerosolscheiders niedergeschlagen. Bisher häufig eingesetzte Metallgestricke als Abscheideelemente sollten insbesondere aus brandschutztechnischen Gründen nicht mehr eingesetzt oder nur in Kombination mit anderne Elementen verwendet werden.

Die Effektivität der Küchenablufthaube wird ganz besonders von dem Erfassungsluftstrom bestimmt, der über die Abluftanlage aus der Haube abgesaugt wird. Zumindest muß sichergestellt sein, daß der Erfassungsluftstrom nicht kleiner ist als der Thermikstrom, der die Unterkante der Ablufthaube erreicht.

Einflußgrößen auf die Höhe des Erfassungsluftstromes sind auch die konstruktive Gestaltung der Haubenelemente und Querströmungen im Raum, die zu einer Störung des aufsteigenden Thermikstromes führen können.

-1.4.1 Küchenabluftdecken

Küchenabluftdecken dienen der großflächigen Absaugung von Phrasen und Dämpfen. Eine Zulufteinbringung kann in die Decken integriert sein.

Grundsätzlich unterscheidet man offene und geschlossene Systeme.

Bei geschlossenen Systemen wird die Abluft über Luftdurchlässe geführt, die gleichzeitig die Abscheideeinrichtung für Aerosole bilden und direkt an die Abluftleitung angeschlossen sind, während bei offenen Systemen der Deckenhohlraum in die Abluftführung als Unterdruckkammer eingebunden ist.

Aerosolabscheider müssen gut reinigbar oder zu Reinigungszwecken leicht demontierbar sein.

Bei Küchenabluftdecken kommt der Zuluftzuführung eine besondere Bedeutung zu. Sind Mischlüftungssysteme eingesetzt, werden freigesetzte luftfremde Stoffe gleichförmig im Raum verteilt; der Austrag erfolgt nahezu ausschließlich durch Verdünnungseffekte.

Bei Anwendung der Schichtlüftung kann der Transport von Schadstoffen im Thermikstrahl eingesetzt und die Rückströmung verhindert werden.

-1.5 Varianten der Luftzuführung

Die Verteilung von Zuluft in Küchen erfolgt über Luftdurchlässe, wobei sich besonders zwei Grundströmungsmuster herausgebildet haben.

-1.5.1 Mischströmung

Bisher am häufigsten angewandt in der Küche wird die sogenannte Mischströmung. Diese besagt, daß die in den Raum eingebrachte Zuluft über in Decken oder Wandbereichen angeordnete einzelnen Luftdurchlässe geführt ist. Der Energieinhalt der impulsbehafteten Zuluftstrahlen bewirkt einen starken Induktionseffekt, so daß Zuluft und Raumluft sehr homogen miteinander durchmischt werden. Diese hohen Induktionsluftströme, die im Raum umzuwälzen sind, sind auch verantwortlich für unerwünschte Querströmungen.

Ausführungsformen sind die horizontale Luftzuführung mit walzenförmig ausgebildeten Strömungsbereichen und die vertikale Luftzuführung, bei der die Auslässe gleichmäßig verteilt über die Raumdecke angeordnet sind. Bild 3.6.11-2 verdeutlich schematisch den Strömungsverlauf in der Küche mit Mischlüftung und Küchenabluftdecke.

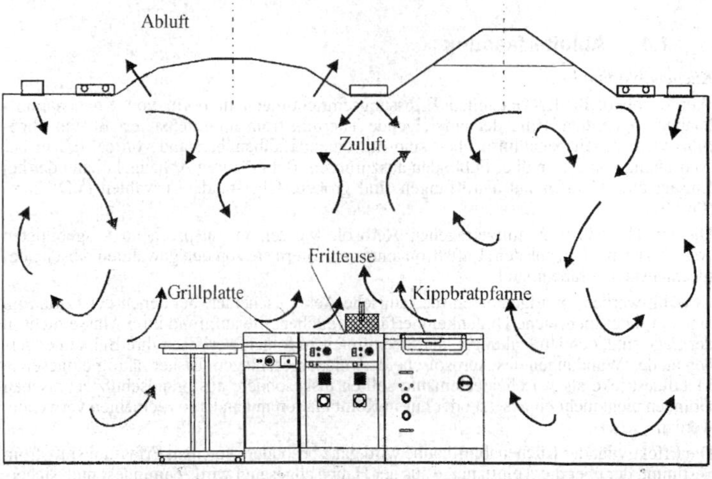

Bild 3.6.11-2. Mischströmung.

-1.5.2 Schichtströmung (siehe auch Absch. 3.6.8)

Schichtströmungen, entwickelt im Rahmen eines BMFT-Forschungsvorhabens zur Humanisierung der Arbeit für thermisch- und schadstoffbelastete Produktionsstätten in der Industrie, lassen sich auch in Großküchen einsetzen und führen zu deutlichen Reduzierungen der Belastung am Arbeitsplatz.[1)]

Bei dieser Art der Luftzuführung wird die Raumluftströmung nicht vom Luftauslaß bestimmt, sondern durch die sich an den Kocheinrichtungen einstellenden Thermikströmungen geprägt, mit der die erwärmte und mit Schadstoffen angereicherte Luft nach oben gefördert wird. Um ein Rückführen belasteter Luft aus dem Deckenbereich zu unterbinden, wird der aus dem Aufenthaltsbereich entnommene Volumenstrom so durch Zuluft ersetzt, daß der Thermikstrahl ungestört bleibt.

[1)] Bach, H., u. a.; Gezielte Belüftung der Arbeitsbereiche in Produktionshallen zum Abbau der Schadstoffbelastung, Schlußbericht zum BMFT-Verbundvorhaben 01 HK 216.
Detzer, R.: Raumlufttechnische Anlagen in Küchen, HLH 3/98, S. 56/59.
FSA-Bericht: Einfluß der Zuluftführung auf die Konzentration verschiedener Schadstoffe im Arbeitsbereich von Küchengeräten, Mannheim 1997, BGN F-01-9501.

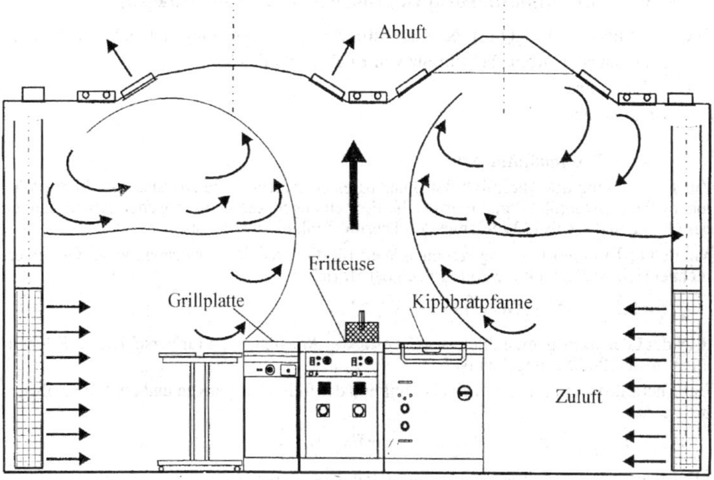

Bild 3.6.11-3. Schichtströmung.

Außerhalb der Thermikströmung erreicht die Luftqualität deutlich günstigere Werte als bei Mischströmungen. Der Strömungsverlauf ist in Bild 3.6.11-3 skizziert.

Man unterscheidet im allgemeinen zwei Ausführungsformen:

Luftdurchlässe an der Decke

Bei sehr impulsarmer Luftzufuhr über großflächige Luftauslässe außerhalb der Einflußbereiches des Thermikstromes kann das Nachführen der Zuluft in den Aufenthaltsbereich von der Raumdecke aus erfolgen. Die kältere Zuluft strömt aufgrund ihres höheren spezifischen Gewichtes zum Boden hin ab und ersetzt den thermisch bewegten Luftstrom. Begrenzend für die Lastminderung ist, daß die Zuluft zunächst durch höher belastete Bereiche geführt ist und auf ihrem Wege in die Aufenthaltszone einen Teil der Belastung in den Aufenthaltsbereich transportiert.

Luftdurchlässe am Boden

Die konsequenteAnwendung der Schichtströmung ist die Anordnung der Luftdurchlässe am Boden oder in Bodennähe.

Um zu verhindern, daß der Thermikstrom gestört wird und Zugerscheinungen für das Personal vermieden werden, sind die Luftdurchlässe an geeigneter Stelle anzuordnen und die Luftaustrittsgeschwindigkeiten klein zu wählen. Empfohlen werden Luftaustrittsgeschwindigkeiten bezogen auf die Anströmflächen der Auslässe $W_A < 0{,}4$ m/s für zylindrische und $W_A < 0{,}2$ m/s für ebene Luftdurchlässe.

Auch sind die Zulufttemperaturen dem Behaglichkeitsempfinden des Menschen angepaßt $t_{Zu} > 19\,°C$ zu wählen. Bei Schichtströmungen erfolgt die Dimensionierung aufgrund des thermisch bewegten Luftstromes, der nach Gleichung (2) berechnet werden kann.

Bei Anwendung von Küchenabluftdecken in Verbindung mit Schichtströmungen wird die freie Weglänge des Thermikstrahles auf eine Raumhöhe über Fußboden von 2,5 m berechnet. Die darüber im Raum anfallenden Rückströmungen führen auf eine Schicht höherer Schadstoffkonzentration und Temperatur unterhalb der Raumdecke; in dieser Schicht liegen die Konzentrationen im Bereich derer bei Mischlüftung, während in der darunter liegenden Schicht deutlich günstigere Verhältnisse auftreten (Bild 3.6.11-3).

-1.6 Dimensionierung Raumlufttechnischer Anlagen

Die wesentlichen Auslegungsgrößen für lufttechnische Einrichtungen in Küchen sind:

- Erfassungsluftströme bei Einsatz von Küchenablufthauben
- Zuluftströme
- Abluftströme

-1.6.1 Thermikluftstrom

Zur Bestimmung des Thermikluftstromes ist es erforderlich, die Art und Anzahl der wärmeabgebenden Geräte, deren thermische Freisetzungen, die geometrischen Abmessungen der Geräte und die freie Weglänge des Thermikstrahles zu kennen.

Mit den in Tafel 3.6.11-1 angegebenen Wert für die sensible Wärmeabgabe der Geräte errechnet sich der konvektive Anteil nach der Beziehung

$$\dot{Q}_{S,K} = 0{,}5\ \dot{Q}_S \quad \varphi \quad \text{in W} \quad (1).$$

φ ist der Gleichzeitigkeitsfaktor, der in Form von Anhaltswerten für verschiedene Küchenarten in VDI 2052 angegeben ist.[1)]

Der Thermikstrom $\dot{V}_{th}$ ergibt sich als Funktion der freien Weglängen und der Grundrißgeometrie zu

$$\dot{V}_{th} = k\,\dot{Q}_{S,K}^{\ 1/3}\,(z + 1{,}7 d_{hydr})^{5/3} \quad \text{in m}^3\text{/h} \quad (2).$$

Mit k, einem konstanten empirisch ermittelten Koeefizienten

$$k = 18\ \text{m}^{4/3}\ \text{W}^{-1/3}\ \text{h}^{-1}$$

d_{hydr} ist der hydraulische Durchmesser der Geräte oder Gerätekombination.

Ausgleichsflächen sind beim hydraulischen Durchmesser einzurechnen; stirnseitige Arbeitsflächen ohne thermische Belastungen können unberücksichtigt bleiben.

Bei Aufstellung der Geräte an Wandflächen oder in Eckbereichen reduzieren sich die Induktionsanteile im Thermikstrahl; Minderungsfaktoren in Abhängigkeit der Gerätepositionierung sind in VDI 2052 angegeben.

-1.6.2 Erfassungsluftstrom für Küchenablufthauben

Der Erfassungsluftstrom an Küchenablufthauben ergibt sich aus dem Thermikstrom, der an der Unterkante der Erfassungseinrichtung ankommt, gemäß Gleichung (2).

Störungen des Thermikstromes, die zu Ausspülungen aus dem Thermikstrahl führen und verursacht sind durch die Art der Zuluftzufuhr werden durch einen Zuschlagsfaktor a (Ausspülgrad) berücksichtigt.

$$\dot{V}_{Erf} = \dot{V}_{th}\, a \quad \text{in m}^3\text{/h} \quad (3).$$

Mindestwerte für den Ausspülgrad finden sich in Tafel 3.6.11-2.

Wird zur Verbesserung der Erfassungswirkung ein Teil der Zuluft direkt in die Haube eingeblasen, erhöht sich der Erfassungsluftstrom um diesen Anteil, sofern der Erfassungsluftstrom durch den Thermikluftstrom bestimmt ist (siehe Abschnitt 3.6.11-1.6.3.3).

$$\dot{V}_{Erf} = \dot{V}_{th}\, a + \dot{V}_H \quad \text{in m}^3\text{/h} \quad (4).$$

$\dot{V}_H$ ist der direkt in die Haube eingeblasene Zuluftstrom.

-1.6.3 Abluftstrom

Da zwischen den Räumen Druckausgleich bestehen sollte, ist der Zuluftstrom gleich dem Abluftstrom zu wählen.

-1.6.3.1 Abluftströme in Verbindung mit Küchenablufthauben

Der Abluftstrom errechnet sich aus der Summe der Erfassungsluftströme an Ablufthauben oder sonstigen Erfassungseinrichtungen nach Gleichung (4), dem durch Thermik bewegten Luftstrom für Wärmequellen, die nicht unter Hauben angeordnet sind ($\dot{V}_{th,ne}$), für eine Schichthöhe von z = 2,5 m über Fußboden, dem Ausspülgrad und einem Ausgleichsluftstrom $\dot{V}_A$.

[1)] VDI 2052 (06.99) E: Raumlufttechnische Anlagen für Küchen.

Tafel 3.6.11-1 Spezifische sensible und latente Wärmeabgabe sowie Feuchteabgabe von Küchengeräten an den Raum (VDI 2052 [06.99])

Lfd. Nr.	Küchenbereich	Bezeichnung des thermischen Küchengerätes	Elektro- und dampfbeheizte Geräte						Gasbeheizte Geräte					
			Betriebsart						Betriebsart					
			Normalbetrieb			eingeschränkt			Normalbetrieb			eingeschränkt		
			sensible Wärme-abgabe $\dot{Q}_s$	latente Wärme-abgabe $\dot{Q}_l$	Dampf-abgabe D	sensible Wärme-abgabe $\dot{Q}_s$	latente Wärme-abgabe $\dot{Q}_l$	Dampf-abgabe D	sensible Wärme-abgabe $\dot{Q}_s$	latente Wärme-abgabe $\dot{Q}_l$	Dampf-abgabe D	sensible Wärme-abgabe $\dot{Q}_s$	latente Wärme-abgabe $\dot{Q}_l$	Dampf-abgabe D
			W/kW	W/kW	g/(h kW)	W/kW	W/kW	g/(h kW)	W/kW	W/kW	g/(h kW)	W/kW	W/kW	g/(h kW)
1.1	Koch-, Dämpf- u. Garbereich	Kochkessel u. Kochautomaten	35	200	294	25	80	118	100	300	441	75	80	118
1.2		Druckkochkessel	40	10	15	–	–	–	–	–	–	–	–	–
1.3		Hochdruckdämpfer Einschubgeräte	25	200	294	25	0	0	–	–	–	–	–	–
1.4		Hochdruckdämpfer Durchschubgeräte	25	200	294	25	0	0	–	–	–	–	–	–
1.5		Heißluftdämpfer	120	180	265	70	100	147	150	180	265	85	100	147
2.1	Brat-, Grill- u. Backbereich	Kippbratpfannen	450	400	588	250	150	220	450	450	630	450	250	368
2.2		Brat-, Grill- u. Griddleplatten	330	400	588	200	120	176	350	400	588	250	150	220
2.3		Grill- u. Salamandergeräte	700	175	257	700	175	257	720	200	294	720	200	294
2.4		Brat- u. Backöfen	350	160	235	250	160	235	350	200	294	250	200	294
2.5		Heißluftgeräte/Auftaugeräte	70	150	220	40	60	88	100	150	220	50	100	147
2.6		Brat- u. Grillautomaten f. Kurzbratstücke	250	230	338	250	230	338	–	–	–	–	–	–
2.7		Soßenautomaten	150	160	235	110	160	235	–	–	–	–	–	–
2.8		Friteusen	90	700	1030	–	–	–	90	700	1030	–	–	–
2.9		Fritierautomaten *)	50	100	147	–	–	–	–	–	–	–	–	–
		**)	50	550	808	–	–	–						

*) mit integrierter Absaugung
**) ohne Absaugung

(Fortsetzung)

Lfd. Nr.	Küchenbereich	Bezeichnung des thermischen Küchengerätes	Elektro- und dampfbeheizte Geräte						Gasbeheizte Geräte					
			Betriebsart						Betriebsart					
			Normalbetrieb			eingeschränkt			Normalbetrieb			eingeschränkt		
			sensible Wärme-abgabe $\dot{Q}_s$	latente Wärme-abgabe $\dot{Q}_l$	Dampf-abgabe D	sensible Wärme-abgabe $\dot{Q}_s$	latente Wärme-abgabe $\dot{Q}_l$	Dampf-abgabe D	sensible Wärme-abgabe $\dot{Q}_s$	latente Wärme-abgabe $\dot{Q}_l$	Dampf-abgabe D	sensible Wärme-abgabe $\dot{Q}_s$	latente Wärme-abgabe $\dot{Q}_l$	Dampf-abgabe D
			W/kW	W/kW	g/(h kW)	W/kW	W/kW	g/(h kW)	W/kW	W/kW	g/(h kW)	W/kW	W/kW	g/(h kW)
3.1	Multifunktional-Geräte sowie Geräte zum	Herde ▲)	200	80	118	100	50	74	250	100	147	150	80	118
3.2		Hockerkocher	200	150	220	150	100	147	250	150	265	200	120	176
3.3	Garen	Mikrowellengeräte	50	10	15	–	–	–	–	–	–	–	–	–
3.4	Auftauen	Wasserbäder	125	200	294	–	–	–	195	220	323	–	–	–
3.5	Warmhalten	Wärmeanrichten u. Wärmeschränke	350	–	–	–	–	–	350	–	–	–	–	–
3.6	Kühlen	Kühlschränke (ohne zentr. Kälteversorgung)	700	–	–	–	–	–	–	–	–	–	–	–
3.7	Verarbeiten	Küchenmaschinen	175	–	–	–	–	–	–	–	–	–	–	–
3.8	Transportieren	Fördereinrichtungen▲▲)	1000	–	–	–	–	–	–	–	–	–	–	–
4.1	Speisenverteil-bereich	Warmausgabegerät	125	200	–	–	–	–	–	–	–	–	–	–
4.2		Kaltausgabegerät	700	–	–	–	–	–	–	–	–	–	–	–
4.3		Geschirrspender	300	–	–	–	–	–	–	–	–	–	–	–
4.4		Getränkebrühanlage	100	200	–	–	–	–	–	–	–	–	–	–

▲) multipliziert mit Kochplattenfaktor:
- Kochplattenfaktor für elektro- und beheizte Geräte
  Massenkochplatte: 1, Keramikkochplatte: 1, Induktionskochstelle: 0,35,
  Großfeld-Stahlplatte: 1,3
- Kochstellenfaktor für gasbeheizte Geräte
  offene Kochstelle: 1, Glühplatte: 1,2, Keramikkochplatte: 0.8.

▲▲) Die gesamte Leistung geht als Wärme in den Raum.

Tafel 3.6.11-2 Mindestwerte für den Ausspülgrad *a*

Strömungsform	Ausspülgrad *a*
Mischlüftung	
Tagentialluftdurchlässe	1,25
Deckenluftdurchlässe	1,2
Schichtlüftung	
Deckenluftdurchlässe	1,1
Auslässe im Arbeitsbereich	1,05

$$\dot{V}_{Ab} = \sum_{i=1}^{n} \dot{V}_{Erf} + \dot{V}_{th,ne} \cdot a \text{ in m}^3\text{/h} \quad (5).$$

$\dot{V}_A$ ist ein Ausgleichsluftstrom, der an der Raumdecke zu entnehmen ist; er sollte zusammen mit $\dot{V}_{th,ne}$ mindestens 10% der Abluftströme an den Hauben betragen.

$$\dot{V}_{th,ne} + \dot{V}_A \geq 0{,}1 \sum_{i=1}^{n} \dot{V}_{Erf} \text{ in m}^3\text{/h} \quad (6).$$

-1.6.3.2 Abluftströme in Verbindung mit Küchenabluftdecken

Der Thermikstrom bei Küchenabluftdecken ist bis zu einer Höhe von 2,5 m über Fußboden zu rechnen.

Der Abluftstrom errechnet sich dann aus der Summe der thermisch bewegten Luftströme multipliziert mit dem durch die Art der Luftzuführung erzeugten Ausspülgrad (Tafel 3.6.11-2).

$$\dot{V}_{Ab} = a \left\{ \sum_{i=1}^{n} \dot{V}_{th} \right\} \text{ in m}^3\text{/h} \quad (7).$$

-1.6.3.3 Kontrollrechnung

Da bei verschiedenen Garprozessen nicht unerhebliche Massen an Wasserdampf ($\dot{m}_d$) freigesetzt werden, sieht die VDI 2052[1] bei der Dimensionierung der Abluftströme eine Kontrollrechnung vor, die die Wasserdampferhöhung in der Abluft zum Inhalt hat. Hiermit soll verhindert werden, daß die Kondensationseffekte in den Abluftkanälen zu hohe Werte annehmen.

$$\dot{V}_{Ab} = \sum_{i=1}^{n} \dot{m}_d \, \varphi / (x_{Ab} - x_{Zu}) \; \rho \text{ in m}^3\text{/h} \quad (8).$$

$(x_{Ab} - x_{Zu}) = 6$ g/kg tr. Luft.

Diese Kontrollrechnung ist bei Verwendung von Küchenablufthauben für jede Haube getrennt durchzuführen.

-1.7 Abschätzen der Luftströme

Bei den Berechnungsverfahren nach 1.6 ist vorausgesetzt, daß alle zur Berechnung notwendigen Daten vorliegen. Ist dies nicht der Fall, kann eine überschlägliche Dimensionierung über Flächenraten erfolgen; sie sollten jedoch nur zur Abschätzung bei der Vorplanung herangezogen werden.

$\dot{V}_{Zu} = 120\, A_K$ in m³/h für Brat-, Grill und Backbereiche,

$\dot{V}_{Zu} = 115\, A_K$ in m³/h für Koch- und Garbereiche,

$\dot{V}_{Zu} = 80\, A_K$ in m³/h für Gesamtküchenbereiche.

A_K stellt die Grundfläche der Küche dar.

---

[1]) VDI 2052 (06.99) E: Raumlufttechnische Anlagen für Küchen.

-1.8 Hinweise

-1.8.1 Thermische Behaglichkeit – Erträglichkeit

Neben den Küchengeräten sind nicht in allen Fällen thermische Behaglichkeitsbedingungen einzuhalten; jedoch sollten die Grenzen nach DIN 33403 T3 (06.88) nicht überschritten sein.

Bei flächenbezogenen Luftströmen ≥ 35 m³/h m² sind Grenzwerte für die zulässigen Raumluftgeschwindigkeiten einzuhalten (s. Abschn. 1.2.3-3).[1]

-1.8.2 Hygiene

- Raumlufttechnische Anlagen dürfen nur mit Außenluft betrieben werden, die durch Luftfilter – mindestens F 7 – gereinigt ist.
- Ab- und Fortluftleitungen müssen aus glattem Material bestehen und außerdem fettdicht, laugen- und säurebeständig sein.
- Horizontale Leitungen sind mit Doppelfalzen an den Seiten oder Oberseiten zu versehen und mit einer ausreichenden Anzahl von Reinigungsöffnungen auszustatten (bei geraden Luftleitungen alle 3 m), Wärmedämmungen insbesondere in kalten Gebäudezonen sind sinnvoll.
- Aerosolabscheider sind entsprechend den betrieblichen Anforderungen, mindestens jedoch alle 14 Tage zu reinigen. Bei starkem Fettanfall kann auch eine tägliche Reinigung erforderlich sein.
- Küchenabluftdecken sind regelmäßig, mindestens jedoch halbjährlich auf ihren Verschmutzungszustand zu prüfen und bei Bedarf zu reinigen. Dies gilt insbesondere für den Deckenhohlraum.

-2 Toilettenräume (Aborte)

Die *Toilettenräume* gehören zu der Gruppe von Räumen, bei denen die Aufgabe der Lüftung darin besteht, die Ausbreitung von Gerüchen zu verhindern. Sie sind daher unter Unterdruck zu halten.

Die einfachste Ausführung, abgesehen von der *Fensterlüftung,* besteht in der Anordnung eines *Axialventilators* im Fenster oder in der Fensterwand. Störung allerdings durch Winddruck.

Besser ist die Verwendung eines Schachtes mit einem *Ventilator* im obersten Geschoß oder im Dachboden. An den Schacht werden dabei alle im Gebäude übereinander liegenden Toilettenräume angeschlossen. Die Fenster müssen in den mechanisch gelüfteten Räumen geschlossen bleiben.

Für die nachströmende Luft ist im allgemeinen keine besondere Öffnung vorzusehen, höchstens einige kleine Öffnungen in der nach dem Vorraum des Toilettenraumes führenden Tür (etwa 150 cm²), oder ein Schlitz von 1 bis 2 cm Höhe zwischen Fußboden und Unterkante Tür. Meist sind jedoch Tür und Fenster genügend undicht und lassen genügend Luft nachströmen. Auflagen des Brandschutzes evtl. zu beachten.

Luftwechsel

bei öffentlichen Toilettenräumen auf Straßen und Plätzen	1 = 10…15fach
bei Toilettenräumen in Fabriken	1 = 8…10fach
in Bürogebäuden	1 = 5… 8fach
in Wohnungen	1 = 4… 5fach

Eine besondere Erwähnung verdienen die *Innentoilettenräume* und Innenbäder ohne Außenfenster. Über die freie Lüftung dieser Räume gibt das DIN 18017 T1 (02.87) Richtlinien, die sich auf Neubauten mit dichten Fenstern beziehen. Für jeden zu lüftenden Raum ist darin ein eigener Schacht vorgesehen, dessen oberer Teil von der Abluftöffnung über Dach führt und dessen unterer Teil Zuluft aus dem Freien zuführt (Bild 3.6.11-4).

Lüftung durch natürlichen Auftrieb in Schächten ist jedoch unzureichend, besonders im Sommer. Besser und auf jeden Fall wirksamer ist die *mechanische Lüftung* mit Luftschacht und Ventilator im obersten Geschoß, die daher auch in den Bauordnungen der Länder meist verlangt wird. Geräusch- und Geruchübertragung von einem Geschoß zum anderen werden dabei dadurch vermieden, daß entweder getrennte Rohre von etwa 50 bis 60 mm

[1]) VDI 2052 (06.99) E: Raumlufttechnische Anlagen für Küchen.

Bild 3.6.11-4. Freie Lüftung von Innentoilettenräumen.

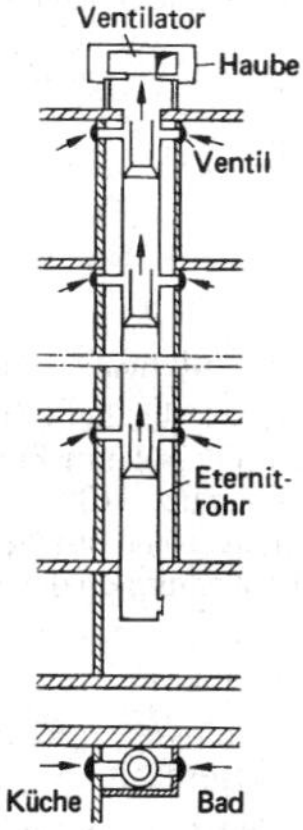

Bild 3.6.11-5. Innentoilettenraumentlüftung mit Ventilator für ein mehrgeschossiges Gebäude (Eternit).

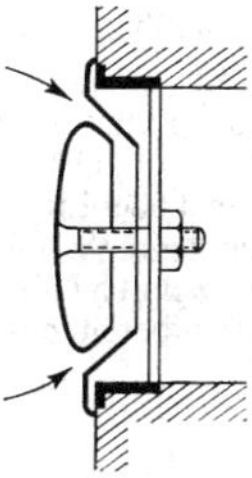

Bild 3.6.11-6.
Einstellbares Abluftventil für Toilettenraumentlüftung.

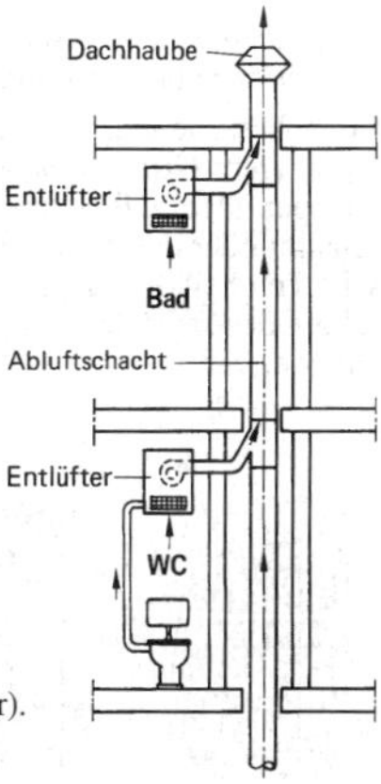

Bild 3.6.11-7.
Dezentrale Entlüftung (System Limodor).

Durchmesser für jeweils einen Innentoilettenraum verlegt werden oder gemeinsame Rohre mit Injektionswirkung und Schalldämpfer an den Abzweigen (Bild 3.6.11-5). Wichtig ist richtige Auswahl der Abluftgitter, die einen gewissen einstellbaren Widerstand bis etwa 100 Pa haben sollen, damit die Absaugung nicht durch Störungen wie Windanfall, Fensteröffnen u. a. zu stark beeinflußt wird (Beispiel Bild 3.6.11-6). Der Ventilator soll eine steile Kennlinie haben, wodurch bei Widerstandsänderungen nur geringe Volumenstromänderungen auftreten.

Eine weitere Anordnung zeigt Bild 3.6.11-7 mit dezentralen Entlüftern (Energieersparnis).

Nach DIN 18017 T3 (08.90) wird verlangt:

Mindestvolumenstrom für Bad, auch mit Toilettensitz	40 m^3/h
Mindestvolumenstrom für Toilettensitz	20 m^3/h

Diese Werte gelten, wenn mindestens 12 Stunden pro Tag abgesaugt wird. Bei Anlagen, die 24 h pro Tag laufen, dürfen die Werte zu Zeiten geringen Luftbedarfs auf die Hälfte reduziert werden.

Bei Anlagen, in denen der Volumenstrom abgestellt werden kann, müssen nach dem Abschalten noch 5 m^3 abgesaugt werden. Die Ventilatorabschaltung oder das Schließen des Abluftventils ist entsprechend zu verzögern.

Maximaler Volumenstrom doppelt so groß.

Bei den Absaugungsanlagen sind folgende Systeme unterschieden:

Einzelentlüftungsanlagen
mit eigener Abluftleitung
mit gemeinsamer Abluftleitung

Zentralentlüftungsanlagen
mit fest eingestellten Abluftventilen
mit einstellbaren Abluftventilen
mit Abluftventilen für konstanten Volumenstrom.

Bei allen Anordnungen ist zu beachten, daß bei Offenstehen aller Ventile gegenüber dem Betrieb mit nur einem offenen Ventil der planmäßige Mindestvolumenstrom am untersten Ventil nicht unterschritten wird. Toleranz −10%. Durch Wind und thermischen Auftrieb sollen sich die planmäßigen Volumenströme um weniger als ±15% ändern. Daher müssen bei der Bemessung der Anlagen die Kennlinien der Ventile und der Ventilatoren sorgfältig ausgewählt werden.

Für die Betriebszeit des Ventilators gibt es verschiedene Möglichkeiten:

1. Ventilator wird von jedem angeschlossenen Raum eingeschaltet und durch ein Schaltwerk nach einer gewissen Zeit ausgeschaltet.
2. Der Ventilator wird durch eine Zeitschaltuhr nur zu gewissen Zeiten in Betrieb genommen, z. B. morgens, mittags und abends jeweils 2 oder 3 Stunden oder auch längere Zeit.
3. Ventilator läuft dauernd, evtl. nachts mit reduzierter Leistung.

Für *Mehrfamilienhäuser* ist am zweckmäßigsten *zentrale Entlüftung* mit einstellbaren Abluftventilen und mit stufenloser Volumenstromregelung des Abluftventilators.

Einfaches energiesparendes Abschaltsystem nach Bild 3.6.11-8 durch Klappe mit zwei Stellungen: *Grundvolumenstrom* bei geschlossener Klappe je nach Größe des Lochs im Klappenflügel z. B. 15 m^3/h. Bei geöffneter Klappe ca. 100 m^3/h. Klappe öffnet über Lichtschalter oder dgl. mittels elektrothermischen Antriebs, der nach Abschalten durch thermische Trägheit die Klappe zum Nachlüften noch 5 bis 10 Minuten offen hält. Dadurch Drosselung des zentralen Abluftventilators und Reduzierung der jährlichen Luftaufbereitungsenergie.

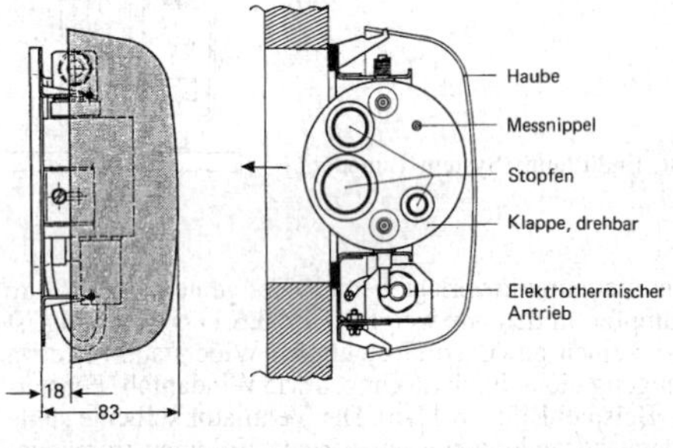

Bild 3.6.11-8. Fortluftautomat für Grund- und Betriebsvolumenstrom mit elektrothermischem Antrieb mit Nachlauf (Temset).

Für einzelne Toiletten gibt es auch Geräte mit Sitz- oder Türschaltung, die die Luft direkt aus dem Toilettenbecken absaugen und ins Freie oder über Aktivkohlefilter wieder in den Raum blasen (Euosmon, Exodor u. a.).

Nachdem durch die *Wärmeschutzverordnung* eine wärmedichte Bauweise mit dichten Fenstern gefordert wird, erlangt die mechanische Lüftung mit Abluft und Zuluft sowie mit *Wärmerückgewinnung* größere Bedeutung, s. Abschn. 3.6.2-1. Für innenliegende Bäder ist ein ausreichender Volumenstrom nach DIN 18017 T3 (08.90) nachzuweisen.

-3 Schutzräume

RLT-Anlagen für Schutzräume des zivilen Bevölkerungsschutzes müssen erträgliche raumklimatische Aufenthaltsbedingungen der Schutzrauminsassen gewährleisten.

Es müssen sichergestellt werden:

ein ausreichender Luftwechsel, um den Kohlensäurespiegel $CO_2 \leqq 2\%$ und den Sauerstoffspiegel $O_2 \geqq 19\%$ zu halten;

eine Effektivtemperatur von 29 °C in den Grenzen zwischen
29 °C bei 100% rel. Feuchte,
34 °C bei 50% rel. Feuchte
darf nicht überschritten werden;

ein Überdruck von mindestens 50 Pa gegenüber der Außenluft, um ein Eindringen von radioaktiven, biologischen und chemischen Stäuben und Partikeln zu verhindern.

Es sind RLT-Anlagen vorzusehen, bei denen die Luftvolumenströme *nicht* erwärmt, *nicht* gekühlt und *nicht* befeuchtet werden. Die spezifischen Außenluftraten je Schutzplatz sowie der Anlagenaufbau sind in den jeweiligen bautechn. Grundsätzen festgelegt, die nachfolgend aufgeführt werden:

- Bautechn. Grundsätze für Hausschutzräume des Grundschutzes
- Bautechn. Grundsätze für Grundschutzräume mittlerer Größe (51 bis 299 Plätze)
- Bautechn. Grundsätze für Großschutzräume des Grundschutzes in Verbindung mit Tiefgaragen als Mehrzweckbauten
- Bautechn. Grundsätze für Großschutzräume des Grundschutzes in Verbindung mit unterirdischen Bahnen als Mehrzweckbauten
- Baufachliche Richtlinien für die Nutzbarmachung vorhandener öffentlicher Schutzbunker
- Baufachliche Richtlinien für die Nutzbarmachung vorhandener öffentlicher Schutzstollen.

Die Bauelemente der RLT-Anlage benötigen eine Typenprüfung.

Erträgliche Raumluftzustände sind bei atembarer Außenluft durch *Normal*-Lüftung, bei kontaminierter Außenluft durch *Schutz*-Lüftung zu schaffen. Die RLT-Anlage der Schutzräume kann mit der für Friedensnutzung vorgesehenen RLT-Anlage (z.B. Garagenlüftung) kombiniert werden.

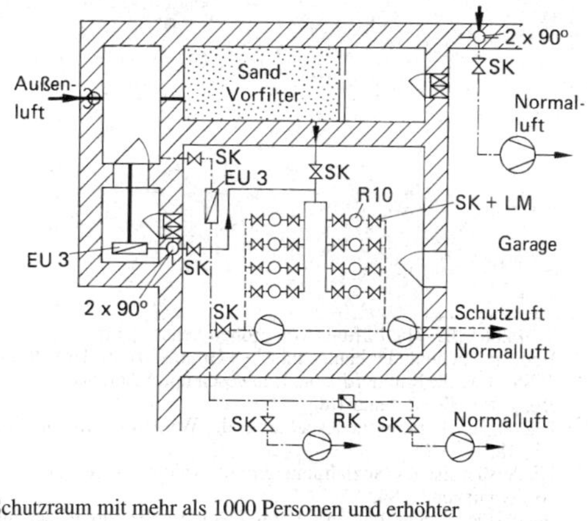

Bild 3.6.11-9. RLT-Anlage für Schutzraum mit mehr als 1000 Personen und erhöhter Brandgefährdung. Friedensnutzung: Garage.
SK = Schnellschlußventil, RK = Rückschlagklappe, LM = Luftmengenmesser,
R 10 = Raumfilter, EU 3 = Staubfilter

Volumenstrom nach [1] bei Schutzlüftung: 1,8 m^3/h pro Person,
bei Normallüftung: 9 m^3/h pro Person.

Nach [2] werden als Mindestvolumenstrom sowohl für Normal- wie für Schutzlüftung empfohlen

3 m^3/h pro Platz bei 51 bis 150 Plätzen,
4,5 m^3/h pro Platz bei 151 bis 299 Plätzen.

Bei Normallüftung einstufiges Staubfilter EU 3, bei Schutzlüftung Sandfilter und Raumfilter R 10 (Bild 3.6.11-9). Das Sandfilter wirkt dabei als Vorfilter und dient zugleich als Druck-, Wärme- und Feuchtigkeitspuffer; in Gebieten mit Brandgefährdung erforderlich. Dimensionierung: 1…2 m^3 Sand für 60 m^3/h Luft. Schütthöhe möglichst 2 m, Druckverlust ca. 200 Pa.

Die Raumfilter enthalten in einem gemeinsamen gasdichten Gehäuse ein auswechselbares Schwebstoff- und ein Gasfilterteil. Ersteres Filterklasse S, zweiteres Sorptionsmittel (Aktivkohle), um toxische Gase und Dämpfe (außer CO) abzuscheiden.

Die Raumfilter werden bei Normalbetrieb und Wartung durch dichtschließende Absperrarmaturen (Schnellschlußklappe) geschützt.
Der Schutzraumbau wird staatlich finanziell gefördert.

-4 Wertstoffsortieranlagen

Aufgrund gesetzlicher abfallwirtschaftlicher Regelungen sind Wertstoffsortieranlagen bei der Abfallverwertung Stand der Technik geworden. Damit im Zusammenhang stehende hygienische Probleme z.B. bei dort befindlichen Arbeitsplätzen sind bekannt[3]. Um dem Arbeitsschutz zu genügen sind an den Arbeitsplätzen RLT-Anlagen vorzusehen[4]. Lösungsbeispiele siehe[5].

---

[1]) VDI 2085 (09.71): Lüftung von großen Schutzräumen.

[2]) Bekanntmachung der bautechnischen Grundsätze für Grundschutzräume für mittlere Größe (Juli 1986), BM für Raumordnung, Bauwesen und Städtebau.
Bong, H.: HR 9/84 und 1/85.

[3]) Rüden, H.: Hygienische Aspekte bei der Wertstoffsortierung, Münsteraner Abfallwirtschaftstage 16.–18.01.1995.

[4]) Niedersächsisches Sozialministerium: Anforderungen an sichere Arbeitsplätze an Wertstoffsortieranlagen, 1994.
Niedersächsisches Landesamt für Ökologie: Methodik zur lufthygienischen Untersuchung in Wertstoffsortieranlagen in Niedersachsen, 1995.

[5]) Melenk, K. u. Breunig, P.: Raumlufttechnik an Sortierbandarbeitsplätzen, HLH 45 (1994), Nr. 12 und EP 5/94.

3.7 Industrielle Absaugungen

Überarbeitet von Dr.-Ing. Peter Vogel, Dresden

3.7.1 Allgemeines

Bei vielen industriellen Prozessen entstehen Verunreinigungen der Luft (Stäube, Gase oder Dämpfe), die aus der Luft entfernt werden müssen, weil sie beim Arbeitsprozeß stören oder für die Bedienung gesundheitsschädlich sind. Bei geringen Schadstoffkonzentrationen werden diese durch Be- und Entlüftungsanlagen aus dem Raum entfernt (s. hierzu Abschnitt 3.5.1-1.4). Bei größeren Schadstoffmengen erfolgt zweckmäßigerweise eine Erfassung der Schadstoffe direkt am Ort des Entstehens (Schadstoffquelle). Sie werden durch einen Ventilator abgesaugt, in einer Rohrleitung transportiert und in einem Abscheider aus dem Luft- oder Gasstrom entfernt. Die gereinigte Luft oder das gereinigte Gas wird über Dach in die Atmosphäre abgegeben. Derartige Anlagen nennt man *industrielle Absaugungsanlagen.* Ihre Verbreitung steigt mit den zunehmenden Anforderungen an den Arbeits- und Umweltschutz.

Für Arbeitsplätze sind die in der Gefahrstoffverordnung definierten Luftgrenzwerte

- MAK-Wert (Maximale Arbeitsplatzkonzentration, bei der im allgemeinen die Gesundheit der Arbeitsnehmer nicht beeinträchtigt wird – als Schichtmittelwert bei in der Regel täglich achtstündigen Exposition und einer durchschnittlichen Wochenarbeitszeit von 40 Stunden)
- TRK-Wert (Technische Richtkonzentration; Konzentration eines Stoffes in der Luft am Arbeitsplatz, die nach dem Stand der Technik erreicht werden kann) TRK-Werte gelten für Krebs erzeugende oder erbgutverändernde Arbeitsstoffe, für die keine toxikologisch-arbeitsmedizinisch begründeten maximalen Arbeitsplatzkonzentrationen in Form von MAK-Werten aufgestellt werden können

zu berücksichtigen.

Grenzwerte für die Luft am Arbeitsplatz werden vom Ausschuß für Gefahrstoffe aufgestellt, laufend angepasst und in den TRGS (Technische Regeln für Gefahrstoffe) im Bundesarbeitsblatt bekannt gegeben; dabei werden die Vorschläge der Senatskommission zur Prüfung gesundheitsschädlicher Arbeitsstoffe der Deutschen Forschungsgemeinschaft („MAK-Wert-Kommission") berücksichtigt. [1)2)]

Für Betriebe verbindliche

- berufsgenossenschaftliche Vorschriften (BGV) – rechtsverbindliche Schutzziele, branchen- bzw. verfahrensspezifische Forderungen an den Arbeits- und Gesundheitsschutz
- BG-Regeln (BGR) für Sicherheit und Gesundheit bei der Arbeit
- BG-Informationen
  (früher Unfallverhütungsvorschriften in VBG-Sammlung sowie ZH 1 – Reihe)

sind im berufsgenossenschaftlichen Vorschriften- und Regelwerk zusammen gefasst.[3)]

Rationeller Energieeinsatz ist anzustreben; das Gebot der Wärmerückgewinnung ist in dem BImSchG vom 15. 11. 1999, zuletzt geändert am 20. 07. 2000, festgeschrieben. Für die Wärmetauscher ist auf die Verschmutzungsgefahr hinzuweisen.

Die Berechnung der abzusaugenden Gas- oder Luftmenge für die Erfassung der Schadstoffe erfolgt häufig unter weitgehender Anwendung von Erfahrungsformeln.

Eine *industrielle Absaugungsanlage* (Bild 3.7.2-1) besteht im allgemeinen aus folgenden Teilen:

a) einer Erfassungseinrichtung an der Schadstoffquelle,
b) einer Saug- und Druckleitung,
c) einem Ventilator,
d) gegebenenfalls einem Abscheider zur Abscheidung bzw. Rückgewinnung der mit der Luft abgesaugten Verunreinigungen.

---

1) Mitteilungen der Senatskommission zur Prüfung gesundheitsschädlicher Arbeitsstoffe Wiley – VCH, Weinheim, erscheint jährlich

2) Grenzwertliste 2000, BIA-Report 4/2001, Hauptverband der gewerblichen Berufsgenossenschaften, Sankt Augustin 2001

3) http:// www:hvbg.de

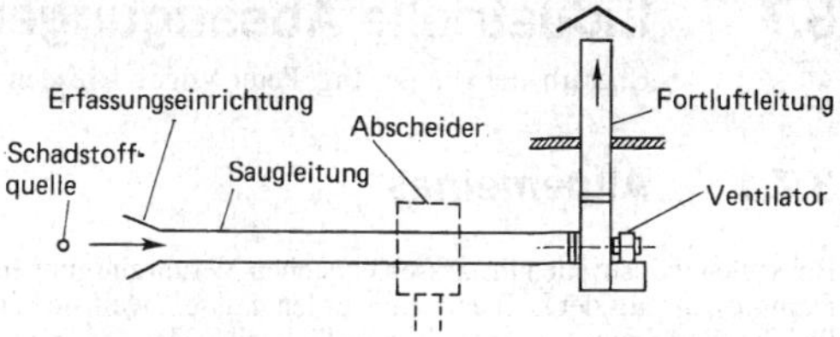

Bild 3.7.2-1. Schema einer industriellen Absaugungsanlage.

3.7.2 Erfassungseinrichtungen

Die Erfassungseinrichtungen sind in ihrer Bauweise sehr vielartig, da sie sich der jeweiligen Maschine, den Raumbedingungen und der Bedienungsart anpassen müssen. Grundsätzlich ist es am besten, die Quelle vollständig einzukapseln, was jedoch in den meisten Fällen nicht möglich ist, da dadurch die Bedienung erschwert oder unmöglich würde. Man muß sich daher damit begnügen, die Erfassungseinrichtungen möglichst nahe an den Ort der Schadstofffreisetzung heranzubringen und dabei die Vorrichtung selbst so zu konstruieren, damit ein Minimum an Luftvolumenstrom zur Absaugung ausreicht. Je geringer dieser ist, desto kleiner ist der Leistungsbedarf des Ventilators, desto weniger ist an nachströmender Zuluft erforderlich und desto geringer werden die Kosten für die Gesamtanlage und die Erwärmung der Zuluft.

-1 Freie Saugöffnungen

In Bild 3.7.2-2 ist die einfachste Form einer Erfassungseinrichtung dargestellt. Hierbei ist lediglich ein Rohr an die Staubquelle herangeführt, und die Luft strömt *von allen Seiten* in das Rohr hinein. Mit der Entfernung von der Saugöffnung nimmt die Luftgeschwindigkeit sehr schnell ab, so daß die Saugwirkung verhältnismäßig gering ist (Bild 3.7.3-2).

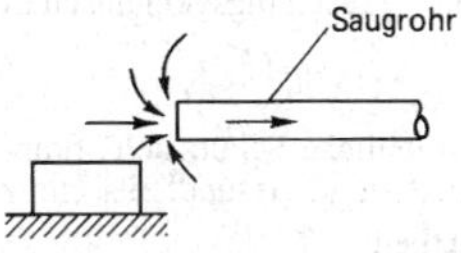

Bild 3.7.2-2. Absaugung bei freier Saugöffnung.

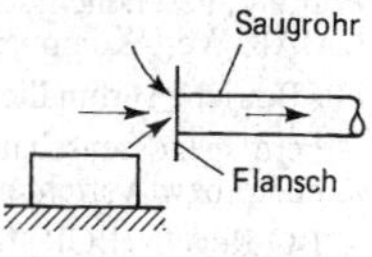

Bild 3.7.2-3. Absaugung bei freier Saugöffnung mit Flansch.

-2 Freie Saugöffnungen mit Flansch

(Bild 3.7.2-3) erfordern bei gleicher Saugwirkung eine geringere Luftmenge, da die Luft überwiegend nur *von einer Seite* in die Öffnung strömt. Wenn möglich, sollten Saugöffnung daher immer mit Flanschen versehen werden. Die Flanschbreite braucht dabei nicht mehr als 1…2 · D zu betragen (D = Rohrdurchmesser).

-3 Saughauben

Je nach der Richtung der Absaugung unterscheidet man Oberhauben, Unterhauben und Seitenhauben (Bild 3.7.2-4).

Oberhauben erfordern zur Erzielung einer vorgegebenen Erfassungswirkung verhältnismäßig große Volumenströme. Durch Querströmungen in den Räumen wird die Schadstofferfassung leicht gestört.

Eine Verbesserung der Erfassung bei gleichem Volumenstrom bzw. eine Reduzierung des Volumenstromes bei gleicher Erfassungsleistung erhält man durch Leitbleche an den Seitenkanten oder durch die sogenannte Randabsaugung. Sie wird realisiert durch die Reduzierung der freien Fläche bis auf einen Randschlitz (Prallplatte, Trichter) (Bild 3.7.2-5). Eine Verbesserung ist auch durch Einbau eines Lochbleches oder durch die Erzeugung eines Treibstrahles an der Rückseite der Haube (Bild 3.7.2-5b und Bild 3.7.2-6) möglich.

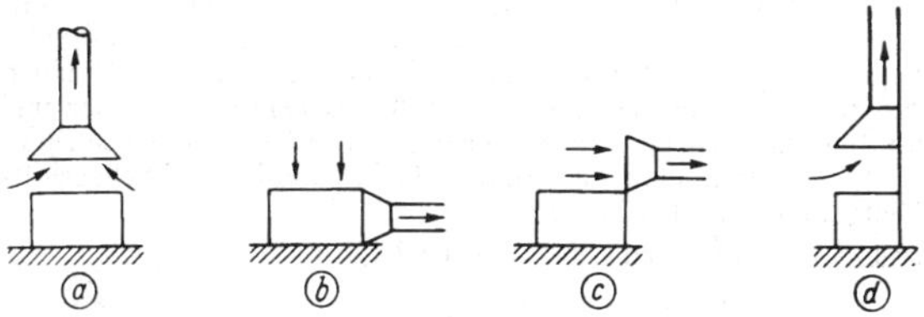

Bild 3.7.2-4. Absaugungshauben verschiedener Ausführung.
a) Oberhaube, b) Unterhaube, c) Seitenhaube, d) Wandoberhaube

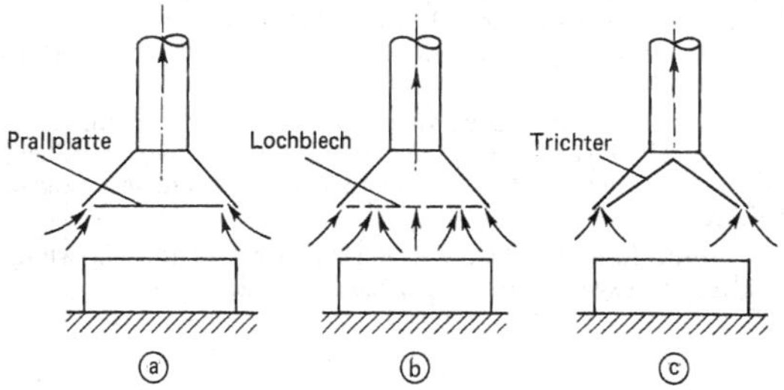

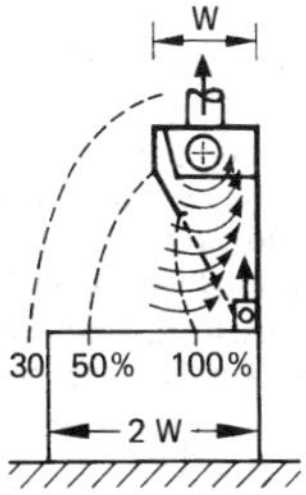

Bild 3.7.2-5. Oberhauben mit Einsatzblechen.
a) Oberhaube mit Prallblech
b) Oberhaube mit Lochblech
c) Oberhaube mit innerem Trichter

Bild 3.7.2-6. Oberhaube mit Rückwand und Treibstrahl (Stratos).

-4 Saugschlitze

sind rechteckige Saugöffnungen, bei denen das Verhältnis von Länge zur Breite der Öffnung größer als 10:1 ist (Bild 3.7.2-7). Sie können auch mit Flanschen versehen werden (Bild 3.7.3-8).

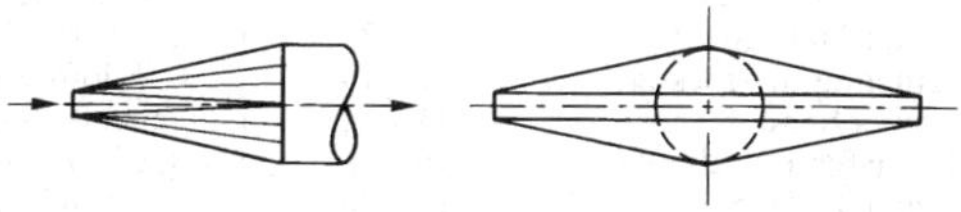

Bild 3.7.2-7. Saugschlitze.

-5 Ventilatoren

Die Förderung eines Staub/Luft-Gemisches in einem Rohrleitungssystem erfordert zur Verringerung des Verschleißes spezielle Ventilatorenkonstruktionen. Zur Vermeidung von Ansätzen im Schaufelkanal haben sich Radiallaufräder mit radial endenden Schaufeln bewährt. Um ein Verstopfen des Schaufelkanals bei der Förderung von größeren Feststoffteilchen (Holzspäne, Textilien, Papierabschnitte u. ä.) zu vermeiden, werden Radialräder ohne Deckscheiben bevorzugt.

Bei explosionsgefährdeten Gemischen werden an die Ventilatoren besondere Anforderungen gestellt. Eventuelle Berührungsflächen zwischen Gehäuse und Rotor dürfen keine Funken bilden. Daher sind besondere Werkstoffpaarungen, wie

Kunststoff mit Kunststoff
Stahl oder Gußeisen mit Bronze, Messing, Kupfer
Edelstahl mit Edelstahl zu nutzen.

Die Werkstoffpaarung Leichtmetall mit Stahl ist nicht verwendbar. Wellendichtungen sollten eingesetzt werden. Die Motoren werden außerhalb des Luftstroms angeordnet. Explosionsgeschützte Ventilatoren[1)] sind gegen elektrostatische Aufladung zu erden. Schließlich werden erhöhte Anforderungen an das Schwingungsverhalten gestellt (Auswuchten und Schwingungsisolation). Bei schleißenden Stäuben sollten die Laufräder aus verschleißfestem Stahl hergestellt und das Gehäuse mit Gummi ausgekleidet werden. Bei Schadstoffkombinationen sind häufig Sonderstähle einzusetzen.

Bemessung und Auswahl von Ventilatoren siehe Kapitel 3.3.1.

-6 Brand- und Explosionsgefahr

Falls brennbare Stäube oder Gase abgesaugt werden, muß der Volumenstrom so gewählt werden, daß die untere Explosionsgrenze nicht erreicht wird. Gegen elektrostatische Aufladungen sind Ventilatoren und Rohrleitungen durch Erdung zu schützen; die eingesetzten Ventilatoren sollen explosionsgeschützt sein.

Bei *hybriden Gemischen* sind nur elektrisch leitende Materialien zu verwenden. Auch Filtertücher müssen dann leitfähig sein. Hybride Gemische bestehen aus brennbarem Staub und brennbarem Gas oder Dampf, die durch Büschelentladung zur Zündung neigen. Schutzmaßnahmen siehe VDI 2263.

Abscheider müssen explosionsdruckfest sein oder Explosionsklappen zur Druckentlastung haben. Geringe Brand- und Explosionsgefahr besteht bei Naßabscheidern.

-7 Geschwindigkeiten in Rohrleitungen

Zum sicheren Transport des abgesaugten Materials sind Geschwindigkeiten nach Tafel 3.7.2-1 erforderlich.

Tafel 3.7.2-1 Transportgeschwindigkeiten in Rohrleitungen

Fördergut	*v* in m/s	Fördergut	*v* in m/s
kurze Textilfasern	10···12	Gußputzerei	18···20
Papierschnitzel	10···12	Stein- und Gummistaub	18···20
Mehlstaub	10···12	Holzwolle	18···20
feiner Holzstaub	min 20	gröbere Metallspäne	18···24
feiner Metallstaub	12···20	landwirtschaftliche Siloförderung	20···22
feiner Sand, trocken	12···14	feuchtes Sägemehl	min 28
grober Sand	14···18	große Holzspäne	min 28
Schleiferei, auch Glas	16···18	leicht schwebende Stäube, z. B. Schweißerei	12···15
kleine Holzspäne	min 20		

1) VDMA-Richtlinie 24169 (12.83).

3.7.3 Geschwindigkeitsfelder bei Saugöffnungen

-1 Allgemeines

Zur Verdeutlichung des Rechnungsweges bei der Ermittlung des erforderlichen Volumenstromes wird eine freie Saugöffnung betrachtet, vor der sich in der Entfernung x eine Staubquelle befindet (Bild 3.7.3-1). Es bedeuten

d = Durchmesser der Saugöffnung,
v_s = Eigengeschwindigkeit des Staubes.

Je nach der Größe der *Eigengeschwindigkeit* v_s des Staubes wird das Staubteilchen auf einer mehr oder weniger gebogenen Kurve in die Saugöffnung eingesaugt. Wenn die Eigengeschwindigkeit v_s im Verhältnis zu der Luftgeschwindigkeit in der Saugöffnung v groß ist, kann es jedoch möglich sein, daß das Staubteilchen nicht angesaugt wird. Bei der Bemessung von Absaugöffnungen ist die Berechnung bzw. Abschätzung der Erfassungsgeschwindigkeit (die Geschwindigkeit an der Stelle x vor der Absaugöffnung) entscheidend für den zu fördernden Luftvolumenstrom.

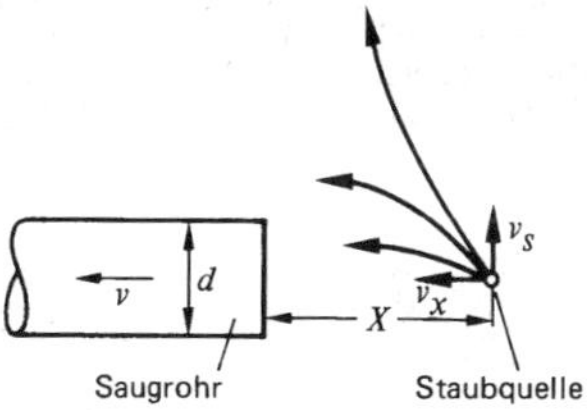

Bild 3.7.3-1. Schematische Darstellung der Saugwirkung vor einer Saugöffnung.

Richtwerte für die Erfassungsgeschwindigkeit

bei geringer Eigengeschwindigkeit
(Bäder, Tanks) v_x = 0,25…0,5 m/s

bei größerer Eigengeschwindigkeit
(Spritzkabinen, Schweißen) v_x = 0,5 …1,0 m/s

bei großer Eigengeschwindigkeit
(Schleifen, Sandstrahlen) v_x = 1,0 …2,0 m/s

-2 Freie Saugöffnungen

Bild 3.7.3-2 zeigt nach experimentellen Untersuchungen die Geschwindigkeitsverteilung vor einer runden Saugöffnung. In einer Entfernung von einem Durchmesser vor der Saugfläche ist die *axiale Geschwindigkeit* bereits auf etwa 7% des Wertes in der Öffnung zurückgegangen. Die Geschwindigkeitsverteilung bei einer quadratischen Saugöffnung ist im Bild 3.7.3-3, bei einer rechteckigen Saugöffnung im Bild 3.7.3-4 dargestellt. Für die mathematische Darstellung der Geschwindigkeitsverteilung vor den Saugöffnungen gibt es noch keine hinreichend einfachen Gleichungen, so daß auf empirische Werte zurückgegriffen werden muß.

Nach *Dalla Valle* ist die Geschwindigkeitsverteilung längs der Achse der Saugöffnung für beliebige runde, quadratische oder rechteckige Saugöffnungen (s. auch Bild 3.7.4-1):

$$\frac{v_x}{v} = \frac{A}{10\,x^2 + A}$$

v = Luftgeschwindigkeit in der Saugöffnung in m/s
x = axiale Entfernung vor der Saugöffnung in m
v_x = Luftgeschwindigkeit in der axialen Entfernung x vor der Öffnung in m/s
A = Fläche der Saugöffnung in m²

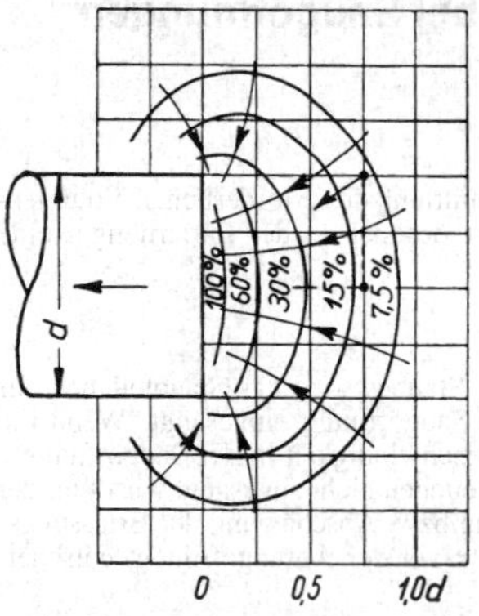

Bild 3.7.3-2. Geschwindigkeitsverteilung vor einer runden freien Saugöffnung mit Durchmesser *d*. Luftgeschwindigkeit in % der Geschwindigkeit in der Saugöffnung.

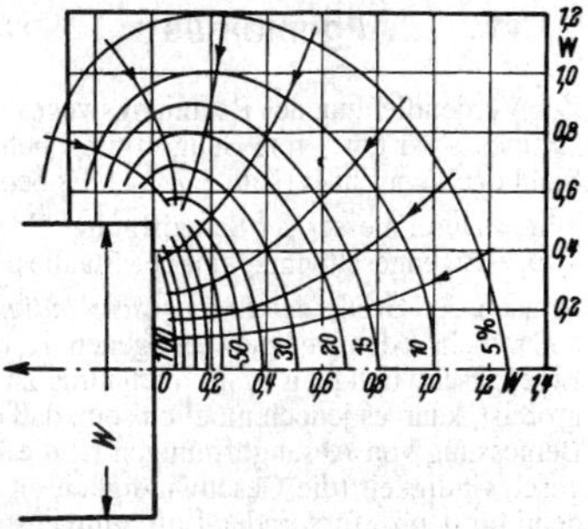

Bild 3.7.3-3. Geschwindigkeitsverteilung vor einer quadratischen freien Saugöffnung mit der Seitenlänge *W*.

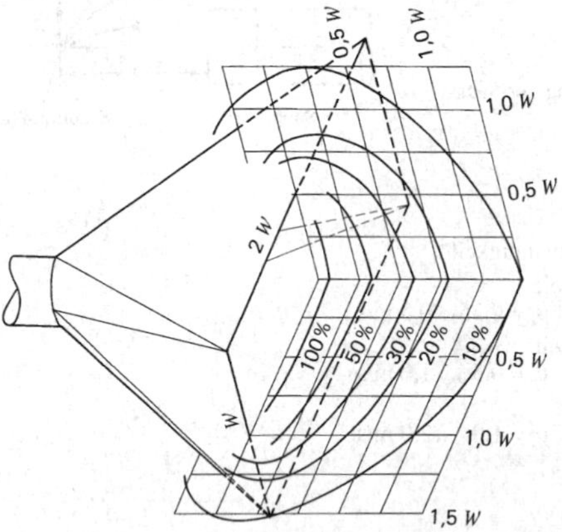

Bild 3.7.3-4. Geschwindigkeitsverteilung vor einer rechteckigen freien Saugöffnung. Die %-Zahlen geben die Luftgeschwindigkeit in % der Geschwindigkeit v in der Saugöffnung an.

-3 Saugöffnung mit Flansch

Nach Bild 3.7.3-5 beträgt hier die Sauggeschwindigkeit in der Entfernung von einem Durchmesser vor einer runden Saugöffnung noch etwa 10% der Geschwindigkeit in der Öffnung selbst. Die allgemeine Gleichung ist, ebenfalls nach Dalla Valle, für alle Saugöffnungen mit Flansch (s. auch Bild 3.7.4-1):

$$\frac{v_x}{v} = 1{,}33\ \frac{A}{10\,x^2 + A}$$

Die Geschwindigkeit v_x ist also gegenüber den Öffnungen ohne Flansch um $^1/_3$ größer.

Für unendlich großen Flansch ist nach Drkal[1]):

$$\frac{v_x}{v} = 1 - \frac{x/d}{\sqrt{(x/d)^2 + 0{,}25}}$$

[1]) Drkal, Fr.: HLH 1978. S. 271/3.

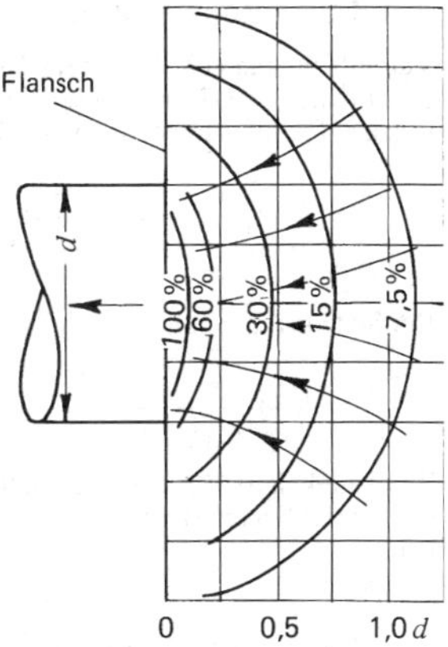

Bild 3.7.3-5. Geschwindigkeitsverteilung vor einer runden Saugöffnung mit Flansch.

-4 Saughauben

Bei den frei ansaugenden Hauben gelten an sich dieselben Gleichungen wie bei den Saugöffnungen. Die Berechnung wird jedoch dadurch kompliziert, daß diese Hauben meist an Arbeitstischen, Tanks, Behältern oder dergleichen angebracht werden, wodurch das Geschwindigkeitsbild sich vollkommen ändert.

-4.1 Oberhauben

Bei freihängenden Oberhauben nach Bild 3.7.3-6 ist es wichtig, die Geschwindigkeit v_x zu kennen, die an der äußersten Kante des darunter befindlichen Arbeitstisches herrscht. Hierfür gilt die Näherungsformel:

$$\frac{v_x}{v} = \frac{0{,}5\,A}{x \cdot U}$$

v = Geschwindigkeit in der Haubenfläche in m/s
x = senkrechter Abstand von Haubenfläche bis Arbeitstisch in m
U = Umfang der Haubenfläche in m
A = Querschnitt der Haubenfläche in m^2

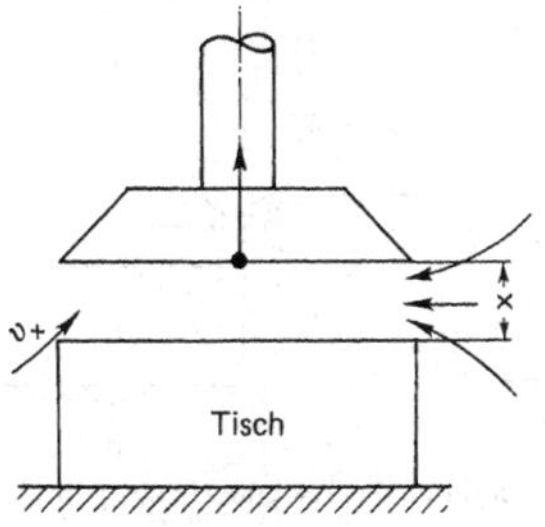

Bild 3.7.3-6. Oberhaube über einem Arbeitstisch oder einem Tank.

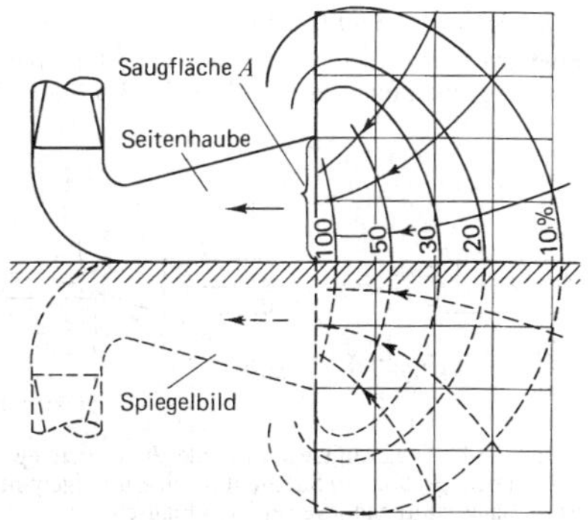

Bild 3.7.3-7. Geschwindigkeitsverteilung bei einer rechteckigen Seitenhaube.

-4.2 Seitenhauben

Vereinfacht kann die auf einem Tisch liegende Haube durch ihr *Spiegelbild* nach unten ergänzt (Bild 3.7.3-7) und dieselben Gleichungen wie bei den freien Saugöffnungen benutzt werden. Es gilt also bei seitlichen Hauben ohne Flansch:

$$\frac{v_x}{v} = \frac{2\,A}{10\,x^2 + 2\,A} = \frac{A}{5\,x^2 + A}$$

Bei Seitenhauben mit Flansch ist

$$\frac{v_x}{v} = 1{,}33\,\frac{A}{5\,x^2 + A}$$

Zu bemerken ist, daß die dargestellten Vereinfachungen eine grobe Annäherung darstellen, die tatsächlichen Bedingungen aber nur geringfügig höhere Geschwindigkeiten ergeben.

-4.3 Unterhauben

Hier gelten ebenfalls die Gleichungen der freien Saugöffnungen (Abschn. 3.7.3-2). Hierbei ist zu beachten, daß die Konvektionsströmung einer warmen Schadstoffquelle der Absaugung tendenziell entgegenwirkt.

-5 Saugschlitze

Für frei ansaugende, *unendlich lange Saugschlitze* gilt angenähert

$$\frac{v_x}{v} = 0{,}25\,\frac{h}{x} \quad \text{(Bild 3.7.3-8a)}$$

Für Saugschlitze mit einseitigem Flansch, wobei der Flansch durch die Fläche des Arbeitstisches gebildet sein kann,

$$\frac{v_x}{v} = 0{,}33\,\frac{h}{x}$$

Für Saugschlitze mit zweiseitigem Flansch

$$\frac{v_x}{v} = 0{,}5\,\frac{h}{x}$$

h = Höhe des Schlitzes in m.

Eine errechnete Geschwindigkeitsverteilung bei einem Saugschlitz mit beidseitigem unendlich großen Flansch zeigt Bild 3.7.3-9 (nach Drkal)[1] .

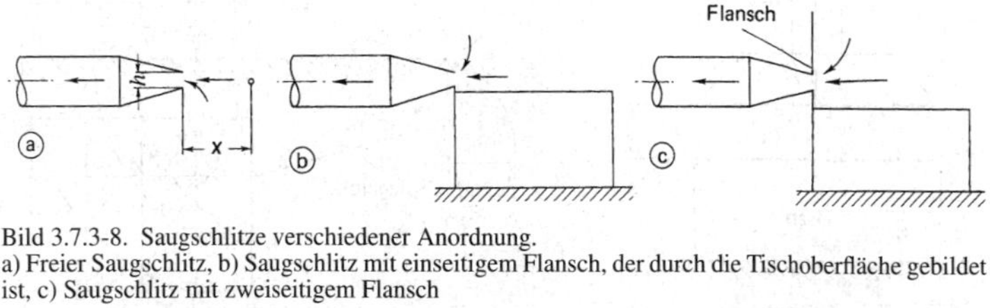

Bild 3.7.3-8. Saugschlitze verschiedener Anordnung.
a) Freier Saugschlitz, b) Saugschlitz mit einseitigem Flansch, der durch die Tischoberfläche gebildet ist, c) Saugschlitz mit zweiseitigem Flansch

[1]) Drkal, Fr.: HLH 1971. S. 167/72.

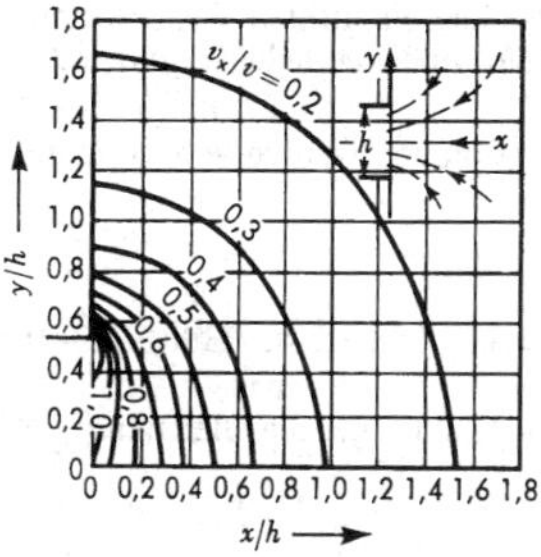

Bild 3.7.3-9. Geschwindigkeitsfeld bei einem ebenen Saugschlitz mit beidseitigem Flansch.

3.7.4 Berechnungsgrundlagen

Auf Grund der oben angegebenen Gleichungen ist es möglich, bei einer großen Anzahl von Arbeitsprozessen mit Absaugungsvorrichtungen die erforderlichen Luftvolumenströme einigermaßen sicher zu errechnen. Viele andere Erfassungseinrichtungen entziehen sich allerdings noch der Berechnung, so daß man hier auf Erfahrungszahlen angewiesen ist. Nachstehend werden für eine Anzahl häufig gebrauchter Erfassungseinrichtungen die Berechnungsgrundlagen angeführt.

-1 Oberhauben über Tischen, Behältern, Bädern

Die allgemeine Gleichung für die Geschwindigkeit an der Tischkante lautet:

$$\frac{v_x}{v} = \frac{0{,}5\,A}{x \cdot U}$$

$$v = \frac{2 \cdot x \cdot U}{A}\, v_x \text{ in m/s.}$$

Hieraus folgt der erforderliche Volumenstrom

$$\dot{V} = vA = 2 \cdot x \cdot U \cdot v_x \text{ in m}^3\text{/s.}$$

Für frei hängende Oberhauben ist der Luftvolumenstrom nach dieser Formel in Tafel 3.7.4-1 berechnet.

Tafel 3.7.4-1 Luftvolumenstrom $\dot{V}$ für freihängende Oberhauben je m Haubenumfang bei verschiedener Erfassungsgeschwindigkeit v_x an der Tischkante und Abständen x (Bild 3.7.3-6)

Erfassungsgeschwindigkeit v_x	Luftvolumenstrom $\dot{V}$ in m³/h je m Haubenumfang bei x in m					
m/s	0,1	0,2	0,4	0,6	0,8	1,0
0,1	72	144	288	432	576	720
0,2	144	288	576	864	1152	1440
0,3	215	430	860	1290	1720	2150
0,4	290	580	1160	1740	2320	2900
0,5	360	720	1440	2160	2880	3600

Eine weitere Formel nach Dalla Valle[1] lautet:

$\dot{V} = 1{,}4 \cdot U \cdot x \cdot v_m$ in m³/s

U = Umfang der Haube in m

v_m = mittlere Geschwindigkeit zwischen Haube und Tisch in m/s

[1]) Dalla Valle, J. M.: Exhaust hoods. Industrial Press, New York 1952.

Der Faktor 1,4 in dieser Formel ist darauf zurückzuführen, daß die mittlere Geschwindigkeit v_m für die Berechnung genutzt wird, aber trotzdem eine genügend hohe Geschwindigkeit an der Tischkante gewährleistet werden soll.

Für die Ablenkung eines Thermikschlauches durch Querströmung werden von Walz und Lotze [1]Arbeitsdiagramme gegeben.

-2 Seitenhauben auf Arbeitstischen (Bild 3.7.2-4c / Bild 3.7.3-7)

Für die Geschwindigkeitsverteilung bei Hauben ohne Flansch gilt hier die Gleichung

$$\frac{v_x}{v} = \frac{A}{5x^2 + A}$$

Daraus folgt der erforderliche Luftvolumenstrom

$$\dot{V} = vA = (5\,x^2 + A)\,v_x \text{ in m}^3\text{/s.}$$

Bei Hauben mit Flansch ist die entsprechende Gleichung

$$\dot{V} = vA = 0{,}75\,(5\,x^2 + A)\,v_x \text{ in m}^3\text{/s.}$$

-3 Unterhauben

Bei diesen Hauben gelten die allgemeinen Gleichungen für die Geschwindigkeitsverteilung bei frei ansaugenden Öffnungen. Für den Fall nach Bild 3.7.2-4b ist also der erforderliche Volumenstrom

$$\dot{V} = vA = (10\,x^2 + A)\,v_x \text{ in m}^3\text{/s.} \qquad v = av_x \text{ in m/s.}$$

Die Zahlenwerte für $a = \dfrac{10x^2 + A}{A}$ können aus Bild 3.7.4-1 entnommen werden.

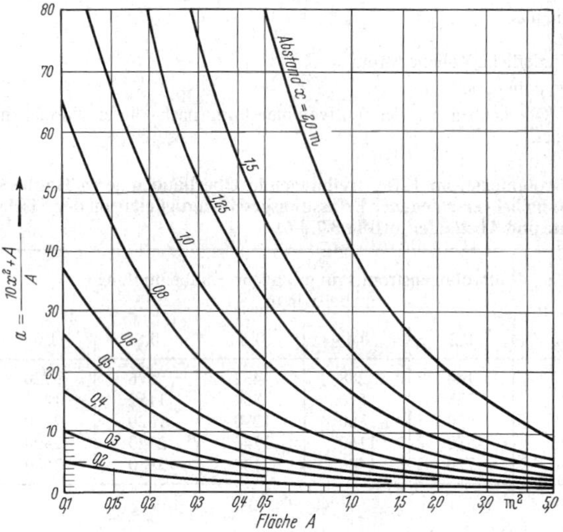

Bild 3.7.4-1. Der Zahlenfaktor $a = \dfrac{10\,x^2 + A}{A}$

[1]) Walz, A., Lotze, E, Einrichtungen zur Erfassung bei thermisch geprägter Stoffausbreitung; Gefahrstoffe – Reinhaltung der Luft 60 (2000) 6, 265–270.

-4 Saugschlitze bei Bädern

Seitliche Saugschlitze an Bädern erlauben unbehinderte Bedienung und vermeiden das Austreten von Dämpfen. Offene Behälter bis ca. 0,5 m Breite erhalten *einen* Absaugschlitz. Bis etwa 1,5 m Breite sind zweiseitig angebrachte Absaugschlitze geeignet. Bei noch größeren Breiten (max. ca. 10 m) wird auf einer Seite ein Blasschlitz, auf der anderen ein Saugschlitz angebracht (Bild 3.7.5-6).

Im einzelnen sind folgende Fälle zu unterscheiden:

1. Saugschlitze mit Flansch *auf einer Seite* des Bades (Bild 3.7.4-2), wobei der Flansch auch durch eine Wandfläche gebildet sein kann.

Nennt man die Badlänge L und setzt man die Badweite $x = W$, so folgt aus den Gleichungen Abschnitt 3.7.3-5:

Volumenstrom $\dot{V} = L \cdot h \cdot v = 2\,v_x \cdot L \cdot W$ in m³/s.

Berücksichtigt man weiter bei endlichen Schlitzen den *Randeinfluß* durch den Faktor $(W/L)^{0,2}$, so erhält man

$$\dot{V} = 2\,v_x L W \left(\frac{W}{L}\right)^{0,2} \text{ in m}^3\text{/s}$$

oder bezogen auf 1 m² Badfläche

$$\dot{V} = 2\,v_x \left(\frac{W}{L}\right)^{0,2} \text{ in m}^3\text{/s je m}^2 \text{ Badfläche.}$$

In Tafel 3.7.4-2 sind die sich nach dieser Gleichung ergebenden Luftvolumenströme für verschiedene Werte der Erfassungsgeschwindigkeit v_x und Seitenverhältnisse W/L zusammengefaßt.

Tafel 3.7.4-2 Luftvolumenstrom $\dot{V}$ bei Absaugungsanlagen mit einseitigen Saugschlitzen nach der Gleichung $\dot{V} = 2\,v_x\,(W/L)^{0,2} \cdot 3600$ in m³/h pro m² Fläche

Erfassungs-geschwin-digkeit v_x	Luftvolumenstrom in m³/h und m² bei $W/L =$				
m/s	0,2	0,4	0,6	0,8	1,0
0,1	520	600	650	700	720
0,2	1040	1200	1300	1400	1450
0,3	1550	1800	1950	2050	2150
0,4	2000	2400	2600	2750	2900
0,5	2600	3000	3250	3450	3600
0,6	3100	3600	3900	4200	4300
0,7	3650	4200	4500	4900	5000
0,8	4200	4800	5200	5500	5700

Geschwindigkeit v im Schlitz ≈ 10 m/s.

Bei Saugschlitzen ohne Flansch ist der erforderliche Volumenstrom um 50% größer, also

$$\dot{V} = 3\,v_x \left(\frac{W}{L}\right)^{0,2} \text{ in m}^3\text{/s je m}^2 \text{ Badfläche.}$$

2. Saugschlitze mit Flanschen *auf den zwei gegenüberliegenden Längsseiten* des Bades:

$$\text{Luftvolumenstrom } \dot{V} = 2\,v_x \left(\frac{W}{2\,L}\right)^{0,2} \text{ in m}^3\text{/s je m}^2 \text{ Badfläche.}$$

Der Volumenstrom verringert sich in diesem Fall entsprechend dem Faktor $0{,}5^{0,2}$ um rund 15% gegenüber der nur auf einer Seite erfolgenden Absaugung.

Bei Schlitzen ohne Flansch (Bild 3.7.4-3) ist der erforderliche Saugluftvolumenstrom wieder um 50% größer, also

$$\dot{V} = 3\,v_x \left(\frac{W}{2\,L}\right)^{0,2} \quad \text{in m}^3\text{/s je m}^2 \text{ Badfläche.}$$

Bei Schlitzen mit Flansch (bzw. Wand) auf der einen Seite und Schlitzen ohne Flansch auf der andern Seite rechne man

$$\dot{V} = 2,5\,v_x \left(\frac{W}{2\,L}\right)^{0,2} \quad \text{in m}^3\text{/s je m}^2 \text{ Badfläche.}$$

3. Saugschlitz und Blasschlitz gegenüberliegend s. Bild 3.7.5-5.

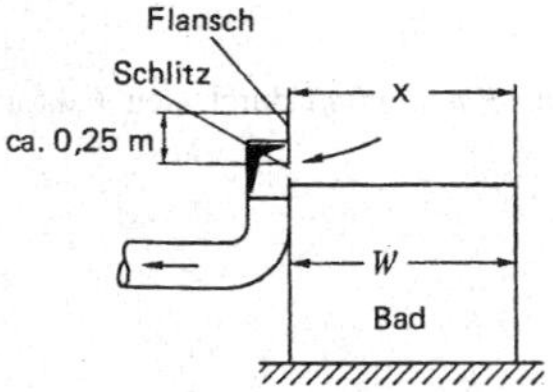

Bild 3.7.4-2. Saugschlitz mit Flansch auf einer Seite eines Bades.

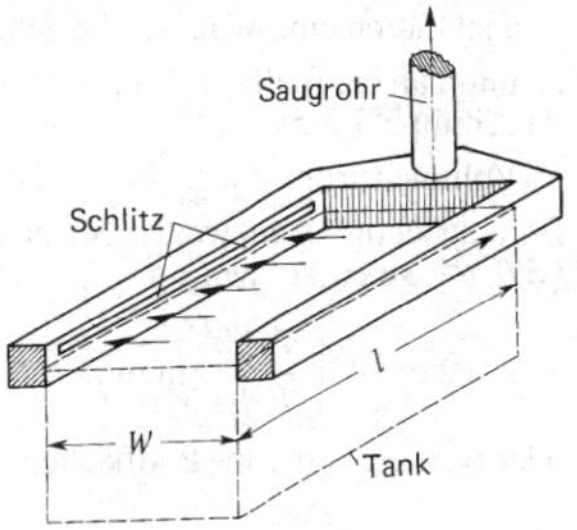

Bild 3.7.4-3. Saugschlitz ohne Flansche auf zwei gegenüberliegenden Seiten eines Bades.

Für die Belüftung von offenen Tauchbecken werden experimentell einseitige und zweiseitige Randabsaugungen sowie die Kombination aus Blasstrahl und Schlitzabsaugung untersucht und das Strömungsverhalten mit Rechenprogrammen simuliert.[1)]

3.7.5 Ausführung der Erfassungseinrichtungen

Bei der Gestaltung von Erfassungseinrichtungen sind neben den Schadstoffeigenschaften und den jeweiligen Bedingungen für die Schadstofffreisetzung auch die betrieblichen Gegebenheiten zu berücksichtigen. Die betrieblichen Randbedingungen sind u.a. Maschinenkonstruktion, Wartungsbedingungen, Handhabung der Maschine oder Anlage und die Materialbewegungen im Bereich der Erfassungseinrichtung (siehe auch VDI 2262, Bl. 1–3). Hinsichtlich der Gestaltung von Erfassungseinrichtungen für Anlagen zur Förderung und Aufbereitung von Schüttgütern und für Gießereieinrichtungen werden in der VDI-Richtlinie 3929 die zu beachtenden Randparameter tabellarisch zusammengefasst.

-1 Absaugen mittels Hauben

-1.1 Oberhauben für Bäder, Herde, Abkühlflächen

Oberhauben werden in allen solchen Fällen verwendet, bei denen die bei einem Arbeitsprozeß aufsteigenden Gase, Dämpfe oder Rauche erfaßt werden sollen und wo die Hauben die Bedienung nicht stören.

Lufttechnisch sind sie zweifellos sehr wirksam. Sie erfordern jedoch verhältnismäßig große Volumenströme, bieten große Flächen für Staubablagerung und behindern die Beleuchtung. Querströmungen beeinträchtigen die Saugwirkung oft wesentlich. Verwendung vornehmlich über Behältern in galvanischen Anstalten und Beizereien, bei Schweißplätzen, Schmiedefeuern, Schmelzöfen, Herden.

Zur Verkleinerung des Volumenstroms ist es grundsätzlich wichtig, die Haube so tief wie möglich anzubringen und sie seitlich, soweit die Bedienung dadurch nicht behindert wird,

---

1) Sanders, Chr. J., Fletcher, B., Exhaust ventilation of a surface treatment tank; Gefahrstoffe – Reinhaltung der Luft 57 (1997) 423–428.

durch *Blechwände,* Vorhänge oder Türen zu schließen, so daß sich auf diese Weise drei-, zwei- oder einseitig offene Hauben ergeben. Die Haubenfläche soll größer sein als die darunter befindliche Tisch- oder Badfläche, so daß die Haubenränder die Tischkanten überragen (Bild 3.7.5-1). Lange Hauben erfordern mehrere Anschlüsse an die Saugleitung oder Randabsaugung gemäß Bild 3.7.2-5.

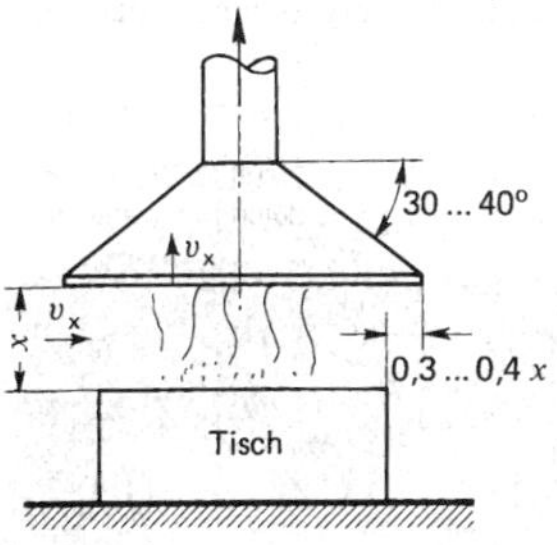

Bild 3.7.5-1. Oberhaube über einem Arbeitstisch.

Berechnung des erforderlichen Luftvolumenstroms $\dot{V}$ nach Formel in Abschnitt 3.7.4-1:

$\dot{V} = 2 \cdot x \cdot U \cdot v_x$ in m³/s.

Zahlenwerte für die Erfassungsgeschwindigkeit v_x:

bei ruhiger Luft	$v_x = 0{,}1$ bis 0,15 m/s
bei schwachen Querströmungen	$v_x = 0{,}15$ bis 0,30 m/s
bei starken Querströmungen	$v_x = 0{,}20$ bis 0,40 m/s

Bei Küchenhauben $v_x = 0{,}1$ m/s, bei längeren Hauben im Mittelbereich 0,6 m/s, an den Enden 0,8 m/s. Haubenunterkante 2,10 m über Boden. Haubenüberstand 10...20 cm.

Erfahrungszahlen für die Geschwindigkeit v_x in der Haubenfläche je nach Stärke der Querströmungen im Raum und der Geschwindigkeit der aufsteigenden Gase oder Dämpfe:

bei vierseitig offenen Hauben	$v_x = 0{,}9$ bis 1,2 m/s
bei dreiseitig offenen Hauben	$v_x = 0{,}8$ bis 1,1 m/s
bei zweiseitig offenen Hauben	$v_x = 0{,}7$ bis 0,9 m/s
bei einseitig offenen Hauben	$v_x = 0{,}5$ bis 0,8 m/s

Doppelhauben mit Randabsaugung verlangen infolge ihrer etwas größeren Wirksamkeit nur etwa 80% des Volumenstroms nach Tafel 3.7.4-1. Geschwindigkeit v_s im Saugschlitz etwa 10 m/s.

Bei Verwendung der *Formel von Dalla Valle* (Abschnitt 3.7.4-1):

Volumenstrom $\dot{V} = 1{,}4 \cdot U \cdot x \cdot v_m$ setzt man

bei ruhiger Luft	$v_m = 0{,}2$ bis 0,3 m/s
bei schwachen Querströmungen	$v_m = 0{,}3$ bis 0,4 m/s
bei starken Querströmungen	$v_m = 0{,}4$ bis 0,5 m/s

Beispiel:

Ein Zinnschmelzbad hat eine Fläche von 1 × 1 m² mit einer darüber hängenden vierseitig offenen Haube von 1,64 × 1,64 m² Haubenfläche. Schwache Querströmungen. Höhe $x = 0{,}8$ m. Wie groß ist der erforderliche Volumenstrom $\dot{V}$?

Nach Tafel 3.7.4-1 wird gewählt $v_x = 0{,}30$ m/s, demnach

$\dot{V} = 4 \cdot 1{,}64 \cdot 1720 = 10\,300$ m³/h.

Nach den vorstehenden Erfahrungszahlen wird gewählt $v_x = 1{,}1$ m/s, demnach

$\dot{V} = 1{,}64 \cdot 1{,}64 \cdot 1{,}1 \cdot 3600 = 10\,700$ m³/h.

Nach Dalla Valle mit $v_m = 0{,}4$ m/s ist

$\dot{V} = 1{,}4\, U \cdot x \cdot v_m =$
$\dot{V} = 1{,}4 \cdot 4 \cdot 1{,}64 \cdot 0{,}8 \cdot 0{,}4 \cdot 3600 = 10\,600$ m³/h.

Alle drei Berechnungsarten ergeben also größenordnungsmäßig gleiche Werte.

Bei Verwendung von Doppelhauben mit Schlitz am Umfang und einem Volumenstrom von 0,80 · 10 600 = 8600 m³/h wäre die erforderliche Schlitzbreite b bei $v_s = 10$ m/s

$$b = \frac{\dot{V}}{3600 \cdot U \cdot v_s} = \frac{8600}{3600 \cdot 4 \cdot 1{,}64 \cdot 10} = 0{,}036 \text{ m} = 36 \text{ mm}.$$

Weniger Behinderung bei der Arbeit bringt die Haube nach Bild 3.7.5-2, die nur die halbe Tischtiefe überdeckt und auf der Rückseite voll und seitlich teilweise geschlossen ist. Ein Treibstrahl an der Rückwand erzeugt eine stabilisierende Wirbelströmung. Auslegung nach Diagramm gemäß Bild 3.7.5-3.

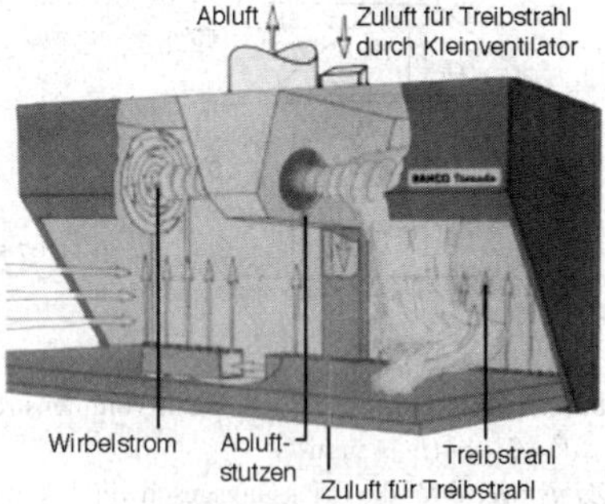

Bild 3.7.5-2. Haube, 1½seitig geschlossen, mit stabilisierender Wirbelstromtechnik durch Treibstrahl (s. a. Bild 3.7.2-6, Stratos Tornado).

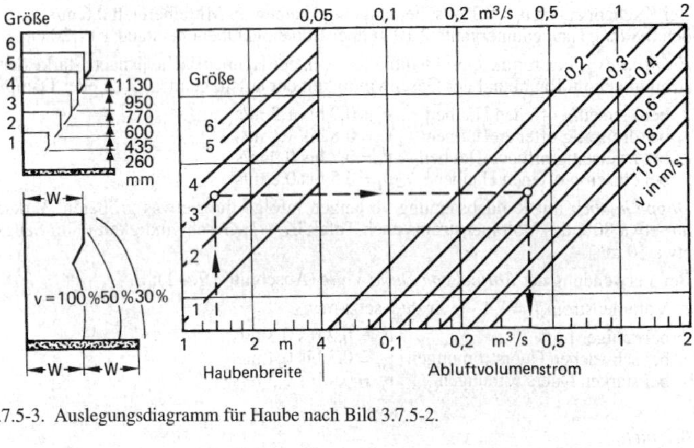

Bild 3.7.5-3. Auslegungsdiagramm für Haube nach Bild 3.7.5-2.

-1.2 Schlitzabsaugung bei Bädern

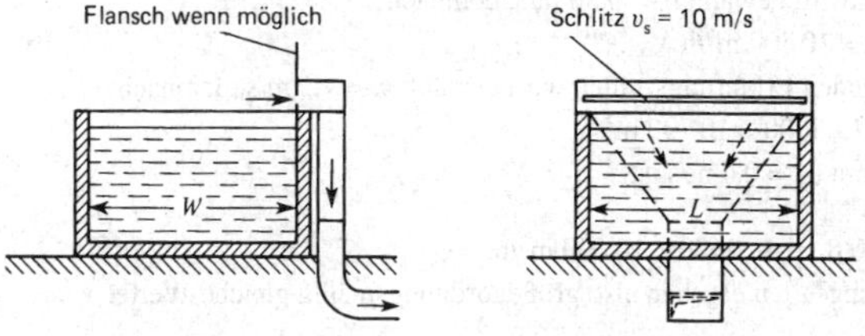

Bild 3.7.5-4.
Untere Absaugung.

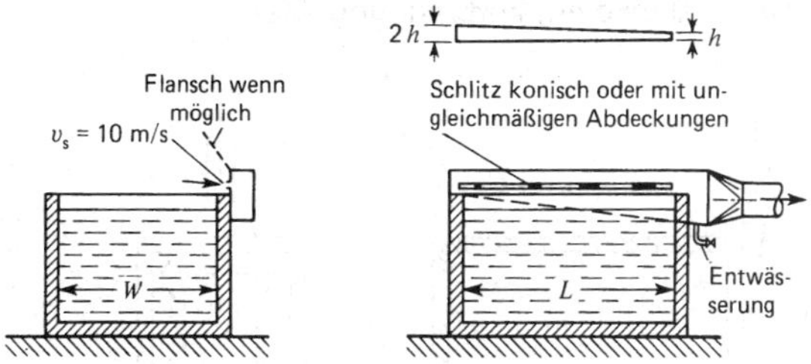

Bild 3.7.5-5.
Seitliche Absaugung.

Tafel 3.7.5-1 Luftvolumenstrom bei Bädern

Bad		Luftvolumenstrom in m^3/h je m^2 Badfläche bei W/L=				
		0,2	0,4	0,6	0,8	1,0
Abschreckbad		2000	2400	2600	2750	2900
Beizbad	kalt	1550	1800	1950	2050	2150
	heiß	2600	3000	3250	3450	3600
Entfettungsbad		1300	1500	1600	1700	1800
Galvanisches Bad		2000	2400	2600	2750	2900
Wasserbad	nicht kochend	1000	1200	1300	1400	1450
	kochend	2000	2400	2600	2750	2900
Salzbad		1000	1200	1300	1400	1450
Salzlösungsbad	nicht kochend	1550	1800	1950	2050	2150
	kochend	2000	2400	2600	2750	2900

-1.3 Badabsaugung mit Luftschleier

An der Oberkante der Saughaube ist eine einstellbare Klappe zweckmäßig. Mindestens ein Flansch oberhalb des Saugschlitzes sollte angebracht sein, dessen Oberkante bis 5…10 · *a* über der Badfläche reichen sollte.

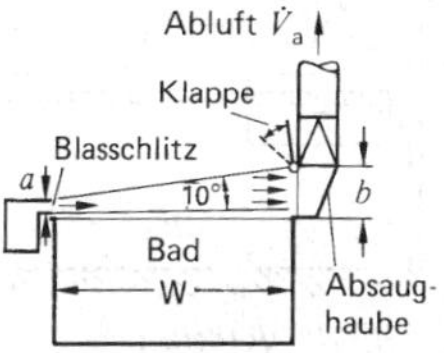

Bild 3.7.5-6. Absaughaube und Blasschlitz.
Abluftstrom $\dot{V}_a$ = 1800…2700 m^3/h je m^2
Zuluftstrom $\dot{V}_z$ = 0,25…0,50 V_a
Luftgeschwindigkeit v im Blasschlitz 5…10 m/s
Haubenhöhe $b = W \cdot \tan 10°$ oder 1,5…3 · a
Badbreite W max. 5…10 m

-1.4 Trockenöfen, Backöfen, Verbrennungsöfen

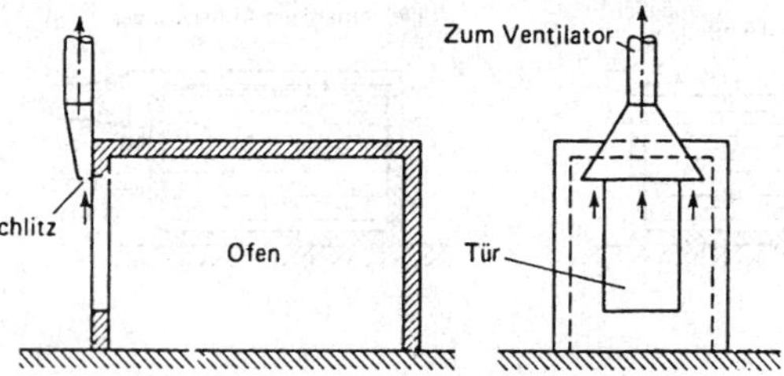

Bild 3.7.5-7. Ausführung mit oberer Schlitzabsaugung.

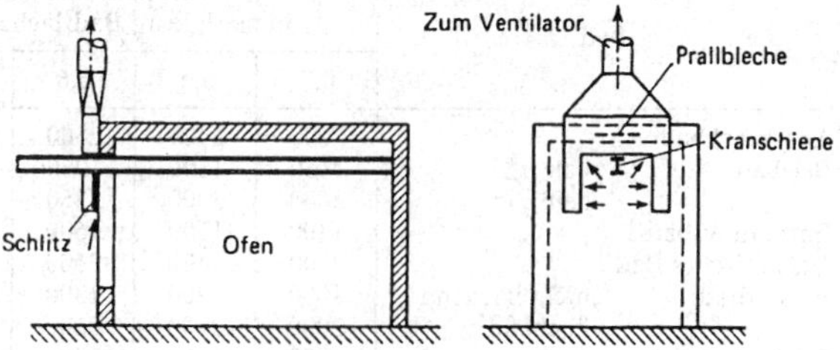

Bild 3.7.5-8. Ausführung mit oberer und seitlicher Schlitzabsaugung.

Luftstrom $\dot{V}$ = 2000…3000 m^3/h je m^2 Türfläche
Schlitzgeschwindigkeit $v_s \approx 5$ m/s

-1.5 Putz- und Schleiftische

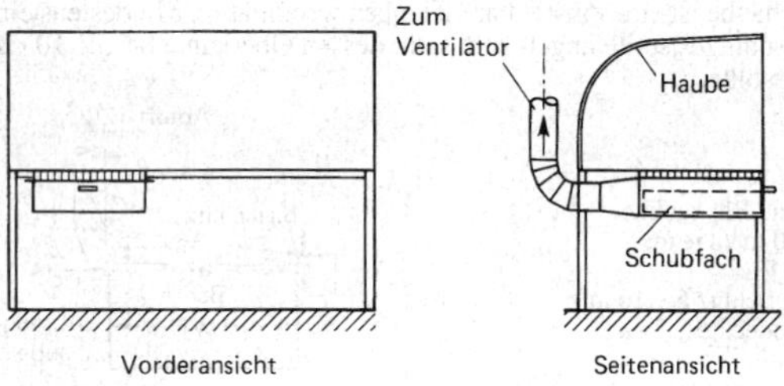

Bild 3.7.5-9. Putz- und Schleiftisch mit unterer Absaugung.

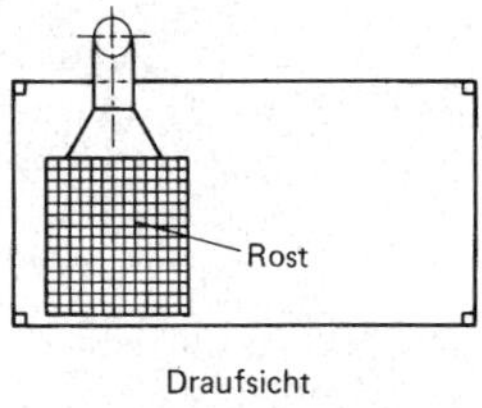

Luftstrom $\dot{V}$ = 3000…4000 m^3 je m^2 Rostfläche
Luftgeschwindigkeit im Rost = $v \approx 0{,}8–1{,}2$ m/s

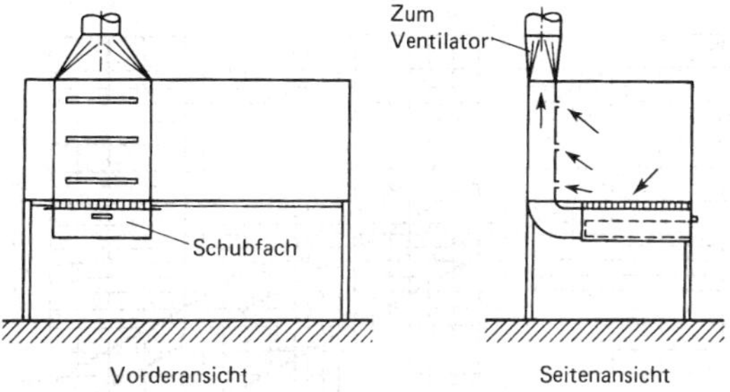

Bild 3.7.5-10. Putz- und Schleiftisch mit zusätzlicher rückseitiger Schlitzabsaugung.

-2 Schweißen

Bei jedem Schweißvorgang entstehen Luftverunreinigungen, die zum Teil gesundheitsschädlich sind und daher verdünnt oder abgesaugt werden müssen. Bei Autogen-Schweißung hauptsächlich Gase und Dämpfe, namentlich die giftigen nitrosen Gase NO und NO_2, bei Elektro-Schweißung je nach Elektrodenart besonders Rauche (FeO, Fe_2O_2, SiO_3, MnO, CaF_2 u. a.).[1][2]

Stündlicher Rauchanfall je Schweißstelle bei 5-mm-Elektroden und bei 50% Einschaltdauer	≈ 20 g/h
Stündliche Menge an nitrosen Gasen beim Gas-Schweißen je nach Blechstärke	1…20 l/h

Raumlüftung

Sind in einer Werkstatt keine örtlichen Absaugungen möglich, so muß der ganze Raum be- und entlüftet werden. Der erforderliche Luftvolumenstrom wird bestimmt durch die jeweils gültigen MAK-Werte (siehe Bild 3.7.5-11 und Bild 3.7.5-12).

Schweißkammern

Hier errechnet sich der erforderliche Volumenstrom in derselben Weise, wenn keine örtliche Absaugung erfolgt. Unter Schweißkammer ist dabei ein einseitig offener Raum verstanden.

Schweißtische

Sie ermöglichen einen wesentlich geringeren Absaugvolumenstrom, wobei die Anordnung der Saugöffnung von Wichtigkeit ist. Grundsätzlich soll die Saugöffnung so nahe wie möglich an der Schweißstelle sein.

Bei *Seitenhauben* (s. Bild 3.7.5-13) mit Flansch oder Saugrüsseln (Flexrohr oder Gelenkrohr) errechnet sich der Luftvolumenstrom aus Gleichung Abschnitt 3.7.3-3

$$\frac{v_x}{v} = 0{,}75 \; \frac{A}{10x^2 + A}$$

Setzt man zur Vereinfachung die Entfernung der Schweißstelle von der Saugöffnung $x = \sqrt{A}$, so erhält man die besonders einfache Beziehung

$$v = 0{,}75 \; \frac{10\,A + A}{A} \; v_x \approx 8 v_x$$

Mit $v_x = 1$ m/s ergibt sich $v = 8$ m/s. Die Sauggeschwindigkeit in der Haubenfläche muß also in diesem Fall $v = 8$ m/s sein.

Bei *unterer Absaugung* ist wegen des thermischen Auftriebs die erforderliche Erfassungsgeschwindigkeit erheblich größer. Nach Abschnitt 3.7.4-3 ist

---

[1]) DVS 1201/1202 Blätter zum Arbeitsschutz beim Schweißen, Deutscher Verband für Schweißen und verwandte Verfahren, Dortmund/Düsseldorf, 1984

[2]) VDI 2084 Raumlufttechnische Anlagen für Schweißwerkstätten (05/1993)

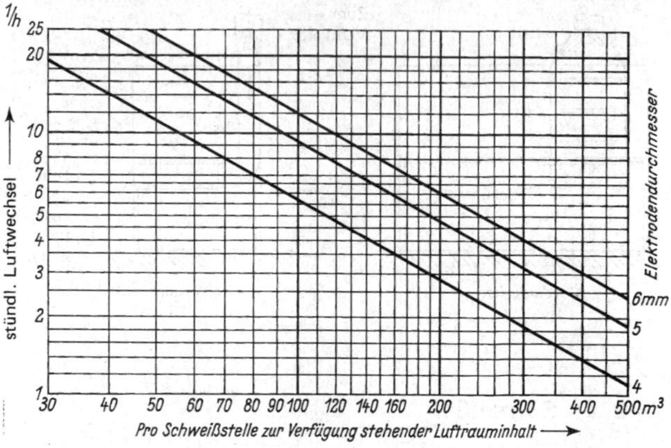

Bild 3.7.5-11. Stündlicher Luftwechsel beim Lichtbogenschweißen.

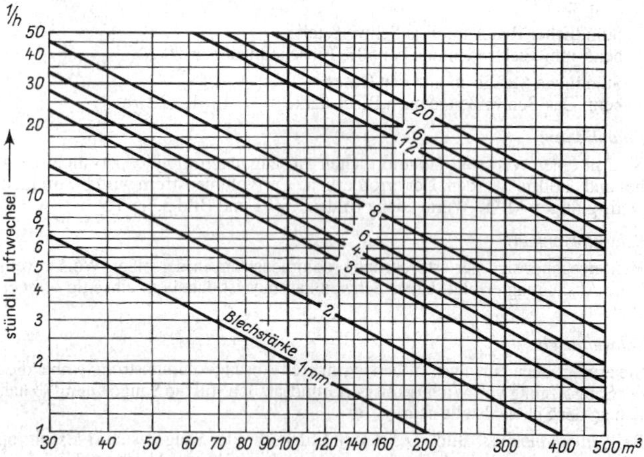

Bild 3.7.5-12. Stündlicher Luftwechsel beim Autogenschweißen.

$$\dot{V} = \frac{10\,x^2 + A}{A}\,v_x, \text{ jedoch mit } v_x \approx 1 \ldots 2 \text{ m/s.}$$

Bei *oberer Absaugung* ist der erforderliche Volumenstrom am geringsten.

Volumenstrom nach Abschnitt 3.7.4-1 aus der Gleichung

$$\dot{V} = 2\,x\,\frac{U}{A}\,v_x \quad \text{mit } v_x \approx 0{,}5 \text{ m/s.}$$

In der VDI-Richtlinie 2084 werden für einen einzelnen Schweißarbeitsplatz die unterschiedlichen Absaugmöglichkeiten gegenübergestellt.

Ein Beispiel eines *Schweißtisches* mit oberer und unterer Absaugung zeigt Bild 3.7.5-14. Die Luftgeschwindigkeit v an Tischoberfläche beträgt etwa 1 m/s. Abführung der abgesaugten verunreinigten Luft in der Regel ins Freie. Es gibt jedoch auch Kombinationen von Elektro- und Aktivkohlefilter zur Reinigung der Luft, wobei die gereinigte Luft dann in den Raum zurückgeführt werden kann, wenn die zulässigen Schadstoffkonzentrationen nach VDI 2262 eingehalten und nachgewiesen werden können.

Sofern vom Transport der Werkstücke her möglich, ist eine dreiseitig geschlossene Haube mit oberer Absaugung am günstigsten, da dies dem natürlichen Konvektionsstrom der Schweißgase entspricht (Bild 3.7.5-16), $v = 0{,}9 \ldots 1$ m/s. Verbesserung kann durch vorderen und hinteren Stützstrahl erreicht werden; dann wird $v = 0{,}5$ m/s.

Bei großen Räumen kann die Schadstoffabführung durch eine Verdrängungsströmung bessere Ergebnisse erzielen als eine aufwendige Absaugung.

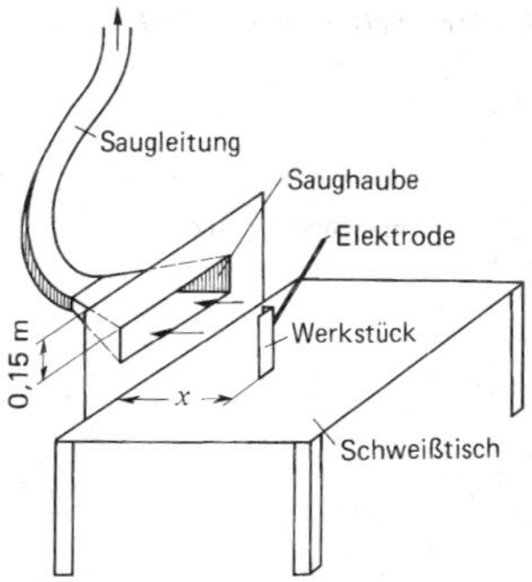

Bild 3.7.5-13. Schweißtisch mit seitlicher Absaugung.

Bild 3.7.5-14. Schweißtisch mit Drehrost und wahlweise verstellbarer Absaugung nach oben oder unten (Winterfeld).

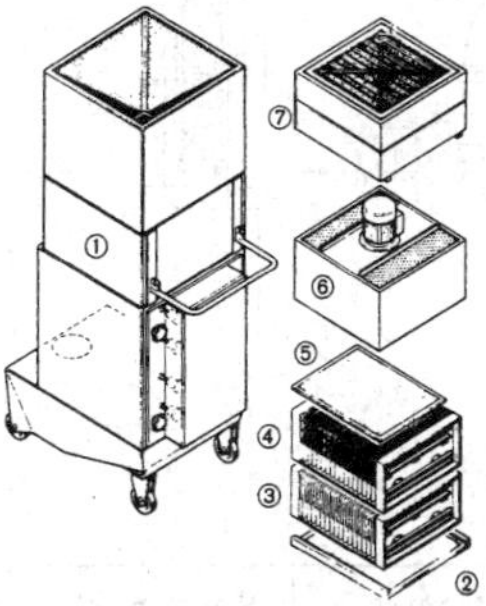

1. Filteranlage komplett
2. mechanischer Vorfilter
3. Elektrofilter, 1. Stufe
4. Elektrofilter, 2. Stufe
5. Sicherheitsfilter
6. Sauggebläse
7. Option: Aktivkohle-Endstufe

Bild 3.7.5-15. Schweißrauchabscheidung (KMA-Kurtsiefer)

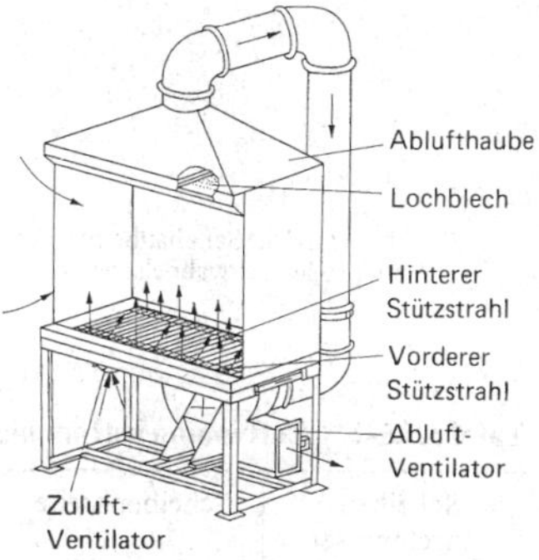

Bild 3.7.5-16. Schweißstand mit 3seitiger Haube, Abluft oben, Zuluft unten.

-3 Maschinenabsaugung

-3.1 Schleif-, Polier- und Schwabbelscheiben

Die Bemessung des Volumenstroms für diese Scheiben entzieht sich gegenwärtig noch der Berechnung, so daß man auf *Erfahrungszahlen* angewiesen ist. Grundsätzlich ist zur Erzielung eines möglichst kleinen Absaugluftstroms darauf zu achten, daß die Scheiben durch die Hauben soweit wie irgend möglich umschlossen sind und bei eventueller Abnutzung der Scheiben ein Nachstellen an den Hauben zur Verkleinerung der Luftschlitze möglich ist.

Ausführung einer wirksamen Saughaube für *Schleifenscheiben* siehe Bild 3.7.5-17. Luftvolumenströme siehe Tafel 3.7.5-2.

Ausführung einer guten Saughaube für *Polier- und Schwabbelscheiben* siehe Bild 3.7.5-18. Luftvolumenstrom Tafel 3.7.5-3.

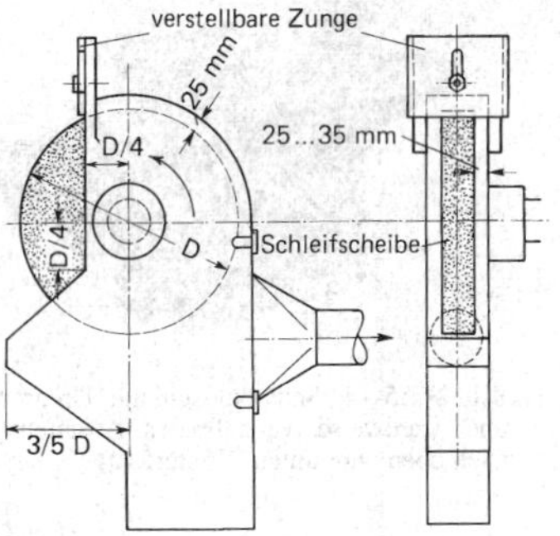

Bild 3.7.5-17. Saughaube für eine Schleifscheibe.

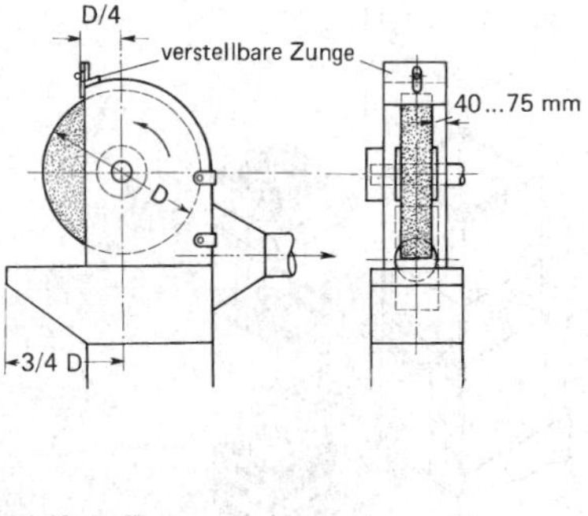

Bild 3.7.5-18. Saughaube für eine Polier- oder Schwabbelscheibe.

Tafel 3.7.5-2 Luftvolumenstrom bei Schleifscheiben

Scheiben-durchmesser mm	Scheibenbreite mm	Luftvolumenstrom je nach Güte der Einkapselung m^3/h	Rohranschluß-durchmesser mm
bis 200	30…40	350… 500	90
200…300	50	500… 800	110
300…400	60	800…1100	130
400…500	75	1100…1300	145
500…600	100	1300…1600	160
600…700	125	1600…2000	175
700…800	150	2000…2300	190

Tafel 3.7.5-3 Luftvolumenstrom bei Polier- und Schwabbelscheiben

Scheiben-durchmesser mm	Scheibenbreite mm	Luftvolumenstrom je nach Güte der Einkapselung m^3/h	Rohranschluß-durchmesser mm
bis 200	50	450… 600	95
200…300	60	600… 900	120
300…400	75	900…1200	135
400…500	100	1200…1500	150
500…600	125	1500…1800	170
600…700	150	1800…2100	180
700…800	150	2100…2400	200

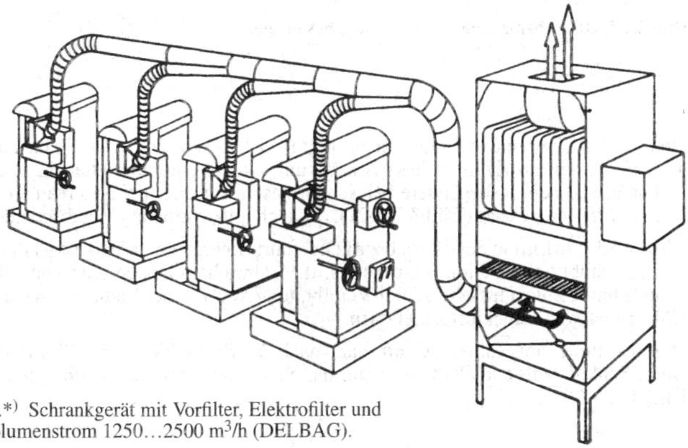

Bild 3.7.5-19.*) Schrankgerät mit Vorfilter, Elektrofilter und Ventilator. Volumenstrom 1250…2500 m^3/h (DELBAG).

*) Ochs, H.-J.: Wärme-Techn. 1965, S. 110/17.
Pfeifer, W.: Staub 11/85. S. 518/21.

-3.2 Ölnebelabsaugung bei Werkzeugmaschinen

Ölnebel-, Rauch- und Dunstteilchen lassen sich durch Elektrofilter mit Vorfilter abscheiden, so daß die gereinigte Luft dem Raum wieder zugeführt werden kann. Bei der Auslegung der Geräte sollte der maximal zulässige Absaugstrom nicht überschritten werden, da der Abscheidegrad des Elektrofilters mit zunehmender Durchtrittsgeschwindigkeit abnimmt.

Beispiel Bild 3.7.5-15. Hohe Anschaffungs-, jedoch geringe Betriebskosten.

-3.3 Holzbearbeitungsmaschinen

Mindestluftgeschwindigkeit im Absauganschluß

- 20 m/s für Staub und Späne
- 28 m/s für feuchte Späne und Großstücke

Konstruktionsempfehlungen für Erfassungseinrichtungen siehe [1].

Holzstaub (Buche, Eiche) gilt als Krebs erzeugend, so dass eine Maschinenabsaugung auch aus Gründen des Gesundheitsschutzes der Beschäftigten notwendig ist (TRK).

[1] VDMA 24179: Absauganlagen für Holzstaub u. -Späne. Teil 1 (4.85), Wartung; Teil 2 (10.88), Ausführung und Betrieb

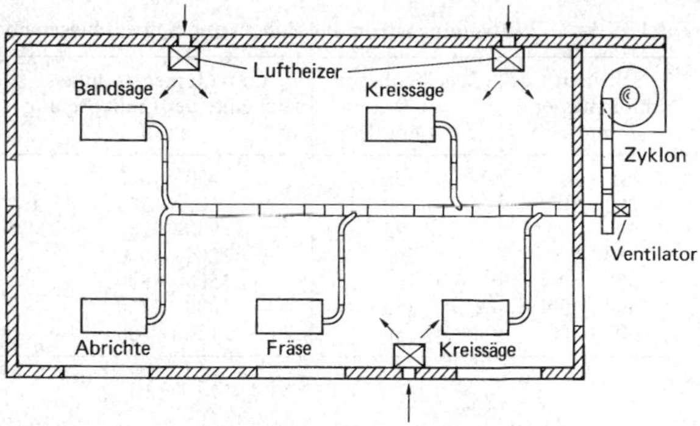

Bild 3.7.5-20. Schema einer Späneabsaugungsanlage.

Den Aufbau einer Späneabsauganlage zeigt Bild 3.7.5-20. Wenn nur Späne anfallen, reicht als Abscheider ein Zyklon; diese Ausführung bildet heute aber eher die Ausnahme. Bei vielen Maschinen, insbesondere bei Schleifmaschinen, fällt Feinstaub an. Hierfür werden *Gewebefilter* eingesetzt (Bild 3.7.5-21), oft auch mit Zyklon als Vorabscheider.

Wird gefilterte Luft in den Betrieb zurückgeführt (Energieersparnis), so ist die maximal zulässige Staubkonzentration 0,5 mg/m³ Luft[1]. Umschaltklappen sind vorzusehen, ebenso Brand- und Explosionsschutz. Bei Verarbeitung von Buche, Eiche und vielen exotischen Hölzern ist keine Rückluft zugelassen.

Die ins Freie abgeführte Abluft darf nach 7. BImSchV max. 20 mg/m³ enthalten, wenn Schleifstaub enthalten ist, wenn nur Späne oder anderer Staub enthalten ist, siehe Bild 3.7.5-22.

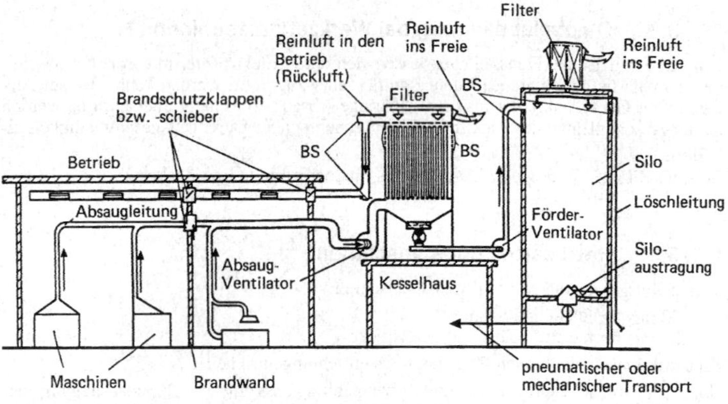

Bild 3.7.5-21. Absauganlage für Holzstaub und -späne. BS = Berstscheibe.

[1]) TRGS 553 (02.95), TRGS 560 (05.96).

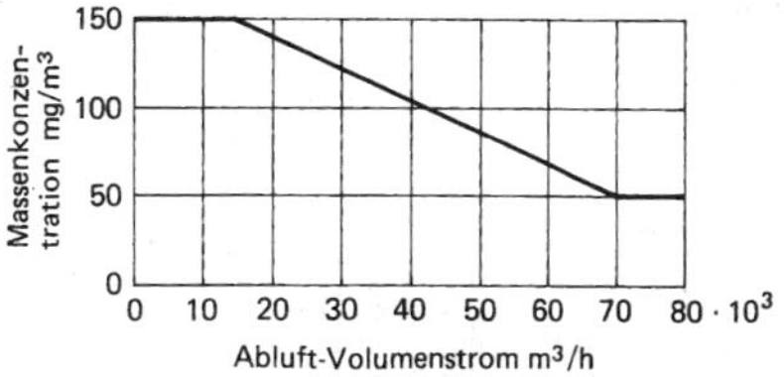

Bild 3.7.5-22. Zulässiger Staubgehalt in der Abluft bei Spänen und Staub (nicht Holzschleifstaub) nach 7. BImSchV.

Bandbreite mm	Volumenstrom m^3/h oben	unten	Summe
30	500	500	1000
50	500	900	1400
100	800	1200	2000

Durchmesser mm	Volumenstrom m^3/h
400	600
500	750
600	900

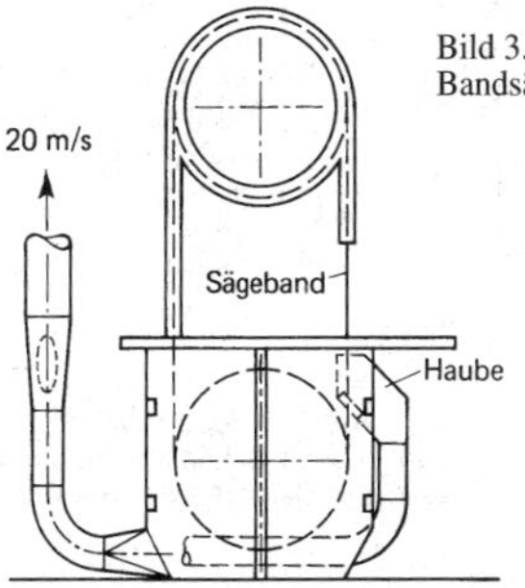

Bild 3.7.5-23. Bandsäge.

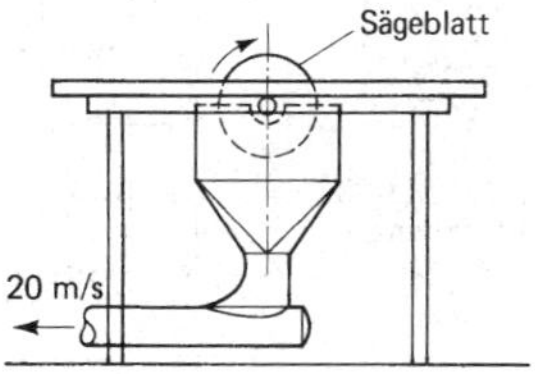

Bild 3.7.5-24. Kreissäge.

Bandbreite mm	Volumenstrom m^3/h Eintritt	Austritt	Summe
bis 125	700	600	1300
125···200	800	700	1500
200···300	900	800	1700

Durchmesser mm	Volumenstrom m^3/h
300	600
450	750
650	2 × 600 = 1200
850	2 × 750 = 1500

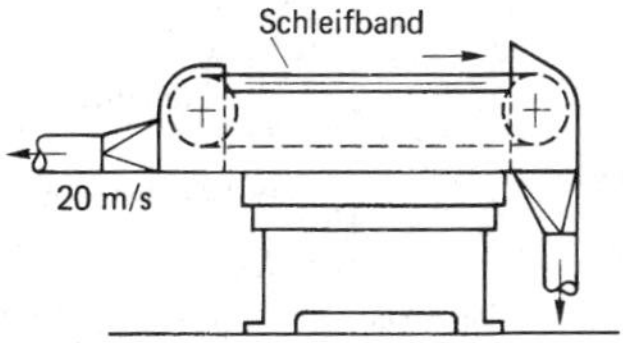

Bild 3.7.5-25. Bandschleifmaschine.

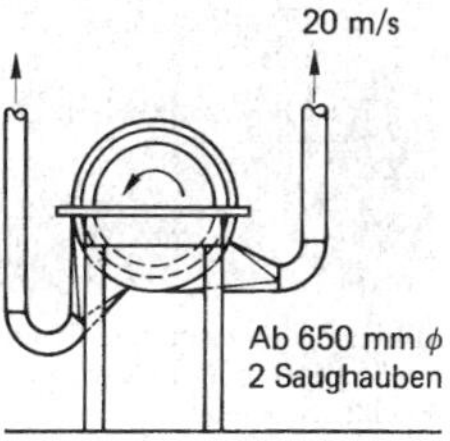

Bild 3.7.5-26. Tellerschleifmaschine.

-4 Sack- und Faßfüllung

Bild 3.7.5-27.
Sackfüllung.

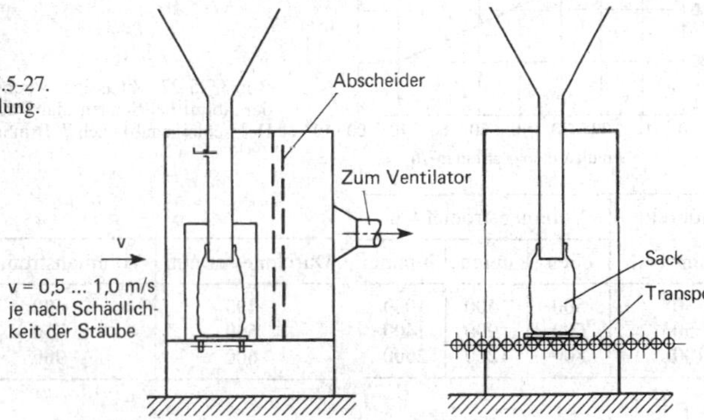

Bild 3.7.5-28.
Faßfüllung.

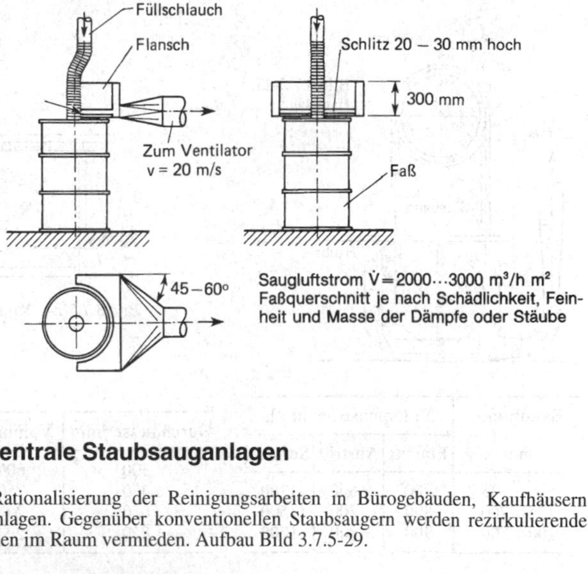

-5 Zentrale Staubsauganlagen

Anlagen zur Rationalisierung der Reinigungsarbeiten in Bürogebäuden, Kaufhäusern und Industrieanlagen. Gegenüber konventionellen Staubsaugern werden rezirkulierende Mikroorganismen im Raum vermieden. Aufbau Bild 3.7.5-29.

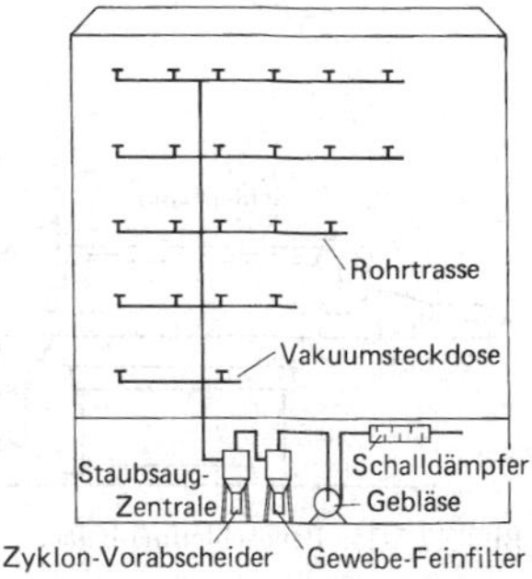

Bild 3.7.5-29. Zentrale Staubsauganlage für große Büro- oder Industriegebäude.
Rechts: Schema
Links: Ansicht der Zentrale (Fläkt)

Das *Rohrsystem* besteht aus Kunststoff (PVC) oder Stahl und muß besonders dicht sein. Besondere *Vakuumsteckdosen* für Wand- oder Bodeneinbau sorgen für luftdichten Abschluß der nicht benutzten Saugstellen. Tragbare *Schläuche,* 8...12 m lang, mit verschiedenen Saugdüsen werden an diese Steckdosen je nach Bedarf angeschlossen. Durchmesser dieser Steckdosen 35...40 mm, Luftgeschwindigkeit in Steckdose 45...60 m/s, in der Rohrleitung ca. 40 m/s, Volumenstrom 150...250 m³/h. Gelegentlich an der Steckdose Schwachstromkontakt, der bei Schlauchanschluß zentrales Gebläse einschaltet.

Bei größeren Anlagen besteht die Zentrale aus einem *Zyklonabscheider, Gewebefilter mit automatischer Abreinigung,* Mehrstufengebläse (Förderdruck 25...30 kPa), Schalldämpfer. Austragung des Staubes aus den Abscheidern mit vakuumdichten Absperrklappen. Bekannt sind auch Anlagen zur Müllentsorgung.

-6 Ortsveränderliche Erfassungselemente

Wenn sich die abzusaugenden Objekte nicht an einem festen Ort befinden – wie z.B. Abgasabsaugung von Kraftfahrzeugen in Werkstätten – oder wenn die Schadstoffquelle örtlich wandert – z.B. beim Brennschneiden –, ist die Absaughaube zweckmäßig beweglich auszuführen.

Es gibt Kanäle, an denen ein oder mehrere Saugwagen fahrbar in Schienen angebracht sind. Der Saugwagen öffnet den Kanal über eine spezielle durchlaufende Dichtung nur an der Stelle, wo er sich gerade befindet. Der Kanal ist an einen Ventilator angeschlossen.

Die Dichtungen können Gummilippen sein, die durch ein schiffförmiges Mundstück des Saugwagens geöffnet werden (Bild 3.7.5-30), oder als Kulissen aus Aluminium ausgebildet sein, die durch den Saugwagen in Taschen geschoben und dadurch geöffnet werden (Bild 3.7.5-31). In beiden Fällen schließen die Dichtungen durch den Unterdruck im Kanal.

Die Verbindung des Saugwagens mit der Schadstoffquelle kann über starre oder schwenkbare Gelenkrohre oder flexible Schläuche erfolgen, die auch für Abgase bis 180 °C beständig sind.

Kanallänge bis 50 m. Volumenströme max. 500...1000 m³/h.

Eine andere Möglichkeit mit allerdings etwas eingeschränktem Aktionsradius ist eine vorzugsweise unter der Decke an der Wand fixierte Schlauchtrommel mit Drehflansch zum Anschluß eines Absaugventilators. Anwendung vorzugsweise für Kfz-Auspuffgase. Schlauchlängen 7...15 m, Schlauchdurchmesser d = 65...140 mm, max. Volumenstrom – abhängig von d – 250...1200 m³/h (Bild 3.7.5-32).

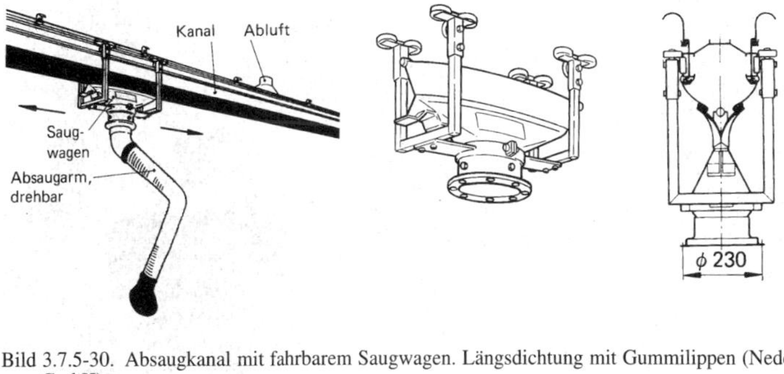

Bild 3.7.5-30. Absaugkanal mit fahrbarem Saugwagen. Längsdichtung mit Gummilippen (Nederman GmbH).
Links: Ansicht. Mitte: Saugwagen. Rechts: Schnitt durch Kanal mit Gummidichtung und Saugwagen.

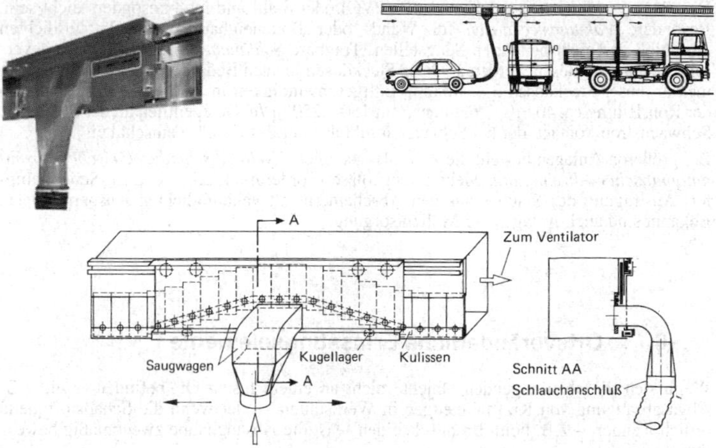

Bild 3.7.5-31. Absaugkanal mit fahrbarem Saugwagen. Längsdichtung mit Kulissen (Ludscheidt GmbH).

Bild 3.7.5-32. Absauganlage als Kompaktgerät mit Schlauchroller und integriertem Absaugventilator (Ludscheidt GmbH).

Die vorbeschriebenen Anlagen und Geräte fördern die Abgase ins Freie. Wenn letzteres nicht erforderlich ist, kann auch ein fahrbares Absauggerät mit mehreren Filterstufen, je nach anfallenden Schadstoffen eingesetzt werden. Die gereinigte Luft wird in die Halle zurückgeführt (Energieeinsparung). Häufige Anwendung beim Schweißen oder zur Abscheidung von Ölnebeln (Bild 3.7.5-33, siehe auch Bild 3.7.5-15).

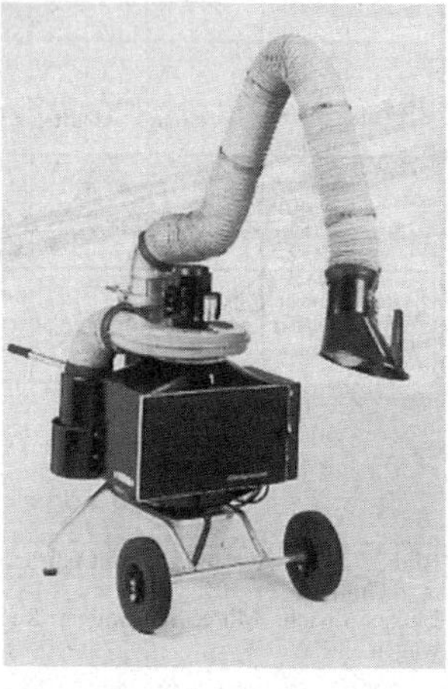

Bild 3.7.5-33. Fahrbares Absauggerät mit Elektrofilter (Nederman GmbH).

4. WARMWASSER-VERSORGUNG

Ergänzungen von Prof. Dr.-Ing. Klaus Rudat, Berlin

4.1 Allgemeines

4.1.1 Aufgabe der Warmwasserversorgung (WWV)

Warmwasser ist in Wassererwärmern bis auf max. etwa 90 °C erwärmbares Trinkwasser. Es wird in der modernen Wirtschaft in großem Umfang gebraucht. Der Haushalt benötigt verhältnismäßig kleine Mengen zur Bereitung von Speisen und Getränken, zum Waschen, Reinigen und zum Baden. Gaststätten, Hotels, Betriebsküchen und Krankenhäuser verbrauchen wesentlich größere Mengen zum gleichen Zweck. In noch größerem Umfang wird es schließlich in gewerblichen und industriellen Betrieben wie Wäschereien, Färbereien, Schlächtereien, Badeanstalten, Hütten und Bergbaubetrieben verlangt.

Aufgabe der sich mit der WWV befassenden Ingenieure ist es, das für den jeweiligen Zweck geeignete Verfahren der WWV zu erkennen und die WWV-Anlagen so zu bauen, daß sie den Ansprüchen der Verbraucher in technischer, wirtschaftlicher und hygienischer Hinsicht am besten entsprechen.

4.1.2 Anforderungen an die WWV

1. Das Warmwasser (WW) soll mit der gewünschten Temperatur und Menge *ohne große Verzögerung* zur Verfügung stehen.
2. Die WW-Temperatur soll an den Entnahmestellen *regelbar* sein.
3. Das WW soll hygienisch *einwandfrei* sein.
4. Die WW-Anlagen sollen *betriebssicher* und leicht zu bedienen sein.
5. Der Betrieb soll *kostengünstig, energiesparend* und *umweltfreundlich* sein.

4.1.3 Einteilung der WWV-Anlagen

1. nach der Art der Wärmequelle, die zur Erwärmung des Wassers verwendet wird:

   Kohle-Wassererwärmer
   Öl-Wassererwärmer
   Gas-Wassererwärmer
   Elektro-Wassererwärmer
   Abgasbeheizte Wassererwärmer
   Dampfbeheizte Wassererwärmer
   Wasserbeheizte Wassererwärmer
   Sonnenbeheizte Wassererwärmer (siehe Abschn. 2.2.2-5.3.2).
2. nach der Art der Wärmeaustauscher:

   direkt (unmittelbar) beheizte W-Erwärmer: hierzu gehören die Kohle-, Öl-, Gas- und Elektro-Wassererwärmer,
   indirekt (mittelbar) beheizte W-Erwärmer, bei denen durch eine Heizquelle Warmwas-

ser oder Dampf erzeugt werden, die ihrerseits in einem besonderen Wärmeaustauscher das Warmwasser erwärmen.

3. nach der Zahl der WW-Entnahmestellen:

   Einzelversorgung mit einer Entnahmestelle,
   Gruppenversorgung mit mindestens zwei nahe beieinanderliegenden Entnahmestellen,
   Zentralversorgung mit Rohrleitungsnetz für viele Entnahmestellen.

4. nach dem Wasserdruck im Warmwasser-Erzeuger:

   Offene Anlagen, die in Verbindung mit der Atmosphäre stehen und daher nur geringen Druck haben,
   geschlossene Anlagen, die unter Wasserleitungsdruck stehen.

5. nach dem W-Erwärmungssystem:

   Speichersysteme, bei denen durch die Wärmequelle eine große Wassermenge auf Vorrat erwärmt wird,
   Durchflußsysteme, bei denen nur so viel Wasser erwärmt wird, wie verbraucht wird,
   kombinierte Systeme, die nach beiden Methoden arbeiten.

6. nach der Größe der Anlage (DIN 4753 T1 [03.88]):

   Gruppe I, das Produkt $p \cdot V$ = Druck · Inhalt (bar · Liter) ist < 300 und die Wärmeleistung $P < 10$ kW (Speichersystem) bzw. $V < 15$ Liter und $P < 50$ kW (Durchflußsystem),
   Gruppe II, alle übrigen Anlagen. Diese benötigen eine Prüfung durch Sachverständige (mit Ausnahme der mittelbar mit < 110 °C beheizten Behälter).

Eine andere Einteilung der WWV zeigt Bild 4.1.3-1.

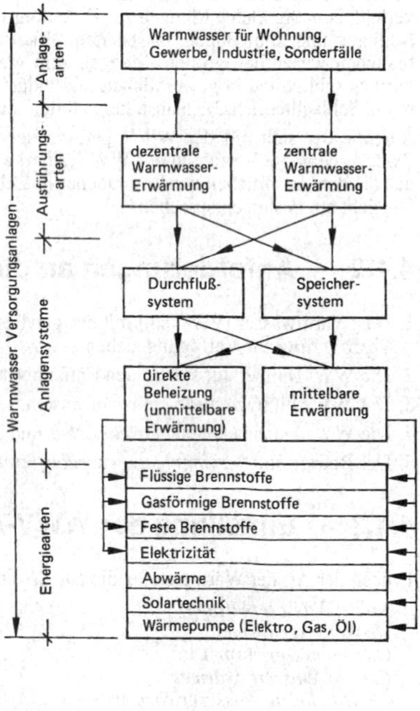

Bild 4.1.3-1. Übersicht über die Arten von Wassererwärmungsanlagen.

4.1.4 Graphische Symbole

Zur Darstellung von Wasserleitungen in Zeichnungen werden in Deutschland die graphischen Symbole noch nach Tafel 4.1.4-1 verwendet (DIN 1988 T1 [12.88]). Auch europäisch sind die Symbole genormt: siehe DIN EN 806-1 [04.01]

Bildzeichen und Kennbuchstaben der MSR-Technik s. Abschn. 2.1.2.

Tafel 4.1.4-1 Graphische Symbole für Wasserversorgungsanlagen (DIN 1988 [12.88])

Nr.	Gegenstand	Symbol
4.1	**Grundsymbole für vereinfachte Darstellungen**	
4.1.1	Wasserleitung	
4.1.2	Lagekennzeichnung einer Absperrarmatur	
4.2	**Wasserleitungen**	
4.2.1	Trinkwasserleitung kalt, z.B. DN 80	TW 80
4.2.2	Trinkwasserleitung warm (W) wenn mit Wärmedämmung (WD)	TWW 50 – WD
4.2.6	Übergang in der Nennweite, z.B. von DN 50 auf DN 40	50 40
4.2.20	Wand- oder Deckendurchführung, mit Schutzrohr	
4.3	**Lösbare Verbindungen**	
4.3.1	Lösbare Verbindung, allgemein	
4.3.2	Schraubverbindung	
4.5	**Absperr- und Drosselarmaturen**	
4.5.1	Absperrarmatur, allgemein	
4.5.2	Absperrschieber	
4.5.3	Absperrklappe	
4.5.4	Absperrventil, Durchgangsventil	
4.5.5	Eckventil	
4.5.6	Dreiwegeventil	
4.5.8	Durchgangshahn	
4.5.11	Anbohrschelle (z.B. seitlich)	
4.5.12	Ventilanbohrschelle (z.B. oben)	
4.5.13	Druckminderer, Druckminderdurchgangsventil	
4.6	**Entnahmearmaturen**	
4.6.1	Auslaufventil, Entleerungsventil	oder
4.6.4	Mischer	
4.6.5	Spülkasten	S
4.6.6	Brause	
4.6.7	Schlauchbrause	
4.7	**Sicherungs- und Sicherheitsarmaturen**	
4.7.1	Rohrbe- und -entlüfter	
4.7.2	Rohrbe- und -entlüfter mit Tropfwasserleitung	
4.7.3	Rohrbelüfter	
4.7.5	Rohrentlüfter	

Nr.	Gegenstand	Symbol
4.7.7	Rückflußverhinderer	
4.7.8	Durchgangsventil mit Rückflußverhinderer	
4.7.9	Auslaufventil mit Belüfter und Schlauchverschraubung	
4.7.11	Rohrbruchsicherung, Schlauchbruchsicherung	
4.7.12	freier Auslauf, Systemtrennung	
4.7.13	Rohrtrenner	
4.7.14	Sicherheitsventil, federbelastet	
4.8	**Wasserbehandlungsanlagen**	
4.8.2	Enthärtungsanlage, Entsalzungsanlage	EH
4.8.3	Filter	FIL
4.9	**Einrichtungen mit rotierenden Teilen**	
4.9.1	Pumpe	
4.9.3	Waschmaschine	
4.9.4	Geschirrspülmaschine	
4.10	**Meß-, Steuer- und Regeleinrichtungen**	
4.10.1	Volumenstrommeßgerät, Durchflußmeßgerät	
4.10.2	Volumenzähler, Wasserzähler	000 Σm³
4.10.3	Wärmemengenzähler	000 ΣJ
4.10.4	Anschluß für Meßgerät	
4.10.5	Temperaturmeßgerät	
4.10.8	Steuerleitung	
4.10.10	Antrieb durch Schwimmer	
4.10.11	Antrieb durch Gewichtsbelastung	
4.10.12	Antrieb durch Federbelastung	
4.10.13	Antrieb von Hand	
4.10.14	Antrieb durch Elektromotor	M
4.11	**Behälter und Trinkwassererwärmer**	
4.11.1	Behälter, drucklos, offen, mit Überlauf	
4.11.3	Druckbehälter	
4.11.4	Wassererwärmer allgemein	
4.11.7	Trinkwassererwärmer, mittelbar beheizt, Trinkwasser im Behälter	TWW WT TW
4.13	**Weitere Graphische Symbole**	
4.13.1	Trichter	

Weitere Sinnbilder in DIN 1986-100 [03.02], DIN EN 12056 [01.01] und DVGW-TRGI '86, Ausgabe: 1996 (Techn. Regeln für Gas-Installationen). Siehe auch Tafel 2.1.2-2 bis Tafel 2.1.2-4.

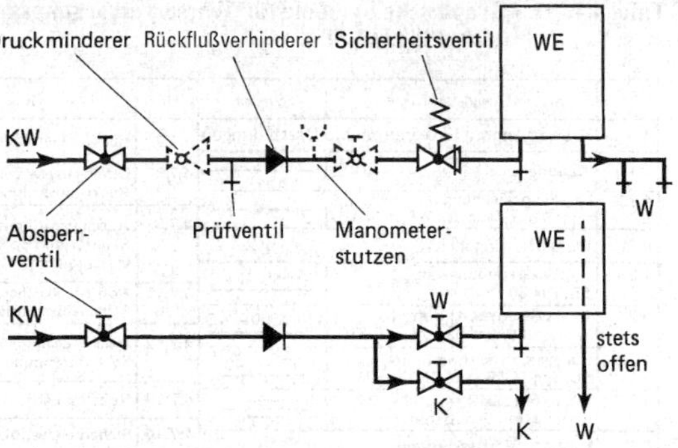

Bild 4.1.4-1. Anschluß von Wassererwärmern an die Kaltwasserleitung.
Oben: Geschlossene W-Erwärmer (mit Druck) über 10 l
Unten: Offene W-Erwärmer (drucklos) über 10 l
KW = Kaltwasser, WE = Wassererwärmer, K = kalt, W = warm

4.1.5 Bestimmungen zur Sicherheit und Energieeinsparung

Für offene und geschlossene Wasser-Erwärmungsanlagen gilt die zur bauaufsichtlichen Einführung empfohlene Norm:

DIN 4753 T1 (03.88): Wassererwärmer und -Anlagen für Trink- und Betriebswasser; Anforderungen, Kennzeichnung, Ausrüstung und Prüfung.

Außerdem sind zu beachten:

DIN 4708 T1–T3 (04.94): Zentrale Wasser-Erwärmungsanlagen.

TRD 721, *Sicherheitsventile* (5.82, Entwurf 11.93): Sicherheitstechnische Richtlinien für Sicherheitseinrichtungen gegen Drucküberschreitung für Heizungsanlagen.

DIN 1988 T1–T8 (12.88): Techn. Regeln für Trinkwasserinstallationen (TRWI).

Zur *Energieeinsparung* sind zu beachten (s. auch Abschnitt 4.2.2-3):

- Energieeinsparverordnung – EnEV vom 16.11.01 (s. Abschnitt 6.1.5) bezüglich Dämmschichtdicke von Rohrleitungen. Zirkulationspumpen müssen über selbsttätig wirkende Einrichtungen ein- und ausschaltbar sein.
- VO über Heizkostenabrechnung (20.1.89), regelt verbrauchsgerechte WW-Erfassung
- VO über kleine und mittlere Feuerungsanlagen (Neufassung vom 14.3.97, zuletzt geändert 27.7.01), regelt Abgasverluste.

Hygienische Forderungen s. Abschnitt 4.3.8.

4.2 Wasser-Erwärmungssysteme

Nach der *Art der Versorgung* werden die Systeme wie folgt unterschieden:

- *Einzelversorgung:*
  jede WW-Entnahmestelle erhält einen eigenen Trinkwasser-Erwärmer.
- *Gruppenversorgung:*
  räumlich konzentriert liegende Warmwasser-Entnahmestellen werden von einem Trinkwassererwärmer versorgt. Diese Anlagen erhalten wegen der relativ kurzen Stichleitungen i. d. R. keine Zirkulationsleitung.
- *Zentralversorgung:*
  alle WW-Entnahmestellen eines Gebäudes werden von einem oder mehreren Trinkwasser-Erwärmern versorgt. Damit das Rohrnetz während langer Entnahmepausen nicht auskühlt, werden bei ausgedehnten Verteilungen entweder eine Zirkulation oder eine Begleitheizung vorgesehen.

  Man spricht nach DIN 1988 T2 bzw. VDI 2067 Bl. 4 auch von einer Zentralversorgung, wenn alle Entnahmestellen nur *einer* Wohnung von einem Wassererwärmer versorgt werden.

4.2.1 Einzel- und Gruppenversorgung

-1 Kohle- und ölbeheizte Speicherwassererwärmer

-1.1 Kohlebeheizte Wassererwärmer

Der in Deutschland früher weit verbreitete *Kohlebadeofen* ist inzwischen weitgehend durch andere W-Erwärmer verdrängt worden.

Der *Niederdruck-Kohlewassererwärmer* oder offene Kohlewassererwärmer (Bild 4.2.1-1) besteht aus einem die Feuerung enthaltenden Unterbau aus Gußeisen oder Stahl, auf dem der zylindrische Speicherbehälter aufgebaut ist. Die Feuerung erfolgt auf gußeisernen Rost. Die Wärme der Heizgase wird an das Warmwasser durch das im Innern des Behälters verlaufende Flammrohr aus Kupfer übertragen. Der Wasserbehälter ist drucklos. Beim Öffnen des Kaltwasserabsperrventils wird das Warmwasser aus dem Speicher verdrängt, der daher auch *Verdrängungsspeicher* genannt wird. Aufheizzeit für den Gesamtinhalt bis 40 °C etwa 45 min. Im allgemeinen nur eine Zapfstelle möglich.

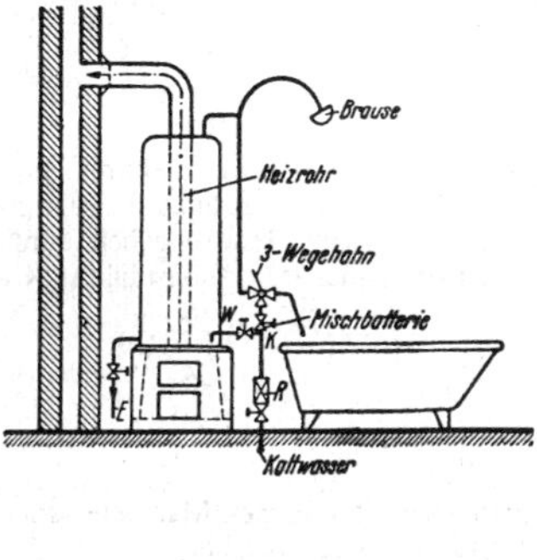

Bild 4.2.1-1. Niederdruck-Kohlebadeofen (Standbadeofen am Fußende der Badewanne)
E = Entleerung, *R* = Rückflußverhinderer, *K* = Kaltwasser, *W* = Warmwasser

Ausführung gewöhnlich als Standofen. Armaturen mit Auslauf und Brausekopf. Entleerung durch Stopfen oder Ventil. Kaltwasseranschluß $^3/_4''$ oder $^1/_2''$ mit Drosselscheibe gegen Überdruck und Rückflußverhinderer. Wasserinhalt 90 bis 120 Liter, auch 200 Liter. Oberfläche brüniert, lackiert oder emailliert. Ausführung mit und ohne Isoliermantel oder mit Umschaltung für Raumheizung. Wirkungsgrad je nach der Zahl der Bäder 30...40% für das erste Bad, 40...50% für das zweite Bad. Nutzungsgrad einschließlich Raumheizung ≈65...70%. Normung in DIN 18889 (11.56). Armaturen für den Kaltwasseranschluß: Absperrventil und Rückflußverhinderer.

Hochdruck-Kohlewassererwärmer oder geschlossene Kohlewassererwärmer stehen unter Wasserleitungsdruck. Armaturen nach DIN 1988 und DIN 4753 beachten. Mehrere Zapfstellen möglich. Daher Verwendung außer im Haushalt auch im Gewerbe.

Erforderliche Sicherheitsarmaturen beim Hochdrucksystem:

1 Absperrventil	1 Absperrventil (über 120 Liter)
1 Prüfventil	1 Membran-Sicherheitsventil
1 Rückflußverhinderer	1 thermisch gesteuerter Überlauf
1 Manometerstutzen	(1 Druckminderer)

Es dürfen nur baumustergeprüfte druckfeste Kohlebadeöfen eingebaut werden.

Besonders in ländlichen Gegenden gibt es noch Wassererwärmer und Heizungsanlagen in Verbindung mit dem holz- oder kohlegefeuerten *Küchenherd*[1]).

-1.2 Ölwassererwärmer

Aufbau und Funktion *des Ölbadeofens* wie Kohlebadeofen, jedoch Unterbau mit Ölbrenner, in der Regel ein Verdampfungsbrenner:

Unterofen mit Brenner und Ölregler,
Wasserbehälter mit einem oder mehreren Rauchrohren, meist nicht isoliert,
Tankfüllung mit 10…20 Liter Inhalt.

Richtlinien für Bau und Prüfung enthält DIN 4733 (01.90) – Öl-Speicher-Wasserheizer mit Verdampfungsbrennern.

Herstellung in *druckloser* und in *druckfester Bauart.*

Sicherheitsthermostat mit Fühler im Wasserraum schaltet bei zu hoher Wassertemperatur Ölzufuhr ab. Ölverbrauch für ein Bad etwa 0,8…1,0 kg Öl. Tankfüllung daher ausreichend für 10 bis 20 Bäder. Zündung manuell oder mit Automatik. Bei größeren Geräten auch Druckölbrenner. Temperaturbegrenzer erforderlich, um Überheizen zu vermeiden.

Bei starkem Zug Nebenluftzugregler.

Unterofen für feste Brennstoffe kann gegen Öl-Unterofen ausgetauscht werden.

Gerätewirkungsgrad ≈60…70%,
Betriebswirkungsrad ≈40…50%.

In Neubauten kaum noch angewandt.

-2 Elektrowassererwärmer[2])

-2.1 Tauchsieder

sind transportable Geräte in Form von *Ring- oder Rohrheizkörpern* sowie Elektrokocher. Sie dienen zur Erwärmung kleiner Wassermengen für Speisen und Getränke. In zahlreichen Größen erhältlich. Wichtig ist, daß eine Sicherung gegen Trockengehen durch Schmelzsicherungen, Bimetallschalter oder dergleichen vorhanden ist, da sonst häufig Reparaturen.

-2.2 Elektrowarmwasserspeicher

sind wärmegedämmte Behälter mit eingebautem elektrischen Heizkörper. Man unterscheidet offene und geschlossene Speicher (früher drucklose oder Druckspeicher).

---

[1]) Hoisl, A.: Ki 1/84. S. 13/15.
[2]) Feurich, H.: IKZ 4/78. 5 S. und IKZ 20/82. S. 98.
Kohnke, H.-J.: ETA Nov. 6/81. S. A 3/3/8.
Hadenfeldt, A.: ETA 4/5-82. S. A 194/203.
DIN 68902 (06.98) u. DIN 44532 T1 (06.89): Elektro-Wassererwärmer.
RWE Bauhandbuch 12. Ausgabe 1998.

-2.2.1 Offene Speicher

Offene, direkt elektrisch beheizte Speicher werden im wesentlichen in vielen Baugrößen hergestellt. Ein offenes System kann nur eine Entnahmestelle versorgen.

Nenninhalt in l	5	10/12	15	30	50	80	100
Nennaufnahme in KW	2	2	4	4	6	6	6

Für Bedarfsfälle mit größeren Entnahmemengen wie bei Bädern und Duschen werden auch größere Speicherinhalte mit 80 bzw. 100 l angewandt (Bild 4.2.1-5). Teilweise besitzen diese Geräte auch Anschlußmöglichkeiten zur Aufheizung in der Niedertarifzeit. Die Aufheizung des Speicherinhalts erfolgt nach dem Tauchsiederprinzip durch einen oder mehrere Rohrheizkörper.

Die Speicherbehälter bestehen bei diesen Geräten aus Kupfer, Stahl innen emailliert oder – insbesondere bei kleinen Speichern – aus Kunststoff.

Auswahl der Geräte unter Berücksichtigung der Zapfvolumina kann nach Tafel 4.2.1-1 erfolgen.

Tafel 4.2.1-1 Entnahmemengen bei elektrischen Speicherwassererwärmern für dezentrale Warmwasserversorgung bei verschiedenen Mischwassertemperaturen, Kaltwassertemperatur 10 °C

Speicherinhalt l	Speicher-temperatur-einstellung °C	Durchschnittliches Zapfvolumen in l bei Mischwassertemperatur °C 35	38	40	55
5	60	10	9	8	5
	80	14	13	12	8
10	60	20	17	16	10
	80	28	25	23	15
15	60	30	26	25	15
	80	42	37	35	23
80	60	160	140	130	80
	80	240	210	200	110

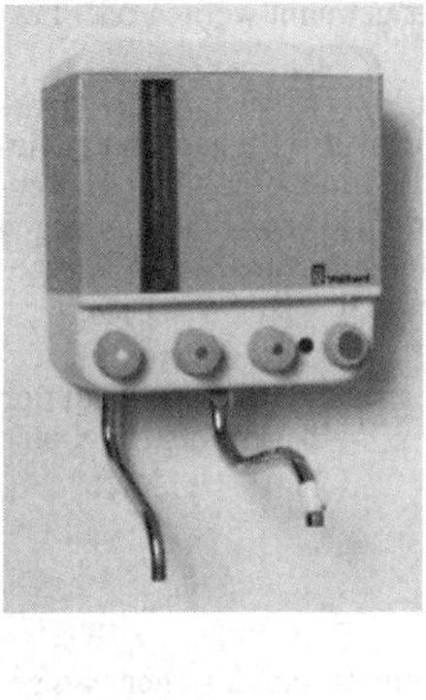

Bild 4.2.1-2. Ansicht eines Kochendwassergerätes (Vaillant).

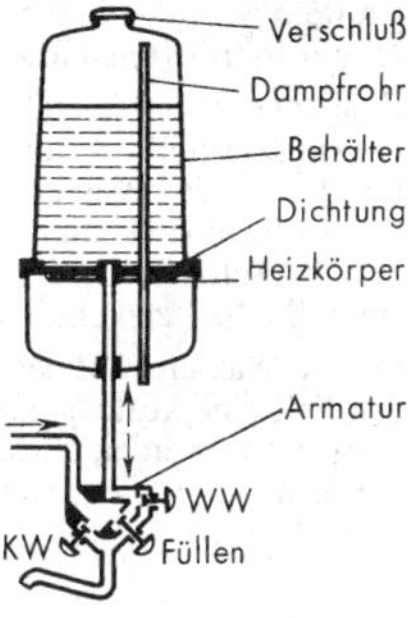

Bild 4.2.1-3. Schnitt durch ein Kochendwassergerät.

Die Geräte werden unmittelbar in der Nähe der Entnahmestelle angebracht, z.B. in der Küche oder überall dort, wo geringe Mengen benötigt werden. Kochendwassergeräte besitzen einen aufgesetzten Glas- bzw. Kunststoffbehälter mit Inhaltsmarkierung. Sie haben eine angebaute Mischarmatur mit Schwenkauslauf und ermöglichen eine Wassererwärmung bis zum Siedepunkt; geeignet für Kaffee- oder Teewasser. Geräte für 5 l Inhalt s. Bild 4.2.1-2 und Bild 4.2.1-3.

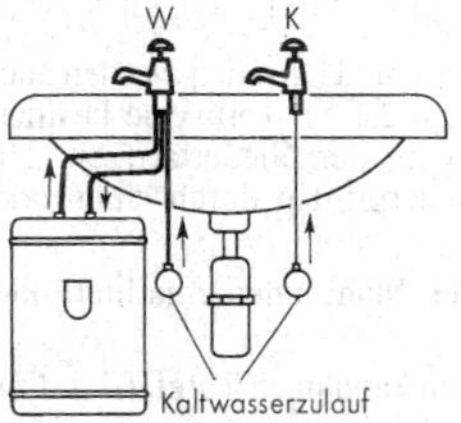

Bild 4.2.1-4. Kleinspeicher unter Waschtisch.

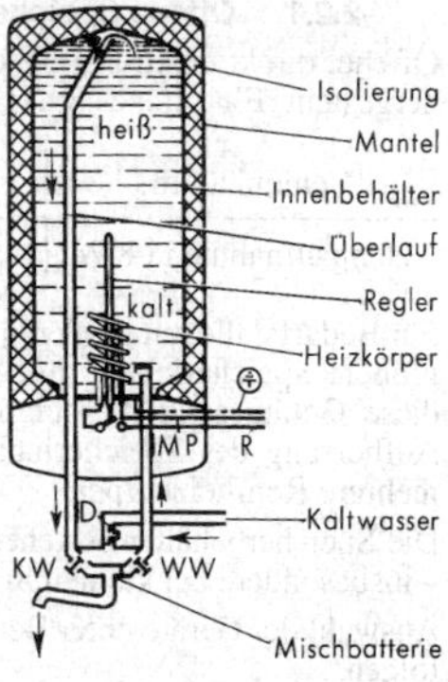

Bild 4.2.1-5. Elektro-Warmwasser-Speicher. D = Drosselstück, R–MP = elektrischer Anschluß

Für Waschtische, Spülen und andere Zapfstellen gibt es Speicher mit 10 bzw. 12 l in Über- oder Untertischmontage (Bild 4.2.1-4).

Es handelt sich um offene Speicher, deren Wasserinhalt auch bei geschlossenem Warmwasserzapfventil mit der Atmosphäre in Verbindung steht. Der Netzdruck wirkt also nicht auf den Speicherbehälter. Beim Öffnen des Warmwasserzapfventils strömt kaltes Wasser durch das Zulaufrohr in den Speicher ein und drückt das erwärmte Wasser durch den offenen Überlauf-Auslaufschwenkhahn zur Entnahme. Ein Prallblech verteilt den eintretenden Kaltwasserstrom. Beim Aufheizvorgang dehnt sich das Wasser im Speicher aus und kann durch den Überlauf am Schwenkauslauf der Mischbatterie entweichen.

Die Temperaturregelung erfolgt über einen Regler mit Kapillarrohr, der ein mechanisches Schaltwerk betätigt und den Stromkreis in Abhängigkeit von dem am Temperaturwähler eingestellten Sollwert ein- oder ausschaltet. Einstellbereich 10…80 °C.

Die Speicher sind mit Sicherheitstemperaturbegrenzern ausgestattet, die bei Defekt des Temperaturreglers den Rohrheizkörper automatisch abschalten, z. B. über eine Schmelzlotsicherung *(Trockengehschutz).*

Da häufig über einen längeren Zeitraum keine Entnahme erfolgt, muß durch eine gute Wärmedämmung die Auskühlung verhindert werden. Um Einfrieren des Gerätes in unbeheizten Räumen zu verhindern, darf das Gerät nicht vom Stromnetz getrennt werden oder besser nur in frostfreien Räumen installiert werden.

Eine Sonderform der offenen Speicher-W-Erwärmer sind sogenannte *Kochendwasserautomaten.* Diese finden Anwendung in Betrieben, Büros und Kantinen und Teeküchen und liefern kochendes Wasser zur Getränkebereitung. Sie können mit Großkaffee- oder Kaffee-Filtermaschinen kombiniert werden. Kochendwassergeräte werden je nach Bedarfsmengen in den Größen 8, 10, 20, 30 oder 60 l Inhalt mit Anschlußleistungen von 2…9 kW hergestellt. Sie besitzen einen von außen ablesbaren Wasserstandsanzeiger (Bild 4.2.1-2).

Offene Wassererwärmer werden nur für die Einzelversorgung eingesetzt und sind für diesen Fall eine kostengünstige Lösung. Wichtig ist, daß nur sog. Überlauf-Mischbatterien vorgesehen werden dürfen, die auch von den Herstellern des WW-Erwärmers angeboten werden.

-2.2.2 Geschlossene Speicher

Geschlossene Speicher sind solche Speicher, die unter Wasserleitungsdruck stehen und gewöhnlich für *mehrere Zapfstellen* verwendet werden, z. B. für Küche und Bad oder Wasch- und Brauseanlagen in Betrieben (Friseure, Bäckereien, Fleischereien u. a.). Es gibt jedoch auch Warmwasserspeicher, die einen Inhalt von nur 5 oder 10 Liter Wasser haben und z. B. unter einem Waschbecken montiert werden. Konstante Warmwassertemperatur, meist 60 °C. Zur Verhinderung von Druckschäden sind die Sicherheitsvorschriften zu beachten (siehe Abschn. 4.1.5). Bis 10 Liter Inhalt Absperr- und Sicherheitsventil, bei größeren Ge-

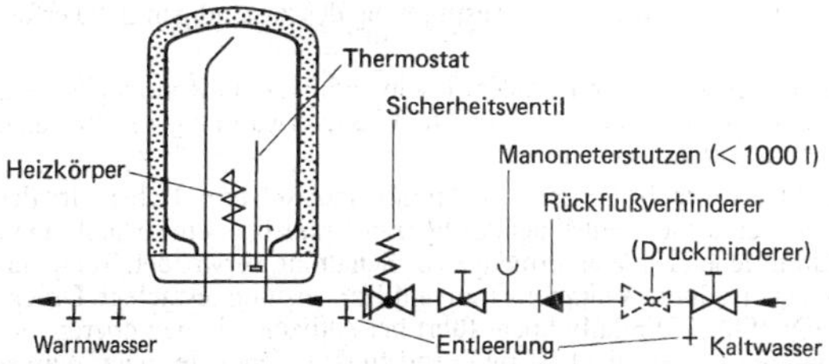

Bild 4.2.1-6. Geschlossener Elektro-Warmwasserspeicher mit Sicherheitsarmatur.

räten: 1 Absperrventil, 1 Prüfventil, 1 Rückflußverhinderer, 1 Manometerstutzen, 1 Absperrventil (über 120 Liter), 1 Membransicherheitsventil (Bild 4.2.1-6).

Zur Ausnutzung des preisgünstigen Niedertarifstroms (Nachtstroms) sind diese Geräte geeignet. Dafür ist dann ein besonderer Zähler erforderlich. Nach Entnahme des Speicherinhalts steht dann allerdings kein Warmwasser mehr zur Verfügung. Eine Abhilfe hiergegen besteht darin, zwei elektrische Heizkörper zu verwenden, einen Tag- und einen Niedertarifheizkörper *(Zweikreisspeicher)*. Der Tagheizkörper kann am Tage nach Bedarf zugeschaltet werden, so daß dann beliebige Wassermengen, allerdings zu einem höheren Strompreis, entnommen werden können. Speicherwassertemperatur möglichst nicht über 60 °C.

Für große Anlagen stehen Elektrospeicher bis 1000 Liter Inhalt zur Verfügung. Für einen Vier-Personen-Haushalt genügt meist ein 300-Liter-Speicher. Gehäuse aus thermoglasiertem Stahlblech sowie aus Kupfer oder Edelstahl (Bild 4.2.1-7).

Als Heizkörper dienen meist elektrische Rohrheizkörper. Gerätewirkungsgrade ≈98%, Nutzungsgrad ≈70…75%. Bei großem Bedarf Reihenschaltung (Bild 4.2.1-8). Normung in DIN 44901-1 (6/1985): Elektro-Wassererwärmer; Warmwasserspeicher.

Bild 4.2.1-7. Ansicht eines Elektro-Standspeichers für Nachtstrombetrieb (Vaillant).

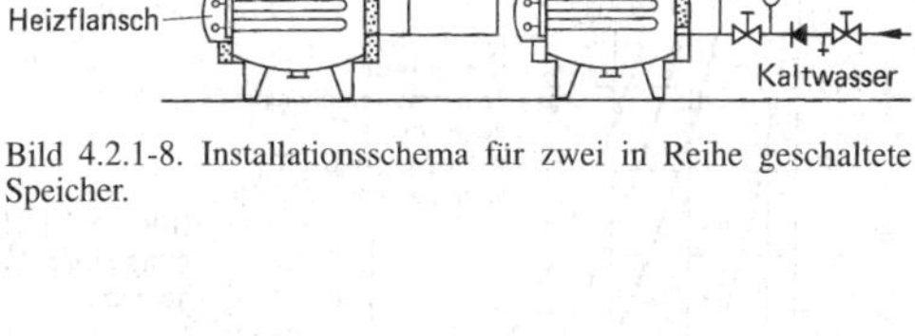

Bild 4.2.1-8. Installationsschema für zwei in Reihe geschaltete Speicher.

-2.3 Elektrodurchflußwassererwärmer

heizen das durchfließende Wasser sofort auf. Geräte sind zwar billig, benötigen jedoch einen starken *Stromanschluß*. Beispielsweise sind zur Erzeugung von nur 1 l/min Warmwasser von 10/40 °C erforderlich:

$$P = \varrho \cdot c \cdot \dot{V} \cdot \Delta t = \frac{1 \cdot 4{,}2 \cdot 1 \cdot (40 - 10)}{60} = 2{,}1 \text{ kW}$$

Wassererwärmung durch Widerstandsdrähte oder Rohrheizkörper. Übliche Anschlußleistungen 12, 16, 18, 21, 24 kW. Zum Anschluß ist Zustimmung des zuständigen EVU erforderlich.

Das zu erwärmende Wasser fließt meist mit großer Geschwindigkeit an Rohrheizkörpern entlang. Manchmal auch blanke Heizleiter für direkte Wassererwärmung in einzelnen Heizblocks aus Keramik, Wasserinhalt meist < 1 l.

Ein- und Ausschalten des Stromes meist hydraulisch durch *Wasserschalter*. Dabei wird der beim Durchfluß durch eine Venturidüse entstehende *Differenzdruck* über eine Membran in Abhängigkeit von der durchfließenden Wassermenge zur Schaltung verwendet. Temperatur des auslaufenden Wassers ist durch Volumenstrom und Heizleistung festgelegt. Druckverluste mit ca. 1 bar (DIN 1988 T3) relativ hoch; führt bei Altbauten in den oberen Geschossen häufig dazu, daß die Geräte nicht befriedigend funktionieren. Je mehr Wasser fließt, desto niedriger ist die Temperatur, falls nicht ein Wasserdruckregler eingebaut ist. Bei den *thermischen Durchlauferwärmern*, die einen kleinen Speicher von ca. 3...10 l Wasser enthalten, wird die Heizleistung mittels Thermostat in einzelnen Stufen eingeschaltet. Sofort heißes Wasser verfügbar. Auslauftemperatur nahezu gleichbleibend. Mit ca. 0,5 bar (DIN 1988 T3) geringere Druckverluste.

Elektronische Durchlaufwassererwärmer steuern über einen eingebauten Mikroprozessor, abhängig von einem einstellbaren Sollwert der Warmwassertemperatur, die elektrische Heizleistung. Die gewünschte Warmwassertemperatur kann in einem Bereich von 35 bis 55 °C mit Hilfe eines Temperaturwählers eingestellt werden. Die stufenlose Leistungsregelung wird von der jeweils durchfließenden Wassermenge und deren Temperaturerhöhung bestimmt. Die sich daraus ergebende Leistungsaufnahme ergibt im Vergleich mit thermisch und hydraulisch gesteuerten Durchlaufwassererwärmern eine Energieeinsparung bis zu 20%. Die Geräte werden mit Anschlußwerten von 18, 21 und 24 kW für Drehstromanschluß 380 V geliefert. Der Einschaltdurchfluß liegt bei 3,3 l/min, der Ausschaltdurchfluß bei 2,3 l/min. Der maximale Durchfluß beträgt bei allen Gerätegrößen 10 l/min.

Warmes Wasser kann sowohl am Gerät selbst wie an entfernt liegenden Zapfstellen entnommen werden.

Wasservolumenstrom (Durchfluß) üblicher Durchlauferhitzer siehe Bild 4.2.1-9.

Beispiel:

Durchlauferhitzer mit 21 kW soll für ein Wannenbad 150 l mit $t_2 = 39$ °C bereitstellen.
Kaltwasser $t_{w1} = 12$ °C
Mit $\Delta t = 39 - 12 = 27$ K
nach Diagramm in Bild 4.2.1-9
Durchfluß $\dot{V} = 11$ l/min
Zeit zum Füllen der Wanne mit 150 l
$t = 150/11 = 13{,}6$ min.

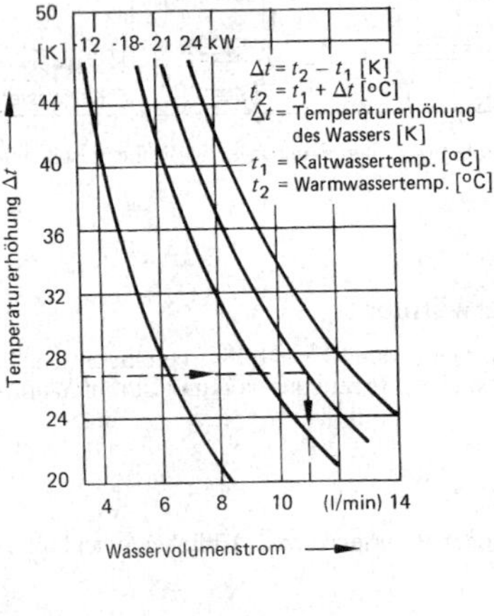

Bild 4.2.1-9. Durchfluß elektrischer Durchlauferhitzer.

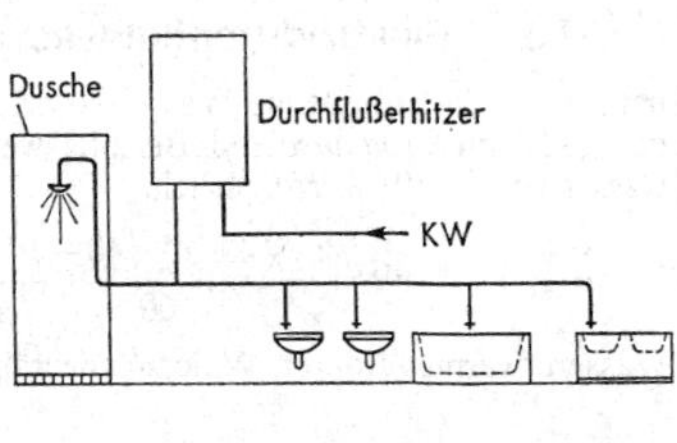

Bild 4.2.1-10. Zentrale Warmwasserversorgung einer Wohnung mittels Durchlaufwasserheizers.

-2.4 Elektrodurchlaufspeicher[1]

sind solche Geräte, die teils als Speicher, teils als Durchflußerwärmer arbeiten. Entnahme kleiner Wassermengen z. B. für Spüle oder Waschtisch vom Speicher, der einen Inhalt von meist 20...100 Liter hat. Die Temperatur kann dabei stufenlos von etwa 30 oder 80 °C eingestellt werden. Bei größerem Bedarf, z. B. für die Badewannenfüllung, automatische Umschaltung auf höhere Heizleistung z. B. von 3,5 auf 21 kW.

-3 Gas-Wassererwärmer[2]

-3.1 Allgemeines

Die *Gaswassererwärmer,* die Wasser durch Stadtgas, Erdgas oder Flüssiggas erwärmen, sind wegen ihrer großen Bequemlichkeit und hohen Wirtschaftlichkeit in Haushalt, Gewerbe und Industrie verbreitet. Ausführung in zahlreichen Bauarten. Sie werden als Durchlauf- und als Speichergeräte (Vorrats-Wasserheizer) hergestellt; ferner für Schornstein- und Außenwandanschluß, wenn kein Schornstein verfügbar.

Gasbrenner ohne Gebläse (*atmosphärische* Brenner) lassen sich in der Regel auf verschiedene Gasarten mit geringem Aufwand umstellen.

Alle Gaswasserheizer mit *offenen Verbrennungskammern* müssen an einen Schornstein angeschlossen werden, um die Abgase abzuführen.

Je nach Größe der Räume und Leistung der Geräte bestehen außerdem Vorschriften über Lüftungseinrichtungen der Räume, damit auf jeden Fall die Zufuhr der Verbrennungsluft gesichert ist. In Aufstellräumen ist ein Rauminhalt von 4 m^3 je kW erforderlich. Der Rauminhalt benachbarter Räume wird dabei angerechnet, wenn in den Wänden oder Türen Öffnungen von 150 bzw. 300 cm^2 vorgesehen werden. Statt dessen kann auch die Luftzufuhr durch Kürzung der Türblätter oder ähnliche Maßnahmen gesichert werden. Näheres siehe TRGI 1986 (Ausgabe 1996).

In der Abgasleitung muß eine Strömungssicherung vorhanden sein, die *bei gestörtem Auftrieb* eine einwandfreie Verbrennung gewährleistet. Sicherheitsvorrichtungen müssen das Ausströmen unverbrannten Gases sowie bei Gas- oder Wassermangel Beschädigung der Geräte verhindern.

Bei Gaswasserheizern mit *geschlossenen Verbrennungskammern* können die Abgase durch eine Außenwand ins Freie geführt werden. Die Raumgröße ist dabei unwesentlich. Die Nennwärmeleistung ist auf max. 25 kW begrenzt. Solche Geräte nur vorsehen, wenn die Abgase nicht über Dach abgeleitet werden können.

Anschluß der Abgasleitung an einen Entlüftungsschacht für Küchen und Aborte nach DIN 18017 T3 (mechanische Entlüftung) ist möglich, wenn sogenannte *Abgas-Überwachungssicherheitseinrichtungen* des atmosphärischen Brenners verwendet werden. Hierfür ist ein Temperaturfühler in der Strömungssicherung erforderlich, der bei Abgasaustritt den Wasserheizer abschaltet.

Gaswasserheizer, die als sogenannte *Umlaufgaswasserheizer* auch zur Raumheizung dienen, siehe Abschn. 2.3.1-2.2.3.

Bei Montage aller Gasgeräte ist TRGI 1986 (Ausgabe 1996) sowie die jeweilige Landesbauordnung zu beachten.

-3.2 Durchflußgaswassererwärmer

Durchflußgaswassererwärmer geben erwärmtes Wasser kontinuierlich ab, indem das das Rohrsystem durchfließende Wasser durch die Heizgase unmittelbar erwärmt wird (Bild 4.2.1-11 und Bild 4.2.1-12). Die Geräte werden mit Zapfleistungen von 5, 10, 13 und 16 l/min hergestellt, wobei eine Wassererwärmung von 10 auf 35 °C angenommen ist. Die entsprechenden Wärmeleistungen (Nennleistungen) sind dann 8,7, 17,5, 22,7, 28 kW. Zur Inbetriebnahme wird meist ein *Piezozünder* verwendet, der durch einen Zündfunken die Zündflamme zündet. Die Zündflamme hält mittels Thermostrom das Zündgasventil geöff-

---

[1] Pflaumer, F.: ETA Nov. 6/81. S. A 322/4.
Test 12/86. S. 102/5.

[2] Stosiek, J.: VDI-Bericht 398. S. 49/54 (1981).
Reitzenstein, W.: Gas 2/81. S. 87.
Test 12/84. S. 94/7.

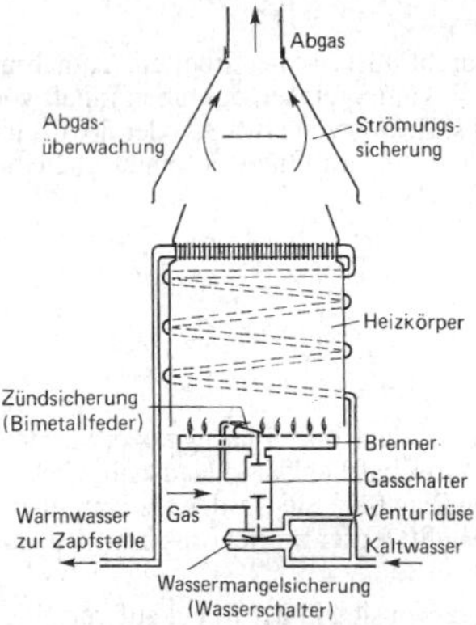

Bild 4.2.1-11. Durchfluß-Gaswasserheizer mit offener Verbrennungskammer.

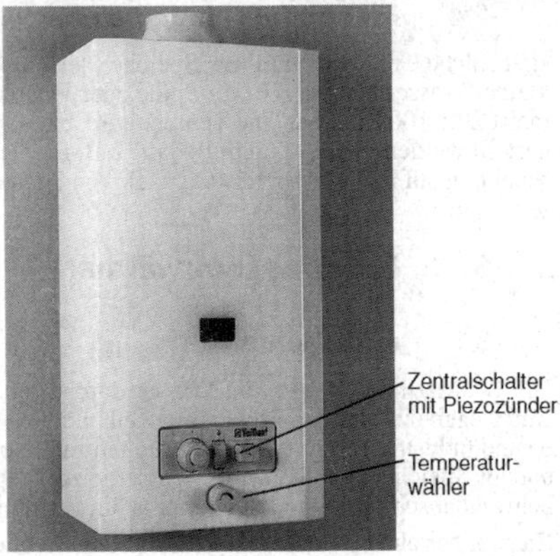

Bild 4.2.1-12. Ansicht eines Durchfluß-Gaswasserheizers (Vaillant).

net (Thermoelektrische Zündsicherung, siehe Abschn. 2.2.1-6.3). Bei zahlreichen Gerätetypen kann durch eine elektronische Zünd- und Überwachungseinrichtung auf eine ständig brennende Zündflamme verzichtet werden; es entfällt der dazu notwendige Gasverbrauch.

Beim Zapfen wird durch das strömende Wasser mittels Venturidüse in der oberen Membrankammer des Wasserschalters ein Unterdruck erzeugt, durch den die Membran nach oben bewegt und das Gasventil geöffnet wird.

Um gleichmäßige Wasserauslauftemperatur zu erhalten, sind neuzeitliche Geräte mit *Leistungsregelung* ausgerüstet. Dabei wird durch einen Temperaturfühler im Auslauf oder auf andere Weise der Gasstrom kontinuierlich mit dem Wasserstrom geändert. Mit einem *Temperaturwähler* kann die gewünschte Auslauftemperatur eingestellt werden.

DIN 3368 und DIN EN 26 enthält Bestimmungen über Begriffe, Bau, Belastung, Leistung, Güte und Prüfung der Geräte mit offener Verbrennungskammer für Stadtgas und Erdgas. Bei unsicherer Versorgung der Verbrennungsluft ist Abgasüberwachung vorzusehen.

Gaswasserheizer mit geschlossener Verbrennungskammer (Bild 4.2.1-13) werden als 10- und 13-Liter-Geräte gebaut. Sie benötigen keinen Abgasschornstein. Frischluftzufuhr und Abgasabführung erfolgt wie bei den Außenwand-Gasheizöfen durch die Außenwand. Brenner vom Raum nicht zugänglich. Zündung durch Magnetfunken. Bei großer Kälte Einfriergefahr. Entleerung bei Außentemperaturen unter 0 °C erforderlich.

Die Bauart der Gaswasserheizer ist heute so, daß immer das Rohrschlangensystem (Heizkörper) unter Wasserdruck steht und den Anschluß mehrerer Zapfventile gestattet *(Mehrzapfgeräte).* Wird irgendein Zapfventil geöffnet, setzt sich der Wassererwärmer durch den Wasserschalter automatisch in Betrieb. Gerätewirkungsgrad ≈ 85% bei Nennbelastung bezogen auf H_u. Jahreswirkungsgrade siehe Bild 4.2.1-16.

Problem auch hier: Zum Schalten ist ein Mindestdurchfluß erforderlich und bei voller Leistung sind auf der Trinkwasserseite relativ große Druckverluste zu überwinden (ca. 0,8 bar als Richtwert nach DIN 1988 T3).

-3.3 Gas-Vorratswasserheizer[1]

Gas-Vorratswasserheizer, auch *Speichergaswassererwärmer* genannt (Bild 4.2.1-14), erwärmen eine gewisse Wassermenge mittels atmosphärischer Gasbrenner auf eine bestimmte Temperatur und halten sie mittels Temperaturregler konstant. Sie gestatten also nur die Entnahme einer begrenzten Wassermenge. Sie werden als offene und geschlossene Speicher gebaut. Ausführung in Größen von 5 bis 300 Liter Inhalt. Der Anschlußwert der

[1]) Test 7/88, S. 57/60.

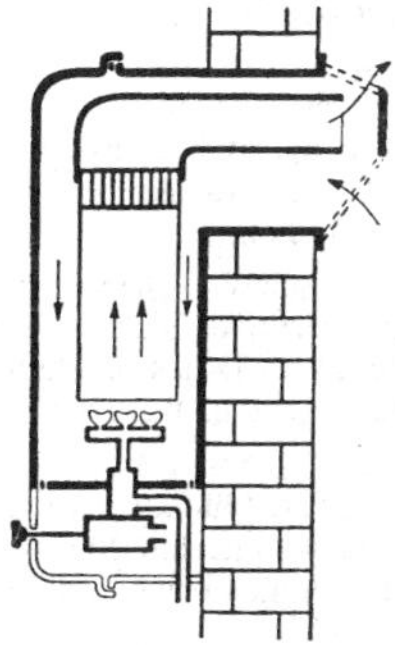

Bild 4.2.1-13. Außenwand-Gaswassererwärmer.

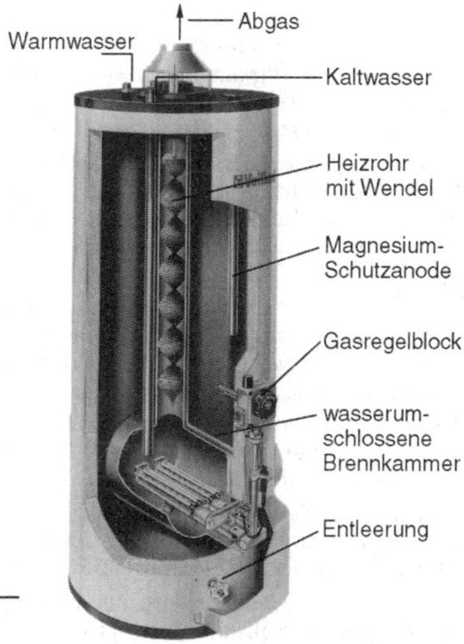

Bild 4.2.1-14. Vorrats-Gaswassererwärmer (Vaillant).

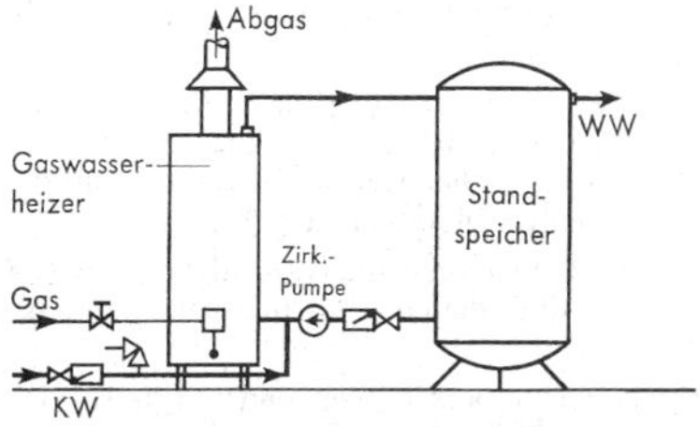

Bild 4.2.1-15. Vorrats-Gaswassererwärmer mit Standspeicher und Zirkulationspumpe. KW = Kaltwasser; WW = Warmwasser

Geräte ist geringer als derjenige der Durchflußgeräte. Inbetriebnahme mit Piezozünder.

Hauptbestandteile sind: atmosphärischer Brenner mit Regeleinrichtung und thermoelektrischer Zündsicherung, Brennkammer, Wasserraum mit einem oder mehreren Heizrohren mit Turbulatoren, Schutzanode aus Magnesium, Abgasrohr mit Strömungssicherung. Im oberen Teil Temperaturregler, der bei Erreichen des eingestellten Wertes die Gaszufuhr sperrt. Außerdem Temperaturbegrenzer. Für große Leistungen Parallelschaltung mehrerer Geräte oder Verbindung mit Standspeicher (Bild 4.2.1-15).

Um *Stillstandsverluste* zu verringern, ist der Einbau einer thermisch oder elektrisch gesteuerten Abgasklappe hinter der Strömungssicherung zweckmäßig.

Verwendung vorwiegend als geschlossene Speicher, d.h. der Wassererwärmer steht unter dem örtlichen Leitungsdruck. Innen und außen meist emailliert. Gute Wärmedämmung erforderlich. Zusätzlich häufig Magnesium-Anode. Bei großen Anlagen Zirkulationsleitungsanschluß.

Wirkungsgrad bei Nennleistung ≈83%, Jahresnutzungsgrad ist stark abhängig von der Warmwasserentnahme. Für einen 4-Personen-Haushalt genügt ein Speicherinhalt von 100…150 l.

-3.4 Regel- und Sicherheitseinrichtungen (Bild 4.2.1-16)

Handbetätigte Armaturen sind so verriegelt, daß falsche Bedienung nicht möglich ist. Erst wenn das Zündflammenventil geöffnet ist, läßt sich das Hauptgasventil öffnen.

Bei *älteren Geräten* wird bei der Inbetriebnahme zunächst mittels Zentralschalter das Zündgasventil geöffnet. Dadurch strömt Zündgas zum Zündbrenner, wo es durch den gleichzeitig betätigten Piezozünder gezündet wird. Die dauernd brennende Zündflamme erwärmt ein Thermoelement, das bei Erwärmung das Gas-Sicherheitsventil öffnet, beim

Abkühlen aber schließt. Bei Gasmangel erlischt die Zündflamme, so daß das Gasventil geschlossen wird. Siehe auch Abschn. 2.2.1-6 (Gasöfen).

Neue Geräte benötigen keine Zündflamme mehr. Der Hauptbrenner wird direkt durch Hochspannungsfunken gezündet. Durch den von der Flamme erzeugten Ionisationsstrom zwischen 2 Elektroden erfolgt die Rückmeldung der Zündung an ein Überwachungsrelais. Einsparung von ca. 60 m^3 Gas jährlich. Jedoch Stromanschluß erforderlich.

Der *Wasserschalter* ermöglicht die Inbetriebnahme des Brenners durch Öffnen eines Warmwasserzapfventils. Beim Öffnen des Warmwasserzapfventils verringert sich, unterstützt durch die Wirkung der Venturi-Düse in der Kaltwasserleitung, der Druck oberhalb der Membrane, so daß sich das Wassermangelventil öffnet. Bei zu geringem Wasserdruck wird das Wassermangelventil geschlossen.

Das *Hauptgasventil* (Bild 4.2.1-16) hält unabhängig vom Wasserdruck die durchfließende Gasmenge konstant, um Belastungsänderungen durch Druckschwankungen im Netz zu verhindern. Im Reglergehäuse befindet sich ein Schwimmer, der bei steigendem Gasdruck den Durchgangsquerschnitt verengt.

Der *Wassermengenregler* hält unabhängig vom Wasserdruck die durchfließende Wassermenge und damit die Warmwassertemperatur konstant. Hierzu dient der Regelbolzen unterhalb der Membrane, der den Durchgangsquerschnitt für das Kaltwasser je nach Lage der Membrane vergrößert oder verkleinert (Bild 4.2.1-16).

Der *Temperaturwähler* ist ein kleines Ventil, bei dessen Öffnung mehr Wasser um die Venturi-Düse herum durch das Gerät fließt, so daß die Tempratur sinkt. Einstellbereich der Wassertemperatur zwischen etwa 25 und 65 °C. Bei manchen Geräten wird die Gasmenge auch durch einen im Warmwasserkreis liegenden Fühler modulierend geregelt.

Das *Langsamzündventil* soll das Herausschlagen der Flammen und Rußbildung beim Zünden verhindern. Wird bewirkt durch ein Kugelventil in dem Verbindungskanal zwischen Membrankammer und Venturi-Düse.

Temperatur-*Abschaltung* wird nur bei Speicherwasserheizern verwendet. Ein Ausdehnungskörper (Metallstab, Membran oder dergleichen) schließt das Gasventil, wenn die verlangte Wassertemperatur erreicht ist (Bild 4.2.1-14). Die tägliche Betriebszeit des Brenners ist gering, etwa 1…2 Stunden. Daher sind die Stillstandsverluste hoch.

Thermisch gesteuerte Abgasklappen nach der Strömungssicherung, die sich selbsttätig öffnen und schließen, bewirken je nach Zugstärke und Warmwasserverbrauch eine wesent-

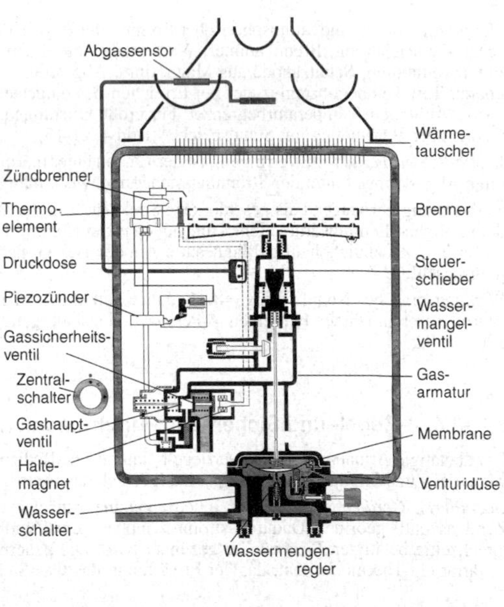

Bild 4.2.1-16. Schema der Gas- und Wassermengenregelung in einem Durchfluß-Gaswasserheizer (Vaillant).

liche Verringerung der Stillstandsverluste. Bezogen auf den Jahresgasverbrauch sind Einsparungen von 5...15% möglich. Außerdem Verhinderung der Raumauskühlung in Bädern.

Bei der *Aufstellung* von allen Gasfeuerstätten ist darauf zu achten, daß Verbrennungsluft nachströmen kann. Mindestrauminhalt 4 m³ je kW Heizleistung sowie Fenster oder Tür ins Freie. Wo Bedenken hinsichtlich ausreichender Versorgung mit Verbrennungsluft bestehen, müssen Gasgeräte mit einer Abgasüberwachung ausgestaltet werden (Bild 4.2.1-11).

-3.5 Kombinierte Geräte für Wassererwärmung und Heizung[1)]

Viele Geräte werden für Warmwasserbereitung und Etagenheizung gebaut, sog. *Kombi-Wasserheizer.* Diese Ausführung ist deswegen möglich, weil der Wärmebedarf für die Wassererwärmung nur in einer kurzen Zeit auftritt, während der die Heizung unbedenklich abgeschaltet werden kann. Allerdings ist der augenblickliche Wärmebedarf für die Wassererwärmung sehr hoch. Z.B. benötigt eine Wannenbadfüllung rd. 20000 kJ (5,5 kWh) in ca. 10...15 min, so daß Geräte unter 20000/(15·60) = 22 kJ/s = 22 kW unzweckmäßig sind.

Begriffe, Anforderungen und Prüfung in DIN 3368 T2 (03.89).

Grundsätzlich kann man zwei Typen unterscheiden:

1. *Direkte Wassererwärmung* (Bild 4.2.1-17 links).

Hierbei erhält der Wärmeaustauscher mehrere Rohre, von denen die einen zur Trinkwassererwärmung, die anderen zur Heizwassererwärmung dienen. Beim Zapfen von Warmwasser wird durch einen *Vorrang-Wasserschalter* W die Heizungspumpe P abgeschaltet und das Gasventil M geöffnet. Pumpe läuft nur beim Heizbetrieb.

2. *Indirekte Wassererwärmung* (Bild 4.2.1-17 rechts).

Für die Wassererwärmung ist ein *Sekundär-Wärmeaustauscher* S vorhanden, in dem das Warmwasser durch Heizwasser erwärmt wird. Beim Zapfen von Warmwasser wird durch einen Wasserschalter das elektrische Drei-Wege-Ventil D betätigt und das Umlaufwasser über den Sekundär-Wärmeaustauscher geleitet. Gleichzeitig wird das Gasventil voll geöffnet. Längere Anheizzeiten

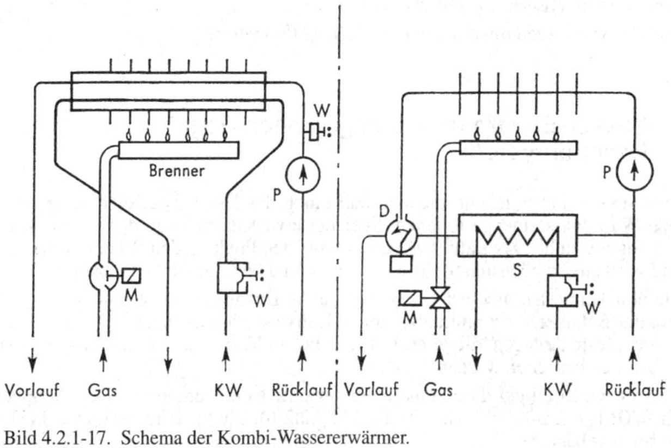

Bild 4.2.1-17. Schema der Kombi-Wassererwärmer.
Links: direkte Wassererwärmung
Rechts: indirekte Wassererwärmung
D = Dreiwege-Ventil, M = Magnetventil, P = Pumpe, S = Sekundär-Wärmeaustauscher, W = Wasserschalter

1) Siehe auch Abschnitt 2.3.1-2.2.

-3.6 Gasverbrauch

Der *Gasverbrauch* eines Gaswasserheizers ermittelt sich aus der Gleichung

$$G = \frac{W\,(t_a - t_e) \cdot c}{H_u \cdot \eta} \text{ in m}^3$$

G = Gasverbrauch in m³
W = Wassermenge in l
c = spez. Wärme in kJ/l K, (c = 4,2 für Wasser)
t_a = Wasseraustrittstemperatur in °C
t_e = Wassereintrittstemperatur in °C
H_u = unterer Heizwert des Gases in kJ/m³
η = Wirkungsgrad

Beispiel:

Wieviel Erdgas wird für ein Brausebad verbraucht, wenn die Wassermenge 50 Liter beträgt?

W = 50 l, t_a = 35 °C, t_e = 10 °C, c = 4,2 kJ/l K, H_u = 32 000 kJ/m³, η = 80%

$$G = \frac{50 \cdot (35 - 10) \cdot 4{,}2}{32\,000 \cdot 0{,}80} = 0{,}205 \text{ m}^3.$$

4.2.2 Zentrale Wasser-Erwärmungsanlagen (ZWE)[1)]

Die zentralen Wasser-Erwärmungsanlagen werden heute ausschließlich als geschlossene Anlagen in unmittelbarer Verbindung mit der Trinkwasserleitung ausgeführt. Je nach der Art der Wassererwärmung teilt man sie grundsätzlich in drei große Gruppen:

1. WW-Anlagen nach dem *Speichersystem* (Warmwasser wird gespeichert):
   Speicher getrennt vom Kessel,
   Speicher im Kessel (Speicherkessel).
2. WW-Anlagen nach dem *Durchflußsystem* (Heizwasser wird gespeichert):
   Durchflußbatterie im Warmwasserspeicher,
   Durchflußbatterie außerhalb des Warmwasserspeichers,
   Durchflußbatterie im Kessel (Speicherkessel).
3. Kombinierte WW-Anlagen mit *Speicher- und Durchflußbetrieb.*

-1 Wasser-Erwärmungsanlagen nach dem Speichersystem

Diese Anlagen sind dadurch gekennzeichnet, daß durch das Heizwasser eine mehr oder weniger große Warmwassermenge in einem Speicher erwärmt wird und damit zum Verbrauch zur Verfügung steht. Das Kaltwasser tritt am tiefsten Punkt in den WE ein, erwärmt sich darin und wird an der höchsten Stelle entnommen und den Zapfstellen zugeführt.

Bei den heute üblichen *geschlossenen Anlagen* ist der W-Erwärmer ein geschlossener, gut wärmegedämmter Behälter, der unmittelbar an die Kaltwasserleitung angeschlossen wird. Es sind also druckfeste Anlagen, die je nach den örtlichen Verhältnissen mit Drücken bis 10 bar Betriebsdruck betrieben werden.

Das Warmwasser wird indirekt durch eine innenliegende Heizfläche oder einen Doppelmantel erwärmt (Bild 4.2.2-1, Bild 4.2.2-2 und Bild 4.2.2-6). Die Speicher werden dabei in folgenden Formen gebaut:

---

1) Kittel, C.: HLH 4/77. S. 152/6.
DIN 4708 (04.94): Zentrale Wasser-Erwärmungsanlagen – 3 Teile.
Marx, E.: Wärme-Technik 12/81. S. 575/80.
Schmitz, H.: Die Technik der Brauchwassererwärmung. Marhold-Verlag. 1983.

Bild 4.2.2-1. Prinzipbild: Geschlossene Wasser-Erwärmungsanlage mit Heizkessel und Wassererwärmung durch eine im Speicher liegende Heizfläche (Schlange oder Register).

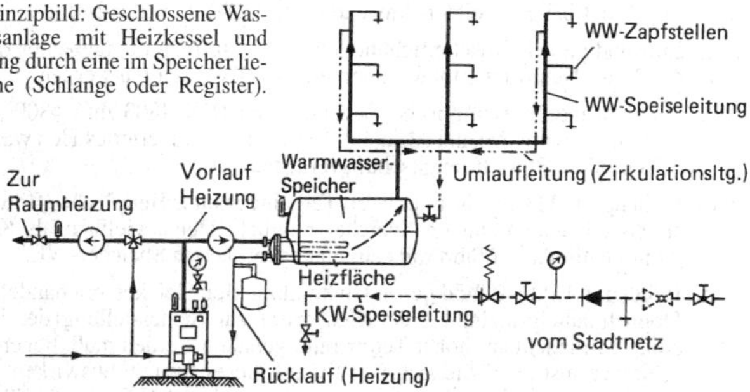

Bild 4.2.2-2. Wasser-Erwärmungsanlage mit Umlauf-Gaswasserheizer und Doppelmantelspeicher.

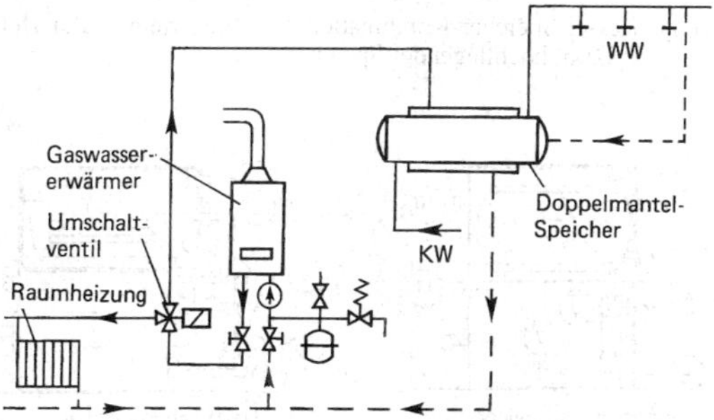

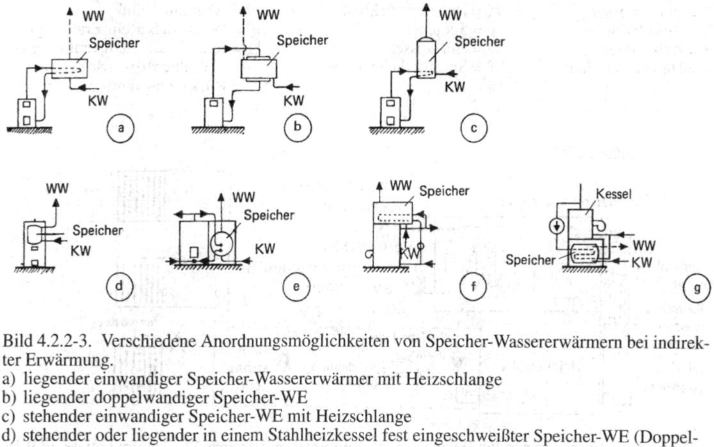

Bild 4.2.2-3. Verschiedene Anordnungsmöglichkeiten von Speicher-Wassererwärmern bei indirekter Erwärmung.

a) liegender einwandiger Speicher-Wassererwärmer mit Heizschlange
b) liegender doppelwandiger Speicher-WE
c) stehender einwandiger Speicher-WE mit Heizschlange
d) stehender oder liegender in einem Stahlheizkessel fest eingeschweißter Speicher-WE (Doppelmantel)
e) stehend oder liegend neben einem Heizkessel angeordnete Heizschlangen- oder Doppelmantel-Speicher-WE
f) stehend oder liegend auf oder unter einem Heizkessel angeordnete Heizschlangen-Speicher-WE
g) Kessel-Speicher-Kombination für Niedertemperatur-Heizkessel mit tiefliegendem Speicher-WE, temperaturgesteuert

KW = Kaltwasser, WW = Warmwasser

Für die in Bild 4.2.2-3 gezeigten Anwendungen folgende Hinweise:

zu a) Einwandige zylindrische Behälter nach DIN 4801 mit eingebauter Heizfläche (Bild 4.2.2-3a). Heizwasser muß immer auf ca. 70 °C gehalten werden.

zu b) Doppelwandige zylindrische Behälter nach DIN 4803 und 4800; das Heizmittel fließt im äußeren Mantel (Bild 4.2.2-3b), höher temperiertes Heizwasser außen, deshalb größere Betriebsbereitschaftsverluste.

zu c) Stehende Behälter mit im unteren Teil eingebauter Heizfläche (Bild 4.2.2-3c); günstiger, da Schichtung im Speicher möglich. Heute vielfach als Kessel-Speicher-Kombination ausgeführt mit seitlich angeordnetem Speicher-WE.

zu d) Bei den in Bild 4.2.2-3d gezeigten kombinierten Heizkesseln handelt es sich um das Doppelmantelprinzip. Da der Heizkessel zur Sicherstellung der Warmwasserleistung permanent auf hoher Temperatur gehalten werden muß, liegen Betriebsbereitschaftsverluste vor, die sich negativ auf dieses System auswirken. Es besteht eine werksseitig feste Zuordnung von Speichergröße zur Heizkesselgröße.

zu e) Kessel-Speicher-Kombination, wobei der Speicher in seiner Größe frei wählbar wird. Auch für Heizkessel im Niedertemperaturbereich geeignet.

zu f) Kessel-Speicher-Kombination für Niedertemperatur-Heizkessel, siehe auch Bild 4.2.2-5, hochliegender Speicher.

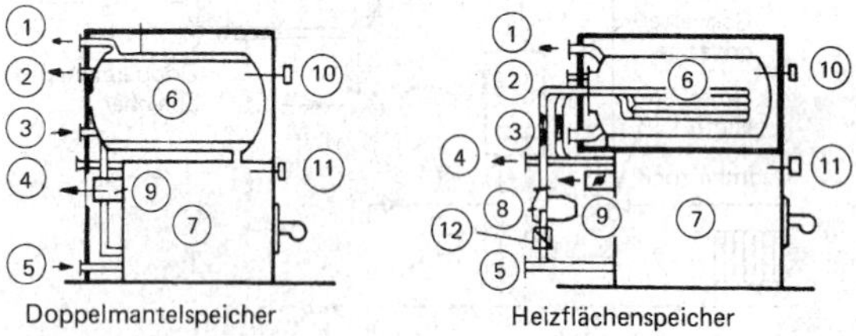

Bild 4.2.2-4. Prinzipaufbau von Heizkesseln mit aufgesetztem Speicher-WE.
Links: Doppelmantelspeicher
Rechts: Heizflächenspeicher

1 = Warmwasser	5 = Heizungsrücklauf	9 = Abgasanschluß
2 = Zirkulation	6 = Speicher	10 = Warmwassertemperaturregler
3 = Kaltwasser	7 = Heizkessel	11 = Kesselwassertemperaturregler, -Wächter bzw. -Begrenzer
4 = Heizungsvorlauf	8 = Speicherladepumpe	12 = Rückschlagventil

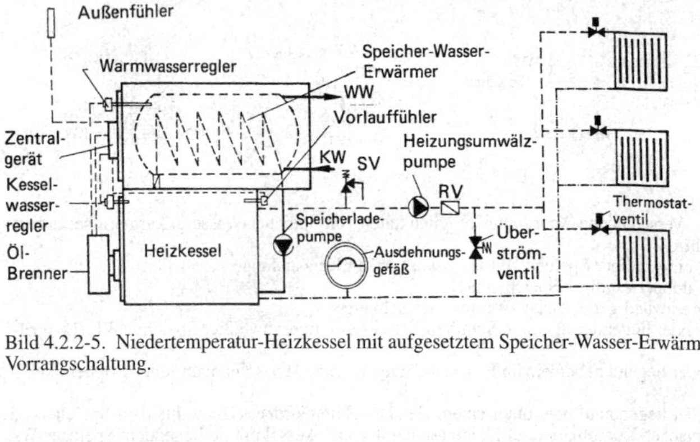

Bild 4.2.2-5. Niedertemperatur-Heizkessel mit aufgesetztem Speicher-Wasser-Erwärmer und WW-Vorrangschaltung.

Bei allen WW-Anlagen dieser Art sind die Sicherheitsbestimmungen (siehe Abschn. 4.1.5) zu beachten.

Vorteile des Speichersystems:

Belastungsspitzen werden durch den Speicher ausgeglichen,
Lieferung großer Wassermengen in kurzer Zeit,
Warmwasser-Temperatur regelbar,
große Warmwasserleistung, auch bei kleinen Kesseln.

Nachteile:

Korrosionsgefahr im Speicher sowie Steinansatz,
höhere Investitionskosten gegenüber Durchlauferhitzern,
geringe Wärmedurchgangszahlen,
größerer Platzbedarf.

-2 Warmwassererzeugungsanlagen nach dem Durchfluß-System[1]

Diese Systeme sind dadurch gekennzeichnet, daß nicht das Kaltwasser, sondern das vom Kessel erwärmte Warmwasser gespeichert wird, während das zu erwärmende Kaltwasser erst unmittelbar vor Gebrauch in einer *Durchflußbatterie* erwärmt wird. Schema der Rohrführung siehe Bild 4.2.2-6.

Die Durchflußbatterie wird in verschiedenen Formen hergestellt und heute meist in einem besonderen Speicher angeordnet, früher auch im Kessel selbst.

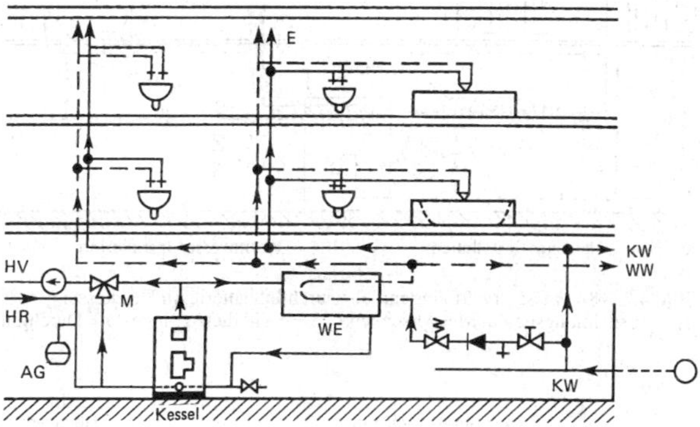

Bild 4.2.2-6. Geschlossene Wasser-Erwärmungsanlage mit Durchflußbatterie.
AG = Ausdehnungsgefäß, E = Be- und Entlüfter, HV = Heizungsvorlauf, HR = Heizungsrücklauf, KW = Kaltwasser, WW = Warmwasser, WE = Wassererwärmer, M = Mischventil

Durchflußbatterie in Speicher

Bei Verwendung eines Speichers kann die Batterie sowohl innerhalb als auch außerhalb des Speichers angeordnet werden (Bild 4.2.2-7). Die verschiedenen Konstruktionen unterscheiden sich in der Form der meist aus Kupfer hergestellten Rohre, der Anordnung von *Leitblechen* zur besseren Wasserzirkulation im Speicher und in anderen Einzelheiten. Der Speicher selbst wird wie ein Heizkörper an die Vorlaufleitung des Kessels angeschlossen. An die Stelle von außen liegenden WW-Batterien oder -Schlangen treten neuerdings Platten-Wärmeaustauscher, in denen allerdings kein Heizwasser gespeichert wird.

Durchflußbatterie im Kessel

Bei Verwendung von Kesseln mit einem genügend großen Wasserraum kann man die Durchflußbatterie auch in diesem Speicherraum unterbringen (Bild 4.2.2-8).

[1]) Buck, H.: HLH 4/77. S. 145/51.

Bild 4.2.2-7. Verschiedene Anordnungen der Durchflußbatterien in Warmwasserspeichern.

a) Durchflußschlange im oberen Teil eines liegenden Speichers
b) Durchflußschlange in einem besonderen Behälter oberhalb des Speichers
c) Durchflußschlange im oberen Teil eines stehenden Speichers
d) Durchflußschlange in einem besonderen Behälter oder Plattenwärmetauscher neben einem stehenden Speicher
e) Senkrechte Durchflußschlange in einem stehenden Speicher

DR = Durchflußschlange
HV = Heizungsvorlauf
HR = Heizungsrücklauf
K = Kondensat
KW = Kaltwasser
WW = Warmwasser

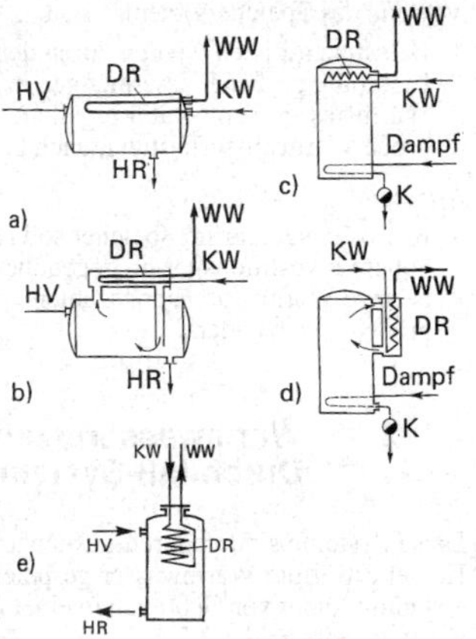

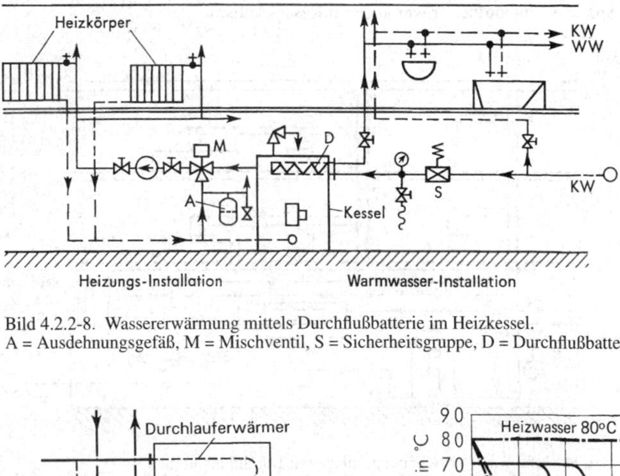

Bild 4.2.2-8. Wassererwärmung mittels Durchflußbatterie im Heizkessel.
A = Ausdehnungsgefäß, M = Mischventil, S = Sicherheitsgruppe, D = Durchflußbatterie

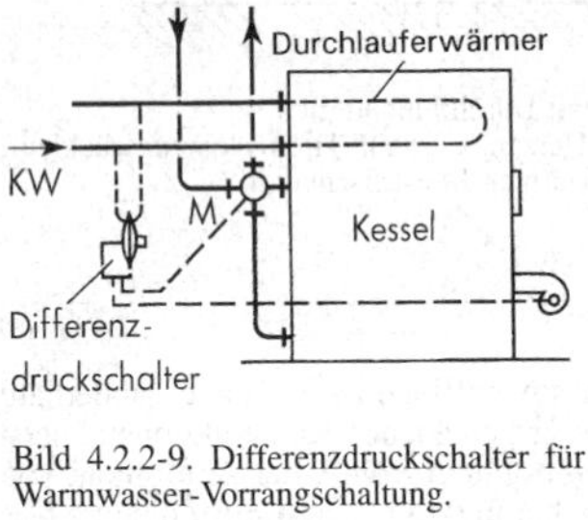

Bild 4.2.2-9. Differenzdruckschalter für Warmwasser-Vorrangschaltung.

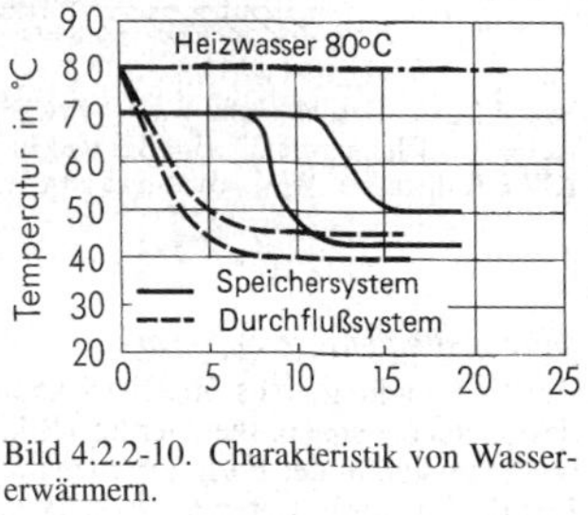

Bild 4.2.2-10. Charakteristik von Wassererwärmern.

Die Schaltung der Wärmeerzeugung ist dabei im Winter so eingerichtet, daß beim Zapfen größerer Wassermengen die volle Kesselleistung auf das Kaltwasser übertragen wird *(Warmwasser-Vorrangschaltung)*. Ein Differenzdruckschalter in der Kalt- und Warmwasserleitung spricht beim Zapfen an, das Mischventil für die Heizung schließt und der Gas- oder Ölbrenner wird eingeschaltet. Beispiel Bild 4.2.2-9. Hier ergibt sich bei Warmwasserentnahme eine Druckdifferenz und der Schalter im Gerät reagiert.

Wegen der Auskühlverluste im Sommer heute meist nicht mehr üblich.

Im allgemeinen sind Durchflußbatterien nur geeignet für verhältnismäßig geringen gleichmäßigen Warmwasserverbrauch, nicht geeignet, wenn Stoßbetrieb vorhanden wie bei Hotels, Fabriken, Schulen usw. Zapftemperatur ist abhängig von der Zapfmenge, bei Zapfbeginn am höchsten, dann schnell fallend. Unterschied beider Systeme siehe Bild 4.2.2-10.

Nachteilig ist bei allen Durchflußbatterien die Schwierigkeit beim Entfernen von Kesselstein. Bei hartem Wasser nicht geeignet. Schutzmaßnahmen gegen Kesselsteinbildung zu empfehlen (z. B. Phosphat-Impfung).

Vorteile des Durchflußsystems:

Kein abgestandenes Warmwasser, hohe Wärmedurchgangszahlen,
bei Systemen ohne Heizwasserspeicherung: geringer Platzbedarf, hygienisch günstiger (Legionella).

Nachteile:

Gefahr der Inkrustierung des Wärmeerzeugers, Schwanken der Warmwassertemperaturen abhängig von der zugeführten Heizleistung. Durchflußsysteme sind wegen ihrer dadurch eingeschränkten Einsatzmöglichkeiten stark zurückgegangen.

WE-Anlagen nach dem Ladesystem siehe Abschnitt 4.3.3.

-3 Warmwasser-Temperaturbegrenzung

Der Begrenzung der Betriebstemperatur in zentralen Warmwasser-Versorgungsanlagen kommt erhöhte Bedeutung zu, da durch die Temperaturbegrenzung eine *Energieeinsparung* erzielt und zusätzlich die Gesamtanlage bezüglich Korrosion und Steinbildung verbessert wird.

Die Warmwassertemperatur sollte im Rohrnetz durch selbsttätig wirkende Einrichtungen auf max. 60 °C begrenzt werden. Dies gilt nicht für Warmwasseranlagen, für die höhere Temperaturen zwingend erforderlich sind.

Es gibt 2 technische Möglichkeiten zur Durchführung einer Temperaturbegrenzung:

innere Warmwasser-Temperaturbegrenzung,
äußere Warmwasser-Temperaturbegrenzung.

-3.1 Innere Warmwasser-Temperaturbegrenzung

Hierbei wird durch die Regelung der Wärmezufuhr zum Wassererwärmer sichergestellt, daß die Betriebstemperatur des Warmwassers 60…65 °C nicht übersteigen kann. Die innere WE-Temperaturbegrenzung ist nicht bei allen WE konstruktiv zu verwirklichen. Sie ist nicht möglich bei direkt brennstoffbefeuerten WE und bei Durchfluß-WE mit indirekter Erwärmung. Bei letzteren entstehen bei gedrosselten Zapfmengen höhere Temperaturen als 60…65 °C. Das liegt daran, daß der WE meist mit Heizwasser von 80…90 °C erwärmt wird.

Gleiches gilt für Speicher-WE, die fest im Heizkessel eingebaut sind – in der Vergangenheit übliche Bauart von Stahlheizkesseln –, und zwar im Winterbetrieb, wenn das Warmwasser die Temperatur des wärmeren Heizwassers annimmt. Voraussetzung für die WE-Temperaturbegrenzung ist – wenn es sich nicht um einen Niedertemperaturkessel mit $t < 60\,°C$ handelt – die konstruktive Trennung von Wärmeerzeuger und WE. Die innere WE-Temperaturbegrenzung ist nur bei solchen Warmwasser-Speicher-Kombinationen möglich, bei denen es innerhalb des Speichers *nicht* zu einer Schichtbildung kommt. Dies sind i. a. Speicher-WE mit *im* Warmwasser liegenden Heizflächen.

Ein im WW-Speicher angeordneter Temperaturregler, der auf die Lage der Heizfläche innerhalb des WW-Speichers abgestimmt ist, schaltet je nach Bedarf die *Speicher-Ladepumpe* ein bzw. aus. Bei Stillstand der Speicher-Ladepumpe verhindert ein Rückschlagventil den Wärmetransport im Schwerkraftbetrieb.

Vorteile der inneren Warmwasser-Temperaturbegrenzung:

Das gesamte Warmwassersystem ist temperaturbegrenzt, und somit werden Wärmeverlust, Korrosion und Steinablagerung in der Gesamtanlage gemindert. Es wird damit auch der Wartungsaufwand für den Speicher-WE verringert; ferner Verminderung der Verbrühungsgefahr.

Nachteile:

Die Speicherkapazität wird herabgesetzt, d.h., es werden spezifisch größere Speicherinhalte erforderlich. Der höhere apparative Aufwand gegenüber einem nicht temperaturgesteuerten System ergibt höhere Investitionskosten.

Bei innenliegenden und auf den Speicherinhalt abgestimmten Heizflächen findet eine *Temperaturschichtung* im Gegensatz zu Doppelmantelheizflächen praktisch nicht statt, so daß eine exakte Temperaturregelung oder -begrenzung möglich ist, siehe Bild 4.2.2-11.

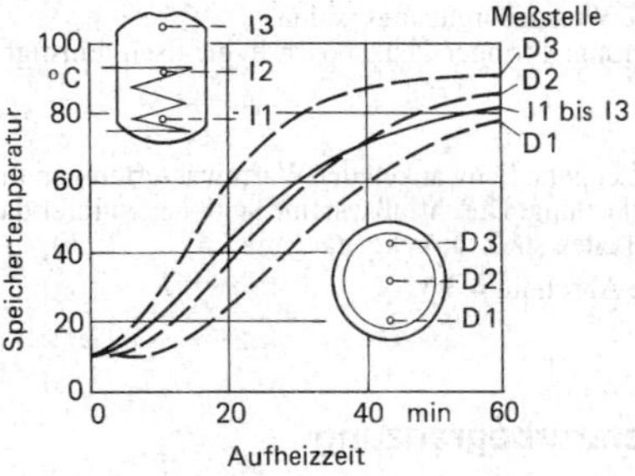

Bild 4.2.2-11. Temperaturverlauf über der Höhe des Speichers beim Aufladen.
I = innenliegende Heizfläche
D = Doppelmantelspeicher

-3.2 Äußere Warmwasser-Temperaturbegrenzung

Diese wird bei über 60…65 °C Heizwassertemperatur beim Durchfluß- oder Speichersystem angewandt. Sie wird dem WE nachgeschaltet. Deshalb kann diese Art der Temperaturbegrenzung auch nur das angeschlossene WW-Rohrnetz vor temperaturbedingter Korrosion und Steinablagerung schützen. Die äußere WE-Temperaturbegrenzung bedingt daher einen korrosionsbeständigen WE. Sie läßt sich oft auch für den nachträglichen Einbau verwenden.

Die äußere WW-Temperaturbegrenzung besteht aus einem Warmwasser-Mischer, der unmittelbar am Speicherausgang installiert wird und Warmwasser höherer Temperatur aus dem WE mit Kaltwasser oder aus der Zirkulation zurückfließendem Wasser automatisch auf Temperaturen von max. 60…65 °C mischt (Bild 4.2.2-12). Der WW-Mischer besitzt meist einen eingebauten Regler ohne Hilfsenergie (Thermostat) (Bild 4.3.6-4).

Vorteile:

Es wird die maximal mögliche Kapazität des WW-Speichers genutzt. Dadurch ergeben sich spezifische kleinere Speicherinhalte. Geringe Investitionskosten. Verminderung der Verbrühungsgefahr.

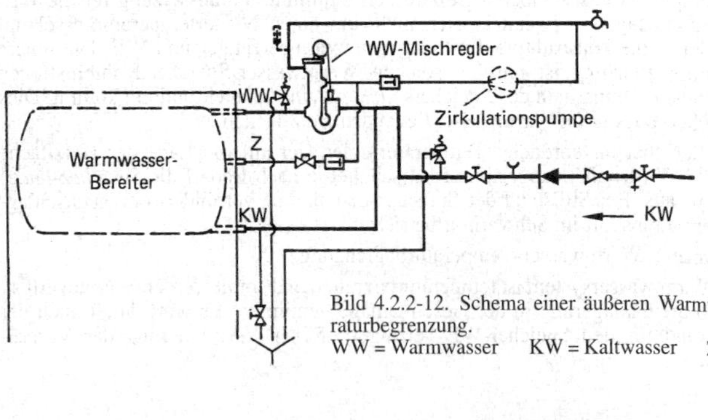

Bild 4.2.2-12. Schema einer äußeren Warmwasser-Temperaturbegrenzung.
WW = Warmwasser KW = Kaltwasser Z = Zirkulation

Nachteile:

Es werden nur die Zirkulationsverluste im Rohrsystem gemindert. Bezüglich der Energieeinsparung, Korrosion und Steinbildung wird nur ein Teileffekt erzielt.

-4 Anschluß des Warmwassererzeugers

-4.1 Allgemeines

Beim Anschluß des WE an die Kaltwasserleitung gelten die Bestimmungen der DIN 1988 und DIN 4753 T1 für die Kennzeichnung, Ausführung und Prüfung der WE. Die Anschlußdurchmesser der Sicherheitsventile in der Kaltwasserzuleitung zeigt Tafel 4.2.2-1.

Tafel 4.2.2-1 Anschlußdurchmesser von Sicherheitsventilen

Inhalt des Warmwasserraumes in l		Anschluß-Durchmesser min.	Max. Beheizungsleistung kW
	bis 200	DN 15 (½″)	75
über 200	bis 1000	DN 20 (¾″)	150
über 1000	bis 5000	DN 25 (1″)	250

-4.2 Zentralheizungen mit einem Kessel

In vielen Fällen ist es zweckmäßig, die Wassererwärmung an den *Wärmeerzeuger der Zentralheizung* anzuschließen. Das Warmwasser wird auf diese Weise sehr kostengünstig erwärmt, da ja der Kessel wegen der Heizung sowieso in Betrieb sein muß. In den Übergangszeiten ist das Heizwasser bei Niedertemperaturkesseln, die meist ohne Mischventil arbeiten, allerdings oft nicht warm genug. Hier wird wie folgt verfahren:

1. Der dauernd in Betrieb befindliche Kessel wird mit einem Mischventil *M* ausgestattet: Dabei wird der Kessel im Niedertemperaturbetrieb oder mit konstanter Kesselwassertemperatur gefahren. Fällt die WW-Temperatur ab, wird der Mischer geschlossen und die Speicherladepumpe geht in Betrieb. In dieser Zeit erhält die Raumheizung keine Wärme. Die Brennerschaltung bestimmt der WW-Bedarf. Bild 4.2.2-13. Thermostat in Warmwasserspeicher schaltet mit Vorrangschaltung den Mischer auf/zu.
2. Bei *Niedertemperaturkesseln* ist Kesseltemperatur oberhalb Grenzwert gleich der Vorlauftemperatur der Heizung. Bei WW-Anforderung schaltet der Vorrangthermostat die Heizungspumpe aus und nimmt die Speicherladepumpe in Betrieb. Gleichzeitig wird die Feuerung eingeschaltet. Bei Stillstand der Heizungspumpe mit Rückschlagventil wird während der Speicherladung der Heizkreis nicht versorgt.

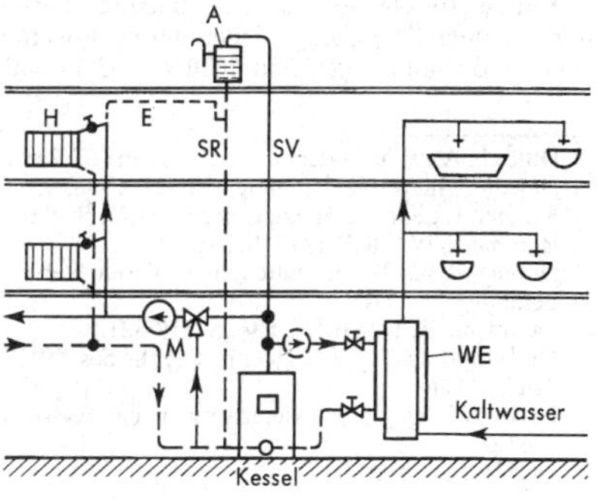

Bild 4.2.2-13. Heizung und Warmwassererwärmung im Winter durch einen gemeinsamen Winterkessel mit Mischventil M.
A = Ausdehnungsgefäß
E = Entlüftung
H = Heizkörper
WE = Wassererwärmer
M = Mischventil

-4.3 Sommer- und Winterkessel

Bei großen Anlagen ist es zweckmäßig, für die Wassererwärmung im Sommer einen besonderen Kessel zu verwenden, während im Winter die Wassererwärmung entweder an den *Sommerkessel* oder den *Zentralheizungskessel* angeschlossen ist. *Optimale Aufteilung* der Leistungen der Kessel abhängig von geographischer Lage, Warmwasserverbrauch, Betriebsbereitschaftsverlust u. a.[1] Die Kessel können bei Zentralheizung entweder mit gesonderter Sicherheitsvorlauf- und Sicherheitsrücklaufleitung versehen werden wie in Bild 4.2.2-14 oder bei mehreren Kesseln natürlich auch mit Wechselventilen eingerichtet werden, wenn nur ein offenes Ausdehnungsgefäß verwendet wird. Ausstattung bei geschlossenem A-Gefäß sinngemäß. Damit kann auch die Forderung der Heizungsanlagen-VO nach Mehrkesselanlagen (oder mehrstufigem Brenner) ab 70[2] kW erfüllt werden.

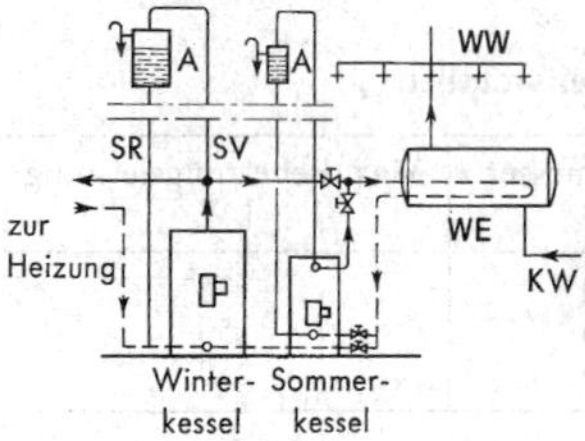

Bild 4.2.2-14. Heizung und Wassererwärmung mit Winter- und Sommerkessel.
A = Ausdehnungsgefäß
WW = Warmwasser
SR = Sicherheitsrücklauf
SV = Sicherheitsvorlauf
WE = Wassererwärmer
KW = Kaltwasser

-4.4 Fernheizungen[3]

Fernwärmenetze werden mit erheblich höheren Temperaturen und Drücken betrieben. Die Temperaturdifferenz zwischen Vorlauf und Rücklauf muß aus wirtschaftlichen Gründen möglichst groß sein.

Die Wassererwärmer können sowohl für eine Wohnung wie für ein Haus oder eine Hausgruppe vorgesehen werden. Welche Ausführungsform gewählt wird, ist von Fall zu Fall festzulegen. Siehe auch Abschn. 2.2.3-1.1.7.

Anschluß aber nur möglich, wenn das Fernwärmenetz *ganzjährig* eine Netzvorlauftemperatur von mindestens 60 °C hat.

Im Hinblick auf Auslegung und Korrosionsbeständigkeit werden beim Anschluß an Fernwärmenetze besondere Anforderungen gestellt[4]. Diese sind im wesentlichen in der DIN 1988 (insbesondere Teil 4), DIN 4753 und im AGFW-Merkblatt 5/17 beschrieben. Die Wassererwärmer werden in den Hauszentralen an die Übergabestationen angeschlossen, wobei direkter oder indirekter Anschluß möglich ist (Bild 4.2.2-15 und Bild 4.2.2-16).

Warmwasseranlagen sind mit einer *Temperaturregelung* zu versehen. Die Warmwassertemperatur soll mindestens 50 °C betragen und darf gem. Heizungsanlagen-VO nur in Ausnahmefällen 60 °C überschreiten.

Bei Fernheiznetzen, in denen die Vorlauftemperatur zeitweise 120 °C überschreiten kann, ist ein typgeprüfter *Sicherheitstemperaturbegrenzer* (STB) nach DIN 4747 erforderlich. Dieser unterbricht die Wärmezufuhr beim Überschreiten der Grenztemperatur, und es kann nur mit einem Werkzeug wieder entriegelt werden. Siehe Bild 4.2.2-16 bis Bild 4.2.2-18. Weitere Bestimmungen sind in DIN 4753 T1 enthalten.

---

[1]) Dittrich, A.: VDI-Fortschrittbericht Reihe 67 Band 87 (1981).
[2]) Heizungsanlagen-Verordnung vom 4. 5. 1998.
[3]) Kremer, R.: San.- u. Heizungstechn. 1971. S. 200/2.
Burghardt, W.: HLH 1972. S. 316/22.
Hollander, W.: Techn. Mitteilungen, Essen, Heft 5, 1974, S. 197/200.
Schmitter, W.: TAB 2/82. S. 107/8.
Paulmann, R.-D.: HLH 10/86. S. 519/521.
[4]) DIN 1988 T4 (12.88). Techn. Regeln des DVGW, Schutz des Trinkwassers. Erhaltung der Trinkw.-Güte.
DIN 4753 T1–T5: Wassererwärmer und Wassererwärmungsanlagen für Trink- und Betriebswasser.
AGFW-Merkblatt 5/17.

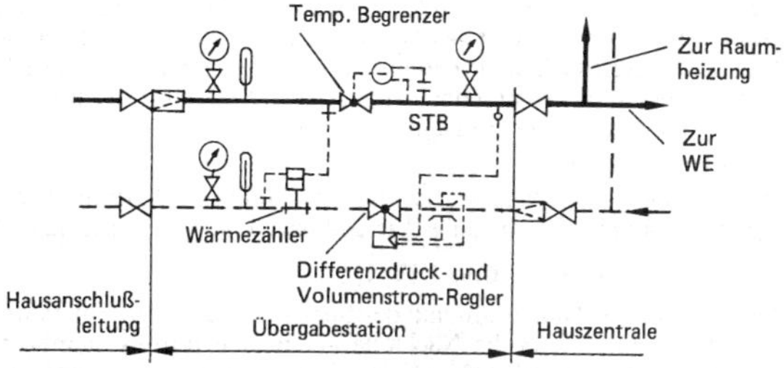

Bild 4.2.2-15. Fernwärmeübergabestation bei direktem Anschluß für Hausheizung. WE-System nach Bild 4.2.2-16, Bild 4.2.2-17 oder Bild 4.2.2-18.

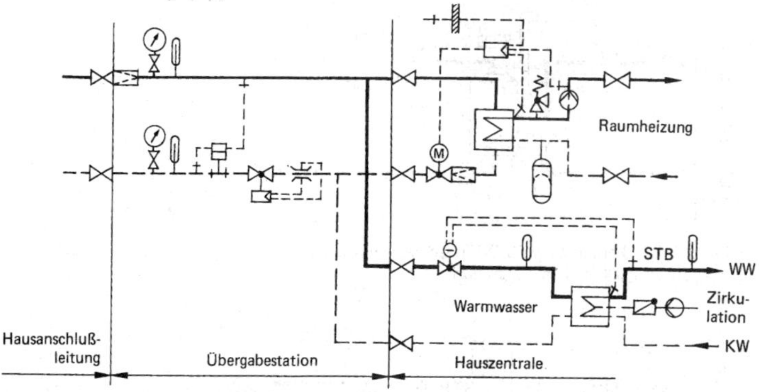

Bild 4.2.2-16. Fernwärmeübergabestation und Hausstation bei indirektem Anschluß für Hausheizung. WE mit Durchfluß-System.
STB = Sicherheitstemperaturbegrenzer.

Anforderungen an Armaturen zum Absperren, Regeln und Absichern siehe auch Abschnitt 2.2.3.

In der Fernwärme werden zur Wassererwärmung *folgende* Systeme verwendet:

- Durchflußwassererwärmer,
- Speicherwassererwärmer,
- Speicherladesystem.

a) Durchflußwassererwärmer (Bild 4.2.2-16)

Diese werden heute als Plattenwärmeaustauscher (gelötet) oder Koaxialwärmeaustauscher ausgeführt.

Vorteile des Durchflußwassererwärmers sind: kleine Abmessungen, Kompaktheit, gute Auskühlung des Fernheizwassers und niedriger Preis. Dem stehen einige technische Nachteile, wie u. U. ungenügende Regelgenauigkeit der Warmwassertemperatur (Überschwingen) und evtl. längerfristige Verkalkung auf der Trinkwasserseite gegenüber. Inzwischen gibt es auch technische Lösungen, die diesen Nachteil weitgehend vermeiden. Ein weiterer Nachteil ist ggf. je nach Art der Wärmeabrechnung durch die sehr hohen Volumenströme gegeben. Dabei ist zu beachten, daß die zulässigen Volumenströme kleiner Wärmezähler nicht überschritten werden. Fragen der Wärmeabrechnung siehe auch weiter unten.

b) Speicherwassererwärmer (Bild 4.2.2-17)

Der Vorteil des Warmwasserspeichers liegt auf der Netzseite, weil stoßartige Belastungen bez. des Volumenstromes im Fernwärmenetz vermieden werden. Nachteilig ist die relativ niedrige Auskühlung des Fernheizwassers, vor allem in der Endaufladephase.

Der Zweikreisspeicher kann unter Verwendung des Heizungsrücklaufwassers aus dem Gebäude zur Aufwärmung in einer ersten Aufwärmstufe eine geringfügige Verbesserung der Fernheizwasserauskühlung herbeiführen. Der zunehmende Einsatz von thermostatischen Heizkörperventilen führt jedoch zu niedrigen Heizungsrücklauftemperaturen im Gebäude, so daß die Bedeutung der ersten Aufwärmstufe des Zweikreisspeichers in Zukunft eingeschränkt sein wird.

Als eine andere Möglichkeit, bessere Auskühlung zu erzielen, wird die Aufteilung in zwei Speichervolumina, davon eines zur W-*Vorwärmung,* vorgeschlagen[1)].

c) Speicherladesystem (Bild 4.2.2-18)

Die Vorteile des Durchfluß- und des Speicher-Wassererwärmers werden im Speicherladesystem vereint, wobei die Nachteile der beiden Einzelsysteme vermieden werden. Das Speicherladesystem besteht aus der Zusammenschaltung von Durchflußwassererwärmer und Speicher über eine Regelschaltung und Speicherladepumpe. Allerdings sind die Investitionskosten erheblich höher als bei den obengenannten Einzelsystemen.

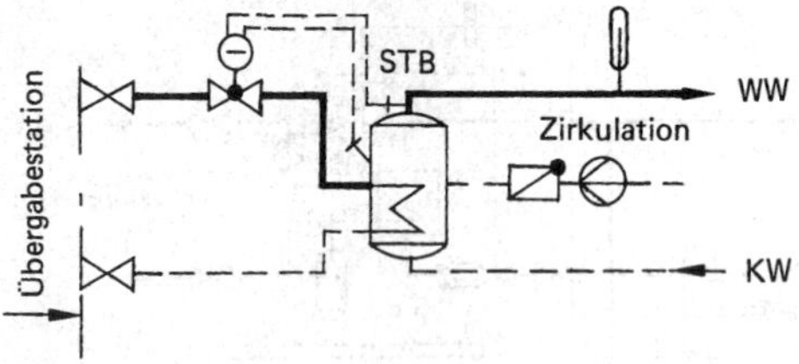

Bild 4.2.2-17. Fernheizung für WE mit Speichersystem.
STB = Sicherheitstemperaturbegrenzer

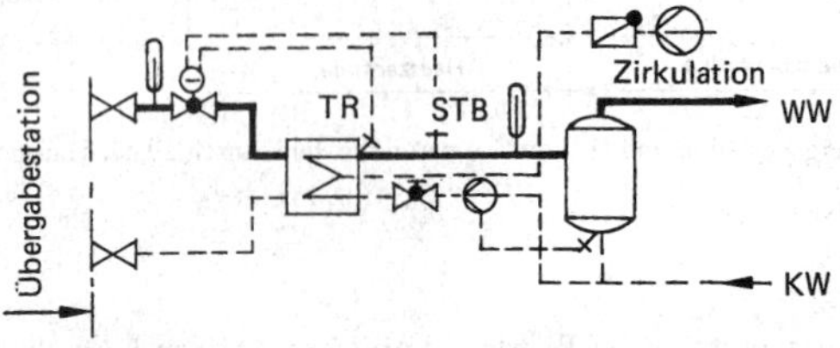

Bild 4.2.2-18. Fernheizung für WE mit Speicherladesystem.
STB = Sicherheitstemperaturbegrenzer
TR = Temperaturregler

d) Tertiärwassererwärmer

Tertiärwassererwärmer sind Wassererwärmer für mittelbare Beheizung mit einem Zwischenmedium. Dieses steht über ein Sicherheitsventil mit der Atmosphäre in Verbindung, so daß ein Übertritt des Wärmeträgers in das Trinkwasser vermieden wird. Eine solche Ausführung ist im Sinne der DIN 1988 T4 nur dann erforderlich, wenn dem Heizwasser gesundheitsschädigende Zusatzstoffe (z. B. Hydrazin) beigesetzt werden[2)].

Heizkostenermittlung, Wärmezähler. Nach der Heizkosten-VO besteht die Forderung, den Wärmeverbrauch für die Trinkwassererwärmung zu erfassen.

Beim *Durchflußwassererwärmer* werden – wie schon oben erwähnt – ggf. sehr große Volumenströme für die volle Leistungsabgabe erforderlich. Insbesondere bei kleineren Temperaturspreizungen im Fernwärmenetz – z. B. im Sommer bei geringer Vorlauftemperatur – können die erforderlichen Fernheizwasser-Volumenströme sehr groß werden und

[1)] Schreiber, G.: Wärmetechnik 5/86. S. 241 ff.
[2)] S. auch VdTÜV/AGFW-Merkblatt „Richtlinien für das Kreislaufwasser in Heiß- und Warmwasserheizungsanlagen.

über dem zulässigen Grenzwert kleinerer Wärmezähler liegen (Einfamilienhaus). In solchen Fällen kann der Wärmeverbrauch für den Durchflußwassererwärmer nicht über den für die Heizung vorhandenen Wärmezähler ermittelt werden. Eine gemeinsame Erfassung des Wärmeverbrauchs für Heizung und Warmwasser bei Verwendung eines Durchflußwassererwärmers mit hohen Volumenströmen ist nur dann möglich, wenn hierfür geeignete Wasserzähler mit hohen Grenzvolumenströmen verfügbar sind, die ein Durchflußverhältnis 1:100 erfüllen. Als Ersatzverfahren ist die getrennte Messung des Kalt- bzw. Warmwasservolumens zulässig.

Beim *Speicherwassererwärmer* besteht aufgrund der relativ niedrigen Volumenströme die Möglichkeit, den Wärmebedarf für Wassererwärmung und Heizung mit einem gemeinsamen Wärmezähler zu ermitteln. Diese Messungen haben erheblich größere Genauigkeit als Verdunstungsgeräte an Heizkörpern. Der anteilige Wärmeverbrauch für das Warmwasser einer einzelnen Wohnung in einem Mehrfamilienhaus wird dann über dezentrale Wärmezähler ermittelt.

Beim *Speicherladesystem* sind infolge der Verwendung eines Speichers ebenfalls niedrige Volumenströme für die Wassererwärmung möglich. Die Verbrauchserfassung kann daher wie beim Speicher-WE erfolgen.

Vorrangschaltung

Neuere Schaltungen, insbesondere bei *Fernwärme-Kompaktstationen* (Bild 2.2.3-24), machen von der Möglichkeit der Vorrangschaltung Gebrauch: Es wird bei Bedarf für die Trinkwassererwärmung der Heizwasservolumenstrom für die Beheizung des Gebäudes zeitweise zurückgefahren. Solche Schaltungen, die sowohl beim direkten als auch beim indirekten Fernwärmeanschluß möglich sind, gestatten es, daß der Verbraucher mit relativ niedrigem maximalen Heizwasservolumenstrom auskommt. Damit können Wärmezähler für die gemeinsame Messung der Wärmemenge für Heizung und Warmwasser mit niedrigem Nenndurchfluß und somit mit geringen Anlaufvolumenströmen verwendet werden.

Die Anordnung nach Bild 4.2.2-19 ist für *Unterstationen* bei großen Mietshäusern, Schulen usw. gedacht. Die Wassererwärmung mittels Umformer ist der Heizung vorgeschaltet. Dadurch ist es möglich, die gesamte Heißwasserleistung für die relativ kurzfristige Belastungsspitze des Warmwasserverbrauchs voll auszunutzen. Die Raumheizung, die hier direkt angeschlossen ist, wird dadurch automatisch nachrangig versorgt.

Gesamter Wärmeaufwand je nach Güte der Zirkulation und Isolierung etwa 0,1 MWh/m³ Wasser. Bei einer Warmwasserentnahme je Normalwohnung von 40 m³ jährlich ergibt sich ein Wärmeverbrauch von 4 MWh/a. Demgegenüber ist der Wärmeverbrauch der Heizung bei 10 kW Heizleistung und 1600 Vollbetriebsstunden 16 MWh/a.

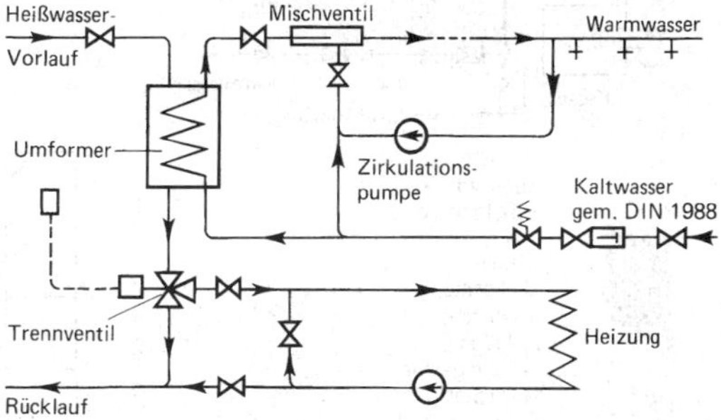

Bild 4.2.2-19. Zentrale Wassererwärmung bei Fernheizungen mit Umformer und nachgeschalteter Heizung.

-5 Zirkulationsleitung, Begleitheizung

Wenn das Wasser im Rohrnetz stagniert, kühlt es sich ab und durch das Warmwasserventil fließen bei zentraler WE erst große Mengen abgekühlten Wassers, ehe warmes Wasser gezapft werden kann. Dieses Problem vermeidet die dezentrale WE[1]. Bei zentraler WE er-

[1]) N. N.: HLH 9/86. S. 469/78: VDI-Symposium, Warmwasserversorgung zentral – dezentral.

wärmt man das stagnierende Wasser durch eine *elektr. Begleitheizung* des Rohrnetzes oder man vermeidet die Stagnation durch eine *Zirkulationsleitung*.

Die Zirkulation kann auf natürliche Weise oder mit Zirkulationspumpe erfolgen. Ein natürlicher Umlauf ist angesichts der nach der Wärmeschutz-VO gedämmten Zirkulationsleitungen heute kaum realisierbar. Daher fast ausschließlich Pumpenbetrieb. Dabei sollte die Pumpe in aller Regel durchlaufen, damit ein Legionellenwachstum nicht begünstigt wird. Gemäß *Heizungsanlagenverordnung* müssen die Zirkulationseinrichtungen mit einer zeitgesteuerten Einrichtung versehen sein, deren Unterbrechungszeiten die Benutzer bestimmen (Zeitschaltuhren). Die Pumpe abzuschalten (z.B. nachts) kann nur empfohlen werden, wenn die Legionellakonzentration an den Entnahmestellen keine Personen gefährdet (z.B. WW für Produktionszwecke). Ferner sind die Rohre gegen Wärmeverluste zu dämmen (Abschn. 2.3.10).

Anschluß der Zirkulationsleitung i.d.R. im oberen Speicherdrittel. Die Zirkulationsleitungen sind ebenso wie die Warmwasserleitungen mit Wärmedämmung auszuführen.

Zirkulationsleitung und Pumpe können entfallen, wenn das Rohrnetz mit elektr. Heizband – auch *Begleitheizung* genannt – auf ca. 55 °C temperiert wird[1]. Kupferleiter für 220 V heizen Kunststoffader, deren Widerstand selbstregelnd mit zunehmender Temperatur ansteigt (PTC). Energieeinsparung durch Wegfall der Pumpe, ca. halbe Wärmeverluste des Rohrsystems, da keine Rücklaufleitung. Dafür aber höhere Investitionskosten. Ein Vergleich der Systeme[2] zeigt, daß bei mittleren und großen Anlagen die Begleitheizung der Zirkulation nicht überlegen ist. Aufbau des Heizbandes siehe Bild 4.2.2-21. Das Heizband wird unter der Rohrisolierung gestreckt verlegt und mit Klebeband befestigt. Daher Heizbandlänge = Rohrlänge. Pro T-Abzweig wird ca. 1 m, pro Armatur ca. 0,5 m Heizband gebraucht. Bei Rohraufhängungen ist das Kabel außen über die Schelle zu führen. Neuerdings auch mit zeitweise veränderter Heizcharakteristik zur Vorbeugung gegen *Legionellen* durch Temperaturerhöhung auf 60 °C.

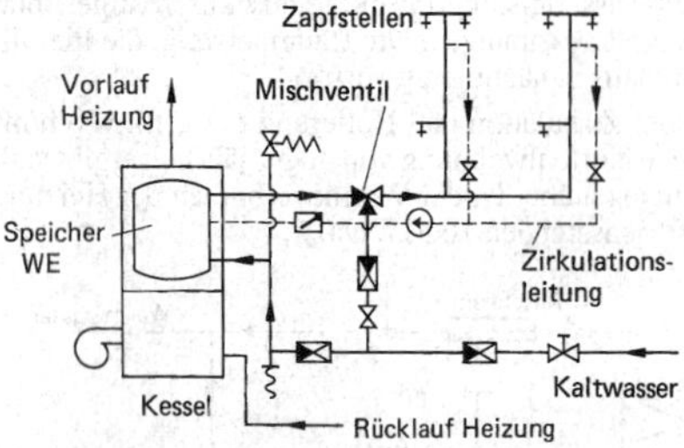

Bild 4.2.2-20. Warmwasserverteilnetz mit Speicherkessel und Zirkulationsleitung.

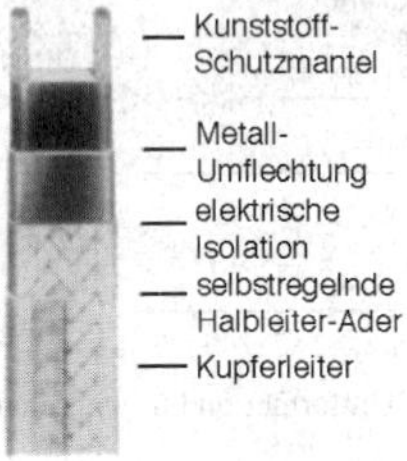

Bild 4.2.2-21. Selbstregelndes elektrisches Heizband für Begleitheizung. Aufbau des Kabels (Raychem).

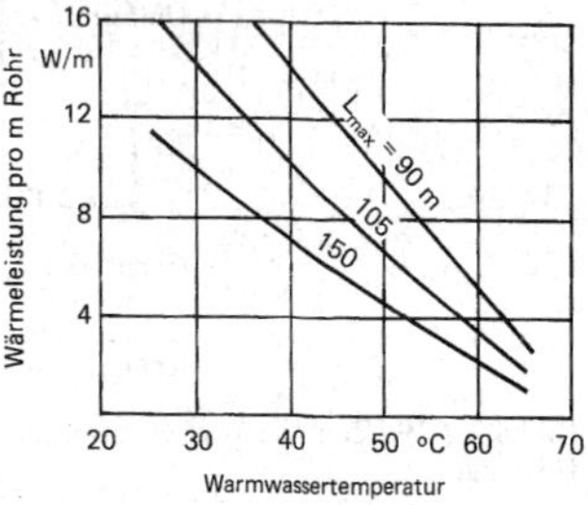

Bild 4.2.2-22. Wärmeleistung der elektr. Begleitheizung je m Rohrnetzlänge L_{max} = max. Heizkreislänge bei 220 V/16 A.

[1]) folgt aus DVGW-W551: TW-Erwärmungs- u. Leitungsanlagen. Technische Maßnahmen zur Verminderung des Legionellenwachstums. 3/93.

[2]) HLH, 1992, Heft 2, 80/84.

-6 Rohrnetz

Das *Warmwassernetz* dient zur Verteilung des Warmwassers auf die verschiedenen Entnahmestellen. Die Rohrleitungen können entweder mit oberer oder unterer Verteilung verlegt werden.

Die Regel ist die *untere Verteilung,* wobei die Hauptleitung mit Abzweigen und Strangabsperrventil an der Decke des Kellergeschosses liegt. Nachteilig ist die Kellererwärmung bei Altanlagen ohne Wärmedämmung (Bild 4.2.2-23 rechts).

Bei *oberer Verteilung* liegen die Hauptleitungen im Dachgeschoß. An der höchsten Stelle Entlüftungsgefäße. Größere Wärmeverluste. (Bild 4.2.2-23 links).

Armaturen: Thermometer, Manometer, Rückflußverhinderer (bei Sammelsicherung auch strangweise) und Sicherheitsventil in der Kaltwasserleitung, Rohrbe- und -entlüfter in den Steigleitungen (bei Sammelsicherung), Druckminderventil bei hohem Kaltwasserdruck, Entleerungseinrichtung, Ventile, Mischventile, Geräteschild.

Material der Rohre: vorwiegend Kupferrohre sowie Kunststoffrohre (PVC-C, Polybuten, Polyethylen), Edelstahlrohre und Verbundrohre (Metall kunststoffbeschichtet). Alle Warmwasserleitungen sind mit *Wärmeschutz* (siehe Abschn. 4.4.7-2) auszuführen.

Feste Verbindungen durch Schweißen und Hartlöten. Lösbare Verbindungen durch Muffen mit Langgewinde, Verschraubungen; bei Kupfer auch Spezialfittings für kapillare Weichlötung sowie Klemmverbindungen der verschiedensten Art; bei Kunststoff Klebe-, Schweiß- und Klemmverbindungen; bei Edelstahl- und Verbundrohr: Preßfittingsverbindungen.

Für Lagerung, Aufhängung und Befestigung sind dieselben Regeln wie bei Heizungsleitungen zu beachten, ebenso für die Rohrausdehnung.

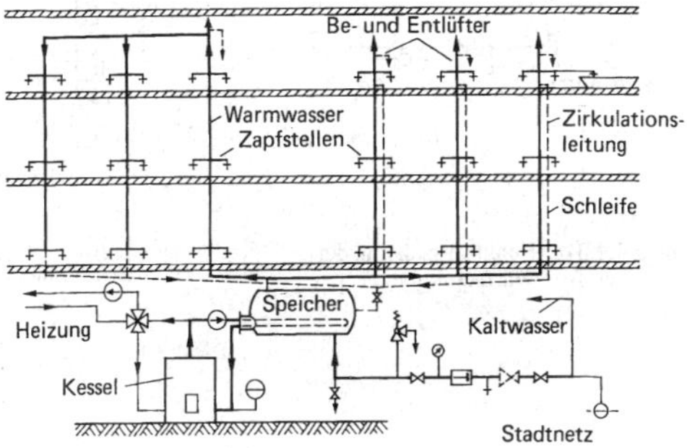

Bild 4.2.2-23. Wasser-Erwärmungsanlage mit Speicher und Verteilleitungen. Links: obere Verteilung, rechts: untere Verteilung.

4.2.3 Wärmepumpen zur Warmwassererzeugung[1)]

Siehe hierzu auch Abschnitt 2.2.2-4.

Wärmepumpen können zur Erwärmung von Trinkwasser verwendet werden. Sie haben zwar höhere Anschaffungskosten als Elektrogeräte, jedoch geringeren Stromverbrauch. Das Wärmepumpen-Aggregat zur Wassererwärmung besteht aus den üblichen Elementen

[1)] Schwindt, H.-J.: TAB 5/80. S. 419/21 u. VDI-Bericht 343 (1979). S. 11/20.
DIN 8900 (12.87) und DIN 8947 (01.86).
Lotz, H., u. H. Knappen: ETA Nov. 6/81. S. A 331/5.
ETA-A Nr. 1/2–1983 mit 9 Beiträgen.
Hadj-Obid, G., u. P. Zoller: HLH 4/83. S. 171/82.
Wölfle, W.: HLH 5/84. S. 227/31.
Reichelt, J. u. a.: Ki 5/85. S. 215/8.
Kirn, H.: ETA 1/86. S. A 32/40.
Bamberger, D.: Feuerungstechnik 10/86. S. 24/6.
Jakobs, R.: Ki 7/8-86. S. 287/90.

eines Kältekreislaufs: Kompressor, Kondensator, Drosselorgan, Verdampfer, Steuer- und Regelgeräten, Bild 4.2.3-1. Kältemittel ist meist R22.

Funktion:

Die oberhalb oder unterhalb des Speichers oder daneben befindliche Wärmepumpe nimmt durch den Verdampfer Wärme aus der Umgebung auf und gibt sie bei erhöhter Temperatur durch den Kondensator wieder an das Speicherwasser ab. Die Wassererwärmung erfolgt dabei entweder direkt oder zwecks Trennung des Kältemittel- und Warmwasserkreislaufs indirekt über ein Zwischenmedium, z.B. Wasser.

Der Kondensator besteht in der einfachsten Form aus einer Rohrschlange oder einem Koaxialrohr direkt im Warmwasser. Der Verdampfer ist fast ausschließlich ein Rippenrohrluftkühler mit Axialventilator. Bild 4.2.3-1. Splitausführung mit getrennt aufgestellter Wärmepumpe in Bild 4.2.3-2.

Speicherinhalt für Wohnungen oder Einfamilienhäuser meist 300 l, Anschlußwert ca. 0,35 kW, Warmwassertemperatur 50…55 °C.

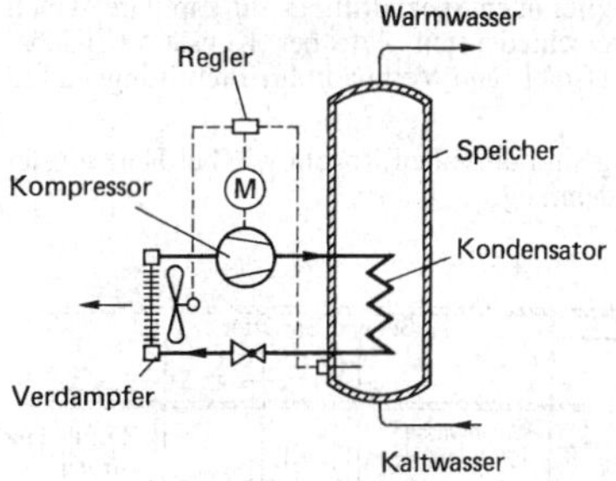

Bild 4.2.3-1. Funktionsschema der Warmwasser-Wärmepumpe.

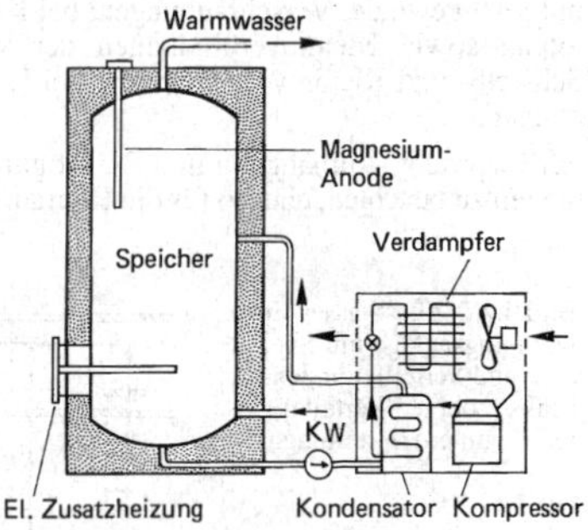

Bild 4.2.3-2. Warmwasser-Wärmepumpe in Splitausführung. KW = Kaltwasser

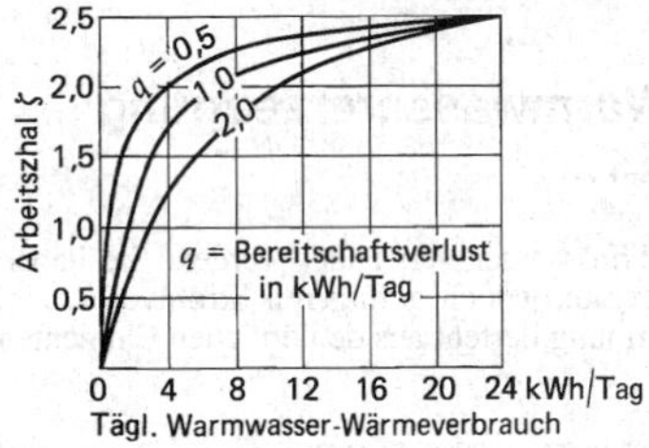

Bild 4.2.3-3. Arbeitszahl ζ in Abhängigkeit vom täglichen Warmwasserwärmeverbrauch.

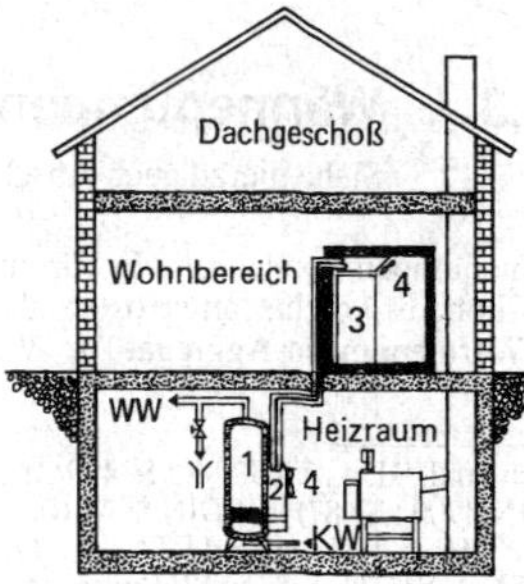

Bild 4.2.3-4. Warmwasser-Wärmepumpe mit zusätzlichem Verdampfer für Frischhaltezelle. Installationsschema.

1 Speicher WE
2 Wärmepumpe
3 Frischhalte-Zelle
4 Verdampfer

Leistungszahl ε beim Aufheizen 2…3. Bezogen auf die gesamte Anlage einschl. Wärmeverlust kann die mittlere Leistungszahl *(Arbeitszahl ζ)* jedoch auch niedriger liegen, z.B. bei 1,5 bis 2,5 je nach dem täglichen Warmwasserverbrauch (Bild 4.2.3-3). Besonders günstig bei Anwendung des Nachstromtarifes. Kosten derartiger Geräte einschl. Installation ca. 2000…3000 €.

Bei der Aufstellung der Wärmepumpe ist zu beachten, daß auch genügend Wärmequellen zur Verfügung stehen, z.B. warme Kellerräume, Abwärme von Geräten, z.B. Gefriertruhen u.a. Falls dies nicht möglich ist, muß dem Verdampfer Außenluft zugeführt werden, z.B. durch geöffnete Fenster. Aufstellung im Heizraum vergrößert Bereitschaftsverlust eines modernen, gut gedämmten Heizkessels kaum.

Der Primärenergieverbrauch ist bei der Wärmepumpe gegenüber anderen elektrisch betriebenen Systemen am geringsten. Ungünstig sind die hohen Anschaffungskosten.

Gewerbliche Betriebe mit Kältemaschinen, z.B. Bäckereien, Brauereien, Molkereien u.a., können auf diese energiesparende Weise Warmwasser erzeugen. Der Raum mit der Warmwasser-Wärmepumpe wird dabei gleichzeitig gekühlt. Es sollte jedoch jeweils geprüft werden, ob der Wärmeentzug aus dem Aufstellungsraum auch möglich ist.

Statt die Wärme aus der Umgebung aufzunehmen, kann der Verdampfer auch nutzbringend zur Kühlung verwendet werden, z.B. für Frischhaltezellen (Bild 4.2.3-4).

In den meisten Wärmepumpen befindet sich eine elektrische *Zusatzheizung* von z.B. 2 kW, die sich automatisch einschaltet, wenn die Umgebungstemperatur zu gering ist. Bei Anschluß einer Heizschlange im Speicher an die Hausheizung kann in der Heizperiode die WE von der Öl- oder Gasheizung erfolgen.

Prüfung der Geräte erfolgt nach DIN 8947 (01.86).

4.3 Bestandteile der Wasser-Erwärmungsanlagen

4.3.1 Wärmeerzeuger[1])

Für die Wasser-Erwärmungsanlagen stehen Wärmeerzeuger in einer großen Variantenzahl (Sonnenenergienutzung s. Abschn. 2.2.2-5.3.2 und 4.3.4) zur Verfügung. Je nach Bauart unterscheidet man direkte oder indirekte Erwärmung.

a) Direkt beheizte Speicher

Diese haben einen großen, meist stehenden Wasserraum mit eingebauter Brennkammer. Sie sind zur Vermeidung von Wärmeverlusten allseitig wärmegedämmt. Derartige Speicher werden in verschiedenen Bauformen sowohl für feste als auch flüssige und gasförmige Brennstoffe hergestellt.

Einen druckfesten *gasbefeuerten* Speicher stehender Bauart zeigt Bild 4.3.1-1. Innenbehälter beidseitig emailliert, mit Magnesium-Schutzelektrode, atmosphärischer Brenner für Allgas, thermoelektrische Zündsicherung, elektrische Temperaturregelung mit Thermostat und Magnetventil, Inhalt 200 bis 1000 l.

Alle gasbeheizten Speicher ermöglichen schnelle Betriebsbereitschaft, geringe Bedienungsarbeit, sauberen Betrieb, gute Regelbarkeit. Nachteilig sind die Verluste durch die dauernd brennende Zündflamme, falls vorhanden, und Auskühlung durch Kaminzug. (Abhilfe: thermische oder elektrisch gesteuerte Abgasklappe.)

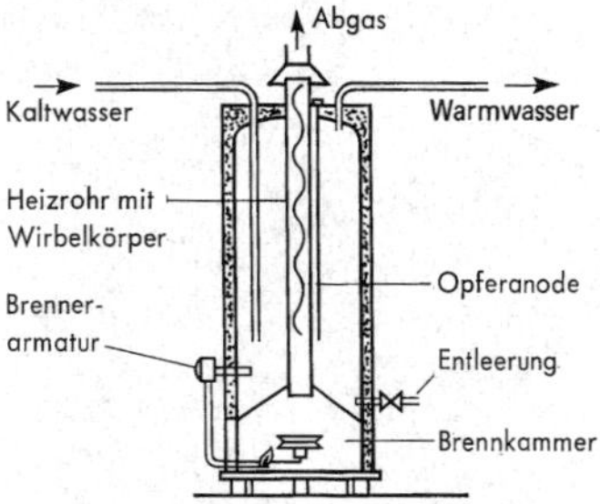

Bild 4.3.1-1. Gasbeheizter, stehender Warmwasserspeicher; Schema.

b) Heizkessel mit Durchflußbatterie im Heizwasserraum *(indirekte Erwärmung)*

Das in die Batterie eintretende Kaltwasser erwärmt sich während des Durchfließens je nach Temperatur des Heizwassers und Menge des durchfließenden Kaltwassers. Die Durchlauferhitzer sind im allgemeinen kupferne Rohrsysteme, durch die das zu erwärmende Wasser hindurchströmt.

Bild 4.2.2-8 zeigt das Prinzip.

Bei Kesseltemperaturen unter 70 °C ist keine genügende Wassererwärmung mehr möglich, deshalb sind Niedertemperatur-Heizkessel für dieses System nicht geeignet. Das Heizwasser im Kessel muß also durch den Kesselthermostaten immer auf mindestens 70 °C gehalten werden. Die Vorlauftemperatur der Heizung, die ja einen großen Teil des Jahres geringer ist, wird dabei immer durch ein Mischventil dem Wärmebedarf angepaßt.

Nachteilig ist auch bei allen Durchflußerwärmern, daß sich bei hartem Leitungswasser die Rohre schnell mit *Wasserstein* zusetzen, so daß von Zeit zu Zeit eine Reinigung mit Entkalkungsgeräten erforderlich wird. Bei Wasser über etwa 2 mol/m^3 (11,2 °d) sollten daher keine Durchflußerwärmer verwendet werden. Heizkessel mit Durchflußbatterien sind daher heute kaum noch auf dem Markt. Einziger Vorteil: Es wird nicht abgestandenes Warmwasser geliefert; die Vermehrung von Legionella wird vermieden.

---

[1]) Schmitz, H.: HR 9/81. S. 525.

c) Heizkessel mit ein- oder angebautem Warmwasserspeicher

Sie sind dadurch gekennzeichnet, daß mit dem Kessel ein Warmwasserspeicher verbunden ist. Das Kesselwasser dient gleichzeitig zur Heizung des Hauses wie zur Erwärmung des Speicherwassers.

Die Kessel-Speicher-Kombinationen haben in den letzten Jahren mit steigendem Warmwasserbedarf große Bedeutung gewonnen. Die Mehrzahl aller Kessel wird in dieser Bauart hergestellt. Diese Heizkessel entsprechen denen, die auch in Abschn. 2.3.1-2 beschrieben sind.

In der einfachsten, heute kaum noch hergestellten Ausführung ist der Speicher im *oberen Teil* des Kessels eingebaut, wobei das Warmwasser praktisch die Heizwassertemperatur annimmt. Dies hat den Nachteil, daß das Warmwasser im Winter z. T. sehr hohe Temperaturen erhält, was zu Kalkausscheidung führt (Bild 4.3.1-2). Außerdem besteht im Speicher Temperaturschichtung. Diese Bauform ist durch die Niedertemperaturkessel abgelöst worden.

Vorteilhafter und heute üblich ist die Ausführung in der Art, daß der Speicher vom Kessel getrennt wird und nur durch kurze Verbindungsrohre mit besonderer *Speicherladepumpe* mit Schwerkraftbremse Heizwasser vom Kessel erhält. Dabei läßt sich die Warmwassertemperatur über einen Speicherwasser-Temperaturregler beliebig begrenzen (Bild 4.3.1-6).

Lösungen dieser Art haben auf-, unter- oder nebengestellen Speicher-WE.

Der Speicherwasser-Temperaturregler hat *Vorrangstellung* gegenüber dem Raum- oder Vorlaufthermostat. Beispiel einer Vorrangschaltung siehe Bild 4.3.1-3:

> Bei Wärmeanforderung durch den Speicherthermostat wird ein Relais betätigt, das den Brenner und die Speicherpumpe einschaltet, während die Heizungspumpe ausgeschaltet wird. Der Regler ist dabei abgekuppelt.

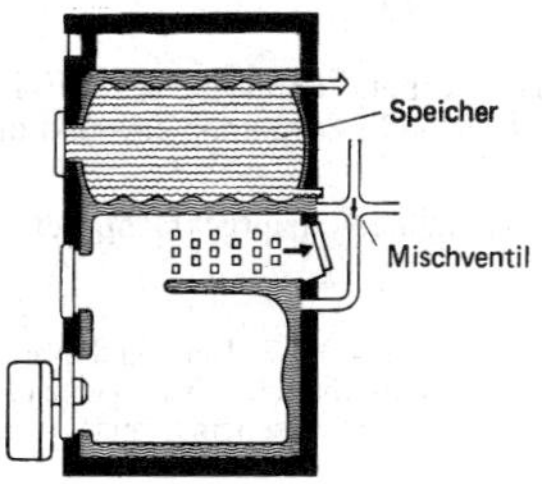

Bild 4.3.1-2. Stählerner Speicherkessel mit ungesteuertem Hochspeicher.

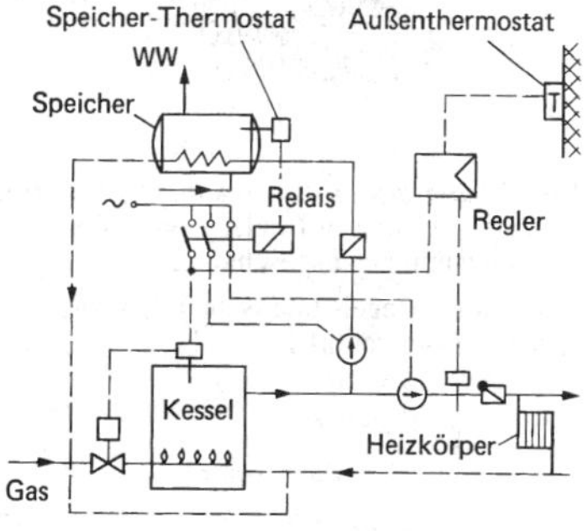

Bild 4.3.1-3. Vorlauftemperaturregelung mit Warmwasser-Vorrangschaltung.

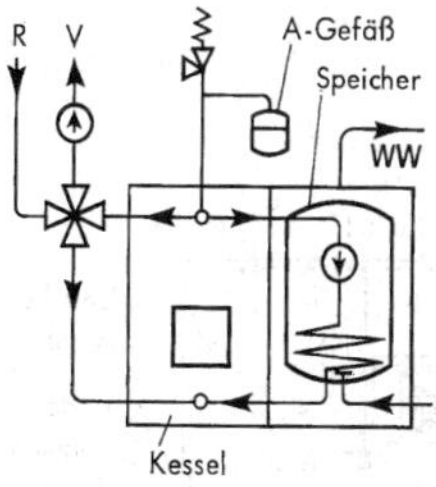

Bild 4.3.1-4. Heizkessel mit nebenstehendem Heizschlangenspeicher; Schema.

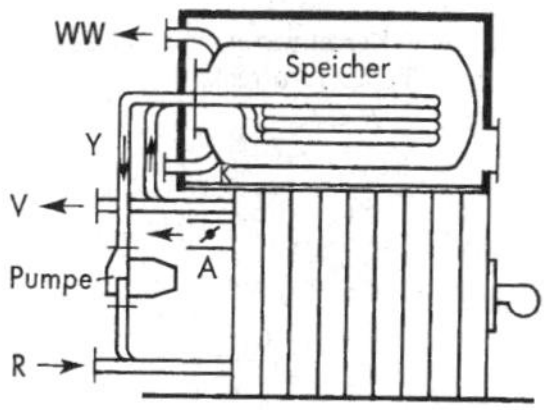

Bild 4.3.1-5. Heizkessel mit darüber befindlichem temperaturgesteuertem Heizschlangenspeicher; Schema.

Der Kessel in Bild 4.3.1-6 hat eine Umkehrbrennkammer für Öl- oder Gasfeuerung mit Gebläse. Darüber der temperaturgeregelte Speicher mit Ladepumpe und Vorrangschaltung. Auskühlung der Brennkammer durch zu starken Zug wird durch einen eingebauten Zugbegrenzer verhindert. Anschluß von zwei Heizkreisen ist möglich. Leistung 13 bis 41 kW.

Die Schaltung der Wärmeerzeuger ist allgemein wie folgt eingerichtet:

Sommerbetrieb:

Heizungsanlage ist ausgeschaltet, Speicherwasser-Temperaturregler schaltet Ölbrenner und Speicherladepumpe.

Winterbetrieb:

Kesselwasser-Temperaturregler bzw. bei NT-Kesseln witterungsgeführte Regelung schaltet Ölbrenner, Speicherwasser-Temperaturregler gleichberechtigt ebenfalls Ölbrenner und Pumpe.

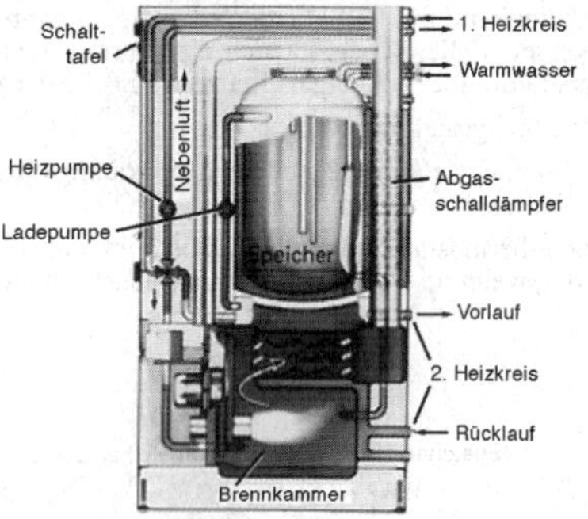

Bild 4.3.1-6. Stählerner Heizkessel mit horizontalem Feuerraum und darüber liegendem Doppelmantel-Speicher (Brötje Energiesparblock ESB):

Bei *Niedertemperaturkesseln:* Speicherthermostat hat Vorrang (Bild 4.3.1-7). Wird Wärme über diesen Regler angefordert, so werden Brenner und Ladepumpe ein- und die Heizungspumpe ausgeschaltet.

Alle Meß-, Regel- und Schaltelemente sind in einem *Schaltkasten* untergebracht, der zu jedem Kessel gehört.

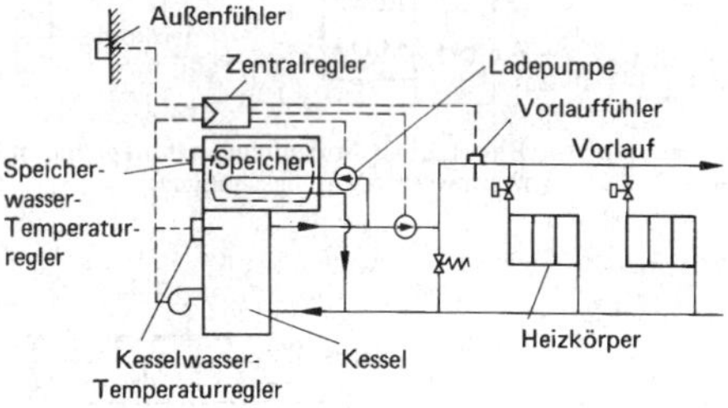

Bild 4.3.1-7. Heiz- und Warmwasserbetrieb bei gleitender Kesselwassertemperatur.

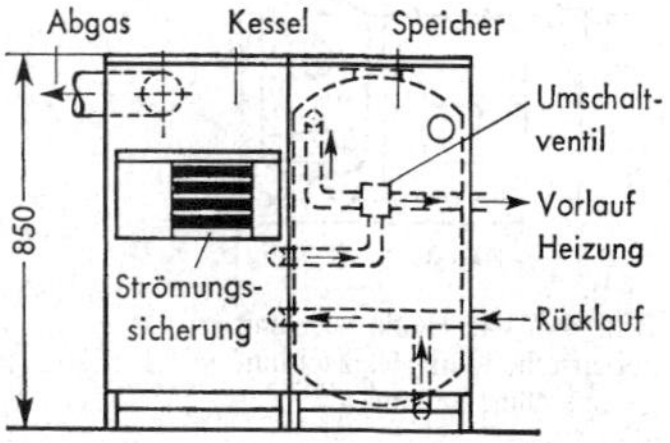

Bild 4.3.1-8. Gasbeheizter Küchenkessel mit nebenstehendem Speicher-WE. Schematischer Aufbau.

In vielen Fällen werden die Heizkessel in der Küche aufgestellt. Sie haben dabei übliche *Küchenmöbelmaße* nach DIN 18022: Tiefe 60 cm und Höhe 85 cm, während die Breite veränderlich ist. Der Speicher wird in diesem Fall entweder oberhalb des Kessels oder daneben angeordnet.

Die Anordnung mit neben dem Kessel stehenden Speicher setzt sich mehr und mehr durch, da bei immer kleiner werdenden Kesseln die Speichergröße dann beliebig wählbar ist. Beispiel siehe Bild 4.3.1-9.

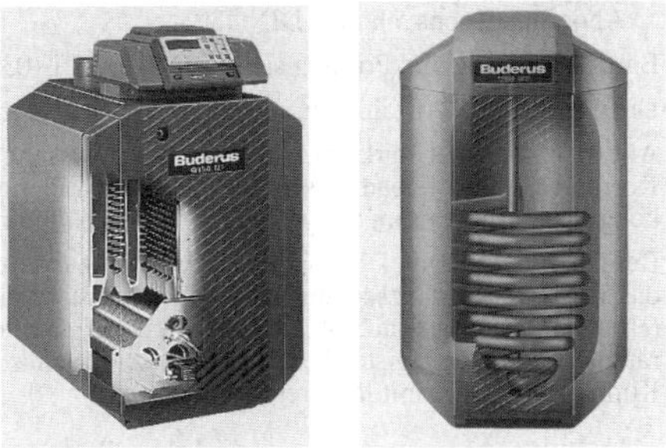

Bild 4.3.1-9. Kombinationsmöglichkeit eines Gasheizkessels mit atmosphärischem Brenner und eines Speicher-Warmwassererzeugers (Buderus).

Einen Niedertemperaturkessel aus Guß/Stahl für Leistungen von 14 bis 67 kW zeigt Bild 4.3.1-10. Der konzentrisch angeordnete Brennraum aus Spezialstahl ist für Flammenumkehr eingerichtet und nicht wassergekühlt. Der Warmwasserspeicher mit Ladepumpe kann entweder mittels Schlauchverbindungen neben dem Kessel aufgestellt werden (wie gezeigt) oder über dem Kessel eingebaut werden. Der Brenner kann auch für längere Zeit abgeschaltet werden, wenn keine Wärme benötigt wird.

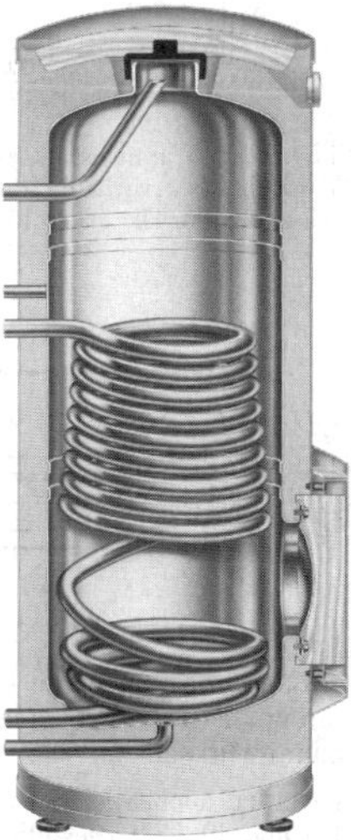

Bild 4.3.1-10. Niedertemperatur-Heizkessel mit biferraler Verbundheizfläche (Guß/Stahl). Mit nebenstehendem Edelstahl-Speicherwasserwärmer. Viessmann VITOLA 300 und VITOCELL 300.
Links: Kessel mit Speicher; rechts: Teilschnitt des Speichers.

4.3.2 Speicher-Wassererwärmer

Die in DIN 4800 bis 4804 (10.80) genormten *Warmwasserspeicher* (WWS) aus Stahl sind auf fünf Typen beschränkt (Bild 4.3.2-1):

Einwandige WWS mit abschraubbarem Deckel nach DIN 4801,
Einwandige WWS mit Halsstutzen nach DIN 4802,
Doppelwandige WWS mit abschraubbarem Deckel nach DIN 4803,
Doppelwandige WWS mit Halsstutzen nach DIN 4804,
Doppelwandige WWS mit zwei festen Böden nach DIN 4800 für stehende oder liegende Anordnung, sonst ähnlich DIN 4803.

Bau, Ausrüstung und Prüfung siehe DIN 4753 T1 (03.88).

Die weit größere Anzahl von Speichern wird jedoch nach Werksnormen hergestellt.

Alle WW-Speicher stark korrosionsanfällig. Wassertemperatur möglichst nicht über 60 °C. Korrosionsschutz (siehe Abschnitt 4.3.7): Emaillierung, Kunststoffbeschichtung, Verzinkung, Kupferplattierung; Legierungen wie Nickelbronze, rostfreier legierter Stahl u.a.

Bei den einwandigen DIN-Speichern werden zur Wärmeübertragung vom Heizmittel auf das Warmwasser Heizschlangen oder Heizregister im unteren Teil des Speichers eingebaut (Bild 4.3.2-2). Material Stahlrohr verzinkt oder Kupfer. Zur Reinigung des Speicherinnenraums sollen die Register herausziehbar sein. Stahlrohrregister in Deckel eingeschweißt, Kupferrohrregister mit lösbarer Stopfbuchse.

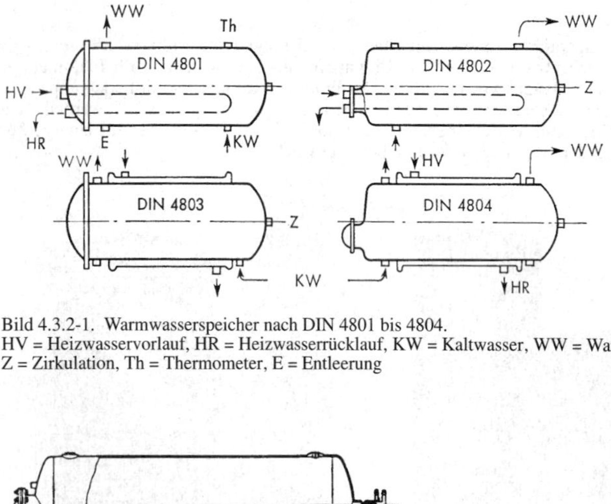

Bild 4.3.2-1. Warmwasserspeicher nach DIN 4801 bis 4804.
HV = Heizwasservorlauf, HR = Heizwasserrücklauf, KW = Kaltwasser, WW = Warmwasser, Z = Zirkulation, Th = Thermometer, E = Entleerung

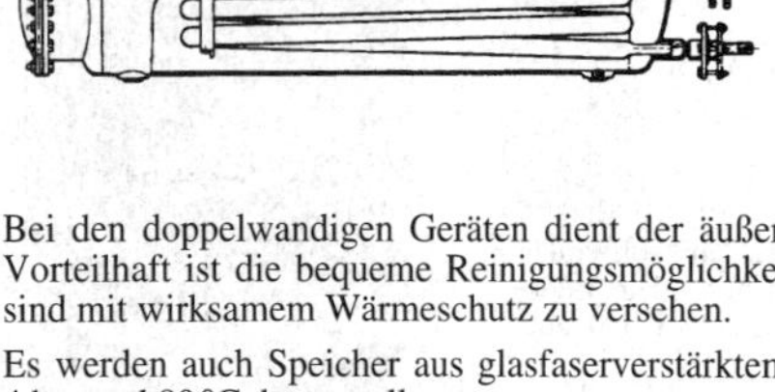

Bild 4.3.2-2. Einwandiger WW-Speicher mit Halsstutzen und Heizschlange.

Bei den doppelwandigen Geräten dient der äußere Heizmantel zur Wärmeübertragung. Vorteilhaft ist die bequeme Reinigungsmöglichkeit des Innenteils. Die Speicherbehälter sind mit wirksamem Wärmeschutz zu versehen.

Es werden auch Speicher aus glasfaserverstärktem Kunststoff (GFK), allerdings nur bis 4 bar und 80 °C, hergestellt.

Anschlüsse für elektrische Heizeinsätze der WWS sind in DIN 4805 (10.80) genormt.

Stehende Speicher erhalten die Heizflächen möglichst weit im unteren Teil eingebaut. Sie sind wärmetechnisch günstiger als die liegenden Speicher, da sie eine bessere Schichtung

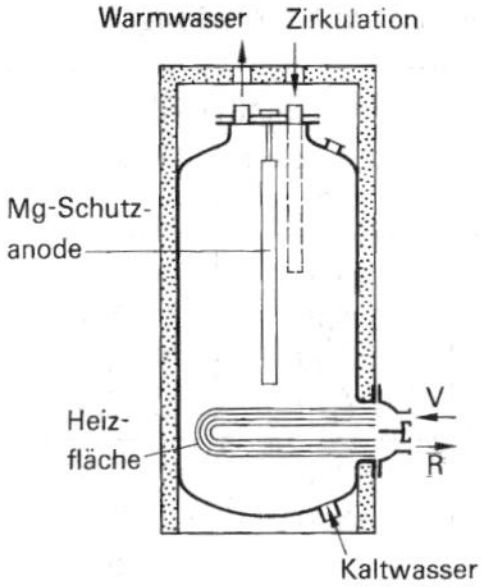

Bild 4.3.2-3. Stehender Warmwasserspeicher.
V = Vorlauf, R = Rücklauf

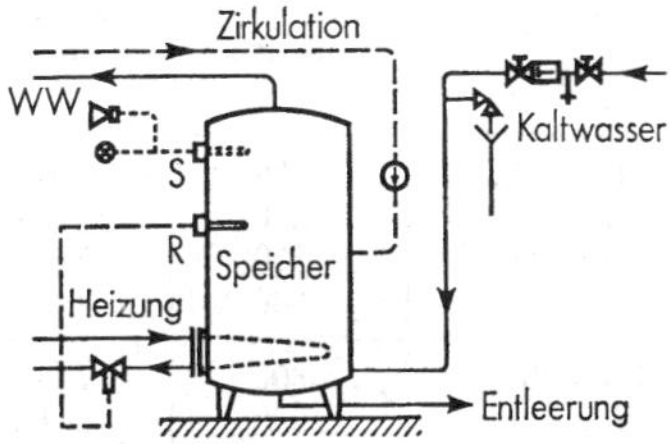

Bild 4.3.2-4. Rohranschlüsse bei einem stehenden Warmwasserspeicher.
R = Reglierthermostat, S = Sicherheitsthermostat (bei Dampf und Heißwasser)

des erwärmten Wassers gestatten und daher eine höhere Warmwasserkapazität haben. Bild 4.3.2-3 und Bild 4.3.2-4.

Die Leistung der Wassererwärmer für den Wohnungsbau wird durch die Leistungskennzahl angegeben (siehe Abschn. 4.4.2-2).

Für manche Zwecke erhalten die Speicher auch zwei Heizregister, z.B. bei zusätzlicher Wassererwärmung mittels Wärmepumpe oder Sonnenkollektor (Bild 4.3.2-5).

Elektrospeicher siehe Abschn. 4.2.1-2.

Alle Speicher müssen mit einer *Wärmedämmung* versehen sein. Diese muß bei Aufstellung in Heizräumen gem. den bestehenden Landesbauordnungen brandsicher ausgeführt werden. Bei Schaum als Wärmedämmung mindestens Brandklasse B2. Der Wärmeverlust über 24 Stunden sollte sein

$$Q \leqq 0{,}142 \sqrt{V} \quad \text{in kWh}$$

mit V = Speicherinhalt in l.

Dies erfordert meist 50…80 mm Dämmschicht-Dicke (DIN V 4753 T8)[1]

Nach DVGW-W 551 muß jeder Speicher-Trinkwassererwärmer ausreichend große Reinigungs- und Wartungsöffnungen erhalten (Hygiene).

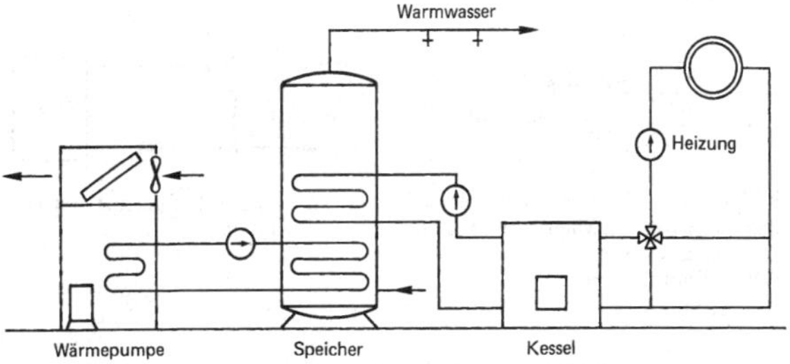

Bild 4.3.2-5. Wassererwärmung mit zwei Heizregistern.

[1]) Schlapmann, D.: HR 9/86. S. 438/41.

Tafel 4.3.2-1 Hauptabmessungen der Warmwasserspeicher nach DIN 4801 T4

	Inhalt l	Gesamt-länge mm	Innen-durchmesser mm	Heizmantel 4803 T4 Durchmesser mm	Heizfläche m²
DIN 4801	150	1700	350	400	1,20
und	200	1760	400	450	1,45
DIN 4803	300	2045	450	500	2,0
	500	1995	600	650	2,4
DIN 4802	800	2460	700	750	3,4
und	1000	2615	750	800	4,1
DIN 4804	1500	2790	900	960	5,1
	2000	3020	1000	1060	6,0
	2500	3635	1000	1060	8,0
	3000	4290	1000	1060	9,9
	4000	4660	1100	1170	12,0
	5000	4895	1200	1270	13,7

4.3.3 Ladespeicher

Eine sehr wirtschaftliche Wassererwärmung erhält man durch das *Ladesystem,* wobei das Aufheizen des Speichers von oben nach unten mittels einer Ladepumpe erfolgt. Heizfläche innerhalb oder außerhalb des Speichers.

1. *Heizelement im Speicher*

   Beispiel Bild 4.3.3-1. Kaltwasser wird unten zugeführt. Im oberen Teil Heizelement. Bei Erreichen der oberen Grenztemperatur, z.B. 90 °C, setzt Temperaturregler T_1 Umwälzpumpe in Betrieb, die Wasser aus dem unteren Teil des Speichers nach oben fördert. Gute Mischung erforderlich. Aufheizung von oben nach unten. Beim unteren Grenzwert, z.B. 85 °C, Abschaltung der Pumpe. Regler T_2 schaltet Heizung aus, wenn Speicher voll aufgeheizt ist. Auch mehrere Speicher hintereinander schaltbar.

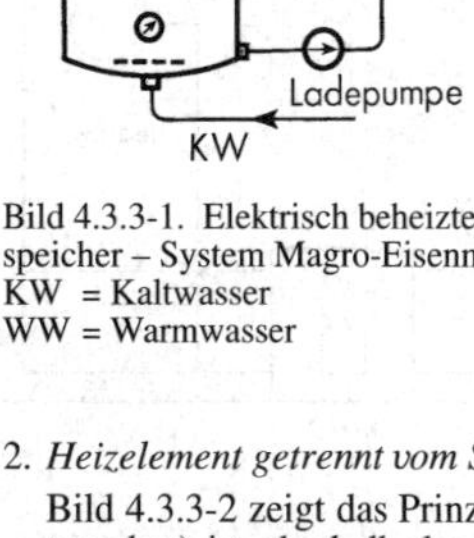

Bild 4.3.3-1. Elektrisch beheizter Ladespeicher – System Magro-Eisenmann.
KW = Kaltwasser
WW = Warmwasser

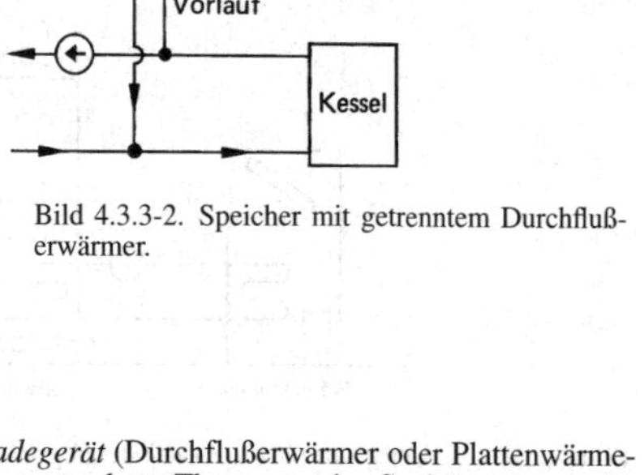

Bild 4.3.3-2. Speicher mit getrenntem Durchflußerwärmer.

2. *Heizelement getrennt vom Speicher*

   Bild 4.3.3-2 zeigt das Prinzip. Das *Ladegerät* (Durchflußerwärmer oder Plattenwärmetauscher) ist oberhalb des Speichers angeordnet. Thermostat im Speicher steuert die Pumpe im Vorlauf und die Ladepumpe.

In Bild 4.3.3-3 ebenfalls Erwärmung des Wassers in einem Durchflußapparat außerhalb des Speichers. Die Aufheizung des Speichers erfolgt über den Wärmeaustauscher mittels

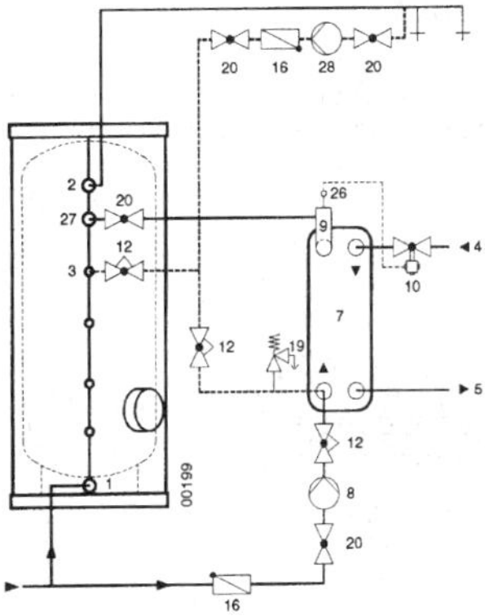

Bild 4.3.3-3. Ladespeicher mit getrenntem Durchflußwassererwärmer.

1 = Anschluß Kaltwasser nach DIN 1988 und örtlichen Vorschriften, 2 = Anschluß Warmwasser, 3 = Warmwasser-Zirkulation, 4 = Heizungsvorlauf, 5 = Heizungsrücklauf, 7 = Durchfluß-Trinkwassererwärmer, 8 = Ladepumpe Trinkwasser, 9 = Fühlertasche, 10 = Wasser-Temperaturregler, 12 = Mengeneinstellventil, 16 = Rückflußminderer, 19 = Sicherheitsventil, 20 = Absperrventil, 25 = Thermometer, 26 = Thermostat, 27 = Anschluß Durchfluß-Trinkwassererwärmer, 28 = Zirkulationspumpe

der Ladepumpe, die bei vollständiger Aufheizung des Speichers abgeschaltet werden kann. Geringe Zapfungen über den Durchflußerwärmer, Spitzenzapfungen über den Speicher und Erwärmer.

Eine herstellerspezifische Bauart der Speicher sind die sog. *Warmwasserzellen* oder *Zellenspeicher,* die besonders in Verbindung mit Großkesseln verwendet werden (Bild 4.3.3-4) oder bei Modernisierungsvorhaben. Das Kesselwasser wird durch Ladepumpen in die Heizflächen der Speicher gefördert.

Die Behälter sind für die Wärmeübertragung entweder mit Doppelmänteln oder besser mit Rohrschlangen ausgerüstet. Korrosionsschutz durch Emaillierung mit Anode oder Verwendung legierter Stähle. Für großen Bedarf Mehrzellenbauweise und Aufheizung durch einen besonderen Kessel kleiner Leistung, aber mit langer Laufzeit, um einen guten Wirkungsgrad zu erhalten. Dadurch Speicherung von großen Warmwassermengen bei optimaler Raumausnutzung.

Vorteile:

- leichter Transport;
- Anpassung an räumliche Verhältnisse;
- vielfache Kombination mit dem Kessel (rechts, links, separat);
- einfache Erweiterung durch zusätzliche Zellen.

Berechnung des Speichers siehe Abschn. 4.4.2.

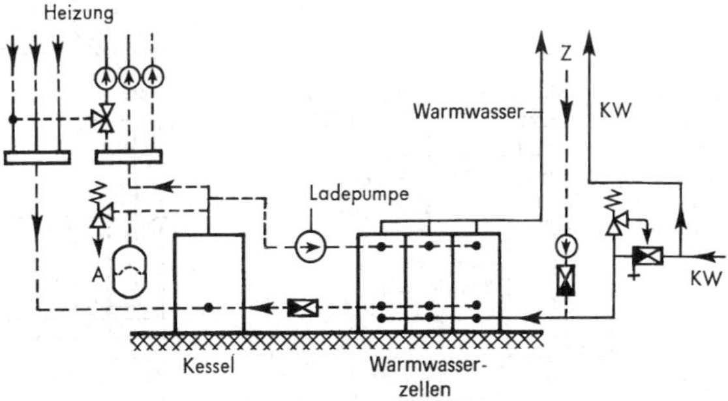

Bild 4.3.3-4. Kessel mit Warmwasserzellen und Ladepumpe.

4.3.4 Durchfluß-Wassererwärmer

Durchfluß-Wassererwärmer enthalten in der Regel Röhrenbündel *(Durchflußbatterien),* die im Kessel oder im oberen wärmsten Teil des Heizwasserspeichers oder auch außerhalb desselben angeordnet sind, während der Speicher selbst wie ein Heizkörper mit den Heizleitungen verbunden wird. Ausführungsbeispiele Bild 4.3.4-1 und Bild 4.3.4-2 sowie Bild 4.2.2-7.

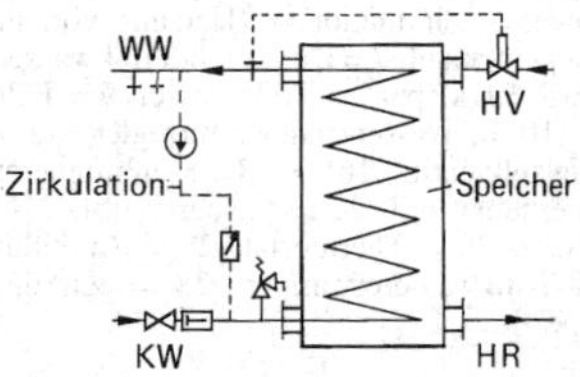

Bild 4.3.4-1. Durchflußbatterie in einem stehenden Wassererwärmer.

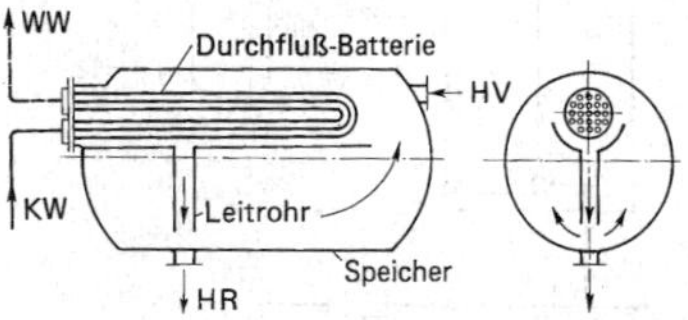

Bild 4.3.4-2. Waagerechter Durchfluß-WE in einem liegenden Warmwasserbereiter.
HR = Heizwasserrücklauf
HV = Heizwasservorlauf
KW = Kaltwasser
WW = Warmwasser

Die Durchflußbatterie besteht meist aus kupfernen Spiralrohren (Locken), rund oder flach, glatt oder meist gerippt. Wassergeschwindigkeit $v = 1{,}5 \ldots 2{,}5$ m/s. Durch Leitrohre wird dem Speicherwasser ein bestimmter Kreislauf aufgezwungen. Außer Kupfer werden aus korrosionstechnischen Gründen auch Edelstahl sowie Kupfer-Nickel-Legierungen für die Batterien verwendet. Regelmäßige mechanische oder chemische Entfernung von Kesselstein erforderlich. Für hartes Wasser (2 mol/m^3 $\approx 12\,°$d) nicht geeignet.

Eine weitere Anordnung zeigt Bild 4.3.4-3. Zwangsweiser Umlauf des Heizwassers von oben nach unten ohne Mischung durch eingebautes, oben erweitertes Rohr.

Besonders für *Solarheizungen* geeignet sind drucklose Wärmespeicher aus Kunststoff (PP) mit je einem Durchlauferhitzer für das Kollektor- und das Kaltwasser. Korrosionsfest, geringes Leergewicht (Bild 4.3.4-4). Nur für Kleinanlagen zweckmäßig(Ein- und Zweifamilienhäuser, bei Großanlagen: Thermische Desinfektion notwendig), da sonst Legionellenwachstum unzulässig begünstigt wird.

Bei allen Durchflußbatterien ohne Speicherung ist zu beachten, daß die zuzuführende Energie im Heizwasser der an das Kaltwasser abgegebenen Energie entsprechen muß. Es ist sonst keine konstante Warmwassertemperatur gewährleistet.

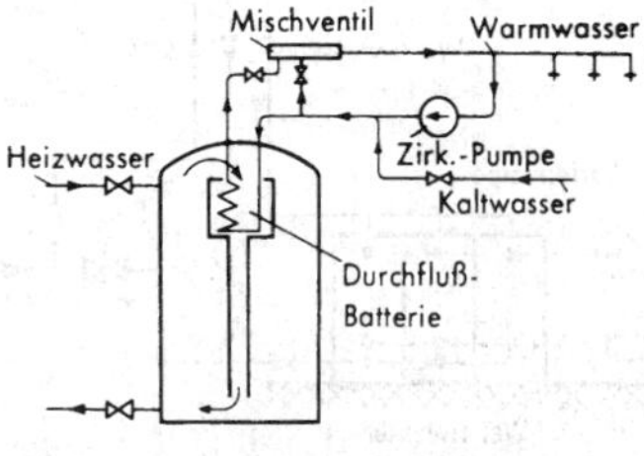

Bild 4.3.4-3. Wassererwärmer Trufo (CTC).

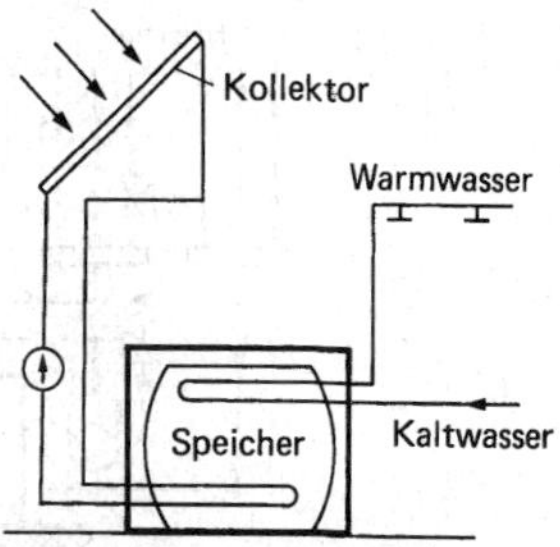

Bild 4.3.4-4. Wassererwärmung über Solarheizung (im Regelfall: stehende Speicher).

Temperatur kann auch bei konstanter Kesselwassertemperatur erheblich schwanken. Wesentliche Verbesserung durch *Warmwasservorrangschaltung,* siehe Abschn. 4.2.2-2. Typisches Temperaturdiagramm siehe Bild 4.3.4-5.

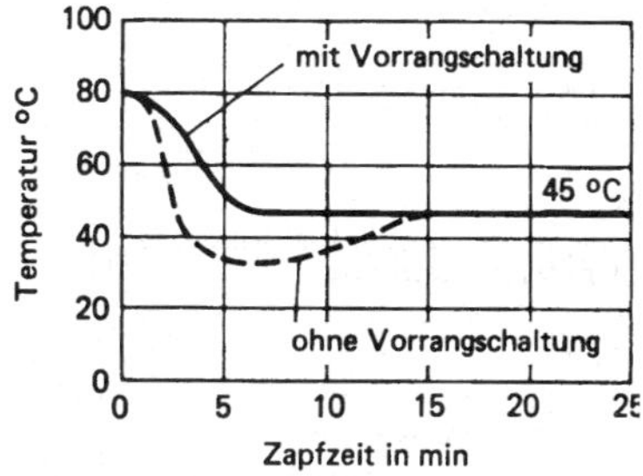

Bild 4.3.4-5. Leistungsdiagramm einer Durchflußbatterie in einem Kessel in Abhängigkeit von der Zapfzeit. Kesseltemperatur 80 °C, Wassereintrittstemperatur t_e = 10 °C

4.3.5 Warmwasserspeicher kombiniert mit Durchflußbatterie

Solche Systeme werden verwendet, wenn z.B. große Warmwassermengen für technische Zwecke (Waschen, Spülen usw.) und kleinere Mengen für Genußzwecke benötigt werden. Bauart Bild 4.3.5-1.

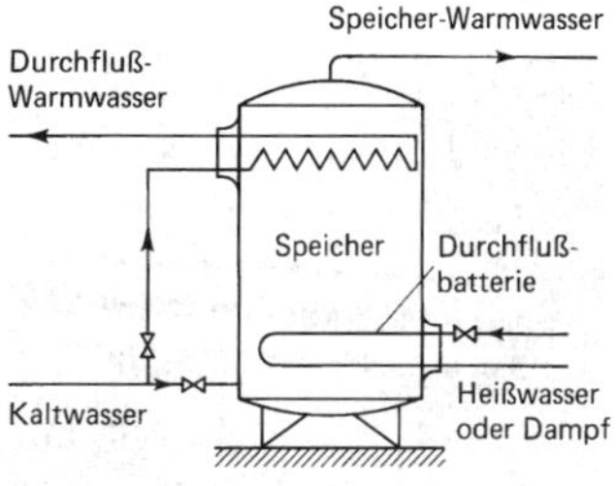

Bild 4.3.5-1. Warmwasserspeicher kombiniert mit Durchflußbatterie.

4.3.6 Mischapparate

Sofern die Verbraucher nicht höhere Temperaturen benötigen, soll das Warmwasser schon im Erzeuger bzw. im Rohrnetz 60 °C nicht überschreiten. Das fordert auch die Heizungsanlagen-VO. Ferner werden dadurch Korrosion, Steinablagerung und Verbrühungsgefahr im gesamten System vermindert. Siehe hierzu auch Abschn. 4.2.2-3.

Außerdem soll die Regler-Einstelltemperatur bei Großanlagen nach DVGW-W551 (alle Anlagen mit Speicherinhalten V >400 l und Wasserinhalt in den TWW-Leitungen >3 l, ausgenommen Ein- und Zweifamilienhäuser) 60 °C betragen (Hygiene: Legionella).

Für die Mischung unterschiedlicher Bedarfstemperaturen an den Entnahmestellen kommen nachstehend aufgeführte Apparate zum Einsatz.

Zweigriff-Mischbatterien

für Wasch- und Spültische, Badewannen, Duschen usw. zur Mischung von Warm- und Kaltwasser. Doppelventile für Warmwasser und Kaltwasser mit Zwischenstück und gemeinsamem Auslaß (Bild 4.3.6-1). Bei Badewannen Umleghebel für Wanne und Dusche.

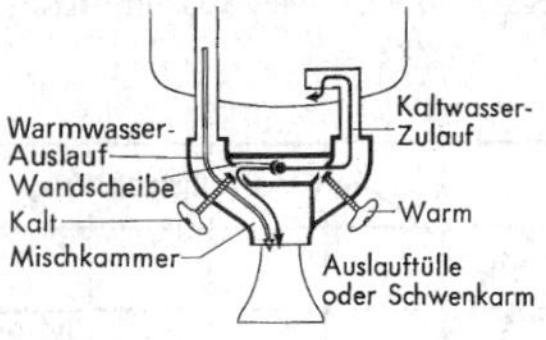

Bild 4.3.6-1. Zweigriff-Mischbatterie für Elektrowasserheizer.

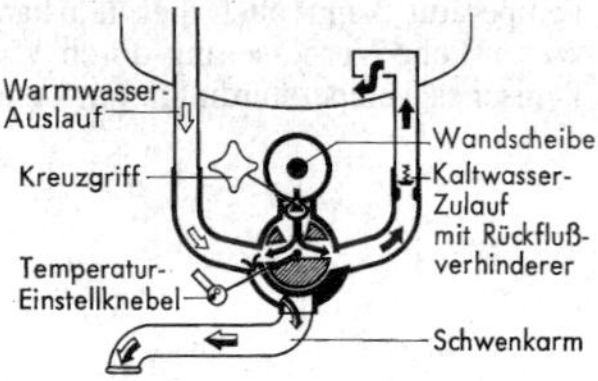

Bild 4.3.6-2. Eingriff-Mischbatterien für Elektrowasserheizer.

Eingriff-Mischbatterien

enthalten nur ein Ventil. Mischwassertemperatur zwischen kalt und warm stufenlos einstellbar, oder Mischung durch besonderen vorher eingestellten Knebel (Bild 4.3.6-2). Für Waschtische gibt es auch *Einhebel-Mischbatterien,* bei denen mit dem Hebel sowohl Wassermenge wie Wassertemperatur eingestellt und begrenzt werden können.

Thermostatische Mischventile

mischen automatisch kaltes und warmes Wasser. Temperaturempfindliche Fühlorgane sind dabei Bimetallspiralen oder Faltenbalge. Beispiel Bild 4.3.6-3. Temperatur ist einstellbar.

Einen mehr für betriebliche Zwecke geeigneten Warmwassermischer zeigt Bild 4.3.6-4. Er enthält einen eingebauten Regler ohne Hilfsenergie, der sich stufenlos einstellen läßt. Installationschema in Bild 4.2.2-12.

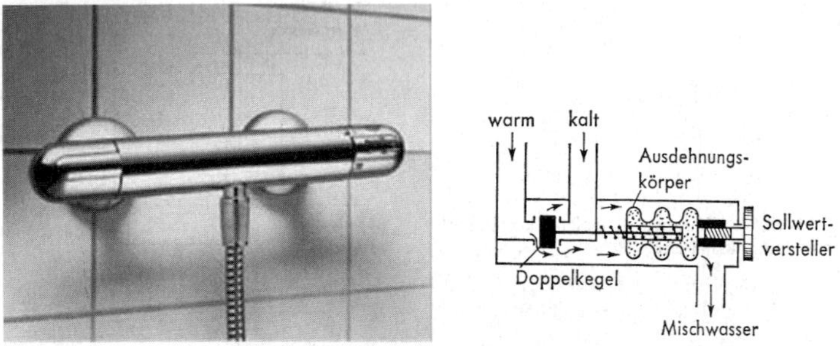

Bild 4.3.6-3. Thermostatisches Mischventil (Grohe). Links: Ansicht; rechts: Schema

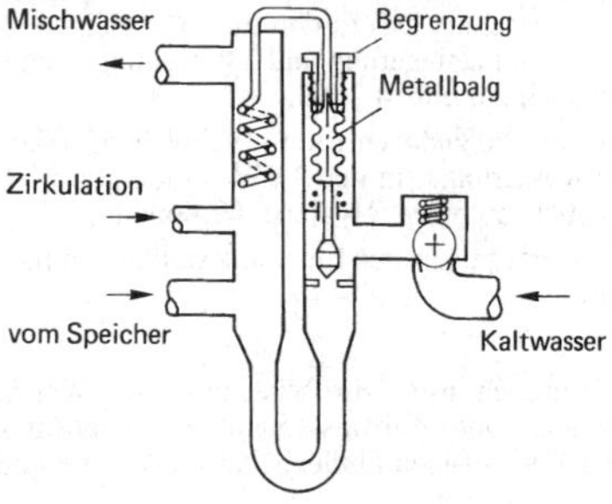

Bild 4.3.6-4. Warmwassermischer mit Regler (Buderus).

4.3.7 Korrosions- und Versteinungsschutz[1)2)]

Siehe auch Abschnitt 2.3.9.

Alle Warmwasser führenden Teile sind stark durch Korrosion und Wassersteinbildung gefährdet, besonders bei Temperaturen über 60 °C und bei aggressivem Wasser. Warmwassertemperatur daher möglichst nicht über 60 °C. Kennzeichen der *Korrosion* ist ein mehr oder weniger gleichmäßiger Flächenfraß oder auch stellenweise auftretender Lochfraß. *Wasserstein* tritt bei Störung des Gleichgewichtes zwischen Calcium-Hydrogencarbonat und Kohlensäure auf. Es führt zu Querschnittsverringerungen der Rohrleitungen und Erschwerung des Wärmedurchgangs. Elektrische Heizelemente können durchbrennen.

Trinkwasserqualität darf nicht beeinträchtigt werden. Korrosionsschutz für WE definiert DIN 4753, T3–T6[3)].

Kupferrohre sind stets, in Fließrichtung gesehen, nach Stahlrohren einzubauen. Andernfalls wird Kupfer durch Wasser gelöst und bildet bei Niederschlag auf Stahl Lokalelemente, die zu Lochfraß führen.

Korrosionsschutz-Maßnahmen:

1. Verwendung von korrosionsfestem Material wie nichtrostender Stahl, Chrom- und Chrom-Nickel-Stähle, Kupfer, Kupfer-Nickel-Legierungen, Kunststoff u. a.
2. Metallische Überzüge wie Verzinkung, Verkupferung u. a. Verzinkung nur bei Temperaturen bis 60 °C.
3. Einbrennlackierung. Sorgfältige Ausführung ohne Fehlstellen wichtig.
4. Kunststoffbeschichtung oder Gummierung.
5. Emaillierung oder Glasur bei $t \approx 800$ °C (Thermoglasur), sehr wirksam, aber teuer, heute am meisten verwendet.
6. Kathodischer Schutz mit Opferanoden aus Magnesium (Bild 4.3.2-3) ohne Fremdstrom oder für große Behälter Fremdstrom-Anoden. Beim Guldager-Verfahren Aluminiumanode mit Fremdstrom (Bild 4.3.7-1).

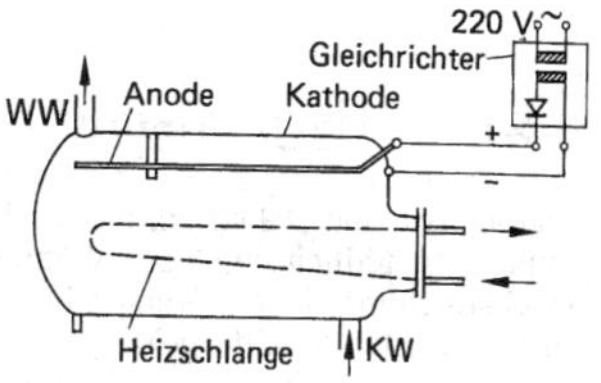

Bild 4.3.7-1. Elektrolyse-Schutzanlage für einen Warmwasserspeicher.

7. Zugabe von Inhibitoren zum Wasser, z. B. Phosphate oder Silikate durch Dosierapparate oder Dosierpumpen. Phosphatzusatz etwa 2…4 g/m³ Wasser.
8. Kombinierte Verfahren wie Emaillierung mit kathodischem Schutz, sehr wirksam. Es werden kathodische Schutzarten mit Verbrauchsanzeige angeboten (Signalanode, Afriso)[4)].

Die *Wirksamkeit* der verschiedenen Verfahren ist sehr unterschiedlich und nur durch erfahrene Fachleute zu beurteilen. Am meisten verwendet: Edelstahl und Emaillierung.

Korrosion bei kalten Wässern DIN 50930 (02. 93).

Versteinungsschutz

Bei Carbonathärten unter etwa 10 °d und Temperaturen unter 60 °C ist eine wesentliche Steinbildung nicht zu erwarten.

Bei größerer Härte:

Zugabe von Polyphosphaten mittels Dosierpumpe, wodurch der Niederschlag von festem Carbonat teilweise oder ganz verhindert wird (Stabilisierung der Carbonathärte).

---

1) Kruse, C.-L.: HR 4/83. S. 232/4.
2) Kruse, C.-L.: Korrosion in der Sanitär- und Heizungstechnik. Krammer, 1991.
3) DIN 4753: T1 (03. 88) Wassererwärmungsanlagen, T3–T9: Korrosionsschutz.
4) Energie und Umwelt 2/89. S. 40/41.

Tafel 4.3.7-1 Wasserbehandlungsmaßnahmen zur Vermeidung von Steinbildung in Abhängigkeit von Calcium-Massenkonzentrationen und Temperatur

Calcium-Massenkonzentration mg/l	Maßnahmen bei $\vartheta \leq 60\,°C$	Maßnahmen bei $\vartheta > 60\,°C$
< 80 (entspricht etwa Härtebereich 1 und 2)*)	keine	keine
80 bis 120 (entspricht etwa Härtebereich 3)*)	keine oder Stabilisierung oder Enthärtung	keine oder Stabilisierung oder Enthärtung
> 120 (entspricht etwa Härtebereich 4)*)	keine oder Stabilisierung oder Enthärtung	Stabilisierung oder Enthärtung

*) siehe Waschmittelgesetz § 7
Anmerkung: siehe auch DIN 1988 Teil 2/12.88, Abschnitt 8

Die geeigneten Wasserbehandlungsmaßnahmen sind der Tafel 4.3.7-1 (aus DIN 1988 Teil 7) zu entnehmen.

Wenn für bestimmte Zwecke, z.B. Geschirrspülmaschinen, besonders salzarmes Wasser verlangt wird, ist eine Enthärtung vorzusehen. Diese erfolgt durch einen Ionenaustauscher, der mit Kochsalz regeneriert wird (siehe Abschn. 2.3.9).

Die Wirkung *physikalischer Apparate* ist noch nicht nachgewiesen.

4.3.8 Hygienische Anforderungen

Legionellen sind Bakterien, die die Legionärskrankheit (Lungenentzündung) hervorrufen können, die tödlich sein kann. Während die Einnahme von Legionellen im Trinkwasser als unschädlich gilt, ist das Versprühen und Einatmen als Aerosol gefährlich (Duschanlagen, Luftbefeuchter, Kühltürme).

Eine mildere Verlaufsform der Krankheit ist das Pontiac-Fieber (grippeähnliche Beschwerden).

Nach heutigem Kenntnisstand vermehren sich Legionellen in *Warmwasser*-Bereichen bei längeren Verweilzeiten am stärksten zwischen 32...42 °C und werden bei 60...65 °C getötet[1]).

Warmwasserspeicher mit Temperaturschichtung sind ungünstig. Regelmäßige Entschlammung wird empfohlen, da Schlamm einen guten Nährboden bietet. Selten genutzte Rohrzweige sind gefährlich. Diese sind stillzulegen.

Umwälzung bis vor die Zapfstelle ist anzustreben; ebenso wenigstens kurzzeitig hohe WW-Temperaturen, um Abtötung zu erzielen. Dieses steht nicht unbedingt in Widerspruch zur Heizungsanlagen-VO (Abschn. 4.1.5), die allgemein die WW-Temperatur auf max. 60 °C begrenzt und zeitweises Auskühlen empfiehlt, aber – wenn nötig – Ausnahmen zuläßt.

Bei elektr. Begleitheizung ohne Zirkulationsleitung (Abschn. 4.2.2-5) kann man über Schaltautomatik vorübergehend auf 65 °C aufheizen (Thermische Desinfektion). Ferner

[1]) Hoffmann, K.: Ki 3/86. S. 74.
SHT-Diskussion Nov. 87.
NN: CCI 4/88. S. 12 ff.
Ammon, J.: SHT 3/88. S. 124 ff.
DVGW-Stellungnahme: HLH 5/88. S. 241/2 u. 248/9.
Scharff, K.: SH 1/89. S. 16/7 u. Bericht XII. Int. Kongr. TGA Berlin 10/88. S. 161/3.
FLT-Stellungnahme 1989.

werden UV-Geräte entwickelt die im Rohr eingebaut werden[1]. Aerosolbildung durch fein zerstäubende Duschköpfe *(Sparduschen)* ist zu vermeiden.

Die WW-Temperatur unmittelbar vor dem Mischer am Auslauf sollte 55 °C nicht unterschreiten. Dezentrale WW-Erwärmer sind demnach günstiger, jedoch Verbrühungsgefahr. Bei Speichern ist für großes Volumen im Verhältnis zum Netzvolumen zu sorgen, damit hohe Verweilzeit bei hohen Temperaturen entsteht[2].

Zur Vermeidung von Verbrühungen kann die *thermische Desinfektion* von WW-Speichern und Rohrleitungen in den Nachtstunden erfolgen, wofür inzwischen automatische Schaltungen angeboten werden.

Nach einem Vorschlag[3] wird das Warmwasser auf 60 °C aufgeheizt und kurz vor der Entnahmestelle über einen Plattenwärmeaustauscher mit zulaufendem Kaltwasser energiesparend wieder auf 40 °C abgekühlt, um die Verbrühungsgefahr auszuschließen. Eine ähnliche Lösung ist in Bild 4.3.8-1 dargestellt. Siehe auch Abschn. 1.1.1-2.3.

Das Arbeitsblatt DVGW-W 551[4] regelt die technischen Maßnahmen bei *Neuanlagen*, um das Legionellenwachstum in der gesamten Wassererwärmungsanlage zu vermindern. Bei Kleinanlagen (Ein- und Zweifamilienhäuser) sind aufgrund des geringen Risikos keine besonderen Maßnahmen erforderlich. Bei neuen Großanlagen (Speicherinhalt V > 400 l) ist vor allen Dingen folgendes zu beachten:

1. Gleichmäßige Erwärmung im Speicher, Vorwärmstufen einmal täglich auf 60 °C erwärmen;
2. Zirkulationssysteme oder Begleitheizung vorsehen; nicht länger als 8 Stunden täglich unterbrechen;

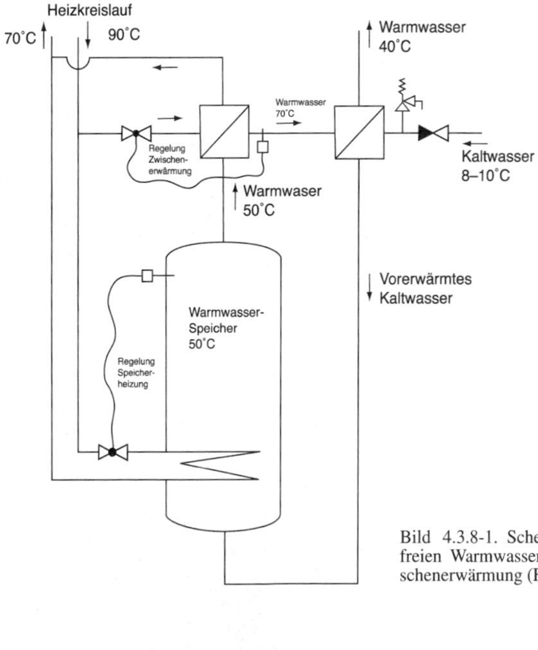

Bild 4.3.8-1. Schema einer legionellenfreien Warmwassererzeugung durch Zwischenerwärmung (Fa. Cetetherm).

---

[1]) Läge, F. K.: HLH 6/89. S. 317/21.
[2]) Burger, L., u. a.: Bericht XII. Int. Kongr. TGA, Berlin 10. 88. S. 226/230.
[3]) van Olffen, E.: Ges.-Ing. 5/88. S. 253/5.
[4]) Trinkwassererwärmungs- und Leitungsanlagen, 3/1993.

3. am Warmwasseraustritt: 60 °C (Regeler-Einstelltemperatur);
4. im gesamten zirkulierenden Umlauf: max. 5 K am Wassererwärmer;
5. die Schwerkraftzirkulation wird abgeraten.

Für Altanlagen ist das Arbeitsblatt W 552 als Entwurf[1] erschienen. Es gilt für die Sanierung von mit Legionellen kontaminierten und den Betrieb von sanierten Anlagen. Mögliche Maßnahmen (die wichtigsten):

1. Betriebstechnik:	Temperaturen ≥55 °C, Zirkulationspumpen durchgehend betrieben, Vorwärmstufen einmal tägl. erwärmen
2. Verfahrenstechnik:	thermisch, chemisch oder mit UV desinfizieren (s. W 552)
3. Bautechnik:	nicht benötigte Rohrleitungen abtrennen, Zirkulationssystem einregulieren
4. Wartung:	Verträge empfehlen, Sanierungsprotokoll anfertigen.

[1]) DVGW-W 552 E: Trinkwassererwärmungs- und Leitungsanlagen; Technische Maßnahmen zur Verringerung des Legionellenwachstums; Sanierung und Betrieb. 5/95.

4.4 Berechnung der Wasser-Erwärmungsanlagen

4.4.1 Warmwasserbedarf und Temperaturen[1)]

Die für die verschiedenen Zwecke benötigten Warmwassermengen sind außerordentlich stark schwankend. Bei *Wohnungen* hängt der Bedarf nicht nur von der Größe der Wohnung und der Zahl der Personen, sondern auch vom Lebensstandard, Alter der Personen, Einbau von Warmwasserzählern, Beruf der Bewohner, Jahreszeit und anderen Umständen ab. Außerdem ist er großen zeitlichen Schwankungen unterworfen. Der Sonnabend, evtl. auch der Freitag allein kann wegen der an diesem Tag üblichen Badbenutzung etwa 30% des gesamten Wochenbedarfs an Warmwasser haben.

In Hotels ist der Warmwasserverbrauch abhängig von der Zahl der Wannen oder Duschen sowie der Güteklasse. Luxushotels verbrauchen wesentlich mehr Warmwasser als einfache Hotels. Spitzenverbrauch morgens und abends.

In Fabriken, Sporthallen usw. werden nach Schluß der Betriebszeit in kurzer Zeit – etwa 10...30 Minuten – sehr erhebliche Warmwassermengen benötigt, wenn alle Waschbecken oder Duschen gleichzeitig benutzt werden. Hoher Spitzenverbrauch, der aus dem Speicher gedeckt werden muß.

Bei *Zweckbauten* für Gewerbe und Industrie wird Warmwasser außer für hygienische Zwecke auch für technische Zwecke benötigt, z.B. in Wäschereien, Färbereien usw.

Die Tafel 4.4.1-1 bis Tafel 4.4.1-5 sowie Bild 4.4.1-1 und Bild 4.4.1-2 geben mittlere Verbrauchszahlen an.

Der *WW-Verbrauch* an einem Tage verteilt sich ungleichmäßig auf die einzelnen Stunden (siehe Bild 4.4.1-3). Hier ist die tägliche Verbrauchskurve eines Wohnblocks an Wochenenden und einer Schwimmhalle aufgezeichnet.

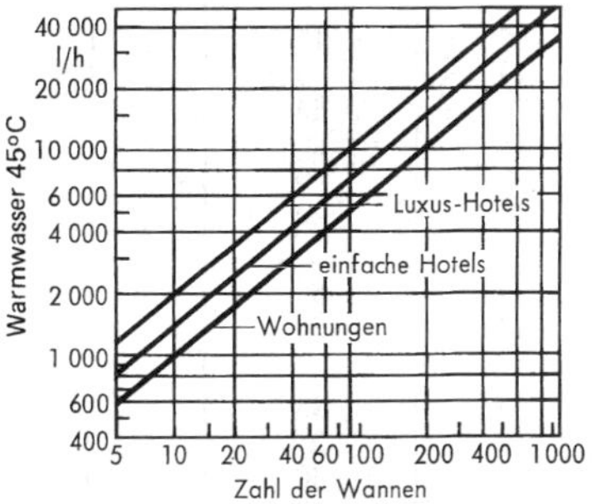

Bild 4.4.1-1. Warmwasserverbrauch bei Wohnungen und Hotels in Abhängigkeit von der Zahl der Badewannen. Bei Duschen ist der Verbrauch etwa 25% davon.

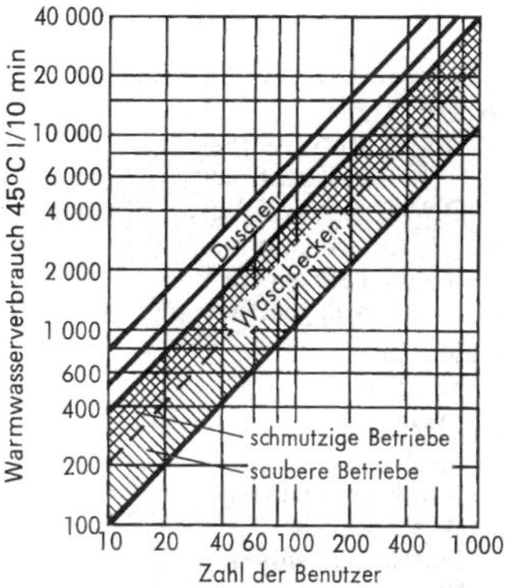

Bild 4.4.1-2. Warmwasserverbrauch in Wasch- und Duschräumen.

---

1) Sander, H.: Warmwasserbereitungsanlagen 2. Aufl. 1963.
Bösch, K.: Krupp-Handbuch der Warmwasserversorgung 1977.
Schmitz, H.: Technik der Brauchwassererwärmung. 1983.
Feurich: Sanitärtechnik 1987.
Buderus Heiztechnik: Größenbestimmung und Auswahl von Speicher-Brauchwassererwärmern, 1994.

Tafel 4.4.1-1 Warmwasserbedarf und Temperaturen für Gebäude und gewerbliche Zwecke

Bedarfsfall	Bedarf	Temperatur
Krankenhäuser	100···300 l/Tag, Bett	60 °C
Kasernen	30··· 50 l/Tag, Person	45 °C
Bürogebäude	10··· 40 l/Tag, Person	45 °C
Medizinische Bäder	200···400 l/Tag, Patient	45 °C
Kaufhäuser	10··· 40 l/Tag, Beschäftigte	45 °C
Schulen (bei 250 Tagen/a)		
ohne Duschanlagen	5··· 15 l/Tag, Schüler	45 °C
mit Duschanlagen	30··· 50 l/Tag, Schüler	45 °C
Sportanlagen mit Duschanlage	50··· 70 l/Tag, Sportler	45 °C
Bäckereien	105···150 l/Tag, Beschäftigter	45 °C
	10··· 15 l/Tag, für Reinigung	45 °C
für Produktion	40··· 50 l/100 kg Mehl	70 °C
Friseure (einschl. Kunden)	150···200 l/Tag, Beschäftigter	45 °C
Brauereien einschl. Produktion	250···300 l/100 l Bier	60 °C
Wäschereien	250···300 l/100 kg Wäsche	75 °C
Molkereien	1··· 1,5 l/l Milch	75 °C
	i. M. 4000···5000 l/Tag	
Fleischereien		
ohne Produktion	150···200 l/Tag Beschäftigter	45 °C
mit Produktion	400···500 l/Tag	

Tafel 4.4.1-2 Warmwasserbedarf von Wohnungen

Verbrauchsstelle	Einmalige Entnahme Liter	Temperatur t_w °C	Dauer in Minuten
Auslaßventile			
DN 10, halb geöffnet	5	40	1
voll geöffnet	10	40	1
DN 15, halb geöffnet	10	40	1
voll geöffnet	18	40	1
DN 20, halb geöffnet	25	40	1
voll geöffnet	45	40	1
Spültische			
einteilig	30	55	5
zweiteilig	50	55	5
Waschbecken			
Handwaschbecken	5	35	1,5
Waschbecken	10	35	2
Waschtisch, einteilig	15	40	3
Waschtisch, zweiteilig	25	40	3
Badewannen			
klein (Größe 100)	100	40	15
mittel (Größe 160)	150	40	15
groß (Größe 180)	250	40	20
Dusche	50	40	6
Sitzbad	50	40	4
Bidet	25	40	8
Gesamtverbrauch (60 °C)			
einfache Ansprüche	10···20 l/Tag und Person		
höhere Ansprüche	20···40 l/Tag und Person		
höchste Ansprüche	40···80 l/Tag und Person		

Tafel 4.4.1-3 Warmwasserverbrauch in Gaststätten und Hotels

Verbrauchsstelle	Liter je Tag und Person		Nutzwärme je Tag und Person
	60 °C	45 °C	Wh
Gaststätten			
je Menü	4··· 8	6··· 12	250··· 500
je Gast	8··· 20	12··· 30	500···1200
Hotels			
Zimmer mit Bad	100···150	140···220	6000···9000
Zimmer mit Dusche	50···100	70···120	3000···6000
Zimmer mit Waschbecken	10··· 15	15··· 20	600··· 900
Heime, Pensionen	25··· 50	35··· 70	1500···3000

Tafel 4.4.1-4 Warmwasserverbrauch in Hallenbädern

Verbrauchsstelle	Warmwasser-verbrauch einmalig Liter	l/h	Füll-dauer in min	WW-Tempe-ratur t_w °C	Wärme-verbrauch in kWh
Wannenbad					
ohne Dusche	200···300	500	10	40	18
mit Dusche	250···350	600	10	40	21
medizinisches	300···400	300···400	10	40	10···14
Dusche, ohne Zelle	50	500	6	40	18
Dusche, mit Zelle	80	320	6	40	11
Dusche in Schulen und Kasernen	50	300···400	5	35	9···12
Dusche, Regen	10	600	1	40	21
Sitzbad	50	100	5	35	3
Fußbad	30	120	6	30	3
Reinigungsbecken mit Fußbrause	30	600	3	35	18
Mantel-, Sitz- und Vollstrahlduschen	200	800···1000	5	35	23···29

Tafel 4.4.1-5 Warmwasserverbrauch für Wasch- und Duschanlagen in Industriebetrieben

Verbrauchsstelle	Wassermenge l/min	Dauer in min	Liter je Benutzung	WW-Tempe-ratur t_w °C	Wärmeverbrauch je Benutzung kWh
Einzelwaschbecken	10	3	30	35	0,9
Reihenwaschbecken					
mit Auslaufventil	5···10	3	15···30	35	0,5 ···0,9
mit Auslaufbrause	3··· 5	3	9···15	35	0,25···0,50
Waschbrunnen					
für 10 Personen	25	3	75	35	2,2
für 6 Personen	20	3	60	35	1,8
Dusche ohne Zelle	10	5	50	35	1,5
Dusche mit Zelle	10	15	80	35	2,3
Wannenbad	25	30	250	35	7,3
Mittelwert, einschl. Küchenbedarf	50 l/Tag und Kopf			40	1,75 kWh/Tag und Kopf

Die Neigung der Summenkurven gibt den jeweiligen stündlichen (oder 10 min-) Verbrauch an. Die Diagonale gibt den mittleren Verbrauch je Zeiteinheit an.

Zum Ausgleich des unterschiedlichen Bedarfs sind WW-Speicher erforderlich. Deren Größe kann aus dem Bild 4.4.1-4 entnommen werden. (Weiteres hierzu siehe Abschn. 4.4.3.)

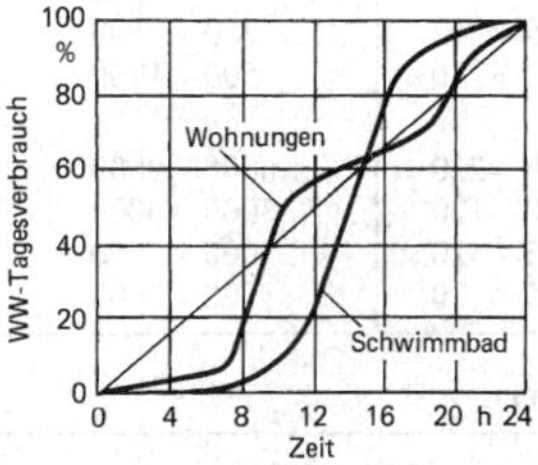

Bild 4.4.1-3. Warmwasser-Verbrauchsdiagramm (Summenlinien), für Wohnblocks und Schwimmhallen.

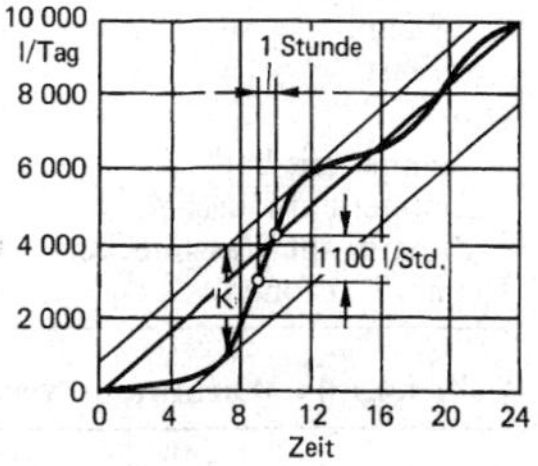

Bild 4.4.1-4. Ermittlung der stündlichen WW-Verbrauchsspitze in Wohnblocks. K = Speicherkapazität = 3000 l (ohne Zuschläge)

Die *Kaltwasser-Temperatur* wird im Durchschnitt mit 10 °C angenommen, obwohl sie im Einzelfall in den Grenzen von 5…15 °C schwanken kann.

Die *Warmwassertemperaturen* werden im allgemeinen wie folgt angenommen:

Für Waschbecken, Brause und Baderaum 35 bis 45 °C,
für Küchenzwecke 55 bis 60 °C,
für gewerbliche Zwecke bis 100 °C.

Die *Zapftemperaturen* liegen immer einige Grade höher als die Warmwassertemperaturen, da sich das Wasser in den Wannen oder Becken abkühlt. Eine Temperatur von 60 °C für das Warmwasser soll zur Verringerung von *Korrosionsschäden* und *Energieverlusten* möglichst nicht überschritten werden.

Der *Endenergieverbrauch* für Warmwasser in Deutschland beträgt etwa 12 Mill. t SKE ≙ 5% des Gesamtverbrauchs. $^2/_3$ davon werden in Haushalten verbraucht.

4.4.2 Wärmebedarf

-1 Berechnung mit dem Gleichzeitigkeitsfaktor

(nach Sander)

Bei der Berechnung des stündlichen Wärmebedarfs ist es von ausschlaggebender Bedeutung, zu wissen, wieviel Warmwasserzapfstellen gleichzeitig benutzt werden, oder anders ausgedrückt, wie der *Gleichzeitigkeitsfaktor* ist. Sind beispielsweise in einem Mietshaus 30 Bäder vorhanden, so werden sie natürlich nicht alle zur gleichen Zeit benutzt, sondern nur ein Teil von ihnen. Der Gleichzeitigkeitsfaktor φ, der nur aus Erfahrung ermittelt werden kann, hat bei Wohnungen etwa die in Tafel 4.4.2-1 und Tafel 4.4.2-2 angegebenen Werte.

Für *Wohnungen* ist der maximale Wärmebedarf im wesentlichen durch die Zahl der Badewannen oder Brausen bestimmt, während der übrige Warmwasserbedarf für Küchenzwecke, Waschbecken usw. demgegenüber vernachlässigt werden kann. Außerdem ist die Art der Wassererwärmung (Speicher- oder Durchflußsystem) zu berücksichtigen.

Rechnet man für ein normales Vollbad von 200 l mit einer Füllzeit von 12 min, so ist die *augenblickliche Wärmeleistung P* bei einer Wassererwärmung von 10 °C auf 40 °C, 1 l Wasser = 1 kg Wasser, $c \cdot \varrho = 4{,}2$ kJ/(kg · K), 60 s/min und 1 kJ = 1 kWs

$$P = \frac{200\,(40 - 10) \cdot 4{,}18}{12 \cdot 60} = 34{,}8 \text{ kW},$$

also sehr hoch, ein Vielfaches der Raumheizwärme. Der jährliche Gesamtwärmeverbrauch für das Warmwasser ist jedoch gering, etwa 15...20% des Verbrauchs an Heizungswärme mit steigender Tendenz, da die Gebäude immer besser gedämmt werden. Die hohen Spitzenleistungen der Wassererwärmung werden durch *Speicherung* des Warm- oder Heizungswassers aufgefangen.

Zur Berechnung des Wärmebedarfs in Wohnungen mit Bad wird angenommen, daß sich der tägliche Warmwasserverbrauch auf $z_B = 2$ Betriebsstunden beschränkt, z. B. von 20 bis 22 Uhr. In der Anheizzeit z_A wird soviel Wärme erzeugt, daß bei Betriebsbeginn der Speicher voll aufgeladen ist (Bild 4.4.3-1). Am Ende der Betriebszeit ist der Speicher entleert und die Warmwasserentnahme beginnt.

-1.1 Speichersystem

Der maximale stündliche *Warmwasserbedarf* $\dot{V}$ ist für n Normalwohnungen bei 200 l Einzelbedarf eines Vollbades

$\dot{V} = 200 \cdot n \cdot \varphi$ in l/h.

Bei einer Betriebsdauer $z_B = 2$ h ist der tägliche Warmwasserbedarf

$\dot{V}_{ges} = 2 \cdot \dot{V} = 400 \cdot n \cdot \varphi$ l/d.

Der max. *Wärmebedarf* ist bei 40 °C Warmwassertemperatur sowie $c \cdot \varrho = 4{,}18$ kJ/(kg · K) $= 1{,}16 \cdot 10^{-3}$ kWh/(kg · K)

$\dot{Q} = 200 \cdot n \cdot \varphi \cdot (40 - 10) \cdot 1{,}16 \cdot 10^{-3} = 7 \cdot \varphi \cdot n$ in kW

φ = Gleichzeitigkeitsfaktor (oder Benutzungsfaktor) (Tafel 4.4.2-1)
n = Zahl der Wannen

Bei Wohnungen mit nur Brausebädern ist bei 50 l Wasserverbrauch je Brause und 2 Brausen je Stunde

$\dot{Q} = 100 \cdot n \cdot \varphi \cdot (40 - 10) \cdot 1{,}16 \cdot 10^{-3} = 3{,}5 \cdot \varphi \cdot n$ in kW.

Beispiel:

Bei $n = 28$ Wohnungen mit Bad ist der maximale Wärmebedarf:

$\dot{Q} = 7 \cdot \varphi \cdot n = 7 \cdot 0{,}37 \cdot 28 = 72$ kW.

-1.2 Durchflußsystem

Infolge der höheren Beanspruchung ist der Wärmebedarf beim Durchflußsystem größer. Die entsprechenden Gleichungen lauten:

Bei Wannenbädern: $\dot{Q} = 15 \cdot \varphi \cdot n$ in kW
bei Brausebädern: $\dot{Q} = 6 \cdot \varphi \cdot n$ in kW

Werte für n siehe Tafel 4.4.2-2.

Für *Industriebetriebe* mit großen Warmwasserentnahmen für technische Zwecke und großen Wasch- und Brauseanlagen empfiehlt sich die Aufstellung eines *Wärmediagramms,* das den Warmwasserverbrauch in Abhängigkeit von der Zeit angibt.

-1.3 Fernwärmeversorgung[1)]

Der *Wärmebedarf* ist stark abhängig von der Zahl der Wohnungen und dem System (Durchfluß oder Speicher). Für eine Wohnung ist der Warmwasserbedarf

beim Speichersystem:

1 Bad stündlich ± 200/3600 · (40 – 10) · 4,2 = 7 kW

beim Durchflußsystem mit 20 l/min Augenblicksleistung:

20/60 · (50 – 10) · 4,2 = 56 kW.

Der *Gleichzeitigkeitsfaktor* φ beträgt für 1000 Wohnungen

beim Speichersystem: $\varphi = 0{,}20$
beim Durchflußsystem: $\varphi = 0{,}03 \ldots 0{,}05$

1) Kopp, W.: San. Hzgs. Techn. 1968. S. 531/5.
Schreiber, G.: WT 5/86. S. 241 ff.

Tafel 4.4.2-1 Zentrale Wasser-Erwärmungsanlagen nach dem Speichersystem für Mietshäuser mit 3 bis 4 Zimmern, 3 bis 4 Personen und Wannenvollbad je Wohnung*)

z_A = Anheizdauer, Betriebsdauer (Spitzenbedarf) z_B = 2 h, Δt = 35 K, ϑ_0 = 60° C

Zahl der Wohnungen	Gleichzeitigkeitsfaktor	Max. Wärmebedarf in kW	Kesselleistung $\dot{Q}_K$ in kW bei z_A in h				Speichergröße V_S in l bei z_A in h			
n	φ	$\dot{Q}$	0,5	1	2	3	0,5	1	2	3
1	1,15	8	7	6	4	3	90	150	200	220
2	0,86	12	10	8	6	5	130	200	300	370
4	0,65	18	15	12	9	7	190	300	450	520
6	0,56	24	19	16	12	10	230	400	600	740
8	0,5	28	24	19	14	12	300	470	690	890
10	0,47	33	27	22	17	13	330	540	835	960
12	0,47	39	32	26	20	16	395	640	985	1180
15	0,44	46	37	31	23	18	455	765	1130	1330
18	0,42	53	42	35	27	21	520	860	1130	1550
20	0,4	56	45	37	28	22	555	910	1380	1620
25	0,38	67	54	45	34	27	665	1110	1670	2000
30	0,36	76	61	51	38	30	750	1250	1870	2220
40	0,33	93	74	62	46	37	910	1525	2260	2730
50	0,32	112	90	75	56	45	1110	1850	2750	3320
60	0,31	130	104	87	65	52	1280	2140	3200	3840
80	0,29	162	130	108	81	65	1600	2660	3990	4800
100	0,28	195	157	130	98	78	1930	3200	4820	5760
120	0,27	230	185	155	115	92	2280	3815	5660	6790
150	0,26	275	220	185	138	110	2700	4550	6790	8120
200	0,25	350	280	235	175	140	3450	5780	8610	10330

Δ_t = Differenz zwischen oberer und unterer Wassertemperatur im Speicher; hier: teilweise Mischung, also Δ_t = 60–25 = 35 K; siehe auch Abschn. 4.4.4-1.

*) Sander, H.: Warmwasserbereitungsanlagen. 2. Aufl. Berlin. Haenchen und Jäh 1963.
Rulla, P.: HR 4/80. 7 S.

Er ist im letzten Fall infolge der kurzzeitigen Beanspruchung sehr viel geringer. Demnach sind bei n = 1000 Wohnungen die Wärmeverbrauchszahlen 7 · 0,20 = 1,4 kW bzw. 56 · 0,04 = 2,24 kW. Für andere Wohnungszahlen siehe Bild 4.4.2-1.

Heizwasserbedarf beim 2-Leiter-System 110/60 °C

Die Heizwassertemperaturen ändern sich mit der Außentemperatur gem. Bild 4.4.2-2, oberer Teil. Vorlauftemperatur nicht unter 70 °C, Abkühlung im Warmwasserbereiter auf 45 °C. Setzt man die oben angegebenen Wärmeverbrauchszahlen von 7 bzw. 56 kW voraus, dann erhält man die Wasserbedarfszahlen gem. Bild 4.4.2-2, untere Hälfte. Bei sehr großen Wohnungszahlen nähern sich also die Wasserverbrauchszahlen und damit die Auswirkungen auf das Heiznetz.

Der Wasserbedarf für die *Heizung* allein beträgt demgegenüber wesentlich mehr, bei einer Transmission von 12 kW je Wohnung 12 · 3600/(4,2 · 50) ≈ 200 l/h. Bei anderen Wärmeverbrauchszahlen sind die Kurven entsprechend zu korrigieren.

Beispiel:

Wie groß ist der Heizwasserbedarf je Wohnung für die Wassererwärmung im Winter bei −15 °C bei 1000 Wohnungen? Heizwasser 110/60 °C, Auskühlung auf 45 °C, Wärmebedarf je Wohnung beim Speichersystem: 7 kW, beim Durchflußsystem: 56 kW.

Tafel 4.4.2-2 Zentrale Wasser-Erwärmungsanlagen nach dem Durchflußsystem für Mietshäuser mit 3 bis 4 Zimmern, 3 bis 4 Personen und Wannenvollbad je Wohnung*)
z_A = Anheizdauer , z_B = Betriebsdauer = 2 h

Zahl der Wohnungen	Gleichzeitigkeitsfaktor	Kesselleistung $\dot{Q}_K$ in kW bei z_A in h			Speichergröße V_S in l (m³) bei z_A in h					
					0,5		1		2,5	
					$(t_o - t_u)$ in K					
n	φ	0,5	1	2,5	30	50	30	50	30	50
1	1,15	14	12	8	200	150	350	200	600	350
2	0,86	21	17	12	300	200	500	300	900	500
4	0,65	31	26	17	450	300	750	450	1200	750
6	0,56	40	34	22	600	400	1000	600	1600	950
8	0,5	48	40	27	700	450	1150	700	2000	1200
10	0,47	56	47	31	800	500	1350	800	2200	1400
12	0,47	68	57	38	1000	600	1650	1000	2700	1600
15	0,44	79	66	44	1150	700	1900	1150	3200	1900
18	0,42	91	78	50	1300	800	2300	1350	3600	2200
20	0,4	96	80	53	1400	850	2400	1400	3800	2300
25	0,38	114	95	63	1600	1000	2700	1700	4500	2700
30	0,36	130	108	72	1900	1200	3100	1900	5200	3100
36	0,35	151	127	84	2200	1300	3600	2200	6000	3600
50	0,32	192	161	106	2800	1700	4600	2800	7600	4600
60	0,31	223	187	124	3200	2000	5400	3200	8900	5300
80	0,29	278	233	155	4000	2400	6700	4000	11,1	6700
100	0,28	336	281	186	4800	2900	8100	4800	13,3	8000
120	0,27	389	326	215	5600	3400	9400	5600	15,4	9300
150	0,26	468	392	260	6700	4100	11,3	6700	18,6	11,2
200	0,25	600	502	333	8600	5200	14,4	8600	23,9	14,3

t_o = mittlere obere Speichertemperatur (Heizwasser; siehe 444-2)
t_u = mittlere untere Speichertemperatur (Heizwasser; siehe 444-2)

*) Zschernig, J.: Wechselbeziehungen zwischen Preisbildung und technischen Lösungen der Trinkwassererwärmung in Fernwärmesystemen; Vortrag 10.96 TU Dresden, s. FW/07.97 S. 308.

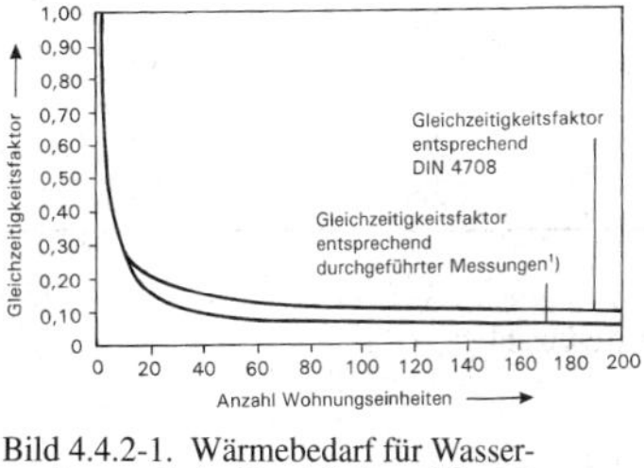

Bild 4.4.2-1. Wärmebedarf für Wassererwärmung beim Durchfluß- und Speichersystem.

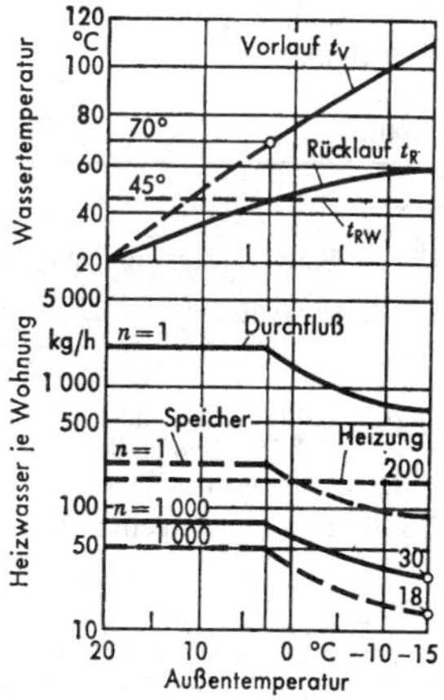

Bild 4.4.2-2. Heizwasserbedarf für Wassererwärmung und Raumheizung bei einer 2-Leiter-Fernheizung 110/60 °C.
n = Zahl der Wohnungen, t_R = Rücklauftemperatur, t_V = Vorlauftemperatur, t_{RW} = Rücklauftemperatur des Heizwassers für die Wassererwärmung

Speichersystem:

$$\text{Heizwasserbedarf } W = \frac{7 \cdot 3600 \cdot \varphi}{(110 - 45) \cdot c} = \frac{7 \cdot 3600 \cdot 0{,}20}{65 \cdot 4{,}2} = 18 \text{ kg/h}$$

Durchflußsystem:

$$\text{Heizwasserbedarf } W = \frac{56 \cdot 3600 \cdot \varphi}{65 \cdot c} = \frac{56 \cdot 3600 \cdot 0{,}04}{65 \cdot 4{,}2} = 30 \text{ l/h}$$

-2 Berechnung nach der Leistungskennzahl

Die Leistungskennzahl von Wassererwärmern[1)]

Sowohl bei den Speicher- als auch bei den Durchflußerwärmern werden häufig für die Menge und Temperatur sowie Entnahmezeit des Warmwassers Angaben gemacht, die zu Irrtümern führen können. Meist blieb es jedem seiner Erfahrung überlassen, die Wassererwärmer zu bemessen. Als Grundlage zur einheitlichen Berechnung des Wärmebedarfs und Bemessung des Wassererwärmers dient DIN 4708 (04. 94).

Das Verfahren beruht darauf, daß man den Warmwasserbedarf eines Gebäudes durch eine Bedarfskennzahl N bezeichnet, die von der Zahl der Einheitswohnungen abhängt. Die nach anderen Methoden zu prüfenden Warmwassererwärmer müssen dieser Zahl entsprechen.

-2.1 Einheitswohnung

Die Einheitswohnung mit (statistisch) p = 3,5 Personen und r = 4 Räumen ist mit einer Badewanne von 150 l und zwei Zapfstellen ausgestattet. Der Wärmebedarf hierfür wird mit w = 5,82 kWh (100 l · 50 K · 1,163) angegeben, die Füllzeit der Badewanne mit 10 Minuten. Die Bedarfskennzahl für diese Wohnung ist $N = 1$. Jede andere Wohnung kann entsprechend ihrer sanitären Ausstattung auf diese Einheitswohnung umgerechnet werden. Hierzu dient die Tafel 4.4.2-3, die den Wärmebedarf verschiedener Zapfstellen angibt.

Tafel 4.4.2-3 Zapfstellen – Wärmebedarf w_v (Auswahl nach DIN 4708)

Zapfstelle	Kurzzeichen	Entnahmemenge Liter	Wärmebedarf w_v kWh
Badewanne 1600	NB 1	140	5,82
Kleinraumwanne	KB	120	4,89
Großraumwanne	GB	200	8,72
Brausekabine, normal	BRN	40	1,63
Brausekabine, groß	BRK	100	4,07
Waschtisch	WT	17	0,70
Bidet	BD	20	0,81
Spüle	SP	33	1,16

Für ein Bauvorhaben mit n Wohnungen ist die Kennzahl

$$N = \frac{\Sigma\ (n \cdot p \cdot v \cdot w_v)}{p \cdot w_v} = \frac{\Sigma\ (n \cdot p \cdot v \cdot w_v)}{3{,}5 \cdot 5{,}820}$$

p = Zahl der Personen
v = Zahl der Zapfstellen
w_v = Wärmebedarf einer Normalwohnung

Zur Berechnung wird ein Formblatt verwendet (siehe Tafel 4.4.2-4).

[1)] Dittrich, A., u. a.: HLH 1972. S. 44/51 und 78/84.
Franzke, A.: Sanitär- und Heizungstechnik 3/73. S. 298/303 und 4/73. S. 371/7.
Dittrich, A.: TAB 8/75. S. 641/2 u. HLH 3/77. S. 101/8.

Tafel 4.4.2-4 Berechnungsvordruck für Warmwasserbedarf

1	2	3	4	5	6	7	8	9	10	11
Lfd. Nr.	Raumzahl	Wohnungszahl	Belegungszahl	Wohnungszahl × Belegungszahl	Zapfstellen (je Wohnung)			Zapfstellenzahl× Zapfstellenbedarf Wh	Wohnungsgruppenbedarf Wh	Bemerkungen
					Anzahl	Kurzbezeichnung	Bedarf Wh			
	r	n	p	$n \cdot p$	v		w_v	$v \cdot w_v$	Σ $(n \cdot p \cdot v \cdot w_v)$	
1	1,5	4	2,0	8,0	1	BRN	1630	1630	13 040	
2	3,0	10	2,7	27,0	1	NB 1	5820	5820	157 140	
3	4,0	2	3,5	7,0	2	BRK	4070	8140	56 980	
					1	NB 2	6510	6510	91 140	
4	4,0	4	3,5	14,0	1	BRK	4070	4070	56 980	
					1	BD	810	810	11 340	
					1	NB 1	5820	5820	125 130	
5	5,0	5	4,3	21,5	1	NB 1	5820	2910	62 565	50%
					1	BD	810	810	17 415	

$\Sigma n_i = 25$ $\Sigma(n \cdot p \cdot v \cdot w_v) = 591\,730$ Wh

$$N = \frac{\Sigma(n \cdot p \cdot v \cdot w_v)}{3{,}5 \cdot 5820} = \frac{591\,730}{20\,370} = 29{,}0$$

-2.2 Warmwasserbedarf

Der Bedarf an Warmwasser unterliegt im Laufe eines Tages oder einer anderen Periode erheblichen Schwankungen. Durch mathematische Überlegungen nach der Wahrscheinlichkeitsmethode hat man den *Verlauf des Wärmebedarfs* in Abhängigkeit von der Kennzahl N erfaßt und graphisch dargestellt (siehe Bild 4.4.2-3). Die Kurven dieses Bildes zeigen den Verlauf des Wärmebedarfs in Abhängigkeit von der Zeit. Für z.B. N = 100 Normalwohnungen sind die Bedarfszahlen folgende:

in 10 Minuten	65 kWh
in 30 Minuten	150 kWh
in 1 Stunde	230 kWh
in 7 Stunden	680 kWh

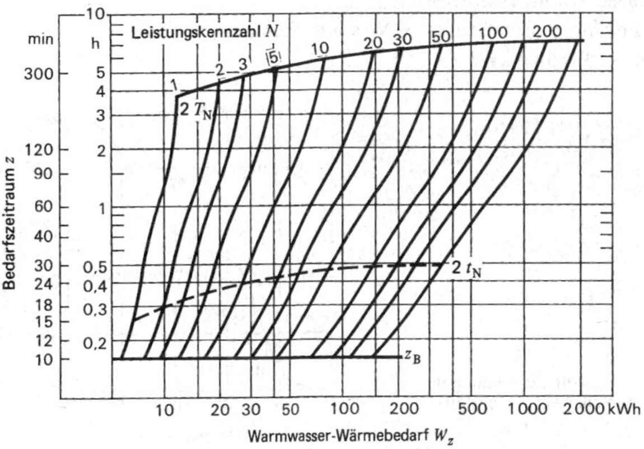

Bild 4.4.2-3. Der Warmwasser-Wärmebedarf von Wohnungen.
2 T_N = Bedarfsperiode, 2 t_N = Spitzenverteilungszeit, z_B = Wannenfüllzeit

-2.3 Leistungskennzahl des Wassererwärmers

Die Leistung des Wassererwärmers muß der Bedarfskurve entsprechen. Für praktische Zwecke erfolgt die Prüfung in der Weise, daß beim Versuch *fünf Zapfzeiten* abwechselnd mit *vier Pausenzeiten* durchgeführt werden. Die mittlere Zapfrate entspricht der Bedarfsspitze und ist zeitlich durch die Wannenfüllzeit von 10 Minuten festgelegt. Die einzelnen Daten sind in DIN 4708 T3 (04.94) festgelegt. Z.B. ist bei $N = 20$ Wohnungen und bei Temperaturerhöhung um 35 K vorgeschrieben:

1. und 5. Zapfrate	24 l/min über 31 min
2. und 4. Zapfrate	45 l/min über 15 min
Spitzenzapfung	60 l/min über 10 min

Für die Wartezeiten gelten entsprechende Zahlen.

Ein nach dieser Methode geprüfter Wassererwärmer hat die Leistungskennzahl N_L und ist damit in seiner Leistung genau festgelegt. In den Katalogen der Hersteller wird für die verschiedenen Speicher jeweils die Leistungskennzahl N_L in Abhängigkeit von der Speichertemperatur angegeben.

Bei *Durchflußerwärmern* braucht man zur Feststellung der Leistungszahl N_L nur den 10-Min.-Wert aus Bild 4.4.2-3 abzulesen. Für $N_L = 1$ muß er die Leistung $5{,}82 \cdot 6 = 34{,}92$ kW haben.

Bei *großen Speichern* mit geringer Heizfläche (Nachtstromspeicher) kann die Leistungskennzahl aus der oberen Grenzlinie abgelesen werden. Für $N_L = 1$ ist ein Wärmespeicher von 11,6 kWh erforderlich; z.B. 200 l Wasser von 10/60 K ($200\,(60 - 10) \cdot 4{,}2/3600 = 11{,}6$ kWh).

Die Größe des Speichers ist bei dieser Berechnungsmethode (nach DIN 4708) wesentlich geringer als bei der Berechnung nach *Sander* (Abschnitt 4.4.2-1.1). Dies ist darauf zurückzuführen, daß hier eine *Verbrauchsspitze* zu irgendeinem Zeitpunkt vorausgesetzt ist, während nach der Methode Sander die Warmwasserentnahme auf einen festen Zeitraum bei verhältnismäßig großem Gleichzeitigkeitsfaktor beschränkt ist. Es sind hier also überflüssige Reserven vermieden.

-3 Berechnung nach der Verbrauchskurve[1)]

Wenn die Verbrauchskurve bekannt ist, wird eine Tangente an den Bereich des größten Verbrauchs gelegt. Aus der Neigung der Tangente ergibt sich die erforderliche Leistung des Wassererwärmers. Die Leistungskurve muß immer über der Verbrauchskurve liegen. Das Ausschalten des Erwärmers erfolgt bei voller Erwärmung des Speichers, das Einschalten bei $^1/_3$ oder $^1/_2$ Erwärmung.

Beispiel (Bild 4.4.2-4):

10 Wohnungen mit je 4 Personen haben einen Warmwasserbedarf von z.B. $10 \cdot 4 \cdot 50 = 200$ l/d. Maximaler Warmwasserbedarf 250 l/h.

Erforderliche Erwärmerleistung bei 60 °C Wassertemperatur:

$250 \cdot 1{,}16 \cdot (60 - 10) = 14{,}5$ kW

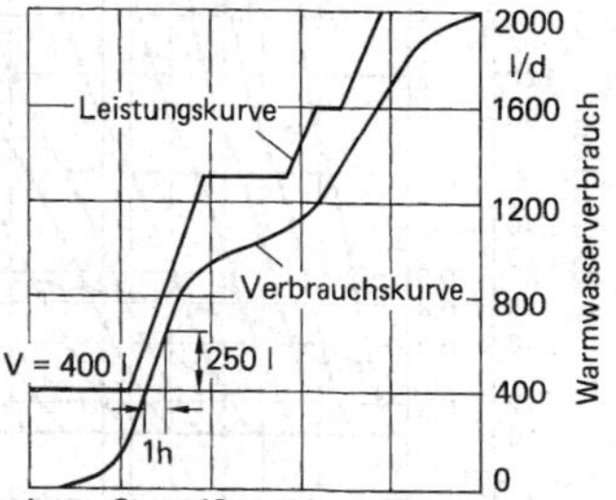

Bild 4.4.2-4. Diagramm zur Berechnung des Wassererwärmers nach der Verbrauchskurve.

1) Nach Bösch-Fux: Warmwasserversorgungen heute. AT-Verl. Aarau 1984.

Die Kesselleistung muß wegen der Wärmeverluste um ca. 20...30% größer gewählt werden, also etwa 18 kW. Volumen des Speichers gewählt mit V_S = 400 l, wobei sich 4 Schaltungen je Tag ergeben. Bei kleinerem Volumen ist eine größere Leistung bei gleichzeitig mehr Schaltungen täglich erforderlich.

4.4.3 Kesselleistung[1]

Die Kesselleistung $\dot{Q}_K$ für die Wassererwärmungsanlage eines Wohnhauses ermittelt sich bei Wassererwärmung allgemein aus

$$\dot{Q}_K = \frac{\dot{Q} \cdot z_B}{z_A + z_B} \text{ in kW}$$

z_A = Zahl der Anheizstunden bis zur vollständigen Erwärmung des Speicherinhalts
z_B = Zahl der Betriebsstunden
$\dot{Q}$ = Wärmebedarf kW

Je größer z_A, desto kleiner der Kessel, desto größer aber der Speicher.

Bei $z_A = z_B = 2$ wird

$\dot{Q}_K = \dot{Q}/2$ in kW.

Grundsätzlich hat man die Wahl, entweder einen kleinen Kessel mit großem Speicher oder einen großen Kessel mit kleinem Speicher zur Deckung des Warmwasserbedarfs zu wählen. Am günstigsten sind die Größen, bei denen die Summe der Kosten für Speicher und Kessel am geringsten ist. Man stellt die Verhältnisse am besten im *Wärmeschaubild* (nach Faltin) dar, wie an zwei Beispielen für einen Wohnungs- und einen Industriebau erläutert wird.

Zur schnellen überschläglichen Berechnung der Kessel- und Speichergröße dienen Tafel 4.4.2-1 und Tafel 4.4.2-2.

Die Speicherkapazität ergibt sich zu $C = z_A \cdot \dot{Q}_K$.

1. Beispiel: Wohnungen

Bei Wohnungen tritt der maximale Wärmeverbrauch an den Freitag- und Sonnabend-Abenden auf. Der vielen Einflüsse wegen sei zur Vereinfachung angenommen, daß der stündliche maximale Wärmebedarf für einen Zeitraum von 2 Stunden gefordert wird, hier beispielsweise zwischen 20 und 22 Uhr. Im Wärmeschaubild (Bild 4.4.3-1) wird vorausgesetzt, daß der maximale stündliche Wärmebedarf nach der Gleichung

$\dot{Q} = 7 \cdot \varphi \cdot n$ in kW

ermittelt sei und z. B. bei 28 Wohnungen gem. Tafel 4.4.2-1

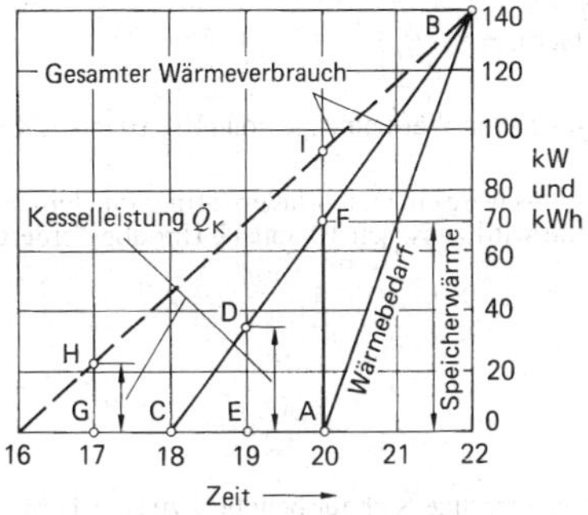

Bild 4.4.3-1. Wärmeschaubild zur Berechnung der Kesselleistung der Wasser-Erwärmungsanlage eines Wohnhauses.

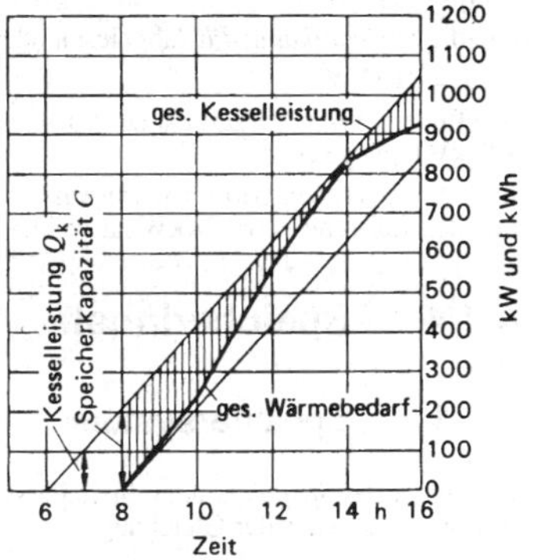

Bild 4.4.3-2. Wärmeschaubild zur Berechnung der Kesselleistung der Wassererwärmungsanlage eines Industriebetriebes.

[1]) VDI-Richtlinie 3815 (11.93): Bemessung der Leistung von Wärmeerzeugern.

$\dot{Q} = 7 \cdot 0{,}36 \cdot 28 = 70$ kW

betrage.

Der *gesamte Wärmebedarf* ist dann $2\,\dot{Q} = 2 \cdot 70 = 140$ kWh. Die Wärmebedarfskurve beginnt bei 20 h und endet um 22 h bei der Ordinate $2\,\dot{Q} = 140$ kWh. Für den Kessel wird zunächst eine Anheizzeit von 2 Stunden vorausgesetzt. Die von dem Kessel gelieferte Wärme wird dann durch die gerade Verbindungslinie *C–B* gekennzeichnet. Die Ordinate *DE* stellt die *Kesselleistung* dar, die im vorliegenden Falle $\dot{Q}_K = 35$ kW ist, die Ordinate *AF* die stündlich zu speichernde Wärmemenge, d.h. die *Kapazität* $C = 70$ kWh. Der Speicher deckt also gerade den Wärmebedarf einer Stunde. Dies ist auch der übliche Wert für Überschlagsrechnungen, wenn man zweistündige Anheizzeit und zweistündige Badezeit annimmt.

Bei vierstündiger Aufheizzeit wären die entsprechenden Werte für die Kesselleistung

$\dot{Q}_K = 23{,}3$ kW (Linie *G–H*)

und für den Speicher $C = 93{,}3$ Wh (Linie *A–J*).

Allgemein gilt für die Kapazität

$C = z_A \cdot \dot{Q}_K$ in kWh

2. *Beispiel: Gewerbebetrieb*

In einem *Fabrikbetrieb* werden folgende Wärmemengen von der Wasser-Erwärmungsanlage verlangt:

Zeit h	Wassermenge l/h	Temperatur °C	Wärmeleistung kW	Gesamtwärme kWh
8···10	2500	50	116	232
10···12	2000	85	174	348
12···14	2500	50	116	232
14···16	1000	60	58	116
				928

Im Wärmeschaubild in Bild 4.4.3-2 ist die *Wärmebedarfskurve* als Summenlinie stark ausgezogen. Für den Kessel ist eine Anheizzeit von 2 Stunden, also ab 6 h angenommen, und dieser Zeitpunkt mit dem höchsten Punkt der Wärmebedarfslinie durch eine Gerade verbunden. Alle Punkte der Wärmebedarfskurve liegen unterhalb der Heizleistungslinie. Die *Kesselleistung* ist dann

$\dot{Q}_K = 105$ kW

und die *Speicherkapazität* (abgelesen oder hier $C = z_A \cdot \dot{Q}_K$)

$C = 210$ kWh.

Am Ende der Betriebszeit hat der Speicher noch eine Wärmemenge von $(10 \cdot 105) - 928 = 122$ kWh gespeichert.

Im Fall eines speicherlosen Warmwassersystems wäre ein Durchflußerwärmer mit der maximalen Leistung von 174 kW zu wählen. Sie wird zwischen 10 und 12 Uhr abgefordert.

4.4.4 Speicherinhalt

-1 Speichersystem

Der *Inhalt des Speichers* beim Speichersystem errechnet sich für beliebige zu speichernde Wärmemengen aus der Gleichung

$$V_s = \frac{C}{c \cdot (t_o - t_u)} \cdot b = \frac{C}{c\,\Delta t} \quad b \text{ in l}$$

C = Kapazität (gespeicherte Wärmemenge) des Speichers in kWh
V_s = Inhalt des Speichers in l
c = spez. Wärmekapazität des Wassers = $1{,}16 \cdot 10^{-3}$ kWh/(l K)
t_o = mittlere obere Temperatur des Speicherwassers in °C

t_u = zulässige untere Temperatur des Speicherwassers in °C
b = Zuschlagfaktor für toten Raum unterhalb der Speicherheizfläche $\approx 1{,}1 \ldots 1{,}2$

Der Wert der Kapazität C ist im allgemeinen aus einem Wärmeschaubild analog Bild 4.4.3-2 zu ermitteln.

Die Höhe der unteren Wassertemperatur t_u hängt von der Bauart des Speichers ab.

Bei *guter Schichtlagerung,* z. B. stehenden Warmwassergefäßen, kann man annehmen

$$\Delta t = 60 - 10 = 50 \text{ K}.$$

Bei *teilweiser Mischung,* wie sie in den Speichern nach DIN 4800 bis 4804 üblich ist, ist etwa

$$\Delta t = 60 - 25 = 35 \text{ K}.$$

Damit wäre der *Speicherinhalt* bei diesen Speichern

$$V_s = \frac{C}{c\,(t_o - t_u)}\, b = \frac{1000\, C}{1{,}16 \cdot 35}\, b = 24{,}5 \cdot C \cdot b \text{ in l}$$

Bei guter Schichtung sind die Speicher am kleinsten, die Kapazitäten am größten.

Für Wärmeverluste des Speichers und der Rohrleitungen sowie wegen evtl. Verkalkung sind Zuschläge erforderlich, bei zylindrischen Bauarten

in liegender Bauart etwa 20…30%
in stehender Bauart etwa 10…20%.

Für Überschlagsrechnungen siehe Tafel 4.4.2-1, bei der zur Ermittlung der Speichergröße mit Δt = 35 K gerechnet ist.

Bestimmung nach der Leistungskennzahl N_L.

Bei der Warmwasserversorgung von Wohnungen bestimmt man zunächst die Bedarfskennzahl N (nach Abschn. 4.2.2-2.2) und wählt dann aus den Katalogen der Hersteller die Speichergröße aus. Für jede Speichergröße gibt es je nach Speichertemperatur und Heizmitteltemperatur eine bestimmte Leistungskennzahl N_L und Dauerleistung $\dot{Q}$.

Beispiel:

N = 28, Speichertemperatur t_{sp} = 45 °C, Vorlauftemperatur der Heizung t_v = 70 °C. Aus Katalog Buderus Speicher LTAN mit 750 l Inhalt und Dauerleistung $\dot{Q}$ = 103,5 kW (Leistungskennzahl N = 33).

-2 Durchflußsystem

Für die nach dem Durchflußsystem gebauten Anlagen gelten dieselben Gleichungen wie für die Speichersysteme, also

im allgemeinen Fall

$$V_s = \frac{C}{c\,\Delta t}\, b \text{ in l,}$$

bzw.

$$V_s = \frac{1000\, C}{c \cdot \Delta t}\, b \text{ in l.}$$

Die obere Wassertemperatur t_o kann hier höher als beim Speichersystem angenommen werden, da ja das Speicherwasser nicht Warmwasser ist, sondern Heizwasser.

Mit t_o = 75 °C und t_u = 45 °C ist der Speicherinhalt

$$V_s = \frac{1000\, C}{1{,}16 \cdot 30} \cdot b = 28{,}6 \cdot C \cdot b \text{ in l.}$$

Für Überschlagsrechnungen siehe Tafel 4.4.2-2.

-3 Erfahrungsformeln

Allgemein anerkannte Verfahren zur Berechnung von Speichern gibt es noch nicht. *Erfahrungswerte* für den Speicherinhalt beim Durchfluß- und Speichersystem sind in Bild 4.4.4-1 enthalten.

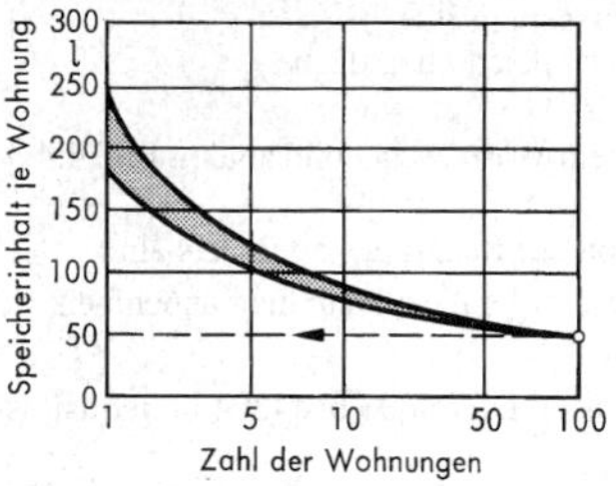

Bild 4.4.4-1. Inhalt der Warmwasserspeicher bei Wohnbauten.

Beispiel:

100 Wohnungen mit je einem Vollbad haben nach Sander (Abschn. 4.2.2-1.1) beim Speichersystem einen maximalen Wärmebedarf von

$\dot{Q} = 7 \cdot n \cdot \varphi = 7 \cdot 100 \cdot 0{,}28 = 196$ kW

Wie groß muß der Speicher sein?

Speicherkapazität

$$C = z_A \cdot \dot{Q}_K = z_A \frac{\dot{Q} \cdot z_B}{z_A + z_B} = 2 \frac{196 \cdot 2}{2+2} = 196 \text{ kWh}$$

Speicherinhalt

$$V_s = \frac{1000 \cdot C}{c \cdot \Delta t} \cdot b = \frac{1000 \cdot 196}{1{,}16 \cdot 35} \cdot 1{,}1 = 5300 \text{ l} \quad \text{(ebenso aus Bild 4.4.4-1).}$$

Die verschiedenen Berechnungsverfahren ergeben gegenüber DIN 4708 zum Teil erhebliche Unterschiede. Im Regelfall ergibt DIN 4708 kleinere Werte als z.B. Sander.

4.4.5 Speicherheizfläche

Die allgemeine Gleichung zur Errechnung der *Speicherheizfläche* lautet:

$$A_s = \frac{\dot{Q}_K}{k \cdot \Delta t_m} \text{ in m}^2$$

A_s = Speicherheizfläche in m²
$\dot{Q}_K$ = Kesselleistung in W
k = Wärmedurchgangszahl in W/m²K
Δt_m = mittlerer Temperaturunterschied zwischen Heizmedium und Speicherwasser in K

Dabei ist angenommen, daß die volle Kesselleistung im Speicher übertragen wird.

a) *Speichersystem.* Die Wärmedurchgangszahlen lassen sich nach den Formeln der Wärmeübertragung (siehe Abschn. 1.3.5) berechnen. Die Wärmewiderstandszahl ist angenähert (λ/s groß gegenüber α_i und α_a)

$$\frac{1}{k} = \frac{1}{\alpha_i} + \frac{1}{\alpha_a} \text{ in m}^2\text{K/W}$$

Darin ist beim Wärmeübergang Wasser/Wasser

$$\alpha_i = 3370 \cdot w^{0{,}85} (1 + 0{,}014\, t_w)$$

$$\alpha_a = \frac{116 + 2{,}6\, t_R}{\sqrt[4]{d}}$$

t_R = Rohrtemperatur °C

Beim Wärmeübergang Dampf/Wasser genügt es, nur die Formel für α_a zu benutzen.

In Bild 4.4.5-1 sind die Wärmedurchgangszahlen k ausgerechnet für eine mittlere Heizwassertemperatur von t_w = 80 °C bei verschiedenen Wassergeschwindigkeiten.

Bild 4.4.5-2 enthält die entsprechenden Werte für Niederdruckdampf.

Bei Verschmutzung oder Kesselsteinablagerung sind geringere Werte zu verwenden.

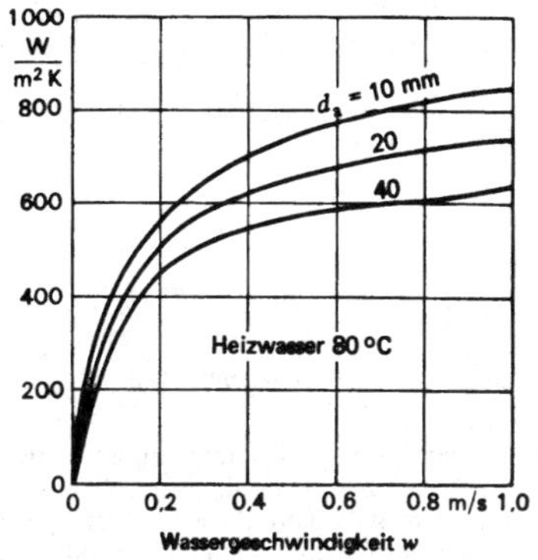

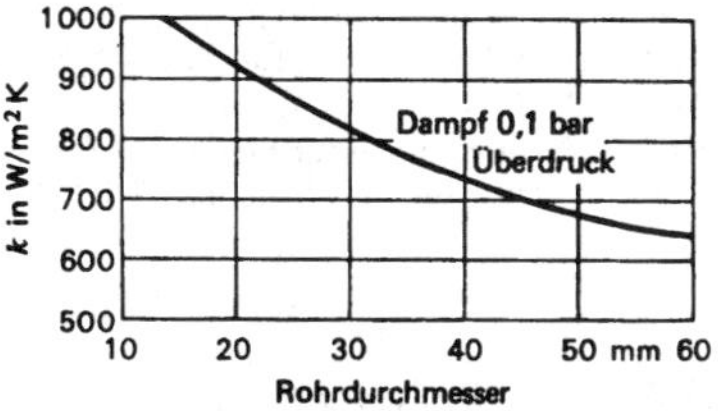

Bild 4.4.5-2. Wärmedurchgang bei dampfgeheizten Warmwasserspeichern.

Bild 4.4.5-1. Wärmedurchgang bei wassergeheizten Warmwasserspeichern mit Heizregistern.

Erfahrungswerte für $k \cdot \Delta t_m = K$:
Wasser 90/70 °C an Wasser 10/60 °C:
$K = 11\,000 \ldots 17\,000$ W/m² = 11…17 kW/m²
Dampf 0,1 bar an Wasser 10/60 °C:
$K = 45\,000$ W/m² = 45 kW/m².

b) *Durchflußbatterie:* Bei diesem System ist die minutliche WW-Bedarfsspitze der Berechnung zugrunde zu legen. Für Wohnbauten beträgt diese bei 60 °C Zapftemperatur je Entnahmestelle

$L \approx a\sqrt{P \cdot n}$ in l/min
P = Zahl der Personen je Haushalt
n = Zahl der Haushalte
a = 8…12 je nach Ausstattung

Daraus ergibt sich dann wieder die Heizfläche der Batterie nach der Gleichung

$$A_s = \frac{\dot{Q}}{k \cdot \Delta t_m} = \frac{L \cdot 4{,}2\,(60 - 10)}{60 \cdot k \cdot \Delta t_m} = \frac{3{,}5\,L}{k \cdot \Delta t_m} \text{ in m}^2$$

Erfahrungswerte sind:
k = 1100…1700 W/m²K = 1,1…1,7 kW/m²K
Δt_m = 20…25 K bei Heizwasser von 90/70 °C
$K = k \cdot \Delta t_m$ = 25 000…35 000 W/m² = 25…35 kW/m².

Die Batterien, die meist außen berippt sind, werden jedoch im allgemeinen aus den versuchsmäßig festgestellten Leistungstafeln der Hersteller ermittelt. Dabei ist besonders auch auf den Druckverlust der Batterie zu achten. Das Oberflächenverhältnis A_d/A_i ist etwa 4…6. Normale Druckverluste 0,3…0,5 bar.

4.4.6 Ausdehnungsgefäß

Seit Jahren wird kontrovers diskutiert, ob Membran-Ausdehnungsgefäße (MAG) in die Kaltwasserleitung zwischen Sicherheitsgruppe und Wassererwärmer eingebaut werden sollen. Befürworter argumentieren, es ließe sich Wasser sparen, Gegner führen an, daß jedes speichernde Bauteil – zudem mit Kunststoffmembranen – nachteilig für die Hygiene sei. Messungen hinsichtlich der Legionella-Besiedlung bestätigen das.[1)]

Sicherheitstechnisch ist ein MAG nicht notwendig, wenn Sicherheitsventil und Abblasleitung richtig ausgeführt werden. Entscheidet sich der Betreiber trotzden für ein MAG, sollte der Auftragnehmer überprüfen, ob das Wasserversorgungsunternehmen den Einbau

[1)] Hengesbach, B., u. a.: Legionellen in Membran-Druckausdehnungsgefäßen. Zentralblatt Hygiene 1993, S. 563–566.

akzeptiert und die Anforderungen an das Gefäß nach DIN 4807 T5[1] erfüllt werden. Außerdem ist dem Betreiber zu erläutern, daß *eine* jährliche Wartung das hygienische Risiko erheblich mindert.

Übliche Nennvolumen für kleinere Anlagen (Speichervolumina bis 650 *l*) sind 8, 12, 18 und 25 *l*. Die Auslegung kann nach DIN 4807 Teil 5 erfolgen.

4.4.7 Rohrnetz

Die Ausführung der Rohrleitungen erfolgt grundsätzlich nach DIN 1988, Teil 3: Techn. Regeln für Trinkwasserinstallationen, TRWI.

Als *Material* bei Korrosionsgefahr werden in DIN 1988 Rohre aus Kupfer empfohlen, neuerdings auch Edelstahl-, Verbund- und Kunststoffrohre. Dabei ist allerdings noch nicht die Frage geklärt, ob und wann bei Rohren und Geräten aus Stahl Korrosionen auftreten. Bei großem Eisen- und Mangangehalt des Wassers können auch Kupferleitungen korrodieren, ebenso bei großer Verschmutzung durch Sand, Rost u. a. Die Erfahrung hat gezeigt, daß der Einbau von Armaturen aus Kupfer, Messing oder Rotguß in Stahlrohrnetzen unbedenklich ist (keine *Kontaktkorrosion*). Auf alle Fälle darf kein Stahlrohr *nach* Kupferrohr – in Fließrichtung gesehen – verwendet werden.

Bei aggressivem Wasser besondere Maßnahmen: Kupferionenfilter, korrosionsfeste Werkstoffe, Wasserbehandlung mit Silikaten, Phosphaten u. a., kathodischer Korrosionsschutz (Opferanoden oder Fremdstromanoden). pH-Wert < 10.

Kesselsteinbildung tritt natürlich bei hohen Wassertemperaturen und hartem Wasser auch in Kupferrohren auf.

-1 Kaltwasser- und Warmwasserleitungen[2]

Die Durchmesser der Trinkwasserleitungen bemessen sich nach dem Spitzendurchfluß und dem verfügbaren Druckgefälle für die Rohrreibung. Beachtet werden müssen dabei höchstzulässige Strömungsgeschwindigkeiten. Das Rechenverfahren ist in DIN 1988 T3 (12. 88)[3] geregelt und ersetzt das DVGW-Arbeitsblatt W 308 von März 1962.

a) Durchflüsse

Kaltwasser- und Warmwasserrohrleitungen werden in derselben Weise berechnet. Für jede Wasserentnahmestelle gibt es einen Mindestfließdruck und einen bestimmten Wasserdurchfluß, den sog. *Berechnungsdurchfluß* $\dot{V}_R$ (Tafel 4.4.7-1). Der gesamte durch einen Leitungsabschnitt fließende Volumenstrom ist jedoch nicht gleich der Summe der Berechnungsdurchflüsse $\dot{V}_R$, da nicht alle Entnahmestellen gleichzeitig benutzt werden. Der Rechenwert für den maximalen Durchfluß ist der *Spitzendurchfluß* $\dot{V}_S$. Für seine Ermittlung gilt bei Wohnbauten die Gleichung

$$\dot{V}_S = 0{,}682\ (\sum \dot{V}_R)^{0{,}45} - 0{,}14 \quad \text{in l/s}$$

$$\text{für } \dot{V}_R = 0{,}07 \text{ bis } 20 \text{ l/s}$$

Bei anderen Gebäuden gelten andere Gleichungen, z. B. für Bürogebäude, Krankenhäuser u. a. Bildliche Darstellung in Bild 4.4.7-1. Zahlenwerte in DIN 1988 T3.

In vielen Fällen, besonders bei gewerblichen Anlagen, ist jedoch nicht nach diesen Angaben, sondern nach dem wirklich ausfließenden Durchfluß zu rechnen. Beispielsweise werden bei Brausebädern, Reihenwaschanlagen und Waschbecken in Fabriken, Schulen, Sporthallen usw. häufig alle Zapfstellen gleichzeitig benutzt, so daß hier der *wirkliche Durchfluß* in Rechnung zu stellen ist.

---

[1]) DIN 4807 T5 (03. 97): Geschlossene Ausdehnungsgefäße mit Membrane für Trinkwasser-Installationen.

[2]) Knoblauch, H.-J.: HR 8/77. 11 S. u. 5/79. 9 S.

[3]) DIN 1988 T3 (12. 98): Techn. Regeln des DVGW, Ermittlung der Rohrdurchmesser (TRWI). Pfeil: TAB 10/85. S. 653/6.

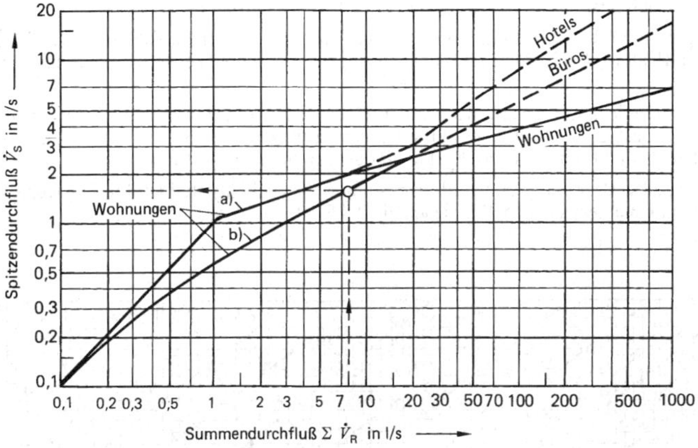

Bild 4.4.7-1. Spitzendurchfluß $\dot{V}_S$ in Abhängigkeit vom Summendurchfluß $\Sigma\,\dot{V}_R$. Kurve a) bei Wohnungen gilt, falls Einzelabnahme mit mehr als 0,5 l/s.

Tafel 4.4.7-1 Berechnungsdurchflüsse $\dot{V}_R$ und Mindestfließdruck von Armaturen und Apparaten.

Entnahmestelle	Anschluß	$\dot{V}_R$ in l/s	$p_{min\,Fl}$ in bar
Auslaufventil			
ohne Luftsprudler	DN 15	0,30	0,5
mit Luftsprudler	DN 15	0,15	1,0
Geschirrspülmaschine	DN 15	0,15	1,0
Waschmaschine	DN 15	0,25	1,0
Mischbatterie			
Badewanne	DN 15	0,15	1,0
Waschtisch	DN 15	0,07	1,0
Druckspüler	DN 20/25	1,00	1,2
El. Durchflußwassererwärmer 24 kW	–	0,10	2,4
Gas-Durchlauf-Wasserheizer 8…28 kW	–	0,13	1,0

b) Druckverluste [1]

Der Gesamtdruckverlust bei Strömung von Wasser in Rohren ist (nach Abschn. 1.4.9):

$$\sum (l \cdot R) + \sum \zeta \cdot \varrho/_2 \cdot w^2$$

Rohrreibung Einzelwiderstände

Für das *Druckgefälle* für die Rohrreibung $R = \Delta p/l$ bei verschiedenen Geschwindigkeiten und Rohrarten stehen Tabellen und Diagramme zur Verfügung, z.B. Bild 1.4.8-2 sowie 244-13 und 244-14. Grundlage der Berechnung ist dabei die Gleichung von *Colebrook*[2] mit der Rohrrauhigkeit ε z.B.:

$\varepsilon = 0{,}15$ mm für Stahlrohre
$\varepsilon = 0{,}0015$ mm für Kupferrohre.

[1]) Deutsches Kupferinstitut: Kupferrohrnetzberechnung. Berlin 1974.
Feurich, H.: Sanitärtechnik 1987.

[2]) $\frac{1}{\sqrt{\lambda}} = -2{,}0 \lg\left(\frac{\varepsilon/d}{3{,}71} + \frac{2{,}51}{Re\sqrt{\lambda}}\right)$. S. auch Abschnitt 147.

Bei Kupferrohren ist das Druckgefälle geringer als bei Stahlrohren.

Ebenso gibt es für die *Widerstandsbeiwerte* ζ von Einzelwiderständen Tabellen, z. B. Tafel 1.4.8-1 und Tafel 1.4.8-2, sowie für Apparate Angaben der Hersteller über die Druckverluste Δp_{Ap}.

Bei ungünstiger Wasserbeschaffenheit und infolge zunehmender *Verkrustung* der Rohre ist der Druckverlust größer. Bei einer mittleren Verkrustung mit der Rauhigkeit ε = 1,5 mm ergibt sich für Stahlrohre das Druckgefälle *R* durch Reibung nach Bild 4.4.7-2.

Werte für Kaltwasser und geringere Verkrustung siehe auch Abschnitt 1.4.9. Für Kupferleitungen mit Wasser von *t* = 80 °C siehe Bild 2.4.3-10.

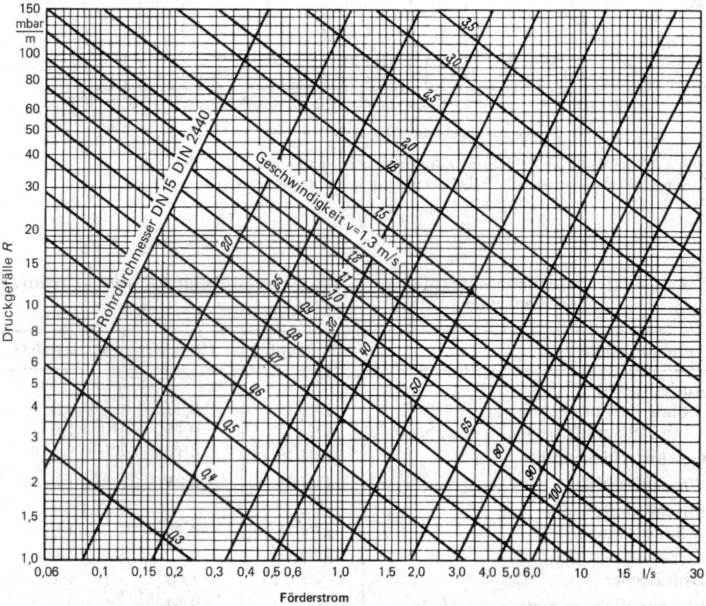

Bild 4.4.7-2. Das Druckgefälle R bei Strömung von Warmwasser von 50 °C in Stahlrohren nach der Gleichung von Colebrook (Rauhigkeit ε =1,5 mm, d. h. mit mittlerer Verkrustung).

Beispiel:

Wie hoch ist der Druckverlust des Warmwassers in einer 20 m langen etwas verkrusteten Stahlrohrleitung DN 50 bei v = 1,5 m/s?

Aus Bild 4.4.7-2 folgt:

Druckverlust $\Delta p = 20 \cdot R = 20 \cdot 11{,}5 = 230$ mbar.

Volumenstrom 3,3 l/s = 11,9 m³/h.

Bei Kupferrohren: $\Delta p = 20 \cdot 3{,}7 = 74$ mbar.

c) Verfügbare Druckdifferenz

In den Verbrauchsleitungen vom Hausanschluß bis zu den Entnahmestellen entstehen vielfältige Druckverluste. An der hydraulisch ungünstigsten Stelle darf ein bestimmter Druck, der Mindestfließdruck $P_{min\,Fl}$ nicht unterschritten werden.

Es bedeuten:

$p_{min\,V}$ = Mindestversorgungsdruck am Hausanschluß
$p_{min\,Fl}$ = Mindestfließdruck an der Entnahmestelle
Δp_{WZ} = Druckverlust durch Wasserzähler
Δp_{geo} = Druckverlust durch geodätischen Höhenunterschied
Δp_{Ap} = Druckverlust durch Apparate wie Filter, Dosiergerät u. a.
$\Delta p_v = \sum (R \cdot l + Z)$ = Druckverluste durch Rohrreibung und Einzelwiderstände

Die für Rohrreibung und Einzelwiderstände zur Verfügung stehende Druckdifferenz Δp_v errechnet sich also aus der Gleichung

$$\Delta p_v = p_{min\,V} - p_{min\,Fl} - \Delta p_{WZ} - \Delta p_{Ap} - \Delta p_{geo} = \sum (R \cdot l + Z)$$

Das verfügbare Druckgefälle R ist bei einer Gesamtlänge l der Rohrleitung für den betrachteten Leitungsweg

$$R_v = \left(1 - \frac{a_v}{100}\right) \frac{\Delta p_v}{l} \text{ in mbar/m}$$

worin:
a_v = geschätzter verfügbarer Anteil für die Einzelwiderstände, ca. 40…60%, für die erste Rechnung geeignet: 50%.

d) Berechnung der Rohrdurchmesser

Für den hydraulisch ungünstigsten Rohrstrang werden die Teilstrecken entgegen der Fließrichtung numeriert, die Werte für den Summendurchfluß $\Sigma \dot{V}_R$ und Spitzendurchfluß $\dot{V}_S$ eingetragen und die *vorläufigen Durchmesser* in Abhängigkeit von der Geschwindigkeit oder vom zulässigen Druckgefälle R_v angegeben. Daraus ergeben sich die Druckverluste $l \cdot R + Z$, deren Summe den zulässigen Druckverlust Δp_v nicht überschreiten darf, andernfalls der eine oder andere Durchmesser zu ändern ist. Die Wassergeschwindigkeit soll in den Verbrauchsleitungen 2,5 m/s (bei $\zeta < 2{,}5$: 5,0 m/s) nicht überschreiten. In den Hausanschlußleitungen nicht mehr als 2,0 m/s.

e) Vereinfachte Berechnung

In den meisten Fällen, besonders bei Wohngebäuden, kann die Berechnung in vereinfachter Form durchgeführt werden. Dabei sind folgende *Pauschalwerte* für Druckverluste zulässig:

Wasserzähler	Δp_{WZ}	= 400…700 mbar
Filter	Δp_{Fi}	= 300 mbar

Außerdem kann der Anteil des Druckverlustes durch die Einzelwiderstände mit 50% des Gesamtdruckverlustes angenommen werden. Dann ist das verfügbare Druckgefälle

$$R_v = 0{,}5 \cdot (lR + Z)_v / l$$

Beispiel: Wasserinstallation mit Kupferrohren nach Bild 4.4.7-3.

Versorgungsdruck am Hausanschluß	40 mWS*) ≈	$p_{min\,V}$ = 4000 mbar
Druckverlust durch geodätische Höhe	8 mWS ≈	Δp_{geo} = 800 mbar
Druckverlust durch Wasserzähler		Δp_{WZ} = 700 mbar
Druckverlust durch Apparate		Δp_{Fi} = 300 mbar
Mindestfließdruck		$p_{min\,Fl}$ = 1000 mbar
Verfügbare Druckdifferenz		$\sum (l \cdot R + Z)_v$ = 1200 mbar
Davon 50% verfügbar für Rohrreibung		= 600 mbar und damit:
		R_v = 600 mbar/43,5 m = 13,8 mbar/m

*) 1 mWS ≈ 100 mbar.

Die Berechnung der Rohrdurchmesser erfolgt in Tafel 4.4.7-2. Dabei wird das Rohrreibungsgefälle R aus Bild 2.4.3-10 entnommen, welches – wie auch die Angaben in DIN 1988, T3 (12.88) – *ohne* Verkrustung gilt.

Für *Überschlagsrechnungen* genügt es auch, bei den Stockwerksleitungen von Wohnungen *Pauschalwerte* für den Druckverlust anzunehmen. Nach DIN 1988 T3 betragen die Druckverluste je nach Anschlußdurchmesser, Länge der Leitung, Berechnungsdurchfluß und Absperrorgan 450 bis 1700 mbar, und die Rohrdurchmesser DN 15 bis 20 ($\dot{V}_R < 0{,}5$) bzw. DN 20 bis 25 ($\dot{V}_R > 0{,}5$ l/s). Für größere Anlagen, insbesondere Industriebetriebe, sind die Berechnungen natürlich nach dem genauen Verfahren durchzuführen.

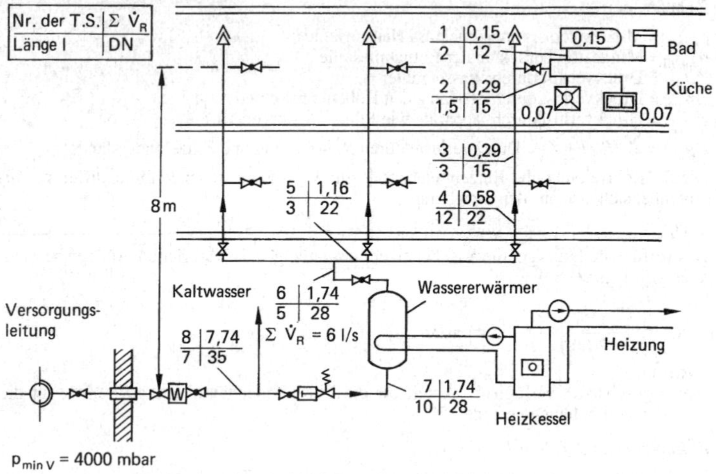

Bild 4.4.7-3. Strangschema einer Wasserinstallation.

Tafel 4.4.7-2 Druckverlustberechnung zur Anlage nach Bild 4.4.7-3

TS	$\sum \dot{V}_R$ l/s	$\dot{V}_S$*) l/s	l m	DN mm	v m/s	R**) mbar/m	$R \cdot l$ mbar
1	0,15	0,15	2	12	1,9	45	90
2	0,29	0,25	1,5	15	1,9	30	45
3	0,29	0,25	3	15	1,9	30	90
4	0,58	0,40	12	22	1,35	10	120
5	1,16	0,60	3	22	2,0	20	60
6	1,74	0,75	5	28	1,4	6,4	32
7	1,74	0,75	10	28	1,4	6,4	64
8	7,74	1,6	7	35	1,9	10	70
			$\sum l = 43{,}5$				$\sum (R \cdot l) = 571$ < 600 mbar

*) nach Bild 4.4.7-1
**) nach Bild 2.4.3-10 (1 kPa = 10 mbar)

Ausreichende *Wärmedämmung* der Rohrleitungen ist zur Verringerung der Wärmeverluste unbedingt erforderlich.

Nach der Energieeinsparverordnung (EnEV) vom 16.11.01 ist die Dicke der Wärmedämmschicht bezogen auf $\lambda = 0{,}035$ W/mK:

bis DN 20 .... 20 mm
ab DN 22 bis DN 35............................ 30 mm
ab DN 40 bis DN 100........................... Innendurchmesser
über DN 100................................... 100 mm

Der Wärmedurchgangskoeffizient k beträgt dann etwa 0,15...0,20 W/(m²K).

Keine Anforderungen an die Mindestdicke der Dämmschicht werden für Stockwerks- und Einzelzuleitungen in Wohnungen gestellt, die weder in den Zirkulationskreislauf einbezogen noch mit elektrischer Begleitheizung ausgestattet sind.

-2 Zirkulationsleitung [1]

Für die Zirkulation wird in aller Regel, auch bei kleineren Anlagen, eine Pumpe eingesetzt und die Zirkulationsleitungen parallel zu den WW-Leitungen verlegt. Die heute notwendigen Dämmdicken für die Zirkulationsleitungen führen zu vernachlässigbaren Umtriebsdrücken, so daß ein natürlicher Umlauf nicht in dem erforderlichen Umfang gewährleistet wird. Die Zirkulationsleitungen müssen ebenso wie die Warmwasserleitungen nach der EnEV wärmegedämmt sein. Auf die Dämmung wird verzichtet, wenn die Zirkulationsleitung in die Warmwasserleitung eingezogen wird. Für das Ein- und Zweifamilienhaus ist das System marktreif entwickelt worden.[2] Bei großen Anlagen können sämtliche Stränge mit im WW-Rohr liegenden Kunststoff-Zirkulationsleitungen versehen werden (Rohr-in-Rohr). Zahlreiche Anlagen in den neuen Bundesländern wurden und werden so gebaut. Damit läßt sich der Energiebedarf für die Zirkulation erheblich reduzieren.

-2.1 Bemessung

Die Bemessung von Zirkulationsleitungen ist im DVGW-Arbeitsblatt W533[3] geregelt. Ausgangspunkt für die dort angegebenen drei Rechenverfahren *Kurzverfahren, Vereinfachtes* und *Differenziertes Verfahren* ist, daß aus hygienischen Gründen (Vermeidung einer Legionellenkontamination durch unzureichenden Umlauf mit starken Temperaturabsenkungen) in allen Zirkulationsumläufen nach den DVGW-Arbeitsblättern W551[4] und W552[5] die Abkühlung nicht größer als 5 Kelvin sein darf.

Kurzverfahren

Das Kurzverfahren wird für kleine Anlagen angewendet (z.B. Ein- und Zweifamilienhäuser) und erfordert keine Berechnungen. Die Zirkulationsanlage muß allerdings folgenden Bedingungen genügen:

- Länge aller vom Umlauf betroffenen Warmwasserleitungen (ohne Zirkulationsleitung): ≤ 30 m
- längster Fließweg für die Zirkulationsleitung (TWZ): ≤ 20 m
- Einzelsicherung der Trinkwasserinstallation
- Druckverlust eines Rückflußverhinderers nach der Pumpe maximal 30 mbar.

Sind diese Voraussetzungen erfüllt, reicht für die Zirkulationsleitungen ein Innendurchmesser von 10 mm oder größer aus, wenn die Zirkulationspumpe DN 15 folgernden Förderstrom aufweist: 200 l/h bei einem Förderdruck von 100 mbar.

Die beiden anderen Rechenverfahren sind für alle Gebäude anwendbar, wobei das *Differenzierte Rechenverfahren* (wegen des Aufwandes nur mit EDV vernünftig durchzuführen) eine bessere Annäherung an die wirklichen Betriebsverhältnisse erlaubt. Genügend genaue Ergebnisse für Entwurf *und* Ausführung liefert das *Vereinfachte Verfahren.*

Vereinfachtes Verfahren

Die Vereinfachungen liegen darin, daß die Wärmeverluste der Warmwaserleitungen pauschal – abhängig von der Lage der Leitungen – erfaßt und die Druckverluste durch Einzelwiderstände – ausgenommen den/die „druckverlustreichen" Rückflußverhinderer – durch einen Zuschlag auf die Rohrreibung berücksichtigt werden.

a) Wärmeverluste der TWW-Umlaufleitungen

Die Wärmeverluste sind abhängig von der Temperatur des Warmwassers, der Temperatur Raumluft und der Wärmedurchgangszahl der Warmwasserleitungen. Vereinfachend werden folgende Werte angenommen:

- TWW-Temperatur: + 60 °C (Abkühlung vernachlässigt

---

[1] Neubearbeitung erfolgte von Prof. Dipl.-Ing. Klaus Rudat, Berlin, für die 69. Auflage.

[2] Fa. Hage Fittings, Rodgau.

[3] DVGW-Arbeitsblatt W553: Bemessung von Zirkulationssystemen in zentralen Trinkwassererwärmungsanlagen. Bonn: DVGW, 1998.

[4] DVGW-Arbeitsblatt W551: Trinkwassererwärmungs- und Leitungsanlagen; Technische Maßnahmen zur Verminderung des Legionellenwachstums. Eschborn: DVGW, März 1993.

[5] DVGW-Arbeitsblatt W552: Trinkwassererwärmungs- und Leitungsanlagen; Technische Maßnahmen zur Verminderung des Legionellenwachstums; Sanierung und Betrieb. Eschborn: DVGW, April 1996.

- Temperatur der Raumluft: Kellergeschoß + 5 °C
  Installationsschacht + 25 °C
- Wärmedurchgangszahl: 0,2 W/(*m*·*K*).

Damit erhält man als spezifischen (auf den *m* bezogenen Wärmestrom) für

- im Keller verlegte TWW-Leitungen $\dot{q}_{\mathrm{w,K}} = 11\ W/m$
- im Schacht verlegte TWW-Leitungen $\dot{q}_{\mathrm{w,S}} = 7\ W/m.$

Werden Verteilungsleitungen im Deckenbereich verlegt, kann der niedrigere Wärmestrom (7 *W/m*) für Leitungen in Unterdecken beheizter Räume, der höhere Wärmestrom (11 *W/m*) für Leitungen in Unterdecken nicht beheizter Bereiche (z.B. über Durchfahrten) in Rechnung gestellt werden.

Da Armaturen, z.B. Strangabsperrventile, nach der Heizungsanlagen-Verordnung zu dämmen sind, werden deren geringe Wärmeverluste nicht berücksichtigt. Damit beträgt der Wärmeverlust aller vom Umlauf betroffenen TWW-Leitungen

$$\dot{Q}_w = l_{w,K} \cdot \dot{q}_{w,K} + l_{w,S} \cdot \dot{q}_{w,S} \qquad (1)$$

worin

$l_{w,K}$ = Länge aller vom Umlauf betroffenen Warmwasserleitungen (TWW) im Keller

$l_{w,S}$ = Länge aller vom Umlauf betroffenen Warmwasserleitungen (TWW) im Schacht

b) Berechnung des Förderstroms der Zirkulationspumpe

Im Gesamtumlauf soll die Abkühlung nicht über 5 K liegen, das ergibt für die Warmwasserfließwege bei unterer Verteilung von höchstens 2,5 K – eine gewisse Sicherheit berücksichtigt: von 2,0 K. Damit beträgt der Förderstrom der Zirkulationspumpe

$$\dot{V}_p = \frac{\dot{Q}_w}{\rho \cdot c\ \Delta\vartheta_w} = \frac{l_{w,K} \cdot \dot{q}_{w,K} + l_{w,S} \cdot \dot{q}_{w,S}}{\rho \cdot c \cdot \Delta\vartheta_w}\ . \qquad (2)$$

Es bedeuten:

$l_{w,K}$ = Länge aller vom Umlauf betroffenen Warmwasserleitungen (TWW) im Keller

$l_{w,S}$ = Länge aller vom Umlauf betroffenen Warmwasserleitungen (TWW) im Schacht

ρ = Dichte des Wassers

c = spezifische Wärmekapazität des Wassers

$\Delta\vartheta_w$ = Abkühlung des erwärmten Trinkwassers (TWW) = 2 K.

Für die Praxis genügend genau ist die folgende Größenwertgleichung

$$\dot{V}_p = \frac{\dot{Q}_w}{2{,}4}\ \text{in}\ l/h, \qquad (3)$$

wenn der Wärmestrom mit der Einheit *W* eingesetzt wird. Dabei wird die Dichte des Wassers mit 1 *kg/l*, die Wärmekapazität mit 1,2 *Wh/kg K* und die Temperaturdifferenz mit 2 *K* angenommen.

c) Berechnung der Teilströme

Die Berechnung der Zirkulations-Volumenströme für die einzelnen TWW-Teilstrecken ist – ohne Einsatz einer geeigneten Software – relativ aufwendig, insbesondere dann, wenn für jede Teilstrecke auch noch die Temperaturdifferenz ermittelt wird. Darauf kann verzichtet werden, wie die folgenden Gleichungen zeigen:

Volumenstrom in der abzweigenden Teilstrecke

$$\dot{V}_a = \dot{V}\ \frac{\dot{Q}_a}{\dot{Q}_a + \dot{Q}_d} \qquad (5)$$

worin

$\dot{V}_a$ = Volumenstrom in der abzweigenden Teilstrecke

$\dot{V}$ = zum Abzweig geführter Volumenstrom

$\dot{Q}_a$ = Wärmeverlust der vom Umlauf betroffenen abzweigenden Warmwasserleitungen (Abzweigweg)

$\dot{Q}_d$ = Wärmeverlust aller vom Umlauf betroffenen Warmwasserleitungen in Fließrichtung nach dem Abzweig (Durchgangsweg)

Volumenstrom im Durchgang

$$\dot{V}_d = \dot{V}\,\frac{\dot{Q}_d}{\dot{Q}_a + \dot{Q}_d} \tag{6}$$

worin
$\dot{V}_d$ = Volumenstrom im Durchgangsweg.

Überprüft werden kann die Gleichung (6) durch den einfachen Ansatz

$$\dot{V}_d = \dot{V} - \dot{V}_a. \tag{7}$$

Die Rechnung beginnt mit der TWW-Teilstrecke am Trinkwassererwärmer; deren Volumenstrom ist gleich dem Pumpenförderstrom (Input = Output). In Fließrichtung werden dann am nächsten Knotenpunkt die o. g. Gleichungen (5) bis (7) angewendet. Die neu ermittelten Durchflüsse sind dann die Eingangsgrößen für den nächsten Verzweigungspunkt und so fort. Die sich ergebenden Zirkulationsströme in den Wasserleitungen müssen auch durch die parallel geführten Zirkulationsleitungen fließen. Damit sind die Volumenströme aller Teilstrecken des Zirkulationssystems bekannt.

Beispiel für die Ermittlung der Teilströme[1])

Für ein Warmwassersystem mit 3 Strängen sind in Bild 4.4.7-4 die Verbrauchsleitungen für das erwärmte Trinkwasser schematisch dargestellt. An jeder Teilstrecke steht der zugehörige Wärmeverlust und damit beträgt der Wärmeverlust aller vom Umlauf betroffenen TWW-Leitungen

$$\dot{Q}_w = 120 + 150 + 80 + 70 + 180 = 600\ W.$$

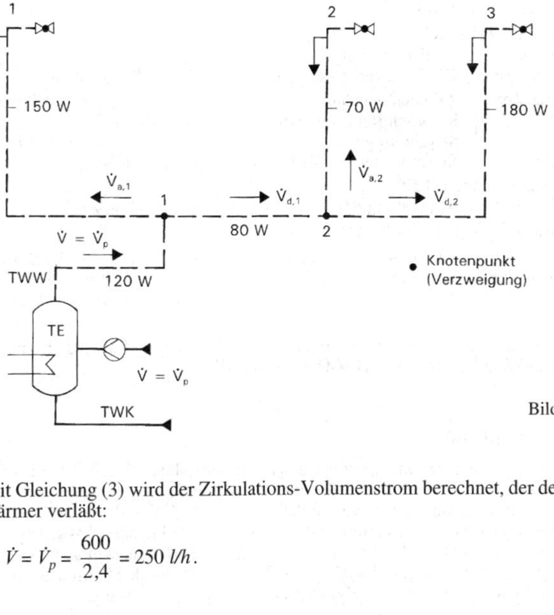

Bild 4.4.7-4.

Mit Gleichung (3) wird der Zirkulations-Volumenstrom berechnet, der den Trinkwassererwärmer verläßt:

$$\dot{V} = \dot{V}_p = \frac{600}{2{,}4} = 250\ l/h.$$

[1]) Rudat, K.: Zirkulationssysteme – Bemessung unter Berücksichtigung der Probleme durch Legionellen. IKZ-Haustechnik 52 (1997), Teil 1: H. 14, S. 35–41, Teil 2: H. 16, S. 51–60, Teil 3: Heft 18, S. 28–43.

Die Wärmeströme an der *Verzweigung 1* ergeben sich zu

$\dot{Q}_a = 150$ W und $\dot{Q}_d = 80 + 70 + 180 = 330$ W

und damit folgt für die Teilströme nach den Gleichungen (5) bis (7)

$$\dot{V}_{a,1} = 250 \frac{150}{150+330} \approx 78\ l/h \text{ und } \dot{V}_{d,1} = 250 \frac{330}{150+330} \approx 172\ l/h = 250–78\ ✓$$

nach Gleichung (7)

Die Wärmeströme an der *Verzweigung*2 ergeben sich zu

$\dot{Q}_a = 70$ W und $\dot{Q}_d = 180$ W

und damit folgt für die Teilströme nach den Gleichungen (5) bis (7)

$$\dot{V}_{a,2} = 172 \frac{70}{70+180} \approx 48\ l/h \text{ und } \dot{V}_{d,2} = 172 \frac{180}{70+180} \approx 124\ l/h = 172–48\ ✓$$

nach Gleichung (7)

d) Bestimmung der Nennweiten für die Zirkulationsleitungen

Aus dem Volumenstrom für jede Teilstrecke (siehe c) und einer aus wirtschaftlichen und betriebstechnischen Gründen zu empfehlenden Geschwindigkeit von $w_z = 0{,}2 \ldots 0{,}5$ *m/s* (höchstens 1 *m/s*) erhält man die Nennweiten der Zirkulationsleitungen. Sie sollten nicht kleiner als 10 mm gewählt werden.

e) Berechnung des Förderdrucks der Zirkulationspumpe

Für den ungünstigsten Zirkulationsweg (in der Regel der längste Umlauf) ist die Summe der Druckverluste durch die Reibung und die Einzelwiderstände in den TWW- und TWZ-Leitungen gleich dem Förderdruck der Pumpe:

$$\Delta p_p = 1{,}2 \ldots 1{,}4\ (\Sigma\, l \cdot R) + \Sigma \Delta p_{RV} + \Delta p_{TH} + \Delta p_{Ap} \tag{8}$$

Es bedeuten:

Δp_p = Förderdruck der Pumpe
l = Länge einer Teilstrecke
R = Druckgefälle für die Rohrreibung
Δp_{RV} = Druckverlust des Rückflußverhinderers (RV) nach Herstellerangaben
Pauschalwerte: RV nach der Pumpe 60 *mbar*
RV kombiniert mit Strang-Absperrventil für die Steigleitung 100 *mbar*
Δp_{TH} = Druckverlust des thermostatischen Zirkulastionsregulierventils nach Herstellerangaben
Δp_{Ap} = Druckverluste in Apparaten (z. B. externer Wärmeübertragung zur Deckung der Wärmeverluste im Zirkulationssystem).

Die Druckverluste werden mit Hilfe von Formblättern berechnet, die auch für die Bemessung der Kalt- und Warmwasserleitungen nach DIN 1988 T3 herangezogen werden. Dabei ist es aus rechentechnischen Gründen sinnvoll, die Volumenströme in *l/h* statt *l/s* anzugeben.

Ausführliche Beispiele – auch eines zum *Differenzierten Verfahren* – finden sich in dem DVGW-Arbeitsblatt W 553[1] und in der IKZ-Haustechnik.[2]

-2.2 Umwälzpumpe

Die Umwälzpumpen sind Sonderkonstruktionen aus rostfreiem Material, z. B. Rotguß oder Edelstahl, bei denen die wasserführenden Teile vollständig vom Motor und Lager getrennt sind, um Störungen durch Kesselstein zu vermeiden. Zur Verringerung der Auskühlverluste muß die Pumpe durch eine Zeitschaltuhr gesteuert werden, so daß eine Zirkulation nur in bestimmten Zeiten erfolgt (Bild 4.4.7-5). Dies ist nach der 2. Heizungsanlagen-VO bei mehr als 2 Wohnungen gefordert. Einschaltung der Pumpe kann durch Thermostat an der letzten Zapfstelle erfolgen. Aus Sicht der Hygiene ist das keine gute Lösung.

[1]) siehe Fußnote Seite 1755.
[2]) siehe Fußnote Seite 1757.

Ersatz der Zirkulationsleistung durch elektr. Begleitheizung s. Abschn. 4.2.2-5.

-3 Heizleitungen

Die Heizleitung vom Kessel zum Wassererwärmer wird in derselben Weise berechnet wie bei den Heizkörpern von Zentralheizungen.

-4 Überschlagswerte

für die schnelle Ermittlung der Rohrweiten erhält man aus dem Diagramm Bild 4.4.7-6. Hier sind auf der Abszissenachse der Spitzendurchfluß $\dot{V}_S$ aufgetragen, während auf der Ordinate die Rohrweiten für die Wasserleitungen abgelesen werden können. Dabei sind die Wassergeschwindigkeiten nach den vorher gemachten Angaben zu wählen.

Beispiel:

Ein Wohnhaus mit 20 Wohnungen hat je Wohnung

1 Wanne mit Anschluß	$\dot{V}_R$ = 0,15
1 Spüle mit Anschluß	0,07
1 Waschbecken mit Anschluß	0,07
Summe	= 0,29

Summendurchfluß $\Sigma\,\dot{V}_R = 20 \cdot 0{,}29 = 5{,}8$ l/s
Spitzendurchfluß aus Bild 4.4.7-1 (Wohnungen) $\dot{V}_S = 1{,}75$ l/s

Bei Wassergeschwindigkeiten $v = 1{,}5$ m/s für die Warmwasserleitung und $v = 2{,}0$ m/s für die Kaltwasserleitung ergeben sich dann folgende Rohrweiten:

Kaltwasserzuleitung	DN 32
Warmwasseranschluß am Speicher	DN 40
Zirkulationsleitung	DN 20

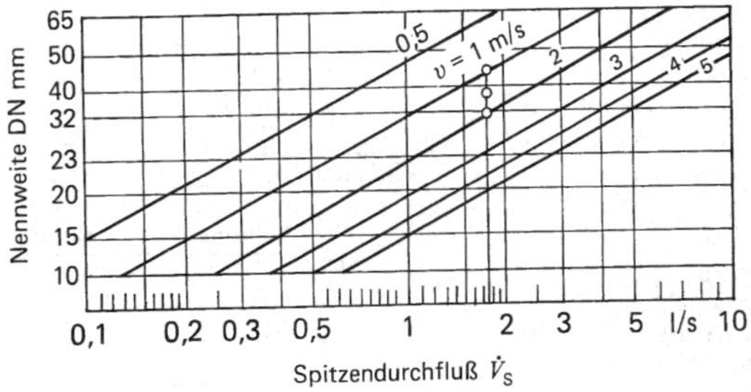

Bild 4.4.7-6. Diagramm zur überschläglichen Bemessung der Rohrleitungsanschlüsse bei Wasser-Erwärmungsanlagen nach dem Spitzendurchfluß $\dot{V}_S$.

4.4.8 Beispiele

1. Beispiel:

Für ein Mietshaus mit $n = 18$ Wohnungen soll eine *zentrale Wasser-Erwärmungsanlage* nach dem Speichersystem mit Warmwasserkessel berechnet werden. Je Wohnung 3 Per-

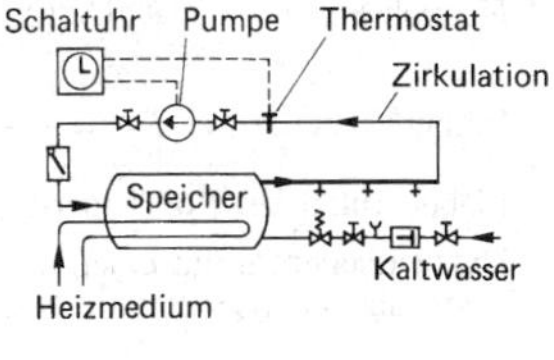

Bild 4.4.7-5. Schaltschema für zeit- und temperaturabhängig gesteuerte Warmwasseranlage.

sonen, ein Vollbad, ein Waschbecken, eine Spüle. Wasserdruck im Keller 4 bar, Rohrlängen nach Bild 4.4.8-1.

1. *Maximale stündliche Wassermenge* bei einer Betriebszeit von 2 Stunden:

$W = 200 \cdot n \cdot \varphi = 200 \cdot 18 \cdot 0{,}42 = 1512$ l/h
φ = Gleichzeitigkeitsfaktor = 0,42 (Tafel 4.4.2-1)

Wassertemperatur $t_w = 40\,°\mathrm{C}$ am Zapfhahn, 60 °C am Speicheraustritt.

2. *Wärmebedarf* $\dot{Q} = 7 \cdot n \cdot \varphi = 7 \cdot 18 \cdot 0{,}42 = 53$ kW

3. *Kesselleistung* $\dot{Q}_K$ bei zweistündiger Anheizzeit

$$\dot{Q}_K = \frac{\dot{Q}}{2} = \frac{53}{2} = 26{,}5 \text{ kW}$$

4. *Speicherinhalt*

$C = z_A \cdot \dot{Q}_K = 2 \text{ h} \cdot 26{,}5 \text{ kW} = 53 \text{ kWh}$

$$V_s = \frac{C}{c\,(t_o - t_u)} \cdot b = \frac{1000 \cdot 53}{1{,}16 \cdot 35} \cdot 1{,}10 = 1300 \text{ l.}$$

Oder Bild 4.4.4-1: $V_s = 75 \cdot 18 = 1350$ l.

Gewählt ein Speicher nach DIN 4802 mit $V_s = 1500$ l.

5. *Speicherheizfläche* nach Abschn. 4.4.5 bei einer stählernen Heizschlange und bei Berücksichtigung einer Kesselüberlastung von 30%:

$$A_s = \frac{\dot{Q}_K \cdot 1{,}3}{K} = \frac{26\,500 \cdot 1{,}3}{12\,000} = 2{,}9 \text{ m}^2.$$

6. *Ausdehnungsgefäß des Kessels*

Inhalt $V_a = 27$ l (1 Liter je kW).

7. *Rohrnetz*

1. *Kalt- und Warmwasserleitungen*

Belastungswerte je Wohnung:

1 Vollbad (Mischbatterie)	$\dot{V}_R = 0{,}15$
1 Handwaschbecken...........................	0,07
1 Spüle	0,07
	Summe = 0,29

Druckgefälle		Strang I	Strang II
Druck in Straßenleitung $p_{min\,V}$	bar	4,0	
abzüglich geodätische Druckhöhe Δp_{geo}	bar	0,9	
abzüglich Druckverlust Wasserzähler Δp_{WZ}	bar	0,5	
abzüglich erforderlicher Mindestfließdruck $p_{min\,Fl}$	bar	1,0	
		2,4	
verfügbarer Druck (4,0–2,4)	bar	1,6	
Leitungslänge..................................	m	30	
zulässiges Druckgefälle 0,5 · 1,6/30................	mbar/m	26,7	

Die verfügbare Druckdifferenz für die Rohrreibung beträgt $(\Sigma R \cdot l)_v = 0{,}5 \cdot 1{,}6 = 0{,}8 \triangleq 800$ mbar. Verbraucht werden ca. 780 mbar, so daß die Nennweiten nach der obigen Tabelle nicht korrigiert werden müssen.

3. *Heizwasserleitung* 90/70 °C (ohne Pumpe)

Verfügbarer Druck $\Delta p = H \cdot g\,(\varrho_r - \varrho_v) = 1{,}0 \cdot 9{,}81 \cdot 12{,}5 = 125$ Pa

Heizrohrlänge $l = 12$ m

$$\text{Reibungsgefälle} \quad R = \frac{0{,}4\ \Delta p}{l} = \frac{0{,}4 \cdot 125}{12} = 4{,}2 \text{ Pa/m}$$

(dabei Anteil des Rohrwiderstandes am Gesamtwiderstand ist mit 40% angenommen)

Heizwasserstrom bei einer Kesselleistung von $\dot{Q}_K = 26{,}5$ kW zuzüglich 30% Überlastung, also bei $\dot{Q}_K = 26{,}5 \cdot 1{,}3 = 35$ kW:

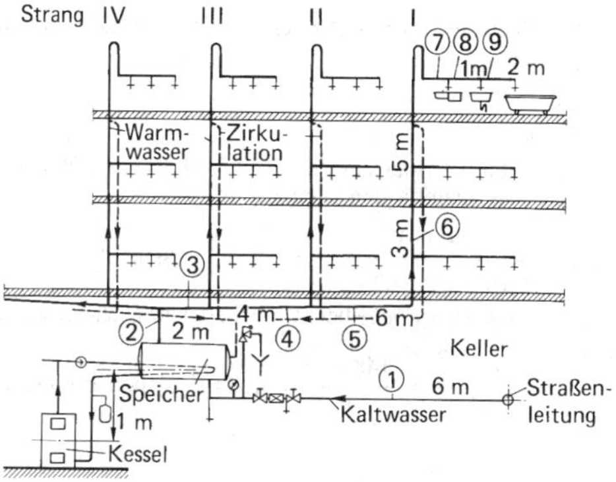

Bild 4.4.8-1. Rohrleitungsplan für die Wasser-Erwärmungsanlage des Beispiels 1.

Teilstrecke Nr.	Durchfluß $\dot{V}_R$ l/s	$\dot{V}_S$*) l/s	Rohrlänge m	Nennweite DN	v**) m/s	R**) mbar/m	$R \cdot l$ mbar
9…7	0,29	0,25	8	15	1,2	40	320
6	0,58	0,4	3	20	1,05	22	66
5	0,87	0,5	6	20	1,3	32	192
4	1,74	0,72	4	25	1,2	20	80
3	2,61	0,91	2	25	1,5	31	62
2	3,48	1,05	1	32	1,0	9	9
1	3,48	1,05	6	32	1,0	9	54
			30				$\sum R \cdot l = 783$

*) nach Bild 4.4.7-1

**) nach Bild 4.4.7-2. Stahlrohr mit mittlerer Verkrustung

$$\dot{m}_h = \frac{\dot{Q}_K \cdot 1000}{1{,}16 \cdot 20} = 1140 \text{ kg/h}$$

Rohrweite gewählt nach Bild 2.4.3-3: DN 65.

2. Beispiel:

In einem industriellen Betrieb mit Niederdruckdampfkesselanlage soll die *Warmwasserbereitungsanlage* berechnet werden. Reihenwaschstellen mit Auslaufbrause für 500 Arbeiter und Brausebäder für 100 Arbeiter. Die gesamte Waschzeit soll 30 Minuten betragen.

1. *Zahl der Warmwasserentnahmestellen:*

Waschbeckenbenutzung 3 min, Wasserverbrauch 3 l/min
Brausebenutzung 5 min, Wasserverbrauch 10 l/min

Zahl der Waschbecken: $\frac{500}{30/3} = 50$ Stück

Zahl der Brausen: $\frac{100}{30/5} = 17$ Stück

2. *Warmwassertemperatur* an den Entnahmestellen 40 °C; im Speicher, der als stehender Schichtspeicher ausgebildet ist, 60 °C.

3. *Warmwasserverbrauch:*

Waschbecken: $50 \cdot 3 \cdot 30 = 4500$ l/30 min,
Brausen: $17 \cdot 10 \cdot 30 = 5100$ l/30 min.
Gesamter Wärmeverbrauch bei 10% Zuschlag für Wärmeverluste:

$Q = 9600\,(40 - 10) \cdot 1{,}16 \cdot 10^{-3} \cdot 1{,}10 = 370$ kWh.

4. *Kessel:*

Der Speicher soll eine Aufheizzeit von 2 Stunden erhalten (Bild 4.4.8-2).

Kesselleistung

$\dot{Q}_K = 148$ kW

5. *Speicher:*

Kapazität des Speichers aus Bild 4.4.8-2: $C = 296$ kWh ≈ 300 kWh. Speicherinhalt bei 10% Zuschlag für den toten Raum

$$V_s = \frac{300 \cdot 1{,}1}{1{,}16 \cdot 10^{-3}\,(60 - 10)} = 5700 \text{ l} \quad \text{(siehe Abschn. 4.4.4).}$$

6. *Speicherheizfläche* bei 30% Überlastung des Kessels:

$$A_s = \frac{\dot{Q}_K \cdot 1{,}3}{K} = \frac{148 \cdot 1{,}3}{45} = 4{,}28 \text{ m}^2 \text{ (siehe Abschn. 4.4.5).}$$

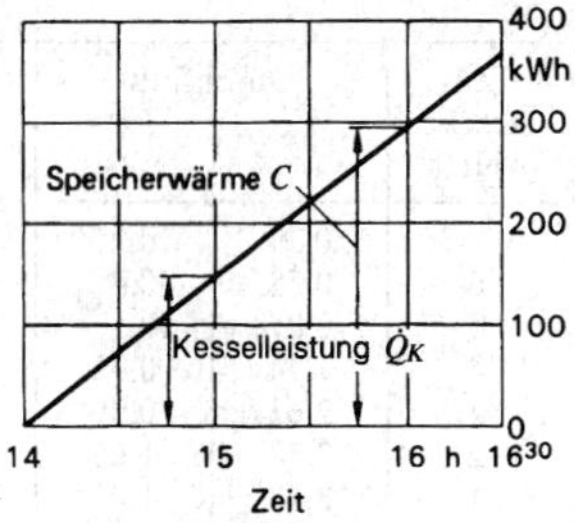

Bild 4.4.8-2. Diagramm zur Berechnung der Kesselleistung im Beispiel 2.

5. KÄLTETECHNIK[1)]

Überarbeitet von Prof. Dr. sc. techn. Anton Reinhart, Lindau (ausgenommen Abschnitte 5.2.4 und 5.6.4)

5.1 Allgemeines

Fast alle Klimaanlagen benötigen außer einem Heizmittel zur Erwärmung der Luft im Winter auch ein Kühlmittel zur Kühlung und Entfeuchtung der Luft im Sommer.

Die Kühlung erfolgt fast ausschließlich durch kompakt gebaute Kälteanlagen, kurz *Kältesätze* genannt. Kältesätze stellen einen in sich geschlossenen thermodynamischen Kreisprozeß dar, welcher durch Zufuhr von Antriebsenergie der zu kühlenden Luft Wärme entzieht und zwar direkt durch den Kältesatz selbst *(direkte Kühlung)* oder durch Zwischenschaltung eines durch den Kältesatz gekühlten Kaltwasserkreislaufs *(indirekte Kühlung)*.

Die Summe aus entzogener Wärmeleistung und dafür erforderlicher Antriebsenergie muß vom Kältesatz an Kühlwasser oder Kühlluft abgegeben werden können. Sie kann jedoch u. U. auch gleichzeitig als Nutzwärme Verwendung finden (Wärmepumpe).

Zahlreiche Bauarten von Kältesätzen von den kleinsten bis zu den größten Leistungen sind speziell für die Klimatechnik entwickelt worden. Große Gebäudekomplexe, wie Krankenhäuser, Universitäten, Einkaufszentren usw., werden manchmal mit zentralen Kälteanlagen mit *Kaltwasser-Fernversorgung* gebaut. Wie bei der Fernheizung ist dies jedoch nur unter gewissen Voraussetzungen wirtschaftlich.

Der Klimaanlagen-Installateur baut den Kältesatz im allgemeinen nicht selbst, sondern bezieht ihn von Kältemaschinenfirmen. Er muß aber die spezifischen Eigenschaften der verschiedenen Bauarten kennen, um die für ein Objekt günstigste auswählen zu können. Er muß ebenso die Größe der Bauteile und die Sicherheitsvorschriften kennen, um die Anlage im Gebäude richtig einplanen zu können.

Außerdem muß er Kenntnisse über das Betriebsverhalten und die Regelmöglichkeiten der Kälteanlage haben, da die Regelung der Klimaanlage mit der Regelung der Kälteanlage richtig abgestimmt werden muß zur Erzielung wirtschaftlicher und störungsfreier Funktion. Letztlich sollte er auch über die Funktion der einzelnen Bauteile soweit Bescheid wissen, daß er im Störungsfall die richtigen Maßnahmen zur Abhilfe einleiten kann. Schließlich soll ein umweltbewußter Umgang mit Kältemitteln erfolgen.

Die Anforderungen an Kälteanlagen und Wärmepumpen sind in der vierteiligen europäischen Norm DIN EN 378 T1-T4 (09/2000) „Sicherheitstechnische und umweltrelevante Anforderungen" geregelt. Näheres in Abschnitt 5.8.

Parallel gilt z. Z. noch die nationale Norm DIN 8975 T1-T11. Über den Rückzug dieser Norm wird im Laufe des Jahres 2002 entschieden.

Ferner gilt die BGV.D4 „Kälteanlagen, Wärmepumpen und Kühleinrichtungen", inhaltlich identisch mit der früheren Unfallverhütungsvorschrift (UVV) BGV 20 (10/1997). Es ist zu erwarten, daß die bereits in der EN 378 erfaßten Abschnitte aus der BGV.D4 herausgenommen werden und die Vorschrift reduziert weitergeführt wird.

Seit dem 1. 1. 1995 ist eine CE-Kennzeichnung der Kältemaschinen und Wärmepumpen gemäß der EG-Maschinenrichtlinie erforderlich. Sie ist vom Hersteller bzw. Verkäufer unbedingt mitzuliefern.[2)]

Fließbilder und graphische Symbole gemäß EN 1861 (06. 1995).

Formelzeichen, Einheiten und Indizes in DIN 8941 (01. 1985).

[1)] Ständige Aktualisierung von der 59. Auflage (77/78) bis zur 68. Auflage (97/98) von Dipl.-Ing. Gerhard Trenkowitz, Gorxheimertal, seit der 69. Auflage (2000) von Prof. Dr. sc. techn. Anton Reinhart, Lindau.

[2)] Austermann, R., Haas, T.: Ki 10/94. S. 498/99.

5.2 Theoretische Grundlagen

Der Begriff Kältemaschine ist eigentlich falsch, denn keine Maschine kann Kälte erzeugen, da es physikalisch gesehen keine Kälte gibt. Die Physik definiert Wärme als einen molekularen Bewegungszustand der Materie, der erst am absoluten Nullpunkt – bei $T = 0$ K bzw. $t = -273{,}15\,°C$ – aufhört. Am *absoluten Nullpunkt* wird alle Materie zum festen Körper, bei allen darüberliegenden Temperaturen ist bereits Wärme vorhanden. Um zu kühlen, muß man also vorhandene Wärmeenergie dort wegnehmen, wo man es kälter haben will. Da aber Energie nicht verschwinden kann, muß diese entzogene Wärmemenge bei entsprechend höherer Temperatur wieder an ein verfügbares Kühlmedium abgegeben werden. Die Wärmemenge muß also vom niedrigen Temperaturniveau des gewünschten Wärmeentzugs auf ein höheres Temperaturniveau für die Wärmeabgabe „hochgepumpt“ werden. Dies geht nach dem zweiten Hauptsatz der Wärmelehre (siehe Abschn. 1.3.1-9) nur mit einem *Energieaufwand* für die „Pumpe“.

Eine Anlage, die einen derartigen thermodynamischen Kreisprozeß durchführt, nennt man, je nach dem gewünschten Nutzeffekt:

Kältesatz (Kälteanlage), wenn die bei der niedrigen Temperatur entzogene Wärmemenge, die Kälteleistung Q_0, der gewünschte Nutzen ist.

Wärmepumpe, wenn die bei der höheren Temperatur abgegebene Wärmemenge, die Wärmeabgabe Q_c, der gewünschte Nutzen ist, bzw. auch, wenn beide Wärmemengen ganz oder teilweise Nutzleistung sind.

Zur Realisierung eines derartigen thermodynamischen Kreisprozesses gibt es verschiedene Verfahren, die auf unterschiedlichen physikalischen Vorgängen beruhen[1]. Die gebräuchlichsten sind:

Kompressionskälteprozeß, unter Zufuhr mechanischer Energie:

- *Kaltdampfkälteprozeß* mit Kältemitteln, die bei den Arbeitstemperaturen den Aggregatzustand zwischen Dampfphase und Flüssigkeitsphase ändern.
- *Kaltluftkälteprozeß* mit Luft als Kältemittel, ohne Aggregatzustandsänderung.
- *Dampfstrahlkälteprozeß* z.B. mit Wasserdampf als Treibmittel und Wasser als Kältemittel.

Sorptionskälteprozeß, unter Zufuhr von Wärme-Energie

- Absorptionskälteprozeß, wobei das Kältemittel in einem Lösemittelkreislauf von niedrigem auf hohes Temperaturniveau gehoben und durch Wärmezufuhr wieder für den Kälteprozeß freigesetzt wird.
- Adsorptionskälteprozeß, wobei das Kältemittel an einen festen Stoff angelagert und periodisch durch Wärmezufuhr wieder freigesetzt wird, durch zwei parallel und wechselweise betriebene Anlagen wird ein quasi-stetiger Kühlprozeß erreicht.

Thermoelektrischer Kälteprozeß, unter Zufuhr elektrischer Energie (auch als Peltier-Kälteprozeß bezeichnet).

Da sich Kältemaschine und Wärmepumpe in ihrem prinzipiellen Aufbau gleichen, werden im folgenden die Grundlagen für beide Varianten gemeinsam behandelt.

5.2.1 Kaltdampf-Kompressionskälteprozeß

-1 Thermodynamische Grundlagen

Der Kaltdampf-Kompressionskälteprozeß hat mit über 90% aller installierten Anlagen die größte Bedeutung in der Kälte- und Klimatechnik. Grundlage ist der theoretisch-ideale Carnot'sche Kreisprozeß. Der rechtslaufende Kreisprozeß erbringt die maximal mögliche Umwandlung von Wärme in mechanische Energie, siehe Abschnitt 1.3.2-9.

In der Kältetechnik ist die Aufgabe gestellt, Wärme von einer niedrigen Temperatur auf ein so hohes Temperaturniveau zu heben, daß sie an die Umgebung abgegeben werden kann. Dies ist nur unter Energieaufwand zu verwirklichen. Der linkslaufende Carnot'sche Kreisprozeß verwirklicht diesen Temperaturhub mit dem geringstmöglichen Energieaufwand.

---

[1]) s. hierzu: Kälteversorgung in der technischen Gebäudeausrüstung, VDI-Bericht 1432, VDI-Verlag, 1998.

Der Prozeß wird im allgemeinen im T,s-Diagramm dargestellt. Die isotherme Entspannung (Wärmeaufnahme) und isotherme Verdichtung (Wärmeabgabe an die Umbegung) eines Gases ist technisch nur sehr umständlich zu verwirklichen. Thermodynamisch gleichwertig ist die isotherme Wärmeaufnahme durch Verdampfen eines geeigneten Arbeitsstoffes, ebenso die isotherme Wärmeabgabe durch Verflüssigung. An Stelle des Gases im Carnot-Kreisprozeß tritt nun ein Arbeitsstoff mit Phasenwechsel flüssig-dampf und dampf-flüssig. In Bild 5.2.1-1a) ist dieser Prozeß im Ts-Diagramm dargestellt.

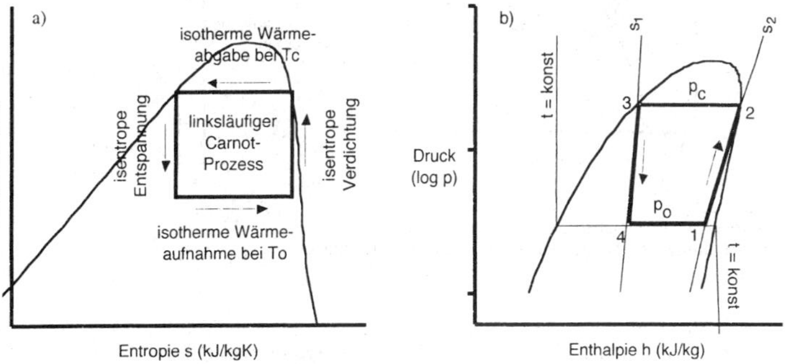

Bild 5.2.1-1. Der linksläufige Carnot-Kälteprozeß
a) im T,s-Diagramm
b) im log p,h-Diagramm.

In Berechnungen des Kreisprozesses sind Wärmemengen und Verdichtungsarbeit zu erfassen. Für diese Untersuchungen ist das Druck, Enthalpie-Diagramm besser geeignet. Mit der logarithmischen Skala des Druckes wird der interessierende Bereich niedrigen Druckes gedehnt, zudem erscheinen gleiche Druckverhältnisse als gleicher Streckenabstand. Die umgesetzten Wärmemengen und die aufgewandte Arbeit erscheinen als spezifische, auf die Masseneinheit bezogenen Größen. Sie lassen sich als waagrechte Strecken als Enthalpiedifferenz Δh ablesen. Die Isentropen verlaufen mehr oder weniger stark nach rechts oben geneigt, Bild 5.2.1-1b). Die isotherm-isobar angenommene Verdampfung und Verflüssigung erscheint als Waagrechte. Zu beachten ist der Verlauf der Isothermen, im Flüssigkeitsgebiet nahezu eine Senkrechte, im 2-Phasengebiet eine Waagrechte und im Gebiet überhitzten Gases eine nach rechts unten verlaufende Kurve.

-2 Kreisprozeß der Kaltdampfmaschine

Bei der Verwirklichung des idealen Kreisprozesses im 2-Phasengebiet entstünden erhebliche maschinentechnische Probleme. Insbesondere die Verdichtung und Entspannung ist im 2-Phasengebiet nicht oder nur sehr begrenzt zu bewerkstelligen. In der Praxis arbeitet deshalb der Kreisprozeß mit einer Drosselentspannung anstelle der Expansionsmaschine, also ohne Arbeitsgewinn. Die Druckenergie der Flüssigkeit wird zunächst in Geschwindigkeit umgesetzt, die kinetische Energie wird dann aber durch Verwirbelung verloren. Die Entspannungslinie wird zur Isenthalpen, im log p,h-Diagramm eine Senkrechte.

Die Verdichtung wird in das Gebiet reinen Dampfes verlegt. Angesaugt wird gerade gesättigter oder auch überhitzter Dampf und bis zum Druck der Verflüssigung komprimiert, die Druckgastemperatur ist höher als die im Carnot-Prozeß erforderliche Verflüssigungstemperatur, Bild 5.2.1-2a). Dieser abgewandelte Kreisprozeß wird deshalb auch „trockener Vergleichsprozeß“ genannt. Die Abweichungen vom idealen Carnot-Prozeß sind bereits erheblich und nehmen mit den unvermeidlichen Verlusten realer Maschinen zu.

Zudem ist dieser Prozeß nun auch von den Eigenschaften der verwendeten Arbeitsmittel, der Kältemittel, abhängig. Deren Isentropen und Isothermen verlaufen recht unterschiedlich. Kältemittel werden in ihren thermodynamischen Eigenschaften nach diesem Kreisprozeß verglichen und bewertet.

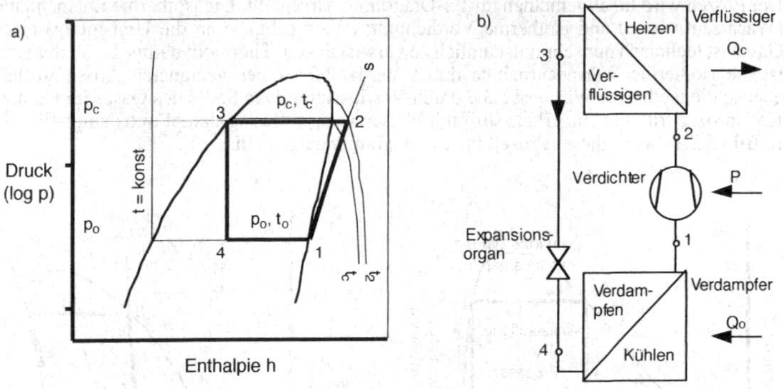

Bild 5.2.1-2.
a) trockener Vergleichsprozeß im *h*, log *p*-Diagramm.
b) Schaltung der wichtigsten Bauteile einer Kälteanlage

Eine Kaltdampf-Kompressionskälteanlage besteht im wesentlichen aus dem Verdampfer zur Wärmeaufnahme (Kühlung), dem Verdichter (Kompressor[1]) mit Antriebsmotor zur Enegiezufuhr, dem Verflüssiger (Kondensator[1]) zur Wärmeabgabe und der Entspannungs-(Expansions, Drossel-)Einrichtung zur Absenkung des Druckes, Bild 5.2.1-2b). Diese Bauelemente sind in einem geschlossenen Kreislauf miteinander verbunden, in dem das Kältemittel zirkuliert. Die Zustandspunkte in Bild 5.2.1-2a) und Bild 5.2.1-2b) entsprechen einander. Das Kältemittel durchläuft in diesem Kreisprozeß folgende Zustandsänderungen:

1 – 2: Isentrope Verdichtung des trocken gesättigten (oder überhitzten) Dampfes vom Verdampferdruck p_0 auf Verflüssigungsdruck p_c und Verdichtungsendtemperatur t_2. Die Endtemperatur t_2 ist höher als die Verflüssigungstemperatur t_c. Der Energieaufwand kann als Strecke h_2–h_1 im log p,h-Diagramm abgegriffen werden. Abweichungen des realen Verdichters von der Isentropen vergrößern diese Strecke h_2–h_1. Das bedeutet gleichzeitig, daß sich der Zustand 2 der realen Maschine nach rechts verschiebt und die Verdichtungsendtemperatur höher wird (Isentrope: s = konstant).

2 – 3: Isobare Abgabe der Wärme an das Kühlmittel Wasser oder Luft. Die Wärmeabgabe umfaßt drei Abschnitte, Abfuhr der Überhitzungswärme bis zum Erreichen der Verflüssigungstemperatur t_c, Abfuhr der Verflüssigungswärme bei gleichbleibender Verflüssigungstemperatur t_c und konstantem Druck p_c und schließlich Unterkühlung des verflüssigten Kältemittels. Die gesamte Wärmeabgabe kann als Strecke h_2–h_3 im log p,h-Diagramm abgegriffen werden (Isobare: p = konstant).

3 – 4: Isenthalpe Entspannung des zunächst flüssigen Kältemittels vom Verflüssigungsdruck p_c auf Verdampfungsdruck p_o in der Entspannungseinrichtung. Dabei verdampft ein Teil der Flüssigkeit je nach Lage des Punktes 3 vor der Entspannung. Eine starke Unterkühlung der Flüssigkeit verschiebt den Punkt 3 weiter nach links in das Gebiet unterkühlter Flüssigkeit, entsprechend geringer wird bei der Expansion der entstehende Dampfanteil (Isenthalpe: h = konstant, also h_4=h_3).

4 – 1: Isobare/isotherme Verdampfung des Kältemittels beim Druck p_o bzw. der Temperatur t_o bis zum Endpunkt 1. Die Verdampfung kann auch eine Überhitzung des entstandenen Dampfes einschließen, der Endpunkt 1 liegt dann rechts der Grenzkurve im Bereich überhitzten Dampfes. In diesem Fall verläuft die Verdampfung nur bis zur Grenzkurve isotherm, im überhitzten Gebiet ist der Vorgang nur mehr isobar. Die erforderliche Wärme wird dem zu kühlenden Medium entzogen, hier wird der eigentliche Zweck des Verfahrens erfüllt. Die gesamte Wärmeaufnahme kann als Strecke h_1–h_4 im log p,h-Diagramm abgegriffen werden (Isobare: p = konstant, Isotherme: t = konstant).

[1]) Die in Klammern gesetzten Ausdrücke werden zwar heute noch verwendet, entsprechen aber nicht mehr den DIN-Normen und den CECOMAF-Vereinbarungen.

Im log p,h-Diagramm werden die umgesetzten Energien als waagrechte Streckenabschnitte abgegriffen, die Enthalpie wird dabei auf das kg der umlaufenden Kältemittelmenge bezogen. Daraus ergibt sich

$q_0 = h_1 - h_4$ in kJ/kg, die spezifische Kälteleistung, auf den zirkulierenden Massenstrom bezogene Kälteleistung, weil kJ/kg = kJ/s / kg/s = kW / kg/s

$w_{t,s} = h_2 - h_1$ in kJ/kg, die spezifische Antriebsleistung, im Diagramm als isentrope Verdichtung angenommen (Index $_{t,s}$ soll bedeuten theoretisch/isentrop). Der reale Verdichter mit Verlusten beim Verdichtungsvorgang hat eine größere spezifische Antriebsleistung $h_{2ü} - h_1$, der Punkt 2 verschiebt sich weiter nach rechts zu höheren Temperaturen

$q_c = h_2 - h_3$ in kJ/kg, die spezifische Verflüssigerleistung.

Aus einem zirkulierenden Kältemittelmassenstrom von m kg/s ergeben sich somit die Leistungen

Kälteleistung $Q_o = m\ q_o = m\ (h_1 - h_4)$ in kW

Antriebsleistung $P = m\ w_{t,s} = m\ (h_2 - h_1)$ in kW (im realen Prozeß $w > w_{t,s}$)

Verflüssigerleistung $Q_c = m\ q_c = m\ (h_2 - h_3)$ in kW

Aus Bild 5.2.1-2a) und diesen Gleichungen sind noch weitere Folgerungen abzuleiten:

- ein Kältemittel mit einem großen $h_1 - h_4$ erfordert einen entsprechend geringeren zirkulierenden Massenstrom
- eine Unterkühlung des verflüssigten Kältemittels verschiebt den Zustandspunkt 3 nach links und vergrößert $h_1 - h_4$
- eine Erhöhung der Verflüssigungstemperatur (Verflüssigungsdruck) verschiebt den Zustandspunkt 3 nach rechts und verkleinert $h_1 - h_4$
- die Gasverdichtung endet im Zustandspunkt 2 im überhitzten Gebiet. Eine Verschiebung des Saugzustandes 1 nach rechts in das überhitzte Gebiet hat auch eine Verschiebung des Punktes 2 zur Folge. Der reale Verdichter mit Verlusten beim Verdichtungsvorgang hat eine größere spezifische Antriebsleistung $h_2 - h_1$, der Punkt 2 verschiebt sich weiter nach rechts zu höheren Temperaturen. Das Schmiermittel der Verdichter sollte nicht über 135...150 °C erhitzt werden, beim Festlegen des Verdichtungsvorganges ist diese Grenze unbedingt zu beachten. Dabei ist auch zu berücksichtigen, daß sich das Sauggas aus dem Verdampfer in der Rohrleitung zum Verdichter und in diesem selbst vor Beginn der Verdichtung bereits erwärmt.

Kältemittelverdichter saugen einen Volumenstrom an, die Hersteller benennen den Förderstrom in m³/h oder m³/s. Erst eine Umrechnung ergibt den Massenstrom, es ist

$$V\ \rho_1 = m$$

mit der Dichte ρ_1 des angesaugten Gases bei den Zustandsbedingungen am Saugstutzen. Beim Vergleich von Kältemitteln wird deshalb auch die volumetrische Kälteleistung q_v verwendet, sie ist ein Maß für die erforderliche Saugleistung und damit der Größe eines Verdichters, es ist

$q_v = \rho_1\ (h_1 - h_4)$ in kJ/m³, also die auf den Förderstrom bezogene Kälteleistung, weil kJ/m³ = kJ/s / m³/s = kW / m³/s.

Kälteleistung $Q_o = m\ q_o = V\ q_v = m\ (h_1 - h_4) = V\ \rho_1\ (h_1 - h_4)$

ρ_1, h_1 und h_4 können aus der Dampftafel eines Kältemittels abgelesen werden. Damit kann bei vorgegebener Kälteleistung Q_o der umzuwälzende Kältemittelmassenstrom m und der Saugstrom V des Verdichters ermittelt werden. Der effektive Saugstrom hängt von der Bauart des Verdichters, der spezifischen Konstruktion und den Betriebsbedingungen ab. Darauf wird im Abschnitt 5.4 eingegangen.

Ein besonders vorteilhaftes Kältemittel muß neben einer großen Verdampfungswärme $h_1 - h_4$ auch eine genügend große Gasdichte ρ_1 aufweisen, um schließlich die geforderte Kälteleistung mit kleinen Maschinen zu erzeugen. Angaben zur volumetrischen Kälteleistung gebräuchlicher Kältemittel in Tafel 5.3.1-1.

Es liegt nahe, das verflüssigte Kältemittel (Zustandspunkt 3) durch den kalten Gasstrom (Zustandspunkt 1) zu unterkühlen und dadurch zusätzliche Kälteleistung zu gewinnen, Bild 5.2.1-3a) und Bild 5.2.1-3b). Der Massenstrom in diesem inneren Wärmeübertrager ist auf beiden Seiten gleich, so daß auch die Enthalpiedifferenzen gleich sind $(h_{1ü} - h_1) = (h_3 - h_{3u})$. Hier ist zu beachten, daß das erwärmte Gas eine geringere Dichte aufweist und dadurch den Gewinn der Unterkühlung teilweise wieder aufwiegt. Auch der zusätzliche Druckverlust besonders der Gasseite wirkt sich leistungsmindernd aus. Der Aufwand lohnt sich nur dann, wenn die Anlage große Laufzeiten hat und die Energieeinsparung entspre-

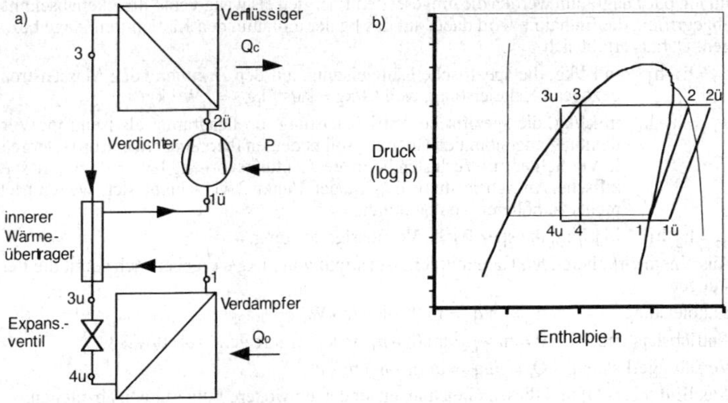

Bild 5.2.1-3. Innerer Wärmeübertrager als Unterkühler/Überhitzer.

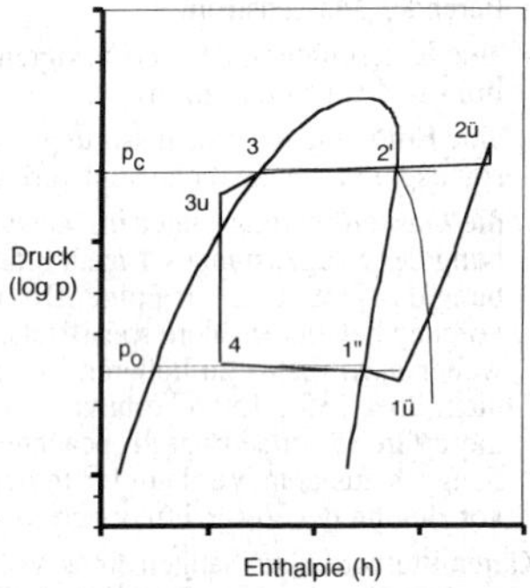

Bild 5.2.1-4. Realer Kaltdampf-Kompressionsprozeß.

chende Kosteneinsparungen verspricht. Bei Ammoniak stellt sich immer eine deutliche Verschlechterung ein, während bei den organischen Kältemitteln Verbesserungen der Kälteleistung bis zu 10% zu erwarten sind.

Eine sehr gute Alternative zum inneren Wärmeübertrager ist ein dem Verflüssiger nachgeschalteter Unterkühler. Dazu kann das Kältemedium Luft oder Wasser bei seiner tiefsten (Eintritts-)Temperatur genutzt werden. Bei luftgekühlten Verflüssigern kann die Kältemittel- und Luftführung so gestaltet werden, daß sich eine Unterkühlung (Kältemittel im Rohr) einstellt. Wird das Kältemittel im Mantelraum eines Rohrbündelapparates verflüssigt, kann durch Aufstauen eine Unterkühlung erzeugt werden, besser ist die gezielte Unterkühlung in einem nachgeschalteten Apparat. Es ist aber immer zu bedenken, daß die Unterkühlung nicht zum Selbstzweck wird. Mit genügend tiefer Temperatur des Kühlmediums Luft oder Wasser kann die Verflüssigungstemperatur gesenkt werden, mit ihr der Verflüssigungsdruck und damit das Druckverhältnis p_c/p_o. Die Kälteleistung steigt und die erforderliche Antriebsenergie sinkt mit dem Druckverhältnis. Es ist also gut abzuwägen, wie weit eine Unterkühlung nötig ist für einen sicheren Betrieb auch bei wechselnden Betriebsverhältnissen und andererseits eine Energieeinsparung durch niedrigeren Verflüssigungsdruck vorteilhafter wäre.

Das verflüssigte Kältemittel muß unterkühlt werden. Kondensat am Sättigungszustand entwickelt beim geringsten (und unvermeidlichen) Druckverlust vor dem Entspannungsventil Dampf. Dieser Dampf behindert die Funktion des Entspannungsventils erheblich. In Bild 5.2.1-4 ist der Kältemittelkreislauf mit den wesentlichen Druckverlusten dargestellt. Die Druckverluste sind überhöht, um sie besser erkennbar zu machen. Es bedeuten

4–1" Verdampfung mit Druckverlust, erst am Ende der Verdampfungsstrecke wird der nominale Verdampfungsdruck erreicht (bei 1" gesättigter Dampf, Enthalpie: h''_1)

1"–1ü Überhitzung des Dampfes mit Druckverlust. Eingeschlossen ist der Druckverlust in der Saugleitung mit allen Armaturen vom Verdampfer bis zum Verdichter.

1ü–2ü Verdichtung des Kältemitteldampfes. Der Druck muß so hoch sein, daß alle Druckverluste vom Ausgang Kompressionsraum bis zum Verflüssiger überwunden werden können.

2ü–2" Abführen der Überhitzungswärme im Verflüssiger mit Druckverlust.

2"–3 Verflüsssigung des Dampfes bis zur Sättigungslinie mit Druckverlust (bei 3 gesättigte Flüssigkeit, Enthalpie: $3'_1$).

3–3u Unterkühlen des Kondensates mit Druckverlust bei der Unterkühlung und in der Flüssigkeitsleitung bis zum Entspannungsventil. Ohne Unterkühlung würde der Druckverlust in der Flüssigkeitsleitung zu einem Zustand senkrecht unter 3 führen, also direkt in das 2-Phasengebiet. Die Expansionsventile sind für die Strömung reiner Flüssigkeiten im Öffnungsspalt ausgelegt. Mit Dampf bereits im Zustrom würde ein Großteil des Volumenstroms vom Dampf beansprucht, das Ventil würde schlecht regeln und viel zu wenig Massenstrom fließen lassen. Bei verzweigten Flüssigkeitsleitungen ist neben dem Druckverlust auch ein eventuell zu überwindender Höhenunterschied zu berücksichtigen. Bei R134a entsprechen 1 m Höhe 0,4 bis 0,5 K erforderlicher zusätzlicher Unterkühlung. Umgekehrt bringt eine fallende Flüssigkeitsleitung zusätzliche geodätische Höhe und damit statischen Druckgewinn.

3u–4 Entspannung im Ventil. Entsprechend dem Druckabfall im Verdampfer ist der Druck am Punkt 4 höher als am Ende der Verdampferstrecke am Punkt 1.

Häufig wird der Druckverlust als Änderung der Sättigungstemperatur angegeben. In den drei Leitungsabschnitten Sauggas, Druckgas und Flüssigkeit soll das Äquivalent des Druckverlustes jeweils nicht über 1 K ansteigen.

Der Temperaturhub wird in der Kompressions-Kälteanlage durch den Druckhub verwirklicht. Je nach Verdichterbauart sind diesem Druckhub Grenzen gesetzt. Bei volumetrisch fördernden Maschinen (Hubkolben-, Rotationskolbenverdichter) sinkt Förderleistung und Maschinengütegrad mit zunehmendem Druckverhältnis p_c/p_o, gleichzeitig steigt die Verdichtungstemperatur und kann unzulässig hoch werden. Bei Strömungsmaschinen (Turboverdichter) ist der erreichbare Druck relativ eng begrenzt (Strömungsabriß und Pumpgrenze). Soll dennoch der Temperaturhub (Druckhub) über die diskutierte Grenze hinausgehen, wird die Verdichtung in zwei Stufen mit Zwischenkühlung ausgeführt. In raumlufttechnischen Anlagen sind zweistufige Kältemaschinen nicht erforderlich, für diese Fälle sei auf die Spezialliteratur verwiesen (Abschn. 6.5.6 ,v.Cube). Es stehen eine Reihe von Kreislaufberechnungsprogrammen zur Verfügung. Sie ermöglichen den Abruf thermodynamischer Tafelwerte, der Stoffeigenschaften, die Wiedergabe des h,log p-Diagrammes und die Berechnung eines kompletten Kreislaufes, so daß mit der Variation der Eckpunkte sehr schnell eine Bewertung der Kälteanlage möglich wird (NIST[1]) oder davon abgeleitet ein Excel-Programm von ILK[2]), siehe Abschn. 6.5.6).

-3 Energiebilanz, Temperaturdifferenzen

In jedem stetig arbeitenden Energieumformungsprozeß muß die Summe der zugeführten Energie gleich der Summe der abgeführten Energie sein. Damit gilt für die Kälteanlage wie für die Wärmepumpe nach dem Kaltdampf-Kompressionsprozeß, unter Vernachlässigung von Nebenantrieben:

$$\dot{Q}_0 + P = \dot{Q}_c + \dot{Q}_{Verl}$$

$\dot{Q}_0$ = Kälteleistung in kW
P = zugeführte Leistung in kW
$\dot{Q}_c$ = Wärmeleistung in kW
$\dot{Q}_{Verl}$ = Wärmeverluste in kW

Infolge von Wärmeverlusten des Verdichters geht nicht die gesamte Energiezufuhr P in die Verflüssigerleistung $\dot{Q}_c$ ein, sondern nur ein um den Faktor a verringerter Wert, so daß

$$\dot{Q}_c = \dot{Q}_0 + a \cdot P, \text{ wobei } \dot{Q}_{Verl} = (1-a)\,P$$

[1]) NIST: National Institute of Standards and Technology, Boulder, Colorado.
[2]) ILK: Institut für Luft- und Kältetechnik, Dresden.

Der Faktor a ist abhängig von Verdichter-Bauart, Betriebstemperaturen und Wärmedämmung der warmen Bauteile der Anlage. Für überschlagsmäßige Berechnungen kann angesetzt werden:

a = 1,0 für den verlustlosen Idealfall

a = 0,9 bezogen auf die mechanische Wellenleistung P_m des Verdichters,

a = 0,9 bezogen auf die elektrische Leistungsaufnahme P_{el} hermetischer Verdichter, Motorkühlung durch Kältemittelkreislauf

a = 0,8 bezogen auf die elektrische Leistungsaufnahme P_{el} offener Verdichter, Motorkühlung getrennt vom Kältemittelkreislauf

Das *Betriebsverhalten* einer Kälte- oder Wärmepumpenanlage ist jedoch nicht nur abhängig von der vorgenannten Grundgleichung für den thermodynamischen Kreisprozeß. Ebenso wichtig sind die Energiebilanzen für die Massenströme auf der kalten und der warmen Seite mit den sich daraus ergebenden Temperaturdifferenzen, wie auch die Temperaturdifferenzen, die sich ergeben aus den installierten Wärmeaustauschflächen und den erreichbaren Wärmedurchgangszahlen. Eine Gesamtbilanz der Energieumsetzungen und der sich daraus ergebenden Temperaturdifferenzen ist dargestellt in Bild 5.2.1-5.

$$\dot{Q}_0 = \dot{m}_K \cdot c_K \cdot (t_{KE} - t_{KA}) \text{ bzw.}$$
$$= \dot{m}_K (h_{KE} - h_{KA})$$
$$= A_K \cdot k_K \cdot \Delta t_{mK}$$
$$\dot{Q}_0 = f\,(t_c, t_0, \dot{V}_h)$$
$$P = f\,(t_c, t_0, \dot{V}_h)$$
$$\dot{Q}_c = \dot{Q}_0 + a \cdot P$$
$$= \dot{m}_W \cdot c_W \cdot (t_{WA} - t_{WE})$$
$$= A_W \cdot k_W \cdot \Delta t_{mW}$$

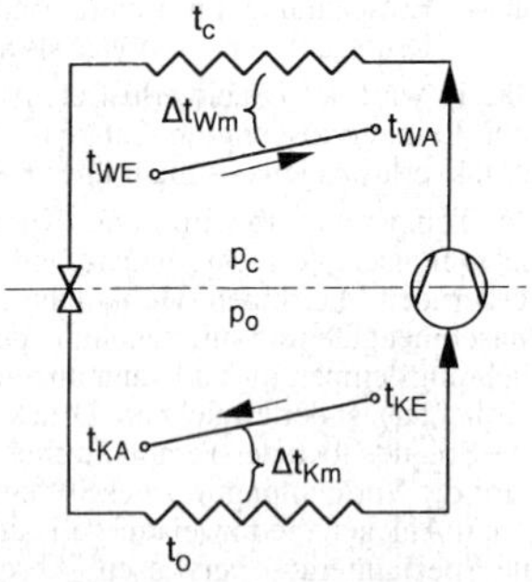

Bild 5.2.1-5. Energiebilanz und Temperaturdifferenzen beim Kälteprozeß.

In den Gleichungen zu Bild 5.2.1-5 bezieht sich der Index K auf die kalte Seite, der Index W auf die warme Seite des Prozesses. Der zweite Index kennzeichnet mit E den Eintritt, mit A den Austritt des wärmeabgebenden bzw. wärmeaufnehmenden Mediums. Neben den bereits bekannten Größen $\dot{Q}_c$, $\dot{Q}_0$ und P haben die Bezeichnungen folgende Bedeutung:

$\dot{m}$ = Massenstrom kg/s
h = spezifische Enthalpie kJ/kg
t_0 = Verdampfungstemperatur °C
t_c = Verflüssigungstemperatur °C
$\dot{V}_h$ = geometrisches Fördervolumen des Verdichters m^3/h
k = Wärmedurchgangskoeffizient W/m^2K
c = spez. Wärmekapazität kJ/kgK
A = Wärmeaustauschfläche m^2
Δt_m = logarithmische Temperaturdifferenz K

Bezogen auf den Kreisprozeß der Kälteanlage bzw. Wärmepumpe ist t_0 die Arbeitstemperatur auf der kalten, t_c die Arbeitstemperatur auf der warmen Seite.

Die Kälteleistung $\dot{Q}_0$ und der Energieverbrauch P sind nicht nur abhängig von der Größe des installierten Verdichters – *Fördervolumen* $\dot{V}_h$ –, sondern auch von der Lage der Arbeitstemperaturen t_0 und t_c (vgl. z. B. Bild 5.4.1-3 u. Bild 5.4.1-4). Diese Abhängigkeiten führen zusammen mit der Grundgleichung $\dot{Q}_0 + a \cdot P = \dot{Q}_c$ dazu, daß sich jede Kälte- bzw. Wärmepumpenanlage auf einen Betriebspunkt einstellt, bei welchem alle in Bild 5.2.1-5 aufgeführten Gleichungen und Abhängigkeiten gleichzeitig erfüllt sind. Dieser *Be-*

triebs- oder Gleichgewichtspunkt wird üblicherweise für die verlangten Nennbedingungen einer Anlage errechnet und die Wärmeaustauschflächen und Verdichtergrößen danach festgelegt. Weichen die Betriebsbedingungen von diesen Nennbedingungen ab, z.B. durch Veränderung der Massenströme (polumschaltbare Ventilatormotoren, drosselnde Regelorgane etc.) oder der Eintrittstemperaturen auf der kalten und/oder der warmen Seite, so stellen sich neue Gleichgewichtsbedingungen ein, bei denen die Prozeßtemperaturen t_0 und t_c unzulässige Werte erreichen können. Die Kältemaschine würde dabei über ihre *Sicherheitseinrichtungen* abschalten, wenn nicht durch geeignete regelungstechnische Eingriffe neue, funktionsfähige Betriebszustände hergestellt werden würden. Gerade dieses Problem führt oft zu Mißverständnissen zwischen dem Klimaingenieur und dem Lieferanten der Kälteanlage, deshalb sollten neben der Nennauslegung auch die extremen Grenzbedingungen von vornherein klargestellt werden.

Bild 5.2.1-5 zeigt weiterhin, daß die Prozeßtemperatur t_0 der kalten Seite des Kältemaschinenprozesses stets erheblich niedriger liegt als die Eintrittstemperatur t_{KE} des abzukühlenden Mediums, z.B. der verfügbaren Wärmequelle für eine Wärmepumpe. Ebenso liegt die Prozeßtemperatur t_c auf der warmen Seite höher als die Eintrittstemperatur t_{WE} des verfügbaren Kühlmediums. Im Falle eines idealen Kreisprozesses sind Verdampfungstemperatur t_0, Ein- und Austrittstemperatur des wärmeabgebenden Mediums gleich, diese Bedingung könnte nur im Grenzfall eines unendlich großen Mediumstromes erreicht werden. Im realen Fall stellt sich die in Bild 5.2.1-5 gezeigte Temperaturdifferenz ein, selbst dann, wenn mit großer Wärmeübertragerfläche t_{KA} gegen t_0 strebt. Die Temperaturdifferenz zwischen wärmeabgebendem Medium und verdampfendem Kältemittel stellt die thermodynamische Irreversibilität des Wärmeaustauschers dar, neben weitern Verlusten wie Druckabfall und Wärmeaustausch mit der Umgebung. Für den idealen Vergleichsprozeß ist für die Temperatur des wärmeabgebenden Mediums dessen thermodynamischer Mittelwert zu verwenden, als Näherung kann das arithmetische Mittel aus t_{KE} und t_{KA} verwendet werden. Für das wärmeaufnehmende Medium (Luft oder Kühlwasser) gilt entsprechend dasselbe.

Als Richtwert für diese Temperaturdifferenzen kann angesetzt werden, abhängig von der Bauart der Anlage, bei Wasser als Übertragungsmedium:

$$t_{KE} - t_0 = t_c - t_{WE} = 5 \ldots 15\ \text{K}$$

bei Luft als Übertragungsmedium:

$$t_{KE} - t_0 = t_c - t_{WE} = 10 \ldots 20\ \text{K}$$

Hierbei bedingen die jeweils unteren Werte große Massenströme und große Wärmeaustauschflächen, also hohe Investitionskosten. Mit den oberen Werten werden kostengünstige Anlagen erreicht, jedoch zu Lasten eines höheren Energieverbrauches, da die zu überwindende Temperaturdifferenz größer wird. Die richtige Auswahl muß nach der jeweiligen Priorität niedriger Investitionskosten oder niedrigen Energieverbrauchs erfolgen.

Die Irreversibilität der Wärmeaustauscher könnte deutlich verringert werden, wenn das Kältemittel mit gleitender Temperatur verdampfen (kondensieren) würde und bei striktem Gegenstrom die Temperaturdifferenz von wärmeabgebenden (wärmeaufnehmenden) Medium und Kältemittel klein gehalten werden könnte.

-4 Wirtschaftlichkeit, Leistungszahl

Für die Wirtschaftlichkeit jeder Maschine ist das Verhältnis von Nutzen zu Aufwand maßgebend, das allgemein als *Wirkungsgrad* bezeichnet wird, der stets kleiner als 1 ist. Infolge der Wärmezufuhr auf der kalten Seite ist dieses Verhältnis von Nutzen zu Aufwand jedoch bei der Wärmepumpe stets, bei der Kältemaschine meistens, größer als 1 und wird deshalb nicht Wirkungsgrad genannt, sondern *Leistungszahl* (früher Leistungsziffer). Die Leistungszahl wird mit ε (Epsilon) bezeichnet und ist wie folgt definiert:

Für die Kältemaschine:

$$\varepsilon_K = \frac{\dot{Q}_0}{P}$$

Für die Wärmepumpe:

$$\varepsilon_W = \frac{\dot{Q}_c}{P}$$

Werden bei einer Wärmepumpenanlage sowohl die Kälteleistung als auch die Wärmeabgabe zum Teil gleichzeitig genutzt, so ergeben sich nach der Definition Nutzen durch Aufwand noch höhere Leistungszahlen, nämlich:

im Kühlbetrieb:

$$\varepsilon = \frac{\dot{Q}_0 + \dot{Q}_{cNUTZ}}{P}$$

im Heizbetrieb:

$$\varepsilon = \frac{\dot{Q}_c + \dot{Q}_{0NUTZ}}{P}$$

Unter Berücksichtigung der Grundgleichung $\dot{Q}_c = \dot{Q}_0 + a \cdot P$ ergibt sich aus den erstgenannten Beziehungen ferner:

maximale Wärmeabgabe der Kältemaschine

$$\dot{Q}_c = \dot{Q}_0 \cdot \left(1 + \frac{a}{\varepsilon_K}\right)$$

maximale Leistungszahl der Wärmepumpe

$$\varepsilon_W = \varepsilon_K + a$$

erforderliche Kälteleistung für die Wärmepumpe

$$\dot{Q}_0 = \dot{Q}_c \left(1 - \frac{a}{\varepsilon_W}\right)$$

Der ideale Vergleichsprozeß für die Kältemaschinen und Wärmepumpen ist der *Carnot-Kreisprozeß* (siehe Abschn. 1.3.2-9). Bei der Darstellung dieses Prozesses im *T, s*-Diagramm entsprechen die sich ergebenden Rechtecke den umgesetzten Energiemengen (Bild 5.2.1-1a)). Da die Entropiedifferenzen dieser Energierechtecke gleich sind, ergibt sich aus der Quotientenbildung die

Ideale Leistungszahl des Carnot-Prozesses für die

Kältemaschine

$$\varepsilon^*_{KC} = \frac{T^*_0}{T^*_c - T^*_0}$$

Wärmepumpe

$$\varepsilon^*_{WC} = \frac{T^*_c}{T^*_c - T^*_0} = \varepsilon_{KC} + 1$$

T^*_0 in K (= 273,15 + t_0 in °C) = die thermodynamische Mitteltemperatur der kalten Seite des Kreisprozesses

T^*_c in K (= 273,15 + t_c in °C) = die thermodynamische Mitteltemperatur auf der warmen Seite des Kreisprozesses.

Der Stern * soll kennzeichnen, daß damit das Verhalten des Carnot-Prozesses zwischen Wärmequelle (kalte Seite) und Wärmesenke (warme Seite) gemeint ist.

Die Leistungszahl ε^*_{Kc} wird in der Kältetechnik auch als Leistungszahl des äußeren Carnot-Prozesses bezeichnet

$$\varepsilon^*_{Kc} = \varepsilon^*_{c,aussen}$$

Die Verdampfungs- und Verflüssigungstemperatur des Kälteprozesses ist gut meßbar und wird in vielen Berechnungen direkt verwendet. In der Kältetechnik wird deshalb sehr oft ein „innerer" Carnot-Prozeß zwischen Verdampfungs- und Verflüssigungstemperatur to und tc als Vergleichsverfahren verwendet, seine Leistungszahl ist

$$\varepsilon_{c,innen} = T_o / (T_c - T_o)$$

Mit dieser Leistungszahl werden die Irreversibilitäten der Wärmeübertrager Verdampfer und Verflüssiger außer Acht gelassen.

Die Leistungszahl der realen Anlage schließlich wird aus der erbrachten Kälteleistung Qo und der erforderlichen Antriebsleistung P berechnet

$$\varepsilon = Q_o / P$$

In dieser Leistungszahl sind die Eigenschaften der Kältemittel, das Verhalten des Verdichters, Druckverluste, ungewollter Wärmeaustausch mit der Umgebung mit einbezogen.

Anstelle der Energieströme Q_o und P können auch die spezifischen, auf das kg der umlaufenden Kältemittel bezogene Enthalpien verwendet werden. Aus Bild 5.2.1-2 folgt $Q_o = m\,(h_1–h_4)$ und $P = m\,(h_2–h_1)$, also

$$\varepsilon = Q_o / P = (h_1–h_4)/(h_2–h_1)$$

oder auch mit den Enthalpiedifferenzen des realen Prozesses aus Bild 5.2.1-4

$$\varepsilon = Q_o / P = (h_{1ü}-h_4)/(h_{2ü}-h_{1ü}).$$

Zur Bewertung eines Kälteprozesses wird das Verhältnis der realen Leistungszahl und der Leistungszahl des Carnot-Prozesses gebildet und als Gütegrad bezeichnet. Der innere Gütegrad der Anlage ist dann

$$\eta_{\text{innen}} = \frac{\varepsilon}{\varepsilon_{c,\,innen}} = \frac{\dfrac{Q_o}{P}}{\dfrac{T_o}{T_c - T_o}} = \frac{Q_o}{P}\,\frac{T_c - T_o}{T_o}$$

und entsprechend der äußere Gütegrad

$$\eta_{\text{außen}} = \frac{\varepsilon}{\varepsilon_{c,\,aussen}} = \frac{Q_o}{P}\,\frac{T_c^* - T_o^*}{T_o^*}$$

In der Leistungszahl ε der realen Kälteanlage wurde einfach Q_o für die erbrachte Kälteleistung und P für die Antriebsleistung genommen, ohne die Größen näher zu spezifizieren. Tatsächlich gibt es mehrere Definitionen der Kälteleistung Q. Sie sind in den Kältemaschinenregeln (siehe Abschn. 6.5.6) eingehend beschrieben.

Für den Betreiber einer Kälteanlage ist die Nutzkälteleistung Q_{oe} wichtig. Sie ist definiert als Enthalpieänderung des Kälteträgers Wasser, Sole, Luft oder Dampf. Im stetigen Betrieb mit strömenden, flüssigen Kälteträgern sind Messungen am klarsten durch Massenstrom und Temperaturen am Ein- und Ausgang durchzuführen. Bei Luft ist ein eventueller Feuchteentzug sehr genau zu bestimmen, auch die Temperaturverteilung nach dem Luftkühler kann sehr ungleichmäßig sein und ist sorgfältig zu berücksichtigen. Noch schwieriger sind Messungen ruhender Medien (stille Kühlung) mit instationärer Temperaturabsenkung, noch mehr bei gleichzeitiger Bildung von Eis.

Die Nettokälteleistung Q_{on} ist die Nutzkälteleistung erhöht durch eine von der Umgebung dem Verdampfer zuströmende Wärmemenge Q_a. Die Verdampferkälteleistung ist ähnlich über die strömende Kältemittelmenge und der Enthalpiedifferenz definiert, wobei der erzeugte Dampf als tropfenfrei angenommen wird. Die direkte Messung der Kälttemittelmenge ist äußerst aufwendig und sollte nicht vorgesehen werden.

Bedeutung hat auch die Verdichter-Kälteleistung Q_{ov}, weil sie von den Verdichterherstellern verwendet wird. Die Leistung eines Verdichters wird für bestimmte Verdampfungs- und Verflüssigungstemperaturen angegeben, in der Maschine wirken natürlich die korrespondierenden Drücke. Die Angaben in kW Kälteleistung gelten für ein bestimmtes Kältemittel, die Messungen werden meist in einem Gaskreislauf durchgeführt, also ohne Verdampfer. Aus dem Kreislauf können auf diese Weise keine Tropfen in den Verdichter gelangen. Unverdampfte Tropfen vermindern die Saugleistung, insbesondere bei Hubkolbenverdichtern.

In der Leistungszahl ist als zweite Größe die Antriebsleistung P einzusetzen. Für den Betreiber ist die Messung der elektrischen Leistungsaufnahme P_{el} am Antriebsmotor einfach. Die Verdichterhersteller nennen bei den Hermetikverdichtern die Leistungsaufnahme des Motors, bei den offenen Maschinen wird aber die kleinere Wellenleistung angegeben. Dies muß beachtet und eventuell mit dem Motorwirkungsgrad umgerechnet werden.

Damit ist es für den Betreiber naheliegend, die Leistungszahl aus dem Verhältnis der Nutz- zu elektrischer Antriebsleistung zu berechnen

$$\varepsilon = Q_{oe} / P_{el}$$

Es empfiehlt sich, Leistungsangaben präzise und eindeutig zu machen und den meßtechnischen Nachweis, falls gefordert, mit zu überlegen. Die Kältemaschinenregeln (Abschn. 6.5.6) geben Hinweise für meßtechnische Belange und für Fehlerrechnungen.

An einem einfachen Beispiel soll die Berechnung der Leistungszahlen und Gütegrade gezeigt werden.

Wasser soll von 10 °C auf 5 °C abgekühlt werden, Luft dient zur Kühlung des Verflüssigers und erwärmt sich von 25 °C auf 35 °C. Das Kältemittel verdampft bei +1 °C und wird bei 40 °C verflüssigt (ein extrem kleiner Temperaturabstand).

Äußere Leistungszahl: als bestimmende Temperatur des Kälteträgers ist die thermodynamische Mitteltemperatur einzusetzen, ohne spürbaren Fehler kann die arithmetische Mitteltemperatur genommen werden; die Temperatur der warmen Seite ist die Umgebungstemperatur, im Carnot-Prozeß würde die isotherme Verdchtung mit Wärmeabfuhr bei dieser Temperatur erfolgen

$$T_c^* = T_u = 273{,}15 + 25 = 298{,}15$$

$$T_o^* = 273{,}15 + \frac{5 + 10}{2} = 280{,}65$$

die Leistungszahl des äußeren Carnot-Prozesses ist damit

$$\varepsilon_{\mathrm{c,aussen}} = \frac{T_o^*}{T_c^* - T_o^*} = \frac{280,65}{298,15 - 280,65} = 16,04$$

Die Leistungszahl des inneren Carnot-Prozesses mit Verdampfungs- und Verflüssigungstemperaturen als bestimmende Temperaturen ist

$$T_o = 273{,}15 + 1 = 274{,}17$$

$$T_c = 273{,}15 + 40 = 313{,}15$$

$$\varepsilon_{\mathrm{c,innen}} = \frac{T_o}{T_c - T_o} = \frac{274,15}{313,15 - 274,15} = 7,03$$

der trockene Prozeß mit Kältemittel R134a, isentroper Verdichtung, ohne Druckverluste ergibt

$\varepsilon = 5{,}68$ (mit R404A $\varepsilon = 5{,}02$)

Mit Druckverlust auf der Saug- und Druckseite entsprechen 1 K, isentroper Verdichtung, wird

$\varepsilon = 5{,}32$ (mit R404A $\varepsilon = 4{,}66$)

Aus den Unterlagen zu einem Halbhermetikverdichter wird abgelesen (bei 0/41 °C , Kältemittel R134a)

$Q_o = 62{,}42$ kW und $P_{el} = 18{,}18$ kW

$\varepsilon = 62{,}42 / 18{,}18 = 3{,}43$ (mit R404A $\varepsilon = 3{,}2$)

Der Gütegrad der verlustbehafteten Anlage zum äußeren Carnot-Prozeß ist damit

$\eta_{\text{außen}} = 3{,}43 / 16{,}04 = 0{,}21.$

Der Gütegrad der verlustbehafteten Anlage zum inneren Carnot-Prozeß ist

$\eta_{\text{innen}} = 3{,}43 / 7{,}03 = 0{,}49.$

Die Gütegrade bezogen auf den inneren Carnot-Prozeß sind im allgemeinen 0,5 bis 0,6. Das Beispiel zeigt, daß die Irreversibilitäten der Wärmeübertrager den Gütegrad nochmals deutlich verkleinern. Es zeigt aber auch den Einfluß des Kältemittels allein auf die Leistungszahl mit den entsprechenden Zahlen für R134a und R404A.

Mit der Leistungszahl kann der Energieaufwand berechnet werden. Die Größe allein genügt nicht, um das richtige Kältemittel zu wählen. Die Größe und damit die Investitionskosten des Verdichters wird von dem zu fördernden Volumen bestimmt. Bei der Untersuchung des Kreisprozesses wurden die Beziehungen der Kälteleistung zum Massen- und zum Volumenstrom hergeleitet. Danach ist der erforderliche Volumenstrom V – und dieser ist vom Verdichter zu leisten – $V\,\rho_1 = m$ oder umgestellt

$$V = m/\rho_1 = Q_o\,/\,q_v$$

Damit ist die Größe (Investitionskosten) des Verdichters von der geforderten Kälteleistung, von den Betriebsbedingungen und auch vom gewählten Kältemittel abhängig.

Im obigen Beispiel ist bei den Bedingungen 0/41 °C

R134a $q_v = 2028{,}4/\text{kJm}^3$

R404A $q_v = 3115{,}1\ \text{kJ/m}^3$

Vergleiche der volumetrischen Kühlleistung der gebräuchlichen Kältemittel siehe Tafel 5.3.1-1.

Im anglo-amerikanischen Maßsystem wird statt der Leistungszahl gerechnet mit:

$$\text{Energy Efficiency Ratio EER} = \frac{\text{Kälteleistung in BTU/h}}{\text{Leistungsaufnahme in W}}$$

Dieser Begriff wird aber zunehmend abgelöst durch das für Wärmepumpen schon bekannte Verhältnis

$$\text{Coefficient of Performance, COP} = \frac{\text{Nutzleistung}}{\text{Leistungsaufnahme}}.$$

Diese Definition ist identisch der bekannten Leistungszahl ε_K bzw. ε_W.

5.2.2 Kaltluft-Kompressionskälteprozeß[1)]

Der Kaltluft- oder Kaltgas-Prozeß verwendet als Kältemittel Gase, vorzugsweise Luft, die sich bei den gewünschten Arbeitstemperaturen nicht mehr verflüssigen lassen. Der anlagentechnische Aufbau ist praktisch der gleiche wie beim Kaltdampfprozeß, nur muß statt des Drosselorgans eine Expansionsmaschine eingesetzt werden.

Diese setzt die Druckdifferenz bei der Entspannung und Abkühlung wieder in nutzbare Arbeit um und reduziert damit die Verdichterantriebsleistung. Da Wärmeaufnahme und Wärmeabgabe mit Erwärmung bzw. Abkühlung der Luft verbunden sind, also nicht isotherm verlaufen, ist die Abweichung vom Carnot-Prozeß so groß, daß die Leistungszahl deutlich niedriger ist als bei einer Kaltdampfmaschine unter gleichen Temperaturbedingungen. Außerdem ist die je kg umgewälzter Luft gewinnbare Kälteleistung relativ gering.

Die *Kaltluftmaschine* hat deshalb im Bereich der Klimatechnik nur Bedeutung in Sonderfällen, in denen die Luft nicht nur als Kältemittel dient, sondern auch in voller Menge als Außenluftzufuhr erforderlich ist. In diesem Fall kann auf den Wärmeaustauscher auf der kalten Seite verzichtet werden, man spricht von einem offenen Kreisprozeß. Weitere Voraussetzung für die Wirtschaftlichkeit ist, daß für die Zuluftförderung hohe Druckabfälle zu überwinden sind, die sowieso einen Verdichter statt eines Ventilators erfordern. Anwendungsbeispiele sind die Bergwerks-Bewetterung und in Flugzeug-Klimaanlagen.

Leistungszahlen und Gütegrade sind definiert wie beim Kaltdampf-Prozeß. Der Gütegrad η_t der technischen Ausführung wird dabei bezogen auf den Joule-Prozeß (2 Isentropen, 2 Isobaren).

5.2.3 Absorptionskälteprozeß

-1 Funktion (Bild 5.2.3-1 und Bild 5.2.3-2)

Der im Verdampfer entstehende Kältemitteldampf wird hierbei nicht mechanisch verdichtet, sondern beim niedrigen Verdampfungsdruck von einem Lösungsmittel aufgenommen,

---

1) Kruse, H., Kauffeld, M.: Ki 5/90. S. 206–211.
Kinne, L.: Ki 5/94. S. 220–222.

„absorbiert“. Die mit Kältemittel angereicherte Lösung wird durch eine Pumpe auf den höheren Verflüssigungsdruck gebracht und in den Austreiber (Generator, Kocher) gefördert. Durch Wärmezufuhr wird das Kältemittel wieder ausgetrieben. Als Wärmequelle dienen Dampf, Brenngas oder Warmwasser. Übrig bleibt eine arme Lösung, die über ein Drosselorgan zum Absorber zurückströmt. Sie wird dort über Rohre verrieselt, um dem zu absorbierenden Kältemitteldampf eine große Oberfläche darzubieten und die frei werdende Lösungswärme an das Kühlwasser abzugeben, das die Rohre durchströmt.

Das ausgetriebene Kältemittel wird im Verflüssiger beim Druck p_c durch Wärmeabgabe an Kühlwasser oder Kühlluft verflüssigt. Nach der Drosselung im Expansionsorgan kann es im Verdampfer beim Druck p_0 und der zugehörigen Verdampfungstemperatur t_0 Wärme aus dem zu kühlenden Medium aufnehmen. Der dabei entstehende Kältemitteldampf strömt zum Absorber, wo er vom Lösungsmittel wieder absorbiert wird.

Die beiden Stoffströme der armen und reichen Lösung werden in einen Gegenstrom-Wärmeaustauscher, den *Temperaturwechsler,* geführt, damit die kalte reiche Lösung durch warme arme Lösung vorgewärmt wird und gleichzeitig diese abkühlt. Bei diesem Prozeß wird der Verdichter somit durch das System Absorber – Temperaturwechsler – Austreiber plus eigenem Lösungskreislauf mit Lösungspumpe ersetzt. Die Lösungspumpe, die von Verdampfungs- auf Verflüssigungsdruck zu fördern hat, ist das einzige bewegte Teil des Kältekreislaufs.

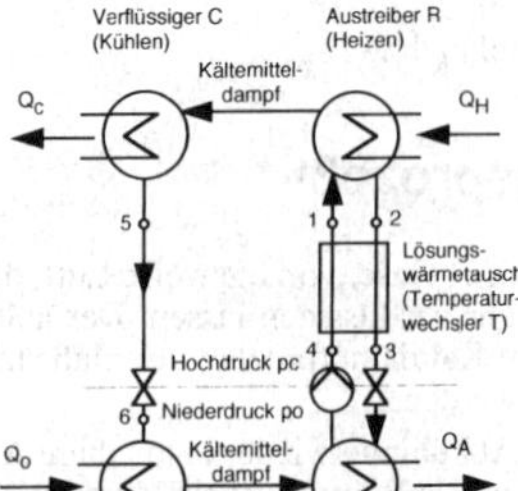

Bild 5.2.3-1.
Fließbild einer Absorptions-Kälteanlage.

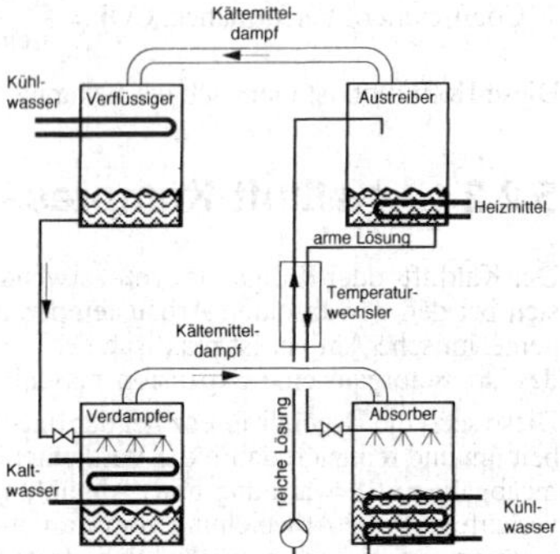

Bild 5.2.3-2. Anschauliche Darstellung einer Absorptions-Kälteanlage.

-2 Energiebilanz, Temperaturdifferenzen

Die Energiebilanz auf die Zeiteinheit bezogen lautet

$$\dot{Q}_0 + \dot{Q}_H + P = \dot{Q}_C + \dot{Q}_A + \dot{Q}_V$$

$\dot{Q}_0$ = Kälteleistung in kW
$\dot{Q}_H$ = Wärmezufuhr im Austreiber in kW
P = Antriebsleistung der Pumpe in kW
$\dot{Q}_C$ = Wärmeabgabe am Verflüssiger in kW
$\dot{Q}_A$ = Wärmeabgabe am Absorber in kW
$\dot{Q}_V$ = Wärmeverluste in kW.

Die *Antriebsleistung* der Pumpe ist im Verhältnis zu $\dot{Q}_H$ so gering, daß sie für die folgenden thermodynamischen Betrachtungen vernachlässigt werden kann. Bei der Energiekostenberechnung ist sie jedoch zusammen mit den Kosten für die übrigen Zirkulationspumpen zu erfassen. Für den Wärmepumpenprozeß ist eine gute Wärmedämmung aller warmen Bauteile erforderlich. Die Verlustleistung $\dot{Q}_V$ kann dann bei Heizleistungen oberhalb 500 kW vernachlässigt werden.

Dadurch vereinfacht sich die *Energiebilanz* auf die Form

$$\dot{Q}_0 + \dot{Q}_H = \dot{Q}_C + \dot{Q}_A.$$

Zusätzlich zu den schon im Bild 5.2.1-5 erläuterten Temperaturdifferenzen, Massenströmen und Austauschflächen am Verflüssiger und Verdampfer treten bei der Absorptionsmaschine weitere Temperaturdifferenzen auf, einmal für den Massenstrom des Heizmediums an der Austauschfläche des Austreibers, sowie für den Massenstrom des Kühlmediums an den Austauschflächen des Absorbers. Die Gleichgewichtsbedingungen ergeben sich analog zu denen für Verflüssiger und Verdampfer. Dabei ist jedoch zu beachten, daß Austreibung und Absorption nicht bei konstanter Temperatur erfolgen. Es muß deshalb auf das Gegenstromprinzip geachtet werden.

-3 Wirtschaftlichkeit, Wärmeverhältnis

Das Verhältnis von Nutzen zu Aufwand wird hier, zur Unterscheidung von der auf mechanische Antriebsenergie bezogenen Leistungszahl der Kompressionsmaschine, *Wärmeverhältnis* genannt (DIN 8941 [01. 82]), da es auf Wärmezufuhr als Antriebsenergie bezogen ist. Das Wärmeverhältnis wird mit ζ (Zeta) bezeichnet und ist wie folgt definiert:

Für die Kältemaschine

$$\zeta_K = \frac{\dot{Q}_0}{\dot{Q}_H}$$

Für die Wärmepumpe

$$\zeta_W = \frac{\dot{Q}_C + \dot{Q}_A}{\dot{Q}_H} = \zeta_K + 1$$

Werden Kälteleistung und Wärmeabgabe gleichzeitig genutzt, ergeben sich noch höhere Werte (vgl. Abschn. 5.2.1-4). Ferner ergibt sich, wie beim Kompressionsprozeß:

maximale Wärmeabgabe der Kältemaschine

$$(\dot{Q}_C + \dot{Q}_A) = \dot{Q}_0 \left(1 + \frac{1}{\zeta_K}\right)$$

erforderliche Kälteleistung für die Wärmepumpe

$$\dot{Q}_0 = (\dot{Q}_C + \dot{Q}_A) \cdot \left(1 - \frac{1}{\zeta_W}\right)$$

Der *ideale Vergleichsprozeß* nach Carnot besteht aus einem linkslaufenden und einem rechtslaufenden Prozeß (Bild 5.2.3-3). Dabei ist die im rechtslaufenden Prozeß erzeugte Antriebsenergie $(T_H - T_A) \cdot \Delta s_2$ gleichgroß wie die für den linkslaufenden Kühlprozeß erforderliche Antriebsenergie $(T_c - T_0) \cdot \Delta s_1$.

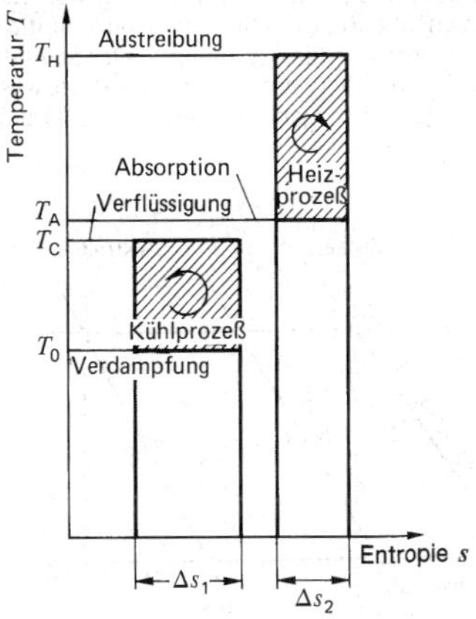

Bild 5.2.3-3. Zweifacher Carnot-Prozeß der Absorptionsmaschine im T, s-Diagramm.

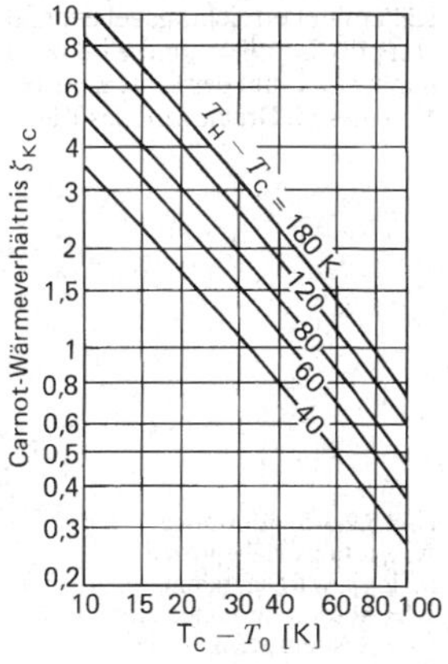

Bild 5.2.3-4. Ideales Carnot-Wärmeverhältnis ζ_{KC} von Absorptions-Kältemaschinen.

Damit ergibt sich das ideale Wärmeverhältnis des Carnot-Prozesses für die

Kältemaschine

$$\zeta_{KC} = \frac{T_0}{T_c - T_0} \cdot \frac{T_H - T_A}{T_H}$$

Wärmepumpe

$$\zeta_{WC} = \frac{T_c \cdot T_H - T_A \cdot T_0}{(T_c - T_0) \cdot T_H}.$$

Das *Kühlmedium* für Verflüssiger und Absorber ist fast stets das gleiche. Bei Parallelschaltung beider Apparate ist T_A praktisch gleich T_c, bei Hintereinanderschaltung ist T_A etwas niedriger als T_c. Setzt man in erster Näherung $T_A = T_c$, wird das Wärmeverhältnis nach Carnot

für die Kältemaschine

$$\zeta_{KC} = \frac{T_0}{T_c - T_0} \cdot \frac{T_H - T_c}{T_H}$$

für die Wärmepumpe

$$\zeta_{WC} = \frac{T_c}{T_c - T_0} \cdot \frac{T_H - T_0}{T_H}$$

Wählt man als Parameter die Temperaturdifferenz $T_H - T_c$, ergibt sich der in Bild 5.2.3-4 dargestellte Verlauf des idealen Carnot-Wärmeverhältnisses $\zeta_{K\bar{\varepsilon}}$ für die Absorptions-Kältemaschine. Bei der Anwendung dieses Diagrammes sind die durch das jeweilige Arbeitsstoffpaar bedingten Temperaturgrenzen zu beachten.

Der Carnotsche Gütegrad ist definiert zu

$$\eta_{CK} = \frac{\zeta_K}{\zeta_{KC}} \quad \text{bzw.} \quad \eta_{CW} = \frac{\zeta_W}{\zeta_{WC}}$$

Große Absorptionskälteanlagen erreichen, je nach Arbeitsstoffpaar und apparatetechnischem Aufwand, Carnotsche *Gütegrade* von 0,5 … 0,8.

-4 Kreisprozeß der Absorptionsmaschine

Im *Kreisprozeß* der Absorptionsmaschine ist neben dem Kältemittel das Lösungsmittel im Umlauf, es handelt sich also um ein Arbeitsstoffpaar. Damit ist die Konzentration ξ (Xi) des Kältemittels im Gemisch eine wesentliche Kenngröße des jeweiligen Betriebszustandes. Man benutzt deshalb für die Prozeßdarstellung ein $\log p$, $1/T$-Diagramm des jeweiligen Arbeitsstoffpaares, in dem sich die Linien gleicher Konzentration ξ als nahezu Gerade darstellen.

Bild 5.2.3-5 zeigt schematisch den *Verlauf des einfachen Prozesses* (ohne Temperaturwechsler) in einem derartigen Diagramm. Die an Kältemittel reiche Lösung, Konzentration ξ_R, tritt im Punkt 1 in den Austreiber ein. Durch Beheizung wird sie erwärmt bis zum Punkt 2 mit der Prozeßtemperatur t_H, wobei das Kältemittel ausgetrieben wird und die Konzentration der Lösung sich auf ξ_A, arm an Kältemittel, verringert. Das ausgetriebene Kältemittel erreicht, gegebenenfalls durch entsprechende Rektifikation, die Konzentration von praktisch $\xi = 1$ und wird bei der Prozeßtemperatur t_c verflüssigt, Punkt 5. Der Schnittpunkt von t_c mit der Linie $\xi = 1$ bestimmt den Druck p_c auf der warmen Seite des Prozesses. Von diesem Druck wird das Kältemittel über ein Expansionsorgan entspannt auf den Druck

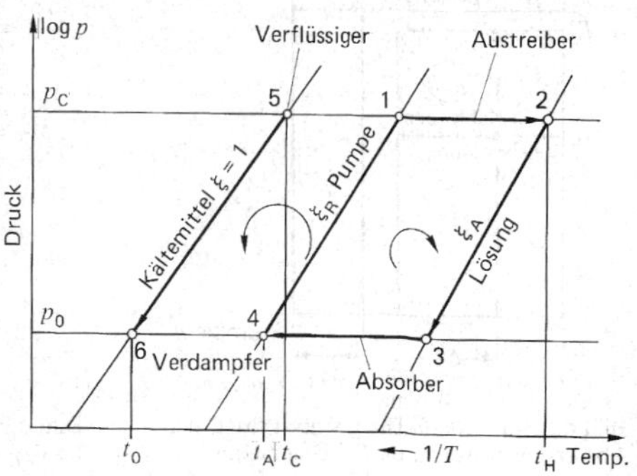

Bild 5.2.3-5. Einstufiger Absorptions-Kälteprozeß im $\log p$, $1/T$-Diagramm.
t_A = Absorptionstemperatur
t_H = Austreibertemperatur
ξ = Konzentration
t_c = Verflüssigungstemperatur
t_0 = Verdampfungstemperatur

p_0, der bestimmt ist durch die gewünschte Prozeßtemperatur t_0 auf der kalten Seite, Punkt 6. Die arme Lösung wird ebenfalls auf den Druck p_0 entspannt und tritt bei Punkt 3 in den Absorber ein. Durch Aufnahme des Kältemitteldampfes in die arme Lösung wird Verflüssigungs- und Lösungswärme frei. Durch Kühlung bis zur Prozeßtemperatur t_A, Punkt 4, wird die Aufnahmefähigkeit der Lösung bis zur Konzentration ξ_R erhöht, so daß der aus dem Verdampfer, Punkt 6, kommende Kältemitteldampf voll absorbiert werden kann. Durch die Pumpe wird die mit Kältemittel angereicherte Lösung wieder auf den Druck p_c im Punkt 1 hochgepumpt.

Die Differenz $\xi_R - \xi_A$, die *Entgasungsbreite,* ist festgelegt durch die verfügbare oder zulässige Austreibertemperatur t_H und die, je nach Kühlmedium, erreichbare Absorptionsendtemperatur t_A. Je kleiner die Entgasungsbreite, desto größer ist der für 1 kg reinen Kältemittels erforderliche Lösungsumlauf.

Wie Bild 5.2.3-5 weiterhin zeigt, wird die Entgasungsbreite um so kleiner, je größer die Differenz $t_c - t_0$ bei gegebener Differenz $t_H - t_A$ wird. Für größere Temperaturdifferenzen $t_c - t_0$ sind deshalb auch hier, wie bei den Kompressionsanlagen, zwei- oder mehrstufige Prozesse erforderlich.

Zur wärmetechnischen Berechnung der Absorptionsmaschinen dient das h, ξ-Diagramm des entsprechenden Arbeitsstoffpaares. Übliche Stoffpaare s. Abschn. 5.3.2.

5.2.4 Adsorptionskälteprozeß[1)]

Bei der Adsorptionskälteanlage wird das verdampfte Kältemittel nicht in einer Lösung absorbiert, sondern an der Oberfläche eines festen Stoffes (Adsorbens) durch physikalische Kräfte (Physisorption) oder durch chemische Bindung (Chemiesorption) angelagert (adsorbiert). Im Gegensatz zum Absorptionskälteprozeß zirkuliert nur das Kältemittel (z.B. Wasser) und nicht ein Arbeitsstoffgemisch. Bei der Adsorptionskältemaschine wird das Adsorptionsmittel fest in den Wärmeaustauschern eingebracht (z.B. Silikagel). Da sich das feste Adsorbens nicht umpumpen lässt, arbeitet der Adsorptionskälteprozeß diskontinuierlich in periodischem Wechsel zwischen Adsorptions- und Austreibungsvorgang. Der entscheidende Vorteil der Adsorptionskältemaschine gegenüber der Kühlung durch Absorption liegt im Antrieb durch Niedertemperaturwärme im Bereich von 50 °C bis 90 °C in Form von ansonsten im Sommer nicht nutzbarer Prozeßabwärme, Fern- und Nahwärme. Besonders die Einkopplung von Niedrigsolarthermie bietet ein großes Primärenergieeinsparungspotential. Wasser-Silikagel ist ein bewährtes, völlig umweltfreundliches Arbeitsstoffpaar mit einer Lebensdauer weit über zehn Jahre.

-1 Aufbau

Die Adsorptionskältemaschine lässt sich in vier Kammern unterteilen, welche sich in einem Vakuumgehäuse befinden. Diese Kammern sind Verdampfer, Kondensator und Adsorber (Sammler) und Desorber (Austreiber). Im Austreiber und Sammler ist zusätzlich Adsorbens in einer dünnen Schicht (10 mm) auf Aluminiumringscheiben, welche konzentrisch auf Kupferrohren aufgelötet sind, aufgetragen[2)]. Eine Kältemittelrückführung leitet das gesammelte Kältemittel durch Hydrostatik vom Kondensator zum Verdampfer. Bis auf die Ventile besitzt die Adsorptionskältemaschine keine beweglichen Teile. In allen vier Kammern ist ein Wärmeaustauscher aus Kupferrohr eingebaut, über den die Wärmen ein- und ausgekoppelt werden.

Beim Betrieb der Adsorptionskältemaschine laufen zwei Prozeßpaare gleichzeitig und periodisch (siehe Bild 5.2.4-1). Das erste Prozeßpaar (Teilprozeß 1) besteht in der Verdampfung des Kältemittels (Verdampfungswärme Q_0) und der Adsorption des entstehenden Kältemitteldampfes durch das Adsorptionsmittel (Adsorptionswärme Q_{ads}).

Das zweite Prozeßpaar (Teilprozeß 2) wird durch die Desorption des im Adsorptionsmittel gebundenen Kältemittels (Desorptionswärme Q_{des}) und nachfolgender Kondensation des

[1)] Erstbearbeitung von Dipl.-Ing. Claus Decker, Emmerich, für die 70. Auflage.

[2)] Saha, B.B., Boelman, E.C., Kashiwagi, T.: Experimental investigation of a silica gel-water adsorption cycle – The influence of operating conditions on cooling output and COP, ASHRAE Transactions: Research, Vol. 101, No. 2, 1995, S. 358–366.

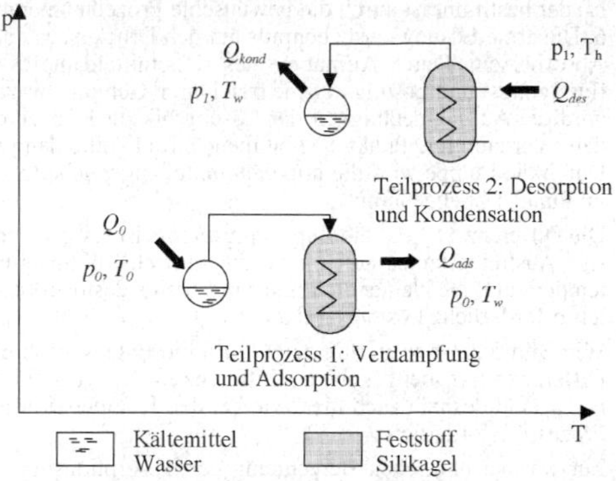

Bild 5.2.4-1. Adsorptionswärmepumpenprozeß mit $p_0 < p_1$ und $T_0 < T_w < T_{des}$ [Lebr92] und den beiden Prozeßpaaren schematisch in einem Druck-Temperaturdiagramm.

entstehenden Kältemitteldampfes (Q_{kond}) gebildet. Die Kondensationswärme von Wasser bildet 90% der spezifischen Adsorptionswärme von Wasser an Silikagel[1)].

Durch diese beiden parallel ablaufenden Prozeßpaare wird, trotz der Sättigungscharakterisik des Adsorptions- und Desorptionsvorgangs, ein quasikontinuierlicher Betrieb realisiert, indem in den Adsorbern abwechselnd jeweils ein Prozeß abläuft. Allerdings kommt es zu prozeßbedingten Schwankungen in den Wärmeaustauschern und damit zu instationären Temperaturverläufen (siehe Bild 5.2.4-2) und Kälteleistungen. Dies ist ein Nachteil gegenüber der Kompressionskältemaschine, welcher sich aber durch Kaltwasserspeicher kompensieren läßt. Das Aufheizen und Abkühlen der Adsorber im dauernden Wechsel führt sowohl zu erhöhter thermischer Belastung der Wärmeaustauscher als auch zu kleineren Wärmeverhältnissen gegenüber dem Absorptionskälteprozeß.

Im Verdampfer werden die Kupferrohre von Kaltwasser durchströmt und von außen mit Kältemittel aus dem Kondensator beaufschlagt. Das Kältemittel *verdampft* dabei bei niedrigem Verdampfungsdruck p_0 und nimmt Verdampfungswärme aus dem Kaltwasser (Kälteleistung Q_0) auf. In der Adsorptionskältemaschine befindet sich Kältemittel im Überschuß, so daß auch die Verdampferrohre mit einem Überschuß an Kältemittel beaufschlagt werden. Der Kältemitteldampf strömt nach Erreichen eines bestimmten Überdrucks über ein Drosselventil in die Adsorberkammer. Hier wird der Kältemitteldampf unter Abgabe der Adsorptionswärme Q_{ads} vom festen Adsorbens *adsorbiert*. Da gerade verdampftes Kältemittel sofort adsorbiert wird, wird der Dampfdruck gering gehalten und der

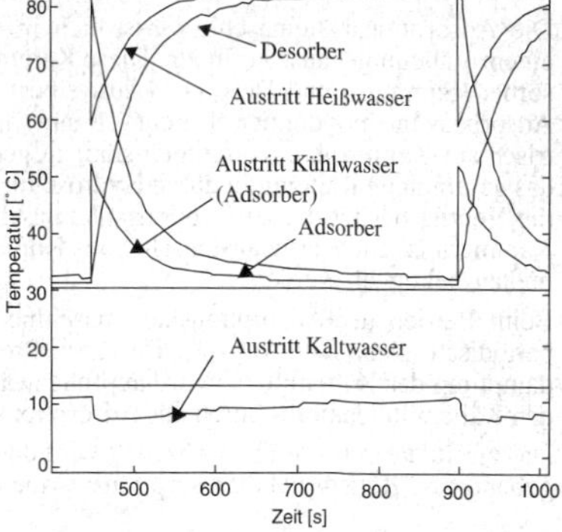

Bild 5.2.4-2. Typischer instationärer Verlauf der internen Temperaturen des Adsorbers/Desorbers und der Austrittstemperaturen von Heiß-, Kühl- (Adsorber) und Kaltwasser für eine Kaltwasservorlauftemperatur von 14 °C und einer Kühlwasservorlauftemperatur (Adsorber) von 31 °C und einer Zykluszeit von 450 s.

[1)] Saha, B. B., Boelman, E. C., Kashiwagi, T.: Experimental investigation of a silica gel-water adsorption cycle – The influence of operating conditions on cooling output and COP, ASHRAE Transactions: Research, Vol. 101, No. 2, 1995, S. 358–366.

Verdampfungsprozeß läuft kontinuierlich bis zur Gleichgewichtssättigungsgrenze ab. Die Adsorption ermöglicht somit eine kontinuierliche Verdampfung. Da die Adsorption ein exothermer Vorgang ist, muss eine Kühlung des Silikagels mit dem Kühlwasser über den Wärmeaustauscher erfolgen. Parallel dazu wird der andere Adsorberwärmeaustauscher von Heißwasser durchströmt, so dass das adsorbierte Kältemittel durch Aufnahme der Heizwärme *desorbiert* wird. Der entstehende Kältemitteldampf strömt bei einem bestimmten Überdruck über das Drosselventil in den Kondensator, dessen Wärmeaustauscherrohre von Kühlwasser durchströmt werden. Dadurch kommt es zu einer *Verflüssigung* des Dampfes Q_{des} beim Verflüssigungsdruck p_1. Das kondensierte Kältemittel wird gesammelt und über ein hydrostatisches Ventil in den Verdampfer zurückgeführt.

Nach Ablauf eines Desorptions- bzw. Adsorptionszyklus, welcher ca. 7 min bis 20 min dauert, erfolgt die Umschaltung der Maschine. Dabei wird der Adsorber zum Desorber und umgekehrt. Zwischen diesen beiden Zyklen erfolgt ein interner Wärmeaustausch, indem Adsorber und Desorber über einen Bypass für etwa 30 Sekunden im Kreislauf durchströmt werden (s. Bild 5.2.4-3). Dadurch wird sensible Wärme vom Desorber zum Adsorber transportiert. Zum einen steigt mit diesem internen Wärmeaustausch der Wirkungsgrad der Adsorptionskältemaschine analog zum Temperaturwechsler der Absorptionskältemaschine, zum anderen wird eine zu hohe thermische Belastung der beheizten und der gekühlten Wärmeaustauscher vermieden.

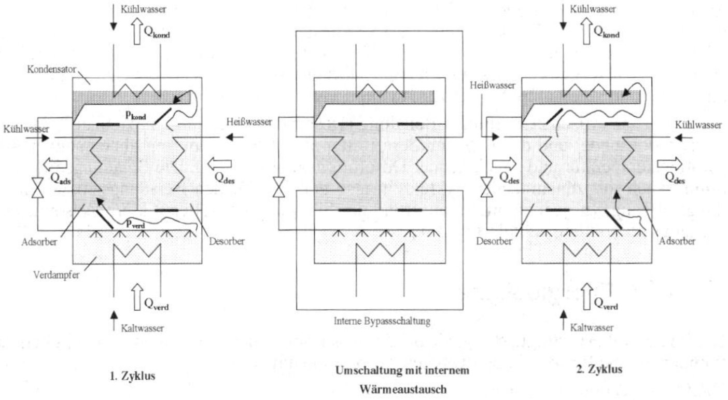

Bild 5.2.4-3. Schema des Arbeitsprinzips der Adsorptionskältemaschine.

-2 Kreisprozeß der Adsorptionskältemaschine

Während im Kreisprozeß der Absorptionskältemaschine neben dem Kältemittelkreislauf auch das Lösungsmittel im Kreislauf umläuft, befindet sich bei der Adsorptionskältemaschine nur das Kältemittel im Umlauf. Dies ermöglicht den kontinuierlichen Betrieb der Absorptionskältemaschine im Gegensatz zum diskontinuierlichen Betrieb der Adsorptionskältemaschine.

In Bild 5.2.4-4 ist der ideale Adsorptionskältemaschinenprozeß ohne internen Wärmeaustausch im Isosterendiagramm (Isosteren sind Linien konstanter Beladung) eingezeichnet[1]. Die Isosteren stellen von links nach rechts abnehmende Beladungszustände dar. Das System von Adsorber/Desorber hat zwei Freiheitsgrade: werden Druck und Temperatur vorgegeben, so liegt die Beladung ξ fest. Links wird das Isosterenfeld durch den Zustand reinen Kältemittels begrenzt. Auf dieser Isosterenlinie $\xi = 1$ liegen die Zustände von Verdampfer (1) und Kondensator (2). Die Adsorption (3) des Kältemitteldampfes findet bei Verdampferdruck p_0 und Kühlwassertemperatur t_c statt. Nun erfolgt eine Erhitzung des beladenen Adsorptivs bis auf Kondensatordruck p_c (4). Das Ventil wird geöffnet und das Käl-

[1]) Gassel, A.: Die Adsorptionskälteanlage – Betriebserfahrungen und thermodynamische Berechnung. Ki Luft- und Kältetechnik, No. 8, 1998.

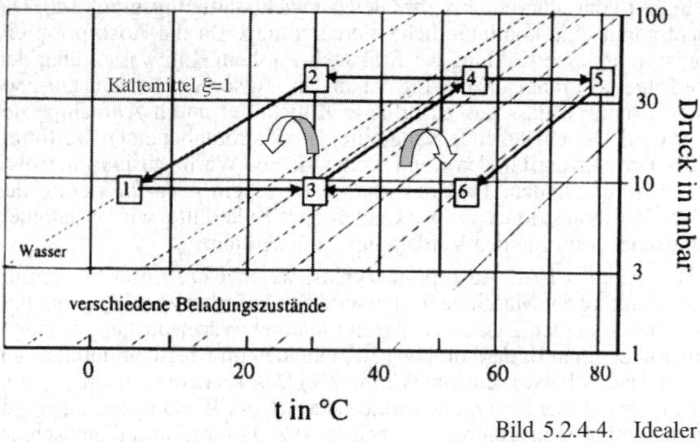

Bild 5.2.4-4. Idealer Prozeß im Isosterendiagramm ohne internen Wärmeaustausch.

temittel wird desorbiert und kondensiert (2), das Adsorptionsmittel erreicht die Desorptionsendtemperatur t_h (5). Das Ventil wird wieder geschlossen und das Adsorptionsmittel wird bei konstanter Konzentration auf den Druck des Verdampfers p_0 (6) abgekühlt. Das Ventil zwischen Adsorber und Verdampfer wird geöffnet und es erfolgt eine Kältemittelaufnahme unter Verdampfung bis zur Adsorptionsendtemperatur t_a (3).

Die Differenz zwischen minimaler Beladung (Desorptionsende) und maximaler Beladung (Adsorptionsende) und damit der mittlere Kältemittelstrom nimmt mit abnehmender Adsorptionstemperatur und zunehmender Desorptionstemperatur zu. Die Beladungsdifferenz nimmt auch mit zunehmender Zykluszeit, also der Zeit für den Beladungs- bzw. Entladungsvorgang, zu, jedoch nimmt aufgrund der Sättigungscharakteristik des Adsorptionsvorgangs die mittlere Kälteleistung ab.

-3 Energiebilanz

Die Energiebilanz erfolgt analog wie bei der Absorptionsmaschine. Es entfällt lediglich die Pumpenenergie für das Umpumpen des Absorptionsmittels.

Die Gesamtenergiebilanz lautet

$$\dot{Q}_0 + \dot{Q}_{des} \text{ (+ P)} = \dot{Q}_{kond} + \dot{Q}_{ads} + \dot{Q}_{verl}$$

$\dot{Q}_0$ = Kälteleistung in kW
$\dot{Q}_{des}$ = Wärmezufuhr im Adsorberbetrieb in kW
P = Antriebsleistung der Pumpe für internen Wärmeaustausch in kW
$\dot{Q}_{kond}$ = Wärmeabgabe am Verflüssiger in kW
$\dot{Q}_{ads}$ = Wärmeabgabe am Adsorber in kW
$\dot{Q}_{verl}$ = Wärmeverluste in kW.

Die Antriebsleistung zum Umpumpen während des internen Wärmeaustausches ist im Vergleich zu den ein- und ausgekoppelten Wärmen vernachlässigbar, bei den Energiekostenberechnung ist sie aber zu berücksichtigen.

Dadurch ergibt sich die vereinfachte Energiebilanz

$$\dot{Q}_0 + \dot{Q}_{des} = \dot{Q}_{kond} + \dot{Q}_{ads}.$$

Für Temperaturdifferenzen, Massenströme der Wärmeträgermedien und Austauschflächen gelten die bei der Absorptionsmaschine gemachten Aussagen.

-4 Wärmeverhältnis

Absolute Bewertung des Adsorptionskältemaschinenprozesses

Die Werte für die Kälteleistung $\dot{Q}_0$ und die absolute Kältezahl ζ_{AdKM} der Adsorptionskältemaschine ergeben sich aus den Massenströmen ($\dot{m}_H$, $\dot{m}_0$) und den berechneten Austrittstemperaturen der Wärmeträgermedien ($T_{H,aus}$, $T_{0,aus}$) zu:

$$\dot{Q}_{0,aus} = c_{pw} \cdot \dot{m}_0 \cdot (T_{0,ein} - T_{0,aus}) \qquad \dot{Q}_{H,ein} = c_{pw} \cdot \dot{m}_H \cdot (T_{H,ein} - T_{H,aus})$$

und

$$\zeta_{AdKM} = \frac{\dot{Q}_{0,\,aus}}{\dot{Q}_{H,\,ein}}$$

wobei die Kälteleistung und die Heizleistung mit $\dot{Q}_{0,aus}$ bzw. $\dot{Q}_{H,ein}$ bezeichnet werden.

Die Austrittstemperaturen schwanken aufgrund des diskontinuierlichen Sättigungsvorgangs sehr stark und damit auch die momentane Kälteleistung (siehe Bild 5.2.4-2).

Relative Bewertung mit Carnotprozeß als Vergleichsprozeß

Der Carnotprozeß wird als idealer, reversibler Vergleichsprozeß für die Adsorptionskältemaschine betrachtet. Er setzt sowohl isotherme Verdampfung und Verflüssigung als auch isotherme Adsorption und Desorption voraus.

Die Adsorptionskältemaschine ist wie der Absorptionskältekreislauf eine Kopplung von Wärmekraftmaschine (oberer Kreislauf), welche als Antrieb dient und Kältemaschinenteil (unterer Kreislauf), welcher die Kältemaschine darstellt (siehe Bild 5.2.4-5). (Die bei den Prozessen Desorption, Verflüssigung, Verdampfung und Adsorption zu- bzw. abgeführten Wärmen entsprechen im T-s-Diagramm den Flächen unter dem jeweiligen Linienzug des Teilprozesses, da es sich beim Carnotprozeß um reversible Prozesse handelt. Dabei bedeuten die einzelnen Linienzüge von

$1 \rightarrow 2$ Desorption

$3 \rightarrow 4$ Verflüssigung

$5 \rightarrow 6$ Verdampfung

$7 \rightarrow 8$ Adsorption.

Die isentropen Vorgänge stellen Verdichtung und Expansion dar.

Die Kältezahl des entsprechenden Carnotprozesses $\zeta_{C,AdKM}$, basierend auf den Eintrittstemperaturen der Wärmeträgerfluide, wird ausgedrückt durch

$$\zeta_{C,AdKM} = \frac{T_{H,\,ein} - T_{0,\,ein}}{T_{H,\,ein}} \cdot \frac{T_{0,\,ein}}{T_{K,\,ein} - T_{0,\,ein}},$$

wobei $T_{H,ein}$ der Eintrittstemperatur des Heizwassers, $T_{K,ein}$ der Kühlwassereintrittstemperatur und $T_{0,ein}$ der Kaltwassereintrittstemperatur entsprechen.

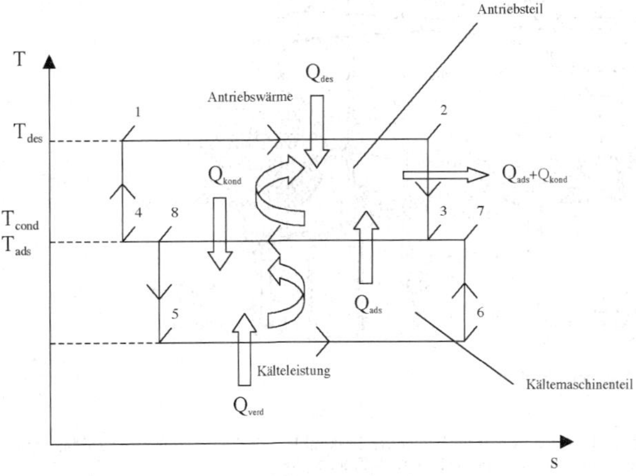

Bild 5.2.4-5. Reversibler Carnotprozeß der Adsorptionskältemaschine im T-s-Diagramm.

Wird der Carnotprozeß von den internen Temperaturen der Wärmeaustauscher abgeleitet, ergibt sich die Kältezahl $\zeta_{C,intern}$

$$\zeta_{C,intern} = \frac{\bar{T}_{des} - \bar{T}_{kond}}{\bar{T}_{des}} \cdot \frac{\bar{T}_{verd}}{\bar{T}_{ads} - \bar{T}_{verd}}$$

wobei $\bar{T}_{des}$, $\bar{T}_{kond}$, $\bar{T}_{ads}$ und $\bar{T}_{verd}$ die mittleren internen Temperaturen der Wärmeaustauscher Desorber, Kondensator, Adsorber und Verdampfer während eines Zykus darstellen. Diese Kältezahl des Carnotprozesses $\zeta_{C,AdKM}$ wird ins Verhältnis zur Kältezahl ζ_{AdKM} der realen Kältemaschine gesetzt. Dadurch ergibt sich der Carnotsche Gütegrad $\eta_{C,AdKM}$ der Adsorptionskältemaschine zu

$$\eta_{C,AdKM} = \frac{\zeta_{AdKM}}{\zeta_{C,AdKM}} \quad \text{bzw.} \quad \eta_{C,intern} = \frac{\zeta_{AdKM}}{\zeta_{C,intern}}.$$

Ausgeführte Adsorptionskältemaschinen erreichen, je nach Arbeitsstoffpaar und Temperatur des Heizmediums, einen Carnotschen Gütegrade und eine Kältezahl von $\cong 0{,}6$[1)].

5.2.5 Dampfstrahlkälteprozeß

Bei diesem Prozeß wird Wasser, im einfachsten Fall der Kaltwasserkreislauf selbst, als Kältemittel verwendet und Wasserdampf als Antriebsenergie.

Die Wirkungsweise geht aus Bild 5.2.5-1 hervor:

Treibdampf tritt aus einer oder mehreren Düsen aus und saugt Dampf aus dem Verdampfer an. In dem anschließenden Diffusor wird die Geschwindigkeit des Mischdampfs verzögert und in eine Druckhöhe umgesetzt, die dem Kondensationsdruck von 40…50 mbar entspricht. Das im Kondensator[2)] anfallende Kondensat wird teils dem Kessel, teils dem Verdampfer zugeführt. Im Verdampfer wird das aus dem Kaltwasserkreislauf zurückströmende Wasser versprüht und durch Verdampfung einer Teilmenge auf die Austrittstemperatur zurückgekühlt. Da der Prozeß bei hohem Vakuum abläuft, sind mehrstufige Ejektoren zur Entlüftung des Kreislaufs unumgänglich.

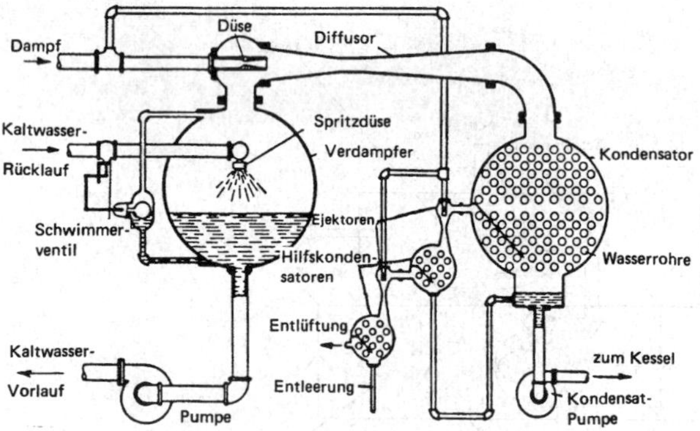

Bild 5.2.5-1. Dampfstrahlkälteanlage.

1) Firmenprospekt der Gesellschaft für Umwelttechnik mbH, Bensheim: Hinweise zur Planung und Einsatzvorbereitung der Adsorptionskältemaschine, 1996.

2) Hier wird der Begriff Kondensator bewußt beibehalten, da es sich um einen Dampfkessel-Kreislauf handelt.

Im *Dampfstrahlapparat* (Dampfejektor) erfolgt eine mechanische Verdichtung, es handelt sich vom Prozeß her um eine Kompressionsanlage. Da jedoch als Antriebsenergie Wärme verwendet wird, ist der ideale Vergleichsprozeß der zweifache Carnot-Prozeß wie bei der Absorptionsmaschine (vgl. Bild 5.2.3-3) mit $T_A = T_c$. Das Verhältnis von Nutzen zu Aufwand ist ein Wärmeverhältnis,

für die Kältemaschine

$$\zeta_K = \frac{\dot{Q}_0}{\dot{Q}_H}$$

für die Wärmepumpe

$$\zeta_W = \frac{\dot{Q}_c}{\dot{Q}_H} = \zeta_K + a$$

$\dot{Q}_0$ = Kälteleistung in kW
$\dot{Q}_H$ = Wärmezufuhr durch Treibdampf in kW
$\dot{Q}_c = \dot{Q}_0 + a \cdot \dot{Q}_H$ = Wärmeabgabe in kW
a = Faktor zur Berücksichtigung der Wärmeverluste, Richtwert 0,95.

Der *Carnotsche Gütegrad* ist im allgemeinen geringer als bei der Absorptionsmaschine, dafür aber auch der technische Aufwand (Investitionskosten).

Bei größeren Temperaturdifferenzen erfolgt die Verdichtung mehrstufig, wie bei Kompressionsanlagen. Hauptanwendungsbereich der Dampfstrahlmaschinen ist die industrielle *Verfahrenstechnik.*

5.2.6 Thermoelektrische Kälteerzeugung

Es ist bekannt, daß bei zwei miteinander verlöteten Drähten aus verschiedenem Material eine *Thermospannung* zwischen den beiden Lötstellen entsteht, wenn diese auf unterschiedlichen Temperaturen gehalten werden (Seebeck 1822). Dieser Vorgang läßt sich auch umkehren, ein Effekt, den *Peltier* 1834 entdeckte: Wird eine Gleichspannung U an einen Stromkreis gelegt, der aus zwei unterschiedlichen metallischen Leitern besteht, so kühlt sich die eine Kontaktstelle ab, die andere erwärmt sich. Bei Umpolung vertauschen auch die Kontaktstellen ihr Temperaturverhalten.

Metalle als Leiter entwickeln eine geringe *Thermokraft.* Die Anwendung dieses Effekts zur Kälteerzeugung unterblieb daher, bis es in den letzten Jahren gelang, *Halbleiter* einzusetzen. Solches p- und n-leitende Halbleitermaterial wird durch Kupferbrücken miteinander zu einem Peltierelement verbunden (Bild 5.2.6-1). Durch Reihenschaltung solcher Elemente entsteht eine *Peltierbatterie* in Blockform. Sie ist so aufgebaut, daß alle kalten Kupferbrücken die wärmeaufnehmende und alle warmen Brücken die wärmeabgebende Seite des Blocks bilden.

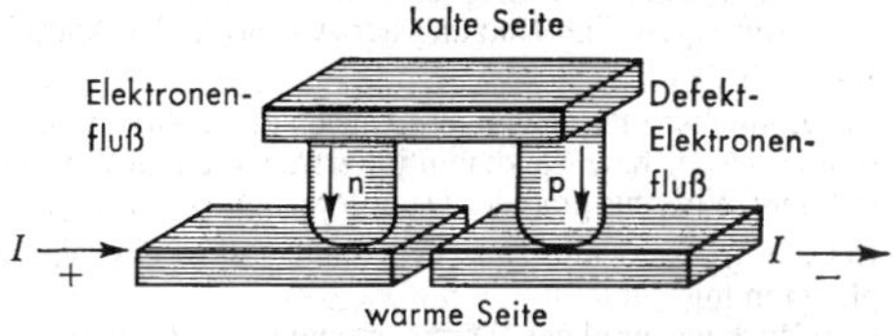

Bild 5.2.6-1. Schematische Darstellung eines Peltierelementes.

Die Heizleistung auf der warmen Seite ist

$$P_H = P_K + U \cdot I \text{ (W)}$$

Dabei bedeuten

P_K = Kühlleistung auf der kalten Seite in W
U = Spannung in V; I = Stromstärke in A

Ferner gilt nach Seebeck

$$U = L \cdot \Delta_t$$

wobei L = Seebeck-Koeffizient und Δt = Temperaturdifferenz zwischen kalter und warmer Seite.

Die aus diesen Blöcken hergestellten Kühl- bzw. Wärmepumpengeräte mit einer Leistungsaufnahme von ca. 1 kW sind in ihren Betriebskosten den traditionellen Kompressions- oder Absorptionsgeräten vorerst noch unterlegen, Carnotscher Gütegrad etwa 10 bis 20%. Vorteilhaft ist das Fehlen beweglicher Teile und von Flüssigkeiten, wie Kältemittel, Absorptionsmittel usw. Wird die Gleichspannung aus einer Wechselspannung mittels steuerbarer Trockengleichrichter, z.B. Siliziumzellen, erzeugt, so kann die Kühlleistung – im Wärmepumpenbetrieb die Heizleistung – stufenlos sehr genau geregelt werden.

Anwendung zur Klimatisierung nur in Sonderfällen, z.B. in Atom-U-Booten, sonst für kleine Kühlschränke oder -Boxen, elektrische Geräte oder Komponenten (Bild 5.2.6-2).

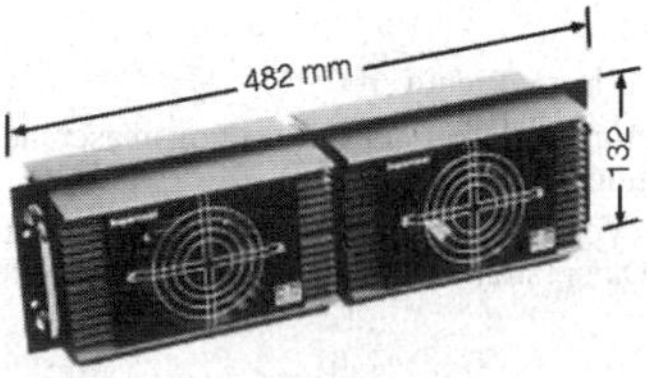

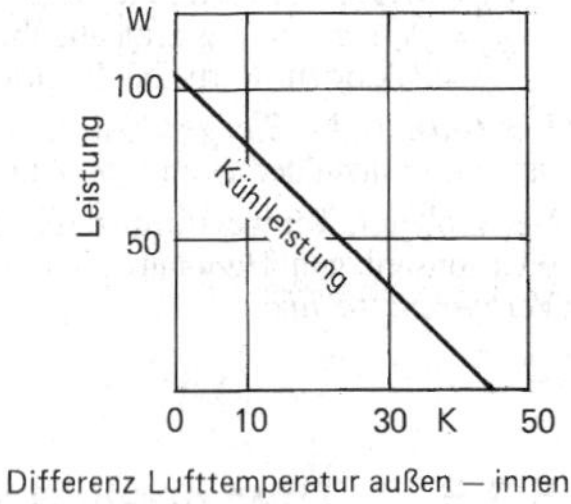

Bild 5.2.6-2. Thermoelektrisches Kühlaggregat für Kühlung elektrischer Geräte (Supercool, Göteborg). Links: Ansicht. Rechts: Leistungsdaten.

5.2.7 Primärenergie-Nutzungszahl

Den Vergleich verschiedener Systeme bezieht man seit einigen Jahren häufig auf den *Primärenergieverbrauch.* Dabei ist im allgemeinen die im verwendeten Brennstoff enthaltene Energie gemeint. Es müßte also statt des mehrdeutigen Begriffes Primärenergie besser heißen Brennstoff-Nutzungszahl. Für diese Größe ist noch keine Bezeichnung genormt. Zur Bestimmung dienen folgende Ansätze:

Bei *elektrisch* angetriebenen Kompressionsanlagen ist ε_K bzw. ε_W mit dem Gesamtwirkungsgrad der Erzeugung und Zuleitung der elektrischen Energie zu multiplizieren, im Mittel etwa 38%.

Bei Kompressionsanlagen mit Antrieb durch *Brennkraftmaschinen* oder *Gasturbinen* ist ε_K bzw. ε_W mit dem Wirkungsgrad der Antriebsmaschine zu multiplizieren, im Mittel etwa 20%. Bei ε_W ist eine Nutzung der Abwärme der Antriebsmaschine zusätzlich zu berücksichtigen.

Bei Kompressionsanlagen mit Antrieb durch *Dampfturbinen* (oder andere thermische Maschinen) ist ε_K bzw. ε_W zu multiplizieren mit dem Wirkungsgrad der Antriebsmaschine und mit dem Wirkungsgrad der Dampferzeugung und Zuleitung.

Bei Absorptions- und Dampfstrahlanlagen ist das Wärmeverhältnis ζ_K bzw. ζ_W zu multiplizieren mit
dem Wirkungsgrad der Wärmeerzeugung η_K (Feuerungs- und Kesselwirkungsgrad) und
dem Wirkungsgrad der Wärmezuleitung η_V (Leitungs- und Verteilungsverluste).

Die Primärenergie-Nutzungszahl wird bei Wärmepumpen mit Antrieb durch Wärmeenergie auch *Heizzahl* genannt und oft auch mit dem Buchstaben ζ bezeichnet. Dieser Wert ist aber nicht identisch mit dem Wärmeverhältnis ζ_W der Absorptionsanlage (s. Abschn. 2.2.2-4.8 u. 5.2.3-3), sondern es gilt Heizzahl $\zeta = \eta_K \cdot \eta_V \cdot$ Wärmeverhältnis ζ_W.

Der Bezug der elektrischen Energie auf Brennstoff ist natürlich nur dann sinnvoll, wenn Brennstoff die verwendete Primärenergie ist. Bei Stromerzeugung aus anderen Primärenergieträgern, z.B. Wasserkraft oder Kernenergie, die nicht alternativ direkt am Verbrauchsort einsetzbar sind, ergeben sich entsprechend andere Betrachtungsweisen.

5.3 Betriebsmittel für Kälteanlagen

5.3.1 Kältemittel

Als Kältemittel bezeichnet man den in Kaltdampf-Kälteanlagen umlaufenden Arbeitsstoff, dessen Zustandsänderungen den Kreisprozeß bestimmen. Es sollte folgende Forderungen erfüllen:

1. Absolute chemische *Stabilität* bei allen, auch im Grenzfall, auftretenden Temperaturen und in bezug auf alle im Kreislauf vorhandenen Materialien.
2. Nicht explosiv, *nicht brennbar,* nicht toxisch.
3. Günstiger Verlauf der *Dampfdruckkurve:*
   a) noch Überdruck bei Verdampfungstemperatur, um bei Undichtigkeiten Eindringen von Luft zu verhindern,
   b) möglichst niedriger Druck bei Verflüssigungstemperatur, um dünne Wanddicke und damit leichte Bauweise des Verflüssigers, der Armaturen, Rohrleitungen usw. zu gestatten. Dampfdruckkurven verschiedener Kältemittel siehe Bild 5.3.1-1.
4. Große *volumetrische Kälteleistung* q_{0vt}, um den umlaufenden Kältemittelvolumenstrom und damit die Bauteile klein halten zu können. Volumetrische Kälteleistung verschiedener früher zulässiger Kältemittel zeigt Bild 5.3.1-2.

Besonders zu beachten sind die hohen Anforderungen hinsichtlich chemischer und physikalischer Reinheit. Insbesondere der Wassergehalt muß praktisch Null sein, da vorhandenes Wasser nicht nur durch Eisbildung das Expansionsorgan verstopft, sondern auch die chemische Stabilität des Kältemittels und Schmiermittels gefährdet.

Weitere chemische und physiologische Anforderungen in DIN 8960 (04.97). Begriffe und Kurzzeichen in DIN 8962 (10.97). DIN EN 378 definiert Kältemittel nach Brennbarkeit und Giftigkeit. Aus sechs möglichen Kombinationen werden schließlich vereinfacht drei Gruppen benannt:

L1: Nicht brennbar, geringe Giftigkeit

L2: Geringe Brennbarkeit (untere Explosionsgrenze mindestens 3,5% V/V) und größere Giftigkeit oder ätzende Wirkung

L3: Größere Brennbarkeit (untere Explosionsgrenze weniger als 3,5% V/V)

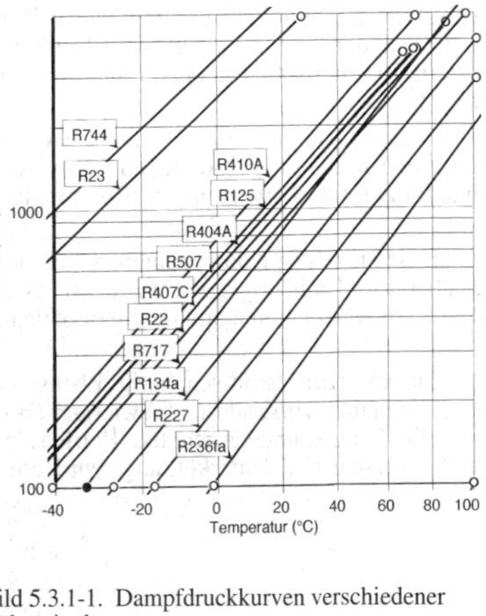

Bild 5.3.1-1. Dampfdruckkurven verschiedener Kältemittel.

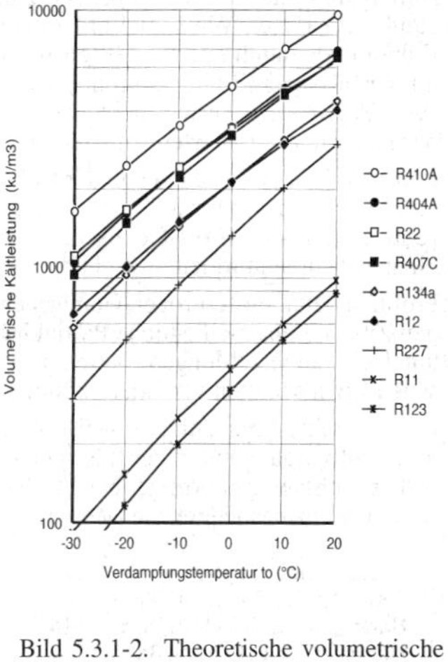

Bild 5.3.1-2. Theoretische volumetrische Kälteleistung q_{0vt} verschiedener Kältemittel bei 35 °C vor dem Expansionsventil.

Für brennbare Kältemittel ist zusätzlich die DIN 7003 (12.95) E zu beachten[1)], ferner s. Abschn. 5.8.3.

Das altbewährte Kältemittel Ammoniak, NH_3, wird seit dem FCKW-Verbot auch in der Klimatechnik eingesetzt, unter Berücksichtigung der Einschränkungen für Gruppe 2.

Am häufigsten verwendet wurden, und werden auch in Zukunft, die halogenierten Kohlenwasserstoffverbindungen:

FCKW: Vollhalogenierte Fluor-Chlor-Kohlenwasserstoffe (Verbot in Neuanlagen)

HFCKW: FCKW, die noch Wasserstoffatome enthalten (Verbot in Neuanlagen ab 1.1.2000)

(H)FKW: Fluorierte Kohlenwasserstoffe ohne Chloratome

Diese Kältemittel werden gekennzeichnet durch ein vorangestelltes R (Refrigerant) und eine dreistellige Zahlenkombination. Die Zahl der Kohlenstoffatome minus 1 ergibt die erste Ziffer. Bei Methanabkömmlingen wird das Ergebnis $1-1=0$ nicht geschrieben, bei Ethan mit 2 Kohlenstoffatomen wird die erste Ziffer 1. Die Zahl der vorhandenen Wasserstoffatome plus 1 ergibt die zweite Ziffer und die Zahl der Fluoratome wird direkt als dritte Ziffer verwendet. Die Zahl der Chloratome ist aus einer Bilanz zu ermitteln. Nachfolgende kleine Buchstaben kennzeichnen verschiedene Isomere der jeweiligen chemischen Verbindung. Ein nachfolgendes B kennzeichnet Brom-Atome in der Verbindung, mit deren Anzahl.

Die 200er Gruppe gilt für die Basis Propan, C_3H_8; Propan selbst ist R 290.

Die 400er Gruppe gilt für zeotrope Gemische.

Die 500er Gruppe gilt für azeotrope Gemische.

Die 700er Gruppe gilt für anorganische Kältemittel.

Die Nummernfolge der 400er Reihe wird von ASHRAE festgelegt. Jede Nummer bezeichnet eine Kombination von Gemischpartnern. Mit Großbuchstaben (A, B, C, ...) werden die Anteile der Gemischpartner mit gleicher Kombination unterschieden.

Die 700er Reihe bezeichnet anorganische Kältemittel, wobei zur ersten Ziffer 7 die Molmasse des Stoffes addiert wird, also Ammoniak mit M = 17 kg/kmol ergibt R 717.

Azeotrope Gemische, z.B. R 507 und R 508, verhalten sich in der Flüssigkeits- wie in der Dampfphase wie reine Kältemittel.

Bei nichtazeotropen (zeotropen) Gemischen verdampft zunächst das Kältemittel mit der niedrigeren Verdampfungstemperatur, die Verdampfungstemperatur steigt bei gleichbleibendem Druck p_0, bis zuletzt der Rest des anderen Kältemittels mit der höheren Verdampfungstemperatur verdampft. Die Verflüssigung beim Druck p_c erfolgt ebenfalls mit entsprechend gleitender Verflüssigungstemperatur. Die Temperaturdifferenz zwischen Anfang und Ende des jeweiligen Vorganges wird in der neueren Literatur als „Temperaturgleit" bezeichnet. Wird im Verdampfer der Temperaturverlauf des Kälteträgers und des Kältemittels durch strikten Gegenstrom annähernd parallel geführt und in gleicher Weise im Verflüssiger Kühlmedium und Kältemittel, kann der Lorenz-Prozeß (zwei Isentropen, zwei Polytropen) verwirklicht werden. Die erhoffte Verbeserung des Gesamtprozesses wird aber in ausgeführten Anlagen nicht erreicht[2)].

Zeotrope Gemische spielten in der Kältetechnik praktisch keine Rolle bis zum FCKW-Verbot. Die als Ersatz für R 22 und R 502 angebotenen Kältemittel sind jedoch überwiegend zeotrope 2- oder 3-Stoff-Gemische, wobei man für normale Anwendungen einen möglichst kleinen Temperaturgleit anstrebt[3)].

Problem bei allen zeotropen Gemischen ist, daß die einzelnen Komponenten im gasförmigen Zustand unterschiedliche Partialdrücke haben. Bei Undichtigkeiten werden sie also in unterschiedlichen Mengen austreten, so daß sich die Anteile und damit die thermodynamischen Eigenschaften verändern können.[4)]

Eine korrekte Ergänzung teilweise verlorener Füllung wird damit schwierig. Ebenso darf jeder Füllvorgang nur in der flüssigen Phase erfolgen und wird dadurch schwieriger als das bisher übliche gasförmige Nachfüllen über die Saugleitung. Auch die Betriebsüberwachung, insbesondere die Messung von Überhitzung und Unterkühlung, wird um so

[1)] Petz, M.: Ki1/95. S. 14/18.
[2)] Hartmann, K.: KI 11/96, S. 509/514.
[3)] Höpfer, A.: Ki 10/94. S. 484/87.
[4)] Reiß, M.: Ki 2/96. S. 56/60.
Morrison, J. D., Schwennesen, K.: Ki 3/96, S. 111/114.

schwieriger, je größer der Temperaturgleit ist. Ebenso überlagert sich beim Phasenwechsel (Verdampfung, Verflüssigung) ein Diffusionsvorgang und verschlechtert den Wärmeübergang.

Die FCKW-Kältemittel trugen je nach Hersteller verschiedene *Handelsnamen,* z. B. für R 12:

Freon	12	Du Pont	USA
Genetron	12	Allied Chemical	USA

Für die neu entwickelten Ersatz-Kältemittel werden neue Handelsnamen verwendet:

SUVA	X	von Du Pont
KLEA	X	von ICI
SOLKANE	X	von Solvay

Hierbei wird leider, im Gegensatz zu früher, für die Bezeichnung X des jeweiligen Kältemittels häufig eine Phantasiezahl gewählt statt der genormten R-Bezeichnung. So ist z. B. das Kältemittel R 407C unter den Bezeichnungen SUVA 9000 und KLEA 66 auf dem Markt, was diesen sehr unübersichtlich macht.

Für die gebräuchlichsten Kältemittel zeigt Tafel 5.3.1-1 eine Zusammenstellung der wichtigsten *physikalischen Daten.* Der SI-Begriff Molmasse ersetzt bei gleichem Zahlenwert den alten Begriff Molekulargewicht. Bei der kritischen Temperatur geht die Flüssigkeit sofort in die Dampfphase über und umgekehrt, d.h., es gibt keinen Naßdampfbereich mehr. Oberhalb der kritischen Temperatur ist eine Verflüssigung auch bei unendlich hohem Druck nicht mehr möglich.

Bei den Druckangaben ist zu beachten, daß alle thermodynamischen Berechnungen sowie Diagramme und Tabellen auf *absoluten Druck* bezogen sind. Manometerablesungen geben dagegen den Überdruck über Umgebung an, der auch für die Festigkeitsberechnungen maßgebend ist. Damit gilt der Zusammenhang

$$p_{\text{absolut}} = p_{\text{überdruck}} + \text{Barometerstand.}$$

Manometerablesungen im Vakuum und unter 1 bar Überdruck müssen mit dem gleichzeitig gemessenen Barometerstand umgerechnet werden, bei höheren Werten genügt meistens die Addition von 1 bar (1013 mbar = 760 mm Quecksilbersäule) zur Manometerablesung.

Die theoretische *volumetrische Kälteleistung* ist definiert zu

$$q_{0vt} = \frac{h_0'' - h_u}{v_0''}$$ kJ/m³ bzw. kW/m³/s, also die mit dem Saugvermögen des Verdichters (m³/s) verbundene Kälteleistung (kW)

Dabei entspricht h_u dem aus den Tabellen ablesbaren Wert h' bei der Temperatur t_u der unterkühlten Flüssigkeit. Werte mit einem hochgesetzten Strich, z. B. h', liegen grundsätzlich auf der linken Grenzkurve, Dampfgehalt $x = 0$. Werte mit zwei hochgesetzten Strichen, z. B. v_0'', liegen grundsätzlich auf der rechten Grenzkurve, Dampfgehalt $x = 1 = 100\%$ (vgl. Bild 5.2.1-4).

Die *theoretische Leistungszahl* (vgl. Abschn. 5.2.1-2) ist definiert zu

$$\varepsilon_{Kt} = \frac{h_0'' - h_u}{\Delta h_{is}},$$

worin Δh_{is} die ideale, isentrope Verdichtungsarbeit, ausgehend vom Punkt h_0''.

Die Werte der letzten 3 Zeilen sind reine Vergleichswerte für die verschiedenen Kältemittel. In der Praxis erfolgt die Verdichtung nicht isentrop, wird ε_K kleiner durch den Einfluß von unvermeidbaren Verlusten und wird t_h höher infolge Überhitzung im Ansaugzustand.

Für die Kältemittel R 134a und R 407C geben Tafel 5.3.1-2 und Tafel 5.3.1-3 die Zustandswerte im Sättigungsbereich, Bild 5.3.1-3 und Bild 5.3.1-4 einen Ausschnitt der *h*, log *p*-Diagramme wieder

Bei Mehrstoffgemischen ist die Verdampfungs- und Verflüssigungstemperatur nicht mehr fest einem Druck zugeordnet, sondern wie Bild 5.3.1-4 zeigt, gleitend. Im Bild sind einige Isothermen im 2-Phasengebiet eingezeichnet, es ist zu erkennen, daß sie mit zunehmenden Dampfgehalt abfallen. Der Verlauf eines einfachen Kälteprozesses mit den Eckpunkten 1–4 soll dies verdeutlichen. Die Verdampfung soll bei 4,5 °C und die Verflüssigung bei 40 °C enden.

Tafel 5.3.1-1 Physikalische Daten von Kältemitteln*)

Kältemittelgruppe		FCKW			H-FCKW			H-FKW							Anorg.
ASHRAE-Nummer		R11	R12	R114	R22	R123	R124	R125	R134a	R404A	R407C	R410A	R507	R227ea	R717
Chemische Formel, bei Gemischen Anteile in Massen-%		CCl_3F	CCl_2F_2	$C_2Cl_2F_4$	$CHClF_2$	$C_2HCl_2F_3$	C_2HClF_4	C_2HF_5	$C_2H_2F_4$	44 R125 4 R134a 52 R143a	23 R32 25 R125 52 R134a	50 R32 50 R125	50 R125 50 R143a	C_3HF_7	NH_3
Molmasse	kg/kmol	137,4	120,9	170,9	86,5	152,9	136,5	120,0	102	72	86,2	72,6	72,6	170	17
Normalsiedepunkt	°C	+23,7	-29,8	+3,6	-40,8	+27,8	-12,0	-48,1	-26,3	-46,5	-43,7	-50,5	-46,5	-17,3	-33,3
Temperaturgleit (oder ..glide)	K	0	0	0	0	0	0	0	0	0,7	7,3	<0,2	0	0	0
Kritische Temperatur	°C	198	112	146	96	184	122	66	101	72	76	73	71	102	132
Kritischer Druck	kPa	4410	4140	3260	4990	3628	3620	3630	4056	3730	4160	4960	3717	2930	11350
Verflüssig.temper. bei 2600 kPa	°C	161	86	-	63	161	105	51	79	55	57	43	55	96	60
Druck bei 0°C (po)	kPa	40	308	88	498	33	163	672	293	601	460	804	620	203	429
Druck bei 40°C (pc)	kPa	174	959	340	1527	155	594	2010	1017	1829	1740	2436	1861	711	1555
pc - po	kPa	134	651	252	1029	122	431	1338	724	1228	1280	1632	1241	508	1126
pc / po	-	4,3	3,1	3,9	3,1	4,7	3,6	3,0	3,5	3	3,1	3	3	3,5	3,6
Verdampfungswärme (101,3kPa)	kJ/kg	182	166	132	235	170	164	164	216	202	248	274	199	132	1368
vol.Kälteleistung *)	kJ/m^3	396	2137	698	3433	329	1263	3630	2156	3231	3096	5072	3576	1237	3800
innere Leistungszahl ε*)	-	5,9	5,6	5,2	5,8	6,0	6,2	5,3	5,8	4,9	5,4	5,5	5,3	4,7	6
ODP (auf R11 bezogen)	-	1	0,82	0,85	0,05	0,012	0,026	0	0	0	0	0	0	0	0
GWP (auf CO2 bezogen, 100a)	-	4600	10600	9800	1900	120	620	3800	1600	4540	1980	2340	4600	3800	0
MAK-Wert	ppm	1000	1000	1000	1000	(50)	1000	1000	1000	1000	1000	1000	1000	1000	25

*) bei to=0°C, tc=40°C, tu=35°C

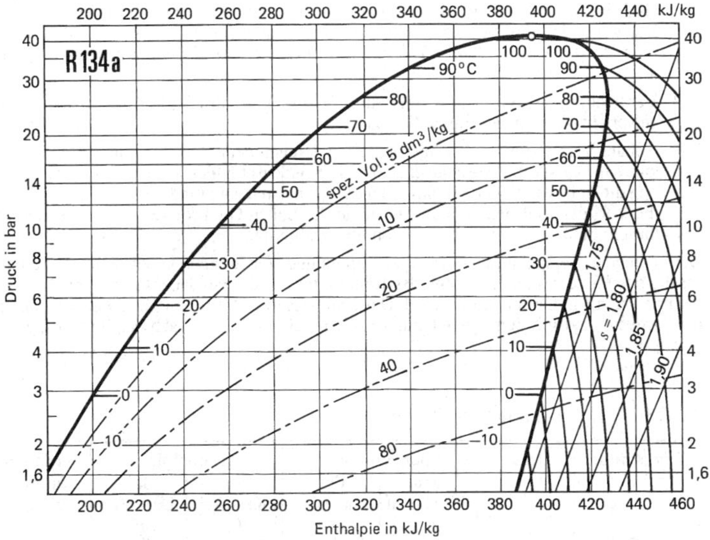

Bild 5.3.1-3. $h, \log p$-Diagramm für R 134 a. $h' = 200$ kJ/kg bei 0 °C

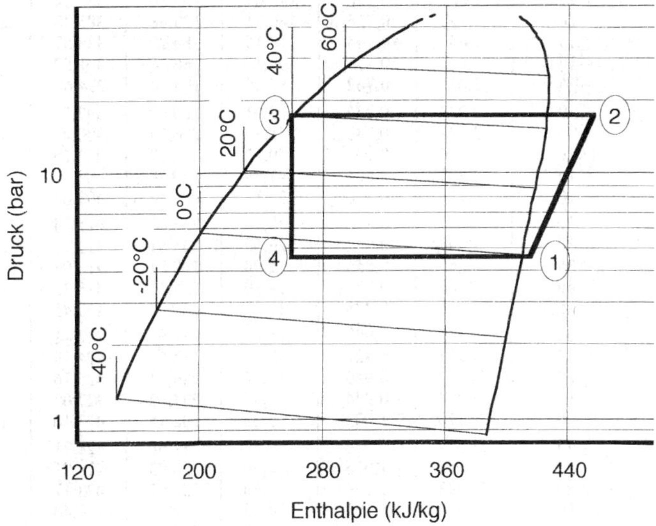

Bild 5.3.1-4. $h, \log p$-Diagramm für R 407 C mit eingezeichnetem Kälteprozeß.

3–4: Isenthalpe Entspannung. Das flüssige Kondensat wird im Ventil auf den Verdampfungsdruck 5,3 bar entspannt, es stellt sich eine Temperatur von 0°C ein.

4–1: Isobare Verdampfung. Die Leichterflüchtigen des Gemisches verdampfen bevorzugt, als Folge steigt die Siedetemperatur an und erreicht an der rechten Grenzkurve 4,5°C. Der Verdampfungsvorgang verläuft bei gleichbleibendem Druck 5,3 bar, die Temperatur steigt aber von 0 auf 4,5 °C an, im weiteren erfolgt dann eine Überhitzung um 5 K.

1–2: Verdichtung des Sattdampfes bis zum Verflüssigungsdruck 17,3 bar, dieser Druck entspricht 40 °C an der linken Grenzkurve.

2–3: Isobare Verflüssigung. Das überhitzte Gas erreicht beim Abkühlen die rechte Grenzkurve bei ca. 45 °C. Das erste entstehende Kondensat bildet sich also mit 45°C. Weil nun die Schwererflüchtigen bevorzugt kondensieren, sinkt mit der weiteren Kühlung die Verflüssigungstemperatur, bis sie an der linken Grenzkurve bei 40°C endet, an diesem Punkt ist gerade alles Kältemittel verflüssigt.

Die gleitenden Temperaturen beim Verdampfen und Verflüssigen lassen sich zur Verbesserung des Prozesses nutzen, wenn das Kältemittel im strikten Gegenstrom zum Kälteträger bzw. zum Kühlmittel geführt wird. Das Kaltwasserf tritt z.B. mit 12 °C ein und kommt in Wärmekontakt mit dem austretenden Kältemittel von 9,5°C, nach der Enthitzung des

Tafel 5.3.1-2 Dampftafel von R 134a

Temperatur	Druck	Spez. Volumen		Enthalpie		Verdampfungswärme
		der Flüssigkeit	des Dampfes	der Flüssigkeit	des Dampfes	
t °C	p bar	v' l/kg	v'' l/kg	h' kJ/kg	h'' kJ/kg	r kJ/kg
−50	0,299	0,692	596,88	137,72	366,32	228,60
−45	0,396	0,699	459,14	143,48	369,55	226,08
−40	0,516	0,706	357,66	149,34	372,78	223,44
−35	0,666	0,713	281,87	155,32	375,99	220,67
−30	0,848	0,720	224,55	161,40	379,18	217,78
−25	1,067	0,728	180,67	167,59	382,34	214,75
−20	1,330	0,736	146,71	173,88	385,48	211,59
−15	1,642	0,744	120,15	180,28	388,57	208,29
−10	2,008	0,753	99,17	186,76	391,62	204,85
− 5	2,435	0,762	82,45	193,34	394,62	201,28
0	2,929	0,772	69,01	200,00	397,56	197,56
5	3,497	0,782	58,11	206,74	400,44	193,70
10	4,146	0,793	49,22	213,57	403,26	189,69
15	4,883	0,804	41,89	220,46	406,00	185,54
20	5,716	0,816	35,83	227,44	408,66	181,23
25	6,651	0,828	30,77	234,48	411,24	176,76
30	7,698	0,842	26,52	241,61	413,71	172,11
35	8,865	0,856	22,94	248,81	416,08	167,27
40	10,160	0,871	19,89	256,11	418,33	162,23
45	11,592	0,888	17,29	263,50	420,45	156,94
50	13,171	0,907	15,05	271,02	422,41	151,39
55	14,907	0,927	13,12	278,69	424,19	145,51
60	16,811	0,949	11,44	286,53	425,76	139,24
65	18,894	0,974	9,97	294,59	427,09	132,49
70	21,170	1,003	8,68	302,95	428,10	125,15
75	23,651	1,036	7,53	311,68	428,71	117,03
80	26,353	1,076	6,50	320,93	428,81	107,87
85	29,292	1,127	5,56	330,91	428,17	97,26
90	32,487	1,194	4,68	342,02	426,40	84,38
95	35,958	1,298	3,83	355,20	422,55	67,36
100	39,728	1,544	2,80	374,97	411,79	36,83

Kältemittels wird die linke Grenzkurve bei 4,5 °C erreicht. Das Kaltwasser verläßt den Verdampfer mit 7 °C und ist am Austritt mit Kältemittel von 0 °C in Kontakt. Im Verdampfungsteil des Apparates ist die mittlere Temperaturdifferenz Kaltwasser zu Kältemittel 7 K.

In gleicher Weise kann im Verflüssiger die mittlere Temperaturdifferenz Kältemittel zu Kühlluft annähernd konstant gehalten werden, sie ist kleiner als im Prozeß ohne gleitende Temperaturen.

Diese thermodynamisch günstige Temperaturführung verringert die Exergieverluste in den Wärmeübertragern und verbessert den Gesamtprozeß. Die neuen luft- und wassergekühlten Kühlgeräte zur Kaltwassererzeugzung nutzen diesen günstigen Effekt. Messungen an ausgeführten Kältesätzen widersprechen aber zumindest zum Teil den theoretisch begründeten Erwartungen.

Bei großen Anlagen mit überfluteten Verdampfern sind diese Verbesserungen nicht zu verwirklichen. Da im Verdampfer nur teilweise verdampft wird, reichern sich hier die schwererflüchtigen Komponenten des Kältemittelgemisches an, als Folge steigt die Verdampfungstemperatur an. Um nun dem gegebenen Kaltwasser zu entsprechen, muß der Verdampfungsdruck gesenkt werden. Umgekehrt reichern sich im Hochdruckteil die leichterflüchtigen Komponenenten an und würden eine tiefere Verflüssigungstemperatur ergeben. Mit der auch hier vorgegebenen Temperatur des Kühlwassers müßte der Verflüssigungsdruck erhöht werden, insgesamt müßte die Kältemaschine mit einem größeren Druckver-

Tafel 5.3.1-3 Dampftafel von R 407 C (Gemisch aus 23% R32, 25% R125, 52% R134a)

Temperatur	Druck		Spez. Volumen		Enthalpie		Verdampfungswärme
	der Flüssigkeit	des Dampfes	der Flüssigkeit	des Dampfes	der Flüssigkeit	des Dampfes	
t	p´	p´´	v´	v´´	h´	h´´	r
°C	bar	bar	l/kg	l/kg	kJ/kg	kJ/kg	kJ/kg
-40	1,197	0,85	0,725	257,71	146,6	389,5	242,9
-35	1,498	1,085	0,735	205,09	153,2	392,7	239,5
-30	1,855	1,369	0,744	164,91	159,6	395,9	236,3
-25	2,276	1,709	0,754	133,83	165,7	399,1	233,3
-20	2,768	2,112	0,765	109,57	172,4	402,1	229,7
-15	3,338	2,586	0,776	90,39	179,1	405,2	226,1
-10	3,996	3,139	0,787	75,11	185,9	408,2	222,3
-5	4,748	3,781	0,799	62,82	192,9	411,1	218,2
0	5,603	4,521	0,811	52,84	200	413,9	213,9
5	6,571	5,366	0,824	44,69	207,3	416,6	209,4
10	7,658	6,328	0,837	37,97	214,7	419,3	204,6
15	8,876	7,417	0,851	32,39	222,3	421,8	199,5
20	10,234	8,644	0,866	27,74	230,1	424,1	194,1
25	11,741	10,021	0,882	23,82	238,1	426,4	188,3
30	13,407	11,559	0,899	20,51	246,2	428,4	182,1
35	15,242	13,271	0,917	17,69	254,7	430,2	175,5
40	17,255	15,171	0,936	15,28	263,4	431,7	168,3
45	19,458	17,272	0,957	13,21	272,5	433,1	160,5
50	21,859	19,591	0,979	11,41	281,9	433,9	152,1
55	24,468	22,141	1,005	9,83	291,7	434,4	142,7
60	27,295	24,944	1,034	8,46	302,2	434,4	132,2
86,7	46,2	46,2	1,9	1,9			0

Auszug aus den "DuPont-Dampftafeln" für R407C

hältnis betrieben werden und damit mit erhöhtem Energiebedarf. Gegenstrom wäre bei der Größe der Apparate nicht zu verwirklichen.

Bei solchen Gemischen verschlechtert sich zudem der Wärmeübergang beim Verdampfen und Verflüssigen durch eine überlagerte Diffusion. Die Wirkung dieser Diffusion kann unterdrückt werden, wenn das Kältemittelgemisch im Rohr mit großer Geschwindigkeit strömt, wie es in Trockenexpansionsverdampfern und luftgekühlten Verflüssigern der Fall ist.

Die FCKW-Kältemittel, die die Anforderungen der Kältetechnik ideal erfüllten, erwiesen sich leider als umweltbelastend, da sie die Ozonschicht in der Stratosphäre schädigen (Ozonloch) und zum Treibhauseffekt beitragen.

FCKW sind chemisch sehr stabil und erreichen deshalb im Lauf einiger Jahre unverändert die Stratosphäre. Erst hier in der Ozonschicht werden durch die UV-Strahlung der Sonne die Chlor-Atome aus den FCKW herausgebrochen, die dann zur Zerstörung des Ozons führen.

HFCKW sind chemisch weitaus weniger stabil und zersetzen sich weitgehend schon in den unteren Schichten der Erdatmosphäre. Ihr Anteil an der Schädigung der Ozonschicht ist gering.

(H)FKW schädigen die Ozonschicht nicht.

Bromatome sind für die Ozonschicht noch schädlicher als Chlor-Atome.

Zur Beurteilung der Schädigung der Ozonschicht dient der Begriff Ozonabbaupotential (relative ozon depletion potential) RODP, der auf R 11 = 1 bezogen ist. Die Werte für verschiedene Kältemittel zeigt Tafel 5.3.1-1.

Unter Treibhauseffekt versteht man die Verringerung der Wärmeabstrahlung der Erdoberfläche durch die Gase in der Erdatmosphäre, vor allem von CO_2 aus der Verbrennung fossiler Brennstoffe[1]. Zur Beurteilung des Treibhauseffektes dient der Begriff Treibhauspotential (global warming potential) GWP, bezogen auf $CO_2 = 1$ (früher, bzw. heute als HGWP, bezogen auf R 11 = 1), bei einem vereinbarten Zeithorizont von 100 Jahren. Die Werte für verschiedene Kältemittel zeigt Tafel 5.3.1-1.

Da für den effektiven Treibhauseffekt nicht nur die einmalige Füllmenge der Kälteanlage maßgebend ist, sondern auch die Leckrate und, als wesentlichste Größe, der Energieverbrauch, wurde ein weiterer Begriff definiert, das „total equivalent warming impact“ (TEWI), das nach EN 378 definiert ist zu:

$$\text{TEWI} = (\text{GWP} \cdot L \cdot n) + \text{GWP} \cdot m \cdot (1 - \alpha_R) + n \cdot E_a \cdot \beta$$

mit

L = Leckrate in kg/a
n = Betriebsdauer in Jahren
m = Kältemittelfüllmenge in kg
α_R = Rückgewinnungsfaktor bei der Anlagenentsorgung
E_a = Energieverbrauch in kWh/a
β = CO_2-Emission pro kWh

Untersuchungen zeigen, daß der Einfluß des GWP auf den TEWI üblicherweise gering ist. Es hat also keinen Sinn, für ein Kältemittel mit geringerem GWP einen höheren Energieverbrauch zu akzeptieren.[2]

Die Bezugsgrößen des Begriffes TEWI sind nicht einheitlich, nach obiger Gleichung wird während der gesamten Betriebsdauer einer Anlage das Äquivalent von kgCO_2 berechnet. Daneben gibt es solche Werte auf das Jahr bezogen (kgCO_2/a) und auf die Kälteleistung bezogen (kgCO_2/kWh).

Zur Verringerung der Emission haben 1984 die UNO und die Kommission der EG eine Empfehlung herausgegeben. Diese behandelt mögliche Alternativ-Kältemittel sowie die Rückgewinnung, Wiederverwendung, Beseitigung u.a. Das *Montreal-Protokoll* der UN von 1987, das noch eine relativ langsame Reduzierung vorsah, ist 1990 in London, 1992 in Kopenhagen und 1995 in Wien überarbeitet worden und sieht jetzt vor :

---

[1]) Houghton, J.: Ki 12/95. S. 556/557.
[2]) Scholten, W.: Ki 1/93. S. 6/8.
Stenzel, B.: Ki 1/94. S. 7/9.
Reiß, M.: Ki 10/95. S. 475/78.

Totales Verbot der FCKW in Neuanlagen in allen Industriestaaten ab 1.1.1996, in den Entwicklungsländern ab 2040.

Die HFCKW, in erster Linie R22, sollen ab 1.1.2004 um 35% und bis 2020 auf 5% reduziert werden.

Vor den genannten Stichtagen in Betrieb befindliche Anlagen dürfen bis zu ihrer Stillegung weiter betrieben und die zur Nachfüllung erforderlichen FCKW dürfen dafür weiter hergestellt werden, es sei denn, daß Kältemittel gefunden werden, die einen Austausch ohne weitere Maßnahmen ermöglichen (sogenannte „drop in"-Kältemittel). Dies gilt seit 30.12.95 (Bundesanzeiger) für R12, das auch in Altanlagen (außer steckerfertigen Kleingeräten) bis spätestens Juni 1998 ausgetauscht sein muß, entsprechendes gilt für R502 seit Mai 1999.

Die Verordnung regelt ferner die Kennzeichnungspflicht, das Verbot des Abblasens, die Rücknahme- und Entsorgungspflicht sowie die damit verbundene Aufzeichnungspflicht. Zu jedem Umgang mit Kältemitteln gehört deshalb heute die genaue Kenntnis dieser Verordnung.

Einige Staaten haben für ihren Bereich noch kürzere Zeiten festgelegt. So darf R 22 (HFCKW) in Neuanlagen nicht mehr verwendet werden
- in Schweden ab 1998
- in Dänemark ab 2000
- in Deutschland ab 2000.

Folgende Substitutionsmöglichkeiten bieten sich an:

FCKW R 11 ist ersetzbar durch das HFCKW R 123. Einsatz hauptsächlich bei Turbo-Verdichtern. Die Verdichterleistung ist etwa 10 Prozent geringer als bei R 11, ebenso die Leistungszahl. Das R 123 verträgt sich mit dem gleichen Öl wie das R 11, jedoch nicht mit den bisher nur für R 11 geeigneten Dichtungs-Elastomeren und Motorisolationen für hermetische Verdichter. Toxikologisch scheint das R 123 nicht unbedenklich zu sein, der vorläufige MAK-Wert liegt bei nur 20 ppm. Für den Aufstellungsraum wird deshalb ein wenigstens 5facher Luftwechsel pro Stunde gefordert sowie ein Gaswarngerät mit Alarmgabe und Maschinen-Abschaltung.

FCKW R 12 ist ersetzbar durch das HFKW R 134a[1)], das keine Schädigung der Ozonschicht verursacht. Das Leistungsverhalten ist im Bereich der Klimakälte praktisch gleich mit dem von R 12, bei tiefen Verdampfungstemperaturen wird die Verdichterleistung deutlich geringer. R 134a verträgt sich nicht mit den üblichen Kältemaschinenölen auf Mineralölbasis, sondern erfordert speziell ausgesuchte synthetische Schmierstoffe. Ein Kältemittelaustausch verlangt deshalb auch einen restlosen (!) Austausch der Ölfüllung. Die Beständigkeit der R 12-Dichtungs-Elastomere ist fraglich. Das R 134a findet vorwiegend Verwendung bei Turboverdichtern größerer Leistung, bei Klimaanlagen für Fahrzeuge und bei Wärmepumpen. Bei Anlagen für tiefere Verdampfungstemperatur wird das R 12 eher durch R404 A oder R507 ersetzt werden.

FCKW R 13 ist ersetzbar durch das HFKW R 23, das keine Schädigung der Ozonschicht verursacht. R 23 ist mit Mineralöl unverträglich und erfordert spezielle synthetische Schmierstoffe. Gegenüber Dichtungs-Elastomeren ist es aggressiver als R 13. Beides sind ausgesprochene Tieftemperatur-Kältemittel, sie sind für den Klimatechniker nur von Bedeutung im Zusammenhang mit Tieftemperatur-Prüfkammern.

FCKW R 114 ist ersetzbar durch das HFCKW R124, fabrikmäßig lieferbar. Dieses Kältemittel gestattet hohe Verflüssigungstemperaturen und wird u.a. verwendet bei der Klimatisierung von Steuerständen in heißer Umgebung, z.B. in Stahl- und Hüttenwerken. Mit dem Verbot von HFCKW kann R114 eingeschränkt durch R 227 und fast umfassend durch R 236fa ersetzt werden.

FCKW R 502 ist ersetzbar durch die zeotropen Gemische R 404 A und R 410 A sowie das azeotrope R 507.

Für den Ersatz von R 22 einsetzbar:

- R 404 A und R 507 in wassergekühlten Kältesätzen;
- R 407 A, 407 B und 407 C in luftgekühlten Kältesätzen;
- R 410 A erfordert höhere Drücke, bietet dafür aber eine deutlich höhere volumetrische Kälteleistung, Komponenten sind in Entwicklung;

[1)] Baehr, H.D., Kabelac, S.: Ki 2/89. S. 69/71.
Petrak, J.: Ki 12/89. S. 566/570.

- R 717 (Ammoniak) kann in Anlagen mit eigenem Maschinenraum verwendet werden, ein höherer Überwachungs- und Sicherheitsaufwand ist erforderlich; in der direkten Kühlung (Kältemittel verdampft im Luftkühler von Klimaanlagen) ist es nicht zugelassen.

Ammoniakkälteanlagen außerhalb des industriellen Einsatzbereiches können deshalb nur wassergekühlte Flüssigkeitskühler sein mit Sekundärnetzen auf der kalten und warmen Seite. Auch für diese gelten durch die Unfallverhütungsvorschrift VBG 20 noch erhebliche Einschränkungen hinsichtlich der Aufstellung, s. Abschnitt 5.8. Um wenigstens hier etwas freier zu werden, laufen Entwicklungen in Richtung einer gasdichten Kapselung der Kälteanlage, verbunden mit einem Absorptionssystem für evtl. austretendes Ammoniak.[1)]

Eine Alternative wäre auch Propan, R 290, das praktisch gleiche thermodynamische Eigenschaften hat.[2)] Wegen seiner Brennbarkeit unterliegt es jedoch erheblichen Einschränkungen und wird sich deshalb nur für Geräte mit sehr kleinen Füllmengen durchsetzen.

Die ständige Diskussion um Ersatzkältemittel läßt heute den Eindruck entstehen, daß nur die Kältetechnik das Ozonloch verursacht hat. Es sei deshalb darauf hingewiesen, daß von den großen FCKW-Produktionsmengen der letzten Jahrzehnte nur etwa 10% als Kältemittel verwendet wurden, wovon ein Teil noch heute in den Anlagen ist. Der größte Produktionsanteil wurde als Lösungsmittel oder Treibmittel für Spraydosen direkt freigesetzt und erreicht erst in den nächsten Jahren die Ozonschicht in der Stratosphäre. Hätte man sich auf den Einsatz als Kältemittel beschränkt, würde es vermutlich bis heute noch kein Ozonloch geben.

Interessant ist auch, daß über das ozonzerstörende Biozid Methylbromid mit einem RODP von 0,7 öffentlich nicht diskutiert wird. Daß auch der Flugverkehr in den oberen Luftschichten zur Ozonzerstörung erheblich beiträgt, ist in der Öffentlichkeit ebenfalls kaum bekannt und wird nicht diskutiert.

5.3.2 Arbeitsstoffpaare für Absorptionsanlagen

Neben die schon für die reinen Kältemittel genannten Forderungen treten hier noch die Forderungen nach möglichst hoher zulässiger Austreibertemperatur t_H und möglichst großer Entgasungsbreite.

Arbeitsstoffpaare, die alle Anforderungen erfüllen, sind bis heute nicht bekannt. Praktisch verwendet werden lediglich die Stoffpaare

Ammoniak/Wasser, mit Ammoniak als Kältemittel,
Wasser/Lithiumbromid, mit Wasser als Kältemittel.

Für das Stoffpaar *Ammoniak/Wasser* zeigt Bild 5.3.2-1 das $\log p$, $1/T$-Diagramm mit den Linien konstanter Konzentration ξ, die sogenannten Isosteren. Die thermodynamischen Eigenschaften sind recht günstig, die maximale Austreibertemperatur t_H beträgt etwa 200 °C, darüber besteht Gefahr chemischer Zersetzung. Von Nachteil ist, daß das Kältemittel Ammoniak stark toxisch ist, allerdings mit guter Warnwirkung durch seinen intensiven Geruch, und daß es mit Luft explosible Gemische bilden kann.

Für das Stoffpaar *Wasser/Lithiumbromid* zeigt Bild 5.3.2-2 das $\log p$, $1/T$-Diagramm. Durch das Kältemittel Wasser sind Verdampfungstemperaturen unter 0 °C nicht möglich. Der gesamte Prozeß läuft im Vakuum, die maximale Austreibertemperatur beträgt etwa 160 °C.

---

1) DIE KAELTE und Klimatechnik 2/91. S. 110/22.
2) Frehn, B.: Ki 10/93. S. 402/05.

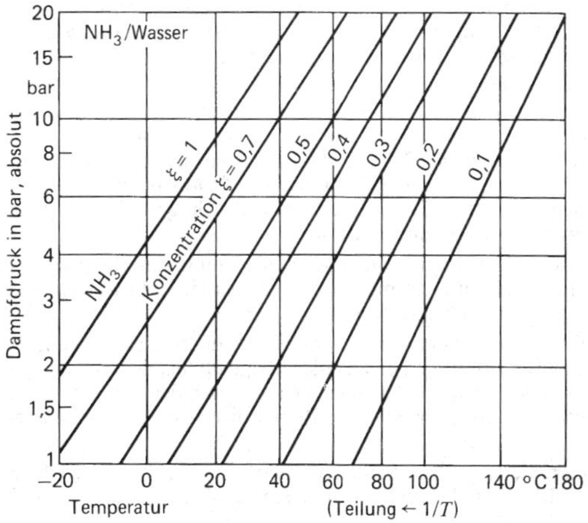

Bild 5.3.2-1. Arbeitsstoffpaar Ammoniak/Wasser im $\log p, 1/T$-Diagramm.

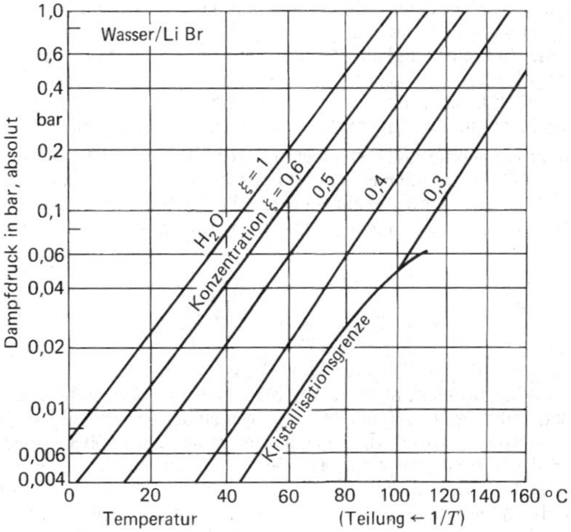

Bild 5.3.2-2. Arbeitsstoffpaar Wasser/Lithiumbromid im $\log p, 1/T$-Diagramm.

5.3.3 Kältemaschinenöl

In Kompressions-Kälteanlagen erfüllt das Öl die Aufgaben schmieren–dichten–kühlen. Wassergehalt unter 30 ppm, deshalb nie in geöffneten Gefäßen aufbewahren, da etliche Öle sehr hygroskopisch sind.

Dieses Öl gelangt, mit Ausnahme der selten verwendeten Bauart Trockenlaufverdichter, mit in den Kältekreislauf und ist zusammen mit dem Kältemittel den dort auftretenden Temperaturen ausgesetzt. Es darf bei der niedrigen Verdampfungstemperatur nicht zu Ausfällungen kommen, weshalb paraffinbasische Öle (Paraffinausscheidung) wenig geeignet und naphthenbasische oder synthetische zu bevorzugen sind. Für die neuen chlorfreien Kältemittel sind weder Mineralöle noch die bisher verwendeten synthetischen Alkyl-Benzole oder Poly-α-olefine verwendbar, sondern nur synthetische Öle auf Ester-Basis[1)].

[1)] Ströfer, W., Synek, V.: Ki 9/92. S. 312/315.

Mineralöle verkoken oder polymerisieren über etwa 150 °C. Die zulässigen *Druckrohrtemperaturen* (als Maß für die höheren Verdichtungsendtemperaturen) werden deshalb je nach Fabrikat auf 115 ... 150 °C begrenzt, bei Überschreitung dieser Grenze sind Schäden unvermeidlich.

Das in den Kältekreislauf abwandernde Öl fehlt im Verdichter als Schmiermittel, es muß also in den Verdichter zurückgeführt oder nachgefüllt werden. Da die (H)F(C)KW-Kältemittel im Temperaturbereich der normalen Klimatechnik mit den meisten verwendeten Ölen voll mischbar sind, genügt die Aufrechterhaltung von *Mindest-Strömungsgeschwindigkeiten* in den Rohrleitungen (auch bei kleinster Teillast) und richtige Leitungsführung zur automatischen Rückführung des Öles zum Verdichter.

Bei Anwendung der überfluteten Verdampfung und bei Betrieb im tiefen Temperaturbereich, in dem einige Kältemittel mit Öl nicht mehr voll mischbar sind, müssen spezielle Maßnahmen zur Ölrückführung vorgesehen werden.

Ammoniak war bisher mit Öl nicht mischbar und es war üblich, daß der Maschinenmeister von Hand Öl in den Verdichter nachfüllt und das überschüssige Öl aus dem Verdampfer abläßt. Neuerdings wurden mit den Polyglycolen Schmierstoffe gefunden, die mit Ammoniak voll mischbar sind und einen vollautomatischen Betrieb wie bei den FCKW erlauben[1)].

Die *Mischbarkeit* der Kältemittel mit dem Schmieröl führt dazu, daß sich auch das Schmieröl im Verdichter mit Kältemittel anreichert, wodurch die Viskosität und damit die Schmierfähigkeit abnimmt. Das Schmieröl kann um so mehr Kältemittel aufnehmen, je höher der Druck und je niedriger die Temperatur ist. Dadurch kommt es zur *Kältemittelanreicherung* in der Standzeit des Verdichters. Beim Anlaufen des Verdichters führt die Druckabsenkung und Erwärmung sofort zum Ausgasen des Kältemittels, wodurch das Schmieröl aufschäumt, seine Schmierfähigkeit verliert und im Extremfall von der Schmierölpumpe nicht mehr gefördert werden kann. Um diese Erscheinung zu vermeiden, wird der Schmierölvorrat in der Stillstandszeit, oder genügend lange vor einem Start nach längerer Stillstandszeit, vorgeheizt, um die Kältemittelanreicherung zu verringern.

Die *Anforderungen* an Kältemaschinenöle sind festgelegt in DIN 51503 T1 und T2. Zu verwenden ist stets nur das vom Kältemaschinenhersteller vorgeschriebene oder genehmigte Öl. Die Verwendung anderer Öle, oder gar die Ergänzung der Ölfüllung durch falsches Öl, kann zu ernsthaften Betriebsstörungen und zur Zerstörung des Verdichters führen.

5.3.4 Sole

Wenn Temperaturen unter +4 °C auftreten, müssen dem Wasser *Frostschutzmittel* zugesetzt werden. Hierfür wurden früher Salze verwendet, heute wegen der geringeren Korrosionsprobleme vorwiegend *Glykole,* das sind Mischungen von Wasser und höher siedenden Alkoholen. In beiden Fällen spricht man von Sole, obgleich dieser Begriff eigentlich nur für Salzlösungen zutreffend ist. Die Absenkung des Gefrierpunktes ist abhängig von der Art des Frostschutzmittels und von der Konzentration. Je größer der Anteil des Frostschutzmittels, desto niedriger liegt der Gefrierpunkt. Mit höherer Konzentration nimmt die Zähigkeit der Sole erheblich zu, was zu deutlicher Verringerung der Wärmeübergangszahlen (s. Abschn. 3.3.2-3.4) und zu erhöhten Strömungswiderständen – und damit höherer Pumpenleistung – führt (Bild 5.3.4-2). Es kann daher – je nach Typensprung der Hersteller – die Notwendigkeit auftreten, den Motor nicht mehr als Naßläufer, sondern als Trockenläufer mit erhöhter Leistung auszuführen.

Angenähert ändert sich nach[2)] die Förderhöhe H gegenüber der Förderhöhe H_w bei Wasser in Abhängigkeit von der Viskosität ν:

$$\frac{H}{H_w} = 1{,}4 - 0{,}4\left(\frac{\nu}{\nu_w}\right)^{0{,}1}$$

Lache, W., Pocklington, J., Lankotka, E. M.: Ki 12/92. S. 470/473.
Kanzler, G.: Ki 4/95. S. 182/84.
Bock, W., Spilker, M.: Ki 10/95. S. 480/82.
1) Bock, W.: Ki 7/94. S. 330/33.
Lippold, H.: Ki 1/96. S. 15/17.
2) Ganter, M.: HLH 9/83. S. 376/9.

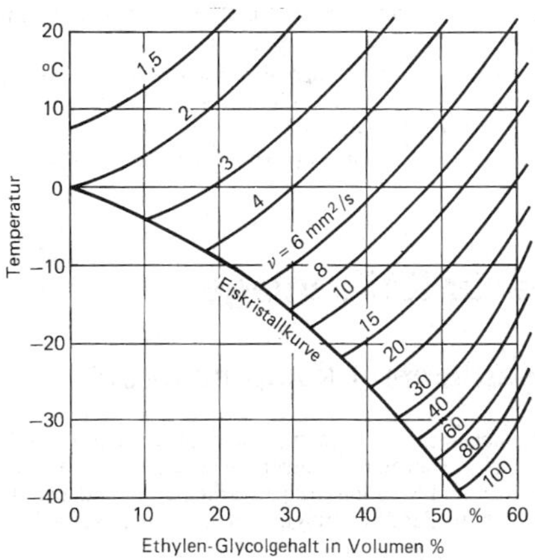

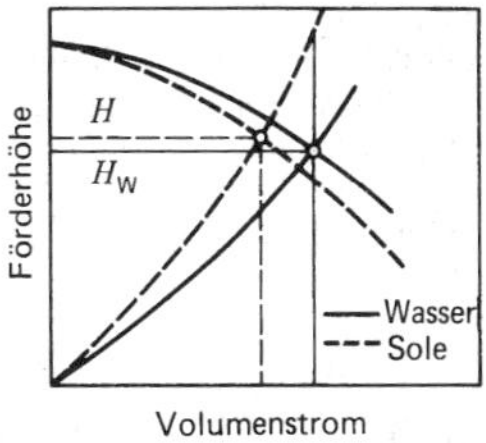

Bild 5.3.4-2. Pumpenkennbild bei Wasser und Sole.

Bild 5.3.4-1. Ethylenglycol/Wasser-Gemische, Frostgrenze und kinematische Zähigkeit υ (Antifrogen N, Clariant).

Für den Durchflußwiderstand H_A der Anlage gilt

$$\frac{H_A}{H_w} = \sqrt[4]{\frac{\upsilon}{\upsilon_w}}.$$

Bild 5.3.4-1 zeigt für das häufig verwendete Antifrogen N die Frostgrenze abhängig von der Konzentration, ferner die Linien gleicher kinematischer Zähigkeit, die deutlich die erhebliche Zunahme mit steigender Konzentration zeigen. Die spezifische Wärmekapazität verringert sich bei steigendem Glykolgehalt (Bild 3.3.2-18).

Für Rohrnetzsysteme mit Sole ändert sich auch der Ausdehnungskoeffizient gegenüber Wasser, was bei der Dimensionierung des Ausdehnungsgefäßes gemäß Bild 5.3.4-3 zu berücksichtigen ist (s. Abschnitt 5.5.7).

Wenn die Sole im Falle einer Undichtigkeit in Trinkwasser oder Grundwasser eindringen kann, darf Ethylenglykol nicht verwendet werden, da es gesundheitsschädlich ist. In diesem Fall muß entweder Propylenglycol, z. B. Antifrogen L, verwendet werden (mit noch größerer Zähigkeit), eine Kaliumkarbonat-, eine Kaliumacetat-, Kaliumformiat-Sole oder ein Gemisch aus beiden Salzsolen. Auf die erhöhte Korrosionsgefahr ist besonders zu achten. Mit Sauerstoff im Kreislauf entsteht massive Korrosion. Der Solekreislauf muß zuverlässig entlüftet sein und eventuell periodisch entgast werden. Aus diesem Grund ist auch auf ausreichende Konzentration des Gefrierschutzmittels zu achten, weil nur so genügend Inhibitoren mit im Kreislauf zirkulieren. Bei längeren Stillstandszeiten periodische Umwälzung vorsehen und Herstellerempfehlung einholen.

Neben den wäßrigen Glykollösungen sind in industriellen Anwendungen organische Verbindungen (paraffin-, naphthenbasische und aromatische) gebräuchlich. Auch bei sehr tie-

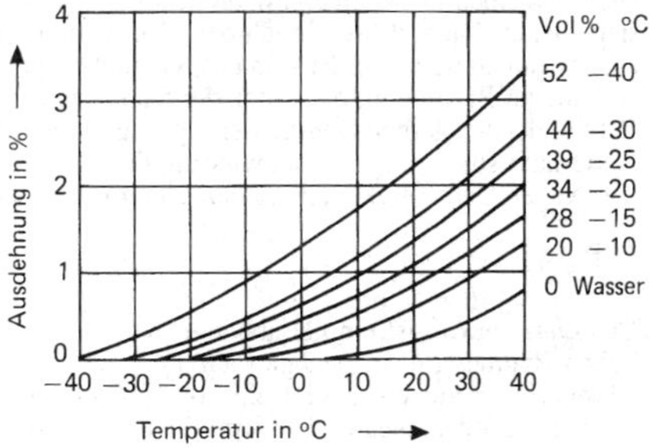

Bild 5.3.4-3. Ausdehnung von Wasser/Antifrogen-Gemischen bei verschiedenen Temperaturen.

fen Temperaturen sind solche Verbindungen als Kälteträger dünnflüssig, verbunden mit geringer Pumpenleistung und gutem Wärmeübergang.

Eine neue Entwicklung bedeutet das Gemisch aus feinen Eiskristallen und Alkohol-Wasser-Lösungen. Am Ort des Kältebedarfs schmilzt ein Teil des Eises, die umgewälzte Solemenge ist deutlich geringer, weil die Schmelzwärme des Eises umgesetzt wird. Die Anlagen müssen aber den Besonderheiten des 2-Phasen-Gemisches (fest-flüssig) angepaßt sein.

5.4 Bauelemente für Kälteanlagen

5.4.1 Verdrängungsverdichter (-kompressoren)

Hierunter versteht man Maschinen, bei denen die Verdichtung durch das Zusammendrükken eines angesaugten Volumens entsteht. Man unterscheidet zwischen Hubkolbenverdichtern mit hin- und hergehenden Kolben und Rotationskolbenverdichtern, bei denen die Volumenverringerung durch reine Drehbewegungen erfolgt, z. B. Schraubenverdichter, Zellenradverdichter, Scrollverdichter.

Alle Verdrängungsverdichter passen sich an Veränderungen der Betriebsbedingungen (t_0 und t_c) problemlos an, unter entsprechender Änderung von Kälteleistung und Energieverbrauch, bis zum Erreichen der Einsatzgrenzen.

Die *Einsatzgrenzen* ergeben sich aus folgenden Bedingungen:

maximaler *Ansaugdruck* p_0: begrenzt durch Druckfestigkeit des Verdichtergehäuses, bei Hubkolbenverdichtern zusätzlich durch Belastung der Arbeitsventile.

maximaler *Verflüssigungsdruck* p_c: begrenzt durch Druckfestigkeit der Verdichterbauteile, die diesem Druck ausgesetzt sind.

maximale *Druckdifferenz* $p_c - p_0$: begrenzt durch die Belastbarkeit der Triebwerksteile und Lager.

maximales *Druckverhältnis* p_c/p_0: begrenzt durch bei der Verdichtung entstehende Erwärmung und die daraus resultierende Verdichtungsendtemperatur.

maximale *Ansaugtemperatur* t_{0h}: begrenzt durch Verdichtungsendtemperatur.

-1 Hubkolbenverdichter

Verdichtung erfolgt durch in Zylindern hin- und hergehende Kolben in Verbindung mit Öffnungs- und Schließventilen (Bild 5.4.1-1). Kennzeichnende Größe ist das *geometrische Fördervolumen*

$$\dot{V}_h = z \cdot d^2 \frac{\pi}{4} \cdot s \cdot n \cdot 60 \text{ m}^3\text{/h}$$

mit

z = Zylinderzahl
d = Zylinder-Innendurchmesser in m
s = Kolbenhub in m
n = Drehzahl in 1/min.

Da der Kolben nicht am Zylinderdeckel anstoßen darf, verbleibt ein technisch bedingter schädlicher Raum, dessen Inhalt beim Verdichtungshub nicht über die Druckarbeitsventile ausgeschoben wird. Bei Beginn des Saughubes expandiert zunächst im schädlichen Raum enthaltener Restdampf, bis Druck der Saugseite erreicht und unterschritten wird und durch Öffnen der Saugarbeitsventile der Ansaugvorgang beginnt. Das effektive Fördervolumen ist deshalb sowie wegen Rückwirkung der warmen Zylinderwände auf das kalte Sauggas und wegen Undichtigkeiten um den Liefergrad λ geringer als das geometrische:

$$\dot{V}_{\text{eff}} = \lambda \cdot \dot{V}_h$$

Der *Liefergrad* λ ist einmal abhängig von der konstruktionsbedingten Größe des schädlichen Raumes (in %, bezogen auf $\dot{V}_h$), zum anderen vom betriebsbedingten Druckverhältnis p_c/p_0. Aus einer Vielzahl von Herstellerangaben wurde die Liefergradkurve Bild 5.4.1-2 gefunden. Neuere Konstruktionen im oberen Bereich des Bandes. Von Einfluß ist

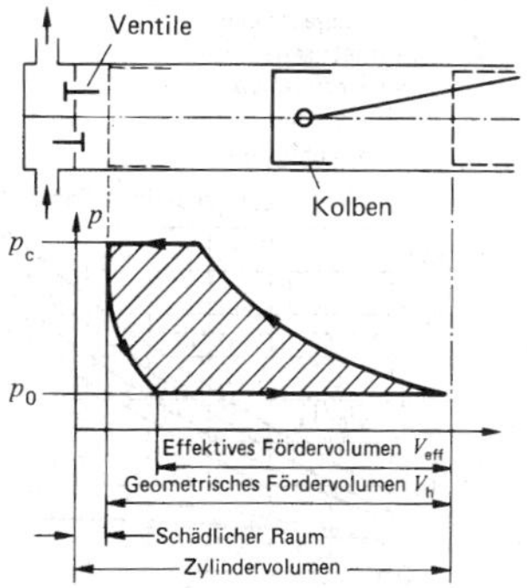

Bild 5.4.1-1. *p, V*-Diagramm eines Verdichters.

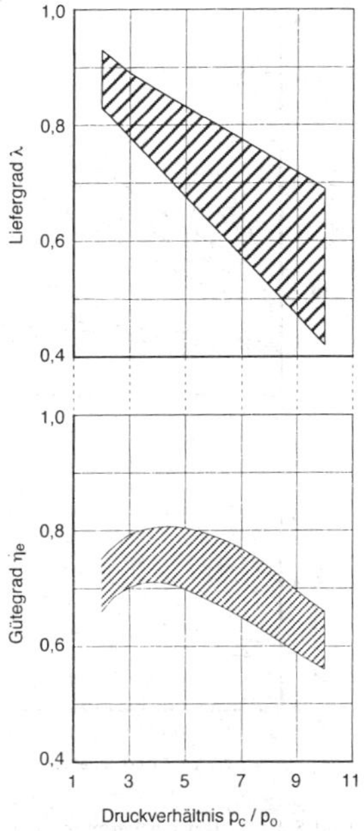

Bild 5.4.1-2. Liefergrad λ und Gütegrad η_e von Hubkolbenverdichtern.
p_c = Verdichtungsdruck
p_0 = Saugdruck

auch die Überhitzung des Saugstromes, heißes Sauggas erwärmt sich im Zylinder weniger und behindert das Nachströmen weniger, während mitgetragene Tröpfchen im Zylinderraum verdampfen und zunächst expandierender Dampf das Nachströmen spürbar behindert.

Mit der bei den Betriebsbedingungen geforderten Kälteleistung und dem Liefergrad kann schließlich das geometrische Fördervolumen bestimmt werden, weil

$$V_{geom} = V_{eff} / \lambda = (Q_o/q_v) / \lambda = Q_o/(\rho_1\ (h_1 - h_4)\ \lambda).$$

Die theoretische Antriebsleistung kann ebenfalls aus der Dampftafel oder dem log p,h-Diagramm ermittelt werden. Die ideale Verdichtung wird als Isentrope angenommen, sie kann aus dem Diagramm als spezifische isentrope Arbeit $w_{t,s} = (h_2 - h_1)$ abgegriffen werden. In den Gütegrad η_e realer Maschinen werden nun die Verluste des Verdichtungsvorganges selbst (der indizierte Wirkungsgrad η_i) und dazu auch die mechanischen Verluste mit dem Wirkungsgrad η_m (Reibung, Ölpumpe) eingerechnet. Da bei einem Druckverhältnis p_c/p_o = 1 der indizierte Wirkungsgrad gegen Null geht, zeigt der Kurvenverlauf ein Maximum bei p_c/p_o = 2…5. Das ergibt den Gütegrad $\eta_e = \eta_i\ \eta_m$ und daraus die Antriebsleistung an der Welle

$P_{Welle} = w_{t,s} / \eta_e =$

und schließlich mit dem Wirkungsgrad des Elektromotors el die Klemmenleistung P_{Kl}

$P_{Kl} = P_{Welle} / \eta_{el} = w_{t,s} / \eta_e\ \eta_{el}$ (kJ/kg)

im unteren Teil des Bild 5.4.1-2 ist der Streubereich für ηe aus einer größeren Zahl von Verdichtern zu erkennen.

Bei modernen Verdichtern liegt der *schädliche Raum* um 4%, dabei wird einstufige Verdichtung unwirtschaftlich bei $p_c/p_0 > 9$.

Reale Betriebsdaten von Hubkolbenverdichtern, bezogen auf $\dot{V}_h$ = 1 m³/h, die Liefergrad und alle Wirkungsgrade einschließen, zeigen Bild 5.4.1-3 für Kältemittel R404 A, Bild 5.4.1-4 für R 134 a. Die Werte sind Mittelwerte aus Angaben zahlreicher Hersteller, Streubreite etwa ±10%, und gelten für halbhermetische Verdichter, P und ε_K bezogen auf elektrische Leistungsaufnahme.

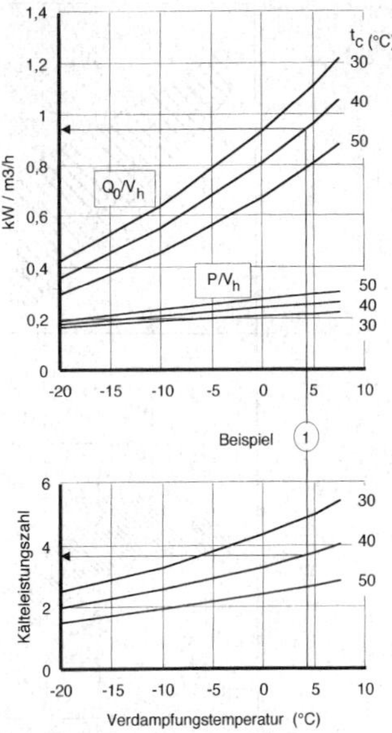

Bild 5.4.1-3. Betriebsverhalten von Kaltdampf-Hubkolbenverdichtern mit Kältemittel R 404 A.

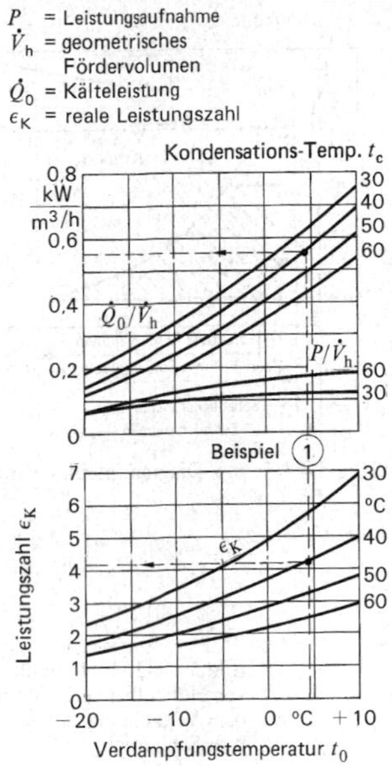

Bild 5.4.1-4. Betriebsverhalten von Kaltdampf-Hubkolbenverdichtern mit Kältemittel R 134 a.

Beispiel 1:

Bei einer Verdampfungstemperatur von t_0 = + 4,5 °C und einer Verflüssigungstemperatur von t_c = + 40 °C beträgt die Kälteleistung je m³/h geometrischen Fördervolumens $\dot{V}_h$

bei Kältemittel R 404 A: 0,94 kWh/m³
bei Kältemittel R 134 a: 0,55 kWh/m³

Für eine Kälteleistung von z. B. 200 kW ist damit eine Verdichter-Baugröße erforderlich von

$\dot{V}_h$ = 200/0,94 = 213 m³/h bei R 404 A
$\dot{V}_h$ = 200/0,55 = 364 m³/h bei R 134 a

Die Leistungszahl ist 3,7 bzw. 4,1, der Energieverbrauch für 200 kW Kälteleistung beträgt damit

$\dot{Q}_0/\varepsilon_K$ = 200/3,7 = 54 kW bei R 404 A,

$\dot{Q}_0/\varepsilon_K$ = 200/4,1 = 48,8 kW bei R 134 a,

gemessen an den Klemmen des Motorverdichters.

Bauarten

Offene Verdichter haben ein geschlossenes, unter Kältemitteldruck stehendes Gehäuse; der Antrieb erfolgt außerhalb des Gehäuses an der Welle; Wellenabdichtung mittels Gleitringdichtung erforderlich; Antrieb durch Elektromotor oder andere Kraftmaschinen direkt oder mittels Keilriemen.

Baugröße $\dot{V}_h$ von 5 m³/h für Pkw-Klimatisierung bis zu über 2000 m³/h bei großen, ölfreien Trockenlaufverdichtern.

Halbhermetische Verdichter (Motorverdichter). Der Elektromotor ist zusammen mit dem Verdichter in einem gemeinsamen zusammengeschraubten Gehäuse untergebracht (Bild 5.4.1-5). Der Motor ist mit Spezialisolierung für den Betrieb in der Kältemittelatmosphäre versehen und wird meist durch den Kältemittel-Saugdampf gekühlt. Da hierbei mit zuneh-

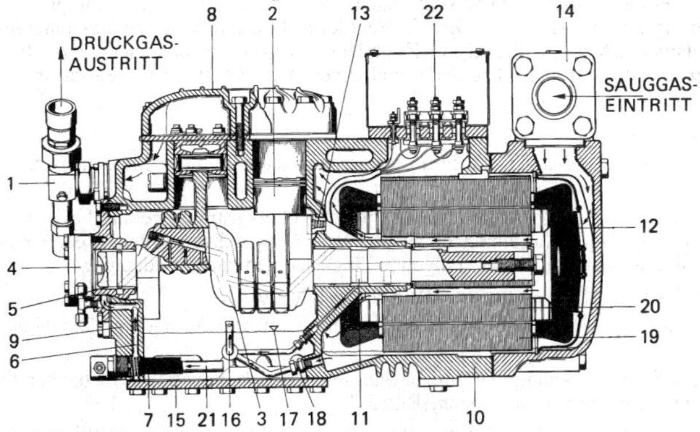

Bild 5.4.1-5. Motorverdichter (Bitzer).

1 = Druckabsperrventil
2 = Kolben
3 = Kurbelwelle
4 = Ölpumpe
5 = Lager
6 = Ölsaugleitung
7 = Ölfilter
8 = Zylinderkopf
9 = Kurbelgehäuse
10 = Motorgehäuse
11 = Hauptlager
12 = Ansaugfilter
13 = Gasdruckausgleich
14 = Saugabsperrventil
15 = Ölwannen-Abschluß
16 = Öldruckregulierventil
17 = Ölstand
18 = Öldruck-Rückflußventil
19 = Motor-Stator
20 = Motor-Rotor
21 = Kurbelwannen-Ölheizung
22 = Anschlußklemmen

mender Belastung auch Kühlwirkung besser wird, können Motoren klein dimensioniert werden. Dadurch geringerer Anlaufstrom und höherer cos φ als bei Normalmotoren für offene Verdichter. Baugrößen $\dot{V}_h$ = 3 … 500 m³/h, entsprechend im Klimabereich bei R 404 A oder R 407 C etwa 3 … 500 kW Kälteleistung.

Hermetische Verdichter. Motor und Verdichter sind in einem verschweißten, dicht geschlossenen Gehäuse untergebracht (Kapselverdichter, Bild 5.4.1-6). Welle meist senkrecht, Motor meistens oben. Kühlung durch Kältemittel, vorwiegend Saugdampf. Bei Defekten keine Reparatur möglich, sondern Austausch.

Verwendung hauptsächlich in Raumklimageräten, Klimaschränken, Kühlschränken usw. Baugröße $\dot{V}_h$ von 0,5 … 50 m³/h.

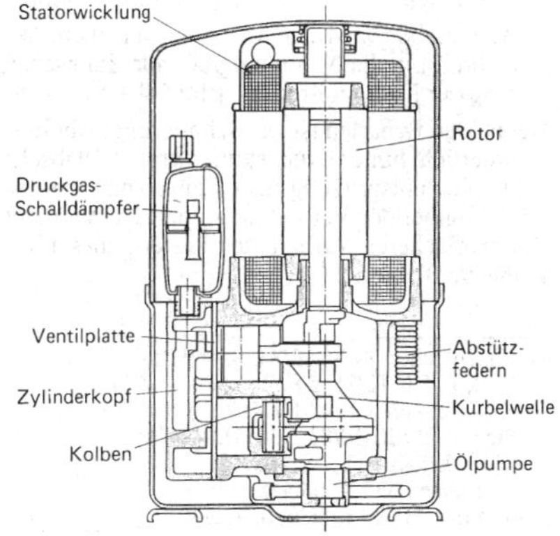

Bild 5.4.1-6. Kapselverdichter-Schnittbild (DWM-Copeland).

Arbeitsventile. Früher Gleichstrom-Gasführung mit Saugventil im Kolben, Dampfstrom durch Kolben nach oben. Heute werden die Ventile im Oberteil des Zylinders untergebracht; Saugdampf strömt von oben in den Zylinder und wird nach oben wieder ausgeblasen (Wechselstrom-Gasführung). Die Saug- und Druck-Arbeitsventile arbeiten selbsttätig in der Art wie Rückschlagventile.

Mehrzylinderbauart

Zylinder werden in V-, W- oder VV-Form angeordnet, dadurch guter Massenausgleich möglich.

Leistungsregelung[1] von Kolbenverdichtern bedeutet Volumenstromregelung bei unverändertem Druckverhältnis. Auf eine noch ausreichende Gasgeschwindigkeit in der Saugleitung zum Öltransport ist zu achten. Folgende Möglichkeiten haben Bedeutung:

1. Verdichterabschaltung bei Aufteilung der Kälteleistung auf mehrere Verdichter.
2. Änderung der *Drehzahl* durch Verwendung polumschaltbarer oder regulierbarer Motoren.
3. *Beipaß-Regelung:* Druckdampf strömt zur Saugseite über; nicht wirtschaftlich, aber als einfache Lösung gern angewandt; siehe Bild 5.7.1-2.
4. *Abschalten von Zylindern* durch Offen- oder Geschlossenhalten der Saugventile mittels Servokölbchen oder Greifern, die mit Öldruck oder Druckdampf als Steuermedium beaufschlagt werden. Magnetventile dienen als Schaltorgane für das Steuermedium, wenn elektrisch oder elektronisch Temperatur geregelt werden soll, z.B. Kaltwasservorlauf. Ein hydraulisches Relais wird zum Schalten verwendet, wenn der Saugdruck geregelt werden soll. Ein bzw. zwei Zylinder bleiben ungeregelt. Übliche Stufeneinteilung:

Zylinderzahl	Stufen in % des Fördervolumens
3	100 – 67 – 33
4 und 8	100 – 75 – 50 – 25
5	100 – 80 – 60 – 40
6	100 – 67 – 50 – 33

Die eingebaute Leistungsregelung dient gleichzeitig der Anfahrentlastung bei Stern-Dreieck-Anlauf oder Teilwindungsstart.

-2 Schraubenverdichter[2]

Man unterscheidet zwei verschiedene Bauarten:

1. *Schraubenverdichter mit 2 Rotoren* (Twin-screw)

   Verdichtung erfolgt durch ineinanderkämmende Walzen, von denen die Antriebsseite schraubenförmig angeordnete Vorsprünge, die andere schraubenförmig angeordnete Nuten hat (Bild 5.4.1-7). Durch unterschiedliche Gangzahl entstehen in axialer Richtung wandernde Verdichtungsräume. Nutenwalze wird durch Antriebswalze mitgedreht.

2. *Schraubenverdichter mit einem Rotor* (Mono-screw)

   Angetrieben wird eine mit Nuten versehene Walze. Verdichtung erfolgt durch eine (oder mehrere) in die Nuten eingreifende Zahnscheibe, die entsprechend der axialen Wanderung der Nuten mitrotiert (Bild 5.4.1-8).

Bei beiden Bauarten ist zur Schmierung, Abdichtung und Kühlung ein großer Öldurchsatz erforderlich; hinter Druckstutzen großer Ölabscheider sowie Ölkühler, der aber auch durch Kältemitteleinspritzung ins Öl eingespart werden kann[3]. Durch Ölkühlung geringere Erwärmung bei der Verdichtung, niedrige Verdichtungsendtemperatur. Da kein schädlicher Raum, flacherer Verlauf des Liefergrades über Druckverhältnis p_c/p_0 gegenüber Hubkolbenverdichtern.

---

[1]) Hagenlocher, T.: Ki 12/83. S. 469/71.
[2]) Paul, J.: KK 12/81. 5 S.
Ki-Forum 6/83. S. 261/7.
Stenzel, B.: Ki 10/83. S. 417/21.
Mötz, K.: Ki 10/83. S. 409/12.
Mosemann, D.: Ki 6/94. S. 283/87.
[3]) de Vries, H.: TAB 7/86. S. 483/4.

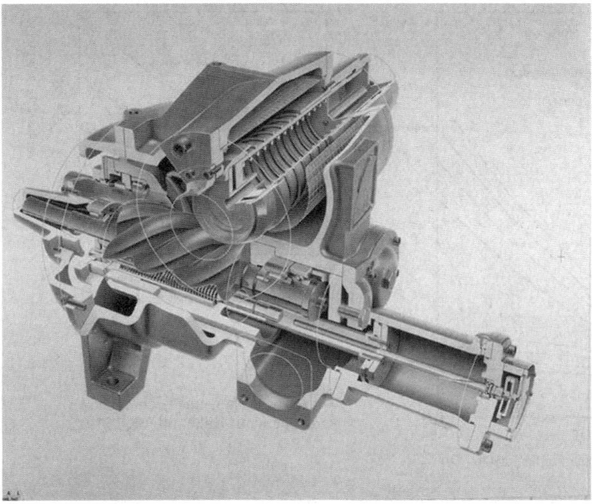

Bild 5.4.1-7. Schnittmodell eines modernen Schraubenverdichters (YORK Industriekälte).

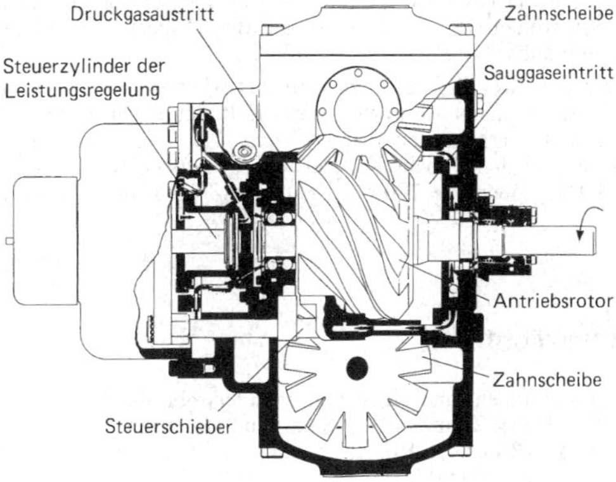

Bild 5.4.1-8. Schraubenverdichter mit einem Rotor (Hall).
Draufsicht im Teilschnitt

Vorteile gegenüber Kolbenverdichtern:

Nur drehende Bewegung, daher fast stetige Förderung und Laufruhe;
keine Ventile;
unempfindlich gegen Flüssigkeitsanfall;
stufenlose Regelung bis auf ca. 20%.

Volumenverhältnis Ansaug zu Ausblas ist durch Schraubengeometrie festgelegt, verschiedene Verhältnisse möglich. Größere Abweichung vom Auslegungsverhältnis verschlechtert Wirkungsgrad. Reale *Betriebsdaten*, bezogen auf Fördervolumen $\dot{V}_h$ = 1 m³/h, zeigt Bild 5.4.1-9 am Beispiel eines Verdichters mit 3000 UpM, $\dot{V}_h$ = 1060 m³/h, Volumenverhältnis 2,6, Kältemittel R 134 a. Leistung $\dot{P}$ und Leistungszahl ε_K bezogen auf mechanische Leistungsaufnahme an der Verdichterantriebswelle. Halbhermetische Bauart verfügbar. Stufenlose Leistungsregelung bis etwa 20% durch Steuerschieber möglich, der die wirksame Rotorlänge verändert. Betätigung des Steuerschiebers über Dreipunktregler mit Zeitglied oder stetigen Regler. Es ist aber der deutlich schlechtere Teillastwirkungsgrad zu beachten; je höher das Druckverhältnis, um so schlechter!

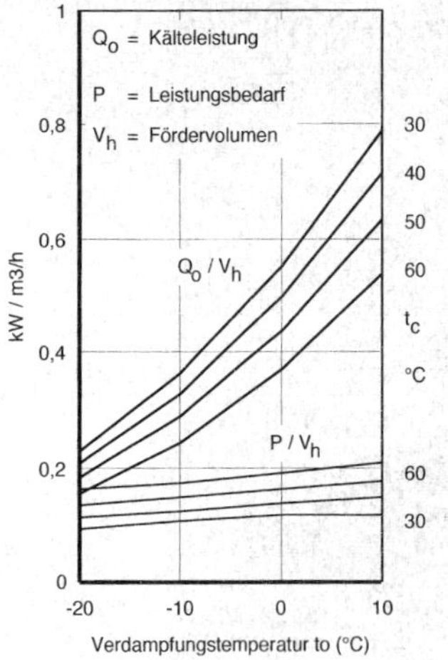

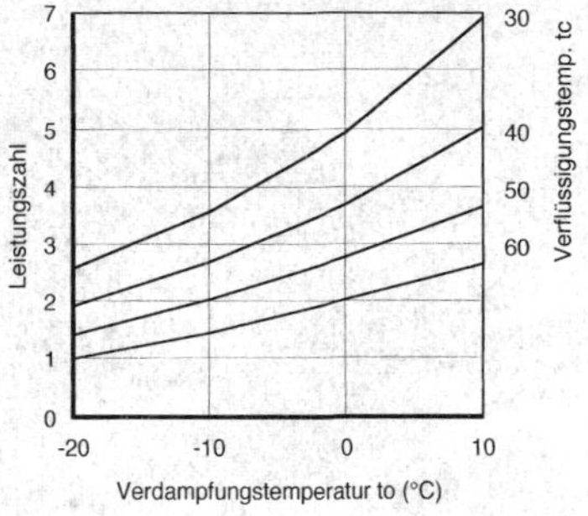

Bild 5.4.1-9.
Betriebsverhalten eines Schraubenverdichters mit Kältemittel R 134 a.

Fast alle großen zweirotorigen Schraubenverdichter haben außer dem Steuerschieber für die Leistungsregelung einen zweiten Steuerschieber zur Veränderung des Volumenverhältnisses. In Verbindung mit einer Mikroprozessor-gesteuerten Regelung ergibt sich damit eine optimale Anpassung an in weiten Bereichen variierende Betriebszustände und entsprechend niedriger Energieverbrauch[1].

Größere Schraubenverdichter mit zwei Rotoren haben oft zusätzlichen Saugstutzen in Mitte Verdichtungsvorgang. Dieser erlaubt Absaugung eines Kältemittel-Teilstromes bei Mitteldruck, durch den in einem Wärmeaustauscher – *Economizer* – eine zusätzliche Unterkühlung des Kältemittels und damit mehr Kälteleistung gewonnen werden kann. Vorgang ähnlich Bild 5.2.1-4. Baugrößen $\dot{V}_h$ = 100 … 15000 m³/h (80 … 12000 kW Kälteleistung).

-3 Rollkolbenverdichter

Verdichtung erfolgt durch an der Innenwand eines *Kreiszylinders* abrollenden, auf der Welle exzentrisch gelagerten Kolbens. Trennung von Saug- und Druckseite durch einen oder mehrere Schieber im Zylinder (Bild 5.4.1-10). Anwendung nur in hermetischen (Kapsel-)Verdichtern. Baugrößen $\dot{V}_h$ = 10 … 40 m³/h.

-4 Drehkolbenverdichter[2]

Verdichtung erfolgt durch in einem Kreiszylinder exzentrisch angeordneten *rotierenden Kolben,* in dem sich mehrere Schieber befinden, die durch Fliehkraft an die Zylinderwand angedrückt werden. Hierdurch werden einzelne Verdichtungszellen gebildet, deshalb auch Bezeichnung Vielzellenverdichter (Bild 5.4.1-11). Gut geeignet für große Fördervolumen bei kleiner Druckdifferenz, deshalb vorwiegend als Niederdruckstufe bei zweistufiger Verdichtung. Kleinere Leistungen auch halb- und vollhermetisch.

Baugrößen $\dot{V}_h$ = 300 … 6000 m³/h.

---

[1]) Heyer, I.: Ki 6/88. S. 277–284.
Mosemann, D.: Ki 5/93. S. 189/193.

[2]) Bosée, R.: Ki 11/88. S. 472/477.

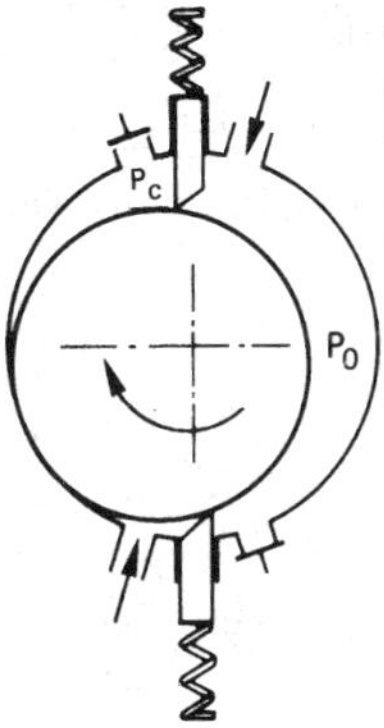

Bild 5.4.1-10. Funktionsprinzip eines Rollkolbenverdichters mit 2 Trennschiebern.

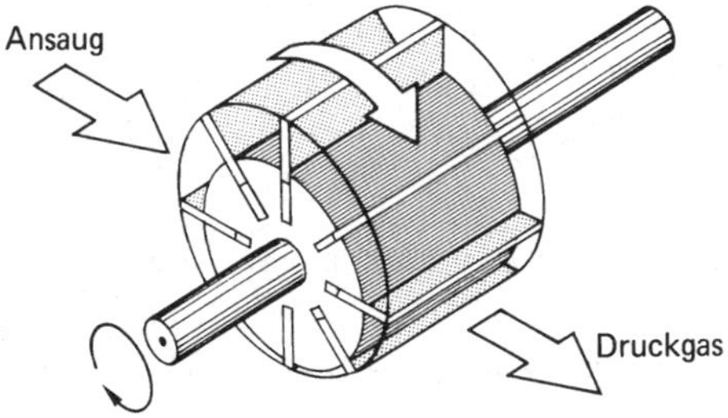

Bild 5.4.1-11. Funktionsprinzip eines Vielzellenverdichters.

-5 Spiral-(Scroll)-Verdichter[1)]

Die Verdichtung erfolgt zwischen zwei Scheiben mit spiralförmig angeordneten Rippen, von denen eine feststeht und die andere kreisförmig exzentrisch oszilliert (Bild 5.4.1-12). Anwendung in hermetischen Verdichtern (Kapseln), Baugröße $\dot{V}_h = 5 \ldots 20$ m³/h, aber auch offene Bauweise, speziell für Fahrzeugkühlung[2)].

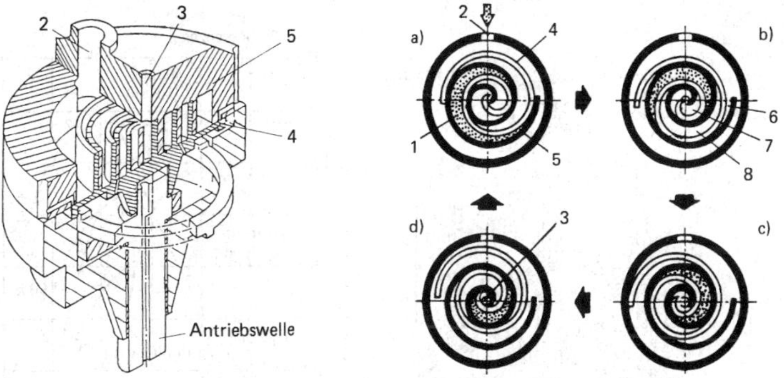

Bild 5.4.1-12. Prinzip des Spiralverdichters (Hitachi).

Links: Schnittbild. Rechts: Arbeitsweise. a … b … c … d Umlaufsinn.

1 Gasraum
2 Ansaugöffnung
3 Ausschuböffnung
4 oszillierende Spirale
5 feste Spirale
6 Ansaugen
7 Ausschieben
8 Verdichten

[1)] Uhle, T., Henchoz, M.: Ki 10/91. S. 417/420.
[2)] Kaiser, H.: Ki 1/94. S. 24/29.

5.4.2 Turboverdichter (-kompressoren)[1]

Verdichtung erfolgt durch Beschleunigung des Gasstromes im Laufrad und anschließende Umsetzung der kinetischen Strömungsenergie in Druckerhöhung im Diffusor. Für Kältetechnik bisher nur *Radialverdichter,* Aufbau und Betriebsverhalten vergleichbar mit Kreiselpumpe bzw. Radialventilator. Schnitt durch einstufigen Verdichter mit Getriebe zeigt Bild 5.4.2-1.

Grundlagen für Berechnung:

$$\Delta h_{is} = u_a^2 \cdot \mu \cdot \eta_{pol}$$

$$\dot{V} = u_a \cdot d_a^2 \cdot \frac{1}{4} \cdot \delta$$

$$u_a = \frac{\pi}{60} \cdot d_a \cdot n$$

Δh_{is} = isentrope Verdichtungsarbeit in $\frac{\text{J}}{\text{kg}} \left(= \frac{\text{m}^2}{\text{s}^2} \cdot \frac{\text{kg}}{\text{kg}} \right)$

$\dot{V}$ = Kältemittel-Volumenstrom in $\frac{\text{m}^3}{\text{s}}$

u_a = Umfangsgeschwindigkeit bei d_a in $\frac{\text{m}}{\text{s}}$

d_a = Laufrad-Außendurchmesser in m

n = Drehzahl in $\frac{1}{\text{min}}$

μ = Kennzahl, abhängig von Laufradform

η_{pol} = polytroper Wirkungsgrad der Energieumwandlung

δ = Kennzahl für Laufrad-Schluckfähigkeit.

Bei gegebener Umfangsgeschwindigkeit ist $\dot{V}$ direkt abhängig von Δh_{is} gemäß Vollast-Kennlinie des jeweiligen Verdichters, Beispiel zeigt Bild 5.4.2-2.

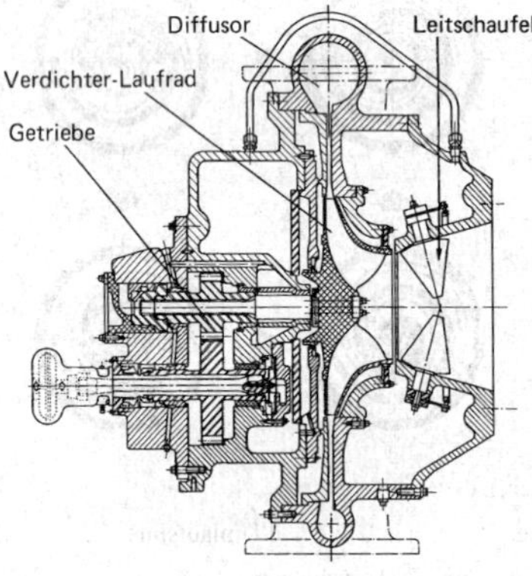

Bild 5.4.2-1. Einstufiger offener Turboverdichter mit Getriebe (YORK International).

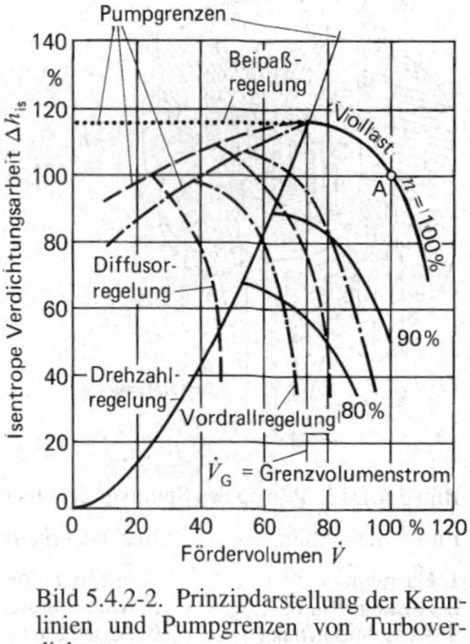

Bild 5.4.2-2. Prinzipdarstellung der Kennlinien und Pumpgrenzen von Turboverdichtern.

[1]) Hess, H.: Ki 2/85. S. 61/4.

Bei gegebenem Verdampfungsdruck p_0 ergibt Δh_{is} über das $h, \log p$-Diagramm des betreffenden Kältemittels (oder über Dampftafeln für den überhitzten Bereich) den erreichbaren Verflüssigungsdruck p_c.

Die *Kälteleistung* ergibt sich zu

$$\dot{Q}_0 = \dot{V} \cdot q_{0vt} \text{ kW}$$

mit q_{0vt} = theoretische volumetrische Kälteleistung. Die *Antriebsleistung* an der Welle ergibt sich zu

$$P = \frac{\Delta h_{is} \cdot \dot{V}}{\eta_{is} \cdot v_0''} \cdot \eta_m \text{ kW}$$

mit η_m = mechanischer Wirkungsgrad einschließlich Getriebe.

Maximale *Umfangsgeschwindigkeit* u_a etwa 250 m/s, da sonst Schallgeschwindigkeit am Laufradeintritt überschritten wird. Damit maximal erreichbar Δh_{is} von etwa 35 kJ/kg. Klimabedingungen $t_0 = 0\,°C$, $t_c = 40\,°C$, können also mit einstufiger Verdichtung erreicht werden.

Direktantrieb mit 2poligen Elektromotoren, 3000 UpM, erfordert für nötige Umfangsgeschwindigkeit sehr große Laufraddurchmesser, die wiederum sehr großen Volumenstrom bringen. Deshalb Erhöhung der Drehzahl durch *Getriebe,* Bild 5.4.2-1, oder durch Frequenzwandler und Mittelfrequenzmotor, bis etwa 15000 UpM möglich. Anderenfalls, mit Direktantrieb 3000 UpM, zweistufige Verdichtung, Bild 5.4.2-3. Beide Bauarten sowohl offen, mit Gleitring-Wellenabdichtung bei der niedrigen Drehzahl, wie auch hermetisch mit Motor (bis zu 3300 Volt) im Kältemittelraum, meistens auch durch Kältemittel gekühlt.

Als Kältemittel ausschließlich das chlorfreie R134a.

Stetige *Leistungsregelung* möglich durch

1. Drehzahlregelung (bei Antrieb über Frequenzwandler oder durch Dampfturbine).
2. Vordrallregelung (verstellbare Leitschaufeln vor Laufradeintritt, Bild 5.4.2-1).
3. Diffusorregelung mit verstellbaren Schaufeln im Diffusor, Kurven ähnlich der Vordrallregelung.
4. Heißgas-Bypass-Regelung, Überströmventil zwischen Druck- und Saugseite.

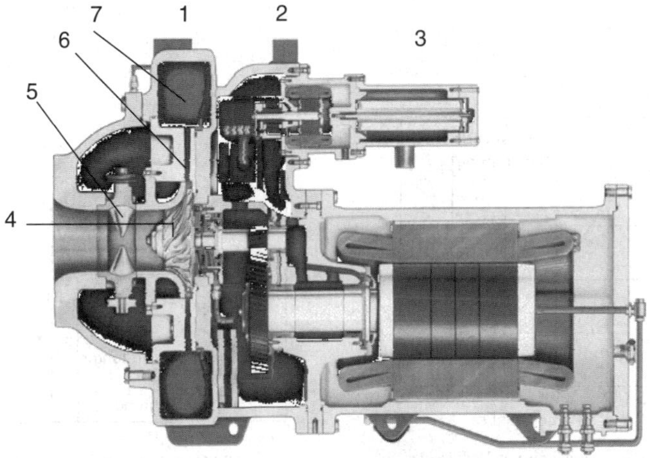

Bild 5.4.2-3. Einstufiger R234a-Turboverdichter mit Einbaumotor (halbhermetische Bauart Carrier).

1 = Verdichter
2 = Getriebe
3 = Motor
4 = Laufrad
5 = Leitschaufel (Vordrall)
6 = Diffusor
7 = Druckgas-Sammelkanal

Kennlinie der Turboverdichter hat einen Gipfelpunkt beim maximal erreichbaren Δh_{is} und zugehörigem Grenzvolumenstrom $\dot{V}_G$. Wird dieser unterschritten, ohne daß sich Δh_{is} ausreichend verringert, erfolgt Rückströmung durch den Verdichter, bis der Druck so weit absinkt, daß der Verdichter wieder fördern kann. Der Verdichter pendelt ständig zwischen Förderung und Rückströmung. Dieser Betriebszustand, „Pumpen" genannt, muß unbedingt vermieden werden, da er zu Schäden am Verdichter führt. Verlauf der *„Pumpgrenze"* bei den verschiedenen Regelungsarten ist in Bild 5.4.2-2 eingetragen.

Betriebsverhalten (vgl. Bild 5.4.2-2):

Auslegungs-Betriebspunkt A muß genügend weit von Pumpgrenze entfernt sein. Verschmutzung von Verflüssiger und Verdampfer führen zu Erhöhung von Δh_{is}, damit wandert Betriebspunkt auf Kennlinie in Richtung Pumpgrenze zu kleinerem Volumenstrom $\dot{V}$.

Bei *Teillastbetrieb* unterhalb $\dot{V}_G$ muß die Anlagencharakteristik so sein, daß mit kleiner werdendem $\dot{V}$ auch das erforderliche Δh_{is} mindestens so viel geringer wird, daß der Betriebspunkt unterhalb der Pumpgrenze liegt. Übliche Auslegung bei Dralldrossel-Regelung nach ARI-Standard 550: Je 10% Verringerung der Kälteleistung, Absenkung der Kühlwassereintrittstemperatur in den Verflüssiger um 1,4 K (s. Abschnitt 5.6.2-3).

Bei kritischer oder unsicherer Anlagencharakteristik Pumpgrenze automatisch überwachen und rechtzeitig abschalten oder Bypass-Ventil öffnen. Deshalb Regelung oft Kombination mehrerer möglicher Verfahren.

5.4.3 Verflüssiger (Kondensatoren)[1]

-1 Grundlagen

Die beim Kälteprozeß aufgenommene Wärme wird im Verflüssiger an Kühlmedium abgegeben; Summe aus Überhitzungs-, Verflüssigungs- und Unterkühlungswärme. *Verflüssigerleistung* $\dot{Q}_c = \dot{Q}_0 + a \cdot P$ (vgl. Abschnitt 5.2.1-3). Verhältnis $\dot{Q}_c/\dot{Q}_0$ zeigt Bild 5.4.3-1, abhängig von Leistungszahl ε_K. Für sauggasgekühlte Motorverdichter ε_K bezogen auf elektrische Leistungsaufnahme, für offene Verdichter auf Wellenleistung.

Temperaturverlauf im Verflüssiger siehe Bild 5.4.3-2.

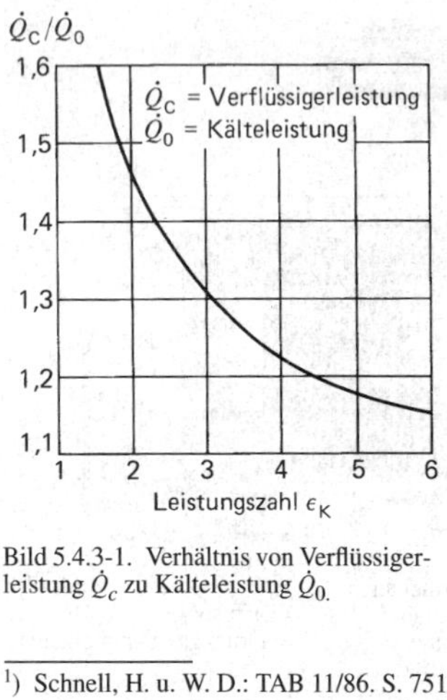

Bild 5.4.3-1. Verhältnis von Verflüssigerleistung $\dot{Q}_c$ zu Kälteleistung $\dot{Q}_0$.

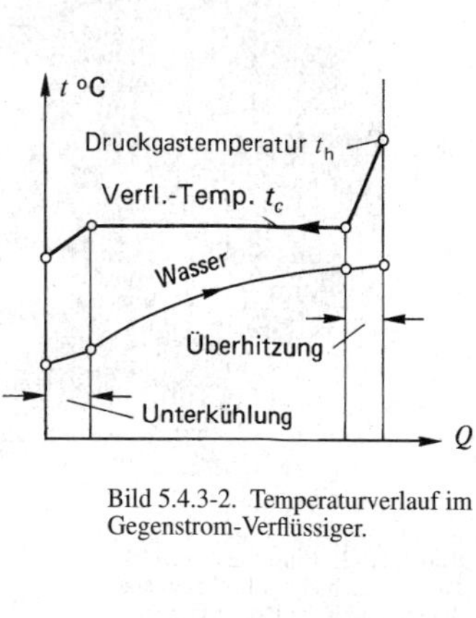

Bild 5.4.3-2. Temperaturverlauf im Gegenstrom-Verflüssiger.

[1]) Schnell, H. u. W. D.: TAB 11/86. S. 751/7.

Erforderlicher *Volumenstrom* $\dot{V}_W$ *des Kühlmediums* warme Seite (Verflüssiger) ermittelt sich zu

$$\dot{V}_W = W \cdot \frac{\dot{Q}_c}{t_{WA} - t_{WE}} \quad \text{in m}^3\text{/h}$$

t_{WA} = Austrittstemperatur Kühlmedium
t_{WE} = Eintrittstemperatur Kühlmedium
W = Kenngröße Kühlmedium (bei 30 °C):

$$W = \frac{3600}{\varrho \cdot c_p} \quad \frac{\text{m}^3 \cdot \text{K}}{\text{kWh}}$$

Wasser $W = 0{,}865 \quad \frac{\text{m}^3 \cdot \text{K}}{\text{kWh}}$

Luft $W = 3090 \quad \frac{\text{m}^3 \cdot \text{K}}{\text{kWh}}$

Übliche *Auslegungsdaten* im Sommerextrem:

Wasser aus Rückkühlwerk, Erwärmung von 27 °C auf 32 °C, t_c ca. 37 °C, ε_K ca. 4,0

Brunnen- oder Oberflächenwasser: t_c ca. 37 °C, ε_K ca. 4,0

Außenluft, Erwärmung von 32 °C auf 42 °C, t_c ca. 50 °C, ε_K ca. 3,0.

Luftkühlung erfordert also für gleiche Spitzenlast-Kälteleistung größere Verdichter und höheren Energieverbrauch der Verdichter. Für Wahl des Kühlmediums Wirtschaftlichkeitsrechnung erforderlich, Ergebnis u.a. abhängig von im Bauwerk installierter Kälteleistung, Anzahl der Kälteanlagen und Lage derselben im Gebäude. Wenn kein Brunnen- oder Oberflächenwasser verfügbar, bei wenigen Anlagen kleinerer Leistung meistens Luftkühlung günstiger. Bei größerer Leistung und/oder größerer Zahl von Anlagen meistens Wasserkühlung mit Rückkühlwerk wirtschaftlicher, da Luftvolumenströme im Bauwerk nicht unterzubringen oder weite Wege, insbesondere Steighöhen, für Kältemittelleitungen problematisch sind.

Neben unterschiedlichen Investitionskosten gehen in Wirtschaftlichkeitsberechnung ein:

Bei *Wasserkühlung* Energiekosten für Pumpen und Rückkühlwerke, Wasserverbrauch einschließlich Abschlämmen, gegebenenfalls Wasseraufbereitungskosten, Reinigungskosten.

Bei *Luftkühlung* Energiekosten der Ventilatoren und höherer Energieverbrauch der Verdichter (Jahresmittel, abhängig von Regelung), Reinigungskosten.

Im Rahmen von *Wärmerückgewinnungsmaßnahmen* zunehmend Installation zusätzlicher Verflüssiger, z.B. wassergekühlt für Erwärmung von Brauchwasser und/oder Heizungswasser. Hauptverflüssiger dient dann zur Abführung der nicht mehr nutzbaren Wärme an Luft oder Kühlturmwasser.

Für einwandfreie Funktion des Expansionsorgans sowie für sinnvolle Wärmerückgewinnung darf Verflüssigungsdruck einen vorgegebenen Mindestwert nicht unterschreiten, entsprechende Regelung erforderlich.

Verflüssiger unterliegen der Druckbehälterverordnung vom Sept. 1995, ein Überschreiten des maximal zulässigen Betriebsüberdruckes muß durch Sicherheitseinrichtungen verhindert werden.

-2 Wassergekühlte Verflüssiger[1)]

Häufigste Bauart sind *Rohrbündel-Verflüssiger* (Shell and Tube Type) Bild 5.4.3-3. Sie bestehen aus einem Mantelrohr mit beiderseits angeschweißten Rohrplatten, in die die Innenrohre eingeschweißt oder eingewalzt sind. Wasser fließt in den Rohren, Kältemittel kondensiert im Mantelraum. Wasserumlenkdeckel beiderseits, mit Wasserein- und -austrittsstutzen, sind abnehmbar. Bei dieser Bauart kann dadurch wasserseitig mechanisch – z.B. mit Bürsten – gereinigt werden.

Durch Einbauten in Wasserumlenkdeckeln kann Zahl der Wasserwege verändert und damit optimale Strömungsgeschwindigkeit in den Rohren erreicht werden.

[1)] Paikert, P.: Wärmepumpentechnologie VI 1980. S. 83/53.

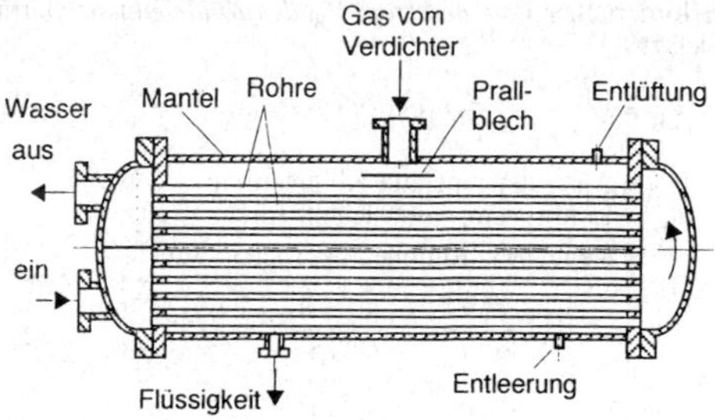

Bild 5.4.3-3.
Rohrbündel-Verflüssiger.

Bei FKW-Kältemitteln werden meistens mit Rippen oder spezieller Struktur versehene Kupfer- oder Kupfer-Nickel-Rohre verwendet, weil die Wärmeübergangszahl dieser Kältemittel im Vergleich zu wasserseitigen Werten relativ niedrig ist. Die äußere Fläche dieser Rohre ist etwa 3- bis 5mal größer als die Innenfläche. Dadurch gewinnt die Wassergeschwindigkeit einen größeren Einfluß auf den Wärmedurchgang.

Für kleinere Leistungen werden oft *Koaxial-Verflüssiger* verwendet (Aufbau wie Bild 5.4.4-4). Sie bestehen aus einem oder mehreren wasserführenden Kernrohren, meistens außen berippt, und mit einem darüber geschobenen Mantelrohr gemeinsam schraubenförmig gewickelt. Im Ringraum fließt das Kältemittel.

Diese Bauart ersetzt zunehmend die Verflüssiger mit eingebauter Rohrschlange *(Shell and Coil Type).* Beide Bauarten sind preisgünstiger als die Rohrbündel-Verflüssiger, können jedoch nur chemisch gereinigt werden.

Kühlwasserregelung bei Frischwasserbetrieb siehe Abschn. 5.4.7-4, bei Kühlturmbetrieb Abschn. 5.4.8-3.

Berechnung (s. auch Abschnitt 1.3.5)

Der Wärmedurchgangskoeffizient k_0 für das saubere Rohr errechnet sich aus

$$\frac{1}{k_0} = \frac{1}{\alpha_a} + \frac{A_a}{A_i}\frac{1}{\alpha_i} \text{ in m}^2\text{K/W},$$

wobei der Wärmeleitwiderstand der Rohrwände vernachlässigt ist. Der k_0-Wert ist auf die Außenfläche A_a der Rohre bezogen.

Zur Berücksichtigung der *Verschmutzung* sind zusätzlich Widerstände R_i auf der Innenseite der Rohre und R_a auf der Außenseite der Rohre zu berücksichtigen. Die Gleichung für den Wärmedurchgang lautet dann

$$\frac{1}{k} = \frac{1}{\alpha_a} + R_a + \frac{A_a}{A_i}\left(\frac{1}{\alpha_i} + R_i\right)$$

Der Wärmeübergang auf der *Wasserseite* (Rohrinnenseite) kann nach den bekannten Gleichungen berechnet werden (siehe Abschn. 1.3.5-2).

Der *Wärmeübergangskoeffizient* auf der Kältemittelseite ist abhängig von Art des Kältemittels, Temperaturdifferenz und Konstruktionsgeometrie, sowie nebst R_a vom Ölgehalt des Kältemittels. Richtwerte für die Wärmedurchgangszahl, abhängig von Wasser-

Empfohlene Werte für R_i bei Cu- und Messingrohren:

	R_i in $\frac{m^2K}{W}$
Seewasser	$1 \cdot 10^{-4}$
Brackwasser	$3 \cdot 10^{-4}$
Flußwasser	$3 \cdot 10^{-4}$
Stadt- und Brunnenwasser	$1 \cdot 10^{-4}$
Kühlturmwasser unaufbereitet	$4 \cdot 10^{-4}$
Kühlturmwasser; Zusatzwasser behandelt	$2 \cdot 10^{-4}$

Bei Stahlrohren etwa die doppelten Werte.

geschwindigkeit und Verschmutzungszuschlag, zeigt Bild 5.4.3-4, gültig für Cu- und MS-Hochleistungsrohre (GEWA C) mit spezieller Oberflächenstruktur innen und außen, im Bild 5.4.3-4 für Kältemittel R134a. Die Bezugsfläche wird mit dem Hüllendurchmesser gebildet. Der Wärmeübergangskoeffizient der Kondensation wird mit abnehmender Wärmestromdichte höher. Bei Teillast rückt die Verflüssigungstemperatur dadurch näher an die Kühlwasseraustrittstemperatur. Der so erreichte niedrigere Verflüssigungsdruck verringert den Leistungsbedarf des Verdichters.

Für dieses Rohr gilt für den Wärmeübergangskoeffizienten der Kondensation α_a

$\alpha_a = 98200 \cdot q^{-0,1408}$ (W/m²K mit Wärmestromdichte q in W/m²,
Dimension des Zahlenbeiwertes $W^{1,1408}/(m^{2,216}\,K)$.

Für andere H-FKW-Kältemittel ist der Exponent gleich, lediglich der Zahlenfaktor ändert sich (R404A: 88380, R507: 10800, R410A: 92300). Der Berechnung der Kältemittelverflüssigung liegt die Nusselt'sche Filmtheorie zugrunde, wonach der Dampf in den wachsenden, laminaren Flüssigkeitsfilm kondensiert. Mit mehreren Rohrreihen übereinander wird also der Film dicker, dieser behindert den Wärmeübergang an den unteren Rohren. Hochleistungsrohre haben eine bessere Drainagewirkung als normale Rippenrohre, der Flüssigkeitsfilm wirkt sich dadurch weniger stark auf den Wärmeübergang aus. Bei Glattrohren gilt nach VDI-Wärmeatlas (siehe Abschn. 6.5.1-3) für den Einfluß der Zahl der Rohrreihen n_R auf einen mittleren Wärmeübergang der Kondensation:

$\alpha_{a,mittel} = (n_R^{-1/6})\, \alpha_a$,
bei den Hochleistungsrohren ist der Exponent von n_R etwa um den Faktor 2 kleiner.

Ungewohnt ist das Rechenverfahren zur Bestimmung des Wärmeübergangs der Kondensation, muß doch zur Ermittlung des Wärmeübergangkoeffizienten α_a die Wärmestromdichte q eingesetzt werden, also das Ergebnis vorweggenommen werden.

Nach wenigen Iterationsschritten wird eine ausreichende Genauigkeit erreicht.

Die Wassergeschwindigkeit in den Rohren sollte 1 m/s nicht unterschreiten, um die Verschmutzung und Korrosion in Grenzen zu halten. Die maximalen Geschwindigkeiten im Rohr sind von der Wasserqualität und dem Rohrwerkstoff abhängig:

Rohrwerkstoff	mittel	max.
Al		1,5 m/s
Cu	1–2,2 m/s	2,5 m/s
CuNi10Fe	1–3 m/s	3 m/s
CuNi30Fe	1–3 m/s	4 m/s
Edelstahl	1–3,5 m/s	4 m/s

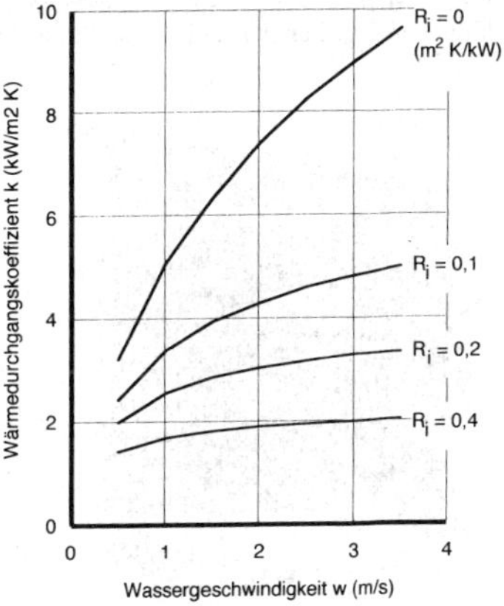

Bild 5.4.3-4. Wärmedurchgangskoeffizienten eines Rohrbündel-Verflüssigers mit Hochleistungsrohren (Hüllfläche als Bezugsfläche).

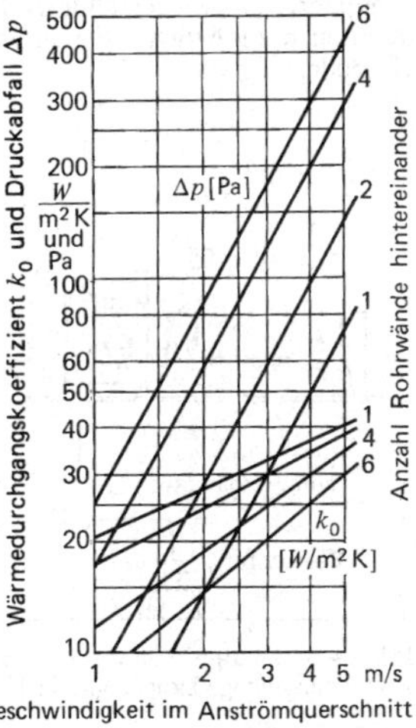

Bild 5.4.3-5. Wärmedurchgangskoeffizient k_0 und Druckabfall Δp eines Rippenrohrsystems für luftgekühlte Verflüssiger.

Bild 5.4.3-4 zeigt, wie stark die *Wärmedurchgangszahl* bei zunehmender Verschmutzung zurückgeht. Mit kleiner werdendem k-Wert steigt bei gleicher zu übertragender Leistung die erforderliche Temperaturdifferenz und damit die Verflüssigungstemperatur. *Folge:* kleinere Kälteleistung, höherer Energieverbrauch und bei hohen Kühlwassertemperaturen im Sommerextrem Abschaltung durch Druckbegrenzer.

Überwachung des Kühlwassers, Behandlung des Zusatzfrischwassers, hinreichende Abschlämmung (siehe Abschnitt 5.4.8-3) sowie auch regelmäßige Reinigung des Verflüssigers, gegebenenfalls durch automatische Rohrreinigungsanlagen, ist also wichtig. Verschmutzung der Verflüssiger ist die häufigste *Störquelle* bei Kälteanlagen. Wegen der stets anzunehmenden Verschmutzung bei offenem Wasserkreis sollten auch Hochleistungsrohre mit weniger anfälliger Innenstruktur (Innenfläche glatt oder leichte Wellung) gewählt werden, um die Reinigung zu erleichtern. Bei geschlossenen Kreisläufen dagegen leisten innenberippte Rohre hervorragende Dienste; insbesondere wenn dem Wasser Gefrierschutzmittel (Glykole oder ähnliches) zugesetzt sind. Der Wärmeübergang kann dann trotz der erhöhten Viskosität auf hohem Niveau gehalten werden.

Auch die Einhaltung des der Berechnung zugrundegelegten Wassermassenstromes ist wichtig. Zu niedrige Werte ergeben Verringerung der Wärmedurchgangszahl, Überschreitung der zulässigen Grenzen führt zu Erosions- und/oder Kavitationsschäden.

Bei der Inbetriebnahme, nach Reparaturen und nach längerem Stillstand ist mit Luft im System zu rechnen. Diese sammelt sich während des Betriebes im Verflüssiger. Sorgfältige und eventuell mehrmals wiederholte Entlüftung verbessert den Wärmeübergang. Anlagen mit R11 oder R123 arbeiten im Unterdruck und werden deshalb mit eigener Entlüftungseinrichtung ausgestattet.

-3 Luftgekühlte Verflüssiger[1)]

Ausführung grundsätzlich als *Rippenrohrsystem,* vorwiegend mit Cu-Rohren in Paket aus durchgehenden Aluminium-Lamellen. Wegen niedriger Wärmeübergangszahl Luft an Rippen, Flächenverhältnis $A_a/A_i = 10 \dots 30$. Abhängigkeit der Wärmedurchgangszahl k_0 und des luftseitigen Druckabfalles von der Luftgeschwindigkeit im Anströmquerschnitt und der Anzahl der luftseitig hintereinandergeschalteten Rohrwände zeigt Bild 5.4.3-5 am Beispiel eines sauberen Verflüssigers mit Cu-Rohr 13 mm ∅, Rohrteilung 32 × 27 mm versetzt, Lamellenabstand 2,1 mm. Hoher Druckabfall verursacht höheren Energieverbrauch und größere Lautstärke der Ventilatoren, deshalb Anströmungsgeschwindigkeit 2 … 4 m/s üblich.

Anordnung der Rohrwände meist horizontal (Bild 5.4.3-6). Seltener vertikal; mit Axialventilatoren vorwiegend für Aufstellung im Freien (Bild 5.4.3-7). Mit Radialventilatoren auch zusätzlicher Förderdruck für Anschluß von Luftkanälen bei Aufstellung im Gebäude.

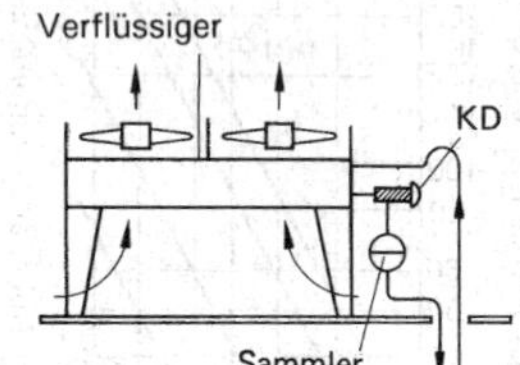

Bild 5.4.3-6. Luftgekühlter Verflüssiger mit Verflüssigungs-Druckregler KD.

Bild 5.4.3-7. Luftgekühlter stehender Verflüssiger mit 4 Axialventilatoren.

1) Löffler, R.: Ki 2/74. S. 51/4.
Pöschl, J.: Ki 9/83. S. 363/8.

Verflüssigerdruckregelung durch Zu- und Abschaltung einzelner Ventilatoren, durch Drehzahlregelung über polumschaltbare Motoren oder stufenlos durch Phasenanschnittsteuerung, durch luftseitige Drosselklappen (vorwiegend bei Radialventilatoren). Ergänzend zu luftseitiger Regelung, bei kleineren Leistungen auch anstatt, Regelung durch Anstauen von Kältemittel im Verflüssiger (Verringerung der Wärmeaustauschfläche) über spezielle Verflüssigungsdruckregler (Bild 5.4.3-6).

Die Kälteleistung des Verdichters $\dot{Q}_0$ fällt mit steigender Kondensationstemperatur im Verflüssiger, also mit steigender Außenlufttemperatur. Dem kann man durch *Vorkühlung* der Luft z.B. durch einen Düsen- oder Rieselbefeuchter entgegenwirken[1]. Höhere Investitionskosten, Verwendung deshalb selten.

-4 Verdunstungsverflüssiger[2]

Wird das Rohrsystem eines luftgekühlten Verflüssigers zusätzlich mit Wasser besprüht, so erhöht sich die Kühlleistung durch die Verdunstung des Wassers erheblich. Dieses Verfahren wird manchmal benutzt, um die Leistung luftgekühlter Verflüssiger an den wenigen sehr warmen Tagen kurzfristig zu vergrößern.

Der eigentliche Verdunstungsverflüssiger arbeitet mit *Wasserumwälzung* und ausreichendem Wasserüberschuß. Der konstruktive Aufbau entspricht dem von Rückkühlwerken mit geschlossenem Wasserkreislauf, nur mit dem Unterschied, daß in den Rohren direkt das Kältemittel verflüssigt wird (Bild 5.4.3-8).

Bezogen auf 1 kW Verflüssigerleistung ist üblich ein *Luftdurchsatz* von etwa 100 $\frac{m^3}{h\,kW}$, eine *Wasserumwälzung* von etwa 1 $\frac{m^3}{h\,kW}$.

Mit dieser Auslegung wird bei einer Außenluft-Feuchttemperatur von 21 °C eine Verflüssigungstemperatur von etwa 35 °C erreicht. Wasserverbrauch etwa 5 $\frac{kg}{h\,kW}$.

Entscheidender *Nachteil* sind die Korrosions- und Verschmutzungsprobleme infolge der Wasserversprühung im offenen Luftstrom. Kleinste Korrosionsundichtigkeiten, die bei Rückkühlung von Wasser noch ungefährlich sind, führen zu Kältemittelverlusten und damit zu Störungen. Verwendung deshalb relativ selten.

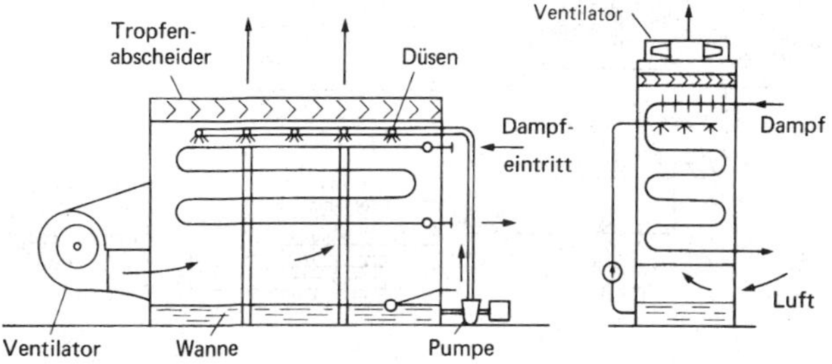

Bild 5.4.3-8. Verdunstungsverflüssiger.
Links: Ventilator drückend; rechts: Ventilator saugend

[1]) N. N.: Temperaturtechnik 5/86. S. 14/5.
[2]) DKV-Arbeitsblatt 3-02.

5.4.4 Verdampfer (Kühler)

-1 Grundlagen[1)]

Im Verdampfer wird dem zu kühlenden Medium Wärme entzogen; die dadurch bewirkte Abkühlung ist der Zweck der ganzen kältetechnischen Anlage. Die verschiedenen Verdampferbauarten werden unterteilt

nach dem *Medium:*
Verdampfer zur Kühlung von Wasser, von Luft, von Produkten aller Art,

nach dem *Kühlverfahren:*
Durchflußkühlung, Behälter-(Raum-)Kühlung, Eiserzeugung etc.,

nach der *Bauart:*
Rippenrohr, Rohrbündel, Platten, Steilrohr, Koaxialrohre etc.,

nach der *Art der Verdampfung:*
trocken oder überflutet.

a) *Trockene Verdampfung*

Die Verdampfung erfolgt im Zwangsdurchlauf durch einen oder mehrere Rohrstränge. Es wird nur so viel flüssiges Kältemittel zugeführt, wie im Durchlauf verdampfen kann. *Überhitzung* des austretenden Dampfes ist die Regelgröße, die der Fühler des thermostatischen Expansionsventiles mißt und in Stellbewegungen umsetzt, Bild 5.4.4-1. Bei richtiger Bauweise, Bemessung und Regelung ist Überhitzung genügend groß, um den Verdichter vor Flüssigkeitsschlägen zu schützen. Das Öl wird bei richtiger Leitungsführung und ausreichenden Geschwindigkeiten automatisch zum Verdichter zurückgeführt.

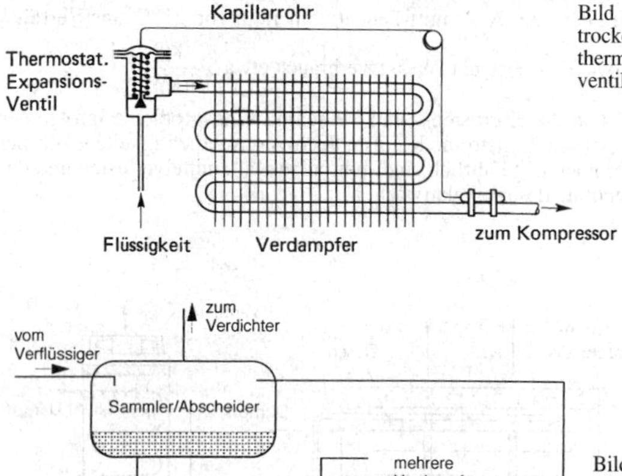

Bild 5.4.4-1. Schema eines trockenen Verdampfers mit thermostatischem Einspritzventil.

Bild 5.4.4-2. Schema einer Pumpen-Kälteanlage mit individuell geregelten, zwangsweise durchströmten Verdampfern.

b) *Überflutete Verdampfung*

Bei überfluteter Verdampfung ist so viel Kältemittel im Verdampfer, daß die kältemittelseitigen Austauschflächen stets mit *flüssigem Kältemittel* beaufschlagt sind. Der Verdichter muß vor Flüssigkeitsschlägen durch mitgerissene Tropfen geschützt werden. Bei HFKW-Kältemitteln wird über dem Rohrbündel im Mantelraum genügend Abscheideraum und zusätzlich Abscheideelemente (Geflechte, Leitbleche) vorgesehen, bei Ammoniak ein separater, auf den Rohrbündelapparat aufgesetzter Abscheider. Sollen mehrere Kühlstellen mit Kältemittel versorgt werden, wird aus einem zentralen Sammler/Abscheider flüssiges

1) Slipcevic, B.: TAB 7/87. S. 567/571.

Niederdruck-Kältemittel zu den einzelnen Verdampfern gepumpt und von dort das Gemisch aus Dampf und unverdampfter Flüssigkeit zum Abscheider zurückgefördert. Obwohl damit ein sehr guter Wärmeübergang und energetisch günstige Verhältnisse erreicht werden, sind diese Pumpenanlage wegen der großen Füllmenge (teures Kältemittel) und wegen des Risikos der Kältemittelverluste bei Leckagen eher in Kühlanlagen zu finden, wo die Temperaturdifferenz zwischen verdampfendem Kältemittel und zu kühlendem Medium gering zu halten ist, z. B. bei tiefen Temperaturen.

Bild 5.4.4-2 zeigt die Schaltung einer derartigen Pumpenanlage. Im Bild ist ein Luftkühler als Wärmelast eingezeichnet. Der Sammler muß groß genug sein, um die Füllmenge aller Kühlstellen aufzunehmen und dabei immer noch ausreichend Abscheidewirkung aufzuweisen. Sehr sorgfältig ist die Pumpe auszuwählen und vor allem ist auf genügend Zulaufhöhe (siedende Flüssigkeit) mit wenig Druckverlust in der Zulaufleitung zu achten.

c) *Berechnung*

Der übliche Rechengang mit der Wärmedurchgangszahl k ist hier nicht mehr möglich, da die Wärmeübergangszahlen auf der Innen- und Außenseite verschiedenen Gesetzmäßigkeiten unterliegen. Der Wärmeübergang auf der Luft- oder Wasserseite ist nach den bekannten Gleichungen, vgl. Abschnitt 1.3.5-2, im wesentlichen abhängig von der Strömungsgeschwindigkeit. Der Wärmeübergang bei Verdampfung auf der Kältemittelseite hingegen ist im wesentlichen abhängig von der Flächenbelastung $\dot{Q}_0/A$. Außerdem bewirkt der Druckabfall des strömenden Kältemittels im Rohr eine Absenkung der Verdampfungstemperatur.

Die Berechnung erfolgt in zwei Schritten. Zunächst wird in üblicher Weise über Wärmeübergangszahl, Flächenverhältnis und gegebenenfalls Rippenwirkungsgrad die Rohroberflächentemperatur auf der Kältemittelseite errechnet. Aus dieser ergibt sich dann über Flächenbelastung und Druckabfall die Differenz Δt_R (Kältemittelseite) zwischen Rohroberflächentemperatur und Verdampfungstemperatur am Verdampferaustritt. Diese wird zusätzlich beeinflußt durch die erforderliche Überhitzung des Kältemittels, die mit der sehr schlechten Wärmeübergangszahl des dampfförmigen Kältemittels erreicht werden muß.

Kennzeichnende Größe für die Qualität eines Verdampfers ist damit nicht mehr der Wert $k \cdot A$, sondern die erreichbare Austrittsdifferenz Δt_{AK}, also die Differenz zwischen Austrittstemperatur des Mediums auf der kalten Seite und der manometrischen Verdampfungstemperatur am Austritt des Verdampfers.

Verdampfer unterliegen der Druckbehälterverordnung vom Sept. 1995, ein Überschreiten des maximal zulässigen Betriebsüberdruckes muß durch Sicherheitseinrichtungen verhindert werden.

-2 Verdampfer zur Kühlung von Wasser[1]

Vorwiegend *Durchflußkühlung* in Rohrbündel- und Röhrenkesselverdampfern, meistens als Bestandteil von Kaltwassersätzen.

-2.1 Rohrbündelverdampfer mit trockener Verdampfung

Kältemittel verdampft in den Rohren. Diese sind meistens als *Glattrohre* kleinen Durchmessers aus Kupfer, Messing oder Stahl ausgeführt und in beiderseitige Rohrböden eingewalzt oder eingeschweißt (Bild 5.4.4-3). Um kompakte Bauweise zu erzielen, werden auch innen berippte Rohre (Längsrippen) verwendet.

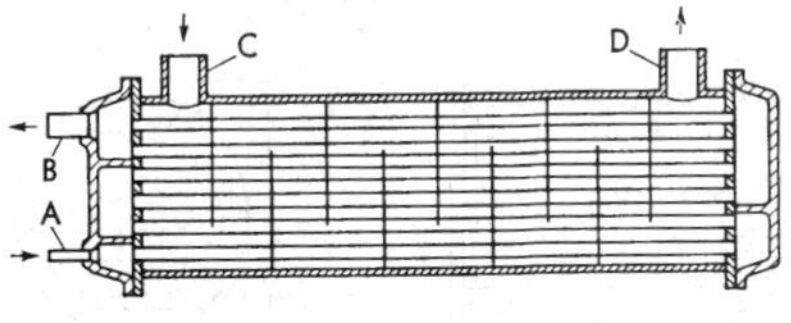

Bild 5.4.4-3. Rohrbündelverdampfer für trockene Verdampfung.
A und B = Kältemittelanschlüsse,
C und D = Kaltwasseranschlüsse

[1]) Paikert, P.: Wärmepumpentechnologie VI. 1980. S. 38/53.
Hage, M.: Ki 2/88. S. 71/75.

Das im Expansionsventil entspannte Kältemittel wird dem vorderen Umlenkdeckel meistens unten zugeführt und durchströmt die Rohre als Dampf-Flüssigkeits-Gemisch in mehreren Wegen und in jeweils steigender Rohrzahl. Im letzten Weg Verdampfung der letzten Flüssigkeit und Überhitzung des Dampfes. Zahl der pro Weg parallelgeschalteten Rohre wird so gewählt, daß Druckverlust gering bleibt. Das Kaltwasser wird im Mantelraum durch Leitbleche so geführt, daß eine günstige Strömungsgeschwindigkeit erzielt wird.

Vorteile dieser Bauart:

1. Das im Kreislauf mitgeführte Öl wird bei richtiger Ausführung zwangsläufig in die Saugleitung und damit zum Verdichter zurückgefördert.
2. Relativ kleine Kältemittelfüllung.
3. Kältemittelseitig kann die Rohraufteilung auf mehrere unabhängige Kältekreise erfolgen.

Nachteile:

Eine wasserseitige Reinigung ist nur auf chemischem Wege möglich. Verwendung deshalb nur in geschlossenen Wasserkreisläufen.

Unter Einbeziehung des dafür üblichen Verschmutzungswiderstandes von $R_a = 1 \cdot 10^{-4}$ (m^2K/W) liegen die üblichen Austrittstemperaturdifferenzen zwischen 5 und 8 K.

Für kleinere Leistungen werden auch *Koaxialverdampfer* verwendet, die aus einem oder mehreren Innenrohren und einem Mantelrohr bestehen, meistens gemeinsam spiralförmig gewickelt (Bild 5.4.4-4). In den berippten Innenrohren verdampft das Kältemittel, während das Wasser im Gegenstrom durch das Mantelrohr fließt. Die Leistungen der Verdampfer sind den Tafeln oder Diagrammen der Hersteller zu entnehmen. Dabei beachten, ob ausreichende Überhitzung eingeschlossen oder zusätzlich zu berücksichtigen ist.

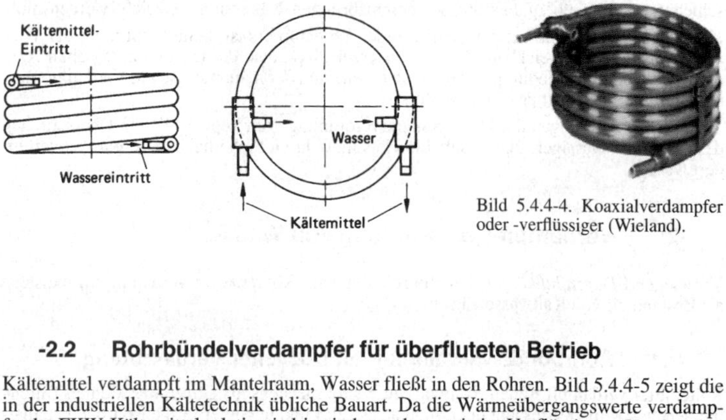

Bild 5.4.4-4. Koaxialverdampfer oder -verflüssiger (Wieland).

-2.2 Rohrbündelverdampfer für überfluteten Betrieb

Kältemittel verdampft im Mantelraum, Wasser fließt in den Rohren. Bild 5.4.4-5 zeigt die in der industriellen Kältetechnik übliche Bauart. Da die Wärmeübergangswerte verdampfender FKW-Kältemittel relativ niedrig sind, werden – wie im Verflüssiger – Kupferrohre mit speziell strukturierter Oberfläche verwendet. Sie ermöglichen das Blasensieden bei ge-

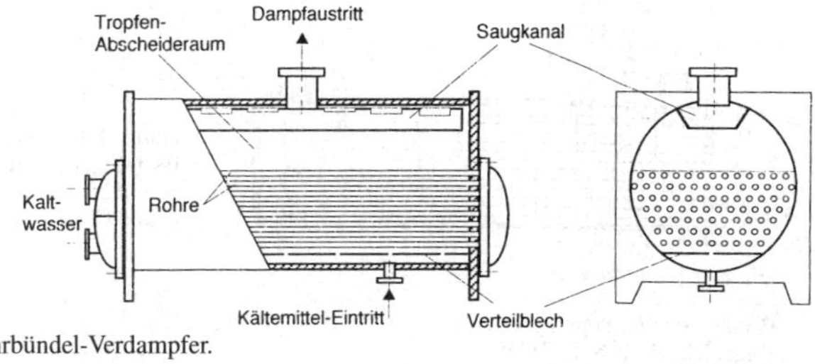

Bild 5.4.4-5. Überfluteter Rohrbündel-Verdampfer.

ringer Temperaturdifferenz, 1 bis 3 K beim Kaltwasseraustritt. Sie sind ebenfalls beiderseits in Rohrböden eingewalzt oder eingeschweißt. *Wassergeschwindigkeit* 1…3 m/s. Durch Einbauten in den Wasserdeckeln kann Zahl der Wasserwege verändert und damit geeignete Geschwindigkeit erreicht werden.

Vorteile dieser Bauart:

Hohe Wärmedurchgangswerte, da kältemittelseitig guter Wärmeübergang bei geringem Druckabfall. Kaltwasserseite kann nach Abnehmen der Wasserumlenkdeckel mechanisch gereinigt werden.

Nachteile:

Über dem Rohrbündel muß ein relativ großer Raum frei bleiben zur Abscheidung der Flüssigkeitstropfen (oder separater Abscheider), dadurch teuer. Ebenfalls nachteilig, daß Ölrückführung nicht zwangsläufig, sondern nur durch besondere Maßnahmen.

Im geschlossenen sauberen Kaltwasserkreis ist mit einem Verschmutzungswiderstand von $R_i = 0{,}5 \ldots 2 \cdot 10^{-4} \cdot 10^{-4}$ m²K/W zu rechnen.

Die heute üblichen Verdampferrohre haben spezielle Oberflächenstrukturen auf der Innen- (Wasser) und Außen(Kältemittel)seite. Die Innenseite wird gewellt oder mit Rippen großer Ganghöhe gestaltet. Die Verbesserung des Wärmeüberganges gelingt nur so lange, als die Verschmutzung gering bleibt, also bei sauberem Kreislauf. Oberflächenwasser z.B. für Wärmepumpen erfordert entsprechend angepaßte Rohre und Reinigungsverfahren. Die Auslegung erfolgt mit dem vereinfachten Ansatz $Nu = C_{Wasser} Re^{0,8} Pr^{0,33} (\eta/\eta_W)^{0,14}$, die Struktur der Innenseite wird durch den Beiwert C_{Wasser} erfaßt und experimentell bestimmt.

Auf der Kältemittelseite wird versucht, das günstige Blasensieden bereits bei sehr geringer Temperaturdifferenz von der Rohrwand zum Kältemittel zu verwirklichen. Die thermische Auslegung erfolgt mit einer Beziehung $\alpha = K\, q^n$. Der Wärmeübergangskoeffizient steigt mit der Wärmestromdichte. K ist ein dimensionsbehafteter Zahlenwert. K und n werden aus Versuchen ermittelt, sie gelten nur für das untersuchte Kältemittel innerhalb eines Bereiches der Wärmestromdichte q und des Systemdruckes.

Für R134a gilt beim GEWA-B-Rohr die Beziehung

$$\alpha_{Blasensieden} = 165\, q^{0,487} \text{ (W/m}^2\text{K mit q in W/m}^2\text{)}$$

Für andere Kältemittel gelten andere Zahlenfaktoren und Exponenten. Die Berechnung eines Wärmeüberganges beginnt auch hier mit der Annahme einer plausiblen Wassergeschwindigkeit (ergibt Strömungsquerschnitt und damit Rohrzahl des Durchgangs), einer Verdampfungstemperatur (ergibt mittlere Temperaturdifferenz) und einer Wärmestromdichte. Damit kann der Wärmeübergangskoeffizient, der Wärmedurchgangskoeffizient und schließlich die Wärmestromdichte berechnet und mit dem zu Beginn angenommenen Wert verglichen werden. Mit Anpassungen der Rohrlänge und Rohrzahl wird die Berechnung so lange wiederholt, bis alle Vorgaben erfüllt und eine geeignete Konstruktion festgelegt ist. Auch der Druckverlust der Wasserseite ist zu berechnen und mit der Vorgabe abzugleichen.

Bei Teillast sinkt die Wärmestromdichte und mit ihr der kältemittelseitige Wärmeübergangskoeffizient, insgesamt verbessert sich die vorhandene Flächennutzung, die Verdampfertemperatur steigt. Gleichzeitig sinkt auch die Verflüssigungstemperatur, so daß aus beiden Effekten die Kälteleistungzahl überproportional steigt.

Kältemaschinenöl, das aus dem Verdichter in den Kreislauf gelangt, sammelt sich schließlich im Verdampfer. Zunehmender Ölgehalt behindert die Blasenbildung und führt zu niedrigeren Wärmeübergangskoeffizienten. Bei 3% Öl im Kältemittel ist bei bestimmten Versuchsbedingungen ein Minderungsfaktor 0,66 gefunden worden. Der Ölgehalt muß also durch Ölrückführung begrenzt werden, bei Turbo-Kältesätzen mit sehr geringem Ölwurf beschränkt man sich auf ein Abdestillieren des Kältemittels nach etwa 1 Jahr Laufzeit.

-3 Luftkühler für direkte Verdampfung[1]

Diese Verdampfer ähneln in ihrem Aufbau den mit Kaltwasser betriebenen Luftkühlern. Sie bestehen meistens aus einem *Rippenrohrsystem* von Kupferrohren, 10…18 mm ∅, und Aluminiumrippen oder -lamellen mit einem Rippenabstand von 2…7 mm (Bild 5.4.4-6). Das Kältemittel verdampft in den Rohren, während die zu kühlende Luft das Rippenrohrsystem quer durchströmt.

[1]) DIN 8955 (04.76): Ventilator-Luftkühler.

Bei kleineren Leistungen auch preisgünstige Ganzaluminium-Ausführung (Probleme beim Anschluß der Cu-Kältemittelleitungen). In korrosiver Atmosphäre auch Rohre und Rippen aus Kupfer, mit Lack beschichtet, oder auch Edelstahl; letztere seltener, wegen schlechter Wärmeleitung des Edelstahls.

Auslegung in seltenen Fällen für überflutete Verdampfung mit Kältemittel-Pumpenbetrieb, überwiegend jedoch für trockene Verdampfung.

Kältemittelseitig müssen jeweils so viele *Kühlrohre* parallel geschaltet werden, daß der Kältemitteldampf eine Geschwindigkeit von etwa 8...12 m/s im Austritt nicht überschreitet. Die *gleichmäßige Verteilung* des Kältemittels auf die Kühlrohre übernimmt ein Kältemittelverteiler, der dem in der Regel verwendeten *thermostatischen Expansionsventil* nachgeschaltet wird *(Mehrfacheinspritzung).* Er verteilt das aus diesem Drosselorgan austretende Flüssigkeits-Dampf-Gemisch mittels Kupferrohren kleineren Durchmessers gleichmäßig auf die Kühlrohre. Diese Rohre müssen wegen eines einheitlichen Strömungswiderstandes exakt gleichen Durchmesser und gleiche Länge haben.

Die Kühlrohre müssen so hintereinander geschaltet werden, daß das Kältemittel im Gegenstrom oder auch Gleichstrom zur Luft strömt. *Kreuzstrom* ist zu *vermeiden,* da die Rohre dadurch ungleichmäßig belastet werden und die Kälteleistung des Verdampfers verringert wird.

Die *Berechnung* der Kühlleistung bzw. der erforderlichen Kühlfläche ist bei den Direktverdampfern ähnlich derjenigen von wasserdurchflossenen Kühlern mit Wasserausscheidung, siehe Abschnitt 3.3.2-3. Der Luftzustand ändert sich bei der Darstellung im h, x-Diagramm von L (Eintritt) auf A (Austritt) in Richtung auf die mittlere Oberflächentemperatur O des Verdampfers (Bild 5.4.4-7), wobei Wasser auskondensiert. Wasserabscheider vorsehen.

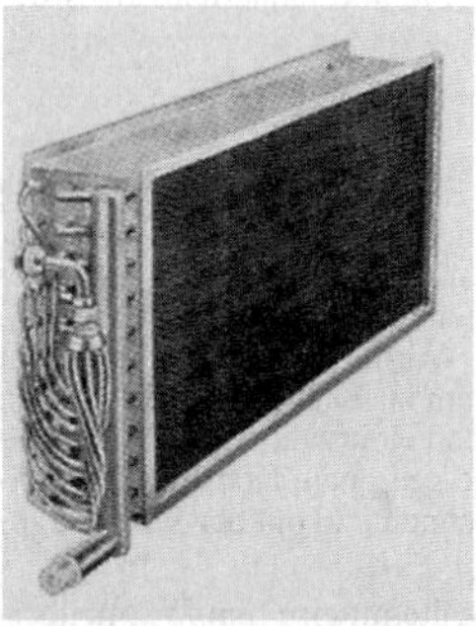

Bild 5.4.4-6. Ansicht eines Direkt-Luftkühlers mit Einspritzventil und Verteilerrohren.

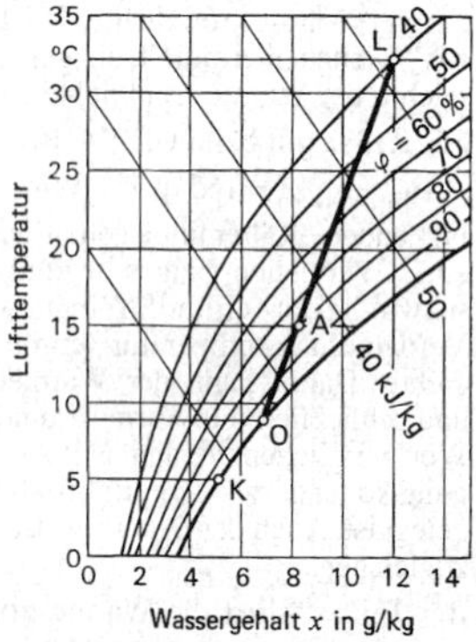

Bild 5.4.4-7. Ermittlung des Luftaustritts-Zustandpunktes im h, x-Diagramm.

Die *Temperaturdifferenz* zwischen Oberflächentemperatur O und manometrischer Verdampfungstemperatur K am Verdampferaustritt ist bei den üblichen Flächenverhältnissen $A_a/A_i \approx 20$ etwa so groß wie die mittlere logarithmische Temperaturdifferenz zwischen Lufteintritt, Luftaustritt und Oberflächentemperatur.

Die *Übertragungsleistung* eines Luftkühlers nimmt mit fallender Verdampfungstemperatur zu. Umgekehrt fällt dabei die Leistung der Kältemaschine. Für einen bestimmten Verdichter und einen Luftkühler gegebener Fläche kann man ein Diagramm ähnlich Bild 5.4.4-8 entwickeln und den Betriebspunkt als Schnittpunkt zweier Kurven finden. Bei der Dimensionierung gilt auch hier: Reichliche Austauschfläche sichert hohe Verdampfungstemperatur t_0, damit größere Leistungszahl ε_K, kleinen Energiebedarf und geringeres erforderliches Fördervolumen des Verdichters.

Sinkt die Oberflächentemperatur des Luftkühlers unter ±0 °C, so ist anstelle von Wasserabscheidung mit Reifbildung zu rechnen. Reif verengt den freien Querschnitt, bewirkt dadurch höheren Luftwiderstand und verschlechtert die Wärmeübertragung durch seinen hohen Wärmeleitwiderstand. Regelmäßiges Abtauen erforderlich; z. B. mittels Kältemittel-

Heißgas, wobei Dampf in den Rohren kondensiert z.B. mittels Kreislaufumkehr oder Heißgas-Bypass[1]. Abtauung auch mittels Elektro-Heizstäben, die in die Lamellen eingeschoben sind.

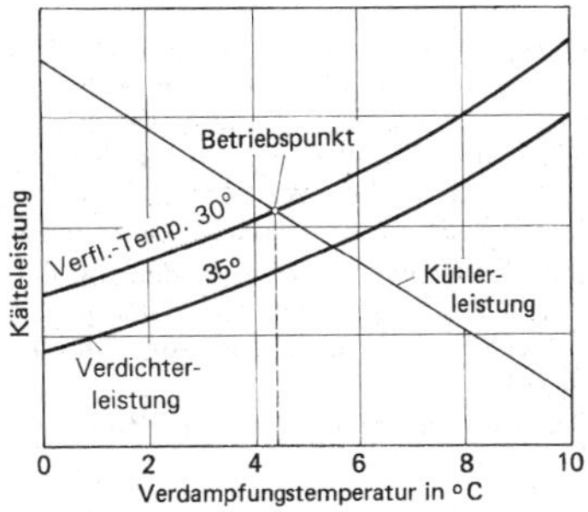

Bild 5.4.4-8. Verdichter-Kühler-Diagramm.

-4 Plattenwärmeaustauscher[2]

Neuerdings werden auch Plattenwärmeaustauscher, s. Bild 2.3.1-98, in Kältemittelkreisläufen eingesetzt, und zwar als wassergekühlte Verflüssiger oder als Verdampfer zur Kühlung von Flüssigkeiten, sowohl für trockene als auch für überflutete Verdampfung. Bild 5.4.4-9 zeigt einen Plattenapparat als Umlaufverdampfer. Der beim Sieden entstehende Dampf treibt Flüssigkeit in die Steigleitung, nach der Trennung Dampf/Flüssigkeit im Abscheider fließt das flüssige Kältemittel wieder zum Verdampfereingang. Der so erzeugte Umlauf erhöht den Wärmeübergang. Die das Kältemittel einschließenden jeweils zwei Platten sind hierbei häufig miteinander verlötet oder verschweißt, wogegen die Wasserseite meistens mit den üblichen Dichtungen zur leichten Demontage versehen ist. Achtung: Vor Öffnen der Wasserseite muß das Kältemittel abgesaugt werden, da sich die Sammelrohre der Kältemittelseite mit öffnen!

Vorteilhaft ist die gegenüber anderen Bauarten geringere erforderliche Kältemittel-Füllmenge. Schwachpunkte sind allenfalls Dichtungen und auch Schweißnähte der Kältemittelseite.

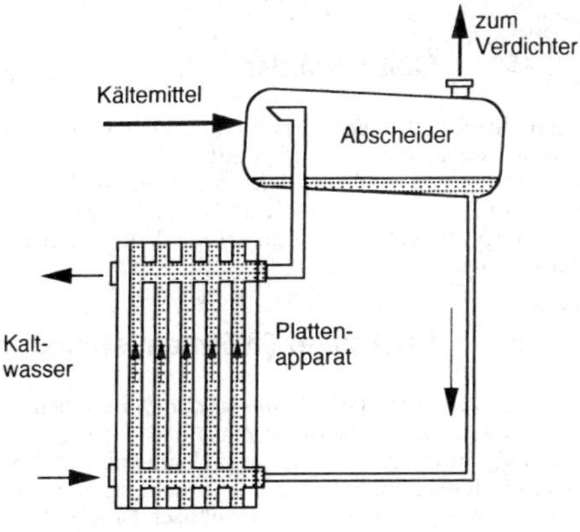

Bild 5.4.4-9. Plattenapparat als Umlaufverdampfer (Thermosyphon-Verdampfer).

[1]) Reichelt, J.: Ki 2/87. S. 72/5.
[2]) Schenker, F.: Ki 3/95. S. 120/22.
Loft, M.: Ki 5/95. S. 230.

5.4.5 Sonstige Bauteile im Kältemittelkreislauf

-1 Kältemitteltrockner

Wasser im Kältekreislauf kann große Schäden verursachen, insbesondere Korrosion und eventuell Verstopfungen durch Eisbildung in Regelorganen, falls die Verdampfungstemperatur unter ± 0 °C fällt. Obgleich die Kältemittel von den Herstellern mit nur 0,003...0,005% Wassergehalt geliefert werden und die Anlagen vor der Füllung gründlich getrocknet werden (Warmluft, Stickstoff, Evakuieren im Wechsel), ist der Einbau eines *Kältemitteltrockners* in die Flüssigkeitsleitung bei FKW-Kältemitteln erforderlich.

Die *Trockenmittel,* die in beiderseits mit Sieben versehenen Zylindern enthalten sind, binden das Wasser adsorptiv durch physikalische Kräfte. Verwendung finden besonders Kieselgele (Silicagel) und sog. Molekularsiebe (synthetisches Aluminium-Silicium-Oxyd).

Das neue Kältemittel R 134a benötigt ein besonders feinporiges Molekularsieb[1)].

-2 Kältemittelschaugläser

Einbau vor dem Expansionsventil zur Betriebskontrolle. Blasen im Schauglas zeigen Kältemittelmangel beim herrschenden Betriebszustand. Blasen beim Nenn-Betriebszustand bedeuten Kältemittelverlust (Undichtigkeit suchen, beseitigen, nachfüllen), Drosselstelle in Flüssigkeitsleitung (z.B. Trockner verstopft, auswechseln), oder unzureichende Unterkühlung (bei langen Leitungen). Moderne Schaugläser enthalten Farb-Indikator, ob Kältemittel trocken oder Wasser im Kreislauf.

-3 Kältemittelsammler

Druckbehälter, vorwiegend auf der Hochdruckseite, zur Aufnahme der Kältemittelfüllung. Bei größeren luftgekühlten Verflüssigern fast immer, bei wassergekühlten Verflüssigern nur dann, wenn Füllmenge Rohre im Verflüssiger überfluten und damit Austauschfläche unter Auslegungswert verringern würde. Sammler auch überdimensioniert, damit im Reparaturfall gesamte Füllung in Sammler gedrückt werden kann.
Kältemittelsammler unterliegen der Druckbehälterverordnung und müssen nach BGV D 4 (s. Abschnitt 5.4.7-5.1) mit einer Füllstandsanzeige ausgestattet sein. Außerdem müssen sie, wenn sie beidseitig absperrbar sind, ein abblasendes Sicherheitsventil erhalten.

-4 Ölabscheider

Ölabscheider scheiden das in die Druckleitung mitgerissene Öl zu einem hohen Prozentsatz ab. Meistens als *Zentrifugalabscheider* ausgeführt und mit automatischer Ölrückführung in das Kurbelgehäuse durch ein Ventil mit Schwimmersteuerung. Bei trockener Verdampfung praktisch nur bei Schraubenverdichtern, bei überfluteter Verdampfung und Verdrängungsverdichtern fast stets erforderlich. Ölabscheider unterliegen der Druckbehälterverordnung.

-5 Überhitzer (Wärmeaustauscher)

Im Überhitzer erfolgt ein *Wärmeaustausch* zwischen der warmen Flüssigkeitsleitung (vom Verflüssiger zum Expansionsventil) und der kalten Saugleitung. Das Sauggas wird dadurch überhitzt (erforderlich, wenn Überhitzung im Verdampfer nicht ausreichend) und die Flüssigkeit unterkühlt. Größere Unterkühlung ist notwendig bei langen, insbesondere steigenden Flüssigkeitsleitungen, damit nach Druckabfall immer noch unterkühltes Kältemittel am Expansionsventil ankommt. Außerdem steigert größere Unterkühlung die Kälteleistung mehr oder weniger, je nach Kältemittel. Überhitzung begrenzen wegen hoher Druck-

---

1) Oral, B.: Ki 9/93. S. 353/55.
Blom, A.: Ki 10/95. S. 468/71.

gastemperatur. Überhitzung reduziert Dichte des Kältemitteldampfes und damit Saugleistung des Verdichters. Kompensation durch Unterkühlung nicht immer gegeben!

-6 Kompensatoren

Um die Übertragung von Schwingungen zu vermeiden, werden die Verdichter oft über elastische Kompensatoren an das Rohrleitungssystem angeschlossen. Hierfür kommen vorwiegend metallische Wellrohre zum Einsatz, da fast alle Elastomere nicht beständig oder nicht ausreichend dicht sind für die verwendeten Kältemittel. Das Rohrleitungssystem muß an der Verbindungsstelle zum Kompensator einen echten Festpunkt haben, sonst werden die Schwingungen nicht gedämpft, sondern eher verstärkt.

-7 Ölheizung

Da die meisten verwendeten Öle sich mit den Kältemitteln mischen, erfolgt bei Stillstand des Verdichters in den Ölvorräten im Kurbelgehäuse und ggfs. im Ölabscheider eine Sättigung des Öls mit Kältemittel. Beim Start des Verdichters würde dieses Kältemittel infolge der Druckabsenkung schlagartig verdampfen, das Öl schäumt dadurch auf, verliert seine Schmierfähigkeit, und die Ölpumpe könnte keinen Druck aufbauen. Um dies zu vermeiden, wird das Öl bei Stillstand des Verdichters durch eine Kurbelwannenheizung bzw. Ölvorratsheizung so weit erwärmt, daß die Kältemittelanreicherung etwa nur den Wert erreicht, der dem normalen Betriebszustand entspricht. Achtung: Die Kurbelwannenheizung muß deshalb bei Abschaltung der Anlage in Betrieb bleiben bzw. muß bei längeren Abschaltperioden einige Stunden vor Inbetriebnahme des Verdichters eingeschaltet werden! Herstellerangaben beachten.!

5.4.6 Verdichterantriebsmotoren

Der Antrieb erfolgt überwiegend durch Elektromotoren aus dem üblichen Netz (220/380 V, 50 Hz), aber auch mit höheren Spannungen (andere Antriebe s. Abschnitt 5.5.4).

Bei der Auslegung und für die Netzbelastung beim Anlaufen ist zu beachten, daß die Verdichter üblicherweise gegen den vorhandenen Gegendruck im Kältekreislauf anfahren müssen, es handelt sich also um „Schwerstanlauf" mit entsprechend hohen Anlaufströmen.

Einphasen-Wechselstrommotoren kommen praktisch nur in vollhermetischen Kapselverdichtern vor. Da eine Kommutierung im Kältemitteldampf nicht möglich ist, kommen ausschließlich Kondensatormotoren zum Einsatz. Diese benötigen wegen des Schweranlaufs einen zusätzlichen Anlaufkondensator, der nach Anlaufende durch ein Anlaufrelais abgeschaltet wird. Einphasenmotoren sind nur bis 1,4 kW Nennaufnahme ohne Sondergenehmigung des zuständigen EVU zugelassen.

Drehstrommotoren für offene Verdichter können beliebig ausgewählt werden. Bei voll- und halbhermetischen Verdichtern kommen als Einbaumotoren nur Kurzschlußläufer in Frage, da neben der Kommutierung auch Schleifringübertragung in der Kältemittelatmosphäre nicht möglich ist.

Der Direktanlauf von Kurzschlußläufermotoren wird von den EVU je nach Netzverhältnissen nur bis zu einer oft recht niedrigen Leistungsgrenze zugelassen, darüber muß der Anlaufstromstoß begrenzt werden. Die hierfür übliche Stern-Dreieck-Schaltung ist für Kälteverdichter schlecht geeignet, da der Gegendruck schon bei der kurzen Spannungsunterbrechung im Umschaltvorgang zu einem starken Abfall der Drehzahl führt. Hierdurch wird die Umschalt-Stromspitze fast so hoch wie die bei Direkteinschaltung.

Größere (halb)hermetische Verdichter werden deshalb für Teilwindungsstart ausgelegt, die gesamte Motorwicklung wird in zwei Teile, meistens etwa 40% und 60%, aufgeteilt.[1]) Einschaltung der größeren Teilwicklung bewirkt das Hochlaufen des Motors, Stromstoß bei Zuschaltung der 2. Teilwicklung ist vernachlässigbar. Jede Methode der Anlaufstromreduzierung setzt voraus, daß der Verdichter entlastet anläuft. Hierfür müssen bei Hubkolbenverdichtern alle regelbaren Zylinder abgeschaltet sein, bei Schraubenverdichtern muß der Leistungsregelschieber, bei Turboverdichtern die Dralldrosselregelung auf

[1]) Schael, W.: Ki 9/94. S. 429/431.

Kleinstlast stehen. Für nicht leistungsregelbare Verdichter muß ein Heißgasbeipaß eingebaut und für den Anlaufvorgang geöffnet werden. Eine Lastzuschaltung darf erst erfolgen, wenn der Anlaufvorgang des Motors völlig beendet ist.

Sauggasgekühlte Einbaumotoren sind durch die gute Kühlung, die mit steigender Leistungsaufnahme deutlich zunimmt, höher belastbar als normale luftgekühlte Motoren und haben dadurch, bei gleicher Wellenleistung, wesentlich geringere Anlaufströme.

Mit fortschreitender Entwicklung der Leistungselektronik kommen Sanftanlaufsteuerungen auf den Markt, die z. B. die Spannung für den Anlauf auf ca. 20% heruntersetzen und dann langsam hochfahren.[1] Statische Frequenzwandler ermöglichen neben einer Drehzahlregelung auch einen sanften Anlauf durch entsprechend verringerte Frequenz.

5.4.7 Regel- und Steuergeräte

-1 Kältemittelmengenregelung

Die dem Verdampfer zuzuführende Menge flüssigen Kältemittels muß entsprechend der jeweiligen Kälteleistung unter gleichzeitiger Entspannung geregelt werden.

-1.1 Kapillarrohre

Es ist das einfachste Drossel- und Regelorgan. Meistens als Kupferrohr ausgeführt, Innendurchmesser 0,4 bis 2 mm, Länge bis zu 2 m und mehr. Rohrlänge muß in jedem einzelnen Fall experimentell festgelegt werden. Sie bestimmt den maximalen Kältemittelstrom. Nur verwendbar bei Geräten kleinerer Leistung, deren Kältemittelfüllung exakt abgestimmt werden muß; so z. B. in Kühlschränken, Truhen, Klimageräten bis etwa 10 kW Antriebsleistung.

Kein Kältemittelsammler auf der Hochdruckseite.

-1.2 Thermostatisches Expansionsventil[2]

Es ist das inbesondere in Kältesätzen mit Verdrängungsverdichtern am häufigsten verwendete Regelorgan (Bild 5.4.7-1). Es besteht aus einem thermisch gesteuerten und einem druckgesteuerten Teil.

Wirkungsweise (siehe Bild 5.4.7-2 und Bild 5.4.7-3 sowie auch Bild 5.4.7-4):

Der Fühler, mit einer geeigneten Gas- oder Flüssigkeitsfüllung, ist an der Saugleitung hinter dem Verdampfer befestigt. Ein Kapillarrohr überträgt Temperaturänderungen auf ein Membransystem, das als Antrieb des Ventilkegels dient. Auf die Unterseite der Membran wirkt der Druck am Anfang des Verdampfers *(Innerer Druckausgleich).* Steigende Überhitzung in der Saugleitung erhöht den Temperaturfühlerdruck auf die Membran und öffnet das Ventil: Regelgröße ist also die Überhitzungstemperatur.

Bei sinkender Kühlerleistung würde am kältemittelseitigen Austritt noch unverdampftes Kältemittel vorhanden sein, infolgedessen keine Überhitzung, wenn das Thermoventil nicht sofort die Kältemittelzufuhr verringern würde.

Normaleinstellung: 5…7 K Überhitzung. Bei größerem Druckverlust im Verdampfer verwendet man Ventile mit *äußerem Druckausgleich,* weil sonst die Überhitzung zu hoch würde (Bild 5.4.7-3). Dabei wird der Raum unter der Membran durch die Ausgleichleitung mit dem Verdampferende verbunden, so daß einwandfreie Zuordnung von t_0 und t_{0h}, also gleichbleibende Überhitzung und damit trockenes Ansaugen des Verdichters gesichert sind, auch wenn der Verdampfer einen Druckabfall erzeugt.

Verdampfer und Expansionsventil bilden einen *Regelkreis,* dessen stabiles Verhalten bei jedem Betriebszustand gewährleistet sein muß.

Bei Stillstand des Verdichters ist ein sogenanntes „*Nachspritzen*" nicht ausgeschlossen, sobald sich der Druck ausgeglichen hat. Daher ist es üblich, in der Flüssigkeitsleitung vor dem Thermoventil ein *Magnetventil* anzuordnen.

---

[1]) Haber, K.: Ki 1–2/93. S. 27/29.
[2]) Lettner, J., u. R. Siegismund: Ki 2/77. S. 53/60.

Bild 5.4.7-1.
Thermostatisches Einspritzventil (Danfoss Typ TVS).

1 = Membrankapsel,
2 = Membran,
3 = Regelfeder,
4 = Druckstift,
5 = Regelspindel,
6 = Wellenstopfbuchse,
7 = Düse,
8 = Ventilkegel,
9 = Filter,
10 = Austritt,
11 = Äußerer Druckausgleich,
12 = Fühler,
13 = Kapillarrohr,
15 = Eintritt

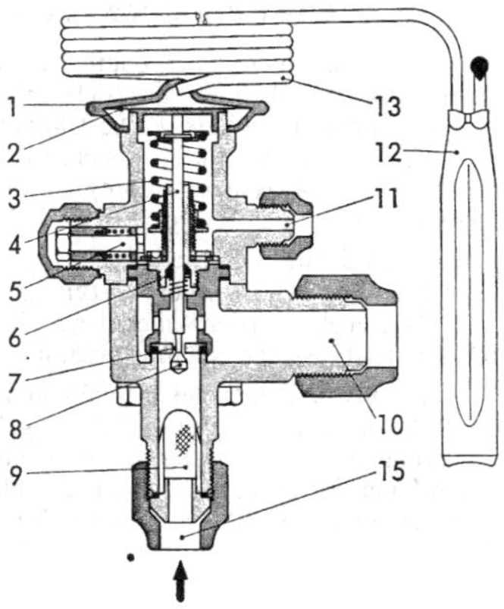

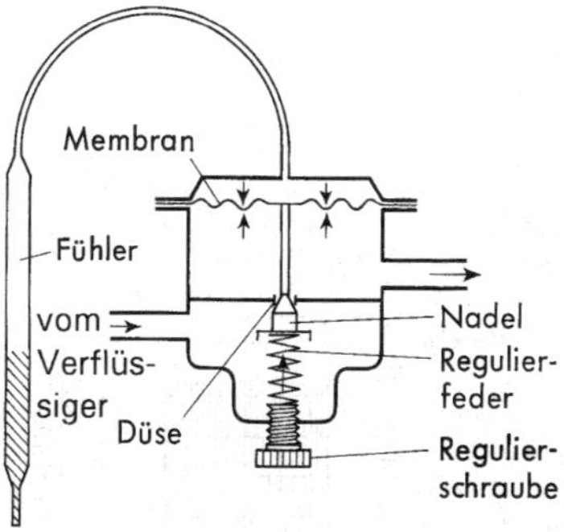

Bild 5.4.7-2. Schema eines thermostatischen Einspritzventils mit innerem Druckausgleich.

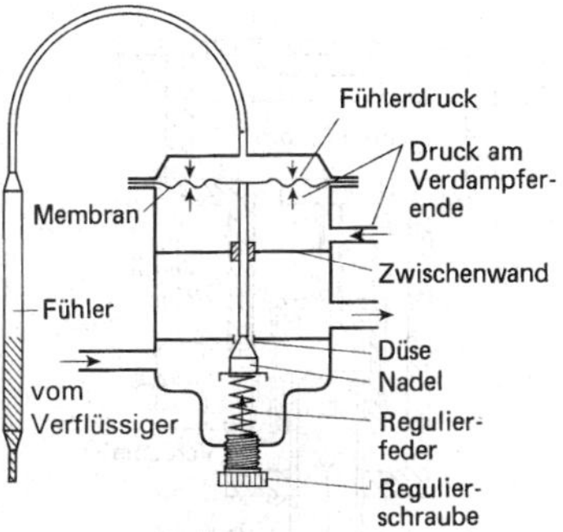

Bild 5.4.7-3. Thermostatisches Einspritzventil mit äußerer Ausgleichsleitung.

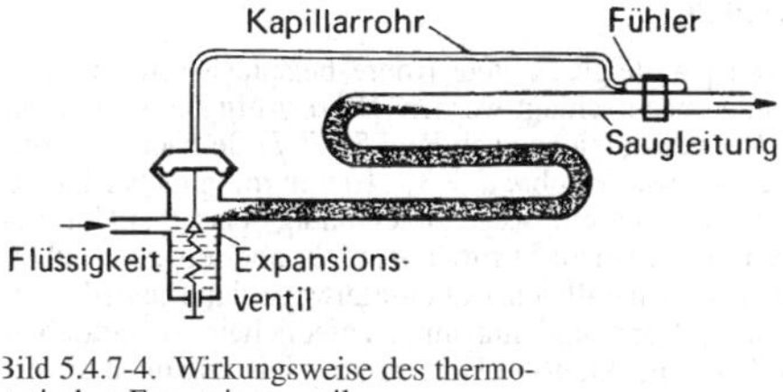

Bild 5.4.7-4. Wirkungsweise des thermostatischen Expansionsventils.

Bild 5.4.7-5. Verteiler für flüssiges Kältemittel.

-1.3 Elektronisches Expansionsventil[1)]

Neue Entwicklungen gehen dahin, das thermostatische Expansionsventil durch ein von einem elektronischen Regler (ggfs. Mikroprozessor) gesteuertes, elektrisch betätigtes Einspritzventil zu ersetzen[1)]. Die Überhitzungstemperatur wird durch einen Temperatursensor gemessen, die Sättigungstemperatur durch einen weiteren Temperatursensor oder durch einen Drucksensor mit programmierter Umrechnung auf die Sättigungstemperatur. Die Differenz beider Temperaturen, die Überhitzung, ist die Regelgröße.

Erreicht wird durch diese noch relativ teure Regelung ein besseres Regelverhalten im Teillastbetrieb und bei niedrigen Verflüssigungstemperaturen, was zu einer Verringerung der Jahresbetriebskosten der Kälteanlage führen kann. Außerdem kann das Magnetventil in der Kältemittel-Flüssigkeitsleitung eingespart werden.

Weitere Entwicklungen gehen dahin, in den Mikroprozessor auch andere Schaltfunktionen der Kälteanlage zu integrieren, z. B. Regelung der Temperatur des zu kühlenden Mediums, Steuerung der Ventilatoren des luftgekühlten Verflüssigers, Störungsmeldungen. Hierdurch kann der Mehraufwand für das elektronische Expansionsventil durch Einsparung weiterer konventioneller Schalt- und Regelgeräte verringert werden[2)]. Beispiel siehe Bild 5.4.7-6.

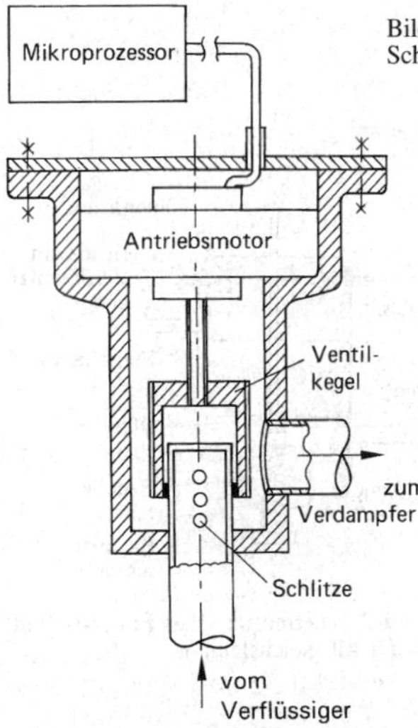

Bild 5.4.7-6. Elektronisches Expansionsventil, Schnittbild (Carrier, System Flotron).

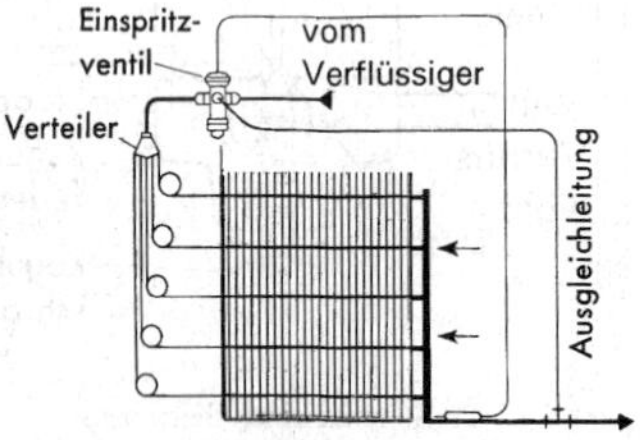

Bild 5.4.7-7. Mehrfacheinspritzung bei einem Luftkühler.

-1.4 Mehrfacheinspritzung

Wie unter 5.4.4-3 ausgeführt, müssen parallelgeschaltete Rohre beispielsweise in Luftkühlern mit gleichen Kältemittelmengen beaufschlagt werden. Diese Aufgabe wird durch einen *Kältemittelverteiler,* Bild 5.4.7-5, gelöst (siehe auch Bild 5.4.7-7). Je nach Zahl der parallelgeschalteten Kältemittelwege sind Kupferrohre $d_i = 3 \dots 10$ mm mit gleicher Länge eingelötet. Wichtig ist, daß die einzelnen Kältemittelwege gleichmäßig belastet sind. Luftströmung daher in Bild 5.4.7-7 durch die sichtbare Stirnfläche, nicht aber etwa von oben oder von unten, weil die dargestellten fünf parallelen Kältemittelwege dann jeweils von Luft unterschiedlicher Temperatur angeströmt und mit unterschiedlichem Δt betrieben würden: der letzte kälteste Weg würde infolge kleinster Übertragungsleistung noch unver-

---

1) Lenz, H.: Ki 10/85. S. 411/4.
Klein, A.: Ki 1/87. S. 25/30.
Forum: Ki 11/91. S. 477/482.
Gollnow, K.: Ki 6/93. S. 244/47.

2) Hartmann, K.: Ki 11/85. S. 443/7 und KK 1/86. S. 6/10.

dampftes Kältemittel in die Saugleitung leiten und das Thermoventil zum Schließen bringen. Verteiler vertikal anordnen.

Das Expansionsventil muß unbedingt mit äußerem Druckausgleich versehen werden, weil ein Teil des Druckgefälles in den Verteilrohren abgebaut wird.

-1.5 Schwimmerregelung

Darunter werden Mengenregelungen verstanden, bei denen ein Kältemittel-Flüssigkeitsstand die Regelgröße bildet. *Hochdruckschwimmer* ist hinter dem Verflüssiger angeordnet und wirkt wie ein Kondenstopf: Flüssigkeit geht hindurch, Dampf nicht. Der Verdampfer muß die gesamte Kältemittelfüllung der Anlage aufnehmen. Dieses Prinzip ist nur dann verwendbar, wenn nur *ein* überflutet betriebener Verdampfer zu versorgen ist, z. B. bei Turbo-Kaltwassersätzen. Sind mehrere überflutet betriebene Verdampfer mit flüssigem Kältemittel zu versorgen, so wird die *Niederdruck-Schwimmerregelung* verwendet (Bild 5.4.4-2). Damit wird der Stand entspannten, flüssigen Kältemittels im Verdampfer, Abscheider und dergleichen auf der Verdampfer-, also auf der Niederdruckseite geregelt.

-1.6 Expansionsturbine

Die Entspannung des Kältemittels in einer Turbine unter Abgabe von Nutzleistung entspricht – im Gegensatz zu allen vorgenannten Drosseleinrichtungen – dem angestrebten Carnotschen Idealprozeß, ist jedoch sehr aufwendig. Für große Leistungen scheint sie für Turboverdichter jetzt interessant zu werden.[1)]

-2 Schaltende Regler

Schaltende Regler dienen zur Ein- und Aus-Schaltung des Verdichters, auch mehrerer Verdichter oder Leistungsregelstufen in Folgeschaltung (vgl. Abschn. 3.3.7). Ebenso zur Zu- und Abschaltung von Verdampfern oder Verdampfer-Teilflächen über Magnetventile sowie für andere Schaltaufgaben. Bei Schaltung von Verdichtern beachten, daß Laufzeit wenigstens so lang sein muß, bis das beim Anlauf ausgeworfene Öl zum Verdichter zurückgelangt ist, vgl. Tafel 5.7-1. Zu beachten max. zulässige Schalthäufigkeit, meist 5–6 1/h wegen Wicklungstemperatur.

-2.1 Temperaturschalter (Thermostate)

Meßgröße ist die *Temperatur,* vorwiegend von Luft oder Wasser. Schaltvorgang direkt durch Temperaturausdehnung des Fühlers, zunehmend auch indirekt mit temperaturempfindlichem Halbleiter (Thermistor) und elektronischem Verstärker/Schalter.

Mehrstufige Temperaturregelung für Folgeschaltung mehrerer Verdichter oder mehrerer Leistungsregelstufen eines Verdichters vorwiegend elektronisch und quasi-proportional.

-2.2 Druckschalter (Pressostate)

Meßgröße ist der *Druck des Kältemittels,* der direkt über einen Wellrohr-Federbalg den Schalter betätigt. Anwendung außer für Sicherheitsgeräte zur Schaltung der Ventilatoren von luftgekühlten Verflüssigern, hierfür auch zwangsweise Folgeschaltung über Stufenschaltwerke.

-2.3 Stufenschaltwerke

Sie dienen dazu, mehrere elektrische Schaltbefehle, z. B. Schaltung mehrerer Verdichter von einer Meßstelle aus, in festgelegter Reihenfolge und in (wählbaren) Zeitabständen weiterzugeben. Übliche Ausführung von einem Elektromotor angetriebene Welle mit einstellbaren Schaltnocken zur Betätigung der Schalter für die einzelnen Stufen.

Bei Ansteuerung von einer P-Regelung genügt meistens Laufzeit des Schaltwerkes für zeitliche Reihenfolge. Bei Ansteuerung über einen Dreipunktregler (I-Charakteristik, Schrittschaltwerk) können selbst zusätzliche Zeitglieder je Stufe ein instabiles Verhalten der Regelung meistens nicht verhindern.

[1)] Hartmann, K.: Ki 9/94. S. 421/424

-3 Regler im Kältemittelkreislauf

Hierunter versteht man stetig arbeitende Regelventile im Kältemittelkreislauf. Bei kleineren Leistungen vorwiegend unmittelbare Regler (vgl. Abschn. 3.3.7). Bei größeren Leistungen steuern diese als *Pilotventil* ein Hauptventil (Bild 5.4.7-8). Als Servokraft zur Betätigung des Steuerkolbens im Hauptventil dient der Druckabfall des Kältemittels beim Durchgang durch den Ventilsitz. Seltener Ventile mit elektrischer oder pneumatischer Hilfsenergie und entsprechenden Reglern.

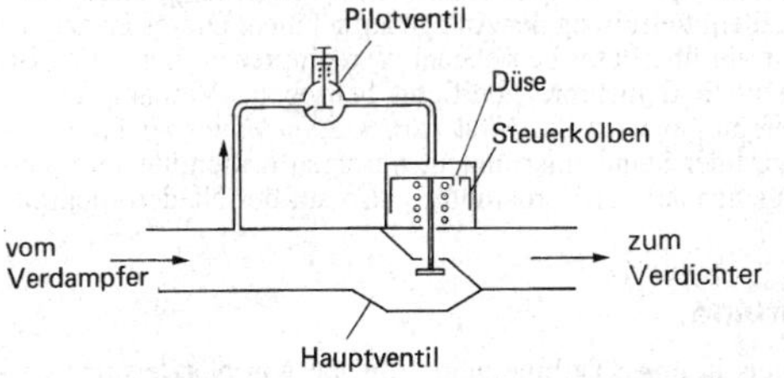

Bild 5.4.7-8. Wirkungsweise eines pilotgesteuerten Druckreglers.

-3.1 Konstantdruckregler (Bild 5.4.7-9)

Einbau in der Saugleitung zwischen Verdampfer und Verdichter. Regelgröße ist der *Kältemittel-Überdruck* am Austritt des Verdampfers. Unterschreitet dieser den eingestellten Wert, so wird der Durchtrittsquerschnitt stetig gedrosselt. Dadurch sinkt die Verdampfungstemperatur am Verdichter so weit, bis Verdichterleistung und Verdampferleistung wieder im Gleichgewicht sind. Anwendung vorwiegend zur Vermeidung von Eisbildung in Luft- und Wasserkühlern.

Bild 5.4.7-9. Konstantdruckregler für Kälteanlagen. Links: Schema; rechts: Anordnung

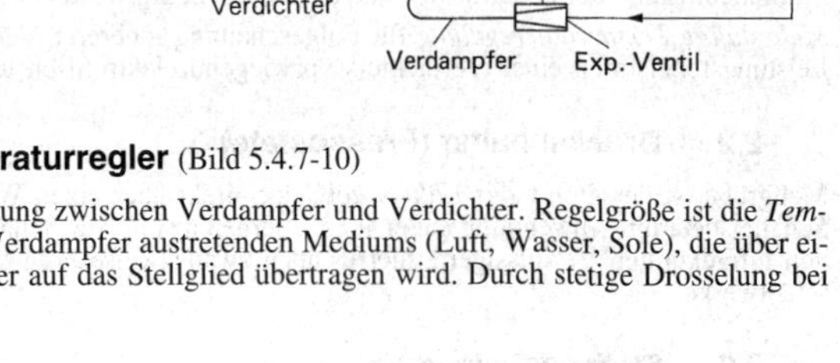

-3.2 Temperaturregler (Bild 5.4.7-10)

Einbau in der Saugleitung zwischen Verdampfer und Verdichter. Regelgröße ist die *Temperatur* des aus dem Verdampfer austretenden Mediums (Luft, Wasser, Sole), die über einen Ausdehnungsfühler auf das Stellglied übertragen wird. Durch stetige Drosselung bei

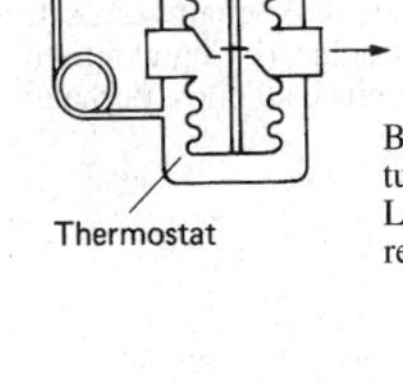

Bild 5.4.7-10. Temperaturregler für Kälteanlagen. Links: Schema; rechts: Anordnung

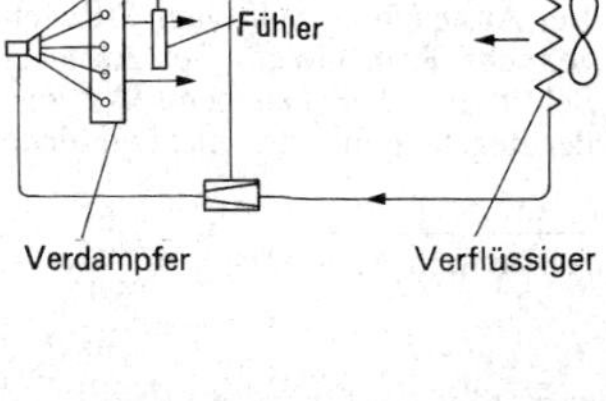

Unterschreiten der eingestellten Temperatur steigt Verdampfungstemperatur im Verdampfer und sinkt Verdampfungstemperatur am Verdichter. Anwendung bei kleineren Leistungen (bei größeren Leistungen Einsatz leistungsgeregelter Verdichter wirtschaftlicher).

-3.3 Startregler

Einbau in der Saugleitung zwischen Verdampfer und Verdichter. Regelgröße ist der *Kältemittel-Überdruck* am Eintritt in den Verdichter. Überschreitet dieser den eingestellten Wert, so wird der Durchtrittsquerschnitt stetig gedrosselt. Hierdurch wird eine mögliche Überlastung des Verdichter-Antriebsmotors vermieden, die beim Herunterkühlen eines warmen Mediums nach längerer Stillstandszeit auftreten kann.

-3.4 Leistungsregler (Heißgasbeipaßregler)

Einbau in einer Überströmleitung zwischen Druck- und Saugleitung des Verdichters. Regelgröße ist der *Kältemittel-Überdruck* am Eintritt in den Verdichter. Unterschreitet dieser den eingestellten Wert, so wird die Überströmleitung stetig geöffnet. Es fließt ein Teil des vom Verdichter geförderten Kältemittels direkt zum Verdichter zurück, ohne am Kälteprozeß teilzunehmen. Die Verdampferleistung geht entsprechend zurück (vgl. Bild 5.7.1-2). Die Zufuhr heißen Druckgases in die Saugleitung läßt die Verdichtungstemperatur rasch ansteigen, deshalb Kühlung durch Einspritzen flüssigen Kältemittels in die Saugleitung über eigenes thermostatisches Expansionsventil erforderlich.

-3.5 Magnetventile

Magnetventile sind Absperrventile, die über elektrische Magnetspulen betätigt werden durch entsprechende elektrische Befehle. Nur bei sehr kleinen Nennweiten direkte Betätigung, üblicherweise Servosteuerung wie in Bild 5.4.7-8 schematisch gezeigt, mit einem kleinen Magnetventil als Pilotventil, häufig in gemeinsamem Gehäuse.

Verwendung vorwiegend in Kältemittel-Flüssigkeitsleitungen, zur Kreislaufumkehr bei Wärmepumpen, aber auch z. B. als Heißgas-Beipaß zur Anlaufentlastung.

Achtung: Alle Magnetventile öffnen sich, wenn der Druck auf der Austrittsseite höher wird als der auf der Eintrittsseite! Wenn hierbei Dichtheit verlangt wird, müssen Motorventile eingesetzt werden.

-4 Kühlwasserregelung

Die Kühlung des Verflüssigers mit Wasser aus einem Stadt- oder Werkswassernetz ist bei hohen Wasserpreisen kostspielig. Daher ist eine möglichst große Wassererwärmung anzustreben, z. B. von t_{WE} = 15 °C auf t_{WA} = 30 °C. Um diesen Wert auch bei Teillast einzuhalten, ist ein *Kühlwasser-Regelventil* erforderlich (Bild 5.4.7-11 und Bild 5.4.7-12). Es wird vom Kältemittel-Verflüssigungsdruck verstellt: Öffnend bei steigendem Druck – schließend bei fallendem Druck. Bei Stillstand sperrt es die Wasserzufuhr. Bei Rückkühlung des Kühlwassers im Kreislauf werden *Kühlwasserregler* meist nicht verwendet.

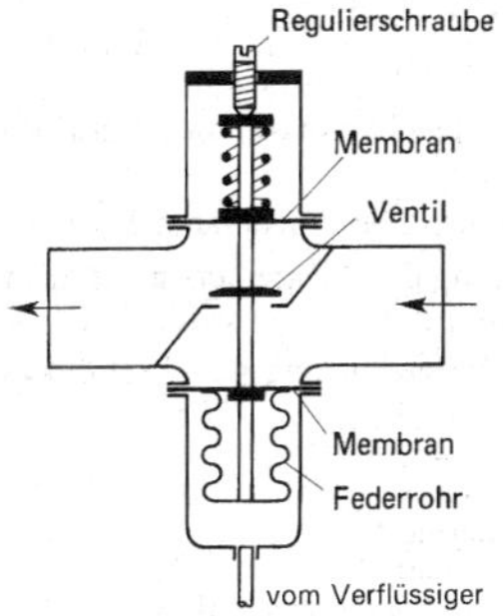

Bild 5.4.7-11. Kühlwasserregler – Schema.

Bild 5.4.7-12. Kühlwasserregler – (Danfoss).

-5 Sicherheitseinrichtungen

-5.1 Sicherheit gegen Überdruck

Druckbeanspruchte Teile können unter die Druckbehälter-VO, insbesondere Nr. 14, TRB 801 fallen.

Die Sicherheitseinrichtungen gegen unzulässigen Überdruck[1)] werden durch die *Unfallverhütungsvorschrift* „Kälteanlagen, Wärmepumpen und Kühleinrichtungen", BGV D4 (10.97)[2)] vorgeschrieben. Die wichtigsten Vorschriften (§ 7 der UVV mit Durchführungsregeln und Erläuterungen, der Entwurf der EN 378 sieht keine wesentlichen Änderungen vor) sind kurzgefaßt folgende:

1. Eine Überschreitung des zulässigen Betriebsdruckes um mehr als 10% muß in allen Teilen der Anlage durch entsprechende Sicherheitseinrichtungen verhindert werden.
2. Die Sicherheitseinrichtungen müssen gegen unbefugtes Ändern der Einstellung, z. B. durch Plombe, gesichert sein.
3. Bei Kältemitteln der Gr. 1 und Füllgewicht < 10 kg bzw. Gr. 2 und < 2,5 kg sind keine besonderen Sicherheitseinrichtungen erforderlich, wenn die Anlage eigensicher ist, z. B. wenn der Verdichter durch begrenzte Antriebsleistung keinen höheren als den zulässigen Druck erzeugen kann.
4. Die Sicherheitseinrichtung darf nicht durch Absperrorgane vom Kältemittel-Kreislauf abgetrennt werden können, ausgenommen durch Wechselventil.

Anlagen mit Kolben-, Membran- oder anderen Verdränger-Verdichtern müssen, um Punkt 1 zu erfüllen, in jeder absperrbaren Druckstufe wahlweise nach einer der folgenden Möglichkeiten ausgerüstet werden:

a) mit einem bauteilgeprüften Sicherheitsdruckwächter, wenn
   - der geometrische Fördervolumenstrom der einzelnen Verdichter < 50 m^3/h ist,
   - ein Kältemittel der Gruppe 1 verwendet wird und
   - das Füllgewicht der Anlage < 100 kg ist.

   Bei größeren Verdichtern, größerer Füllmenge oder anderen Kältemitteln, z. B. Ammoniak, sind drei Alternativen zugelassen:

b) Gegendruckunabhängiges, bauteilgeprüftes Überströmventil von Druck- auf Saugseite zum Abblasen des vollen Verdichter-Volumenstroms *und* bauteilgeprüfter Sicherheits-Druckbegrenzer

c) zwei bauteilgeprüfte Sicherheits-Druckbegrenzer, davon mindestens einer, der nur mit Werkzeug rückstellbar ist, in Verbindung mit einer Überströmeinrichtung von der Druck- zur Saugseite (meistens schon im Verdichter eingebaut), in einen Auffangbehälter oder ins Freie
   oder

d) Sicherheitsventil oder Berstsicherung zum Abblasen des vollen Verdichtervolumenstroms ins Freie.

Für Anlagen mit Turboverdichtern wird wahlweise verlangt:

a) ein bauteilgeprüfter Sicherheitsdruckwächter, wenn ein Kältemittel der Gruppe 1 verwendet wird und das Füllgewicht höchstens 100 kg beträgt,

b) zwei bauteilgeprüfte Sicherheitsdruckbegrenzer, davon mindestens einer, der nur mittels Werkzeug rückstellbar ist,

   oder

c) ein Sicherheitsventil oder eine Berstsicherung, welche den Fördervolumenstrom des Verdichters abblasen kann.

Für Absorptionsanlagen wird wahlweise verlangt für den Austreiber (Generator, Kocher):

a) ein typgeprüfter Temperaturwächter, wenn die Heizleistung des Austreibers nicht mehr als 5 kW beträgt und keine zwangsfördernde Lösungspumpe verwendet wird,

b) ein bauteilgeprüfter Sicherheitsdruckwächter, wenn die Heizleistung des Austreibers nicht mehr als 5 kW beträgt,

---

[1)] AD-Merkblatt A1 und A2, Carl Heymanns Verlag KG, Köln/Berlin. Schweiz: SVDB 602, Schweizer. Verein für Druckbehälter-VO, Zürich.

[2)] BGV (Berufsgenossenschaftliche Vorschriften), früher VBG, unter www.hvbg.de/bgvr

c) ein typgeprüfter Temperaturbegrenzer und ein bauteilgeprüfter Sicherheitsdruckbegrenzer

oder

d) ein Sicherheitsventil oder eine Berstsicherung.

Zusätzlich zu diesen Sicherheitseinrichtungen für den Druckerzeuger wird ein Sicherheitsventil, ein Überströmventil oder eine Berstsicherung bei folgenden Anlagenteilen vorgeschrieben:

a) allseitig – auch nicht betriebsmäßig – absperrbare Behälter, in denen Flüssigkeitsdruck auftreten kann, z.B. Sammler oder Abscheider; siehe auch DIN 8975 T7 (Sicherheitseinrichtungen in Kälteanlagen gegen unzulässige Druckbeanspruchungen),

b) Rohrleitungen oder Rohrleitungsabschnitte, die allseitig betriebsmäßig absperrbar sind und Kältemittel in nur flüssigem Zustand führen können,

c) Verdrängungspumpen für Kälteträger oder für Kältemittel in flüssigem Zustand.

Weitere Details s. BGV D 4 § 6.

-5.1.1 Überdruckschalter

Über eine nicht absperrbare Rohrleitung, oft ein Kapillarrohr, wird der Kältemitteldruck auf einen Wellrohrbalg gegeben, dessen druckabhängige Bewegung einen Schaltkontakt betätigt. Man unterscheidet dabei:

Druckwächter, die nach Absinken des Druckes um die eingestellte Schaltdifferenz von selbst wieder einschalten;

Druckbegrenzer, die sich nach Abschalten infolge Überdruck mechanisch verriegeln und erst durch Betätigung einer Rückstellvorrichtung wieder einschaltbar sind;

Sicherheits-Druckbegrenzer, bei denen die mechanische Verriegelung nur zurückgestellt werden kann unter Zuhilfenahme eines Werkzeuges. Die Rückstellung ist nur durch Fachkundige gestattet, deshalb oft zusätzliche Sicherung durch Plombe.

Alle Überdruckschalter gemäß der BGV D4 müssen bauteilgeprüft sein. Ein Ersatz der mechanischen Verriegelung durch elektrische Verriegelungen ist nicht zulässig.

-5.1.2 Überdruckventile[1)]

Gegendruckunabhängige Überströmventile, abblasende Sicherheitsventile und Berstscheiben müssen bauteilgeprüft sein und benötigen außerdem eine TÜV-Bescheinigung über den eingestellten Abblasedruck. Da jedes Ansprechen einer abblasenden Sicherheitseinrichtung zu erheblichen Kältemittelverlusten führt, sollte deren Einsatz möglichst vermieden werden. Wo er nicht zu umgehen ist, muß der Ansprechdruck weit genug über dem Ansprechdruck der Druckschalter liegen, um ein Abblasen tunlichst zu vermeiden. Verbindungen zwischen der Kälteanlage bzw. Wärmepumpe und Heizungsanlagen höherer Temperatur sind besonders sorgfältig zu planen, um Kältemittelverluste durch Heißwassereinbruch zu vermeiden.

Überdruckventile bzw. Berstscheiben zur Absicherung des Druckerzeugers müssen so dimensioniert sein, daß das volle Verdichterfördervolumen abgeblasen werden kann.

Überdruckventile bzw. Berstscheiben für absperrbare Behälter und Leitungen können sehr viel kleiner bemessen werden, da der Druckanstieg relativ langsam erfolgt.

-5.2 Unterdruckschalter

Bauart wie Überdruckschalter, schaltet ab bei Unterschreiten des eingestellten Druckes. Der Unterdruckschalter schützt vor zu tiefem Absinken der Verdampfungstemperatur, z. B. infolge Kältemittelverlust oder versperrter Leitungen, und damit vor zu hoher Verdichtungsendtemperatur. Bei Motorverdichtern auch zum Schutz vor unzureichender Motorkühlung. Die Kombination von Unterdruckschalter und bauteilgeprüftem Druckwächter oder Druckbegrenzer in einem Gerät vereinfacht die Installation.

-5.3 Öldifferenzdruckschalter

Damit sind Verdichter ausgerüstet, deren Ölkreislauf nicht durch einfache Schleuderschmierung, sondern durch Ölpumpe aufrecht gehalten wird. Das eingebaute Balgsystem ist einerseits mit dem Verdichtergehäuse, andererseits mit der Druckseite der Ölpumpe ver-

---

1) Sturzenegger, E.: Ki 5/86. S. 197/200.

bunden. Bei Unterschreitung einer eingestellten Druckdifferenz schaltet dieses Gerät den Verdichter ab. Während des Anlaufvorganges wird es elektrisch für 15 bis 120 s überbrückt. Übermäßiges Lagerspiel, Pumpenschäden oder starker Kältemittelgehalt des Öls können die Ursache für Ausbleiben eines ausreichenden Öldifferenzdrucks sein.

-5.4 Überstromauslöser

Die Verdichterantriebsmotoren sind gegen *Kurzschluß* und Überstrom zu schützen, entweder durch kombinierte Motorschutzschalter oder durch thermische Überstromrelais und vorgeschaltete Sicherungen entsprechender Stärke. Das thermische Überstromrelais muß – besonders bei Motorverdichtern – so gebaut sein, daß es bei Ausfall einer Phase des Drehstromnetzes umgehend abschaltet.

-5.5 Wicklungsthermostate

Die Antriebsmotoren, besonders bei Motorverdichtern, werden häufig mit *Bimetall-Thermostaten* in den Wicklungen ausgerüstet, die bei unzulässiger Erwärmung abschalten. Derartige Wicklungsthermostate sind meistens für normale Netzspannung (230 V) ausgelegt. Sie schützen wegen der Trägheit im Ansprechen nicht bei Ausfall einer Drehstromphase, so daß zusätzlich ein thermisches Überstromrelais verwendet werden muß.

-5.6 Motorvollschutz

Bei dieser modernsten Motorschutzart werden Temperaturfühler auf Halbleiterbasis – *Thermistoren* – in den Motorwicklungen angeordnet. Die Spannungen und Ströme im Meßkreis dieser Thermistoren sind sehr klein und erfordern den Einsatz eines Verstärkerrelais. Achtung: Anlegen von Netzspannung an den Meßkreis zerstört die Thermistoren und verursacht kostspielige Reparatur! Die meisten Thermistor-Motorvollschutzeinrichtungen reagieren so schnell, daß sie auch bei Ausfall einer Drehstromphase früh genug abschalten. Wenn vom Hersteller des Motors oder des Motorverdichters zugelassen, kann also auf ein thermisches Überstromrelais verzichtet werden.

-5.7 Druckrohrthermostat

Die Temperatur am Druckrohr oder am Zylinderkopf ist ein Maß für die *Verdichtungsendtemperatur,* die bei ölgeschmierten Verdichtern 115…150 °C nicht überschreiten darf (siehe Abschnitt 5.3.3). Bei Anlagen, die betriebsmäßig bereits hohe Verdichtungsendtemperaturen erreichen, empfiehlt sich deshalb die Überwachung und Abschaltung durch einen Thermostaten am Druckrohr, nahe am Verdichter, oder am Zylinderkopf, um Schäden durch Zersetzung des Öls zu vermeiden.

-5.8 Frostschutzthermostat

Viele Verdampfer zur Kaltwasserkühlung sind mit einem Thermostaten ausgerüstet, der auf einen Wert von etwa +1 °C eingestellt und mittels Tauchrohr so eingebaut ist, daß er bei einer Eisbildung rechtzeitig auslöst. Allerdings sichert er meist nicht gegen Ausbleiben des Kaltwasserstroms. Ein *Strömungswächter* ist zusätzlich vorzusehen.

-5.9 Strömungswächter

Ein Strömungswächter schaltet ab, wenn die Durchflußgeschwindigkeit in der Rohrleitung einen eingestellten Wert unterschreitet. Häufigste Ausführung mit einem in die Strömung hineinragenden *Paddel,* das direkt einen Schalter betätigt. Strömungswächter reagieren auf Luftblasen im Flüssigkeitsstrom mit Flatterschaltungen, die zu Schäden an Motor, Verdichter und Schaltgeräten führen können. Sie sollten deshalb stets mit einem Zeitrelais gekoppelt werden, so daß Abschaltung erst erfolgt nach einer Strömungsunterbrechung von einigen Sekunden Dauer.

-6 Kondensat-Abführung

Das in Klimageräten, Luftentfeuchtern usw. anfallende Kondensat oder Abtauwasser wird meist über Rohrleitungen mit natürlichem Gefälle abgeführt. Wo dies nicht möglich ist, können automatisch zuschaltende Pumpen eingesetzt werden, die selbstansaugend sind und bei verstopftem Abflußrohr Alarm geben. Förderhöhe bis 9 m. Hersteller: EDC[1]).

5.4.8 Wasserrückkühlung

-1 Allgemeines[2])

Die früher übliche Kühlung der Verflüssiger der Kälteanlagen mit Wasser aus dem kommunalen Leitungsnetz, aus Brunnen oder offenen Gewässern ist heute aus ökologischen und wirtschaftlichen Gründen kaum mehr möglich. Trotzdem werden auch heute noch die meisten Anlagen mit wassergekühlten Verflüssigern ausgerüstet, wobei jedoch das Wasser im Kreislauf zirkuliert und die Wärme über ein Wasserrückkühlwerk letztlich an die Umgebungsluft abgegeben wird.

Die *Wasserrückkühlwerke* (Bild 5.4.8-1) arbeiten grundsätzlich in der Weise, daß das aus dem Verflüssiger kommende warme Wasser, über Füllkörper rieselnd, mit Luft in Berührung gebracht wird, wodurch es je nach Temperatur und Feuchte der Luft mehr oder weniger gekühlt wird. Danach kehrt das Wasser wieder zum Verflüssiger zurück, und der Kreislauf beginnt von neuem (offener Rückkühler). Zum kleineren Teil erfolgt die Abkühlung durch Abgabe fühlbarer Wärme an die kühlere Luft, zum größeren Teil jedoch durch Verdunstung eines geringen Teiles des Wassers.

Den *Vorgang der Wasserrückkühlung* im h, x-Diagramm stellt Bild 5.4.8-2 dar. Das Wasser kühlt sich von der Eintrittstemperatur t_{W1} auf die Wasseraustrittstemperatur t_{W2} ab, während sich der Wärmeinhalt der Luft von h_1 auf h_2 erhöht. Dabei gilt die Gleichung

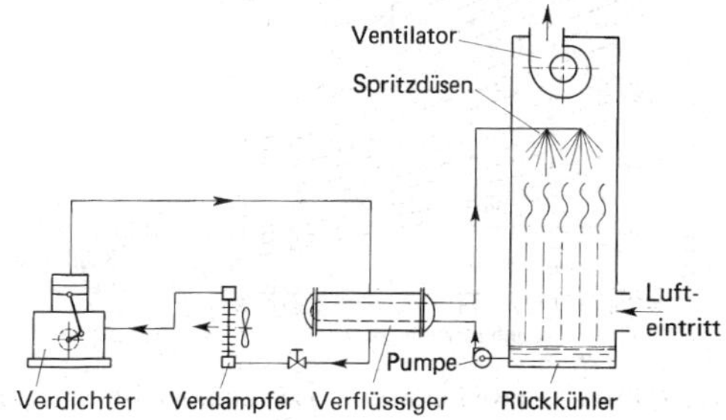

Bild 5.4.8-1. Schema eines Wasserrückkühlers in Kälteanlagen.

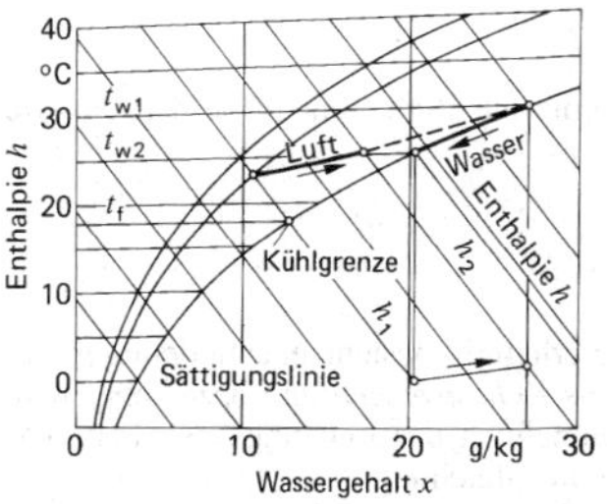

Bild 5.4.8-2. Luftzustandsänderung im Wasserrückkühler, dargestellt im h, x-Diagramm.

---

1) CCI 2/89. S. 28.

2) VDI-Kühlturmregeln DIN 1947 (05.89): Abnahmemessung an Naßluftkühlern.
Klenke, W.: BWK 5/77. S. 198/206.
Pielke, R.: SBZ 17/78. 3 S.; KK 10/1987. S. 491 u. KK 7/1989. S. 339.
Schnell, H.: TAB 11/78. S. 935/6.
Fackelmayer, H.: Ki 7–8/1992. S. 264/268.

$\dot{W} \cdot c \cdot (t_{W1} - t_{W2}) = \dot{L} \cdot (h_2 - h_1)$ in W

$\dot{W}$ = Wassermenge kg/s
$\dot{L}$ = Luftmenge kg/s
t_{W1} = Wassereintrittstemperatur °C
t_{W2} = Wasseraustrittstemperatur °C
h_1 = Wärmeinhalt der eintretenden Luft kJ/kg tr. Luft
h_2 = Wärmeinhalt der austretenden Luft kJ/kg tr. Luft

Bei unendlich großer Berührungsfläche zwischen Wasser und Luft, idealer Kühlturm, könnte sich das Wasser theoretisch bis auf die Feuchtkugeltemperatur t_f (Kühlgrenze) der Luft abkühlen.

Das Verhältnis

$$k = \frac{t_{W1} - t_{W2}}{t_{W1} - t_f}$$

nennt man *Abkühlungsgrad des Rückkühlers.* Die Differenz $t_{W2} - t_f$ wird als Kühlgrenzabstand bezeichnet.

Beim idealen Kühlturm ist die zur Abkühlung einer bestimmten Wassermenge $\dot{W}$ von t_{W1} auf t_f mindestens erforderliche Luftmenge $\dot{L}_{min}$:

$\dot{L}_{min} = \dot{W} \cdot \lambda_{min}$, mit $\dot{L}$ und $\dot{W}$ in kg/s.

Werte für die relative Luftmenge λ_{min} können dem Bild 5.4.8-3 entnommen werden[1]. Im Bereich üblicher Kühlwasser- und Feuchtkugeltemperaturen ist $\lambda_{min} \approx 0{,}8 \ldots 1{,}2$.

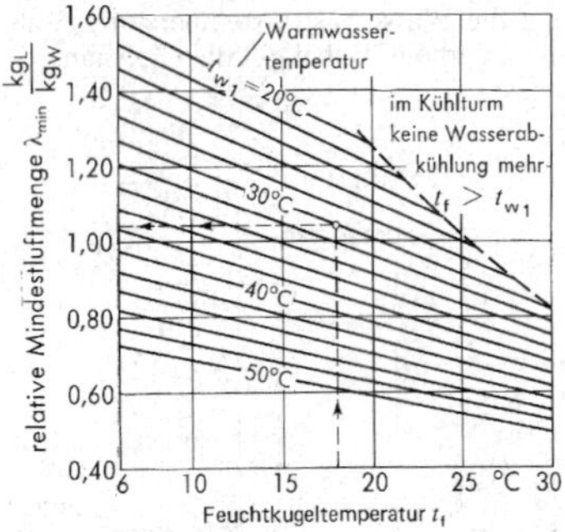

Bild 5.4.8-3. Relative Mindestluftmenge λ_{min} des Kühlturms.

Die *effektive* relative Luftmenge, auch Luftzahl, ist das Verhältnis Massenstrom trockene Luft zum Massenstrom eintretendes Wasser

$$\lambda = \frac{\dot{L}}{\dot{W}}$$

Das Verhältnis beider relativer Luftmengen stellt eine wichtige Kenngröße dar; es wird bezeichnet als

$$\text{Luftverhältnis } v_{kl} = \frac{\lambda}{\lambda_{min}}$$

Zwischen dem Abkühlungsgrad und diesem Luftverhältnis besteht ein eindeutiger Zusammenhang, der in Kurvenform dargestellt und als *Kühlturmkennlinie* bezeichnet wird (Bild 5.4.8-4). Damit erhält man eine einfache Darstellung des Leistungsverhaltens von Kühltürmen. Der Verlauf der Kennlinie wird durch die Gleichung

$$k = C_k\,(1 - e^{-v_{kl}})$$

wiedergegeben, worin C_k eine Konstante darstellt, die für jede Kühlturmbauart durch Versuche festzustellen ist. Sie kann gegebenenfalls aus den Herstellerangaben errechnet werden:

[1]) Klenke, W.: KK 10/70. S. 322/30.

$$C_k = \frac{k}{1 - e^{-v_{kl}}}$$

Bei den heute üblichen Kühltürmen mit Kunststoff-Füllkörpern ist die *Kühlturmkonstante* etwa

Einbauhöhe m	0,3	0,5	0,7	0,9
Konstante C_k	0,65	0,81	0,93	1,0

Mit Hilfe des Diagramms Bild 5.4.8-4 läßt sich das Betriebsverhalten bei wechselnden Bedingungen errechnen, wenn C_k bekannt ist.

Beispiel:

Gegeben Luftmenge $\dot{L}$ = 20 000 kg/h = 5,56 kg/s
Wassermenge $\dot{W}$ = 24 000 kg/h = 6,67 kg/s
Wassereintrittstemperatur t_{W_1} = 30 °C
Feuchtkugeltemperatur t_f = 18 °C
Kühlturmkonstante C_k = 0,8

Aus Bild 5.4.8-3 ergibt sich die relative Mindestluftmenge λ_{min} = 1,04.

Die effektive relative Luftmenge beträgt $\lambda_0 = \frac{20000}{24000} = 0{,}83$

Damit wird das Luftverhältnis $v_{kl} = \frac{0{,}83}{1{,}04} = 0{,}8$

Mit diesem Wert und C_k = 0,8 findet man im Diagramm (Bild 5.4.8-4) den Abkühlungsgrad k = 0,44 und somit die Abkühlung

$t_{W_1} - t_{W_2} = 0{,}44\,(t_{W_1} - t_f) = 0{,}44\,(30 - 18) = 5{,}3$ K.

Wasseraustrittstemperatur also t_{W_2} = 30 – 5,3 = 24,7 °C

Die Enthalpiezunahme der Luft ist:

$\Delta h = c \cdot (t_{W_1} - t_{W_2}) \cdot \dot{W}/\dot{L} = 4{,}2 \cdot 5{,}3 \cdot 24/20 = 26{,}7$ kJ/kg.

Dies entspricht einer Feuchtkugeltemperatur von 25,3 °C (aus *h, x*-Diagramm).

Das Diagramm läßt sich für Abnahmeversuche hervorragend verwenden. Die *Leistungsgarantie* kann als erfüllt gelten, wenn die Werte für k und für v_{kl} aus Messungen auf der Kühlturmkennlinie liegen, die sich aus der Gleichung der Kennlinie mit Hilfe der garantierten Auslegungswerte errechnen läßt.

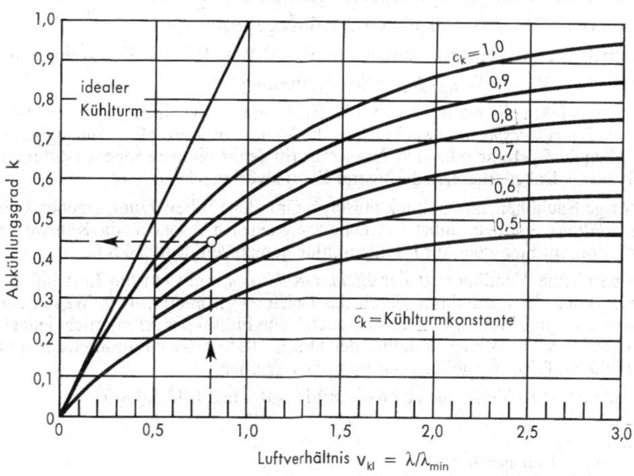

Bild 5.4.8-4. Kühlturmkennlinien.

-2 Ausführung offener Rückkühlwerke[1)]

Früher waren Kühl- und Spritzteiche, Gradierwerke und atmosphärische Kühltürme die typischen Rückkühlwerke. Heute sind sie durch den *zwangsbelüfteten Kühlturm* verdrängt worden, der besser *Rückkühlwerk* genannt wird. Bei diesen kann man nach der Art der Luftführung unterscheiden: Gegenstrom-, Querstrom- und Quer-Gegenstrom-Luftführung, jeweils mit saugend oder drückend angeordneten Ventilatoren. Die notwendige, möglichst große Austauschfläche wird durch Einbauten erzielt, über die das Wasser in dünnem Film rieselt und tropft. Diese werden vorwiegend aus Holz, Kunststoff, früher auch Asbestzement hergestellt. Rinnen, Düsen oder gelochte Schalen verteilen das abzukühlende Wasser über die Einbauten. Häufig sind Tropfenabscheider eingebaut, um die Spritzverluste klein zu halten. Bei großen Leistungen werden meist Axialventilatoren verwendet, bei kleinen Leistungen Radialventilatoren, namentlich bei Aufstellung innerhalb von Gebäuden.

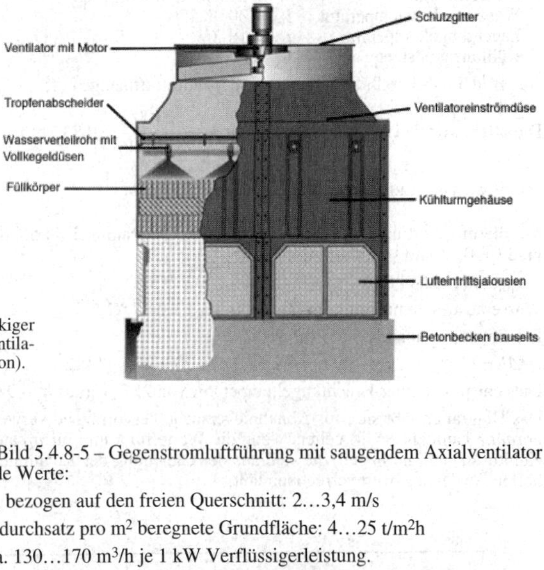

Bild 5.4.8-5. Rechteckiger Kühlturm mit Axialventilator (Axima Refrigeration).

Für Kühltürme nach Bild 5.4.8-5 – Gegenstromluftführung mit saugendem Axialventilator – gelten etwa folgende Werte:

Luftgeschwindigkeit, bezogen auf den freien Querschnitt: 2…3,4 m/s

Regendichte, Wasserdurchsatz pro m² beregnete Grundfläche: 4…25 t/m²h

Luftvolumenstrom ca. 130…170 m³/h je 1 kW Verflüssigerleistung.

Elektrische Antriebsenergie bei Axialventilatoren: 6…10 W je kW Verflüssigerleistung, bei Radialventilatoren: 10…20 W je kW Verflüssigerleistung.

Da die höchste Feuchtkugeltemperatur von 18…21 °C nur an wenigen Tagen im Jahr auftritt, ist es zur *Energieersparnis* zweckmäßig, die Ventilatordrehzahl in Abhängigkeit von der Feuchtkugeltemperatur oder der Wasseraustrittstemperatur zu regeln (stufenlos oder polumschaltbar). Dabei erheblich geringerer Energieverbrauch.

Besonders niedrige Bauhöhen, aus architektonischen Gründen oft bevorzugt, ergeben sich bei *Querstrombelüftung*. Für den Einbau in Gebäude eignen sich besonders die Kühlwerke in Stahlkonstruktion mit Flanschen für Kanalanschluß gemäß dem Bild 5.4.8-6.

Eine Sonderbauart ohne Ventilator ist der *Ejektor-Kühlturm,* bei dem die Luft infolge der Induktionswirkung der Sprühdüsen durch das Gehäuse gefördert wird[2)]. Wegen der intensiven Mischung von Luft und Wasser sind auch keine Füllkörper erforderlich, jedoch höherer Düsenvordruck (1…4 bar). Je höher der Druck, desto größer Luftdurchsatz und Kühlleistung (Bild 5.4.8-7). Aufstellung nur im Freien möglich.

Schaltungsbeispiele von Kühltürmen zeigen die Bild 5.4.8-8 und Bild 5.4.8-9.

---

1) Berliner, P.: Kälte- u. Klimatechn. 5/77. 7 S.
Dirkse, R. J. A.: Kälte- u. Klimatechn. 8/79. 4 S.

2) Träger, W.: Ki 5/77. S. 187/90.

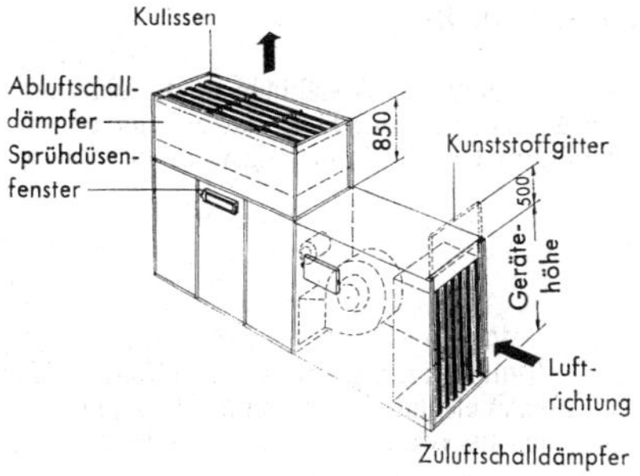

Bild 5.4.8-6. Kühlturm mit Schalldämpfern (GOHL).

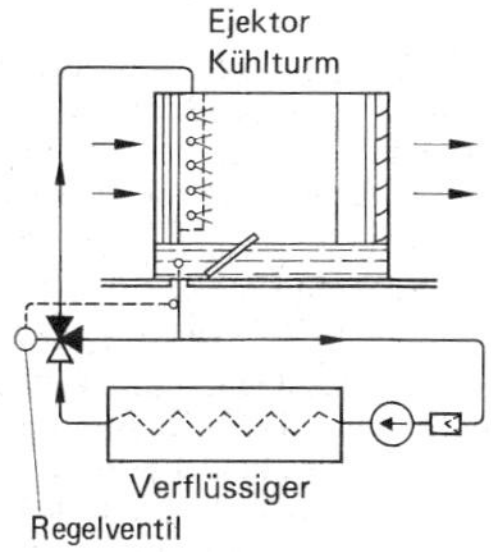

Bild 5.4.8-7. Schema einer Installation mit Ejektor-Kühlturm und Bypass-Regelventil.

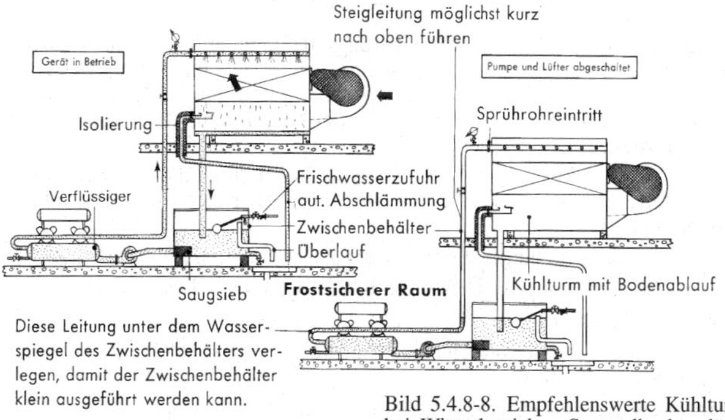

Bild 5.4.8-8. Empfehlenswerte Kühlturmaufstellung bei Winterbetrieb – Sammelbecken läuft beim Abschalten leer (Gohl).

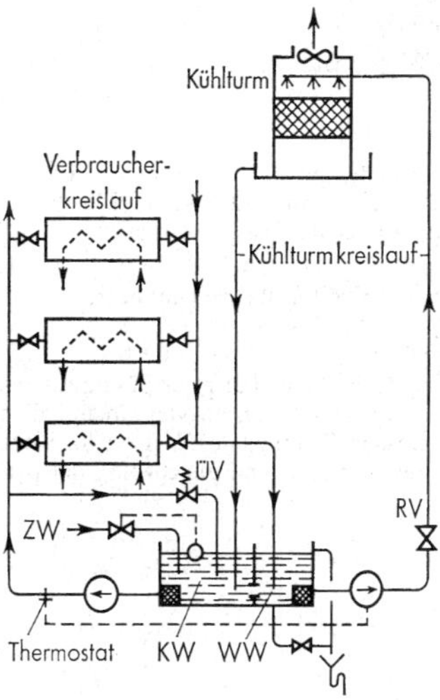

Bild 5.4.8-9. Temperaturregelung des Kühlwassers mit Einschaltung eines Zwischenbehälters.
KW = Kaltwasserbecken
RV = Regulierventil
ZW = Zusatzwasser
WW = Warmwasserbecken
ÜV = Überströmventil

-3 Betrieb offener Rückkühlwerke

Die Größe eines Rückkühlwerkes wird wesentlich durch den Abkühlungsgrad, insbesondere die Temperaturdifferenz zwischen Kühlwasseraustritts- und Feuchtkugeltemperatur bestimmt; je kleiner diese, desto größer der Kühlturm. Übliche Auslegungswerte für die Wasserrückkühlung in Kälteanlagen sind:

Abkühlung von t_{W_1} auf t_{W_2} um ca. 5 K,
(Kühlzonenbreite $\Delta t_W = 5$ K) und
Kühlgrenzabstand $(t_{W_2} - t_f) = 5 \ldots 6$ K;

so z. B. bei Komfortklimaanlagen Kühlung des Wassers von 32 auf 27 °C bei $t_f = 21$ °C, entsprechend 32 °C, 40% rel. Feuchte. Diese Temperatur wird an wenigen Tagen – und dort nur für Stunden – erreicht und überschritten (siehe hierzu Abschnitt 1.1.3). Für Wirtschaftlichkeitsbetrachtungen müssen statistische Mittelwerte[1] herangezogen werden.

Stündlicher maximaler Frischwasserzusatz $\dot{W}_F$ pro kW Kälteleistung

zur Ergänzung des verdunsteten Wassers:	$\dot{W}_o$ etwa 2 kg/h
zur Ergänzung der Spritzverluste:	$\dot{W}_S$ etwa 1 kg/h
zur Verhinderung von Salzanreicherung:	$\dot{W}_A$ etwa 3 kg/h
zusammen:	$\dot{W}_F$ etwa 6 kg/h

Der letzte Betrag berücksichtigt den Salzanreicherungseffekt, der auftritt, wenn normales, salzhaltiges Wasser ständig eingespeist wird, um das verdunstende reine Wasser zu ersetzen[2]. Bei Salzanreicherung und Verdickung des Wassers entstehen Ablagerungen (Kesselstein) in Rohren und Wärmeaustauschern, die die Leistung beeinträchtigen, so daß von Zeit zu Zeit eine *Absalzung* erfolgen muß.

Außerdem müssen zur Verhinderung von *Korrosionsschäden* durch das sauerstoffreiche Umlaufwasser geeignete Maßnahmen ergriffen werden, wie korrosionsfeste Werkstoffe, Zusatz von Inhibitoren u. a.

Genauere Errechnung der notwendigen *Frischwasser-Zusatzmenge* $\dot{W}_F$:

$\dot{W}_o$ ergibt sich aus der Darstellung der Luftzustandsänderung im *h, x*-Diagramm zu

$\dot{W}_o = \dot{L} \cdot (x_2 - x_1)$ in kg/s.

$\dot{W}_S$ ist konstruktionsbedingt und vom Hersteller anzugeben, ggfs. abhängig von Windrichtung und Windgeschwindigkeit.

$\dot{W}_A$ ist abhängig von $\dot{W}_o$ und dem Eindickverhältnis $E = d_z/d$:

$$\dot{W}_A = \frac{\dot{W}_o}{E - 1} \text{ in kg/s, wobei}$$

d_z: die zulässige Härte des Umlaufwassers in °dH
d: die Härte des Frischwassers (1° d = 0,18 mol/m³)

Die Frischwassermenge ist also abhängig von der Wasserhärte und der jahreszeitlich sehr veränderlichen Verdunstungsmenge $\dot{W}_o$.

Beispiel:

Kälteanlage mit einer Leistung von 175 kW bei Nenntemperaturen gibt im Verflüssiger $\dot{Q} = 1{,}26 \cdot 175 = 220$ kW an das Kühlwasser ab (siehe Abschnitt 5.4.3-1). Mit durchlaufendem Frischwasser von $t_{WE} = 15°$ und $t_{WA} = 30°$ ist der Wasserverbrauch

$$\dot{W} = \frac{220}{4{,}2 \cdot 15} = 3{,}49 \text{ kg/s} = 12\,570 \text{ kg/h, jedoch bei Kühlturmbetrieb nur noch}$$

$\dot{W}_F = 175 \cdot 6 = 1050$ kg/h, also nur noch ca. 8,5%.

Üblich ist bei den Rückkühlwerken von Klimaanlagen die Behandlung des Zusatzwassers in *automatischen Einrichtungen* (siehe Bild 5.4.8-10). Durch Zusatz von Chemikalien (Polyphosphate, Chromate, Biocide u. a.) wird die Lösungsfähigkeit des Wassers für Salze erhöht, die Korrosion, Algen- und Bakterienbildung verringert und gleichzeitig der pH-Wert reguliert.

---

[1]) z. B. DIN 4710.
[2]) Scharmann, R.: HR 7/75 u. 8/75. 4 S.
Kruse, C.-L., u. D. Kuron: Ki 4/79. S. 181/6.
Eurich, G.: TAB 12/79. S. 1009/13.
Nowack, J.-F.: TAB 1/82. S. 29/31.

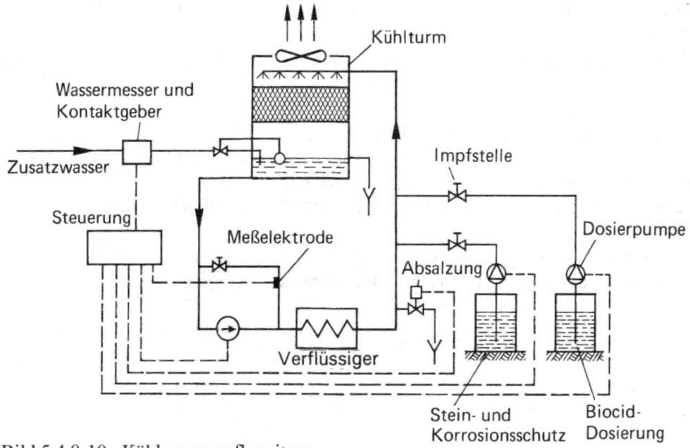

Bild 5.4.8-10. Kühlwasseraufbereitung durch Dosiergeräte.

Die *Absalzmenge* kann proportional zu dem durch Wasserzähler gemessenen Zusatzwasser mittels Magnetventil abgelassen werden. Besser ist jedoch eine Absalzungsautomatik mit Leitfähigkeitsmesser und Absalzventil nach Bild 5.4.8-10 rechts. Eindickung des Umlaufwassers auf 20...25 °dH (3,4...4,3 mol/m³).

Empfohlene Grenzwerte für die Beschaffenheit des Umlaufwassers in VDI 3803 (11. 86).

Bei Freiluftaufstellung von Rückkühlwerken in Wohngegenden muß *Geräuschbildung* der Ventilatoren beachtet werden. Geräuschpegel L in 1 m Abstand – je nach Antriebsleistung P (kW) – etwa

bei Radialventilatoren $L = 73 + 10 \lg P$ in dB(A)
bei Axialventilatoren $L = 80 + 10 \lg P$ in dB(A)

Durch Vor- und Nachschalten von *Schalldämpfern,* Bild 5.4.8-6, kann die Geräuschbelästigung der Umgebung verringert werden. Zulässige Werte s. Abschnitt 3.3.6-3.

Besonders zu beachten ist die *Einfriergefahr* des im Freien stehenden Rückkühlwerkes im Winter. Die elektrische Beheizung des Wassersammelbeckens und der Wasserleitungen ist nur in Ausnahmefällen zweckmäßig. Am sichersten ist die selbständige Entleerung des Rückkühlwerkes im Stillstand in einen Zwischenbehälter hinein, der gemäß Bild 5.4.8-8 in einem frostsicheren Raum aufgestellt ist. Allerdings geht dabei eventuell ein größerer Anteil an geodätischer Zulaufhöhe verloren, so daß die Kühlwasserumwälzpumpe für eine vergleichsweise größere Förderhöhe ausgewählt werden muß.

Zur Vermeidung zu geringer Wassertemperatur Regelung durch Bypassventil in Abhängigkeit von der Wassertemperatur.

Besondere Beachtung ist auch der Vermeidung von *Rezirkulationen* zu schenken, d.h. der Wiederansaugung erwärmter Abluft, da hierdurch die verlangte Kaltwassertemperatur eventuell nicht erreicht wird. In dieser Hinsicht ist Ausblas nach oben am günstigsten, eventuell mit zusätzlicher Ablufthaube.

Ferner ist dafür zu sorgen, daß die Abluft nicht von Lüftungsanlagen angesaugt wird, da Infektionsgefahr durch Legionellen bestehen kann (s. Abschn. 1.1.1-2.3)[1].

-4 Geschlossene Rückkühlwerke[2]

An die Stelle der Füllkörpereinbauten bei den offenen Rückkühlwerken treten hier *Wärmeaustauschersysteme* aus berippten oder unberippten, korrosionsgeschützten Rohren. Das rückzukühlende Wasser fließt in den Rohren, das über das Rohrsystem rieselnde Sprüh-

[1]) Ki-Forum 1/89. S. 33 ff.
[2]) Klenke, W.: KK 10/70. S. 322/30.

wasser zirkuliert in einem eigenen Kreislauf. Verschiedene Anordnung der Ventilatoren wie bei offener Bauart.

Vorteil ist, daß das Kühlwasser im geschlossenen Kreislauf zirkuliert und nicht mit der Kühlluft in Berührung kommt. Es wird also nicht verschmutzt und wird nicht durch Luftsauerstoff- und Salzanreicherung aggressiv.

Nachteil sind die bei gleichem Kühlgrenzabstand wesentlich höheren Investitionskosten gegenüber einem offenen Rückkühlwerk. Diese sind nicht nur bedingt durch den größeren technischen Aufwand, sondern auch durch die in jeder Hinsicht größere Dimensionierung, da ein Teil der verfügbaren Temperaturdifferenz für den Wärmedurchgang am Wärmeaustauscher benötigt wird.

Ein betriebstechnischer Vorteil ist, daß bei Teillast und niedrigerer Außenlufttemperatur der Sprühwasserkreislauf stillgelegt werden kann, wenn die trockene Kühlung allein ausreichend ist[1].

[1]) NN.: Chemie-Technik 1/89. S. 47/49.

5.5 Ausführung von Kälteanlagen

5.5.1 Allgemeines

Nach der Art des Wärmeentzuges unterscheidet man zwischen zwei Verfahren:

Direkte Kühlung – Der Kältemittelverdampfer liegt direkt im abzukühlenden Stoffstrom, in der Klimatechnik also im Luftstrom. Die Kälteanlage ist eine Luftkühlanlage.

Indirekte Kühlung – Im Kältemittelverdampfer wird eine als Kälteträger geeignete Flüssigkeit, Wasser oder Sole (vgl. Abschn. 5.3.4) abgekühlt. Der zirkulierende Kälteträger dient über weitere Wärmeaustauscher zur Abkühlung der eigentlich abzukühlenden Stoffströme. Die Kälteanlage ist eine Wasser- (oder Sole-)Kühlanlage.

Für eine funktionsfähige Kälteanlage müssen alle erforderlichen Bauelemente durch Rohrleitungen miteinander verbunden werden, in denen das Kältemittel zirkulieren kann (Bild 5.5.1-1). Die richtige Auslegung der Bauelemente für eine gestellte Aufgabe, die Planung und die Erstellung einer Kälteanlage erfordern kältetechnische Spezialkenntnisse, sind also stets Aufgabe eines Unternehmens der Kältetechnik. Um den Aufwand zu verringern, wurde seitens der Kältetechnik schon weitgehend standardisiert und auch die Erstellung des Kältekreislaufes weitgehend in das Herstellerwerk übernommen.

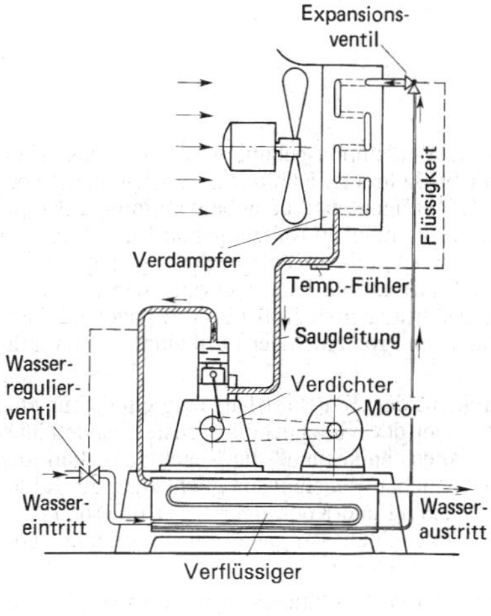

Bild 5.5.1-1. Kompressionskälteanlage mit Verdampfer zur direkten Luftkühlung.

Je nach Grad der Vorfertigung unterscheidet man

Kältesätze: In Standard-Baugrößen im Herstellerwerk vollständig zusammengebaute Kältesysteme, betriebsfertig mit Kältemittel gefüllt. Auswahl durch Klimatechniker nach Leistungs-Diagrammen oder -Tabellen des Herstellers. Installation vor Ort erfordert keine kältetechnischen Kenntnisse. Lediglich zur ersten Inbetriebnahme ist Hinzuziehung eines Kältetechnikers der Lieferfirma zu empfehlen.

Kälteanlagen: Planung nach gestellter Aufgabe. Montage der einzeln angelieferten Bauteile und des Rohrleitungssystems auf der Baustelle. Ausführung nur durch Spezialfirmen der Kältetechnik.

Zwischen diesen beiden Extremen liegen Ausführungen mit nur *teilweiser Vorfertigung.* So werden z. B. Hubkolbenverdichter für den Kälteanlagenbau überwiegend mit dem Verflüssiger nebst Trockner, gegebenenfalls Sammler, sowie meistens mit Sicherheits- und Schaltgeräten zusammengebaut. Diese vorgefertigte Einheit wird als *Verflüssigungssatz* bezeichnet. Ebenso werden Verdampfer und Verdichter als vorgefertigter Verdampfer-Verdichter-Satz geliefert.

Bei Systemen mit nur teilweiser Vorfertigung ist zu unterscheiden zwischen

Standardisierten Systemen, bei denen vom Hersteller für bestimmte Kombinationen Leistungsdaten angegeben werden. Diese Teile können ohne kältetechnische Leistungsberechnung installiert werden. Lediglich die Kältemittel-Rohrleitungen müssen nach Angabe des Lieferers und Stand der Technik von einem Kältemonteur verlegt werden. Es handelt sich hier praktisch um Kältesätze, die in zwei Teilen angeliefert werden, wofür die amerikanische Bezeichnung Split-System auch bei uns benutzt wird.

Nicht standardisierte Systeme: Hierbei ist z. B. für einen oder mehrere Verdampfer ein passender Verflüssigungssatz, oder für einen Verdichter-Verdampfer-Satz ein passender Verflüssiger zu wählen. Dies ist wieder eine speziell kältetechnische Aufgabe, es handelt sich hier praktisch um eine Kälteanlage, bei der die Vorteile vorgefertigter Einheiten genutzt werden.

Alle Bauelemente eines Kältekreislaufes sind auf das jeweils eingesetzte Kältemittel abgestimmt. Dies betrifft nicht nur die betriebsbedingt auftretenden Drücke, sondern auch das chemische Verhalten. Insbesondere Dichtungsmaterialien (Elastomere) und das Schmieröl können sich bei Umstellung auf ein anderes Kältemittel als völlig ungeeignet erweisen.

Bei Verwendung von Ammoniak als Kältemittel müssen alle mit Ammoniak in Berührung kommenden Teile frei sein von Kupfer, Zink und allen daraus bestehenden Legierungen wie Messing, Bronze etc.[1)]

5.5.2 Direkte Kühlung – Luftkühlanlagen

-1 Allgemeines

Die *direkte Kühlung,* bei der die Luft direkt im Verdampfer gekühlt wird, ist grundsätzlich wirtschaftlicher als die indirekte Kühlung, da bei indirekter Kühlung zusätzlich Energie benötigt wird für die Zirkulationspumpe des Kälteträgers, und da außerdem infolge der zusätzlich erforderlichen Temperaturdifferenz (Kältemittel an Kälteträger *und* Kälteträger an Luft) die Verdampfungstemperatur niedriger liegen muß, mit entsprechend geringerer Leistungszahl. Die Kühlflächentemperatur zur Entfeuchtung kann niedriger sein als es mit Kaltwasser-Zwischenkreislauf möglich ist. Daß trotzdem in großer Zahl Anlagen mit indirekter Kühlung erstellt werden, liegt an folgenden Problemen der Luftkühlanlagen mit direkter Verdampfung:

1. Die *klimatechnische Regelung* muß direkt in den Kältekreislauf eingreifen. Zur einwandfreien Koordinierung muß also entweder der Klimatechniker ausreichende kältetechnische Kenntnisse haben, oder der Kältetechniker muß die Regelungstechnik der Klimaanlage beherrschen. Da die wirtschaftlichen Regelungsmöglichkeiten der Kältemaschinen begrenzt sind, ist sorgfältige Planung und Koordinierung erforderlich (vgl. Abschnitt 5.7.1), insbesondere, wenn für Entfeuchtungsaufgaben eine bestimmte Kühlflächentemperatur erforderlich ist.
2. *Weitverzweigte Kälteleitungssysteme* und/oder große Leitungslängen, insbesondere bei größeren Niveauunterschieden, können zu betriebstechnischen Schwierigkeiten führen. Derartige Anlagen sind deshalb nur üblich in Produktionsbetrieben, die über entsprechendes Fachpersonal verfügen.
3. *Undichtigkeiten* an Kältemittelleitungen sind sehr viel schwerer zu finden und zu beseitigen als an Wasser- oder Soleleitungen. Kältemittelverluste sind sehr viel teurer als Verluste an Wasser oder Sole, und führen außerdem sehr rasch zu Störungen an der Kälteanlage.
4. Das zulässige *Füllgewicht* der Kälteanlage ist bei direkter Kühlung nach BGV D 4 begrenzt durch die Größe der gekühlten Räume und der von der Art des Kältemittels abhängigen Kenngröße c (vgl. Abschn. 5.8.3). Kältemittel der Gruppe 2 (z.B. Ammoniak) und 3 dürfen nicht verwendet werden.

Die direkte Kühlung wird deshalb vorwiegend für kleinere Leistungen und/oder bei nur einer (oder wenigen) Kühlstellen eingesetzt. Zur Verwendung kommen Verdrängungsverdichter, das Prinzip der trockenen Verdampfung und die Kältemittel R 134a und R 407.

---
1) Blumhardt, R.: Ki 7–8/90. S. 306–308.

-2 Kältesätze für Luftkühlung

Werksseitig mit allem erforderlichen Zubehör betriebsfertig montierte Kältesysteme finden sich in den *Fenster-, Raum- und Schrank-Klimageräten* (eingehäusige Geräte) mit eingebautem Verdichter (Kompressor), Verflüssiger (Kondensator) und Verdampfer, vgl. Abschn. 3.4.2-2, -6 und -1. Bei eingebautem luftgekühlten Verflüssiger sind Verbindungen ins Freie (Mauerdurchbrüche) für Luft-Ein- und -Austritt erforderlich.

Beim Split-System (mehrgehäusige Geräte) besteht die werksseitige Lieferung aus zwei Teilen, entweder

Klimateil und luftgekühlter Verflüssigungssatz für Aufstellung im Freien oder
Klimateil mit Verdichter und getrenntem luftgekühlten Verflüssiger zur Aufstellung im Freien (Bild 5.5.2-1 und Bild 5.5.2-2).

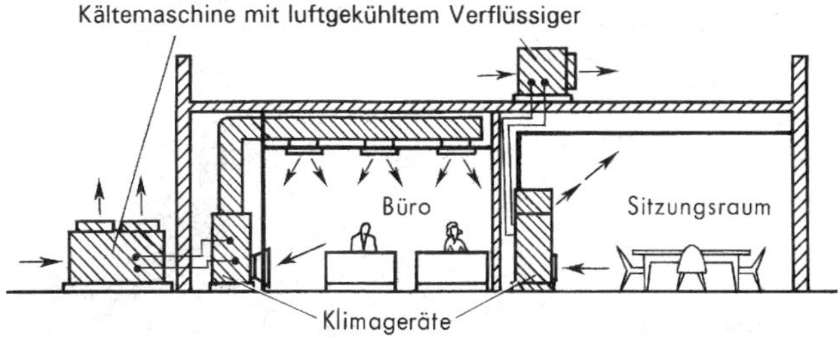

Bild 5.5.2-1. Kühlung von Räumen nach dem Splitsystem.

Aufstellung und Leitungsverlegung nach Vorschriften des Herstellers, häufig werden Kältemittelleitungen mitgeliefert, teilweise schon mit Kältemittel gefüllt und mit Schnellkupplungen an beiden Enden für problemlose Installation durch Nicht-Kältetechniker.

Kältemittelentspannung häufig durch Kapillare, bei größeren Leistungen thermostatische Expansionsventile.

Leistungsangaben für ein- und mehrgehäusige Geräte sind bezogen auf Bedingungen des klimatisierten Raumes und Außenluft- bzw. Kühlwassertemperatur. *Prüfbedingungen* DIN 8957 T1–T4. Zugehörige Verdampfungs- und Verflüssigungstemperaturen werden meistens nicht angegeben. Damit ist eine kältetechnische Nachrechnung nicht möglich, bei diesen Geräten aber auch nicht erforderlich (Herstellerverantwortung).

Verwendete Verdichter fast ausschließlich hermetische Bauart (Kapselverdichter), Hubkolben, Rollkolben und neuerdings Scroll-Verdichter. Einphasiger (Wechselstrom-)Betrieb nur bis 1,4 kW Motor-Nennaufnahme zulässig, darüber Drehstrom (3phasig) erforderlich gemäß Technischen Anschlußbedingungen (TAB) der Energieversorgungsunternehmen (EVU).

Bild 5.5.2-2. Verflüssigungssatz mit luftgekühltem Verflüssiger. Verdichter, Expansionseinheit sowie Schaltbox sind kompakt vom luftdurchfluteten Verflüssigerpaket getrennt.

-3 Kälteanlagen für Luftkühlung

Für Kühlung (Klimatisierung) einzelner Räume können eine oder mehrere Klimatruhen (Ventilatorkonvektoren) mit eingebautem Luftkühlverdampfer an einen Verflüssigungssatz angeschlossen werden (Bild 5.5.2-3). Im einfachsten Falle (gewerblicher Produktionsbereich) auch Verwendung einfacher Kühlraumverdampfer (Bild 5.5.2-4).

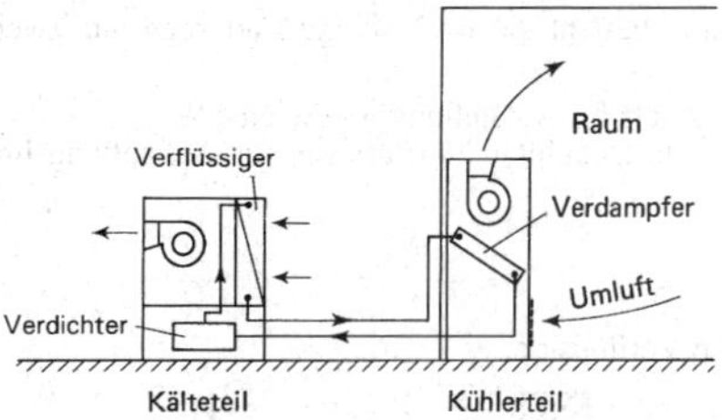

Bild 5.5.2-3. Kompressionskälteanlage mit luftgekühltem Verflüssiger und Verdampfer für direkte Luftkühlung.

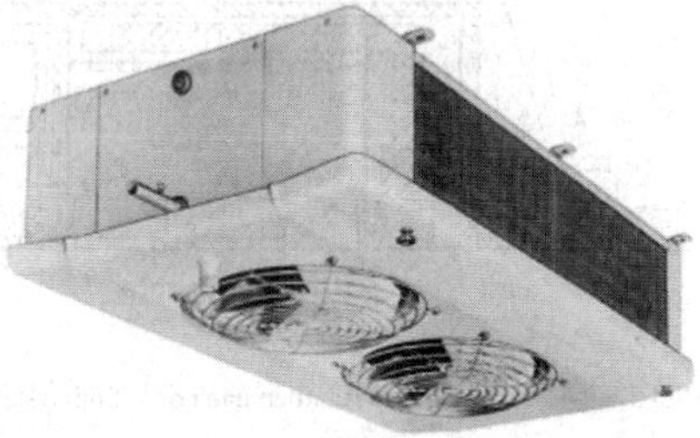

Bild 5.5.2-4. Kühlraumverdampfer (Ventilator-Luftkühler) für Aufhängung an der Decke des Raumes (Küba).

Verflüssigungssätze luft- oder wassergekühlt aus dem normalen Programm der Kältetechnik, vorwiegend halbhermetische Hubkolbenverdichter. Beispiel mit offenem Verdichter zeigt Bild 5.5.1-1. Leistungsangaben über Verdampfungs- und Verflüssigungstemperatur, wie in der Kältetechnik üblich. Berechnung der Verdampfer und Auswahl des Verflüssigungssatzes zur Erfüllung der klimatechnischen Forderungen durch Kältetechniker.

Bei größeren Klimaanlagen wird Verdampfer für direkte Luftkühlung im *Klimazentralgerät* anstelle des kaltwasserbeaufschlagten Luftkühlers eingebaut. Berechnung von Verdampfer, thermostatischem Expansionsventil und passendem Verflüssigungssatz gemäß klimatechnischen Forderungen durch Kältetechniker. Für bessere Regelbarkeit häufig Aufteilung auf mehrere getrennte Kältekreisläufe mit je einem Verdichter, Verflüssiger, Expansionsventil und Verdampferteil. Verdampferberechnung hierbei recht umfangreich.

Bei größeren Leistungen werden wassergekühlte Verflüssiger mit Rückkühlwerk oder zentrale luftgekühlte Verflüssiger verwendet, unterteilt in getrennte Kältekreise je Verdichter, und einzeln aufgestellte Verdichter. Aufteilung auf mehrere getrennte Kältekreisläufe erhöht auch zulässige Gesamt-Kältemittelfüllung, da Sicherheitsbeschränkung nur auf Teilkreislauf mit größter Füllmenge bezogen ist.

-4 Luftkühlung mit Absorptionsmaschinen

Schrank-Klimageräte mit betriebsfertig eingebauter Absorptions-Kältemaschine zur direkten Luftkühlung sind in den USA schon seit Jahrzehnten üblich, Arbeitsstoffpaar Wasser/Lithiumbromid.

Der Austreiber wird direkt mit Gas beheizt, und meistens ist im gleichen Gerät auch noch ein *gasbeheizter Lufterhitzer* für den Winterbetrieb eingebaut. Für die in den USA bei Einfamilienhäusern üblichen Luftheizsysteme ermöglicht dieses Gerät den ganzjährigen Kühl- und Heizbetrieb. Mit dem Ausbau des Erdgasnetzes werden derartige Geräte auch bei uns angeboten. Die Geräte bieten in wärmeren Gegenden auch die Möglichkeit der Kühlung durch unmittelbare Ausnutzung der Sonnenenergie über Solarkollektoren, das erwärmte Wasser beheizt den Austreiber der Absorptionsmaschine. (Siehe Abschn. 2.2.2-5.3.4.)

5.5.3 Indirekte Kühlung – Wasserkühlanlagen

-1 Allgemeines

Die folgenden Ausführungen gelten in gleicher Weise für Wasser und für Sole als Kälteträger.

Vorteile der indirekten Kühlung:

1. Regelkreise von Klimaanlage und Kälteanlage weitgehend getrennt. Klimaregelung verändert Kaltwasserdurchsatz durch Luftkühler. Kälteanlagenregelung hält Kaltwassertemperatur etwa konstant.
2. Kaltwasserverteilsystem praktisch gleich dem Warmwasserverteilsystem und damit dem Klimatechniker vertraut.
3. Eindeutige Abgrenzung der Leistungsgarantien zwischen Klimatechnik und Kältetechnik.

Von *Nachteil* ist der höhere Energieaufwand infolge der geringeren Leistungszahl und infolge des Energieverbrauches der Kaltwasser-(Sole-)Zirkulationspumpen.

Die meisten Wasserkühlanlagen werden heute als betriebsfertige *Wasserkühlsätze*[1] geliefert, mit Hubkolben-, Schrauben- und Turboverdichtern, sowie nach dem Absorptions- und Dampfstrahl-Prinzip. Grundsätzliche Schaltung bei indirekter Kühlung zeigt Bild 5.5.3-1.

Wasserkühlsätze einer Baureihe werden nach Kälteleistung abgestuft: häufig werden dabei die Normzahlen oder eine andere logarithmische Stufung verwendet. Die Kälteleistung wird meistens für eine Kühlung des Kaltwassers auf +6 bis +8 °C bei einer Kühlwasser-Austrittstemperatur von +30 bis 35 °C angegeben. Im *Kaltwasserkreislauf* beträgt die Spreizung 4 bis 6 K, kühlwasserseitig bei Rückkühlwerk-Betrieb ebenfalls 4 bis 6 K; bei durchlaufendem *Frischwasser* (Brunnen- oder Stadtwasser) beträgt die Wassererwärmung im Verflüssiger mindestens 15 K. Ein Vergleich von Wasserkühlsätzen untereinander ist nur bei denselben Wasserein- und -austrittstemperaturen möglich.

Übliche *Auslegungstemperaturen* sind bei Rückkühlwerk-Betrieb (Bild 5.5.3-1):

Kaltwassereintritt t_{KE}	= 12 °C	(ARI-Standards 12,4 °C)
Kaltwasseraustritt t_{KA}	= 6 °C	(ARI-Standards 6,7 °C)
Kühlwassereintritt t_{WE}	= 27 °C	(ARI-Standards 29,4 °C)
Kühlwasseraustritt t_{WA}	= 32 °C	(ARI-Standards 35,0 °C)

(Da teilweise auch in Deutschland nach den US-amerikanischen ARI-Standards angeboten wird, sind die entsprechenden Werte zusätzlich angegeben.)

Dabei wird das Rückkühlwerk so ausgelegt, daß die *Rückkühlung* von 32 °C auf 27 °C bei einer Feuchtkugeltemperatur von 21 bis 22 °C erzielt werden kann. Viele Hersteller beziehen die Nennleistungen ihrer Wasserkühlsätze auf diese Temperaturen. Es ist daher zweckmäßig, sie als *Nenntemperaturen* zu bezeichnen.

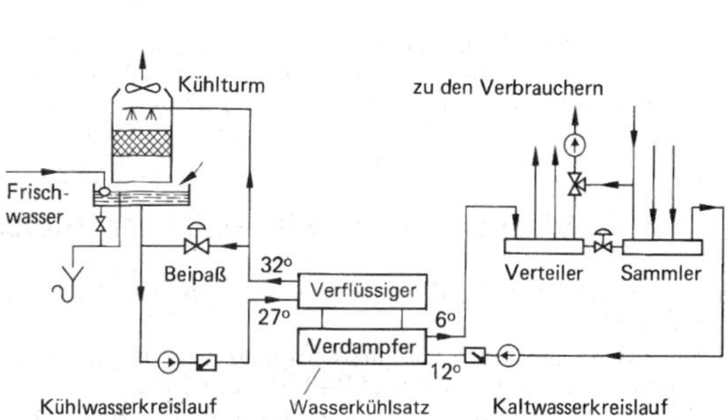

Bild 5.5.3-1. Kaltwasser- und Kühlwasserkreislauf einer Kälteanlage für indirekte Kühlung.

[1]) Ersetzt nach Richtlinie CECOMAF 71-11 den bisherigen Begriff Kaltwassersatz.

Die umlaufende *Kaltwassermenge* $\dot{V}_K$ ergibt sich – spezifische Wärmekapazität ca. 4,2 kJ/kgK und Dichte ca. 1000 kg/m³ – bei diesen Nenntemperaturen zu

$$\dot{V}_K = \frac{\dot{Q}_0}{c \cdot \varrho \, (t_{KE} - t_{KA})} = \frac{\dot{Q}_0}{4{,}2 \cdot 1000 \cdot 5} = \frac{\dot{Q}_0}{21\,000} \frac{m^3}{s} \qquad \dot{Q}_0 \text{ in kW.}$$

Die erforderliche *Antriebsleistung* des Verdichters oder der Verdichter kann aus der Leistungszahl ε_K ermittelt werden (siehe Bild 5.4.1-3 und Bild 5.4.1-4). Bei üblicher Auslegung von Verdampfer und Verflüssiger kann man davon ausgehen, daß die Verdampfungstemperatur t_0 etwa 5 K unter der Kaltwasser-Austrittstemperatur t_{KA} und die Verflüssigungstemperatur etwa 3 bis 5 K über der Kühlwasser-Austrittstemperatur t_{WA} liegen, bei Nenntemperaturen also ca. Verdampfungstemperatur $t_0 = +1$ °C und Verflüssigungstemperatur $t_c = 35$ bis 37 °C.

Bild 5.5.3-2 zeigt Werte für die Leistungszahl ε_K von Wasserkühlsätzen bei Nenntemperaturen. Die eingezeichneten Kurven liefern Mittelwerte für Überschlagsrechnungen, sie gelten für Nennlast.

Die Vollast-Leistungszahl ε_K ist bei Luftkühlung wegen des höheren Verflüssigungsdrucks geringer als bei Wasserkühlung.

Im Mittel rechnet man mit folgenden Zahlen:

Wasserkühlsatz mit Kühlturm:	$\varepsilon_K \approx 4{,}0$
Wasserkühlsatz mit luftgekühltem Verflüssiger:	$\varepsilon_K \approx 3{,}5$

Übliche Auslegungstemperaturen sind hier:

Kaltwassereintritt	12 °C	(ARI-Standards 12,4 °C)
Kaltwasseraustritt	6 °C	(ARI-Standards 6,7 °C)
Kühllufteintritt	32 °C	(ARI-Standards 35 °C)

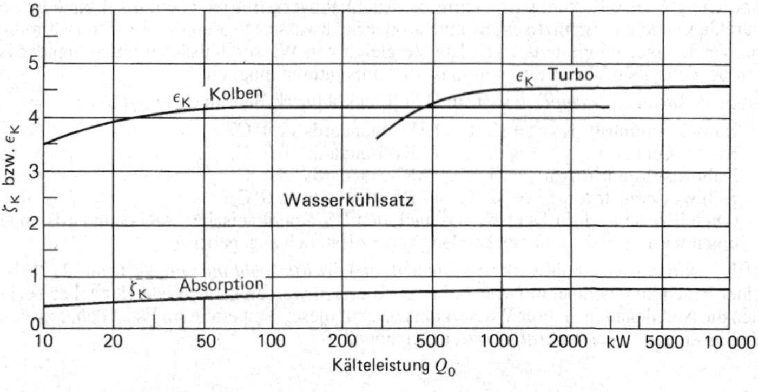

Bild 5.5.3-2. Richtwerte für Leistungszahl ε_K von Hubkolben- und Turboverdichter-Wasserkühlsätzen und Wärmeverhältnis ζ_K von Absorptions-Wasserkühlsätzen bei Nenntemperaturen. Abweichungen je nach Hersteller von + 10% bis – 20% möglich.

-2 Wasserkühlung mit Hubkolbenverdichtern

Kälteleistung 10 bis 80 kW, meistens mit einem oder mehreren hermetischen (Kapsel-) Verdichtern.

Kälteleistung 30 bis 650 kW, meistens mit einem oder mehreren halbhermetischen Verdichtern. Kältemittel vorwiegend R 407 C und R 134 a.

Bedingt durch die FCKW-Problematik kommen jetzt auch Geräte mit Kältemittel Ammoniak auf den Markt[1)].

[1)] Venner, J., Jung, P.: Ki 3/92. S. 74/76.
Reinhard, A.: Ki 11/92. S. 434/436.

Bild 5.5.3-3. Wasserkühlsatz mit offenen Verdichtern direkt gekuppelt mit Motor, Kälteleistung 100 bis 1300 kW, Kältemittel Ammoniak (Liquifrigor von Axima Refrigeration).

Mit wassergekühltem Verflüssiger, geeignet für Betrieb mit Rückkühlwerk, fast stets werkseitig kältetechnisch betriebsfertig zusammengebaut als *Wasserkühlsatz* (Bild 5.5.3-3).

Mit luftgekühltem Verflüssiger als Wasserkühlsatz zur Aufstellung im Freien, Bild 5.5.3-4, oder mit getrennt aufzustellendem luftgekühltem Verflüssiger (Split-System), Bild 5.5.3-5.

Verdampfer zur Abkühlung des Kaltwassers bzw. der Sole fast ausschließlich für trockene Verdampfung, Bild 5.4.4-3, mit thermostatischem Expansionsventil. Kühlung des Wassers erfolgt im Durchlauf, also ohne Speichermasse. Für einwandfreien Betrieb des Wasserkühlsatzes muß deshalb Kaltwasserdurchsatz bei allen Laständerungen der Klimaanlage konstant bleiben.

Bei Aufstellung des Wasserkühlsatzes im Freien (luftgekühlt) oder in nicht frostsicheren Räumen besteht im Winter *Einfriergefahr* für das Kaltwasser im Verdampfer und in den Vor- und Rücklaufleitungen. Abhilfe durch

a) Entleeren des Kaltwassersystems im Winter, dabei erforderliche Korrosionsschutzmaßnahmen beachten.

b) Zufügen von Frostschutzmittel in ausreichender Menge zum Kaltwasser, dabei schlechtere Wärmeübergangszahlen der Sole beachten.

c) Elektrische Beheizung von Verdampfer und im Freien liegenden Leitungsteilen.

Schematischen Aufbau eines wassergekühlten Wasserkühlsatzes zeigt Bild 5.5.3-6. Wenn auf der Kaltwasserseite mit Korrosions- oder Verschmutzungsgefahr gerechnet werden muß, besonders bei Wärmepumpen mit Grundwasser oder Oberflächenwasser als Wärme-

Bild 5.5.3-4. Luftgekühlter Wasserkühlsatz für Außenaufstellung, Kälteleistung 50 bis 500 kW (Trane).

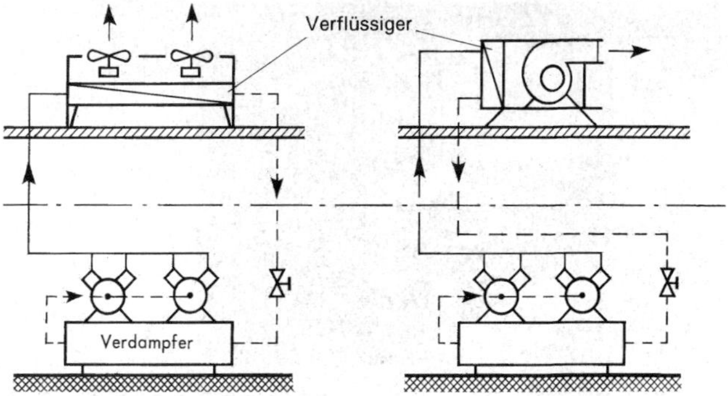

Bild 5.5.3-5. Luftgekühlte Wasserkühlsätze.
Links: Verflüssiger mit Axialventilatoren; rechts: Verflüssiger mit Radialventilator

quelle, werden Wasserkühlsätze auch mit Verdampfern für *überflutete Verdampfung* ausgerüstet, die auf der Wasserseite leicht zu reinigen sind (Bild 5.4.4-5).

Die *elektrische Ausrüstung* von Wasserkühlsätzen mit Kolbenverdichtern umfaßt die Sicherheitsschaltgeräte, eine Leistungsregelung, Kurbelgehäuseheizung sowie Befehls- und Meldegeräte. Diese sind zusammen mit Hilfsschützen in einem *Steuerschrank* untergebracht, der am Wasserkühlsatz angebaut ist. Sämtliche Geräte sind in der Regel fertig verdrahtet.

Schaltgeräte für die Verdichterantriebsmotoren sollten zum Lieferumfang gehören, ebenso wie die Kabelverbindungen zwischen diesen Schaltgeräten und dem Motor. Ein Beispiel eines Stromlaufplans ist in Bild 5.5.3-7 dargestellt. Es handelt sich um die elektrische Steuerung eines Wasserkühlsatzes mit nur einem Verdichter, dessen Leistung in drei Stufen vermindert werden kann.

Die Sicherheitskette besteht aus folgenden Gliedern (Bild 5.5.3-7):

Druckbegrenzer und Unterdruckschalter
Öldruckwächter
Einfrierschutzthermostat
Wicklungsschutzschalter

Nicht dargestellt sind Überstromauslöser, Strömungswächter und andere Sicherungen, die häufig in die Kette eingeschlossen werden. Die Funktion dieser Geräte ergibt sich schon aus ihrer Bezeichnung. Wesentliche *Störungsursachen:*

Überdruck kann auftreten bei Kühlwassermangel, verschmutztem Verflüssiger, zu hoher Kühlwassertemperatur und starkem Luftgehalt im Kältekreislauf, z. B. infolge eines vorangegangenen unbeabsichtigten Einsaugens von Luft beim Füllen mit Kältemittel oder Öl.

Unterdruck ist häufig die Folge von Kältemittelmangel. Nicht hinreichender Öldruck (= Differenz zwischen Ölpumpendruck und Kurbelgehäusedruck) kann seine Ursache in beeinträchtigter Schmierfähigkeit infolge Kältemittelanreicherung haben.

Ablauf eines Einschaltvorgangs:

1. Voraussetzung für den Betrieb: Betriebsbereitschaftsschalter 11 wird in Stellung II gebracht. Bei diesem Schaltvorgang erhält die Spule des Hilfsschützes 6 kurzzeitig Spannung durch den Wischkontakt in Schalterstellung I, das Schütz schaltet und hält sich selbst, falls die Sicherheitskette 5 geschlossen ist. Die Kontrollampe 12 zeigt jetzt Betriebsbereitschaft.
2. Durch einen Schließkontakt 9 in der Steuerung der Klimaanlage wird Kühlung angefordert: Die Kaltwasserpumpe 1 wird eingeschaltet.

   Das Schütz dieser Pumpe schaltet über einen Schließkontakt den Temperaturregler 7 ein, der über den Wahlschalter 10 das Schütz des Verdichtermotors 2 einschaltet, falls

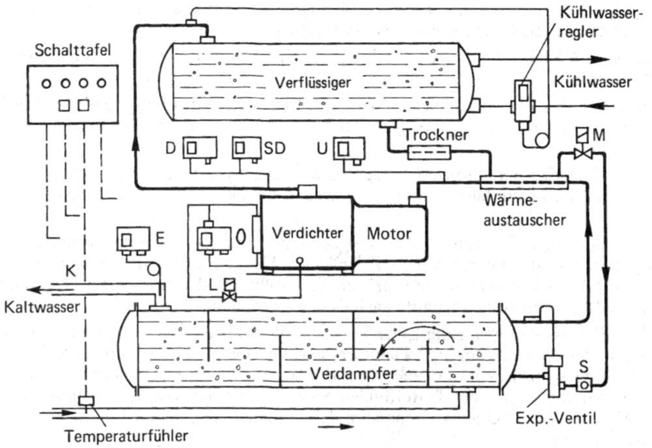

Bild 5.5.3-6. Schematischer Aufbau eines Wasserkühlsatzes mit halbhermetischem Verdichter und wassergekühltem Verflüssiger.

D = Druckbegrenzer
SD = Sicherheitsdruckbegrenzer
U = Unterdruckschalter
O = Öldifferenzdruckschalter
S = Kältemittel-Schauglas
M = Magnetventil in Kältemittel-Flüssigkeitsleitung
L = Magnetventil in Druckölleitung zur Betätigung der Verdichter-Leistungsregelung
E = Einfrierschutzthermostat.

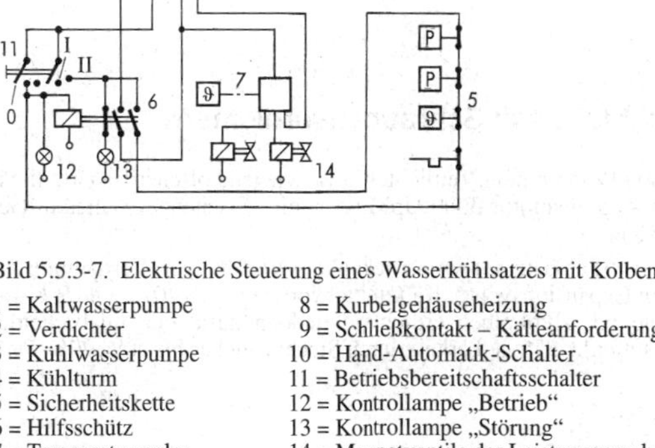

Bild 5.5.3-7. Elektrische Steuerung eines Wasserkühlsatzes mit Kolbenverdichter.

1 = Kaltwasserpumpe
2 = Verdichter
3 = Kühlwasserpumpe
4 = Kühlturm
5 = Sicherheitskette
6 = Hilfsschütz
7 = Temperaturregler
8 = Kurbelgehäuseheizung
9 = Schließkontakt – Kälteanforderung
10 = Hand-Automatik-Schalter
11 = Betriebsbereitschaftsschalter
12 = Kontrollampe „Betrieb“
13 = Kontrollampe „Störung“
14 = Magnetventile der Leistungsregelung

die Regelgröße „Kaltwassertemperatur" oberhalb des Sollwerts steht und falls der Wahlschalter 10 in Stellung „Automatik" gestellt wurde.

Um entlasteten Anlauf zu sichern, kühlt der Verdichter zunächst nur mit einem oder zwei Zylindern.

3. Das Motorschütz 2 des Verdichters schaltet gleichzeitig die Kurbelgehäuseheizung 8 aus, die sonst immer, auch wenn keine Betriebsbereitschaft hergestellt wurde, eingeschaltet bleibt.
4. Über einen Schließer wird die Kühlwasserpumpe 3 eingeschaltet und durch das weitere Schütz der Kühlturmventilator 4, wenn die jeweiligen Wahlschalter 10 auf „Automatik" stehen.
5. Der Temperaturregler 7 schaltet nach Maßgabe eines Schrittschaltwerks nacheinander die Magnetventile 14, wodurch weitere Zylinder des Kompressors in Betrieb genommen werden. Mit Erreichen oder Unterschreiten des Sollwerts der Kaltwassertemperatur schaltet der Regler die Magnetventile nach Bedarf wieder ab.
6. Sobald ein Sicherheitsorgan in der Kette 5 öffnet, fällt das Hilfsschütz 6 ab und die Kontrollampe 13 signalisiert „Störung". Dann werden alle Motoren bis auf den der Kaltwasserpumpe stillgesetzt. Bevor ein neuer Start des Wasserkühlsatzes erfolgen kann, muß die Wiedereinschaltsperre des betreffenden Sicherheitsorgans von Hand aufgehoben werden. Dazu muß der Schalter 11 zuerst in die Stellung 0, dann wieder in die Stellung II gebracht werden.

Wasserkühlsätze werden auch mit mehreren Hubkolbenverdichtern ausgeführt[1]. Dabei entweder *getrennte* Kältekreisläufe, je Verdichter ein Verflüssiger und ein Verdampfer, oder ein *gemeinsamer* Verflüssiger und Verdampfer für alle Verdichter. Getrennte Kreisläufe ergeben größere Sicherheit, eine Störung betrifft nur einen Teil der Gesamtleistung. Parallelbetrieb der Verdichter bringt bei Teillast höhere Leistungszahlen, da Temperaturdifferenzen an den großen Wärmeaustauschflächen geringer werden. Bild 5.5.3-8 zeigt eine Schaltung mit 4 Verdichtern und zwei Kältemittelkreisläufen. Bei Parallelbetrieb muß für gleichmäßige Verteilung des zurückfließenden Öls zu den einzelnen Verdichtern gesorgt werden.

Bild 5.5.3-8. Schaltung der Kältemittelkreisläufe (2 Kreisläufe) bei 4 Verdichtern.

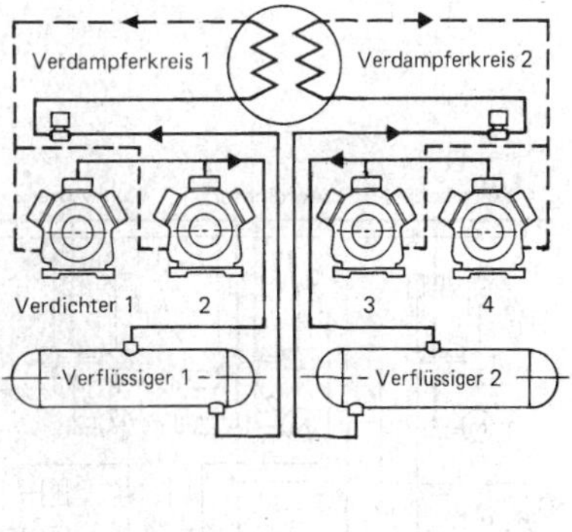

-3 Wasserkühlung mit Schraubenverdichtern

Kälteleistung 200 bis 4000 kW mit einem Verdichter in vorwiegend offener Bauart, direkt gekuppelt mit Drehstrom-Antriebsmotor 3000 UpM oder mit zwischengeschaltetem Getriebe zur Drehzahlanpassung.

Lieferung meistens als Wasserkühlsatz mit wassergekühltem Verflüssiger, Verdampfer für trockene Verdampfung mit Expansionsventil, Kältemittel vorwiegend R 407 C und R 134 a. Lieferumfang ähnlich wie bei Hubkolbenverdichtern, jedoch zusätzlich Ölabscheider und Ölkühler. Vorteil ist stufenlose Regelbarkeit durch Steuerschieber bis etwa 20% Teillast.

[1]) Hartmann, K.: Ki 11/85. S. 443/7.

Bild 5.5.3-9. Kaltwassersatz mit Schraubenverdichter und Plattenwärmeaustauscher (YORK-Industriekälte).

Bild 5.5.3-10. Wasserkühlsatz nach Bild 5.5.3-9 in gasdichtem Gehäuse (YORK-Industriekälte).

Da die meisten Schraubenverdichter auch für den Betrieb mit Ammoniak entwickelt wurden (Industriekälte), und da hier infolge der Öleinspritzkühlung die sonst bei Ammoniak höheren Verdichtungs-Endtemperaturen nicht zur Auswirkung kommen, sind bereits mit Ammoniak betriebene Geräte für die Klimatechnik auf dem Markt. Bild 5.5.3-9 zeigt ein Beispiel, bei dem Platten-Wärmeaustauscher als Verdampfer und Verflüssiger verwendet werden, um so die Ammoniak-Füllmenge möglichst gering zu halten. Weiterhin kann dieser Flüssigkeitskühler mit einem gasdichten Gehäuse geliefert werden und mit einem dem Gehäuse angeschlossenen Ammoniak-Absorptionssystem, Bild 5.5.3-10. Evtl. aus dem

Kältekreislauf austretendes Ammoniak kann so nicht in die Umgebung gelangen, sondern wird im Wasserinhalt des Absorptions-Behälters gelöst. Dieses Konzept soll die Forderung der Unfallverhütungsvorschrift BGV D 4 nach Aufstellung in einem separaten Maschinenraum überflüssig machen und zusätzliche Sicherheit bieten.

-4 Wasserkühlung mit Turboverdichtern

Kälteleistung 400 bis 8000 kW, vorwiegend als Wasserkühlsatz mit offenem oder halbhermetischem, Bild 5.5.3-11, Verdichter;

Kälteleistung 8000 bis 30 000 kW je Verdichter in offener Bauweise, als vor Ort errichtete Wasserkühlanlage mit standardisierten Bauteilen.

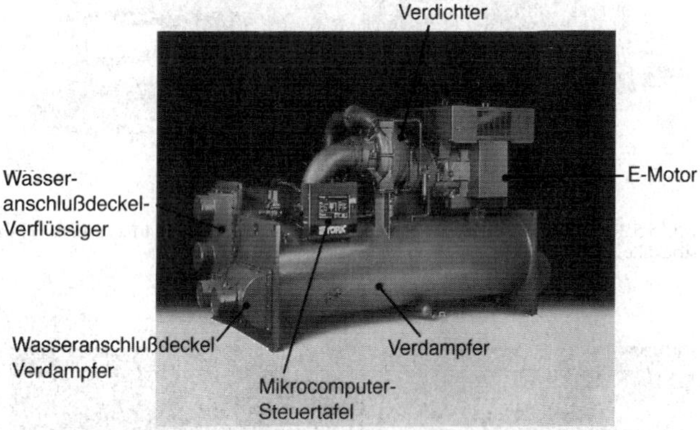

Bild 5.5.3-11. Turbowasserkühlsatz mit halbhermetischem Verdichter für R 134a, Kälteleistung bis 2400 kW (York International).

Verdichter bis 8000 kW meistens einstufig mit Getriebe und Kältemittel R 123 (früher R 11), R 134a (früher R 12), darüber zweistufig mit Kältemittel R 134a (früher R 12). Nach dem idealen Ersatzkältemittel für R 11 wird noch gesucht[1)].

Große Kältemittel-Volumenströme mit trockener Verdampfung im Rohr und Expansionsventil sind nicht mehr beherrschbar, deshalb Verdampfer für überfluteten Betrieb gemäß Bild 5.4.4-5, Kaltwasser in den Rohren, Kältemittelverdampfung im Mantelraum. Regelung des Kältemittelstromes durch Hochdruck-Schwimmerregler (vgl. Abschn. 5.4.7-1.4) oder auch durch einfache Drosselblenden.

Verflüssiger wassergekühlt für Rückkühlwerksbetrieb. Luftgekühlte Verflüssiger für diese großen Leistungen sind meist Sonderkonstruktionen (Bild 5.5.3-12).

Regelung durch *Dralldrossel-*, seltener Diffusor-Verstellung stufenlos bis 20% Teillast, abhängig vom Verlauf der Verdichter- und der Anlagen-Kennlinie. Für noch kleinere Teillast zusätzlich Heißgas-Beipaß-Regelung (vgl. Abschn. 5.4.2).

Wegen der hohen Drehzahlen ist für die Lager Vorschmierung vor dem Anlaufen und Nachschmierung während des relativ langen Auslaufens nach dem Abschalten erforderlich. Hierfür neben der von der Verdichterwelle mitgetriebenen *Hauptölpumpe* zusätzliche Hilfsölpumpe mit unabhängigem Antrieb. Außerdem Ölkühler, Ölfilter, Öl-Stillstandsheizung und Öltemperatur- sowie Öldruck-Überwachung.

Bei Niederdruck-Kältemitteln, bei denen betriebsmäßig Unterdruck gegenüber der Umgebung entstehen kann, ist eine *Entlüftungseinheit* erforderlich. Diese dient dazu, die durch

[1)] Hartmann, K.: Ki 11/85. S. 443/7.

Bild 5.5.3-12. Luftgekühlte Verflüssiger einer Turbo-Kälteanlage.

kleinste Undichtigkeiten in den Kältekreislauf eindringende Luft nebst der darin enthaltenen Feuchtigkeit automatisch wieder aus dem Kreislauf zu entfernen.

Absicherung der Druckbehälter (Verflüssiger, Verdampfer) gegen unzulässigen Druckanstieg meistens durch *Brechplatten* mit anschließender Abblaseleitung ins Freie, da dichtschließende Sicherheitsventile bei den erforderlichen großen Querschnitten praktisch nicht mehr möglich sind.

Bei zweistufigem Verdichter meistens auch zweistufige Entspannung.

Realisiert wird dieser Prozeß in dem in Bild 5.5.3-13 schematisch dargestellten Turbowasserkühlsatz:

Im Verflüssiger ist ein Teil des Rohrbündels als Unterkühler 3 durch ein Trennblech abgeteilt, so daß das Kondensat im Gegenstrom zum eintretenden Kühlwasser geführt wird. Eine kleine Kältemittelmenge läuft durch einen Überlauf in ein Bezugsgefäß 4 und von dort über ein fest eingestelltes Drosselventil 5 in den Entspannungsbehälter (Economizer). Ein Schwimmerventil 6 regelt den Flüssigkeitsstand in dem Bezugsgefäß; fällt dieser, so schließt das Ventil und umgekehrt. Mit dieser Einrichtung wird eine ständige Überflutung des Unterkühlers 3 gesichert.

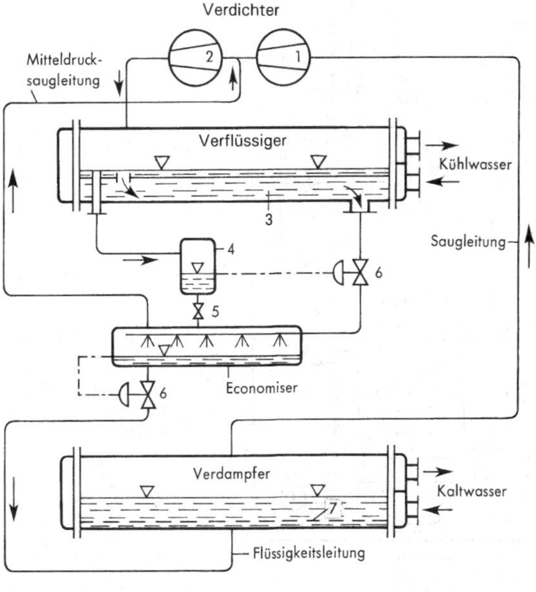

Bild 5.5.3-13. Zweistufiger Turbowasserkühlsatz – Funktionsschema.
1 = Niederdruckstufe, 2 = Hochdruckstufe, 3 = Unterkühler,
4 = R-12-Bezugsgefäß, 5 = Drosselventil, 6 = Regelventil, 7 = Drosseldampfverteilung

In dem Entspannungsbehälter, der auch als Puffer bei Laständerungen wirkt, wird die im Ventil 6 entspannte Flüssigkeit vom Drosseldampf getrennt. Ein Sprührohr erleichtert diesen Trennprozeß. Der Dampf wird über die Mitteldruck-Saugleitung auf die Ansaugseite der HD-Stufe des Verdichters geleitet. Die Flüssigkeit wird in dem zweiten Standregelventil 6 auf den Verdampfungsdruck entspannt und zusammen mit dem Drosseldampf unter das Lochblech 7 des Verdampfers geführt; dieses wirkt als Drosseldampfverteilung und sorgt infolge der hohen Austrittsgeschwindigkeit des Dampf-Flüssigkeitsgemischs für eine intensive Durchwirbelung innerhalb der Kältemittelfüllung des Verdampfers und damit für einen guten Wärmeübergang. Durch die Saugleitung strömt der Kältemittel-Dampf zur ND-Stufe des Verdichters.

-5 Wasserkühlung mit Absorptionsmaschinen

Kälteleistung 10 bis 100 kW als luftgekühlte Wasserkühlsätze mit Stoffpaar Ammoniak/ Wasser oder Wasser/Lithiumbromid und für direkte Beheizung mit Heizöl oder Gas.

Kälteleistung 10 bis 6000 kW als wassergekühlte Wasserkühlsätze mit Stoffpaar Wasser/ Lithiumbromid und für Beheizung mit Niederdruckdampf oder Heißwasser. Unterer Leistungsbereich auch für direkte Beheizung mit Heizöl oder Gas, und auch mit Stoffpaar Ammoniak/Wasser.

Kälteleistung 6000 bis über 10000 kW als vor Ort montierte Kaltwasser- oder Sole-Anlage mit Stoffpaar Ammoniak/Wasser und beliebiger Beheizungsart, auch in zwei- und mehrstufiger Ausführung. Wegen der Sicherheitsbeschränkungen für das Kältemittel Ammoniak nur im industriellen Bereich.

Rohrleitungsschema für die Einbindung einer indirekt beheizten Absorptions-Kältemaschine in die Klimaanlage zeigt Bild 5.5.3-14, für eine direkt gasbeheizte Bild 5.5.3-15.

Wirtschaftlichkeit

Bei den üblichen Auslegungswerten von

Kaltwassereintritt	t_{KE}	= 11 °C
Kaltwasseraustritt	t_{KA}	= 6 °C
Kühlwassereintritt	t_{WE}	= 27 °C
Kühlwasseraustritt	t_{WA}	= 36 °C
Heizdampf-Überdruck	p_D	= 0,5 bar

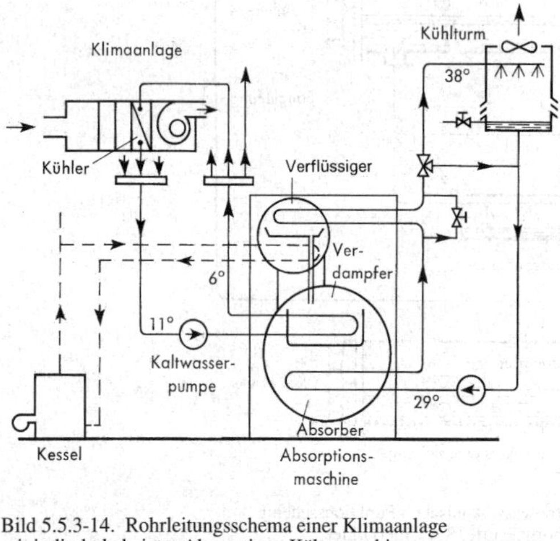

Bild 5.5.3-14. Rohrleitungsschema einer Klimaanlage mit indirekt beheizter Absorptions-Kältemaschine.

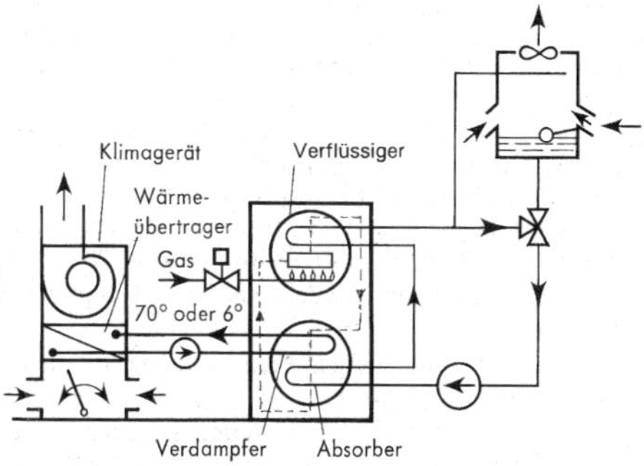

Bild 5.5.3-15. Rohrleitungsschema einer Klimaanlage mit direkt beheizter Absorptions-Kältemaschine.

------ = Kältemittelkreislauf (Wasser)

werden bei großen Leistungen etwa folgende Betriebswerte erreicht:

Wärmeverhältnis $\zeta_K = \frac{\dot{Q}_0}{\dot{Q}_H} = 0{,}7$

Kühlwasserwärme (Rückkühlwerksleistung) 2,5 kW je kW Kälteleistung

Kühlwasserverbrauch 0,27 m³/h je kW Kälteleistung.

Bild 5.5.3-16 zeigt die Veränderung dieser Kennwerte in Abhängigkeit von dem verfügbaren Heizdampfdruck. Die Veränderung, abhängig von der Kälteleistung des Wasserkühlsatzes, ist Bild 5.5.3-2 zu entnehmen.

Die Wirtschaftlichkeit einer Absorptions-Kältemaschine im Vergleich zu einer Kompressionsmaschine ergibt sich aus dem Vergleich der Energieverbrauchskosten. Die *Energieverbrauchskosten* sind das Produkt aus spezifischem Energieverbrauch – Energiebedarf in kW je kW Kälteleistung – multipliziert mit den Kosten pro Energieeinheit.

Vergleicht man z.B. bei einer Kälteleistung von 500 kW (Bild 5.5.3-2), so ergibt sich ein Verhältnis des spezifischen Energieverbrauchs der Absorptionsmaschine von etwa

$$e_A = \frac{\varepsilon_K}{\zeta_K} = \frac{4{,}2}{0{,}7} = 6$$

Der *spezifische Energieverbrauch* der Absorptionsmaschine beträgt also das Sechsfache gegenüber der Kompressionsmaschine. Der Preis für die kWh Wärmeenergie darf damit $^1/_6$ des Preises für die kWh elektrischer Energie nicht überschreiten, um Energiekostengleichheit zu erreichen[1]. Da außerdem der elektrische Energiebedarf für das Rückkühlwerk und die Kühlwasserpumpen bei der Absorptionsmaschine etwa doppelt so groß

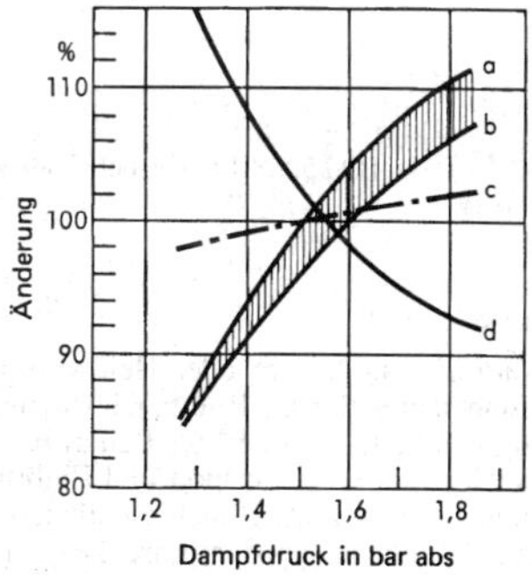

Bild 5.5.3-16. Kennlinienverlauf von LiBr-Absorptions-Wasserkühlsätzen.
a = Kälteleistung ca. 0,45 MW,
b = Kälteleistung ca. 4,5 MW,
c = spez. Dampfverbrauch,
d = spez. Kühlwassermenge

[1]) Kolzćejczyk, K.: TAB 10/88. S. 745/750.

ist wie bei der Kompressionsmaschine, und da außerdem die Investitionskosten einer Absorptionsanlage höher sind, liegt der echte Beginn der Wirtschaftlichkeit für die Absorptionsmaschine bei Wärmepreisen, die unter 15% der Preise für die elektrische Energie liegen.

Beim Preisvergleich ist zu beachten, daß bei beiden Energiearten der zu erwartende *Mischpreis* aus Arbeitspreis und Leistungs-(Bereitstellung-)Preis eingesetzt wird. Leistungspreis etwa 100 … 150 €/kW. Ebenso sind die Kosten für den Energieanschluß, gegebenenfalls zusätzlicher Transformator einerseits, zusätzliche Wärmeerzeugung/-versorgung andererseits, in die Wirtschaftlichkeitsbetrachtung einzubeziehen.

Allgemein kann gesagt werden, daß die Absorptions-Kältemaschine wirtschaftlich sein kann, wenn

Wärme zu einem niedrigen Preis verfügbar ist, also insbesondere Abwärme aus vorgeschalteten Prozessen,

aus der Wärmeversorgung im Winter genügend leistungspreisfreie Wärme im Sommer zur Verfügung steht, die erforderliche elektrische Leistung für die Kompressions-Kältemaschine dagegen den Winter-Anschlußwert des Gebäudes deutlich übersteigen, also zu deutlich höherem Leistungspreis führen würde,

die wesentlich größere Wärmeabgabe der Absorptionsmaschine durch Wärmerückgewinnung weitgehend nutzbar gemacht werden kann,

Sonnenenergie zur Beheizung der Absorptionsmaschine nutzbar gemacht werden kann.

Neben diese wirtschaftlichen Überlegungen können zusätzlich oder vorrangig andere Gesichtspunkte treten, wie

der schwingungs- und erschütterungsfreie Betrieb der Absorptionsmaschine,

die Laufruhe der Absorptionsmaschine (die Geräuschentwicklung der Zirkulationspumpe ist gegenüber dem Laufgeräusch der Verdichter in Kompressionsanlagen vernachlässigbar),

der relativ geringe Wartungsaufwand.

Ausführung

Direkt gasbeheizte (seltener ölbeheizte) Wasserkühlsätze[1] werden betriebsfertig mit Brenner und allen Regel- und Sicherheitseinrichtungen geliefert, meistens in geschlossenem, quaderförmigen Blechgehäuse. Luftgekühlte Bauart vorwiegend für Aufstellung im Freien, Bild 5.5.3-17, wassergekühlte Bauart meistens für Aufstellung in wettergeschützten Räumen. Bei luftgekühlten Geräten häufig Doppelnutzung als Klimagerät und Heiz-Wärmepumpe, bei sehr niedrigen Außentemperaturen als Direktheizgerät (ohne Wärmepumpenschaltung). Bei nicht ganzjährigem Betrieb und Aufstellung im Freien Einfriergefahr im Winter beachten.

Bild 5.5.3-17. Gasbeheizter Wasserkühlsatz. Ansicht.

Indirekt mit Dampf oder Heißwasser beheizte Absorptions-Wasserkühlsätze werden in Einbehälter-Bauart, Bild 5.5.3-18, und in Zweibehälter-Bauart, Bild 5.5.3-19, betriebsfertig geliefert; Zweibehälter-Bauart bei großen Leistungen auch getrennt angeliefert zur Erleichterung von Transport und Einbringung ins Bauwerk. Standard-Bauarten für Aufstellung in wetter- und frostgeschützten Innenräumen. Zum Funktionsschema vgl. Abschn. 5.2.3. Übliche Heizdampfdrücke 0,1 bis 1,0 bar Überdruck,übliche Heizwassertemperatu-

[1]) DVGW-Merkblatt G 647 (8.80): Gasbeheizte Klima- und Kaltwassersätze.

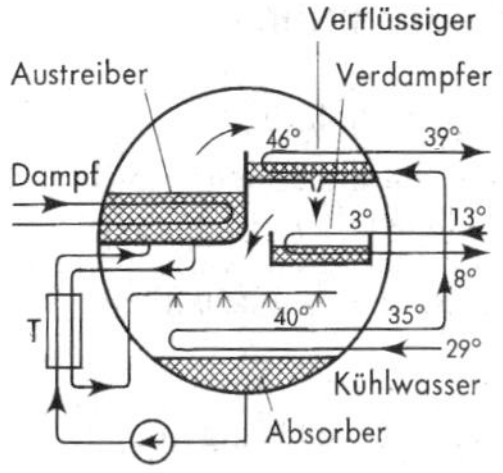

Bild 5.5.3-18. Lithiumbromid-Absorptionskältemaschinen in Einkessel-Bauart (Trane). Links: Schema, T = Temperaturwechsler; rechts: Ansicht.

ren 80 bis 150 °C. Durch Regelung der Heizmittelzufuhr kann die Kälteleistung bis auf etwa 10% heruntergeregelt werden. Im normalen Klima-Kühlbetrieb ist der Heizmittelverbrauch dabei etwa proportional der Kälteleistung.

Aufstellung

Das Arbeitsstoffpaar Ammoniak/Wasser unterliegt der BGV D 4 *„Kälteanlagen"* und den darin für das Kältemittel Ammoniak (NH_3) enthaltenen Aufstellungsvorschriften (vgl. Abschn. 5.8.4). Alle Bauteile unterliegen ferner der Druckbehälterverordnung.

Das Arbeitsstoffpaar Wasser/Lithiumbromid unterliegt *nicht* der BGV D 4, da das als Kältemittel verwendete Wasser völlig ungefährlich ist. Es bestehen von dieser Seite deshalb keine Aufstellungsbeschränkungen. Da der Kältemittelkreislauf im Vakuum abläuft, unterliegen lediglich die Rohrsysteme für Heizdampf (bzw. Heizwasser), Kühlwasser und Kaltwasser der Druckbehälterverordnung. Das tiefe Vakuum im Verdampfer, etwa 0,01 bar absolut, stellt hohe Anforderungen an die Dichtheit des Kreislaufes, deshalb Schweiß- und Lötverbindungen statt Flanschen und Verschraubungen, Lösungspumpen mit Spaltrohrmotoren, also ohne Gleitringdichtungen. Zur Entfernung trotzdem eindringender geringer Außenluftmengen, die zur Verringerung der Kälteleistung führen, gehört eine automatische Vakuumpumpe zum serienmäßigen Lieferumfang.

Bei direkt gas- oder ölbeheizten Geräten sind die entsprechenden DVGW-Regeln und die Heizraumrichtlinien zu beachten, bei indirekt beheizten Geräten die entsprechenden Vorschriften für Dampf- bzw. Heißwasser-Kreisläufe (s. Abschn. 6.4).

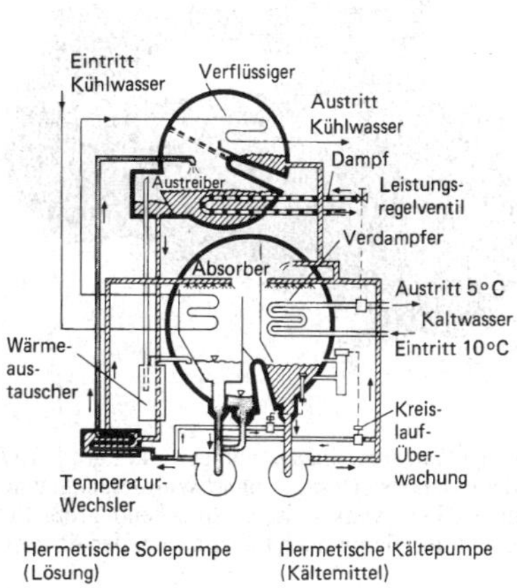

Bild 5.5.3-19. Absorptions-Kälteanlage mit Wasser-Lithiumbromid (Carrier), Zweikessel-Bauart. Links: Schema; rechts: Ansicht

-6 Wasserkühlung mit Dampfstrahlmaschinen

Kälteleistung 10 bis 40000 kW, vorwiegend als vor Ort montierte Anlage.

Für den Betrieb der Dampfstrahlmaschine ist Wasserdampf von mindestens 0,5, besser 2 bis 3 bar Überdruck erforderlich. Einsatzmöglichkeit deshalb nur dort, wo entsprechend Dampf zur Verfügung steht, also im industriellen Bereich. Errichtung eines Dampferzeugers lediglich zum Betrieb einer Dampfstrahl-Kältemaschine ist nicht wirtschaftlich.

Wirtschaftlichkeit

Bei den Nenntemperaturen gemäß Abschnitt 5.5.3-1 ergeben sich, abhängig vom Treibdampfdruck, für einstufige Verdichtung folgende Werte:

Treibdampfdruck bar abs.	Dampfverbrauch je kW in kg/h	Wärmeverhältnis ζ_K
3	3,5	0,40
6	3,0	0,46
9	2,6	0,53

Bei anderen Temperaturen siehe Bild 5.5.3-20.

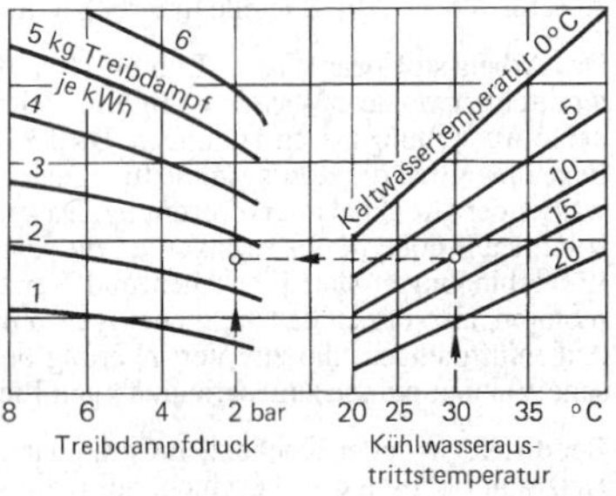

Bild 5.5.3-20. Schaubild zur Ermittlung von Richtwerten für den Dampfverbrauch von einstufigen Strahlkältemaschinen.

Beispiel:
Kaltwassertemperatur: 10 °C
Kühlwasseraustritt: 30 °C
Treibdampfdruck: 2 bar abs.
Treibdampfverbrauch 2,4 kg/h je kW

Bild 5.5.3-21. Dampfstrahl-Kompakt-Kühlanlage zur Kühlung von Kaltwasser.

Kälteleistung 370 kW
Durchmesser 1200 mm
Gesamtlänge 4500 mm
Gesamthöhe 1900 mm
(Standard-Messo, Duisburg)

Außer dieser *Treibdampfmenge* muß noch eine *Saugdampfmenge* von ca. 1,45 kg/h je kW Kälteleistung kondensiert werden. Die Kondensationsleistung – ohne Wärmerückgewinnung identisch mit der Wärmeabgabe am Rückkühlwerk – ist entsprechend groß. Sie beträgt etwa das 3,5fache der Kälteleistung und liegt damit noch höher als bei der Absorptionsmaschine.

Ausführung

Wenn das zirkulierende Kaltwasser gleichzeitig als Kältemittel benutzt wird (übliche Ausführung), kann der Verdampfer als reiner Behälter ohne Wärmeaustauschflächen ausgeführt werden. Der Verflüssiger (Kondensator) ist ein Rohrbündelapparat mit vom Kühlwasser durchströmten Rohren. Zur Funktion vgl. Abschn. 5.2.5.

Eine *Leistungsregelung* des Dampfstrahlverdichters ist nur begrenzt möglich, da bei Verringerung des Treibdampfdurchsatzes die erreichbare Druckdifferenz stark abfällt. Regelung über größere Bereiche deshalb durch Zu- und Abschaltung mehrerer parallel-geschalteter Strahlverdichter.

Eine Dampfstrahl-Kälteanlage mit zwei parallelgeschalteten Verdichtern, kompakt zusammengebaut als Wasserkühlsatz, zeigt Bild 5.5.3-21.

-7 Wasserkühlung thermoelektrisch

Außer wenigen Sonderfällen im militärischen Anwendungsbereich (für Klimaanlagen in Atom-U-Booten) bisher ohne Bedeutung. Siehe auch Abschnitt 5.2.6.

5.5.4 Thermische Antriebe

Der Antrieb der Kälteverdichter durch *thermische Maschinen,* also Benzin-, Diesel- oder Gasmotoren, Gasturbinen und Dampfturbinen beschränkte sich früher auf die Fälle, in denen ein ausreichend starkes elektrisches Netz nicht vorhanden war (in Fahrzeugen, auf Inseln, in entlegenen Gegenden) oder in denen Dampf preisgünstiger war als Strom. Im Rahmen der integrierten Energieplanung und der Wärmerückgewinnungs-Maßnahmen bieten thermische Antriebe oft wirtschaftlich interessante Lösungen.

-1 Benzin- und Dieselmotoren

Anwendung in Kühl- und Tiefkühl-Lkw und klimatisierten Omnibussen, in Bahnfahrzeugen wie auch für stationären Betrieb.

Technische Ausführungen ähnlich wie bei Gasmotoren.

-2 Gasmotoren

Mit dem Ausbau des Ferngasnetzes gewinnen Gasmotoren zunehmend an Bedeutung, nicht nur für Wärmepumpenantriebe, sondern auch für Kälteverdichter mit primärer Kühlaufgabe.

Drehzahlbereich der Gasmotoren etwa 750…1800 UpM. Bei Antrieb von Hubkolbenverdichtern meistens direkte Kupplung mit gleicher Drehzahl für Motor und Verdichter. Bei Antrieb von Schrauben- und Turboverdichtern Drehzahlerhöhung für den Verdichter durch Getriebe.

Drehzahlregelung des Motors, wirtschaftlich von 100 bis etwa 66%, erweitert die Regelfähigkeit des Verdichters.

Die durch die endliche Zylinderzahl des Gasmotors bedingte Ungleichmäßigkeit in der Drehkraftabgabe erfordert, insbesondere bei Kupplung mit Hubkolbenverdichtern, die ebenfalls ungleichmäßige Drehkraftaufnahme haben, eine sorgfältige Berechnung des Torsions-Schwingungsverhaltens und eine entsprechend steife Rahmenkonstruktion. Zusätzliche Maßnahmen sind erforderlich, um die Übertragung von Schwingungen, Luft- und Körperschall ausreichend zu dämpfen.

Ausführungsbeispiel eines Gasmotorantriebs zeigt Bild 5.5.4-1.

Durch zusätzlichen Einbau eines elektrischen Generators ist eine Erweiterung zur Total-Energie-Anlage möglich[1].

---

[1] Dietze, G.: Ki 10/91. S. 421/424.

Bild 5.5.4-1. York-Milleneum Turbo-Flüssigkeitskühler mit Gasmotor.
Leistungsbereich 1400 bis 7200 kW.

-3 Gasturbinen

Die Gasturbine als Strömungsmaschine mit hoher Drehzahl und gleichmäßiger Kraftabgabe eignet sich sehr gut zur direkten Kupplung mit Turboverdichtern, die ebenfalls Strömungsmaschinen sind mit sehr ähnlichem Betriebsverhalten.

Die Gasturbine hat gegenüber einem Gasmotor gleicher Leistung bedeutend kleinere Abmessungen und wesentlich geringeres Gewicht. Eine Gasturbinen-Turboverdichter-Gruppe läuft praktisch schwingungsfrei, so daß lediglich Luft- und Körperschallübertragung gedämpft werden muß.

-4 Dampfturbinen

Wenn Dampf mit ausreichendem Druck (mindestens 2 bar Überdruck) zur Verfügung steht, sind Dampfturbinen für den Antrieb von Turboverdichtern noch günstiger als Gasturbinen.

Der Wirtschaftlichkeitsvergleich gegenüber dem elektrischen Antrieb verläuft ähnlich wie bei der Absorptions-Kältemaschine (vgl. Abschn. 5.5.3-6).

Das *Wärmeverhältnis,* bezogen auf den Wärmeinhalt des zugeführten Dampfes (wie bei der Absorptionsmaschine) ergibt sich hier zu

$$\zeta_K = \varepsilon_K \cdot \eta_A$$

mit η_A = Wirkungsgrad der Dampfturbine.

Vergleicht man bei Wasserkühlsatz-Nennbedingungen mit $\varepsilon_K = 4{,}2$ bei einem angenommenen Wirkungsgrad der Dampfturbine von 25%, so ergibt sich mit $\zeta_K = 1{,}05$ ein Wert, der deutlich über dem einer Absorptions-Kältemaschine liegt. Wenn Dampf mit ausreichend hohem Druck zur Verfügung steht, ist also der Turboverdichter mit Dampfturbinenantrieb meistens wirtschaftlicher als die Absorptionsmaschine.

-5 Kombinierte Systeme

Die Abwärme thermischer Antriebe kann nicht nur im Rahmen der Wärmerückgewinnung genutzt werden, sondern auch zum Betrieb thermisch *nachgeschalteter Absorptions-Kältemaschinen.* Hierdurch kann bei gleichem Wärmeverbrauch die Kälteleistung deutlich erhöht und die Wirtschaftlichkeit verbessert werden. Derartige Kombinationen sind insbesondere für Dampf von mehr als 7 bar Überdruck als Antriebsenergie schon mehrfach mit gutem Erfolg ausgeführt worden. Hierbei verbessert sich gleichzeitig die Teillast-Regelbarkeit und der Teillast-Wirkungsgrad. Ein Schaltungsbeispiel zeigt Bild 5.5.4-2. Ähnlich sind bei Total-Energie-Anlagen nachgeschaltete Absorptions-Kältemaschinen möglich[1)].

[1)] Jacobowski, H.: Ki 4/91. S. 167/170.

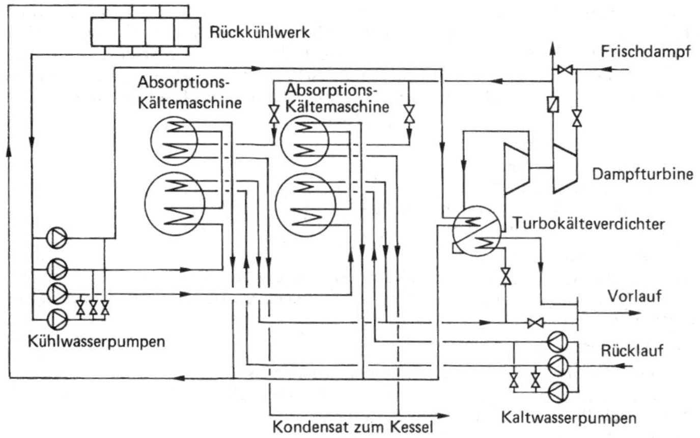

Bild 5.5.4-2. Kreislaufschema einer Kombination von Turboverdichter mit Dampfturbinenantrieb und nachgeschalteten Absorptionsmaschinen.

5.5.5 Fernkälteanlagen

-1 Allgemeines

Man versteht unter Fernkälteanlage ähnlich wie bei der Fernheizung die Kälteversorgung einer mehr oder weniger großen Anzahl von Verbrauchern aus einer Kältezentrale. In den letzten Jahren sind eine Anzahl derartiger Anlagen für Universitäten, Geschäftshäuserblocks, Einkaufszentren, Flughäfen, Kliniken und andere Gebäudegruppen gebaut worden, in denen Bedarf an Kälte für Raumkühlung, Laboratorien, Meß- und Prüfräume, Maschinenkühlung usw. besteht.

Während in vielen Chemiebetrieben *Ammoniak* als Kältemittel im Verbrauchernetz zirkuliert und in Fernverdampfern Kälte erzeugt, wird für die Kälteversorgung von Klimaanlagen ausschließlich Kaltwasser mit einer Vorlauftemperatur von etwa 5 °C als Kälteträger verwendet und durch Rohrleitungen den Verbrauchern zugeleitet. Die Mindestkälteleistung ist mit etwa 3…4 MW anzunehmen. Schema einer Fernkälteanlage siehe Bild 5.5.5-1.

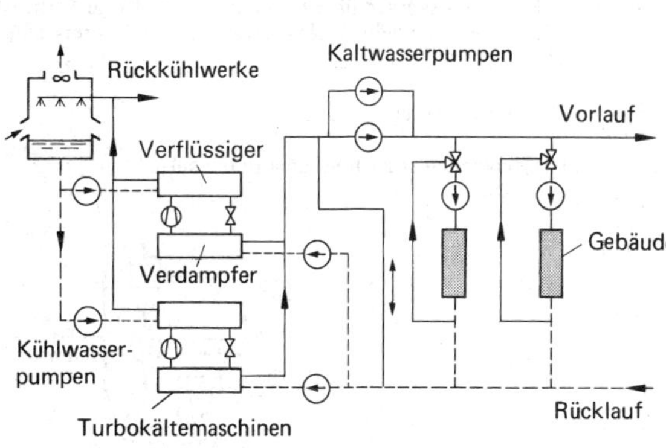

Bild 5.5.5-1. Schema einer Fernkälteanlage mit Turboverdichtern.

Es ist kein Zweifel, daß bei Großbauobjekten die Fernkälteversorgung gegenüber Einzelanlagen ähnlich der Fernheizung viele Vorteile bietet, z. B. Platzersparnis, geringe Bedienungskosten, besserer Wirkungsgrad, keine Rückkühlschwierigkeiten u. a. Trotzdem ist bei der Planung derartiger Anlagen die Frage der *Wirtschaftlichkeit* eingehend zu prüfen. In technischer Hinsicht sind dabei viele Gesichtspunkte zu beachten, besonders:

Lage der Kältezentrale im Versorgungsgebiet
Lage des Rückkühlwerks
Fragen der Ausbaustufen
Wahl der Antriebsenergie
Kupplung von Wärme, Kraft und Kälte
Energie- und Wartungskosten
Tarifgestaltung.

Aus der Summe der Investitions- und Betriebskosten ergibt sich die wirtschaftlich günstigste Lösung, wenn nicht *Imponderabilien* wie Umweltschutz, Lärm, u. a. einen höheren Aufwand rechtfertigen.

Einige ausgeführte Anlagen:

Capitol Washington; 1. Stufe 21 MW, Endausbau 63 MW
Geschäftsviertel Hamburg City-Nord; 1. Ausbaustufe: 28,5 MW, Endausbau 61 MW.
Universität Bochum; 1. Ausbaustufe: 11,6 MW
Fernkältezentrale Paris, Endausbau: 73 MW
Kennedy-Flughafen New York: 35 MW
Flughafen Frankfurt a. M.: 26 MW
Welthandelszentrum New York: 172 MW
Hartford/Connecticut Gas Corp.: 70 MW.

-2 Fernkältezentralen

Im Normalfall werden mehrere Turbo-Kältemaschinen aufgestellt, so daß bei Teillast Maschinen abgeschaltet werden können. Falls *günstige Strompreise* geboten werden, ist der Betrieb von Turboverdichtern mit Antrieb durch Elektromotoren ratsam, sonst Dampfturbinen. Als Kältemittel kommen R 134a und – bei sehr großen Kälteleistungen über 10 MW je Einheit – auch R 507 in Frage. Mit zweistufiger Verdichtung und zweistufiger Entspannung mit Zwischenabsaugung können Betriebskostenersparnisse in beträchtlicher Höhe erzielt werden.

Die Kühlung der Verflüssiger erfolgt durch Rückkühlwerke oder, wenn möglich, durch Flußwasser.

Auch Absorptions-Kälteanlagen mit einem Anschluß an ein Fernheizwerk sind üblich. Sie entnehmen dem Heiznetz um so mehr Dampf oder Heizwasserwärme, je höher die Außentemperatur steigt und je stärker die Sonneneinstrahlung die Kühllast bestimmt. Für eine Kälteleistung von 1 kWh werden etwa 1,5 kWh Wärme benötigt. Der Betrieb von Absorptions-Kälteanlagen, meistens in Form von Wasserkühlsätzen mit dem Stoffpaar LiBr, ist erst dann wirtschaftlich, wenn *Heizwärme* zu einem vergleichsweise günstigen Preis geliefert werden kann. Als Grenze gilt das Verhältnis:

$$\frac{\text{Strompreis EUR/kWh}}{\text{Wärmepreis EUR/kWh}} \approx 7\ldots9 \text{ (siehe Abschn. 5.5.3-5)}$$

Günstiger ist Kombination mit Turboverdichter nach Schema Bild 5.5.4-2.

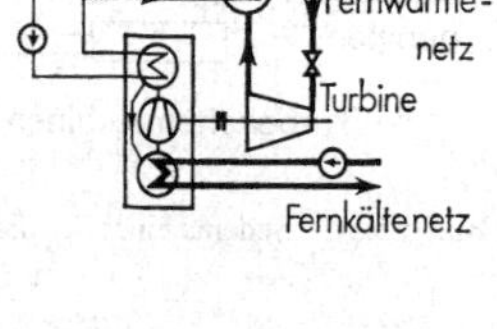

Bild 5.5.5-2. Zentrale Kälteerzeugung mittels Dampfturbine und Turboverdichter (D = Dampfkondensator).

Bild 5.5.5-2 zeigt schematisch eine *Kombination* von Kälteerzeugung und Fernwärme: Turboverdichter, durch Dampfturbine angetrieben, Dampfkessel versorgt sowohl diese als auch ein Fernwärmenetz, Dampfkondensator und der Verflüssiger der Kälteanlage sind an ein Rückkühlwerk angeschlossen. Häufig auch Fernheizung mit Gegendruckdampf.

Welche Primärenergie wirtschaftlich am günstigsten ist, muß in jedem Einzelfall im Rahmen des gesamten Energiebedarfs ermittelt werden. Bei der Bemessung der zu installierenden Leistung ist der *Gleichzeitigkeitsfaktor* zu beachten, etwa 0,7.

-3 Heiz-Kraft-Kälte-Kopplung

Durch *Verbundbetrieb* zwischen Wärme-, Kälte- und eventuell Stromerzeugung wird die Wirtschaftlichkeit der Kälteanlage wesentlich erhöht.

Ein Beispiel hierfür zeigt Bild 5.5.5-3.

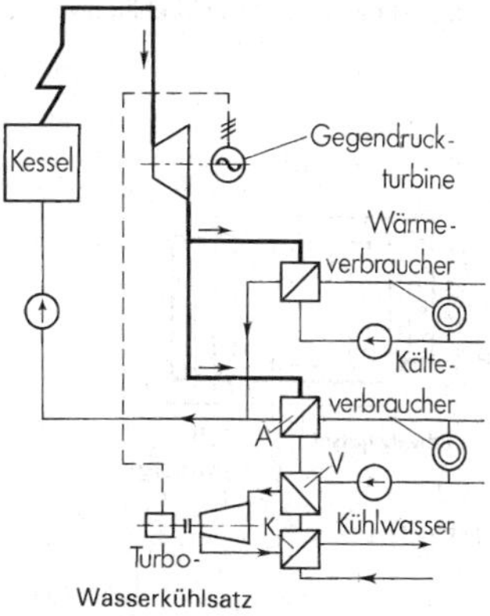

Bild 5.5.5-3. Schaltbild einer Heiz-Kraft-Kälte-Kopplung.
A = Absorptionswasserkühlsatz
K = Verflüssiger
V = Verdampfer

Stromerzeugung mit *Gegendruck-Dampfturbine,* Abdampf geht in Austauscher für Fernwärmeversorgung und beheizt eine Absorptions-Kälteanlage für das Fernkältenetz. Das hier zirkulierende Kaltwasser kann alternativ oder zusätzlich durch eine elektrisch betriebene Turbokälteanlage gekühlt werden. Da von den beiden Kältemaschinen die eine mit Dampf, die andere mit Strom betrieben wird, ist ein gegenseitiger Belastungsausgleich möglich.

-4 Kaltwassernetz

Vorlauftemperatur 4...5 °C, Rücklauftemperatur 12...15 °C. *Spreizung* so groß wie möglich wählen, damit umlaufende Wassermenge geringer wird. Allerdings große Rohrquerschnitte. Die niedrigsten Kosten ergeben sich bei einer Spreizung von etwa 9 K, z.B. 4 °C Vorlauf- und 13 °C Rücklauftemperatur. Bei den Verbrauchern muß durch Rücklaufbegrenzer dafür gesorgt werden, daß eine bestimmte Rücklauftemperatur nicht überschritten wird. Wassermenge variabel.

Isolierung meistens nur bei Vorlaufleitungen erforderlich, häufig auch keine Isolierung.

Im allgemeinen zwei getrennte Netze für Fernheizung und Fernkühlung. Unter gewissen Umständen in südlichen Gegenden auch nur ein Netz möglich, das im Winter Heizwasser, im Sommer Kühlwasser führt. Siehe auch Abschnitt 5.5.7.

Abrechnung des Kälteverbrauchs durch *Kältezähler* mit Grund- und Verbrauchspreis.

-5 Kühlwassernetz

Die großen Verflüssigerleistungen von Fernkälteanlagen verlangen den Einsatz von Rückkühlwerken. Siehe hierzu Abschnitt 5.4.8. Die Bemessung wird nach Maßgabe einer durchschnittlichen Feuchtkugeltemperatur t_f vorgenommen; so z.B. in Mitteleuropa

t_f = 16…17 °C. Bei einer Abkühlung um 5 K ist damit eine optimale Kühlwasser-Vorlauftemperatur von 24 °C erzielbar. Steigt die Feuchtkugeltemperatur auf 21 °C, so liefert das Rückkühlwerk dann Kühlwasser von etwa 27 °C.

In manchen Fällen, namentlich bei hohen Wasserpreisen, ist auch die Verwendung eines luftgekühlten Verflüssigers oder eines bei Teillast trocken betriebenen, geschlossenen Rückkühlwerkes in Erwägung zu ziehen.

Pumpen regelbar, um die Förderleistung der Netzbelastung anzupassen.

5.5.6 Kältemittel-Rohrleitungen

In Kälteanlagen für direkte Verdampfung müssen die Rohrleitungen für jeden Einzelfall bemessen werden. Bild 5.5.6-1 zeigt eine typische Anordnung. *Material:* Kupfer, Stahl und seine Legierungen. Hauptsächlich jedoch Kupferrohre mit Lötfittings (DIN 8905). Rohrleitungen für Ammoniak, nur aus Stahl möglich, unterliegen der Druckbehälterverordnung[1].

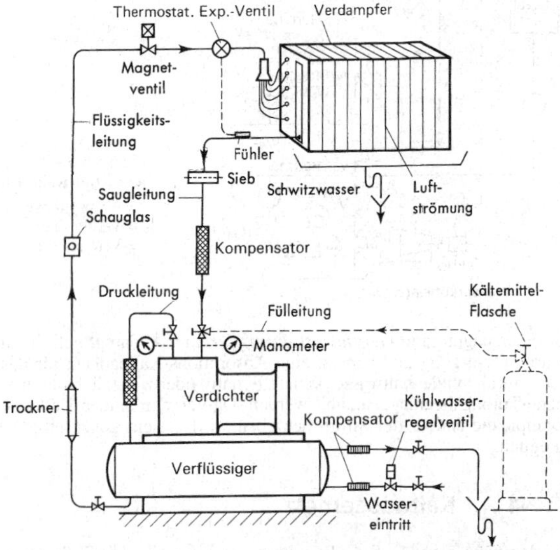

Bild 5.5.6-1. Typisches Schema der Kältemittelleitungen bei einer Anlage für direkte Luftkühlung.

Für die Bemessung der Rohrleitungen für flüssiges oder dampfförmiges Kältemittel gelten grundsätzlich die allgemeinen Regeln der Strömungslehre. Ein Druckabfall tritt in folgenden Leitungen auf:

Druckleitung vom Verdichter zum Verflüssiger
Flüssigkeitsleitung vom Verflüssiger zum Verdampfer
Saugleitung vom Verdampfer zum Verdichter

Der Druckverlust in der Druckleitung bewirkt eine Erhöhung des Enddrucks der Verdichtung über den Verflüssigungsdruck hinaus. Das bedeutet Verringerung der Leistungszahl. Druckverlust in der Saugleitung hat eine Verminderung der Förderleistung, damit also der Kälteleistung, zur Folge, weil das spezifische Volumen zunimmt. In der Flüssigkeitsleitung schließlich vom Verflüssiger zum Regelventil besteht die Gefahr der Dampfblasenbildung durch Drosselung, wenn starke Druckverluste bei nur wenig unterkühltem Kältemittel auftreten. Diese Drosseldampfbildung tritt auf, sobald durch Druckabfall der Sätti-

[1]) Kern, H.: Ki 2/90. S. 57/60.

gungszustand erreicht und überschritten wird, also z. B. in den Regel- und Drosselorganen für die Kältemittel-Mengenregelung. In der Leitung davor soll aber reine Flüssigkeit strömen. Für die Berechnung des *Druckabfalls* gilt allgemein

$$\Delta p = \lambda \frac{l_{gl}}{d} \frac{\varrho}{2} w^2 \text{ in N/m}^2 \text{ (siehe Abschnitt 1.4.7)}$$

Darin ist die Reibungszahl λ eine Funktion der Reynoldsschen Kennzahl $Re = \frac{wd}{\upsilon}$ und l_{gl} die gleichwertige (äquivalente) Rohrlänge.

Werte für λ können aus Bild 1.4.7-3 entnommen werden. Kinematische Zähigkeit υ für Kältemittel siehe Tafel 5.5.6-1.

Tafel 5.5.6-1 Kinematische Zähigkeit ν (mm²/s) von Kältemitteln

Temperatur °C	–10	0	10	20	30	40
R 134a-Sattdampf	1,02	0,74	0,55	0,42	0,32	0,26
R 134a-Flüssigkeit	0,23	0,21	0,19	0,17	0,16	0,14
R 404 A-Sattdampf	0,48	0,36	0,28	0,22	0,18	0,14
R 404 A-Flüssigkeit	0,17	0,15	0,14	0,13	0,11	0,10

Um einerseits den Druckabfall klein zu halten, andererseits die Material- und Verlegungskosten nicht zu hoch zu treiben, werden die Rohrleitungen bei Halogenkältemitteln nach Maßgabe etwa folgender Geschwindigkeiten in m/s bemessen:

	Saugleitung	Druckleitung	Flüssigkeitsleitung
R 134 a	6…10	10…12	0,4…0,6
R 404 A	8…12	12…15	0,4…0,6

Ölrückführung [1)]

Für störungsfreien Betrieb ist auch die fachgerechte *Verlegung* der Rohrleitungen wichtig. Besonders zu beachten ist dabei die Ölrückführung. Bei allen öllöslichen Kältemitteln besteht die Gefahr, daß das aus dem Verdichter mitgerissene Öl sich an geeigneten Stellen ansammelt und nicht mehr in den Kreislauf zurückkehrt.

Bei steigenden Saugleitungen dürfen gewisse Geschwindigkeiten nicht unterschritten werden (5…6 m/s), namentlich bei Teillast. Sogenannte *Ölfallen* in den Saugleitungen sammeln Öl an. Sobald die Falle voll ist, wird durch den Unterdruck das Öl hochgesaugt und fällt von oben in die Saugleitung (Bild 5.5.6-2).

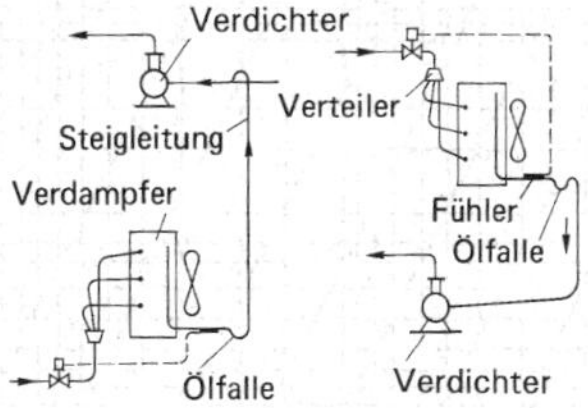

Bild 5.5.6-2.
Ölfalle in der Saugleitung des Verdichters.

1) Gottfried, E.: Ki 10/85. S. 387/9.

Bei senkrechten Flüssigkeitsleitungen muß die statische Druckhöhe beachtet werden:

Ammoniak	0,058 bar/m ≈ 0,15 K/m
R 134 a	0,115 bar/m ≈ 0,47 K/m
R 404 A	0,098 bar/m ≈ 0,24 K/m
R 407 C	0,107 bar/m ≈ 0,28 K/m.

Bei geringer Unterkühlung und großem Höhenunterschied tritt dadurch im aufsteigenden Flüssigkeitsstrom eventuell Blasenbildung auf, die die Funktion von Regelventilen beeinträchtigt, daher stärkere Unterkühlung notwendig.

Ventile mit Membran- oder Wellrohrdichtung, um absolute Dichtheit zu erhalten.

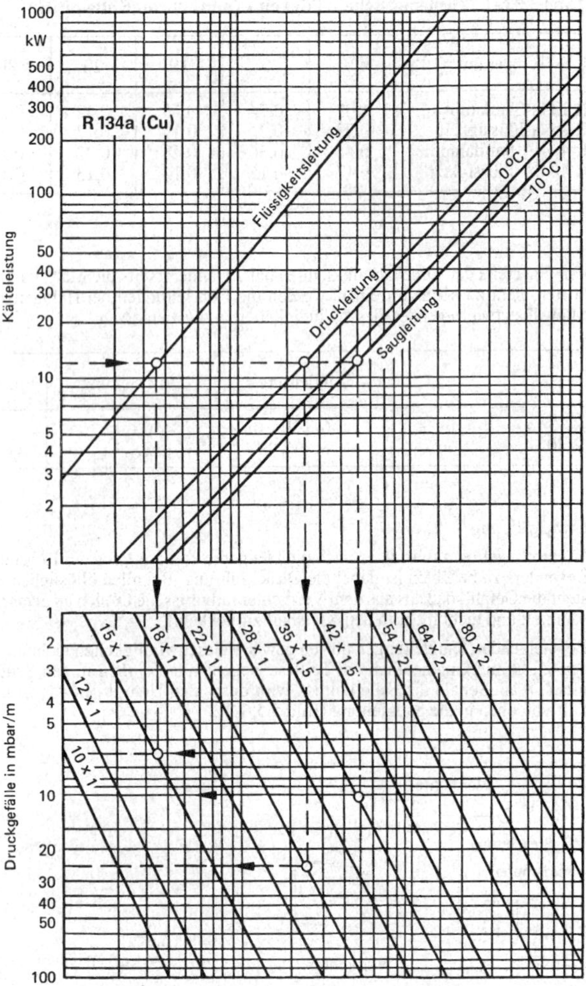

Bild 5.5.6-3. Druckabfall in R-134a-Rohrleitungen aus Kupfer einschl. Fittings (Verflüssigungstemperatur 30…35 °C).

Rasche Ermittlung der Druckverluste und Rohrdurchmesser bei einer mittleren Zahl von Fittings siehe Bild 5.5.6-3. Einzelwiderstände (Bogen, T-Stücke, Ventile) machen etwa $^2/_3$ des Gesamtwiderstandes einer Leitung aus. Gesamtdruckverlust in Saug- und Druckleitungen etwa 0,2…0,3 bar entsprechend Temperaturabfällen von 1…2 K, in Flüssigkeitsleitungen etwa 0,35 bar.

Beispiel:

R-134 a-Kälteleistung $\dot{Q}_0 = 12$ kW, Verdampfungstemperatur $t_0 = -10$ °C.

Aus Bild 5.5.6-3 entnimmt man: Flüssigkeitsleitung 15 · 1 mm, Druckgefälle 7 mbar/m; Druckleitung 22 · 1 mm, Druckgefälle 25 mbar/m, Saugleitung 35 · 1,5 mm, Druckgefälle 10 mbar/m.

5.5.7 Kaltwasser-Rohrnetze

Rohrnetze werden überwiegend aus Stahlrohren oder Kupferrohren hergestellt. Die Druckverlust-Berechnung der Rohrnetze erfolgt analog den Heizungsrohr-Netzen (Abschnitt 2.4.4). Falls Frostschutzmittel zugesetzt wird, muß erhöhte Zähigkeit beachtet werden (Abschnitt 5.3.4).

Manometer, Ausdehnungsgefäß und Sicherheitsventil (Abschnitt 2.3.6-5.2) bei geschlossenen Anlagen sind vorzusehen.

Das Ausdehnungsgefäß muß die Schrumpfung des Wassers oder der Sole im Rohrnetz bei kalten Temperaturen ausgleichen, damit gegenüber dem Füllzustand der Anlage bei Umgebungstemperatur im Kühlbetrieb kein Unterdruck in der Anlage auftritt.

Auslegung eines Membran-Ausdehnungsgefäßes[1] analog Abschnitt 2.3.6-5, jedoch mit folgenden zusätzlichen Randbedingungen (Bild 5.5.7-1).

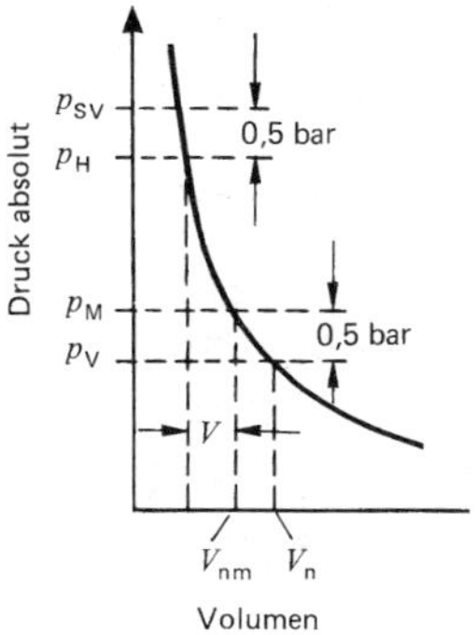

Bild 5.5.7-1. Druck-/Volumen-Verhältnisse im Ausdehnungsgefäß. Legende siehe Text.

Es bedeuten (alle Drücke in bar, absolut):

- p_{SV} = Ansprechdruck des Sicherheitsventils (SV)
- p_H = Höchst-Arbeitsdruck beim Füllen der Anlage bei Umgebungstemperatur, dieser soll 0,5 bar unter dem Ansprechdruck des SV liegen.
- p_M = Mindestarbeitsdruck bei tiefster Temperatur, dieser soll etwa 0,5 bar über p_V liegen, damit auch bei tiefster Temperatur noch eine Reservemenge Wasser im A-Gefäß bleibt.
- p_V = Vordruck des A-Gefäßes, dieser soll über dem Atmosphärendruck liegen, damit nicht Luft eindringt. p_V muß größer als die statische Druckhöhe H_{stat} sein.
- V_n = Bruttoinhalt des A-Gefäßes
- V_{nm} = Stickstoffvolumen bei p_M
- V = Ausdehnungsvolumen des Wasser- oder Sole-Inhalts der Anlage.

[1]) Buddy, P.: Ki 6/75. S. 191/6.
Hansen, W.: Oel+Gasfg. 5/77. 4 S.

Wegen $p \cdot V$ = konst (nach Boyle-Mariotte) gilt mit Bild 5.5.7-1:

$V_{nm} \cdot p_M = (V_{nm} - V) \cdot p_H$ und $V_{nm} \cdot p_M = V_n \cdot p_V$

Daraus folgt der Bruttoinhalt (Nennvolumen) des A-Gefäßes

$$V_n = \frac{p_M \cdot p_H}{p_V (p_H - p_M)} \cdot V \text{ in l, wenn } V \text{ in l.}$$

Beispiel:

Gesamtinhalt der Anlage 800 l.
Frostschutz bis –20 °C; entsprechend 34 Vol.-% Antifrogen (Bild 5.3.4-1).
Statische Höhe der Anlage 4 m, daher gewählt:

Vordruck des A-Gefäßes	p_V	= 0,5 bar Überdruck = 1,5 bar absolut.
Höchste Temperatur der Anlage		(= höchste Umgebungstemperatur) 30 °C.
Mindest-Arbeitsdruck	p_M	= 1 bar Überdruck, d. h. 0,5 bar über p_V
	p_M	= 2 bar absolut.
Ansprechdruck des SV	p_{SV}	= 3 bar Überdruck = 4 bar absolut.
Fülldruck p_H der Anlage		bei 30 °C, 0,5 bar unter p_{SV}
	p_H	= 3,5 bar absolut.
Ausdehnung nach Bild 5.3.4-3		= 1,5%.
Ausdehnungsvolumen	V	= 800 · 0,015 =12 l.

Bruttoinhalt des A-Gefäßes

$$V_n = \frac{2 \cdot 3{,}5}{1{,}5 \cdot (3{,}5 - 2)} \cdot 12 = 37{,}3 \text{ l.}$$

Gewählt: Ausdehnungsgefäß Bruttoinhalt (Nennvolumen) 50 l, Vordruck 0,5 bar.

Falls das Rohrnetz gedämmt wird, ist Schwitzwasserbildung zu beachten, deshalb diffusionsdichte Dämmstoffe aus z. B. Schaumstoff (Armaflex, Misselfix) verwenden oder dampfdichte Umhüllung.

5.6 Berechnung von Kälteanlagen zur Luftkühlung

Grundlage ist die Berechnung der Kühllast für alle zu kühlenden Räume gemäß Abschnitt 3.5.3. Für Auslegung und Dimensionierung der Kälteanlage ist es meistens erforderlich, zusätzlich den Tagesgang und den Jahresgang der Kühllast zu ermitteln. Deren Darstellung kann in numerischer oder graphischer Form, sogenannten Histogrammen, erfolgen, und zwar

für den Tagesgang über der Uhrzeit, häufig als Balkendiagramm (s. Bild 5.6.1-1)

für den Jahresgang über der Außenlufttemperatur, meistens als Kurve (s. Bild 5.6.3-2).

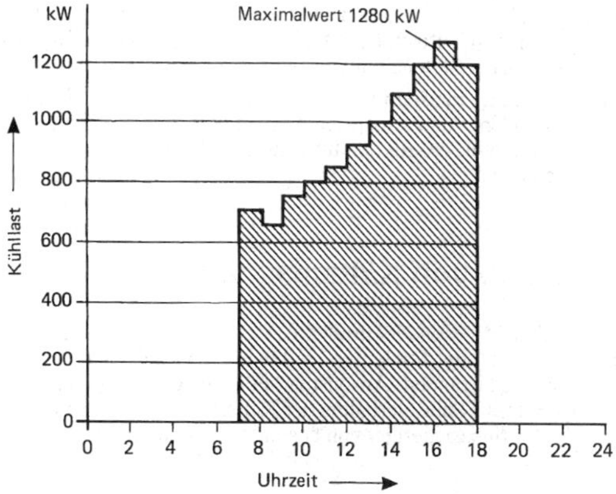

Bild 5.6.1-1. Beispiel eines Kühllast-Tagesganges.

5.6.1 Dimensionierung der Kälteanlage

-1 Luftkühlanlagen für direkte Kühlung

Derartige Anlagen gemäß Abschnitt 5.5.2 werden fast ausschließlich eingesetzt für Räume mit gleichem Tages- und Jahresgang der Kühllast. Die Dimensionierung erfolgt nach der maximal auftretenden Gesamtkühllast bei der dabei maximal zu erwartenden Außenlufttemperatur für den luftgekühlten Verflüssiger oder das Rückkühlwerk.

Sollen Räume mit unterschiedlichem Tagesgang versorgt werden, so müssen getrennte Temperaturregelkreise und geeignete Regelmöglichkeiten der Kälteanlage vorgesehen werden. Die Kälteleistung ist nur noch die Summe der gleichzeitig auftretenden Kühllasten.

Möglichkeiten zum Speichern von Kälteenergie gibt es hier praktisch nicht, zur Wärmerückgewinnung und zum Wärmepumpenbetrieb siehe Abschnitt 5.6.5.

-2 Indirekte Kühlung – Wasserkühlanlagen

Nach diesem System gemäß Abschnitt 5.5.3 arbeitet die Mehrzahl aller größeren Kälteanlagen in der Klimatechnik.

Für die Dimensionierung der Kälteanlage gilt die erste Prüfung dem Tagesgang der Kühllast. Zeigt dieser ausgesprochene Spitzen wie nur wenige Stunden dominierende Sonneneinstrahlung, Beispiel Bild 5.6.1-1, oder nur wenige Stunden dominierende Innenlast, Beispiel Theateraufführung, so sind die Einsatzmöglichkeiten einer Kältespeicheranlage zu überprüfen, siehe Abschnitt 5.6.4.

Bei normalen Dauerbelastungen darf die Dimensionierung nicht nach der Summe aller maximalen Kühllasten erfolgen, da die Kälteanlage dann meistens viel zu groß und im Betrieb unwirtschaftlich wird. Es muß vielmehr über den Tagesgang aller einzelnen Räume oder Zonen die Kühllast ermittelt werden, die maximal gleichzeitig auftreten kann.

Für ein langgestrecktes Gebäude mit einer Ost- und einer Westfassade könnte sich z.B. ergeben:

Klimaanlage	Zone Ost	Zone West
Dauer-Grundlast	100 kW	100 kW
Sonneneinstrahlung 8 Uhr	300 kW	0 kW
Sonneneinstrahlung 16 Uhr	0 kW	300 kW
Installierte Kühllast	400 kW	400 kW

Die Kälteanlage muß die Grundlast beider Zonen decken, die Sonneneinstrahlung jedoch nur für eine Zone, da sie nicht gleichzeitig auftritt. Damit reicht für die installierte Kühllast von 800 kW eine Kälteanlage mit einer Kälteleistung von 500 kW völlig aus.

Bei erheblichem Anteil sonnenbestrahlter Fenster in der Westfassade liegt das Kühllastmaximum meistens zwischen 15 und 16 Uhr und trifft zusammen mit dem zu dieser Zeit auch maximalen Wert der Außenlufttemperatur, der für den luftgekühlten Verflüssiger oder das Rückkühlwerk bei Vollast anzusetzen ist.

5.6.2 Teillastverhalten von Kältemaschinen

Kälteanlagen für die Klimatechnik sind besonders großen Lastschwankungen ausgesetzt. Die volle Kälteleistung wird nur an den – in Mitteleuropa seltenen – sehr heißen Tagen benötigt, und auch dann nur über wenige Stunden. Ansonsten läuft die Anlage bei Teillast, und dies bis herunter zu unter 10%. Das Teillastverhalten der Kältemaschinen ist damit für die Wirtschaftlichkeit und für die Betriebssicherheit von besonderer Bedeutung.

-1 Einfluß der Verflüssigungstemperatur

Das Verhalten einer Kältemaschine bei Veränderungen der Verdampfungstemperatur t_o und der Verflüssigungstemperatur t_c ist in Bild 5.4.1-3, Bild 5.4.1-4 und Bild 5.4.1-9 gezeigt. Alle folgenden Betrachtungen gelten in gleicher Größenordnung auch für alle anderen gängigen Kältemittel.

Wenn bei einer zunächst als konstant angenommenen Verdampfungstemperatur von 0 °C die Verflüssigungstemperatur im Vollastbetrieb bei 60 °C liegt, so ergibt sich aus Bild 5.4.1-4 eine Kälteleistung von 350 Watt pro m³/h geometrischen Fördervolumens des Verdichters und eine Leistungszahl von $\varepsilon_K = 2{,}2$. Sinkt die Verflüssigungstemperatur, z. B. infolge fallender Außenlufttemperatur am luftgekühlten Verflüssiger, auf 40 °C, so ergibt sich aus Bild 5.4.1-4 eine Kälteleistung von 460 Watt pro m³/h, also das 1,31fache gegenüber der Vollast-Auslegung, und das bei einer Leistungszahl von $\varepsilon_K = 3{,}7$. Es wird also je kWh Energieverbrauch das 1,68fache an Kälteleistung erzeugt, bzw. pro kWh Kälteleistung wird nur noch 60% des Energieverbrauchs unter Nennbedingungen benötigt.

Dieses Beispiel zeigt den ganz wesentlichen Einfluß der Verflüssigungstemperatur auf die Kälteleistung und auf den Energieverbrauch. Jede Aussage über das Teillastverhalten und jede Wirtschaftlichkeitsberechnung setzt damit voraus, daß der Verlauf der Verflüssigungstemperatur über dem Gang der Außenlufttemperatur und über dem Lastverlauf bekannt ist.

Der Absenkung der Verflüssigungstemperatur sind betriebliche Grenzen gesetzt, da zur Funktion der Kälteanlage, hier insbesondere der Expansionsventile, Mindestwerte erforderlich und vom Hersteller vorgeschrieben sind, die nicht unterschritten werden dürfen.

Gemäß Abschnitt 5.2.1-3 steht das Gesamtsystem einer Kältemaschine immer im Gleichgewicht. Das bedeutet, daß eine Steigerung der Kälteleistung durch niedrigere Verflüssigungstemperatur ein Absinken der Verdampfungstemperatur nach sich zieht, um die größere Leistung an der Verdampferfläche übertragen zu können. Die Leistungssteigerung wird deshalb nicht ganz so groß, wie vorstehend beschrieben, was jedoch am primären Einfluß der Verflüssigungstemperatur auf das Betriebsverhalten nichts ändert.

-2 Einfluß der Wärmeaustauschflächen

Bei einer Flüssigkeitskühlanlage gehört meistens zu einem leistungsgeregelten Verdichter ein bestimmter Verflüssiger und ein bestimmter Verdampfer, die beide für die Volllastbedingungen ausgelegt sind. Bei Teillast des Verdichters müssen diese Wärmeaustauscher nur eine entsprechend geringere Leistung übertragen, die erforderlichen Temperaturdifferenzen werden damit geringer. Unter Benutzung des Schemas nach Bild 5.2.1-5 würde sich damit das Betriebsverhalten zunächst so verändern, wie es als Beispiel in Bild 5.6.2-1 dargestellt ist.

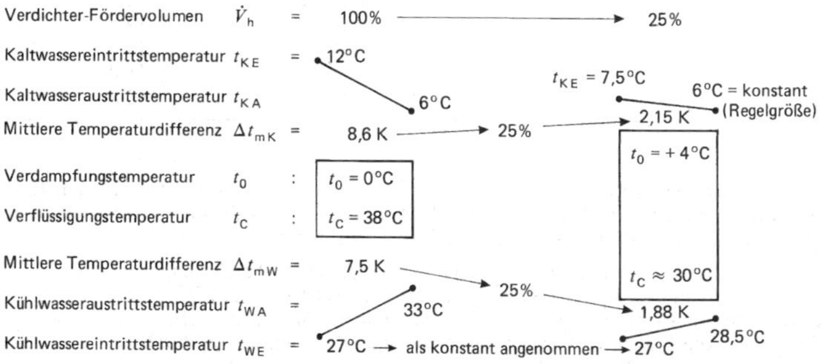

Bild 5.6.2-1. Betriebsverhalten eines Wasserkühlsatzes bei Teillast.

Im Beispiel bringt die Verringerung des Verdichterfördervolumens auf 25% einen Anstieg der Verdampfungstemperatur um etwa 4 K, was nach Bild 5.4.1-4 einer Zunahme der Kälteleistung von 480 auf 570 Watt pro m³/h, also auf das 1,19fache, entspricht. Gleichzeitig fällt die Verflüssigungstemperatur von 38 °C auf 30 °C, was einer weiteren Zunahme der Kälteleistung auf 620 Watt pro m³/h entspricht, also einer Gesamtzunahme auf das 1,29fache. Die sich aus 25% Teillast-Fördervolumen ergebende Kälteleistung beträgt also nicht 25%, sondern 25 · 1,29 = 32%.

Der vorstehende Rechengang ist allerdings nur ein erster Näherungsschritt. Die so ermittelten höheren Leistungen erfordern natürlich auch wieder größere Temperaturdifferenzen, so daß durch ein Iterationsverfahren – unter gleichzeitiger Berücksichtigung von Veränderungen der Wärmedurchgangskoeffizienten – der echte Teillast-Betriebszustand ermittelt werden muß. Wesentlich ist, daß die Teillast-Kälteleistung immer deutlich größer ist als das Teillast-Fördervolumen des Verdichters. Da in der Praxis die Verflüssiger-Wassereintrittstemperatur (im Beispiel 27 °C) auch nicht konstant bleibt, sondern mit fallender Außenlufttemperatur meistens erheblich absinkt, fällt auch die Verflüssigungstemperatur deutlich weiter ab, und die wahre Teillast-Kälteleistung ist noch erheblich größer als im Beispiel errechnet. Es kann vorkommen, daß bei 25% Fördervolumen 50% der Vollast-Kälteleistung erreicht werden.

Aus vorstehenden Ausführungen ergibt sich ebenfalls die Notwendigkeit von Regeleingriffen am Verflüssiger, um bei Teillast die erforderliche Mindest-Verflüssigungstemperatur einzuhalten.

-3 Teillastverhalten von Turboverdichtern

Turboverdichter treten in Klima-Kälteanlagen praktisch nur als Teile von Flüssigkeitskühlanlagen auf, also mit zugehörigem Verflüssiger und Verdampfer. Für das Teillastverhalten derartiger Anlagen gilt weltweit der ARI-Standard 550 des Air-Conditioning & Refrigeration Institute der USA. Danach wird das Teillastverhalten gemessen mit den vollen Wärmeaustauschflächen von Verdampfer und Verflüssiger bei einer Kaltwasseraustrittstemperatur von 6,7 °C und Eintrittstemperaturen t_{wE} des Verflüssiger-Kühlmediums gemäß

Tafel 5.6.2-1 Kühlmedium-Eintrittstemperatur t_{WE} nach ARI-Standard 550

Kälteleistung Q_o in %	Wassergekühlt t_{WE} in °C	Luftgekühlt t_{WE} in °C
100	29,4	35,0
90	28,0	32,8
80	26,6	30,6
70	25,3	28,3
60	23,9	26,1
50	22,5	23,9
40	21,1	21,7
30	19,7	19,5
20	18,4	17,2
10	17,0	15,0
0	15,6	12,8

Tafel 5.6.2-1. Die hier festgelegten fallenden Eintrittstemperaturen sind erforderlich, da die in der Klimatechnik üblichen Turboverdichter mit Dralldrossel-Regelung nicht in der Lage sind, beim Nennlast-Verflüssigungsdruck Teillast zu fahren.

Für das Teillast-Temperaturverhalten einer wassergekühlten Ausführung ist in Bild 5.6.2-2 ein Beispiel dargestellt. Die geradlinige Darstellung setzt konstante Wärmedurchgangskoeffizienten voraus, was im Verflüssiger etwa zutrifft. Die Verschlechterung der Wärmedurchgangskoeffizient im Verdampfer ist annähernd berücksichtigt durch eine Rest-Austrittsdifferenz von 1 K bei Nulllast.

Aus diesem Temperaturverhalten ergeben sich, unter Benutzung der Aussagen bzw. Grundlagen von Bild 5.4.1-4, die in Bild 5.6.2-3 gezeigten Veränderungen: Mit geringer werdender Teillast steigt die Kälteleistung je m³/h geometrischen Fördervolumens – Faktor $f\dot{V}_h$ – auf das 1,34fache bei 10% Teillast. Gleichzeitig erhöht sich die Volllast-Leistungszahl – Faktor $f\varepsilon_{\mathrm{ARI}}$ – auf das 2,8fache bei 10% Teillast (konstanter Carnotscher Gütegrad vorausgesetzt).

Von den Herstellerfirmen wird für Turboverdichter-Flüssigkeitskühler das Teillastverhalten meistens als Diagramm – Energieverbrauch P in % über Kälteleistung Q_o in % –

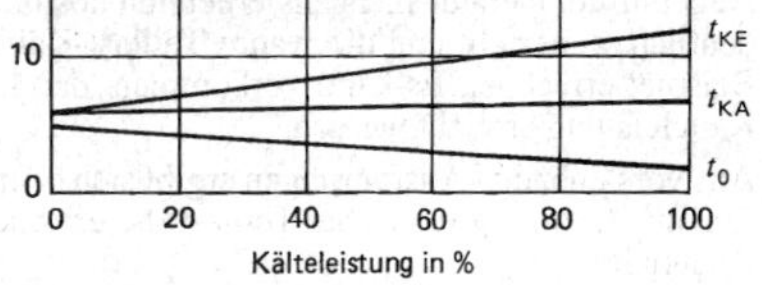

Bild 5.6.2-2. Teillast-Temperaturverhalten nach ARI-Standard 550 (wassergekühlt).

Grundlagen:

Kühlwassereintrittstemperatur t_{WE} = Tafel 5.6.2-1 (ARI 550)
Kühlwassermassenstrom $\dot{m}_W$ = konstant nach ARI 550
Vollast-Spreizung $t_{WA} - t_{WE}$ = 5,5 K nach ARI 550
Vollast Austrittsdifferenz $t_C - t_{WA}$ = 4,5 K angenommen
Kaltwasseraustrittstemperatur t_{KA} = + 6,7 °C nach ARI 550
Kaltwassermassenstrom $\dot{m}_K$ = konstant nach ARI 550
Proportionalband Regelung = 1 K angenommen,
ergibt bei Nullast t_{KA} = + 5,7 °C
Vollast-Spreizung $t_{KE} - t_K$ = 5 K angenommen
Vollast-Austrittsdifferenz $t_{KA} - t_o$ = 5 K angenommen

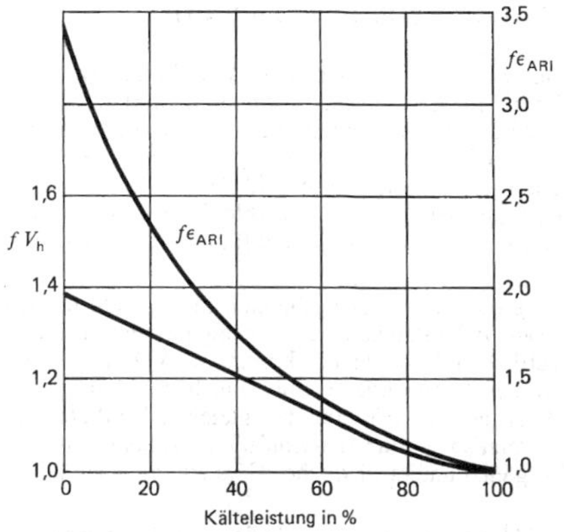

Bild 5.6.2-3. Auswirkung Temperaturverhalten Bild 5.6.2-2.

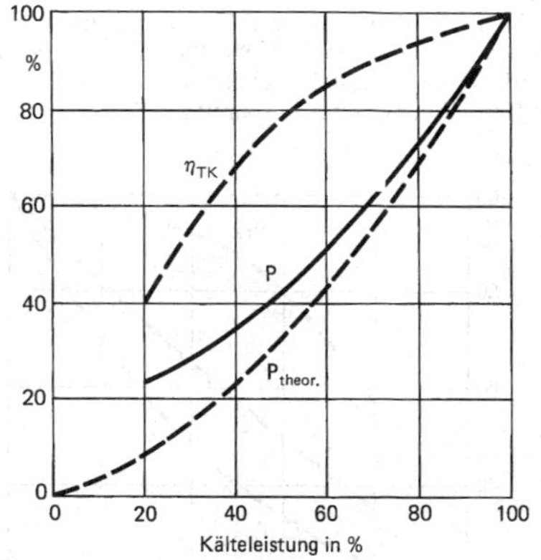

Bild 5.6.2-4. Teillastverhalten von Turboverdichtern.

angegeben, natürlich bezogen auf die gemäß ARI-Standard 550 fallende Verflüssigungstemperatur. Ein Beispiel einer Herstellerkurve für wassergekühlte Ausführung zeigt die ausgezogene Kurve in Bild 5.6.2-4. Zum Vergleich ist zusätzlich gestrichelt eingetragen der theoretische Energieverbrauch, der sich aus Bild 5.6.2-3 ergibt zu

$$P_{\text{theor.}} = \frac{1}{f\varepsilon_{\text{ARI}}} \cdot \frac{\dot{Q}_o\,[\%]}{100}$$

Aus beiden Kurven ergibt sich, ebenfalls gestrichelt eingetragen, der Teillast-Wirkungsgrad des betreffenden Turboverdichters zu $\eta_{TK} = P/P_{\text{theor.}}$

Die schlechten Wirkungsgrade bei kleiner Teillast erklären sich mit daraus, daß das prozentuale Fördervolumen noch um den Faktor $f\,\dot{V}_h$ kleiner ist als die prozentuale Kälteleistung. Im Beispiel nach Bild 5.6.2-3 ergibt sich

$$\dot{Q}_o = 20\%, f\,\dot{V}_h = 1{,}30,\ \dot{V}_h = 20 / 1{,}30 = 15{,}4\%$$

Bei diesen niedrigen Volumenströmen ist ein Turboverdichter an der Grenze seines Einsatzbereiches.

-4 Teillastverhalten von Schraubenverdichtern

Für die in der Klimatechnik eingesetzten Flüssigkeitskühlanlagen mit Schraubenverdichtern gilt ebenfalls der ARI-Standard 550 mit den gleichen Temperaturwerten wie für Turboverdichter. Das Teillastverhalten wird von den Herstellerfirmen auch hier meistens als Diagramm – Energieverbrauch in % über Kälteleistung in % – angegeben, ein Beispiel für wassergekühlten Betrieb zeigt die ausgezogene Kurve in Bild 5.6.2-5. Die benutzte Herstellerangabe führt zu einer praktisch gleichen Kurve wie in Bild 5.6.2-4 die dort benutzte Herstellerangabe für den Turboverdichter, was jedoch nicht für alle Herstellerangaben zutreffen muß.

Schraubenverdichter haben auch einen großen Anwendungsbereich in der industriellen Kältetechnik, wofür Teillastangaben nach ARI-Standard 550 ungeeignet sind. Teillastangaben werden hier nur auf den Verdichter bezogen bei konstanter Verdampfungstemperatur t_o und konstanter Verflüssigungstemperatur t_c, wobei auch der Wert $\dot{Q}_o/\dot{V}_h$ (Bild 5.4.1-3) konstant bleibt. Eine derartige Kurve ist für den gleichen Verdichter in Bild 5.6.2-5 gestrichelt eingetragen und zeigt so deutlich den Einfluß der kältetechnischen Betriebsbedingungen, die also beim Vergleich unterschiedlicher Herstellerangaben unbedingt berücksichtigt werden müssen.

Da sich bei konstantem t_o und t_c die kältetechnischen Betriebsdaten nicht ändern, ergibt sich aus der gestrichelten Kurve direkt der Teillast-Wirkungsgrad des Verdichters zu $\eta_{TK} = \dot{Q}_o$ in % / P in %, der ebenfalls als gestrichelte Linie in Bild 5.6.2-5 eingetragen ist.

Zu beachten ist in Bild 5.6.2-5 die unterschiedliche Bedeutung der Abszissenteilung: Nur bei konstantem t_o und t_c entspricht die Kälteleistung in % dem Fördervolumen in %. Sobald die Differenz $t_c - t_o$ bei Teillast kleiner wird, ist die Teillast-Kälteleistung in % größer als der Teillast-Volumenstrom in %. Für eine Umrechnung siehe Abschnitt 5.6.2-5.

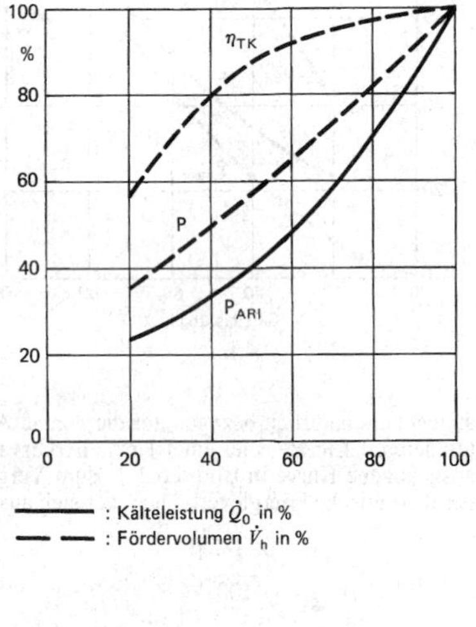

Bild 5.6.2-5. Teillastverhalten von Schraubenverdichtern.

-5 Teillastverhalten von Hubkolbenverdichtern

Der für Flüssigkeitskühler mit Hubkolbenverdichtern geltende ARI-Standard 590 gibt erst in der neuesten Ausgabe von 1986 neben den gleichen Bedingungen für die Nennleistungsangaben auch den gleichen Teillast-Temperaturgang wie der ARI-Standard 550 (s. Tafel 5.6.2-1).

Früher wurden, und häufig werden auch heute noch, die Verdichter-Teillastdaten angegeben, bezogen auf das Teillast-Fördervolumen $\dot{V}_h$ und bei konstanten Temperaturen t_o und t_c. Die übliche Leistungsregelung durch Abschalten von Zylindern ergibt keine stetige Regelung mehr, die Teillastdaten werden in Stufensprüngen angegeben je nach verbleibendem Fördervolumen (Zylinderzahl). Einen Mittelwert aus verschiedenen Stufensprungangaben mehrerer Hersteller zeigt die durchgezogene Linie P in Bild 5.6.2-6 für halbhermetische Verdichter mit Leistungsregelung durch Abheben der Saugarbeitsventile. Aus dieser Kurve ergibt sich der ebenfalls eingetragene Teillast-Wirkungsgrad $\eta_{TK} = \dot{Q}_o$ in % / P in %. Beide Kurven sind praktisch gleich mit den entspr. Kurven für den Schraubenverdichter in Bild 5.6.2-5.

In Bild 5.6.2-6 ist ferner gestrichelt eingetragen die bei nicht regelbaren Verdichtern verwendete Heißgas-Bypass-Regelung mit dem Energieverbrauch von konstant 100% (bei konstantem t_o und t_c) und dem sich daraus ergebenden Teillast-Wirkungsgrad $\eta_{TK-HGBP}$.

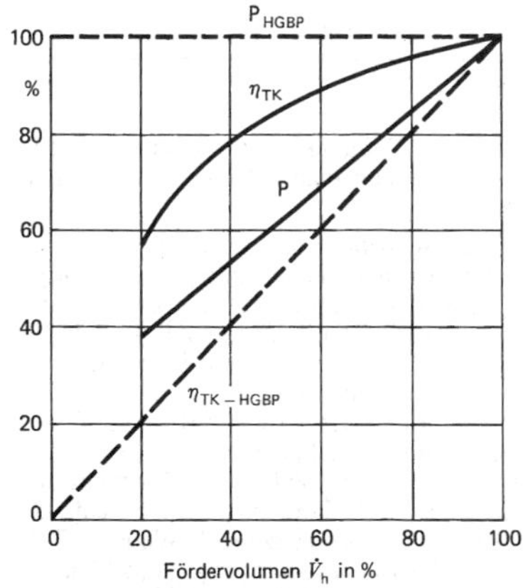

Bild 5.6.2-6. Teillastverhalten von Hubkolbenverdichtern.

Alle Angaben in Bild 5.6.2-6 sind bezogen auf den ungünstigsten, praktisch kaum auftretenden Fall konstanter Verdampfungs- und Verflüssigungstemperatur über den ganzen Teillastbereich. Sie sind deshalb nicht vergleichbar mit den Angaben für Turbo- und Schraubenverdichter nach ARI-Standard 550. Bei veränderlichen Temperaturen muß umgerechnet werden gemäß den nachfolgenden Hinweisen.

Es ist zunächst der Verlauf der Eintrittstemperatur t_{WE} des Verflüssiger-Kühlmediums über dem Teillastverlauf der Kälteleistung zu ermitteln (sowie, wenn nicht konstant, auch der Verlauf der Kaltwasser-Austrittstemperatur t_{KA}) sowie alle Temperaturdifferenzen bei Vollast. Daraus ergibt sich, wenn der Verdichter auf nur ihm zugehörige Wärmeaustauschflächen arbeitet, ein ähnliches Verhalten, wie es in Bild 5.6.2-2 und Bild 5.6.2-3 für den Temperaturverlauf nach ARI-Standard 550 entwickelt und dargestellt ist. Für den weiteren Rechengang werden – als Beispiel – diese zwei Bilder benutzt.

Der nächste Schritt ist die Ermittlung der tatsächlichen Kühllaststufen. Hierfür wird als Beispiel gewählt ein 8-Zylinder-Verdichter mit der Stufung: 8 zyl. = 100%, 6 zyl. = 75%, 4 zyl. = 50%, 2 zyl. = 25% des geometrischen Fördervolumens. Unter den Temperaturbedingungen von Bild 5.6.2-2 (ARI 550, wassergekühlt) gibt Bild 5.6.2-3 den Korrekturfaktor $f\,\dot{V}_h$ an, um den sich die Kälteleistung je m³/h geometrischen Fördervolumens erhöht. Für die als Beispiel gewählte Verdichterstufung ergibt sich damit der Rechengang nach Tafel 5.6.2-2.

Die Multiplikation des Teillast-$\dot{V}_h$ mit dem zugehörigen Faktor $f\,\dot{V}_h$ ist der erste Näherungsschritt für das Teillast-$\dot{Q}_o$. Da zur so ermittelten erhöhten Teillast wieder ein kleinerer Faktor $f\dot{V}_h$ gehört, sind weitere Iterationsschritte erforderlich. Sie bringen jedoch, wie das entsprechend ermittelte $\dot{Q}_{o\text{korr.}}$ in der folgenden Spalte zeigt, nur noch geringfügige Veränderungen. Der Teillast-Wirkungsgrad η_{TK} aus Bild 5.6.2-6 ist bezogen auf die arbeitende Zylinderzahl und damit auf die erste Spalte $\dot{V}_h$ in %. Der Faktor $f\,\varepsilon_{\text{ARI}}$ wird bei der Kälteleistung $\dot{Q}_o$ aus Bild 5.6.2-3 (Beispiel nach ARI 550) abgelesen. Damit ergibt sich der Energieverbrauch bei Teillast aus der Gleichung

$$P\,[\%] = Q_{o\text{korr.}}\,[\%] \cdot \frac{1}{f\varepsilon_{\text{ARI}}} \cdot \frac{100}{\eta_{TK}}$$

Tafel 5.6.2-2 Beispiel einer Teillastberechnung für Hubkolbenverdichter

$\dot{V}_h$ %	$f \dot{V}_h$	$\dot{Q}_o$ %	$\dot{Q}_{o\,\text{korr.}}$ %	η_{TK} %	$f\,\varepsilon_{ARI}$	P %
100	1,00	100	100	100	1,00	100
75	1,07	80	80	94	1,12	76
50	1,17	59	58	84	1,40	49
25	1,28	32	31	64	1,96	25
	Beispiel Bild 5.6.2-3			Beispiel Bild 5.6.2-6	Beispiel Bild 5.6.2-3	

Die Ergebnisse sind in der letzten Spalte von Tafel 5.6.2-2 angegeben und wurden in Bild 5.6.2-7 mit einer durchgezogenen Kurve verbunden, um ungefähre Aussagen auch für andere Stufensprünge zu ermöglichen.

Das echte Betriebsverhalten zeigt die ausgezogene Treppenlinie in Bild 5.6.2-7, wobei der Energieverbrauch in den einzelnen Stufen nur geringfügig absinkt infolge der niedriger werdenden Eintrittstemperatur des Verflüssiger-Kühlmediums. Die Treppenkurve darf allerdings nicht zu der falschen Aussage verleiten, daß der Verdichter bei z.B. 81% Kälteleistung einen relativen Energieverbrauch von 97% hätte. Da es sich um eine nicht stetige Regelung handelt, ist es vielmehr so, daß in diesem Betriebspunkt noch alle 8 Zylinder arbeiten, der Verdichter also 100% Kälteleistung erbringt. Der geringere Bedarf an Kälteleistung wird durch Zu- und Abschalten der jeweiligen Zylinder erreicht, also durch Pendeln zwischen den realen Betriebspunkten von z.B. 80% und 100%. Korrigiert man z.B. bei 81% Kälteleistung den abzulesenden Leistungsbedarf von 97% bei laufender Vollaststufe mit deren Einschaltdauer von nur 81%, so ergibt sich der reale Wert von 79%, der praktisch auf der durchgezogenen Kurve liegt. Das ist damit nur geringfügig höher als bei den Turbo- und Schraubenverdichtern unter gleichen Betriebsbedingungen.

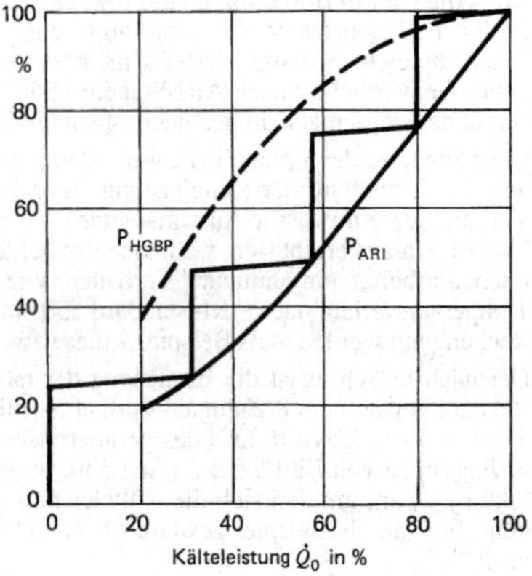

Bild 5.6.2-7. Teillastverhalten von Hubkolbenverdichter-Wasserkühlsätzen unter Ansatz von ARI-Standard 550.

Das Ergebnis dieses Rechenganges für die verdichterbezogenen Teillastangaben, P_{ARI} in Bild 5.6.2-7, entspricht der Teillastangabe gemäß neuem ARI-Standard 590-86. Bild 5.6.2-6 und Bild 5.6.2-7 zeigen deutlich den Unterschied: Bei 30% Kälte-Teillast geht der Energieverbrauch von 45% (bezogen auf Verdichter) auf 25% (bezogen auf neuen ARI-Standard) zurück.

Mit dem gleichen Rechengang läßt sich auch das Verhalten der Heißgas-Bypass-Regelung auf das im Beispiel gewählte Temperaturverhalten umrechnen. Das Ergebnis ist in Bild 5.6.2-7 als gestrichelte Linie eingetragen und zeigt im Vergleich mit Bild 5.6.2-6 ganz deutlich den gravierenden Einfluß der Betriebsbedingungen auf das Teillastverhalten.

-6 Teillastverhalten von Absorptionskältemaschinen

Der für Absorptionsmaschinen für die Klimatechnik gültige ARI-Standard 560-92 gibt für den Kühlwassereintritt den gleichen Temperaturgang vor, wie in Tafel 5.6.2-1 für ARI-Standard 550 (wassergekühlt) gezeigt. Eine entsprechende Herstellerangabe für dieses Teillastverhalten zeigt die durchgezogene Linie in Bild 5.6.2-8. Die gestrichelte Linie zeigt das Verhalten derselben Maschine, wenn die Kühlwassereintrittstemperatur konstant bei 29,4 °C bleiben würde.

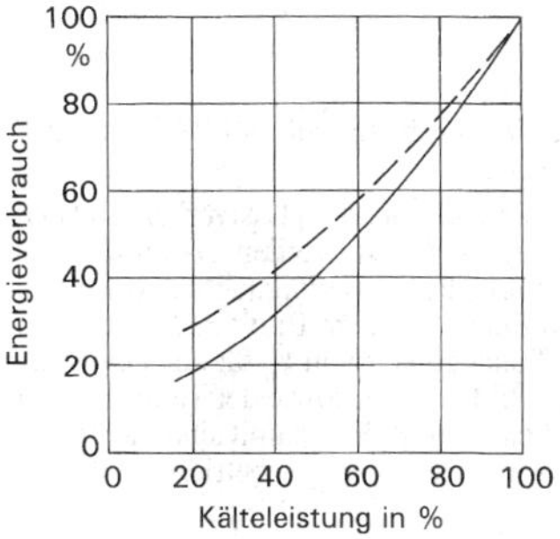

Bild 5.6.2-8. Teillastverhalten von Absorptionskältemaschinen

-7 Teillastverhalten im Wärmepumpenbetrieb

Die Berechnung des Teillastverhaltens wird hier noch wesentlich schwieriger, da jede Änderung der Antriebsleistung P auch eine Änderung der Wärmeabgabe Q_C nach sich zieht, denn $Q_C = Q_o + a \cdot P$, siehe Abschnitt 5.2.1-3. Daraus, und aus den Ausführungen in Abschnitt 5.2.1-4, ergeben sich folgende Gleichungen:

Teillastwirkungsgrad im Wärmepumpenbetrieb

$$\eta_{TW} = \frac{\varepsilon_{KV} \cdot \eta_{TK} + a}{\varepsilon_{KV} + a} \quad \text{in } \%/100$$

Dabei ist:

ε_{KV} = Vollast-Leistungszahl der Kältemaschine unter den im Teillast-Betriebspunkt herrschenden Temperaturen t_o und t_c (z. B. aus Bild 5.4.1-3)

η_{TK} = Teillast-Wirkungsgrad im Kühlbetrieb, bezogen auf das Teillast-Fördervolumen $\dot{V}_h$ des Verdichters (z. B. aus Bild 5.6.2-5 oder Bild 5.6.2-6) in %/100

a = ca. 0,9, siehe Abschnitt 5.2.1-3

Weiterhin entspricht der Teillast-Prozentsatz der Heizleistung Q_C nicht mehr dem Prozentsatz der Kälteleistung, vielmehr gilt die Gleichung

$$\frac{Q_{CT}}{Q_C} = \frac{Q_{oT}}{Q_o} \cdot \frac{1 + \dfrac{a}{\varepsilon_{KV} \cdot \eta_{TW}}}{1 + \dfrac{a}{\varepsilon_{KV}}}$$

Dabei ist

Q_{CT} / Q_C = gesuchter Teillast-Prozentsatz der Heizleistung

Q_{oT} / Q_o = vorgegebener Teillast-Prozentsatz der Kälteleistung

Wohin diese Zusammenhänge führen, sei an einem Beispiel für einen Hubkolbenverdichter kurz dargestellt:

Annahme: t_c = 50 °C = konstant
t_o = 0 °C = konstant
a = 0,9 = konstant
$\dot{V}_h$ = 25% (bei konstantem t_c und t_o ist auch $\dot{Q}_o$ = 25%)

Daras ergibt sich:

Aus Bild 5.4.1-3: $\varepsilon_{KV} = 2{,}8$

Aus Bild 5.6.2-6: $\eta_{TK} = 65\%$ bzw. 0,65

Damit wird:

$$\eta_{TW} = \frac{2{,}8 \cdot 0{,}65 + 0{,}9}{2{,}8 + 0{,}9} = 0{,}735$$

$$\frac{Q_{CT}}{Q_C} = \frac{25}{100} \cdot \frac{1 + \frac{0{,}9}{2{,}8} \cdot \frac{1}{0{,}65}}{1 + 0{,}9/2{,}8} = 28{,}3\%$$

Bei konstantem t_c und t_o geht also bei 25% $\dot{V}_h$ die Wärmeabgabe nur auf 28,3% zurück. Der Energieaufwand dafür beträgt 28,3 / 0,735 = 38,5%.

Sind t_c und t_o nicht konstant, so muß zunächst deren Verlauf über dem Lastverlauf und dem Gang der Außenluftttemperatur ermittelt oder festgelegt (geregelt) werden. Daraus ergeben sich Temperaturkurven gemäß den für Bild 5.6.2-2 erläuterten Bedingungen. Aus diesen sind die Faktoren $f\,\dot{V}_h$ und $f\,\varepsilon_K$ zu ermitteln, wie im Rechengang zu Bild 5.6.2-3 beschrieben. Nächster Schritt ist die Ermittlung von η_{TK} in Abhängigkeit von $\dot{V}_h$ für den gewählten Verdichter (Herstellerangabe bzw. Bild 5.6.2-5 oder Bild 5.6.2-6) sowie der Teillastverlauf von $\dot{Q}_o$ über $\dot{V}_h$, wie im Rechengang zu Bild 5.6.2-7 dargestellt. Erst damit sind die Grundlagen gegeben zur Ermittlung des Teillastverhaltens im Wärmepumpenbetrieb.

-8 Aussagen zum Teillastverhalten

Die angeführten Beispiele sollten zeigen, wie stark sich Auslegung und Betriebsverhältnisse – insbesondere die Zuordnung der Wärmeaustauschflächen und der Gang der Verflüssigungstemperatur – auf das Teillastverhalten auswirken und mit welchen Rechenmethoden diese Einflüsse zu erfassen sind.

Die sehr günstigen Teillastwerte nach den ARI-Standards sind oft nicht zu erreichen, z.B. wenn für die Funktion der Expansionsventile höhere Verflüssigungsdrücke vorgeschrieben sind. Bei Wärmerückgewinnungsbetrieb der Kältemaschinen (siehe Abschnitt 5.6.5) muß meistens die Verflüssigungstemperatur auf einem relativ hohen Wert konstant gehalten werden (Achtung: Geht nicht bei Turboverdichtern!), das Teillastverhalten ist dann nur wenig günstiger als das verdichterbezogene bei konstantem t_c und t_o. Das reale Teillastverhalten ergibt sich nur aus dem tatsächlichen Gang der Verdampfungs- und Verflüssigungstemperatur.

Für eine genaue Berechnung des Teillastverhaltens müssen also zunächst diese Voraussetzungen ermittelt und berechnet werden. Dann sind für das gewählte Fabrikat und Modell die entsprechenden Teillastangaben in % zu beziehen auf die Vollast-Leistungszahl, um den echten Teillast-Energieverbrauch in kW zu ermitteln. Für eine Wirtschaftlichkeitsberechnung ist dieser dann im Jahresgang aufzutragen, siehe Abschnitt 5.6.3-4.

Die Beispiele zeigen außerdem, daß das Teillastverhalten von Turbo-, Schrauben- und Hubkolbenverdichtern praktisch gleich ist – anderslautende Aussagen resultieren aus unzulässigem Vergleich von Angaben bei unterschiedlichen Betriebsbedingungen. Qualitätsunterschiede verschiedener Fabrikate können größeren Einfluß haben als die unterschiedlichen Verdichterbauarten. Besonders wichtig für die Wirtschaftlichkeit ist die Auslegung auf eine hohe Vollast-Leistungszahl.

Aus dem Rechengang nach Abschnitt 5.6.2-2 ergibt sich auch, daß es meistens günstiger ist, zwei Flüssigkeitskühler parallel mit Teillast zu betreiben als nur einen davon mit Vollast.

5.6.3 Auslegung der Kälteanlage

Um die nach Abschnitt 5.6.1 ermittelte maximale Kälteleistung zu erbringen, sind verschiedene Auslegungen hinsichtlich Verdichterbauart und Leistungsaufteilung möglich, um eine gute Anpassung an die Erfordernisse der jeweiligen Klimaanlage sowie möglichst niedrige Betriebskosten zu erreichen.

Die folgenden Abschnitte sollen die verschiedenen Einflußgrößen zeigen sowie die Methodik zu ihrer Beurteilung.

-1 Investitionskosten

Die *Anschaffungskosten* von Kälteanlagen für direkte Kühlung schwanken außerordentlich, da infolge der Lieferung in einzelnen Komponenten und ihrer Montage am Aufstellungsort der Lohnkostenanteil hoch ist und in starkem Maße von den Einbauverhältnissen abhängt. Bei Wasserkühlsätzen sind die Schwankungen relativ gering. Bild 5.6.3-1 gibt *Richtwerte* für wassergekühlte Kälteanlagen. Bei Luftkühlung liegen die Kosten noch etwas höher.

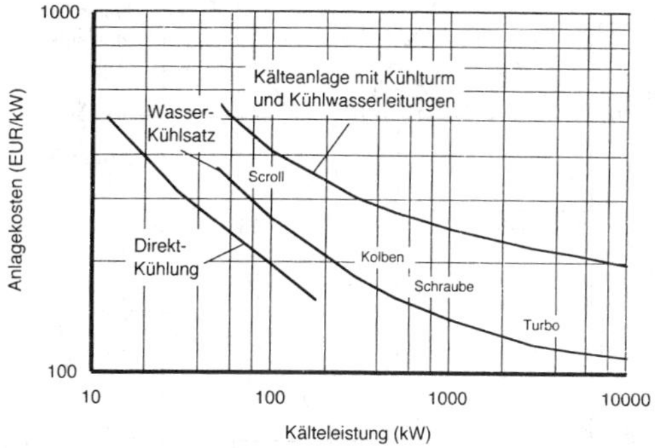

Bild 5.6.3-1. Durchschnittliche spezifische Anschaffungskosten von Kälteanlagen und Wasserkühlsätzen (2002). Die Linien stellen den oberen Bereich eines ±10%-Bandes dar.
Basis:
Kaltwasseraustrittstemperatur 6 °C
Kühlwassereintrittstemperatur 27 °C

Je tiefer die mittlere Kaltwassertemperatur gewählt wird, desto höher die Anschaffungskosten der Kälteanlage, desto niedriger andererseits die Kosten für die Luftkühler.

Beim Preisvergleich verschiedener Angebote sei auf zwei Punkte besonders hingewiesen:

1. Durch hohe Strömungsgeschwindigkeiten des Wassers oder der Luft können hohe Wärmedurchgangszahlen erreicht werden und damit relativ kleine, preisgünstige Wärmeaustauscher. Dafür wird jedoch die erforderliche Pumpen- bzw. Ventilator-Leistung höher, der negative Einfluß zunehmender Verschmutzung größer, und bei geringer Überschreitung der zugrunde gelegten Massenströme entsteht bereits Erosions- und Kavitationsgefahr.
2. Der Ansatz einer höheren Verflüssigungstemperatur (diese ist im Angebot meistens nicht angegeben) führt zu kleineren und damit preisgünstigeren Verflüssigern, ergibt jedoch eine geringere Leistungszahl und damit einen höheren spezifischen Energieverbrauch.

Derart preisgünstige Geräte haben ihre Berechtigung für Anlagen mit wenigen Betriebstagen im Jahr, z. B. in Messe- und Ausstellungshallen, da hier in den Jahres-Gesamtkosten die Amortisation überwiegt. Bei Anlagen für Dauerbetrieb ist jedoch auf eine möglichst hohe Leistungszahl und geringen Energieverbrauch der Hilfsbetriebe (Pumpen, Ventilatoren etc.) zu achten, um die Jahres-Betriebskosten niedrig zu halten.

-2 Leistungsaufteilung

Obgleich eine einzige große Anlage die niedrigsten Investitionskosten ergibt, wird die Kälteleistung meistens auf mehrere Kälteanlagen aufgeteilt. Wichtigster Grund, und gleichzeitig Grundlage für die Art der Aufteilung, ist der Jahresgang der Kühllast in Verbindung mit der Summenhäufigkeitskurve (Jahresdauerlinie) der Außenlufttemperatur am Aufstellungsort. Anhand eines einfachen Beispiels soll das Prinzip dieses Rechenganges dargestellt werden:

Bild 5.6.3-2 zeigt im oberen Bildteil den Verlauf der Kühllast und, gestrichelt, des Heizwärmebedarfs eines Gebäudes über der Außenlufttemperatur. Die Summenkurven können sich aus einer oder mehreren raumlufttechnischen Anlagen zusammensetzen sowie aus zusätzlichen statischen Kühl- und Heizflächen. Für die Sonneneinstrahlung und andere

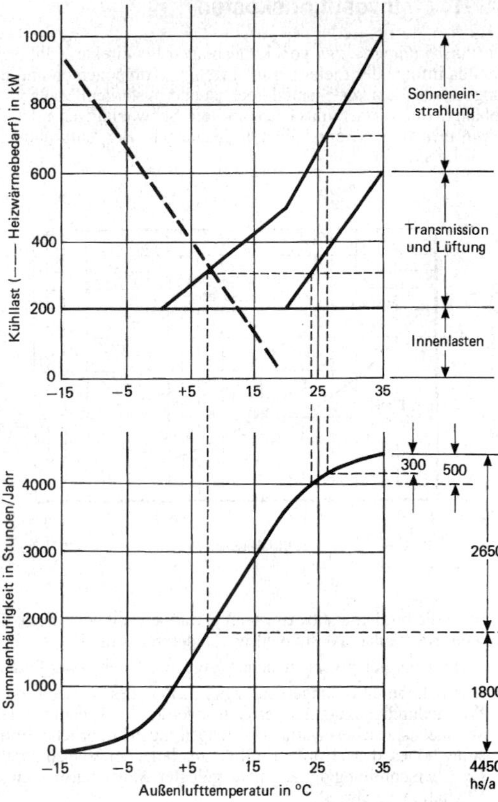

Bild 5.6.3-2. Kühllastverlauf über Außentemperatur und Jahresdauerlinie.

variable Lasten ist dabei nur der Tagesmaximalwert einzusetzen, der bei der jeweiligen Außentemperatur zu erwarten ist, siehe Abschnitt 5.6.1-2. In gleicher Form läßt sich auch die Kühllastsumme von Anlagen unterschiedlicher Betriebscharakteristik darstellen, nur wird das Bild dann etwas komplizierter.

Diese Kühllastkurve wird in Beziehung gesetzt zur im unteren Bildteil dargestellten Summenhäufigkeitskurve (Jahresdauerlinie) der Außenlufttemperatur. Im Beispiel wurde die Kurve für Berlin, nur Tagbetrieb von 7 bis 18 Uhr, aus Bild 1.1.2-6 gewählt, jedoch mit der Außentemperatur auf der auch für die Kühllastkurve gültigen waagerechten Achse.

Aus der Kombination beider Diagramme läßt sich direkt ablesen, daß im Beispiel eine Kälteleistung von mehr als 700 kW nur während ca. 300 Stunden pro Jahr benötigt wird, und das auch nur, wenn gleichzeitig die Sonne scheint. Andererseits steht die Innenlast des Beispiels von 200 kW durch Personen und Energieverbraucher das ganze Jahr hindurch an, wenn sie nicht bei tieferen Außentemperaturen durch freie Kühlung, siehe Abschnitte 3.2.8-4.2.3 und 3.6.8-4, abgefahren wird.

Wenn man für die Gesamtleistung von 1000 kW eine einzige Kältemaschine vorsieht, würde diese praktisch nie mit Vollast betrieben, jedoch relativ lange mit einer Teillast von nur 20% bzw. bei freier Kühlung sogar bis herunter zu 0%. Im Beispiel wurde deshalb eine Aufteilung gewählt auf einen Wasserkühlsatz von 700 kW mit Turbo- oder Schraubenverdichter und einen Wasserkühlsatz von 300 kW mit Schrauben- oder Hubkolbenverdichter, mit folgendem Ergebnis:

In der Spitzenlast oberhalb 700 kW, über ca. 300 hs/a, laufen beide Wasserkühlsätze, der größere dabei durchgehend mit Vollast. Unter 700 kW läuft nur noch der größere, bis herunter zu einer Teillast von 300 kW, entsprechend 43%. Gesamtlaufzeit dieses Wasserkühlsatzes bei dauerndem Sonnenschein 2650 hs/a, bei völlig fehlender Sonne 500 hs/a. Der echte Wert liegt dazwischen gemäß der anzusetzenden Sonnenscheindauer. Unter 300 kW Kühllast läuft nur noch der kleinere Wasserkühlsatz, bei voller Deckung der Innenlasten über mindestens 1800 hs/a und mit einer kleinsten Teillast von 67%. Diese Laufzeit erhöht sich noch um die Reduzierung der Maximallaufzeit des größeren Wasserkühlsatzes infolge geringerer Sonneneinstrahlung und um die Laufzeit von 300 hs/a oberhalb 700 kW. Damit werden für beide Wasserkühlsätze etwa gleiche Laufzeiten pro Jahr erreicht. Bei Einsatz freier Kühlung verringert sich die Laufzeit des kleineren Wasserkühlsatzes entsprechend, und die kleinste Teillast geht auf praktisch 0% zurück.

Das Beispiel zeigt, wie Jahresgang der Kühllast, Jahresdauerlinie des Aufstellungsortes und tägliche Betriebsdauer zu einer Aufteilung der Kälteanlage führen, die langen Betrieb bei kleinster Teillast vermeidet.

Eine vernünftige Aufteilung führt auch zu einer erhöhten Betriebssicherheit, die in vielen Fällen verlangt wird. Wird im vorgenannten Beispiel die Kälteleistung auf 3 gleiche Wasserkühlsätze von je 333 kW aufgeteilt, so wäre mit einem weiteren, gleichen Wasserkühlsatz ausreichend Reserve vorhanden, um den Ausfall eines Aggregates abzusichern.

Die Auswahl der Verdichterbauart erfolgt nach den in den Abschnitten 5.4.1 und 5.4.2 angegebenen Leistungsbereichen, den jeweiligen Investitionskosten und den jeweils erreichbaren Leistungszahlen. Wichtig ist hierbei jedoch auch die kleinste von der Anlage zu erbringende Teillast. Bis zu 20 bis 30% der Nenn-Kälteleistung (abhängig vom Temperaturverlauf, siehe Abschnitt 5.6.2) können Turbo- und Schraubenverdichter stetig, Hubkolbenverdichter durch Ventilabhebung in Stufen heruntergeregelt werden. Kleinere Teillasten sind nur noch durch Ein- und Ausschalten des Verdichters (oder durch Leistungsvernichtung, z.B. Heißgas-Bypass) zu erreichen. Dabei ist einerseits die zulässige Schalthäufigkeit und die erforderliche Mindestlaufzeit, siehe Abschnitt 5.7.4, zu beachten sowie andererseits die Genauigkeitsanforderungen an die Temperaturregelung. Für kleinste Teillasten benutzt man deshalb meistens relativ kleine Wasserkühlsätze mit Hubkolbenverdichtern als unterste Leistungsstufe.

-3 Wärmerückgewinnung

Schon das einfache Beispiel von Bild 5.6.3-2, oberer Teil, zeigt im Außentemperaturbereich unter 20 °C gleichzeitiges Auftreten von Kühllast und Heizwärmebedarf. Bei Kühllastsummen von Klimazentralen, die Gebäudezonen mit Fenstern nach unterschiedlichen Himmelsrichtungen versorgen, wird dies noch ausgeprägter.

Im Beispiel steht aus der Kälteleistung von 200 kW zur Abführung der Innenlasten eine Verflüssiger-Wärmeabgabe von etwa 260 kW (abhängig von der Verflüssigungstemperatur, s. Bild 5.4.3-1) zur Verfügung. Es wäre energetisch sinnlos, diese Wärme über den Kühlturm abzugeben, wenn gleichzeitig Heizwärmebedarf besteht.

Um die Verflüssiger-Wärmeabgabe zu Heizzwecken nutzen zu können, sind meistens höhere Austrittstemperaturen des Verflüssiger-Kühlmediums erforderlich als im Kühlbetrieb üblich. Die entsprechend höhere Verflüssigungstemperatur bedingt dann eine geringere spezifische Kälteleistung, und damit u.U. einen etwas größeren Verdichter, sowie eine geringere Leistungszahl und damit einen höheren Energieverbrauch. Trotzdem ist es meistens günstiger, die Abwärme zu nutzen anstatt die entsprechende Wärmemenge getrennt durch zusätzlichen Energieverbrauch zu erzeugen.

Wegen der Rückwirkungen auf die Kälteanlage sollte die Wärmerückgewinnung schon bei der Auslegung der Anlage mit eingeplant werden. Für die Ausführung derartiger Systeme siehe Abschnitt 5.6.5.

-4 Jahres-Energieverbrauch

Grundlage zur Ermittlung des Energieverbrauchs ist ebenfalls die Darstellung in Bild 5.6.3-2. Ergänzend hierzu ist für jede einzelne Kälteanlage der Verlauf der Verflüssigungstemperatur über der Außentemperatur zu ermitteln, erforderlichenfalls unter Zwischenschaltung des Verlaufs der Kühlwasser-Eintrittstemperatur in Abhängigkeit von der Regelcharakteristik der Rückkühlwerke.

Aus der Verflüssigungs- und Verdampfungstemperatur bei Vollast ergibt sich die Leistungszahl ε_K bzw. als Kehrwert $1/\varepsilon_K$ der spezifische Energieverbrauch in kWh je kWh Kälteleistung bei Volllast (Garantiewert des Lieferanten). Mit den in Abschnitt 5.6.2 beschriebenen Methoden wird dann die Leistungszahl bzw. der spezifische Energieverbrauch bei den für die jeweilige Kältemaschine auftretenden Teillasten ermittelt. Multipliziert man diese Werte mit den jeweils auftretenden Kühllasten (Teillast-Kälteleistungen), so erhält man einen Jahresgang des Energieverbrauchs über der Außentemperatur, analog zum Jahresgang der Kühllast.

Der Jahres-Energieverbrauch ergibt sich, wenn man diese einzelnen Werte mit der jeweiligen Jahreshäufigkeit, z. B. aus der Summenhäufigkeitskurve (Jahresdauerlinie) oder – einfacher – aus entspr. Tabellen, multipliziert und die Ergebnisse über das ganze Jahr aufaddiert.

Das Beispiel in Bild 5.6.3-2 zeigt deutlich, welchen Einfluß hier der Anteil von Sonnenscheinstunden bei der jeweiligen Außentemperatur haben kann. Unterschiedliche Ansätze dafür führen deshalb zu völlig verschiedenen Ergebnissen.

5.6.4 Kältespeicher[1] [2]

a) Eisspeicher

Eisspeicher sind Latentspeicher, die Kälteenergie in Form von Eis beim Phasenübergang von Wasser auf Eis speichern. Diese Kälteenergie kann beim Abtauen zu fast 100% wieder an den Wärmeträger abgegeben werden.

Eisspeicher in der Klimatechnik

Seit etwa 15 Jahren werden Klimaanlagen immer häufiger mit wartungsfreien Eisspeichersystemen gebaut. Die täglichen Lastspitzen oberhalb ca. 50% der Spitzenlast werden aus dem Eisspeicher gedeckt, während die Kältemaschine und ihre elektrische Anschlußleistung sowie die installierte Rückkühlleistung nur noch die Grundlast decken. Sole dient als Wärmeträger, ggfs. mit hydraulischer Entkopplung über einen Platten-Wärmetauscher mit ca. 2 K mittlerer Temperaturdifferenz.

Eine Investitionsentscheidung fällt zu Gunsten dieser einfach zu wartenden Eisspeicher[3], wenn:

- die elektrische Lastspitze im Gebäude an einem Sommertag liegt und durch Abschneiden der Spitzenkältelast die gesamte elektrische Lastspitze des Gebäudes gesenkt und damit der zu zahlende Leistungspreis reduziert werden kann *(Stromkostenoptimierung 1),*
- der preiswerte Nachtstrom zur Kälteerzeugung genutzt werden kann *(Stromkostenoptimierung 2),*
- durch den Einsatz von Eisspeichern der elektrische Strombezug insgesamt vergleichmäßigt wird und damit der Benutzungsdauerrabatt, der prozentual auf die Jahresstromrechnung berechnet wird, erhöht werden kann *(Stromkostenoptimierung 3),*

oder

- für eine bestehende Kälteanlage die Kälteleistung vergrößert werden soll, ohne die Kältemaschine, die elektrischen Versorgungsanlagen (Trafo/Schaltschrank) und die Rückkühlanlagen zu vergrößern *(Anlagenerweiterung),*
- die Kälteversorgung während eines Stromausfalls für einige Stunden gesichert werden soll, wie z. B. in OP-Räumen in Krankenhäusern, in Rundfunkanstalten, Fernmeldezentralen und EDV-Anlagen *(„Notkälte“).*

---

[1]) Neubearbeitet von Dr.-Ing. Hans-Ulrich Amberg, Köln, für die 69. Auflage

[2]) Brunk, F.: HLH 12/85. S. 590/1 und HLH 7/86. S. 351/8.
de Vries, H.: TAB 9/86. S. 581/3, TAB 9/88. S. 678/685 und KKT 46/93, Heft 10. S. 628–635.
Bruder, Th.: TAB 5/89. S. 417/9 u. 6/89. S. 485/8 sowie Ki 4/93, S. 147/151.

[3]) Amberg, H.-U.: Maschinen-Markt 30/86 und ETA, A 3/88. SA 73/77.

Eisspeicher in der Gewerbekühlung

Die ältesten Eisspeicher gibt es z.B. in Brauereien und Molkereien, die täglich eine hohe Kältelast für nur wenige Stunden pro Tag haben und damit die Kälteerzeugung stoßweise belasten würden. Eisspeicher sorgen hier dafür, daß die Kälteenergie kontinuierlich mit relativ geringer Leistung erbracht werden kann, z.B. über 12 bis 14 Stunden.

Der Einsatz ist lohnend, wenn:

- der Prozeß kurze Lastzeiten hat (1 bis 4 h/d)
- eine schnelle Entladung, meist mit Eiswasser, mit kleinem Δt gefordert ist bei Temperaturen nahe 0 °C (z.B. +4/+1 °C),
- gutes Betriebs- und Wartungspersonal vorhanden ist für die relativ komplizierten Direktverdampungsanlagen, zum Betreuen der Eisdicken-Messung und zum Vermeiden der Eisbrücken-Bildung sowie für das wiederkehrende vollständige Abtauen, das teilweise nach jedem Zyklus erforderlich wird.

b) Kaltwasserspeicher ohne Eisbildung

Von Kaltwasser (z.B. 12/6 °C) durchflossene Pufferspeicher können für wenige Minuten Kälteenergie speichern. Während der Abschaltzeit der letzten Leistungsstufe des Kälteerzeugers wird diese Kälteenergie wieder an das Netz abgegeben.

-1 Speicherdichte = Speicherkapazität

a) Eisspeicher;

Schmelzwärme des Wassers $c = 332$ kJ/kg, Dichte Eis $\varrho = 916$ kg/m³

Speicherdichte $q_{\text{theor}} = \varrho \cdot c = 916 \cdot 332/3600 = 84{,}4$ kWh/m³.

Für den Durchfluß des Wassers und die Kühlerrohre geht jedoch Platz verloren. Daher wird praktisch nur erreicht:

Speicherdichte $q = 40 \ldots 60$ kWh/m³.

Da es sich um einen Latentspeicher handelt, steht diese Speicherdichte mit der konstanten Schmelztemperatur von 0 °C zur Verfügung. Die Wassererwärmung ergibt zusätzliche Speicherkapazität gemäß b). Eisspeicher sind damit geeignet für einen 24-Stunden-Speicherzyklus.

b) Kaltwasserspeicher ohne Eisbildung.

Die Verdampfungstemperatur muß über 0 °C liegen. Speichertemperatur daher etwa +5 °C.
Spezifische Wärmekapazität des Wassers $c = 4{,}18$ kJ/kgK.
Somit speichert 1 m³ ($\varrho = 1000$ kg/m³)

$$\text{Speicherdichte } q = \varrho \cdot c \cdot \Delta t = \frac{1000 \cdot 4{,}18 \cdot 1}{3600} = 1{,}16 \text{ kWh/m}^3\text{ K}.$$

Dabei ist Δt die nutzbare Temperaturdifferenz zwischen Ladung und Entladung des Speichers. Tiefere Speichertemperatur bei Verwendung von Sole statt Wasser kann Δt vergrößern. Trotzdem bleibt Speicherkapazität zu klein für Speicherung über längere Zeit.

-2 Eisspeicher, Funktion, Aufbau

a) Eisspeicher in der Klimatechnik

Bild 5.6.4-2 zeigt die Innenansicht des CALMAC-Eisspeichers mit von Sole durchflossenen Wärmetauscherrohren aus PE. Sie sind spiralförmig aufgewickelt und füllen den werkstattgefertigten Behälter aus PE in etwa 50 Ebenen übereinander vollständig aus. Die Gefäße können im Gebäude bzw. auch ohne Risiko im Freien (Dach oder neben dem Gebäude) aufgestellt oder sogar im Erdreich vergraben werden. Der runde Tank kann gefahrlos innen oder außen vollständig durchfrieren. Über den PE-Rohren wird der erforderliche Raum zur Aufnahme des verdrängten Wassers bei der Eisbildung vorgehalten. Das Transportgewicht ist gering; das Speichermedium Wasser und das Wärmeträgermedium Sole werden vor Ort eingefüllt. Das patentierte Sole-Rohrsystem ist gegenläufig gewickelt und für 6 bar Betriebsdruck ausgelegt.

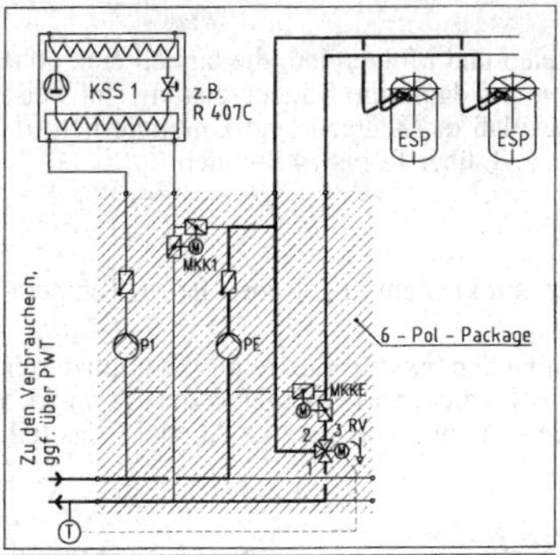

Betriebsart A	KSS	PN	P1	PE	RV 1	RV 2	RV 3	MKK E 1	MKK E 2	MKK 1 1	MKK 1 2
ESP-Entladebetrieb	aus	ein	aus	ein	regelt			auf	zu	zu	auf

A

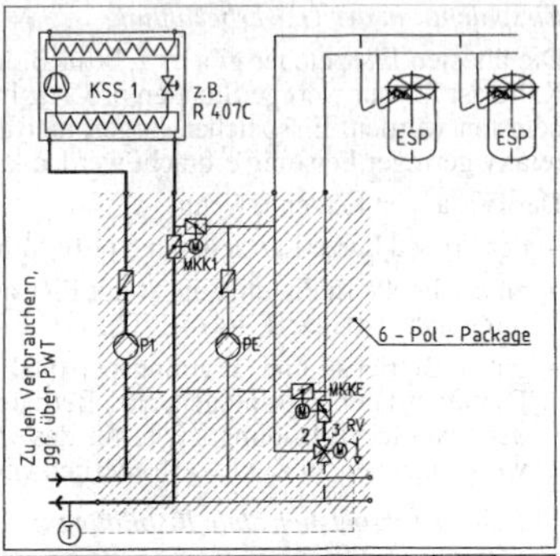

Betriebsart B	KSS	PN	P1	PE	RV 1	RV 2	RV 3	MKK E 1	MKK E 2	MKK 1 1	MKK 1 2
Kältemaschine am Netz	ein	ein	ein	aus				auf	zu	zu	auf

B

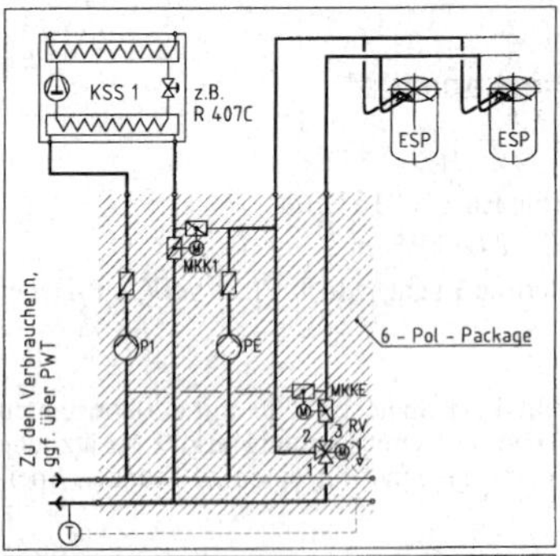

Betriebsart C	KSS	PN	P1	PE	RV 1	RV 2	RV 3	MKK E 1	MKK E 2	MKK 1 1	MKK 1 2
ESP-Entladebetrieb KM am Netz	ein	ein	ein	ein	regelt			auf	zu	zu	auf

C

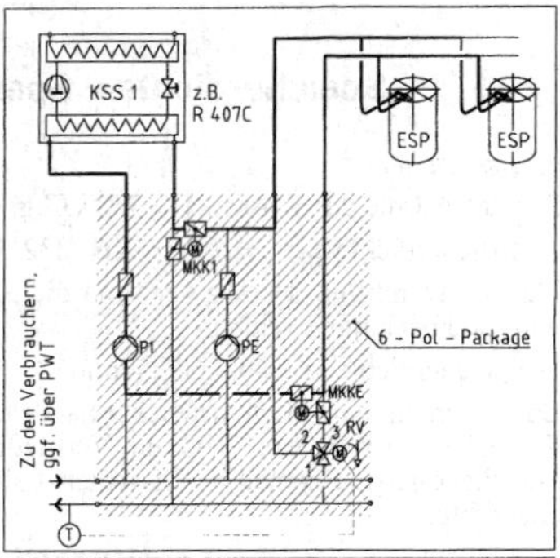

Betriebsart E	KSS	PN	P1	PE	RV 1	RV 2	RV 3	MKK E 1	MKK E 2	MKK 1 1	MKK 1 2
ESP-Ladebetrieb	ein 100%	aus	ein	aus	auf	auf	zu	zu	auf	auf	zu

E

Bild 5.6.4-1. Beispiel für die Funktion eines Eisspeichers in 4 Betriebsarten.

Das Bild 5.6.4-1 zeigt die 4 Betriebsarten, die mit den 2 Pumpen, den 2 Doppelumschaltklappen sowie dem Regelventil, z.B. von einer SPS gesteuert, im Laufe eines Tages geschaltet werden.

Betriebsart A	Eisspeicher-Entladebetrieb (z.B. max. 50% der Spitzenlast)
Betriebsart B	Kaltsolesatz am Netz (z.B. bis max. 50% der Spitzenlast, im Grundlastbetrieb, siehe auch Bild 5.6.4-4)
Betriebsart C	Eisspeicher-Entladebetrieb plus Kaltsolesatz am Netz (Spitzenlast)
Betriebsart E	Eisspeicher-Ladebetrieb, mit Vollast des Kaltsolesatzes, ohne Regelverluste

Das gezeichnete 6-Pol-Package (2 Pole = KSS = Kaltsolesatz, 2 Pole = ESP, 2 Pole = Kältenetz) ist als transportable Baueinheit lieferbar und erleichtert das Gesamt-Engineering erheblich. Alternativ steht mit dem patentierten 8-Pol-Package (mit 2 Kaltsolesätzen) eine noch komplettere Kältezentrale mit insgesamt 3 Erzeugern und ausreichend Ausfallreserve (= Redundanz) zur Verfügung.

b) Eiswasseranlagen für Gewerbekühlung

Beim *Laden* eines Eisspeichers wird die Kälteenergie zum Gefrieren des Wassers meist durch Direktverdampfer im Wassertank bzw. durch Zwischenschalten eines Solekreises dem Speicher zugeführt. Beim *Entladen* erfolgt der Wärmeübergang direkt vom Eis an das entlangströmende Wasser. Um gleichmäßigen Eisansatz an den Kühler-Rohren oder Platten zu erhalten, wird das Wasser im Tank mit Pumpen umgerührt oder es wird Luft am Tankboden eingeblasen (Bild 5.6.4-3). Wegen der schlechten Wärmeleitung von Eis nimmt die Leistung mit zunehmender Eisdicke ab.

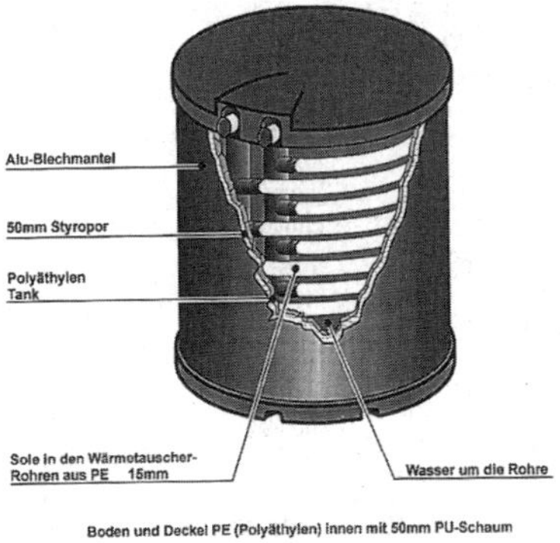

Bild 5.6.4-2. CALMAC-Eisspeicher mit Sole 25% Glykol in den PE-Rohren.

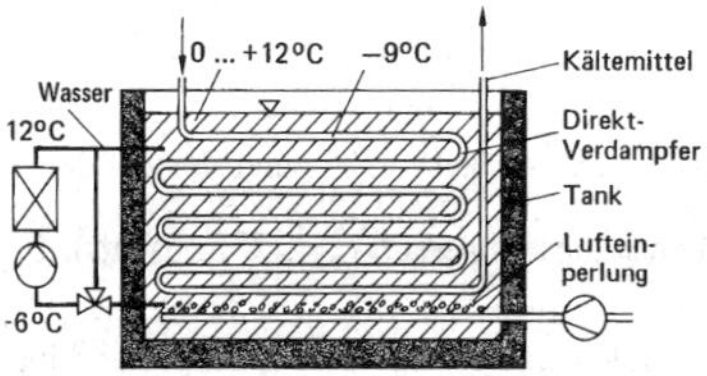

Bild 5.6.4-3. Schematischer Aufbau eines Eisspeichers mit Direktverdampfer.

Eisdickenmesser sollen völliges Einfrieren verhindern, bereiten aber besonders bei Teillasten uns Teilentlastung Probleme.

Eine andere Form eines offenen Tanks ist der siloartige „Eisturm“[1]. Hier werden oberhalb eines großen Wasserbeckens Ammoniak-Plattenverdampfer bei etwa –7,5 °C Verdampfungstemperatur jeweils ca. 8 Minuten zum Eisbilden mit Wasser aus dem Becken berieselt. Die entstandene Eisschicht wird dann als „Scherbeneis“ in ca. 1.3 Minuten durch Beaufschlagen der gleichen Verdampferplatten mit Heißgas gesprengt; danach wieder Anfrieren. Nach etwa 10 Stunden sind soviel Eisplatten in das Wasser-Eis-Gemisch gefallen, daß das komplette Wasser verdrängt und durch ein Wasser-Eis-Gemisch ersetzt wird. Lufteinblasung muß das Zusammenfrieren der Eisscherben verhindern. Eine Füllstandsanzeige erfolgt mittels Schwimmerkreuz unter dem Scherbeneis oder durch Ultraschall. Die Entladung kann dann als Eiswasser – z. B. +4/+1 °C – in 2 bis 3 Stunden erfolgen.

[1]) Ganter, E.: Ki 4/95 S. 178–181.

-3 Auslegung des Kältespeichers

Zur Auslegung der Speichergröße benötigt man den Tagesgang der Kühllast, als Beispiel wird Bild 5.6.1-1 gewählt. In Bild 5.6.4-4 ist eingetragen, was sich dabei aus dem folgenden Rechengang ergibt:

Betriebszeit Gebäude: 7.00 bis 18.00 Uhr, Z_{Tag} = 11 Stunden,
Niedertarifzeit: 21.00 bis 6.00 Uhr, Z_{Nacht} = 9 Stunden.

Maximale Lastspitze $\dot{Q}_{max}$ = 1280 kW um 16.00 Uhr.

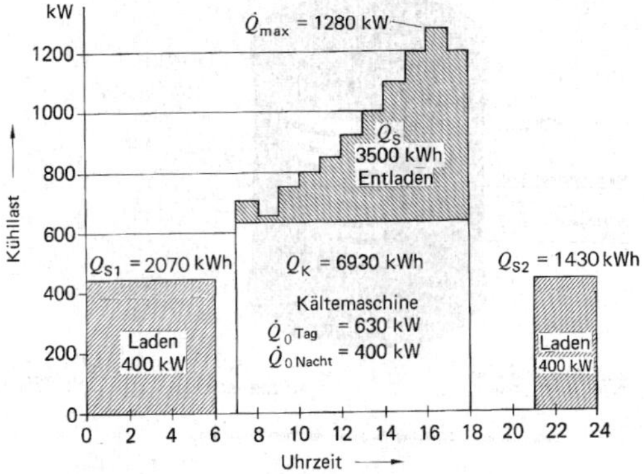

Bild 5.6.4-4. Speicherauslegung am Spitzenlasttag.

Den Aufbau des Systems zeigt Bild 5.6.4-1.

Laden (Bild 5.6.4-1 unten rechts):

Die Kältemaschine kühlt beim *Laden* Sole von –1 auf –5 °C und leistet dabei $\dot{Q}_{0\,Nacht}$ = 476 kW.
Verdampfungstemperatur t_0 = – 10 °C; Kondensationstemperatur t_c = 30 °C (nachts).

Kältemaschine am Netz (Bild 5.6.4-1 oben rechts):

Beim Tagbetrieb werden die Verbraucher mit Sole von + 6 versorgt. Die Kältemaschine arbeitet bei dieser Betriebsweise mit einer Verdampfungstemperatur von t_0 = ± 0 °C und einer Kondensationstemperatur von t_c = 40 °C. Für diese geänderten Bedingungen ist nach den Kennfeldern der Kältemaschinen-Hersteller die Leistung neu zu bestimmen.

Ein Beispiel für R 404 A zeigt Bild 5.4.1-3. Es gilt auch für R 407 C!

Aus diesem Bild ergibt sich

für t_0 = – 10; t_c = 30 °C (nachts) $\dot{Q}_0/\dot{V}_h$ = 0,56 und ε_K = 3,4,
für t_0 = ± 0; t_c = 40 °C (tags) $\dot{Q}_0/\dot{V}_h$ = 0,74 und ε_K = 3,6,
also ist die Kälteleistung am Tag
$\dot{Q}_{0\,Tag}$ = 476 · 0,74/0,56 = 630 kW

Die erforderliche Antriebsleistung der Kältemaschine ist mit ε_K nach Bild 5.4.1-3

beim Nachtbetrieb (Laden) P = 476/ε_K = 476/3,4 = 140 kW
beim Tagbetrieb P = 630/ε_K = 630/3,6 = 175 kW.

Die Integration der Bedarfskurve ergibt einen verbleibenden Kältebedarf von Q_S = 3500 kWh, der vom Speicher zu decken ist:

Bei Ladeleistung 476 kW ist die Ladezeit
= 3500 kWh/476 kW = 7,35 h, also von 21.00 (Beginn NT) bis 4.21 Uhr.

Entsprechend einer Speicherdichte nach Abschnitt 5.6.4-1 a) von q = 50 kWh/m³ ergibt sich das *Volumen des Speichers* zu

$V = Q_S/q$ = 3500/50 = 70 m³, bzw. 3600 · 3500/332 = 38 000 kg Eis.

Die Pumpe P1 muß 2 Betriebsarten erfüllen, s. Bild 5.6.4-1.

$$E: V_1 = \frac{476 \cdot 3600}{1048 \cdot 3{,}83 \cdot (-1-(5))} = 106 \text{ m}^3\text{/h im Ladebetrieb}$$

$$B: V_1 = \frac{630 \cdot 3600}{1048 \cdot 3{,}83 \cdot (12-6)} = 94 \text{ m}^3\text{/h im Netzbetrieb}$$

Die Pumpe P_E muß liefern:

$$A: V_E = \frac{(1280-630) \cdot 3600}{1048 \cdot 3{,}83 \cdot (12-6)} = 97 \text{ m}^3\text{/h im Entladebetrieb}$$

Ferner muß die Wärmeaustauschfläche im Speicher so groß sein, daß sie die Spitzenlast $\dot{Q}_{max} - \dot{Q}_{0\,Tag} = 650$ kW übertragen kann.

Die Konzentration der Sole wird bestimmt nach Bild 5.3.4-1 zu 25%. Stoffwerte der Sole nach Bild 3.3.2-18 sind $c = 3{,}83$ kJ/kg · K und $s = 1048$ kg/m³.

Die Förderdrücke der Pumpe P1 sind bei den Betriebsstellungen *Laden* und KSS am Netz etwa gleich.

Die entsprechend dem Histogramm schwankende Kälteleistung und der jeweils erreichte unterschiedliche Entladezustand des Eisspeichers werden über RV exakt auf z.B. 6 °C Vorlauftemperatur ausgeregelt.

-4 Regelung und optimales Zeitprogramm

Die entsprechend dem Histogramm schwankende Kälteleistung und der jeweils erreichte unterschiedliche Entladezustand des Eisspeichers werden über Regelventil (RV) exakt auf z.B. 6 °C Vorlauftemperatur ausgeregelt.

Die zeitliche Abfolge der Betriebsarten (Definition in Bild 5.6.4-1) wird, je nach Regelstrategie, unterschiedlich gewählt.

Beginn des Ladebetriebs mit der Niedertarifzeit = NT-Zeit, z.B. 21.00 Uhr
Ende des Ladebetriebs bei $T_{rück} < -3$ °C.

Regelstrategie 1: (E → A → evtl. C → E)
Betriebsart A für den ganzenTag, wenn ein Schwachlasttag erwartet wird.
Evtl. Umschalten von Betriebsart A auf C, wenn $T_{vor} > 7$ °C.

Regelstrategie 2: (E → B → evtl. C → E)
Wird ein Tag mit hoher Last erwartet, dann ab 6.00 Uhr Kältemaschine am Netz (Betriebsart B)

Zuschalten des Eisspeichers zur Kältemaschine (Betriebsart C), wenn
- Ansprechen des Maximumwärters oder
- bei $T_{vor} > 7$ °C oder
- ab etwa 13.00 Uhr zur Kostenoptimierung durch Ausnutzung der NT-Zeit.

-5 Kosten, Wirtschaftlichkeit[1)]

Investitionskosten für Eisspeicher

Bild 5.6.4-5 zeigt die ungefähren Investitionskosten für Eisspeicher. Sie enthalten:

Tank mit Isolierung
betriebsfertiger Verdampfer oder PE-Wärmeaustauscher
Frostschutzmittel.

Im Beispiel nach Bild 5.6.4-4 konnte durch einen Eisspeicher die maximale Leistung der Kältemaschine von $\dot{Q}_{max} = 1280$ kW herabgesetzt werden auf $\dot{Q}_{0\,Tag} = 630$ kW.

1) Amberg, H.U.: KKT 6/92, s. 374–384

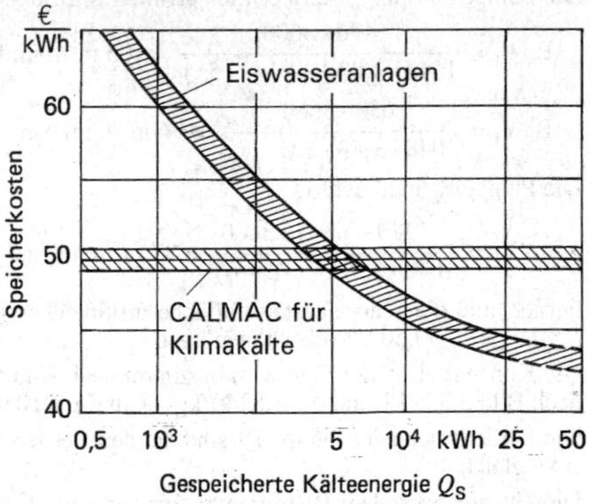

Bild 5.6.4-5. Durchschnittliche Investitionskosten für Eisspeicher (2002).

Ob sich diese Eisspeicher-Investition lohnt, muß anhand einer individuellen Wirtschaftlichkeitsberechnung unter Beachtung der aus der letzten Stromrechnung ersichtlichen Tarife für Arbeitspreis HT und NT sowie für Leistungspreis und evtl. Benutzungsdauerrabatt ermittelt werden.

Für die in Abschn. 5.6.4-3 berechnete Kälteanlage ergibt sich folgende Wirtschaftlichkeitsberechnung (analog VDI 2067):

1. Anschaffungskosten

Die Bewertung erfolgt nach Bild 5.6.3-1 (für Kälteanlagen mit Kühlturm) und Bild 5.6.4-5 (für Eisspeicher)

		ohne Speicher €	mit Speicher €
Kälteanlagen mit Kühlturm und Kühlwasserleitungren	1280 kW · 147 €/kW	188160	
	630 kW · 195 €/kW		122850
zusätzliche Rohrleitungen und Isolierung zu den Eisspeichern:			20500
Platten-Wärmetauscher 1200 kW			18000
Glykolfüllung			4600
Eisspeicher: 3600 kWh · 27 €/kWh			97300
Regelung und Schaltschrank		27900	30700
		216060	293850
Zeile 1: Kostenerhöhung durch Eisspeicher:			**77790**

2. Einsparung durch billigeren Nachttarif

Es gelten die Leistungsdaten von Abschn. 5.6.4-3

$\dot{Q}$Tag max = 1280 kW; $\varepsilon_K = 3{,}6$

mit Eisspeicher = $\dot{Q}$Tag = 630 kW; $\varepsilon_K = 3{,}6$

$\dot{Q}$Nacht = 476 kW; $\varepsilon_K = 3{,}4$

Stromtarif: HT = 0,09 €/kWh (Tag)
NT = 0,05 €/kWh (Nacht)

Leistungspreis: 135 €/kW · a
Betriebsdauer-Annahme: 1000 h/a

Anlage ohne Eisspeicher:
= 1 280 kW · 1000 h/a : 3,6 · 0,09 € kWh 32000/a

Anlage mit Eisspeicher:

	ohne Speicher €	mit Speicher €
Da die max. Kühllast nur an wenigen Tagen im Jahr auftritt, reicht der Speicher an vielen anderen Tagen in der Übergangszeit zur vollen Deckung der Kälteversorgung (zum NT) aus. D. h., daß ca. 30% der Gesamt-Kälteenergie tagsüber und ca. 70% mit NT erzeugt wird:		
HT-Anteil: 0,3 1 280 000 : 3,6 · 0,09 €/kWh		9 600/a
NT-Anteil: 0,7 1 280 000 : 3,4 · 0,04 €/kWh		10 541/a
Zeile 2: jährl. Energiekosteneinsparung		**11 859/a**
3. Einsparung Leistungspreis		
Leistungspreis ohne Eisspeicher, bei Lastspitze im Sommer, durch Kälte verursacht: 1280 : 3,6 · 135 €/kW · a	48 000/a	
mit Eisspeicher: 630 : 3,6 · 135 €/kW/a		23 625/a
Zeile 3: Einsparung durch Leistungspreis		**24 375/a**
4. Zeile 2 + Zeile 3		
= Einsparung durch Leistungspreis **und** Nachttarif		**36 234/a**

5. Amortisationszeit = Kapitalrückflußzeit

Bei einer Erhöhung der Anschaffungskosten um 77 790 € und jährlichen Einsparungen von 36 234 € ergibt sich (der kurzen Laufzeit wegen ohne Zinsen gerechnet) eine Kapitalrückflußzeit von 1,98 Jahren.

Benutzungsdauerrabatt

Im Bereich der RWE wird bei Jahresnutzungsstunden über 3400 h/a noch ein Benutzungsdauerrabatt gewährt. Da bei Eisspeichereinsatz die Stromabnahme gleichmäßiger wird, steigt gleichzeitig die Jahres-Benutzungsdauer und entsprechend der Rabatt auf die **gesamte** Stromrechnung um 0,5 bis 1,5%. Die Kapitalrückflußzeit wird damit noch kürzer.

Umgekehrt wird bei geringen Leistungspreisen die Kapitalrückflußzeit länger. Auf jeden Fall sollte eine individuelle Rechnung nach dem vorstehenden Muster o. ä. zur Beurteilung der Gesamtwirtschaftlichkeit des Eisspeichereinsatzes für einen bestimmten Fall durchgeführt werden.

5.6.5 Wärmerückgewinnung/Wärmepumpe[1)]

Hierunter versteht man die Nutzung von Kältemaschinen für Beheizungsaufgaben, wobei sich folgende Einsatzmöglichkeiten ergeben:

a) Nutzung der Abwärme von Kälteanlagen aller Art, z. B. zur Brauchwassererwärmung, Gebäudeheizung etc., als reine Wärmerückgewinnung.

b) Nutzung der Abwärme von Kälteanlagen, die zur Kühlung in raumlufttechnischen Anlagen dienen, zur Deckung von gleichzeitig anfallendem Wärmebedarf. Diese Betriebsweise nennt man Wärmeverschiebung.

c) Erweiterung der Nutzung nach b) zur Deckung von Wärmebedarf bei nicht ausreichendem Kältebedarf durch Abkühlung anderer möglicher Wärmequellen, z. B. Fortluft, Grundwasser aus Brunnen etc. Hier spricht man vom Wärmepumpenbetrieb der vorhandenen Kälteanlage.

d) Betrieb einer Kälteanlage nur zu Heizzwecken, sie wird dann Wärmepumpe genannt. Die Kälteleistung dient nur zur nicht genutzten Abkühlung einer geeigneten Wärmequelle.

---

1) Amberg, H.-U.: Ki 9/84. S. 337/344.

Bei der Ausführung derartiger Anlagen sind folgende Punkte zu beachten:

Es darf kein aggressives oder verunreinigtes Wasser, z. B. von einem offenen Kühlturm, in die Heiz- und Kühlsysteme des Gebäudes oder der raumlufttechnischen Anlage geraten.

Die maximal zulässige Verflüssigungstemperatur der Kälteanlage darf nicht überschritten werden. Sie beträgt beim z. Zt. am häufigsten verwendeten Kältemittel R 22 etwa 65 °C. Damit stehen größere Wärmemengen für Heizzwecke nur mit etwa 60 °C Austrittstemperatur aus dem Verflüssiger zur Verfügung. Kleinere Wärmemengen, weniger als 10% der Verflüssigerleistung, können mit einem besonderen Wärmeaustauscher (Enthitzer) angehoben werden bis auf 10 K unterhalb der Druckgastemperatur am Verdichteraustritt.

Der maximale Betriebs-Überdruck der Kälteanlage gemäß Fabrikschild darf nicht überschritten werden. Es muß also sichergestellt werden, daß kein heißes Wasser der Kälteanlage zugeführt werden kann – auch nicht unbeabsichtigt –, dessen Temperatur so hoch ist, daß der zugehörige Druck gemäß Dampftafel über dem zulässigen Druck liegt.

Für Wärmerückgewinnung bis Wärmepumpenbetrieb gibt es anlagentechnisch folgende Möglichkeiten:

-1 Heizung mit Kältemittel

Vorwiegend bei luftgekühlten Kälteanlagen werden im Kältekreislauf vor Eintritt in den luftgekühlten Verflüssiger ein (oder auch mehrere) *wassergekühlte Verflüssiger* eingebaut, die direkt Brauchwasser wie auch Heizungswasser erwärmen (Bild 5.6.5-1). Auch direkte Lufterwärmung (analog zur direkten Luftkühlung) wird ausgeführt, vorwiegend für Verkaufsräume von Supermärkten (Bild 5.6.5-2).

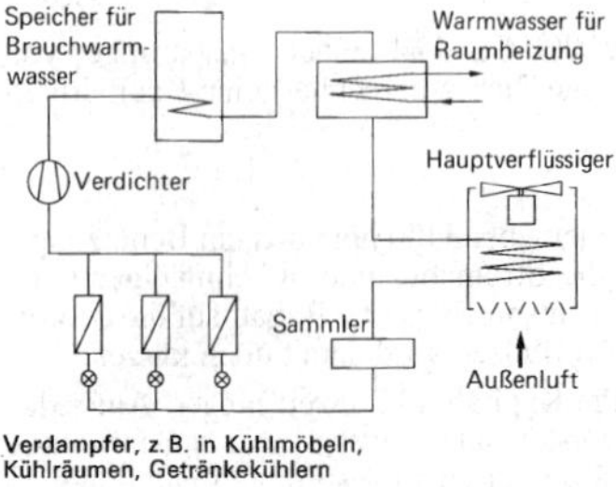

Bild 5.6.5-1. Wärmerückgewinnung direkt über zusätzliche wassergekühlte Verflüssiger.

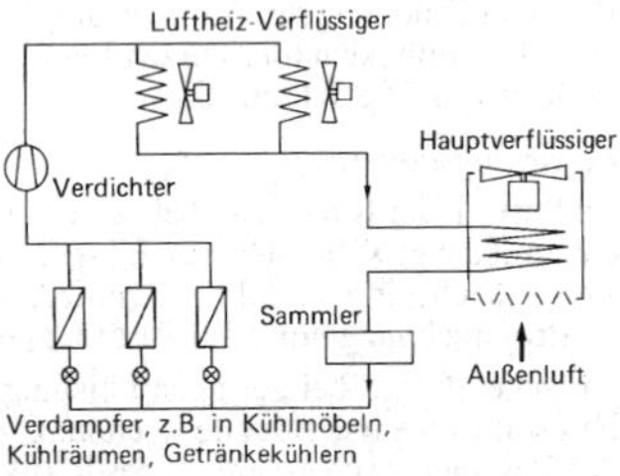

Bild 5.6.5-2. Wärmerückgewinnung über zusätzliche luftgekühlte Verflüssiger.

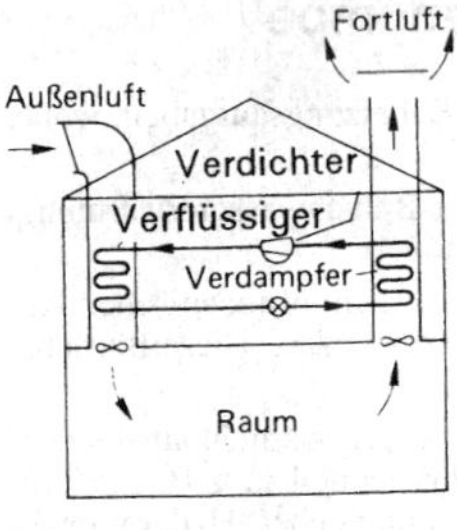

Bild 5.6.5-3. Lüftung mit Wärmepumpe zur Rückgewinnung von Wärme aus der Fortluft.

Wärmerückgewinnungs-Verflüssiger werden meistens nur auf der Wärmeentnahmeseite geregelt. Hauptverflüssiger gibt die nicht mehr nutzbare Wärme an die Umgebungsluft ab. Wärmeabgabe vorwiegend durch motorbetätigte Luftklappen und/oder regelbare Ventilatoren geregelt, Regelgröße Verflüssigungsdruck.

Kältekreislauf wird kompliziert, da Abfluß des verflüssigten Kältemittels aus allen Verflüssigern unter allen Betriebsbedingungen sichergestellt sein muß. Besonders kritisch bei

Parallelschaltung und wenn Verflüssiger auf unterschiedlichem Niveau. Installation derartiger Systeme deshalb nur durch erfahrene Kältetechniker. Anwendung vorwiegend zur Wärmerückgewinnung von Kälteanlagen. Auch möglich als Wärmepumpe zur Wärmerückgewinnung aus Abwärme, z.B. Fortluft, Bild 5.6.5-3. Wärmepumpe lohnt hier nur, wenn auch im Sommer zur Raumkühlung benutzt durch Kreislaufumkehr, z.B. durch Umsteuerventil, siehe Abschnitt 2.2.2-4.3.

-2 Geschlossener Kühlwasserkreislauf

Das im Verflüssiger der Kältemaschine erwärmte Kühlwasser wird *direkt* zu Heizaufgaben herangezogen, die hierfür nicht benötigte Wärme wird über ein Rückkühlwerk an die Umgebungsluft abgegeben. Um das *Kreislaufwasser* von Verunreinigungen und korrosionsfördernden Bestandteilen freizuhalten, muß ein Rückkühlwerk in geschlossener Bauweise (vgl. Abschn. 5.4.8-4) verwendet werden (Bild 5.6.5-4). Ventilator(en) und Sprühwasserkreislauf des Rückkühlwerkes werden so geregelt, daß die Kühlwasser-Austrittstemperatur aus dem Verflüssiger auf der für die Wärmeverbraucher erforderlichen Höhe bleibt.

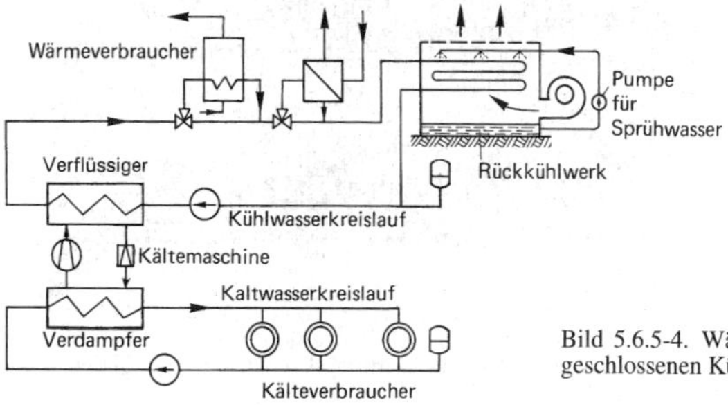

Bild 5.6.5-4. Wärmerückgewinnung über geschlossenen Kühlwasserkreislauf.

Mit diesem System ist Wärmerückgewinnung und Wärmeverschiebung möglich. Ein Beispiel für Wärmepumpenbetrieb mit zwei Wasserkühlsätzen zeigt Bild 5.6.5-5, wobei ein Wärmeaustauscher in einem Fluß im Sommer die Abfuhr der Verflüssigerwärme übernimmt und im Winter, nach meist automatischer Umschaltung der Ventile, als Wärmequelle für die Verdampfer der Wärmepumpen dient. Im Kreislauf der Wärme- und Kälteverbraucher zirkuliert das gleiche Medium, Wasser mit Glycol-Zusatz. Für Heizlastspitzen im Winter ist häufig ein zusätzlicher Heizkessel erforderlich (bivalenter Betrieb, siehe Abschnitt 2.3.1-1).

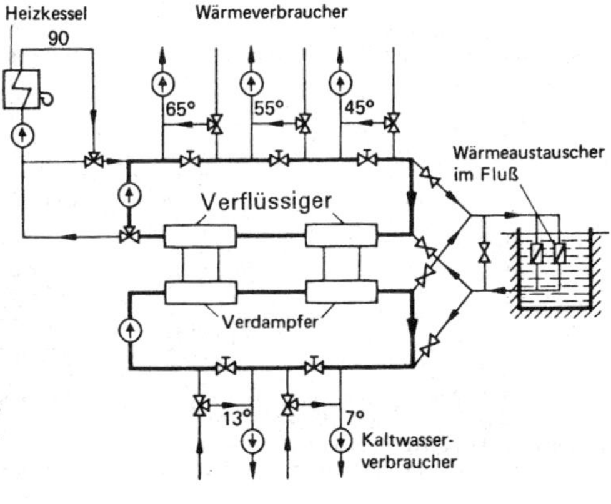

Bild 5.6.5-5. Schaltbild einer Wärmepumpenanlage für Heizung und Kühlung.

-3 Zusätzlicher Heizwasserkreislauf

Hierbei wird die Kältemaschine, vorwiegend wassergekühlte Wasserkühlsätze, mit *zwei Verflüssigern* ausgerüstet, die kältetechnisch parallel oder hintereinander geschaltet sein können. Durch einen der beiden Verflüssiger fließt das Wasser für die Heizsysteme im geschlossenen Kreislauf. Über den zweiten Verflüssiger wird über einen anderen Wasserkreislauf die nicht nutzbare Wärme an ein Rückkühlwerk abgegeben, das so in üblicher offener Bauart, also wesentlich preisgünstiger, ausgeführt werden kann. Der Rückkühlwerkskreislauf wird dabei so geregelt, daß die erforderliche Vorlauftemperatur zu den Heizsystemen eingehalten wird. Einen Wasserkühlsatz mit zwei Verflüssigern zeigt Bild 5.6.5-6.

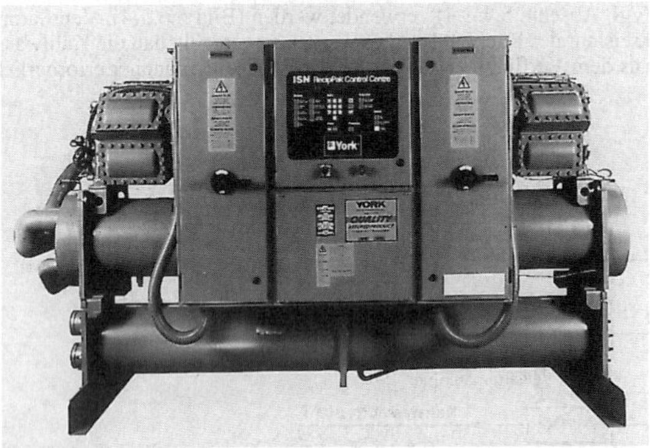

Bild 5.6.5-6. Wassergekühlter Flüssigkeitskühler mit Wärmerückgewinnung als Option, Leistungsbereich 100 bis 360 kW (YORK International)

Mit diesem System ist Wärmerückgewinnung und Wärmeverschiebung möglich. Für Wärmepumpenbetrieb muß eine zusätzliche Wärmequelle erschlossen werden, z.B. durch einen kaltwasserbeaufschlagten Wärmeaustauscher wie in Bild 5.6.5-5. Wirtschaftlicher ist die Abkühlung der Wärmequelle direkt im Verdampfer, wofür jedoch bei aggressivem oder verschmutztem Wasser ein separates Rohrsystem vorgesehen werden muß. Bild 5.6.5-7 zeigt eine derartige Anlage mit einem getrennten Rohrsystem im Verdampfer für Grundwasser als Wärmequelle und mit einem Verflüssiger mit ebenfalls doppelter, getrennter Berohrung. Bei Rohrsystemen für aggressives oder verschmutztes Wasser auf mechanische Reinigungsmöglichkeit achten.

Bei Kältemaschinen/Wärmepumpen mit Antrieb durch Brennkraftmaschine gibt es noch einen weiteren, zusätzlichen Wärmerückgewinnungs-Heizwasserkreislauf. Das durch das

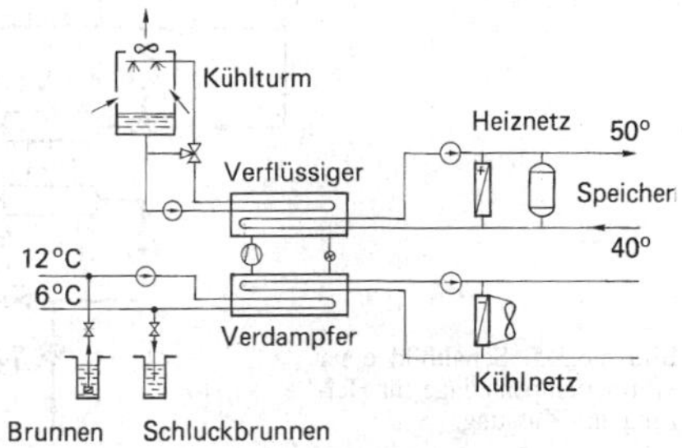

Bild 5.6.5-7. Wärmepumpe mit Doppelverflüssiger für das Heiznetz und mit Doppelverdampfer für das Kühlnetz und für Grundwasser.

Motorkühlwasser und durch den Abgas-Wärmeaustauscher erwärmte Wasser, das deutlich wärmer ist als das aus dem Verflüssiger austretende, wird meistens auf ein eigenes Verbrauchernetz – die Hochtemperatur-Schiene – gegeben, siehe Abschnitt 2.2.2-4.7 und Bild 2.2.2-86.

-4 Wirtschaftlichkeit

Wenn die Abwärme (Verflüssigerleistung) einer Kältemaschine mit der Temperatur genutzt werden kann, mit der sie aus dem Kältemaschinenbetrieb anfällt, ist diese Wärme kostenlos. Meistens muß jedoch für sinnvolle Abwärmenutzung die Verflüssigungstemperatur gegenüber dem normalen Kühlbetrieb etwas angehoben und vor allem auch bei Teillast auf diesem hohen Wert gehalten werden. In diesem Fall ergeben sich die Kosten für die Heizwärme aus der Verringerung der Leistungszahl der Kältemaschine im Wärmerückgewinnungsbetrieb gegenüber der bei reinem Kühlbetrieb. Es ist:

Energieaufwand reiner Kühlbetrieb: $P = \dfrac{Q_o}{\varepsilon_K}$

Energieaufwand Wärmerückgewinnungsbetrieb: $P_R = \dfrac{Q_o}{\varepsilon_{KR}}$

Energieaufwand für Heizwärme: $P_H = \dfrac{P_R - P}{Q_c} = \dfrac{P_R - P}{Q_o + a \cdot P_R}$

Rechnet man als Beispiel bei einer Verdampfungstemperatur von 0 °C mit einer Verflüssigungstemperatur von 45 °C im reinen Kühlbetrieb und einer Erhöhung auf 65 °C bei Wärmerückgewinnung, so ergibt sich, unter Benutzung von Bild 5.4.1-3:

$\varepsilon_K = 3{,}1,\ P = 1/3{,}1 = 0{,}323$ kWh/kWh

$\varepsilon_{KR} = 2{,}0,\ P_R = 1/2{,}0 = 0{,}500$ kWh/kWh

$$P_H = \frac{0{,}500 - 0{,}323}{1 + 0{,}9 \cdot 0{,}5} = \frac{0{,}171}{1{,}45} = 0{,}122 \text{ kWh/kWh}$$

Der Kehrwert von P_H, die erreichte, vergleichbare Wärmepumpen-Leistungszahl, liegt mit $\varepsilon_W = 8{,}2$ auch bei elektrischem Antrieb im wirtschaftlichen Bereich. Die Kosten pro MWh zurückgewonnene Wärme betragen im Beispiel:

Bei Strompreis	–,10 €/kWh:	12 €/MWh
Bei Strompreis	–,15 €/kWh:	19 €/MWh
Mit Ölkessel bei	–,20 €/ltr:	26 €/MWh

Reine Wärmepumpen sind relativ teure Heizanlagen wegen der hohen Investitionskosten für die Kältemaschine. Sie sind nur dann rentabel, wenn eine hohe Leistungszahl ε_W die Energieverbrauchskosten deutlich unter die der üblichen Brennstoffheizung absenkt. Ausführung und Einsatzmöglichkeiten für die reine Beheizung von Wohngebäuden sind im Abschnitt 2.2.2-4.6.1 beschrieben, Wirtschaftlichkeitsberechnung nach VDI 2067 Bl. 6 Wärmepumpen.

Im Wärmepumpenbetrieb von Kälteanlagen wird die Wirtschaftlichkeit wesentlich eher erreicht, da der Hauptanteil der Investitionskosten bereits durch den Kühlbetrieb im Sommer anfällt. Da es sich hier überwiegend um den Betrieb raumlufttechnischer Anlagen handelt, ist eine Wirtschaftlichkeitsberechnung nach VDI 2067 Bl. 6 nicht möglich. Es muß vielmehr der Jahres-Energieverbrauch analog zu Abschnitt 5.6.3-4 auch für den Heizbetrieb ermittelt werden, mit unterschiedlichen Kostenbewertungen für den Rückgewinnungs- und Verschiebungsanteil und für den reinen Wärmepumpenbetrieb mit nicht genutzter Kälteleistung, die nur zur Wärmegewinnung aus der Wärmequelle dient.

Ausgangspunkt für diese Wirtschaftlichkeitsberechnung ist, wie für die Kälteanlage in den Abschnitten 5.6.3-2 und -4 beschrieben, der Jahresgang von Kühlleistung, Heizleistung, Verdampfungs- und Verflüssigungstemperatur. Aus letzteren ist zu ermitteln der Jahresgang der verschiedenen Leistungszahlen:

ε_K für reinen Kühlbetrieb,
ε_{KR} für Kühlbetrieb mit Wärmerückgewinnung,
ε_W für reinen Wärmepumpenbetrieb,

sowie die Leistungsanteile, die im Jahresgang auf die jeweilige Betriebsweise entfallen.

Aus jeweiliger Leistung und Leistungszahl ergibt sich der Jahresgang des Energieverbrauchs und aus diesem wiederum, über die Summenhäufigkeitskurve (Jahresdauerlinie) des Aufstellungsortes aufaddiert, der Gesamtenergieverbrauch pro Jahr. Gleichartiger Rechengang im in Frage kommenden Außentemperaturbereich für Ölheizkessel statt Erschließung einer zusätzlichen Wärmequelle gibt die Entscheidung, ob Erweiterung der Wärmerückgewinnung zum Wärmepumpenbetrieb sinnvoll ist oder nicht.

5.7 Regelung von Luftkühlanlagen

Kältemaschinen mit Schmierölkreislauf brauchen nach jedem Einschalten eine bestimmte Laufzeit, bis sich ein stabiler Betriebszustand einstellt und das beim Einschaltvorgang ausgeworfene Öl wieder zum Verdichter zurückgekehrt ist. Richtwerte für diese Mindestlaufzeit gibt Tafel 5.7-1 für kompakt zusammengebaute Kältekreisläufe, wie z.B. Wasserkühlsätze. Bei längeren Rohrleitungssystemen sind die erforderlichen Mindestlaufzeiten erheblich länger.

Tafel 5.7-1 Schaltung von Verdichtern

Kältemaschine	Einschaltungen pro Stunde maximal	Mindestlaufzeit nach Einschaltung Minuten
Hubkolbenverdichter $\dot{V}_h$ bis 50 m³/h	8	3
Hubkolbenverdichter $\dot{V}_h$ über 50 m³/h	6	5
Schraubenverdichter	3	10
Turboverdichter	1	20

Wird diese Mindestlaufzeit über mehrere aufeinanderfolgende Ein-/Aus-Schaltungen des Verdichters nicht eingehalten, so kehrt das insgesamt ausgeworfene Öl nicht zum Verdichter zurück, Resultat ist Ölmangel. Im günstigen Fall erfolgt dann Abschaltung durch den Öldifferenzdruckschalter (Störmeldung). Ist die Laufzeit des Verdichters jedoch kürzer als die Zeit, über die der Öldifferenzdruckschalter beim Anlaufvorgang überbrückt ist (s. Abschnitt 5.4.7-5.3), so tritt ohne jede Vorwarnung Verdichterschaden durch Ölmangel ein.

Die Gefahr einer Unterschreitung der Mindestlaufzeit ist besonders groß in folgenden Fällen:

a) Bei geringer Masse des zirkulierenden Kühlmediums. Verbesserung durch Erhöhen der Massenträgheit, z.B. durch Einbau eines Pufferspeichers.

b) Bei zu empfindlicher, trägheitsloser Regelung, wie u.a.
trägheitslose elektronische Meßfühler und Systeme
zu klein eingestellte Schaltdifferenzen
zu kurze Laufzeiten von Verzögerungsgliedern.

c) Bei jeder Regelung der Austrittstemperatur aus dem Verdampfer (Vorlaufregelung), da dieser meistens eine sehr geringe Massenträgheit hat.

d) Bei Vernachlässigung der betriebsbedingten Kälteleistungserhöhung für die kleinste Teillaststufe, siehe Abschnitte 5.6.2-1 und 5.6.2-2.

e) Bei unkontrollierten Eingriffen seitens einer übergeordneten Gebäudeleittechnik.

Bildzeichen und Kennbuchstaben der MSR-Technik s. Abschn. 2.1.2.

5.7.1 Regelung bei direkter Luftkühlung

Regelungstechnischer Aufwand ist abhängig von zu regelnder Kälteleistung, Massenträgheit des Regelkreises, Variationsbreite der luftseitigen Temperaturen und Anforderungen an die Verdampfer-Oberflächentemperatur hinsichtlich Entfeuchtung. Stabiles Regelverhalten ist nur zu erwarten bei Proportionalregelung mit bleibender Sollwertabweichung.

-1 Ein-/Aus-Schaltung des Verdichters

Raum- oder Rückluftthermostat schaltet bei kleinen Leistungen (Fensterklimageräte) direkt, bei größeren Leistungen über Schaltschütz den Verdichter-Antriebsmotor ein und aus (2-Punkt-Regelung). Die entsprechend starken Schwankungen der Zulufttemperatur müssen durch geeignete Luftführung und Ausnutzung von Massenkapazitäten ausgeglichen werden; in gleicher Weise Sicherstellung, daß nicht mehr als 6 Schaltungen pro Stunde erfolgen. Mindestlaufzeit des Verdichters zur Ölrückführung durch genügend große Schaltdifferenz des Thermostaten, ausreichende Trägheit durch Speichermassen oder besonderes Zeitrelais.

Diese einfache Methode kann ausreichend sein bis zu Kälteleistungen von 40 kW, sie ist außerdem Grundfunktion aller weitergehenden Regelungen. Gleiche Funktionsweise haben bei Entfeuchtungsaufgaben Raum- oder Rückluft-Hygrostate.

-2 Saugdruckregelung

Durch einen Konstantdruckregler (vgl. Abschn. 5.4.7-3.1), auch Saugdruckregler genannt, kann ein Absinken der Verdampfungstemperatur im Verdampfer verhindert werden, z.B. bei fallenden Lufteintrittstemperaturen oder auch auch bei zunehmender Kälteleistung durch fallende Verflüssigungstemperatur (luftgekühlte Verflüssiger). Verwendung vorwiegend zur Vermeidung von Reif- und Eisansatz am Luftkühler.

-3 Temperaturregler im Kältekreislauf

Durch ein temperaturgesteuertes Drosselventil in der Kältemittel-Saugleitung zwischen Verdampfer und Verdichter (vgl. Abschn. 5.4.7-3.2) kann die Lufttemperatur, je nach Anordnung des Temperaturfühlers Raum-, Rückluft- oder Zuluft-Temperatur, im Proportionalband des Reglers konstant gehalten werden. Schema für größere Leistungen mit Pilot- und Hauptventil (vgl. Abschn. 5.4.7-3) zeigt Bild 5.7.1-1. Bei steigender Temperatur öffnet das Steuerventil und damit auch das Hauptventil, so daß die abgesaugte Kaltdampfmenge steigt. Da Leistungsanpassung des Verdichters durch Absenkung des Saugdruckes – der Verdampfungstemperatur am Verdichtereintritt – bewirkt wird, muß Einhaltung der Einsatzgrenzen, insbesondere die Druckrohrtemperatur, beachtet werden. Kühlflächentemperatur kann bei Teillast ansteigen.

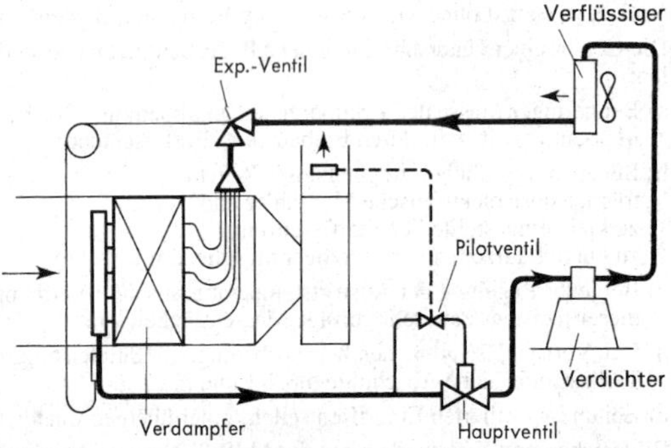

Bild 5.7.1-1. Regelung der Kühlleistung bei Direkt-Verdampfern durch einen Verdampfungsdruckregler mit thermostatischem Pilotventil.

-4 Leistungsregler im Kältekreislauf

Hierunter versteht man Überströmventile zwischen Saug- und Druckgasleitung des Verdichters, auch Heißgas-Beipaß-Regler genannt (vgl. Abschn. 5.4.7-3.4). Die Ansteuerung des Beipaß-Ventils kann erfolgen durch den Verdampfungsdruck im Verdampfer (übliche Bauart, Regelfunktion wie Saugdruckregler), aber auch durch einen Temperaturfühler (Regelfunktion wie Temperaturregler). Das Ventil öffnet bei fallendem Saugdruck. Vorteil des Beipaß-Reglers ist, daß bei Vollast kein leistungsmindernder Druckabfall durch Ventile in der Saugleitung auftritt.

Das überströmende heiße Druckgas führt zu einer *Erhöhung der Sauggastemperatur* (Überhitzung) am Verdichtereintritt und damit zu einem Ansteigen der Druckrohrtemperatur. Um die Einsatzgrenze nicht zu überschreiten, ist fast stets eine zusätzliche Kühlung des Sauggases erforderlich. Diese erfolgt durch *Nachspritzen* flüssigen Kältemittels in die Saugleitung über ein thermostatisches Expansionsventil, geregelt von der gewünschten Überhitzung des Sauggases. Schema für kleinere Leistungen mit direkt arbeitendem verdampfungsdruckgesteuertem Beipaß-Ventil zeigt Bild 5.7.1-2. Kühlflächentemperatur kann bei Teillast ansteigen.

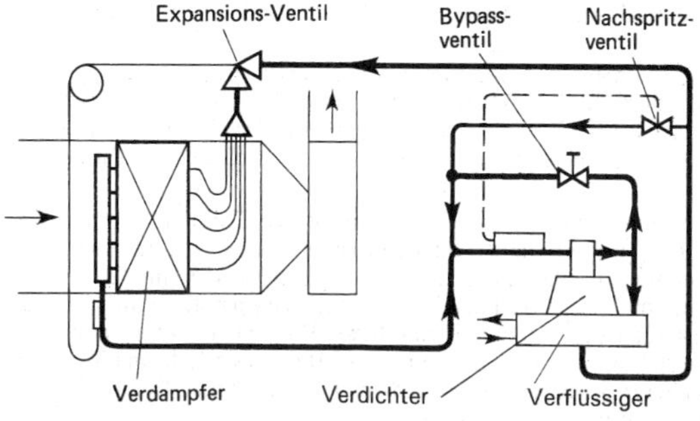

Bild 5.7.1-2. Beipaß-Regelung mit thermostatischem Nachspritzventil.

Wenn die Beipaß-Leitung nicht direkt in die Saugleitung geführt, sondern vor dem Verdampfer zwischen Expansionsventil und Verteilkopf angeschlossen wird, kann auf das Nachspritzventil verzichtet werden. Dafür muß die Druckgasleitung bis zum Verdampfer geführt werden.

Der Beipaß-Regler mit Nacheinspritzung ist auch bei Einsatz von Saugdruck- oder Temperaturreglern oft zusätzlich erforderlich, um ein Überschreiten der Einsatzgrenzen zu vermeiden.

Die Regelung der Kälteleistung über einen Heißgas-Beipaß-Regler bringt praktisch keine Reduzierung des Energieverbrauchs gegenüber dem Vollastbetrieb, da auch bei Teillast der volle Volumenstrom gegen die volle Druckdifferenz verdichtet werden muß.

-5 Luftseitige Beipaß-Regelung

Vom Thermostaten (und gegebenenfalls Hygrostaten) wird über einen stetig regelnden Stellmotor eine doppelte Luftklappe betrieben, die bei fallender Temperatur den Luftdurchtritt durch den Verdampfer drosselt und gleichzeitig einen Beipaß öffnet. Die Kältemaschine würde auf die Verringerung des Verdampfer-Luftstromes mit fallender Verdampfungstemperatur reagieren, was durch einen Saugdruckregler, Schema Bild 5.7.1-3, oder besser durch eine saugdruckgesteuerte Heißgas-Beipaß-Regelung verhindert werden muß.

Bei dieser Regelungsart ist Klimaregelung und Kälteregelung praktisch getrennt in voneinander unabhängige Verantwortungsbereiche. Für stabiles Regelverhalten muß Strömungswiderstand im Beipaßkanal etwa so groß sein wie über Verdampfer.

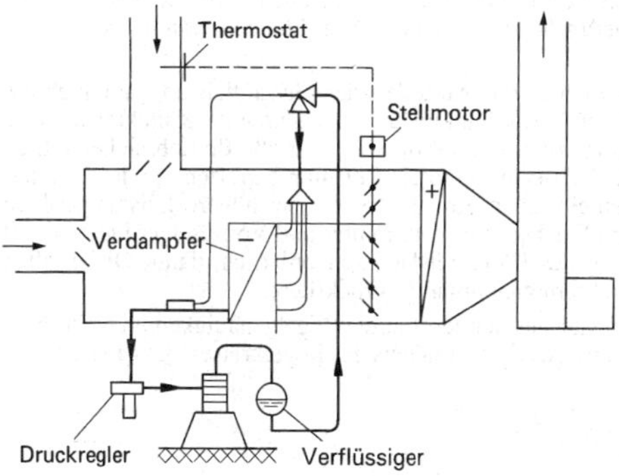

Bild 5.7.1-3. Regelung der Kühlleistung bei Direkt-Verdampfern durch Beipaßklappe am Verdampfer.

-6 Regelung mit Verdampfer-Unterteilung

Wenn Verdampferfläche, Verdampfer-Luftstrom und Lufteintrittstemperatur (Umluftbetrieb) konstant bleiben, führt jede Verringerung der Verdichterleistung zu einem Ansteigen der Kühlflächentemperatur. Wenn für Entfeuchtungsaufgaben die Kühlflächentemperatur einigermaßen konstant bleiben soll, muß die Verdampferfläche bei Teillast verringert werden.

Bild 5.7.1-4 zeigt ein Beispiel mit zweifacher Unterteilung des Verdampfers. Vorzugsweise über einen zweistufig quasi-proportional schaltenden Thermostaten, z.B. in der Umluft, wird bei fallender Temperatur zunächst über ein Magnetventil der Verdampfer A abgeschaltet. Das daraus resultierende Absinken der Verdampfungstemperatur wird durch den Heißgas-Beipaß-Leistungsregler verhindert, Verdampferteil B hat bei der reduzierten Verdichterleistung wieder die richtige Kühlflächentemperatur. Bei weiter fallender Temperatur wird über zweiten Schalter des Thermostaten Verdichter ausgeschaltet. Genaue Berechnung der zwei oder mehr Teilverdampfer erforderlich.

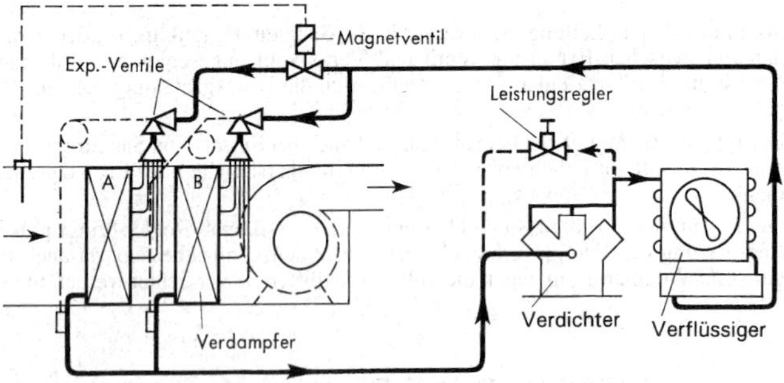

Bild 5.7.1-4. Zweiverdampferregelung bei der Luftkühlung.

-7 Leistungsgeregelte Verdichter

Größere Verdrängungsverdichter sind heute meistens mit *eingebauten Einrichtungen* zur Leistungsregelung ausgestattet (vgl. Abschn. 5.4.1)[1]. Ansteuerung erfolgt entweder innerhalb des Verdichters durch den Saugdruck (Leistungsverringerung bei fallendem Saugdruck) oder durch Magnetventile, die von beliebigen Meßgrößen ansteuerbar sind. Bei Hubkolbenverdichtern werden einzelne Zylinder abgeschaltet, womit das geometrische Fördervolumen stufenweise um bestimmte Prozentsätze verringert wird. Bei Schraubenverdichtern stetige Reduzierung durch Schieber.

Drehzahlregelung bei thermischen Antrieben üblich. Bei elektrischen Antrieben polumschaltbare Motoren fast nur für offene Verdichter, in hermetischen Verdichtern sehr selten. Drehzahlregelung für hermetische Verdichter über (statische) Frequenzwandler relativ aufwendig[2].

Stufenweise Leistungsänderung auch durch Aufteilen der Gesamtleistung auf mehrere Verdichter und stufenweise Zu- und Abschaltung. Hierbei getrennte Kältekreisläufe je Verdichter mit zugehörigem Verdampfer und Verflüssiger – große Betriebssicherheit, da auftretende Störungen nur einen Teil der installierten Leistung betreffen –, oder Parallelschaltung der Verdichter auf gemeinsamen Kreislauf – hierbei höhere Leistungszahlen möglich, da bei Teillast die vollen Flächen von Verdampfer und Verflüssiger bleiben. Bei Parallelbetrieb sorgfältige Planung des Kältekreislaufes erforderlich, damit Öl bei allen Betriebszuständen zu allen Verdichtern gleichmäßig zurückfließt.

Anzahl der Leistungsstufen ergibt sich aus der geforderten Regelgenauigkeit unter Berücksichtigung der Massenträgheiten und des Zeitverhaltens des Regelkreises. Ansteuerung der

---

[1]) Hagenlocher, T.: Ki 12/83. S. 469/71.
[2]) Stenzel, A.: Ki 7-8/88. S. 325/328.

Leistungsstufen über pneumatische, elektrische oder elektronische Stufenregler von der gewünschten Regelgröße (z.B. Raum-, Rückluft-Temperatur und/oder -Feuchtigkeit, gegebenenfalls mit Zuluft-Maximal- oder Minimal-Begrenzer).

-8 Regelung von Temperatur und Feuchte

Wenn mit der Kältemaschine die Luft nicht nur gekühlt, sondern auch entfeuchtet werden soll, so muß die effektive luftseitige Oberflächentemperatur des Verdampfers (unter Berücksichtigung des Rippenwirkungsgrades, vgl. Abschn. 3.3.2-1.2 und -3.2) *unterhalb des Taupunktes* liegen, der dem gewünschten Sollwert der Raumluft zugeordnet ist. Diese Forderung muß bei allen regelungstechnischen Eingriffen erfüllt bleiben (vgl. Abschn. 5.7.1-6).

Der Regelbefehl „Entfeuchten" bedeutet Kühlbetrieb, auch wenn die Raumtemperatur bereits niedrig genug ist. Um ein Absinken der Raumtemperatur zu vermeiden, ist deshalb eine Nachheizung erforderlich. Für die Aufschaltung des Regelbefehls „Entfeuchten" gibt es zwei Möglichkeiten:

a) Der Befehl „Entfeuchten" schaltet *Kälteleistung zu,* im einfachsten Falle schaltet der Hygrostat den Verdichter ein. Das dadurch bedingte Absinken der Raumtemperatur führt über den Raumthermostaten zur Einschaltung der Nachheizung.

   Bei Ausfall der Nachheizung sinkt die Raumtemperatur stetig ab, da mit fallender Raumtemperatur die relative Feuchtigkeit zunimmt und der Hygrostat deshalb die Kältemaschine ständig in Betrieb hält.

b) Der Befehl „Entfeuchten" schaltet die *Nachheizung ein.* Der dadurch bedingte Anstieg der Raumtemperatur führt über den Raumthermostaten zur Einschaltung der Kältemaschine für die Entfeuchtung.

   Bei Ausfall der Kältemaschine steigt die Raumtemperatur an. Da bei steigender Temperatur die relative Feuchte abnimmt, schaltet der Feuchteregler die Nachheizung wieder aus. Trotzdem wird sich wegen der fehlenden Entfeuchtungsleistung der Vorgang wiederholen, es kommt also letztlich zu einem stetigen Anstieg der Raumtemperatur.

Auswahl der Schaltungsart nach Risikoabschätzung und Überwachungsmöglichkeit.

Luftentfeuchtung ist typisches Beispiel für sinnvolle *Wärmerückgewinnung.* Bei Betrieb der Kältemaschine zur Entfeuchtung steht die Verflüssigerwärme für die erforderliche Nachheizung kostenlos zur Verfügung. Deshalb Schaltung der Kälteanlage gemäß Bild 5.7.1-2, mit zusätzlichem wassergekühlten Verflüssiger zur Abführung des für die Nachheizung nicht benötigten Teils der Verflüssigerwärme. Ein Regelkreis hält die Luftaustrittstemperatur aus dem Verdampfer (Taupunkttemperatur) konstant, ein zweiter Regelkreis regelt die Wärmeabgabe am Nachheizregister. Leistungsaufteilung zwischen Nachwärmer und Zusatzverflüssiger entweder durch Stellglieder im Kältekreislauf (Bild 5.7.1-5) oder durch Regelung des Kühlmittelstroms im Zusatzverflüssiger.

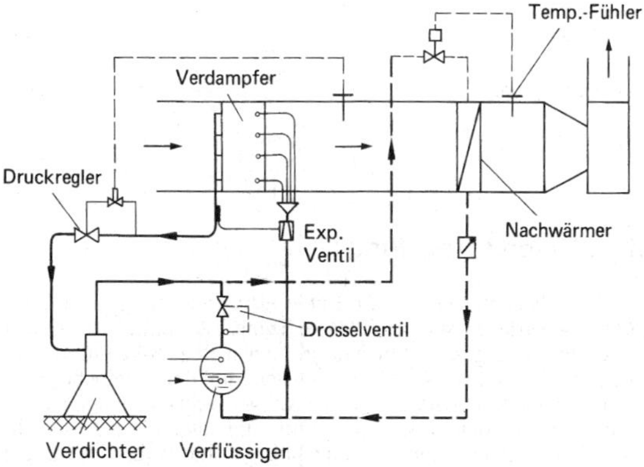

Bild 5.7.1-5. Kälteanlage mit Nachwärmung durch Kältemitteldampf.

5.7.2 Regelung bei indirekter Luftkühlung

Die Rippenrohrsysteme für die Luftkühlung werden hierbei durch das von der Kälteanlage kommende Kaltwasser oder die Kühlsole beaufschlagt. Kaltwasserdurchfluß grundsätzlich im Gegenstrom zur Luft. Die Klimaregelung beeinflußt lediglich die Kühlleistung der Luftkühlsysteme, wobei drei Varianten möglich sind.

-1 Kaltwasser-Mengenregelung

Der Kaltwasserstrom durch den Luftkühler wird bei fallender Temperatur vom Regler über ein Ventil stetig verringert, bei steigender Temperatur wieder erhöht. Bei geringem Wasserdurchsatz kommt es zu *ungleichmäßiger Temperaturverteilung* über den Luftdurchtrittsquerschnitt des Luftkühlers – Gefahr von unterschiedlichen Luftaustrittstemperaturen – und zu Erhöhung der für Entfeuchtung wirksamen Oberflächentemperatur.

Wasserseitig zwei Schaltungsarten möglich (Bild 5.7.2-1):

Durchgangsventil mit entsprechender Rückwirkung auf den Kaltwasserkreislauf.

Dreiwegeventil in Misch-, seltener in Verteileranordnung, Rückwirkung auf den Kaltwasserkreislauf vernachlässigbar gering.

-2 Kaltwasser-Beimischregelung

Der Kaltwasserstrom durch den Luftkühler wird durch eine eigene Zirkulationspumpe konstant gehalten (Bild 5.7.2-2). In diesen Kreislauf erfolgt über ein Dreiwegeventil *Beimischung* von Kaltwasser aus der Kaltwasser-Vorlaufleitung, stetig geregelt je nach Bedarf der Temperatur- und/oder Feuchteregelung. Temperaturverteilung über den Luftdurchtrittsquerschnitt bei allen Lastzuständen gleichmäßig. Rückwirkung auf den Kaltwasserkreislauf wie bei der Mengenregelung mit Durchgangsventil.

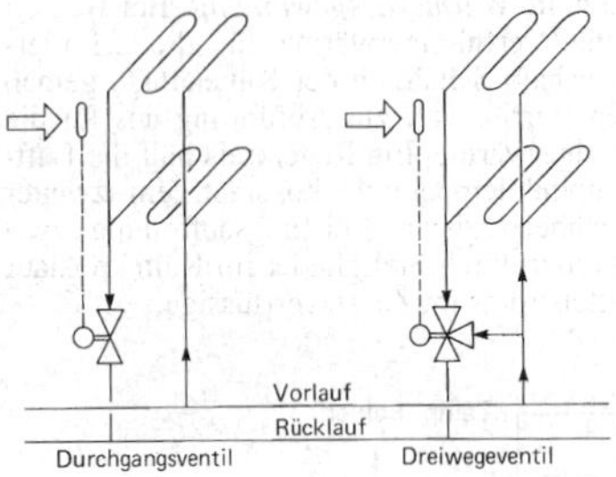

Bild 5.7.2-1. Kaltwasser-Mengenregelung.

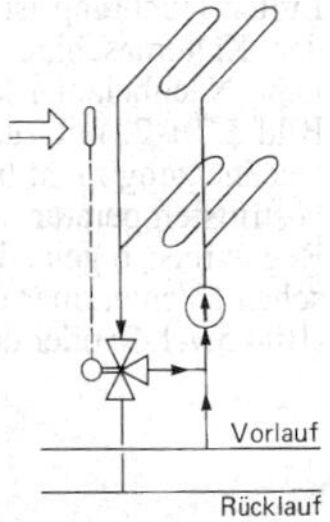

Bild 5.7.2-2. Kaltwasser-Beimischregelung.

-3 Luftseitige Beipaß-Regelung

Von der Temperatur- und/oder Feuchteregelung wird über einen stetig regelnden Stellmotor eine *Wechsel-Luftklappe* betrieben, die bei fallender Temperatur bzw. Feuchtigkeit den Luftstrom über den Kühler verringert und gleichzeitig einen Beipaß-Luftstrom entsprechend öffnet (Bild 5.7.2-3). Der Kaltwasserstrom durch den Luftkühler bleibt bei allen Lastzuständen konstant, damit keine Rückwirkung auf den Kaltwasserkreislauf und gleichmäßige Temperaturverteilung hinter dem Luftkühler. Luftseitig muß für gute Durchmischung der gekühlten Luft mit der ungekühlten Beipaßluft gesorgt werden. Wenn bei ganz geschlossener Luftkühlerklappe auch der Kaltwasserdurchfluß abgesperrt wird, ist die entsprechende Rückwirkung auf den Kaltwasserkreislauf zu beachten.

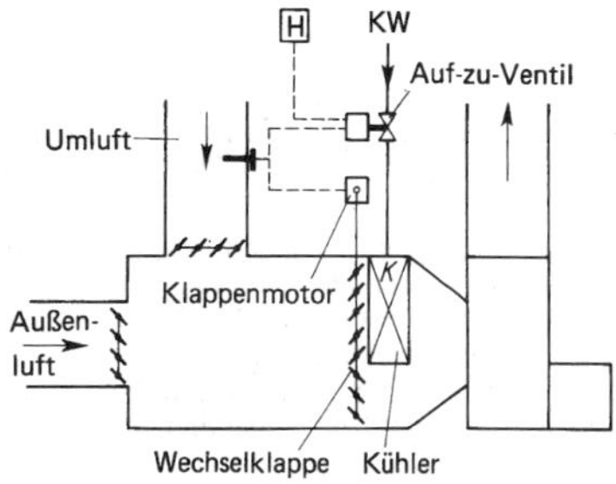

Bild 5.7.2-3. Regelung der Kühlleistung durch Beipaßklappe am Kühler.

5.7.3 Regelung des Kaltwasserkreislaufes

Der Kaltwasserkreislauf besteht aus dem Erzeugerteil mit den Kältemaschinen-Verdampfern und dem Verbraucherteil mit den Luftkühlern, sowie den zugehörigen Zirkulationspumpen. Für den Erzeugerteil besteht die Forderung, daß der Wasserstrom durch den Verdampfer um höchstens ±10% vom Nennwasserstrom abweichen darf. Anderenfalls sind Schwierigkeiten in der Regelung der Kältemaschinen zu erwarten, bei zu niedrigem Durchsatz besteht außerdem Einfriergefahr. Die Forderung nach *konstantem Verdampfer-Wasserstrom* muß also erfüllt werden bei allen durch die Klimaregelung bedingten Veränderungen im Verbraucherteil.

-1 Kaltwasserkreislauf mit einer Pumpe

Die beiden möglichen Schaltungen bei Verwendung einer gemeinsamen Pumpe für Erzeuger- und Verbraucherteil zeigt Bild 5.7.3-1.

Erfolgt die Regelung des Luftkühlers, oder auch mehrerer parallel geschalteter, über *Dreiwegeventil(e),* so bleibt bei richtiger Auslegung der Beipaßwiderstände und der Pumpe der Kaltwasserstrom im Verbraucherteil innerhalb der zulässigen Abweichungen konstant. Damit ist die Forderung für den Verdampfer auf der Erzeugerseite ohne weitere Maßnahmen erfüllt.

Erfolgt die Luftkühler-Regelung durch *Durchgangsventile* oder als Beimisch-Regelung nach Bild 5.7.2-2, so wird der Strömungswiderstand im Verbraucherteil um so größer, je weiter die Ventile schließen. Dementsprechend würde die Förderleistung der Zirkulationspumpe zurückgehen gemäß der Pumpenkennlinie bis zur Nullförderung bei ganz geschlossenen Ventilen. Zur Erfüllung der Forderung nach konstantem Wasserstrom durch den

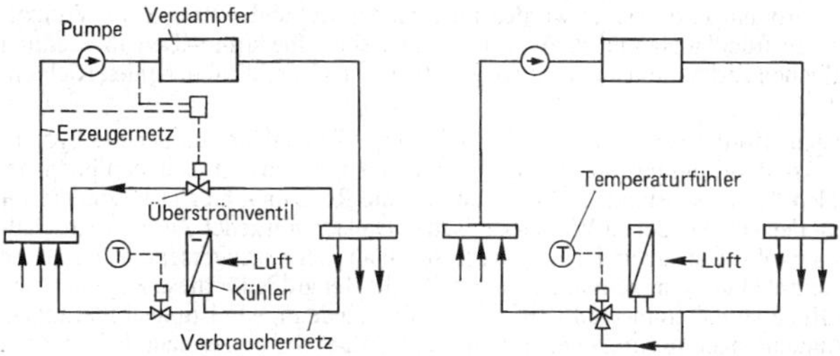

Bild 5.7.3-1. Schema des Kaltwasserkreislaufs bei Wasserkühlsätzen.
Links: mit Durchgangsventilen, rechts: mit Dreiwegeventilen

Verdampfer muß deshalb eine Beipaß- oder Überström-Leitung geöffnet werden, wenn die Regelventile der Luftkühler schließen.

Ansteuerung des *Überströmventils* meistens durch Differenzdruck zwischen Kaltwasser-Vor- und -Rücklauf. Setzt jedoch voraus, daß Arbeitspunkt der Pumpe im steilen Teil der Kennlinie liegt. Erforderliche Druckerhöhung für vollen Stellweg des Überströmventils darf Förderleistung um nicht mehr als 10% verringern.

Gleiche Schaltung auch möglich mit mehreren Verdampfern (Wasserkühlsätzen). Bei *Hintereinanderschaltung* fließt voller Wasserstrom stets durch alle Verdampfer, entsprechend hoher Strömungswiderstand und Energieverbrauch der Pumpe. Bei *Parallelschaltung* ergibt sich bei Teillast höhere Kaltwasser-Vorlauftemperatur, da auf Vorlauf-Sollwert gekühltes Wasser aus arbeitendem Wasserkühlsatz gemischt wird mit ungekühltem Wasser (Rücklauftemperatur) aus nicht arbeitendem. Deshalb besser parallel arbeitende Wasserkühlsätze gemeinsam mit Teillast betreiben.

-2 Kaltwasserkreislauf mit mehreren Pumpen

Bei großen Klimaanlagen werden im Verbraucherteil häufig einzelne Pumpen für die verschiedenen angeschlossenen Zonen und Anlagen vorgesehen, die je nach Bedarf zu- und abgeschaltet werden. Zur Energieeinsparung wird zunehmend im Teillastbereich auch die Kaltwasser-Umlaufmenge reduziert, z.B. durch polumschaltbare Pumpenmotoren oder Abschaltung einzelner von mehreren parallel arbeitenden Pumpen.

Um bei dieser Anordnung die Forderung nach konstantem Wasserstrom durch den Verdampfer in jedem der installierten Wasserkühlsätze zu erfüllen, erhält jeder Wasserkühlsatz seine *eigene Zirkulationspumpe* (Bild 5.7.3-2). Diese müssen mit Rückschlagklappen ausgerüstet sein, um Rückströmung durch nicht arbeitende Verdampfer zu vermeiden.

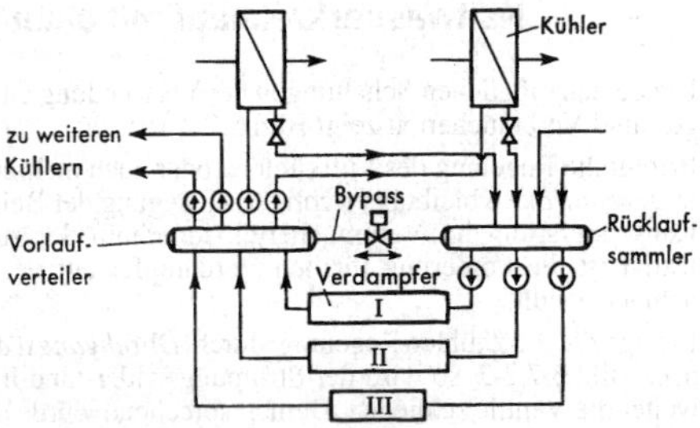

Bild 5.7.3-2. Parallelschaltung von drei Wasserkühlsätzen mit separaten Verbraucherkreisläufen.

Erzeuger- und Verbraucherkreisläufe werden miteinander verbunden über einen Vorlaufverteiler und einen Rücklaufsammler, zwischen denen eine Überström-(Beipaß-)Leitung die unterschiedlichen Zirkulationsmengen ausgleichen muß (Durchfluß in beiden Richtungen möglich).

Derartige Anlagen erfordern eine sehr sorgfältige Planung, sowohl hinsichtlich des hydraulischen Systems – Abstimmung der Anlagenkennlinien mit den Pumpenkennlinien bei allen auftretenden Betriebszuständen –, wie auch für die Regelung, hier insbesondere für die Zuschaltung der verschiedenen Wasserkühlsätze. Da sich mit jeder Zu- und Abschaltung eines Wasserkühlsatzes auch der Kaltwasserstrom auf der Erzeugerseite ändert, kann die Kaltwassertemperatur im allgemeinen nicht mehr als Meßgröße für diese Regelaufgabe dienen, da das Regelverhalten instabil wird. Besser sind eindeutige Leistungsforderungen, wie z.B. aus Außentemperatur und/oder Anzahl (und Größe) der eingeschalteten Anlagen auf der Verbraucherseite. Als Meßgröße für die jeweils eingeschaltete Pumpenleistung kann z.B. die Strömungsrichtung in der Überströmleitung zwischen Vorlaufverteiler und Rücklaufsammler dienen.

5.7.4 Regelung der Wasserkühlsätze

Die gewünschte Kaltwasser-Vorlauftemperatur (Temperatur des aus dem Verdampfer austretenden, abgekühlten Wassers) kann nur bei stetigen Regelungen (Heißgas-Beipaß, Schieber bei Schraubenverdichtern, Dralldrossel bei Turboverdichtern, Frequenzwandler) als Regelgröße dienen. Bei allen stufenweisen Regelungen (Zu- und Abschaltung von Verdichtern oder einzelnen Zylindern) wird Vorlaufregelung instabil, wenn nicht die Schaltdifferenz des Reglerbefehls (in K) deutlich größer ist als die durch die zugeschaltete Stufe erzeugte Abkühlung des Wasserstroms (in K).

Da diese Forderung in der Praxis schwer zu erfüllen ist, erfolgt *Stufenschaltung* sowie Ein- und Aus-Schaltung der Verdichter meistens von der Rücklauftemperatur (Temperatur des in den Verdampfer eintretenden, von der Klimaanlage erwärmt zurückkommenden Wassers). Die gewünschte Vorlauftemperatur ergibt sich dabei aus der Temperaturabsenkung des durchgesetzten Wasserstroms durch die zugeschaltete Kälteleistung. Der Wasserstrom muß deshalb *konstant* sein, zulässige Abweichung ±10%, wenn die verlangte Vorlauftemperatur erreicht werden soll. Zu geringer Wasserdurchsatz ergibt zu niedrige Austrittstemperaturen, Einfriergefahr für den Verdampfer und über Ansprechen des Frostschutzthermostaten Störungsabschaltung der Kältemaschine. Mit zunehmender Entwicklung der Microelektronik werden seit einigen Jahren auch brauchbare Vorlauftemperatur-Regelungen geliefert. Hierbei ist besonders auf konstanten Kaltwasser-Massenstrom zu achten; eine unzulässige Verringerung kann zu sehr kurzen Verdichterlaufzeiten führen und damit ohne Vorwarnung (Frostschutzthermostat und Öldifferenzdruckschalter sprechen nicht an!) zu Verdichterschäden wegen Ölmangel.

Stabilitätsverhalten der Regelung hängt auch ab von der Speichermasse des gesamten Wasserkreislaufes einschließlich Verbraucherseite. Ein Überströmventil nahe am Verdampfer kann Regelung instabil machen, da Austrittstemperatur infolge zu geringer Speichermasse sich sofort im Rücklauf (Meßort) auswirkt. Deshalb Überströmventile möglichst weit vom Erzeugerkreis entfernt anordnen, um Speicherung zu vergrößern.

Die Regelungsmöglichkeiten ergeben sich aus der Verdichterbauart und entsprechen weitgehend den schon in Abschn. 5.7.1 beschriebenen Verfahren.

5.8 Aufstellung von Kälteanlagen, Maschinenraum, Geräusche

Bei kleinen Kälteleistungen – also etwa bis 50 kW – ist es üblich, Schrank-Klimageräte mit eingebauter Kältemaschine aufzustellen. Abschnitt 3.4.2.

Bei *zentraler Luftaufbereitung* mit mittleren Kälteleistungen – etwa bis 300 kW – wird der Verdampfer der Kälteanlage als Luftkühler häufig direkt in das Zentralgerät eingebaut. Kälteverdichter und Verflüssiger – meistens wassergekühlt – werden in einem separaten Kältemaschinenraum aufgestellt, um Geräuschübertragung zu vermeiden. Wasserrückkühlung des Verflüssigerkühlwassers meistens in einem Rückkühlwerk.

Ein separater Maschinenraum ist bei noch größeren Leistungen sinnvoll, wenn nicht gar aus der EN 378 vorgegeben. In der Regel werden Wasserkühlsätze verwendet, sie haben einen erheblichen Platzbedarf.

Die Grundsätze für Konstruktion, Herstellung, Prüfung, Aufstellung, Betrieb und Instandhaltung werden in der europäischen Norm EN 378 T1-T4 festgelegt:

Teil 1 Grundlegende Anforderungen, Definitionen, Klassifikationen und Auswahlkriterien

Teil 2 Konstruktion, Herrstellung, Prüfung, Kennzeichnung und Dokumentation

Teil 3 Aufstellungsort und Schutz von Personen

Teil 4 Betrieb, Instandhaltung, Instandsetzung und Rückgewinnung.

Die in Deutschland gültige DIN 8975 T1-T11 ist noch in Kraft, über ihren Rückzug wird im Laufe des Jahres 2002 entschieden. Weiterhin gültig und zu beachten ist die BGV.D4 (Berufsgenossenschaft Vorschrift, Druck 4), identisch mit der bisher geführten Unfallverhütungsvorschrift BGV 20, Ausgabe 10/1997.

Die Hersteller haben die Maschinenrichtlinie (Masch RL 98/37/EG 1998) und die Druckgeräterichtlinie (Druckgeräte RL 97/23/EG 1997) einzuhalten und führen exemplarisch eine Gefahrenanalyse nach der EN 1050 (01/1997) „Leitsätze zur Risikobeurteilung" durch. Dort legt der Hersteller fest, nach welchen Regelwerken, harmonisierten Normen und Vorschriften die Anforderungen der Richtlinie erfüllt werden. In der Betriebsanleitung, ein sehr wichtiges Dokument, verweist er auf bestehende Restgefahren. Mit dem CE-Zeichen an der Anlage und der mitgelieferten Herstellererklärung (oder Konformitätserklärung) bestätigt der Lieferant die Einhaltung der Vorgaben der Maschinen-, Druckgeräte- und Niederspannungs-Richtlinien sowie der elektromagnetischen Verträglichkeit EMV.

Die künftige Regelung trennt die Verantwortlichkeit des Herstellers und des Betreibers. Der Hersteller hat die europäisch harmonisierten Regelwerke einzuhalten, während der Betreiber die nationalen Betriebssicherheitsverordnungen zu beachten hat und mit der Betriebsanweisung Sorge trägt, Menschen, Umwelt und Güter zu schützen. Vor der Inbetriebnahme prüft eine unabhängige Prüforganisation die Einhaltung der Druckgeräte-Richtline, falls zutreffend.

Die EN 378 definiert und begrenzt in den Aufstellungsbereichen die Ausführungsarten von Kühl- und Heizsystemen und der Kältemittelgruppen (parallel in der BGV.D4).

Kältemittel sind selbst oder durch das darin enthaltenen Kältemaschinenöl wassergefährdend im Sinne des Wasserhaushaltsgesetzes (s. Abschn. 1.9.4).

5.8.1 Aufstellungsbereiche

Die Norm DIN EN 378 definiert drei Arten der Aufstellung von Kälteanlagen:

- Kälteanlagen in einem Personen-Aufenthaltsbereich, welcher kein besonderer Maschinenraum ist. Diese Aufstellung wird als sensibel eingestuft und deshalb noch weiter eingeschränkt werden durch die Definition von Aufenthsaltsbereichen A, B und C.
- Kälteanlagen, deren Hochdruckseite in einem besonderen Maschinenraum oder im Freien aufgestellt ist
- Kälteanlagen, bei der alle kälteführenden Teile in einem besonderen Maschinenraum untergebracht sind.

Bereiche A, B und C, in denen die Aufstellung einer Kälteanlage die Sicherheit beeinflussen würde. sind

Aufstellungsbereich A:	Aufstellungsbereich B:	Aufstellungsbereich C:
Räume, Gebäudeteile, Gebäude – in denen Personen schlafen dürfen, – in denen Personen in ihrer Bewegungsfreiheit eingeschränkt sind, – in denen sich eine unkontrollierte Anzahl von Personen aufhält oder zu denen jede Person Zutritt hat, ohne persönlich mit den Sicherheitsvorkehrungen vertraut zu sein;	Räume, Gebäudeteile, Gebäude – in denen sich nur eine bestimmte Anzahl von Personen aufhalten darf, von denen mindestens einige mit den allgemeinen Sicherheitsvorkehrungen der Einrichtung vertraut sein müssen;	Räume, Gebäudeteile, Gebäude – zu denen nur befugte Personen Zutritt haben, die mit den allgemeinen und besonderen Sicherheitsvorkehrungen der Einrichtung vertraut sind, – in denen Materialien oder Güter hergestellt, verarbeitet oder gelagert werden;
zum Beispiel: Krankenhäuser, Gerichtsgebäude oder Gefängnisse, Theater, Supermärkte, Schulen, Vortragsräume, Bahnhöfe, Hotels, Wohnungen, Gaststätten.	zum Beispiel: Büro- oder Geschäftsräume, Laboratorien, Räume für allgemeine Fabrikations- und Arbeitszwecke.	zum Beispiel: Produktionseinrichtungen, z. B. für Chemikalien, Nahrungsmittel, Getränke, Industrie- und Speiseeis, Raffinerien, Kühlhallen, Molkereien, Schlachthöfe, nicht-öffentliche Bereiche in Supermärkten.

5.8.2 Kälteübertragungssysteme

Die Norm DIN EN 378 definiert offene und geschlossene und, mit ihnen kombiniert, direkte und indirekte Wärmeübertragungssysteme in Kälteanlagen und Wärmepumpen:

a) Direktes geschlossenes System (siehe Abschnitt 5.5.2). Kältemittel in geschlossenem Kreislauf steht in direktem Wärmeaustausch mit der Raumluft.

b) Indirektes offenes System, z.B. ein Wasserkühlsatz, der Wasser abkühlt, das in einem Luftwäscher versprüht wird.

c) Indirektes gelüftetes offenes System, z.B. ein System nach b), bei welchem die Verdampferschlangen in einem zur Umgebung offenen Behälter in einem belüfteten Maschinenraum angeordnet sind.

d) Indirektes geschlossenes System, z.B. ein Wasserkühlsatz mit Rippenrohr-Luftkühlern, die vom Kaltwasser durchströmt werden.

e) Indirektes geschlossenes gelüftetes System. Wie d), jedoch Verdampferschlange in offenem Behälter wie bei c).

f) Doppelt indirektes System, z.B. von einem Wasserkühlsatz über einen zusätzlichen Gegenstromapparat gekühltes Wasser.

Hier nicht aufgeführt, aber in den Aufstellungsbedingungen genannt werden „dauerhaft geschlossene Anlagen“. Damit sind hermetisch geschlossene Systeme gemeint, deren Rohrverbindungen gelötet oder verschweißt, also nicht lösbar sind, mit sogenannten Kapselverdichtern ohne Wellendurchführung, hier mit dg aufgeführt.

Die Kennbuchstaben a bis f und zusätzlich dg werden in den Aufstellungsvorschriften zur Klassifizierung der Kälteanlagen verwendet.

5.8.3 Kältemittelgruppen

Die Norm DIN EN 378 klassifiziert Kältemittel nach nichtbrennbar/brennbar in drei Stufen und nach Giftigkeit in zwei Stufen. Zur Vereinfachung werden aus sechs möglichen schließlich drei Gruppen benannt und deren Verwendung nach Gefährdungspotential eingeschränkt. Die drei Gruppren sind:

Gruppe L1: Nicht brennbare Kältemittel ohne *gesundheitsgefährdende Wirkung*. Hierzu gehören die Sicherheitskältemittel auf Fluor-Kohlenwasserstoffbasis und CO_2.

Gruppe L2: Giftige oder ätzende Kältemittel oder wenn Gemisch mit Luft eine untere Explosionsgrenze >3,5 Vol.-% hat. Für die Klimatechnik ist aus dieser Gruppe nur das Ammoniak, NH_3, von Bedeutung.

Gruppe L3: Kältemittel, deren Gemisch mit Luft eine untere Explosionsgrenze <3,5 Vol.-% hat. Aus dieser Gruppe könnte für die Klimatechnik Propan, R 290, interessant werden.

Die Anwendung der Kältemittel und Aufstellung der Kälteanlage richtet sich nach dem „Praktischen Grenzwert PL“, der angibt, wieviel kg Kältemittelfüllung je abgeschlossenem Kreislauf zulässig sind je m³ des kleinsten Raumes, in welchem das Kältemittel plötzlich und in größerer Menge freigesetzt werden könnte. Die Grenzwerte entsprechen nicht den MAK-Werten der aufgeführten Stoffe. In der BGV.D4 sind Grenzwerte als „c-Faktor“ aufgelistet, die Zahlenwerte weichen teilweise von den Werten der EN 378 ab. Eine Auswahl von Kältemitteln aus der EN 378:

Gruppe	Kältemittel Nummer	Praktischer Grenzwert PL kg/m³
L1	R 125	0,39
	R 134 a	0,25
	R 404 A	0,48
	R 407 C	0,31
	R 410 A	0,44
	R 507	0,49
	R 744 (CO^2)	0,1
L2	R 123	0,1
	R 717 (Ammoniak)	0,00035
L3	R 290 (Propan)	0,008
	R 1270 (Propylen)	0,008

Der PL-Wert multipliziert mit dem Volumen des Raumes ergibt die im Aufstellungsbereich zulässige Füllmenge. Die Verwendung der so errechneten Füllmengen wird in den Aufstellungsvorschriften näher erläutert. Darüber hinaus werden je nach Kältemittel und Aufstellung weitere Grenzwerte in kg Füllmenge genannt, die nicht überschritten werden dürfen.

Bei brennbaren Kältemitteln ist zusätzlich die Norm DIN 7003 (12/1995) zu beachten[1)].

5.8.4 Aufstellungsvorschriften

Entsprechend der möglichen Gefährdung von Personen, der Umwelt und/oder von Gütern sind die in den Aufstellungsbereichen (A, B, C nach Abschn. 5.8.1) zulässigen Füllmengen der Kältemittel (L1, L2, L3 nach Abschn. 5.8.3) eingeschränkt. Es wird nach drei Aufstellungsbedingungen der Kälteanlage unterschieden: Aufstellung direkt im Bereich A, B oder C; Aufstellung des Hochdruckteiles (Verdichter, Verflüssiger, Sammler) in einem eigenen Maschinenraum oder im Freien; Aufstellung der kompletten Kälteanlage in einem eigenen Maschinenraum oder im Freien. Zudem wird unterschieden nach den Kälteübertragungssystemen (Abschn. 5.8.2). Nach dieser Auffächerung der Bedingungen sind die zulässigen Kältemittelmengen zu ermitteln.

---

1) Petz, M.: Ki 1/95. S. 14/18.

Aufstellung **ohne** besonderen Maschinenraum								
Aufstellungsbereich A			Aufstellungsbereich B			Aufstellungsbereich C		
L1	L2	L3	L1	L2	L3	L1	L2	L3
PL beachten a,b: bei offener Flamme u. heisser Oberfläche nur mit ausreichender Belüftung	a,b,c: nicht für Luftkonditionierung und Heizen dg: Verdichteranlage PL beachten dg: Sorptionsanlage max.2,5 kg	a,b,c: nicht f.Luftkonditionierung nur dg: PL beachten max.1,5 kg und keine mit der Kälteanlage verbundenen Zündquellen	in EG: unbeschränkt in UG,OG ohne Notausgang: PL beachten	a,b,c: nicht f.Luftkonditionierung, wenn Personen in Bewegungsfreiheit behindert sonst max 10 kg	a,b,c: nicht f.Luftkonditionier. EG,OG: PL beachten max.2,5 kg UG: PL beachten max.1 kg	in EG: unbeschränkt in UG,OG ohne Notausgang: PL beachten	a,b,c: nicht f.Luftkonditionier. Belegungsdichte $<1/10\ m^2$ und Notausgänge vorhanden max.50 kg. Bei $\geq 1/10\ m^2$ max 10 kg	a,b,c: nicht f.Luftkonditionier. EG,OG: max.10 kg UG: max.1 kg

Aufstellung des Hochdruckteils (Verdichter, Verflüssiger, Sammler) **in** besonderem Maschinenraum oder im Freien								
Aufstellungsbereich A			Aufstellungsbereich B			Aufstellungsbereich C		
L1	L2	L3	L1	L2	L3	L1	L2	L3
a,b: PL beachten c,d,e,f: unbeschränkt	a,b,c: nicht für Luftkonditionierung und Heizen dg: Verdichteranlage PL beachten dg: Sorptionsanlage max.2,5 kg	a,b,c: nicht f.Luftkonditionierung nur dg: PL beachten max.1,5 kg und keine mit der Kälteanlage verbundenen Zündquellen	unbeschränkt	a,b,c:nicht f.Luftkonditionierung, wenn Personen in Bewegungsfreiheit behindert max 25 kg d,e,f: unbeschränkt	a,b,c: nicht f.Luftkonditionier. EG,OG: PL beachten max.2,5 kg UG: PL beachten max.1 kg	unbeschränkt	a,b,c: nicht f.Luftkonditionier. Belegungsdichte $<1/10\ m^2$ und Notausgänge vorhanden: unbeschränkt d,e,f: unbeschränkt	a,b,c: nicht f.Luftkonditionier. EG,OG: max.25 kg UG: max.1 kg

Aufstellung der ganzen Kälteanlage **in** besonderem Maschinenraum oder im Freien								
Aufstellungsbereich A			Aufstellungsbereich B			Aufstellungsbereich C		
L1	L2	L3	L1	L2	L3	L1	L2	L3
unbeschränkt	a,b,c: nicht für Luftkonditionierung und Heizen max.2,5 kg d,e,f: keine direkte Verbindung zu Raum A: unbeschränkt	a,b,c: nicht f.Luftkonditionierung EG,OG: PL beachten max.5 kg UG: PL beachten max.1 kg	unbeschränkt	a,b,c:nicht f.Luftkonditionierung, wenn Personen in Beweg.freiheit behindert. Wenn keine direkte Verbindung Masch.raum zu B: unbeschränkt	a,b,c: nicht f.Luftkonditionier. EG,OG: max.10 kg UG: max.1 kg	unbeschränkt	a,b,c: nicht f.Luftkonditionier. sonst unbeschränkt	a,b,c: nicht f.Luftkonditionier. EG,OG: unbeschränkt UG: max.1 kg

5.8.5 Maschinenraum

Die Tafel 5.9.3-1 gibt Mindestabmessungen der Aufstellungs- und Maschinenräume an. Der Flächenbedarf für Rückkühlwerke ist etwa doppelt so groß. Siehe auch VDI 3803 (11.86).

Alle Kältemaschinenräume müssen Lüftungseinrichtungen haben, um zu hohe Raumtemperaturen und bei Kältemittelverlusten eine zu hohe Konzentration an Dämpfen zu verhindern. Die Unfallverhütungsvorschrift BGV.D4 0 (10.97) und gleichlautend DIN EN 378 T3 geben in Abhängigkeit von der Kältemittelfüllung G folgende Vorschriften:

Bei mechanischer Lüftung $\dot{V} = 50 \sqrt[3]{G^2}$ [m³/h]
bei natürlicher Lüftung $A = 0{,}14 \sqrt{G}$ [m²]

G = Füllgewicht [kg]
$\dot{V}$ = Volumenstrom [m³/h]
A = Fläche der Lüftungsöffnung [m²]

Das Füllgewicht G muß bei jeder Anlage berechnet werden. Richtwerte etwa: bei Kolbenverdichtern 0,5…0,05, bei Turboverdichtern 1,0…0,40 kg/kW-Kälteleistung, je nach Größe der Leistung.

Luftabsaugung in Fußhöhe, weil die (H)F(C)KW-Kältemittel schwerer als Luft sind (bei Ammoniak Absaugung oben, da leichter als Luft). Die Maschinenraumbelüftung muß auch in der Lage sein, die durch normale Antriebsmotoren entwickelte Wärme abzuführen, ohne daß eine Raumtemperatur von 40 °C überschritten wird. In kritischen Fällen empfiehlt sich Verwendung von wassergekühlten Motoren oder von Standardmotoren mit angebautem Luftkühler.

Der *Maschinenraum* sollte möglichst im Erdgeschoß des Gebäudes an einer Außenwand liegen. Das erleichtert die Einbringungen, was insbesondere bei werksmontierten Wasserkühlsätzen von Bedeutung ist, und ergibt kurze Wege für Be- und Entlüftung und für die Sicherheits-Abblaseleitung.

Bei der *Anordnung der Kältemaschinen* im Raum beachten:

Gute Zugänglichkeit von allen Seiten erleichtert Wartung und eventuelle Reparaturen. Die Hersteller geben in Fundament- und Aufstellungsplänen Mindestmaße an. Beispielsweise muß Platz vorhanden sein, um mit Reinigungsbürsten hantieren und notfalls Verflüssigerrohre nach einer Seite hin ausbauen zu können. Hinreichende Raumhöhe zur Anbringung von Hebezeugen oberhalb der Maschinen ist ebenfalls wichtig (siehe Tafel 5.9.3-1 und Bild 5.9.3-1).

Zur Vermeidung von Körperschallübertragung ist Aufstellung von Verdichtern und Wasserkühlsätzen auf schwingungs- und geräuschdämmender Unterlage nötig. Flexible Wasseranschlüsse und elastische Rohraufhängung sind aus den gleichen Gründen zweckmäßig.

Verkleidung der Wände und der Decke mit schallabsorbierendem Material kann in besonderen Fällen notwendig sein.

Tafel 5.9.3-1 Platzbedarf von Wasserkühlsätzen

Nennkälteleistung	Platzbedarf bei		Raumhöhe
	Kolben-verdichtern	Turbo-verdichtern	
kW	m²	m²	m
20	8		2,20
50	12		2,50
100	20		3,00
250	30	50	3,50
500	45	60	4,00
750		70	4,20
1000		80	4,50
1500		100	4,80
2000		110	5,00

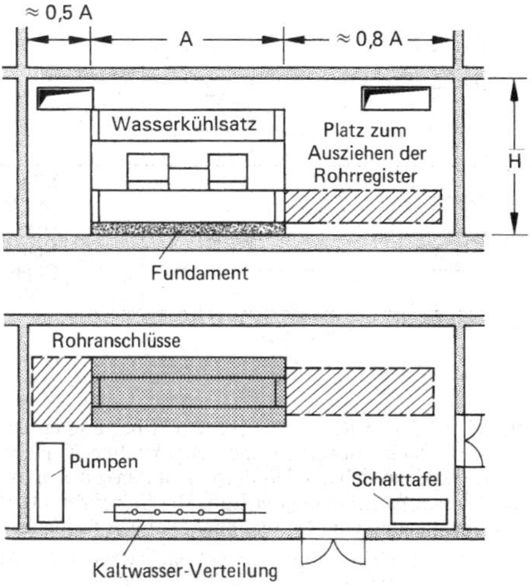

Bild 5.9.3-1. Kältezentrale mit Wasserkühlsatz.

Bezüglich *Energie- und Wasserversorgung* gilt folgendes:

Die normale Betriebsspannung für Verdichterantriebe ist 220/380 V. Bei größeren Antriebsleistungen kann die Verwendung von Hochspannungsmotoren wirtschaftlich günstiger sein[1]. Als Normspannungen kommen dann 6 und 10 kV in Frage. Für Lithiumbromid-Wasser-Absorptionssätze, siehe Abschnitt 5.5.3-5, müssen als Heizmittel entweder Heißwasser von 80…150 °C oder Dampf von 1…2 bar abs. geliefert werden.

Das zur Wasserersparnis notwendige Rückkühlwerk soll möglichst im Freien, in der Regel auf dem Dach, aufgestellt werden; die Kühlwasserpumpen werden zusammen mit den Kaltwasserpumpen im Maschinenraum aufgestellt. Unterbringung des Rückkühlwerks im Gebäude, z.B. in einem separaten Keller, ist möglich, aber umständlich. Immerhin sind pro kW Kälteleistung ca. 130…170 m³/h Luft zu- und abzuführen, wenn die üblichen Nenntemperaturen – Abschnitt 5.5.3-1 – zugrunde gelegt werden. Belästigungen der Nachbarschaft durch Geräusche und Sprühverluste! Frischwasserbedarf des Kühlturms siehe Abschnitt 5.4.8-3. Der Maschinenraum ist mit einer Entwässerung auszurüsten, jedoch ist der Abfluß verschließbar oder kontrolliert ableitbar zu machen, weil Kältemittel selbst oder die in ihnen gelösten Kältemaschinenöle als wassergefährdend eingestuft sein können. Raumheizung zur Vermeidung von Einfriergefahr bei stehender Anlage ist einzubauen.

5.8.6 Geräuschentwicklung[2]

Zur Berechnung des Schalldruckpegels im Maschinenraum, in benachbarten Räumen oder – bei Aufstellung im Freien – vor den Fenstern benachbarter Gebäude ist es notwendig, den *Schalleistungspegel* der Geräuscherzeuger zu kennen.

Bild 5.9.3-2 gibt Richtwerte für den A-bewerteten Schalleistungspegel L_{WA} von *Kälteverdichtern,* bezogen auf die Kälteleistung bei den in der Klimatechnik üblichen Nennbedingungen für die Wasserkühlung. Die zusätzliche Geräuschentwicklung elektrischer Antriebsmotoren liegt innerhalb des Toleranzfeldes der Angaben, die höhere Geräuschentwicklung thermischer Antriebe muß separat ermittelt und addiert werden.

[1]) Böttcher, C.: VDI-Berichte Nr. 136, 1969. S. 35/42.
Böttcher, C.: Kältetechn. Klimatisierung 7/68. S. 215/18.

[2]) Preisendanz, K.: KKT 1/81. 5 S.
Hartmann, K.: KK 3/84. S. 88.

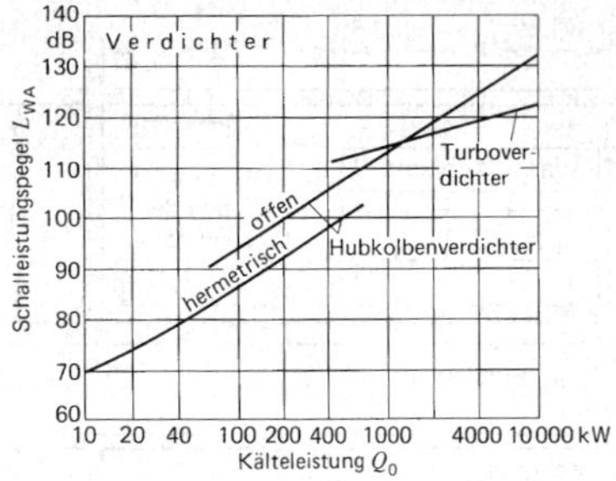

Bild 5.9.3-2. Richtwerte des Schalleistungspegels L_{WA} für Kälteverdichter, abhängig von der Kälteleistung Q_0 bei Kaltwassersatz-Nennbedingungen: Kaltwasseraustritt 6 °C, Kühlwasseraustritt 32 °C. Mittelwerte von zahlreichen Fabrikaten. Genauigkeit ± 5 dB.

Bild 5.9.3-3 gibt Richtwerte für den A-bewerteten Schalleistungspegel L_{WA} von *Ventilatoren* in Rückkühlwerken und luftgekühlten Verflüssigern. Die hier gegebenen Richtwerte beziehen sich auf den Betrieb im Punkt des optimalen Wirkungsgrades bei ungestörter Zu- und Abströmung der Luft. Bei Störungen (Wirbelbildungen) des Luftstromes und bei Abweichung vom Optimalpunkt können Pegelzunahmen bis zu 10 dB auftreten.

Berechnung der Schalldruckpegel nach Regeln der Akustik unter Berücksichtigung von Absorption, Reflexion, Meßortabstand, Richtwirkung. Beachten, daß Schalleistung der einzelnen Verdichter und/oder Ventilatoren getrennt zu ermitteln und akustisch zu addieren ist (z. B. zweite Schallquelle gleicher Schalleistung ergibt Pegelzunahme um 3 dB). Akustische Berechnung zeigt, ob und in welchem Umfang Maßnahmen zur Schalldämmung und/oder Schalldämpfung erforderlich werden.

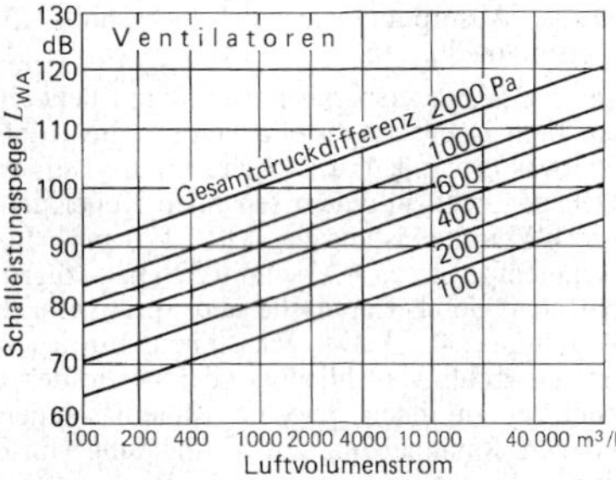

Bild 5.9.3-3.
Richtwerte des Schalleistungspegels L_{WA} für Ventilatoren, abhängig von Luftvolumenstrom und Gesamtdruckdifferenz. Mittelwerte über verschiedene Fabrikate und Bauarten bei Betrieb im Wirkungsgrad-Optimum. Genauigkeit ± 5 dB.

6. ANHANG

6.1 Deutsche bundes[1]- und landesgesetzliche Regelungen

6.1.1 Rechtsgebiete

Gesetzliche Regelungen, die technische Gebäudeausrüstung betreffend, sind in verschiedenen Rechtsgebieten anzutreffen:

1. Bauordnungsrecht
2. Bauplanungsrecht
3. Sicherheits- und Gewerberecht
4. Immissions- und Umweltrecht
5. Natur-, Wald-, Wasser- und Straßenrecht sowie ähnliche Rechtsgebiete
6. Sonstige Rechtsgebiete
7. Verfahrens- und Gebührenrecht

Zu unterscheiden sind die Landes- und Bundesgesetze (Bundesrecht bricht Landesrecht) und die EU-(bisher EG-)Vorschriften (s. Abschn. 6.2).

Nachfolgend sind einige gesetzliche Regelungen aufgeführt, wobei als Beispiel für die 16 deutschen Bundesländer Landesgesetze von Nordrhein-Westfalen[2] erwähnt sind.

-1 Bauordnungsrecht

Das Bauordnungsrecht ist Ländersache. Aus diesem Grunde haben sich die für Bau-, Wohnungs- und Siedlungswesen zuständigen Minister der Länder zur Arbeitsgemeinschaft der Bauminister, der ARGEBAU, zusammengetan. In Fachkommissionen und Arbeitskreisen werden Fragen des Städtebaus, der Bauaufsicht, der Baunormung, der Sonderbauten, der haustechnischen Anlagen, der EU-Koordinierung u. a. m. beraten, Musterverordnungen für die Länder erarbeitet und gemeinsame Belange vertreten. Die Länder erlassen in eigener Zuständigkeit, größtenteils angepaßt an Mustertexte der ARGEBAU, Baurecht, wie z. B. in NRW Regelungen wie

- *Landesbauordnung* einschl. Verwaltungsvorschrift
- Einführung *Technischer Baubestimmungen* und Bekanntmachung *Technischer Regeln*
- Verordnung über die Errichtung und den Betrieb von Feuerungs- und Brennstoffversorgungsanlagen *(Feuerungsverordnung)*
- *Geschäftshausverordnung*
- *Versammlungsstättenverordnung*
- *Garagenverordnung*
- Verordnung über den *Bau von Betriebsräumen für elektrische Anlagen*
- *Hochhausverordnung*
- *Krankenhausbauverordnung*
- *Gaststättenbauverordnung*
- Bauaufsichtliche *Richtlinien für Schulen*
- Verwaltungsvorschriften zum *Vollzug der Feuerungsverordnung*

---

[1]) Veröffentlichungen im Bundesgesetzblatt zu beziehen bei der Bundesanzeiger-Verlagsgesellschaft mbH, Postfach 1320, 53003 Bonn.

[2]) Krebs, W.; Böckenförde, D.; Temme, H.-G.: Bauvorschriften für Nordrhein-Westfalen. Deutscher Fachschriften-Verlag, Wiesbaden/Heidelberg 1978/06. 2000.

- *Brandschutztechnische Anforderungen* an Lüftungsanlagen
- Erlaß zur *Aufstellung von Wärmepumpen*
- Erlaß zur Höhe und Anordnung der *Schornsteine* von Feuerungsanlagen
- Muster-Leitungsanlagen – Richtlinie MLAR der ARGEBAU (03.2000)

-2 Bauplanungsrecht[1)]

- *Baugesetzbuch (BauGB)* vom 27. August 1997 (BGBl. I S. 2141), zuletzt geändert 05. Oktober 1994 (BGBl. I S. 2911)

-3 Sicherheits- und Gewerberecht[1)]

Gerätesicherheitsgesetz vom 23. Oktober 1992 (BGBl. I S. 1793), geändert durch Gesetz vom 24. April 1998 (BGBl. I S. 730)

Dampfkesselverordnung vom 27. Februar 1980 (BGBl. I S. 173), zuletzt geändert durch Gesetz vom 12. Dezember 1996 (BGBl. I S. 1914)

Allgemeine Verwaltungsvorschrift zur *Dampfkesselverordnung* vom 27. Februar 1980 (Bundesanzeiger Nr. 43 vom 1. März 1980)

Druckbehälterverordnung vom 21. April 1989 (BGBl. I S. 843), zuletzt geändert durch Gesetz vom 23. Juni 1999(BGBl. I S. 1435)

Allgemeine Verwaltungsvorschrift zur *Druckbehälterverordnung* vom 27. Februar 1980 (Bundesanzeiger Nr. 43 vom 1. März 1980)

Verordnung über *brennbare Flüssigkeiten* vom 13. Dezember 1996 (BGBl. I S. 1937)

Allgemeine Verwaltungsvorschrift zur Verordnung über *brennbare Flüssigkeiten* vom 27. Februar 1980 (Bundesanzeiger Nr. 43 vom 1. März 1980)

Verordnung über *elektrische Anlagen in explosionsgefährdeten Räumen* vom 13. Dezember 1996 (BGBl. I S. 1931)

Allgemeine Verwaltungsvorschriften zur Verordnung über *elektrische Anlagen in explosionsgefährdeten Räumen* vom 27. Februar 1980 (Bundesanzeiger Nr. 43 vom 1. März 1980)

Verordnung über das *Inverkehrbringen von einfachen Druckbehältern* vom 25. Juni 1992 (BGBl. I S. 1171), geändert durch Verordnung vom 28. September 1995 (BGBl. I S. 1213)

Gasverbrauchseinrichtungsverordnung vom 26. Januar 1993 (BGBl. I S. 133), zuletzt geändert durch die Verordnung vom 28. September 1995 (BGBl. I S. 1213)

Maschinenverordnung vom 12. Mai 1993 (BGBl. I S. 704), geändert durch Gesetz vom 28. September 1995 (BGBl. I S. 1213)

Arbeitsstättenverordnung vom 20. März 1975 (BGBl. I S. 729), zuletzt geändert durch die Verordnung vom 04. Dezember 1996 (BGBl. I S. 1841)

Arbeitsstättenrichtlinien (ASR)

ASR 5	Lüftung (10. 79, ber. d. Bek. des BMA vom 13. 9. 1984)
ASR 6/1	Raumtemperaturen (4. 76, ber. d. Bek. des BMA vom 14. 4. 1977 u. vom 13. 9. 1984)
ASR 7/3	Künstliche Beleuchtung (Bekanntgabe des BMA vom 1. Oktober 1993)
ASR 34/1–5	Umkleideräume (6. 76, ber. d. Bek. des BMA vom 20. 4. 1979, vom 22. 12. 1980 u. vom 1. 8. 1988)
ASR 35/1–4	Waschräume (9. 76, ber. d. Bek. des BMA vom 30. 6. 1977, vom 20. 4. 1979, vom 22. 12. 1980 und vom 1. 8. 1988)
ASR 37/1	Toilettenräume (9. 76, ber. d. Bek. des BMA vom 14. 4. 1977, vom 30. 6. 1977 u. vom 20. 4. 1979)
ASR 45/1–6	Tagesunterkünfte auf Baustellen (11. 77, ber. d. Bek. des BMA vom 13. 9. 1984 u. vom 1. 8. 1988)
ASR 47/1–3,5	Waschräume für Baustellen (11. 77)
ASR 48/1,2	Toiletten auf Baustellen (11. 77)

Verordnung über die *Organisation der technischen Überwachung* vom 2. Dezember 1959 (GV. NW. S. 174/SGV. NW. 7131), geändert durch Verordnung vom 14. Juni 1994 (GV. NW. S. 360)

---

1) Im Bedarfsfall letzten Änderungsstand überprüfen.

Gaststättengesetz vom 5. Mai 1970 (BGBl. I S. 465; ber. S. 1298), zuletzt geändert durch Gesetz vom 20. November 1998 (BGBl. I S. 3418)

Gaststättenverordnung NRW vom 28. Januar 1997 (GV. NW. S. 17)

Verordnung über *bauliche Mindestanforderungen* für Altenheime, Altenwohnheime und Pflegeheime für Volljährige (HeimMindBauV) in der Fassung der Bekanntmachung vom 3. Mai 1983 (BGBl. I S. 550)

Lebensmittel-Hygiene-Verordnung NRW vom 30. November 1982 (GV. NW. S. 765/ SGV. NW. 7833)

-4 Immissions- und Umweltschutzrecht[1)]

Bundes-Immissionsschutzgesetz vom 14. Mai 1990 (BGBl. I S. 880), zuletzt geändert durch Gesetz vom 19. Oktober 1998 (BGBl. I S. 3178)

Verordnung über *Kleinfeuerungsanlagen* vom 14. März 1997 (BGBl. I S. 490)

Verordnung zur *Emissionsbegrenzung von leichtflüchtigen Halogenkohlenwasserstoffen* vom 10. Dezember 1990 (BGBl. I S. 2694), geändert durch Verordnung vom 5. Juni 1991 (BGBl. I S. 1218)

Verordnung über *Schwefelgehalt von leichtem Heizöl und Dieselkraftstoff* vom 15. Januar 1975 (BGBl. I S. 264), zuletzt geändert durch Verordnung vom 26. September 1994 (BGBl. I S. 2640)

Verordnung über *genehmigungsbedürftige Anlagen* vom 14. März 1997 (BGBl. I S. 504), zuletzt geändert durch Verordnung vom 23. Februar 1999 (BGBl. I S. 186)

Verordnung über *Immissionsschutz- und Störfallbeauftragte* vom 30. Juli 1993 (BGBl. I S. 1433)

Verordnung zur *Auswurfbegrenzung von Holzstaub* vom 18. Dezember 1975 (BGBl. I S. 3133)

Verordnung über *Großfeuerungsanlagen* vom 22. Juni 1983 (BGBl. I S. 719)

Verordnung über *Verbrennungsanlagen für Abfälle und ähnliche brennbare Stoffe* vom 23. Februar 1999(BGBl. I S. 186)

Landes-Immissionsschutzgesetz NRW vom 18. März 1975 (GV. NW. S. 232/SGV. NW. 7129), zuletzt geändert durch Gesetz vom 15. Dezember 1993 (GV. NW. S. 987)

Smog-Verordnung NRW vom 29. Oktober 1974 (GV. NW. S. 1432/SGV. NW. 7129), zuletzt geändert durch Verordnung vom 2. März 1999 (GV. NW. S. 86)

Kreislaufwirtschafts- und Abfallgesetz vom 27. September 1994 (BGBl. I S. 2705), zuletzt geändert durch Gesetz vom 22. Juni 1998 (BGBl. I S. 1485)

Landesabfallgesetz NRW vom 21. Juni 1988 (GV. NW. S. 250/SGV. NW. 74), geändert durch Gesetz vom 24. November 1998 (GV. NW. S. 666)

Schornsteinfegergesetz vom 15. September 1969 (BGBl. I S. 1634, 2432), zuletzt geändert durch Gesetz vom 10. Oktober 1998 (BGBl. I S. 2071)

Verordnung über das *Schornsteinfegergesetz* vom 19. Dezember 1969 (BGBl. I S. 2363), zuletzt geändert durch Verordnung vom 25. März 1998 (BGBl. I S. 596)

Kehr- und Überprüfungsordnung NRW vom 17. Oktober 1990 (GV. NW. S. 592/SGV. NW. 7125), geändert durch Verordnung vom 29. März 1999 (GV. NW. S. 138)

Gesetz über die *Umweltverträglichkeitsprüfung* (UVPG) vom 12. Februar 1990 (BGBl. I S. 205), zuletzt geändert durch Gesetz vom 18. August 1997 (BGBl. I S. 2081)

Umwelthaftungsgesetz vom 10. Dezember 1990 (BGBl. I S. 2634)

---

[1]) Im Bedarfsfall letzten Änderungsstand überprüfen.

-5 Natur-, Wald-, Wasser- und Straßenrecht sowie ähnliche Rechtsgebiete[1)]

Bundesnaturschutzgesetz vom 21. September 1998 (BGBl.I S. 2994)

Wasserhaushaltsgesetz vom 12. November 1996 (BGBl.I S. 1695), zuletzt geändert durch Gesetz vom 30. April 1998 (BGBl.I S. 823)

Landeswassergesetz NRW vom 25. Juni 1995 (GV. NW. S. 926/SGV. NW. 77)

Verordnungen über Anlagen zum Umgang mit wassergefährdenden Stoffen und über Fachbetriebe, NRW, vom 12. August 1993 (GV. NW. S. 676), zuletzt geändert durch Verordnung vom 20. August 1999 (GV. NW. 558)

-6 Sonstige Rechtsgebiete[1)]

Energieeinsparungsgesetz vom 22. Juli 1976 (BGBl.I S. 1873), geändert durch Gesetz vom 20. Juni 1980 (BGBl.I S. 701)

Verordnung über Zuständigkeiten nach dem *Energieeinsparungsgesetz,* NRW vom 24. November 1982 (GV. NW. S. 755/SGV. NW. 75)

Wärmeschutzverordnung vom 16. August 1994 (BGBl.I S. 2121)[2)]

Heizungsanlagen-Verordnung (HeizAnlV) vom 04. Mai 1998 (BGBl.I S. 851)[3)]

Überwachungsverordnung zur *Heizungsanlagen-Verordnung,* NRW, vom 15. November 1984 (GV. NW. 1985 S. 20), zuletzt geändert durch Verordnung vom 20. Oktober 1995 (GV. NW. S. 1021)

Verordnung über *Heizkostenabrechnung* vom 20. Januar 1989 (BGBl.I S. 115)

Verordnung zur Regelung von Zuständigkeiten nach der Verordnung über *Heizkostenabrechnung,* NRW vom 27. Oktober 1981 (GV. NW. S. 624/SGV. NW. 75), geändert durch Verordnung vom 30. Oktober 1984 (GV. NW. S. 660)

Brandschauverordnung NRW vom 12. Juni 1984 (GV. NW. S. 390)

Gesetz zum Schutz der Berufsbezeichnungen „Architekt“, „Architektin“, „Stadtplaner“ und „Stadtplanerin“ sowie über die Architektenkammer, über den Schutz der Berufsbezeichnung „Beratender Ingenieur“ und „Beratende Ingenieurin“ sowie über die Ingenieurkammer-Bau, NRW vom 15. Dezember 1992 (GV. NW. S. 534/SGV. NW. 2331), geändert durch Gesetz vom 20. April 1999 (GV. NW. S. 154)

Gesetz zum Schutze der Berufsbezeichnung „Ingenieur/Ingenieurin“, NRW, vom 05. Mai 1970 (GV. NW. S. 312), zuletzt geändert durch Gesetz vom 17. Mai 1994 (GV. NW. S. 438)

Honorarordnung für Architekten und Ingenieure (HOAI) vom 13. Dezember 1990 (BGBl.I S. 2707), geändert durch Verordnung vom 1. Januar 1996 (BGBl. I 1995 S. 1174)

Energiewirtschaftsgesetz (EnWG) vom 24. April 1998 (BGBl.I Nr. 23)

Erneuerbare-Energien-Gesetz (EEG) vom 29. März 2000 (BGBl.I Nr. 13)

-7 Verfahren- und Gebührenrecht[1)]

Gesetz über Ordnungswidrigkeiten (OWiG) in der Fassung der Bekanntmachung vom 19. Februar 1987 (BGBl. I S. 602), zuletzt geändert durch Gesetz vom 26. August 1998 (BGBl. I S. 2432)

Gebührengesetz für das Land Nordrhein-Westfalen vom 23. August 1999 (GV. NW. S. 524)

---

1) Im Bedarfsfall letzten Änderungsstand überprüfen.
2) s. Abschnitt 6.1.5-1
3) s. Abschnitt 6.1.6

6.1.2 Honorarordnung (HOAI)

Honorarordnung für Architekten und Ingenieure (HOAI) vom 17. September 1976 (BGBl. I S. 2805), in der Fassung des 9. Euro-Einführungsgesetzes vom 10. November 2001 (BGBl. I S. 2992), mit Teil IX „Leistungen bei der Technischen Ausrüstung" (§ 68 bis § 76).

Das *Honorar* für Leistungen bei der Technischen Gebäudeausrüstung richtet sich nach den Kosten der Anlagen, nach der Honorarzone, der die Anlagen angehören, und nach der Honorartafel.

Honorarzone I: Anlagen mit geringen Planungsanforderungen, z. B. Gas- und Wasseranlagen mit einfachem Rohrnetz, einfache Heizungs- und Lüftungsanlagen.

Honorarzone II: Gas- und Wasseranlagen mit umfangreichen Rohrnetzen; Heizungsanlagen mit besonderer Anforderung an die Regelung, Fernheiz- und Kältenetze, Lüftungsanlagen mit besonderen Anforderungen an Geräuschstärke und Zugfreiheit.

Honorarzone III: Gas- und Wasseranlagen mit hohen Planungsanforderungen, Heißwasseranlagen, Wärmepumpen, Luftkühlanlagen, Klimaanlagen.

Die einzelnen Leistungen werden in Hundertsteln des *Grundhonorars* nach Tafel 6.1.2-1 wie folgt bewertet (Leistungsbild):

1. Grundlagenermittlung 3%
2. Vorplanung 11%

Tafel 6.1.2-1 Honorartafel für Grundleistungen bei der Technischen Ausrüstung von Gebäuden gemäß § 74 HOAI (Stand 10. November 2001)

Anrechenbare Kosten Euro	Zone I		Zone II		Zone III	
	von	bis	von	bis	von	bis
	Euro		Euro		Euro	
5113	1478	1917	1917	2357	2357	2797
7500	2031	2624	2624	3216	3216	3809
10000	2556	3289	3289	4019	4019	4752
15000	3548	4528	4528	5503	5503	6484
20000	4473	5693	5693	6914	6914	8134
25000	5347	6808	6808	8273	8273	9734
30000	6177	7882	7882	9593	9593	11298
35000	6976	8913	8913	10847	10847	12784
40000	7733	9901	9901	12063	12063	14230
45000	8487	10856	10856	13219	13219	15588
50000	9234	11810	11810	14380	14380	16956
75000	12568	16041	16041	19518	19518	22991
100000	15622	19854	19854	24082	24082	28314
150000	21105	26593	26593	32082	32082	37571
200000	26415	32827	32827	39235	39235	45647
250000	31956	39250	39250	46548	46548	53842
300000	37512	45677	45677	53843	53843	62008
350000	43175	52249	52249	61323	61323	70397
400000	48818	58870	58870	68926	68926	78978
450000	54510	65482	65482	76452	76452	87424
500000	60231	72092	72092	83957	83957	95818
750000	87896	103271	103271	118651	118651	134025
1000000	114267	131760	131760	149249	149249	166741
1500000	164316	182612	182612	200903	200903	219199
2000000	212619	231248	231248	249881	249881	268510
2500000	259767	280334	280334	300907	300907	321474
3000000	304679	326477	326477	348271	348271	370069
3500000	345783	368653	368653	391527	391527	414398
3750000	365114	388450	388450	411792	411792	435128
3834689	371515	394999	394999	418487	418487	441971

3. Entwurfsplanung 15%
4. Genehmigungsplanung 6%
5. Ausführungsplanung 18%
6. Vorbereitung der Vergabe 6%
7. Mitwirkung bei der Vergabe 5%
8. Bauüberwachung 33%
9. Objektbetreuung und Dokumentation 3%.

6.1.3 Verdingungsordnungen für Leistungen (VOL und VOF)

-1 Verdingungsordnung für Leistungen – ausgenommen Bauleistungen – (VOL)

Die *VOL* regelt in *Teil A* (VOL/A vom 12. Mai 1997 – BAnz. Nr. 163a v. 3. September 1997: *Allgemeine Bestimmungen für die Vergabe von Leistungen*) das Vergabeverfahren bei öffentlichen Aufträgen für Lieferungen und Leistungen, die nicht unter die *VOB* (s. Abschn. 6.1.4) fallen und die nicht Leistungen sind, die im Rahmen freiberuflicher Tätigkeit erbracht oder im Wettbewerb mit freiberuflich Tätigen von Gewerbebetrieben angeboten werden (Ausnahmen und Differenzierungen siehe in den 32 Paragraphen des VO-Textes).

Im *Teil B* (VOL/B vom 1. Oktober 1991 – BAnz. Nr. 215a v. 19. November 1991: *Allgemeine Bedingungen für die Ausführung von Leistungen*) werden Ausführungsbedingungen für Leistungen entsprechend Kauf-, Werk- und Werklieferungsverträgen, aber auch für andere Vertragstypen, in 29 Paragraphen formuliert.

-2 Verdingungsordnung für freiberufliche Leistungen (VOF)

Die *VOF* vom 25. Juli 2000 findet Anwendung für die Vergabe von Leistungen, die im Rahmen einer freiberuflichen Tätigkeit erbracht oder im Wettbewerb mit freiberuflich Tätigen angeboten werden (§ 1). Sie ist anzuwenden ab einem Auftragswert (ohne MWSt) von ca. 130000 bzw. 200000 € (§ 2). Ausnahmen und Differenzierungen sollten den 21 Paragraphen des VO-Textes entnommen werden.

6.1.4 Verdingungsordnung für Bauleistungen (VOB)

Gemäß Beschluß des Reichstags vom 9. März 1921 wurde zur gesetzlichen Regelung des Verdingungswesens der „Reichsverdingungsausschuß“ gegründet, der aus ehrenamtlich tätigen sachverständigen Vertretern der Baubehörden, des Reiches, der Länder, der Gemeinden, der Bauindustrie, des Handwerks, der Architekten und der Gewerkschaften bestand und 1947 als „Deutscher Verdingungsausschuß“ neu gebildet wurde. Durch die Gemeinschaftsarbeit anerkannter Sachverständiger wurde im Laufe der Jahre die „Verdingungsordnung für Bauleistungen (VOB)“ geschaffen, die in ganz Deutschland eine Vereinheitlichung und Vereinfachung des Verdingungswesens herbeiführte. Die Bestimmungen der VOB wurden auch vom Deutschen Normenausschuß als DIN-Normen übernommen.

Die VOB ist im gesamten öffentlichen Bereich beim Bund, den Ländern und Gemeinden eingeführt.

Es empfiehlt sich auch für private Auftraggeber und Auftragnehmer, bei der Vergabe und Ausführung von Heizungs- und Lüftungsanlagen die VOB zugrunde zu legen[1)].

Die Verdingungsordnung gliedert sich in folgende drei Abschnitte:

A. Allgemeine Bestimmungen für die Vergabe von Bauleistungen (DIN 1960 – 12.92).
B. Allgemeine Vertragsbedingungen für die Ausführung von Bauleistungen (DIN 1961 – 06.96).
C. Allgemeine Technische Vertragsbedingungen für Bauleistungen (ATV), Allgemeine Regelungen für Bauarbeiten jeder Art – DIN 18299 – 06.96).

---

1) Kommentar zur VOB Teil C DIN 18379/80 von Enge, Kraupner, Salzwedel, Wurr. 1977.

WICU®_extra
Absolut EnEV!
WICU®_extra
Ab 1. 2. 2002 gilt die neue Energieeinsparverordnung EnEV.
WICU®_extra ist das einzige werkseitig ummantelte Rohr, das alle Anforderungen der EnEV erfüllt.
Sicherheit für Verarbeiter und Planer. Eine Sorge weniger!
KME
Tube Systems
KM Europa Metal AG, Osnabrück
Tel. 05 41/321-43 22
Fax 05 41/321-43 20
info-rohre@kme.com
www.kme-tube-systems.com
SMI Group
WICU®
WICU®_Rohr
WICU®_extra
WICU®_flex

Der Teil C, der sich in dauernder Entwicklung befindet, enthält Vorschriften für über 50 Gewerke, darunter

DIN 18379 Raumlufttechnische Anlagen (05.98).
DIN 18380 Heizunganlagen und zentrale Wassererwärmungsanlagen (05.98).
DIN 18381 Gas-, Wasser- und Abwasser-Installationsarbeiten innerhalb von Gebäuden (05.98).
DIN 18382 Elektrische Kabel- und Leitungsanlagen in Gebäuden (05.98).
DIN 18421 Dämmarbeiten an technischen Anlagen (05.98).
DIN 18451 Gerüstarbeiten (05.98).

Die vorzitierten Normen sind größtenteils nach Redaktionsschluß als VOB 2000 im November 2000 neu herausgekommen.

6.1.5 Energieeinsparverordnung EnEV[1)]

Die Verordnung über energiesparenden Wärmeschutz und energiesparende Anlagentechnik bei Gebäuden (Energieeinsparverordnung – EnEV) vom 16.11.2001 trat, ausgenommen § 13 Abs. 1 Satz 3, § 15 und § 16 Abs. 2, am 1.2.2002 in Kraft. Gleichzeitig trat die Wärmeschutzverordnung vom 16.8.1994 außer Kraft. Die vorgenannten Ausnahmeparagraphen der EnEV traten bereits am 17. 11.2001 in Kraft.

-1 Inhaltsübersicht in Kurzform[2)]

Abschnitt 1: Allgemeine Vorschriften

§ 1 *Geltungsbereich*
Gebäude mit normalen und niedrigen Innentemperaturen, einschließlich technischer Anlagen für Heizung, Lüftung, Warmewasserbereitung
Ausnahmen: Betriebsgebäude für Tierhaltung / offengehaltene Betriebsgebäude / unterirdische Bauten / Unterglasanlagen / Traglufthallen / Zelte

§ 2 *Begriffsbestimmungen*
wichtige:
- normale Innentemperatur ≥19 °C, beheizt mehr als 4 Monate/Jahr
- niedrige Innentemperatur >12 °C < 9 °C, beheizt mehr als 4 Monate/Jahr
- erneuerbare Energien → Solarenergie/Umweltwärme/Erdwärme/Biomasse
- Standardheizkessel → Betriebstemperatur begrenzt
- Niedertemperaturheizkessel → Eintrittstemperatur von 35 bis 40 °C und evtl. Wasserdampf/Kondensation im Abgas
- Brennwertkessel für Wasserdampfkondensation im Abgas konstruiert

Abschnitt 2: Zu errichtende Gebäude

§ 3 *Gebäude mit normalen Innentemperaturen*
Ausführung:
- Einhaltung des vorgegebenen max. Jahres-Primärenergiebedarfs und
- Einhaltung des vorgegebenen max. Transmissionswärmeverlustes
  Ausnahmen vom ersten Satzteil:
  Bei >70% Kraft-Wärmekopplung / Bei 70% Einsatz erneuerbarer Energien / bei überwiegend Einzelfeuerstätten / bei Sonder-Wärmeerzeugern

§ 4 *Gebäude mit niedrigen Innentemperaturen*
Ausführung:
Einhaltung des vorgegebenen max. Transmissionswärmeverlustes

§ 5 *Dichtheit, Mindestluftwechsel*
Ausführung:
- dauerhafte Luftundurchlässigkeit entsprechend Vorgaben
- Sicherstellung des Mindestluftwechsels

§ 6 *Mindestwärmeschutz, Wärmebrücken*
Ausführung:
- Bauteile gegen Außenluft, Erdreich und Gebäudeteile mit niedrigen Innentemperaturen entsprechend Vorgaben Mindestwärmeschutz

---

1) Bundesgesetzblatt, Teil I, Nr. 59 vom 21. 11. 2001, S. 3085–3102 (zu beziehen bei der Bundesanzeiger-Verlagsgesellschaft mbH, Postfach 1320, 53003 Bonn.
2) Buderus Heiztechnik GmbH – Technisches PR, 02.02.

- Wärmebrücken so gering wie möglich. Resteinfluß bei Transmissionswärmeverlust und Primärenergiebedarf berücksichtigen

§ 7 *Gebäude mit geringem Volumen*
Bei beheiztem Gebäudevolumen ≤ 100 m^3 und Einhaltung von §§ 11 und 12, nur Anforderungen an max. Wärmedurchgangskoeffizienten

Abschnitt 3: Bestehende Gebäude und Anlagen

§ 8 *Änderung von Gebäuden*
Bei Änderungen an Gebäuden sind maximale Wärmedurchgsangskoeffizienten einzuhalten. Betroffene Außenbauteile → bei Ersatz, Neueinbau oder Verbesserungs-/ Erneuerungsmaßnahmen:
- Außenwände
- Außenfenster
- Außentüren
- Decken/Dächer/Dachschrägen
- Vorhangfassaden

nicht bei
- Außenwänden/Fenstern/Türen, wenn <20% der Bauteilflächen gleicher Orientierung (Ost, Südwest etc.)
- Bei anderen Außenbauteilen, wenn <20% der jeweiligen Bauteilflächen

Gilt als erfüllt, wenn:
Das geänderte Gebäude insgesamt den nach EnEV-Vorgaben gesetzten Höchstwert um nicht mehr als 40% überschreitet
Bei Erweiterung um zusammenhängend >30 m^3 sind für den neuen Gebäudeteil die Vorschriften für zu errichtende Gebäude einzuhalten.

§ 9 Nachrüsten bei Anlagen und Gebäuden:
- vor 1. Okt. 1978 eingebaute Heizkessel für flüssige/gasförmige Brennstoffe sind bis 31. Dez. 2006 außer Betrieb zu nehmen, bei Erneuerungen des Brenners nach 1. Nov. 1996 bis 31. Dez. 2008.
- ungedämmte Wärmeverteilungs-/Warmwasserleitungen in ungeheizten Räumen sind bis 31. Dez. 2006 nach Vorgabe zu dämmen
- ungedämmte oberste Geschoßdecken beheizter Räume sind bis 31. Dez. 2006 mit k $\leq 0{,}3$ W/(m^{2}K) zu dämmen.

Ausnahme: Niedertemperatur-Heizkessel und Brennwertkessel. Anlagen <4 kW und >400 kW
Wohngebäude ≤ 2 Wohnungen und vom Eigentümer selbst bewohnt. Anforderungen dann nur zutreffend, wenn Eigentümerwechsel. Austauschfristen wie oben.

§ 10 *Aufrechterhaltung der energetischen Qualität:*
- Veränderung der Außenbauteile dürfen die energetische Qulität nicht verschlechtern. Gleiches gilt für anlagentechnische Änderungen.
- Energiebedarfssenkende Einrichtungen sind betriebsbereit zu erhalten und bestimmungsgemäß zu nutzen
- Wärme-/Raumlufttechnische Anlagen sind sachgerecht zu bedienen, zu warten und instand zu halten
- Für Wartung/Instandhaltung ist Fachkunde erforderlich.

Abschnitt 4: Heizungstechnische Anlagen, Warmwasseranlagen

§ 11 *Inbetriebnahme von Heizkesseln:*
- Heizkessel für flüssige/gasförmige Brennstoffe mit Nennleistung 4...400 kW dürfen nur eingebaut/aufgestellt werden, wenn sie mit CE-Kennzeichnung versehen sind.
  Ausnahmen:
  - einzeln produzierte Heizkessel
  - bei Betrieb mit nicht marktüblichen flüssigen/gasförmigen Brennstoffen
  - Anlagen für ausschließlich Warmwasserbereitung
  - Geräte für Einzelraumbeheizung mit Warmwasserversorgung
  - Warmwasser-Speichersysteme <6 kW mit Schwerkraftumlauf

  Die Geräte müssen nach anerkannten Regeln der Technik gegen Wärmeverluste gedämmt sein. Ebenso Heizkessel <4 kW und >400 kW
- Bei Gebäuden, deren Jahres-Primärenergiebedarf nicht nach § 3 begrenzt ist, muß der Heizkessel ein Niedertemperatur- oder Brennwertkessel sein.
  Ausnahme:
  Bestehende Gebäude mit normaler Innentemperatur, wenn der Jahres-Primärenergiebedarf die EnEV-Vorgabe um nicht mehr als 40% überschreitet.

§ 12 *Verteilungseinrichtungen und Warmwasseranlagen*
- Zentralheizungen sind mit selbsttätig wirkenden Einrichtungen zur Anpassung der Wärmezufuhr und Steuerung elektrischer Antriebe auszustatten.
- Raumweise Regelung der Außentemperatur
  Ausnahme:
  Einzelgeräte für feste/flüssige Brennstoffe
  Gruppenregelung vergleichbarer Räume
- Umwälzpumpen in Anlagen >25 kW mindestens 3stufig regelbar
- Warmwasser-Zirkulationspumpen mit selbsttätigen Ein-/Ausschalteinrichtungen
- maximale Wärmeverluste von Verteilleitungen/Armaturen entsprechend Vorgaben
- maximale Wärmeverluste von Heiz-/Warmwasserspeicher nach anerkannten Regeln der Technik

Abschnitt 5: Gemeinsame Vorschriften, Ordnungswidrigkeiten

§ 13 *Ausweise über Energie- und Wärmeverbrauch, Energieverbrauchskennwerte*
- Für Gebäude nach § 3
  - Ausstellung eines Energiebedarfsausweises
  - bei wesentlichen Änderungen, Ausstellung eines Energiebedarfsausweises, wenn entsprechende Berechnungen vorliegen
- Für Gebäude nach § 4
  - Ausstellung eines Wärmebedarfsausweises
- Die Ausweise sind Behörden/Nutzern zugänglich zu m,achen
- Wenn keine Ausweise vorliegen, können Energieverbrauchskennwerte genannt werden.

§ 14 *Getrennte Berechnungen für Teile eines Gebäudes*
Teile eines Gebäudes dürfen wie eigenständige Gebäude behandelt werden.

§ 15 *Regeln der Technik*
- Bekanntmachungen im Bundesanzeiger
- Normungen/Bestimmungen auch anderer Mitgliederstaaten der Europäischen Gemeinschaft
- Liegen keine anerkannten Regeln vor, sind Nachweise gegenüber zuständigen Behörden zu führen.

§ 16 *Ausnahmen*
- Bei Baudenkmälern oder sonst erhaltenswerter Bausubstanz
- Wenn das Verordnungsziel auch anderweitig erreichbar ist.
  Ausnahmegenehmigung durch länderrechtlich zuständige Behörde.

§ 17 *Befreiung*
Befreiung bei unbilliger Härte durch länderrechtlich zuständige Behörde.

§ 18 *Ordnungswidrigkeiten*
- Einbau/Aufstellung eines Heizkessels entgegen § 11
- nicht/nicht rechtzeitig Ausstattung entgegen § 12
- gegen § 12 abweichende Ausstattung von Umwälzpumpen
- gegen § 12 abweichende Begrenzung von Wärmeverlusten

Abschnitt 6: Schlußbestimmungen

§ 19 *Übergangsvorschrift*
Die Verordnung gilt nicht
- wenn der Bauantrag vor Inkrafttreten der Verordnung gestellt wurde
- bei anzeigefreien Bauvorhaben, wenn Baubeginn vor Inkrafttreten der Verordnung

§ 20 *Inkrafttreten, Außerkrafttreten*
- § 13 I 5 / § 15 / § 16 II / der Verordnung treten am 22.11.2001,
- sonstige am 01.02.2002 in Kraft.
- Die WSchV vom 16. Aug. 1994 und die HeizAnlV vom 4. Mai 1998 treten am 01.02.2002 außer Kraft.

Anhang 1: Anforderungen an zu errichtenden Gebäuden mit normalen Innentemperaturen

Anhang 2: Anforderungen an zu errichtenden Gebäuden mit niedrigen Innentemperaturen

Anhang 3: Anforderungen bei Änderung von Außenbauteilen bestehender Gebäude (zu § 8 Abs. 1) und bei Errichtung von Gebäuden mit geringem Volumen (§ 7)

Anhang 4: Anforderungen an die Dichtheit und den Mindestluftwechsel (zu § 5)

Anhang 5: Anforderungen zur Begrenzung der Wärmeabgabe von Wärmeverteilungs- und Warmwasserleitungen sowie Armaturen (zu § 12 Abs. 5)

-2 Kommentar zur EnEV[1] [2]

Von Dr.-Ing. Anton Maas, Univ.-Prof. Dr.-Ing. Gerd Hauser,
Dipl.-Ing. Kirsten Höttges, Kassel

-2.1 Einführung

Die Energieeinsparverordnung stellt die wesentliche ordnungspolitische Komponente zur Minderung des Energieverbrauchs im Gebäudebereich dar. Hiermit soll ein wichtiger Beitrag zur CO_2-Emissionsminderung und zur Daseinsvorsorge geleistet werden. Auf der Grundlage des Energieeinsparungsgesetzes aus dem Jahre 1976 werden die bisher diesen Bereich behandelnden Wärmeschutz- und Heizungsanlagenverordnung zu einer Verordnung, der Energieeinsparverordnung (EnEV), zusammengefasst.

Die ganzheitliche Betrachtung und Einbeziehung der Anlagen- und Bautechnik soll die erforderliche integrative energetische Planung fördern.

Wesentliche praktische Konsequenzen der neuen Verordnung laufen darauf hinaus, dass in einem frühen Stadium die Abstimmung zwischen den Planern des baulichen Wärmeschutzes und der Anlagentechnik erfolgt. Über „Bonusanreize“, die eine gute Detailplanung – und natürlich auch eine gute Detailausführung – belohnen, wird eine verbesserte Qualität der Baukonstruktion erreicht. Darüber hinaus wird in dem Nachweisverfahren der Verordnung die Effizienz einer guten Gebäudeanlagentechnik deutlich herausgestellt und es resultieren Anreize für den Einsatz optimierter Heizungs- und Warmwasserbereitungssysteme.

Der Gültigkeitsbereich der EnEV beinhaltet neu zu errichtende Gebäude, wobei zwischen Gebäuden mit normalen und niedrigen Innentemperaturen unterschieden wird, und den Gebäudebestand.

Die wesentlichen im einzelnen gestellten Anforderungen, ihre Berechnung und ihre Konsequenzen werden im Weiteren nach Erläuterungen der wichtigsten dort verwendeten Begriffe aufgezeigt.

-2.2 Begriffe nach EnEV

-2.2.1 Heizwärmebedarf

Die Wärmemenge, die von dem Heizsystem (Heizkörper) dem Raum bzw. dem Gebäude zur Verfügung gestellt werden muss, um die entsprechende Raumtemperatur aufrecht zu erhalten.

Die Größe wird durch die Bilanzierung von Wärmeverlusten (Transmission und Lüftung) und Wärmegewinnen (solare und interne) ermittelt und kennzeichnet – unter Berücksichtigung definierter Nutzungsbedingungen – die wärmeschutztechnische Qualität der Gebäudehülle.

-2.2.2 Heizenergiebedarf

Energiemenge, die für die Gebäudebeheizung unter Berücksichtigung des Heizwärmebedarfs und der Verluste des Heizungssystems aufgebracht werden muss.

Verluste des Heizungssystems treten bei der Wärmeübergabe, der Wärmeverteilung, der Wärmespeicherung und der Wärmeerzeugung auf. Diese Verluste werden in einer Anlagen-Aufwandszahl zusammengefasst.

Eine kleine Aufwandszahl kennzeichnet ein energetisch günstiges Heizungssystem.

-2.2.3 Endenergiebedarf

Energiemenge, die für die Gebäudebeheizung unter Berücksichtigung des Heizwärmebedarfs und der Verluste des Heizungssystems sowie des Warmwasserwärmebedarfs und der Verluste des Warmwasserbereitungssystems aufgebracht werden muss. Die Endenergie bezieht die für den Betrieb der Anlagentechnik (Pumpen, Regelung, usw.) benötigte Hilfsenergie mit ein.

---

[1]) Erschienen in Bauphysik 1 / 2002

[2]) Aufgrund internationaler Normanpassungen erfolgen z. Z. Änderungen bei bisher in Deutschland gebräuchlichen Formelzeichen. Im vorliegenden Abschnitt ist daher der Wärmedurchgangskoeffizient (bisher k) mit U bezeichnet.

Die Endenergie wird an der „Schnittstelle“ Gebäudehülle übergeben und stellt somit die Energiemenge dar, die vom Verbraucher bezahlt werden muss.

-2.2.4 Primärenergiebedarf

Energiemenge, die zur Deckung des Endenergiebedarfs benötigt wird unter Berücksichtigung der zusätzlichen Energiemenge, die durch vorgelagerte Prozessketten außerhalb der Systemgrenze „Gebäude“ bei der Gewinnung, Umwandlung und Verteilung der jeweils eingesetzten Brennstoffe entstehen.

Die Primärenergie kann als Beurteilungsgröße für ökologische Kriterien, wie z.B. CO_2-Emission, herangezogen werden, da der gesamte Energieaufwand für die Gebäudebeheizung einbezogen wird. Bild 6.1.5-1 enthält eine schematische Darstellung aller Einflussgrößen auf den Primärenenergiebedarf.

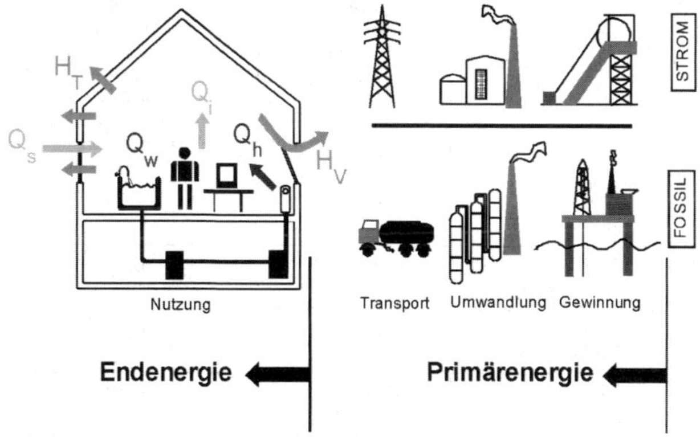

Bild 6.1.5-1. Schematische Darstellung der Einflussgrößen auf die Bilanzierung des Primärenergiebedarfs.

-2.3 Anforderungen

-2.3.1 Gebäude mit normalen Innentemperaturen

Die wesentlichen Anforderungen der Energieeinsparverordnung werden bei Gebäuden mit normalen Innentemperaturen über den Jahres-Primärenergiebedarf formuliert. Bei Wohngebäuden beinhaltet dieser auch den Trinkwasserwärmebedarf Q_w, bei anderen Gebäuden wird kein Trinkwasserwärmebedarf berücksichtigt. Zusätzlich wird eine Anforderung an den spezifischen, auf die wärmeübertragende Umfassungsfläche bezogenen Transmissionswärmeverlust gestellt. Die Anforderungsgrößen und -werte sind inTafel 6.1.5-1 zusammengestellt.

Der Jahres-Primärenergiebedarf darf bei Nichtwohngebäuden in Abhängigkeit vom A/V_e-Verhältnis des Gebäudes für die Gebäudebeheizung Werte von 14,7 bis 35,2 kWh/(m³a) nicht überschreiten. Das Anforderungsniveau ist in Bild 6.1.5-2 grafisch dargestellt.

$$Q_{P',max} = 9{,}9 + 24{,}1 \cdot A/V_e \qquad \text{für } 0{,}2 \leq A/V_e \leq 1{,}05 \qquad [\text{kWh}/(\text{m}^3\text{a})]$$

Wird die Warmwasserbereitung mit in die Bilanzierung einbezogen – dieser Ansatz ist für Gebäude mit wohnähnlicher Nutzung generell vorgesehen – ergeben sich die Maximalwerte des Jahres-Primärenergiebedarfs (für $0{,}2 \leq A/V_e \leq 1{,}05$) in Abhängigkeit von der Art der Anlagentechnik.

Tafel 6.1.5-1 Höchstwerte des auf das beheizte Gebäudevolumen und des auf die Gebäudenutzfläche bezogenen Jahres-Primärenergiebedarfs und des spezifischen, auf die wärmeübertragende Umfassungsfläche bezogenen Transmissionswärmeverlusts in Abhängigkeit vom Verhältnis A/V$_e$.

Verhältnis A/V$_e$	Jahres-Primärenergiebedarf			Spezifischer, auf die wärmeübertragende Umfassungsfläche bezogener Transmissionswärmeverlust HT' in W/(m²a)	
	Q_p'' in kWh/(m²a) bezogen auf die Gebäudenutzfläche		Q_p'' in kWh/(m³a) bezogen auf das beheizte Gebäudevolumen		
	Wohngebäuden außer solchen nach Spalte 3	Wohngebäude mit überwiegender Warmwasserbereitung aus elektrischem Strom	andere Gebäude	Nichtwohngebäude mit einem Fensterflächenanteil ≤30% und Wohngebäude	Nichtwohngebäude mit einem Fensterflächenanteil >30%
1	2	3	4	5	6
≤0,2	66,00 + 2600/(100+A_N)	88,00	14,72	1,05	1,55
0,3	73,53+ 2600/(100+A_N)	95,35	17,13	0,80	1,15
0,4	81,06 + 2600/(100+A_N)	103,06	19,54	0,68	0,95
0,5	88,58 + 2600/(100+A_N)	110,58	21,95	0,60	0,83
0,6	96,11 + 2600/(100+A_N)	118,11	24,36	0,55	0,75
01,7	103,64 + 2600/(100+A_N)	125,64	26,77	0,51	0,69
0,8	111,17 + 2600/(100+A_N)	133,17	29,18	0,49	0,65
0,9	118,70 + 2600/(100+A_N)	140,70	31,59	0,47	0,62
1	126,23 + 2600/(100+A_N)	148,23	34,00	0,45	0,59
≤1,05	130,00 + 2600/(100+A_N)	152,00	35,21	0,44	0,58

Die Anforderung bei überwiegendem Einsatz von elektrischem Strom zur Warmwasserbereitung lauten:

$$Q_P''_{,max} = 72{,}94 + 75{,}29 \cdot A/V_e \qquad [kWh/(m^2a)]$$

Bei Einsatz sonstiger Warmwasserbereitung wird eine Abhängigkeit von der Nutzfläche eingeführt:

$$Q_P''_{,max} = 50{,}94 + 75{,}29 \cdot A/V_e + 2600 / (100+A_N) \qquad [kWh/(m^2a)]$$

Bild 6.1.5-3 zeigt die Auftragung des zulässigen Jahres-Primärenergiebedarfs für Wohngebäude über dem A/V$_e$-Verhältnis. Da die Höhe der Anforderung bei Gebäuden z.T. auch

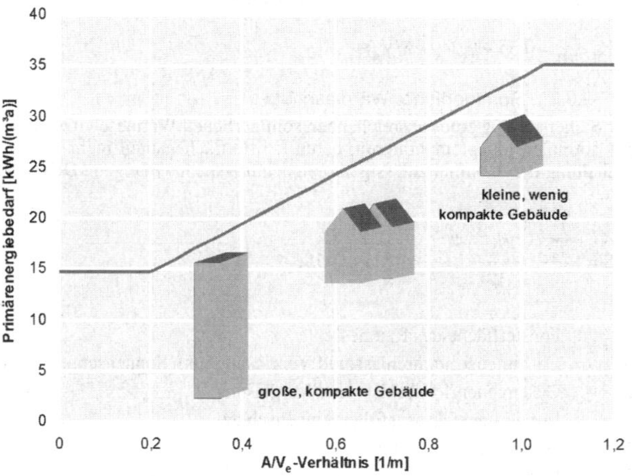

Bild 6.1.5-2. Die Anforderungsgröße „Primärenergiebedarf" für Nichtwohngebäude in Abhängigkeit vom A/V_e-Verhältnis.

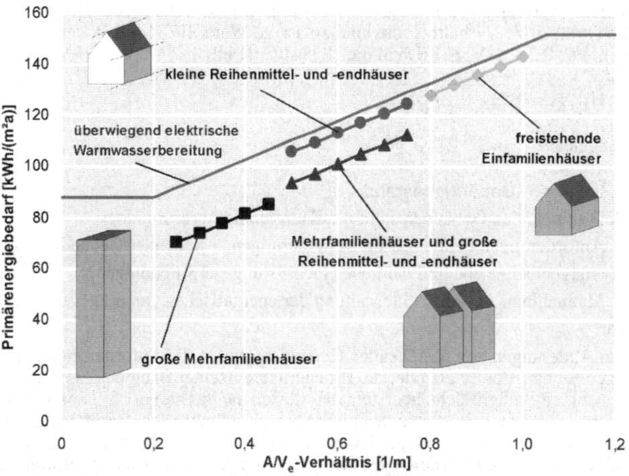

Bild 6.1.5-3. Die Anforderungsgröße „Primärenergiebedarf" für Wohngebäude mit unterschiedlicher Warmwasserbereitung in Abhängigkeit vom A/V_e-Verhältnis.

von der Gebäudenutzfläche abhängig ist, sind in dem Bild repräsentative Gebäudetypen eingetragen.

Zusätzlich zu den genannten Anforderungen wird ein maximaler spezifischer Transmissionswärmeverlust eingeführt, der sicherstellen soll, dass ein baulicher Mindestwärmeschutz gemäß dem Standard der Wärmeschutzverordnung '95 eingehalten wird. Im Bereich $0,2 \leq A/V^e \leq 1,05$ wird unterschieden zwischen
Nichtwohngebäuden mit einem Fensterflächenanteil ≤ 30% sowie Wohngebäuden

$$H_{T}'_{,max} = 0,3 + 0,15 / (A/V_e) \qquad [W/(m^2K)]$$

und Nichtwohngebäuden mit einem Fensterflächenanteil 30%

$$H_{T}',_{max} = 0{,}35 + 0{,}24 / (A/V_e) \qquad [W/(m^2K)]$$

-2.3.2 Sommerlicher Wärmeschutz

Zur Sicherstellung eines ausreichenden sommerlichen Wärmeschutzes wird bei Gebäuden mit normalen Innentemperaturen, deren Fensterflächenanteil mehr als 30 % beträgt, die Einhaltung der maximal zulässige Sonneneintragskennwerte gem. DIN V 4108–2[1]) gefordert.

$$S = \frac{\sum_j (A_{w,j} \cdot g_{total,j})}{A_G} \leq S_o + \Sigma\, \Delta S_x$$

mit

$A_{w,j}$	Fensterfläche des Raumes
g_{total}	Gesamtenergiedurchlassgrad Verglasung inkl. Sonnenschutz ($g_{total} = g \cdot F_C$)
g	Gesamtenergiedurchlassgrad Verglasung
F_C	Minderungsfaktor infolge Sonnenschutz
A_G	Grundfläche des Raumes
S_0	Berücksichtigung der Region in Deutschland, $S_0 = 0{,}12$
ΔS_x	Zuschlagswerte

-2.3.3 Gebäude mit niedrigen Innentemperaturen

Bei Gebäuden mit niedrigen Innentemperaturen werden wie in der bisherigen Wärmeschutzverordnung '95 nur die Transmissionswärmeverluste limitiert, indem in Abhängigkeit vom A/V_e-Verhältnis maximal zulässige Werte für H_T' in $W/(m^2K)$ vorgegeben werden. Für $0{,}2 \leq A/V_e \leq 1{,}0$ sind die Höchstwerte mit

$$H_{T}',_{max} = 0{,}53 + 0{,}1 / (A/V_e) \qquad [W/(m^2K)]$$

festgelegt.

-2.3.4 Gebäudebestand

Bei bestehenden Gebäuden sieht die Energieeinsparverordnung

- Anforderungen bei baulichen Veränderungen bestehender Gebäude,
- anlagentechnische und bauliche Nachrüstungsverpflichtungen,
- Maßnahmen zur Aufrechterhaltung der energetischen Qualität

vor.

Bei Änderungen von bestehenden Gebäuden greifen die Anforderungen, wenn der erstmaligen Einbau, der Ersatz oder die Erneuerung einzelner Bauteile einen Anteil von 20 % der jeweiligen Bauteilfläche übersteigt. Es dürfen die in Tafel 6.1.5-2 aufgeführten maximalen Wärmedurchgangskoeffizienten nicht überschritten werden. Der Wärmedurchgangskoeffizient für das erneuerte Bauteil kann dabei unter Berücksichtigung vorhandener Bauteilschichten ermittelt werden. Die Anforderungen gelten auch als erfüllt, wenn für das gesamte Gebäude – unter Berücksichtigung der baulichen Änderungen – der zulässige Jahres-Primärenergiebedarf für Neubauten um nicht mehr als 40 % überschritten wird.

Weiterhin werden Nachrüstverpflichtungen bei bestehenden Gebäuden und Anlagen eingeführt. Die Wärmedurchgangskoeffizienten nicht begehbarer, aber zugänglicher oberster Geschossdecke müssen bis zum 31. Dezember 2006 den Wert von 0,3 $W/(m^2K)$ einhalten. Heizkessel, die vor dem 1. Oktober 1978 aufgestellt wurden, sind bis zum 31. Dezember 2006 außer Betrieb zu nehmen. Heizkessel, deren Brenner nach dem 1. November 1996 erneuert worden sind, müssen bis zum 31. Dezember 2008 außer Betrieb genommen werden. Diese Regelungen gelten nicht für bestehende Niedertemperatur- oder Brennwertkessel und Anlagen, deren Nennleistung weniger als 4 kW oder mehr als 400 kW beträgt.

Eigentümer von Gebäuden müssen bei heizungstechnischen Anlagen ungedämmte, zugängliche Wärmeverteilungs- und Warmwasserleitungen sowie Armaturen, die sich nicht

[1]) DIN 4108–2/A1: Wärmeschutz und Energie-Einsparung in Gebäuden – Teil 2: Mindestanforderungen an den Wärmeschutz; Änderung A1 (Feb. 2002).

Tafel 6.1.5-2 Anforderungen an den Wärmedurchgangskoeffizienten der Außenbauteile bei Änderungen im Gebäudebestand nach EnEV.

Bauteil	Gebäude mit normalen Innentemperaturen U_{max} in W/(m²K)	Gebäude mit niedrigen Innentemperaturen U_{max} in W/(m²K)
Außenwände	$U_{AW} \leq 0{,}35$ bis 0,45	$U_{AW} \leq 0{,}75$
Fenster Verglasungen	$U_W \leq 1{,}7$ $U_g \leq 1{,}5$	$U_W \leq 2{,}8$
Außentüren	$U_T \leq 2{,}9$	$U_T \leq 2{,}9$
Decken, Dächer	$U_D \leq 0{,}25$ bis 0,30	$U_D \leq 0{,}40$
Decken und Wände gegen unbeheizte Räume oder Erdreich	U_u bzw. U_G $\leq 0{,}40$ bis 0,50	keine Anforderungen

Tafel 6.1.5-3 Wärmedämmung von Wärmeverteilungs- und Warmwasserleitungen sowie Armaturen nach EnEV.

Zeile	Art der Leitungen/ Armaturen	Mindestdicke der Dämmschicht, bezogen auf eine Wärmeleitfähigkeit von 0,035 W/(mK)
1	Innendurchmesser bis 22 mm	20 mm
2	Innendurchmesser über 22 mm bis 35 mm	30 mm
3	Innendurchmesser über 35 mm bis 100 mm	gleich Innendurchmesser
4	Innendurchmesser über 100 mm	100 mm
5	Leitungen und Armaturen nach den Zeilen 1 bis 4 in Wand- und Deckendurchbrüchen, im Kreuzungsbereich von Leitungen, an Leitungsverbindungsstellen, bei zentralen Leitungsnetzverteilern	½ der Anforderungen der Zeilen 1 bis 4
6	Leitungen von Zentralheizungen nach den Zeilen 1 bis 4, die nach Inkrafttreten dieser Verordnung in Bauteilen zwischen beheizten Räumen verschiedener Nutzer verlegt werden	½ der Anforderungen der Zeilen 1 bis 4
7	Leitungen nach Zeile 6 im Fußbodenaufbau	6 mm

in beheizten Räumen befinden, bis zum 31. Dezember 2006 zur Begrenzung der Wärmeabgabe dämmen. Die Anforderungen an die einzuhaltenden Dämmstärken sind in Tafel 6.1.5-3 zusammengefasst.

Darüber hinaus werden Festlegungen zur Aufrechterhaltung der energetischen Qualität getroffen. Der bestehende Wärmeschutz der Bauteile darf nicht verringert werden, energiebedarfssenkende Einrichtungen sind betriebsbereit zu halten.

-2.3.5 Heizungstechnische Anlagen, Warmwasseranlagen und Wärmeverteilung

Bei neu zu errichtenden Gebäuden dürfen grundsätzlich alle im europäischen Binnenmarkt zulässigen Heizkessel eingesetzt werden. Somit ist es möglich, bei neu zu errichtenden Gebäuden auch Standardheizkessel (Geräte mit vergleichsweise schlechter Energieeffizienz) einzubauen. Bei Einsatz eines Heizkessels im Gebäudebestand wird gefordert, dass diese Kessel dem Stand der Niedertemperatur- oder Brennwerttechnik entsprechen müssen.

Heizungsanlagen sind grundsätzlich mit Einrichtungen auszustatten, die es ermöglichen, die gesamte Anlage oder auch Teile (Pumpen, Ventile) zeitabhängig oder in Abhängigkeit einer geeigneten Führungsgröße zu steuern bzw. zu regeln. Weiterhin müssen Heizungsanlagen raumweise regelbar sein (z.B. Thermostatventile). Umwälzpumpen sind selbsttätig steuer- oder regelbar auszuführen. Darüber hinaus gelten für neu zu errichtende Gebäude die inTafel 6.1.5-3 aufgeführten Anforderung an die Wärmedämmung von Wärmeverteilungs- und Warmwasserleitungen sowie Armaturen.

-2.4 Berechnung des Jahresheizwärmebedarfs

Der Jahres-Heizwärmebedarf Q_h wird gemäß den Rechenvorschriften der DIN EN 832[1)] bzw. der DIN V 4108–6 [2)] ermittelt und berücksichtigt die Wärmeverluste infolge Transmission und Lüftung sowie die nutzbaren internen und solaren Wärmegewinne und entspricht somit prinzipiell dem Rechenverfahren der Wärmeschutzverordnung ’95.

$$Q_h = Q_l - \eta Q_g$$

Q_l = Wärmeverluste (Transmission und Lüftung)
Q_g = Wärmegewinne (solar und intern)
η = Ausnutzungsgrad der Wärmegewinne

Allgemein ist eine monatliche Bilanzierung (Monatsverfahren) vorzunehmen. Für Wohngebäude mit einem Fensterflächenanteil kleiner 30 % kann alternativ die Berechnung auf der Basis der Periodenbilanzierung nach DIN V 4108–6 [4] erfolgen (vereinfachtes Verfahren); alle anderen Gebäude mit normalen Innentemperaturen müssen mit dem Monatsverfahren nachgewiesen werden.

In der Regel wird der Rechengang nach dem Monatsverfahren zu günstigeren Werten des Jahres-Heizwärmebedarfs führen. Gegenüber dem Periodenverfahren werden Einflussgrößen wie z. B. Wärmebrückenkorrekturwerte, Nachtabschaltung, Wärmespeicherung, Wintergärten, TWD, usw. detailliert betrachtet.

Dieses Verfahren ist aufgrund der Komplexität praktisch nur mit Einsatz entsprechender Computerprogramme anzuwenden.

-2.4.1 Wärmebrücken

Die Bestimmung der Transmissionswärmeverluste erfolgt unter Berücksichtigung der Wärmeverluste im Bereich von Wärmebrücken über den sog. Wärmebrückenkorrekturwert ΔU_{WB}.[3)] Dieser Wärmebrückenkorrekturwert wird mit der gesamten wärmeübertragenden Umfassungsfläche A_{ges} multipliziert und zu den Wärmeverlusten über die einzelnen Bauteile der Gebäudehülle addiert.

$$H_T = \sum_i F_i U_i A_i + \Delta U_{WB} A_{ges}$$

bzw.

$$H_T = U_{AW} A_{AW} + U_W A_W + F_D U_D A_D + F_G U_G A_G + U_{DL} A_{DL} + F_{AB} U_{AB} A_{AB} + \Delta U_{WB} A_{ges}$$

U = Wärmedurchgangskoeffizient (bislang k-Wert)
A = Bauteilfläche
F_D, F_G, F_{AB} = Temperatur-Korrekturfaktoren
Indices: AW = Außenwand

---

1) DIN EN 832: Wärmetechnisches Verhalten von Gebäuden – Berechnung des Heizenergiebedarfs; Wohngebäude. Deutsche Fassung EN 832:1998–12.

2) DIN V 4108–6: Wärmeschutz und Energieeinsparung in Gebäuden. Berechnung des Jahres-Heizwärme- und des Jahresheizenergiebedarfs (Nov. 2000).

3) Hauser, G. und Stiegel H.: Pauschalierte Erfassung der Wirkung von Wärmebrücken. Bauphysik 17 (1995), H. 3, S. 65–68.

W = Fenster
D = Dach
G = gegen Erdreich
DL = Decken nach unten gegen Außenluft
AB = gegen unbeheizte Räume
WB = Wärmebrücke
ges = gesamte wärmeübertragende Hüllfläche

Als ΔU_{WB}-Wert wird 0,1 W/(m²K) vorgesehen, es sei denn, die Regelkonstruktionen entsprechen den in DIN 4108, Beiblatt 2[1)] dargestellten Musterlösungen. Für diesen Fall darf ΔU_{WB} zu 0,05 W/(m²K) angesetzt werden.

Unbenommen bleibt der detaillierte Nachweis über die einzelnen Ψ-Werte z. B. aus Wärmebrücken-Atlanten[2) 3) 4) 5) 6) 7)] oder mit einem neuen Planungsinstrument, das auf der Basis des Beiblattes 2 der DIN 4108 eine Vielzahl von Wärmebrückendetails umfasst und als „Wärmebrücken-CD" für den Einsatz auf dem Computer zur Verfügung steht.[8)] Mit der Angabe der Wärmedurchgangskoeffizienten sowie innen- und außenmaßbezogener Wärmebrückenverlustkoeffizienten Ψ (Bild 6.1.5-4 und Bild 6.1.5-5) und des Temperaturfak-

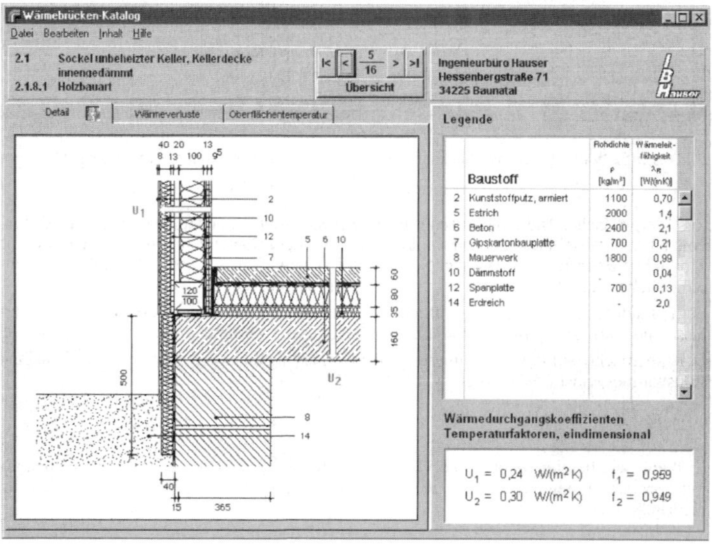

Bild 6.1.5-4. Vermaßtes Anschlussdetail mit Angabe der Baustofflegende sowie der Wärmedurchgangskoeffizienten und Temperaturfaktoren im Regelquerschnitt.[8)]

---

1) DIN 4108 Bbl. 2: Wärmeschutz und Energieeinsparung in Gebäuden: Wärmebrücken- Planungs- und Ausführungsbeispiele (Aug.1998).

2) Mainka, G.W. und Paschen, H.: Wärmebrückenkatalog. Teubner-Verlag, Stuttgart (1986).

3) Heindl, Krec, Panzhauser, Sigmund: Wärmebrücken. Springer-Verlag Wien (1987).

4) Hauser, G. und Stiegel, H.: Wärmebrücken-Atlas für den Mauerwerksbau. Bauverlag Wiesbaden, 1990, 2. durchgesehene Auflage 1993.

5) Hauser, G. und Stiegel, H.: Wärmebrücken-Atlas für den Holzbau. Bauverlag Wiesbaden, 1992.

6) Hauser, G.; Schulze, H. und Stiegel, H.: Wärmetechnische Optimierung von Anschlußdetails bei Niedrigenergiehäusern und Erarbeitung von Standardlösungen. IRB-Verlag Stuttgart 1996.

7) Hauser, G. und Stiegel, H.: Quantitative Darstellung der Wirkung von Wärmebrücken. IRB-Verlag Bauforschung für die Praxis, Band 31 Niedrigenergiehäuser unter Verwendung des Dämmstoffs Styropor. (1997).

8) Hauser, G., Stiegel, H. und Haupt, W.: Wärmebrückenkatalog auf CD-ROM. Ingenieurbüro Hauser, Baunatal 1998.

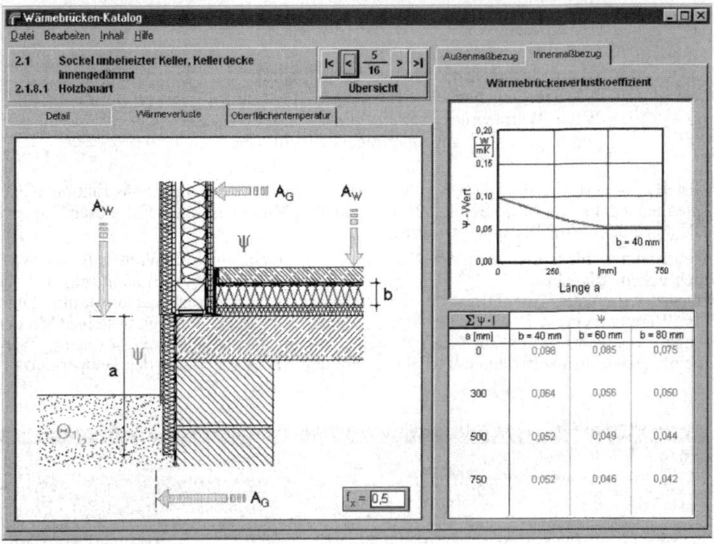

Bild 6.1.5-5. Wärmebrückenverlustkoeffizienten für verschiedene Parametervariationen.[8)]

tors f in grafischer und tabellarischer Form werden alle planungsrelevanten Aspekte sinnvoller Bauteilanschlüsse behandelt. Es besteht mit dem Planungsinstrument weiterhin die Möglichkeit der Beurteilung von Schimmelpilz- bzw. Tauwasserproblematik bei unterschiedlichen Raumlufttemperatur- und Raumluftfeuchterandbedingungen.

Für Fassaden, bei denen die wesentlichen Wärmebrückenwirkungen bereits im U-Wert erfasst sind, darf ΔU_{WB} für diese Flächen zu Null gesetzt werden.

Der spezifische, auf die wärmeübertragende Umfassungsfläche (A_{ges}) bezogene Transmissionswärmeverlust ist wie folgt zu ermitteln

$$H_T' = \frac{H_T}{A_{ges}}$$

Er dient, wie bereits zuvor ausgeführt, als zusätzliche Anforderungsgröße bei Gebäuden mit normalen Innentemperaturen und als alleinige Anforderungsgröße bei Gebäuden mit niedrigen Innentemperaturen.

-2.4.2 Berücksichtigung des Luftdichtheitsgrades der Außenhülle

Wegen der in jüngster Zeit erhöhten Luftdichtheit der Gebäudehülle und der vorgesehenen separaten Berücksichtigung der Wärmebrückenwirkungen, wird der bislang im Regelfall angesetzte Luftwechsel von 0,8 h^{-1} auf 0,7 h^{-1} abgemindert. Falls bei natürlich belüfteten Gebäuden mittels einer messtechnischen Überprüfung die Einhaltung des Grenzwertes der Luftdichtheit gem. DIN 4108–7[1)] ($n_{50} \leq 3{,}0\ h^{-1}$) nachgewiesen wird, kann ein Luftwechsel von 0,6 h^{-1} in Ansatz gebracht werden.

Bei Verwendung einer mechanischen Lüftungsanlage und Inanspruchnahme des entsprechenden Bonus wird die messtechnische Überprüfung des entsprechenden Grenzwertes von $n_{50} = 1{,}5\ h^{-1}$ obligatorisch. Auch bei natürlich belüfteten Gebäuden wird der Dichtheitstest künftig, zumindest beim Ein- und Zweifamilienhaus, sicherlich zum Standard.

Bei Nichteinhalten der bei Bauantragstellung zugrunde gelegten Luftdichtheit ist nachzubessern, ähnlich wie dies z. B. auch bei brandschutztechnischen Belangen der Fall ist.

Der Lüftungswärmeverlust ergibt sich aus dem Ansatz

[1)] DIN 4108–7: Wärmeschutz und Energie-Einsparung in Gebäuden. Luftdichtheit von Gebäuden, Anforderungen, Planungs- und Ausführungsempfehlungen sowie -beispiele (Aug. 2001).

$H_V = \rho_L c_{pL} n V$

ρ_L = Dichte der Luft
c_{pL} = spezifische Wärmekapazität der Luft
$\rho L\, c_{pL}$ = 0,34 Wh/(m³K)
V = beheiztes Luftvolumen
n = Luftwechsel(zahl)(rate)
n = 0,7 h-1 bei freier Lüftung
n = 0,6 h^{-1} bei freier Lüftung und Dichtheitsnachweis

Bei Einsatz von lüftungstechnischen Anlagen wird der anzusetzende Luftwechsel abhängig vom Lüftungssystem festgelegt:

$n = n_{Anl}(1-\eta_V) + n_x$

n_{Anl} = nachgewiesene Anlagenluftwechselrate nach DIN V 4701–10
η_V = Nutzungsfaktor des Luft/Luft-Wärmerückgewinnungssystems
n_x = zusätzlicher Luftwechsel (Infiltration)
$n_x = 0{,}2\ h^{-1}$ für Zu- und Abluftanlagen
$n_x = 0{,}15\ h^{-1}$ für Abluftanlagen

Wird die energetische Wirkung einer Lüftungsanlage (Zu-/Abluftanlage) mit Wärmerückgewinnung über DIN V 4701–10[1)] erfasst, ist η_V zu Null zu setzen.

-2.4.3 Teilbeheizung

In der WSchVO '95 werden die Effekte einer eingeschränkten räumlichen und zeitlichen Beheizung über den sog. Teilbeheizungsfaktor (TBF = 0,9) erfasst. Dieser Faktor reduziert die Wärmeverluste infolge Transmission und Lüftung pauschal um 10%. Das Rechenverfahren, das der EnEV zugrunde liegt, behandelt die genannten Effekte getrennt voneinander. Die räumliche Teilbeheizung wird dadurch berücksichtigt, dass die mittlere Raumtemperatur mit 19 °C in Ansatz gebracht wird. Der WSchVO '95 liegt eine mittlere Raumtemperatur von 20 °C zugrunde.

Die Energieeinsparung durch Nachtabschaltung wird in der Energieeinsparverordnung beim

- Heizperiodenverfahren
  durch einen Faktor f_{NA} von 0,95, mit dem die Gradtagzahl multipliziert wird, unabhängig von der Wärmespeicherfähigkeit der Baukonstruktion erfasst
- Monatsbilanzverfahren
  über ein detailliertes Berechnungsverfahren ermittelt, wobei die wirksame Wärmespeicherfähigkeit für
  - leichte Gebäude mit $C_{wirk,NA} = 12$ Wh/(m³K) · V_e
  - schwere Gebäude mit $C_{wirk,NA} = 18$ Wh/(m³K) · V_e
  (V_e beinhaltet das Bruttovolumen des Gebäudes)

  anzusetzen ist, falls nicht eine detaillierte Erfassung erfolgt. Bei der Bestimmung der Wärmespeicherfähigkeit gem. des oben dargestellten Ansatzes der DIN V 4108–6 ist zu beachten, dass hier nur mit einer wirksamen Dicke der an die Raumluft angrenzenden Schichten von höchstens 3 cm gerechnet wird.

Die Heizunterbrechungsdauer ist bei Wohngebäuden mit 7 Stunden anzusetzen. Bei Büro- und Verwaltungsgebäuden ist aufgrund der verlängerten Nachtabschaltung und der Wochenendabschaltung eine verlängerte Heizunterbrechungsdauer zu berücksichtigen. Um die über dynamische Simulationsrechnungen ermittelten Einsparungen auch mittels der Monatsbilanzierung gem. DIN 4108–6 zu erhalten, muss

die äquivalente Abschaltdauer für

- leichte Gebäude mit $t_u = 11$ h
- schwere Gebäude mit $t_u = 10$ h

angesetzt werden. Für das Nachweisverfahren der EnEV wurde hieraus der Vorschlag abgeleitet, bei Büro- und Verwaltungsgebäuden, unabhängig von der Bauart, eine tägliche

1) DIN V 4701–10: Energetische Bewertung heiz- und raumlufttechnischer Anlagen – Teil 10: Heizung, Trinkwassererwärmung, Lüftung (Feb. 2001).

Nachtabschaltungsdauer von 10 Stunden zu verwenden[1]).

-2.4.4 Ausnutzungsgrad

Die Quantifizierung der nutzbaren solaren und internen Wärmegewinne erfolgt über einen Ausnutzungsgrad, der beim

- Heizperiodenverfahren unabhängig von der Wärmespeicherfähigkeit der Baukonstruktion zu 0,95 festgelegt ist
- beim Monatsbilanzverfahren vom Wärmegewinn/Wärmeverlust-Verhältnis abhängig ist. Dabei ist die wirksame Wärmespeicherfähigkeit für
  - leichte Gebäude mit $C_{wirk} = 15\ Wh/(m^3K) \cdot V_e$
  - schwere Gebäude mit $C_{wirk} = 50\ Wh/(m^3K) \cdot V_e$

anzusetzen.

Eine genauere Ermittlung der Wärmespeicherfähigkeit kann auch auf folgendem Wege gem. DIN V 4108- 6 erfolgen:

$$C_{wirk} = \sum_i (c_i\ \rho_i\ d_i\ A_i)$$

mit

c	[Wh/(kg K)]	spez. Wärmekapazität
ρ	[kg/m³]	Rohdichte
d	[m]	wirksamen Schichtdicke
A	[m²]	Bauteilfläche

Die Summation erfolgt über alle Bauteilflächen des Gebäudes, die mit der Raumluft in Berührung kommen, wobei nur die wirksamen Schichtdicken d_i berücksichtigt werden. Zur Bestimmung der wirksamen Schichtdicken gelten folgende Regelungen:

- bei Schichten mit einer Wärmeleitfähigkeit $\lambda_i \geq 0{,}1\ W/(mK)$
  - die einseitig an Raumluft grenzen: Aufsummierung aller Schichten bis zu einer max. Gesamtdicke von $d_{i,max} = 0{,}10\ m$;
  - die beidseitig an die Raumluft grenzen (Innenbauteile): halbe Bauteildicke bei einer Schicht, wenn die Dicke ≤ 20 cm ist oder höchstens 10 cm, wenn die Dicke >20 cm ist. Bei mehreren Schichten: Vorgehensweise wie zuvor beschrieben, allerdings beidseitig angewendet.
- bei raumseitig vor Wärmedämmschichten (z.B. Estrich auf einer Wärmedämmschicht) liegenden Schichten mit einer Wärmeleitfähigkeit $\lambda_i \geq 0{,}1\ W/(mK)$ dürfen nur die Dicken der Schichten bis max. 10 cm in Ansatz gebracht werden. Als Wärmedämmschicht gelten Baustoffe mit Wärmeleitfähigkeiten $\lambda_i > 0{,}1\ W/(mK)$ und einem Wärmedurchlasswiderstand $R_i > 0{,}25\ m^2K/W$.

Bei Außenbauteilen wird die Fläche A_i über Außenmaße (Bruttofläche) und bei Innenbauteilen über die Innenmaße (Nettofläche) bestimmt.

Für eine detailliertere Betrachtung sind Hinweise in DIN EN 13786[2]) oder DIN 4108–9[3]) enthalten.

-2.4.5 Lüftungstechnik

Die Berechnung des Lüftungswärmebedarfs erfolgt im Nachweisverfahren der EnEV unter Berücksichtigung einer evtl. vorhandenen Lüftungstechnik. Hierbei sind grundsätzlich zwei Einflüsse auf den Lüftungswärmebedarf zu unterscheiden. Je nach Lüftungstechnik wird zum einen der rechnerische Luftwechsel gegenüber dem Fall der natürlichen Lüftung geringer angesetzt (dies entspricht z.B. dem Bonusfaktor 0,95 für Abluftanlagen in der WSchVO '95). Zum anderen wird bei Einsatz einer Einrichtung zur Wärmerückgewinnung der Lüftungswärmeverlust weiter reduziert. Die Rechenverfahren der DIN EN 832 bzw.

---

[1]) Hauser, G. und Kempkes, C.: Ermittlung einer äquivalenten Nachtabsenkungsdauer für Bürogebäude. Forschungsbericht des Ingenieurbüros Prof. Dr. Hauser GmbH, Baunatal, März 2000.

[2]) DIN EN ISO 13786: Wärmetechnisches Verhalten von Bauteilen – Dynamisch-thermische Kenngrößen – Berechnungsverfahren (Dez. 1999).

[3]) DIN 4108–9: Berechnungsverfahren für den sommerlichen Wärmeschutz – Begrenzung solarer Wärmeeinträge für Gebäude (Entwurf Okt. 1999).

der DIN V 4108–6 sehen vor, dass die Wirkung der Lüftungstechnik, wie bislang auch, in einem reduzierten Lüftungswärmebedarf berücksichtigt wird.

Alternativ kann der Lüftungswärmebedarf *ohne* Anrechnung des Lüftungssystems ermittelt werden. Die energetische Wirkung der Anlage wird dann in einer Aufwandszahl erfasst, die gem. DIN V 4701–10 zu ermitteln ist. Der veränderte Ausnutzungsgrad der solaren und internen Wärmegewinne wird über Korrekturfaktoren beschrieben.

-2.5 Trinkwasserwärmebedarf

Der Trinkwasserwärmebedarf – in DIN V 4108–6 mit Q_w' in DIN V 4701–10 mit Q_{tw} bezeichnet – wird gem. EnEV mit 12,5 kWh/(m²a) pauschal vorgegeben. Dieser Wärmebedarf entspricht einem täglichen Warmwasserbedarf von 23 Litern pro Person bei 50 °C Wassertemperatur. Unterschiedliche Belegungsdichten in Ein- bzw. Mehrfamilienhäusern, nach denen z. B. in [1] differenziert wird, finden im Nachweisverfahren aus Gründen der Vereinfachung keine Berücksichtigung. Für Nichtwohngebäude beträgt derTrinkwasserwärmebedarf $Q_w = 0$.

-2.6 Berechnung des Jahresprimärenergiebedarfs

-2.6.1 Berechnungsansatz

Die Rechenvorschriften im Rahmen von DIN V 4701–10[2] sehen vor, dass Verluste der Anlagentechnik und Wärmegewinne aus der Umwelt zusammengefasst werden und die Beschreibung der energetischen Effizienz des Gesamtanlagensystems über Aufwandszahlen erfolgt. Die Aufwandszahl stellt das Verhältnis von Aufwand zu Nutzen dar und ist somit der Kehrwert des Nutzungsgrades, der bislang in der Anlagentechnik hauptsächlich Verwendung fand.

Unter Berücksichtigung von Primärenergiefaktoren gem. Tafel 6.1.5-4 wird je nach Anlagentechnik und eingesetzten Energieträger eine Anlagen-Aufwandszahl gebildet. Multipliziert mit der Summe aus Heizwärme- und Warmwasserwärmebedarf resultiert die Zielgröße, Jahres-Primärenergiebedarf Q_P.

Tafel 6.1.5-4 Primärenergiebewertungsfaktoren nach DIN V 4701–10 und EnEV.

Energieträger		Primärenergie-Faktoren
Brennstoffe*)	Heizöl EL Erdgas H Flüssiggas Steinkohle Braunkohle Holz	1,1 1,1 1,1 1,1 1,2 0,2
Nah-/Fernwärme aus KWK**) (Kraft – Wärme – Kopplung)	erneuerbarer Brennstoff fossiler Brennstoff	0,7 0
Nah/Fernwärme aus Heizwerken	erneuerbarer Brennstoff fossiler Brennstoff	1,3 0,1
Strom***)	Strom-Mix	3,0

*) Bezugsgröße: unterer Heizwert H_u
**) Angaben sind typisch für durchschnittliche Nah-/Fernwärme
***) Bei Einsatz von Speicherheizsystemen beträgt der Wert 2,0

[1] Hauser, G. und Hausladen, G.: Energiekennzahl zur Beschreibung des Heizenergiebedarfs von Wohngebäuden. Hsg.: Gesellschaft für Rationelle Energieverwendung e.V., Berlin. Energiepaß-Service Hauser & Hausladen GmbH, Baunatal 1991.

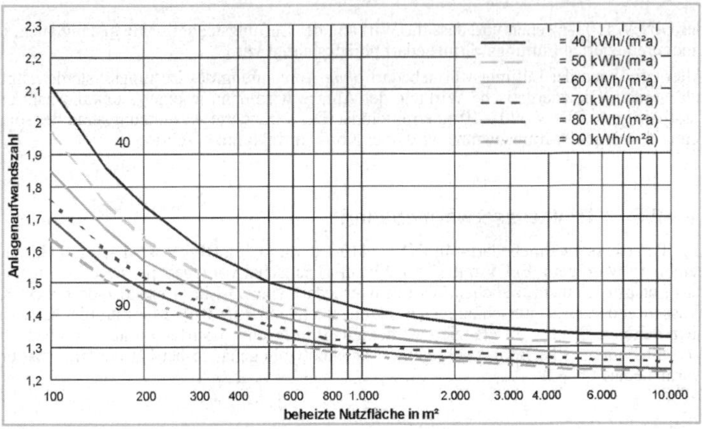

Bild 6.1.5-6. Beispielhafte Auftragung der Anlagen-Aufwandszahl e_p in Abhängigkeit von der beheizten Gebäudenutzfläche und dem Jahres-Heizwärmebedarf q_h.

$$Q_P = (Q_h + Q_W)e_P$$

Q_h = Jahres-Heizwärmebedarf
Q_W = Jahres-Warmwasserwärmebedarf
e_P = Anlagen-Aufwandszahl

Eine einfache Möglichkeit zur Ermittlung der Anlagen-Aufwandszahl bietet das sog. Diagrammverfahren gem. DIN V 4701–10. Für ein spezifiziertes Anlagensystem (Heizung, Lüftung und Trinkwarmwasserbereitung) wird die Anlagen-Aufwandszahl in Abhängigkeit von der Gebäudenutzfläche und dem Jahres-Heizwärmebedarf in einem Diagramm und dazugehörigen Tabellenwerten dargestellt. Ein Beispiel hierzu ist in Bild 6.1.5-6 aufgenommen. Neben der Anlagen-Aufwandszahl wird in diesem Verfahren auch der Endenergiebedarf in Abhängigkeit von den genannten Größen in Diagrammen aufgetragen.

Die rechnerische Bestimmung der Anlagen-Aufwandszahl und des Endenergiebedarfs kann über das sog. Tabellenverfahren erfolgen . Anhand der Kenndaten von Standardprodukten, die in einem Anhang der DIN V 4701–10 aufgenommen sind, erfolgt die Berechnung nach einem einfachen Schema und führt zu Ergebnissen, die einem unteren energetischen Niveau entsprechen.

Hinweis: Gem. DIN V 4108–6 und EnEV wird der Jahres-Wärme- bzw. Energiebedarf allgemein mit dem Formelzeichen Q [kWh/a] abgekürzt. Q' [kWh/(m^{3}a)] kennzeichnet den volumenbezogenen, Q'' [kWh/(m^{2}a)] den flächenbezogenen Jahres-Wärme- bzw. Energiebedarf. In DIN 4701–10 wird der flächenbezogene Jahres-Wärme- bzw. Energiebedarf mit q [kWh/(m^{2}a)] bezeichnet.

Alternativ kann das ausführliche Rechenverfahren der Norm herangezogen werden. Die Anwendung dieses Verfahrens bietet sich insbesondere dann an, wenn z.B. Herstellerdaten des Wärmeerzeugers oder detaillierte Kenntnisse über Rohrleitungsführung und -länge zur Verfügung stehen. Die Berechnungen führen in der Regel zu günstigeren Anlagen-Aufwandszahlen. Es besteht auch die Möglichkeit, die Rechenverfahren zu „mischen“, d.h. es kann z.B. die Erzeugeraufwandszahl nach dem ausführlichen Rechenverfahren bestimmt werden, und dieser Wert wird im Tabellenverfahren eingesetzt.

-2.6.2 Anlagentechnische Einflussgrößen

Die Anlagen-Aufwandszahl kennzeichnet die energetische Effizienz der gesamten Energieversorgungskette, deren Bilanzanteile für die Heizung in Bild 6.1.5-7 schematisch dargestellt sind. Die technischen Verluste des Heizsystems setzen sich zusammen aus Übergabeverlusten im Raum Q_{ce} (Heizflächenanordnung, Regelungstechnik), Verteilverlusten

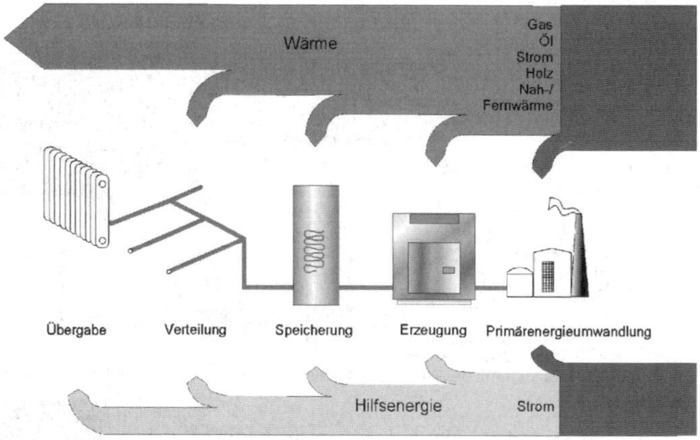

Bild 6.1.5-7. Bilanzierungsanteile Heizungsanlage nach DIN V 4701–10.

Q_d (Rohrleitungsführung und -dämmung, Temperatur des Heizmediums), Speicherverlusten Q_s (Aufstellort, Speicherdämmung) und Erzeugungsverlusten Q_g (Aufstellort, Gerätetechnik). Aus dem Bild ist ersichtlich, dass auch die benötigte Hilfsenergie (Pumpen, Regelung, usw.) in die Betrachtung einbezogen wird. Die Verlustanteile für Lüftung (Bild 6.1.5-8) und Trinkwarmwasserbereitung (Bild 6.1.5-9), die in die Bestimmung der Anlagen-Aufwandszahl einfließen, werden analog zu der zuvor beschriebenen Vorgehensweise erfasst.

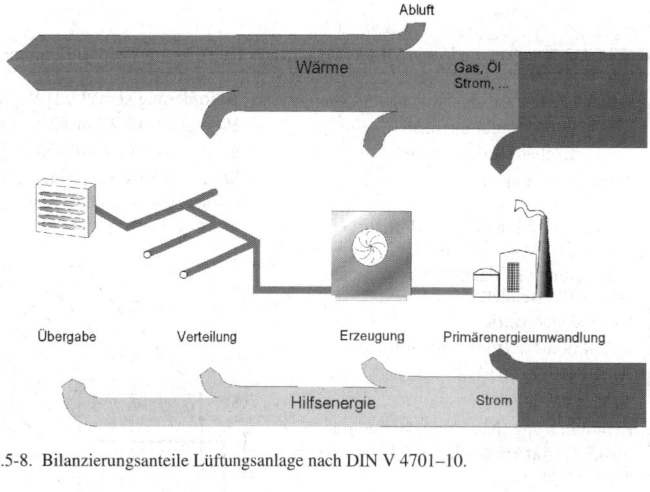

Bild 6.1.5-8. Bilanzierungsanteile Lüftungsanlage nach DIN V 4701–10.

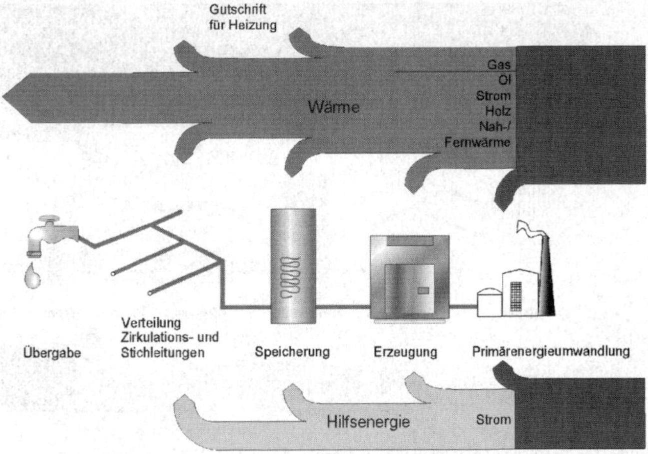

Bild 6.1.5-9. Bilanzierungsanteile Warmwasserbereitung nach DIN V 4701–10.

-2.7 Beispielhafte Variationen baulicher und anlagentechnischer Ausführungen

Um die baupraktischen Auswirkungen der Anforderungen und Möglichkeiten zur Erfüllung der EnEV aufzuzeigen, werden zwei Beispielgebäude betrachtet. Es handelt sich hierbei um ein freistehendes Einfamilienhaus (Tafel 6.1.5-5) und ein als Zweispänner ausgeführtes Mehrfamilienhaus (Tafel 6.1.5-6).

Tafel 6.1.5-5 Für die Variationen betrachtetes freistehendes Einfamilienhaus

Gebäudedaten
freistehendes Einfamilienhaus
Fensterflächenanteil Fassade
Nord 15 %, Süd 35 %, Ost/West 20 %

natürliche Lüftung (Fensterlüftung)
mit Nachweis der Dichtheit
Ausführung der Wärmebrücken gemäß DIN 4108, Beiblatt 2
Gebäudegeometrie
V_e = 459 m³, A/Ve = 0,85 m⁻¹,
A_N = 147 m²
Anlagentechnik
Zentralheizung (Niedertemperaturkessel 55/45 °C) mit kombinierter Trinkwassererwärmung

Anforderung gemäß EnEV
$H_T'_{,max}$ = 0,48 W/(m²K)
$q_{P,max}$ = 125,3 kWh/(m²a)
bzw. = 136,8 kWh/(m²a)
bei überwiegend elektrischer Warmwasserbereitung

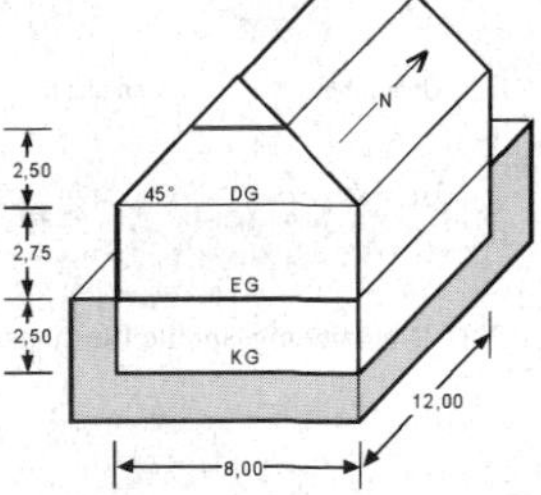

Tafel 6.1.5-6 Für die Variationen betrachtetes Mehrfamilienhaus

Gebäudedaten
Wohngebäude 3-geschossig (Zweispänner)
Fensterflächenanteil je Fassade 25 %
natürliche Lüftung (Fensterlüftung) mit Nachweis der Dichtheit
Ausführung der Wärmebrücken gemäß Beiblatt 2 der DIN 4108
Gebäudegeometrie
$V_e = 4158$ m³, A/Ve = 0,46 m⁻¹,
$A_N = 1331$ m²
Anlagentechnik
Zentralheizung (Niedertemperaturkessel 55/45 °C) mit kombinierter Trinkwassererwärmung

Anforderung gemäß EnEV
$H_T'{}_{,max} = 0{,}63$ W/(m²K)
$q_{P,max} = 87{,}1$ kWh/(m²a)
bzw. = 107,3 kWh/(m²a)
bei überwiegend elektrischer Warmwasserbereitung

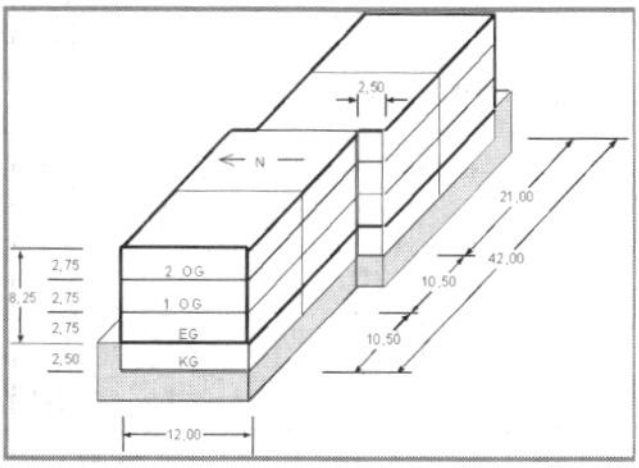

Für die Gebäude erfolgen Variantenbildungen im Bereich baulicher und anlagentechnischer Maßnahmen. Zur Einhaltung des jeweiligen maximal zulässigen

- Primärenergiebedarfs beziehungsweise des
- spezifischen Transmissionswärmeverlustes

werden die Wärmedurchgangskoeffizienten der Außenwände, des Daches und der Kellerdecke beispielhaft angepasst.

Die Darstellungen in Bild 6.1.5-10 und Bild 6.1.5-11 zeigen die Bilanzanteile am Jahres-Primärenergiebedarf für das Ein- und Mehrfamilienhaus. Aufgetragen sind die Wärmever-

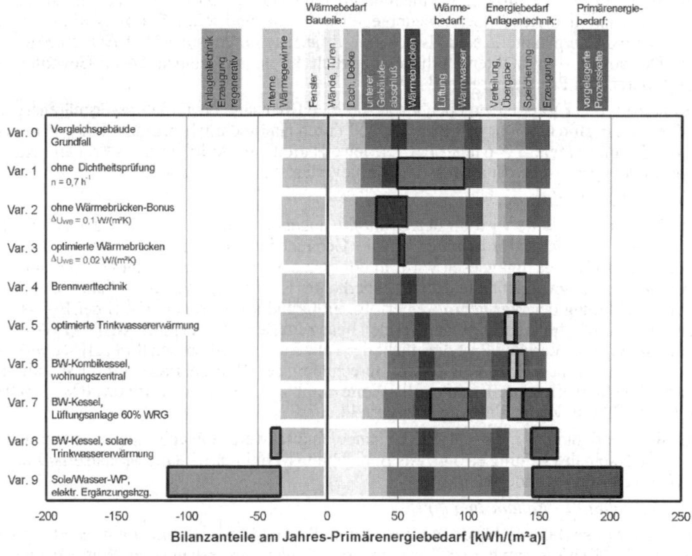

Bild 6.1.5-10. Grafische Darstellung der Bilanzanteile am Jahres-Primärenergiebedarf für das in Tafel 6.1.5-5 dargestellte *Einfamilienhaus* bei unterschiedlichen baulichen und anlagentechnischen Randbedingungen.

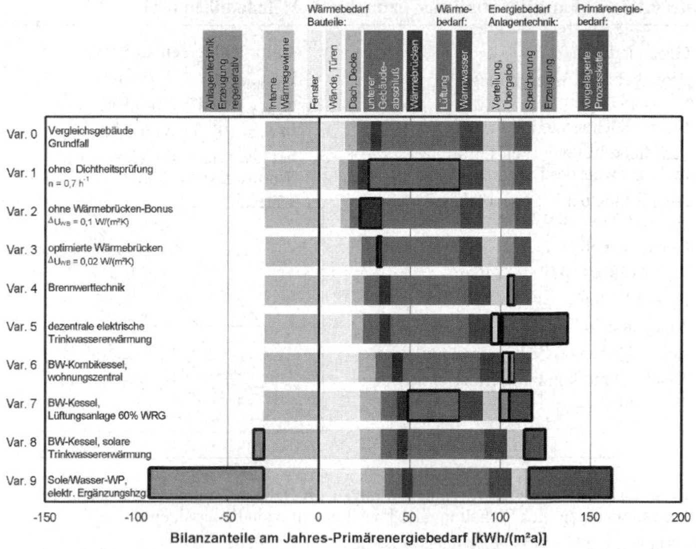

Bild 6.1.5-11. Grafische Darstellung der Bilanzanteile am Jahres-Primärenergiebedarf für das in Tafel 6.1.5-6 dargestellte *Mehrfamilienhaus* bei unterschiedlichen baulichen und anlagentechnischen Randbedingungen.

luste infolge Transmission durch Außenbauteile, Lüftungs- und Warmwasserwärmebedarf, anlagentechnische Verluste und Primärenergieumwandlung. Diese Verluste sind als positive Bilanzanteile in den Bildern wiedergegeben. Interne und solare Wärmegewinne sowie regenerative Energieanteile sind als negative Bilanzanteile links der Null-Achse aufgetragen. Die positiv dargestellten Verluste abzüglich der negativ eingetragenen Gewinne repräsentieren den Primärenergiebedarf.

Die sich aus einer Variante ergebenden geänderten Bilanzanteile am Jahres-Primärenergiebedarf sind in Bild 6.1.5-10 und Bild 6.1.5-11 durch Umrandung hervorgehoben und in Tafel 6.1.5-5 und Tafel 6.1.5-6 unterlegt. Die jeweils greifende Anforderung – Primärenergiebedarf oder spezifischer Transmissionswärmeverlust – ist fett gedruckt.

Bauliche Randbedingungen

Auf der baulichen Seite wird für den *Grundfall* angenommen, dass die Gebäude bei natürlicher Lüftung den Anforderungen an die Gebäudedichtheit genügen, was durch eine Dichtheitsprüfung nachgewiesen wird. In der ersten Variante wird demgegenüber auf die *Dichtheitsprüfung* verzichtet und somit ein erhöhter Luftwechsel von 0,7 h^{-1} angesetzt. Die Berücksichtigung der *Wärmebrücken* erfolgt im Grundfall pauschal, wobei der Bonus einer Halbierung – für Ausführungen vergleichbar zum Beiblatt 2 der DIN 4108 – in Ansatz gebracht wird. In Variante 2 ist dies nicht der Fall, d. h. es wird pauschal mit ΔU_{WB} = 0,10 W/(m^2K) gerechnet. Eine detaillierte Berechnung der Wärmebrückeneinflüsse mittels Wärmebrückenverlustkoeffizienten (Ψ-Werte) kann z. B. zu einem Wert von ΔU_{WB} = 0,02 W/(m^2K) führen, wie in Variante 3 dargestellt.

Bei allen Varianten gilt, dass für die Gebäude eine schwere Bauweise angenommen wird und eine Nachtabschaltung erfolgt. Als Berechnungsverfahren wird die Monatsbilanz nach DIN V 4108–6 zugrunde gelegt.

Anlagentechnische Randbedingungen

Im *Grundfall* sind die Gebäude mit einer Zentralheizung (Niedertemperaturkessel, Spreizung 55/45 °C) mit kombinierter Trinkwassererwärmung ausgestattet. Der Wärmeerzeuger und ein indirekt beheizter Speicher sind außerhalb der thermischen Hülle aufgestellt. Die horizontale Verteilung des Trinkwarmwassers (mit Zirkulation) und des Warmwassers für die Raumwärme erfolgt beim Mehrfamilienhaus ebenfalls außerhalb, beim Einfamilien-

Tafel 6.1.5-7 Ausführungsbeispiele für das in Tafel 6.1.5-5 dargestellte Einfamilienhaus bei unterschiedlichen baulichen und anlagentechnischen Randbedingungen

Variante	n $[h_{-1}]$	ΔU_{WB} $[W/(m^2K)]$	U_W/g	U_{AW}	U_D $[kWh/(m^2K)]$	U_G	H_T'	e_P (–)	q_E $[kWh/(m^2a)]$	q_P
0 Ausgangsfall	0,6	0.05	1,4/0,58	0,23	0,21	0,35	0,38	1,61	108,2	**125,2**
1 ohne Dichtheitsprüfung	0,7	0,05	1,4/0,58	0,20	0,19	0,21	0,35	1,61	108,2	**125,1**
2 Wärmebrücken Standard	0,6	0,10	1,4/0,58	0,17	0,15	0,21	0,38	1,61	108,3	**125,2**
3 Wärmebrücken detailliert	0,6	0,02	1,4/0,58	0,31	0,24	0,35	0,38	1,61	108,2	**125,2**
4 Brennwerttechnik	0,6	0,05	1,4/0,58	0,35	0,22	0,36	0,41	1,49	108,2	**125,2**
5 BW-Kessel, dez. elektr. Trinkwassererwärm.	0,6	0,05	1,4/0,58	0,50	0,24	0,38	0,46	1,35	109,8	**125,3**
6 Brennwert-Kombikessel	0,6	0,05	1,4/0,58	0,50	0,24	0,50	**0,48**	1,27	106,2	121,1
7 BW-Kessel, Lüftungsanlage	0,6	0,05	1,4/0,58	0,42	0,27	0,50	0,46	1,34	105,2	**125,1**
8 BW-Kessel, Solaranlage	0,6	0,05	1,4/0,58	0,50	0,24	0,50	**0,48**	1,27	103,5	120,8
9 Sole/Wasser-Wärmepumpe	0,6	0,05	1,4/0,58	0,50	0,24	0,50	**0,48**	0,99	31,5	94,4

Tafel 6.1.5-8 Ausführungsbeispiele für das in Tafel 6.1.5-6 dargestellte Mehrfamilienhaus bei unterschiedlichen baulichen und anlagentechnischen Randbedingungen

Variante	n $[h_{-1}]$	ΔU_{WB} $[W/(m^2K)]$	U_W/g	U_{AW}	U_D $[kWh/(m^2K)]$	U_G	H_T'	e_P (–)	q_E $[kWh/(m^2a)]$	q_P
0 Ausgangsfall	0,6	0.05	1,4/0,58	0,30	0,27	0,48	0,46	1,45	77,6	**87,1**
1 ohne Dichtheitsprüfung	0,7	0,05	1,4/0,58	0,23	0,21	0,33	0,40	1,45	77,5	**87,0**
2 Wärmebrücken Standard	0,6	0,10	1,4/0,58	0,25	0,21	0,35	0,46	1,45	77,6	**87,1**
3 Wärmebrücken detailliert	0,6	0,02	1,4/0,58	0,36	0,27	0,55	0,46	1,45	77,6	**87,1**
4 Brennwerttechnik	0,6	0,05	1,4/0,58	0,41	0,27	0,54	0,51	1,35	77,6	**87,1**
5 BW-Kessel, dez. elektr. Trinkwassererwärm.	0,6	0,05	1,4/0,58	0,41	0,27	0,56	0,51	1,66	71,0	**107,3**
6 Brennwert-Kombikessel	0,6	0,05	1,4/0,58	0,52	0,37	0,56	0,58	1,23	77,8	**87,1**
7 BW-Kessel, Lüftungsanlage	0,6	0,05	1,4/0,58	0,54	0,44	0,56	0,60	1,19	74,7	**87,1**
8 BW-Kessel, Solaranlage	0,6	0,05	1,4/0,58	0,54	0,44	0,56	0,60	1,19	76,8	87,1
9 Sole/Wasser-Wärmepumpe	0,6	0,05	1,4/0,58	0,56	0,50	0,59	**0,63**	0,90	22,9	68,8

haus innerhalb der thermischen Hülle. Die vertikalen Verteilstränge werden in beiden Fällen innenliegend angeordnet. Die Heizflächen sind mit Thermostatventilen ausgestattet (Auslegungsproportionalbereich 1 Kelvin).

Für die Varianten 4 bis 8 wird der Einsatz eines *Brennwertkessels* (55/45 °C) zugrunde gelegt. Die Aufstellung im unbeheizten Bereich, der indirekt beheizte Speicher und die Lage der Verteilleitungen bleiben, von der expliziten Nennung in der Variantenbeschreibung abgesehen, unverändert. Für die Variante 5 wird im Fall des Einfamilienhauses eine optimierte Trinkwassererwärmung vorgesehen, wobei der indirekt beheizte Speicher in den beheizten Bereich verlegt und auf Zirkulation verzichtet wird. Beim Mehrfamilienhaus steht Variante 5 für eine dezentrale elektrische Trinkwassererwärmung mittels eines Durchlauferhitzers in Kombination mit einem Elektro-Kleinspeicher (ein Raum, mehrere Zapfstellen). Der Brennwert-Kombikessel (Variante 6) ist wohnungszentral platziert, auch die Verteilung erfolgt innerhalb des beheizten Bereichs. Bei Variante 7 wird eine zentrale Lüftungsanlage mit 60% Wärmerückgewinnung (DCVentilatoren) ohne Nachheizung ergänzt. Die Verlegung der Verteilleitungen erfolgt innerhalb der thermischen Hülle. Für Variante 8 ist eine solare Trinkwassererwärmung mittels eines Flachkollektors vorgesehen, Speicher und Verteilleitungen sind wie in den Vergleichsfällen unbeheizt angeordnet (mit Zirkulation). In der letzten Variante wird der Wärmeerzeuger durch eine Sole/Wasser-Wärmepumpe ersetzt und die Spreizung auf 35/28 °C reduziert. Die Fußbodenheizung ist mit Einzelraumregelung ausgestattet.

Ergebnisse

Bei unveränderter Anlagentechnik gegenüber dem Ausgangsfall führen die Variationen in den Fällen 1 bis 3 dazu, dass der Wärmeschutz der Außenbauteile eine Verschärfung (Variante 1 und 2) bzw. Entlastung (Variante 3) erfährt. Durch Einsatz der Brennwerttechnik statt Niedertemperaturtechnik werden die Erzeugungsverluste reduziert (Variante 4). Eine Reduktion der Verteilverluste wird beim Einfamilienhaus (Variante 5) durch die Aufstellung des Warmwasserspeichers im beheizten Bereich erreicht. Für die Variante 5, beim Mehrfamilienhaus, ist ein höherer Jahres-Primärenergiebedarf zulässig, da hier eine dezentral elektrische Trinkwassererwärmung (Elektrodurchlauferhitzer) zum Einsatz kommt. Der Vergleich mit Variante 4 zeigt, dass hinsichtlich der Anteile der Wärmeverluste über Außenbauteile praktisch gleiche Werte vorliegen. Dies kann auch aus Tafel 0.0.0-1 abgelesen werden. Kommen Kombikessel zum Einsatz (Heizung und Warmwasserbereitung kombiniert, Aufstellung im beheizten Bereich) führt dies beim Einfamilienhaus dazu, dass als Anforderung der spezifische auf die wärmeübertragende Umfassungsfläche bezogene Transmissionswärmeverlust greift. Der Einsatz eines Brennwertkessels und einer Lüftungsanlage in Variante 7 führt gegenüber dem Ausgangsfall zu einem reduzierten Anteil bei der Wärmeerzeugung der Lüftung. Der erhöhte Anteil der Primärenergieumwandlung resultiert aus dem Strombedarf der Lüftungsanlage. Bei Verwendung einer solaren Trinkwassererwärmung, fließt ein Anteil regenerativer Wärmegewinne in die Bilanz ein. Dies gilt ebenfalls bei Einsatz einer Sole/Wasser-Wärmepumpe. Bei der letztgenannten Variante tritt ein hoher Anteil der Primärenergieumwandlungsverluste auf, der durch Nutzung regenerativer Energie kompensiert wird. In diesem Fall greift die Zusatzanforderung an den baulichen Wärmeschutz bei beiden Gebäuden.

Die Beispiele sollen aufzeigen, welche Möglichkeiten der Kompensation zwischen baulichen Wärmeschutz und Anlagentechnik im Rahmen des Nachweisverfahrens der Energieeinsparverordnung möglich sind. Es ist davon auszugehen, dass bei Einsatz sehr effizienter Anlagentechnik (Varianten 6 bis 9), der auch mit höheren Investitionskosten verbunden ist, gleichzeitig ein besserer baulicher Wärmeschutz eingesetzt wird, sodass insgesamt in praktischen Ausführungen die Anforderungen der Energieeinsparverordnung bei solchen Fällen deutlich unterschritten werden können.

Insgesamt zeigt sich, dass die Anforderungen der Verordnung mit heute in der Praxis üblichen Konstruktionen, Baustoffen und Anlagentechniken umsetzbar sind.

Bei der Festlegung der einzelnen Einflussgrößen ist zu berücksichtigen, dass bauliche Maßnahmen langlebiger sind als die meisten anlagentechnischen. Darüber hinaus sind bauliche Veränderungen im Nachhinein meist wesentlich aufwändiger als anlagentechnische. Im Einzelfall ist objektspezifisch durch Variantenbildungen das günstigste Ergebnis zu ermitteln. Ausgewogene Lösungen im anlagentechnischen und baulichen Bereich stellen sich in der Regel am günstigsten dar.

-2.8 Einflußgrößen auf den Primärenergiebedarf von Gebäuden

Am Beispiel eines Einfamilienhauses soll aufgezeigt werden, wie sich unterschiedliche bauliche, anlagentechnische und nutzungsbedingte Einflüsse auf die Höhe des Jahre-Primärenergiebedarfs auswirken.

In Tafel 6.1.5-9 sind die Varianten der verschiedenen Einflussgrößen dargestellt. Der Ausgangsfall entspricht hinsichtlich der Randbedingungen dem Niveau der Energieeinsparverordnung und verursacht einen Primärenergiebedarf von 125,3 kWh/(m²a).

Tafel 6.1.5-9 Zugrunde gelegte Varianten für die Berechnungen des Jahres-Primärenergiebedarfs eines Einfamilienhauses.

Einflussgröße	Ausgangsfall	Varianten	
U_{AW} / U_D / U_G / $U_W(g)$ [W/(m²K)] / [-]	0,35 / 0,22 / 0,36 / 1,4 (0,58)	0,21 / 0,18 / 0,28 / 1,4 (0,58) (Verschlechterung Wärmeschutz)	0,53 / 0,24 / 0,5 / 1,4 (0,58) (Verbesserung Wärmeschutz)
ΔU_{WB} [W/(m²K)]	0,05	0 (Wärmebrücken ideal)	0,1 (Wärmebrücken Standard)
n [h⁻¹]	0,6	0,7 (keine Dichtheitsprüfung)	–
Speicher-fähigkeit	schwere Bauweise	leichte Bauweise	–
Heizung und Warmwasser-bereitung	Brennwertsystem mit zentraler WWB, Verteilung beheizt	Niedertemperatursystem mit zentraler WWB, Verteilung beheizt	Brennwertsystem mit zentraler WWB, Verteilung unbeheizt
Lüftung	natürliche Lüftung	Lüftungsanlage mit WRG	–
mittlere Raum-temperatur [°C]	19	17	21
Nachtabschaltung	mit	ohne	–
Standort	Referenzstandort (EnEV)	Freiburg	Hof

Bauliche Einflüsse

Wird der bauliche Wärmeschutz gem. den Zahlenwerten inTafel 6.1.5-9 verbessert, ergibt sich eine Bedarfsreduktion um rd. 12 kWh/(m²a). Wärmedurchgangskoeffizienten, die in etwa dem Anforderungsniveau der Wärmeschutzverordnung '95 entsprechen, führen zu einer Erhöhung des Primärenergiebedarfs um rd. 12 kWh/(m²a).

Mit der Umsetzung optimierter Anschlussdetails können Wärmebrückenverluste reduziert werden. Aus einem Wert ΔU_{WB} = 0 W/(m²K) resultiert der Jahres-Primärenergiebedarf von rd. 115 kWh/(m²a). Infolge schlechter Wärmebrückenausführungen ΔU_{WB} = 0,1 W/(m²K)) steigt der zuletzt genannte Wert um ca. 11 kWh/(m²a) an.

Wird eine ausreichende Gebäudedichtheit, die nach DIN 4108–7 gefordert ist, nicht erreicht, ergibt sich mit einem Luftwechsel von n = 0,7 h^{-1} ein Jahres-Primärenergiebedarf von 131,6 kWh/(m²a).

Der Einfluss der Bauweise (schwer/leicht), ausgedrückt durch die Wärmespeicherfähigkeit, liegt bei etwa 2 %.

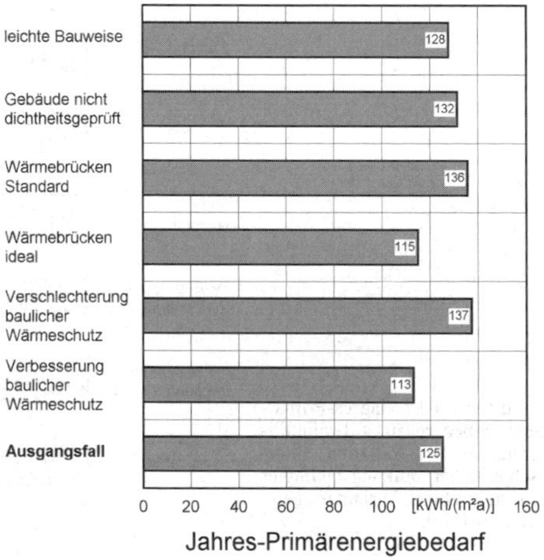

Bild 6.1.5-12. Jahres-Primärenergiebedarf eines Einfamilienhauses bei Variation unterschiedlicher baulicher Einfußgrößen. Varianten gem. Tafel 6.1.5-9.

Anlagentechnische Einflüsse

Beim Einsatz eines Niedertemperatur-Heizsystems ergibt sich aufgrund der größeren Erzeuger-Aufwandszahl eine Erhöhung des Jahres-Primärenergiebedarfs gegenüber dem Ausgangsfall von rd. 7 kWh/(m^2a). Werden die Rohrleitungen nicht wie im Ausgangsfall im beheizten, sondern im nicht beheizten Bereich geführt, liegt der Jahres-Primärenergiebedarf bei 129,9 kWh/(m^2a).

Eine Reduktion des Primärenergiebedarfs um rd. 13 kWh/(m^2a) wird erreicht, wenn eine Lüftungsanlage mit Wärmerückgewinnung (Wärmerückgewinnungsgrad 80 %) vorgesehen ist.

Nutzungsbedingte Einflüsse

Die Energieeinsparverordnung setzt als mittlere Raumlufttemperatur einen Wert von 19 °C an. Hierbei ist die räumliche Teilbeheizung berücksichtigt, d.h. es wird davon ausgegangen, dass nicht alle Räume eines Gebäudes auf normale Raumlufttemperaturen beheizt werden. Setzt man bei der Berechnung eine Raumlufttemperatur von durchschnittlich 17 °C an, liegt der Jahres-Primärenergiebedarf bei 107,8 kWh/(m^2a). Bei einer um 2 K erhöhten Raumlufttemperatur von 21 °C erhöht sich auch der Bedarf und zwar um rd. 18 kWh/(m^2a).

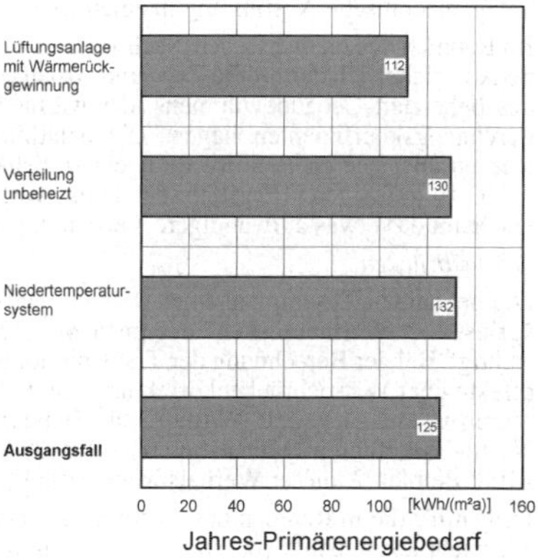

Bild 6.1.5-13. Jahres-Primärenergiebedarf eines Einfamilienhauses bei Variation unterschiedlicher anlagentechnischer Einfußgrößen. Varianten gem. Tafel 6.1.5-9.

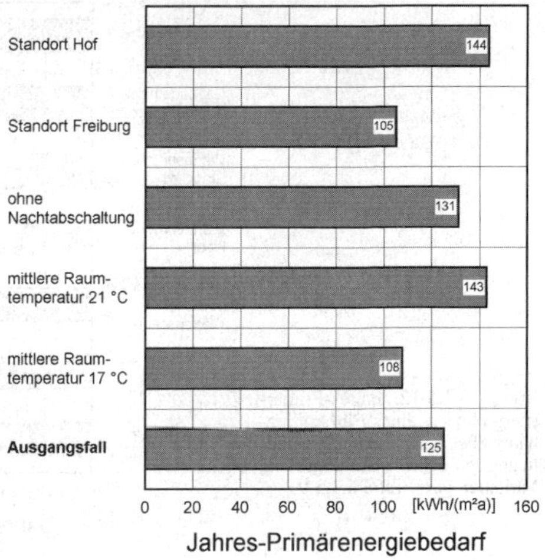

Bild 6.1.5-14. Jahres-Primärenergiebedarf eines Einfamilienhauses bei Variation unterschiedlicher nutzungsbedingter Einfußgrößen. Varianten gem. Tafel 6.1.5-9.

Wird gegenüber dem Ausgangsfall keine Nachtabschaltung betrieben, entsteht ein Mehrbedarf von ca. 6%.

Die Berücksichtigung standortspezifischer Klimadaten führt für Freiburg (Referenzort für die Region 12 gem. DIN 4108–6) zu einer Reduktion des Jahres-Primärenergiebedarfs von rd. 20 kWh/(m^{2}a). Unter Zugrundelegung der Klimadaten des Referenzortes für die Region 10 (Hof) nimmt der Bedarf auf 143,9 kWh/(m^{2}a) zu.

-2.9 Ausführungsempfehlungen

Auf der Basis der dargestellten Berechnungsansätze und Beispiele, lassen sich für den Umgang mit der Energieeinsparverordnung Handlungs- und Ausführungsempfehlungen ableiten.

Einbeziehung baulicher und anlagentechnischer Aspekte im früheren Planungsstadium

Die heute noch oftmals praktizierte Vorgehensweise, den Anlagenplaner bez. den ausführenden Fachbetrieb nach Festlegung der wärmeschutztechnischen Planung oder gar nach der Ausführung einzubeziehen, wird künftig nicht mehr möglich sein. Da abhängig von den Bestimmungen in einzelnen Bundesländern der EnEV-Nachweis mit dem Bauantrag eingereicht werden muss, ist es erforderlich, zumindest die Eckdaten für die bauliche und anlagentechnische Ausführung in einen frühen Planungsstadium zu fixieren.

Im Rahmen des rechnerischen Nachweises wird für die Ermittlung des Jahres-Heizwärmebedarfs sicherlich der größte Zeit- und Arbeitsaufwand – wie bisher – bei der Bestimmung des beheizten Gebäudevolumens, der wärmeübertragenden Hüllfläche und der Wärmedurchgangskoeffizienten liegen. Die detaillierten Ansätze des Monatsbilanzverfahrens werden über geeignete Software leicht zu behandeln sein. Da das Monatsbilanzverfahren i.d.R. zu günstigeren Ergebnissen als das vereinfachte Verfahren (Periodenbilanz) führt, erscheint das etwas aufwändigere Verfahren grundsätzlich empfehlenswert.

Wärmebrücken

Die bekannten Zusammenhänge, dass bei verbessertem Wärmeschutzniveau die Wärmeverlust über Wärmebrücken zunehmen, werden im Nachweisverfahren der EnEV berücksichtigt. Bei der Berechnung der Transmissionswärmeverluste werden die Wärmebrückeneffekte über Wärmebrückenkorrekturwerte ΔU_{WB} erfasst. Im vereinfachten Nachweisverfahren ist ΔU_{WB} = 0,05 W/(m^{2}K) als Standardwert vorgegeben. Auch im ausführlichen Nachweisverfahren (Monatsbilanz) sollte über Einhaltung der Empfehlungen gem. DIN 4108, Beiblatt 2, dieser Wert als Mindeststandard angestrebt werden.

Liegen für die in Rahmen des Nachweises verwendeten Baukonstruktionen Lösungen für Wärmebrückendetails vor, so kann eine Optimierung über die detaillierte Ermittlung von

ΔU_{WB} erfolgen. Wie das Beispiel in Abschnitt 8 zeigt, lassen sich mit der detaillierten Planung erhebliche Verbesserungen erreichen.

Als Planungshilfsmittel kann hierbei der Wärmebrückenkatalog[1)] herangezogen werden, in dem die Empfehlungen gem. DIN 4108, Beiblatt 2 und darüber hinaus weitere Anschlusslösungen aufgenommen sind.

Luftdichtheit

Die Anforderungswerte an die Luftdichtheit der Gebäudehülle sind in DIN 4108–7 genannt

- Gebäude mit natürlicher Lüftung: $n_{50} \leq 3{,}0\ h^{-1}$
- Gebäude mit mechanischer Lüftung: $n_{50} \leq 1{,}5\ h^{-1}$

Die EnEV schreibt vor, dass bei Einsatz einer mechanischen Lüftungsanlage eine Dichtheitsprüfung durchgeführt werden muss. Wird bei natürlich gelüfteten Gebäuden – diese Form der Lüftung wird in nächster Zukunft noch die am häufigsten anzutreffende sein – eine Dichtheitsprüfung durchgeführt, und der genannte Anforderungswert eingehalten, darf im Nachweisverfahren ein Bonus in Ansatz gebracht werden. Mit den Kosten für eine Messung nach dem Blower Door-Verfahren von rd. EUR 300 für ein Einfamilienhaus und rd. EUR 600 für ein Mehrfamilienhaus mit 6–8 Wohneinheiten, stellt sich der Nachweis über die Einhaltung der Dichtheitsanforderungen als wirtschaftlich sehr günstige Option für die Verbesserung des Wärmeschutzes dar. Es ist davon auszugehen, dass die Dichtheitsprüfung in den nächsten Jahren bei den meisten Bauvorhaben Anwendung findet. Dies nicht nur im Hinblick auf die energetischen Aspekte sondern auch als Qualitätsnachweis für eine Konstruktion, die weniger bauschadensanfällig ist und keine Zugerscheinungen auftreten lässt.

In DIN 4108–7 sind über die genannten Anforderungswerte hinaus eine große Anzahl von Beispielen aufgeführt, die als Planungs- und Ausführungsempfehlungen herangezogen werden können. Grundsätzlich erscheint es sinnvoll, bei der Auswahl von Materialien (Folien, Klebebänder, Manschetten, …) auf Paketlösungen von Herstellern zurückzugreifen. Hiermit sollte weitgehend sichergestellt sein, dass die verwendeten Produkte aufeinander abgestimmt sind und somit eine lang andauernde Dichtheit gewährleisten.

Anlagentechnik

Die heutzutage am häufigsten eingesetzte Anlagentechnik zur Gebäudebeheizung, die Pumpen-Warmwasserheizung, bietet auch in der nächsten Zukunft ein großes Optimierungspotenzial. Im wesentlichen wird dies durch den Einsatz effizienter Wärmeerzeuger (Brennwertsysteme), optimierter Rohrleitungsführung (möglichst kurz und im beheizten Bereich geführt) und die Wahl des Aufstellortes von Wärmeerzeuger sowie evtl. vorhandenem Warmwasserspeicher (möglichst im beheizten Bereich) zu erschließen sein.

Über solche, aus den Rechenansätzen resultierende Erkenntnisse hinaus, ist es empfehlenswert, konkrete Produkt-Kennwerte im Nachweis zu berücksichtigen. Die Standard-Werte in DIN V 4701–10 orientieren sich am unteren energetischen Durchschnitt der Marktniveaus und führen somit zu ungünstigeren Ergebnissen. Im Stadium der Vorplanung kann es sich allerdings auch als durchaus sinnvoll erweisen, bei der Berechnung zunächst die Norm-Werte heranzuziehen, um so „auf der sichern Seite“ zu liegen.

6.1.6 DIN EN 832 Wärmetechnisches Verhalten von Gebäuden Berechnung des Heizenergiebedarfs von Wohngebäuden[2)]

Ergänzungen von Prof. Dr.-Ing. Hans Werner, München

Im Unterschied zur Energieeinsparverordnung[3)] EnEV (s. Abschnitt 6.1.5) dient das in dieser europäischen Norm dargestellte Berechnungsverfahren nicht zum Nachweis von Energiesparforderungen, sondern primär zur Ermittlung eines verbrauchsorientierten Heizenergiebedarfs, um in der Planungsphase Hinweise über die Auswirkungen bestimmter Ener-

---

1) Hauser, G., Stiegel, H. und Haupt, W.: Wärmebrückenkatalog auf CD-ROM. Ingenieurbüro Hauser, Baunatal 1998.

2) Erstbearbeitung von Prof. Dr.-Ing. Hans Werner, München, für die 68. Auflage.

3) Die Energieeinsparverordnung ist im Februar 2002 rechtskräftig geworden und ersetzt die Wärmeschutzverordnung (s. Abschnitt 6.1.5).

giesparmaßnahmen zu erhalten. Auf der Grundlage des ermittelten Heizenergiebedarfs können auch die wirtschaftlichen Auswirkungen solcher Maßnahmen abgeschätzt werden, da nutzungsbedingte Eingangsdaten zugrunde gelegt werden können, die nicht, wie in der EnEV, normiert sind.

Das europäische Rechenverfahren basiert auf der Energiebilanz unter stationären Randbedingungen, wobei durch Verwendung eines Nutzungsgrades der gebäudeinternen und solarbedingten Wärmegewinne auch die thermisch-dynamischen Eigenschaften eines Gebäudes mitberücksichtigt werden.

Die Norm gilt für folgende Anwendungsfälle:

- als Planungsinstrument zur Optimierung des energetischen Verhaltens eines Gebäudes; Basisdaten für Wirtschaftlichkeitsrechnungen
- zur Beurteilung der Erfüllung von energetischen Anforderungen für Wohngebäude falls national angewendet (Die Energieeinsparverordnung macht die Rechenmethode nach DIN EN 832 zur Grundlage für den Energieeinsparnachweis nach der EnEV.)
- zur Ermittlung eines allgemein anerkannten Kennwertes für das energetische Verhalten eines Gebäudes
- zur Bewertung des energetischen Verhaltens eines bestehenden Gebäudes bei geplanten Energiesparmaßnahmen
- zuletzt zur Vorhersage des zukünftigen Energiebedarfs für repräsentative Gebäude des Baubestandes

Bezüglich des Anwendungsbereiches ist vermerkt, daß diese Norm ein vereinfachtes Berechnungsverfahren zur Ermittlung des Heizenergiebedarfs für die Raumheizung in Wohngebäuden beschreibt.

Dieses Verfahren enthält die Berechnung:

- des Wärmeverlustes eines Gebäudes, das auf eine konstante Soll-Innentemperatur beheizt wird
- des zur Aufrechterhaltung der festgelegten Soll-Innentemperaturen benötigten Heizwärmebedarfs
- des für das Heizungssystem eines Gebäudes zur Raumheizung benötigten jährlichen Heizenergiebedarfs unter Einbeziehung der Jahresnutzungsgrade von Heizungssystemen

Das europäische Verfahren kann ein- oder mehrzonig für verschiedene Soll-Innentemperaturen der Zonen angewendet werden.

Der Berechnungszeitraum kann entweder eine bestimmte Heizperiode (ohne sommerliche Heizung) oder der monatliche Zeitraum sein. Die monatliche Berechnung ist das normale Rechenverfahren, das genauere Resultate liefert, verbunden mit dem Vorteil, daß die Heizperiode sich automatisch an das Wärmedämmvermögen des Gebäudes anpaßt. Korrekte Ergebnisse werden über einen Jahreszeitraum mit dem Monatsbilanzverfahren erhalten, wobei die Ergebnisse für die einzelnen Monate nahe dem Ende oder dem Beginn der Heizperiode mit großen relativen Fehlern behaftet sein können.

Bild 6.1.7-1 zeigt die schematische Darstellung der für die Berechnung zugrunde gelegten Energiebilanz eines Gebäudes.

Auf der Basis dieser Energiebilanz wird der Heizwärmebedarf Q_H, das ist der dem Gebäude über die Heizung in einer bestimmten Zeitspanne zugeführte Wärmebetrag, gemäß folgender Gleichung ermittelt:

$$Q_H = \Sigma_M (Q_{l,M} - \eta_M (Q_{\mathrm{sol},M} + Q_{i,M}))$$

Die Summierung erfolgt über die einzelnen Monate (M) des Jahres soweit die monatlichen Heizwärmebedarfswerte positiv sind. Eventuell, infolge der Wärmebilanz, sich rechnerisch ergebende negative Werte in den Übergangs- und Sommermonaten bleiben unberücksichtigt.

Die einzelnen Größen haben folgende Bedeutung:

$Q_{l,M}$ = monatlicher Wärmeverlust (l = losses) über die Gebäudehülle;

η_M = monatlicher Ausnutzungsgrad der solaren und internen Wärmegewinne für Heizzwecke;

$Q_{\mathrm{sol},M}$ = monatliche solare Wärmegewinne;

$Q_{i,M}$ = monatliche interne Wärmegewinne.

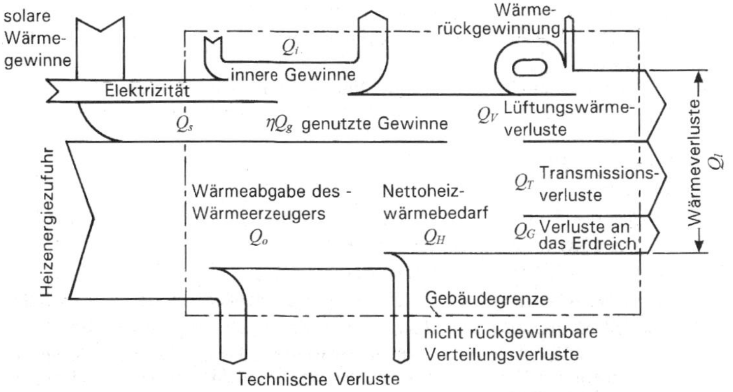

Bild 6.1.7-1. Schematische Darstellung der Energiebilanz eines Gebäudes nach DIN EN 832*)

*) DIN EN 832: Wärmetechnisches Verhalten von Gebäuden – Berechnung des Heizenergiebedarfs – Wohngebäude

Wärmeverluste

Die Wärmeverluste werden mit Hilfe der folgenden Beziehung ermittelt, wobei hier die übrigen angesprochenen Normen zur Anwendung kommen:

$$Q_{V,M} = H\,(\vartheta_i - \vartheta_a)\,t_M$$

mit H als dem in der neuen DIN EN ISO 13789[1)] definiertem temperaturspezifischen Wärmeverlust;

ϑ_i und ϑ_a sind die Innen- und Außentemperatur mit t_M als der Zeit des Monats.

In DIN EN 832 werden drei Anteile des spezifischen Wärmeverlustes, wie folgt, berücksichtigt:

$H = H_T + H_V$

H_V = der temperaturspezifische Lüftungswärmeverlust mit

$H_V = \dot{V}\,\rho\,c_{p,L}$ bei freier Lüftung wobei $\dot{V}$ den Luftvolumenstrom darstellt; bei mechanischen Lüftungssystemen wird noch ein zusätzlicher Luftvolumenstrom berücksichtigt.

In den temperaturspezifischen Transmissionswärmeverlusten können auch noch die zusätzlichen Wärmeverluste infolge zweidimensionaler Wärmebrückeneffekte gemäß DIN EN ISO 10211[2)] T2 berücksichtigt werden, so daß für H_T gilt:

$$H_T = \Sigma\,(b_i\,k_i\,A_i) + \Sigma\,\Psi_i\,l_i + L_s$$

Dabei ist:

- b_i ein *Reduktionsfaktor,* der eine gegenüber der Außenluft erniedrigte Temperaturdifferenz berücksichtigt (bei Wärmeverlusten in unbeheizte Räume, DIN EN ISO 13789)
- k der *Wärmedurchgangskoeffizient* eines Außenbauteils i
- A die *Fläche* des betreffenden Außenbauteils i
- Ψ der *längenbezogene Wärmedurchgangskoeffizient* (im deutschen Sprachgebrauch auch mit Wärmebrückenverlustkoeffizient bezeichnet) der zweidimensionalen Wärmebrücken i gemäß DIN EN ISO 1021 T2

1) DIN EN ISO 13789 (07.97) E: Wärmetechnisches Verhalten von Gebäuden – Spezifischer Transmissionswärmeverlust.

2) DIN EN ISO 10211-2: Wärmetechnisches Verhalten von Gebäuden – Wärmebrücken im Hochbau – Längenbezogener Wärmedurchgangskoeffizient – Vereinfachtes Berechnungsverfahren und Rechenwerte.

l die Länge der jeweiligen zweidimensionalen Wärmebrücke i

L_s thermische Leitwert des Transmissionswärmeverlusts in das Erdreich nach DIN EN ISO 13370[1]

Die Wärmeverluste des Gebäudes über das Erdreich werden mit Hilfe der DIN EN 1370 ermittelt. Der thermische Leitwert L_s; in den Boden wird für beheizte Keller folgendermaßen bestimmt:

$$L_s = A\, U_{bf} + z\, P\, U_{bw} \text{ in W/K}$$

Dabei bedeuten:

A *Bodengrundfläche*;

z *Tiefe* des Kellerfußbodens unter Erdoberfläche;

P *Umfang* des Kellergeschosses (Perimeter);

U_{bf} spezieller *Wärmedurchgangskoeffizient* des Kellerfußbodens; nach DIN V 4108-6;

U_{bw} spezieller *Wärmedurchgangskoeffizient* der Kellerwand; nach DIN V 4108-6.

Diese speziellen Wärmedurchgangskoeffizienten werden näherungsweise in Abhängigkeit weiterer geometrischer Gebäudegrößen und der Wärmeleitfähigkeit des Erdbodens nach DIN EN ISO 13370 berechnet.

a) Solare Wärmegewinne

Die in das Gebäude gelangenden solaren Wärmegewinne Q_{sol} über Fenster, Wintergärten, transparenter Wärmedämmsysteme und Trombewänden werden mittels umfangreicher Berechnungen in bestimmten Anhängen der Norm ermittelt.

Für Fenster ergeben sich die Solargewinne folgendermaßen:

$$Q_{\text{sol}} = \Sigma_j\, \Sigma_i\, f_{s,j,i}\, I_j\, g_{j,i}\, A_{F,j,i}$$

Dabei bedeuten:

$f_{s,j,i}$ durch Verschattung, Rahmen und Sonnenschutz bedingte *Minderungsfaktoren*; in DIN EN 832 werden Hinweise bestimmter Verschattungssituationen gegeben

I_j durchschnittliche orientierungsabhängige *Strahlungsangebote* in der Heizperiode; in der neuen DIN V 4108-6 „Heizwärmebedarf"[2] sind zukünftig die für Deutschland geltenden Strahlungsangebote für verschiedene Regionen ersichtlich

g_i Gesamtenergiedurchlaßgrade der Verglasungen i;

$A_{F,i,j}$ Fensterflächen i der Orientierung j.

b) Interne Wärmegewinne

Die monatlichen internen *Wärmegewinne* Q_i werden gemäß folgender Beziehung bestimmt:

$$Q_{i,M} = \Phi_{i,M}\, t_M$$

Soweit keine genaueren Angaben vorliegen, kann man für Wohngebäude von einer durchschnittlichen inneren Wärmeleistung von 5 W/m^2 Nutzfl. ausgehen.

c) Ausnutzungsgrad der Sonneneinstrahlung und der internen Wärmegewinne für Heizzwecke

Wieviel Sonne und interne Wärmegewinne letztendlich für Heizzwecke genutzt werden kann, hängt vom sog. „Ausnutzungsgrad" η ab, der in DIN EN 832 als Funktion einer wirksamen Wärmespeicherkapazität dargestellt wird, deren Darstellung in der Norm DIN EN ISO 13786)[3] in ausführlicher Weise erfolgt.

In Anwendung der Norm DIN EN 832 wird für die wirksame Wärmespeicherung für direkte Sonneneinstrahlung folgender Ansatz zugrunde gelegt:

$$C = \Sigma\, d_{w,i}\, \rho_i\, c_i\, A_i$$

mit $d_{w,i}$ = 10 cm als der wirksamen Schichtdicke des Bauteils i. Die Summation erfolgt über alle Bauteile, die mit der Innenluft in Berührung stehen, also insbesondere mit den Innenbauteilen.

[1]) DIN EN ISO 13370: Wärmetechnisches Verhalten von Gebäuden – Wärmeübertragung über das Erdreich.

[2]) DIN V 4108-6 (10.99): Berechnung des Heizwärmebedarfs von Gebäuden.

[3]) DIN EN ISO 13786 : Wärmetechnisches Verhalten von Gebäuden – Dynamisch-Thermische Eigenschaften – Rechenwerte.

Somit wird der Ausnutzungsgrad η der internen Wärmegewinne und der in das Gebäude gelangenden Sonneneinstrahlung für Heizzwecke folgendermaßen ermittelt:

$$\eta = \frac{1-\gamma^{a}}{1-\gamma^{a+1}} \text{ falls } \gamma \neq 1$$

$$\eta = \frac{a}{a+1} \text{ falls } \gamma = 1$$

wobei

$$a = a_0 + \tau / \tau_0$$

und

$$\gamma = (Q_{\text{sol}} + Q_i) / Q_V$$

das Wärmegewinn-/Verlustverhältnis des Gebäudes für den entsprechenden Betrachtungszeitraum ist.

Bei monatlicher Rechnung ergibt sich für a_0 und τ_0: $a_0 = l$; $\tau_0 = 16$ h.

Die Zeitkonstante τ ergibt sich aus der wirksamen Wärmekapazität C und den temperaturspezifischen Wärmeverlusten H gemäß folgender Beziehung:

$$\tau = C / H$$

Einen grundsätzlichen Verlauf der monatlichen Ausnutzungsgrade in Abhängigkeit der monatlichen Wärmegewinn-/Verlustverhältnisse ist aus Bild 6.1.7-2 zu ersehen.

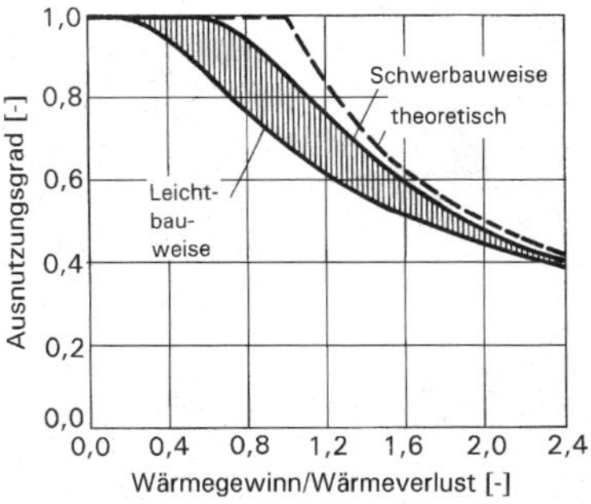

Bild 6.1.7-2. Typische monatliche Ausnutzungsgrade η in Abhängigkeit des Wärmegewinn-/Verlustverhältnisses eines Gebäudes*)

*) Werner, H.: Jahresheizwärmebedarf – Bezug zwischen Wärmeschutzverordnung und DIN V 4108-6, Bundesbaublatt H. 3, 1995, S. 174 ff.

Einen etwas anderen Einfluß hat die wirksame Wärmekapazität eines Gebäudes, wenn eine Temperaturabsenkung durch Heizungsabsenkung oder -abschaltung durchgeführt wird; auch diese Auswirkung kann in DIN EN 832 berücksichtigt werden und ist in DIN EN ISO 13786 näher erläutert.

d) Heizenergiebedarf

Vom Heizwärmebedarf Q_H zum Heinzenergiebedarf Q – also der Energiemenge, die die Heizung zur Erzeugung des Heizwärmebedarfs benötigt – gelangt man mit Hilfe des Jahresheizungsnutzungsgrades η_h, der über diverse Teilverluste der Heizung mit Hilfe einer noch fertigzustellenden Norm des CEN/TC 228 quantifiziert werden muß. Solange diese Norm noch nicht vorliegt, könnte mit einem angenommenen Wert für η_h gerechnet werden, der bei konventionellen Heizungen i.A. zwischen 0,8 und 0,9 liegt.

Für den Heizenergiebedarf Q ergibt sich dann:

$$Q = Q_H / \eta_h$$

Im Zusammenhang mit der DIN EN 832 sei darauf hingewiesen, daß für Deutschland bereits der Gebrauch dieser Norm mit der DIN-Vornorm (DIN V 4108-6)[1] interpretiert wird. Diese aus normungsrechtlichen Gründen als Vornorm geführte Norm stellt die Basis der in der neuen Energieeinsparverordnung (EnEV) verwendete Rechenmethode dar, wobwi Rabdbedingungen für den deutschen Energieeinsparnachweis dort genauer festgelegt sind.

[1]) DIN V 4108 T6: Berechnung des Heizwärmebedarfs von Gebäuden.

Die PC-Programme EUROSAN[1] und EUROESV[2] ermitteln den Heizwärmebedarf nach DIN EN 832 bzw. DIN V 4108-6 und den Heizenergiebedarf bzw. den Primärenergiebedarf nach DIN V 4701[2] und liefern auch Aussagen zur Wirtschaftlichkeit verschiedener Energiesparmaßnahmen. Solche Programme dienen zur Optimierung von Energiesparmaßnahmen bereits in der Planungsphase von Gebäuden.

[1]) Werner, H.: Jahresheizwärmebedarf – Bezug zwischen Wärmeschutzverordnung und DIN V 4108-6, Bundesbaublatt H. 3, 1995, S. 176 (Angaben zu den PC-Programmen: Prof. Dr.-Ing. H. Werner FH München, FB Bauingenieurwesen). www.wernerbauphysik.de

[2]) DIN V 4701-10: Energetische Bewertung heiz- und raumlufttechnischer Anlagen.

6.2 Europäische Regelungen

Auf Basis des Vertrages zur Gründung der Europäischen Gemeinschaft vom 25.3. 1957 in der Fassung des Vertrages über die Europäische Union vom 7.2. 1992 (ABl. EG Nr. C 191 vom 29.7. 1992), zuletzt geändert (24.6. 1994 / 1.1. 1995) durch die Beitritte Österreichs, Finnlands und Schwedens (ABl. EG Nr. C 241 vom 29.8. 1994 / ABl. EG Nr. L 1 vom 1.1. 1995) sind u.a. verschiedene Richtlinien, die für die Branche der Heizungs-, Lüftungs- und Klima-, Warmwasser- und Kältetechnik von Bedeutung sein können, erlassen. Nachfolgend werden einige dieser EG-(EU-)Regelungen zitiert.

a) Richtlinie 98/34/EG des Europäischen Parlaments und des Rates vom 22. Juni 1998 über ein Informationsverfahren auf dem Gebiet der Normen und technischen Vorschriften (ABl. EG Nr. L 204 vom 21.7. 1988, S. 37)

b) Richtlinie des Rates vom 21. Dezember 1988 zur Angleichung der Rechts- und Verwaltungsvorschriften der Mitgliedstaaten über Bauprodukte (89/106/EWG) (ABl. EG Nr. L 40 vom 11.2. 1989, S. 12), geändert durch RL 93/68/EWG vom 22. Juli 1993 (ABl. EG Nr. L 220 vom 30.8. 1993, S. 1)

c) Entscheidung der Kommission vom 9. September 1994 zur Durchführung von Artikel 20 der Richtlinie 89/106/EWG über Bauprodukte (94/611/EG) (ABl. EG Nr. L 241 vom 16.9. 1994, S. 25)

d) Entscheidung der Kommission über das Verfahren zur Bescheinigung der Konformität von Bauprodukten gemäß Artikel 20 Absatz 2 der Richlinie 89/107/EWG
   - Entscheidung 95/467/EG vom 24. Oktober 1995 (ABl. EG Nr. L 268 v. 10. 11. 1995, S. 29) betreffend
     - Schornsteine, Abgasleitungen und spezielle Produkte, Gipsprodukte, Strukturelle Lagerungen –
   - Entscheidung 96/577/EG vom 24. Juni 1996 (ABl. EG Nr. L 254 v. 8. 10. 1996, S. 44) betreffend
     - Ortsfeste Brandbekämpfungssysteme –
   - Entscheidung 97/161/EG vom 17. Februar 1997 (ABl. EG Nr. L 62 v. 4. 3. 1997, S. 41) betreffend
     - Metalldübel zur Verwendung in Beton zur Befestigung von leichten Systemen –
   - Entscheidung 97/177/EG vom 17. Februar 1997 (ABl. EG Nr. L 73 v. 14. 3. 1997, S. 24) betreffend
     - Injektionsdübel aus Metall zur Verwendung in Mauerwerk –
   - Entscheidung 1999/91/EG vom 25. Januar 1999 (ABl. EG Nr. L 29 v. 3. 2. 1999, S. 44) betreffend
     - Wärmedämmprodukte –
   - Entscheidung 1999/454/EG vom 22. Juni 1999 (ABl. EG Nr. L 178 v. 14. 7. 1999, S. 56) betreffend
     - Brandschutzabschottungen und Brandschutzbekleidungen –
   - Entscheidung 1999/471/EG vom 29. Juni 1999 (ABl. EG Nr. L 184 v. 17. 7. 1999, S. 37) betreffend
     - Raumerwärmungsanlagen –
   - Entscheidung 1999/472/EG vom 1. Juli 1999 (ABl. EG Nr. L 184 v. 17. 7. 1999, S. 42) betreffend
     - Rohre, Behälter und Zubehörteile, die nicht mit Trinkwasser in Berührung kommen –

e) Beschluß der Kommission vom 17. Januar 1994 über die gemeinsamen Verfahrensregeln für die europäischen technischen Zulassungen (94/23/EG) (ABl. EG Nr. L 17 v. 20. 1. 1994, S. 34)

6.3 Deutsche, europäische und internationale Normung

6.3.1 Definitionen[1) 2)]

Eine *Norm* ist nach europäisch und international weitgehend anerkannter Definition eine „technische Spezifikation bzw. ein anderes, der Öffentlichkeit zugängliches Dokument, das in Zusammenarbeit mit allen interessierten Kreisen und mit deren Konsens oder allgemeiner Billigung aufgestellt wird, sich auf die vereinten Ergebnisse von Wissenschaft, Technik und Erfahrung stützt, den größten Nutzen der Allgemeinheit zum Ziel hat und von einem qualifizierten Gremium auf nationaler, regionaler oder internationaler Ebene angenommen wurde".

Die Normen stehen jedermann zur Anwendung frei. Eine Anwendungspflicht kann sich aus Rechts- oder Verwaltungsvorschriften, Verträgen oder aus sonstigen Rechtsgrundlagen ergeben.

Festlegungen in Normen gelten aufgrund ihres Zustandekommens als fachgerecht. Sie basieren auf „anerkannten Regeln der Technik" oder sollen sich als solche einführen. Die Normen bilden einen Maßstab für einwandfreies technisches Verhalten.

Die *nationalen Träger* der Normenorganisation in den an den Europäischen Normen (EN) beteiligten 19 europäischen Ländern (EU: Deutschland, Frankreich, Italien, Großbritannien, Spanien, Belgien, Griechenland, Niederlande, Portugal, Dänemark, Irland, Luxemburg, Finnland, Österreich, Schweden; EFTA: Schweiz, Norwegen, Island, Tschechische Republik) sind vergleichbar: I.d.R. hervorgegangen aus Berufsverbänden, Teilnahmemöglichkeit für alle Betroffenen, Anerkennung der Dokumente durch staatliche Stellen als nationale Normen, zentrale Einrichtungen (im Gegensatz zu USA und Kanada mit einigen hundert Organisationen jeweils für einen Sektor u.a.m.).

Träger der Normenorganisation:

Deutschland:

DIN Deutsches Institut für Normung e.V., Berlin
DKE Deutsche Elektrotechnische Kommission im DIN und VDE, Frankfurt

In Deutschland werden die Normblätter in den Normenausschüssen (NA) des DIN beraten und zunächst als Normentwürfe, später nach Verwertung aller Einsprüche als endgültige Normen veröffentlicht.

Normungsanträge bearbeiten der Normenausschuß Heiz- und Raumlufttechnik (NHRS) und der Normenausschuß Maschinenbau (NAM), Fachbereich Lufttechn. Anlagen, im DIN, 10787 Berlin 30, Burggrafenstraße 6.

Europa (18 Länder):

CEN Europäisches Komitee für Normung, Brüssel (siehe auch www.cenorm.be).
CENELEC Europäisches Komitee für Elektrotechnische Normung, Brüssel

CEN/CENELEC haben gemäß Beschluß der EU-Regierungen zur Vollendung des Binnenmarktes im *EU- (und EFTA-)Bereich* und zum Abbau der techn. Handelshemmnisse *gemeinsame* Regeln zu erstellen (*Harmonisierung* von technischen Regeln). Diese werden in einem gewichteten Abstimmungsverhältnis beschlossen. Falls ISO-Normen bestehen, sind diese zu übernehmen, notfalls zu vervollständigen. Kommt CEN zu eigenen Ergebnissen, sollen diese bei ISO eingebracht werden. Vom DIN bereits abgestimmte und übernommene europäische oder internationale Normen werden entsprechend kenntlich gemacht (z.B. DIN EN, DIN IEC, DIN ISO).
Zusammenstellung der ISO- und CEN-Arbeitsgruppen s. Abschnitt 6.6.3.

Jede Europäische Norm muß von jedem CEN/CENELEC-Mitglied in das eigene Normenwerk übernommen werden und zwar durch Veröffentlichung entweder eines identischen Textes oder einer Anerkennungsnotiz. Die Übernahme hat innerhalb einer bestimmten,

---

[1]) Nicolas, F., und Repussard, J.: Gemeinsame Normen für die Unternehmen; Herausg.: Kommission der Europäischen Gemeinschaften, Luxemburg 1988.
Rechentin, U.: Übersicht und Probleme der europäischen Normung in der Technischen Gebäudeausrüstung, Gesundheits-Ingenieur, 1993, Heft 4, S. 173–228.

[2]) DIN Deutsches Institut für Normung e.V.: Europäische Normung, Berlin

vom Technischen Büro festgelegten Frist zu erfolgen, die üblicherweise sechs Monate ab dem Verfügbarkeitsdatum beträgt, aber im Interesse der Wirtschaft so kurz wie möglich sein muß. Mit der Übernahme einer EN ist die Verpflichtung verbunden, vorhandene nationale Normen zurückzuziehen, die dasselbe Thema haben. Das Technische Büro darf hierfür eine längere Frist gewähren. Das ist dort angebracht, wo ein allmählicher Übergang zu der europäischen Lösung erforderlich ist oder in Fällen, wo es sinnvoll ist, nicht jede einzelne Norm, sondern ganze Pakete miteinander verflochtener und voneinander abhängiger Normen (z. B. im Bauwesen) in die nationalen Normenwerke zu übernehmen.

International (135 Länder, Stand 2000):

ISO Internationale Normenorganisation, Genf (siehe auch www.iso.ch)
IEC Internationale Elektrotechnische Kommission, Genf

DIN und DEK sind (ebenso wie die übrigen europäischen Träger) Mitglieder der europäischen und internationalen Normenorganisationen.

Stufen und Ergebnisse von *Normungsarbeiten:*

Eine **Norm** ist das herausragende Ergebnis nationaler, europäischer oder internationaler Normungsarbeit.

Eine **Deutsche Norm** ist eine vom DIN Deutsches Institut für Normung e.V. herausgegebene DIN-Norm.

Eine **Auswahlnorm** stellt einen Auszug aus einer anderen Norm dar.

Eine **Übersichtsnorm** stellt Festlegungen aus mehreren Normen zusammen.

Eine **Vornorm (V)** ist das Ergebnis von Normungsarbeit, das z. B. wegen noch vorhandener Vorbehalte o. ä. zunächst nicht als Norm herausgegeben wird.

Ein **Beiblatt (Bbl)** enthält weitergehende Informationen zur Norm.

Ein **Norm-Entwurf (E)**, meist als Gelbdruck, stellt das der Öffentlichkeit zur Stellungnahme vorgelegte vorläufige Ergebnis der Normarbeit dar (Entwurf Europäische Norm = prEN).

6.3.2 Zugang zu DIN-Normen[1] und anderen technischen Regeln

Die vom DIN (www.din.de) herausgegebenen und vom Beuth-Verlag vertriebenen DIN-Normen sind im jährlich erscheinenden DIN-Katalog nach den ICS-Sachgruppen geordnet (ICS = International Classification for Standards). Sie können an ca. 50 DIN-Auslegestellen in Deutschland und an ca. 80 Auslegestellen weltweit eingesehen werden. Kostenfreie Übersicht über die Auslegestellen kann über DIN angefordert werden. Der Zugang zum DIN-Katalog (www.din-katalog.de) ist i. d. R. über die Auslegestellen gegeben, ansonsten nicht kostenfrei elektronisch. Der DIN-Katalog, nach ICS-Sachgruppen gegliedert, listet z. B. zur Sachgruppe ICS 91.140.10 Heizungsanlagen über 300 Dokumente (DIN-Normen, EWG-Entscheidungen, AGFW-, AMEV-, DVGW-, RAL-, VDI-, VDMA-, VdTÜV-, ZVH-, ZVSHK-Richtlinien sowie diverse Verordnungen zum Thema Heizung) auf, zur Sachgruppe 91.140.30 Belüftungs- und Klimaanlagen ca. 200 Dokumente.

Um sich über bestehende DIN-Normen und andere technische Regeln zu informieren (Existenz, Norm-Nummer, Bezeichnung, Gültigkeitszeitpunkt) kann unter www.din.de kostenfrei mit Stichworteingabe oder Eingabe der DIN-Norm recherchiert und ggf. bestellt werden.

In früheren Recknagel-Ausgaben wurden an dieser Stelle zu verschiedenen Sachgruppen auszugsweise DIN-Normen zitiert. Da inzwischen das Recherchieren im Internet weitgehend Allgemeingut geworden ist, werden mit Verweis auf die elektronischen Möglichkeiten hier keine DIN-Normen mehr auszugsweise zitiert.

---

[1]) Die in den Abschnitten 1–5 mit Erlaubnis des DIN wiedergegebenen Norm-Inhalte sollten bei Verwendung hinsichtlich evtl. Norm-Neuerscheinungen überprüft werden. (Beuth-Verlag GmbH, Burggrafenstr. 6, 10787 Berlin, www.beuth.de)

6.4 Regeln und Richtlinien verschiedener Institutionen[1]

ATV-DVWK Deutsche Vereinigung für Wasserwirtschaft, Abwasser und Abfall e. V.
Zu beziehen von ATV-DVWK, Theodor-Heuss-Allee 17, 53773 Hennef, www.atv-dvwk.de

Arbeitsblatt ATV-A 115: *Einleiten von nicht häuslichem Abwasser in eine öffentliche Abwasseranlage,* 10.94.

Merkblatt ATV-A 251: *Kondensat aus Brennwertkesseln,* 11.98.

Merkblatt ATV-DVWK-M 706: *Kraftwerke und Energieversorgungsbetriebe, Blatt 1: Abwasser, das bei der Wasseraufbereitung entsteht,* 6.00

Merkblatt ATV-M 706: *Kraftwerke und Energieversorgungsbetriebe, Blatt 2: Abwasser, das beim Betrieb von Kühlsystemen anfällt, 4.*97

Arbeitsgemeinschaft für Wärme und Heizkraftwirtschaft – AGFW – e.V.
bei dem Verband der Elektrizitätswirtschaft e.V.
(Zu beziehen von Verlags- und Wirtsch.-Ges. der Elektrizitätswerke mbH, Postfach 70 09 47, 60559 Frankfurt/M.)

Wärmemessung und Wärmeabrechnung, AGFW, 3., erweiterte Ausgabe 1991

Richtlinien für die Fertigkeitsberechnung von Fernwärmeleitungen, AGFW, 1. Ausgabe 1989

Bau von Fernwärmenetzen – Technische Richtlinien – AGFW, 5. Ausgabe 1993

Fernwärmeversorgung aus Heizwerken – Planung, Bau und Betrieb – AGFW, 2., grundlegend überarbeitete Ausgabe 1984

Hausanschlüsse an Fernwärmenetze – Technische Richtlinien – AGFW, 4. Ausgabe 1986
Anforderungen an Wärmemeßgeräte, AGFW, 2. Ausgabe 1979

Verordnung über Allgemeine Bedingungen für die Versorgung mit Fernwärme (AVB Fernwärme V)

Begriffe der Fernwärmewirtschaft, 5. Ausgabe 1981

Arbeitskreis Maschinen und Elektrotechnik, staatlicher und kommunaler Verwaltungen (AMEV)
(Zu beziehen von der Druckerei Seidl, Postfach 30 14 48, 53194 Bonn, und Bernhard GmbH, Weyersbusch 8, 42929 Wermelskirchen)

Bedienen von Heizungsanlagen, 1983.

Bedienen von RLT-Anlagen in öffentl. Gebäuden, 1988.

Empfehlungen zur Sicherstellung sparsamer Energieverwendung, 1979.

Heizungsbau – 86, Planung und Ausführung von Heizungs- und Warmwasser-Erwärmungsanlagen für öffentliche Gebäude. 23. 2. 87.

RLT-Anlagen-Bau-93, Hinweise zur Planung und Ausführung von RLT-Anlagen für öffentliche Gebäude, 1993.

Heizbetrieb 86, Hinweise für den Betrieb von Anlagen zur Beheizung und Wassererwärmung in öffentlichen Gebäuden. 1986.

Heizbetrieb; Beginn und Ende des Heizbetriebs. 1986.

Planung und Ausführung von firmenneutralen Datenübertragungssystemen (FND), 5 Teile, 1988/90.

Hinweise für die Innenraumbeleuchtung in öffentl. Gebäuden, 1984.

Sonnenschutzeinrichtungen in öffentlichen Gebäuden, 1981.

Wartung 85 Vertragsmuster für Wartung, Inspektion, kleine Instandsetzungsarbeiten, 1986.

Hinweise zur Planung und Ausführung von *RLT-Anlagen* für öffentl. Gebäude. 1983.

Einbau von Meßgeräten zum Erfassen des Energie- und Medienverbrauchs, 1979.

---

[1]) Für die Schweiz ist beim VSHL, Olgastraße 6, Zürich, eine Übersicht erhältlich.

Hinweise zur Ermittlung des Personalbedarfs für die Betriebsführung der TGA in öffentlichen Verwaltungen, 1993.

Energieverbrauchserfassung und Grundlagen zur Auswertung für öffentliche Gebäude, 1992.

ARGEBAU
Arbeitsgemeinschaft der für das Bau-, Wohnungs- und Siedlungswesen zuständigen Minister der Länder
ARGEBAU-Geschäftsstelle, Görresstraße 13, 53113 Bonn

Musterbauordnung – MBO Fassung Juni 1996

Muster-Feuerungsverordnung – Fassung Februar 1995

Bundesverband Gebäude- und Energietechnik Deutschland
Rathausallee 6, 53757 St. Augustin (www.wasserwaermeluft.de)

Richtlinien für den Kachelofenbau. 5. 96

CECOMAF, Frankfurt/Main und Paris
Sekretariat bei VDMA, Lyoner Straße 18, 60528 Frankfurt/M.
CECOMAF-Dokumente Nr. (Auswahl)

GT 2-001	87	CECOMAF-Terminologie
GT 3-001	8. 63	Nennkälteleistung eines Verdichters
-002	11. 64	Toleranzen und Meßfehler
-005	10. 74	Wasserkühlsätze mit Hubkolbenverdichter
-006	i. V.	Wärmepumpen
GT 4-001	9. 72	bis 004 (bis 10. 74). Einstufige hermetische und halbhermetische Motorverdichter
GT 4-008	10. 85	Hermet. und halbherm. Motorverdichter, Luftschall-Messung
GT 6-001	1982	Ventilator-Luftkühler, Definitionen, Prüfverfahren

CEN, Europäisches Komitee für Normung; s. Abschn. 6.6.3

Deutsche Forschungsgemeinschaft (DFG)
Kennedyallee 40, 53175 Bonn (www.dfg.de)

Technische Regeln für gefährliche Arbeitsstoffe (TRgA 900): MAK-Werte.

Deutscher Kälte- und Klimatechnischer Verein (DKV)
Pfaffenwaldring 10, 70569 Stuttgart (www.dkv.org)

Kältemaschinenregeln. 7. Aufl. Karlsruhe, Verlag Müller 1981. 125 S.
Kältetechnische Arbeitsmappe. Karlsruhe, Verlag Müller 1990.
Forschungsberichte.
Statusberichte.
DKV aktuell.

Deutsches Institut für Normung e.V. (DIN)
Burggrafenstraße 4–7, 10787 Berlin (www.din.de, www.dinkatalog.de),
siehe auch Abschnitt 6.3.2

VOB-Verdingungsordnung für Bauleistungen. Teil A, B, C. Im Auftrag des Deutschen Verdingungsausschusses für Bauleistungen. Hrsg. vom Deutschen Normenausschuß Berlin.
Teil A: Vergabe. DIN 1960. 12.92.
Teil B: Vertragsbedingungen. DIN 1961. 5.96.
Teil C: Allgemeine Technische Vorschriften, d.s. 57 DIN-Normen (DIN 18299 ff.), 9. 88 bis 5. 96.

VOL-Verdingungsordnung für Leistungen. 24. Aufl. Düsseldorf, Werner-Verlag 8. 93.

Standard-Leistungsbuch (Textvorlagen für Bauleistungsbeschreibungen)
040 Heizungs- und zentrale Brauchwassererwärmungsanlagen (02.95)
042 Gas- und Wasserinstallationsarbeiten, – Leitungen und Armaturen (03.96)
043 Druckrohrleitungen für Gas, Wasser und Abwasser (09.83)

044	Abwasserinstallationsarbeiten (01.94)
045	Gas-, Wasser-, Abwasserinstallation, – Einrichtungsgegenstände (05.94)
046	, – Betriebseinrichtungen (11.93)
047	Wärmedämmarbeiten an betriebstechnischen Anlagen (08.85)
067	Zentrale Leittechnik für betriebstechn. Anlagen in Gebäuden (ZLT-G) (10.78)
070	Regelung u. Steuerung für heiz-, RLT- u. sanitärtechn. Anlagen (12.80)
074	RLT-Anlagen, -Zentralgeräte und deren Bauelemente (05.94)
075	, – Luftverteilsysteme und deren Bauelemente (09.81)
077	, – Schutzräume (02.81)
078	, – Kälteanlage (04.89)

RAL Deutsches Institut für Gütesicherung und Kennzeichnung e.V.
Siegburger Str. 39, 53757 St. Augustin, www.RAL.de.
Bezug RAL-Druckschriften: Beuth-Verlag, Berlin (www.beuth.de)

RAL-Farben (s. auch www.RAL-Colours.de)

RAL CLASSIC	Farbsammlung mit 210 RAL-Farben
RAL DESIGN	Farbsystem mit 1688 RAL-Farben

RAL-Testate

RAL TG	Grundlagen von RAL-Testaten auf Anfrage über den RAL

RAL-Gütezeichen

RAG GZ 512	1.97	Kachelöfen, Gütesicherung
RAG GZ 652	10.02	Raumlufttechnische Geräte, Gütesicherung
RAL-RG 611/1	8.79	Feuerschutzabschlüsse, Gütesicherung
RAL-RG 616		Standortgefertigte Tanks, Gütesicherung
RAL-RG 616 B	2.68	Innenbeschichtung von standortgefertigten Tanks nach RAL-RG 616, Güte- und Prüfbestimmungen
RAL-RG 641/1	1.00	Kupferrohr, Gütesicherung
RAL-GZ 963/1	4.97	Systemzusammenstellung von Flächenheizungen, Gütesicherung
RAL-GZ 963/2	1.98	Systemzusammenstellung von Flächenkühlungen, Gütesicherung
RAL-GZ 965	7.99	Planung und Bauausführung von Häusern in Niedrigenergiebauweise, Gütesicherung
RAL-GZ 998	2.02	Lagerbehälter, Gütesicherung

Umweltzeichen (s. auch www.blauer-engel.de)
Umweltzeichen-Richtlinie, Ausgabe 1991
Umweltzeichen, Produktanforderungen, Zeichenanwender und Produkte, Ausgabe 8.01

RAL UZ 9	6.02	Emissionsarme Ölzerstäubungsbrenner
RAL UZ 39	6.02	Gas-Spezialheizkessel
RAL UZ 40	6.02	Kombiwasserheizer und Umlaufwasserheizer für gasförmige Brennstoffe
RAL UZ46	6.02	Ölbrenner-Kessel-Kombination (Units)

Deutscher Verband für Schweißtechnik e.V.
Zu beziehen: DVS-Verlag GmbH, Postfach 101965, 40010 Düsseldorf (www.dvs-verlag.de)

DVS-Merkblätter u. Richtlinien

DVS 705	12.87	Stumpfnähte und Kehlnähte.
DVS 1201	10.90	Absaugung an Schweißarbeitsplätzen.
DVS 1902	12.87 und 1.88.	Schweißen in Hausinstallationen, 2 Blätter.

DVGW Deutsche Vereinigung des Gas- und Wasserfaches e.V.
Technisch-wissenschaftlicher Verein, Postfach 140362, 53058 Bonn (www.dvgw.de)

Verzeichnis des DVGW-Regelwerks s. Homepage (Regelwerke sind einsehbar und herunterzuladen)

Eurovent, Frankfurt/Main und Paris
Deutsches Sekretariat beim VDMA, Lyoner Straße 18, 60528 Frankfurt/M.

Eurovent-Dokumente Nr. (Auswahl)

0/1	1978	Symbole und Einheiten
1/1	1985	Ventilatoren, Terminologie
1/2	1985	Runde Flansche von Ventilatoren
1/3	1984	Sicherheitstechnische Anforderungen bei Ventilatoren
2/1	1986	Luftverteilung: Terminologie
2/2	1983	Leckverlust in Luftverteilungssystemen aus Blech
2/3	1977	Blechkanäle, Norm für Abmessungen
2/4	1983	–, Norm für Formstücke
2/5	1985	Wasserdurchlaß von Wetterschutzgittern
3/1	1970	Abnahmeversuche an Trocknern
4/1	1974	Prüfregeln für Entstauber
4/2	1976	Verkaufsbedingungen für industrielle Entstauber
4/3	1994	Prüfregeln für Entstauber
4/4	1976	Flammen-Photometrische Prüfung von Filtern
4/5	1992	Prüfung von Luftfiltern (ASHRAE-Verfahren, DIN 24185 Teil 1)
4/6	1978	Leitfaden für den Betrieb von Entstaubungsanlagen
4/7	1978	Bestimmung der Korngrößenverteilung von Staub
4/8	1985	Leckprüfung von Schwebstoffiltern
5/1	1971	Heißluftgeneratoren, Terminologie
5/2	1968	Luftheizer
5/3	1973	Warmlufterzeuger, Blendenmessung
5/4	1976	–, Netzmessung
5/5	1974	–, indirekte Prüfung
5/6	1977	Mischwarmlufterzeuger
6/1	1972	Ventilator-Konvektoren: Terminologie
6/2	1973	Induktionsgeräte: Terminologie
6/3	1975	Thermisches Prüfverfahren an Ventilator-Konvektoren
6/4	1974	Thermisches Prüfverfahren an Induktionsgeräten
6/5	1981	Sicherheitsbestimmungen von Klimageräten
6/6	1983	Kompaktklimageräte
6/7	1983	Wartungsrichtlinien für lufttechnische Anlagen
6/8	1983	Brandschutz bei Klimaanlagen in verschiedenen Ländern
6/9	1984	Klimageräte und -Anlagen, Bildzeichen
7/1	1972	Lufterhitzer und Luftkühler, Richtlinien
7/2	1977	Nachweis der Garantieleistung für Wärmeaustauscher
7/3	1977	Lufterhitzer und Kühler, Leistungsversuche
8/0	1981	Akustik, Terminologie
8/1	1979	Akustische Messungen im Freifeld
8/2	1979	Akustische Messungen an Ventilator-Konvektoren
8/3	1979	Akustische Messungen an Induktionsgeräten
8/4	1993	Akustische Messungen an Raumklimageräten im Hallraum
9/1	1986	Kühltürme
10/1	1986	Wärmerückgewinner, Terminologie
10/2	1983	–, Prüfmethoden
10/3	1986	–, Energieeinsparung, typische Methoden

Fachverband Heiz- und Kochgeräte-Industrie (HKI), Frankfurt a. M.
Stresemannallee 19, 60596 Frankfurt/M. (www.hki-online.de)

Hauptverband der gewerblichen Berufsgenossenschaften, Bonn (HVBG)
Postfach 2043, 53757 St. Augustin (www.hvbg.de)

Unfallverhütungsvorschriften (über www.hvbg.de/bgvr
oder von Carl Heymanns Verlag, Luxemburgerstraße 449, 5000 Köln 41)

BGR 121	7. 97	Regeln für Sicherheit und Gesundheitsschutz an Arbeitsplätzen mit Arbeitsplatzlüftung
BGV A1	3. 00	Allgemeine Vorschriften
BGV A2	1. 97	Elektrische Anlagen und Betriebsmittel
BGV A8	5. 95	Sicherheits- und Gesundheitschutzkennzeichnung am Arbeitsplatz

BGV B3	1. 97	Lärm
BGV D2	1. 97	Arbeiten an Gasleitungen
BGV D4	1. 97	Kälteanlagen, Wärmepumpen, Kühleinrichtungen
BGV D24	1. 97	Trockner für Beschichtungsstoffe
BGV D25	1. 97	Verarbeiten von Beschichtungsstoffen
BGV D36	1. 97	Leitern und Tritte
VBG 16	4. 96	Verdichter

Deutsches Institut für Bautechnik (DIBt)
Kolonnenstraße 30L, 10829 Berlin (www.dibt.de)
Anstalt des öffentlichen Rechts für einheitliche Bearbeitung bautechnischer Aufgaben, insbesondere Zulassungen, Normung, Güteüberwachung, Typengenehmigung.

	11. 77	Brandschutzklappen
	1. 84	Anforderungen an Lüftungsanlagen – Musterentwurf
	12. 76	Rauchauslöseeinrichtungen
	11. 77	Rauchschutzklappen
	11. 77	Lüftungsleitungen (ZTA)
	5. 75	Heizräume (ZTA)

International Organisation for Standardisation (ISO); s. Abschn. 6.6.3

PTB-Prüfregeln, Physikalisch-Technische Bundesanstalt
Postfach 3345, 38023 Braunschweig (www.ptb.de)

Verzeichnis der PTB-Prüfregeln s. Selbstdarstellung in der Homepage

Verband der Technischen Überwachungs-Vereine (VdTÜV)
Kurfürstenstraße 56, 45138 Essen
(Zu beziehen von Verlag TÜV Rheinland GmbH, Postfach 903060, 5000 Köln 90)

TCh 1466	9. 87	Füll-, Ergänzungs- und Umwälzwasser in Heißwasserheizungsanlage (zurückgezogen)

Druckbehälterverordnung mit allgemeiner Verwaltungsvorschrift (4. 80). Enthält technische Regeln für Druckbehälter (TRB) mit Flüssigkeiten, Gasen oder Dämpfen, abhängig vom Druck-Inhalt-Produkt. Sie ersetzen teilweise die bisher gültigen AD-Merkblätter (Arbeitsgemeinschaft Druckbehälter).

TRB 001 bis 010	5. 83 bis 5. 85	Allgemeines, Erläuterung zu Begriffen der Druckbeh.-VO
TRB 100	7. 80	Werkstoffe; TRB 200 Herstellung; TRB 300 Berechnung
TRB 401 bis 404	11. 83 bis 9. 95	Ausrüstung der Druckbehälter, Kennzeichnung; Öffnungen; etc.
TRB 500 bis 533	12. 83 bis 9. 93	Prüfrichtlinien
TRB 600ff	12. 87	Aufstellung von Druckbehältern
TRB 700	11. 83	Betrieb von Druckbehältern
TRB 801	2. 84	Besondere Druckbehälter nach Anhang II zu § 12 Druckbeh.-VO
TRB 851ff	1. 84	Einrichtung zum Abfüllen von Druckgasen aus Druckbehältern
AD Merkblatt A 1	1. 95	Sicherheitseinrichtung gegen Drucküberschreitung; Bestsicherungen
A 2	11. 93	–, Sicherheitsventile

Dampfkesselverordnung und Allgemeine Verwaltungsvorschriften vom 26. 01. 1981

Technische Regeln für Dampfkessel (TRD). Aufgestellt vom Deutschen Dampfkessel- und Druckgefäß-Ausschuß (DDA) und veröffentlicht im Bundesarbeitsblatt. Derzeitiger Stand der sicherheitstechnischen Anforderungen mit zahlreichen Blättern über Werkstoffe, Rohre, Schrauben usw., darunter:

TRD 001	11. 93	Aufbau und Anwendung der TRD mit Anlage 1 u. 2 (12. 87 u. 2. 87): Übersicht, Normen und Merkblätter
TRD 100	5. 91	Allgemeine Grundsätze für Werkstoffe
TRD 300	8. 94	Festigkeitsberechnung von Dampfkesseln
TRD 401	5. 95	Ausrüstung für Dampferzeuger der Gruppe IV

TRD 402	4. 92	Dampfkessel mit Heißwassererzeuger der Gruppe IV
TRD 403	6. 84	Aufstellung Hochdruck-Dampfkessel der Gruppe IV
TRD 411	5. 95	Ölfeuerungen an Dampfkesseln
TRD 412	5. 95	Gasfeuerungen an Dampfkesseln
TRD 413	5. 95	Kohlenstaubfeuerungen an Dampfkesseln
TRD 414	5. 95	Holzfeuerfeuerungen an Dampfkesseln
TRD 421	5. 82	Sicherheitseinrichtung gegen Druck, Gr. I, III, IV
TRD 500	6. 83	Prüfung von Dampfkesseln – Allgemeines
TRD 504	4. 80	Abnahmeprüfung
TRD 511	6. 83	Prüfung von Dampfkesseln, Gr. I, II, III
TRD 601	4. 80	bis 10. 93. Betrieb der Dampfkesselanlagen, 3 Blätter
TRD 602	5. 82	Eingeschränkte Beaufsichtigung bei Hochdruckanlagen, 2 Bl.
TRD 603	7. 81	Zeitweiliger Betrieb bei Hochdruckanlagen, BOB, 2 Blätter
TRD 604	8. 90	Bl. 2, Heißwassererzeuger ohne ständige Beaufsichtigung (Gr. IV)
TRD 701	5. 88	Niederdruckdampferzeuger (Gruppe II)
TRD 702	8. 90	Niederdruckheißwassererzeuger (Gruppe II)
TRD 721	5. 82	Sicherheitsventile für Dampfkessel der Gruppe II
TRD 801	5. 90	Kleindampfkessel für Dampfkessel der Gruppe I
SR-Öl	5. 76	(ersetzt durch TRD 411 8. 90)
SR-Gas	5. 76	(ersetzt durch TRD 412 8. 90)

Die Regeln der Technik für Dampfkessel und Druckbehälter werden nicht als DIN-Normen herausgegeben, sie stützen sich jedoch weitgehend auf diese. Herausgeber: VdTÜV. Veröffentlichung im Bundesarbeitsblatt. Bezug: Beuth-Verlag.

Technische Regeln für brennbare Flüssigkeiten (TRbF), C. Heymanns-Verlag, Luxemburgerstraße 449, 50939 Köln

Sie enthalten sicherheitstechnische Anforderungen an Werkstoffe, Herstellung, Transport, Aufstellung, Lagerung brennbarer Flüssigkeiten und werden zeitweise ergänzt.

TRbF 001, Anl. 1, 3. 88: Übersicht über den Stand der TRbF (B.Arb.Bl. 1988. Nr. 3. S. 59/62)

Technische Regeln für Gashochdruckleitungen, TRGL 8. 78 bis 11. 85

TRGL 001, Anl. 1, 1. 87: Übersicht über den Stand der TRGL (B.Arb.Bl. 1987. Nr. 1. S. 75/76)

Sie enthalten Anforderungen an Rohrleitungen, Pumpen, Stationen. Ständige Veröffentlichungen im Bundesarbeitsblatt.

Verordnung über Anlagen zur Lagerung, Abfüllung und Beförderung (VO über brennbare Flüssigkeiten zu Lande – VbF).
Bundesvorschrift BFV vom 27. 2. 80 und 2. 5. 82 (B.Ges.Bl.)

Verband der Elektrizitätswirtschaft – VDEW – e.V.
Stresemannallee 23, 60596 Frankfurt/M.

Mit den VDEW-Fachverbänden
- Arbeitsgemeinschaft für Wärme und Heizkraftwirtschaft – AGFW – e.V. (www.agfw.de)
- Fachverband für Energie-Marketing und -Anwendung (HEA) e.V. (www.hea.de)

Verband Deutscher Elektrotechniker (VDE)
VDE Verlag GmbH, Bismarckstraße 33, 10625 Berlin (www.vde-verlag.de)

DIN VDE 0100	05. 73	Errichten von Starkstromanlagen mit Nennspannungen bis 1000 V
DIN VDE 0116	10. 89	Elektrische Ausrüstung von Feuerungsanlagen.
DIN VDE 0146	03. 80	Errichten von Elektrofilteranlagen.
DIN VDE 0165	02. 91	Errichten elektrischer Anlagen in explosionsgefährdeten Bereichen.
DIN VDE 0510	01. 77	(+ 7 Blätter): VDE-Bestimmung für Akkumulatoren und Batterie-Anlagen.

Verein Deutscher Ingenieure (VDI)
Postfach 101139, 40002 Düsseldorf (www.vdi.de)

VDI-Regeln und *VDI-Richtlinien* können in der monatsaktuellen VDI-Datenbank mit Stichwort oder Richtliniennummer gefunden werden (www.vdi-richtlinie.de), *VDI-Berichte* im VDI-Literaturverzeichnis des VDI-Verlags (www.vdi-verlag.de).

Verband Deutscher Maschinen- und Anlagenbau e.V. (VDMA), Frankfurt a.M.
Lyoner Straße 18, 60528 Frankfurt/M. (www.vdma.de)

VDMA-Einheitsblätter

24168	4. 75	Luftdurchlässe, Messung des Luftstroms nach der Nullmethode
24169	12. 83	T. 1. Lufttechnische Anlagen; Bauliche Explosionsschutzmaßnahmen an Ventilatoren; Richtlinien für Ventilatoren zur Förderung von brennbare Gase, Dämpfe oder Nebel enthaltender Atmosphäre
	6. 90	T. 2. –, Richtlinien für Ventilatoren zur Förderung von brennbare Stäube enthaltener Atmosphäre
24175	2. 80	Dachzentraleinheiten; Anforderungen an das Gehäuse
24176	1. 90	Inspektion von lufttechnischen und anderen technischen Ausrüstungen in Gebäuden
24178	08. 89 bis 02. 98	Holzfeuerungsanlagen; T. 1: Begriffe; T. 2: Emissionsvorschriften, Holzbrennstoff-Gruppen; T. 3: Betrieb und Wartung; Sicherheitsanforderungen
24179	4. 85	T. 1. Absauganlagen für Holzstaub und -späne; Wartung
	10. 88	T. 2. –, Anforderungen für Ausführung und Betrieb
24186	04. 86 bis 09. 96	Leistungsprogramm für die Wartung von lufttechnischen und anderen technischen Ausrüstungen in Gebäuden, 5 Teile: T. 0: Übersicht; T. 1: Lufttechnik; T. 2: Heiztechnik; T. 3: Kältetechnik; T. 4: MSR und Gebäudeautomation; T. 5: Elektrotechnik; T. 31: Elektrische Hauswärmepumpen 4. 86
24191	3. 87	Dienstleistungen für MSR-Einrichtungen in Heiz- und RLT-Anlagen
24243	05. 94	Emissionsminderung von Kältemitteln aus Kälteanlagen – insbesondere FCKW T. 1: Einführung; T. 2: Konstruktion, Planung; T. 3: Montage, Inbetriebsetzen; T. 4: Wartung, Instandsetzung, Entsorgung; T. 5: Fachausbildung, -Ausrüstung, Betriebsanleitung
24772	3. 91	Sensoren zur Messung der Raumluftqualität in Innenräumen

Technische Organisation von Sachverständigen e.V. (TOS)
Verein Selbständiger Revisionsingenieure e.V. (VSR)
Geschäftsstelle: Ferdinandstraße 47, 20095 Hamburg (www.tos-ev.de)

VSR-Prüfrichtlinie

201 Prüfung von lufttechnischen Anlagen in Garagen
202 Prüfung von CO-Warnanlagen in Garagen
205 Prüfung von lufttechnischen Anlagen in Krankenhäusern
207 Prüfung von RLT-Anlagen in Sonderbauten
210 Prüfung von Brandschutzklappen
301 Prüfung elektrischer Anlagen in Waren- und Geschäftshäusern
302 Prüfung von elektrischen Anlagen in Garagen
303 Prüfung von Brandmeldeanlagen
304 Prüfung der elektrischen Anlagen in Versammlungsstätten
305 Prüfung von elektrischen Anlagen in Krankenhäusern und Sanatorien

ZVH
Zentralverband Heizungskomponenten e.V.
Hochstraße 115, 58095 Hagen
Postfach 1020, 58010 Hagen
Tel. 02331/2008-43/-44, Fax 02331/2008-45

ZVH-Richtlinie

12.02	12.93	Auslegung von Membran-Druckausdehnungsgefäßen nach DIN 4807 Teil 2 (Entwurf) und Teil 3
30.03	4.93	Abgestimmter Schornstein und seine Ergänzungsbauelemente
13.04	12.86	Brennwertkessel für Erd- oder Flüssiggas; Aufstellungs- und Montagerichtlinie mit Bauantrags- und Genehmigungshinweisen; Abgasleitung, Kondensatentsorgung
12.05	12.92	VMD-Info; Membran-Druckausdehnungsgefäße MAG in Trinkwasseranlagen/Trinkwassererwärmungsanlagen
21.09	7.88	Korrosions- und Frostsicherung von wärmetechnischen Anlagen mit Wasserzusätzen
31.06	10.92	Sanierung/Querschnittsverminderung an Hausschornsteinen
71.07	10.90	ChH-Positivliste; Wasserzusätze in wärmetechnischen Anlagen; Verträglichkeit mit Elastomeren
31.08	10.97	Blitzschutz und Erdung an Hausschornsteinen

6.5 Bücher und Zeitschriften der Heizungs- und Klimatechnik

6.5.1 Grundlagen

-1 Meteorologie

Aydinli, S.: Berechnung der Solarenergie und des Tageslichtes. Fortschr.-Berichte VDI-Z. Reihe 6. Nr. 79.

Felkel, H., u. H. Herbsthofer: Klimadaten von Österreich. Fachverband der Masch.- und Stahlbauind. Wien 1978.

Flemming, G.: Einführung in die Angewandte Meteorologie. Berlin, Akademie-Verlag 1991. 168 S., 49 Abb., 14 Tab.

Heyer, E.: Witterung und Klima. 3. Aufl. 1975. 474 S.

Möller, F.: Einführung in die Meteorologie. Hochschultaschenbuch Bd. 276/288. Mannheim 1973.

Quenzel, K.-H.: Meteorologische Daten. Zürich, Forster-Verl. 1969. 79 S.

Scharnow, U.: Wetterkunde. 3. Aufl. 1973. 408 S.

Scherhag, R.: Klimatologie. 7. Aufl. 1973. 168 S.

Schreiber, D.: Meteorologie. Verl. Brockmeyer 1975. 100 S.

-2 Hygiene

Alt, C., u. F. Weber: Reinhaltung der Luft. Karlsruhe, Müller-Verl. 1973. 128 S.

Andjulovici, A. u. E.: Wirtschaftliche Verwirklichung der Wärmebehaglichkeit in Gebäuden, Eigenverlag 1990, München.

Baum, F.: Praxis des Umweltschutzes. München, Oldenbourg-Verl. 1979. 451 S.

Dix, H. M.: Environment Pollution. New York, Wiley-Verl. 1981. 286 S.

Fanger, P. O.: Thermal Comfort. Kopenhagen, Danish Technical Press 1970. 244 S.

Flury, Zernik: Schädliche Gase. Springer-Verl. 1979.

Fodor, G. F.: Schädliche Dämpfe. Düsseldorf, VDI-Verlag 1972. 167 S.

Grandjean, E.: Wohnphysiologie. Zürich, Verl. Artemis u. Winkler 1973. 372 S.

Hentschel, H.-J.: Licht und Beleuchtung. Heidelberg, Hüthig-Verl. 2. Aufl. 1982. 342 S.

Israel, H. u. G. W.: Spurenstoffe in der Atmosphäre. Stuttgart, Wissenschaftl. Verlag 1973. 116 S.

Kühn, R.: Gefährliche Gase. München, Ecomed-Verl. 1980. 295 S.

Loewer, H.: Umwelteinflüsse auf das Wohlbefinden des Menschen. Mannheim, Inst. f. Klimatologie, 70 S.

Löwisch, E.: Umweltschutz. München, Oldenbourg-Verlag 1974. 160 S.

Perkins, H. C.: Air Pollution. Düsseldorf, McGraw Hill 1974. 407 S.

Priller, M.: Hygiene in lufttechnischen Anlagen. C.F. Müller-Verlag 2000, 250 S.

Reinders, H.: Bau und Klima. Kaarst, Niederrhein-Verlag 1974. 82 S.

Schultz, H., u. H.-G. Vogt: Grundzüge des praktischen Strahlungsschutzes. München, Verl. Thiemig 1977. 231 S.

Seidel, K. u. a.: Legionellen, Stuttgart, Gustav Fischer Verlag 1987. 169 S.

Stief, E.: Luftreinhaltung. Berlin, VEB-Verlag 1978. 140 S.

Therhaag, L.: Kompendium der Arbeitsmedizin. Köln, Verlag TÜV Rheinland 1982.

Tomany, P. T.: Air Pollution. New York, Am. Elsevier Publ. Co. 1975. 475 S.

VDI-Handbuch Reinhaltung der Luft, Katalog der Quellen für die Luftverunreinigung. Bände mit etwa 200 Richtlinien. VDI-Verlag, Düsseldorf 1959 bis 1989.

Wenzel H. G., u. C. Picharski: Klima und Arbeit. Bayerisches Staatsministerium für Arbeit und Sozialordnung 1981.

-3 Wärmetechnik

Agst, J.: Die Brennstoffe. Moers 1978. 227 S.

Baehr, H. D.: Thermodynamik. 4. Aufl. Springer-Verlag 1978. 440 S.

Berliner, P.: Psychrometrie. Karlsruhe, Verl. Müller 1979. 170 S.

Bogoslovskij, V. N.: Wärmetechn. Grundlagen der Heizungs- und Lüftungstechnik. (Aus dem Russischen.) Bauverlag Wiesbaden 1982. 312 S.

Bosnjakovic, Fr.: Technische Thermodynamik. Teil I: 6. Aufl. 1972, 586 S. Teil II: 5. Aufl. 1971, 493 S. Dresden, Verlag Steinkopff.

Bossel, H., u. a.: Energie richtig genutzt. Karlsruhe, Verl. Müller 1976. 224 S.

Brandt, F.: Brennstoffe und Verbrennungsrechnung. Essen, Vulkan-Verl. 1981. 254 S.

Bukau, F.: Der Kreisprozeß der Heizwärmepumpe. Berlin, Marhold 1978. 56 S.

Caemmer, W., u. R. Neumann: Wärmeschutz im Hochbau. 1983. 208 S.

Cerbe-Hoffmann: Einführung in die Wärmelehre. 6. Aufl. Braunschweig, Verlag Westermann 1982. 370 S.

Dietzel, F.: Technische Wärmelehre. Würzburg, Verl. Vogel 1976. 154 S.

Doering, E., u. H. Schedwill: Grundlagen der Technischen Thermodynamik. 2. Aufl. Stuttgart, Verl. Teubner 1982. 348 S.

Elsner, N.: Grundlagen der Technischen Thermodynamik. Berlin, Akademie-Verlag 1973. 660 S.

Gaswärme-Institut: Gas-Verbrennung-Wärme. II. 100 Arbeitsblätter. Essen, Vulkan-Verlag 1973.

Glück, B.: Bausteine der Heizungstechnik, Zustandswerte und Stoffwerte, Wasser, Dampf, Luft. – Verbrennungsrechnung. Berlin, VEB-Verlag für Bauwesen und Marhold-Verlag. Berlin, 1986. 116 S.

Glück, B.: Wärmetechnisches Raummodell. Gekoppelte Berechnungen und wärmephysiologische Untersuchungen. C.F. Müller Verlag 1997, 364 S. mit CD-ROM.

Glück, B.: Wärmeübertragung. Wärmeabgabe von Raumheizflächen und Rohren. Berlin, Verlag für Bauwesen 1990.

Glück, B.: Zustands- und Stoffwerte. Wasser. Dampf. Luft. Verbrennungsrechnung. Berlin, Verlag für Bauwesen 1991.

Glück, B.: Zustands- und Stoffwerte (Wasser/Dampf/Luft/Verbrennungsberechnung). Reihe: Bausteine der Heizungstechnik. Verlag Bauwesen1991, 2. Aufl., 144 S. mit Software.

Gösele, K., u. W. Schüle: Schall, Wärme, Feuchtigkeit. 8. Aufl. Berlin, Bauverlag 1985. 284 S.

Grigull, U., u. H. Sandner: Wärmeleitung. Springer-Verlag 1979. 158 S.

Günther, R.: Verbrennung und Feuerungen. Springer-Verlag 1974. 432 S.

Haeder, W., u. F. Pannier: Physik der Heizungs- und Lüftungstechnik. Berlin, Marhold, 3. Aufl. 1970. 226 S.

Handbuch der Gasversorgungstechnik. München, R. Oldenbourg Verlag 1984. 801 S.

Handbuch der Gasverwendungstechnik. München, R. Oldenbourg Verlag 1987. 1370 S.

Hauffe, K., u. a.: Adsorption. Berlin, Verlag de Gruyter 1974. 190 S.

Hausen, H.: Wärmeübertragung im Gegenstrom, Gleichstrom und Kreuzstrom. 2. Aufl. Springer-Verl. 1976. 429 S.

Hell, F.: Grundlagen der Wärmeübertragung. 3. Aufl. Düsseldorf, VDI-Verlag 1982. 290 S.

Kalide, W.: Kraftanlagen und Energiewirtschaft. München, Hanser-Verlag 1974. 152 S.

Maschek, H. J.: Grundlagen der Wärme- und Stoffübertragung. Leipzig, VEB-Verl. 1979. 264 S.

Meyer, G., u. E. Schiffner: Technische Thermodynamik. Berlin, VEB-Verl. 1980. 392 S.

Müller, K. J.: Thermische Strömungsmaschinen. Springer-Verl. 1978. 273 S.

Netz, H.: Betriebstaschenbuch Wärme. Gräfelfing, Verlag Resch 2. Aufl. 1983, 304 S.

Puschmann, E.: Grundzüge der technischen Wärmelehre. 24. Aufl. Leipzig, Fachbuch-Verl. 1975. 394 S.

Raznjevic, K.: Thermodynamische Tabellen. Düsseldorf, VDI-Verl. 1977. 245 S.

Schlünder, E. U., u. a.: Heat Exchanger Design Handbook. Düsseldorf, VDI-Verl. 1982. 5 Teile, 2080 S.

Schmidt, E., Stephan u. Mayinger: Technischen Thermodynamik. Bd. I: 11. Aufl., Springer-Verlag 1975, 428 S. Bd. 2: 1977, 338 S.

Schuster, F.: Verbrennungslehre. München, Oldenbourg-Verlag 1970. 278 S.

Seiffert, K.: Wasserdampfdiffusion im Bauwesen. 2. Aufl. Bauverlag Berlin 1974. 214 S.

Seiffert, K.: Wärmeschutz. Gräfelfing, Verl. Resch 1976. 230 S.

Speidel, K.: Wasserdampfdiffusion in der Baupraxis. Berlin, Ernst u. Sohn 1980. 91 S.

Stupperich, F. R.: Wärmeschutz im Hochbau. Karlsruhe, Verl. Müller 1979. 284 S.

Taschenbuch Erdgas. München, R. Oldenbourg Verlag 2. Auflage 1970. 1152 S.

Thiel, G.: Die Auslegung von Gas-Dampf-Gemisch-Kühlern am Beispiel des Feuchtluftkühlers. Diss. Aachen 1971. 135 S.

Traupel, W.: Grundlagen der Thermodynamik. Karlsruhe, Verl. Braun 1971. 256 S.

VDI-Arbeitsmappe Heiztechnik, Raumlufttechnik, Sanitärtechnik. 6. Aufl. 1984. Ca. 200 Blätter.

VDI-Wärmeatlas. 5. Aufl. Düsseldorf, VDI-Verlag 1988. Ca. 840 S.

Wagner, W.: Wärmeträgertechnik. 4. Aufl. Gräfelfing, Verl. Resch 1986.

Wärmetechnische Arbeitsmappe. 13. Aufl. Düsseldorf, VDI-Verl. 1988. 258 S.

Wasserdampftafeln. Hrsg. von Scheffler, Straub, Grigull. Springer-Verl. 1981. 74 S.

Weber, G.H.: Thermodynamik in der Klima-, Heizungs-, Kältetechnik. C.F. Müller-Verlag 1997, 282 S.

Whitacker, S.: Fundamental Principles of Heat Transfer. England, Pergamon Press 1977. 576 S.

Winter, F. W.: Technische Wärmelehre, 9. Aufl. Essen, Girardet-Verlag 1975. 436 S.

-4 Strömungslehre

Albring, W.: Angewandte Strömungslehre. 4. Aufl. Dresden, Verlag Steinkopff 1970. 461 S.

Becker, E.: Technische Strömungslehre. 5. Aufl. Stuttgart, Verlag Teubner 1982. 160 S.

Bohl, W.: Technische Strömungslehre. Würzburg, Vogel-Verl. 1980. 286 S.

Detzer, R.: Verhalten runder Luftfreistrahlen. Diss. Stuttgart 1972.

Eck, B.: Technische Strömungslehre. Springer-Verlag. 8. Aufl. Bd. 1: 1978, 242 S. Bd. 2: 1981, 222 S.

Gersten, K.: Einführung in die Strömungsmechanik. Düsseldorf, Bertelsmann-Verlag 1974. 200 S.

Glück, B.: Hydrodynamische und gasdynamische Rohrströmung/Druckverluste. Reihe: Bausteine der Heizungstechnik. Verlag Bauwesen 1988, 1. Aufl., 488 S. mit Software.

Idel'chick, I. E.: Handbook of Hydraulic Resistance. Moskau 1960. Engl. Ausg. 1966. 515 S.

Jogwich, A.: Strömungslehre. Essen, Girardet-Verlag 1974. 463 S.

Kalide, W.: Einführung in die technische Strömungslehre. München, Hanser-Verlag. 3. Aufl. 1971. 207 S.

Richter, H.: Rohrhydraulik. 5. Aufl. Berlin, Springer-Verlag 1970. 420 S.

Schlichting, H.: Grenzschicht-Theorie. Karlsruhe, Verlag G. Braun.

Vogt, J.-D.: Strömungslehre. Berlin, Verlag de Gruyter. 1980. 544 S.

Wagner, W.: Praktische Strömungstechnik. Gräfelfing, Verl. Resch 1976. 120 S.

-5 Akustik

Bohny u. a.: Lärmschutz in der Praxis. München, R. Oldenbourg Verlag 1986. 561 S.

Brockmeyer, H.: Akustik für den Lüftungs- und Klimaingenieur. 2. Aufl. Karlsruhe, Verlag Müller 1978. 136 S.

Cremer, L.: Vorlesungen über technische Akustik. Springer-Verlag 1971. 334 S.

Furrer, W.: Raum- und Bauakustik, Lärmabwehr. 3. Aufl. Stuttgart, Birkhäuser 1972. 260 S.

Gösele, K., u. W. Schüle: Schall–Wärme–Feuchtigkeit. 4. Aufl. Berlin, Bauverlag 1976. 280 S.

Gösele, K.: Lärmminderung. Karlsruhe, Verlag Müller 1974. 144 S.

Heckl, M., u. H. A. Müller: Taschenbuch der Technische Akustik. Springer-Verlag 1975. 536 S.

Kurtze, G., Schmidt u. Westphal: Physik und Technik der Lärmbekämpfung. Karlsruhe, Verlag Braun 1975. 576 S.

Mahlbacher, Th.: Praxis der Messung und Berechnung von Schallpegeln. Karlsruhe, Verlag Müller 1980. 40 S.

Schick, A.: Schallbewertung. Grundlagen der Lärmforschung. Berlin, Heidelberg, New York, Springer-Verlag 1990. 192 S.

Schmidt, H.: Schalltechnisches Taschenbuch. 4. Aufl. Düsseldorf, VDI-Verlag 1989. 540 S.

-6 Meßtechnik

Adunka, F.: Wärmemengenmessung. Essen, Vulkan-Verl. 1984. Ca. 264 S.

Birkle, M.: Meßtechnik für den Immissionsschutz. München, R. Oldenbourg Verlag 1979. 181 S.

Bonfig, K. W.: Technische Durchflußmessung. 2. Aufl. 1986. Essen, Vulkan-Verlag. 232 S.

Bretschi, I.: Intellegente Meßsysteme zur Automatisierung technischer Prozesse. München, R. Oldenbourg Verlag 1979. 277 S.

Goettling, D. R., u. F. H. Kuppler: Heizkostenverteilung. Karlsruhe, Verl. Müller 1981. 114 S.

Henning, F.: Temperaturmessung. 3. Aufl. Springer-Verlag 1977. 388 S.

Jüttemann, H.: Einführungen in das elektrische Messen nichtelektrischer Größen. VDI-Verlag 2. Auflage 1988.

Hampel, A.: Wärmekostenabrechnung. München, Pfriemer-Verl. 1981. 160 S.

Handbuch der industriellen Meßtechnik. Hrsg. von P. Profos. Essen, Vulkan-Verlag 1973. 784 S.

Hart, H.: Einführung in die Meßtechnik. Wiesbaden, Verl. Vieweg 1978. 432 S.

Kappmeyer, E.: Gas- und Heizkostenabrechnung, Stuttgart, Krämer Verl. 1983. 83 S.

Körtvelyessy, L.: Thermoelement-Praxis. Essen, Vulkan-Verl. 1987. 498 S.

Lieneweg, F.: Handbuch der technischen Temperaturmessung. Braunschweig, Verlag Vieweg 1976. 482 S.

Lintorf, H.: Technische Temperaturmessungen, 4. Auflage. Essen, Girardet-Verlag 1970. 208 S.

Lutz, H.: Wärmezähler von A bis Z, Gräfelfing, Reschverlag.

Merz, L.: Grundkurs der Meßtechnik. 2 Bde. München, Oldenbourg-Verl. 1977/80.

Niebuhr, I.: Physikalische Meßtechnik. Bd. 1: Aufnehmer und Anpasser. 168 S. Bd. 2: Meßprinzipien und Meßverfahren. 155 S. München, R. Oldenbourg Verlag, 2. Aufl. 1980.

Paul, J.: Thermische Anemometersonden. Diss. Essen 1981.

Profos, P.: Handbuch der industriellen Meßtechnik. 3. Aufl. Essen, Vulkan-Verlag 1988. 296 S.

Profos, P.: Kompendium der Grundlagen der Meßtechnik. Essen, Vulkan-Verlag 2. Aufl. 1978. 920 S.

Strohrmann, G.: Einführung in die Meßtechnik im Chemiebetrieb. München, R. Oldenbourg Verlag. 4. Aufl. 1987. 361 S.

-7 Regelungstechnik

Andreas, U., A. Winter u. D. Wolff: Regelung heiztechnischer Anlagen. Düsseldorf, VDI-Verlag 1985. 240 S.

Arbeitskreis der Dozenten für Regelungstechnik: Regelungstechnik in der Versorgungstechnik. 3. Aufl. Karlsruhe, Müller-Verl. 1988. 480 S.

Birck, H., u. R. Swik: Mikroprozessoren u. Mikrorechner. München, Oldenbourg-Verlag 2. Aufl. 1983. 283 S.

Bitter, H.: Thermostatventile. Kissing, Weka-Verl. 1982. 205 S.

Dorf, R. C.: Modern Control Systems. 1974. 411 S.

Jablonowski, H.: Individuelle Raumtemperaturregelung durch thermostatische Heizkörperventile. München, Pfriemer-Verlag 1974. 90 S.

Junker, B.: Klimaregelung. München, Oldenbourg-Verlag 2. Aufl. 1984. 240 S.

Haines, R. W.: Control Systems for Heating Ventilating and Air Conditioning. 2. Aufl. New York, Verlag Reinhold 1976. 248 S.

Knabe, G.: Gebäudeautomation. Berlin, Verlag für Bauwesen 1992. 338 S.

Knabe, G.: Gebäudeautomation. Verlag Bauwesen 1992, 1. Aufl., 352 S.

Masuch, J.: Analytische Untersuchungen zum regeldynamischen Temperaturverhalten von Räumen. Düsseldorf, VDI-Verl. 1973. 32 S.

Merz, L.: Grundkurs der Regelungstechnik. 8. Aufl. München, Oldenbourg-Verlag 1985. 293 S.

Pippig, G.: Arbeitsblätter Regelung und elektrische Steuerung, Heizung, Lüftung, Klimatechnik. Düsseldorf, Krammer-Verlag 1974. 61 Arbeitsblätter.

Piwinger, F., u. a.: Stellgeräte und Armaturen für strömende Stoffe. Düsseldorf, VDI-Verlag 1971. 270 S.

Profos, P.: Atlas des Feuchte- und Temperatur-Übertragensverhaltens klimatisierter Räume. T. H. Zürich 1972. 106 S., 53 Arbeitsblätter.

Samal, E.: Grundriß der praktischen Regelungstechnik. München, Oldenbourg-Verlag Bd. I: 14. Aufl. 1985. 563 S., Bd. II: 1970. 396 S.

Schäfer, O.: Grundlagen der selbst. Regelung. 7. Aufl., München, Verlag Resch 1974. 238 S.

Schrowang, H.: Einführung in die Heizungs-Regeltechnik. Arnsberg, Strobel-Verlag. 3. Aufl. 1973. 288 S.

Schrowang, H.: Regelungstechnik für Heizungs- und Lüftungsbauer. Düsseldorf, Krammer-Verl. 1976. 300 S.

Schrowang, H.: Grundlagen der pneumatischen Regelung. Düsseldorf, Verl. Krammer 1978. 224 S.

Weber, F.: Messen, Regeln und Steuern in der Lüftungs- und Klimatechnik. 2. Aufl. Düsseldorf, VDI-Verl. 1973. 159 S.

Würstlin, D.: Das Regeln heizungs-, lüftungs- und haustechnischer Anlagen. Düsseldorf, VDI-Verlag 1974. 107 S.

Zeitz, K. H.: Regelungen mit Zwei- und Dreipunktreglern. München, R. Oldenbourg Verlag 1986. 153 S.

-8 Energie

(siehe auch Abschnitt 6.5.1-12, Bauphysik)

Anhaltszahlen für die Wärmewirtschaft. Hrsg. vom Verein Deutscher Eisenhüttenleute. Düsseldorf 1968. 6. Aufl. 601 S.

Auracher, H.: Exergie. Karlsruhe, Verl. Müller. 1980. 70 S.

Baumann, Kappmeyer, Muser: Anforderungen des Energieeinsparungsgesetzes, WEKA-Verlag, Kissing 1978 und Ergänzungen.

Cube, H. L. von (Hrsg.): Handbuch der Energiespartechniken. Karlsruhe, Verl. Müller. Bd. 1. Grundlagen 1983. Ca. 300 S. Bd. 2. Spartechnik 1983. 416 S. Bd. 3. Regenerative Energie 1983. Ca. 280 S.

DIW (Dt. Inst. f. Wirtschaftsforsch.): Erneuerbare Energiequellen. München, Oldenbourg-Verl. 1987. 410 S.

Energieeinsatz in der Industrie, RWE-Anwendungstechnik, Essen 1981.

Fricke, J., u. W. L. Borst: Energie. München, Oldenbourg-Verlag 2. Aufl. 1984. 494 S.

Gemper, B.: Energieversorgung. München, Verl. Vahlen 1981. 282 S.

Gygax, P.: Sonnenenergie in Theorie und Praxis I. 3. Aufl. Karlsruhe. Verl. Müller 1980. 79 S.

Hau, E.: Windkraftanlagen, Berlin, Springer-Verl. 1988. 685 S.

Hilscher, G.: Energie im Überfluß. Hameln, Verl. Sponholtz. 1981. 205 S.

Heinrich, H.-J.: Energieeinsparung mit technischen Informationssystemen. Grafenau 1/ Württbg. Expert-Verl. 1982. 169 S.

Horn, M./DIW: Perspektiven der Weltenergieversorgung. München, Oldenbourg-Verl. 1988. 116 S.

Jäger, F., u. a.: Photovoltaik. Karlsruhe, Verl. Müller 1985. 160 S.

Jagnow, K., St. Horschler u. D. Wolff: Die neue Energieeinsparverordnung 2002. Fachverlag Deutscher Wirtschaftsdienst, Köln 2002.

Jarras, L.: Windenergie, Berlin, Springer-Verl. 1981. 272 S.

Kloss, R.: Planung von Biogasanlagen nach techn. wirtschaftl. Kriterien. München, Oldenbourg-Verl. 1986. 286 S.

Kreibrich, R.: Rationelle Energie durch dezentrale Wärme-Kraft-Kopplung, München. Oldenbourg-Verl. 1979. 87 S.

Kremers, W., u. a.: Neue Wege der Energieversorgung. Braunschweig, Vieweg-Verl. 1982. 246 S.

Michaelis, H.: Existenzfrage: Energie. Düsseldorf, Econ-Verl. 1980. 299 S.

Molly, J.-P.: Windenergie. Karlsruhe, Verl. Müller 1978. 138 S.

Moog, W.: Betriebliches Energie-Handbuch. Ludwigshafen, Kiehl-Verl. 1983. 431 S.

Münch, E., u. a.: Tatsachen über Kernenergie. Essen, Verlag Girardet 1980. 300 S.

Piller, W., u. M. Rudolph: Kraft-Wärme-Kopplung. Frankfurt/Main. VDEW-Verlag 1984. 212 S.

Rationelle Energieversorgung in der Industrie. Tagung Essen 1981. Düsseldorf, VDI-Verl. 1981. 133 S.

Schäfer, H.: Struktur und Analyse des Energieverbrauchs in der BRD. München, Verl. Resch 1980. 207 S.

Schaefer, H.: Nutzung regenerativer Energiequellen, Düsseldorf, VDI-Verl. 1987. 48 S.

Spiegel-Dokumentation: Energiebewußtsein und Energieeinsparung bei privaten Hausbesitzern. Hamburg, Spiegel-Verl. 1981. 160 S.

VDMA: Maßnahmen zur Energieeinsparung im Betrieb. Frankfurt, Maschinenbau-Verl. 1983.

Winkler, J.-P.: Sonnenenergie II. 2. Aufl. Karlsruhe. Verl. Müller 1979. 171 S.

-9 Umweltschutz

Baum, F.: Praxis des Umweltschutzes. München, Oldenbourg-Verl. 1979. 452 S.

Baum, F.: Luftreinhaltung in der Praxis, München, Oldenbourg-Verl. 1988. 1170 S.

Davids, P., u. M. Lange: Die Großfeuerungsanlagen-Verordnung. Düsseldorf, VDI-Verl. 1984. 321 S.

Davids, P., u. M. Lange: Die TA Luft 1986, Technischer Kommentar, VDI-Verlag 1986, ca. 400 S.

Dreyhaupt, F.-J.: VDI-Taschenlexikon Immissionsschutz. VDI-Verlag 1996. 385 S.

Feldhaus, G.: Bundes-Immissionsgesetz. C.F. Müller-Verlag1999. 653 S.

Feldhaus, G., u. H.D. Hansen: Bundes-Immissionsschutzgesetz. C.F. Müller-Verlag1997, 646 S.

Gerold, F., u. a.: Handbuch zur Erstellung von Emissionserklärungen. Berlin, Erich Schmidt Verl. 1983. 608 S.

Informatik im Umweltschutz. München, R. Oldenbourg Verlag 1986. 440 S.

Kalmbach, S., u. a.: Technische Anleitung zur Reinhaltung der Luft und Verordnung über Großfeuerungsanlagen. Berlin, E. Schmidt Verl. 1983. 184 S.

Thomas, J., u. a.: Immissionsschutzwegweiser. E. Schmidt Verl. 1983, 632 S.

Umweltbundesamt: Materialien zum Immissionsschutzbericht 1977. E. Schmidt Verl., Berlin 1977.

Umweltbundesamt: Luftreinhaltung '81, Entwicklung–Stand–Tendenzen. E. Schmidt Verl., Berlin 1981. 620 S.

Umweltbundesamt: Lärmbekämpfung '81, Entwicklung–Stand–Tendenzen. E. Schmidt Verl. 1981. 335 S.

VDMA-Kompendium: Umweltschutz: Gesetze, Verordnungen, Richtlinien. Frankfurt/M., Maschinenbau Verlag GmbH 1983. 206 S.

Witte, U.: Taschenbuch der Dampferzeugertechnik, 24. Aufl. Essen, Vulkan-Verl. 1984. 260 S.

-10 Korrosions- und Steinschutz

-11 Kosten- und Wirtschaftlichkeitsrechnung

-12 Bauphysik

Ali, S., N.K. Bansal, G. Hauser, G. Minke, A. Misra, K. Mukerji, R. Muthu Kumar, P. Reutter, M.R. Sharma u. S. Singh: Climatic Zones and Rural Housing in India. Kernforschungsanlage Jülich GmbH 1988.

Bansal, N.K., G. Hauser u. G. Minke: Passiv Building Design. A Handbook of Natural Climatic Control. Elsevier Science B.V., Amsterdam/London/New York/Tokyo 1994.

Böhmer, H.: k-Werte alter Bauteile. RKW-Verlag Eschborn, 3., völlig überarb. Auflage 1999.

Bauphysik, Berichte aus Forschung und Praxis. Festschrift zum 60. Geburtstag von Karl Gertis. Hrsg.: Hauser, Universität Kassel, Fraunhofer IRB Verlag, Stuttgart 1998.

Bauphysik Kalender. Hrsg.: Cziesielski, Verlag Ernst & Sohn, 1. Jahrgang, Berlin 2001.

Eichler/Arndt: Bautechnischer Wärme- und Feuchtigkeitsschutz. VEB Verlag für Bauwesen, 2. Auflage, Berlin 1989.

Gertis/Mehra/Veres/Kießl: Bauphysikalische Aufgabensammlung mit Lösungen. B.G. Teubner, Stuttgart 1996.

Gösele/Schüle/Künzel: Schall.Wärme.Feuchte. Bauverlag, 11., völlig neu überarb. Auflage, Wiesbaden 1997.

Hauser, G. u. H. Stiegl: Wärmebrücken-Atlas für den Mauerwerksbau. Bauverlag, 2., durchges. Auflage 1993, 3., durchges. Auflage 1996, Wiesbaden 1990.

Hauser, G. u. H. Stiegl: Wärmebrücken-Atlas für den Holzbau. Bauverlag, Wiesbaden 1992.

Hauser, G., F. Otto u. H. Stiegl: Einfluß von Baustoff und Baukonstruktion auf den Wärmeschutz von Gebäuden – Jahres-Heizwärmebedarf und sommerliches Wärmeverhalten. Bundesverband Porenbetonindustrie e.V., 2., überarb. Fassung Sept. 1997, Wiesbaden Sept. 1995.

Hauser, G. u. H. Stiegl: Quantitative Darstellung der Wirkung von Wärmebrücken. IRB-Verlag Bauforschung für die Praxis, Band 31 Niedrigenergiehäuser unter Verwendung des Dämmstoffes Styropor, •••••• 1997.

Hohmann/Setzer: Bauphysikalische Formeln und Tabellen. Werner Verlag, 3., überarb. Auflage, Düsseldorf 1997.

Liersch: Bauphysik kompakt, Wärme- und Feuchteschutz. Bauwerk-Verlag, 1. Auflage, Berlin 2001.

Lutz/Jenisch/Klopfer/Freymuth/Krampf/Petzold: Lehrbuch der Bauphysik. B.G. Teubner, 4., neubearb. u. erw. Auflage, Stuttgart 1997.

RWE Energie: Bauhandbuch. RWE Energie Aktiengesellschaft, 12. Ausgabe, Essen 1998.

Schild/Casselmann/Dahmen/Pohlenz: Bauphysik Planung und Anwendung. Vieweg Verlag, 4., neubearb. Auflage, Braunschweig 1990.

Usemann/Gralle: Bauphysik: Problemstellungen, Aufgaben und Lösungen. Verlag W. Kohlhammer, Stuttgart 1997.

Zürcher: Bauphysik. VDF Verlag der Fachvereine an den Schweizerischen Hochschulen und Techniken, erw. Probeausgabe Studienjahr 1988/89, Zürich 1988.

-13 Planung bis Instandhaltung

6.5.2 Heizungstechnik

Appold, K.: Fachkenntnisse Zentralheizungs- und Lüftungsbauer. 15. Aufl. Hamburg, Verlag Handwerk und Technik 1987. 266 S.

Arbeitskreis der Dozenten für Heizungstechnik: Heizungstechnik. Bd. 1: Dimensionierung von Wasserheizungen. 1977. 196 S., Bd. 2: Druckhaltung, Wärmeübertragung. 1980. 232 S. Bd. 4: Projektierung von Warmwasserheizungen. 1985. 406 S. Die Warmwasserheizung 2. Aufl. 1988. 232 S. München, Oldenbourg-Verl.

ASHRAE-HANDBOOKS, ASHRAE Publication Sales, Tullic Circle NE, Atlanta Georgia 30329, in BRD: Promotor-Verlag, Karlsruhe. Refrigeration 1986. Equipment 1986. HVAC Systems and Applications 1987. Fundamentals 1989.

ASH: Heizungstechnik in der Praxis. Schweiz. Aktionsgemeinschaft Sparsamer Heizen. Kreuzlingen (Schweiz) 1982. 146 S.

Bach, H., u. S. Hesslinger: Warmwasser-Fußbodenheizung. Karlsruhe, Verl. Müller, 3. Aufl. 1981. 96 S.

Bach, H. (Hrsg.), u. a.: Niedertemperaturheizung. Karlsruhe, Verl. Müller 1981. 258 S.

Beedgen, O.: Öl- und Gasfeuerungstechnik. Düsseldorf, Werner-Verl. 2. Aufl. 1983. 632 S.

Böhme, H.: Berechnung von Warmwasserheizungen. 3. Aufl. München, Pfriemer-Verl. 1982. 188 S.

Bogoslowskij, V. N.: Wärmetechn. Grundlagen der Heizungs-, Lüftungs- und Klimatechnik. Berlin, VEB-Verl. 1982. 384 S.

Brenner, L.: Optimierung von Heizungsanlagen. Aarau, AT-Verl. 1982. 100 S.

Brenner, L.: Moderne Wärmeerzeuger. Karlsruhe, Verl. Müller 1982. 165 S.

Breton, O. u. R. Eberhard: Handbuch der Gasverwendungstechnik, München, Oldenbourg-Verl. 1987. 1987 S.

Buch, A.: Fernwärme. Gräfelfing, Resch-Verl. 1983. 174 S.

Buderus-Handbuch der Heizungs- und Klimatechnik. VDI, Kommissionsverlag, Düsseldorf 1975. 964 S.

Burkhardt, W.: Projektierung von Warmwasserheizungen. München, R. Oldenbourg Verlag 1985. 406 S.

Cerbe, G., u. a.: Grundlagen der Gastechnik. München, Hanser-Verl. 1981. 424 S.

Daniels, K.: Haustechnische Anlagen. Düsseldorf, VDI-Verl., 1976, 311 S.

Drexler, H.: Blockheizkraftwerke Bd. 2. Karslruhe, Verl. Müller 1981. 120 S.

Eisenschink, A.: Falsch geheizt ist halb gestorben. 3. Aufl. München, Verl. Hirthammer 1981. 304 S.

Eisenschink, A.: Der Heizratgeber. Gräfelfing, Resch-Verl. 2. Aufl. 1984. 152 S.

Fernwärmeversorgung aus Heizwerken. Hrsg. vom VDEW, Frankfurt/M. 2. Aufl. 1981. 256 S.

Fördergesellschaft Technischen Aufbau (FTA); Gräfelfing, Verl. Resch.

Blockheizkraftwerke 1982. 60 S.
Wärmepumpen zur Hausheizung 1981. 150 S.

Gabanyi, P.: Planung von Fußbodenheizungen. Düsseldorf, Krammer-Verl., 2. Aufl. 1981. 92 S.

Glück, B.: Sicherheitsventile. Reihe: Bausteine der Heizungstechnik. Verlag Bauwesen 1990. 1. Aufl., 308 S. mit Software

Glück, B.: Strahlungsheizung – Theorie und Praxis. Berlin, VEB-Verl. 1981. 507 S.

Glück, B.: Heizwassernetze für Wohn- und Industriegebiete, VEB Verlag für Bauwesen. 1985.

Glück, B.: Wärmeübertragung (Wärmeabgabe von Raumheizflächen u. Rohren. Berlin, VEB-Verlag 1989, 320 S.

Glück, B.: Wärmeübertragung/Wärmeabgabe von Raumheizflächen und Rohren. Reihe: Bausteine der Heizungstechnik. Verlag Bauwesen 1990. 2. Aufl.,440 S. mit Software

Goettling, D., u. F. Kuppler: Heizkostenverteilung. Karlsruhe, Verl. Müller 1981. 114 S.

Hakansson, K.: Handbuch der Fernwärmepraxis. 3. Aufl. Essen, Vulkan-Verl. 1986. 1013 S.

Hausladen, G.: Handbuch der Schornsteintechnik. München, Oldenbourg-Verl. 1988. 280 S.

Hein, K.: Blockheizkraftwerke. Karlsruhe, Verl. Müller. Ki-extra 7. 2. Aufl. 1980. 85 S.

Heinemann, K.-I., u. J. Höppner: Kommentar zu den DVGW-TRGI 1986, Technische Regeln für Gas-Installationen. Stuttgart, Gentner Verlag 1987. 214 S.

Heizerkursus. Hrsg. vom VDI. 4. Aufl. Düsseldorf, VDI-Verlag 1974.

Homonnay, G.: Fernheizungen. Karlsruhe, Verl. Müller 1977. 229 S.

Ihle, C.: Pumpen-Warmwasserheizung. 3. Aufl. Düsseldorf. Werner-Verl. 1979. 416 S.

Ihle, C., u. A. Botz: Heizungstechnik. 5. Aufl. Schroedel-Verl. 1984. 368 S.

Jablonowski, H.: Thermostatventil-Praxis. Meßtechnik – Regelung – Montage. Berlin/ Wiesbaden, Udo Pfriemer Buchverlag in der Bauverlag GmbH 1987. 160 S.

Jüttemann, H.: Elektrisch Heizen und Klimatisieren. 2. Aufl. Düsseldorf, VDI-Verl. 1979. 401 S.

Junkers-Handbuch der Gas-Zentralheizung. Junkers & Co., Wernau. 3. Aufl. 1979, ca. 180 S.

Kirst, T.: Heizungstechnik, Grundwissen, Darmstadt, Technik-Tabellen-Verl., 2. Aufl. 1985, 348 S.

Haendly, Bach u. a.: Prinzipstudie Niedertemperaturheizung I und II. Karlsruhe, Verl. Müller. Ki-extra 8. 1979. 200 S. Ki-extra 9. 1979. 132 S.

Heiztechnik. DIN-Normen, Gesetze, Technische Regeln und Verordnungen. Beuth-Verlag 1997. 3. Aufl.

Hell, F.: Rationelle Heiztechnik, Düsseldorf, VDI-Verl. 1989, ca. 300 S.

HVCA-Year Book 1980. 32. Aufl. HVCA-Publ. 10 King Str. Penrith, Cumbria.

Höppner, J., u. E. Postenrieder: Abgasanlagen für moderne Feuerstätten. Stuttgart, Gentner-Verl. 2. Auflage 1985. 118 S.

Klien, J., u. W. Gabler: Praxis Kraft-Wärme-Kopplung Bd. 2. Dokumentation Blockheizkraftwerke. Karlsruhe, Verlag C.F. Müller 1991. 560 S.

Klien, J.: Praxis Kraft-Wärme-Kopplung Bd. 3. Planungshilfe Blockheizkraftwerke. Karlsruhe, Verlag C.F. Müller 1991. 120 S.

Kollmar, A., u. W. Liese: Die Strahlungsheizung. 4. Aufl. München, Oldenbourg-Verlag 1957. 562 S.

Kraft, G.: Niedertemperaturheizungen. Berlin, VEB-Verl. 1980. ca. 200 S.

Kraft, G.: Lehrbuch der Heizungs-, Lüftungs- und Klimatechnik. 1. Bd. 1981. 4.Aufl. 1984. Ca. 368 S. 2. Bd. 4.Aufl. 1984. Ca. 352 S. Berlin, VEB-Verlag.

Kraft, G.: Niedertemperaturheizungen. Ost-Berlin, VEB-Verl. 1980. 115 S.

Krupp, Heizungs-Handbuch. Hrsg. von G. Müller. 4. Aufl. Stuttgart, Kopf u. Co. 1975. 502 S.

Kruse, C.-L.: Korrosion in der Sanitär- und Heizungstechnik. Düsseldorf, Krammer-Verlag 1991. 170 S., zahlr. Abb.

Kübler, Th.: Infrarot-Heizungstechnik für Großräume. Essen, Vulkan-Verlag 2001, 216 S.

Laakso, H.: Handbuch der Technischen Gebäudeausrüstung. Düsseldorf, VDI-Verlag 1976. 372 S.

Lenz, H.: Heizung – Klima – Lüftung. Stuttgart, Verl. Koch 1977. 88 S.

Loewer, H., u. a.: Heiztechnik in Alt- und Neubauten. 7031 Grafenau, Lexika-Verl. 1979. 234 S.

Mackenzie-Kennedy: District Heating. Elmsford, N. Y., Pergamon Press 1979. 210 S.

Madaus, C.: Kachelöfen. Stuttgart, Kopf-Verl. 1981. 104 S.

Madaus, C.: Die Kachelofen-Warmluftheizung. Stuttgart, Kopf-Verl. 1983. 136 S.

Marx, E.: Gasfeuerungsmontage. Stuttgart, Verl. Kopf 1983. 238 S.

Marx, E.: Brennwerttechnik. Stuttgart, Verl. Kopf 1987, 48 S.

Marx, E.: Fachkunde Ölfeuerungsmontage. Stuttgart, 2. Aufl. Verl. Kopf 1978. 320 S.

Munser, H.: Fernwärmeversorgung. Leipzig, VEB-Verl. 2. Aufl. 1983. 413 S.

Orth, D.: Niedertemperatur-Wärmeversorgung. Karlsruhe, Verl. Müller 1981. 176 S.

Paech, W.: Heizungsberechnung mit programmierbaren Taschenrechnern. Düsseldorf, Krammer-Verl. 1979. 104 S.

Pfestorf, K. H.: Kachelöfen. Wiesbaden, Bauverlag 1982. 296 S.

Reeker, J., u. P. Kraneburg: Haustechnik – Heizung, Lüftung. Klimatechnik. Düsseldorf, Werner-Verl. 1979. 288 S.

Reiche, Th., u. K. Thielebeule: In Sachen Heizung gut beraten. Wiesbaden, Bauverlag 1984. 139 S.

Rietschel-Raiss: Heiz- und Klimatechnik. 15. Aufl. von W. Raiss. 1. Bd.: Grundlagen, Systeme, Ausführung. 1968. 409 S., 2. Bd.: Berechnung. 1970. 428 S., Springer-Verlag.

Roos, H.: Hydraulik der Wasserheizung. München, R. Oldenbourg Verlag 1986. 230 S.

Rudolf, H.: Jahrbuch der Gebäudetechnik, Düsseldorf, VDI-Verl. 1988. 584 S.

Schlapmann, D.: Planung von Warmwasser-Fußbodenheizungen. Karlsruhe, Verl. Müller 1983. Ca. 120 S.

Stamper u. Koral: Handbook of Air Conditioning, Heating and Ventilating. New York, Ind. Press 1979. 1420 S.

Gebr. Sulzer AG: Kreiselpumpen-Handbuch. 2. Aufl. 1989. Essen, Vulkan-Verl. 341 S.

Schrowang, H.: Elektrotechnik für Heizungs- und Lüftungsbauer. Düsseldorf, Krammer-Verlag 1972. 206 S.

Stahlrohr-Handbuch. Bearbeitet von D. Schmidt. Essen, Vulkan-Verl. 9. Aufl. 1982. 684 S.

Stohler, F., u. H. R. Jufer: Wirtschaftlich Heizen. AT-Verlag CH/Aarau, 1984. 223 S.

Stohler, F., u. Stadelmann: Umweltschonend Heizen mit Gas. AT-Verl. CH/Aarau, 1986. 272 S.

Swenson: Heating Technologie. Breton Publ., North Scituate 1983. 428 S.

Usemann, K. W.: Dachheizzentralen. Düsseldorf, VDI-Verl. 1976. 153 S.

Weise, E.: Strahlenheizung. Essen, Vulkan-Verl. 2. Aufl. 1973. 116 S.

Wagner, W.: Wärmeträgertechnik mit organischen Flüssigkeiten. 4. Aufl., München, Verl. Resch 1986, ca. 500 S.

Zierhut, H.: Heizungs- und Lüftungsanlagen. Stuttgart, Verl. Klett 1976. 268 S.

6.5.3 Lüftungs- und Klimatechnik

Air Conditioning and Refrigeration Institut: Air Conditioning and Refrigeration, Prentice-Hall, Englewood Cliffs N. Y. 1979. 863 S.

Alden, J. L., u. J. M. Kane: Design of Industrial Exhaut Systems. 4. Aufl. New York, Int. Press 1970. 243 S.

Arbeitskreis der Dozenten für Klimatechnik: Lehrbuch der Klimatechnik. Bd. 1: Grundlagen, 4. Aufl. 1989. 520 S., Bd. 2: Berechnung und Regelung, 2. Aufl. 1988. 459 S., Bd. 3: Bauelemente. 3. Aufl. Karlsruhe, Verl. Müller 1988. 480 S.

ASHRAE-HANDBOOKS, ASHRAE Publication Sales, Tullic Circle NE, Atlanta Georgia 30329, in BRD: Promotor-Verlag, Karlsruhe. Refrigeration 1986. Equipment 1986. HVAC Systems and Applications 1987. Fundamentals 1989 (Neuauflagen im Vierjahresrhythmus).

Baturin, W. W.: Lüftungsanlagen für Industriebauten. 2. Aufl. (Aus dem Russischen) Berlin, VEB-Verlag Technik 1959. 516 S.

Baumgart, Hörner, Reeker (Hrsg.): Handbuch der Klimatechnik. C.F. Müller-Verlag 2000. 4. Aufl., 487 S.

Bergmann/Ihle: Lüftung und Luftheizung. 3. Aufl. Düsseldorf, Werner-Verl. 1977. 228 S.

Berliner, P.: Klimatechnik. Würzburg, Vogel-Verlag, 2 Aufl. 1984, 184 S.

Berliner, P.: Kühltürme. Berlin, Springer-Verlag 1975. 189 S.

BEW/VSHL (Hrsg.): Energierelevante Luftströmungen in Gebäuden, 1. Bd. 44 S., 2. Bd. 32 S., 3. Bd. 52 S., 4. Bd. 281 S., 5. Bd. 66 S., 6. Bd. 72 S., 7. Bd. 109 S., Zürich 1994, VSHL

BMFT-Verbund-Vorhaben 01HK216: Gezielte Belüftung der Arbeitsbereiche in Produktionshallen zum Abbau der Schadstoffbelastung, Stuttgart 1992, ISSN 0943-013X, 157 S.

Bohl, W.: Ventilatoren. Würzburg, Vogel-Verl. 1983. 272 S.

Bommes, Brockmeyer, Reinders: Lüftungstechnisches Taschenbuch. Düsseldorf, Niederrhein-Verl. 1976. 347 S.

Bouwman, H., B.: Optimum Air Duct System Design. TNO Research Institute. Delft, Holland. 1982.

Brendel/Güttner: Energieverbrauch von Klimaanlagen. Karlsruhe, Verl. Müller 1981. 88 S.

Bunse, F., u. B. Gräff: Klimakursus. Düsseldorf, VDI-Verl. 1982. Ca. 250 S.

von Cube, H. L., et al.: Wärmepumpen in staatlichen und kommunalen Bauten. Karlsruhe, Verl. Müller 1978, ca. 100 S.

Daniels, K.: Die Hochdruckklimaanlagen. 3. Aufl. Düsseldorf, VBI-Verl. 1979. 286 S.

Denzler, J. A.: Handbuch für Lüftungsmonteure, Denzler Engg. 1978. 191 S.

Eck, B.: Ventilatoren. Springer-Verl. 1972. 5. Aufl. 576 S.

Eichmann, R. A.: Grundlagen der Klimatechnik. Heidelberg, C. F. Müller Verlag 1998. 338 S.

Eichmann, R. A.: Grundlagen der Klimatechnik. C.F. Müller-Verlag 1998. 338 S.

Eichmann, R. A.: Klimatechnik – Arbeits- und Übungsbuch. Heidelberg, C. F. Müller Verlag 1997. 339 S.

Glück, B.: Vergleichsprozesse der Klimatechnik. C.F. Müller-Verlag 1998. 210 S.

Glück, B.: Thermische Bauteilaktivierung. Nutzen von Umweltenergie und Kapillarrohren. C.F. Müller-Verlag 1999. 213 S.

Hanel: Raumluftströmung. C.F. Müller-Verlag 1996. 178 S.

Hartmann, K.: Grundlagen der Kälte- und Klimatechnik. Stuttgart, Verl. Kopf 1979. 293 S.

Heinrich, G., u. U. Franzke (Hrsg.): Sorptionsgestützte Klimatisierung. C.F. Müller-Verlag 1997. 356 S.

Henne, E.: Luftbefeuchtung. 3. Aufl. Karlsruhe, Verl. Müller 1984. 187 S.

Ihle, C.: Klimatechnik für Heizungsbauer. 2. Aufl. Düsseldorf, Werner-Verlag 1975. 280 S.

Ihle, C.: Lüftung und Luftheizung. 4. Aufl. Düsseldorf, Werner-Verl. 1982. 304 S.

Iselt, P., u. U. Arndt: Die andere Klimatechnik. C.F. Müller-Verlag 1999. 260 S.

Iselt, P., u. U. Arndt: Grundlagen der Luftbefeuchtung. C.F. Müller-Verlag 1996.204 S.

Junker, B.: Klimaregelung. München, R. Oldenbourg Verlag, 2. Aufl. 1984. 239 S.

Kirschner, K.: Klimatechnik in der Tierproduktion. Berlin, VEB-Verl. 1976. 132 S.

Koschenz, M., u. B. Lehmann: Thermoaktive Bauteilsysteme. EMPA, CH-8600 Dübendorf 2000, 102 S.

Lalden u. Kane: Design of Industrial Ventilation Systems. New York, Ind. Press 1982. 280 S.

Lexis, J.: Ventilatoren in der Praxis. Stuttgart, Gentner-Verl. 1983. 276 S.

Linden, G., u. Usemann, K. W.: Brandschutz in der Gebäudetechnik, Düsseldorf, VDI-Verlag 1992.

Loewer, H., u.a.: Kältetechnik in Klimaanlagen. Karlsruhe, Verl. Müller 1980. 203 S.
Loewer, H., u.a.: Klimatechnik (Lehrgang). Karlsruhe, Verl. Müller 1982. 229 S.
Loewer, H., u.a.: Lüftungstechnik. Karlsruhe, Verl. Müller 1980. 179 S.
Mürmann, H.: Wohnungslüftung. Kontrollierte Lüftung mit Wärmerückgewinnung. C.F. Müller-Verlag 1999. 4. Aufl., 210 S.
Mürmann, H.: Wohnungslüftung. 2. Aufl. 1982. 168 S.
Pielke, R.: Montage und Wartung von Lüftungs- und Klimaanlagen. 2. Aufl. Stuttgart, Verlag Gentner 1975. 192 S.
Quenzel, K.-H.: Rauch- und Wärmeabzugsanlagen im Rahmen des vorbeugenden Brandschutzes. Verlag Office 1996. 200 S.
Quenzel, K.-H.: Rauch- und Wärme-Abzugsanlagen im Rahmen des vorbeugenden Brandschutzes. 2. Aufl. Berlin, Office 213-Verlag, 1996.
Quenzel, K.-H.: Vorbeugender Brandschutz in Raumlufttechnischen Anlagen. Berlin, Brain-Verl. 1990. 142 S.
Rákóczy, T.: Kanalnetzberechnungen raumlufttechnischer Anlagen. Düsseldorf, VDI-Verl. 1979. 113 S.
Regenscheit, B.: Isotherme Luftstrahlen. Karlsruhe, Verl. Müller 1981. 210 S.
Rötscher, H.: Grundlagen der Lüftungs- und Klimaanlagen. München, Hanser-Verl. 1982. 203 S.
Rouvel, L.: Raumkonditionierung. Berlin, Springer-Verl. 1978.
Schedwill (Hrsg.): Mollier –h,x-Diagramm: Feuchte Luft im gesetzlichen und technischen Einheitensystem. Kopiervorlage. C.F. Müller-Verlag.
Sherrat, A. F. C.: Air Conditioning System Design for Buildings. London, My Graw-Hill 1984. 235 S.
Steimle, F., u. H. Spengele: Das *h, x*-Diagramm für feuchte Luft. Stuttgart, Kopf u. Co. 1971. 65 S.
Steinacher, H.: Theorie und Praxis der VVS-Anlagen. Karlsruhe, Verl. Müller 1981. 98 S.
Weise, E.: Brandschutz bei Lüftungsanlagen. München, Verl. Pfriemer 1973/76. 155 S.

6.5.4 Wärmepumpen, Sonnenenergie, Wärmerückgewinnung u.a.

Absorptionswärmepumpen. Aktueller Bericht. Karlsruhe, Verl. Müller 1981. 76 S. (Ki-Extra 14).
Auer, F.: Solare Brauchwassererwärmung im Haushalt. Karlsruhe, Verl. Müller. 1981. 52 S.
Böttcher, C.: Die Gasmotor-Wärmepumpe. Karlsruhe, Verl. Müller 1981. 92 S. (Ki-Extra 16).
Bukau, F.: Wärmepumpen-Technik. München, Oldenbourg-Verl. 1983. 335 S.
von Cube, H. L., u. F. Steimle: Wärmepumpen. Düsseldorf, VDI-Verl. 1978. 305 S.
von Cube, H. L., u. F. Steimle: Wärmepumpen in staatlichen und kommunalen Betrieben. Ki-extra 6. Karlsruhe, Verl. Müller 1978. 97 S.
von Cube, H. L. (Hrsg.): Handbuch der Energiespartechniken.
Bd. 1. Grundlagen. 1983. 342 S.
Bd. 2. Fossile Energieträger. 1983. 416 S.
Bd. 3. Regenerative Energien. 1983. 314 S.
Daniels, K.: Sonnenenergie. Karlsruhe, Verl. Müller 1976. 82 S.
Deutsche Gesellschaft für Sonnenenergie: Grundlagen der Solartechnik I. DGS München 1976. 312 S. (12 Vorträge).
Heizen mit Sonne. Tagung Frankfurt/M. 1979. 141 S.
Feist, W. (Hrsg.): Das Niedrigenergiehaus. Neuer Standard für energiebewußtes Bauen. C.F. Müller-Verlag 1998. 5. Aufl., 217 S.
Fox, U.: Sonnenkollektoren. Thermische Solaranlagen. W. Kohlhammer Verlag 1998. 169 S.
FTA-Tagung Böblingen: Energie-Versorgungssysteme 1982.

Fördergesellschaft Technischer Ausbau (FTA): Wärmepumpen zur Hausheizung. Gräfelfing, Resch-Verl. 1981. 170 S.

Fördergesellschaft Technischer Ausbau (FTA): Wärmepumpen über 200 kW Leistung. Gräfelfing, Resch-Verl. 1982. 28 S.

Fox, U.: Betriebskosten- und Wirtschaftlichkeitsberechnungen. Düsseldorf, VDI-Verl. 1980. 215 S.

Genath, B., u. K. Krammer: Sonnenstandsdiagramme. Düsseldorf, Krammer-Verl. 1979. 80 S.

Glück, B.: Thermische Bauteilaktivierung. Nutzen von Umweltenergie und Kapillarrohren. C.F. Müller-Verlag 1999. 213 S.

Gößl, N.: Neue Technologien zum energiesparenden Bauen und Heizen. Kissing, Weka-Verl. 1981. 540 S.

Grallert, H.: Solarthermische Heizungssysteme, München, Oldenbourg-Verl. 1978. 216 S.

Heilmaier, G.: Wärmepumpen in der Praxis. München, Pfriemer-Verl. 2. Aufl. 1981. 172 S.

Heinrich, G., u. a.: Wärmepumpenanwendung in Industrie, Landwirtschaft, Gesellschafts- und Wohnungsbau. Berlin, VEB-Verl. 1982. 318 S.

Hincke, H.: Gaswärmepumpen nach dem Kompressionsprinzip. Stuttgart, Verl. Krämer 1983. 120 S.

Informationswerk Sonnenenergie. München, Pfriemer-Verl. 1977. 4 Bde. je ca. 80 S.

Jahrbuch der Wärmerückgewinnung. Essen, Vulkan-Verl. 5. Ausg. 1984. 276 S.

Jüttemann, H.: Wärmerückgewinnung in RLT-Anlagen. Karlsruhe, Verl. Müller. 3. Aufl. 1984. 275 S.

Kalt, A.: Baustein Sonnenkollektor. Karlsruhe, Verl. Müller 1977. 120 S.

Kirn, H., u. A. Hadenfeldt: Wärmepumpen. 3. Aufl. Karlsruhe, Verl. Müller 1979. 268 S.

Kirn, H., u. A. Hadenfeldt: Wärmepumpen. Karlsruhe, C. F. Müller-Verlag
Bd. 1: Grundlagen (Kirn). 1983. 259 S.
Bd. 2: Anwendung (Kirn-Hadenfeldt). 1987. 257 S.
Bd. 3: Gas- und Dieselwärmepumpen (Jüttemann). 1981. 216 S.
Bd. 4: Installation, Betrieb und Wartung (Eickenhorst). 1982. 131 S.
Bd. 5: Wärmequellen und Wärmespeicher (Kirn). 1983. 196 S.
Bd. 6: Absorptions-Wärmepumpen (Loewer). 1987. 222 S.
Bd. 7: Wärmepumpen in der Industrie, Gewerbe und Landwirtschaft. 1984. 214 S.
Bd. 8: Warmwasserbereitung mit El.-Wärmepumpen (Hadenfeldt). 1983. 166 S.

Krug, N., u. L. Groebert: Wärmepumpenheizung. Essen, Vulkan-Verl. 1983. 338 S.

Lehner, G., u. a.: Solartechnik. Grafenau/Württ. Lexika-Verl. 1979. 178 S.

Loewer, H., u. a.: Wirtschaftlicher Energieeinsatz bei Anlagen der Technischen Gebäudeausrüstung. Ki3-extra. Karlsruhe, Verl. Müller 1977. 251 S.

Matare, H.F., u. P. Faber: Erneuerbare Energien. Erzeugung, Speicherung, Einsatzmöglichkeiten. Düsseldorf, VDI-Verlag 1993. 285 S.

Mörlein, S.: Planung von Wärmepumpenanlagen. Düsseldorf, Krammer-Verl. 2. Aufl. 1980. 104 S.

Richards, F., u. K. Michler. Wärmepumpen für die Raumheizung. Düsseldorf, VDI-Verl. 1982. 330 S.

Sauer u. Howell: Heat Pump Systems. New York, Wiley u. Sons 1983. 721 S.

Steemers, T. C.: Solar Energie Applications to Dwellings. Hingham, Ma. Kluwer Ac. Publ. 1984. 521 S.

Stohler, F.: Alternativ-Heizsysteme. Aarau (Schweiz), AT-Verl. 1979. 180 S.

Stoy, B.: Wunschenergie Sonne. Heidelberg, Energie-Verl. 3. Aufl. 1980. 686 S.

Suttor (Hrsg.): Praxis der Kraft-Wärme-Kopplung. C.F. Müller-Verlag. Drei Ordner mit 3500 S.

Suttor, W., u. A. Müller: Das Mini-Blockheizkraftwerk. C.F. Müller-Verlag 1999. 133 S.

Treberspurg, M.: Neues Bauen mit der Sonne. Ansätze zu einer klimagerechten Architektur. Springer Verlag 1999. 2. Aufl., 269 S.

Urbanek, A.: 50 deutsche Sonnenhäuser. 1979. 176 S.

Wärmepumpen-Technologie. Essen, Vulkan-Verl. Herausgeber: F. Steimle.
Bd. 1. Grundlagen. Tagung Essen 1977. 236 S. 2. Auflage 1980.

Bd. 2. Antriebe. Tagung Essen 1978. 156 S. 2. Auflage 1980.
Bd. 3. Grenzen. Tagung Dortmund 1980. 132 S.
Bd. 4. Praxis. Tagung Timmendorfer Strand 1979. 154 S.
Bd. 5. Elektrische Wärmepumpe. Tagung Düsseldorf 1981. 152 S.
Bd. 6. Gaswärmepumpen-Anlagen. Tagung Nürnberg 1981. 116 S.
Bd. 7. Gaswärmepumpen in Industrie und Gewerbe. 1982. 76 S.
Bd. 8. Wärmerückgewinn und Abwärmeverwertung. 1983. 390 S.
Bd. 9. Warmwasser-Wärmepumpen. 1983. 76 S.

Weik, H., et al.: Sonnenenergie in der Baupraxis. Solar-Architektur und Solar-Technik – Grundlagen und Anwendungen. Ehingen b. Böblingen, expert verlag 1990. 196 S.

Winkler, J. P., u. P. Gygax: Sonnenenergie in Theorie und Praxis. 2 Bde.: 55 u. 139 S. Karlsruhe, Verl. Müller 1979/80.

Zoog, M.: Wärmewasserbereitung mit Sonnenenergie. Stuttgart, Verl. Techn. Rundschau 1977. 100 S.

6.5.5 Kalt- und Warmwasser

Alden, J. L.: Design of Industrial Exhaust Systems. 4. Aufl. New York, Industrial Press 1970. 243 S.

Babcock Handbuch Wasser, Brands, H. J. u. a. 6. Aufl., Essen, Vulkan-Verlag 1982, 336 S.

Baturin, W. W.: Lüftungsanlagen für Industriebauten. 2. Aufl. (Aus dem Russischen). Berlin, VEB-Verlag Technik 1959. 516 S.

Bösch, K.: Warmwasserversorgung 1976. 96 S.

Bösch und Fux: Warmwasserversorgung heute, Stuttgart, AT-Verlag, 1984.

Dalla Valle, J. N.: Exhaust Hoods. 2. Aufl. New York, Industrial Press 1952. 146 S.

Dittes, W., u. a.: Arbeitsplatzluftreinhaltung – Schadstoffserfassungseinrichtungen in der Fertigungstechnik. Bremerhaven, Wirtschaftsverlag NW, 1985. 386 S.

Feurich, H.: Taschenbuch für den Sanitärinstallateur, Düsseldorf, Krammer u. Co. 7. Aufl. 1987/88. 310 S.

Feurich, H., u. K. Bösch: Sanitärtechnik. 6. Aufl. 1993. Düsseldorf, Krammer-Verl. 1211 S.

Feurich, H.: Rohrnetzberechnung. 3. Aufl. Düsseldorf, Krammer-Verl. 1973. 398 S.

Gelzhäuser, P., K. Holm, K.D. Jung, H. Martiny und W. Steuer: Desinfektion von Trinkwasser durch UV-Bestrahlung. Ehingen b. Böblingen, expert verlag, 2. neu bearb. u. erweit. Aufl. 1989. 128 S.

Grohe: Handbuch der Sanitärplanung, Düsseldorf, VDI-Verlag, 1986.

Grombach, P. u. a.: Handbuch der Wasserversorgungstechnik, München, Oldenbourg-Verl. 1985. 1128 S.

Haberer, K.: Umweltradioaktivität und Trinkwasserversorgung, München, Oldenbourg-Verlag 1989.

Hadenfeldt, A.: Warmwasserbereitung mit Elektrowärmepumpen. Karlsruhe, Verl. Müller 1983. 166 S.

Herre, E.: Korrosionsschutz in der Sanitärtechnik und Brauchwasserversorgung. Düsseldorf, Krammer-Verl. 1972. 244 S.

Imhoff, K.: Taschenbuch der Stadtentwässerung. 26. Aufl. München, Oldenbourg-Verlag 1985. 394 S.

Industrial Ventilation. Hrsg. von Am. Conference of Governmental Industrial Hygienists, Cincinnati. 6500 Glenway Av. 18. Aufl. 1984.

Jahrbuch Gas und Wasser 1987/88. München, R. Oldenbourg Verlag, 81. Ausg. 1987. 559 S.

Koordinierungskreis Bäder (KOK): Richtlinien für den Bäderbau Nürnberg. Tümmels GmbH. 1977. 296 S.

Krupp-Handbuch der Warmwasserversorgung. Stuttgart, Gentner-Verl. 1977. 48 S.

Lauer, H.: Kunststoffrohr-Handbuch. Essen, Vulkan-Verl. 1978. 418 S.

Mürmann, H.: Lufttechnische Anlagen für gewerbliche Betriebe. Berlin, Marhold-Verl. 2. Aufl. 1980. 352 S.

Orth, H.: Korrosion und Korrosionsschutz. Stuttgart, Wiss.-Verlag 1974. 276 S.

Rosa, E.F.: Legionaires' Desease. Prevention and Control. Business News Publishing Company 1993. 168 S.

Schmitz, H.: Die Technik der Brauchwassererwärmung. Berlin, Marhold-Verl. 1983. 242 S.

Schulz, K.: Sanitäre Haustechnik. Düsseldorf, Werner-Verl. 1981. 312 S.

Schneider, H.-J.: Sanitäre Technik. Würzburg, Vogel-Verl. 1979. 176 S.

Stief, E.: Luftreinhaltung. 2. Aufl. Berlin, VEB-Verl. Technik 1977. 124 S.

Stief, E.: Lufttechnische Berechnungstafeln. 3. Aufl. Berlin, VEB-Verl. Technik 1977. 124 S.

Ulrich, E. A., u. Sedlmeier: Wasser. 3. Aufl. München, TÜV-Verlag 1974. 60 S.

Usemann, Klaus W. (Hrsg.): Schwerpunkte neuzeitlicher Sanitärtechnik. Planen, Bauen, Konstruieren, Erhalten und Gewährleisten. München, Wien, R. Oldenbourg Verlag 1991.

Verfahren zur Ermittlung der Leistungsfähigkeit von Solaranlagen zur Warmwasserbereitung – VELS II –. Beuth Verlag 1997.

Vogel, P.: Schadstofferfassung. 2. Aufl. Berlin, VEB-Verl. Technik 1978. 132 S.

VKW-Handbuch Wasser. 5. Aufl. Düsseldorf, Vulkan-Verl. 1979. 336 S.

6.5.6 Kältetechnik

Siehe auch Abschn. 6.5.3

ASHRAE-HANDBOOKS, ASHRAE Publication Sales, Tullic Circle NE, Atlanta Georgia 30329, in BRD: Promotor-Verlag, Karlsruhe. Refrigeration 1986. Equipment 1986. HVAC Systems and Applications 1987. Fundamentals 1989 (Neuauflagen im Vierjahresrhythmus).

Berliner, P.: Kühltürme. Berlin, Springer-Verlag 1975. 189 S.

Berliner, P.: Kältetechnik. Würzburg, Vogel-Verlag 1979. 192 S.

Breidenbach, K.: Der junge Kälteanlagenbauer. Karlsruhe, Verlag Müller.
Bd. 1: 1986 Grundkenntnisse. 347 S.
Bd. 2: 1985 Kälteanwendung. 656 S.

Cube, H. von: Lehrbuch der Kältetechnik, 3. Aufl., Karlsruhe, Müller-Verl. 1981, 1041 S.

v. Cube u.a. (Hrsg.): Lehrbuch der Kältetechnik. C.F. Müller-Verlag 1997. 4. Aufl., 1544 S.

Drees, H., Zwicker u. Neumann: Kühlanlagen. 14. Aufl. Berlin, VEB-Verl. Technik 1987.

Emblik, E.: Kälteanwendung. Karlsruhe, Verlag Braun 1971. 384 S.

Frigen-Informationen. Hrsg. von Farbwerke Hoechst AG. Frankfurt a.M. 1977/78.

Hampel, A.: Grundlagen der Kälteerzeugung. Karlsruhe, Verlag Müller 1974. 122 S.

Handbuch der Kältetechnik. Hrsg. von R. Plank, 12 Bde. Berlin, Springer-Verlag.

ILK, Institut für Luft- und Kältetechnik, Dresden.

Jungnickel, H., u.a.: Grundlagen der Kältetechnik. 3. Aufl., Verlag Technik Berlin, 1990, 368 S.

Kältemaschinen-Regeln. Hrsg. vom Deutschen Kältetechnischen Verein. 7. Aufl. Verlag Müller, Karlsruhe 1981. 125 S.

Kältetechnische Arbeitsmappe. 3 Bd. Karlsruhe, Verlag Müller. Bd. 1, mit 72 Arbeitsblättern, 1950–55. Bd. 2, mit 114 Arbeitsblättern, 1956–66. Bd. 3, 1971.

Loewer, H., u.a.: Kältetechnik in Klimaanlagen. Karlsruhe, Verlag Müller 1980. 214 S.

NIST, National Institute for Standards and Technology, Boulder, Colorado, USA.

Noack, H.: Der praktische Kältemonteur. Karlsruhe, Verl. Müller. 5. Aufl. 1986. 193 S.

Pohlmann, W.: Taschenbuch der Kältetechnik. 17. Aufl. Karlsruhe, Verlag Müller 1988. 975 S.

Reisner, K.: Kältetechnik. Dortmund, W. Rüller 1980. 140 S.

Veith, H.: Grundkurs der Kältetechnik. 5. Aufl. Karlsruhe, Verlag Müller 1986. 244 S.

Win Raum 1.0. Das PC-Programm für die Projektierung von Kühlräumen. C.F. Müller-Verlag 1997. Disketten mit Handbuch.

6.5.7 Technische Gebäudeausrüstung

Hausladen, G., u. P. Springl: Heizung und Lüftung im Niedrigenergiehaus. IRB Verlag 1994. 214 S.

Pistohl, W.: Handbuch der Gebäudetechnik. Planungsgrundlagen und Beispiele. Werner Verlag 1999. Bd. 1 und Bd. 2, 3. Aufl.

Volger/Laasch: Haustechnik. Grundlagen – Planung – Ausführung. B.G. Teubner-Verlag 1999. 2. Aufl., 162 S.

6.5.8 Zeitschriften

Deutschland

Archiv des Badewesens. Essen, Verlag Schrickel.

ATP, *Automatisierungstechnische Praxis.* München, Oldenbourg-Verlag.

Bauphysik. Berlin, Verlag Ernst u. Sohn.

Beratende Ingenieure, Essen, Giradet-Verlag.

Brennstoff – Wärme – Kraft (BWK). Düsseldorf, VDI-Verlag.

Brennstoffspiegel. Kassel, Ceto-Verlag.

Bundesbaublatt, Bauverlag München.

Clima Commerce International – CCI. Karlsruhe, Promotor-Verlag.

Consulting. Würzburg, Vogel-Verlag

Elektrowärme International. Ausgabe A und B. Essen, Vulkan-Verlag.

Elektrowärme im Technischen Ausbau, ETA. Essen, Vulkan-Verlag.

Energie. 8032 Gräfelfing, Energiewirtschaft und Technik-Verlag.

Energie-Spektrum. Gräfelfing, Verlag Resch.

Facility Management, Bertelsmann Fachzeitschriften GmbH, Gütersloh (ab 1995)

Fakten, Informationen zur Energiewirtschaft, Energie-Verlag GmbH, Bonn

Fernwärme international. Frankfurt/M., VDEW-Verlag.

Feuerungstechnik, Energie und Umwelt. Stuttgart, Kopf Verlag GmbH (ab 1976).

Flüssiggas. Mitteilungen des Deutschen Verbandes Flüssiggas e. V., Strobel-Verlag.

Fußbodenheizung, Sanitärrohre + Rohrisolierung, FSR. Darmstadt, Verlagsbüro Hamisch

Das Gas- und Wasserfach (GWF). München, Oldenbourg-Verlag.

Gas. München, Oldenbourg-Verlag (seit 1978).

Gaswärme International. Essen, Vulkan-Verlag.

Gefahrenstoffe – Reinhaltung der Luft, Springer-VDI-Verlag, Düsseldorf.

GI – Gesundheits-Ingenieur. München, Oldenbourg-Verlag.

Hard and Soft, Industrielle Mikroelektronik, Düsseldorf, VDI-Verlag.

Haustechnik IKZ. Arnsberg, Strobel-Verlag.

HR Haustechnische Rundschau. Berlin, Marhold-Verlag.

HLH – Heizung – Lüftung/Klima-Haustechnik. Düsseldorf, VDI-Verlag.

Heizungsjournal. 7057 Winnenden/Württ.

Installation dkz. Berlin, G. Siemens Buchhandlung

Kachelofen & Kamin. Stuttgart, Gustav Kopf GmbH.

Kälte Klima Aktuell. Bertelsmann Fachzeitschriften GmbH, Gütersloh (ab 1982).

Kälte- und Klimatechnik. Stuttgart, Gentner-Verlag (ab 10.76).

Kälte- und Klima-Fachmann. Stuttgart, Kopf & Co. KG (bis 1981).

Ki Klima Kälte Heizung. Karlsruhe, C. F. Müller (ab 4.73).

Luft- und Kältetechnik. Berlin, VEB-Verlag Technik.

Moderne Gebäudetechnik. Huss-Medien GmbH, Verlag Bauwesen.

Neue Deliwa-Zeitschrift. Hannover, Deliwa-Verein.

Öl + Gas und Feuerungstechnik. Stuttgart, Kopf & Co. KG (bis 9.76).

RAS – Rohr Armatur Sanitär. Düsseldorf, Krammer-Verlag.

Rationelle Energieverwendung. Stuttgart, Verlag Bahmann.

Automatisierungstechnische Praxis – atp. München, Oldenbourg-Verlag.

sh-technik. München, Oldenbourg-Verlag.

Sanitär + Heizungsreport. Düsseldorf, Krammer-Verlag.

Sanitär- und Heizungstechnik (früher Sanitäre Technik). Düsseldorf, Krammer-Verlag.

SBZ (Sanitär-, Heizungs- und Klimatechnik). Stuttgart, Gentner-Verlag.

Sonnenenergie und Wärmepumpen. Sonnenenergie-Verlag, Ebersberg.

Sonnenenergie. Gabelsbergerstr. 36, 80333 München 2 (DGS-Organ).

Umwelt – Immissionsschutz, Abfall, Gewässerschutz. Düsseldorf, VDI-Verlag.

TAB – Technik am Bau (seit 1970). Bertelsmann Fachzeitschriften, Gütersloh. Ab 1975 mit Wkt.

Vfdb – Zeitschrift für Forschung, Technik und Management im Brandschutz, Verlag W. Kohlhammer, Stuttgart.

Wärmetechnik. Stuttgart, Gentner-Verlag (früher Öl + Gasfg.) ab 1981.

Wlb – Wasser, Luft und Betrieb. Mainz, Vereinigte Fachverlage.

Österreich

Der Österreichische Installateur. Hrsg. von der Wiener Innung der Gas-, Wasser- und Zentralheizungsinstallateure. Wien, Canovagasse.

Gas, Wasser, Wärme. Hrsg. von der österreichischen Vereinigung für das Gas- und Wasserfach. Wien, Gußhausstraße 30.

Heizung–Lüftung–Klimatechnik. Technopress-Verlag, A-1191 Wien, Iglaseegasse 21–23.

Schweiz

HAUS-TECH (ehemals Haustechnik, SSIV und TemperaturTechnik), SHZ-Forster Fachverlag AG, CH 8700 Küsnacht.

Spektrum GT der Gebäudetechnik, Robe Verlag AG, CH-5024 Küttigen/Aarau.

Umweltschutz – Gesundheitstechnik. Cicero Verlag AG. CH-8021 Zürich.

Heizung–Klima. AT Verlag, CH-5001 Aarau.

Frankreich

Chauffage – Ventilation – Conditionnement. Revue de l'Association des Ingenieurs de Chauffage et de Ventilation. 254 Rue de Vaugirard, 75740 Paris.

Promoclim. 78 Rue Boissiere, 75116 Paris.

Revue Generale de Thermique. 2 Rue des Tanneries, 75013 Paris.

Chaud – Froid – Plomberie. 4 Rue Charles-Divry, 75014 Paris.

La Revue Generale du Froid. 129 bd Saint-Germain, 75017 Paris.

Revue Pratique du Froid et du Conditionnement d'Air, 254 Rue de Vaugirard, 75740 Paris.

L'installateur. 108 Av. Ledru-Rollin, Paris 11 th.

Großbritannien

The Heating and Ventilating Engieer and Journal of Environment Services. Verlag Technitrade Journals Ltd. 886 High Road, London N 12.

Heating Air Conditioning Ventilation Insulation. Verlag J. D. Troup, 90 High Holborn, London W.C. 1.

International Journal of Refrigeration. London.

The Journal of Refrigeration. Foxlow Publications, 19 Harcourt Str., London W. 1.

Heating and Air Conditioning. Verlag Mapon Press, 147 Victoria Str., London S.W. 1.

Heating and Air Treatment Engineer. Verl. Princes Press Ltd., 127 Victoria Street, London S.W. 1.

Heating and Ventilating Review. Faversham House, 111 St. James's Road, Croyden, Surrey, CR 9 2 TH

Heating & Air Conditioning Journal. Maclean Hunter Lt, 76 Oxford Str., London

Journal of the Institution of Heating and Ventilating Engineers. Hrsg. von der Institution. Batiste Publication Ltd., 203-209 Gower London N.W. 1.

Refrigeration and Air Conditioning. Refrigeration Press, LTD. Box 109, Croydon CR 9 1 QH

Steam and Heating Engr., John D. Stout Ltd. 35 Red Lion Square, London W.C. 1.

World Refrigeration and Air Conditioning. 140 Cromwell Road, London S.W. 7.

Domestic Heating. 30 Old Burlington Str., London W 1 X 2 AE.

Italien

Installatore Italiano. Milan, Via Fratelli Bressan 2, I Milano.

Il Calore. Via Urbana 167, Rom.

Condizionamento dell Aria. Via Flli Bressan 2, 20126 Milano.

Niederlande

Verwarming en Ventilatie. Postbus 7272, 2701 AG-Zoetermeer.

Klimaatbehersing. Prinses Marielaan 2, Amersfort.

Skandinavien

Tidskrift Värme-, Ventilations-, Sanitets- och Kyltechnik. Handverkargatan 8, Stockholm.

Skandinavian Refrigeration. Herausgegeben von den kältetechnischen Vereinen in Dänemark, Norwegen, Finnland, Schweden. Sentrum, Oslo 1, Norwegen.

LVI. 00120 Helsinki 12. Lönnvotinkatu 22 A 19.

USA

Air Conditioning Heating and Refrigeration News. Business News Publ. Co., P.O. Box 2600. Troy, Michigan 48007.

Air Conditioning Heating and Refrigeration News. P.O. Box 6000, Birmingham, Michigan 48012.

Air Conditioning and Refrigeration Business. Penton Inc. Cleveland, Ohio 614 Superior Av. West.

Air Conditioning Heating and Ventilating. Industrial Press, 93 Worth Str., New York 13, N.Y. (Früher Heating and Ventilating).

The American Artisan. Keeney Publ. Co., 6 N. Michigan Av., Chicago 2, Ill.

ASHRAE-Journal. Offizielle Zeitschrift der ASHRAE. (Früher Refrigerating Engineering). 1791 Tullie Circle NE, Atlanta, Ga. 30329.

Contractor. Morgan-Grampian Publ. Co. Berkshire, Pittsfield, Mass. 01201.

Domestic Engineering. 1801 Prairie Av., Chicago 16, Ill.

Fueloil and Oil Heat. Heating Publ. 2 West 45th Street, New York 36, N.Y.

Gas Heat and Comfort Cooling. Heating Publishers, Inc. 2 West 45th Street, New York 36, N.Y.

Heating and Air Conditioning Contractor. A. Scott Publ. Corp., 92 Martling Av., Tarrytown, N.Y.

Heating Piping Air Conditioning. Reinhold Publishing Co., 233 North Michigan Av., Chicago, Ill.

Industrial Heating. Nat. Industrial Publ. Co., 1400 Union Trust Buildg. Pittsburgh 19, Pa.

The Journal of Plumbing, Heating and Air Conditioning. Scott-Choate Publ. Corp., 92 Martling Av., Tarrytown, N.Y.

Mechanical Contractor. Hrsg. von der Heat. Pip. Air Cond. Contractors Nat. Ass. 30 Rokkefeller Plaza, New York 20.

Solar Engineering and Contracting. Businews News Publishing Co., Troy, Michigan.

Informationsblätter von Firmen und Instituten

Beratungsstelle für Stahlverwertung, Düsseldorf:	Merkblätter
Bundesvereinigung der Heizungs- und Klimaindustrie, Düsseldorf:	Therm-Report
Buderus'sche Eisenwerke AG, Wetzlar:	Buderus-Informationen
Delbag-Luftfilter, Berlin:	Staubjournal
Danfoss A/S, Nordborg DK:	Danfoss Journal
Esso AG, Hamburg:	Esso-Magazin
Flamco, Remscheid:	Flamkurier
Forschungsvereinigung für Luft- und Trocknungstechnik, FLT, Frankfurt:	Forschungsberichte
Gesellschaft zur Förderung der Heizung und Klimatechnik	GFHK-Information
Gustav Gerdts, Bremen	Kleiner Wegweiser
Haus der Technik, Essen:	Technische Mitteilungen
Institut für Bauphysik (Fraunhofer Gesellschaft), Stuttgart:	Berichte aus der Bauforschung
Institut für Bautechnik, Berlin:	Mitteilungen
John u. Co., Achern/Baden:	Joco-Aktuell
Landis u. Gyr, Zug (Schweiz):	Mitteilungen
LTG Lufttechnische GmbH, Stuttgart:	Lufttechnische Informationen
Rheinisch-Westfälische Elektr.-Werk AG:	RWE informiert
Robatherm, Burgau:	Robatherm aktuell
Ruhrgas AG, Essen:	Haustechnik – Erdgasinformationen
Samson AG, Frankfurt:	Regeltechnische Informationen
Schäfer-Interdomo, Emsdetten:	Report
Sulzer AG, Winterthur:	Technische Rundschau
Spirax-Sarco, Konstanz:	Calorie – Technische Mitteilungen
Thermo-Apparatebau, Mülheim/Ruhr:	TA – Aktuell
Vereinigung der Großkraftwerksbetreiber:	VGB Kraftwerkstechnik
Wärmebodentechnik, Duisburg:	Informationen für San. u. Heizung
Gebr. Trox, Neunkirchen:	Technische Informationen
Viessmann-Werke, Allendorf:	Viessmann aktuell
Zentra A. Bürkle AG, Schönaich:	Informationen

6.6 Vereinigungen, Verbände, Schulen und Institute

6.6.1 Technisch-Wissenschaftliche Vereinigungen und Institute

(s. auch Abschn. 6.6.2)

-1 Deutschland

Abwassertechnische Vereinigung e. V. (ATV)
Geschäftsstelle: Markt 71, 53757 St. Augustin

Arbeitsgemeinschaft Druckbehälter (AD)
Mitglieder: VDMA, Fachverband Dampfkessel-, Behälter- und Rohrleitungsbau, Vereinigung der Großkesselbesitzer u.a. Herausgeber von Richtlinien für Druckbehälter (AD-Merkblätter). Geschäftsstelle: Vereinigung der Technischen Überwachungsvereine, Kurfürstenstraße 56, 45138 Essen.

Arbeitsgemeinschaft Fernwärme e. V. (AGFW)
Stresemannallee 30, 60596 Frankfurt a. M.

Arbeitsgemeinschaft Industrieller Forschungsvereinigungen (AIF)
Geschäftsstelle: Bayenthalgürtel 23, 50968 Köln

Arbeitsgemeinschaft für sparsamen und umweltfreundlichen Energieverbrauch e.V. (ASUE) Geschäftsstelle: Heidenkampsweg 101, 20097 Hamburg

Ausschuß der Ingenieurverbände u. Ingenieurkammern für die Honorarordnung e.V. (AHO)
Spandauer Damm 73, 14059 Berlin

Ausschuß für Wirtschaftliche Fertigung e. V. (AWF)
Aktivitäten: Weiterbildung, Forschungsergebnisse, überbetrieblicher Erfahrungsaustausch für die verarbeitende Industrie
Auf der Krautweide 32, 65812 Bad Soden am Taunus

Battelle-Institut e. V.
Am Römerhof 35, 60486 Frankfurt a. M.

Berufsgenossenschaftliches Institut für Arbeitssicherheit (BIA)
Alte Heerstraße 111, 53754 St. Augustin

Bund Deutscher Architekten (BDA)
Ippendorfer Allee 14b, 53127 Bonn

Bundesfachverband öffentliche Bäder e.V.
Geschäftsstelle: Alfredistraße 32, 45127 Essen

Bundesverband Solarenergie e. V. (BSE)
Geschäftsstelle: Kruppstraße 5, 45128 Essen

DDA – Deutscher Dampfkessel-Ausschuß
Mitglieder u. a.: Ministerien, TÜV, Hersteller, Betreiber, DNA usw.
Geschäftsstelle: Kurfürstenstraße 56, 45138 Essen

DELIWA
Berufsvereinigung für das Energie- und Wasserfach e.V.
Hohenzollernstraße 49, 30161 Hannover

Deutscher Arbeitsring für Lärmbekämpfung (DAL)
Geschäftsstelle: Frankenstraße 25, 40476 Düsseldorf

Deutsche Forschungsgemeinschaft (DFG)
Kennedyallee 40, Postfach 205004, 53175 Bonn
Unabhängige Organisation der Deutschen Wissenschaftlichen Institutionen und Forscher.

Deutsche Gesellschaft für das Badewesen e. V.
Geschäftsstelle: Alfredistraße 32, 45127 Essen

Deutsche Gesellschaft für chemisches Apparatewesen (Dechema), *Chemische Technik und Biotechnologie e. V.*
Geschäftsstelle: Theodor-Heuss-Allee 25, 60486 Frankfurt a. M.

Deutsche Gesellschaft für Hygiene und Mikrobiologie (DGHM)
Geschäftsstelle: Ratzeburger Allee 160, 23562 Lübeck

Deutsche Gesellschaft für Sonnenenergie e. V. (DGS)
Geschäftsstelle: Augustenstraße 79, 80333 München

Deutsches Kupfer-Institut
Beethovenstraße 21, 40233 Düsseldorf
Auskunfts- und Beratungsstelle für die Verwendung von Kupfer und Kupferlegierungen

Deutsche Montan Technologie (DMT),
Institut für Bewetterung und Klimatisierung
Geschäftsstelle: Franz-Fischer-Weg 61, 45307 Essen

Deutscher Kälte- und Klimatechnischer Verein (DKV)
Pfaffenwaldring 10, 70569 Stuttgart
Fünf Arbeitsabteilungen:
Arbeitsabteilung I: Kryotechnik und Tieftemperatur-Verfahrenstechnik
Arbeitsabteilung II.1: Industrielle Kälteanlagen und Großwärmepumpen
Arbeitsabteilung II.2: Gewerbliche Kälteanlagen und Kleinwärmepumpen
Arbeitsabteilung III: Kälteanwendung speziell in der Lebensmitteltechnik, Kühlhäuser und Kühltransporte
Arbeitsabteilung IV: Klimatechnik und Wärmepumpenanwendung

Deutsches Institut für Bautechnik
Kolonnenstraße 30, 10829 Berlin
Aufgabe: Einheitliche Bearbeitung bauaufsichtlicher Aufgaben, besonders: Zulassungswesen, Prüfzeichen, Typengenehmigung, Normung u.a.

Deutsches Institut für Normung e. V. (DIN)
Unabhängige Organisation zur Aufstellung und Registrierung technischer Normen.

Geschäftsstelle: Burggrafenstraße 6, 10787 Berlin

Normenausschüsse (NA):
NA Maschinenbau
NA Akustik und Schwingungstechnik (FANAK)
Unterausschüsse: Grundsätzliche Fragen, Lautstärke von Geräuschmessungen, Mechanische Schwingungen, Ultraschall, Lüftungstechnische Anlagen und Geräte
NA Kältetechnik
Geschäftsstelle: Kamekestraße 2/8, 50672 Köln.
Arbeitsausschüsse AA: Terminologie, Klimageräte und Wärmepumpen, Rohrleitungen, Kälteapparate u.a.
NA Rohre, Rohrverbindungen und Rohrleitungen
NA Dampfkessel und Druckbehälter
NA Eisen-, Blech- und Metallwaren
NA Ergonomie
NA Regel- und Sicherheitseinrichtungen für Gas- und Ölfeuerungen
NA Bauwesen (FNBau)
NA Gastechnik
NA Luftreinhaltung
NA Heiz- und Raumlufttechnik NHRS
Geschäftsstelle: Burggrafenstraße 4–7, 10787 Berlin
NA Heiz-, Koch- und Wärmegeräte (Hauswärme)
Geschäftsstelle: Am Hauptbahnhof 10, 60329 Frankfurt a.M.

Ausschuß Regel- und Sicherheitseinrichtungen für Gas- und Ölfeuerungen

Ausschuß für Einheiten und Formelgrößen (AEF)

Ausschuß für Lieferbedingungen und Gütesicherung (RAL) beim DNA. Fördert den Gütegedanken durch freiwillige Vereinbarungen über Warenbezeichnungen und technische Lieferbedingungen.

Deutscher Verband Technisch-Wissenschaftlicher Vereine
Geschäftsstelle: Graf-Recke-Straße 84, 40239 Düsseldorf

Deutscher Verdingungsausschuß für Bauleistungen (DVA)
Vereinigung aller am Bauwesen interessierten Kreise, insbesondere Ministerien, öffentliche Verwaltungen, Wirtschafts- und Berufsverbände, die gemeinsam die VOB (Verdingungsordnung für Bauleistungen) bearbeitet.
Geschäftsstelle: Im BMBau, Deichmannsaue, 53179 Bonn

DVGW Deutscher Verein des Gas- und Wasserfaches e. V.
Technisch-wissenschaftliche Vereinigung
Geschäftsstelle: Hauptstraße 71–79, Postfach 5240, 65760 Eschborn
11 Landesgruppen

Fachinstitut Gebäude-Klima e. V. (FGK)
Dt. Stelle des Air Infiltration and Ventilation Centre AIVC
Danziger Straße 20, 74321 Bietigheim-Bissingen

Fernwärme-Forschungsinstitut in Hannover e. V.
Max-von-Laue-Straße 23, 30966 Hemmingen

FIGAWA – Bundesvereinigung der Firmen im Gas- und Wasserfach e. V.
Geschäftsstelle: Marienburger Straße 15, 51145 Köln

Fördergesellschaft Technischer Ausbau e. V. (FTA)
Geschäftsstelle: Alte Bahnhofstraße 18, 53173 Bonn

Forschungsgemeinschaft Bauen und Wohnen
Geschäftsstelle: Silberburgstraße 160, 70178 Stuttgart

Forschungsgesellschaft Blechverarbeitung e. V.
Welfengarten 1A, 30167 Hannover

Forschungsinstitut für Wärmeschutz e. V. (FIW)
Lochhamer Schlag 4, 82166 Gräfelfing

Forschungsstelle für Energiewirtschaft
Am Blütenanger 71, 80995 München

Forschungsvereinigung für Luft- und Trocknungstechnik e. V. (FLT)
Lyoner Straße 18, 60528 Frankfurt a. M.

Forschungsvereinigung für Luft- und Trocknungstechnik (FLT)
Geschäftsstelle: Lyoner Straße 18, 60528 Frankfurt a. M.

Fraunhofer-Institut für Bauphysik
Nobelstraße 12, 70569 Stuttgart

Gaswärme-Institut e. V.
Hafenstraße 101, 45356 Essen

Gesellschaft für rationelle Energieverwendung e. V.
Geschäftsstelle: Theodor-Heuss-Platz 7, 14052 Berlin

Gesundheitstechnische Gesellschaft (GG)
Geschäftsstelle: Alt-Marienfelde 12d, 12277 Berlin

Haus der Technik e. V.
Hollestraße 1, 45127 Essen

Hauptverband der gewerblichen Berufsgenossenschaften (HVBG)
Geschäftsstelle: Alte Heerstraße 111, 53757 Sankt Augustin

Hermann-Föttinger-Institut für Thermo- und Fluiddynamik der TU Berlin
Straße des 17. Juni 135, 10623 Berlin

Hermann-Rietschel-Institut für Heizungs- und Klimatechnik
TU Berlin, Marchstraße 4, 10587 Berlin

Institut für Bauforschung e. V.
An der Markuskirche 1, 30163 Hannover

Institut für gewerbliche Wasserwirtschaft und Luftreinhaltung e. V. (IWL)
Unter Buschweg 160, 50999 Köln

Institut für Technische Thermodynamik (ITT) *der Deutschen Forschungsanstalt für Luft- und Raumfahrt e. V.* (DLR)
Pfaffenwaldring 38–40, 70569 Stuttgart

Institut für wirtschaftliche Ölheizung (IWO) e. V.
Süderstraße 73a, 20097 Hamburg

Max-Planck-Institut für Strömungsforschung
Bunsenstraße 10, 37073 Göttingen

Rationalisierungskuratorium der Deutschen Wirtschaft e. V. (RKW)
Düsseldorfer Straße 40, Postfach 5867, 65760 Eschborn
RKW-Landesgruppen in allen Bundesländern. Rationalisierungshilfe vor allem für industrielle Klein- und Mittelbetriebe durch Information, Beratung, Weiterbildung für alle Unternehmensbereiche

Verband Deutscher Kälte-Klima-Fachleute e. V., München (VDKF)
Geschäftsstelle: Esslinger Straße 80, 70736 Fellbach

Verband für Arbeitsstudien e. V. (Refa)
Schriften: Refa-Buch, Refa-Mappen, Refa-Formblätter, Refa-Nachrichten.
Geschäftsstelle: Wittichstraße 2, 64295 Darmstadt

Verein Deutscher Ingenieure (VDI)
Geschäftsstelle: Graf-Recke-Straße 84, 40239 Düsseldorf
38 Bezirksvereine im Bundesgebiet und in Berlin

16 Fachgruppen und Fachgesellschaften u.a.:
Energietechnik (GET)
Konstruktion und Entwicklung
Produktionstechnik (ADB)
Verfahrenstechnik und Chemieingenieurwesen (GVC)
Meß- und Regelungstechnik (VDI-VDE)
Lärmminderung
Reinhaltung der Luft
Bautechnik
Technische Gebäudeausrüstung (TGA) mit 31 Arbeitskreisen

Fachbereiche: Energieversorgung, Heizung, Fernwärme, Klimatechnik, Sanitärtechnik, Entsorgung (Abwasser, Müll u.a.) sowie angrenzende Gebiete.
Fachausschuß: Beratende Ingenieure

Verein für Wasser-, Boden- und Lufthygiene e. V.
Geschäftsstelle: Corrensplatz 1, 14195 Berlin

Technische Vereinigung der Großkraftwerksbetreiber e. V. – VGB
Geschäftsstelle: Klinkestraße 27/31, 45136 Essen

Verband der Technischen Überwachungs-Vereine e. V.
mit 14 Mitgliedsvereinen.
Geschäftsstelle: Kurfürstenstraße 56, 45138 Essen

-2 Ausland

Belgien

Association Technique de l'Industrie du Chauffage, de la Ventilation et des Branches Connexes (ATIC)
41, rue Brogniez, 1070 Bruxelles

Dänemark

Ingeniør-Sammenslutning, Gruppe Heizung und Ventilation, Kopenhagen
Ved Stranden 18, 1061 København K

Laboratoriet for Varme og Klimateknik
Danmarks Tekniske Højskole, Bygning 402, DK 2800 Lyngby
Leiter: Prof. P. O. Fanger

Statens Byggeforskningsinstitut (Bauforschung)
Borgergade 20, Kopenhagen K.

Frankreich

Association des Ingenieurs de Chauffage et Ventilation de France
66 Rue de Rome, 75008 Paris

Centre Technique des Industries Aerauliques et Thermiques (Cetiat)
Plateau du moulon, BP 19
91402 Orsay Cedex

Centre Technique des Industries Aérauliques et Thermiques (C.E.T.I.A.T.)
Plateau du moulon, BP19, 91402 Orsay, Cedex

Comité scientifique et technique des installateurs de chauffage et de conditionnement de l'air (Co.S.T.I.C.)
9 Rue La Pérouse, 75784 Paris Cedex 16

Institut Technique du Bâtiments et des Travaux Publics
6 Rue Paul Valéry, Paris XVIe

Institut Technique du Bâtiment et des Travaux Publics
9 Rue La Pérouse, 75784 Paris Cedex 16

Großbritannien

Air Infiltration an Ventilation Centre (AIVC)
Old Bracknell Lane West, Bracknell, Berkshire RG 12 4AH
Building Services Research and Information Association
Old Bracknell Lane, Bracknell, Berkshire

Building Services Research and Information Association
Old Bracknell Lane West,
Bracknell Berkshire RG12 AAH

Chartered Institution of Building Services
222 Balham High Road, London SW12 9BS.

Department of Scientific and Industrial Research
State House, High Holborn, London, W.C. 1

Italien

Associazione Termotecnica Italiana (ATI), Mailand, Via Marona 15

Japan

Society of Heating, Air Conditioning and Sanitary Engineers of Japan
1-8-1 Kitashinjuku, Shinjuku-ku, Tokio, Japan

Niederlande

Forschungsinstitut für Umwelthygiene (TNO)
Schoemakerstraat 97, Delft

Ned. Technische Vereniging voor Verwarming en Luchtbehandeling (TVVL)
Prinses Julianaplein 1a, 3811 NM Amersfoort
ISSO Instituut voor Studie en Stimulering van Onderzoek op het gebied van gebouwinstallaties, postbus 20740, 3001 JA Rotterdam, Weena 740

Österreich

Bundes-Ingenieurkammer
Karlsgasse 9/2, A-1040 Wien

Österreichisches Normungsinstitut
Postfach 130, A-1021 Wien 2

Schweden

VVS-Tekniska Föreningen
Norrthullsgatan 6, S-113 29 Stockholm

Schweiz

Eidgenössische Materialprüfungs- und Forschungsanstalt (EMPA)
CH-8600 Dübendorf

Institut für Energietechnik
Laboratorium für Energiesysteme
Sonneggstraße 3, ETH-Zentrum, CH-8092 Zürich

Institut für Hochbautechnik (Abteilung Bauphysik)
Hönggerberg, ETH-Zentrum, CH-8093 Zürich

Institut für Hygiene und Arbeitsphysiologie
Clausiusstraße 21, ETH-Zentrum, CH-8092 Zürich

Institut für Meß- und Regeltechnik
Sonneggstr. 3, ETH-Zentrum, CH-8092 Zürich

Institut für Verfahrens- und Kältetechnik
Sonneggstr. 3, ETH-Zentrum, CH-8092 Zürich

Schweizerischer Ingenieur- und Architekten-Verein (SIA)
Selnaustraße 16, CH-8039 Zürich

Schweizerischer Technischer Verband (STV)
Weinbergstraße 41, CH-8006 Zürich

Schweizerischer Verein von Wärme- und Klimaingenieuren (SWKI)
Postfach 8254, Effingerstraße 31, CH-3001 Bern

Schweizerischer Verein für Kältetechnik c/o ETH
Sonneggstraße 3, ETH-Zentrum, CH-8092 Zürich

Schweizerischer Verein des Gas- und Wasserfaches (SVGW)
Grütlistraße 44, Postfach 658, CH-8027 Zürich

Schweizerisches Informationszentrum der Luft- und Klimatechnik
Kappelerstraße 14, CH-8022 Zürich

Vereinigung Schweizerischer Heizungs- und Klimatechniker (SHKT)
Postfach 969, CH-8034 Zürich

USA

Am. Society of Heating, Refrigerating and Air Conditioning Engineers (ASHRAE)
1791 Tullic Circle N.E., Atlanta, Ga 30329

American Industrial Hygiene Association
475 Wolf Ledges Pkwy, Akron, OH 44311-1087

American National Standards Institute (ANSI)
1430 Broadway, New York, N.Y. 10018

Air Filter Institute (AFI)
Box 85, Station E, Louisville, Ky

Air Conditioning and Refrigeration Institute (ARI)
1501 Wilson Blvd, Arlington, VA 22209

6.6.2 Wirtschaftliche Vereinigungen und Verbände

(s. auch Abschn. 6.6.1)

-1 Deutschland

Bundesverband der Deutschen Industrie e. V. (BDI)
Arbeitsgemeinschaft der industriellen Wirtschaftsverbände, Köln
Geschäftsstelle: Gustav-Heinemann-Ufer 84/88, 50968 Köln

Angeschlossene Verbände u. a.:

Wirtschaftsverband Eisen-, Blech- und Metall verarbeitende Industrie e. V. (EBM)
Kaiserswerther Straße 135, 40474 Düsseldorf

Fachverbände:

Fachverband Stahlblechverarbeitung, Hochstraße 113, 58095 Hagen
Fachgruppe Stahlheizkörper
Fachgruppe Stahlheizkessel
Zentralvereinigung Heizungskomponenten (ZVH)

HKI Industrieverband, Haus-, Heiz- und Küchentechnik e. V.
Geschäftsstelle: Am Hauptbahnhof 10, 60329 Frankfurt a. M.
mit den Fachverbänden: Heiz- und Kochgeräte
Gaswärmetechnik
Großkücheneinrichtungen

Bundesverband der Deutschen Heizungsindustrie (BDH)
Kaiserswerther Straße 135, 40474 Düsseldorf

Bundesverband Flächenheizungen e. V. (bvf)
Geschäftsstelle: Hochstraße 113, 58095 Hagen

Bundesverband der deutschen Gas- und Wasserwirtschaft e. V. (BGW)
Geschäftsstelle: Josef-Wirmer-Straße 1, 53123 Bonn

Bundesverband der Deutschen Heizungsindustrie e. V. (BDH)

Geschäftsstelle: Kaiserswertherstraße 135, 40474 Düsseldorf
Fachverband Heizkessel und Heizkörper

Bundesindustrieverband Heizung–Klima–Sanitärtechnik e. V. (BHKS)
mit 13 Landesverbänden

Geschäftsstelle: Weberstraße 33, 53113 Bonn

Ausschüsse: Technik, Öffentlichkeit, Tarif- und Sozialpolitik, Wirtschaft, Berufsbildung, Recht

Bundesverband Energie–Umwelt–Feuerungen e. V. (BVOG)
Birkenwaldstraße 163, 70191 Stuttgart

Bundesverband Behälterschutz e. V. (BBS)
Geschäftsstelle: Endinger Straße 11, 79106 Freiburg i. Br.

Bundesverband des Schornsteinfegerhandwerks – Zentralinnungsverband (ZIV)
Geschäftsstelle: Westerwaldstraße 6, 53757 St. Augustin

Bundesverband Schwimmbad-, Sauna- und Wassertechnik e. V. (BSSW)
Geschäftsstelle: Borsigallee 18, 60388 Frankfurt a. M.

Deutsche Energiegesellschaft e. V. (DEG)
Würmtalstraße 14, 81375 München

Deutscher Fachverband Solarenergie e.V., Freiburg

Deutscher Großhandelsverband Haustechnik e.V.
Sanitär–Heizung–Lüftung–Klima
Viktoriastr. 27, 53173 Bonn

EUROVENT – Europäisches Komitee der Hersteller von lufttechnischen und Trocknungs-Anlagen
Generalsekretariat: Fabrimetal, 21, rue de Drapiers, B-1050 Bruxelles
Dt. Geschäftsstelle: VDMA, FG ALT, Lyoner Straße 18, 60528 Frankfurt a. M.

Fachverband Kathodischer Korrosionsschutz e. V.
Geschäftsstelle: Jakobstraße 49, 73734 Esslingen

Gesellschaft zur Förderung der Heizungs- und Klimatechnik (GFHK)
Geschäftsstelle: Verbindungsstraße 15–19, 40723 Hilden

Gesellschaft für rationelle Energieverwendung
Geschäftsstelle: Theodor-Heuss-Platz 7, 14052 Berlin

Gütegemeinschaft Flächenheizung (GGF)
Geschäftsstelle: Bebenhäuserhofstraße 10, 72764 Reutlingen

Gütegemeinschaft Kunststoffrohre e. V.
Geschäftsstelle: Dyroffstraße 2, 53113 Bonn

Gütegemeinschaft Kupferrohre e. V.
Geschäftsstelle: Tersteegenstraße 28, 40474 Düsseldorf

Gütegemeinschaft Leckanzeigegeräte und Sicherheitseinrichtungen e. V.
Geschäftsstelle: Hartungstraße 12, 20146 Hamburg

Gütegemeinschaft Schalldämpfer e. V.
Geschäftsstelle: Heinestraße 169, 70597 Stuttgart

Gütegemeinschaft Standortgefertigte Tanks e. V.
Geschäftsstelle: Heinestraße 169, 70597 Stuttgart

Gütegemeinschaft Tankschutz e. V. (GT)
Geschäftsstelle: Endinger Straße 11, 79106 Freiburg i. B.

Gütegemeinschaft Unterirdische und Oberirdische Lagerbehälter e. V.
Geschäftsstelle: Fahrenbecke 18c, 58097 Hagen i. W.

Hauptberatungsstelle für Elektrizitätsanwendung – HEA
Geschäftsstelle: Am Hauptbahnhof 12, 60329 Frankfurt a. M.

Technische Vereinigung der Großkraftwerksbetreiber – VGB
Geschäftsstelle: Klinkestraße 27/31, 45136 Essen

Verband Deutscher Kälte-Klima-Fachbetriebe e. V.
Geschäftsstelle: Bahnhofstraße 27, 53721 Siegburg

Verband Deutscher Maschinen- und Anlagenbau e. V. (VDMA)
Geschäftsstelle: Lyoner Straße 18, 60528 Frankfurt a. M.

Zehn Landesgruppen und 30 Fachgemeinschaften, u. a.:
Pumpen; Heizungs-, Klima- u. Gebäudeautomation; Apparatebau; Kraftmaschinen;

Allgemeine Lufttechnik (mit 5 Fachabteilungen: Kältetechnik; Klima- und Lüftungstechnik; Luft- und Entstaubungstechnik; Trocknungstechnik; Oberflächentechnik)

Verband Beratender Ingenieure e. V. (VBI)
Geschäftsstelle: Postfach 201352, 53143 Bonn

VDS Schadenverhütung GmbH im Gesamtverband der Deutschen Versicherungswirtschaft e. V., Amsterdamer Straße 174, 50735 Köln

Vereinigung Deutscher Elektrizitätswerke VDEW e. V.
Geschäftsstelle: Stresemannallee 23, 60596 Frankfurt a. M.
Arbeitsgemeinschaft „Fernwärme" (AGFW) mit ca. 60 Mitgliedern

Vereinigung der deutschen Zentralheizungswirtschaft (VdZ)
Geschäftsstelle: Kaiserswerther Straße 135, 40474 Düsseldorf

Vereinigung Industrielle Kraftwirtschaft e. V. (VIK)
Geschäftsstelle: Richard-Wagner-Straße 41, 45128 Essen

Zentralverband des Deutschen Handwerks (ZDH)
Geschäftsstelle: Johanniterstraße 1, 53113 Bonn

Zentralverband Sanitär–Heizung–Klima mit siebzehn Landesverbänden (ZVSHK)
5 Handwerksbereiche, darunter
Zentralheizungs- und Lüftungsbauer, Gas- und Wasserinstallateur
Kachelöfen- und Luftheizungsbauer
Geschäftsstelle: Rathausallee 6, 53757 St. Augustin

-2 Ausland

Europa

CECOMAF Europäisches Komitee der Hersteller von kältetechnischen Erzeugnissen
Secrétariat Général: 21, rue des Drapiers, B-1050 Bruxelles

Belgien

FABRIMETAL
Fédération des enterprises de l'industrie des fabrications metalliques, Group. 9
21, rue des Drapiers, B-1050 Bruxelles

Union Belge des Installateurs en Chauffage Central, Ventilation et Tuyauteries (UBIC)
41, rue Brogniez, B-1070 Bruxelles

Dänemark

Foreningen af Ventilationsfirmaer
Nørre Voldgade 34
1358 København K

Finnland

Federation of Finnish Metal and Engineering Industries
Eteläranta 10, 00130 Helsinki 13

The association of Finnish Manufacturers of Air Handling Equipment
Eteläranta 10, 00130-SF Helsinki

Frankreich

Union climatique de France
9 Rue La Pérouse, 75784 Paris Cedex 16

Union Syndicale des Constructeurs de Materiel aeraulique, thermique, thermodynamique et frigorifique (UNICLIMA)
10 Av. Hoche, 75382 Paris Cedex 08

Chambre Syndicale des Entreprises engenie climatique de la région de Paris
10 rue de Débarcadàre, 78852 Paris Cedex 17

Großbritannien

Heating and Ventilating Contractors Association
34 Palace Road, London WL4JG

Fan Manufacturers Association
Sterling House, 6 Furlong Road, Bourne End, Bucks SL8 5DG

HEVAC Heating, Ventilating & Airconditioning Manufacturers Association
Sterling House, 6 Furlong Road, Bourne End, Bucks SL8 5DG

Italien

ANIMA, Associazione Nazionale Industria Meccanica Varia ed Affine
Piazza Diaz 2, 20123 Milano

Associazione Nazionale Installatori. Mailand, Via Bigli 15, piano III

ASSISTAL, Assoz. Nazionale Installatori di Impianti e di Ventilazione,
Via Giorgio Jan 5, 20129 Miland

AICARR, Assoz. Italiana Conditionamente Aria Riscaldamento Refrigerazione,
Via Sardegna 32, 20146 Milano

Niederlande

Vereniging van Nederlandse Installatiebedrijven (VNI)
Postbus 7272, 2701 AG-Zoetermeer

Vereniging Fabrieken van Luchttechnische Apparaten (VLA)
Bredewater 20, Postbus 190
2700 AD Zoetermeer

Verein direkt-beheizter Luftheizgeräte (VdL)
Wassenaarseweg 80, Den Haag, Postbus 90606

Norwegen

Norsk Ventilasjon og Energiteknisk Forening, NVEF
Kongensgt 4, 0104 Oslo 1

Österreich

Vereinigung österreichischer Kessellieferanten
Wiedner Hauptstraße 63, A-1045 Wien 4

Verband Zentralheizungs- und Lüftungsbau im Fachverband der Maschinen- und Stahlbauindustrie Österreiches
Wiedner Hauptstraße 63, A-1045 Wien 4

Fachgemeinschaft Lufttechnik Umweltschutz Energieoptimierung (FLUE)
Donaustraße 104/3, A-2344 Maria Enzersdorf

Schweden

Föreningen Ventilation-Klimat-Miljö
P.Box 5506, S-11485 Stockholm

Rörfirmornas Riksfirbund
Norrtullsgatan 6, S-11329 Stockholm

Schweiz

Schweizerischer Spenglermeister- und Installateur-Verband (SSIV)
Auf der Mauer 11, CH-8001 Zürich

Schweizerischer Verband für Wärmeverbrauchsmessung (SVW)
Postfach 155, CH-8034 Zürich

Vereinigung der Kessel- und Radiatoren-Werke (KRW) und Verband Schweizerischer Heizkörper-Werke (VSHW)
Obstgartenstr. 19, Postfach 7190, CH-8023 Zürich

Schweizerische Normen-Vereinigung (SNV) und Verein Schweizerischer Maschinen-Industrieller (VSM)
Kirchenweg 4, CH-8032 Zürich

Vereinigung Schweizerischer Heizungs- und Klimatechniker (SHKT)
Postfach 969, CH-8034 Zürich

Verband Schweizerischer Oel- und Gasbrennerfabrikanten (VSO)
Stampfenbachstr. 73, CH-8035 Zürich

Spanien

AFEC, Asociación de fabricantes de equipos de climatización,
Fco. Silvela, 69, 28028 Madrid.

USA

American Boiler Manufacturers Association (AMBA)
950 N, Glebe Rd, VA 22203

Cooling Tower Institute (CTI)
P.O. Box 73383, Houston Tx 77037

Mechanical Contractors Association of America (MCAA)
5530 Wisconsin Ave. Cherry Chase, MD 20815

American Gas Association (AGA)
1515 Wilson Blvd, Arlington, VA 22209

International District Heating Association
1735 Eye Str. NW. Washington D.C. 20006

Sheet Metal and Air Conditioning Contractors National Association
8224 Old Courthouse Rd. Vienna, VA 22180

Air Movement and Control Association (AMCA)
30 W. Universitiy Dr., Arlington Heights, IL. 60004

6.6.3 Staatliche, kommunale und internationale Institutionen

Arbeitskreis Maschinen- und Elektrotechnik staatlicher und kommunaler Verwaltungen (AMEV)
Geschäftsstelle: 53179 Bonn-Bad Godesberg, Bundesministerium für Bauwesen
Vorsitzender: Dr. L. Siebert

Bauministerkonferenz (ARGEBAU) – Konferenz der für Städtebau, Bau- und Wohnungswesen zuständigen Minister und Senatoren der Länder
Geschäftsstelle: Kurfürstenstraße 130, 10785 Berlin

Bundesanstalt für Materialprüfung (BAM)
Unter den Eichen 86/87, 12205 Berlin

Bundesgesundheitsamt – Institut für Wasser-, Boden- und Lufthygiene
Forschungsstätte für allgemeine Hygiene und Gesundheitstechnik
Corrensplatz 1, 14195 Berlin

Bundesinstitut für Arbeitsschutz und Unfallforschung
Vogelpothsweg 50/52, 44149 Dortmund

Comité Européen des Constructeurs de Matériel frigorifique
CECOMAF
Europäisches Komitee der Hersteller von kältetechnischen Erzeugnissen
Am Hauptbahnhof 12, 60329 Frankfurt a. M.

Comité Européen des Fabricants de Chauffage et de Cuisine Domestiques (CEFACD)
Deutsche Geschäftsstelle: Am Hauptbahnhof 10, 60329 Frankfurt a.M.

Deutsche Akademie für Städtebau und Landesplanung
Geschäftsstelle: Kaiserplatz 4, 80803 München

Deutsche Forschungsgemeinschaft
Geschäftsstelle: Kennedyallee 40, 53175 Bonn

Deutsche Forschungs- und Versuchsanstalt für Luft- und Raumfahrt e. V. (DLR)
Linder Höhe, 51147 Köln

Deutscher Städtetag
Geschäftsstelle: Lindenallee 13/17, 50968 Köln

Europäisches Komitee für Normung (CEN)

EG-einheitliche Normen für den gemeinsamen Markt und EFTA-Länder ab 1992 werden durch Techn. Komitees (TC) und Arbeitsgruppen (WG) erstellt.
Generalsekretariat Rue Bréderode 2, B-1000 Bruxelles
Arbeitsgruppen u. a.:
TC 47 Ölzerstäubungsbrenner
TC 48 Gasbeheizte Brauchwasserbereitungsgeräte
TC 57 Heizungskessel
TC 58 Sicherheits- und Regeleinrichtungen für Gasbrenner
TC 62 Gasbefeuerte Raumheizgeräte
TC 89 Wärmeschutz von Gebäuden und Bauteilen
TC 105 Heizkörper-Armaturen und Fittings
TC 109 Zentralheizungskessel für gasförmige Brennstoffe
TC 110 Wärmeaustauscher
TC 113 Wärmepumpen
TC 126 Schallschutz
TC 130 Raumheizkörper
TC 131 Gasbrenner mit Gebläse
TC 133 Fenster
TC 156 Lüftung von Gebäuden
WG 1: Terminologie
2: Wohnungsbelüftung
3: Luftleitungen
4: Terminal-Geräte, Luftdurchlässe

In Vorbereitung:
TC 20 Schornsteine
TC 21 Intelligente Bauwerke
TC 22 Heizkostenverteiler
TC 23 Wärmemengenzahler für Warmwasser
TC 195 Luftfilter für Lüftungszwecke

Eurovent

Europäisches Komitee der Hersteller von Lufttechnischen und Trocknungs-Anlagen.
Geschäftsstelle: c/o CETIAT, B.P. 19, F91402 Orsay Cedex
Präsident: H. Gion, Belgien
13 nationale Mitgliederverbände.

Technische Kommission mit folgenden Arbeitsgruppen:
Terminologie
Ventilatoren
Luftverteilung
Trockner
Entstauber und Filter
Luftheizer
Klimageräte und -anlagen
Wärmeaustauscher
Kühltürme
Geräuschmessung
Wärmerückgewinnung

Fédération Européenne d'Associations Nationales d'Ingenieurs (FEANI)

177 Boulevard Malesherbes, Paris XVIIe.
Deutsche Geschäftsstelle: VDI, Graf-Recke-Straße 84, 40239 Düsseldorf

Génic Climatique International (GCI)

Internationale Union der Vereinigungen der Installationsunternehmungen in den Bereichen Heizung, Lüftung und Luftklimatisierung, Paris
Deutsche Geschäftsstelle: BHKS Bonn

Internationale Konföderation der Kälte- und Klimainstallateure (CIFCA)

Geschäftsstelle: ESCA House 34 Palace Court Bayswater
London W2 4JG

Internationales Kälteinstitut (IKI)

177 Boulevard Malesherbes, 75017 Paris

International Organisation for Standardisation (ISO)

Deutsche Geschäftsstelle: DIN. Normblätter siehe Abschnitt 6.3
Mitglieder sind die Normungsausschüsse der einzelnen Länder, für Deutschland das DIN. Die technische Arbeit wird durch ISO-Comitees (TC = Technical Committee) ge-

leistet, die sich wieder in Untercomitees (SC = Subcommittee) und Arbeitsgruppen (WC = Working Group) gliedern.

ISO/TC 43 Akustik
ISO/TC 86 Kältetechnik mit 5 SC
ISO/TC 105 Thermostatische Heizkörperventile
ISO/TC 109 Ölbrenner
ISO/TC 110 Wärmeaustauscher
ISO/TC 116 Raumheizgeräte
SC 1 Terminologie
SC 2 Heizkessel
SC 3 Einzelheizgeräte
SC 4 Heizgeräte ohne Verbrennung
SC 5 Warmlufterzeuger
ISO/TC 117 Ventilatoren
ISO/TC 180 Sonnenheizung
ISO/TC 125 Normen für Prüfräume
ISO/TC 142 Entstaub
ISO/TC 144 Luftverteilungssysteme
ISO/TC 146 Luftbeschaffenheit

Internationale Union der Fachverbände für Heizung, Lüftung und Klimatechnik, Paris (Union Internationale des Associations d'Installateurs de Chauffage Ventilation et Conditionnement d'Air).
9 Rue La Pérouse, Paris (16).
10 nationale Mitglieder

Internationale Vereinigung des Sanitär- und Heizungsgroßhandels (FEST)
Marco d'Avianogasse 1, A-1010 Wien

International Solar Energie Society (ISES) Dt. Sektion
Augustenstraße 79, 80333 München

Physikalisch-Technische Bundesanstalt (PTB)
Bundesallee 100, 38166 Braunschweig

Representatives of European Heating and Ventilating Associations (REHVA)
Deutsche Geschäftsstelle: Graf-Recke-Straße 84, 40239 Düsseldorf
Ingenieurhaus

Unichal
Union Internationale des Distributeurs de Chaleur. Internationaler Verband der Fernwärmeversorger.
Geschäftsstelle: Bahnhofplatz 3, CH-8023 Zürich/Schweiz.

6.6.4 Lehranstalten

-1 Technische Hochschulen und Universitäten sowie Gesamthochschulen[1) 2)]

Fachgebiete: Architektur (A), Bauingenieurwesen (B), Maschinenbau (M) u. a.

Rheinisch-Westfälische Technische Hochschule Aachen, Fachgebiete A, B, M
Templergraben 55, 52052 Aachen

Technische Universität Berlin, Fachgebiete A, B, M
Straße des 17. Juni 135, 10623 Berlin

Hochschule der Künste Berlin, Fachgebiet A
Ernst-Reuter-Platz 10, 10587 Berlin

Ruhr-Uni-Bochum, Fachgebiete A, B, M
Universitätsstraße 150, 44780 Bochum

Technische Universität Carolo-Wilhelmina zu Braunschweig, Fachgebiete A, B, M
Pockelsstraße 14, 38106 Braunschweig

Technische Universität Chemnitz-Zwickau, Fachgebiet M
Straße der Nationen 62, 09111Chemnitz

Technische Universität Clausthal, Fachgebiet M
Adolph-Roemer-Straße 2a, 38678 Clausthal-Zellerfeld 2A

---

1) Deutscher Hochschulführer, Raabe-Verlag, Bonn.
2) Handbuch der Universitäten und Fachhochschulen Deutschlands, Österreichs, der Schweiz mit Registern zu den Hochschulleitern, Professoren und Sachgebieten, K.G. Saur Verlag, München.

Technische Universität Cottbus, Fachgebiete A, B, M
Karl-Marx-Straße 17, 03044 Cottbus

Technische Universität Darmstadt, Fachgebiete A, B, M
Karolinenplatz 5, 64289 Darmstadt

Universität Dortmund, Fachgebiete A, B, M
August-Schmidt-Straße 4, 44227 Dortmund

Technische Universität Dresden, Fachgebiete A, B, M
Mommsenstraße 13, 01069 Dresden

Universität Gesamthochschule Essen, Fachgebiet B, M
Universitätsstraße 2, 45141 Essen

TU Bergakademie Freiberg, Fachgebiet M
Akademiestraße 6, 09599 Freiberg

Technische Universität Hamburg-Harburg, Fachgebiet B
Denickestraße 22, 21073 Hamburg

Universität der Bundeswehr Hamburg, Fachgebiet M
Holstenhofweg 85, 22043 Hamburg

Hochschule für Bildende Künste Hamburg, Fachgebiete A
Lerchenfeld 2, 22081 Hamburg

Universität Hannover, Fachgebiete A, B, M
Welfengarten 1, 30167 Hannover

Technische Universität Ilmenau, Fachgebiet M
Max-Planck-Ring 14, 98693 Ilmenau

Universität Kaiserslautern, Fachgebiete A, B, M
Erwin-Schrödinger-Straße, 67663 Kaiserslautern

Universität Fridericiana zu Karlsruhe (T.H.), Fachgebiete A, B, M
Kaiserstraße 12, 76128 Karlsruhe

Universität Gesamthochschule Kassel, Fachgebiete A, B, M
Mönchebergstraße 19, 34109 Kassel

Otto-von-Guericke-Universität Magdeburg, Fachgebiet M
Universitätsplatz 2, 39106 Magdeburg

Technische Universität München, Fachgebiete A, B, M
Arcisstraße 21, 80333 München

Universität-Gesamthochschule Paderborn, Fachgebiet M
Warburger Straße 100, 33098 Paderborn

Universität Rostock
Universitätsplatz 1, 18051 Rostock

Universität-Gesamthochschule Siegen, Fachgebiet M
Herrengarten 3, 57068 Siegen

Universität Stuttgart, Fachgebiet A, B, M
Keplerstraße 7, 70191 Stuttgart

Staatl. Akademie d. Bildenden Künste Stuttgart, Fachgebiet A
Am Weißenhof 1, 70191 Stuttgart

Bauhaus-Universität Weimar, Fachgebiete A, B
Geschwister-Scholl-Straße 8, 99421 Weimar

-2 Fachhochschulen[1)]

Fachgebiete: Heizung, Klimatechnik, Gas, Wasser, Versorgung, Umweltschutz u.ä.

Technische Fachhochschule Berlin
Luxemburger Straße 10, 13353 Berlin

Fachhochschule Biberach
Karlstraße 11, 88400 Biberach an der Riß

[1)] Deutscher Hochschulführer, Bonn, Raabe-Verlag, 1994.

Fachhochschule Rheinland-Pfalz, Abteilung Bingen
Rochusallee 4, 55411 Bingen

Hochschule Bremerhaven
An der Karlstadt 8, 27568 Bremerhaven

Fachhochschule Erfurt
Altonaer Straße 25a, 99085 Erfurt

Fachhochschule Esslingen – Hochschule für Technik
Kanalstraße 33, 73728 Esslingen a. Neckar

Fachhochschule Gelsenkirchen
Neidenburger Straße 10, 45897 Gelsenkirchen

Fachhochschule Gießen-Friedberg
Wiesenstraße 14, 35390 Gießen

Fachhochschule Heilbronn, Hochschule für Technik und Wirtschaft
Max-Planck-Straße 39, 74081 Heilbronn

Märkische Fachhochschule
Frauenstuhlweg 31, 58644 Iserlohn

Fachhochschule Karlsruhe
Moltkestraße 30, 76133 Karlsruhe

Fachhochschule Köln
Claudiusstraße 1, 50678 Köln

Fachhochschule Anhalt, Abteilung Köthen
Bernburger Straße 52–57, 06366 Köthen

Fachhochschule Magdeburg
Breitscheidtstraße 2, 39114 Magdeburg

Fachhochschule Mannheim – Hochschule für Technik und Gestaltung,
Windeckstraße 110, 68163 Mannheim

Fachhochschule München
Lothstraße 34, 80335 München

Fachhochschule Offenburg, Hochschule für Technik und Wirtschaft
Badstraße 24, 77652 Offenburg

Fachhochschule Münster-Steinfurt
Stegerwaldstraße 39, 48565 Steinfurt

Fachhochschule Trier
Schneidershof, 54293 Trier

Technische Fachhochschule Wildau
Friedrich-Engels-Straße 63, 15745 Wildau

Fachhochschule Braunschweig-Wolfenbüttel
Salzdahlumer Straße 46–48, 38302 Wolfenbüttel

Hochschule für Technik, Wirtschaft und Sozialwesen (FH) Zittau/Görlitz
Theodor-Körner-Allee 16, 02763 Zittau

Westsächsische Hochschule Zwickau (FH)
Dr.-Friedrichs-Ring 2A, 08056 Zwickau

Österreich

Fachhochschule Pinkafeld
Steinamangerstraße 21, A-7423 Pinkafeld

Schweiz

Fachhochschule Zentralschweiz – Hochschule Technik+Architektur Luzern
Zentralstraße 9, CH-6002 Luzern
Abteilung: Heizungs-, Lüftungs- und Klimatechnik

-3 Technikerschulen

Fachschule für Technik
Elmendorfer Straße 59, 26160 Bad Zwischenahn/Rostrup
Fachrichtung: Heizungs-, Lüftungs-, Klimatechnik

Fachschule für Technik Erasmus-Kittler-Schule
Mornewegstraße 20, 64293 Darmstadt
Fachrichtung: Heizungs-, Lüftungs-, Klima- und Sanitärtechnik

Städtische Franz-Jürgens-Kollegschule
Färberstraße 34, 40223 Düsseldorf
Heizungs-, Lüftungs- und Sanitärtechnik (Erwachsenenbildung)

Fachschule für Technik der Stadt Essen
Schwanenkampstraße 53, 45127 Essen
Abteilung: Heizungs-, Lüftungs- und Sanitärtechnik

Bundesfachschule für Sanitär- und Heizungstechnik (BUFA)
Bertholdstraße 1, 76131 Karlsruhe

Bundesfachschule für Kälte-Klima-Technik
Bruno-Dreßler-Str. 14, 63477 Maintal

Fachschule für Technik Mönchengladbach-Rheydt
Mülgaustraße 361, 41238 Mönchengladbach
Fachrichtung: Heizungs-, Lüftungs-, Klimatechnik

Fachschule für Technik Hans-Sachs-Berufskolleg
Am Förderturm 5, 46049 Oberhausen
Fachrichtungen: Maschinentechnik, Bautechnik, Elektrotechnik,
Heizungs-, Lüftungs-, Klimatechnik

Fachschule für Technik
33378 Rheda-Wiedenbrück, Kreis Gütersloh
Fachrichtung: Heizungs-, Lüftungs- und Sanitärtechnik

Fachschule für Technik Fredenberg
Hans-Böckler-Ring 18–20, 38228 Salzgitter
Abteilungen: Heizungs-, Lüftungs-, Klima- und Sanitär-Technik

Technische Fachschule Tochtermann
Staatlich anerkannte Fachschule für Technik
Stuttgarter Straße 6, 70469 Stuttgart
Heizungs-, Lüftungs- und Klimatechnik mit Zusatzprogramm Umweltschutztechnik

Balthasar Neumann Technikum (Fachschule für Technik und technisches Gymnasium)
Paulinstr. 105, 54292 Trier

Robert-Bosch-Schule
Egginger Weg 30, 89077 Ulm
Fachrichtung: Heizungs-, Lüftungs-, Klima- und Sanitärtechnik

Österreich

Höhere Technische Bundeslehranstalten (Österreich):
A-6200 Jenbach/Tirol
Abteilung: Installations-, Heizungs- und Klimatechnik
A-7423 Pinkafeld/Burgenland (Österreich)
Abteilung: Installation und Heizungstechnik
A-4840 Vöcklabruck, Bahnhofstr. 42
Abteilung: Maschinenbau-Installation, Gebäudetechnik und Energieplanung

Schweiz

Lehrwerkstätten der Stadt Bern
Sanitärtechnikerschule (TS)
Lorrainstraße 3, CH-3013 Bern
Gewerblich-industrielle Berufsschule Bern GIBB
Heizung, Klima, Kälte-Technikerschule TS, Lorrainestr. 1, CH-3000 Bern 11

Berufsschule der Stadt Zürich
Heizungs- und Klimatechnikerschule (TS)
Sihlquai 87, CH-8031 Zürich

6.7 Einheiten und Formelzeichen

Tafel 6.7-1 Einheiten des SI-Systems, Auszug aus DIN 1301 (12.85)

Nr.	Größe	Name	Zeichen	weitere Einheiten
1	Länge	Meter	m	
	Fläche	Quadratmeter	m^2	$1\ ha = 10^4\ m^2$
	Volumen	Kubikmeter	m^3	$1\ l = 1\ dm^3 = 10^{-3}\ m^3$
2	Winkel (eben)	Radiant	rad	
3	Masse	Kilogramm	kg	$1\ g = 10^{-3}\ kg$ $1\ t = 10^3\ kg$
	flächenbezogene Masse	Kilogramm je Quadratmeter	kg/m^2	
	Dichte	Kilogramm je Kubikmeter	kg/m^3	
4	Zeit	Sekunde	s	1 min = 60 s 1 h = 60 min
	Frequenz	Hertz	Hz	1 Hz = 1/s
	Drehzahl	reziproke Sekunde	1/s	
	Geschwindigkeit	Meter je Sekunde	m/s	
	Beschleunigung	Meter je s^2	m/s^2	
	Volumenstrom	Kubikmeter je s	m^3/s	
	Massenstrom	Kilogramm je s	kg/s	
5	Kraft	Newton	N	$1\ N = 1\ kg\ m/s^2$
	Impuls	Newtonsekunde	Ns	1 Ns = 1 kg m/s
	Druck	Pascal	N/m^2, Pa	$1\ Pa = 1\ N/m^2$ $1\ bar = 10^5\ N/m^2 = 10^5\ Pa$
	Energie, Arbeit Wärme	Joule	J	$1\ J = 1\ Nm = 1\ Ws = 1\ kg\ m^2/s^2$ 1 kWh = 3600 kJ = 3,6 MJ
	Drehmoment	Newtonmeter Joule	Nm, J	1 Nm = 1 J = 1 Ws
	Leistung Wärmestrom	Watt	W	1 W = 1 J/s = 1 Nm/s = 1 VA
7	Temperatur	Kelvin	K	°C = Grad Celsius
	Temperatur-leitfähigkeit	Quadratmeter je s	m^2/s	DIN 1345 (11.71)
	Entropie	Joule durch Kelvin	J/K	DIN 1345 (1.72)
	Wärmeleit-fähigkeit	Watt durch Kelvinmeter	W/(Km)	DIN 1341 (11.71)
	Wärmeüber-gangskoeffizient	Watt durch Kelvin-m^2	$W/(Km^2)$	DIN 1341 (11.71)
11	Stoffmenge	Mol	mol	
	molare Masse	Kilogramm durch Mol	kg/mol	

Tafel 6.7-2 Allgemeine Formelzeichen nach DIN 1304 (1.84)

Zeichen	Bedeutung
Länge, Raum und Zeit	
$\alpha, \beta, \gamma \ldots$	Winkel
Ω	Raumwinkel
l	Länge
b	Breite
h	Höhe
r	Radius, Halbmesser
δ	Dicke
d	Durchmesser
s	Weglänge, Kurvenlänge
A, S	Fläche
S, q	Querschnitt, Querschnittsfläche
V	Raum, Volumen
$\dot{V}$	Volumenstrom
t	Zeit, Dauer,
ω	Winkelgeschwindigkeit
α	Winkelbeschleunigung
v, u, w	Geschwindigkeit
a	Beschleunigung
g	Fallbeschleunigung
Periodische und verwandte Erscheinungen	
T	Periodendauer
T, τ	Zeitkonstante
f, ν	Frequenz
n	Drehzahl
ω	Kreisfrequenz
λ	Wellenlänge
c	Fortpflanzungsgeschwindigkeit einer Welle
Mechanik	
m	Masse (siehe DIN 1305)
$\dot{m}$	Massenstrom
ϱ	Dichte (siehe DIN 1306)
d	Relative Dichte (siehe DIN 1306)
v	Spez. Volumen
p	Impuls
J	Massenträgheitsmoment
F	Kraft
G	Gewichtskraft (siehe DIN 1305)
M	Moment, Drehmoment
p	Druck (siehe 1314)
σ	Zug- oder Druckspannung, Normalspannung
τ	Schubspannung, Scherspannung
ε	Dehnung
γ	Schiebung
ϑ	Relative Volumenänderung
μ, ν	Poisson-Zahl
E	Elastizitätsmodul
K	Kompressionsmodul
G	Schubmodul
I	Flächenträgheitsmoment
μ	Reibungszahl (siehe DIN 50281)
η	Dynamische Viskosität
ν	Kinematische Viskosität
σ, γ	Grenzflächenspannung, Oberflächenspannung
W, A	Arbeit
W, E	Energie
w	Energiedichte
P	Leistung
η	Wirkungsgrad
Wärme	
T, Θ	Kelvin-Temperatur
t, ϑ	Celsius-Temperatur
α	Längenausdehnungskoeffizient
γ, β	Raumausdehnungskoeffizient
Q	Wärmemenge
$\Phi, \dot{Q}$	Wärmestrom
q, φ	Wärmestromdichte
λ	Wärmeleitfähigkeit
α	Wärmeübergangskoeffizient
a	Temperaturleitfähigkeit
C	Wärmekapazität
c	Spezifische Wärmekapazität
c_p	Spezifische Wärmekapazität bei konstantem Druck
c_V	Spezifische Wärmekapazität bei konstantem Volumen
κ	Verhältnis der spezifischen Wärmekapazität
S	Entropie (siehe DIN 1345)
s	Spezifische Entropie
H	Enthalpie (siehe DIN 1345)
h	Spezifische Enthalpie
R	Gaskonstante
R_{th}	Wärmewiderstand
A_r	Relative Atommasse (früher Atomgewicht genannt)
M_r	Relative Molekülmasse (früher Molekulargewicht genannt)
Akustik (siehe DIN 1332)	
p	Schalldruck
v	Schallschnelle (Teilchengeschwindigkeit)
q	Schallfluß
ξ, η, ζ	Schallausschlag
c	Schallgeschwindigkeit
P	Schalleistung
J	Schall-Leistungsdichte (Schallintensität)
E	Schall-Energiedichte
L_p	Schalldruckpegel
L_W	Schall-Leistungspegel
R	Schalldämm-Maß
α	Schall-Absorptionsgrad
T	Nachhallzeit

6.8 Umrechnungstabellen

Umrechnungen von Energie- und Druckeinheiten siehe hintere Vorsatzseite.

Tafel 6.8-1 SI-Einheiten und englisch-amerikanische Einheiten

Zur Umrechnung zusammengesetzter Maße setzt man in den Ausdruck die entsprechenden einfachen Umwandlungsfaktoren ein, z. B.

$$\text{BTU/h ft}^2\ \text{F} = \frac{1055}{3600 \cdot 0{,}0929 \cdot 5/9} = 5{,}678\ \text{W/(m}^2\ \text{K)}$$

Länge

1 cm	= 0,3937 in (inch)	1 in	= 2,5400 cm
1 m	= 3,2808 ft	1 ft = 12 in	= 0,3048 m
	= 1,0936 yards	1 yard = 3 ft	= 0,9144 m
1 km	= 0,6214 mile (statute)	1 mile (statute)	= 1,60934 km
	= 0,5396 Seemeilen	1 Seemeile	= 1,85318 km

Fläche

1 cm^2	= 0,1550 sq in	1 sq in	= 6,4516 cm^2
1 m^2	= 10,7639 sq ft		= 0,000645 m^2
	= 1,1960 sq yards	1 sq ft	= 0,0929 m^2
1 ha	= 2,471 acres	1 sq yard	= 9 sq ft = 0,836 m^2
	= 10 000 m^2	1 sq mile	= 2,590 km^2
	= 100 a (Ar)	1 acre	= 0,4047 ha
1 a	= 100 m^2 = 0,0247 acre		= 40,47 a

Rauminhalt (Volumen)

1 cm^3	= 0,06102 cu in	1 cu in	= 16,3870 cm^3
1 dm^3	= 61,024 cu in		= 0,01639 dm^3
1 l	= 0,03531 cu ft	1 cu ft	= 28, 317 dm^3
	= 61,026 cu in	1 cu yard	= 0,7646 m^3
	= 0,21998 gal (brit.)	1 gal (brit.)	= 4,546 l
	= 0,26428 gal (USA)	1 gal (am.)	= 3,785 l
			= 4 quarts
1 m^3	= 35,315 cu ft	1 quarter (brit.)	= 64 gal
	= 1,308 cu yards		= 290,9 l
	= 6,299 Petr. barrels	1 Petr. barrel	= 0,15876 m^3
			= 42 gal
1 hl	= 0,3438 quarter (brit.)	1 quart (am.)	= 2 pints
			= 0,946 dm^3
	= 0,413 quarter (am.)	1 bushel (am.)	= 35,242 l
		1 bushel (brit.)	= 36,37 l = 8 gal
1 m^3/kg	= 16,0185 cu ft/lb	1 cu ft/lb	= 0,06243 m^3/kg
1 Reg.-T.	= 100 cu ft		
	= 2,832 m^3		
1 m_n^3	= 37,97 cu ft (60 °F, 30 in moist)	1 cu ft (60 °F, 30 in moist)	= 0,02635 m_n^3
1 m_n^3	= 37,22 cu ft (60 °F, 30 in dry)	1 cu ft (60 °F, 30 in dry)	= 0,02687 m_n^3

Masse

1 g	= 0,03527 oz (av)*)	1 grain	= 0,0648 g
	= 15,432 grain	1 oz (av)	= 28,35 g
1 kg	= 2,2046 lb (av)	1 lb	= 16 oz
	= 0,0787 quarter (brit.)		= 0,4536 kg
			= 7000 grains
1 t	= 0,984 long tons	1 quarter (brit.)	= 28 lb = 12,701 kg
	= 1,102 short tons	1 long ton (brit.)	= 1016 kg
1 kg/m³	= 0,06243 lb/cu ft	1 short ton (USA)	= 2000 lb = 907,2 kg
		1 lb/cu ft	= 16,0185 kg/m³
1 g/kg	= 7,0 grain/lb	1 grain/lb	= 0,1426 g/kg
1 g/m³	= 0,437 grain/cu ft	1 grain/cu ft	= 2,2884 g/m³
1 g/m²	= 2,855 ton/sq mile	1 ton/sq mile	= 0,3503 g/m²
1 m³/hm²	= 0,0547 cfm/sq ft	1 cfm/sq ft	= 18,3 m³/hm²

Geschwindigkeit, Massen- und Volumenstrom

1 m/s	= 196,85 ft/min	1 ft/min	= 0,508 cm/s
1 km/h	= 0,6214 mph	1 mph	= 1,60934 km/h
1 Kn	= 1,852 km/h	1 km/h	= 0,54 Kn
	= 0,514 m/s		= 0,278 m/s
1 m³/h	= 4,403 gal/min (am.)	1 gal/min (am.)	= 0,227 m³/h
	= 3,666 gal/min (brit.)	1 gal/min (brit.)	= 0,273 m³/h
1 m³/h	= 0,5886 cu ft/min	1 cu ft/min	= 28,317 l/min
			= 1,700 m³/h
1 kg/h	= 0,0367 lb/min	1 lb/min	= 27,216 kg/h

Druck und Kraft

1 N (Newton)	= 0,2248 lb (f)	1 lb (force)	= 4,448 N
1 N/m² (Pascal)	= 0,0209 lb/ft²	1 lb/in² (psi)	= 6895 N/m²
			= 68,95 mbar
			= 703,1 mm H_2O
1 bar	= 14,504 psi	1 lb/ft²	= 47,88 N/m²
	= 29,530 in Hg		= 0,4788 mbar
	= 0,987 atm		= 0,0470 mmH_2O
1 mbar	= 0,0145 psi	1 in H_2O	= 249,08 N/m²
	= 0,0295 in Hg		= 2,4908 mbar
	= 0,4019 in H_2O		= 45,4 mm H_2O
	= 2,089 lb/ft²	1 in Hg	= 33,864 mbar
1 mm H_2O	= 0,0394 in H_2O	1 ft H_2O	= 29,89 mbar
1 atm	= 14,696 psi	1 atm	= 1,013 bar
1 mm H_2O/m	= 1,1993 in H_2O/(100 ft)	1 ft H_2O/ (100 ft)	= 98,10 N/m²·m
1 N/m²·m	= 0,1223 in H_2O/(100 ft)	1 in H_2O/(100 ft)	= 8,176 N/m²·m
1 mbar/m	= 0,442 psi/(100 ft)	1 psi/(100 ft)	= 2,262 mbar/m

Energie

1 J	= $0,948 \cdot 10^{-3}$ BTU	1 BTU	= 1,055 kJ
1 kJ	= 0,948 BTU	1 ft lb (force)	= 1,356 J
1 kWh	= 3414,5 BTU	1 HPh	= 2685 kJ
1 MWh	= 34,1297 therms	1 therm (100 000 BTU)	= 0,1055 GJ
			= 29,288 kWh

*) Avoirdupois (av), das im allgemeinen Gebrauch befindliche Maßsystem. Außerdem gibt es das troy-System.

Leistung (power)

1 W (Watt)	= 3,412 BTU/h	1 BTU/h	= 0,2931 W
1 kW	= 3412 BTU/h	1 HP	= 0,7457 kW

Enthalpie und Entropie

1 kJ/m³	= 0,02684 BTU/ft³	1 BTU/ft³	= 37,26 kJ/m³
1 kJ/kg	= 0,43021 BTU/lb	1 BTU/lb	= 2,3244 kJ/kg
1 kJ/K	= 0,5266 BTU/F	1 BTU/F	= 1,899 kJ/K

Spezifische Wärmekapazität

1 kJ/kgK	= 0,2388 BTU/(lb F)	1 BTU/(lb F)	= 4,187 kJ/(kgK)
1 kJ/m³K	= 0,0149 BTU/(ft³ f)	1 BTU/(ft³ F)	= 67,070 kJ/(m³K)

Wärme

1 kJ/m²	= 0,0881 BTU/ft²	1 BTU/ft²	= 11,357 kJ/m²
1 W/m²	= 0,3170 BTU/(h ft²)	1 BTU/(h ft²)	= 3,155 W/m²
1 W/m²K	= 0,1761 BTU/(h ft² F)	1 BTU/(h ft² F)	= 5,678 W/(m²K)
1 W/mK	= 0,578 BTU/(h ft F)	1 BTU/(h ft F)	= 1,7296 W/(mK)
	= 6,9348 BTU·in/(h ft² F)	1 BTU·in/(h ft² F)	= 0,1442 W/(mK)
1 m²K/W	= 5,6786 h ft² F/BTU	1 h ft² F/BTU	= 0,1761 m²K/W
1 mK/W	= 1,7296 h ft F/BTU	1 h ft F/BTU	= 0,5782 mK/W
	= 0,1442 h ft² F/(BTU in)	1 h ft² F/(BTU in)	= 6,934 mK/W

Kälte

1 kW	= 0,2843 tons of refrigeration	1 ton of refrigeration	= 3,517 kW

Heizung

1 kW	= 0,1019 HP (boiler)	1 HP (boiler)	= 9,809 kW = (33 475 BTU/h)
1 kW	= 14,22 EDR (steam) = 22,74 EDR (water) = 3412 BTU/h	1 EDR (equivalent direct radiation) steam water	 = 70,34 W = 43,97 W

Tafel 6.8-2 Vergleich der Thermometergrade

Die umzurechnende Zahl steht in der Mitte. Temperaturgrade in C sind links, in F rechts abzulesen, z.B. :100 °C = 212 °F, 100 °F = 37,8 °C

°C	↓	°F	°C	↓	°F	°C	↓	°F
−20,0	−4	24,8	7,8	46	114,8	35,6	96	204,8
−19,4	−3	26,6	8,3	47	116,6	36,1	97	206,6
−18,9	−2	28,4	8,9	48	118,4	36,7	98	208,4
−18,3	−1	30,2	9,4	49	120,2	37,2	99	210,2
−17,8	0	32,0	10,0	50	122,0	37,8	100	212,0
−17,2	1	33,8	10,6	51	123,8	38,3	101	213,8
−16,7	2	35,6	11,1	52	125,6	38,9	102	215,6
−16,1	3	37,4	11,7	53	127,4	39,4	103	217,4
−15,6	4	39,2	12,2	54	129,2	40,0	104	219,2
−15,0	5	41,0	12,8	55	131,0	40,6	105	221,0
−14,4	6	42,8	13,3	56	132,8	41,1	106	222,8
−13,9	7	44,6	13,9	57	134,6	41,7	107	224,6
−13,3	8	46,4	14,4	58	136,4	42,2	108	226,4
−12,8	9	48,2	15,0	59	138,2	42,8	109	228,2
−12,2	10	50,0	15,6	60	140,0	43,3	110	230,0
−11,7	11	51,8	16,1	61	141,8	43,9	111	231,8
−11,1	12	53,6	16,7	62	143,6	44,4	112	233,6
−10,6	13	55,4	17,2	63	145,4	45,0	113	235,4
−10,0	14	57,2	17,8	64	147,2	45,6	114	237,2
−9,4	15	59,0	18,3	65	149,0	46,1	115	239,0
−8,9	16	60,8	18,9	66	150,8	46,7	116	240,8
−8,3	17	62,6	19,4	67	152,6	47,2	117	242,6
−7,8	18	64,4	20,0	68	154,4	47,8	118	244,4
−7,2	19	66,2	20,6	69	156,2	48,3	119	246,2
−6,7	20	68,0	21,1	70	158,0	48,9	120	248,0
−6,1	21	69,8	21,7	71	159,8	49,4	121	249,8
−5,6	22	71,6	22,2	72	161,6	50,0	122	251,6
−5,0	23	73,4	22,8	73	163,4	50,6	123	253,4
−4,4	24	75,2	23,3	74	165,2	51,1	124	255,2
−3,9	25	77,0	23,9	75	167,0	51,7	125	257,0
−3,3	26	78,8	24,4	76	168,8	52,2	126	258,8
−2,8	27	80,6	25,0	77	170,6	52,8	127	260,6
−2,2	28	82,4	25,6	78	172,4	53,3	128	262,4
−1,7	29	84,2	26,1	79	174,2	53,9	129	264,2
−1,1	30	86,0	26,7	80	176,0	54,4	130	266,0
−0,6	31	87,8	27,2	81	177,8	55,0	131	267,8
0	32	89,6	27,8	82	179,6	55,6	132	269,6
0,6	33	91,4	28,3	83	181,4	56,1	133	271,4
1,1	34	93,2	28,9	84	183,2	56,7	134	273,2
1,7	35	95,0	29,4	85	185,0	57,2	135	275,0
2,2	36	96,8	30,0	86	186,8	57,8	136	276,8
2,8	37	98,6	30,6	87	188,6	58,3	137	278,6
3,3	38	100,4	31,1	88	190,4	58,9	138	280,4
3,9	39	102,2	31,7	89	192,2	59,4	139	282,2
4,4	40	104,0	32,2	90	194,0	60,0	140	284,0
5,0	41	105,8	32,8	91	195,8	60,6	141	285,8
5,6	42	107,6	33,3	92	197,6	61,1	142	287,6
6,1	43	109,4	33,9	93	199,4	61,7	143	289,4
6,7	44	111,2	34,4	94	201,2	62,2	144	291,2
7,2	45	113,0	35,0	95	203,0	62,8	145	293,0

Fortsetzung Tafel 6.8-2 Vergleich der Thermometergrade

°C	↓	°F	°C	↓	°F	°C	↓	°F
63,3	146	294,8	93,9	201	393,8	154	310	590
63,9	147	296,6	94,4	202	395,6	160	320	608
64,4	148	298,4	95,0	203	397,4	166	330	626
65,0	149	300,2	95,6	204	399,2	171	340	644
65,6	150	302,0	96,1	205	401,0	177	350	662
66,1	151	303,8	96,7	206	402,8	182	360	680
66,7	152	305,6	97,2	207	404,6	188	370	698
67,2	153	307,4	97,8	208	406,4	193	380	716
67,8	154	309,2	98,3	209	408,2	199	390	734
68,3	155	311,0	98,9	210	410,0	204	400	752
68,9	156	312,8	99,4	211	411,8	210	410	770
69,4	157	314,6	100,0	212	413,6	216	420	788
70,0	158	316,4	100,6	213	415,4	221	430	806
70,6	159	318,2	101,1	214	417,2	227	440	824
71,1	160	320,0	101,7	215	419,0	232	450	842
71,7	161	321,8	102,2	216	420,8	238	460	860
72,2	162	323,6	102,8	217	422,6	243	470	878
72,8	163	325,4	103,3	218	424,4	249	480	896
73,3	164	327,2	103,9	219	426,2	254	490	914
73,9	165	329,0	104,4	220	428,0	260	500	932
74,4	166	330,8	105,0	221	429,8	266	510	950
75,0	167	332,6	105,6	222	431,6	271	520	968
75,6	168	334,4	106,1	223	433,4	277	530	986
76,1	169	336,2	106,7	224	435,2	282	540	1004
76,7	170	338,0	107,2	225	437,0	288	550	1022
77,2	171	339,8	107,8	226	438,8	293	560	1040
77,8	172	341,6	108,3	227	440,6	299	570	1058
78,3	173	343,4	108,9	228	442,4	304	580	1076
78,9	174	345,2	109,4	229	444,2	310	590	1094
79,4	175	347,0	110,0	230	446,0	316	600	1112
80,0	176	348,8	110,6	231	447,8	321	610	1130
80,6	177	350,6	111,1	232	449,6	327	620	1148
81,1	178	352,4	111,7	233	451,4	332	630	1166
81,7	179	354,2	112,2	234	453,2	338	640	1184
82,2	180	356,0	112,8	235	455,0	343	650	1202
82,8	181	357,8	113,3	236	456,8	349	660	1220
83,3	182	359,6	113,9	237	458,6	354	670	1238
83,9	183	361,4	114,4	238	460,4	360	680	1256
84,4	184	363,2	115,0	239	462,2	366	690	1274
85,0	185	365,0	115,6	240	464,0	371	700	1292
85,6	186	366,8	116,1	241	465,8	377	710	1310
86,1	187	368,6	116,7	242	467,6	382	720	1328
86,7	188	370,4	117,2	243	469,4	388	730	1346
87,2	189	372,2	117,8	244	471,2	393	740	1364
87,8	190	374,0	118,3	245	473,0	399	750	1382
88,3	191	375,8	118,9	246	474,8	427	800	1472
88,9	192	377,6	119,4	247	476,6	454	850	1562
89,4	193	379,4	120,0	248	478,4	482	900	1652
90,0	194	381,2	120,6	249	480,2	510	950	1742
90,6	195	383,0	121	250	482	538	1000	1832
91,1	196	384,8	127	260	500	649	1200	2192
91,7	197	386,6	132	270	518	760	1400	2552
92,2	198	388,4	138	280	536	871	1600	2912
92,8	199	390,2	143	290	554	982	1800	3272
93,3	200	392,0	149	300	572	1093	2000	3632

Sachverzeichnis

A

B

C

D

E

F

G

H

I

L

M

N

O

P

Q

R

S

T

W

Z

Diagramm-Einschlagtafeln

h, s-(Mollier-)Diagramm für Wasserdampf

Mollier-*h, x*-Diagramm für feuchte Luft unterschiedlicher Drücke

Rohrreibungsdiagramm für Luftleitungen

Rohrreibungsdiagramm für Stahlrohre

RECKNAGEL-SPRENGER-SCHRAMEK
Taschenbuch für Heizung und Klimatechnik
71. Ausgabe 2003/2004

Anzeigenteil, Bezugsquellennachweis, Inserentenverzeichnis

Weitere Anzeigen finden Sie im Textteil auf weißen Zwischenblättern.

Oldenbourg Industrieverlag GmbH Rosenheimer Str. 145
81671 München Telefon 089/ 450 51-0 Telefax 089/ 450 51-207

Erfolgreiche
Kundenbindung:
Excellente Planung
und Installation mit
Markenprodukten
HEIZSYSTEME WARMWASSER SOLAR
De Dietrich-Interdomo bietet Ihnen das ganze Leistungsspektrum von 3 – 1500 kW. Öl- und Gasheizkessel in Heizwert- oder Brennwerttechnik, komfortable Warmwasserbereitung, Solaranlagen, intelligente, bedienerfreundliche Regelungen und das ganze Drum und Dran.
Mit uns können Sie Ihren Kunden alles bieten – verlassen Sie sich drauf.
e Dietrich Heiztechnik Vertriebs-GmbH
heiner Straße 151 · 48282 Emsdetten
l. 0 25 72/23-5 · Fax 0 25 72/23-107
www.dedietrichheiztechnik.de
De Dietrich
INTERDOMO

Von Mannesmann
zu Mapress
Konsequent auf der sicheren Seite.
Setzen Sie konsequent auf mapress Edelstahl und Sie sind auf der sicheren Seite, wenn es um die neue Trinkwasserverordnung geht. mapress Edelstahl bietet Schutz gegen korrosive Wässer. Eine sichere und saubere Rohrverbindung im Haus.
Mapress GmbH & Co. KG
Postfach 2263
40746 Langenfeld
Tel.: (0 21 73) 2 85-0
Fax: (0 21 73) 2 85-2 89
www.mapress.de
mapress®
pressfitting system

Die umfang-
reichste
Ventilatoren-
Palette
Deutschlands !
Alle geprüft nach
EN 12 101 T3
Made in Germany
Kontakt: DLK
Ventilatoren GmbH
Tel: 0 79 43 / 91 02-0
Fax: 0 79 43 / 91 02-10
info@dlk.com
info@pollrich.com
www.dlk.com
UNTERNEHMENSGRUPPE
DLK
VENTILATOR
DIN EN ISO 9001
POLLRICH
VENTILATOR
z.B.
Holztrockner-
Ventilatoren
z.B.
Tunnelstrahl-
Ventilatoren
z.B.
Axial-Garagen-
Ventilatoren
z.B.
Garagen-Ventilatoren
mit Wärmeschalldämmung
z.B.
Garagen-Ventilatoren
mit Kastengerät
z.B.
Radial-Dach-
Ventilatoren
z.B.
Axial-Hochdruck-
Ventilatoren
z.B.
Axial-Ventilatoren
keilriemengetrieben
und, und, und ...

Aggressive Abluft...
...kein Problem
für unsere
Kunststoff-
Ventilatoren
Radial- und
Dachventilatoren
bis 100'000 m³/h
und 6'000 Pa
Rost frei
CMV 125 – 400
mit Edelstahl-Ständer
Software CNS 2002
zum Auslegen der Ventilatoren
COLASIT AG · Kunststoff-Apparatebau
Postfach 85 · CH-3700 Spiez
Tel. 033 655 61 61 · Fax 033 654 81 61
info@colasit.ch · www.colasit.ch
COLASIT

AIRFLOW
Das DUPLEX-System
für kontrollierte Lüftung mit Wärmerückgewinnung
Jetzt auch mit Kühlung!
• Komfortlüftung mit Energiespareffekt zu erschwinglichen Preisen
• hoher Wirkungsgrad der Wärmerückgewinnung
• korrosionsbeständige Wärmetauscher aus Kunststoff
• integrierte Lufterhitzer
• viele Ausführungen für jedes Platzangebot
AIRFLOW
Airflow Lufttechnik GmbH
D-53349 Rheinbach Telefon 0 22 26 / 92 05-0
Postfach 1208 Telefax 0 22 26 / 92 05-11
e-mail: airflow@t-online.de, internet: http://www.airflow.de
Lufttechnische Messgeräte · Radial-Ventilatoren · Lüftungssysteme m. Wärmerückgewinnung

Zuverlässig.
Qualitativ und technisch führend:
• Luftheizgeräte
• Lufttechnische Bauelemente
• Entrauchungs- und Lüftungsventilatoren
TLT
Turbo Lufttechnik GmbH · Am Weinberg 68 · 36251 Bad Hersfeld · Tel. 06621.950-0 · www.tlt.de

emco klima
Klimatechnik passgenau.
Zugeschnittenes Engineering für die Klimatechnik ist bei EMCO keine Sonderleistung, sondern das tägliche Maß für individuelle Lösungen. Ökonomie und integrierbare Design-ausführungen bilden die Schwerpunkte für ein vielseitiges Programm moderner Luftführung zum Heizen und Kühlen sowie Stand- und Bodenkonvektoren.
EMCO
Wir führen Luft.
EMCO Klima GmbH & Co. KG · Breslauer Straße 34-38 · 49803 Lingen
Tel. (0591) 9140-0 · Fax (0591) 9140-851
www.emco-klima.de · e-mail: klima@emco.de
Erwin Müller Gruppe Lingen

Das Gas- und Wasserfach

GWF–Wasser/Abwasser

143. Jahrgang 2002. Erscheint monatlich.

Vom Fach für das Fach: Die technisch-wissenschaftliche Zeitschrift für Wassergewinnung und -versorgung, Gewässerschutz, Wasserreinigung und Abwassertechnik.

Hauptteil mit referierten wissenschaftlichen Beiträgen. Journalteil mit Nachrichten aus Industrie und Praxis sowie Neuigkeiten zum Regelwerk.

Zusätzlich 1 Special-Ausgabe und kompletter Jahrgang auf CD-ROM.

Jahresabonnement: € 228,–, Einzelverkaufspreis € 22,– (inkl. MwSt., zzgl. Versand)

GWF–Gas/Erdgas

143. Jahrgang 2002. Erscheint monatlich.

Vom Fach für das Fach: Die technisch-wissenschaftliche Zeitschrift für alle Fragen der Gewinnung und Erzeugung, Verteilung und Anwendung von Gas und Erdgas.

Hauptteil mit referierten wissenschaftlichen Beiträgen. Journalteil mit Nachrichten aus Industrie und Praxis sowie Neuigkeiten zum Regelwerk.

Kompletter Jahrgang auf CD-ROM.
Jahresabonnement: € 228,–, Einzelverkaufspreis € 22,– (inkl. MwSt., zzgl. Versand)

Oldenbourg

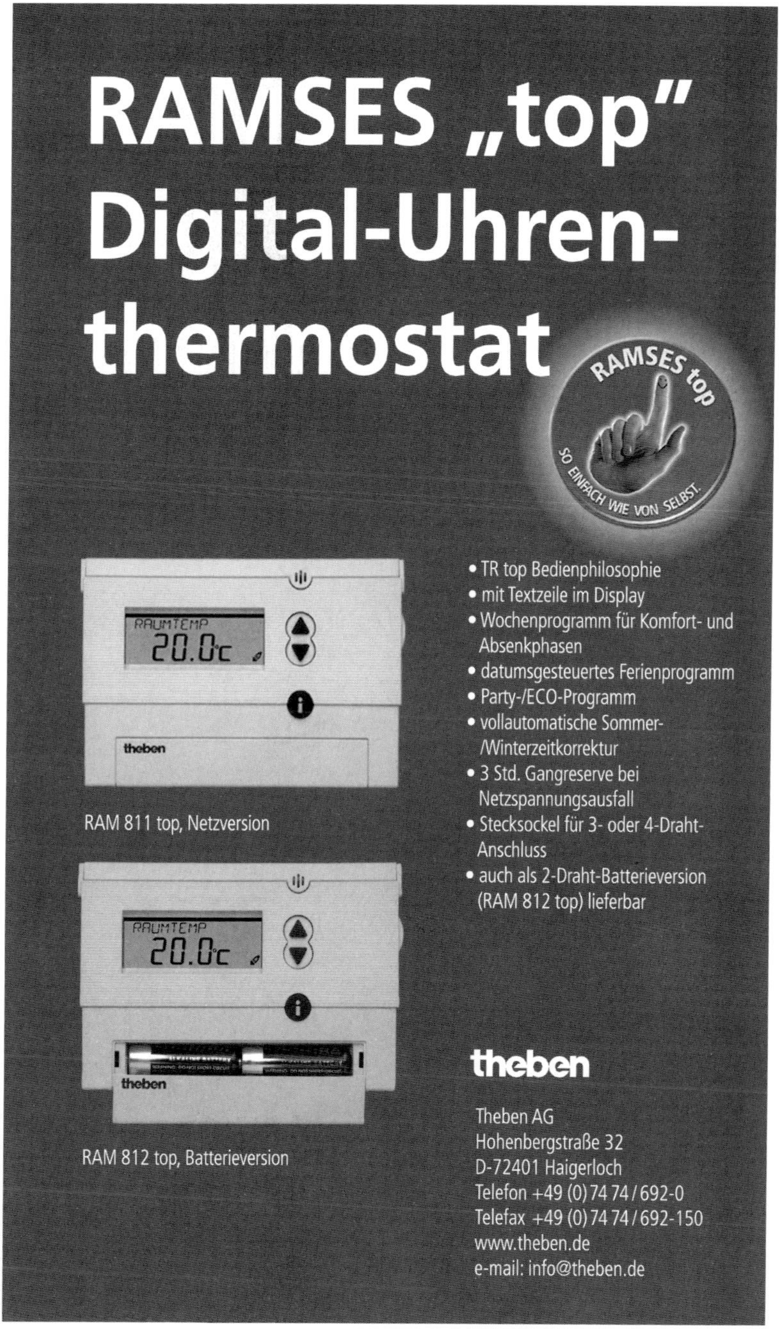
RAMSES „top"
Digital-Uhren-
thermostat
RAMSES top
SO EINFACH WIE VON SELBST.
RAUMTEMP
20.0°C
theben
RAM 811 top, Netzversion
RAUMTEMP
20.0°C
theben
RAM 812 top, Batterieversion
• TR top Bedienphilosophie
• mit Textzeile im Display
• Wochenprogramm für Komfort- und Absenkphasen
• datumsgesteuertes Ferienprogramm
• Party-/ECO-Programm
• vollautomatische Sommer-/Winterzeitkorrektur
• 3 Std. Gangreserve bei Netzspannungsausfall
• Stecksockel für 3- oder 4-Draht-Anschluss
• auch als 2-Draht-Batterieversion (RAM 812 top) lieferbar
theben
Theben AG
Hohenbergstraße 32
D-72401 Haigerloch
Telefon +49 (0) 74 74 / 692-0
Telefax +49 (0) 74 74 / 692-150
www.theben.de
e-mail: info@theben.de

GWF 2
Wasser
Abwasser
GWF 1
Gas
Erdgas
PLASSON
ECM

viterra
Energy Services
Wir wollen nicht weiter stören...
Zeitgemäße Technik, die schon bei der Installation alles leichter macht: Unser Funksystem symphonic®
Wärmstens empfohlen.
Viterra Energy Services
GmbH & Co. KG
Tel.: 02 51/92 89-0
www.viterra-es.de
info@viterra-es.de
ista

Nachfolgend finden Sie die Firmen aus der vorangegangenen Rubrik VBI – Beratende Ingenieure nach Postleitzahlen geordnet:

Postleitzahlengebiet 0
02826 Görlitz: Bernardi-Ingenieure
06667 Burgwerben: Helmut von der Heyden (Zweigbüro)
07545 Gera: Kellner + Scholz (Niederlassung)

Postleitzahlengebiet 1
10777 Berlin: KMG Klöcker Metternich Gisella
10965 Berlin: Knott & Partner
12347 Berlin: Dr.-Ing. Bernd Kriegel
19051 Schwerin: Dr.-Ing. Bernd Kriegel

Postleitzahlengebiet 2
22041 Hamburg: Dr.-Ing. Bernd Kriegel
24103 Kiel: Dr.-Ing. Bernd Kriegel
25746 Heide: Pahl und Jacobsen
26180 Rastede: Ingenieurbüro Stein
28357 Bremen: Bruns und Partner

Postleitzahlengebiet 3
35447 Reiskirchen: Dr.-Ing. Steffen
38440 Wolfsburg: Ingenieurbüro Paulus GmbH

Postleitzahlengebiet 4
40724 Hilden: Ingenieurbüro Kammelter e.k.
42781 Haan: Ingenieurbüro Timmer Reichel
42899 Remscheid: Kremer + Scheib
45239 Essen: Ingenieurbüro Paulus GmbH
46286 Dorsten-Lembeck: Ingenieurbüro Egon Cosanne
49084 Osnabrück: Jager + Partner

Postleitzahlengebiet 5
50823 Köln: Schmidt Reuter Partner
50996 Köln: KMG Klöcker Metternich Gisella
54294 Trier: Vogel
56076 Koblenz: Bernardi-Ingenieure

Postleitzahlengebiet 6
66115 Saarbrücken: WPW Ingenieure GmbH
66996 Ludwigswinkel: Wirth-Ingenieure
68167 Mannheim: Freiländer + Partner

Postleitzahlengebiet 7
70188 Stuttgart: Laux, Kaiser und Partner
70771 Leinfelden-Echterdingen: Scholze
70794 Filderstadt: Rentschler und Riedesser
76137 Karlsruhe: Wirth-Ingenieure
79115 Freiburg: Ingenieurgruppe Freiburg GmbH

Postleitzahlengebiet 8
80336 München: Helmut von der Heyden (Hauptbüro)
81829 München: Allwärme GmbH
83278 Traunstein: Ingenieurbüro W. Steinberger
85057 Ingolstadt: Kellner + Scholz (Niederlassung)
85598 Baldham: Ingenieurbüro Wach

Postleitzahlengebiet 9
90461 Nürnberg: von der Heyden & Maier GbR
93053 Regensburg: Kellner + Scholz (Hauptsitz)
94036 Passau: Kellner + Scholz (Niederlassung)
99094 Erfurt: Kremer + Scheib

im Ausland
Österreich: 1090 Wien: von der Heyden

Bezugsquellennachweis zum Anzeigenteil

des "Recknagel-Sprenger-Schramek"-Taschenbuch für
Heizung + Klimatechnik,
71. Ausgabe – 03/04

In der folgenden Übersicht sind die Erzeugnisse aufgeführt, die von den mit Anzeigen vertretenen Unternehmen geliefert werden. Die Zahlen hinter den Stichwörtern verweisen auf die „Firmenliste", die auf Seite 60 folgt. Dort befindet sich die Adresse des Unternehmens und ein Hinweis auf die jeweilige Anzeige.

Zur Beachtung: Sämtliche Arten der Sammelbezeichnungen wie Armaturen, Brenner, Kessel, Pumpen usw. sind als Untergruppen aufgeführt.

L

M

N

O

S

SCH

ST

T

U

V

W

Z

Firmenliste zum Bezugsquellennachweis

des „Recknagel-Sprenger-Schramek"-Taschenbuch für Heizung + Klimatechnik, 71. Auflage – 03/04

Ein alphabetisches Verzeichnis der Inserenten befindet sich auf Seite 63.

Sachverzeichnis und Firmenliste wurden am 30.09.2002 abgeschlossen.

Alphabetisches Inserentenverzeichnis

des „Recknagel-Sprenger-Schramek“ – Taschenbuch für
Heizung + Klimatechnik,
71. Auflage – 03/04

Brennstoffe: Heizwert, Brennwert und CO_2-Erzeugung bei vollständiger Verbrennung

Brennstoff	Heizwert	Brennwert	max. CO_2-Emission [kg/kWh] bezogen auf	
			Heizwert	Brennwert
Steinkohle	8,14 kWh/kg	8,41 kWh/kg	0,350	0,339
Koks	7,50 kWh/kg	7,53 kWh/kg	0,420	0,418
Braunkohle (roh) [1]	2,68 kWh/kg	3,20 kWh/kg	0,410	0,343
Braunkohle Briketts [1]	5,35 kWh/kg	5,75 kWh/kg	0,380	0,354
Heizöl EL	10,08 kWh/l	10,57 kWh/l	0,312	0,298
Heizöl S	10,61 kWh/l	11,27 kWh/l	0,290	0,273
Erdgas L	8,87 kWh/m_n^3	9,76 kWh/m_n^3	0,200	0,182
Erdgas H	10,42 kWh/m_n^3	11,42 kWh/m_n^3	0,200	0,182
Stadtgas	4,48 kWh/m_n^3	5,00 kWh/m_n^3	0,200	0,179

Energieeinheiten [2]: Umrechnungen

Einheit	J	kWh	kcal	kg SKE
1 J = 1 Nm = 1 Ws	1	$2,778\cdot 10^{-7}$	$2,39\cdot 10^{-4}$	$3,42\cdot 10^{-8}$
1 kWh	$3,6\cdot 10^{6}$	1	860	0,123
1 kcal	$4,187\cdot 10^{3}$	$1,163\cdot 10^{-3}$	1	$1,43\cdot 10^{-4}$
1 kg SKE	$2,927\cdot 10^{7}$	8,14	$7,0\cdot 10^{3}$	1

Druckeinheiten [2]: Umrechnungen

Einheit	Pa	kPa	bar	mbar	mm WS	atm	at	Torr	lb/in^2
1 N/m^2 = 1Pa	1	10^{-3}	10^{-5}	10^{-2}	0,102	$9,87\cdot 10^{-6}$	$1,02\cdot 10^{-5}$	$7,50\cdot 10^{-3}$	$1,45\cdot 10^{-4}$
1 kPa	10^{3}	1	10^{-2}	10	102	$9,87\cdot 10^{-3}$	$1,02\cdot 10^{-2}$	7,50	0,145
1 bar	10^{5}	10^{2}	1	10^{3}	$1,02\cdot 10^{4}$	$9,87\cdot 10^{-1}$	1,02	750	14,5
1 mbar = 1hPa	10^{2}	10^{-1}	10^{-3}	1	10,2	$9,87\cdot 10^{-4}$	$1,02\cdot 10^{-3}$	0,75	$1,45\cdot 10^{-2}$
1 mm WS	9,81	$9,81\cdot 10^{-3}$	$9,81\cdot 10^{-5}$	$9,81\cdot 10^{-2}$	1	$9,70\cdot 10^{-5}$	10^{-4}	$7,4\cdot 10^{-2}$	$1,42\cdot 10^{-3}$
1 atm	$1,01\cdot 10^{5}$	$1,01\cdot 10^{2}$	1,01	$1,01\cdot 10^{5}$	$1,033\cdot 10^{4}$	1	1,033	760	14,7
1 at	$9,81\cdot 10^{4}$	98,1	0,981	981	10^{4}	0,968	1	735	14,22
1 Torr	133	0,133	$1,33\cdot 10^{-3}$	1,33	13,6	$1,32\cdot 10^{-3}$	$1,36\cdot 10^{-3}$	1	$1,9\cdot 10^{-2}$
1 lb/in^2	$6,89\cdot 10^{3}$	6,89	$6,9\cdot 10^{-2}$	68,9	703	$6,8\cdot 10^{-2}$	$7,0\cdot 10^{-2}$	51,7	1

Vorsätze zur Bezeichnung von Vielfachen und Teilen der Einheiten nach DIN 1301 (12.85)

E	Exa	$= 10^{18}$	M	Mega	$= 10^{6}$ [5]	d	Dezi	$= 10^{-1}$	n	Nano	$= 10^{-9}$
P	Peta	$= 10^{15}$	k	Kilo	$= 10^{3}$	c	Centi	$= 10^{-2}$	p	Piko	$= 10^{-12}$
T	Tera	$= 10^{12}$ [3]	h	Hekto	$= 10^{2}$	m	Milli	$= 10^{-3}$	f	Femto	$= 10^{-15}$
G	Giga	$= 10^{9}$ [4]	da	Deka	$= 10^{1}$	μ	Mikro	$= 10^{-6}$	a	Atto	$= 10^{-18}$

(Beispiel: 1 MJ = 1 Megajoule = 10^{6} J)

1) schwankt in weiten Grenzen in Abhängigkeit der Zusammensetzung, insbesondere des Wassergehalts
2) weitere Umrechnungen s. Tafel 783
3) 10^{12} = 1 Billion, in USA = 1 trillion, in Frankreich nicht einheitlich geregelt
4) 10^{9} = 1 Milliarde (Mrd.), in USA = 1 billion, in Frankreich nicht einheitlich geregelt
5) 10^{6} = 1 Million (Mio.)